现行建筑设计规范大全

(含条文说明)
第 4 册
工业建筑
本社编

中国建筑工业出版社

图书在版编目（CIP）数据

现行建筑设计规范大全（含条文说明）第4册　工业建筑/本社编. —北京：中国建筑工业出版社，2014.1
ISBN 978-7-112-16132-4

Ⅰ.①现… Ⅱ.①本… Ⅲ.①建筑设计-建筑规范-中国 ②工业建筑-建筑设计-建筑规范-中国 Ⅳ.①TU202

中国版本图书馆CIP数据核字（2013）第276281号

责任编辑：何玮珂　孙玉珍
责任校对：陈晶晶

现行建筑设计规范大全
（含条文说明）
第4册
工业建筑
本社编

*

中国建筑工业出版社出版、发行（北京西郊百万庄）
各地新华书店、建筑书店经销
北京红光制版公司制版
北京圣夫亚美印刷有限公司印刷

*

开本：787×1092毫米　1/16　印张：134　插页：1　字数：4820千字
2014年7月第一版　2014年7月第一次印刷
定价：**293.00**元
ISBN 978-7-112-16132-4
（24890）

版权所有　翻印必究
如有印装质量问题，可寄本社退换
（邮政编码100037）

出 版 说 明

《现行建筑设计规范大全》、《现行建筑结构规范大全》、《现行建筑施工规范大全》缩印本（以下简称《大全》），自1994年3月出版以来，深受广大建筑设计、结构设计、工程施工人员的欢迎。2006年我社又出版了与《大全》配套的三本《条文说明大全》。但是，随着科研、设计、施工、管理实践中客观情况的变化，国家工程建设标准主管部门不断地进行标准规范制订、修订和废止的工作。为了适应这种变化，我社将根据工程建设标准的变更情况，适时地对《大全》缩印本进行调整、补充，以飨读者。

鉴于上述宗旨，我社近期组织编辑力量，全面梳理现行工程建设国家标准和行业标准，参照工程建设标准体系，结合专业特点，并在认真调查研究和广泛征求读者意见的基础上，对2009年出版的设计、结构、施工三本《大全》和配套的三本《条文说明大全》进行了重大修订。

新版《大全》将《条文说明大全》和原《大全》合二为一，即像规范单行本一样，把条文说明附在每个规范之后，这样做的目的是为了更加方便读者理解和使用规范。

由于规范品种越来越多，《大全》体量愈加庞大，本次修订后决定按分册出版，一是可以按需购买，二是检索、携带方便。

《现行建筑设计规范大全》分4册，共收录标准规范193本。

《现行建筑结构规范大全》分4册，共收录标准规范168本。

《现行建筑施工规范大全》分5册，共收录标准规范304本。

需要特别说明的是，由于标准规范处在一个动态变化的过程中，而且出版社受出版发行规律的限制，不可能在每次重印时对《大全》进行修订，所以在全面修订前，《大全》中有可能出现某些标准规范没有替换和修订的情况。为使广大读者放心地使用《大全》，我社在网上提供查询服务，读者可登录我社网站查询相关标准规范的制订、全面修订、局部修订等信息。

为不断提高《大全》质量、更加方便查阅，我们期待广大读者在使用新版《大全》后，给予批评、指正，以便我们改进工作。请随时登录我社网站，留下宝贵的意见和建议。

中国建筑工业出版社

2013 年 10 月

> 欲查询《大全》中规范变更情况，或有意见和建议：请登录中国建筑出版在线网站(book.cabplink.com)。登录方法见封底。

目 录

7 工业建筑

工业企业总平面设计规范 GB 50187—2012	7—1—1
工业建筑防腐蚀设计规范 GB 50046—2008	7—2—1
压缩空气站设计规范 GB 50029—2003	7—3—1
氧气站设计规范 GB 50030—91	7—4—1
乙炔站设计规范 GB 50031—91	7—5—1
锅炉房设计规范 GB 50041—2008	7—6—1
小型火力发电厂设计规范 GB 50049—2011	7—7—1
烟囱设计规范 GB 50051—2013	7—8—1
小型水力发电站设计规范 GB 50071—2002	7—9—1
冷库设计规范 GB 50072—2010	7—10—1
洁净厂房设计规范 GB 50073—2013	7—11—1
石油库设计规范 GB 50074—2002	7—12—1
民用爆破器材工程设计安全规范 GB 50089—2007	7—13—1
汽车加油加气站设计与施工规范 GB 50156—2012	7—14—1
烟花爆竹工程设计安全规范 GB 50161—2009	7—15—1
氢气站设计规范 GB 50177—2005	7—16—1
发生炉煤气站设计规范 GB 50195—2013	7—17—1
泵站设计规范 GB 50265—2010	7—18—1
核电厂总平面及运输设计规范 GB/T 50294—1999	7—19—1
水泥工厂设计规范 GB 50295—2008	7—20—1
猪屠宰与分割车间设计规范 GB 50317—2009	7—21—1
粮食平房仓设计规范 GB 50320—2001	7—22—1
粮食钢板筒仓设计规范 GB 50322—2011	7—23—1
烧结厂设计规范 GB 50408—2007	7—24—1
印染工厂设计规范 GB 50426—2007	7—25—1
平板玻璃工厂设计规范 GB 50435—2007	7—26—1
医药工业洁净厂房设计规范 GB 50457—2008	7—27—1
石油化工全厂性仓库及堆场设计规范 GB 50475—2008	7—28—1
纺织工业企业职业安全卫生设计规范 GB 50477—2009	7—29—1

棉纺织工厂设计规范　GB 50481—2009	7—30—1
钢铁厂工业炉设计规范　GB 50486—2009	7—31—1
腈纶工厂设计规范　GB 50488—2009	7—32—1
聚酯工厂设计规范　GB 50492—2009	7—33—1
麻纺织工厂设计规范　GB 50499—2009	7—34—1
涤纶工厂设计规范　GB 50508—2010	7—35—1
非织造布工厂设计规范　GB 50514—2009	7—36—1
电子工业职业安全卫生设计规范　GB 50523—2010	7—37—1
维纶工厂设计规范　GB 50529—2009	7—38—1
建筑卫生陶瓷工厂设计规范　GB 50560—2010	7—39—1
水泥工厂职业安全卫生设计规范　GB 50577—2010	7—40—1
粘胶纤维工厂设计规范　GB 50620—2010	7—41—1
锦纶工厂设计规范　GB 50639—2010	7—42—1
橡胶工厂职业安全与卫生设计规范　GB 50643—2010	7—43—1
大中型火力发电厂设计规范　GB 50660—2011	7—44—1
机械工业厂房建筑设计规范　GB 50681—2011	7—45—1
烧结砖瓦工厂设计规范　GB 50701—2011	7—46—1
硅太阳能电池工厂设计规范　GB 50704—2011	7—47—1
服装工厂设计规范　GB 50705—2012	7—48—1
秸秆发电厂设计规范　GB 50762—2012	7—49—1
硅集成电路芯片工厂设计规范　GB 50809—2012	7—50—1

附：总目录

7

工 业 建 筑

工业裁缝

中华人民共和国国家标准

工业企业总平面设计规范

Code for design of general layout of industrial enterprises

GB 50187—2012

主编部门：中 国 冶 金 建 设 协 会
批准部门：中华人民共和国住房和城乡建设部
施行日期：２０１２年８月１日

中华人民共和国住房和城乡建设部
公 告

第 1356 号

关于发布国家标准《工业企业总平面设计规范》的公告

现批准《工业企业总平面设计规范》为国家标准，编号为 GB 50187-2012，自 2012 年 8 月 1 日起实施。其中，第 3.0.12 (1)、3.0.13、3.0.14 (1、2、3、4、5、6、7、8、11)、4.6.2 (3、4)、4.6.4、5.6.5 (3)、8.1.7 条（款）为强制性条文，必须严格执行。原《工业企业总平面设计规范》GB 50187-93 同时废止。

本规范由我部标准定额研究所组织中国计划出版社出版发行。

中华人民共和国住房和城乡建设部
二〇一二年三月三十日

前 言

本规范是根据原建设部《关于印发〈2006 年工程建设标准规范制订、修订计划（第二批）〉的通知》（建标〔2006〕136 号）的要求，由中冶南方工程技术有限公司会同有关单位，对原国家标准《工业企业总平面设计规范》GB 50187-93 进行修订而成。

本规范在修订过程中，规范编制组进行了广泛的调查研究，认真总结了几十年来我国工业企业总平面设计的实践经验及有关研究成果，根据我国现行的法规和制度，参照了国内、国外相关标准，力求修订的规范具有严谨性与较强的适用性。在广泛征求了有关设计、生产及高等院校等部门和单位意见的基础上，经反复讨论研究、屡次修改，最终经审查定稿。

本规范共分 10 章和 2 个附录，主要技术内容包括：总则，术语，厂址选择，总体规划，总平面布置，运输线路及码头布置，竖向设计，管线综合布置，绿化布置，主要技术经济指标等。

本规范修订的主要内容是：

1. 修订了总则。
2. 增加了术语。
3. 修订了厂址选择，增加新条文 1 条，新条款 2 款。
4. 修订了总体规划的部分内容，增加了居住区规划设计要求、排土场最终坡底线的安全防护距离；增加新条文 2 条，新条款 4 款。
5. 修订了总平面布置：补充了产生高噪声的车间布置的一般方法和要求，增加了液化气配气站布置要求，修订了冷却塔与相邻设施的最小水平间距；增加了新条文 6 条，新条款 14 款。
6. 修订了运输线路及码头布置：一般规定增加了新条文 3 条，企业准轨铁路增加了新条文 8 条，企业窄轨铁路增加了新条文 13 条，道路增加了新条文 10 条、新条款 3 款，企业码头增加了新条文 2 条、新条款 3 款。
7. 修订了竖向设计，增加了新条款 6 款。
8. 修订了管线综合布置：内容包括一般规定、管线敷设方式、地下管线敷设的原则；地下管线与建筑物、构筑物之间的最小水平间距及地下管线之间的最小水平间距在总结设计、实践经验的基础上，结合有关现行国家标准进行了修订；增加了地下管线之间最小垂直净距、地上管线与铁路、道路平行敷设的要求等。修订了 27 条，其中增加新条文 4 条、新条款 3 款。
9. 修订了绿化布置；增加了绿化布置的原则和绿地率控制要求；绿化布置增加了新条文 5 条、新条款 2 款。
10. 修订了主要技术经济指标：新增了容积率、投资强度、行政办公及生活服务设施用地及其所占比重的技术经济指标。

本规范中以黑体字标志的条文为强制性条文，必须严格执行。

本规范由住房和城乡建设部负责管理和对强制性条文的解释，中国冶金建设协会负责日常管理，中冶南方工程技术有限公司负责具体技术内容的解释。请各单位在执行本规范过程中，不断总结经验，积累资料，及时将意见及有关资料寄往中冶南方工程技术有限公司（地址：湖北省武汉市东湖新技术开发区大学园路 33 号，邮政编码：430223，传真：027-86865025），以供今后修订时参考。

本规范主编单位、参编单位、主要起草人及主要审查人：

主 编 单 位：中冶南方工程技术有限公司
参 编 单 位：西安建筑科技大学
　　　　　　　全国化工总图运输设计技术中心站
　　　　　　　中国石化南京工程有限公司
　　　　　　　机械工业第四设计研究院
　　　　　　　中煤集团沈阳煤矿设计研究院
　　　　　　　中国寰球工程公司
　　　　　　　中国电力工程顾问集团西北电力设计院
　　　　　　　中国中元国际工程公司
　　　　　　　中煤西安设计工程有限责任公司
主要起草人：周启国　李前明　陈　凡
　　　　　　刘加祥　章　良　邵小东
　　　　　　王秋平　肖炎斌　王均鹤
　　　　　　马利欣　刘启明　陈　晖
　　　　　　马团生　蒋　清　林斯平
　　　　　　刘俊义　杨欣蓓　何岳生
　　　　　　陈　晶　王耀峰
主要审查人：车　群　雷　明　董士奎
　　　　　　张天民　向春涛　冯景涛
　　　　　　周志丹　李荣光　彭义军

目　次

1　总则 …………………………………… 7—1—6
2　术语 …………………………………… 7—1—6
3　厂址选择 ……………………………… 7—1—6
4　总体规划 ……………………………… 7—1—7
　4.1　一般规定 ………………………… 7—1—7
　4.2　防护距离 ………………………… 7—1—7
　4.3　交通运输 ………………………… 7—1—7
　4.4　公用设施 ………………………… 7—1—7
　4.5　居住区 …………………………… 7—1—8
　4.6　废料场及尾矿场 ………………… 7—1—8
　4.7　排土场 …………………………… 7—1—8
　4.8　施工基地及施工用地 …………… 7—1—8
5　总平面布置 …………………………… 7—1—8
　5.1　一般规定 ………………………… 7—1—8
　5.2　生产设施 ………………………… 7—1—9
　5.3　公用设施 ………………………… 7—1—10
　5.4　修理设施 ………………………… 7—1—11
　5.5　运输设施 ………………………… 7—1—11
　5.6　仓储设施 ………………………… 7—1—11
　5.7　行政办公及其他设施 …………… 7—1—12
6　运输线路及码头布置 ………………… 7—1—12
　6.1　一般规定 ………………………… 7—1—12
　6.2　企业准轨铁路 …………………… 7—1—12
　6.3　企业窄轨铁路 …………………… 7—1—13
　6.4　道路 ……………………………… 7—1—14
　6.5　企业码头 ………………………… 7—1—15
　6.6　其他运输 ………………………… 7—1—15
7　竖向设计 ……………………………… 7—1—16
　7.1　一般规定 ………………………… 7—1—16
　7.2　设计标高的确定 ………………… 7—1—16
　7.3　阶梯式竖向设计 ………………… 7—1—16
　7.4　场地排水 ………………………… 7—1—17
　7.5　土（石）方工程 ………………… 7—1—17
8　管线综合布置 ………………………… 7—1—18
　8.1　一般规定 ………………………… 7—1—18
　8.2　地下管线 ………………………… 7—1—18
　8.3　地上管线 ………………………… 7—1—19
9　绿化布置 ……………………………… 7—1—21
　9.1　一般规定 ………………………… 7—1—21
　9.2　绿化布置 ………………………… 7—1—21
10　主要技术经济指标 …………………… 7—1—21
附录A　土壤松散系数 …………………… 7—1—22
附录B　工业企业总平面设计的主要
　　　　技术经济指标的计算规定 ……… 7—1—22
本规范用词说明 …………………………… 7—1—23
引用标准名录 ……………………………… 7—1—23
附：条文说明 ……………………………… 7—1—24

Contents

1 General provisions ·············· 7—1—6
2 Terms ························ 7—1—6
3 Selection of plant site ············ 7—1—6
4 General planning ················ 7—1—7
   4.1 General requirement ············ 7—1—7
   4.2 Protection distance ············ 7—1—7
   4.3 Traffic and transportation ········ 7—1—7
   4.4 Utility facilities ·············· 7—1—7
   4.5 Residential district ············ 7—1—8
   4.6 Scrap yard and refuse ore yard ······ 7—1—8
   4.7 Dumping site ················ 7—1—8
   4.8 Base and land for construction ····· 7—1—8
5 General layout ·················· 7—1—8
   5.1 General requirement ············ 7—1—8
   5.2 Production facilities ············ 7—1—9
   5.3 Utility facilities ·············· 7—1—10
   5.4 Repair facilities ·············· 7—1—11
   5.5 Transportation facilities ········ 7—1—11
   5.6 Storage facilities ············· 7—1—11
   5.7 Administration office and
       other facilities ··············· 7—1—12
6 Transport route and wharf
   arrangement ···················· 7—1—12
   6.1 General requirement ············ 7—1—12
   6.2 Standard gauge railway of
       enterprise ··················· 7—1—12
   6.3 Narrow gauge railway of
       enterprise ··················· 7—1—13
   6.4 Road ······················ 7—1—14
   6.5 Wharf of enterprise ············ 7—1—15
   6.6 Other transportation ············ 7—1—15
7 Vertical design ················· 7—1—16
   7.1 General requirement ············ 7—1—16
   7.2 Determination of design
       elevation ···················· 7—1—16
   7.3 Step type vertical design ········ 7—1—16
   7.4 Water drainage of site ·········· 7—1—17
   7.5 Earth work ·················· 7—1—17
8 Integrated arrangement
   of pipeline ···················· 7—1—18
   8.1 General requirement ············ 7—1—18
   8.2 Underground pipeline ·········· 7—1—18
   8.3 Pipeline above-ground ·········· 7—1—19
9 Green layout ··················· 7—1—21
   9.1 General requirement ············ 7—1—21
   9.2 Green layout ················· 7—1—21
10 Main technical and economic
   indexes ······················ 7—1—21
Appendix A Looseness coefficient
          of soil ············ 7—1—22
Appendix B Regulations on calculation
          of main technical and
          economic indexes for
          the design of
          general layout
          of industrial
          enterprises ·········· 7—1—22
Explanation of wording in
   this code ····················· 7—1—23
List of quoted standards ············ 7—1—23
Addition: Explanation of
        provisions ············ 7—1—24

1 总 则

1.0.1 为贯彻国家有关法律、法规和方针、政策,统一工业企业总平面设计原则和技术要求,做到技术先进、生产安全、节约资源、保护环境、布置合理,制定本规范。

1.0.2 本规范适用于新建、改建及扩建工业企业的总平面设计。

1.0.3 工业企业总平面设计必须贯彻十分珍惜和合理利用土地,切实保护耕地的基本国策,因地制宜,合理布置,节约集约用地,提高土地利用率。

1.0.4 改建、扩建的工业企业总平面设计必须合理利用、改造现有设施,并应减少改建、扩建工程施工对生产的影响。

1.0.5 工业企业总平面设计除应符合本规范外,尚应符合国家现行有关标准的规定。

2 术 语

2.0.1 工业企业 industrial enterprise
从事工业生产经营活动的经济组织。

2.0.2 工业企业总平面设计 general layout design of industrial enterprises
根据国家产业政策和工程建设标准,工艺要求及物料流程,以及建厂地区地理、环境、交通等条件,合理选定厂址,统筹处理场地和安排各设施的空间位置,系统处理物流、人流、能源流和信息流的设计工作。

2.0.3 厂址选择 selection of plant site
为拟建的工业企业选择既能满足生产需要,又能获得最佳经济效益、社会效益和环境效益场所的工作。

2.0.4 总平面布置 general layout
在选定的场地内,合理确定建筑物、构筑物、交通运输线路和设施的最佳空间位置。

2.0.5 功能分区 functional zoning
将工业企业各设施按不同功能和系统分区布置,构成一个相互联系的有机整体。

2.0.6 厂区通道 plant passage
厂区内用以集中通行道路、铁路及各种管线和进行绿化的地带。

2.0.7 竖向设计 vertical design
为适应生产工艺、交通运输及建筑物、构筑物布置的要求,对场地自然标高进行改造。

2.0.8 计算水位 calculated water level
计算水位为设计水位加上壅水高度和浪高。

2.0.9 生产设施 production facilities
为完成生产过程(生产产品)所需要的工艺装置,包括生产设备、厂房、辅助设备及各种配套设施。

2.0.10 运输线路 transport route
为完成特定物流而设置的专用铁路、道路、带式输送机、管道等线路。

2.0.11 工业站 industrial railway station
主要为工业区或有大量装卸作业的工业企业外部铁路运输服务的准轨铁路车站。

2.0.12 企业站 enterprise railway station
主要为工业企业内部铁路运输服务的准轨铁路车站。

2.0.13 码头陆域 land area of wharf
用于布置码头装卸机械、仓库、堆场、运输线路、运输装备停放场,以及修建相应的各种配套设施所需要的场地。

2.0.14 泊位 berth
港区内供船舶停靠的位置。

2.0.15 管线综合布置 integrated arrangement of pipeline
根据管线的种类及技术要求,结合总平面布置合理地确定各种管线的走向及空间位置,协调各管线之间、管线与其他设施之间的相互关系,布置合理的管网系统。

2.0.16 排土场 dumping site
集中堆放剥离物的场所,指矿山采矿按一定排岩(土)程序循环排弃的场所。

2.0.17 施工用地 land for construction
指建设期间,临时施工和堆放材料的用地。

2.0.18 绿化布置 green layout
为防止企业污染扩散,改善和保护自然环境,在不影响安全的前提下,选择不同种类植物合理布置,种植绿化。

2.0.19 绿地率 ratio of green space
厂区用地范围内各类绿地面积的总和与厂区总用地面积的比率(%)。

2.0.20 安全距离 safety distance
各设施之间为确保安全需设置的最小距离,如防火、防爆、防撞、防滑坡距离等。

3 厂址选择

3.0.1 厂址选择应符合国家的工业布局、城乡总体规划及土地利用总体规划的要求,并应按照国家规定的程序进行。

3.0.2 配套和服务工业企业的居住区、交通运输、动力公用设施、废料场及环境保护工程、施工基地等用地,应与厂区用地同时选择。

3.0.3 厂址选择应对原料、燃料及辅助材料的来源、产品流向、建设条件、经济、社会、人文、城镇土地利用现状与规划、环境保护、文物古迹、占地拆迁、对外协作、施工条件等各种因素进行深入的调查研究,并应进行多方案技术经济比较后确定。

3.0.4 原料、燃料或产品运输量大的工业企业,厂址宜靠近原料、燃料基地或产品主要销售地及协作条件好的地区。

3.0.5 厂址应有便利和经济的交通运输条件,与厂外铁路、公路的连接应便捷,工程量最小。临近江、河、湖、海的厂址,通航条件满足企业运输要求时,应利用水运,且厂址宜靠近适合建设码头的地段。

3.0.6 厂址应具有满足生产、生活及发展所必需的水源和电源。水源和电源与厂址之间的管线连接应短捷,且用水、用电量大的工业企业宜靠近水源及电源地。

3.0.7 散发有害物质的工业企业厂址应位于城镇、相邻工业企业和居住区全年最小频率风向的上风侧,不应位于窝风地段,并应满足有关防护距离的要求。

3.0.8 厂址应具有满足建设工程需要的工程地质条件和水文地质条件。

3.0.9 厂址应满足近期建设所必需的场地面积和适宜的建厂地形,并应根据工业企业远期发展规划的需要,留有适当的发展余地。

3.0.10 厂址应满足适宜的地形坡度,宜避开自然地形复杂、自然坡度大的地段,应避免将盆地、积水洼地作为厂址。

3.0.11 厂址应有利于同邻近工业企业和依托城镇在生产、交通运输、动力公用、机修和器材供应、综合利用、发展循环经济和生活设施等方面的协作。

3.0.12 厂址应位于不受洪水、潮水或内涝威胁的地带,并应符合下列规定:

1 当厂址不可避免地位于受洪水、潮水或内涝威胁的地带时，必须采取防洪、排涝的防护措施。

2 凡受江、河、潮、海洪水、潮水或山洪威胁的工业企业，防洪标准应符合现行国家标准《防洪标准》GB 50201 的有关规定。

3.0.13 山区建厂，当厂址位于山坡或山脚处时，应采取防止山洪、泥石流等自然灾害危害的加固措施，应对山坡的稳定性等作出地质灾害的危险性评估报告。

3.0.14 下列地段和地区不应选为厂址：

1 发震断层和抗震设防烈度为 9 度及高于 9 度的地震区。

2 有泥石流、流沙、严重滑坡、溶洞等直接危害的地段。

3 采矿塌落（错动）区地表界限内。

4 爆破危险区界限内。

5 坝或堤决溃后可能淹没的地区。

6 有严重放射性物质污染的影响区。

7 生活居住区、文教区、水源保护区、名胜古迹、风景游览区、温泉、疗养区、自然保护区和其他需要特别保护的区域。

8 对飞机起落、机场通信、电视转播、雷达导航和重要的天文、气象、地震观察，以及军事设施等规定有影响的范围内。

9 很严重的自重湿陷性黄土地段，厚度大的新近堆积黄土地段和高压缩性的饱和黄土地段等地质条件恶劣地段。

10 具有开采价值的矿藏区。

11 受海啸或湖涌危害的地区。

4 总体规划

4.1 一般规定

4.1.1 工业企业总体规划应结合工业企业所在区域的技术经济、自然条件等进行编制，并应满足生产、运输、防震、防洪、防火、安全、卫生、环境保护、发展循环经济和职工生活的需要，应经多方案技术经济比较后择优确定。

4.1.2 工业企业总体规划应符合城乡总体规划和土地利用总体规划的要求。有条件时，规划应与城乡和邻近工业企业在生产、交通运输、动力公用、机修及器材供应、综合利用及生活设施等方面进行协作。

4.1.3 厂区、居住区、交通运输、动力公用设施、防洪排涝、废料场、尾矿场、排土场、环境保护工程和综合利用场地等均应同时规划。当有的大型工业企业必须设置施工基地时，亦应同时规划。

4.1.4 工业企业总体规划应贯彻节约集约用地的原则，并应严格执行国家规定的土地使用审批程序，应利用荒地、劣地及非耕地，不应占用基本农田。分期建设时，总体规划应正确处理近期和远期的关系，近期应集中布置，远期应预留发展，应分期征地，并应合理、有效地利用土地。

4.1.5 联合企业中不同类型的工厂应按生产性质、相互关系、协作条件等因素分区集中布置。对产生有害气体、烟、雾、粉尘等有害物质的工厂，应采取防止危害的治理措施。

4.2 防护距离

4.2.1 产生有害气体、烟、雾、粉尘等有害物质的工业企业与居住区之间应按现行国家标准《制定地方大气污染物排放标准的技术方法》GB/T 3840 和有关工业企业设计卫生标准的规定，设置卫生防护距离，并应符合下列规定：

1 卫生防护距离用地应利用原有绿地、水塘、河流、耕地、山岗及不利于建筑房屋的地带。

2 在卫生防护距离内不应设置永久居住的房屋，有条件时应绿化。

4.2.2 产生开放型放射性有害物质的工业企业的防护要求应符合现行国家标准《电离辐射防护与辐射源安全基本标准》GB 18871 的有关规定。

4.2.3 民用爆破器材生产企业的危险建筑物与保护对象的外部距离应符合现行国家标准《民用爆破器材工程设计安全规范》GB 50089 的有关规定。

4.2.4 产生高噪声的工业企业，总体规划应符合现行国家标准《声环境质量标准》GB 3096、《工业企业噪声控制设计规范》GBJ 87 和《工业企业厂界环境噪声排放标准》GB 12348 的有关规定。

4.3 交通运输

4.3.1 交通运输规划应与企业所在地国家或地方交通运输规划相协调，并应符合工业企业总体规划要求，还应根据生产需要、当地交通运输现状和发展规划，结合自然条件与总平面布置要求，统筹安排，且应便于经营管理、兼顾地方客货运输、方便职工通勤，并应为与相邻企业的协作创造条件。

4.3.2 外部运输方式应根据国家有关的技术经济政策、外部交通运输条件、物料性质、运量、流向、运距等因素，结合厂内运输要求，经多方案技术经济比较后择优确定。

4.3.3 铁路接轨点的位置应根据运量、货流和车流方向、工业企业位置及其总体规划和当地条件等进行全面的技术经济比较后择优确定，并应符合下列规定：

1 工业企业铁路与路网铁路接轨，应符合现行国家标准《工业企业标准轨距铁路设计规范》GBJ 12 的有关规定。

2 工业企业铁路不得与路网铁路或另一工业企业铁路的区间内正线接轨，在特殊情况下，有充分的技术经济依据，必须在该区间接轨时，应经该管铁路局或铁路局和工业企业主管单位的同意，并应在接轨点开设车站或设辅助所。

3 不得改变主要货流和车流的列车运行方向。

4 应有利于路、厂和协作企业的运营管理。

5 应靠近工业企业，并应有利于接轨站、交接站、企业站（工业编组站）的合理布置，并应留有发展的余地。

4.3.4 工业企业铁路与路网铁路交接站（场）、企业站的设置应根据运量大小、作业要求、管理方式等经全面技术经济比较后择优确定，并应充分利用路网铁路站场的能力。有条件时，应采用货物交接方式。

4.3.5 工业企业厂外道路的规划应与城乡规划或当地交通运输规划相协调，并应合理利用现有的国家公路及城镇道路。厂外道路与国家公路或城镇道路连接时，路线应短捷，工程量应小。

4.3.6 工业企业厂区的外部交通应方便，与居住区、企业站、码头、废料场以及邻近协作企业等之间应有方便的交通联系。

4.3.7 厂外汽车运输和水路运输在有条件的地区，宜采取专业化、社会化协作。

4.3.8 邻靠江、河、湖、海的工业企业，具备通航条件，且能满足工业企业运输要求时，应采用水路运输，并应合理确定码头位置。

4.3.9 采用管道、带式输送机、索道等运输方式时，应充分利用地形布置，并应与其他运输方式合理衔接。

4.4 公用设施

4.4.1 沿江、河、海取水的水源地，应位于排放污水及其他污染源的上游、河床及河、海岸稳定且不妨碍航运的地段，并应符合下列规定：

1 应符合江、河道和海岸整治规划的要求。

2 水源地的位置应符合水源卫生防护的有关要求。

3 应符合当地给水工程规划的要求。

4 生活饮用水水源应符合现行国家标准《生活饮用水卫生标准》GB 5749 和《地表水环境质量标准》GB 3838 的有关规定。

4.4.2 高位水池应布置在地质良好、不因渗漏溢流引起坍塌的地段。

4.4.3 厂外的污水处理设施宜位于厂区和居住区全年最小频率风向的上风侧，并应与厂区和居住区保持必要的卫生防护距离，应符合下列规定：
  1 沿江、河布置的污水处理设施，尚应位于厂区和居住区的下游。
  2 宜靠近企业的污水排出口或城镇污水处理厂。
  3 排出口位置应位于地势较低的地段，并应符合环境保护要求。

4.4.4 热电站或集中供热锅炉房宜靠近负荷中心或主要用户，应具有方便的供煤和排灰渣条件，并应采取必要的治理措施，排放的烟尘、灰渣应符合国家或地方现行的有关排放标准的规定。

4.4.5 总变电站宜靠近负荷中心或主要用户，其位置的选择应符合下列规定：
  1 应靠近厂区边缘，且输电线路进出方便的地段。
  2 不得受粉尘、水雾、腐蚀性气体等污染源的影响，并应位于散发粉尘、腐蚀性气体污染源全年最小频率风向的下风侧和散发水雾所冬季盛行风向的上风侧。
  3 不得布置在有强烈振动设施的场地附近。
  4 应有运输变压器的道路。
  5 宜布置在地势较高地段。

4.5 居住区

4.5.1 企业职工居住和生活问题应利用社会资源解决。当需要设置居住区时，宜集中布置，也可与临近工业企业协作组成集中的居住区，并应符合当地城乡总体规划的要求。

4.5.2 在符合安全和卫生防护距离的要求下，居住区宜靠近工业企业布置。当工业企业位于城镇郊区时，居住区宜靠近城镇，并宜与城镇统一规划。

4.5.3 居住区应位于向大气排放有害气体、烟、雾、粉尘等有害物质的工业企业全年最小频率风向的下风侧，其卫生防护距离应符合国家现行有关工业企业设计卫生标准的规定。

4.5.4 居住区应充分利用荒地、劣地及非耕地。在山坡地段布置居住区时，应选择在不窝风的阳坡地段。

4.5.5 居住区与厂区之间不宜有铁路穿越。当必须穿越时，应根据人流、车流的频繁程度等因素，设置立交或看守道口。

4.5.6 居住区内不应有国家铁路或过境公路穿越。当居住区一侧有铁路通过时，居住区至铁路的最小距离应符合当地城镇规划的管理规定。

4.5.7 居住区的规划设计应符合现行国家标准《城市居住区规划设计规范》GB 50180 的有关规定。

4.6 废料场及尾矿场

4.6.1 工业企业排弃的废料应结合当地条件综合利用，需综合利用的废料应按其性质分别堆存，并应符合现行国家标准《一般工业固体废物贮存、处置场污染控制标准》GB 18599 的有关规定。

4.6.2 废料场及尾矿场的规划应符合下列规定：
  1 应位于居住区和厂区全年最小频率风向的上风侧。
  2 与居住区的卫生防护距离应符合国家现行有关工业企业设计卫生标准的规定。
  3 含有害、有毒物质的废料场，应选在地下水位较低和不受地面水穿流的地段，必须采取防扬散、防流失和其他防止污染的措施。
  4 含放射性物质的废料场，还应符合下列规定：
    1）应选在远离城镇及居住区的偏僻地段。
    2）应确保其地面及地下水不被污染。
    3）应符合现行国家标准《电离辐射防护与辐射源安全基本标准》GB 18871 的有关规定。

4.6.3 废料场应充分利用沟谷、荒地、劣地。废料年排出量不大的中小型工业企业，有条件时，应与邻近企业协作或利用城镇现有的废料场。

4.6.4 江、河、湖、海等水域严禁作为废料场。

4.6.5 当利用江、河、湖、海岸旁滩洼地堆存废料时，不得污染水体、阻塞航道或影响河流泄洪，并应取得当地环保部门的同意。

4.6.6 废料场堆存年限应根据废料数量、性质、综合利用程度，以及当地具体条件等因素确定。废料场宜一次规划、分期实施。

4.6.7 尾矿场宜靠近选矿厂，宜选择在建坝条件好的荒山、沟谷，并应充分利用地形。当条件许可时，应结合表土排弃进行复垦。

4.7 排土场

4.7.1 排土场位置的选择应符合下列规定：
  1 排土场宜靠近露天采掘场地表境界以外设置。对分期开采的矿山，经技术经济比较合理时，可设在远期开采境界以内；在条件允许的矿山，应利用露天采空区作为内部排土场。
  2 应选择在地质条件较好的地段，不宜设在工程地质或水文地质条件不良地段。
  3 应保证排土场不致因滚石、滑坡、塌方等威胁采矿场、工业场地、厂区、居民点、铁路、道路、输电线路、通信光缆、耕种区、水域、隧道涵洞、旅游景区、固定标志及永久性建筑等安全。
  4 应避免排土场成为矿山泥石流重大危险源，必要时，应采取保障安全的措施。
  5 应符合相应的环保要求，并应设在居住区和工业企业常年最小频率风向的上风侧和生活水源的下游。含有污染源废石的堆放和处置应符合现行国家标准《一般工业固体废物贮存、处置场污染控制标准》GB 18599 的有关规定。
  6 应利用沟谷、荒地、劣地，不占良田、少占耕地，宜避免迁移村庄。
  7 有回收利用价值的岩土应分别堆存，并应为其创造有利的装运条件。

4.7.2 排土场最终坡底线与相邻的铁路、道路、工业场地、村镇等之间的安全防护距离应符合现行国家标准《有色金属矿山排土场设计规范》GB 50421 等的有关规定。

4.7.3 排土场的总容量应能容纳矿山所排弃的全部岩土。排土场宜一次规划、分期实施。

4.7.4 排土场应根据所在地区的具体条件进行复垦。复垦计划应全面规划、分期实施。

4.8 施工基地及施工用地

4.8.1 需要独立设置施工基地时，应符合工业企业总体布置的要求，宜布置在生产基地的扩建方向或规划预留位置，并宜靠近主要施工场地。施工生活基地宜靠近工业企业居住区布置，有关生活设施应与工业企业居住区统一布置。

4.8.2 施工生产基地应具备大宗材料到达和产品外运条件，并宜利用工业企业永久性铁路、道路、水运等运送设施。

4.8.3 施工用地应充分利用厂区空隙地、堆场用地、预留发展用地或卫生防护地带。当厂区空隙地、堆场用地、预留发展用地或卫生防护地带不能满足要求时，可另行规划必要的施工用地。施工用地内，不应设置永久性和半永久性的施工设施。

5 总平面布置

5.1 一般规定

5.1.1 总平面布置应在总体规划的基础上，根据工业企业的性质、规模、生产流程、交通运输、环境保护、以及防火、安全、卫生、节能、施工、检修、厂区发展等要求，结合场地自然条件，经技术经济比较后择优确定。

5.1.2 总平面布置应节约集约用地，提高土地利用率。布置时，应符合下列规定：

1 在符合生产流程、操作要求和使用功能的前提下，建筑物、构筑物等设施应采用集中、联合、多层布置。

2 应按企业规模和功能分区合理地确定通道宽度。

3 厂区功能分区及建筑物、构筑物的外形宜规整。

4 功能分区内各项设施的布置应紧凑、合理。

5.1.3 总平面布置的预留发展用地应符合下列规定：

1 分期建设的工业企业，近远期工程应统一规划。近期工程应集中、紧凑、合理布置，并应与远期工程合理衔接。

2 远期工程用地宜预留在厂区外，当近、远期工程建设施工期间隔较短，或远期工程和近期工程在生产工艺、运输要求等方面密切联系不宜分开时，可预留在厂区内。其预留发展用地内不得修建永久性建筑物、构筑物等设施。

3 预留发展用地除应满足生产设施的发展用地外，还应预留辅助生产、动力公用、交通运输、仓储及管线等设施的发展用地。

5.1.4 厂区的通道宽度应符合下列规定：

1 应符合通道两侧建筑物、构筑物及露天设施对防火、安全与卫生间距的要求。

2 应符合铁路、道路与带式输送机通廊等工业运输线路的布置要求。

3 应符合各种工程管线的布置要求。

4 应符合绿化布置的要求。

5 应符合施工、安装与检修的要求。

6 应符合竖向设计的要求。

7 应符合预留发展用地的要求。

5.1.5 总平面布置应充分利用地形、地势、工程地质及水文地质条件，布置建筑物、构筑物和有关设施，应减少土（石）方工程量和基础工程费用，并应符合下列规定：

1 当厂区地形坡度较大时，建筑物、构筑物的长轴宜顺等高线布置。

2 应结合地形及竖向设计，为物料采用自流管道及高站台、低货位等设施创造条件。

5.1.6 总平面布置应结合当地气象条件，使建筑物具有良好的朝向、采光和自然通风条件。高温、热加工、有特殊要求和人员较多的建筑物，应避免西晒。

5.1.7 总平面布置应防止高温、有害气体、烟、雾、粉尘、强烈振动和高噪声对周围环境和人身安全的危害，并应符合国家现行有关工业企业卫生设计标准的规定。

5.1.8 总平面布置应合理地组织货流和人流，并应符合下列规定：

1 运输线路的布置应保证物流顺畅、径路短捷、不折返。

2 应避免运输繁忙的铁路与道路平面交叉。

3 应使人、货分流，应避免运输繁忙的货流与人流交叉。

4 应避免进出厂的主要货流与企业外部交通干线的平面交叉。

5.1.9 总平面布置应使建筑群体的平面布置与空间景观相协调，并应结合城镇规划及厂区绿化，提高环境质量，创造良好的生产条件和整洁友好的工作环境。

5.1.10 工业企业的建筑物、构筑物之间及其与铁路、道路之间的防火间距，以及消防通道的设置，除应符合现行国家标准《建筑设计防火规范》GB 50016 的规定外，尚应符合国家现行有关标准的规定。

5.2 生产设施

5.2.1 大型建筑物、构筑物、重型设备和生产装置等，应布置在土质均匀、地基承载力较大的地段；对较大、较深的地下建筑物、构筑物，宜布置在地下水位较低的填方地段。

5.2.2 要求洁净的生产设施应布置在大气含尘浓度较低、环境清洁、人流、货流不穿越或少穿越的地段，并应位于散发有害气体、烟、雾、粉尘的污染源全年最小频率风向的下风侧。洁净厂房的布置，尚应符合现行国家标准《洁净厂房设计规范》GB 50073 的有关规定。

5.2.3 产生高温、有害气体、烟、雾、粉尘的生产设施，应布置在厂区全年最小频率风向的上风侧，且地势开阔、通风条件良好的地段，并不应采用封闭式或半封闭式的布置形式。产生高温的生产设施的长轴宜与夏季盛行风向垂直或呈不小于 45°交角布置。

5.2.4 产生强烈振动的生产设施，应避开对防振要求较高的建筑物、构筑物布置，其与防振要求较高的仪器、设备的防振间距应符合表 5.2.4-1 的规定。精密仪器、设备的允许振动速度与频率及允许振幅的关系应符合表 5.2.4-2 的规定。

表 5.2.4-1 防振间距（m）

振源		量级	允许振动速度（mm/s）								
	单位	量值	0.05	0.10	0.20	0.50	1.00	1.50	2.00	2.50	3.00
锻锤	t	≤1	145	120	100	75	55	45	35	30	30
		2	215	195	175	145	135	125	115	110	105
		3	230	205	185	160	140	130	120	115	110
落锤	t·m	60	140	120	105	85	70	60	55	50	45
		120	165	140	130	115	90	80	70	65	60
		180	150	135	120	95	80	70	65	60	55
活塞式空气压缩机	m³/min	≤10	40	30	25	20	15	10	10	5	5
		20～40	60	45	35	25	20	15	10	10	10
		60～100	100	80	50	40	30	20	15	10	5
透平式空气压缩机	10000m³/h 制氧机	55000	90	75	60	40	25	20	15	15	10
	26000m³/h 制氧机	155000	145	125	105	80	50	45	35	35	35
火车	标准轨距铁路	≤10	90	75	60	40	25	20	15	15	10
		20～30	110	95	75	50	35	25	20	15	15
		50 左右	140	120	95	70	50	35	30	25	20
汽车	15t 载重汽车 沥青路面	≤10	55	40	30	20	15	10	10	5	5
		20～30	80	60	45	30	20	15	10	10	10
	25t 载重汽车 沥青路面		35	155	135	115	90	75	65	60	55	50
	35t 载重汽车 沥青路面		135	115	100	80	60	50	40	35	35
	80t 牵引车 沥青路面	12	145	125	105	80	60	45	45	40	35
	15t 载重汽车 混凝土路面	≤10	65	50	35	25	15	10	10	5	5
		20～30	90	70	55	35	20	15	10	10	10
水爆清砂	t/件	2～5	130	110	85	60	35	35	30	25	25
		20	210	180	160	130	110	95	85	80	75

注：1 表列间距，锻锤、落锤及空气压缩机均自振源基座中心算起；铁路自中心线算起；道路为城市时，自路面边缘算起，为公路型时，自路肩边缘算起；水爆清砂自水池边缘算起；有防振要求的仪器、设备自其中心算起；

2 表列数值系波能量吸收系数为 0.04/m 的砂类土、粉质土和可塑的黏质土的防振间距。当湿的砂类土、粉质土和可塑的黏质土的波能量吸收系数小于或大于 0.04/m 时，其防振间距应适当增加或减少；

3 地质条件复杂或为表列振源外的其他大型振动设备时，其防振间距应按现行国家标准《动力机器基础设计规范》GB 50040 的有关规定或按实测资料确定；

4 当采取防振措施后，其防振间距可不受本表限制。

表 5.2.4-2 精密仪器、设备的允许振动速度与频率及允许振幅的关系

允许振幅（μm） \ 频率（Hz）	5	10	15	20	25	30	35	40
仪器设备允许的振动速度（mm/s）								
0.05	1.60	0.80	0.53	0.40	0.32	0.27	0.23	0.20
0.10	3.18	1.59	1.06	0.80	0.64	0.53	0.46	0.40

续表 5.2.4-2

仪器设备允许的振动速度（mm/s） \ 允许振幅（μm） \ 频率（Hz）	5	10	15	20	25	30	35	40
0.20	6.37	3.18	2.16	1.60	1.28	1.08	0.92	0.80
0.50	16.00	8.00	5.30	4.00	3.20	2.70	2.30	2.00
1.00	32.00	16.00	10.60	8.00	6.40	5.30	4.60	3.98
1.50	47.75	23.87	15.90	11.90	9.60	7.96	6.82	5.97
2.00	63.66	31.83	21.20	16.00	12.70	10.60	9.10	7.96
2.50	79.58	39.79	26.53	19.90	15.90	13.30	11.40	9.95
3.00	95.50	47.75	31.83	23.90	19.10	15.90	13.60	11.94

5.2.5 产生高噪声的生产设施，总平面布置应符合下列规定：
  1 宜相对集中布置并远离人员集中和有安静要求的场所。
  2 产生高噪声的车间应与低噪声的车间分开布置。
  3 产生高噪声生产设施的周围宜布置对噪声较不敏感、高大、朝向有利于隔声的建筑物、构筑物和堆场等。
  4 产生高噪声的生产设施与相邻设施的防噪声间距，应符合国家现行有关噪声卫生防护距离的规定。
  5 厂区内各类地点及厂界处的噪声限制值和总平面布置中的噪声控制，尚应符合现行国家标准《工业企业噪声控制设计规范》GBJ 87 的有关规定。

5.2.6 需要大宗原料、燃料的生产设施，宜与其原料、燃料的贮存及加工辅助设施靠近布置，并应位于原料、燃料的贮存及加工辅助设施全年最小频率风向的下风侧。生产大宗产品的设施宜靠近其产品储存和运输设施布置。

5.2.7 易燃、易爆危险品生产设施的布置应保证生产人员的安全操作及疏散方便，并应符合国家现行有关设计标准的规定。

5.2.8 有防潮、防水雾要求的生产设施，应布置在地势较高、地下水位较低的地段，其与循环水冷却塔之间的最小间距应符合本规范第 5.3.9 条的规定。

5.3 公用设施

5.3.1 公用设施的布置宜位于其负荷中心或靠近主要用户。

5.3.2 总降压变电所的布置应符合下列规定：
  1 宜位于靠近厂区边缘且地势较高地段。
  2 应便于高压线的进线和出线。
  3 应避免设在有强烈振动的设施附近。
  4 应避免布置在多尘、有腐蚀性气体和有水雾的场所，并应位于多尘、有腐蚀性气体场所全年最小频率风向的下风侧和有水雾场所冬季盛行风向的上风侧。

5.3.3 氧（氮）气站宜布置在位于空气洁净的地段。氧（氮）气站空分设备的吸风口应位于乙炔站和电石渣场及散发其他碳氢化合物设施的全年最小频率风向的下风侧，吸风口与乙炔站及电石渣场之间的最小水平间距应符合现行国家标准《氧气站设计规范》GB 50030 的有关规定。

5.3.4 压缩空气站的布置应符合下列规定：
  1 应位于空气洁净的地段，避免靠近散发爆炸性、腐蚀性和有害气体及粉尘等的场所，并应位于散发爆炸性、腐蚀性和有害气体及粉尘等所的全年最小频率风向的下风侧。
  2 压缩空气站的朝向应结合地形、气象条件，使站内有良好的通风和采光。贮气罐宜布置在站房的北侧。
  3 压缩空气站的布置尚应符合本规范第 5.2.4 条和第 5.2.5 条的规定。

5.3.5 乙炔站的布置应符合下列规定：
  1 应位于排水及自然通风良好的地段。
  2 应避开人员密集区和主要交通地段。
  3 乙炔站与氧（氮）气站空分设备吸风口的最小水平间距应符合现行国家标准《氧气站设计规范》GB 50030 的有关规定。

5.3.6 煤气站和天然气配气站、液化气配气站的布置应符合下列规定：
  1 宜布置在厂区的边缘地段和位于主要用户的全年最小频率风向的上风侧。
  2 煤气站的布置应符合现行国家标准《工业企业煤气安全规程》GB 6222 的有关规定，发生炉煤气站的布置应符合现行国家标准《发生炉煤气站设计规范》GB 50195 的有关规定，天然气配气站、液化气配气站的布置应符合现行国家标准《城镇燃气设计规范》GB 50028 的有关规定。
  3 煤气站应避免其灰尘、烟尘和有害气体对周围环境的影响，其贮煤场和灰渣池宜布置在煤气站全年最小频率风向的上风侧，水处理设施和焦油池宜布置在站区地势较低处。
  4 天然气配气站宜布置在靠近天然气总管进厂方向和至各用户支管较短的地点，并应位于有明火或散发火花地点的全年最小频率风向的上风侧。
  5 液化气配气站的布置应符合下列规定：
    1）应布置在运输条件方便的地段；
    2）宜靠近主要用户布置；
    3）应布置在明火或散发火花地点的全年最小频率风向的上风侧；
    4）应避免布置在窝风地段。

5.3.7 锅炉房的布置应符合下列规定：
  1 宜布置在厂区全年最小频率风向的上风侧，应避免灰尘和有害气体对周围环境的影响。
  2 当采取自流回收冷凝水时，宜布置在地势较低，且不窝风的地段。
  3 燃煤锅炉房应有贮煤与灰渣场地和方便的运输条件。贮煤场和灰渣场宜布置在锅炉房全年最小频率风向的上风侧。

5.3.8 给水净化站的布置宜靠近水源地或水源汇集处。当布置在厂区内时，应位于厂区边缘、环境洁净、给水总管短捷，且与主要用户支管距离短的地段。

5.3.9 循环水设施的布置应位于所服务的生产设施附近，并应使回水具有自流条件，或能减少扬程的地段。沉淀池附近应有相应的淤泥堆积、排水设施和运输线路的场地。循环水冷却设施的布置应符合下列规定：
  1 冷却塔宜布置在通风良好、避免粉尘和可溶于水的化学物质影响水质的地段。
  2 不宜布置在屋外变、配电装置和铁路、道路冬季盛行风向的上风侧。冷却塔与相邻设施的最小水平间距应符合表 5.3.9 的规定。

表 5.3.9 冷却塔与相邻设施的最小水平间距（m）

设施名称		自然通风冷却塔	机械通风冷却塔
生产及辅助生产建筑物		20	25
中央试（化）验室、生产控制室		30	35
露天生产装置		25	30
屋外变、配电装置	当在冷却塔冬季盛行风向上风侧时	25	40
	当在冷却塔冬季盛行风向下风侧时	40	60
电石库	当在冷却塔全年盛行风向上风侧时	40	50
	当在冷却塔全年盛行风向下风侧时	60	100

续表 5.3.9

设施名称		自然通风冷却塔	机械通风冷却塔
散发粉尘的原料、燃料及材料堆场		25	40
铁路	厂外铁路（中心线）	25	35
	厂内铁路（中心线）	15	20
道路	厂外道路	25	35
	厂内道路	10	15
厂区围墙（中心线）		10	15

注：1 表列间距注明者外，冷却塔自塔外壁算起；建筑物自最外边轴线算起；露天生产装置自最外设备的外壁算起；屋外变、配电装置自最外构架边缘算起；堆场自场地边缘算起；道路为城市型时，自路面边缘算起，为公路型时，自路肩边缘算起；

2 冬季采暖室外计算温度在 0℃ 以上的地区，冷却塔与屋外变、配电装置的间距按表列数值减少 25%；冬季采暖室外计算温度在 -20℃ 以下的地区，冷却塔与相邻设施（不包括屋外变、配电装置及散发粉尘的原料、燃料及材料堆场）的间距按表列数值增加 25%；当设计中规定在寒冷季节冷却塔不使用风机时，其间距不得减少；

3 附属于车间或生产装置的屋外变、配电装置与冷却塔的间距应按表列数值减少 25%；

4 单个小型机械冷却塔与相邻设施的间距可适当减少，玻璃钢冷却塔与相邻设施的间距可不受本表规定的限制；

5 在改、扩建工程中，当受条件限制时，表列间距可适当减少，但不得超过 25%。

5.3.10 污水处理站的布置应符合下列规定：
1 应布置在厂区及居住区全年最小频率风向的上风侧。
2 宜位于厂区地下水流向的下游，且地势较低的地段。
3 宜靠近工厂污水排出口或城乡污水处理厂。

5.3.11 中央试（化）验室的布置应符合下列规定：
1 应布置在散发有害气体、粉尘，以及循环水冷却塔等产生大量水雾设施全年最小频率风向的下风侧。
2 宜有良好的朝向和通风采光条件。
3 与振源的最小间距应符合本规范第 5.2.4 条的规定。

5.3.12 当需设置排水泵站时，其布置应符合下列规定：
1 生活污水泵站应布置在生活污水总排水管的附近。
2 雨水排水泵站应布置在雨水总排水沟（管）出口的附近。

5.3.13 当建设自备热电站时，应布置在靠近热电负荷的中心，且燃料供应便捷的地段。

5.4 修理设施

5.4.1 全厂性修理设施宜集中布置；车间维修设施应在确保生产安全前提下，靠近主要用户布置。

5.4.2 机械修理和电气修理设施应根据其生产性质对环境的要求合理布置，并应有较方便的交通运输条件。

5.4.3 仪表修理设施的布置宜位于环境洁净、干燥的地段，与振源的最小间距应符合本规范第 5.2.4 条的规定。

5.4.4 机车、车辆修理设施的布置应位于机车作业较集中、机车出入较方便的地段，并应避开作业繁忙的咽喉区。

5.4.5 汽车修理设施应根据其修理任务和能力布置，可独立布置在厂区外，也可与汽车库联合布置，并应有相应的车辆停放和破损车斗、轮胎等堆放场地。

5.4.6 建筑维修设施的布置宜位于厂区边缘或厂外独立的地段，并应有必要的露天操作场、堆场和方便的交通运输条件。

5.4.7 矿山用电铲、钎凿设备等检修设施应靠近露天采矿场或井（硐）口布置，并应有必要的露天检修和备件堆放场地。

5.5 运输设施

5.5.1 机车整备设施宜布置在工业企业的主要车站或机车、车辆修理库附近。

5.5.2 电力牵引接触线检修车停放库的布置宜位于企业主要车站的一侧，其附近应有一定的材料堆放场地。

5.5.3 汽车库、停车场的布置应符合现行国家标准《汽车库、修车库、停车场设计防火规范》GB 50067 的有关规定，并宜符合下列规定：
1 宜靠近主要货流出入口或仓库区布置，并应减少空车行程。
2 应避开主要人流出入口和运输繁忙的铁路。
3 加油装置宜布置在汽车主要出入口附近。
4 洗车装置宜布置在汽车库入口附近便于排水除泥处，应避免对周围环境的影响。
5 汽车停车场的面积应根据车型、停放形式及数量确定。

5.5.4 轨道衡的布置应根据车辆称重流水作业的要求和线路及站场布置条件布置，可布置在装卸地点出入口或车场牵出线的道岔区附近、交接场或调车场的外侧，也可布置在进厂联络线的一侧。

5.5.5 汽车衡应布置在有较多称量车辆行驶方向道路的右侧，并应设置一定面积的停车等待场地，且不应影响道路的正常行车。

5.5.6 叉车库和电瓶车库宜靠近用车的库房布置，并宜与库房合并设置。

5.5.7 铁路车站站房应布置在站场中部到发线的一侧。由几个车场组成的车站应布置在位置适中、作业繁忙的地点。

5.5.8 信号楼应布置在便于瞭望、调度作业方便、通信及电力线路引入短捷的地点，并应符合下列规定：
1 信号楼应布置在车站中部或作业繁忙的道岔区一侧。
2 信号楼凸出部分的外墙边缘至最近铁路中心线的间距不宜小于 5m。
3 距正线、高温车通过线的铁路中心线不宜小于 7m。

5.6 仓储设施

5.6.1 仓库与堆场应根据贮存物料的性质、货流出入方向、供应对象、贮存面积、运输方式等因素，按不同类别相对集中布置，并为运输、装卸、管理创造有利条件，且应符合国家现行有关防火、防爆、安全、卫生等标准的规定。

5.6.2 大宗原料、燃料仓库或堆场应按贮用合一的原则布置，并应符合下列规定：
1 应靠近主要用户，运输应方便。
2 应适应机械化装卸作业。
3 易散发粉尘的仓库或堆场应布置在厂区边缘地带，且应位于厂区全年最小频率风向的上风侧。
4 场地应有良好的排水条件。

5.6.3 金属材料库区的布置应远离散发有腐蚀性气体和粉尘的设施，并宜位于散发有腐蚀性气体和粉尘设施的全年最小频率风向的下风侧。

5.6.4 易燃及可燃材料堆场的布置宜位于厂区边缘，并应远离明火及散发火花的地点。

5.6.5 火灾危险性属于甲、乙、丙类液体罐区的布置，应符合下列规定：
1 宜位于企业边缘的安全地带，且地势较低而不窝风的独立地段。
2 应远离明火或散发火花的地点。
3 架空供电线严禁跨越罐区。
4 当靠近江、河、海岸边时，应布置在临江、河、海的城镇、企业、居住区、码头、桥梁的下游和有防泄漏堤的地段，并应采取防止液体流入江、河、海的措施。
5 不应布置在高于相邻装置、车间、全厂性重要设施及人员集中场所的场地，无法避免时，应采取防止液体漫流的安全措施。
6 液化烃罐组或可燃液体罐组不宜紧靠排洪沟布置。

5.6.6 电石库的布置宜位于场地干燥和地下水位较低的地段，不应与循环水冷却塔毗邻布置。电石库与冷却塔之间的最小水平距离应符合本规范第 5.3.9 条的规定。

5.6.7 酸类库区及其装卸设施应布置在易受腐蚀的生产设施或仓储设施的全年最小频率风向的上风侧,宜于厂区边缘且地势较低处,并应位于厂区地下水流向的下游地段。

5.6.8 爆破器材库区的布置应符合现行国家标准《民用爆破器材工程设计安全规范》GB 50089 的有关规定。

5.7 行政办公及其他设施

5.7.1 行政办公及生活服务设施的布置应位于厂区全年最小频率风向的下风侧,并应符合下列规定:
 1 应布置在便于行政办公、环境洁净、靠近主要人流出入口、与城镇和居住区联系方便的位置。
 2 行政办公及生活服务设施的用地面积,不得超过工业项目总用地面积的 7%。

5.7.2 全厂性的生活设施可集中或分区布置。为车间服务的生活设施应靠近人员较多的作业地点,或职工上、下班经由的主要道路附近。

5.7.3 消防站的设置应根据企业的性质、生产规模、火灾危险程度及其所在地区的消防能力等因素确定。凡有条件与城镇或邻近工业企业消防设施协作时,应统一布设,并应符合下列规定:
 1 消防站宜布置在责任区的适中位置,以保证消防车能方便、迅速地到达火灾现场。
 2 消防站的服务半径应以接警起 5 分钟内消防车能到达责任区最远点确定。
 3 消防站布置宜避开厂区主要人流道路,并应远离噪声源。其主体建筑距人员集中的公共建筑的主要疏散口不应小于 50m。
 4 消防站车库正门应朝向城市道路(厂区道路),至城镇规划道路红线(或厂区道路边缘)的距离不宜小于 15m。门应避开管廊、栈桥或其他障碍物,其地面应用混凝土或沥青等材料铺筑,并应向道路方向设 1%~2% 的坡度。

5.7.4 厂区出入口的位置和数量应根据企业的生产规模、总体规划、厂区用地面积及总平面布置等因素综合确定,并应符合下列规定:
 1 出入口的数量不宜少于 2 个。
 2 主要人流出入口宜与主要货流出入口分开设置,并应位于厂区主干道通往居住区或城镇的一侧;主要货流出入口应位于主要货流方向,应靠近运输繁忙的仓库、堆场,并应与外部运输线路连接方便。
 3 铁路出入口应具备良好的瞭望条件。

5.7.5 厂区围墙的结构形式和高度应根据企业性质、规模以及周边环境确定。围墙至建筑物、道路、铁路和排水明沟的最小间距应符合表 5.7.5 的规定。

表 5.7.5 围墙至建筑物、道路、铁路和排水明沟的最小间距(m)

名 称	至围墙最小间距
建筑物	5.0
道路	1.0
准轨铁路(中心线)	5.0
窄轨铁路(中心线)	3.5
排水明沟边缘	1.5

注:1 表中间距除注明者外,围墙自中心线算起;建筑物自最外墙突出边缘算起;道路为城市型时,自路面边缘算起;为公路型时,自路肩外边缘算起。
 2 围墙至建筑物的间距,当条件困难时,可适当减小,当设有消防通道时,其间距不应小于 6m。
 3 传达室、警卫室与围墙的间距不限。
 4 条件困难时,准轨铁路至围墙的间距,当有调车作业时,可为 3.5m;当无调车作业时,可为 3.0m。窄轨铁路至围墙的间距,可分别为 3.0m 和 2.5m。

6 运输线路及码头布置

6.1 一般规定

6.1.1 工业企业的运输线路设计应根据生产工艺要求、货物性质、流向、年运输量、到发作业条件和当地运输系统的现状与规划,以及当地自然条件和协作条件等因素,进行运输方案的比较确定,应选择能满足生产要求、经济合理、安全可靠的运输方式。

6.1.2 改、扩建的工业企业内外部运输应合理利用和改造既有运输线路。

6.1.3 运输线路的布置应符合下列规定:
 1 应满足生产要求,物流应顺畅,线路应短捷,人流、货流组织应合理。
 2 应有利于提高运输效率,改善劳动条件,运行应安全可靠,并应使厂区内、外部运输、装卸、贮存形成完整的、连续的运输系统。
 3 应合理利用地形。
 4 应便于采用先进适用的技术和设备。
 5 经营管理及维修应方便。
 6 运输繁忙的线路应避免平面交叉。

6.1.4 运输及维修设施应社会化。对于运输量大、作业复杂或有特殊要求的货物,需配置专用设备或设施时,应依据充分、数量适当、能量匹配、选型合理、方便维修、定员精减。

6.1.5 工业企业分期建设时,运输线路布置的近期和远期应统一规划、分期实施,并应留有适当的发展余地。

6.2 企业准轨铁路

6.2.1 当工业企业具备下列条件之一时,可修建铁路,但应与其他运输方式进行技术经济比较后确定:
 1 企业近期的年到、发货运量达到 30 万 t 及以上,并可采用铁路运输,且采用铁路运输能满足生产要求时。
 2 虽年货运量达不到本条第 1 款的要求,但到、发货运量达到 30 万 t 的 50% 及以上,且接轨条件好、工程量小、取送作业方便时。
 3 以铁路运输最为安全可靠,或发货、卸车地点已确定采用铁路运输时。
 4 有特殊需要,必须采用铁路运输时。

6.2.2 工业企业铁路线路的布置应符合下列规定:
 1 应满足生产、运输和装卸作业的要求。
 2 厂区内铁路宜集中布置,应满足货流方向和近、远期运量的要求。
 3 对运量大、机车多、作业复杂的工业企业,铁路线路布置宜适应机车分区作业的需要。
 4 道岔宜集中布置。
 5 车间、仓库、堆场的线路宜合并集中与联络线或连接线连接,应力求扇形面积最小。
 6 固体物料装卸线宜布置在该储存设施的边缘。
 7 可燃液体、剧毒的货物或散发粉尘的大宗物料装卸线宜分类集中布置在全厂最小频率风向的上风侧,且应靠近厂区边缘地带。
 8 铁路线路的布置应结合地形、工程地质、水文地质等自然条件,在满足生产和技术要求的条件下,选取线路短、工程量小、干扰少的路线。

6.2.3 有大量装卸作业的工业区、工业企业可根据需要设置主要为其服务的铁路工业站。工业站的布置要求应符合现行国家标准《铁路车站及枢纽设计规范》GB 50091 的有关规定。

6.2.4 工业企业交接站(场)的布置应符合下列规定:

1 应与车流的汇集方向顺流,避免机车车辆出现迂回干扰和折角走行。

2 应简化交接作业程序,避免重复作业。

3 进入工业企业的线路路径应顺直,对路网主要车流干扰应最小,取送作业时,单机走行应最少。

6.2.5 采用车辆交接、取送车组较多或取送距离较远的企业可设置企业站。企业站的布置应符合下列规定:

1 企业站的位置应便于与工业站(或接轨站)联系,应有利于厂区铁路进线,并应减少折角运行。

2 应根据引入线的数量、方向、作业性质、作业量以及工程条件等,选择合理的车站位置和站型,并应留有发展的余地。

3 近期站场及与其有关设施的布置应便于运营和节省投资,并应为将来扩建创造良好的条件。

4 站内各组成部分之间应相互协调,并应减少线路交叉和作业干扰。

5 应缩短机车车辆、列车的走行距离和在站内的停留时间。

6.2.6 工业企业铁路与路网铁路部门之间的交接作业方式应根据经济比选由路、厂双方协商确定。交接作业的地点应符合下列规定:

1 当实行货物交接时,可在企业的装卸线上办理。

2 当实行车辆交接,且工业站与企业站分设时,宜在工业站设交接场办理交接。当双方车间铁路专用线运由铁路部门管理时,在工业站可不设交接场,可在企业站到发场办理交接。

3 当实行车辆交接,且工业站与企业站联设时,可根据车站布置形式在工业站的交接场或双方的到发场办理交接。

6.2.7 工业企业内部可根据生产需要设置其他车站,其他车站的布置应符合下列规定:

1 应根据工业企业总体规划的要求,结合各类生产车间、仓库的布置和作业要求确定车站的分布。

2 应满足铁路技术作业和运输能力的需要。

3 应有适宜地形、工程地质和水文地质等条件。

4 车站应按运量的增长、通过能力和作业的需要分期建设。

6.2.8 露天矿山铁路线路的布置宜有列车换向的条件。沿露天矿采掘场或排土场境界布置时,应确保路基边坡稳定及行车安全的要求。

6.2.9 厂内货物装卸线应与其配套的生产车间、仓库、堆场、装卸站(栈)台相匹配,装卸线的有效长度应按货物运输量、货物品种、作业性质、取送车方式以及一次装卸车数量等因素确定。

6.2.10 货物装卸线应设在直线上,并应符合下列规定:

1 在特别困难条件下,曲线半径不应小于 500m。

2 不靠站台的装卸线(可燃、易燃、危险品的装卸线除外)可设在半径不小于 300m 的曲线上。

3 货物装卸线宜设在平道上,在困难条件下,可设在不大于1.5‰的坡道上。

4 货物装卸线起讫点距离竖曲线始、终点不应小于 15m。

6.2.11 可燃液体、液化烃、剧毒品和各种危险货物的铁路装卸线布置应符合下列规定:

1 宜按品种集中布置在厂区全年最小频率风向的上风侧,并应位于厂区边缘地带。

2 宜按品种设计为专用的尽头式平直线路。当物料性质相近,且每种物料的年运量小于 5 万 t 时,可合用一条卸线,但一条装卸线上不宜超过 3 个品种;液化烃、丙 B 类可燃液体的装卸线宜单独布置。

3 装卸线宜设在平直线路上。困难情况下,可设在半径不小于 500m 的平坡曲线上。

4 装卸线不宜与仓库入口交叉,且不应兼作走行线。

6.2.12 装卸作业区咽喉道岔前方的一段线路的坡度应满足列车启动要求,咽喉道岔前方的一段线路坡度的长度不应小于该作业区最大车组长度、机车长度及列车停车附加距离之和。列车停车的附加距离不应小于 20m。

6.2.13 厂内线不宜设置缓和曲线;当有条件时,正线和联络线宜设置长度为 30m 和 20m 的缓和曲线。

6.2.14 洗罐站所辖的各种线路应根据洗罐工艺配置。线路布置应满足洗罐作业要求,其待洗线、停放线和取送线宜与企业车站及存车线结合布置。

6.2.15 火灾危险性属于甲、乙类的液体和液化烃,以及腐蚀、剧毒物品的装卸线和库内线等防护装置的设置应符合现行国家标准《化工企业总图运输设计规范》GB 50489 的有关规定。

6.2.16 民用爆破器材装卸线的布置应符合现行国家标准《民用爆破器材工程设计安全规范》GB 50089 的有关规定。

6.2.17 尽头式铁路线的末端应设置车挡和车挡表示器。车挡前的附加距离与车挡后的安全距离应符合下列规定:

1 普通货物装卸站台(或栈桥)的末端至车挡的附加距离不应小于 10m,困难条件下,可小于 10m;可燃液体、液化烃和危险品的装卸线的末端至车挡的附加距离不应小于 20m。

2 厂房与仓库内采用弹簧式车挡或金属车挡的线路,附加距离不宜小于 5m。

3 车挡后面的安全距离,厂房(库房)内不应小于 6m;露天不应小于 15m;车挡后面的安全距离内不应修建建筑物、构筑物或安装设备;车挡外延 30m 的范围内,不宜布置生产、使用、贮存液化烃、可燃液体、危险品和剧毒品的设施,以及全厂性的架空管廊的支柱。

6.2.18 轨道衡线的布置应符合下列规定:

1 轨道衡线应采用通过式布置,轨道衡线的长度应根据线路配置和轨道衡的类型、称重方式、一次称重最多车辆数等条件确定。

2 轨道衡两端应设为平坡直线段,并应加强其中紧靠衡器两端线路的轨道。平坡直线段和加强轨道的长度应符合轨道衡的技术要求,加强轨道的长度不应小于 25m。

6.3 企业窄轨铁路

6.3.1 窄轨铁路设计应采用 600mm、762mm、900mm 三种轨距,同一企业铁路,轨距宜统一,同类设备型号宜一致。

6.3.2 窄轨铁路等级应按表 6.3.2 的规定划分。

表 6.3.2 窄轨铁路等级

线路类别	铁路等级	单线重车方向年运量(万 t/a) 铁路轨距(mm)		
		900	762	600
厂(场)外运输	I	>250	200~150	—
	II	250~150	<150~50	50~30
	III	<150	<50	<30
厂(场)内运输或移动线路		不分等级		

6.3.3 运输线路布置除应符合本规范第 6.1.3 条和第 6.2.2 条的规定外,尚应符合下列规定:

1 宜避开有开采价值的矿藏地段,当线路必须设置在采空区或井田上时,应按各行业矿山开采规程规定的保护等级,留设安全保护矿柱。

2 线路走向宜结合井田界和开发部署,宜集中布置。

6.3.4 线路平面和纵断面设计应在保证行车安全、迅速的前提下,采用较高的技术指标,不应轻易采用最小指标或低限指标,并应符合下列规定:

1 区间线路及厂(场)内或移动线路的最小平曲线半径应合表 6.3.4-1 的规定;圆曲线的长度和相邻曲线间的夹直线长度,600mm 轨距铁路不宜小于 10m,762mm(900mm)轨距铁路不宜小于 20m;困难条件下,均不得小于一台机车或一辆车辆的长度。

2 车站正线、到发线和装(卸)车线应设在直线上,在困难条件下,除装(卸)车线在装卸点范围内的地段外,可设在半径不小于表 6.3.4-1 规定的同向曲线上。

表 6.3.4-1 窄轨铁路最小平曲线半径(m)

线路名称或等级		固定轴距≤2.0m		固定轴距 2.1m～3.2m
		铁路轨距(mm)		
		600	762、900	762、900
区间线路	Ⅰ	—	100	120
	Ⅱ	50	80	100
	Ⅲ	30	60	80
车站	有调车作业	100	200	250
	无调车作业	80	150	200
厂(场)内或移动线路		不小于固定轴距的10倍		不小于固定轴距的20倍

注：区间线路及车站在特别困难条件下的地段可按表中规定降低一级。

3 道岔区应设在直线上，道岔后连接曲线的半径不应小于该道岔的导曲线半径。

4 窄轨铁路最大纵坡应符合表 6.3.4-2 的规定；线路纵断面的坡段长度不宜小于设计采用的最大列车长度，在困难条件下，不得小于最大列车长度的 1/2。

表 6.3.4-2 窄轨铁路最大纵坡(‰)

线 路 名 称		铁路轨距(mm)	
		600	762、900
区间线路	Ⅰ	—	12
	Ⅱ	12	15
	Ⅲ	15	18
车站	有摘挂钩作业	5	4
	无摘挂钩作业	8	6
厂(场)内或移动线路		空车线10、重车线7	

6.3.5 运输爆炸材料列车的行驶速度不得超过 7km/h，并不得同时运送其他物品和工具。

6.3.6 厂内线不宜设置缓和曲线，行车速度大于 30km/h 的正线、联络线应设置长度不小于 10m 的缓和曲线。

6.3.7 窄轨铁路与道路平面交叉道口的设置应符合下列规定：

1 道口应设置在瞭望条件良好的直线地段，并应按级别设置安全标志和设施。

2 道口不宜设在道岔区或站场范围内以及调车作业繁忙的线路上，并不得设在道岔尖轨处。

3 道口两侧道路，当为厂内主干道和次干道时，从最外股钢轨外侧算起，两侧各应有长度不小于 10m(不包括竖曲线长度)的平道。当受地形等条件限制时，可采用纵坡不大于 2% 的平缓路段。连接平道或平缓路段的道路纵坡不宜大于 3%，困难地段不应大于 5%。

6.3.8 装、卸车站站型应根据运量、产品种类、车流组织、取送车作业方式、地形、地质和厂(场)区总平面布置等因素进行设计，并应根据具体情况留有发展的条件。

6.3.9 窄轨铁路设计应符合国家现行有关设计标准的规定；有路网机车进入厂(场)区的铁路，应符合现行国家标准《工业企业标准轨距铁路设计规范》GBJ 12 的有关规定。

6.3.10 站场平、纵断面应满足装车、卸车及计量等设施对线路的要求，并应符合下列规定：

1 轨道衡线应布置在平坡直线段上，平坡直线段不应小于 10m。

2 列车停车的附加距离不应小于 10m，困难条件下，厂(场)内线不应小于 5m。

6.3.11 承担井工开采矿山及选矿后精矿运输的车辆，宜选用固定式矿车。

6.3.12 场外窄轨铁路的牵引种类宜采用架线电力机车或内燃机车。

6.3.13 铁路机车、车辆的日常检修和维修可独立设置，也可由企业修理车间承担。

6.4 道 路

6.4.1 企业内道路的布置应符合下列规定：

1 应满足生产、运输、安装、检修、消防安全和施工的要求。

2 应有利于功能分区和街区的划分，并应与总平面布置相协调。

3 道路的走向宜与区内主要建筑物、构筑物轴线平行或垂直，并应呈环形布置。

4 应与竖向设计相协调，应有利于场地及道路的雨水排除。

5 与厂外道路应连接方便、快捷。

6 洁净厂房周围宜设置环形消防车道，环形消防车道可利用交通道路设置，有困难时，可沿厂房的两个长边设置消防车道。

7 液化烃、可燃液体、可燃气体的罐区内，任何储罐中心与消防车道的距离应符合现行国家标准《石油化工企业设计防火规范》GB 50160 的有关规定。

8 施工道路应与永久性道路相结合。

6.4.2 露天矿山道路的布置应符合下列规定：

1 应满足开采工艺和顺序的要求，线路运输距离应短。

2 沿采场或排土场边缘布置时，应满足路基边坡稳定、装卸作业、生产安全的要求，并应采取防止大块石滚落的措施。

3 深挖露天矿应结合开拓运输方案，合理选择出入口的位置，并应减少扩帮量。

6.4.3 厂内道路的形式可分为城市型、公路型和混合型。其类型选择宜符合下列规定：

1 全厂宜采用同一种类型，也可分区采用不同类型。

2 行政办公区及对环境有较高要求的生活设施和生产车间附近的道路、厂中心地带人流活动较多的地段，宜采用城市型。

3 厂区边缘及傍山地带的道路、储罐区、人流较少或场地高差较大的地段，以及与铁路连续平交的道路，宜采用公路型。

4 其他不适合采用城市型、公路型的道路，可采用混合型。

5 厂区道路的类型还应与城乡现有道路的类型相协调。

6.4.4 厂内道路路面等级应与道路类型相适应，应根据生产特点、使用要求和当地的气候、路基状况、材料供应和施工条件等因素确定，并应符合下列规定：

1 厂内主干道和次干道可采用高级或次高级路面，路面的面层宜采用同一种类型，车间引道可与其相连的道路采用相同面层类型。

2 防尘、防振、防噪声要求较高的路段宜选用沥青路面。

3 防腐要求较高的路段应选用耐腐蚀的路面。

4 对沥青产生侵蚀、溶解作用或有防火要求的路段，不宜采用沥青路面。

5 地下管线穿埋较多的路段宜采用混凝土预制块或块石路面。

6 所选路面类型不宜过多。

6.4.5 厂内道路路面宽度应根据车辆、行人通行和消防需要确定，并宜按现行国家标准《厂矿道路设计规范》GBJ 22 的有关规定执行。

6.4.6 厂内道路最小圆曲线半径不得小于 15m。厂内道路交叉口路面内边缘转弯半径应按现行国家标准《厂矿道路设计规范》GBJ 22 的有关规定执行，并应符合下列规定：

1 当车流量不大时，除陡坡处外的车间引道及场地条件困难的主、次干道和支道，交叉口路面内边缘最小转弯半径可减少 3m。

2 行驶超长的特种载重汽车时，交叉口路面内边缘最小转弯半径应根据车型计算确定。

6.4.7 厂内道路应设置交通标志，交通标志的形状、尺寸、颜色、图形以及位置应符合现行国家标准《道路交通标志和标线》GB 5768 的有关规定。

6.4.8 车间、生产装置、仓库、堆场、装卸站(栈)台及货位的主要出入口，应设置宽度相适应的通道满足汽车通行要求。

6.4.9 尽头式道路应设置回车场，回车场的大小应根据汽车最小转弯半径和道路路面宽度确定。

6.4.10 汽车衡应布置在道路的平坡直线段,其进车端道路平坡直线段的长度不宜小于 2 辆车长,困难条件下,不应小于 1 辆车长;出车端的道路应有不小于 1 辆车长的平坡直线段。

6.4.11 消防车道的布置应符合下列规定:
1 道路宜呈环形布置。
2 车道宽度不应小于 4.0m。
3 应避免与铁路平交。必须平交时,应设备用车道,且两车道之间的距离不小于进入厂内最长列车的长度。

6.4.12 人行道的布置应符合下列规定:
1 人行道的宽度不宜小于 1.0m;沿主干道布置时,不宜小于 1.5m。人行道的宽度超过 1.5m 时,宜按 0.5m 倍数递增。
2 人行道边缘至建筑物外墙的净距,当屋面有组织排水时,不小于 1.0m;当屋面无组织排水时,不宜小于 1.5m。
3 当人行道的边缘至准轨铁路中心线的距离小于 3.75m 时,其靠近铁路线路侧应设置防护栏杆。

6.4.13 厂区内道路的相互交叉宜采用平面交叉。平面交叉应设置在直线路段上,并宜正交。当需要斜交时,交叉角不宜小于 45°,并应符合下列规定:
1 露天矿山道路受地形等条件限制时,交叉角可适当减小。
2 道路交叉处对道路纵坡的要求可按现行国家标准《厂矿道路设计规范》GBJ 22 的有关规定执行。

6.4.14 厂内道路与铁路线路交叉时,应设置道口。道口的设置应符合现行国家标准《工业企业厂内铁路、道路运输安全规程》GB 4387 的有关规定。

6.4.15 厂区道路与铁路线路交叉,具有下列条件之一时,应设置立体交叉:
1 当地形条件适宜铁路与道路设置立体交叉,且采用平面交叉危及行车安全时。
2 经常运输特种货物及其他危险货物或有特殊要求时。
3 当昼间 12h 道路双向换算标准载重汽车超过 1400 辆,昼间 12h 铁路列车通过道口的封闭时间超过 1h,且经技术经济比较合理时。

6.4.16 当人流干道与货流干道或作业繁忙的铁路线路必须交叉时,应设置人行天桥跨越或地道穿行通过。

6.4.17 厂内道路边缘至建筑物、构筑物的最小距离应符合表 6.4.17 的规定。

表 6.4.17 厂内道路边缘至建筑物、构筑物的最小距离(m)

序号	建筑物、构筑物名称	最小距离
1	建筑物、构筑物外面:	
	面向道路一侧无出入口	1.50
	面向道路一侧有出入口,但不通汽车	3.00
	面向道路一侧有出入口,且通汽车	6.00~9.00(根据车型)
2	标准轨距铁路(中心线)	3.75
3	各种管架及构筑物支架(外边缘)	1.00
4	照明电杆(中心线)	0.50
5	围墙(内边缘)	1.00

注:表中距离,城市型道路自路面边缘算起,公路型道路自路肩边缘算起,照明电杆自路面边缘算起。

6.5 企业码头

6.5.1 企业码头的总平面布置应根据工业企业的总体规划、当地水路运输发展规划和码头工艺要求,结合自然条件,合理安排水域和陆域各项设施,并应使各组成部分相协调。

6.5.2 企业码头的总平面布置应合理利用岸线资源,应保护环境和减少污染,并应符合下列规定:
1 对环境影响较大的专业码头,宜布置在生产装置、公用工程设施和居住区全年最小频率风向的上风侧。
2 应节约集约用地,有条件时,应结合码头建设工程需要,填海造地。

6.5.3 可燃液体、液化烃和其他危险品码头应位于临江、河、湖、海的城镇、居民区、工厂、船厂及重要桥梁、大型锚地等的下游。码头与其他建筑物、构筑物的安全距离应符合现行国家有关港口工程设计标准的规定。

6.5.4 剧毒品或其他对水体有可能造成污染的码头应位于水源地的下游,并应满足水源地的卫生防护(火)要求。

6.5.5 码头的水域布置应符合下列规定:
1 码头前沿的高程应根据泊位性质、船型、装卸工艺、船舶系统、水文、气象条件、防汛要求和掩护程度等因素确定,并应与码头的设防标准一致,应保证在设计高水位的情况下,码头仍能正常作业和前后方高程的合理衔接。
2 码头前沿的设计水深应保证在设计低水位时,设计船型能在满载情况下安全靠离码头。
3 码头水域的布置应满足船舶安全靠离、系缆和装卸作业的要求。
4 装卸可燃液体和液化烃的专用码头与其他货种码头的安全距离不应小于表 6.5.5 的规定。

表 6.5.5 可燃液体和液化烃的专用码头与其他货种码头的安全距离

类 别	安 全 距 离(m)
甲(闪点<28℃)	150
乙(28℃≤闪点<60℃)	
丙(60℃≤闪点<120℃)	50

注:1 可燃液体和液化烃的专用码头相邻泊位的船舶间的最小安全距离应按现行国家标准《石油化工企业设计防火规范》GB 50160 的有关规定执行;
2 可燃液体和液化烃的专用码头与其他码头或建筑物、构筑物的最小安全距离应按现行行业标准《装卸油品码头防火设计规范》JTJ 237 的有关规定执行;
3 液化天然气和液化石油气的专用码头相邻泊位的船舶间的最小安全距离按现行行业标准《液化天然气码头设计规范》JTS 165-5 的有关规定执行。

6.5.6 码头的陆域布置应符合下列规定:
1 码头陆域应按生产区、辅助区和生活区等使用功能分区布置。
2 生产性建筑物和主要辅助生产建筑物宜布置在陆域前方的生产区,其他辅助生产建筑物及辅助生活建筑物宜布置在陆域后方的辅助区,使用功能相近的辅助生产和辅助生活建筑物宜集中组合布置。
3 码头陆域布置应结合装卸工艺和自然条件合理布置各种运输系统,并应合理组织货流和人流。
4 物料运输应顺畅,路径应短捷。当装卸船舶和货采用无轨车辆直接转运时,进出码头平台或趸船的通道不宜少于 2 条,且场地道路宜采用环形布置。
5 陆域场地的设计标高应与码头前沿高程相适应,其场地坡度宜采用 5‰~10‰,地面排水坡度不应小于 5‰。

6.6 其他运输

6.6.1 输送管道、带式输送机及架空索道等线路的布置应符合下列规定:
1 应充分利用地形,线路应短捷,并减少中间转角。
2 沿线宜布置供维修和检查所必需的道路。
3 厂内敷设的输送管道和带式输送机等的布置应有利于厂容,并宜沿道路或平行于主要建筑物、构筑物轴线布置。架空敷设时,不应妨碍建筑物自然采光或通风;地面敷设时,不应影响交通。

6.6.2 输送管道的起点泵站、中间加压、加热站及终点接收站均应有道路相通。

6.6.3 输送管道、带式输送机跨越铁路、道路布置时,宜采用正交,当必须斜交时,其交叉角不宜小于 45°,并应符合现行国家标准《标准轨距铁路建筑限界》GB 146.2 和《厂矿道路设计规范》

GBJ 22 对建筑限界的有关规定。

6.6.4 架空索道线路的布置应符合下列规定：

1 架空索道线路应避开滑坡、雪崩、沼泽、泥石流、喀斯特等不良工程地质区和采矿崩落影响区；当受条件限制不能避开时，站房及支架应采取可靠的工程措施。

2 架空索道线路不宜跨越厂区和居住区，也不宜多次跨越铁路、公路、航道和架空电力线路。当索道必须跨越厂区和居住区时，应设安全保护设施。

3 在大风地区，宜减少索道线路与盛行风向之间的夹角。

4 架空索道线路与有关设施的最小间距应符合现行国家标准《架空索道工程技术规范》GB 50127 的有关规定。

7 竖向设计

7.1 一般规定

7.1.1 竖向设计应与总平面布置同时进行，并应与厂区外现有和规划的运输线路、排水系统、周围场地标高等相协调。竖向设计方案应根据生产、运输、防洪、排水、管线敷设及土（石）方工程等要求，结合地形和地质条件进行综合比较后确定。

7.1.2 竖向设计应符合下列规定：

1 应满足生产、运输要求。

2 应有利于节约集约用地。

3 应使厂区不被洪水、潮水及内涝水威胁。

4 应合理利用自然地形，应减少土（石）方，建筑物、构筑物基础、护坡和挡土墙等工程量。

5 填、挖方工程应防止产生滑坡、塌方。山区建厂应注意保护山坡植被，以避免水土流失、泥石流等自然灾害。

6 应充分利用和保护现有排水系统。当必须改变现有排水系统时，应保证新的排水系统水流顺畅。

7 应与城镇景观及厂区景观相协调。

8 分期建设的工程，在场地标高、运输线路坡度、排水系统等方面，应使近期与远期工程相协调。

9 改、扩建工程应与现有场地竖向相协调。

7.1.3 竖向设计形式应根据场地的地形和地质条件、厂区面积、建筑物大小、生产工艺、运输方式、建筑密度、管线敷设、施工方法等因素合理确定，可采用平坡式或阶梯式。

7.1.4 场地平整可采用连续式或重点式，并应根据地形和地质条件、建筑物及管线和运输线路密度等因素合理确定。

7.2 设计标高的确定

7.2.1 场地设计标高的确定应符合下列规定：

1 应满足防洪水、防潮水和排除内涝水的要求。

2 应与所在城镇、相邻企业和居住区的标高相适应。

3 应方便生产联系、运输及满足排水要求。

4 在满足本条第 1 款～第 3 款要求的前提下，应使土（石）方工程量小，填方、挖方应接近平衡，运输距离短。

7.2.2 布置在受江、河、湖、海的洪水、潮水或内涝水威胁的工业企业的场地设计标高应符合下列规定：

1 工业企业的防洪标准应根据工业企业的等级和现行国家标准《防洪标准》GB 50201 的有关规定确定。

2 场地设计标高应按防洪标准确定洪水重现期的计算水位加不小于 0.50m 安全超高值。

3 当按第 2 款确定的场地设计标高，填方量大，经技术经济比较合理时，可采用设防洪（潮）堤、坝的方案。场地设计标高应高于厂区周围汇水区域内的设计频率内涝水位；当可采用可靠的防、排内涝措施，消除内涝水威胁后，对场地设计标高不作规定。

7.2.3 场地的平整坡度应有利排水，最大坡度应根据土质、植被、铺砌、运输等条件确定。

7.2.4 建筑物的室内地坪标高应高出室外场地地面设计标高，且不应小于 0.15m。建筑物位于排水条件不良地段和有特殊防潮要求、有贵重设备或受淹后损失大的车间和仓库，高填方或软土地基的地段应根据需要加大建筑物的室内、外高差。有运输要求的建筑物室内地坪标高应与运输线路标高相协调。在满足生产和运输条件下，建筑物的室内地坪可做成台阶。

7.2.5 厂内外铁路、道路、排水设施等连接点标高的确定应统筹兼顾运输线路平面、纵断面的合理性。厂区出入口的路面标高宜高出厂外路面标高。

7.3 阶梯式竖向设计

7.3.1 台阶的划分应符合下列规定：

1 应与地形及总平面布置相适应。

2 生产联系密切的建筑物、构筑物应布置在同一台阶或相邻台阶上。

3 台阶的长边宜平行等高线布置。

4 台阶的宽度应满足建筑物和构筑物、运输线路、管线和绿化等布置要求，以及操作、检修、消防和施工等需要。

5 台阶的高度应按生产要求及地形和工程地质、水文地质条件，结合台阶间的运输联系和基础埋深等综合因素确定，并不宜高于 4m。

7.3.2 相邻的台阶之间应采用自然放坡、护坡或挡土墙等连接方式，并应根据场地条件、地质条件、台阶高度、景观、荷载和卫生要求等因素，进行综合技术经济比较后合理确定。

7.3.3 台阶距建筑物、构筑物的距离除应符合本规范第 7.3.1 条第 4 款的要求外，还应符合下列规定：

1 台阶坡脚至建筑物、构筑物的距离尚应满足采光、通风、排水及开挖基槽对边坡或挡土墙的稳定性要求，且不应小于 2.0m。

2 台阶坡顶至建筑物、构筑物的距离尚应防止建筑物、构筑物基础侧压力对边坡或挡土墙的影响。位于稳定土坡顶上的建筑物、构筑物，当垂直于坡顶边缘的基础底面边长小于或等于 3.0m 时，其基础底面外边线至坡顶的水平距离（图 7.3.3）应按下列公式计算，且不得小于 2.5m：

条形基础：$a \geq 3.5b - \dfrac{d}{\tan\beta}$ (7.3.3-1)

矩形基础：$a \geq 2.5b - \dfrac{d}{\tan\beta}$ (7.3.3-2)

式中：a——基础底面外边线至坡顶的水平距离(m)；
b——垂直于坡顶边线的基础底面边长(m)；
d——基础埋置深度(m)；
β——边坡坡角(°)。

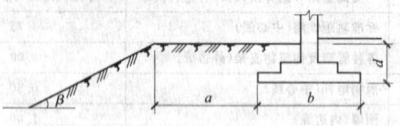

图 7.3.3 基础底面外边缘线至坡顶的水平距离示意

3 当基础底面外边缘线至坡顶的水平距离不能满足本条第 1 款和第 2 款的要求时，可根据基底平均压力按现行国家标准《建筑地基基础设计规范》GB 50007 的有关规定确定基础至坡顶边缘的距离和基础埋深。

4 当边坡坡角大于 45°、坡高大于 8m 时，尚应按现行国家标准《建筑地基基础设计规范》GB 50007 的有关规定进行坡体稳定性验算。

7.3.4 场地挖方、填方边坡的坡度允许值应根据地质条件、边坡高度和拟采用的施工方法，结合当地的实际经验确定，并应符合下列规定：

1 在岩石边坡整体稳定的条件下，岩石边坡的开挖坡度允许值应根据当地经验按工程类比的原则，并结合本地区已有稳定边坡的坡度值加以确定。对无外倾软弱结构面的边坡可按表7.3.4-1确定。

表7.3.4-1 岩石边坡坡度允许值

边坡岩体类型	风化程度	坡度允许值（高宽比）		
		$H<8m$	$8m \leqslant H<15m$	$15m \leqslant H<25m$
Ⅰ类	微风化	1:0.00～1:0.10	1:0.10～1:0.15	1:0.15～1:0.25
	中等风化	1:0.10～1:0.15	1:0.15～1:0.25	1:0.25～1:0.35
Ⅱ类	微风化	1:0.10～1:0.15	1:0.15～1:0.25	1:0.25～1:0.35
	中等风化	1:0.15～1:0.25	1:0.25～1:0.35	1:0.35～1:0.50
Ⅲ类	微风化	1:0.25～1:0.35	1:0.35～1:0.50	—
	中等风化	1:0.35～1:0.50	1:0.50～1:0.75	—
Ⅳ类	中等风化	1:0.50～1:0.75	1:0.75～1:1.00	—
	强风化	1:0.75～1:1.00		

注：1 Ⅳ类强风化包括各种风化程度的极软岩；
  2 表中 H 为边坡高度。

  2 挖方边坡在山坡稳定、地质条件良好、土（岩）质比较均匀时，其坡度可按表7.3.4-2确定。下列情况之一时，挖方边坡的坡度允许值应另行计算：
   1）边坡的高度大于表7.3.4-2的规定；
   2）地下水比较发育或具有软弱结构面的倾斜地层。

表7.3.4-2 挖方土质边坡坡度允许值

土的类别	密实度或状态	坡度允许值（高宽比）	
		$H<5m$	$5m \leqslant H<10m$
碎石土	密实	1:0.35～1:0.50	1:0.50～1:0.75
	中密	1:0.50～1:0.75	1:0.75～1:1.00
	稍密	1:0.75～1:1.00	1:1.00～1:1.25
黏性土	坚硬	1:0.75～1:1.00	1:1.00～1:1.25
	硬塑	1:1.00～1:1.25	1:1.25～1:1.50

注：1 表中碎石土的充填物为坚硬或硬塑状态的黏性土；
  2 对砂土或充填物为砂土的碎石土，其边坡坡度允许值均按自然休止角确定。

  3 填方边坡，基底地质良好时，其边坡坡度可按表7.3.4-3确定。

表7.3.4-3 填方边坡坡度允许值

填料类别	边坡最大高度(m)			边坡坡度		
	全部高度	上部高度	下部高度	全部坡度	上部坡度	下部坡度
黏性土	20	8	12		1:1.5	1:1.75
砾石土、粗砂、中砂	12			1:1.5		
碎石土、卵石土	20	12	8		1:1.5	1:1.75
不易风化的石块	8			1:1.3		
	20			1:1.5		

注：1 用大于25cm的石块填筑路堤，且边坡采用干砌时，其边坡坡度应根据具体情况确定；
  2 在地面横坡陡于1:1.5的山坡上填方时，应将原地面挖成台阶，台阶宽度不宜小于1m。

  4 边坡坡度还应符合现行国家标准《建筑边坡工程技术规范》GB 50330的有关规定。

7.3.5 铁路、道路的路堤和路堑边坡应分别符合现行国家标准《工业企业标准轨距铁路设计规范》GBJ 12和《厂矿道路设计规范》GBJ 22的有关规定；建筑地段的挖方和填方边坡的坡度允许值应符合现行国家标准《建筑地基基础设计规范》GB 50007的有关规定。

7.4 场地排水

7.4.1 场地应有完整、有效的雨水排除系统。场地雨水的排除方式应结合工业企业所在地区的雨水排除方式、建筑密度、环境卫生要求、地质和气候条件等因素，合理选择暗管、明沟或地面自然排渗等方式，并应符合下列规定：
  1 厂区雨水排水管、沟应与厂外排雨水系统相衔接，场地雨水不得任意排至厂外。
  2 有条件的工业企业应建立雨水收集系统，应对收集的雨水充分利用。
  3 厂区雨水宜采用暗管排水。

7.4.2 场地雨水排水设计流量计算应符合现行国家标准《室外排水设计规范》GB 50014的有关规定。

7.4.3 当采用明沟排水时，排水沟宜沿铁路、道路布置，并宜避免与其交叉。排出厂外的雨水不得对其他工程设施或农田造成危害。

7.4.4 排水明沟的铺砌方式应根据所处地段的土质和流速等情况确定，并应符合下列规定：
  1 厂区明沟宜加铺砌。
  2 对厂容、卫生和安全要求较高的地段，尚应铺设盖板。
  3 矿山及厂区的边缘地段可采用土明沟。

7.4.5 场地的排水明沟宜采用矩形或梯形断面，并应符合下列规定：
  1 明沟起点的深度不宜小于0.2m，矩形明沟的沟底宽度不宜小于0.4m，梯形明沟的沟底宽度不宜小于0.3m。
  2 明沟的纵坡不宜小于3‰；在地形平坦的困难地段，不宜小于2‰。
  3 按流量计算的明沟，沟顶应高于计算水位0.2m以上。

7.4.6 当采用暗管排水时，雨水口的设置应符合下列规定：
  1 雨水口应位于集水方便、与雨水管道有良好连接条件的地段。
  2 雨水口的间距宜为25m～50m。当道路纵坡大于2%时，雨水口的间距可大于50m。
  3 雨水口的形式、数量和布置应根据具体情况和汇水面积计算确定。当道路的坡段较短时，可在最低点处集中收水，其雨水口的数量应适当增加。
  4 当道路交叉口为最低标高时，应合理布置和增设雨水口。

7.4.7 在山坡地带建厂时，应在厂区上方设置山坡截水沟，并应在坡脚设置排水沟，同时应符合下列规定：
  1 截水沟至厂区挖方坡顶的距离不宜小于5m。
  2 当挖方边坡不高或截水沟铺砌加固时，截水沟至厂区挖方坡顶的距离不应小于2.5m。
  3 截水沟不应穿过厂区。当确有困难，必须穿过时，应从建筑密度较小的地段穿过。穿过地段的截水沟应加铺砌，并应确保厂区不受水害。

7.5 土（石）方工程

7.5.1 场地平整中，表土处理应符合下列规定：
  1 填方地段基底较好的表土应碾压密实后，再进行填土。
  2 建筑物、构筑物、铁路、道路和管线的填方地段，当表层为有机质含量大于8%的耕土或表土、淤泥或腐殖土等时，应先挖除或处理后再填土。
  3 场地平整时，宜先将表层耕土挖出，集中堆放，可用于绿化及覆土造田，并应将其计入土（石）方工程量中。

7.5.2 场地平整时，填方地段应分层压实。黏性土的填方压实度，建筑地段不应小于0.9，近期预留地段不应小于0.85。

7.5.3 土（石）方量的平衡除应包括场地平整的土（石）方外，尚应包括建筑物、构筑物基础及室内回填土、地下构筑物、管线沟槽、排水沟、铁路、道路等工程的土方量、表土（腐殖土、淤泥等）的清除和回填量，以及土（石）方松散量。土壤松散系数应符合本规范附录A的规定，并宜符合下列规定：
  1 在厂区边缘和暂不使用的填方地段，可利用投产后适于填筑场地的生产废料逐步填筑。

2 矿山场地和运输线路路基的填方，有条件时，宜利用废石（土）填筑。

3 余土堆存或弃置应妥善处置，不得危害环境及农田水利设施。

7.5.4 场地平整土(石)方的施工及质量应符合现行国家标准《岩土工程勘察规范》GB 50021 和《建筑地基基础工程施工质量验收规范》GB 50202 的有关规定。

8 管线综合布置

8.1 一般规定

8.1.1 管线综合布置应与工业企业总平面布置、竖向设计和绿化布置相结合，统一规划。管线之间、管线与建筑物、构筑物、道路、铁路等之间在平面及竖向上应相互协调、紧凑合理、节约集约用地、整洁有序。

8.1.2 管线敷设方式应根据管线内介质的性质、工艺和材质要求、生产安全、交通运输、施工检修和厂区条件等因素，结合工程的具体情况，经技术经济比较后综合确定，并应符合下列规定：

1 有可燃性、爆炸危险性、毒性及腐蚀性介质的管道，宜采用地上敷设。

2 在散发比空气重的可燃、有毒性气体的场所，不应采用管沟敷设；必须采用管沟敷设时，应采取防止可燃气体在管沟内积聚的措施。

8.1.3 管线综合布置应在满足生产、安全、检修的条件下节约集约用地。当条件允许、经技术经济比较合理时，应采用共架、共沟布置。

8.1.4 管线综合布置时，宜将管线布置在规划的管线通道内，管线通道应与道路、建筑红线平行布置。

8.1.5 管线综合布置应减少管线与铁路、道路交叉。当管线与铁路、道路交叉时，应力求正交，在困难条件下，其交叉角不宜小于45°。

8.1.6 山区建厂，管线敷设应充分利用地形，并应避免山洪、泥石流及其他不良地质的危害。

8.1.7 具有可燃性、爆炸危险性及有毒性介质的管道不应穿越与其无关的建筑物、构筑物、生产装置、辅助生产及仓储设施、贮罐区等。

8.1.8 分期建设的工业企业，管线布置应全面规划、近期集中、远近结合。近期管线穿越远期用地时，不得影响远期用地的使用。

8.1.9 管线综合布置时，干管应布置在用户较多或支管较多的一侧，也可将管线分类布置在管线通道内。管线综合布置宜按下列顺序，自建筑红线向道路方向布置：

1 电信电缆。

2 电力电缆。

3 热力管道。

4 各种工艺管道及压缩空气、氧气、氮气、乙炔气、煤气等管道、管廊或管架。

5 生产及生活给水管道。

6 工业废水(生产废水及生产污水)管道。

7 生活污水管道。

8 消防水管道。

9 雨水排水管道。

10 照明及电信杆柱。

8.1.10 改、扩建工程中的管线综合布置不应妨碍现有管线的正常使用。当管线间距不能满足本规范表 8.2.10～表 8.2.12 的规定时，可在采取有效措施后适当缩小，但应保证生产安全，并满足施工及检修要求。

8.1.11 矿区管线的布置，应在开采塌落(错动)界限以外，并应留有必要的安全距离；直接进入采矿场的管线应避开正面爆破方向。

8.2 地下管线

8.2.1 类别相同和埋深相近的地下管线、管沟应集中平行布置，但不应平行重叠敷设。

8.2.2 地下管线和管沟不应布置在建筑物、构筑物的基础压力影响范围内，并应避免管线、管沟在施工和检修开挖时影响建筑物、构筑物基础。

8.2.3 地下管线和管沟不应平行敷设在铁路下面，并不宜平行敷设在道路下面。在确有困难必须敷设时，可将检修少或检修时对路面损坏小的管线敷设在路面下，并应符合国家现行有关设计标准的规定。

8.2.4 地下管线综合布置时，应符合下列规定：

1 压力管让自流管。

2 管径小的应让管径大的。

3 易弯曲的应让不易弯曲的。

4 临时性的应让永久性的。

5 工程量小的应让工程量大的。

6 新建的应让现有的。

7 施工、检修方便的或次数少的应让施工、检修不方便的或次数多的。

8.2.5 地下管线交叉布置时，应符合下列规定：

1 给水管道应在排水管道上面。

2 可燃气体管道应在除热力管道外的其他管道上面。

3 电力电缆应在热力管道下面、其他管道上面。

4 氧气管道应在可燃气体管道下面、其他管道上面。

5 有腐蚀性介质的管道及碱性、酸性介质的排水管道应在其他管道下面。

6 热力管道应在可燃气体管道及给水管道上面。

8.2.6 地下管线(沟)穿越铁路、道路时，管顶或沟盖板顶覆土厚度应根据其上面荷载的大小及分布、管材强度及土壤冻结深度等条件确定，并应符合下列规定：

1 管顶或沟盖板顶至铁路轨底的垂直净距不应小于1.2m。

2 管顶至道路路面结构层底的垂直净距不应小于0.5m。

3 当不能满足本条第1款和第2款的要求时，应加防护套管或设管沟。在保证路基稳定的条件下，套管或管沟两端应伸出下列界线以外至少1.0m：

  1)铁路路肩或路堤坡脚线。

  2)城市型道路路面、公路型道路路肩或路堤坡脚线。

  3)铁路或道路的路边排水沟沟边。

8.2.7 地下管线不应敷设在有腐蚀性物料的包装或灌装、堆存及装卸场地的下面，并应符合下列规定：

1 地下管线距有腐蚀性物料的包装或灌装、堆存及装卸场地的边界水平距离不应小于2m。

2 应避免布置在有腐蚀性物料的包装或灌装、堆存及装卸场地地下水的下游，当不可避免时，其距离不应小于4m。

8.2.8 管线共沟敷设应符合下列规定：

1 热力管道不应与电力、电信电缆和物料压力管道共沟。

2 排水管道应布置在沟底。当沟内有腐蚀性介质管道时，排水管道应位于腐蚀性介质管道上面。

3 腐蚀性介质管道的标高应低于沟内其他管线。

4 液化烃、可燃液体、可燃气体、毒性气体和液体以及腐蚀性介质管道不应共沟敷设，并严禁与消防水管共沟敷设。

5 电力电缆、控制与电信电缆或光缆不应与液化烃、可燃液体、可燃气体管道共沟敷设。

6 凡有可能产生相互有害影响的管线，不应共沟敷设。

8.2.9 地下管沟外壁距地下建筑物、构筑物基础的水平距离应满足施工要求，距树木的距离应避免树木的根系损坏沟壁。其最小间距，大乔木不宜小于5m，小乔木不宜小于3m，灌木不宜小于2m。

8.2.10 地下管线与建筑物、构筑物之间的最小水平间距宜符合表 8.2.10 的规定，并应满足管线和相邻设施的安全生产、施工和检修的要求。其中位于湿陷性黄土地区、膨胀土地区的管线，尚应符合现行国家有关设计标准的规定。

8.2.11 地下管线之间的最小水平间距宜符合表 8.2.11 的规定，

其中地下燃气管线、电力电缆、乙炔和氧气管与其他管线之间的最小水平间距应符合表8.2.11的规定。

8.2.12 地下管线之间的最小垂直净距宜符合表8.2.12的规定，其中地下燃气管线、电力电缆、乙炔和氧气管与其他管线之间的最小垂直净距应符合表8.2.12的规定。

8.2.13 埋地的输油、输气管道与埋地的通信电缆及其他用途的埋地管道平行铺设的最小距离应符合现行行业标准《钢质管道及储罐腐蚀控制工程设计规范》SY 0007的有关规定。

8.3 地上管线

8.3.1 地上管线的敷设可采用管架、低架、管墩及建筑物、构筑物支撑方式。敷设方式应根据生产安全、介质性质、生产操作、维修管理、交通运输和厂容等因素，经综合技术经济比较后确定。

8.3.2 管架的布置应符合下列规定：
  1 管架的净空高度及基础位置不得影响交通运输、消防及检修。
  2 不应妨碍建筑物的自然采光与通风。
  3 应有利厂容。

8.3.3 有甲、乙、丙类火灾危险性、腐蚀性及毒性介质的管道，除使用该管线的建筑物、构筑物外，均不得采用建筑物、构筑物支撑式敷设。

8.3.4 架空电力线路的敷设不应跨越用可燃材料建造的屋顶和火灾危险性属于甲、乙类的建筑物、构筑物以及液化烃、可燃液体、可燃气体贮罐区。其布置尚应符合现行国家标准《66kV及以下架空电力线路设计规范》GB 50061和《110kV～750kV架空输电线路设计规范》GB 50545的有关规定。

8.3.5 通信架空线的布置应符合现行国家标准《工业企业通信设计规范》GBJ 42的有关规定。

8.3.6 引入厂区的35kV及以上的架空高压输电线路应减少在厂区内的长度，并应沿厂区边线布置。

8.3.7 地上管线与铁路平行敷设时，其突出部分与铁路的水平净距应符合现行国家标准《标准轨距铁路建筑限界》GB 146.2的有关规定。

8.3.8 地上管线与道路平行敷设时，不应敷设在公路型道路路肩范围内；照明电杆、消火栓、跨越道路的地上管线的支架可敷设在公路型道路路肩上，但应满足交通运输和安全的需要，并应符合下列规定：
  1 距双车道路面边缘不应小于0.5m。
  2 距单车道中心线不应小于3.0m。

表8.2.10 地下管线与建筑物、构筑物之间的最小水平间距(m)

名称\规格\间距\名称	给水管(mm)				排水管(mm)							热力沟(管)	燃气管压力 P(MPa)							压缩空气管	氢气管、乙炔管、氧气管	电力电缆(kV)	电缆沟	通信电缆
					清净雨水管			生产与生活污水管					低压 <0.01	中压		次高压								
	<75	75~150	200~400	>400	<800	800~1500	>1500	<300	400~600	>600				B ≤0.2	A ≤0.4	B 0.8	A 1.6							
建筑物、构筑物基础外缘	1.0	1.0	2.5	3.0	1.5	2.0	2.5	1.5	2.0	2.5		1.5	0.7②		1.5②	5.0①②	13.5①②		1.5	—④⑤⑥	0.6⑩	1.5	0.5⑩
铁路(中心线)	3.3	3.3	3.8	3.8	3.8	4.4	4.8	3.8	4.3	4.8		4.0	5.0③		5.0③	5.0③	5.0③		2.5	2.5	3.0 (10.00)	2.5	2.5
道路	0.8	0.8	1.0	1.0	1.0	1.0	1.0	1.0	1.0	1.0		0.6	0.6		0.6	1.0	1.0		0.6	1.0	0.8⑦	0.8	0.8
管架基础外缘	0.8	0.8	1.0	1.0	1.0	1.0	1.0	1.0	1.2	1.2		1.0	1.0		1.0	1.5	1.5		1.0	1.0	1.0	1.0	1.0
照明、通信杆柱(中心)	0.5	0.5	0.5	0.5	0.5	0.5	0.5	0.5	0.5	0.5		0.5	1.0		1.0	1.0	1.0		1.0	1.0	0.5⑧	0.5	0.5
围墙基础外缘	1.0	1.0	1.0	1.0	1.5	1.5	1.5	1.5	1.5	1.5		1.5	1.0		1.0	1.5	1.5		1.0	1.0	1.0	1.0	1.0
排水沟外缘	0.8	0.8	0.8	0.8	1.0	1.0	1.0	1.2	1.2	1.2		1.0	1.0		1.0	1.5	1.5		1.0	1.0	1.0⑩	1.0	1.0
高压电力杆柱和铁塔基础外缘	1.0	1.0	1.5	1.5	1.5	1.5	1.5	1.5	1.5	1.5		1.5	1.0 (2.0)⑦		1.0 (2.0)⑦	1.0 (2.0)⑦	1.0 (5.0)⑦	1.0 (5.0)⑦	1.2	1.9 (2.0)⑧	1.0 (4.0)⑨		

注：1 表列间距除注明者外，管线均自管壁、沟壁或防护设施的外缘或最外一根电缆算起；道路为城市型时，自路面边缘算起，为公路型时，自路肩边缘算起。

2 表列埋地管道与建筑物、构筑物基础外缘的间距，均指埋地管道与建筑物、构筑物的基础在同一标高或其以上时，当地下管道深度大于建筑物、构筑物的基础深度时，应按土壤性质计算确定，但不得小于表列数值。

3 当为双柱式管架分别设基础且满足本表要求时，可在管架基础之间敷设管线。

4 压力大于1.6MPa的燃气管道与建筑物、构筑物间的距离尚应符合现行国家标准《城镇燃气设计规范》GB 50028的有关规定；

①为距建筑物外墙面(出地面处)的距离；
②受地形限制不能满足要求时，采取有效的安全防护措施后，净距可适当缩小，但低压管道不应影响建筑物、构筑物基础的稳定性，中压管道距建筑物基础不应小于0.5m，且距建筑物外墙面不应小于1.0m，次高压燃气管道距建筑物外墙面不应小于3.0m。其中当次高压A管采取有效安全防护措施或当管道壁厚不小于9.5mm时，距建筑物外墙面不应小于6.5m，当管壁厚度不小于11.9mm时，距建筑物外墙面不应小于3.0m；
③为距铁路路堤坡脚的距离；
④氢气管道，距有地下室的建筑物的基础外缘和通行沟道外缘的水平距离为3.0m，距无地下室的建筑物的基础外缘的水平距离为2.0m；
⑤乙炔管道，距有地下室或生产火灾危险性为甲类的建筑物的基础外缘和通行沟道外缘的间距为2.5m；距无地下室的建筑物的基础外缘的间距为1.5m；
⑥氧气管道，距有地下室的建筑物的基础外缘和通行沟道外缘的水平距离为：氧气压力≤1.6MPa时，采用2.0m；氧气压力>1.6MPa时，采用3.0m；距无地下室的建筑物基础外缘净为：氧气压力≤1.6MPa时，采用1.2m，氧气压力>1.6MPa时，采用2.0m；
⑦括号内为距大于35kV电杆(塔)的距离。与电杆(塔)基础之间的水平距离尚应符合现行国家标准《城镇燃气设计规范》GB 50028的有关规定；
⑧距离由电杆(塔)中心算起，括号内为氢气管距电杆(塔)的距离；
⑨表中所列数值特殊情况下可酌减，且最多减少1/2；
⑩通信电缆管道距建筑物、构筑物基础外缘的间距应为1.2m；电力电缆排管距建筑物、构筑物的距离要求和电缆沟距建筑物、构筑物的距离要求相同；
⑪指距铁路轨外缘的距离，括号内距为直流电气化铁路路轨的距离。

表8.2.11 地下管线之间的最小水平间距(m)

名称\规格\间距\名称	给水管(mm)				排水管(mm)						热力管(沟)	燃气管压力 P(MPa)					压缩空气管	乙炔管	氢氧气管	电力电缆(kV)			通信电缆	
					清净雨水管			生产与生活污水管															电缆沟	直埋电缆	电缆管道
	<75	75~150	200~400	>400	<800	800~1500	>1500	<300	400~600	>600		<0.01	≤0.2	≤0.4	0.8	1.6				<1	1~10	≤35			
给水管 (mm)	<75	—	—	—	—	0.7	1.0	1.0	0.7	1.0	1.2	0.8	0.5	0.5	0.5	1.0	1.5	0.8	1.0	1.0	0.6	0.6	1.0	0.5	0.5
	75~150	—	—	—	—	0.8	1.0	1.2	0.8	1.0	1.2	0.8	0.5	0.5	0.5	1.0	1.5	0.8	1.0	1.5	0.6	0.6	1.0	0.5	0.5
	200~400	—	—	—	—	1.0	1.2	1.5	1.0	1.2	1.5	1.2	0.8	0.8	0.8	1.2	1.5	1.2	1.2	1.5	0.6	0.6	1.0	1.0	1.0
	>400	—	—	—	—	1.0	1.2	1.5	1.0	1.2	1.5	1.5	1.0	1.0	1.0	1.5	2.0	1.2	1.5	2.0	0.6	0.6	1.0	1.0	1.0
排水管 清净雨水管	<800	0.7	0.8	1.0	1.0	—	—	—				1.2	1.0	1.0	1.0	1.5	2.0	0.8	1.5	1.5	0.5	0.5	0.5	1.0	0.8
	800~1500	0.8	1.0	1.2	1.2	—	—	—				1.2	1.0	1.0	1.0	1.5	2.0	0.8	1.5	1.5	0.5	0.5	0.5	1.0	1.0
	>1500	1.0	1.2	1.5	1.5	—	—	—				1.5	1.0	1.0	1.0	1.5	2.0	1.0	1.5	2.0	0.5	0.5	0.5	1.0	1.0
生产与生活污水管	<300	0.7	0.8	1.0	1.0				—	—	—	1.2	1.0	1.0	1.0	1.5	2.0	0.8	1.5	1.5	0.5	0.5	0.5	1.0	0.8
	400~600	1.0	1.0	1.2	1.2				—	—	—	1.2	1.0	1.0	1.0	1.5	2.0	1.0	1.5	1.5	0.5	0.5	0.5	1.0	1.0
	>600	1.2	1.2	1.5	1.5				—	—	—	1.5	1.2	1.2	1.2	1.5	2.0	1.2	1.5	2.0	0.5	0.5	0.5	1.0	1.0
热力管(沟)		0.8	0.8	1.2	1.5	1.2	1.2	1.5	1.2	1.2	1.5	—	1.0 (1.0)	1.0 (1.5)	1.5 (2.0)	2.0 (4.0)	2.0	1.5	2.0	1.5	2.0	2.0	2.0	0.8	0.6

续表 8.2.11

名称\规格\间距\名称\规格		给水管(mm)				排水管(mm)						热力管(沟)	燃气管压力 P(MPa)					压缩空气管	乙炔管	氢气管、氧气管	电力电缆(kV)			电缆沟(管)	通信电缆	
						清净雨水管				生产与生活污水管															直埋电缆	电缆管道
		<75	75~150	200~400	>400	<800	800~1500	>1500	<300	400~600	>600		<0.01	≤0.2	≤0.4	0.8	1.6				<1	1~10	≤35			
燃气管压力 P(MPa)	<0.01	0.5	0.5	0.5	0.5	1.0	1.0	1.0	1.0	1.0	1.0	1.0(1.0)	—	—	—	—	—	1.0	1.0	1.0	0.8	1.0	1.0		0.5	1.0
	≤0.2	0.5	0.5	0.5	0.5	1.2	1.2	1.2	1.2	1.2	1.2	1.0(1.0)	—	—	—	—	—	1.0	1.0	1.2	0.8	1.0	1.0		0.5	1.0
	≤0.4	0.5	0.5	0.5	0.5	1.2	1.2	1.2	1.2	1.2	1.2	1.0(1.5)	—	—	—	—	—	1.0	1.0	1.5	1.0	1.0	1.0		0.5	1.0
	0.8	1.0	1.0	1.0	1.0	1.5	1.5	1.5	1.5	1.5	1.5	1.5(2.0)	—	—	—	—	—	1.2	1.2	2.0	1.0	1.0	1.0		1.2	1.0
	1.6	1.5	1.5	1.5	1.5	2.0	2.0	2.0	2.0	2.0	2.0	2.0(4.0)	—	—	—	—	—	1.5	1.5	2.0	1.5	1.5	1.5		1.5	1.5
压缩空气管		0.8	1.0	1.2	1.5	0.8	1.0	1.0	0.8	1.0	1.0	1.0	1.0	1.0	1.0	1.2	1.5	—	1.5	1.5	0.8	1.0	1.0		0.8	1.0
乙炔管		0.8	1.2	1.2	1.5	1.0	1.0	1.0	1.0	1.0	1.0	1.5	1.0	1.5	1.5	2.0	2.5	1.5	—	1.5	0.8	1.0	1.0		0.5	0.5
氢气管、氧气管		0.8	1.2	1.2	1.5	1.0	1.0	1.0	1.0	1.2	1.2	1.5	1.2	1.5	2.0	2.0	2.5	1.5	1.5	—	0.8	1.0	1.0		0.5	0.5
电力电缆(kV)	<1	0.6	0.6	0.8	1.0	0.8	0.8	0.8	0.8	0.8	0.8	1.5	0.8	0.8	1.0	1.0	1.5	0.8	0.8	0.8	—	—	—		0.5	0.5
	1~10	0.8	0.8	0.8	1.0	0.8	0.8	0.8	0.8	0.8	0.8	1.5	1.0	1.0	1.0	1.0	1.5	0.8	0.8	0.8	—	—	—		0.5	0.5
	≤35	1.0	1.0	1.0	1.0	1.5	1.5	1.5	1.5	1.5	1.5	2.0	1.0	1.0	1.0	1.5	1.5	1.0	1.0	1.0	—	—	—		0.5	0.5
电缆沟(管)		0.8	1.0	1.2	1.5	1.5	1.5	1.5	1.2	1.5	1.5	2.0	1.5	1.5	1.5	1.5	1.5	1.5	1.5	1.5					0.5	0.5
通信电缆	直埋电缆	0.5	0.5	1.0	1.2	0.8	1.0	1.0	0.8	1.0	1.0	0.6	0.5	0.5	0.5	1.2	1.5	0.8	0.5	0.5	0.5	0.5	0.5	0.5	—	1.0
	电缆管道	0.5	0.5	1.0	1.2	0.8	1.0	1.0	0.8	1.0	1.0	0.6	1.0	1.0	1.0	1.5	1.5	1.0	0.5	0.5	0.5	0.5	0.5	0.5	1.0	—

注：1 表列间距均自管壁、沟壁或防护设施的外缘或最外一根电缆算起；
2 当热力管(沟)与电力电缆间距不能满足本表规定时，应采取隔热措施，特殊情况下，可酌减且最多减少1/2；
3 局部地段电力电缆穿管保护或加隔板后与给水管道、排水管道、压缩空气管道的间距可减少到0.5m，穿管通信电缆的间距可减少到0.1m；
4 表中数据系按给水管在污水管上方下制定的。生活饮用水给水管与污水管之间的间距应按本表数据增加50%；生产废水管与雨水沟(渠)和给水管之间的间距可减少20%，与通信电缆、电力电缆之间的间距可减少20%，但不得小于0.5m；
5 当给水管与排水管共同埋设的土壤为砂土类，且管道的材质为非金属或非合成塑料时，给水管与排水管间距不应小于1.5m；
6 仅供采暖用的热力沟与电力电缆、通信电缆及电缆沟之间的间距可减少20%，但不得小于0.5m；
7 110kV级以上的电力电缆与本表中各类管线的间距介按35kV数据增加50%。电力电缆排管距建筑物、构筑物距要求和电缆沟距建筑物、构筑物的距离要求相同；
8 氧气管与同一使用目的的乙炔管道同一水平敷设时，其间距可减至0.25m，但管道上部0.3m高度范围内，应用砂类土、松散土填实后再回填；
9 括号内为距管沟外壁的距离；
10 管径系指公称直径；
11 表中"一"表示间距未作规定，可根据具体情况确定；
12 压力大于1.6MPa的燃气管道与其他管线之间的距离尚应符合现行国家标准《城镇燃气设计规范》GB 50028 的有关规定。

表 8.2.12 地下管线之间的最小垂直净距 (m)

名称\间距\名称	给水管	排水管	热力管(沟)	地下燃气管线	乙炔管	氧气管	氢气管	电力电缆	电缆沟(管)	通信电缆	
										直埋电缆	电缆管道
给水管	0.15	0.40	0.15	0.15	0.25	0.25	0.25	0.50	0.25	0.50	0.15
排水管	0.40	0.15	0.15	0.15	0.25	0.25	0.25	0.50	0.25	0.50	0.15
热力管(沟)	0.15	0.15	—	0.15	0.25	0.25	0.25	0.25	0.25	0.25	0.25
地下燃气管线	0.15	0.15	0.15	0.15	0.25	0.25	0.25	0.50	0.25	0.50	0.15
乙炔管	0.25	0.25	0.25	0.25	0.25	0.25	0.25	0.50	0.25	0.25	0.25
氧气管	0.25	0.25	0.25	0.25	0.25	—	0.25	0.50	0.25	0.25	0.25
氢气管	0.25	0.25	0.25	0.25	0.25	0.25	—	0.50	0.25	0.25	0.25
电力电缆	0.50	0.50	0.25	0.50	0.50	0.50	0.50	0.50	0.50	0.50	0.50
电缆沟(管)	0.25	0.25	0.25	0.25	0.25	0.25	0.25	0.50	0.25	0.25	0.25
通信电缆 直埋电缆	0.50	0.50	0.25	0.50	0.25	0.25	0.25	0.50	0.25	0.25	0.25
通信电缆 电缆管道	0.15	0.15	0.25	0.15	0.25	0.15	0.15	0.50	0.25	0.25	0.25

注：1 表中管道、电缆和电缆沟最小垂直净距指下面管道或管沟的外顶与上面管道的管底或管沟基础底之间的净距；
2 当电力电缆采用隔板分隔时，电力电缆之间及其到其他管线(沟)的距离可为0.25m。

8.3.9 管架与建筑物、构筑物之间的最小水平间距应符合表 8.3.9 的规定。

表 8.3.9 管架与建筑物、构筑物之间的最小水平间距

建筑物、构筑物名称	最小水平间距(m)
建筑物有门窗的墙壁外缘或突出部分外缘	3.0
建筑物无门窗的墙壁外缘或突出部分外缘	1.5
铁路(中心线)	3.75
道路	1.0
人行道外缘	0.5
厂区围墙(中心线)	1.0
照明及通信杆柱(中心)	1.0

注：1 表中距离除注明者外，管架从最外边线算起；道路为城市型时，自路面边缘算起，为公路型时，自路肩边缘算起；本表不适用于低架、管墩及单柱支撑方式；
2 液化烃、可燃液体、可燃气体介质的管线、管架与建筑物、构筑物之间的最小水平间距应符合国家现行有关设计标准的规定。

8.3.10 架空管线、管架跨越铁路、道路的最小净空高度应符合表 8.3.10 的规定。

表 8.3.10 架空管线、管架跨越铁路、道路的最小净空高度(m)

名称	最小净空高度
铁路(从轨顶算起)	5.5，并不小于铁路建筑限界
道路(从路拱算起)	5.0
人行道(从路面算起)	2.5

注：1 表中净空高度除注明者外，管线从防护设施的外缘算起；管架自最低部算起；
2 表中铁路一栏的最小净空高度，不适用于电力牵引机车的线路及有特殊运输要求的线路；
3 有大件运输要求或在检修时有大型起吊设备，以及有大型消防车通过的道路，应根据需要确定其净空高度。

9 绿化布置

9.1 一般规定

9.1.1 工业企业的绿化布置应符合工业企业总体规划的要求，应与总平面布置、竖向设计及管线布置统一进行，应合理安排绿化用地，并应符合下列规定：

    1 绿化布置应根据企业性质、环境保护及厂容、景观的要求，结合当地自然条件、植物生态习性、抗污性能和苗木来源，因地制宜进行布置。

    2 工业企业居住区的绿化布置应符合现行国家标准《城市居住区规划设计规范》GB 50180 的有关规定。

9.1.2 工业企业绿地率宜控制在 20% 以内，改建、扩建的工业企业绿化绿地率宜控制在 15% 范围内。因生产安全等有特殊要求的工业企业可除外，也可根据建设项目的具体情况按当地规划控制要求执行。绿化布置应符合下列规定：

    1 应充分利用厂区内非建筑地段及零星空地进行绿化。

    2 应利用管架、栈桥、架空线路等设施下面及地下管线带上面的场地布置绿化。

    3 应满足生产、检修、运输、安全、卫生、防火、采光、通风的要求，应避免与建筑物、构筑物及地下设施的布置相互影响。

    4 不应妨碍水冷却设施的冷却效果。

9.1.3 工业企业的绿化布置应根据不同类型的企业及其生产特点、污染性质和程度，结合当地的自然条件和周围的环境条件，以及所要达到的绿化效果，合理地确定各类植物的比例及配置方式。

9.2 绿化布置

9.2.1 下列地段应重点进行绿化布置：

    1 进厂主干道两侧及主要出入口。

    2 企业行政办公区。

    3 洁净度要求高的生产车间、装置及建筑物区域。

    4 散发有害气体、粉尘及产生高噪声的生产车间、装置及堆场。

    5 受西晒的生产车间及建筑物。

    6 受雨水冲刷的地段。

    7 厂区生活服务设施周围。

    8 厂区内临城镇主要道路的围墙内侧地带。

9.2.2 受风沙侵袭的工业企业应在厂区受风沙侵袭季节盛行风向的上风侧设置半通透结构的防风林带。对环境构成污染的工厂、灰渣场、尾矿坝、排土场和大型原、燃料堆场，应根据全年盛行风向和对环境的污染情况设置紧密结构的防风林带。

9.2.3 具有易燃、易爆的生产、贮存及装卸设施附近宜种植能减弱爆炸气浪和阻挡火势向外蔓延、枝叶茂密、含水分大、防爆及防火效果好的大乔木及灌木，不得种植含油脂较多的树种。绿化布置应保证消防通道的宽度和净空高度，并应有利于消防扑救。

9.2.4 散发液化石油气及比重大于 0.7 的可燃气体和可燃蒸气的生产、贮存及装卸设施附近，绿化布置应注意通风，不应布置不利于重气体扩散的绿篱及茂密的灌木丛，可种植含水分多的四季常青的草皮。

9.2.5 高噪声源车间周围的绿化宜采用减噪力强的乔、灌木，并应形成复层混交林地。

9.2.6 粉尘大的车间周围的绿化应选择滞尘效果好的乔、灌木，并应形成绿化带。在区域盛行风向的上风侧应布置透风绿化带，在区域盛行风向的下风侧应布置不透风绿化带。

9.2.7 制酸车间及酸库周围的绿化应选用对二氧化硫气体及其酸雾耐性及抗性强的树种，乔、灌木和草本应结合种植。

9.2.8 热加工车间附近的绿化宜具有遮阳效果。

9.2.9 对空气洁净度要求高的生产车间、装置及建筑物附近的绿化，不应种植散发花絮、纤维质及带绒毛果实的树种。

9.2.10 行政办公区和主要出入口的绿化布置应具有较好的观赏及美化效果。

9.2.11 地上管架、地下管线带、输电线路、室外高压配电装置附近的绿化布置应满足安全生产及检修的要求。

9.2.12 道路两侧应布置行道树。主干道两侧可由各类树木、花卉组成多层次的行道绿化带。

9.2.13 道路弯道及交叉口、铁路及道路平交道口附近的绿化布置应符合行车视距的有关规定。

9.2.14 在有条件的生产车间或建筑物墙面、挡土墙顶及护坡等地段宜布置垂直绿化。

9.2.15 树木与建筑物、构筑物及地下管线的最小间距应符合表 9.2.15 的规定。

表 9.2.15 树木与建筑物、构筑物及地下管线的最小间距

建筑物、构筑物及地下管线名称		最小间距(m)	
		至乔木中心	至灌木中心
建筑物外墙	有窗	3.0～5.0	1.5
	无窗	2.0	1.5
挡土墙顶或墙脚		2.0	0.5
高 2m 及 2m 以上的围墙		2.0	1.0
标准轨距铁路中心线		5.0	3.5
窄轨铁路中心线		3.0	2.0
道路路面边缘		1.0	0.5
人行道边缘		0.5	0.5
排水明沟边缘		1.0	0.5
给水管		1.5	不限
排水管		1.5	不限
热力管		2.0	2.0
煤气管		1.5	1.5
氧气管、乙炔管、压缩空气管		1.5	1.0
石油管、天然气管、液化石油气管		2.0	1.5
电缆		2.0	0.5

注：1 表中间距除注明者外，建筑物、构筑物自最外边轴线算起；城市型道路自路面边缘算起，公路型道路自路肩边缘算起；管线自管壁或防护设施外缘算起；电缆按最外一根算起；

    2 树木至建筑物外墙(有窗时)的距离，当树冠直径小于 5m 时采用 3m，大于 5m 时采用 5m；

    3 树木至铁路、道路弯道内侧的间距应满足视距要求；

    4 建筑物、构筑物至灌木中心系指至灌木丛最外边一株的灌木中心。

9.2.16 露天停车场的绿化布置宜结合停车间隔带种植高大庇荫乔木，以利于车辆的遮阳，乔木株距与行距的确定应符合当地绿化用地计算标准。

9.2.17 企业铁路沿线的绿化布置不得妨碍铁路的行车安全。沿铁路栽种的树木不应侵入限界和行车视距范围。

10 主要技术经济指标

10.0.1 工业企业总平面设计的主要技术经济指标，其计算方法应符合本规范附录 B 的规定，宜列出下列主要技术经济指标：

    1 厂区用地面积(hm^2)。

    2 建筑物、构筑物用地面积(m^2)。

    3 建筑系数(%)。

    4 容积率。

    5 铁路长度(km)。

6 道路及广场用地面积(m^2)。
7 绿化用地面积(m^2)。
8 绿地率(%)。
9 土(石)方工程量(m^3)。
10 投资强度(万元/hm^2)。
11 行政办公及生活服务设施用地面积(hm^2)。
12 行政办公及生活服务设施用地所占比重(%)。

10.0.2 不同类型性质的工业企业总平面设计的技术经济指标可根据其特点和需要，列出本行业有特殊要求的技术经济指标。

10.0.3 分期建设的工业企业在总平面设计中除应列出本期工程的主要技术经济指标外，有条件时，还应列出下列指标：
1 近期或远期工程的主要技术经济指标。
2 与厂区分开的单独占地的主要技术经济指标，应分别计算。

10.0.4 改、扩建的工业企业总平面设计，除应列出本规范第10.0.1条规定的指标外，还宜列出企业原有有关的技术经济指标。局部或单项改、扩建工程的总平面设计的技术经济指标可根据其体情况确定。

附录 A 土壤松散系数

表 A 土壤松散系数

土的分类	土的级别	土壤的名称	最初松散系数	最终松散系数
一类土(松散土)	Ⅰ	略有黏性的砂土，粉末腐殖土及疏松的建筑种植土；泥炭(淤泥)(种植土、泥炭除外)	1.08~1.17	1.01~1.03
		植物性土、泥炭	1.20~1.30	1.03~1.04
二类土(普通土)	Ⅱ	潮湿的黏性土和黄土；软的盐土和碱土；含有建筑材料碎屑、碎石、卵石的堆积土和耕土	1.14~1.28	1.02~1.05
三类土(坚土)	Ⅲ	中等密实的黏性土或黄土；含有碎石、卵石或建筑材料碎屑的潮湿的黏性土或黄土	1.24~1.30	1.04~1.07
四类土(砂砾坚土)	Ⅳ	坚硬密实的黏性土或黄土；含有碎石、砾石(体积在10%~30%、重量在25kg以下的石块)的中等密实黏性土或黄土；硬化的重盐土；软泥灰岩(泥灰岩、蛋白石除外)	1.26~1.32	1.06~1.09
		泥灰石、蛋白石	1.33~1.37	1.11~1.15
五类土(软土)	Ⅴ~Ⅵ	硬的石炭纪黏土；胶结不紧的砾岩；软的、节理多的石灰岩及贝壳石灰岩；坚实的白垩；中等坚实的页岩、泥灰岩		
六类土(次坚土)	Ⅶ~Ⅸ	坚硬的泥质页岩；坚实的泥灰岩；角砾状花岗岩；泥灰石灰岩；黏土质砂岩；云母页岩及砂质页岩；风化的花岗岩、片麻岩及正常岩；滑石质的蛇纹岩；密实的石灰岩；硅质胶结的砾岩；砂岩质石灰岩页岩	1.30~1.45	1.10~1.20
七类土(坚岩)	Ⅹ~ⅩⅢ	白云岩；大理岩；坚实的石灰岩、石灰质及石英质的砂岩；坚硬的砂质页岩；蛇纹岩；粗粒正长岩；有风化痕迹的安山岩及玄武岩；片麻岩；粗面岩；中粗花岗岩；坚实的片麻岩、辉绿岩；玢岩；中粗正常岩		
八类土(特坚石)	ⅩⅣ~ⅩⅥ	坚实的细粒花岗岩；花岗片麻岩；坚实的粉岩、角闪岩、辉长岩、石英岩；安山岩及玄武岩；最坚实的辉绿岩、石灰岩及闪长岩；橄榄石质玄武岩；特别坚实的辉长岩、角闪岩、闪长岩及玢岩	1.45~1.50	1.20~1.30

注：1 土的级别相当于一般16级土石分类级别；
    2 一至八类土壤，挖方转化为虚方时，乘以最初松散系数；挖方转化为填方时，乘以最终松散系数。

附录 B 工业企业总平面设计的主要技术经济指标的计算规定

B.0.1 厂区用地面积：应为厂区围墙内用地面积，应按围墙中心线计算。

B.0.2 建筑物、构筑物用地面积应按下列规定计算：
1 新设计时，应按建筑物、构筑物外墙建筑轴线计算。
2 现有时，应按建筑物、构筑物外墙面尺寸计算。
3 圆形构筑物及挡土墙应按实际投影面积计算。
4 设防火堤的贮罐区应按防火堤轴线计算，未设防火堤的贮罐区应按成组设备的最外边线计算。
5 球罐周围有铺砌场地时，应按铺砌面积计算。
6 栈桥应按其投影长宽乘计算。

B.0.3 露天设备用地面积，独立设备应按其实际用地面积计算；成组设备应按设备场地铺砌范围计算，但当铺砌场地超出设备基础外缘1.2m时，应只计算至设备基础外缘1.2m处。

B.0.4 露天堆场用地面积应按存放场场地边缘线计算。

B.0.5 露天操场用地面积应按操作场地边缘计算。

B.0.6 建筑系数应按下式计算：

$$建筑物系数 = \frac{建筑物、构筑物用地面积 + 露天设备用地面积 + 露天堆场及露天操作场用地面积}{厂区用地面积} \times 100\% \quad (B.0.6)$$

B.0.7 容积率应按下式计算，当建筑物层高超过8m，在计算容积率时该层建筑面积应加倍计算：

$$容积率 = \frac{总建筑面积}{厂区用地面积} \quad (B.0.7)$$

B.0.8 铁路长度应为工业企业铁路总延长长度。计算时，应以厂区围墙为界，并应分厂外铁路长度和厂内铁路长度。

B.0.9 铁路用地面积应按线路长度乘以路基宽度(路基宽度取5m)计算。

B.0.10 道路及广场用地面积应按下列规定计算：
1 包括车间引道及人行道的道路用地面积，道路长度应乘以道路用地宽度。城市型道路用地宽度应按路面宽度计算，公路型道路用地宽度应计算至道路路肩边缘。
2 包括停车场、回车场的广场用地面积应按设计用地面积计算。

B.0.11 绿化用地面积应按下列规定计算：
1 乔木、花卉、草坪混植的大块绿地及单独的草坪绿地应按绿地周边界限所包围的面积计算。
2 花坛应按花坛用地面积计算。
3 乔木、灌木绿地用地面积应按表B.0.11的规定计算。

表 B.0.11 乔木、灌木绿地用地面积(m^2)

植物类别	用地计算面积
单株乔木	2.25
单行乔木	1.5L
多行乔木	(B+1.5)L
单株大灌木	1.0
单株小灌木	0.25
单行绿篱	0.5L
多行绿篱	(B+0.5)L

注：L为绿化带长度(m)，B为总行距(m)。

B.0.12 绿地率应按下式计算：

$$绿地率 = \frac{绿化用地面积}{厂区用地面积} \times 100\% \quad (B.0.12)$$

B.0.13 投资强度应按下式计算：

$$\frac{投资强度}{(万元/hm^2)} = \frac{项目固定资产总投资(万元)}{项目总用地面积(hm^2)} \times 100\% \quad (B.0.13)$$

注：项目固定资产总投资包括厂房、设备和地价款(万元)。

B.0.14 行政办公及生活服务设施用地面积应包括项目用地范围内行政办公、生活服务设施占用土地面积或分摊土地面积。当无法单独计算行政办公和生活服务设施占用土地面积时，可采用行政办公和生活服务设施建筑面积占总建筑面积的比重计算得出的分摊土地面积代替。

B.0.15 行政办公及生活服务设施用地所占比重应按下式计算：

$$\text{行政办公及生活服务设施用地比重} = \frac{\text{行政办公、生活服务设施用地面积}}{\text{项目总用地面积}} \times 100\%$$

(B.0.15)

本规范用词说明

1 为便于在执行本规范条文时区别对待，对要求严格程度不同的用词说明如下：

　　1）表示很严格，非这样做不可的：
　　　　正面词采用"必须"，反面词采用"严禁"；
　　2）表示严格，在正常情况下均应这样做的：
　　　　正面词采用"应"，反面词采用"不应"或"不得"；
　　3）表示允许稍有选择，在条件许可时首先应这样做的：
　　　　正面词采用"宜"，反面词采用"不宜"；
　　4）表示有选择，在一定条件下可以这样做的，采用"可"。

2 条文中指明应按其他有关标准执行的写法为："应符合……的规定"或"应按……执行"。

引用标准名录

《建筑地基基础设计规范》GB 50007
《工业企业标准轨距铁路设计规范》GBJ 12
《室外排水设计规范》GB 50014
《建筑设计防火规范》GB 50016
《岩土工程勘察规范》GB 50021
《厂矿道路设计规范》GBJ 22
《城镇燃气设计规范》GB 50028
《氧气站设计规范》GB 50030
《动力机器基础设计规范》GB 50040
《工业企业通信设计规范》GBJ 42
《66kV及以下架空电力线路设计规范》GB 50061
《汽车库、修车库、停车场设计防火规范》GB 50067
《洁净厂房设计规范》GB 50073
《工业企业噪声控制设计规范》GBJ 87
《民用爆破器材工程设计安全规范》GB 50089
《铁路车站及枢纽设计规范》GB 50091
《架空索道工程技术规范》GB 50127
《石油化工企业设计防火规范》GB 50160
《城市居住区规划设计规范》GB 50180
《发生炉煤气站设计规范》GB 50195
《防洪标准》GB 50201
《建筑地基基础工程施工质量验收规范》GB 50202
《建筑边坡工程技术规范》GB 50330
《有色金属矿山排土场设计规范》GB 50421
《化工企业总图运输设计规范》GB 50489
《110kV~750kV架空输电线路设计规范》GB 50545
《标准轨距铁路建筑限界》GB 146.2
《声环境质量标准》GB 3096
《地表水环境质量标准》GB 3838
《制定地方大气污染物排放标准的技术方法》GB/T 3840
《工业企业厂内铁路、道路运输安全规程》GB 4387
《生活饮用水卫生标准》GB 5749
《道路交通标志和标线》GB 5768
《工业企业煤气安全规程》GB 6222
《工业企业厂界环境噪声排放标准》GB 12348
《一般工业固体废物贮存、处置场污染控制标准》GB 18599
《电离辐射防护与辐射源安全基本标准》GB 18871
《装卸油品码头防火设计规范》JTJ 237
《液化天然气码头设计规范》JTS 165-5
《钢质管道及储罐腐蚀控制工程设计规范》SY 0007

中华人民共和国国家标准

工业企业总平面设计规范

GB 50187—2012

条 文 说 明

修 订 说 明

《工业企业总平面设计规范》GB 50187—2012，经住房和城乡建设部 2012 年 3 月 30 日以第 1356 号公告批准发布。

本规范是在《工业企业总平面设计规范》GB 50187-93 的基础上修订而成，上一版的主编单位是中国工业运输协会秘书处，参加单位是西安建筑科技大学、化工部总图运输设计技术中心站、机械部第四设计研究院、冶金部武汉钢铁设计研究院、煤炭部沈阳煤矿设计院、机械部工程设计研究院、电力部西北电力设计院、化工部中国寰球化学工程公司、中国轻工总会规划设计院、冶金部鞍山黑色冶金矿山设计研究院，主要起草人是雷明、倪嘉贤、兰俊略、董世奎、钮福春、徐钰、王永滋、胡兆玲、洪福仁、陈静玉、方金陵、那多生、白凤歧、何志超、彭学诗、傅永新、张洪杰、刘存亮。

为便于广大设计及有关人员在使用本规范时能正确理解和执行条文的规定，《工业企业总平面设计规范》修编组按章、节、条的顺序编写了条文说明，对条文规定的目的、依据以及执行中需注意的有关事项进行了说明，还着重对强制性条文的强制性理由作了解释。但是，本条文说明不具备与规范正文同等的法律效力，仅供使用者作为理解和把握规范规定的参考。

目 次

1 总则 …………………………………… 7—1—27
2 术语 …………………………………… 7—1—27
3 厂址选择 ……………………………… 7—1—27
4 总体规划 ……………………………… 7—1—30
 4.1 一般规定 ………………………… 7—1—30
 4.2 防护距离 ………………………… 7—1—30
 4.3 交通运输 ………………………… 7—1—30
 4.4 公用设施 ………………………… 7—1—31
 4.5 居住区 …………………………… 7—1—31
 4.6 废料场及尾矿场 ………………… 7—1—32
 4.7 排土场 …………………………… 7—1—32
 4.8 施工基地及施工用地 …………… 7—1—33
5 总平面布置 …………………………… 7—1—33
 5.1 一般规定 ………………………… 7—1—33
 5.2 生产设施 ………………………… 7—1—34
 5.3 公用设施 ………………………… 7—1—35
 5.4 修理设施 ………………………… 7—1—36
 5.5 运输设施 ………………………… 7—1—36
 5.6 仓储设施 ………………………… 7—1—37
 5.7 行政办公及其他设施 …………… 7—1—37
6 运输线路及码头布置 ………………… 7—1—38
 6.1 一般规定 ………………………… 7—1—38
 6.2 企业准轨铁路 …………………… 7—1—38
 6.3 企业窄轨铁路 …………………… 7—1—41
 6.4 道路 ……………………………… 7—1—42
 6.5 企业码头 ………………………… 7—1—43
 6.6 其他运输 ………………………… 7—1—43
7 竖向设计 ……………………………… 7—1—44
 7.1 一般规定 ………………………… 7—1—44
 7.2 设计标高的确定 ………………… 7—1—45
 7.3 阶梯式竖向设计 ………………… 7—1—45
 7.4 场地排水 ………………………… 7—1—46
 7.5 土（石）方工程 ………………… 7—1—47
8 管线综合布置 ………………………… 7—1—48
 8.1 一般规定 ………………………… 7—1—48
 8.2 地下管线 ………………………… 7—1—49
 8.3 地上管线 ………………………… 7—1—50
9 绿化布置 ……………………………… 7—1—51
 9.1 一般规定 ………………………… 7—1—51
 9.2 绿化布置 ………………………… 7—1—51
10 主要技术经济指标 …………………… 7—1—53

1 总　　则

1.0.1 本条为原规范第 1.0.1 条的修订条文，为本规范的基本要求和目的。

基本要求——正确贯彻执行国家的法律、法规和方针政策，统一工业企业总平面设计原则和技术要求。

目的——做到技术先进、生产安全、节约资源、保护环境、布置合理，有利于提高企业的经济效益、社会效益和环境效益的设计。

1.0.2 本条为原规范第 1.0.2 条的修订条文，规定了本规范的适用范围。适用于新建、改建和扩建的工业企业总平面设计。

对于既有企业的周边扩建项目，系另辟新区，则应按新建项目规定执行。考虑到我国工业企业有 26 个行业，各类行业的大、中、小型企业在总平面设计中具有不同的特殊要求，需区别对待。

1.0.3 本条为原规范第 1.0.3 条的修订条文，节约土地资源是我国的基本国策，"十分珍惜和合理利用土地，切实保护耕地"是工业企业总平面设计必须遵守的原则。根据我国人均占有耕地数量少和土地资源越来越紧张的状况，提倡保护土地资源、节约集约用地显得尤为迫切。

本条强调工业企业总平面设计要特别重视节约集约用地，是本规范的共性要求。可利用荒地的，不得占用耕地；可利用劣地的，不得占用好地。在总平面设计、竖向设计、线路布置、绿化及管线综合等设计中均要遵守。节约集约用地、千方百计地提高土地利用率必须贯穿于工程设计的始终。

1.0.4 本条为原规范第 1.0.4 条的修订条文，规定了改建、扩建工业企业在通过优化产品结构，提高工艺技术装备水平，实现提高企业盈利能力的前提下，应合理利用、改造现有设施，以节省投资，但也不能迁就现状。要求通过企业改建、扩建，使企业总平面布置更趋合理，并重视减少改建、扩建工程施工对现有生产的影响。

1.0.5 本条为原规范第 1.0.6 条的修订条文，工业企业总平面设计涉及诸多国家政策、法令和标准、规范，仅执行本规范是不够的，但也不可能在本规范中列出所有应执行的标准、规范的有关内容，故本条规定在工业企业总平面设计中除执行本规范外，尚应符合国家颁布的现行有关防火、安全、卫生、环保、城镇规划、交通运输、防洪、抗震、节能、水土保持等有关法律、法规及标准的规定。

对于特殊自然条件地区建设工业企业，如地震区、湿陷性黄土地区、膨胀土地区、软土地区以及永冻土地区，尚应执行国家现行有关专门标准和规范的规定。

2 术　　语

随着科学技术的快速发展和进步，许多新的名词、概念、用语不断出现，为了统一表述、规范用词，在本规范的修订中增加了术语部分，以适应工业企业总平面设计的发展需要。

3 厂址选择

3.0.1 本条为原规范第 2.0.1 条的修订条文。厂址选择应符合国家和地区的工业布局，贯彻执行国家和地方的有关法律、法规和政策，严格执行国家关于建设前期工作的规定及建设地点的选择原则和有关要求。同时，本条规定是结合我国 60 年的建厂经验和教训而提出的。

选择在城镇规划的工业区的厂址尚应与城镇和工业区的总体规划、土地利用规划相协调，符合城乡总体规划的要求。

厂址选择的重要原则是应符合国家和地区的工业布局，这是因为厂址选择是一项政策性强、涉及面广的综合性技术经济工作，是在国家和地区的工业布局、产业政策指导下进行的；既要符合现行的国家各项政策、方针、规范，又要与城乡总体规划相协调，经济合理。

厂址选择应按建设前期工作的规定进行，按基本建设程序办事，否则易出现片面性和失误。

3.0.2 本条为原规范第 2.0.2 条的修订条文。本条规定在选择工业企业厂区时，应同时选择配套和服务工业企业的居住区、废料区、交通运输（厂外铁路、厂外道路、码头）、动力公用（水源、供电）设施及环境保护工程、施工生产基地等用地。综合评定一个厂址的优劣，应从企业的总体出发，不能只迁就厂区场地的合理性，而忽视厂外的其他因素，应使厂内外组成一个有机的整体，投产后能有效地运转。而以往是重视选择厂区而忽视其他用地，致使居住区用地不足，分散布置，造成职工生活不便，上下班远，有的居住区受到严重污染；有的企业投产后，因无废料场地，致使废料沿着厂区边缘或路旁堆放，影响企业安全生产和环境。为了保证上述设施有足够的用地，选厂时，应对上述几项用地同时选择。居住区的用地也可以采取社会协作的形式合作解决。

3.0.3 本条为原规范第 2.0.3 条的补充修订条文。规定厂址选择应根据资源分布和消费地点，把缩短运输距离、力求外部运输总费用最小作为选厂的重点因素。同时，结合建厂地区的地理位置、交通条件、自然条件、经济条件、环境保护、文物古迹保护、占地拆迁、防洪排涝、对外协作、施工条件等方面进行多方案技术经济比较，方能选出较优的厂址。如我国江西某冶炼厂在选址时深入调查，对 6 个地区 28 个厂址进行踏勘，经比较筛选后，对其中 3 个厂址进行了比选。第 1 个厂址的外部运输费用每年 1640 万元，第 2 个厂址外部运输费用每年 1900 万元，第 3 个厂址的外部运输费用每年 1796 万元，最后确定第 1 个厂址为冶炼厂厂址。相反，某轴承厂在确定厂址时，由于对影响厂址的因素没有做深入的调查就确定了厂址，致使企业建成后，水电供应严重不足，气象、水质条件差，给生产和生活带来很多困难，不得不迁建。本条规定，厂址选择应进行深入的调查研究，并进行多方案技术经济比较，择优确定。

3.0.4 本条为原规范第 2.0.4 条的分解修订条文。为降低生产成本，减少运输费用，本条规定原料、燃料或产品运量大的工业企业，厂址宜靠近原料、燃料基地或消费地，运量大的工业企业，运输费用占生产成本的 1/3 至 1/2，如建材、钢铁、制碱、煤炭工业企业等。年产 1000 万 t 的钢铁联合企业，每生产 1t 钢，外部运量达 5t 左右，其外部总运量约达 5000 万 t。如果厂外运输距离近，则每年要节约大量的运输远距离运输量，这就必然节约了基建费和运营费。如我国四川某大型工业企业，靠近铁矿、煤矿，原料、燃料运输距离短。因此，对运量大的工业企业，宜靠近原料基地；对耗燃料大的工业企业，如火力发电厂，宜靠近燃料基地；对于运输成品要比运输初始原料困难多的企业，如机器制造企业、轻工业、食品工业、玻璃工业等宜位于消费地。

3.0.5 本条为原规范第 2.0.4 条的分解修订条文。规定了厂址应有方便、经济的交通运输条件，同厂外铁路、公路、港口的连接便捷，工程量小。这是因为交通运输条件是厂址选择的重要因素，特别对运量大的工业企业尤为重要。方便、经济的交通条件有利生产，方便生活，促进企业的发展。如某轴承厂位于山区，距火车站 80km，交通运输非常不便，原材料及成品进出全靠汽车运输，每生产 1t 产品的成本费较运输方便的同类企业高出 5 倍。又如某齿轮厂，离城市较远，虽有公路与县城相通，但每到雨季，道路常被山洪或河道洪水淹没堵阻，使运输中断，对企业生产和职工生活造成较大的影响。

本条增加了临近江、河、湖、海的厂址应充分发挥我国水运相对陆路运输成本低的优势，采用水运既可减少运输费用，又可减轻国家铁路运输的压力，船的载重量越大，运输成本越低，故有条件采用水运的企业应优先考虑水运。随着我国经济建设的快速发展，利用国外资源不断增大，根据国家相关技术发展政策，各行业的工业企业有向沿海转移和发展的趋势，如火电、钢铁、石油化工、天然气、核电等。

我国北方、南方分别在沿海建设大型钢铁和化工企业。如我国北方的两个钢铁企业分别选择了30万t和20万t级船型运输进厂原料。两个厂的进厂原料铁矿和焦煤运量分别达1725万t/a和1200万t/a（两个厂具有相协调的厂区和码头总平面布置，运距约为0.8km～3km，配套了先进的转运工艺，即货物卸船后直接用带式输送机输送至原料场）。如此大的运量采用水运势必大大减小了陆路运输的紧张压力和节约了物流成本，就此一项，在沿海建厂采用水运比在内陆建厂采用陆路运输，每生产1t铁可节省运输成本200元左右，其经济效益非常显著。又如广西钦州1000万t炼油项目采用10万t级原油接卸泊位、3千吨级和5千吨级成品油泊位，为节约生产成本创造了条件。

采用水路运输的企业，厂区总平面布置与码头总平面布置应相协调，处理好企业原料、燃料进厂、成品出厂与码头之间的总平面布置关系尤为重要。

3.0.6 本条为原规范第2.0.5条的修订条文。工业企业生产需要用电、用水，充足的、可靠的电源、水源是保证企业正常生产的必需条件。如钢铁工业的电炉炼钢，每炼1t钢耗电500kW·h～700kW·h；有色工业每冶炼1t铜耗水25t～28t，耗电约285kW·h；生产1t铝耗电14300kW·h～14450kW·h，需补充新水7.5t左右。又如我国某厂用水大户建在远离黄河水源的地方，起初完全靠地下水维持生产，随着生产时间的久远，地下水供应短缺，又不得不在远距厂址136km的黄河经九级提升向企业供水。就此一项给企业增加了很大的生产成本。因此，本条规定厂址选择应保证有充足的电源和水源。对于用水、用电量大的企业，为了缩短管线长度，节约基建投资，降低运营费用，其厂址宜靠近水源、电源，如耗水量大的造纸厂、电厂、耗电量大的电解铝厂、电炉炼钢厂等。

3.0.7 本条为原规范第2.0.6条的补充修订条文。根据《国务院关于落实科学发展观加强环境保护的决定》（国发〔2005〕39号）、《中华人民共和国环境保护法》第六条"一切单位和个人都有保护环境的义务"及《建设项目环境保护设计规定》、现行国家标准《工业企业设计卫生标准》GBZ 1—2010等的要求制定了本条规定。企业在建设项目选址、设计、建设和生产时都必须充分注意防止对环境的污染和破坏。

为了有利于企业排入大气中的烟尘扩散，厂址应有良好的自然通风条件，不应位于窝风地段。若厂址位于窝风地段，会使企业散发的有害气体、烟尘无法较快的排除，而使企业和周围大气受到污染。

同时要求散发有害物质的工业企业厂址与城镇、相邻工业企业和居住区之间，应满足现行国家标准《工业企业设计卫生标准》GBZ 1—2010等规范中规定的防护距离要求。

3.0.8 本条为原规范第2.0.7条。根据现行国家标准《建筑地基基础设计规范》GB 50007和《岩土工程勘察规范》GB 50021的要求，为统一规范化，本条对工程地质和水文地质作了原则性的规定。在厂址选择时此条是必须考虑的重要因素之一，地质条件越好，则采用的基础形式、地基处理方法越简单，基建投资越省。

因此，厂址选择时无论是对建筑荷载较大的企业，如钢铁、有色、火电、重型机械企业，还是建筑荷载较小的企业，如中小型机械、轻工、电子、食品、纺织等企业，都应调查分析每个拟选厂址的区域地质、工程地质和水文地质、岩土种类、场地的稳定性、地基承载力等。按照上述两个规范确定的工程重要性等级（甲、乙、丙）和场地的复杂程度、地基的复杂程度确定的（一级、二级、三级）等级来分析拟选厂址的工程地质和水文地质情况，作为厂址选择和比较的依据。

甲、乙、丙级详见现行国家标准《建筑地基基础设计规范》GB 50007—2011中第3.0.1条和《岩土工程勘察规范》GB 50021—2009中第3.1.4条。

一级、二级、三级详见现行国家标准《岩土工程勘察规范》GB 50021—2009中第3.1.1条。

当厂址位于冲积平原和沿海滩地时，由于土壤多由淤泥或淤泥质土组成，土壤的承载力较低，不能满足厂址要求，可根据企业建筑荷载采取加固措施。我国北方某大型企业位于沿海的吹填区，由于建筑荷载较大，采取了打桩加固措施，提高了建设场地的承载力。

由于工业企业的生产和设备不同，建筑物、构筑物基础埋设深度也不一样，故本条对水文地质未作具体规定，可根据工业企业厂址具体要求确定。在通常情况下，要求厂址地下水位宜低于建筑物、构筑物基础埋设深度，并要求水质对基础无腐蚀性。

3.0.9 本条为原规范第2.0.8条的分解修订条文。工业企业场地面积的大小是厂址选择的最基本条件，必须满足企业工程的用地需要。它主要根据工艺装备水平、建筑物布置、运输结构、贮运装备、辅助设施、发展要求及自然条件等因素综合确定。由于各类工业企业上述因素不尽相同，故本条对企业用地面积作了原则规定，应符合国家有关用地控制指标（包括《工业项目建设用地控制指标》和所属行业国家有关用地控制指标）规定的要求。

《工业项目建设用地控制指标》（国土资发〔2008〕24号）（以下简称《控制指标》）是贯彻落实节约土地资源的基本国策，是加强工业项目建设用地管理、促进工程建设用地集约利用和优化配置的重要法规性文件，是工业企业和设计单位编制工业项目可行性研究报告和初步设计文件的重要依据。

《控制指标》由投资强度、容积率、建筑系数、行政办公及生活服务设施用地所占比重、绿地率等五项控制指标构成。

所属行业国家有关用地控制指标是指我国26个行业中，有部分行业都制定了本行业项目建设用地控制指标。如钢铁、机械、电力、煤炭、建材、有色等行业。

根据多年来基本建设的经验，适宜的建厂地形有利于总平面布置，工业企业应预留适当的发展用地。据对20个选矿厂的调查，建成后进行较大规模扩建的约占90%；据对50多个机械企业、20多个钢铁企业、15个建材企业调查，几乎全都有不同程度的发展。况且我国经济建设正处于快速发展期，提出预留发展用地是合适的。

3.0.10 本条为原规范第2.0.8条的分解修订条文。厂址应具有适宜的地形坡度，既满足生产、运输、场地排水要求，又能节约土（石）方工程量，加快建设进度，节约基建投资。自然地形复杂、自然坡度大将使土（石）方工程量、边坡处理等工程量加大，增加了建设投资。避免将盆地、积水洼地、窝风地段作为厂址是为了有利于排水，避免烟尘集聚。

据对已建成的72个不同类型的企业调查，其中52个企业的厂址自然地形坡度小于5%，主要运输方式为铁路和道路；13个业厂址的自然地形坡度在5%～10%之间，主要运输方式为道路、带式输送机运输；7个企业厂址的自然地形坡度大于10%，主要运输方式是带式输送机、管道运输。

又对最近几年新建和拟建的钢铁、化工、电厂的情况调查，3个钢铁企业的厂址自然地形坡度在5%～10%之间；2个化工企业和3个电厂的厂址自然地形坡度小于5%；主要运输方式为铁路、道路、带式输送机、管道运输等；由于各类企业厂址对自然地形坡度要求不同，本条对适宜的地形坡度未作规定。

3.0.11 本条为原规范第2.0.9条的补充修订条文。分工协作和专业化生产是现代工业发展的必然趋势。加强相互协作，开展横向联合，发挥各自的技术优势，搞好专业化社会协作生产，是推进技术进步，提高产品质量，克服企业追求大而全弊端的有效途径。第3.0.5条条文说明介绍的北方和南方的几个大型企业，由于充分利用依托城市开发区的动力公用设施、码头等的有利条件开展社会协作，既节约了企业的资金，又加快了工程建设进度，在不到3年时间里建成投产，取得了非常好的效果。

本条还增加了"发展循环经济"的内容，各工业企业要按照"减量化、再利用、资源化"的原则，促进循环经济的发展。如某钢铁企业炼铁厂利用高炉剩余的煤气发电、排除的炉渣销售给水泥厂生产水泥，某火电厂利用排除的粉煤灰用于制砖。水泥、砖成品用于工程建设。这样周而复始的循环，形成循环经济链，实现了能源和资源节约的合理利用。

3.0.12 本条为原规范第2.0.10条的修订条文。为了保证企业不受洪水和内涝的威胁，厂址选择应重视防洪排涝。慎重地确定防洪标准和防洪措施。其防洪标准应根据企业规模、重要性、服务年限、经济等因素确定。由于本条第1款直接涉及人身财产安全及公共利益，当避免不了时，必须具有可靠、安全的防洪、排涝防护措施，故列为强制性条款。

在沿海建厂，还需调查潮位、风对水体的影响及波浪作用的综合因素引起潮水泛滥的可能性，并按防洪标准确定有关洪（潮）水的设计基准。

3.0.13 本条为修订新增的强制性条文。山区建厂防御的重点是地质灾害，而诱发地址灾害的诱因之一是连续降大雨或暴雨。在山坡陡峭且高的山区，连续降大雨或暴雨后期的3d～5d易引发塌方、山洪、泥石流等次生灾害。由于坡陡，山水的流速、流量大，很快会汇成巨大的山洪，破坏力甚剧。我国四川汶川、云南贡山、甘肃舟曲等发生的特大泥石流灾害造成了重大的经济损失，我们必须吸取教训，严防地质灾害发生再造成危害，故提出应避开陡峻且高的山坡或山脚处建厂。当不可避免时，应具有可靠的截洪或完整的排洪措施，并应根据国务院颁发的《地质灾害防治条例》对山坡的稳定性等作出地质灾害评估报告。

3.0.14 本条为原规范第2.0.11条的补充修订条文。由于第1款～第8款、第11款所指地区（段）建设工业企业将直接影响人员生命财产安全、人身健康、环境保护及公共利益，故作为强制性条款，必须严格执行。

1 在我国某些行业的工业企业中有许多建筑物、构筑物属抗震设防甲、乙类建筑物，某些行业的工业企业建筑物、构筑物无抗震设防甲、乙类建筑物。应具体分析，区别对待：

属抗震设防甲、乙类建筑物，按现行国家标准《建筑抗震设计规范》GB 50011—2010第3.1.3条规定，应符合本地区抗震设防烈度提高一度的要求。现行国家标准《建筑抗震设计规范》GB 50011—2010中第1.0.3条规定："本规范适用于抗震设防烈度为6、7、8和9度地区建筑工程的抗震设计及隔震、消能减震设计"，"抗震设防烈度大于9度地区的建筑及行业有特殊要求的工业建筑，其抗震设计应按有关专门规定执行"。如果某些行业的工业企业属抗震设防甲、乙类建筑物建在9度及9度以上地区，超出了该规范的适用范围，既增加了工程基建投资，又增加了建筑物、构筑物及生产设施的不安全因素，解决抗震加固问题的难度将非常大。故为确保安全，规定不应在9度以上的地震区选厂。

无抗震设防甲、乙类建筑物的工业企业，不应在高于9度地震区选厂。

2 泥石流、严重滑坡是以往矿山建设和山区建厂中曾多次发生又较难解决的问题，给矿山建设和企业造成了重大的经济损失。如江西某选矿工业场地，由于大面积开挖而引起滑坡，使部分建筑物变形，整治一年，工程费用高达500万元。泥石流、严重滑坡直接威胁人员的生命和企业财产安全。又如我国甘肃舟曲发生的特大泥石流灾害，导致127人遇难，1294人失踪，造成重大经济损失。故规定不应将厂址选在有泥石流、严重滑坡等直接危害的地段。

3 在采矿陷落（错动）区地表界限内建厂，易造成建筑物、构筑物断裂、损坏、位移、倒塌，会直接影响企业正常生产且危及人身安全。本款是总结实践经验制定的。

4 爆破危险区界限内不得建厂，是根据现行国家标准《民用爆破器材工程设计安全规范》GB 50089和《爆破安全规程》GB 6722中的有关规定制定的。两规范对爆破危险范围（安全允许距离）作了规定，厂址不得进入。

5 在水库的下游建厂，必须确保水库堤坝稳固且使厂址不受洪水及堤、坝决溃的威胁，如不能确保厂址的安全，将直接威胁人员和企业的财产安全，故规定不得在受其威胁且不能确保安全的地区建厂。

6 本款系增加的新条款。为了保障人员的安全，应避免在有严重放射性物质污染的影响内选择厂址。

7 本款把原规范第2.0.11条的第6款、第7款、第8款综合在一起叙述，根据《建设项目环境保护管理办法》、《中华人民共和国水法》和《风景名胜区建设管理规定》、《中华人民共和国森林保护法》、《中华人民共和国文物保护法》中的有关规定制定。

8 本款根据《中华人民共和国民用航空法》和《国务院、中央军委关于重新颁发关于保护机场净空的规定的通知》中的有关规定不可侵占的地面和净空界限范围内不应选为厂址而制定的。

9 Ⅳ级自重湿陷性黄土是指很严重的湿陷性场地。在土的自重压力下受水浸湿发生湿陷的黄土地区，新近堆积黄土由于形成年代短，土质松散又极不均匀，承载力低，因此，具有一定的湿陷性及高压缩性，土壤耐压力较低。故在上述黄土地区建厂将增加土建工程费用和结构技术处理的复杂性，如果处理不好，容易引起湿陷或滑移，使建筑物遭受破坏。本条根据现行国家标准《湿陷性黄土地区建筑规范》GB 50025—2004第5.2.1第5款的规定制定。

膨胀土具有吸水膨胀，失水受缩的特性，其膨胀力高达7.75MPa，常给建筑物、构筑物带来严重的破坏，故本条规定厂址不应位于Ⅲ级膨胀土地区。如云南某厂，厂址位于Ⅲ级膨胀土地区，企业建成后不到4年，75.4%的房屋发生开裂，迫使该企业不得不停建。

10 本款根据《中华人民共和国矿产资源法（修正）》第三十三条"在建设铁路、工厂……非经国务院授权的部门批准，不得压覆重要矿床"的规定而制定。

如辽宁某挖掘机厂，位于大型煤矿床上，近年来，由于地下开采逐渐接近厂区，虽距厂区300m，但开采影响线已波及厂区，使场地下沉，建筑物开裂。后经迁建他处，造成几千万元的损失。另外，在开采矿藏区建厂，对矿藏的开采、建筑物的稳定、安全生产都是很不利的，故本条对此作了规定。

11 本款系修订增加的条款，指沿海、沿江易受海啸、湖涌、洪水危害地区，主要从以下几点考虑：

第一，随着我国社会主义现代化建设步伐的加快，沿海、沿江、沿湖的建设项目增多，易受海啸、潮涌、洪水的危害。为了防患于未然，应该把地震引起的海啸或湖涌灾害提到预防日程。

第二，我们要接受2004年12月26日印度尼西亚苏门答腊岛附近发生的一场里氏9.0级地震，继而引发了巨大海啸的教训，7个亚洲国家和1个非洲国家遭受重创。灾难失踪总人数约达23万人，给南亚和东南亚国家带来巨大的经济和财产损失。虽然该灾难没有波及我国，但是临近的韩国也遭受了不同程度的影响。

2011年3月11日日本东北海域发生里氏9.0级强烈地震，引发大规模海啸并造成重大经济损失和人员伤亡。

第三，我国有关专家呼吁要开展对海啸、湖涌等自然灾害的研究预警，以提高国民的防灾自救意识和能力。

第四，我国核电工业已走在其他工业行业的前列，早在《核电厂总平面及运输设计规范》GB/T 50294—1999中的第3.2.4条就有规定，"厂址不应位于地震引起海啸或湖涌危害的地区"。

据以上四点,本次修订增加了此款。

4 总体规划

4.1 一般规定

4.1.1 本条是原规范第 3.1.1 条的修订条文。工业企业总体规划一般需要在厂址确定以后进行(个别情况也有同步进行的)。

首先,应有国家(或主管部门)批准的可行性研究报告、项目申请报告,其内容必须包括建设规模、发展远景计划,还必须提供比选厂址阶段较为详细的自然条件、城镇规划、土地利用规划、经济及交通运输等资料、发展循环经济的项目规划资料,以及厂址所在地区的特殊要求等。

在总体规划中,应进行多方案技术经济比较,才能作出满足生产、运输、防震、防洪、防火、安全、卫生、环境保护、发展循环经济和满足职工生活需要的优秀的规划设计。

4.1.2 本条是原规范第 3.1.2 条的修订条文。当工业企业建设在城镇或靠近城镇时,工业企业的总体规划应以城乡总体规划、土地利用规划等为依据,并符合其规划要求。不在城乡附近的工业企业的总体规划应与当地的地区规划相协调。一个工业企业的建设对当地地区的发展有很大影响,它不仅带动原有城乡的发展,也会促进新城镇的建立,使工业企业节省建设资金,加快建设速度,有利于为职工创造较好的生产和生活条件。

规定中提出企业与城乡和其他企业之间在交通运输、动力供应、机修和器材供应、综合利用及生活设施等方面加强协作,实现专业化、社会化协作,这是现代企业管理运营模式的一个重要方面,是提高产品质量和劳动生产率、发挥设备效率、提高投资效益、降低生产成本和节约集约用地的有效途径,在总体规划中应予以贯彻。如某市的几个企业共用专用线和编组站,既节约了占地,又节省了投资。

4.1.3 本条是原规范的第 3.1.3 条。工业企业的各类设施应同时规划,这是做好总体规划,使企业尽快发挥投资效益所必需的。如洛阳涧西工业区是以 3 个机械厂为主体建设起来的,在总体规划中,对各厂区、居住区、供电、供水、排水及交通运输、商业、医疗等服务设施都同时规划,合理安排,从而很快形成一个工业区,很快发挥投资效益,在国民经济建设中发挥了重要作用。又如攀枝花钢铁公司,由于全面规划各类设施,在总体规划的指导下有步骤地进行建设,在荒无人烟的山谷中迅速形成一个数十万人的新兴工业城市。以前建设的上海金山石油化工总厂、上海宝山钢铁总厂,近几年在沿海建设的曹妃甸、营口鲅鱼圈钢铁厂、广西钦州大型炼油化工厂等大型工业企业的总体规划,也都是很成功的。

大型工业企业基建工程量大,施工期长,一般都设有专门的施工基地,为了保证工业企业总体规划的合理性,施工基地应同企业各类设施用地同时规划。

4.1.4 本条是原规范第 3.1.4 条的修订条文。规定了分期建设的工业企业应贯彻节约集约用地的原则,近远期应统一规划,近期建设项目宜集中布置,远期建设项目应根据生产发展趋势及当地建设条件预留发展用地。只有处理好了近远期关系,才能保证企业最终总体规划的合理。

防城港某电厂按国家要求,一期工程按 2×60MW 规模设计,留有进一步发展的条件,并且不堵死以后再扩建的可能。根据现阶段总体规划该厂建设规模可以扩大到 2400MW。由于该厂在总体规划中做到了以近期为主,远近结合,较好地处理了远近期的建设和发展用地。

4.1.5 本条是原规范第 3.1.5 条的修订条文。联合企业中不同类型的工厂应按生产性质、相互关系、协作条件等因素分区集中布置。布置时应注意:产生污染的工厂,不能对非污染工厂产生影响;易产生火灾爆炸危险的工厂,不能对其他工厂构成威胁;布置上不影响相互间的发展。

对产生有害气体、烟、雾、粉尘等有害物质的工厂,必须采取处理措施,使其有害物质的排放指标符合现行国家标准《工业企业设计卫生标准》GBZ 1 的规定,并应避免它们之间的相互影响。多年基本建设的经验说明,工业企业建设只考虑自身的污染,而忽视对相邻企业的影响,造成许多不良的后果,必须在今后建设中尽力避免。

4.2 防护距离

4.2.1 本条是原规范第 3.2.1 条的修订条文。1991 年国家颁发了《制定地方大气污染物排放标准的技术方法》GB/T 3840—91,对防护距离的确定,作了比较科学的规定;2010 年修订颁发的《工业企业设计卫生标准》GBZ 1—2010 对卫生防护距离又作了具体定义,防护距离是指"从产生职业性有害元素的生产单元(生产区、车间或工段)的边界至居住区边界的最小距离"。

目前,现行国家标准《工业企业设计卫生标准》GBZ 1—2010 已明确了三十类工业企业卫生防护距离标准,如氯丁橡胶厂、盐酸造纸厂、黄磷厂、铜冶炼厂(密闭鼓风炉型)、聚氯乙烯树脂厂、铅蓄电池厂、炼铁厂、焦化厂、烧结厂、硫酸厂、钙镁磷肥厂、普通过磷酸钙厂、小型氮肥厂、水泥厂、硫化碱厂、油漆厂、氯碱厂、塑料厂、碳素厂、内燃机车厂、汽车制造厂、石灰厂、石棉制品厂、缫丝厂、火葬场、皮革厂、肉类联合加工厂、炼油厂、煤制气厂等。在工业企业总体规划中,应按现行国家标准《工业企业设计卫生标准》GBZ 1 中的规定设置卫生防护距离。

卫生防护距离的大小与国情、工艺生产技术水平、对污染的治理水平以及当地气象条件等因素有关。

1 为了节约集约用地,应尽量利用原有绿地、水塘、河流、山岗和不利于建筑房屋的地带作为卫生防护距离。

2 在卫生防护距离内不应设置永久居住的房屋,是考虑到使人身不受污染。对卫生防护距离的地带进行绿化是为了减少环境污染,改善生态环境。

4.2.4 本条是原规范第 3.2.4 条的修订条文。产生高噪声的工业企业系指企业内部噪声超过某一声级,以致对外部环境或内部工作环境产生明显影响的企业。

4.3 交通运输

4.3.1 本条是原规范第 3.3.1 条的修订条文。本条规定了工业企业交通运输规划应遵循的原则和要求,应与企业所在地国家或地方交通运输规划相协调。工业企业交通运输的规划应符合工业企业总体规划的要求,并应满足生产对运输的要求。由于大、中型企业运量大,对所在地区的运输影响大,只有与城镇和地区运输规划统一考虑,才能保证企业的正常生产。在有条件的地区,可实行运输专业化、社会化。

结合企业生产的需要和当地交通现状,交通运输规划还可兼顾地方客货运输,方便职工通勤需要,充分发挥其社会效益,这也是十分必要的。如某企业的交通运输公司除完成该公司生产物料运输任务、职工上下班通勤服务外,还为武汉市青山区的许多家企业承担运输服务,其客运汽车通勤承担了市内大量人员的交通运输任务。

过去有的企业自管的准轨铁路除完成企业物资材料的输送、职工上下班通勤服务外,还兼顾地方的铁路客货运任务。但是,随着我国交通运输业的发展,考虑客流、成本、安全等因素铁路客运的功能取消了。

4.3.2 本条是原规范第 3.3.2 条。工业企业外部运输方式有水运、铁路、道路、带式输送机、管道、索道等。各种运输方式有其适用范围,对地形、地质、气象条件也有不同的要求和适应性。企业外部运输方式的选择涉及诸多因素,一定要进行技术经济比较,选取经济合理的方案。

4.3.3 本条是原规范第3.3.3条。本条规定了工业企业铁路接轨点的基本要求，是依据现行国家标准《工业企业标准轨距铁路设计规范》GBJ 12中的规定制定的。

4.3.4 本条是原规范第3.3.4条的修订条文。本条规定是总结实践经验提出的。为了节约基建投资，节约集约用地，降低企业生产成本，企业的交接站（场）、企业站应充分利用路网站场的能力，避免重复设站。如我国火力发电厂，多数采用了货物交接，运输由路网铁路统一管理，节约了基建投资。

4.3.5 本条是原规范第3.3.5条的修订条文。工业企业的厂外道路是城镇道路网和地区道路网的组成部分，因此，应符合城乡规划或所在地区道路网的规划。为了节约基建投资、节约集约用地，充分发挥城市或地区现有道路的运输能力，本条提出在规划企业厂外道路时，应充分利用现有的国家公路及城镇道路，并要求同厂外现有道路连接合理、路线短捷、工程量小。

4.3.6 本条是原规范第3.3.6条的修订条文。本条是实践经验的总结，企业的外部交通应便利，与城镇、居住区、企业站、码头、废料场以及邻近协作企业交通联系应方便，能保证企业的正常生产，企业需要的原料、燃料、材料可以及时地运到，企业的废料、垃圾可方便地运走，同邻近企业的协作往来方便，同时保证职工通勤的需要。随着我国铁路、公路、水运的快速发展，交通条件较过去大为改善，但是货流、车流量也在不断增加，外部交通问题成为某些企业保证正常生产的障碍。据对有些企业的调查，凡是企业的外部交通运输条件好的，从生产到生活职工反映都比较好；凡是企业的外部交通运输条件差的，企业生产和职工生活都有不少困难，需要改善。

4.3.7 本条是原规范第3.3.7条的修订条文。本条是为工业运输专业化、社会化而作的规定。

根据对大、中城市市区或近郊区20多个工业企业的调查，大部分企业厂外汽车运输不同程度地委托城市运输部门承运，这是可行的。一些机械、化工、轻纺等企业反映，企业所需的煤、砂、石、大型机械等货物均委托当地运输公司承运，定时定量供应，或采用门对门的运输，降低了费用，供、运、需三方都感到有好处。

厂外汽车运输全部由本企业承担，有两种情况：一是本企业运量很小，如某汽车电镀厂，全年运量只有8000t，自备1辆～2辆汽车已经够用；二是企业运量较大，当地运输公司能力不够，不能承担，只能自备车辆运输。

总的来看，凡是有条件的地区，采用社会协作的方式，企业外部汽车运输委托城镇交通运输部门承运是经济合理的，应予以提倡。

对大型工业企业，设有独立核算的运输公司（运输部），向各分厂收取运费，全企业运输设备集中统一调度和管理，这种形式提高了运输效率。某大型企业，把各分厂汽车集中到总厂运输处统一管理，显示了以下优点：汽车完好率提高30%；油料消耗降低16.5%；里程利用率提高16%；每季度节约维护费10万元；集中后每台汽车效率大为提高。

企业外部水路运输，一般也以委托水运部门承运为宜，企业自营水路运输需要设置码头、仓库、船舶等大量设施。但某些大、中型企业，条件具备，经过比选，经济合理时，也可自行组织水运。

4.3.8 本条是原规范第3.3.8条。由于水路运输具有运量大、运费低、投资少的优点，故凡邻近江、河、湖、海的工业企业，都应充分利用水运。但由于水运受自然因素影响较大，特别是影响船舶航行的自然因素，如雾日、冰冻期、风、浪、水位变化等，往往影响企业运输的保证性，所以规范提出水路运输可以满足企业运输要求时，应尽量采用水路运输。这一点十分重要。如企业离河流、海稍远，也可考虑采用水、陆联运。

4.3.9 本条是原规范第3.3.9条的修订条文。管道、带式输送机、索道等运输方式与其他运输方式应有合理的衔接，避免二次倒运和临时堆存，应形成一个协调的运输系统，以降低运输成本，减轻劳动强度，减少占地。

4.4 公用设施

4.4.1 本条是原规范第3.4.1条的分解修订条文。水源地是工业企业重要的公用设施之一，应与工业企业的总体规划统一考虑，合理布置。水源地除满足上述总的要求外，为保证水源地的水质满足生产需要，还提出了三条需遵守的共性要求。

对生活饮用水水源提出了专门要求，应执行现行国家标准《生活饮用水卫生标准》GB 5749和《地表水环境质量标准》GB 3838中的有关规定。

4.4.2 本条是原规范第3.4.1条的分解修订条文。高位水池应位于地质条件良好的地段，如青海某厂，高位水池未注意防渗漏溢流，使用后不断发生塌方，防治十分困难，教训深刻。因此，在类似工程中，必须避免。

4.4.3 本条是原规范第3.4.2条的修订条文。本条所指的厂外污水处理设施系全厂性污水处理厂。污水处理厂经常散发恶臭，污染大气、土壤及地下水，因而对其位置提出了要求：宜靠近企业的污水排出口或城镇污水处理厂；与厂区和居住区保持必要的卫生防护距离，以利保护环境，减少污染范围。

4.4.4 本条是原规范第3.4.3条的修订条文。为了减少热电站和锅炉房通向用户的管线敷设长度以及减少热能消耗，节约基建投资，因此，热电站和集中供热的锅炉房的位置宜靠近负荷中心或主要用户。同时应全面规划，保证有方便的供煤及排灰渣条件。应注意采取除尘、减尘等措施，以满足环保要求，防止对环境的污染。

4.4.5 本条是原规范第3.4.4条的修订条文。总变电站应布置在高压输电线路进出线方便处，一般情况下宜布置在厂区边缘。因高压输电线路要求有一定宽度的线路走廊，如不靠厂区边缘，输电线路必然穿越厂区，如采用架空线路，将加大厂区占地，且增加不安全因素，如采用电缆则要增加投资。

总变电站应不受粉尘、水雾、腐蚀性气体等污染源的影响，否则将对电气设备造成严重腐蚀。如某化工厂变电所的位置，只注意靠近了负荷中心，忽视了大气腐蚀问题，由于硝酸车间酸雾的腐蚀，开关控制设备均被损坏，绝缘不良，配电盘角钢支架带电，不得不重建。

总变电站不应布置在有强烈振动设备的场地附近，以免振动对电气设备产生影响，可能造成继电保护的误动作而发生事故。

4.5 居住区

4.5.1 本条是原规范第3.5.1条的修订条文。现在已有很多企业利用城镇的社会资源解决职工的居住和生活问题，既减少了企业的管理机构和定员，也减小了企业的负担。

居住区宜集中布置，或与相邻企业组成集中居住区，其优点是可以集中建设生活福利、文化、娱乐、商业等设施。能逐步形成一个完整的生活区，且有利于节约投资。中小型企业，居住区人口数量较少，占地面积不大，一般应集中布置。如分散布置，不利于公用设施配套建设且增加基建投资。如浙江某中型厂，居住区人口少，和邻近玻璃厂协作，联合建集中居住区。但大型企业，职工人数较多，有时受土地限制，集中布置场地不足，也可集中与分散相结合。

4.5.2 本条是原规范第3.5.2条的修订条文。在符合安全和卫生防护距离的要求下，居住区宜靠近工业企业布置，但紧靠在一起，出了厂门就是家门也不合适。虽然上下班方便，但不可避免地互相干扰，给工厂管理、安全、保卫带来一定麻烦，也影响居住区的安静和安全、卫生；特别是产生有害气体、烟、雾、粉尘的工业企业的居住区与厂区之间的距离，一定要符合卫生防护要求。但距离太远，职工上下班不便。在满足卫生、安全等防护距离要求的前提下，居住区最远边缘到工厂最近出入口的步行时间不超过30min是比较合适的。

当超过步行30min时，宜设置交通工具。

居住区宜靠近城镇，与城镇统一规划，不但能充分利用城镇设施，节约投资，也大大有利于提高职工及家属的生活福利及文化娱乐水平，方便职工生活。

4.5.4 本条是原规范第3.5.4条。居住区利用荒地、劣地，应选择不窝风的阳坡地段，在某些情况下，可能给职工生活带来一些不便。但节约集约用地是我们的基本国策，必须予以贯彻。

4.5.5 本条是原规范第3.5.5条的分解修订条文。本条是为保障职工和家属人身安全作出的规定。湖北某大型企业建厂时，铺设了一条穿越企业居住区的临时铁路，后因工程量大，原规划的永久线路至今未建。临时线取代了永久线，造成几处与居住区主、次干道平面交叉，影响人身安全；铁路的噪声影响居民休息，现虽然改为立体交叉，但铁路下的道路净空受到限制。安徽某大型企业，在厂区与居住区之间设有铁路干线，形成居住区至厂区的道路多处与铁路交叉，影响交通、人身安全。如设立交，不仅增加工程费用，还会使进厂道路条件标准降低。

4.5.6 本条是原规范第3.5.5条的分解修订条文，是参考各地区城乡（镇）规划管理技术规定制定的。

4.5.7 本条是修订的新增条文。

4.6 废料场及尾矿场

4.6.1 本条为原规范第3.6.1条的修订条文。国家鼓励、支持开展清洁生产，减少固体废物的产生量。因此工业废料的排放应符合《中华人民共和国固体废物污染环境防治法》和现行国家标准《一般工业固体废物贮存、处置场污染控制标准》GB 18599 的有关规定。工业废料凡能利用的，均加以综合利用。这是国家一项重要的技术政策。需综合利用的废料按其性质分别堆放，以便利用，减少利用时再倒堆、分拣。

4.6.2 本条为原规范第3.6.2条的修订条文。第3款为强制性条款。为防止废料，特别是含有有害、有毒物质的废料对人身和土壤、大气、水体的污染，必须按现行的国家有关规范和本规范第4.6节的规定选择堆放地点，并确定必要的防护距离，必须采取防扬散、防流失和其他防止污染的措施，不得对周围的环境和人员造成污染及危害。第4款根据《中华人民共和国放射性污染防治法》和现行国家标准《电离辐射防护与辐射源安全基本标准》GB 18871 的要求，列为强制性条款。一旦遭受放射性物质的污染，会严重危害人们的健康。如日本某核电站放射性物质严重超标，190 人遭辐射污染。对含放射性物质的废料场应采取严格防扩散措施。

4.6.3 本条为原规范第3.6.3条的分解修订条文。对废料排出量不大的中、小型工业企业，利用城镇现有废料场堆放废料或与邻近企业合作共用废料场，可以节约投资和减少用地。

4.6.4 本条为修订新增的强制性条文。是实践的总结和环境保护的要求，有少数企业将废料直接排入江、河、湖、海，造成水体严重污染，影响极大。为保护环境，避免水体污染，规定不得将江、河、湖、海水域作为废料场。

4.6.5 本条为原规范第3.6.3条的分解修订条文。本条直接涉及环境保护，应注意的是：不少厂矿将废料场设置在江、河、湖、海岸旁滩洼地带，废料场初期距河道尚有一定距离，但随着废料量逐年增加，以致废料接近或浸入水体，造成水体污染，且影响航道。为此制定本条规定。

4.6.6 本条为原规范第3.6.4条。关于废料场的堆存年限，本条作了原则性的规定。这是因为随着技术进步，设备先进，对废料的综合利用程度也在逐步提高。由于企业生产性质不同，技术水平各异，很难对堆存年限作具体规定。如辽宁、山西某大型厂，钢渣的综合利用达100%，而有的企业达不到上述水平，可根据企业排废料量的具体情况确定堆存容量和堆存年限，宜一次规划，分期实施。如大型厂对于暂不能利用的工业垃圾的堆存年限，初期堆存年限为10年。

废料场及尾矿场（矿井掘进所排弃的矸石、选煤厂筛选出的矸石及电厂所排弃的灰渣）除应执行本规范外，尚应符合现行的有关国家标准和行业标准的有关要求。

4.6.7 本条为原规范第3.6.5条的修订条文。由于选矿厂排出的尾矿量很多，为了缩短尾矿的运输线路，节省基建投资，本条规定尾矿场宜靠近选矿厂布置。为了节约集约用地，尾矿场应建在条件好的荒山、沟谷。所谓条件好系指能满足尾矿场地面积、容积和运输线路技术条件的要求，且建坝工程量最小，又不对居住区和村镇造成污染的地段，并能使尾矿自流输送，节省运营费。

4.7 排土场

4.7.1 本条为原规范第3.7.1条的修订条文。对排土场位置的选择共提出了7款要求。

1 利用采空区排弃剥离物（即所谓内排土），主要是为了减少占地，缩短运输距离，降低剥离成本。条文中规定条件允许的矿山是指对缓倾斜矿层矿床，适宜于内排土。对急倾斜厚矿体矿床，按照我国传统的采矿工艺很难实现内排土。但如果同时有几个采区，通过有计划的安排采掘进度，先强化部分采区的开采，形成采空区后，其他剥离物可向其采空区排弃；有些露天通过改变开采程序也可实现内排，如抚顺西露天煤矿，将工作线向煤层倾向推进，改为沿煤层走向推进后实现内排。

对分期开采的矿山，为取得较好的经济效益，将近期开采的剥离物堆放在远期开采境界以内，开采后期二次倒运，但必须经过技术经济比较，认为合理时方可采用。

2 排土场荷重大，应位于地质条件良好地段。工程地质或水文地质不良地段是影响排土场稳定的主要因素，而基底弱层则是引起坡体下滑的直接原因，排土场可能发生失稳现象。设计应采取防止滑坡的安全措施。

3 排土场的安全要求参照现行国家标准《金属非金属矿山安全规程》GB 16423 和《一般工业固体废物贮存、处置场污染控制标准》GB 18599 中有关规定制定。

4 排土场设计必须将稳定与安全放在首位。对基底承载力不足，可能形成泥石流、大量的汇水冲刷台阶坡脚，均应采取必要的稳定和安全措施。

排土场无论是整体不稳定，还是台阶滑坡，往往是由于排水不良，大气降水或积水渗入排弃物料与基底之间，使其强度指标急剧下降所致。我国排土场滑坡约有50%是浸水所引起的，因此应在排土场的周围设置完整的排水系统。

5 许多矿山的排土场在排土过程或停止排弃后，细颗粒尘埃随风飘扬，污染大气，对企业生产和居民影响较大。另外，由于剥离物的成分中很多含硫较高，经雨水侵蚀、淋滤和长期风化，产生酸度较高的酸性水。这些酸性水从排土场渗流出来或雨季产生大量地表径流，将严重污染周围的农田和民用水。排土场给周围环境所造成的污染和破坏是不可忽视的，必须加以治理和控制。

6 我国每年工业固体废物排放量的85%来自矿山开采，全国矿山开采累计占用土地3000 万亩以上，现每年仍以60 万亩或更高的速度继续扩大。露天矿排土场占地面积平均占矿山用地面积的30%～50%，排土场占地之多是十分惊人的。目前，我国人均耕地面积为1.4 亩，只有世界人均耕地面积的1/3，因此，排土场充分利用沟谷、荒地、劣地，不占或少占良田、耕地，节约集约用地是我国的基本国策，合理利用土地是一项极为重要的任务。

7 在矿山开采时，对暂不能利用的有用矿物，要求进行分采、分堆；此外，为了利用地表土进行复垦，有计划地将剥离的地表土贮存，也必须分采、分堆。为了最大限度地回收及综合利用，在选择堆放位置时，要考虑运输线路的连接条件及装车作业方便等要求。

4.7.2 本条为原规范第3.7.3条的修订条文。排土场最终坡底线与相邻的铁路、道路、工业场地、村镇等之间的安全防护距离，在符合本行业相应条文规定的基础上，按现行国家标准《有色金属矿山排土场设计规范》GB 50421中的有关规定校核。若本行业没有相应条文规定时，按现行国家标准《有色金属矿山排土场设计规范》GB 50421中的有关规定执行。

4.7.3 本条为原规范第3.7.2条。排土场是露天开采的一个重要组成部分。随着我国采掘工业的发展，贫矿开采和露天开采的比例不断增大。以黑色冶金矿山为例，露天开采约占90%，每年剥离的岩石和废土达200Mt～300Mt，要占用大量的土地满足其堆置的需要。据调查，有不少矿山因排土场不落实而造成采剥失调，影响矿山的正常生产。因此，排土场容积在总体规划中应满足容纳矿山所排除的全部岩土。在计算排土场容积时，应考虑排弃物料的松散系数和下沉系数，有的还要考虑容量备用系数。由于排土场占地很大，为了避免过早地征用土地，造成长期闲置、浪费，排土场可按排土进度计划要求分期征用土地。

4.7.4 本条为原规范第3.7.4条。《中华人民共和国土地管理法》规定：采矿、取土后能够复垦的土地，用地单位或者个人应当负责复垦恢复利用。矿山排土场不仅占用大量土地和山林，而且还严重地破坏了自然界的生态平衡，因此，复垦种植、覆土造田越来越得到重视。对被破坏的土地恢复使用，应本着因地制宜的原则，即宜农则农，宜林则林，宜牧则牧，宜建设则建设。排土场复垦应与矿山开采工艺相协调，统一规划，充分利用排运设备使复垦工程分期实施，降低复垦成本。如广东坂潭锡矿，把采矿、复田两项工作密切配合起来，基本上做到了征地、采矿、复田三者之间互相平衡，复垦了耕种土地1432亩。又如永平铜矿，自1983年以来，在排土场上绿化植树，总面积已达150余亩。再如黑岱沟露天煤矿排土场复垦面积433.74hm²，复垦率达65%。

4.8 施工基地及施工用地

4.8.1 本条为原规范第3.8.1条的修订条文。为工业企业建设服务的施工基地一般包括：混凝土搅拌厂、预制品厂、木材加工厂、运输设备及施工机械停放场、修理设施和库房等，具有相当的规模，一般都需占用相当大的土地面积。根据调查，大型钢铁、有色、石化、机械企业，基建工程大，建设周期长，为其服务的施工设施较多，这些设施占用固定的用地，有的企业占地面积还相当大。据对3个大型钢铁企业调查，其施工基地用地面积分别为$72 \times 10^4 m^2$、$70 \times 10^4 m^2$、$98 \times 10^4 m^2$。由于基地内有相当数量的职工，因此职工居住区也需占用土地。在总体规划中，应同时规划，并应位于企业不发展的一侧，以免企业发展时受到限制或引起拆迁。如湖北某大型厂，施工基地位于企业不发展的西北方向，由于位置合理，企业几次扩建，均未受到影响；而四川某大型厂施工基地邻近厂区尚有条件发展的一侧，当厂区扩建时，拆迁工程量大。施工生产基地应尽量靠近主要施工场地，以便于运输和管理；施工生活基地宜靠近企业居住区布置，以便共用有关生活福利设施等，为施工的职工创造有利条件。

4.8.2 本条为原规范第3.8.2条的补充修订条文。施工基地的大宗材料和到达产品的运输数量是比较大的，所以一定要有良好的运输条件。尽可能利用企业的永久性铁路、道路、水运等运输设施，避免重复建设，以节约运输费用，降低基建投资。

4.8.3 本条为原规范第3.8.3条的修订条文。施工用地一般系指施工中所需要的材料及构件等的堆放场地和施工操作时所需的用地等，宜利用厂区空隙地、堆场用地、预留发展用地或防护地带，以节约集约用地，减少施工中的反复倒场，避免增加不必要的搬运工作量。当上述场地不能满足一些工业企业的施工用地时，可另行规划一定的施工用地。

5 总平面布置

5.1 一般规定

5.1.1 本条为原规范第4.1.1条的补充修订条文。考虑到工业企业的厂区远期发展对厂区总平面布置的影响较大，故在原条文中增加了"厂区发展"的内容。

工业企业总平面布置首先要考虑企业的性质，不同性质的企业，生产特点不同，因而对总平面布置除其共性要求外，尚有各自的特殊要求。例如：精密仪表企业要求有洁净的生产环境；爆破器材加工企业有严格的防火、防爆要求；钢铁企业由于运输量大，且有炽热物料运输，因此在运输方面有特殊要求。只有充分考虑其特性和要求，才能作出经济合理的总平面布置。

企业的规模不同，生产设施的组成和生产能力也就不同，因而也直接影响总平面的布置。如大型钢铁厂的炼铁车间，多配置$2500m^3$以上的高炉，其生产特点是产量高，出铁次数多，铁水运输作业繁忙，故其总平面多采用岛式布置；而中、小型钢铁厂炼铁车间的情况则相反，其总平面布置多采用一列式。

生产流程是否顺畅，直接关系到企业的经济效益。如果流程不顺，就会延长生产作业线，甚至物流交叉、干扰，导致增加能源和人力、物力的消耗，增加不安全因素，降低劳动生产率等弊端。我国有些老企业，总平面布置不符合生产流程，存在上述弊端，留下了深刻的教训。

总平面布置与厂内外运输设计是一个有机的整体，应统筹考虑，使厂外原料、燃料的运输、成品的运出流向与各生产车间的生产流程相一致，避免物料往返、迂回、折角运输，这对运输量较大的企业尤为重要。如某钢铁公司矿石主要运输方向与厂内生产流程相反，致使矿石运输穿过厂区，增加了运输成本。

总平面布置还应考虑企业的建设顺序和远期发展，以满足生产、建设和扩大再生产的需要。

总平面布置应符合防火、安全、卫生、检修和施工等规定的要求，并为企业的正常、安全生产创造必要的条件。

综上所述，总平面布置应根据本条规定的诸因素，因地制宜地结合具体自然条件，统筹安排布置各项设施，并经多方案技术经济比较，方能求得较优方案。

5.1.2 本条为原规范第4.1.2条的补充修订条文。为了进一步加强土地管理，保护、开发土地资源，合理利用土地，切实保护耕地，促进社会经济的可持续发展，在条文中增加了"总平面布置应节约集约用地，提高土地利用率"的内容。我国的国情是人多地少，因此，"珍惜和合理利用每寸土地、节约集约用地"是我国的基本国策。工业建设用地应符合《工业项目建设用地控制指标》及所属行业国家有关用地控制指标要求的规定。

《工业项目建设用地控制指标》及所属行业国家有关项目建设用地指标的解释见第3.0.9条的条文说明。

《工业项目建设用地控制指标》中还要求，对适合多层标准厂房生产的工业项目，应建设多层标准厂房，原则上不单独供地。

本条总结多年的设计和生产实践经验，对节约集约用地作了4款规定，具体说明如下：

1 建筑物、构筑物等设施集中、联合、多层布置，减少了分开布置的间距和占地面积，是节约集约用地的有效途径，且可减少运输环节，为采用连续运输创造条件。为此，在国内外近年新建的企业中已广泛采用。但其前提是符合生产工艺流程、操作要求和使用功能要求，否则会顾此失彼，造成不良后果。

2 按功能划分街区，使同一功能系统的各项设施布置在一个街区内，不仅有利于节约集约用地，且便于生产管理。通道宽度的宽窄对厂区占地影响颇大，如山东某厂主要通道宽度达100m，如能压缩至90m，则可节约用地50亩。故应合理地确定通道宽度，使其适度。

  3 厂区、街区和建筑物、构筑物的外形规整，避免局部凸出或凹进，以避免或减少厂区、街区形成零碎不便利用的场地，从而可以提高土地利用率。

  4 街区内的各项设施紧凑合理布置，不仅可节约集约用地大有好处，且可缩短工程管线长度，减少工程费用。

5.1.3 本条是原规范第4.1.3条的补充修订条文。妥善地处理企业近、远期工程关系，合理地预留发展用地，是总平面布置的一项重要任务。处理不好，会制约企业发展，或破坏合理的总平面布置；或浪费土地，增加基建工程费用，影响经营效果。为此，本条根据以往的经验教训，作了3款规定，具体说明如下：

  1 分期建设的企业系指可行性研究报告中明确规定的分期建设项目，其总平面布置应全面考虑，统筹安排。为使近期工程能以较少的投资和用地尽快地建成投产，取得经济效益，故近期工程项目应集中紧凑布置，并在布置上与远期工程相协调，为远期工程创造良好的施工条件，避免近期工程生产与远期工程建设相互干扰。

  2 远期工程的预留用地在厂区外，不仅有利于达到上述目的，并可避免多占或早占土地，且在今后土地使用上有灵活性。如原上海石油化工总厂就是按这一要求布置的，近几年新建的曹妃甸京唐钢铁基地也是按照这一原则布置建设的，收到了良好的效果。当可行性研究报告中规定近、远期工程相隔期很短，或在生产工艺上要求紧密相连时，远期工程方可预留在厂区内。因为不这样，不仅会浪费基建投资，也会给生产上带来无法克服的后患。如上海宝山钢铁总厂符合上述要求，二期工程就是预留在厂内的。为了使预留发展用地直接用于远期发展建设而不为它用，避免不必要的拆迁，影响正常使用，故不应在其用地范围内修建影响发展的永久性建筑物、构筑物等设施。

  3 第3款为补充款。在预留用地时应全面考虑，以往的总平面设计中有时仅仅考虑主要生产系统用地的预留，而容易忽视了其他发展用地的预留，如辅助生产设施、公用设施、交通运输设施、仓储设施和管线设施等发展用地，在改、扩建总平面布置中许多时候受到这些非主要因素的限制，导致企业改、扩建难于实现预期的目标，因此，补充此款。

5.1.4 本条是原规范第4.1.4条的修订条文。厂区通道宽度关系到企业总平面布置是否紧凑合理，对厂区用地影响甚大。通道过宽，不仅浪费土地，而且会增加运输线路和工程管线长度，提高运输费用；过窄则不能满足有关工程设施布置的技术要求，难以保证安全生产，或给生产作业造成不便。由于企业类别繁多，生产规模大小不一，各具特点，因此，对于通道宽度的要求不能强求一致。故本条对通道宽度未作定量的规定，设计时，应根据企业的具体情况，按本条规定的7款要求，合理确定。

5.1.5 本条是原规范第4.1.5条的修订条文。充分利用地形、地势和工程地质及水文地质条件，合理地布置建筑物、构筑物等设施，不仅可以减少基建工程量，节约工程费用，而且对保证工程质量和企业正常生产大有好处。如某化工厂位于丘陵地带，一高层建筑物布置在填土较厚的地段，工程地质条件差，在施工中由于基础处理困难，不得不改移建设地点。

  山区、丘陵地带，场地坡度大，建筑物、构筑物等设施平行等高线布置，既可减少土石方工程量，又可避免产生不均匀下沉造成的危害。场地坡度大，竖向设计多采用台阶布置形式，总平面布置应充分利用台阶间的高差，为物料采用管道自流输送、半壁料仓、滑坡式高站台、低货位等装卸设施创造有利条件，以减少工程费用，节约能耗，提高经济效益。

5.1.6 本条是原规范第4.1.6条。建筑物的朝向、采光和自然通风条件的优劣，直接关系到职工的身心健康、劳动生产效率的提高，影响企业经济效益。为此，现行国家标准《工业企业设计卫生标准》GBZ 1—2010第5.3.1条明确规定"厂房建筑方位应能使室内有良好的自然通风和自然采光"。对高温、热加工、有特殊要求和人员较多的建筑物，尤应防止西晒，为其创造较好的工作环境。我国某钢铁公司车轮轮箍厂，由于受到地形条件限制，主厂房纵轴呈东西向布置，受到西晒影响，车间温度增高，不得不将厂房西侧墙壁做成大面积百叶窗，但效果仍不理想。

5.1.7 本条是原规范第4.1.7条的修订条文。有害性气体、烟、雾、粉尘和强烈振动、高噪声对人员和生产设备以及产品质量均有不同程度的危害，同时还会对周围环境和人身造成严重危害。

  补充本条文是考虑到生产有害物品的工厂，当发生事故有物质泄漏时，对人身、安全、环境会产生严重影响。因此，总平面布置应根据工厂的生产性质，合理布置，避免由于在生产、储存、运输过程中有害物品的泄漏，对周边生态环境和人身造成危害。如我国某石化公司双苯厂发生爆炸事故，致使苯、苯胺、硝基苯、二甲苯等主要污染物流入松花江，其污染物浓度指标严重超过国家规定标准，造成水质严重污染，致使周边城市停水数天，严重影响城市正常生活秩序，危害生态安全。

5.1.8 本条是原规范第4.1.8条的补充修订条文。合理地组织人流和货流，避免交叉干扰，使物料沿着捷便的路径，顺畅地输送到各生产部位，是确保安全生产所必需，也是降低运输成本的重要条件。为此，总平面布置应使各项设施的位置符合上述要求。

5.1.9 本条是原规范第4.1.9条的修订条文。以往在总平面设计中，对各项设施平面布置的合理性已充分重视，这是必要的，但相对而言，对建筑群体的平面布局与空间景观的协调，并结合绿化，提高环境质量注意不够，缺乏艺术构思和现代企业的建设特点。为了创造良好的工作环境，改善劳动条件，激发劳动热情，提高劳动生产效率，故作本条规定。

5.1.10 本条是修订的新增条文。本条是根据现行国家标准《建筑设计防火规范》GB 50016、《工业企业煤气安全规程》GB 6222、《钢铁冶金企业设计防火规范》GB 50414等规范制定的。

5.2 生产设施

5.2.1 本条是原规范第4.2.1条。大型建筑物、构筑物系指大型联合厂房、高层建筑物等，重型设备如合成氨塔等，这些大型建筑物、构筑物荷载大，布置在土质均匀、土壤允许承载力较大的地段，可以节省地基工程费用，且可避免因产生不均匀下沉酿成事故。如某压延设备厂金属结构车间布置在冲沟沟口处，虽然地形条件较好，但由于处在冲沟下游，工程地质为Ⅲ级自重湿陷性黄土，又是新近堆积而成，土基松散，设计采用爆破桩，施工时桩底形不成设计要求的扩大头，虽采取措施，投产后仍陆续产生沉陷事故，露天跨柱子产生位移、下沉，不能使用，不得不拆除报废。为了减少土(石)方工程量和防水处理工程费用，确保工程质量，所以较大、较深的地下建筑物、构筑物，宜布置在地下水位较低的填方地段。

5.2.2 本条是原规范第4.2.2条的修订条文。要求洁净的生产设施，洁净度要求高[所谓洁净度，就是在一定空间容积中允许含微粒子(灰尘)的浓度]。如集成电路的生产在光刻过程中，若落上0.5μm的尘粒，就会形成一个隐患点，腐蚀后即形成"针孔"而报废；在管芯装配过程中，若沾上导电尘埃，会造成短路。故此类要求洁净的生产设施，应布置在大气含尘浓度较低、环境清洁的地段，并应使散发有害性气体、烟、雾、粉尘等污染源位于其全年最小频率风向的上风侧；且应符合现行国家标准《洁净厂房设计规范》GB 50073的规定，以防污染，确保产品质量。

5.2.3 本条是原规范第4.2.3条的修订条文。对产生和散发高温、有害性气体、烟、雾、粉尘的生产设施的布置，主要考虑两个因素，一是充分利用自然条件，使生产过程中产生的高温或有害物质能尽快地扩散掉，以改善自身的环境条件；二是尽量避免或减少对周围其他设施的影响和污染。布置不当，势必造成危害。如上海某厂220kV屋外变电站，由于受到邻近生产设施有害物质的影响，仅运行几年,铝导线变黑,钢结构受腐蚀,已接近不能使用的程度。

5.2.4 本条是原规范第4.2.4条。据调查,有的企业某些有强烈振动的生产设施邻近防振要求较高的车间、办公室布置,不符合防振距离要求,致使受振车间不能正常生产,办公人员受到严重干扰。如山东某氨厂压缩空气机厂房外6m处布置有配电室,把距压缩机28m处的配电室油开关振坏,造成全厂停产事故;相距100m处的化验室万分之一天秤不能正常使用。据此,本条作了相应规定。表5.2.4-1、表5.2.4-2是根据中国科学院武汉岩土力学研究所《工业企业总平面设计防振间距试验研究》报告,并参照国内外有关资料确定的。武汉岩土力学研究所在武汉、上海、鄂州地区进行测试,并将测试的结果进行综合分析,通过理论计算,提出了防振间距,但由于该成果的测试地点仅限于上述3个地区的几个企业,其场地地质情况尚不能概括全国各地区,故表5.2.4-1的使用条件在注2中作了仅适用于波能量吸收系数为0.04/m湿的砂类土、粉质土(按《土工试验规程》SL 237—1999的规定,该两类土的饱和度大于0.5~0.8)和可塑的黏质土(按上述规程规定,该类土的液性系数为0.25~0.75)的规定。测试分析结果表明,振动的影响距离与土壤的波能量吸收系数成反比,与土壤的含水量成正比。因此,当土壤不符合上述条件时,其防振间距应当增加或减少。具体增减数值由于受测试条件的限制,难以确定。

5.2.5 本条是原规范第4.2.5条的修订条文。在原条文中增加了对产生高噪声的车间布置的一般方法和要求,并归纳为5款。噪声的危害很大,影响人体健康,分散工作人员注意力,降低工作效率,甚至会因此酿成事故。为尽量避免或减少噪声对环境和生产的影响,故作了本条规定。

5.2.6 本条是原规范第4.2.6条的补充修订条文。在原条文中增加了"生产大宗产品的设施宜靠近其产品储存和运输设施布置"的内容。缩短物料的厂内运输行程,可以节省能耗,降低运输成本,对物料消耗量大的企业提高效益尤为显著。故需用大量原料、燃料的生产设施宜靠近相应的原料、燃料贮存、加工设施布置,并应位于其全年最小风频风向的下风侧,以减少污染。例如:每生产10万t铁需要铁精矿16.3万t、煤7.5万t、石灰石4.2万t。所以钢铁厂总平面布置时,应将烧结、焦化和炼铁车间靠近原料厂布置,且应优先考虑烧结和焦化车间的位置。我国某钢铁总厂就是按上述要求布置的(如图1所示)。但是,对大宗原料、燃料需用量不大的企业,在总平面布置中,原料、燃料运输问题并非主要矛盾,往往先考虑生产设施的布置,有时两者不能靠近布置,然而从全厂总平面布置全局来看是合理的。故本条在用词严格程度上,采用"宜"。

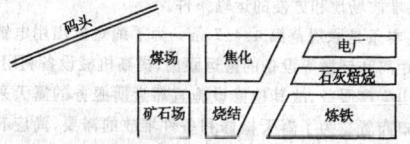

图1 某钢铁总厂有关设施相互位置示意图

5.2.7 本条是原规范第4.2.7条。易燃、易爆生产危险品设施,生产过程中危险性大,为尽量减少对外界影响,并防止万一发生火灾或爆炸事故危害其他设备安全和保证本设施内人员能迅速撤离危险区,避免伤亡事故,本条作出相应规定。并列出实际工程设计中可能需要查阅的相关规范如下:

《建筑设计防火规范》GB 50016
《民用爆破器材工程设计安全规范》GB 50089
《汽车加油加气站设计与施工规范》GB 50156
《工业企业煤气安全规程》GB 6222
《焦化安全规程》GB 12710
《氢气站设计规范》GB 50177
《乙炔站设计规范》GB 50031
《石油库设计规范》GB 50074
《石油化工企业设计防火规范》GB 50160
《钢铁冶金企业设计防火规范》GB 50414
《爆破安全规程》GB 6722
《地下及覆土火药炸药仓库设计安全规范》GB 50154
《烟花爆竹工程设计安全规范》GB 50161

5.2.8 本条是原规范第4.2.8条。有防潮、防水雾要求的生产设施,受水浸湿后,会影响设备正常运转,甚至酿成事故,或影响产品质量。故上述设施应布置在地势较高或地下水位较低地段,且与循环水冷却塔之间有必要的防护间距。

5.3 公用设施

5.3.1 本条是原规范第4.3.1条的修订条文。各种动力设施宜布置在其负荷中心,或靠近主要用户,主要是为了缩短管线长度,节省能耗。如钢铁厂的总降压变电所,一般多布置在轧钢和炼铁区,氧气站多靠近炼炉车间布置。但有时受到客观条件限制动力设施不能按上述要求布置,而从全厂总平面布置考虑是合理的,这是局部服从全局的问题,故本条采用"宜"。

5.3.2 本条是原规范第4.3.2条的修订条文。总降压变电所是企业生产的心脏,必须确保安全供电。为此,本条作了4款规定,具体说明如下:

1 为了避免电气设备受到潮湿侵害,且有利扩建发展,故宜靠近厂区边缘地势较高的地段布置。

2 高压线的进线、出线,对方位、走向和通廊宽度均有一定的技术要求,在确定总降压变电所位置时,应予考虑,予以满足。

3 为防止电气设备受到振动而损坏,造成停电事故,故总降压变电所避免设在有强烈振动设施的附近。

4 电气设备受到烟尘污染或受到有害气体的腐蚀,会使绝缘电阻的功能急剧下降,泄漏电流增大,电压降低,甚至造成短路事故,而风向对此影响较大,故作了规定。

5.3.3 本条是原规范第4.3.3条的修订条文。氧(氮)气站的生产过程是将空气压缩从中分离出氧气和氮气。为了提高氧(氮)气的纯度,确保安全生产,要求吸入的空气必须洁净,特别是要防止乙炔或其他碳氢化合物混入引起爆炸事故。为此,现行国家标准《氧气站设计规范》GB 50030对空分设备吸风口处空气内乙炔的允许极限含量作了明确规定。

5.3.4 本条是原规范第4.3.4条的修订条文。压缩空气站吸入的空气要求洁净,生产中会产生较大的振动和噪声,故本条作了相应规定。

5.3.5 本条是原规范第4.3.5条的修订条文。本条系根据现行国家标准《乙炔站设计规范》GB 50031的有关规定制定的。

5.3.6 本条是原规范第4.3.6条的补充修订条文。补充了液化气配气站布置的内容。

1 煤气站和天然气配气站、液化气配气站,生产过程中常有煤气(天然气)和煤灰等有害物排出。为了减少污染,防止失火事故发生,故将其布置在主要用户全年最小频率风向的上风侧。

2 本款增加了"发生炉煤气站的布置应符合现行国家标准《发生炉煤气站设计规范》GB 50195的有关规定"的内容。现行国家标准《发生炉煤气站设计规范》GB 50195为后编规范,其规定了煤气站布置的内容,故补充此内容。还增加了"天然气配气站、液化气配气站应符合现行国家标准《城镇燃气设计规范》GB 50028的有关规定"的内容。现行国家标准《城镇燃气设计规范》GB 50028为后编规范,其内容涉及煤气和天然气配气站的布置,故补充此内容。

3 本款增加了"水处理设施和焦油池宜布置在站区地势较低处"的内容。煤气站的贮煤场和灰渣场宜布置在煤气站全年最小频率风向的上风侧,以减少对站区内主要设施的污染。将煤气发生站的水处理设施和焦油池布置在站区地势较低处是为了便于水处理系统自流循环和防止焦油流失而污染环境。

4 本款增加了天然气配气站"宜位于有明火或散发火花地点的全年最小频率风向的上风侧"的内容。考虑到天然气配气站明火或散发火花地点对它的威胁，故补充此内容。此外，为了尽量缩短进气总管和至各用户支管的长度，配气站尚宜靠近天然气进厂方向和至各用户支管较短的地点。

5 本款增加了液化气配气站布置的有关内容。液化气配气站的布置要考虑液化气的运输和装卸要求，同时也要求向用户供气方便，供气管线尽量短直。液化气配气站的布置要考虑明火或散发火花地点对它的影响，还应避免窝风，以减少意外事故的发生。

5.3.7 本条是原规范第4.3.7条。对锅炉房的布置有3款规定，具体说明如下：

1 为了避免或减少锅炉房生产过程产生的烟、尘对厂区的污染，故宜布置在厂区全年最小频率风向的上风侧。

2 当采用自流回收冷凝水时，锅炉房布置在地势较低，且不窝风的地段，可以提高水管内水压差，保证自流，节省能耗，且又使锅炉房有良好的自然通风条件，改善工作环境。

3 燃煤锅炉房耗煤、排灰量较大，为了满足正常生产的需要，故应有相应的贮煤及排灰场地和方便的运输条件。贮煤场及排灰场布置在锅炉房全年最小频率风向的上风侧，可以减少扬尘对锅炉房的污染。

5.3.8 本条是原规范第4.3.8条。给水净化设施的布置一般有两种方式：一是与取水构筑物设在一起，靠近水源或数个水源的汇集处；另一方式是布置在厂区内边缘地段，且靠近水源方向和至主要用户支管长度较短的地段。之所以这样布置，主要是为了缩短水管（渠）长度，节省能耗，减少基建投资和运营费用。

5.3.9 本条是原规范第4.3.9条的修订条文。本条修改了冷却塔与周围设施的最小水平距离。循环水设施靠近所服务的生产设施布置，可以缩短输水管线长度，节省基建投资，且便于生产管理，使回水自流，或减少扬尘，可以节省能耗，降低运营费用。为了使浊循环水沉积下来的淤泥能及时清除、堆放和运出，防止流失，污染环境，故在沉淀池附近应有相应的堆场、排水设施和运输线路的场地。

冷却塔的布置应考虑与周围设施相互的影响。为了使水体能尽快冷却和防止受到污染，故冷却塔宜布置在通风良好、避免粉尘和可溶于水的化学物质影响水质的地段。同时，为了防止冷却塔的水雾降落到厂外变（配）电装置、铁路、道路上结冰，而影响上述设备运行和使用，故冷却塔不宜布置在上述设施冬季盛行风向的上风侧；为使冷却塔具有良好的自然通风条件，并防止水雾对其他设施的影响，故冷却塔与其相邻设施之间应有必要的防护间距。

根据近年设计单位的反馈意见，本次规范修订综合比较、分析了多行业关于冷却塔间距调整的最新成果，参考国家现行标准《火电厂总图运输设计技术规程》DL/T 5032—2005、《化工企业总图运输设计规范》GB 50489—2009、《钢铁企业总图运输设计规范》GB 50603—2010等对机械通风冷却塔与中央试（化）验室、生产控制室的最小水平距离，以及自然通风冷却塔与屋外变、配电装置的最小水平间距进行了调整。

玻璃钢冷却塔在某些企业中被广泛采用，根据现行国家标准《工业循环水冷却设计规范》GB/T 50102—2003的条文说明，冷却塔分为三种，风机直径大于8m的为大型，风机直径在4.7m~8m的为中型，风机直径小于4.7m的为小型。而小型冷却塔水雾影响范围小，一般设置在建筑物屋顶上或紧靠建筑物设置，故在总平面布置时可不受本规范间距的限制。

5.3.10 本条是修订新增条文。污水处理站是厂区中一个重要的公用设施，因此增加企业污水处理站布置的规定。

5.3.11 本条是修订新增条文，增加了中央试（化）验室的布置要求。中央试（化）验室是工业企业的一个重要组成部分，其内设置有精密仪器与设备，精度要求高，且怕潮湿和振动。为了确保试（化）验质量，应布置在环境洁净、干燥的地段，且与振源应有合理的防护距离。

5.3.12 本条是修订新增条文，增加了生活污水泵站及雨水排水泵站布置规定的内容。考虑减少排水泵站的埋深和排水泵扬程，排水泵站应分别布置在生活污水和雨水总排水管的出口附近。

5.3.13 本条是修订新增条文，增加了工业企业自备热电站的布置规定。自备热电站供热、供电的对象不同，其位置也不同。靠近热、电负荷的中心，可减少供热、电线路损耗。此外，热电站需消耗燃料（燃气或动力煤），布置时应使燃料供应便捷。

5.4 修理设施

5.4.1 本条是原规范第4.4.1条的修订条文。为便于服务和方便管理，全厂性修理设施宜集中布置；为确保安全生产，车间性修理设施应靠近主要用户布置。如火灾危险性大的生产车间，就不应与有明火或散发火花的修理设施靠近布置；防振要求高的车间也不应与振动较大的修理设施靠近布置。

5.4.2 本条是原规范第4.4.2条的修订条文。各企业的机械修理和电气修理设施的任务不同，规模不一，设施组成也相异甚大，故应根据各自的特点和要求，结合具体条件合理布置。但总的来看，机械修理设施服务面广，污染较小，生产人员较多，故一般多靠近生产管理区布置；电气修理设施生产环境要求洁净、防潮湿，故一般多布置在机修区附近地势较高、通风良好的地段。由于上述两设施都有大型修理件或大型设备（如大型变压器）运入、运出，故要求有较方便的运输条件。

5.4.3 本条是原规范第4.4.3条。仪表属精密设备，精度要求高，且怕潮湿和振动。为了确保维修质量，故其修理设施宜置在环境洁净、干燥的地段，且与振源之间应有必要的防护间距。

5.4.4 本条是原规范第4.4.4条的修订条文。机车、车辆修理设施的布置应使多数机车、车辆进出库方便，且避免加重咽喉道岔负荷，影响其他机车生产作业。因此，应布置在机车作业较集中和出入库方便的地段，且应避开作业繁忙的咽喉区。

5.4.5 本条是原规范第4.4.5条的修订条文。汽车修理分为大、中、小修三级，各企业对汽车修理设施要求承担的任务不同，设施组成相差甚大，故其布置的位置也不同。当承担大修任务且能力较大时，多数布置在厂区外独立地段；反之，与汽车库联合设置较多。

5.4.6 本条是原规范第4.4.6条。建筑维修设施场地内需堆放大量的砖、瓦、砂、石和钢铁、水泥等大宗材料，一般还设有混凝土搅拌、预制品生产等设施，且有运量大、占地面积大、扬尘大的特点，故宜布置在厂区边缘或厂外独立地段，并应有必要的露天作业、材料堆放场地和方便的运输条件。

5.4.7 本条是原规范第4.4.7条。为了缩短矿山用电铲检修时的走行距离和钎凿等设备的搬运距离，提高机械设备利用率，更好地为矿山生产服务，故其检修设施宜靠近所服务的露天采矿场或井（硐）口布置。为了露天检修和备件堆放的需要，尚应有相应的场地。

5.5 运输设施

5.5.1 本条是原规范第4.5.1条的修订条文。企业的主要车站，调车作业频繁，行车作业多，是机车作业集中的场所；机车、车辆修理库机车出入频繁，为了使多数机车能就近进行整备作业，减少单机行程，故机车整备设施宜布置在企业的主要车站，或机车、车辆修理库附近。

5.5.2 本条是原规范第4.5.2条。总结多年生产实践经验说明，电力牵引接触线检修车库布置在企业主要车站一侧，便于及时出车检修线路，且取送检修材料方便。

5.5.3 本条是原规范第4.5.3条的补充修订条文。原《汽车库设计防火规范》GBJ 67—84已废止，应遵照现行国家标准《汽车库、修车库、停车场设计防火规范》GB 50067执行。多数企业的汽车库有停车场,但也有企业设有单独的停车场。如某钢铁总厂,在厂区内设有两个单独的停车场。因汽车库、停车场两者对总平面布置要求是相同的,故本条将两者并列,除规定应符合现行国家标准《汽车库、修车库、停车场设计防火规范》GB 50067外,并根据实践经验作了5款规定:

  1 靠近主要货流出入口或仓库区布置,有利于减少空车行程,提高汽车运输作业效率。

  2 避开主要人流出入口和运输繁忙的铁路布置,可以减少人、货流交叉及铁路、道路交叉,有利于交通安全。

  3 加油装置布置在汽车主要出入口附近,便于汽车顺路加油,减少空车行程。

  4 汽车洗车装置布置在汽车库、停车场入口附近,可以使汽车在进库停放前即进行清洗作业,以保持车库(场)清洁的环境。同时要考虑洗车场地的环境,不能对车库周边环境造成影响。

  5 本款为新增款,主要是考虑合理确定停车场的面积。

5.5.4 本条是原规范第4.5.4条的修订条文。轨道衡的布置应考虑车辆称重流水作业的要求,宜布置在装卸地点的出入口或车场牵出线的道岔附近、交接场或调车场外侧,或进厂联络线一侧,以便于对车辆称重作业。

5.5.5 本条是原规范第4.5.5条的补充修订条文。为了使名称与"铁路轨道衡"统一,将原来的"地磅房"改为"汽车衡";增加了"并应设置一定面积的停车等待地,且不应影响道路的正常行车"内容。我国道路交通法规规定为右侧行车。为了使多数车辆能沿正常行驶方向过磅计量而不横穿道路,故汽车衡应布置在有较多车辆行驶方向道路的右侧。汽车衡布置在道路的外侧,是为了不因过磅而影响后面车辆继续行驶。据调查,个别企业将汽车衡设在行车道上,影响交通,是一个教训。同时还应在汽车衡前、后设置一定面积的汽车等待区域,避免等待车辆停在道路上影响道路通行。

5.5.6 本条是修订新增条文。补充叉车和电瓶车车库布置规定,应与库房一体建设和停放管理,减少运输距离。

5.5.7 本条是原规范第4.5.6条的修订条文。从便于瞭望、调度和工作联系考虑,铁路车站站房应布置在站场中部靠到发线的一侧;同样原因,由几个车场组成的车站布置在位置适中、作业繁忙的地点,这也是实践经验的总结。

5.5.8 本条是原规范第4.5.7条的补充修订条文。信号楼的布置除应考虑便于瞭望、指挥调度方便的要求外,尚应使其通信及电力线路短捷,以节省基建费用。

  信号楼距铁路太近,由于车列振动,会影响继电器等电气设备正常动作,特别是正线行车速度高,影响尤甚;高温车列可能烤坏信号楼的玻璃,恶化工作环境。为此参照《工业企业标准轨距铁路设计规范》GBJ 12—87第13.2.11条和《钢铁企业铁路信号设计规范》YB 9078—99第20.0.21条,对信号楼外壁至铁路中心线的间距作了相应的规定。

5.6 仓储设施

5.6.1 本条是原规范第4.6.1条的补充修订条文,增加了应符合国家防爆标准的有关内容。有些仓库储存有爆炸性材料,故应符合国家防爆标准的有关要求。仓库与堆场应按不同性质、类别分类集中布置,可为采用机械化搬运、共用运输线路和装卸设备创造条件,且可节约集约用地,便于管理。此外,其布置尚需考虑货流方向、供应对象、贮存面积、运输方式等因素,以求缩短物料流程,避免二次倒运,解决好供需关系,满足生产需要,合理使用土地,使贮存与运输相协调。

  实际工程设计中可能需要查阅的相关规范详见本规范第5.2.7条的条文说明。

5.6.2 本条是原规范第4.6.2条的修订条文。大宗原料、燃料耗用量大,尤应注意贯彻贮用合一的原则,避免二次倒运。在此前提下,对其仓库或堆场的布置作了4款规定,具体说明如下:

  1 靠近主要用户,并有方便的运输条件,可以缩短物料搬运距离,保证供应,满足生产需要。

  2 机械化装卸可以提高作业效率,减轻劳动强度,因此,仓库或堆场的布置应为其创造条件。

  3 为了避免扬尘对厂区的污染,对于易散发粉尘的仓库或堆场应布置在厂区边缘地带,且位于厂区全年最小频率风向的上风侧。

  4 为防止仓库或堆场场地积水,影响装卸作业和物料的质量,故场地及场地周边应有良好的排水条件。

5.6.3 本条是原规范第4.6.3条的修订条文。为了防止金属材料被腐蚀性气体、酸雾、粉尘腐蚀和污染,造成不应有的损失,故金属材料库区应远离上述场所布置,并使其处于有利风向的位置。

5.6.4 本条是原规范第4.6.4条。易燃及可燃固体材料堆场,如稻草、麦秸、芦苇、烟叶、草药、麻、甘蔗渣及木材等物品。这类物品的燃点低,一旦起火,燃烧速度快,辐射热强,难以扑救,容易造成很大损失。如某造纸厂原料堆场起火,因水源不足,扑救不力,大火烧了十多个小时,损失达数万元。从火灾实例看,稻草、芦苇等易燃材料堆场,一旦起火,如遇大风天气,飞火情况十分严重。因此,为了防止发生火灾和一旦起火后飞火殃及厂区内其他建筑物及设施,故此类堆场宜布置在厂区边缘,应远离明火及散发火花的地点。

5.6.5 本条是原规范第4.6.5条的补充修订条文。本条新补充第5款和第6款两款内容,其中第3款为强制性条款。本条甲、乙、丙类液体的划分执行现行国家标准《建筑设计防火规范》GB 50016的规定。甲、乙、丙类液体,闪点低,火灾危险性大,从防火安全考虑,对其罐区布置作了6款规定,具体说明如下:

  1 为了防止罐区泄漏液体流入厂区中心地段,并使其能尽快地挥发掉,以利安全,故宜位于厂区边缘且地势较低而不窝风的独立地段。

  2 为防止明火或火花侵入罐区,酿成火灾事故,故应远离上述地点布置。

  3 为防止供电线路或罐区起火,相互影响造成更大事故,所以严禁架空供电线路跨越罐区。

  4 为防止罐区万一发生火灾事故,危及近旁的城镇、企业、居住区和码头、桥梁的安全,故库区应位于上述对象的下游地段。

  5 可燃液体储罐爆炸起火,往往罐体破裂导致液体外流,为保证工艺装置车间、全厂性重要设施及人员集中场所的场地安全,应采取防止液体漫流的安全措施,如防火堤、防火墙等,以确保安全。

  6 防止罐区泄漏液体流入排洪沟,顺着排洪沟蔓延,遇火花或明火引起火灾,故与排洪沟不宜靠近。

5.6.6 本条是原规范第4.6.6条。电石遇水受潮湿后,产生乙炔气体和电石渣,不仅使电石失效,且乙炔气体在空气中聚集易引起火灾爆炸事故。为此,电石库应布置在场地干燥和地下水位较低的地段,且不应与循环水冷却塔毗邻布置,其间应有必要的防护距离。

5.6.7 本条是原规范第4.6.7条的补充修订条文。本条新增"酸类库存及其装卸设施应布置在易受腐蚀的生产设施或仓储设施的全年最小频率风向的上风侧"内容,主要考虑酸类物质泄漏后随风传播对易受腐蚀设施的影响。酸类库区及其装卸设施,泄漏酸液后会腐蚀其他设施,危害人体健康,污染地下水体,故宜布置在厂区边缘且地势较低地段,并位于厂区地下水流方向的下游地段。

5.6.8 本条是原规范第4.6.8条的修订条文。

5.7 行政办公及其他设施

5.7.1 本条是原规范第4.7.1条的补充修订条文,新增了第2款内容。行政办公及生活服务设施是企业的生产指挥、经营管理中心，又是企业对外联系的中枢，来往人流大，故应布置在便于管理、环境洁净、靠近主要人流出入口、与城镇和较大居住区联系方便的地点。

《工业项目建设用地控制指标》（国土资发〔2008〕24号）中明确规定，工业项目所需行政办公及生活服务设施用地面积不得超过工业项目总用地面积的7%。

5.7.2 本条是原规范第4.7.2条的修订条文。生活设施的布置应以有利于生产、方便生活为原则。全厂生活设施服务于全企业或几个生产设施（车间），应根据企业的规模和具体条件，可集中布置，也可分区布置。如大型钢铁企业，职工数万之多，厂区面积达10km²，因此，食堂、浴室等一般多按二级厂矿分区布置；反之，中小型轻纺工业企业职工人数少，厂区范围小，食堂、浴室等多采用集中布置形式。

为车间服务的生活设施的布置应靠近为其服务的人员集中场所，使多数职工使用方便，尽量缩短走行距离，避免绕行。

5.7.3 本条是原规范第4.7.3条的补充修订条文。本条新增了第3款和第4款两款内容。企业是独立设置消防站，还是与城镇消防站协作，主要根据企业与城镇之间的距离和企业的性质、规模而定。如果超过消防车行驶5分钟的距离（按时速30km计算，为2.5km行程），则协作就不适合，需独立设置消防站。此外，尚应考虑企业的性质、生产规模和火灾危险程度等因素。如大、中型炼油厂、石油化工厂、焦化厂、气油田等企业，火灾危险程度大，应独立设置消防站。一般企业，有条件与城镇协作的，从节省投资、减少企业人员编制考虑，则不应独立设置消防站。

根据《城镇消防站布局与技术装备配备标准》GNJ 1—82第1.0.3条的规定，消防站的服务半径是以接警起5分钟内到达责任区最远点为原则确定的。

新增第3款是根据《城镇消防站布局与技术装备配备标准》GNJ 1—82第4.0.3条规定，消防站主体建筑距医院、学校、幼儿园、托儿所、影剧院、商场等容纳人员较多的公共建筑的主要疏散出口不应小于50m。

新增第4款是根据《消防站建筑设计标准（试行）》GNJ 1—81第2.0.2条规定，消防车库正门距城镇规划道路红线不宜小于10m，门前地面应用水泥混凝土或沥青等材料铺筑，并向道路边线做1%～2%的坡度。

5.7.4 本条是原规范第4.7.4条的补充修订条文，增加了铁路出入口的布置要求。考虑到铁路运输安全，铁路出入口应具备良好的瞭望条件。

5.7.5 本条是原规范第4.7.5条的修订条文。围墙的结构形式和高度根据企业的生产性质、安全要求和围墙所处位置而定。发电厂、氧气厂、民用爆破器材厂、炼油厂安全要求高，保卫要求较严，为防止发生事故，一般不采用花式孔眼围墙，且高度不低于2.2m。同一厂区四周围墙也不强求采用同一形式标准，如行政办公区或沿城镇道路设置的围墙，建筑艺术要求高，宜采用格栅式或空花式形式。表5.7.5中的数据是根据现行国家标准《建筑设计防火规范》GB 50016、《厂矿道路设计规范》GBJ 22和《工业企业标准轨距铁路设计规范》GBJ 12，并参考钢铁、化工等行业有关规范制定的。

6 运输线路及码头布置

6.1 一般规定

6.1.1 本条为修订新增条文，强调了设计依据和多方案比较。工厂运输线路设计应择优选用适应生产要求、效益较好的可靠方案，力戒仓促定案或只按单一方案进行设计的做法。

6.1.2 本条为修订新增条文。

6.1.3 本条为原规范第5.1.1条的修订条文。列出了运输线路布置的要求：

1 物流（物料流程），在我国已引起相当的重视，一些大的工业企业对此进行了研究。如第一汽车制造厂，老厂区的道路路面比较窄而车流量却较大，运输紧张。该厂对一些路的车流进行了统计分析，并绘制了物流图，进行了合理分流，满足了运输要求。因此，在设计中应为保证物料搬运的运输线路顺畅、短捷创造条件，特别是要避免逆向和重复运输，使人流、货流尽量各行其道，减少交叉，从而为提高经济效益创造条件。

2 应使厂区内、外部运输、装卸、贮存形成一个完整的、连续的运输系统，为此，就要求运输、装卸、贮存的设计能力相匹配，机械化程度相协调，以保证运输的连续性。

3 合理地利用地形，既能节约土（石）方工程量，还可缩短运输距离，节约集约用地。

6 运输繁忙的线路，若有过多的平面交叉，容易造成交通运输线路的堵塞和运输安全事故。

6.1.4 本条为修订新增条文。对工业企业运输所需要的车辆、船只、辅助设备和维修设施的配置首先应尽量考虑社会化，充分利用附近专业运输部门的设施；而对易燃、剧毒、腐蚀、有压、保温等物品的专用车、船或附近水、陆交通部门不能提供的运输工具，应由工厂自备，但应经货运供需双方协商，使选型合理、数量适当、精减操作管理人员；自备车、船的维护修理则应最大限度的外协，以缩小工业企业自置的修理范围。

6.1.5 本条为原规范第5.1.2条的修订条文。工业企业分期建设时，运输线路及其设施也应分期建设。总结实践经验，我国一些大、中型企业在分期建设时，由于没有处理好运输线路分期建设的关系，致使运输能力不能适应企业生产发展的需要，有的企业不得不以运定产。为了保证分期建设的企业近期线路和远期运输线路相协调，使近、远期运输线路布置合理，并能适应企业生产发展对运输的要求，本条规定，近期和远期预留线路应统一规划，分期实施，并留有适当的发展余地。

6.2 企业准轨铁路

6.2.1 本条为修订新增条文。铁路运输是工业企业惯用的一种运输方式。在多种运输方式中，它具有运输量大、受自然环境影响小和相对安全可靠的特点，但也存在车辆运用不灵活、工程投资较大和制约总平面布置等问题。本条提出了工厂选用铁路运输的几项条件：

1 企业修建铁路首先应考虑其运输任务，发挥其运输量较大的特点。如果平均每昼夜到或发的车辆达不到一定的数量，则修建铁路的利用率不高，投资效益难以发挥。本条规定的年运量系参照2005年发布的中华人民共和国铁道部令第21号《铁路专用线与国铁接轨审批办法》有关线路的运量规定标准制定的。

2 有的企业虽然铁路运输量达不到上述第1款的标准，但该企业的厂址靠近国家路网或某相邻企业的铁路专用线，且对接轨站（或点）引起的改、扩建工程不大时，利用这些有利条件修建了铁路，事实证明这种投资不大、使用方便、设施简单的做法是现实的、可行的。故本款规定了达到第1款50%及以上的运量，且具备本款的有利条件时，也可修建铁路。

3 对工业企业生产所需的大宗长途或批量短途运输的散装、件装以及可燃、易燃、剧毒、腐蚀性的原料和产品，采用铁路运输最为安全、可靠、准时，或在设计中已明确生产供、需的重要物料为铁路运输，若改用其他方式不便衔接时，应修建铁路，以满足对口运输要求。

4 本条文中的特殊需要，主要是指一些军用、特重、超限、危险、易燃、易爆、液态物品以及鲜活货品和集装箱运输等的需要，必须采用铁路运输的方式，可不受其运量大小的限制。

6.2.2 本条为原规范第5.2.1条的补充修订条文。工业企业铁路包括标准轨距铁路和窄轨铁路。本条中凡未指明标准轨距铁路或窄轨铁路时，则二者均适应。工业企业铁路的布置除了应符合本规范第6.1节的要求外，还应符合本条的规定。

第3款规定，当某些工业企业铁路运输作业比较繁忙、作业性质不一样、需多台机车作业时，如条件允许，在铁路总体设计中可考虑机车分区作业，这样能带来如下效应：由于机车在一定地区行驶，司机熟悉线路情况、作业程序和内容，能发挥每台机车的潜力，避免机车之间的相互干扰，减轻咽喉区的繁忙程度，从而为整个运输系统创造协调安全的工作条件；与此同时，还能使相应的有关设施选型更趋于经济合理。如宝钢的准轨铁路分为"特种运输"与"普通运输"两类。"特种运输"与冶金生产工艺有直接联系，行驶的冶金特种车辆最大轴重达45t～46t，繁忙地段约4min～6min通过一次，但车速慢（约10km/h以下），每列的车数较少。根据上述特点，设计选用日产80t无线遥控内燃机车，机车司机不仅可在车列的前部、后部或在车列外方的最有利位置处遥控驾驶机车，还可通过"车上转换装置"（简称"车转"）操纵道岔，同时还担负摘挂车辆等任务。而工厂站（相当于企业编组站）和工厂站以外与路网发生联系的铁路则属"普通运输"，行驶普通铁路车辆，选用国产东风5型内燃机车，与一般工业企业铁路无异。"特种运输"与"普通运输"之间一般情况是互不往来的。鉴于二者之间的明显差别，故线路标准、轨道类型、管理方式等也分别根据其需要而各异，从而充分发挥各自设施的效能。

第6款、第7款为修订新增加条款。铁路线路布置应注意安全、保护环境，故应把主要作业线群和产生粉尘、噪声、可燃、易爆、有毒和腐蚀等物品的装卸作业区、带布置在厂区全年最大频率风向的下风侧，或全年最小频率风向的上风侧，且最好在厂区边缘地带。

6.2.3 本条为修订新增条文，是根据现行国家标准《铁路车站及枢纽设计规范》GB 50091—2006第11.1.1条制定的。钢铁、煤炭、化工、电厂、大型机械制造等企业，除沿海、沿江采用水运的工业企业外，大都依靠铁路运输。由于这些企业的运输和装卸作业量均较大，而且由于装卸量极不平衡和某些原料及产品对车种的特殊要求，还产生大量的重空车流交换。对这些企业，由于其运量和运输性质等因素决定了多数情况下应设置主要为办理该企业的列车到发、解编、车辆取送和交接等作业的工业站。如广东韶关马坝工业站，该站设计为一级二场横列式车站，路局Ⅰ场、工厂Ⅱ场，主要服务于某钢铁厂和大宝山工矿企业。近年来，由于城市规划、工业布局和企业综合利用的要求，较多行业的工厂集中在一个工业区内，其中每一个工厂虽不如上述那些企业有大量的大宗货物运输和装卸作业，但也产生相当的运量。根据其作用、性质和工业区位置的要求，往往需要设置地区性的多企业共用的工业站，以便铁路专用线接轨，统一办理各企业车辆的到发、解编、车辆取送和交接作业。工业站的布置应符合下列要求：

1 根据企业所在的位置及其总体布置，经路网铁路的铁路运量和交接方式，设在企业铁路与外部铁路的接轨点处或靠近到发车辆较多、调车作业繁忙的企业处，其与外部铁路接轨应保证主要车辆运行方向顺畅。

2 工业站对各企业站、分区车场和装卸点取送车应有方便的条件。

3 应与城镇规划密切配合，并应避免工业站对城镇规划发展、城镇道路的干扰，同时应满足环境保护、消防、卫生等要求。

6.2.4 本条为原规范第5.2.2条。当路网与工业企业铁路之间实行车辆交接时，车辆交接地点的选择和是否设置专用交接场主要与下列因素有关：

1 接轨站（通常多为工业站）在路网中的性质，即该站系一般通过式中间站、区段站、小型编组站或是支线的终点站。

2 工业企业主要货流的性质，如用户单一、流向一致，亦或用户分散，流向较多。

3 接轨站（通常多为工业站）和企业站（工厂编组站、集配站）是联合设置或分开设置。

如双鸭山矿区在路网支线佳富线的终点双鸭山站接轨，货流均为佳木斯以远，矿企业站尖山站与双鸭山站横列联legs，车辆交接不设专用交接线，空车在双鸭山站到发线上交矿方，重车在尖山站到发线上交矿方。

又如阜新矿区在路网新义线上两个车站新邱站、阜新站接轨，新邱站是一个中间站，阜新站是一个小型编组站，由于阜新矿区生产煤炭供应用户较多，到站分散，所以两处接轨站均采用铁路车站设置专用交接场的形式。

再如平顶山矿区在路网孟宝线的平顶山东站接轨，货流组织大部分是直达远方编组站的直达车流；在1979年前交接作业在矿区集配站田庄车站进行，不设专用交接线（田庄站距平东站约3km）。1979年3月经路矿双方研究，为了减少重复作业，缩短车辆停留时间，将交接作业由田庄改至平东（也不设专用交接线）。实践表明，这样做使原来田庄、平东两站作业时间由原累计3h～5h缩短为70min～100min，而且过去经常在6点、18点出现车流堵塞的现象也得到了缓解。

以上几个例子说明，交接地点的选择以及专用交接场的设置与否，应对路网情况及企业的货流情况以及企业远期发展进行综合研究、全面比较后确定。本条中所列三款要求是衡量方案的主要方面。

6.2.5 本条为原规范第5.2.3条的修订条文。当路网与工业企业铁路之间车辆交接时，大型企业由于其内部运输比较复杂，一般都设置企业站（或称工厂编组站、集配站），通过企业站对内联系企业内部各作业站和装卸点，对外联系接轨站（通常为工业站），成为企业内部运输的中枢。为确定企业站与接轨站两站采用联设或分设，在站址选择阶段就应与接轨站、交接场统筹考虑，通过踏勘、协商和综合比选，再经过平面布置，将双方的作业联系和图形结构最后确定。

以平顶山矿务局的准轨铁路为例，该矿区铁路是随着国家路网的沟通和矿区各矿的先后建设而不断发展形成的。1957年7月矿区铁路在路网孟平支线的终点站申楼站接轨，并委托郑州铁路局代管。1962年7月矿区铁路改为自营，矿区在申楼西站建企业站（集配站），交接在申楼西站进行。由于申楼西站压煤，无扩建可能，在路网孟宝线建成时，接轨站由申楼西站改为平顶山东站。随着矿区建设的发展和中央洗煤厂的建设，在田庄（中央洗煤厂车站所在地）建成矿区集配站，申楼西站改为辅助集配站，交接作业在田庄进行。随着运量的急剧上升，田庄车站交接、平东车站编发的作业过程较长，一般达3h～5h，造成在6点、18点经常发生车流堵塞现象。1979年3月，路矿双方研究后，提出路矿统一技术作业过程，将交接作业改在平东站进行，压缩了作业时间。西部韩梁矿区的铁路以立交跨越焦枝线后与宝丰车站接轨，矿企业站与路网宝丰站横列联legs。矿区东西部铁路相联构成统一的运输系统，但各有独立的交接站。平顶山矿务局接轨站、企业站、交接地点的变迁，说明三者的互相制约关系，企业站位置一般应设在企业货源汇集的地点。平顶山矿区在未建田庄中央洗煤厂前设在申楼西站，建田庄洗煤厂后改在田庄站，这是企业发展的结果，故在企业规划时应充分考虑先、后期关系，采取过渡措施。

条文中对企业站位置的选择和站内布置提出了5点要求。

对企业站位置的选择不当而给运营带来极为不便的例子很多。如某铝厂企业站到发线有效长仅350m～440m，不能和接轨站以及专用线的技术条件相适应。由于企业站两端已为工厂和河流所限，要增加长度已不可能，给运营工作增加很多困难。

6.2.6 本条为修订新增条文，是根据现行国家标准《工业企业标准轨距铁路设计规范》GBJ 12和《铁路车站及枢纽设计规范》GB

50091制定的。

交接方式通过技术经济比选一般可以反映所选择的方式在技术上可行和经济上合理，但还有非技术因素、条件或问题，需路、厂双方协商解决。

交接作业地点应根据所采用的交接方式及铁路专用线管理方式和车站的布置形式确定。

对于装卸量小或虽装卸量大但调车作业简单，自备机车利用率甚低，且设置机车整备、检修设施经济上不利者，宜采用货物交接方式。实行货物交接时，为避免倒装、倒运，应在工业企业内的装卸地点交接。

实行车辆交接时，交接作业应以简化程序、减少车辆停留时间为原则，同时又便于划清路、厂双方的责任，提高运输质量。

对于设置联合编组站的工业企业为了减少转线作业，节省工程投资，一般不单独设置交接场（线），而在到发场（线）上办理车辆交接。

6.2.7 本条为原规范第5.2.4条的修订条文，对企业内部其他站的设置要求作了规定。

4 对于较长的线路，仅供列车会让而开设的车站应按运量的增长，根据通过能力的需要分期建设。如某煤矿的矿区准轨铁路干线上，柳沟站至兴隆堡站之间的距离为12.35km，计算最大通过能力为每天30对，设计允许使用通过能力为24对，按矿区前期的运输要求，区间列车对数最多时为每天24对，因而前期不开放该两站之间预留的双台子站。

当为了建设临时采石场、临时列车甩站等需要在铁路上接轨而通过能力又不允许仅设置辅助所管理时，有时也需要为此而开设车站。

6.2.8 本条为原规范第5.2.5条。由于采用铁路运输的露天矿其曲线偏角大多偏向一个方向，从而使机车车辆的轮对将出现严重的偏磨。为了减缓这一不利现象，使两侧的磨损趋于均匀，宜在矿区铁路系统的布置中具备圆环形或三角形的组成，使列车有可能定期进行换向运行。当露天矿山铁路线路沿采掘场或排土场境界布置时，应考虑保证边坡稳定和行车安全。

6.2.9 本条为修订新增条文，是依据现行国家标准《工业企业标准轨距铁路设计规范》GBJ 12中的有关规定制定的。厂内装卸线是企业铁路生产运行的前沿，是服务于工业生产的主要场所，应与其连通的库房、堆场和站（栈）台彼此协调，紧密连接。

在计算一次最多取送车辆数时，还应考虑与装卸线所衔接的铁路车站的到发线长度对一次取送车辆数的限制。与工业企业衔接的铁路部门经常要求某些大宗货物整列到达或采用定点固定车组的方式，以加快车辆的周转率，其装卸线的有效长度应尽量满足一次整列或半列作业的要求。

6.2.10 本条为修订新增条文，是根据现行国家标准《工业企业标准轨距铁路设计规范》GBJ 12和《化工企业总图运输设计规范》GB 50489制定的。货物装卸线如设在小半径曲线上时，存在以下问题：

1 由于车辆距站台的空隙较大，装卸不便，又不安全。

2 相邻车辆的车钩中心线相互错开，车辆的摘挂作业困难。

因此货物装卸线应设在直线上；不靠站台的装卸线（可燃、易燃、易爆、危险品的装卸线除外）可设在半径不小于300m的曲线上。

6.2.11 本条为原规范第5.2.6条的修订条文。

1 因火灾危险性属于甲、乙、丙类的液体、液化石油气和其他危险品的装卸具有一定的危险性，如汽油、苯类等在装卸过程中有大量的易燃和可燃蒸气溢出，这就要求一切可能产生火源（或有飞火）的设施应远离这些装卸线，故对其风向和位置提出了要求。条文提出"宜按品种集中布置"，是为了便于对不同类型的危险物料采取不同的防范措施，同时也便于生产管理。

2 据对一些企业调查，火灾危险性属于甲、乙、丙类的液体、液化石油气和其他危险品的准轨装卸线皆为尽头式布置。机车进线作业时加2辆～3辆隔离车，即可满足防火要求。多数厂家反映，尽头式线路完全可以满足需要，且能很好地保证安全作业，既便于栈桥和装卸设施的布置，还有利于发展，减少占地；缺点是当作业量大时，咽喉区负担较重。但是，一般工业企业一条装卸线上的负荷不会太大，有的企业虽然运量较大，但品种单一，整批到发，作业量也并不大。因此，采用尽头式布置方式一般均能满足生产需要。但并不排除某些运量大、作业繁忙的企业采用贯通式布置。

关于一条装卸线上卸车品种的数量问题，某些企业认为不宜超过3个～4个品种，多了易造成相互干扰、阻塞，调车困难。如某厂18号线上卸酒精、装丁醇、苯酚、乙苯、苯、轻油等，经常发生出不来、进不去、相互阻塞的现象；某厂有一条装卸线上有7个～8个品种货物，也经常造成阻塞，给调车作业增加了很大困难。所以条文中提出了"当物料性质相近，且每种物料的年运量小于5万t时，可合用一条装卸线，但一条装卸线上不宜超过3个品种"。修编的"液化烃、丙B类可燃液体的装卸线宜单独布置"系根据现行国家标准《石油化工企业设计防火规范》GB 50160—2008第6.4.1条第5款要求制定的。

3 在与化工设计部门以及化工厂的同志座谈中，一致认为火灾危险性属于甲、乙、丙类的液体和液化石油气装卸线的装卸段应设计为平坡直线。有坡度的装卸线在使用中存在如下问题：

1）当线路有坡度时，很难按设计要求保持不变，除施工常有误差外，由于线路经过多年维修养护，轨道不断垫高（且往往不均匀），使实际坡度常大于设计坡度。

2）机车挂车时有冲击，有时挂不上，被冲击的车辆在有坡度的线路上停不稳。某企业一次车辆出轨事故就是这样发生的，车辆被冲击后开始移动很慢，调车员没有注意到随机车走了，可是车辆却沿着坡道越走越快，最后冲上车挡。另外一个企业也曾发生过溜车事故。化工企业多为罐车，罐车中的液态物质在车辆受到冲击或外力改变时，将出现惯性涌动，增加了车辆沿坡道溜移的可能性。因此，危险物料装卸线的装卸段应设计为平坡，以保证安全。

3）装卸栈桥的设计、施工、管道安装，在平坡直线上要较为简单。

4）线路有坡度时，对计量精度有一定影响。

5）装卸线有坡度时，罐车内残留物较多，增加了卸车时间。

关于不宜设计为曲线装卸线的理由是：在半径小于300m时，车列无法自动挂车和摘钩，在曲线上影响司机瞭望、列车对位，给调车增加了困难；车辆在曲线行驶时增加了轮轨间的摩擦力，易产生火花。

4 由于库房出入口道路的汽车较多，如与装卸线交叉，不仅会出现互相干扰，而且还可能因意外的交通事故而诱发严重的二次事故。但有时因条件限制而不可能完全回避，故只强调"不宜"。

6.2.12 本条为原规范第5.2.7条的修订条文。装卸作业区咽喉道岔前方的一段线路属于调车线性质，机车作业方式一般为推送或牵引两种，此时机车处于推进运行和逆向运转状态，增大了阻力，同时撒砂设施难以充分发挥效用，从而对牵引力的发挥产生了不利影响，而对于装载火灾危险性属于甲、乙、丙类的液体、液化石油气和其他危险品的车列一旦出现失控后，其后果之严重是难以估计的。故该段坡度应经计算确定，应能保证列车启动，其长度不应小于该区最大固定车组的长度、机车长度及列车停车附加距离之和。列车停车附加距离不得小于20m。列车停车附加距离的规定是参照现行国家标准《工业企业标准轨距铁路设计规范》GBJ 12—87第7.1.7条制定的。

6.2.13 本条为修订新增条文。工业企业厂内铁路的运行速度一般很低，因此不宜设置缓和曲线，但区间正线、联络线上的列车运行速度可达40km/h，有条件时可在该线路的曲线两端设置缓和曲线。缓和曲线长度的规定是参照现行国家标准《工业企业标准轨距铁路设计规范》GBJ 12—87 第 2.1.3 条的有关规定制定的。

6.2.14 本条为修订新增条文。洗罐站所辖各种线路应根据洗罐工艺要求配置。按洗罐作业一般需配置待洗线、洗罐车位线、不合格车停放线等，因洗罐站一般均为企业铁路部门自管，为减少线路洗罐站宜结合企业车站或存车线路统一布置。

6.2.15 本条为修订新增条文，是根据现行国家标准《化工企业总图运输设计规范》GB 50489 的有关规定制定的。火灾危险性属于甲、乙类的液体和液化烃，以及腐蚀、剧毒物品的装卸线和库内线，危险品装卸作业时应加强防护，以保障安全，无关人员及车辆不要擅入危险品装卸作业区。

6.2.16 本条为原规范第 5.2.8 条。

6.2.17 本条为原规范第 5.2.9 条的修订条文。尽头式线路末端除设置车挡外，还应设车挡表示器，以便于司机和调车人员瞭望操作。

线路停车位置至车挡预留一段附加距离，是考虑如下因素：

1 机车取送车时，由于各种原因而出现不准确的停车，或在摘挂作业时调动车列需要有一定长度的活动范围，对一般货物装卸线，附加不小于 10m 已基本上满足要求。但对于可燃液体、液化烃和危险品装卸线，则不小于 20m。这是考虑到油罐车在装卸过程中万一发生着火事故时摘钩的安全距离。当一个列车或一个车组停在装卸线上，其中某一辆罐车失火时，便将后部的油罐车后移 20m，将前部的油罐车牵离火灾现场，以免受到着火罐车的影响。当然，这一段附加距离还能避免在调车时，罐车受冲撞而冲出车挡之事故（某厂附属石油库和某市石油站，都曾发生过油罐车冲出车挡的翻车事故）。

2 库内线安装弹簧式车挡时，由于车挡具有弹性，设计、安装已考虑到慢速 5km/h 以下撞击的条件，故规定了 5m 的附加距离；同样，金属车挡通常按车轮的半径构成其与车辆的传力点，车挡是铆或焊在钢轨上，由于受力与传力状态比较好，能承受慢速（5km/h 以下）的冲撞，故也规定 5m 的附加距离。

3 车挡后面的安全距离，是考虑到车列万一发生事故，出现撞倒车挡而冲出时所带来的严重后果。厂房（库房）内不应小于 6m，露天不应小于 15m 的规定是采用现行国家标准《工业企业厂内铁路、道路运输安全规程》GB 4387—2008 第 5.1.12 条的规定制定的。而生产、使用、贮存可燃液体、液化烃和危险品、剧毒品的设施，或为全厂性大型架空管廊的支柱，则安全距离增大到 30m，这是考虑到上述设施当遭受脱轨车列冲撞时，可能引起严重的二次事故或扩大事故影响的范围，故安全距离值有所加大。车列冲出尽头线车挡的事例不少。如某钢铁公司的准轨铁路，机车推送 12 辆 120t 钢坯车在 13 道配车时，前方第 5 辆车车钩的解钩拉杆受损而意外开钩，由于此种专用车无手闸，结果前面 7 辆车失控，溜出约 150m，将尽头线的弯起钢轨式车挡推倒而冲出约 30m，撞上位于车挡后方的变电所的外墙，车体冲过墙约 1.5m，屋内有 3 名工人匆忙奔逃，幸免于难。当时地面尚未冻实，对车轮的阻力小，致使脱轨车辆冲出的距离较远。

6.2.18 本条为原规范第 5.2.10 条的修订条文。轨道衡线设计为通过式线路，能使车辆称重过程可以流水作业进行，减少车辆通过轨道衡的次数，提高作业效率。

为了保证轨道衡称重的精度，称重车辆在进入轨道衡之前、位于轨道衡之上、驶出轨道衡之后，以及进出轨道衡的过程中，均应保持严格的平直状态，使称重车辆不致受到额外的附加外力，因而轨道衡两端线路的一定长度范围内应保持平直，并应对该段轨道的结构有所加强。各个厂家所生产的轨道衡，根据其品种性能等，对于内、外两线路的平直线长度常有不同的要求。如天水红山试验机厂生产的 GGG-30 型 150t 动态电子轨道衡，其技术说明书提出：「距台面两端各 50m 钢轨应焊成长轨，距台面两端各 80m 平直段内不得有道岔」，而有些轨道衡厂家则要求不同。因此，条文中规定，其两端的平直线长度，首先应符合该轨道衡的技术要

求。本条规定的加强轨道的长度，准轨是根据现行国家标准《工业企业标准轨距铁路设计规范》GBJ 12—87 第 3.7.6 条的内容总结实践经验提出的。

6.3 企业窄轨铁路

6.3.1 本条为修订新增条文。考虑到窄轨铁路运输在冶金、煤炭、有色及非金属等矿山行业的大量使用，涉及行业较多。本规范参照了部分行业标准，尽量统一了技术要求。根据《中华人民共和国铁路法》规定，窄轨铁路的轨距为 762mm 或 1000mm。目前企业窄轨铁路轨距一般为 600mm 或 900mm。采用型号一致的设备，是为了方便备品备件的供应，便于设备检修，简化机修设施与修理项目。如在煤炭矿区，绝大多数从井下提升至地面的矿车编组成列车后，运送至集中装车站，井口不需换装设施，地面生产系统简单，节省了投资。

6.3.2 本条为修订新增条文。窄轨铁路等级划分是参照了现行国家标准《钢铁企业总图运输设计规范》GB 50603、现行行业标准《煤矿地面窄轨铁路设计规范》MTJ 2 有关规定制定的。厂（场）外线路运量较大，应按运量确定等级。厂（场）内线主要承担辅助运输及联络，使用年限较长，但运量甚少，因此不划分等级。

6.3.3 本条为修订新增条文。本条主要是考虑目前矿山企业使用窄轨运输较多，并结合了矿山开采的特点而制定的。

1 尽量减少压矿藏量、减少采空区塌陷对运输安全的影响。如煤炭行业的《建筑物、水体、铁路及主要井巷煤柱留设与压煤开采规程》中将铁路专用线保护等级确定为Ⅳ级。

2 运输线路走行方向是影响矿区地面布置的关键因素，特别是在地形复杂的地区，还常因运输因素决定着整个矿区的开发部署。

6.3.4 本条为修订新增条文。线路设计应在保证行车安全、迅速的前提下，使工程量小，造价低，营运费用省，效益好，并有利于施工和养护。在工程量增加不大时，应尽量采用较高的技术指标，不应轻易采用最小指标或低限指标，也不应片面追求高指标，并注意以下问题：

1 设计时为了减少线路工程量而采用小的曲线半径，但存在不少缺点，如限制了行车速度，增加了轮轨之间的磨损、机车黏着系数减小等。因此应慎重选用曲线半径。

2 限制坡度是窄轨铁路设计的基本要素，在纵断面设计时，应根据线路等级、使用性质、机车车辆类型及地形条件，经技术经济比较后确定。

6.3.5 本条为修订新增条文。本条系根据《煤矿安全规程》第三百一十二条关于「运送爆炸材料运输」的规定制定的。

6.3.6 本条为修订新增条文。依现行行业标准《煤矿地面窄轨铁路设计规范》MTJ 2—80 中第 2.1.3 条的要求制定。

6.3.7 本条为修订新增条文。本条根据《煤矿安全规程》第五百九十七条关于「铁路与公路交叉」的规定制定的。

6.3.8 本条为修订新增条文。装、卸车站站型有纵列式、横列式及环线式布置形式，是矿区运输系统的重要组成部分，选择最佳站型是保证企业生产的重要环节。故站型选择应符合下列要求：

1 运量：当运量大、品种多时，应结合地形、列车重量、装车时间、产品、流向等因素选择横列式、纵列式或环线装车的站型；当运量小或地形条件允许时，可采用单线装车的站型。

2 取送车作业方式：如采用送空取重、单送单取、等装的作业方式时，应分别采用相应的站型。

3 地形条件：当地形适宜时，可采用到发线与装车线纵列布置的站型。

上述各项因素要综合分析，通过技术经济比较确定，应不堵塞发展后路，并留有发展余地。

6.3.9 本条为修订新增条文。窄轨铁路设计应符合现行国家标准《钢铁企业总图运输设计规范》GB 50603、《煤炭工业矿井设计

规范》GB 50215、《有色金属矿山排土场设计规范》GB 50421 等有关对窄轨设计的要求。

6.3.10 本条为修订新增条文。车站线路平、纵断面设计除执行本规范和本行业设计规范，如现行国家标准《钢铁企业总图运输设计规范》GB 50603、现行行业标准《煤矿地面窄轨铁路设计规范》MTJ 2 等外，还应满足装车、卸车及计量（如站台、翻车机、卸车机、装车系统、轨道衡等）设施相应技术说明书的要求。

6.3.11～6.3.13 这三条为修订新增条文。

6.4 道　路

6.4.1 本条为原规范第 5.3.1 条的修订条文。本条规定是厂内道路布置应遵循的基本要求，目的在于合理利用场地，方便施工，改善环境，节省投资。

据国外资料，认为厂区外观整齐是现代化工厂的重要标志。许多大型企业都追求道路平直、分区方整的布置形式，国内大、中型企业亦较多地采用这种布置方式。如新建的曹妃甸钢铁厂、过去建设的宝钢、辽化、山东兴隆庄矿井等。以曹妃甸钢铁厂和宝钢为例，曹妃甸钢铁厂的道路平面布置整齐、顺直、规整，功能分区明确，由主干道把厂区划分成各个生产分区，组成横平竖直的环状道路网；宝钢厂区道路布置也是以主干道把厂区划分为 14 个分区，组成环式道路网，使生产工艺流程合理，主要物料运输顺畅，避免了折角、迂回运输，管线工程敷设方便，施工进展顺利。上述 4 个企业所处地形均较平坦，采用环形布置比较适宜。若在山区建厂，道路呈环形布置时受地形条件限制常有一定困难，且这种布置形式需以道路沟通厂区各部分，相应地要增加道路总长度。因此，条文规定工业企业道路宜呈环形布置，而布置时尚应根据厂区地形等条件因地制宜地决定布置形式。

第 2、3 款为修订条款。

第 6 款为新增条款。该款根据现行国家标准《洁净厂房设计规范》GB 50073—2001 第 4.1.5 条制定。

第 7 款为新增条款。该款根据现行国家标准《石油化工企业设计防火规范》GB 50160—2008 第 4.3.5 条制定。

6.4.2 本条为原规范第 5.3.2 条的修订条文。露天矿山中，运输成本一般只占岩石剥离成本的 40% 左右，而矿岩运输距离的长短是运输成本高低的主要决定因素，因此在满足开采工艺要求的前提下，矿山道路布置应尽量缩短运输距离，以降低成本，提高经济效益。

沿采场或排土场边缘布置时，其路基、边坡应稳定，并应采取防止大块岩石滚落的安全措施。

6.4.3 本条为修订新增条文。工业企业厂内道路的基本形式分为三种，其类型选择应根据企业的总体规划、使用要求、线路环境、地形及竖向布置、排水条件等各项条件选用。第 1 款的规定是对工业企业厂区道路设计的基本要求；第 2 款规定主要是道路的设计与行政办公区以及对环境要求较高的区域、厂区中心地带相协调，有利于美化环境和行人安全；第 3 款的规定是依据工业企业的建设经验制定的。但有的工业企业，对卫生和观赏要求或场地坡度较大或要求明沟排水等特殊地段，应该区别对待。厂区道路与城镇道路类型相协调有利于厂内外排水系统的衔接。

6.4.4 本条为修订新增条文。是参照现行国家标准《厂矿道路设计规范》GBJ 22，并结合设计、生产实践经验制定的。工业企业厂内道路路面结构类型应按要求和路基、气象、材料等条件选定，类型不宜过多。沥青类路面有利防尘、防振、防噪，但不利于防火。相反水泥混凝土、块石类路面不易于受有侵蚀、溶解作用物质的破坏。对于地下管线穿埋较多的路段宜选用预制混凝土块或块石路面。

6.4.5 本条为修订新增条文。厂内道路的路面宽度主要应按道路等级、类别、生产货物运输及车辆与人行通行需要、所在通道宽度、检修、消防等综合因素确定。本条提出了宜按现行国家标准《厂矿道路设计规范》GBJ 22 的规定执行。但是，我国工业企业有 26 个行业，大、中、小型企业不等。据调查，目前新建的工业企业厂内道路主干道宽度有 24m、20m、18m、17m、15m、12m 不等，如化工行业制定的厂内主干道宽度为 15m，冶金行业制定厂内主干道宽度是 20m；差异很大，很难归纳出较为合适的路面宽度。应从节约集约用地理念出发，因地制宜，根据实际需要确定各行业合理的厂内道路路面宽度。

通行特种运输车辆的道路，路面宽度应根据运量、所选择的车型计算确定。

6.4.6 本条为修订新增条文。是根据现行国家标准《厂矿道路设计规范》GBJ 22 制定的。厂内道路交叉口路面内缘转弯半径应根据行驶车辆的类型按现行国家标准《厂矿道路设计规范》GBJ 22 的有关规定确定。

当行驶超长的特种载重汽车时，路面内边缘转弯半径可根据需要计算确定。

6.4.7 本条为修订新增条文。是根据现行国家标准《道路交通标志和标线》GB 5768 制定的，厂内道路应根据企业的交通量和行车速度设置交通标志。其交通标志的设置分类、形式、尺寸、图形、边框和衬边、颜色、字符、设置位置、高度应符合现行国家标准《道路交通标志和标线》GB 5768 的有关规定。

6.4.8 本条为修订新增条文。规定了车间、生产装置、仓库、堆场、装卸站（栈）台及货位的主要出入口通道的设置原则。

6.4.9 本条为原规范第 5.3.3 条的修订条文。尽端式道路终端设回车场是为了方便车辆调头，其形式可根据地形条件和场地情况选用 O 形、L 形及 T 形回车场。由于道路行驶车辆各异，其面积应根据行驶车辆的最小转弯半径和路面宽度予以确定。

6.4.10 本条为原规范第 5.3.4 条的修订条文。汽车衡进车端的道路应设 2 辆车长的平坡直线段，以利车辆通行，便于司机对位，使称重车辆上、下衡器平稳，衡器不受冲击，保证称量准确，平坡直线段不包括竖曲线切线长度。

6.4.11 本条为原规范第 5.3.5 条的修订条文。消防车辆的宽度均在 2.3m～2.5m 范围，但目前大型消防车辆增多，车身较长，为便于火场消防作业和通行安全，故条文规定消防车道的宽度不应小于 4.0m。设置备用车道是为保证消防通道畅通，一旦主消防车道被堵时，可利用备用车道通行。所谓最长列车长度系指与消防车道平交的运行之最长车列长度。

6.4.12 本条为原规范第 5.3.6 条的修订条文。近年来，不少工业企业为疏散人流和为步行职工创造安全条件，减少步行时间和美化厂容，改变了过去加宽路面的办法，而是在连接厂区主要出入口的主干道两侧设置人行道解决行人通过问题，既提高了道路利用率，有利于人行安全，又节约了工程投资。

人行道的设置应根据干道交通量、人流密度、混合交通干扰情况及安全等因素确定。

一个人行走所占宽度为：空手行走时约需 0.6m，单手携物约需 0.7m～0.8m，双手携物约需 1.0m，故人行道宽度不宜小于 1.0m。

人行道通过能力受人流量、人行道宽度、人群密度及人群速度决定。当人行道宽度为 0.75m 时，其通过能力为 600人/h～1000人/h。由于工业企业人流具有单向集中的特点，在上、下班高峰时间，主干道两侧人行道上人群密度大，步行速度低，为满足人流通畅，行走时干扰小，一般应按 2×0.75m 宽度考虑。

屋面排水方式直接影响人行道与建筑物之间距离的确定。当屋面为无组织排水时，人行道紧靠建筑物散水坡布置，行人势必受雨水溅射，故人行道与建筑物间最小净距以 1.5m 为宜。当屋面为有组织排水时，利用建筑物散水坡作为人行道时，需考虑以建筑物窗户开启不致妨碍通行来确定其距离。

6.4.13 本条为原规范第5.3.7条的修订条文。道路交叉宜设计为正交。需斜交时，交叉角不宜小于45°，这是考虑到交叉角的大小直接影响到工程投资、交通安全及通行能力。选用较大的角度，有利于运行和安全。但目前某些厂矿企业因受地形等条件所限，采用小交叉角的道路交叉口并不少见，特别是露天矿山道路因受开采工艺及系统布置要求，采用小交叉角的道路交叉口更为普遍。此外，为使改、扩建厂矿不因受交叉角的严格规定而出现道路改建困难或过多增加改建工程量，本条对道路交叉角未作严格规定，仅规定不宜小于45°。对露天矿山道路，条文规定可适当减小，其含义是根据地形和系统布置情况，交叉角可稍小于45°。因为当交叉角各为30°、45°、60°、90°时，其交叉口斜交长度比为2∶1.4∶1.15∶1；明显可见30°与45°斜交长度相差较大，为保证交叉口通过能力及安全性，交叉角可稍小于45°。

6.4.14 本条为修订新增条文。

6.4.15 本条为修订新增条文。本条是按现行国家标准《工业企业厂内铁路、道路运输安全规程》GB 4387的有关规定制定的，规定了设置道路与铁路立体交叉的限制条件。近年来，我国工业企业厂内汽车货物运输日益增多，运输效率也在迅速提高，相应地对安全条件提出了更高的要求，经常运送特种货物及危险货物或有特殊要求的地段，对厂区内疏解交通的要求也日益增多。因此强调在运输繁忙、地形适宜和经济合理的条件下可设置立体交叉。

6.4.16 本条为修订新增条文。本条是工程实践经验的总结，无论是新建的，还是改、扩建的工业企业中，有时会出现人流很大的路段与铁路线路段或城市干道相交的情况。如湖北武汉某大型企业建厂初期通往厂区的道路与企业的铁路专用线采用平交，随着企业规模的扩大，人流与铁路运输的车流都增大，严重影响了人流的通行安全。为此，一处采取架设天桥，另一处采取地道的实施方案，解决了人流通行的安全问题。在设计中如果上述情况在总平面布置中确实难以避免时，即应采取措施，有效地解决人流通行问题，其中架设人行天桥，既投资省，效果又好。单孔地道在地形和经济条件允许时，也可考虑采用，但应符合现行国家标准《工业企业厂内铁路、道路运输安全规程》GB 4387的规定。

6.4.17 本条为修订新增条文，本条是根据现行国家标准《厂矿道路设计规范》GBJ 22并结合工业企业特点制定的。表6.4.17中所列的各项数值是根据现行国家标准《石油化工企业设计防火规范》GB 50160制定的。

6.5 企业码头

6.5.1 本条为原规范第5.4.1条。企业的总体规划和当地水路运输发展规划是工业码头总平面布置的主要依据，符合码头生产工艺要求是码头总平面布置的基本原则。脱离了此依据和原则，就不可能作出技术经济合理的码头总平面布置。对此，我国某钢铁总厂有成功的经验。该厂原料码头及陆域料场布置在厂区东北端，靠近焦化、烧结车间；成品码头及外发钢材库布置在厂区的东南端，靠近轧钢车间；且两个码头按企业总体规划要求，均留有一定的发展余地；码头陆域各项设施布置合理，物料流程顺捷，收到了良好的效果。

6.5.2 本条为原规范第5.4.2条的修订条文。我国的岸线资源十分宝贵，使用之后不可再生。因此，规定了企业码头总平面布置的原则，强调企业码头的总平面布置应深入研究、合理利用有限的岸线资源，充分发挥使用岸线的效益。

保护环境，防止污染，是关系到人民健康的一件大事。企业的散状物料码头、油类码头等，在生产过程中可能产生粉尘、漏油等有害物质。设计中除在工艺上积极采取行之有效的防范措施外，对码头及其陆域的各项设施的布置也应充分考虑相互间以及对周围环境的影响，使污染源布置在其他设施、居住区全年最小频率风向的上风侧及江、河的下游。

6.5.3 本条为修订新增条文。是根据现行国家标准《化工企业总图运输设计规范》GB 50489的规定编制的。码头与其他建筑物、构筑物的安全距离应符合现行国家及行业有关港口工程设计标准的规定。可依据执行的规范有《石油化工企业设计防火规范》GB 50160、《装卸油品码头防火设计规范》JTJ 237、《液化天然气码头设计规范》JTS 165—5等。

6.5.4 本条为修订新增条文。剧毒品和其他对水体有污染物品的码头，一旦泄漏，对附近的水源地会产生严重的影响，并危及饮水的安全。将这些物品的码头布置在水源地的下游，可有效地减少其对水源地的危害和影响。

6.5.5 本条为原规范第5.4.3条的修订条文。对码头水域的布置，本条作了4款原则规定，具体说明如下：

1 码头前沿高程(斜坡码头、浮码头等为坡顶高程)确定得过高，则基建工程量大，投资费用高，且影响装卸作业生产效率；过低，则洪水季节可能导致码头被淹没，不能满足正常生产需要。故其高程的确定应根据泊位性质、船型、装卸工艺、船舶系统、水文、气象条件、防汛要求，前、后场地的合理衔接等诸多因素综合考虑确定。

2 码头前沿的设计水深，过浅不能满足设计船型吃水深度的要求，船舶难以靠离码头，甚至造成坐地搁浅事故。因此，应根据设计船型经济合理地确定码头前沿设计水深，保证在设计低水位情况下，码头仍能正常作业。

3 码头水域的布置应满足船舶安全靠离码头、系缆和装卸作业的要求，否则将影响正常生产。

上述三款的具体要求，应符合现行国家及行业有关港口工程设计标准的规定。

4 本条系根据现行行业标准《装卸油品码头防火设计规范》JTJ 237—99第4.2.1条的规定编制的。表6.5.5注3中有关液化天然气和液化石油气的专用码头与相邻泊位的船舶间最小安全间距应根据现行行业标准《液化天然气码头设计规范》JTS 165—5—2009第5.3.3条的规定执行。

6.5.6 本条为原规范第5.4.4条的修订条文。对码头的陆域布置，本条作了5款规定，具体说明如下：

1 码头的陆域布置按使用功能分区，将生产区、辅助区和生活区相对集中布置，应以有利生产、方便生活为原则。生产区一般包括仓库、堆场、铁路装卸线、道路等设施；辅助区一般包括辅助生产建筑物、构筑物和生产管理设施。

2 码头的装卸、仓库、堆场等主要生产储运设施与船舶装卸作业密切相关，为使各项作业有机配合，缩短物料流程，上述设施应靠近码头布置；而行政管理和生活福利设施等与生产工艺流程没有直接联系，宜布置在陆域后方的辅助区，集中组合布置可节省土地和工程费用。

3 物料从码头至库、场或从库、场到用户(车间)之间的往返运输是码头生产的重要环节。为节省基建投资，降低运输成本，故应力求物料运输顺畅，路径短捷。当采用无轨车辆直接转运货物时，为使空、重车辆分流，互不干扰，故进出码头(或趸船)的通道不应小于2条(如上海宝山钢铁总厂的成品码头设有4条道路)，相应的库区道路采用环形布置，以避免车辆交叉干扰和堵塞。

4 为使码头水域和陆域的生产作业相互协调，陆域场地的设计标高应与码头前沿高程相适应。如当采用铁路和道路运输方式转运货物时，若两者标高相差过大，势必增加铁路、道路的纵坡，会降低运输技术条件。

5 为使陆域场地的雨水顺利排除而又不致冲刷地表，根据以往的经验，场地宜采用5‰～10‰的坡度。其取值大小应根据土壤的性质和植被覆盖程度而定。一般情况下，凡土壤渗水性强，植被覆盖良好的场地，宜采用下限值，反之，可采用上限值。

6.6 其他运输

6.6.1 本条为原规范第5.5.1条。对本条3款要求作以下说明：

1 输送管道、带式输送机、架空索道线路布置的灵活性较铁路要大一些，更容易充分利用地形，可以减少土(石)方工程量。线路短捷、顺直，则有利运行。对中间转角，应尽量减少，如果增加中间转角，有的就要设转角站，还会增加物料的破碎率。带式输送机，特别是架空索道的非自动化中间转角站，不仅使基建费和经营费增加，而且运输环节增多。

2 线路较长时，宜有供维修和检查的道路，也可沿道路布置线路。如线路较短，且场地较平坦、车辆可通行时，则可不考虑设计道路。

3 厂内输送管道、带式输送机沿道路布置，有利于施工和检修。有时主要建筑物、构筑物离道路较远或不平行于道路，因生产工艺等要求，也可平行于主要建筑物、构筑物轴线布置，这样布置也有利于厂容。

6.6.2 本条为原规范第 5.5.2 条。为满足所列各站及其他有关人员上下班、设备检修和需要外来燃料、材料各站的交通运输需要，同时也考虑到消防，故要求有道路相通。

6.6.3 本条为原规范第 5.5.3 条。输送管道、带式输送机跨越铁路、道(公)路时，彼此之间会产生不良影响。交叉角越小，影响面越大，有时甚至要有保护设施，且交叉角越小，保护设施越大，投资增加越大。因此，规定宜采用正交，当必须斜交时，以不小于 45°为宜。跨越准轨铁路应按现行国家标准《标准轨距铁路建筑限界》GB 146.2 的有关规定执行；跨越公(道)路时，应按现行国家标准《厂矿道路设计规范》GBJ 22 的有关规定执行。

6.6.4 本条为原规范第 5.5.4 条。是根据现行国家标准《架空索道工程技术规范》GB 50127 的有关内容制定的。

7 竖向设计

7.1 一般规定

7.1.1 本条为原规范第 6.1.1 条。本条是竖向设计总的原则要求，是在调查研究和总结设计实践经验的基础上提出的。平面位置和竖向标高是总图设计中紧密联系的有机组成，必须同时考虑，才能相互协调，达到整个工程实用、经济、美观的目的。

场地的设计标高要与厂外运输线路、排水系统、周围场地标高相协调，这是竖向设计的先决条件，否则会产生铁路接不了轨、道路坡度过大，水排不出去等弊病。这里还强调，要同时与现有和规划的上述设施标高相协调。因为过去有些企业设计只考虑现有条件，忽略了规划要求；也有些设计只考虑规划条件，忽视目前状况而遭受了损失。如某轴承厂，厂区标高比四周场地均低，原设计排水是流向规划中的城市下水道，但企业投产后，该下水道仍未建设，水排不出去，不得已开挖两个大坑作临时贮废水池，因容量有限，遇有大雨或暴雨，企业有受淹危险。这样的例子是不胜枚举的，故提出本条。

竖向设计方案与地形、地质、生产、运输、防洪、排水、管线敷设、土(石)方工程等的条件和要求均关系密切，它们又往往是矛盾而相互制约的。如要想使生产和运输方便，有时得增加土(石)方量，不同的企业、不同的客观条件，矛盾的主要方面也不一样。因此，竖向设计方案必须综合比较，而比较的衡量标准是为生产、经营管理、厂容和施工创造良好的条件，且使基建工程量和投资最少。

7.1.2 本条为原规范第 6.1.2 条的补充修订条文。本条增加了第 2 款，竖向设计要体现节约集约用地的基本国策，节约土地。这九款规定是竖向设计应达到的总要求。

1 总结各设计单位竖向设计的教训，过去片面强调节约土方，曾提出反对"推平头"等。某些设计将生产联系频繁的两个车间放在两个台阶上，或一个车间两跨的标高不在同一平台上，给生产和运输带来困难，造成不便，甚至影响生产。因此，本款要求应首先满足生产及运输要求。

2 竖向设计要充分体现有利于节约集约用地，确定设计标高应结合诸多因素综合考虑，边坡的大小应根据工程需要及有关规定合理选取，边坡设置太大则会增加占地，设置太小则达不到设计的效果和目的。如在地形复杂的场地建厂，竖向设计中设置过缓的放坡或较多的台阶都会增加通道的宽度，不利于节约集约用地，竖向设计应有利于工厂采取紧凑布置。

3 避免厂址受洪水冲淹，造成人员伤亡及财产损失。对沿江、河、湖、海建设的企业，洪、潮、内涝水的危害更是不可忽视的重要因素，因此将此款作为竖向设计必须解决的问题。

4 总结设计实践经验，竖向设计最后体现的土(石)方、护坡、挡土墙等工程量，对建设投资和工期影响很大，是必须重视的因素，但也不是土(石)方、护坡、挡土墙等工程量最少就是最好的设计。片面地强调上述工程量最少，往往会给生产经营、运输和排水带来很多不利，因此本款提出要在充分利用和合理改造自然地形的前提下，尽量减少土(石)方工程量。

5 过去在山区建设中，有些工程由于对地质条件研究不够，填、挖方中引起了滑坡或塌方，延误工期，增加投资，甚至造成屋毁人亡，教训是深刻的。如河南某机械厂的冲压车间傍山布置，因切坡过大，岩层又倾向开挖面，虽做了挡土墙，还是产生了滑坡，使工程延误了一年，故提出本款要求。

在山区建设中，土(石)方工程如处理不当，填土或挖土会造成大片山坡植被破坏而产生水土流失等问题，这与保护生态环境平衡的要求是不相符的；山坡挖方应避免泥石流、山体滑坡的发生，故提出本款规定。

6 天然排水系统的形成有其自然发展规律，过去某些设计项目与河床争地或为减少桥涵，往往有时将河道截弯取直，有时将河流断面压缩。如对流域调查研究不够或处理不当而违反了自然规律，会造成冲刷、淤塞、水流不畅等现象而毁坏工程、淹没农田等，教训是不少的，故提出本款规定。

7 随着生产建设的发展，精神文明的需要不断提高，工厂的景观与城市景观相协调；对厂区景观和厂容也提出了新的要求。本款提出要从竖向设计角度，为城市景观添彩，为工业建筑群体艺术及空间构图创造和谐、均衡、优美的条件。如某机械厂厂部办公楼中轴线上的道路直通山下居住区，中间有一凸起的小丘，竖向设计将其挖了一个路堑，由居住区向上望，视线通畅，厂部办公楼显得雄伟壮观；又如某机械厂台阶式竖向设计，采用挡土墙和带花草的斜坡相间的布置手法，使该厂空间层次丰富，构图优美。说明竖向设计可以而且应该为城市景观和厂区景观增色。工厂也是城市的一个组成部分，厂区围墙、地面标高应与周围环境相协调。因此本条要求是应该做到，而且是可以做到的。

8 本款是保证一个企业在竖向设计上完整性的措施，避免只管近期，不顾远期，从而给远期工程建设和经营带来问题。本款要求在设计中是应当做到，而且可以做到的。如湖北某厂位于丘陵地带，二期工程地形标高较高，一期工程地形标高较低。为与二期工程衔接得更好，一期工程道路标高既满足了一期工程，也照顾到二期工程。

9 改、扩建工程应与现有场地标高相协调，要注意新建项目场地、排水、运输线路的标高在满足技术条件的前提下，与原有竖向设计标高合理衔接。

7.1.3 本条为原规范第 6.1.3 条的修订条文。由于各行各业在厂区和建筑物大小、生产工艺和运输方式、地形和地质条件等方面情况都不一样，要制订统一的采用平坡或阶梯式竖向设计形式的条件是困难的，故本条只是原则地提出选择竖向设计形式要考虑的因素。

7.1.4 本条为原规范第 6.1.4 条。由于各行各业条件各异，要具体制订统一的采用连续式或重点式场地平整方式的条件是困难的,故本条只是原则地提出选择场地平整方式要考虑的因素。

当具有下列情况之一时,宜采用重点式场地平整:

场地基底多石,开挖石方困难时;

场地林木茂盛,需保存林木时。

7.2 设计标高的确定

7.2.1 本条为原规范第 6.2.1 条的修订条文。说明如下:

1 场地的设计标高应保证不被洪水、潮水和内涝水淹没,确保企业的生产安全,不遭受经济损失。

2 场地设计标高与所在城镇、相邻企业和居住区的标高相适应,是从两个含义上讲,一是位于某一城镇的工业企业,如果城市的防洪(潮)标准为 50 年一遇的水位,则该工业企业场地标高的设防标准也应至少为 50 年一遇或再高一些;二是从道路和排水管道等的连接方面考虑,要与城镇、相邻企业和居住区的标高相适应。

3 铁路和道路的最大纵坡、排水管道的最小纵坡及埋深等技术条件往往会影响场地设计标高的确定。如某大理石厂的污水排入城市下水道,由于城市下水道埋深浅,其场地设计标高只能按城市下水道标高采用最小纵坡和起点最小埋深反推确定。

4 场地标高直接影响土(石)方工程量的大小,填挖是否平衡,土方运距的远近,这些对工期及投资的影响很大,因此确定场地标高必须考虑上述因素。本条第 1 款~第 3 款是必须满足的,本款是应该考虑而力求达到的。

7.2.2 本条为原规范第 6.2.2 条的修订条文。由于工业企业的地理位置、地形条件、生产性质、企业规模和重要性的不同,场地的设计标高要采用同一设防标准是不可能的。本条根据不同情况,提出应采取的不同措施和场地设计标高的不同设防标准,工业企业防洪标准应符合现行国家标准《防洪标准》GB 50201 的有关规定。

1 现行国家标准《防洪标准》GB 50201 分行业对工业企业分为 4 个等级:特大、大型、中型、小型。按工业企业等级制定了相应的防洪标准。

2 根据本条第 2 款确定的设计标高,地面雨水可自流排出,不应设置排水泵站。对不需用土填方或适当运土填方就可以高于设计水位的场地,均应根据本款确定场地设计标高。

3 对填方工程量太大,经技术经济比较合理时,可采用设防洪(潮)堤的方案。一般当堤外水体(江、河、湖、海)为高水位时,堤内水(即内涝水)要靠机泵强排,设堤方案要设机泵排水是必然的,但场地设计标高的高低决定开泵时间多少,也即决定运营费用的大小;内涝水的多少决定设泵大小,也决定运营费用及建设投资的大小。因此,设堤的方案经技术经济比较合理时方可采用。

经对各江、湖、河、海工业企业的调查,设堤时,内涝水有下列三种情况:

第一种情况,除工业企业的生产废水、生活污水外,只有建设场地本身的雨水或其周围汇集的少量的、有限的雨水。由于水量有限,设泵排水是可靠的,故场地设计标高可不受内涝水位的限制,场地可就地平整而不需填土。如上海某石化总厂,建设场地北面为沪杭公路路基(原为老的海堤),北部上游的水被老海堤挡住,建设场地只有东西长 8km、南北宽 0.5km~1.6km 范围内的雨水,其排水设施只考虑了本建设场地的雨水,第一、二期工程建设场地自然高 3.5m~5m,场地设计标高为 4.75m,第三、四、五、六期工程建设场地自然高 2.5m~4m,场地设计标高为 3.5m,基本是就地平整场地。其第一、二期工程的场地设计标高低于其最高潮位(5.93m),高于其平均高潮位(3.85m),第三、四、五、六期工程场地设计标高低于其平均高潮位。这就是本款所提的排内涝水措施。

第二种情况,除工业企业的生产废水、生活污水和场地本身的雨水外,还有建设场地周围汇水区域的雨水,水量大,不可能靠泵全部排出。目前首先考虑的方案是将场地设计标高填至高于内涝水位 0.5m 以上,这样可免除内涝水的危害。

第三种情况,某些地区的内涝水位较高,场地自然标高很低,又缺土源,场地设计标高做不到高于内涝水位 0.5m 时,有的企业除沿江(湖、河、海)设外堤,还设防内涝水的堤,这样场地设计标高就不受内涝水位的限制,但内涝水位的堤顶标高应高于内涝水位 0.5m,这就是本款所提的防内涝水措施。

7.2.3 本条为原规范第 6.2.3 条。本条未提场地平整的最小坡度,因在平原地区,特别是南方沿海和沿江企业,场地平坦,排水出口标高高,又缺少土源,场地平整做成纵坡很困难。如宝钢、上海石化总厂等,其厂内道路纵坡是零,场地基本上也是一个标高,雨水井间距较密(井间距离约 30m)。据调查,几十年来,雨季无积水现象。但有条件的地区,场地坡度以 5‰~20‰为宜。

本条也未提地平整的最大坡度,因为场地的土质、植被、铺砌条件不同,其不冲刷坡度相差很远,应按具体条件确定。

7.2.4 本条为原规范第 6.2.4 条。建筑物的室内、外高差根据实践经验一般设计采用 0.15m,故取 0.15m。

排水条件不良地段加大室内、外高差,便于利用室外场地作为蓄水调节缓冲区,从而避免水害。如宝钢为防止水害,建筑物室内、外标高差采取 0.5m,经过几十年使用,能满足运输要求。

有特殊防潮要求的,如电石库等应根据需要,加大室内、外高差,避免电石受潮引起事故。

进铁路的建筑物一般室内地坪与铁路轨顶平,也有与轨枕顶面平的。有装卸站台的建筑物室内地坪,一般较铁路轨顶高 0.9m~1.1m;与汽车装卸站台标高差应根据所用汽车类型不同,有 0.6m、0.9m、1.1m。因此,本条只提了要求建筑物标高与运输线路相协调,而未提具体数值。

建筑物室内地坪做成台阶,一般说会对生产流程和运输带来不便,故不宜提倡。但在某些工业企业,由于工艺流程的需要,要求建筑物做成台阶,或因地形条件所限需做成台阶,经采取措施也能满足生产和运输要求,且可节省土(石)方及其他工程量,故本条规定了建筑物室内地坪做成台阶的先决条件。

高填方或软土地基的地段应根据需要加大建筑物的室内、外高差,是由于高填方及软土地基地段,地基易产生沉降,故使建筑物与室外地坪标高的高差变小。

7.2.5 本条为原规范第 6.2.5 条。厂内外铁路、道路、排水设施等连接点标高的确定是竖向设计的关键工作之一。过分强调厂内线路标高的合理性,可能会造成厂外线路标高的不合理;反之,亦会造成厂内线路的不合理。特别是一个项目的厂外和厂内线路往往由两个人,甚至两个单位设计或管理,如没有整体观念,不能统筹兼顾各方面的条件,往往会给建设带来损失。如某机械厂总仓库区位于土丘上,为引入铁路专用线,原设计基本为挖方,由于铁路部门过分强调铁路专用线纵坡的合理性,又在原设计基础上降低了 2m,大大增加了总仓库区的土(石)方工程量。

厂区出入口的路面标高宜高出厂外路面标高,是为了防止厂外雨水灌入厂区。但在某些工程中,厂外较厂内标高高出很多,做不到上述要求,则在出入口处做横跨道路的条状雨水口,解决了上述矛盾,因此本条只提"宜"。

7.3 阶梯式竖向设计

7.3.1 本条为原规范第 6.3.1 条的修订条文。根据工业企业场地平整的实践经验,当自然坡度大于 4%时,竖向设计应采用阶梯式布置。

1 本款是设计实践经验的总结。

2 生产联系密切的建筑物、构筑物布置在同一台阶或相邻台阶上,主要是为便于生产管理,节省运输费用。有的工厂由于运输技术条件,要求更严格些,如钢铁厂炼铁至炼钢间的铁水运输属高温液态,要求铁路、道路的纵坡度较小,故布置在同一台阶为宜。

3 台阶的长边宜平行等高线布置可节省土(石)方及护坡支挡构筑物、建筑物基础等的投资。

4 本款均是决定台阶宽度应考虑的因素,忽视任何一项都会给今后施工及生产带来不良后果。

5 台阶的高度不宜高于4m的根据是:

1)道路纵坡按8%计,台阶高度4m,需展线50m,铁路纵坡小,展线就更长。

2)相邻台阶之间的高差太高会引起交通联络上的困难,并增加支挡工程量或放坡占地面积。有色金属行业设计部门经过20多个工程实例的调查,台阶高在4m以下者占91%,故现行国家标准《有色金属企业总图运输设计规范》GB 50544对台阶高度也作了1m~4m为宜的规定。

3)机电、化工、轻工、冶金等部门,有台阶的工厂,台阶的高度也大部分在4m以下;而化工等行业规定了台阶高度不宜高于4m。

4)竖向设计台阶高度由各种综合因素来确定,但根据很多工厂的调查情况反映,当台阶高度大于4m时会给生产、运输、消防等带来不利影响,挡土墙的工程费用也急剧升高。

7.3.2 本条为原规范第6.3.2条。根据实践经验,台阶有下列情况之一者,宜设置挡土墙:

1 建筑物、构筑物密集,土地紧张地区。

2 地质不良,切坡后的土坎需采取支挡措施,受水冲刷,易产生塌方或滑坡,采取边坡防护解决不了问题地段。

3 根据景观要求,设置挡土墙能为厂容增色时。

4 采用高站台低货位方式的装卸地段。

根据实践经验,台阶有下列情况之一,应设护坡:土壤松散,易流失地段;边坡受水流冲刷地段;陡坡及侵蚀严重地段。

7.3.3 本条为原规范第6.3.3条。台阶的坡脚至建筑物、构筑物距离分"应满足"及"应考虑"两部分要求。建筑物和构筑物、运输线路、管线、绿化等布置要求,以及操作、检修、消防、施工等用地需要是必须满足的,往往为此而增加距离。但对采光和通风要求及开挖基槽对边坡及挡土墙的稳定要求是"应考虑"的,可采用不同措施来达到此要求,而不一定要增加距离。如开挖基槽可采取挡板支撑等措施来解决边坡或挡土墙稳定的要求,而不一定要加大距离。

"不应小于2.0m"是指与台阶脱开的建筑物、构筑物至台阶的距离,这2.0m距离可设置建筑物散水和排水沟及保证起码的施工距离。

本条基础底面外边缘线至坡顶水平距离公式是根据现行国家标准《建筑地基基础设计规范》GB 50007—2011第5.4.2条确定。如建筑物基础设在填土上,基础对填土边坡影响较大,因此还应遵照现行国家标准《建筑地基基础设计规范》GB 50007相应条款中压实填土地基的要求确定边坡填土的密实度。

7.3.4 本条是原规范第6.3.4条的补充修订条文。本条分下列三种边坡坡度允许值:

1 岩石边坡坡度允许值(本规范表7.3.4-1)是根据现行国家标准《建筑边坡工程技术规范》GB 50330—2002第12.2.2条表12.2.2制定的,岩体类型分类可参见该规范。

2 挖方土质边坡坡度允许值(本规范表7.3.4-2)是根据现行国家标准《建筑地基基础设计规范》GB 50007—2011第6.7.2条表6.7.2制定的。

现行国家标准《厂矿道路设计规范》GBJ 22—87第3.3.2条关于土质路堑边坡度的允许值见表1。

表1 《厂矿道路设计规范》GBJ 22—87对土质路堑边坡坡度允许值的规定

土石类别		边坡坡度	边坡最大高度(m)
碎石土、卵石土、砾石土	胶结和密实	1:0.5~1:1.0	20
	中密	1:1.0~1:1.5	20
一般土		1:0.5~1:1.5	20

现行国家标准《工业企业标准轨距铁路设计规范》GBJ 12—87第3.4.1条关于路堑边坡坡度的规定见表2。

表2 《工业企业标准轨距铁路设计规范》GBJ 12—87关于路堑边坡坡度的规定

土石类别		边坡坡度
碎石或角砾土 卵石或圆砾土	胶结和密实	1:0.5~1:1.0
	中密	1:1.0~1:1.5
一般均质黏土、砂黏土、黏砂土		1:1.0~1:1.5
中密以上的粗砂、中砂、砾砂		1:1.5~1:1.75

分析上述三种规范,挖方边坡坡度值基本接近,但第一个规范地质概念及数据明确,分档较细,便于选用。故本条采用了现行国家标准《建筑地基基础设计规范》GB 50007的规定。

3 填方边坡坡度允许值(本规范表7.3.4-3)是根据现行国家标准《厂矿道路设计规范》GBJ 22编制的。据分析,现行国家标准《厂矿道路设计规范》GBJ 22、《工业企业标准轨距铁路设计规范》GBJ 12两个规范的边坡坡度允许值均较现行国家标准《建筑地基基础设计规范》GB 50007要陡些,从节约集约用地出发,本条引用了现行国家标准《厂矿道路设计规范》GBJ 22的边坡值。几个规范填方边坡坡度允许值的比较见表3、表4。

表3 黏性土填方边坡对照

规范名称	填方高度 H(m)	边坡允许值
《建筑地基基础设计规范》GB 50007—2011	H≤8	1:1.75~1:1.50
	8<H≤15	1:2.25~1:1.75
《厂矿道路设计规范》GBJ 22—87、《工业企业标准轨距铁路设计规范》GBJ 12—87	上部 H≤8	1:1.50
	下部 8<H≤20	1:1.75

表4 砂夹石、土夹石等填方边坡对照

规范名称	土的名称	填方高度 H(m)	边坡允许值
《建筑地基基础设计规范》GB 50007—2011	砂夹石	H≤8	1:1.50~1:1.25
		8<H≤15	1:1.75~1:1.50
	土夹石	H≤8	1:1.50~1:1.25
		8<H≤15	1:2.00~1:1.50
《厂矿道路设计规范》GBJ 22—87	砾石土、粗砂、中砂	H≤12	1:1.50
《工业企业标准轨距铁路设计规范》GBJ 12—87	砾石土、卵石土、碎石土、粗粒土	上部 H≤12	1:1.50
		下部 12<H≤20	1:1.75

7.3.5 本条为原规范第6.3.5条。

7.4 场地排水

7.4.1 本条为原规范第6.4.1条的补充修订条文。"完整排水系统"是指不论采用何种排水方式(包括两种以上排水方式的组合),场地所有部位的雨水均有去向;"有效排水系统"是指排水管、沟、渗孔的断面及排水泵的能力等应能与场地所接雨水量匹配,且能处于随时工作状态。

决定场地雨水排除方式的因素很多,很难制订具体规定,故本条只规定了决定雨水排除方式应考虑的因素。其中所在地区的排水方式是决定工厂排水方式的重要因素,如所在地区有雨水下水道的,企业应优先采用暗管,如所在地区无下水道的,则企业也很难采用暗管。根据各设计单位的经验,场地排水方式可参考下列条件选择:

1 当降雨量小,土壤渗透性强,不产生径流,或虽有少量径流,但场地人员稀少,允许少量短时积水地段,可采用自然渗透方式。

厂区的边缘地带或厂区面积较小的企业,设置排水沟和管有困难,厂外有接受本场地雨水条件,且易于地面排水的地段,可采用自然排水。

2 场地平坦,建筑和管线密集地区,埋管施工及排水出口无困难者，应采用暗管。

3 建筑和管线密度小，采用重点式平土的场地、厂区边缘地带、设置暗管排雨水有困难的地段，如多泥砂而管道易堵的场地，基底为不易开挖的岩石场地，排水出口处水体标高太高，雨水管内水无法排入的场地，应采用明沟排水。

4 采用明沟排水，对清洁美化要求较高，铁路调车繁忙区，装卸作业区，人或车需在沟上停留或行驶车辆地带，应采用盖板矩形明沟。

根据我国现在的经济条件及60年的建设经验，某些采用明沟排水的工业企业和城镇，由于明沟在使用、卫生、美观等方面均存在不少缺点，因此逐年加了铺砌，加了盖板，其改造费用远远高于一次暗管排水的投资。目前各行业在各类厂区的建设中，除特殊情况外，一般提倡采用暗管排水。矿山地广建筑物少，除少数办公区等建筑密集区采用暗管排水外，采用明沟排水是合理的。

从考虑节约淡水资源出发，本次提出了有条件的工业企业应建立雨水收集系统，对收集的雨水经沉淀后予以充分利用。如国外某钢铁厂为节约淡水资源建立了雨水收集系统。在我国有的企业已建立了雨水收集系统或正在制订建立雨水收集系统的计划，收集的雨水主要用于道路、绿化洒水和工厂原料场的洒水，以降低粉尘污染。

7.4.2 本条为原规范第6.4.2条。

7.4.3 本条为原规范第6.4.3条。明沟沿铁路和道路布置，一是有利于铁路和道路的路基排水；二是使场地不被明沟分割开，以保证场地的完整。

某机械厂Ⅱ区一明沟出口直接排入附近农田，暴雨时冲毁了农田，造成纠纷，不得不赔款，又购地凿沟，引入原有天然沟。类似事件，不少企业时有发生。本条规定"排出厂外的雨水，不得对其他工程设施或农田造成危害"，即总结上述教训而得。

7.4.4 本条为原规范第6.4.4条的修订条文。明沟是否铺砌从两个方面来决定：

1 从技术条件考虑，根据明沟的材质及纵坡决定，以不产生冲刷为限，由于决定不冲刷的因素很多，故本条只原则地提出铺砌要考虑的因素。

2 从设计标准方面考虑，根据我国国情，并总结我国60年的建设经验，对厂区及其边缘地带，对矿山应分别采用不同的设计标准，见本规范第7.4.1条的条文说明。

7.4.5 本条为原规范第6.4.5条的修订条文。矩形明沟占地小，也便于加盖板，因此厂内宜采用；在建筑密度小，采用重点式竖向设计地段及厂区边缘地带，采用梯形明沟为宜；三角形明沟断面小、流量小，只有在特殊情况下，如在岩石地段和流量较小地段才采用。

本条规定的排水沟宽度的最小值，是考虑清理沟底污物的最小宽度。

明沟的纵坡最小值是保证水由高处向低处流的最小坡度值，故有条件时，宜大于此值。

沟顶高出计算水位0.2m是安全超高。

7.4.6 本条为原规范第6.4.6条的修订条文。雨水口的间距与降雨量、汇水面积、场地坡度、土质情况等因素有关，也难确定一个数值。本条规定的距离是根据现行国家标准《室外排水设计规范》GB 50014的规定编写的。

据调查，宝钢、上海石化总厂道路纵坡为零，路谷纵坡为0.5%，雨水口间距18m～45m，平均30m，未发现道路积水现象，从而说明本条间距对小坡度地段是合适的。

当道路的纵坡较大时，宜选择平式雨水口，道路的纵坡较缓，既可选择平式，也可选择侧向进水的雨水口。

7.4.7 本条为原规范第6.4.7条的修订条文。厂区上方设置山坡截水沟，一是防止上游水直接危害厂区，二是防止上游侵蚀和冲刷边坡，影响边坡稳定，造成次生灾害。

截水沟离厂区挖方坡顶距离是参考公路及铁路路基横断面的做法确定的。此距离不宜太近，否则截水沟内水渗入边坡，影响边坡稳定，但也不宜太远，否则中间面积加大，其积水量也就增加，会危害厂区。

7.5 土(石)方工程

7.5.1 本条为原规范第6.5.1条。是对土(石)方工程中表土处理的规定，作为土(石)方计算时的依据。

本条是实践经验的总结，主要为贫瘠地区绿化创造条件和节省劳力。据了解，宝钢地处长江三角洲，土地富庶，但其场地填土平整后，绿化还需购熟土才能成活，耗资不少。贫瘠地区此矛盾更为突出，故作此款规定。

近些年，我国沿海的许多工程在进行大面积的场地平整之前，需要将表层的耕土挖出，集中堆放，待场地平整完后再复垦至原处，其目的是便于以后植树绿化、种草皮提高成活率。

7.5.2 本条为原规范第6.5.2条。总结60多年来场地平整的经验教训，有些建设工程在大面积平整时，严格遵照现行国家标准，分层压实，使填方压实系数达到设计要求，在建筑物、管线、道路施工时，能顺利进行；有些建设工程大面积平整时，采用一次推到设计标高，既不考虑填土土质、填土厚度，也不进行压实，一次将石块、土、杂物推入洼地，待建筑物、管线、道路施工时，填土密实度不符合要求，即使再压实也是上实下松，建成后地面和路面裂缝，管道漏水，很难补救；有些建设项目在建筑施工时，注意到填土质量不好，只能在建筑、管线、道路施工时，将不密实的土重新挖出，分层夯实，造成了不该有的损失。因此大面积场地平整应规定压实系数。

本条所提黏性土的填方压实系数，建筑地段不应小于0.9，是广义地指房屋、道路、管线的建筑地段的压实系数。因大面积平整场地不可能一条路、一个建筑物单独碾压，只能提大面积平整地时应达到的密实度。根据现行国家标准《建筑地面设计规范》GB 50037—96第5.0.4条及现行国家标准《工业企业标准轨距铁路设计规范》GBJ 12—87第3.3.4条，土壤压实系数不小于0.9就能满足建筑物室内地坪及铁路路基对土壤密实度的要求。武汉钢铁公司某工程土(石)方施工的经验是："压实系数达到0.9～0.95或干容重1.58g/cm³～1.64g/cm³，可以满足地下管网、厂内道路及轻型建筑物的地基要求"。故除建筑物地基外，压实系数0.9能满足正常施工的要求。现行国家标准《厂矿道路设计规范》GBJ 22—87第3.4.1条，对路基表面0～0.8m的压实系数要求虽大于0.9，但只要基底达到了0.9，在道路施工时再用压路机稍加压实，该规范所要求的0.95及0.98也是可以达到的。

大面积场地平整的压实系数0.9是否能够达到？北方设计院与中建公司在阿尔及利亚的施工经验总结《用方格网控制桩进行机械化土方施工》中提到："在掌握好最佳含水量的前提下，用推土机粗平，再用平铲机往返几次细平，压实系数已达70%～80%，然后碾压8遍～9遍，压实系数可达0.9"。因此，认真对待平土工作，此规定是可以达到的。对整个工程质量是有利的。

建筑预留地段，如填土厚，不能保证必要的压实度，待施工时需将土翻开重新碾压，增加了工程量。但要求太严也不现实，考虑松土随时间而自然密实的系数，对建筑预留地段填土压实系数作了适当降低。

7.5.3 本条为原规范第6.5.3条的修订条文。土方工程的平衡中，只考虑场地平整的平衡是不行的。本条所列各项的填、挖方，如有遗漏往往会造成缺土或余土。如过去有些项目场地平整时，感到缺土，大量运入，但基础、管沟、路槽土方挖出后，大量剩土又不得不外运，这种教训是很多的，故制定本条规定。

1 本款强调的是厂区边缘或暂不使用的填方地段，为节省工程投资，待项目投产后，利用适于填筑的生产废液逐步填筑，这样处理既节省一次性投资，又节约了土地。

2 本款要求矿山生产都有废石(土),尤其是露天开采的矿山,有大量的废石(土)舍弃到排土场。设计时可利用这些无用的废石(土)作为场地或运输线路路基的填料,特别对已生产的改、扩建矿山更有条件这样做。这不但可以减少排土场占地面积,而且还可以缩短工程的基建时间,节省基建投资。如辽宁某铁矿 17 号铁路线长约 2km 的高路堤有近 40000m³ 的填方是用废石(土)填筑,较外取石(土)节约 100 多万元;又如辽宁某铁矿 4 号泵站的场地也是用废石填筑的。

3 本款要求工程建设产生的余土堆存或弃置应妥善处置,不得危害环境和农田水利设施。

7.5.4 本条为原规范第 6.5.4 条的修订条文。

8 管线综合布置

8.1 一般规定

8.1.1 本条为原规范第 7.1.1 条的修订条文。系根据管线综合布置的性质、目的以及工厂总平面布置、竖向设计、绿化设计等的关系而提出的原则规定。

管线综合布置是工业企业总平面设计工作的重要组成部分,是衡量工厂总图布置合理程度的标准之一。它涉及的专业面广,凡是输送能源和以管道输送物料的专业,都要统归于总体布置和管线综合规划的安排,如工艺、水道、电气、热工、自控仪表等,它将各专业管线布置的自身合理性与工厂总体条件相联系,从而达到工厂总体的经济合理。同时将总图运输专业本身的其他约束及需求情况进行整体、综合统一考虑,解决了矛盾,避免了顾此失彼,促进了工厂设计的总体优化。

工业企业的管线种类很多,几乎遍及厂区,尤其是以下几类行业,如化工企业的炼油厂、石油化工厂;冶金行业的钢铁厂;焦化厂、造纸厂等。进行全面、合理、紧凑的管线综合布置,有利于企业的工程管理、施工、维修、安全生产、节约集约用地,减少投资及运营费。

8.1.2 本条为原规范第 7.1.2 条的修订条文。管线敷设方式有地上和地下两大类。地上敷设方式有管架式、低架式、管墩及建筑物支撑式;地下敷设方式有直埋式、管沟式及共沟式。为了减少能耗,降低成本及投资,减少用地,保障安全,有利于卫生与环保,本条规定在选择管线敷设方式时,应综合考虑确定。目前在管线较多的行业,已趋于尽量采用地上式。因为在经济技术条件接近的情况下,地上式多为管架式,利于施工、检修、管理及安全,并节约集约用地。当然,采取何种方式需结合工程的具体情况综合考虑,因此本条没有明确提出尽量采用地上式。

采用管道输送的介质是多种多样的。从介质的性质区分,可分为一般性和危险性两大类。一般介质的输送有压力流和重力流两种,前者如压缩空气、氮气、高、低压消防水等,压力一般在 0.4MPa~1.5MPa,一旦发生事故,从介质性质看危害不大,但由于是压力管,因此有一定的危害。危险性介质主要指易燃、易爆、有毒、有腐蚀性及助燃性的物质,这类介质往往采用压力输送,因此一旦发生事故,危害较大,并会造成二次危害,因此本条提出确定管线的敷设方式时,应充分考虑管线输送的介质性质。

在选择管线敷设方式时,综合考虑地形、交通运输、安全生产、检修施工、绿化条件等因素是必要的。如在无轨运输量大的厂区,采用低架式和管墩式,既影响交通运输,又易损坏管线,同时对消防作业也会带来不便。但是在人流和车流不大的区域内,低架式和管墩式不失为可选方式,因其造价低,检修方便。对于危险性介质管线,不应选择支撑式,以免一旦发生危险,会扩大影响面,甚至造成二次危害。以上所述说明,确定管线的敷设方式应考虑多方面的因素,并经比较后确定。

1 管道输送的介质,无论是重力流还是压力流,难免会有介质泄漏,条文中所列的可燃、易爆、有毒性及有腐蚀性的介质一旦泄漏危险很大,而且会造成二次灾害。对于这类介质的泄漏事故,愈早发现其危害性愈小,拯救机会愈大,因此其敷设应采用易于日常检查、检修和早期发现事故,方便修复处理的方式,地上敷设正符合这一要求。如采用地上敷设,管理较完善时(如设有监测仪表或巡视人员随身携带有监测仪),一旦泄漏,易于在初期发现,并方便修复。如采用地下敷设的方式,则不利于早期发现和修复,一旦泄漏透出地面,事故已非初期,危害较大。故本条对此类管线提出了明确规定。但考虑到具体实施过程中因客观需要,在采取了确保安全的有效措施者也可例外,因此本条规定为"宜"。

2 在散发比空气重的可燃、有毒性气体的场所,如采用管沟敷设,极易引起可燃气体在管沟内的积聚,难以排除,一旦遇明火,会引发事故,故提出本款规定。

8.1.3 本条为原规范第 7.1.3 条的修订条文。管线综合布置必须贯彻节约集约用地的基本国策。管线用地在企业用地中占一定的比例,有些行业比例较高,如大、中型石油化工企业中管线用地一般约占全厂用地的 20%~28%,因此对敷设管线的占地问题需高度重视,以利节约集约用地。

共架和共沟的集中布置方式是节约集约用地的有效途径,故本条提出了明确规定。集中布置的共沟式或管架式在节约集约用地方面效果明显。对有色冶金行业的调查统计表明,集中布置比分散布置可节约用地 35%;又如某日本大型石油化工厂,其主要通道宽仅为 45m,其中架空管架上排列了 8 层管线,大大减少了占地面积,体现了共架布置的优越性;共沟式的基建投资较大,施工较直埋式复杂,因沟内管线的相互影响了解得不深,造成共沟式未能被广泛采用。

8.1.4 本条为原规范第 7.1.4 条的修订条文。管线综合布置应在总图规划的管线带内,是体现用地功能所必要的。管线带与道路和建筑红线平行是合理利用土地的有效方式之一,也是布置原则之一。

8.1.5、8.1.6 这两条为原规范第 7.1.5 条、第 7.1.6 条。均是为了保护管线,保证生产,减少投资,方便交通运输,有利安全而制定的。正交是理想的交叉方式,由于交叉会对双方产生不利影响,为了缩小不利影响的范围,交叉角不宜小于 45°。

条文提出充分利用地形,有利于减少土(石)方,减少投资。强调避开不良地质灾害,是因为不良地质灾害会引起工程管线断裂破坏,并引起二次事故,造成损失,甚至还会引起危险事故的发生。

8.1.7 本条为原规范第 7.1.7 条的修订条文,是总结实践中的经验教训,为保证人身安全、便于操作、检修及防止扩大危害,减少相互影响而提出的强制性条文。该条文中所列的几种介质泄漏时极易引发事故,且有二次危害的可能,被穿越的设施由于不了解必要的紧急防护措施而一旦发生事故,会造成严重的后果。本条对无嗅无味的有害气体尤为重要,故本条明确提出不得穿越,列为强制性条文。

8.1.8 本条为原规范第 7.1.8 条,是对分期建设的企业近、远期建设的有关规定。系根据各行业几十年来的建设实践经验提出的原则规定。其目的是防止近、远期工程的管线布置处理不当而形成不合理的布局,造成土地浪费、布置混乱、生产环境不佳,并给施、检修、生产和经营带来诸多不便。

企业在投产后,随着科技水平的提高和国民经济发展的需要,将会采取有效的技术措施进行改造或扩建,相应所需要的各类管线都会有一定数量的增加,以满足改、扩建后生产的需要,因此在管线带内预留一定的发展空间是必要的,但由于各行业的生产性质差异很大,管线的数值有较大的不同,因此提出宜预留空位为 10%~30%,设计者可根据具体情况分别灵活采用。

8.1.9 本条为原规范第 7.1.9 条的修订条文。干管布置在靠近主要用户较多的一侧是为了减少与道路的交叉,有利于缩短支管的长度。

本条提出的管线综合排列顺序为综合布置的原则之一。在满足安全生产、施工及检修要求的前提下,管线布置既要节约集约用地,又需考虑其不受建筑物与构筑物基础压力的影响及符合卫生的要求。因此建议将埋深浅的管线靠近建筑红线,如电缆;将可能发生泄漏且泄漏后会对建筑物、构筑物基础产生不利影响的管线尽可能远离建筑红线,如排水管;将有使用要求的布置在方便使用的位置,如照明电杆邻路边布置,雨水管线靠近雨水口等。按本条推荐的顺序进行综合布置,可取得较好的效果。但由于实际情况千变万化,因此本条规定为"宜",具体运用时根据具体情况调整。

8.1.10 本条为原规范第7.1.11条的修订条文,适用于改、扩建工程。改、扩建工程往往有许多限制因素,约束多,难度大,有时难以满足最小间距的要求,故提出本条规定。

8.1.11 本条为原规范第7.1.12条。地下开采塌落(错动)区内,一般不应布置任何永久性设施,地上和地下管线都不应穿过,否则易造成管线断裂、损坏,影响生产以致危及人身安全,如输电杆塔可能产生位移或倒塌。

只有限期使用的管线,在使用期内不会受到采矿塌落的影响和留有永久性安全矿柱的方可布置在塌落(错动)区内。

露天采矿场的管线(如压气管线、通信管线)应避开爆破方向的正面是为了防止爆破时损坏管线。

8.2 地下管线

8.2.1~8.2.3 此三条为原规范第7.2.1条的补充修订条文。管线不应平行重叠布置,主要是为了避免干扰,便于检修。

地下管线、管沟不得布置在建筑物、构筑物负荷的压力影响范围之内,是为了避免管道及管沟受上层负荷的外力而受损。如受损,不仅其本身有经济损失,管内介质外溢又影响上层的基础。

条文规定不应平行布置在铁路下面,其原因除上述同样理由外,还因为在铁路下方无法设置检查井、阀门等附属设施。

道路下方敷设管线之弊虽与上述类似,但程度略轻。结合实际操作情况,因条件困难已有不少企业和市镇将管线敷设在路面下,经调查,虽有不利之处但其影响尚可接受。最不利之处是发生事故或需大检修时,要开挖路面,造成交通不畅。为了减少对交通运输的影响及节省投资,因此本条规定,除在困难条件下仍不宜敷设在道路下方。如确有需要敷设在道路下面,尚应符合有关规范的规定,注意不同管线敷设在道路下的相关要求。如现行国家标准《石油化工企业设计防火规范》GB 50160 中明确规定各种工艺管道或含可燃液体的污水管道不应沿道路敷设在路面或路肩下;现行国家标准《城镇燃气设计规范》GB 50028、《室外给水设计规范》GB 50013、《室外排水设计规范》GB 50014、《氢气站设计规范》GB 50177 等均对敷设在道路下的管线有具体要求。

8.2.4 本条为原规范第7.1.10条。根据多年来各行业的实践经验,管线交叉时采用本条原则来处理是科学合理的。

1 压力管线与重力自流管线交叉发生冲突时,压力管线容易调整管线的高程,以解决交叉时的矛盾。

2 管线小的易弯曲,同时施工较管径大的容易。

3 易弯曲材质管道可通过一些弯曲方法来调整管线的高程和坐标,从而解决交叉矛盾。

8.2.5 本条为原规范第7.2.2条。为地下管线交叉布置的基本要求,可避免交叉管线之间的不利影响,有利于安全、卫生、防火及保护管线。如给水管道应在污水管道上面,以免给水管受污染;可燃气体管应在其他管道上方,因这类管线有潜在危险,一旦发生事故,不至于在短时间内危害下面管道;电缆在热力管道下方,以防电缆受热,电缆受热会使其绝缘体老化加速及因环境温度升高影响其载流量;热力管道应在可燃气体管道及给水管道上方,以减少这些管道的受热影响;受热后易发生体积膨胀的介质管道、腐

蚀性介质的管道及含碱、含酸的排水管道,应在其他管线下方,因为这类管线易被破坏,一旦滴漏,不至于影响其他管线。

8.2.6 本条为原规范第7.2.4条的修订条文。是为保护地下管线不受或少受外力影响而制定的。当管线从铁路或道路下穿过时,管线处于路线上活荷载的受力范围之内,为了避免管线受外力影响,不至于损坏管线,本条提出管线与轨道或路面之间应留有一定距离。实践证明,距钢轨底以下1.2m,在一般情况下是合适的。道路下方的距离,以往从路面顶层算起为0.7m。近十余年来,联合企业、大中型企业相继建立,运输及检修车辆随生产发展要求多向重型发展,路面材料、路面结构组合及路面厚度各行业差距日趋加大,路面受力范围变化大,因而管线埋深应考虑活荷载类型及路面厚度等因素,故本规定从路面结构底层算起。

当有困难,满足不了规定深度时,本条提出了加设防护套管或其他措施,在改、扩建工程中常遇到此种情况。

8.2.7 本条为原规范第7.2.5条的修订条文。系总结了各行业多年的经验数据,为保护从腐蚀性物料堆场附近通过的各种管线不被或少被腐蚀而制定的。腐蚀物料的贮存方式有贮罐贮存及小包装贮存,本条是针对后者的露天场地和棚堆场而定的。

调查表明,有些腐蚀性物料的堆场,如盐酸罐堆放场地,其场地面层已经用防腐材料铺砌,但仍有盐酸下渗,以致使附近的地下管线遭受损害,造成了不必要的损失。

近年来,一般均将管线与上述场地边界的安全距离定为2m。当在地下水流上游时,此数值是合适的,但在下游时,间距应加倍为4m。

8.2.8 本条为原规范第7.2.8条的修订条文。是为了共沟管线的防火、防爆、卫生等安全要求及避免相互的不利影响而制定的。由于我国在共沟敷设管线方面的实践经验较少,本条按从严要求的原则制定。

1 热力管道指蒸汽管、热水管等。这类管道虽然均有保温措施,但由于目前隔热材料、施工技术、检修手段的限制,致使环境温度比较高,这对电缆、压力管道内介质均产生了不利影响。如电缆环境温度较高时,其外包绝缘材料如聚氯乙烯、交联聚乙烯、橡胶等易老化,影响使用寿命。同时,环境温度愈高,电线载流量愈低,影响使用或降低了经济效益,故热力管道不应与电缆共沟。压力管道内介质会因环境温度上升而膨胀,增大管道压力,造成潜在的爆裂危险,故不应共沟。

2 排水管道包括污染严重的生产污水、生活污水及污染较轻的生产废水与雨水管道。无论何种排水管道,除了均有程度不一的污染外,管道接口常会产生漏水现象。无论是从一旦发生事故污水外流或是从平常发生漏水考虑,为了卫生,缩小污染范围,都应将排水管道设置在沟底。

3 为了防止腐蚀性介质管道一旦发生事故或产生滴漏时损害其他管线,将其敷设在其他管线下面是必要的。

4 易燃、易爆、有毒及腐蚀性介质各管道共沟,相互干扰严重,一旦其中一条管道发生事故产生灾害,易带来二次灾害,或造成检修困难,故作了本款规定。

8.2.9 本条为原规范第7.2.7条的补充修订条文。提出沟壁与建筑物、构筑物基础和树木之间应留有必要的间距。与建筑之间应留有满足施工要求的间距,与树木之间需留出免受树木根系发育延伸影响的间距,其间距与树木种类有关,本条提出的是可供参考的最小间距。

8.2.10、8.2.11 这两条为原规范第7.2.6条、第7.2.7条的修订条文。是在调查和总结设计实践经验的基础上,参照给水、排水、氧气、乙炔、城镇燃气、电力、锅炉房、通信等有关现行国家标准以及钢铁、有色、电力、石油化工等行业的总图运输规范制定的。这两条条文是在满足安全、管线施工、维修检修、尽量减少相互有害影响的条件下,达到安全生产、节约集约用地、减少能耗、降低成本的目的而制定的约束性条文。条文规定了地下管线之间、地下

管线与建筑物、构筑物之间间距的最小值。

本条适用于工业企业、联合企业和工业区境内的地下管线，包括工业区范围内的居住区。但在工业区的居住区进行管线综合布置时，尚应考虑当地城市管线综合布置的有关规定与要求，以利于与城市总体规划的一致性。

鉴于此两条条文在原规范制定时作了大量的调查研究工作，且自颁布执行的十几年以来也未发现什么问题，因此在本次修订时，除对与现行国家标准有不一致的地方进行了修改，如地下燃气管线的有关规定；其余均沿用原条文规定的内容。

本条文规定的间距最小值是在满足安全、施工、检修要求，尽可能减少相互间影响的条件下制定的，并综合考虑了以下诸因素：

1 管径尺寸。管径的尺寸不同，在施工、检修操作时需要的空间大小亦不同，要求的间距与管径大小几乎成正比。当相邻的两条管径均大时，应特别重视空间的要求。如直径大于1500mm的排水管，其高度已超过操作人员站立时的作业面及视线高度，给作业人员在具体作业时及作业时的心理上均带来约束感。因此，最小间距不宜过小。当前，新建企业一般均等于或大于1.5m，扩建、改建及技改工程往往不易达到。即使新建的大型企业也有小于1.5m的。编制本条文时从全国各行业现状考虑，给、排水管大管径之间的最小间距仍沿用多数规范使用的数据——1.5m。当相邻的两条管径均较小时，如管径为600mm的排水管与管径为50mm的给水管之间，由于管径小，作业时对操作空间形不成"面"的影响，据调查反映，不需要1.5m。对施工来说，尤其是机械化施工时，多为同槽敷设，对间距要求不高，比较小的管径，检修时0.5m～0.7m的间距即可。多年实践亦说明管径与间距有关。

2 管道内介质性质。不同的介质对外界条件有不同的反应，外界不同的条件亦对之产生不同的效果。如乙炔气易燃、易爆，其管线对不同生产厂及不同构造的建筑物有着程度不同的潜在危险性。生产火灾危险性为甲类的建筑物比无地下室的建筑物潜在危险性大，因而其间距要求不相同，潜在危险大的应大于危险性小的。又如生活饮用水给水管对卫生防护要求较高，故其与污水排水管之间的距离比非饮用水给水管增加50%。同时，一般给水管与性质不同的排水管之间要求不相同。生产污水与生活污水的污染较雨水严重，其管径尺寸往往比后者小，以减少污染程度并有利于缩小影响范围。

3 运行时的工作情况。生产时管线工作状态有常温、高温、常压、高压等各种状况，不同的状态对外界可能造成的影响不同，潜在的危险亦不同。如压力下运转，压力越高往往潜在危险越大，本条对燃气管、电力电缆等均考虑了这一因素，并分别作了规定。

管线与建筑物、构筑物之间的最小间距亦考虑了这一因素。尤其着重考虑了压力较大的燃气管对建筑物、构筑物基础的影响。

4 与有关专业规范协调。本条文的制定与现行的有关国家标准一致，并且协调。上述标准主要有：现行国家标准《乙炔站设计规范》GB 50031、《氧气站设计规范》GB 50030、《压缩空气站设计规范》GB 50029、《城镇燃气设计规范》GB 50028、《室外给水设计规范》GB 50013、《室外排水设计规范》GB 50014、《电力工程电缆设计规范》GB 50217、《锅炉房设计规范》GB 50041、《氢气站设计规范》GB 50177、《深度冷冻法生产氧气及相关气体安全技术规程》GB 16912 等。

5 原规范在制定这两条的过程中，在综合考虑了上述因素的同时，对给、排水管的最小净距作了重点分析。这是因为给、排水管线的数量在企业地下各类管线中最多。据不完全统计，石化企业地下给、排水管的数量占地下管线总数的50%～70%。给、排水管本身的种类也不少，一般均是分别设管。如水管有新鲜水、循环水、消防水、除盐水、生活饮用水、生产用水；有些企业消防水又按压力分设高压消防水、低压消防水；排水管一般分为两大类，清净雨水和含污物的生活污水、生产污水和清净下水。在某些企业中，生产污水也许多种。因此，给、排水管占地较多。经调

查及分析可知，管径越大，管线间距偏大的程度越小；管线间距管径越小，管线间距偏大的程度越大。故原有规范将给水管分为4档，排水管分为2类6档，分别制定了间距要求。在十几年的运用过程中，没有问题和疑义，实践证明是合适可行的，因此本条文关于给水和排水管的管径沿用了原规范的分档制定了不同的间距，以节约集约用地。

6 第8.2.10条和第8.2.11条所含情况比较复杂，为了便于结合工程实践，故允许稍有选择，采用了"宜"这一用词；并列出有关具体内容为"应"，与现行国家标准的有关规定一致。

7 在现行国家标准《湿陷性黄土地区建筑规范》GB 50025、《膨胀土地区建筑技术规范》GBJ 112 和在编的盐渍土地区建筑技术规范中分别对位于湿陷性黄土地区、膨胀土地区和盐渍土地区的地下管线与建筑物、构筑物的距离作出了相应的规定。

8.2.12、8.2.13 这两条为修订新增条文。系参考现行的有关国家标准制定的。

8.3 地上管线

8.3.1 本条为原规范第7.3.1条的修订条文。提出了可供选择的地上管道敷设方式及选择时应考虑的主要因素。条文未列出全部因素，如自然条件、习惯采用的方式或富有经验的方式。

8.3.2 本条为原规范第7.3.2条的修订条文。规定了在进行管架布置时应符合的条件，其目的是有利于生产和使用，方便施工、维修和管理，满足防火、防爆及卫生要求。此外，应注意厂区景观。

8.3.3 本条为原规范第7.3.3条的修订条文。为了防止管道内危险性介质一旦外泄或发生事故，对与其无关的建筑物、构筑物造成危害，同时也为了防止上述建筑物、构筑物或内部设备一旦发生事故，对有危险性介质的管道造成损坏，从而带来二次灾害，所以制定本条规定。

8.3.4、8.3.5 这两条为原规范第7.3.4条、第7.3.5条的修订条文。现行国家标准《66kV及以下架空电力线路设计规范》GB 50061、《110kV～750kV架空输电线路设计规范》GB 50545及《工业企业通信设计规范》GBJ 42 等有关规范对相应的架空线的布置均有较详尽的规定，管线综合布置中应符合这些规范的规定。架空电力线路跨越条文所列建筑物、构筑物和贮罐区，显然是增加了潜在危险，条文给予明文规定是必要的。

8.3.6 本条为原规范第7.3.6条的修订条文。35kV以上的高压电力线危险性较大。一般厂区内建筑物、构筑物、车辆及人员较多，进入厂区的35kV以上的高压电力线最好采用地下电缆，但是地下电缆价格昂贵，目前是架空电力线的3倍～4倍。因此，至今仍有很多工程采用架空方式。架空高压电力线路引进的总变电站或车间如不靠近厂区边缘布置，势必加长厂区内架空高压电力线路的长度，从而增加了危险性及厂内火灾、爆炸事故对电力线的影响。考虑安全及经济性两方面，本条提出应缩短厂区内线路长度及沿厂区边缘布置的条文。

8.3.7 本条为修订新增条文。现行国家标准《标准轨距铁路建筑限界》GB 146.2 中对设施与铁路的平行间距有严格的规定，因此制定了本条规定。

8.3.8 本条为修订新增条文。系根据消防、运输等行车的需要和地上管线的安全制定的。

8.3.9 本条为原规范第7.3.8条的修订条文。所指的建筑物、构筑物是指耐火等级为一、二级并与管线无关的厂房，对有泄压门、窗的墙壁不适用。表8.3.9所列数值经有关行业的部颁规范实施多年，实践证明是合适可行的。

现行国家标准《氢气站设计规范》GB 50177、《深度冷冻法生产氧气及相关气体安全技术规程》GB 16912、《城镇燃气设计规范》GB 50028、《工业企业煤气安全规程》GB 6222 等规范中对氧气、氢气、煤气、燃气等管线、管架与建筑物、构筑物、溶化金属地点和明火地点等设施的距离均有相关的规定。

8.3.10 本条为原规范第7.3.9条。表8.3.10中所列数值除道路一栏外，采用了管线较多、实践时间较长的有关部门部颁规范中规定的数值，实践证明是可行的。有大件运输要求的道路，其垂直净距应为最大设备直径加运输该设备的车辆底板高、托板高及安全高度，或为车辆装大件设备后的最大高度另加安全高度，前者均按具体物件尺寸计。安全高度要视物件放置的稳定程度、行驶车辆的悬挂装置等确定。现行国家标准《厂矿道路设计规范》GBJ 22规定的安全高度为0.5m～1.0m。

目前铁路运输已出现了双层集装箱的运输车型，其对铁路净空有特殊的要求，因此有此运输车型的铁路线路的净空要求需结合具体情况和双层集装箱运输车型的净空要求确定。

本条中将原规范对可燃液体、可燃气体、液化烃管线与铁路净空的要求6m取消系考虑到现行国家标准《石油化工企业设计防火规范》GB 50160、《城镇燃气设计规范》GB 50028、《石油库设计规范》GB 50074、《工业企业煤气安全规程》GB 6222等规范中规定相应管线与厂内铁路的净空要求均为5.5m，这些管线均为含可燃液体、可燃气体和液化烃液体等的管线，因此取消原规范6m的要求，统一规定为5.5m。

需要说明的是，冶金行业煤气管径都很大，有的管径直径大于4000mm，净空定得很低，人会受到压抑感；其次，高温液体采用铁水罐车铁路运输，罐体的高度大于5.5m；为了使人体不会受到压抑的感觉和满足铁水罐车铁路运输的净空和安全需要，在此说明：厂内铁路的净空高度可根据各行业的特点在实际工程中确定适合于本行业大于5.5m的厂内铁路净空高度。

9 绿化布置

9.1 一般规定

9.1.1 本条为原规范第8.1.1条的补充修订条文。国内外实践表明，用绿化消除和减少工业生产过程中所产生的有害气体、粉尘和噪声对环境的污染，改善生产和生活条件，具有良好的效果，并日益受到人们的重视。特别是十几年以来，我国新建企业已把厂区绿化作为体现企业文化的重要工作内容之一，老企业因地制宜、见缝插针进行绿化，为消除污染、提高环境质量、改善生产条件取得了明显的效果，成为企业文明生产的标志之一。为了给工业企业提供绿化条件，要求在进行总平面布置的同时，必须考虑绿化布置。绿化所需用地应结合总平面布置、竖向布置、管线综合布置统一考虑，合理安排，并应符合总体规划的要求，但应注意不得借此扩大用地面积。企业绿化应有别于城市园林绿化，首先必须针对企业生产特点和环境保护要求并兼顾美化厂容需要进行布置。同时，还应根据各类植物的生态习性、抗污性能，结合当地自然条件以及苗木来源进行绿化，方可尽快发挥绿化效果，提高绿化的经济效益。

本条补充工业企业居住区的绿化布置应满足城镇居住区绿地的规划设计要求。

9.1.2 本条为原规范第8.1.2条的补充修订条文。《工业项目建设用地控制指标》（国土资发〔2008〕24号）中明确规定，工业项目建设绿地率不得超过20%，在工业开发区（园区）或工业项目用地范围内不得建造"花园式工厂"。国家计划委员会、国务院环保委员会1987年3月20日发布的《建设项目环境保护设计规定》中规定："新建项目的绿化覆盖率可根据建设项目的种类不同而异。城市内的建设项目应按当地有关绿化规划的要求执行"。故本条确定工业企业绿地率不宜大于20%，同时兼建设项目的具体情况，执行当地规划控制要求。

本条所列绿化布置应遵循的基本原则是在贯彻《国务院关于深化改革严格土地管理的规定》，符合节约集约用地的基本国策，最大限度地利用土地，实现绿化布置。

1 充分利用厂区内非建筑地段及零星空地进行绿化，是提高绿化覆盖率，实现普遍绿化，达到节约集约用地的行之有效的措施。对房前屋后、路边、围墙边角的空地均应绿化。

2 利用管架、栈桥、架空线路等设施的下面场地及地下管线带上面布置绿化，是扩大绿化面积，提高绿化覆盖率的好办法，应予以推广。

3 应注意避免在对环境洁净度要求较高的生产车间或建筑物附近种植带花絮、绒毛的树木，以免影响产品质量；注意避免将乔木紧靠管架布置，以免给检修工作带来不便；注意避免行道树距路面过近，以免给行车造成困难；注意避免在输电线路和通信线路下种植乔木，以免线路处于不安全状态。针对以上存在的问题，故强调工业企业绿化必须满足生产、检修、运输、安全、卫生及防火要求。与此同时，绿化布置还应与建筑物、构筑物及地下设施的布置相互协调，避免造成相互干扰，以免影响建筑物、构筑物的使用和绿化效果。

9.1.3 本条为原规范第8.1.3条的修订条文。工业企业的绿化有其特殊性，应结合不同类型的企业及其生产特点、污染性质及程度，结合当地的自然条件和周围的环境条件，以及所要达到的绿化效果，正确合理地确定各类植物的种植面积比例与配置方式。乔木与灌木、落叶与常绿、针叶与阔叶、观赏与一般等植物的合理比例，以及采用条栽、丛植、对植、孤植等配置方式的选择，都是绿化布置应解决的问题，也是做好绿化布置的基本要求。

本条增加了企业的绿化布置要结合当地的自然条件和周围的环境条件进行选择和布置，达到其绿化的效果。

绿化布置应坚持经济实用，在可能的条件下注意美观的方针。以植物造景为主，在人员活动集中处可适当点缀一些诸如宣传栏、石桌凳、时钟、雕塑等反映生产特征的建筑小品，有助于改善生产、生活环境，有助于企业文化的宣传，同时也美化了厂容。小品应力求构思新颖，造型美观，比例得当，色彩及用料与环境协调，并能体现企业的性质和生产特点。

9.2 绿化布置

9.2.1 本条为原规范第8.2.1条的修订条文。所推荐的重点绿化地段是在总结工业企业绿化实践经验的基础上提出的，对各类企业均适用。执行中如遇对绿化有特殊要求的企业，应根据工程条件灵活掌握，不局限本条所列地段。

为了与《工业项目建设用地控制指标》的用语统一，将生产管理区改为行政办公区。

行政办公区、主要出入口、进厂干道是企业对外联系的窗口，人员活动集中，体现了企业的形象。调查表明，几乎所有单位都把行政办公区作为绿化重点。

受雨水冲刷地段主要指挖、填方边坡坡面坡度大于6%的裸露场地，这些地段极易受雨水冲刷，特别在雨量充足的南方，将会造成水土流失。实践经验表明，以草皮、野牛草等地被类植物绿化，不仅具有良好的防冲刷作用，且投资低于坑工护面，还可改善气候和美化环境，在有条件的地区应大力推广。

考虑到工业企业与城镇景观空间呼应的过渡与衔接，补充厂区内临城镇主要道路的围墙内侧地带亦应作为绿化布置的重点地段，避免以往绿化设计在此处的忽略与遗漏，强调充分利用零星边角用地进行绿化，以达到改善环境的宗旨。

9.2.2 本条为原规范第8.2.2条。位于风沙地区的工业企业，在其受风沙侵袭季节的盛行风向的上风侧设防风林带，对防止或减弱企业受风沙的侵袭，经实践证明具有良好的效果和屏蔽作用。

对环境构成污染的厂区、灰渣场、尾矿坝、排土场和大型原、燃料堆场,根据环保要求,应在污染源全年盛行风向的下风侧或在污染源与需要防护的地段之间设置防护林带,以减轻对环境的污染。

林带的种类按结构形式可分为通透结构、半通透结构、紧密结构和复式结构(即由前三种形式组成的混合林带)林带四种,不同结构的林带其用途亦不同。

用于厂区防风固沙的林带宜采用半通透结构。主林带走向宜垂直于主导风向,或小于45°的偏角,副林带与主林带正交,道路两侧林带的设立应以"林随路走"为原则。林带宽度为20m～50m,林带间距为50m～100m。通常以乔木为主体,乔木株行距一般采用2m×3m。30倍树高的范围内风速都低于旷野风,防风固沙效果较好。

用于厂区卫生防护的林带宜采用紧密结构,乔、灌木混交林按1:1隔株或隔行栽植,株距0.5m,行距1.0m。

9.2.3 本条为原规范第8.2.3条的修订条文。本条系参考现行国家标准《化工企业总图运输设计规范》GB 50489—2009第的8.2.6条制定。增加了在进行绿化布置中应保证该区域消防通道的宽度和净空高度,利于出现事故时消防的补救。具有易燃、易爆的生产、贮存及装卸设施附近的绿化,一是要求选择具有耐火性、散热性好、能减弱爆炸气浪和阻挡火势向外蔓延、枝叶茂密、含水分大的大乔木及灌木,防止事故扩大;二是选择隔热性强,可阻挡火源的辐射热的树种,但不得种植松柏等含油脂的针叶树和易着火的树种。

9.2.4 本条为原规范第8.2.4条的补充修订条文。在可能散发、泄漏液化石油气及比重大于0.7的可燃气体和可燃蒸汽的生产、贮存及装卸设施附近,要求具有良好的通风条件,以利于这些气体泄漏时扩散。为此,上述地区的绿化不应布置茂密的灌木及绿篱。因这些气体比重较大,如果外泄将沉积于地面,随地表坡度或风向流向低处,遇阻则聚积。当浓度达到爆炸下限,一旦接触火源,将引起爆燃及火灾。茂密的灌木及绿篱似矮墙,实际起了阻挡气体扩散的作用。

9.2.5 本条为修订新增条文。工厂内产生高噪声的噪声源,如空压站、鼓风机房、落锤工部、锻工车间、铸造清理工部等,噪声级达到100dB～110dB。对于厂区内要求低噪声的工作环境来说,除了保持一定的防护距离,或在建筑结构上和设备、仪器制造上采用工程消声措施外,还可以利用植物自身浓密的树冠衰减噪声。据资料记载,5m宽的绿化带可降低噪声4dB(A)～34dB(A)。当以下树枝厚度为20cm～25cm时,其隔声能力如表5所示。

表5 树的隔声能力

项 目	械树	构树	椴树	云杉
最大隔声能力[dB(A)]	15.5	11.0	9.0	5.0
平均隔声能力[dB(A)]	7.1	6.0	4.5	2.3

9.2.6 本条为修订新增条文。透风绿化带可组织气流,使通过粉尘大的车间的风速加大,有利于促进粉尘向外扩散;不透风绿化带有效的滞留,减少了粉尘的影响范围。

9.2.7 本条为修订新增条文,是针对现代工厂仍普遍存在着有害气体污染而制定的。二氧化硫是大气中的主要污染物,为制酸车间、炼油、热电、硫酸等工段和使用大型锅炉、煤炉的车间排出的气体污染物。由于抗污染树种能正常或较正常地长期生活在一定浓度的有害气体环境中,吸收、分解有毒气体后积累、排出无毒物质,起到对大气污染的净化作用,故应在制酸车间周围选用对二氧化硫气体及其酸雾耐性及抗性强的树种。

9.2.8 本条为原规范第8.2.5条。锻工、铸工及热处理等加工车间生产中将散发出不同程度的热量,若加上夏季日曝晒,致使室温上升,用绿化防止和减少加工车间的日照(特别是西晒)有降低室温、改善生产条件的效果。从调查中曾见到很多企业就是这样做的。

9.2.9 本条为原规范第8.2.6条。对空气洁净度要求高的生产车间、装置及建筑物系指精密产品车间,如光学、仪表、电子、钟表、医药等生产车间、食品加工车间、压缩空气站、试验室等,环境空气的洁净度将直接影响产品质量。要求上述地段的绿化首先应考虑所选植物自身不致污染环境,如不飞花絮、不长绒毛等为前提,方能达到利用绿化净化环境之目的。

9.2.10 本条为原规范第8.2.7条。从调查情况来看,几乎各行各业不论其企业大小都注意了把行政办公区(即厂前区)作为绿化美化的重点,进行精心设计与管理。从植物的选择上偏重于常绿与观赏,从品种上着意于树、花、草的合理配比,从布置上采用条、丛、弧、对植等多种灵活手法。因地制宜组成多层次的丰富多彩的植物景观,给人以美的享受。有的则在绿色景物中点缀以建筑小品,更起到了锦上添花的效果。

行政办公区人员集中,又是对外联系的窗口,在一定程度上反映了企业的形象,因此,要求行政办公区的绿化布置考虑有较好的观赏与美化效果是合理的。

9.2.11 本条为原规范第8.2.8条。石油、化工、冶金、电力等企业,管线通道、架空线路及地下管线较多,充分利用这些管廊、架空线路下方的空间以及地下管线带地表进行绿化,即可充分挖掘场地潜力、扩大绿化面积,又不增加用地。上海石油化工总厂、广西钦州化工厂、兰州合成橡胶厂、曹妃甸钢铁厂、宝山钢铁总厂、营口鲅鱼圈钢铁厂、武汉钢铁集团公司等单位的经验表明,充分利用上述地段进行绿化,将有助于提高企业的绿化效果,对此应予以重视。

架空管廊下方的绿化应考虑管道内输送介质对植物的影响,同时也要考虑植物的生长不致影响管道检修;在地下管线带地表绿化,应防止植物根系对管、沟的安全造成影响;架空输电线路下方的绿化,应保证植物与导线之间有足够的安全距离。

9.2.12 本条为原规范第8.2.9条。道路两侧布置行道树,对于改善小区气候和夏季行人环境具有明显效果,也是企业绿化的重要组成部分。通过近十几年的实践,已逐渐引起人们重视,一些只注意行政办公区绿化的企业也开始在厂区道路两侧布置行道树。为此,本条特意强调应重视道路绿化,并要求主干道两侧的绿化应利用不同的植物组成多层次的绿化带,以灵活变化的手法使干道的绿化更加丰富多彩,为美化厂容增辉。

9.2.13 本条为原规范第8.2.10条,是对交叉路口、道路与铁路交叉口附近绿化的要求。据调查,交叉路口在满足行车视距的前提下可以进行绿化,不少企业已经这样做了。如某重型厂在交叉路口栽种乔、灌木,乔木株距4m～5m,灌木高度低于司机视线,司机反映,尚未影响行车安全。故要求交叉路口的绿化必须遵循这一原则。

具体视距要求应按现行国家标准《厂矿道路设计规范》GBJ 22和《工业企业标准轨距铁路设计规范》GBJ 12的规定执行。

9.2.14 本条为原规范第8.2.11条。所谓"垂直绿化"就是利用长枝条类植物所具有的下垂效果来对垂直或斜面进行绿化;用此法绿化可以获得用地极少而富有立体感的效果,企业中常见的垂直绿化有以下几种方式:

1 在建筑物的外墙、围墙、围栅前沿墙根栽种攀缘类植物(如爬山虎、五叶地锦等)。

2 在挡土墙顶栽种长枝条类植物(如迎春、蔷薇等),利用其枝条叶下垂遮挡部分墙面,达到绿化的效果。

3 在人工边坡(或自然边坡)的坡面上种植攀缘类植物进行绿化,并兼有防止坡面受雨水冲刷的功能,减少水土流失。

9.2.15 本条为原规范第8.2.12条。树木与建筑物、构筑物及地下管线的最小间距,各行业的总图运输设计规范和一些工程实际使用的间距值不尽相同,但从各项间距数值来看,都是大同小异、相差甚微。本规范参考了钢铁、有色金属、电力、造纸、石化等行业的设计规范,结合调查和有关资料作了适当调整,现简述如下:

1 关于乔木距建筑物外墙(有窗)的间距规定,大多数行业取 3.0m～5.0m，仅个别采用 2.0m（如《有色金属冶金企业总图运输设计规范》GB 50544—2009 在编制说明中指出，2.5m 高以下的建筑为 2.0m）。实践表明，一般窗扇向外开启时超出墙面 0.3m～0.5m，而乔木一般树冠直径为 4.0m～5.0m，若采用 2.0m 的间距不仅相干干扰，而且将影响建筑物的正常采光与通风，调查中这种实例很多。故本规范确定乔木至建筑物（有窗）的最小间距采用 3.0m，当采用大于 5.0m 的树冠绿化或有特殊要求时其间距采用 5.0m。

2 关于乔木至挡土墙的最小间距：

1）乔木至挡土墙顶内边：此间距主要考虑乔木长成后树根不致危及挡土墙的安全，同时乔木本身应有足够的稳定性，遇大风、暴雨，乔木不致吹倒，一般间距都采用 2.0m，已能满足以上要求，故本规范确定为 2.0m。

2）乔木至挡土墙脚的间距主要考虑挡土墙不致影响乔木的生长。经实地调查，当乔木至挡土墙脚 2.0m 时，树干基本能长直。考虑到高度超过 5.0m 的挡土墙不多，一般挡土墙对树冠生长均无影响，故本规范规定采用 2.0m 间距。

3）乔木至标准轨距铁路中心线的最小间距，主要考虑树木不妨碍司机的视线及机上人员的操作为宜，据对一些企业的调查，多数乔木距铁路中心都在 4.0m～5.0m，如某锅炉厂道口处的柳树距铁路中心为 4.0m，据运输部门反映，没有对行车瞭望、操作等造成不良影响，故本规范确定为 5.0m。

3 树木至道路边缘的最小间距：

1）乔木至道路边缘的间距，应考虑乔木的根系不致因延伸至路面下而破坏路面。据调查，一般企业、城市的行道树至路边为 0.2m～1.0m，紧靠道路或超过 1.0m。但应注意，若在南方种植根系发达、穿透力强的树木（如榕树、黄桷树）时，应结合当地条件确定间距。

2）灌木至道路边缘的间距主要考虑灌木与路面保持适当安全距离即可，以防止行车时对灌木的损坏，一般 0.5m 为宜。

灌木至人行道边缘的最小间距：当为灌木丛时，此间距系指灌木丛外缘至人行道边缘最近的一株灌木中心，并非指灌木丛中心。

4 树木至工程管线的最小间距，主要考虑以互不影响为原则，力求采用较小间距，以节约集约用地。一般在建厂初期都是先埋好管线，然后栽树，因此，表 9.2.15 所列间距将不会影响树木的栽种。当树木长成，检修管道需要开挖时，即使切除一部分须根（限于受管道影响部分），仍不致危及树木的生长。

5 树木至热力管的最小间距。树木至热力管的距离应考虑热力管有可能散发较高温度或泄漏出蒸汽，从而影响树木的正常生长。如果采用一般管线间距，树木将会被烤死或影响其生长，因此，间距宜适当放大。本规范根据实践经验推荐，热力管至树木的最小间距为 2.0m。当热力管敷设在地沟内时，由于沟壁所散发的温度远小于直埋管所散发的温度，其间距可适当减小。

9.2.16 本条为修订新增条文。在停车间隔带中种植乔木，可以更好地为停车场庇荫，不妨碍车辆停放，有效地避免车辆曝晒，对提高企业绿地率和改善区域生态环境具有重要作用。可选择种植深根性、分枝点高、冠大荫浓的乔木，其枝下的高度应符合停车位净高度的规定：小客车为 3.5m，各种机动车为 4.5m。停车位净高参考现行行业标准《城市道路工程设计规范》CJJ 37 的规定。乔木的栽种株行距在 6m×6m 以下的停车场，根据《北京市建设工程绿化用地面积比例实施办法》计算为绿化用地面积。

9.2.17 本条为修订新增条文。

10 主要技术经济指标

10.0.1 本条是原规范第 9.0.1 条的修订条文。总平面设计中的技术经济指标的内容较多，本条所列为常用主要技术经济指标。本条所列 12 项指标，是在多次广泛征求各部门的意见基础上列出的。根据《工业项目建设用地控制指标》中的规定新增了容积率、投资强度、行政办公及生活服务设施用地及其所占比重的技术经济指标。

以下对主要技术经济指标的计算方法作统一规定的说明（对照本规范附录 B 主要技术经济指标的计算规定），以便在全国范围内进行统一，增强行业内部以及行业与行业之间的可比性。

1 厂区用地面积，一般指厂区围墙内用地面积。当有些企业（如矿山等）无全厂性围墙时，可根据其设计边界线或实际情况而定。

一般情况下，厂区用地面积不等于企业用地面积，企业用地面积除厂区占地面积外，还包括厂外铁路、厂外道路、厂外管道工程、厂外附属设施用地等，有些还包括厂区围墙外 2m～3m 的遮阴地或边沟、护坡、挡土墙用地等。

2 建筑物、构筑物用地面积的计算方法是根据目前各单位常用的计算方法归纳而定的。

露天堆场用地面积系指厂区内固定的原料、成品、半成品及其他材料堆场，也包括生产必需的固定的废料堆场等。

3 建筑系数的计算，以公式形式列出，即为建筑物、构筑物用地面积加上露天设备用地面积，再加上露天堆场及操作场用地面积与厂区用地面积之比。

目前在计算上大致有两种，一是包括露天堆场，二是不包括露天堆场。

如现行行业标准《火电厂总图运输设计技术规程》DL/T 5032—2005 中建筑系数计算公式为：

$$建筑系数 = \frac{厂区内建筑物、构筑物用地面积}{厂区用地面积} \times 100\%$$

现行国家标准《化工企业总图运输设计规范》GB 50489—2009 中建筑系数公式如下：

$$建筑系数 = \frac{\begin{array}{c}建筑物、\\构筑物\\用地面积\end{array} + \begin{array}{c}露天生产\\装置或设备\\用地面积\end{array} + \begin{array}{c}露天堆场\\及操作场地\\用地面积\end{array}}{厂区用地面积} \times 100\%$$

现行国家标准《有色金属企业总图运输设计规范》GB 50544—2009、《钢铁企业总图运输设计规范》GB 50603—2010 规定的建筑系数计算方法同现行国家标准《化工企业总图运输设计规范》GB 50489—2009。

本规范在编写过程中，编写组多次进行讨论，并广泛征求意见，最后统一了计算方法，认为应该包括露天堆场及操作场等。如造纸厂，原料堆场相当大，几乎占厂区用地的 30%～40%，有的甚至更大；还有建材厂、混凝土预制构件厂等，都有大量的堆场或操作场。在近年各行业总图规范修编中，大多数规范都将建筑系数计算方法包括了露天堆场及操作场面积。

4 容积率的计算是本次修订新增加的。容积率的计算公式按《工业项目建设用地控制指标》中的规定确定。

5 铁路长度应为工业企业铁路总延长长度。目前各设计单位在厂外、厂内划分问题上不尽统一；有些以工厂站出线道岔为界，无工厂站时，以进厂第一副道岔为界；有些以围墙为界。为设计计算方便，规定以厂内围墙为界，同时也将路基宽度统一规定为 5m，以方便用地面积的计算。

6 道路在计算面积时，应包括道路转弯半径的面积。

7 第10款～第12款这几项技术指标是本次修订新增的。新增技术经济指标是根据《工业项目建设用地控制指标》中的规定而补充。

10.0.2 本条为修订新增条文。由于各部门、各行业各有其自己的特点，故对有特殊要求的工业企业可根据其特点和需要，列出本行业有特殊要求的技术经济指标。

10.0.3 本条是原规范第9.0.2条。分期建设是指可行性研究报告明确规定的新建工业企业，对于一般有发展规划，且预留地又不在厂区围墙内的工业企业，可不列远期工程指标。

厂区外的单独场地是指变电所（站）、水源设施、污水处理场、氧气站、原料及废渣场、排土场等厂外的独立设施，这些设施应分别计算其有关指标。

10.0.4 本条是原规范第9.0.3条。对于改、扩建工程，有条件时，宜列出本期与前期工程的有关技术经济指标。有关指标系指需用于进行对比的指标，以便进行分析对比。对于原有指标不清和难以计算的，可根据具体情况确定。

中华人民共和国国家标准

工业建筑防腐蚀设计规范

Code for anticorrosion design of industrial constructions

GB 50046—2008

主编部门：中国工程建设标准化协会化工分会
批准部门：中华人民共和国建设部
施行日期：２００８年８月１日

中华人民共和国建设部
公　告

第 827 号

建设部关于发布国家标准
《工业建筑防腐蚀设计规范》的公告

现批准《工业建筑防腐蚀设计规范》为国家标准，编号为 GB 50046—2008，自 2008 年 8 月 1 日起实施。其中，第 4.2.3、4.2.5、4.3.1、4.3.3、4.8.2、4.8.3、6.1.10 条为强制性条文，必须严格执行。原《工业建筑防腐蚀设计规范》GB 50046—95 同时废止。

本规范由建设部标准定额研究所组织中国计划出版社出版发行。

中华人民共和国建设部
二〇〇八年三月十日

前　言

本规范是根据建设部《关于印发"二〇〇四年工程建设国家标准制订、修订计划"的通知》（建标〔2004〕第 67 号）的要求，由中国工程建设标准化协会化工分会为主编部门，中国寰球工程公司为主编单位，会同有关设计、科研、施工、生产企业对原国家标准《工业建筑防腐蚀设计规范》GB 50046—95（以下简称原规范）进行全面修订。

在修订过程中，规范修编组进行了广泛的调查，开展了专题讨论和试验研究，总结了近年来我国工业建筑防腐蚀设计的实践经验，与国内相关的规范进行了协调，并借鉴了有关的国际标准。在此基础上以多种方式广泛征求了全国有关单位的意见，经反复讨论、修改，最后经审查定稿。

本规范共分 7 章和 3 个附录。主要内容有：总则，术语，基本规定，结构，建筑防护，构筑物，材料等。

本次修订的主要内容有：

1. 对气态、液态、固态介质的腐蚀性等级进行了局部修订；删去原规范腐蚀性水和污染土对建筑材料的腐蚀性等级，改为按现行国家标准《岩土工程勘察规范》GB 50021 的有关规定确定；把原规范腐蚀性等级的"无腐蚀"改为"微腐蚀"。

2. 结构章增加了两节：一是"一般规定"，二是"钢与混凝土组合结构"。

3. 混凝土结构充实了预应力混凝土结构内容；适当地提高了结构混凝土的基本要求；将原规范"受力钢筋的混凝土保护层最小厚度"改为"钢筋的混凝土保护层最小厚度"。

4. 增加了门式刚架、网架和高强螺栓等内容。

5. 增加了预应力混凝土管桩和混凝土灌注桩等内容。

6. 增加了地面和涂层等防护层的使用年限。

7. 增加了树脂细石混凝土和树脂自流平涂层地面；适当地提高了地面垫层、结合层的设防标准。

8. 适当地提高了储槽、污水处理池的衬里标准，增加了玻璃钢内衬的厚度要求，并对玻璃钢提出了含胶量的规定。

9. 删去了原规范砖砌排气筒、半铰接活动管架等内容。

10. 增加了环氧乳液水泥砂浆、抗硫酸盐的外加剂、矿物掺和料、环氧自流平涂料、丙烯酸环氧涂料、丙烯酸聚氨酯涂料、高氯化聚乙烯涂料等新材料，删去了原规范聚氯乙烯胶泥、环氧煤焦油类材料、过氯乙烯涂料、聚苯乙烯涂料、氯乙烯醋酸乙烯共聚涂料等不常用的或不符合环保要求的材料。

本规范由建设部负责管理和对强制性条文的解释，中国寰球工程公司负责具体技术内容的解释。在执行过程中，请各单位结合工程实践，认真总结经验，如发现需要修改或补充之处，请将意见和建议寄中国寰球工程公司《工业建筑防腐蚀设计规范》国家标准管理组（地址：北京市朝阳区樱花园东街 7 号，邮编：100029），以供今后修订时参考。

本规范主编单位、参编单位和主要起草人：

主 编 单 位：中国寰球工程公司

参 编 单 位：化学工业第二设计院
　　　　　　中广电广播电影电视设计研究院
　　　　　　中国航空工业规划设计研究院
　　　　　　华东理工大学华昌聚合物有限公司
　　　　　　中冶集团建筑研究总院
　　　　　　中国有色工程设计研究总院
　　　　　　中国石化工程建设公司
　　　　　　上海富晨化工有限公司
　　　　　　中国建筑材料科学研究总院
　　　　　　黄石市汇波防腐技术有限公司
　　　　　　扬州美涂士金陵特种涂料有限公司
　　　　　　江苏兰陵化工集团有限公司
　　　　　　张家港顺昌化工有限公司
　　　　　　临海市龙岭化工厂
　　　　　　上海正臣防腐科技有限公司
　　　　　　浙江星岛防腐工程有限公司
　　　　　　河北太行花岗岩防腐装饰有限公司
　　　　　　河南省沁阳市太华防腐材料厂

主要起草人：范迪恩　何进源　杨文君　熊　威
　　　　　　曾晓庄　马洪娥　侯锐钢　王东林
　　　　　　王香国　方　芳　陆士平　刘光华
　　　　　　白　月　余　波　卞大荣　陈春源
　　　　　　顾长春　钱计兴　刘文慧　林松新
　　　　　　田志民　杨南方

目 次

1 总则 ································· 7—2—5
2 术语 ································· 7—2—5
3 基本规定 ··························· 7—2—5
　3.1 腐蚀性分级 ··················· 7—2—5
　3.2 总平面及建筑布置 ············ 7—2—8
4 结构 ································· 7—2—9
　4.1 一般规定 ······················ 7—2—9
　4.2 混凝土结构 ···················· 7—2—9
　4.3 钢结构 ························ 7—2—10
　4.4 钢与混凝土组合结构 ········· 7—2—10
　4.5 砌体结构 ····················· 7—2—10
　4.6 木结构 ························ 7—2—10
　4.7 地基 ·························· 7—2—11
　4.8 基础 ·························· 7—2—11
　4.9 桩基础 ························ 7—2—12
5 建筑防护 ·························· 7—2—13
　5.1 地面 ·························· 7—2—13
　5.2 结构及构件的表面防护 ······ 7—2—16
　5.3 门窗 ·························· 7—2—17
　5.4 屋面 ·························· 7—2—17
　5.5 墙体 ·························· 7—2—17
6 构筑物 ···························· 7—2—18
　6.1 储槽、污水处理池 ··········· 7—2—18
　6.2 室外管架 ····················· 7—2—19
　6.3 排气筒 ························ 7—2—19
7 材料 ································ 7—2—19
　7.1 一般规定 ····················· 7—2—19
　7.2 水泥砂浆和混凝土 ··········· 7—2—20
　7.3 耐腐蚀块材 ···················· 7—2—20
　7.4 金属 ·························· 7—2—20
　7.5 塑料 ·························· 7—2—20
　7.6 木材 ·························· 7—2—20
　7.7 树脂类材料 ···················· 7—2—20
　7.8 水玻璃类材料 ················· 7—2—21
　7.9 沥青类材料 ···················· 7—2—21
　7.10 防腐蚀涂料 ·················· 7—2—21
附录 A 常用材料的耐腐蚀性能 ····· 7—2—21
附录 B 常用材料的物理力学性能 ··· 7—2—23
附录 C 防腐蚀涂层配套 ············ 7—2—24
本规范用词说明 ····················· 7—2—25
附：条文说明 ························ 7—2—26

1 总则

1.0.1 为保证受腐蚀性介质作用的工业建筑物、构筑物在设计使用年限内的正常使用,特制定本规范。

1.0.2 本规范适用于受腐蚀性介质作用的工业建筑物和构筑物防腐蚀设计。

1.0.3 工业建筑防腐蚀设计应遵循预防为主和防护结合的原则,根据生产过程中产生介质的腐蚀性、环境条件、生产操作管理水平和施工维修条件等,因地制宜,区别对待,综合选择防腐蚀措施。对危及人身安全和维修困难的部位,以及重要的承重结构和构件应加强防护。

1.0.4 工业建筑防腐蚀设计,除应符合本规范的规定外,尚应符合国家现行有关标准的规定。

2 术语

2.0.1 腐蚀性分级 corrosiveness classification

在腐蚀性介质长期作用下,根据其对建筑材料劣化的程度,即外观变化、重量变化、强度损失以及腐蚀速度等因素,综合评定腐蚀性等级,并划分为:强腐蚀、中腐蚀、弱腐蚀、微腐蚀4个等级。

2.0.2 防护层使用年限

service life of protective layer

在合理设计、正确施工和正常使用和维护的条件下,防腐蚀地面、涂层等防护层预估的使用年限。

2.0.3 树脂玻璃鳞片胶泥

resin-bonded glass flake mastic

以树脂为胶结料,加入固化剂、玻璃鳞片和各种助剂、填料等,配制而成的、可采用刮抹施工的混合材料。

2.0.4 密实型水玻璃类材料

dence type water glass bonded materials

抗渗等级大于或等于1.2MPa的水玻璃耐酸胶泥、砂浆、混凝土等材料。

2.0.5 树脂细石混凝土

resin fine aggregate concrete

以树脂为胶结料,加入固化剂和耐酸集料等配制而成的细石混凝土。

3 基本规定

3.1 腐蚀性分级

3.1.1 腐蚀性介质按其存在形态可分为气态介质、液态介质和固态介质;各种介质应按其性质、含量和环境条件划分类别。

生产部位的腐蚀性介质类别,应根据生产条件确定。

3.1.2 各种介质对建筑材料长期作用下的腐蚀性,可分为强腐蚀、中腐蚀、弱腐蚀、微腐蚀4个等级。

同一形态的多种介质同时作用同一部位时,腐蚀性等级应取最高者。

3.1.3 环境相对湿度应采用构配件所处部位的实际相对湿度;生产条件对环境相对湿度影响较小时,可采用工程所在地区的年平均相对湿度;经常处于潮湿状态或不可避免结露的部位,环境相对湿度应取大于75%。

3.1.4 常温下,气态介质对建筑材料的腐蚀性等级应按表3.1.4确定。

表3.1.4 气态介质对建筑材料的腐蚀性等级

介质类别	介质名称	介质含量 (mg/m³)	环境相对湿度(%)	钢筋混凝土、预应力混凝土	水泥砂浆、素混凝土	普通碳钢	烧结砖砌体	木	铝
Q1	氯	1.00~5.00	>75	强	弱	强	弱	弱	强
			60~75	中	弱	中	弱	微	中
			<60	弱	微	中	微	微	中
Q2		0.10~1.00	>75	中	微	中	微	微	中
			60~75	弱	微	中	微	微	中
			<60	微	微	弱	微	微	弱
Q3	氯化氢	1.00~10.00	>75	强	中	强	中	弱	强
			60~75	强	弱	强	弱	弱	强
			<60	中	微	中	微	微	中
Q4		0.05~1.00	>75	中	弱	强	弱	弱	强
			60~75	中	弱	中	微	微	中
			<60	弱	微	弱	微	微	弱

续表 3.1.4

介质类别	介质名称	介质含量 (mg/m³)	环境相对湿度（%）	钢筋混凝土、预应力混凝土	水泥砂浆、素混凝土	普通碳钢	烧结砖砌体	木	铝
Q5	氮氧化物（折合二氧化氮）	5.00~25.00	>75	强	中	强	中	中	弱
			60~75	中	弱	中	弱	弱	弱
			<60	弱	微	中	微	微	微
Q6		0.10~5.00	>75	中	弱	中	弱	弱	弱
			60~75	弱	微	中	微	微	微
			<60	微	微	弱	微	微	微
Q7	硫化氢	5.00~100.00	>75	强	弱	强	弱	弱	弱
			60~75	中	微	中	微	微	微
			<60	弱	微	中	微	微	微
Q8		0.01~5.00	>75	中	微	中	微	弱	微
			60~75	弱	微	中	微	微	微
			<60	微	微	弱	微	微	微
Q9	氟化氢	1~10	>75	中	弱	强	微	弱	中
			60~75	弱	微	中	微	微	中
			<60	微	微	中	微	微	微
Q10	二氧化硫	10.00~200.00	>75	强	弱	强	弱	弱	强
			60~75	中	弱	中	微	微	中
			<60	弱	微	中	微	微	微
Q11	二氧化硫	0.50~10.00	>75	中	微	中	微	微	中
			60~75	弱	微	中	微	微	微
			<60	微	微	弱	微	微	微
Q12	硫酸酸雾	经常作用	>75	强	强	强	中	中	强
Q13		偶尔作用	>75	中	中	强	弱	弱	中
			≤75	弱	弱	中	微	微	弱
Q14	醋酸酸雾	经常作用	>75	强	中	强	中	弱	弱
Q15		偶尔作用	>75	中	弱	强	弱	微	微
			≤75	弱	弱	中	微	微	微
Q16	二氧化碳	>2000	>75	中	微	中	微	微	微
			60~75	弱	微	弱	微	微	微
			<60	微	微	弱	微	微	微
Q17	氨	>20	>75	弱	微	中	弱	弱	弱
			60~75	弱	微	中	微	微	微
			<60	微	微	弱	微	微	微
Q18	碱雾	偶尔作用	—	弱	弱	弱	中	中	中

3.1.5 常温下，液态介质对建筑材料的腐蚀性等级应按表3.1.5确定。

表3.1.5 液态介质对建筑材料的腐蚀性等级

介质类别	介质名称		pH值或浓度	钢筋混凝土、预应力混凝土	水泥砂浆、素混凝土	烧结砖砌体
Y1	无机酸	硫酸、盐酸、硝酸、铬酸、磷酸、各种酸洗液、电镀液、电解液、酸性水（pH值）	<4.0	强	强	强
Y2			4.0～5.0	中	中	中
Y3			5.0～6.5	弱	弱	弱
Y4		氢氟酸（%）	≥2	强	强	强
Y5	有机酸	醋酸、柠檬酸（%）	≥2	强	强	强
Y6		乳酸、C_5-C_{20}脂肪酸（%）	≥2	中	中	中
Y7	碱	氢氧化钠（%）	≥15	中	中	强
Y8			8～15	弱	弱	强
Y9		氨水（%）	≥10	弱	微	弱
Y10	盐	钠、钾、铵的碳酸盐和碳酸氢盐（%）	≥2	弱	弱	中
Y11		钠、钾、铵、镁、铜、镉、铁的硫酸盐（%）	≥1	强	强	强
Y12		钠、钾的亚硫酸盐、亚硝酸盐（%）	≥1	中	中	中
Y13		硝酸铵（%）	≥1	强	强	强
Y14		钠、钾的硝酸盐（%）	≥2	弱	弱	中
Y15		铵、铝、铁的氯化物（%）	≥1	强	强	强
Y16		钙、镁、钾、钠的氯化物（%）	≥2	强	弱	中
Y17		尿素（%）	≥10	中	中	中

注：1 表中的浓度系指质量百分比，以"%"表示。
   2 当生产用水采用离子浓度分类时，其腐蚀性等级可按现行国家标准《岩土工程勘察规范》GB 50021的有关规定确定。

3.1.6 常温下，固态介质（含气溶胶）对建筑材料的腐蚀性等级应按表3.1.6确定。当固态介质有可能被溶解或易溶盐作用于室外构配件时，腐蚀性等级应按本规范第3.1.5条确定。

表3.1.6 固态介质（含气溶胶）对建筑材料的腐蚀性等级

介质类别	溶解性	吸湿性	介质名称	环境相对湿度（%）	钢筋混凝土、预应力混凝土	水泥砂浆、素混凝土	普通碳钢	烧结砖砌体	木
G1	难溶	—	硅酸铝，磷酸钙，钙、钡、铅的碳酸盐和磷酸盐，镁、铁、铬、铝、硅的氧化物和氢氧化物	>75	弱	微	弱	微	弱
				60～75	微	微	弱	微	微
				<60	微	微	弱	微	微

续表 3.1.6

介质类别	溶解性	吸湿性	介质名称	环境相对湿度（%）	钢筋混凝土、预应力混凝土	水泥砂浆、素混凝土	普通碳钢	烧结砖砌体	木
G2	易溶	难吸湿	钠、钾的氯化物	>75	中	弱	强	弱	弱
				60～75	中	微	强	弱	弱
				<60	弱	微	中	弱	微
G3			钠、钾、铵、锂的硫酸盐和亚硫酸盐，硝酸铵，氯化铵	>75	中	中	强	中	中
				60～75	中	中	中	中	中
				<60	弱	弱	弱	弱	微
G4			钠、钡、铅的硝酸盐	>75	弱	弱	中	中	中
				60～75	弱	弱	中	中	中
				<60	微	微	弱	微	微
G5			钠、钾、铵的碳酸盐和碳酸氢盐	>75	弱	弱	弱	中	中
				60～75	弱	弱	弱	弱	中
				<60	微	微	微	微	微
G6		易吸湿	钙、镁、锌、铁、铝的氯化物	>75	强	中	中	中	中
				60～75	中	弱	中	中	中
				<60	中	中	中	微	微
G7			镉、镁、镍、锰、铜、铁的硫酸盐	>75	中	中	强	中	中
				60～75	中	中	中	中	中
				<60	弱	弱	弱	弱	微
G8			钠、钾的亚硝酸盐，尿素	>75	弱	弱	中	中	中
				60～75	弱	弱	弱	中	中
				<60	微	微	弱	微	微
G9	易溶	易吸湿	钠、钾的氢氧化物	>75	中	中	中	强	强
				60～75	弱	弱	中	中	中
				<60	弱	弱	弱	弱	弱

注：1 在1L水中，盐、碱类固态介质的溶解度小于2g时为难溶的，大于或等于2g时为易溶的。
2 在温度20℃时，盐、碱类固态介质的平衡时相对湿度小于60%时为易吸湿的，大于或等于60%时为难吸湿的。

3.1.7 地下水、土对建筑材料的腐蚀性等级，应按现行国家标准《岩土工程勘察规范》GB 50021 的有关规定确定。

3.1.8 建筑物和构筑物处于干湿交替环境中的部位，应加强防护。

3.1.9 微腐蚀环境可按正常环境进行设计。

3.2 总平面及建筑布置

3.2.1 总平面布置中，宜减少相邻装置或工厂之间的腐蚀影响。生产过程中大量散发腐蚀性气体或粉尘的生产装置，应布置在厂区全年最小频率风向的上风侧。

3.2.2 生产或储存腐蚀性溶液的大型设备，宜布置在室外，并不宜邻近厂房基础。储罐、储槽的周围宜设围堤，酸储罐、酸储槽的周围应设围堤。

3.2.3 淋洒式冷却排管宜布置在室外，位于建筑物全年最小频率风向的上风侧。冷却水池壁外缘距离建筑物外墙面不应小于 4m。

3.2.4 在有利于减轻腐蚀、防止腐蚀性介质扩散和满足生产及检修要求的前提下，建筑的形式以及设备、门窗的布置，应有利于厂房的自然通风。设备、管道与建筑构配件之间的距离，应满足防腐蚀工程施工和维修的要求。

3.2.5 控制室和配电室不得直接布置在有腐蚀性液态介质作用的楼层下；其出入口不应直接通向产生腐蚀性介质的场所。

3.2.6 生产或储存腐蚀性介质的设备，宜按介质的性质分类集中布置，并不宜布置在地下室。

3.2.7 建筑物或构筑物局部受腐蚀性介质作用时，应采取局部防护措施。

3.2.8 输送强腐蚀介质的地下管道，应设置在管沟内；管沟与厂房或重要设备的基础的水平净距离，不宜小于1m。

3.2.9 穿越楼面的管道和电缆，宜集中设置。不耐腐蚀的管道或电缆，不应埋设在有腐蚀性液态介质作用的底层地面下。

4 结　构

4.1 一般规定

4.1.1 在腐蚀环境下，结构设计应符合下列规定：

1 根据各类材料对不同介质的适应性，合理选择结构材料。

2 结构类型、布置和构造的选择，应有利于提高结构自身的抗腐蚀能力，能有效地避免腐蚀性介质在构件表面的积聚或能够及时排除，便于防护层的设置和维护。

3 当某些次要构件的设计使用年限不能与主体结构的设计使用年限相同时，应设计成便于更换的构件。

4.1.2 在腐蚀环境下，超静定结构构件的内力不应采用塑性内力重分布的分析方法。

4.2 混凝土结构

4.2.1 混凝土结构及构件的选择，应符合下列规定：

1 框架宜采用现浇结构。

2 屋架、屋面梁和工作级别等于或大于A4的吊车梁，宜选用预应力混凝土结构。

3 腐蚀性等级为强、中时，柱截面宜采用实腹式，不应采用腹板开孔的工形截面。

4.2.2 预应力混凝土结构的设计应符合下列规定：

1 腐蚀性等级为强、中时，宜采用先张法或无粘结预应力混凝土结构。

2 预应力混凝土结构应采用整体结构，不应采用块体拼装式结构。

3 无粘结预应力混凝土结构中，无粘结预应力锚固系统应采用连续封闭的防腐蚀体系。

4 先张法预应力混凝土构件不应采用直径小于6mm的钢筋和钢丝作预应力筋。用于预应力混凝土构件的钢绞线，单丝直径不应小于4mm。

5 后张法预应力混凝土结构应采用密封和防腐蚀性能优良的孔道管，不应采用抽芯成形孔道和金属套管。

6 后张法预应力混凝土结构的锚固端，宜采用埋入式构造。

4.2.3 在腐蚀环境下，结构混凝土的基本要求应符合表4.2.3的规定。

表4.2.3　结构混凝土的基本要求

项　目	腐蚀性等级		
	强	中	弱
最低混凝土强度等级	C40	C35	C30
最小水泥用量（kg/m³）	340	320	300
最大水灰比	0.40	0.45	0.50
最大氯离子含量（水泥用量的百分比）	0.80	0.10	0.10

注：1　预应力混凝土构件最低混凝土强度等级应按表中提高一个等级；最大氯离子含量为水泥用量的0.06%。

2　当混凝土中掺入矿物掺和料时，表中"水泥用量"为"胶凝材料用量"，"水灰比"为"水胶比"（下同）。

4.2.4 钢筋混凝土和预应力混凝土结构构件的裂缝控制等级和最大裂缝宽度允许值，应符合表4.2.4的规定。

表4.2.4　裂缝控制等级和最大裂缝宽度允许值

结构种类	强腐蚀	中腐蚀	弱腐蚀
钢筋混凝土结构	三级 0.15mm	三级 0.20mm	三级 0.20mm
预应力混凝土结构	一级	一级	二级

注：裂缝控制等级的划分应符合现行国家标准《混凝土结构设计规范》GB 50010的规定。

4.2.5 钢筋的混凝土保护层最小厚度，应符合表4.2.5的规定。

后张法预应力混凝土构件的预应力钢筋保护层厚度为护套或孔道管外缘至混凝土表面的距离，除应符合表4.2.5的规定外，尚应不小于护套或孔道直径的1/2。

表4.2.5　混凝土保护层最小厚度（mm）

构件类别	强腐蚀	中、弱腐蚀
板、墙等面形构件	35	30
梁、柱等条形构件	40	35
基础	50	50
地下室外墙及底板	50	50

4.2.6 当楼板上的管道、设备留孔有可能受泄漏液态介质或有冲洗水作用时，孔洞的边梁与孔洞边缘的距离不宜小于200mm。

当工艺要求必须将边梁布置在孔洞边缘时，梁底面及侧面应按本规范第5.2.7条的规定进行防护。

4.2.7 主要承重构件的纵向受力钢筋直径不宜小于16mm。

4.2.8 浇筑在混凝土中并部分暴露在外的吊环、支架、紧固件、连接件等预埋件，宜与受力钢筋隔离。需在梁上设置起重吊点时，应预埋耐腐蚀套管。

4.2.9 混凝土结构外露的钢制预埋件、连接件的防护，应根据腐蚀性等级、重要性和检查维修困难程度分别采取以下措施：

1 采用树脂或聚合物水泥的混凝土包裹，混凝土的厚度30～50mm。

2 采用树脂或聚合物水泥的砂浆抹面，砂浆的厚度10～20mm。

3 采用树脂玻璃鳞片胶泥防护，胶泥的厚度1～2mm。

4 采用防腐蚀涂层防护，涂层的厚度200～320μm。

5 改用耐腐蚀金属制作。

4.2.10 先张法外露的预应力筋应采用树脂或聚合物水泥的混凝土进行封闭，保护层厚度不应小于50mm。

后张法预应力混凝土的锚固端，当采用暴露式布置时，应采用树脂或聚合物水泥的混凝土包裹，保护层厚度不小于50mm，且锚固端部位应防止腐蚀性介质和水积聚。

4.3 钢 结 构

4.3.1 腐蚀性等级为强、中时，桁架、柱、主梁等重要受力构件不应采用格构式和冷弯薄壁型钢。

4.3.2 钢结构杆件截面的选择，应符合下列规定：

1 杆件应采用实腹式或闭口截面，闭口截面端部应进行封闭；对封闭截面进行热镀浸锌时，应采取开孔防爆措施。

2 腐蚀性等级为强、中时，不应采用由双角钢组成的T形截面或由双槽钢组成的工形截面；腐蚀性等级为弱时，不宜采用上述T形或工形截面。

3 当采用型钢组合的杆件时，型钢间的空隙宽度应满足防护层施工和维修的要求。

4.3.3 钢结构杆件截面的厚度应符合下列规定：

1 钢板组合的杆件，不小于6mm。

2 闭口截面杆件，不小于4mm。

3 角钢截面的厚度不小于5mm。

4.3.4 门式刚架构件宜采用热轧H型钢，当采用T型钢或钢板组合时，应采用双面连续焊缝。

4.3.5 网架结构宜采用管形截面、球型节点，并应符合下列规定：

1 腐蚀性等级为强、中时，应采用焊接连接的空心球节点。

2 当采用螺栓球节点时，杆件与螺栓球的接缝应采用密封材料填嵌严密，多余螺栓孔应封堵。

4.3.6 不同金属材料接触的部位，应采取隔离措施。

4.3.7 桁架、柱、主梁等重要钢构件和闭口截面杆件的焊缝，应采用连续焊缝。角焊缝的焊脚尺寸不应小于8mm；当杆件厚度小于8mm时，焊脚尺寸不应小于杆件厚度。

加劲肋应切角；切角的尺寸应满足排水、施工维修要求。

4.3.8 焊条、螺栓、垫圈、节点板等连接构件的耐腐蚀性能，不应低于主体材料。螺栓直径不应小于12mm。垫圈不应采用弹簧垫圈。螺栓、螺母和垫圈应采用热镀浸锌防护，安装后再采用与主体结构相同的防腐蚀措施。

4.3.9 高强螺栓构件连接处的接触面的除锈等级，不应低于 Sa2$\frac{1}{2}$，并宜涂无机富锌涂料；连接处的缝隙，应嵌刮耐腐蚀密封膏。

4.3.10 钢柱柱脚应置于混凝土基础上，基础顶面宜高出地面不小于300mm。

4.3.11 当腐蚀性等级为强时，重要构件宜选用耐候钢制作。

4.4 钢与混凝土组合结构

4.4.1 在腐蚀环境下，不应采用下列结构：

1 钢与混凝土组合的屋架和吊车梁。

2 以压型钢板为模板兼配筋的混凝土组合结构。

4.4.2 当采用钢与混凝土的组合梁结构时，应符合下列规定：

1 可用于气态介质的弱腐蚀环境，且楼面无液态介质作用。

2 混凝土翼板与钢梁的结合处应密封。

4.5 砌体结构

4.5.1 承重砌体结构的材料选择，应符合下列规定：

1 砖砌体宜采用烧结普通砖、烧结多孔砖，强度等级不宜低于MU15。

2 砌块砌体应采用混凝土小型空心砌块，强度等级不宜低于MU10。

3 砌筑砂浆宜采用水泥砂浆，强度等级不应低于M10。

4.5.2 承重砌体结构的设计应符合下列规定：

1 受大量易溶固态介质作用且干湿交替时，不应采用砌体结构。

2 腐蚀性等级为强、中时，不应采用独立砖柱。

3 腐蚀性等级为强、中时，不应采用多孔砖和混凝土空心砌块。

4 对钢的腐蚀性等级为强、中时，不应采用配筋砌体构件。

4.6 木 结 构

4.6.1 木结构用材宜选用针叶材，有条件时亦可选用胶合木。

4.6.2 木结构的连接件宜采用非金属耐腐蚀材料或

耐腐蚀金属材料制作。

4.7 地 基

4.7.1 污染土的勘察，应按现行国家标准《岩土工程勘察规范》GB 50021 的有关规定进行评价。

当地基土存在溶陷性、盐胀性时，应按现行国家行业标准《盐渍土地区建筑规范》SY/T 0317 的有关规定进行评价。

当拟建生产装置的泄漏介质可能对污染土产生影响时，应进行评估。

4.7.2 已污染或可能污染场地的地基处理方法，应符合下列规定：

1 当土中含有氢离子或硫酸根离子介质时，不应采用灰土垫层、石灰桩、灰土挤密桩等加固方法。

2 当土中含有腐蚀性液态介质时，垫层材料不应采用矿渣、粉煤灰。

3 当土中含有酸性液态介质时，振冲桩、砂石桩的填料不应采用碳酸盐类材料。

4 当污染土对水泥类材料的腐蚀性等级为强、中时，不宜采用水泥粉煤灰碎石桩、夯实水泥土桩、水泥土搅拌法等含有水泥的加固方法。但硫酸根离子介质腐蚀时，可采用抗硫酸盐硅酸盐水泥。

5 当土中含有酸性介质或硫酸盐类介质时，不应采用碱液法。

6 污染土或地下水的 pH 值小于 7，或生产过程中有碱性溶液作用时，不应采用单液硅化法。

4.7.3 当污染土层厚度不大，且溶陷性或盐胀性较大时，宜采用换土垫层法；垫层材料宜采用非污染土或砂石类材料。

当污染土层较厚，采用换土垫层法不合理时，可采用桩基础或墩式基础穿越污染土层。

4.8 基 础

4.8.1 基础、基础梁的腐蚀性等级，应按下列规定确定：

1 位于受污染的场地时，应按现行国家标准《岩土工程勘察规范》GB 50021 的有关规定确定。

2 生产过程中泄漏的介质对基础、基础梁的腐蚀性等级，可按本规范表 3.1.5 降低一级确定。

3 当污染土、地下水和生产过程中泄漏的介质共同作用时，应按腐蚀性等级高的确定。

4.8.2 基础材料的选择应符合下列规定：

1 基础应采用素混凝土、钢筋混凝土或毛石混凝土。

2 素混凝土和毛石混凝土的强度等级不应低于 C25。

3 钢筋混凝土的混凝土强度等级宜符合本规范表 4.2.3 的要求。

4.8.3 基础的埋置深度应符合下列规定：

1 生产过程中，当有硫酸、氢氧化钠、硫酸钠等介质泄漏作用，能使地基土产生膨胀时，埋置深度不应小于 2m。

2 生产过程中，当有腐蚀性液态介质泄漏作用时，埋置深度不应小于 1.5m。

4.8.4 基础附近有腐蚀性溶液的储槽或储罐的地坑时，基础的底面应低于储槽或地坑的底面不小于 500mm。

4.8.5 基础应设垫层。基础与垫层的防护要求应符合表 4.8.5-1 的规定，基础梁的防护要求应符合表 4.8.5-2 的规定。

表 4.8.5-1 基础与垫层的防护要求

腐蚀性等级	垫层材料	基础的表面防护
强	耐腐蚀材料	1. 环氧沥青或聚氨酯沥青涂层，厚度≥500μm 2. 聚合物水泥砂浆，厚度≥10mm 3. 树脂玻璃鳞片涂层，厚度≥300μm 4. 环氧沥青、聚氨酯沥青贴玻璃布，厚度≥1mm
中	耐腐蚀材料	1. 沥青冷底子油两遍，沥青胶泥涂层，厚度≥500μm 2. 聚合物水泥砂浆，厚度≥5mm 3. 环氧沥青或聚氨酯沥青涂层，厚度≥300μm
弱	混凝土 C20，厚度 100mm	1. 表面不做防护 2. 沥青冷底子油两遍，沥青胶泥涂层，厚度≥300μm 3. 聚合物水泥浆两遍

注：1 当表中有多种防护措施时，可根据腐蚀性介质的性质和作用程度、基础的重要性等因素选用其中一种。

2 埋入土中的混凝土结构或砌体结构，其表面应按本表进行防护。砌体结构表面应先用 1：2 水泥砂浆抹面。

3 垫层的耐腐蚀材料可采用沥青混凝土（厚 100mm）、碎石灌沥青（厚 150mm）、聚合物水泥混凝土（厚 100mm）等。

表 4.8.5-2 基础梁的防护要求

腐蚀性等级	基础梁的表面防护
强	1. 环氧沥青、聚氨酯沥青贴玻璃布，厚度≥1mm 2. 树脂玻璃鳞片涂层，厚度≥500μm 3. 聚合物水泥砂浆，厚度≥15mm
中	1. 环氧沥青或聚氨酯沥青涂层，厚度≥500μm 2. 聚合物水泥砂浆，厚度≥10mm 3. 树脂玻璃鳞片涂层，厚度≥300μm

续表 4.8.5-2

腐蚀性等级	基础梁的表面防护
弱	1. 环氧沥青或聚氨酯沥青涂层,厚度≥300μm 2. 聚合物水泥砂浆,厚度≥5mm 3. 聚合物水泥浆两遍

注：当表中有多种防护措施时,可根据腐蚀性介质的性质和作用程度、基础梁的重要性等因素选用其中一种。

4.8.6 采用掺入抗硫酸盐的外加剂、钢筋阻锈剂、矿物掺和料的混凝土,其性能满足防腐蚀要求时,可用于制作垫层、基础、基础梁,并可不做表面防护。

4.8.7 地沟穿越条形基础时,基础应留洞,洞边应加强防护。

4.9 桩基础

4.9.1 污染土和地下水对钢筋混凝土桩和预应力混凝土桩的腐蚀性等级,应按现行国家标准《岩土工程勘察规范》GB 50021 的有关规定确定。

4.9.2 桩基础的选择宜符合下列规定：
1 腐蚀环境下宜选用预制钢筋混凝土桩。
2 腐蚀性等级为中、弱时,可采用预应力混凝土管桩或混凝土灌注桩。

4.9.3 桩承台的埋深不宜小于 2.5m；当承台埋深小于 2.5m 时,桩身处于 2.5m 以上的部位宜加强防护。

4.9.4 混凝土桩基础的结构设计应符合下列规定：
1 预制钢筋混凝土桩的混凝土强度等级不应低于 C40,水灰比不应大于 0.4；腐蚀性等级为中、弱时,抗渗等级不应低于 S8；腐蚀性等级为强时,抗渗等级不应低于 S10；钢筋的混凝土保护层厚度不应小于 45mm。
2 预应力混凝土管桩的混凝土强度等级不应低于 C60,抗渗等级不应低于 S10；钢筋的混凝土保护层厚度不应小于 35mm；桩尖宜采用闭口型。
3 混凝土灌注桩的混凝土强度等级不应低于 C35,水灰比不宜大于 0.45,抗渗等级不应低于 S8；钢筋的混凝土保护层厚度不应小于 55mm。

4.9.5 混凝土桩身的防护应符合表 4.9.5 的规定。

表 4.9.5 混凝土桩身的防护

桩基础类型	防护措施	腐蚀性等级								
		SO_4^{2-}			Cl^-			pH 值		
		强	中	弱	强	中	弱	强	中	弱
预制钢筋混凝土桩	1. 提高桩身混凝土的耐腐蚀性能	采用抗硫酸盐硅酸盐水泥、掺入抗硫酸盐的外加剂、掺入矿物掺和料			掺入钢筋阻锈剂、掺入矿物掺和料		可不防护	—		可不防护
	2. 增加混凝土腐蚀裕量（mm）	≥30	≥20		—	—		≥30	≥20	
	3. 表面涂刷防腐蚀涂层（μm）	厚度≥500	厚度≥300		厚度≥500	厚度≥300		厚度≥500	厚度≥300	
预应力混凝土管桩	1. 提高桩身混凝土的耐腐蚀性能	不应采用此类桩型		采用抗硫酸盐硅酸盐水泥、掺入抗硫酸盐的外加剂、掺入矿物掺和料	可不防护	不宜采用此类桩型	掺入钢筋阻锈剂、掺入矿物掺和料	不应采用此类桩型	—	可不防护
	2. 表面涂刷防腐蚀涂层（μm）			厚度≥300			厚度≥300			厚度≥300

续表 4.9.5

桩基础类型	防护措施	腐蚀性等级								
		SO_4^{2-}			Cl^-			pH值		
		强	中	弱	强	中	弱	强	中	弱
混凝土灌注桩	1. 提高桩身混凝土的耐腐蚀性能	不应采用此类桩型	采用抗硫酸盐硅酸盐水泥、掺入抗硫酸盐的外加剂、掺入矿物掺和料		不宜采用此类桩型	掺入钢筋阻锈剂、掺入矿物掺和料		不应采用此类桩型	—	—
	2. 增加混凝土腐蚀裕量（mm）		≥40	≥20		—	—		≥40	≥20

注：1 在SO_4^{2-}、Cl^-的介质作用下，桩身混凝土材料应根据防腐蚀要求，采用或掺入表中1～2种耐腐蚀材料；当桩身混凝土采用或掺入耐腐蚀材料后已能满足防腐蚀性能要求时，不再采用增加混凝土腐蚀裕量和表面涂层的措施。
2 当桩身采用的混凝土不能满足防腐蚀性能时，可采用增加混凝土腐蚀裕量或表面涂刷防腐蚀涂层的措施。
3 在预应力混凝土管桩中，不得采用亚硝酸盐类的阻锈剂。
4 桩身涂刷防腐蚀涂层的长度，应大于污染土层的厚度。
5 当有两类介质同时作用时，应分别满足各自防护要求，但相同的防护措施不叠加。
6 在强腐蚀环境下必须选用预应力混凝土管桩时，应经试验论证，并采取可靠措施，确能满足防腐蚀要求时方可使用。
7 表中"—"表示不应采用此类防护措施。

4.9.6 混凝土预制桩应减少接桩数量，接头宜位于非污染土层中。

预制钢筋混凝土桩和预应力混凝土管桩的接桩，可采用焊接接桩或法兰接桩；预应力混凝土管桩的接桩也可采用机械啮合接头接桩或机械快速螺纹接桩。

位于污染土层中的桩接头，接桩钢零件应涂刷防腐蚀耐磨涂料或增加钢零件厚度的腐蚀裕量不小于2mm，有条件时也可采用热收缩聚乙烯套膜保护。

4.9.7 当桩的表面涂有防腐蚀涂料时，桩的竖向极限承载力应通过试验确定；在确定承载力时，亦可不计入涂层范围内的桩侧阻力。

4.9.8 桩基承台的垫层和表面防护，应符合本规范表4.8.5-1的规定。

5 建筑防护

5.1 地 面

5.1.1 地面面层材料应根据腐蚀性介质的类别及作用情况、防护层使用年限和使用过程中对面层材料耐腐蚀性能和物理力学性能的要求，结合施工、维修的条件，按表5.1.1选用，并应符合下列规定：

1 整体面层材料、块材及灰缝材料，应对介质具有耐腐蚀性能。常用面层材料在常温下的耐腐蚀性能宜按本规范附录A确定。

2 有大型设备且检修频繁和有冲击磨损作用的地面，应采用厚度不小于60mm的块材面层或水玻璃混凝土、树脂细石混凝土、密实混凝土等整体面层。

设备较小和使用小型运输工具的地面，可采用厚度不小于20mm的块材面层或树脂砂浆、聚合物水泥砂浆、沥青砂浆等整体面层。

无运输工具的地面可采用树脂自流平涂料或防腐蚀耐磨涂料等整体面层。

3 树脂砂浆、树脂细石混凝土、沥青砂浆、水玻璃混凝土和涂料等整体面层以及采用沥青胶泥砌筑的块材面层，不宜用于室外。

4 面层材料应满足使用环境的温度要求；树脂砂浆、树脂细石混凝土、沥青砂浆和涂料等整体面层，不得用于有明火作用的部位。

5 操作平台可采用玻璃钢格栅地面。

表 5.1.1 地面面层材料选择

介质			块材面层				整体面层					
			块材		灰缝							
类别	名称	pH值或浓度	耐酸瓷砖	耐酸石材	水玻璃胶泥或砂浆	树脂胶泥或砂浆	沥青胶泥	水玻璃混凝土	树脂细石混凝土	沥青砂浆	聚合物水泥砂浆	树脂自流平涂料	防腐蚀耐磨涂料	密实混凝土
Y1	硫酸(%)	>70	√	√	√	○	×	×	√	×	×	×	×	×
	硝酸(%)	>40												
	铬酸(%)	>20												
Y5	醋酸(%)	>40												

续表 5.1.1

类别	名称	pH值或浓度	耐酸砖	耐酸石材	水玻璃胶泥或砂浆	树脂胶泥或砂浆	沥青胶泥	水玻璃混凝土	树脂细石混凝土	树脂砂浆	沥青砂浆	防腐蚀耐磨涂料	树脂自流平涂料	聚合物水泥砂浆	密实混凝土
Y1	硫酸(%)	50~70													
	盐酸(%)	≥20	√	√	√	√	×	√	√	×	×	×	×	×	×
	硝酸(%)	5~40													
	铬酸(%)	5~20													
Y1	硫酸(%)	<50													
	盐酸(%)	<20	√	√	√	√	○	√	√	○	√	○	√	×	×
	硝酸(%)	<5													
	铬酸(%)	<5													
	酸洗液、电镀液、电解液(pH值)	<1													
Y5	醋酸(%)	2~40													
Y1	酸性水 (pH值)	1.0~4.0	√	○	√	√	√	○	√	—	√	○	○	○	○
Y2		4.0~5.0													
Y3		5.0~6.5													
Y4	氢氟酸(%)	5~40	改用炭砖	×	√	√	×	×	√	×	√	×	×	×	○
		<5	○	×	√	√	×	×	√	×	√	×	×	○	○
Y5	柠檬酸(%)	≥2	√	√	√	√	○	√	√	√	—	√	○	○	○
Y6	乳酸、C_5~C_{20}脂肪酸(%)	≥2	√	√	×	√	×	√	√	×	√	○	○	○	○
Y7	氢氧化钠(%)	≥15	√	√	×	√	√	×	√	√	√	√	√	√	×
Y8		8~15	√	√	○	√	√	○	√	√	√	√	√	√	○
Y9	氨水(%)	≥10	√	√	×	√	√	×	√	√	√	√	√	√	○
Y10	钠、钾、铵的碳酸盐、碳酸氢盐(%)	≥2	√	√	×	√	√	×	√	√	√	√	√	√	×
Y11	钠、钾、铵、镁、铜、镉、铁的硫酸盐(%)	≥1	√	√	√	√	○	○	√	√	√	√	○	√	×
Y12	钠、钾的亚硫酸盐、亚硝酸盐(%)	≥1	√	√	√	√	○	√	√	√	√	√	○	√	×
Y13	硝酸铵	≥1	√	√	○	√	○	○	√	—	√	○	○	√	×
Y14	钠、钾的硝酸盐	≥2	—	—	○	—	○	—	×	—	√	√	√	√	√
Y15	铵、铝、铁的氯化物(%)	≥1	√	√	○	√	○	○	√	○	√	√	○	√	×
Y16	钙、镁、钾、钠的氯化物(%)	≥2	√	√	○	√	○	√	√	√	√	√	√	√	○
Y17	尿素(%)	≥10	√	√	×	√	○	○	√	√	√	○	○	√	○
G1	难溶盐	任意													√
G2、G3、G4、G6、G7	固态盐	任意													√
G5、G8、G9	碱性固态盐	任意	—	—	×	—	×	—	×	—	√	√	√	√	√

注：1 表中"√"表示可用；"○"表示少量或偶尔作用时可用；"×"表示不可使用；"—"表示不推荐使用。
2 聚合物水泥砂浆、树脂类材料和涂料等耐腐蚀材料因品种和的牌号的差异，耐腐蚀的指标也不同，选用时应核对后使用。
3 当固态介质处于潮湿状态时，应按相应类别的液态介质进行选用。

5.1.2 地面面层厚度和使用年限宜符合表5.1.2的规定。

表5.1.2 地面面层厚度和使用年限

名　　称		厚度(mm)	使用年限(a)
耐酸石材	用于底层	30~100	≥15(灰缝采用树脂、水玻璃、聚合物水泥砂浆等材料)
	用于楼层	20~60	
耐酸砖	用于底层	30~65	≥10(灰缝采用沥青材料)
	用于楼层	20~65	
防腐蚀耐磨涂料		0.5~1	≥5
树脂自流平涂料		1~2(无隔离层)	≥5
		2~3(含隔离层厚度)	≥5
树脂砂浆		4~7	≥10
树脂细石混凝土		30~50	≥15
水玻璃混凝土		60~80	≥15
沥青砂浆		20~40	≥5
聚合物水泥砂浆		15~20	≥15
密实混凝土		60~80	≥15

注：选用本表的使用年限时，地面的构造应满足本节的有关规定。

5.1.3 块材面层的结合层材料,应符合表5.1.3的规定。

表5.1.3 块材面层的结合层材料

块材		灰缝材料	结合层材料
耐酸砖		各种胶泥或砂浆	同灰缝材料
耐酸石材	厚度≤30mm	水玻璃胶泥或砂浆	水玻璃砂浆
		聚合物水泥砂浆	聚合物水泥砂浆
	厚度>30mm	树脂胶泥	酸性介质作用时,采用水玻璃砂浆或树脂砂浆
			酸碱介质交替作用时,采用树脂砂浆或聚合物水泥砂浆
			碱、盐类介质作用时,采用聚合物水泥砂浆或树脂砂浆

5.1.4 地面隔离层的设置,应符合下列规定:

1 受腐蚀性介质作用且经常冲洗的楼层地面,应设置隔离层。

2 受强、中腐蚀性介质作用且经常冲洗的底层地面,应设置隔离层。

3 受大量易溶盐类介质作用且腐蚀性等级为强、中时,地面应设置隔离层。

4 受氯离子介质作用的楼层地面和苛性碱作用的底层地面,应设置隔离层。

5 水玻璃混凝土地面和采用水玻璃胶泥或砂浆砌筑的块材地面,应设置隔离层。

5.1.5 地面隔离层的材料,应符合下列规定:

1 当面层厚度小于30mm且结合层为刚性材料时,隔离层不应选用柔性材料。

2 沥青砂浆地面和采用沥青胶泥或砂浆砌筑的块材地面,其隔离层可采用高聚物改性沥青防水卷材或沥青基聚氨酯厚涂层等材料。

3 树脂砂浆、树脂细石混凝土、树脂自流平涂料等整体地面和采用树脂胶泥或砂浆砌筑的块材地面,其隔离层应采用厚度不小于1mm、含胶量不小于45%的玻璃钢。

5.1.6 树脂砂浆、树脂细石混凝土、涂料等整体地面的找平层材料,应采用强度等级不低于C30的细石混凝土。

5.1.7 地面垫层材料及构造,应符合下列规定:

1 垫层材料应采用混凝土。地面地基的加强层在酸性介质或硫酸根离子介质作用下,不得采用三合土、四合土、灰土和矿渣等材料。压实填土地基的要求应符合现行国家标准《建筑地面设计规范》GB 50037的有关规定。

2 室内地面垫层的混凝土强度等级不应低于C20,厚度不宜小于120mm。室外地面垫层的混凝土强度等级不应低于C25,厚度不宜小于150mm。

树脂砂浆、树脂细石混凝土、涂料等整体地面垫层的混凝土强度等级不宜低于C30,厚度不宜小于200mm。

3 室外地面、面积较大的地面、树脂细石混凝土地面、树脂砂浆地面、树脂自流平涂料地面、有大型运输工具冲击磨损作用的地面或地基可能产生不均匀变形时,宜采用配筋的混凝土垫层。配筋应采用直径不小于6mm、间距不大于150mm的双向钢筋网。

垫层配筋当采用单层配筋时,钢筋距上表面宜为50mm;当采用双层配筋时,上层钢筋距上表面宜为50mm,下层钢筋距下表面宜为30mm。

4 配筋混凝土垫层应分段配筋和浇灌,每段的长度、宽度不宜大于30m。

5 室外土壤有冻结的地区,室外地面垫层下应设置防冻胀层,其厚度不应小于300mm;室内防冻胀层的设置应符合现行国家标准《建筑地面设计规范》GB 50037的有关规定。

6 在树脂砂浆、树脂细石混凝土和涂料等整体地面的垫层下,应设防潮层;当地下水位较高时,应设防水层。

5.1.8 当楼板为预制时,必须在预制板上设置配筋的细石混凝土整浇层。细石混凝土的强度等级不应低于C30,厚度不应小于40mm,并应配置直径不小于6mm、间距不大于150mm的双向钢筋网(距上表面宜为20mm)。

5.1.9 地面排水应符合下列规定:

1 受液态介质作用的地面,应设朝向排水沟或地漏的排泄坡面。底层地面排泄坡面的坡度不宜小于2%;楼层地面排泄坡面的坡度不宜小于1%。

底层地面宜采用基土找坡,楼层地面宜采用找平层找坡。

2 排水沟和地漏应布置在能迅速排除液体的位置,排泄坡面长度不宜大于9m,各个方向的排泄坡面长度不宜相差太大。

3 排水沟内壁与墙边、柱边的距离,不应小于300mm。

4 地漏中心与墙、柱、梁等结构边缘的距离,不应小于400mm。地漏的上口直径不宜小于150mm。地漏应采用耐腐蚀材料制作,与地面的连接应严密。

5.1.10 有液态介质作用的地面的下列部位应设挡水:

1 不同材料的地面面层交界处。

2 楼层地面、平台的孔洞边缘和平台边缘。

3 地坑四周、排风沟出口与地面交接处及变形缝两侧。

5.1.11 地面与墙、柱交接处,应设置耐腐蚀的踢脚板；踢脚板的高度不宜小于250mm。

5.1.12 支承在地面上的钢构件，应设置耐腐蚀的底座。钢支架的底座高度不宜小于300mm；钢梯、钢栏杆的底座高度不应小于100mm。

5.1.13 地面变形缝的构造应严密。嵌缝材料应采用弹性耐腐蚀密封材料。伸缩片应采用橡胶、塑料、耐腐蚀的金属等材料制作。

5.1.14 设备基础的防护，应符合下列规定：

 1 设备基础顶面高出地面面层不应小于100mm。

 2 设备基础的地上部分，应根据介质的腐蚀性等级、设备安装、检修和使用要求，结合基础的型式及大小等因素，选择防腐蚀材料和构造。当基础顶面与所在地面的高差小于300mm时，基础的防护面层宜与地面一致。

 泵基础宜采用整体的或大块石材等耐冲击、抗振动的面层材料。

 3 液态介质作用较多的设备基础，其基础顶面及四周地面宜采取集液、排液措施。

 4 设备基础锚固螺栓孔的灌浆材料，上部应采用耐腐蚀材料，其深度不宜小于50mm。

 5 重要设备基础地下部分的设计，应符合本规范第4.8节的规定。

5.1.15 地沟和地坑的防护，应符合下列规定：

 1 地沟和地坑的材料应采用混凝土或钢筋混凝土；混凝土的强度等级不应低于地面垫层混凝土的强度等级。

 2 建筑物的墙、柱、基础不得兼作地沟和地坑的底板和侧壁。

 3 管沟不应兼作排水沟。

 4 地沟和地坑的底面应坡向集水坑或地漏。地沟底面的纵向坡度宜为0.5%～1%；地坑底面的坡度不宜小于2%。

 5 当有地下水或滞水作用时，地沟和地坑应设外防水；当位于潮湿土中时，应设置防潮层。

 6 排水沟和集水坑的面层材料和构造，除应满足防腐蚀要求外，尚应满足清污工作的要求。排水沟和集水坑应设置隔离层，并与地面隔离层连成整体；当地面无隔离层时，排水沟的隔离层伸入地面面层下的宽度不应小于300mm。

 7 排水沟宜采用明沟。沟宽超过300mm时，应设置耐腐蚀的箅子板或沟盖板。

 8 地下排风沟应根据作用介质的性质及作用条件设防，内表面可选用涂料、玻璃钢或其他面层防护。

 9 地沟穿越厂房基础时，基础应预留洞孔；沟盖板与洞顶、沟侧壁与洞边，均应留有不小于50mm的净空。

 地沟的变形缝不得设置在穿越厂房基础的部位，

离开基础的距离不宜小于1m。

5.2 结构及构件的表面防护

5.2.1 在气态介质和固态粉尘介质作用下，混凝土结构、钢结构和砌体结构的表面涂层，应根据介质的腐蚀性等级和防护层使用年限等因素综合确定。

涂层系统应由底层、中间层、面层或底层、面层配套组成。涂料的选择和配套要求应符合本规范第7.10节的规定。

5.2.2 混凝土结构的表面防护，应符合表5.2.2的规定。

表5.2.2 混凝土结构的表面防护

强腐蚀	中腐蚀	弱腐蚀	防护层使用年限（a）
防腐蚀涂层，厚度≥200μm	防腐蚀涂层，厚度≥160μm	防腐蚀涂层，厚度≥120μm	10～15
防腐蚀涂层，厚度≥160μm	防腐蚀涂层，厚度≥120μm	1. 防腐蚀涂层，厚度≥80μm 2. 聚合物水泥浆两遍 3. 普通内外墙涂料两遍	5～10
防腐蚀涂层，厚度≥120μm	1. 防腐蚀涂层，厚度≥80μm 2. 聚合物水泥浆两遍 3. 普通内外墙涂料两遍	1. 普通内外墙涂料两遍 2. 不做表面防护	2～5

注：1 防腐蚀涂料的品种，应按本规范第7.10节确定。
2 混凝土表面不平时，宜采用聚合物水泥砂浆局部找平。
3 室外工程的涂层厚度宜增加20～40μm。
4 当表中有多种防护措施时，可根据腐蚀性介质和作用程度以及构件的重要性等因素选用其中一种。

5.2.3 钢结构的表面防护，应符合表5.2.3的规定。

表5.2.3 钢结构的表面防护

防腐蚀涂层最小厚度（μm）			防护层使用年限（a）
强腐蚀	中腐蚀	弱腐蚀	
280	240	200	10～15
240	200	160	5～10
200	160	120	2～5

注：1 防腐蚀涂料的品种，应按本规范第7.10节确定。
2 涂层厚度包括涂料层的厚度或金属层与涂料层复合的厚度。
3 采用喷锌、铝及其合金时，金属层厚度不宜小于120μm；采用热镀浸锌时，锌的厚度不宜小于85μm。
4 室外工程的涂层厚度宜增加20～40μm。

5.2.4 钢铁基层的除锈等级，应符合表5.2.4的规定。

表5.2.4 钢铁基层的除锈等级

项目	最低除锈等级
富锌底涂料	Sa2$\frac{1}{2}$
乙烯磷化底涂料	
环氧或乙烯基酯玻璃鳞片底涂料	Sa2
氯化橡胶、聚氨酯、环氧、聚氯乙烯萤丹、高氯化聚乙烯、氯磺化聚乙烯、醇酸、丙烯酸环氧、丙烯酸聚氨酯等底涂料	Sa2 或 St3
环氧沥青、聚氨酯沥青底涂料	St2
喷铝及其合金	Sa3
喷锌及其合金	Sa2$\frac{1}{2}$
热镀浸锌	Be

注：1 新建工程重要构件的除锈等级不应低于Sa2$\frac{1}{2}$。
 2 喷射或抛射除锈后的表面粗糙度宜为40～75μm，并不应大于涂层厚度的$\frac{1}{3}$。

5.2.5 砌体结构的表面防护，应符合表5.2.5的规定。

表5.2.5 砌体结构的表面防护

强腐蚀	中腐蚀	弱腐蚀	防护层使用年限（a）
防腐蚀涂层，厚度≥160μm	防腐蚀涂层，厚度≥120μm	防腐蚀涂层，厚度≥80μm	10～15
防腐蚀涂层，厚度≥120μm	防腐蚀涂层，厚度≥80μm	1. 聚合物水泥浆两遍 2. 普通内外墙涂料两遍	5～10
防腐蚀涂层，厚度≥80μm	1. 聚合物水泥浆两遍 2. 普通内外墙涂料两遍	1. 普通内外墙涂料两遍 2. 不做表面防护	2～5

注：1 防腐蚀涂料的品种，应按本规范第7.10节确定。
 2 混凝土砌块、烧结普通砖和烧结多孔砖等墙、柱砌体的表面，应先用1:2水泥砂浆抹面，然后再做防护面层。
 3 当表中有多种防护措施时，可根据腐蚀性介质和作用程度以及构件的重要性等因素选用其中一种。

5.2.6 当地面需经常冲洗或堆放固态介质时，墙、柱面应设置墙裙，其面层材料的选用应符合下列要求：
 1 腐蚀性介质为酸性时，宜采用玻璃钢、树脂玻璃鳞片涂层、树脂砂浆或耐腐蚀块材。
 2 腐蚀性介质为碱性或中性时，宜采用聚合物水泥砂浆、防腐蚀涂层或玻璃钢。

5.2.7 孔洞周围的边梁和板受到液态介质作用时，宜设置玻璃钢或树脂玻璃鳞片涂层。

5.2.8 厂房围护结构设计应防止结露，不可避免结露的部位应加强防护。

5.3 门窗

5.3.1 对钢的腐蚀性等级为强时，宜采用平开门。

5.3.2 在氯、氯化氢、氟化氢、硫酸酸雾等气体或碳酸钠粉尘作用下，不应采用铝合金门窗。

5.3.3 当生产过程中有碱性粉尘作用时，不应采用木门窗。

5.3.4 硬聚氯乙烯塑钢门窗、玻璃钢门窗，应选用防腐蚀型的。

5.3.5 钢门窗、木门窗应根据环境的腐蚀性等级涂刷防腐蚀涂料。

5.3.6 对钢的腐蚀性等级为强、中时，侧窗、天窗的开窗机应选用防腐蚀型的。

5.4 屋面

5.4.1 屋面形式应简单，宜采用有组织外排水。生产过程中散发腐蚀性粉尘较多的建筑物，不宜设女儿墙。

5.4.2 屋面材料的选择，应符合下列规定：
 1 轻型屋面应根据腐蚀性介质的性质等条件，选用铝合金板、彩涂压型钢板、玻璃钢瓦及塑料瓦等材料。
 2 在氯、氯化氢、氟化氢气体、碱性粉尘或煤、铜、汞、锡、镍、铅等金属及其化合物的粉尘作用下，不应采用铝合金板。
 3 在腐蚀性粉尘的作用下，不应采用刚性防水屋面和水泥、混凝土的瓦屋面。当采用彩涂压型钢板屋面时，屋面坡度不应小于10%。
 4 屋面配件宜采用混凝土、玻璃钢、工程塑料或不锈钢等制作，不宜采用薄钢板或镀锌薄钢板制作。

5.4.3 金属板屋面的连接件，应采取防止不同金属接触腐蚀的隔离措施。

5.4.4 雨水管和水斗宜选用硬聚氯乙烯塑料、聚乙烯塑料、玻璃钢、不锈钢等材料制作。

5.4.5 受液态介质或固态介质作用的屋面，应按防腐蚀楼层地面设计，并应设置耐腐蚀的排水设施。

5.4.6 腐蚀性气体、气溶胶或粉尘排放口周围的屋面，应加强防护。

5.5 墙体

5.5.1 承重或非承重的砌体墙材料，应符合本规范

第4.5.1条的规定；其表面防护应符合本规范第5.2.5条的规定。

5.5.2 内隔墙可选用纤维增强水泥条板、轻质混凝土条板、铝合金玻璃隔墙、不锈钢玻璃隔墙、塑钢玻璃隔墙、复合彩钢板和轻钢龙骨墙板体系。

纤维增强水泥条板、轻质混凝土条板的表面防护，可按本规范第5.2.5条的规定确定。

5.5.3 轻钢龙骨墙板体系材料的选择，应符合下列规定：

　　1 轻钢龙骨应采用厚度不小于1mm的冷轧镀锌薄钢板。

　　2 墙板应具有防水性和耐腐蚀性能，不得采用石膏板。

6 构 筑 物

6.1 储槽、污水处理池

6.1.1 本节适用于常温、常压下储存或处理腐蚀性液态介质的钢筋混凝土储槽和污水处理池。

6.1.2 储槽的槽体设计，应符合下列规定：

　　1 槽体应采用现浇钢筋混凝土。

　　2 槽体不应设置伸缩缝。

　　3 槽体宜采用条形或环形基础架空设置，当工艺要求布置在地下时，宜设置在地坑内。

　　4 容积大于100m³的矩形储槽宜分格。

6.1.3 污水处理池的池体应采用现浇钢筋混凝土。池体不宜设置伸缩缝，必须设置时，构造应严密，并应满足防腐蚀和变形的要求。

6.1.4 储槽、污水处理池的钢筋混凝土结构设计除应符合本规范第4.2节规定外，尚应符合下列规定：

　　1 混凝土抗渗等级不应低于S8。

　　2 侧壁和底板的厚度不应小于200mm。混凝土内表面应平整，侧壁可采用聚合物水泥砂浆局部抹平，底板可采用细石混凝土找平或找坡。

　　3 受力钢筋直径不宜小于10mm，间距不应大于200mm，钢筋的混凝土保护层厚度不应小于35mm。

6.1.5 储槽、污水处理池的内表面防护宜符合表6.1.5的规定，并应符合下列规定：

　　1 块材宜采用厚度不小于30mm的耐酸砖和耐酸石材。砌筑材料可采用树脂类材料、水玻璃类材料，不得采用沥青类材料。

　　2 水玻璃混凝土应采用密实型材料，其厚度不应小于80mm。

　　3 玻璃钢的增强材料应采用玻璃纤维毡或玻璃纤维毡与玻璃纤维布复合；复合时的富胶层厚度不应小于玻璃钢厚度的1/3。玻璃纤维布的含胶量不小于45%，玻璃纤维短切毡的含胶量不小于70%，玻璃纤维表面毡的含胶量不小于90%。

　　4 采用块材、水玻璃混凝土衬里时，应设玻璃钢隔离层；玻璃钢的毡或布不应少于2层，厚度不应小于1mm。

　　5 采用玻璃钢或涂层防护的储槽、污水处理池，在受冲刷和磨损的部位宜增设块材或树脂砂浆层。

表6.1.5 储槽、污水处理池的内表面防护

腐蚀性等级	侧壁和池底		钢筋混凝土顶盖的底面
	储槽	污水处理池	
强	1. 块材 2. 水玻璃混凝土 3. 玻璃钢，厚度≥5mm	1. 块材 2. 玻璃钢，厚度≥3mm	1. 玻璃钢，厚度≥3mm 2. 树脂玻璃鳞片胶泥，厚度≥2mm
中	1. 块材 2. 玻璃钢，厚度≥3mm	1. 玻璃钢，厚度≥2mm 2. 树脂玻璃鳞片胶泥，厚度≥2mm 3. 聚合物水泥砂浆，厚度20mm	1. 树脂玻璃鳞片胶泥，厚度≥2mm 2. 树脂玻璃鳞片涂层，厚度≥250μm 3. 厚浆型防腐蚀涂层，厚度≥300μm
弱	1. 树脂玻璃鳞片胶泥，厚度≥2mm 2. 聚合物水泥砂浆，厚度20mm 3. 玻璃钢，厚度≥1mm	1. 树脂玻璃鳞片涂层，厚度≥250μm 2. 厚浆型防腐蚀涂层，厚度≥300μm 3. 聚合物水泥砂浆，厚度10mm	防腐蚀涂层，厚度≥200μm

注：1 当表中有多种防护措施时，表面防护层的种类，可根据腐蚀性介质的性质和作用程度以及储槽、污水处理池的重要性等因素选用其中一种。
　　2 在满足防腐蚀性能要求时，腐蚀性等级为弱的污水处理池可采用掺入抗硫酸盐的外加剂、矿物掺和料或钢筋阻锈剂的钢筋混凝土制作，其表面可不作防护。

6.1.6 储槽、污水处理池地上部分的外表面和地坑的内表面，应根据腐蚀性介质的作用条件，按本规范第3.1节确定腐蚀性等级，按本规范第5.1和5.2节的有关规定采取表面防护措施。

6.1.7 储槽、污水处理池与土壤接触的表面，应设置防水层。

6.1.8 管道出入口宜设置在储槽、污水处理池的顶部。当确需在侧壁设置时，应预埋耐腐蚀的套管；套管与管道间的缝隙应采用耐腐蚀材料填封。

6.1.9 腐蚀性等级为强时，储槽、污水处理池的内表面不应埋设钢制预埋件。储槽的栏杆和池内的爬梯、支架等，宜采用玻璃钢型材或耐腐蚀的金属制作。

6.1.10 当衬里施工过程中可能产生有害气体时，储槽、污水处理池的顶盖应采用装配式或设置不少于两个供施工通风用的孔洞。

6.2 室外管架

6.2.1 室外管架应采用钢筋混凝土结构、预应力混凝土结构或钢结构。

6.2.2 对钢的腐蚀性等级为强、中时，不宜采用吊索式、悬索式管架。

6.2.3 钢筋混凝土管架的设计除应符合本规范第4.2节的规定外，尚应符合下列规定：
  1 柱宜采用矩形截面。
  2 跨度大于或等于12m的梁，宜采用预应力混凝土梁。
  3 混凝土构件的表面防护，应符合本规范第5.2节的规定。

6.2.4 钢管架的设计除应符合本规范第4.3节的规定外，尚应符合下列规定：
  1 柱、桁架、梁宜采用H型截面和管型截面。
  2 圆钢吊杆或拉杆的直径不应小于20mm。
  3 钢构件的表面防护，应符合本规范第5.2节的规定。

6.2.5 防腐蚀地面范围内的管架柱下部以及有腐蚀性液体作用的检修平台或走道，应加强防护。

6.3 排气筒

6.3.1 排气筒型式的选择，应符合下列规定：
  1 排放的气体中含有酸性冷凝液时，宜采用套筒式或塔架式排气筒。
  2 排放的气体或粉尘对钢筋混凝土的腐蚀性等级为弱时，可采用单筒式排气筒。

6.3.2 单筒式排气筒应符合下列规定：
  1 筒壁应采用钢筋混凝土；筒壁的厚度不宜小于160mm，混凝土的抗渗等级不宜低于S8；钢筋混凝土的结构设计应符合本规范第4.2节的规定。筒首20m范围内的最大裂缝宽度不应大于0.15mm。
  2 筒壁可能结露时，应沿筒壁全高设耐腐蚀材料的内衬，筒壁内表面宜预先涂刷厚度不小于100μm的防腐蚀涂料或树脂胶料。
  3 当筒壁不可能结露时，筒壁内表面应沿全高涂刷厚度不小于250μm的防腐蚀涂料。

6.3.3 套筒式排气筒应符合下列规定：
  1 外筒应采用钢筋混凝土；外筒的厚度不宜小于160mm，混凝土的抗渗等级不宜低于S8；钢筋混凝土的结构设计应符合本规范第4.2节的规定。筒首20m范围内的最大裂缝宽度，不应大于0.15mm。外筒内表面及支承内筒的梁、柱及平台、楼梯等构件的表面防护，应符合本规范第5.2节的规定。
  2 内筒应根据排放气体的腐蚀性采用耐腐蚀材料制作。

6.3.4 塔架式排气筒应符合下列规定：
  1 塔架应采用钢结构，并应符合本规范第4.3节的规定。
  2 塔架结构主要杆件应选用管型截面。
  3 塔架顶部10m范围内的钢材厚度，可增加腐蚀裕量1mm。
  4 筒体应根据排放气体的腐蚀性采用耐腐蚀材料制作。
  5 钢塔架基础应高出地面不小于500mm。

6.3.5 气体进口、转折及出口部位，应加强防护；可能产生气体结露的部位，应采取防止冷凝液积聚和沿筒身流下的措施。

6.3.6 单筒式筒壁的外表面、套筒式外筒的外表面和塔架，应根据排出气体和周围大气中气态、固态介质的类别，按本规范第5.2节的规定进行防护。筒首部位10m范围内应加强防护。

6.3.7 排气筒内部和外部地面受液态介质作用时，应根据介质的种类、浓度，按本规范第5.1节的规定设置防腐蚀地面。

6.3.8 爬梯、平台和栏杆宜采用耐候钢制作。表面防护宜采用厚度不小于300μm耐候性优良的防腐蚀涂层或喷、镀、浸金属层上再涂防腐蚀涂料的复合面层。预埋件和连接螺栓宜采用耐候钢或不锈钢制作。

有条件时，爬梯和栏杆可采用不锈钢制作。

7 材 料

7.1 一般规定

7.1.1 材料的选择，应根据腐蚀性介质的性质、浓度和作用条件，结合材料的耐腐蚀性能和物理力学性能、使用部位的重要性、施工的可操作性、材料供应状况等因素综合确定。

7.1.2 常温下，常用材料的耐腐蚀性能宜按本规范附录A确定；常用材料的物理力学性能宜按本规范附录B确定。

当材料受多种介质混合作用、交替作用及非常温介质作用时，其耐腐蚀性能除确有使用经验外，应通过试验确定。

当采用新型材料时，应经科学试验和工程实践证明行之有效方可采用。

7.1.3 耐腐蚀材料的施工配合比，应符合现行国家标准《建筑防腐蚀工程施工及验收规范》GB 50212

的有关规定。

7.2 水泥砂浆和混凝土

7.2.1 水泥品种的选择，应符合下列规定：

1 混凝土和水泥砂浆宜选用硅酸盐水泥、普通硅酸盐水泥，地下结构或在弱腐蚀条件下，也可选用矿渣硅酸盐水泥或火山灰质硅酸盐水泥。

硅酸盐水泥宜掺入矿物掺和料；普通硅酸盐水泥可掺入矿物掺和料。

2 受碱液作用的混凝土和水泥砂浆，应选用普通硅酸盐水泥或硅酸盐水泥，不得选用高铝水泥或以铝酸盐成分为主的膨胀水泥，并不得采用铝酸盐类膨胀剂。

3 中抗硫酸盐硅酸盐水泥，可用于硫酸根离子含量不大于2500mg/l的液态介质；高抗硫酸盐硅酸盐水泥，可用于硫酸根离子含量不大于8000mg/l的液态介质。

在下列环境下，抗硫酸盐硅酸盐水泥的耐腐蚀性能除确有使用经验外，尚应经过试验确定：

　　1) 介质的硫酸根离子含量大于上述指标；

　　2) 介质除含有硫酸根离子外，还含有其他腐蚀性离子；

　　3) 构件一个侧面与硫酸根离子液态介质接触，另一个侧面暴露在大气中。

7.2.2 掺入混凝土中的外加剂，应符合下列规定：

1 外加剂对混凝土的性能应无不利影响，对钢筋不得有腐蚀作用。

2 在混凝土中掺入矿物掺和料、钢筋阻锈剂或抗硫酸盐的外加剂时，其掺量、使用方法和耐腐蚀性能可按相应产品的使用说明并经验证后确定。

7.2.3 混凝土的砂、石应致密，可采用花岗石、石英石或石灰石，但不得采用有碱骨料反应的活性骨料。

7.2.4 强度等级不低于C20的混凝土和1∶2水泥砂浆，可用于浓度不大于8%氢氧化钠作用的部位。

抗渗等级不低于S8的密实混凝土，可用于浓度不大于15%氢氧化钠作用的部位。

采用铝酸三钙含量不大于9%的普通硅酸盐水泥或硅酸盐水泥，且抗渗等级不低于S12的密实混凝土，可用于浓度不大于22%氢氧化钠作用的部位。

7.2.5 聚合物水泥砂浆的品种可选用氯丁胶乳水泥砂浆、聚丙烯酸酯乳液水泥砂浆和环氧乳液水泥砂浆。聚合物水泥砂浆可用于盐类介质、中等浓度的碱液和酸性水等介质作用的部位。

7.3 耐腐蚀块材

7.3.1 耐酸砖、耐酸耐温砖可用于酸、碱、盐类介质作用的部位，但不得用于含氟酸、熔融碱作用的部位。

7.3.2 耐酸砖应选用素面砖，其吸水率不应大于0.5%。当用于受高温气态介质作用的部位时，应选用耐酸耐温砖。

7.3.3 耐酸石材宜用于酸性介质作用的部位，也可用于碱、盐类介质作用的部位，但不得用于含氟酸、熔融碱和骤冷骤热介质作用的部位。

7.3.4 耐碱石材可用于碱性介质作用的部位，不得用于酸性介质作用的部位。

7.3.5 炭砖可用于含氟酸作用的部位。

7.4 金　　属

7.4.1 铸铁和碳素钢常温时可用于氢氧化钠或硫化钠溶液作用的部位。

7.4.2 铝和铝合金可用于有机酸、浓硝酸、硝酸铵、尿素等介质作用的部位。

7.4.3 锌、铝及其合金，以及喷、镀、浸锌、铝金属层的钢材，不应用于下列介质作用频繁的部位：

1 碳酸钠粉尘、碱或呈碱性反应的盐类介质。

2 氯、氯化氢、氟化氢等气体。

3 铜、汞、锡、镍、铅等金属的化合物。

7.4.4 不锈钢不得用于含氯离子介质作用的部位。

7.4.5 铝和铝合金与水泥类材料或钢材接触时，应采取隔离措施。

7.5 塑　　料

7.5.1 聚氯乙烯、聚乙烯和聚丙烯塑料，不得用于高浓度氧化性酸作用的部位。

7.5.2 聚氯乙烯、聚乙烯和聚丙烯塑料，不得用于有明火作用或受机械冲击作用的部位。

7.6 木　　材

7.6.1 木材可用于醋酸酸雾、氟化氢、氯、二氧化硫等气态介质作用的部位，不得用于硝酸、铬酸、硫酸、氢氧化钠等液态介质作用的部位。

7.6.2 木材不宜用于介质干湿交替频繁作用的部位。

7.7 树脂类材料

7.7.1 树脂品种可选用环氧树脂、不饱和聚酯树脂、乙烯基酯树脂、呋喃树脂和酚醛树脂，但不得采用酚醛树脂配制树脂砂浆和树脂混凝土。

7.7.2 在酸(含氟酸除外)、碱、盐类介质作用下，集料应选用石英石、花岗石、石英砂等骨料和石英粉、瓷粉、铸石粉等粉料。玻璃钢的增强材料宜选用玻璃纤维布和玻璃纤维毡。

在含氟酸作用下，集料应选用重晶石的石、砂和粉料；玻璃钢的增强材料宜选用有机纤维布和有机纤维毡，也可选用麻布或脱脂纱布，但不得选用玻璃纤维布和玻璃纤维毡。

7.7.3 不饱和聚酯树脂材料和乙烯基酯树脂材料，不应选用有阻聚作用或有促进作用的颜料、粉料。

7.7.4 当树脂类材料用于潮湿基层时，应选用湿固化的环氧树脂胶料封底。

7.8 水玻璃类材料

7.8.1 水玻璃品种可选用钾水玻璃和钠水玻璃。水玻璃类材料可用于酸性介质作用的部位，不宜用于盐类介质干湿交替作用频繁的部位，不得用于碱和呈碱性反应的介质以及含氟酸作用的部位。

7.8.2 常温介质作用时，宜选用密实型水玻璃类材料；当介质温度高于100℃时，不应选用密实型水玻璃类材料。

经常有稀酸或水作用的部位，应选用密实型水玻璃类材料。

7.8.3 钠水玻璃材料不得与水泥砂浆、混凝土等呈碱性反应的基层直接接触。

7.8.4 配筋水玻璃混凝土的钢筋表面，应涂刷防腐蚀涂料。

7.9 沥青类材料

7.9.1 沥青类材料可用于中等浓度及以下的酸、碱和盐类介质作用的部位，不得用于有机溶剂作用的部位，不得用于高温和有明火作用的部位。

7.9.2 沥青类材料宜用于室内和地下工程。

7.10 防腐蚀涂料

7.10.1 防腐蚀面涂料的选择，应符合下列规定：

1 用于酸性介质环境时，宜选用氯化橡胶、聚氨酯、环氧、聚氯乙烯萤丹、高氯化聚乙烯、氯磺化聚乙烯、丙烯酸聚氨酯、丙烯酸环氧和环氧沥青、聚氨酯沥青等涂料。

用于弱酸性介质环境时，可选用醇酸涂料。

2 用于碱性介质环境时，宜选用环氧涂料，也可选用本条第1款所列的其他涂料，但不得选用醇酸涂料。

3 用于室外环境时，可选用氯化橡胶、脂肪族聚氨酯、聚氯乙烯萤丹、氯磺化聚乙烯、高氯化聚乙烯、丙烯酸聚氨酯、丙烯酸环氧和醇酸等涂料，不应选用环氧、环氧沥青、聚氨酯沥青和芳香族聚氨酯等涂料。

4 用于地下工程时，宜采用环氧沥青、聚氨酯沥青等涂料。

5 对涂层的耐磨、耐久和抗渗性能有较高要求时，宜选用树脂玻璃鳞片涂料。

7.10.2 底涂料的选择，应符合下列规定：

1 锌、铝和含锌、铝金属层的钢材，其表面应采用环氧底涂料封闭；底涂料的颜料应采用锌黄类，不得采用红丹类。

2 在有机富锌或无机富锌底涂料上，宜采用环氧云铁或环氧铁红的涂料，不得采用醇酸涂料。

3 在水泥砂浆或混凝土表面上，应选用耐碱的底涂料。

7.10.3 防腐蚀涂料的底涂料、中间涂料和面涂料等，应选用相互间结合良好的涂层配套。

涂层与钢铁基层的附着力不宜低于5MPa；涂层与水泥基层的附着力不宜低于1.5MPa；附着力的测试方法为拉开法，应符合现行国家标准《涂层附着力的测定拉开法》GB/T 5210的规定。

当涂层与基层的附着力采用拉开法测试确有困难时，可采用划格法进行测试，其附着力不宜低于1级；划格法应符合现行国家标准《漆膜的划格试验》GB/T 9286的规定。

常用防腐蚀涂层配套可按本规范附录C选用。

附录 A 常用材料的耐腐蚀性能

A.0.1 耐腐蚀块材、塑料、聚合物水泥砂浆、沥青类、水玻璃类材料和弹性嵌缝材料的耐腐蚀性能，宜按表A.0.1确定。

表A.0.1 耐腐蚀块材、塑料、聚合物水泥砂浆、沥青类、水玻璃类材料和弹性嵌缝材料的耐腐蚀性能

介质名称	花岗石	耐酸砖	硬聚氯乙烯板	氯丁胶乳水泥砂浆	聚丙烯酸酯乳液水泥砂浆	环氧乳液水泥砂浆	沥青类材料	水玻璃类材料	氯磺化聚乙烯胶泥
硫酸（%）	耐	耐	≤70，耐	不耐	≤2，尚耐	≤10，尚耐	≤50，耐	耐	≤40，耐
盐酸（%）	耐	耐	耐	≤2，尚耐	≤5，尚耐	≤10，尚耐	≤20，耐	≤20，耐	耐
硝酸（%）	耐	耐	≤50，耐	≤2，尚耐	≤5，尚耐	≤5，尚耐	≤10，耐	耐	≤15，耐
醋酸（%）	耐	耐	≤60，耐	≤2，尚耐	≤5，尚耐	≤10，尚耐	≤40，耐	耐	—
铬酸（%）	耐	耐	≤50，耐	≤2，尚耐	≤5，尚耐	≤5，尚耐	≤5，尚耐	耐	—
氢氟酸（%）	不耐	不耐	≤40，耐	≤2，尚耐	≤5，尚耐	≤5，尚耐	≤5，耐	不耐	≤15，耐
氢氧化钠（%）	≤30，耐	耐	≤20，耐	≤20，耐	≤20，耐	≤30，耐	≤25，耐	不耐	≤20，耐
碳酸钠	耐	耐	耐	尚耐	尚耐	耐	耐	不耐	耐
氨水	耐	耐	耐	尚耐	尚耐	耐	耐	不耐	耐
尿素	耐	耐	耐	耐	耐	耐	不耐	不耐	—

续表 A.0.1

介质名称	花岗石	耐酸砖	硬聚氯乙烯板	氯丁胶乳水泥砂浆	聚丙烯酸酯乳液水泥砂浆	环氧乳液水泥砂浆	沥青类材料	水玻璃类材料	氯磺化聚乙烯胶泥
氯化铵	耐	耐	耐	尚耐	尚耐	耐	耐	尚耐	—
硝酸铵	耐	耐	耐	尚耐	尚耐	尚耐	耐	尚耐	—
硫酸钠	耐	耐	耐	尚耐	尚耐	耐	耐	尚耐	—
丙酮	耐	耐	不耐	耐	尚耐	耐	不耐	有渗透作用	—
乙醇	耐	耐	耐	耐	耐	耐	不耐	有渗透作用	—
汽油	耐	耐	耐	耐	尚耐	耐	不耐	有渗透作用	—
苯	耐	耐	不耐	耐	耐	耐	不耐	有渗透作用	—
5%硫酸和5%氢氧化钠交替作用	耐	耐	耐	不耐	不耐	尚耐	耐	不耐	耐

注：1 表中介质为常温，%系指介质的质量浓度百分比。
2 表中水玻璃类材料对氯化铵、硝酸铵、硫酸钠的"尚耐"，仅适用于密实型水玻璃类材料。

A.0.2 树脂类材料的耐腐蚀性能，宜按表 A.0.2 确定。

表 A.0.2 树脂类材料的耐腐蚀性能

介质名称	环氧类材料	酚醛类材料	不饱和聚酯类材料				乙烯基酯类材料	糠醇糠醛型呋喃类材料
			双酚A型	邻苯型	间苯型	二甲苯型		
硫酸（%）	≤60，耐	≤70，耐	≤70，耐	≤50，耐	≤50，耐	≤70，耐	≤70，耐	≤60，耐
盐酸（%）	≤31，耐	耐	耐	≤20，耐	≤31，耐	≤31，耐	耐	≤20，耐
硝酸（%）	≤10，尚耐	≤10，尚耐	≤40，耐	≤5，耐	≤40，耐	≤40，耐	≤40，耐	≤10，耐
醋酸（%）	≤10，耐	≤40，耐	≤30，耐	≤40，耐	≤40，耐	≤40，耐	≤20，耐	
铬酸（%）	≤10，尚耐	≤20，耐	≤20，耐	≤5，耐	≤10，耐	≤20，耐	≤20，耐	≤5，耐
氢氟酸（%）	≤5，尚耐	≤40，耐	≤40，耐	≤20，耐	≤30，耐	≤30，尚耐	≤30，耐	≤20，耐
氢氧化钠	耐	不耐	尚耐	不耐	尚耐	尚耐	耐	尚耐
碳酸钠（%）	耐	不耐	≤20，耐	不耐	耐	耐	耐	耐
氨水	耐	不耐	不耐	不耐	耐	耐	耐	尚耐
尿素	耐	耐	耐	耐	尚耐	耐	耐	耐
氯化铵	耐	耐	耐	耐	耐	耐	耐	耐
硝酸铵	耐	耐	耐	耐	耐	耐	耐	耐
硫酸钠	耐	尚耐	尚耐	尚耐	尚耐	耐	耐	耐
丙酮	尚耐	不耐	不耐	不耐	不耐	不耐	不耐	不耐

续表 A.0.2

介质名称	环氧类材料	酚醛类材料	不饱和聚酯类材料				乙烯基酯类材料	糠醇糠醛型呋喃类材料
			双酚A型	邻苯型	间苯型	二甲苯型		
乙醇	耐	尚耐	尚耐	不耐	尚耐	尚耐	尚耐	尚耐
汽油	耐	耐	耐	耐	耐	耐	耐	耐
苯	耐	耐	尚耐	不耐	尚耐	不耐	尚耐	耐
5%硫酸和5%氢氧化钠交替作用	耐	不耐	尚耐	不耐	尚耐	耐	耐	耐

注：表中介质为常温，%系指介质的质量浓度百分比。

附录 B 常用材料的物理力学性能

B.0.1 聚合物水泥砂浆、沥青类和水玻璃类材料的物理力学性能，宜按表 B.0.1 确定。

表 B.0.1 聚合物水泥砂浆、沥青类和水玻璃类材料的物理力学性能

项目	氯丁胶乳水泥砂浆	聚丙烯酸酯乳液水泥砂浆	环氧乳液水泥砂浆	沥青类材料	钾水玻璃材料		钠水玻璃材料	
					普通型	密实型	普通型	密实型
抗压强度（MPa）不小于	20	30	35	砂浆、混凝土在50℃时1.0	砂浆20 混凝土20	砂浆25 混凝土25	砂浆15 混凝土20	砂浆20 混凝土25
抗拉强度（MPa）不小于	3.0	4.5	5.0	—	胶泥、砂浆3.0	胶泥、砂浆2.5	胶泥、砂浆2.5	胶泥、砂浆2.5
粘结强度（MPa）不小于	与水泥基层1.2 与钢铁基层2.0	与水泥基层1.2 与钢铁基层1.5	与水泥基层2.0	胶泥与耐酸砖0.5	胶泥、砂浆与耐酸砖1.2 砂浆与水泥基层1.0		胶泥、砂浆与耐酸砖1.0	
抗渗等级（MPa）不小于	1.5	1.5	1.5	—	0.4	1.2	0.2	1.2
吸水率（%）不大于	4.0	5.5	4.0	砂浆1.5	10	3	15	—
使用温度（℃）不大于	60	60	80	50	300	100	300	100

注：1 水玻璃胶泥的吸水率系采用煤油吸收法测定。
2 表中使用温度系指无腐蚀条件下的温度。
3 普通型水玻璃类材料采用耐火集料时，其使用温度可以提高。

B.0.2 树脂类材料的物理力学性能，宜按表 B.0.2 确定。

表 B.0.2　树脂类材料的物理力学性能

项　目		环氧类材料	酚醛类材料	不饱和聚酯类材料				乙烯基酯类材料	糠醇糠醛型呋喃类材料
				双酚A型	邻苯型	间苯型	二甲苯型		
抗压强度（MPa）不小于	胶泥	80	70	70	80	80	80	80	70
	砂浆	70	—	70	70	70	70	70	60
抗拉强度（MPa）不小于	胶泥	9	6	9	9	9	9	9	6
	砂浆	7	—	7	7	7	7	7	6
	玻璃钢	100	60	100	90	90	100	100	80
胶泥粘结强度（MPa）不小于	与耐酸砖	3	1	2.5	1.5	1.5	3	2.5	2.5
	与花岗石	2.5	2.0	2.5	2.5	2.5	2.5	2.5	2.5
	与水泥基层	2.0	—	1.5	1.5	1.5	1.5	1.5	—
收缩率不大于（%）	胶泥	0.2	0.5	0.9	0.9	0.9	0.4	0.8	0.4
	砂浆	0.2	—	0.7	0.7	0.7	0.3	0.6	0.3
胶泥使用温度（℃）不大于		80	120	100	60	100	—		140

注：1　各种树脂胶泥、玻璃钢的吸水率不大于0.2%，砂浆的吸水率不大于0.5%。
　　2　表中使用温度是指无腐蚀条件下的温度。
　　3　乙烯基酯树脂胶泥的使用温度与品种有关，为80～120℃。
　　4　二甲苯型不饱和聚酯树脂胶泥的使用温度与品种有关，为65～85℃。

附录 C　防腐蚀涂层配套

涂层的配套可按表C.0.1选用；当涂层用于室外时，涂料的品种应符合本规范第7.10节的规定，且涂层的总厚度宜增加20～40μm。

C.0.1　在气态和固态粉尘介质作用下，常用防腐蚀

表 C.0.1　防腐蚀涂层配套

基层材料	除锈等级	涂层构造								涂层总厚度（μm）	使用年限（a）		
		底层			中间层			面层			强腐蚀	中腐蚀	弱腐蚀
		涂料名称	遍数	厚度（μm）	涂料名称	遍数	厚度（μm）	涂料名称	遍数	厚度（μm）			
钢材	Sa2或St3	醇酸底涂料	2	60	—		—	醇酸面涂料	2	60	120	—	—	2～5
									3	100	160	—	2～5	5～10
		与面层同品种的底涂料或环氧铁红底涂料	2	60	—		—	氯化橡胶、高氯化聚乙烯、氯磺化聚乙烯等面涂料	2	60	120			2～5
			2	60					3	100	160		2～5	5～10
			3	100					2	100	200	2～5	5～10	10～15
			2	60	环氧云铁中间涂料	1	70		2	70	200	2～5	5～10	10～15
			2	60		1	80		3	100	240	5～10	10～15	>15
			2	60		1	70	环氧、聚氨酯、丙烯酸酯、环氧、丙烯酸聚氨酯等面涂料	2	70	200	2～5	5～10	10～15
			2	60		1	80		3	100	240	5～10	10～15	>15
			2	60	环氧云铁中间涂料	2	120		3	100	280	10～15	>15	>15
	Sa2½	环氧铁红底涂料	2	60		1	70	环氧、聚氨酯、丙烯酸环氧、丙烯酸聚氨酯等厚膜型面涂料	2	150	280	10～15	>15	>15
			2	60	—		—	环氧、聚氨酯等玻璃鳞片面涂料；乙烯基酯玻璃鳞片面涂料	3 / 2	260	320	>15	>15	>15

续表 C.0.1

基层材料	除锈等级	涂层构造 - 底层			涂层构造 - 中间层			涂层构造 - 面层			涂层总厚度 (μm)	使用年限（a）		
		涂料名称	遍数	厚度 (μm)	涂料名称	遍数	厚度 (μm)	涂料名称	遍数	厚度 (μm)		强腐蚀	中腐蚀	弱腐蚀
钢材	Sa2 或 St3	聚氯乙烯萤丹底涂料	3	100	—	—	—	聚氯乙烯萤丹面涂料	2	60	160	5～10	10～15	>15
			3	100					3	100	200	10～15	>15	>15
	Sa2$\frac{1}{2}$		2	80	—	—	—	聚氯乙烯含氟萤丹面涂料	2	60	140	5～10	10～15	>15
			3	110					2	60	170	10～15	>15	>15
			3	100					3	100	200	>15	>15	>15
	Sa2$\frac{1}{2}$	富锌底涂料	见表注	70	环氧云铁中间涂料	1	60	环氧、聚氨酯、丙烯酸环氧、丙烯酸聚氨酯等面涂料	2	70	200	5～10	10～15	>15
				70		1	70		3	100	240	10～15	>15	>15
				70		2	110		3	100	280	>15	>15	>15
				70		1	60	环氧、聚氨酯、丙烯酸环氧、丙烯酸聚氨酯等厚膜型面涂料	2	150	280	>15	>15	>15
	Sa3（用于铝层）、Sa2$\frac{1}{2}$（用于锌层）	喷涂锌、铝及其合金的金属覆盖层 120μm，其上再涂环氧密封底涂料 20μm			环氧云铁中间涂料	1	40	环氧、聚氨酯、丙烯酸环氧、丙烯酸聚氨酯等面涂料	2	60	240	10～15	>15	>15
									3	100	280	>15	>15	>15
								环氧、聚氨酯、丙烯酸环氧、丙烯酸聚氨酯等厚膜型面涂料	1	100	280	>15	>15	>15
混凝土	—	与面层同品种的底涂料	1	30	—	—	—	氯化橡胶、高氯化聚乙烯、氯磺化聚乙烯等面涂料	2	60	90	—	2～5	5～10
			2	60					2	60	120	2～5	5～10	10～15
			2	60					3	100	160	5～10	10～15	>15
			3	100					3	100	200	10～15	>15	>15
混凝土	—	环氧底涂料或与面层同品种的底涂料	1	30	—	—	—	环氧、聚氨酯、丙烯酸环氧、丙烯酸聚氨酯、聚氯乙烯萤丹等面涂料	2	60	90	2～5	5～10	10～15
			2	60					2	60	120	5～10	10～15	>15
			2	60					3	100	160	10～15	>15	>15
			3	100					3	100	200	>15	>15	>15

注：1 涂层厚度系指干膜的厚度。
2 富锌底涂料的遍数与品种有关，当采用正硅酸乙酯富锌底涂料、硅酸锂富锌底涂料、硅酸钾富锌底涂料时，宜为1遍；当采用环氧富锌底涂料、聚氨酯富锌底涂料、硅酸钠富锌底涂料和冷涂锌底涂料时，宜为2遍。
3 在混凝土涂刷底涂料之前，宜先涂刷稀释的环氧涂料或稀释的面涂料一遍（无厚度要求），并用腻子局部找平。

本规范用词说明

1 为便于在执行本规范条文时区别对待，对要求严格程度不同的用词说明如下：

　1) 表示很严格，非这样做不可的用词：
　　正面词采用"必须"，反面词采用"严禁"。
　2) 表示严格，在正常情况下均应这样做的用词：
　　正面词采用"应"，反面词采用"不应"或"不得"。
　3) 表示允许稍有选择，在条件许可时首先应这样做的用词：
　　正面词采用"宜"，反面词采用"不宜"；
　　表示有选择，在一定条件下可以这样做的用词，采用"可"。

2 本规范中指明应按其他有关标准、规范执行的写法为"应符合……的规定"或"应按……执行"。

中华人民共和国国家标准

工业建筑防腐蚀设计规范

GB 50046—2008

条 文 说 明

目　次

1　总则 ······················· 7—2—28
2　术语 ······················· 7—2—28
3　基本规定 ················· 7—2—28
　3.1　腐蚀性分级 ········· 7—2—28
　3.2　总平面及建筑布置 ··· 7—2—32
4　结构 ······················· 7—2—32
　4.1　一般规定 ············ 7—2—33
　4.2　混凝土结构 ········· 7—2—33
　4.3　钢结构 ··············· 7—2—35
　4.4　钢与混凝土组合结构 ·· 7—2—36
　4.5　砌体结构 ············ 7—2—36
　4.6　木结构 ··············· 7—2—36
　4.7　地基 ·················· 7—2—37
　4.8　基础 ·················· 7—2—37
　4.9　桩基础 ··············· 7—2—38
5　建筑防护 ················· 7—2—39
　5.1　地面 ·················· 7—2—39
　5.2　结构及构件的表面防护 ·· 7—2—40
　5.3　门窗 ·················· 7—2—40
　5.4　屋面 ·················· 7—2—40
　5.5　墙体 ·················· 7—2—41
6　构筑物 ···················· 7—2—41
　6.1　储槽、污水处理池 ··· 7—2—41
　6.2　室外管架 ············ 7—2—42
　6.3　排气筒 ··············· 7—2—42
7　材料 ······················· 7—2—43
　7.1　一般规定 ············ 7—2—43
　7.2　水泥砂浆和混凝土 ··· 7—2—43
　7.3　耐腐蚀块材 ········· 7—2—45
　7.4　金属 ·················· 7—2—45
　7.5　塑料 ·················· 7—2—45
　7.6　木材 ·················· 7—2—45
　7.7　树脂类材料 ········· 7—2—45
　7.8　水玻璃类材料 ······ 7—2—45
　7.9　沥青类材料 ········· 7—2—46
　7.10　防腐蚀涂料 ········ 7—2—46

1 总 则

1.0.1 在化工、冶金、石油、化纤、机械、医药、轻工等许多工业部门的生产中，普遍存在着各种酸、碱、盐类腐蚀性介质；这些介质对建筑物和构筑物的构配件有不同程度的腐蚀破坏作用。本规范是从设计的角度对建筑、结构的布置和选型直至表面防护等采取一系列合理有效的措施，保证建筑结构的安全性、耐久性。

结构的设计使用年限，应按现行国家标准《建筑结构可靠度设计统一标准》GB 50068 确定。建筑防腐蚀措施主要采取提高结构自身耐久性和采取附加措施。有些附加措施（如：钢结构的涂层）需根据防护层的使用年限，进行多次修复或更换才能满足设计使用年限的要求。

1.0.2 腐蚀的范围很广，介质种类繁多，腐蚀形式多种多样。本规范是针对工业生产常见的介质对建筑结构的防腐蚀设计。

1.0.3 "预防为主"是指采取先进的工艺技术措施，采用密闭性好的设备和管道，做到工艺流程中无泄漏或少泄漏，并通过合理地布置生产设备和对腐蚀性介质进行有组织的回收或排放等技术，避免或减轻腐蚀性介质对建筑、结构的腐蚀。

"防护结合"是腐蚀性介质不可避免对建筑物、构筑物产生作用时，防腐蚀设计应根据介质的性质、含量、作用程度和防护层使用年限等因素，因地制宜采取各种有效的保护措施，并在使用中经常维护。

建筑防腐蚀设计考虑的因素比较多，除了介质的种类、作用量、温度、环境条件等因素外，还要预估生产以后的管理水平和维修条件等，而且还应和工艺、设备、通风、排水等专业一起采取综合措施，才能取得较好的效果。

由于构配件的表面防护比一般装修昂贵得多，因此，对重要构件和次要构件应区别对待，重要构件和维修困难、危及人身安全的部位应采用耐久性较高的保护措施。

1.0.4 本规范与现行国家标准《建筑防腐蚀工程施工及验收规范》GB 50212 配套使用。与其他建筑结构规范配合使用时，凡处于工业腐蚀条件下，应遵守本规范的设计规定。

有些腐蚀环境，如杂散电流的腐蚀以及酸雨、冻融、海洋环境等自然环境介质的腐蚀，尚应符合国家现行有关标准的规定。

2 术 语

2.0.1 在国内外有关的防腐蚀标准中，腐蚀性介质对建筑材料劣化的程度（即腐蚀性程度），有的分为 3 级，有的分为 4、5、6、7 级。

本规范仍按原规范的规定，将腐蚀性程度分为 4 级（即：强、中、弱、微）。其理由是与国内一些规范配套使用，便于操作。从现代科学的防腐蚀技术水平来看，对于某一腐蚀环境下的防护手段，无非只有几种。因此，如果级别分得太多，其相应的防护措施并不可能分得那么细。

本规范将原规范腐蚀性等级的"无腐蚀"改为"微腐蚀"。使用词更科学、更准确。在自然界中，材料在任何情况下都会有腐蚀，只是腐蚀的程度不同，无腐蚀是不存在的。微腐蚀并不是一点腐蚀都没有，而是指腐蚀很轻微、可忽略。

腐蚀性分级，尤其是对非金属材料的腐蚀性分级，至今尚无国内外的统一标准。因此除有约定外，不同规范中的"强腐蚀"，其内容也不尽相同。

2.0.2 防护层使用年限是预估的使用年限，应在设计、施工、使用、维护等各个环节上得到保证。

"合理设计"是指建筑防腐蚀设计应以本规范为依据，正确分析设计条件，采取合理的防护措施。如果设计不合理，实际使用效果一定很差。例如：某肉类加工厂的地面为了防止脂肪酸的腐蚀作用而采用了耐酸混凝土（即水玻璃耐酸混凝土），这种地面是耐脂肪酸的。但设计人员忽略了清洗地面时需要用碱水去掉油脂的要求，而水玻璃类材料是不耐碱性介质的，所以这块地面使用不久就被腐蚀破坏了。

"正确施工"是指建筑防腐蚀工程应以现行的国家标准《建筑防腐蚀工程施工及验收规范》GB 50212 为依据，精心施工，确保工程质量。防腐蚀工程的施工与一般建筑装饰工程的施工是有区别的。某防腐蚀工程在混凝土面上施工防腐蚀涂层时采用普通装饰工程的油灰打底，虽然表面很平整，但使用不到 3 年，就成片脱落。

"正常使用和维护"是指防腐蚀工程的使用单位应提倡文明生产，制定相应的生产、管理制度。例如：某硝铵车间地面上的固态硝铵，应干扫去除，但却采用自来水冲洗，造成液态介质干湿交替作用腐蚀，使厂房破坏严重。

根据国家标准《建筑结构可靠度设计统一标准》GB 50068—2001 的规定，"正常维护"应包括必要的检测、防护及维修。

防护层使用年限是预估的年限，不是防护层的实际使用年限。当使用年限超过预估年限时，应对防护层进行全面评估，以确定是否需要大修或继续使用。

3 基本规定

3.1 腐蚀性分级

3.1.1 腐蚀性介质按其存在形态可分为三大类：气

态介质、液态介质和固态介质。将原规范的腐蚀性水和酸碱盐溶液并为液态介质。各种介质再按其性质、含量和环境条件进行腐蚀性等级分类。

凡规范中未列入的介质,由设计人员根据介质的性质和含量等情况按相近的介质确定类别。

设计时应根据生产工艺条件确定腐蚀性介质的类别。为了便于使用,表1列举了各行业有腐蚀性生产装置部位以及室外大气的腐蚀性介质类别。但由于生产工艺、设备的不断更新以及管理水平的差异,可能导致腐蚀的介质浓度以及泄漏程度等会有所变化,因此腐蚀类别还应根据实际条件确定。

表1 生产部位腐蚀性介质类别举例

行业	生产部位名称	环境相对湿度(%)	气态介质 名称	气态介质 类别	液态介质 名称	液态介质 类别	固态介质 名称	固态介质 类别
化工	硫酸净化工段、吸收工段	—	二氧化硫	Q10	硫酸	Y1	—	—
	硫酸街区大气	—	二氧化硫	Q11				
	稀硝酸泵房	—	氮氧化物	Q6	硝酸	Y1		
	浓硝酸厂房	—	氮氧化物	Q5	硝酸	Y1		
	食盐离子膜电解厂房	—	氯	Q2	氢氧化钠、氯化钠	Y7、16		
	盐酸吸收、盐酸脱吸	>75	氯化氢	Q3	盐酸	Y1	—	—
	氯碱街区大气	—	氯、氯化氢	Q2、4				
	碳酸钠碳化工段	—	二氧化碳、氨	Q16、17	碳酸钠、氯化钠	Y10、16	碳酸钠	G5
	氯化铵滤铵机、离心机部位	—	氨	Q17	氯化铵母液	Y15		
	硫酸铵饱和部位	>75	硫酸酸雾、氨	Q12、17	硫酸、硫酸母液	Y1、11		
	硝酸铵中和工段	—	氮氧化物、氨	Q6、17	硝酸、硝酸铵	Y1、13		
	尿素散装仓库	60~75	氨	Q17	—	—	尿素	G8
	醋酸氧化工段、精馏工段	—	醋酸酸雾	Q14	醋酸	Y5		
	氢氟酸反应工段	—	氟化氢	Q9	硫酸	Y1		
石油化工	己内酰胺车间(环己酮羟胺法)	—			亚硝酸钠	Y12	亚硝酸钠	G8
	氯乙烯工段	—	氯化氢	Q4	盐酸	Y1		
	精对苯二甲酸生产PTA工段	—	醋酸酸雾	Q15	醋酸	Y5		
有色冶金	铜电解、铜电积、铜净液	>75	硫酸酸雾	Q12	硫酸、硫酸铜	Y1、11		
	铜浸出	>75	硫酸酸雾	Q12	硫酸	Y1	硫酸铜	G7
	锌浸出、压滤、锌电解	>75	硫酸酸雾	Q12	硫酸、硫酸锌	Y1 参Y11		
	镍电解、镍净液、镍电积	>75	氯、氯化氢、硫酸酸雾	Q2、4、12	硫酸、盐酸	Y1		
	钴电解、钴电积	>75	氯、硫酸酸雾	Q2、12	硫酸	Y1		
	铅电解	60~75	硅氟酸雾	参Q9	硅氟酸	参Y4		
	氟化盐制酸车间吸收塔部位	—			氢氟酸	Y4		
	氧化铝叶滤厂房、分解过滤厂房	—	碱雾	Q18	氢氧化钠、碳酸钠	Y7、10		
	镁浸出	—	氯、氯化氢	Q1、3	—	—	氯化镁	G6

续表1

行业	生产部位名称	环境相对湿度（%）	气态介质 名称	气态介质 类别	液态介质 名称	液态介质 类别	固态介质 名称	固态介质 类别
机械	各种金属件的酸洗	>75	酸雾、碱雾	Q12、18	酸洗液、氢氧化钠	Y1、7	—	—
机械	电镀	>75	酸雾、碱雾	Q12、18	酸洗液、氢氧化钠	Y1、7	—	—
医药	氯霉素生产的反应釜部位	—	氯、氯化氢	Q1、3	盐酸	Y1	—	—
医药	阿斯匹林生产的离心机、反应釜部位	—	醋酸酸雾	Q14	醋酸	Y5	—	—
农药	甲基异氰酸酯合成、精制	—	氯化氢	Q4	—	—	—	—
农药	杀螟松生产的氯化物	—	氯化氢	Q3	氯化盐	Y15	—	—
化纤 粘胶纤维	熟成工段	—	硫化氢	Q7	氢氧化钠	Y8	—	—
化纤 粘胶纤维	酸站	—	氯、硫化氢	Q2、7	硫酸	Y1	—	—
化纤 粘胶纤维	纺丝间	>75	氯、硫化氢	Q2、7	硫酸	Y1	—	—
印染	漂炼	>75	氯化氢、二氧化硫、碱雾	Q4、11、18	氢氧化钠、次氯酸钠、亚硫酸钠	Y8、12	—	—
印染	染色调配、印花调浆	>75	醋酸酸雾、碱雾	Q15、18	醋酸、氢氧化钠、硫化碱	Y5、8	—	—
钢铁	酸洗	>75	氯化氢	Q3	硫酸	Y1	—	—
钢铁	半连轧酸洗槽	>75	硫酸酸雾	Q12	盐酸	Y1	—	—
制盐	硫酸钠溶解槽、蒸发部位	—	—	—	硫酸钠	Y11	硫酸钠	G3
制盐	氯化钠蒸发、干燥	—	—	—	氯化钠	Y16	氯化钠	G2
制糖	糖汁硫熏器及燃硫炉	—	二氧化硫	Q11	—	—	—	—
日用化工	洗衣粉生产的磺化部位、尾气排空管屋面附近	—	二氧化硫	Q11	硫酸、苯磺酸	Y1	—	—
日用化工	肥皂生产的化油槽、煮皂锅部位	>75	—	—	脂肪酸、氢氧化钠	Y6、7	—	—
造纸 碱法、硫酸盐法化浆	蒸煮、洗选工段	—	硫化氢	Q8	硫化钠、氢氧化钠、硫酸钠	Y8、11	—	—
造纸 碱法、硫酸盐法化浆	漂白、制漂工段	—	氯、二氧化硫	Q1、11	硫酸、氢氧化钠、硫酸镁	Y1、7、11	硫酸镁、氧化钙	G7
造纸 碱法、硫酸盐法化浆	苛化工段	—	碱雾	Q18	氢氧化钠、碳酸钠	Y7、10	碳酸钙、氧化钙	G1
造纸 化学机械浆	化机浆车间	—	—	—	氢氧化钠、亚硫酸钠	Y7、12	—	—
食品	乳制品收乳与预处理工段、酸牛乳车间、冰淇淋车间	—	—	—	硝酸、乳酸、氢氧化钠	Y1、6、8	—	—
食品	味精提取车间	—	氯化氢	Q4	盐酸、氢氧化钠	Y1、8	—	—

续表1

行业	生产部位名称	环境相对湿度（%）	气态介质		液态介质		固态介质	
			名称	类别	名称	类别	名称	类别
制革	鞣制车间	>75	硫化氢、铬酸气	Q7、参Q12	铬酸	Y1	—	—
其他	脱盐水站的酸储槽及投配排放部位	—	—	—	盐酸、硫酸	Y1	—	—

注：环境相对湿度表中未注明者，可按地区年平均相对湿度确定。

3.1.2 在介质环境中，建筑材料的腐蚀性等级与污染介质的成分、含量或浓度、潮润时间等综合因素有关。本规范仍按原规范的规定分为4级：强、中、弱、微，将原规范的"无腐蚀"改为"微腐蚀"。

一般从概念上可理解为：在强腐蚀条件下，材料腐蚀速度较快，构配件必须采取附加的防腐蚀措施，如有可能宜改用其他耐腐蚀性材料；在中等腐蚀条件下，材料有一定的腐蚀，可采用附加的防腐蚀措施；在弱腐蚀条件下，材料腐蚀较慢，可采用提高构件的自身质量，个别情况也可采取简易的附加防腐蚀措施；微腐蚀条件时，材料无明显腐蚀。

建筑材料是指建筑结构或构配件的常用材料：钢筋混凝土、素混凝土、钢、铝、烧结砖砌体、木。其中烧结砖砌体的腐蚀性等级是综合烧结粘土砖和水泥砂浆的耐腐蚀性能而定的。预应力混凝土与钢筋混凝土的耐腐蚀性，虽有差异，但基本相同。

同一形态的多种介质同时作用同一部位时，腐蚀性等级应取最高者，但防护措施应综合满足各种不同的要求。例如：有酸碱作用的地面，一般说来，酸为强腐蚀，碱可能是中腐蚀，因此该地面的腐蚀性等级为强腐蚀，但该地面的防护要求，不但需要满足酸（强腐蚀）作用的要求，还需满足碱（中腐蚀）作用的要求。

3.1.3 环境相对湿度，是指在某一温度下空气中的水蒸气含量与该温度下空气中所能容纳的水蒸气最大含量的比值，以百分比表示。环境相对湿度应采用构配件所处部位的实际相对湿度，不能不加区别都采用工程所在地区年平均大气相对湿度值。例如：湿法冶炼车间的相对湿度常大于地区年平均相对湿度，而有热源辐射反应炉附近的相对湿度常小于地区年平均相对湿度。因此，在生产条件对相对湿度影响较小时才可采用工程所在地区的年平均相对湿度。

对于大气中水分的吸附能力，不同物质或同一物质的不同表面状态是不同的。当空气中相对湿度达到某一临界值时，水分在其表面形成水膜，从而促进了电化学过程的发展，表现出腐蚀速度剧增，此时的相对湿度值就称为某物质的临界相对湿度。值得注意的是金属的临界相对湿度还往往随金属表面状态不同而变化，如：金属表面越粗糙，裂缝与小孔愈多，其临界相对湿度也愈低；当金属表面上沾有易于吸潮的盐类或灰尘等，其临界值也会随之降低。

表3.1.4和表3.1.6中环境相对湿度的取值主要依据碳钢的腐蚀临界湿度确定，其他材料略有差异。

3.1.4 气态介质指各种腐蚀性气体、酸雾和碱雾（含蒸水蒸气），主要作用于室内外的上部建筑结构及构配件，其腐蚀性与介质的性质、含量以及环境相对湿度有关。

酸雾和碱雾本是以液体为分散相的气溶胶，但其腐蚀特征和作用部位更接近气态介质，因此列入气态介质范围内。酸雾、碱雾的含量仍以定性描述，目前尚不具备定量的条件。

这次修编，将原规范Q3氯化氢的含量1～15 mg/m³改为1～10 mg/m³，理由：①国内几个工程调查表明，Q3氯化氢含量一般仅为1～2 mg/m³，不超过10 mg/m³；②与国外一些标准匹配。

另外，将原规范Q9氟化氢的含量5～50 mg/m³改为1～10 mg/m³，理由：①某电解车间室内氟化氢含量为1.84 mg/m³，对厂房已有腐蚀；②某厂氟化氢洗涤塔，净化前的含量为20～30mg/m³，净化后的含量为1.40～2.24 mg/m³，所以厂房内不会达到50 mg/m³那么高的浓度。

表3.1.4中Q12、Q13、Q14、Q15、Q18所在行第三列介质含量原为"大量"或"少量"作用，不够准确，现改为"经常"或"偶尔"作用。这里经常作用是指在一定的浓度范围内，同种腐蚀性介质经常或周期性作用下，对建筑结构的腐蚀较大；偶尔作用是指同种腐蚀性介质不经常或间断作用，对建筑结构的腐蚀较小。

3.1.5 液态介质指的是生产过程中直接作用或泄漏的液态介质，多作用于池、槽、地面和墙裙，是以介质不同性质和pH值或浓度进行分类的。

硫酸、盐酸、硝酸等无机酸的pH值为1时，其浓度约为0.4%～0.6%。

当生产用水（包括污水）采用离子浓度分类时，其腐蚀性等级可按现行国家标准《岩土工程勘察规范》GB 50021地下水的离子浓度进行分类。

3.1.6 固态介质包括碱、盐、腐蚀性粉尘和以固体为分散相的气溶胶,主要作用于地面、墙面和地面以上的建筑结构及构配件。固态介质只在溶解后才对建筑材料产生腐蚀,因此,腐蚀程度与水和环境相对湿度有关。不溶和难溶的固体基本上不具腐蚀性,完全溶解后的易溶固体按液态介质进行腐蚀性评定;处于户外部分的易溶固体因有雨水作用,按液态介质考虑。在无水环境中,固体吸湿性大小与环境相对湿度有关。易吸湿的固体在环境相对湿度大于60%时通常都会有不同程度地吸湿后潮解成半液体状或局部溶解。

这次修编将 G1 的"硅酸盐",改为"硅酸铝",因为硅酸钠、硅酸钾是溶于水的;删去 G1 的"铝酸盐",因为铝酸钠是溶于水的。

这次修编将表 3.1.6 中 G2 的氯化锂删除,因其平衡时相对湿度为12%,属易吸湿介质,不是难吸湿介质。

3.1.7 为了与现行国家标准《岩土工程勘察规范》GB 50021 协调一致,本规范不再另列入水、土对建筑材料的腐蚀性等级。

3.1.8 干湿交替作用的情况有多种多样。地面受液态介质作用,时干时湿属于干湿交替作用;基础和桩基础在地下水位变化的部位,有干湿交替作用;储槽、污水池、排水沟在液面变化的部位,也有干湿交替作用。

在介质的干湿交替作用下,材料会加速腐蚀;但不同的干湿交替作用情况,加速腐蚀的程度是不同的。如果干湿交替作用能产生介质的积聚、浓缩(如:构件一个侧面与硫酸根离子液态介质接触,而另一个侧面暴露在大气中),则腐蚀速度快。如果干湿交替作用基本上不能产生介质的积聚、浓缩(如:土壤深处地下水位的变化对桩身的腐蚀),则腐蚀速度慢。由于干湿交替作用的情况不同,因此其加强防护的措施也有区别。

3.1.9 微腐蚀环境下,材料腐蚀很缓慢,因此构配件可按正常环境下进行设计,即可以不采取本规范所规定的防护措施。

3.2 总平面及建筑布置

3.2.1 工程实践表明,大量散发腐蚀性气体或粉尘的生产装置对邻近建筑物和装置的设备仪表均有影响,总平面布置合理对减轻腐蚀极为有利,其中风向和风频是主要考虑因素;由于有一些地区的最大风频与次风频是正对的,所以这些生产装置应布置在厂区全年最小频率风向的上风侧,而不应是最大风频的下风侧。总平面布置时,除了考虑厂区内各街区之间的影响外,也要考虑相邻工厂之间的相互影响。实践证明,在正常情况下,地下水的扩散影响较小,因此没有强调提出。

3.2.2 "设备"也包括储罐、储槽等。腐蚀性溶液的大型储罐发生过泄漏事故,这类储罐如果设在厂房内或靠近基础,一旦发生泄漏,腐蚀严重,其后果往往会造成地基沉陷或膨胀,很难维修加固。

设围堤是针对突发性大量腐蚀性液体外漏事故时防止造成次生灾害的措施。围堤也可以不采用耐腐蚀材料,但要能保持溶液在短时间内不致大量流失,能及时采取回收措施。

3.2.3 淋洒式冷却排管和水池所在的环境水雾弥漫,遍地是水。凡设在室内而且在有腐蚀介质作用条件时,严重加剧腐蚀。近年来设计已吸取经验将排管和水池移到室外,但是过于靠近厂房,水雾对墙面仍有明显腐蚀作用。水池距离建筑物外墙面不小于 4m,可以减少影响。

3.2.4 建筑的形式,如厂房开敞和半开敞的问题,虽然从厂房而言是有利于稀释腐蚀性气体而减轻了腐蚀,但是开敞除应符合环保和生产、检修条件外,还应注意当厂房开敞后的雨水作用,特别是有腐蚀性粉尘条件下,反而会加剧腐蚀。

3.2.5 调查表明,在液态介质作用的楼层,容易因渗漏(尤其是在孔洞周围和地漏附近)对下层的顶棚、墙面,甚至设备和电线等造成腐蚀。控制室和配电室若与具有腐蚀性的场所直接相通,气体、粉尘会逸入室内,液体会被带入(如从鞋底)。控制室和配电室内的仪表和配线对腐蚀比较敏感,一旦腐蚀,后果严重。

3.2.6 将同类腐蚀性介质的设备相应集中,能减少或避免不同腐蚀性介质的交替作用,简化设防,减少选材上的困难。

地下室的地面标高较低,排除地面上腐蚀性液体困难较大,而且通风条件差,难以排除腐蚀性气体或粉尘。因此,将有腐蚀性介质的设备布置在地下室,客观上给防腐蚀造成困难。

3.2.7 局部设防是为了缩小腐蚀影响,减少设防范围。气态介质和固态粉尘主要用隔墙隔开,液态介质主要在地面设置挡水。

3.2.8 大量实例表明,强腐蚀性介质渗入厂房地基后,容易引起地基变形,厂房开裂。为避免这一现象发生,要求输送上述液体的管道设在管沟内,离厂房基础的水平距离不小于1m。

3.2.9 楼面开孔是遭受液态介质腐蚀的薄弱部位,墙面开孔也对防护不利。将各类管线相对集中,减少开孔,有利于防护。

4 结 构

本章提出了各类结构设计的规定;地面以下的构件(基础和桩基等)应按本章的规定进行防护,地面以上的构件(柱、梁、板等)应按本规范第5章的规定进行防护。

4.1 一般规定

4.1.1 本条提出了在腐蚀环境下结构耐久性设计的基本原则，从材料的选择、结构的布置、选型、构造及构件更换等诸方面提出要求，这种"概念性"设计对提高结构防腐蚀能力是十分重要的。

选材要扬长避短，充分发挥材料的特性。如混凝土耐氯气的腐蚀比钢强；密实性较高的材料抗结晶腐蚀比孔隙多的材料好。

在腐蚀条件下，结构设计应从布置、截面形状、连接方式及构造上力求简洁，尽量减少构件的外表面积、棱角和缝隙，以避免水和腐蚀性介质在结构表面的积聚并利于其迅速排除。

钢结构杆件放置方向不能积水；构件表面平整与否以及杆件节点和布置，要利于腐蚀性介质、灰尘和积水的排除。

设计时要考虑固定走道、升降平台等设施和照明，以便于防护层的施工、检查和维修，不能出现无法施工和维修的区域。

彩涂压型钢板、檩条等次要构件，往往不能与主体结构的使用年限相同，因此，当业主要求使用时，应采取便于更换的措施。

4.1.2 在腐蚀环境下，超静定结构构件内力若采用塑性内力重分布的分析方法，要求某些截面形成塑性铰并能产生所需的转动，在混凝土结构中会产生裂缝，在腐蚀环境中不利于结构的耐久使用；由于裂缝处变形较大，也可造成表面防护层的开裂。

对于钢结构，截面内塑性发展会引起内力重分配，变形加大，造成应力集中，电化学腐蚀严重。

4.2 混凝土结构

4.2.1 混凝土结构的耐久性，除了在材料上应有保证以外，还应由结构和构件的选型、裂缝控制和构造措施以及表面防护来保证，其中结构和构件的选型有时会起主导作用。规范吸取了国内外的经验教训，提出若干要求。

1 现浇钢筋混凝土框架结构具有整体性好和便于防护的优点，没有钢埋件和装配节点可能形成的薄弱环节，因此其耐久性相对较好。

本次规范修订，对钢筋混凝土框架结构只推荐现浇式。因装配整体式在国内实践中已很少采用，而现浇式已具备速度快、质量好的优势，配套设施相当完善，施工经验十分丰富。

2 预应力混凝土构件具有强度等级高、密实性和抗裂性较好的特点。混凝土在应力条件下的腐蚀性，根据一些试验表明，受拉部分要比受压部分严重，因此从耐久性角度来讲，预应力混凝土构件要比钢筋混凝土构件优越。

3 柱截面的形式宜采用实腹式，其目的是为了减少受腐蚀的外露面积，同时规整的截面也便于防护。腹板开孔的工字形柱的表面积大，容易遭受腐蚀，所以在腐蚀性等级为强、中时不应采用。

4.2.2 近年来，随着施工水平的提高，国内预应力混凝土的应用得到较大发展，其中使用最为广泛的是后张整体式。

1 先张法预应力混凝土结构在预制工厂完成，质量较易保证，混凝土密实度较高，预应力筋的保护较为严密，在工业腐蚀环境中，耐久性能较强。前苏联《建筑防腐蚀设计规范》（73版、85版）均推荐先张法。

2 预应力混凝土结构推荐采用整体结构。因块体拼装式结构存在拼接缝隙，此缝隙难以密封，腐蚀性介质会从缝隙渗入，腐蚀预应力钢筋。某厂21m跨度的拼装式梯形屋架，因腐蚀性介质从拼缝中渗入腐蚀预应力钢筋，使用10年后，预应力钢筋蚀断而突然掉落。所以块体拼装后张法预应力构件在腐蚀的条件下不应使用。

3 无粘结预应力混凝土结构采用多重手段防护且施工方便，可检测，可更换。目前国内科研、设计、施工水平逐步提高，应用也愈趋广泛。根据国家行业标准《无粘结预应力混凝土结构技术规程》JGJ 92—2004和国内外的应用经验表明，对处于腐蚀条件下的无粘结预应力锚固系统应采用连续封闭体系，经过10kPa静水压力下不透水试验，可保证其耐久性。

4 由于预应力筋处于高应力状态，容易产生应力腐蚀，若钢丝（或钢筋）直径较细（$\phi<6mm$），稍有腐蚀，其截面面积损失比例较大，故不应使用直径小于6mm的钢筋和钢丝作预应力筋。

预应力混凝土构件的钢绞线应控制单丝直径。

5 后张法预应力混凝土结构的预应力筋要密封防锈。抽芯成形的预应力钢筋孔道密封性能差，金属套管的耐腐蚀性能不佳，均不应采用；可选用耐老化性能较好的塑料波纹管。

6 后张法预应力混凝土结构的锚具及预应力筋外露部分，均为防腐蚀薄弱环节，它的失效将导致整个结构的破坏。因此要进行严格封闭，宜采用埋入式构造，可按国家行业标准《无粘结预应力混凝土结构技术规程》JGJ 92—2004 第4.2.5条的有关规定执行。

4.2.3 保证结构混凝土的耐久性是防腐蚀设计的重要环节。与原规范相比较，本规范在最低混凝土强度等级、最小水泥用量、最大水灰比等方面的要求均有所提高，并根据腐蚀性等级的不同区别对待。这是由于国内对这些问题已有共识（海港、铁路等行业标准都提高了对结构混凝土的基本要求），本规范与国际标准不能差距过大，适当进行了调整。

本次修订还增加了对最大氯离子含量的规定，与国家标准《混凝土结构设计规范》GB 50010—2002 接轨。

某些试验表明，原 200 号混凝土的密实性较差，它的抗碳化能力约为原 300 号混凝土的 1/2、原 400 号混凝土的 1/8。国家标准《混凝土结构设计规范》GB 50010—2002 规定，处于环境类别为三类的结构混凝土强度等级不应低于 C30。所以本规范规定在弱腐蚀等级时，最低混凝土强度等级为 C30。

腐蚀性介质对构件的腐蚀，一般是由外表向内部逐渐进行的。混凝土的抗渗性能对腐蚀速度起重要影响。混凝土的抗渗性能主要决定于混凝土的密实度，而对混凝土密实度起控制作用的是水灰比和水泥用量，其中水灰比起主要作用。水灰比与碳化系数之间有近似的线性关系；水泥用量与碳化系数之间也近似呈线性关系，但水泥用量小于 300kg/m³ 时，系数明显增加。国内外关于混凝土耐久性的设计规定中都对最大水灰比和最小水泥用量有明确规定，结构混凝土水灰比一般控制在 0.55（抗渗等级相当于 0.6MPa）以内，预应力混凝土为 0.45（抗渗等级相当于 0.8MPa）以内。本条按国家标准《混凝土结构设计规范》GB 50010—2002，处于环境类别为三类的结构混凝土最大水灰比和最小水泥用量限值的规定作为弱腐蚀等级的取值。

在结构混凝土的基本要求中规定"最低混凝土强度等级"（而非抗渗标号），便于设计人员采用较高强度的混凝土，且施工中利于控制。预应力混凝土构件最大氯离子含量 0.06% 指水溶性试验方法，不能采用酸溶性试验方法。

当混凝土中需要掺入矿物掺和料时，应符合国家现行有关标准规范的规定。表 4.2.3 注 2 中的"胶凝材料"是水泥和掺入的矿物掺和料的总称；"水胶比"即为水与胶凝材料之比。

4.2.4 本条所指"裂缝"均为受力产生的横向裂缝。构件的横向裂缝宽度对耐久性有一定的影响，宽度过大将导致钢筋的锈蚀。

控制裂缝及裂缝宽度也是防腐蚀设计的一个要点。与原规范相比较，本次修订控制级别严了一些，并与国家标准《混凝土结构设计规范》GB 50010—2002、行业标准《无粘结预应力混凝土结构技术规程》JGJ 92—2004 接轨。

预应力混凝土构件中的配筋，处于高应力工作状态，而又大都采用高强钢材，对腐蚀比较敏感，在腐蚀性介质和拉应力共同作用下，容易产生应力腐蚀倾向。如果混凝土裂缝过大，预应力混凝土构件的腐蚀程度要比钢筋混凝土构件严重，所以应从严控制。

4.2.5 混凝土对钢筋的保护，除需要一定密实度的混凝土外，还需要有一定厚度的保护层，这是提高混凝土结构耐久性的重要措施。根据调查，保护层厚度若减少 1/4，则混凝土中性化层到达钢筋表面的时间可缩短一半。

本条混凝土保护层的厚度针对所有钢筋，即纵筋、钢箍、分布筋均要满足该表的要求。因为从防腐蚀机理出发，钢箍锈蚀不仅会导致构件抗剪能力的下降，而且钢箍的锈蚀会诱导纵向受力钢筋锈蚀，从而导致构件丧失承载能力。国际上的观点都很明确，必须包括全部钢筋。

表 4.2.5 面形构件中只提板、墙，取消了壳。因壳体较薄，混凝土保护层厚度一般不能满足要求，且在腐蚀条件下应用很少。

混凝土保护层厚度的增加对防腐蚀设计十分重要，目前国际上都有加厚保护层的趋势。但厚度也不能增加过多，因为保护层太厚时，受弯构件横向裂缝会加大，涂料防护层也易脱落。

4.2.6 有液态介质或有冲洗水作用时，设备或管道留孔周围的梁板可能经常受到液态介质的作用，腐蚀情况较为严重。为了保护边梁不受腐蚀，可将边梁离开孔洞边缘布置而将板挑出，这种布置方法在铜电解厂房中取得了良好的效果。

4.2.7 主要承重构件纵向受力钢筋不要采用多而细的钢筋，防止细钢筋较快被腐蚀而丧失承载力。

4.2.8 固定管道、设备支架的预埋件和吊环，部分暴露在外。当腐蚀性介质作用时，在混凝土内、外形成阴极和阳极，其腐蚀情况比较严重。如果预埋件与受力钢筋接触，会引起受力钢筋的腐蚀。

直接预埋在梁上的起重吊点，其腐蚀情况也较为严重，会造成吊点周围混凝土的开裂。在梁上预埋耐腐蚀的套管，钢吊索便可穿过套管固定，既便于更换，对梁又无不良影响，效果较好。

4.2.9 钢预埋件腐蚀后，很难修复，也无法更换，造成许多隐患，甚至还可能影响到构件本身。对预埋件的防护，根据工程经验可采用树脂或聚合物水泥的砂浆、混凝土包裹，也可采用防腐蚀涂层、树脂玻璃鳞片胶泥等防护。防腐蚀涂层包括涂料层或涂料和金属的复合涂层。复合涂层防护（即在喷、镀、浸的铝、锌金属覆盖层上再涂刷涂料层），可在腐蚀较为严重时采用；屋架支座和设备地脚螺栓可采用树脂砂浆、树脂混凝土包裹；非常重要且检修困难的预埋件推荐采用耐腐蚀金属，如不锈钢制作。

在装配式结构中，构件之间的连接件，如大型屋面板与屋架或梁的连接节点、天窗架与屋架的节点、屋架与柱的节点，是保证结构整体性的关键部件。调查时，发现焊缝与埋件均有不同程度的锈蚀，如太原市某水厂安装两年后网架支座（未做镀锌处理，未用混凝土包裹）就发生锈蚀，严重的甚至全部锈蚀，所以必须认真保护。

4.2.10 后张法预应力混凝土的外露金属锚具，先张法端部钢筋的外露部分，都是关键部位，采用树脂或聚合物水泥的混凝土包裹，以确保其可靠。

4.3 钢 结 构

4.3.1 钢结构构件和杆件形式，对结构或杆件的腐蚀速度有重大影响。如山西某化肥厂散装仓库为三铰拱结构（角钢格构式），某厂酸洗车间采用格构柱，均腐蚀严重。

按照材料集中原则的观点，截面的周长与面积之比愈小，则抗腐蚀性能愈高。薄壁型钢壁较薄，稍有腐蚀对承载力影响较大；格构式结构杆件的截面较小，加上缀条、缀板较多，表面积大，不利于防腐。本条中"格构式"系指杆件截面不满足本规范第4.3.3条厚度要求的格构式构件。

4.3.2 一些试验表明，由两根角钢组成的T形截面，其腐蚀速度为管形的2倍及普通工字钢的1.5倍，而且两角钢之间的缝隙很难进行防护，形成腐蚀的集中点。因此规范对上述结构和杆件，均限制了使用范围。杆件截面的选择应以实腹式或闭口截面较好。

当必须采用型钢组合截面的杆件时，其型钢间的空隙宽度应满足防护层施工检查和维修的要求。国际标准《涂料与清漆—用防护涂料系统对钢结构进行防腐蚀保护》ISO 12944中提出：对于型钢组合截面，型钢间的空隙宽度应满足图1的要求。

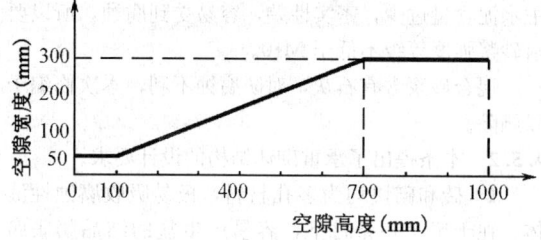

图 1 型钢间的空隙宽度的要求

闭口截面杆件端部封闭是防腐蚀要求。闭口截面的杆件采用热镀浸锌工艺防护时，杆件端部不应封闭，应采取开孔防爆措施，以保证安全。若端部封闭后再进行热浸镀锌处理，则可能会因高温引起爆炸。

本规范取消了轻型钢结构的条文。因国家标准《钢结构设计规范》GB 50017—2003中已取消了轻型钢结构的章节，且本规范第4.3.3条对角钢截面已作了截面厚度不小于5mm的规定。

4.3.3 为保证钢构件的耐久性，必须有一定的截面厚度要求。太薄的杆件一旦腐蚀便很快丧失承载力。规范中规定的最小限值，是根据使用经验确定的。

4.3.4 门式刚架是近年来使用较多的钢结构，它造型简捷，受力合理。在腐蚀条件下推荐采用热轧H型钢。因整体轧制，表面平整，无焊缝，可达到较好的耐腐蚀性能。

采用双面连续焊缝，使焊缝的正反面均被堵死，密封性能好。

4.3.5 网架结构能够实现大跨度空间且造型美观，近年发展迅速，应用于许多工业与民用建筑。本次规范修订增加了防腐设计的专门条款。

钢管截面、球型节点是各类网架中杆件外表面积小、防腐蚀性能好又便于施工的空间结构型式，也是工业建筑中广泛应用的型式。

焊接连接的空心球节点虽然比较笨重，施工难度大，但其防腐蚀性能好，承载力高，连接相对灵活。在强、中腐蚀条件下不推荐螺栓球节点，因钢管与球节点螺栓连接时，接缝难以保持严密，工程中曾出现倒塌事故。

网架作为大跨度结构构件，防腐蚀非常重要，本条提出螺栓球接缝处理和多余螺栓孔封堵问题都是防止腐蚀气体进入的重要措施。

4.3.6 不同金属材料接触时会发生接触反应，腐蚀严重，故要在接触部位采取隔离措施。如采用硅橡胶垫做隔离层并加密封措施。

4.3.7 焊接连接的防腐性能优于螺栓连接和铆接，但焊缝的缺陷会使涂层难以覆盖，且焊缝表面常夹有焊渣又不平整，容易吸附腐蚀性介质，同时焊缝处一般均有残余应力存在，所以，焊缝常常先于主体材料腐蚀。焊缝是传力和保证结构整体性的关键部位，对其焊脚尺寸必须有最小要求。断续焊缝容易产生缝隙腐蚀，若闭口截面的连接焊缝采用断续焊缝，腐蚀介质和水气容易从焊缝空隙中渗入内部。所以对重要构件和闭口截面杆件的焊缝应采用连续焊缝。

加劲肋切角的目的是排水，避免积水和积灰加重腐蚀，也便于涂装。焊缝不得把切角堵死。国际标准《涂料与清漆—用防护涂料系统对钢结构进行防腐蚀保护》ISO 12944中提出加劲肋切角半径不应小于50mm。

4.3.8 构件的连接材料，如焊条、螺栓、节点板等，其耐腐蚀性能（包括防护措施）应不低于主体材料，以保证结构的整体性。

本次修订增加了螺栓直径和螺栓、螺母、垫圈的外防护要求等。

弹簧垫圈（如防松垫圈、齿状垫圈）容易产生缝隙腐蚀。

4.3.9 高强螺栓自20世纪60～70年代开始在国内铁道桥梁上应用以来，已达40年。

连接处接触面在采取其他涂料防护时，要保证摩擦系数的要求。

4.3.10 钢柱柱脚均置于混凝土基础上，不允许采用钢柱插入地下再包裹混凝土的做法。钢柱于地上、地下形成阴阳极，雨季环境温度高或积水时，电化学腐蚀严重。大连某化工厂曾采用这种构造，腐蚀严重。

另外，室内外地坪常因排水不畅而积水，所以本规范规定钢柱基础顶面宜高出地面不小于300mm，以避免柱脚积水锈蚀。

4.3.11 耐候钢即耐大气腐蚀钢，是在钢中加入少量的合金元素，如铜、铬、镍等，使其在工业大气中形成致密的氧化层，即金属基体的保护层，以提高钢材的耐候性能，同时保持钢材具有良好的焊接性能。耐候钢宜采用可焊接低合金耐候钢，其质量应满足现行国家标准《焊接结构用耐候钢》GB/T 4172的规定。

在工业气态介质环境下，耐候钢表面也需要采用涂料防腐。耐候钢表面的钝化层增强了与涂料附着力。另外，耐候钢的锈层结构致密，不易脱落，腐蚀速度减缓。故涂装后的耐候钢与普通钢材相比，有优越的耐蚀性，适宜室外环境使用。

国家标准《钢结构设计规范》GB 50017—2003第3.3.7条规定："对处于外露环境，且对耐腐蚀有特殊要求的或在腐蚀性气态和固态介质作用下的承重结构，宜采用耐候钢"。国家标准《烟囱设计规范》GB 50051—2002第3.3节中已给出耐候钢的计算指标。

经调查，耐候钢已在上海几个钢厂生产，价格比一般碳素钢约贵10%，具备了推广使用的条件。

4.4 钢与混凝土组合结构

4.4.1 钢与混凝土的组合屋架和吊车梁，虽然能发挥两种材料的各自长处，具有节省材料和方便施工的优点。但在腐蚀环境中，由于不同材料对腐蚀性介质的敏感性不同，因此这种结构具有特殊的腐蚀特征。据某些工厂的调查，组合结构的腐蚀有时会比单独的钢筋混凝土或钢结构更严重，特别是在混凝土与钢接触的界面上。在现行国家标准图目录中，已没有钢与混凝土组合的屋架和吊车梁标准图。

以压型钢板为模板兼配筋的混凝土组合结构（也称整合板），在钢与混凝土的接触面处形成的缝隙腐蚀，使金属腐蚀加剧，耐久性能差，压型钢板又无法更换，故不允许采用。

4.4.2 钢与混凝土组合梁系指由混凝土翼板与钢梁通过抗剪连接件组合而成能整体受力的梁。这种结构在一般建筑中应用较广，但在调查中发现在钢梁顶面与混凝土板接触处腐蚀严重，也属缝隙腐蚀，故采取限制使用的规定。

东海某桥的大跨度叠合梁斜拉桥中，对叠合梁采取了提高混凝土板抗渗、抗裂、抗冲击能力，改进构造细节并采取辅助措施，加强混凝土与钢梁结合部位密封性能，提高结合部位钢结构耐蚀能力以确保剪力钉完好。

4.5 砌体结构

4.5.1 为提高砌体结构的耐久性，本次规范修订分别对各类砌体和水泥砂浆标号予以提高。

石砌体目前在工程中极少采用，本次规范修订中予以取消。

1 根据国家标准《砌体结构设计规范》GB 50003—2001和防腐蚀需要，本规范在腐蚀条件下，推荐采用烧结普通砖和烧结多孔砖。烧结砖分烧结粘土砖、烧结页岩砖、烧结煤矸石砖、烧结粉煤灰砖。经烧结后材料陶瓷化，稳定性好，可用于腐蚀环境。为贯彻国家政策节省粘土，宜采用后几种砖。由自燃煤矸石烧结的多孔砖，烧结后陶体裂缝较多，腐蚀环境中或地下应用时，要在孔洞中浇灌混凝土、抹面或提高标号。

蒸压灰砂砖和蒸压粉煤灰砖均含一定量的石灰胶结料，同时由于其孔隙率大，吸水率高，在腐蚀条件下承重结构不应采用。

为提高砌体的耐久性，国家标准《砌体结构设计规范》GB 50003—2001对潮湿房间或层高大于6m的墙，要求砖的最低强度等级为MU10。因此本规范要求在承重结构中烧结砖的强度等级不宜低于MU15。

2 混凝土中型空心砌块因重量大不便施工，已在国家标准《砌体结构设计规范》GB 50003—2001中取消。

轻骨料混凝土砌体在腐蚀环境中无使用经验，不建议使用。

3 由于目前水泥的标号较高，低强度等级砂浆中水泥含量过少，密实性差，容易受到腐蚀，所以要求砂浆强度等级不低于M10。

混合砂浆含有石灰，对防腐蚀不利，本次修编予以删除。

4.5.2 本条提出了承重砌体结构的设计要求。

1 砖和砌块均为多孔材料，极易吸收腐蚀性液体，在干湿交替条件下，容易产生盐的结晶膨胀腐蚀，使砌体迅速破坏，在上述条件下不应使用。

2 独立砖柱截面较小，受力单一，并由于四面遭受腐蚀，在强、中腐蚀条件下使用不够安全，故限制使用。

3 烧结多孔砖孔洞率达25%以上，孔的尺寸小而数量多，孔洞增加了与腐蚀性介质接触的表面积，在强、中腐蚀条件下，不允许采用。

对于混凝土空心砌块，在对混凝土为强、中腐蚀时，也不应采用。

4 配筋砖砌体和配筋砌块砌体，均在砌体（砖）缝中配有钢筋，砌筑砂浆的密实度和厚度不足，钢筋很容易遭受腐蚀，故对钢为强、中腐蚀时，不应采用配筋砌体构件。

4.6 木结构

4.6.1 针叶类木材比较致密，胶合木无钢构件，均对防腐蚀有利，故本条推荐使用。

4.6.2 木结构构件的节点是防护的薄弱环节，节点和接头处又极易集聚腐蚀性介质，往往腐蚀严重，所以应尽量减少钢连接件的使用。

4.7 地　　基

4.7.1　已污染土的评价应按现行国家标准《岩土工程勘察规范》GB 50021 的有关规定执行。还应按现行国家行业标准《盐渍土地区建筑规范》SY/T 0317 确定土的溶陷性和盐胀性。土的溶陷性和盐胀性会造成基础上升或下降，致使结构开裂，是个很值得关注的问题。

拟建生产装置可能泄漏的介质是否会对污染土产生影响，产生什么样的影响？应进行分析和评估，必要时要进行一些试验。

下面列举几类腐蚀性液态介质对土壤的作用可能产生的影响：

①硫酸、氢氧化钠、硫酸钠、硫酸铵等介质，与土壤中的一些成分发生作用后，生成了新的盐类，或由于离子交换作用改变了土壤的物理性能。这种反应的结果，一般会使土壤具有膨胀性；另一种情况是介质在土壤孔隙中结晶，使土体膨胀。这两种情况都会使上部结构上升变形、开裂。

②腐蚀性介质（如盐酸）与土壤作用后所产生的易溶性腐蚀产物的流失，使土壤的孔隙增大；或者土壤中某些胶结盐类的溶蚀，使土壤的化学粘聚力丧失。这样可能导致土壤的物理、力学性能发生变化，孔隙比增大、颗粒变final、承载力、压缩模量可能降低，而导致基础下沉，上部结构开裂。

③在污染场地上新建厂房时，由于生产条件的变化，可能导致水文地质条件的改变，而破坏原来的平衡条件，使已污染土层产生膨胀或溶陷。

在工程设计中，尤其是旧厂改造时，根据污染土的评价结论，可请有关单位（如《岩土工程勘察规范》编制组等）结合建筑物的具体情况、腐蚀性介质的性质和浓度、生产环境等因素，依照已有经验，结合上述影响，采取措施，必要时要进行试验后做出评估。

4.7.2　已污染地基和生产中可能受泄漏液态介质污染的地基，在选择地基加固方法时，应考虑下列因素：

1　石灰类材料在酸或硫酸盐作用下所产生的盐类，有的具有膨胀性质，有的使石灰土不能固结失去加固作用。

2　国家行业标准《建筑地基处理技术规范》JGJ 79—2002 第 4.2.5 条指出"易受酸、碱影响的基础或地下管网不得采用矿渣垫层"。

矿渣、粉煤灰含碱性物质，若作为垫层，使地下水呈现弱碱性，对基础、管道均不利；若有液态腐蚀介质作用，则发生反应。

3　酸性液态介质会与碳酸盐发生反应，降低振冲桩、砂石桩的承载能力，故在选择加固材料时，不应采用碳酸盐类材料。

5　当有酸性介质或硫酸盐类介质作用时，若采用碱液法处理地基，则会发生反应，使加固方法失去作用。

6　单液硅化法在施工中采用碱性的水玻璃类材料，若土中或地下水中存在酸性介质，则会发生反应，影响加固效果。

单液硅化法加固地基后形成 SiO_2，是一种不耐碱的物质。所以若生产过程中有碱性介质泄漏的话，则会降低加固后的地基承载力。

4.7.3　已污染土地基的处理，目前在工程上常用的较成熟的方法有下列几种：

1　换土垫层法：可挖去污染且溶陷或盐胀性较大的土，采用非污染土或砂石类材料压实。这是最有效和可靠的方法，设计及施工要求可见国家行业标准《建筑地基处理技术规范》JGJ 79—2002 第 4 章。

2　当污染土层较厚，不能全部挖除，而建筑物又较为重要时，可采用桩基础或墩式基础穿越污染土层，支承于未污染土层上。桩基础和墩式基础的设计及防护见本规范第 4.8 节和第 4.9 节。

设计时应进行技术经济比较后确定地基处理方案。

4.8 基　　础

4.8.1　作用于地面上的介质，有可能通过地面、地沟和排水设施渗入地基，对基础形成腐蚀。但其渗入量是受到限制的，所以其腐蚀性等级按本规范表 3.1.5 降低一级确定。

4.8.2　基础耐久性是结构安全使用的关键。毛石混凝土、素混凝土和钢筋混凝土，有较高的密实性和整体性，表面平整易于防护，所以推荐采用。砖基础耐久性较差，大放脚曲折较多，不易防护，不适合作为腐蚀介质作用的基础材料。本次修订提高了素混凝土和毛石混凝土的强度等级，以利于基础的耐久性。

钢筋混凝土基础、基础梁的结构设计要求见本规范第 4.2 节。

4.8.3　硫酸、氢氧化钠、硫酸钠等介质渗入土壤后，能使地基土膨胀，造成上部结构开裂、倒塌。基础适当深埋，可减轻或消除这种影响。

某冶炼厂生产 30 多年，渗漏的介质使污染土层深达 1.5m。拆迁时采用挖去 1.5～2m 已污染土的换土处理方法。

4.8.4　储槽或储罐的地坑，一般难以保证完全不泄漏，为使基础下的土层不受腐蚀，基础底面应低于储槽或储罐的地坑底面。

4.8.5　基础是建筑物的重要构件，且又深埋于地下，很难定期进行检查和维修，为确保安全，在强、中腐蚀等级下应进行表面防护。

基础设垫层可使防护层封闭，故有表面防护的素混凝土和毛石混凝土基础也要设垫层。

采用沥青胶泥的表面防护层，已有多年的使用经验，效果良好。规范组曾在天津某碱厂、大连某氯碱厂检查基础上 30 年前涂刷的沥青胶泥（二底二面），发现仍完好如初。为解决热施工和在潮湿基层上施工的困难，可采用湿固化型的环氧沥青和聚氨酯沥青涂层。

聚合物水泥浆和聚合物水泥砂浆，也可以在潮湿基层上施工，且附着力优良。

采用树脂玻璃鳞片涂层价格较高，可在强腐蚀条件下的重要基础上采用。

基础梁在地面附近，易处于干湿交替环境，腐蚀情况较为严重，加之截面又较小，其防护要求比基础适当提高。本次修订增加了树脂玻璃鳞片涂层、聚合物水泥类材料、聚氨酯沥青涂层，给设计人员更多的选择。

4.8.6 当基础垫层采用掺入抗硫酸盐的外加剂或矿物掺和料的混凝土制作，评定其性能满足防腐要求时，可不再采取其他防腐措施。

当基础和基础梁采用掺入抗硫酸盐的外加剂、钢筋阻锈剂、矿物掺和料的混凝土时，其性能若能满足防腐蚀要求，则可不做表面防护。

4.9 桩 基 础

4.9.1 桩顶离地面一般为 2～2.5m，且有承台保护，所以桩基础只考虑污染土和地下水的腐蚀作用，而不考虑地面介质渗漏对其腐蚀作用。

4.9.2 预制钢筋混凝土桩（实心桩）的混凝土密实性高，质量容易控制，也容易进行防护。

近 10 年来由于离心成型施工方法的完善及高强混凝土的发展，预应力混凝土管桩在沿海地区的工业与民用建筑中逐步得到推广使用。管桩具有强度高、耐打性好、工期短、造价低等优势，已成为沿海地区常用的桩基础形式之一。本规范适应这一形势，将预应力混凝土管桩列入。但目前因考虑管壁较薄，预应力筋对腐蚀敏感，使用经验还不足，故仅限在中、弱腐蚀条件下使用。

在强腐蚀环境下（尤其 pH 值为强腐蚀时），预应力混凝土管桩再高的抗渗性能也无法抵御酸性介质的侵蚀。薄壁结构内外受介质侵蚀，对其受力是很不利的。因此，工程中，在强腐蚀条件下，只有经试验论证，采用有效的防护措施（如加大保护层厚度，掺入耐腐蚀材料，表面涂刷防腐蚀涂层等）且确有保证时方可采用。

灌注桩在混凝土未硬化的情况下就与介质接触，同时防护较为困难。但随着灌注桩在工程上广泛使用且施工水平日臻成熟，本规范列入灌注桩并限其使用于中、弱腐蚀条件下。

钢桩缺乏在腐蚀条件下的使用经验，腐蚀裕度难以确定，且价格比混凝土桩贵 2～3 倍，所以未予列入。木桩由于使用很少，为节约木材，也不列入。

4.9.3 桩承台埋深较浅时，生产中泄漏的介质会腐蚀桩身，且桩可能处于干湿交替和冻融等因素作用强烈的环境，故埋深 2.5m 以上的桩身要加强防护措施。

4.9.4 钢筋混凝土桩的自身耐久性能对桩的耐久性有重要作用，所以对混凝土的强度等级、水灰比、抗渗等级和钢筋的混凝土保护层均有较高的要求。本规范提出的数值与国内外的有关规定基本相当。

若桩身混凝土中掺入矿物掺和料时，本条文中的水灰比应改为"水胶比"。

4.9.5 本规范对混凝土桩身的防护提出 2～3 种可行的措施。

在硫酸根离子、氯离子介质腐蚀条件下，首先推荐桩身采用耐腐蚀材料制作的措施是个治本的办法，当已能满足防腐蚀性能要求时，可以不再考虑其他防护措施。

采用抗硫酸盐硅酸盐水泥和掺入抗硫酸盐的外加剂、钢筋阻锈剂、矿物掺和料等外加剂，详见本规范第 7.2.1 和 7.2.2 条的条文及说明。

本规范对于混凝土桩采用增加混凝土腐蚀裕量的方法，即为了保证桩基在腐蚀环境下的使用安全，在结构计算或构造所需要的截面尺寸以外增加的腐蚀损耗预见量。欧洲规范称之为"牺牲层"。结构计算时不能考虑。

腐蚀裕量是一种传统的方法，目前钢桩就是采用此法。本表数值参照国内外有关资料确定，是最小下限要求。

硫酸根离子和酸性介质（pH 值）是对混凝土的腐蚀，本规范采用了增加混凝土腐蚀裕量的措施；而氯离子是对钢筋的腐蚀，不推荐采用增加混凝土腐蚀裕量的措施。

当预制桩需要采取表面防护措施时，桩表面可采用环氧沥青、聚氨酯（氰凝）的涂层。这些涂层在国内均有使用经验，在细粒土的地层中，打桩时一般不会磨损。

表 4.9.5 注 2 所述的混凝土包括普通混凝土和掺入表中耐腐蚀材料的混凝土。

4.9.6 预制桩的接桩处是耐久性的薄弱环节，故接桩数量应减少，位置应位于非污染土层且构造应严密，防止腐蚀性介质进入桩内，对管桩形成管壁内外双面受腐蚀作用的不利情况。

接桩方式不能采用硫黄胶泥连接，对抗地震不利。

接桩钢零件采用耐磨涂层防护时，可选择"快干型"的涂料。采用"热收缩聚乙烯套膜保护"是新的工艺，可保证质量，但费用较高且工艺较复杂，可用于重要工程。

5 建筑防护

5.1 地 面

5.1.1 各种面层材料都具有各自的特性。水玻璃混凝土具有耐酸性好、机械强度高、亦可耐较高的温度，不耐氢氟酸、不耐碱性介质、抗渗性较差。树脂类材料具有耐中等浓度的酸、耐碱、抗渗性好、强度高等优点，不耐浓的氧化性酸、不耐高温。

地面的面层材料，除受到腐蚀性介质的作用外，还可能受到各种物理作用。面层材料除应满足耐蚀性外，同时还要满足冲击强度、耐磨性、耐候性和耐温性等方面的要求。

因此，设计者要根据腐蚀性介质的性质、地面使用等条件，扬长避短，正确选择面层材料。

5.1.2 "耐酸石材"包括花岗石、石英石等，这些石材均有优良的耐蚀性及物理机械性能，工程中使用颇多，规范中统称为"耐酸石材"。

耐酸石材的厚度：由于石材工业的发展，机械切割工艺已为许多石材厂采用，故石材的厚度范围可以从 20mm 到 100mm，设计者可根据地面的使用情况，合理确定石材厚度。目前由于使用机械切割，石材的表面平整度亦大大提高，不仅可减少砌筑胶泥的使用量，降低造价，而且能提高地面的质量。

树脂自流平涂料在施工中有一定的流展性，干燥后没有施工痕迹。这种地面具有耐腐蚀、不积灰尘、易清洁和整体无缝等特点，常用于轻度腐蚀并有洁净要求的地面。

树脂玻璃鳞片胶泥的地面具有很好的抗渗性，但机械强度稍低，而且工程实例不多，所以没有列入地面面层。

5.1.3 耐酸砖的尺寸较小，一般采用挤浆铺砌法施工，不推荐结合层材料与灰缝材料不同的"勾缝"法施工。

耐酸石材的尺寸较大，当灰缝材料为树脂胶泥时，为了节约费用，允许结合层材料采用较便宜的其他材料（如：水玻璃类材料或聚合物水泥砂浆等）。

5.1.4 地面隔离层可提高地面的抗渗能力和弥补面层的不足，从整体上提高防腐蚀地面工程的可靠性。

水玻璃混凝土面层和采用水玻璃胶泥或砂浆作结合层的块材面层，由于抗渗性较差，而且钠水玻璃材料不能与混凝土直接接触，所以应设置隔离层。

5.1.5 当面层厚度小于 30mm 且结合层为刚性材料时，隔离层不应选用柔性的材料，否则当地面受到重力冲击时，会造成灰缝开裂。

5.1.6 由于水泥砂浆抹面容易产生裂缝、裂纹和脱层等缺陷，所以树脂砂浆、树脂混凝土和涂料等整体面层的找平层材料应采用细石混凝土。

5.1.7 混凝土垫层质量的好坏，直接影响到防腐蚀面层的使用效果。因此，规定室内地面的混凝土垫层的强度等级不应低于 C20，厚度不宜小于 120mm；室外地面的混凝土垫层的强度等级不应低于 C25，厚度不宜小于 150mm；树脂整体地面的垫层混凝土强度等级不宜低于 C30，厚度不宜小于 200mm。

室外地面、面积较大或有大型运输工具的地面，受温度应力和较大可变作用的影响，容易开裂变形。树脂类整体地面，由于面层材料固化收缩应力较大，对垫层的要求更高，故要求配置钢筋。

国家标准《混凝土结构设计规范》GB 50010—2002 的规定：在室内或土中现浇钢筋混凝土结构伸缩缝的最大间距不宜大于 30m。所以本规范规定：配筋混凝土垫层应分段配筋和浇灌，每段的长度、宽度不宜大于 30m，当采取有效措施时（如：补偿收缩、加膨胀剂、采用纤维混凝土、设置滑动层、后浇带等）分段的长、宽可适当增大（如采用钢纤维混凝土时可增大到 45m）。

室外地面，按地面规范在地下冻深大于 600mm 时，才要求设置防冻层。但是防腐蚀地面对防裂要求较高，为了防止冻胀，凡室外土壤有冻结地区的室外地面，均应设厚度不小于 300mm 的防冻层。

树脂砂浆、树脂自流平涂料等整体面层，常常会发生起壳现象，这与地下水的毛细渗透作用有关，由于基层表面的潮湿，使面层与基层的黏结力降低。所以要求对垫层采取防水或防潮措施。"地下水位较高"指毛细作用上升高度可达地面垫层的底部。设计时应考虑生产后地下水位可能上升的情况。

5.1.8 在预制板上直接铺设面层，极易在板缝处产生裂纹，故规定设置配筋的整浇层以保证其整体性。

5.1.9 有腐蚀性液体作用的地面，应设有坡度，使介质迅速排除，保持地面不积液，减少腐蚀。地面坡度大对防腐蚀有利，但太大了也有各种缺点。根据工程调查，楼层地面坡度大于或等于 1%、底层地面坡度大于或等于 2% 较合理。楼层地面坡度如小于 1% 则排水不畅，坡度太大则找坡层太厚。如生产介质中有泥砂或废渣，地面流水不畅，且厂房内无车辆行驶时，底层地面坡度也可适当加大到 3%～4%。

通常底层地面都用基土找坡，这样做最简单合理；楼层地面一般用找平层找坡，但用料较多，荷重较大；用结构找坡，材料省，荷重轻，但结构设计及施工较复杂，有条件时可采用。

实际调查表明，排水沟及地漏均易渗漏，对附近的结构造成明显腐蚀。为避免殃及附近重要构件，故规定了排水沟与墙、柱边的最小距离，以及地漏中心与墙、柱、梁等结构边缘的最小距离。

地漏是楼层地面或底层地面的重要配件。据调查，在生产厂房中有效而完整的地漏极少，95% 以上的地漏残缺不全，使用中还有堵塞、渗漏现象，使周围的楼板受到严重腐蚀。因此地漏要选择耐腐蚀且有一定强度的材料，尺寸比普通排水地漏适当加大，在构造上要严密，防止连接处的渗漏。

5.1.10 为了防止腐蚀性液体的扩散或向下层的溢流，所有的孔洞均要设置挡水。挡水的高度应根据实际情况确定。在一般情况下，孔洞边缘的挡水高度为150mm，但有车辆行驶的变形缝两侧的斜坡挡水高差可为50mm，室内外交界处的挡水高度也不应太高，所以本规范不作硬性规定。

5.1.11 为了防止地面腐蚀性液体对墙、柱根部的腐蚀，地面与柱、墙交接处均需设置踢脚板，其高度应根据液体可能滴溅高度，并考虑块材的尺寸确定，不宜小于250mm。

5.1.12 钢柱、钢梯及栏杆的底部设防腐蚀的底座是为了避免地面上的腐蚀介质对钢构件的直接作用。

5.1.13 地面变形缝是防腐蚀的薄弱环节，腐蚀性介质极易在此处渗漏造成腐蚀，故必须作严密的防渗漏处理。一般在缝底设置能变形的伸缩片，其上嵌入耐腐蚀、有弹性且粘结性能好的材料。过去曾用沥青胶泥，但耐久性很差，因此不再推荐。聚氯乙烯胶泥的主要成分煤焦油，由于环保的要求，不再推荐使用。嵌缝材料可采用氯磺化聚乙烯胶泥和聚氨酯密封膏等。伸缩片也有可能接触腐蚀性介质，因此也应选用耐腐蚀的材料。

5.1.14 设备基础的螺栓孔用耐腐蚀胶泥封填，主要是防止腐蚀介质的渗入，同时也要保证螺栓的锚固力。

5.1.15 地沟和地坑内一般均有腐蚀性液体长期作用，也常有渗漏现象。为保证承重结构的安全，不受腐蚀，规定墙、柱、基础不得兼作沟、坑的侧壁和底板。

管沟一般只有较简单的防腐措施，达不到排水沟的要求。若在排水沟内铺设管道，则管道会受腐蚀，管道的固定节点也会破坏防腐层的完整性。所以管沟不应兼作排水沟。

排水沟和集水坑有液态介质长期作用且有泥砂等沉积需要清理，易产生机械损伤，其使用条件比地面更为恶劣，设隔离层是为了提高其抗渗性。

排水沟采用明沟的形式是便于清理，加盖板是安全及生产操作的需要。

地沟穿越厂房基础时，如在基础附近设缝，则介质渗漏后会腐蚀基础。沟与基础之间预留50mm的净空是为了防止厂房沉降时使地沟受力而断裂。

5.2 结构及构件的表面防护

5.2.3 用于钢结构的防腐蚀涂层一般分为三大类：第一类是喷、镀金属层上加防腐蚀涂料的复合面层；第二类是含富锌底漆的防腐蚀涂层；第三类是不含金属层，也不含富锌底漆的防腐蚀涂层。

钢结构涂层的厚度，应根据构件的防护层使用年限及其腐蚀性等级确定。本条所规定的涂层厚度比目前一般建筑防腐蚀工程上的实际涂层稍厚，因为防护层使用年限增大到10～15a；与国际标准ISO 12944相比较，本规范"弱腐蚀"的室内涂层厚度近似于ISO的C3，"中腐蚀"的室内涂层厚度近似于ISO的C4，而"强腐蚀"的室内涂层厚度近似于ISO的C5；但从腐蚀程度分类来看，本规范的"弱、中、强"分别比ISO的"C3、C4、C5"严重一些。

室外构件应适当增加涂层厚度。

5.2.4 钢结构采用涂料防护的效果与基层除锈有很大关系。除锈效果不同的基层，其涂层使用寿命的差别达2～3倍。钢材的锈蚀等级及除锈等级按现行国家标准《涂装前钢材表面锈蚀等级和除锈等级》GB/T 8923—1988的规定。除锈等级的要求与涂料的品种以及构件的重要性有关。

5.2.5 砌体在气态介质作用下，腐蚀性等级一般只有中、弱、微腐蚀，如砌体表面结露导致形成液态介质腐蚀，其腐蚀性等级可能变成强腐蚀。

5.2.6 墙裙一般受到液态介质作用，但作用比地面轻，尤其是液态介质，不可能长期作用，故对防护材料及构造的要求较低。在酸性介质作用下，可用厚度不大于20mm的耐酸块材或玻璃钢、树脂砂浆、玻璃鳞片涂层等便可满足防腐要求；在碱性介质作用下，用聚合物水泥砂浆、玻璃钢或涂料已可满足要求。

5.2.7 孔洞周围的边梁和板，当受到液态介质作用时，应加强防护。

5.2.8 厂房围护结构的结露，容易发生在多雨地区和寒冷地区的建筑物内部，结露的部位会使气态或固态介质转化为液态介质而加重腐蚀。如某镍电解厂房，侧窗四周的墙面经常结露，墙体受到干湿交替作用及硫酸盐的结晶作用而破坏严重。

对少数经常有蒸汽作用和湿度很大的厂房要完全避免结露是很难的，故规范中提出对可能结露的部位要加强防护。

5.3 门　　窗

5.3.1 推拉门、金属卷帘门、提升门或悬挂式折叠门，其金属零件腐蚀后容易造成无法开启，故宜采用平开门。

5.3.4 塑钢门窗、玻璃钢门窗具有优良的耐蚀性。塑钢门窗、玻璃钢门窗已有标准图，许多腐蚀厂房中已采用，故纳入规范，并要求塑钢门窗、玻璃钢门窗所有配套的五金件应采用防腐型的金属配件、优质工程塑料及特制的紧固件。

5.4 屋　　面

5.4.1 采用有组织排水的目的是为了避免带有腐蚀性介质的雨水漫流而腐蚀墙面。调查表明，散发腐蚀性粉尘较多的建筑物屋面上设置女儿墙后，在女儿墙处大量积聚粉尘，不易排除，加重腐蚀。

5.4.2 屋面材料的选择应结合环境中的腐蚀性介质综合考虑，选择合适的耐腐蚀材料。

许多工程实例表明，在强腐蚀和高湿度的环境下，彩涂压型钢板使用时间一般仅为1～2年，弱腐蚀环境下一般可使用5～10年。在腐蚀环境下，尤其是在强腐蚀环境下采用彩涂压型钢板时，应采取必要的防腐蚀措施。

①压型钢板必须采用耐腐蚀优良的基板、镀层和涂层，并有足够的厚度。单层压型钢板屋面板的反面彩涂面漆、道数、厚度等应与正面相同。

②当为单层压型钢板与玻璃棉或岩棉等保温材料组成的复合保温板时，应设置隔气层防止湿气的聚集。

③压型钢板屋面应采用隐藏式的紧固件连接、搭接构造。

④在腐蚀性粉尘的作用下，压型钢板屋面坡度不宜小于10%，腐蚀性等级为强、中时屋面坡度不宜小于8%。

⑤铝锌合金镀层钢板应避免与混凝土、铜和铅接触。

⑥压型钢板屋面工程在使用过程中应有定期的检查、维修措施。

⑦不能与主体结构的设计使用年限相同时，应设计成便于更换的构件。

5.5 墙　　体

5.5.2 工业建筑的内隔墙多指厂房内的控制室、生活室等功能房间的围护墙体，可以使用轻质隔墙。这类隔墙应具有良好的耐腐蚀性。各类多孔材料、加气材料，因其疏松、膨胀、含水率高，不适用于防腐蚀厂房。

5.5.3 轻钢龙骨墙板体系中，外挂板应具有高防水性，质密，材质中的成分应具有耐酸、碱性腐蚀，如二氧化硅、石英、硅酸盐等。各类普通石膏板不适用于防腐蚀厂房。

6　构　筑　物

6.1　储槽、污水处理池

6.1.1 本节所列储槽、污水处理池规定为常温、常压。因为当温度和压力很高时，结构和防护材料需经必要的试验才能确定。

本节所列储槽、污水处理池仅限于钢筋混凝土结构，不推荐下述材料：

①砖砌体。因耐久性、抗渗性差，不应采用。

②素混凝土。在工程上很少采用，为抵抗温度应力，必须配置一些构造钢筋。

③花岗石块材砌筑的储槽和整体花岗石储槽。花岗岩有较好的耐腐蚀性能，但整体花岗石储槽容积很小（2m³以下），实用价值不大，制作、加工、运输困难，不易保证质量，价格也较高；花岗石块材砌筑的储槽，因整体性差，构造复杂、施工不便，难以保证灰缝密实，故未列入。

④金属储槽、有衬里的金属储槽、整体树脂混凝土储槽、整体水玻璃混凝土储槽等以上储槽属化工设备，制造和安装有特殊要求，故未列入。

6.1.2 储槽的结构应采用现浇钢筋混凝土，这种结构整体性好，不易开裂且便于防腐衬里的施工。

储槽的密闭性和整体性是保证腐蚀性介质不泄漏的基本要求，目前伸缩缝的材料和构造尚无足够保证，槽内介质一般腐蚀性较强，一旦泄漏，不仅造成浪费，而且污染地基和地下水，所以储槽不应设置伸缩缝，以确保使用。

储槽架空设置的目的在于能够及时检漏，检查衬里使用情况并及时修复。地下储罐设置在地坑内时，地坑应设置集水坑，以利于将地坑的地面水抽出。

容积较大的矩形储槽，槽壁刚度较差，易产生裂缝，而且内衬大面积施工变形较大，不利于检查和维修，故规定容积大于100m³的矩形储槽宜设分格。

6.1.3 污水处理池的结构宜采用现浇钢筋混凝土结构，这是比较经济稳妥的。污水处理池的平面尺寸，主要取决于工艺需要。为防止渗漏，应采取措施，尽量加大伸缩缝的距离。但由于池子的尺寸有时比较大，必须设置变形伸缩缝时，构造应严密。

6.1.4 储槽、污水处理池的衬里因水泥砂浆抹面层的起壳、脱落而导致损坏的事例时有发生，为保证槽体与内衬（特别是树脂玻璃钢内衬）的良好粘结，储槽、污水处理池内表面不采用水泥砂浆层找平。

6.1.5 钢筋混凝土储槽、污水处理池内表面的防护，应采取区别对待的原则。

根据腐蚀性介质的性质和浓度指标，确定介质对钢筋混凝土结构的腐蚀性等级，然后采取不同标准的防护措施。

在同一腐蚀等级中，对储槽的防护标准应比污水处理池相对高一些。这是由于在生产上储槽比污水处理池重要，而且内部常常是"强腐蚀等级"的介质，储槽中溶液浓度比较高。

内表面防护材料保留了原规范中效果良好的块材、玻璃钢、水玻璃混凝土、玻璃鳞片涂料及胶泥、厚浆型防腐蚀涂料和聚合物水泥砂浆。

玻璃鳞片涂料和胶泥：抗渗性能高，而且施工简便。

玻璃钢的质量关键是控制厚度和含胶量。玻璃钢的增强材料采用毡或毡和布的复合，可发挥玻璃纤维毡含胶量高、粘结力强、耐腐蚀性能好的优势。本规范规定了玻璃钢外表面的富胶层厚度不应小于玻璃钢厚度的1/3,因此取消了原规范在玻璃钢表面上需要再覆盖树脂玻璃鳞片涂料的做法。

聚合物水泥砂浆具有良好的抗渗性、抗裂性和粘结力,可耐弱酸、中等浓度的碱和盐类介质,可在潮湿的混凝土表面上施工,而且价格又低于一般防护内衬,可用于腐蚀性较弱的储槽、污水处理池。

厚浆型防腐蚀涂料:近年来厚浆型涂料发展较快,品种较多。其涂膜厚,抗渗性能较好,价格相对便宜,可用于腐蚀性较弱的储槽、污水处理池。

块材厚度不应小于30mm,以达到防腐蚀要求;目前花岗石和石英石均可采用机械切割,可以加工成较薄的尺寸。块材的砌筑材料,应根据腐蚀性介质的性能,结合储槽、污水处理池使用条件,按本规范附录A选用。由于沥青类材料与块材的粘结强度低,对温度敏感,故砌筑材料不得采用沥青类材料。

普通型水玻璃混凝土的抗渗性较差,因此推荐密实型水玻璃混凝土。这类材料不耐碱性介质,钠水玻璃类材料又不能与水泥砂浆、混凝土等碱性基层直接接触,因此,应设置隔离层。块材内衬的灰缝多,容易造成渗漏,也应设置隔离层。

由于硬聚氯乙烯板易老化,热膨胀系数大,而且工程实例不多,所以本规范未列入池槽的衬里。

6.1.7 储槽、污水处理池地下部分与土壤接触的外表面(若有地坑,则指地坑外表面),应设防水层,这是吸取了工程教训,为了保证储槽、污水处理池的使用和内衬的质量而采取的措施。

6.1.8 储槽、污水处理池的防腐蚀内衬是一道封闭式的整体,当管道穿过槽壁和底板,势必造成薄弱环节,很容易引起渗漏,所以应预埋耐腐蚀套管。

6.1.9 储槽、污水处理池壁上预埋件连接各类构件后,很难再使块材、玻璃钢内衬严密,是个薄弱环节。污水池内的爬梯、支架和储槽顶部的安全栏杆,过去一般为钢结构加涂料防护,使用寿命均不长。

目前国内已可以生产机械成型的工字型、槽型、角型等各种截面形状的玻璃钢型材、玻璃钢管材、玻璃钢格栅板,这些型材具有很好的耐腐蚀性能,同时具有强度高、重量轻等优点,可用于槽池内的爬梯、支架和槽顶的栏杆。

6.1.10 储槽、污水处理池内表面防护内衬施工时,会产生对人体有害或会发生爆炸的气体,为保证安全,顶盖的设计应采用装配式或设置不少于2个人孔,以利于通风。

6.2 室外管架

6.2.1 钢筋混凝土结构的管架包括预制钢筋混凝土结构和现浇钢筋混凝土结构。钢结构管架形式灵活多样,可适应扩建、改建要求,目前国内已广泛应用。砖结构、木结构因耐久性差,故不推荐使用。

6.2.2 吊索式、悬索式管架,因主要受力构件均为钢拉杆,一旦破坏,会发生很严重的后果。所以在对钢的腐蚀性等级为强、中的条件下不宜采用。

钢筋混凝土半铰接管架因工程应用极少,所以不列入。

6.2.3 混凝土管架构件与厂房构件相比较,其特点是截面积小、表面积大,故应以结构自身防护为主,并辅以必要的表面防护措施。

钢筋混凝土管架柱在选型上宜采用表面积较小的矩形截面;对跨度较大的梁,推荐采用预应力混凝土结构。这些都是提高混凝土自身防护能力的措施。离心管柱因工程应用很少,不予推荐。

6.2.4 钢管架的柱子宜采用表面积较小的H型钢和管型截面;某些构件控制截面最小尺寸,均是为了提高自身防护能力和利于表面防护。

6.2.5 在防腐蚀地面范围内的管架柱下部,常遭受液态腐蚀性介质的滴溅或冲洗作用,故应根据实际的腐蚀情况,采取相应的防护措施。如:钢筋混凝土管架柱可按踢脚或墙裙的做法,钢管架基础露出地面部分可按地面进行防护。

在管架上的检修平台或走道,检修时可能有腐蚀性液体流出,所以,应当根据腐蚀性液体的特性,对平台或走道采取加强防护的措施。

6.3 排 气 筒

6.3.1 排气筒的型式分单筒式、套筒式和塔架式。单筒式的内衬紧靠筒壁设置;套筒式为外筒内设置单个或多个内筒;塔架式则用塔架支承排气筒。

型式的确定是工艺设计的首要问题,而防腐蚀措施主要取决于对排放气体的腐蚀性。不同型式的排气筒造价相差很大,但若设防不当造成停产检修,后果会很严重。

排气筒设计首先应具备以下技术资料:

①排放气体的化学成分、浓度,排放气体中所含尘粒和盐类的成分和含量,由此可根据本规范表3.1.4~表3.1.6确定其对筒壁或外筒的腐蚀性等级。

②排放气体的温度、含水量、冷凝温度,由此可确定是否含冷凝液。

③在内衬或筒壁内表面是否结露,结露后形成冷凝液的化学成分,是判定对筒壁的腐蚀性等级的重要依据。

④筒内气体的流速和静压;决定是否需要采取措施(如合理的筒体曲线或对内外筒间隙内空气层采取强制通风),使排气筒高度的任何标高处均处于负压工作,以保证排放气体不致渗入内衬。

⑤工艺专业对排气筒型式的要求。

由上述资料可综合分析排放气体或粉尘是否含冷凝液、是否会渗入内衬、是否会结露并确定其对筒壁支承结构的腐蚀性等级。

鉴于确定排气筒的型式是较复杂的问题，况且各行业习惯不同，故本规范对型式的确定仅提出下列两条比较成熟的规定：

①排放气体中含酸性冷凝液（通常是在温度低、湿度大的条件下出现），冷凝液会顺内衬或内筒壁向下流淌，并可能通过块材砌体内衬的灰缝渗入外筒壁内表面时，推荐采用套筒式或塔架式。

②当排放气体或粉尘对筒壁的腐蚀性等级为弱腐蚀时，则可采用既简单又价廉的单筒式。

6.3.2、6.3.3 由于排气筒属特殊重要而又难以维修的高耸构筑物，因此，支承结构应选用整体性及耐久性较好的材料。

现浇钢筋混凝土筒壁或外筒，即使局部受到腐蚀，但由于其整体刚度较大，还能坚持使用，故推荐采用。

砖筒由于灰缝太多，尤其竖缝不易饱满，局部遭受腐蚀破坏会引起整体失稳，不易修复，而且砖的孔隙比较多，介质容易渗透到结构内部，故在本规范中不推荐使用。

6.3.4 由于钢塔架的重要性，基础应高出地面500mm，以防止地面积水腐蚀钢塔架柱根部。

6.3.5 在气体进口、转折和出口部位，排放的气体容易聚集，尤其在出口处易冷凝，这些地方均是腐蚀严重的部位，因此，设计时在进口、转折处可做成斜角，出口处可设铸铁、耐酸混凝土或陶瓷等耐酸材料的压顶，钢内筒的筒首部位可衬铝板或不锈钢。滴水板可采用耐酸混凝土或铸石板制作成带凸檐的构件，并完全覆盖下一节内衬。

6.3.6 单筒式的筒壁、套筒式外筒的外表面和塔架的防护，首先根据排出气体和大气环境中气态或固态介质的种类、浓度、环境相对湿度，确定腐蚀性等级，然后按本规范第 5.2 节采取防护措施。

筒首部位易受排出气体或相邻排出气体的作用，腐蚀比较严重，故在防护时可提高设防标准。

6.3.7 排气筒内部、外部的地面，应根据实际腐蚀情况进行防护。排气筒内的冷凝液一般由漏斗聚集并由排出管排除，但有些行业的烟囱冷凝液或烟灰直接落到内部地面，此时应按耐酸地面防护。

6.3.8 由于排气筒的爬梯、平台和栏杆位置很高，维修极其困难，故宜采用耐候钢制作，有条件时也可采用耐腐蚀材料制作，以减少维修次数。

7 材 料

7.1 一般规定

7.1.1 腐蚀性介质对建筑材料的腐蚀作用，与介质的性质、浓度、温度、湿度以及作用情况都有密切关系。各种材料在不同条件作用下的耐腐蚀性能是不同的。对一般材料而言，腐蚀性介质的浓度愈高则腐蚀性愈强，但对少数材料则不然；水玻璃类材料耐浓酸性能比耐稀酸的性能好，某些不饱和聚酯树脂材料耐稀碱的性能比耐浓碱的性能差。因此，耐腐蚀材料的选择应进行综合分析，要充分发挥材料所长，物尽其用，扬长避短，区别对待，避免材料在其不利条件下采用。

7.1.2 本规范所列材料的耐腐蚀性能是在常温介质作用下的性能评定。一般的规律是：介质温度升高，腐蚀性增强。有的材料在高温介质作用下会完全失去耐蚀能力。耐酸砖在常温下可耐任何浓度的氢氧化钠，但却不耐高温状态的氢氧化钠。介质的温度变化与材料的耐蚀性的关系十分复杂，所以在非常温的情况下，材料的耐蚀指标应经过试验或有可靠的使用经验才能确定。

材料的耐蚀性不能按简单的逻辑推理。材料能耐几种单一介质，并不等于也耐这几种介质的混合作用或交替作用。

对于本规范未列入的新型防腐蚀材料，应慎重采用。

7.1.3 耐腐蚀材料的配合比，应符合现行国家标准《建筑防腐蚀工程施工及验收规范》GB 50212 的规定。由于本规范与上述规范的修编时间不是同步进行，所以本规范增加的新材料（如：环氧水泥砂浆），其配合比仅在规范的专题报告中予以介绍，这样可避免设计与施工这两本规范产生不必要的矛盾。

7.2 水泥砂浆和混凝土

7.2.1 关于水泥品种的选择，说明如下：

1 硅酸盐水泥和普通硅酸盐水泥具有早期强度高、凝结硬化快、碱度高、碳化慢等特点。在普通硅酸盐水泥和硅酸盐混凝土中，掺入矿物掺和料，可改善混凝土的微孔结构，降低混凝土的渗透性，从而提高混凝土的耐久性。

掺入矿物掺和料的用量和方法可参见现行国家行业标准《海港工程混凝土结构防腐蚀技术规范》JTJ 275、《铁路混凝土结构耐久性设计暂行规定》铁建设[2005] 157 号、《公路工程混凝土结构防腐蚀技术规范》JTG/TB 07 等标准的有关规定。

矿渣硅酸盐水泥和火山灰质硅酸盐水泥的早期强度低，干缩性大，有泌水现象，而且其碱度较低，所以在一定条件下才可使用。

2 在碱液作用下，混凝土和水泥砂浆应对水泥中的铝酸三钙含量加以限制。

高铝水泥由于含有较多不耐碱的酸性氧化物，所以不得用于受碱液作用的部位。同理，在碱液作用下也不得采用以铝酸盐成分为主的膨胀水泥，并不得用铝酸盐类膨胀剂。

3 硫酸盐溶液对混凝土的腐蚀，主要表现为结晶膨胀腐蚀。硫酸根离子与混凝土中的游离氢氧化钙作用，生成二水硫酸钙；与水化铝酸钙作用，生成硫铝酸钙。每次反应都使固相体积增大一倍多。所以受硫酸盐腐蚀的水泥砂浆、混凝土普遍出现体积膨胀。

中、高抗硫酸盐硅酸盐水泥，由于其铝酸三钙的含量分别不大于5%、3%，硅酸三钙的含量分别不大于55%、50%，这对于上述膨胀反应是有抑制作用的，所以具有较好的抗硫酸盐性能。

原国家标准《抗硫酸盐硅酸盐水泥》GB 748—1996 建议：中、高抗硫酸盐硅酸盐水泥可分别用于硫酸根离子含量不超过 2500mg/L、8000mg/L 的纯硫酸盐的腐蚀。虽然国家标准《抗硫酸盐硅酸盐水泥》GB 748—2005 没有列入这一建议，但从水泥中硅酸三钙和铝酸三钙含量分析，这两个版本是相同的。所以本规范沿用了这一建议。当含量超过这一指标时，应进行耐腐蚀性的复核试验。

由于抗硫酸盐硅酸盐水泥的抗蚀性试验是采用 Na_2SO_4 介质，这里的 Na^+ 离子不具备腐蚀作用，当介质为 $MgSO_4$、$(NH_4)_2SO_4$ 等介质时，Mg^{2+}、NH_4^- 离子是有腐蚀性的，此时抗硫酸盐硅酸盐水泥的耐蚀性应经试验确定。

当构件的一个侧面与硫酸根离子液态介质接触而另一个侧面暴露在大气中时（如水池的侧壁），属频繁的干湿交替，混凝土外壁由于蒸发作用，使盐的浓度增大，产生盐结晶腐蚀，应慎重对待。

近几年，发现除了上述钙矾石型腐蚀外，碳硫硅钙石型腐蚀也是混凝土受硫酸盐腐蚀的另一种形式。对于碳硫硅钙石型腐蚀，仍处于研讨阶段，所以本规范未列入。

7.2.2 外加剂的使用主要是为了提高混凝土的密实性或对钢筋的阻锈能力，从而提高混凝土结构的耐久性。外加剂的使用，应对混凝土的性能无不利影响，对钢筋不得有腐蚀作用。

抗硫酸盐的外加剂目前国内种类较多，某建筑材料科学研究院研制的"混凝土抗硫酸盐类侵蚀防腐剂"是比较成熟的材料。掺入该类材料配制的混凝土，在价格上略低于采用抗硫酸盐水泥配制的混凝土；在性能上也不低于高抗硫酸盐水泥，并能改善水泥的某些性能，还可弥补抗硫酸盐水泥产量较少的问题。

国家行业标准《混凝土抗硫酸盐类侵蚀防腐剂》JC/T 1011—2006 规定：掺入适量这种防腐剂的混凝土，其抗蚀系数 (K) 应≥0.85，膨胀系数 (E) ≤1.5。抗蚀系数试验方法采用国家标准《水泥抗硫酸盐侵蚀快速试验方法》GB 2421—1981。膨胀系数试验方法采用国家行业推荐标准《膨胀水泥膨胀率检验方法》JC/T 313—1996，介质有：5% Na_2SO_4、NaCl 60g/l、$MgSO_4$ 4.8g/l、$MgCl_2$ 5.6g/l、$CaSO_4$ 2.4g/l、$KHCO_3$ 0.4g/l 等水溶液，E 值（即：在介质中的膨胀率与淡水中的膨胀率之比）均不大于 1.50。

钢筋阻锈剂可以推迟钢筋开始生锈的时间和减缓钢筋腐蚀发展的速度，从而达到延长结构使用寿命的目的。

掺入适量的矿物掺和料可以提高混凝土的耐久性，但由于矿物掺和料的品种较多，而且耐腐蚀性的定量试验数据不多，因此亦应经验证后确定。

7.2.3 关于受酸性气态介质作用的混凝土可采用致密的石灰石问题。试验表明：将石灰石和石英石骨料分别制成的混凝土试件浸入 0.5% 的硫酸溶液 12 个月，在试件的外观、重量变化和强度变化等指标方面，以石英石为骨料的试件不仅没有表现出优越性，而且在某些性能上还不如以石灰石为骨料的试件。工程实践表明：某厂抹灰层在氯和氯化氢作用下，采用石英石骨料的抹灰层，虽然骨料没有腐蚀，但骨料周围的水泥石已被腐蚀，形成凹槽，许多骨料自行脱落；而采用碳酸盐骨料的抹灰层，虽然骨料已随砂浆一起被腐蚀了一部分，但骨料与水泥黏结仍很好，不易取下。因此，在酸性气态介质作用下可以采用致密的石灰石。

关于在碱液介质作用下的混凝土可采用致密的石英石、花岗石问题。试验表明：石英石虽然在理论上可与氢氧化钠发生作用，但由于它具有整齐的结晶形态，很高的强度、硬度和密实度，因此在氢氧化钠溶液作用下化学腐蚀过程很缓慢，结晶腐蚀极少；用石英砂配制的耐碱混凝土，在 20% 和 30% 氢氧化钠溶液中浸泡 10 个月的耐蚀性较好，而用不够纯净的石灰石配制的耐碱混凝土的性能反而较差。所以，在碱液介质直接作用下是可以采用致密的石英石、花岗石的。

碱骨料反应会影响混凝土的耐久性。混凝土碱骨料反应是指混凝土中来自水泥、外加剂等的可溶性碱在有水的作用下和骨料中某些组分之间的反应。一般把碱骨料反应分为两类：一类为碱—硅酸反应，是指碱与骨料中活性 SiO_2 反应，生成碱硅凝胶，凝胶吸水导致混凝土膨胀或开裂；另一类为碱—碳酸盐反应，是指碱与骨料中微晶白云石反应生成水镁石和方解石，在白云石表面和周围基质之间的受限空间内结晶生长，使骨料膨胀，进而使混凝土膨胀开裂。

形成碱骨料反应的三大条件是：①高含碱量的水泥；②采用活性集料；③水。为了避免碱骨料反应，混凝土的砂、石不得采用有碱骨料反应的活性骨料。

7.2.4 试验表明：强度等级为 C20 的混凝土当水灰比在 0.58 以下时，对浓度小于 10% 的氢氧化钠有一定耐蚀性。考虑到试验与施工的差异，以及实际生产作用条件的差异，采用 8% 的浓度值。

密实混凝土只提出关键的直接指标，即抗渗等级不应低于 S8。抗压强度、水泥用量和水灰比等属于间接指标，它虽与直接指标有一定关系，但不是相互对应的关系。控制指标提多了，有时反而不能相互协调，所以只控制直接指标。

7.2.5 氯丁胶乳水泥砂浆、聚丙烯酸酯乳液水泥砂浆和环氧乳液水泥砂浆，具有耐稀酸、耐中等浓度以下的氢氧化钠和盐类介质的性能，而且与各种基层粘结力强，可在潮湿的水泥基层上施工。

关于环氧乳液水泥砂浆的性能，主要是引用某建筑材料科学研究院的科研成果和工程实例的总结。

7.3 耐腐蚀块材

7.3.1 耐酸砖的主要成分是二氧化硅，它在高温焙烧下形成大量的多铝红柱石，这是一种耐酸性能很高的物质，因此，耐酸砖具有优良的耐酸性能。由于耐酸砖结构致密，吸水率小，所以常温下可耐任何浓度碱性介质，但不耐热碱和溶融碱。

含氟酸能溶解陶瓷制品中的二氧化硅。

7.3.2 有釉的砖板表面光滑、性脆易掉釉，与胶泥粘结力差，且釉面耐蚀性差异很大（有好有差的），所以应选用素面的耐酸砖。

7.4 金 属

7.4.1 铸铁和碳素钢，在氢氧化钠作用下能生成不溶性氢氧化亚铁和氢氧化铁，这些腐蚀产物与金属紧密结合，能起保护作用。

7.4.2 铝易氧化成氧化铝，使表面覆盖一层致密的保护膜，在醋酸、浓硝酸、尿素等介质作用下，是稳定的。

7.4.3 铝、锌材料不耐碱性介质，不耐氯、氯化氢和氟化氢；由于电位差的原理，也不应用于铜、汞、铅等金属化合物粉尘作用的部位。

7.4.4 不锈钢不耐盐酸、氯气、氯化氢等含氯离子的介质。

7.4.5 未硬化的水泥类材料的碱性 pH 值大于 12，已硬化的水泥类材料也有一定碱性。因此，铝材与水泥类材料接触面应采用隔离措施。

7.5 塑 料

7.5.1、7.5.2 本次修编，除保留聚氯乙烯塑料外，还增加聚乙烯、聚丙烯塑料。这些塑料对大多数酸、碱、盐介质均有良好的耐腐蚀性能，但不耐高浓度氧化性酸。

7.6 木 材

7.6.1 硝酸、铬酸对木材的半纤维素产生硝化作用，氢氧化钠能溶解木材的半纤维素和木质素，所以木材不得用于这些介质作用的部位。

7.6.2 木材在干湿交替频繁作用下，腐蚀速度加快。

7.7 树脂类材料

7.7.1 由于环保要求，删去环氧煤焦油（5:5）树脂类材料。由于多年来无防腐蚀工程使用实例，所以删去糠酮糠醛型呋喃树脂类材料。

酚醛树脂配制的树脂砂浆、树脂混凝土因性能脆、强度低、收缩率大，故不得采用。

7.7.2 玻璃纤维毡的主要特点是纤维无定向分布，铺覆性和浸渍性能好，易增厚，含胶量高；用玻璃纤维毡作增强材料制得的玻璃钢，抗渗性能好，但强度较低，可与玻璃纤维布混合使用。

7.7.3 在颜料、粉料中，某些微量的金属可能会对不饱和聚酯树脂和乙烯基酯树脂的引发剂或促进剂产生阻聚作用或促进作用。试验表明：加入氧化锌、铁兰颜料时，会产生阻聚作用（即会起阻止不饱和聚酯树脂类材料发生聚合反应的作用）；石墨粉如果含铁量大，则铁能与酸性的引发剂或促进剂反应，消耗了部分引发剂、促进剂的数量，产生阻聚作用；但试验又表明：有些石墨粉对不饱和聚酯树脂反而会产生促进作用，使固化加快。

关于产生阻聚作用或促进作用的规律，至今尚未搞清楚。这需要大量试验数据和工程实践总结才能确定。

7.7.4 环氧树脂湿固化剂解决了树脂在潮湿基层上的推广应用。酚醛树脂、呋喃树脂、乙烯基酯树脂、不饱和聚酯树脂目前尚未解决湿固化的问题，故采用树脂类材料用于潮湿基层时，应选用湿固化的环氧树脂胶料打底，以增加与基层的结合力。在工程应用中，有些单位提出环氧树脂湿固化剂虽然能固化，但其与基层的结合力有所下降的意见。为此，修编组组织有关单位进行复核试验。试验结果证明，一些湿固化的环氧树脂封底料与饱和含水率的混凝土之间的粘结力可达 2.5MPa 以上。

7.8 水玻璃类材料

7.8.1 水玻璃类材料具有优良的耐酸性能，尤其是可耐高浓度的氧化性酸。这类材料的反应生成物主要是硅酸凝胶，所以不耐含氟酸，也不耐碱性介质。

7.8.2 与普通型水玻璃类材料相比，密实型水玻璃类材料具有较好的抗渗性。试验表明：普通型钠水玻璃类材料的抗渗等级为 0.2MPa，普通型钾水玻璃类材料的抗渗等级为 0.4～0.8MPa，而密实型的钠、钾水玻璃类材料的抗渗等级大于 1.2MPa，所以用于常温介质时宜选用密实型水玻璃类材料。

普通型水玻璃类材料的气孔率大，经常有稀酸或水作用的部位不应选用。但在高温作用时应选用普通型水玻璃类材料，不应选用气孔率小的密实型水玻璃类材料。

7.8.3 工程实践和试验表明，钠水玻璃类材料不耐碱性，与水泥基层的黏结力差，黏结试件自然脱落。钾水玻璃胶泥和砂浆与水泥基层的黏结力较好，与新浇混凝土试件的粘结强度可达 1.0MPa。

7.8.4 水玻璃混凝土抗渗性较差，埋入的钢筋表面应刷涂料保护。试验表明，刷环氧涂料的钢筋与水玻璃混凝土的握裹力为4.7MPa。

7.9 沥青类材料

7.9.1 有机溶剂能溶解沥青类材料。

7.9.2 沥青类材料对温度敏感性强，温度大于50℃时易软化流淌，温度低于−5℃时易收缩开裂，而且在紫外线照射下易老化，所以沥青类材料宜用于室内工程和地下工程。

7.10 防腐蚀涂料

7.10.1 与原规范相比，面层涂料增加的品种有：高氯化聚乙烯涂料和丙烯酸环氧、丙烯酸聚氨酯等涂料。

删去的品种有：过氯乙烯涂料、氯乙烯醋酸乙烯共聚涂料、聚苯乙烯涂料和沥青涂料。前三类涂料主要是由于挥发性有机溶剂（VOC）含量较高，每道涂膜厚度较薄。沥青涂料因性能较差，工程上已被环氧沥青、聚氨酯沥青等涂料取代。

氯磺化聚乙烯涂料具有较好的耐酸、耐碱、耐氧化剂及臭氧、耐户外大气等性能，但以往这种涂料存在与金属基层附着力较低，VOC含量较高和每遍涂层的厚度较薄等问题。近几年来，一些单位经过改性研究，已降低了VOC的含量，涂层与钢铁基层的附着力已达10MPa（超过本规范不低于5MPa的规定），每遍涂层的厚度可达$30\sim35\mu m$，中间涂层的每遍厚度甚至不少于$50\mu m$。所以本规范保留这种涂料。

高氯化聚乙烯涂料是一种单组分溶剂型防腐蚀涂料，对多数酸、碱、盐都具有较好的耐蚀性，并有较好的附着力和耐候性，可在较低的温度环境下施工。

环氧涂料对基层（特别是对钢铁基层）具有优良的附着力，耐碱性好，也耐中等浓度以下的大多数酸性介质。环氧涂层的耐候性较差，涂膜易粉化、失光，所以不宜用于室外。以丙烯酸树脂改性的丙烯酸环氧涂料，可用于室外。

聚氨酯涂料是聚氨基甲酸酯树脂涂料的简称。聚氨酯涂料的耐候性与型号有关，脂肪族的耐候性好，而芳香族的耐候性差。聚氨酯聚取代乙烯互穿网络涂料属于耐候性聚氨酯涂料，本规范不作为单一品种列入。含羟基丙烯酸酯与脂肪族多异氰酸酯反应而成的丙烯酸聚氨酯涂料，具有很好的耐候性和耐腐蚀性能。

本规范所列的"聚氯乙烯萤丹涂料"，即原规范所述的"聚氯乙烯含氟涂料"。这种涂料含有萤丹颜料成分，对被涂覆的基层表面起到较好的屏蔽和隔离介质作用，而且对金属基层具有磷化、钝化作用。该涂料对盐酸及中等浓度的硫酸、硝酸、醋酸、碱和大多数的盐类等介质，具有较好的耐腐蚀性能。不含萤丹的聚氯乙烯涂料的性能很差，所以该涂料不能没有"萤丹"。另外，一些单位通过试验和工程实践表明，若在聚氯乙烯萤丹涂料中加入适量的氟树脂，其耐温、耐老化和耐腐蚀性能更好。

树脂玻璃鳞片涂料可否用于室外取决于树脂的耐候性。

7.10.2 锌黄的化学成分是铬酸锌，由它配制而成的锌黄底涂料既适用于钢铁表面上，也适用于轻金属表面上。

7.10.3 关于涂层与基层的附着力，主要有两种方法：

①国家标准《漆膜的划格试验》GB/T 9286—88，这种测试方法比较简单。

②国家标准《涂层附着力的测定法拉开法》GB/T 5210—85，这种方法适用于单层或复合涂层与底衬间或涂层间附着力的定量测定。

以往国内常用的是划格法，而现在国外都使用拉开法，国内重点工程也大都采用拉开法。本规范结合国情，首先推荐拉开法，确有困难时也可采用划格法。根据规范修编组对十多个单位几十个涂层试件的测定结果，绝大多数涂层与钢铁基层的附着力（拉开法）都不低于6MPa，考虑留有余地，所以本规范规定不宜低于5MPa。涂层与水泥基层的附着力（拉开法）不宜低于1.5MPa，是沿用国家行业标准《海港工程混凝土结构防腐蚀技术规范》JTJ 275—2000 的规定。

本规范取消了原规范钢铁基层表面上，底漆附着力（划圈法）的规定，因为这仅是涂层中某一过程的要求。

中华人民共和国国家标准

压缩空气站设计规范

Code for design of compressed air station

GB 50029—2003

主编部门：中国机械工业联合会
批准部门：中华人民共和国建设部
施行日期：2003年6月1日

中华人民共和国建设部
公　告

第 139 号

建设部关于发布国家标准
《压缩空气站设计规范》的公告

现批准《压缩空气站设计规范》为国家标准，编号为 GB 50029—2003，自 2003 年 6 月 1 日起实施。其中，第 3.0.6、3.0.11、3.0.12、3.0.14、4.0.7(2)(4)、4.0.12、6.0.3、6.0.8、6.0.9 条（款）为强制性条文，必须严格执行。原《压缩空气站设计规范》GBJ 29—90 同时废止。

本规范由建设部标准定额研究所组织中国计划出版社出版发行。

中华人民共和国建设部
二〇〇三年四月十五日

前　言

本规范是根据建设部建标［1997］108 号文的要求，由中机国际工程设计研究院（原机械工业部第八设计研究院）会同有关单位对国家标准《压缩空气站设计规范》GBJ 29—90 修订而成。

在修订过程中，规范组进行了广泛的调查研究，认真总结了原规范执行以来在设计和使用方面的经验，参考了国内外有关资料并进行了必要的测试工作。经审查定稿，建设部以第 139 号公告发布执行。

本规范共分九章和六个附录。这次修订的主要内容是：新增了离心空气压缩机的条文，并对螺杆压缩机、压缩空气干燥、净化及有关环保、节能、安全生产、劳动保护等方面的内容进行了修改和补充。

本规范中以黑体字标志的条文为强制性条文，必须严格执行。本规范由建设部负责管理和对强制性条文的解释，中机国际工程设计研究院负责具体技术内容的解释。在执行过程中，请各单位结合工程实践，认真总结经验，如发现需要修改或补充之处，请将意见和建议寄中机国际工程设计研究院（地址：长沙市韶山中路 18 号，邮政编码：410007，传真：0731—5551914），以供修订时参考。

本规范组织单位、主编单位、副主编单位、参编单位、协编单位和主要起草人：

组 织 单 位：中国机械工业勘察设计协会
主 编 单 位：中机国际工程设计研究院
　　　　　　　（原机械工业部第八设计研究院）
副主编单位：无锡压缩机股份有限公司
参 编 单 位：湖南省冶金规划设计院
　　　　　　　机械工业部第三设计研究院
　　　　　　　机械工业部第四设计研究院
　　　　　　　中机国际工程咨询设计总院
　　　　　　　中国航空工业规划设计研究院
　　　　　　　国家电力公司中南电力设计院
协 编 单 位：广东肇庆环球净化设备有限公司
　　　　　　　西安联合超滤净化设备有限公司
　　　　　　　复盛实业（上海）有限公司
　　　　　　　杭州汉业气源净化设备有限公司
　　　　　　　杭州嘉美净化设备有限公司
主要起草人：王选和　　彭　恒　　李红梅
　　　　　　徐　辉　　李德斌　　邱宝安
　　　　　　田鸿斌　　杨　凯　　王　栋
　　　　　　牛豫人　　韩嘉龙　　胡多闻

目　次

1 总则 …………………………………… 7—3—4
2 压缩空气站的布置 …………………… 7—3—4
3 工艺系统 ……………………………… 7—3—4
4 压缩空气站的组成和设备布置 ……… 7—3—5
5 土建 …………………………………… 7—3—5
6 电气、热工测量仪表和
　保护装置 ……………………………… 7—3—5
7 给水和排水 …………………………… 7—3—6
8 采暖和通风 …………………………… 7—3—6
9 压缩空气管道 ………………………… 7—3—6
附录 A 活塞空气压缩机站热工
　　　测量仪表的装设 ……………… 7—3—7
附录 B 螺杆空气压缩机站热工
　　　测量仪表的装设 ……………… 7—3—7
附录 C 离心空气压缩机站热工
　　　测量仪表的装设 ……………… 7—3—7
附录 D 活塞空气压缩机站热工报
　　　警信号、自动保护控制的
　　　装设 …………………………… 7—3—8
附录 E 螺杆空气压缩机站热工报
　　　警信号、自动保护控制的
　　　装设 …………………………… 7—3—8
附录 F 离心空气压缩机站热工报
　　　警信号、自动保护控制的
　　　装设 …………………………… 7—3—8
本规范用词说明 ………………………… 7—3—8
附：条文说明 …………………………… 7—3—9

1 总 则

1.0.1 为了使压缩空气站设计能够保证安全生产、保护环境、节约能源、改善劳动条件，做到技术先进和经济合理，制订本规范。

1.0.2 本规范适用于装有电力传动，工作压力小于或等于表压为1.25MPa的活塞空气压缩机、螺杆空气压缩机和单机排气量小于等于500m³/min的离心空气压缩机的新建、改建、扩建的压缩空气站和压缩空气管道的设计。

本规范不适用于井下、洞内等特殊场所的压缩空气站和压缩空气管道的设计。

1.0.3 压缩空气站的生产火灾危险性类别，除全部由气缸无油润滑活塞空气压缩机或不喷油的螺杆空气压缩机组成的压缩空气站应为戊类外，其他均应为丁类。

1.0.4 对改建、扩建的压缩空气站和压缩空气管道的设计，应充分利用原有的建筑物、构筑物、设备和管道。

1.0.5 压缩空气站和压缩空气管道的设计，除应按本规范执行外，尚应符合国家现行的有关强制性标准的规定。

2 压缩空气站的布置

2.0.1 压缩空气站在厂（矿）内的布置，应根据下列因素，经技术经济比较后确定：

1 靠近用气负荷中心；
2 供电、供水合理；
3 有扩建的可能性；
4 避免靠近散发爆炸性、腐蚀性和有毒气体以及粉尘等有害物的场所，并位于上述场所全年风向最小频率的下风侧；
5 压缩空气站与有噪声、振动防护要求场所的间距，应符合国家现行的有关标准规范的规定。

2.0.2 压缩空气站的朝向，宜使机器间有良好的自然通风，并宜减少西晒。

2.0.3 装有活塞空气压缩机或离心空气压缩机，或单机额定排气量大于等于20m³/min螺杆空气压缩机的压缩空气站宜为独立建筑物。

压缩空气站与其他建筑物毗连或设在其内时，宜用墙隔开，空气压缩机宜靠外墙布置。设在多层建筑内的空气压缩机，宜布置在底层。

3 工艺系统

3.0.1 空气压缩机的型号、台数和不同空气品质、压力的供气系统，应根据供气要求、压缩空气负荷，经技术经济比较后确定。

压缩空气站内，活塞空气压缩机或螺杆空气压缩机的台数宜为3～6台。对同一品质、压力的供气系统，空气压缩机的型号不宜超过两种。离心空气压缩机的台数宜为2～5台，并宜采用同一型号。

3.0.2 压缩空气站备用容量的确定，应符合下列要求：

1 当最大机组检修时，除通过调配措施可允许减少供气外，其余机组应保证全厂（矿）生产的需气量；
2 当经调配仍不能保证生产所需气量时，可增设备用机组；

3 具有联通管网的分散压缩空气站，其备用容量，应统一设置。

3.0.3 空气压缩机的吸气系统，应设置空气过滤器或空气过滤装置。离心空气压缩机驱动电机的风冷系统进风口处，宜设置空气过滤器或空气过滤装置。

3.0.4 空气压缩机吸气系统的吸气口，宜装设在室外，并应有防雨措施。夏热冬暖地区，螺杆空气压缩机和排气量小于或等于10m³/min的活塞空气压缩机的吸气口可设在室内。

3.0.5 风冷螺杆空气压缩机组和离心空气压缩机组的空气冷却排风宜排至室外。

3.0.6 活塞空气压缩机的排气口与储气罐之间应设后冷却器。各空气压缩机不应共用后冷却器和储气罐。离心空气压缩机后冷却器和储气罐的配置，应根据用户的需要确定。

3.0.7 空气干燥装置的选择，应根据供气系统和用户对空气干燥度及需干燥空气量的要求，经技术经济比较后确定。

当用户要求干燥压缩空气不能中断时，应选用不少于两套空气干燥装置，其中一套为备用。

3.0.8 当压缩空气需干燥处理时，在进入干燥装置前，其含油量应符合干燥装置的要求。

3.0.9 根据用户对压缩空气质量等级的要求，应在空气干燥装置前、后和用气设备处设置相应精度的压缩空气过滤器。除要求不能中断供气的用户外，可不设备用压缩空气过滤器。

3.0.10 装有活塞空气压缩机的压缩空气站，其空气干燥装置应设在储气罐之后。进入吸附式空气干燥装置的压缩空气温度，不得超过40℃。进入冷冻式空气干燥装置的压缩空气温度，应根据装置的要求确定。

3.0.11 活塞空气压缩机与储气罐之间，应装止回阀。在压缩机与止回阀之间，应设放空管。放空管上应设消声器。

活塞空气压缩机与储气罐之间，不应装切断阀。当需装设时，在压缩机与切断阀之间，必须装设安全阀。

离心空气压缩机的排气管上，应装止回阀和切断阀。压缩机与止回阀之间，必须设置放空管。放空管上应装防喘振调节阀和消声器。

离心空气压缩机与吸气过滤装置之间，应设可调节进气量的装置。

3.0.12 离心空气压缩机应设置高位油箱和其他能够保证可靠供油的设施。

3.0.13 离心空气压缩机宜对应设置润滑油供油装置，出口的供油总管上应设置止回阀。

3.0.14 储气罐上必须装设安全阀。安全阀的选择，应符合国家现行的《压力容器安全技术监察规程》的有关规定。

储气罐与供气总管之间，应装设切断阀。

3.0.15 空气干燥装置和过滤器的出口，宜设分析取样阀。

3.0.16 空气压缩机的吸气、排气管道及放空管道的布置，应减少管道振动对建筑物的影响。其管道上设置的阀门，应方便操作和维修。

活塞空气压缩机至后冷却器之间的管道，应方便拆卸，清除积炭。

排气管道应设热补偿。

在寒冷地区，室外地面上的排油水管道，应采取防冻措施。

3.0.17 压缩空气站宜设置隔声值班室。

在空气压缩机组、管道及其建筑物上，应采取隔声、消声和吸声等降低噪声的措施。

压缩空气站的噪声控制值，应符合《工业企业噪声控制设计规范》(GBJ 87)和《城市区域环境噪声标准》(GB 3096)等现行国家标准的规定。

3.0.18 压缩空气站应设置废油收集装置。

废水的排放，应符合国家现行的有关标准、规范的规定。

4 压缩空气站的组成和设备布置

4.0.1 压缩空气站除机器间外,宜设置辅助间,其组成和面积应根据压缩空气站的规模、空气压缩机的型式、机修体制、操作管理及企业内部协作条件等综合因素确定。

4.0.2 机器间内设备和辅助间的布置,以及与机器间毗连的其他建筑物的布置,不宜影响机器间的自然通风和采光。

4.0.3 离心空气压缩机的吸气过滤装置宜独立布置,与压缩机的连接管道力求短、直。

严寒地区,油浸式吸气过滤器布置在室外或单独房间内时,应有防冻防寒措施。

4.0.4 压缩空气储气罐应布置在室外,并宜位于机器间的北面。立式储气罐与机器间外墙的净距不应小于1m,并不宜影响采光和通风。对压缩空气中含油量不大于 $1mg/m^3$ 的储气罐,在室外布置有困难时,可布置在室内。

4.0.5 夏热冬冷和夏热冬暖地区压缩空气站机器间内,宜对设备和管道采取减少热量散发的措施。

4.0.6 螺杆空气压缩机组及活塞空气压缩机组,宜单排布置。机器间通道的宽度,应根据设备操作、拆装和运输的需要确定,其净距不宜小于表4.0.6的规定。

表4.0.6 机器间通道的净距(m)

名 称		空气压缩机排气量 $Q(m^3/min)$		
		$Q<10$	$10 \leqslant Q<40$	$Q \geqslant 40$
机器间的主要通道	单排布置	1.5		2.0
	双排布置	1.5		2.0
空气压缩机组之间或空气压缩机与辅助设备之间的通道		1.0	1.5	2.0
空气压缩机组与墙之间的通道		0.8	1.2	1.5

注:1 当必须在空气压缩机组与墙之间的通道上拆装空气压缩机的活塞杆与十字头连接的螺母零部件时,表中1.5的数值应适当放大;
2 设备布置时,除保证检修时能抽出气缸中的活塞部件、冷却器中的芯子和电动机转子或定子外,并有不小于0.5m的余量,如表4.0.6中所列的间距值不能满足要求时,加大;
3 干燥装置操作维护用通道不宜小于1.5m。

4.0.7 离心空气压缩机组的设备布置,可采用单层或双层布置。采用双层布置时,应符合下列要求:

1 宜采用满铺运行层型式,底层宜布置辅助设备,运行层机组旁可作检修场;

2 润滑油供油装置应布置在底层。底盘与主油泵入口高差应符合主油泵吸油高度要求;

3 机器间底层和运行层应有贯穿整个机器间的纵向通道,其净宽不应小于1.2m,机组旁通道净距应符合压缩机、电动机、冷却器等主要设备的拆装、起重设备的起吊范围、设备基础与建筑物基础间的距离等要求;

4 各层机器间的出入口不应少于2个,运行层应有通向室外地面的安全梯;

5 在机器间的扩建端,运行层应留出安装检修吊装孔,当底层设备需采用行车吊装时,其设备上方的运行层亦应留有相应的吊装孔。

单层布置时,机器间的出入口亦不应少于2个。

4.0.8 离心空气压缩机组的高位油箱底部距机组水平中心线的高度不应小于5m。

4.0.9 当空气干燥净化装置设在压缩空气站时,宜布置在靠辅助间的一端。当用户要求压缩空气压力露点低于 -40℃,或含尘粒径小于 $1\mu m$ 时,空气干燥净化装置宜设在用户处。

4.0.10 压缩空气站内,当需设置专门检修场地时,其面积不宜大于一台最大空气压缩机组占地和运行所需的面积。

4.0.11 单台排气量等于或大于 $20m^3/min$,且总安装容量等于或大于 $60m^3/min$ 的压缩空气站,宜设检修用起重设备,其起重能力应按空气压缩机组的最重部件确定。

4.0.12 空气压缩机组的联轴器和皮带传动部分,必须装设安全防护设施。

4.0.13 当空气压缩机的立式气缸盖高出地面3m时,应设置移动的或可拆卸的维修平台和扶梯。

吸气过滤器,应装在便于维修之处。必要时,应设置平台和扶梯。

平台、扶梯、地坑及吊装孔周围均应设置防护栏杆。栏杆的下部应设防护网或板。

压缩空气站内的地沟应能排除积水,并应铺设盖板。

5 土 建

5.0.1 压缩空气站机器间屋架下弦或梁底的高度,应符合设备拆装起吊和通风的要求,其净高不宜小于4m。

夏热冬冷和夏热冬暖地区,机器间跨度大于9m时,宜设天窗。

5.0.2 机器间通向室外的门,应保证安全疏散、便于设备出入和操作管理。

5.0.3 机器间宜采用水磨石地面,墙的内表面应抹灰刷白。

5.0.4 隔声值班室或控制室应设观察窗,其窗台标高不宜高于0.8m。

5.0.5 空气压缩机的基础应根据环境要求采取隔振或减振措施。双层布置的离心空气压缩机的基础应与运行层脱开。

5.0.6 有发展可能的压缩空气站,其机器间的扩建端,应便于接建。

6 电气、热工测量仪表和保护装置

6.0.1 压缩空气站的用电负荷等级,应根据压缩空气用户用气重要程度,按国家现行的《供配电系统设计规范》(GB 50052)的负荷分级规定执行。除中断压缩空气会造成较大损失者外,宜为三级负荷。

6.0.2 空气压缩机电动机的控制和保护,应按国家现行的《通用用电设备配电设计规范》(GB 50055)的有关要求执行。

6.0.3 压缩空气站内使用的手提灯,其电压不应超过36V;在储气罐内或在空气压缩机的金属平台上使用的手提灯,其电压不得超过12V。

6.0.4 压缩空气站的机器间内,应设置380V和220V的专用检修电源。

6.0.5 压缩空气站宜设置集中控制室,集中控制室应符合下列要求:

1 宜位于压缩空气站固定端或适中位置;

2 室内设备布置应整齐、协调、统一。盘前运行区应满足运行人员工作需要,盘后应满足设备的维护、检修、调试及通行要求;

3 应有良好的通风和照明,并采取隔声、防火、防尘、防水、防振等措施。

6.0.6 压缩空气站的隔声值班室或集中控制室内应设电话。

6.0.7 压缩空气站的热工测量仪表,应按附录A、附录B、附录C的规定装设。设有集中控制室时,附录中"应"装的测量仪表应接入集中控制室。

6.0.8 压缩空气站的热工报警信号和自动保护控制,应按附录 D、附录 E、附录 F 的规定装设。设有集中控制室时,附录中"应"装的热工报警信号应接入集中控制室。

在控制室和机器旁均应设置空气压缩机紧急停车按钮。设有备用空气压缩机的压缩空气站,可根据工艺要求设置自投备用的联锁。

6.0.9 离心空气压缩机应设下列控制系统:
1 进气调节控制系统;
2 机组防喘振控制系统;
3 排气压恒压控制系统。

6.0.10 压缩空气站可采用计算机控制系统。

6.0.11 当空气压缩机采用计算机控制时,应配置互为冗余的电源装置。

6.0.12 压缩空气站对供气的干燥度有严格要求时,宜配备露点仪。

6.0.13 室外布置的热工测量仪表、控制设备和测量管路应采取防水、防冻等措施。

7 给水和排水

7.0.1 压缩空气站的生产用水,除中断压缩空气供气会造成较大损失外,宜采用一路供水。

7.0.2 压缩空气站的冷却水应循环使用。循环水系统宜采用单泵冷却系统。

7.0.3 空气压缩机入口处冷却水压力(表压),应符合下列规定:
1 活塞空气压缩机不得大于 0.4MPa,并不宜小于 0.1MPa;
 注:适用于按《一般用固定式往复活塞空气压缩机技术条件》(GB/T 13279—91)制造的活塞空气压缩机。
2 螺杆空气压缩机不得大于 0.4MPa,并不宜小于 0.15MPa;
3 离心空气压缩机不得大于 0.52MPa,并不宜小于 0.15MPa。

7.0.4 空气压缩机及其冷却器的冷却水的水质标准,应符合现行国家标准《工业循环冷却水处理设计规范》(GB 50050)的规定。当企业内部有软化水可以利用,且系统又经济合理时,系统内的循环水可采用软化水。

7.0.5 空气压缩机及其冷却器的冷却水,采用直流系统供水时,应根据冷却水的碳酸盐硬度控制排水温度,且不宜超过表 7.0.5 的规定。超过表 7.0.5 规定值时,应对冷却水进行软化处理。

表 7.0.5 碳酸盐硬度与排水温度的关系

碳酸盐硬度(以 CaO 计,mg/L)	排水温度(℃)
≤140	45
168	40
196	35
280	30

7.0.6 空气压缩机的排水管上,必须装设水流观察装置或流量控制器。

7.0.7 压缩空气站的给水和排水管道,应设放尽存水的设施。

8 采暖和通风

8.0.1 压缩空气站机器间的采暖温度不宜低于 15℃,非工作时间机器间的温度不得低于 5℃。

8.0.2 整个机器间地面以上 2m 内空间的夏季空气温度,应符合国家现行标准《工业企业设计卫生标准》(GBZ 1)中关于车间内工作地点的要求。

隔声值班室或控制室内应设通风或降温装置。

8.0.3 安装有螺杆空气压缩机的站房,当压缩机吸风口或机组冷却风吸风口设于室内时,其机器间内环境温度不应大于 40℃。

8.0.4 空气压缩机室内吸风时,压缩空气站机器间的外墙应设置进风口,其通流面积应满足空气压缩机吸风和设备冷却的要求。

8.0.5 压缩空气站内设备通风管道的阻力损失超过设备自带风扇压头时,应设置通风机。

通风管道内的风速不采用通风机时,宜按 3～5m/s;采用通风机时,宜按 6～10m/s。

8.0.6 冬季需采暖的地区,冷却螺杆压缩机组及离心压缩机组产生的热风,宜用于提高站房温度。

9 压缩空气管道

9.0.1 压缩空气管道应满足用户对压缩空气流量、压力及品质的要求,并应考虑近期发展的需要。

9.0.2 厂(矿)区压缩空气管道的敷设方式,应根据气象、水文、地质、地形等条件和施工、运行、维修方便等综合因素确定。

夏热冬冷地区、夏热冬暖地区和温和地区的压缩空气管道,宜采用架空敷设。

寒冷地区和严寒地区的压缩空气管道架空敷设时,应采取防冻措施。

严寒地区的厂(矿)区压缩空气管道,宜与热力管道共沟或埋地敷设。

9.0.3 输送饱和压缩空气的管道,应设置能排放管道系统内积存油水的装置。设有坡度的管道,其坡度不宜小于 0.002。

9.0.4 压缩空气管道材料选用,应符合下列规定:
1 无干燥净化要求的压缩空气管道,可采用碳钢管;
2 压力露点低于等于 10℃,高于 -20℃ 或含尘粒径小于等于 40μm 大于 5μm 的干燥和净化压缩空气管道,可采用经钝化处理或热镀锌的碳钢管;
3 压力露点低于等于 -20℃,高于等于 -40℃ 或含尘粒径小于等于 5μm,大于等于 1μm 的干燥和净化压缩空气管道,宜采用不锈钢管或铜管;
4 压力露点低于 -40℃ 或含尘粒径小于 1μm 的干燥和净化压缩空气管道,应采用不锈钢管或铜管。

9.0.5 干燥和净化压缩空气管道的阀门和附件,其密封、耐磨、抗腐蚀性能应与管材相匹配。

9.0.6 压缩空气管道的连接,除设备、阀门等处用法兰或螺纹连接外,宜采用焊接。干燥和净化压缩空气的管道连接,应符合现行国家标准《洁净厂房设计规范》(GB 50073)的规定。

9.0.7 干燥和净化压缩空气管道的内壁、阀门和附件,在安装前应进行清洗、脱脂或钝化等处理。

9.0.8 厂(矿)区架空压缩空气管道应设热补偿。

9.0.9 压缩空气管道在用气建筑物入口处,应设置切断阀门、压力表和流量计。对输送饱和压缩空气的管道,应设置油水分离器。

9.0.10 对压缩空气负荷波动或要求供气压力稳定的用户,宜就近设置储气罐或其他稳压装置。

9.0.11 压缩空气管道需防雷接地时,应符合现行的国家标准《建筑物防雷设计规范》(GB 50057)的规定。

9.0.12 埋地敷设的压缩空气管道,应根据土壤的腐蚀性做相应的防腐处理。厂(矿)区输送饱和压缩空气的埋地管道,应敷设在冰冻线以下。

9.0.13 埋地压缩空气管道穿越铁路、道路时,应符合下列要求：

1 管顶至铁路轨底的净距,不应小于1.2m；
2 管顶至道路路面结构底层的垂直净距,不应小于0.5m。

当不能满足上述要求时,应加防护套管(或管沟),其两端应伸出铁路路肩或路堤坡脚以外,且不得小于1.0m;当铁路路基或路边有排水沟时,其套管应伸出排水沟沟边1.0m。

9.0.14 厂(矿)区敷设的压缩空气管道与其他管线及建筑物、构筑物之间的最小水平间距,应符合现行的国家标准《工业企业总平面设计规范》(GB 50187)的规定。

9.0.15 车间架空压缩空气管道与其他架空管线的净距,不宜小于表9.0.15的规定。

表9.0.15 车间架空压缩空气管道与其他架空管线的净距(m)

名　　称	水平净距	交叉净距
给水与排水管	0.15	0.10
非燃气体管	0.15	0.10
热力管	0.15	0.10
燃气管	0.25	0.10
氧气管	0.25	0.10
乙炔管	0.25	0.25
穿有导线的电线管	0.10	0.10
电缆	0.50	0.50
裸导线或滑触线	1.00	0.50

注：1 电缆在交叉处有防止机械损伤的保护措施时,其交叉净距可缩小到0.1m；
　　2 当与裸导线或滑触线交叉的压缩空气管道需经常维修时,其净距为1m。

附录A 活塞空气压缩机站热工测量仪表的装设

表A 活塞空气压缩机站热工测量仪表的装设

序号	测点名称	装设
\multicolumn{3}{c}{一、温度}		
1	一级气缸排气温度	应
2	二级气缸排气温度	应
3	后冷却器排气温度	应
4	冷却水进水总管水温	应
5	空气压缩机组冷却水排水温度	应
6	空气压缩机传动机构润滑油温度	应
7	空气干燥器装置进气温度	应
8	空气干燥装置排气温度	应
9	加热再生吸附式空气干燥装置加热器温度	应
10	加热再生吸附式空气干燥装置再生进气温度	应
11	加热再生吸附式空气干燥装置再生排气温度	应
12	冷冻式空气干燥装置蒸发温度	应
二、压力		
1	压缩机空气站供气母管压力	应
2	一级气缸排气压力	应
3	二级气缸排气压力	应
4	储气罐气压	应
5	空气压缩机组冷却水进水(阀后)压力	应
6	空气压缩机组传动机构润滑油压力	应
7	空气干燥装置压差	应
8	空气过滤器压差	应
三、流量		
1	空气压缩机组出口流量	宜
2	压缩空气站供气母管流量	应

附录B 螺杆空气压缩机站热工测量仪表的装设

表B 螺杆空气压缩机站热工测量仪表的装设

序号	测点名称	装设
一、温度		
1	各段排气温度	应
2	各段吸气温度	宜
3	油冷却器出油温度	宜
4	轴承温度	宜
5	冷却水进水总管水温	应
6	机组出水温度	应
7	后冷却器出水温度	应
二、压力		
1	压缩空气站供气母管压力	应
2	空气压缩机排气压力	应
3	空气压缩机组冷却水进水(阀后)压力	应
4	润滑油压力(近润滑点)	应
三、流量		
1	空气压缩机组出口流量	宜
2	压缩空气站供气母管流量	应

注：空气干燥净化装置测量仪表的装设同表A。

附录C 离心空气压缩机站热工测量仪表的装设

表C 离心空气压缩机站热工测量仪表的装设

序号	测点名称	装设
一、温度		
1	各段进气温度	应
2	各段排气温度	应
3	润滑油冷却器进口油温度	应
4	润滑油冷却器出口油温度	应
5	润滑油箱油温	应
6	润滑油冷却器排水温度	应
7	各级冷却器排水温度	应
8	冷却水进水总管水温	应
9	增速箱轴承温度	应
10	压缩机轴承润滑油温	应
11	压缩机电动机轴承润滑油温	应
12	压缩机和电动机支承推力轴承温度	应
13	压缩机电动机支承轴承温度	应
14	压缩机电动机定子温度	应
二、压力		
1	各段气缸进气压力	应
2	各段气缸出气压力	应
3	后冷却器出口气压	应
4	空气压缩机冷却水进水(阀后)压力	应
5	压缩空气站供气母管压力	应
6	润滑油泵出口母管油压	应
三、流量		
1	空气压缩机组出口流量	宜
2	压缩空气站供气母管流量	应

续表 C

序号	测点名称	装设
四、机械量		
1	压缩机轴振动	应
2	压缩机轴位移	应
3	增速箱轴振动	应

注：空气干燥净化装置测量项目同表 A。

附录 D 活塞空气压缩机站热工报警信号、自动保护控制的装设

表 D 活塞空气压缩机站热工报警信号、自动保护控制的装设

序号	测点名称	热工报警信号	自动保护
一、温度			
1	机组气缸排气温度高	应	自动停机
2	加热再生吸附式空气干燥装置加热器超温	应	自动停机
3	加热再生吸附式空气干燥装置再生气进气超温	应	自动停机
4	冷冻式空气干燥装置蒸发温度低	应	自动停机
二、压力			
1	二级气缸排气压力高	应	—
2	空气压缩机传动机构润滑油压低	应	自动停机
3	空气压缩机组冷却水流量（阀后）低或压力低	应	自动停机
4	压缩空气给水总管压力高	应	—
5	压缩空气站供气总管压力高	应	—
6	压缩空气站供气总管压力低	应	—
三、其他			
1	空气干燥器装置程序控制器故障	宜	—
2	空气压缩机组控制电源故障	应	—

注：报警装置参数异常时应报警，报警参数值仍继续越限时自动停机。

附录 E 螺杆空气压缩机站热工报警信号、自动保护控制的装设

表 E 螺杆空气压缩机站热工报警信号、自动保护控制的装设

序号	测点名称	无油螺杆		喷油螺杆	
		热工报警信号	自动保护	热工报警信号	自动保护
一、温度					
1	排气温度高	应	自动停机	应	自动停机
2	排气温度低	—	—	应	宜
3	润滑油温度高	宜	—	应	宜
4	冷却水回水温度高	宜	—	应	宜
二、压力					
1	压缩空气站供气总管压力低	应	—	应	—
2	压缩空气站供气总管压力高	应	—	应	—
3	冷却水流量或压力低	应	自动停机	应	自动停机
4	吸入空气压力低	宜	—	应	—
5	油气分离器滤芯压差大	—	—	应	—
6	油过滤器压差大	—	—	应	—
7	润滑油压力低	应	自动停机	应	自动停机

续表 E

序号	测点名称	无油螺杆		喷油螺杆	
		热工报警信号	自动保护	热工报警信号	自动保护
三、液位					
1	润滑油箱油位低	应	—	应	—
2	润滑油箱油位高	应	—	应	—
四、其他					
1	空气压缩机组控制电源故障	应	—	应	—

注：1 报警装置参数异常时应报警，报警值仍继续越限时应自动停机；
2 空气干燥净化装置热工报警信号、自动停机装置的装设同表 D。

附录 F 离心空气压缩机站热工报警信号、自动保护控制的装设

表 F 离心空气压缩机站热工报警信号、自动保护控制的装设

序号	测点名称	热工报警信号	自动保护
一、温度			
1	各段排气温度高	应	自动停机
2	压缩机轴承温度高	应	自动停机
3	润滑油箱温度高、低	应	自动停机
4	压缩机电动机定子温度高	应	—
二、压力			
1	各段气缸排气压力高	应	—
2	空气滤清器压差大	应	—
3	润滑油油压低	应	自动停机
4	油过滤器压差大	应	—
5	空气压缩机冷却水进口（阀后）压力高、低	应	—
6	压缩空气站供气总管压力低	应	—
三、流量			
1	空气压缩机冷却水进口（阀后）流量低	应	—
四、液位			
1	润滑油箱油位低	应	—
五、机械量			
1	压缩机轴振动大	应	自动停机
2	压缩机轴位移大	应	自动停机
3	压缩机喘振	应	紧急放空
六、其他			
1	空气压缩机组控制电源故障	应	—

注：1 报警装置参数异常时应报警，报警值仍继续越限时应自动紧急放空或停机；
2 空气干燥净化装置热工报警、自动停机装置的装设同表 D。

本规范用词说明

1 为便于在执行本规范条文时区别对待，对要求严格程度不同的用词说明如下：
　1）表示很严格，非这样做不可的用词：
　　正面词采用"必须"，反面词采用"严禁"。
　2）表示严格，在正常情况下均应这样做的用词：
　　正面词采用"应"，反面词采用"不应"或"不得"。
　3）表示允许稍有选择，在条件许可时首先应这样做的用词：
　　正面词采用"宜"，反面词采用"不宜"；
　　表示有选择，在一定条件下可以这样做的用词，采用"可"。

2 本规范中指明应按其他有关标准、规范执行的写法为"应符合……的规定"或"应按……执行"。

中华人民共和国国家标准

压缩空气站设计规范

GB 50029—2003

条 文 说 明

目　次

1　总则 …………………………………… 7—3—11
2　压缩空气站的布置 …………………… 7—3—11
3　工艺系统 ……………………………… 7—3—12
4　压缩空气站的组成和设备布置 … 7—3—16
5　土建 …………………………………… 7—3—19
6　电气、热工测量仪表和
　　保护装置 …………………………… 7—3—20
7　给水和排水 …………………………… 7—3—21
8　采暖和通风 …………………………… 7—3—23
9　压缩空气管道 ………………………… 7—3—23
　　附录 …………………………………… 7—3—24

1 总 则

1.0.1 本条为本规范的编制目的。

1.0.2 本条是原规范第1.0.2条的修订条文。

现代工业的迅速发展，对压缩空气的质量和压力等级提出了许多新的要求。一方面干燥、净化设备被普遍采用，供气系统压力损失增加；另一方面，应用较高压力的压缩空气的场所和设备也日益增多，原规范仅适用于工作压力小于等于0.8MPa（表压）的压缩空气站已难以满足用户对供气压力的需要，因此，本次规范修订，根据绝大多数的压缩空气用户其工作压力均不超过1.25MPa的客观情况，将本规范适用的空气压缩机的工作压力提高到1.25MPa。

离心空气压缩机近几年在我国的石化、制药、钢铁等行业应用日渐广泛。在调查中发现，实践中供动力用的电动离心空气压缩机绝大多数单机排气量均在500m³/min以下，因此，本规范增加这部分内容。

1.0.3 本条是原规范第1.0.4条的原条文。

活塞空气压缩机或螺杆空气压缩机在对空气进行压缩时，为了润滑、密封和冷却而向气缸或机壳内注入闪点215℃以上的润滑油（或163℃的定子油）。油在高温作用下会氧化而形成积炭，积炭是易燃物质，有可能引起燃爆事故。离心空气压缩机润滑油闪点一般为185～195℃。根据现行《建筑设计防火规范》(GBJ 16)对生产火灾危险性的分类，压缩空气站生产过程中均使用闪点大于60℃的油品，符合丙类生产火灾危险性的规定（即"闪点大于60℃可燃液体"的规定）。但考虑到一方面空气压缩机所用油品的闪点较高，另一方面，活塞空气压缩机和螺杆空气压缩机的用油量都比较少；离心空气压缩机用油量虽较多，但油只用来冷却和润滑轴承，并不直接与灼热的压缩空气接触，引发燃爆事故的可能性很小，实际应用中，离心空气压缩机燃爆事故发生率低于活塞或螺杆空气压缩机。根据现行的《火力发电厂与变电所设计防火规范》(GB 50229)，其汽轮机房的用油量及润滑方式与离心压缩机站房类似，亦定为丁类。因此，由这几种空气压缩机组成的压缩空气站的火灾危险性类别定为丙类似乎偏高，定为丁类较为合适。

全部由气缸无油润滑活塞空气压缩机或不喷油的螺杆空气压缩机组成的压缩空气站，因其气缸或转子压缩腔内均不直接注油，油只用于其他动力部件的润滑，所以，压缩空气中的含油量极低，形成积炭而引发燃爆事故的可能性就更低。布置在独立建筑物中的干燥、净化站（或间）因压缩空气一般都已被冷却到50℃以下，基本上属于常温作业，因此，上述三种情况均规定为戊类生产。

1.0.4 本条是原规范第1.0.2条中的一节，因内容相对独立故自成一条。

新建、改建、扩建的压缩空气站和管道的设计，对安全生产、技术先进和经济合理等方面的要求，原则上是一致的。但改、扩建设计，则应考虑历史情况和现实条件，不能片面强调技术先进和合理。故作了"对改建、扩建的压缩空气站和压缩空气管道的设计，应充分利用原有建筑物、构筑物、设备和管道"的规定。

2 压缩空气站的布置

2.0.1 本条是原规范第2.0.1条的修订条文。

压缩空气站在厂（矿）内的布置，一般涉及因素较多，主要矛盾也因地而异，所以提出应根据下列诸因素，经技术经济比较后确定，现将各因素分述如下：

1 靠近用气负荷中心，可节省管道，减少压力损失，减少耗电，保证供气压力；

2 压缩空气站是全厂（矿）用水、用电负荷较大者之一，要考虑供电、供水的合理性；

3 从调查中看，站的扩建已成普遍现象。由于生产的发展和以压缩空气为动力的新工艺、新技术的推广，用气量一般都会增加。过去，有些厂由于在设计时未考虑扩建而造成技术和经济方面的不合理，因此，在确定站的位置时，应留有扩建的可能性；

4 空气压缩机是直接从大气吸气，为了减少机器的磨损、腐蚀，防止发生爆炸事故，确保空气压缩机吸入气体的质量，故要求站与散发爆炸性、腐蚀性、有毒气体和粉尘等场所有一定距离。但由于其散发量难以作定量规定，且有害物对空气压缩机的影响与其浓度等关系缺乏科学数据，因此，不便对两者之间的距离作具体规定，而只规定避免靠近这些场所。

在大气中，传播有害物质起主导作用的是风。在总图布置中，为减少有害物对站的影响，过去习惯将站布置在"主导风向"的上风侧，其实，这样考虑是不全面的，因为我国许多地区冬季盛行偏北风，夏季盛行偏南风，两者风向相反，如把压缩空气站放在有害源的某个风频稍大的上风侧，随着季节变更，盛行风向相反，上风侧就变成了下风侧，站房就不可避免地受到有害物的影响。调查中许多实例也允分证明这一点。如将站房置于有害物散发源的当地全年风向最小频率的下风侧，则站房受到有害物的影响为最少。因为全年风向最小频率的下风侧一年中风吹来的次数是最少的，故采用这种较科学的新提法。

5 空气压缩机运转时发出较大的噪声，活塞空气压缩机为80～110dB（A），螺杆空气压缩机为65～85dB（A），离心空气压缩机为80～130dB（A），故应根据各种场所的噪声允许标准、压缩空气站的噪声级、传播途中的隔声障（建筑物、构筑物和林带等）等条件综合考虑，其防护间距应符合现行国家标准规范的有关规定。

各类场所的噪声允许标准应按现行的《城市区域环境噪声标准》(GB 3096)、《工业企业噪声控制设计规范》(GBJ 87)等确定。压缩空气站内噪声级可经实测参照类似站的噪声级或经计算确定。

活塞空气压缩机在运转中的振动较大，螺杆和离心空气压缩机的振动要小一些，空气压缩机在运转中的振动，不仅影响本站和防振要求较高的邻近建筑物、构筑物，而且影响精密仪器和高性能设备的正常工作。因此，应根据空气压缩机的类型、精密仪器、设备的允许振动要求，以及地质、地形等条件综合考虑。其防振间距应符合现行国家标准《工业企业总平面设计规范》(GB 50187)的规定。

2.0.2 本条是原规范第2.0.2条的修订条文。

压缩空气站的朝向，对站内通风降温有很大关系。普通反映站内由于机组大量散热，夏季机器间内气温很高，一般在40℃左右，有的站内温度竟高达45℃以上。充分利用自然通风是效果显著又最经济易行的降温措施。据某些厂反映，自然通风的效果甚至比天窗或装风扇都好。例如：某厂压缩空气站的机器间全长54m，约有34m被电气间所挡，据夏季测定：有自然通风部分比无自然通风部分温度低5℃。该站后来自行在被电气间所挡部分加设天窗，结果温度较前只降低1℃，故本条文强调站的朝向，以利于夏季有自然通风的形成。

2.0.3 本条是原规范第2.0.3条的修订条文。

压缩空气站有下列特点：设备工作时散发热量大，应有良好的通风；吸气要求洁净，需远离有害物散发源；为适应生产发展，要留有扩建场地；用电和用水量较大，要考虑供电和供水的经济合理；有噪声和振动向外传播，应远离对噪声和振动要求较高的场所等。对于活塞空气压缩机和离心空气压缩机，上述特点更为突出。因此，站房为独立建筑较容易满足上述要求。

通过对150多个站的调查统计，有32%的站是与其他建筑物毗连或设在其内，除少数由于布置不合理互相有一定干扰外，大多数都能正常生产。特别是与某些生产工艺类似的站（如冷冻机站、氧气站和泵房等）以及作为生产工艺附属部分的站，毗连在主建筑物侧或设在其内，如在布置上处理较好，能合理地共用供电、供水设施等，则能节省投资、节省用地。

近年来，由于螺杆空气压缩机制造技术的进步，其噪声和效率问题得到了解决，噪声比活塞空气压缩机要低，效率接近活塞空气压缩机，同时，由于其集约化程度高、结构紧凑、基础简单、减震效果好、自动化程度高，因此，得到了广泛的采用，也为装有这种机型的站房与其他建筑物毗连或设在其内提供了有利条件。

据对63个压缩空气站的函调及现场了解，与其他建筑物毗连的站中，44%安装了活塞空气压缩机，56%安装了螺杆空气压缩机。设在其他建筑物内的站，全部安装了螺杆空气压缩机。

基于以上情况，本次规范修订提出"装有活塞空气压缩机或离心空气压缩机，或单机额定排气量大于等于20m^3/min 螺杆空气压缩机的压缩空气站宜为独立建筑"。至于安装排气量小于 20m^3/min 螺杆空气压缩机的压缩空气站，可为独立建筑，也可与其他建筑物毗连或设在其内。据对40个螺杆空气压缩机站房的调查，50%为独立建筑，25%与其他建筑物毗连，25%设在其内。

考虑空气压缩机吸气、通风和散热的要求，以及噪声和振动等对建筑物、设备和环境的影响，故规定当"与其他建筑物毗连或设在其内时，宜用墙隔开，空气压缩机宜靠外墙布置。设在多层建筑内的空气压缩机，宜布置在底层。"

3 工艺系统

3.0.1 本条是原规范第3.0.1条的修订条文。

目前，动力用不同压力等级的空气压缩机以及不同容量、压力的无油润滑空气压缩机都已生产，为压缩空气站不同品质、压力的供气系统的设备选型提供了条件。若单纯为简化供气系统而采用减压方式供应耗气量较大的低压压缩空气用户是不经济的，如排气量 40m^3/min，排气压力 0.7MPa 的空气压缩机比功率为 5.1kW/(m^3·min)，而排气压力为 0.3MPa 时比功率为 3.17kW/(m^3·min)，两者电功率消耗相差 1.93kW/(m^3·min)。当然，压力系统的增加会引起建筑面积、设备和管道的增加，正确的设计应通过经济比较后确定压力系统。

新建压缩空气站，活塞空气压缩机和螺杆空气压缩机的台数以3～6台为宜，如站内只安装1～2台机组时，对确保供气、适应负荷变化以及备用容量等方面都较为不利，故下限推荐为3台。但空气压缩机台数过多，维护管理不便，建筑面积也增加。因此，当供气量大时，应采用大型机组。考虑到站房扩建的可能，新建站房初次装设机组上限推荐为6台。

离心空气压缩机组的台数以2～5台为宜。据对国内离心空气压缩机站的调研，多数站为2～5台，既能确保供气，也能适应负荷变化，维修管理较为方便。

空气压缩机的机组型号规定不宜超过两种，是从方便维护管理、减少备品备件品种和检修等方面考虑的。

对离心空气压缩机站最好选用同型号机组，这是因为同型号机组不仅工艺布置比较简洁，维修管理比较方便，而且，其技术特性基本相同，联合工作的稳定工况区域相对较大，从而提高站房的整体适应能力。

3.0.2 本条是原规范第3.0.2条的修订条文。

压缩空气站内的空气压缩机组需定期轮换停机进行检修，在运行中也可能发生故障需临时停机。当不能通过负荷调配来保证全厂（矿）生产用气时，就必须考虑设置备用容量。

备用容量如何确定？这与各行业所使用的压缩空气的负荷特点有关。据调查，各行业负荷情况大致如表1所示。从表中可知，前二类行业的压缩空气站，当最大机组检修时，其余机组的排气量应保证全厂（矿）生产所需用气量；后一类行业的生产用气有调配的可能性，例如短期内将某些在第一、二班生产的用气户，调配在第二、三班工作，以此来平衡气量的供求；又如对某些间歇性的生产用气，可以调配用气负荷以满足空气压缩机检修要求。

表1 各行业负荷特点及备用容量要求

负荷特点	行业类别示例	主要生产班制	最大机组停机时要求保证全厂用气量（%）
生产和仪表要求连续供气	电力、石油、化工、轻工、农林、冶金冶炼部分、核工业的部分用气、兵器的火化工部分、航天的化工部分等	三班制	100
生产要求供气可靠，否则会造成较大损失	掘进工业（煤炭、冶金等）、核工业的部分用气	三班制	100
批量生产、间歇性生产、生产用气非连续性，部分连续性生产	机械、电子、航空、兵器、造船、航天、铁道、交通等	一、二班制或三班制	75～100

从统计和计算可得出，安装的机组数量小于等于5台的站房，以其中1台作为备用，大多数情况下均能满足生产和机组轮换检修的需要。

离心空气压缩机根据其自身结构的特点，易损件少，事故率低，能可靠连续运行100d以上，当企业的生产计划和设备大修组织得当时，可不设备用机组。

3.0.3 本条是原规范第3.0.3条的修订条文。

据调查反映，空气中含尘量多少，对活塞空气压缩机的使用寿命和维修周期影响很大。例如某压缩空气站，受锻工车间烟囱、平炉烟囱、锅炉房烟囱、3条铁路和铸造车间的粉尘影响，由于吸气过滤器是普通网格式的，没有采取特殊除尘措施，因此，进入空气压缩机的尘量很大，使得气缸拉毛50～60μm，气阀经常结焦3～5mm厚，每两个月必须停车清洗一次，否则，各气阀就有全部焦成一体的危险。站址选择在环境洁净处或采取拉大压缩空气站与散发粉尘场所的距离是一种办法，但往往受到工厂占地面积或总图布置的限制，而以提高吸气过滤器效率来降低吸气空气含尘量则是积极措施。如某公司将部分机组的吸气过滤器改为油浴式吸气过滤器，即 2 台 40m³/min 机组和 5 台（同时运行 4 台）20m³/min 机组分别合用一个油浴式吸气过滤器，经运行 650h 后，对相同型号的机组的对比测定结果是：用普通钢刨花网格式吸气过滤器的机组，一个阀体上积灰46.3g；用油浴式吸气过滤器的机组，一个阀体上积灰仅 9.1g，约为前者的1/5。各台空气压缩机改为油浴式吸气过滤后，检修周期普遍延长一倍以上。经验证明，提高吸气过滤器效率，减少尘埃对空气压缩机的影响，是一项行之有效的措施。

空气中的灰尘对离心压缩机的使用寿命和检修周期影响极大，尘埃易使叶片拉毛，降低运行效率及使用寿命；严重时，使压缩机转子失去动平衡。故规范明确提出空气压缩机的吸气系统，应设置相应有效的过滤器或过滤装置。

本条增加了在离心压缩机的驱动电机风冷系统的进口处，宜设置过滤器或过滤装置的规定，这是由于空气中的尘埃对被冷却的大型电动机的使用寿命和检修周期也有极大影响。

3.0.4 本条是原规范第3.0.4条的原条文。

室内吸气将使室内温度降低，影响采暖；活塞空气压缩机气流有脉动，使操作人员感到不舒服；吸气口虽加消声器，但噪声仍在82～85dB（A）左右。由于以上原因，吸气口宜装在室外。世界上许多空气压缩机制造厂也是这样推荐的，在夏热冬暖地区，室内吸气在夏季时可把热量排走，对降温有好处。但只有低噪声和气流脉动对站内环境影响不明显的螺杆空气压缩机和小型活塞空气压缩机方可放在室内。据调查，将不大于10m³/min的空气压缩机吸气口设在室内，操作人员无不适感觉。螺杆空气压缩机吸气口放在室内，一般无不适应感觉，但对大型空气压缩机应着重考虑吸气对降低室内温度的影响。

3.0.5 本条为新增条文。

风冷螺杆空气压缩机组和离心空气压缩机组在工作中所散发的热量如排在室内会严重恶化室内环境，甚至影响机组的正常工作，故其冷却排风宜排至室外。

3.0.6 本条为原规范第3.0.5条的修订条文。

从压缩空气站的事故来看，除超压、水击或机械事故外，凡燃烧爆炸无不与油有关，油是燃烧爆炸的内因；排气温度过高，空气中含粉尘、静电感应等是外因。装设后冷却器既能清除部分油水，又能降低压缩空气的温度，对减少油垢和油在高温下形成积炭都有好处。因此，装设后冷却器对减少压缩空气系统发生燃爆事故的可能性，是一种积极的、较为有效的措施，从国内外一些燃爆事故来看，大都发生在未装后冷却器的压缩空气系统内，由此也说明了后冷却器在这方面具有较大的作用。《固定的空气压缩机安全规则和操作规程》(GB 10892)中有关条文也强调应装后冷却器。鉴于近几年来的一些事故，为了保证安全，规范规定活塞空气压缩机都应装设后冷却器。

气体经冷却可析出相当部分的油水，若后冷却器带有油水分离器结构，可减少管路、储气缸的油水聚积，有利于安全。目前，制造厂配套的后冷却器都带有此结构，因此，装设后冷却器后不必再设油水分离器。

关于离心空气压缩机是否配置后冷却器和储气罐，应根据用户的需要确定，有的用户要求压缩空气保持一定的温度，有的用户将其与空气压缩机组成一个工艺流程，是否配置以上设备需根据情况来考虑。一般情况下，因为离心空气压缩机末端排气温度达200℃以上，为了保证安全，降低室内温度和除去部分水分，在机组末端应装后冷却器。

据对150多个压缩空气站的调查，机组与供气总管之间，绝大多数采用单独的排气系统，即各机组之间不共用后冷却器和储气罐。普遍反映这种系统简单、管理方便、不会误操作。有个别站空气压缩机合用或轮用储气罐或后冷却器，从而使管道系统复杂化，带来误操作及管道振动等不良后果。

3.0.7 本条是原规范第3.0.6条的原条文。

常用的压缩空气干燥装置有冷冻式、无热再生吸附式和加热再生吸附式，三种方式各具特点和一定的使用范围。在工程设计中究竟选用哪一种？主要是根据用户对压缩空气干燥度的要求及处理空气量的多少，经技术经济比较后确定。

空气干燥装置系静置设备，操作维护得当，可连续长期运转，一般可不设备用。当用户有要求不能中断供气时，为防装置的温度控制或自动操作系统突然失灵，设置备用空气干燥装置是必要的。所以，本规范规定"当用户要求干燥压缩空气不能中断时，应选用不少于两套空气干燥装置，其中一套为备用"。

3.0.8 本条是原规范第3.0.7条的修订条文。

压缩空气中含有油将影响空气干燥装置的正常运行，导致吸附式干燥装置的吸附剂失效或冷冻式装置的换热器效率下降。因此，选用有油润滑的空气压缩机时，对压缩空气必须有效地除油后方可进入空气干燥装置，通常可采用机械分离、超细纤维为主体滤材的高效除油装置。

3.0.9 本条是原规范第3.0.8条的修订条文。

压缩空气中的含尘量随所在地区的环境、空气压缩机型式不同而变化，据测定，压缩空气中大于0.5μm的尘粒含量达每升几万到几十万粒，因此，应根据各行业的用气设备对压缩空气中的尘粒粒径和尘粒含量的要求，设置不同精度等级的过滤器。压缩空气用过滤器有初效、中效、高效三种。

粗过滤（初效）的过滤材料一般为焦炭、瓷环、毛毡、泡沫塑料、脱脂棉、金属丝网等，一般可将10μm以上粒径的尘粒去除。

中效过滤的过滤材料一般为合成纤维滤芯、多孔陶瓷、多孔玻璃、普通多孔金属、普通滤膜和滤纸等，通常可将2μm以上粒径的尘粒去除。

高效（高精度）过滤的过滤材料一般为微孔金属膜、高效滤纸和滤膜等，通常可将粒径大于或等于0.5μm的尘粒去除。目前已能生产去除大于或等于0.1μm的尘粒的过滤材料。

压缩空气输送管路及附件对已经由高精度过滤器过滤后的空气会有污染，据测定一只不锈钢阀门启闭时，可产生大于或等于0.5μm的尘粒几个、几十个甚至更多。所以，为避免压缩空气输送管路的影响，应在用气设备处设置相应精度的过滤器，以确保用气质量。压缩空气站内一般仅设初、中效过滤器。

根据调查，压缩空气中的含油量和尘粒，对吸附剂的使用年限和吸附容量有着重大影响。当空气中或管路中的尘粒进入吸附剂内，在吸附剂再生时，部分尘粒残留在吸附剂内而不能排出，日积月累将会缩短吸附剂的使用年限。对于冷冻干燥装置，压缩空气中的尘粒沉积在换热器中易结垢，影响换热器效率。因此，增加了应在干燥装置前设置空气过滤器的条文。

过滤器为静置设备，一般可利用用户短暂停气时间进行过滤器反吹或更换滤芯。所以规定，除用户要求不能中断供气外，一般不设备用。

3.0.10 本条是原规范第3.0.10条的修订条文。

空气干燥装置设置在空气压缩机的储气罐之后，主要是为了去除压缩空气夹带的水滴，减轻空气干燥装置的负荷，以确保空气干燥装置的正常运行和降低能源消耗。

进入冷冻空气干燥装置的压缩空气温度，应根据装置的要求确定。根据调查，各冷冻干燥装置生产厂家要求的空气进口温度不尽相同，大约在40~50℃之间，当空气进口温度发生变化，即空气实际进口温度超过设备要求的最高进口温度时，对额定处理气量有影响。鉴于上述情况，尚不宜对进入冷冻干燥器的压缩空气温度作出统一规定，可根据装置的要求确定进入装置的压缩空气温度，或根据压缩空气温度选择设备并复核实际处理的空气量。

3.0.11 本条是原规范第3.0.11条的修订条文。

为了使空气压缩机能在无背压情况下启动，以减小电动机的启动电流，在空气压缩机与储气罐（或排气母管）之间必须装设止回阀。

在无背压情况下，空气压缩机可以采用不同方式做到卸载启动。

对活塞空气压缩机，可以采用：（1）关闭减荷阀；（2）顶开吸气阀进行气量调节；（3）打开放空管。

对螺杆空气压缩机，可以采用：（1）关闭减荷阀；（2）一些用滑阀进行气量调节的空气压缩机，可将流量调至最小；（3）打开放空管。

对电动离心空气压缩机，可打开放空管实施卸载启动。

在以上启动方式中，以打开放空管的方式操作最简便，且空载负荷最小，在空气压缩机达到额定转速对机组加载时，此方法最平缓有效。故本规范规定：在空气压缩机与止回阀之间，应设放空管。

空气压缩机与储气罐之间装切断阀易发生误操作事故，因而，不应设置此阀门。如某厂由于检修时将储气罐与后冷却器之间闸阀关闭，试车前又忘记将此闸阀打开，以致启动空气压缩机后，压力很快升高，引起后冷却器的水路汇通造成铸铁盖板炸碎（后冷却器上无安全阀，后冷却器的芯子因泄漏已拿掉，致使该铸铁盖板由受水压变为受气压），造成严重人身伤亡和设备损坏事故。但也有的单位认为：目前一般使用的旋启式或升降式止回阀，在使用中有撞击声并易损坏，不如用闸阀方便，或止回阀后再装闸阀以利于检修，但是，这些做法在安全上都存在隐患。因此，如果要装设切断阀，则在空气压缩机与切断阀门之间必须装安全阀，以保证安全运行。

离心空气压缩机因自身设计要求，其转子轴承只允许一个方向旋转，且轴承的润滑油进口有方向要求，即只允许一个方向进油。因此，条文中规定：离心空气压缩机与储气罐之间，应装止回阀和切断阀，以防止空气倒流。

离心空气压缩机和相应的管路构成了进、排气系统。离心空气压缩机在运转过程中，当流量不断减少并达到某一数值时，供气系统将会产生周期性的气流振荡现象，这种现象称为"喘振"。喘振现象对压缩机的运行十分有害。发生喘振时，噪声加剧，整个机组发生强烈振动，并可能损坏轴承、密封，进而造成严重事故。为了避免空气压缩机在运转中发生喘振现象，除设备本体设计时采取一系列必要措施外，管网及选型设计也要十分重视。因此，条文中作出了相应规定，即在排气管上必须设置放空管，放空管上应装调节阀门。放空管上设调节阀的作用是：在空气压缩机运转过程中，当用户的用气量发生变化，流量逐渐减少，将接近机组设定的最小流量值时，或压缩机与储气罐之间的切断阀门因误操作而未开启时，放空管上的调节阀门将自行开启，将压缩空气排向大气，避免该处管内压力升高，超出设计允许值，并确保空气压缩机在喘振流量以上运行，防止发生喘振现象。

3.0.12 本条是新增条文。

设置高位油箱或其他能够保证可靠供油的设施的目的，是为了保证在事故断电情况下，离心空气压缩机组能得到充分的润滑油，以免烧坏轴承，引发事故。

3.0.13 本条是新增条文。

润滑油系统是保证离心空气压缩机组安全运行的必备措施，为了确保安全，不至于因润滑油系统事故而影响整个站房的运行，故每台离心空气压缩机组宜相应配置润滑油站。

在停电事故时，为了保证高位油箱的油不经离心空气压缩机组直接返回润滑油站的油箱，要求在油站的出口总管上装设止回阀。

3.0.14 本条是原规范第 3.0.11 条最后两段原条文。

储气罐上装设安全阀，是为了当储气罐内压力超过额定值时泄压，防止爆炸。

储气罐与供气总管之间装设切断阀，是为了当机组停用检修时切断与总管系统的联系。

3.0.15 本条是原规范第 3.0.13 的修订条文。

对空气干燥度的检测，应根据不同生产工艺、各行业的不同要求，定期或连续检测空气干燥装置出口空气中的水蒸气量，除特殊要求外一般均采用定期检测，故宜设置分析取样阀，以便取样检测。若要求连续检测时，则宜设置连续指示或记录的微水分析仪或露点测定仪。上述要求也同样适用于空气含尘量的检测。鉴于目前干燥净化装置自动化程度和稳定性较以前有了很大提高，一些取样阀可省略不装，故将原条文中"应装"改为"宜装"。

3.0.16 本条是原规范第 3.0.14 条的修订条文。

吸排气管道支承在建筑物上可能对建筑物产生不良影响，因此，吸、排气管应尽量使用独立支架。若该管道要在建筑物上支承时，则应采取隔振套管、弹簧支、吊架或在管道与支承连接处加橡皮衬垫或弹簧等隔振元件。

离心空气压缩机及其他大型空气压缩机的排气放空管道管径较大，排气推力较大，使管道产生较大振动，为此，放空管道的布置应减少管道振动对建筑物的影响。

空气压缩机至后冷却器之间的管道，温度高容易积炭，有的站房因此管不易或不能拆卸，积炭增多而造成管路燃爆，因此，设计时，此段管路应考虑方便拆卸。例如某些压缩空气站为检修清除积炭，在这段管路上用法兰联接使拆卸方便。

3.0.17 本条是原规范第 3.0.15 条的修订条文。

据对水冷活塞空气压缩机组噪声的测定统计，一般在机组旁 0.5m 处为 83.0～99.8dB（A），1.0m 处为 82.4～98.5dB（A），吸气口无吸气消声器时为 93.0～110dB（A）。无隔声罩螺杆空气压缩机旁 1.0m 处为 92.0～104.0dB（A），机旁 0.5m 处为

92.0～106.0dB（A），站中间为88.2～99.5dB（A）。加隔声罩距设备1.0m、高1.2m处四个方向测定平均75.0～85.0dB（A）。总之，压缩空气站是高噪声场所，其噪声控制设计和治理应符合现行的《工业企业噪声控制设计规范》（GBJ 87）、《城市区域环境噪声标准》（GB 3096）等要求。

目前，国内活塞空气压缩机及离心空气压缩机已普遍装设吸口消声器，有的采用吸气消声坑，有的在放散管上装设消声器，有的在储气罐内装设消声器或吸音材料，还有的在建筑上采取吸声处理等。螺杆空气压缩机加罩隔声、吸声后，其噪声可降到85dB（A）以下。以上措施对降低压缩空气站内噪声声级、减少站内噪声对环境的影响，都取得了一定效果。

压缩空气站设置隔声值班室是普遍采用的措施。隔声室一般设置二层玻璃的观察窗和隔声门，其噪声级一般在70dB（A）以下。

至于需连续长时间在机器间内工作的检修工人，则可使用防护棉、耳罩、耳塞等保护用品来防止噪声危害。

3.0.18 本条是原规范第3.0.16条的原条文。

4 压缩空气站的组成和设备布置

4.0.1 本条是原规范第4.0.1条的修订条文。

压缩空气站内宜设置辅助间，这是因为：

1 不论站的规模大小，均宜有专门房间作存放工具、备品备件、值班、开会或打电话等用；

2 压缩空气站机器间的特点是"一吵二热"。据实测，目前国内装有活塞空气压缩机的机器间噪声级为79.8～94.5dB（A），根据我国《工业企业噪声控制设计规范》（GBJ 87）的规定，大多数都已超标。又据实测，用普通木质门、双层玻璃窗和砖墙作隔声的值班室，其噪声级可降至65.0～79.5dB（A），能起到防止噪声危害的作用。另外，站内机组又是大量散发热量的设备，机器间夏季室温很高，大多在38～45℃，维护操作人员巡回检查机组的运行工况后，也需要有一个停歇房间，以减少噪声和高温对人体健康的危害；

3 目前，我国多数压缩空气站均设有辅助间，没有辅助间的后来也专门设了隔声值班室，这说明辅助间是需要的。

鉴于确定辅助间的具体内容涉及因素较多，如站的规模、厂（矿）机修协作体制、备品、备件和油料来源等均直接影响到生产用辅助间的设置，值班室、休息室、更衣室以及厕所等的设置，又与厂（矿）的建设标准、生活区的布置和生活习惯等因素有关，且各行各业均有其各自的特点，因此，条文中只推荐设置，而不作具体规定。

空气压缩机的型式对压缩空气站辅助间的组成及面积亦有一定影响。螺杆空气压缩机易损件少，备品备件较少，机组自带控制设备，其站房辅助间可简单一些；离心空气压缩机站房除设置一般压缩空气站所需辅助间外，还可设置储存间、机修间、吸气消声室及生活间等，其组成要复杂一些，面积相应也要大一些。

另外，关于辅助间所需面积，经对90多个压缩空气站进行统计和分析，得出辅助间面积约占机器间面积的15%～20%为宜。但考虑各行各业及各地区要求的水平不一致，规范中也未作具体规定。

4.0.2 本条是原规范第4.0.2条的条文。

机器间的设备、辅助间以及与机器间毗连的其他建筑物的布置对于机器间通风和采光影响极大。

大型压缩空气站及离心空气压缩机站房，由于辅助间组成复杂，建筑面积大，往往出现机器间的主要迎风面布置有辅助间，这不利于机器间的通风，应尽量避免。将辅助间布置在机器间的一端，尤其是固定端则比较有利。

4.0.3 本条为新增条文。

离心空气压缩机吸气过滤器的布置主要有以下两种方式：

1 布置在附设于机器间的过滤室内；

2 独立布置在室外或布置在室内的单独房间内。

前者因妨碍机器间的通风采光，目前新设计的站房已较少采用。后者既不影响通风采光，又便于安装检修，目前已普遍采用，但在冬季严寒地区，对油浸式吸气过滤器，应采取防冻防寒措施。

4.0.4 本条是原规范第4.0.3条的修订条文。

储气罐具有燃爆可能性，不少厂、矿都曾发生过爆炸事故。储气罐布置在室外，主要是从安全角度考虑，其次也可减少站内的散热量并节约站房的建筑面积，储气罐若能布置在北面，可减少日晒，也可减少其爆炸的外因。

储存含油量不大于$1mg/m^3$的压缩空气的储气罐，虽不易产生积炭，燃爆可能性小，但仍有超压爆炸的可能，所以，正常情况下，仍应装在室外，布置有困难时才允许布置在室内。含油量不大于$1mg/m^3$的标准，是根据国内除油装置性能及实际调查后确定的。

储气罐与墙之间净距的确定原则是不影响通风和采光。其下限净距1.0m是基于储气罐与墙基础不应相互干扰且按安装、检修需要最小距离而确定的。

4.0.5 本条是原规范第4.0.4条的修订条文。

空气压缩机组的散热量很大，据实测，其发出的热量约等于电机安装容量的15%折合成的热量。降低机器间室温的积极办法是减少这些热量散发在站房内。如：将二级排气管加隔热层至后冷却器或将后冷却器布置在室外，均能起到一定的降温效果。

4.0.6 本条是原规范第4.0.5条的修订条文

修订后保留了条文内容，但将适用范围限定于活塞空气压缩机组及螺杆空气压缩机组。

布置机组及其他设备时,在其周围必须留有一定的通道,以便对设备进行日常的操作,并保证设备安装检修时零部件拆装及运输的需要。而通道的宽度以后者要求为最大,因此,各种通道净距的确定,就以不同机组拆装后的最大零件运输所要求的"极限宽度"为基础,并能满足拆装空气压缩机的活塞杆与十字头连接的螺母的特殊需要。

各机组最大横向尺寸的零件和"极限宽度"见表2,机器间内各种运输方式及其所需的最小通道宽度见表3。分析归纳表2和表3,确定了条文中表4.0.6中机器间的主要通道的净距。

表2 各机组的最大横向尺寸的零件和"极限宽度"

机组型号	零件名称	横向尺寸 (mm)	移动线上所需通道的"极限宽度" (mm)	加500mm余量后的通道宽度 (mm)
7L-100/8	一级缸	1380×1380	1380	1880
L8-60/7	一级缸	1100×1100	1100	1600
5L-40/8	一级缸	1000×1000	1000	1500
4L-20/8	一级缸	800×720	720	1220
3L-10/8	一级缸	600×600	600	1100

表3 机器间内的几种运输方式及其所需通道的最小宽度

运输方式	载重量 (t)	通道最小宽度 (mm)	备注
滚杠	不限	"极限宽度"	
起重设备	起重设备吨位	"极限宽度"	
2DT型挂车（平板车）	2	1250	
2DB型蓄电池搬运车（电瓶车）	2	1250	
电瓶平衡重式叉式装卸车（铲车）	1~2	1200	最小转弯半径 R=2300mm
内燃机平衡重式装卸式（铲车）	0.5~5	1100	最小转弯半径 R=1800mm

小于 $10m^3/min$ 的机组,据实测其零部件最大横向尺寸都不大于0.7m。因此考虑适当余量,将机组与墙之间的净距确定为0.8m。对机组之间和机组与辅助设备之间的通道,为了避免一台机组检修时影响邻近机组的工作,此净距适当加大为不小于1.0m,考虑运输工具的通过,机器间的主要通道净宽仍定为不大于1.5m。

螺杆空气压缩机组的结构紧凑,主机和辅机集中在一个组装箱内。其布置方式可灵活随意,但最理想的方式仍为单排布置,其通道尺寸按活塞空气压缩机组要求虽略显宽裕,但仍在合理范围之内。

4.0.7 本条为新增条文。

关于离心空气压缩机组单层布置或双层布置问题,从调查的一些离心压缩机站房来看,两种布置方式都有,影响机组布置的主要因素在于机器的结构和安装现场的条件。就其结构而言,进气口下接,冷却分段级数多,冷却器独立布置者,宜双层布置;进气口侧接,冷却器与机组组合成一体者宜单层布置。安装现场条件对设备布置的影响主要是指扩建站房,一般原有机组为何种布置形式,扩建机组亦采用同样布置形式。扩建站房时,设备制造厂可根据业主提出的要求提供适合的机组或改进机组设计,以符合安装现场条件要求。新建站房则可根据设备自身的要求进行设备布置。

目前有的组装式离心空气压缩机组,其压缩机、电动机、冷却器、润滑油系统及吸气过滤器等均组合在一个底盘上,这种机组既可室内单层布置,也可露天布置。

由于离心空气压缩机组结构型式众多,安装现场条件各异,很难推荐出一种合理的布置形式,只能根据情况经技术经济比较后确定。

双层布置时,主要从以下几个方面考虑:

1 机器间运行层采用何种结构形式,对设备的运行和检修影响很大。从调查情况看,小型机组作双层布置时多数采用满铺运行层,其设备维护和检修都方便,因站房跨度不大,对底层采光影响亦不大。

一般动力用离心空气压缩机较少采用岛式布置形式。

目前还有一种小型机组,机旁附有钢制运行平台,应该说这种布置还是属于单层布置形式。

满铺运行层必将给设备安装、检修、起吊带来不便,故一般在机器间发展端留有吊物孔,其尺寸按最大起吊件包装箱的最大尺寸考虑,如站房只有一台压缩机,也可不留安装吊物孔,大型设备可从外墙孔吊入。

2 润滑油系统的布置是离心空气压缩机站设计的又一主要内容,润滑油系统的设计及设备供货均由主机制造厂提供,站房设计时主要考虑以下几个问题:

1)润滑油供油装置主要包括油泵、油过滤器及油冷却器等,一般组装在一个底盘上,既可布置在两机组之间,也可布置在毗邻屋内,机组双层布置时润滑油供油装置一般布置在底层;

2)有的机组主油泵由机组主轴带动,和机组布置在同一标高,此时,油箱与主油泵的高差应满足主油泵的吸油高度的要求。

3 装有多台离心空气压缩机组机器间的运行平台,应有贯穿整个机器间的纵向通道以便于各台机组之间相互联系,其宽度是比照小型火电厂汽机间要求确定的。

确定离心空气压缩机站的通道净距是一个比较复杂的问题,它不同于活塞空气压缩机及螺杆空气压缩机站房,能列表给出推荐值,而必须综合多种因素考虑。影响机器间通道净距的主要因素有:

1) 设备拆装距离。主要是指压缩机、电动机抽出转子、冷却器抽出芯子所需距离;
2) 起重设备的起吊范围。起吊范围外,不宜布置大型设备、大型阀门及需拆卸的管道附件;
3) 设备基础及建筑物基础之间所需的间距;
4) 小型离心空气压缩机组的检修工作多数在机器近旁进行,因此必须考虑检修时零部件拆装、堆放、修理等工作所需面积。

从调查情况看,多数离心空气压缩机站机组之间的净距都比较大,超出表4.0.6所列数据甚多。

4 为了保证离心空气压缩机站房工作人员的出入或紧急状况时便于人员迅速离开现场,对机器间的出入口及安全梯作出了规定,其主要依据是《建筑设计防火规范》(GBJ 16),压缩空气站的生产火灾危险性为丁、戊类。该规范规定,当每层建筑面积不超过400m² 且同一时间生产人员不超过30人时,可只设一个出入口,考虑到压缩空气站一般长度比较长,室内、外联系比较多,参照《锅炉房设计规范》(GB 50041) 及《小型火力发电厂设计规范》(GB 50049),规定其出入口不应少于两个。

4.0.8 本条为新增文。

高位油箱的作用是保证断电时机组能得到润滑油,以保证主机转子惯性转动时的安全,故有一定高度要求,一般箱底与机组中心线的高差不小于5m。

4.0.9 本条是原规范第4.0.6条的修订条文。

对空气净化装置设置分两种情况作出了规定。

多数情况下,压缩空气干燥、净化装置设在压缩空气站内,一般为集中设置,为便于压缩空气站的发展,设计时宜将空气干燥、净化装置布置在压缩空气站靠辅助间的一端,并应注意不影响隔声值班室对空气压缩机及其辅助设备运行状况的观察。

当用户要求压缩空气压力露点低于-40℃或含尘粒径小于1μm时,空气净化装置宜设在用户处,因为这种程度的净化压缩空气,在输送过程中易受到管道的污染,故干燥净化装置宜设在用户处,而其他空气干燥净化装置可设在压缩空气站内。

将压缩空气干燥净化装置按净化程度分别设置还可节约设备投资及运行费用,因为多数压缩空气用户只要求一般干燥净化即可,如将整个压缩空气系统按用户最高要求设置干燥净化设备必将造成浪费。

4.0.10 本条是原规范第4.0.7条的原条文。

经对活塞空气压缩机的检修面积进行调查,国产活塞空气压缩机(主要指L型机组)在站内的台位面积(即占地面积加上其运行所需的面积)、解体占地面积和检修占地面积见表4。

表4 L型机组的解体、检修和台位面积

面积名称	机型					备注
	3L-10/8	4L-20/8	5L-40/8	L8-60/7	7L-100/8	
机组解体占地面积(m²)	9.35	19.93	24.95	29.25	34.4	实测或从设备图计算出来的
机组检修占地面积(m²)	18.7	36	50	58.5	68.8	按解体面积两倍考虑
台位面积(m²)	36	36	45	60	70	根据《压缩空气站设计手册》实例所列站房尺寸

从表4看出,机组检修占地面积与一台机组在站内的台位面积较接近,且在检修时邻近运行机组的通道仍可通行,故检修的场地留一台机组的台位面积已足够了。

螺杆空气压缩机所需检修的部件少于活塞空气压缩机,留一台机组的台位面积作检修场地亦足够。

离心空气压缩机组多数在机组旁检修,设备布置时应留有充分面积。

4.0.11 本条是原规范第4.0.8条的条文。

压缩空气站在什么情况下设置检修起重设备是一个标准问题。现根据调查情况剖析如下:

从表5中可以看出:由10m³/min机组所组成的站,3L-10/8型机组的机顶高度仅1.77m,一级缸气阀的位置不高,重量也较轻,人站在地面上可以安全地进行拆装,且空气压缩机的最大部件也较轻(315kg),因此,不设起重设备在检修时采取临时措施是可行的。至于3~6m³/min的机组就更容易解决。从表6的调查统计看,单机排气量等于或小于10m³/min机组的站,设起重设备的甚少,仅占12%,在调查中也未反映有多少问题,据此,上述机组所组成的站可不设起重设备。

单机排气量等于或大于20m³/min的空气压缩机组成的总安装容量等于或大于60m³/min的站,有以下特点:

1 机组外型较大、较高,最大部件也较重(见表5),检修时起重难度相对要大些,因此,更需要起重设备;

2 从调查统计看(见表7),总安装容量等于或大于60m³/min的130个站中装有起重设备的为90个站,占总数的69%。装设3台以上单机排气量大于等于20m³/min机组的119个站中装有起重设备的就有86个站,占总数的72%(见表8)。

表5　L型机组检修起重统计数据

数据名称 \ 机型	3L-10/8	4L-20/8	5L-40/8	L8-60/7	7L-100/8
机顶高度(m)	1.77	2.20	2.33	2.40	3.475
各级气阀个数(个)	8	8	8	12	12
一级气阀直径(mm)	162	200	300	260	240
立式气缸活塞起吊吊钩最低高度(m)	3.00	3.10	≈3.50	≈4.00	≈4.00
空气压缩机最大件重量(kg)	315	≈510	1000	1300	2300
电机最大部件重量(kg)	680~1100	1620	1370	≈2000	2000

表6　由不同排气量机组组成的装设起重设备情况统计(共154个站)

最大单机排气量(m^3/min)	总站数(个)	有起重设备 站数(个)	有起重设备 所占比例(%)	无起重设备 站数(个)	无起重设备 所占比例(%)
3	0	0	0	0	0
6	2	0	0	2	100
10	8	1	0	7	88
20	52	22	42	30	58
4	52	35	67	17	33
60	7	6	86	1	14
100	33	30	91	3	9

表7　不同总安装容量的站装设起重设备情况统计(共165个站)

站的总安装容量(m^3/min)	总站数(个)	有起重设备 站数(个)	有起重设备 所占比例(%)	无起重设备 站数(个)	无起重设备 所占比例(%)
<40	17	1	6	16	94
40~59	18	5	23	13	72
60~79	17	8	47	9	53
80~100	28	20	71	8	29
>100	85	62	73	23	27

表8　3台20m^3/min以上及以下机组的站装设起重设备情况(共154个站)

站内机组台数及单机排气量	总站数(个)	有起重设备 站数(个)	有起重设备 所占比例(%)	无起重设备 站数(个)	无起重设备 所占比例(%)
3台20m^3/min及以上机组	119	86	72	33	28
3台20m^3/min以下机组	35	9	26	26	74

根据设备检修时起重难度大小、起重设备利用率高低,并结合过去已达到的设置水平,对单机排气量等于或大于20m^3/min的空压机,总安装容量等于或大于60m^3/min的站推荐设置起重设备。

4.0.12 本条是原规范第4.0.9条的条文。

空气压缩机组的联轴器和皮带传动部分装设安全防护设施,是为了避免机组高速转动部分外露,防止事故。

4.0.13 本条是原规范第4.0.10条的条文。

有些空气压缩机的立式气缸(一级缸)位置较高,日常维护和清洗气阀不方便,需设置维修平台。各机组维修平台设置现状见表9。

表9　各机组维修平台设置现状

机组型号	一级缸盖离地面高度(m)	维修平台设置现状
7L-100/8	3.39	一般都设置可拆卸平台
L8-60/7	2.40	除个别站设置移动式平台外,一般不设
5L-40/8	2.33	一般不设置平台
4L-20/8	2.20	一般不设置平台
3L-10/8	1.77	一般不设置平台

由表9可知,一级缸盖离地高度大于3m的机组一般都设置维修平台。

另外,为避免地沟内的电缆和管道等被水淹没及改善站中卫生条件,故要求地沟能排除积水。

5　土　建

5.0.1 本条是原规范第5.0.1条的修订条文。

据调查,国内绝大多数压缩空气站的屋架下弦或梁底的高度大于等于4m(在调查的195个站中占179个)。站内夏季室温很高,屋架下弦或梁底高度低于4m不利于通风散热。

据调查反映,天窗能降低站内温度1.5~4.0℃,实测数据显示,天窗能保持站内外温差1.73~2.45℃。在目前压缩空气站所采用的多种通风降温措施中,天窗通风是效果较好且经济的一种,鉴于没有小跨度的天窗屋架标准图,故规定跨度等于或大于9m的机器间宜设天窗。

原条文对压缩空气站机器间高度的规定不够明确,故在修改条文中加上"屋架下弦或梁底",以明确其高度的位置,即机器间地坪至屋架下弦或梁底的最小高度不宜小于4m。

"炎热地区"一词不是规范用词,故建筑热工设计分区按《民用建筑热工设计规范》(GB 50176)的规定,改为"夏热冬冷和夏热冬暖地区"。

5.0.3 本条是原规范第5.0.3条的修订条文。

混凝土地面粘上油污后不易彻底清除，而水磨石地面则容易保持清洁，有利于文明生产和安全运行。故将原条文"机器间宜采用混凝土地面"改为"机器间宜采用水磨石地面"。

5.0.4 本条是原规范第5.0.5条的修订条文。

隔声值班室或控制室内操作工人因坐着进行监视，故规定窗台高度不大于0.8m。

5.0.5 本条是新增的条文。

空气压缩机在运转中有一定的振动，特别是活塞空气压缩机振动较大，不仅影响本站和防振要求较高的建筑物、构筑物，而且影响对防振要求较高的精密仪器和设备的正常工作。故规定"空气压缩机的基础应根据环境要求采取隔振或减振措施"。

离心空气压缩机双层布置时，由于机组较重，安装后其基础有一定的沉降，如基础不与运行平台脱开，将会造成运行平台与基础相互影响，故规定"离心空气压缩机的基础应与运行层脱开"。

5.0.6 本条是原规范第5.0.4条的修订条文。

有发展可能的压缩空气站，其机器间的扩建端，在建筑结构上采取一些便于接建的措施，以便扩建后的新旧机器间能共用值班室、控制室和起重设备，以达到占地少、投资省、操作维护方便的目的。在这些措施中普遍采用的是在扩建端预先设置屋架，必要时也可设置双柱基础。

6 电气、热工测量仪表和保护装置

6.0.1 本条是原规范第6.0.1条的修订条文。

现行的《供配电系统设计规范》（GB 50052）规定，电力负荷根据其重要性和中断供电在政治、经济上所造成的损失或影响的程度分为三级。

一般压缩空气站若中断供电不致于造成一、二级负荷所出现的情况，故宜属三级负荷。个别压缩空气站在工业企业中所占地位十分显要，如中断供应压缩空气将造成与中断一、二级用电负荷供电相同的后果，则这类压缩空气站的供电负荷等级相应为一级或二级。

6.0.2 本条是新增条文。

现行《通用用电设备配电设计规范》（GB 50055）明确规定了不同电压等级及不同容量电动机的控制和保护配置方式，空气压缩机组应以此规范中相关条文为依据，设计相应的控制和保护回路。

6.0.3 本条是原规范第6.0.2条的条文。

压缩空气站的设备检修时一般使用的手提灯的安全电压为36V。根据现行的《工业企业照明设计标准》（GB 50034）及《机械工厂电力设计规范》（JBJ 6）的规定，在储气罐内和金属平台上使用的手提灯，其电压不得超过12V。

6.0.4 本条是新增条文。

为满足压缩空气站检修的需要，应设置交流380V和220V专用检修电源，供电焊机或其他机具使用。

6.0.5 本条是新增条文。

压缩空气站根据其规模有分散就地控制、设隔音值班室方式，也有设集中控制室方式。

压缩空气站选择哪种控制方式是设计首要确定的原则。为使压缩机安全可靠，有利于运行管理，改善劳动条件，提高自动化水平，由控制室集中控制是完善和提高控制水平的必然趋势。

控制室集中控制一般是指在压缩空气站内的集中控制。有的企业管理和自动化要求都高，也可由全厂中央控制室集中控制。

对供气可靠性要求不高，或受其他条件限制的压缩空气站，空气压缩机可采用就地分散控制方式。

控制室是压缩空气站的控制中心，故本条文规定了控制室位置及有关环境的设计要求，以保证控制室内配备的仪表和控制设备安全可靠运行，同时改善值班员的劳动条件。

6.0.6 本条是原规范第6.0.3条的修订条文。

鉴于目前电话装设较为方便且费用较低，故要求压缩空气站采用电话作为联系调度方式。

6.0.7 本条是新增条文。

本条文规定压缩空气站热工测量仪表的设置范围，以使值班员能及时了解压缩空气站运行工况，显示站内设备启、停和正常运行、异常事故时的各种参数。为便于压缩空气站设计时了解和确定不同机型空气压缩机所需的热工测量仪表，本规范在附录中作出具体规定。

6.0.8 本条是新增条文。

本条文规定了热工报警和自动保护控制装置的设置范围，以便当压缩空气站内的设备的某些参数偏离规定值或出现某些异常情况时，发出灯光和音响，引起值班员注意，从而及时采取相应的处理措施。当报警值仍继续越限时应自动紧急放空或停机。热工报警系统应具有闪光、重复音响、人工确认、试灯和试音等功能。为便于压缩空气站设计时了解和确定不同机型空气压缩机所需的热工报警和自动保护控制，本规范在附录中作出具体规定。

本条文所列热工报警和自动保护控制项目均取自空气压缩机及干燥净化装置制造厂。

6.0.9 本条是新增条文。

本条文所列控制项目都取自离心压缩机制造厂。一般情况下，制造厂配供相应的控制设备。

离心压缩机存在着特有的喘振问题。喘振是一种危险现象，会损坏压缩机的各部件，乃至产生轴向窜动，使压缩机遭受破坏。对于固定转速的离心压缩机，常见的控制方案是按流量来调节出口放空阀（或旁路阀）防止产生喘振，因为在一定转速下，产生喘振的流量临界值是一定的。同时喘振控制系统又和压缩机出口气压的恒压控制组成一个调节回路。

6.0.10 本条是新增条文。

随着自动化技术的发展，选用技术先进的自动化设备和评估其价值已成为设计工作中的重要问题。

本次初步调研了近10个压缩空气站，已有两个站采用了计算机控制系统，这说明计算机的应用是发展趋势。

计算机控制系统能实现数据采集和处理、热工控制和保护，提高压缩空气站的控制水平和管理水平。保证压缩机安全和经济运行是企业管理需要考虑的。同时，计算机的应用在各行各业中已趋成熟，技术上是完全可行的。据此，本条文作了相应的规定。

6.0.11 本条是新增条文。

当压缩空气站是独立的计算机控制系统，且企业不能提供不停电电源时，条文规定应配置互为冗余的电源以防止丢失计算机的检测数据。

6.0.12 本条是新增条文。

对空气干燥后的成品气干燥度（露点）的监测，是保证供气品质的重要检测项目。

本条文规定，对供气的干燥度有严格要求时宜配露点仪，露点仪配置可采用手动和在线分析检测两种方式。前者工艺方面已留有接口，定期由工人取样检测成品气干燥度，此方法简单可靠；后者则采用在线露点仪来检测成品干燥度。当工艺有此要求时，可选用在线露点仪。国内一些企业已能配套供应进口或国产的露点控制仪。

在空气干燥装置上配用露点控制仪并参与程度控制器的实时控制，能根据露点自动调整干燥器工作和再生的交替时间，减少再生气损耗，达到节能效果，并避免因管理不善或操作不当而使供气质量不符合工艺使用要求。

6.0.13 本条是新增条文。

条文规定压缩空气系统室外布置的热工测量仪表、控制设备和测量管路均应根据实际需要采取防水防冻措施，防止因此而造成事故。

7 给水和排水

7.0.1 本条是原规范第7.0.1条。

压缩空气站的生产供水，除中断供气会造成较大损失者（例如冶金、炼油企业）外，一般要求不高，故采用一路供水。

7.0.2 本条是原规范第7.0.2条的修订条文。

根据国家节约用水政策和城市供水日趋紧张的现状，许多地区都对压缩空气站采用直流水进行了限制。尤其北方地区，如北京市已明文禁止。目前，除靠近江、河、湖、海等水源丰富的部分工厂用直流水外，大多数工厂（矿）的压缩空气站冷却水都采用循环水。

采用循环水后，不仅节省了水利资源，工矿企业也节省了开支，循环水系统投资回收年限一般为1～2年。因此，除当地水资源丰富、允许采用直流水系统外，都不得采用直流水。

目前，国内循环水系统一般采用单泵循环系统或开式高位冷却塔循环系统，见图1和图2。

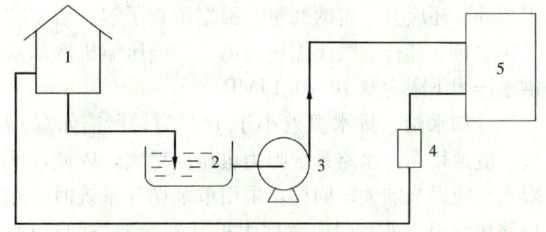

图1 单泵循环系统

1—冷却塔；2—水池；3—水泵；4—水流观察器；
5—空气压缩机

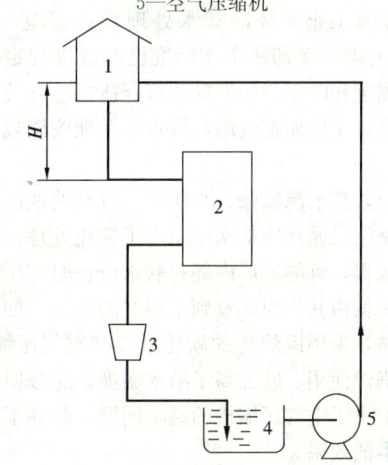

图2 开式高位冷却塔循环系统

1—冷却塔；2—空气压缩机；3—排水
漏斗；4—水池；5—水泵

采用开式高位冷却塔循环系统时，冷却塔与空气压缩机的高差 H 应满足空气压缩机冷却水最低压力要求。

7.0.3 本条是原规范第7.0.3条的修订条文。

空气压缩机冷却水入口处的压力上限，对于活塞空气压缩机，根据国标《一般用固定式往复活塞空气压缩机技术条件》（GB/T 13279—91）规定，供水压力不得大于0.4MPa，但目前有一些老式空气压缩机是按原部标 JB 770—85 的"技术条件"（该标准已作废）制造的，要求供水压力不得大于0.3MPa，因此，在确定空气压缩机供水压力时，应把按新老标准制造的空气压缩机区别对待，这点在对老压缩空气站进行改造或在利用旧空气压缩机时要特别注意。

螺杆空气压缩机冷却水的供水压力，根据国标《一般用螺杆空气压缩机技术条件》（GB/T 13278—91）规定及工厂压缩空气站机组实行运行情况，其供水压力均不大于 0.4MPa。

离心空气压缩机冷却水的供水压力,按标准《离心压缩机》(JB/T 6443—92)的规定及对几个离心压缩机站实际运行情况的调查了解,均不大于 0.5MPa,一般为 0.4MPa。

至于空气压缩机冷却水的供水压力下限,应以保证机组所需冷却水能畅流来确定,除克服水路系统的阻力外,还应有一定的裕量。根据调查了解,活塞空气压缩机、螺杆空气压缩机及离心空气压缩机冷却水供水压力下限为 0.10～0.15MPa。

冷却水给、排水温差小于 10℃时,所需水量增大,流速增高,水路系统阻力也相应增大,因此,下限水压应适当加大。同样,采用单泵循环系统时,除克服机组阻力外,还应考虑水提升到冷却塔的扬程,下限供水压力也应加大。

7.0.4 本条是原规范第 7.0.4 条的修订条文。

鉴于《工业循环冷却水处理设计规范》(GB 50050)对循环冷却水水质标准已有详细规定,且根据调查测定和收集到的资料,符合该标准有关参数的水质均适用于压缩空气站,故水质标准按该规范规定执行。

目前,在水源紧张、水质硬度较高的地区,有些工厂压缩站的循环冷却水已采用了软化处理。由于软水设备较贵,有的工厂内部有软水设备时,压缩空气站的软水就由其供应,收到了很好的效果。如某厂压缩空气站,采用锅炉房的软化水冷却空气压缩机后,再送入锅炉使用,既提高了给水温度,充分回收了热量,又解决了空气压缩机的结垢问题,收到了节能和降低成本的效果。

7.0.5 本条是原规范第 7.0.5 条的修订条文。

采用直流系统供水时,水的碳酸盐硬度要求说明如下:

在水质稳定性研究中,一般主要研究下列化学反应式中重碳酸钙、碳酸钙和二氧化碳三者的平衡关系:

$$Ca(HCO_3)_2 \longrightarrow CaCO_3 + CO_2 + H_2O$$

为便于实际运用,可进一步找出水结垢与水的碳酸盐硬度和水温三者的关系,见图 3。

从国内压缩空气站冷却水使用情况来看,如北京某厂老站,先后投产的 7 台 L-20/8 型空气压缩机使用碳酸盐硬度为 224mg/L 的直流冷却水,夏季排水温度 35℃左右,使用 15 年,空气压缩机气缸中间冷却器未清洗过。又如洛阳某厂一个站(原为循环水,后因结垢严重改为直流水),水的碳酸盐硬度约为 148mg/L,夏季排水温度多在 45℃左右,半年清洗设备一次,未发现结垢。再如洛阳某厂压缩空气站,水的碳酸盐硬度约 132～137mg/L,夏季排水温度 26～45℃(多数时候为 45℃),未发现结垢。又如北京某厂采用碳酸盐硬度 165mg/L 的井水,中间冷却器排水温度 34～43℃,气缸排水温度 30℃左右,多年运行未见结垢。这些实践经验与图 3 中曲线 2 基本相符。

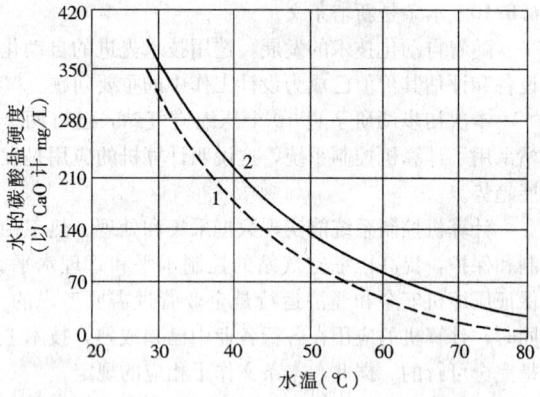

图 3 直流系统时,在不形成水垢的
要求下水的允许加热温度
1—水在设备中停留 2～3min;
2—水在盘管和管道中停留 1min

就冷却水化学变化而言,水在设备中受热升温后将发生碳酸盐分解,但其分解速度缓慢。国内空气压缩机组水路系统设计流速均大于 0.2m/s,而据实测及推算,亦都超过 0.2m/s,有的甚至超过 2m/s,即水在机组内停留时间远小于图 3 中曲线 2 的停留时间。因此,在直流系统中,水受热后,其重碳酸盐刚开始分解甚至尚未分解,水已流出机组,而不至于在机组内形成严重的结垢。也就是说,为防止直流系统产生水垢,可根据水的碳酸盐硬度按图 3 中曲线 2 来控制排水温度。规范中表 7.0.5 排水上限温度的确定,考虑到安全和可靠,留有一定的裕量,略低于图 3 的相应数值。

水的碳酸盐硬度范围的确定:根据国内江、河水和地下水的水质资料,水的碳酸盐硬度绝大多数在 280mg/L 以下,故以此来确定其上限值。

排水上限温度的确定:国内、外文献对空气压缩机组进、排水温度要求不尽相同,排水温度要求在 35～50℃范围内,而大多数在 40℃左右。排水温度升高对机器性能的影响,主要是降低中间冷却器的冷却效果,使二级进气及排气温度升高,我们就提高排水温度可能造成的影响进行了测试,情况如下:

4L-20/8 型空气压缩机,当中间冷却器的排水温度由 25℃升至 45℃,即升高 20℃时,二级进气由 38.5℃升至 48℃,升高 9.5℃。当中间冷却器排水温度为 25℃时,空气进口 115℃,出口 38.5℃,温差 76.5℃;当排水温度为 45℃时,空气进口 122℃,出口 48℃,温差 74℃。后者比前者减少了 2.5℃。

5L-40/8 型机组,排水温度由 35℃升至 50℃,即升高 15℃时,二级进气温度升高 5.8℃(42℃ -36.2℃),中间冷却器进、出口气温差先为 90℃(126℃-36℃),后为 90℃(132℃-42℃),两者没有变化。

7L-100/8型机组，排水温度由25℃升至45℃，即提高了20℃，二级进气温度仅升高7℃（39℃－32℃），中间冷却器进、排气温差先后仅减少4℃。

实测中发现：提高排水温度与二级进气温度的升高有一定规律，即排水每升高5℃，二级进气温度约升高2℃。

由此可见，在一定范围内提高排水温度对机器冷却效果虽有影响但不显著。

在同一工况下，提高排水温度时，电动机的功耗变化见表10。

表10 排水温度对功耗的影响

排水温度 （℃）	功率表各组 读数中最大值 （kW）	功率表各组 读数中最小值 （kW）
35	227.5	225
40	220.5	220.5
45	229.5	222.7
50	229.5	220.5

从表中实测数据看出，提高排水温度对机组的功耗影响不大。

综上所述，在不影响空气压缩机安全运行的情况下，适当提高排水温度，可以节省冷却水量，经济上是合理的。

但当压缩空气站内装有空气干燥装置时，因为进入空气干燥装置的压缩空气温度不得超过40℃，所以，此时要求较低的冷却水温度。

7.0.7 本条为原规范第7.0.7条的修订条文。

为防止空压机组停用时冻结及便于检修，要求冷水排水管道内存水能够放尽，通常在各个最低点装设放水阀。

8 采暖和通风

8.0.1 本条是原规范第8.0.1条的条文。

机器间的采暖温度不低于15℃，是根据《工业企业设计卫生标准》（GBZ 1）的规定；值班采暖不低于5℃是防止冬季非工作时水冻结及空气压缩机因润滑油粘度过大而无法启动。

8.0.2 本条是原规范第8.0.2条的条文。

《工业企业设计卫生标准》（GBZ 1）规定机器间地面以上2m内的空间为作业地带；此外又规定：工作地点系指工人为观察和管理生产过程而经常或定时停留的地点，如生产操作在车间内许多不同地点进行，则整个车间均视为工作地点。结合压缩空气站运行特点，操作工人需定期巡回检查并记录各机组的运行工况，操作范围绝大多数都在整个机器间地面以上2m内的空间，因此，明确规定整个机器间的作业地带就是工作地点。

8.0.3 本条是新增条文。

螺杆空气压缩机吸气温度或机组冷却风吸气温度过高，将影响机器的正常运行，有关产品制造标准及一些制造厂产品资料均要求不得高于40℃，故设此条。

8.0.4 本条是新增条文。

空气压缩机在室内吸气时，如果机器间门窗紧闭，室内将出现负压，使工作人员产生不适感觉并影响空气压缩机的性能。所以，必须在机器间外墙设置通风口，其通流面积应满足压缩机吸气和设备冷却的要求。

8.0.5 本条是新增条文。

根据一些制造厂的资料，螺杆压缩机组自带冷却风扇允许通风系统静压降一般为30Pa左右，当通风系统压降大于30Pa时，须设置通风机才能保证机组正常通风。

一般生产厂房的机械通风系统中钢板通风管的风速，干管宜为6~14m/s，支管宜为2~8m/s；一些制造厂推荐流速为3~5m/s（无通风机时）及6~10m/s（有通风机时），考虑到压缩空气站的具体情况，以后者较妥。

8.0.6 本条是新增条文。

许多站房冷却螺杆压缩机组或离心压缩机组后的热风均采用通风管道排放，只需在排风管上装一个切换阀即可实现冬季采暖，从节能角度考虑，推荐采用。

9 压缩空气管道

9.0.1 本条是原规范第9.0.1条前段的修订条文。

为避免重复建设和节约投资，压缩空气管道考虑近期发展的需要是必要的。近期发展应包括对流量、压力及品质的要求。

9.0.2 本条是原规范第9.0.1条后段的修订条文。

压缩空气管道系统有辐射状、树枝状和环状三种形式。其中，厂（矿区）管道一般采用辐射状和树枝状系统，车间采用树枝状和环状系统。辐射状系统便于集中调节用气量，压力和泄漏损失小，但一次性投资大，管网较复杂；树枝状系统的优缺点则与辐射状系统相反；环状系统的主要特点是供气可靠，压力稳定。由于各有优缺点，并且在不同的使用条件下均能获得较好的效益，所以，笼统地推荐一种系统是不合适的，特别是近年来，许多厂（矿）已经采用了树枝与辐射混合型的管网系统，其效益也是明显的。在设计管道系统时，可以根据当地的实际情况，因地制宜地选择合适的管道系统。

管道的三种敷设方式：架空、管沟和埋地，各有其特点和使用条件。架空管道安装、维修方便、直观，也便于以后改造。这种敷设方式被夏热冬暖地区、温和地区、夏热冬冷地区和寒冷地区的大多数厂（矿）采用。管沟敷设如能与热力管道同沟，将是经济合理的。直接埋地敷设在寒冷地区及总平面布置不希望有架空管线的厂（矿）采用较多。

寒冷地区和严寒地区的饱和压缩空气管道架空敷设时，冻结的可能性比较大，尤其是严寒地区需采取严格的防冻措施。

9.0.3 本条是原规范第9.0.2条的修订条文。

管道设坡度有利于排放油水，但也有许多单位在管道设计时均不设坡度。多年来的使用证明，只要设有排除油水的装置，一般是没有问题的，尤其在不冻结地区，并且还有设计和施工方便的优点，因此，本条文对坡度设置问题未作规定，仅规定了管道应设置可排放油水的装置。如有坡度敷设时，推荐不小于0.002。

条文中提到的"饱和压缩空气"是指未经干燥处理或干燥处理后其露点温度仍然高于当地极端环境最低温度的压缩空气，这样的压缩空气在架空管道中会析出水分，所以，架空敷设时需考虑防冻措施。

9.0.4 本条文是原规范第9.0.3条的修订条文。

干燥、净化压缩空气管道的管材和附件的选择，对于确保供应用气设备符合要求的干燥、净化压缩空气十分重要。若管材和附件选择不当，常会使已经干燥、净化的压缩空气受到污染。根据对各行业企业的调查，将压缩空气按干燥净化程度分为四档，分别推荐使用不同的管材，这样既节约了成本，又保证了压缩空气的品质。

对于近年来出现的PVC塑料管、铝塑管、不锈钢复合管等新材料，由于尚无使用的成熟经验，故这里未予列出。

9.0.5 本条是原规范第9.0.4条的修订条文。

现在用于干燥和净化压缩空气管道的阀门和附件品种及材质较多，凡在强度、密封、抗腐蚀性方面满足要求者均可采用。

9.0.6 本条是原规范第9.0.5条的修订条文。

管道连接采用焊接，已有多年成熟的经验。焊接比法兰或螺纹连接更具有省料、施工快和严密性好等优点，故推荐采用。

干燥和净化压缩空气管道的焊接方式与一般压缩空气管道的焊接方式有所不同，这在《洁净厂房设计规范》（GB 50073）中已有明确的规定，因此，本条文要求遵照执行。

9.0.7 本条为新增条文。

为减少干燥和净化压缩空气在输送过程中受到管道、阀门和附件的污染，降低输送气体的干燥度和洁净度，故在安装前必须对管道、阀门、附件进行清洗、脱脂或钝化处理。系统投入运行前，还需进行彻底吹洗，并进行露点和洁净度的检测。根据对空气的质量要求，吹洗介质可为所输送的空气或氮气。

9.0.9 本条是原规范第9.0.7条的条文。

压缩空气管道在建筑物入口处装设油水分离器可以减少压缩空气中的油水含量，提高气体品质，对用气设备正常工作有积极作用。

根据现行国家标准《企业能源计量器具配备和管理通则》（GB/T 17167）的有关要求，各用气车间应装设流量计，故本条文作相应的规定。

9.0.13 本条为原规范第9.0.12及第9.0.13条的合并修改条文。

管道埋深是根据载重车辆驶过时到管顶上的压力不会损坏管道来确定的，本条文将距离路面不宜小于0.7m改为距路面结构底层净距不应小于0.5m更为科学，这是因路面结构种类较多，厚度相关较大之故。

加防护套管，一是为了减少管道承压，二是便于检修。

附　录

本规范的表格比较多，采用附录的方式放在规范条文后。

附录中分别列出了活塞空气压缩机站房、螺杆空气压缩机站房及离心空气压缩机站房的热工测量仪表、热工报警信号及自动保护控制的装设。

现以活塞空气压缩机站房为例，将测量仪表、热工报警及自动保护各项设置的意义分别说明如下：

1 温度测量。一、二级缸排气和二级缸进气的温度测量是监视空气压缩机运行是否正常和监视中间冷却器效果所必需的，故都应装设。测量后冷却器排气温度可控制冷却后的空气温度，监察后冷却器的冷却效果，还可以据此调节后冷却器的水量，其必要性虽不如一、二级缸排气温度测量重要，但仍"应装"。

冷却水进水温度的高低，直接影响各级压缩空气的排气温度，在总进水管上装一个温度计可了解进水温度，调节机组冷却水量和检查冷却设施的运行效果，装设也方便，故为"应装"。

如一、二级缸水套和中间冷却器的冷却效果不良，会使一级排气和二级进、排气温度升高，从而对机组的排气量、比功率、润滑油安全性等产生不良影响。此外，为防止冷却水结垢也需要控制排水温度，故机组冷却水排水温度计为"应装"。

传动机构润滑油的工况，关系到空气压缩机的安全运行，油温过高会引起运动部件烧毁，《一般用固定式往复活塞空气压缩机技术条件》（GB/T 13279—91）规定：空气压缩机机身或曲轴箱内润滑油温度不应超过70℃，因此，"应"装设油温计。

空气干燥装置进气、排气的温度计是为监视装置运行是否正常或能否达到预期效果所必需的,所以规定为"应装"。

加热再生空气干燥装置加热器的温度计是监视加热器运行是否正常,以便调节或切断热源所必需的,对于电加热器还是确保其安全的手段,因此定为"应装"。

加热再生空气干燥装置再生进气温度测量是监视吸附器是否正常进行再生加热,并使吸附剂在规定温度下进行再生的手段,因此定为"应装"。

加热再生空气干燥装置再生出气温度测量是监视吸附剂是否再生完全,确定停止再生加热的时刻,所以定为"应装"。

冷冻空气干燥装置蒸发器排气温度是判断其冷却效果及是否冻结的重要参数,故该温度测量"应装"。

2 压力测量。 压缩空气站供气母管上的压力计是用以测量其是否达到设计要求的供气压力,故"应装"。

一、二级气缸排气压力表与润滑油压力表一般都随机组带来,都应设置,但飞溅式润滑系统不装油压表。

储气罐的气压牵涉到压缩空气站的安全运行,同时也为了监察对用户的供气压力,故应装压力表并将该表引到站内。

为了方便每台机组的冷却水能调到允许的压力范围之内运行,在机组冷却水进水管的阀门之后(按流动方向)应装水压表。

空气吸附干燥装置进气、排气的压力表,是用以监视吸附器的正常运行状况和了解吸附剂层的阻力情况。冷冻干燥装置进气、排气压力表,是用以监视装置的正常运行状况和了解装置内热交换器的阻力情况。

各类过滤器的进气、排气的压力表,是用以监视过滤器的正常运行状况和了解过滤装置的失效情况,亦即阻力损失情况。

3 流量测量。 空气压缩机组出口流量测量是观察其是否达到设计要求的流量参数。由于以前流量测量装置较复杂,许多机组均未安装,由于流量测量技术的进步,安装已不成问题,但还有一个认识过程,故为"宜装"。

压缩空气站供气母管流量是反映其产气能力的重要参数,故该流量计"应装"。

4 热工报警、自动停机。 经过综合分析后,提出几项最低要求的报警项目。这对减少空气压缩机组和干燥装置在油、水、气路方面可能发生的事故,提高运行的安全性是有利的,而且,这些报警装置所需的自控元件质量较稳定可靠,投资也不多。

1) 机组气缸排气温度高。由于气缸或中间冷却器冷却效果变坏或排气阀出现泄漏等原因,都会引起一级或二级缸排气温度过高,致使润滑油性能恶化和氧化增快,加快积炭的形成,甚至产生燃烧爆炸。设此报警信号能使操作人员及时进行处理。

2) 二级气缸排气压力高。二级气缸排气压力高有可能发生超压爆炸事故,故应设置报警信号及自动停车。

3) 空气压缩机传动机构润滑油压力低。润滑油也是保护机组安全运行的重要条件之一,润滑油供应不足,会立即发生事故,应给予保护。油压过高或油温过高都会使润滑系统工作恶化,通常情况下,油温过高会使粘度下降,也必然反映到油压降低,油泵故障和油路系统泄漏也反映到油压降低。因此,规定设置油压过低声光信号并停车。

4) 空气压缩机组冷却水流量低。冷却水是保证机组安全运行的条件之一,如果机组冷却水量减少到一定程度或断水,则空气压缩机的油温、气温和机温都将迅速升高,引起一系列事故。因此,应设自动报警信号并停车。

5) 压缩空气站给水总管压力高。给水总管压力高,超过机组的允许供水压力,则可能导致气缸或中间冷却器破裂而渗水,发生气缸水击爆炸事故。因此,应设报警信号。

6) 压缩空气站供气总管压力高、低。供气总管压力直接关系到用气点的压力是否满足要求,同时反映压缩空气站系统中减荷阀、安全阀是否正常。故应设压力过高、过低报警信号。

7) 加热再生吸附式干燥装置的电加热器超温报警信号,并设切断热源的保护系统,是为了防止当再生气量过小时,电加热器温度急剧上升,以致超温烧坏加热器。

8) 加热再生吸附式干燥装置进气温度超温切断电源的保护系统,也是用以保护吸附剂不会由于进气温度超温过热以致烧损。控制温度随吸附剂种类而定,通常情况下,采用硅胶吸附剂时为200~250℃;分子筛300~350℃;活性氧化铝为200℃左右。

9) 当采用冷冻式空气干燥装置时,为防止冷冻干燥装置冻结,应设冷冻干燥装置蒸发器蒸发温度过低报警信号,并应设自动停止冷冻机工作的保护系统。

中华人民共和国国家标准

氧气站设计规范

GB 50030—91

主编部门：中华人民共和国机械电子工业部
批准部门：中华人民共和国建设部
施行日期：１９９２年７月１日

关于发布国家标准《氧气站设计规范》、《乙炔站设计规范》的通知

建标 [1991] 816 号

根据国家计委计综〔1986〕250号文的通知要求，由机械电子工业部会同有关部门共同修订的《氧气站设计规范》、《乙炔站设计规范》，已经有关部门会审。现批准《氧气站设计规范》GB 50030—91 和《乙炔站设计规范》GB 50031—91 为国家标准，自 1992 年 7 月 1 日起施行。原《氧气站设计规范》TJ30—78 和《乙炔站设计规范》TJ31—78 同时废止。

本规范由机械电子工业部负责管理，具体解释等工作由机械电子工业部设计研究总院负责。出版发行由建设部标准定额研究所负责组织。

中华人民共和国建设部
1991 年 11 月 15 日

编 制 说 明

本规范是根据国家计委计综[1986]250号通知的要求，由机械电子工业部负责主编，具体由机械电子工业部设计研究院会同有关单位共同对《氧气站设计规范》TJ30—78（试行）修订而成。

在修订过程中，规范组进行了广泛的调查研究，认真总结了原规范执行以来的经验，吸取了部分科研成果，广泛征求了全国有关单位的意见，最后由我部会同有关部门审查定稿。

本规范共分 9 章和 5 个附录，这次修订的主要内容有：总则，氧气站的布置，工艺设备的选择，工艺布置，建筑和结构，电气和热工测量仪表，给水、排水和环境保护，采暖和通风，管道等。

本规范执行过程中，如发现需要修改或补充之处，请将意见和有关资料寄送机械电子工业部设计研究院（北京市王府井大街 277 号），并抄送机械电子工业部，以便今后修订时参考。

机械电子工业部
1990 年 10 月

目　次

第一章　总则……………………………………7—4—4
第二章　氧气站的布置…………………………7—4—4
第三章　工艺设备的选择………………………7—4—5
第四章　工艺布置………………………………7—4—5
第五章　建筑和结构……………………………7—4—6
第六章　电气和热工测量仪表…………………7—4—6
第七章　给水、排水和环境保护………………7—4—7
第八章　采暖和通风……………………………7—4—7
第九章　管道……………………………………7—4—7
附录一　厂区架空氧气管道、管架与建筑
　　　　物、构筑物、铁路、道路等之间
　　　　的最小净距……………………………7—4—9
附录二　厂区及车间架空氧气管
　　　　道与其他架空管线之间
　　　　的最小净距……………………………7—4—9
附录三　厂区地下氧气管道与建筑物、
　　　　构筑物等及其他地下管线
　　　　之间最小净距…………………………7—4—9
附录四　名词解释………………………………7—4—10
附录五　本规范用词说明………………………7—4—10
附加说明…………………………………………7—4—10
附：条文说明……………………………………7—4—11

第一章 总 则

第1.0.1条 为使氧气站（含气化站房、汇流排间）的设计，遵循国家基本建设的方针政策，充分利用现有空气分离（以下简称"空分"）产品资源，坚持综合利用，节约能源，保护环境，统筹兼顾，集中生产，协作供应，做到安全第一，技术先进，经济合理，特制定本规范。

第1.0.2条 本规范适用于下列新建、改建、扩建的工程：

一、单机产氧量不大于$300m^3/h$或高压、中压流程的，用深度冷冻空气分离法生产氧、氮等空分气态或液态产品的氧气站设计；

二、氧、氮等空分液态产品气化站房的设计；

三、氧、氮等空分气态产品用户的汇流排间的设计；

四、厂区和车间气态氧、氮等管道的设计。

第1.0.3条 扩建或改建的氧气站、气化站房、汇流排间和管道的设计，必须充分利用原有的建筑物、构筑物、设备和管道。

第1.0.4条 制氧站房、灌氧站房或压氧站房、液氧气化站房、氧气汇流排间、氧气瓶库的火灾危险性类别，应为"乙"类；加工处理、贮存或输送惰性气体的各类站房或库房，以及汇流排间的火灾危险性，应为"戊"类；使用氢气净化空气产品的催化反应炉，以及氢气瓶存放部分的火灾危险性，应为"甲"类。

第1.0.5条 氧气站、气化站房、汇流排间以及管道的设计，除应符合本规范的规定外，并应符合现行的有关国家标准、规范的规定。

第二章 氧气站的布置

第2.0.1条 氧气站、气化站房、汇流排间的布置，应按下列要求，经技术经济方案比较确定：

一、宜靠近最大用户处；

二、有扩建的可能性；

三、有较好的自然通风和采光；

四、有噪声和振动机组的氧气站有关建筑，对有噪声、振动防护要求的其他建筑之间的防护间距，应按现行的国家标准《工业企业总平面设计规范》的规定执行。

第2.0.2条 空分设备的吸风口应位于空气洁净处，并应位于乙炔站（厂）及电石渣堆或其他烃类等杂质及固体尘埃散发源的全年最小频率风向的下风侧。

吸风管的高度，应高出制氧站房屋檐1m及以上。

吸风口与乙炔站（厂）及电石渣堆等杂质散发源之间的最小水平间距，应符合表2.0.2-1的要求，当不能满足表2.0.2-1的要求时，应符合表2.0.2-2的要求。

空分设备吸风口与乙炔站（厂）、电石渣堆等之间的最小水平间距 表2.0.2-1

乙炔发生器型式	乙炔站（厂）及电石渣堆等杂质散发源 乙炔站（厂）安装容量(m^3/h)	最小水平间距（m）	
		空分塔内具有液空吸附净化装置	空分塔前具有分子筛吸附净化装置
水入电石式	≤10	100	50
	>10～<30	200	
	≥30	300	
电石入水式	≤30	100	50
	>30～<90	200	
	≥90	300	
电石、炼焦、炼油、液化石油气生产		500	100
合成氨、硝酸、硫化物生产		300	300
炼钢（高炉、平炉、电炉、转炉）、轧钢、型钢浇铸生产		200	50
大批量金属切割、焊接生产（如金属结构车间）		200	50

注：水平间距应按吸风口与乙炔站（厂）、电石渣堆等相邻面外壁或边缘的最近距离计算。

吸风口处空气内烃类等杂质的允许极限含量 表2.0.2-2

烃类等杂质名称	允许极限含量mgC/m^3	
	空分塔内具有液空吸附净化装置	空分塔前具有分子筛吸附净化装置
乙炔	0.5	5
炔衍生物	0.01	0.5
C_5、C_6饱和和不饱和烃类杂质总计	0.05	2
C_3、C_4饱和和不饱和烃类杂质总计	0.3	2
C_2饱和和不饱和烃杂质及丙烷总计	10	10
硫化碳CS_2	$0.03mg/m^3$	
氧化氮NO	$1.25mg/m^3$	
臭氧O_3	$0.215mg/m^3$	

第2.0.3条 氧气站等的乙类生产建筑物与各类建筑之间的最小防火间距，应符合表2.0.3的要求。

氧气站等的乙类生产建筑物与各类建筑之间的最小防火间距 表2.0.3

最小防火间距（m） 项目名称		氧气站建、构筑物名称 氧气站等的一、二级耐火等级的乙类生产建筑物	湿式氧气贮罐（m^3）		
			≤1000	1001～50000	>5000
其他各类生产建筑物	耐火等级 一、二级	10	10	12	14
	三级	12	12	14	16
	四级	14	14	16	18
民用建筑、明火或散发火花地点		25	25	30	35
重要公共建筑		50	50		
室外变、配电站（35～500kV且每台变压器为10000kVA以上）以及油量超过5t的总降压站		25	25		35
厂外铁路线（中心线）	非电力牵引机车	25	25		
	电力牵引机车	20	20		
厂内铁路线（中心线）	非电力牵引机车	20	20		
	电力牵引机车	15	15		
厂外道路（路边）		15	15		
厂内道路（路边）	主要	10	10		
	次要	5	5		
电力架空线		1.5倍电杆高度	1.5倍电杆高度		
液化石油气贮罐	单罐容量（m^3） ≤5	12	20		
	6～10	18	25		
	11～30	20	30		
	31～100	25	35		
	101～400	30	50		
	401～1000	40	60		
	>1000	50			

注：①防火间距应按相邻建筑物或构筑物等的外墙、外壁、外缘的最近距离计算。
②两座生产建筑物相邻较高一面的外墙为防火墙时，其防火间距不限。
③氧气站专用的铁路装卸线不受本表限制。
④固定容积的氧气贮罐，其容积按水容量（m³）和工作压力（绝对 9.8×10^4Pa）的乘积计算。
⑤液氧贮罐以 1m³ 液氧折合 800m³ 标准状态气氧计算，按本表氧气贮罐相应容积的规定执行。
⑥氧气贮罐、惰性气体贮罐、室外布置的工艺设备与其制氧厂房的间距，可按工艺布置要求确定。
⑦氧气贮罐之间的防火间距，不小于相邻较大罐的半径。氧气贮罐与可燃气体贮罐之间的防火间距不应小于相邻较大罐的直径。
⑧容积不超过 50m³ 的氧气贮罐与所属使用厂房的防火间距不限。
⑨容积不超过 3m³ 的液氧贮罐与所属使用建筑的防火间距，可减少于 10m。
⑩液氧贮罐周围 5m 的范围内，不应有可燃物和设置沥青路面。
⑪氧气站室外布置的空分塔或惰性气体贮罐，应按一、二级耐火等级的乙类生产建筑（空分塔）或戊类生产建筑（惰性气体贮罐）确定其与其他各类建筑之间的最小防火间距。
⑫氧气站等一、二级耐火等级的乙类生产建筑物，与其他甲类生产建筑物之间的最小防火间距，应按本表对其他各类生产建筑物之间规定的间距增加 2m。
⑬湿式氧气贮罐与可燃液体贮罐、可燃材料堆场之间的最小防火间距，应符合本表对民用建筑、明火及散发火花地点之间规定的间距。

第 2.0.4 条 制氧站房、灌氧站房或压氧站房、液氧气化站房，宜布置成独立建筑物，但可与不低于其耐火等级的除火灾危险性属"甲"、"乙"类的生产车间，以及铸工车间、锻压车间、热处理车间等明火车间外的其他车间毗连建造，其毗连的墙应为无门、窗、洞的防火墙。

第 2.0.5 条 输氧量不超过 60m³/h 的氧气汇流排间，可设在不低于三级耐火等级的用户厂房内靠外墙处，并应采用高度为 2.5m、耐火极限不低于 1.5h 的墙和丙级防火门，与厂房的其他部分隔开。

第 2.0.6 条 输氧量超过 60m³/h 的氧气汇流排间，宜布置成独立建筑物，当与其他用户厂房毗连建造时，其毗连的厂房耐火等级不应低于二级，并应采用耐火极限不低于 1.5h 的无门、窗、洞的墙，与该厂房隔开。

第 2.0.7 条 氧气汇流排间，可与气态乙炔站或乙炔汇流排间，毗连建造在耐火等级不低于二级的同一建筑物中，但应以无门、窗、洞的防火墙相互隔开。

第 2.0.8 条 制氧站房、灌氧站房或压氧站房、气化站房，宜设围墙或栅栏。

第三章 工艺设备的选择

第 3.0.1 条 氧气站的设计容量，应根据用户的用氧特点，经方案比较后确定，可按用户的昼夜平均小时消耗量或按工作班平均小时消耗量，经技术经济方案比较确定。
氧气站的设计容量，必须计入当地海拔高度的影响。

第 3.0.2 条 氧气站空分设备的型号、台数、备用机组的选用，应根据用户对空分产品的要求，经技术经济方案比较确定，并应符合下列要求：
一、空分设备台数，宜按大容量、少机组、统一型号的原则确定；
二、空分气态产品的压缩机，应根据用户对空分气态产品贮存及输送的要求选用；
三、氧气站可不设置备用的空分设备，当用户中断供气会造成较大损失时，应考虑空分设备中的空气压缩机、氧气压缩机等回转机组的备用，也可采用其他方法调节供气。

第 3.0.3 条 空分气态产品贮罐容量的选择，应符合下列要求：
一、调节产气量与压气量之间的不平衡，宜采用湿式贮罐或贮气囊，其有效容积应根据产气量与压气量之间的不平衡性确定；
二、调节用气量与产气量之间的不平衡，宜采用中压或高压贮罐，其有效容积应根据用气量与产气量之间的不平衡，以及贮气和输气的工况确定。

第 3.0.4 条 各种气瓶的数量，可按用户一昼夜用气瓶数的 3 倍确定，但不包括备用贮气瓶。

第 3.0.5 条 气化站房的液态空分产品贮槽容量的选择，应根据液态空分产品运输槽车的运输费用、运输距离，企业用户所用气体量，贮槽本身的折旧费用，以及液态空分产品贮量实际可使用的天数等因素加以综合分析，经方案比较后确定。

第 3.0.6 条 氧气站的总安装容量等于或大于 150m³/h 产氧量的制氧间，宜设单轨手动葫芦、单梁起重机等检修用的起重设备，其起重能力应按机组的最重部件确定。

第四章 工艺布置

第 4.0.1 条 当氧气实瓶的贮量小于或等于 1700 个时，制氧站房或液氧气化站房和灌氧站房可设在同一座建筑物内，但必须符合本规范第 5.0.4 条的要求。
当该建筑物内设置中压、高压氧气贮罐时，贮罐和实瓶的贮气总容量不应超过 10200m³；空瓶、实瓶和贮罐的总占地面积，不应超过 560m²。

第 4.0.2 条 当氧气实瓶的贮量超过 1700 个时，应将制氧站房或液氧气化站房和灌氧站房分别设在两座独立的建筑物内。
灌氧站房中，氧气实瓶的贮量不应超过 3400 个，当该建筑物内设置中、高压氧气贮罐时，贮罐和实瓶的贮气总容量，不应超过 20400m³；空瓶、实瓶和贮罐的总占地面积不应超过 1120m²。

第 4.0.3 条 当氧气站生产供应多种产品，并需要灌瓶和贮存时，宜设置每种产品的灌瓶台或灌瓶间、空瓶间和实瓶间，当空瓶、实瓶和灌瓶台设在同一个房间内时，空瓶和实瓶必须分开存放。

第 4.0.4 条 氧气站、气化站房的设备布置，应紧凑合理，便于安装维修和操作，设备之间以及设备与墙之间的净距，应符合下列规定：
一、设备之间的净距，宜为 1.5m；设备与墙壁之间的净距，宜为 1m。当以上净距不能满足设备的零部件抽出检修的操作要求时，其净距不宜小于抽出零部件的长度加 0.5m；
设备与其附属设备之间的净距，以及泵、鼓风机等其他小型设备的布置间距，可适当缩小；
二、设备双排布置时，两排之间的净距，宜为 2m。

第 4.0.5 条 灌瓶间、空瓶间和实瓶间的通道净宽度，应根据气瓶运输方式确定，宜为 1.5m。

第 4.0.6 条 氧气压缩机超过 2 台时，宜布置在单独的房间内，且不宜与其他房间直接相通。

第 4.0.7 条 氧气站、液氧气化站房不包括备用贮气瓶的氧气实瓶贮量，应根据氧气供需平衡的情况决定，但不宜超过48h的灌瓶量。

氧气站总安装容量或液氧气化站房总产气量小于20m³/h，其氧气实瓶的贮量可适当增加，但不宜超过160瓶。

氧气汇流排间氧气实瓶的贮量，不宜超过一昼夜的生产需用量。

第4.0.8条 贮罐、低温液体贮槽宜布置在室外，当贮罐或低温液体贮槽确需室内布置时，宜设置在单独的房间内，且液氧的总贮存量不应超过10m³。

第4.0.9条 贮气囊宜布置在单独的房间内，当贮气囊总容积小于或等于100m³时，可布置在制氧间内。贮气囊与设备的水平距离不应小于3m，并应有安全和防火围护措施。

贮气囊不应直接布置在氧气压缩机的顶部，当确需在氧气压缩机顶部布置时，必须有防火围护措施。

第4.0.10条 贮罐的水槽和放水管，应采取防冻措施。低温液体贮槽宜采取防止日晒雨淋的措施。

第4.0.11条 采用氢气进行产品净化的催化反应炉，宜设置在站房内靠外墙处的单独房间内。

第4.0.12条 氢气瓶应存放在站房内靠外墙处的单独房间内，并不应与其他房间直接相通。

氢气实瓶的贮量，不宜超过60瓶。

第4.0.13条 氧气压缩机间、净化间、氢气瓶间、贮罐间、低温液体贮槽间、汇流排间，均应设有安全出口。

第4.0.14条 空瓶间、实瓶间应设置气瓶的装卸平台。平台的宽度宜为2m；平台的高度应按气瓶运输工具的高度确定，宜高出室外地坪0.4～1.1m。

第4.0.15条 灌瓶间、汇流排间、空瓶间和实瓶间，均应有防止瓶倒的措施。

第4.0.16条 生产高纯度空分产品需要灌瓶时，应设置钢瓶抽真空设备和钢瓶加热装置。

第4.0.17条 氧气站的分析设备，应根据安全生产和对产品质量的要求进行配备。

第4.0.18条 氧气站、气化站房、汇流排间内氮气、氧气等放散管和液氮、液氧等排放管，应引至室外安全处，放散管口宜高出地面4.5m或以上。

第4.0.19条 压缩机和电动机之间，当采用联轴器或皮带传动时，应采取安全围护措施。

第4.0.20条 独立瓶库的气瓶贮量，应根据生产用量、气瓶周转量和运输条件确定。

独立的氧气实瓶或氧气空瓶、实瓶库的气瓶最大贮量，应符合表4.0.20的要求。

独立的氧气实瓶或氧气空瓶、
实瓶库的最大贮量　　　表4.0.20

瓶库建筑物的耐火等级	气瓶的最大贮量（个）	
	每座库房	每一防火墙间
一、二级	13600	3400
三级	4500	1500

第五章　建筑和结构

第5.0.1条 氧气站、液氧气化站房的主要生产间和氧气汇流排间，宜为单层建筑物。

第5.0.2条 氧气站、气化站房主要生产间的屋架下弦高度，应按设备的高度，或从立式压缩机气缸中抽出活塞的高度和起重吊钩的极限高度确定，但不宜小于4m。

汇流排间的屋架下弦高度，不宜小于3.5m。

第5.0.3条 氧气站、液氧气化站房的主要生产间和氧气汇流排间，应为不低于二级耐火等级的建筑物，其外围结构不需采取防爆泄压措施。

第5.0.4条 制氧站房或液氧气化站房和灌瓶站房，当布置在同一建筑物内时，应采用耐火极限不低于1.5h的非燃烧体隔墙和丙级防火门，并应通过走道相通。

第5.0.5条 氧气贮气囊间、氧气压缩机间、氧气灌瓶间、氧气实瓶间、氧气贮罐间、净化间、氢气瓶间、液氧贮槽间、氧气汇流排间等房间相互之间，以及与其他毗连房间之间，应采用耐火极限不低于1.5h的非燃烧体墙隔开。

第5.0.6条 氧气压缩机间与灌瓶间，以及净化间、氧气贮气囊间、氧气贮罐间、液氧贮槽间与其他房间之间的隔墙上的门，应采用丙级防火门。

第5.0.7条 氧气站、气化站房的主要生产间和汇流排间，其围护结构的门窗，应向外开启。

第5.0.8条 灌瓶间、实瓶间、汇流排间和贮气囊间的窗玻璃，宜采取涂白漆等措施。

第5.0.9条 灌瓶台应设置高度不小于2m的钢筋混凝土防护墙。

第5.0.10条 气瓶装卸平台，应设置大于平台宽度的雨篷，雨篷和支撑应为非燃烧体。

第5.0.11条 灌瓶间、汇流排间、空瓶间、实瓶间的地坪，应符合平整、耐磨和防滑的要求。

第六章　电气和热工测量仪表

第6.0.1条 氧气站、气化站房的供电，按现行的国家标准《工业与民用供电系统设计规范》规定的负荷分级，除不能中断生产用气者外，可为三级负荷。

第6.0.2条 催化反应炉部分和氢气瓶间，按现行的国家标准《爆炸和火灾危险环境电力装置设计规范》的规定，应为1区爆炸危险区；氧气贮气囊间，应为22区火灾危险区。

第6.0.3条 氧气站、气化站房、汇流排间的照明，除不能中断生产用气者外，可不设继续工作用的事故照明。

仪表集中处宜设局部照明。

第6.0.4条 制氧间内的高压油开关，其贮油量不应大于25kg。

第6.0.5条 空分产品加压设备与灌瓶间、贮气囊或湿式贮罐之间，宜设置联系信号。

灌瓶间应设置压缩机紧急停车按钮。

第6.0.6条 氧气站、气化站房，应设置成本核算所需的用电、用水和输出空分产品的计量仪表。

与氧气接触的仪表，必须无油脂。

第6.0.7条 积聚液氧、液空的各类设备，氧气管道应有导除静电的接地装置，接地电阻不应大于10Ω。

第6.0.8条 氧气站、液氧气化站、氧气汇流排间和露天设置的氧气贮罐的防雷，应按现行的国家标准《建筑物防雷设计规范》的规定执行。

第七章 给水、排水和环境保护

第7.0.1条 氧气站、气化站房的生产用水，除不能中断生产用气者外，宜采用一路供水，其消防用水设施应符合现行的国家标准《建筑设计防火规范》的要求。

第7.0.2条 压缩机用的冷却水，应循环使用；其水压宜为0.15～0.30MPa；其水质要求和排水温度应符合现行的国家标准《压缩空气站设计规范》的要求。

第7.0.3条 氧气站给水和排水系统，应保证能放尽存水。

压缩机的排水，必须装设水流观察装置或排水漏斗。

第7.0.4条 氧气站应设置废油收集装置，当有废液需直接排放时，应符合现行的国家标准《工业"三废"排放试行标准》的要求。

第7.0.5条 对有噪声的生产厂房及作业场所，应按现行的国家标准《工业企业噪声控制设计规范》采取噪声控制措施，并应符合该设计规范的要求。

第八章 采暖和通风

第8.0.1条 氧气站内的乙类生产火灾危险性建筑物，液氧气化站房和氧气汇流排间，严禁用明火采暖。

集中采暖时，室内采暖计算温度应符合下列规定：

一、贮气囊间、贮罐间、低温液体贮槽间为+5℃；

二、空瓶间、实瓶间为+10℃；

三、办公室、生活间应按现行的国家标准《工业企业设计卫生标准》的规定执行；

四、除上述各房间外，其他房间为+15℃。

第8.0.2条 贮罐间、贮气囊间、低温液体贮槽间、实瓶间、灌瓶间的散热器，应采取隔热措施。

第8.0.3条 催化反应炉部分、氢气瓶间、惰性气体贮气囊（罐）或贮槽间的自然通风换气次数，每小时不应少于3次，事故换气次数不应少于7次。

第九章 管道

第9.0.1条 氧气管道的管径，应按下列条件计算确定。

一、流量应采用该管系最低工作压力、最高工作温度时的实际流量；

二、流速应是在不同工作压力范围内的管内氧气流速，并应符合下列规定：

1. 氧气工作压力为10MPa或以上时，不应大于6m/s；
2. 氧气工作压力大于0.1MPa至3MPa或以下时，不应大于15m/s；
3. 氧气工作压力为0.1MPa或以下时，应按该管系允许的压力降确定。

第9.0.2条 氧气管道管材的选用，宜符合表9.0.2的要求。

第9.0.3条 氧气管道的阀门选用，应符合下列要求：

一、工作压力大于0.1MPa的阀门，严禁采用闸阀；

氧气管道管材的选用　　　表9.0.2

敷设方式	工作压力（MPa）		
	≤1.6	>1.6～≤3	≥10
	管　材		
架空或地沟敷设	焊接钢管（GB3092－82）电焊钢管（YB242－63）无缝钢管（YB231－70）钢板卷焊管（A3）	无缝钢管（YB231－70）	铜基合金管
埋地敷设	无缝钢管（YB231－70）		

注：①表中钢板卷焊管，只宜用于工作压力小于0.1MPa，且管径超过现有焊接钢管、电焊钢管、无缝钢管产品管径的情况下。
②压力或流量调节阀组的下游侧（顺气流方向，以下同），应有一段不锈钢管（GB2270－80）或铜基合金管，其长度为管外径的5倍（但不应小于1.5m）。阀组范围内的连接管道，应采用不锈钢或铜基合金材料。
③位于氧气放散阀下游侧的工作压力大于0.1MPa的氧气放散管段，应采用不锈钢管。
④铜基合金管是指紫铜管（GB1529－79）或黄铜管（GB1529－79）。
⑤本表引用的标准，当进行全面修订时，应按修订后的现行标准执行。

二、阀门的材料，应符合表9.0.3的要求。

阀门材料选用要求　　　表9.0.3

工作压力（MPa）	材　料
<1.6	阀体、阀盖采用可锻铸铁、球墨铸铁或铸钢阀杆采用碳钢或不锈钢阀瓣采用不锈钢
≥1.6～3	采用全不锈钢、全铜基合金或不锈钢与铜基合金组合
>10	采用全铜基合金

注：①工作压力为0.1MPa或以上的压力或流量调节阀的材料，应采用不锈钢或铜基合金或以上两种的组合。
②阀门的密封填料，应采用石墨处理过的石棉或聚四氟乙烯材料，或膨胀石墨。

第9.0.4条 氧气管道上的法兰，应按家有关的现行JB标准选用；管道法兰的垫片，宜按表9.0.4选用。

氧气管道法兰用的垫片　　　表9.0.4

工作压力（MPa）	垫　片
≤0.6	橡胶石棉板
>0.6～3	缠绕式垫片 波形金属包石棉垫片 退火软化铝片
>10	退火软化铜片

第9.0.5条 氧气管道上的弯头、分岔头及变径管的选用，应符合下列要求：

一、氧气管道严禁采用折皱弯头。当采用冷弯或热弯弯制碳钢弯头时，弯曲半径不应小于管外径的5倍；当采用无缝或压制焊接碳钢弯头时，弯曲半径不应小于管外径的1.5倍；采用不锈钢或铜基合金无缝或压制弯头时，弯曲半径不应小于管外径。对工作压力不大于0.1MPa的钢板卷焊管，可以采用弯曲半径不小于管外径的1.5倍的焊制弯头，弯头内壁应平滑，无锐边、毛刺及焊瘤。

二、氧气管道的变径管，宜采用无缝或压制焊接件。当焊接制作时，变径部分长度不宜小于两端管外径差值的3倍；其内壁应平滑，无锐边、毛刺及焊瘤。

三、氧气管道的分岔头，宜采用无缝或压制焊接件，当不能取得时，宜在工厂或现场预制并加工到无锐角、突出部及焊瘤。不宜在现场开孔、插接。

第9.0.6条 氧气管道宜架空敷设。当架空有困难时可采用不通行地沟敷设或直接埋地敷设。

第9.0.7条 管道应考虑温差变化的热补偿。

第9.0.8条 输送干燥气体和不作水压试验的管道，可以无坡度敷设。输送含湿的气体或需作水压试验的管道，应设不小于0.003的坡度；在管道最低点，宜设排水装置。

第9.0.9条 氧气管道的连接，应采用焊接，但与设备、阀门连接处可采用法兰或丝扣连接。丝扣连接处，应采用一氧化铅、水玻璃或聚四氟乙烯薄膜作为填料，严禁用涂铅红的麻或棉丝，或其他含油脂的材料。

第9.0.10条 氧气管道应有导除静电的接地装置。厂区管道可在管道分岔处、无分支管道每80～100m处以及进出车间建筑物处设一接地装置；直接埋地管道，可在埋地之前及出地后各接地1次；车间内部管道，可与本车间的静电干线相连接。接地电阻值应符合本规范第6.0.7条的规定。

当每对法兰或螺纹接头间电阻值超过0.03Ω时，应设跨接导线。

对有阴极保护的管道，不应作接地。

第9.0.11条 氧气管道的弯头、分岔头，不应紧接安装在阀门的下游；阀门的下游侧宜设长度不小于管外径5倍的直管段。

第9.0.12条 厂区管道架空敷设时，应符合下列要求：

一、氧气管道应敷设在非燃烧体的支架上。当沿建筑物的外墙或屋顶上敷设时，该建筑物应为一、二级耐火等级，且与氧气生产或使用有关的车间建筑物；

二、氧气管道、管架与建筑物、构筑物、铁路、道路等之间的最小净距，应按本规范附录一的规定执行；

三、氧气管道可以与各种气体、液体（包括燃气、燃油）管道共架敷设。共架时，氧气管道宜布置在其他管道外侧，并宜布置在燃油管道上面。各种管线之间的最小净距，应按本规范附录二的规定执行；

四、除氧气管道专用的导电线路之外，其他导电线路不应与氧气管道敷设在同一支架上；

五、含湿气体管道，在寒冷地区可能造成管道冻塞时，应采取防护措施。

第9.0.13条 厂区管道直接埋地敷设或采用不通行地沟敷设时，应符合下列要求：

一、埋地深度，应根据地面上荷载决定。管顶距地面不宜小于0.7m。含湿气体管道，应敷设在冻土层以下，并宜在最低点设排水装置；穿过铁路和道路时，其交叉角不宜小于45°；

二、氧气管道与建筑物、管路及其他埋地管线之间的最小净距，应按本规范附录三的规定执行，且不应埋设在露天堆场下面或穿过烟道和地沟；

三、直接埋地管道，应根据埋设地带土壤的腐蚀等级采取适当的防腐蚀措施；

四、氧气管道采用不通行地沟敷设时，沟上应设防止可燃物料、火花和雨水侵入的非燃烧体盖板，严禁各种导电线路与氧气管道敷设在同一地沟内。当氧气管道与其他不燃气体或水管同地沟敷设时，氧气管道应布置在上面，地沟应能排除积水。

当氧气管道与同一使用目的的燃气管道同地沟敷设时，沟内应填满砂子，并严禁与其他地沟相通；

五、直接埋地或不通行地沟敷设的氧气管道上，不宜装设阀门或法兰连接接点。

第9.0.14条 车间内部管道的敷设，应符合下列要求：

一、厂房内氧气管道宜沿墙、柱或专设的支架架空敷设，其高度应不妨碍交通和便于检修；当与其他管线共架敷设时，应符合本规范第9.0.12条第三款和附录二的要求。当不能架空敷设时，可以单独或与其他不燃气体或液体管道共同敷设在不通行地沟内，也可以和同一使用目的的燃气管道同地沟敷设，此情况下，应符合本规范第9.0.13条第四款的要求；

二、进入用户车间的氧气主管，应在车间入口处便于接近操作、检修的地方装设切断阀，并宜在适当位置装设放散管，放散管口应伸出墙外并高出附近操作面4m以上的空旷、无明火的地方；

三、通往氧气压缩机的氧气管道以及装有压力、流量调节阀的氧气管道上，应在靠近机器入口处或压力、流量调节阀的上游侧装设过滤器，过滤器的材料应为不锈钢或钢基合金；

四、主要大用户车间的氧气主管，宜装设流量记录、累计仪表；

五、通过高温作业以及火焰区域的氧气管道，应在该管段增设隔热措施，管壁温度不应超过70℃；

六、穿过墙壁、楼板的管道，应敷设在套管内，并应用石棉或其他不燃材料将套管端头间隙填实。

氧气管道不应穿过生活间、办公室，并不宜穿过不使用氧气的房间，当必须通过不使用氧气的房间时，则在该房间内的管段上不应有法兰或螺纹连接接口；

七、供焊用氧的管道与切焊工具或设备用软管连接时，供氧嘴头及切断阀应装置在用非燃烧材料制作的保护箱内。

第9.0.15条 氮气、压缩空气和氩气气体管道与各类其他管道、建筑物、构筑物之间的间距，可按现行的国家标准《压缩空气站设计规范》的有关压缩空气管道的规定执行。

第9.0.16条 氧气管道设计对施工及验收的要求，应符合下列规定：

一、氧气管道、阀门及管件等，应当无裂纹、鳞皮、夹渣等。接触氧气的表面必须彻底除去毛刺、焊瘤、焊渣、粘砂、铁锈和其他可燃物等，保持内壁光滑清洁，管道的除锈应进行到出现本色为止；

二、管道、阀门、管件、仪表、垫片及其他附件都必须脱脂，阀门及仪表当在制造厂已经脱脂，并有可靠的密封包装及证明时，可不再脱脂。对黑色及有色金属的脱脂件，宜采用四氯化碳或其他无机溶剂脱脂，石棉垫片等非金属脱脂件，宜采用四氯化碳脱脂。脱脂后宜用紫外线检查法或溶剂分析法进行检查，达到合格标准为止。脱脂合格后的管道，应及时封闭管口并宜充入干燥氮气；

三、碳钢管道的焊接应采用氩弧焊打底；

四、为进行焊接检验，氧气管道的分类，应根据管道材料、温度及压力等参数，按现行的国家标准《工业管道工程施工及验收规范》金属管道篇规定的分类上升一类，其射线探伤数量按原规定执行；

五、管道、阀门、管件及仪表，在安装过程中及安装后，应采取有效措施，防止受到油脂污染，防止可燃物、铁屑、焊渣、砂土及其他杂物进入或遗留在管内，并应进行严格的检查；

六、管道的强度及严密性试验的介质及试验压力，应符合表9.0.16的要求：

氧气管道的试验用介质及压力　　表 9.0.16

管道工作压力 P (MPa)	强度试验 试验介质	强度试验 试验压力 (MPa)	严密性试验 试验介质	严密性试验 试验压力 (MPa)
≤0.1	空气或氮气	0.1P	空气或氮气	1.0P
≤3	空气或氮气	0.15P	空气或氮气	1.0P
>10	水	1.5P	空气或氮气	1.0P

注：①空气或氮气必须是无油脂和干燥的。
②水应为无油和干净的。
③以气体介质作强度试验时，应制定有效的安全措施，并经有关安全部门批准后进行。

七、强度及严密性试验的检验，应符合下列要求：

用空气或氮气作强度试验时，应在达到试验压力后稳压5min，以无变形、无泄漏为合格。用水作强度试验时，应在试验压力下维持10min，应以无变形、无泄漏为合格。

严密性试验，应在达到试验压力后持续24h，平均小时泄漏率对室内及地沟管道应以不超过 0.25%；对室外管道应以不超过 0.5%为合格。泄漏率（A）应按下式计算：

1. 当管道公称直径 D_N <0.3m 时：

$$A = \left[1 - \frac{(273+t_1)P_2}{(273+t_2)P_1}\right] \times \frac{100}{24} \quad (9.0.16-1)$$

2. 当管道公称直径 D_N ≥0.3m 时：

$$A = \left[1 - \frac{(273+t_1)P_2}{(273+t_2)P_1}\right] \times \frac{100}{24} \times \frac{0.3}{D_N} \quad (9.0.16-2)$$

式中　A——泄漏率（%）；
　　　P_1，P_2——试验开始、终了时的绝对压力（MPa）；
　　　t_1，t_2——试验开始、终了时的温度（℃）；
　　　D_N——管道公称直径（m）。

八、严密性试验合格的管道，必须用无油、干燥的空气或氮气，应以不小于 20m/s 的流速吹扫，直至出口无铁锈、焊渣及其他杂物为合格。

附录一　厂区架空氧气管道、管架与建筑物、构筑物、铁路、道路等之间的最小净距

厂区架空氧气管道、管架与建筑物、构筑物、铁路、道路等之间的最小净距　　附表 1.1

名　称	最小水平净距（m）	最小垂直净距（m）
建筑物有门窗的墙壁外边或突出部分外边	3.0	
建筑物无门窗的墙壁外边或突出部分外边	1.5	
非电气化铁路钢轨	3.0	5.5
电气化铁路钢轨	3.0	
道　路	1.0	4.5
人行道	0.5	2.5
厂区围墙（中心线）	1.0	
照明、电信杆柱中心	1.0	
熔化金属地点和明火地点	10.0	

注：①表中水平距离：管架从最外边线算起；道路为城市型时，自路面边缘算起；为公路型时，自路肩边缘算起；铁路自轨外侧或按建筑界限算起；人行道自外沿算起。
②表中垂直距离：管道自防护设施的外缘算起；管架自最低部分算起；铁路自轨面算起；道路自路拱顶算起；人行道自路面算起。
③与架空电力线路的距离，应符合现行《工业与民用 35 千伏及以下架空电力线路设计规范》的规定。

④架空管线、管架跨越电气化铁路的最小垂直净距，应符合有关规范规定。
⑤当有大件运输要求或在检修期间有大型起吊设施通过的道路，其最小垂直净距可根据需要确定。
⑥表中与建筑物的最小水平净距的规定，不适用于沿氧气生产车间或氧气用户车间建筑物外墙敷设的管道。

附录二　厂区及车间架空氧气管道与其他架空管线之间的最小净距

厂区及车间架空氧气管道与其他架空管线之间的最小净距　　附表 2.1

名　称	并行净距（m）	交叉净距（m）
给水管、排水管	0.25	0.10
热力管	0.25	0.10
不燃气体管	0.25	0.10
燃气管、燃油管	0.50	0.25
滑触线	1.50	
裸导线	1.00	0.50
绝缘导线或电缆	0.50	0.30
穿有导线的电缆管	0.50	0.30
插接式母线、悬挂式干线	1.50	0.50
非防爆开关、插座、配电箱	1.50	1.50

注：①氧气管道与同一使用目的的燃气管并行敷设时，最小并行净距可减小到 0.25m。
②氧气管道的阀门及管件接头与燃气、燃油管道上的阀门及管件接头，应沿管道轴线方向错开一定距离；当必须设置在一处时，则应适当的扩大管道之间的净距。
③电气设备与氧气的引出口不能满足上述距离要求时，可将两者安装在同一柱子的相对侧面；当为空腹柱子时，应在柱子上装设非燃烧体隔板局部隔开。

附录三　厂区地下氧气管道与建筑物、构筑物等及其他地下管线之间最小净距

厂区地下氧气管道与建筑物、构筑物等及其他地下管线之间最小净距　　附表 3.1

名　称	最小水平净距（m）	最小垂直净距（m）
有地下室的建筑物基础或通行沟道的外沿		
氧气压力≤1.6MPa	2.0	
氧气压力>1.6MPa	3.0	
无地下室的建筑物基础外沿		
氧气压力≤1.6MPa	1.2	
氧气压力>1.6MPa	2.0	
铁路钢轨	2.5	1.20
排水沟外沿	0.8	
道　路	0.8	0.50
照明电线、电力电信杆柱		
照明电线	1.0	
电力（220V，380V）电信	1.5	
高压电力电信	1.9	
管架基础外沿	0.8	
围墙基础外沿	1.0	
乔木中心	1.5	
灌木中心	1.0	
给水管		
直径<75mm	0.8	0.15
直径 75～150mm	1.0	0.15
直径 200～400mm	1.2	0.15
直径>400mm	1.5	0.15
给水管		
直径<800mm	0.8	0.15
直径 800～1500mm	1.0	0.15

续表

名　称	最小水平净距(m)	最小垂直净距(m)
直径＞1500mm	1.2	0.15
热力管或不通行地沟外沿	1.5	0.25
燃气管（乙炔等）	1.5	0.25
煤气管		
煤气压力≤0.005MPa	1.0	0.25
煤气压力＞0.005～0.15MPa	1.2	0.25
煤气压力＞0.15～0.3MPa	1.5	0.25
煤气压力＞0.3～0.8MPa	2.0	0.25
不燃气体管（压缩空气等）	1.5	0.15
电力电缆		
电压＜1kV	0.8	0.50
电压1～10kV	0.8	0.50
电压＞10～35kV	1.0	0.50
电信电缆		
直埋电缆	0.8	0.50
电缆管道	1.0	0.15
电缆沟	1.5	0.25

注：① 氧气与同一使用目的的乙炔、煤气管道同一水平敷设时，管道间水平净距可减少到0.25m，但在从沟底起直至管顶以上300mm高范围内，应用松散的土或砂填实后再回填土。

② 氧气管道与穿管的电缆交叉时，交叉净距可减少到0.25m。

③ 本表建筑物基础的最小水平净距的规定，是指埋地管道与同一标高或其上的基础最外侧的最小水平净距。

④ 敷设在铁路及不便开挖的道路下面的管段，应加设套管，套管两端伸出铁路路基或道路路边不应小于1m；路基或路边有排水沟时，应延伸出水沟沟边1m。套管的管段应尽量减少焊缝。

⑤ 表列水平净距：管线均自管壁、沟壁或防护设施的外沿或最外一根电缆起；道路为城市型时，自路面边缘算起；为公路型时，自路肩边缘算起；铁路自轨外侧算起。

⑥ 表中管道、电缆和电缆沟最小垂直净距的规定，均指下面管道或管沟外顶与上面管道管底或沟基础底之间的净距。铁路钢轨和道路垂直净距的规定，铁路自轨底算至管顶；道路自路面结构层低算至管顶。

附录四　名词解释

名词解释　　　　　　　　附表4.1

本规范用名词	解　　释
氧气站	在一定区域范围内，根据不同情况组合有制氧站房、灌氧站房或压氧站房以及其他有关建筑物和构筑物的统称，并是氧气厂的同义词
制氧站房	以布置制取氧气以及其他空分产品工艺设备为主的，包括有关主要及辅助生产间的建筑物
灌氧站房或压氧站房	以布置充灌并贮存输送或只压缩输送氧气以及其他空分产品工艺设备为主的，包括有关主要及辅助生产间的建筑物
气化站房	以布置输送氧、氮等气体给用户的低温液体系统设施为主的，包括有关主要及辅助生产间的建筑物
汇流排间	以布置输送氧、氮等气体给用户的汇流排或气体集装瓶或集装车为主的，其中也可存放适当数量气瓶的建筑物
主要生产间	制氧间、贮气囊间、贮罐间、低温液体贮槽间、净化间、氢气瓶间、压缩机间、灌瓶间、空瓶间、实瓶间、修瓶间、汇流排间、气化器间、阀门操作间等
辅助生产间	维修间、化验间、变配电间、水泵间、贮瓶间等
实瓶	在一定充灌压力下的气瓶，一般以40L水容量15MPa压力计算
空瓶	无压力或在一定残余压力下的气瓶

续表

本规范用名词	解　　释
备用贮气瓶	贮存供应空分设备停运期间用户所需的这部分用气量的气瓶
中压贮罐	工作压力为1.0～3.0MPa的贮气罐
高压贮罐	最高工作压力为15MPa的贮气罐
贮气与输气工况	贮罐内气体在不同贮气与输气过程情况下，由于热力学过程变化而引起的温度对贮气量的影响
厂区管道	位于氧气站各主要生产间建筑物之间以及氧气站、气化站房、汇流排间通到各用户车间之间的管道
车间管道	位于氧气站、气化站房主要生产间建筑物内部及以用户车间建筑物内部管道的泛称，当指明为用户车间内部管道时，则不包括前者
干燥气体	在输送压力下，气体在管路输送过程中不致析出水分的气体
含湿气体	在管路输送过程中能析出水分的气体

附录五　本规范用词说明

一、为便于在执行本规范条文时区别对待，对要求严格程度不同的用词，说明如下：

1. 表示很表格，非这样做不可的：
   正面词采用"必须"；
   反面词采用"严禁"。
2. 表示严格，在正常情况下，均应这样做的用词：
   正面词采用"应"；
   反面词采用"不应"或"不得"。
3. 表示允许稍有选择，在条件许可时首先应这样做的：
   正面词采用"宜"或"可"；
   反面词采用"不宜"。

二、条文中指定应按其他有关标准、规范执行时，写法为"应符合……的规定"或"应按……要求（或规定）执行"。

附加说明

本规范主编单位、参编单位和主要起草人名单

主编单位： 机械电子工业部设计研究院

参编单位： 冶金工业部北京钢铁设计研究总院
　　　　　　中国船舶工业总公司第九设计研究院
　　　　　　机械电子工业部第十设计研究院

主要起草人： 薛君玉　罗让　谭易和　谢伏初　杨子馨

中华人民共和国国家标准

氧气站设计规范

GB 50030—91

条 文 说 明

前 言

根据国家计委计综〔1986〕250号通知的要求，由机械电子工业部会同有关单位共同编制的《氧气站设计规范》GB 50030—91，经建设部1991年11月15日以建标〔1991〕816号文批准发布。

为便于广大设计、施工、科研、学校等有关单位人员在使用本规范时能正确理解和执行条文规定，《氧气站设计规范》修订组根据国家计委关于编制标准、规范条文说明的统一要求，按《氧气站设计规范》的章、节、条顺序，编制了《氧气站设计规范条文说明》，供国内各有关部门和单位参考。在使用中如发现本条文说明有欠妥之处，请将意见直接函寄机械电子工业部设计研究院（地址：北京王府井大街277号）。

本《条文说明》仅供国内有关部门和单位执行本规范时使用，不得外传和翻印。

1991年11月

目 次

第一章　总则 …………………… 7—4—14
第二章　氧气站的布置 ………… 7—4—14
第三章　工艺设备的选择 ……… 7—4—15
第四章　工艺布置 ……………… 7—4—16
第五章　建筑和结构 …………… 7—4—18

第六章　电气和热工测量仪表 ……… 7—4—19
第七章　给水、排水和环境保护 …… 7—4—19
第八章　采暖和通风 ………………… 7—4—19
第九章　管道 ………………………… 7—4—20
附录一～三 ………………………… 7—4—23

7—4—13

第一章 总 则

第1.0.1条 本条文主要体现编制本规范的基本精神，说明氧气站等及氧气管道设计，必须认真贯彻各项方针政策，坚持综合利用，合理组织，集中生产，协作供应，充分利用现有空分产品资源，使设计既符合安全生产，保护环境，又要技术先进，经济合理。

为达到上述目的，除认真执行本规范各项规定外，还得依靠广大工人、设计人员的创造性劳动和实践中积累的经验来实施。

第1.0.2条 根据国内具体情况，除化工、冶金部门采用全低压流程的空分设备较多外，其他部门除个别情况外，基本上采用的为高、中压流程的空分设备，因而对高、中压流程的空分设备，在认识和实践上积累有较多的经验。同时，国内空分设备系列以300m³/h氧生产量作为全低压流程和高、中压流程的分界线。因此，根据上述情况，经呈请原国家建委设计局同意，原规范的适用范围定为单机氧气生产量不大于300m³/h、用深冷空分法生产的氧气站。单机氧生产量大于300m³/h全低压流程空分设备的氧气站，根据原国家建委指示另作规定。

鉴于全低压空分设备的氧气站与高、中压流程的空分设备的氧气站设计虽有共同之处，但尚有不少差别，因此本规范适用范围仍定为高、中压流程的空分设备或单机氧产量不大于300m³/h的氧气站的设计，同时由于当前国内氧气管道以及液态气体供应有所发展，为此将本规范适用范围扩大至气化站房，并取消氧气管道的压力适用范围。

第1.0.3条、第1.0.4条 根据国家基本建设的方针政策和现行的国家标准《建筑设计防火规范》的规定，所作的具体规定。

第二章 氧气站的布置

第2.0.2条 关于空分设备吸风口处空气内的杂质允许极限含量，目前国内尚无统一标准。根据国外资料报道情况，苏联60年代除乙炔以外，尚无完整的统一标准，到70年代才逐渐完整。美国及日本也有规定标准。从空气中所含有害杂质的情况来看，最主要的危险杂质是乙炔，不论在何类企业中都有存在的可能。现将几个主要国家的空气中乙炔的允许极限含量规定列出：

日本	美国	苏联	德国
≤0.62~1ppm	1ppm	0.25ppm	0.5ppm

参照《СпрАВочник киСЛородА 1973年》规定，对不同空分工艺采取了不同的空气内乙炔的允许极限含量标准，对高、中压流程采取了三个标准（见表2.0.2-1）。

表2.0.2-1 吸入空气内乙炔允许极限含量表

空分工艺	吸附干燥空气	分子筛净化空气	催化法净化空气
乙炔的允许极限含量（mgC/m³）	0.27	1.1	4.65

对低压流程，根据不同空分设备（决定于蓄冷器填料型式）采取不同标准，其范围为：乙炔在空气内的允许极限含量0.27~0.54mgC/m³。

乙炔在液氧内的溶解度，参照各国资料，在90K下，基本上为5ppm左右，但乙炔在液氧内的允许极限含量各国规定如表2.0.2-2。

表2.0.2-2 乙炔在液氧内的允许极限含量表

国 别	美国	法国	日本	英国及1955年苏联
液氧内乙炔允许极限含量 ppm	2	2	2	0.2

现取为2ppm计。又据1956年美国波士顿会议介绍，乙炔气液平衡K值为1/15，乙炔吸附器效率按95%计，分子筛吸附净化吸附器效率，按杭氧1973年9月《乙炔吸附工业试验报告》中为99.9%以上，为安全起见，现按99.5%计算。乙炔在氧中浓缩按5倍计算。

根据上述数据经计算制订了吸风口在不同制氧工艺下的吸风口乙炔允许极限含量规定。

现计算如下：

当空分塔具有乙炔净化措施，且空分流程内具有硅胶、铝胶吸附干燥装置的空分工艺时，空分设备吸风口处空气内乙炔的允许极限含量为：

$$2\text{ppm} \times \frac{1}{15} \times \frac{1}{5} \times \frac{1}{1-0.95} \approx 0.5\text{ppm}$$

当空分流程内具有分子筛吸附净化装置的空分工艺时，空分设备吸风口处空气内乙炔的允许极限含量为：

$$2\text{ppm} \times \frac{1}{15} \times \frac{1}{5} \times \frac{1}{1-0.995} \approx 5\text{ppm}$$

将上列的允许极限含量单位ppm，再换算成mgC/m³后在数值上要略为大些，但为安全及方便使用起见，现仍按原数值取用，因此本规范规定空分设备吸风口处空气内乙炔的允许极限含量：当空分塔具有乙炔净化措施，且空分流程内具有硅胶、铝胶吸附干燥装置时为0.5mgC/m³；当空分流程内具有分子筛吸附净化装置时为5mgC/m³。

吸风口其他总碳氢化合物允许含量，美国规定为≤10ppm，苏联为≤10.35~14mgC/m³。根据上述数据，现等效采用苏联标准，除甲烷外其他总碳氢化合

物允许极限含量为 $10.35\sim14\text{mgC/m}^3$（因甲烷对空分塔来说无危险性）。

关于其他有害杂质如臭氧和氧化氮之类，也等效采用苏联标准。

利用吸风口处乙炔允许极限含量和不同规模容量的乙炔站可能散发的乙炔气数量，根据大气扩散机理确定出氧、乙炔站之间的间距。

大气内乙炔散发量，根据上海某化工厂 3350 制氧车间空气中乙炔含量测定报告（测定日期为 1966 年 3 月 18 日～5 月 17 日），该厂乙炔站有 3 台 $10\text{m}^3/\text{h}$ 电石入水式低压乙炔发生器，根据 2 个月的 25 次大气乙炔含量测定结果为：

乙炔站渣坑边：

乙炔含量平均为 14.8ppm

乙炔含量最大为 58ppm

30ppm 以上　　　　占 16%

30ppm 以下　　　　占 84%

如以 10ppm 来划分，则：

10ppm 以上　　　　占 40%

10ppm 及以下　　　占 60%

距渣坑 100m 处的平台（取样高度 10m）：

乙炔含量平均为 0.216ppm

乙炔含量最大为 1.4ppm

1ppm 及以上　　　占 10%

痕迹　　　　　　　占 60%

2 台发生器的乙炔站渣坑边空气内乙炔平均含量取为 31ppm，其他容量乙炔站渣坑边空气内的乙炔含量按比例推算。

"水入电石式"乙炔发生器的乙炔站渣坑边空气内乙炔含量是从"电石入水"与"水入电石"式发生器的效率确定的，亦即为"电石入水"式的 3 倍。

按上述情况确定的不同规模容量的乙炔站可能散发的乙炔量以及空分设备吸风口处的乙炔允许极限含量作为确定间距的原始数据。关于其他烃类杂质散发源与吸风口的间距等效采用苏联标准。

吸风口的高度，是根据一般布置情况以及有利于减少吸风口处的杂质气体含量推荐的。

第 2.0.3 条　本条主要根据《建筑设计防火规范》修订。

第 2.0.4 条　因氧气本身的性质及其生产工艺具有一定的火灾危险性，按《建筑设计防火规范》规定属乙类生产，原则上要独立设置。但为考虑到具体生产上的要求，给予一定的灵活性，允许氧气站建于某些车间旁边，但为隔断火灾，将火灾局限于一定范围内以便于消防，因此提出一定的要求。

第 2.0.6 条　氧气汇流排间主要是为用户在一定条件下供氧方便而设置的（尤其是无氧气站企业的用户）。

本规范中规定最大输气能力不超过 $60\text{m}^3/\text{h}$（0.1MPa；20℃时）的氧气汇流排间，宜设在不低于三级耐火等级的车间内并靠外墙处（参见《建筑设计防火规范》），并应用高度不低于 2.5m，耐火极限不低于 1.5h 的非燃烧体墙与车间的其他部分隔开；最大输气能力超过 $60\text{m}^3/\text{h}$ 的氧气汇流排间，宜布置在不低于二级耐火等级的独立建筑物内，但考虑到车间外的地方可能狭小，布置不了独立汇流排间建筑时，则允许氧气汇流排间设置在车间外墙的毗邻建筑物内，而这个披屋的耐火等级不应低于二级，并用无门、窗、洞的耐火极限不低于 1.5h 的非燃烧体墙与生产车间隔开。

第 2.0.7 条　见《乙炔站设计规范条文说明》第 2.0.7 条。

第 2.0.8 条　本条根据制氧站房等具有一定的危险性，为防止无关人员进入，宜设置围墙围护。

第三章　工艺设备的选择

第 3.0.1 条　氧气站除停车检修、热洗启动等时间外，系昼夜连续均匀生产气体，但一般情况下，用户昼夜三班消耗气体则是间断和不均匀的。因此氧气站设计容量在不造成气体放空浪费现象的原则下，当采取贮气手段时，应按用户的昼夜平均小时消耗量确定，但结合工作班用氧量大，贮气手段不易解决情况下，则应按用户工作班小时平均用气量来确定站设计容量。

对于高海拔地区，因相对于海平面来说气压下降，甚至少数地区空气内氧含量下降，这将减小空压机的重量排气能力并减少了空分设备的产量，此时应考虑吸气增压等措施。

第 3.0.2 条　空分设备台数的确定，采取大容量、少机组、尽可能统一型号的原则，是从降低成本，便于维护管理、检修等出发考虑的。为提高空分设备的利用率，一般不设置备用空分设备，但对个别不能中断用气的用户，原则上推荐采用运动机组的局部备用，以及其他诸如事先贮存供应空分设备停运期间用户所需的这部分用气量的备用方法。

第 3.0.3 条　贮罐的选用原则，是根据工艺要求和经济合理性考虑的。根据一般经验并参考国外资料《СпрАВочник киСЛороДА 1973》，作为调节用气与产气之间的不平衡或长期贮气，采用中、高压贮罐为宜。

湿式贮罐或贮气囊有效容积的选择，应根据压气能力与产气能力之间的差数，以及压缩设备运转的持续性，并在单台压缩设备情况下，因故短时间停机检修时，不致使空分产品放空等诸因素综合考虑。空分气态产品压缩机能力一般大于空分能力，但过大将影响贮罐或贮气囊的有效容积的增大，以及压缩设备本身运转的间断性。一般湿式贮罐与贮气囊的有效容积按有 1 台氧压机能停机 1h 左右而不致使空分产品放空考虑的。

第 3.0.4 条 气瓶数量根据现有氧气生产单位的生产实践证明，一般以一昼夜用户的用气瓶数的 3 倍即可满足生产要求，此 3 份气瓶考虑到一份在充灌，一份在运送，一份在用户处使用。

第 3.0.6 条 较小容量的空分设备，根据调查情况，氧气站安装容量为 50m³/h 及以下的氧气站制氧间基本上不设起重吊车，也无由于无吊车而严重影响检修工作的反映意见，因此在可有可无情况下，就不加考虑。但在空分设备台数较多或空分设备单机容量较大的情况下，因检修工作量大和检修零部件重量较重，所以为便于检修，设置吊车根据实际情况反映还是需要的。因此，推荐 150m³/h 氧气站设置起重吊车为宜。

第四章 工艺布置

第 4.0.1 条、第 4.0.2 条 氧气站实际生产中制氧站房、灌氧站房有合建的，也有分建的，两者合建时，在一定情况下具有工艺联系方便，布置紧凑，节省占地面积等优点。本条的规定是根据既要便于生产又要考虑安全的原则，曾与《建筑设计防火规范》管理组协调，同意按《建筑设计防火规范》乙类库房采用一、二级耐火等级的建筑，其防火墙隔间最大允许占地面积原规定为 500m² 的 80%，现为 700m² 的 80%，即原规定为 400m²，现修改为 560m² 作为制氧站房和灌氧站房分建和合建的界线，每个气瓶的占地面积（包括通道面积）以 0.16m² 计，这样折合成气瓶的实瓶贮量现为：

$$560/(2 \times 0.16) \approx 1700 \text{ 瓶}$$

同时还规定两者合建时不能直接相通，要采用具有一定耐火极限的门和墙通过走道相通，以策安全，又方便生产。

同理，灌氧站房实瓶贮量的规定，是按现行《建筑设计防火规范》对乙类库房的规定考虑的，即按一、二级耐火等级的建筑的两个防火墙隔间最大允许占地面积的 80% 计，即 1120m²，每个气瓶的占地面积（包括通道面积）以 0.16m² 计，这样折合成气瓶的实瓶贮量为 3400 瓶。

第 4.0.3 条 目前国内氧气、氮气等灌瓶基本上有两种形式：

1. 设置每种产品的灌瓶间；
2. 在一个灌瓶间内分别设置每种产品的灌瓶台。

也有个别工厂，当某一种副产品需要瓶装很少的情况下，采用一个灌瓶台进行氧氮不同气体的充灌，此时在充灌另一种气体前，需要先进行充灌管道或压缩机吹除放空工作和化验气体纯度，合格后才能充灌，这样操作管理比较麻烦，气体质量不易保证，因此规定了"宜设置每种产品的灌瓶台或灌瓶间"。

虽然各种气体的气瓶都有不同的漆色标志，但由于气瓶管理工作不严，曾发生过爆炸事故，如某氧气厂 1958 年 11 月用氧气瓶充灌氢气后又混入氧气瓶中，被操作工推至充氧台充氧而发生氢氧混合气爆炸，气瓶炸成碎片状，迫使停产半月，损失 2 万余元。每种气体的气瓶分开设置不仅有利于气瓶管理，而且可减少由于管理疏忽造成的事故。

空瓶间和实瓶间分开，不仅可防止气瓶发生事故时相互影响，而且也可防止气瓶混淆。上海某造船厂 1957 年和 1958 年曾发生二次将氧气实瓶误认为空瓶的事故，一次是瓶子直立时松动瓶阀，结果使瓶阀打穿屋顶飞上天，第二次是将瓶子横倒在地上，用链条钳钳住瓶身拧瓶阀，刚松三扣，瓶阀即脱扣而飞出，瓶子也飞走并撞上墙。

第 4.0.6 条 规定"氧气压缩机超过 2 台时，宜布置在单独的房间内"的理由是：

一、目前氧气站出事故多的部分为氧气压缩机，氧气压缩机发生不同程度的燃烧事故几乎各厂都有，比较严重的如哈尔滨某厂三台氧气压缩机布置在制氧间内，由于一台氧气压缩机断润滑水，三级缸发生燃烧，火焰顺着回气匣进到一级进气管从而蔓延到一墙相隔的有 6 个 50m³ 氧气贮气囊的贮气囊间和 5 个 50m³ 氮气贮气囊的贮气囊间，使贮气囊着火，11 个贮气囊全部烧光，气浪冲击把 36m 长制氧间端头的窗框全部震掉，损失严重；

二、与氧气压缩机工艺联系密切的是灌氧部分而不是制氧部分，制氧部分厂房都较高，台数多时占用高厂房的面积经济上不甚合理；

三、氧气禁油，检修与氧气接触的零部件和管道所用的工具，检修者的手和劳保用品都应严格脱脂；

四、在调查中，不少厂反映氧气压缩机不宜布置在制氧间内，这样有利于安全生产，同时认为当空分设备机组很少，氧气压缩机台数不多时（一般在两台情况下），布置在制氧间内是可以的，具有联系方便，便于相互照顾，节省操作工，设备布置也较紧凑等优点。

在钢铁企业中，氧气主要以管道送炼钢用，气焊切割等瓶装用量最少，此时氧气压缩机压力较低，燃烧事故少，如北京某厂 6 台氧气压缩机全部供炼钢用，布置在制氧间内，据反映 1965 年运行至今未发生燃烧事故，但占用制氧间高厂房的面积，以及禁止氧气与油接触的问题仍存在，因此条文中未按氧气压缩机工作压力规定台数。

在 1955 年苏联《氧气工厂与氧气站设计标准》规定中只规定氧气压缩机间和灌瓶间是不得相通的，但与其他各间，在相通问题上无具体要求。有些厂经实践认为这样做会给生产带来不方便，在生产中自行开了门，个别厂以门洞直接相通，因此，本规范考虑到既要安全又照顾到生产方便,在条文中具体规定了氧气压缩机间不宜与其他房间直接相通。

第4.0.7条 规定氧气实瓶贮存量,不宜超过站房48h的灌瓶量,主要是从安全出发,限制实瓶间面积不致过大,同时也可减少不必要的基建投资。在调查和征求意见中,如上海某船厂提出规定72h,某船厂提出48h,不少厂提出规定48h为宜,因为考虑厂休时氧气站不停产,将充灌的气瓶存放供下星期用气,以减少放空浪费和机组停车时间。

氧气汇流排间实瓶存放量,苏联规定为8h的总需要量;美国为:(a)包括使用和待用状态总容量不超过368m³(相当于40L的瓶子共61瓶);(b)包括就地现有的备用容器在内不超过703m³(相当117瓶),超过时则要求与汇流排间分开设在独立的建筑物内。本规范从我国生产情况出发,参照上述分类,实瓶量以不超过一昼夜的生产需要量为宜。

第4.0.8条 规定室内液氧的总贮存量,不应超过10m³,主要是从安全出发。因液氧贮槽原则上应室外布置,尤其是大容量的贮槽,但对中、小容量的贮槽,在一定限量的情况下,可给予室内布置的灵活性。结合国内的实际情况,以国内贮槽产品系列中的中、小容量贮槽为界限,即以10m³作为允许室内布置的总限量。

第4.0.9条 贮气囊工作压力为500Pa,分馏塔上塔压力一般在0.05~0.06MPa,为防止贮气囊内气体超过工作压力,而使贮气囊破裂,贮气囊应设防止超压的安全装置。新光某厂由于安全保护装置不完善,发生了贮气囊破裂事故。安全装置现有两种:一种是安全水封(水封器);一种是电铃信号报警器。

贮气囊容易因超压而爆裂,易着火,易老化,因此需防阳光照射。由于安全保护装置不善,有些厂发生过超压爆破事件,如嘉兴某机修厂贮气囊因超压而爆破。

布置在单独房间内,可使贮气囊一旦出事故只局限于本身,同时也避免外界因素引起的事故而危及贮气囊。

氧气贮气囊间的火灾危险性更大,因此规定了与其他房间相通时,其门要有一定的耐火极限。

贮气囊因具有安装和管理方便,配套供应,上马快等优点,不少单位采用。为了给布置上保留一定灵活性,又考虑安全,因此布置在制氧间内时,一方面对贮气囊贮容量加以限制,另一方面为防止设备检修时损坏贮气囊和防止贮气囊出事故而影响设备,规定距设备的水平距离不应小于3m,并应有安全和防火围护措施,如有些厂氧气贮气囊,其周围用圆钢做成栏杆;氧气贮气囊用砖砌2.5m高的墙等。

氧气压缩机发生着火和顶缸事故比较多,如湖北某汽车厂1973年5月由于蒸馏水漏满气缸,启动前未充分盘车,结果氧气压缩机发生水击事故,使活塞杆裂纹,气缸盖顶弯;某钢厂因水槽式贮罐被抽空变形,水进入氧气压缩机将二级气缸盖顶坏;武汉某化工厂1965年夏季由于氧气压缩机断蒸馏水发生燃烧,使上部4.5m标高处木板上设置的氧气贮气囊着火引起火灾;某钢厂因氧气压缩机发生燃烧事故怕引起贮气囊燃烧,故将设置在氧气压缩机上部4.5m高木平台上的贮气囊移走。

根据这些情况规定了贮气囊不应直接布置在氧气压缩机顶部。

第4.0.11条 使用氢气进行产品(氩气)净化的催化反应炉,现采用的有两种:铜炉和钯炉。

铜炉:用活性铜脱除氩中氧杂质,氢氧间接化合成水,即氧首先与铜作用生成氧化铜,然后氧化铜被还原,生成水和铜。

钯炉:用活性氧化铝镀钯脱除氩中氧杂质,是借助催化剂的作用,使氢氧在较低温度的条件下,直接化合成水。从反应过程来看,铜炉比钯炉来得安全。

正是这个反应过程的不同,使用钯炉对氢比使用铜炉敏感,当粗氩中氧含量高于5%时,采用钯炉一次催化反应脱除氧杂质时,则存在爆炸危险。因此要求粗氩中氧浓度必须低于5%或氢浓度不高于10%,如粗氩中氧浓度不能降低时,必须采用分级催化。

虽然铜炉对氢没有活性氧化铝镀钯那么敏感,但其设备体积大,反应温度高(300~400℃),控制条件恶劣。

从现有工厂布置来看,催化反应炉都设在单层建筑靠外墙处,有的厂还设在靠外墙的单独房间内。我们认为不论何种催化反应炉与其他房间隔开是有好处的。

第4.0.12条 氢气瓶存放实瓶数,已发布实施的《氢气使用安全技术规程》(GB 4962—85)中第2.2条规定:"当实瓶数量不超过60瓶时,可与耐火等级不低于二级的用氢厂房或与耐火等级不低于二级的非明火作业的丁、戊类厂房毗连"。为此,本规范规定:氢气实瓶数量,不宜超过60瓶。

第4.0.13条 氧气压缩机间、净化间、氢气瓶间和贮罐间等一般发生火灾、爆炸事故的机会较多,设置安全出门,便于人员迅速的疏散和及时抢救。

第4.0.15条 国内发生倒瓶事故的工厂不少,有的因倒瓶碰伤了工人同志的脚,有的因一个气瓶倒下引起其他一连串气瓶的倾倒。如上海某厂实瓶间以往没有采取防止倒瓶的措施,曾发生过一个气瓶倒下,瓶阀打掉,随即气体从气瓶喷出,其气浪把40多个气瓶推倒的现象;某氧气厂1973年11月发生过一次倒实瓶几十个,最多达300~400个,同时还发生过倒瓶时把瓶阀打断飞出去的现象;北京某机车车辆厂曾发生一个实瓶倒下瓶阀打断,且飞出3m把墙打出一个窟窿,瓶子冲出1m多远;上海某造船厂曾因搬瓶时一个瓶倒下引起80多个空瓶一连串倒下的现象，因此规定了不论空瓶还是实瓶，应采取防止倒瓶的措施。

采取这些措施后可有以下几个优点：（1）气瓶有了固定的安放位置，使气瓶搬运工作可以有条不紊地进行，减少工伤事故；（2）可防止一个气瓶倒下而连累其他气瓶发生一连串倒下的现象；（3）有利于气瓶管理工作。

以往有些厂按苏联规定为每20个气瓶采用钢管制作成1100mm×1300mm×1280mm（H），埋入地坪深度为250mm的隔间，在使用中工人普遍认为这样做太笨，运瓶不方便，因此都取消了。目前，有的厂按气瓶使用单位进行分隔，有的按气瓶数量分隔，做法都不统一，这要根据各厂情况决定。

第4.0.17条 化验是确保氧气站安全生产和产品质量的一项重要工作，有些厂由于违反操作规程，或未建立和健全化验制度而发生设备爆炸事故，因此规定了要进行化验工作。

化验项目由于氧气站所处的周围环境不同，空分工艺流程不同，产品质量要求不同，氧气站化验项目也有差异，同时有些化验项目如润滑油的闪点等分析工作，有些厂是在氧气站进行的，有些厂是在中心试验室进行的，因此条文中没有规定具体的化验项目，要根据具体条件而定，以保证安全生产和产品质量的要求。

第4.0.18条 放散管口应设于较高处，以利于气体扩散和不直接波及附近地面上的一切事物对象。在以往实际设计中，都以高出地面4.5m作为放散管口的布置要求，因此本规范特补充此规定。

第4.0.20条 根据现行《建筑设计防火规范》规定的库房最大允许占地面积的规定而规定的。由于氧气以高压瓶装贮存，除火灾危险性外还有由于压力引起的爆炸的可能，因此条文中规定的气瓶数与《建筑设计防火规范》管理组协调同意后，按现行《建筑设计防火规范》中规定的最大允许占面积的80%计算，每个气瓶的占地面积（包括通道面积）以0.16m²计，亦即每个防火墙隔间的气瓶的最大贮量为：

一、二级耐火等级的为700×0.8/0.16≈3400个
三级耐火等级的为300×0.8/0.16≈1500个
每座库房的气瓶的最大贮量：
一、二级耐火等级的为4×3400＝13600个
三级耐火等级的为3×1500＝4500个

第五章 建筑和结构

第5.0.2条 主要生产间地坪至屋架下弦的最小高度，规定不宜小于4m，是从以下几方面考虑的：（1）减小辐射热，有些厂尤其是南方地区灌氧部分房高较低（+3.2～+3.5m），夏委室温太高，为降低室内温度，采用房顶淋水措施，如上海某化工厂，在调查中很多工厂也有这样的要求；（2）增强采光；（3）利于通风，降低室内气体浓度。氧气站属乙类生产，制氧部分操作仪表多，灌氧部分漏气机会多，适当将房高提高，这样光线好利于仪表的观察，通风好，不会积聚气体，对生产安全有利。

第5.0.4条 通过调查表明，灌氧站房和制氧站房有分开建造的，也有毗连的，毗连建造时，当灌瓶量不大，外协任务不多情况下，具有节省占地，联系方便等好处。现有两种做法：（1）两者通过走道相通；（2）在非燃烧体墙上通过门直接相通。多数工厂和设计单位采用第一种做法，第一种做法具有防火带的作用，符合于防火的要求，且在实践中设计单位和多数工厂采用第一种做法。因此本规范规定应通过走道相通。门的耐火极限是与《建筑设计防火规范》管理组协调同意后规定的，一旦发生燃烧事故使之有一定的耐火度，不致使火势蔓延，影响面扩大。墙的耐火极限是根据现行的《建筑设计防火规范》的规定而定的。

第5.0.5条 根据现行的《建筑设计防火规范》的规定而定。在我们调查中发现，由于隔墙采用燃烧体材料发生燃烧事故的实例，如青岛某厂灌氧间与氧气压缩机间为钢屋架石棉瓦顶，下弦高度～5.5m，隔墙在屋架以下为砖墙，屋架以上为三合板，氧气压缩机间采用三合板吊顶并在石棉瓦与吊顶间用于海草保温，两者之间通过高～2.9m，顶棚用木条和三合板铺盖的充填操作室相通。1973年2月24日充填操作室内的高压氧气水分离器放水阀起火燃烧，使充填操作室的顶棚和门窗烧光并延烧到三合板隔墙，致使100m²氧气压缩机间的三合板吊顶全部烧光，石棉瓦烧裂，烧伤一人，氧气站停产28h。

第5.0.6条 门的耐火极限是与《建筑设计防火规范》管理组协调同意后确定的，目的是防止火灾事故的蔓延，减少损失。

第5.0.7条 氧气属乙类生产，灌氧部分又属高压，国内曾发生过分馏塔和气瓶等爆炸事故，为了使爆炸时的冲击波容易泄出和便于人员的疏散，规定门、窗应向外开启。

第5.0.8条 日光强烈时，气瓶受久晒以后，气瓶内气体的压力将随温度而升高，假定温度为20℃，瓶内压力为15MPa，被日光久晒后温度升到75℃时，瓶内压力就会升到近乎18MPa，一般气瓶上保险片就会在这种压力下爆破而泄出高压气体，倘若瓶阀无保险片或保险片失效，这将引起气瓶超压的不安全性。原劳动部公布试行的《气瓶安全监察规程》中对气瓶的贮存和运输也有"防止日光曝晒"的规定。

南京某车辆厂贮气囊曾用100W白炽灯照明，由于靠近贮气囊，致使贮气囊烤烘着火燃烧。因此我们规定了要防止阳光照射气瓶和气囊。广西某钢厂也反

映了在南方地区采用磨砂玻璃尤其需要。

第5.0.9条 关于灌瓶处设置防护墙在以往苏联设计和有关设计规范中并无此项要求。在调查中多数工厂认为需要设防护墙，有些原来没有防护墙的或设置的不是钢筋混凝土防护墙的单位，都已增加或改为钢筋混凝土结构。他们认为设置了防护墙可以减少由于检查不严或使用不注意而造成爆炸事故的损失，可缩小由爆炸引起的波及面，同时在安全保护上也有一定作用。若干厂操作规程规定，当气瓶充灌支管联接后操作人员走到防护墙外面来打开充气总阀进行充灌，直到气瓶充至3MPa时才再次进入防护墙里面检查有无"冷瓶"。

也有些单位认为管理水平不断提高，重视气瓶水压试验等工作，爆炸事故可杜绝。几年来未设防护墙的工厂从未发生过事故，他们提出可不必设防护墙。

实际上，近年来气瓶爆炸事故仍然有之，如贵阳某厂1968年11月充氧时，一个气瓶发生剧烈爆炸，炸裂成12块碎片，造成1人死亡，灌瓶台严重破坏，损失2万元；贵阳某厂1972年5月一只1957年出厂的法制氧气瓶充氧到12MPa时突然爆炸，瓶体从一侧炸开，由下至上撕开，但未形成破片飞出。重庆某厂1973年4月一个意大利进口氧气瓶，当灌到13.5MPa时突然发生爆炸，气瓶炸成一块曲形钢板，停产数天，当时在充灌台侧面（无防护墙）值班的同志耳膜被冲击波震伤。

鉴于上述情况，我们认为设置防护墙是能起到一定的作用的，可使一些事故的影响范围缩小，因此本规范规定了"应设置高度不小于2m的钢筋混凝土防护墙"。

第5.0.10条 因气瓶装卸平台上人员和气瓶来往频繁，设置雨篷可以遮阳和遮雨雪。支撑材料规定用非燃烧体材料制作，这与氧气本身的助燃性质有关，尽量减少可燃物以避免和减少火灾事故。氮气等惰性气体瓶的装卸平台一般和氧气瓶用一个平台，要求也应相同。

第六章 电气和热工测量仪表

第6.0.1条 根据《工业与民用供电系统设计规范》，对不同性质负荷的供电分类要求，并结合氧气站供气对象的负荷性质不同，决定氧气站供电负荷的分类，除不能中断用气的供气对象外（此时应根据用户的负荷性质决定），一般情况下氧气站可为三级负荷。

第6.0.2条 根据氧气站净化间、氢气瓶间的生产工艺和房间布置的情况，形成爆炸危险条件的可能情况和在事故情况下影响的大小，以及目前各使用单位的实际情况，并根据《爆炸和火灾危险环境电力装置设计规范》规定，明确为1区爆炸危险区。

氧气贮气囊间、氧气实瓶间内，因贮有大量的危险气体，易于发生着火事故，在实践中有之，如南京某车辆厂贮气囊间曾用100W白炽灯照明，由于靠近贮气囊，致使烤烘着火燃烧，又如某车辆厂氧气站，由于贮气囊间氧浓度较高，致使电线着火等。为此本规范规定氧气贮气囊间，应为22区火灾危险区。

第6.0.3条 根据氧气站实际生产需要反映，仪表集中处，如空分塔操作板等处宜设局部照明，以便操作过程中进行仪表的观察。

根据氧气站工艺，除用户不能中断用气时，一般照明在突然事故情况下，不致造成其他意外事故，只要处理停车即可。因此规定氧气站一般不设继续工作用的事故照明。

第6.0.4条 高压油开关具有一定的爆炸危险性，这类事故曾发生过，尤其是多油高压油开关，因而在制氧间内设置多油式高压油开关是不合适的。关于高压油开关油量限制问题，根据贫油式高压油开关的贮油量，一般不超过25kg，且1955年苏联《氧气工厂与氧气站设计标准》中也规定为不超过25kg，因此本规范规定高压油开关的贮油量不应超过25kg。

第6.0.7条 静电接地的目的，在于消除设备及管路内由于流体摩擦产生的静电积聚，至于接地电阻值，各国家无一致规定，现参照国内以往的要求取10Ω。

第七章 给水、排水和环境保护

第7.0.1条 各类工厂对气体供应可靠性的要求，具有不同的特点。因此除用户不能中断用气的特殊要求而不能中断供水外，一般按能暂时中断供水的方式供水。

第7.0.2条 根据一般要求规定，并符合现行《压缩空气站设计规范》的要求。

第7.0.4条 贯彻"三废处理"以及"环境保护"的精神，防止环境污染。

第7.0.5条 氧气生产的主要噪声源为：空气压缩机、鼓风机、膨胀机等。根据国家《工业企业噪声控制设计规范》规定为：工业企业的生产车间和作业场所的工作地点的噪声标准为不得超过85dB（A），现有工业企业经努力暂时达不到标准时可适当放宽，但不得超过90dB（A）（工人接触噪声连续8h/d计）。

对于工人每天接触噪声不足8h的场合，可根据实际接触噪声的时间，按接触时间减半，噪声限制值增加3dB（A）的原则确定其噪声限制值，因此必须根据标准的要求，对不同情况采取不同的对策进行噪声控制设计和治理。

第八章 采暖和通风

第8.0.1条 按现行的《建筑设计防火规范》规

定为"甲、乙类生产厂房不应采用明火采暖",因而各乙类生产火灾危险性建筑物,严禁用明火采暖。空瓶间与实瓶间采暖计算温度过去苏联规定为+5℃,根据国内氧气站空、实瓶间的实际操作情况,普遍反映集中采暖时空、实瓶间采暖计算温度采用+5℃过低,因大量气瓶往返运输,冬天气瓶由外入库时,由于瓶身温度较低,将大量吸热,当计算温度为+5℃时则实际上瓶间温度极难于维持+5℃,因此有必要提高采暖计算温度为+10℃。

第8.0.2条 为安全起见,尽量避免受压容器处于超压状态以及橡胶气囊老化的影响,特制订本条文。

第8.0.3条 催化反应炉部分、氢气瓶间为保证不积聚氢气,使其空间不致形成爆炸性混合气,惰性气体贮气囊间不致因气囊渗漏使房屋空间积聚过量惰性气而造成窒息事故,特制订本条文。

第九章 管 道

第9.0.1条 氧气在管道中的流速,许多国家长期都沿用压力3.0MPa下不超过8m/s的规定。随着管道输氧经验的积累以及通过试验研究的探索,特别是1963年德国材料试验所 W·Wegener 的"氧气在钢管中容许流速的研究"报告的发表,使人们认识到氧气流速超过8m/s不致妨碍安全。德国化学工业协会在其1969年制定的《氧气安全规程》中提出了新的流速限值,在此之后,美国、英国也作出各自的规定。再如苏联,在氧气流速方面,一直是较低的,但在1984年苏联氧气规范中对此已有较大的突破。现将以上各国(包括日本)目前采用的流速汇列于下表(见表9.0.1)。

表9.0.1 各国氧气管道中采用的允许流速表

	压力 (MPa)	允许流速 (m/s)	备 注
德国	0.1~4 >4	25 8	
美国	1.4 2.1 2.8 3.5	61 36 24 20	
英国	2.1 2.8 4.9	46 15 8	
新日铁	在允许的压力下	15	新日本制铁
日氧	<4.0	25	日本氧气公司

续表9.0.1

	压力 (MPa)	允许流速 (m/s)	备 注
		I II III	
苏联	到1.6 1.6~4.0 4.0~10 10~25	30 50 16 30 6 16 3 6 }50	I—碳钢及合金钢管 II—耐蚀合金管 III—铜基合金管

注:除注明管道材质者外都为一般钢管。

我们注意到,各国提出的流速,指明是采用最低操作压力时的最大流量来计算的,因而可以防止工作压力波动较大的管道当压力降低时发生流速失控的危险。另外还注意到这些国家在提高流速的同时对管道的设计施工提出了要求,主要如清除管道中可能聚集的可燃物质、氧化铁皮、焊渣等物,避免剧急的弯折,另外对管道、阀门及管件选用合适的材料及结构。在上述条件下,由 W·Wegener 的试验结果可以证实各国现采用的流速是安全的。

我国氧气管道允许流速,设计中一直按原规范(指现行《氧气站设计规范》,以下同)的规定执行,例如3.0MPa压力管道,最大流速不超过8m/s,而在实际生产中,由于输送压力常常低于设计压力或是输送量超过原设计流量等原因,流速超过8m/s的情况普遍存在,未曾出现过管道在此情况下发生事故的事例,说明氧气管道设计流速是可以提高的。再从我国在氧气管道的设计、施工方面的现有技术水平及条件来看,提高氧气流速,是具备成熟条件的。参考各国情况,对不同工作压力范围内按管系最低工作压力时实际体积流量计算的流速作规定,见第9.0.1条。

对工作压力≤0.1MPa的氧气管道,因用于低压输送,阻力损失是主要考虑的因素,故流速不予规定。

第9.0.2条 氧气管道材质的选用,根据国内外实践情况来看,原规范要求基本是适合的,个别修改及补充之处说明如下:

一、原用"水煤气输送钢管(YB234—63)"已被产品"低压流体输送用焊接钢管(GB 3092—82)"取代。

二、增加钢板卷焊管,主要是满足空分设备出来的低压氧气送至氧压机或其他用户,当现有焊接钢管等产品的管径不能满足要求时的需要。

三、氧气管路上的压力及流量调节阀,经常是处于节流工作状态,阀门出口处高速气流对管壁强烈撞击,当气流带有铁锈或可燃物时,它们之间的剧烈摩擦、撞击很易产生燃烧危险;又放散阀下游侧的管道因长期在空气中敞露,容易锈蚀及聚积杂质,在高速的放散气流推动及摩擦下,也易产生燃烧危险。为此,国内外目前对前一种情况都在阀组下游侧装设一段铜管或不锈钢管，对后一情况多采用不锈钢管以策安全。

除此之外，在工作压力 1.6～3MPa 范围的氧气管道的某些部位或某些管段，有些国家和国内某些工厂，从安全上考虑也有安装一段不锈钢管或铜基合金管作为阻火管段的，但这在国内外意见和作法上还不一致，所以本条文未作规定。

第9.0.3条 氧气管道中阀门的选用，是一个重要的问题，国内外许多技术文件（包括规程、规范等）对此作出法冷性的规定或建议，如德国《氧气安全规程》规定：压力＞1.0～≤1.6MPa 的阀门壳体及内部材料——灰口铸铁、球墨铸铁；＞1.6～≤4.0MPa——高合金铬镍及铬硅钢。苏联 1983 年资料关于就地操作的截止阀，当氧气压力不大于 1.6MPa 时，阀外壳及切断装置零件可采用铸铁、碳素钢、中及低合金钢。

日本一些资料提出：阀体材质当压力＜10MPa 时采用铸钢，高于此压力的用铜合金或不锈钢，而阀内主要部件都应为铜、铜合金或不锈钢。美国《氧气输配管道系统的工业实践》提出：仅仅用于全开全闭而不作节流或调节用的阀门，阀体可用铁、铁合金或铜合金，而阀芯、阀座、密封件应为铜基合金。

在国内氧气生产及用户车间，多次发生过氧气阀门烧毁事故，除操作不当原因外，与阀门的材质及型式不合适很有关系。根据一些钢铁厂氧气生产厂的意见，参考前述国外资料并结合国内阀门生产情况，本规范对于闸阀由于其容易聚积脏杂物质（可能有铁锈及可燃粒子）构成隐患，故予限制用在 0.1MPa 压力以下，对其他工作压力下的阀门材质要求，规定如表 9.0.3 所示，较原规范有所提高。

第9.0.4条 氧气管道法兰用的垫片，除了应满足工作压力温度条件外，还要防止垫片老化或被气流冲刷裂成碎粒落入管内，随气流撞击管壁引起火灾。橡胶石棉垫片虽然价格便宜，制作方便，但因容易老化碎裂，故不宜用于 0.6MPa 工作压力以上。关于工作压力 0.6～3MPa 的法兰垫片，原规范规定采用的金属皱纹垫片是一种组合式垫片，兼有金属和非金属的优点，但因其在国内没有定型产品可供采购，现场制造又较困难，因此很少采用。本规范提出的缠绕式垫片和波形金属包石棉垫片，具有上述金属皱纹垫片的优点，日本、德国氧气管道法兰中早已采用，在我国，则多用于石油化工企业，并已有成熟使用经验，而且在国内有专业产品生产厂可以定购，因此认为是较合适的。关于铝片、铜片，具有加工制作方便的条件，仍按原规范规定选用。

第9.0.5条

一、氧气管道中的弯头，许多资料提到它的危险性，诸如：在弯头部位气体的偏流，产生很高的流速，当气体中有铁锈及可燃杂质时将产生剧烈的摩擦、撞击导致燃烧；在弯头处由于气流的冲刷，使弯曲部管壁减薄并产生铁粉引起燃烧；折皱弯头会打乱层流气流，形成隐伏的危险，德国 W·Wegener 的试验，明确的证实前述危险的存在。因此各国对氧气管道弯头的选用甚是严格，多数意见是：碳钢管弯制的弯头，其弯曲半径，应不小于 5 倍管外径（5D 外），以避免过度延伸使弯曲部管壁减薄或产生皱纹以及改善气流状况。当管道布置受到限制，弯头不能满足 5D 外要求时，有的主张采用不锈钢管弯头，有的只提出采用壁厚相等的变形管件。根据以上情况以及国内外实际作法，本条文明确禁止采用折皱弯头，对弯制碳钢管，弯曲半径宜尽量大些，最低应不小于 5D 外；当管道布置受限制不能采用上述弯头时，可以采用国内目前已能普遍订到货的弯曲半径≥1.0D 外的不锈钢或铜基合金无缝或压制弯头。

对工作压力≤0.1MPa 的钢板卷焊管，主要用于大口径管道，考虑到弯制困难或订购压制件的困难，允许采用多片焊接弯头并对制作条件提出了要求。

二、变径管是流速急剧变化的部分，希望变径部分断面要逐渐收缩并有平滑的内壁，国内以往施工设计中没有技术规定，施工中任意焊接制作，不符合安全要求。目前国内已能订购到无缝或压制焊接件的变径管，变径部分长度大致为两端管外径差值的 2.5～3 倍，因其制作规整，故建议尽量采用。如必须现场焊接制作时，则应按照设计图纸的要求加工焊接，变径部分长度不宜小于两端直径差值的 3 倍。

三、管道的分岔头，和弯头一样具有容易燃烧的危险，有的资料主张分岔头不应作成 90°相交而要以 40°～60°相交，有的主张采用不锈钢或铜基合金制作的压制管件，国外设计中采用后一种的居多。目前我国生产无缝或压制分岔头管件是具备条件的，建议尽量采用这种。如无法取得时，则宜将分岔头作为管件在工厂或现场预制并进行精细加工，要求做到接口处圆滑无锐角、突出边缘及焊瘤，焊缝打磨平滑。不宜在现场临时开孔、插接。

第9.0.6条 为了便于焊接、安装、操作及维护，氧气管道宜架空敷设。由于氧气重度大于空气，易在低洼处聚积，只有在下列情况例如小管径管道、立支架困难或难以架空通过时，可采用不通行地沟或直接埋地敷设。

第9.0.7条 为了适应管道因温差变化引起的膨胀与收缩，应当考虑其热补偿问题。补偿方法宜尽量采用自然补偿。

第9.0.8条 对于干燥氧气及不作水压试验的管道，因无积水、排水问题，没有采用坡度敷设的必要。如是输送湿气体或要作水压试验的管道，应有 3‰的坡度。

第9.0.9条 对氧气管道的连接，特别是高、中压氧气管道应采用焊接连接以防止产生泄漏，只有在与设备、阀门连接处方可用法兰或丝扣连接。从国外、国内氧气管道的敷设情况来看，几乎全是采用上述方法并被认为是严密性好及安全的方法。

第9.0.10条 氧气管道的静电接地，目的是消除管内由于气流摩擦产生的静电聚集。接地装置的作法，是参照1983年《化工企业静电接地设计技术规定》(CD90A3—83)提出的。

根据《工业管道工程施工及验收规范——金属管道篇》(本说明中以下简称"施工规范")第五章第十二节要求，提出法兰或螺纹接头间应有跨接导线要求。

第9.0.11条 氧气管道的阀门出口处气流状态急骤变化，希望有一个直的管段以改善流动状态，不使产生气涡流。本条文参照国外资料规定，宜有一个长度不小于5倍管外径的直管段。

第9.0.12条

一、为了防止氧气管道火灾扩大事故，故规定支架应用非燃烧体制作。

二、氧气管道有火灾危险，与国家标准《工业企业总平面设计规范》(以下简称"总平面设计规范")编制组协调后规定，只允许沿氧气生产车间(例如制氧、压氧、氧充瓶车间)及用户车间建筑物墙外或屋顶上敷设，不允许沿其他建筑物敷设。

三、与"总平面设计规范"编制组协调落实后修订。

四、架空氧气管道与其他管线共架敷设问题及彼此之间的净距，原规范有关条文及附录一的规定，是根据我国经验制定，施行以来证实是可行的。曾有一种意见主张扩大氧气管道与燃气、燃油管道之间的净距，如平行净距改为1m，交叉距0.5m，原因是某厂发生过一次氧气管道火灾波及煤气管道烧坏事故。我们认为从某些氧气火灾实况看来，载压的氧气管道万一发生火灾，其火焰喷射长度，远远超过1m，因而靠扩大间距不起作用，反而造成布置(特别是车间内部管道)上的很多问题，难以执行。考虑到管道在正常情况下可能出现的缺陷是阀门、法兰等连接处发生泄漏，为了避免共架各种管道在一个地方同时发生泄漏，增加事故产生的几率，故本条在附录二附注中提出了氧气管道与燃气、燃油管道的阀门和管件彼此错开适当距离的规定。

五、为了防止氧气管道发生火灾，应避免电火花的产生，所以规定除氧气管道本身需用的，如自动控制的导线可与氧气管道在同一支架敷设外，其他导电线路不应同支架敷设。

六、为防止含湿氧气管道在寒冷地区冻塞，一般可采取管道保温方法，最好是加设干燥装置，脱除水分后再经管道送出。

第9.0.13条

一、埋地管道的深度，《城市煤气设计规范》(TJ28—78)对地下煤气管道的规定为：埋设在车行道下时，深度不得小于0.8m；埋设在非车行道下时不得小于0.6m。本条文中一般情况下，沿用原规范0.7m仍是合适的。

二、埋地氧气管道与建筑物、道路及其他埋地管线之间的间距，与《总平面设计规范》编制组协调落实后修订。

三、土壤腐蚀等级分为低、中、高三等，防腐层分别采用普通、加强及特加强三个等级，现将各级防腐层结构列如下表(见表9.0.13)。一般情况下，埋地氧气管道采用加强级防腐层。

表9.0.13 埋地管道防腐层结构表

防腐层等级	防腐层结构层次								总厚度 mm	适用于土壤腐蚀等级
	1	2	3	4	5	6	7	8	9		
普通	底漆一层	沥青~2mm	玻璃布一层	沥青~2mm	外包层					~4	低
加强	底漆一层	沥青~2mm	玻璃布一层	沥青~2mm	玻璃布一层	沥青~2mm	外包层			~6	中
特加强	底漆一层	沥青~2mm	玻璃布一层	沥青~2mm	玻璃布一层	沥青~2mm	玻璃布一层	沥青~2mm	外包层	~8	高

四、氧气管道采用地沟敷设时，沟上应有用非燃烧材料制作的盖板，防止火花、油料落入地沟，当在室外时，要防止雨水侵入。氧气管道在地沟敷设时，万一泄漏，氧气将沉积在沟内(氧的比重大于空气)，如果导电线路同沟敷设，将增加火灾危险性。

氧气管道与同一使用目的的燃气管道同地沟敷设时，为防止气体泄漏时在沟内聚积形成爆炸性气体，故应将沟内填满砂子，不容气体有聚积的空间。

五、管路中的阀门或法兰接点是容易发生泄漏的地方，而泄漏的氧气由于比重较空气大，易聚积在低洼的地方，如操作人员抽烟或动火检修时都会引起危险，故此不宜装设阀门及用法兰连接。

第9.0.14条

一、厂房(无论是氧气站或是用户厂房)内氧气管道，为了便于操作维修，避免或减少泄漏时的不安全性，宜架空敷设。

二、用户车间氧气管道在车间入口处装设切断阀以及在适当位置装设放散管，主要是为了便于车间管道的检修。

三、为了防止管道中铁锈、焊渣或其他可燃物质进入氧气压缩机引起磨损或摩擦燃烧事故，故在氧压机一级吸气管道上应装设过滤器；在装有流量调节阀、压力调节阀的管道上，由于氧气通过这些阀时，流速很高，当管道中有铁锈等杂质时，将伴随气流对内壁产生激烈冲击和摩擦从而导致燃烧，因此在阀的上游侧也要求装设过滤器。过滤器的滤网规格，国内外没有统一规定，据了解日本神钢在宝钢设计中采用的过滤器滤网为60目，可供参考。

四、为了便于进行经济核算，在主要氧气用户车间的氧气主管上宜装设流量记录、累计仪表。

五、通过高温作业以及火焰区域的氧气管道，为了防止受热使气流温度、压力及热膨胀等偏离原设计条件，故此要求在该管段作隔热措施。

六、管道穿过墙壁或楼板时，为使管道不受外力作用并能自由膨胀，故要求敷设在套管内。此外，为防止氧气漏入到其他房间引起意外危险，故在套管端头应用不燃材料将间隙堵塞。

七、当通过管道往切焊用户点供氧时，应当将每个供氧嘴头（连接软管用的管嘴）及其切断阀装设在金属保护箱内，只允许由经过批准的操作工或检修工使用或维修。这样可以防止其他人任意动用导致发生火灾或其他危险，另外也可防止被油脂污染或撞碰损坏。金属保护箱上应有能自然通风的孔隙，防止氧气在箱内聚集。

第9.0.16条 氧气管道能否确保安全运行，除了正确的设计、操作外，很大程度上决定于施工的条件及质量。氧气管道与一般工业管道相比，有它一定的特点，对施工有些特定的要求，而目前国内现行的"施工规范"及《现场设备、工业管道焊接工程施工及验收规范》（GBJ 236—82）是针对所有各种工业管道施工验收作出的基本规定，对氧气管道来说，须作局部的补充。本条文就是根据国内外经验提出的补充要求。

一、本说明中前面已经提到过，氧气管道中如有铁锈、焊渣等杂物时，被高速气流带动，与管壁发生摩擦，容易发生燃烧危险，特别是管内壁有毛刺或焊瘤突出物时，更增加撞碰起火的危险，故此较其他管道有严格要求。

二、氧气与油脂接触后，如碰上着火源，就很快引起燃烧事故，所以管道、阀门等等凡与氧气接触的部分，都必须严格脱脂。脱脂剂在我国长期以来是采用四氯化碳，这是一种易挥发的有毒的有机液体，容易引起工作人员中毒，使用时应当采取可靠的防护措施。在国外，早已采用其他溶剂取代四氯化碳。我国有些部门近年已开发出一种无毒害的无机溶剂可用于氧气管道的脱脂，并经有关单位试用获得满意效果，我们认为应当推广采用。脱脂后的检查方法及合格标准，详见"施工规范"第七章第六节规定。

三、碳钢管道焊缝采用氩弧焊打底，这是为了防止焊渣进入管道内的一项重要技术措施。在国外以及国内大多数氧气管道建设工程中都已采用。

四、根据国内氧气管道安装的经验，管道、阀门及管件等虽然经过除锈脱脂并经检验合格，但在安装过程中，没有采取必要的措施来保持它们的洁净状态，而是任意放置在露天，因而可能受到油脂污染或有可燃物料等杂质进入，待到管道安装完毕再来检查或清除，就很困难。这关系到管道的安全进行，故应当提请严格注意。

五、氧气管道强度试验和严密性试验，是检验管道施工安装最终质量的重要手段，关于试验的方法及试验压力，目前还没有一个统一的标准，执行中容易发生争议。

一般管道的强度试验是做水压试验，但氧气管道的实践经验说明水压试验后除去水分很困难，易使管道内壁产生锈蚀，影响运行安全。因此，国外如英、美、日本等国都已采用气压强度试验代替水压强度试验，在我国一些建设单位也已采用这一作法。根据氧气管道防锈蚀这一特殊要求，并参照"施工规范"第6.1.2及第6.3.4条的规定，我们在本条文中规定≤3MPa的氧气管道做气压强度试验，试验压力见表9.0.16，对＞10MPa的管道，为安全计，采用水压强度试验，试验压力取1.5倍工作压力，管道的严密性试验方法，同上原因采用气压试验，试验压力按工作压力进行。在做强度试验时，特别是气压强度试验时，应制定严密的安全措施。

六、强度试验及严密性试验的检验合格标准，国内以往没有统一标准，现按"施工规范"的有关规定，作为氧气管道的检验标准。

七、管道的吹扫，可根据具体情况分段进行，吹扫气体流速应不小于20m/s。吹扫检查，可在气体排出口用白布或涂有白漆的靶板检查，以靶板上无铁锈、尘土、水分及其他脏物为合格。

吹扫时其他注意事项，须按"施工规范"第七章第一节执行。

附录一～三

附录一、三的内容是与中国工业运输协会会同有关单位共同组成的中华人民共和国国家标准《工业企业总平面设计规范》编制组相互协调落实后制定的。

附录二是沿用原规范的规定。

中华人民共和国国家标准

乙炔站设计规范

GB 50031—91

主编部门：中华人民共和国机械电子工业部
批准部门：中 华 人 民 共 和 国 建 设 部
施行日期：1 9 9 2 年 7 月 1 日

关于发布国家标准《氧气站设计规范》、《乙炔站设计规范》的通知

建标 [1991] 816 号

根据国家计委计综〔1986〕250 号文通知的要求，由机械电子工业部会同有关部门共同修订的《氧气站设计规范》、《乙炔站设计规范》，已经有关部门会审。现批准《氧气站设计规范》GB 50030—91 和《乙炔站设计规范》GB 50031—91 为国家标准，自 1992 年 7 月 1 日起施行。原《氧气站设计规范》TJ30—78 和《乙炔站设计规范》TJ31—78 同时废止。

本规范由机械电子工业部负责管理，具体解释等工作由机械电子工业部设计研究总院负责。出版发行由建设部标准定额研究所负责组织。

中华人民共和国建设部
1991 年 11 月 15 日

修 订 说 明

本规范是根据国家计委计综 [1986] 250 号通知的要求，由机械电子工业部负责主编，具体由机械电子工业部设计研究院会同有关单位共同对《乙炔站设计规范》TJ31—78（试行）修订而成。

在修订过程中，规范组进行了广泛的调查研究，认真总结了原规范执行以来的经验，吸取了部分科研成果，广泛征求了全国有关单位的意见，最后由我部会同有关部门审查定稿。

本规范共分九章和五个附录，这次修订的主要内容有：总则，乙炔站的布置，工艺设备的选择，工艺布置，建筑和结构，电气和热工测量仪表，给水、排水和环境保护，采暖和通风，管道等。

本规范执行过程中，如发现需要修改或补充之处，请将意见和有关资料寄送机械电子工业部设计研究院（地址：北京王府井大街 277 号），并抄送机械电子工业部，以便今后修订时参考。

机械电子工业部
1990 年 10 月

目 次

第一章 总则 …………………………… 7—5—4
第二章 乙炔站的布置 ………………… 7—5—4
第三章 工艺设备的选择 ……………… 7—5—4
第四章 工艺布置 ……………………… 7—5—5
第五章 建筑和结构 …………………… 7—5—6
第六章 电气和热工测量仪表 ………… 7—5—6
第七章 给水、排水和环境保护 ……… 7—5—6
第八章 采暖和通风 …………………… 7—5—6
第九章 乙炔管道 ……………………… 7—5—7
附录一 厂区架空乙炔管道、管架
　　　 与建筑物、构造物、铁路、
　　　 道路等之间的最小净距 …… 7—5—8
附录二 厂区及车间架空乙炔管道与
　　　 其他架空管线之间最小
　　　 净距 …………………………… 7—5—8
附录三 厂区地下乙炔管道与建筑
　　　 物、构筑物等及其他地下
　　　 管线之间最小净距………… 7—5—8
附录四 名词解释 ……………………… 7—5—9
附录五 本规范用词说明 ……………… 7—5—9
附加说明 ……………………………… 7—5—9
附：条文说明 ………………………… 7—5—10

第一章 总则

第1.0.1条 为使乙炔站(含乙炔汇流排间)的设计,遵循国家基本建设的方针政策,坚持综合利用,节约能源,保护环境,做到安全第一,技术先进,经济合理,特制定本规范。

第1.0.2条 本规范适用于下列新建、改建、扩建的工程:
一、利用电石生产乙炔的乙炔站的设计;
二、乙炔汇流排间的设计;
三、厂区和车间乙炔管道的设计。
本规范不适用于生产化工原料气的乙炔站和乙炔管道的设计。

第1.0.3条 扩建或改建的乙炔站、乙炔汇流排间和乙炔管道的设计,必须充分利用原有的建筑物、构筑物、设备和管道。

第1.0.4条 乙炔站的制气站房、灌瓶站房、电石渣处理站房、电石库和电石破碎、电石渣坑,以及乙炔瓶库、丙酮库、乙炔汇流排间的生产火灾危险性类别,应为"甲"类。

第1.0.5条 乙炔站、乙炔汇流排间、乙炔管道的设计,除应符合本规范的规定外,并应符合现行的有关国家标准、规范的规定。

第二章 乙炔站的布置

第2.0.1条 乙炔站、乙炔汇流排间的布置,应根据下列要求,经技术经济方案比较后确定:
一、乙炔站严禁布置在易被水淹没的地点;
二、不应布置在人员密集区和主要交通要道处;
三、气态乙炔站、乙炔汇流排间宜靠近乙炔主要用户处;
四、应有良好的自然通风;
五、应有近期扩建的可能性。

第2.0.2条 乙炔站应布置在氧气站空分设备吸风口处全年最小频率风向的上风侧。
乙炔站与氧气站的间距,应按现行的国家标准《氧气站设计规范》的规定执行。

第2.0.3条 电石库与其它建、构筑物之间的防火间距,应按现行的国家标准《建筑设计防火规范》的规定执行。
电石库与制气站房相邻较高一面的外墙为防火墙时,其防火间距可适当缩小,但不应小于6m。

第2.0.4条 总容积不超过5m³的固定容积式贮罐,或总容积不超过20m³的湿式贮罐的外壁,与制气站房或灌瓶站房之间的间距,不宜小于5m。

第2.0.5条 总安装容量或总输气量不超过10m³/h的气态乙炔站或乙炔汇流排间,可与耐火等级不低于二级的其它生产厂房毗连建造,但应符合下列要求:
一、毗连的墙应为无门、窗、洞的防火墙;在靠近气态乙炔站或乙炔汇流排间的生产厂房外墙上的门、窗、洞边缘,与气态乙炔站或乙炔汇流排间外墙上的门、窗、洞边缘、电石渣坑边缘和室外乙炔设备外壁之间的距离,不应小于4m。
二、气态乙炔站或乙炔汇流排间与生产厂房相毗连的防火墙上,严禁穿行任何管线。

第2.0.6条 独立的乙炔瓶库与其它建筑物和屋外变、配电站之间的防火间距,不应小于表2.0.6的规定。

独立的乙炔瓶库与其它建筑物之间的防火间距 表2.0.6

独立的乙炔瓶库乙炔实瓶贮量(个)	防火间距(m)			
	各类耐火等级的其它建筑物			民用建筑、屋外变、配电站
	一、二级	三级	四级	
≤1500	12	15	20	25
>1500	15	20	25	30

第2.0.7条 气态乙炔站或乙炔汇流排间可与氧气汇流排间布置在耐火等级不低于二级的同一座建筑物内,但应以无门、窗、洞的防火墙隔开。

第2.0.8条 电石库、乙炔瓶库可以与氧气瓶库、可燃或易燃物品仓库布置在同一座建筑物内,但应以无门、窗、洞的防火墙隔开。

第2.0.9条 乙炔站应设置围墙或栅栏。围墙或栅栏至乙炔站有爆炸危险的建筑物、电石渣坑的边缘和室外乙炔设备的净距,不应小于下列规定:
一、实体围墙(高度不应低于2.5m)为3.5m;
二、空花围墙或栅栏为5m。
注:气态乙炔站与其它生产厂房毗连时,如布置有困难,以上的净距可适当缩小。

第三章 工艺设备的选择

第3.0.1条 乙炔站的设计容量,应按下列原则确定:
一、气态乙炔站的设计容量,应根据用户的最大小时消耗量,并乘以同时使用系数确定。
二、溶解乙炔站的设计容量,应根据用户的昼夜消耗量和溶解乙炔站的昼夜生产时间确定。溶解乙炔站宜为两班生产。

第3.0.2条 乙炔发生器及其主要工艺附属设备,严禁使用非专业生产设计单位的产品。
在一个乙炔站内宜选用同一型号的乙炔发生器,并不宜超过4台。

第3.0.3条 乙炔压缩机的型号和台数,应根据乙炔的输送方式和乙炔站的设计容量确定,但不宜少于2台。

第3.0.4条 低压乙炔发生器和乙炔压缩机之间,应设置湿式贮罐,其有效容积不应小于压缩机10min的排气量。
在无压缩机的情况下,低压乙炔发生器与乙炔用户之间,也应设置湿式贮罐,其有效容积应根据用户的乙炔负荷情况确定。

第3.0.5条 乙炔瓶的数量,不宜少于用户一昼夜用气瓶数的5倍计算。

第3.0.6条 乙炔净化或干燥设备的设置,应根据乙炔质量的要求确定。
乙炔压缩机与乙炔充灌台之间,必须设置干燥装置。

第3.0.7条 除采用强制冷却工艺的充灌台外,乙炔充灌台和乙炔汇流排的设计,应符合下列要求:
一、充灌台可由三组充灌排组成,每组充灌排连接的气瓶数,应按下式计算:

$$N = \frac{Q}{v} \qquad (3.0.7)$$

式中 N——连接气瓶数（个）；
Q——压缩机排气量（m^3/h）；
v——充灌容积流速（$m^3/h \cdot 瓶$）。间断充灌不宜超过$0.8m^3/h \cdot 瓶$；一次充灌不宜超过$0.6m^3/h \cdot 瓶$。

二、乙炔汇流排气瓶的输气容积流速，不应超过$2m^3/h \cdot 瓶$。

第3.0.8条 乙炔站或乙炔汇流排间工艺流程内的下列部位，应设置安全装置：

一、多台乙炔发生器的汇气总管与每台乙炔发生器之间，必须设置安全水封；

二、接至厂区或用户的乙炔输气总管上，必须设置安全水封或阻火器；

三、电石入水式低压乙炔发生器，应有防真空措施；

四、高压干燥装置出口管路处，应设置阻火器；

五、高压乙炔放回低压贮罐或低压设备的管路上，应设置阻火器；

六、乙炔充灌台或乙炔汇流排各部位的阻火器和阀件等的设置，应按现行的标准《溶解乙炔设备技术条件》中的有关规定执行；

七、乙炔汇流排通向用户的输气总管上，应设置安全水封或阻火器。

第3.0.9条 乙炔的放散或排放应引至室外，引出管管口应高出屋脊，且不得小于1m。

第3.0.10条 乙炔设备的排污管，应接至室外。

第3.0.11条 电石入水式乙炔发生器，必须设有含氧量不超过3%的氮气或二氧化碳吹扫装置。

第四章 工艺布置

第4.0.1条 乙炔发生器、乙炔压缩机等设备，必须采用适用于乙炔 dⅡcT₂（B4b）级的防爆型电气设备或仪表。当受条件限制，需采用不适用于乙炔的或非防爆型电气设备或仪表时，应将其布置在单独的电气设备间内或室外。

电气设备间与发生器间或乙炔压缩机间之间，应以无门、窗、洞的非燃烧体墙隔开；当工艺需要时，可设窥视窗，但应符合本规范第5.0.9条的要求。

电动机传动轴的穿墙部分，应设置非燃烧材料的密封装置或用气体正压密封装置。

布置在室外的电气设备，应有防雨雪的措施。

第4.0.2条 乙炔贮罐应布置在室外。当总容积不超过$5m^3$的固定容积式贮罐或总容积不超过$20m^3$的湿式贮罐，可布置在室内单独的房间内。

在寒冷地区，贮罐的水槽和排水管，应采取防冻措施。

第4.0.3条 乙炔站的乙炔实瓶贮量，不宜超过三昼夜的灌瓶量。

乙炔汇流排间的乙炔实瓶贮量，不应超过一昼夜的生产需用量。

第4.0.4条 乙炔实瓶贮量不超过500个时，灌瓶站房和制气站房可设在同一座建筑物内，但应以防火墙隔开。

灌瓶站房的空瓶间和实瓶间的总面积，不应超过$200m^2$。

灌瓶站房的乙炔实瓶贮量超过500个时，灌瓶站房和制气站房应为两座独立的建筑物。

灌瓶站房中实瓶的最大贮量，不应超过1000个，并且空瓶间和实瓶间的总面积，不应超过$400m^2$。

第4.0.5条 独立的乙炔瓶库的气瓶贮量，应根据生产需要量、气瓶周转和运输等条件确定，但实瓶库或空瓶、实瓶库的气瓶贮量不应超过3000个，且其中应以防火墙分隔，每个隔间的气瓶贮量不应超过1000个。

第4.0.6条 空瓶间和实瓶间应分别设置，灌瓶间或汇流排间可通过门洞与空瓶间的实瓶间相通，各自应设独立的出入口。

当实瓶数量不超过60个时，空瓶、实瓶和汇流排可布置在同一房间内，但空、实瓶应分别存放；空瓶、实瓶与汇流排之间的净距不宜小于2m。

第4.0.7条 灌瓶间、汇流排间、空瓶间和实瓶间，应有防止倒瓶的措施。

第4.0.8条 乙炔站的设备或乙炔汇流排的布置，应紧凑合理，便于安装、维修和操作，并应符合下列要求：

一、设备与设备之间的净距不宜小于1.5m；设备与墙之间的净距不宜小于1m，但水环式乙炔压缩机、水泵、水封等小型设备的布置间距可适当缩小。

二、灌瓶乙炔压缩机双排布置时，两排之间的通道净宽度和发生器间的主要通道净宽度不宜小于2m。

三、乙炔汇流排应直线布置，不得拐角布置；双排布置时，其净距不宜小于2m。

注：电动机隔墙传动灌瓶乙炔压缩机时，其与墙之间的净距，按工艺需要确定。

第4.0.9条 灌瓶间、空瓶间和实瓶间的通道净宽度，应根据气瓶的运输方式确定，但不宜小于1.5m。

第4.0.10条 制气站房内的中间电石库的电石贮量，不应超过三昼夜的设计消耗量，且不应超过5t。

第4.0.11条 在乙炔瓶充灌丙酮处，丙酮的存放量，不应超过一个包装桶的量。

第4.0.12条 气瓶修理间应为单独的房间，除与空瓶间直接相通外，不应与其它房间直接相通。

第4.0.13条 溶解乙炔站应设化验室，化验室应为单独的房间。

第4.0.14条 空瓶间、实瓶间、电石库和乙炔汇流排间应设置气瓶或电石桶的装卸平台。平台的高度应根据气瓶或电石桶的运输工具确定，宜高出室外地坪0.4～1.1m；平台的宽度不宜超过3m。

灌瓶间、空瓶间、实瓶间、汇流排间和装卸平台的地坪，应采取相同的标高。

中间电石库的地坪，应比发生器间的地坪高出0.1m。

电石库的室内地坪，应比装卸平台的台面高出0.05m。

电石库如不设装卸平台时，室内地坪应比室外地坪高出0.25m。

第4.0.15条 有爆炸危险的房间和乙炔发生器的操作平台，应有安全出口。

第4.0.16条 电石库、中间电石库，严禁敷设蒸汽、凝结水和给水、排水等管道。

第4.0.17条 灌瓶乙炔压缩机间应有检修用的起重措施。

第五章 建筑和结构

第5.0.1条 乙炔站有爆炸危险的生产间，应为单层建筑物；当工艺需要时，其发生器间可设计成多层建筑物。

第5.0.2条 固定式乙炔发生器及其辅助设备或灌瓶乙炔压缩机及其辅助设备，应布置在单独的房间内。

第5.0.3条 电石破碎与电石库毗连建造时，其毗连处的墙应为无门、窗、洞的防火墙；当工艺要求设门时，可设能自动关闭的甲级防火门。

第5.0.4条 乙炔站、乙炔汇流排间的主要生产间的屋架下弦高度，不宜小于4m。

第5.0.5条 除电石等库房外，有爆炸危险的生产间应设置泄压面积，泄压面积与厂房容积的比值，应符合现行的国家标准《建筑设计防火规范》的要求，且宜为0.22。泄压设施宜采用轻质屋盖或屋盖上开口作为泄压面积。

第5.0.6条 有爆炸危险的生产间，宜采用钢筋混凝土柱、有防火保护层的钢柱承重的框架或排架结构，并宜采用敞开式的建筑。围护结构的门、窗，应向外开启。顶棚应尽量平整，避免死角。

第5.0.7条 有电石粉尘房间的内表面，应平整、光滑。

第5.0.8条 有爆炸危险生产间之间的隔墙，其耐火极限不应低于1.5h。门为丙级防火门。

第5.0.9条 无爆炸危险的生产间或房间、办公室、休息室等，宜独立设置。当贴邻站房布置时，应采用一、二级耐火等级建筑，且与有爆炸危险生产间之间，应采用耐火极限不低于3h的无门、窗、洞的非燃烧体墙隔开，并设有独立的出入口。当需连通时，应设乙级防火门的双门斗，通过走道相通。

有爆炸危险的生产间与值班室之间的窥视窗，应采用耐火极限不低于0.9h的密闭玻璃窗。

第5.0.10条 有爆炸危险的生产间与无爆炸危险的生产间或房间的隔墙上，有管道穿过时，应在穿墙处使用非燃烧材料填塞。

第5.0.11条 灌瓶间、汇流排间和实瓶间的窗玻璃，宜采取涂白漆等措施。

第5.0.12条 装卸平台应设置大于平台宽度的雨篷。雨篷和支撑应为非燃烧体。

第六章 电气和热工测量仪表

第6.0.1条 乙炔站的供电，按现行的国家标准《工业与民用供电系统设计规范》规定的负荷分级，除不能中断生产用气者外，可为三级负荷。

第6.0.2条 有爆炸危险的生产间的爆炸危险性的分区，应符合现行的国家标准《爆炸和火灾危险环境电力装置设计规范》的要求，并应符合下列规定：

一、发生器间、乙炔压缩机间、灌瓶间、电石渣坑、丙酮库、乙炔汇流排间、空瓶间、实瓶间、贮罐间、电石库、中间电石库、电石渣泵间、乙炔瓶库、露天设置的贮罐、电石渣处理间、净化器间，应为1区。

二、气瓶修理间、干渣堆场，应为2区。

三、机修间、电气设备间、化验室、澄清水泵间、生活间，应为非爆炸危险区。

第6.0.3条 乙炔压缩机、电石破碎机、爆炸危险场所通风机等设备，当采用皮带传动时，皮带应有导除静电的措施。

乙炔设备、乙炔管、乙炔汇流排应有导除静电的接地装置，接地电阻不应大于10Ω。

第6.0.4条 凡与乙炔接触的计器、测温筒、自动控制设备等，严禁选用含铜量70%以上的铜合金，以及银、汞、锌、镉及其合金材料制造的产品。

第6.0.5条 湿式贮罐的钟罩，应设置上、下限位的控制信号和压缩机的联锁装置。信号的位置，应便于操作人员观察。

第6.0.6条 乙炔站、乙炔汇流排间的照明，除不能中断生产用气者外，可不设置继续工作用的事故照明。

第6.0.7条 乙炔站、乙炔汇流排间和露天设置的贮罐的防雷，应按现行的国家标准《建筑物防雷设计规范》的规定执行。

第6.0.8条 乙炔站的1区爆炸危险区，应设乙炔可燃气体测爆仪，并与通风机联锁。

第6.0.9条 乙炔站应设集中式或分散式气体流量计。

第七章 给水、排水和环境保护

第7.0.1条 乙炔站给水的水压，应经常保持高出设备最高用水水压。乙炔压缩机冷却水的水质，应符合现行的国家标准《压缩空气站设计规范》的要求。

第7.0.2条 发生器间、乙炔压缩机间的给水总管上，应装设压力表。当每台发生器、水封式乙炔压缩机直接由自来水供水时，在给水管上应装设止回阀。在充瓶台上应设置喷淋气瓶的冷却水管，并应设置紧急喷淋水管装置。

第7.0.3条 电石渣澄清水、冷却水应循环使用。电石渣应综合利用，严禁排入江、河、湖、海、农田、工厂区和城市排水管（沟）。

第7.0.4条 发生器间内发生器的排渣，宜采用排渣管或有盖板的排渣沟。

第7.0.5条 电石渣坑宜为开敞式，并严禁做成渗坑。

第7.0.6条 电石入水式乙炔发生器的加料口，应设有防止扬尘的措施，电石破碎处及放料口应设有除尘设备。室内有害物质的浓度，应符合现行的国家标准《工业企业设计卫生标准》规定的要求。除尘器排放口的排放量以及乙炔净化剂废料的处理，应符合现行的国家标准《工业"三废"排放试行标准》规定的要求。

第7.0.7条 对有噪声的生产厂房及作业场所，应按现行的国家标准《工业企业噪声控制设计规范》的规定采取噪声控制措施，并应符合该设计规范的要求。

第八章 采暖和通风

第8.0.1条 有爆炸危险的生产间，严禁明火采暖。电石库、中间电石库不应采暖。

第8.0.2条 集中采暖时，室内的采暖计算温度应符合下列规定：

一、发生器间、乙炔压缩机间、灌瓶间、电石渣处理间、汇流排间等生产间为+15℃；

二、空瓶间、实瓶间为+10℃；

三、贮罐间、电气设备间、通风机间为+5℃；

四、值班室、办公室、生活间、化验室，应按现行的国家标准《工业企业设计卫生标准》的规定执行。

第8.0.3条 发生器间、电石渣处理间应选用易于清除灰尘的散热器。

第8.0.4条 灌瓶间、空瓶间、实瓶间、汇流排间的散热器，应采取隔热措施。

第8.0.5条 有爆炸危险生产间的自然通风换气次数，每小时不应小于3次；事故通风换气次数每小时不应小于7次。

第8.0.6条 通风帽应设有防止雨、雪侵入的措施。电石库中间电石库的通风帽，还应有防止凝结水滴落的措施。

第九章 乙炔管道

第9.0.1条 乙炔在管子中的最大流速，宜符合下列规定：

一、厂区和车间乙炔管道，乙炔的工作压力为0.02～0.15MPa时，其最大流速为8m/s；

二、乙炔站内的乙炔管道，乙炔的工作压力为2.5MPa及以下时，其最大流速为4m/s。

第9.0.2条 乙炔管道的管材、管径和管壁厚度，应符合下列要求：

一、低压乙炔管道，工作压力不超过0.02MPa，宜采用无缝钢管（YB231）A_3材质或焊接钢管（GB3091；GB3092）；

二、中压乙炔管道，工作压力为0.02～0.15MPa，应采用无缝钢管（YB231）A_3材质；管内径不应超过80mm；管壁厚度不应小于表9.0.2-1的规定。

三、乙炔工作压力为0.15～2.5MPa的高压乙炔管道，应采用无缝钢管（YB231；YB529，20号钢以正火状态供货），管内径不应超过20mm；管壁厚度不应小于表9.0.2-2的规定。

注：本条引用的标准，当进行全面修订时，应按修订后的现行标准执行。

中压乙炔管道无缝钢管管壁的最小厚度 表9.0.2-1

管外径（mm）	≤ϕ22	ϕ28～32	ϕ38～45	ϕ57	ϕ73～76	ϕ89
最小壁厚（mm）	2	2.5	3	3.5	4	4.5

注：乙炔管道直接埋地敷设时，应考虑土壤对管壁的腐蚀影响，其管壁厚度应增加不小于0.5mm的腐蚀裕度。

高压乙炔管道无缝钢管管壁的最小厚度 表9.0.2-2

管外径（mm）	≤ϕ10	ϕ12～16	ϕ18～20	ϕ22	ϕ25～28	ϕ32
最小壁厚（mm）	2	3	4	4.5	5	6

第9.0.3条 在管内径大于50mm的中压乙炔管道上，不应有盲板或死端头，并不应选用闸阀。

第9.0.4条 乙炔管道的阀门、附件的选用和管道的连接，应符合下列要求：

一、阀门和附件应采用钢、可锻铸铁或球墨铸铁材料制造的，或采用含铜量不超过70%的铜合金材料的产品。

二、阀门和附件的公称压力，应符合下列规定：

1. 乙炔的工作压力为0.02MPa及以下时，宜采用0.6MPa；

2. 乙炔的工作压力为0.02MPa以上至0.15MPa，管内径不大于50mm时，宜采用1.6MPa，管内径为65～80mm时，宜采用2.5MPa。

3. 乙炔的工作压力为0.15MPa以上至2.5MPa时，不应小于25MPa；

三、管道的连接，宜采用焊接和高压卡套接头，但与设备、阀门和附件的连接处，可采用法兰或螺纹连接。

第9.0.5条 乙炔管道应有导除静电的接地装置；厂区管道可在管道分岔处、无分支管道每80～100m处以及进出车间建筑物处设接地装置；直接埋地管道，可在埋地之前及出地后各接地一次；车间内部管道，可与本车间的静电干线相连接。接地电阻值应符合本规范第6.0.3条的规定。

当每对法兰或螺纹接头间电阻值超过0.03Ω时，应有跨接导线。

对有阴极保护的管道，不应作接地。

第9.0.6条 含湿乙炔管道的坡度，不宜小于0.003；在管道最低处应有排水装置。在干式回火防止器之前，宜有过滤和排水装置。

第9.0.7条 乙炔管道，应设热补偿。架空乙炔管道靠近热源敷设时，宜采取隔热措施；管壁温度严禁超过70℃。

第9.0.8条 乙炔管道严禁穿过生活间、办公室。厂区和车间的乙炔管道，不应穿过不使用乙炔的建筑物和房间。

第9.0.9条 架空乙炔管道可与不燃气体管道（不包括氯气管道）、压力不超过1.3MPa的蒸汽管道、热水管道、给水管道和同一使用目的的氧气管道共架敷设。

乙炔管道与其它管道之间的净距，应按本规范附录二的规定执行；分层布置时，乙炔管道应布置在最上层，其固定支架不应固定在其它管道上。

第9.0.10条 乙炔站和车间的乙炔管道敷设时，应符合下列要求：

一、乙炔管道应沿墙或柱子架空敷设，其高度应不妨碍交通和便于检修；与其它管道之间的最小净距，应按本规范附录二的规定执行。当不能架空时，可单独或与同一使用目的的氧气管道共同敷设在非燃烧体盖板的不通行地沟内，但地沟内必须全部填满砂子，并严禁与其它沟道相通。

二、每个焊炬、割炬或淬火炬，应设单独的岗位回火防止器。回火防止器设保护箱时，必须采用通风良好的保护箱。

三、压力为0.02MPa以上至0.15MPa的车间乙炔管道进口处，应设中央回火防止器。

四、乙炔管道穿过墙壁或楼板处，应敷设在套管内，套管内的管段不应有焊缝。管道与套管之间，应用石棉绳和防水材料填塞。

第9.0.11条 厂区的乙炔管道架空敷设时，应符合下列要求：

一、应敷设在非燃烧体的支架上；当与乙炔生产或使用有关的车间建筑物，其耐火等级为一、二级时，可沿建筑物的外墙或屋顶上敷设。

二、含湿乙炔管道，在寒冷地区可能造成管道冻塞时，应采取防冻措施。

三、不应与导电线路（不包括乙炔管道专用的导电线路）敷设在同一支架上。

四、乙炔管道、管架与建筑物、构筑物、铁路、道路之间的最小净距，应按本规范附录一的规定执行。

第9.0.12条 厂区乙炔管道地下敷设时，应直接埋地敷

设,并应符合下列要求:

一、埋地敷设深度应根据地面荷载决定;管顶距地面不宜小于0.7m;穿过铁路和道路时,其交叉角不宜小于45°。

二、含湿乙炔管道应敷设在冰冻线以下。

三、在从沟底起直至管顶以上300mm范围内,用松散的土填平捣实或用砂填满,然后再回填土。

四、阀门和附件宜直接埋地,当设检查井时,应单独设置,并严禁其它管道直接通过。

五、管道、阀门和附件的外表面,应有防腐措施。

六、严禁通过下列地点:
1. 烟道、通风地沟和直接靠近高于50℃的热表面;
2. 建筑物、构筑物和露天堆场的下面。

七、与建筑物、构筑物、其它管线之间的最小净距应按本规范附录三的规定执行。

第9.0.13条 管道设计对施工及验收的规定,应按现行的国家标准《工业管道工程施工及验收规范——金属管道篇》及《现场设备、工业管道焊接工程施工及验收规范》的有关规定执行,但乙炔管道强度试验和气密性试验应符合现行的标准《溶解乙炔设备技术条件》的规定。

附录一 厂区架空乙炔管道、管架与建筑物、构筑物、铁路、道路等之间的最小净距

厂区架空乙炔管道、管架与建筑物、构筑物、铁路、道路等之间的最小净距   附表1.1

名　称	最小水平净距(m)	最小垂直净距(m)
建筑物有门窗的墙壁外边或突出部分外边	3.0	—
建筑物无门窗的墙壁外边或突出部分外边	1.5	—
非电气化铁路	3.0	6.0
电气化铁路	3.0	—
道　路	1.0	4.5
人行道	0.5	2.5
厂区围墙(中心线)	1.0	
照明、电信杆柱中心	1.0	
熔化金属地点和明火地点	10.0	

注:①表中水平距离:管线从最外边线算起;道路为城市型时,自路面边缘算起;为公路型时,自路肩边缘算起;铁路自轨外侧或按建筑界限算起;人行道自外沿算起。
②表中垂直距离:管架自防护设施的外缘算起;管架自最低部分算起;铁路自轨面算起;道路自路拱起算;人行道自路面算起。
③与架空电力线路的距离应符合现行的国家标准《工业与民用35kV及以下架空电力线路设计规范》的规定。
④当有大件运输要求或在检修期间有大型起吊设备通过的道路时,最小垂直净距,应根据需要确定。
⑤表中建筑物水平距离的规定,不适用于沿与乙炔生产或使用有关的车间建筑物外墙敷设的管道。
⑥架空管线、管架跨越电气化铁路的最小垂直净距,应符合现行的有关标准规范规定。

附录二 厂区及车间架空乙炔管道与其他架空管线之间最小净距

厂区及车间架空乙炔管道与其他架空管线之间最小净距   附表2.1

管线名称	最小并行净距(m)	最小交叉净距(m)
给水管、排水管	0.25	0.25

续表

管线名称	最小并行净距(m)	最小交叉净距(m)
热力管(蒸汽压力不超过1.3MPa)	0.25	0.25
不燃气体管	0.25	0.25
燃气管、燃油管和氧气管	0.50	0.25
滑触线	3.00	0.50
裸导线	2.00	0.50
绝缘导线和电路	1.00	0.50
穿有导线的电线管	1.00	0.25
插接式母线、悬挂式干线	3.00	1.00
非防爆型开关、插座、配电箱等	3.00	3.00

注:①乙炔管道与同一使用目的的氧气管道并行敷设时,其最小并行净距可减少到0.25m。
②电气设备与乙炔的岗位回火防止器引出口不能保持上述距离时,允许两者安装在同一柱子的相对侧面,如为空腹柱子时,应在柱子上装设非燃烧体隔板,局部隔开。
③乙炔管道在电气设备上面通过时,本表非防爆型开关、插座、配电箱等的最小净距可减少1.5m。
④在滑触线下面采取防火花措施时,本表滑触线的最小并行净距可减少到1.5m。

附录三 厂区地下乙炔管道与建筑物、构筑物等及其他地下管线之间最小净距

厂区地下乙炔管道与建筑物、构筑物等及其他地下管线之间最小净距   附表3.1

名　称	最小水平净距(m)	最小垂直净距(m)
有地下室及生产火灾危险性为甲类的建筑物基础或通行沟道的外沿	2.5	
有地下室及生产火灾危险性为甲类的建筑物基础或通行沟道的外沿	2.5	
无地下室的建筑物基础外沿	1.5	
铁路钢轨	2.5	1.2
排水沟外沿	0.8	
道　路	0.8	0.5
照明电线、电力电信杆柱:		
照明电线	0.8	
电力(220V、380V)电信	1.5	
高压电力电信	1.9	
管架基础外沿	0.8	
围墙基础外沿	1.0	
乔木中心	1.5	
灌木中心	1.0	
给水管:		
直径<75mm	0.8	0.25
直径75~150mm	1.0	0.25
直径200~400mm	1.2	0.25
直径>400mm	1.5	0.25
给水管:		
直径<800mm	1.0	0.25
直径800~1500mm	1.5	0.25
直径>1500mm	1.2	0.25
热力管	1.5	
氧气管	1.5	
煤气管:		
煤气压力≤0.005MPa	1.0	
>0.005~0.15MPa	1.0	
>0.15~0.3MPa	1.5	
>0.3~0.8MPa	2.0	
压缩空气等不燃气体管	1.5	0.15
电力电缆:		
电压<1kV	0.8	0.50
1~10kV	1.0	0.50
>10~35kV	1.0	0.50
电信电缆:		
直埋电缆	0.8	0.50
电缆管道	1.0	0.15
电缆沟	1.5	0.25

注：①乙炔管道与同一使用目的的氧气管道或其它不燃气体管道（不包括氯气管道）同一水平敷设时，管道之间水平净距可减少到0.25m，但应在从沟底起直至管顶以上300mm范围内，用松散的土或砂填实后再回填土。

②本表第1、2项水平净距是指埋地管道与同标高或其以上的基础最外侧的最小水平净距。

③敷设在铁路和不便开挖的道路下面的管段应加设套管，套管的两端伸出铁路路基及道路路边不应小于1m，铁路路基或道路路边有排水沟时，应延伸出排水沟沟边1m，套管内的管段应尽量减少焊缝。

④表列水平净距：管线均自管壁、沟壁或防护设施的外沿或最外一根电缆算起；道路为城市型时，自路面边缘算起；为公路型时，自路肩边缘算起；铁路自轨水外侧算起。

⑤本表管道、电信电缆、电缆沟的垂直净距，是指下面管道或管沟的外顶与上面管道的管底或管沟基础底之间的净距；本表铁路钢轨和道路的垂直净距，铁路自轨底算至管顶，道路自路面结构层底算至管顶。

附录四 名词解释

名词解释　　　　　　　　　　　　附表4.1

本规范用词	解 释
乙炔站	在站区范围内根据不同情况组合有制气站房、灌瓶站房、电石库和其它有关辅助建筑物和构筑物等的统称，并是乙炔厂的同义词
气态乙炔站	用管道输送气态乙炔的乙炔站
溶解乙炔站	生产瓶装乙炔的乙炔站
制气站房	以制取乙炔为主的，包括有发生器间、中间电石库、水环式乙炔压缩机间、电气设备间等的建筑物
灌瓶站房	以压缩、充灌乙炔，贮存乙炔瓶为主的建筑物
乙炔汇流排间	以布置输送乙炔给用户的乙炔汇流排或乙炔集装瓶或集装车为主的建筑物，其中可存放适当数量的乙炔瓶
电石渣浆处理站房	以布置电石渣浆脱水工艺设备（压滤机）为主，包括有关辅助生产间的建筑物
爆炸危险区域	爆炸性混合物出现的或预期可能出现的数量达到足以要求对电气设备的结构、安装和使用采取预防措施的区域
有爆炸危险的生产间	即主要生产间。属于这类生产间的有：发生器间、乙炔压缩机间、贮罐间、灌瓶间、空瓶间、实瓶间、中间电石库、电石库及电石破碎、乙炔瓶库、气瓶修理间、电石渣处理间、丙酮库、乙炔汇流排间等
无爆炸危险的生产间	指机修间、电气设备间、化验室、澄清水泵间等
低压乙炔	压力等于或小于0.02MPa的乙炔
中压乙炔	压力大于0.02MPa，小于或等于0.15MPa的乙炔
高压乙炔	压力大于0.15MPa，小于或等于2.5MPa的乙炔
含湿乙炔	具有一定相对湿度，且在输送过程中能达到饱和并析出水分的乙炔
检查井（附件室、窨井）	为检查、操作阀门、附件等用的井

续表

本规范用词	解 释
气 瓶	为空瓶和实瓶的统称。用于贮存运送乙炔气的容器，其内容积一般按40L计
空 瓶	充填有多孔性材料和丙酮，但无压力或有残余乙炔压力的气瓶
实 瓶	充填有多孔性材料和丙酮，并充灌有一定压力的气瓶，一般为1.5MPa（15℃）
厂区管道	位于乙炔站各主要生产建筑物之间以及乙炔站、乙炔汇流排间通到各用户车间之间的管道
车间管道	位于乙炔站、乙炔汇流排间主要生产建筑物内部以及用户车间建筑物内部管道的泛称，当指明为用户车间内部管道时，则不包括前者

附录五 本规范用词说明

一、为便于在执行本规范条文时区别对待，对要求严格程度不同的用词，说明如下：

1. 表示很严格，非这样作不可的用词：
   正面词采用"必须"；
   反面词采用"严禁"。
2. 表示严格，在正常情况下，均应这样作的用词：
   正面词采用"应"；
   反面词采用"不应"或"不得"。
3. 表示允许稍有选择，在条件许可时首先应这样作的用词：
   正面词采用"宜"或"可"；
   反面词采用"不宜"。

二、条文中指定应按其他有关标准、规范执行时，写法为"应符合……的规定"或"应按……要求（或规定）执行"。

附加说明

本规范主编单位、参编单位和主要起草人名单

主编单位： 机械电子工业部设计研究院

参编单位： 冶金工业部北京钢铁设计研究总院
中国船舶工业总公司第九设计研究院
机械电子工业部第｜设计研究院

主要起草人： 薛君玉　罗让　谭易和　谢伏初　杨子馨

中华人民共和国国家标准

乙炔站设计规范

GB 50031—91

条文说明

前 言

根据国家计委计综〔1986〕250号通知的要求，由机械电子工业部会同有关单位共同编制的《乙炔站设计规范》GB 50031—91，经建设部1991年11月15日以建标〔1991〕816号文批准发布。

为便于广大设计、施工、科研、学校等有关单位人员在使用本规范时能正确理解和执行条文规定，《乙炔站设计规范》（修订）组根据国家计委关于编制标准、规范条文说明的统一要求，按《乙炔站设计规范》的章、节、条顺序，编制了《乙炔站设计规范条文说明》，供国内各有关部门和单位参考。在使用中如发现本条文说明有欠妥之处，请将意见直接函寄机械电子工业部设计研究院（地址：北京王府井大街277号）。

本《条文说明》仅供国内有关部门和单位执行本规范时使用，不得外传和翻印。

1991年11月

目　次

第一章　总则 ……………………… 7—5—13
第二章　乙炔站的布置 …………… 7—5—13
第三章　工艺设备的选择 ………… 7—5—14
第四章　工艺布置 ………………… 7—5—16
第五章　建筑和结构 ……………… 7—5—17
第六章　电气和热工测量仪表 …… 7—5—19
第七章　给水、排水和环境保护 … 7—5—21
第八章　采暖和通风 ……………… 7—5—22
第九章　乙炔管道 ………………… 7—5—23
附录一～附录三 …………………… 7—5—29

第一章 总 则

第1.0.1条 本条在于说明制定本规范的目的和重要性，明确乙炔站等设计时必须认真贯彻各项方针政策，认真采取防火技术措施，使设计做到安全可靠、技术先进、经济合理、保护环境，对保证安全生产、保护职工的安全和健康、保卫社会主义财产、促进社会主义建设有着很重要的意义。

第1.0.5条 乙炔站设计规范虽属专业性较强的规范，但它与其他设计标准和规范的关系密切，有的部分还要按照有关标准和规范的规定执行。例如，在乙炔站、乙炔汇流排间布置时，乙炔站乙炔汇流排间与其他建筑物、铁路、道路、明火或散发火花的地点等等之间的防火间距，要按照《建筑设计防火规范》的规定执行。又如，在土建公用设计方面，本规范仅就乙炔站对土建公用设计的主要特点和设计要求作了规定，具体的设计原则和专业方面的设计规定要根据各有关专业设计规范、标准的规定执行。因此，设计时除应符合本规范的规定外，还应符合现行的有关国家设计标准、规范的规定。

第二章 乙炔站的布置

第2.0.1条 本条在于说明，在工厂总平面布置中确定乙炔站和电石库（包括站区外设置的独立的电石库）等的位置时的一些基本原则，在一般情况下，均应按此考虑。

一、在工厂厂区内的地势比较低洼的地方，容易积水，特别是在多雨地区，应注意不要把乙炔站和电石库布置在这些地方，因为中间电石库、电石库都存有电石，电石遇水或受潮能产生乙炔。

二、乙炔站和电石库、乙炔汇流排间易发生燃烧和爆炸，因此建议在布置时应远离人员密集区、重要的民用建筑和交通要道处，避免爆炸时产生较大的人员伤亡，造成政治影响和经济损失。

三、乙炔站、乙炔汇流排间靠近主要用户，其主要优点是能缩短厂区乙炔管道，减少管道的压力降，保证供气。

第2.0.4条 乙炔属可燃气体，其贮罐与建筑物、堆场、渣坑、铁路、道路、屋外变配电站、民用建筑等之间的防火间距，应按《建筑设计防火规范》的规定执行。但对规定"容积不超过20m^3的可燃气体贮罐与所属厂房的防火间距不限"。在调查中，各地乙炔站工作人员认为这个规定不太适当，普遍认为仍然要有一定的限制，要求贮罐至少不能影响乙炔站的采光、通风要求，不影响安装检修。

调查中有7个室外布置的、容量等于小于20m^3的湿式贮罐，其罐中心与乙炔站房的间距如表2.0.4。

表2.0.4 贮罐的中心与乙炔站房外墙的间距

序号	厂 名	贮罐的容积（m^3）	罐中心与乙炔站房外墙的间距（m）	工厂的反映意见
1	上海某造船厂	20	3.0	距离太近，要求有10m
2	上海某厂	20	7.0	
3	上海某造船厂	20	11.5	
4	沈阳某厂	20	4.0	距离小，但受站区面积限制
5	杭州某厂	15	8.0	
6	成都某厂	2×5	5.0	
7	某汽车厂	20	12.0	

从上表分析，序号1、4两站的间距偏小，希望远一些好，且实际情况多数在5m以上。因此，我们提出乙炔贮罐的外壁与乙炔站房的制气站房外墙之间的间距不宜小于5m的规定。

对固定容积式乙炔贮罐容量的限额问题，在《建筑设计防火规范》中规定"容积不超过20m^3的可燃气体贮罐……"不仅指湿式，同时也指固定式。但在本规范中把固定容积式乙炔贮罐的容量限制在5m^3以下主要是由于：①乙炔为易燃易爆气体，万一空气侵入或其他原因极易引起爆炸。尤其是固定容积式贮罐一般用于中压乙炔，其爆炸的威力比低压贮罐大，所以应尽可能把容量缩小；②苏联1958年乙炔站设计规范把5m^3的固定容积式乙炔贮罐与20m^3湿式乙炔贮罐同等对待；③目前国内采用的固定容积式乙炔贮罐的容量在1～2m^3左右。因此，我们结合国内情况，也参照苏联的设计规范，把它定为5m^3。

第2.0.5条 苏联乙炔站设计规范（1958年版）和国内一些设计单位编制的乙炔站设计参考资料都有这条的规定，但乙炔站的总安装容量规定为不超过20m^3/h，在调查的一些工厂中毗连生产厂房建造的乙炔站大部分也在规定的范围内。如哈尔滨某机械厂、沈阳某机器厂、大连某厂、上海某容器厂、昆明某厂、云南某机器厂等乙炔站没有超过20m^3/h，个别的如上海某厂、上海某机械厂则达30m^3/h。我们认为允许乙炔站毗连生产厂房建造有利于中小型工厂，特别是县办工厂布置乙炔站。但是，1975年10月在苏州地区吴县的扩大审会上提出总安装容量应减小到不超过10m^3/h，因乙炔站经常发生燃烧爆炸事故，尤其毗连生产厂房的乙炔站，因其容量较小，有的是由所属乙炔用户负责管理，其规章制度要比独立的乙炔站松弛，事故比较多。如果乙炔站的生产容量太大，乙炔发生器的数量过多时，发生燃烧爆炸事故的可能性要多，危害性也要严重些；要防止乙炔站的规模增大，发生器的台数较多时，过多地影响相毗邻生产厂房的通风、采光等。根据扩大院审会的意见，将乙炔站的总安装容量改为不超过 10m³/h。

乙炔站在生产过程中经常散发乙炔气，在毗连的墙上有门、窗、洞时，乙炔气有可能进入生产厂房内的全部或局部地带形成乙炔空气混合气体。所以在本条中规定毗连的墙应为无门、窗、洞的防火墙。生产厂房外墙上无门、窗、洞的墙确定的原则为：

一、当乙炔站无室外乙炔设备时，制气站房从有门、窗、洞的外墙算起 4m 范围以内；

二、当乙炔站室外有乙炔设备时，应由乙炔设备的外壁算起 4m 范围以内；

三、当室外渣坑外边缘超过乙炔站的外墙或室外乙炔设备外壁时，从渣坑外边缘算起 4m 范围以内。

以上理由包括乙炔汇流排间。

第 2.0.6 条 独立的乙炔瓶库系指：

一、工业企业内无乙炔站，所需乙炔是由外单位协作供应瓶装乙炔而设置的瓶库；

二、有溶解乙炔站的工业企业里为贮存乙炔气瓶而设置的独立性的瓶库。表中乙炔实瓶的贮量是根据《建筑设计防火规范》的规定换算得来的。每瓶乙炔气的重量按 6kg 计，1500 瓶相当于 9t 乙炔，本规范即以 1500 个实瓶分挡确定瓶库与其他建筑物之间的防火间距。在表中没有列出的项目（如铁路、道路、明火地点等），应按《建筑设计防火规范》的规定执行。

按《建筑设计防火规范》的规定，"屋外变、配电站，是指电力系统电压为 35~500kV 且每台变压器的容量在 10000kVA 以上的屋外变、配电站，以及工业企业的变压器总油量超过 5t 的屋外总降压变电站。"在此范围以外的变、配电站按工业与民用供电系统设计规范的规定执行。

第 2.0.7 条 在各设计院编制的乙炔站设计参考资料和苏联、美国等国家的乙炔站设计规范中，都有乙炔站或乙炔汇流排间和氧气汇流排间可布置在同一座建筑物内的规定，其规模没有限制。但我们分析，这个规定一般只适用于中小型或容量不大的企业。例如：某机修厂的乙炔站（一台 10m³/h 乙炔发生器）和氧气汇流排间（2×5 瓶组）就是合建成一个建筑物的。在原三机部、七机部的工厂里也有这种组合的型式，其规模：乙炔站生产量一般为 3~5m³/h，氧气汇流排间为 1×5~2×5 瓶组之间，有的还附有氧气瓶贮存间。在征求规范的意见中反映，乙炔站或乙炔汇流排间的建筑物内增加了氧气汇流排间，又增加了站房的危险性，应独立设置，不应毗连于其他生产厂房，生产规模也不应搞得太大。事实上规模大时，就会搞各自的独立建筑，以策安全。为此，为适应中小型企业的需要，减少一些小型的独立的甲类生产建筑物，本规范仍保留了这条规定。

第 2.0.8 条 工厂用氧气是由外单位协作供应或该厂氧气站全为氧气瓶供氧的条件下，为了减少一些甲、乙类贮存物品的独立仓库，规定电石库或独立的乙炔瓶库可以与氧气瓶库布置在同一座仓库内，如有必要时也可以与其他可燃、易燃物品布置在同一座仓库内。

根据《建筑设计防火规范》中规定，电石库和乙炔瓶库属甲类物品仓库，应采用一、二级耐火等级的建筑；氧气瓶库属乙类物品仓库，应采用不低于三级耐火等级的建筑。当两者组合成一个库房时，应按其中火灾危险性最大的物品确定。故在本条的情况时应采用耐火等级不低于二级的建筑。如其他可燃、易燃物品与电石库或独立的乙炔瓶库组合成一座仓库时，也应按上述原则确定仓库的建筑耐火等级。

由于电石、乙炔和氧气等属于不同物质的物品，在着火燃烧时所采取的灭火方法又有不同，并考虑到防火、安全和在事故时不致相互影响，所以各种物品应分开贮存，库房彼此之间应用无门、窗、洞的防火墙隔开，以便于在火灾爆炸事故时可以扑救，减少损失。

至于仓库的最大允许层数及其贮存量，应按其中火灾危险性最大的物品确定，并应符合《建筑设计防火规范》中对仓库的要求。

第 2.0.9 条 乙炔站是有火灾和爆炸危险的场所，也是工厂中比较重要的动力站房之一，是工厂重点安全保卫的场所之一。从调查的 63 个乙炔站中，有 40 个设有围墙，占总数的 63.5%。工厂普遍反映，为防止非乙炔站人员随便出入乙炔站，预防事故的发生，保证生产安全，乙炔站都应设置围墙，至少应设置栅栏。所以作了本规定。

第三章 工艺设备的选择

第 3.0.2 条 乙炔站由于乙炔发生器及其主要工艺附属设备结构不当、机构失灵而引起的事故为数较多。国外不少国家对乙炔发生器的设计与制造规定应由有关部门审查合格后才准使用（在国际上有国际乙炔协会，美国、瑞典、德国、苏联……等国都有专门机构管理）。

鉴于我国目前已有专业生产设计单位负责此项工作，为安全慎重起见，本规范规定应选用专业生产设计单位的产品。

为了防止设备的误操作，并便于设备的检修和减少备品备件的品种，宜选用同类型的乙炔发生器。鉴于选用的台数过多，不仅会增加设备投资，增加占地面积，又会增加操作次数和劳动量，从而增加了不安全因素。因此在规范中建议"……不宜超过 4 台"。

第 3.0.3 条 选用乙炔压缩机时，应根据乙炔的输送方式确定。用管道输送中压乙炔时，由于干乙炔大容量气相压缩时，容易产生分解爆炸，因此应选用水环式乙炔压缩机，使水与气态的乙炔同时进入中压乙炔压缩机进行压缩。这样有 2 个好处：①乙炔的压缩热被水吸收,使压缩时的乙炔气温不易升高;②乙炔被水湿润后,不易发生分解爆炸,这样就较安全。为了使压缩后的乙炔与水分离,在压缩机后,应增设一个气水分离器。如需把乙炔加压到高压,把乙炔充灌入瓶时,应选用乙炔专用的压缩机。

压缩机的选用台数应根据工厂的负荷情况确定。由于乙炔站的供气会直接影响全厂气焊、切割的生产,为了提高供气的可靠性,在规范中规定"……不宜少于2台"。

第3.0.4条 本条为选用贮罐的原则。当低压乙炔发生器生产的乙炔采用乙炔压缩机增压时,由于发生器的发气速度很不稳定,一般发气速度都较慢,如与压缩机直接连接时,容易使低压乙炔管道和乙炔发生器本体产生负压,引起空气渗入而发生爆炸,因此必须在乙炔压缩机之前,设置平衡容器(即贮罐),平衡容器的乙炔贮量根据国内一些工厂的讨论意见,本规范规定,不应小于压缩机10min的排气量。

在无压缩机的情况下,贮罐的容积则应根据各使用工厂的实际负荷情况决定。

第3.0.5条 在1974年11月全国溶解乙炔站经验交流会上,曾对国内6个主要工厂拥有气瓶的数量作了统计,如表3.0.5。

表3.0.5 各厂拥有气瓶的数量

厂名	每日充瓶数(个)	全厂共有气瓶数(个)	折合天数(天)	备注
太原某厂	20	210	10.5	
沈阳某厂	50	450	9.0	
某汽车厂	90~100	800	8~9	
洛阳某厂	30	470	15.7	用户手中经常保持400瓶气焊用瓶
上海某厂	80	1000	12.5	每个灯塔一个瓶
上海某化工厂	600	3000	5	有些用户每日更换瓶库瓶数为250个
南京某所	50	1500		

与会单位建议在规范中,把应备气瓶数量规定为一昼夜用气瓶数的8倍计算。根据分析,尽管乙炔瓶的周转速度没有氧气瓶那么快,但根据上海某化工厂的经验,如能组织好生产,加快气瓶的周转也完全是可能的。因此参照上海某化工厂的经验,又与氧气站有所区别,在本规范中规定为:"一般按用户一昼夜用气瓶数的5倍计算"(洛阳某厂除用户手中的400个气瓶外,周转量也仅为昼夜消耗量的2.3倍)。

第3.0.6条 乙炔的质量可随各厂工艺的要求而定。作为航标灯用的乙炔和高压锅炉焊接所需的乙炔,对乙炔中的磷化氢和硫化氢都有严格的要求(苏联ГОСТ5457—50对溶解乙炔杂质的含量规定为:$PH_3<0.02\%$,$H_2S<0.05\%$)。我国对溶解乙炔的杂质含量也已作出了规定,因此在乙炔站生产流程中就必须设置乙炔净化设备(净化标准可按各工艺需要决定),有些工厂需要连续供气时,净化设备应设置2套交替使用。

水分进入乙炔瓶会降低丙酮吸收乙炔的能力。因此,乙炔在充灌之前应设置干燥器对乙炔进行干燥。对乙炔气中允许最高含水量的问题在1974年11月全国溶解乙炔站经验交流会上曾作了讨论,一致认为,不应超过$1.0g/m^3$。因此在实际设计中应尽可能采用高效率、低消耗的干燥剂,目前不少工厂都采用无水氯化钙对乙炔进行干燥,其优点是水分容易控制,与乙炔又不会发生化学反应。据文献介绍:苛性碱与加压乙炔会发生化学反应生成爆炸物质,因此在选用乙炔干燥剂时,不应采用苛性碱。

第3.0.7条 规范中所规定的乙炔灌瓶台的设置原则和计算方法是按国内目前各厂常用的方式推荐的。充灌时的容积流速是根据1974年11月全国溶解乙炔站经验交流会讨论推荐的数据。

汇流排乙炔瓶的输气容积流速,为了保证安全使用,不致引起静电火花等危险,所以不应超过1.5~$2.0m^3/h\cdot$瓶。

第3.0.9条 放散乙炔的放散管,其排放口如距屋檐太低,由于风的影响往往会使排放的乙炔倒灌到站房里就有造成站房爆炸的危险,因此在规范中规定需要高出屋脊1m及以上。

第3.0.10条 由于乙炔设备的油水分离器、干燥器在排污时,乙炔会随污一起排出,为了防止乙炔在站内积聚,本条规定应将排污管接至室外排放。

第3.0.11条 根据国内乙炔站事故调查报告分析,乙炔站约有55%的事故出于电石入水式乙炔发生器加料时,空气侵入电石加料斗形成乙炔空气混合气遇到电石撞击加料斗壁发生的火花而产生爆炸。目前国内外大部分工厂都已增设了冲氮(或二氧化碳)装置,在加电石前先把料斗中的乙炔置换掉,这样就较安全,我们总结了各厂的经验,把它列入了规范。

对水入电石式乙炔发生器,根据国内外产品的情况,由于结构的限制,一般容量都较小(在$10m^3/h$以下),在国内虽也有个别工厂(如洛阳某厂)设置冲氮装置,但并不普遍,根据操作师傅反映,只要在加料前把发气室用水吹扫干净,同时也起到降温作用,安全是可以保证的,因此在本条文中,就不作具体规定。

乙炔站内用作吹扫或作为气动装置气源用的氮气或二氧化碳气中允许最高含氧量,各国的标准并不统一,经核算,对一个大气压的纯乙炔,如用含氧量为

3‰的氮或二氧化碳气吹扫，当乙炔被稀释 C_2H_2：N_2（CO_2）＝1∶1时，混合气体中氧含量将下降到 1.5%（按体积计），这样就比较安全，何况一般在操作时，基本上都能将乙炔置换掉，安全就更有保证。这个在数字在 1974 年 11 月的全国溶解乙炔站经验交流会上曾作过讨论，与会同志都认为较合适。

第四章 工艺布置

第 4.0.1 条 根据现行的国家标准《爆炸和火灾危险环境电力装置设计规范》的规定所作的具体规定。

第 4.0.2 条 乙炔贮罐燃烧爆炸时的威力及其危害性较大。如某机修厂乙炔站的室外布置的一个中压乙炔贮罐，在 1973 年下半年发生爆炸，罐体的铁片飞出 1 公里多，靠近贮罐一侧的乙炔站的砖墙被炸裂；又如武汉某车辆厂设置在发生器间内的一个 $5m^3$ 湿式贮罐，在 1965 年的一次爆炸时，其钟罩飞上打断屋顶的一根工字钢梁，冲出石棉瓦的屋顶，然后又落到屋顶上，站房的玻璃震坏，此后新做了一个 $30m^3$ 的贮罐安装在单独的房间内。在所调查的乙炔站均反映，因乙炔生产中乙炔的气量经常有波动或有超压现象，湿式贮罐就有可能跑气，如为室内布置时会增加室内空气中的乙炔浓度。中压乙炔气罐的压力较高，爆炸时威力更大，室内设置的危害性也较大。同时乙炔贮罐设在室内还要增加站房面积，增加站房的造价。因此，根据我国的气象条件，并从安全生产方面着想，对不论容量大小的湿式或固定容积式乙炔贮罐规定均应室外布置，而对于总容量 $20m^3$ 以下的湿式贮罐或 $5m^3$ 以下的固定容积式贮罐，如采取防冻措施比较困难时，本规范提出了一定的灵活性，可以布置在单独的房间内。

第 4.0.3 条 在溶解乙炔站中设置的实瓶间只是作为生产过程中充灌好的实瓶的中间周转时的贮存手段，而不是作为较长时间的贮存手段用的。其贮存瓶数应从生产需要，不增加站房内的不安全性等因素考虑。本规定是在 1977 年 6 月部审会上出席会议的几个溶解乙炔站的代表和规范组等有关方面按照国内的生产水平和实际情况共同协商确定的。

第 4.0.4 条 乙炔气体属甲类火灾危险性物品。《建筑设计防火规范》修订组的意见："当溶解乙炔站的实瓶间必须与制气站房合并时，实瓶间应视为中间周转，不能视为贮存手段，实瓶间的贮量和实瓶间的面积应有所限制，建议空、实瓶间的总面积不应超过 $250m^2$（相当于独立瓶库的一个防火墙隔间的面积），并应尽量减小其面积，增加其安全生产的因素"。根据上述意见，并结合我国目前溶解乙炔站的情况，空、实瓶间的允许面积确定为 $200m^2$，而每个气瓶的占地面积（包括通道面积）以 $0.2m^2$ 计算。这样，在 $200m^2$ 面积中可以贮存 1000 个气瓶。因此，本规范以 500 个实瓶作为制气站房与灌瓶站房合建或分建的界限线。在确定空瓶的贮存数量和占地面积时应与实瓶相同。

灌瓶站房中实瓶的最大贮量不应超过 1000 个是根据与《建筑设计防火规范》修订组协商意见（按《建筑设计防火规范》规定，$250m^2 \times 0.8 \div 0.2m^2$/瓶＝1000瓶）确定的。实瓶间的面积是按 $250m^2$ 乘 0.8 的系数折合成 $200m^2$ 确定的。空瓶间的允许占地面积和空瓶的最大贮量与实瓶相同。

第 4.0.5 条 按《建筑设计防火规范》的规定精神制定的。

第 4.0.6 条 空瓶间和实瓶间分开设置不仅有利于气瓶的管理，防止气瓶混淆。也可防止气瓶发生爆炸事故时互相影响。

灌瓶间或汇流排间与空、实瓶之间的气瓶运输来往频繁，如彼此间设置门，在工作时间内门也是常开的，门的用处不大。在溶解乙炔站的布置现状也没有设置门的，反映也无必要。所以规定灌瓶间可通过门洞与空瓶间和实瓶间相通。

按美国防火标准 NFPA51—1983 年第 2.3.1 条规定，在建筑物内贮存的燃气气瓶，除正在使用或接上准备使用者外，乙炔及非液化气体的贮存量不应超过 $2500ft^3$（$70m^3$）。

按美国 NFPA50A—1978 年表 1 规定，氢系统总容量不超过 $15000ft^3$ 可设在专用房间内，$15000ft^3$ 相当于 $425m^3$，换算成 15MPa 的气瓶约 71 瓶。

按《氢气使用安全技术规程》第 2.2 条规定，当氢气实瓶数量不超过 60 瓶可与耐火等级不低于二级的用氢厂房毗连。

按本《乙炔站设计规范》第 2.0.5 条规定，总安装容量或输气量不超过 $10m^3/h$ 的气态乙炔站或乙炔汇流排间，可与耐火等级不低于二级的其他生产厂房毗连建造，若一天 24h 连续生产乙炔气总量为 $240m^3$，相当 60 瓶乙炔。

第 4.0.8 条 规定乙炔汇流排应直线布置，主要考虑高压乙炔易发生分解爆炸，其入射波动压 $P = 11(P_w + 0.1) - 0.1$（表压）；拐角布置时，其管段将承受反射波动压 $P = 20(P_w + 0.1) - 0.1$（表压），为此，应避免拐角布置方式。

注：P_w 为乙炔最高工作压力（MPa）。

第 4.0.10 条 中间电石库的电石贮存量，按照过去各设计院编制的乙炔站设计参考资料和苏联乙炔站设计规范都是规定乙炔站一昼夜的电石消耗量，并不应超过 3t。但是普遍认为这一规定存在着安全与生产之间的矛盾。调查中发现部分乙炔站的实际贮存量超过了上述规定，如上海某厂、大连某厂的乙炔站中间电石库可贮存 20t 电石，成了变相的电石库。一些厂认为中间电石库的贮量不宜过大，好几天的用量都放在中间电石库不安全，原规定的贮量还是可以的，如电石库布置在乙炔站区域内时，中间电石库的电石贮量更可以减少；也有的厂认为原规定的数量偏小，尤其是中、大型乙炔站，如贮量不超过3t，则电石搬运频繁，在一天内有可能运几次电石，如遇下雨天有可能出现电石供不应求的情况，因此要求有2～6d的消耗量，并不要有3t的限制。设计规范组的京、津、沪、杭调查专题小结"关于乙炔站房布置问题"一文中也指出：对生产量大的乙炔站，中间电石库的电石贮量在1～2昼夜耗量为宜，生产量小的乙炔站可适当增加（参见氧、乙炔站设计规范参考资料汇编第1期）。

中间电石库一般与发生器间相连通，电石有受潮遇水产生乙炔引起燃烧爆炸的可能，如天津工程机械厂的一个打开了盖的电石桶曾有过燃烧事故，上海某厂的一个空电石桶曾发生过爆炸事故等。

我们考虑到中间电石库是设在乙炔站的制气站房中，又是与发生器间毗连，中间电石库的电石贮量从安全方面看是愈少愈好，从生产操作方便看是愈多愈好，但必须看到生产必须安全，安全是为了生产，不能为了生产而不顾安全。电石是危险物品，中间电石库不应成为贮存手段，其贮量应有所限制，应尽量减少，在发生事故时便于抢救和减少损失。

综合既要利于生产，又要重视安全的意见，并经1977年6月本设计规范部审会议审查，对中间电石库的电石贮量规定为："不应超过三昼夜的设计消耗量。并不应超过5t"。即使按三昼夜计算出来的电石消耗量超过5t时，也只能贮存5t。

第4.0.11条 丙酮按火灾危险性分类属甲类物品，极易蒸发与空气组成爆炸性气体。苏联的乙炔站设计规范规定：在乙炔站内存放丙酮不应超过25kg。鉴于我国市场上供应的丙酮，一般为160kg一桶，乙炔站从仓库领用丙酮时也是以桶为单位。为便于生产，又策安全，规范中规定"不应超过一桶（包装桶）"，适当地放宽了苏联的规定。

第4.0.14条 气瓶或电石桶的装卸平台的高度主要是根据气瓶或电石桶的运输工具确定，一般是以电瓶车或载重汽车的车厢底板离地面的高度即0.4～1.1m确定。平台宽度原规定为不宜小于2m，经实践后证明，应适当放宽些为宜，故现规定适当放宽为不宜超过3m。

中间电石库与发生器间之间一般是一墙之隔，且有门相通，为了防止发生器间的水（尤其是在冲洗地坪时）流入中间电石库，中间电石库的地坪应比发生器间的地坪高一些。在苏联的乙炔站设计规范（1958年版）第50条规定应高出0.15m，我国过去多数是采用这一数据的，但据乙炔站工人反映，地坪高低过大，行走不便，一般在0.05～0.10m为宜，故本规范规定应高出发生器间的地坪0.10m。

电石库的地坪，应比室外装卸平台面高出0.05m是防止平台面的雨水流入电石库内。

当电石库不设装卸平台时，为适当提高电石库的干燥度，减少地面的潮湿，故规定室内地坪应比室外地坪高出0.25m。

第4.0.15条 有火灾爆炸危险的生产房间和库房，一般发生火灾爆炸事故的机会较多，在万一发生事故时应能使操作人员迅速离开现场到达安全地带，因此，这些房间和库房应有安全出口。

电石入水式乙炔发生器，为了便于加料和维修要设置操作平台。部分的乙炔站制气站房是搞成多层建筑物，在操作平台或各层楼板面上也应设置安全出口，以便一旦有事故时能迅速向外疏散。某乙炔站为三层钢筋混凝土框架结构，有一次在三层的加料间加料时电动葫芦打出火花，引起乙炔混合气爆炸，瞬时烧成大火，门、窗被炸坏，出口被火焰阻挡，工人只得从附近的临时小桥上冲出，幸免伤亡，事故后该站房加了一个室外金属梯。辽宁某化工厂的乙炔站曾因乙炔发生器加料口着火，由于该操作层上没有安全出口，工人不能及时疏散造成烧伤事故，在事故后该厂在操作层加了一个安全出口，并做了一个供事故用滑梯（也有的是滑杆）。所以安全出口必须要有，其位置要适中，要靠近有火灾爆炸危险的地点。

第4.0.16条 蒸汽、凝结水、给水、排水等液体介质的管道，即使没有管接头、阀门等配件的管段，但管道在使用一段时期后有可能出现被腐蚀、损坏，引起漏水、漏气，或管道的外表面可能结露等情况。电石遇水（汽）能产生乙炔，与空气混合能形成爆炸性混合气体，天津某厂因暖汽片漏水掉到电石桶内，致使电石气化生成乙炔气，引起了燃烧事故。

为了减少电石库、电石破碎、中间电石库由于水（汽）或潮湿空气引起燃烧爆炸事故，这些房间应保持干燥，要防水，严禁敷设蒸汽、凝结水、给水、排水等管道，在苏联、美国的标准中，也有如此明确的规定。

第五章 建筑和结构

第5.0.1条 乙炔站有爆炸危险的生产间和电石库，在其生产过程中能散发可燃的乙炔和电石粉尘，电石在常温下受到水或空气中水蒸汽的作用能产生乙炔，乙炔气的性质属易燃易爆物品，容易发生火灾爆炸事故，燃烧扩散又快，发生事故时较难疏散的抢救，造成的伤亡和损失也较大。如为多层厂房，发生事故时更难疏散和抢救。因此，对于这类甲类生产厂房的设计必须从严要求，能搞一层的就不要搞多层建筑。根据以防为主，以消为辅的原则，对乙炔站限制厂房的层数采用一、二级耐火等级的厂房，选用合格的生产设备，遵守合理的规章制度，以减少火灾和爆炸的发生，是保障人民生命财产安全的重要措施。因此，在本条中规定在爆炸危险的生产间应设在单层建筑物内。对于电石库、独立的乙炔瓶库等甲类物品库房，根据《建筑设计防火规范》的规定，应为单层建筑，所以根本不能搞多层建筑的库房。

但是，对于发生器间根据工艺需要设置操作平台或多层楼层的问题，目前国内生产和使用的中压乙炔发生器（如 Q_3 3、Q_4-5、Q_4-10 型）的乙炔站都是单层建筑，从生产上分析也无必要搞多层建筑；而低压乙炔发生器的乙炔站除化工厂均为多层建筑外，一般是单层建筑物，发生器间多数是设有加电石或维护检修乙炔发生器用的平台，这种操作平台不是整个的楼层结构，并不构成影响发生器间的通风，防爆所需要的特殊要求。至于如上钢某厂、广州某厂、黄浦某厂的发生器间设置成三层建筑，成都机车厂为二层建筑的情况，根据《建筑设计防火规范》的规定是允许的。但是必须提出，在设计时应在第二、三层的楼板上设置必要的泄爆孔和通风孔，防止乙炔积聚形成爆炸性混合气体的"死角"，减少爆炸事故的发生和损失。

第5.0.2条 在各设计院编制的乙炔站设计参考资料中，苏联、美国等国家的设计规范或设计标准中都有这样的规定。国内各工厂的实际情况也大都如此。

固定式乙炔发生器及其水封等辅助设备，包括目前生产的 Q_3-3 型中压乙炔发生器在内，应布置在单独的房间内是为了能够对乙炔发生器加强操作管理，安全生产，减少事故的发生。

灌瓶乙炔压缩机的工作压力较高（达 2.5MPa），发生事故时的危害性要比水环式乙炔压缩机大。当灌瓶乙炔压缩机设置在单独房间内时，如有事故对其他房间的影响可以缩小。我国 70 年代有 11 个溶解乙炔站（投产的有 9 个站），其中有 9 个站的灌瓶乙炔压缩机是设在单独的房间内，有 1 个站是与水环式乙炔压缩机共间，还有 1 个站是某厂乙炔站的 $7m^3/h$ 灌瓶乙炔压缩机，原来是安装在灌瓶间内，但经过一段时间的运行后工人对这种布置总有不安全感，所以在乙炔压缩机的部位增加了隔墙，成为单独的房间（此站为苏联设计的。苏联 1958 年乙炔站设计规范第 95 条的规定：乙炔站中的压缩机应安装在单独的房间内，在压缩机间内也可放置干燥器、油水分离器和平衡器。此条的注：总生产量在 $7m^3/h$ 以下的乙炔压缩机也可设置在灌瓶间内）。因此，在总结我国的生产实际和参照苏联的规定，确定灌瓶乙炔压缩机及其辅助设备应布置在单独房间内。

第5.0.3条 电石破碎时会产生大量电石粉尘，会污染室内空气，电石粉尘如遇潮湿空气或水分又会生成乙炔气，增加空气中的乙炔浓度。如果电石破碎设在制气站房内将增加制气站房的不安全，所以电石破碎不宜设在制气站房内。当电石破碎毗连电石库时，可以缩短电石在电石库与电石破碎之间的运输距离，有利于安全生产和操作管理。

如 60 年代建造的上海某化工厂、广州某厂聚氯乙烯车间乙炔站，70 年代建设的上海某船厂、原唐山某车辆厂乙炔站的电石破碎机安装在电石仓库内，破碎的电石直接装桶，供乙炔发生器使用。

又中国船舶工业总公司第九设计研究院从 70 年代初开始，设计某造船厂、某船厂、某厂（湛江）、上海某钢铁厂等 10 余个乙炔站的电石破碎，在征得当地消防部门的同意，电石破碎与电石仓库采用防火门相通，实践证明这种布置减少电石桶迂回运输，利于实现机械化输送，减少工人劳动强度，经过几十年运行，未发生燃烧事故，安全可靠（首要条件加强通风、防止乙炔积聚）。

第5.0.4条 ①Q_4-5、Q_4-10 型中压乙炔发生器贮气桶内胆检修时，用手动葫芦从筒体内吊出，需要一定的起吊高度。②乙炔发生器间要求一定数量泄压面积，泄压面一般采用轻质屋面，其材质多数为轻质石棉瓦。夏季时因太阳辐射热，室内温度较高，影响工人操作，根据上海地区经验，适当增加房高可减少辐射热量，降低室温。③《氢气使用安全技术规程》第 2.4 条规定，供氢站屋架下弦的高度不宜小于 4m。

第5.0.5条 根据《建筑设计防火规范》规定"有爆炸危险的甲、乙类生产厂房，应设置必要的泄压面积，泄压面积与厂房体积的比值（m^2/m^3）一般采用 0.05～0.22。爆炸介质的爆炸下限较低或爆炸压力较强以及体积较小的厂房，应尽量加大比值。"

当空气-乙炔混合气的含量爆炸下限较低（2.3% 乙炔），爆炸的压力较强（在乙炔含量为 12.7%）时，最大爆炸压力可达 1MPa，乙炔站的厂房容积一般都较小，因此应该尽量加大比值。美国资料为 $>0.22m^2/m^3$，日本资料为 $>0.2m^2/m^3$。由于我国的乙炔-空气混合物爆炸试验，目前还不能提供出具体数据，因此只能沿用已经国家批准的《建筑设计防火规范》的要求。

对电石仓库是否需要设置泄压面积问题，《建筑设计防火规范》没有提出具体要求，经向《建筑设计防火规范》管理组了解，认为仓库内人员较少，生产设备少，发生爆炸的机率也较小，一旦发生爆炸，危害性也较少，因此在《建筑设计防火规范》中对仓库就没有具体规定。

第5.0.6条 空气-乙炔混合气体点燃爆炸的同时即形成热膨胀波，对房屋内壁产生推力，对房屋有破坏性，为了便于泄压及人员的疏散，本规范规定：有爆炸危险生产间的围护结构的门、窗应向外开启。

第5.0.7条 本条系根据《建筑设计防火规范》的规定精神制定的。

第5.0.8条 对有火灾和爆炸危险生产间之间的间隔墙按照《建筑设计防火规范》的要求应采用耐火

极限不低于1.5h的非燃烧体或难燃烧体墙隔开，隔墙上的门《建筑设计防火规范》规定应用能自动关闭的防火门，但乙炔站的火灾往往与爆炸分不开，一旦发生火灾还未使室温达到防火门熔栓熔解温度时，爆炸波即已形成并已开始泄压，火焰也已熄灭（根据一机部第一设计院的试验报告，乙炔-空气混合气体自点燃到熄火一般都在50ms以内，因此自动关闭的防火门的作用不大，现规定采用最低一级的非自动关闭的防火门（即0.6h的非燃烧体或难燃烧体门）。上述意见已得到《建筑设计防火规范》管理组的同意。

耐火极限不低于0.6h的非燃烧体或难燃烧体门，根据《建筑设计防火规范》规定系指薄壁型钢骨架，外包薄钢板，厚6.0cm（其耐火极限为0.6h）的门。

第5.0.9条 本条文是根据《建筑设计防火规范》的要求制订的，"供甲、乙类生产车间用的办公室、休息室等如贴邻车间设置，应用耐火极限不低于3.0h的非燃烧体墙隔开。"对墙上开门的问题，在《建筑设计防火规范》上没有明确规定。鉴于在乙炔站站房的习惯布置中有此类布置，为了确保值班室、生活室的安全，参照化工部门的习惯做法，规定了"应经由……双门斗通过走道相通。"对隔墙上门的耐火极限问题经与《建筑设计防火规范》管理组同志研究，为了与"有爆炸危险生产间的隔墙上的门的耐火极限不低于0.6h"有所区别，应适当提高，现规范中规定为0.9h。

对有爆炸危险房间与值班室之间的窥视窗的耐火极限问题，也参照隔墙上的门的耐火极限规定。

耐火极限不低于0.9h的门，根据《建筑设计防火规范》规定是指：木骨架、内填矿棉、外包镀锌铁皮，厚5.0cm的门。

耐火极限不低于0.9h的窗，根据《建筑设计防火规范》规定系指单层的钢窗或钢筋混凝土窗，装有用铁销销牢并用角铁加固窗扇，装有铅丝玻璃的窗。

第5.0.10条 有爆炸危险与非爆炸危险区之间有水管、暖气管和电线管穿过时，为了防止乙炔气从有爆炸危险的房间渗入无爆炸危险的房间，在穿墙处应用非燃烧材料堵塞。

第5.0.11条 灌瓶间、实瓶间、独立的乙炔瓶库和乙炔汇流排间贮存装满乙炔的气瓶，如受太阳光直射引起气瓶内气体升温会导致气瓶的爆炸。在苏联规范中规定应设置高窗或用毛玻璃以防止阳光直射。根据我国几十年的生产实践，防止阳光直射，不仅可用以上二种方法，还可在窗外设置遮阳篷……何况我国天气较苏联为热，需要较大的通风面积，采用高窗很不合理。因此在本规范文中，不作具体规定，只提出了目的和要求，这样更有利于采取适合当地情况的措施。

第5.0.12条 根据一些工厂反映，装卸平台上，如不设置雨篷，下雨下雪以后平台上装卸条件较差，再加上冬天结冰搬运气瓶电石极易发生事故，因此应设置雨篷。由于乙炔瓶库、电石库均为甲类生产，雨篷及支撑均需用非燃烧材料制成，雨篷的宽度为了能更好地防止雨雪渗入，应大于平台宽度。

第六章 电气和热工测量仪表

第6.0.2条 本条是根据《爆炸和火灾危险环境电力装置设计规范》的规定并结合乙炔站各生产间的生产、通风等情况综合考虑的。

一、属1区的爆炸危险生产间，电力规范规定：在正常运行时可能出现爆炸性气体环境的区。乙炔站在连续生产和输送过程中，在正常运行情况时，以下各生产间有可能形成爆炸性气体环境。

1. 发生器间、净化器间。按一般资料介绍，设备和管道附件等的乙炔泄漏量约为设备生产能力的百分之一；乙炔发生器排渣时从渣水中释放出来的乙炔量约为设备生产能力的1%～1.8%，即使后者都排放于室内（实际上是散发于排渣口到渣坑），总的泄漏量为设备生产能力的2%～2.8%。在保证室内每小时3次换气量时，室内的乙炔浓度相当于爆炸下限2.3%的1/2。

根据14个工厂乙炔站发生器间的容积，假设以下不同的泄漏量做理论计算，当泄漏量为设备生产能力的20%时，室内空气中的乙炔浓度最高为1.9%，一般为0.40%～0.98%，均低于乙炔空气混合气的爆炸下限，详见表6.0.2-1。

表6.0.2-1 发生器间在3次换气量时空气中乙炔的浓度计算

厂　名	台数和容积 (台×m^3/n)	厂房面积×高 (m^2×m)	在3次换气下，在不同泄漏量时，空气中乙炔的浓度（%）				
			1	2	10	20	100
北京某队	1×10	18×4=72	0.046	0.092	0.46	0.92	4.60
天津某机械厂	2×10	54×4.5=243	0.0275	0.055	0.275	0.55	2.75
上海某厂	2×10	36×4=144	0.046	0.092	0.46	0.92	4.60
上海某厂	3×10	82.6×4=330.4	0.03	0.06	0.30	0.60	3.00
华东某机械厂	3×10	30×3.5=105	0.095	0.19	0.95	1.90	9.50
上海某修造厂	3×10	72×3.5=252	0.025	0.05	0.25	0.50	2.50
抚顺某机厂	2×10	72×4=288	0.023	0.046	0.23	0.46	2.30

续表 6.0.2-1

厂　名	台数和容积 (台×m³/n)	厂房面积×高 (m²×m)	在3次换气量下，在不同泄漏量时，空气中乙炔的浓度（%）				
			1	2	10	20	100
沪东某厂	3×35	131×7.5=982.5	0.036	0.072	0.36	0.72	3.60
江南某厂	3×35	96×7.5=720	0.049	0.098	0.49	0.98	4.90
上海某厂	3×20	80×7.5=600	0.033	0.066	0.33	0.66	3.33
上钢某厂	4×35	108×10.5=1134	0.041	0.082	0.41	0.82	4.10
杭州某厂	2×35	72×7.5=540	0.046	0.092	0.46	0.92	4.60
北京某车辆厂	2×35	84×7.5=630	0.048	0.096	0.48	0.96	4.80
沈阳某车辆工厂	4×35	147×8.4=1234.8	0.038	0.076	0.38	0.76	3.80

上海市卫生防疫站对上海某化工厂和上海某厂乙炔站的发生器加料口处的实测，在正常操作运行情况下，其空气中乙炔浓度为：

燎原化工厂　　1192.3mg/m³　　即0.1%
上海某厂　　　600mg/m³　　　即0.05%

通过现场调查和函调得知，乙炔站的大部分事故为工艺设备的误操作，设备维修不及时，室内通风不良（尤其是冬天门窗关闭时）……不正常情况下所引起的设备爆炸和空间的爆炸事故，例如北京某厂由于乙炔发生器的发气量太快，造成系统超压，乙炔气从安全阀排入室内，同时由于天气寒冷，门窗关闭，通风不良，以致室内形成了空气乙炔爆炸性混合气体，结果引起了室内空间爆炸事故。

2. 电石库和中间电石库。电石库内存放桶装电石，电石桶虽有封盖，但不严密，或因搬运而松动，容易造成桶内电石潮解。如上海某厂、嘉兴某机修厂等由于上述原因发生过多次的电石桶爆炸事故。另一方面，库内存在电石粉末，这些电石粉末与湿空气接触易潮解，生成乙炔气。在实地调查和函调中，虽尚未发现由此而发生空间爆炸事故，但其危险生依然存在。

中间电石库与电石库一样，但不同者一桶或几桶开了盖待用和一部分用完的空桶中存在有电石粉末。天津某机械厂、上海某厂等发生过电石桶或空电石桶燃烧或爆炸事故。

3. 电石破碎。有两种形式：一为人工破碎，一为机械破碎，都是敞开于室内操作，并且扬尘最大，迸发火花，电石粉尘散发于室内吸潮产生乙炔，如通风不良，危险性较大。

4. 压缩时间。压缩机系统的运行处于高压之中，如操作不当，维修不力时，其漏气量及其危险性将比低压系统为大。例如，某拖拉机厂的乙炔站就由于对压缩机的高压部分检修时的误操作，使设备爆炸，压缩机间的砖墙和屋顶受到破坏。

5. 灌瓶间、空瓶间、实瓶间、独立的乙炔瓶库和乙炔汇流排间。灌瓶工作是高压运行。尤其是灌瓶台上的气阀和气瓶上的瓶阀在长期使用且操作频繁下，漏气是不可避免的，因而室内空气中的乙炔浓度一般也较高。乙炔汇流排间与灌瓶间相似。

空瓶间和实瓶间按国内溶解乙炔站的情况均与灌瓶间共设于同一建筑物内，虽有隔墙隔开，但都有较宽大的门洞相通，室内气氛互为影响，工作条件基本相同。独立的乙炔瓶库气瓶的贮存量较多，瓶阀的漏气量也多，在不正常的情况下，其危险性也较大。

以上各间，尤其在冬季当门窗关闭，通风不良，气瓶头大量漏气时，室内空气中的乙炔就可能达到爆炸的浓度。

6. 贮罐间。湿式贮罐的密封是靠水封起作用，正常情况下运行时乙炔的漏气量少，当用户的乙炔量减少，而乙炔发生器在继续发气，以致供求平衡受到破坏时，系统的压力会升高，水封被冲破而溢气于室内，可能使室内乙炔达到爆炸的浓度。因此，国内许多工厂为确保安全生产而采取加料、发气与输出管道系统的联锁装置，控制乙炔外溢或将湿式贮罐设于室外。

7. 露天设置的贮罐、电石渣坑。根据《爆炸和火灾危险环境电力装置设计规范》的规定，爆炸危险属1区的范围，一般为贮罐等以外3m（垂直和水平）以内的空间。

二、属2区的爆炸危险生产间，是在正常情况下不可能出现爆炸性气体环境，或即使出现也仅可能是短时存在的区，例如：气瓶修理间、干渣堆场。

因为气瓶的修理是间断的，瓶数有限，故放散于室内的乙炔气是有限的。另一方面与气瓶修理设备的配置和修理的程序有关。据工厂提供的操作程序是：一般在修瓶之前将气瓶内的余气（瓶内余压为0.05~0.4MPa，气量是0.4~1.4m³/40L·瓶）回收，然后在修瓶前的一二天打开瓶阀置于室外放空，最后才拿到室内修理。表6.0.2-2为国内几个溶解乙炔站气瓶修理间的概况。

干渣堆场是由于电石渣内残留有乙炔气之故。

三、非爆炸危险区。

1. 化验室的任务主要是化验乙炔气的成分和电石的气化率等，化验时仅取少量样品，在正常情况下化验室内也仅有微量的乙炔存在，在室内不能形成爆炸性混合气体。

表 6.0.2-2 国内几个溶解乙炔站气瓶修理间的概况

厂 名	修瓶间 长×宽×高 （m³）	每 年 修瓶量 （个）	每班最大 修瓶数 （个）	小时最大 修瓶数 （个）	修瓶前瓶内余气如何处理	放入室内 的气量 （m³/瓶）	室内乙炔浓度 （三次通风） （%）
沈阳某厂	3×6×5=90	400	20	7	回贮气罐，压力至 0.05MPa	0.3	0.8
太原某厂	3×6×5=90	200	10	2	高压回气，抽真空	0.1	0.08
洛阳某厂	7×4×4.5=126	300	15～60	5～6	回贮气罐，压力至 0.07MPa	0.3～0.4	0.6
南京某所	2×(3×6×4.5)=162	600	20	2	尚无回气设备，余气压力 0.05～0.3MPa 放散室外或室内	0.2～0.3	0.123
吴淞某厂	60×8=480	300	5～6	4	回贮气罐，压力至 0.01MPa	0.1	0.03

2. 其余的房间作为非爆炸危险区，主要是本身没有或不致形成爆炸性气氛，这是与其他环境有本质的差别，但为了防止受其他有爆炸危险环境气氛的影响，在整体布置时与 1 区、2 区爆炸危险环境应保持一定的距离或采取措施与之隔开。

第 6.0.3 条 磨擦产生静电电压的高低与皮带传动的线速度等有关，速度大电压高。灌瓶乙炔压缩机为皮带传动时，产生静电电压约在 40～50kV 之间，放电能量的大小与放电电容、电压和皮带的材质及其表面的质量有关。当放电能量达到 0.02mj 时，就可引起乙炔空气混合气的爆炸。如沈阳某厂，由于没有采取导电措施，经常可见静电火花，但由于静电火花的能量较小，未能引起爆炸事故。为了安全生产，导除静电的聚积是必要的。例如，加设电刷或在皮带上涂特殊的油膏以增加皮带的导电性能，消除静电的积聚。当采用革制皮带时，其油膏配料为：液体鱼胶 100CC，甘油 80CC，炭黑 82g，2% 的氢氧化铵 20CC；当采用皮带或胶带时，其油膏配料为：100 份重甘油，40 份重的炭黑。

静电接地的目的，在于消除设备及管路内由于流体摩擦产生的静电积聚，至于接地电阻值，各国各家无一致规定，现参照国内以往的要求取 10Ω。

第 6.0.4 条 乙炔是一种具有弱酸性的气体，它与铜盐、银盐、水银盐等作用后产生爆炸性的乙炔化合沉淀物，特别是含有水和氨的乙炔在长时间与紫铜作用后生成了具有强烈而易爆的乙炔铜，从东北某厂的试验可知，干燥的乙炔铜只要轻轻地摩擦就能引起爆炸。

目前在采用铜合金的零件、计器、阀门等时各国的标准也不同。如日本在 1972 年 11 月出版的乙炔危害预防规范第 3.3-1 之四中规定含铜量不大于 62%；美国在 1971 年《乙炔充瓶工厂防火标准，NFPA No51A—1971》之 10，1～2 规定含铜量不大于 65%；苏联规定为不大于 70%；国内所用铜合金的含铜量一般均未超过 70%，上海某焊接厂在乙炔发生器中采用的为 59%。从各厂多年生产实践中也未发生由于采用的零件、计器等铜高而造成事故，故本规范仍然规定其上限不超过 70%的含铜量。

第 6.0.5 条 本条是保证安全生产的措施。湿式贮罐不论安装在室外或室内，都应设置控制信号和联锁装置。例如设置表示贮罐内乙炔量的标尺，在标尺的上下两端设置限位开关。联锁装置是当贮罐的钟罩下降到离水位一定距离时能停止乙炔压缩机的工作，防止贮罐被乙炔压缩机抽瘪，而当钟罩上升到上限高度时能停止向乙炔发生器加电石，防止贮罐的钟罩被鼓破，乙炔冲破水封槽向外溢出，以保证安全生产。

第 6.0.8 条 乙炔站的 1 区爆炸危险区，因自然通风条件差或乙炔容易积聚的地方，如北京地区冬季采暖，门窗紧闭，室内通风差，在这种情况下，局部地点可能达到爆炸浓度下限，因此适宜装置乙炔可燃气体测爆仪，并与通风机联锁，加强通风换气，使乙炔低于爆炸浓度下限，确保设备、人员安全。

第七章 给水、排水和环境保护

第 7.0.1 条 根据一些工厂（例如北京某焊轨队，天津某机械厂，上海某厂）乙炔站师傅们反映，如供水管网水压得不到保证，在用水高峰负荷时水压往往低于乙炔发生器的乙炔压力，使乙炔倒流至水网内，造成用水地区的燃烧事故。为了防止乙炔倒流，确保用水地区的安全（又防止水质污染），本条规定："乙炔站给水水压应经常保持高出设备最高用水水压。"

对灌瓶用乙炔压缩机冷却用水的水质要求，《压缩空气设计规范》修订组对空气压缩机冷却水的水质做了不少试验工作，总结了国内外的实践经验，本规范就不再另行规定。

第 7.0.2 条 为了便于经常检查发生器间、乙炔压缩机间的给水水压，本规范规定在上述给水总管上应装设压力表。

为防止正在生产运行的乙炔发生器、水环式乙炔压缩机中的乙炔，通过水管倒灌到其他各处和未运行的乙炔发生器或乙炔压缩机内，与空气混合形成具有爆炸危险的混合气体，因此，在本规范中规定"在每台乙炔发生器、水环式乙炔压缩机的给水管上应装设止回阀。"

炎热地区（炎热地区的含义可根据现行的国家标准《采暖通风与空气调节设计规范》的规定划分）环境温度较高，不仅充灌压力高、充灌时间长，也不安全。根据国外和国内一些工厂的实践，在规范中规定充灌台上应设置喷淋气瓶用的冷却水管，以便充瓶时喷水，吸收乙炔的溶解热以保证生产的安全。

为防止气瓶充灌时因漏气发火而可能引起周围其他灌气瓶的加热起火爆炸灾害事故，特规定充灌台上应设置紧急喷淋水管装置。

第7.0.3条 根据大连某造船厂乙炔站师傅反映，该站电石渣（及澄清水）原排入海中，造成海水污染并影响鱼类生存，经大连市卫生部门通知，现已不再向海内排放。天津某厂等乙炔站也反映：该站原将电石渣直接排入排水管道内，不仅造成排水道淤塞，有一次因乙炔积聚造成了排水管道的爆炸，因此在规范中作了"电石渣应综合利用，严禁排入江、河、湖、海、农田和工厂区及城市排水管（沟）。澄清水应循环使用。"等规定。

第7.0.4条 根据工人师傅反映和一些工厂（例如上海某厂等）的测定，乙炔发生器排渣时有大量乙炔随渣排出，为了减少乙炔泄到站内并产生积聚，本规范推荐在站内的一段排渣管（沟）采用管道或加盖。

第7.0.5条 由于电石渣水中含有各种有害杂质，且硫化物、氰化物和碱度等一些杂质的含量，一般都超过了国家标准规定的数值，为保护地下水源不受污染，根据《中华人民共和国环境保护法（试行）》、《建设项目环境保护设计规定》及《工业"三废"排放试行标准》等规定，严禁采用渗井、渗坑、裂隙或漫流等手段排放有害工业废水。

第7.0.6条 由于电石入水式乙炔发生器加料时，电石破碎时以及放料时，在乙炔发生器加料口、电石破碎处及放料口均有大量电石粉尘飞扬。

例如，上海第一钢铁厂于1986年12月6日测定如下：

在乙炔发生器加料口（距加料口约2m，无除尘设备）和电石破碎处（距破碎机料口约3m，有除尘设备）以及电石破碎机放料口（距放料口约2m，无除尘设备）空气中电石粉尘的平均含量分别为13.5、8.5、225mg/m³。

又例如，上海某造船厂于1986年12月22日测定如下：

在乙炔发生器加料口（有除尘设备）和电石破碎经布袋除尘器后管道内（单级除尘）空气中电石粉尘的平均含量分别为4.5、4.8mg/m³，而国家现行有关规范规定如下：

《工业"三废"排放试行标准》规定废气排出口有害物质排放量（或浓度）不得超过如下规定：生产性粉尘第一类为100mg/m³；第二类为150mg/m³。

《工业企业设计卫生标准》规定车间空气中有害物质的最高容许浓度如下：

生产性粉尘其他类为10mg/m³。

由上述比较可见，当无除尘设备时，废气排出口有害物质的排放量及车间空气中有害物质的最高容许浓度均超过标准，而有除尘设备时，则室内有害物质浓度及废气排出口有害物质浓度均可符合现行有关标准的要求。

第7.0.7条 乙炔站内产生噪声的常用设备主要有：电磁振动加料器、水环式乙炔压缩机、颚式破碎机、活塞式乙炔压缩机等。

常用设备噪声的声级如下：

	A声级（dB）
1. 颚式破碎机	104
2. Z_2-0.67/25型活塞式乙炔压缩机	72.5［按技术条件为 ≤85dB（A）］
3. 电磁振动加料器	
4. 水环式压缩机	
5. 2V0.42-1.33/1.5乙炔压缩机	82

国家标准《工业企业噪声控制设计规范》规定为：

工业企业厂区内各类地点的噪声A声级，按照地点类别的不同，规定生产车间及作业场所（工人每天连续接触噪声8h）不得超过90dB。

对于工人每天接触不足8h的场合，可根据实际接触噪声的时间，按接触时间减半，噪声限制值增加3dB（A）的原则确定其噪声限制值。

由此可见乙炔站内个别设备产生的噪声超过标准。

第八章 采暖和通风

第8.0.1条 本条中规定的严禁明火采暖区内的各间也包括值班室、生活间、电气设备间等正常介质场所，这是根据现行的国家标准《建筑设计防火规范》规定的，此区间内有明火是危险的。如秦皇岛某厂的乙炔站用火墙采暖，由于火墙产生裂缝而引起发生器间内的乙炔空气混合气的爆炸；又如无锡北郊某厂聚氯乙烯车间因设备检修时的疏忽大意，使聚乙烯漏入正常介质场所（休息室）因吸烟而引起爆炸事故。因此为了生产安全，这类房间与明火保持一定距离是必要的。

根据现行的国家标准《建筑设计防火规范》的规定，对于散发有机粉尘、可燃粉尘、可燃纤维的厂房，对采暖热媒的温度是有限制的，即热水采暖不应超过130℃，蒸汽采暖不应超过110℃，而乙炔站内各房间散发的主要是电石粉尘，属不可燃性粉尘，故乙炔站对采暖热媒的温度不作特殊的要求。

电石库、中间电石库和电石破碎间不采暖，一方面，主要考虑工业企业内集中采暖均以蒸汽或热水为热媒，采暖设备万一漏水而与电石化合会产生乙炔。另一方面，电石库除了搬运电石外，其余时间无人出入，且电石不怕冻；中间电石库为中转场所，人员仅1～2人，也不是专职工人，由发生器工兼，停留时间也很短；电石破碎间的工作时间也不长，因此为安全起见，规定不采暖。

第8.0.2条 集中采暖指由锅炉房集中供热的采暖，对于采用火炉、火盆、电炉等分散热媒采暖不属于集中采暖的范围。对于非集中采暖地区的工业企业，不受本条的限制。

乙炔站各房间采暖温度确定的原则如下：

一、乙炔压缩机间、灌瓶间、乙炔汇流排间等为高压生产系统。为保证生产的正常进行，在冬季必须保证室内有一定的温度，乙炔的水结晶体才不至于析出而堵塞管道。乙炔水结晶体析出时，其压力与温度的关系如表8.0.2。

表8.0.2　乙炔水结晶体在平衡状态时温度与压力的关系

压力(MPa)	1	1.5	2	2.5	3.2	在任何压力下都不出现结晶体
温度(℃)	5.5	9	12	13.5	15	16 以上

灌瓶乙炔压缩机的工作压力为2.5MPa（即生产系统的最高工作压力），故本条规定15℃为采暖温度的要求，在生产上是安全的。

对于中、低压气态乙炔站生产系统的各房间，如发生器间，主要是考虑操作人员在此工作为改善劳动条件，采暖温度也同样规定为15℃。

二、此项房间的工作人员不多，停留时间短，但由于实瓶间、空瓶间共处于同一建筑物内，虽有墙隔开，但彼此之间有较大的门洞相通。为了保持灌瓶间的温度稳定，提高了空瓶间、实瓶间的采暖温度，以减少与灌瓶间之间的温度差是必要的。

三、此项各房间没有专职人员，其工作由其他工种兼管。由于人员少，停留时间短，其室内温度以不影响设备的正常运行即可，如贮气罐间的采暖温度仅为防止湿式贮气罐水封不冻结和保护设备考虑的。

第8.0.3条 根据现行的国家标准《采暖通风与空气调节设计规范》的规定：对于放散大量粉尘或防尘要求较高的车间，应采用易于清除粉尘的散热器。乙炔站发生器间散发的主要是电石粉尘，可不受此限制，但为了不影响散热器的散热效果和防止在非采暖季节或雨季潮湿时减少室内乙炔的散发源，本规范作了此规定。

第8.0.4条 本条规定的目的是防止气瓶的局部受热，使瓶内乙炔的压力升高发生事故。根据有关资料介绍，如气瓶温度升高到56℃时，瓶内的丙酮沸腾，乙炔从丙酮中大量释出，瓶内的乙炔压力急剧升高。如当温度升高到100℃时，瓶内压力为20MPa；当温度升高到200℃时，瓶内压力增到28MPa。乙炔瓶的水压试验压力仅为6MPa。为此，气瓶的受热温度一般不超过40℃。

第8.0.5条 沈阳某机械厂的乙炔水封间，因为没有通风设施，并且门窗关闭，使漏出的乙炔积聚而发生爆炸。又如北京某厂的乙炔发生器间，由于天冷门窗关闭，通风不良而引起爆炸事故。为此，对于乙炔站有爆炸危险的房间进行全面通风是保证安全生产的重要措施之一。本条提出的通风量的要求主要是考虑泄漏于室内的乙炔能及时地排放至室外，使室内不致形成爆炸性混合气体，保证安全生产。

乙炔生产系统中乙炔的泄漏量、室内的换气次数与室内乙炔浓度的情况见第6.0.2条说明。

乙炔的泄漏量为设备生产能力的10%～20%（在正常情况下仅为1%～2%）时，按3次通风量考虑，室内乙炔浓度仅为爆炸下限2.3%的1/4～1/2或更低。同时考虑要有一定的安全系数，即在室内外温度差小、风速低时，仍能保证室内有良好的通风。对于不同厂房由于泄漏量不同，可采用3次或更多次的通风，如发生器间和灌瓶间可提高通风换气次数，使之更好地保证生产的安全性。

第九章　乙炔管道

第9.0.1条 乙炔管道的流速需要加以限制，以防止发生静电火花而引起乙炔的爆炸。引爆乙炔所需能量的大小与乙炔的压力有关。不同压力下，乙炔的允许流速也可不同。一般是压力愈高允许流速愈小。根据苏联1970年出版的《乙炔生产》一书称：乙炔在0.5MPa时，引爆能量为0.018mj；当管道输送0.5MPa以下的乙炔时，由于静电而引起的危险，实际上是没有的，但是为了安全起见，不论初压多大，都应防止静电的产生和积聚，对0.5MPa以上的则更应注意。

有关乙炔在管道内的流速，苏联1959年在《乙炔站》一书中表35的规定见表9.0.1。

表9.0.1　乙炔在管道内的流速

管道名称	压力范围（MPa）	允许流速（m/s）
外线管道	0.01 到 0.15	8
	0.01 以下	4
站内管道	0.01 到 0.15	4
	0.01 以下	2

表中站内乙炔管道的流速，所以比站外的低，是考虑到防止渣水从发生器内带出。

本规范规定的最大乙炔管径不超过 $\phi 80mm$，对中压乙炔在管内的流速修改为不宜 $>8m/s$。

对高压乙炔在管内的流速修改为不宜 $>4m/s$（原规定为"不应"），这主要考虑限制管径必须严而限制流速其次，允许稍有选择。根据是结合当前国内外一些实际情况而定，诸如瑞典 AGA 公司的高压乙炔管道的流速经核算为 $6\sim 10m/s$。

根据苏联《乙炔站》一书规定：高压乙炔管道的管径，不得超过 20mm，流速为 $2\sim 4m/s$。

厂区及车间的乙炔管道（即外线管道）的上限流速 8m/s 是指车间管道末端（即压力最低处）的最高实际流速。鉴于乙炔在管内流动时有摩擦损失和因厂区管道爆晒或冬季伴随保温使乙炔升温，致使乙炔体积增大、流速增高，因此在厂区管道内的乙炔流速，就应取得低一些，另外在设计时，还应考虑到扩建和用户的增加，所以在设计时，不要采取上限流速，使管道的输送能力留有余量。

第 9.0.2～9.0.4 条

一、乙炔压力等级的划分：

低压 $\leq 0.02MPa$；中压 $>0.02\sim \leq 0.15MPa$；高压 $>0.15\sim 2.5MPa$。欧洲国家在 1978 年以后均统一为以上的压力等级，其他大多数国家均按以上等级划分，由于在 0.02MPa 以下的乙炔，不易产生分解，故定此压力作为低压等级。

各国乙炔压力分等如下：

苏联 1978 年标准 ≤ 0.02（低压）$>0.02\sim 0.15MPa$（中压）$>0.15MPa$（高压）（ГOCT5190—78）。

德国 TRAC—82 标准 $\leq 0.02MPa$（低压）$>0.02\sim 0.15MPa$（中压）$>0.15MPa$（高压），欧洲其他国家也相同。

二、乙炔气是一种易燃易爆的气体，它不但与空气或氧混合可产生氧化爆炸，而且纯乙炔在一定条件下，其自身还能产生分解爆炸。而爆炸又可分为爆燃和爆轰。爆燃的爆压一般可达其初压的 13 倍左右（绝对压力），而爆轰的爆压可达其初压的几十倍，其反射压力则更高，所以乙炔管道的管材选择，要考虑到其耐爆的强度。

苏联 1950 年出版《乙炔生产规范》第 167 条规定"除安装在乙炔站内的管道外，所有的乙炔管道都应用无缝钢管制造⋯⋯"。第 168 条规定："高压管道应用不锈钢管"。

1951 年苏联氧气工厂设计院《工厂焊接加工金属用的乙炔和氧气管道安装暂行技术规范》中第 4 条也规定："车间之间和主要车间的乙炔管道采取 10 号钢或 20 号钢的无缝钢管（按 ГOCT301—50）和采用瓦斯管（按 ГOCT3262—46），通向焊接台和切割台的管道分支管用 $\phi \frac{1}{2}''$瓦斯管制造。"

在 1954 年苏联《各企业氧-乙炔制造及金属火焰加工的工业卫生及技术安全条件》第 260 条规定："所有乙炔管不论干管或车间的中压乙炔管都应用 ГOCT301—50 的无缝钢管制造，其壁厚不小于 4mm，而地下管道不小于 5mm"。

1961 年我国公安部七局编写的《乙炔站防火措施（草案）》第 24 条曾规定："乙炔管道应采用无缝钢管，工作压力超过 0.15MPa 的乙炔管，最好采用不锈钢管，0.01MPa 以下的乙炔管如采用无缝钢管有困难，可用有缝钢管"。

我国在 1956 年国家建委颁发的《建筑安装工程施工及验收暂行技术规范》中，外部管道工程第 9 条规定"氧气和乙炔管道，一律使用无缝钢管"。

在这次编制《乙炔站设计规范》中，还参阅了美国和日本等国的资料（参见本规范组编《参考资料汇编》1974 年第 2 期和第 4 期），并调查了我国国内乙炔管道的实际使用情况，除有个别乙炔站内的乙炔管道，用不锈钢管和部分低压乙炔管道用有缝钢管（即焊接钢管）外，其余高、中、低压乙炔管道均采用无缝钢管，管子强度高、完整性好、不易破裂和漏气，使用情况是较满意的。所以在这次规范中，推荐采用 A_3 号钢或 20 号钢的无缝钢管（YB 231—70）。

但是在无缝钢管供应困难的情况下，部分低压乙炔的管道或不大于 $\phi \frac{1}{2}''$ 的支管，也可以采用焊接，但不要镀锌的焊接钢管（俗名白铁管），因锌与乙炔接触后起化学作用可生成易引爆的乙炔盐类物质。对管壁的厚度应考虑到有承爆的足够厚度。

三、中压乙炔管道的管径限制和管壁厚度。中压乙炔管道的管径，苏联、东欧和日本都限制为不超过 50mm。如苏联《乙炔生产》一书及（日）数森敏郎著《高压瓦斯技术便览》一书，都是根据吕玛斯克（Rimarski）的试验结果（见表 9.0.2.1）确定的。

这个试验结果引出乙炔分解爆炸的临界管径公式如下：

①爆燃分解的临界直径 $D_1 = 157P^{-1.82}$。
②爆轰分解的临界直径 $D_2 = 240P^{-1.82}$。

表 9.0.2-1 乙炔管管径对分解爆炸的影响

管 径 (mm)	有 无 爆 炸
50	乙炔压力在 0.2MPa 绝对压力下没有爆炸
100、200、300、400	乙炔压力在 0.14～0.16MPa 绝对压力下产生爆炸
430、450	乙炔压力在 0.13MPa 绝对压力下没有爆炸

注：这个试验是用 30m 长管子，水平放置的 3 根 0.15mm 的铂丝通过 15A 的电流点火，使管内的纯乙炔爆炸。

根据此公式计算，当乙炔压力 $P=0.2$ MPa 绝对压力，$D_1=44.5$ mm，$D_2=68$ mm，因此他们认为乙炔管道其内径在 50mm 以内时，不会产生爆轰，只能产生爆燃，其最大爆压为乙炔初压的 11～13 倍，以此作为设计乙炔管道强度的计算依据，并以此爆压为静压考虑。而对爆轰则不予考虑，认为若根据爆轰的爆压来计算管子的壁厚是没有经济价值的。所以苏、日将乙炔管道内径的临界值定为 50mm。

从美国等一些国家的有关资料看，乙炔管径并不以 $\phi50$ mm 加以限制，而是在水压试验时，根据乙炔的初压，规定了不同的水压试验的压力。如 1972 年美国《国家防火标准》（氧、乙炔部分）。

从以上可知，国外对乙炔管道的管径选择并不是一致的。关键在于乙炔在管内爆炸的特性，我们认为 Rimarski 的试验是一个方面，仅是管内的纯乙炔由于热能引爆的情况。而我们使用乙炔是与氧混合燃烧作焊接、切割与金属的火焰加工，这就有一个回火问题。回火时可能先使氧、乙炔混合气在管内首先爆炸，再引起管内后面的纯乙炔二次爆炸——即所谓的阶式爆炸，这种情况就与 Rimarski 的试验不一样了。为了掌握乙炔管道的阶式爆炸的特性，我们专门组成了一个"乙炔管道爆炸试验小组"，从 1974 年、1976 年到 1977 年 3 年的试验中，对管径为 DN32、50、65、80 及 100mm 5 种管子共作乙炔管道阶式纯乙炔分解爆炸 172 次，氧、乙炔混合气爆炸 465 次（数据见 1978 年 6 月一机部第一设计院"乙炔管道爆炸试验数据记录表"），取得数据 1138 个。

其中，当乙炔初压为 0.15MPa 表压时，其最大爆炸压力如表 9.0.2-2：

为了掌握在快载（正压作用时间 $t_{效}=10-25$ ms）情况下，钢管的破裂极限强度与水压试验时的破裂极限强度的差别，我们又分别作了试验，管材全用 25# 钢的 DN80 无缝钢管，管壁厚度为 t mm 时，试验结果分别如下（见表 9.0.2-3，表 9.0.2-4）。

表 9.0.2-2　中压乙炔管道爆炸试验最大爆炸压力数据表

公称管径 (mm)	管子外径 (mm)	管壁厚度 (mm)	氧、乙炔混合气爆炸压力 MPa				纯乙炔阶式分解爆炸压力 MPa			
			试验编号	入射压力	试验编号	反射压力	试验编号	入射压力	试验编号	反射压力
32	38	4	74245	11.9	74245	18.9	74255	9.0	74256	33.4
50	57	4	74238	12.5	74238	27.7	77176	11.7	77181	39.0*
65	76	4	74216	15.0	74281	32.6	74297	11.7	76044	174.8*
80	89	4	77157	20.4	74267	31.4	77335	17.4	77333	86.2
100	108	5	74269	15.6	74271	38.1	74288	9.9	74288	114.4*

注：上表中入射压力是 30m 试验管的当中部位所测得的爆压，反射压力是试验管末端端头处测得的压力。数据上有 "*" 者为用 BPR-10 型 50.0MPa 的探头测得的数值乘上与 YY1 探头的对比系数后的数值（BPR-10 型 50.0MPa 的探头有缺点）。

表 9.0.2-3　薄壁管爆破试验结果

试验编号	薄壁管号	壁厚 t (mm)	P_H（爆压）MPa	爆破情况	备注
77149	4c	0.58	15.0	未破但有塑性变形	1. 一共作了 8 次试验，这是其中的 2 次结果
77213	4d	0.64	16.8	破	2. 经计算 σ_b 动 $=2100$ N/mm²

表 9.0.2-4　钢管水压试验破裂结果

薄壁管号	壁厚 t (mm)	P 静 (MPa)	σ_b (N/mm²)	备注
1A	1.06	7.0	283	1. 试验钢管的 σ_b 的平均值为 310N/mm²
4C	1.6	13.5	337	2. 25# 钢的 $\sigma_b=400$ N/mm²

从上面结果可知，爆压是一个冲击载荷，不能以爆压直接当静载来计算，而应用等效静载的方法来计算，根据上列试验数据计算出等效静载总系数 $f=0.67$，因此在乙炔管内爆压冲击载荷作用下，钢管的安全壁厚 t 可按下式求之：

$$t=\frac{P_H D}{2\sigma_b}\times f\times A+c_1 \text{(mm)}$$

式中　P_H——冲击载荷作用的压力峰值（MPa）；

　　　D——管内径（mm）；

　　　A——安全系数；

　　　c_1——裕量（mm）；

　　　σ_b——管子材料的强度极限（N/mm²）；

　　　f——等效静载总系数=0.67。

式中 P_H 可取氧、乙炔混合气爆炸的入射压力（即爆压），见表 9.0.2-2。

从试验的总数据中，可看出一般正常的反射压力，氧、乙炔混合气爆炸时为入射压力的 2～3 倍，纯乙炔阶式分解爆炸时为入射压力的 3～4 倍，但纯乙炔阶式分解爆炸的反射压力有时出现特高压，甚至是入射压力的 10 多倍，所以反射压力不稳定，而且反射压力仅在管中的死端点上产生。所以用仅在死端点上产生的高反射压力来作为整个管道强度的计算数据是不合理的，而是应避免有死端点，不让高的反射压力产生。从试验的数据看，大管径的爆炸压力比小管径的爆炸压力要大些。反射压力衰减也比较快，例如特高反射压力在死端点出现时，在离死端点 13cm 处测得其压力已衰减与正常反射压力相近了。试验管道本身（薄壁管除外）虽经数百次的试验，承受了爆炸压力，并无破裂飞片的情况，只有 $D_N=65$ 和 $D_N=80$ 管子，当承受特高反射压力时，有几次管端的焊缝被爆裂（因为在现场用气焊焊的，质量较差）。所以我们认为 $\phi 50$ 以上的乙炔管道应避免有死端点或盲板，而对乙炔管道的焊缝一定要保证优质。这样 P_H 取氧、乙炔混合气的爆压是比较合理的。

式中乙炔管径 D 的限制。从我们试验中看，由于乙炔管道是供氧乙炔陷加工金属，存在着回火情况，而回火首先是氧、乙炔混合气的氧化爆炸，并可能再引起管内纯乙炔的分解爆炸，这些爆炸一般为爆燃，但也可造成爆轰，例如在我们的试验中，多发生为爆轰，所以当管中乙炔产生阶式分解爆炸，一般均为爆轰，所以我们认为管子只要有足够的强度，能承受管内乙炔爆轰的冲击载荷就行。所以在这种情况下，临界管径 $\phi 50mm$ 的限制不是绝对的，因为在我们的试验中，事实是经常出现爆轰。当然管径愈大爆轰压力比小管的要大些，所以大管的管子强度要求就更高些，即壁厚要厚些，这就要取一个比较经济合理的界限，由于我们试验条件的限制，$\phi 108\times 5$ 的无缝钢管作的数据不多，又考虑到供氧、乙炔焰于金属加工和乙炔的需要量，在现阶段暂取为不超过 $\phi 80$ 的乙炔管道，是安全经济合理的。

式中安全系数 A 可取 2.5。因为公式中是以材料的强度极限来计算的。另外，在薄壁管的爆破试验中，如试验编号 77140、77143、77149 及 77150 次中，虽管壁没有破裂，但也产生了塑性变形，所以为了防止塑性变形应该有一安全系数。在试验中也可看出，30m 试验管子，虽经数百次爆炸试验，但基本完好。所以安全系数采用 2.5 是足够安全的。

式中管子壁厚裕度 c_1 是只考虑计算出的安全管壁厚度，在选择常用无缝钢管时的余量，这个余量在小管时较大，大管较小，约在 0.45～2mm 之间，因此当此管道架空敷设时，尚可作为腐蚀裕度，而当此管道埋地敷设时，作为腐蚀裕度就不够了，尤其是 $\phi 50$ 以上的管子，所以应该根据土壤的腐蚀性增加管子的耐腐蚀的裕度，对于小管也至少加 0.5mm。所以本规范中所列的管子壁厚是最小壁厚。

四、中压乙炔管道上用的阀门附件，如 $\phi 50mm$ 及其以下，以前选用旋塞（$P_N=1.0MPa$）和截止阀（$P_N=1.6MPa$）使用情况较好，所以本规范未予变动，但现在中压乙炔管道的管径放大到 $\phi 65$ 和 $\phi 80$ 后，阀门的公称压力如何选用，我们试验组也专门作了试验，试验是将阀门安装在 30m 长试验管的终端，首先用 3000V 高频振荡点火器点燃氧、乙炔混合气，产生氧化爆炸后使管内 0.15MPa 的纯乙炔产生阶式分解爆炸，阀门的型号为 $\phi 80$ 的 J41T—16 和 J41T—25 两种，试验结果如表 9.0.4 所示。

表 9.0.4　阀门耐爆强度试验数据

试验编号	阀门型号	初压(MPa)	端点反射压力(MPa)	炸破情况
77221	J41T—16	0.145/0.145	43.2*	炸破
77222	J41T—16	0.15/0.08	24.0*	未破、冒火
77314	J41T—16	0.15/0.15	32.9	炸破
77335	J41T—25	0.125/0.15	48.8*	冒火、未破
77337	J41T—25	0.15/0.15	33.6*	无损
77339	J41T—25	0.12/0.15	26.8*	冒火

注：① 有"*"者为 BPR—10，50MPa 的探头测出后乘以对比系数 4 的数据。第 77314 次的数据为 YD 型晶体探头测得的数据。
② 初压栏内分子为氧化爆炸的初压，分母为纯乙炔爆炸的初压。

从上表中可以看出 $D_N=80$ 的 $P_N=1.6MPa$ 的灰铸铁截止阀（J41T—16）被炸破两次，而 $P_N=2.5MPa$ 的可锻铸铁截止阀（J41T—25）虽经 3 次爆炸，并无损伤，所以根据这种情况，规范定为 $D_N=65$ 和 $D_N=80$ 的阀门应采用 $P_N=2.5MPa$ 的可锻铸铁阀门。

为了使盲板效应低一些和密闭性好，在乙炔管道上，不应采用水道上用的闸阀。

五、高压乙炔管道的管径限制和管壁厚度。苏联标准最大管径限制为 20mm，国外乙炔站设计中实际采用的高压管径基本近于 20mm，如瑞典 AGA 公司采用的最大高压管径为 18mm，美国 REXARC 公司采用的 3/4″，本规范等效采用为 20mm。

高压乙炔管道的壁厚是根据德国 TRAG 法规及瑞典 AGA 公司等的资料的规定，即高压乙炔管道应能承受乙炔分解爆炸时的压力，实际管道水压试验压力采用为 30MPa。

管壁厚度是经如下计算后采用的，即：

$$壁厚\ S = S_Y + c = \frac{P \cdot W_s}{2[\sigma] + P} + c$$

式中　S_Y——管壁厚度（mm）；
　　　P——乙炔分解爆炸压力（MPa）（实际为水压试验压力为 30MPa）；
　　　W_s——管内径（mm）；

$[\sigma]$——许用应力（N/mm²）；

c——腐蚀裕度（mm），$c=0.11S_Y+1$。

10号钢管材额定许用应力$[\sigma]=120$N/mm²。

则 $S=\dfrac{30W_s}{2\times120+30}+c=\dfrac{3}{27}W_s+c=0.11W_s+c$

六、高压乙炔管道上用的阀门附件，根据德国TRAC法规，瑞典AGA公司以及美国NFPA法规都采用较高压力等级的阀件，因此根据承受强度试验压力为30MPa的基础上，本规范将高压管道的阀门附件的压力等级修改为25MPa（公称压力）。

第9.0.5条 乙炔管道的静电接地，目的是消除管内由于气流摩擦产生的静电聚集。接地装置的作法，是参照1983年《化工企业静电接地设计技术规定》(CD 90A3—83)提出的。

根据现行的国家标准《工业管道工程施工及验收规范—金属管道篇》（本说明中以下简称"施工规范"）第五章第十二节要求，提出法兰或螺纹接头间应有跨接导线要求。

第9.0.6条 排水坡度的作用主要是在气流不流动或很慢流动时，使气体中析出的水份能沿管壁流入集水器，防止管内积水造成水塞。日本和国内的一些设计院（例上海某设计院）有把管道设计成无坡度的，所以国内外的作法也不一样。管道的排水坡度，以前一般顺坡0.003，逆坡0.005，在实际施工时都很难准确。乙炔管道直径较小，横断面不大，设有坡度为好。对坡度的要求，为了方便施工，宜在0.003以上。

第9.0.7条 当架空乙炔管道必须靠近热源，敷设在温度超过70℃的地方时，应采取隔热措施。以前苏联的规定也不统一，如1951年苏联国立氧气工厂设计院《工厂焊接加工金属用乙炔和氧气管道安装暂行技术规范》中第66条规定："乙炔管道应与没有设防的火焰、烧红的物体和其他热源有一定的距离，以便使管壁的温度不超过35℃"。在我国南方，厂区架空的乙炔管道，由于太阳辐射热的照晒，管壁温度就可达到60℃左右，而且还不是局部的，所以不适合我国具体情况。1958年苏联《乙炔管道的试验及装置规定》一书第7条要求"乙炔管道可与低压蒸汽管（温度到150℃）伴随一道保温"。两者也不一致。日本"高压气体协会志"第21卷第6号（1957年8月）一期中转介了德国乙炔管理规则（3）第11条规定，着火源（2）、明火（例无罩的灯火、焊接、切割一类的火焰、炉子）灼热的东西及225℃以上的热物体（注：相当于乙炔着火温度335℃的2/3）是被禁止的。"当然乙炔在管中输送时，温度愈低愈安全，局部温度升高，不但降低了爆炸下限，而且增加了流速，对安全不利。最理想情况是乙炔管道在出站前先冷却到35℃，并一直保持此温度。但根据实际情况，夏天曝晒，冬天保温都达不到这个要求。我们参考了1974年全国溶解乙炔站经验交流会纪要规定："中压乙炔发生器（水入电石式）内乙炔温度不应大于90℃，乙炔压缩机各级排气温度不应超过90℃。"为了安全起见，我们规定管壁严禁超过70℃，否则应采取隔热措施。

根据上述情况，乙炔管道一年之内温差还是变动不小的，所以应考虑热补偿的问题。

第9.0.8条 乙炔为易燃易爆气体，在空气中只要含有2.3%～80.7%的乙炔气，只要有一个很小的火花（0.02mj的能量）就会引爆，而且爆炸的威力很大，所以要特别注意。从我们调查了解的事故中（见《氧、乙炔站设计规范参考资料汇编》第11期《乙炔站包括瓶及管道爆炸事故及其分析专辑》），由于乙炔管漏泄乙炔，流入室内引起爆炸的事故还是比较多的，而且还非常严重，甚至有的还造成人身事故。如某重机厂铸钢清理车间生活间（设在厂房的披屋内），由于在其地面下的乙炔管道漏出乙炔，充满室内，在检修翻改时，焊渣落下引起爆炸，当场死去8人。所以一定要严格要求，严禁乙炔管道穿过生活间或办公室，并不应通过不使用乙炔的建筑物和房间。

第9.0.9条 架空敷设的乙炔管道，包括厂区及车间内的，除单独敷设外，允许与其他哪些管道共架的问题，在苏联规范中既不统一，也不明确。1951年苏联国立氧气工厂设计院《工厂焊接加工金属用的乙炔和氧气管道安装暂行技术规范》中第12条："乙炔管道在线路平面上，不能与其他管网和电缆一起敷设，其目的在于防止修理其中一条管道时，不致引起其他管道的损坏。"某机部某设计院当时的苏联专家写的《氧气站、乙炔站设计标准》，对乙炔管道敷设在车间内。要求氧、乙炔管道各有单独的支架；在厂区允许氧、乙炔管与其他管道共柱，而氧、乙炔管要敷设在其他管道之上，并有单独的托架。这与后来1970年苏联《乙炔生产》一书中厂区的乙炔管道可单独或与其他气体管道共一栈桥（支柱）敷设是一致的。在《乙炔生产》一书中提出，"乙炔管道应布置在支柱顶层，与氧、氢等有爆炸和易燃气体或与有腐蚀的液体管道应分别设置，与蒸汽和热力管道可敷设在同一栈桥上，但必须避免乙炔的局部过热。"上述各标准规范说法不完全统一。乙炔管道有其爆炸的特性，应从这个主要矛盾考虑其共架问题，例如氯气与乙炔气混合，则非常容易引起爆炸，所以禁止一起敷设。为了防止检修其他管道时，焊接火花落在乙炔管道上发生危险，所以规定乙炔管道在其他管道上面敷设，并规定了与其他管道应有250mm的净距。除氯气以外的不燃气体管道、压力1.3MPa以下的蒸汽管和热水管道，给水管道以及同一使用目的的氧气管道，无论是车间内或厂区的，可以共架敷设。有些工厂已是这样用了多年无问题，如沈阳某机器厂焊接车间的**乙炔管与热水管和压缩空气管共架**。沈阳某厂厂区氧、乙炔管道平行共架也用得很好。哈尔滨某厂焊接车间内给水、蒸汽、凝结水、氧气、乙炔管和压缩空气管都上下共架，并无问题。所以，只要保证了净距，有单独的支座也保证了其牢固性，车间与厂区在上述条件下是可以共架。但除上述条件以外的管线，厂区与车间也有不同之处，这体现在附录的距离中，可参见附录一、二、三。

第9.0.10条 乙炔站和使用乙炔的车间内的乙炔管道：

一、沿墙或柱子架空敷设，以前对其高度的要求不统一，有的规定不小于2m，有的为2.2m或2.5m。本规范只提出乙炔管道不应妨碍交通和维修的要求。与其他管道之间的净距可参照附录二。

如不能架空时，可单独或与供同一使用目的的氧气管道敷设在用非燃烧材料制成的不通行地沟内。盖板严禁用木制。为了防止氧、乙炔泄漏在地沟内聚集发生爆炸，所以在沟内必须填满砂子，砂子一定要填满到与盖板相接触，不要有空隙。而且地沟严禁与其他地沟、沟道相通，尤其是排水道等，因为乙炔漏入上述沟道往往引起严重爆炸事故（事故情况见本规范组编制的《氧、乙炔站设计规范参考资料汇编》第11期《乙炔站包括乙炔瓶、管道爆炸事故及其分析专辑》）。

二、岗位回火防止器应是每个焊割炬配置一个，以保证一个枪回火时，不影响或尽量减少影响别的使用点，以达到正常生产。尤其是有些用气点多，如船厂，往往一个用气点，甚至有20或40多个接头，这种情况宜将此用气点先装一个中央水封，而后每个接头上装一个回火防止器，以保证安全。

岗位回火防止器是否需要设保护箱的问题，看法是不一致的。因保护箱如通风不良，有时反而会出事故。但设有通风良好的保护箱，优点有：①防止上面掉下的焊接火花。②防止机械撞击。③防止非焊工乱开乙炔阀门。④在露天安装时防止雨雪和太阳曝晒等。尤其在室外的岗位回火防止器，更有需要。因此根据安装的具体地点在设计时考虑，规范中未作具体规定。

三、车间的乙炔管道进口处装设的中央回火防止器，以前按苏联规定为：当车间内有10个用气点以上时才装设。当然用气点愈多，回火爆炸的机会也愈多，但对每一把焊割炬来说，都有回火引爆的可能。例如上海某修造厂，1974年8月31日锻工车间一焊枪回火引起本车间3个岗位水封和另一船体车间内的4个岗位水封的防爆膜破裂，乙炔管道也有一小段 $\phi 1\frac{1}{4}''$ 管炸裂，其他工厂也有类似情况发生。这就说明，若有中央回火防止器，则事故就可以限制在车间内，这样对减少损失和恢复生产有好处。反之如厂区乙炔管道有了事故，车间入口若有中央回火防止器就可不影响到该车间内。这在美国 C.E.P. 1973年4月号"乙炔爆炸分解事故"一文中介绍联碳公司在西佛吉尼亚州的一个化工厂的一次厂区乙炔管道大爆炸中也得到了证明。由于车间双向中央回火防止器的作用，免得影响到各车间，很快就恢复了生产。因此这对减少损失，迅速恢复生产都是有好处的，所以本规范规定：车间入口均应设有乙炔中央回火防止器。而这种中央回火防止器最好设计为两个方向都起止火作用的。

四、乙炔及其他管道穿过墙壁或楼板时，一般都应敷设在套管内，尤其对乙炔管道更应注意。在管道穿过墙壁或楼板时，不要使乙炔管道受到外加应力的作用，和严格防止乙炔漏入到其他房间。所以在乙炔管道与套管之间，应用柔性的非燃烧材料填塞，既能防止乙炔管道不受外力影响，又能提高密闭性。

埋地乙炔管道穿墙基或地坪时，在乙炔管道与套管之间要填入防水材料，以防渗水和漏气进入室内。

第9.0.11条 厂区乙炔管道架空敷设时：

一、对乙炔管道的支架，均应用非燃烧材料制作。乙炔管道有火灾危险，与国家标准《工业企业总平面设计规范》编制组协调后规定：只允许沿与乙炔生产或使用有关的车间建筑物外墙或屋顶上敷设，不允许沿其他建筑物敷设。

二、厂区架空敷设的含湿的乙炔管道，应不让其水份因冬季寒冷而冻塞，影响生产。防冻措施可依据具体情况而定，一般较寒冷的地区可采取保温措施。至于东北严寒地区甚至还要采取热力管伴随保温，苏联在1958年《对于金属火焰加工的乙炔生产》中第10条"乙炔管道可与低压蒸汽管道（温度不超过150℃）伴随一道保温。"并要求低压蒸汽管与乙炔管不要直接接触，其中留有间隙再一道保温。但对乙炔用温度近150℃的蒸汽管伴随保温是不够安全的，因蒸汽温度不易控制，容易造成乙炔过热。所以必要时必须用不超过70℃的热水管伴随保温或用干燥法将乙炔干燥后再输送比较安全。

三、为了防止乙炔管道上带电（感应电或短路）产生火花引起爆炸，电线一律不应与乙炔管道敷设在一起（乙炔管道专用的除外），应该分开支架敷设，其距离可参见附录一。

四、参照附录一。

第9.0.12条 厂区管道地下敷设分地沟敷设和直接埋地敷设两种，因为地沟敷设不够安全又不经济，所以本规范不推荐地沟敷设。本条的要求主要是对直接埋地而言。

一、管顶距地面的距离有的不小于0.6m（日本），有0.7m或0.8m的。我国在没有载重车辆经过的地方采用0.7m，实践也没有问题。所以在规范中采用一般不小于0.7m。如有重载的地面应进行负荷计算后再决定埋设深度。

二、乙炔管道敷设在冰冻层内时，应有防冻措施。同时还应考虑因地层温度变化会增加管道和附件的应力,而应考虑热补偿措施。

三、乙炔管道直接埋地敷设时,为了便于检漏,从沟底到管子上部高300mm的范围内不准回填冰土块、破砖乱瓦和石头等,避免形成空洞,积聚乙炔爆炸气,形成隐患。为了便于检漏,装设漏气检查点,所以沟内只能用松散的土或砂填平捣实直至管顶以上300mm后才可再一般回填。

四、阀门和附件宜直接埋地,是避免乙炔气漏入检查井内发生人身事故。如有必要设置检查井时,则应单独设置,并严禁其他管道直接穿过,以免乙炔气漏入到其他管内或沿其他管道外沿窜出,以保证安全。

五、土壤腐蚀等级分为五种,根据土壤最低比电阻(或电阻率)欧姆米来区分,苏联的分级方法如表9.0.12-1(我国现分为低、中、高三级)。

表 9.0.12-1　土壤腐蚀的分级

土壤腐蚀等级	低	中	较高	高	特高
土壤最低比电阻（欧姆米）	>100	100~20	20~10	10~5	<5

不同土壤腐蚀等级选用不同类型的防腐绝缘层,见表9.0.12-2。

表 9.0.12-2　防腐绝缘层的选用

土壤腐蚀等级	低和中(低)	较高和高(中)	特高(高)
防腐绝缘层类型	普通	强	特强

除上述情况下,还应考虑管道周围环境的情况(如杂散电流等)对管道的腐蚀。防腐绝缘层的材料和要求可参阅设计手册或标准图。

六、乙炔管道严禁通过烟道、通入地沟,是防止乙炔气漏入其中引起事故;靠近高于50℃的热表面,不但使乙炔升温非常危险,而且防腐层也会被破坏。所以必须禁止乙炔管道敷设在这些地方。

在建筑物、构筑物和露天堆场下敷设乙炔管也是非常危险的,乙炔管漏气后不便及时修理,一旦有了火灾更是互相影响,所以必须预先避免。

附录一～附录三

附录一～三的内容是与国家标准《工业企业总平面设计规范》编制组相互协调落实后制定的。

中华人民共和国国家标准

锅炉房设计规范

Code for design of boiler plant

GB 50041—2008

主编部门：中国机械工业联合会
批准部门：中华人民共和国建设部
施行日期：２００８年８月１日

中华人民共和国建设部
公　告

第 803 号

建设部关于发布国家标准
《锅炉房设计规范》的公告

现批准《锅炉房设计规范》为国家标准，编号为 GB 50041—2008，自 2008 年 8 月 1 日起实施。其中，第 3.0.3（3）、3.0.4、4.1.3、4.3.7、6.1.5、6.1.7、6.1.9、6.1.14、7.0.3、7.0.5、11.1.1、13.2.21、13.3.15、15.1.1、15.1.2、15.1.3、15.2.2、15.3.7、16.1.1、16.2.1、16.3.1、18.2.6、18.3.12 条（款）为强制性条文，必须严格执行。原《锅炉房设计规范》GB 50041—92 同时废止。

本规范由建设部标准定额研究所组织中国计划出版社出版发行。

中华人民共和国建设部
二〇〇八年二月三日

前　言

本规范是根据建设部建标〔2002〕85 号文《关于印发"2001～2002 年度工程建设国家标准制订、修订计划"的通知》要求，由中国联合工程公司会同有关设计研究单位共同修订完成的。

在修订过程中，修订组在研究了原规范内容后，以节能与环保为重点，特别对锅炉房设置在其他建筑物内的情况进行了广泛的调查与研究，并与有关部门协调，广泛征求全国各有关单位意见，经过征求意见稿、送审稿、报批稿等阶段，最后经有关部门审查定稿。

修订后的规范共分 18 章和 1 个附录，修订的主要内容有：

1. 蒸汽锅炉的单台额定蒸发量由原来的 1～65t/h 扩大为 1～75t/h；热水锅炉的单台额定热功率由原来的 0.7～58MW 扩大为 0.7～70MW；

2. 对设在其他建筑物内的锅炉房，对燃料、位置选择与布置、燃油燃气系统与管道、消防与自动控制、土建与公用设施及噪声与振动等特殊要求，在本规范中作了明确而严格的规定；

3. 调整并加强了节能与环保的条款；

4. 增设了"消防"篇章及调整了章节的编排。

本规范以黑体字标志的条文为强制性条文，必须严格执行。

本规范由建设部负责管理和对强制性条文的解释，中国机械工业联合会负责日常管理，中国联合工程公司负责具体技术内容的解释。

为不断完善本规范，使其适应经济与技术的发展，敬请各单位在执行本规范过程中，注意总结经验，积累资料，并及时将意见和有关资料寄往中国联合工程公司（地址：浙江省杭州市石桥路 338 号，邮编：310022，电子信箱：zhangzm@chinacuc.com 或 shihg@chinacuc.com），以供今后修订时参考。

本规范组织单位、主编单位、参编单位和主要起草人：

组 织 单 位：中国机械工业勘察设计协会
主 编 单 位：中国联合工程公司
参 编 单 位：中国中元兴华工程公司
　　　　　　中国新时代国际工程公司
　　　　　　中机国际工程设计研究院
　　　　　　中船公司第九设计研究院
　　　　　　上海市机电设计研究院有限公司
　　　　　　北京新元瑞普科技发展公司

主要起草人：史华光　章增明　舒世安　何晓平
　　　　　　李　磊　戴綦文　张泉根　王建中
　　　　　　熊维熔　叶全乐　王天龙　张秋耀
　　　　　　徐　辉　孔祥伟　陈济良　穆聚生
　　　　　　徐佩玺

目　次

1　总则 ················· 7—6—4
2　术语 ················· 7—6—4
3　基本规定 ················· 7—6—5
4　锅炉房的布置 ················· 7—6—6
　　4.1　位置的选择 ················· 7—6—6
　　4.2　建筑物、构筑物和场地的布置 ······ 7—6—7
　　4.3　锅炉间、辅助间和生活间的布置 ····· 7—6—7
　　4.4　工艺布置 ················· 7—6—7
5　燃煤系统 ················· 7—6—8
　　5.1　燃煤设施 ················· 7—6—8
　　5.2　煤、灰渣和石灰石的贮运 ········· 7—6—9
6　燃油系统 ················· 7—6—10
　　6.1　燃油设施 ················· 7—6—10
　　6.2　燃油的贮运 ················· 7—6—11
7　燃气系统 ················· 7—6—11
8　锅炉烟风系统 ················· 7—6—11
9　锅炉给水设备和水处理 ··········· 7—6—12
　　9.1　锅炉给水设备 ················· 7—6—12
　　9.2　水处理 ················· 7—6—13
10　供热热水制备 ················· 7—6—15
　　10.1　热水锅炉及附属设施 ············ 7—6—15
　　10.2　热水制备设施 ················ 7—6—15
11　监测和控制 ················· 7—6—16
　　11.1　监测 ················· 7—6—16
　　11.2　控制 ················· 7—6—18
12　化验和检修 ················· 7—6—19
　　12.1　化验 ················· 7—6—19
　　12.2　检修 ················· 7—6—20
13　锅炉房管道 ················· 7—6—20
　　13.1　汽水管道 ················· 7—6—20
　　13.2　燃油管道 ················· 7—6—21
　　13.3　燃气管道 ················· 7—6—22
14　保温和防腐蚀 ················· 7—6—22
　　14.1　保温 ················· 7—6—22
　　14.2　防腐蚀 ················· 7—6—23
15　土建、电气、采暖通风和给水排水 ····· 7—6—23
　　15.1　土建 ················· 7—6—23
　　15.2　电气 ················· 7—6—24
　　15.3　采暖通风 ················· 7—6—25
　　15.4　给水排水 ················· 7—6—26
16　环境保护 ················· 7—6—26
　　16.1　大气污染物防治 ·············· 7—6—26
　　16.2　噪声与振动的防治 ············ 7—6—26
　　16.3　废水治理 ················· 7—6—27
　　16.4　固体废弃物治理 ·············· 7—6—27
　　16.5　绿化 ················· 7—6—27
17　消防 ················· 7—6—27
18　室外热力管道 ················· 7—6—27
　　18.1　管道的设计参数 ·············· 7—6—27
　　18.2　管道系统 ················· 7—6—27
　　18.3　管道布置和敷设 ·············· 7—6—28
　　18.4　管道和附件 ················· 7—6—29
　　18.5　管道热补偿和管道支架 ·········· 7—6—30
附录A　室外热力管道、管沟与建筑物、构筑物、道路、铁路和其他管线之间的净距 ············ 7—6—30
本规范用词说明 ················· 7—6—31
附：条文说明 ················· 7—6—32

1 总则

1.0.1 为使锅炉房设计贯彻执行国家的有关法律、法规和规定，达到节约能源、保护环境、安全生产、技术先进、经济合理和确保质量的要求，制定本规范。

1.0.2 本规范适用于下列范围内的工业、民用、区域锅炉房及其室外热力管道设计：

1 以水为介质的蒸汽锅炉锅炉房，其单台锅炉额定蒸发量为 1~75t/h、额定出口蒸汽压力为 0.10~3.82MPa（表压）、额定出口蒸汽温度小于等于 450℃；

2 热水锅炉锅炉房，其单台锅炉额定热功率为 0.7~70MW、额定出口水压为 0.10~2.50MPa（表压）、额定出口水温小于等于 180℃；

3 符合本条第 1、2 款参数的室外蒸汽管道、凝结水管道和闭式循环热水系统。

1.0.3 本规范不适用于余热锅炉、垃圾焚烧锅炉和其他特殊类型锅炉的锅炉房和城市热力网设计。

1.0.4 锅炉房设计除应符合本规范外，尚应符合国家现行的有关强制性标准的规定。

2 术语

2.0.1 锅炉房 boiler plant
锅炉以及保证锅炉正常运行的辅助设备和设施的综合体。

2.0.2 工业锅炉房 industrial boiler plant
指企业所附属的自备锅炉房。它的任务是满足本企业供热（蒸汽、热水）需要。

2.0.3 民用锅炉房 living boiler plant
指用于供应人们生活用热（汽）的锅炉房。

2.0.4 区域锅炉房 regional boiler plant
指为某个区域服务的锅炉房。在这个区域内，可以有数个企业、数个民用建筑和公共建筑等建筑设施。

2.0.5 独立锅炉房 independent boiler plant
四周与其他建筑没有任何结构联系的锅炉房。

2.0.6 非独立锅炉房 dependent boiler plant
与其他建筑物毗邻或设在其他建筑物内的锅炉房。

2.0.7 地下锅炉房 underground boiler plant
设置在地面以下的锅炉房。

2.0.8 半地下锅炉房 semi-underground boiler plant
设置在地面以下的高度超过锅炉间净高 1/3，且不超过锅炉间高度的锅炉房。

2.0.9 地下室锅炉房 basement boiler plant
设置在其他建筑物内，锅炉间地面低于室外地面的高度超过锅炉间净高 1/2 的锅炉房。

2.0.10 半地下室锅炉房 semi-basement boiler plant
设置在其他建筑物内，锅炉间地面低于室外地面的高度超过锅炉间净高 1/3，且不超过 1/2 的锅炉房。

2.0.11 室外热力（含蒸汽、凝结水及热水，下同）管道 outdoor thermal piping
系指企业（含机关、团体、学校等，下同）所属锅炉房，在企业范围内的室外热力管道，以及区域锅炉房其界区范围内的室外热力管道。

2.0.12 大气式燃烧器 atmosfheric burner
空气由高速喷射的燃气吸入的燃烧器。

2.0.13 管道 piping
由管道组成件、管道支吊架等组成，用以输送、分配、混合、分离、排放、计量或控制流体流动。

2.0.14 管道系统 piping system
按流体与设计条件划分的多根管道连接成的一组管道。

2.0.15 管道支座 pipe support
直接支承管道并承受管道作用力的管路附件。

2.0.16 固定支座 fixing support
不允许管道和支承结构有相对位移的管道支座。

2.0.17 活动支座 movable support
允许管道和支承结构有相对位移的管道支座。

2.0.18 滑动支座 sliding support
管托在支承结构上作相对滑动的管道活动支座。

2.0.19 滚动支座 roller support
管托在支承结构上作相对滚动的管道活动支座。

2.0.20 管道支吊架 pipeline trestle and hanging hook
将管道或支座所承受的作用力传到建筑结构或地面的管道构件。

2.0.21 高支架 high trestle
地上敷设管道保温结构底净高大于等于 4m 以上的管道支架。

2.0.22 中支架 wedium-height trestle
地上敷设管道保温结构底净高大于等于 2m、小于 4m 的管道支架。

2.0.23 低支架 low trestle
地上敷设管道保温结构底净高大于等于 0.3m、小于 2m 的管道支架。

2.0.24 固定支架 fixing trestle
不允许管道与其有相对位移的管道支架。

2.0.25 活动支架 movable trestle
允许管道与其有相对位移的管道支架。

2.0.26 滑动支架 sliding trestle
允许管道与其有相对滑动的管道支架。

2.0.27 悬臂支架 cantilever trestle
采用悬臂式结构支承管道的支架。

2.0.28 导向支架 guiding trestle

允许管道轴向位移的活动支架。

2.0.29 滚动支架 roller trestle

管托在支承结构上作滚动的管道活动支架。

2.0.30 桁架式支架 trussed trestle

支架之间用沿管轴纵向桁架联成整体的管道支架。

2.0.31 常年不间断供汽(热) year-round steam (heat) supply

指锅炉房向热用户的供汽(热)全年不能中断,当中断供汽(热)时将导致其人员的生命危险或重大的经济损失。

2.0.32 人员密集场所 people close-packed area

指会议室、观众厅、教室、公共浴室、餐厅、医院、商场、托儿所和候车室等。

2.0.33 重要部门 important area

指机要档案室、通信站和贵宾室等。

2.0.34 锅炉间 boiler room

指安装锅炉本体的场所。

2.0.35 辅助间 auxiliary room

指除锅炉间以外的所有安装辅机、辅助设备及生产操作的场所,如水处理间、风机间、水泵间、机修间、化验室、仪表控制室等。

2.0.36 生活间 service room

指供职工生活或办公的场所,如值班更衣室、休息室、办公室、自用浴室、厕所等。

2.0.37 值班更衣室 duty room

指供工人上下班更衣、存衣的场所(非指浴室存衣)。

2.0.38 休息室 rest room

指在二、三班制的锅炉房,供工人倒班休息的场所。

2.0.39 常用给水泵 operation feed water pump

指锅炉在运行中正常使用的给水泵。

2.0.40 工作备用给水泵 standby feed water pump

指当常用给水泵发生故障时,向锅炉给水的泵。

2.0.41 事故备用给水泵 emergency feed water pump

指停电时电动给水泵停止运行,为防止锅炉发生缺水事故的给水泵,一般为汽动给水泵。

2.0.42 间隙机械化 interval mechanical

指装卸与运煤作业为间断性的。这些设备较为简易、实用和可靠,一般需辅以一定的人力,效率较低,如铲车、移动式皮带机等。

2.0.43 连续机械化 continuous mechanical

指装卸与运煤作业为连续性的。设备之间互相衔接,煤自煤场装卸,直至运到锅炉房煤斗,连接成一条不间断的输送流水线,如抓斗吊车、门式螺旋卸料机、皮带输送机、多斗提升机和埋刮板输送机等。

2.0.44 净距 net distance

指两个物体最突出相邻部位外缘之间的距离。

2.0.45 相对密度 relative density

气体密度与空气密度的比值。

3 基 本 规 定

3.0.1 锅炉房设计应根据批准的城市(地区)或企业总体规划和供热规划进行,做到远近结合,以近期为主,并宜留有扩建余地。对扩建和改建锅炉房,应取得原有工艺设备和管道的原始资料,并应合理利用原有建筑物、构筑物、设备和管道,同时应与原有生产系统、设备和管道的布置、建筑物和构筑物形式相协调。

3.0.2 锅炉房设计应取得热负荷、燃料和水质资料,并应取得当地的气象、地质、水文、电力和供水等有关基础资料。

3.0.3 锅炉房燃料的选用,应做到合理利用能源和节约能源,并与安全生产、经济效益和环境保护相协调,选用的燃料应有其产地、元素成分分析等资料和相应的燃料供应协议,并应符合下列规定:

 1 设在其他建筑物内的锅炉房,应选用燃油或燃气燃料;

 2 选用燃油作燃料时,不宜选用重油或渣油;

 3 地下、半地下、地下室和半地下室锅炉房,严禁选用液化石油气或相对密度大于或等于0.75的气体燃料;

 4 燃气锅炉房的备用燃料,应根据供热系统的安全性、重要性、供气部门的保证程度和备用燃料的可能性等因素确定。

3.0.4 锅炉房设计必须采取减轻废气、废水、固体废渣和噪声对环境影响的有效措施,排出的有害物和噪声应符合国家现行有关标准、规范的规定。

3.0.5 企业所需热负荷的供应,应根据所在区域的供热规划确定。当企业热负荷不能由区域热电站、区域锅炉房或其他企业的锅炉房供应,且不具备热电联产的条件时,宜自设锅炉房。

3.0.6 区域所需热负荷的供应,应根据所在城市(地区)的供热规划确定。当符合下列条件之一时,可设置区域锅炉房:

 1 居住区和公共建筑设施的采暖和生活热负荷,不属于热电站供应范围的;

 2 用户的生产、采暖通风和生活热负荷较小,负荷不稳定,年使用时数较低,或由于场地、资金等原因,不具备热电联产条件的;

 3 根据城市供热规划和用户先期用热的要求,需要过渡性供热,以后可作为热电站的调峰或备用热源的。

3.0.7 锅炉房的容量应根据设计热负荷确定。设计热负荷宜在绘制出热负荷曲线或热平衡系统图,并计入各项热损失、锅炉房自用热量和可供利用的余热量后进行计算确定。

当缺少热负荷曲线或热平衡系统图时，设计热负荷可根据生产、采暖通风和空调、生活小时最大耗热量，并分别计入各项热损失、余热利用量和同时使用系数后确定。

3.0.8 当热用户的热负荷变化较大且较频繁，或为周期性变化时，在经济合理的原则下，宜设置蒸汽蓄热器。设有蒸汽蓄热器的锅炉房，其设计容量应按平衡后的热负荷进行计算确定。

3.0.9 锅炉供热介质的选择，应符合下列要求：

1 供采暖、通风、空气调节和生活用热的锅炉房，宜采用热水作为供热介质；

2 以生产用汽为主的锅炉房，应采用蒸汽作为供热介质；

3 同时供生产用汽及采暖、通风、空调和生活用热的锅炉房，经技术经济比较后，可选用蒸汽或蒸汽和热水作为供热介质。

3.0.10 锅炉供热介质参数的选择，应符合下列要求：

1 供生产用蒸汽压力和温度的选择，应满足生产工艺的要求；

2 热水热力网设计供水温度、回水温度，应根据工程具体条件，并综合锅炉房、管网、热力站、热用户二次供热系统等因素，进行技术经济比较后确定。

3.0.11 锅炉的选择除应符合本规范 3.0.9 条和 3.0.10 条的规定外，尚应符合下列要求：

1 应能有效地燃烧所采用的燃料，有较高热效率和能适应热负荷变化；

2 应有利于保护环境；

3 应能降低基建投资和减少运行管理费用；

4 应选用机械化、自动化程度较高的锅炉；

5 宜选用容量和燃烧设备相同的锅炉，当选用不同容量和不同类型的锅炉时，其容量和类型均不宜超过 2 种；

6 其结构应与该地区抗震设防烈度相适应；

7 对燃油、燃气锅炉，除应符合本条上述规定外，并应符合全自动运行要求和具有可靠的燃烧安全保护装置。

3.0.12 锅炉台数和容量的确定，应符合下列要求：

1 锅炉台数和容量应按所有运行锅炉在额定蒸发量或热功率时，能满足锅炉房最大计算热负荷；

2 应保证锅炉房在较高或较低热负荷运行工况下能安全运行，并应使锅炉台数、额定蒸发量或热功率和其他运行性能均能有效地适应热负荷变化，且应考虑全年热负荷低峰期锅炉机组的运行工况；

3 锅炉房的锅炉台数不宜少于 2 台，但当选用 1 台锅炉能满足热负荷和检修需要时，可只设置 1 台；

4 锅炉房的锅炉总台数，对新建锅炉房不宜超过 5 台；扩建和改建时，总台数不宜超过 7 台；非独立锅炉房，不宜超过 4 台；

5 锅炉房有多台锅炉时，当其中 1 台额定蒸发量或热功率最大的锅炉检修时，其余锅炉应能满足下列要求：

1) 连续生产用热所需的最低热负荷；
2) 采暖通风、空调和生活用热所需的最低热负荷。

3.0.13 在抗震设防烈度为 6 度至 9 度地区建设锅炉房时，其建筑物、构筑物和管道设计，均应采取符合该地区抗震设防标准的措施。

3.0.14 锅炉房宜设置必要的修理、运输和生活设施，当可与所属企业或邻近的企业协作时，可不单独设置。

4 锅炉房的布置

4.1 位置的选择

4.1.1 锅炉房位置的选择，应根据下列因素分析后确定：

1 应靠近热负荷比较集中的地区，并应使引出热力管道和室外管网的布置在技术、经济上合理；

2 应便于燃料贮运和灰渣的排送，并宜使人流和燃料、灰渣运输的物流分开；

3 扩建端宜留有扩建余地；

4 应有利于自然通风和采光；

5 应位于地质条件较好的地区；

6 应有利于减少烟尘、有害气体、噪声和灰渣对居民区和主要环境保护区的影响，全年运行的锅炉房应设置于总体最小频率风向的上风侧，季节性运行的锅炉房应设置于该季节最大频率风向的下风侧，并应符合环境影响评价报告提出的各项要求；

7 燃煤锅炉房和煤气发生站宜布置在同一区域内；

8 应有利于凝结水的回收；

9 区域锅炉房尚应符合城市总体规划、区域供热规划的要求；

10 易燃、易爆物品生产企业锅炉房的位置，除应满足本条上述要求外，还应符合有关专业规范的规定。

4.1.2 锅炉房宜为独立的建筑物。

4.1.3 当锅炉房和其他建筑物相连或设置在其内部时，严禁设置在人员密集场所和重要部门的上一层、下一层、贴邻位置以及主要通道、疏散口的两旁，并应设置在首层或地下室一层靠建筑物外墙部位。

4.1.4 住宅建筑物内，不宜设置锅炉房。

4.1.5 采用煤粉锅炉的锅炉房，不应设置在居民区、风景名胜区和其他主要环境保护区内。

4.1.6 采用循环流化床锅炉的锅炉房，不宜设置在居民区。

4.2 建筑物、构筑物和场地的布置

4.2.1 独立锅炉房区域内的各建筑物、构筑物的平面布置和空间组合，应紧凑合理、功能分区明确、建筑简洁协调、满足工艺流程顺畅、安全运行、方便运输、有利安装和检修的要求。

4.2.2 新建区域锅炉房的厂前区规划，应与所在区域规划相协调。锅炉房的主体建筑和附属建筑，宜采用整体布置。锅炉房区域内的建筑物主立面，宜面向主要道路，且整体布局应合理、美观。

4.2.3 工业锅炉房的建筑形式和布局，应与所在企业的建筑风格相协调；民用锅炉房、区域锅炉房的建筑形式和布局，应与所在城市（区域）的建筑风格相协调。

4.2.4 锅炉房区域内的各建筑物、构筑物与场地的布置，应充分利用地形，使挖方和填方量最小，排水顺畅，且应防止水流入地下室和管沟。

4.2.5 锅炉间、煤场、灰渣场、贮油罐、燃气调压站之间以及和其他建筑物、构筑物之间的间距，应符合现行国家标准《建筑设计防火规范》GB 50016、《城镇燃气设计规范》GB 50028 及有关标准规定，并满足安装、运行和检修的要求。

4.2.6 运煤系统的布置应利用地形，使提升高度小、运输距离短。煤场、灰渣场宜位于主要建筑物的全年最小频率风向的上风侧。

4.2.7 锅炉房建筑物室内底层标高和构筑物基础顶面标高，应高出室外地坪或周围地坪 0.15m 及以上。锅炉间和同层的辅助间地面标高应一致。

4.3 锅炉间、辅助间和生活间的布置

4.3.1 单台蒸汽锅炉额定蒸发量为 1～20t/h 或单台热水锅炉额定热功率为 0.7～14MW 的锅炉房，其辅助间和生活间宜贴邻锅炉间固定端一侧布置。单台蒸汽锅炉额定蒸发量为 35～75t/h 或单台热水锅炉额定热功率为 29～70MW 的锅炉房，其辅助间和生活间根据具体情况，可贴邻锅炉间布置，或单独布置。

4.3.2 锅炉房集中仪表控制室，应符合下列要求：

1 应与锅炉间运行层同层布置；

2 宜布置在便于司炉人员观察和操作的炉前适中地段；

3 室内光线应柔和；

4 朝锅炉操作面方向应采用隔声玻璃大观察窗；

5 控制室应采用隔声门；

6 布置在热力除氧器和给水箱下面时，热力除氧器和给水箱下面布置在水泵间上面时，应采取有效的防振和防水措施。

4.3.3 容量大的水处理系统、热交换系统、运煤系统和油泵系统，宜分别设置各系统的就地机柜室。

4.3.4 锅炉房宜设置修理间、仪表校验间、化验室等生产辅助间，并宜设置值班室、更衣室、浴室、厕所等生活间。当就近有生活间可利用时，可不设置。二、三班制的锅炉房可设置休息室或与值班更衣室合并设置。锅炉房按车间、工段设置时，可设置办公室。

4.3.5 化验室应布置在采光较好、噪声和振动影响较小处，并使取样方便。

4.3.6 锅炉房运煤系统的布置宜使煤自固定端运入锅炉炉前。

4.3.7 锅炉房出入口的设置，必须符合下列规定：

1 出入口不应少于 2 个。但对独立锅炉房，当炉前走道总长度小于 12m，且总建筑面积小于 200m² 时，其出入口可设 1 个；

2 非独立锅炉房，其人员出入口必须有 1 个直通室外；

3 锅炉房为多层布置时，其各层的人员出入口不应少于 2 个。楼层上的人员出入口，应有直接通向地面的安全楼梯。

4.3.8 锅炉房通向室外的门应向室外开启，锅炉房内的工作间或生活间直通锅炉间的门应向锅炉间内开启。

4.4 工艺布置

4.4.1 锅炉房工艺布置应确保设备安装、操作运行、维护检修的安全和方便，并应使各种管线流程短、结构简单，使锅炉房面积和空间使用合理、紧凑。

4.4.2 建筑气候年日平均气温大于等于 25℃ 的日数在 80d 以上、雨水相对较少的地区，锅炉可采用露天或半露天布置。当锅炉采用露天或半露天布置时，除应符合本规范第 4.4.1 条的规定外，尚应符合下列要求：

1 应选择适合露天布置的锅炉本体及其附属设备；

2 管道、阀门、仪表附件等应有防雨、防风、防冻、防腐和减少热损失的措施；

3 应将锅炉水位、锅炉压力等测量控制仪表，集中设置在控制室内。

4.4.3 风机、水箱、除氧装置、加热装置、除尘装置、蓄热器、水处理装置等辅助设备和测量仪表露天布置时，应有防雨、防风、防冻、防腐和防噪声等措施。

居民区内锅炉房的风机不应露天布置。

4.4.4 锅炉之间的操作平台宜连通。锅炉房内所有高位布置的辅助设施及监测、控制装置和管道阀门等需操作和维修的场所，应设置方便操作的安全平台和扶梯。阀门可设置传动装置引至楼（地）面进行操

作。

4.4.5 锅炉操作地点和通道的净空高度不应小于2m，并应符合起吊设备操作高度的要求。在锅筒、省煤器及其他发热部位的上方，当不需操作和通行时，其净空高度可为0.7m。

4.4.6 锅炉与建筑物的净距，不应小于表4.4.6的规定，并应符合下列规定：

1 当需在炉前更换锅管时，炉前净距应能满足操作要求。大于6t/h的蒸汽锅炉或大于4.2MW的热水锅炉，当炉前设置仪表控制室时，锅炉前端到仪表控制室的净距可减为3m；

2 当锅炉需吹灰、拨火、除渣、安装或检修螺旋除渣机时，通道净距应能满足操作的要求；装有快装锅炉的锅炉房，应有更新整装锅炉时能顺利通过的通道；锅炉后部通道的距离应根据后烟箱能否旋转开启确定。

表4.4.6 锅炉与建筑物的净距

单台锅炉容量		炉前（m）		锅炉两侧和后部通道(m)
蒸汽锅炉(t/h)	热水锅炉(MW)	燃煤锅炉	燃气（油）锅炉	
1～4	0.7～2.8	3.00	2.50	0.80
6～20	4.2～14	4.00	3.00	1.50
≥35	≥29	5.00	4.00	1.80

5 燃煤系统

5.1 燃煤设施

5.1.1 锅炉的燃烧设备应与所采用的煤种相适应，并应符合下列要求：

1 方便调节，能较好地适应热负荷变化；

2 应较好地节约能源；

3 有利于环境保护。

5.1.2 选用层式燃烧设备时，宜采用链条炉排；当采用结焦性强的煤种及碎焦时，其燃烧设备不应采用链条炉排。

5.1.3 当原煤块度不能符合锅炉燃烧要求时，应设置煤块破碎装置，在破碎装置之前宜设置煤的磁选和筛选设备。当锅炉给煤装置、煤粉制备设施和燃烧设备有要求时，尚宜设置煤的二次破碎和二次磁选装置。

5.1.4 经破碎筛选后的煤块粒度，应满足不同型号锅炉或磨煤机的要求，并应符合下列规定：

1 煤粉炉、抛煤炉不宜大于30mm；

2 链条炉不宜大于50mm；

3 循环流化床炉不宜大于13mm。

5.1.5 煤粉锅炉磨煤机型式的选择，应符合下列要求：

1 燃用无烟煤、低挥发分贫煤、磨损性很强的煤或煤种、煤质难固定时，宜选用钢球磨煤机；

2 燃用磨损性不强、水分较高、灰分较低及挥发分较高的褐煤时，宜选用风扇磨煤机；

3 煤质适宜时，宜选用中速磨煤机。

5.1.6 给煤机应按下列要求确定：

1 循环流化床锅炉给煤机的台数不宜少于2台，当1台给煤机发生故障时，其余给煤机的总出力，应能满足锅炉额定蒸发量100%的给煤量；

2 制粉系统给煤机的型式，应根据设备的布置、给煤机的调节性能和运行的可靠性等要求进行选择，并应与磨煤机型式匹配；

3 制粉系统给煤机的台数，应与磨煤机的台数相同。其计算出力，埋刮板式、刮板式、胶带式给煤机不应小于磨煤机计算出力的110%，振动式给煤机不应小于磨煤机计算出力的120%。

5.1.7 煤粉锅炉给粉机的台数和最大出力，宜符合下列要求：

1 给粉机的台数应与锅炉燃烧器一次风口的接口数相同；

2 每台给粉机最大出力不宜小于与其连接的燃烧器最大出力的130%。

5.1.8 原煤仓、煤粉仓、落煤管的设计，应根据煤的水分和颗粒组成等条件确定，并应符合下列要求：

1 原煤仓和煤粉仓的内壁应光滑、耐磨，壁面倾角不宜小于60°；斗的相邻两壁的交线与水平面的夹角不应小于55°；相邻壁交角的内侧应做成圆弧形，圆弧半径不应小于200mm；

2 原煤仓出口的截面，不应小于500mm×500mm，其下部宜设置圆形双曲线或锥形金属小煤斗；

3 落煤管宜垂直布置，且应为圆形；倾斜布置时，其与水平面的倾角不宜小于60°；当条件受限时，应根据煤的水分、颗粒组成、黏结性等因素，采用消堵措施，此时落煤管的倾斜角也不应小于55°；可设置监视煤流装置和单台锅炉落煤计量装置；

4 煤粉仓及其顶盖应坚固严密和有测量粉位的设施。煤粉仓应防止受热和受潮。在严寒地区，金属煤粉仓应保温。每个煤粉仓上设置的防爆门不应少于2个。防爆门的面积，应按煤粉仓几何容积0.0025m²/m³计算，且总面积不得小于0.50m²。

5.1.9 圆形双曲线或圆锥形金属小煤斗下部，宜设置振动式给煤机1台，其计算出力应符合本规范5.1.6条第3款的要求。

5.1.10 2台相邻锅炉之间的煤粉仓应采用可逆式螺旋输粉机连通。螺旋输粉机的出力，应与磨煤机的计算出力相同。

5.1.11 制粉系统，除燃料全部为无烟煤外，必须设置防爆设施。

5.1.12 制粉系统排粉机的选择，应符合下列要求：
1 台数应与磨煤机台数相同；
2 风量裕量宜为 5%～10%；
3 风压裕量宜为 10%～20%。

5.2 煤、灰渣和石灰石的贮运

5.2.1 锅炉房煤场卸煤及转堆设备的设置，应根据锅炉房的耗煤量和来煤运输方式确定，并应符合下列要求：
1 火车运煤时，应采用机械化方式卸煤；
2 船舶运煤时，应采用机械抓取设备卸煤，卸煤机械总额定出力宜为锅炉房总耗煤量的 300%，卸煤机械台数不应少于 2 台；
3 汽车运煤时，应利用社会运力，当无条件时，应设置自备汽车及卸煤的辅助设施。

5.2.2 火车运煤时，一次进煤的车皮数量和卸车时间，应与铁路部门协商确定。车皮数量宜为 5～8 节，卸车时间不宜超过 3h。

5.2.3 煤场设计应贯彻节约用地和环境保护的原则，其贮煤量应根据煤源远近、供应的均衡性和交通运输方式等因素确定，并宜符合下列要求：
1 火车和船舶运煤，宜为 10～25d 的锅炉房最大计算耗煤量；
2 汽车运煤，宜为 5～10d 的锅炉房最大计算耗煤量。

5.2.4 在建筑气候经常性连续降雨地区，对露天设置的煤场，宜将其一部分设为干煤棚，其贮煤量宜为 4～8d 的锅炉房最大计算耗煤量。对环境要求高的燃煤锅炉房应设闭式贮煤仓。

5.2.5 有自燃性的煤堆，应有压实、洒水或其他防止自燃的措施。

5.2.6 煤场的地面应根据装卸方式进行处理，并应有排水坡度和排水措施。受煤沟应有防水和排水措施。

5.2.7 锅炉房燃用多种煤并需混煤时，应设置混煤设施。

5.2.8 运煤系统小时运煤量的计算，应根据锅炉房昼夜最大计算耗煤量、扩建时增加的煤量、运煤系统昼夜的作业时间和 1.1～1.2 不平衡系数等因素确定。

5.2.9 运煤系统宜按一班或两班运煤工作制运行。运煤系统昼夜的作业时间，宜符合下列要求：
1 一班运煤工作制，不宜大于 6h；
2 两班运煤工作制，不宜大于 11h；
3 三班运煤工作制，不宜大于 16h。

5.2.10 从煤场到锅炉房和锅炉房内部的运煤，宜采用下列方式：
1 总耗煤量小于等于 1t/h 时，采用人工装卸和手推车运煤；

2 总耗煤量大于 1t/h，且小于等于 6t/h 时，采用间歇机械化设备装卸和间歇或连续机械化设备运煤；
3 总耗煤量大于 6t/h，且小于等于 15t/h 时，采用连续机械化设备装卸和运煤；
4 总耗煤量大于 15t/h，且小于等于 60t/h 时，宜采用单路带式输送机运煤；
5 总耗煤量大于 60t/h 时，可采用双路带式输送机运煤。

注：当采用单路带式输送机运煤时，其驱动装置宜有备用。

5.2.11 锅炉炉前煤（粉）仓的贮量，宜符合下列要求：
1 一班运煤工作制为 16～20h 的锅炉额定耗煤量；
2 二班运煤工作制为 10～12h 的锅炉额定耗煤量；
3 三班运煤工作制为 1～6h 的锅炉额定耗煤量。

5.2.12 在锅炉房外设置集中煤仓时，其贮量宜符合下列要求：
1 一班运煤工作制为 16～18h 的锅炉房额定耗煤量；
2 二班运煤工作制为 8～10h 的锅炉房额定耗煤量。

5.2.13 采用带式输送机运煤，应符合下列要求：
1 胶带的宽度不宜小于 500mm；
2 采用普通胶带的带式输送机的倾角，运送破碎前的原煤时，不应大于 16°，运送破碎后的细煤时，不应大于 18°；
3 在倾斜胶带上卸料时，其倾角不宜大于 12°；
4 卸料段长度超过 30m 时，应设置人行过桥。

5.2.14 带式输送机栈桥的设置，在寒冷或风沙地区应采用封闭式，其他地区可采用敞开式、半封闭式或轻型封闭式，并应符合下列要求：
1 敞开式栈桥的运煤胶带上应设置防雨罩；
2 在寒冷地区的封闭式栈桥内，应有采暖设施；
3 封闭式栈桥和地下栈道的净高不应小于 2.5m，运行通道的净宽不应小于 1m，检修通道的净宽不应小于 0.7m；
4 倾斜栈桥上的人行通道应有防滑措施，倾角超过 12°的通道应做成踏步；
5 输送机钢结构栈桥应封底。

5.2.15 采用多斗提升机运煤，应有不小于连续 8h 的检修时间。当不能满足其检修时间时，应设置备用设备。

5.2.16 从受煤斗卸料到带式输送机、多斗提升机或埋刮板输送机之间，宜设置均匀给料装置。

5.2.17 运煤系统的地下构筑物应防水，地坑内应有排除积水的措施。

5.2.18 除灰渣系统的选择,应根据锅炉除渣机和除尘器型式、灰渣量及其特性、输送距离、工程所在地区的地势、气象条件、运输条件以及环境保护、综合利用等因素确定。循环流化床锅炉排出的高温渣,应经冷渣机冷却到 200℃ 以下后排除,并宜采用机械或气力干式方式输送。

5.2.19 灰渣场的贮量,宜为 3~5d 锅炉房最大计算排灰渣量。

5.2.20 采用集中灰渣斗时,不宜设置灰渣场。灰渣斗的设计应符合下列要求:
 1 灰渣斗的总容量,宜为 1~2d 锅炉房最大计算排灰渣量;
 2 灰渣斗的出口尺寸,不应小于 0.6m×0.6m;
 3 严寒地区的灰渣斗,应有排水和防冻措施;
 4 灰渣斗的内壁面应光滑、耐磨,壁面倾角不宜小于 60°;灰渣斗相邻两壁的交线与水平面的夹角不应小于 55°;相邻壁交角的内侧应做成圆弧形,圆弧半径不应小于 200mm;
 5 灰渣斗排出口与地面的净高,汽车运灰渣不应小于 2.3m;火车运灰渣不应小于 5.3m,当机车不通过灰渣斗下部时,其净高可为 3.5m;
 6 干式除灰渣系统的灰渣斗底部宜设置库底汽化装置。

5.2.21 除灰渣系统小时排灰渣量的计算,应根据锅炉房昼夜的最大计算灰渣量、扩建时增加的灰渣量、除灰渣系统昼夜的作业时间和 1.1~1.2 不平衡系数等因素确定。

5.2.22 锅炉房最大计算灰渣量大于等于 1t/h 时,宜采用机械、气力除灰渣系统或水力除灰渣系统。

5.2.23 锅炉采用水力除渣方式时,除尘器收集下来的灰,可利用锅炉除渣系统排除。循环流化床锅炉除灰系统,宜采用气力输送方式。

5.2.24 水力除灰渣系统的设计,应符合下列要求:
 1 灰渣池的有效容积,宜根据 1~2d 锅炉房最大计算排灰渣量设计;
 2 灰渣池应有机械抓取装置;
 3 灰渣泵应有备用;
 4 灰渣沟设置激流喷嘴时,灰渣沟坡度不应小于 1%;锅炉固态排渣时,渣沟坡度不应小于 1.5%;锅炉液态排渣时,渣沟坡度不应小于 2%;输送高浓度灰浆或不设激流喷嘴的灰渣沟,沟底宜采用铸石镶板或用耐磨材料衬砌;
 5 冲灰渣水应循环使用;
 6 灰渣沟的布置,应力求短而直,其布置走向和标高,不应影响扩建。

5.2.25 用于循环流化床锅炉内脱硫的石灰石粉,宜采用符合锅炉性能和粒度分布的成品。

5.2.26 石灰石粉中间仓的容量,应按锅炉房所有运行锅炉在额定工况下 3d 石灰石消耗量计算确定;石灰石粉日用仓的容量,应按锅炉房所有运行锅炉在额定工况下 12h 石灰石消耗量计算确定。

5.2.27 循环流化床锅炉采用的石灰石粉,其输送应采用气力方式。

6 燃油系统

6.1 燃油设施

6.1.1 燃油锅炉所配置的燃烧器,应与燃油的性质和燃烧室的型式相适应,并应符合下列要求:
 1 油的雾化性能好;
 2 能较好地适应负荷变化;
 3 火焰形状与炉膛结构相适应;
 4 对大气污染少;
 5 噪声较低。

6.1.2 燃用重油的锅炉房,当冷炉启动点火缺少蒸汽加热重油时,应采用重油电加热器或设置轻油、燃气的辅助燃料系统。

6.1.3 燃油锅炉房采用电热式油加热器时,应限于启动点火或临时加热,不宜作为经常加热燃油的设备。

6.1.4 集中设置的供油泵,应符合下列要求:
 1 供油泵的台数不应少于 2 台。当其中任何 1 台停止运行时,其余的总容量,不应少于锅炉房最大计算耗油量和回油量之和;
 2 供油泵的扬程,不应小于下列各项的代数和:
  1)供油系统的压力降;
  2)供油系统的油位差;
  3)燃烧器前所需的油压;
  4)本款上述 3 项和的 10%~20% 富裕量。

6.1.5 不带安全阀的容积式供油泵,在其出口的阀门前靠近油泵处的管段上,必须装设安全阀。

6.1.6 集中设置的重油加热器,应符合下列要求:
 1 加热面应根据锅炉房要求加热的油量和油温计算确定,并有 10% 的富裕量;
 2 加热面组宜能进行调节;
 3 应装设旁通管;
 4 常年不间断供热的锅炉房,应设置备用油加热器。

6.1.7 燃油锅炉房室内油箱的总容量,重油不应超过 5m³,轻柴油不应超过 1m³。室内油箱应安装在单独的房间内。当锅炉房总蒸发量大于等于 30t/h,总热功率大于等于 21MW 时,室内油箱应采用连续进油的自动控制装置。当锅炉房发生火灾事故时,室内油箱应自动停止进油。

6.1.8 设置在锅炉房外的中间油箱,其总容量不宜超过锅炉房 1d 的计算耗油量。

6.1.9 室内油箱应采用闭式油箱。油箱上应装设直通室外的通气管,通气管上应设置阻火器和防雨设施。油箱上不应采用玻璃管式油位表。

6.1.10 油箱的布置高度,宜使供油泵有足够的灌注头。

6.1.11 室内油箱应装设将油排到室外贮油罐或事故贮油罐的紧急排放管。排放管上应并列装设手动和自动紧急排油阀。排放管上的阀门应装设在安全和便于操作的地点。对地下(室)锅炉房,室内油箱直接排油有困难时,应设事故排油泵。

非独立锅炉房,自动紧急排油阀应有就地启动、集中控制室遥控启动或消防防灾中心遥控启动的功能。

6.1.12 室外事故贮油罐的容积应大于等于室内油箱的容积,且宜埋地安装。

6.1.13 室内重油箱的油加热后的温度,不应超过90℃。

6.1.14 燃油锅炉房点火用的液化气罐,不应存放在锅炉间,应存放在专用房间内。气罐的总容积应小于$1m^3$。

6.1.15 燃用重油的锅炉尾部受热面和烟道,宜设置蒸汽吹灰和蒸汽灭火装置。

6.1.16 煤粉锅炉和循环流化床锅炉的点火及助燃采用轻油时,油罐宜采用直接埋地布置的卧式油罐。油罐的数量及容量宜符合下列要求:

　　1 当单台锅炉容量小于等于35t/h时,宜设置1个$20m^3$油罐;

　　2 当单台锅炉容量大于35t/h时,宜设置2个大于等于$20m^3$油罐。

6.1.17 煤粉锅炉和循环流化床锅炉点火油系统供油泵的出力和台数,宜符合下列要求:

　　1 供油泵的出力,宜按容量最大1台锅炉在额定蒸发量时所需燃油量的20%~30%确定;

　　2 供油泵的台数,宜为2台,其中1台备用。

6.2 燃油的贮运

6.2.1 锅炉房贮油罐的总容量,宜符合下列要求:

　　1 火车或船舶运输,为20~30d的锅炉房最大计算耗油量;

　　2 汽车油槽车运输,为3~7d的锅炉房最大计算耗油量;

　　3 油管输送,为3~5d的锅炉房最大计算耗油量。

6.2.2 当企业设有总油库时,锅炉房燃用的重油或轻柴油,应由总油库统一贮存。

6.2.3 油库内重油贮油罐不应少于2个,轻油贮油罐不宜少于2个。

6.2.4 重油贮油罐内油被加热后的温度,应低于当地大气压力下水沸点5℃,且应低于罐内油闪点10℃,并应按两者中的较低值确定。

6.2.5 地下、半地下贮油罐或贮油罐组区,应设置防火堤。防火堤的设计应符合现行国家标准《建筑设计防火规范》GB 50016的规定。

轻油贮油罐与重油贮油罐不应布置在同一个防火堤内。

6.2.6 设置轻油罐的场所,宜设有防止轻油流失的设施。

6.2.7 从锅炉房贮油罐输油到室内油箱的输油泵,不应少于2台,其中1台应为备用。输油泵的容量不应小于锅炉房小时最大计算耗油量的110%。

6.2.8 在输油泵进口母管上应设置油过滤器2台,其中1台应为备用。油过滤器的滤网网孔宜为8~12目/cm,滤网流通截面积宜为其进口管截面积的8~10倍。

6.2.9 油泵室至贮油罐之间的管道宜采用地上敷设。当采用地沟敷设时,地沟与建筑物外墙连接处应填砂或用耐火材料隔断。

6.2.10 接入锅炉房的室外油管道,宜采用地上敷设。当采用地沟敷设时,地沟与建筑物的外墙连接处应填砂或用耐火材料隔断。

7 燃气系统

7.0.1 燃烧器的选择应适应气体燃料特性,并应符合下列要求:

　　1 能适应燃气成分在一定范围内的改变;

　　2 能较好地适应负荷变化;

　　3 具有微正压燃烧特性;

　　4 火焰形状与炉膛结构相适应;

　　5 噪声较低。

7.0.2 设有备用燃料的锅炉房,其锅炉燃烧器的选用应能适应燃用相应的备用燃料。

7.0.3 燃用液化石油气的锅炉间和有液化石油气管道穿越的室内地面处,严禁设有能通向室外的管沟(井)或地道等设施。

7.0.4 锅炉房燃气质量、贮配、净化、调压站、调压装置和计量装置设计,应符合现行国家标准《城镇燃气设计规范》GB 50028的有关规定。

当燃气质量不符合燃烧要求时,应在调压装置前或在燃气母管的总关闭阀前设置除尘器、油水分离器和排水管。

7.0.5 燃气调压装置应设置在有围护的露天场地上或地上独立的建、构筑物内,不应设置在地下建、构筑物内。

8 锅炉烟风系统

8.0.1 锅炉的鼓风机、引风机宜单炉配置。当需要集中配置时,每台锅炉的风道、烟道与总风道、总烟道的连接处,应设置密封性好的风道、烟道门。

8.0.2 锅炉风机的配置和选择,应符合下列要求:
    1 应选用高效、节能和低噪声风机;
    2 风机的计算风量和风压,应根据锅炉额定蒸发量或额定热功率、燃料品种、燃烧方式和通风系统的阻力计算确定,并按当地气压及空气、烟气的温度和密度对风机特性进行修正;
    3 炉排锅炉和循环流化床锅炉的风机,宜按1台炉配置1台鼓风机和1台引风机,其风量的富裕量,不宜小于计算风量的10%,风压的富裕量不宜小于计算风压的20%。煤粉锅炉风量和风压的富裕量应符合现行国家标准《小型火力发电厂设计规范》GB 50049 的规定;
    4 单台额定蒸发量大于等于 35t/h 的蒸汽锅炉或单台额定热功率大于等于 29MW 的热水锅炉,其鼓风机和引风机的电机宜具有调速功能;
    5 满足风机在正常运行条件下处于较高的效率范围。

8.0.3 循环流化床锅炉的返料风机配置,除应符合本规范 8.0.2 条的要求外,尚宜按 1 台炉配置 2 台,其中 1 台返料风机宜为备用。

8.0.4 锅炉风道、烟道系统的设计,应符合下列要求:
    1 应使风道、烟道短捷、平直且气密性好,附件少和阻力小;
    2 单台锅炉配置两侧风道或2条烟道时,宜对称布置,且使每侧风道或每条烟道的阻力均衡;
    3 当多台锅炉共用1座烟囱时,每台锅炉宜采用单独烟道接入烟囱,每个烟道应安装密封可靠的烟道门;
    4 当多台锅炉合用1条总烟道时,应保证每台锅炉排烟时互不影响,并宜使每台锅炉的通风力均衡。每台锅炉支烟道出口应安装密封可靠的烟道门;
    5 宜采用地上烟道,并应在其适当位置设置清扫人孔;
    6 对烟道和热风道的热膨胀应采取补偿措施。当采用补偿器进行热补偿时,宜选用非金属补偿器;
    7 应在适当位置设置必要的热工和环保等测点。

8.0.5 燃油、燃气和煤粉锅炉烟道和烟囱的设计,除应符合8.0.4条的规定外,尚应符合下列要求:
    1 燃油、燃气锅炉烟囱,宜单台炉配置。当多台锅炉共用1座烟囱时,除每台锅炉宜采用单独烟道接入烟囱外,每条烟道尚应安装密封可靠的烟道门;
    2 在烟气容易集聚的地方,以及当多台锅炉共用1座烟囱或1条总烟道时,每台锅炉烟道出口处应装设防爆装置,其位置应有利于泄压。当爆炸气体有可能危及操作人员的安全时,防爆装置上应装设泄压导向管;
    3 燃油、燃气锅炉烟囱和烟道应采用钢制或钢筋混凝土构筑。燃气锅炉的烟道和烟囱最低点,应设置水封式冷凝水排水管道;
    4 燃油、燃气锅炉不得与使用固体燃料的设备共用烟道和烟囱;
    5 水平烟道长度,应根据现场情况和烟囱抽力确定,且应使燃油、燃气锅炉能维持微正压燃烧的要求;
    6 水平烟道宜有 1% 坡向锅炉或排水点的坡度;
    7 钢制烟囱出口的排烟温度宜高于烟气露点,且宜高于 15℃。

8.0.6 锅炉房烟囱高度应符合现行国家标准《锅炉大气污染物排放标准》GB 13271 和所在地的相关规定。

锅炉房在机场附近时,烟囱高度应符合航空净空的要求。

9 锅炉给水设备和水处理

9.1 锅炉给水设备

9.1.1 给水泵台数的选择,应能适应锅炉房全年热负荷变化的要求,并应设置备用。

9.1.2 当流量最大的 1 台给水泵停止运行时,其余给水泵的总流量,应能满足所有运行锅炉在额定蒸发量时所需给水量的 110%;当锅炉房设有减温装置或蓄热器时,给水泵的总流量尚应计入其用水量。

9.1.3 当给水泵的特性允许并联运行时,可采用同一给水母管;当给水泵的特性不能并联运行时,应采用不同的给水母管。

9.1.4 采用非一级电力负荷的锅炉房,在停电后可能会造成锅炉事故时,应采用汽动给水泵为事故备用泵。事故备用泵的流量,应能满足所有运行锅炉在额定蒸发量时所需给水量的 20%~40%。

9.1.5 给水泵的扬程,不应小于下列各项的代数和:
    1 锅炉锅筒在实际的使用压力下安全阀的开启压力;
    2 省煤器和给水系统的压力损失;
    3 给水系统的水位差;
    4 本条上述 3 项和的 10% 富裕量。

9.1.6 锅炉房宜设置 1 个给水箱或 1 个匹配有除氧器的除氧水箱。常年不间断供热的锅炉房应设置 2 个给水箱或 2 个匹配有除氧器的除氧水箱。给水箱或除氧水箱的总有效容量,宜为所有运行锅炉在额定蒸发量工况条件下所需 20~60min 的给水量。

9.1.7 锅炉给水泵或除氧水箱的布置高度,应使锅炉给水泵有足够的灌注头,并不应小于下列各项的代数和:
    1 给水泵进水口处水的汽化压力和给水箱的工作压力之差;

2 给水泵的汽蚀余量；
3 给水泵进水管的压力损失；
4 附加3~5kPa的富裕量。

9.1.8 采用特殊锅炉给水泵或加装增压泵时，热力除氧水箱宜低位布置，其高度应按设备要求确定。

9.1.9 当单台蒸汽锅炉额定蒸发量大于等于35t/h、额定出口蒸汽压力大于等于2.5MPa（表压）、热负荷较为连续而稳定，且给水泵的排汽可以利用时，宜采用工业汽轮机驱动的给水泵作为工作用给水泵，电动给水泵作为工作备用泵。

9.2 水 处 理

9.2.1 水处理设计，应符合锅炉安全和经济运行的要求。

水处理方法的选择，应根据原水水质、对锅炉给水和锅水的质量要求、补给水量、锅炉排污率和水处理设备的设计出力等因素确定。

经处理后的锅炉给水，不应使锅炉的蒸汽对生产和生活造成有害的影响。

9.2.2 额定出口压力小于等于2.5MPa（表压）的蒸汽锅炉和热水锅炉的水质，应符合现行国家标准《工业锅炉水质》GB 1576的规定。

额定出口压力大于2.5MPa（表压）的蒸汽锅炉汽水质量，除应符合锅炉产品和用户对汽水质量要求外，尚应符合现行国家标准《火力发电机组及蒸汽动力设备汽水质量》GB/T 12145的有关规定。

9.2.3 原水悬浮物的处理，应符合下列要求：
1 悬浮物的含量大于5mg/L的原水，在进入顺流再生固定床离子交换器前，应过滤；
2 悬浮物的含量大于2mg/L的原水，在进入逆流再生固定床或浮动床离子交换器前，应过滤；
3 悬浮物的含量大于20mg/L的原水或经石灰水处理后的水，应经混凝、澄清和过滤。

9.2.4 用于过滤原水的压力式机械过滤器，宜符合下列要求：
1 不宜少于2台，其中1台备用；
2 每台每昼夜反洗次数可按1次或2次设计；
3 可采用反洗水箱的水进行反洗或采用压缩空气和水进行混合反洗；
4 原水经混凝、澄清后，可用石英砂或无烟煤作单层过滤滤料，或用无烟煤和石英砂作双层过滤滤料；原水经石灰水处理后，可用无烟煤或大理石等作单层过滤滤料。

9.2.5 当原水水压不能满足水处理工艺要求时，应设置原水加压设施。

9.2.6 蒸汽锅炉、汽水两用锅炉的给水和热水锅炉的补给水，应采用锅外化学水处理。符合下列情况之一的锅炉可采用锅内加药处理：
1 单台额定蒸发量小于等于2t/h，且额定蒸汽压力小于等于1.0MPa（表压）的对汽、水品质无特殊要求的蒸汽锅炉和汽水两用锅炉；
2 单台额定热功率小于等于4.2MW非管架式热水锅炉。

9.2.7 采用锅内加药水处理时，应符合下列要求：
1 给水悬浮物含量不应大于20mg/L；
2 蒸汽锅炉给水总硬度不应大于4mmol/L，热水锅炉给水总硬度不应大于6mmol/L；
3 应设置自动加药设施；
4 应设有锅炉排泥渣和清洗的设施。

9.2.8 采用锅外化学水处理时，蒸汽锅炉的排污率应符合下列要求：
1 蒸汽压力小于等于2.5MPa（表压）时，排污率不宜大于10%；
2 蒸汽压力大于2.5MPa（表压）时，排污率不宜大于5%；
3 锅炉产生的蒸汽供热式汽轮发电机组使用，且采用化学软化水为补给水时，排污率不宜大于5%；采用化学除盐水为补给水时，排污率不宜大于2%。

9.2.9 蒸汽锅炉连续排污水的热量应合理利用，且宜根据锅炉房总连续排污量设置连续排污膨胀器和排污水换热器。

9.2.10 化学水处理设备的出力，应按下列各项损失和消耗量计算：
1 蒸汽用户的凝结水损失；
2 锅炉房自用蒸汽的凝结水损失；
3 锅炉排污水损失；
4 室外蒸汽管道和凝结水管道的漏损；
5 采暖热水系统的补给水；
6 水处理系统的自用化学水；
7 其他用途的化学水。

9.2.11 化学软化水处理设备的型式，可按下列要求选择：
1 原水总硬度小于等于6.5mmol/L时，宜采用固定床逆流再生离子交换器；原水总硬度小于2mmol/L时，可采用固定床顺流再生离子交换器；
2 原水总硬度小于4mmol/L，水质稳定，软化水消耗量变化不大且设备能连续不间断运行时，可采用浮动床、流动床或移动床离子交换器。

9.2.12 固定床离子交换器的设置不宜少于2台，其中1台为再生备用，每台再生周期宜按12~24h设计。当软化水的消耗量较小时，可设置1台，但其设计出力应满足离子交换器运行和再生时的软化水消耗量的需要。

出力小于10t/h的固定床离子交换器，宜选用全自动软水装置，其再生周期宜为6~8h。

9.2.13 原水总硬度大于6.5mmol/L，当一级钠离子交换器出水达不到水质标准时，可采用两级串联的钠离子交换系统。

9.2.14 原水碳酸盐硬度较高,且允许软化水残留碱度为1.0~1.4mmol/L时,可采用钠离子交换后加酸处理。加酸处理后的软化水应经除二氧化碳器脱气,软化水的pH值应能进行连续监测。

9.2.15 原水碳酸盐硬度较高,且允许软化水残留碱度为0.35~0.5mmol/L时,可采用弱酸性阳离子交换树脂或不足量酸再生氢离子交换剂的氢-钠离子串联系统处理。氢离子交换器应采用固定床顺流再生;氢离子交换器出水应经除二氧化碳器脱气。氢离子交换器及其出水、排水管道应防腐。

9.2.16 除二氧化碳器的填料层高度,应根据填料品种和尺寸、进出水中二氧化碳含量、水温和所选定淋水密度下的实际解析系数等确定。

除二氧化碳器风机的通风量,可按每立方米水耗用15~20m³空气计算。

9.2.17 当化学软化水处理不能满足锅炉给水水质要求时,应采用离子交换、反渗透或电渗析等方式的除盐水处理系统。

除盐水处理系统排出的清洗水宜回收利用;酸、碱废水应经中和处理达标后排放。

9.2.18 锅炉的锅筒与锅炉管束为胀接时,化学水处理系统应能维持蒸汽锅炉锅水的相对碱度小于20%,当不能达到这一要求时,应设置向锅水中加入缓蚀剂的设施。

9.2.19 锅炉给水的除氧宜采用大气式喷雾热力除氧器。除氧水箱下部宜装设再沸腾用的蒸汽管。

9.2.20 当要求除氧后的水温不高于60℃时,可采用真空除氧、解析除氧或其他低温除氧系统。

9.2.21 热水系统补给水的除氧,可采用真空除氧、解析除氧或化学除氧。当采用亚硫酸钠加药除氧时,应监测锅水中亚硫酸根的含量。

9.2.22 磷酸盐溶液的制备设施,宜采用溶解器和溶液箱。溶解器应设置搅拌和过滤装置,溶液箱的有效容量不宜小于锅炉房1d的药液消耗量。磷酸盐可采用干法贮存。磷酸盐溶液制备用水应采用软化水或除盐水。

9.2.23 磷酸盐加药设备宜采用计量泵。每台锅炉宜设置1台计量泵;当有数台锅炉时,尚宜设置1台备用计量泵。磷酸盐加药设备宜布置在锅炉间运转层。

9.2.24 凝结水箱、软化或除盐水箱和中间水箱的设置和有效容量,应符合下列要求:

1 凝结水箱宜设1个;当锅炉房常年不间断供热时,宜设2个或1个中间带隔板分为2格的凝结水箱。水箱的总有效容量宜按20~40min的凝结水回收量确定;

2 软化或除盐水箱的总有效容量,应根据水处理设备的设计出力和运行方式确定。当设有再生备用设备时,软化或除盐水箱的总有效容量应按30~60min的软化或除盐水消耗量确定;

3 中间水箱总有效容量宜按水处理设备设计出力15~30min的水量确定。中间水箱的内壁应采取防腐蚀措施。

9.2.25 凝结水泵、软化或除盐水泵以及中间水泵的选择,应符合下列要求:

1 应有1台备用,当其中1台停止运行时,其余的总流量应满足系统水量要求;

2 有条件时,凝结水泵和软化或除盐水泵可合用1台备用泵;

3 中间水泵应选用耐腐蚀泵。

9.2.26 钠离子交换再生用的食盐可采用干法或湿法贮存,其贮量应根据运输条件确定。当采用湿法贮存时,应符合下列要求:

1 浓盐液池和稀盐液池宜各设1个,且宜采用混凝土建造,内壁贴防腐材料内衬;

2 浓盐液池的有效容积宜为5~10d食盐消耗量,其底部应设置慢滤层或设置过滤器;

3 稀盐液池的有效容积不应小于最大1台钠离子交换器1次再生盐液的消耗量;

4 宜设装卸平台和起吊设备。

9.2.27 酸、碱再生系统的设计,应符合下列要求:

1 酸、碱槽的贮量应按酸、碱液每昼夜的消耗量、交通运输条件和供应情况等因素确定,宜按贮存15~30d的消耗量设计;

2 酸、碱计量箱的有效容积,不应小于最大1台离子交换器1次再生酸、碱液的消耗量;

3 输酸、碱泵宜各设1台,并应选用耐酸、碱腐蚀泵。卸酸、碱宜利用自流或采用输酸、碱泵抽吸;

4 输送并稀释再生用酸、碱液宜采用酸、碱喷射器;

5 贮存和输送酸、碱液的设备、管道、阀门及其附件,应采取防腐和防护措施;

6 酸、碱贮存设备布置应靠近水处理间。贮存罐地上布置时,其周围应设有能容纳最大贮存罐110%容积的防护堰,当围堰有排放设施时,其容积可适当减小;

7 酸贮存罐和计量箱应采用液面密封设施,气应接入酸雾吸收器;

8 酸、碱贮存区内应设操作人员安全冲洗设施。

9.2.28 氨溶液制备和输送的设备、管道、阀门及其附件,不应采用铜质材料制品。

9.2.29 汽水系统中应装设必要的取样点。汽水取样冷却器宜相对集中布置。汽水取样头的型式、引出点和管材,应满足样品具有代表性和不受污染的要求。汽水样品的温度宜小于30℃。

9.2.30 水处理设备的布置,应根据工艺流程和同类设备宜集中的原则确定,并应便于操作、维修和减少主操作区的噪声。

9.2.31 水处理间主要操作通道的净距不应小于1.5m,辅助设备操作通道的净距不宜小于0.8m,其他通道均应适应检修的需要。

10 供热热水制备

10.1 热水锅炉及附属设施

10.1.1 热水锅炉的出口水压,不应小于锅炉最高供水温度加20℃相应的饱和压力。

注:用锅炉自生蒸汽定压的热水系统除外。

10.1.2 热水锅炉应有防止或减轻因热水系统的循环水泵突然停运后造成锅水汽化和水击的措施。

10.1.3 在热水系统循环水泵的进、出口母管之间,应装设带止回阀的旁通管,旁通管截面积不宜小于母管的1/2;在进口母管上,应装设除污器和安全阀,安全阀宜安装在除污器出水一侧;当采用气体加压膨胀水箱时,其连通管宜接在循环水泵进口母管上;在循环水泵进口母管上,宜装设高于系统静压的泄压放气管。

10.1.4 热水热力网采用集中质调时,循环水泵的选择应符合下列要求:

1 循环水泵的流量应根据锅炉进、出水的设计温差、各用户的耗热量和管网损失等因素确定。在锅炉出口母管与循环水泵进口母管之间装设旁通管时,尚应计入流经旁通管的循环水量;

2 循环水泵的扬程,不应小于下列各项之和:
　1)热水锅炉房或热交换站中设备及其管道的压力降;
　2)热网供、回水干管的压力降;
　3)最不利的用户内部系统的压力降;

3 循环水泵台数不应少于2台,当其中1台停止运行时,其余水泵的总流量应满足最大循环水量的需要;

4 并联循环水泵的特性曲线宜平缓、相同或近似;

5 循环水泵的承压、耐温性能应满足热力网设计参数的要求。

10.1.5 热水热力网采用分阶段改变流量调节时,循环水泵不宜少于3台,可不设备用,其流量、扬程不宜相同。

10.1.6 热水热力网采用改变流量的中央质-量调节时,宜选用调速水泵。调速水泵的特性应满足不同工况下流量和扬程的要求。

10.1.7 补给水泵的选择应符合下列要求:

1 补给水泵的流量,应根据热水系统的正常补给水量和事故补给水量确定,并宜为正常补给水量的4~5倍;

2 补给水泵的扬程,不应小于补水点压力加30~50kPa的富裕量;

3 补给水泵的台数不宜少于2台,其中1台备用;

4 补给水泵宜带有变频调速措施。

10.1.8 热水系统的小时泄漏量,应根据系统的规模和供水温度等条件确定,宜为系统循环水量的1%。

10.1.9 采用氮气或蒸汽加压膨胀水箱作恒压装置的热水系统,应符合下列要求:

1 恒压点设在循环水泵进口端,循环水泵运行时,应使系统内水不汽化;循环水泵停止运行时,宜使系统内水不汽化;

2 恒压点设在循环水泵出口端,循环水泵运行时,应使系统内水不汽化。

10.1.10 热水系统恒压点设在循环水泵进口端时,补水点位置宜设在循环水泵进口侧。

10.1.11 采用补给水泵作恒压装置的热水系统,应符合下列要求:

1 除突然停电的情况外,应符合本规范第10.1.9条的要求;

2 当引入锅炉房的给水压力高于热水系统静压线,在循环水泵停止运行时,宜采用给水保持热水系统静压;

3 采用间歇补水的热水系统,在补给水泵停止运行期间,热水系统压力降低时,不应使系统内水汽化;

4 系统中应设置泄压装置,泄压排水宜排入补给水箱。

10.1.12 采用高位膨胀水箱作恒压装置时,应符合下列要求:

1 高位膨胀水箱与热水系统连接的位置,宜设置在循环水泵进口母管上;

2 高位膨胀水箱的最低水位,应高于热水系统最高点1m以上,并宜使循环水泵停止运行时系统内水不汽化;

3 设置在露天的高位膨胀水箱及其管道应采取防冻措施;

4 高位膨胀水箱与热水系统的连接管上,不应装设阀门。

10.1.13 热水系统内水的总容量小于或等于500m³时,可采用隔膜式气压水罐作为定压补水装置。定压补水点宜设在循环水泵进水母管上。补给水泵的选择应符合本规范第10.1.7条的要求,设定的启动压力,应使系统内水不汽化。隔膜式气压水罐不宜超过2台。

10.2 热水制备设施

10.2.1 换热器的容量,应根据生产、采暖通风和生活热负荷确定,换热器可不设备用。采用2台或2台以上换热器时,当其中1台停止运行,其余换热器的容量宜满足75％总计算热负荷的需要。

10.2.2 换热器间，应符合下列要求：

1 应有检修和抽出换热排管的场地；

2 与换热器连接的阀门应便于操作和拆卸；

3 换热器间的高度应满足设备安装、运行和检修时起吊搬运的要求；

4 通道的宽度不宜小于0.7m。

10.2.3 加热介质为蒸汽的换热系统，应符合下列要求：

1 宜采用排出的凝结水温度不超过80℃的过冷式汽水换热器；

2 当一级汽水换热器排出的凝结水温度高于80℃时，换热系统宜为汽水换热器和水水换热器两级串联，且宜使水水换热器排出的凝结水温度不超过80℃。水水换热器接至凝结水箱的管道应装设防止倒空的上反管段。

10.2.4 加热介质为蒸汽且热负荷较小时，热水系统可采用下列汽水直接加热设备：

1 蒸汽喷射加热器；

2 汽水混合加热器。

热水系统的溢流水应回收。

10.2.5 设有蒸汽喷射加热器的热水系统，应符合下列要求：

1 蒸汽压力宜保持稳定；

2 设备宜集中布置；

3 设备并联运行时，应在每个喷射器的出、入口装设闸阀，并在出口装设止回阀；

4 热水系统的静压，宜采用连接在回水管上的膨胀水箱进行控制。

10.2.6 全自动组合式换热机组选择时，应结合热力网系统的情况，对机组的换热量、热力网系统的水力工况、循环水泵和补给水泵的流量、扬程进行校核计算。

11 监测和控制

11.1 监 测

11.1.1 蒸汽锅炉必须装设指示仪表监测下列安全运行参数：

1 锅筒蒸汽压力；

2 锅筒水位；

3 锅筒进口给水压力；

4 过热器出口蒸汽压力和温度；

5 省煤器进、出口水温和水压。

6 单台额定蒸发量大于等于20t/h的蒸汽锅炉，除应装设本条1、2、4款参数的指示仪表外，尚应装设记录仪表。

注：**1** 采用的水位计中，应有双色水位计或电接点水位计中的1种；

2 锅炉有省煤器时，可不监测给水压力。

11.1.2 每台蒸汽锅炉应按表11.1.2的规定装设监测经济运行参数的仪表。

表11.1.2 蒸汽锅炉装设监测经济运行参数的仪表

监测项目	单台锅炉额定蒸发量(t/h)					
	≤4		>4~<20		≥20	
	指示	积算	指示	积算	指示	积算记录
燃料量(煤、油、燃气)	—	√	—	√	—	√
蒸汽流量	√	√	√	√	√	√
给水流量	—	√	—	√	√	√
排烟温度	√	—	√	—	√	√
排烟含O_2量或含CO_2量	—	—	√	—	√	√
排烟烟气流速	—	—	—	—	√	√
排烟烟尘浓度	—	—	—	—	√	√
排烟SO_2浓度	—	—	—	—	√	√
炉膛出口烟气温度	—	—	—	—	√	—
对流受热面进、出口烟气温度	—	—	—	—	√	—
省煤器出口烟气温度	—	—	√	—	√	—
湿式除尘器出口烟气温度	—	—	√	—	√	—
空气预热器出口热风温度	—	—	√	—	√	—
炉膛烟气压力	—	—	√	—	√	—
对流受热面进、出口烟气压力	—	—	—	—	√	—
省煤器出口烟气压力	—	—	—	—	√	—
空气预热器出口烟气压力	—	—	—	—	√	—
除尘器出口烟气压力	—	—	√	—	√	—
一次风压及风室风压	—	—	√	—	√	—
二次风压	—	—	√	—	√	—
给水调节阀开度	—	—	√	—	√	—
给煤(粉)机转速	—	—	√	—	√	—
鼓、引风机进口挡板开度或调速风机转速	—	—	√	—	√	—
鼓、引风机负荷电流	—	—	√	—	√	—

注：**1** 表中符号："√"为需装设，"—"为可不装设。

2 大于4t/h至小于20t/h火管锅炉或水火管组合锅炉，当不便装设烟风系统参数测点时，可不装设。

3 带空气预热器时，排烟温度是指空气预热器出口烟气温度。

4 大于4t/h至小于20t/h锅炉无条件时，可不装检测排烟含氧量的仪表。

11.1.3 热水锅炉应装设指示仪表监测下列安全及经济运行参数：

　　1 锅炉进、出口水温和水压；
　　2 锅炉循环水流量；
　　3 风、烟系统各段压力、温度和排烟污染物浓度；
　　4 应装设煤量、油量或燃气量积算仪表；
　　5 单台额定热功率大于或等于14MW的热水锅炉，出口水温和循环水流量仪表应选用记录式仪表；
　　6 风、烟系统的压力和温度仪表，可按本规范表11.1.2的规定设置。

11.1.4 循环流化床锅炉、煤粉锅炉、燃油和燃气锅炉，除应符合本规范第11.1.1条、第11.1.2条和第11.1.3条规定外，尚应装设指示仪表监测下列参数：

　　1 循环流化床锅炉：
　　　　1）炉床密相区和稀相区温度；
　　　　2）料层压差；
　　　　3）分离器出口烟气温度；
　　　　4）返料器温度；
　　　　5）一次风量；
　　　　6）二次风量；
　　　　7）石灰石给料量。
　　2 煤粉锅炉的制粉设备出口处气、粉混合物的温度。
　　3 燃油锅炉：
　　　　1）燃烧器前的油温和油压；
　　　　2）带中间回油燃烧器的回油油压；
　　　　3）蒸汽雾化燃烧器前的蒸汽压力或空气雾化燃烧器前的空气压力；
　　　　4）锅炉后或锅炉尾部受热面后的烟气温度。
　　4 燃气锅炉：
　　　　1）燃烧器前的燃气压力；
　　　　2）锅炉后或锅炉尾部受热面后的烟气温度。

11.1.5 锅炉房各辅助部分装设监测参数的仪表，应符合表11.1.5的规定。

表11.1.5 锅炉房辅助部分装设监测参数仪表

辅助部分	监测项目	监测仪表		
		指示	积算	记录
水泵油泵	水泵、油泵出口压力	√	—	—
	循环水泵进、出口水压	√	—	—
	汽动水泵进汽压力	√	—	—
	水泵、油泵负荷电流	√	—	—
热力除氧器	除氧器工作压力	√	—	—
	除氧水箱水位	√	—	—
	除氧水箱水温	√	—	—
	除氧器进水温度	√	—	—
	蒸汽压力调节器前、后蒸汽压力	√	—	—

续表11.1.5

辅助部分	监测项目	监测仪表		
		指示	积算	记录
真空除氧器	除氧器进水温度	√	—	—
	除氧器真空度	√	—	—
	除氧水箱水位	√	—	—
	除氧水箱水温	√	—	—
	射水抽气器进口水压	√	—	—
解析除氧器	喷射器进口水压	√	—	—
	解析器水温	√	—	—
离子交换水处理	离子交换器进、出口水压	√	—	—
	离子交换器进水温度	√	—	—
	软化或除盐水流量	√	√	—
	再生液流量	√	—	—
	阴离子交换器出口水的SiO_2和pH值	√	—	√
	出水电导率	√	—	√
反渗透水处理	进、出口水压力	√	—	—
	进、出口水流量	√	—	—
	进口水温度	√	—	—
	进、出口水pH值	√	—	—
	进、出口水电导率	√	—	—
减温减压器	高压、低压侧蒸汽压力和温度	√	—	—
	减温水压力、温度和水量	√	—	—
	高压侧蒸汽流量	√	√	—
	低压侧蒸汽流量	√	√	√
热交换器	被加热介质进、出口总管流量	√	√	√
	被加热介质进、出口总管压力、温度	√	—	—
	加热介质进、出口总管压力、温度	√	—	—
	加热蒸汽压力和温度	√	—	—
	每台换热器加热介质进、出口压力和温度	√	—	—
	每台换热器被加热介质进、出口压力和温度	√	—	—
蒸汽蓄热器	蓄热器工作压力	√	—	—
	蓄热器水位	√	—	—
	蓄热器水温	√	—	—
蒸汽凝结水	凝结水水质电导率	√	—	—
	凝结水pH值	√	—	—
	凝结水流量	√	√	√
	凝结水温度	√	—	—
燃煤系统	磨煤机热风进风温度	√	—	—
	煤粉仓中煤粉温度	√	—	—
	气、粉混合物温度	√	—	—
	煤斗、煤（粉）仓料位	√	—	—
石灰石制备	石灰石输送量	√	—	—
	石灰石仓料位	√	—	—

续表 11.1.5

辅助部分	监测项目	监测仪表		
		指示	积算	记录
其他	水箱、油箱液位和温度	√	—	—
	酸、碱贮罐液位	√	—	—
	连续排污膨胀器工作压力和液位	√	—	—
	热水系统加压膨胀箱压力和液位	√	—	—
	热水系统供、回水总管压力和温度	√	—	√
	燃油加热器前后油压和油温	√	—	—

注：1 表中符号："√"为需装设，"—"为可不装设。
 2 水泵和油泵电流负荷仪表，在无集中仪表箱及功率小于20kW时，可不装设。
 3 除氧器工作压力、除氧器真空度和除氧水箱水位的监测仪表信号，宜在水处理控制室或锅炉控制室显示。

11.1.6 锅炉房应装设供经济核算用的下列计量仪表：
 1 蒸汽量指示和积算；
 2 过热蒸汽温度记录；
 3 供热量积算；
 4 煤、油、燃气和石灰石总耗量；
 5 原水总耗量；
 6 凝结水回收量；
 7 热水系统补给水量；
 8 总电耗量指示和积算。

11.1.7 锅炉房的报警信号，必须按表11.1.7的规定装设。

表 11.1.7 锅炉房装设报警信号表

报警项目名称	报警信号		
	设备故障停运	参数过高	参数过低
锅筒水位	—	√	√
锅筒出口蒸汽压力	—	√	—
省煤器出口水温	—	√	—
热水锅炉出口水温	—	√	—
过热蒸汽温度	—	√	—
连续给水调节系统给水泵	√	—	—
炉排	√	—	—
给煤（粉）系统	√	—	—
循环流化床、煤粉、燃油和燃气锅炉的风机	√	—	—
煤粉、燃油和燃气锅炉炉膛熄火	√	—	—
燃油锅炉房贮油罐和中间油箱油位	—	√	√

续表 11.1.7

报警项目名称	报警信号		
	设备故障停运	参数过高	参数过低
燃油锅炉房贮油罐和中间油箱油温	—	√	√
燃气锅炉燃烧器前燃气干管压力	—	√	√
煤粉锅炉制粉设备出口气、粉混合物温度	—	√	—
煤粉锅炉炉膛负压	—	√	√
循环流化床锅炉床温度	—	√	—
循环流化床锅炉返料器温度	—	√	—
循环流化床锅炉返料器堵塞	√	—	—
热水系统的循环水泵	√	—	—
热交换器出水温度	—	√	—
热水系统中高位膨胀水箱水位	—	√	√
热水系统中蒸汽、氮气加压膨胀水箱压力和水位	—	√	√
除氧水箱水位	—	√	√
自动保护装置动作	√	—	—
燃气调压间、燃气锅炉间、油泵间的可燃气体浓度	—	√	—

注：表中符号："√"为需装设，"—"为可不装设。

11.1.8 燃气调压间、燃气锅炉间可燃气体浓度报警装置，应与燃气供气母管总切断阀和排风扇联动。设有防灾中心时，应将信号传至防灾中心。

11.1.9 油泵间的可燃气体浓度报警装置应与燃油供油母管总切断阀和排风扇联动。设有防灾中心时，应将信号传至防灾中心。

11.2 控 制

11.2.1 蒸汽锅炉应设置给水自动调节装置，单台额定蒸发量小于等于4t/h的蒸汽锅炉可设置位式给水自动调节装置，大于等于6t/h的蒸汽锅炉宜设置连续给水自动调节装置。

 采用给水自动调节时，备用电动给水泵宜装设自动投入装置。

11.2.2 蒸汽锅炉应设置极限低水位保护装置，当单台额定蒸发量大于等于6t/h时，尚应设置蒸汽超压保护装置。

11.2.3 热水锅炉应设置当锅炉的压力降低到热水可

能发生汽化、水温升高超过规定值，或循环水泵突然停止运行时的自动切断燃料供应和停止鼓风机、引风机运行的保护装置。

11.2.4 热水系统应设置自动补水装置并宜设置自动排气装置，加压膨胀水箱应设置水位和压力自动调节装置。

11.2.5 热交换站应设置加热介质的流量自动调节装置。

11.2.6 燃用煤粉、油、气体的锅炉和单台额定蒸发量大于等于10t/h的蒸汽锅炉或单台额定热功率大于等于7MW的热水锅炉，当热负荷变化幅度在调节装置的可调范围内，且经济上合理时，宜装设燃烧过程自动调节装置。

11.2.7 循环流化床锅炉应设置炉床温度控制装置，并宜设置料层差压控制装置。

11.2.8 锅炉燃烧过程自动调节，宜采用微机控制；锅炉机组的自动控制或者同一锅炉房内多台锅炉综合协调自动控制，宜采用集散控制系统。

11.2.9 热力除氧设备应设置水位自动调节装置和蒸汽压力自动调节装置。

11.2.10 真空除氧设备应设置水位自动调节装置和进水温度自动调节装置。

11.2.11 解析除氧设备应设置喷射器进水压力自动调节装置和进水温度自动调节装置。

11.2.12 燃用煤粉、油或气体的锅炉，应设置点火程序控制和熄火保护装置。

11.2.13 层燃锅炉的引风机、鼓风机和锅炉抛煤机、炉排减速箱等加煤设备之间，应装设电气联锁装置。

11.2.14 燃用煤粉、油或气体的锅炉，应设置下列电气联锁装置：
　　1 引风机故障时，自动切断鼓风机和燃料供应；
　　2 鼓风机故障时，自动切断燃料供应；
　　3 燃油、燃气压力低于规定值时，自动切断燃油、燃气供应；
　　4 室内空气中可燃气体浓度高于规定值时，自动切断燃气供应和开启事故排气扇。

11.2.15 制粉系统各设备之间，应设置电气联锁装置。

11.2.16 连续机械化运煤系统、除灰渣系统中，各运煤设备之间、除灰渣设备之间，均应设置电气联锁装置，并使在正常工作时能按顺序停车，且其延时时间应能达到空载再启动。

11.2.17 运煤和煤的制备设备应与其局部排风和除尘装置联锁。

11.2.18 喷水式减温的锅炉过热器，宜设置过热蒸汽温度自动调节装置。

11.2.19 减压减温装置宜设置蒸汽压力和温度自动调节装置。

11.2.20 单台蒸汽锅炉额定蒸发量大于等于6t/h或单台热水锅炉额定热功率大于等于4.2MW的锅炉房，当风机布置在司炉不便操作的地点时，宜设置风机进风门的远距离控制装置和风门开度指示。

11.2.21 电动设备、阀门和烟、风道门，宜设置远距离控制装置。

11.2.22 单台蒸汽锅炉额定蒸发量大于等于10t/h或单台热水锅炉额定热功率大于等于7MW的锅炉房，宜设集中控制系统。

11.2.23 控制系统的供电，应设置不间断电源供电方式，并应留有裕量。

12 化验和检修

12.1 化 验

12.1.1 锅炉房宜设置化验室，化验锅炉运行中需经常检测的项目，对不需经常化验的项目，宜通过协作解决。

　　锅炉房符合下列条件时，可只设化验场地，进行硬度、碱度、pH值和溶解氧等简单的水质分析：
　　1 单台蒸汽锅炉额定蒸发量小于6t/h或总蒸发量小于10t/h的锅炉房及单台热水锅炉额定热功率小于4.2MW或总热功率小于7MW的锅炉房；
　　2 本企业有中心试验室或其他化验部门，可为锅炉房配置水质分析用的化学试剂，并可化验锅炉房需经常检测的其他项目。

12.1.2 锅炉房化验室化验水、汽项目的能力，应符合下列要求：
　　1 蒸汽锅炉房的化验室应具备对悬浮物、总硬度、总碱度、pH值、溶解氧、溶解固形物、硫酸根和氯化物等项目的化验能力；采用磷酸盐锅内水处理时，应有化验磷酸根含量的能力；额定出口蒸汽压力大于2.5MPa（表压），且供汽轮机用汽时，宜能测定二氧化硅及电导率；
　　2 热水锅炉房的化验室应具备对悬浮物、总硬度和pH值的化验能力；采用锅外化学水处理时，应能化验溶解氧。

12.1.3 总蒸发量大于20t/h或总热功率大于14MW的锅炉房，其化验室除应符合本规范第12.1.2条的规定外，尚宜具备下列分析化验能力：
　　1 煤为燃料时，宜能对燃煤进行工业分析及发热量测定，对飞灰和炉渣进行可燃物含量的测定；煤粉为燃料时，尚宜能分析煤的可磨性和煤粉细度；
　　2 油为燃料时，宜能测定其黏度和闪点。

12.1.4 总蒸发量大于等于60t/h或总热功率大于等于42MW的锅炉房，其化验室除应符合本规范第12.1.3条规定外，尚宜能进行燃料元素分析。

12.1.5 锅炉房化验室，除应符合本规范第12.1.2条、第12.1.3条和第12.1.4条的要求外，尚应能测定烟气含氧量或二氧化碳和一氧化碳含量；燃油、燃气锅炉房宜能测定烟气中氢、碳氢化合物等可燃物的含量。

12.2 检 修

12.2.1 锅炉房宜设置对锅炉、辅助设备、管道、阀门及附件进行维护、保养和小修的检修间。

单台蒸汽锅炉额定蒸发量小于等于6t/h或单台热水锅炉额定热功率小于等于4.2MW的锅炉房，可只设置检修场地和工具室。

锅炉的中修、大修，宜协作解决。

12.2.2 锅炉房检修间可配备钳工桌、砂轮机、台钻、洗管器、手动试压泵和焊、割等设备或工具。

单台蒸汽锅炉额定蒸发量大于等于35t/h或单台热水锅炉额定热功率大于等于29MW的锅炉房检修间，根据检修需要可配置必要的机床等机修设备，亦可协作解决。

12.2.3 总蒸发量大于等于60t/h或总功率大于等于42MW的锅炉房，宜设置电气保养室。当所在企业有集中的电工值班室时，可不单独设置。

电气的检修宜由所在企业统一安排或地区协作解决。

12.2.4 单台蒸汽锅炉额定蒸发量大于等于10t/h或单台热水锅炉额定热功率大于等于7MW的锅炉房，宜设置仪表保养室。当所在企业有集中的维修条件时，可不单独设置。

仪表的检修宜由所在企业统一安排或地区协作解决。

12.2.5 双层布置的锅炉房和单台蒸汽锅炉额定蒸发量大于等于10t/h或单台热水锅炉额定热功率大于等于7MW的单层布置锅炉房，在其锅炉上方应设置可将物件从底层地面提升至锅炉顶部的吊装设施。需穿越楼板时，应开设吊装孔。

12.2.6 单台蒸汽锅炉额定蒸发量大于4t/h或单台热水锅炉额定热功率大于2.8MW的锅炉房，鼓风机、引风机、给水泵、磨煤机和煤处理设备的上方，宜设置起吊装置或吊装措施。

热力除氧器、换热器和带有筒体法兰的离子交换器等大型辅助设备的上方，宜有吊装检修措施。

13 锅炉房管道

13.1 汽水管道

13.1.1 汽水管道设计应根据热力系统和锅炉房工艺布置进行，并应符合下列要求：

  1 应便于安装、操作和检修；
  2 管道宜沿墙和柱敷设；
  3 管道敷设在通道上方时，管道（包括保温层或支架）最低点与通道地面的净高不应小于2m；
  4 管道不应妨碍门、窗的启闭与影响室内采光；
  5 应满足装设仪表的要求；
  6 管道布置宜短捷、整齐。

13.1.2 采用多管供汽（热）的锅炉房，宜设置分汽（分水）缸。分汽（分水）缸的设置，应根据用汽（热）需要和管理方便的原则确定。

13.1.3 供汽系统中的蒸汽蓄热器，应符合下列要求：

  1 应设置蓄热器的旁路阀门；
  2 并联运行的蒸汽蓄热器蒸汽进、出口管上应装设止回阀，串联运行的蒸汽蓄热器进汽管上宜装设止回阀；
  3 蒸汽蓄热器进水管上，应装设止回阀；
  4 锅炉额定工作压力大于蒸汽蓄热器额定工作压力时，蓄热器上应装设安全阀；
  5 蒸汽蓄热器运行时的充水应采用锅炉给水，利用锅炉给水泵补水；
  6 蒸汽蓄热器运行放水管，应接至锅炉给水箱或除氧水箱。

13.1.4 锅炉房内连接相同参数锅炉的蒸汽（热水）管，宜采用单母管；对常年不间断供汽（热）的锅炉房，宜采用双母管。

13.1.5 每台蒸汽（热水）锅炉与蒸汽（热水）母管或分汽（分水）缸之间的锅炉主蒸汽（供水）管上，均应装设2个阀门，其中1个应紧靠锅炉汽包或过热器（供水集箱）出口，另1个宜装在靠近蒸汽（供水）母管处或分汽（分水）缸上。

13.1.6 蒸汽锅炉房的锅炉给水母管应采用单母管；对常年不间断供汽的锅炉房和给水泵不能并联运行的锅炉房，锅炉给水母管宜采用双母管或采用单元制锅炉给水系统。

13.1.7 锅炉给水泵进水母管或除氧水箱出水母管，宜采用不分段的单母管；对常年不间断供汽，且除氧水箱台数大于等于2台时，宜采用分段的单母管。

13.1.8 锅炉房除氧器的台数大于等于2台时，除氧器加热用蒸汽管宜采用母管制系统。

13.1.9 热水锅炉房内与热水锅炉、水加热装置和循环水泵相连接的供水和回水母管应采用单母管，对需要保证连续供热的热水锅炉房，宜采用双母管。

13.1.10 每台热水锅炉与热水供、回水母管连接时，在锅炉的进水管和出水管上，应装设切断阀；在进水管的切断阀前，宜装设止回阀。

13.1.11 每台锅炉宜采用独立的定期排污管道，并分别接至排污膨胀器或排污降温池；当几台锅炉合用排污母管时，在每台锅炉接至排污母管的干管上必须装设切断阀，在切断阀前尚宜装设止回阀。

13.1.12 每台蒸汽锅炉的连续排污管道，应分别接至连续排污膨胀器。在锅炉出口的连续排污管道上，应装设节流阀。在锅炉出口和连续排污膨胀器进口处,应各设1个切断阀。

2~4台锅炉宜合设1台连续排污膨胀器。连续排污膨胀器上应装设安全阀。

13.1.13 锅炉的排污阀及其管道不应采用螺纹连接。锅炉排污管道应减少弯头,保证排污畅通。

13.1.14 蒸汽锅炉给水管上的手动给水调节装置及热水锅炉手动控制补水装置,宜设置在便于司炉操作的地点。

13.1.15 锅炉本体、除氧器和减压减温器上的放汽管、安全阀的排汽管应接至室外安全处,2个独立安全阀的排汽管不应相连。

13.1.16 热力管道热膨胀的补偿,应充分利用管道的自然补偿,当自然补偿不能满足热膨胀的要求时,应设置补偿器。

13.1.17 汽水管道的支、吊架设计,应计入管道、阀门与附件、管内水、保温结构等的重量以及管道热膨胀而作用在支、吊架上的力。

对于采用弹簧支、吊架的蒸汽管道,不应计入管内水的重量,但进行水压试验时,对公称直径大于等于250mm的管道应有临时支撑措施。

13.1.18 汽水管道的低点和可能积水处,应装设疏、放水阀。放水阀的公称直径不应小于20mm。

汽水管道的高点应装设放气阀,放气阀公称直径可取15~20mm。

13.2 燃油管道

13.2.1 锅炉房的供油管道宜采用单母管;常年不间断供热时,宜采用双母管。回油管道宜采用单母管。

采用双母管时,每一母管的流量宜按锅炉房最大计算耗油量和回油量之和的75%计算。

13.2.2 重油供油系统,宜采用经锅炉燃烧器的单管循环系统。

13.2.3 重油供油管道应保温。当重油在输送过程中,由于温度降低不能满足生产要求时,尚应伴热。在重油回油管道可能引起烫伤人员或凝固的部位,应采取隔热或保温措施。

13.2.4 通过油加热器及其后管道内油的流速,不应小于0.7m/s。

13.2.5 油管道宜采用顺坡敷设,但接入燃烧器的重油管道不宜坡向燃烧器。轻柴油管道的坡度不应小于0.3%,重油管道的坡度不应小于0.4%。

13.2.6 采用单机组配套的全自动燃油锅炉,应保持其燃烧自控的独立性,并按其要求配置燃油管道系统。

13.2.7 在重油供油系统的设备和管道上,应装吹扫口。吹扫位置应能够吹净设备和管道内的重油。

吹扫介质宜采用蒸汽,亦可采用轻油置换,吹扫用蒸汽压力宜为0.6~1MPa(表压)。

13.2.8 固定连接的蒸汽吹扫口,应有防止重油倒灌的措施。

13.2.9 每台锅炉的供油干管上,应装设关闭阀和快速切断阀。每个燃烧器前的燃油支管上,应装设关闭阀。当设置2台或2台以上锅炉时,尚应在每台锅炉的回油总管上装设止回阀。

13.2.10 在供油泵进口母管上,应设置油过滤器2台,其中1台备用。滤网流通面积宜为其进口管截面积的8~10倍。油过滤器的滤网网孔,宜符合下列要求:

1 离心泵、蒸汽往复泵为8~12目/cm;
2 螺杆泵、齿轮泵为16~32目/cm。

13.2.11 采用机械雾化燃烧器(不包括转杯式)时,在油加热器和燃烧器之间的管段上,应设置油过滤器。

油过滤器滤网的网孔,不宜小于20目/cm。滤网的流通面积,不宜小于其进口管截面积的2倍。

13.2.12 燃油管道应采用输送流体的无缝钢管,并应符合现行国家标准《流体输送用无缝钢管》GB/T 8163的有关规定;燃油管道除与设备、阀门附件等处可用法兰连接外,其余宜采用氩弧焊打底的焊接连接。

13.2.13 室内油箱间至锅炉燃烧器的供油管和回油管宜采用地沟敷设,地沟内宜填砂,地沟上面应采用非燃材料封盖。

13.2.14 燃油管道垂直穿越建筑物楼层时,应设置在管道井内,并宜靠外墙敷设;管道井的检查门应采用丙级防火门;燃油管道穿越每层楼板处,应设置相当于楼板耐火极限的防火隔断;管道井底部,应设深度为300mm填砂集油坑。

13.2.15 油箱(罐)的进油管和回油管,应从油箱(罐)体顶部插入,管口应位于油液面下,并应距离箱(罐)底200mm。

13.2.16 当室内油箱与贮油罐的油位有高差时,应有防止虹吸的设施。

13.2.17 燃油管道穿越楼板、隔墙时应敷设在套管内,套管的内径与油管的外径四周间隙不应小于20mm。套管内管段不得有接头,管道与套管之间的空隙应用麻丝填实,并应用不燃材料封口。管道穿越楼板的套管,上端应高出楼板60~80mm,套管下端与楼板底面(吊顶底面)平齐。

13.2.18 燃油管道与蒸汽管道上下平行布置时,燃油管道应位于蒸汽管道的下方。

13.2.19 燃油管道采用法兰连接时,宜设有防止漏油事故的集油措施。

13.2.20 煤粉锅炉和循环流化床锅炉点火供油系统的管道设计,宜符合本规范13.2.1条和13.2.9条的规定。

13.2.21 燃油系统附件严禁采用能被燃油腐蚀或溶

解的材料。

13.3 燃气管道

13.3.1 锅炉房燃气管道宜采用单母管,常年不间断供热时,宜采用从不同燃气调压箱接来的2路供气的双母管。

13.3.2 在引入锅炉房的室外燃气母管上,在安全和便于操作的地点,应装设与锅炉房燃气浓度报警装置联动的总切断阀,阀后应装设气体压力表。

13.3.3 锅炉房燃气管道宜架空敷设。输送相对密度小于0.75的燃气管道,应设在空气流通的高处;输送相对密度大于0.75的燃气管道,宜装设在锅炉房外墙和便于检测的位置。

13.3.4 燃气管道上应装设放散管、取样口和吹扫口,其位置应能满足将管道与附件内的燃气或空气吹净的要求。

放散管可汇合成总管引至室外,其排出口应高出锅炉房屋脊2m以上,并使放出的气体不致窜入邻近的建筑物和被通风装置吸入。

密度比空气大的燃气放散,应采用高空或火炬排放,并满足最小频率上风侧区域的安全和环境保护要求。当工厂有火炬放空系统时,宜将放散气体排入该系统中。

13.3.5 燃气放散管管径,应根据吹扫段的容积和吹扫时间确定。吹扫量可按吹扫段容积的10~20倍计算,吹扫时间可采用15~20min。吹扫气体可采用氮气或其他惰性气体。

13.3.6 锅炉房内燃气管道不应穿越易燃或易爆品仓库、值班室、配变电室、电缆沟(井)、通风沟、风道、烟道和具有腐蚀性质的场所;当必需穿越防火墙时,其穿孔间隙应采用非燃烧物填实。

13.3.7 每台锅炉燃气干管上,应配套性能可靠的燃气阀组,阀组前燃气供气压力和阀组规格应满足燃烧器最大负荷需要。阀组基本组成和顺序为:切断阀、压力表、过滤器、稳压阀、波纹接管、2级或组合式检漏电磁阀、阀前后压力开关和流量调节蝶阀。点火用的燃气管道,宜从燃烧器前燃气干管上的2级或组合式检漏电磁阀前引出,且应在其上装设切断阀和2级电磁阀。

13.3.8 锅炉燃气阀组切断阀前的燃气供气压力应根据燃烧器要求确定,并宜设定在5~20kPa之间,燃气阀组供气质量流量应能使锅炉在额定负荷运行时,燃烧器稳定燃烧。

13.3.9 锅炉房燃气宜从城市中压供气主管上铺设专用管道供给,并应经过滤、调压后使用。单台调压装置低压侧供气流量不宜大于3000m³/h(标态),撬装式调压装置低压侧单台供气量宜为5000m³/h(标态)。

13.3.10 锅炉房内燃气管道设计,应符合现行国家标准《城镇燃气设计规范》GB 50028和《工业金属管道设计规范》GB 50316的有关规定。

13.3.11 燃气管道应采用输送流体的无缝钢管,并应符合现行国家标准《流体输送用无缝钢管》GB/T 8163的有关规定;燃气管道的连接,除与设备、阀门附件等处可用法兰连接外,其余宜采用氩弧焊打底的焊接连接。

13.3.12 燃气管道穿越楼板或隔墙时,应符合本规范第13.2.17条的规定。

13.3.13 燃气管道垂直穿越建筑物楼层时,应设置在独立的管道井内,并应靠外墙敷设;穿越建筑物楼层的管道井每隔2层或3层,应设置相当于楼板耐火极限的防火隔断;相邻2个防火隔断的下部,应设置丙级防火检修门;建筑物底层管道井防火检修门的下部,应设置带有电动防火阀的进风百叶;管道井顶部应设置通大气的百叶窗;管道井应采用自然通风。

13.3.14 管道井内的燃气立管上,不应设置阀门。

13.3.15 燃气管道与附件严禁使用铸铁件。在防火区内使用的阀门,应具有耐火性能。

14 保温和防腐蚀

14.1 保 温

14.1.1 下列情况的热力设备、热力管道、阀门及附件均应保温:

1 外表面温度高于50℃时;

2 外表面温度低于等于50℃,需要回收热能时。

14.1.2 保温层厚度应根据现行国家标准《设备和管道保温技术通则》GB/T 4272和《设备及管道保温设计导则》GB/T 8175中的经济厚度计算方法确定。当散热损失超过规定值时,可根据最大允许散热损失计算方法复核确定。

14.1.3 不需保温或要求散热,且外表面温度高于60℃的裸露设备及管道,在下列范围内应采取防烫伤的隔热措施:

1 距地面或操作平台的高度小于2m时;

2 距操作平台周边水平距离小于等于0.75m时。

注:本条中的管道系指排汽管、放空管,以及燃油、燃气锅炉烟道防爆门的泄压导向管等。

14.1.4 保温材料的选择,应符合下列要求:

1 宜采用成型制品;

2 保温材料及其制品的允许使用温度,应高于正常操作时设备和管道内介质的最高温度;

3 宜选用导热系数低、吸湿性小、密度低、强度高、耐用、价格低、便于施工和维护的保温材料及其制品。

14.1.5 保温层外的保护层应具有阻燃性能。当热力设备和架空热力管道布置在室外时，其保护层应具有防水、防晒和防锈性能。

14.1.6 采用复合保温材料及其制品时，应选用耐高温且导热系数较低的材料作内保温层，其厚度可按表面温度法确定。内层保温材料及其制品的外表面温度应小于等于外层保温材料及其制品的允许最高使用温度的0.9倍。

14.1.7 采用软质或半硬质保温材料时，应按施工压缩后的密度选取导热系数。保温层的厚度，应为施工压缩后的保温层厚度。

14.1.8 阀门及附件和其他需要经常维修的设备和管道，宜采用便于拆装的成型保温结构。

14.1.9 立式热力设备和热力立管的高度超过3m时，应按管径大小和保温层重量，设置保温材料的支撑圈或其他支撑设施。

注：本条中的热力立管，包括与水平夹角大于45°的热力管道。

14.1.10 室外直埋敷设管道的保温，宜符合国家现行标准《城镇直埋供热管道工程技术规程》CJJ/T 81和《城镇供热直埋蒸汽管道技术规程》CJJ 104的有关规定。

14.2 防腐蚀

14.2.1 敷设保温层前，设备和管道的表面应清除干净，并刷防锈漆或防腐涂料，其耐温性能应满足介质设计温度的要求。

14.2.2 介质温度低于120℃时，设备和管道的表面应刷防锈漆。介质温度高于120℃时，设备和管道的表面宜刷高温防锈漆。凝结水箱、给水箱、中间水箱和除盐水箱等设备的内壁应刷防腐涂料，涂料性质应满足贮存介质品质的要求。

14.2.3 室外布置的热力设备和架空敷设的热力管道，采用玻璃布或不耐腐蚀的材料作保护层时，其表面应刷油漆或防腐涂料。采用薄铝板或镀锌薄钢板作保护层时，其表面可不刷油漆或防腐涂料。

14.2.4 埋地设备和管道的外表面应做防腐处理，防腐层材料和防腐层层数应根据设备和管道的防腐要求及土壤的腐蚀性确定。对不便检修的设备和管道，可增加阴极保护措施。

14.2.5 锅炉房设备和管道的表面或保温保护层表面的涂色和标志应符合现行国家标准《工业管路的基本识别色和识别符号》GB 7231和有关标准的规定。

15 土建、电气、采暖通风和给水排水

15.1 土 建

15.1.1 锅炉房的火灾危险性分类和耐火等级应符合下列要求：

1 锅炉间应属于丁类生产厂房，单台蒸汽锅炉额定蒸发量大于4t/h或单台热水锅炉额定热功率大于2.8MW时，锅炉间建筑不应低于二级耐火等级；单台蒸汽锅炉额定蒸发量小于等于4t/h或单台热水锅炉额定热功率小于等于2.8MW时，锅炉间建筑不应低于三级耐火等级。

设在其他建筑物内的锅炉房，锅炉间的耐火等级，均不应低于二级耐火等级；

2 重油油箱间、油泵间和油加热器及轻柴油的油箱间和油泵间应属于丙类生产厂房，其建筑均不应低于二级耐火等级，上述房间布置在锅炉房辅助间内时，应设置防火墙与其他房间隔开；

3 燃气调压间应属于甲类生产厂房，其建筑不应低于二级耐火等级，与锅炉房贴邻的调压间应设置防火墙与锅炉房隔开，其门窗应向外开启并不应直接通向锅炉房，地面应采用不产生火花坪。

15.1.2 锅炉房的外墙、楼地面或屋面，应有相应的防爆措施，并应有相当于锅炉间占地面积10%的泄压面积，泄压方向不得朝向人员聚集的场所、房间和人行通道，泄压处也不得与这些地方相邻。地下锅炉房采用竖井泄爆方式时，竖井的净横断面积，应满足泄压面积的要求。

当泄压面积不能满足上述要求时，可采用在锅炉房的内墙和顶部（顶棚）敷设金属爆炸减压板作补充。

注：泄压面积可将玻璃窗、天窗、质量小于等于120kg/m^2的轻型屋顶和薄弱墙等面积包括在内。

15.1.3 燃油、燃气锅炉房锅炉间与相邻的辅助间之间的隔墙，应为防火墙；隔墙上开设的门应为甲级防火门；朝锅炉操作面方向开设的玻璃大观察窗，应采用具有抗爆能力的固定窗。

15.1.4 锅炉房为多层布置时，锅炉基础与楼地面接缝处应采取适应沉降的措施。

15.1.5 锅炉房应预留能通过设备最大搬运件的安装洞，安装洞可结合门洞或非承重墙处设置。

15.1.6 钢筋混凝土烟囱和砖烟道的混凝土底板等内表面，其设计计算温度高于100℃的部位应有隔热措施。

15.1.7 锅炉房的柱距、跨度和室内地坪至柱顶的高度，在满足工艺要求的前提下，宜符合现行国家标准《厂房建筑模数协调标准》GB 50006的规定。

15.1.8 需要扩建的锅炉房，土建应留有扩建的措施。

15.1.9 锅炉房内装有磨煤机、鼓风机、水泵等振动较大的设备时，应采取隔振措施。

15.1.10 钢筋混凝土煤仓壁的内表面应光滑耐磨，壁交角处应做成圆弧形，并应设置有盖人孔和爬梯。

15.1.11 设备吊装孔、灰渣池及高位平台周围，应设置防护栏杆。

15.1.12 烟囱和烟道连接处,应设置沉降缝。

15.1.13 锅炉间外墙的开窗面积,除应满足泄压要求外,还应满足通风和采光的要求。

15.1.14 锅炉房和其他建筑物相邻时,其相邻的墙应为防火墙。

15.1.15 油泵房的地面应有防油措施。对有酸、碱侵蚀的水处理间地面、地沟、混凝土水箱和水池等建、构筑物的设计,应符合现行国家标准《工业建筑防腐蚀设计规范》GB 50046 的规定。

15.1.16 化验室的地面和化验台的防腐蚀设计,应符合现行国家标准《工业建筑防腐蚀设计规范》GB 50046 的规定,其地面应有防滑措施。

化验室的墙面应为白色、不反光,窗户宜防尘,化验台应有洗涤设施,化验场地应做防尘、防噪处理。

15.1.17 锅炉房生活间的卫生设施设计,应符合国家现行职业卫生标准《工业企业设计卫生标准》GBZ 1 的有关规定。

15.1.18 平台和扶梯应选用不燃烧的防滑材料。操作平台宽度不应小于 800mm,扶梯宽度不应小于 600mm。平台和扶梯上净高不应小于 2m。经常使用的钢梯坡度不宜大于 45°。

15.1.19 干煤棚挡煤墙上部敞开部分,应有防雨措施,但不应妨碍桥式起重机通过。

15.1.20 锅炉房楼面、地面和屋面的活荷载,应根据工艺设备安装和检修的荷载要求确定,亦可按表 15.1.20 的规定确定。

表 15.1.20 楼面、地面和屋面的活荷载

名称	活荷载(kN/m²)
锅炉间楼面	6~12
辅助间楼面	4~8
运煤层楼面	4
除氧层楼面	4
锅炉间及辅助间屋面	0.5~1
锅炉间地面	10

注:1 表中未列的其他荷载应按现行国家标准《建筑结构荷载设计规范》GB 50009 的规定选用。
 2 表中不包括设备的集中荷载。
 3 运煤层楼面有皮带头部装置的部分应由工艺提供荷载或可按 10kN/m² 计算。
 4 锅炉间地面设有运输通道时,通道部分的地坪和地沟盖板可按 20kN/m² 计算。

15.2 电 气

15.2.1 锅炉房的供电负荷级别和供电方式,应根据工艺要求、锅炉容量、热负荷的重要性和环境特征等因素,按现行国家标准《供配电系统设计规范》GB 50052 的有关规定确定。

15.2.2 电动机、启动控制设备、灯具和导线型式的选择,应与锅炉房各个不同的建筑物和构筑物的环境分类相适应。

燃油、燃气锅炉房的锅炉间、燃气调压间、燃油泵房、煤粉制备间、碎煤机间和运煤走廊等有爆炸和火灾危险场所的等级划分,必须符合现行国家标准《爆炸和火灾危险环境电力装置设计规范》GB 50058 的有关规定。

15.2.3 单台蒸汽锅炉额定蒸发量大于等于 6t/h 或单台热水锅炉额定热功率大于等于 4.2MW 的锅炉房,宜设置低压配电室。当有 6kV 或 10kV 高压用电设备时,尚宜设置高压配电室。

15.2.4 锅炉房的配电宜采用放射式为主的方式。当有数台锅炉机组时,宜按锅炉机组为单元分组配电。

15.2.5 单台蒸汽锅炉额定蒸发量小于等于 4t/h 或单台热水锅炉额定热功率小于等于 2.8MW,锅炉的控制屏或控制箱宜采用与锅炉成套的设备,并宜装设在炉前或便于操作的地方。

15.2.6 锅炉机组采用集中控制时,在远离操作屏的电动机旁,宜设置事故停机按钮。

当需要在不能观察电动机或机械的地点进行控制时,应在控制点装设指示电动机工作状态的灯光信号或仪表。电动机的测量仪表应符合现行国家标准《电力装置的电气测量仪表装置设计规范》GB 50063 的规定。

自动控制或联锁的电动机,应有手动控制和解除自动控制或联锁控制的措施;远程控制的电动机,应有就地控制和解除远程控制的措施;当突然启动可能危及周围人员安全时,应在机械旁装设启动预告信号和应急断电开关或自锁按钮。

15.2.7 电气线路宜采用穿金属管或电缆布线,并不应沿锅炉热风道、烟道、热水箱和其他载热体表面敷设。当需要沿载热体表面敷设时,应采取隔热措施。

在煤场下及构筑物内不宜有电缆通过。

15.2.8 控制室、变压器室和高、低压配电室,不应设在潮湿的生产房间、淋浴室、卫生间、用热水加热空气的通风室和输送有腐蚀性介质管道的下面。

15.2.9 锅炉房各房间及构筑物地面上人工照明标准照度值、显示指数及功率密度值,应符合现行国家标准《建筑照明设计标准》GB 50034 的规定。

15.2.10 锅炉水位表、锅炉压力表、仪表屏和其他照度要求较高的部位,应设置局部照明。

15.2.11 在装设锅炉水位表、锅炉压力表、给水泵以及其他主要操作的地点和通道,宜设置事故照明。事故照明的电源选择,应按锅炉房的容量、生产用汽的重要性和锅炉房附近供电设施的设置情况等因素确定。

15.2.12 照明装置电源的电压,应符合下列要求:

1 地下凝结水箱间、出灰渣地点和安装热水箱、锅炉本体、金属平台等设备和构件处的灯具,当距地面和平台工作面小于2.5m时,应有防止触电的措施或采用不超过36V的电压。

2 手提行灯的电压不应超过36V。在本条第1款中所述场所的狭窄地点和接触良好的金属面上工作时,所用手提行灯的电压不应超过12V。

15.2.13 烟囱顶端上装设的飞行标志障碍灯,应根据锅炉房所在地航空部门的要求确定。障碍灯应采用红色,且不应少于2盏。

15.2.14 砖砌或钢筋混凝土烟囱应设置接闪(避雷)针或接闪带,可利用烟囱爬梯作为其引下线,但必须有可靠的连接。

15.2.15 燃气放散管的防雷设施,应符合现行国家标准《建筑物防雷设计规范》GB 50057的规定。

15.2.16 燃油锅炉房贮存重油和轻柴油的金属油罐,当其顶板厚度不小于4mm时,可不装设接闪针,但必须接地,接地点不应少于2处。

当油罐装有呼吸阀和放散管时,其防雷设施应符合现行国家标准《石油库设计规范》GB 50074的规定。

覆土在0.5m以上的地下油罐,可不设防雷设施。但当有通气管引出地面时,在通气管处应做局部防雷处理。

15.2.17 气体和液体燃料管道应有静电接地装置。当其管道为金属材料,且与防雷或电气系统接地保护线相连时,可不设静电接地装置。

15.2.18 锅炉房应设置通信设施。

15.3 采暖通风

15.3.1 锅炉房内工作地点的夏季空气温度,应根据设备散热量的大小,按国家现行职业卫生标准《工业企业设计卫生标准》GBZ 1的有关规定确定。

15.3.2 锅炉间、凝结水箱间、水泵间和油泵间等房间的余热,宜采用有组织的自然通风排除。当自然通风不能满足要求时,应设置机械通风。

15.3.3 锅炉间锅炉操作区等经常有人工作的地点,在热辐射照度大于等于350W/m²的地点,应设置局部送风。

15.3.4 夏季运行的地下、半地下、地下室和半地下室锅炉房控制室,应设有空气调节装置,其他锅炉房的控制室、化验室的仪器分析间,宜设空气调节装置。

15.3.5 设置集中采暖的锅炉房,各生产房间生产时间的冬季室内计算温度,宜符合表15.3.5的规定。在非生产时间的冬季室内计算温度宜为5℃。

表15.3.5 各生产房间生产时间的冬季室内计算温度

房间名称		温度(℃)
燃煤、燃油、燃气锅炉间	经常有人操作时	12
	设有控制室,经常无操作人员时	5
控制室、化验室、办公室		16~18
水处理间、值班室		15
燃气调压间、油泵房、化学品库、出渣间、风机间、水箱间、运煤走廊		5
水泵房	在单独房间内经常有人操作时	15
	在单独房间内经常无操作人员时	5
碎煤间及单独的煤粉制备装置间		12
更衣室		23
浴室		25~27

15.3.6 在有设备散热的房间内,应对工作地点的温度进行热平衡计算,当其散热量不能保证本规范规定工作地点的采暖温度时,应设置采暖设备。

15.3.7 设在其他建筑物内的燃油、燃气锅炉房的锅炉间,应设置独立的送排风系统,其通风装置应防爆,新风量必须符合下列要求:

1 锅炉房设置在首层时,对采用燃油作燃料的,其正常换气次数每小时不应少于3次,事故换气次数每小时不应少于6次;对采用燃气作燃料的,其正常换气次数每小时不应少于6次,事故换气次数每小时不应少于12次;

2 锅炉房设置在半地下或半地下室时,其正常换气次数每小时不应少于6次,事故换气次数每小时不应少于12次;

3 锅炉房设置在地下或地下室时,其换气次数每小时不应少于12次;

4 送入锅炉房的新风总量,必须大于锅炉房3次的换气量;

5 送入控制室的新风量,应按最大班操作人员计算。

注:换气量中不包括锅炉燃烧所需空气量。

15.3.8 燃气调压间等有爆炸危险的房间,应有每小时不少于3次的换气量。当自然通风不能满足要求时,应设置机械通风装置,并应设每小时换气不少于12次的事故通风装置。通风装置应防爆。

15.3.9 燃油泵房和贮存闪点小于等于45℃的易燃油品的地下油库,除采用自然通风外,燃油泵房应有每小时换气12次的机械通风装置,油库应有每小时换气6次的机械通风装置。

计算换气量时,房间高度可按4m计算。

设置在地面上的易燃油泵房,当建筑物外墙下部设有百叶窗、花格墙等对外常开孔口时,可不设置机械通风装置。

易燃油泵房和易燃油库的通风装置应防爆。

15.3.10 机械通风房间内吸风口的位置,应根据油气和燃气的密度大小,按现行国家标准《采暖通风与空气调节设计规范》GB 50019 中的有关规定确定。

15.4 给水排水

15.4.1 锅炉房的给水宜采用 1 根进水管。当中断给水造成停炉会引起生产上的重大损失时,应采用 2 根从室外环网的不同管段或不同水源分别接入的进水管。

当采用 1 根进水管时,应设置为排除故障期间用水的水箱或水池。其总容量应包括原水箱、软化或除盐水箱、除氧水箱和中间水箱等的容量,并不应小于 2h 锅炉房的计算用水量。

15.4.2 煤场和灰渣场,应设有防止粉尘飞扬的洒水设施和防止煤屑和灰渣被冲走以及积水的设施。煤场尚应设置消除煤堆自燃用的给水点。

15.4.3 化学水处理的贮存酸、碱设备处,应有人身和地面沾溅后简易的冲洗措施。

15.4.4 锅炉及辅机冷却水,宜利用作为锅炉除渣机用水及冲灰渣补充水。

15.4.5 锅炉房冷却用水量大于等于 $8m^3/h$ 时,应循环使用。

15.4.6 锅炉房操作层、出灰层和水泵间等地面宜有排水措施。

16 环境保护

16.1 大气污染物防治

16.1.1 锅炉房排放的大气污染物,应符合现行国家标准《锅炉大气污染物排放标准》GB 13271、《大气污染物综合排放标准》GB 16297 和所在地有关大气污染物排放标准的规定。

16.1.2 除尘器的选择,应根据锅炉在额定蒸发量或额定热功率下的出口烟尘初始排放浓度、燃料成分、烟尘性质和除尘器对负荷适应性等技术经济因素确定。

16.1.3 除尘器及其附属设施,应符合下列要求:

1 应有防腐蚀和防磨损的措施;

2 应设置可靠的密封排灰装置;

3 应设置密闭输送和密闭存放灰尘的设施,收集的灰尘宜综合利用。

16.1.4 单台额定蒸发量小于等于 6t/h 或单台额定热功率小于等于 4.2MW 的层式燃煤锅炉,宜采用干式除尘器。

16.1.5 燃煤锅炉在采用干式旋风除尘器达不到烟尘排放标准时,应采用湿式、静电或袋式除尘装置。

16.1.6 有碱性工业废水可利用的企业或采用水力冲灰渣的燃煤锅炉房,宜采用除尘和脱硫功能一体化的除尘脱硫装置。一体化除尘脱硫装置,应符合下列要求:

1 应有防腐措施;

2 应采用闭式循环系统,并设置灰水分离设施,外排废液应经无害化处理;

3 应采取防止烟气带水和在后部烟道及引风机结露的措施;

4 严寒地区的装置和系统应有防冻措施;

5 应有 pH 值、液气比和 SO_2 出口浓度的检测和自控装置。

16.1.7 循环流化床锅炉,应采用炉内脱硫。

16.1.8 锅炉烟气排放中氮氧化物浓度超过标准时,应采取治理措施。

16.1.9 锅炉房烟气排放系统中采样孔、监测孔的设置,应符合现行国家标准《锅炉大气污染物排放标准》GB 13271 的规定,并宜设置工作平台。单台额定蒸发量大于等于 20t/h 或单台额定热功率大于等于 14MW 的燃煤锅炉和燃油锅炉,必须安装固定的连续监测烟气中烟尘、SO_2 排放浓度的仪器。

16.1.10 运煤系统的转运处、破碎筛选处和锅炉干式机械除灰渣处等产生粉尘的设备和地点,应有防止粉尘扩散的封闭措施和设置局部通风除尘装置。

16.2 噪声与振动的防治

16.2.1 位于城市的锅炉房,其噪声控制应符合现行国家标准《城市区域环境噪声标准》GB 3096 的规定。

锅炉房噪声对厂界的影响,应符合现行国家标准《工业企业厂界噪声标准》GB 12348 的规定。

16.2.2 锅炉房内各工作场所噪声声级的卫生限值,应符合国家现行职业卫生标准《工业企业设计卫生标准》GBZ 1 的规定。锅炉房操作层和水处理间操作地点的噪声,不应大于 85dB(A);仪表控制室和化验室的噪声,不应大于 70dB(A)。

16.2.3 锅炉房的风机、多级水泵、燃油、燃气燃烧器和煤的破碎、制粉、筛选装置等设备,应选用低噪声产品,并应采取降噪和减振措施。

16.2.4 锅炉房的球磨机宜布置在隔声室内,隔声室应按防爆要求设置通风设施。

16.2.5 锅炉鼓风机的吸风口、各设备隔声室和隔声罩的进风口宜设置消声器。

16.2.6 额定出口压力为 1.27~3.82MPa(表压)的蒸汽锅炉本体和减温减压装置的放汽管上,宜设置消声器。

16.2.7 非独立锅炉房及宾馆、医院和精密仪器车间附近的锅炉房,其风机、多级水泵等设备与其基础之间应设置隔振器，设备与管道连接应采用柔性接头连接，管道支承宜采用弹性支吊架。

16.2.8 非独立锅炉房的墙、楼板、隔声门窗的隔声量，不应小于35dB（A）。

16.3 废水治理

16.3.1 锅炉房排放的各类废水，应符合现行国家标准《污水综合排放标准》GB 8978和《地表水环境质量标准》GB 3838的规定，并应符合受纳水系的接纳要求。

16.3.2 锅炉房排放的各类废水，应按水质、水量分类进行处理，合理回收，重复利用。

16.3.3 湿式除尘脱硫装置、水力除灰渣系统和锅炉清洗产生的废水应经过沉淀、中和处理达标后排放；锅炉排污水应降温至小于40℃后排放；化学水处理的酸、碱废水应经过中和处理达标后排放。

16.3.4 油罐清洗废水和液化石油气残液严禁直接排放；油罐区应设置汇水明沟和隔油池；液化石油气残液应委托国家认可的专业部门处理。

16.3.5 煤场和灰渣场应设置防止煤屑和煤渣冲走和积水的设施，积水处理排放应符合本规范第16.3.1条的要求，同时应设有防治煤灰水渗漏对地下水、饮用水源污染的措施。

16.4 固体废弃物治理

16.4.1 燃煤锅炉房的灰渣应综合利用，烟气脱硫装置的脱硫副产品宜综合利用。

16.4.2 化学水处理系统的固体废弃物，应按危险废弃物分类要求处理。

16.5 绿 化

16.5.1 锅炉房区域的场地应进行绿化。区域锅炉房的绿地率宜为20%，非区域锅炉房的绿化面积应在总体设计时统一规划。

16.5.2 锅炉房干煤棚和露天煤场及灰渣场周围，宜设置绿化隔离带。

17 消 防

17.0.1 锅炉房的消防设计，应符合现行国家标准《建筑设计防火规范》GB 50016和《高层民用建筑设计防火规范》GB 50045的有关规定。

17.0.2 锅炉房内灭火器的配置，应符合现行国家标准《建筑灭火器配置设计规范》GB 50140的规定。

17.0.3 燃油泵房、燃油罐区宜采用泡沫灭火，其系统设计应符合现行国家标准《低倍数泡沫灭火系统设计规范》GB 50151的有关规定。

17.0.4 燃油及燃气的非独立锅炉房的灭火系统，当建筑物设有防灾中心时，该系统应由防灾中心集中监控。

17.0.5 非独立锅炉房和单台蒸汽锅炉额定蒸发量大于等于10t/h或总额定蒸发量大于等于40t/h及单台热水锅炉额定热功率大于等于7MW或总额定热功率大于等于28MW的独立锅炉房，应设置火灾探测器和自动报警装置。火灾探测器的选择及其设置的位置，火灾自动报警系统的设计和消防控制设备及其功能，应符合现行国家标准《火灾自动报警系统设计规范》GB 50116的有关规定。

17.0.6 消防集中控制盘，宜设在仪表控制室内。

17.0.7 锅炉房、运煤栈桥、转运站、碎煤机室等处，宜设置室内消防给水点，其相连接处并宜设置水幕防火隔离设施。

18 室外热力管道

18.1 管道的设计参数

18.1.1 热力管道的设计流量，应根据热负荷的计算确定。热负荷应包括近期发展的需要量。

18.1.2 热水管网的设计流量，应按下列规定计算：

1 应按用户的采暖通风小时最大耗热量计算，不宜考虑同时使用系数和管网热损失；

2 当采用中央质调节时，闭式热水管网干管和支管的设计流量，应按采暖通风小时最大耗热量计算；

3 当热水管网兼供生活热水时，干管的设计流量，应计入按生活热水小时平均耗热量计算的设计流量。支管的设计流量，当生活热水用户有贮水箱时，可按生活热水小时平均耗热量计算；当生活热水用户无贮水箱时，可按其小时最大耗热量计算。

18.1.3 蒸汽管网的设计流量，应按生产、采暖通风和生活小时最大耗热量，并计入同时使用系数和管网热损失计算。

18.1.4 凝结水管网的设计流量，应按蒸汽管网的设计流量减去不回收的凝结水量计算。

18.1.5 蒸汽管道起始蒸汽参数的确定，可按用户的蒸汽最大工作参数和热源至用户的管网压力损失及温度降进行计算。

18.2 管道系统

18.2.1 当用汽参数相差不大，蒸汽干管宜采用单管系统。当用汽有特殊要求或用汽参数相差较大时，蒸汽干管宜采用双管或多管系统。

18.2.2 蒸汽管网宜采用枝状管道系统。当用汽量较小且管网较短，为满足生产用汽的不同要求和便于控制，可采用由热源直接通往各用户的辐射状管道系统。

18.2.3 双管热水系统宜采用异程式（逆流式），供水管与回水管的相应管段宜采用相同的管径；通向热用户的供、回水支管宜为同一出入口。

18.2.4 采用闭式双管高温热水系统，应符合下列要求：

1 系统静压线的压力值，宜为直接连接用户系统中的最高充水高度及设计供水温度下相应的汽化压力之和，并应有 10~30kPa 的富裕量；

2 系统运行时，系统任一处的压力应高于该处相应的汽化压力；

3 系统回水压力，在任何情况下不应超过用户设备的工作压力，且任一点的压力不应低于 50kPa；

4 用户入口处的分布压头大于该用户系统的总阻力时，应采用孔板、小口径管段、球阀、节流阀等消除剩余压头的可靠措施。

18.2.5 热水系统设计宜在水力计算的基础上绘制水压图，以确定与用户的连接方式和用户入口装置处供、回水管的减压值。

18.2.6 蒸汽供热系统的凝结水应回收利用，但加热有强腐蚀性物质的凝结水不应回收利用。加热油槽和有毒物质的凝结水，严禁回收利用，并应在处理达标后排放。

18.2.7 高温凝结水宜利用或利用其二次蒸汽。不予回收的凝结水宜利用其热量。

18.2.8 回收的凝结水应符合本规范第 9.2.2 条中对锅炉给水水质标准的要求。对可能被污染的凝结水，应装设水质监测仪器和净化装置，经处理合格后予以回收。

18.2.9 凝结水的回收系统宜采用闭式系统。当输送距离较远或架空敷设利用余压难以使凝结水返回时，宜采用加压凝结水回收系统。

18.2.10 采用闭式满管系统回收凝结水时，应进行水力计算和绘制水压图，以确定二次蒸发箱的高度和二次蒸汽的压力，并使所有用户的凝结水能返回锅炉房。

18.2.11 采用余压系统回收凝结水时，凝结水管的管径应按汽水混合状态进行计算。

18.2.12 采用加压系统回收凝结水时，应符合下列要求：

1 凝结水泵站的位置应按全厂用户分布状况确定；

2 当 1 个凝结水系统有几个凝结水泵站时，凝结水泵的选择应符合并联运行的要求；

3 每个凝结水泵站内的水泵宜设置 2 台，其中 1 台备用。每台凝结水泵的流量应满足每小时最大凝结水回收量，其扬程应按凝结水系统的压力损失、泵站至凝结水箱的提升高度和凝结水箱的压力进行计算；

4 凝结水泵应设置自动启动和停止运行的装置；

5 每个凝结水泵站中的凝结水箱宜设置 1 个，常年不间断运行的系统宜设置 2 个，凝结水有被污染的可能时应设置 2 个，其总有效容积宜为 15~20min 的小时最大凝结水回收量。

18.2.13 采用疏水加压器作为加压泵时，在各用汽设备的凝结水管道上应装设疏水阀，当疏水加压器兼有疏水阀和加压泵两种作用时，其装设位置应接近用汽设备，并使其上部水箱低于系统的最低点。

18.3 管道布置和敷设

18.3.1 热力管道的布置，应根据建、构物布置的方向与位置、热负荷分布情况、总平面布置要求和与其他管道的关系等因素确定，并应符合下列要求：

1 热力管道主干线应通过热负荷集中的区域，其走向宜与干道或建筑物平行；

2 热力管道不应穿越由于汽、水泄漏将引起事故的场所，应少穿越厂区主要干道，并不宜穿越建筑扩建地和物料堆场；

3 山区热力管道，应因地制宜地布置，并应避开地质灾害和山洪的影响。

18.3.2 热力管道的敷设方式，应根据气象、水文、地质、地形等条件和施工、运行、维修方便等因素确定。居住区的热力管道，宜采用地沟敷设或直埋敷设。符合下列情况之一时，宜采用架空敷设：

1 地下水位高或年降雨量大；

2 土壤具有较强的腐蚀性；

3 地下管线密集；

4 地形复杂或有河沟、岩层、溶洞等特殊障碍。

18.3.3 室外热力管道、管沟与建筑物、构筑物、道路、铁路和其他管线之间的最小净距，宜符合本规范附录 A 的规定。

18.3.4 架空热力管道沿原有建、构筑物敷设时，应核对原有建、构筑物对管道负载的支承能力。

18.3.5 架空热力管道与输送强腐蚀性介质的管道和易燃、易爆介质管道共架时，应有避免其相互产生安全影响的措施。

18.3.6 当室外有架空的工艺和其他动力等管道时，热力管道宜与之共架敷设，其排列方式和布置尺寸应使所有管道便于安装和维修，并使管架负载分布合理。

18.3.7 架空热力管道在不妨碍交通的地段宜采用低支架敷设，在人行道地段宜采用中支架敷设，在车辆通行地段应采用高支架敷设。管道（包括保温层、支座和桁架式支架）最低点与地面的净距，应符合下列规定：

1 低支架敷设，不宜小于 0.5m；

2 中支架敷设，不宜小于 2.5m；

3 高支架敷设，与道路、铁路的交叉净距，应符合本规范附录 A 的有关规定。

18.3.8 地沟的敷设方式，宜符合下列要求：

1 管道数量少且管径小时，宜采用不通行地沟，地沟内管道宜采用单排布置；

2 管道通过不允许经常开挖的地段或管道数量较多，采用不通行地沟敷设的沟宽受到限制时，宜采用半通行地沟；

3 管道通过不允许经常开挖的地段或管道数量多，且任一侧管道的排列高度（包括保温层在内）大于等于1.5m时，可采用通行地沟。

18.3.9 半通行地沟的净高宜为1.2～1.4m，通道净宽宜为0.5～0.6m；通行地沟的净高不宜小于1.8m，通道净宽不宜小于0.7m。

18.3.10 地沟内管道保温表面与沟壁、沟底和沟顶的净距，宜符合下列要求：

1 与沟壁宜为100～200mm；

2 与沟底宜为150～200mm；

3 与沟顶：不通行地沟宜为50～200mm；
半通行和通行地沟宜为200～300mm。

管道（包括保温层）间的净距应根据管道安装和维修的需要确定。

18.3.11 热力管道可与重油管、润滑油管、压力小于等于1.6MPa（表压）的压缩空气管、给水管敷设在同一地沟内。给水管敷设在热力管道地沟内时，应单排布置或安装在热力管道下方。

18.3.12 热力管道严禁与输送易挥发、易爆、有害、有腐蚀性介质的管道和输送易燃液体、可燃气体、惰性气体的管道敷设在同一地沟内。

18.3.13 直埋热力管道应符合国家现行标准《城镇直埋供热管道工程技术规程》CJJ/T 81和《城镇供热直埋蒸汽管道技术规程》CJJ 104的规定，并应符合下列要求：

1 管道底部高于最高地下水位高度0.5m；当布置在地下水位以下时，管道应有可靠的防水性能，并应进行抗浮计算。

2 对有可能产生电化学腐蚀的管道，可采取牺牲阳极的阴极保护防腐措施。

18.3.14 热力管道地沟和直埋敷设管道在地面和路面下的埋设深度，应符合下列要求：

1 地沟盖板顶部埋深不宜小于0.3m；

2 检查井顶部埋深不宜小于0.3m；

3 直埋管道外壳顶部埋深应符合国家现行标准《城镇直埋供热管道工程技术规程》CJJ/T 81和《城镇供热直埋蒸汽管道技术规程》CJJ 104的有关规定。当直埋管道穿道路时，宜加套管或采用管沟进行防护，管沟上应设钢筋混凝土盖板。

18.3.15 地下敷设热力管道的分支点装有阀门、仪表、放气、排水、疏水等附件时，应设置检查井：

1 检查井的大小、井内管道和附件的布置，应满足安装、操作和维修的要求，其净高不应小于1.8m；

2 检查井面积大于等于4m²时，人孔不应少于2个，其直径不应小于0.7m，人孔口高出地面不应小于0.15m；

3 检查井内应设置积水坑，其尺寸不宜小于0.4m×0.4m×0.3m，并宜设置在人孔之下。

18.3.16 通行地沟的人孔间距不宜大于200m，装有蒸汽管道时，不宜大于100m；半通行地沟的人孔间距不宜大于100m，装有蒸汽管道时，不宜大于60m。人孔口高出地面不应小于0.15m。

18.3.17 地沟的设计除应符合本规范第18.3.8条～第18.3.12条及第18.3.14条～第18.3.16条的规定外，尚应符合下列要求：

1 宜将地沟设置在最高地下水位以上，并应采取措施防止地面水渗入沟内，地沟盖上面宜覆土；

2 地沟沟底宜有顺地面坡向的纵向坡度；

3 通行地沟内的照明电压不应大于36V；

4 半通行地沟和通行地沟应有较好的自然通风。

18.3.18 直埋热力管道的沟槽尺寸，宜符合下列要求：

1 管道与管道之间（包括保温、外保护层）净距200～250mm；

2 管道（包括保温、外保护层）与沟槽壁之间净距100～150mm；

3 管道（包括保温、外保护层）与沟槽底之间净距150mm。

18.3.19 地下敷设的热力管道穿越铁路或公路时，宜采用垂直交叉。斜交叉时，交叉角不宜小于45°，交叉处宜采用通行地沟、半通行地沟或套管，其长度应伸出路基每边不小于1m。

18.3.20 采用中、高支架敷设的管道，在管道上装有阀门和附件处应设置操作平台，平台尺寸应保证操作方便。对于只装疏水、放水、放气等附件处，可不设置操作平台，将附件装于地面上可以操作的位置，其引下管应保温。

18.3.21 架空敷设管道与地沟敷设管道连接处，地沟的连接口应高出地面不小于0.3m，并应有防止雨水进入地沟的措施。直埋管道伸出地面处应设竖井，并应有防止雨水进入竖井的措施，竖井的断面尺寸应满足管道横向位移的要求。

18.4 管道和附件

18.4.1 管道材料的选用，应符合下列要求：

1 压力大于1.0MPa表压和温度大于200℃的蒸汽管道、压力大于1.6MPa（表压）和温度小于等于180℃的热水管道，应采用无缝钢管。压力小于1.6MPa（表压）和温度小于200℃的蒸汽管道、热水和凝结水管道，可采用无缝钢管或焊接钢管。

2 热力管道当采用不通行地沟或直接埋地敷设

时，应采用无缝钢管。当采用架空、半通行或通行地沟敷设时，可采用无缝钢管或焊接钢管，并应符合本条第1款的规定。

18.4.2 室外热力管道的公称直径不应小于25mm。

18.4.3 热水、蒸汽和凝结水管道通向每一用户的支管上均应装设阀门。当支管的长度小于20m时可不装设。

18.4.4 热水、蒸汽和凝结水管道的高点和低点，应分别装设放气阀和放水阀。

18.4.5 蒸汽管道的直线管段，顺坡时每隔400～500m，逆坡时每隔200～300m，均应设启动疏水装置。在蒸汽管道的低点和垂直升高之前，应设置经常疏水装置。

18.4.6 蒸汽管道的经常疏水，在有条件时，应排入凝结水管道。

18.4.7 装设疏水阀处应装有检查疏水阀用的检查阀，或其他检查附件。在不带过滤器装置的疏水阀前应设置过滤器。

18.4.8 室外采暖计算温度小于−5℃的地区，架空敷设的不连续运行的管道上，以及室外采暖计算温度小于−10℃的地区，架空敷设的管道上，均不应装设灰铸铁的设备和附件。室外采暖计算温度小于等于−30℃的地区，架空敷设的管道上，装设的阀门和附件应为钢制。

18.5 管道热补偿和管道支架

18.5.1 管道的热膨胀补偿，应符合下列要求：
　　1 管道公称直径小于300mm时，宜利用自然补偿。当自然补偿不能满足要求时，应采用补偿器补偿；
　　2 管道公称直径大于等于300mm时，宜采用补偿器补偿。

18.5.2 热力管道补偿器在补偿管道轴向热位移时，宜采用约束型补偿器。但地沟敷设的热力管道，当无足够的横向位移空间时，不宜采用约束型补偿器。

18.5.3 管道热伸长量的计算温差，应为热介质的工作温度和管道安装温度之差。室外管道的安装温度，可按室外采暖计算温度取用。

18.5.4 采用弯管补偿器时，应预拉伸管道。预拉伸量宜取管道热伸长量的50%。当输送热介质温度大于380℃时，预拉伸量宜取管道热伸长量的70%。

18.5.5 套管补偿器应设置在固定支架一侧的平直管段上，并应在其活动侧装设导向支架。

18.5.6 当采用波形补偿器时，应计算安装温度下的补偿器安装长度，根据安装温度进行预拉伸。采用非约束型波形补偿器时，应在补偿器两侧的管道上装设导向支架。

18.5.7 采用球形补偿器时，宜装设在便于检修的地方。当水平装设大直径的球形补偿器时，两个球形补偿器下应装设滚动支架，或采用低摩擦系数材料的滑动支架，在直管段上应设置导向支架。

18.5.8 管道的转角可采用弯曲半径不小于1倍管径的热压弯头，或采用煨制弯曲半径不小于4倍管径的弯管，介质压力小于等于1.6MPa表压的管道可采用焊接弯头。

18.5.9 管道的活动支座宜采用滑动支座。当敷设在高支架、悬臂支架或通行地沟内的管道，其公称直径大于等于300mm时，宜采用滚动（滚轮、滚架、滚柱）支座或采用低摩擦系数材料的滑动支座。

18.5.10 不通行地沟内每根热力管道的滑动支座及其混凝土支墩应错开布置。

18.5.11 当管道直接敷设在另一管道上时，在计算管道的支座尺寸和补偿器的补偿能力时，应计入上、下管道产生的位移量所造成的影响。

18.5.12 计算共架敷设管道的推力时，应计入牵制系数。

附录A 室外热力管道、管沟与建筑物、构筑物、道路、铁路和其他管线之间的净距

A.0.1 架空热力管道与建筑物、构筑物、道路、铁路和架空导线之间的最小净距，宜符合表A.0.1的规定。

表A.0.1 架空热力管道与建筑物、构筑物、道路、铁路和架空导线之间的最小净距（m）

名　称			水平净距	交叉净距
一、二级耐火等级的建筑物			允许沿外墙	—
铁路钢轨			外侧边缘3.0	跨铁路钢轨面5.5①
道路路面边缘、排水沟边缘或路堤坡脚			1.0	距路面5.0②
人行道路边			0.5	距路面2.5
架空导线（导线在热力管道上方）	电压等级(kV)	<1	外侧边缘1.5	1.5
		1～10	外侧边缘2.0	1.0
		35～110	外侧边缘4.0	3.0

注：1 跨越电气化铁路的交叉净距，应符合有关规范的规定。当有困难时，在保证安全的前提下，可减至4.5m。
　　2 道路交叉净距，应从路拱面算起。

A.0.2 埋地热力管道、热力管沟外壁与建筑物、构筑物的最小净距，宜符合表A.0.2的规定。

表 A.0.2　埋地热力管道、热力管沟外壁与建筑物、构筑物的最小净距（m）

名　　称	水平净距
建筑物基础边	1.5
铁路钢轨外侧边缘	3.0
道路路面边缘	0.8
铁路、道路的边沟或单独的雨水明沟边	0.8
照明、通信电杆中心	1.0
架空管架基础边缘	0.8
围墙篱栅基础边缘	1.0
乔木或灌木丛中心	2.0

注：1　当管线埋深大于邻近建筑物、构筑物基础深度时，应用土壤内摩擦角校正表中数值。
　　2　管线与铁路、道路间的水平净距除应符合表中规定外，当管线埋深大于1.5m时，管线外壁至路基坡脚净距不应小于管线埋深。
　　3　本表不适用于湿陷性黄土地区。

A.0.3　埋地热力管道、热力管沟外壁与其他各种地下管线之间的最小净距，宜符合表A.0.3的规定。

表 A.0.3　埋地热力管道、热力管沟外壁与其他各种地下管线之间的最小净距（m）

名　称			水平净距	交叉净距
给水管			1.5	0.15
排水管			1.5	0.15
燃气管道	压力(kPa)	≤400	1.0	0.15
		400<～≤800	1.5	0.15
		800<～≤1600	2.0	0.15
乙炔、氧气管			1.5	0.25
压缩空气或二氧化碳管			1.0	0.15

续表 A.0.3

名　称		水平净距	交叉净距
	电力电缆	2.0	0.50
电力电缆	直埋电缆	1.0	0.50
	电缆管道	1.0	0.25
排水暗渠		1.5	0.50
铁路轨面		—	1.20
道路路面		—	0.50

注：1　热力管道与电力电缆间不能保持2.0m水平净距时，应采取隔热措施。
　　2　表中数值为1m而相邻两管线间埋设标高差大于0.5m以及表中数值为1.5m而相邻两管线间埋设标高差大于1m时，表中数值应适当增加。
　　3　当压缩空气管道平行敷设在热力管沟基础上时，其净距可减小至0.15m。

本规范用词说明

1　为便于在执行本规范条文时区别对待，对要求严格程度不同的用词说明如下：
　　1) 表示很严格，非这样做不可的用词：
　　　　正面词采用"必须"，反面词采用"严禁"。
　　2) 表示严格，在正常情况下均应这样做的用词：
　　　　正面词采用"应"，反面词采用"不应"或"不得"。
　　3) 表示允许稍有选择，在条件许可时首先应这样做的用词：
　　　　正面词采用"宜"，反面词采用"不宜"；
　　　　表示有选择，在一定条件下可以这样做的用词，采用"可"。

2　本规范中指明应按其他有关标准、规范执行的写法为"应符合……的规定"或"应按……执行"。

中华人民共和国国家标准

锅炉房设计规范

GB 50041—2008

条 文 说 明

目 次

1	总则	7—6—34
3	基本规定	7—6—34
4	锅炉房的布置	7—6—36
4.1	位置的选择	7—6—36
4.2	建筑物、构筑物和场地的布置	7—6—37
4.3	锅炉间、辅助间和生活间的布置	7—6—38
4.4	工艺布置	7—6—38
5	燃煤系统	7—6—39
5.1	燃煤设施	7—6—39
5.2	煤、灰渣和石灰石的贮运	7—6—40
6	燃油系统	7—6—43
6.1	燃油设施	7—6—43
6.2	燃油的贮运	7—6—44
7	燃气系统	7—6—45
8	锅炉烟风系统	7—6—45
9	锅炉给水设备和水处理	7—6—46
9.1	锅炉给水设备	7—6—46
9.2	水处理	7—6—47
10	供热热水制备	7—6—49
10.1	热水锅炉及附属设施	7—6—49
10.2	热水制备设施	7—6—51
11	监测和控制	7—6—52
11.1	监测	7—6—52
11.2	控制	7—6—54
12	化验和检修	7—6—56
12.1	化验	7—6—56
12.2	检修	7—6—56
13	锅炉房管道	7—6—57
13.1	汽水管道	7—6—57
13.2	燃油管道	7—6—58
13.3	燃气管道	7—6—59
14	保温和防腐蚀	7—6—60
14.1	保温	7—6—60
14.2	防腐蚀	7—6—61
15	土建、电气、采暖通风和给水排水	7—6—61
15.1	土建	7—6—61
15.2	电气	7—6—62
15.3	采暖通风	7—6—64
15.4	给水排水	7—6—65
16	环境保护	7—6—65
16.1	大气污染物防治	7—6—65
16.2	噪声与振动的防治	7—6—66
16.3	废水治理	7—6—68
16.4	固体废弃物治理	7—6—68
16.5	绿化	7—6—68
17	消防	7—6—68
18	室外热力管道	7—6—69
18.1	管道的设计参数	7—6—69
18.2	管道系统	7—6—69
18.3	管道布置和敷设	7—6—71
18.4	管道和附件	7—6—73
18.5	管道热补偿和管道支架	7—6—73

1 总　　则

1.0.1 本条是原规范第1.0.1条的修订条文。

本条文阐明制定本规范的宗旨。其内容与原《锅炉房设计规范》GB 50041—92（以下简称"原规范"）第1.0.1条相同，仅将"贯彻执行国家的方针政策，符合安全规定"改写为"贯彻执行国家有关法律、法规和规定"。

1.0.2 本条是原规范第1.0.2条的修订条文。

本条主要叙述本规范适用范围，对原规范第1.0.2条的适用范围，按照国家最新锅炉产品参数系列予以调整：

1　以水为介质的蒸汽锅炉的锅炉房，其单台锅炉的额定蒸发量由原来1～65t/h，改为1～75t/h，压力及温度不变。

2　热水锅炉的锅炉房，其单台锅炉的额定热功率由原来0.7～58MW，改为0.7～70MW，其他参数不变。

3　符合本条第1、2款参数的室外蒸汽管道、凝结水管道和闭式循环热水系统。

1.0.3 本条是原规范第1.0.3条的修订条文。

本规范不适用余热锅炉、垃圾焚烧锅炉和其他特殊类型锅炉（如电热锅炉、导热油炉、直燃机炉等）的锅炉房和城市热力管道设计，特别要指出的是垃圾焚烧锅炉的锅炉房设计问题，近年来虽然垃圾焚烧锅炉的设计与应用发展较快，但因垃圾焚烧锅炉的锅炉房设计有其特殊要求，本规范难以适用，故不包括在内。

城市热力管道设计可按国家现行标准《城市热力网设计规范》CJJ 34 的规定进行。

1.0.4 本条是原规范第1.0.4条的条文。

本条指出锅炉房设计，除应遵守本规范外，尚应符合国家现行的有关标准、规范的规定。主要内容有：

1　《城市热力网设计规范》CJJ 34—2002；
2　《建筑设计防火规范》GBJ 16；
3　《高层民用建筑设计防火规范》GB 50045；
4　《锅炉大气污染物排放标准》GB 13271；
5　《工业企业设计卫生标准》GBZ 1；
6　《湿陷性黄土地区建筑规范》GBJ 25；
7　《建筑抗震设计规范》GB 50011 等。

3 基本规定

3.0.1 本条是原规范第2.0.2条第一部分的修订条文。

锅炉房设计首先应从城市（地区）或企业的总体规划和热力规划着手，以确定锅炉房供热范围、规模大小、发展容量及锅炉房位置等设计原则。本条为设计锅炉房的主要原则问题，所以列入基本规定第一条。

对于扩建和改建的锅炉房设计，需要收集的有关设计资料内容较多，本条文强调了应取得原有工艺设备和管道的原始资料，包括设备和管道的布置、原有建筑物和构筑物的土建及公用系统专业的设计图纸等有关资料。这样做可以使改、扩建的锅炉房设计既能充分利用原有工艺设施，又可与原有锅炉房协调一致和节约投资。

3.0.2 本条是原规范2.0.1条的修订条文。

锅炉房设计应该取得的设计基础资料与原规范条文一致，包括热负荷、燃料、水质资料和当地气象、地质、水文、电力和供水等有关基础资料。

3.0.3 本条是原规范第2.0.3条的修订条文。

原规范第2.0.3条条文内容限于当时形势，锅炉房燃料只能以煤为主。随着我国改革开放政策的不断深入，我国对环境保护政策的重视和不断加强环保执法力度，原条文已不适应当前形势发展的要求，锅炉房燃料选用要按新的环保要求和技术要求考虑。现在国内不少大、中城市对所属区域内使用的锅炉燃料作出许多限制，如不准使用燃煤作燃料等。随着我国"西气东输"政策的实施，以燃气、燃油作锅炉燃料得到快速发展。所以本条文对锅炉的燃料选用规定作了较大修改。同时本条文去除了"锅炉房设计应以煤为燃料，应落实煤的供应"等内容。

当燃气锅炉燃用密度比空气大的燃气时，由于气体密度大，不利扩散，且随地势往下流动，安全性差，故不应设置在地下和半地下建、构筑物内。根据现行国家标准《城镇燃气设计规范》GB 50028 规定气体燃料相对密度大于等于 0.75 时就不得设在地下、半地下或地下室，故本规范也采用此数据，以保证锅炉房安全运行。

对于燃气锅炉房的备用燃料选择，亦应按上述原则进行确定，并应根据供热系统的安全性、重要性、供气部门的保证程度和备用燃料的可能性等因素确定。

3.0.4 本条是原规范第2.0.4条的修订条文。

环境保护是我国的基本国策。锅炉房既是一个一次能源消耗大户，又是一个有害物排放、环境污染的源头。因此，锅炉房设计中对环境治理要求较高。锅炉房有害物除烟气中含有的烟尘、二氧化硫、氧化氮等有害气体外，尚有废水、排气（汽）、废渣和噪声等对环境造成的影响，必须对其进行积极的治理，以减少对周围环境的影响。同时对污染物的排放量也应加以治理，使其最终排放量符合国家和当地有关环境保护、劳动安全和工业企业卫生等方面的标准、规范的规定。

防治污染的工程还应贯彻和主体工程同时设计的

要求。

3.0.5 本条是原规范第2.0.5条的修订条文。

本条为设置锅炉房的基本条件，条文内容与原规范相比没有变化，仅对原条文"热电合产"一词改为"热电联产"。

热用户所需热负荷的供应，应根据当地的供热规划确定。首先应考虑由区域热电站、区域锅炉房或其他单位的锅炉房协作供应，在不具备上述条件之一时，才应考虑设置锅炉房。

3.0.6 本条是原规范第2.0.6条的修订条文。

采用集中供热时，究竟是建设热电站，还是区域性锅炉房，牵涉到各方面的因素，需要根据国家热电政策、城市供热规划和通过技术经济比较后确定。本条文为设置区域锅炉房的基本条件，与原规范条文没有太大变化，仅作个别词句上的改动。在一般情况下，建设区域锅炉房的条件为：

1 对居住区和公用建筑设施所需的采暖和生活负荷的供热，如其市区内无大型热电站或热用户离热电站较远，不属热电站的供热范围时，一般以建设区域锅炉房为宜。鉴于我国的地理环境状况，除东北、西北地区外，采暖期均较短，采用热电联产，以热定电方式集中供热，显然很不经济；即使在东北、西北寒冷地区，采暖时间虽然较长，但如采用热电联产，一般也难以发挥机组的效益。故在此情况下，以建设区域锅炉房进行供热为宜。

2 供各用户生产、采暖通风和生活用热，如本期热负荷不够大、负荷不稳定或年利用时数较低，则以建设区域锅炉房为宜。如果采用热电联产方式进行供热，将会导致发电困难，且经济性差。国务院4部委文件 急计基建（2000）1268号文 关于印发《关于发展热电联产的规定》的通知中规定："供热锅炉单台容量20t/h及以上者，热负荷年利用大于4000h，经技术经济论证具有明显经济效益的，应改造为热电联产"。根据这一规定精神，应该对本地区热负荷情况进行技术经济分析后再作确定。

3 根据城市供热规划，某些区域的企业（单位）虽属热电站的供热范围，但因热电站的建设有时与企业（单位）的建设不能同步进行，而用户又急需用热，在热电站建成前，必须先建锅炉房以满足该企业（单位）用热要求，当热电站建成后将改由热电站供热，所建锅炉房可作为热电站的调峰或备用的供热热源。

3.0.7 本条是原规范第2.0.7条的修订条文。

按照锅炉房设计程序，在设计外部条件确定后，即进行锅炉房总的容量和单台锅炉容量的确定、锅炉及附属设备的选型和工艺设计。而锅炉房总的容量和单台锅炉容量、锅炉选型和工艺设计的基础是设计热负荷，所以应高度重视设计热负荷的落实工作。实践证明，热负荷的正确与否，会直接影响到锅炉房今后运行的经济性和安全性，而热负荷的核实工作设计单位应负有主要责任。

为正确确定锅炉房的设计热负荷，应取得热用户的热负荷曲线和热平衡系统图，并计入各项热损失、锅炉房自用热量和可供利用的余热后来确定设计热负荷。

当缺少热负荷曲线或热平衡系统图时，热负荷可根据生产、采暖通风和空调、生活小时最大耗热量，并分别计入各项热损失和同时使用系数后，再加上锅炉房自用热量和可供利用的余热量确定。

3.0.8 本条是原规范第2.0.8条的修订条文。

本条为锅炉房设置蓄热器的基本条件，锅炉房设置蓄热器是一项节能措施，在国内外运行的锅炉房中设置蓄热器的数量较多，它具有使锅炉负荷平稳，改善运行状态，提高锅炉运行的经济性与安全性。蓄热器用以平衡不均匀负荷时，外界热负荷低时可蓄热，热负荷高时可放热。所以，当热用户的热负荷变化较大且较频繁，或为周期性变化时，经技术经济比较后，在可能条件下，应首先考虑调整生产班次或错开热用户的用热时间等方法，使热负荷曲线趋于平稳。如在采用以上方法仍无法达到使热负荷平衡情况时，则经热平衡计算后确有需要才设置蒸汽蓄热器。设置蒸汽蓄热器的锅炉房，其设计容量应按平衡后的各项热负荷进行计算确定。

3.0.9 本条是原规范第2.0.9条的条文。

本条文与原规范第2.0.9条的条文相同，仅作个别名词的增改。

条文中规定，专供采暖通风用热的锅炉房，宜选用热水锅炉，以热水作为供热介质，这是就一般情况而言。但对于原有采暖为供汽系统的改扩建工程，或高大厂房的采暖通风以及剧院、娱乐场、学校等公共建筑设施，是否一律改为或采用热水采暖，需视具体情况，经过技术经济比较后确定，不能硬性规定均应改为热水采暖。

供生产用汽的锅炉房，应选用蒸汽锅炉，所生产的蒸汽，直接供生产上应用。

同时供生产用汽及采暖通风和生活用热的锅炉房，是选用蒸汽锅炉、汽水两用锅炉、还是蒸汽、热水两种类型的锅炉，需经技术经济比较后确定。一般的讲，对于主要为生产用汽而少量为热水的负荷，宜选用蒸汽锅炉，所需的少量热水，由换热器制备；主要为热水而少量为蒸汽的负荷，可选用蒸汽、热水锅炉或汽、水两用锅炉。如选用蒸汽锅炉时热水由换热器制备；如选用热水锅炉时，少量蒸汽可由蒸发器产生，但所产生的蒸汽应能满足用户用汽参数的要求；选用汽、水两用锅炉时，同时供应所需的蒸汽和热水。如生产用蒸汽与热水负荷均较大，或所需的两种热介质用一种类型的锅炉无法解决，或虽能解决但却不合理，也可选用蒸汽和热水两种类型的锅炉。

3.0.10 本条是原规范第 2.0.10 条的修订条文。

锅炉房的供热参数,以满足各用户用热参数的要求为原则。但在选择锅炉时,不宜使锅炉的额定出口压力和温度与用户使用的压力和温度相差过大,以免造成投资高、热效率低等情况。同时,在选择锅炉参数时,应视供热系统的情况,做到合理用热。因此在本条文中增加了"供生产用蒸汽压力和温度的选择应以能满足热用户生产工艺的要求为准"。热水热力网最佳设计供、回水温度应根据工程的具体条件,作技术经济比较后确定。

在锅炉房的设计中,当用户所需热负荷波动较大时,应采用蓄热器以平衡不均匀负荷,有条件时尽量做到从高参数到低参数热能的梯级利用,这是合理用能、节约能源的一种有效方法。

3.0.11 本条是原规范第 2.0.11 条的修订条文。

原规范对锅炉选择除上述第 3.0.9 条、第 3.0.10 条的条文规定外,尚应符合下列要求,即:应能有效地燃烧所采用的燃料、有较高的热效率、能适应热负荷变化、有利于环境保护、投资较低、能减少运行成本和提高机械化自动化水平等要求。

所谓不同容量与不同类型的锅炉不宜超过 2 种,是指在需要时,锅炉房内可设置同一类型的锅炉而有两种不同的容量,或是选用两种类型的锅炉,但每种类型只能是同一容量。这样的规定是为了尽量减少设备布置和维护管理的复杂性。本条规定是选择锅炉时应注意的问题,以便能满足热负荷、节能、环保和投资的要求。

近年来我国的燃油燃气锅炉制造技术、燃烧设备的配套水平、控制元件和系统设置等,现在都有了显著的进步,有些产品已可以替代进口,这给工程选用带来了方便条件。本条中的关键是全自动运行和可靠的燃烧安全保护。全自动可避免人为误操作,可靠的燃烧安全保护装置指启动、熄火、燃气压力、检漏、热力系统等保护性操作程序和执行的要求,必须准确可靠。

3.0.12 本条是原规范第 2.0.12 条和第 2.0.13 条的修订条文。

锅炉台数和容量的选择,原规范条文比较原则,本次修订时将锅炉台数和容量的选择作了更加明确与详细的规定,便于遵照执行。

本条文规定的锅炉房锅炉总台数:新建锅炉房一般不宜超过 5 台;扩建和改建锅炉房的锅炉总台数一般不宜超过 7 台,与原规范一致仍维持原条文没有变化。锅炉房的锅炉台数决定尚应根据热负荷的调度、锅炉检修和扩建可能性来确定。一般锅炉房的锅炉台数不宜少于 2 台,这里已考虑到备用因素在内。但在特殊情况下,如当 1 台锅炉能满足热负荷要求,同时又能满足检修需要时,尤其是当这台锅炉因停运而对外停止供汽(热)时,不对生产造成影响,可只设置 1 台锅炉。

本条文增加了对非独立锅炉房锅炉台数的限制,规定不宜超过 4 台。这一方面可以控制锅炉房的面积,另一方面也是为安全的需要,台数越多,对安全措施要求越多。

3.0.13 本条是原规范第 2.0.15 条的条文。

在地震烈度为 6 度到 9 度地区设置锅炉房,锅炉及锅炉房均应考虑抗震设防,以减少地震对它的破坏。锅炉本体抗震措施由锅炉制造厂考虑,锅炉房建筑物和构筑物的抗震措施,按现行国家标准《建筑抗震设计规范》GB 50011 执行,在锅炉房管道设计中,管道支座与管道间应加设管夹等防止管道从管架上脱落措施,同时在管道的连接处应采用橡胶柔性接头等抗震措施。

3.0.14 本条是原规范第 2.0.17 条的修订条文。

锅炉房(包括区域锅炉房)需设置必要的修理、运输和生活设施。锅炉房的规模越大,其必要性也越大,当所属企业或邻近企业有条件可协作时,为避免重复建设,可不单独设置。

4 锅炉房的布置

4.1 位置的选择

4.1.1 本条是原规范第 5.1.1 条、第 5.1.2 条和第 5.1.3 条合并后的修订条文。

原规范条文中锅炉房位置的选择应考虑的要求共 8 款,本次修订后改为 10 款,在内容上也作了修改,各款的主要修改内容如下:

1 为原规范第 5.1.1 条的第一、二款的合并条款,因热负荷及管道布置为一个统一的内容,即锅炉房位置的选择要考虑在热负荷中心,同时这样做可使热力管道的布置短捷,在技术、经济上比较合理。

2 为原规范第 5.1.1 条的第三款,锅炉房应尽可能位于交通便利的地方,以有利于燃料、灰渣的贮运和排送,并宜使人流、车流分开。

3 为原规范第 5.1.2 条的内容,为锅炉房扩建原则。

4 为原规范第 5.1.1 条的第四款内容。

5 为原规范第 5.1.1 条的第五款内容,目的是尽量避免地基做特殊处理,保证锅炉房的安全和节省投资。

6 本款前半段与原规范第 5.1.1 条的第六款一致,去除后半段有关"全年最小频率风向的上风侧和盛行风向的下风侧"内容,改为"全年运行的锅炉房应设置于总体主导风向的下风侧,季节性运行的锅炉房应设置于该季节最大频率风向的下风侧,"以免引起误解。

7、8 与原规范第 5.1.1 条的第七、八款一致。

9 为原规范第5.1.3条的内容，为区域锅炉房位置选择的原则。

10 对易燃、易爆物品的生产企业，为确保安全，其所需建设的锅炉房位置，除应满足本条上述要求外，尚应符合有关专业规范的规定。

4.1.2 本条是原规范第5.1.4条的修订条文之一。

由于锅炉房是具有一定爆炸性危险的建筑，其对周围的危害性极大，因此对新建锅炉房的位置原则上规定宜设置在独立的建筑物内。

4.1.3 本条是原规范第5.1.4条的修订条文之一。

锅炉房作为独立的建筑物布置有困难，需要与其他建筑物相连或设置在其内部时，为确保安全，特规定不应布置在人员密集场所和重要部门（如公共浴室、教室、餐厅、影剧院的观众厅、会议室、候车室、档案室、商店、银行、候诊室）的上一层、下一层、贴邻位置和主要通道、疏散口的两旁。

锅炉房设置在首层、地下一层，对泄爆、安全和消防比较有利。

这里需要说明的是：锅炉房本身高度超过1层楼的高度，设在其他建筑物内时，可能要占2层楼的高度，对这样的锅炉房，只要本身是为1层布置，中间并没有楼板隔成2层，不论它是否已深入到该建筑物地下第二层或地面第二层，本规范仍将其作为地下一层或首层。

另外，对锅炉房必须要设置在其他建筑物内部时，本规范还规定了应靠建筑物外墙部位设置的规定，这是考虑到，如锅炉房发生事故，可使危害减少。

4.1.4 本条是原规范第5.1.4条的修订条文之一。

在住宅建筑物内设置锅炉房，不仅存在安全问题，而且还有环保问题，无论从大气污染还是噪声污染等方面看，都不宜将锅炉房设置在住宅建筑物内。

4.1.5 本条是原规范第5.1.6条的修订条文。

煤粉锅炉不适宜使用在居民区、风景名胜区和其他主要环境保护区内，因为这些地区对环保要求较高，煤粉锅炉房难以满足当地环保要求。在这些地区现在使用燃煤锅炉的数量已越来越少，使用煤粉锅炉的几乎没有，它们已逐步被油、气锅炉所代替。为此本规范对煤粉锅炉的使用作出一定的限制，这主要是从保护环境角度考虑。至于沸腾床锅炉目前在这类地区基本上已不再使用，所以在本规范中不再论述。

4.1.6 本条是新增的条文。

循环流化床（CFB）锅炉是近10多年发展起来的一种环保节能型锅炉，它采用低温燃烧，有利于炉内脱硫脱硝；由于该类型的锅炉燃烧完善和具有燃烧劣质煤的功能，因此能起到节约能源的作用。但是这种锅炉排烟含尘量高，对城市环境卫生带来一定影响。这种锅炉炉型虽然可以使用各种高效除尘设施，如静电除尘器或布袋除尘器等来进行除尘，使烟气排放的污染物浓度达到国家规定的要求，但这些设备价格较高。因此在本规范条文中规定，既要鼓励采用环保节能型锅炉，同时在使用上又要加以适当限制，规定居民区不宜使用循环流化床锅炉。

4.2 建筑物、构筑物和场地的布置

4.2.1 本条是新增的条文。

根据近年来国内锅炉房总体设计的发展趋势逐渐向简洁及空间组合相协调的方向发展。过去人们对锅炉房的概念，一般都与脏、乱、劳动强度大等联系在一起，在锅炉房的设计中往往会忽视其整洁的一面，把锅炉房选型和场地布置放在一个从属地位，因此以往不少锅炉房建筑造型简陋，场地紧杂乱，安全运行和安装检修存在较多隐患。随着改革开放的深入，城市的扩大和供热工程的发展，对锅炉房设计提出了更新的理念，因此本条文结合目前国内锅炉房发展要求，增加了对锅炉房总体设计方面的规定。

4.2.2 本条是新增的条文。

新建区域锅炉房厂前区的规划应与所在地区的总体规划相协调，协调内容应包括交通、物料运输和人流、物流的出入口等。

根据国内外城市发展规划要求，锅炉房的辅助厂房与附属建筑物，宜尽量采用联合建筑物，并应注意锅炉房立面和朝向，使整体布局合理、美观，这也是适应城市和小区的发展而新增的条文。

4.2.3 本条是新增的条文。

本条为对锅炉房建筑造型和整体布局方面的要求，对工业锅炉房而言，其建筑造型应与所在企业（单位）的建筑风格相协调；对区域锅炉房而言，应与所在城市（区域）的建筑风格相协调。这也是适应城镇和工业企业的发展而新增的条文。

4.2.4 本条基本上是原规范第5.2.1条的条文，仅作个别文字修改。

本条提出充分利用地形，这可使挖方和填方量最小。在山区布置时，对规模和建筑面积较大的锅炉房，可采用阶梯式布置，以减少挖方和填方量。同时，锅炉房设计应注意排水顺畅，且应防止水流入地下室和管沟。

4.2.5 本条是原规范第5.2.2条的修订条文。

锅炉房、煤场、灰渣场、贮油罐、燃气调压站之间，以及和其他建筑物、构筑物之间的间距，因涉及安全和卫生方面的问题，在锅炉房的总体布置上应予以充分重视。在本条文中除列出主要的现行国家标准规范外，尚应执行当地的有关标准和规定。

4.2.6 本条是原规范第5.2.3条的条文。

对运煤量较大的输煤系统，一般采用皮带输送机居多，如能利用地形的自然高差，将煤场或煤库布置在较高的位置，可减少提升高度、缩短运输走廊和减少占地面积，节约投资。同时，煤场、灰场的布置应

注意风向，以减少煤、灰对主要建筑物的影响。

4.2.7 本条是新增的条文。

锅炉房建筑物和构筑物的室内底层标高应高出室外地坪或周围地坪 0.15m 及以上，这是建筑物防水和排水的需要，可避免大雨时室外雨水向锅炉房内部倾注或浸蚀构筑物，而造成不利影响。锅炉间和同层的辅助间地面标高则要求一致，以使操作行走安全。

4.3 锅炉间、辅助间和生活间的布置

4.3.1 本条是原规范第 5.3.1 条的修订条文。

锅炉间、辅助间和生活间布置在同一建筑物内或分别单独设置，应根据当地自然条件、锅炉间布置及通风采光要求等来确定，本条规定系根据目前国内锅炉房布置的现状，作推荐性的规定。

对于水处理、水泵间、热力站等设备可布置在锅炉间炉前底层，也可布置在辅助楼（间）底层，这要视工艺管道的布置是否便捷、噪声和振动等的影响来确定。

4.3.2 本条是原规范第 5.3.2 条的修订条文。

原规范对锅炉房为多层布置时，对仪表控制室的设置位置提出了要求。本次规范修订时，考虑到目前国内技术水平的发展，单层布置的锅炉房也有可能设置仪表控制室，故本次规范修订中不提出以锅炉房为多层布置作为设置仪表室设置的先决条件，而只提出仪表控制室设置中应考虑的问题。

仪表控制室的布置位置应根据锅炉房总的蒸发量（热功率）考虑，原则上宜布置在锅炉间运行层上。此时对仪表控制室的朝向、采光、布置地点及司炉人员的观察、操作有一定的要求。同时，应采取措施避免因振动（机械设备或除氧器等）而造成影响。

4.3.3 本条是原规范第 5.3.2 条的修订条文之一。

对容量大的水处理系统、热交换系统、运煤系统和油泵房，由于系统的仪表和电气表计和控制柜内容比较多，为保证这些设备的使用运行安全，故提出宜分别设置控制室。

当仪表控制室布置在热力除氧器和给水箱的下面时，应考虑到除氧器荷重和除氧器加热振动而造成对土建的安全性以及对建筑防水措施的影响，确保仪表控制室安全。

4.3.4 本条是原规范第 5.3.4 条的修订条文。

锅炉房对生产辅助间（修理间、仪表校验间、化验室等）和生活间（值班室、更衣室、浴室、厕所等）的设置问题，应根据国家现行职业卫生标准《工业企业设计卫生标准》GBZ 1 和当地的具体条件，因地制宜地加以设置。根据国内现行锅炉房大量调查统计，各单位的生产辅助间和生活间的设置情况不尽一致，难以统一。因此本内容仅为一般推荐性条文，供锅炉房设计时参考。

4.3.5 本条是原规范第 5.3.5 条的条文。

采光、噪声和振动对化验室的分析工作有较大影响，因此，在设置锅炉房化验室时，应考虑上述影响。同时，由于锅炉房的取样、化验工作比较频繁，因此，也尽量考虑其便利。

4.3.6 本条是原规范第 5.3.3 条的修改条文。

锅炉房一般都需考虑扩建，运煤系统应从锅炉房固定端，即设有辅助间的一端接入炉前，以免影响以后锅炉房的扩建。

4.3.7 本条是原规范第 5.3.6 条的修订条文。

本条的规定是为保证锅炉房工作人员出入的安全，或遇紧急状况时便于工作人员迅速离开现场。

4.3.8 本条是原规范第 5.3.7 条的条文。

锅炉房通向室外的门应向外开启，这是为了方便锅炉房工作人员的出入，同时当锅炉房发生事故时，便于人员疏散；锅炉房内部隔间门，应向锅炉间开启，这是当锅炉房发生事故时，使门趋向自动关闭，减少其他房间因锅炉爆炸而带来的损害，这也有利于其他房间的人员方便进入锅炉间抢险。

4.4 工艺布置

4.4.1 本条是原规范第 5.4.1 条的修订条文。

本条文是对锅炉房工艺设计的基本要求，是在锅炉房设计中应贯彻的原则。本条文所叙述的各种管线系包括输送汽、水、风、烟、油、气和灰渣等介质的管线，对这些管线应能合理、紧凑地予以布置。

4.4.2 本条是原规范第 5.4.6 条的修订条文。

锅炉露天、半露天布置或锅炉室内布置问题，经过多年的实践和大量事实的验证，对平均气温较高，常年雨水不多的地区，可以采用露天或半露天布置，至于露天或半露天布置锅炉房容量的划分，从气象条件来看，认为在建筑气候年日平均气温大于等于 25℃ 的日数在 80d 以上，雨水相对较少的地区，锅炉可采用露天或半露天布置。从目前国内情况来看，一般以单台锅炉容量在 35t/h 及以上为宜，尤其在我国南方地区，单台锅炉容量大于等于 35t/h 的锅炉房采用露天或半露天布置的较多。

当锅炉房采用露天或半露天布置时，要求锅炉制造厂在锅炉产品制造时，应提供适合于露天或半露天布置的设施，如锅炉应设置防护顶盖，有顶盖的锅炉钢架应考虑承受顶盖的承载力和当地台风风力的影响，并要考虑负载对锅炉基础设计的影响。锅炉房的仪表、阀门等附件应有防雨、防冻、防风、防腐等措施，在锅炉房的工艺布置中，仪表控制室应置于锅炉间室内操作层便于观察操作的地方。

4.4.3 本条是原规范第 5.4.7 条的条文。

据调查，在非严寒地区锅炉房的风机、水箱、除氧及加热装置、除尘装置、蓄热器、水处理设备等辅助设施和测量仪表，采用露天或半露天布置的较多，但一般都有较好的防护措施，且操作、检修方便，运

行安全可靠。对设在居住区内的风机，因噪声大，为防止噪声对居民休息造成影响，故不应露天布置，一般采取密闭小室或安装隔声罩以减轻噪声对周围的影响。

4.4.4 本条是原规范第5.4.5条的修订条文。

锅炉制造厂一般仅提供单台锅炉的平台和扶梯，而锅炉房往往是由多台同型锅炉组成，有时需要将相邻锅炉的平台加以连接；同样，对锅炉房辅助设施、监测和控制装置、主要阀门等需要操作、维修的场所，亦应设置平台和扶梯。如有可能，对管道阀门的开启亦可设置传动装置引至楼（地）面进行远距离操作。

4.4.5 本条是原规范第5.4.2条的条文。

锅炉操作地点和通道的净空高度，规定不应小于2m，这是为便于操作人员能安全通过。但要注意对于双层布置的锅炉房和单台锅炉容量较大（一般为大于等于10t/h）的锅炉房，需要在锅炉上部设起吊装置者，其净空高度应满足起吊设备操作高度的要求。在锅炉、省煤器及其他发热部位的上方，当不需操作和通行的地方，其净空高度可缩小为0.7m，这个高度已能使人低身通过。

4.4.6 本条是原规范第5.4.3条的修订条文。

根据规范总则的要求，本规范的适用范围，蒸汽锅炉的锅炉房，其单台锅炉额定蒸发量为1～75t/h；热水锅炉的锅炉房，其单台锅炉额定热功率为0.7～70MW，适用范围较广，所以需按不同类型的锅炉分档规定；这些数据系经大量调查后选取的，表4.4.6所列数据，都是最小值，采用时应以满足所选锅炉的操作、安装、检修等需为准，设计者可根据锅炉房工艺特点，适当增加。当锅炉在操作、安装、检修等方面有特殊要求时，其通道净距应以能满足其实际需要为准。

5 燃煤系统

5.1 燃煤设施

5.1.1 本条是原规范第3.1.2条的条文。

节约能源，保护环境是我国的基本国策。锅炉房是主要耗能大户，而锅炉是主要用煤设备。据统计，我国环境污染的80%是来自燃料的燃烧，燃煤对环境的污染尤其严重。为此，本条文针对燃煤锅炉房，提出对锅炉燃烧设备选择的要求，首先应根据燃料的品种来确定，并应根据所选煤种来选择锅炉燃烧设备，使其达到对热负荷的适应性强、热效率高、燃烧完善、烟气污染物排放量少以及辅机耗电量低的目的。

5.1.2 本条是原规范第3.1.3条和第3.1.4条合并后的修订条文。

小型燃煤锅炉的锅炉房，一般选用层式燃烧设备的锅炉。层式燃烧设备锅炉排放的烟气通常较其他燃烧设备锅炉排放的烟气含尘量低，有利于环境保护。层式燃烧设备锅炉又以链条炉排锅炉的烟气含尘量为低，因此宜优先采用链条炉排锅炉。

由于结焦性强的煤会破坏链条炉排锅炉的正常运行，而碎焦末不能在链条炉排上正常燃烧，因此这两种燃料不应在链条炉排锅炉上使用。

5.1.3 本条是原规范第8.1.15条的条文。

燃煤块度不符合燃烧要求时，必须经过破碎，并在破碎之前将煤进行磁选和筛选，否则会使燃烧情况不良和损坏设备。当锅炉给煤装置、煤的制备实施和燃烧设备有要求时（如煤粉锅炉和循环流化床锅炉），宜设置煤的二次破碎和二次磁选装置。

5.1.4 本条为新增的条文。

不同型式的燃用固体燃料的锅炉，对入炉燃料的粒度要求是不一样的。本条列出了几种主要燃用固体燃料的锅炉炉型对入炉燃料粒径的要求。

煤粉炉的煤块粒度是考虑了磨煤机对进入煤块粒度的要求。

循环流化床锅炉对入炉燃料粒度规定是考虑到进入循环流化床锅炉的燃料需要在炉内经过多次循环，并在循环中烧透燃尽，整个燃烧系统，只有通过锅炉本体的精心设计，运行中控制流化速度、循环倍率、物料颗粒合理搭配才可能在总体性能上获得最佳效果。循环流化床锅炉的型式不同，燃料性质不同，所要求的燃料粒度也不相同，一般对入炉煤颗粒要求最大为10～13mm。因此，必须在设计中特别注意制造厂提出的对燃料颗粒的要求，以便合理确定破碎设备的型式。

5.1.5 本条是新增的条文。

磨煤机形式的选择对锅炉房安全运行和经济性影响较大，所以本条规定磨煤机的选型，首先应根据煤种、煤质来确定，同时对具体煤种的选择应符合下列要求：

1 当燃用无烟煤、低挥发分贫煤、磨损性很强的煤或煤种、煤质难固定的煤时，宜选用钢球磨煤机。

2 当燃用磨损性不强，水分较高，灰分较低，挥发分较高的褐煤时，宜选用风扇磨煤机。

3 当燃用较强磨损性以下的中、高挥发分（$V_{daf}=27\%～40\%$）、高水分（$M_{ad} \leqslant 15\%$）以下的烟煤或燃烧性能较好的贫煤时，宜采用中速磨煤机。中速磨煤机具有设备紧凑、金属耗量少、噪音较低、调节灵活和运行经济性高的优点，所以在煤质适宜时宜优先选用。

5.1.6 本条是新增的条文。

1 循环流化床锅炉给煤机是保证锅炉正常、安全运行的重要设备。给煤机的出力应能保证1台给煤机故障停运时，其他给煤机的能力应能满足锅炉额定蒸发量的100%的给煤需要。

2 制粉系统给煤机的形式较多，有振动式、胶带式、埋刮板式和圆盘式等。其中圆盘式给煤机的容量较小，且输送距离小，目前已很少采用。胶带式给煤机在运行中易打滑、跑偏、漏煤和漏风。振动式给煤机在运行中漏煤、漏风较大，调节性能较差，当煤质较黏时易堵塞。埋刮板给煤机调节、密封性能均较好，且有较长的输送距离，故此种形式的给煤机使用较多。在工程设计中应根据制粉系统的形式、布置、调节性能和运行可靠性要求选择给煤机。

给煤机的形式应与磨煤机的形式相匹配。钢球磨煤机中间贮仓式制粉系统，可采用埋刮板式、刮板式、胶带式或振动式给煤机；直吹式制粉系统，要求给煤机有较好的密封和调节性能，以采用埋刮板给煤机为最合适。

3 给煤机的台数应与磨煤机的台数相同。为使给煤机具有一定的调节性能，给煤机出力应有一定的裕量。

5.1.7 本条是原规范第3.1.9条的条文。

运行经验表明，给粉机的台数与锅炉燃烧器一次风口数相同，可提高锅炉运行的可靠性。这样做也方便燃烧调节。给粉机的出力贮备（出力130%）主要是考虑不使给粉机经常处于最高转速下运转。

5.1.8 本条是原规范第3.1.7条的修订条文。

本条文参照现行国家标准《小型火力发电厂设计规范》GB 50049—94有关原煤仓、煤粉仓和落煤管的设计方面的条文，结合锅炉房设计特点，作局部补充修改。其中对煤粉仓的防潮问题，根据使用经验可考虑设置防潮管等措施。

5.1.9 本条是原规范第3.1.8条的条文。

在圆形双曲线金属小煤斗下部设置振动式给煤机，可使给煤系统运行正常，不会造成堵塞。该种给煤机结构简单、体积小、耗电省、维修方便。给煤机的计算出力不应小于磨煤机计算出力的120%。

5.1.10 本条是原规范第3.1.10条的条文。

为使锅炉房各单元制粉系统能互相调节使用，增加锅炉运行的灵活性，应设置可逆式螺旋输粉机。由于螺旋输粉机是备用设备，故不考虑富裕出力。

5.1.11 本条是原规范第3.1.11条的修订条文。

本条文在原有条文基础上，根据现行国家标准《小型火力发电厂设计规范》GB 50049—94有关章节要求作了调整。除当锅炉燃用的燃料全部是无烟煤以外，燃用其他煤时，锅炉的制粉系统及设备都应设置防爆设施。

5.1.12 本条是原规范第3.1.12条的条文。

锅炉房磨煤机和排粉机的台数应一一对应配置，风量与风压应留有一定的裕量。

5.2 煤、灰渣和石灰石的贮运

5.2.1 本条是原规范第8.1.1条的修订条文。

本条文是按原规范第8.1.1条并结合《小型火力发电厂设计规范》GB 50049—94有关内容的修改条文。锅炉房煤场应有卸煤及转堆的设备，需根据锅炉房的规模和来煤的运输方式并结合当地条件，因地制宜地确定。

对大中型锅炉房的用煤，一般为火车或船舶运煤，其卸煤及转堆操作较为频繁，需采用机械化方式来卸煤、转运和堆高。主要设备有抓斗起重机、装载机和码头上煤机械等设备来完成这些作业。

对中小型锅炉房的用煤，一般由当地煤炭公司或附近煤矿供煤，用汽车运煤，中型锅炉房则采用自卸汽车，小型锅炉房采用人工卸煤。

不同的运煤方式，采用不同的卸煤及转堆设备，采用哪一种卸煤及转堆设备，应与当地运输部门协商确定，同时应根据当地具体条件，因地制宜地来选择卸煤方式。

5.2.2 本条是原规范第8.1.2条的条文。

铁路卸煤线的长度是根据运煤车皮数量而定。大型锅炉房一次进煤的车皮数量不会超过8节，车皮长度一般均小于15m，以此可以决定卸煤线的长度。

铁路部门规定，卸车时间不宜超过3h，如超过规定，则要处以罚款。

5.2.3 本条是原规范第8.1.3条的条文。

本条文基本与原规范条文相同，但对个别地区的煤场规模可结合气象条件和市场煤价影响等情况，适当增加贮煤量。本条文规定的两点系经过大量调查后的统计值，故在条文的用词上采用"宜按"，以留一定灵活性。锅炉房煤场贮煤量的大小，固然与运输方式有关，但从现实情况来看，锅炉房煤场贮煤量的大小，还与当地气象条件，如冰雪封路、航道冰冻、黄梅雨季及大风停航等影响有关；同时也与供煤季节（如旺季或淡季）、市场煤价、建设地点的基本条件（如旧城锅炉房改造，受条件所限，无地扩建）等因素有关，所以在条文制订时留有适当的灵活性。

5.2.4 本条是原规范第8.1.4条的修订条文。

锅炉房位于经常性多雨地区时，应根据煤的特性、燃烧系统、煤场设备形式等条件来设置一定贮量的干煤棚，以保证锅炉房正常、安全运行。干煤棚容量的确定，原规范为3~5d的锅炉房最大计算耗煤量，《小型火力发电厂设计规范》GB 50049—94中规定采用4~8d总耗煤量，为使两个规范一致，本规范亦改为4~8d总耗煤量。

对环境要求高的燃煤锅炉房可设贮煤仓，如在市区建锅炉房可减少占地面积和防止煤尘飞扬。

5.2.5 本条是原规范第8.1.5条的内容。

为防止煤堆的自燃而造成煤场火险，本条文规定对自燃性的煤堆，应有防止煤堆自燃的措施。其措施可为将贮煤压实、定期洒水或其他防止自燃措施，如留通风孔散热等。

5.2.6 本条是原规范第8.1.6条的内容。

贮煤场地坪应做必要的处理，一般为将地坪进行平整、垫石、压实或做混凝土地坪等处理。煤场应有一定坡度并应设置煤场的排水措施，这样可以避免日后煤场塌陷、积水流淌、贮煤流失而影响周围环境等问题。据调查，国内一些锅炉房较少采用这类措施，以致锅炉房周围的环境很差，给锅炉房用煤的贮存造成一定影响。

5.2.7 本条是原规范第8.1.7条的条文。

一般锅炉房用煤都是根据市场供应情况而变，无固定煤种，燃煤使用前需将几种来煤进行混合，以改善锅炉燃烧状况。所以在设计时需考虑设置混煤装置及必要的混煤场地。

5.2.8 本条是原规范第8.1.8条的内容。

运煤系统小时运煤量的计算应根据锅炉房昼夜最大计算耗煤量（应考虑扩建增加量）、运煤系统的昼夜作业时间和不平衡系数（1.1～1.2）等因素确定，其中运煤系统昼夜作业时间与工作班次有关，不同的工作班次，取用不同的工作时间。

5.2.9 本条是原规范第8.1.9条的修订条文。

原规范两班运煤工作制与三班运煤工作制的昼夜作业时间分别为不宜大于12h和18h。根据现行国家标准《小型火力发电厂设计规范》GB 50049—94 的规定，两班运煤工作制与三班运煤工作制的昼夜作业时间分别为不宜大于11h和16h，为取得一致，取用后者，故改为不宜大于11h和16h。

5.2.10 本条是原规范第8.1.10条的修订条文。

本条文为对锅炉房运煤设备选择的原则性规定：

1 总耗煤量小于1t/h时，采用人工装卸和手推车运煤方式。因为小于1t/h耗煤量的锅炉房，一般锅炉容量较小，采用人工方式进入炉前翻斗上煤形式，已能满足锅炉上煤要求。

2 总耗煤量为1～6t/h时，一般为中小型锅炉房（锅炉房总容量小于40t/h），以采用间隙式机械化设备为主（斗式提升机或埋刮板机），亦可采用连续机械化运输设备（如带式输送机），可与用户商定。

3 总耗煤量为6～15t/h时，宜采用连续机械化运输设备（带式输送机）运煤。

4 总耗煤量为15～60t/h时，锅炉房容量较大（锅炉房容量一般大于等于100t/h），宜采用单路带式输送机运煤，驱动装置宜有备用。

5 总耗煤量在60t/h以上时，可采用双路运煤系统，因为这种锅炉房属大型锅炉房，本条文参照现行国家标准《小型火力发电厂设计规范》GB 50049—94 的规定确定，以便两个规范取得一致。

5.2.11 本条是原规范第8.1.11条的条文。

锅炉炉前煤仓，通常系指在锅炉本体炉前煤斗的前上方，设在锅炉房建筑物上的煤仓。

本条规定的锅炉炉前煤仓的贮存容量，是通过对各地锅炉房煤仓的贮量和常用运煤机械设备事故检修所需时间的调查和统计而制订出的，其内容与原规范条文一致。在制订炉前煤仓的容量时，已考虑到设备有2～4h的紧急检修时间。对目前使用的1～4t/h快装锅炉，在锅炉房设计时一般为单层建筑，锅炉房不设炉前煤仓，而锅炉本体炉前煤斗的贮量一般较小，考虑到这类锅炉可打开锅炉煤闸门后，用人工加煤，因此，将三班运煤的锅炉炉前煤仓（此处即为锅炉本体炉前煤斗）贮量改为1～6h锅炉额定耗煤量。

5.2.12 本条是原规范第8.1.12条的修订条文。

本条所述的锅炉房集中煤仓，系指对锅炉容量不大的锅炉房，此时锅炉台数也不多，为降低锅炉房建筑高度，节约土建费用，把每台锅炉分散设置的炉前煤仓取消，而在锅炉房外设置集中的锅炉房煤仓，该集中煤仓的贮量应按锅炉房额定耗煤量及运煤班次确定，并配备运煤设施。条文中所推荐的煤仓贮量系参照目前一般常用的数据，与原规范8.1.12条一致。

5.2.13 本条是原规范第8.1.16条的修订条文。

如运煤胶带宽度太窄，煤在运输过程中易溢出，造成安全事故，故规定带宽不宜小于500mm。

带式输送机胶带倾角大于16°时，使用中煤块容易滚落，易造成安全事故，故规定胶带倾角不宜大于16°，但输送破碎后的煤时，其倾角可加大到18°。

胶带倾角大于12°时，在倾角段上不宜卸料，因有一定的带速，用刮板卸料，煤将从旁边溢出，故最好是从水平段上卸料。

5.2.14 本条文为原规范第8.1.17条的修订条文，主要参照《小型火力发电厂设计规范》GB 50049—94 中有关条文进行修改和补充，如封闭式栈桥和地下栈道的净高从原来的2.2m改为2.5m；栈桥运行通道由原来的0.8m改为1.0m；检修通道的净宽由原来的0.6m改为0.7m，并增加在寒冷地区的栈桥内应有采暖设施的内容。

5.2.15 本条是原规范第8.1.18条的条文。

由于多斗提升机的链条与斗容易磨损，或因煤中没有清除出来的铁片等杂物卡住链条，造成链条断裂，从而造成设备停车抢修或清理。据调查，采用多斗提升机的锅炉房，都反映发生断链较难处理的问题，同时，链条断裂处理的时间较长，一般需要有1个班次的时间才能修复，如有条件能备用1台最好，故仍维持原条文内容。

5.2.16 本条是原规范第8.1.19条的条文。

从受煤斗卸料到带式输送机、多斗提升机或埋刮板输送机之间，极易发生燃料的卡、堵现象，因此，在受煤斗到输煤机之间需要设置均匀给料装置，以防止卡堵现象的发生。

5.2.17 本条是原规范第8.1.20条的条文。

运煤系统的地下构筑物如未采取防水措施或防水措施不好，或地坑内没有排除积水的措施，都将造成地下构筑物积水和积水无法排除的问题，直接影响运煤设施的正常运行甚至带来无法工作的事故，因此，在运煤系统的地下构筑物必须要有防水和排除积水的措施，尤其在地下水位高和多雨地区。

5.2.18 本条是原规范第8.1.22条的修订条文。

为使锅炉房灰渣系统设计合理，经济效益好，应对灰渣系统有关资料如灰渣数量、灰渣特性、除尘器形式、输送距离、当地的地形地势、气象条件、交通运输、环保及综合利用等多种因素分析研究而定，较难具体划分各种系统的适用范围，故在本条文中仅作原则性的规定。

为使循环流化床锅炉排渣能更好地加以综合利用，一般排渣采用干式除渣，为方便输送此渣，应将该渣冷却到200℃以下。故本条提出"循环流化床锅炉排出的高温渣，应经冷渣机冷却到200℃以下后排除"。实际上循环流化床锅炉除渣系统均设有冷渣设备。

5.2.19 本条是原规范第8.1.23条的条文。

随着国家对环境保护和综合利用政策执法力度的加强，国内大多数锅炉房的灰渣都能得到不同程度的综合利用。据调查，多数锅炉房都留有可以贮存3~5d的灰渣堆场作为周转场地，故本条文仍保留原规范灰渣场的贮量。

5.2.20 本条文与原规范第8.1.24条基本相同，仅作局部修改，主要修改内容如下：

1 早期锅炉房规范对该倾角的规定为不宜小于55°，1993年版规范改为不宜小于60°。灰渣的流通除与灰渣斗壁面倾角有关外，还与诸多因素有关，如灰渣的含水量、灰渣的粒度等。但也不是说倾角越大越好，因为这样会增加建筑高度，造成建筑造价的上升。经调查综合认为仍以维持内壁倾角不宜小于60°为好。同时，要求灰渣斗的内壁应光滑、耐磨，以尽量避免灰渣黏结在侧壁下不来，而造成所谓"搭桥"现象。

2 关于灰渣斗排出口与地面的净空高度问题。原规范为：汽车运灰渣时，灰渣斗排出口与地面的净高不应小于2.1m。这是没有考虑运灰渣汽车驾驶室通过排灰渣口，利用倒车至受灰渣斗，再卸入车中。本次修订中将灰渣斗排出口与地面的净高改为不应小于2.3m。主要原因是，据查核，解放牌国产4t自卸汽车（实际载重量为3.5t）的全高（即驾驶室高度）为2.18m，因此将高度改为2.3m，这样常用的解放牌国产4t自卸汽车可以在灰渣斗下自由装卸。同时，考虑到其他型号车辆（如黄河牌7t自卸汽车的车身卸料部分高度为2.1m），亦可利用汽车后退来卸运灰渣的灵活性。

5.2.21 本条是原规范第8.1.25条的条文。

本条文为按常规小时灰渣量的计算方法，其不平衡系数1.1~1.2亦维持原规范不做修改。

5.2.22 本条是原规范第8.1.26条的条文。

灰渣量大于等于1t/h的锅炉房，其锅炉房总容量约为2台额定蒸发量为4t/h及以上的锅炉房，为减轻劳动强度，改善环境条件，这类容量的锅炉房宜采用机械、气力除灰渣（如刮板或埋刮板输送机等）或水力除灰渣方式（如配置水磨除尘器及水力冲灰渣等）。这类形式的锅炉房国内较多，从实际运行情况来看，使用效果较好，予以保留。

5.2.23 本条是原规范第8.1.27条的条文。

除尘器排出的灰应采用密闭式输送系统，以防止二次污染，也可利用锅炉的水力除灰渣系统一起排除，这样既节约投资，又简化布置，在技术和经济上均较合理。但当除尘器排出的灰可以综合利用时（如制空心砖、加气混凝土等），则亦可分别排除，综合利用。

5.2.24 本条是原规范第8.1.28条的修订条文。

根据运行经验，常规装有激流喷嘴并敷设镶板的锅炉房灰渣沟，灰沟坡度不应小于1%，渣沟不应小于1.5%，液态排渣沟不应小于2%，在运行中一般都能满足要求，故本条仍保留原规范这部分内容。对输送高浓度灰渣浆或不设激流喷嘴的灰渣沟，其坡度应适当加大。为了节约用水，冲灰沟的水应循环使用，尤其是从水膜除尘下来的冲灰水，pH值较低，未中和处理前不应排放，应循环使用，这也有利于防止污染。

灰渣沟的布置，应力求短而直，以节约灰渣沟的投资和减少灰渣沟沿途阻力，使灰渣流动顺畅。同时，在锅炉房设计时，必须要考虑到灰渣沟的布置，不影响锅炉房今后的扩建，尽量布置在锅炉房后面或布置在不影响锅炉房今后扩建的地方。

5.2.25 本条是新增的条文。

用于循环流化床锅炉炉内脱硫的石灰石粉，其化学成分和粒度一般按锅炉制造厂的技术要求从市场采购。

一些工厂的实践表明，厂内自制石灰石粉不仅增加了初投资，且厂内环境粉尘污染大，难以治理，因此，应尽量从市场采购成品粉。目前许多工厂采用了这一方式，证明是可行的。

5.2.26 本条是新增的条文。

循环流化床锅炉石灰石粉添加系统是保证锅炉烟气中SO_2排放量达标的一个重要系统，为保证运行中石灰石粉的正常供应，确保烟气脱硫效果，特规定有关石灰石贮仓的容量要求。对于厂内设仓的方法可以根据锅炉房的规模和用户的具体要求确定。一般可以按以下方法考虑。

1 中间仓/日用仓系统。本系统是利用石灰石粉密封罐车自带的风机将石灰石粉卸至全厂公用的中间仓，然后将中间仓内石灰石粉通过仓泵及正压密相气力输送系统送至每台锅炉的炉前日用仓，再通过炉前石灰石粉给料机及石灰石粉输送风机将石灰石粉送进每台锅炉的炉膛。该系统较正规，系统复杂，投资大，较适用于锅炉台数多，单炉容量大的场合。

2 中间仓直接进炉系统。该系统没有炉前日用仓系统，利用专用仓泵直接将中间仓的石灰石粉送至每台锅炉的炉膛。该系统相对简单，但由于受仓泵扬程限制，较适合于锅炉台数为1~2台的场合。

3 炉前直接与煤混合系统。该系统一般在每台锅炉的炉前煤仓附近设石灰石粉仓，厂外来的石灰石粉打包后由单轨吊卸至炉前石灰石粉仓，然后直接由给料机将石灰石粉随煤一起进入锅炉。该系统最简单，投资最省，但工人劳动强度大，脱硫效果最差，不推荐采用这一系统。

石灰石粉一般采用公路运输，故规定了中间仓为3d的容量。

5.2.27 本条是新增的条文。

石灰石粉的厂内输送，采用气力方式，可以保证石灰石粉的质量和防止对环境造成污染。

6 燃油系统

6.1 燃油设施

6.1.1 本条是原规范第3.2.8条的修订条文。

燃油锅炉燃烧器的选择应根据燃油特性和燃烧室的结构特点进行，同时要考虑燃烧的雾化性能好和对负荷变化的适应性，要考虑其燃烧烟气对大气污染及噪声对周围环境的影响。

6.1.2 本条是原规范第3.2.6条的条文。

重油温度低时，黏度大，用管道输送困难，更不能满足雾化燃烧要求。因此锅炉在冷炉启动点火时，必须把重油加热到满足输送和雾化燃烧所需的温度。当锅炉房缺乏加热汽源时，则需要采用其他加热重油的措施。现在常用电加热或轻油系统、燃气系统置换等作为辅助办法，待锅炉产汽后再切换成蒸汽加热。

6.1.3 本条是原规范第3.2.15条的条文。

燃油锅炉房采用蒸汽为热源，加热重油进行雾化燃烧，较为经济合理，适合国情。采用电热式油加热器作为锅炉房冷炉启动点火或临时性加热重油是可取的，但不应作为加热重油的常用设备。

6.1.4 本条是原规范第3.2.12条的修订条文。

供油泵是燃油锅炉房的心脏，若供油泵停止运行，锅炉房生产运行便会中断。因此供油泵在台数上应有备用，而且在容量上应有一定的富裕量。原条文扬程富裕量不够具体，此次修订中将扬程的富裕量具体为10%~20%。

6.1.5 本条是原规范第3.2.13条的条文。

燃油锅炉房中常用容积式供油泵和螺杆泵，泵体上一般都带有超压安全阀，但也有部分本体上不带安全阀。为避免因油泵出口阀门关闭而导致油泵超压，必须在出口阀前靠近油泵处的管道上另装设超压安全阀。由于各油泵厂生产的油泵产品结构不一致，为了供油管道系统的安全运行，当采用容积式供油泵时，必须在泵体和出口管段上装设超压安全阀。

6.1.6 本条是原规范第3.2.14条的修订条文。

根据以前对100多个单位的调查统计，约有2/3的燃油锅炉房油加热器不设置备用，仅有1/3燃油锅炉房油加热器设置备用。不设置备用的锅炉房，利用停运和假期进行油加热器的清理和检修，而常年不间断供热的锅炉房没有清理和检修机会，一旦发生故障将会影响生产。为保证正常供热要求，对常年不间断供热的锅炉房，应装设备用油加热器。考虑到原条文加热面富裕量不够具体，此次修订中将加热面适当的富裕量具体为10%。

6.1.7 本条是原规范第3.2.22条的修订条文。本条在原条文的内容上增加了3点内容：

1 明确了日用油箱应安装在独立的房间内。

2 当锅炉房总蒸发量大于等于30t/h或总热功率大于等于21MW时，由于室内油箱容积不够，故应采用连续进油的自动控制装置。

3 当锅炉房发生火灾事故时，室内油箱应自动停止进油。

日用油箱油位，一般采用高低油位位式控制，但当锅炉房容量较大时，日用油箱低油位，贮油量不足锅炉房20min耗油量时，应采用油位连续自动控制，30t/h锅炉房耗油量约为2000kg/h，20min耗油量约为670kg，因此本规范按锅炉房总蒸发量30t/h耗油量作为界线。

6.1.8 本条是原规范第6.2.23条的条文。

通过调查，燃油锅炉房装设在室外的中间油箱的容量，约有90%以上的锅炉房不超过1d的耗油量就可满足锅炉房正常运行的要求，而且设计上一般也按此执行，未发现不正常现象。

6.1.9 本条是原规范第3.2.20条的修订条文。

锅炉房内的油箱应采用闭式油箱，避免箱内逸出的油气散发到室内。否则，不但影响工人的身体健康，而且油气长期聚存在室内，有可能形成可燃爆炸性气体的危险。闭式油箱上应装设通气管接至室外。通气管的管口位置方向不应靠近有火星散发的部位。通气管上应设置阻火器和防止雨水从管口流入油箱的设施。

6.1.10 本条是原规范第3.2.18条的条文。

在布置油箱的时候，宜使油箱的高度高于油泵的吸入口，形成灌注头，使油能自流入油泵，避免油泵空转而不出油。

6.1.11 本条是原规范第3.2.19条的条文。

设在室内的油箱应有防火措施,当发生危急事故时,应把油箱内的油迅速排出,放到室外事故油箱或具有安全贮存的地方。

紧急排油管上的阀门,应设在安全的地点,当事故发生,采取紧急排放操作时,不应危急人身的安全。

从安全角度考虑,排油管上明确并列装设手动和自动紧急排油阀,同时结合民用建筑锅炉房的特点,自动紧急排油阀应有就地启动和防灾中心遥控启动的功能。

6.1.12 本条是新增的条文。

室外事故贮油罐的容积大于等于室内油箱的容积,可以保证在室内油箱需要放空时可以放空,保证安全。室外事故贮油罐采用埋地布置,可以使室内日用油箱事故排空方便,本身也安全和有利总图布置。

6.1.13 本条是原规范第3.2.21条的条文。

室内重油箱被加热的温度,按适合沉淀脱水和黏度的需要,60号重油为50～74℃;100号重油为57～81℃;200号重油为65～80℃。如超过90℃易发生冒顶事故。

6.1.14 本条是原规范第3.2.24条的条文。

燃油锅炉房的锅炉点火用的液化气,如用罐装液化气,则贮罐不应设在锅炉间内,因液化气属于易燃易爆气体,应存放在用非燃烧体隔开的专用房间内。

6.1.15 本条是原规范第3.2.25条的条文。

根据用户反映,由于锅炉燃烧器雾化性能不良,未燃尽的油气可能逸到锅炉尾部,凝聚在受热面上成为油垢,当这种油气聚积到一定程度,即可着火燃烧,形成尾部二次燃烧现象。这种情况发生后,往往对装有空气预热器的锅炉,会把空气预热器烧坏;对未装空气预热器的锅炉,当二次燃烧发生时,亦影响锅炉的正常运行。为了解决二次燃烧问题,采用蒸汽吹灰或灭火是比较方便有效的防止措施。

6.1.16 本条是新增的条文。

煤粉锅炉和循环流化床锅炉一般采用燃油点火及助燃。如点火及助燃的总的燃油耗量不大,为简化系统,往往采用轻油点火及助燃。根据了解油罐的数量:当单台锅炉容量小于等于35t/h时,设置1个20m^3油罐即可满足要求;当单台锅炉容量大于35t/h时,设置2个20m^3油罐即可满足要求。

6.1.17 本条是新增的条文。

煤粉锅炉和循环流化床锅炉点火油系统供油泵的出力和台数,参照现行国家标准《小型火力发电厂设计规范》GB 50049—94规定。

6.2 燃油的贮运

6.2.1 本条是原规范第8.2.1条的修订条文。

贮油罐的容量,主要取决于油源供应情况,应根据油源远近以及供油部门对用户贮油量要求等因素考虑,同时应根据不同的运输方式而有所差异。从以前对燃油锅炉房的调研中看,大部分的燃油锅炉房的贮油量符合本条的要求:铁路运输一般为20～30d锅炉房的最大计算耗油量;油驳运输考虑到热带风暴和其他停航原因以及装卸因素等,最大计算耗油量也是按20～30d锅炉房的最大计算耗油量考虑。

汽车油槽车运油,一般距油源供应点较近,运输比较方便,贮油量可以相应减少。但考虑到应有必要的库存及汽车检修和节日等情况,贮油罐考虑一定的贮存量是需要的。根据调查,在条件好的地区,采用3～5d的贮油量就可满足要求,而在一些地区则需要1个多星期的贮油量。为此,本条以前规定汽车运油一般为5～10d的锅炉房最大计算耗油量。但考虑到非独立的民用建筑锅炉房场地紧张的特点,且目前汽车油槽车供油方便,贮油罐从5～10d减少到3～7d。

管道输油比较可靠,但也要考虑到设备和管道的检修要求,一般按3～5d的锅炉房最大计算耗油量确定贮油罐的容量。

6.2.2 本条是原规范第8.2.2条的条文。

对锅炉房燃用重油或柴油,应考虑在全厂总油库中统一贮存,以节约投资。当由总油库供油在技术、经济上不合理时,方宜设置锅炉房的专用油库。

6.2.3 本条是原规范第8.2.3条的修订条文。

燃油锅炉房的重油贮油罐一般均采用不少于2个,1个沉淀脱水,1个工作供油,互相交替使用,且便于倒换清理。本条在原来的条文上增加了轻油罐不宜少于2个的内容,其原因也是如此。

6.2.4 本条是原规范第8.2.4条的条文。

为了防止重油罐的冒顶事故,重油被加热后的温度应比当地大气压下水的沸点温度至少低5℃;为了保证安全,且规定油温应低于罐内油的闪点10℃。设计时应取这两者中的较低值作为油加热时应控制的温度指标。

6.2.5 本条是原规范第8.2.5条的条文。

防火堤的设计应符合现行国家标准《建筑设计防火规范》GB 50016 的要求。

根据现行国家标准《建筑设计防火规范》GB 50016第4.4.8条的规定,沸溢性与非沸溢性液体贮罐或地下贮罐与地上、半地下贮罐,不应布置在同一防火堤范围内。沸溢性油品系含水率在0.3%～4.0%的原油、渣油、重油等的油品。重油的含水率均在0.3%～4.0%的范围内,属沸溢性油品;而轻柴油属非沸溢性油品,两者不应布置在同一防火堤内。

6.2.6 本条是原规范第8.2.6条的条文。

在以前调研中看到,有些单位在设置轻油罐的场所没有采取防止轻油滴、漏流失的措施,以致周围地面浸透轻油,房间油气浓厚,很不安全;而有些单位采用油槽或装砂油槽,定期清埋,效果很好。

6.2.7 本条是原规范第8.2.7条的条文。

按经验和常规做法，输油泵均应设置2台或2台以上，其中有1台备用。如果该油泵是总油库的输油泵，则不必设专用输油泵，但必须保证满足室内油箱耗油量的要求。

6.2.8 本条是原规范第8.2.8条的条文。

为了保证输油泵的安全正常运行，泵的吸入口的管段上应装设油过滤器。油过滤器应设置2台，清洗时可相互替换备用。滤网网孔的要求，按油泵的需要考虑，一般采用8～12目/cm。滤网的流通面积，一般为过滤器进口管截面积的8～10倍，便可满足油泵的使用要求。

6.2.9 本条是原规范第8.2.9条的条文。

油泵房至油罐的管道地沟必须隔断，以免油罐发生着火爆炸事故时，油品顺着地沟流至油泵房，造成火灾蔓延至油泵房的危险。以前在燃油锅炉房的运行中，曾出现过油罐爆炸起火，火随着燃油流动蔓延到油泵房，将油泵房也烧掉的实例，因此在地沟中应以非燃烧材料砌筑隔断或填砂隔断。

6.2.10 本条是原规范第8.2.10条的条文。

油管道采用地上敷设，维修管理方便，出现事故时，能及时发现，抢修快。

油管道采用地沟敷设时，在地沟进锅炉房建筑物处应填砂或设置耐火材料密封隔断，以防事故蔓延和发展。

7 燃气系统

7.0.1 本条是原规范第3.3.4条的修订条文之一。

燃烧器型号规格由设计确定时，本条提出选择燃烧器的主要技术要求，同时还应考虑价格因素和环保要求。

7.0.2 本条是原规范第3.3.4条的修订条文之一。

考虑到锅炉房的备用燃料，与正常使用的燃料性质有所不同，为使锅炉燃烧系统在使用备用燃料时也能正常运行，规定对锅炉燃烧器的选用应能适应燃用相应的备用燃料是必要的。

7.0.3 本条是新增的条文。

由于液化石油气密度约是空气密度的2.5倍，为防止可能泄漏的气体随地面流入室外地道、管沟（井）等设施聚积而发生危险，增加此强制性条文规定。

7.0.4 本条是新增的条文。

现行国家标准《城镇燃气设计规范》GB 50028对燃气净化、调压箱（站）和计量装置设计等有明确规定，锅炉房设计遵照该规范进行。

7.0.5 本条是原规范第3.3.8条的修订条文。

调压箱露天布置或设置在通风良好的地上独立构筑物内，即使系统有泄漏也较安全。东南亚地区小型燃气调压箱设置在建筑物地下室比较普遍，其产品也已进入我国，但由于技术管理水平差异较大，放在地下建、构筑物内仍不适合我国国情。

8 锅炉烟风系统

8.0.1 本条是原规范第6.1.1条的条文。

单炉配置鼓风机、引风机有漏风少、省电、便于操作的优点。目前锅炉厂对单台额定蒸发量（热功率）大于等于1t/h（0.7MPa）的锅炉，都是单炉配置鼓风机、引风机。在某些情况下，也不排斥采用集中配置鼓风机、引风机的可能，但为了防止漏风量过大，在每台锅炉的风道、烟道与总风道、烟道的连接处，应装设严密性好的风道、烟道门。

这里要指出，因在使用循环流化床锅炉时，鼓风机往往由一、二次风机代替，抛煤机链条炉送风部分设有二次风机，对此本规范有关条文所指的鼓风机包含循环流化床锅炉使用的一、二次风机和抛煤机链条炉的二次风机。

8.0.2 本条是原规范第6.1.2条修订条文。

选用高效、节能和低噪声风机是锅炉房设计中体现国家有关节能、环境保护政策的最基本要求。国内新型风机产品的不断涌现，也为设计提供了选用的条件。

风机性能的选用，与所配置的锅炉出力、燃料品种、燃烧方式和烟风系统的阻力等因素有关，应进行设计校核计算确定，同时要计入当地的气压和空气、烟气的温度、密度的变化对所选风机性能的修正。

第3款是原规范第6.1.2条第三款的修订条文，原规范对风机的风量、风压的富裕量的规定是合适的，只是增加了近年来涌现的循环流化床锅炉配置风机的风量、风压富裕量规定，与炉排锅炉等同。

第4款是新增的条文。考虑到单台容量大于等于35t/h或29MW锅炉配置的风机其电机功率较大，采用调速风机可取得好的节电效果。如果技术经济分析的结果合理，小于等于35t/h或29MW锅炉的风机也可采用调速风机。

8.0.3 本条是新增的条文。

循环流化床锅炉的返料运行工况如何，是保证循环流化床锅炉能否维持正常运行的关键。为确保循环流化床锅炉的安全正常运行，对返料风机应配置2台，1台正常使用1台备用。

8.0.4 本条是原规范第6.1.3条的修订条文。

1 这是一般要求，这样可以使风道、烟道阻力小。

2 风道、烟道的阻力均衡可以使燃烧工况好。

3、4 多台锅炉合用1座烟囱或1个总烟道时，烟道设计应使各台锅炉引力均衡，并可防止各台锅炉在不同工况运行时，发生烟气回流和聚集情况。烟道设计应按本条规定进行,以确保安全。

5 地下烟道清灰困难,容易积水。地上烟道有便于施工、易清灰等优点,故推荐采用地上烟道。

6 因烟道和热风道存在热膨胀,故应采取补偿措施。近10多年来非金属补偿器由于耐温性能和隔音性能等诸多优点,发展很快,推荐使用。

7 设计风道、烟道时,应在适当位置设置必要的测点,并满足测试仪表及测点对装设位置的技术要求。

8.0.5 本条是新增的条文。

1 燃油、燃气和煤粉锅炉的锅炉房发生爆炸的事故较多,需要注意防范。对燃油、燃气锅炉的烟囱宜单炉配置,以防止数台锅炉共用总烟道时,烟道死角积存的可燃气体爆炸和烟气系统互相影响。为了满足当地对烟囱数量的要求,多根烟囱可采用集束式或组合套筒的方式。为避免单台锅炉烟道爆炸影响到其他锅炉的正常运行故提出本款规定。

当锅炉容量较大、因布置限制或其他原因,几台炉只能集中设置1座烟囱时,必须在锅炉烟气出口处装设密封可靠的烟道门,以防烟气倒入停运的锅炉。烟道门应有可靠的固定装置,确保运行时,处于全开位置并不得自行关闭。

2 燃油、燃气和煤粉锅炉的未燃尽介质,往往会在烟道和烟囱中产生爆炸,为使这类爆炸造成的损失降到最小,故要求在烟气容易集聚的地方装设防爆装置。

3 砖砌烟囱或烟道会吸附一定量烟气,而燃油、燃气锅炉的烟气中往往有可燃气体存在,他们被砖砌烟囱或烟道吸附,在一定条件下可能会造成爆炸。砖砌烟囱或烟道的承压能力差,所以要求钢制或混凝土构筑。

由于燃气锅炉的烟气中水分含量较高,故提出在烟道和烟囱最低点,设置水封式冷凝水排水管道的要求。

4 使用固体燃料的锅炉,当停止使用时,烟道系统中可能有明火存在,所以它和燃油、燃气锅炉不得共用1个烟囱,以免烟气中夹带的可燃气体遇明火造成爆炸。

5 水平烟道长度过长,将增加烟气的流动阻力,应尽量缩短其长度。

6 烟气中的冷凝水宜排向锅炉,也可在适当位置设排水装置将冷凝水排出。

7 此条是考虑到钢制烟囱的腐蚀问题。

8.0.6 本条是原规范第6.1.4条的修订条文。

锅炉烟囱的高度除应符合现行国家标准《锅炉大气污染物排放标准》GB 13271规定外,还应符合当地政府颁布的锅炉排放地方标准的规定。

对机场附近的锅炉房烟囱高度还应征得航空管理部门和当地市政规划部门的同意。

9 锅炉给水设备和水处理

9.1 锅炉给水设备

9.1.1 本条是原规范第7.1.1条的条文。

锅炉房供汽的特点是负荷变化比较大,在选择电动给水泵时,应按热负荷变化的情况,对给水泵的单台容量和台数进行合理的配置,才能保证给水泵正常、经济地运行。

9.1.2 本条是原规范第7.1.2条的条文。

给水泵应有备用,以便在检修时,启动备用给水泵以保证锅炉房的正常供汽。在同一给水母管系统中,给水泵的总流量,应当在最大1台给水泵停止运行时,仍能满足所有运行锅炉在额定蒸发量时所需给水量的110%。给水量包括蒸发量和排污量。有些锅炉房采用减温装置或蓄热器设备,这些设备的用水量应予考虑,在给水泵的总流量中应计入其量。减温水耗量可根据热平衡计算确定。

9.1.3 本条是原规范第7.1.3条的条文。

对同类型的给水泵且扬程、流量的特性曲线相同或相似时,才允许并联运行,各个泵出水管段宜连接到同一给水母管上。对不同类型的给水泵(如电动给水泵与汽动往复式给水泵)及虽同类型但不同特性的给水泵均不能作并联运行,因此,应按不能并联运行的情况采用不同的给水母管。

9.1.4 本条是原规范第7.1.4条和第7.1.5条合并后的修订条文。

根据多年来锅炉房给水泵备用的实际使用情况,由于汽动给水泵的噪声和振动严重,且日常维护困难,已不再用汽动给水泵作为电动给水泵的工作备用泵,而采用同类型的电动给水泵为工作备用泵。只有当锅炉房为非一级电力负荷、停电后会造成锅炉事故时,才应采用汽动给水泵为电动给水泵的事故备用泵(一般为自备用),规定汽动给水泵的流量应满足所有运行锅炉在额定蒸发量时所需给水量的20%~40%,是为保证运行锅炉不缺水,不会造成安全事故。

9.1.5 本条是原规范第7.1.7条的修订条文。

条文将原条文中给水泵扬程计算中"适当的富裕量"作了具体的量化。

9.1.6 本条是原规范第7.1.8条的条文。

锅炉房一般设置1个给水箱,对常年不间断供热的锅炉房,应设置2个给水箱或除氧水箱,以便其中1个给水箱进行检修时,还有另1个水箱运行,不致影响锅炉的连续运行。根据以往调研给水箱或除氧水箱的总有效容量宜为所有运行锅炉在额定蒸发量时所需20~60min的给水量是合适的,小容量锅炉房可上限值。

9.1.7 本条是原规范第7.1.9条的条文。

为防止锅炉给水泵产生汽蚀，必须保证锅炉给水泵有足够的灌注头，使给水泵进水口处的静压力高于此处给水的汽化压力。给水泵进水口处的静压与给水箱水位和给水泵中心标高差的代数和值有关，对于闭式给水系统的热力除氧器，还与给水箱的工作压力、给水泵的汽蚀余量、给水泵进水管段的压力损失有关。因此，灌注头不应小于条文中给出的各项代数和，其中包括3～5kPa的富裕量。

9.1.8 本条是新增的条文。

随着多种新型的低汽蚀余量的给水泵的研制成功，成套的低位布置的热力除氧设备获得应用。其热力除氧水箱的布置高度应符合设备的要求，以保证给水泵运行时进口处不发生汽化。

9.1.9 本条是原规范第7.1.10条的条文。

锅炉房用工业汽轮机驱动代替电力驱动锅炉给水泵，是降低能耗、合理利用热能的一种有效措施。结合我国目前工业汽轮机产品的供应情况，锅炉房的维修管理水平，以及实际的经济效果等因素考虑，对于单台锅炉额定蒸发量大于等于35t/h，额定出口压力为2.5～3.82MPa表压，热负荷连续而稳定，且所采用蒸汽驱动的给水泵其排汽可作为除氧器或原水加热等用途时，一般可考虑采用工业汽轮机驱动的给水泵作为常用给水泵，而用电力给水泵作为备用泵。对于其他情况的锅炉房，是否宜于采用工业汽轮机驱动的给水泵作为常用给水泵，应经技术经济比较确定。

9.2 水 处 理

9.2.1 本条是原规范第7.2.1条的条文。

本条对锅炉房水处理工艺设计提出明确的原则和要求。

9.2.2 本条是原规范第7.2.2条的修订条文。

额定出口压力小于等于2.5MPa（表压）的蒸汽锅炉、热水锅炉的水质，应符合现行国家标准《工业锅炉水质》GB 1576的规定。

额定出口压力大于2.5MPa（表压）、小于等于3.82MPa（表压）的蒸汽锅炉，其汽水质量标准，国家未作统一规定。本次修订明确对这类锅炉的汽水质量，除应符合锅炉产品和用户对汽水质量的要求外，并应符合现行国家标准《火力发电机组及蒸汽动力设备汽水质量》GB/T 12145的有关规定。

9.2.3 本条是原规范第7.2.3条的条文。

锅炉房原水悬浮物含量如果超过离子交换设备进水指标要求，会造成离子交换器内交换剂的污染，结块严重，致使交换剂失效而使水质恶化，出力降低。为此，条文规定当原水悬浮物含量大于5mg/L时，进入顺流再生固定床离子交换器前，应过滤；当原水悬浮物含量大于2mg/L时，进入逆流再生固定床离子交换器前，应过滤；对于原水悬浮物含量大于20mg/L或经石灰水处理的原水，需先经混凝、澄清再经过滤处理。

9.2.4 本条是原规范第7.2.4条的条文。

压力式机械过滤器是锅炉房原水过滤的常用设备，选择过滤器的要求是容易做到的。

9.2.5 本条是原规范第7.2.5条的条文。

原水水压不能满足水处理工艺系统要求时，应设置原水加压设施，具体做法要根据水处理系统的要求和现场情况确定。

9.2.6 本条是原规范第7.2.6条的修订条文。

根据现行国家标准《工业锅炉水质》GB 1576的规定，对原条文作了相应修改。

除条文根据现行国家标准规定蒸汽锅炉、汽水两用锅炉和热水锅炉的给水应采用锅外化学水处理系统，第1、2款规定了可采用锅内加药水处理的蒸汽锅炉和热水锅炉的范围。不属于所述范围的蒸汽锅炉和热水锅炉，不应采用锅内加药水处理。凡采用锅内加药水处理的蒸汽锅炉和热水锅炉，应加强对其锅炉的结垢、腐蚀和水质的监督，做好运行操作工作。

9.2.7 本条是原规范第7.2.7条的修订条文。

根据现行国家标准《工业锅炉水质》GB 1576的规定，采用锅内加药水处理除应符合本规范9.2.6条规定的锅炉范围外，还应符合本条规定。

本条第1、2款由原条文中的对"原水"悬浮物和总硬度的要求，改为对"给水"悬浮物和总硬度的要求，符合《工业锅炉水质》GB 1576的要求。其中第2款相应改为蒸汽锅炉和热水锅炉的给水总硬度有不同的要求。

本条第3、4款是当采用锅内加药水处理时，应从设计上保证有使锅炉不结垢或少结垢的措施。

9.2.8 本条是原规范第7.2.8条的修订条文。

采用锅外化学水处理时，锅炉排污率主要是指蒸汽锅炉，而锅内加药水处理和热水锅炉的排污率可不受本条规定限制。

近年来，蒸汽锅炉已由单纯用于供热发展为用于中小型供热电厂。对于单纯供热和用于供热电厂的蒸汽锅炉，无论对汽水品质的标准和经济性的要求都是不同的。结合原规范条文的规定和现行国家标准《小型火力发电厂设计规范》GB 50049有关条文的规定，将原条文对蒸汽锅炉排污率的规定由2款改为3款，前2款是对单纯供热的蒸汽锅炉，与原条文相同。第3款是对供热式汽轮机组的蒸汽锅炉，按不同的水处理方式规定了不同的排污率。

9.2.9 本条是原规范第7.2.9条的条文。

本条规定了蒸汽锅炉连续排污水的热量应合理利用，连续排污水的热量利用方法很多，这既能提高热能利用率，又可节省排污水降温的水耗。

9.2.10 本条是原规范第7.2.10条的条文。

本条文明确规定了计算化学水处理设备出力时应包括的各项损失和消耗量。

9.2.11 本条是原规范第 7.2.11 条的条文。

本条文将原条文中水硬度单位改为摩尔硬度单位。

本条所述化学软化水处理设备在锅炉房设计中均有选用，根据多年试验和运行总结如下：

固定床逆流再生离子交换器与顺流再生相比，由于再生条件好，效率高，故再生剂耗量和清洗水耗量低，且进水总硬度可以较高（一般为 6.5mmol/L 以下），出水质量好，可以达到标准要求。是当前锅炉房设计中应用的量大面广、可推荐的水处理设备。

固定床顺流再生离子交换器，由于再生条件差，故再生剂耗量和清洗水耗量均较大，且出水质量较差，要保证出水质量达到标准要求，进水的总硬度不宜过高（一般在 2mmol/L 以下），目前小容量锅炉房尚有应用，因此对固定床顺流再生离子交换器应有条件地使用。

浮动床、流动床或移动床离子交换器与固定床逆流再生相比，既具有再生剂、清洗水用量低的优点，又减小了操作阀门多的缺点，一次调整便可连续自动运行。但这类设备的选用条件是：进水总硬度一般不大于 4mmol/L，原水水质稳定，软化水出力变化不大，且连续不间断运行。上述条件中连续不间断、稳定出力运行是关键，符合条件时方可采用。

9.2.12 本条是原规范第 7.2.12 条的修订条文。

目前 10t/h 以下小型全自动软水装置的技术经济较优于一般手动操作的固定床离子交换器，因此本规范中给予推广。本条文对固定床离子交换器设置的台数、再生备用的要求以及再生周期作了规定。

9.2.13 本条是原规范第 7.2.13 条的修订条文。

钠离子交换法是锅炉房软化水处理的常用方法。钠离子交换软化水处理系统有一级（单级）和两级（双级）串联两种系统。本条规定了采用两级串联系统的摩尔硬度的界限。

9.2.14 本条是原规范第 7.2.16 条的修订条文。

本条文仅对原条文中软化水残余碱度单位改为摩尔碱度单位。

对于碳酸盐硬度也高的用水，采用钠离子交换后加酸水处理系统是除硬度降碱度的方法之一。其特点是设备简单、占地少、投资省。但加酸过量对锅炉不安全，为此，宜控制残余碱度为 1.0～1.4mmol/L。

加酸处理后的软化水中会产生二氧化碳，因此软化水应经除二氧化碳设施。

9.2.15 本条是原规范第 7.2.17 条的修订条文。

本条文仅对原条文中软化水残余碱度单位改为摩尔碱度单位。

氢—钠离子交换软化水处理系统也是除硬度降碱度的方法之一。氢—钠水处理有串联、并联、综合、不足量酸再生串联四种系统。理论酸量再生弱酸性阳离子交换树脂或不足量酸再生树脂交换剂的氢—钠串联系统是锅炉房常用的一种系统。该系统是将全部原水通过不足量酸再生氢离子交换器，除去水中的二氧化碳，再进入钠离子交换器。该系统的特点是操作、控制简单，再生废液不呈酸性，可不处理排放，软化水的残余碱度可降至 0.35～0.50mmol/L。因采用不足量酸再生，故氢离子交换器应用固定床顺流再生。氢离子交换器出水中含有二氧化碳，呈酸性，故出水应经除二氧化碳器，氢离子交换器及出水、排水管道应防腐。

9.2.16 本条是原规范第 7.2.18 条的条文。

本条文明确了选用或设计除二氧化碳器时需考虑的因素。

9.2.17 本条是原规范第 7.2.20 条的修订条文。

对于原水的含盐量很高，采用化学软化（包括软化降碱度）水处理工艺不能满足锅炉水质标准和汽水质量标准的要求时，除可采用原条文的离子交换化学除盐水处理系统外，还可采用电渗析和反渗透等方法除盐。

9.2.18 本条是原规范第 7.2.21 条的修订条文。

根据现行国家标准《工业锅炉水质》GB 1576 的规定，对全焊接结构的锅炉，锅水的相对碱度可不控制，本条文也作了相应的修订；对锅筒与锅炉管束以胀管连接的锅炉，化学水处理系统应能维持蒸汽锅炉锅水相对碱度小于 20%，以防止锅炉的苛性脆化。

9.2.19 本条是原规范第 7.2.22 条的修订条文。

大气式喷雾热力除氧器具有负荷适应性强、进水温度允许低、体积小、金属耗量少、除氧效果好等优点。因此锅炉房设计中，锅炉给水除氧设备大多采用大气式喷雾热力除氧器。现有的大气式喷雾热力除氧器产品中均带有沸腾蒸汽管，供启动和辅助加热，可保证除氧水箱的水温达到除氧温度。

9.2.20 本条是原规范第 7.2.23 条的修订条文。

真空除氧系统是利用蒸汽喷射器、水喷射器或真空泵抽真空，使系统达到除氧的效果。真空除氧系统的特点是除氧温度低，除氧水温一般不高于 60℃。此外，近年来又研制成功新一代解析除氧器和化学除氧装置（包括加药除氧和钢屑除氧），均属低温除氧系统。在锅炉给水需要除氧且给水温度不高于 60℃ 时，可采用这些低温除氧系统。

9.2.21 本条是原规范第 7.2.24 条的修订条文。

根据现行国家标准《工业锅炉水质》GB 1576 的规定，单台锅炉额定热功率大于等于 4.2MW 的承压热水锅炉给水应除氧，额定热功率小于 4.2MW 的承压热水锅炉和常压热水锅炉给水应尽量除氧。

热水系统如果没有蒸汽来源，采用热力除氧是不可行的，应采用本规范第 9.2.20 条的低温除氧系统，可达到除氧要求。当采用亚硫酸钠加药除氧时，应监测锅水中亚硫酸根的含量在规定的 10～30mg/L 范围内。

9.2.22 本条是原规范第7.2.26条的修订条文。

磷酸盐溶解器和溶液箱是磷酸溶液的制备设备，溶解器应设有搅拌和过滤设施。磷酸盐可采用干法贮存。配制磷酸盐溶液应用软化水或除盐水。

9.2.23 本条是原规范第7.2.27条的修订条文。

本条文规定了磷酸盐加药设备的选用和备用配置的原则，为便于运行人员的操作和管理，加药设备宜布置在锅炉间运转层。

9.2.24 本条是原规范第7.2.28条的修订条文。

本条文对凝结水箱、软化或除盐水箱及中间水箱等各类水箱的总有效容量和设置要求作了规定，可保证各类水箱均能安全运行。中间水箱一般贮存氢离子交换器或阳离子交换器的出水，该水呈酸性，有腐蚀性，故中间水箱的内壁应有防腐措施。

9.2.25 本条是原规范第7.2.29条的条文。

凝结水泵、软化或除盐水泵、中间水泵均为系统中间环节的加压水泵，其流量和扬程均应满足系统的要求。水泵容量和台数的配置和备用泵的设置均应保证系统的安全运行。除中间水泵输送的水是阳离子水外，其余水泵输送的水均呈酸性，有腐蚀性，故应选用耐腐蚀泵。

9.2.26 本条是原规范第7.2.30条的修订条文。

食盐是钠离子交换的再生剂，其贮存方式有干法和湿法两种。湿法贮存通常采用混凝土盐池，分为浓盐池和稀盐池。浓盐池是用来贮存食盐和配制饱和溶液的，其有效容积可按汽车运输条件考虑，一般为5～15d食盐消耗量，因食盐中含有泥沙，故盐池下部应设置慢滤层或另设过滤器。稀盐液池的有效容积至少要满足最大1台离子交换器再生1次用的盐液量。由于食盐对混凝土有腐蚀性，故混凝土盐液池内壁应有防腐措施。

9.2.27 本条是原规范第7.2.31条的修订条文。

除盐或氢离子交换化学水处理系统，均应设有酸、碱再生系统。本条对酸、碱再生系统设计的8款规定，前面5款为原规范条文，均为设计中对设备和管道及附件的一般要求；后面3款为新增加的，是考虑职业安全卫生需要。

9.2.28 本条是原规范第7.2.32条的修订条文。

氨对铜和铜合金材料有腐蚀性，故制备氨溶液的设备管道及附件不应使用铜质材料制品。

9.2.29 本条是原规范第7.2.33条的修订条文。

汽水系统应装设必要的取样点，取样系统的取样冷却器宜相对集中布置，以便于运行人员操作。为保证汽水样品的代表性，取样管路不宜过长，以免产生样品品质的变化，取样管路及设备应采用耐腐蚀的材质。汽水样品温度宜小于30℃，可保证样品的质量和取样的安全。

9.2.30 本条是原规范第7.2.34条的条文。

本条是水处理设备的布置原则。水处理设备按工艺流程顺序将离子交换器、水泵、贮槽等设备分区集中布置，除安装、操作和维修管理方便及噪声小以外，还具有管线短、减少投资和整齐美观的优点。

9.2.31 本条是原规范第7.2.35条的条文。

本条是水处理设备布置的具体要求。所规定的主操作通道和辅助设备间的最小净距，可满足操作、化验取样、检修管道阀门及更换补充树脂等工作的要求。

10 供热热水制备

10.1 热水锅炉及附属设施

10.1.1 本条是原规范第4.1.1条的条文。

热水锅炉运行时，当锅炉出力与外部热负荷不相适应，或因锅炉本身的热力或水力的不均匀性，都将使锅炉的出水温度或局部受热面中的水温超出设计的出水温度。运行实践证明，温度裕度低于20℃，锅炉就有汽化的危险，为防止汽化的发生，本条规定热水锅炉的温度裕度不应小于20℃。

利用自生蒸汽定压的热水锅炉（如锅筒内蒸汽定压）、汽水两用锅炉，因其炉水的温度始终是和蒸汽压力下的饱和温度相对应的，故不能满足20℃温度裕度的要求，因此本条不适用于锅炉自生蒸汽定压的热水锅炉。

10.1.2 本条是原规范第4.1.2条的条文。

当突然停电时，循环水泵停运，锅炉内的热水循环停止，此时锅内压力下降，锅水沸点降低，而锅水温度因炉膛余热加热而连续上升，将导致锅水产生汽化。对锅炉水容量大的，因突然停电造成锅水汽化，一般不会造成事故，但如处理不当，也会造成暖气片爆裂等情况。对于水容量小的锅炉，突然停电所造成的锅炉汽化情况比较严重。汽化时锅内会发生汽水撞击，锅炉进出水管和炉体剧烈震动，甚至把仪表震坏。

减轻和防止热水锅炉汽化的措施，国内多采用向锅内加自来水，并在锅炉出水管上的放汽管缓慢放汽，使锅水一面流动，一面降温，直至消除炉膛余热为止；此外，有的工厂安装了由内燃机带动的备用循环水泵，当突然停电时，使锅水连续循环；有的工厂设置备用电源或自备发电机组。这些措施各地都有实际运行经验，在设计时可根据具体情况，予以采用。

10.1.3 本条是原规范第4.1.3条的修订条文。

热水系统因停泵水击而被破坏的现象是存在的，循环水量在180t/h以下的低温热水系统基本上不会造成破坏事故；循环水量在500～800t/h的低温热水系统会造成破坏事故；高温热水系统中，即使循环水量不太大的，其停泵水击更具有破坏性。

停泵产生水击，属热水系统的安全问题，应认真对待。现在常用的防止水击破坏的有效措施如下：

1 在循环水泵进、出口母管之间装设带止回阀的旁通管做法。实践证明，当这些旁通管的截面积达到母管截面积的 1/2 时，可有效防止循环水泵突然停运时产生水击现象。

2 在循环水泵进口母管上装设除污器和安全阀。本条将原规范第 11.0.11 条关于热水循环水泵进口侧的回水母管上应装设除污器的规定合并在本条内。为防止安全阀启闭时，热水系统中的污物堵在安全阀的阀芯和阀座之间，造成安全阀关闭不严而大量泄漏，因此规定安全阀宜安装在除污器的出水一侧。

3 当采用气体加压膨胀水箱作恒压装置时，其连通管宜接在循环水泵进口母管上。

4 在循环水泵进口母管上，装设高于系统静压的泄压放气管。

以上措施中前两种一般为应考虑的设施，后两种可根据个别条件选定。

10.1.4 本条是原规范第 4.1.4 条的修订条文。

1 国内集中质调的供热系统，大多处于小温差、大流量的工况下运行，在经济效益上是不合理的。流量过大的原因很多，但主要是由于设计上造成的。如采暖通风负荷计算偏大，循环水泵的流量是按采暖室外计算温度下用户的耗热量总和确定的，而整个采暖期内，室外气温达到采暖室外计算温度的时间很短，致使在大部分时间内水泵流量偏大。

2 供热系统的水力计算缺乏切合实际的资料，往往计算出的系统阻力偏高，设计时难以选到按计算的扬程流量完全一致的循环水泵，一般都选用大一号的。考虑到上述因素，因此对循环水泵的流量扬程不必另加富裕量。

3 对循环水泵的台数规定了不少于 2 台，且规定了当 1 台停止运行时，其余循环水泵的总流量应满足最大循环水量。对备用泵未作出明确规定。

4 为使循环水泵的运行效率较高，各并联运行的循环水泵的特性曲线要平缓，而且宜相同或近似。

5 本款是新增的条款。考虑到在某些情况下（例如高层建筑的高温热水系统），由于系统的定压压力会高出循环水泵扬程几倍，因此在选择循环水泵时，必须考虑其承压、耐温性能要与相应的热网系统参数相适应。

10.1.5 本条是原规范第 4.1.5 条的条文。

采用分阶段改变流量的质调节的运行方式，可大量节约循环水泵的耗电量。把整个采暖期按室外温度的高低分为若干阶段，当室外温度较高时开启小流量的泵；室外温度较低时开启大流量的泵。在每一阶段内维持一定流量不变，并采用热网供水温度的质调节，以满足供热需要。实际上这种运行方式很多单位都使用过，运行效果较好。

在中小型供热系统中，一般采用两种不同规格的循环水泵，如水泵的流量和扬程选择合适，能使循环水泵的运行电耗减少 40%。

对大型供热系统，流量变化可分成 3 个或更多的阶段，不同阶段采用不同流量的泵，这样可使循环水泵的运行耗电量减少 50% 以上。

这种分阶段改变流量的质调节方式，网络的水力工况产生了等比失调，可采用平衡阀及时调整水力工况，不致影响用户要求。

为了分阶段运行的可靠性和调节方便，循环水泵的台数不宜少于 3 台。

10.1.6 本条是新增的条文。

随着程序控制的调速水泵的技术日益成熟，采用调速水泵实现连续改变流量的调节可最大限度地节约循环水泵的耗电量，但对热网水力平衡的自控水平要求很高，目前量调在我国基本还是作为辅助调节手段。

10.1.7 本条是原规范第 4.1.6 条的条文。

1 本条文对热水热力网中补给水泵的流量、扬程和备用补给水泵的设置作了规定。结合我国的实际情况，补给水泵的流量按热水网正常补水量的 4~5 倍选择是够用的。

2 补给水泵的扬程应有补水点压力加 30~50kPa 的富裕量，以保证安全。

3 这是为补给水的安全供应考虑的。

4 补给水泵采用调速的方式，可以节能，也利于调节，保证系统的安全和稳定运行。因其功率一般不大，采用变频调速较好。

10.1.8 本条是原规范第 4.1.7 条的修订条文。

热水系统的小时泄漏量，与系统规模、供水温度和运行管理有密切关系。据对调查结果的分析，造成补水量大的原因主要是不合理的取水。规范对热水系统的小时泄漏量作出规定，对加强热网管理、减小补水量有促进作用。降低补给水量不但有节约意义，而且对热水锅炉及其系统的防腐有重要作用。

将系统的小时泄漏量定为小于系统循环水量的 1%，实践证明也是可以达到的。

10.1.9 本条是原规范第 4.1.8 条的条文。

供水温度高于 100℃ 的热水系统，要求恒压装置满足系统停运时不汽化的要求是必要的。其好处是：

1 避免用户最高点汽化冷凝后吸进空气，加剧管道腐蚀。

2 减少再次启动时的放气工作量。

3 避免汽化后因误操作造成暖气片爆破事故。

但是，要求系统在停运时不汽化将产生以下问题：

1 运行时系统各点压力相对较高，容易发生超压事故。

2 铸铁暖气片的使用范围受到限制。

3 采用补给水泵作恒压装置时，如遇突然停电，且没有其他补救措施时，往往无法保证系统停运时不汽化。

因此，硬性规定供水温度高于100℃的热水系统，都要确保停运时不汽化，只能采取其他在停电时能保持热水系统压力的措施，故采用了"宜"的说法。

采用氮气或蒸汽加压膨胀水箱作恒压装置不受停电的影响，在一般情况下均能满足系统停运时不汽化的要求。当此类恒压装置安装在循环水泵出口端时，设计是以系统运行时不汽化为出发点，系统停运时肯定不会汽化，故必须保证运行时不汽化。当此类恒压装置安装在循环水泵进口端时，设计是以系统停运不汽化为出发点，则系统运行时肯定不会汽化，但对于"降压运行"的热水系统，仍需要求运行时不汽化。

10.1.10 本条是原规范第4.1.10条的条文。

供热系统的定压点和补水点均设在循环水泵的吸水侧，即进口母管上，在实际运行中采用最普遍。其优点是：压力波动较小，当循环水泵停止运行时，整个供热系统将处于较低的压力之下，如用电动水泵保持定压时，扬程较小，所耗电能较经济，如用气体压力箱定压时，则水箱所承受的压力较低。总之定压点设在循环水泵的进口母管上时，补水点亦宜设在循环水泵的同一进口母管上。

10.1.11 本条是原规范第4.1.11条的修订条文。

1 采用补给水泵作恒压装置时，一遇突然停电，就不能向系统补水。而在目前条件下突然停电很难避免，为此本条规定："除突然停电的情况外，应符合本规范第10.1.9条的要求"。

2 为了在有条件时弥补因停电造成的缺陷，当给水（自来水）压力高于系统静压线时，停运时宜用给水（自来水）保持静压，以避免系统汽化。

3 补给水泵用间歇补水时，热水系统在运行中的动压线是变化的，其变化范围在补水点最高压力和最低压力之间。间歇补水时，在补给水泵停止补水期间，热水系统出现过汽化现象，这是因为补水点最低压力（补给水泵启动时的补水点压力）定得太低或是电触点压力表灵敏度较差等原因造成的。为避免发生这种情况，本条规定在补给水泵停止运行期间系统的压力下降，不应导致系统汽化，即要求设计确定的补给水泵启动时的补水点压力，必须保证系统不发生汽化。

4 用补给水泵作恒压装置的热水系统，不具备吸收水容积膨胀的能力。因此，必须在系统中装设泄压装置，以防止水容积膨胀引起超压事故。

10.1.12 本条是原规范第4.1.12条的条文。

1 供水温度低于100℃的热水系统，国内多数采用高位膨胀水箱作恒压装置。这种恒压装置简单、可靠、稳定、省电，对低温热水系统比较适合。条件许可时，高温热水系统也可以采用这种装置。

高位膨胀水箱与系统连接的位置是可以选择的，可以在循环水泵的进、出口母管上，也可以在锅炉出口。目前国内基本上是连接在循环水泵进口母管上，这样可以使水箱的安装高度低一些，在经济上是合理的。因此，本条规定，高位膨胀水箱与系统连接的位置，宜设在循环水泵进口母管上。

2 为防止热水系统停运时产生倒空，致使系统吸空气，加剧管道腐蚀，增加再次启动时的放气工作量，有必要规定高位膨胀水箱的最低水位，必须高于用户系统的最高点。目前国内高位膨胀水箱的安装高度，对供水温度低于100℃的热水系统，一般高于用户系统最高点1m以上。对供水温度高于100℃的热水系统，不仅必须要求水箱的安装高度高于用户系统最高点，而且还需要满足系统停运时最好能不汽化的要求。

3 为防止设置在露天的高位膨胀水箱被冻裂，故规定应有防冻措施。

4 为避免因误操作造成系统超压事故，规定高位膨胀水箱与热水系统的连接管上不应装设阀门。

10.1.13 本条是新增的条文。

隔膜式气压水罐是利用隔膜密闭技术，依靠罐内气体的压缩和膨胀，在补给水泵停运时，仍保持系统压力在允许的波动范围内，使系统不汽化，实现补给水泵间断运行。隔膜式气压水罐可落地布置。受该装置的罐体容积和热水系统补水量的限制，隔膜式气压水罐适用于系统总水容量小于500m³的小型热水系统。

选择隔膜式气压水罐作为热水系统定压补水装置时，仍应符合本规范第10.1.7条1、2款的要求。为防止占地过大，总台数不宜超过2台。

10.2 热水制备设施

10.2.1 本条是原规范第4.2.1条的条文。

换热器事故率较低，一般供应采暖及生活用热，有一定的检修时间，为了减少投资，可以不设置备用。根据使用情况，为保证供热的可靠性，可采取几台换热器并联的办法，当其中1台停止运行时，其余换热器的换热量能满足75%总计算热负荷的需要。

10.2.2 本条是原规范第4.2.2条的条文。

管式换热器检修时需抽出管束，另外与换热器本体连接的管道阀门也较多，以及设备较笨重等原因，所以换热器间应有一定的检修场地、建筑高度以及具备吊装条件等，以保证维修的需要。

10.2.3 本条是原规范第4.2.3条的条文。

以蒸汽为加热介质的汽水换热系统中，推荐使用"过冷式"汽水换热器，可不串联水水换热器，系统简化。若汽水换热器排出的凝结水温超过80℃，为减少热损失，宜在汽水换热器之后，串联一级水水换热器，以便把上一级的凝结水温度降低下来之后予以回收。水水换热器后的排水管应有一定的上反管段，以保证热交换介质充满整个容器，充分发挥设备的能力。

10.2.4 本条是原规范第4.2.5条的条文。

采用蒸汽喷射加热器和汽水混合加热器的热水系统，可以满足加热介质为蒸汽且热负荷较小的用户。

蒸汽喷射加热器代替了热水采暖系统中热交换器的循环水泵，它本身既能推动热水在采暖系统中的循环流动，同时又能将水加热。但采用蒸汽喷射器加热，必须具备一定的条件，供汽压力不能波动太大，应有一定的范围，否则就会使喷射器不能正常工作。

汽水混合加热器，具有体积小、制造简单、安装方便、调节灵敏和加热温差大等优点，但在系统中需设循环水泵。

以上两种加热设备都是用蒸汽与水直接混合加热的，正常运行时加入系统多少蒸汽量，应从系统中排出多少冷凝水量，这些水具有一定的热量且经过水质处理，故规定应予以回收。

淋水式加热器已基本不使用，因此不再推荐。

10.2.5 本条是原规范第4.2.6条的修订条文。

1 蒸汽压力保持稳定是蒸汽喷射加热器低噪声、稳定运行的主要保障条件。

2 蒸汽喷射加热器的开关和调节均需有人管理，设备的集中布置既可减少人员，又有利于系统溢流水的回收利用。

3 并联运行的蒸汽喷射加热器，为便于其中单个设备的启动和停运，防止造成倒灌现象，应在每个喷射器的出、入口装设闸阀，并在出口装设止回阀。

4 采用膨胀水箱控制喷射器入口水压，具有管理方便、压力稳定等优点，故推荐使用。

10.2.6 本条是新增的条文。

近年来小型全自动组合式换热机组是已实现工厂化生产的定型产品，是一种集热交换、热水循环、补给水和系统定压于一体的换热装置，可以根据用户热水系统的要求进行多种组合，适用于小型换热站选用，可缩短设计和施工周期，节约投资。但在选用小型全自动组合式换热机组时，应结合用户热力网的具体情况，对换热机组的换热量、热力网系统的水力工况、循环水泵和补给水泵的特性进行校核计算。

11 监测和控制

11.1 监　测

11.1.1 本条是原规范第9.1.1条的条文。

根据原规范条文结合目前国内锅炉房监测的现状，并按现行《蒸汽锅炉安全技术监察规程》的有关规定，为保证蒸汽锅炉机组的安全运行，必须装设监测下列主要参数的指示仪表：

1 锅筒蒸汽压力。
2 锅筒水位。
3 锅筒进口给水压力。
4 过热器出口的蒸汽压力和温度。
5 省煤器进、出口的水温和水压。

对于大于等于20t/h的蒸汽锅炉，除了应装设上列保证安全运行参数的指示仪表外，尚应装设记录其锅筒蒸汽压力、水位和过热器出口蒸汽压力和温度的仪表。

控制非沸腾式（铸铁）省煤器出口水温可防止汽化，确保省煤器安全运行；对沸腾式省煤器，需控制进口水温，以防止钢管外壁受含硫酸烟气的低温腐蚀。

此外，通过对省煤器进、出口水压的监测，可以及时发现省煤器的堵塞，及时清理，以利于省煤器的安全运行。

11.1.2 本条是原规范第9.1.2条的修订条文。

本条是在原条文的基础上，为了保证蒸汽锅炉能经济地运行，使对有关参数检测所需装设的仪表更直观清晰，将原条文按单台锅炉额定蒸发量和监测仪表的功能，予以分档表格化。

实现蒸汽锅炉经济运行对提高锅炉热效率，节约能源，有着重要的意义。近年来锅炉房仪表装设水平已有较大的提高，这给锅炉的经济运行和经济核算提供了可能和方便。

对于单台锅炉额定蒸发量大于4t/h而小于20t/h的火管锅炉或水火管组合锅炉，当不便装设烟风系统参数测点时，可不监测。

本次修订增加了给水调节阀开度指示和鼓、引风机进口挡板开度指示，以及给煤（粉）机转速和调速风机转速指示，使锅炉运行人员及时了解设备的运行状态并根据机组的负荷进行随机调节，保证锅炉机组处于最佳运行状态。

11.1.3 本条是原规范第9.1.3条的修订条文。

根据原规范条文，结合目前国内锅炉房监测的现状，为保证热水锅炉机组的安全、经济运行，必须装设监测锅炉进、出口水温和水压、循环水流量以及风、烟系统的各段的压力和温度参数等的指示仪表。对于单台额定热功率大于等于14MW的热水锅炉，尚应增加锅炉出口水温和循环水流量的记录仪表。

热水锅炉的燃料量和风、烟系统的压力和温度仪表，可按本规范表11.1.2中容量相应的蒸汽锅炉的监测项目设置。

11.1.4 本条是原规范第9.1.4条的修订条文。

本条规定了对不同类型锅炉所装仪表除应遵守本规范第11.1.1条、第11.1.2条和第11.1.3条的规定外，还必须装设监测有关参数的指示仪表。

1 循环流化床锅炉的正常运行，主要是通过对其炉床密相区和稀相区温度及料层差压的控制和调整，以保证燃烧的稳定；通过炉床温度、分离器烟温和返料器温度的控制和调整，防止发生结渣和结焦；通过一次风量、二次风量、石灰石给料量及炉床温度的控制和调整，实现低氮氧化物和二氧化硫的排放，有利于环境保护。

2 煤粉锅炉为防止制粉系统自燃和爆炸，对制粉设备出口处煤粉和空气混合物的温度应予以控制，控制温度的高低主要与煤种有关。因此为了煤粉锅炉安全运行，必须对此参数进行监测。

3 对燃油锅炉，除了供油系统需监测一些必需的温度压力参数外，为了防止炉膛熄火，保证安全运行，雾化好，燃烧完全，还必须监测燃烧器前的油温和油压，带中间回油燃烧器的回油油压、蒸汽或空气进雾化器前的压力，以及锅炉后或锅炉尾部受热面后的烟气温度。对锅炉或锅炉尾部受热面后的烟气温度的监测，也是为防止含硫烟气对设备的低温腐蚀和发生烟气再燃烧。

4 燃气锅炉运行中，燃烧器前的燃气压力如果过低，可能发生回火，导致燃气管道爆炸；燃气压力如果过高，可能发生脱火或炉膛熄火，导致炉膛爆炸。

11.1.5 本条是原规范第 9.1.5 条的修订条文。

为方便执行，本次修订以表格化形式将原条文按锅炉房辅助部分分为泵、除氧（包括热力、真空、解析）、水处理（包括离子交换、反渗透）、减压减温、热交换、蓄热器、凝结水回收、制粉系统、石灰石制备、其他（包括箱罐容器、排污膨胀器、加压膨胀箱、燃油加热器等）分别订出具体的监测项目，所监测项目详细分类（指示、积算和记录）。与原规范相比，增加了解析除氧、反渗透水处理、循环流化床锅炉的石灰石制备等部分的监测项目。

11.1.6 本条是原规范第 9.1.6 条的条文。

实行经济核算是企业管理的一项重要内容，本条所列锅炉房应装设的蒸汽流量、燃料消耗量、原水消耗量、电耗量等计量仪表有利于加强锅炉房经济考核、杜绝浪费，节约成本，提高经济效益。

11.1.7 本条是原规范第 9.1.7 条的修订条文。

为了保证锅炉房的安全运行，必须装设必要的报警信号。本次修订增加了循环流化床锅炉的内容，并将竖井磨煤机竖井出口和风扇磨煤机分离出口改为煤粉锅炉制粉设备出口气、粉混合物温度的报警信号。

为了方便执行，本次修改也将锅炉房必须装设的报警信号表格化，分项列出，报警信号分为设备故障停用和参数过高或过低，比较直观清晰。

1 锅筒水位在锅炉安全运行中至关重要，1~75t/h 蒸汽锅炉均应设置高低水位报警信号。

2 锅筒均设有安全阀作超压保护，增加压力过高报警信号，以便进一步提高安全性。

3 省煤器出口水温信号起到及时提醒运行人员调节省煤器旁路分流水量，以保护省煤器安全，尤其是对非沸腾式省煤器更为重要。

4 热水锅炉出口水温过高会导致锅炉汽化和热水系统汽化，酿成事故，应装设超温报警信号。

5 过热器出口装设温度信号，可及时提醒运行人员进行调整。

6、7 给水泵和炉排停运均应提醒运行人员及时处置故障。

8 给煤（粉）系统的故障停运，会造成燃烧中断，甚至熄火，影响锅炉的安全运行，应设报警信号，提醒运行人员采取相应措施。

9 运行中的循环流化床锅炉，燃油、燃气和煤粉锅炉，当风机的电机事故跳闸或故障停运时，可能导致锅炉事故。装设风机停运信号，可及时提醒运行人员尽早采取安全措施。

10 燃油、燃气锅炉和煤粉锅炉在运行中熄火，可能导致炉膛爆炸，"熄火爆燃"是油、气、煤粉锅炉常见的事故之一。所以该类锅炉熄火时，应立即切断燃料供应。为此需要及时地发现熄火，应该装设火焰监测装置。

11、12 在贮油罐和中间油罐上装设油位、油温信号，可及时提醒运行人员采取措施，尤其当贮油罐和中间油箱油温过高或油位过高可导致油罐（箱）冒顶。

13 燃气锅炉进气压力波动是造成燃烧器回火、炉膛熄火的常见原因，运行中的回火和熄火可能导致燃烧器或炉膛爆炸。在锅炉的燃气进气干管上装设压力信号装置，可以在燃气压力高于或低于允许值时发出警报，以便操作人员及早采取措施，防止炉膛熄火。

14 为防止制粉系统自燃和爆炸，对制粉设备出口处煤粉和空气混合物的温度应予以控制。装设温度过高信号，可以使操作人员及时发现，及时处理，避免煤粉爆炸。

15 煤粉锅炉炉膛负压是反映锅炉燃烧系统通风平衡状况，保持正常运行的重要数据。

16 循环流化床锅炉要保持稳定的运行，关键是控制炉床温度的稳定，炉床温度的过高或过低，会造成结焦或堵塞。装设温度过高和过低信号，可以使操作人员采取措施，维护锅炉的稳定燃烧。

17 控制循环流化床锅炉返料器处温度不应过高，这是为了防止锅炉返料口发生结焦，如在此处结焦现象未能得到及时处理，则将会造成返料器的堵塞，最终导致循环流化床锅炉停止运行。

18 循环流化床锅炉返料器如堵塞，则锅炉将要停运。

19 当热水系统的循环水泵因故障停运时，如不及时处理会加重热水锅炉的汽化程度。特别是水容量较小的热水锅炉，更可能造成事故。因此，有必要在循环水泵停运时给司炉发出信号，以便及时处理。

20 热水系统中热交换器出水温度过高，将可能引起热水供水管在运行中产生汽化，造成管网水冲击，必须注意及时调整加热程度，以降低出水温度。

21 当热水系统的高位膨胀水箱水位大幅度降低时，必须及时补水，否则会危及系统运行的安全。当水位过高时，大量的溢流会造成水量和热量的损失。装设水位信号器不仅可以给出水位警报，而且可以通过电气控制回路控制补给水泵自动补水。

22 加压膨胀水箱工作压力过低或由于水位大幅度降低而引起系统压力下降，均可能导致系统汽化，从而危及系统运行的安全。相反，加压膨胀水箱工作压力过高，会使热水系统超压，危及系统安全。水箱水位过高时，将减少或失去吸收系统膨胀的能力。装设压力报警信号，可以保证系统的安全性。装设水位信号器不仅可以给出水位警报，而且可以通过电气控制回路控制补给水泵自动补水。

23 除氧水箱往往没有专门操作人员，一旦水箱缺水，将危及锅炉安全和影响锅炉房正常供汽；当水箱水位过高又会造成大量溢流，损失软化水和热量。因此，必须装设水位报警信号，以便及时进行处理。

24 自动保护装置动作意味着在设备运行的程序中出现了不适当的动作（例如误操作或有关设备跳闸和故障），或在运行中出现了危及设备及人身安全的条件。此时应给出信号，以表明可能导致事故的原因，并表明设备已经得到安全保护，使运行人员心中有数。

25 燃气调压间、燃气锅炉间和油泵间，由于油气和燃气可能泄漏，与空气混合达到爆炸浓度，遇明火会爆炸，这些房间均是可能发生火灾的场所，因此应装设可燃气体浓度报警装置，以防止火灾的发生。

11.2 控 制

11.2.1 本条是原规范第9.2.1条的条文。

设置给水自动调节装置，是保护蒸汽锅炉机组安全运行、减轻操作人员劳动强度的重要措施之一。4t/h及以下的小容量锅炉可设较为简便的位式给水自动调节装置；大于等于6t/h的锅炉应设调节性能好的连续给水自动调节装置，其信号可视锅炉容量大小采用双冲量或三冲量。

11.2.2 本条是原规范第9.2.2条的条文。

蒸汽锅炉运行压力和锅筒水位是涉及锅炉安全的两个重要参数，设置极限低水位保护和蒸汽超压保护能起到自动停炉的保护作用。水位和压力两个参数中以水位参数更为重要，故对于极限低水位保护不再划分锅炉容量界限。而对于蒸汽超压保护则以单台锅炉额定蒸发量大于等于6t/h的蒸汽锅炉为界限。

11.2.3 本条是原规范第9.2.3条的条文。

热水锅炉在运行中，当出现水温升高、压力降低或循环水泵突然停止运行等情况时，会出现锅水汽化现象。而这种汽化现象将危及锅炉安全，可能造成事故。因此，应设置自动切断燃料供应和自动切断鼓、引风机的保护装置，以防止热水锅炉发生汽化。

11.2.4 本条是原规范第9.2.4条的条文。

热水系统装设自动补水装置可以防止出现倒空和汽化现象，保证安全运行。

加压膨胀水箱的压力偏高，会造成系统超压，压力偏低会引起系统汽化。而水位偏低也会引起系统汽化，水位偏高则失去吸收膨胀的能力，均将危及系统安全运行。因此应装设加压膨胀水箱的压力、水位自动调节装置，保护系统安全运行。

11.2.5 本条是原规范第9.2.5条的修订条文。

热交换站装设加热介质流量自动调节装置，可保证供热介质的参数适应供热系统热负荷的变化，节约能源。调节装置可为电动、气动调节阀或自力式温度调节阀。

11.2.6 本条是原规范第9.2.6条的修订条文。

燃油、燃气锅炉实现燃烧过程自动调节，对于提高锅炉机组热效率、节约燃料和减轻劳动强度有很重要的意义。燃油、燃气锅炉较容易实现燃烧过程自动调节。

近年来随着微机控制在锅炉机组方面的应用日益广泛，更为其他燃烧方式的锅炉实现燃烧过程自动调节开辟了方便的途径。所以将原条文修改为"单台额定蒸发量大于等于10t/h的蒸汽锅炉或单台额定热功率大于等于7MW的热水锅炉，宜装设燃烧过程自动调节装置"。不但锅炉容量限值降低，而且由蒸汽锅炉扩大到相应容量的热水锅炉。

11.2.7 本条是新增的条文。

循环流化床锅炉的安全、经济运行，取决于对炉床温度的控制，只有将炉床温度控制在一个合理的范围内，才能稳定燃烧，避免结焦或熄火，也有利于炉内烟气脱硫和烟气的低氮氧化物的排放。作为另一个反映料层厚度的重要运行参数"料层压差"，可视锅炉采用排渣方式的不同，采用连续调节或间隙调节。

11.2.8 本条是原规范第9.2.7条的修订条文。

计算机控制技术应用日益广泛且价格越来越低，不仅能解决以往的单回路智能调节，也适用于整套锅炉的综合协调控制。特别是随着锅炉容量的增大和数量的增加，采用基于现场总线的集散控制系统，解决多台锅炉的协调、经济运行，是以往的运行模式所无法比拟的。

11.2.9 本条是原规范第9.2.8条的条文。

热力除氧器产品一般都配有水位自动调节阀（浮球自力式），基本上能满足运行要求。但由于浮球波动和破损，容易失误。装设蒸汽压力自动调节器对控制除氧器的工作压力,特别是在负荷波动的情况下,藉以使残余含氧量达到水质标准是很需要的。对大容量、要求高的除氧器亦可采用电动(气动)水位自动调节器。

11.2.10 本条是原规范第9.2.9条的条文。

鉴于真空除氧设备不用蒸汽加热的特点和低位布置真空除氧设备的优点,小型的真空除氧设备的应用日渐增多。除氧水箱水位关系到锅炉安全运行,除氧器进水温度关系到除氧效果,因此,应装设水位和进水温度自动调节装置。

11.2.11 本条是新增的条文。

由于解析除氧设备不需蒸汽加热和可低位布置等优点,小型的解析除氧设备的应用也日渐增多。解析除氧设备的喷射器进水压力和进水温度的控制,直接关系到除氧效果,因此,应装设喷射器进水压力和进水温度的自动调节装置。

11.2.12 本条是原规范第9.2.10条的条文。

熄火保护对用煤粉、油或气体作燃料的锅炉十分重要。实践证明,凡是装了熄火保护装置的锅炉未曾发生过熄火爆炸,凡是未设熄火保护装置的则炉膛爆炸事故较为频繁,损失严重。

熄火保护装置是由火焰监测装置和电磁阀等元件组成的,它的功能是:能够在锅炉运行的全部时间内不断地监视火焰的情况;当火焰熄灭或不稳定时,能够及时给出警报信号并自动快速切断燃料,有效地防止熄火爆炸。因此,对用煤粉、油、气体作燃料的锅炉装设熄火保护装置是必要的。

一个设计合理的点火程序控制系统,最低限度应具备如下的功能:

1 只有当风机完成清炉任务后,炉膛中方能建立点火火焰。

2 只有当点火火焰建立起来(经火焰监测装置证实)并经过预定的时间后,喷燃器的燃料控制阀门才能打开。

3 点火火焰保持预定的时间后应能自动熄灭。

4 当喷燃器未能在预定的时间内被点燃时,喷燃器的燃料控制阀门能够在点火火焰熄灭的同时自动快速关闭。

具备上述功能的点火程序控制系统,基本上可以保证点火的安全。因此,条文规定应装设点火程序控制和熄火保护装置。

点火程序控制系统由熄火保护装置、电气点火装置和程序控制器等元件组成。

11.2.13 本条是原规范第9.2.11条的条文。

层燃锅炉的引风机、鼓风机和抛煤机、炉排减速箱等设备之间应设电气联锁装置,以免操作失误。

层燃锅炉在启动时,应依次开启引风机、鼓风机、炉排减速箱和抛煤机;停炉时应依次关闭抛煤机、炉排减速箱、鼓风机和引风机。

11.2.14 本条是原规范第9.2.12条的修订条文。

1、2 严格地按照预定的程序控制风机的启停和燃料阀门的开关,是保证油、气、煤粉锅炉运行安全的关键。由于未引风机(或鼓风机)而进行点火造成的爆炸事例很多。考虑到操作人员的疏忽、记忆差错等因素很难完全排除,锅炉运行中风机故障停运也很难完全避免,当锅炉装有控制燃料的自动快速切断阀时,设计应使鼓风机、引风机的电动机和控制燃料的自动快速切断阀之间有可靠的电气联锁。

3 当燃油压力低于规定值时,会影响雾化效果,甚至造成炉膛熄火;燃气压力低于规定值时,会引起回火事故,所以应装设当燃油、燃气压力低于规定值时自动切断燃油、燃气供应的联锁装置。

4 本条增加了当燃油、燃气压力高于规定值时自动切断燃油、燃气供应的联锁装置,燃油、燃气压力高于规定值时也同样影响燃烧工况和影响安全运行。本款是增加的条文,是防止引起爆炸事故的安全措施。

11.2.15 本条是原规范第9.2.13条的条文。

制粉系统中给煤机、磨煤机、一次风机和排粉机等设备之间,需设置启、停机及事故停机时的顺序联锁,以防止煤在设备内堆积堵塞。

11.2.16 本条是原规范第9.2.15条的条文。

连续机械化运煤系统、除灰渣系统中,各运煤、除灰渣设备之间均应设置设备启、停机的顺序联锁,以防止煤或渣在设备上堆积堵塞;并且设置停机延时联锁,以便在正常情况下,达到再启动时为空载启动,事故停机例外。

11.2.17 本条是原规范第9.2.16条的条文。

运煤和煤的制备设备(包括煤粉制备和煤的破碎、筛分设备)与局部排风和除尘装置设置联锁,启动时先开排风和除尘系统的风机,后启动煤和煤的制备机械,停止时顺序相反,以达到除尘效果,保护操作环境。

11.2.18 本条是原规范第9.2.17条的条文。

过热蒸汽温度为蒸汽锅炉运行时的重要参数之一,带喷水减温的过热器宜装设过热蒸汽温度自动调节装置,通过调节喷水量控制过热蒸汽温度。

11.2.19 本条是原规范第9.2.18条的条文。

经减温减压装置供汽的压力和温度参数随外界负荷而变化,需随时根据外界负荷进行调节。宜设置蒸汽压力和温度自动调节装置,以保证供汽质量。

11.2.20 本条是原规范第9.2.19条条文。

锅炉的操作值班地点,一般在炉前,主要的监测仪表也集中在这里。司炉根据仪表的指示和燃烧的情况进行操作。当锅炉为楼层布置时,风机一般布置在底层,操作风门不方便;当锅炉单层布置而风机远离炉前时,风门操作也不方便。在上述情况下均宜设置遥控风门,并指示风门的开度。远距离控制装置可以是电动、气动或液动的执行机构。

11.2.21 本条是原规范第9.2.20条的条文。

条文所指的电动设备、阀门和烟、风门，一般配置于单台容量较大的锅炉和总容量较大的锅炉房。此时，根据本规范的规定，这类锅炉或锅炉房均已设置了较完善的供安全运行和经济运行所需要的监测仪表和控制装置，并设置了集中仪表控制室。上述诸参数以外的电动设备、阀门和烟风门可按需要采用远距离控制装置，并统一设在有关的仪表控制室内。

11.2.22 本条是新增的条文。

随着我国近年来经济和技术的发展，对锅炉房的控制水平要求也相应提高，对单台蒸汽锅炉额定蒸发量大于等于10t/h或单台热水锅炉额定热功率大于等于7MW的锅炉房宜设置微机集中控制系统，有利于提高锅炉房的经济效益，减轻人员的劳动强度，改善操作环境。而采用微机集中控制系统的投资也与采用常规仪表的投资相当。

11.2.23 本条是新增的条文。

随着锅炉房控制系统大量采用计算机控制系统，为确保控制系统的可靠性，应设置不间断（UPS）电源供电方式，利用UPS的不间断供电特性，保证计算机控制系统在外部供电发生故障时，仍能进行部分操作，并将重要信息进行存贮、传输、打印，以便及时分析处理。

12 化验和检修

12.1 化　　验

12.1.1 本条是原规范第10.1.1条的修订条文。

本条第1款是当额定蒸发量为2台4t/h或4台2t/h的蒸汽锅炉、额定热功率为2台2.8MW或4台1.4MW的热水锅炉锅炉房，均只需设置化验场地，而不设化验室。所谓化验场地是指在该处设置简易的化验设施和化验桌，以便进行简单的水质分析。但为了能保证锅炉在运行过程中，满足所需日常检测的其他项目（包括燃煤、灰渣和烟气分析等项目）的化验要求，在第2款中还规定在本单位需有协作化验及配置试剂的条件。这两点必须同时满足，才可不设化验室而仅设置化验场地。

12.1.2 本条是原规范第10.1.2条的修订条文。

条文中第1、2款均是根据现行国家标准《工业锅炉水质》GB 1576中第2条所列控制的项目。由于锅炉参数不同，水处理方法不同，所要求的化验项目也不同。

12.1.3 本条是原规范第10.1.3条和第10.1.4条的修订条文之一。

原规范两条条文都是燃料燃烧所需控制的项目，均是现行国家标准《评价企业合理用热技术导则》GB 3486中有关条文规定的分析项目。但导则中未规定锅炉的容量、参数和检测的时间间隔要求。调研资料表明，小型燃煤锅炉房化验室一般都无燃料成分分析和灰渣含碳量分析的条件，大部分由中央实验室或其他单位协作解决。故本条文规定了不同规模的锅炉房，其化验室需具备的测定相应检测项目的能力。

12.1.4 本条是原规范第10.1.3条和第10.1.4条的修订条文之一。

本条是对本规范第12.1.3条条文的补充。对锅炉房总蒸发量大于等于60t/h或总热功率大于等于42MW的锅炉房的燃料分析提出更高的要求，以使锅炉房从设计开始到投入运行都能保证经济、安全可靠。

12.1.5 本条是原规范第10.1.5条的条文。

条文中的检测项目均为国家标准《评价企业合理用热技术导则》GB 3486中1.2.2条所规定的测定项目。

12.2 检　　修

12.2.1 本条是原规范第10.2.1条和第10.2.2条合并后的修订条文。

本条文规定了锅炉房检修间的工作范围和检修间、检修场地的设置原则。我国锅炉产品系列中额定蒸发量小于等于6t/h和额定热功率小于等于4.2MW的锅炉已实现了快装化、零部件标准化，部件通用程度很高，备品备件容易更换。因此将原条文规定的设置检修场地的条件适当放宽。当锅炉房只设置检修场地时，为便于检修工具和备品的管理和存放，仍需要设置工具室。

12.2.2 本条是原规范第10.2.3条的修订条文。

锅炉房检修间配备的基本机修设备包括钳工桌、砂轮机、台钻、洗管器、手动试压泵和焊割等。大型锅炉房检修用的机床设备（包括车床、钻床、刨床和小型移动式空压机等），是采取自行配置或地区协作，宜作技术经济比较确定。

12.2.3 本条是原规范第10.2.4条的条文。

总蒸发量大于等于60t/h或总热功率大于等于42MW的锅炉房，电气设备一般较多，需要有专人负责日常的维修保养，以便设备能正常运行。故条文中规定宜设置电气保养室，负责这项工作。但如本单位有集中的电工值班室时，则可不在锅炉房内设置电气保养室。

对电气设备的检修工作，原则上宜由本单位统一安排，或由本地区协作解决，但不排除大型锅炉房自行设置电气修理间，以对锅炉房电气设备进行中、小修工作。

12.2.4 本条是原规范第10.2.5条的条文。

单台蒸汽锅炉额定蒸发量大于等于10t/h或单台热水锅炉额定热功率大于或等于7MW的锅炉房，控制和检测仪表较齐全，且精密度高，应当有专人负责日常的维护保养，故条文规定宜设置仪表保养室。但有些单位设有集中的仪表维修部门，并有巡回仪表保养人员，则可以不在锅炉房设置仪表保养室。

对仪表的检修工作，原则上通过协作解决，但不排除大型锅炉房或区域锅炉房自行设置仪表检修间，以对锅炉房仪表进行中、小修工作。

12.2.5 本条是原规范第10.2.6条的条文。

为便于锅炉房设备和管道阀件的搬运和检修，在双层布置锅炉房和单台蒸汽锅炉额定蒸发量大于等于10t/h、单台热水锅炉额定热功率大于等于7MW的单层布置锅炉房设计时，对吊装条件的考虑至关重要。但吊装方式及起吊荷载，应根据设备大小、起吊件质量、起吊的频繁程度，由设计人员确定。

12.2.6 本条为原规范第10.2.7条的修订条文。

对鼓风机、引风机、给水泵、磨煤机和煤处理设备等锅炉辅机，也需要考虑检修时的吊装条件。吊装方式及起吊荷载应根据设备大小、起吊件质量、起吊的频繁程度，由设计人员确定。如果场地条件允许，也可采取架设临时吊装措施。

13 锅炉房管道

13.1 汽水管道

13.1.1 本条是原规范第11.0.1条的修订条文。

锅炉房热力系统和工艺设备布置是汽水管道设计的依据，设计时据此进行。本条是对锅炉房汽水管道布置提出的一些具体要求，增加了对管道布置应短捷、整齐的要求。

13.1.2 本条是原规范第11.0.2条的条文。

对于多管供汽的锅炉房，各热用户的热负荷或因用汽（热）的季节不同或因一种用汽（热）时间的不同，宜用多管按不同负荷送汽（热），有利于控制和节省能源，因此宜设置分汽（分水）缸，便于接出多种供汽（热）管。对于用热时间相同，不需要分别控制的供热系统，如采暖系统，一般不宜设分汽（分水）缸。

13.1.3 本条是原规范第11.0.3条的条文。

装设蒸汽蓄热器作为一项有效的节能措施，已在负荷波动的供汽系统中推广应用。

1 设置蒸汽蓄热器旁通，是考虑蓄热器出现事故或进行检修时仍能保证锅炉房对外供汽。

2、3 与锅炉并联连接的蒸汽蓄热器，如出口不装设止回阀，会造成蓄热器充热不完善，达不到应有的蓄热效果；如进口不装设止回阀，会使蓄热器中热水倒流至供汽管中，造成水击事故。

4 蓄热器工作压力通常与用户的使用压力及送汽管网压力损失之和相适应，但往往低于锅炉的额定工作压力。因此，当锅炉额定工作压力大于蒸汽蓄热器的额定工作压力时，为确保蓄热器安全运行，蓄热器上应装安全阀。

5 蓄热器运行时的充水，其水质应和锅炉给水相同，以保证供汽的品质和防止蓄热器结垢。其进水可利用锅炉给水系统，用调节阀进行水位调节。

6 饱和蒸汽系统中的蒸汽蓄热器，在运行过程中水位会逐渐增高，故需定期放水。这部分洁净的热水应回收利用，因此放水应接至锅炉给水箱或除氧水箱。

13.1.4 本条是原规范第11.0.4条的修订条文。

为使系统简单，节省投资，锅炉房内连接相同参数锅炉的蒸汽（热水）母管一般宜采用单母管；但对常年不间断供汽（热）的锅炉房宜采用双母管，以便当某一母管出现事故或进行检修时，另一母管仍可保证供汽。

13.1.5 本条是原规范第11.0.5条的条文。

每台蒸汽（热水）锅炉与蒸汽（热水）母管或分汽（分水）缸之间的各台锅炉主蒸汽（供水）管上均应装设2个切断阀，是考虑到锅炉停运检修时，其中1个阀门泄漏，另1个阀门还可关闭，避免母管或分汽（分水）缸中的蒸汽（热水）倒流，以确保安全。

13.1.6 本条是原规范第11.0.6条的条文。

当锅炉房装设的锅炉台数在3台及以下时，锅炉给水应采用单母管，也可采用单元制系统（即1泵对1炉，另加1台公共备用泵），比采用双母管方便。但当锅炉台数大于3台以上时，如仍采用单元制加公用备用泵的给水方式，则给水泵台数过多，故以采用双母管较为合理。对常年不间断供汽的蒸汽锅炉房和给水泵不能并联运行的锅炉房，锅炉给水母管宜采用双母管或采用单元制锅炉给水系统。

13.1.7 本条是原规范第11.0.7条的条文。

锅炉给水泵进水母管一般应采用不分段的单母管；但对常年不间断供汽的锅炉房，且除氧水箱大于等于2台时，则宜采用单母管分段制。当其中一段管道出现事故时，另一段仍可保证正常供水。

13.1.8 本条是原规范第11.0.8条的条文。

为了简化管道，节省投资，当除氧器大于等于2台时，除氧器加热用蒸汽管道推荐采用母管系统。

13.1.9 本条是原规范第11.0.9条的条文。

参照本规范第13.1.4和第13.1.6条的规定，热水锅炉房内与热水锅炉、水加热装置和循环水泵相连接的供水和回水母管，应采用单母管制，对必须保证连续供热的热水锅炉房宜采用双母管。

13.1.10 本条是原规范第11.0.10条的条文。

本条是保证热水锅炉与热水系统之间的安全连接所必须的。当几台热水锅炉并联运行时，可保证每台锅炉正常安全地切换。

13.1.11 本条是原规范第11.0.12条的条文。

设置独立的定期排污管道，有利于锅炉安全运行。但当几台锅炉合用排污母管时，必须考虑安全措施：在接至排污母管的每台锅炉的排污干管上必须装设切断阀，以备锅炉停运检修时关闭，保证安全；装设止回阀可避免因合用排污母管在锅炉排污时相互干扰。

13.1.12 本条是原规范11.0.13条的条文。

连续排污膨胀器的工作压力低于锅炉工作压力，为了防止连续排污膨胀器超压发生危险，在锅炉出口的连续排污管道上，必须装设节流减压阀。当数台锅炉合用1台连续排污膨胀器时，为安全起见，应在每台锅炉的连续排污管出口端和连续排污膨胀器进口端，各装设1个切断阀。连续排污膨胀器上必须装设安全阀。

考虑到投资和布置上的合理性，推荐2～4台锅炉合设1台连续排污膨胀器。

13.1.13 本条是原规范11.0.14条的条文。

螺纹连接的阀门和管道容易产生泄漏，故规定不应采用螺纹连接。排污管道中的弯头，容易造成污物的积聚，导致排污管堵塞，故应减少弯头，保证管道的畅通。

13.1.14 本条是原规范11.0.15条的条文。

蒸汽锅炉自动给水调节器上设手动控制给水装置，热水锅炉的自动补水装置上设手动控制装置，并设置在司炉便于操作的地点是考虑到运行的安全需要。

13.1.15 本条是原规范11.0.16条的条文。

锅炉本体、除氧器和减压减温器的放汽管和安全阀的排汽管应独立接至室外安全处，可保证人员的安全，又避免排汽时污染室内环境，影响运行操作。2个独立安全阀的排汽管不应相连，可避免串汽和易于识别超压排汽点。

13.1.16 本条是原规范11.0.17条的条文。

为了保证安全运行，热力管道必须考虑热膨胀的补偿。从节省投资等角度着眼，应尽量利用管道的自然补偿。当自然补偿不能满足要求时，则应设置合适的补偿器，如方形或波纹管等补偿器。

13.1.17 本条是原规范11.0.18条的修订条文。

管道支吊架荷载计算除应考虑管道自身重量外，还应考虑其他各种荷载，以保证安全。

13.1.18 本条是原规范11.0.19条的条文。

本条是参考国家现行标准《火力发电厂汽水管道设计技术规定》DL/T 5054制订的，并推荐出放水阀和放汽阀的公称通径。

13.2 燃油管道

13.2.1 本条是原规范第3.2.2条的修订条文。

锅炉房为常年不间断供热时，所采用的双母管当其中一根在检修时，另一根供油管可满足75%锅炉房最大计算耗油量（包括回油量），在一般情况下可满足其负荷要求。根据调研，回油管目前设计有不采用母管制的，因此本次修订中，将"应采用单母管"改成"宜采用单母管"。

13.2.2 本条是原规范第3.2.1条的条文。

经锅炉燃烧器的循环系统，是指重油通过供油泵加压后，经油加热器送至锅炉燃烧器进行雾化燃烧，尚有部分重油通过循环回油管回到油箱的系统。这种系统在燃油锅炉房中被广泛采用，它具有油压稳定、调节方便的特点。在运行中能使整个管道系统保持重油流动通畅，避免因部分锅炉停运或局部管道滞流而发生重油凝固堵塞现象。在锅炉启动前，冷油可以通过循环迅速加热到雾化燃烧所需要的油温，以利于燃烧。

13.2.3 本条是原规范第3.2.3条的条文。

重油凝固点较高，大部分在20～40℃之间，当冬季气温较低时，容易在管道中凝固。为了保证管道内油的正常流动，供油管道应进行保温，如保温后仍不能保证油的正常流动时，尚应用蒸汽管伴热。

在锅炉房的重油回油管道系统中，如不保温则有可能发生烫伤事故。为此要求对可能引起人员烫伤的部位，应采取隔热或保温措施。

13.2.4 本条是原规范第3.2.4条的条文。

根据燃重油的经验，当重油油温较高，而管内流速较低时(0.5～0.7m/s)，经长期运行后管道内会产生油垢沉积，使管道的阻力增加，影响油管正常运行。

13.2.5 本条是原规范第3.2.5条的条文。

油管道敷设一般都宜设置一定的坡度，而且多采用顺坡。轻柴油管道采用0.3%和重油管道采用0.4%的坡度是最小的坡度要求。但接入燃烧器的重油管道不宜坡向燃烧器，否则在点火启动前易于发生堵塞想象，或漏油流进锅炉燃烧室。

13.2.6 本条是原规范第3.2.7条的条文。

全自动燃油锅炉采用单机组配套装置，其整体性和独立性比较强。对这类燃油锅炉按其装备特点要求，配置燃油管道系统，便可满足锅炉房燃油的要求，不必调整其配套装置，以免产生不必要的混乱。

13.2.7 本条是原规范第3.2.9条的修订条文。

重油含蜡多，易凝固，当锅炉停运或检修时，需要把管道和设备中的存油吹扫干净，否则重油会在设备和管道中凝固而堵塞管道。

13.2.8 本条是原规范第3.2.10条的条文。

蒸汽吹扫采用固定接法时，吹扫口必须有防止油倒灌的措施，常用带有支管检查阀的双阀连接装置，并在蒸汽吹扫管上装设止回阀。

13.2.9 本条是原规范第3.2.11条的条文。

燃油锅炉在点火和熄火时引起爆炸的事例颇多，原因是未能及时迅速地切断油源而造成的。如连接阀门采用丝扣阀门，则有可能由于阀门关闭太慢，在关闭了第一个阀门后，第二个阀门还未来得及关闭便爆炸了。为此，规定每台锅炉供油干管上应装设快速切断阀。

2台或2台以上的锅炉，在每台锅炉的回油干管上装设止回阀，可防止回油倒窜至炉膛中，避免事故的发生。

13.2.10 本条是原规范第3.2.16条的条文。

供油泵进口母管上装设油过滤器，对除去油中杂质，防止油泵磨损和堵塞，保证安全正常运行都十分必要。油过滤器应设置2台，其中1台为备用。

离心油泵和蒸汽往复油泵，由于设备结构的特点，对油中杂质的颗粒度大小限制不严，其过滤器网孔一般采用8～12目/cm。

齿轮油泵对油中杂质的颗粒度大小限制比较严，但国内生产厂家尚无明确的要求，根据调查，如过滤器网孔采用16～32目/cm即可满足要求。

过滤器网的流通面积，按常用的规定，一般为油过滤器进口管截面积的8～10倍。

13.2.11 本条是原规范第3.2.17条的条文。

机械雾化燃烧器的雾化片槽孔较小，当油在加温后，析出的碳化物和沥青的固体颗粒，对燃烧器会造成堵塞，影响正常燃烧。凡燃油锅炉在机械雾化燃烧器前装设过滤器的，运行中燃烧器不易被堵塞。因此，在机械雾化燃烧器前，宜装设油过滤器。

油过滤器的滤网网孔要求，与燃烧器的结构型式有关。滤网的网孔，普遍采用不少于20目/cm。滤网的流通面积，一般不小于过滤器进口管截面积的2倍。

13.2.12 本条是新增的条文。

燃油管道泄漏易发生火灾，故应采用无缝钢管，并需保证焊接连接质量。

13.2.13 本条是新增的条文。

室内油箱间至锅炉燃烧器的供油管和回油管宜采用地沟敷设，避免操作人员脚碰和保证安全。

13.2.14 本条是新增的条文。

为保证燃油管道垂直穿越建筑物楼层时，对建筑物的防火不带来隐患，故要求建筑物设置管道井，燃油管道在管道井内沿靠外墙敷设，并设置相关的防火设施，这是确保安全所需要的。

13.2.15 本条是新增的条文。

油箱、油罐进油，从液面上进入时，易使液位扰动溅起油滴，从而可能发生火灾。故规定管口应位于油液面下，且应距箱（罐）底200mm。

13.2.16 本条是新增的条文。

日用油箱与贮油罐的油位高差，会导致产生虹吸使日用油箱倒空，故应防止虹吸产生。

13.2.17 本条是新增的条文。

燃油管道穿越楼板、隔墙时，应敷设在保护套管内，这是一种安全措施。

13.2.18 本条是新增的条文。

油滴落在蒸汽管上会引发火灾，故蒸汽管应布置在油管上方。

13.2.19 本条是新增的条文。

当油管采用法兰连接，应在其下方设挡油措施，避免发生火灾。

13.2.20 本条是新增的条文。

本条是考虑到，对煤粉锅炉和循环流化床锅炉的点火供油系统干管与一般的燃油系统干管应有同样的要求，才可以保证系统运行正常，所以提出此要求。

13.2.21 本条是新增的条文。

为保证燃油管道的使用安全和使用寿命，故提出此要求。

13.3 燃气管道

13.3.1 本条是原规范第3.3.3条的修订条文。

通常情况下，宜采用单母管，连续不间断供热的锅炉房可采用双调压箱或源于不同调压箱的双供气母管，以提高供气安全性。

13.3.2 本条是原规范第3.3.12条的修订条文。

进入锅炉房的燃气供气母管上，装设总切断阀是为了在事故状态下，迅速关闭气源而设置的，该切断阀还应与燃气浓度报警装置联动，阀后气体压力表便于就地观察供气压力和了解锅炉房内供气系统的压降。

13.3.3 本条是原规范第3.3.13条的修订条文。

锅炉房燃气管道应明装，按燃气密度大小，有高架和低架的区别，无特殊情况，锅炉房内燃气管道不允许暗设（直埋或在管沟和竖井内），使用燃气密度比空气大的燃气锅炉房还应考虑室内燃气管道泄漏时，避免燃气窜入地下管沟（井）等措施。

13.3.4 本条是原规范第3.3.16条的修订条文。

日常维修和停运时，燃气管道应进行吹扫放散，系统设置以吹净为目的，不留死角。密度比空气大的燃气一定采用火炬排放不实际，因此改为"应采用高空或火炬排放"。

13.3.5 本条是原规范第3.3.17条的条文。

吹扫量和吹扫时间是经验数据，工程实践中确认可以满足要求。

13.3.6 本条是原规范第3.3.11条文的修订条文。

燃气管道一旦发生泄漏有可能造成灾害，所以作了严格规定。

13.3.7 本条是原规范第3.3.14条和第3.3.15条合并后的修订条文。

近年来，燃气管道系统阀组的配置已趋于完善和标准化，阀组规格、性能和燃气压力，应满足燃烧器在锅炉额定热负荷下稳定燃烧的要求。阀组的基本组成，应按本条规定配置，并应配备锅炉点火和熄火保护程序，以满足燃气压力保护、燃气流量自动调节和燃气检漏等功能要求。

13.3.8 本条是原规范第3.3.5条的修订条文。

本条文经技术经济比较后确定，进口燃气阀组与整体式燃烧器标准配置时，阀组接口处燃气供气压力要求在12~15kPa之间，分体式燃烧器要求20kPa，如燃气压力偏低，阀组通径要放大，投资增加较多，2t/h以下小锅炉的燃气供气压力可以低一些，但也不宜低于5kPa。

本条文规定的前提是，燃气供气压力和流量应能满足燃烧器稳定燃烧要求，供气压力稍偏高一些为好，但超过20kPa，泄漏可能性增加，不安全。

13.3.9 本条是新增的条文。

燃气锅炉耗气量折合约80m³/t（蒸汽，标态）。耗气量相对较大，供气压力与民用也有差异，应从城市中压管道上铺设专用管道供给。民用燃气锅炉房大多采用露天布置的调压装置，经降压、稳压、过滤后使用。调压装置的设置和数量应根据锅炉房规模和供气要求确定。但单台调压装置低压侧供气量不宜太大，宜控制在能满足总容量40t/h锅炉房的规模，使供气母管管径不致过大。

13.3.10 本条是新增的条文。

现行国家标准《城镇燃气设计规范》GB 50028和《工业金属管道设计规范》GB 50316，对燃气净化、调压箱（站）工艺设计，以及对燃气管道附件的选用和施工验收要求都有明确的规定，锅炉房设计应遵照相关要求进行。

13.3.11 本条是新增的条文。

锅炉房内的燃气管道必须采用焊接连接，氩弧焊打底是为了确保焊接质量。

13.3.12 本条是新增的条文。

燃气和燃油管道一样，在穿越楼板、隔墙时，应敷设在保护套管内，并应有封堵措施，以防燃气流窜其他区域。

13.3.13 本条是新增的条文。

燃气管道井应有一定量的自然通风条件，同时在火灾发生时，应能阻止管道井的引风作用。

13.3.14 本条是新增的条文。

由于阀门存在严密性问题，为确保管道井内的安全，防止有可燃气体从阀门处泄漏，从而带来事故，故规定在管道井内的燃气立管上，不应设置阀门。

13.3.15 本条是新增的条文。

因铸铁件相对强度较差，为保证管道与附件不致因碎裂造成泄漏，从而带来事故，故严禁燃气管道与附件使用铸铁件。为安全原因，本规范要求在防火区内使用的阀门，应具有耐火性能。

14 保温和防腐蚀

14.1 保温

14.1.1 本条为原规范的第12.1.1条的修订条文。

凡外表面温度高于50℃，或虽外表面温度低于等于50℃，但需回收热量的锅炉房热力设备及热力管道为节约能源，均应保温。原条文第1款中设备和管道种类不再一一列出。原条文第3款"需要保温的凝结水管道"也属于"需要回收热量"的管道，故将原条文的第2、3款合并。

14.1.2 本条为原规范第12.1.2条的条文。

保温层厚度原则上应按经济厚度计算方法确定。但针对我国现状，能源价格中主要是各地的煤价、热价等波动幅度较大，如采用的热价偏高，计算出的保温层经济厚度就偏厚；如采用的热价偏低，计算出保温层经济厚度就偏薄。故当热损失超过允许值时，可按最大允许散热损失方法复核，当两者计算结果不相等时，取其最小值为保温层设计厚度。

14.1.3 本条为原规范第12.1.3条的条文。

外表面温度大于60℃的锅炉房热力设备及热力管道，如排汽管、放空管、燃油、燃气锅炉和烟道的防爆门泄压导向管等，虽不需保温，但在操作人员可能触及的部分应设有防烫伤的隔热措施，以保护操作人员的安全。

14.1.4 本条为原规范第12.1.4条的修订条文。

鉴于国内保温材料及其制品日益丰富，供货渠道的市场化，采用就近保温材料已不是造成不合理的长途运输和影响保温工程经济性的主要因素，所以将原条文第1款取消。在各种不同的保温材料及其制品中，应优先采用性能良好、允许使用温度高于正常操作时设备及管道内介质的最高工作温度、价格便宜和施工方便的成型制品，这是使保温结构经久耐用，满足生产要求所必需的。

14.1.5 本条为原规范第12.1.5条的条文。

国内外实际工程中，保温材料的外保护层均是阻燃材料。用金属作外保护层一般采用0.3~0.8mm厚的铝板或镀锌薄钢板；用玻璃布作外保护层一般供室内使用，用玻璃布作外保护层时，在其施工完毕后必须涂刷油漆，并需经常维修。其他如石棉水泥、乳化再生胶等也可做保护层。

凡室外布置的热力设备及室外架空敷设的热力管道的保温层外表面应设防水层，是为了防止下雨时雨水渗入保温层。当保温层被浸湿后，不仅增大保温材料的导热系数，使设备和管道内介质的热损失增加，而且当设备和管道停止运行时，水分通过保温层进入到设备和管道外壁，引起锈蚀，所以室外布置的热力设备和架空敷设的热力管道的保温层外表面的保护层应具有防水性能。

14.1.6 本条为原规范第12.1.6条的修订条文。

当采用复合保温材料时，通常选用耐温高、导热系数低者做内保温层。内外层界面处温度应按外层保温材料最高使用温度的0.9倍计算。

14.1.7 本条为原规范第12.1.7条的条文。

软质或半硬质保温材料在施工捆扎时，由于受到压缩，厚度必然减小，密度增大，故应按压缩后的容重选取保温材料的导热系数，其设计厚度也应当是压缩后的保温材料厚度，这样才较为切合实际。

14.1.8 本条为原规范第12.1.8条的条文。

阀门及附件和经常需维修的设备和管道，宜采用可拆卸的保温结构，以便于维修阀门及附件，并使保温结构可重复使用。

14.1.9 本条为原规范12.1.9条的条文。

对于立式热力设备或夹角大于45°的热力管道，为了保护保温层，维持保温层厚度上下均匀一致，应按保温层质量，每隔一定高度设置支撑圈或其他支撑设施，避免管道使用一定时间后，由于保温材料的自重或其他附加重量引起的坍落，破坏保温结构。

14.1.10 本条为原第12.1.10条的修订条文。

经多年推广应用，供热管道的直埋敷设技术已经成熟，对其保温计算、保温层结构设计、保温材料的选择及敷设要求，都已在《城镇直埋供热管道工程技术规程》CJJ/T 81 和《城镇供热直埋蒸汽管道技术规程》CJJ 104 中作了规定，可遵照执行。

14.2 防 腐 蚀

14.2.1 本条为原规范第12.2.1条的条文。

设备及管道在敷设保温层前，应将其外表面的脏污、铁锈等清刷干净，然后涂刷红丹防锈漆或其他防腐涂料，以延长管道使用寿命，而且其防锈漆或防腐涂料的耐温性能应能满足介质设计温度的要求，以免失去防锈或防腐性能。这是一种常规而行之有效的做法。

14.2.2 本条为原规范第12.2.2条的修订条文。

介质温度低于120℃时，设备和管道表面所刷的防锈漆一般为红丹防锈漆。如介质温度超过120℃时，红丹防锈漆会被氧化成粉末状，不能再起防锈漆的作用，而应涂高温防锈漆。锅炉房内各种贮存锅炉给水的水箱，均应在其内壁刷防腐涂料，而且防腐涂料不会引起水质的品质变化，以保护水箱免于锈蚀和保证给水水质。

14.2.3 本条为原规范第12.2.3条的条文。

为了保护保护层，增加其耐腐蚀性能和延长使用寿命，当采用玻璃布或其他不耐腐蚀的材料做保护层时，其外表面应涂刷油漆或其他防腐蚀涂料。当采用薄铝板或镀锌钢板作保护层时，其外表面可不再涂刷油漆或防腐蚀涂料。

14.2.4 本条为新增的条文。

对锅炉房的埋地设备和管道应根据设备和管道的防腐要求和土壤的腐蚀性等级，进行相应等级的防腐处理，必要时可以对不便检查维修部分的设备和管道增加阴极保护措施。

14.2.5 本条为原规范第12.2.4条的修订条文。

在锅炉房设备和管道的表面或保温保护层的外表面应涂色或色环，并作出箭头标志，以区别内部介质种类和介质的流向，便于操作。涂色和标志应统一按有关国家标准和行业标准的规定执行。

15 土建、电气、采暖通风和给水排水

15.1 土 建

15.1.1 本条是原规范第13.1.1条的条文。

本条是按现行国家标准《建筑设计防火规范》GBJ 16 和《高层民用建筑设计防火规范》GB 50045 的有关规定，结合锅炉房的具体情况，将锅炉房的火灾危险性加以分类，并确定其耐火等级，以便在设计中贯彻执行。

1 本规范燃料可为煤、重油、轻油或天然气、城市煤气等，其锅炉间属于丁类生产厂房。对于非独立的锅炉房，为保护主体建筑不因锅炉房火灾而烧毁，故对其火灾危险性分类和耐火等级比独立的锅炉房的锅炉间提高要求，应均按不低于二级耐火等级设计。

2 用于锅炉燃料的燃油闪点应为60～120℃，它们的油箱间、油泵间和油加热器间属于丙类生产厂房。

3 天然气主要成分是甲烷（CH_4），其相对密度（与空气密度比值）为0.57，与空气混合的体积爆炸极限为5%，按规定爆炸下限小于10%的可燃气体的生产类别为甲类，故天然气调压间属甲类生产厂房。

15.1.2 本条是原规范第13.1.11条的修订条文。

锅炉房应考虑防爆问题，特别是对非独立锅炉房，要求有足够的泄压面积。泄压面积可利用对外墙、楼地面或屋面采取相应的防爆措施办法来解决，泄压地点也要确保安全。如泄压面积不能满足条文提出的要求时，可考虑在锅炉房的内墙和顶部（顶棚）敷设金属爆炸减压板。

15.1.3 本条是新增的条文。

燃油、燃气锅炉房的锅炉间是可能发生闪爆的场所，用甲级防火门隔开后，辅助间相对安全，可按非防爆环境对待。

考虑到燃油、燃气锅炉房的防火、防爆要求较高，为此对燃油、燃气锅炉房的控制室与锅炉间的隔墙要求应为防火墙，观察窗也应为具有一定防爆能力的固定玻璃窗。

15.1.4 本条是原规范第13.1.2条的条文。

本条主要考虑锅炉基础与锅炉房建筑基础沉降不一致时，避免楼地面产生裂缝。

15.1.5 本条是原规范第13.1.3条的条文。

锅炉房建筑的锅炉间、水处理间和水箱间均应考虑安装在其中的设备最大件的搬入问题，特别是设备

15.1.6 本条是原规范第13.1.4条的条文。

本条主要考虑对钢筋混凝土烟囱和砖砌烟道的混凝土底板等内表面设计计算温度高于100℃的部位应采取隔热措施,以便减少高温烟气对混凝土和钢筋设计强度的影响,避免混凝土开裂形成混凝土底板漏水。

15.1.7 本条是原规范第13.1.5条的条文。

由于锅炉本体的外形尺寸不同,其四周的操作与通道尺寸有其具体的要求,因此锅炉房建筑设计要满足工艺设计这一前提。但为了使锅炉房的土建设计能够采用预制构件,主要尺寸能统一协调,故锅炉房的柱距、跨度、室内地坪至柱顶高度尚宜符合现行《建筑模数协调统一标准》GB 50006 的有关规定。

15.1.8 本条是原规范第13.1.6条的条文。

锅炉房近期的扩建一般是在锅炉间内预留锅炉台位及其基础,远期的扩建则锅炉房建筑宜预留扩建条件。如扩建端不设永久性楼梯和辅助间,生产、办公面积适当放宽;扩建端的墙和挡风柱考虑有拆除的可能性。

15.1.9 本条是原规范第13.1.7条的修订条文。

本条考虑当锅炉房内安装有振动较大的设备(如磨煤机、鼓风机、水泵等)时,其基础应与锅炉房基础脱开,并且在地坪与基础接缝处应填砂和浇灌沥青,以减少对锅炉房的振动影响。

15.1.10 本条是原规范第13.1.8条的条文。

本条中钢筋混凝土煤斗壁的内表面应光滑耐磨,壁交角处做成圆弧形,目的是为了保证落煤畅通。设置有盖人孔和爬梯是为了安全和方便检修。

15.1.11 本条是原规范第13.1.9条的条文。

本条是为了保护运行和维修人员的人身安全。

15.1.12 本条是原规范第13.1.10条的条文。

本条主要是为防止烟囱基础和烟道基础沉降不一致时拉裂烟道。

15.1.13 本条是原规范第13.1.11条的条文。

锅炉房的外墙开窗除要符合本规范第15.1.2条的防爆要求外,还应满足通风需要和Ⅴ级采光等级的需要。

15.1.14 本条是原规范第13.1.12条的修订条文。

锅炉房若必须与其他建筑相邻,为防火安全,应采用防火墙与相邻建筑隔开。

15.1.15 本条是原规范第13.1.13条的条文。

油泵房的地面一般有油腻,设计时应考虑地面防油和防滑措施。采用酸、碱还原的水处理间,其地面、地沟和中和池等均有可能受到酸碱的侵蚀,因此应考虑防酸、防碱措施。

15.1.16 本条是新增的条文。

锅炉房的化验室里的化学药品中的酸、碱性物质具有一定的腐蚀性,在操作过程中由于泄漏,会给建、构筑物带来腐蚀,为此需要进行相关的防腐蚀设计。防腐蚀设计应按现行国家标准《工业建筑防腐蚀设计规范》GB 50046 的规定执行。

另外,为有利于工作人员正常工作和安全、环保起见,故提出化验室的地面应有防滑措施,墙面应为白色、不反光,设洗涤设施,场地要求做防尘、防噪处理。

15.1.17 本条是新增的条文。

锅炉房的设计应执行国家现行职业卫生标准《工业企业设计卫生标准》GBZ 1。生活间的卫生设施应按该标准中有关规定执行。

15.1.18 本条是原规范第13.1.15条的修订条文。

本条是根据人员在巡视操作和检修时要求的最小宽度和净空高度尺寸而制定的,根据实际使用情况和用户反映,为确保安全,对经常使用的钢梯坡度不宜大于45°。

15.1.19 本条是原规范第13.1.16条的条文。

干煤棚的围护结构设计要求既要开敞又要挡雨,因此围护结构的上部开敞部分应采取挡雨措施,如设置挡雨板,但不应妨碍起吊设备通过。

15.1.20 本条是原规范第13.1.17的条文。

工艺要求指设备安装、检修的具体要求,经核定可按条文中表列的范围进行选用。荷载超过表列范围时,工艺设计应另行提出。

锅炉间的楼面荷载关键是考虑锅炉砌砖时砖堆积的高度(耐火砖及红砖等)和炉前堆放链条、炉排片的荷重。不同型号的锅炉,其用砖量不同。砖的堆放位置、堆放方法都影响楼板的荷载。因此,对楼板的荷载应区分对待,应由设计人员根据锅炉型号及安装、检修和操作要求来确定,但最低不宜小于 $6kN/m^2$,最大不宜超过 $12kN/m^2$。

15.2 电 气

15.2.1 本条是原规范第13.2.1条的条文。

锅炉房停电的直接后果是中断供热。因此,在本条中规定锅炉房用电设备的负荷级别,应按停电导致锅炉中断供热对生产造成的损失程度来确定,并相应决定其供电方式。

从以前调研情况分析,冶金、化工、机械、轻工等各部门不同规模的厂,其对供热要求保证程度不同,停止供热造成的损失差异极大,因而各厂对锅炉房电源的处理也不同。如炼油厂一旦中断供汽,将打乱正常的生产秩序,造成大量减产,大量废品,因而对电源作重要负荷处理,设有可靠的二回路电源供电……因此,对锅炉房用电设备的负荷级别不宜统一规定。

15.2.2 本条是原规范第13.2.2条的条文。

燃气中如天然气的主要成分为甲烷,与空气形成

5%～15%浓度的混合气体时易着火爆炸。因而天然气调压间属防爆建筑物。

燃油泵房、煤粉制备间、碎煤机间和运煤走廊等均属有火灾危险场所。而燃煤锅炉间则属于多尘环境，水泵房属于潮湿环境。

上述不同环境的建筑物和构筑物内所选用的电机和电气设备，均应与各个不同环境相适应。

15.2.3 本条是原规范第13.2.3条的条文。

由于这类容量的锅炉房，其电气设备容量约达100kW及以上，电机台数近10台，低压配电屏将在2屏以上，而且锅炉台数往往不止1台，如不将低压配电屏设于专门的低压配电室内，而直接安装在锅炉间，则环境条件较差，因此宜设专门的低压配电室。当单台锅炉额定蒸发量或热功率小于上述容量，且锅炉台数较少时，则可不设低压配电室。

当有6kV或10kV高压用电设备时，尚宜设立高压配电室。

15.2.4 本条是原规范第13.2.4条的条文。

按锅炉机组单元分组配电是指配电箱配电回路的布置应尽可能结合工艺要求，按锅炉机组分配，以减少电气线路和设备由于故障或检修对生产带来的影响。

15.2.5 本条是原规范第13.2.5条的条文。

考虑到锅炉厂成套供应电气控制屏的情况较多，对蒸汽锅炉单台额定蒸发量小于4t/h、热水锅炉单台额定热功率小于等于2.8MW的锅炉，配套控制箱较为成熟，成套供应是发展方向，应予推广，成套供应控制屏既可减少设计工作量，又有利于迅速安装。

15.2.6 本条是原规范第13.2.6条的修订条文。

经过调研，单台蒸汽锅炉额定蒸发量小于等于4t/h单层布置的锅炉房，当锅炉辅机采用集中控制时，就地均不设启动控制按钮，运行人员也无此要求。双层布置的锅炉房有鼓风机、引风机设就地停机按钮。电厂锅炉房典型设计规定就地无启动权，仅设紧急停机按钮。当锅炉辅机采用集中控制时，按操作规程规定，锅炉启动前由运行人员巡视，操作有关阀门，掌握全面情况，然后在操作屏集中控制。因此本条不规定设2套控制按钮。当集中控制辅机的电动机操作层不在同一层，距离较远时，为便于运行中就地发现故障和及时加以排除，在条文中规定，宜在电动机旁设置事故停机按钮。

15.2.7 本条是原规范第13.2.7条的条文。

锅炉房用电设备较少时，宜采用以放射式为主的配电方式；而如果锅炉热力和其他各种管道布置繁多，电力线路则不宜采用裸线或绝缘明敷。现在各厂的锅炉房电力线路基本上是采用穿金属管或电缆布置方式。因锅炉表面、烟道表面、热风道及热水箱等的表面温度在40～50℃或以上，为避免线路绝缘过热而加速绝缘损坏，电力线路应尽量避免沿上述表面敷设；当沿上述热表面敷设线路时，应采用支架使线路与热表面保持一定的距离，或采用其他隔热措施，不宜直敷布线。

在煤场下及构筑物内不宜有电缆通过是为了保证用电安全及维护方便。

15.2.8 本条是原规范第13.2.8条的条文。

控制室、变压器室及高低压配电室内均有较为集中的电气设备，为了防止水管或其他有腐蚀性介质管道的泄漏和损坏，从而影响电气设备的正常运行，特作此规定。

15.2.9 本条是原规范第13.2.9条的条文。

这是国家对照明规定的基本要求，应予以执行。

15.2.10 本条是原规范第13.2.10条的条文。

在锅炉房操作地点及水位表、压力表、温度计、流量计等处设置局部照明，有利于锅炉运行人员的监察。锅炉的平台扶梯处，当一般照明不能满足其照度要求时，也应设置局部照明。

15.2.11 本条是原规范第13.2.11条的条文。

当工作照明因故熄灭，为保证锅炉继续运行或操作停炉，必须严密注意水位、压力及操作有关阀门，启动事故备用汽动给水泵，以保持锅炉汽包一定的水位，因此宜设有事故照明。如因电源条件限制，锅炉房也应备有手电筒或其他照明设备作临时光源，以确保停电时对锅炉房的设备进行安全处理。

15.2.12 本条是原规范第13.2.12条的条文。

地下凝结水箱间的温度一般超过40℃，相对湿度超过95%，属高温高潮湿场所；热水箱、锅炉本体附近的温度一般超过40℃，属高温场所；出灰渣地点为高温多灰场所。这些地点的照明灯具如安装高度低于2.5m时，为安全起见，应考虑防触电措施或采用不超过36V的低电压。当在这些地点的狭窄处或在煤粉制备设备和锅炉锅筒内工作使用手提行灯时，则安全要求更高，照明电压不应超过12V。因此，锅炉房照明装置的电源应使用不同电压等级。

15.2.13 本条是原规范第13.2.13条的条文。

由于锅炉房烟囱往往是工厂或民用建筑中最高的构筑物，因而需与当地航空部门联系，确定是否装设飞行标志障碍灯。如需装设则应为红色，装在烟囱顶端，不应少于2盏，并应使其维修方便。

15.2.14 本条是原规范第13.2.14条的条文。

《建筑物防雷设计规范》GB 50057中，对烟囱的防雷保护明确规定："雷电活动较强的地区或郊区15m高的烟囱和雷电活动较弱的地区20m高的烟囱，按第Ⅲ类工业建筑物考虑防雷设施"，"高耸的砖砌烟囱、钢筋混凝土烟囱，应采用避雷针或避雷带保护。采用避雷针时，保护范围按有关规定执行，多根避雷针应连接于闭合环上，钢筋混凝土烟囱宜在其顶部和底部与引下线相连，金属烟囱应利用作为接闪器或引下线"。

15.2.15 本条是原规范第13.2.15条的修订条文。

燃气放散管的防雷设施，国家标准《建筑物防雷设计规范》GB 50057有明确规定，应遵照执行。

15.2.16 本条是原规范第13.2.16条的条文。

根据国际电工委员会（IEC）《建筑物防雷标准》规定，用作接闪器的钢铁金属板的最小厚度为4mm，与我国运行经验相同。埋设在地下的油罐，当覆土高于0.5m时，可不考虑防雷设施，当地下油罐有通气管引出地面时，该通气管应做防雷处理。

15.2.17 本条是原规范第13.2.17条的修订条文。

气体和液体燃料流动时产生的静电应有泄放通道，接地点间距在30m以内，但条文不作规定，由工程设计确定。管道连接处如有绝缘体间隔时应设有导电跨接措施。在管道布置需要时，还应设避雷装置。

15.2.18 本条是原规范第13.2.18条的修订条文。

锅炉房一般均应有电话分机，以便与本单位各部门通信联系。

有些大型企业（单位）设有动力中心调度通信系统，则锅炉房也应纳入该调度通信系统，设置调度通信分机；而某些大、中型区域锅炉房有较多供汽用户，为联系方便，则宜设置1台调度通信总机。

锅炉房与其他某些供热用户之间有特殊需要时，可设置对讲电话。以便于锅炉房可以按该用户的特殊情况调度供汽和安排生产。

15.3 采暖通风

15.3.1 本条是原规范第13.3.1条的条文。

锅炉房的锅炉间、凝结水箱间、水泵间和油泵间等房间均有大量的余热。按锅炉房的散热量核算，不论锅炉房容量的大小，均大于23W/m²。因此工作区的空气温度，应根据设备散热量的大小，按国家现行职业卫生标准《工业企业设计卫生标准》GBZ 1确定。

15.3.2 本条是原规范第13.3.2条的条文。

对锅炉间、凝结水箱间、水泵间和油泵间等房间的自然通风，强调了"有组织"，以保证有效的排除余热和降低工作区的温度。在受工艺布置和建筑形式的限制，自然通风不能满足要求时，就应采用机械通风。

15.3.3 本条是原规范第13.3.3条的条文。

操作时间较长的工作地点，当其温度达不到卫生要求，或辐射照度大于350W/m²时，应设置局部通风。

15.3.4 本条是新增的条文。

对非独立锅炉房，当锅炉房设置在地下（室）、半地下（室）时，其锅炉控制室和化验室的仪器分析间通风条件均较差，在夏天工作条件更差，为改善劳动条件，故提出设置空气调节装置的要求。对一般锅炉房的控制室和化验室的仪器分析间，为改善劳动条件，提出宜设空气调节装置。

15.3.5 本条是原规范第13.3.4条的条文。

本条规定了碎煤间及单独的煤粉制备装置间的温度为12℃，控制室、化验室、办公室为16～18℃，化学品库为5℃，更衣室为23℃，浴室为25～27℃等。这是为了满足劳动安全卫生的要求。

15.3.6 本条是原规范第13.3.5条的条文。

在有设备放热的房间，由于设备的放热特性、工艺布置和建筑形式不同，即使设备大量放热，且放热量大于建筑采暖热负荷，但由于空气流动上升，建筑维护结构下部又有从门窗等处渗入的冷空气，以致设备放散到工作区的热量尚不能保证工作区所需的采暖热负荷时，将会使工作区的温度偏低。在一些地区调查时，也有反映冬天炉前操作区的温度偏低的情况，因此规定要根据具体情况，对工作区的温度进行热平衡计算。必要时应在某些部位适当布置散热器。

15.3.7 本条是原规范第13.3.6条的修订条文。

设在其他建筑物内的燃气锅炉房的锅炉间，往往受建筑条件限制，自然通风条件比独立的锅炉房和贴近其他建筑物的锅炉房要差，又难免有燃气自管路系统附件泄漏，通风不良时，易于聚积而产生爆炸危险。故本规范规定换气次数每小时不少于3次。为安全起见，通风装置应考虑防爆。

半地下（室）燃油燃气锅炉房由于进、排风条件比地上的条件差，锅炉房空间内可能存在可燃气体，换气量相应提高。

地下（室）燃油燃气锅炉房由于进、排风条件更差，必须设置强制送排风系统来满足燃烧所需空气量和操作人员正常需要，锅炉房空间内可能存在可燃气体，因此，送排风系统应与建筑物送排风系统分开独立设置，且送风量应略大于排风量，使锅炉房空间维持微正压条件。

15.3.8 本条是原规范第13.3.7条的条文。

燃气调压间内难免有燃气自管道附件泄漏出来，这容易产生爆炸或中毒危险，燃气调压间内气体的泄漏量尚无参考数据，参照现行国家标准《城镇燃气设计规范》GB 50028"对有爆炸危险的房间的换气次数"的有关规定，本规范规定换气次数不少于每小时3次。

调压间室内余热，主要依靠自然通风排除，当限于条件自然通风不能满足要求时，应设置机械通风。

为防止燃气突然大量泄漏造成爆炸危险，应设置事故通风装置。根据现行国家标准《采暖通风与空气调节设计规范》GB 50019的规定，对可能突然产生大量有害气体或爆炸危险气体的生产厂房，应设置事故排风装置。事故排风的风量，应根据工艺设计所提供的资料通过计算确定。当工艺设计不能提供有关计算资料时，应按每小时不小于房间全部容积的12次换气量计算。通风装置应考虑防爆。

15.3.9 本条是原规范第13.3.8条的条文。

我国现行国家标准《石油库设计规范》GB 50074中规定:"易燃油品的泵房和油罐间,除采用自然通风外,尚应设置排风机组进行定期排风,其换气次数不应小于每小时10次。计算换气量按房高4m计算。输送易燃油品的地上泵房,当外墙下部设有百叶窗、花格墙等常开孔口时,可不设置排风机组"。本规范为协调一致,规定燃油泵房每小时换气12次(包括易燃油泵房),易燃油库每小时换气6次。同时采用了计算换气量的房高为4m,以及当地上设置的易燃油泵房、外墙下部有通风用常开孔口时,可不设机械通风的规定。

除35#以上柴油外,各种柴油闪点温度均大于65℃,各种重油闪点温度均大于80℃,他们均属丙类防火等级。一般油泵房内温度不会超出65℃,不致产生爆炸危险,故通风装置可不防爆。但易燃油品的闪点温度小于等于45℃,属乙类防火等级,有爆炸危险,故对输送和贮存易燃油品的泵房和油库,其通风装置应防爆。

15.3.10 本条是原规范第13.3.9条的条文。

燃气中液化石油气的密度较空气大,气体沉积在房间下部。煤气的密度较空气小,浮在房间上部。为有利于泄漏气体的排除,通风吸风口的位置应按照油气的密度大小,按现行国家标准《采暖通风与空气调节设计规范》GB 50019中的规定考虑吸风口的设置位置。

15.4 给水排水

15.4.1 本条是原规范第13.4.1条的条文。

在以前规范编制中调研了许多企业,情况表明:只设1根进水管的企业和设2根进水管的企业基本上一样多。仅有上海××厂曾因给水管故障发生过停水,其余均未发生过问题。据征求意见,认为进水管是1根还是2根不是主要问题,关键是供水的外部管网和水源要有保证。

本条文对采用1根进水管方案,提出应考虑为排除故障期间用水而设立水箱或水池的规定,并规定了有关水箱、水池的总容量。据统计,绝大部分锅炉房的水箱和水池总容量大于2h锅炉房的计算用水量。

15.4.2 本条是原规范第13.4.3条的条文。

为使煤场煤堆保持一定的湿度,在必要时需要适当加水,在装卸煤时,为防止煤粉飞扬,也宜适当加些水,故要求在煤场设置供洒水用的给水点。至于煤堆自燃问题,北方地区干燥,自燃较易发生;上海等南方地区,由于工业、民用及区域锅炉房一般贮煤量不大,周转快,且气候潮湿,故自燃现象很少。所以本规范规定,对贮煤量不大的锅炉房煤场,只需要设灭火降温的洒水给水点即可,不必要设消火栓。

15.4.3 本条是原规范第13.4.4条的条文。

从调研情况分析,对规模较大的水处理辅助设施常有酸碱贮存设备,而且有些已设有"冲洗"设施,以便发生人身和地面受到沾溅后,用大量水冲走酸碱和稀释酸碱液。为加强劳动保护,故作此规定。

15.4.4 本条是原规范第13.4.5条的条文。

单台蒸汽锅炉额定蒸发量为6~75t/h、单台热水锅炉额定热功率为4.2~70MW的引风机及炉均有冷却水,为节约用水,建议这部分水可以用来作为锅炉除灰渣机用水或冲灰渣补充水,实现一水多用。

15.4.5 本条是原规范第13.4.6条的条文。

当单台蒸汽锅炉额定蒸发量大于等于20t/h、单台热水锅炉额定热功率大于等于14MW的锅炉房,多台锅炉工作时,其冷却水量大于等于8m³/h,而8m³/h的玻璃钢冷却塔产品很普遍,为节约用水宜采用循环冷却系统。当为自备水源又是分质供水时,是否循环使用应经技术经济比较确定。

15.4.6 本条是原规范第13.4.10条的条文。

一般单位对锅炉房操作层楼面及出灰层地面多用水冲洗,而锅炉间出灰层及水泵间因设备渗漏均易使地坪积水。因此,各层地面需做成坡度,并安装地漏向室外排水。为防止操作层冲洗水从楼层孔洞向下层滴漏,对楼板上的开孔应做成翻口。

16 环境保护

16.1 大气污染物防治

16.1.1 本条是原规范第6.2.1条的修订条文。

锅炉房排放的大气污染物包括燃料燃烧产生的烟尘、二氧化硫和氮氧化物等有害气体及非燃烧产生的工艺粉尘等,对这些污染物均应采取综合治理措施。经处理后的污染物排放量除应符合现行国家标准《环境空气质量标准》GB 3095、《锅炉大气污染物排放标准》GB 13271、《大气污染物综合排放标准》GB 16297和国家现行职业卫生标准《工作场所有害因素职业接触限值》GBZ 2的规定外,尚应符合省、自治区、直辖市等地方政府颁布的地方标准的规定。

16.1.2 本条是原规范第6.2.2条的修订条文。

本条细化了对除尘器选型的具体要求,便于在设计中掌握。各种新增的除尘设备正在不断研制和生产。除旋风除尘器外,尚有布袋、除尘脱硫一体化装置和静电除尘器等可供选用。近年又有多种型号的多管旋风除尘器经过省、部、级鉴定通过,投入批量生产。为取得更好的环保效果,设计中应在高效、低阻、低钢耗和价廉等方面进行技术经济比较后择优选用。

16.1.3 本条是原规范第6.2.4条的修订条文。

为了延长使用寿命,除尘器及附属设施应有防止腐蚀和磨损的措施。

密封可靠的排灰机构,是保证除尘器正常运行的必要条件。

对于除尘器收集下的烟尘,应有密封排放,妥善存放和运输的设施,以避免烟尘的二次飞扬,影响环境卫生。除尘器收集的烟尘综合利用的工艺技术已较成熟,宜综合利用。

16.1.4 本条是新增的条文。

随着新型旋风除尘器的研制和开发应用,多管旋风除尘器从装置的除尘效率、对负荷的适应性、占地面积、运行管理、投资费用和对环境的影响等方面,对单台蒸汽锅炉额定蒸发量小于等于6t/h或单台热水锅炉额定热功率小于等于4.2MW的层式燃煤锅炉还是适宜的。

16.1.5 本条是新增的条文。

条文对其他容量和燃烧方式的燃煤锅炉,仍优先选用干式旋风除尘器,是基于技术经济上较适宜。当采用干式旋风除尘器仍达不到烟尘排放标准时,才应根据锅炉容量、环保要求、场地情况和投资费用等因素进行技术经济比较后确定采用其他除尘装置。

16.1.6 本条是原规范第6.2.3条的修订条文。

随着现行国家标准《锅炉大气污染物排放标准》GB 13271中对燃煤锅炉二氧化硫允许排放浓度的标准愈来愈严格,对燃煤锅炉烟气脱硫的要求也日益突出,原有的湿式除尘器也不能满足要求,被具备除尘和脱硫功能的一体化湿式除尘脱硫装置所代替。本条文规定了采用一体化湿式除尘脱硫装置的适用条件,并提出了对该装置的要求,保证装置的使用寿命和正常运行,防止污染物的二次转移,在装置中设置pH值、液气比和SO_2出口浓度的检测和自控装置可保证一体化湿式除尘脱硫装置的脱硫效果。

16.1.7 本条是新增的条文。

经多年运行研究,在循环流化床锅炉中采用炉内添加石灰石等固硫剂,降低烟气中SO_2的排放浓度,使排放烟气达到排放标准的规定,已是一项成熟的技术,应予推广使用。

16.1.8 本条是新增的条文。

近年来随着我国使用燃油、燃气锅炉日益增多,氮氧化物对大气环境质量造成的污染也逐渐引起重视,现行国家标准《锅炉大气污染物排放标准》GB 13271中对氮氧化物最高允许排放浓度作出了规定。因此,如果锅炉烟气排放中氮氧化物浓度超过标准规定时,应采取治理措施。

当锅炉烟气排放中氮氧化物浓度超过标准规定时,对于燃油、燃气锅炉,减少氮氧化物排放量的最佳途径是从源头上进行控制,其方法有选用低氮燃烧器、选用炉内带有烟气再循环方式进行低氮燃烧的锅炉、采用烟气再循环等,具体可根据锅炉房现状、环保要求及投资费用等因素进行技术经济比较后确定。

16.1.9 本条是新增的条文。

根据现行国家标准《锅炉大气污染物排放标准》GB 13271的规定,单台锅炉额定蒸发量大于等于1t/h或热功率大于等于0.7MW的锅炉应设置便于永久采样监测孔,单台锅炉额定蒸发量大于等于20t/h或热功率大于等于14MW的锅炉,必须安装固定的连续监测烟气中烟尘、SO_2排放浓度的仪器。为操作和检修方便,必要时可在采样监测孔处设置工作平台。

16.1.10 本条是原规范第13.3.10条的条文。

运煤系统的转运处、破碎筛选处和锅炉干式机械除灰渣处,在运行中均是严重产生粉尘的地点,应当设置防止粉尘扩散的封闭罩或局部抽风罩,以进行局部除尘。此装置与运煤系统应按本规范第11.2.16条要求实现联锁自动开停。

16.2 噪声与振动的防治

16.2.1 本条是原规范第6.3.1条的修订条文。

现行国家标准《城市区域环境噪声标准》GB 3096规定的城市各类环境噪声标准值列于表1。

表1 城市各类区域环境噪声标准值 [dB (A)]

类 别	昼 间	夜 间
0	50	40
1	55	45
2	60	50
3	65	55
4	70	55

注:0类标准适用于疗养区、高级别墅区、高级宾馆区等特别需要安静的区域。位于城郊和乡村的这一类区域分别按0类标准50dB执行。1类标准适用于以居住、文教机关为主的区域。乡村居住环境可参照执行该类标准。2类标准适用于居住、商业、工业混杂区。3类标准适用工业区。4类标准适用于城市中的道路交通干线、道路两侧区域,穿越城区的内河航道两侧区域,穿越城区的铁路主、次干线两侧区域的背景噪声(指不通过列车时的噪声水平)限值也执行该类标准。

本条在原文基础上增加了锅炉房噪声对厂界的影响应符合现行国家标准《工业企业厂界噪声标准》GB 12348规定的锅炉房所处的工作单位界外1m处的厂界噪声标准,见表2。该标准适用于工厂及其可能造成噪声污染的企事业单位的边界。

表2 厂界噪声标准限值 [dB (A)]

类 别	昼 间	夜 间
Ⅰ	55	45
Ⅱ	60	50
Ⅲ	65	55
Ⅳ	70	55

注:Ⅰ类标准适用于居住、文教机关为主的区域;Ⅱ类标准适用于居住、商业、工业混杂区及商业中心区;Ⅲ类标准适用于工业区;Ⅳ类标准适用于交通干线道路两侧区域。

夜间频繁突发的噪声[如排气噪声,其峰值不准超过标准值10dB（A）]，夜间偶然发出的噪声（如短促鸣笛声），其峰值不准超过标准值15dB（A）。

16.2.2 本条是原规范第6.3.2条的修订条文。

在锅炉房设计时，为了防止工作场所的噪声对人员的损伤，改善劳动条件以保障职工的身体健康，应遵照国家现行职业卫生标准《工业企业设计卫生标准》GBZ 1的规定，对生产过程中的噪声采取综合预防、治理措施，使设计符合标准的规定。

《工业企业设计卫生标准》GBZ 1的5.2.3.5条规定：工作场所操作人员每天连续接触噪声8h，噪声声级卫生限值为85dB（A）。对于操作人员每天接触噪声不足8h的场所，可根据实际接触噪声的时间，按接触时间减半、噪声声级卫生限值增加3dB（A）的原则，确定其噪声声级限值。但最高限值不得超过115dB（A）。锅炉房操作层和水处理间操作地点属工作场所，应按此条规定执行。锅炉房的噪声由风机、水泵、电机等噪声源组成，要合理布置这些设备，并对噪声源采取一定的隔声、消声和隔振措施，锅炉房噪声就能得以有效地控制。从实际情况看，多数锅炉房能达到标准的规定，为此，条文中仍规定锅炉房操作层和水处理间操作地点的噪声不应大于85dB（A）。

《工业企业设计卫生标准》GBZ 1的5.2.3.6条规定：生产性噪声传播至非噪声作业地点的噪声声级的卫生限制不得超过表3的规定：

表3 非噪声工作地点噪声声级的卫生限值[dB（A）]

地点名称	卫生限值
噪声车间办公室	75
非噪声车间办公室	60
会议室	60
计算机室、精密加工室	70

锅炉房仪表控制室和化验室的室内环境与表3中的计算机室、精密度加工室相似，也与原条文所依据的《工业企业噪声控制设计规范》第2.0.1条规定中的高噪声车间设置的值班室、观察室、休息室相似，所以条文仍规定锅炉房仪表控制室和化验室的噪声不应大于70dB（A）。

16.2.3 本条是原规范第6.3.3条和第6.3.4条合并后的修订条文。

对于生产较强烈噪声的设备，采用一定措施以降低噪声，这对于改善锅炉房的工作环境，保证操作人员的身体健康，有着重大的意义。国内锅炉房常用的降低噪声的技术措施有：将噪声量大的设备布置在单独房间内或用转墙间隔的同一房间内；采用专门制作的设备隔声罩。隔声室和隔声罩均有较好的隔声效果，在锅炉房设计时，可根据具体情况采用。隔声罩可向生产厂订购或自行制作，隔声罩应便于设备的操作维修和通风散热。

降低噪声的技术措施中也包括采取设备的减振，可减少固体声传播，同样可以降低噪声，设计人员可根据实际情况采用。

16.2.4 本条是原规范第6.3.5条的修订条文。

锅炉房的钢球磨煤机是一种噪声大、体积大、工作温度高、粉尘多的设备，严重影响周围工作环境，为此，宜将磨煤机房建为隔声室。

由于球磨机隔声室内气温高、粉尘浓度大，应按照防爆要求设置通风设施，以便散热，并在隔声室的进排气口上装置消声器，以保证隔声室的隔声效果。

16.2.5 本条是原规范第6.3.6条的修订条文。

为降低不设在隔声室或隔声罩内的鼓风机吸风口的气流噪声，应在其吸风口装设消声器。同时，在各设备的隔声室或隔声罩的通风口上，应设置消声器，以防止噪声自通风口处向外传出。

消声器的额定风量应等于或稍大于风机的实际风量。通过消声器的气流速度应小于等于设计速度，以防止产生较高的再生噪声。消声器的消声量以20dB（A）为宜。消声器的实际阻力应小于等于设备的允许阻力。

16.2.6 本条是原规范第6.3.7条的修订条文。

锅炉排汽噪声与排汽压力有关。压力越高，排汽时产生的噪声越大，影响的范围也越大。实测表明，当锅炉额定蒸汽压力为3.82MPa（表压）时，未设排汽消声器，在距排汽口8m处噪声级高达130dB（A）；当锅炉额定蒸汽压力为1.27MPa（表压）时，未设排汽消声器，在距排汽口10m处噪声级也高达121dB（A）。为减少对周围环境噪声的影响，将排汽消声器设置的压力等级扩大到1.27～3.82MPa（表压）是必要的，考虑到蒸汽锅炉的启动排汽发生概率较高，且启动排汽时间也较长，将条文改为启动排汽管应设置消声器是适宜的。而安全阀排汽只是偶发事故，概率较低，且一旦发生也会很快采取措施，故条文仍维持原有的安全阀排汽管宜设置消声器。

16.2.7 本条是原规范第6.3.8条的修订条文。

原条文仅要求邻近宾馆、医院和精密仪器车间等处的锅炉房内宜设置设备隔振器、管道连接采用柔性接头和管道支承采用弹性支吊架。随着隔振器、柔性接头和弹性支吊架的应用日益普及，周围环境对降低锅炉房噪声的要求提高，扩大设备隔振器、管道柔性接头和弹性支吊架的使用范围是适宜的。

16.2.8 本条是新增的条文。

非独立锅炉房，其周围环境对噪声特别敏感。锅炉房内操作地点的噪声声级卫生限值为85dB（A），如果锅炉房的墙、楼板、隔声门窗的隔声量不小于35dB（A），锅炉房外界噪声可控制在50dB（A）以内，可使锅炉房所处的楼宇夜间噪声达到《城市区域环境噪声标准》GB 3096中规定的2类标准。如要达到0类或1类标准，还需详细计算锅炉房内部的噪声声级和隔声量。

对墙、楼板、隔声门窗的隔声效果，墙和楼板比较容易达到本条所提出的隔声量要求，而隔声门窗略有困难，故楼内设置的锅炉房设计时应减少门窗的使用。

16.3 废水治理

16.3.1 本条是新增的条文。

锅炉排放的各类废水应符合现行国家标准《污水综合排放标准》GB 8978 和《地表水环境质量标准》GB 3838 的规定，还要符合锅炉房所在地受纳水系的接纳要求。受纳水系可以是天然的江、河、湖、海水系，也可以是城市污水处理厂等。

16.3.2 本条是新增的条文。

水资源的合理开发、循环利用，减少污水排放，保护环境是必须遵循的设计原则。

16.3.3 本条是原规范第 13.4.7 条和第 13.4.9 条合并后的修订条文。

本条是指锅炉房水环境影响的主要废水污染源及其治理原则。

湿式除尘脱硫、水力冲灰渣和锅炉情况产生的废水中的污染因子有固体悬浮物和 pH 值，应经过沉淀、中和处理后排放；锅炉排污水会造成热污染，应降温后排放；化学水处理的废水污染因子是 pH 值，应采取中和处理后排放。

在一般情况下需将锅炉房的排水温度降至 40℃ 以下，但企业锅炉房如在所属企业范围内的排水上游且排水管材料及接口材质无温度要求时，可以略高于 40℃，这样更符合使用情况。

16.3.4 本条是原规范第 13.4.9 条的修订条文。

油罐清洗的含油废水直接排放会造成严重的污染；液化石油气残液的直接排放会造成火灾危险，均严禁直接排放。为防止含油废水的排放造成的污染，油罐区应设置汇水阴沟和隔油池。液化石油气残液处理的难度很大，不应自行处理，必须委托有资质的专业企业处理。

16.3.5 本条是原规范第 13.4.8 条的修订条文。

煤作为一种能源需要节约和因环保要求防止水体对周围的污染，故在坡地煤场和较大煤场的周围要求设置"防止煤屑冲走"的设施，如在四周设渗漏沟排水及沉煤屑池，将煤屑截留后，再对废水加以处理达标后排放。

当煤场、灰渣场位于饮用水源保护区范围附近时，应有防止贮灰场灰水渗漏时地下水饮用水源污染的措施。

16.4 固体废弃物治理

16.4.1 本条是新增的条文。

我国对燃煤锅炉的灰渣综合利用已有成熟的技术和办法。灰渣被大量用于制作建筑材料和铺筑道路，各地都建立了灰渣的综合利用工厂。

烟气脱硫装置在建设时，应同时考虑其副产品的回收和综合利用，减少废弃物的产生量和排放量。脱硫副产品的利用不得产生有害影响。对不能回收利用的脱硫副产品应集中进行安全填埋处理，并达到相应的填埋污染控制标准。

16.4.2 本条是新增的条文。

根据《国家危险废物名录》，废树脂属危险废弃物。

16.5 绿　　化

16.5.1 本条是原规范第 2.0.18 条的修订条文。

绿化是保护环境的一项重要措施，它有滤尘、吸收有害气体和调节局部小气候的作用，改善生产和生活条件，因此锅炉房周围的绿化应受到足够的重视。锅炉房地区的绿化程度要区别对待，对相对独立的区域锅炉房，其绿化系数应根据当地规划，一般宜为 20%；对非区域锅炉房，其绿化面积应在总体设计时统一规划。

16.5.2 本条是新增的条文。

在锅炉房区域内，对环境条件较差的干煤棚和露天煤、渣场周围，应进行重点绿化，建立隔离缓冲带，以减少扬尘对周围环境的影响。

17 消　　防

17.0.1 本条是新增的条文。

本条是消防政策，必须遵照执行。

17.0.2 本条是新增的条文。

目前在实践中，锅炉房的建筑物、构筑物和设备的灭火设施采用移动式灭火器及消火栓，是完全可行的。锅炉房内灭火器的配置，应按现行国家标准《建筑灭火器配置设计规范》GB 50140 执行。

17.0.3 本条是新增的条文。

本条是考虑到燃油泵房、燃油罐区的燃料特点而提出的消防措施，泡沫灭火系统的设计应符合现行国家标准《低倍数泡沫灭火系统设计规范》GB 50151 的有关规定。

17.0.4 本条是新增的条文。

燃油及燃气的非独立锅炉房，因其是设置在其他的建筑物内，为保证锅炉房及其他建筑物的安全，在有条件时，锅炉房的灭火系统应受建筑物的防灾中心集中监控。

17.0.5 本条是新增的条文。

非独立锅炉房，单台蒸汽锅炉额定蒸发量大于等于 10t/h 或总额定蒸发量大于等于 40t/h 及单台热水锅炉热功率大于等于 7MW 或总热功率大于等于

28MW时，应在火灾易发生部位设置火灾探测和自动报警装置。火灾探测器的选择及设置位置，应符合现行国家标准《火灾自动报警系统设计规范》GB 50116的有关规定。

17.0.6 本条是新增的条文。

锅炉房的操作指挥系统一般设在仪表控制室内，为方便管理，故要求消防集中控制盘也设在仪表控制室内。

17.0.7 本条是新增的条文。

由于防火的要求，对容量较大锅炉房需要采用栈桥输送燃料时，对锅炉房、运煤栈桥、转运站、碎煤机室相连接处，宜设置水幕防火隔离设施，这对防止火焰蔓延是很重要的。

18 室外热力管道

18.1 管道的设计参数

18.1.1 本条是原规范第14.2.1条的条文。

热力管道建成后，将运行数十年。在这期间，对于每一个企业来说，所需热负荷一般都在逐步地发展，因此，在热力管道设计时，除按当时的设计热负荷进行外，对于近期已明确的发展热负荷，包括其种类、数量、位置等，在设计中也应予以考虑。

18.1.2 本条是原规范第14.2.2条的修订条文。

在计算热水管网的设计流量时，应按采暖、通风负荷的小时最大耗热量计算。闭式热水管网，当采用中央质调节时，通风负荷的设计流量与采暖负荷一样，按其小时最大耗热量换算，因为通风机运行与否，热水工况是一样的，所以不考虑同时使用系数。由于计算中常有富裕量，此富裕量足以补偿管道热损失，因此支管和干管的设计流量不考虑同时使用系数和热损失，是较为简便和合理的。即使在只有采暖负荷的情况下也不必考虑热损失，因为中央质调节时供求温度是根据室外气温调节的。为考虑管道热损失，运行中适当提高供水温度就可以了。这样做，可不增加设计流量和由此而增加循环水泵的能耗，是符合节能原则的。

兼供生活热水干管的设计流量，其中生活热水负荷可按其小时平均耗热量计算。其理由：一是生活热水用户数量多，最大热负荷同时出现的可能性小；二是目前生活热水负荷占总热负荷的比例较小。而支管情况则不同，故支管设计流量应根据生活热水用户有无贮水箱，按实际可能出现的小时最大耗热量进行计算。

18.1.3 本条是原规范第14.2.3条的条文。

蒸汽管网的设计流量，干管是按各用户各种热负荷小时最大耗热量，分别乘以同时使用系数和管网热损失进行计算；支管则按用户的各种热负荷小时最大耗热量计算。

18.1.4 本条是原规范第14.2.4条的条文。

凝结水管道的设计流量，即为相应的蒸汽管道设计流量减去不回收的凝结水量。

18.1.5 本条是原规范第14.1.4条的条文。

锅炉的运行压力一般是按照热用户的蒸汽最大工作参数（压力、温度），再考虑管网压力损失和温度降而确定的，以这样来确定蒸汽管网的蒸汽起始参数是切合实际的。这样做，管道的直径可能会大一些，初次投资要大一些，但从长远看，可以适应较大热负荷的增长，从实际运行来说，一般情况下，可以满足用户的压力和温度要求，是较为节能的运行方式。

18.2 管道系统

18.2.1 本条是原规范第14.3.1条的修订条文。

生产、采暖、通风和生活多种用汽参数相差不大，或生产用汽无特殊要求时，采用单管系统可以节约投资，减少管网热损失。当生产用汽有特殊要求时，采用双管系统能确保供汽的可靠性。如多种用汽参数相差较大时，采用多管系统有利于用汽的分别控制和设备的安全，同时可做到合理用能。

18.2.2 本条是原规范第14.3.2条的条文。

蒸汽管网一般采用枝状系统。对于用汽点较少且管网较短、用汽量不大的企业，为满足生产用汽的不同要求（例如一些用汽用户要求汽压不同或生产工艺加热次序有先有后等情况）和为了便于控制，可采用由锅炉房直接通往各用户的辐射状管道系统。

18.2.3 本条是原规范第14.3.3条的条文。

以往国内一些高温热水系统运行不正常，大流量小温差的运行较普遍，水力工况失调。其原因之一是用户入口没有可靠、准确的减压措施，以致各用户的流量没有按设计应有的流量分配。于是有些单位采取了干管同程布置，取得了一定效果。这是由于各用户的供、回水温差大体上是相等的。但这样做并不能完全消除水力失调，因为支管和支干管的压力损失以及每个用户内部的压力损失并不都是相等的。要完全解决水力失调，必须从各用户入口处采取减压措施。如采用同程布置方式，将相应增加管网投资，所以应采用正常的异程（逆流）式系统。

在双管热水系统的设计中，有的是为了将室内的采暖系统采取同程式系统，有的是为了将室内采暖系统的回水就近通向室外热水管网，甚至几路回水分别通向室外热水管网，以致供水管与回水管完全不对应。这不仅搞乱了正常的热水系统，也给热水系统的调试和运行管理带来很大的困难。例如室内采暖系统的入口装置上、供水和回水管上，均有压力表、温度计，这对了解运行工况和调试是方便的。如果供水管从用户一边进，而回水管却从用户另一边出，这样供、回水管上压力表和温度计将分设两处，给了解系统运行情况和调试均增加了困难。因此本条文作了规定：通向热用户的供、回水支管宜为同一出入口。对于大的厂房，为避免室内采暖系统管线太长，可以分为几个系统，每个系统的供、回水管各为同一出入口。

18.2.4 本条是原规范第14.3.4条的条文。

1 当热水系统的循环水泵停止运行时，应有维持系统静压的措施。其静压线的确定一般为直接连接用户系统中的最高充水高度与供水温度相应的汽化压力之和，并应有10～30kPa的富裕量，以保证用户系统最高点的过热水不至汽化。如因条件所限或为了降低高度适应较低用户的设备所能承受的压力，也可将静压线定在不低于系统的最高充水高度，但将因此造成系统再次投入运行时的充水和放气工作量。

2 循环水泵运行时，系统中任何一处的压力不应低于该处水温下的汽化压力，以保证系统运行时不致产生汽化。

3 热水回水管的最大运行压力，以及循环水泵停运时所保持的静压，均不应超过用户设备的允许压力。回水管上任何一处的压力不应低于50kPa，是为了当回水管内水的压力波动时，不致产生负压而造成汽化。

4 供、回水管之间的压差应满足系统的正常运行，当用户入口处的分布压头大于用户系统的总阻力时，应采取消除剩余压头的可靠措施。如采用孔板、小口径管段、球阀、节流阀等。

18.2.5 本条是原规范第14.3.5条的条文。

在热力系统设计中，水压图能形象直观地反映水力工况。为了合理地确定与用户的连接方式（特别是在地形复杂的条件下），以及准确地确定用户入口装置供、回水管的减压值，宜在水力计算基础上绘制水压图。

18.2.6 本条是原规范第14.3.6条的修订条文。

要求蒸汽间接加热的凝结水应予以回收是节约能源和有效利用水资源的重要措施。也是国家相关法律、法规的基本要求。

加热有强腐蚀性物质的凝结水，可能会因渗漏使凝结水含有强腐蚀性物质，该水进入锅炉会使锅炉腐蚀，故不应回收。加热油槽和有毒物质的凝结水，也会对锅炉不利，即使锅炉不供生活用汽，不危及人身安全，出于安全的综合考虑，也不应回收。当锅炉供生活用汽时，为避免发生人身中毒事故，则加热有毒物质的凝结水严禁回收。

18.2.7 本条是原规范第14.3.7条的条文。

高温凝结水从用汽设备中经疏水阀排出时，压力会降低，和产生的二次汽混在凝结水中，从而增大凝结水管的阻力。二次汽最后又排入大气，造成热量损失。所以采取利用饱和凝结水或将二次汽引出利用，不仅直接利用了这部分热量，还有利于凝结水回收。

18.2.8 本条是原规范第14.3.8的条文。

为提高凝结水回收率，对可能被污染的凝结水，应设置水质监督仪器和净化设备，当回收的凝结水不符合锅炉给水水质标准时，需进行处理合格后才能作为锅炉给水使用。

18.2.9 本条是原规范第14.3.9条的条文。

凝结水回收系统现在绝大多数为开式系统，且运行不正常，二次汽和漏汽大量排放，热量和凝结水损失很大，并由于空气进入管道内，引起凝结水管内腐蚀，因此宜改为闭式系统，以有利于二次汽的利用，节约能源，也有利于延长凝结水管道的寿命。当输送距离较远或管道架空敷设时，因阻力较大，靠余压难以使凝结水返回时，则宜采用加压凝结水回收系统，借蒸汽或水泵将凝结水压回。

18.2.10 本条是原规范第14.3.10条的条文。

当采用闭式满管系统回收凝结水时，为使所有用户的凝结水能返回锅炉房，在进行凝结水管水力计算的基础上绘制水压图是必要的，以便根据各用户的室内地面标高、管道的阻力、锅炉房凝结水箱的标高及其中的汽压等因素，通过水压图以合理确定二次蒸发箱的安装高度及二次汽的压力等。

18.2.11 本条是原规范第14.3.11条的条文。

在余压凝结水系统的凝结水管内，饱和凝结水在流动过程中不断降低压力而产生二次汽，还有少量经疏水阀漏入的蒸汽。虽然因凝结水管的热损失而减少了一些蒸汽，但凝结水管内仍为水、汽两相流动，所以应按汽、水混合物计算。但两相流动有多种不同的流动状态，现尚无科学的计算方法。目前通用的方法是把汽水混合物假定为乳状混合物进行计算。至于含汽率大小因各种情况不同而不同，难以确定。

18.2.12 本条是原规范第14.3.12条的条文。

选择加压凝结水系统时，应首先根据用户分布的情况，分片合理地布置凝结水泵站。条文中是按自动启闭水泵的运行方式考虑水箱容积的。为避免水泵频繁的启闭，凝结水泵的流量不宜过大。根据目前凝结水回收率的水平，凝结水泵的流量按每小时最大凝结水量计算。当泵站并联运行时，凝结水泵的选择应符合并联运行的要求。

每一个凝结水泵站中，一般设置2台凝结水泵，其中1台备用，其扬程应能克服系统的阻力、泵出口至回收水箱的标高差以及回收水箱的压力。凝结水泵应能自动开停。每一个凝结水泵站，一般设置1个凝结水箱，但常年不间断供热的系统和凝结水有可能被污染的系统，则应设置2个凝结水箱，以便轮换检修和监测处理。

18.2.13 本条是原规范第14.3.13条的条文。

疏水加压器构造简单，不用电动机作动力，自动启停，运行可靠，使用方便，有较好的节能效果。

当采用疏水加压器作为加压泵时，如该疏水加压器不具备阻汽作用时，则各用汽设备的凝结水管道在接入疏水泵加压器之前应分别安装疏水阀。如当疏水加压器兼有疏水阀和加压泵两种作用时，则用汽设备的凝结水管道上可不另安装疏水阀，但疏水加压器的设置位置应靠近用汽设备，并应使疏水加压器的上部水箱低于凝结水系统，以利用汽设备的凝结水顺畅地流入该疏水加压器的集水箱。

18.3 管道布置和敷设

18.3.1 本条是原规范第14.4.1条的条文。

热力管道的布置和敷设有着密切的关系。不同的敷设方式对布置的要求也不同。选择管道的敷设方式，应根据当地的气象、水文、地质和地形等因素考虑。管道的布置，应按用户分布情况、建筑物和构筑物的密集程度、用户对供热的要求，结合区域总平面布置等因素综合考虑。管道及其附件布置的不合理，对施工、生产、操作和维修都有影响，在设计中应予以注意。

    1 主干管的布置，应使其既满足生产要求，又节约管材。

    2 当采用架空敷设时，为减少支吊架数量和尽量减少其热损失，可穿越建筑物，但不应穿越配、变电所和危险品仓库等建筑物。这是由于介质散热和可能的泄漏，会使电气裸线短路，或使电石遇水产生乙炔气，以致发生爆炸事故。管道穿越建筑扩建地和永久性物料堆场会导致日后返工浪费或难于维修，一旦管道发生故障，将影响有关用户正常供热，故亦不宜穿越这些场地。此外，还应少穿越厂区主要干道，因为如架空敷设将影响美观，且因干道宽，布管的跨度大，造成支吊困难；如地下敷设，则因不宜开挖主干道而难于维修。

    3 在山区敷设管道，应依山就势、因地制宜地布置管线。当管道通过山脚时，应考虑到地质滑坡的隐患；当跨越沟谷时，应考虑山洪对管架基础的冲击。

18.3.2 本条是原规范第14.4.2条的修订条文。

根据以前的调研，一些热力管道过去都采用地沟敷设，后因地沟泡水，管道受潮后腐蚀严重，现已全部改为架空敷设。

因此本规范建议在下列地区采用架空敷设：

    1 对地下水位高或年降雨量大的地区。

    2 土壤带有腐蚀性时。如用地下敷设，则地下管线易受腐蚀。

    3 在地下管线密集的地区。这可以避免管沟之间的相互交叉，尤其是改建和扩建的项目，如原有地下管线布置很复杂时，热力管道采用地下敷设更有困难。

    4 地形复杂的地区。采用地下敷设难度大，投资也大。

架空敷设具有维修方便、造价低等优点，适宜于敷设热力管线。

本条有关管道敷设方式的建议是从困难一个方面考虑的。但在设计中也要考虑到现在直埋管道技术的发展现状，对地下水位高或年降雨量大以及土壤具有较强的腐蚀性的地区的管道，如采取一定的措施，也是可以采用地沟和直埋敷设的。为此本条要求，在居民区等对环境美观的要求越来越高地点，在人员密集的地点，同时也出于安全的考虑，宜采用地沟或直埋敷设方式。

18.3.3 本条是原规范第14.4.3条的条文。

本规范附录A的规定，是参照设计中普遍采用的规定编写的。其数据与压缩空气站、氧气站等设计规范是一致的，并与现行国家标准《工厂企业总平面设计规范》GB 50182的规定相协调。

18.3.4 本条是原规范第14.4.4条的条文。

当管道沿建筑物和构筑物敷设时，加在其上的荷载（包括垂直荷重及热膨胀推力）应提出资料，由土建专业予以计算和校核，以确保建筑物或构筑物的安全。

18.3.5 本条是原规范第14.4.5条的修订条文。

架空热力管道与输送强腐蚀性介质的管道和易燃、易爆介质管道共架时，宜布置在腐蚀性介质管道和易燃、易爆介质管道的上方，或宜水平布置在腐蚀性介质管道和易燃、易爆介质管道的内（里）侧。这样能够保证腐蚀性介质和易燃、易爆介质不会滴漏到热力管道上，从而避免引起热力管道的腐蚀和发生火灾的危险，同时也可避免热力管道的散热量对其他管道的安全影响。热力管道与腐蚀性介质管道和易燃、易爆介质管道水平布置时，将腐蚀性介质管道和易燃、易爆介质管道布置在外侧是为了让最危险的管道更方便进行检修和维护。

18.3.6 本条是原规范第14.4.6条的条文。

多管共架敷设，当支架两侧的荷载不均衡时，将会引起支架荷载重心发生偏移，故设计时应考虑管架两侧荷载的均衡。热力管道宜与室外架空的工艺或动力管道共架敷设，这是为了节省管架投资和便于总图布置等。

18.3.7 本条是原规范第14.4.7条的条文。

在不妨碍交通的地段采用低支架敷设，可节约支架费用，又便于管理维修。对保温层与地面净空距离定为0.5m，这不仅是为了避免雨季时地面积水有可能使管道保温层泡水，且方便在管道底部安装放水阀，还可避免支架低，行人在管道上行走，踩坏保温层。

中支架敷设时，管道保温层距地面净空距离不宜小于2.5m，是为了便于人的通行。

高支架敷设的高度要求是为了保证车辆的通行。

18.3.8 本条是原规范第14.4.8条的条文。

地沟内部管道采用单排（行）布置是考虑维修方便。地沟型式应考虑经济合理及运行维修方便等因素。不通行地沟内部管道如发生事故时，必须挖开地面后方可进行检修。因此，在管道通过铁路线或主要交通要道等地面不允许开挖的地段处，即使管道的数量不多，管径也很小，也不宜采用不通行地沟敷设。对于仅在采暖期使用的低压、低温管道，当管道数量较多时，也可以采用半通行地沟敷设，这主要是考虑在非采暖期可以进行管道的检查和保温层的维修。

18.3.9 本条是原规范第14.4.9条的条文。

对半通行地沟及通行地沟的净空高度及通道宽度的规定，是根据工厂的实际使用情况和安装单位的建议，以及参考原苏联1967年编制的"热网工艺设计标准"中有关规定等制定的。

考虑到企业（单位）地下管线较多，避让困难，并从建造地沟的经济方面着眼，条文规定：半通行地沟的净空高宜为1.2～1.4m，通道净宽宜为0.5～0.6m；通行地沟的净高不宜小于1.8m，通道净宽不宜小于0.7m。

18.3.10 本条是原规范第14.4.10条的条文。

对通行及半通行地沟，自管道保温层外表面至地沟顶部距离，根据安装公司方便安装的意见、实际使用情况和大多数设计院的设计经验，本规范规定采用50～300mm。

18.3.11 本条是原规范第14.4.11条的条文。

重油管、润滑油管、压缩空气管和上水管都不是易挥发、易爆、易燃、有腐蚀性介质的管道，为了节约占地和投资，可以与热力管道共同敷设在同一地沟内。在地沟内，将给水管安排在热力管的下方，是为了避免因给水管在湿热的沟内空气中管外结露，使水滴在热力管道保温层上从而破坏保温。

18.3.12 本条是原规范第14.4.12条的条文。

为确保安全，热力管道不允许与易挥发、易爆、易燃、有害、有腐蚀性介质的管道共同敷设在同一地沟内。也不能与惰性气体敷设在同一地沟内，是为了避免造成检修人员窒息。

18.3.13 本条是新增的条文。

管道直埋技术在我国发展较快，目前基本可归纳为无补偿敷设方式和有补偿敷设方式。采用以弹性分析理论为基础的无补偿方式，按管道预热方式的不同又可分为敞开式和覆盖式，敞开式不设固定点，没有补偿器，投资较低；覆盖式需安装一次性管道补偿器。当热力管道的介质温度较高，或安装时无热源预热，可采用有补偿方式。有补偿方式中可分为有固定点方式和无固定点方式，无固定点方式计算要求高，但占地小，运行相对可靠，投资小而优于有固定点方式。根据国内外理论和实践的经验表明，无补偿方式优于有补偿方式，无补偿方式中敞开式优于覆盖式。

直埋管道品种较多，特别是外保护层的结构大不相同，采用玻璃钢等强度和抗老化性能较差的材料作外保护层时，管道（包括保温层）底外壁高于最高地下水位高度0.5m是较安全可靠的；采用高密度聚乙烯管和钢套管等作外保护层时允许在地下水位以下敷设，但将管道泡在水里会降低管道的安全性和经济性。

直埋管道的查漏是一个需高度重视的问题，如何及时准确地查找泄漏部位，防止盲目开挖，设计时考虑设置泄漏报警系统是可行的，也是必要的。

考虑阀门等可能暴露在外，在强电流地区，管道会引起电化学腐蚀，因此宜采取一定的措施。

18.3.14 本条是原规范第14.4.13条的修订条文。

直埋敷设管道外壳顶部埋深应在冰冻线以下，这是对直埋管道敷设的基本要求。直埋管道纵向稳定最小覆土深度在《城镇直埋供热管道工程技术规程》CJJ/T 81和《城镇供热直埋蒸汽管道技术规程》CJJ 104有详细规定，应遵照执行。为确保安全起见，直埋管道穿行车道时，应有必要的保护措施，若管道有足够的埋深距离，足以保证安全，可以不考虑防护措施，所以本规范规定"宜加套管或采用管沟进行防护，管沟上应设钢筋混凝土盖板"。

18.3.15 本条是原规范第14.4.14条的条文。

检查井的尺寸和技术要求是从便于操作和保证人员安全考虑的。检查井的净空高度不应小于1.8m，是保证操作人员能不碰到头部。设置2个人孔是为了采光、通风和人员安全的需要。检查井的人孔口高出地面0.15m，是为了防止地面水进入。要求积水坑设置在人孔之下，是为了打开人孔盖即可直接从人孔口抽除井内积水。

18.3.16 本条是原规范第14.4.15条的条文。

原苏联《热力网设计规范》规定，通行地沟上的人孔间距在有蒸汽管道的情况下为100m，在无蒸汽管道的情况下不大于200m；半通行地沟人孔间距在有蒸汽管道的情况下为60m，在无蒸汽管道的情况下不大于100m。人孔口高出地面不应小于0.15m是为了防止地面水流入地沟。

18.3.17 本条是原规范第14.4.16的条文。

由于热力管道散热，地沟内的温度一般比较高。在保温层损坏或阀门等附件有泄漏时，温度会更高。如地沟渗水，在较高温度下，水分蒸发，造成地沟内湿度增大，易使保温层损坏，甚至腐蚀管道和附件。因此，在设计地沟时，应尽可能防止地下水和地面水的渗入，并应考虑地沟有排水的坡度。如地面有高差，地沟坡度宜顺地面坡度，使地沟覆土均匀。

由于地沟内热力管道散热量较大，如不考虑通风，则其散发出的热量将会使地沟内的温度升高。对于通行和半通行地沟，如不考虑通风，在管网运行期间操作维修人员根本无法进入地沟内工作。根据使用单位的经验，在地沟或检查井上装设自然通风装置是降温的一个可靠措施，并可驱除沟内潮气，减少沟内管道及附件的锈蚀。

18.3.18 本条是新增的条文。

直埋管道敷设应开挖梯形沟槽，在沟槽内管道的四周应填满距管道外壁不小于200mm厚的细沙，以保证管道四周具有良好的透水层，同时也可减少管道与土壤的摩擦力，并使管道与土壤的摩擦力均匀分布。

18.3.19 本条是原规范第14.4.18条的条文。

为了尽量减少地下敷设热力管道与铁路或公路交叉管道的长度，以减少施工和日常维护的困难，其交叉角不宜小于45°。单管或小口径管与之交叉时，宜采用套管；多管或大口径管与之交叉时，则按具体情况可采用半通行或通行地沟。

18.3.20 本条是原规范第14.4.19条的条文。

中、高支架敷设的管道在干管和分支管上装有阀门和附件时，需要操作、维修，故应设置操作平台及栏杆。在只装疏水、放水和放气（汽）等附件时，可将这些附件降低安装，省去操作平台以节约投资。其引下管中积水，在寒冷地区应保温，以防管道因内部积水冻结而破坏。

18.3.21 本条是原规范第14.4.20条的修订条文。

为防止雨水和地面水进入地沟，避免地沟内湿度增高，甚至管道和保温层泡水，从而保证热力管道正常运行、维修和延长使用寿命。因此，在架空敷设管道与地沟敷设管道连接处，即管道穿入地沟的洞口应有防止雨水进入的措施，如使洞口高出地面0.3m，在管道进入洞口处设防雨罩等。直埋管道伸出地面处设竖井，是为了保护伸出地面垂直管道部分，同时也是要留有水平管道自由端热位移的空间。

18.4 管道和附件

18.4.1 本条是原规范第14.5.1条的修订条文。

根据热介质的参数、无缝钢管的生产供应情况以及热力管道不同敷设方式提出的选用原则。

18.4.2 本条是原规范第14.5.2条的条文。

管径太小的管道，运行时易为管内脏物堵塞，不易清理。设计中采用管道的最小公称直径一般为25mm。

18.4.3 本条是原规范第14.5.3条的条文。

在热力管道通向每一个用户的支管上，原则上均应装设关闭阀门。考虑到有些支管比较短（小于20m），发生破损事故的可能性比较小，故在这种较短的支管上，可不设关闭阀门。

18.4.4 本条是原规范第14.5.4条的条文。

热水、蒸汽和凝结水管道的最高点装设放气阀，用以排放管道中的空气。此放气阀在管道安装时可作为水压试验放气用；而在投运后此放气阀放气是为了保证正常运行、维修。热水、蒸汽和凝结水管道的最低点装设放水阀，用以放水和排污，以保证正常运行和维修，或作为事故排水用。

18.4.5 本条是原规范第14.5.5条的条文。

蒸汽管道开始启动暖管时，会产生大量的凝结水，为了防止水击应及时疏水。在直线管段上，顺坡时蒸汽与凝结水流向相同，每隔400～500m应设启动疏水，逆坡时蒸汽与凝结水流向相反，每隔200～300m应设启动疏水。当蒸汽管道启动时，将启动疏水阀开启，启动结束后将此阀关闭。在蒸汽管道的低点和垂直升高之前，启动及正常运行时均有凝结水结集，为避免水击，需要连续地、及时地将凝结水排走，故应设置经常疏水附件。

18.4.6 本条是原规范第14.5.6条的条文。

本条主要考虑减少凝结水损失，以降低化学补充水的消耗量。

18.4.7 本条是原规范第14.5.7条的条文。

为了能检查疏水阀的正常工作情况，在疏水阀后安装检查阀是简单有效的办法，否则难于检查疏水阀是否运行正常。为保证疏水阀的正常运行，在不具备过滤装置的疏水阀前安装过滤器是必要的。

18.4.8 本条是原规范第14.5.8条的条文。

根据调研，在连续运行的条件下，在室外采暖计算温度为－10℃以下的地区架空敷设的灰铸铁阀门易发生冻裂事故，而室外采暖计算温度在－9℃及以上的地区未发现架空敷设的灰铸铁阀门冻裂的情况。但如不是连续运行情况，则室外采暖计算温度在－9℃及以上的地区也会发生灰铸铁阀门冻裂的情况，故对间断运行露天敷设管道灰铸铁放水阀的禁用界限划在室外采暖计算温度在－5℃以下地区。

18.5 管道热补偿和管道支架

18.5.1 本条是原规范第14.6.1条的修订条文。

自然补偿是最可靠的热补偿方式，但当管径较大时（一般指公称直径大于等于300mm），虽然采用自然补偿也能满足要求，但与采用补偿器补偿比较就可能不经济了。国内目前在补偿器的制造质量上已有较高的水平，补偿器的可靠性和使用寿命都大大提高，对大管径热力管道的布置推荐采用补偿器，可节约投资，占地小，同时也美观，敷设方便。

18.5.2 本条是新增的条文。

热力管道补偿器一般是管道系统中最薄弱环节之一，约束型补偿器结构简单、造价低，同时对管系不产生盲板推力。对架空敷设的管道而言，因有足够的横向位移空间，根据管道的自然走向或关系结构，优先采用约束型补偿器是合理的。当采用约束型补偿器不能满足要求时，可考虑局部采用非约束型补偿器。地沟敷设的管道因没有足够的横向位移空间，不宜采用约束型补偿器，但在设计中有条件的话，建议仍优先采用约束型补偿器。

18.5.3 本条是原规范第14.6.2条的条文。

在工程设计阶段，一般不知道其管道的安装温度，此时可以将室外计算温度作为管道的安装温度，虽然其实际安装温度较此为高，但即使安装温度与介质工作温度之差加大，也可以使热补偿留有富裕量。

18.5.4 本条是原规范第14.6.3条的条文。

本规范的适用范围，热介质温度小于等于450℃。室外热力管道一般在非蠕变条件下工作（碳钢380℃以下），管道的预拉伸一般按热伸长的50%计算。当输送热介质的温度大于380℃而小于450℃时预拉伸量取管道热伸长量的70%。

18.5.5 本条是原规范第14.6.4条的修订条文。

套管补偿器运行时对两端管子的同心度有一定要求，如果偏移量超过一定范围，热胀冷缩时补偿器容易被卡住，并且还会泄漏。因此本条规定，应在套管补偿器的活动侧装设导向支架。

18.5.6 本条是原规范第14.6.5条的修订条文。

波形补偿器因其强度较差，补偿能力小，轴向推力大，因而在热力管道上不常使用。为了补偿管道径向、轴向的热伸长，可采用不同的布置方式。并根据波形补偿器的布置情况，在两侧装设导向支架。采用波形补偿器时，应计算其工作时的热补偿量，并应规定安装时的预拉伸量。

18.5.7 本条是原规范第14.6.6条的条文。

球形补偿器补偿能力大，由于直线管段长，为了降低管道对固定支座的推力，宜采用滚动支座或低摩擦系数材料的滑动支座，并应在补偿器处和管段中间设置导向支座，防止管道纵向失稳。

18.5.8 本条是原规范第14.6.7条的条文。

热压弯头质量有保证，造价便宜，而正常煨制的弯管，特别是大管径的管子，煨制工作量大，质量不容易保证。因此，在有条件的情况下应优先采用热压弯头。

18.5.9 本条是原规范第14.6.8条的条文。

管道的活动支座一般情况下宜采用滑动支座因为它制作简单，造价较低。在敷设于高支架、悬臂支架或通行地沟内的公称直径大于等于300mm的管道上，宜采用滚动（滚轮、滚架、滚柱）支座，或用低摩擦系数材料的滑动支座，这是为了减少摩擦力，从而减少对固定支架的推力，以利于减小支架土建结构的断面，从而降低造价。这对于高支架敷设的柱子尤为重要。

18.5.10 本条是原规范第14.6.9条的条文。

为了使热力管道的渗漏水以及外部进入地沟的水能够较通畅地顺地沟的坡向流至检查井，管子滑动支架的混凝土支墩应错开布置。

18.5.11 本条是原规范第14.6.10条的条文。

这种将管道敷设在另一管道上的敷设方式可节省投资和用地，但在计算管道支座尺寸和补偿器补偿能力时，应考虑上、下管道的位移所造成的影响，以免发生上面管道滑落的事故。

18.5.12 本条是原规范第14.6.11条的条文。

多管共架敷设时，由于管道数量、重量、布置方式和输送介质参数不同，以及投入运行的先后次序不一等原因，将使支架的实际受力情况受到一定程度的制约。因此，在计算作用于支架上的摩擦推力时，应充分考虑这些相互牵制的因素。牵制系数的采用，可通过分析计算或参照有关资料和手册的规定。

中华人民共和国国家标准

小型火力发电厂设计规范

Code for design of small fossil fired power plant

GB 50049—2011

主编部门：中 国 电 力 企 业 联 合 会
批准部门：中华人民共和国住房和城乡建设部
施行日期：２ ０ １ １ 年 １ ２ 月 １ 日

中华人民共和国住房和城乡建设部
公　　告

第 881 号

关于发布国家标准
《小型火力发电厂设计规范》的公告

现批准《小型火力发电厂设计规范》为国家标准，编号为 GB 50049-2011，自 2011 年 12 月 1 日起实施。其中，第 7.2.4、7.4.7、21.1.5 条为强制性条文，必须严格执行。原《小型火力发电厂设计规范》GB 50049-94 同时废止。

本规范由我部标准定额研究所组织中国计划出版社出版发行。

中华人民共和国住房和城乡建设部
二〇一〇年十二月二十四日

前　　言

本规范系根据原建设部《关于印发〈2006 年工程建设标准规范制订、修订计划（第二批）〉的通知》（建标〔2006〕136 号）的要求，由河南省电力勘测设计院会同有关单位在原《小型火力发电厂设计规范》GB 50049—94 的基础上修订完成的。

本规范共分 24 章和 1 个附录，主要内容有：总则、术语、基本规定、热（冷）电负荷、厂址选择、总体规划、主厂房布置、运煤系统、锅炉设备及系统、除灰渣系统、脱硫系统、脱硝系统、汽轮机设备及系统、水处理设备及系统、信息系统、仪表与控制、电气设备及系统、水工设施及系统、辅助及附属设施、建筑与结构、采暖通风与空气调节、环境保护和水土保持、劳动安全与职业卫生、消防。

本规范修订的主要技术内容是：

1. 适用范围增加为高温高压及以下参数、单机容量小于 125MW、采用直接燃烧方式、主要燃用固体化石燃料的火力发电厂设计；

2. 增加了脱硫系统、脱硝系统的技术内容；

3. 增加了信息系统、水土保持、消防的技术内容。

本规范中以黑体字标志的条文为强制性条文，必须严格执行。

本规范由住房和城乡建设部负责管理和对强制性条文的解释，由中国电力企业联合会负责日常管理，河南省电力勘测设计院负责具体技术内容的解释。在执行过程中如有意见或建议，请寄送河南省电力勘测设计院（地址：河南省郑州市中原西路 212 号，邮政编码：450007）。

本规范主编单位、参编单位、主要起草人和主要审查人：

主编单位： 河南省电力勘测设计院

参编单位： 湖南省电力勘测设计院
浙江省电力设计院
山东电力工程咨询院有限公司

主要起草人：

娄金旗	庞　可	王成立	钱海平
王　葵	韦迎旭	王宇新	张战涛
宋俊山	张军民	郭红兵	郭西平
陈本柏	刘自力	刘怡君	李柯伟
张卫灵	崔云素	许　伟	楼予嘉
陈　晓	周　建	周志勇	于　昉
王瑞来	张吉栋	唐爱良	何语平

主要审查人：

郭晓克	黄宝德	王小京	郭亚丽
刘东亚	苏云勇	王焕瑾	李江波
田蓉荣	黄　文	陈　彬	程　建
胡　蔚	王振彪	蔡发明	何维莎
李　钟	付剑波	金维勤	陈　曦
葛四敏	曹和平	陈丽琳	周献林
林　抒	甘家福	汤莉莉	黄　蓉
徐同社	陈　峥	王洁如	刘明秋
徐正元	王晓军	马团生	尉湘战
胡华强	李向东	张燕生	侯连成
汤东升	张开军	邹效农	

目 次

1 总则 ·················· 7—7—8
2 术语 ·················· 7—7—8
3 基本规定 ··············· 7—7—8
4 热（冷）电负荷 ············ 7—7—9
　4.1 热（冷）负荷和热（冷）介质 ··· 7—7—9
　4.2 电负荷 ··············· 7—7—9
5 厂址选择 ··············· 7—7—9
6 总体规划 ··············· 7—7—10
　6.1 一般规定 ············· 7—7—10
　6.2 厂区内部规划 ·········· 7—7—11
　6.3 厂区外部规划 ·········· 7—7—13
7 主厂房布置 ············· 7—7—13
　7.1 一般规定 ············· 7—7—13
　7.2 主厂房布置 ············ 7—7—13
　7.3 检修设施 ············· 7—7—14
　7.4 综合设施 ············· 7—7—14
8 运煤系统 ··············· 7—7—15
　8.1 一般规定 ············· 7—7—15
　8.2 卸煤设施及厂外运输 ····· 7—7—15
　8.3 带式输送机系统 ········ 7—7—15
　8.4 贮煤场及其设备 ········ 7—7—15
　8.5 筛、碎煤设备 ·········· 7—7—16
　8.6 石灰石贮存与制备 ······ 7—7—16
　8.7 控制方式 ············· 7—7—16
　8.8 运煤辅助设施及附属建筑 · 7—7—16
9 锅炉设备及系统 ·········· 7—7—16
　9.1 锅炉设备 ············· 7—7—16
　9.2 煤粉制备 ············· 7—7—16
　9.3 烟风系统 ············· 7—7—18
　9.4 点火及助燃油系统 ······ 7—7—18
　9.5 锅炉辅助系统及其设备 ··· 7—7—19
　9.6 启动锅炉 ············· 7—7—19
10 除灰渣系统 ············ 7—7—19
　10.1 一般规定 ············ 7—7—19
　10.2 水力除灰渣系统 ······· 7—7—19
　10.3 机械除渣系统 ········· 7—7—20
　10.4 干式除灰系统 ········· 7—7—20
　10.5 灰渣外运系统 ········· 7—7—20
　10.6 控制及检修设施 ······· 7—7—20
　10.7 循环流化床锅炉除灰渣系统 ···· 7—7—21
11 脱硫系统 ·············· 7—7—21
12 脱硝系统 ·············· 7—7—22
13 汽轮机设备及系统 ······· 7—7—22
　13.1 汽轮机设备 ··········· 7—7—22
　13.2 主蒸汽及供热蒸汽系统 ·· 7—7—23
　13.3 给水系统及给水泵 ····· 7—7—23
　13.4 除氧器及给水箱 ······· 7—7—23
　13.5 凝结水系统及凝结水泵 ·· 7—7—23
　13.6 低压加热器疏水泵 ····· 7—7—24
　13.7 疏水扩容器、疏水箱、疏水泵与
　　　 低位水箱、低位水泵 ····· 7—7—24
　13.8 工业水系统 ··········· 7—7—24
　13.9 热网加热器及其系统 ···· 7—7—25
　13.10 减温减压装置 ········ 7—7—25
　13.11 蒸汽热力网的凝结水回收
　　　　设备 ················ 7—7—25
　13.12 凝汽器及其辅助设施 ··· 7—7—26
14 水处理设备及系统 ······· 7—7—26
　14.1 水的预处理 ··········· 7—7—26
　14.2 水的预除盐 ··········· 7—7—26
　14.3 锅炉补给水处理 ······· 7—7—27
　14.4 热力系统的化学加药和水汽
　　　 取样 ················· 7—7—27
　14.5 冷却水处理 ··········· 7—7—27
　14.6 热网补给水及生产回水处理 ···· 7—7—27
　14.7 药品贮存和溶液箱 ····· 7—7—28
　14.8 箱、槽、管道、阀门设计及
　　　 其防腐 ··············· 7—7—28
　14.9 化验室及仪器 ········· 7—7—28
15 信息系统 ·············· 7—7—28
　15.1 一般规定 ············ 7—7—28
　15.2 全厂信息系统的总体规划 · 7—7—28
　15.3 管理信息系统（MIS） ··· 7—7—28
　15.4 报价系统 ············ 7—7—28
　15.5 视频监视系统 ········· 7—7—28
　15.6 门禁管理系统 ········· 7—7—28
　15.7 布线 ················ 7—7—29
　15.8 信息安全 ············ 7—7—29

16 仪表与控制	7—7—29	
16.1 一般规定	7—7—29	
16.2 控制方式及自动化水平	7—7—29	
16.3 控制室和电子设备间布置	7—7—29	
16.4 测量与仪表	7—7—29	
16.5 模拟量控制	7—7—30	
16.6 开关量控制及联锁	7—7—30	
16.7 报警	7—7—30	
16.8 保护	7—7—30	
16.9 控制系统	7—7—31	
16.10 控制电源	7—7—31	
16.11 电缆、仪表导管和就地设备布置	7—7—31	
16.12 仪表与控制试验室	7—7—31	
17 电气设备及系统	7—7—31	
17.1 发电机与主变压器	7—7—31	
17.2 电气主接线	7—7—32	
17.3 交流厂用电系统	7—7—32	
17.4 高压配电装置	7—7—33	
17.5 直流电源系统及交流不间断电源	7—7—33	
17.6 电气监测与控制	7—7—33	
17.7 电气测量仪表	7—7—34	
17.8 元件继电保护和安全自动装置	7—7—34	
17.9 照明系统	7—7—34	
17.10 电缆选择与敷设	7—7—34	
17.11 过电压保护与接地	7—7—34	
17.12 电气试验室	7—7—34	
17.13 爆炸火灾危险环境的电气装置	7—7—34	
17.14 厂内通信	7—7—34	
17.15 系统保护	7—7—35	
17.16 系统通信	7—7—35	
17.17 系统远动	7—7—35	
17.18 电能量计量	7—7—35	
18 水工设施及系统	7—7—35	
18.1 水源和水务管理	7—7—35	
18.2 供水系统	7—7—35	
18.3 取水构筑物和水泵房	7—7—36	
18.4 输配水管道及沟渠	7—7—36	
18.5 冷却设施	7—7—36	
18.6 外部除灰渣系统及贮灰场	7—7—37	
18.7 给水排水	7—7—37	
18.8 水工建（构）筑物	7—7—38	
19 辅助及附属设施	7—7—38	
20 建筑与结构	7—7—39	
20.1 一般规定	7—7—39	
20.2 抗震设计	7—7—39	
20.3 主厂房结构	7—7—39	
20.4 地基与基础	7—7—39	
20.5 采光和自然通风	7—7—40	
20.6 建筑热工及噪声控制	7—7—40	
20.7 防排水	7—7—40	
20.8 室内外装修	7—7—40	
20.9 门和窗	7—7—40	
20.10 生活设施	7—7—40	
20.11 烟囱	7—7—40	
20.12 运煤构筑物	7—7—40	
20.13 空冷凝汽器支承结构	7—7—40	
20.14 活荷载	7—7—41	
21 采暖通风与空气调节	7—7—43	
21.1 一般规定	7—7—43	
21.2 主厂房	7—7—43	
21.3 电气建筑与电气设备	7—7—43	
21.4 运煤建筑	7—7—44	
21.5 化学建筑	7—7—44	
21.6 其他辅助及附属建筑	7—7—44	
21.7 厂区制冷、加热站及管网	7—7—44	
22 环境保护和水土保持	7—7—45	
22.1 一般规定	7—7—45	
22.2 环境保护和水土保持设计要求	7—7—45	
22.3 各类污染源治理原则	7—7—45	
22.4 环境管理和监测	7—7—45	
22.5 水土保持	7—7—46	
23 劳动安全与职业卫生	7—7—46	
23.1 一般规定	7—7—46	
23.2 劳动安全	7—7—46	
23.3 职业卫生	7—7—46	
24 消防	7—7—46	
附录 A 水质全分析报告	7—7—46	
本规范用词说明	7—7—47	
引用标准名录	7—7—47	
附：条文说明	7—7—48	

Contents

1 General provisions ········ 7—7—8
2 Terms ········ 7—7—8
3 Basic requirement ········ 7—7—8
4 Heating (cooling) and electrical load ········ 7—7—9
  4.1 Heating (cooling) load and heating (cooling) medium ········ 7—7—9
  4.2 Electrical load ········ 7—7—9
5 Site selection ········ 7—7—9
6 Overall planning ········ 7—7—10
  6.1 General requirement ········ 7—7—10
  6.2 plant area planning ········ 7—7—11
  6.3 Off-site facilities planning ········ 7—7—13
7 Main power building arrangement ········ 7—7—13
  7.1 General requirement ········ 7—7—13
  7.2 Main power building arrangement ········ 7—7—13
  7.3 Maintenance and repair facilities ········ 7—7—14
  7.4 Integrated facilities ········ 7—7—14
8 Coal handling system ········ 7—7—15
  8.1 General requirement ········ 7—7—15
  8.2 Coal unloading facilities and off-site transport ········ 7—7—15
  8.3 Belt conveyor system ········ 7—7—15
  8.4 Coal storage yard and its equipments ········ 7—7—15
  8.5 Coal screening and crushing equipment ········ 7—7—16
  8.6 Limestone storage and limestone pulverizing system ········ 7—7—16
  8.7 Coal handling control mode ········ 7—7—16
  8.8 Coal handling auxiliary facilities and ancillary buildings ········ 7—7—16
9 Boiler equipment and system ········ 7—7—16
  9.1 Boiler equipment ········ 7—7—16
  9.2 Pulverized coal making ········ 7—7—16
  9.3 Flue gas and air system ········ 7—7—18
  9.4 Fuel oil system for lgnition and combustion stabilization ········ 7—7—18
  9.5 Boiler auxiliary system and its equipments ········ 7—7—19
  9.6 Auxiliary boiler ········ 7—7—19
10 Fly ash and bottom ash removed system ········ 7—7—19
  10.1 General requirement ········ 7—7—19
  10.2 Fly ash and bottom ash removed hydraulic system ········ 7—7—19
  10.3 Bottom ash removed mechanical system ········ 7—7—20
  10.4 Dry ash removed system ········ 7—7—20
  10.5 Fly ash and bottom ash transportation system ········ 7—7—20
  10.6 Control mode and maintenance facilities ········ 7—7—20
  10.7 Fly ash and bottom ash removed system of CFB boiler ········ 7—7—21
11 Desulfuration system ········ 7—7—21
12 Denitration system ········ 7—7—22
13 Steam turbine equipment and system ········ 7—7—22
  13.1 Steam turbine equipment ········ 7—7—22
  13.2 Main steam system and heat supplying steam system ········ 7—7—23
  13.3 Feedwater system and feedwater pump ········ 7—7—23
  13.4 Deaerator and feedwater tank ········ 7—7—23
  13.5 Condensate system and condensate pump ········ 7—7—23
  13.6 Water draining pump of low pressure heater ········ 7—7—24
  13.7 Water draining expandor, water draining tank, water draining pump and low tank, low pump ········ 7—7—24
  13.8 Service water cooling system ········ 7—7—24
  13.9 Thermal network heater and its systems ········ 7—7—25

13.10	Desuperheating and reducing device ················ 7—7—25	16.8	Protection ··················· 7—7—30
13.11	Condensate water return device of steam network ············· 7—7—25	16.9	Control system ············ 7—7—31
		16.10	On-off control ············· 7—7—31
13.12	Condenser and its auxiliary facilities ·· 7—7—26	16.11	Cable and instrument tube and arrangement of local equipment ···················· 7—7—31

14 Water treatment equipment and system ····················· 7—7—26

14.1	Water pretreatment system ······ 7—7—26	16.12	Instrument and control laboratory ···················· 7—7—31
14.2	Water pre-desalination system ··· 7—7—26		

17 Electrical equipment and system ····················· 7—7—31

14.3	Boiler make-up water treatment system ························· 7—7—27	17.1	Generator and main transformer ················· 7—7—31
14.4	Chemical dosing and water-steam sampling of thermal system ······ 7—7—27	17.2	Main electrical connection scheme ························· 7—7—32
14.5	Cooling water treatment system ························· 7—7—27	17.3	AC auxiliary power system ······· 7—7—32
		17.4	High voltage switchgear arrangement ················· 7—7—33
14.6	Water treatment system for thermal network make-up water and industrial return water ··············· 7—7—27	17.5	DC system and AC uninterruptible power supply ··············· 7—7—33
		17.6	Electrical monitoring and control ························· 7—7—33
14.7	Chemical storage and solution tank ·························· 7—7—28	17.7	Electrical measurement and instrument ···················· 7—7—34
14.8	Tank, slot, pipe, valve design and corrosion resistant ············ 7—7—28	17.8	Component protection and security automatic equipment ······· 7—7—34
14.9	Chemical laboratory and instrument ···················· 7—7—28	17.9	Lighting system ············· 7—7—34

15 Information system ·············· 7—7—28

15.1	General requirement ············ 7—7—28	17.10	Cable selection and cable laying ························· 7—7—34
15.2	Overall plan of whole plant information system ············· 7—7—28	17.11	Overvoltage protection and grounding system ············· 7—7—34
15.3	Management information system ························· 7—7—28	17.12	Electrical laboratory ········· 7—7—34
		17.13	Electrical equipment in the explosive and fire danger area ·························· 7—7—34
15.4	Price proposing system ········ 7—7—28		
15.5	Video monitoring system ······ 7—7—28		
15.6	Entrance guarding management system ························· 7—7—28	17.14	In-plant communication ········ 7—7—34
		17.15	Electric power system protection ····························· 7—7—35
15.7	Wire layout ···················· 7—7—29		
15.8	Information safety ············· 7—7—29	17.16	Electric power system communication ····························· 7—7—35

16 Instrument and control ············ 7—7—29

16.1	General requirement ············ 7—7—29		
16.2	Control mode and level of automation ···················· 7—7—29	17.17	Electric power system automation ····························· 7—7—35
		17.18	Electric energy measurement system ························· 7—7—35
16.3	Control room and electric equipment room ·························· 7—7—29		

18 Water supply facilities and system ····················· 7—7—35

16.4	Measurement and instrument ······ 7—7—29	18.1	Water source and water management ···················· 7—7—35
16.5	Analog control ················ 7—7—30		
16.6	Binary control and interlocking ····················· 7—7—30	18.2	Water supply system ············· 7—7—35
16.7	Alarm ························· 7—7—30		

- 18.3 Water intake structure and pump house .... 7—7—36
- 18.4 Piping and culvert .... 7—7—36
- 18.5 Cooling facilities .... 7—7—36
- 18.6 Off-site fly ash and bottom ash removed system and ash storage yard .... 7—7—37
- 18.7 Water supply and water drainage .... 7—7—37
- 18.8 Water supply system buildings .... 7—7—38
- 19 Auxiliary and ancillary facilities .... 7—7—38
- 20 Architecture and structure ...... 7—7—39
  - 20.1 General requirement .... 7—7—39
  - 20.2 Seismic resistant design .... 7—7—39
  - 20.3 Main power building structure ... 7—7—39
  - 20.4 Founding base and foundation ... 7—7—39
  - 20.5 Daylighting and natural ventilation .... 7—7—40
  - 20.6 Thermal engineering and noise control in building .... 7—7—40
  - 20.7 Water proof and drainage .... 7—7—40
  - 20.8 Indoor and outdoor decoration ... 7—7—40
  - 20.9 Door and window .... 7—7—40
  - 20.10 Life facilities .... 7—7—40
  - 20.11 Chimney .... 7—7—40
  - 20.12 Coal conveying building .... 7—7—40
  - 20.13 Supporting structure of air cooling condenser .... 7—7—40
  - 20.14 Live load .... 7—7—41
- 21 Heating, ventilation and air conditioning .... 7—7—43
  - 21.1 General requirement .... 7—7—43
  - 21.2 Main power building .... 7—7—43
  - 21.3 Electrical buildings and electrical equipments .... 7—7—43
  - 21.4 Coal handing building .... 7—7—44
  - 21.5 Chemical buildings .... 7—7—44
  - 21.6 Other auxiliary and ancillary buildings .... 7—7—44
  - 21.7 Plant cooling and heating station and pipe network .... 7—7—44
- 22 Environmental protection and water-soil conservation ...... 7—7—45
  - 22.1 General requirement .... 7—7—45
  - 22.2 Design requirements of environmental protection and water-soil conservation .... 7—7—45
  - 22.3 Various pollution control principle .... 7—7—45
  - 22.4 Management and monitoring of environmental protection .... 7—7—45
  - 22.5 Water-soil conservation .... 7—7—46
- 23 Labor safety and occupational health .... 7—7—46
  - 23.1 General requirement .... 7—7—46
  - 23.2 Labor safety .... 7—7—46
  - 23.3 Occupational health .... 7—7—46
- 24 Fire fighting .... 7—7—46
- Appendix A Water quality analysis report .... 7—7—46
- Explanation of wording in this code .... 7—7—47
- List of quoted standards .... 7—7—47
- Addition: Explanation of provisions .... 7—7—48

1 总 则

1.0.1 为了使小型火力发电厂(以下简称发电厂)在设计方面满足安全可靠、技术先进、经济适用、节约能源、保护环境的要求,制定本规范。

1.0.2 本规范适用于高温高压及以下参数、单机容量在125MW以下、采用直接燃烧方式、主要燃用固体化石燃料的新建、扩建和改建火力发电厂的设计。

1.0.3 小型火力发电厂的设计除应符合本规范外,尚应符合国家现行有关标准的规定。

2 术 语

2.0.1 热化系数　thermalization coefficient
供热机组的额定供热量(扣除自用汽热量)与最大设计热负荷之比。

2.0.2 同时率　simultaneity factor
同时率为区域(企业)最大热负荷与各用户(各车间)的最大热负荷总和的比。

2.0.3 微滤　micro filtration
系膜式分离技术,过滤精度在 $0.1\mu m \sim 1.0\mu m$ 范围之内。

2.0.4 超滤　ultra filtration
系膜式分离技术,过滤精度在 $0.01\mu m \sim 0.1\mu m$ 范围之内。

2.0.5 在线式UPS　on line UPS
不管交流工作电源正常与否,逆变器一直处于工作状态,当交流工作电源故障时,逆变器能通过直流电源逆变保证负荷的不间断供电,且其输出为交流正弦波的不间断电源装置。

2.0.6 电气监控管理系统　electrical control and management system
基于现场总线技术,采用开放式、分布式的网络结构,对发电厂的发电机变压器组、高低压厂用电源等电气设备进行监控和管理的计算机系统,简称ECMS。

2.0.7 电力网络计算机监控系统　network computerized control system
基于现场总线技术,采用开放式、分布式的网络结构,对升压站的电力网络系统或设备进行监控和管理的计算机系统,简称NCCS。

2.0.8 操作员站　operator station
控制系统中安装在控制室供运行操作人员进行监视和控制的人机接口设备。

2.0.9 并联切换　parallel change-over
发电厂高压工作电源断路器跳闸与备用电源断路器合闸指令同时发出的切换。

2.0.10 快速切换　high speed change-over
发电厂高压厂用电源事故切换时间不大于100ms的厂用电切换。

2.0.11 工程师站　engineer station
控制系统中安装在控制室或其他场所,供编程组态人员进行逻辑、画面、参数修改的人机接口设备。

2.0.12 空冷散热器　air cooled heat exchangers
以空气作为冷却介质,使间接空冷系统循环水被冷却的一种散热设备。

2.0.13 空冷凝汽器　air cooled condensers
以空气作为冷却介质,使汽轮机的排汽直接冷却凝结成水的一种散热设备。

2.0.14 干旱指数　drought exponent
某地区年蒸发能力和年降雨量的比值。

2.0.15 严寒地区　severe cold region
累年最冷月平均温度(即冬季通风室外计算温度)不高于零下10℃的地区。

2.0.16 寒冷地区　cold region
累年最冷月平均温度(即冬季通风室外计算温度)不高于0℃但高于零下10℃的地区。

3 基本规定

3.0.1 发电厂的设计必须符合国家法律、法规及节约能源、保护环境等相关政策要求。

3.0.2 发电厂的设计应按照基本建设程序进行,其内容深度应符合国家现行有关标准的要求。

3.0.3 发电厂的类型应符合下列规定:
1 根据城市集中供热规划、热电联产规划,考虑热负荷的特性和大小,在经济合理的供热范围内,建设供热式发电厂(以下称热电厂)。
2 根据企业热电负荷的需要,建设适当规模的企业自备热电厂。
3 在电网很难到达的地区,应优先建设小水电或可再生能源的发电厂;当不具备小水电和可再生能源条件时,且当地煤炭资源丰富、交通不便的缺电地区或无电地区,根据城镇地区电力规划,因地制宜地建设适当规模的凝汽式发电厂。
4 在有条件的地区,宜推广热、电、冷三联供电厂。

3.0.4 发电厂机组压力参数的选择,宜近、远期统一考虑,并宜符合下列规定:
1 热电厂单机容量25MW级及以上抽汽机组和12MW背压机组,宜选用高压参数;单机容量为12MW的抽汽机组和6MW背压机组宜选用高压、次高压或中压参数;单机容量为6MW及以下机组宜选用中压参数。
2 凝汽式发电厂单机容量50MW级及以上,宜选用高压参数;单机容量为50MW级以下,宜选用次高压或中压参数。
3 在同一发电厂内的机组宜采用同一种参数。

3.0.5 发电厂的设计应符合国家电力发展和企业发展规划的要求,热电厂的设计应符合城市集中供热规划和热电联产规划的要求,企业自备热电厂的设计应符合企业工艺系统对供热参数的要求。

3.0.6 发电厂的设计应充分合理利用厂址资源条件,按规划容量进行总体规划。

3.0.7 扩建和改建发电厂的设计应结合原有总平面布置、原有生产系统的设备布置、原有建筑结构和运行管理经验等方面的特点统筹考虑。

3.0.8 企业应统筹规划企业自备发电厂的设计,发电厂不应设置重复的系统、设备或设施。

3.0.9 发电厂的工艺系统设计寿命应按照30年设计。

4 热(冷)电负荷

4.1 热(冷)负荷和热(冷)介质

4.1.1 热电厂的热负荷应在城镇地区热力规划的基础上经调查核实后确定。企业自备热电厂的热负荷应按企业规划要求的供热量确定。

4.1.2 热电厂的规划容量和分期建设的规模应根据调查落实的近期和远期的热负荷以及本地区的热电联产规划确定。

4.1.3 热电厂的经济合理供热范围应根据热负荷的特性、分布、热源成本、热网造价和供热介质参数等因素,通过技术经济比较确定。蒸汽管网的输送距离不宜超过8km,热水管网的输送距离不宜超过20km。

4.1.4 确定设计热负荷应调查供热范围内的热源概况、热源分布、供热量和供热参数等,并应符合下列规定:

1 工业用汽热负荷应调查和收集各热用户现状和规划的热负荷的性质、用汽参数、用汽方式、用热方式、回水情况及最近一年内逐月的平均用汽量和用汽小时数,按各热用户不同季节典型日的小时用汽量,确定冬季和夏季的最大、最小和平均的小时用汽量。对主要热用户应绘制出不同季节的典型日的热负荷曲线和年持续热负荷曲线。

2 采暖热负荷应收集供热范围内近期、远期采暖用户类型,分别计算采暖面积及采暖热指标。采暖热负荷应符合下列规定:

　1)应根据当地气象资料,计算从起始温度到采暖室外计算温度的各室外温度相应的小时热负荷和采暖期的平均热负荷,绘制采暖年负荷曲线,并应计算出最大热负荷的利用小时数及平均热负荷的利用小时数。

　2)当采暖建筑物设有通风、空调热负荷时,应在计算的采暖热负荷中加上该建筑物通风、空调加热新风需要的热负荷。

　3)采暖指标应符合现行行业标准《城市热力网设计规范》CJJ 34 的有关规定。

3 生活热水的热负荷应收集住宅和公共建筑的面积、生活热水热指标等,并应计算生活热水的平均热负荷和最大热负荷。

4.1.5 夏季宜发展热力制冷热负荷。制冷热负荷应根据制冷建筑物的面积、热工特性、气象资料以及制冷工艺对热介质的要求确定。

4.1.6 经过调查核实的热用户端的不同季节的最大、最小和平均用汽量及用汽参数,应按焓值和管道的压降及温降折算成发电厂端的供汽参数、供汽流量或供热量。采暖热负荷和生活热水热负荷,当按照指标统计时,不应再计算热水网损失。

4.1.7 对热用户进行热负荷叠加时,同时率的取用应符合下列规定:

1 对稳定生产热负荷的主要热用户,在取得其不同季节的典型日热负荷曲线的基础上,进行热负荷叠加时,可不计同时率。

2 对生产热负荷量较小或无稳定生产热负荷的次要热用户,在进行最大热负荷叠加时,应乘以同时率。

3 采暖热负荷及用于生活的空调制冷热负荷和生活热水热负荷进行叠加时,不应计同时率。

4 同时率数值宜取 0.7~0.9。热负荷较平稳的地区取大值,反之取小值。

4.1.8 供热机组的选型和发电厂热经济指标的计算,应根据发电厂端绘制的采暖期和非采暖期蒸汽和热水的典型日负荷曲线,以及总耗热量的年负荷持续曲线确定。

4.1.9 热电厂的供热(冷)介质应按下列原则确定:

1 当用户主要生产工艺需蒸汽供热时,应采用蒸汽供热介质。

2 当多数用户生产工艺需热水介质,少数用户可由热水介质转化为蒸汽介质,经技术经济比较合理时,宜采用热水供热介质。

3 单纯对民用建筑物供采暖通风、空调及生活热水的热负荷,应采用热水供热介质。

4 当用户主要生产工艺必须采用蒸汽供热,同时又供大量的民用建筑采暖通风、空调及生活热水热负荷时,应采用蒸汽和热水两种供热介质。当仅供少量的采暖通风、空调热负荷时,经技术经济比较合理时,可采用蒸汽一种介质供热。

5 用于供冷的介质通常为冷水。

4.1.10 供热(冷)介质参数的选择应符合下列规定:

1 根据热用户端生产工艺需要的蒸汽参数,按焓值和管道的压降及温降折算成热电厂端的供汽参数,应经技术经济比较后选择最佳的汽轮机排汽参数或抽汽参数。

2 热水热力网最佳设计供水温度、回水温度,应根据具体工程条件,综合热电厂、管网、热力站、热用户二次供热系统等方面的因素,进行技术经济比较后确定。当不具备确定最佳供水温度、回水温度的技术经济比较条件时,热水热力网的供水温度、回水温度可按下列原则确定:

　1)通过热力站与用户间连接供热的热力网,热电厂供水温度可取 110℃~150℃。采用基本加热器的取较小值,采用基本加热器串联尖峰加热器(包括串联尖峰锅炉)的取较大值。回水温度可取 60℃~70℃。

　2)直接向用户供热水负荷的热力网,热电厂供水温度可取 95℃左右,回水温度可取 65℃~70℃。

　3)供冷冷水的供水温度:5℃~9℃,宜为 7℃。供冷冷水的回水温度:10℃~14℃,宜为 12℃。

4.1.11 蒸汽热力网的用户端,当采用间接加热时,其凝结水回收率应达 80%以上。用户端的凝结水回收方式与回收率应根据水质、水量、输送距离和凝结水管道投资等因素进行综合技术经济比较后确定。

4.2 电负荷

4.2.1 建设单位应向设计单位提供建厂地区近期及远期的逐年电力负荷资料,应详细说明负荷的分布情况。电力负荷资料应包括下列内容:

1 地区逐年总的电力负荷和电量需求。

2 地区第一、第二、第三产业和居民生活逐年用电负荷。

3 现有及新增主要电力用户的生产规模、主要产品及产量、耗电量、用电负荷组成及其性质、最大用电负荷及其利用小时数、一级用电负荷比重等详细情况。

4.2.2 对电力负荷资料应进行复查,对用电负荷较大的用户应分析核实。

4.2.3 根据建厂地区内的电源发展规划和电力负荷资料,作出近期及远期各水平年的地区电力平衡。必要时应作出电量平衡。

5 厂址选择

5.0.1 发电厂的厂址选择应符合下列规定:

1 发电厂的厂址应满足电力规划、城乡规划、土地利用规划、燃料和水源供应、交通运输、接入系统、热电联产与供热管网规划、环境保护与水土保持、机场净空、军事设施、矿产资源、文物保护、风景名胜与生态保护、饮用水源保护等方面的要求。

2 在选址工作中,应从大局出发,正确处理与相邻农业、工矿企业、国防设施、居民生活、热用户以及电网各方面的关系,并对区域经济和社会影响进行分析论证。

3 发电厂的厂址选应研究电网结构、电力和热力负荷、集中供热规划、燃煤供应、水源、交通、燃料及大件设备的运输、环境保护、灰渣处理、出线走廊、供热管线、地形、地质、地震、水文、气象、用地与拆迁、施工以及周边企业对发电厂的影响等因素,应通过技术经济比较和经济效益分析,对厂址进行综合论证和评价。

4 企业自备热电厂的厂址宜靠近企业的热力和电力负荷中心。应在企业的选厂阶段统一规划。

5 热电厂的厂址宜靠近用户的热力负荷中心。

5.0.2 选择发电厂厂址时,水源应符合下列规定:

1 供水水源必须落实、可靠。在确定水源的给水能力时,应掌握当地农业、工业和居民生活用水情况,以及水利、水电规划对水源变化的影响。

2 采用直流供水的电厂宜靠近水源。并应考虑取排水对水域航运、环境、养殖、生态和城市生活用水等的影响。

3 取水口位置选择的相应要求。当采用江、河水作为供水水源时,其取水口位置必须选择在河床全年稳定的地段,且应避免泥砂、草木、冰凌、漂流杂物、排水回流等的影响。

4 当考虑地下水作为水源时,应进行水文地质勘探,按照国家和电力行业现行的供水水文地质勘察规范的要求,提出水文地质勘探评价报告,并应得到有关水资源主管部门的批准。

5.0.3 选择发电厂厂址时,厂址自然条件应符合下列规定:

1 发电厂的厂址不应设在危岩、滑坡、岩溶发育、泥石流地段、发震断裂地带。当厂址无法避开地质灾害易发区时,在工程选厂阶段应进行地质灾害危险性评价工作,综合评价地质灾害危险性的程度,提出建设场地适宜性的评价意见,并采取相应的防范措施。

2 发电厂的厂址应充分考虑节约集约用地,宜利用非可耕地和劣地,还应注意拆迁房屋,减少人口迁移。

3 山区发电厂的厂址宜选在较平坦的坡地或丘陵地上,还应注意不应破坏原有水系、森林、植被,避免高填深挖,减少土石方和防护工程量。

4 发电厂的厂址宜选择在其附近城市(镇)居民居住区、生活水源地常年最小频率风向的上风侧。

5.0.4 确定发电厂厂址标高和防洪、防涝堤顶标高时,应符合下列规定:

1 厂址标高应高于重现期为50年一遇的洪水位。当低于上述标准时,厂区必须有排洪(涝)沟、防洪(涝)围堤、挡水围墙或其他可靠的防洪(涝)设施,应在初期工程中按规划规模一次建成。

2 主厂房区域的室外地坪设计标高,应高于50年一遇的洪水位以上0.5m。厂区其他区域的场地标高不应低于50年一遇的洪水位。当厂址标高高于设计水位,但低于浪高时可采取以下措施:

1) 厂外布置排泻洪渠道;
2) 厂内加强排水系统的设置;
3) 布置防浪围墙,墙顶标高应按浪高确定。

3 对位于江、河、湖旁的发电厂,其防洪堤的堤顶标高应高于50年一遇的洪水位0.5m。当受风、浪、潮影响较大时,尚应再加重现期为50年的浪爬高。防洪堤的设计应征得当地水利部门的同意。

4 对位于海滨的发电厂,其防洪堤的堤顶标高,应按50年一遇的高水位或潮位,加重现期50年累积频率1%的浪爬高和0.5m的安全超高确定。

5 在以内涝为主的地区建厂时,防涝围堤堤顶标高应按50年一遇的设计内涝水位(当难以确定时,可采用历史最高内涝水位)加0.5m的安全超高确定。如有排涝设施时,应按设计内涝水位加0.5m的安全超高确定。围堤应在初期工程中一次建成。

6 对位于山区的发电厂,应考虑防山洪和排山洪的措施,防排洪设施可按频率为1%的标准设计。

7 企业自备发电厂的防洪标准应与所在企业的防洪标准相协调。

5.0.5 选择发电厂厂址时,应对厂址及其周围区域的地质情况进行调查和勘探,为确定厂址、解决岩土工程问题提供基础资料。当地质条件合适时,建筑物和构筑物宜采用天然基础,并把主厂房及荷载较大的建(构)筑物布置在承载力较高的地段上。

5.0.6 发电厂厂址的抗震设防烈度可采用现行国家标准《中国地震动参数区划图》GB 18306划分的地震基本烈度。对已编制抗震设防区划的城市,应按批准的抗震设防烈度或设计地震动参数进行抗震设防。

5.0.7 选择发电厂厂址时,应结合灰渣综合利用情况选定贮灰场。贮灰场的设计应符合下列规定:

1 贮灰场宜靠近厂区,宜利用厂区附近的山谷、洼地、滩涂、塌陷区、废矿井等建造贮灰场,并宜避免多级输送。

2 贮灰场不应设在当地水源地或规划水源保护区范围内。对大气环境、地表水、地下水的污染必须有防护措施,并应满足当地环保要求。

3 当采用山谷贮灰场时,应选择筑坝工程量小、布置防排洪构筑物有利的地形构筑贮灰场;应避免贮灰场灰水对附近村庄的居民生活带来危害,采取措施防止其泄洪构筑物在泄洪期对下游造成不利的影响,并应充分利用当地现有的防洪设施;应有足够的筑坝材料,尽量考虑利用灰渣分期筑坝的可能条件。

4 当灰渣综合利用不落实时,初期贮灰场总贮量应满足初期容量存放5年的灰渣量。规划的贮灰场总贮量应满足规划容量存放10年的灰渣量。

5 当有部分灰渣综合利用时,应扣除同期综合利用的灰渣量来选定贮灰场。当灰渣全部综合利用时,应按综合利用可能中断的最长持续期间内的灰渣排除量来选定缓冲调节贮灰场。

5.0.8 选择发电厂厂址时,应根据系统规划、输电出线方向、电压等级与回路数、厂址附近地形、地貌和障碍物等条件,按规划容量统一安排,并且避免交叉。高压输电线应避开重要设施,不宜跨越建筑物,当不可避开时,相互间应有足够的防护距离。

5.0.9 供热管线的布置和规划走廊应与厂区总体规划相协调,不应影响厂区的交通运输、扩建和施工等条件。

5.0.10 选择发电厂厂址时,发电厂的燃料运输方式应通过对厂址周围的运输条件进行技术经济比较后确定。

5.0.11 选择发电厂厂址时,应严格遵守国家有关环境保护的法规、法令的规定。应根据气象和地形等因素,减少发电厂排放的粉尘、废气、废水、灰渣对环境的污染。同时,应注意发电厂与其他企业所排出的废气、废水、灰渣之间的相互影响。

5.0.12 确定发电厂厂址时,应取得有关部门同意或认可的文件,主要有土地使用、燃料和水源供应、铁路运输及接轨、公路和码头建设、输电线路及供热管网、环境保护、城市规划部门、机场、军事设施或文物遗迹等相关部门文件。

6 总体规划

6.1 一般规定

6.1.1 发电厂的总体规划,应根据发电厂的生产、施工和生活需要,结合厂址及其附近的自然条件和城乡及土地利用总体规划,对厂区、施工区、生活区、水源地、供排水设施、污水处理设施、灰管线、贮灰场、灰渣综合利用、交通运输、出线走廊、供热管网等，立足本期，考虑远景，统筹规划。自备电厂的厂区总体规划和布置应与企业各分厂车间相协调，并应满足企业的总体规划要求。

6.1.2 发电厂的总体规划应贯彻节约集约用地的方针，通过采用新技术、新工艺和设计优化，严格控制厂区、厂前建筑区和施工区用地面积。发电厂用地范围应根据规划容量和本期建设规模及施工的需要确定。发电厂用地宜统筹规划，分期征用。

6.1.3 发电厂的总体规划应符合下列规定：
   1 工艺流程合理。
   2 交通运输方便。
   3 处理好厂内与厂外、生产与生活、生产与施工之间的关系。
   4 与城市（镇）或工业区规划相协调。
   5 方便施工，有利扩建。
   6 合理利用地形、地质条件。
   7 尽量减少场地的开挖工程量。
   8 工程造价低，运行费用小，经济效益高。
   9 符合环境保护、消防、劳动安全和职业卫生要求。

6.1.4 发电厂的总体规划还应满足下列要求：
   1 按功能要求分区，可分为主厂房区、配电装置区、冷却设施区、燃煤设施区、辅助生产区、厂前建筑区、施工区等。
   2 各区内建筑物的布置应考虑日照方位和风向，并力求合理紧凑。辅助、附属建筑和行政管理、公共福利建筑宜采用联合布置和多层建筑。
   3 注意建筑物空间的组织及建筑群体的协调，从整体出发，与环境协调。
   4 因地制宜地进行绿化规划，厂区绿地率宜不大于厂区用地面积的20%，不应为绿化而增加厂区用地面积。
   5 屋外配电装置裸露部分的场地可铺设草坪或碎石、卵石。对煤场、灰场、脱硫吸收剂贮存场等会出现粉尘飞扬的区域，除采取防尘措施外，有条件时应植树隔开。对于风沙较大地区的电厂，根据具体情况，可设厂外防护林带。

6.1.5 发电厂的建筑物布置必须符合防火要求，各主要生产和辅助生产及附属建（构）筑物在生产过程中的火灾危险性分类及其耐火等级除应符合现行国家标准《火力发电厂与变电站设计防火规范》GB 50229 的规定外，还应符合下列规定：
   1 办公楼、食堂、招待所、值班宿舍、警卫传达室按丁类三级。
   2 液氨储存处置设施区按乙类二级，尿素贮存处置设施按丙类二级。

6.2 厂区内部规划

6.2.1 发电厂的厂区规划应以工艺流程合理为原则，以主厂房为中心，结合各生产设施及系统的功能，分区明确，紧凑合理，有利扩建，因地制宜地进行布置，并满足防火、防爆、环境保护、劳动安全和职业卫生的要求。厂前建筑设施宜集中布置在主厂房固定端，做到与生产联系方便、生活便利、厂容美观。企业自备电厂的厂区规划应与企业的厂区布置相协调。

6.2.2 厂区主要建筑物和构筑物的布置，除应符合国家现行有关防火标准的规定及其环境保护的原则要求外，还应符合下列规定：
   1 发电厂的厂区规划应按规划容量设计。发电厂分期建设时，总体规划应正确处理近期与远期的关系。应近期集中布置，远期预留发展，分期征地，严禁先征待用。
   2 主厂房应布置在厂区的适中位置，当采用直流供水时，汽机房宜靠近水源。主厂房和烟囱宜布置在土质均匀、地基承载力较高的地区。主厂房的固定端宜朝向进厂道路引接方向。当采用直接空冷时，应考虑气象条件对空冷机组运行及主厂房方位的影响。
   3 屋外配电装置的布置应考虑进出线的方便，尽量避免线路交叉。
   4 冷却塔的布置应根据地形、地质、相邻设施的布置条件及常年的风向等因素予以综合考虑。在工程初期，冷却塔不宜布置在扩建端。对采用排烟冷却塔的发电厂，冷却塔宜靠炉后区域，使烟道顺畅和短捷。对采用机械通风冷却塔的发电厂，单侧进风塔的进风面宜面向夏季主导风向，双侧进风塔的进风面宜平行于夏季主导风向。
   5 露天贮煤场、液氨设施宜布置在厂区主要建筑物全年最小频率风向的上风侧，应避免对厂外居民区的污染影响。
   6 供油、卸油泵房以及助燃油罐、液氨贮存设施应与其他生产辅助及附属建筑分开，并单独布置形成独立的区域。靠近江、河、湖、泊布置时，应有防止泄漏液体流入水域的措施。
   7 生产废水及生活污水经处理合格后的排放口应远离生活用水取水口，并在其下游集中排放，但未经检测，不应将排水接入下水道总干管排出。
   8 厂区对外应设置不少于2个出入口，其位置应方便厂内外联系，并使人流和货流分开。厂区的主要出入口宜设在厂区的固定端一侧。在施工期间，宜有施工专用的出入口。发电厂采用汽车运煤或灰运时，宜设专用的出入口。
   9 厂区建（构）筑物的平面布置和空间组合，应紧凑合理，厂区建筑风格简洁协调，建筑造型新颖美观。企业自备电厂的建筑物形式及布置应与所在企业的总体环境相协调。
   10 扩建发电厂的厂区规划应结合老厂的生产系统和布置特点进行统筹安排、改造，合理利用现有设施，减少拆迁，并避免扩建施工对正常生产的影响。
   11 辅助厂房和附属建筑物宜采用联合建筑和多层建筑。

6.2.3 厂区主要建筑物的方位宜结合日照、自然通风和天然采光等因素确定。

6.2.4 发电厂的各项用地指标应符合国家现行的电力工程项目建设用地指标的有关规定，厂区建筑系数不应低于35%，厂区绿地率不应大于20%。

6.2.5 发电厂各建筑物、构筑物之间的最小间距应符合表6.2.5的规定。

表 6.2.5 发电厂各建筑物、构筑物之间的最小间距（m）

建筑物、构筑物名称	丙、丁、戊类建筑耐火等级 一、二级	丙、丁、戊类建筑耐火等级 三级	屋外配电装置	自然通风冷却塔	机械通风冷却塔	露天卸煤装置或煤场	助燃油罐	厂前建筑 一、二级	厂前建筑 三级	铁路中心线（路内）	铁路中心线（路外）	厂外道路（路边）	厂内道路（路边） 主要次要	围墙
丙、丁、戊类建筑耐火等级 一、二级	—	10	12	15~30②	15~30②	15	20	10	12	有出口时为5~6 无出口时为1.5，有出口时为5				5
丙、丁、戊类建筑耐火等级 三级	12	14	12				25			有出口时为3~5 无出口时为3，有引道时为6				
屋外配电装置	10	12											1.5	
主变压器或屋外厂用变压器（油重小于10t/台）	12	15		25~40②	40~60③	50								
自然通风冷却塔	15~30			0.4D~0.5D④	25~50	25~30			30	25	15			10
机械通风冷却塔	15~30			40~60③	40~45	40~45			35	35	20	15		15
露天卸煤装置或煤场	15		50	25~30	40~45	15 存贮褐煤时为25	—		—	10	5	1.5		5

续表 6.2.5

建筑物、构筑物名称	丙、丁、戊类建筑耐火等级		屋外配电装置	自然通风冷却塔	机械通风冷却塔	露天卸煤装置或煤场	助燃油罐	厂前建筑		铁路中心线		厂外道路(路边)	厂内道路(路边)主要次要	
	一、二级	三级						一、二级	三级	厂内	厂外		主要	次要
助燃油罐	20	25	25	25				25	32	20	15	10	5	
液氨罐	12	15	30	25		存贮烟煤时为25		25	30	35	30	20	10	5
厂前建筑	一、二级	10	12	20	30	25			25		有出口时为5～6无出口时为1.5			
	三级	12	14									有出口时为3～5			
围墙			10	10							3.5	2.0	1.0		

注:①自然通风冷却塔(机械通风冷却塔)与主控楼、单元控制楼、计算机室等建筑物采用30m,其余建筑物采用15m～20m(除水工设施等采用15m外,其他均采用20m),且不小于2倍稳流进风口高度。
②为冷却塔零米(水面)外壁至屋外配电装置构架边净距,当冷却塔位于屋外配电装置冬季盛行风向的上风侧时为40m,位于冬季盛行风向的下风侧时为25m;
③在非严寒地区或全年主导风向下风侧采用40m,严寒地区或全年主导风向上风侧采用60m;
④D为逆流式自然通风冷却塔进出口下缘塔筒直径(人字柱与水面交点处直径),取相邻较大塔的直径;冷却塔采用非塔群布置时,塔间距宜为0.45D,困难情况下可适当缩减,但不应小于4倍稳流进风口的高度;冷却塔采用塔群布置时,塔间距宜为0.5D,在困难时可适当缩减,但不应小于0.5D时,应要求冷却塔采取减少小风的负压负荷的措施。
⑤机力通风冷却塔之间的间距应符合现行国家标准《工业循环水冷却设计规范》GB/T 50102的规定;塔排一字形布置时,塔端净距不小于4m;塔排平行错开布置时,塔端净距不小于4倍进风口高度。

6.2.6 厂区围墙的平面布置应在节约用地的前提下规整,除有特殊要求外,宜为实体围墙,高度不应低于2.2m。屋外配电装置区域周围厂内部分应设有1.8m高的围栏,变压器厂地周围应设置1.5m高的围栏。液氨贮存区和助燃油罐区均应单独布置,其四周应设置高度不低于2.0m的非燃烧体实体围墙。当利用厂区围墙时,该段围墙应为高度不低于2.5m高的非燃烧体实体围墙,助燃油罐周围还应设有防火堤或防火墙。

6.2.7 采用空冷机组的发电厂,应根据空冷气象资料,结合地形、地质、铁路专用线引接、冷却塔设施用地等条件,通过技术经济比较,合理确定采用直接空冷或间接空冷系统。空冷设施布置应符合下列规定:

1 直接空冷平台朝向应根据空冷平台区域、蒸汽分配管顶部的全年、夏季、夏季高温大风的主导风向、风速、风频等因素,并兼顾空冷机组运行的安全性和经济性综合确定,应避免夏季高温大风主导风向来向锅炉后部。

2 直接空冷平台宜布置在主厂房A排外侧,此时变压器、电气配电间、贮油箱等宜布置在平台下方,但应保证空冷平台支柱位置不影响变压器的安装、消防和检修运输通道。

3 间接空冷塔除作为排烟冷却塔外,宜靠近汽机房布置,以缩短循环水管线长度。

6.2.8 发电厂专用线的设计标准,应符合现行国家标准《工业企业标准轨距铁路设计规范》GBJ 12的有关规定。铁路专用线的配线应根据发电厂燃煤量、卸煤方式、锅炉点火及低负荷助燃的用油量和施工需要,按规划容量一次规划,分期建设。

6.2.9 以水运为主的发电厂,其码头的建设规模及平面布局应按发电厂的规划容量、厂址和航道的自然条件,以及厂内运煤设施统筹安排,并应符合下列规定:

1 码头的规划设计应符合现行国家标准《河港工程设计规范》GB 50192和现行行业标准《海港总平面设计规范》JTJ 211的有关规定。

2 码头应设在水深适宜、航道稳定、泥砂运动较弱、水流平顺、地质较好的地段,并宜与陆域的地形高程相协调。

3 码头前沿应有足够开阔的水域。对码头与冷却水进水口、排水口之间的距离应考虑两者的相互影响,通过模型试验充分论证,合理确定。

6.2.10 发电厂厂内道路的设计应符合现行国家标准《厂矿道路设计规范》GBJ 22的有关规定。

6.2.11 厂内各建筑物之间应根据生产、生活和消防的需要设置行车道路、消防车道和人行道。山区发电厂设置环形消防车道有困难时,可沿长边设置尽端式消防车道,并应设回车道或回车场。主厂房、配电装置、贮煤场、液氨贮存区和助燃油罐区周围应设环形消防车道。

6.2.12 厂内主要道路宜采用水泥路面或沥青路面。

6.2.13 厂区主干道的行车部分宽度宜为6m～7m,次要道路的宽度可为3.5m～4m。通向建筑物出入口处的人行引道的宽度宜与门宽相适应。

6.2.14 发电厂厂区的竖向布置应综合考虑生产工艺要求、工程地质、水文气象、土石方量及地基处理等因素,并应符合下列规定:

1 在不设防洪大堤或围堤的厂区,主厂房区的室外地坪设计标高应高于设计高水位的0.5m。厂区设有防洪大堤或围堤且满足防洪要求时,厂内场地标高可低于设计洪水位,但必须要有可靠的防内涝措施。

2 所有建(构)物、铁路及道路等的标高的确定应满足生产使用和维护方便。地上、地下设施中的基础、管线、管架、管沟、隧道及地下室等的标高和布置应统一安排,以达到合理交叉、维修、扩建便利,排水畅通的目的。

3 应使本期工程和扩建时的土石方工程量最小,地基处理和场地整理措施费等投资最小,并力求使厂区和施工场地范围内的土石方量综合平衡。在填、挖方量不能达到平衡时,应落实取土或弃土地点。

4 厂区场地的最小坡度及坡向应以排除地面水为原则,应与建筑物、道路及场地的雨水窨井、雨水口的设置相适应,并按当地降雨量和场地土质条件等因素来确定。

5 地处山坡地区发电厂的竖向布置应在满足工艺要求的前提下,合理利用地形,节省土石方量并确保边坡、挡土墙稳定。

6.2.15 当厂区自然地形的坡度大于3%时,宜采用阶梯布置。阶梯的划分应考虑生产需要、交通运输的便利和地下设施布置的合理。在两台阶交接处,应根据地质条件充分考虑边坡稳定的措施。

6.2.16 厂区场地排水系统的设计应根据地形、工程地质、地下水位等因素综合考虑,并应符合下列规定:

1 场地的排水系统设计应按规划容量全面考虑,并使每期工程排水畅通。厂区场地排水可根据具体条件,采用雨水口接入城市型道路的下水系统的主干管窨井内的系统,或采用明沟接入公路型道路的雨水排水系统。有条件时,应采用自流排水。对于阶梯布置的发电厂,每个台阶应有排水措施。对山区或丘陵地区的发电厂,在厂区边界处应有防止山洪流入厂区的设施。

2 当室外沟道高于设计地坪标高时,应有出水措施,或在沟道的两侧均设排水措施。

3 煤场周围应设排水设施,使煤场外的雨水不流入煤场内,煤场内的雨水不流出煤场外,煤场内应有澄清池和便于清理煤泥的设施。

6.2.17 建筑物零米标高的确定应考虑建筑功能、交通联络、场地排水、场地地质等因素,宜高出室外地面设计标高0.15m～0.30m。软土地区应考虑室内外沉降差异的影响。

6.2.18 厂区内的主要管架、管线和管沟应按规划容量统一规划,集中布置,并留有足够的管线走廊。

管架、管线和管沟宜沿道路布置。地下管线和管沟宜敷设在道路行车部分之外。

6.2.19 架空管线及地下管线的布置应符合下列规定:

1 流程应合理并便于施工及检修。

2 当管道发生故障时不应发生次生灾害,特别应防止污水渗入生活给水管道和有害、易燃气体渗入其他沟道和地下室内。

3 应避免遭受机械损伤和腐蚀。
4 应避免管道内液体冻结。
5 电缆沟及电缆隧道应防止地面水、地下水及其他管沟内的水渗入,并应防止各类水倒灌入电缆沟及电缆隧道内。
6 电缆沟及电缆隧道在进入建筑物处或在适当的距离及地段应防火隔断,电缆隧道的防火隔墙上应设防火门。

6.2.20 管沟、地下管线与建筑物、铁路、道路及其他管线的水平距离以及管线交叉时的垂直距离,应根据地下管线和管沟的埋深、建筑物的基础构造及施工、检修等因素综合确定。高压架空线与道路、铁路或其他管线交叉布置时,应按规定保持必要的安全净空。

6.2.21 厂区管线的敷设方式应符合下列规定:
1 凡有条件集中架空布置的管架宜采用综合管架进行敷设;在地下水位较高,土壤具有腐蚀性或基岩埋深较浅且不利于地下管沟施工的地区,宜优先考虑采用综合管架。
2 生产、生活、消防给水管和雨水、污水排水管等宜地下敷设。
3 灰渣管、石灰石浆液管、石膏浆液管、氢气管、压缩空气管、助燃油管、氨气管、热力管等宜架空敷设。
4 酸液和碱液管可敷设在地沟内,也可架空敷设。有条件时,除灰管宜按低支架或管枕方式敷设。对发生故障时有可能扩大灾害的管道,不宜同沟敷设。
5 根据具体条件,厂区内的电缆可采用直埋、地沟、排管、隧道或架空敷设。电缆不应与其他管道同沟敷设。

6.2.22 地下管线之间的最小水平净距,地下管线与建(构)筑物之间的最小水平净距,架空管架(线)跨越铁路、道路的最小垂直净距及架空管架(线)与建(构)筑物之间的最小水平净距应符合现行行业标准《火力发电厂总图运输设计技术规程》DL/T 5032 的有关规定。

6.3 厂区外部规划

6.3.1 发电厂的厂外设施,包括交通运输、供水和排水、灰渣输送和处理、输电线路和供热管线、生活区和施工区等,应在确定厂址和落实厂内各个主要系统的基础上,根据发电厂的规划容量和厂址的自然条件,全面考虑,综合规划。

6.3.2 发电厂的厂外交通运输规划应符合下列规定:
1 铁路专用线应从国家或地方铁路线或其他工业企业的专用线上接轨。专用线不应在区间线上接轨,并应避免切割接轨站正线,且应充分利用既有设施能力,不过多增加接轨站的改建费用。发电厂的燃料及货物运输列车宜优先采用送重取空的货物交接方式。发电厂不宜设置厂前交接站。
2 以水运为主的发电厂,当码头布置在厂区以外或需与其他企业共同使用码头时,应与规划部门及有关企业协调,落实建设的可能性以及建设费用、建成后的运行方式,取得必要的协议,并保证码头与发电厂厂区之间有良好的交通运输通道。
3 发电厂的主要进厂道路应就近与城乡现有公路相连接,其连接宜短捷且方便行车,宜避免与铁路线交叉。当进厂道路与铁路线平交时,应设置有看守的道口及其他安全设施。
4 厂区与厂外供排水建筑、水源地、码头、贮灰场、生活区之间应有道路连接,可利用现有道路或设专用道路。
5 主要进厂道路的宽度宜为 7m,可采用水泥混凝土或沥青路面;其他厂外专用道路的宽度可为 4m,困难条件下也可为 3.5m;专用运灰道路、运煤进厂道路的标准应根据运量和运卸条件等因素合理确定。

6.3.3 发电厂的厂外供排水设施规划应根据规划容量、水源地、地形条件、环保要求和本期与扩建的关系等,通过方案比选,合理安排,并应符合下列规定:
1 当采用直流供水系统时,应做好取、排水建筑物和岸边(或中央)水泵房的布置及循环水管(或沟)的路径选择。
2 对于循环供水系统和生活供水系统,应做好厂外水源(或集水池)和补给水泵房的布点及补给水管的路径选择。
3 应考虑水能的回收和水的重复利用。

6.3.4 应结合工程具体条件,做好发电厂的防排洪(涝)规划,充分利用现有防排洪(涝)设施。当必需新建时,可因地制宜地选用防洪(涝)堤、排洪(涝)沟或挡水围墙。

6.3.5 厂外灰渣处理设施的设计应符合下列规定:
1 当采用山谷贮灰场时,应避免贮灰场灰水给附近村庄的居民生活带来危害,并应考虑其泄洪构筑物对下游的影响,设计中应结合当地规划的防洪能力综合研究确定。当贮灰场置于江、河滩地时,应考虑灰堤修筑后对河道产生的影响,并应取得有关部门同意的文件。
2 灰管线宜沿道路及河网边缘敷设,选择高差小、爬坡、跨越及转弯少的地段,并应避免影响农业耕作。
3 当采用汽车或船舶输送灰渣时,应充分研究公路或河道及码头的通行能力和可能对环境产生的污染影响,并采取相应的措施。

6.3.6 发电厂的出线走廊应根据城乡总体规划和电力系统规划、输电线路方向、电压等级和回路数,按发电厂规划容量和本期工程建设规模,统筹规划,避免交叉。

6.3.7 厂外供热管线应合理规划,并与厂总体规划相协调。

6.3.8 发电厂的施工区应按规划容量统筹规划,合理利用地形,减少场地平整土石方量,并应避免施工区场地表土层的大面积破坏,防止水土流失。

7 主厂房布置

7.1 一般规定

7.1.1 发电厂主厂房的布置应符合热、电生产工艺流程,做到设备布局紧凑、合理,管线连接短捷、整齐,厂房布置简洁、明快。

7.1.2 主厂房的布置应为安全运行和方便操作创造条件,做到巡回检查通道畅通。厂房内的空气质量、通风、采光、照明和噪声等应符合现行国家有关标准的规定。特殊设备应采取相应的防护措施,符合防火、防爆、防腐、防冻、防毒等有关要求。

7.1.3 主厂房布置应根据自然条件、总体规划和主辅设备特点及施工场地、扩建条件等因素,进行技术经济比较后确定。

7.1.4 主厂房布置应根据发电厂的厂型、综合主厂房内各工艺专业设计的布置要求及发电厂的扩建条件确定。扩建厂房宜与原有厂房协调一致。

7.1.5 主厂房内应设置必要的检修起吊设施和检修场地,以及设备和部件检修所需的运输通道。

7.2 主厂房布置

7.2.1 主厂房的布置形式宜按汽机房、除氧间(或合并的除氧煤仓间)、煤仓间、锅炉房的顺序排列。当采用其他的布置形式时,应经技术经济比较后确定。

7.2.2 主厂房的布置应与发电厂出线、循环水管进、排水管位、热网管廊、主控制楼(室)、汽机房毗屋及其周围的环形道路等布置相协调。

7.2.3 主厂房各层标高的确定应符合下列规定:
1 双层布置的锅炉房和汽机房,其运转层宜取同一标高。汽机房的运转层宜采用岛式布置。
2 除氧器层的标高应保证在汽轮机各种运行工况下,给水泵或其前置泵进口不发生汽化。

当气候、布置条件合适、除氧间不与煤仓间合并时,除氧器和给水箱宜采用露天布置。

3 煤仓间给煤机层的标高应符合下列规定:
  1)循环流化床锅炉给煤机层的标高应考虑锅炉给煤口标高(包括播煤装置)、所需给煤机级数、给煤距离和给煤机出口阀门布置所需的空间等。
  2)煤粉锅炉给煤机层的标高应由磨煤机(风扇磨煤机除外)、送粉管道及其检修起吊装置等所需的空间决定。在有条件时,该层标高宜与锅炉运转层标高一致。风扇磨煤机的给煤机层标高应考虑干燥段的布置。

4 煤仓间煤仓层的标高应根据运煤系统运行班制,每台锅炉原煤仓(包括贮仓式制粉系统的煤粉仓,不包括直吹式制粉系统备用磨煤机对应的原煤仓)有效容积应符合下列规定:
  1)运煤系统两班工作制,经技术经济比较后认为合理时,可按满足锅炉额定蒸发量 12h～14h 的耗煤量考虑。
  2)运煤系统三班工作制,可按满足锅炉额定蒸发量 10h～12h 的耗煤量考虑。
  3)对燃用低热值煤的循环流化床锅炉,可按满足锅炉额定蒸发量 8h～10h 的耗煤量考虑。
  4)对燃用褐煤的煤粉锅炉,可按满足锅炉额定蒸发量 6h～8h 的耗煤量考虑。
  5)煤粉仓的有效容积可按满足锅炉额定蒸发量 3h～4h 的耗煤量考虑。

7.2.4 当除氧器和给水箱布置在单元控制室上方时,单元控制室的顶板必须采用混凝土整体浇筑,除氧器层楼面必须有可靠的防水措施。

7.2.5 主厂房的柱距和跨度应根据锅炉和汽机的容量及布置形式,结合规划容量确定。

7.2.6 当气象条件适宜时,65t/h 及以上容量的锅炉宜采用露天或半露天布置,不宜采用岛式布置,即锅炉运转层不设置大平台。露天布置的锅炉应采取有效的防冻、防风、防腐、承受风压和减少热损失等措施。除尘设备应露天布置,干式除尘斗应有防结露措施。非严寒地区,锅炉引风机宜露天布置。当锅炉为岛式露天布置时,送风机、一次风机也宜露天布置。露天布置的辅机应有防噪声措施,其电动机宜采用全封闭户外式。

7.2.7 原煤仓、煤粉仓的设计应符合下列规定:
  1 锅炉原煤仓形式应结合主厂房布置情况确定。
  2 非圆筒仓结构的原煤仓的内壁应光滑耐磨,其相邻两壁交线与水平面夹角不应小于 55°,壁面与水平面的交角不应小于 60°。对褐煤及黏性大或易燃的烟煤,相邻两壁交线与水平面夹角不应小于 65°,壁面与水平面的交角不应小于 70°。相邻壁交线内侧应做成圆弧形,圆弧的半径宜为 200mm。循环流化床锅炉的原煤仓出口段壁面与水平面的夹角不应小于 70°。
  3 原煤仓应采用大的出口截面。对煤粉炉,在原煤仓出口下部宜设置圆形双曲线或圆锥形金属小煤斗。对易堵的煤在原煤仓的出口段宜采用不锈钢复合钢板、内衬不锈钢板或其他光滑阻燃型耐磨材料。金属煤斗外壁宜设振动装置或其他防堵装置。
  4 在严寒地区,对钢结构的原煤仓,以及靠近厂房外墙或外露的钢筋混凝土原煤仓,其仓壁应设有防冻保温装置。
  5 原煤仓应设置煤位测量装置。
  6 煤粉仓的设计应符合下列规定:
    1)煤粉仓应封闭严密,减少开孔。任何开孔必须有可靠的密封结构。煤粉仓的进粉和出粉装置必须具有锁气功能。
    2)煤粉仓内表面应平整、光滑、耐磨和不积粉,其几何形状和结构应使煤粉能够顺畅自流。
    3)除无烟煤以外的其他煤种,煤粉仓宜设置自启闭式防爆门。
    4)煤粉仓应防止受热和受潮。在严寒地区,金属煤粉仓及靠近厂房外墙或外露的混凝土煤粉仓应有防冻保温措施。
    5)煤粉仓相邻两壁面的交线与水平面的夹角不应小于 60°,壁面与水平面的交角不应小于 65°。相邻两壁交线的内侧应做成圆弧形,圆弧半径宜为 200mm。
    6)煤粉仓的长径比应小于 5:1。矩形煤粉仓以当量直径作基准值。
    7)煤粉仓应有测量粉位、温度以及灭火、吸潮和放粉等设施。

7.2.8 汽轮机润滑油系统的设备和管道布置应远离高温蒸汽管道。油系统应设防火措施,并应符合现行国家标准《火力发电厂与变电站设计防火规范》GB 50229 的有关规定。

7.2.9 减温减压器和热网加热器宜布置在主厂房内。

7.3 检修设施

7.3.1 汽机房的底层应设置集中安装检修场地。其面积应能满足检修吊装大件和汽轮机翻缸的要求。每 2 台～4 台机组宜设置一个零米检修场地。

7.3.2 汽机房内起重机的设置宜符合下列规定:
  1 100MW 级机组装机在 2 台及以上时,宜设置 2 台电动桥式起重机。
  2 50MW 级机组装机在 4 台以上时,宜设置 2 台电动桥式起重机。
  3 50MW 级以下容量机组的汽机房内,应设置 1 台电动桥式起重机。
  4 起重量应按检修起吊最重件确定(不包括发电机定子)。
  5 起重机的轨顶标高应满足起吊物件最大起吊高度的要求。
  6 起重机的起重量和轨顶标高应考虑规划扩建机组的容量。

7.3.3 主厂房的下列各处,应设置必要的检修起吊设施:
  1 锅炉房炉顶。电动起吊装置起重量宜为 0.5t～1t,提升高度应从零米至炉顶平台。
  2 送风机、引风机、磨煤机、排粉风机、一次风机等转动设备的上方。
  3 煤仓间煤仓层。电动起吊装置的起重量宜为 0.5t～1t,提升高度应从零米或运转层至煤仓层。
  4 利用汽机房桥式起重机起吊受到限制的地方:加热器、水泵、凝汽器端盖等设备和部件。

7.3.4 汽机房的运转层应留有利用桥式起重机抽出发电机转子所需要的场地和空间。汽机房的底层应留有抽、装凝汽器冷却管的空间位置。

7.3.5 锅炉房的布置应预留拆装空气预热器、省煤器的检修空间和运输通道。

7.3.6 主厂房电梯台数和布置方式应符合下列规定:
  1 对于 130t/h～220t/h 级锅炉,每 3 台～4 台锅炉宜设 1 台电梯。
  2 对于 410t/h 级锅炉,每 2 台锅炉宜设 1 台电梯。
  3 电梯宜采用客货两用形式,起重量为 1t～2t,升降速度不宜小于 1m/s。
  4 电梯宜布置在控制室与锅炉之间靠近炉前位置,且应能在锅炉本体各主要平台层停靠。
  5 电梯的井底应设置排水设施,排水井的容量不应小于 2m³。

7.4 综合设施

7.4.1 主厂房内管道阀门的布置应方便检查和操作,凡需经常操作维护的阀门而人员难以到达的场所,宜设置平台、楼梯,或设置传动装置引至楼(地)面方便操作。

7.4.2 主厂房内通道和楼梯的设置应符合下列规定:

1 主厂房零米层与运转层应设有贯穿直通的纵向通道。其宽度应满足下列要求:

　1)汽机房靠 A 列柱侧,不宜小于 1m。
　2)汽机房靠 B 列柱侧,不宜小于 1.4m。
　3)锅炉房炉前距离,220t/h 级及以下,宜为 2m~3m;410t/h 级宜不大于 4.5m。

2 汽机房与锅炉房之间应设有供运行、检修用的横向通道。

3 每台锅炉应设运转层至零米层的楼梯。

4 每台双层布置的汽轮机运转层至零米层,应上下联系楼梯。

7.4.3 主厂房的地下沟道、地坑、电缆隧道应有防、排水设施。

7.4.4 煤仓间各楼层地面应设置冲洗水源,并能排水;主厂房主要楼层应有清除垃圾的设施,运转层和零米层宜设厕所。

7.4.5 汽机房外适当位置应设置一个事故贮油池。其容量按最大一台变压器的油量与最大一台汽轮机组油系统的油量比较确定,事故贮油池宜设油水分离设施。

7.4.6 机炉电控制室宜集中布置,也可多台机组合用一个集中控制室。控制室应设置 2 个出入口,当控制室面积小于 60m² 时可设置 1 个出入口,其净空高度不应小于 3.2m。

7.4.7 控制室和电子设备间,严禁穿行汽、水、油、煤粉等工艺管道。

8 运煤系统

8.1 一般规定

8.1.1 新建发电厂的运煤系统设计应因地制宜,根据发电厂规划容量、燃煤品种、自然条件、来煤方式等因素统筹规划,必要时对分期建设或一次建成应进行技术经济比较。

8.1.2 扩建发电厂的运煤系统设计应结合老厂的生产系统和布置特点进行安排,合理利用原有设施并充分考虑扩建施工对生产的影响。

8.1.3 运煤系统宜采用带式输送机运煤。当总耗煤量小于 60t/h 时,可采用单路系统;当总耗煤量在 60t/h 及以上时,可采用双路系统。

8.1.4 运煤系统昼夜作业时间的确定应符合下列规定:

1 两班工作制运行不宜大于 11h。

2 三班工作制运行不宜大于 16h。

3 运煤系统的工作班制与锅炉煤仓的总有效容积协调。

8.1.5 运煤系统的出力应按全厂运行锅炉额定蒸发量每小时总耗煤量(以下简称总耗煤量)确定,应符合下列规定:

1 双路运煤系统宜采用三班工作制运行,每路系统的出力不应小于总耗煤量的 135%。

2 单路的运煤系统宜采用两班工作制运行,其出力不应小于总耗煤量的 300%。

8.2 卸煤设施及厂外运输

8.2.1 当铁路来煤时,卸煤装置的出力应根据对应机组的铁路最大来煤量和来车条件确定。卸车时间和一次进厂的车辆数量应与铁路部门协商确定。一次进厂的车辆数应与进厂铁路专用线的牵引定数相匹配。当采用单线缝式煤槽卸煤时,煤槽的有效长度宜与一次进厂车辆数分组后的数字相匹配。

8.2.2 在缝式煤槽中,当采用单路带式输送机时,叶轮给煤机应有 1 台备用。

8.2.3 当水路来煤时,码头的规划设计应符合现行国家标准《河港工程设计规范》GB 50192 和现行行业标准《海港总平面设计规范》JTJ 211 的有关规定。卸煤机械的总额定出力应按泊位的通过能力,并与航运部门协商确定,不宜小于全厂总耗煤量的 300%。全厂装设的卸煤机械的台数不应少于 2 台。

8.2.4 当汽车来煤时,运输车辆应优先利用社会运力,电厂不宜设自备运煤汽车。

8.2.5 当部分或全部燃煤采用汽车运输时,厂内应根据汽车运输年来煤量设置相应规模的受煤站,应符合下列规定:

1 当发电厂汽车运输年来煤量为 30×10⁴t 及以下时,受煤站宜与煤场合并布置,可将煤场内某一个或几个区域作为受煤站。

2 当发电厂汽车运输年来煤量为 30×10⁴t~60×10⁴t 时,受煤站可采用多个受煤斗串联布置方式。

3 当发电厂汽车运输年来煤量为 60×10⁴t 及以上时,受煤站宜采用缝式煤槽卸煤装置。

4 当燃煤以非自卸汽车为主运输时,受煤站宜设置卸车机械。

8.2.6 靠近煤源的发电厂,厂外运输可采用单路带式输送机或其他方式输送,并通过技术经济比较确定。

8.3 带式输送机系统

8.3.1 采用普通胶带的带式输送机的倾斜角,运送碎煤机前的原煤时,不应大于 16°,运送碎煤机后的细煤时,不应大于 18°。

8.3.2 运煤栈桥宜采用半封闭式或封闭式。气象条件适宜时,可采用露天布置,但输送机胶带应设防护罩。在寒冷与多风沙地区,应采用封闭式,并应有采暖设施。

8.3.3 运煤栈桥及地下隧道的通道尺寸应符合下列规定:

1 运行通道的净宽不应小于 1m,检修通道的净宽不应小于 0.7m。

2 带宽 800mm 及以下的运煤栈桥的净高不应小于 2.2m,带宽 800mm 以上的运煤栈桥的净高不应小于 2.5m。

3 带式输送机的地下隧道的净高不应小于 2.5m。

8.4 贮煤场及其设备

8.4.1 贮煤场的总贮煤量应按交通运输条件和来煤情况确定,并应符合下列规定:

1 经过国家铁路干线来煤的发电厂,贮煤场的容量不应小于 15d 的耗煤量。

2 不经过国家铁路干线,包括采用公路运输或带式输送机来煤的发电厂(煤源唯一的发电厂除外),贮煤场容量宜为全厂 5d~10d 的耗煤量。个别地区可结合气象条件的影响适当增大贮煤量。

3 由水路来煤的发电厂,应按水路可能中断运输的最长持续时间确定,贮煤场容量不应小于全厂 15d 的耗煤量。

4 对于燃烧褐煤的发电厂,在无防止自燃有效措施的情况下,贮煤场的容量不宜大于全厂 10d 的耗煤量。

5 供热机组的贮煤容量应在上述标准的基础上,增加 5d 的耗煤量。

8.4.2 发电厂位于多雨地区时,应根据煤的特性、燃烧系统、煤场设备的形式等条件确定设置干煤棚,其容量不宜小于全厂 4d 的耗煤量;燃用黏性煤质的发电厂,可适当增大干煤棚贮量;采用循环流化床锅炉的发电厂,其干煤棚容量宜为全厂 4d~10d 的耗煤量。

8.4.3 贮煤场设备的出力和台数,应符合下列规定:

1 贮煤场设备的堆煤能力应与卸煤装置的输出能力相匹配，取煤出力应与锅炉房的运煤系统的出力相匹配。

2 当采用1台堆取料机作为煤场设备时，应有出力不小于进入锅炉房运煤系统出力的备用上煤设施；当采用推煤机、轮式装载机等运载机械作为贮煤场的主要设备时，应设1台备用。

3 作为多种用途的门式或桥式抓煤机，其总额定出力不应小于总耗煤量的250%、卸煤装置出力、运煤系统出力三者中最大值，不另设备用。但可设1台推煤机，供煤场辅助作业。

8.4.4 对于环保要求较高或场地狭窄地区，可采用封闭式贮煤场或半封闭式贮煤场或配置挡风抑尘网的露天贮煤场。

8.4.5 圆筒仓作为混煤或缓冲设施，容量宜为全厂1d的耗煤量。

8.4.6 当煤的物理特性适合发电厂的贮煤设施采用筒仓时，应设置必要的防堵措施。当贮存褐煤或易自燃的高挥发分煤种时，还应设置防爆、通风、温度监测和喷水降温措施，并严格控制存煤时间。

8.5 筛、碎煤设备

8.5.1 当运煤系统内需要设筛碎设备时，煤粉锅炉宜采用单级。碎煤机宜设置旁路通道。

8.5.2 筛碎设备的选型应符合下列规定：

1 容易粘结和堵塞筛孔的煤宜选用无箅的高速锤式或环式碎煤机，不宜选用振动筛。

2 煤质坚硬或煤质多变时，宜选用重型环锤式或反击式碎煤机。

8.5.3 经筛碎后的煤块粒度应满足不同形式锅炉或磨煤机的要求：

1 煤粉炉不宜大于30mm。

2 沸腾炉、循环流化床炉不宜大于10mm。

3 当锅炉厂对循环流化床炉入炉煤的颗粒尺寸有具体规定时，筛碎设备应满足锅炉要求。

8.5.4 采用循环流化床锅炉的发电厂破碎系统宜采用两级破碎设备，宜在粗破碎机前设滚轴筛，宜在细碎机前设细煤筛。

8.5.5 当原煤块粒度符合磨煤机或锅炉燃烧要求时，可不设碎煤设备，但宜预留安装位置。当来煤中大块或杂质较多时，系统中宜设置除大块装置。

8.6 石灰石贮存与制备

8.6.1 石灰石不宜露天存放，贮存量宜为全厂3d~7d的需用量。送入石灰石制粉系统的石灰石应保证其水分在1%以下。

8.6.2 破碎石灰石的设备设置应满足入炉石灰石粉的粒度要求，石灰石制备及输送系统破碎工艺的选择应根据进厂的石灰石粒度级配比的情况确定。当需要设置单级以上破碎工艺时，终级破碎设备的出料粒度应符合循环流化床锅炉的要求。

8.7 控制方式

8.7.1 运煤系统中各相邻连续运煤设备之间应设置电气联锁、信号和必要的通信设施。

8.7.2 运煤系统的控制方式应根据系统的复杂性及设备对运行操作的要求确定，可采用集中控制、自动程序控制、就地控制方式。对采用自动程序控制或集中控制的运煤系统，可根据控制要求设置就地控制按钮。控制室不应设在振动和煤尘大的地点。

8.8 运煤辅助设施及附属建筑

8.8.1 在每路运煤系统中，宜于卸煤设施后的第一个转运站、煤场带式输送机出口处和碎煤机前各装设一级除铁器。当采用中速磨煤机或高速磨煤机时，应在碎煤机后再增设一级除铁器。

8.8.2 发电厂应设设入厂煤和入炉煤的计量装置，有条件的发电厂宜装设入厂煤和入炉煤的机械取样装置。

8.8.3 运煤系统应采取下列防止堵煤的措施：

1 受煤斗和转运煤斗壁面与水平面的交角不应小于60°，矩形受煤斗相邻两壁的交线与水平面的夹角不应小于55°。

2 落煤管与水平面的倾斜角不宜小于60°。当受条件限制，倾角不能达到60°时，应根据煤的水分、颗粒组成、粘结性等条件，采用消除堵煤的措施，如装设振动器等，但此时落煤管的倾角也不应小于55°。

8.8.4 运煤设备应设检修起吊设施和检修场地。

8.8.5 煤尘的治理应符合下列规定：

1 对表面水分偏低、易起尘的原煤，可进行加湿。加湿水量的控制不应影响运煤、燃烧系统的正常运行和锅炉效率。

2 在运煤设备布置中，应有清扫地面的设施。当采用水力冲洗时，应有煤泥水排出及沉淀处理的设施。

3 运煤点的落差大于4.0m时，落煤管宜加锁气挡板。

4 运煤转运站和碎煤机室应有防止煤尘飞扬的措施。必要时可设置除尘设施。

5 对扬尘需加湿的原煤，贮煤场应设置喷淋加湿装置。加湿后的原煤水分可根据煤种、煤质、颗粒级配等因素确定，但不宜大于8%。

6 对周围影响较大的贮煤场，宜在居住区的相邻处设隔尘设施。

8.8.6 运煤系统生产车间需设置的办公室、值班室、交接班室、检修间、备品库、棚库、推煤机库、浴室、厕所等设施可合并建设，并可与其他系统设施共用。

9 锅炉设备及系统

9.1 锅炉设备

9.1.1 锅炉的选型应符合下列规定：

1 根据煤质情况、工程条件和热负荷性质等选用循环流化床锅炉、煤粉炉或其他形式的锅炉。

2 容量相同的锅炉宜选用同型设备。

3 气象条件适宜时宜选用露天或半露天锅炉。

9.1.2 热电厂锅炉的台数和容量应根据设计热负荷经技术经济比较后确定。在选择锅炉容量时，应核算在最小热负荷工况下，汽轮机的进汽量不得低于锅炉不投油最低稳燃负荷。

9.1.3 在无其他热源的情况下，热电厂一期工程，机炉配置不宜仅设置单台锅炉。

9.1.4 热电厂当1台容量最大的锅炉停用时，其余锅炉出力应满足下列规定：

1 热用户连续生产所需的生产用汽量。

2 冬季采暖通风和生活用热量的60%~75%，严寒地区取上限。

9.1.5 当发电厂扩建且主蒸汽管道采用母管制系统时，锅炉容量的选择应连同原有锅炉容量统一计算。

9.1.6 凝汽式发电厂锅炉容量和台数的选择应符合下列规定：

1 锅炉的容量应与汽轮机最大工况时的进汽量相匹配。

2 1台汽轮发电机宜配置1台锅炉，不设备用锅炉。

9.2 煤粉制备

9.2.1 磨煤机的形式应根据煤种的煤质特性、可能的煤种变化范围、负荷性质、磨煤机的适用条件，经过技术经济比较后确定，并应符合下列规定：

1 当发电厂燃用无烟煤、低挥发分贫煤、磨损性很强的煤或煤种、煤质难固定时,宜选用钢球磨煤机。当技术经济比较合理时,可选用双进双出钢球磨煤机。

2 燃用磨损性不强、水分较高、灰分较低、挥发分较高的褐煤时,宜选用风扇磨煤机。

3 煤质适宜时,宜优先选用中速磨煤机。

9.2.2 制粉系统形式的选择应符合下列规定:

1 当选用常规钢球磨煤机时,应采用中间贮仓式制粉系统;当采用双进双出钢球磨煤机时,应采用直吹式制粉系统。

2 当选用高、中速磨煤机时,应采用直吹式制粉系统;当采用中速磨煤机时,运煤系统应有较完善的清除铁块、木块、石块和大块煤的设施,并应考虑石子煤的清除设施。

3 当采用中速磨煤机和双进双出钢球磨煤机,且空气预热器能满足要求时,宜采用正压冷一次风机直吹式制粉系统。

4 易燃、易爆的煤种宜采用直吹式制粉系统。

9.2.3 磨煤机的台数和出力的选择应符合下列规定:

1 钢球磨煤机中间贮仓式制粉系统的磨煤机的台数和出力应符合下列规定:

1)220t/h~410t/h 级的锅炉,每台炉应装设 2 台磨煤机,不设备用磨煤机。130t/h 级及以下容量的锅炉,每台炉宜装设 1 台磨煤机。

2)每台锅炉装设的磨煤机在最大钢球装载量下的计算出力,按设计煤种不应小于锅炉额定蒸发量时所需耗煤量的 115%;按校核煤种不应小于锅炉额定蒸发量时所需的耗煤量。

3)每台锅炉装设 2 台及以上磨煤机时,当其中 1 台磨煤机停止运行,其余磨煤机按设计煤种的计算出力,应满足锅炉不投油稳燃的负荷要求。必要时可经输粉机由邻炉来粉。

2 直吹式制粉系统的磨煤机的台数和出力应符合下列规定:

1)当采用双进双出钢球磨煤机直吹式制粉系统时,不设备用磨煤机。220t/h~410t/h 级的锅炉,每台应装设 2 台磨煤机;130t/h 级及以下容量的锅炉,每台炉宜装设 1 台磨煤机。每台锅炉装设的磨煤机在制造厂推荐的钢球装载量下的计算出力,按设计煤种不应小于锅炉额定蒸发量时所需耗煤量的 115%,按校核煤种不应小于锅炉额定蒸发量时所需的耗煤量。

2)当采用高、中速磨煤机直吹式制粉系统时,应设备用磨煤机。220t/h~410t/h 级的锅炉,每台炉宜装设 3 台磨煤机,其中 1 台备用;130t/h 级及以下容量的锅炉,每台炉宜装设 2 台磨煤机,其中 1 台备用。磨煤机的计算出力应有备用容量。在磨制设计煤种时,除备用外的磨煤机的总出力不应小于锅炉额定蒸发量时所需耗煤量的 110%。在磨制校核煤种时,全部磨煤机按检修前状态的总出力不应小于锅炉额定蒸发量时所需的耗煤量。

9.2.4 煤粉炉给煤机的形式、台数、出力应符合下列规定:

1 给煤机的形式应根据制粉系统设备的布置、锅炉负荷需要、给煤机调节性能、运行的可靠性并结合计量要求等进行选择。正压直吹式制粉系统的给煤机必须具有良好的密封性及承压能力,贮仓式制粉系统的给煤机也应有较好的密闭性以减少漏风。

2 给煤机的形式应与磨煤机形式匹配,应按下列原则选择:

1)钢球磨煤机中间贮仓式制粉系统,可采用刮板式、皮带式或振动式给煤机。

2)直吹式制粉系统应采用密封、调节性能较好的可计量的皮带式或刮板式给煤机。

3 给煤机的台数应与磨煤机的台数相匹配。对配置双进双出钢球磨煤机的机组,1 台磨煤机应配 2 台给煤机。

4 刮板式、皮带式给煤机的计算出力不应小于磨煤机计算出力的 110%,振动式给煤机的计算出力不应小于磨煤机计算出力的 120%。对配双进双出钢球磨煤机的给煤机,其单台计算出力不应小于磨煤机单侧运行时的最大给煤量要求。

9.2.5 循环流化床锅炉等炉型应采用对称给煤,给煤设备不应少于 2 套,当其中 1 套给煤设备故障时,其余给煤机出力应能满足锅炉额定蒸发量时所需的耗煤量。

9.2.6 给粉机的台数、最大出力应符合下列规定:

1 给粉机的台数应与锅炉燃烧器一次风的接口数相同。当锅炉设有预燃室时,应另配置相应数量的给粉机。

2 每台给粉机的最大出力不应小于与其连接的燃烧器最大设计出力的 130%。

9.2.7 贮仓式制粉系统根据需要可设置输粉设施。输粉设备可选用螺旋输粉机、刮板输粉机、链式输粉机或质量可靠的其他形式的输粉机,其设置原则和容量应符合下列规定:

1 具备布置条件的两台锅炉的煤粉仓之间可采用输粉机连通方式。

2 输粉机的容量不应小于与其相连磨煤机中最大一台磨煤机的计算出力。

3 当输粉机长度在 40m 及以下时,宜单端驱动;长度在 40m 以上时,宜双端驱动。

4 输粉机应具有良好的密封性。

5 对高挥发分烟煤和褐煤不宜设输粉设备。

9.2.8 排粉机的台数、风量和压头的裕量应符合下列规定:

1 排粉机的台数应与磨煤机的台数相同。

2 排粉机的基本风量应按设计煤种的制粉系统热力计算确定。

3 排粉机的风量裕量不应低于 5%,压头裕量不应低于 10%,风机的最大设计点应能满足磨煤机在最大钢球装载量时所需的通风量。

9.2.9 中速磨煤机和双进双出钢球磨煤机正压直吹式制粉系统应设置密封风机。密封风机的台数、风量和压头的裕量应符合下列规定:

1 每台锅炉设置的密封风机不应少于 2 台,其中 1 台备用。当每台磨煤机均设密封风机时,密封风机可不设备用。

2 密封风机的风量裕量不应低于 10%(基本风量按全部磨煤机计算),压头裕量不应低于 20%。

9.2.10 除无烟煤外,制粉系统应防爆和灭火措施,其要求应符合现行国家标准《火力发电厂与变电站设计防火规范》GB 50229 和现行行业标准《火力发电厂煤和制粉系统防爆设计技术规程》DL/T 5203 的有关规定。

9.2.11 煤粉炉如果设置一次风机,其形式、台数、风量和压头宜符合下列规定:

1 对正压直吹式制粉系统,当采用三分仓空气预热器时,冷一次风机宜采用离心式风机。当技术经济比较合理时,也可采用其他调速风机。

2 冷一次风机的台数宜为 2 台,不设备用。

3 一次风机的风量和压头宜根据空气预热器的特点和不同的制粉系统采用。采用三分仓空气预热器正压直吹式制粉系统的冷一次风机按下列要求选择:

1)风机的基本风量按设计煤种计算,应包括锅炉在额定蒸发量时所需的一次风量、制造厂保证的空气预热器运行一年后一次风侧的漏风量加上需由一次风机所提供的磨煤机密封风量损失(按全部磨煤机计算)。

2)风机的风量裕量宜为 20%~30%,另加温度裕量,可按"夏季通风室外计算温度"来确定。

3)风机的压头裕量宜为 20%~30%。

9.3 烟风系统

9.3.1 煤粉炉送风机的形式、台数、风量和压头应符合下列规定：

1 送风机宜选用高效离心式风机。当技术经济比较合理时，宜采用调速风机。

2 锅炉容量为130t/h级及以下时，每台锅炉应装设1台送风机，锅炉容量为220t/h级及以上时，每台锅炉宜设置1台～2台送风机，不设备用。

3 送风机的风量和压头应符合下列规定：

1) 送风机的基本风量按锅炉燃用设计煤种计算，应包括锅炉在额定蒸发量时所需的空气量及制造厂保证的空气预热器运行一年后送风侧的净漏风量。

2) 当采用三分仓空气预热器时，送风机的风量裕量不低于5%，另加温度裕量，可按"夏季通风室外计算温度"来确定；送风机的压头裕量不低于15%。

3) 当采用管箱式或两分仓空气预热器时，送风机的风量裕量宜为10%，压头裕量宜为20%。

4) 当采用热风再循环系统时，送风机的风量裕量不应小于冬季运行工况下的热风再循环量。

4 对燃烧低热值煤或低挥发分煤的锅炉，当每台锅炉装有2台送风机时，应验算风机裕量选择，使其在单台送风机运行工况下能满足锅炉最低不投油稳燃负荷的需要。

9.3.2 引风机的形式、台数、风量和压头裕量应符合下列规定：

1 引风机宜选用高效离心式风机。当技术经济比较合理时，宜采用调速风机。

2 锅炉容量为65t/h级及以下时，每台锅炉应设1台引风机；锅炉容量为130t/h级及以上时，每台锅炉宜设1台～2台引风机，不设备用。

3 引风机的风量和压头应符合下列规定：

1) 引风机的基本风量，按锅炉燃用设计煤种和锅炉在额定蒸发量时的烟气量及制造厂保证的空气预热器运行一年后烟气侧漏风量及锅炉烟气系统漏风量之和考虑。

2) 引风机的风量裕量不低于10%，另加10℃～15℃的温度裕量。

3) 引风机的压头裕量不低于20%。

4 对燃烧低热质煤或低挥发分煤的煤粉炉，当每台锅炉装有2台引风机时，应验算在单台引风机运行工况下能满足锅炉不投油助燃最低稳燃负荷时的需要。

9.3.3 循环流化床锅炉的一、二次风机均应采用高效离心式风机，当技术经济比较合理时，宜采用调速风机。220t/h级及以下锅炉每炉各1台；410t/h级锅炉应每炉各1台～2台，不应设备用。一、二次风机风量和压头裕量应符合下列规定：

1 基本风量按锅炉燃用设计煤种计算，应包括锅炉在额定蒸发量时需要的风量及制造厂保证的空气预热器运行一年后一次风侧(二次风机对应二次风侧)的净漏风量。

2 风机风量裕量不宜小于20%，另加温度裕量，可按"夏季通风室外计算温度"来确定。

3 风机压头裕量应分段考虑，炉膛背压(床层等阻力)裕量应由锅炉厂提供，从空气预热器进口至一次风喷嘴(二次风机对应二次风喷嘴)出口的阻力裕量应取44%，从风机进口至空气预热器进口间的阻力裕量应取风机选型风量与基本风量比值的平方倍。

9.3.4 循环流化床锅炉如需要配置高压流化风机，宜用离心式或罗茨风机。220t/h级及以下锅炉，每炉宜配2台50%容量；410t/h级锅炉每炉宜配3台50%容量。风机的风量裕量与压头裕量不应小于20%。

9.3.5 锅炉如需要设置安全监控保护系统的冷却风机，每炉宜选用2台离心风机，其中1台运行，1台备用。风机的风量裕量与压头裕量应满足锅炉安全监控保护系统的冷却要求。

9.3.6 除尘设备的选择应根据建设项目环境影响报告书批复的对烟气排放粉尘量及粉尘浓度的要求、煤灰特性、锅炉燃烧方式、工艺、场地条件和灰渣综合利用的要求等因素，经技术经济比较后确定。除尘器在下列条件下仍应能达到保证的除尘效率：

1 除尘器的烟气量应按燃用设计煤种在锅炉额定蒸发量时的空气预热器出口烟气量计算，应加10%的裕量；烟气温度为燃用设计煤种在锅炉额定蒸发量时的空气预热器出口温度加10℃～15℃。

2 除尘器的烟气量应按燃用校核煤种在锅炉额定蒸发量时的空气预热器出口烟气量计算，烟气温度为燃用校核煤种在锅炉额定蒸发量时的空气预热器出口温度。

9.3.7 在除尘器前、后烟道上应设置必要的采样孔及采样操作平台。

9.3.8 烟囱台数、形式、高度和烟气出口流速应根据建设项目环境影响报告书和烟囱防腐要求、同时建设的锅炉台数、烟囱布置和结构上的经济合理性等综合考虑确定。接入同一座烟囱的锅炉台数宜为2台～4台。

9.4 点火及助燃油系统

9.4.1 循环流化床炉、煤粉炉及其他炉型的点火及助燃燃料可采用轻柴油。发电厂附近有煤气或燃气供应时，也可采用煤气、燃气点火及助燃，此时应参照相关的安全技术规定设计。当重油的供应和油品质量有保证时，也可采用重油点火及助燃。煤粉炉应采用小油枪点火、少油(微油)点火、等离子点火等节油点火方式。

9.4.2 点火及助燃油罐的个数及容量宜符合下列规定：

1 当采用220t/h以下容量的煤粉炉时，全厂宜设置1个～2个50m³～100m³的油罐。

2 当采用220t/h～410t/h的煤粉炉时，全厂宜设置2个200m³～500m³的油罐。

3 煤粉炉采用等离子点火、小油枪点火、少油(微油)点火等节油点火方式时，油罐容量可比以上容量减小1个～2个等级。

4 循环流化床锅炉的油罐容量可比相应容量煤粉锅炉减小1个～2个等级。

9.4.3 点火及助燃油宜采用汽车运输。发电厂就近有油源时，可采用管道输送。当采用铁路运输时，应设置卸油站台，其长度应能容纳1节～2节油槽车设计，并应符合铁路部门的调车要求。当采用水路运输时，卸油码头宜与渣码头、运大件码头或煤码头合建。

9.4.4 卸油方式应根据油质特性、输送方式和油罐情况等经技术经济比较后确定。卸油泵形式、台数和流量应符合下列规定：

1 卸油泵形式应根据油质黏度、卸油方式及消防规范要求确定。

2 如果卸油时间有规定要求，卸油泵台数不宜少于2台，当最大一台泵停用时，其余泵的总流量应满足在规定的卸油时间内卸完车、船的装载量。

3 卸油泵的扬程及其电动机的容量应按输送油到最大黏度时的工况考虑，扬程裕量宜为30%。

9.4.5 点火及助燃油系统供油泵的形式、出力和台数宜符合下列规定：

1 输(供)油泵形式应根据油质和供油参数要求确定，宜选用离心泵或螺杆泵。

2 供油泵的出力宜按容量最大一台锅炉在额定蒸发量时所需燃料热量的20%～30%选择。

3 供油泵的台数宜为2台，其中1台备用。

4 供油泵的流量裕量不宜小于10%，扬程裕量不宜小于5%，扬程计算中的燃油管道系统总阻力(不含油枪雾化油压及高差)裕量不宜小于30%。

9.4.6 输油泵房宜靠近油库区。燃油泵房内应设置适当的通风、起吊设施和必要的检修场地及值班室,如自动控制及消防设施可满足无人值班要求时,可不设置值班室。油泵房内的电气设备应采用防爆型。

9.4.7 至锅炉房的供油、回油管道设计宜符合下列规定:

 1 供油、回油管道宜各采用1条。

 2 每台锅炉的供油和回油管道上应装设油量计量装置。供油总管上可装设油量计量装置。

 3 各台锅炉的供油管道上应装设快速切断阀和手动关断阀。各台锅炉的回油管道上宜装设快速切断阀。

 4 对黏度大、易凝结的燃油,其卸油、贮油及供油系统应有加热、吹扫设施。对于燃油管道可设置蒸汽伴或其他方式的伴热管,以及蒸汽或压缩空气吹扫管。蒸汽吹扫系统应有防止燃油倒灌的措施。

9.4.8 燃油系统中应设污油、污水收集及有关的含油污水处理设施。

9.4.9 油系统的设计应符合现行国家标准《石油库设计规范》GB 50074 的有关规定。燃油罐、输油管道和燃油管道的防爆、防火、防静电和防雷击的设计,应符合现行国家标准《爆炸和火灾危险环境电力装置设计规范》GB 50058 和《火力发电厂与变电站设计防火规范》GB 50229 的有关规定。

9.4.10 地上或半地下式金属燃油罐宜设置移动式或固定式与移动式相结合的冷却水系统。

9.5 锅炉辅助系统及其设备

9.5.1 锅炉排污系统及其设备应符合下列规定:

 1 锅炉排污扩容系统宜2台~4台炉设置1套。

 2 锅炉宜采用一级连续排污扩容系统。对高压热电厂的汽包锅炉,根据扩容蒸汽的利用条件,可采用两级连续排污扩容系统;连续排污系统应有切换至定期排污扩容器的旁路。

 3 定期排污扩容器的容量应满足锅炉事故放水的需要。

9.5.2 锅炉向空排汽的噪声应符合环境保护的要求。向空排汽的锅炉点火排汽管应装设消声器。起跳压力最低的汽包安全阀和过热器安全阀排汽管宜装设消声器。

9.5.3 空气预热器应防止低温腐蚀和堵灰,宜实际需要情况设置空气预热器入口空气加热系统,根据技术经济比较可选用热风再循环、暖风器或其他空气加热系统。当煤质条件较好、环境温度较高或空气预热器冷端采用耐腐蚀材料,确保空气预热器不被腐蚀、不堵灰时,可不设空气加热系统。对转子转动式三分仓空气预热器,当烟气先加热一次风时,在空气预热器一次风可不设空气加热装置,仅在二次风侧设置。

 1 对暖风器系统应符合下列规定:

  1)暖风器的设置部位应通过技术经济比较确定,对北方严寒地区,暖风器宜设置在风机入口。

  2)暖风器在结构和布置上应考虑降低阻力的要求。对年使用小时数不高的暖风器,可采用移动式结构。

  3)选择暖风器所用的环境温度,对采暖区宜取冬季采暖室外计算温度,对非采暖区宜取冬季最冷月平均温度,并适当留有加热面积裕量。

 2 热风再循环系统宜用于管式空气预热器或较低硫分和灰分的煤种与环境温度较高的地区。回转式空气预热器采用热风再循环系统时,应考虑风机和风道的防磨要求,热风再循环率不宜过大;热风抽出口应布置在烟尘含量低的部位。

9.6 启动锅炉

9.6.1 需要设置启动锅炉的发电厂,其启动锅炉的台数、容量和燃料根据机组容量、启动方式,并结合地区气象等具体情况应符合下列规定:

 1 启动锅炉容量只考虑启动中必需的蒸汽量,不考虑裕量和主汽轮机冲转调试用汽量、可暂时停用的施工用汽量及非启动用的其他用汽量。

 2 启动锅炉最大容量不宜超过1×10t/h。

 3 启动锅炉宜按燃油快装炉设计。严寒地区的启动锅炉,可与施工用汽锅炉结合考虑,以燃煤为宜,炉型可选用快装炉或常规炉型。

9.6.2 启动锅炉的蒸汽参数宜采用低压(1.27MPa)锅炉,有关系统应简单、可靠和运行操作简便,其配套辅机不设备用。必要时启动锅炉系统可考虑便于今后拆迁的条件。对燃煤启动锅炉房的设计宜简化,但工艺系统设计应满足生产要求和环境保护要求。

9.6.3 对扩建电厂,宜采用原有机组的辅助蒸汽作为启动汽源,可不设启动锅炉。

10 除灰渣系统

10.1 一般规定

10.1.1 除灰渣系统的选择应根据灰渣量、灰渣的化学物理特性、锅炉形式及除尘器和排渣装置的形式、冲渣水水质、水量以及发电厂与贮灰场的距离、高差以及总平面布置、交通运输、地形、地质、可用水源和气象等条件,经过技术经济比较确定。当条件合适时,应采用干除灰方式。

10.1.2 对已落实粉煤灰综合利用条件的电厂,应设计厂内粉煤灰的集中及外运接口。对有灰渣综合利用意向,但其途径和条件都暂不落实时,设计应为灰渣的综合利用预留条件。

10.1.3 除灰渣系统的容量应按锅炉额定蒸发量燃用设计煤种时排出的总灰渣量计算。厂内各分系统的容量可根据具体情况分别留有一定裕度,厂外输送系统的容量宜根据综合利用的落实情况确定。

10.2 水力除灰渣系统

10.2.1 拟定水力除灰系统时,应采用电厂复用水,并经过技术经济比较,合理确定制浆方式和灰水浓度。

10.2.2 厂内灰渣水力输送可采用压力管和灰渣沟两种方式,应根据锅炉排渣装置及除尘器形式、锅炉房和厂区布置以及贮灰场位置等条件确定。

10.2.3 采用离心灰渣泵的水力除灰系统,当一级离心泵的扬程不能满足要求时,宜采用离心灰渣泵直接串联的方式。

10.2.4 采用容积式灰浆泵系统输送灰浆液,应采用高浓度输送。

10.2.5 采用浓缩机浓缩灰浆时,浓缩机的选择应符合下列规定:

 1 浓缩机直径应根据排灰量和浓缩机的单位出力确定。

 2 浓缩机宜采用高位布置。

 3 浓缩机排浆管应设有反冲洗水管道,冲洗水源应可靠,水压不应小于 0.4MPa。

10.2.6 浓缩机的备用台数应符合下列规定:

 1 当全厂除灰系统设有备用或事故排灰条件时,可不设备用。

 2 当全厂除灰系统无备用或不具备事故排灰条件时,浓缩机不宜少于2台,而且当其中1台故障时,其余浓缩机的总出力应能承担不低于除灰系统80%的计算灰量。

10.2.7 除灰渣系统的灰渣沟设计应符合下列规定:

 1 灰渣沟不设备用,布置应短而直,并应考虑扩建时便于连接,沟底应采用铸石等耐磨镶板衬砌。

2 电厂内其他系统的排水、污水等不宜排入灰渣沟。
　　3 灰渣沟坡度应符合下列规定：
　　　　1）灰沟坡度不应小于1%。
　　　　2）固态排渣炉的渣沟坡度不应小于1.5%。
　　　　3）液态排渣炉的渣沟坡度不应小于2%。
　　　　4）输送高浓度灰渣浆的灰渣沟，其坡度宜适当加大。

10.2.8 在一套水力除灰渣系统中，主要设备的备用台数应符合下列规定：
　　1 经常运行的清水泵应各有1台(组)备用。
　　2 在一个泵房内，离心式灰渣(浆)泵和容积式灰浆泵的备用台(组)数应按下列原则确定：
　　　　1）当1台(组)运行时，设1台(组)备用。
　　　　2）当2台(组)～3台(组)运行时，设2台(组)备用。
　　　　3）对于容积式灰浆泵，当只设2台(组)备用时，可以预留第二台(组)备用泵的基础。

10.2.9 当采用沉渣池除渣系统时，沉渣池的几何尺寸应根据渣浆量、渣的颗粒分析、沉降速度及外部输送条件等因素确定。沉渣池宜采用两格，每格有效容积不宜小于该除渣系统24h的排渣量。当采用脱水仓除渣系统时，脱水仓的容积应根据锅炉排渣量、外部输送条件等因素确定。每台脱水仓的有效容积不宜小于该除渣系统24h的排渣量。

10.2.10 当运行的厂外灰渣(浆)管为1条～3条时，应设1条备用管。当灰渣管磨损或结垢严重时，应采取防磨或防结垢、除垢措施。

10.2.11 当采用普通钢管作灰渣管时，除壁厚应满足强度要求外，还应符合下列规定：
　　1 灰管壁厚不应小于7mm。
　　2 渣管壁厚不应小于10mm。
　　3 弯管和管件可采用耐磨管。
　　4 当灰渣具有严重磨损特性时，对直管段经技术经济比较后，也可采用耐磨管。

10.3 机械除渣系统

10.3.1 锅炉采用机械除渣系统时，应根据渣量、渣的特性、输送距离及渣综合利用的要求等因素，经过技术经济比较，可选用水浸式刮板捞渣机、干式风冷输渣机或埋刮板输送机等设备输送锅炉底渣。当条件允许时，宜优先采用机械方式将渣提升至贮渣仓。

10.3.2 当采用水浸式刮板捞渣机方案时，应符合下列规定：
　　1 宜采用单级刮板捞渣机输送至渣仓方案，其最大出力不宜小于锅炉额定蒸发量时燃用设计煤种的排渣量的400%。与渣接触的刮板捞渣机部件应采用耐磨、耐腐蚀材料制成。
　　2 刮板捞渣机的水浸槽水深应能保证渣块充分粒化，并大于锅炉炉膛最大正压值。
　　3 刮板捞渣机的头部倾角不应大于35°，并设有清洗链环的设施。

10.3.3 当采用干式风冷输渣机方案时，设备的最大出力不宜小于锅炉额定蒸发量时的燃用设计煤种排渣量的250%，且不应小于燃用校核煤种的排渣量的150%。

10.3.4 埋刮板输送机应选用电厂专用耐磨、低速输灰渣埋刮板输送机。埋刮板输送机的布置应符合下列规定：
　　1 埋刮板输送机可采用水平布置和倾斜布置两种形式。当采用倾斜布置时，倾斜角不宜大于10°。
　　2 埋刮板输送机驱动装置有水平和立式两种形式，设计时可按具体情况选用。当采用高位布置时应设置检修平台。
　　3 埋刮板输送机宜为单路布置。

10.3.5 贮渣仓应尽量靠近锅炉除渣排放点布置。贮渣仓的容积应按锅炉排渣量、外部运输条件等因素确定，其有效容积宜满足该除渣系统24h～48h的排渣量。当贮渣仓仅作为中转或缓冲渣仓使用时，其有效容积宜满足该除渣系统8h的排渣量。

10.4 干式除灰系统

10.4.1 除灰系统应根据灰量、输送距离、灰的特性、除尘器形式及集灰斗布置等情况，经过技术经济比较，选用负压气力除灰系统、正压气力除灰系统和空气斜槽、埋刮板输送机、螺旋输送机等输送系统，以及由以上方式组合的联合系统。

10.4.2 气力除灰系统的设计出力应根据系统排灰量、系统形式、运行方式等确定。采用连续运行方式的系统出力不应小于锅炉额定蒸发量时的燃用设计煤种排灰量的150%，不应小于燃用校核煤种排灰量的120%；对于采用间断运行方式的系统不应小于锅炉额定蒸发量时的燃用设计煤种排灰量的200%。静电除尘器第一电场灰斗的容积不宜小于8h集灰量。

10.4.3 正压气力除灰系统设置的空气压缩机，当运行的空气压缩机为1台～2台时，应设1台备用；运行3台及以上时，可设2台备用。

10.4.4 负压气力除灰系统应设置专用的抽真空设备。在一个单元系统内，当1台～2台抽真空设备经常运行时，宜设1台备用。

10.4.5 空气斜槽的风源宜为专用风机供气，专用风机可不设备用，有条件时也可由锅炉送风系统供给。空气斜槽的布置应符合下列规定：
　　1 空气斜槽的斜度不应小于6%。
　　2 空气斜槽宜考虑防潮保温措施。
　　3 灰斗与空气斜槽之间应装设插板门和电动锁气器。
　　4 落灰管与空气斜槽之间，以及鼓风机与风嘴之间宜用软连接。
　　5 静电除尘器下分路斜槽的输送方向宜从一电场向二(三)电场方向输送。

10.4.6 灰库的总容量宜符合下列规定：
　　1 当作为中转或缓冲灰库时，宜满足贮存8h的系统排灰量。
　　2 当作为贮运灰库时，宜满足贮存24h～48h的系统排灰量。

10.4.7 灰库设计为平底库时，在库底应设置气化槽。气化空气应为热空气，气化空气系统应设专用的空气加热器，加热后的气化空气管道应保温。

10.4.8 灰库卸灰设施的配置应符合下列规定：
　　1 当厂外采用水力输送时，应设干灰制浆装置。
　　2 当车(船)装卸干灰时，应设防止干灰飞扬的设施。
　　3 当外运湿灰时，应设干灰调湿装置，加水量宜为灰质量的15%～30%。

10.5 灰渣外运系统

10.5.1 采用车辆运输灰渣时，宜采用封闭式自卸汽车，并优先利用社会运力解决。

10.5.2 厂外灰渣输送采用带式输送机时，在厂区应具有短期贮存的措施。渣应经过冷却调湿或冷却脱水，灰应加水调湿。带式输送机应按单路设计，其设计出力应根据系统输送量、输送距离和运行方式等确定，不宜小于电厂灰渣最大排放量的300%。除严寒地区外，带式输送机不宜采用封闭栈桥，但应设必要的防护罩或采用管状带式输送机。

10.5.3 采用船舶外运灰渣时，应根据灰渣运输量和船型设置灰码头及装船设施。

10.6 控制及检修设施

10.6.1 除灰渣系统的控制方式应根据系统的复杂性及设备对运行操作的要求确定，可采用集中控制、自动程序控制、就地控制方式。对采用自动程序控制或集中控制的除灰渣系统,可根据控制要求设置调试用就地控制按钮。

10.6.2 在除灰渣设备集中布置处应设置必要的检修场地和起吊设施。

10.7 循环流化床锅炉除灰渣系统

10.7.1 循环流化床锅炉底渣输送系统宜采用机械输送系统,当底渣量较小时,经技术经济比较也可采用气力输送系统,其系统出力不宜小于锅炉额定蒸发量时燃用设计煤种排渣量的 250%,且不宜小于燃用校核煤种排渣量的 200%。不宜采用水力输送系统。

10.7.2 循环流化床锅炉底渣系统底渣库库顶除尘器的布袋宜选用耐高温滤料。采用机械输送系统时,渣库库顶除尘器宜设排气风机。

10.7.3 当循环流化床锅炉飞灰采用气力输送系统时,其系统输送出力的确定应按本规范第10.4节中气力除灰系统的规定执行。

11 脱 硫 系 统

11.0.1 脱硫工艺的选择应根据锅炉容量及炉型、燃料含硫量、建设项目环境影响报告书批复对脱硫效率的要求、吸收剂资源情况和运输条件、水源情况、脱硫废水、废渣排放条件、脱硫副产品利用条件以及脱硫工艺成熟程度等综合因素,经全面技术经济比较后确定。对于改、扩建电厂,还应考虑现场场地布置条件的影响,因地制宜。脱硫工艺的选择还应符合下列规定:
  1 中小容量循环流化床锅炉宜优先采用炉内脱硫的方式。
  2 燃煤含硫量大于或等于 2% 的机组,应优先采用石灰石-石膏湿法烟气脱硫工艺。
  3 燃煤含硫量小于 2% 的机组或对于剩余寿命低于 10 年的老机组以及在场地条件有限的已建电厂加装脱硫装置时,在环保要求允许的条件下,宜优先采用半干法、干法或其他费用较低的成熟工艺。
  4 经全面技术经济比较合理后,可采用氨法烟气脱硫工艺。
  5 燃煤含硫量小于或等于 1% 的海滨电厂,在海水碱度满足工艺要求、海域环境影响评价取得国家有关部门审查通过的情况下,可采用海水法烟气脱硫工艺;燃煤含硫量大于 1% 的海滨电厂,在满足上述条件且经技术经济比较后,也可采用海水法烟气脱硫工艺。
  6 水资源匮乏地区的燃煤电厂宜优先采用节水的干法、半干法烟气脱硫工艺。
  7 脱硫装置的可用率应在 95% 以上。

11.0.2 脱硫吸收剂应符合下列规定:
  1 吸收剂应有可靠的来源,并宜由市场直接购买符合要求的成品;当条件许可且方案合理时,可由电厂自建吸收剂制备车间;必须新建吸收剂加工制备厂时,应优先考虑区域性协作,即集中建厂,应根据投资与管理方式、加工工艺、厂址位置、运输条件等进行综合技术经济论证。
  2 厂内吸收剂储存容量应根据供货连续性、货源远近及运输条件等因素确定,不应小于 3d 的需用量。
  3 吸收剂的制备储运系统应有防止二次扬尘、挥发泄漏等污染,保证安全的措施。
  4 循环流化床锅炉脱硫石灰石粉储存及输送系统应符合下列规定:

  1)成品石灰石粉进厂,可直接采用气力输送至石灰石粉仓(库)内存放备用。在厂内破碎制备后的石灰石粉宜采用气力输送,有条件时也可采用密闭刮板输送机或螺旋输送机输送,宜单路设置。
  2)石灰石粉输送宜采用一级输送系统,也可采用二级输送系统。
  3)一级输送系统的石灰石粉库容积宜为锅炉额定蒸发量时 24h 的消耗量,二级输送石灰石粉仓容积宜为锅炉额定蒸发量时 3h~4h 的消耗量。
  4)至锅炉炉膛的石灰石粉宜采用气力输送,各条输送管路宜对称布置。
  5)气力输送系统出力设计应根据锅炉所需石灰石粉的消耗量、运行方式等因素确定。当采用连续运行方式时,系统设计出力不应小于石灰石粉的消耗量的 150%,当采用间断运行方式时,系统设计出力不应小于石灰石粉的消耗量的 200%。
  6)若石灰石粉采用二级且风机输送时,宜配置 1 台~2 台定容式输送风机。

11.0.3 烟气脱硫反应吸收装置容量、数量应符合下列规定:
  1 反应吸收装置的额定容量宜按锅炉设计或校核煤种额定工况下的烟气条件,取其中较高者,不应增加容量裕量。
  2 反应吸收装置的入口 SO_2 浓度(设计值和校核值)应经调研,考虑燃煤实际采购情况和含硫量变化趋势,选取其变化范围中的较高值。
  3 反应吸收装置应能在锅炉最低稳燃负荷工况和额定工况之间的任何负荷持续安全运行。反应吸收装置的负荷变化速度应与锅炉负荷变化率相适应。
  4 反应吸收装置入口烟温应按锅炉设计煤种额定工况下从主烟道进入脱硫装置接口处的运行烟气温度加 10℃(短期按照加 50℃)设计,并应注意在锅炉异常运行条件下采取适当措施,不致造成对设备的损害。
  5 反应吸收装置的数量应根据锅炉容量、反应吸收装置的容量及可靠性等确定。当采用湿法工艺时,宜 2 台炉配 1 台反应吸收塔;半干法脱硫工艺可 1 台炉配 1 台反应吸收塔,根据工艺条件也可 2 台炉配 1 台反应吸收塔。
  6 反应吸收装置内部应根据工艺特点考虑可靠的防腐措施。

11.0.4 当脱硫系统设增压风机时,其容量应根据处理烟气量选择,风量裕量不宜小于 10%,另加不低于 10℃~15℃ 的温度裕量,压头裕量不宜小于 20%。当脱硫系统增压风机与引风机合并设置时,锅炉炉膛瞬态防爆压力的选取应考虑风机压头较大的因素。

11.0.5 应根据建设项目环境影响报告书批复要求确定是否设置湿法脱硫工艺的烟气-烟气换热器。

11.0.6 烟气脱硫装置旁路烟道的设置,宜根据脱硫工艺的技术特性和脱硫装置的可靠性确定;在条件允许的情况下,可不设烟气脱硫装置旁路烟道。湿法脱硫装置不设旁路烟道时,脱硫装置的可用率应保证满足整体机组运行可用率的要求。设置旁路烟道的脱硫装置进口、出口和旁路挡板门(或插板门)应有良好的操作和密封性能。旁路挡板门(或插板门)的开启时间应能满足脱硫装置故障不引起锅炉跳闸的要求。

11.0.7 反应吸收装置出口至烟囱的低温烟道,应根据不同的脱硫工艺采取必要的适当的防腐措施。

11.0.8 脱硫工艺设计应为脱硫副产品的综合利用创造条件,经技术经济论证合理时,脱硫副产品可经过适当加工后外运,其加工深度、品种及数量应根据可靠的市场调查结果确定。若脱硫副产品无综合利用条件时,可考虑将其输送至储存场,但宜与灰渣分别堆放,留有今后综合利用的可能性,并应采取防止副产品造成二次污染的措施。厂内脱硫副产品的贮存方式,根据其具体物性,可堆放在贮存间内。贮存的容量应根据副产品的运输方式确定,不宜小于 24h。

11.0.9 当吸收剂和脱硫副产品是浆液状态，其输送系统应考虑防堵措施和加装管道清洗装置。

11.0.10 脱硫控制室的设置及控制水平应符合下列规定：

    1 脱硫控制室宜与除灰空压机室、除尘配电室等合并布置在脱硫装置附近，也可结合工艺流程和场地条件设独立的脱硫控制室。

    2 脱硫系统的控制水平应与机组控制水平相当。

11.0.11 脱硫装置高、低压厂用电电压等级及厂用电系统中性点接地方式应与电厂主体工程一致。脱硫装置的高压负荷直接由主厂房高压段供电，在脱硫区设低压脱硫变压器向脱硫低压负荷供电，其高压电源引至主厂房高压段。

11.0.12 脱硫工艺系统的布置应符合下列规定：

    1 脱硫反应吸收装置宜布置于锅炉尾部烟道及烟囱附近。

    2 吸收剂制备和脱硫副产品加工场地宜在脱硫反应吸收装置附近集中布置，也可布置于其他适当地点。

    3 脱硫反应吸收装置宜露天布置，并应有必要的防护措施。

12 脱硝系统

12.0.1 脱硝工艺的选择应符合下列规定：

    1 新建、扩建发电机组的锅炉应根据建设项目环境影响报告书批复要求预留烟气脱硝装置空间或同步建设烟气脱硝装置。循环流化床锅炉不宜设置烟气脱硝装置。煤粉锅炉在进行炉膛和燃烧器结构选型时宜采取降低氮氧化物排放的措施。

    2 煤粉锅炉烟气脱硝工艺的选择应根据机组容量、煤质情况、锅炉氮氧化物排放浓度、对脱硝效率的要求、反应剂资源情况及运输条件、废水排放条件、脱硝副产品利用条件以及脱硝工艺成熟程度等综合因素，经技术经济比较确定。对于改造机组，还应考虑现场场地布置条件等特点。

    3 当条件许可且技术经济比较合理时，可采用同时脱硫脱硝一体化的工艺。

12.0.2 脱硝反应剂应符合下列规定：

    1 脱硝反应剂应有可靠的来源。

    2 厂内脱硝反应剂储存容量应根据供货连续性、货源远近及运输条件等因素确定。

    3 脱硝反应剂的制备储运系统应有防止挥发、泄漏等污染的措施。如果有防火、防爆、防毒等方面的要求，应有相应保证安全的措施。

12.0.3 脱硝工艺如需采用催化剂，应制定失效催化剂的妥善处理措施，优先选择可再生循环利用的催化剂，应避免二次污染。

12.0.4 脱硝装置不宜设置旁路烟道。

12.0.5 当脱硝装置引起引风机风压增加较大时，锅炉炉膛瞬态防爆压力的选取应考虑相应因素。

12.0.6 如果装设脱硝装置有可能生成腐蚀和堵塞锅炉空气预热器的产物时，空气预热器的设计应采取特殊的措施减轻或消除其影响。

12.0.7 脱硝反应装置容量、台数的选择应符合下列规定：

    1 脱硝反应装置的额定容量宜按锅炉相对应的烟气量设计，不增加容量余量。

    2 脱硝反应装置应采用单元制，即每台锅炉配1台反应装置。

    3 脱硝反应装置入口烟温应按正常运行烟气温度设计，并应注意在锅炉异常运行条件下采取措施不致造成对设备的损害。

12.0.8 脱硝反应区控制系统宜纳入机组分散控制系统（DCS），脱硝反应剂制备储运控制系统宜通过可编程控制器（PLC）控制或纳入机组分散控制系统（DCS）。

12.0.9 脱硝工艺系统的布置应符合下列规定：

    1 脱硝反应装置宜根据脱硝工艺的流程布置于锅炉本体或尾部烟道及烟囱附近。

    2 脱硝反应剂制备储运系统的布置应满足与周边建筑物相应的间距要求，布置于适当地点。必要时，应考虑不利风向的影响，系统设备区域内应设有通畅的道路和疏散通道。

    3 脱硝反应装置宜露天布置，但应有必要的防护措施。

13 汽轮机设备及系统

13.1 汽轮机设备

13.1.1 发电厂的机组选择应符合下列规定：

    1 供热式汽轮机的容量和台数应根据热负荷的大小和性质，并以热定电的原则合理确定。条件许可时，应优先选择较大容量、较高参数的汽轮机。

    2 小型发电厂不宜选用凝汽式汽轮机。在电网覆盖不到的边远地区或无电地区，当不具备小水电和可再生能源资源且煤炭资源丰富而又交通不便，以及电网覆盖不到的小水电供电地区，考虑枯水期补充电力的需要，在有煤炭来源条件时，可因地制宜地选择适当规模容量的凝汽式汽轮机或抽凝式汽轮机。

    3 干旱指数大于 1.5 的缺水地区，宜选用空冷式汽轮机。

13.1.2 供热式汽轮机机型的最佳配置方案应在调查核实热负荷的基础上，根据设计的热负荷曲线特性，经技术经济比较后确定。

13.1.3 供热式汽轮机的选型应符合下列规定：

    1 具有常年持续稳定的热负荷的热电厂，应按全年基本热负荷优先选用背压式汽轮机。

    2 具有部分持续稳定热负荷和部分变化波动热负荷的热电厂，应选用背压式汽轮机或抽汽背压式汽轮机承担基本稳定的热负荷，再设置抽凝式汽轮机承担其余变化波动的热负荷。

    3 新建热电厂的第一台机组不宜设置背压式汽轮机。

13.1.4 热电厂的热化系数可按下列原则选取：

    1 热电厂的热化系数宜小于1。

    2 热化系数必须因地制宜、综合各种影响因素经技术经济比较后确定，并宜符合下列规定：

    1）单机容量小于或等于 100MW 级、兼供工业和民用热负荷的热电厂，其热化系数宜小于1。

    2）对以供常年工业用汽热负荷为主的热电厂，其热化系数宜取 0.7～0.8。

    3）对于以采暖热负荷为主的成熟区域（即建设规模已接近尾声，每年新投入的建筑面积趋于0），其热化系数宜控制在 0.6～0.7 之间。

    4）对于以采暖热负荷为主的发展中供热区域（每年均有一定新建筑投入供暖的），其热化系数可大于 0.8，甚至接近1。

    5）在选取热化系数时，应对热负荷的性质进行分析。年供热利用小时数高、日负荷稳定的，取高值；年供热利用小时数低、日负荷波动大的，取低值。

13.1.5 对季节性热负荷差别较大或昼夜热负荷波动较大的地区，为满足尖峰热负荷，可采用下列方式供热：

1 应利用热电厂的锅炉裕量,经减温减压装置补充供热。

2 应采用供热式汽轮机与尖峰锅炉房协调供热。

3 应选用热用户中容量较大、使用时间较短、热效率较高的燃煤锅炉补充供热。

13.1.6 采暖尖峰锅炉房与热电厂采用并联供热系统或串联供热系统,应经技术经济比较后确定,并宜符合下列规定:

1 当采用并联供热时,采暖锅炉房宜建在热电厂或热电厂附近。

2 当采用串联供热时,采暖锅炉房宜建在热负荷中心或热网的远端。

13.2 主蒸汽及供热蒸汽系统

13.2.1 主蒸汽管道宜采用切换母管制系统。

13.2.2 热电厂厂内应分设供热集汽联箱。向厂同一方向输送的供热蒸汽管道宜采用单管制系统;采用双管或多管制系统,应符合下列规定:

1 当同一方向的各用户所需蒸汽参数相差较大,或季节性热负荷占总热负荷比例较大,经技术经济比较合理时,可采用双管或多管制系统。

2 对特别重要而不允许停汽的热用户,需由两个热源供汽时,可设双管输送。每根管道的管径宜按最大流量的60%设计。

3 当热用户按规划分期建设,初期设单管不能满足规划容量参数要求或运行不经济时,可采用双管或多管制系统。

13.3 给水系统及给水泵

13.3.1 给水管道应采用母管制系统,并应符合下列规定:

1 给水泵吸水侧的低压给水母管,宜采用分段单母管制系统。其管径应比给水箱出水管径大1级～2级。给水箱之间的水平衡管的设置可根据机组的台数和给水箱间的距离等因素综合确定。

2 给水泵出口的压力母管,当给水泵的出力与锅炉容量不匹配时,宜采用分段单母管制系统;当给水泵的出力与锅炉容量匹配时,宜采用切换母管制系统。

3 给水泵的出口处应设有给水再循环管和再循环母管。

4 备用给水泵的吸水管位于低压给水母管两个分段阀门之间,出口的压力管宜位于分段压力母管两个分段阀门之间或接至切换母管上。

5 高压加热器后的锅炉给水母管,当高加出力与锅炉容量不匹配时,宜采用分段单母管制系统;当高加出力与锅炉容量匹配时,宜采用切换母管制系统。

13.3.2 发电厂的给水泵的台数和容量应符合下列规定:

1 发电厂应设置1台备用给水泵,宜采用液力耦合器调速。

2 给水泵的总容量及台数应保证在任何一台给水泵停用时,其余给水泵的总出力仍能满足所接连的系统的全部锅炉额定蒸发量的110%。

3 每台给水泵的容量宜按其对应的锅炉额定蒸发量的110%给水量来选择。

13.3.3 当采用汽动给水泵时,宜符合下列规定:

1 不与电网连接或电网供电不可靠的发电厂,宜设置1台电动给水泵。

2 厂用低压蒸汽需常年减温减压器供给的热电厂,经供热量平衡和技术经济比较后,可采用1台～2台经常运行的汽动给水泵。

3 高压供热机组当有中压抽汽时,可用小背压机带动给水泵,小背压机的排汽再除氧器用汽或接至供热管网。

13.3.4 给水泵的扬程应为下列各款之和:

1 锅炉额定蒸发量时的给水流量,从除氧水箱出口至省煤器进口给水流动的总阻力,另加20%的裕量。

2 汽包正常水位与除氧器给水箱正常水位间的水柱静压差。当锅炉本体总阻力中包括其静压差时,应为省煤器进口与除氧器正常水位间的水柱静压差。

3 锅炉额定蒸发量时,省煤器入口的进水压力。

4 除氧器额定工作压力(取负值)。

13.4 除氧器及给水箱

13.4.1 除氧器的总出力应按全部锅炉额定蒸发量的给水量确定。当利用除氧器作热网补水定压设备时,应另加热网补水量。每台机组宜设置1台除氧器。

13.4.2 给水箱的总容量根据热负荷变动的大小,宜符合下列规定:

1 给水箱的总容量,对130t/h及以下的锅炉宜为20min全部锅炉额定蒸发量时的给水消耗量。

2 对130t/h以上,410t/h级及以下锅炉宜为10min～15min全部锅炉额定蒸发量时的给水消耗量。

13.4.3 凝汽式发电厂及补水量少的热电厂,补水应进入凝汽器进行初级真空除氧。对于凝汽器带鼓泡式除氧装置的供热机组也应进入凝汽器进行初级真空除氧。

13.4.4 对补给水量大的热电厂,当有合适的热源时,可在除氧器前装设补给水加热器。当无合适的热源时,可采用允许常温补水的除氧器。

13.4.5 对以供采暖为主的热电厂,热网加热器的疏水有条件时可直接进入除氧器;当无条件时应装设疏水冷却器,降温后再进入除氧器。当采用高温疏水直接进入除氧器,且技术经济比较合理时,可选用0.25MPa～0.412MPa(绝对压力)、120℃～145℃的中压除氧器或0.5MPa(绝对压力)、饱和温度为158℃的高压除氧器。

13.4.6 高压供热机组在保证给水含氧量合格的条件下,可采用一级高压除氧器。否则,补给水应先采用凝汽器鼓泡式除氧装置或另设低压除氧器初级除氧后,再经中继水泵送至高压除氧器。

13.4.7 多台相同参数的除氧器的有关汽、水管道宜采用母管制系统。

13.4.8 除氧器给水箱的最低水位面到给水泵中心线间的水柱所产生的压力,不应小于下列各款之和:

1 给水泵进口处水的汽化压力和除氧器的工作压力之差。

2 给水泵的汽蚀余量。

3 给水泵进水管的流动阻力。

4 给水泵安全运行必需的富裕量3kPa～5kPa。

13.4.9 除氧器及给水箱应设有防止正压爆炸的安全阀及排汽管道,除氧器及其给水箱的设计还应满足现行行业标准《锅炉除氧器技术条件》JB/T 10325的有关要求。

13.5 凝结水系统及凝结水泵

13.5.1 发电厂的凝结水宜采用母管制系统。

13.5.2 凝汽式机组的凝结水泵的台数、容量应符合下列规定:

1 每台凝汽式机组宜设置2台凝结水泵,每台容量为最大凝结水量的110%,宜设置调速装置。

2 最大凝结水量应为下列各项之和:

1)汽轮机最大进汽工况时的凝汽量。

2)进入凝汽器的经常补水量和经常疏水量。

3)当低压加热器疏水泵无备用时,可能进入凝汽器的事故疏水量。

13.5.3 供热式机组的凝结水泵的台数、容量应符合下列规定:

1 工业抽汽式机组或工业、采暖双抽汽式机组,每台机组宜装设2台或3台凝结水泵,并应符合下列规定:

1)当机组投产后即对外供热时,宜设置2台。每台容量宜为设计热负荷工况下的凝结水量,另加10%的裕量。设计热负荷工况下的凝结水量不足最大凝结水量50%的,每台容量按最大凝结水量的50%确定。

　　2)当机组投产后需做较长时间低热负荷工况运行时,宜装设3台凝结水泵,每台容量宜为设计热负荷工况下的凝结水量,另加10%裕量。设计热负荷工况下的凝结水量不足最大凝结水量50%的,每台容量应按最大凝结水量的50%确定。

　2 采暖抽汽式机组宜装设3台凝结水泵,每台容量宜为最大凝结水量的55%。

　3 设计热负荷工况下的凝结水量应为下列各项之和:
　　1)机组在设计热负荷工况下运行时的凝汽量。
　　2)进入凝汽器的经常疏水量。
　　3)当设有低压加热器疏水泵而不设备用泵时,可能进入凝汽器的事故疏水量。

　4 最大的凝结水量应为下列各项之和:
　　1)抽凝式机组按纯凝汽工况运行时,在最大进汽工况下的凝汽量。
　　2)进入凝汽器的经常补水量和经常疏水量。
　　3)当设有低压加热器疏水泵而不设备用泵时,可能进入凝汽器的事故疏水量。

13.5.4 凝结水泵的扬程应为下列各款之和:

　1 从凝汽器热井到除氧器凝结水入口的凝结水管道流动阻力,另加20%的裕量。低压加热器的疏水,经疏水泵并入主凝结水管道的,在并入点前应按最大凝结水量计算;在并入点后,应加上低压加热器疏水量计算。

　2 除氧器凝结水入口与凝汽器热井最低水位间的水柱静压差。

　3 除氧器入口凝结水管喷雾头所需的喷雾压力。

　4 除氧器最大工作压力,另加15%的裕量。

　5 凝汽器的最高真空。

13.6 低压加热器疏水泵

13.6.1 容量为25MW级及以上的机组,可设低压加热器疏水泵;容量为25MW级以下的机组,可不设低压加热器疏水泵。

13.6.2 低压加热器疏水泵的容量及台数应符合下列规定:

　1 低压加热器的疏水泵容量应按汽轮机最大进汽工况时,接入该泵的低压加热器的疏水量,另加10%的裕量确定。

　2 低压加热器的疏水泵宜设1台,不设备用。但低压加热器的疏水应设有回流至凝汽器的旁路管路。

13.6.3 低压加热器的疏水泵扬程应为下列各款之和:

　1 从低压加热器到除氧器凝结水入口的介质流动阻力,另加20%的裕量。

　2 除氧器凝结水入口与低压加热器最低水位间的水柱静压差。

　3 除氧器入口喷雾头所需的喷雾压力。

　4 除氧器最大工作压力,另加15%的裕量。

　5 对应最大凝结水量工况下低压加热器内的真空。加热器为正压力时,应取负值。

13.7 疏水扩容器、疏水箱、疏水泵与低位水箱、低位水泵

13.7.1 疏水扩容器、疏水箱和疏水泵的容量和台数的选择应符合下列规定:

　1 疏水扩容器的容量,对25MW级及以下的机组,宜为$0.5m^3 \sim 1m^3$。对50MW级及以上的高压机组宜分别设置高压疏水扩容器和低压疏水扩容器,容量宜分别为$1.5m^3$。

　2 发电厂设置65t/h～130t/h锅炉时,疏水箱可装设2个,其总容量为$20m^3$。发电厂设置220t/h～410t/h级锅炉时,疏水箱可装设2个,其总容量为$30m^3$。

　3 疏水泵采用2台。每台疏水泵的容量宜在0.5h内将1个疏水箱的存水打至除氧器给水箱的要求确定。其扬程应按相应的静压差、流动阻力及除氧器工作压力,另加20%裕量确定。

13.7.2 当低位疏放水量较大,水质好可供利用时,可装设1台容量为$5m^3$的低位水箱和1台低位水泵。低位水泵的容量宜按在0.5h内将低位水箱内的存水打至疏水箱的要求确定。其扬程应按相应的静压差、流动阻力另加20%的裕量确定。当疏水箱低位布置时,可不设低位水箱。

13.8 工业水系统

13.8.1 发电厂应设工业水系统。其供水量应满足主厂房及其邻近区域锅炉、汽轮机辅助机械设备的冷却用水、轴封用水及其他用水量,并应符合下列规定:

　1 汽轮机的冷油器和发电机的空气冷却器的冷却用水均应由循环水直接供水。

　2 当循环水的压力和水质能满足其他设备冷却供水要求时,应采用循环水直接供水。循环水压力无法达到的用水点,应设置升压泵供水。

13.8.2 发电厂的工业用水应有可靠的水源。工业水应具有独立的供、排水系统,并应结合扩建机组设备的冷却供水要求,统一规划。

13.8.3 工业水系统应符合下列规定:

　1 以淡水作冷却水水源,不需要处理即可作为工业用水的,宜采用开式系统;需经处理的,可视具体情况,采用开式或闭式系统,或开式、闭式相结合的系统。

　2 以再生水作冷却水水源,不宜再生水直接冷却的辅机设备,宜采用除盐水闭式循环冷却系统。此时,闭式循环水-水冷却器应采用再生水作为冷却水源。

　3 以海水作为凝汽器冷却水水源,工业水可采用淡水闭式或海水开式系统,或淡水闭式、海水开式相结合的系统。

　4 50MW级及以上的机组,工业水可采用闭式除盐水系统。

　5 在开式工业水系统中,可视具体情况确定设置工业水箱。在闭式工业水系统中,宜设置高位水箱、回水箱(池)、水泵及水-水冷却器或其他冷却设备。

13.8.4 工业水管道宜采用母管制系统。

13.8.5 工业水泵的总容量应满足所连接的工业水系统最大用水量的需要,另加10%的裕量。

13.8.6 母管制工业水系统,当机组为2台~3台时,宜采用2台工业水泵,其中1台备用;当机组为4台及以上时,宜选用3台工业水泵,其中1台备用。

13.8.7 工业水泵的扬程应为下列各款之和:

　1 最高工业用水点或高位工业水箱进口与工业水泵中心线或工业水泵吸水池最低水位间的水柱静压差。

　2 从工业水泵进水始端到最高用水点出口或高位工业水箱进口间工业水的流动阻力(按最大用水量计算),另加20%的裕量。

　3 工业水泵进口真空(进口为正压力时,取负值);当从吸水池吸水时,本项不计入。

13.8.8 开式工业水系统的排水应回收利用。

13.8.9 工业水的排水系统可采用自流排水或采用自流排水与压力排水相结合的排水方式,并应符合下列规定:

　1 自流排水应通过漏斗接入母管,引至排水沟或回水池。

2 排水漏斗后的管道,其管径应放大1级~2级。

3 连接至同一排水母管上的排水漏斗,应布置在同一标高上。

4 对高位设备的排水,除在设备附近设排水漏斗外,尚应在接入排水母管低端的统一标高处,设缓冲排水漏斗。

5 汽轮机的冷油器和发电机的空气冷却器的开式系统压力排水,宜接至循环水排水系统或工业冷却水压力排水系统。闭式系统的压力排水应直接接入排水母管,引至回水箱。

6 辅助设备轴承的压力排水管道上应装设流动指示器。

13.9 热网加热器及其系统

13.9.1 热水网系统的选择应符合下列规定:

1 采暖的热水网应采用由供水管和回水管组成的闭式双管制系统。

2 同时有生产工艺、采暖、通风、空调、生活热水等多种热负荷的热水网,当生产工艺热负荷和采暖热负荷所需热水参数相差较大,或季节性热负荷占总热负荷比例较大,经技术经济比较后,可采用闭式多管制系统。

13.9.2 热网加热器的容量和台数的选择应符合下列规定:

1 基本热网加热器的容量和台数应根据采暖通风和生活热水的热负荷进行选择,不设备用。但当任何一台加热器停止运行时,其余设备应能满足60%~75%热负荷的需要,严寒地区取上限。

2 热网尖峰加热器的设置应根据热负荷性质、输送距离、气象条件和热网系统等因素,经技术经济比较后确定。

13.9.3 当供热系统采用中央质调节时,热水网循环水泵的容量、扬程及台数应符合下列规定:

1 热网循环水泵不应少于2台,其中1台备用。热网循环水泵的总容量和台数应能保证其中任何一台停用时,其余的水泵应满足向热用户提供热水总流量的110%。

2 热网循环水泵的扬程应符合下列规定:
1)热水在热网加热器的流动阻力。
2)热水在供热管道中的流动阻力。
3)热水在热力站或热用户系统中的压力损失。
4)热水在回水管道中的流动阻力。
5)热水在回水过滤器中的流动阻力。
6)按1项~5项计算的扬程,应另加20%裕量。

13.9.4 当热水网供热系统采用中央质一量调节时,采用连续改变流量的调节,应选用调速水泵;采用分阶段改变流量的调节,宜选用扬程和流量不等的泵组。

13.9.5 热网凝结水泵的容量、扬程及台数应符合下列规定:

1 热网凝结水泵的容量应按各级热网加热器逐级回流的总凝结水量(包括尖峰加热器投用时的最大凝结水量)的100%选取。

2 热网凝结水泵不应少于2台,其中1台备用。

3 热网凝结水泵的扬程应为下列各项之和:
1)按包括尖峰加热器投用时的最大凝结水量计算,从基本热网加热器到除氧器凝结水入口的介质流动阻力,设有疏水冷却器的,应加疏水冷却器的阻力,并另加10%~20%裕量。
2)除氧器入口喷雾头所需的喷雾压力。
3)除氧器入口处与基本热网加热器凝结水最低水位间的水柱静压差。
4)除氧器的最大工作压力,另加15%裕量。
5)基本热网加热器汽侧的工作压力,如为正压力,取负值。

4 热网凝结水泵应采用热水泵。

13.9.6 闭式热水网的正常补水量宜为热网循环水量的1%~2%。补水设备的容量宜为热网循环水量的4%,其中0.5%~1%的水量应采用除氧的化学软化水以及锅炉排污水,其余所需水量则采用工业水或生活水。当采用工业水或生活水补水时,系统应装设记录式流量计。补入的工业水或生活水应加缓蚀剂。

13.9.7 热水网的补水方式、补给水泵的容量和台数应符合下列规定:

1 应优先利用锅炉连续排污扩容器排污水直接补入热网。利用除氧器水箱补水,当条件许可时,可直接补入热网。这两项直接补水能满足热网的正常补水量时,可按热网循环水量的2%设置事故补入工业水或生活水的热补给水泵1台。

2 在除氧器水箱贮水直接补入热网的系统中,热网循环水泵停用,不能维持热网所需静压时,应设热网补给水泵1台,容量可按热网循环水量的2%选取。

3 在热网回水压力较高,除氧器水箱的贮水不能直接补入热网的系统中,应设热网补给水泵2台,其中1台备用。每台泵的容量可按热网循环水量的2%选取。

13.9.8 热水网的定压方式应经技术经济比较后确定。补给水泵可兼作定压之用。定压点即补水点宜设在热网循环水泵的入口处。补给水泵可采用压力开关或无源一次仪表,自动控制补给水泵的启停。备用的热网补给水泵应能自动投入。

13.9.9 兼作定压用的热网补给水泵的扬程,应符合下列规定:

1 热网系统中最高点与系统补水点的高差。
2 高温热水的汽化压力。
3 安全压力裕量30kPa~50kPa。
4 补给水泵吸水管路中的阻力损失,另加20%裕量。
5 补给水泵出水管路中的阻力损失,另加20%裕量。
6 补给水箱的压力和补给水最低水位高出系统补水点的高度(取负值)。
7 根据本条第1款~第6款计算结果选择的热网补给水泵的扬程,应与热水网水力工况计算的定压点的回水压力相一致。

13.9.10 热网循环水泵和补给水泵均应由两个彼此独立的电源供电。

13.9.11 热网系统应设有除污、放气和防止水击的措施。

13.10 减温减压装置

13.10.1 装有抽汽式汽轮机或背压式汽轮机的热电厂,应按生产抽汽或排汽每种参数各装设1套备用减温减压装置,其容量等于最大一台汽轮机的最大抽汽量或排汽量。

13.10.2 当任何一台汽轮机停用,其余汽轮机如能供给采暖、通风和生活用热的60%~75%(严寒地区取上限)时,可不装设采暖抽汽或排汽的备用减温减压装置。

13.10.3 当供热式机组的抽汽或排汽参数不适合作厂用汽源时,可采用减温减压装置或减压阀,将较高参数的抽汽或排汽降至所需要的参数。

13.10.4 经常运行的减温减压装置或减压阀,应设1套备用。

13.11 蒸汽热力网的凝结水回收设备

13.11.1 当采用间接加热的热用户能返回合格的凝结水,且在技术经济上合理时,发电厂应装设回水收集设备。回水箱的容量和数量应按具体情况确定,回收水箱不应少于2个。

13.11.2 回水泵宜设置2台,其中1台备用。每台泵的容量宜按在1h内将回水箱的存水抽出的要求确定,扬程可按送往除氧器的要求确定。

13.12 凝汽器及其辅助设施

13.12.1 凝汽器的水室、管板、管束材质应根据循环水水质确定。采用海水或受海潮影响含氯根较高的江、河水作循环水的机组，宜采用耐海水腐蚀的材质制造的凝汽器。

13.12.2 汽轮机的凝汽器，除水质好证明凝汽器管材内壁不结垢、水中悬浮物较少的直流供水系统外，应装设胶球清洗装置。

13.12.3 汽轮机的凝汽器应配置可靠的抽真空设备。25MW级及以下的机组可配置射汽抽汽器或射水抽汽器；50MW～100MW级机组除可配置射水抽汽器外，也可采用水环式真空泵。

13.12.4 空冷机组的汽轮机抽真空系统，每台空冷机组宜设置2台水环式真空泵。每台泵的容量应满足凝汽器正常运行抽真空的需要。

14 水处理设备及系统

14.1 水的预处理

14.1.1 根据电厂附近全部可利用的、可靠的水源情况，经过技术经济比较，确定有代表性的水源跟踪并进行水质全分析，分析其变化趋势，选择可供电厂使用的水源。

14.1.2 对于地表水，应了解历年丰水期和枯水期的水质变化规律以及预测原水可能会被沿程污染情况，取得相应数据；对于受海水倒灌或农田排灌影响的水源，应掌握由此引起的水质波动；对石灰岩地区的地下水，应了解其水质稳定性；对于再生水、矿井排水等回用水应掌握其来源及深度处理实况；对于海水应了解高低潮位规律和含盐量。

14.1.3 对选定水源其水质若有季节性恶化，经技术经济比较后可设置备用水源。

14.1.4 原水水质全分析应符合下列规定：
 1 地表水、再生水应为全年逐月资料，共12份。
 2 地下水、海水、矿井排水应为全年每季资料，不少于4份。
 3 应对获得的水质资料进行验证并确定采用设计的设计水质和校核水质。原水水质全分析报告格式宜符合本规范附录A的规定。

14.1.5 原水预处理系统应在全厂水务管理的基础上根据原水水质、后续处理工艺对水质的要求、处理水量和试验资料，并参考类似厂的运行经验，结合当地条件，通过技术经济比较确定。原水预处理方式应满足下列规定：
 1 对于泥沙含量大于预处理系统设备所能承受情况时应设置降低泥沙含量的预沉淀设施。
 2 根据水域有机物种类，可采用氯化处理或非氧化性杀生剂处理，上述处理仍不能满足下一级设备进水要求时，可同时采用活性炭、吸附树脂或其他方法去除有机物。
 3 应根据原水中不同悬浮物、胶体的含量，选择沉淀(混凝)、澄清、过滤、接触混凝、过滤或膜过滤等预处理方式。
 4 地下水含沙时应考虑除沙措施；原水中铁、锰以及非活性硅含量对后续水处理系统制水质量有影响时应考虑去除措施。
 5 碳酸盐硬度偏高以及受到污染需综合治理的原水，经技术经济比较，宜选用石灰、弱酸离子交换或其他药剂联合处理。
 6 当原水水温较低影响预处理效果时，宜采取加热措施。
 7 对于再生水及矿井排水等回用水源，应根据水质特点采用生化处理、杀菌、过滤、石灰凝聚澄清、膜过滤等工艺。

14.1.6 预处理系统的设备选择应符合下列规定：
 1 澄清器(池)的设置应符合下列规定：
  1)澄清器(池)的选型应根据进水水质、处理水量、出水水质要求，并应结合当地条件确定。
  2)澄清器(池)不宜少于2台，当有1台澄清器(池)检修时，其余的应保证正常供水。用于短期、季节性处理时可只设1台。
  3)装有原水加热器的澄清器(池)前应设置空气分离装置。
 2 过滤器(池)的设置应符合下列规定：
  1)过滤器(池)的选型应根据进水水质、处理水量、处理系统和水质要求结合当地条件确定。
  2)过滤器(池)不应少于2台(格)，当有1台(格)检修时，其余过滤器(池)应保证正常供水。
 3 超(微)滤装置的设置应符合下列规定：
  1)超(微)滤装置的设计应根据进水水质特点和出水水质要求，选择合适的膜组件形式、膜材料以及装置的运行方式。
  2)超(微)滤装置的套数不应少于2套。膜的配置应考虑其在使用过程中膜通量的衰减和压差升高的影响。
 4 水箱(池)、水泵的设置应符合下列规定：
  1)预处理系统的各种水箱(池)其总有效容积应按系统自用水量、前后系统出力的配置以及系统运行要求设计，可按系统前级处理的1h～2h贮水量配置。
  2)母管制系统的水泵应考虑备用泵。当水泵的布置高于箱(池)最低水位时，每台泵应有独立吸水管。

14.1.7 澄清器(池)排泥、过滤器(池)反洗宜程序控制。

14.1.8 预处理系统应配置必要的在线监督仪表。

14.2 水的预除盐

14.2.1 水的预脱盐应包括海水淡化和苦咸水以及其他水预脱盐工艺。应根据水类型及水质特点选择合适的预脱盐工艺。

14.2.2 海水淡化工艺可采用反渗透法或蒸馏法技术。应根据厂址条件、海水水源及水质、供汽及供电、系统容量、出水水质要求等因素，经技术经济比较确定海水淡化工艺。

14.2.3 反渗透脱盐应符合下列规定：
 1 反渗透系统选择配置应符合下列规定：
  1)反渗透脱盐系统应根据原水特性、预处理方式、回收率等合理选择系统配置。对于单级反渗透装置产品水回收率海水应为小于45%，其他水源取值为55%～85%。
  2)反渗透装置宜按连续运行设计，不宜少于2套。宜考虑备用设备。整个系统应满足反渗透装置清洗及检修时系统的需水量。成品水产量应与后续系统用水量相适应，膜通量宜按下限取用。
  3)反渗透装置应有流量、压力、温度等控制措施；反渗透采用变频高压泵并有进水低压保护和出水高压保护措施；并联连接数台反渗透装置时，应在每台装置出水管上设止回阀；反渗透装置淡水侧宜设爆破膜；浓水排放应装流量控制阀。
  4)反渗透装置浓水宜回收重复利用至合适用水点。
  5)反渗透装置应配套加药和清洗设施。
  6)海水预脱盐反渗透装置的材料应根据其所处部位有足够的强度和耐腐蚀能力。
 2 反渗透装置及其加药、清洗保养装置宜布置在室内，应考虑膜元件更换空间。

14.2.4 海水蒸馏淡化预脱盐应符合下列规定：
 1 应根据原料海水悬浮物含量、所选蒸馏装置对进水水质要求，确定海水预处理系统。

2 蒸馏淡化装置应设置防海生物生长、防结垢和消泡等加药装置。

3 蒸馏淡化装置系统出力可根据工程所需淡水用量确定。装置不设备用,其台数不宜少于2台。装置以及配套水箱、附属设施等宜露天布置。

4 蒸馏淡化装置加热和抽真空用汽可采用汽轮机抽汽,加热蒸汽的参数可经技术经济比较后确定。

5 多级闪蒸蒸发器盐水最高运行温度不应大于110℃,低温多效淡化装置操作温度宜小于70℃。装置材料应耐海水腐蚀,适应运行中温度、pH值、O_2、CO_2参数变化。热交换管可选择不锈钢、铜合金、铝合金或钛材,容器可选择不锈钢或碳钢涂衬耐高温防腐层。

14.2.5 淡化装置出水作为工业水时应采取水质调整措施,减轻工业用水系统腐蚀;作为饮用水时应考虑进一步后续处理,达到饮用水标准。

14.2.6 预脱盐系统运行方式应采取程序控制。

14.3 锅炉补给水处理

14.3.1 锅炉补给水处理系统应符合下列规定:

1 锅炉补给水处理宜采用离子交换组合除盐技术。应根据系统进水水质、汽轮发电机组给水、锅炉水和蒸汽质量标准、补给水率以及热网回收水率等因素拟定工艺系统。

2 无前置预脱盐系统的离子交换装置,再生阴树脂的碱再生液宜加热,温度不应高于40℃。

3 离子交换树脂的工作交换容量宜按树脂性能参数、(单元制)阳床、阴床体内装载树脂量或比照类似运行经验确定。

4 进行选择系统的技术经济比较时,应采用锅炉正常补水量和全年原水平均水质进行核算,并用最坏原水水质对系统及设备进行校核。

5 锅炉补给水处理系统出力应按发电厂全部正常水、汽损失与启动或事故增加的水、汽损失以及除盐系统自用水量之和确定。发电厂各项水汽损失可按表14.3.1计算。

表14.3.1 发电厂各项正常水、汽损失和外供除盐水

序号	损失类别	正常损失
1	发电厂厂内水、汽系统循环损失	锅炉额定蒸发量的2%~3%
2	发电厂汽包锅炉排污损失	根据计算和锅炉厂资料,但不宜小于0.3%
3	发电厂其他用水、用汽损失	根据工程资料
4	对外供汽损失	根据工程资料
5	闭式热水网损失	热水网水量的0.5%~1%或根据工程资料
6	对外供给除盐水量	根据工程资料

注:1 启动或事故增加的损失宜按全厂最大一台锅炉额定蒸发量的6%~10%或不少于$10m^3/h$考虑;
2 汽包锅炉正常排污损失不宜超过下列数值:凝汽式电厂为1%,供热电厂为2%;
3 发电厂其他用水、用汽及闭式热水网补充水应经技术经济比较,确定合适的供汽方式和补充水处理方式;
4 发电厂闭式辅机冷却水系统损失按冷却水量的0.3%~0.6%计算或按实际消耗量。

14.3.2 锅炉补给水处理设备选择应符合下列规定:

1 各种离子交换器数量不应少于2台,正常再生次数宜按每台每昼夜不超过1次考虑。

2 中间水箱的有效容积:固定床单元制宜为其制水出力6min贮水量,浮动床单元制系统宜为其制水出力4min贮水量,中间水箱容积不应小于$2m^3$;母管制系统宜为需流经水箱流量的15min~30min贮水量。

3 电除盐装置的产水量应与其前面处理工艺的容量匹配。装置产水回收率应大于90%,当有极水排放时应采取氢气泄放措施。

4 除盐水箱容积应配合水处理设备出力并满足最大一台锅炉化学清洗或机组启动用水需求,总有效容积宜为2h~3h的全厂补给水量确定。除盐水箱宜采取减少水被空气污染的措施。

5 水处理车间至主厂房的除盐水管道流通能力应能满足同时输送最大一台机组启动耗水或锅炉化学清洗需水量以及其余机组正常补水量。

14.4 热力系统的化学加药和水汽取样

14.4.1 热力系统的化学加药处理应符合机组汽水品质要求和现行行业标准《火力发电厂水汽化学监督导则》DL/T 561的有关规定,并应符合下列规定:

1 锅炉炉水宜采取磷酸盐或氢氧化钠碱性处理。

2 锅炉给水宜加氨校正水质处理。

3 锅炉给水宜加联氨处理。

4 设有闭式除盐水冷却系统机组应设置闭冷水加药设施。药品可选用联氨、磷酸盐或其他缓蚀剂。

5 药品配制应采用除盐水或凝结水。

14.4.2 加药部位宜根据锅炉制造厂汽水系统确定。

14.4.3 加药系统宜按建设机组台数合理设置。经常连续运行的每种药液箱不应少于2台。

14.4.4 药液箱应有搅拌设施,固体药品进料口应设置过滤网,每台加药泵进液侧宜有过滤装置,出液管道上应装设稳压器、压力表。

14.4.5 应根据机组容量、类型、参数以及化学监督要求确定热力系统水汽取样点,并应符合现行行业标准《火力发电厂水汽分析方法 第2部分:水汽样品的采集》DL/T 502.2的有关规定。取样点引出部位应根据炉水、给水运行工况和加药方式确定。

14.4.6 每台机组宜设置水汽集中取样分析装置,配备满足机组运行要求的在线监测仪表。

14.4.7 水汽取样系统应有可靠、连续、稳定的冷却水源,宜采用除盐水或闭冷水。

14.4.8 加药、取样管宜采用不锈钢管。

14.4.9 加药、取样装置宜物理集中布置,宜就近设立现场水汽化验室。

14.5 冷却水处理

14.5.1 冷却水处理系统应根据凝汽器冷却方式、全厂水量平衡、冷却水质等,经技术经济比较后确定。并应考虑防垢、防腐和防菌藻及水生物滋生等因素,选择节约用水、保护环境的处理工艺。

14.5.2 凝汽器二次循环冷却水系统,淡水或其他水浓缩倍率不应小于3.5倍;采用海水冷却塔时浓缩倍率不应大于2.5倍。

14.5.3 采用再生水或其他回收水作为循环水补充水水源时,水质满足运行要求可直接补入循环水系统,否则应进行深度处理。深度处理设施宜设在电厂内。

14.5.4 凝汽器管材采用铜管时宜设置硫酸亚铁(或其他药品)成膜处理设施,加药点应靠近凝汽器入水口。

14.6 热网补给水及生产回水处理

14.6.1 热网补给水可采用锅炉排污水、软化水、反渗透出水或一级除盐水。其处理工艺应综合考虑全厂水处理系统,经技术经济比较确定。

14.6.2 生产回水的处理方式应根据污染情况确定,可采用单独处理系统或与锅炉补给水处理系统合并。

14.6.3 生产回水水质标准应符合下列规定:

1 总硬度小于或等于50μg/L。
2 总铁量小于或等于0.5mg/L。
3 含油量小于或等于10mg/L。

14.7 药品贮存和溶液箱

14.7.1 化学水处理药品仓库的设置应根据药品消耗量、供应和运输条件等因素确定。

14.7.2 药品储存设施宜靠近铁路或厂区道路。药品仓库内应采取相应的防腐措施，必须设置安全防护设施和通风设施。

14.8 箱、槽、管道、阀门设计及其防腐

14.8.1 水箱（池）应设有水位计、进水管、出水管、溢流管、排污管、呼吸管及人孔等，并有便于维修、清扫的措施。

14.8.2 管道材质及阀门应满足介质特性要求。

14.8.3 寒冷地区的室外水箱及管道、阀门、液位计等应有保温和防冻措施。

14.8.4 箱（池）、槽的内表面应按贮存液体的性质进行防腐衬涂。排水沟内表面和直埋钢管外表面应衬涂合适的防腐层。选择防腐材料应兼顾衬涂施工时的职业卫生及劳动安全有关规定。

14.9 化验室及仪器

14.9.1 发电厂应根据机组容量、参数并结合全厂在线化学表计配置水平，设置分析水汽、煤、油的化学试验室并配备相应分析仪器。水处理车间宜设置现场化验室。当企业设有中心试验室时，自备电厂宜只设值班化验室与相应的仪器设备。

14.9.2 化验室位置应远离有污染场所。

15 信息系统

15.1 一般规定

15.1.1 全厂信息系统的总体规划与建设应做到技术先进、经济合理，满足电厂实际建设与运行的需要。

15.1.2 全厂信息系统的总体规划与建设应在企业统一规划的框架下进行。

15.1.3 以计算机为基础的不同信息系统，在满足安全可靠的前提下，宜采用统一的网络和硬件系统。不同系统应尽可能避免软件及功能配置的相互交叉与重复。

15.1.4 发电厂各信息系统的设计均应考虑安全防范措施，有效防止病毒感染和黑客入侵等。

15.2 全厂信息系统的总体规划

15.2.1 发电厂信息系统主要包括管理信息系统（MIS）、报价系统、视频监控系统和门禁管理系统等。

15.2.2 在全厂各控制系统和信息系统总体规划设计中，应合理利用各系统的信息资源，使得控制系统和信息系统协调统一。

15.2.3 全厂信息系统的总体规划应考虑发电厂的信息特征与信息需求，满足在设计、施工、调试和运行等阶段的实际需要。

15.2.4 全厂信息系统的总体规划应兼顾现状，立足本期，考虑未来。

15.2.5 全厂信息系统的总体规划应充分利用全厂所有控制系统的实时生产信息，应通过合理的网络接口和数据库设置，将全厂各控制和信息系统有效进行集成。

15.2.6 实时系统与非实时系统之间的数据流向应为单向传输，并应采取必要的隔离措施。

15.3 管理信息系统（MIS）

15.3.1 发电厂管理信息系统应根据企业需要设置，其规模与配置应根据企业总体规划和电厂实际需求确定。管理信息系统应统一规划、分布实施。

15.3.2 对于新建电厂，应预留规划容量下未来扩建所需的扩容能力；对于扩建电厂，应充分考虑已有信息系统，必要时可对现有信息系统进行改造或重新建设。

15.3.3 管理信息系统应包括建设期管理信息系统和生产期管理信息系统两部分。建设期管理信息系统的功能至少应包括进度管理、质量管理、物资管理、费用管理、安全环境管理、图纸文档管理、综合查询、系统维护等。生产期管理信息系统的功能至少包括：生产管理、设备管理、燃料管理、经营管理、行政管理、综合查询、系统维护等。在进行生产期管理信息系统的开发时，应充分考虑建设期管理信息系统的资源，应注意和建设期管理信息系统的衔接、过渡问题。

15.3.4 管理信息系统的主要关键硬件宜考虑冗余配置，包括数据库服务器、核心交换机以及核心交换机与二级交换机之间的光纤通道等。

15.3.5 管理信息系统的数据取自实时/历史数据库、关系数据库、资料数据库和文件系统，范围宜覆盖各专业和各应用领域，并实现通用的数据存储。

15.3.6 信息分类与编码应符合下列规定：
　　1 信息分类与编码原则：对于信息的分类与编码应尽量采用已有标准；若没有标准可循，应按照科学性、唯一性、实用性、可扩充性的原则制定分类编码原则。
　　2 标准信息分类编码列表：对信息管理系统中采用的标准信息分类编码进行列表说明。
　　3 自编信息分类编码列表：对信息管理系统中自编的信息分类编码进行列表说明，并说明编码原则。

15.4 报价系统

15.4.1 发电厂报价系统应根据电力市场交易系统的要求设置。

15.5 视频监视系统

15.5.1 全厂视频监视系统应根据企业需要设置，可分为安保视频监视系统和生产视频监视系统。

15.5.2 安保和生产视频监视系统的监视范围宜包括：主厂房（包括汽轮机油系统、制粉系统、炉前油燃烧器、电缆夹层等危险区）、集中控制室、锅炉炉后（除尘、脱硫）、升压站区、重要设备区域（如高/低压配电间）、输煤系统、冷却塔区域、无人值班的辅助车间、与厂区安全有关的重要区域（如厂大门、材料库、综合楼）等。

15.5.3 视频监视系统的功能宜包括：实时监控、动态存储、实时报警、历史画面回放、网络传输等。

15.5.4 全厂可设置一套视频监视系统，也可将生产视频监视系统和安保视频监视系统分开设置。

15.5.5 视频监视系统的设备选择应符合现行国家标准《民用闭路监视电视系统工程技术规范》GB 50198 的有关规定。

15.6 门禁管理系统

15.6.1 发电厂可根据企业需要设置门禁管理系统。

15.6.2 门禁管理系统的应用范围宜包括：主厂房内的重要设备区域，如电子设备间、高/低压配电间、计算机房等，无人值班的辅助车间，生产综合楼区域的重要房间如试验室、信息系统机房等。

15.6.3 门禁管理系统的功能宜包括：实时监控、进出权限管理、记录、报警、消防报警联动等。

15.7 布线

15.7.1 发电厂的布线设计应符合现行国家标准《综合布线系统工程设计规范》GB 50311 的有关规定,宜对管理信息系统、视频监控系统和门禁管理系统等按综合布线方式统一考虑。

15.8 信息安全

15.8.1 信息安全设计应按照信息系统配置的内容,分别考虑硬件、网络操作系统、数据库、应用服务、客户服务和终端等的安全防范措施。

15.8.2 信息安全设计应考虑硬件和环境的安全,包括服务器和存储设备的备份和灾难恢复、网络设备的安全及环境要求等。

15.8.3 信息安全设计应考虑网络操作系统的安全,包括系统的可靠性、系统间的访问控制、用户的访问控制。

15.8.4 信息安全设计应考虑数据库的安全,数据库应具有对存储数据的全面保护功能,包括对数据安全及数据恢复的要求、用户访问控制、数据的一致性和保密性等。

15.8.5 信息安全设计应考虑应用系统的安全,包括用户访问控制、身份识别、操作记录、防病毒、防黑客等。

15.8.6 信息安全设计应考虑厂内各信息系统之间互联接口以及与外部相关接口的安全性。

16 仪表与控制

16.1 一般规定

16.1.1 仪表与控制系统的选型应针对机组的特点进行设计,以满足机组安全、经济运行、机组启停控制的要求。

16.1.2 仪表与控制系统应选择技术先进、质量可靠、性价比高的设备和元件。

16.1.3 对于新产品、新技术应在取得成功的应用经验后方可在设计中使用。

16.1.4 对于分散控制系统(DCS)或可编程控制器(PLC)应考虑安全防范措施。

16.2 控制方式及自动化水平

16.2.1 控制方式宜采用集中控制。集中控制方式有机炉电集中控制、机炉集中控制、锅炉集中控制、汽机集中控制方式。运行人员在少量就地操作和巡检人员的配合下,通过设置在集中控制室或控制室的操作员站,实现机组的启动、停止和正常运行工况下的监视和调整,以及异常运行工况下的事故处理和紧急停机。

16.2.2 机组或主厂房控制系统应采用分散控制系统(DCS)或者采用可编程控制器(PLC)构成。控制系统应设置有操作员站、工程师站、历史站、打印机等。自备发电厂控制水平、控制系统、控制设备的选型应与企业整体自动化水平一致或相当。

16.2.3 对于单元制机组,每台机组设置一套控制系统;对于母管制汽水系统,可根据母管制的情况,设置一套或多套控制系统;对于热电厂内的热网系统,宜纳入机组或主厂房控制系统监控。

16.2.4 辅助车间应根据车间相临或性质相近、本着减少控制点的原则,进行合并控制,以便按区域集中控制。对于工艺流程简单、就地操作方便的辅助车间也可采用就地控制方式。

16.2.5 对于采用集中控制方式的辅助车间,每个区域应设置一套控制系统,其监控系统可采用可编程控制器(PLC)或分散控制系统(DCS)构成。脱硫监控系统宜与主厂房监控系统硬件一致,脱硫也可采用远程 I/O 或硬接线的方式,纳入机组或主厂房控制系统监控。

16.2.6 湿冷机组循环水泵(或空冷机组辅机冷却水泵房)、空冷岛系统、燃油泵房、空压机房、脱硝系统及非湿式脱硫系统、热网等宜采用远程 I/O 或硬接线的方式,纳入机组或主厂房控制系统监控。

16.3 控制室和电子设备间布置

16.3.1 控制室和电子设备间的布置应按电厂规划容量和机组类型与数量,进行统一考虑。对于分阶段建设的电厂,可按每一阶段工程建设的特点设置控制室和电子设备间。

16.3.2 对于单元制系统,应设置集中控制室。对于母管制汽水系统,根据母管制的情况设置相应的集中控制室。集中控制室的标高应与运行层相同。

16.3.3 仪表与控制电子设备间可与电气电子设备间合并设置,也可单独设置。电子设备间可根据工艺设备的布置情况,确定相对集中设置或分散设置。

16.3.4 辅助车间可设置三个控制点:燃料系统控制点、水系统控制点、灰渣系统控制点。每个控制点设置控制室,电子设备间和控制室宜合并设置。

16.3.5 脱硫控制室可单独设置,当条件许可时应与灰渣系统的控制室合并设置。

16.3.6 控制室和电子设备间布置位置及面积应符合下列规定:
 1 控制室和电子设备间宜位于被控设备的适中位置。
 2 便于电缆进入电子设备间。
 3 避开大型振动设备的影响。
 4 不应坐落在厂房伸缩缝和沉降缝上或不同基座的平台上。
 5 控制室操作台前的运行维护操作场地应满足运行监控人员工作方便和交接班的需要。
 6 控制室和电子设备间的净空应满足安全、安装、检修、维护以及运行监控人员工作需要。
 7 盘柜到墙、盘柜两侧的通道和盘柜之间的通道应满足热控设备最小安全距离、维护、检修、调试、通行、散热的要求。

16.3.7 控制室和电子设备间的环境设施应符合下列规定:
 1 控制室和电子设备间应有良好的空调、照明、隔热、防火、防尘、防水、防振、防噪声等措施。
 2 电子设备间还应满足控制系统、控制设备对环境的要求。

16.4 测量与仪表

16.4.1 测量与仪表的设计应满足机组安全、经济运行的要求,并能准确地测量、显示工艺系统各设备的运行参数和运行状态。

16.4.2 测量与仪表应包括下列内容:
 1 锅炉的主要运行参数应包括下列内容:
  1)炉膛压力或负压。
  2)汽包水位。
  3)锅炉金属壁温。
  4)烟气含氧量。
  5)煤粉锅炉炉膛火焰监视。
  6)循环流化床锅炉床温。
  7)循环流化床锅炉床压。
  8)锅炉出口主蒸汽压力。
  9)锅炉出口主蒸汽温度。
  10)锅炉母管蒸汽压力。
  11)锅炉母管蒸汽温度。
 2 汽轮机的主要运行参数应包括下列内容:
  1)汽轮机调速级压力(如果有)。
  2)各段抽汽压力。
  3)各段抽汽温度。

4）汽轮机排汽真空。
5）汽轮机转速。
6）汽轮机轴承金属温度。
7）汽轮机振动。
8）汽轮机轴向位移。
9）汽轮机润滑油压力。
10）汽轮机主汽门前蒸汽压力。
11）汽轮机主汽门前蒸汽温度。
12）主蒸汽流量。
3 热网的主要运行参数应包括下列内容：
1）对外供热温度。
2）对外供热压力。
3）对外供热流量。
4 除氧给水系统的主要运行参数应包括下列内容：
1）除氧器水位。
2）除氧器压力。
3）主给水压力。
4）主给水流量。
5 脱硫系统的主要运行参数。
6 辅助系统的主要运行参数。
7 空冷岛系统的主要运行参数。
8 主要辅机的状态和运行参数。
9 仪表和控制用电源、气源的状态和运行参数。

16.4.3 检测仪表选择应符合下列规定：
1 仪表精度等级应符合以下要求：
1）经济计算和分析的检测仪表 0.5 级。
2）主要参数的检测仪表 1 级。
3）其他检测仪表 1.5 级或 2.5 级。
2 仪表和控制设备应根据所在区域选择适当的防护等级。
3 测量腐蚀性或黏性介质时，应选用具有防腐性能的仪表、隔离仪表或采用适当的隔离措施。
4 根据危险场所的分类，对于装设在爆炸危险区域的仪表和控制设备，应选择合适的防爆仪表和控制设备。
5 不宜使用含有对人体有害物质的仪器仪表，严禁使用含汞仪表。

16.4.4 主辅机设备和工艺管道应装设供巡检人员进行现场检查和就地操作的就地检测仪表。

16.5 模拟量控制

16.5.1 模拟量控制系统应满足机组正常运行的控制要求。控制回路的设计应按照实用、可靠的原则。应尽可能适应机组在启动过程中以及不同负荷阶段中安全经济运行的需求，还应考虑机组在事故及异常工况下与相应的联锁保护的措施。

16.5.2 模拟量控制宜设置下列项目：
1 锅炉给水调节系统。
2 锅炉燃料量调节系统。
3 锅炉炉膛压力调节系统。
4 锅炉过热蒸汽温度调节系统。
5 锅炉母管蒸汽压力调节系统。
6 除氧器压力调节系统。
7 除氧器水位调节系统。
8 加热器水位调节系统。
9 热网减温减压器温度调节系统。
10 热网减温减压器压力调节系统。
11 循环流化床锅炉床温调节系统。
12 循环流化床锅炉床压调节系统。

16.6 开关量控制及联锁

16.6.1 开关量控制的功能应满足机组的启动、停止及正常运行工况的控制要求，并能实现机组在异常运行工况下的事故处理和紧急停机的控制操作，保证机组安全。

16.6.2 具体功能应满足下列要求：
1 实现风机、泵、阀门、挡板的顺序控制。
2 在发生局部设备故障跳闸时，联锁启动和停止相关的设备。
3 实现状态报警、联锁及保护。

16.6.3 顺序控制应按驱动级、子组级水平进行设计，设计应遵守保护、联锁操作优先的原则。在顺序控制过程中出现保护、联锁指令时，应将控制进程中断，并使工艺系统按照保护、联锁指令执行。

16.7 报 警

16.7.1 报警包括下列内容：
1 工艺系统的主要参数偏离正常范围。
2 保护动作及主要辅助设备故障。
3 控制电源故障。
4 控制气源故障。
5 主要电气设备故障。
6 有毒/有害气体泄漏。

16.7.2 机组或主厂房控制系统的所有模拟量输入、开关量输入、模拟量输出、开关量输出和中间变量的计算值，都可作为数据采集系统的报警信号源。

16.7.3 报警系统应具有自动闪光、音响和人工确认等功能。机组或主厂房控制系统的功能范围内的全部报警项目应能在操作员站显示器上显示和打印机上打印。在机组启停过程中应抑制虚假报警信号。

16.7.4 控制室也可设置少量常规光字牌报警器进行报警，其输入信号不宜取自控制系统的输出，光字牌报警窗应仅限于下列内容：
1 重要参数偏离正常值。
2 主要保护跳闸。
3 重要控制装置电源故障。

16.7.5 当采用机炉集中控制或汽机集中控制方式时，电气主控制室与集中控制室之间应设置机电联系信号。

16.8 保 护

16.8.1 保护应符合下列规定：
1 保护系统的设计应有防止误动和拒动的措施，保护系统电源中断和恢复不会误发动作指令。
2 保护系统应遵循独立性的原则，并应符合下列规定：
1）锅炉、汽轮机跳闸保护系统的逻辑控制器应单独冗余设置，或者设置独立的系统。当保护采用独立的系统时，其控制器也应冗余设置。
2）保护系统应有独立的输入/输出信号（I/O）通道，并有电隔离措施。
3）冗余的 I/O 信号应通过不同的 I/O 模块引入。
4）触发机组跳闸的保护信号的开关量仪表和变送器应单独设置。
5）用于跳闸、重要的联锁和超驰控制的信号直接采用硬接线，而不应通过数据通信总线发送。
3 在操作台上应设置停止汽轮机和解列发电机的跳闸按钮，跳闸按钮应不通过逻辑直接接至停汽轮机的驱动回路。
4 保护系统输出的操作指令应优先于其他任何指令。
5 停机、停炉保护动作原因应设置事件顺序记录，并具有事故追忆功能。

6 汽轮机跳闸保护宜纳入机组或主厂房控制系统。

16.8.2 锅炉的主要保护项目应包括下列内容：
1 汽包水位保护。
2 主蒸汽压力保护。
3 炉膛压力保护。
4 循环流化床锅炉床温保护。
5 对于220t/h级及以上的煤粉锅炉，设置总燃料跳闸保护。
6 锅炉厂家要求的其他保护。

16.8.3 汽轮机的主要保护项目，应包括下列内容：
1 汽轮机超速保护。
2 汽轮机润滑油压力低保护。
3 汽轮机轴向位移大保护。
4 汽轮机轴承振动大保护。
5 汽轮机厂家要求的其他保护。

16.8.4 发电机的主要保护项目应包括下列内容：
1 发电机断水保护。
2 发电机厂家要求的其他保护。

16.8.5 辅助系统的相关保护。

16.9 控制系统

16.9.1 控制系统的可利用率至少应为99.9%。

16.9.2 控制系统在卡件、端子排等设置时，各种I/O和合计I/O数量应考虑10%～20%的备用量。

16.9.3 控制器的数量应按照控制系统功能的分工或按工艺系统的分类进行设置，控制器的数量应满足保护和控制的要求。

16.9.4 控制器的处理能力应有40%余量，操作员站处理器能力应有60%的余量。

16.9.5 共享式以太网通信负荷率不大于20%，其他网络通信负荷率不大于40%。

16.9.6 当机组或主厂房控制系统发生全局性或重大故障时，为确保机组紧急安全停机，应设置独立于控制系统的后备硬接线操作手段。

16.9.7 重要模拟量项目的变送器应冗余设置。

16.10 控制电源

16.10.1 机组或主厂房控制系统、汽轮机控制系统、机组保护回路、火焰检测装置等的供电电源应有两路电源供电。其中一路应采用交流不间断电源，一路应采用厂用电。两路电源宜自设电源切换装置，切换时间应确保不影响控制系统的运行。

16.10.2 每组仪表和控制交流动力电源配电箱、交流电源盘应各有两路电源供电，两路电源分别引自厂用低压母线的不同段。

16.10.3 控制盘应有两路电源供电，两路电源分别引自厂用低压母线的不同段。控制盘需要直流电源时，应有两路电源供电，两路电源均引自电气蓄电池组。

16.11 电缆、仪表导管和就地设备布置

16.11.1 仪表和控制回路用的电缆、电线的线芯材质应为铜芯。电缆的敷设应有防火、防高温、防腐、防水、防震等措施。

16.11.2 敷设在高温区域的电线和补偿导线应选用耐高温型。

16.11.3 仪表和控制回路用的电缆、电线、补偿导线的线芯截面应按回路的最大允许电压降、仪表允许最大的外部电阻、线路的截面流量及机械强度等要求选择。

16.11.4 起、终点相同的电缆应合并电缆。有抗干扰要求的仪表和计算机线路，应采用相应类型的屏蔽电缆。控制系统接地宜接入全厂电气接地网，并满足控制系统对接地的要求。计算机信号电缆屏蔽层必须接地。

16.11.5 电缆主通道路径的选择及电缆敷设的方式宜符合下列规定：

1 电缆主通道宜采用电缆桥架敷设，分支电缆通道可采用电缆槽盒。
2 路径最短。
3 避开吊装孔、防爆门及易受机械损伤和有腐蚀性物质的场所。
4 与各种管道平行或交叉敷设时，其最小间距应符合现行国家有关规范的要求。

16.11.6 测点的定位应满足测量的要求。变送器的布置宜靠近测点，并适当集中，便于维护、检修。

16.11.7 露天布置的热表设备及导管、阀门等部件应有防尘、防雨、防冻、防高温、防震、防腐、防止机械损伤等措施。

16.12 仪表与控制试验室

16.12.1 发电厂应设有仪表与控制试验室，其试验设备应能满足仪表控制设备维修、校验、调试的需要，并应符合国家计量标准的有关规定。

16.12.2 当企业内已设有仪表与控制试验室时，其自备发电厂不应再设置仪表与控制试验室。

16.12.3 试验室的规模应根据发电厂单机容量和规划容量，按不承担检修任务等来确定。

16.12.4 试验室宜布置在主厂房附近，可设置在生产综合办公楼内，也可以单独设置。现场维修间应设置在主厂房合适的位置，用于执行机构和阀门等不易搬动的现场仪表与控制设备的维护。

16.12.5 试验室应按发电厂规划容量一次建成，但试验室设备可分期购置。

16.12.6 试验室应远离振动大、灰尘多、噪声大、潮湿或有强磁场干扰的场所，试验室的地面应避免受振动的影响。

17 电气设备及系统

17.1 发电机与主变压器

17.1.1 发电机及其励磁系统的选型和技术要求应分别符合现行国家标准《隐极同步发电机技术要求》GB/T 7064、《旋转电机 定额和性能》GB 755、《同步电机励磁系统 定义》GB/T 7409.1、《同步电机励磁系统 电力系统研究用模型》GB/T 7409.2、《同步电机励磁系统 大、中型同步发电机励磁系统技术要求》GB/T 7409.3 和《中小型同步电机励磁系统基本技术要求》GB 10585 的有关规定。

17.1.2 当发电机与主变压器为单元连接时，该变压器的容量宜按发电机的最大连续容量扣除高压厂用工作变压器计算负荷与高压厂用备用变压器可能替代的高压厂用工作变压器计算负荷的差值进行选择。变压器在正常使用条件下连续输送额定容量时绕组平均温升不应超过65℃。

17.1.3 发电机电压母线上的主变压器的容量、台数应根据发电厂的单机容量、台数、电气主接线及地区电力负荷的供电情况，经技术经济比较后确定。

17.1.4 容量为50MW级及以下机组的发电厂，接于发电机电压母线主变压器的总容量应在考虑逐年负荷发展的基础上满足下列要求：

1 发电机电压母线的负荷为最小时，应将剩余功率送入电力系统。

2 发电机电压母线的最大一台发电机停运或因供热机组热负荷变动而需限制本厂出力时，应能从地区电力系统受电，以满足发电机电压母线最大负荷的需要。

17.1.5 主变压器宜采用双绕组变压器,并应符合下列规定:
   1 当需要两种升高电压向用户供电或与地区电力系统连接时,也可采用三绕组变压器,但每个绕组的通过功率应达到该变压器额定容量的15%以上。
   2 连接两种升高电压的三绕组变压器不宜超过2台。

17.1.6 主变压器宜选用无励磁调压型的变压器;经调压计算论证确有必要且技术经济比较合理时,可选用有载调压变压器。主变压器的额定电压、阻抗及电压分接头的选择应满足地区电力系统近、远期及调相调压要求。

17.1.7 若两种升高电压均系直接接地系统且技术经济合理时,可选用自耦变压器,但主要潮流方向应为低压和中压向高压送电。

17.2 电气主接线

17.2.1 发电机的额定电压应符合下列规定:
   1 当有发电机电压直配线时,应根据地区电力网的需要采用6.3kV或10.5kV。
   2 50MW级及以下发电机与变压器为单元连接且有厂用分支引出时,宜采用6.3kV。

17.2.2 若接入电力系统发电厂的机组容量与电力系统不匹配且技术经济合理时,可将两台发电机与一台变压器(双绕组变压器或分裂绕组变压器)做扩大单元连接,也可将两组发电机双绕组变压器组共用一台高压断路器做联合单元连接。此时在发电机与主变压器之间应装设发电机断路器或负荷开关。

17.2.3 发电机电压母线的接线方式应根据发电厂的容量或负荷的性质确定,并宜符合下列规定:
   1 每段上的发电机容量为12MW及以下时,宜采用单母线或单母线分段接线。
   2 每段上的发电机容量为12MW以上时,可采用双母线或双母线分段接线。

17.2.4 当发电机电压母线的短路电流超过所选择的开断设备允许值时,可在母线分段回路中安装电抗器。当仍不能满足要求时,可在发电机回路、主变压器回路、直配线上安装电抗器。

17.2.5 母线分段电抗器的额定电流应按母线上因事故而切除最大一台发电机时可能通过电抗器的电流进行选择。当无确切的负荷资料时,也可按该发电机额定电流的50%~80%选择。

17.2.6 220kV及以下母线避雷器和电压互感器宜合用一组隔离开关。110kV~220kV线路上的电压互感器与耦合电容器不应装设隔离开关。220kV及以下线路避雷器以及接于发电机与变压器引出线的避雷器不宜装设隔离开关,变压器中性点避雷器不应装设隔离开关。

17.2.7 发电机与双绕组变压器为单元接线时,对供热式机组可在发电机与变压器之间装设断路器。发电机与三绕组变压器为单元接线时,在发电机与变压器之间宜装设断路器和隔离开关。厂用分支应接在变压器与该断路器之间。

17.2.8 35kV~220kV配电装置的接线方式应按发电厂在电力系统中的地位、负荷的重要性、出线回路数、设备特点、配电装置形式以及发电厂的单机和规划容量等条件确定。应符合下列规定:
   1 当配电装置在地区电力系统中居重要地位,负荷大,潮流变化大,且出线回路数较多时,宜采用双母线接线。
   2 采用单母线或双母线接线的66kV~220kV配电装置,当断路器为六氟化硫型时,不宜设旁路设施;当配电装置采用气体绝缘金属全封闭开关设备时,不应设置旁路设施。
   3 当35kV~66kV配电装置采用单母线分段接线且断路器无停电检修条件时,可设置不带专用旁路断路器的旁路母线;当采用双母线接线时,不宜设置旁路母线,有条件时可设置旁路隔离开关。
   4 发电机变压器组的高压侧断路器不宜接入旁路母线。
   5 在初期工程中可采用断路器数量较少的过渡接线方式,但配电装置的布置应便于过渡到最终接线。

17.2.9 发电机的中性点的接地方式可采用不接地方式、经消弧线圈或高电阻的接地方式。

17.2.10 主变压器的中性点接地方式应根据接入电力系统的额定电压和要求决定接地,或不接地,或经消弧线圈接地。当采用接地或经消弧线圈接地时,应装设隔离开关。

17.3 交流厂用电系统

17.3.1 发电厂的高压厂用电的电压宜采用6kV中性点不接地方式。低压厂用电的电压宜采用380V动力和照明网络共用的中性点直接接地方式。

17.3.2 高压厂用变压器不应采用有载调压变压器,其阻抗电压不宜大于10.5%。当发电机出口装设断路器,此时支持于主变低压侧的高厂变兼作启动电源时,可采用有载调压变压器。

17.3.3 当高压厂用备用变压器的阻抗电压在10.5%以上时,或引接地点的电压波动超过±5%时,应采用有载调压变压器。备用变压器引接地点的电压波动应计及全厂停电时负荷潮流变化引起的电压变化。

17.3.4 高压厂用工作电源可采用下列引接方式:
   1 当有发电机电压母线时,由各段母线引接,供给接在该段母线上的机组的厂用负荷。
   2 当发电机与变压器为单元连接时,应从主变压器低压侧引接,供给该机组的厂用负荷。

17.3.5 高压厂用变压器容量应按高压电动机计算负荷与低压厂用电的计算负荷之和选择。低压厂用工作变压器的容量宜留有10%的裕度。

17.3.6 高压厂用备用电源或启动/备用电源,可采用下列引接方式:
   1 当有发电机电压母线时,应从该母线引接一个备用电源。
   2 当无发电机电压母线时,应从高压配电装置母线中电源可靠的最低一级电压母线引接,并应保证在全厂停电的情况下,能从外部电力系统取得足够的电源。
   3 当发电机出口装设断路器且机组台数为2台以上时,还可由1台机组的高压厂用工作变压器低压侧厂用工作母线引接另一台机组的高压备用电源,即机组之间对应的高压厂用母线设置联络,互为备用或互为事故停机电源。
   4 当技术经济合理时,可从外部电网引接专用线路供电。
   5 全厂有两个及以上高压厂用备用或启动/备用电源时,宜引自两个相对独立的电源。

17.3.7 高压厂用备用变压器(电抗器)或启动/备用变压器的容量不应小于最大一台(组)高压厂用工作变压器(电抗器)的容量。低压厂用备用变压器的容量应与最大的一台低压工作变压器的容量相同。

17.3.8 当发电机与主变压器为单元接线时,其厂用分支线上宜装设断路器。当无需开断短路电流的断路器时,可采用能够满足动稳定要求的断路器,但应采取相应的措施,使该断路器仅在其允许的开断短路电流范围内切除短路故障;也可采用能满足动稳定要求的隔离开关或连接片等。

17.3.9 厂用备用电源的设置应符合下列规定:
   1 接有Ⅰ类负荷的高压和低压厂用母线应设置备用电源,并应装设备用电源自动投入装置。
   2 接有Ⅱ类负荷的低压厂用母线应设置手动切换的备用电源。
   3 只有Ⅲ类负荷的低压厂用母线可不设备用电源。

17.3.10 容量为100MW级及以下的机组,高压厂用工作变压器(电抗器)的数量在6台(组)及以上时,可设置第二台(组)高压厂用备用变压器(电抗器)。低压厂用工作变压器的数量在8台及以上时,可增设第二台低压厂用备用变压器。

17.3.11 高压厂用电系统应采用单母线接线。锅炉容量为410t/h 级以下时,每台锅炉可由一段母线供电;锅炉容量为410t/h 级时,每台锅炉每一级高压厂用电压不应少于两段母线。低压厂用母线也应采用单母线接线。锅炉容量为220t/h 级,且在母线上接有机炉的Ⅰ类负荷时,宜按炉或机对应分段;锅炉容量为410t/h级时,每台锅炉可由两段母线供电。

17.3.12 发电厂应设置固定的交流低压检修供电网络,并应在各检修现场装设电源箱。

17.3.13 厂用变压器接线组别的选择,应使厂用工作电源与备用电源之间相位一致,以便厂用电源的切换可采用并联切换的方式。全厂低压厂用变压器宜采用"D,yn"接线。

17.4 高压配电装置

17.4.1 发电厂高压配电装置的设计应符合现行国家标准《高压架空线路和发电厂、变电所环境污区分级及外绝缘选择标准》GB/T 16434、《电力设施抗震设计规范》GB 50260、《3～110kV 高压配电装置设计规范》GB 50060 和《火力发电厂与变电站设计防火规范》GB 50229 的有关规定。

17.4.2 配电装置的选型应满足以下要求:
1 35kV 及以下的配电装置宜采用屋内式。
2 110kV～220kV 配电装置应符合下列规定:
  1)配电装置的形式选择应根据设备选型和进出线方式,以及工程实际情况,结合发电厂总平面布置,优先采用占地少的配电装置形式。
  2)Ⅳ级污秽地区宜采用屋内配电装置,当技术经济合理时,可采用气体绝缘金属封闭开关设备(GIS)配电装置。

17.5 直流电源系统及交流不间断电源

17.5.1 发电厂内应装设蓄电池组,向机组的控制、信号、继电保护、自动装置等负荷(以下简称控制负荷)和直流油泵、交流不停电电源装置、断路器合闸机构及直流事故照明负荷等(以下简称动力负荷)供电。蓄电池组应以全浮充方式运行。

17.5.2 蓄电池组数应符合下列规定:
1 当单机容量在 50MW 级以上时,每台机组可装设 1 组蓄电池,当机组总容量为 100MW 及以上时,宜装设 2 组蓄电池,总容量小于 100MW 时可装设 1 组蓄电池。
2 酸性电池组不宜设置端电池,碱性电池组宜设端电池。

17.5.3 直流系统采用对控制负荷与动力负荷合并供电的方式,直流系统标称电压为 220V。

17.5.4 直流母线电压应符合下列规定:
1 正常运行时,直流母线电压为直流系统标称电压的 105%。
2 均衡充电时,直流母线电压应不高于直流系统标称电压的 110%。
3 事故放电时,直流母线电压宜不低于直流系统标称电压的 87.5%。

17.5.5 发电厂蓄电池组负荷统计应符合下列规定:
1 当装设 2 组蓄电池时,对控制负荷每组应按全部负荷统计。
2 对事故照明负荷每组应按全部负荷的 60%统计。
3 对动力负荷,宜平均分配在两组蓄电池上,每组可按所连接的负荷统计。

17.5.6 选择蓄电池组容量时,与电力系统连接的发电厂,厂用交流电源事故停电时间应按1h计算;不与电力系统连接的孤立发电厂,厂用交流电源事故停电时间应按2h计算;供交流不间断电源用的直流负荷计算时间可按0.5h计算。

17.5.7 蓄电池的充电及浮充电设备的配置应符合下列规定:
1 当采用高频开关充电装置时,每组蓄电池宜装设一套充电设备。当采用晶闸管充电装置时,两组相同电压的蓄电池可再设置一套充电设备作为公用备用。全厂只有一组蓄电池时,可装设两套充电设备。
2 充电设备的容量及输出电压的调节范围应满足蓄电池组浮充电和充电的要求。

17.5.8 发电厂的直流系统宜采用单母线或单母线分段的接线方式。当采用单母线分段时,每组蓄电池和相应的充电设备应接在同一母线上,公用备用的充电设备应能切换到相应的两段母线上,蓄电池和充电设备均应经隔离和保护电器接入直流系统。

17.5.9 当采用计算机监控时,应设置交流不间断电源。交流不间断电源应采用在线式 UPS。

17.5.10 交流不间断电源装置旁路开关的切换时间不应大于5ms;交流厂用电消失时,交流不间断电源满负荷供电时间不应少于0.5h。

17.5.11 交流不间断电源装置应由一路交流主电源、一路交流旁路电源和一路直流电源供电。交流主电源和交流旁路电源应由不同厂用母线段引接,直流电源可由主控制室或机组的直流电源引接,也可采用自带的蓄电池供电。

17.5.12 交流不间断电源主母线应采用单母线或单母线分段接线方式。当有冗余供电或互为备用的不间断负载时,交流不间断电源主母线应采用单母线分段,负载应分别接到不同的母线段上。

17.6 电气监测与控制

17.6.1 发电厂和电力网络的电气设备和元件宜采用计算机控制,宜符合下列规定:
1 当热工控制采用机炉电集中控制时,发电厂的电气系统及网络控制部分应在机炉电集中控制室内,发电厂电气设备和元件宜采用分散控制系统控制或 PLC 控制,其监测和控制方式宜与热工仪表和控制协调一致。
2 当热工控制采用机炉集中控制或汽机集中控制方式时,发电厂的电气系统及电力网络控制应设在电气主控制室内,主控制室电气设备和元件宜采用电气监控管理系统控制,此时应在主控室设置专用操作员站,并留有与热工控制系统的通信接口。

17.6.2 电气监控管理系统、分散控制系统及电力网络计算机监控系统等计算机控制系统应采用开放式、分布式结构。当具有控制功能时,站控层设备及网络宜采用冗余配置。

17.6.3 当采用机炉电集中控制时,下列设备或元件应在分散控制系统或 PLC 进行控制和监视:
1 发电机、主变压器或发电机变压器组。
2 发电机励磁系统。
3 厂用高压电源,包括高压工作变压器和高压启动/备用变压器。
4 高压厂用电源线。
5 低压厂用变压器及低压母线分段断路器。
6 消防水泵。

17.6.4 当采用主控制室控制时,下列设备或元件应在电气监控管理系统进行控制和监视:
1 发电机、主变压器或发电机变压器组。
2 发电机励磁系统。
3 厂用高压电源,包括高压工作变压器和高压启动/备用变压器。
4 高压厂用电源线。
5 低压厂用变压器及低压母线分段断路器。
6 消防水泵。
7 联络变压器(如果有)。
8 6kV 及以上线路。
9 母线联络断路器、母线分段断路器及电抗器。
10 并联电容器、串联补偿装置等。

17.6.5 电力网络计算机监控系统宜与分散控制系统合并为一个系统,其监控范围应包括下列设备和线路:
 1 联络变压器(如果有)。
 2 6kV及以上线路。
 3 母线联络断路器、母线分段断路器及电抗器。
 4 并联电容器、串联补偿装置等。

17.6.6 下列设备或元件宜在分散控制系统、PLC或电气监控管理系统进行监视:
 1 直流系统。
 2 交流不间断电源。

17.6.7 为保证机组紧急停机,应在控制室设置下列独立的后备操作设备:
 1 发电机或发电机变压器组紧急跳闸。
 2 灭磁开关跳闸。
 3 直流润滑油泵的启动按钮。

17.6.8 继电保护、自动准同步、自动电压调节、故障录波和厂用电快速切换等功能应由专用装置实现。继电保护和安全自动装置发出的跳、合闸指令,应直接接入断路器的跳合闸回路;与继电保护、安全自动装置、厂用电切换相关的断路器的跳合闸回路应监视相应回路的完好性。

17.6.9 继电保护装置、测控装置和电度表等二次设备宜装设在电气继电器室内。

17.6.10 发电厂的集中控制室或主控室应装设自动准同步装置,也可再装设带有同步闭锁的手动准同步装置。发电厂的网络控制部分应装设捕捉同步装置或带闭锁的手动准同步装置。

17.6.11 隔离开关、接地开关和母线接地器与相应的断路器之间应装设闭锁装置以防止误操作,闭锁装置可由机械的、电磁的或电气回路的闭锁构成。在电力网络计算机监控系统中应设置五防闭锁功能。

17.7 电气测量仪表

17.7.1 发电厂的电气测量仪表设计,应符合现行国家标准《电力装置的电测量仪表装置设计规范》GB/T 50063 的有关规定。

17.7.2 当采用计算机进行监控时,电气设备和元件的测量宜采用交流采样方式,就地也可采用一次仪表测量或直接仪表测量方式。

17.8 元件继电保护和安全自动装置

17.8.1 发电厂的继电保护和安全自动装置设计应符合现行国家标准《继电保护和安全自动装置技术规程》GB/T 14285 的有关规定。

17.9 照明系统

17.9.1 发电厂照明系统设计应遵循安全、环保、维护检修方便、经济、美观的原则,并积极地采用先进技术和节能设备。发电厂的照明应提倡绿色照明和节能环保,符合国家的节能政策。

17.9.2 发电厂照明系统的设计应符合现行国家标准《建筑照明设计标准》GB 50034 的有关规定。

17.9.3 发电厂的照明应有正常照明和应急直流照明两种供电网络,正常照明网络电压为 380V/220V,应急直流照明网络电压应为 220V,并符合下列规定:
 1 正常照明的电源应由动力和照明网络共用的中性点直接接地的低压厂用变压器供电。
 2 应急直流照明应由蓄电池直流系统供电。应急照明与正常照明可同时点燃,正常时由低压 380V/220V 厂用电供电,事故时自动切换到蓄电池直流母线供电;主控室与集中控制室的应急直流照明除长明灯外,也可正常时由 380V/220V 厂用电供电,事故时自动切换到蓄电池直流母线供电。

 3 主厂房的出入口、通道、楼梯间以及远离主厂房的重要工作场所要求的应急照明应采用自带蓄电池的应急灯。

17.9.4 生产车间的照明灯具,当其安装高度位在 2.2m 及以下,且处于特别潮湿的场所或高温场所时,应采用 24V 及以下电压。电缆隧道内的照明灯宜采用 24V 电压供电。如采用 220V 电压供电时,应有防止触电的安全措施,并应敷设灯其外壳专用接地线。

17.9.5 照明灯具应按工作场所的环境条件和使用要求进行选择,应采用光效高、寿命长的光源。应急直流照明应采用能瞬时可靠点燃的白炽灯。室内、外照明灯具的安装应便于维修。对于室内、外配电装置的照明灯具还应考虑在设备带电的情况下能安全地进行维修。

17.9.6 对烟囱、冷却塔和其他高耸建筑物或构筑物上装设障碍照明的要求,除应符合现行国家标准《烟囱设计规范》GB 50051 的有关规定外,还应和当地航空管理部门协商确定。高建筑物标志灯供电电源可由就近可靠的 380V/220V 配电柜供电,标志等回路不允许"T"接其他用电负荷。对取、排水口及码头障碍照明的要求应和航运管理部门协商确定。

17.10 电缆选择与敷设

17.10.1 发电厂电缆选择与敷设的设计应符合现行国家标准《电力工程电缆设计规范》GB 50217 的有关规定。

17.11 过电压保护与接地

17.11.1 发电厂电气装置的过电压保护设计应符合国家现行标准《高压输变电设备的绝缘配合》GB 311.1、《绝缘配合 第 2 部分:高压输变电设备的绝缘配合使用导则》GB/T 311.2 以及《交流电气装置的过电压保护和绝缘配合》DL/T 620 的有关规定。

17.11.2 主要生产建(构)筑物和辅助厂房建(构)筑物的过电压保护应符合现行行业标准《交流电气装置的过电压保护和绝缘配合》DL/T 620 的有关规定。生产办公楼、食堂、宿舍楼等附属建(构)筑物,液氨贮罐的防雷设计应符合现行国家标准《建筑物防雷设计规范》GB 50057 的有关规定。

17.11.3 发电厂交流接地系统的设计应符合现行国家标准《交流电气装置接地设计规范》GB 50065 的有关规定。

17.12 电气试验室

17.12.1 发电厂应设有电气试验室,其试验设备应能满足电气设备维修、校验、调试的需要。电气试验室的规模应根据发电厂的类型、单机容量和规划容量来确定。

17.12.2 当企业内已设有电气试验室时,其自备发电厂不应再设电气试验室。

17.13 爆炸火灾危险环境的电气装置

17.13.1 发电厂爆炸火灾危险环境的电气装置设计应符合现行国家标准《爆炸和火灾危险环境电气装置设计规范》GB 50058 和《火力发电厂与变电站设计防火规范》GB 50229 的有关规定。

17.14 厂内通信

17.14.1 厂内通信可分为生产管理通信和生产调度通信。对于小机组工程,可将二者合并考虑,厂内配置一套调度程控交换机兼做行政交换机。容量应以 100 线为基础,两台以上机组每增加一台机组,增加 30 线。各控制室设置调度台。调度交换机至调度主管部门应有中继线连接。

17.14.2 发电厂对外联系的中继方式可视工程具体情况采用模拟中继或数字中继方式,中继线数量不少于用户数的 10%。

17.14.3 通信设备所需的交流电源应由能自动切换的、可靠的、来自不同厂用电母线段的双回路交流电源供电。通信设备所需直流电源应设至少1组通信专用蓄电池组,并配置至少1套整流器。厂内通信电源与系统通信电源可合并考虑。电源容量按远景规模最大负荷考虑,蓄电池的放电时间按4h考虑。

17.14.4 厂可设通信专用机房,机房面积按远景规模最大容量考虑,应安装厂内通信设备、系统通信设备、各业务接口设备等,也可与电气控制设备布置在一起。通信蓄电池宜单独安装。

17.14.5 通信设备应设置工作接地和保护接地,通信机房内应设有环形接地母线,并应就近接至全厂总接地网上,引接线不应少于2条。

17.14.6 厂内通信网络包括各类通信设备的线路,应采用管道电缆或直埋电缆敷设方式。电缆可采用暗配线敷设方式。

17.14.7 厂区外的水源、灰场和燃料系统可采用当地公用电话。

17.15 系统保护

17.15.1 系统继电保护和安全自动装置的设计应根据审定的接入系统设计原则设计,并应符合现行国家标准《继电保护和安全自动装置技术规程》GB/T 14285 的有关规定。

17.16 系统通信

17.16.1 系统通信应按当地电网的通信设计、审定的接入系统设计确定。发电厂应装设为电力调度服务的专用调度通信设施,通信方式及容量配置等应根据审定的电力系统通信设计或相应的接入系统通信设计确定。

17.16.2 发电厂至调度端的通道数量、质量及带宽应满足调度通道、自动化通道、保护通道、电能量计费的要求。

17.16.3 发电厂至其调度中心应至少有一个可靠的调度通道,应提出推荐的传输方案、制式、建设规模及容量,明确各业务接入方式。

17.16.4 发电厂的系统通信可采用一套通信电源供电,并配置一组蓄电池,也可与厂内通信设备共用通信电源。

17.16.5 系统通信可与厂内通信设备共用通信机房。

17.17 系统远动

17.17.1 发电厂的远动设计应根据电力调度自动化系统设计,或相应的发电厂接入系统设计确定。电厂远动功能宜纳入计算机监控系统,不单独设置微机远动装置(RTU)。

17.17.2 发电厂的远动信息应符合现行行业标准《电力系统调度自动化设计技术规程》DL/T 5003 或者《地区电网调度自动化设计技术规程》DL/T 5002 的有关规定。

17.17.3 发电厂与调度中心之间应至少有一条可靠的远动通道。

17.17.4 发电厂的电力二次安全防护应遵照国家有关电力二次安全防护规定的要求执行。

17.18 电能量计量

17.18.1 发电厂的电能量计量设计应符合现行行业标准《电能量计量系统设计技术规程》DL/T 5202 的有关规定。

18 水工设施及系统

18.1 水源和水务管理

18.1.1 发电厂的水源选择,必须认真落实,做到充分可靠。除应考虑发电厂取、排水对水域的影响外,还要考虑当地工农业和其他用户及水利规划对电厂取水水质、水量和水温的影响。

18.1.2 北方缺水地区新建、扩建电厂生产用水禁止取用地下水。严格控制使用地表水,鼓励利用城市污水处理厂的再生水和其他废水,坑口电厂首先考虑使用矿区排水。当有不同的水源可供选择时,应在节水产业政策的指导下,根据水量、水质和水价等因素,经技术经济比较确定。

18.1.3 当采用再生水作为电厂补给水源时,应设备用水源。

18.1.4 当采用矿区排水作为电厂补给水时,应根据矿区开采规划和排水方式,分析可供电厂使用的矿区稳定的最小排水量。

18.1.5 在下述情况下,发电厂的供水水源应保证供给全部机组满负荷运行所需的水量,并应取得水行政主管部门同意用水的正式文件:

    1 从天然河道取水时,按保证率为95%的最小流量考虑,同时扣除取水口上游必保的工农业规划用水量和河道水域生态用水量。

    2 当河道受水库调节时,按水库保证率为95%的最小下泄流量加上区间来水量考虑,同时扣除取水口上游必保的工农业规划用水量和河道水域生态用水量。

    3 从水库取水时,应按保证率为95%的枯水年考虑。

18.1.6 在发电厂设计中,必须贯彻落实国家水资源方针政策,应通过水务管理和工程措施来实现合理用水,节约水资源,防止水污染和保护生态环境。

18.1.7 水务管理应符合现行国家标准《地表水环境质量标准》GB 3838、《生活饮用水卫生标准》GB 5749、《取水定额》GB/T 18916、《污水综合排放标准》GB 8978 等有关法律、法规的规定。

18.1.8 发电厂的设计耗水指标应符合表 18.1.8 的规定:

表 18.1.8 小型火力发电厂设计耗水指标表[$m^3/(s \cdot GW)$]

序号	冷却方式	<50MW级	≥50MW级	备 注
1	淡水循环供水系统	≤1.20	≤1.00	炉外脱硫、干式除灰、干式除渣
2	直流供水系统	≤0.40	≤0.20	炉外脱硫、干式除灰、干式除渣
3	空冷机组	≤0.40	≤0.20	炉外脱硫、干式除灰、干式除渣

18.1.9 发电厂应装设必要的水质与水量计量与监测装置。

18.2 供水系统

18.2.1 发电厂的供水系统应根据水源条件、规划容量和机组形式,经技术经济比较确定。在水源条件允许的情况下,宜采用直流供水系统;当水源条件受限制时,宜采用循环供水、混合供水或空冷系统。

18.2.2 发电厂的供水系统应符合下列规定:

    1 直流供水系统应根据历年月平均的水位、水温和温排水影响,结合汽轮机特性和系统布置方案确定最佳的汽轮机背压、冷却水量、凝汽器面积、水泵和进排水管(沟)的经济配置。

    2 循环或混合供水系统应根据历年月平均气象条件,结合汽轮机特性和系统布置方案确定最佳的汽轮机背压、冷却水量、凝汽器面积、冷却塔的选型、水泵和进排水管(沟)的经济配置。

    3 空冷系统应根据典型年与汽轮机特性等因素进行优化计算,以确定最佳的空冷形式、设计气温、汽轮机设计背压和空冷散热器面积。

    4 在最高计算水温条件下选定的冷却水量,应保证汽轮机的背压不超过满负荷运行时的最高允许值。

18.2.3 当采用直流供水系统时,冷却水的最高计算温度应按多年水温最高时期(可采用3个月)频率为10%的日平均水温确定,并应考虑温排水对取水水温的影响。

18.2.4 循环供水系统冷却水的最高计算温度应采用近期连续不少于5年,每年最热时期(可采用3个月)的日平均值,以湿球温度频率统计方法求得的频率为10%的日平均气象条件确定。混合供水系统冷却水的最高计算温度宜按与河流枯水时段相应的最高月平均气温时的气象条件确定。

18.2.5 空冷系统的设计温度宜根据典型年干球温度统计,可按5℃以上年加权平均法(5℃以下按5℃计算)计算设计气温并向上取整。

18.2.6 发电厂宜采用母管制供水系统。每台汽轮机宜设置 2 台循环水泵，其总出力应等于该机组的最大计算用水量。在 2 台汽轮机的凝汽器进水管之间宜设联络管。

18.2.7 热电厂的冷却水量应按最小热负荷时的凝汽量计算。

18.2.8 附属设备冷却水宜取自循环水的进水，当水温过高、汛期泥沙和漂浮物过多或以海水冷却时，应采取相应措施或使用其他水源。

18.2.9 发电厂的用水水质应根据生产工艺和设备的要求确定，宜符合下列要求：

1 用于凝汽器等表面热交换设备的冷却用水，应采取去除水中杂物及水草的措施。当水中含砂量较多时，宜对冷却用水进行沉砂处理。

2 循环供水系统，冷却塔的补充水悬浮物含量超过 50mg/L～100mg/L 时宜做预处理，经处理后悬浮物含量不宜超过 20mg/L，pH 值不小于 6.5，且不应大于 9.5。

3 工业用水转动机械轴承冷却水的碳酸盐硬度宜小于 250mg/L（以 $CaCO_3$ 计）；pH 值不应小于 6.5，不宜大于 9.5；悬浮物的含量应小于 100mg/L。

18.2.10 当采用直流、混合供水系统时，取、排水口的位置和形式应根据水源特点、温排水扩散对取水温度的影响、泥沙冲淤和工程施工等因素，通过技术经济比较确定。必要时应进行数模计算或模型试验确定。

18.2.11 凝汽器的进出口阀门和联络门，直径为 400mm 及以上的水泵出口阀门，直径为 600mm 及以上的其他阀门，以及需要自动控制的阀门应装有电动或气动装置。远离电源的地区，直径为 800mm 及以下的其他阀门也可采用手动。

18.3 取水构筑物和水泵房

18.3.1 地表水的取水构筑物和水泵房应按保证率为 95% 的低水位设计，并以保证率为 97% 的低水位校核。

18.3.2 地表水的取水构筑物的进水间应分隔成若干单间，并根据水源水质条件及取水量的大小装设清污及滤水设备，进水间应考虑起吊、启闭设施以及冲洗和排除脏物的措施。当水中带有冰凌、大量泥沙或较多漂浮物影响取水时，在设计中应采取相应的措施。

18.3.3 岸边水泵房 ±0.00m 层标高（入口地坪设计标高）应为频率 2% 的洪水位（或潮位）加频率 2% 浪高再加高 0.5m，并应符合下列规定：

1 ±0.00m 层标高不应低于频率为 1% 的洪水位，否则水泵房应有防洪措施。

2 当频率 2% 与频率 1% 洪水位相差很大时，应经分析论证后确定。

18.3.4 在水位涨落幅度较大，且涨落和缓的江河取水时，宜采用浮船式或缆车式取水设施。

18.3.5 采用冷却塔循环供水系统，在条件许可时，循环水泵可设在汽机房内或汽机房毗屋内。

18.3.6 当条件合适时，循环水泵可选择露天布置。

18.3.7 当采用集中泵房母管制供水系统时，安装在水泵房内的循环水泵达到规划容量时不应少于 4 台，水泵的总出力应满足最大的计算用水量，不设备用。根据工程建设进度，水泵可分期安装，但第一期工程安装的水泵不应少于 2 台。

18.3.8 集中取水的补给水泵台数不宜少于 3 台，其中 1 台备用。

18.3.9 当采用海水作循环冷却水源时，宜选用转速低、抗汽蚀性能的循环水泵。此外，清污设备、冲洗泵、排水泵、阀门和闸门门槽等与海水直接接触的部件，也应选用耐海水腐蚀的材料制作，并可采用涂料、阴极保护等防腐措施，还应考虑防止海生物在进、排水构筑物和设备上滋长附着的措施。

18.3.10 水泵房及进水间应设置起重设备，水泵房内还应设置设备检修场地和水泵中间轴承检修平台等设施。当设备露天布置时，也可不设固定式起重设备。阀门切换间应设阀门操作平台、排水措施及照明设施。

18.4 输配水管道及沟渠

18.4.1 采用母管制供水时，循环水进水、排水管（沟）达到规划容量时（大于 2 台机组）不宜少于 2 条，并可根据工程具体情况分期建设。当其中一条停运时，其余母管应能通过最大计算用水量的 75%。

18.4.2 供水系统的补给水管的条数宜按规划容量设置 2 条，并可根据工程具体情况分期建设。当有一定容量的蓄水池或采用其他供水措施作备用时，可设置 1 条。当采用 2 条补给水管，而每条补给水管能供给补给水量的 60%，则补给水管之间可不设联络管。在补给水系统总管及电厂内主要用户的接管上均应设置水量计量装置。

18.4.3 压力管道的材料应根据管道工作压力、水质、管道沿线的地质、地形条件、施工条件和材料供应等情况，通过技术经济比较确定。可选用的管材有：钢管、球墨铸铁管、预应力钢筋混凝土管、预应力钢筒混凝土管、玻璃钢管、钢塑复合管等。自流管、沟宜采用钢筋混凝土结构。

18.4.4 供水渠道应按规划容量一次建成。在渠道的设计中，应考虑原有地面排水系统的改变和地下水位上升对邻近地区农田和建筑物的影响。

18.5 冷却设施

18.5.1 冷却设施的选择应根据使用要求、自然条件、场地布置和施工条件、运行经济性以及与周围环境的相互影响等因素，经技术经济比较后确定。

18.5.2 发电厂可利用水库、湖泊、河道或海湾等水体的自然水面冷却循环水，也可根据自然条件新建冷却池。在设计中应考虑水量、水质和水温的变化对工业、农业、渔业、水利、航运和环境等产生的影响，并应取得相应主管部门同意的文件。

18.5.3 冷却塔的塔型选择应根据循环水的水量、水温、水质和循环水系统的运行方式等使用要求，并结合下列因素及具体工程条件，通过技术经济比较确定：

1 当地的气象、地形和地质等自然条件。

2 材料和设备的供应情况。

3 场地布置和施工条件。

4 冷却塔与周围环境的相互影响。

18.5.4 冷却塔的布置应考虑空气动力干扰、通风、检修和管沟布置等因素。在山区和丘陵地带布置冷却塔时，应考虑避免湿热空气回流的影响。冷却塔间净距及其与附近建（构）筑物的距离应按本规范表 6.2.5 的规定执行。

18.5.5 冷却塔内使用的塑料材质的淋水填料、喷溅装置、配水管和除水器的选用及安装设计应符合现行行业标准《冷却塔塑料部件技术条件》DL/T 742 的有关规定。

18.5.6 机械通风冷却塔和自然通风冷却塔均应装设除水器，宜装设塑料材质的除水器。

18.5.7 建在寒冷和严寒地区的冷却塔（包括空冷塔）宜采用防冻措施。

18.5.8 自然通风冷却塔进风口处的支柱及塔内空气通流部位的构件应采用气流阻力较小的断面形式。

18.5.9 当采用空冷机组时，应根据当地气象条件、冷却设施占地、防噪声要求、防冻性能等因素通过技术经济比较后确定空冷系统形式。

18.5.10 直接空冷系统的空冷凝汽器宜采用机械通风冷却方式，间接空冷系统的空冷塔宜采用钢筋混凝土结构的自然通风冷却塔。受场地限制，空冷塔布置有困难时，经论证后也可采用机械通风间接空冷系统。

18.5.11 直接空冷系统的布置应符合下列规定：

1 直接空冷凝汽器宜布置在汽机房 A 列外空冷平台上，且宜沿汽轮机纵向布置。空冷凝汽器布置方位宜面向夏季主导风向，并考虑高温大风气象条件出现频率的影响，避免来自锅炉房后的较高的风频和风速。连续建设机组的台数应根据风环境条件进行论证布置形式。

2 当风环境比较复杂或电厂周边地形地貌特殊时，应利用数模计算或物模试验对空冷凝汽器的布置方案进行验证。

3 空冷凝汽器下方的轴流风机、电机和减速机应设置检修起吊装置和维护平台。

18.5.12 间接空冷系统的布置宜符合下列规定：

1 空冷塔宜采用风筒式自然通风冷却塔，冷却塔与其他高于塔进风口高度的建筑物之间的距离应大于 2 倍进风口高度，冷却塔之间的净距应大于冷却塔零米半径。

2 喷射式凝汽器间接空冷系统的循环水泵宜布置在汽机房内或汽机房毗屋内，表凝式凝汽器间接空冷系统宜设置独立的循环水泵房，循环水泵房可布置在冷却塔区或汽机房前。

18.5.13 空冷塔的结构与尺寸应结合工程布置，经过优选确定。空冷散热器可采用水平布置或垂直布置，宜根据空冷塔的体型、外界风对散热效果的影响等因素论证后确定。空冷塔设计应考虑空冷散热器的检修起吊设施。

18.5.14 排烟冷却塔的设计应符合下列规定：

1 烟气及塔内烟道应参与冷却塔的热力性能计算和优化计算。

2 排烟冷却塔应有合理的开孔加固措施。

3 排烟冷却塔的防腐设计方案及防腐产品的选择应通过技术经济比较确定。

18.5.15 海水冷却塔的选型与设计应考虑海水冷却塔与淡水冷却塔热力性能和结构性能的差异，并选择适合海水水质的冷却塔填料、除水器和相应的防腐措施。

18.5.16 当冷却塔的噪声超过环境保护要求时，应采取防治措施。

18.6 外部除灰渣系统及贮灰场

18.6.1 厂区内外灰渣管的敷设宜符合下列规定：

1 厂区外压力灰渣管宜沿地面或管架敷设，应注意不占或少占耕地，避免通过居民区及民房。

2 厂区内压力灰渣管宜敷设于地沟内，有条件时，可沿地面或厂区管架敷设。

3 当具有可靠依据证明灰管结垢或磨损不严重时，也可直埋于地下。

4 灰渣管的坡度不宜小于 0.1%，在最低处应有放空措施，在最高处应有排气措施。

18.6.2 厂区外压力灰渣管宜沿路边敷设，并充分利用原有道路供检修使用。当需要修建局部或全部检修道路时，应按简易道路修筑，并注意节约用地和不影响农田耕作。

18.6.3 水灰渣排水根据环保、节水等要求必须处理后重复使用，不得排放。回收水系统应根据地形、地质、水量、水质和贮灰场排水建筑物等条件确定。回收水管道宜与灰渣管一起敷设，结垢严重时应采取防结垢措施，并宜采用直埋式布置。

18.6.4 灰渣管道宜采用钢管或复合管材。灰水回收管采用钢管、复合管或预应力钢筋混凝土管。对于磨损严重的灰渣管段，宜采用钢管内衬铸石管或其他耐磨复合管。在灰水结垢、磨损不严重时灰渣管采用钢管或防结垢复合管。

18.6.5 水灰场澄清水应设置灰水回收系统。灰场回收水应重复用于冲灰系统。对于用海水输灰的滩涂灰场，灰场灰水回收应根据环保要求和工程情况确定。

18.6.6 灰水回收水泵台数不宜少于 3 台，其中 1 台备用；灰水回收管道可敷设 1 条，不设备用。

18.6.7 灰场应按电厂规划容量统一规划，分期分块建设。初期堤坝形成的有效容积不应少于 3 年按设计煤种计算的灰渣量。热电联产项目的事故灰场有效容积满足不大于 6 个月按设计煤种计算的灰渣量。灰场附近宜设置值班室，并有生活、通信、照明等必要的运行管理设施。

18.6.8 山谷水灰场堤坝的设计标准应按表 18.6.8 执行。

表 18.6.8 山谷灰场灰坝设计标准

灰场级别	分级指标		洪水重现期(a)		坝顶安全加高(m)		抗滑稳定安全系数		
							外坡		内坡
	总容积V(×10⁸m³)	最终坝高H(m)	设计	校核	设计	校核	正常运行条件	非正常运行条件	正常运行条件
一	V>1	H>70	100	500	1.0	0.7	1.25	1.05	1.15
二	0.1<V≤1	50<H≤70	50	200	0.7	0.5	1.20	1.05	1.15
三	0.01<V≤0.1	30<H≤50	30	100	0.5	0.3	1.15		1.15

注：1 用灰渣筑坝时，灰坝的坝顶安全加高和抗滑稳定安全系数应按国家现行标准《火力发电厂灰渣筑坝设计规范》DL/T 5045 的规定执行。
2 当灰场下游有重要工矿企业和居民集中区时，通过论证可提高一级设计标准。
3 当坝高与总容积不相称时，以高者为准，当级差大于一个级别时，按高者降低一个级别确定。
4 坝顶高程应高于堆灰标高至少 1.0m～1.5m。

18.6.9 江、河、湖、海滩(涂)灰场围堤建设标准应与当地堤防工程一致。围堤设计应按现行国家标准《堤防工程设计规范》GB 50286 的规定执行，其级别与当地堤防工程的级别相同。此外尚应符合表 18.6.9 规定。

表 18.6.9 江、河、湖、海滩(涂)灰场围堤设计标准

灰场级别	总容积V(×10⁸m³)	堤内汇水堤外潮位重现期(a)		堤外风浪重现期(a)	堤顶(防浪墙顶)安全加高(m)				抗滑稳定安全系数		
					堤外侧		堤内侧		外坡		内坡
		设计	校核	设计校核	设计	校核	设计	校核	正常运行条件	非正常运行条件	正常运行条件
一	V>0.1	50	200	50	0.4	0.0	0.7	0.5	1.20	1.05	1.15
二	V≤0.1	30	100	50					1.15	1.00	1.15

注：堤顶(或防浪墙顶)应高于堆灰标高至少 1m。

18.6.10 设计山谷型水灰场的坝和排洪设施时，应考虑灰场的调洪作用。设计山谷型干灰场时，应考虑截洪和排洪的导流设施。

18.6.11 当采用干式除灰时，干灰场的设计应符合下列规定：

1 整个干灰场应进行合理规划，分期、分块使用，并以此作为场内运输道路设计、施工机具选型的依据。当填至设计标高时，应及时覆土或植被绿化。

2 当干灰场四周有汇水流域时，可将汇水截流并引至灰场外。当山谷干灰场下游初期坝并采取由下游向上游堆灰方式时，山内宜设排水设施。防洪设计标准可参照水灰场确定。

3 干灰场应配备正常运行的施工机具，并可根据情况考虑少量的备用机具。

4 干灰场内宜设喷洒水池，应有完善的供水设施。场内应配备喷洒机具，其中至少有 1 辆洒水车。

5 平原干灰场周围设不少于 10m 宽的绿化隔离带。山谷干灰场可利用山体及原有林木作为防风掩体，必要时可不少于 10m 宽的绿化隔离带。

18.7 给水排水

18.7.1 当发电厂靠近城市、开发区或其他工业企业时，生活给水和排水的管网系统宜与城市、开发区或其他工业企业的给水和排水系统连接。

18.7.2 发电厂设有自备的生活饮用水系统时，水源选择及水源处理应符合现行国家标准《室外给水设计规范》GB 50013 的有关规定，水源卫生防护及水质标准必须符合现行国家标准《生活饮用

水卫生标准》GB 5749 的有关规定。

18.7.3 净水站水处理工艺流程的选择应根据原水水质、设计处理能力和对处理后的水质要求，结合当地条件通过技术经济比较后确定。给水处理混凝、沉淀和澄清、过滤，地下水除铁、除锰、除氟等设计应按现行国家标准《室外给水设计规范》GB 50013 的有关规定执行。

18.7.4 厂区内的生活污水、生产污水、废水和雨水的排水系统应采用分流制。各种废水、污水应按清污分流的原则分类收集输送，并根据其污染的程度、复用和排放要求进行处理，处理后复用的杂用水水质应符合现行国家标准《城市污水再生利用 城市杂用水水质》GB/T 18920 的有关规定；处理后对外排放的水质应符合现行国家标准《污水综合排放标准》GB 8978 的有关规定。

18.7.5 含有腐蚀性物质、油质或其他有害物质的生产污水，温度高于 40℃ 的生产废水，应经处理达到国家现行标准规定后，方可排入生产废水系统经规范的排污口排放。

18.7.6 输煤系统建筑采用水力清扫时，其清扫产生的含煤废水应予以处理，含煤废水经处理后应重复使用。发电厂露天煤场宜设煤场雨水沉淀池，并宜与输煤系统建筑冲洗排水沉淀池合并设置。

18.7.7 生活污水、含油污水、灰水等污水的处理应符合现行行业标准《火力发电厂废水治理设计技术规程》DL/T 5046 的有关规定。

18.8 水工建（构）筑物

18.8.1 水工建（构）筑物的设计应根据水文、气象、地质、施工条件、建材供应和当地的具体情况，通过技术经济比较确定。

18.8.2 水工建（构）筑物的设计还应执行本规范第 20 章建筑与结构中的有关规定。

18.8.3 位于厂区内的水泵房及取水建筑物，其建筑外观应与厂区的其他建筑物相协调；厂区外的水泵房及取水建筑物，其建筑造型处理应与周围环境相协调。

18.8.4 对远离厂区的水泵房，应设置必需的生产和生活设施。

18.8.5 循环水泵房电气操作层及立式水泵的电机层的地面宜采用水磨石地面，其他可采用水泥地面。

18.8.6 取水建筑物和水泵房宜采用钢塑窗或铝合金窗。进出设备的大门根据具体情况，可选用钢大门或电动卷闸门。

18.8.7 海水建筑物应采用防海水腐蚀的建筑材料或采取其他有效防腐措施，并应符合现行国家标准《河港工程设计规范》GBJ 50192 的有关规定。取用海水的钢管应进行专门防护。

18.8.8 在软弱地基上修建水工建筑物时，应考虑地基的变形和稳定。当不能满足设计要求时，应采取地基处理措施。建筑物四周宜设置沉降观测点。

18.8.9 水工建筑物应按规划容量统一规划。当条件合适时，可分期建设；当施工条件困难，布置受到限制，且分期建设在经济上不合理时，可按规划容量一次建成。

18.8.10 排水明渠与江河床连接处应设排水口，排水口形式可根据地形地质条件、消能、散热要求等因素确定。

18.8.11 山谷型干贮灰场周围山坡宜设截洪沟，设计标准可按重现期为十年一遇洪水考虑。

18.8.12 山谷型干贮灰场上游设有拦洪坝时，其坝高应根据不同排洪设施对设计洪水进行调洪演算，并进行技术经济比较确定。设计标准应按照堆灰高度和容积参照表 18.6.8 确定。下游的挡灰堤（坝）宜为排水棱体。

18.8.13 贮灰场起坝坝体结构宜采用当地建筑材料，当条件许可时，可采用灰渣分期筑坝，并结合环保要求，通过技术经济比较，选定安全、经济、合理的坝型。

18.8.14 在抗震设防烈度为 6 度及以上的地区修筑灰坝时，应根据地基条件采取相应的防止坝体和地基液化的措施。

19 辅助及附属设施

19.0.1 发电厂的设计应根据机组容量、形式、台数、设备检修特点、地区协作和交通运输等条件综合考虑，一般不设置金工修配设施。大件和精密件的加工及铸件应充分利用社会加工能力。大修外包或地区集中检修的发电厂，应按机组维修或小修的需要配置修配设施。企业自备发电厂，当企业能满足发电厂修配任务时，不另设修配设施。

19.0.2 当发电厂位于偏僻、边远地区时，可根据机组的容量和台数，因地制宜地设置锅炉、汽机、电气、燃料、化学等检修间，并配置常用的检修机具和工具。

19.0.3 发电厂应设有存放材料、备品和配件的库房与场地。材料库、油库的布置应符合现行的消防规范的有关规定。企业自备发电厂的材料库等可由企业统筹规划设计。

19.0.4 发电厂宜设置控制用和检修用的压缩空气系统，压缩空气系统和空气压缩机宜符合下列规定：

1 发电厂的压缩空气系统宜全厂共用，包括化学、除灰等工艺专业。

2 控制用和检修用的系统宜采用同型号、同容量的空气压缩机，并集中布置。空气压缩机出口接入同一母管，母管上应设控制用和检修用压缩空气电动隔离阀，并设低压力联锁保护，保证控制用压缩空气系统压力在任何工况下均满足工作压力的要求。两系统的贮气罐和供气系统应分开设置。压缩空气的供气压力应满足用气端的要求。控制用压缩空气的供气管道宜采用不锈钢管。

3 运行空气压缩机的总容量应能满足全厂热工控制用气设备的最大连续用气量，并应设置 1 台备用。

4 当全部空气压缩机停用时，热工控制用压缩空气系统的贮气罐容量应能维持在 5min～10min 的耗气量，气动保护设备和远离空气压缩机房的用气点宜设置专用的稳压贮气罐。

5 热工控制用压缩系统应设有除尘过滤器和空气干燥器，并与运行空气压缩机的容量相匹配，供气质量应符合现行国家标准《工业自动化仪表气源压力范围和质量》GB 4830 的有关规定，气源品质应符合下列规定：

  1）工作压力下的露点应比工作环境最低温度低 10℃。

  2）净化后的气体中含尘粒径不应大于 $3\mu m$。

  3）气源装置送出的气体含油量应控制在 8ppm 以下。

6 空气压缩机房应设有防止噪声和振动的措施。

7 当企业设有空气压缩机站，且输送条件合适时，企业自备发电厂可不另设空气压缩机。

19.0.5 发电厂设备、管道的保温设计应符合下列规定：

1 发电厂的保温设计应符合现行国家标准的有关规定。

2 表面温度高于 50℃，且经常运行的设备和管道进行保温。对表面温度高于 60℃ 且不经常运行的设备和管道，凡在人员可能接触到的 2.2m 高度范围内，应进行防烫伤保温，保温层外表面温度不应超过 60℃。露天的蒸汽管道宜设减少散热损失的防潮层。

3 设备和管道保温层的厚度应按经济厚度法确定。当需限制介质在输送过程中的温度降时，应按热平衡法进行计算。

4 选用的保温材料的主要技术性能指标应符合下列规定：

  1）介质工作温度为 450℃～650℃，导热系数不得大于 $0.11W/(m \cdot K)$。

  2）介质工作温度小于 450℃，导热系数不得大于 $0.09W/(m \cdot K)$；导热系数应有随温度变化的导热系数方程或图表。

3) 对于硬质保温材料密度不大于 220kg/m³,对于软质保温材料密度不大于 150kg/m³。

5 保温的结构设计应符合下列规定:
1) 保温层外应有良好的保护层。保护层应能防水、阻燃,且其机械强度满足施工、运行要求。
2) 采用硬质保温材料时,直管段和弯头处留伸缩缝;对于高温管道垂直长度超过 2m~3m,应设紧箍承重环支撑件;对于中低温管道垂直长度超过 3m~5m,应设焊接承重环支撑件。
3) 阀门和法兰等检修需拆的部件宜采用活动式保温结构。

19.0.6 发电厂的设备和管道的油漆、防腐设计应符合下列规定:

1 管道保护层外表面应用文字、箭头标出管内介质名称和流向。

2 对于不保温的设备和管道及其附件应涂刷防锈底漆两度、面漆两度,对于介质温度低于 120℃ 的设备和管道及其附件应涂刷防锈底漆两度。

19.0.7 发电厂宜设贮油箱和滤油设备,不设单独的油处理室。透平油和绝缘油的贮油箱的总容积,分别不应小于 1 台最大机组的系统透平油量和 1 台最大变压器的绝缘油量的 110%。

20 建筑与结构

20.1 一般规定

20.1.1 发电厂的建筑结构设计应全面贯彻"安全、适用、经济、美观"的方针。

20.1.2 建筑设计应根据生产流程、使用要求、自然条件、周围环境、建筑材料和建筑技术等因素,并结合工艺设计做好建筑物的平面布置、空间组合、建筑造型、色彩处理以及围护结构的选择;配合工艺解决建筑物内部交通、防火、防爆泄压、防水、防潮、防腐蚀、防噪声、防尘、防小动物、抗震、隔振、保温、隔热、节能、日照、采光、环保、自然通风和生活设施等问题。在进行造型、外观和内部处理时,应将建(构)筑物与工艺设备视为统一的整体考虑,并注重建(构)筑物群体与周围环境的协调。

20.1.3 发电厂内各建(构)筑物的防火设计必须符合现行国家标准《火力发电厂与变电站设计防火规范》GB 50229 及国家其他有关防火标准和规范的规定。

20.1.4 发电厂建(构)筑物的结构设计使用年限,除临时性结构外应为 50 年。

20.1.5 结构设计时,应根据结构破坏可能产生后果的严重性,采取不同的安全等级。高度 200m 及以上的烟囱、主厂房钢筋混凝土煤斗、钢筋混凝土悬吊锅炉炉架安全等级为一级,其余建(构)筑物均为二级。

20.1.6 厂区辅助、附属和生活建筑物的规模和面积应执行现行国家及行业标准的有关规定;贯彻节约用地原则,房屋宜采用多层建筑和联合建筑。

20.1.7 选择建筑材料时,宜考虑不同地区特点,因地制宜,使用可再循环利用的材料,建筑砌体材料不应使用国家和地方政府禁用的黏土制品。

20.1.8 结构设计必须在承载力、稳定、变形和耐久性等方面满足生产使用要求,同时尚应考虑施工及安装条件。对于混凝土结构,必要时应验算结构的裂缝宽度。承受动力荷载的结构,必要时应做动力计算。煤粉仓应做密封处理,并考虑防爆要求。

20.1.9 建(构)筑物变形缝的设计应符合下列规定:

1 建(构)筑物应根据体型、荷载、工程地质和抗震设防烈度,设置沉降缝或抗震缝。

2 主厂房纵向温度伸缩缝的最大间距,对现浇钢筋混凝土结构,不宜超过 75m;对装配式钢筋混凝土结构,不宜超过 100m;对钢结构,不宜超过 150m。

3 变形缝不应破坏建筑物装修面层,其构造和材料应根据其部位与需要,分别采用防水、防火、保温和防腐蚀等措施。

4 当有充分根据,采取有效措施或经过温度应力计算能满足设计要求时,可适当增大温度伸缩缝的间距。

5 主厂房温度伸缩缝宜布置在两机组单元之间,宜采用双柱双屋架,伸缩缝处梁板和围护结构宜采用悬挑结构。

20.1.10 对位于海滨的电厂外露结构应采取防盐雾侵蚀措施。

20.2 抗震设计

20.2.1 发电厂的抗震设计应贯彻预防为主的方针,使建筑物经抗震设防后,能减轻建筑损坏,避免人员伤亡,减少经济损失。

20.2.2 抗震设防烈度为 6 度及以上的建筑物均做抗震设防。发电厂建(构)筑物抗震设防应按现行国家标准《建筑工程抗震设防分类标准》GB 50223、《电力设施抗震设计规范》GB 50260 的有关规定执行,并应符合下列规定:

1 特别重要的工矿企业的自备发电厂的主厂房主体结构、锅炉炉架、烟囱、烟道、运煤栈桥、碎煤机室与转运站、主控制楼(包括集中控制楼)、屋内配电装置楼、燃油和燃气机组电厂的燃料供应设施等按现行国家标准《建筑工程抗震设防分类标准》GB 50223 中的重点设防类(乙类)建筑进行抗震设防。

2 材料库、厂区围墙、自行车棚等次要建筑物,应按现行国家标准《建筑工程抗震设防分类标准》GB 50223 中的适度设防类(丁类)建筑进行抗震设防。

3 除第 1 款和第 2 款外的其他建筑物,应按现行国家标准《建筑工程抗震设防分类标准》GB 50223 中的标准设防类(丙类)建筑进行抗震设防。

20.3 主厂房结构

20.3.1 主厂房框(排)架宜采用钢筋混凝土结构,有条件时也可采用组合结构或钢结构。

20.3.2 汽机房屋面结构应选用有檩、无檩或板梁(屋架)合一的屋盖体系。对无檩体系的厂房,在施工条件及材料允许的情况下宜采用预应力大型屋面板;对有檩体系,宜采用小槽板或以压型钢板做底模的现浇钢筋混凝土屋面板。

20.3.3 汽机房屋架跨度为 18m 以下时,宜采用钢筋混凝土屋架或预应力钢筋混凝土薄腹梁;当跨度大于 18m 时,宜采用钢屋架或实腹钢梁。

20.3.4 主厂房围护结构应与承重结构体系相适应,宜采用砌块,必要时亦可采用新型轻质墙板。

20.3.5 悬吊锅炉炉架宜采用独立式布置。炉架宜采用钢结构,也可采用钢筋混凝土结构。

20.3.6 汽轮发电机基础应按现行国家标准《动力机器基础设计规范》GB 50040 的有关规定进行设计。

20.4 地基与基础

20.4.1 地基与基础的设计应根据工程地质和岩土工程条件,结合发电厂各类建(构)筑物的使用要求,充分吸取地区的建筑经验,综合考虑结构类型、材料供应等因素,采用安全、经济、合理的地基基础形式。

20.4.2 主厂房地基设计应根据不同的工程地质条件,或厂房不同的结构单元,采用适合的地基形式和桩基持力层。

20.4.3 地基除做承载力计算外,尚应按现行国家标准《建筑地基基础设计规范》GB 50007 的有关规定对地基变形和稳定做必要验算。

20.4.4 当地基的承载力、变形或稳定不能满足设计要求时,应采用人工地基。重要建(构)筑物的地基处理应进行原体试验。当工程建设场地拟采用的地基处理方法具有成熟经验时,扩建工程可不进行原体试验。

20.4.5 厂房基础的选型宜采用独立基础,也可依次采用条形、筏板、箱形基础。

20.4.6 贮煤场、大面积负载区内及其邻近的建筑物,应根据地质条件考虑堆载的影响。当地基不能满足设计要求时,应进行处理。

20.4.7 主要建(构)筑物应设置沉降观测点。

20.4.8 在扩建设计中,应考虑扩建建(构)筑物对原有建(构)筑物的影响。

20.5 采光和自然通风

20.5.1 建筑物宜优先考虑天然采光,设计应符合下列规定:

1 建筑物室内天然采光照度应符合现行国家标准《建筑采光设计标准》GB/T 50033 的有关规定。

2 建筑物在满足采光要求的前提下减小采光口面积,其布置应不受设备遮挡的影响。

3 侧窗设计应考虑建筑节能和便于清洁,避免设置大面积玻璃窗。

20.5.2 汽轮机房宜采用侧窗和顶部混合采光方式,运转层采光等级可按Ⅴ级设计。

20.5.3 各类控制室应避免控制屏表面和操作台显示器屏幕面产生眩光及视线方向上形成的眩光。

20.5.4 发电厂建筑宜采用自然通风,墙上和楼层上的通风口应合理布置,避免气流短路和倒流,减少气流死角。

20.6 建筑热工及噪声控制

20.6.1 建筑热工设计应符合国家节约能源的方针,使设计与地区气候条件相适应,应注意建筑朝向,节约建筑采暖和空调能耗,改善并保证室内热环境质量。

20.6.2 厂区生活建筑物和人员集中的辅助和附属建筑物的热工设计应执行现行国家标准《民用建筑热工设计规范》GB 50176 的有关规定。严寒地区和寒冷地区还应执行现行行业标准《严寒和寒冷地区居住建筑节能设计标准》JGJ 26 的有关规定。

20.6.3 建筑设计应重视噪声控制,在布置上应使主要工作和生活场所避开强噪声源,对噪声源应采取吸声和隔声措施。在噪声控制设计中,应符合现行国家标准《工业企业噪声控制设计规范》GBJ 87 的有关规定。

20.7 防排水

20.7.1 主厂房有冲洗要求的地面应考虑有组织排水;除氧器层、煤仓层及有冲洗要求的楼层(包括运煤栈桥)、主厂房屋面(包括露天锅炉的炉顶结构和运转层平台)应防水并有组织排水。电气和控制设备间的顶板应有可靠的防排水措施。屋面工程的设计应符合现行国家标准《屋面工程技术规范》GB 50345 的有关规定。

20.7.2 所有室内沟道、隧道、地下室和集水坑等应有妥善的排水设计和可靠的防排水设施。当不能保证自流排水时,应采用机械排水并防止倒灌。严禁将电缆沟和电缆隧道作为地面冲洗水和其他水的排水通道。

20.7.3 电气建筑物的屋面宜采用现浇钢筋混凝土结构(装配整体结构屋面需加整浇层),应选用优质防水层和有组织排水。

20.8 室内外装修

20.8.1 建筑物室内外装修应符合下列规定:

1 建筑物的室内外墙面应根据使用和外观需要进行处理,内外墙表面宜耐污染、易清洗。

2 地面和楼面材料除工艺要求外,宜采用耐磨、易清洗的材料。

3 室内装修应符合现行国家标准《建筑内部装修设计防火规范》GB 50222 的有关规定。

20.8.2 有侵蚀性物质的房间,其内表面(包括室内外排放沟道的内表面)应采取防腐措施。有可燃气体的房间,其内部构件布置应便于气体的排出。

20.9 门和窗

20.9.1 建筑物门的设计应符合下列规定:

1 厂房运输用门宜采用钢门。

2 大型设备出入口可采用电动大门(在大门上或附近宜设人行门)。在严寒和寒冷地区应选用保温与密闭性能好的门窗。

3 电气设备房间应采用非燃烧材料的门,门窗及墙上孔洞应有防止小动物进入的措施。

20.9.2 建筑物窗的设计应符合下列规定:

1 建筑物宜采用钢窗、塑钢窗或铝合金窗等,必要时可加设纱窗。

2 在人员经常活动的范围内宜设平开窗或推拉窗。

3 通风用高侧窗宜采用机械起闭装置。

4 建筑物设计应考虑窗扇维护与擦洗的便利。

20.9.3 有侵蚀性物质的房间门和窗应考虑耐腐蚀。

20.10 生活设施

20.10.1 集中控制室、运煤、除灰等系统运行人员较集中的场所,应设有休息室、更衣室等生活设施。

20.10.2 厂区宜有集中的浴室。燃料分场就近另设专用浴室。

20.10.3 主要生产建筑物的主要作业层和人员较集中的建筑物应考虑饮用水设施,并应设有厕所和清洁用的水池。

20.11 烟囱

20.11.1 烟囱设计应符合现行国家标准《烟囱设计规范》GB 50051 及其他现行的烟囱设计标准的有关规定。

20.11.2 烟囱结构可采用单筒式或套筒式,其选型可视烟气腐蚀性的强弱、锅炉运行及环保等要求,结合烟气条件,应符合下列规定:

1 当排放强腐蚀性烟气时,应采用套筒式烟囱。

2 当排放中等腐蚀性烟气时,宜采用套筒式烟囱,也可采用防腐型单筒式烟囱。

3 当排放弱腐蚀性烟气时,可采用防腐型单筒式烟囱。

20.11.3 当采用套筒式烟囱时,外筒壁及排烟内筒间应考虑便于人员巡查、维修检修的条件。

20.11.4 烟囱的防腐材料应具有良好的耐酸、耐温、抗渗和密封等性能。

20.12 运煤构筑物

20.12.1 运煤栈桥可采用钢筋混凝土结构。当运煤栈桥跨度大于 24m 时,其纵向结构宜采用钢桁架。

20.12.2 运煤栈桥可根据气候条件采用封闭、半封闭或露天形式,当为封闭式时宜采用轻型围护结构。

20.12.3 干煤棚顶盖宜采用钢结构。

20.13 空冷凝汽器支承结构

20.13.1 空冷凝汽器支承结构平面布置应采用规则、对称的布置形式。

20.13.2 空冷凝汽器支承结构可采用钢筋混凝土框架结构、钢结构及钢桁架和钢筋混凝土管柱组成的混合结构。

20.13.3 主要承重钢结构构件应采取可靠的防腐措施。

20.14 活荷载

20.14.1 发电厂建（构）筑物的屋面、楼（地）面结构设计应考虑在生产使用、检修、施工安装时，由设备、管道、运输工具、材料堆放等重物所引起的荷载。

20.14.2 对无特殊要求的活荷载取值，可按表20.14.2采用。

20.14.3 汽机房、灰浆泵房、修配厂、检修间及引风机室等的吊车按照现行国家标准《起重机设计规范》GB/T 3811—2008中工作级别A1～A3取值，燃煤及除灰建筑的桥式抓斗吊车按工作级别A6、A7取值。

20.14.4 变电构架的设计除按工艺提供的导线、地线水平张力、垂直荷载、设备自重外，尚应计算检修、操作等其他活荷载。

表20.14.2　火力发电厂主厂房屋面、楼（地）面均布活荷载标准值及组合值、频遇值和准永久值系数

序号	名　称	标准值 (kN/m²)	计算次梁、双T板及槽板主肋折减系数	计算主梁(柱)时折减系数	计算主框排架用楼(屋)面活荷载 (kN/m²)	组合值系数	频遇值系数	准永久值系数	备注
一	汽机房								
1	0.000m								
	集中检修区域地面	15～20	—	—	—	—	—	—	
	其他空闲地面及钢筋混凝土沟盖板①	10	—	—	—	0.7	0.7	0.5	
	钢盖板(钢格栅板)	4	—	—	—	0.7	0.7	0.5	
2	中间层平台								
	加热器平台管道层及低压加热器楼面	4	0.8	0.8	—	0.8	0.8	0.7	
	汽轮发电机基座中间层平台	4	0.8	0.7	—	0.8	0.8	0.7	
3	汽机房运转层								
	加热器平台区域楼板及固定端平台	6～8	0.8	0.7	—	0.7	0.7	0.5	
	扩建端山墙悬挑走道平台	4	0.8	0.7	—	0.7	0.7	0.5	
	汽轮发电机检修区域楼板及汽轮发电机基座平台	15～20	0.8	0.7	—				
	A排柱悬臂平台②	4	1.0	—	4	0.75	0.7	0.6	
	B排柱悬臂平台②	8	1.0	—	5～6	0.75	0.7	0.6	
	钢盖板(钢格栅板)	4	—	—	—	0.7	0.7	0.5	
4	汽机房屋面③	1	1	0.7	0.5～0.7	0.7	0.5	0.2	
二	除氧间								
5	厂用配电装置楼面④	6(10)	0.7	—	3(6)	0.95	0.9	0.8	括号内取值仅用于高压(>380V)配电装置
6	通风层、电缆夹层楼面	4	0.8	—	3	0.95	0.9	0.7	
7	运转层(管道层)楼面	6～8	0.8	—	5～6	0.9	0.9	0.7	
8	其他(非运转层)管道层楼面	4	0.8	—	3	0.9	0.9	0.7	
9	除氧器层楼面⑤	4	0.7	—	3～4	0.9	0.9	0.7	—
10	除氧间屋面	4(2)	0.7	—	3(1)	0.7	0.6	0.4	括号内数值用于该层无任何管道荷载，施工安装时仅有少量零星材料堆放时

续表 20.14.2

序号	名称	标准值 (kN/m²)	计算次梁、双T板及槽板主肋折减系数	计算主梁(柱)时折减系数	计算主框排架用楼(屋)面活荷载 (kN/m²)	组合值系数	频遇值系数	准永久值系数	备注
三	煤仓间								
11	0.000m 磨煤机地坪	15	—	—	—	—	—	—	—
12	运转层楼面	6	0.7	—	5	0.9	0.9	0.7	
13	给粉机平台	4	0.7	—	3	0.9	0.9	0.7	
14	煤斗层楼面	4	0.7	—	3	0.9	0.9	0.7	
15	皮带层楼面	4	0.8	—	3	0.9	0.9	0.7	
	皮带机头部传动装置楼面	10	0.7	—	6	0.9	0.9	0.7	
16	煤仓间屋面	4(2)	0.7	—	3(1)	0.7	0.6	0.4	括号内数值用于该层无任何设备管道荷载，施工安装时仅有少量零星设备材料堆放时
17	除氧间煤仓间非运转层的各层悬臂平台	4	0.8	—	3	0.9	0.9	0.7	
四	锅炉房								
18	0.000m 地坪及钢筋混凝土沟盖板①	10	—	—	—	0.7	0.7	0.5	—
19	运转层楼面	8	0.8	0.7	6	0.8	0.8	0.6	
20	锅炉房屋面③	1	1.0	0.7	0.5~0.7	0.7	0.6	0.2	
21	炉顶小室屋面③	1	1.0	0.8		0.7	0.6	0.0	
五	其他								
22	集中控制室楼面	4	0.8	0.7	3	0.9	0.9	0.7	
	继电器室蓄电池室楼面	6	0.8	0.7	4	0.9	0.9	0.7	
	集中控制室屋面	1	1.0	0.7	0.7	0.7	0.6	0.2	当有机具、材料堆放时，按26项取值
23	电梯间机房楼面及联络平台	4	—	0.7		0.9	0.9	0.7	机房楼面荷载由厂家提供
24	除氧间、煤仓间钢筋混凝土楼梯（包括主钢楼梯）	4				0.7	0.7	0.5	当运行检修中有可能放置阀门等较重的零部件时，用大值
25	主厂房钢楼梯	2				0.7	0.6	0.5	
26	可能安装机具和堆放保温材料的其他生产建筑物（含集控室）屋面	4	0.8	0.7		0.7	0.6	0.4	

注：① 汽机房、锅炉房零米设备运行检修（风扇磨、钢球磨煤机等检修）通道部分的钢筋混凝土沟盖板及沟道（包括隧道）应按实际产生的集中（或均布）活荷载进行计算。安装时的临时重件设备运输起吊通道对地下设施产生的荷载，应采取临时措施解决；

② 不包括汽轮机横向布置时转子安装检修对平台产生的荷载。当需要将转子支承在平台上时，应由工艺提供荷载；当汽轮机纵向布置，需要在汽轮机运转层平台与A(B)排悬臂平台间搭设临时安装检修平台时作用于A(B)排板肋（或边梁）的荷载可按10kN/m²（包括平台自重）计算；

③ 表中汽机房、锅炉房屋面（包括炉顶小室屋面）活荷载仅适用于钢筋混凝土屋面；

④ 低压（≤380V）配电装置楼面荷载由工艺提供，对一般盘柜可按表列的6kN/m²采用；

⑤ 当除氧器需在楼面上拖运时，其对楼（地）面产生的荷载应根据实际拖运方案，采取临时性措施解决；

⑥ 次梁（板主肋）折减系数与主梁（柱）折减系数不同时考虑。

21 采暖通风与空气调节

21.1 一般规定

21.1.1 采暖地区分为集中采暖地区和采暖过渡地区,集中采暖地区的生产厂房和辅助建筑物应设计集中采暖。采暖过渡地区根据生产工艺要求,或对生产过程中易发生冻结的厂房和辅助建筑设计采暖。集中采暖地区和采暖过渡地区划分原则应符合下列规定:

    1 历年每年最冷月平均气温低于或等于5℃的日数,大于或等于90d的地区为集中采暖地区。

    2 历年每年最冷月平均气温低于或等于5℃的日数,大于或等于60d,且小于90d的地区,为采暖过渡地区。

21.1.2 厂区以外的生活福利建筑物的采暖应符合当地建设标准。

21.1.3 发电厂的建筑物采暖热媒选择应符合下列规定:

    1 集中采暖地区采暖热媒宜采用高温热水,供、回水温度不宜低于110℃/70℃,过渡地区可采用95℃/70℃。

    2 严寒地区的主厂房、输煤系统如需要采用蒸汽作为热媒时,应经技术、经济、安全、卫生等方面的论证。蒸汽温度不超过160℃,凝结水必须回收利用。

21.1.4 空气调节系统的冷源和冷却水源应根据所在地区的条件、全厂可用冷却水源的水质及供水条件,通过技术经济比较确定。当工业水或工业循环水供水条件和水质符合要求,且水源能够保证连续供给时,应优先作为冷却水源。

21.1.5 在输送、贮存或生产过程中会产生易燃、易爆气体或物料的建筑物,严禁采用明火和电加热器采暖。

21.1.6 位于集中采暖地区的发电厂,当采用单台汽轮机的抽汽作为采暖系统热源时,应设备用汽源。

21.1.7 采暖、通风和空气调节室内设计参数应符合下列规定:

    1 冬季采暖室内设计温度应根据工艺特点确定,并应符合现行国家标准《采暖通风与空气调节设计规范》GB 50019的有关规定。

    2 夏季通风室内设计温度应根据工艺要求确定,当工艺无特殊要求时,应按室内散热强度确定作业地带温度。

    3 空气调节室内设计温湿度基数应根据工艺要求确定。一般舒适性空调室内设计参数应符合现行国家标准《采暖通风与空气调节设计规范》GB 50019的有关规定。

21.1.8 通风和空气调节设计应根据现行国家标准《火力发电厂与变电站设计防火规范》GB 50229及国家其他防火规范有关规定设置防火排烟设施,并与消防控制中心联动控制。

21.1.9 空气调节系统及装置的设置范围应根据工艺要求和生产实际需要确定。

21.1.10 对散热量和散湿量较大的车间,其作业地带的空气温度应符合表21.1.10的要求。

表21.1.10 散热量和散湿量车间空气温度规定

序号	车间作业地带的特征	车间作业地带空气温度
1	散热量 $Q \leq 23W/m^3$	不超过夏季通风室外计算温度3℃
2	$23W/m^3 <$ 散热量 $Q \leq 116W/m^3$	不超过夏季通风室外计算温度5℃
3	散热量 $Q > 116W/m^3$	不超过夏季通风室外计算温度7℃

注:作业地带是指工作地点所在的地面以上2m内的空间。

21.1.11 电厂各类建筑及车间的通风设计原则应符合下列规定:

    1 对余热和余湿量均较大的建筑和车间,通风量应按排除余热或余湿所需空气量中较大值确定。

    2 对有可能散发有毒和有害气体的车间,应根据满足室内最高允许浓度所需的换气次数确定通风量,室内空气严禁再循环。有毒、有害气体的排放应符合现行有关国家标准的要求。

    3 当周围环境空气较为恶劣或工艺设备有防尘要求时,宜采用正压通风,进风应过滤。

21.1.12 对有易燃、易爆气体产生的车间,应设事故通风。事故通风量按换气次数不小于12次/h计算,事故通风宜由正常通风系统和事故通风系统共同保证。

21.2 主厂房

21.2.1 主厂房采暖宜按维持室内温度+5℃计算围护结构热负荷,计算时不考虑设备、管道散热量。

21.2.2 在夏季,锅炉房的通风设计应利用锅炉送风机吸取锅炉房上部的热空气作为机械排风;在冬季,锅炉送风机室内的吸风量应根据热平衡计算确定。

21.2.3 主厂房的通风设计应符合下列规定:

    1 主厂房宜采用自然通风方式。锅炉房及汽机房宜设避风天窗。

    2 当利用除氧间高侧窗或其他排风措施,经技术经济比较合理时,汽机房可不设避风天窗。

    3 当自然通风达不到卫生或生产要求时,应采用机械通风方式或自然与机械结合的通风方式。

21.2.4 紧身封闭的锅炉房应采用自然通风。

21.2.5 主厂房的通风换气量应符合下列规定:

    1 汽机房应考虑同时排出余热量和余湿量。

    2 锅炉房只考虑排出余热量。

    3 主厂房余热量的确定可不考虑太阳辐射热。

21.2.6 主厂房内控制室应根据工艺要求及生产实际需要设置空气调节装置。

21.2.7 50MW级以上机组,锅炉房运转层、锅炉本体及顶部应设置真空清扫系统清扫积尘,该系统兼管煤仓间不宜水冲洗部位的积尘清扫,并应满足下列要求:

    1 按高真空吸入式选择主要设备和配置输送管网。

    2 应根据锅炉布置形式、锅炉容量、清扫装置布置条件以及除灰系统方式等因素,确定设置车载式或固定式真空清扫装置。

21.3 电气建筑与电气设备

21.3.1 主控制室、通信室、不停电电源室等应根据工艺对室内的温度、湿度要求,设置空气调节装置或降温措施。

21.3.2 集中控制室、电子设备间、电子计算机室、单元控制室等应按全年性空气调节系统设置,空气处理设备宜按设计冷负荷及风量的2×100%(或3×50%)配置,集中制冷、加热系统宜采用集中控制方式。其他控制室应根据工艺要求及生产实际需要设置空气调节装置。

21.3.3 蓄电池室的通风设计应符合下列规定:

    1 蓄电池室应维持一定的负压,室内换气次数每小时不得少于3次,排风系统的排风口应设在房间的上部,空气不允许再循环。

    2 对免维护蓄电池室,室内温度不宜高于30℃,当通风系统不能满足室内温度要求时,宜采用直流降温措施。

    3 蓄电池室的通风机及电动机应为防爆式,并应直接连接。蓄电池室内的降温设施应为防爆式。

21.3.4 当主厂房电气设备间内设有高压开关柜或干式变压器等散热量较大的电气设备时,室内环境温度不宜高于35℃。当符合下列条件之一时,通风系统宜采取降温措施:

    1 夏季通风室外计算温度大于或等于33℃。

    2 夏季通风室外计算温度大于或等于30℃,且小于33℃,最热月平均相对湿度大于或等于70%。

21.3.5 厂用变压器室的通风设计应符合下列规定:

1 油浸式变压器室的通风,按夏季排风温度不超过45℃,进风与排风的温度差不超过15℃计算。

2 干式变压器室的通风,按夏季排风温度不超过40℃计算。

21.3.6 厂用配电装置室的事故通风量应按每小时不应少于12次计算。

21.3.7 电抗器室的通风应按夏季排风温度不超过40℃计算。

21.3.8 电缆隧道的通风应按夏季排风温度不超过40℃计算,进风与排风的温度差不超过10℃计算。电缆隧道宜采用自然通风。

21.3.9 发电机出线小室布置有电压互感器、电流互感器、励磁盘及灭火电阻等设备时,宜采用自然通风。当小室内设有电抗器、隔离开关等设备时,应有自然进风和机械排风的设施,其通风量分别按本规范第21.3.7条确定。当出线小室设有硅整流装置时,宜采用自然进风、机械排风。当环境空气质量恶劣时,进风应过滤。

21.3.10 六氟化硫设备间及检修室,应设置上部和下部机械排风装置。室内空气严禁再循环。正常运行时的排风量,应按每小时不少于2次换气计算;事故时的排风量应按每小时不少于12次换气计算,并应符合室内空气中六氟化硫的含量不得超过6000mg/m³的要求。

21.3.11 电气建筑和电气设备间的通风、空调系统的防火排烟措施应视消防设施的性质确定。

21.4 运煤建筑

21.4.1 运煤建筑物的采暖应选用不易积尘的散热器。斜升运煤栈桥内的散热器宜布置在检修通道侧的下部。采暖过渡地区运煤建筑物内的运煤带式输送机头部和尾部可设置局部采暖。

21.4.2 碎煤机室及运煤转运站等局部扬尘点应采取除尘措施。

21.4.3 煤仓间胶带落煤口在工艺采取密封措施的基础上,宜设置除尘装置。

21.4.4 运煤系统的地下卸煤沟、运煤隧道、转运站等地下建筑物应有通风设施,宜采用自然进风、机械排风。通风量可按夏季换气次数每小时不小于15次、冬季换气次数每小时不小于5次计算。对于严寒地区冬季通风、除尘系统运行期间,应根据热、风平衡计算冬季通风耗热量,其补偿应符合下列规定:

1 宜通过采暖系统予以补偿。

2 允许室内温度低于16℃,但不得低于5℃。

21.4.5 运煤集中控制室应根据工艺要求及生产实际需要设置空气调节装置。

21.5 化学建筑

21.5.1 水处理室的电渗析室、反渗透间、过滤器及离子交换器间在夏季宜采用自然通风。在设计采暖和通风时,应计入设备散热量。

21.5.2 酸库及酸计量间应设有换气次数每小时不小于15次的通风装置。室内空气严禁再循环。

21.5.3 碱库及碱计量间宜采用自然通风,当酸碱共库时,应按酸库要求设计通风。

21.5.4 化验室应设通风柜。化验室及药品贮存室应设有换气次数每小时不小于6次的通风换气装置。

21.5.5 加氯间及充氯瓶间应设有换气次数每小时不小于15次的机械排风装置。

21.5.6 氨、联氨仓库及加药品间应设有换气次数每小时不小于15次的机械排风装置。通风机及电动机应为防爆式,并应直接连接。

21.5.7 天平间、精密仪器室、热计量室等应根据工艺要求设置空气调节装置。

21.5.8 水处理车间的控制室应根据工艺要求及生产实际需要设置空气调节装置。

21.5.9 在有腐蚀性物质产生的房间内,采暖通风系统的设备、管道及附件应采取防腐措施。

21.5.10 对其他化学建筑应根据车间及排除气体的性质确定通风方式和通风量。

21.6 其他辅助及附属建筑

21.6.1 集中采暖地区,循环水泵房、岸边水泵房、污水泵房、燃油泵房、灰渣泵房等如设有人员值班室,应保证室内温度不低于16℃,设备间可设值班采暖。

21.6.2 循环水泵房或岸边水泵房,当水泵配用的电动机布置在地上部分时,宜采用自然通风;当水泵配用的电动机布置在地下部分时,应设有机械通风装置。

21.6.3 空压机房、灰渣泵房夏季宜采用自然通风,通风量按排除余热计算。冬季空压机由室内吸气时,应按吸风量进行热风补偿,室外计算参数应采用室外采暖计算温度。

21.6.4 油泵房的通风设计应符合下列规定:

1 当油泵房为地上建筑时,宜采用自然通风;油泵房为地下建筑时,应采用机械通风。

2 油泵房的通风量应采用下列三项计算结果的较大值:

1) 按排除余热所需要的风量计算;

2) 按换气次数每小时不小于10计算;

3) 油泵房的通风量应符合空气中油气的含量不超过350mg/m³、体积浓度不超过0.2%的要求。

3 室内空气严禁再循环。

4 油泵房的通风机及电动机应为防爆式,并应直接连接。

21.7 厂区制冷、加热站及管网

21.7.1 凝汽式发电厂或只供生产用汽的热电厂,当厂区采暖热媒为热水时,应设置采暖热网加热器。

21.7.2 厂区加热站的设备容量和台数宜按本规范第13.9节的相关内容确定,并根据电厂规划容量确定预留条件。

21.7.3 厂区采暖热网加热器的凝结水可回收至除氧器或疏水箱。当凝结水不能自流回收时,应设凝结水泵。其台数不应少于2台,其中1台备用。

21.7.4 厂区采暖热网补给水及定压方式可采用开式膨胀水箱、直接补水、补给水泵或其他方式。定压点压力(定压点压力为直接连接用户中最高充水高度与供水温度相应汽化压力之和,并应加0.03MPa~0.05MPa的富裕压力)宜设在热网循环水泵吸入管段上,并应符合下列规定:

1 采用开式膨胀水箱定压时,开式膨胀水箱的设置高度应为定压点压力。膨胀水箱的容积宜根据系统的水容量、运行中最大水温变化值和系统的小时泄露量等因素确定。露天布置的膨胀水箱应有防冻措施。

2 当根据水压图可以确定补给水能够直接而可靠地补入热网时,可采用直接补水系统定压。

3 采用补给水泵定压时,补给水泵应设2台,其中1台备用,备用补给水泵应能自动投入。补给水泵的扬程应根据水压图决定。

21.7.5 热水采暖管网应采用双管闭式循环系统。蒸汽采暖管网宜采用开式系统,其凝结水必须回收利用。

21.7.6 采暖热网的主干管应通过采暖热负荷集中的地区。

21.7.7 厂区采暖热网管道的敷设方式应根据工程的具体情况,经技术经济比较选用架空、地沟或直埋敷设。

21.7.8 地沟内敷设的采暖供热管道的阀门及需要经常维修的附件处应设检查井。

21.7.9 集中采暖地区和过渡地区,当补给水泵房、岸边水泵房或贮灰场管理站等远离厂区,且厂区供热管网不能供给时,其生产和生活建筑宜采用以电能作为热源的局部集中或分散供热方式,热源设备不设备用。

21.7.10 当空调系统冷源采用人工冷源时,制冷站宜与厂区采暖加热站合并设置。当因工艺需要独立设置集中制冷站时,应尽量靠近冷负荷较大的建筑。

21.7.11 全厂空调系统宜根据工程的具体情况统一规划冷源容量和布置冷水管网。

21.7.12 人工冷源的选择应符合下列规定:

1 在蒸汽汽源没有可靠保证的情况下,应采用电动压缩制冷。

2 在蒸汽汽源有可靠保证的情况下,可采用溴化锂吸收制冷。

21.7.13 制冷机组的选型应符合下列规定:

1 当采用压缩式冷水机组时,宜按设计冷负荷的2×75%或3×50%选型。

2 当选用溴化锂吸收式冷水机组时,宜按设计冷负荷的2×60%选型。

3 当采用其他形式的冷水机组或整体式空调机组时,应根据设计冷负荷合理设置备用容量。

21.7.14 制冷系统冷却水的水质应符合现行国家标准《工业循环冷却水处理设计规范》GB 50050及有关产品对水质的要求。

22 环境保护和水土保持

22.1 一般规定

22.1.1 发电厂的环境保护设计和水土保持设计必须贯彻执行国家和省、自治区、直辖市地方政府颁布的环境保护的法律、法规、政策、标准和规定。采取的污染治理措施应满足环境影响报告书、水土保持方案报告书及其批复意见的要求。

22.1.2 发电厂的环境保护设计,应采取措施防治废气、废水、固体废物及噪声对环境的污染和施工建设对生态的破坏。厂区应进行绿化规划,改善生产及生活环境。

22.1.3 发电厂设计中应贯彻国家产业政策和发展循环经济及节能减排的要求,采用清洁生产工艺,合理利用资源,减少污染物产生量,治理污染与资源综合利用相结合。

22.1.4 废水、废气、固体废物的处理应选用高效、实用、无毒、低毒的处理方案和药剂,处理过程中如产生二次污染,应采取相应的治理措施。

22.1.5 热电联产机组应符合当地经批准的供热总体规划的要求,并应符合国家对热电联产机组的有关要求。

22.1.6 对扩建、改建的发电厂,应"以新代老",对原有的污染源进行治理,与环境保护设施有关的公用系统的设计应新老厂统一规划。

22.2 环境保护和水土保持设计要求

22.2.1 发电厂的设计在可行性研究阶段,应编制环境保护篇章并委托有资质单位编制环境影响报告书、水土保持方案报告书;在初步设计阶段,应根据环境影响报告书、水土保持方案报告书及其审批意见编制环境保护专篇和水土保持方案专篇,提出环境保护和水土保持的工程措施;在施工图设计阶段应落实各项环境保护措施和水土保持措施。

22.3 各类污染源治理原则

22.3.1 大气污染防治应符合下列规定:

1 发电厂排放的大气污染物应符合现行国家标准《火电厂大气污染物排放标准》GB 13223、《锅炉大气污染物排放标准》GB 13271的规定和污染物排放总量控制的要求。并应符合省、自治区、直辖市等地方政府颁发的有关排放标准的规定。

2 发电厂的锅炉必须装设高效除尘设施。其除尘效率和烟尘排放浓度应持续、稳定达到国家及地方标准要求。

3 除按规定可预留脱硫场地的火力发电厂外,其他发电厂设计应采取稳定、可靠的脱硫措施,二氧化硫排放量及排放浓度应符合国家及地方标准要求。二氧化硫排放总量应符合总量控制指标要求。脱硫设施的设计应符合国家有关设计规程、规范要求。

4 发电厂锅炉应采用低氮燃烧措施,并依环境影响评价要求确定是否采取烟气脱硝措施,氮氧化物排放浓度应符合国家及地方标准要求。

5 发电厂宜采用高烟囱排放,烟囱高度应根据环境影响评价确定,并应高于锅炉(房)高度的2倍~2.5倍,当烟囱高度受到限制时,应采取合并烟囱、提高烟气抬升高度等措施。

6 燃料、灰渣、脱硫系统物料的制备、贮运应采取密闭、防尘措施,减少无组织排放,防止二次污染,灰场应采取措施防止扬尘污染。

22.3.2 废水治理应符合下列规定:

1 发电厂应做好节约用水设计,提高水的循环利用率和重复利用率,采取合理生产工艺减少废水产生量,处理达标后的废水应尽量回收重复利用。

2 对外排放水质必须符合现行国家标准《污水综合排放标准》GB 8978和地方有关污水排放的要求。不符合排放标准的废污水不得排入自然水体或任意处置。

3 发电厂各生产作业场所排出的各种废水和污水,应按清污分流原则分类收集和输送,宜分散处理、达标集中排放。企业自备发电厂的生产废水和生活污水由企业的污水处理厂集中处理。

4 发电厂的废水、污水排放口应规范化设计,设置采样点及计量装置。

5 酸碱废水宜采用酸碱中和处理工艺;含油废水宜采用油水分离处理工艺;含煤废水宜采用絮凝沉降处理工艺;脱硫废水应有专门的处理设施,处理后全部回用;冲灰、渣水应优先考虑重复利用,不外排;生活污水宜采用生化处理装置处理;锅炉大修冲洗排水应根据清洗方案确定相应的处理方案;直流循环的温排水应根据地表水体的环境状况,合理设置排水口。

22.3.3 固体废物治理及综合利用应符合下列规定:

1 应积极开展固体废物综合利用工作,热电联产机组灰渣应全部综合利用,并设立事故备用灰场,灰场容量宜按6个月最大排灰渣量考虑。

2 发电厂宜采用干灰场,贮灰场设计应符合现行国家标准《一般工业固体废物贮存、处置场污染控制标准》GB 18599的有关规定。

3 固体废物运输路径应避免穿越居民集中区,并应对运输车辆采取相应的封闭措施。

22.3.4 噪声防治应符合下列规定:

1 发电厂噪声对周围环境的影响应符合现行国家标准《工业企业厂界环境噪声排放标准》GB 12348和《声环境质量标准》GB 3096的有关规定。

2 发电厂的噪声应首先从声源上进行控制,选择符合国家噪声控制标准的设备。对于声源上无法控制的生产噪声应采取有效的噪声控制措施,并考虑设置噪声防护距离。

3 应对发电厂的总平面布置、建筑物和绿化的隔声、消声、吸声作用进行优化,以降低发电厂噪声影响。

4 对于环境敏感点噪声达标的非敏感区火力发电厂,在采取噪声控制措施后厂界噪声仍有超标现象时,在符合当地规划要求的前提下,可在厂界外设置噪声卫生防护距离。

22.4 环境管理和监测

22.4.1 总装机容量50MW及以上的发电厂应设环境监测站,并应配置必要的监测仪器;总装机容量小于50MW的发电厂可配置必要的监测仪器。

22.4.2 企业自备发电厂应由企业的环境监测站统一安排环境监测工作,不另设分站。

22.4.3 发电厂应装设烟气连续监测装置,连续监测各类大气污染物的排放状况,烟气连续监测装置设计应符合现行行业标准《固定污染源烟气排放连续监测技术规范》HJ/T 75 的有关规定。

22.4.4 发电厂各类排污口应按有关要求规范化设计。

22.5 水土保持

22.5.1 发电厂水土保持措施设计应符合现行国家标准《开发建设项目水土保持技术规范》GB 50433 的有关规定,水土保持设施应与主体工程同时设计、同时施工、同时投产使用。

22.5.2 发电厂应编制水土保持监测设计和实施计划,并应符合现行行业标准《水土保持监测技术规程》SL 277 和国家现行有关《开发建设项目水土保持监测设计与实施计划编制提纲》的要求。

23 劳动安全与职业卫生

23.1 一般规定

23.1.1 发电厂的设计应认真贯彻"安全第一、预防为主、防治结合"的方针,新建、改建、扩建工程的劳动安全和职业卫生设施必须与主体工程同时设计、同时施工、同时投入生产和使用。

23.1.2 劳动安全和职业卫生的工程设计必须执行国家有关法律、法规,并根据国家标准和行业标准落实在各项专业设计中。

23.1.3 发电厂应设置劳动安全基层监测站和安全卫生教育用室,并配备必要的仪器设备。

23.2 劳动安全

23.2.1 劳动安全设计应以安全预评价报告为依据,落实各项安全措施。

23.2.2 发电厂设计中应根据劳动安全的法律、法规、国家标准的有关规定对危险因素进行分析,对危险区域进行划分,并采取相应的防护措施。

23.2.3 发电厂的生产车间、作业场所、辅助建筑、附属建筑、生活建筑和易爆、易燃的危险场所以及地下建筑物应设计防火分区、防火隔断、防火间距、安全疏散和消防通道。

23.2.4 发电厂的安全疏散设施应有充足的照明和明显的疏散指示标志。有爆炸危险的设备(含有关电气设施、工艺系统)、厂房的工艺设计和土建设计必须按照不同类型的爆炸源和危险因素采取相应的防爆防护措施。

23.2.5 电气设备的布置应满足带电设备的安全防护距离要求,并应有必要的隔离防护措施和防止误操作措施;应设置防直击雷和安全接地等措施。

23.2.6 发电厂各车间转动机械的所有转动、传动部件,应设防护罩、安全距离、警告报警设施。工作场所的井、坑、孔、洞、平台或沟道等有坠落危险处,应设防护栏杆或盖板。烟囱、冷却塔等处的直爬梯必须设有护笼。

23.2.7 厂区道路设计应符合有关规程、规范的要求,合理组织车流,在危险地段设置警示标识,防止交通事故发生。

23.2.8 在厂区及作业场所对人员有危险、危害的地点、设备和设施之处,均应设置醒目的安全标志或安全色。安全标志的设置应符合现行国家标准《安全标志及其使用导则》GB 2894 的有关规定,安全色的设置应符合现行国家标准《安全色》GB 2893 的有关规定。

23.3 职业卫生

23.3.1 职业卫生设计应以职业病危害预评价报告为依据,落实各项防护措施。

23.3.2 发电厂设计应根据国家职业病防治的法律、法规和国家标准对危害因素进行分析,并采取相应的防护措施。

23.3.3 发电厂的设计应有防止粉尘飞扬的措施。卸、贮、运煤系统,锅炉系统,除灰系统等处应采取密闭运行、水力清扫、除尘等综合治理措施,工作场所空气中含尘浓度应符合国家现行有关工作场所有害因素职业接触限值的规定。

23.3.4 对贮存和产生有害气体或腐蚀性介质等场所及使用含有对身体有害物质的仪器和仪表设备,必须有相应的防毒及防化学伤害的安全防护设施,并应符合现行有关工业企业设计卫生标准及工作场所有害因素职业接触限值的有关规定。

23.3.5 在发电厂设计中,对生产过程和设备产生的噪声,应首先从声源上进行控制并采用隔声、消声、吸声、隔振等控制措施。噪声控制的设计应符合现行国家标准《工业企业噪声控制设计规范》GBJ 87 及其他有关标准、规范的规定。

23.3.6 发电厂的防暑、防寒及防潮设计应符合现行国家标准《采暖通风与空气调节设计规范》GB 50019 及国家现行有关工业企业设计卫生标准的规定。电厂运煤系统的地下卸煤沟、运煤隧道、地下转运站应设有防潮措施。

23.3.7 对于有可能产生工频电磁场的场所应考虑防工频电磁影响的措施。对于有放射性源的生产工艺或场所(探伤仪,料位计,X、Y 射线)应考虑防电离辐射措施。

23.3.8 有职业病危害的场所应设置醒目的警示标识,应注明产生职业病危害种类、后果、预防及应急救治措施等内容。警示标识的设置应符合国家现行有关工作场所职业病危害警示标识的有关规定。

24 消 防

24.0.1 发电厂的消防设计应符合现行国家标准《火力发电厂与变电站设计防火规范》GB 50229 的有关规定。

附录 A 水质全分析报告

工程名称				化验编号		
取水地点				取水部位		
取水时气温	℃			取水日期	年 月 日	
取水时水温	℃			分析日期	年 月 日	
水样种类						
透明度				嗅味		
项目	mg/L	mmol/L		项目	mg/L	mmol/L
阳离子	$K^+ + Na^+$		硬度	总硬度		
	Ca^{2+}			碳酸盐硬度		
	Mg^{2+}			非碳酸盐硬度		
	Fe^{2+}			负硬度		
	Fe^{3+}		酸碱度	全碱度		
	Al^{3+}			酚酞碱度		
	NH_4^+			甲基橙碱度		
	Ba^{2+}			酸度		
	Sr^{2+}			pH 值		
	Mn^{2+}			氨氮		
	合计		其他	游离 CO_2		
阴离子	Cl^-			COD_{Mn}		
	SO_4^{2-}			BOD_5		
	HCO_3^-			全固形物		
	CO_3^{2-}			溶解固形物		
	NO_3^-			悬浮物		
	NO_2^-			全硅(SiO_2)		
	活性硅(SiO_2)			非活性硅(SiO_2)		
	F^-			TOC		
	OH^-		中水再生水增测项目	COD_{Cr}		
	合计			总磷		
离子分析误差				细菌总数		
溶解固体误差				游离氯		
pH 值分析误差						

注:水样采集参见《锅炉用水和冷却水分析方法:水样的采集方法》GB/T 6907 的规定。

化验单位:	负责人:	校核者:	化验者:

本规范用词说明

1 为便于在执行本规范条文时区别对待,对要求严格程度不同的用词说明如下:

　　1)表示很严格,非这样做不可的:
　　　　正面词采用"必须",反面词采用"严禁"。
　　2)表示严格,在正常情况下均应这样做的:
　　　　正面词采用"应",反面词采用"不应"或"不得"。
　　3)表示允许稍有选择,在条件许可时首先应这样做的:
　　　　正面词采用"宜",反面词采用"不宜"。
　　4)表示有选择,在一定条件下可以这样做的,采用"可"。

2 条文中指明应按其他有关标准执行的写法为:"应符合……的规定"或"应按……执行"。

引用标准名录

《建筑地基基础设计规范》GB 50007
《室外给水设计规范》GB 50013
《采暖通风与空气调节设计规范》GB 50019
《建筑采光设计标准》GB/T 50033
《建筑照明设计标准》GB 50034
《动力机器基础设计规范》GB 50040
《工业循环冷却水处理设计规范》GB 50050
《烟囱设计规范》GB 50051
《建筑物防雷设计规范》GB 50057
《爆炸和火灾危险环境电力装置设计规范》GB 50058
《3~110kV 高压配电装置设计规范》GB 50060
《电力装置的电测量仪表装置设计规范》GB/T 50063
《交流电气装置接地设计规范》GB 50065
《石油库设计规范》GB 50074
《工业循环水冷却设计规范》GB/T 50102
《民用建筑热工设计规范》GB 50176
《河港工程设计规范》GB 50192
《民用闭路监视电视系统工程技术规范》GB 50198
《电力工程电缆设计规范》GB 50217
《建筑内部装修设计防火规范》GB 50222
《建筑工程抗震设防分类标准》GB 50223
《火力发电厂与变电站设计防火规范》GB 50229
《电力设施抗震设计规范》GB 50260
《堤防工程设计规范》GB 50286
《综合布线系统工程设计规范》GB 50311
《屋面工程技术规范》GB 50345
《开发建设项目水土保持技术规范》GB 50433
《中小型同步电机励磁系统基本技术要求》GB 10585
《工业企业厂界环境噪声排放标准》GB 12348
《火电厂大气污染物排放标准》GB 13223
《锅炉大气污染物排放标准》GB 13271
《继电保护和安全自动装置技术规程》GB/T 14285
《高压架空线路和发电厂、变电所环境污区分级及外绝缘选择标准》GB/T 16434
《中国地震动参数区划图》GB 18306
《一般工业固体废物贮存、处置场污染控制标准》GB 18599
《取水定额》GB/T 18916
《城市污水再生利用　城市杂用水水质》GB/T 18920
《安全色》GB 2893
《安全标志及其使用导则》GB 2894
《声环境质量标准》GB 3096
《起重机设计规范》GB/T 3811
《地表水环境质量标准》GB 3838
《工业自动化仪表气源压力范围和质量》GB 4830
《生活饮用水卫生标准》GB 5749
《锅炉用水和冷却水分析方法:水样的采集方法》GB/T 6907
《隐极同步发电机技术要求》GB/T 7064
《同步电机励磁系统　定义》GB/T 7409.1
《同步电机励磁系统　电力系统研究用模型》GB/T 7409.2
《同步电机励磁系统　大、中型同步发电机励磁系统技术要求》GB/T 7409.3
《污水综合排放标准》GB 8978
《高压输变电设备的绝缘配合》GB 311.1
《绝缘配合　第 2 部分:高压输变电设备的绝缘配合使用导则》GB/T 311.2
《旋转电机　定额和性能》GB 755
《工业企业标准轨距铁路设计规范》GBJ 12
《厂矿道路设计规范》GBJ 22
《工业企业噪声控制设计规范》GBJ 87
《严寒和寒冷地区居住建筑节能设计标准》JGJ 26
《城市热力网设计规范》CJJ 34
《火力发电厂水汽化学监督导则》DL/T 561
《地区电网调度自动化设计技术规程》DL/T 5002
《电力系统调度自动化设计技术规程》DL/T 5003
《火力发电厂总图运输设计技术规程》DL/T 5032
《火力发电厂灰渣筑坝设计规范》DL/T 5045
《火力发电厂废水治理设计技术规程》DL/T 5046
《电能量计量系统设计技术规程》DL/T 5202
《火力发电厂煤和粉煤系统防爆设计技术规程》DL/T 5203
《火力发电厂水汽分析方法　第 2 部分:水汽样品的采集》DL/T 502.2
《交流电气装置的过电压保护和绝缘配合》DL/T 620
《冷却塔塑料部件技术条件》DL/T 742
《海港总平面设计规范》JTJ 211
《水土保持监测技术规程》SL 277
《锅炉除氧器技术条件》JB/T 10325
《固定污染源烟气排放连续监测技术规范》HJ/T 75

中华人民共和国国家标准

小型火力发电厂设计规范

GB 50049—2011

条 文 说 明

修 订 说 明

《小型火力发电厂设计规范》GB 50049-2011，经住房和城乡建设部 2010 年 12 月 24 日以第 881 号公告批准发布。

本规范是在《小型火力发电厂设计规范》GB 50049-94 的基础上修订而成，上一版的主编单位是河南省电力勘测设计院，参加单位是湖南省电力勘测设计院、山东省电力设计院、浙江省电力设计院，主要起草人员是孙怀祖、何语平、鞠冰玉、万广南、李彦、周义文、马瑞存、侯锦如、潘政、吴树逊、胡晓蔚、康永安、刘振球、张惠林、任岐山、买福安、张义琪、王宇新、孙富伟、马连诚、陈晓。

为便于广大设计、施工、安装、科研、学校等单位的有关人员在使用本规范时能正确理解和执行条文规定，编制组按章、节、条顺序编制了本规范的条文说明，对条文规定的目的、依据以及执行中需注意的有关事项进行了说明（还着重对强制性条文的强制性理由作了解释）。但是，本条文说明不具备与规范正文同等的法律效力，仅供使用者作为理解和把握规范规定的参考。

目　次

1 总则 ·· 7—7—52
2 术语 ·· 7—7—52
3 基本规定 ·· 7—7—52
4 热（冷）电负荷 ···································· 7—7—52
　4.1 热（冷）负荷和热（冷）介质 ········· 7—7—52
　4.2 电负荷 ··· 7—7—53
5 厂址选择 ·· 7—7—53
6 总体规划 ·· 7—7—53
　6.1 一般规定 ··· 7—7—53
　6.2 厂区内部规划 ·································· 7—7—53
　6.3 厂区外部规划 ·································· 7—7—54
7 主厂房布置 ·· 7—7—54
　7.1 一般规定 ··· 7—7—54
　7.2 主厂房布置 ····································· 7—7—55
　7.3 检修设施 ··· 7—7—55
　7.4 综合设施 ··· 7—7—55
8 运煤系统 ·· 7—7—55
　8.1 一般规定 ··· 7—7—55
　8.2 卸煤设施及厂外运输 ······················· 7—7—55
　8.3 带式输送机系统 ······························ 7—7—56
　8.4 贮煤场及其设备 ······························ 7—7—56
　8.5 筛、碎煤设备 ·································· 7—7—56
　8.6 石灰石贮存与制备 ·························· 7—7—56
　8.7 控制方式 ··· 7—7—56
　8.8 运煤辅助设施及附属建筑 ··············· 7—7—56
9 锅炉设备及系统 ··································· 7—7—56
　9.1 锅炉设备 ··· 7—7—56
　9.2 煤粉制备 ··· 7—7—57
　9.3 烟风系统 ··· 7—7—57
　9.4 点火及助燃油系统 ·························· 7—7—57
　9.5 锅炉辅助系统及其设备 ··················· 7—7—58
　9.6 启动锅炉 ··· 7—7—58
10 除灰渣系统 ·· 7—7—58
　10.1 一般规定 ······································· 7—7—58
　10.2 水力除灰渣系统 ···························· 7—7—58
　10.3 机械除渣系统 ································ 7—7—59
　10.4 干式除灰系统 ································ 7—7—59
　10.5 灰渣外运系统 ································ 7—7—59
　10.6 控制及检修设施 ···························· 7—7—60
　10.7 循环流化床锅炉除灰渣系统 ········· 7—7—60
11 脱硫系统 ·· 7—7—60
12 脱硝系统 ·· 7—7—61
13 汽轮机设备及系统 ····························· 7—7—62
　13.1 汽轮机设备 ··································· 7—7—62
　13.2 主蒸汽及供热蒸汽系统 ················ 7—7—62
　13.3 给水系统及给水泵 ························ 7—7—62
　13.4 除氧器及给水箱 ···························· 7—7—62
　13.5 凝结水系统及凝结水泵 ················ 7—7—63
　13.6 低压加热器疏水泵 ························ 7—7—63
　13.7 疏水扩容器、疏水箱、疏水泵与
　　　 低位水箱、低位水泵 ··················· 7—7—63
　13.8 工业水系统 ··································· 7—7—63
　13.9 热网加热器及其系统 ···················· 7—7—63
　13.10 减温减压装置 ······························ 7—7—63
　13.11 蒸汽热力网的凝结水回收
　　　　设备 ·· 7—7—63
　13.12 凝汽器及其辅助设施 ··················· 7—7—63
14 水处理设备及系统 ····························· 7—7—63
　14.1 水的预处理 ··································· 7—7—63
　14.2 水的预除盐 ··································· 7—7—64
　14.3 锅炉补给水处理 ···························· 7—7—64
　14.4 热力系统的化学加药和水汽
　　　 取样 ··· 7—7—64
　14.5 冷却水处理 ··································· 7—7—65
　14.6 热网补给水及生产回水处理 ········· 7—7—65
　14.7 药品贮存和溶液箱 ························ 7—7—65
　14.8 箱、槽、管道、阀门设计及其
　　　 防腐 ··· 7—7—65
　14.9 化验室及仪器 ································ 7—7—65
15 信息系统 ·· 7—7—65
　15.1 一般规定 ······································· 7—7—65
　15.2 全厂信息系统的总体规划 ············ 7—7—65
　15.3 管理信息系统（MIS） ···················· 7—7—65
16 仪表与控制 ·· 7—7—65
　16.1 一般规定 ······································· 7—7—65
　16.2 控制方式及自动化水平 ················ 7—7—65
　16.3 控制室和电子设备间布置 ············ 7—7—66
　16.4 测量与仪表 ··································· 7—7—66

- 16.5 模拟量控制 …………………… 7—7—66
- 16.6 开关量控制及联锁 …………… 7—7—66
- 16.7 报警 …………………………… 7—7—66
- 16.8 保护 …………………………… 7—7—66
- 16.9 控制系统 ……………………… 7—7—67
- 16.10 控制电源 …………………… 7—7—67
- 16.11 电缆、仪表导管和就地设备布置 ………………………… 7—7—67
- 16.12 仪表与控制试验室 ………… 7—7—67

17 电气设备及系统 …………………… 7—7—67
- 17.1 发电机与主变压器 …………… 7—7—67
- 17.2 电气主接线 …………………… 7—7—68
- 17.3 交流厂用电系统 ……………… 7—7—68
- 17.4 高压配电装置 ………………… 7—7—69
- 17.5 直流电源系统及交流不间断电源 ………………………… 7—7—69
- 17.6 电气监测与控制 ……………… 7—7—69
- 17.7 电气测量仪表 ………………… 7—7—70
- 17.8 元件继电保护和安全自动装置 ………………………… 7—7—70
- 17.9 照明系统 ……………………… 7—7—70
- 17.10 电缆选择与敷设 …………… 7—7—70
- 17.11 过电压保护与接地 ………… 7—7—70
- 17.12 电气试验室 ………………… 7—7—70
- 17.13 爆炸火灾危险环境的电气装置 ……………………… 7—7—70
- 17.14 厂内通信 …………………… 7—7—70
- 17.15 系统保护 …………………… 7—7—70
- 17.16 系统通信 …………………… 7—7—70
- 17.17 系统远动 …………………… 7—7—70
- 17.18 电能量计量 ………………… 7—7—70

18 水工设施及系统 …………………… 7—7—71
- 18.1 水源和水务管理 ……………… 7—7—71
- 18.2 供水系统 ……………………… 7—7—71
- 18.3 取水构筑物和水泵房 ………… 7—7—71
- 18.4 输配水管道及沟渠 …………… 7—7—72
- 18.5 冷却设施 ……………………… 7—7—72
- 18.6 外部除灰渣系统及贮灰场 …… 7—7—73
- 18.7 给水排水 ……………………… 7—7—73
- 18.8 水工建（构）筑物 …………… 7—7—74

19 辅助及附属设施 …………………… 7—7—74

20 建筑与结构 ………………………… 7—7—74
- 20.1 一般规定 ……………………… 7—7—74
- 20.2 抗震设计 ……………………… 7—7—75
- 20.3 主厂房结构 …………………… 7—7—75
- 20.4 地基与基础 …………………… 7—7—75
- 20.5 采光和自然通风 ……………… 7—7—75
- 20.6 建筑热工及噪声控制 ………… 7—7—75
- 20.7 防排水 ………………………… 7—7—75
- 20.8 室内外装修 …………………… 7—7—75
- 20.9 门和窗 ………………………… 7—7—75
- 20.10 生活设施 …………………… 7—7—76
- 20.11 烟囱 ………………………… 7—7—76
- 20.12 运煤构筑物 ………………… 7—7—76
- 20.13 空冷凝汽器支承结构 ……… 7—7—76
- 20.14 活荷载 ……………………… 7—7—76

21 采暖通风与空气调节 ……………… 7—7—76
- 21.1 一般规定 ……………………… 7—7—76
- 21.2 主厂房 ………………………… 7—7—76
- 21.3 电气建筑与电气设备 ………… 7—7—76
- 21.4 运煤建筑 ……………………… 7—7—77
- 21.5 化学建筑 ……………………… 7—7—77
- 21.6 其他辅助及附属建筑 ………… 7—7—77
- 21.7 厂区制冷、加热站及管网 …… 7—7—77

22 环境保护和水土保持 ……………… 7—7—77
- 22.1 一般规定 ……………………… 7—7—77
- 22.2 环境保护和水土保持设计要求 … 7—7—78
- 22.3 各类污染源治理原则 ………… 7—7—78
- 22.4 环境管理和监测 ……………… 7—7—78
- 22.5 水土保持 ……………………… 7—7—78

23 劳动安全与职业卫生 ……………… 7—7—78
- 23.1 一般规定 ……………………… 7—7—78
- 23.2 劳动安全 ……………………… 7—7—79
- 23.3 职业卫生 ……………………… 7—7—79

24 消防 ………………………………… 7—7—80

1 总 则

1.0.1 系原规范第1.0.1条的修改。

本条是本规范修编的目的，也是最基本要求的综合性条文。

1.0.2 系原规范第1.0.2条的修改。

本规范的适用范围与现行国家标准《大中型火力发电厂设计规范》GB 50660充分衔接，是由原规范的次高压参数提高到高温高压参数，单机容量由25MW提高到125MW以下的固体化石燃料的火力发电厂设计。

1.0.3 系原规范第1.0.12条的修改。

2 术 语

本章为新增章节。

按照国家标准，对本规范中出现的技术术语进行解释。

本规范中出现的术语，除本章规定外，均符合现行国家标准《电工术语》GB/T 2900和《电力工程基本术语标准》GB/T 50297的规定。

3 基本规定

本章为新增章节。

3.0.1 本条为新增条文。

3.0.2 本条为新增条文。

本条强调发电厂的设计应按基本建设程序进行，避免违规重复建设带来的浪费。

3.0.3 系原规范第1.0.3条的修改。

本条增加了对有条件的地区宜优先建设热、电、冷三联供热电厂，利用热电厂供出的低压蒸汽或热水为热源，通过溴化锂吸收式制冷设备，向用户提供空调冷水。

3.0.4 系原规范第1.0.5条的修改。

本条对发电厂机组压力参数的选择进行了订订。

3.0.5 本条为新增条文。

3.0.6 系原规范第1.0.7条的修改。

3.0.7 本条为新增条文。

本条是对扩建和改建发电厂设计的总体要求。

3.0.8 系原规范第1.0.8条的修改。

本条是对企业自备发电厂设计的总体要求。

3.0.9 本条为新增条文。

本规范明确了主要工艺系统设计寿命按照30年设计，相应也明确了设计责任期限。

4 热(冷)电负荷

4.1 热(冷)负荷和热(冷)介质

4.1.1 系原规范第2.1.1条的修改。

本条强调了城镇地区热力规划是确定热电厂热负荷的主要基础资料之一。城镇地区热力规划是在普查和预测该地区近期、远期热负荷的种类和数量的基础上，充分考虑了工业用汽、民用采暖、生活热水和制冷等多种用热需求而制定的。作为热电厂的热负荷，应对规划热负荷进行调查和核实。

热负荷是建设热电联产项目的基础，热负荷的调查和核实是热电厂建设前期最重要的基础工作。热用户应提供可靠、切合实际的热负荷需求，建设单位应进行准确的热负荷统计，设计单位应负责对热负荷进行调查和核实。

热负荷的调查和核实一般由热力网设计单位负责，但热电厂的设计单位也应对热负荷进行复核。

4.1.2 系原规范第2.1.2条的修改。

热负荷既是确定热电厂建设规模和机组选型的重要依据，又是热电厂投产后机组能否稳定生产、取得预期经济效益的保证。

已投运的热电厂，凡是热用户实事求是地提供热负荷资料，设计热负荷切合实际，投产后热负荷就比较落实和稳定，热电厂确定的建设规模和机组选型就比较恰当，这样的热电厂都取得了满意的节能效果和经济效益。

4.1.3 系原规范第2.1.3条的修改。

一般蒸汽管网每1km压降为0.1MPa，温降约8℃～10℃。如果输送距离过远，蒸汽的压力和温度损失将增大，这就要求热电厂供热机组的背压或抽汽参数要提高，显然提高供汽参数运行是不经济的。一般在热电厂周围5km～6km以内的范围是蒸汽输送经济的距离，蒸汽管网输送距离不宜超过8km。若8km外有持续稳定的热用户，应做专项的技术方案论证，并宜计算主干管出现凝结水的最小流量不小于最小热负荷的要求。

热水管网每1km温降一般不到1℃。其输送距离主要取决于热网循环水泵的扬程、耗电量、管网的压力等级和造价等因素，一般不宜超过10km。当热电厂供水温度较高时，中途装设中继泵站，可输送至较远的距离，但最远不宜超过20km。

本条规定符合国家发展改革委、建设部2007年1月17日印发的《热电联产和煤矸石综合利用发电项目建设管理暂行规定》第15条的要求："以热水为供热介质的热电联产项目覆盖的供热半径一般按20km考虑，在10km范围内不重复规划建设此类热电项目；以蒸汽为供热介质的一般按8km考虑，在8km范围内不重复规划建设此类热电项目。"

4.1.4 系原规范第2.1.4条。

4.1.5 系原规范第2.1.5条的修改。

发展制冷热负荷可以填补热电厂夏季热负荷的低谷，提高供热机组的年设备利用率，提高热电厂全年的经济效益；另一方面又减少了用户制冷用电，缓解了社会上夏季用电紧张的局面，具有节能、节电的双重效益。

1 蒸汽、热水型溴化锂吸收式冷水机组的选择应根据用户端具备的热源种类和参数合理确定。各类机型所需的热源参数见表1。

表1 各类机型所需的热源参数

机 型	所需的热源种类和参数
蒸汽双效机组	饱和蒸汽(压力)：0.25MPa、0.4MPa、0.6MPa、0.8MPa
热水双效机组	热水(温度高于140℃)
蒸汽单效机组	工艺废汽(压力：0.1MPa)
热水单效机组	工艺废热水(温度85℃～140℃)

用户端利用热电厂夏季供汽的裕量，安装蒸汽双效溴化锂吸收式冷水机组，向用户提供空调冷水。住宅小区利用热电厂来的高温热水，在热力站安装热水双效溴化锂吸收式冷水机组，利用高温热水制冷，向居民提供空调冷水。

国内主要生产厂家提供的溴化锂吸收式冷水机组产品为双效机组，只要热源参数合适，应优先采用双效机组。

2 建筑物的制冷量按制冷量指标与建筑物的面积的乘积求得。制冷量指标可按现行行业标准《城镇供热管网设计规范》CJJ 34查得。

生产车间的空调制冷量应根据生产车间的工艺设备产生热量的多少、建筑物的容积和结构特性等因素具体计算。

建筑物或生产车间的制冷量也是随着制冷期间室外气温的变化而变化的，因此与采暖相同，制冷量也应考虑气象因素求出制冷期内的最大和平均制冷量。

根据上述计算出的制冷量，可按现行行业标准《城镇供热管网设计规范》CJJ 34 的规定最终计算出溴化锂吸收式制冷热负荷。

4.1.6～4.1.8 系原规范第 2.1.6 条～第 2.1.8 条。

4.1.9 系原规范第 2.1.9 条的修改。

用于供冷的介质通常为冷水，系新增内容。

4.1.10 系原规范第 2.1.10 条的修改。

用于供冷的冷水供、回水温度系根据现行国家标准《采暖通风与空气调节设计规范》GB 50019 的规定而确定的。按照溴化锂吸收式冷水机组蒸发温度的要求，空调冷水供水温度不得低于 5℃，一般采用 7℃。

4.1.11 系原规范第 2.1.11 条。

4.2 电负荷

4.2.1 系原规范第 2.2.1 条的修改。

电力负荷的调查、研究及分析是发电厂设计中的一项重要内容。电力负荷资料的内容和深度应满足发电厂接入系统设计的要求。远期是指设计年 5 年～10 年；近期是指工程投产年左右年份。

4.2.2 系原规范第 2.2.2 条。

应对发电厂直供负荷进行全面了解分析。

4.2.3 系原规范第 2.2.3 条。

通过电力平衡说明发电厂在所在地区和电力系统中的作用和地位，从而确定发电厂的供电范围和电厂接入系统电压等级。

5 厂址选择

5.0.1 系原规范第 2.3.1 条的修改。

本条增加了发电厂的厂址选址应符合土地利用规划，并增加了厂址综合论证和评价应在拟定的厂址初步方案的基础上的规定。

5.0.2 系原规范第 2.3.4 条的修改。

本条增加了直流供水的发电厂水源的布置要求。增加了取水口的布置要求。

5.0.3 系原规范第 2.3.9 条的修改。

本条增加了发电厂的厂址应充分考虑节约集约用地的要求。

5.0.4 系原规范第 2.3.6 条的修改。

本条增加了当厂址标高高于设计水位，但低于浪高时需采取的措施。

5.0.5 本条为新增条文。

本条增加了尽可能把主厂房及荷载较大的建（构）筑物布置在承载力较高的地段上的规定，采用天然基础可大大节省地基处理费用。

5.0.6 系原规范第 2.3.8 条的修改。

本条增加了抗震设防烈度可采用现行国家标准《中国地震动参数区划图》GB 18306 划分的地震基本烈度。

5.0.7 系原规范第 2.3.10 条的修改。

本条对原条文进行了归纳，简化了原条文的内容，对贮灰场的选择及布置提出了原则性的要求。

5.0.8 系原规范第 2.3.12 条的修改。

本条增加了规划出线走廊时考虑的因素，主要包括几大方面：接入系统规划、电厂出线方案、周围环境等，同时增加了当高压输电线牵涉周围重要设施而无法避开时，为了增强线路的可靠性和保证周围重要设施的安全，两者间应有足够的防护间距。

5.0.9 系原规范第 2.3.13 条。

5.0.10 系原规范第 2.3.14 条的修改。

5.0.11 系原规范第 2.3.16 条。

5.0.12 本条为新增条文。

为使项目顺利批复，应取得相关部门的支持性文件，以确保项目在实施过程中不发生颠覆性因素。

6 总体规划

6.1 一般规定

6.1.1 本条为新增条文。

在发电厂的建设中，做好电厂的总体规划有着极其重要的意义。原规范中有局部的描述，但没有突出该部分的内容。本次修编中，单独作为一个章节，进行详细阐述。

6.1.2 本条为新增条文。

"十分珍惜和合理利用每寸土地，切实保护耕地"是我国的一项长期的基本国策，提出了节约集约用地的新概念。同时，通过积极采用新技术、新工艺和设计优化，在满足工艺要求、生产运行安全、稳定的前提下，经充分论证，应进一步压缩电厂用地规模。

6.1.3 系原规范第 2.3.3 条的修改。

根据设计经验和运行情况，详细列出了发电厂总体规划应符合的要求。

6.1.4 本条为新增条文。

考虑到发电厂环保要求的提高，综合厂区用地指标及场地利用指标的分析，将厂区绿地率提高至不大于 20%。考虑到脱硫电厂脱硫吸收剂贮存场主要堆放物为石灰石，其堆放场地亦属于粉尘飞扬区域，需要采取防尘措施或植树分隔。对于风沙较大地区的发电厂，在条件适宜情况下设厂外防护林带，对改造电厂小气候，改善水土环境和生产、生活条件有一定的作用。

6.1.5 系原规范第 3.1.7 条的修改。

发电厂的建筑物布置必须符合防火要求，文中不再详细列出主要生产和辅助生产及附属建（构）筑物在生产过程中的火灾危险性分类及其耐火等级表，而是直接按照现行国家标准《火力发电厂与变电站设计防火规范》GB 50229 的规定执行。

根据近年来的运行经验，新列了办公楼、食堂、招待所、值班宿舍、警卫传达室的耐火等级，以及脱硝用液氨和尿素贮存设施区的耐火等级。

6.2 厂区内部规划

6.2.1 系原规范第 3.1.1 条的修改。

结合厂区规划的特点，对内容进行有序的梳理，明确原则，确立中心，结合功能，因地制宜。

6.2.2 系原规范第 3.1.2 条的修改。

将原规范第 3.1.2.1 款～第 3.1.2.3 款并入，并新增液氨设施、供油、卸油泵房及其助燃燃油罐的布置要求，以及生产废水及生活污水经处理排放的要求。

采用直流供水时，为缩短循环水进、排水管沟，减少基建投资和节约能耗，主厂房宜布置在靠近水源处。增加了空冷机组的布置要求，排烟冷却塔和机械通风冷却塔的布置要求。

根据环保要求，电厂排水应体现清污分流原则，并考虑排水的复用。

6.2.3 系原规范第3.1.5条。

6.2.4 系原规范第3.1.6条的修改。

随着技术的革新，工艺流程的合理化、联合建筑的采用，检修公司的成立，厂区占地面积呈逐渐减小的趋势，布置越来越紧凑，用地越来越合理化，厂区面积越来越小。

6.2.5 系原规范第3.2.4条的修改。

根据近年来的实际运行经验，对各建筑物、构筑物之间的最小间距进行了调整。

6.2.6 系原规范第3.2.6条的修改。

本条对围墙高度及形式作了明确规定。

6.2.7 本条为新增条文。

本条对空冷设施提出了具体的布置原则和要求。

6.2.8 系原规范第3.3.4条和第3.3.5条的修改。

本条增加了发电厂铁路专用线的设计要求，应符合现行国家标准《工业企业标准轨距铁路设计规范》GBJ 12 的规定，同时确定铁路专用线厂内配线的原则。

6.2.9 系原规范第3.3.6条的修改。

码头宜布置在循环水进水口的下游，码头与冷却水进、排水口之间的距离一般与河势、海流、设计船型等综合因素有关，可通过模型试验计算及论证确定。

6.2.10 本条为新增条文。

本条对发电厂厂内道路提出了设计要求。

6.2.11 系原规范第3.3.1条的修改。

本条对原规范的内容进行了有序的梳理、归纳，简明扼要地阐明了道路布置的原则。

6.2.12 系原规范第3.3.2.1款。

6.2.13 系原规范第3.3.2条。

本条将原规范第3.3.2.2款和第3.3.2.4款合并，同时增加了建筑物引道的布置要求。

6.2.14 系原规范第3.4.1条的修改。

本条增加了厂区竖向布置应满足的要求及考虑的因素。

6.2.15 系原规范第3.4.6条的修改。

场地整平设计地面坡度不宜太大，否则会给生产工艺流程和运行管理带来诸多不便，如采用大面积的较缓的场地整平设计，将会造成土石方工程量过大。实践证明，在自然地形坡度为3％以上时，采取阶梯式布置是合适的。

6.2.16 系原规范第3.4.3条的修改。

本条提出了厂区排水系统的设计，应考虑的因素及符合的要求。

6.2.17 系原规范第3.4.7条的修改。

生产建筑物的底层标高宜高出室外地面设计标高0.15m～0.30m，可防止因建筑物沉降而引起地面水倒灌入室的可能。在地质条件良好的少雨干燥地区，可采用下限值。同时增加了建筑物零米标高确定时需考虑的因素。

6.2.18 本条为新增条文。

本条增加了厂内管线布置的一般要求。

6.2.19 系原规范第3.5.1条的修改。

本条增加了管线布置应符合流程合理的基本要求，增加了管道发生故障时不致发生次生灾害的规定，并着重强调了电缆沟及电缆隧道的设计要求，以避免发生重大的事故。

6.2.20 系原规范第3.5.5条的修改。

本条增加了高压架空线与道路、铁路或其他管线交叉布置时，应按规定保持必要的安全净空要求，以消除安全隐患。

6.2.21 系原规范第3.5.4条的修改。

本条把原条文具体化，详细阐述了管线的敷设要求，增强了条文的指导性和可操作性

6.2.22 系原规范第3.5.5条和第3.5.6条的修改。

根据这些年来实际运行和操作的经验，对地下管线与建筑物、构筑物之间的最小水平净距，地下管线之间的最小水平净距，地下管线与铁路、道路交叉的最小垂直净距，架空管线与建筑物、构筑物之间的最小水平净距、架空管线跨越道路的最小垂直净距进行了修正，以便更符合实际情况。

6.3 厂区外部规划

本节为新增章节。

6.3.1 本条为新增条文。

发电厂的厂外部分规划，主要是指厂区外一些设施的合理布置。厂区外的设施主要包括交通运输设施、水工设施、灰渣输送和处理设施，输电线路、供热管线、生活区和施工区等。厂区外部规划是在选定厂址和落实了各个主要工艺系统的基础上进行的，因此应在已定的厂址条件和工艺系统的基础上，根据发电厂的规划容量全面研究、统筹规划，以达到优化设计的目标。

6.3.2 本条为新增条文。

本条从运输的三种方式铁路、水路和公路进行了阐述，提出了一些基本的要求。

近年来，随着电厂运量的增加，电厂接轨站改造工程量也有较大幅度的提高，部分铁路部门运量规划偏差较大，导致站场规模亦偏大，设备、股道利用率低，强调接轨站的改、扩建要要充分利用既有设施能力。

考虑到部分厂外专用道路有装卸检修设备及管道要求，因此推荐采用4m。连接生活区的道路宽度推荐采用7m是考虑到该道路要满足职工通勤安全需要，当长度较短时，尚考虑了自行车行驶条件。专用运灰道路及运煤进厂道路的标准应视运量、行车组织及运输设备出力大小、车型条件等情况综合考虑确定。

6.3.3 本条为新增条文。

本条增加了厂外供排水设施规划的要求。

6.3.4 本条为新增条文。

发电厂的防排洪（涝）规划设计关系到长期运行的安全和满发，在工程设计中，必须引起高度重视。为了减少建设费用和用地，应充分利用既有防洪（涝）设施，同时宜根据自然条件和安全要求，适当选择泄洪沟（渠）、防洪围堰或结合厂区围墙修筑挡洪墙。

6.3.5 系原规范第2.3.10条的修改。

在原条文的基础上，增加了灰管线的布置要求；增加了采用不同运输方式运灰渣时需综合考虑的因素。

6.3.6 本条为新增条文。

目前一些电厂基建完成后，送电走廊成了制约企业生存和发展的瓶颈。随着城市的发展和人们环境意识的提高，城镇和工业规划区一般不允许架空电气线路走廊的布设，因此，在电厂规划过程中，需充分考虑这一因素。

6.3.7 系原规范第2.3.13条的修改。

6.3.8 本条为新增条文。

近年来，各个安装和施工单位积累了丰富的施工安装经验，采用新工艺、新技术，加强管理，施工场地的实际使用面积比原先的指标有了大幅度的降低；在回填地区，为节约土方，施工场地的标高可比厂区适当降低，采用台阶式布置等。

7 主厂房布置

7.1 一般规定

7.1.1 系原规范第4.1.1条。

7.1.2 系原规范第4.1.2条的修改。

本条增加了对特殊设备（脱硫、脱硝）要求符合防火、防爆、防腐、防冻、防毒等有关规定，预防发生设备损坏事故，保护人身安全。

7.1.3~7.1.5 系原规范第4.1.3条~第4.1.5条。

7.2 主厂房布置

7.2.1、7.2.2 系原规范第4.2.1条和第4.2.2条。

7.2.3 系原规范第4.2.3条的修改。

本条增加了除氧器层标高确定的原则和除氧器露天布置的规定。

本条增加了煤仓间给煤机层标高确定的原则。

为实现减员增效的目标，原煤仓的贮煤量也可按运煤两班制运行考虑。是否按运煤两班制运行来确定煤仓的设计容量，需通过技术经济比较确定，即对减少一班运煤运行人员所节约的费用与加大煤仓设计容量要增加的投资进行比较。本条增加了褐煤、低热值煤种的原煤仓贮煤量选择参考值。

7.2.4 本条为新增条文。

本条为强制性条文。因为50MW级及以上机组一般均为两机一控布置，且集控室位于除氧间的运转层，为了确保运行人员和机组的安全，除了对除氧设备本身及系统上采取必要的安全措施外，集控室顶板（除氧层楼板）必须采用整体现浇，并有可靠的防水措施。

7.2.5 系原规范第4.2.4条的修改。

主厂房的柱距通常是根据锅炉、磨煤机等主要设备的尺寸和布置来决定的。

7.2.6 系原规范第4.2.5条的修改。

本条增加了干式除尘设备灰斗应有防结露措施及锅炉岛式露天布置时送风机、一次风机的布置要求。

7.2.7 系原规范第4.2.8条的修改。

1 原煤仓采用圆筒仓钢结构形式，强度条件较好，钢材耗量较小，造价低。但圆筒仓空间利用率较低，可能将造成整个主厂房高度增高，相应又增加了造价。因此，原煤仓形式应根据主厂房布置的具体情况综合比较确定。

2 由于循环流化床锅炉燃用煤的颗粒较细，原煤仓出口段壁面与水平面的夹角不小于70°，应符合现行行业标准《火力发电厂煤和制粉系统防爆设计技术规范》DL/T 5203 的规定。

6 本款对单位粉仓容积所对应的防爆门面积（泄压比）未列出具体计算数值。防爆门的设置要求及泄压比数值应符合现行行业标准《火力发电厂煤和制粉系统防爆设计技术规程》DL/T 5203 的规定。

7.2.8 系原规范第4.2.6条的修改。

汽轮机油为可燃物品，为了确保汽机房的生产安全，油系统的防火措施应按现行国家标准《火力发电厂与变电站设计防火规范》GB 50229 的有关规定执行。

布置主油箱、冷油器、油泵等设备时，要远离高温管道，油系统尽量减少法兰连接，防止漏油。当油管道需与蒸汽管道交叉时，油管道可布置在蒸汽管道下面。如果避免不了，油管道在蒸汽管道的上方，则蒸汽管道保温外表面应采用镀锌铁皮遮盖，以防漏油滴落到热管上着火。

7.2.9 系原规范第4.2.7条的修改。

热网加热器可以放在主厂房外披屋内。

7.3 检修设施

7.3.1 系原规范第4.3.1条的修改。

对50MW级及以上机组，一般是两台机组设一个检修场，50MW级以下机组，可四台及以上机组合用一个检修场。

7.3.2 系原规范第4.3.2条的修改。

本条扩大了50MW级及以上机组的汽机房起重机的设置原则。

7.3.3~7.3.5 系原规范第4.3.3条~第4.3.5条的修改。

7.3.6 本条为新增条文。

电梯数量是根据锅炉的容量来确定的。130t/h循环流化床锅炉有40多米高，为方便运行人员的巡回检查和减轻检修工人工作强度，电厂要求增设客货两用电梯。本次修改增加了130t/h~220t/h级锅炉，每3台~4台锅炉宜设1台电梯；410t/h级锅炉每2台锅炉宜设1台电梯，具体根据布置情况，以经济合理为原则。

7.4 综合设施

7.4.1 系原规范第4.4.1条。

7.4.2 系原规范第4.4.2条的修改。

原规范已规定了主厂房零米层和运转层的纵向通道及其宽度要求。据调查，电厂认为这是运行维护和检修所需要的。汽机房B列纵向通道宽度随机组容量增大可加大到1.5m。锅炉房炉前底层通道，为满足检修需要，其宽度宜为2.0m~4.5m，后者用于410t/h级及以上锅炉，是考虑机动车辆通行的需要。

7.4.3、7.4.4 系原规范第4.4.3条和第4.4.4条。

7.4.5 系原规范第4.4.5条的修改。

由于汽轮机油系统事故排油也布置在汽机房外，为节省投资，条文明确两个合并，容量按其排油量大的考虑。据了解，工程设计中大多数事故排油池设计容量按主变压器内贮存的油量与汽轮机油系统贮存油量的大者考虑。

7.4.6 本条为新增条文。

本条文对集控室的布置提出了原则性要求。据调研，目前投运的热电厂，其热工控制系统均采用DCS（分散控制系统），一般皆为一期工程（三炉两机）设一个集控室。

7.4.7 本条为新增条文。

本条为强制性条文。集控室内是运行人员集中的地方，集控室和电子设备间是机组运行的控制中心，为了保障运行人员的生命安全和机组安全，集控室和电子设备间严禁穿行汽、水、油、煤粉等工艺管道。

8 运煤系统

8.1 一般规定

8.1.1 系原规范第5.1.1条的修改。

在保证安全可靠的前提下，输煤系统宜按分期建设考虑，以节省投资。若根据建厂条件经过技术经济综合比较后一次建成更合理，也可考虑一次建成。

8.1.2 本条为新增条文。

扩建发电厂的运煤系统设计时，应注意结合老厂现有生产系统和布置特点，统筹安排，尽量利用原有的附属生产建筑物，要充分考虑拆迁费用及施工过渡问题。

8.1.3 系原规范第5.3.1.1款的修改。

8.1.4 系原规范第5.1.5条的修改。

8.1.5 系原规范第5.1.4条的修改。

8.2 卸煤设施及厂外运输

8.2.1 系原规范第5.2.2条的修改。

8.2.2 本条为新增条文。

8.2.3 系原规范第5.2.3条的修改。

8.2.4 系原规范第5.2.4条的修改。

从综合经济效益和社会效益来考虑，地方运输公司承运优于自己营运,利用社会运力可降低发电厂的建设投资和减少运行维护费用。自备运煤汽车的选型及计算可参见现行行业标准《火力发电厂运煤设计技术规程 第1部分:运煤系统》DL/T 5187.1—2004的附录D。

8.2.5 本条为新增条文。

8.2.6 系原规范第5.2.5条的修改。

建在矿区的发电厂,一般多见的运输方式是:汽车运煤、带式输送机运煤、自卸式底开车运煤。

8.3 带式输送机系统

8.3.1 系原规范第5.3.2条的修改。

8.3.2 系原规范第5.3.3条。

8.3.3 系原规范第5.3.4条的修改。

第2款原规范第5.3.4.2款的修改。

运煤栈桥及地下隧道的通道尺寸设计应考虑电缆布置和行走安全。因本规范修订后适用的机组容量范围扩大,增加了带宽800mm以上的运煤栈桥的净高要求。

8.4 贮煤场及其设备

8.4.1 系原规范第5.4.1条的修改。

1 系原规范第5.4.1.1款的修改。

据调查,经过国家铁路干线的发电厂,依建厂条件不同,贮煤场设计容量一般为全厂15d~30d的耗煤量,均能满足要求。对于铁路来煤的发电厂,因受气象条件等客观因素影响,来煤连续中断天数一般不超过7d,而春节期间来煤不稳定持续时间约为15d,平时则基本能按计划来煤。

2 系原规范第5.4.1.2款和第5.4.1.3款的修改。

3 系原规范第5.4.1.4款的修改。

水路来煤的发电厂,受气象条件影响较大(如大雾、寒潮、冰冻、台风等),影响来煤受阻的内河航运为3d~5d,海运为5d~10d。故贮煤场设计容量不应小于全厂15d的耗煤量。

8.4.2 系原规范第5.4.2条的修改。

多数中小型发电厂的干煤棚容量均在4d~8d以上,故将干煤棚容量的下线确定为4d,而南方中小型发电厂的干煤棚容量均在5d以上。尤其是南方小窑煤,颗粒细、粉末多,遇水时黏性大,煤中含有泥质,下雨后不易干燥,脱水时间长。因此,个别地区结合气象条件,可适当增大干煤棚贮量。

本条文补充了采用循环流化床锅炉的发电厂应设置干煤棚的要求。

8.4.3 系原规范第5.4.3条的修改。

8.4.4~8.4.6 系新增条文。

8.5 筛、碎煤设备

8.5.1 系原规范第5.5.1条。

8.5.2 系原规范第5.5.2条。

8.5.3 系原规范第5.5.3条。

一般情况下循环流化床炉的入炉煤粒度不宜大于10mm,但也有特殊情况,如云南省的几个燃用褐煤的循环流化床电厂,入炉煤粒度大于10mm。由于褐煤的热碎性比较强,粗颗粒进入炉内受热后爆裂成很细的颗粒,大部分小于设计粒径,引起旋风分离器效率降低,造成大量物料损失,床压随着运行时间的推移而逐渐降低。云南省的几个燃用褐煤的循环流化床电厂取消了输煤系统的二级笼式细碎机,只用一级环锤式破碎机,使进入炉内的燃煤粒径由6mm提高到30mm左右。

8.5.4 本条为新增条文。

循环流化床锅炉的燃烧过程是:当以特定燃料颗粒特性曲线来分布的燃料进入炉膛后,被流化风流化,较粗的颗粒在下部,细小颗粒悬浮到中部,微小颗粒被烟气带上部,各粒径的燃料在炉膛的上、中、下部燃烧放热。微小及较细的颗粒在逐渐上升的过程中燃尽,未燃尽的颗粒随烟气进入分离器,分离器分离下来后又被送入炉膛继续燃烧,直到燃尽。由此可见,循环流化床锅炉的燃烧特性决定了避免入炉燃料的过细和过粗是保证锅炉稳定燃烧的两个必要条件。

已投产的循环流化床锅炉燃料的制备破碎系统较多采用的是两级破碎设备串联的形式。若原煤没有经过筛分就进行破碎,当来煤粒度较小时存在严重的过破碎现象,且粉尘量大大增加,使得运行环境十分恶劣。细碎机进口处大多没有设计筛子的原因是循环流化床锅炉应用初期,细煤筛的研究和制造也处在起步阶段,细筛子的设计原理不够合理,质量有待提高,当来煤黏性较高,水分较大时易堵塞筛孔。

在一级粗破碎机前设滚轴筛,这样既可以降低粗破碎机的出力,减少锤头磨损,也可以减少因系统来煤经粗破碎机初破后造成的部分过破碎问题。

在细碎机前设细煤筛,可以有效起到防止燃料的过破碎问题,极大改善细碎机的运行工况,降低细碎机堵煤的几率。鉴于目前国产细煤筛的运行情况还不尽如人意,若设有细煤筛,建议不降低细碎机的出力。

8.5.5 系原规范第5.5.4条的修改。

8.6 石灰石贮存与制备

本节为新增循环流化床锅炉的石灰石贮存与制备的条文。

8.7 控制方式

8.7.1、8.7.2 系新增条文。

增加了运煤系统的电气联锁、信号及控制方式的有关内容。

8.8 运煤辅助设施及附属建筑

8.8.1、8.8.2 系原规范第5.6.1条和第5.6.2条的修改。

8.8.3~8.8.6 系原规范第5.6.4条~第5.6.7条的修改。

9 锅炉设备及系统

9.1 锅炉设备

9.1.1 系原规范第6.1.1条的修改。

循环流化床(CFB)锅炉对燃料适应性广,燃烧效率高、污染物排放少,属于洁净煤燃烧技术,可通过炉内添加石灰石等比较简单、投资较少的方式脱硫,同时NO_x的排放很低,因此,小型机组(锅炉容量为220t/h级及以下)宜优先选用。

我国电站循环流化床锅炉技术发展很快,截至目前,国产引进型和国产型135MW~300MW机组的CFB锅炉已有多台运行业绩,但实际应用水平参差不齐,主要反映在炉内水冷壁、受热面、耐火浇注料等磨损严重,返料阀、排渣系统等不畅,分离器效率不高、飞灰可燃物含量偏高,风机电机功率大、厂用电高等问题,造成锅炉强迫停炉率不能达到设计要求。

煤粉炉技术成熟,运行可靠性高。因此,对于410t/h级及以上的锅炉,特别是热负荷性质要求电厂可靠性较高时,宜优先选用煤粉炉。

为了减少锅炉的备品备件和方便运行、维修、管理,电厂内同容量的锅炉机组宜采用同型设备。

在非严寒地区(累年最冷月平均温度高于-10℃),锅炉宜采用露天或半露天布置。在严寒或风沙大的地区,应根据设备特点及工程具体情况采用屋内式或紧身罩封闭布置。

露天布置是指锅炉本体仅设置炉顶罩壳及汽包小室,或锅炉本体不设置炉顶罩壳而设置炉顶盖及汽包小室的布置。炉顶盖是指锅炉炉顶上设置的雨棚(或雨披),它只是顶部加盖,而不是四周封闭的炉顶小室。对于锅炉运转层以下部分不论封闭与否,只要其余部分符合上述条件的,均可认为是露天布置。

半露天布置是指锅炉炉顶上部及四周设有轻型围护结构的炉顶小室(包括汽包小室)。对燃烧器及其以下部分采用全封闭或炉前采用封闭(不论是高封还是低封)而锅炉尾部敞开的锅炉房,均可认为是半露天布置。

南方雨水较多的地区,即年平均降雨量在 1200mm 以上地区,即使在炉顶设置了炉顶盖,但还不能完全解决雨水浸入炉顶部分的受热面时,可采用半露天布置。另外,对累积年最冷月平均气温接近-10℃地区,在冬季炉顶检修或运行条件不太恶劣时,亦可采用半露天布置。

锅炉露天或半露天布置不仅能节约投资,还可缩短建设周期,改善锅炉卫生条件,随着锅炉制造水平的提高,防护措施的逐步完善,露天和半露天锅炉得到了广泛的应用。

9.1.2 系原规范第 6.1.2 条的修改。

热电厂要结合热力规划、近期和远期热负荷以及季节性变化或昼夜峰谷差,合理配置锅炉的容量和台数。不同容量锅炉机组的搭配可以提高锅炉机组运行的灵活性和经济性。

热电厂在选择锅炉容量时,应核算在最小热负荷工况下,汽轮机进汽量不得低于锅炉不投油最低稳燃负荷,以免锅炉为了满足汽轮机需要,长期低负荷投油助燃,影响经济性。

9.1.3 系原规范第 6.1.3 条的修改。

为了避免锅炉故障停运无法保障供热,故热电厂一期工程在无其他热源的情况下,不宜仅设置单台锅炉。

9.1.4 系原规范第 6.1.4 条。

9.1.5 系原规范第 6.1.5 条的修改。

在主蒸汽管道采用母管制系统的发电厂中,当装机台数较多时,可能会出现锅炉总的额定蒸发量多于汽轮机最大工况所需蒸汽量很多,此时,扩建机组锅炉容量的选择应连同原有锅炉容量统一计算。

9.1.6 系原规范第 6.1.6 条。

9.2 煤粉制备

9.2.1 系原规范第 6.2.1 条的修改。

磨煤机选型主要依据现行行业标准《电站磨煤机及制粉系统选型导则》DL/T 466 的规定。

双进双出钢球磨煤机具有煤种适应范围广、煤粉较细、煤粉均匀性好、无石子煤排放、负荷调节能力强等优点,同时可以用于正压运行,具有直吹式制粉系统的特点,运行较灵活,可以双进双出、单进单出、单进双出等状态运行。

目前,引进技术国产双进双出钢球磨煤机产品已相当成熟,拥有大量制造和运行业绩,国产化程度也越来越高,仅个别部件或材料需要进口,设备价格也比初期下降较多,因此,适宜采用钢球磨煤机的煤种,当技术经济比较合理时,可选用双进双出钢球磨煤机。

9.2.2 系原规范第 6.2.2 条的修改。

制粉系统选型主要依据现行行业标准《电站磨煤机及制粉系统选型导则》DL/T 466 的规定。

9.2.3 系原规范第 6.2.3 条的修改。

本条增加了 220t/h~410t/h 锅炉磨煤机台数和出力的选择要求。

9.2.4 系原规范第 6.2.4 条的修改。

本条增加了双进双出钢球磨煤机的给煤机选择要求。

9.2.5 本条为新增条文。

本条提出了循环流化床锅炉的给煤机选择要求。

9.2.6 系原规范第 6.2.5 条。

9.2.7 系原规范第 6.2.6 条的修改。

本条对原条文进行了补充,第 1 款中"具备布置条件"是指输粉机能够水平布置且输送距离不宜过长。

9.2.8 系原规范第 6.2.7 条的修改。

由于目前基本上不推荐采用负压直吹式系统,故取消了原规范中"对直吹式制粉系统的排粉机,应采用耐磨风机"的规定。

9.2.9 系原规范第 6.2.8 条的修改。

本条增加了对双进双出钢球磨煤机正压直吹式制粉系统也应设置密封风机的要求。另外,对密封风机风量和压头裕量仅规定了下限。

9.2.10 系原规范第 6.2.9 条的修改。

9.2.11 本条为新增条文。

主要针对 410t/h 级煤粉锅炉,如采用三分仓空气预热器时,提出了一次风机的选择要求。

9.3 烟风系统

9.3.1、9.3.2 系原规范第 6.3.1 条和第 6.3.2 条的修改。

本条增加了 220t/h~410t/h 级锅炉送风机、引风机的选择要求。

其中"调速风机"主要是指采用高/低压变频、磁联耦合器、液力耦合器等节能调速方式的离心风机。

我国离心式风机的制造水平和运行可靠性已达到了较高的水平,因此推荐中等容量锅炉设置送风机、引风机的台数可选每炉各 2 台,也可选每炉各 1 台。

9.3.3 本条为新增条文。

本条提出了循环流化床锅炉一、二次风机的选择要求,其他说明同第 9.3.1 条和第 9.3.2 条。

9.3.4 本条为新增条文。

本条提出了循环流化床锅炉高压流化风机的选择要求。

9.3.5 本条为新增条文。

本条提出了安全监控保护系统冷却风机的选择要求。

9.3.6 系原规范第 6.3.3 条的修改。

本条提出了除尘设备的选择要求。

由于电袋除尘器、袋式除尘器除尘效率很高,烟尘排放浓度能够保证在 50mg/m³(标准状态)以下,目前在国内电厂应用已比较广泛,随着安装、运行和维护经验的逐渐积累,滤料的运行寿命逐步提高,滤料成本逐步下降,小型火电机组宜优先选用电袋除尘器和袋式除尘器。

9.3.7 系原规范第 6.3.4 条。

9.3.8 本条为新增条文。

本条提出了烟囱的选择要求。

9.4 点火及助燃油系统

9.4.1 系原规范第 6.4.1 条的修改。

目前等离子点火等各类节油点火方式在大中型煤粉锅炉上应用已十分广泛,经济效益显著,在技术经济比较合理时,应针对燃用煤种情况,优先选用节油点火方式。

9.4.2 系原规范第 6.4.2 条的修改。

根据建设部 2002 年 10 月 14 日批准的中国建筑标准设计研究所出版的《拱顶油罐图集》02R112 中所列,油罐公称容积可按 40m³~60m³、100m³、200m³、300m³、400m³、500m³ 的系列等级选用。

采用节油点火方式的煤粉炉,点火用油量相比常规点火方式的锅炉能够节约 70%~90% 以上,其主要燃油量消耗为低负荷助燃用油,月平均油耗相比常规点火方式要少,因此油罐容量也可同比减小 1 个~2 个等级。

循环流化床锅炉基本上不需要低负荷投油助燃,主要是在启动点火加热床料时需要用油,相比常规煤粉炉其月平均油耗要少,因此油罐容量可同比减小1个~2个等级。

9.4.3 系原规范第6.4.3条的修改。

本条对原条文进行了补充修改,增加了铁路和水路运输的要求。

9.4.4 本条为新增条文。

本条对卸油方式应根据油质特性、输送方式和油罐情况等技术经济比较后确定,并提出了卸油泵的选择要求。

9.4.5 系原规范第6.4.4条的修改。

本条对原条文进行了补充修改,提出了供油泵的选择要求。

9.4.6 系原规范第6.4.5条的修改。

本条对原条文进行了补充修改,提出了燃油泵房的设计要求。

9.4.7 系原规范第6.4.6条的修改。

本条对原条文进行了补充修改,提出了燃油泵房至锅炉房供、回油管道的设计要求。

9.4.8 本条为新增条文。

9.4.9 本条为新增条文。

本条提出了油系统设计还应符合现行国家标准《石油库设计规范》GB 50074、《爆炸和火灾危险环境电力装置设计规范》GB 50058和《火力发电厂与变电站设计防火规范》GB 50229的有关规定。

9.4.10 系原规范第6.4.7条的修改。

本条符合现行国家标准《石油库设计规范》GB 50074和《火力发电厂与变电站设计防火规范》GB 50229的规定。

9.5 锅炉辅助系统及其设备

9.5.1 系原规范第6.5.1条的修改。

本条增加了高压锅炉排污系统的选择要求。

9.5.2 本条为新增条文。

本条提出了锅炉向空排汽噪声防治的具体要求。

9.5.3 本条为新增条文。

本条提出了为防止空气预热器低温腐蚀和堵灰,按实际需要情况设置空气预热器入口空气加热系统的要求。

9.6 启动锅炉

9.6.1~9.6.3 系新增条文。

对电厂设置的启动锅炉及其系统提出了设计和选择的要求。130t/h及以下容量锅炉一般不设启动锅炉。

10 除灰渣系统

10.1 一般规定

10.1.1 系原规范第7.1.1条的修改。

本条补充了锅炉形式、总平面布置、交通运输等条件,此外还强调了环保及节能、节约资源的要求。

10.1.2 系原规范第7.1.2条的修改。

粉煤灰(渣)是可以利用的资源。对于有粉煤灰综合利用条件的发电厂,按照干湿分排、粗细分排和灰渣分排的原则,设计粉煤灰的输送贮运系统,为灰渣的综合利用提供条件。

10.1.3 本条为新增条文。

为确保发电厂的安全运行,除按灰渣综合利用要求设置灰渣输送系统外,尚应有能力将全部或部分灰渣输送至贮灰场的设施,其裕度视具体情况而定。

对于确保灰渣能够全部综合利用,即便出现短时期停顿也有足够的库容安全贮存灰渣的电厂,可以不设贮灰场。

10.2 水力除灰渣系统

10.2.1 本条为新增条文。

各种水力除灰系统在我国火电厂中应用广泛、成熟、经验丰富。因此,规范不再对水力除灰系统的具体方式作出规定。

10.2.2 本条为新增条文。

从锅炉除渣装置排出的渣过去一般多采用灰渣沟的方式。采用水力喷射泵、压力管是另一种输送方式,其主要优点是水量和出力容易控制,布置比较灵活,地下设施简单,水力喷射泵及其管道宜采用耐磨材料。

10.2.3 系原规范第7.2.1条的修改。

采用灰渣泵直接串联的布置方式,同采用中继灰渣泵房比较,对设备的安装、运行、维护检修、管理都比较方便。

台州发电厂的灰渣泵为4级串联运行,石横发电厂的灰渣泵为3级串联运行,预留第4级串联的位置,灰渣泵3级串联的电厂较多。运行实践表明,采用灰渣泵串联运行的发电厂运行情况良好。

10.2.4 系原规范第7.2.2条的修改。

当采用容积式灰浆泵(如柱塞泵、油隔离泵、水隔离泵)高浓度水力除灰系统时,应优先考虑灰渣分除系统。

当需要采用上述容积式灰浆泵输送灰和磨细渣的混除系统时,磨渣前应先将渣浆筛分和脱水,因为锅炉水封式除渣斗排出的渣一般有30%以上的细粒度,可不经粉磨直接通过上述容积式灰浆泵输送,否则不但影响磨渣机出力,而且灰渣混放在渣斗内,容易引起渣斗的堵塞。

采用容积式灰浆泵水力输送时,根据需要,也可采用两泵一管的并联系统,但在设计中应考虑当其中1台备泵因故停运时管内流速降低的影响,以及切换启动备用泵或高压清水冲管的措施。

10.2.5 本条为新增条文。

浓缩机高位布置的目的是为了使泵房能布置在地面上,以改善运行、检修条件,并保证泵房不被灰浆淹没。

10.2.6 本条为新增条文。

10.2.7 系原规范第7.2.3条的修改。

10.2.8 系原规范第7.2.4条的修改。

对于离心泵,目前国内采用灰渣泵混除或单独除渣,有相当比例的电厂只设1台(组)备用泵或即使设2台(组)备用泵,实际只有一台(组)起到备用的作用,另一台(组)长期不用或基本不用,主要原因是国内灰渣泵的制造质量及其耐磨材质已有较大改善,易损件及整泵的连续运行时间有了较大提高。因此,离心泵一台(组)运行、一台(组)备用是可行的。对2台~3台(组)离心泵运行时,备用泵台数也减少为2台(组)。此外,离心式灰渣泵(组)易损件及整泵连续运行时间与是单级泵还是多级泵关系不大,所以单级泵和多级泵采用同一备用标准。

对于容积泵,目前国内大型电厂采用的容积泵多数为柱塞泵,油隔离泵和水隔离泵采用的较少。据调查,柱塞泵的主要易损件柱塞、阀组件的使用寿命已有较大的提高,因此,本条规定容积式(柱塞泵)备用泵组的设置标准与离心泵相同。为确保电厂安全运行,可预留一台泵的基础,必要时可安装此泵。

10.2.9 系原规范第7.2.5条的修改。

由于沉灰池效果不佳,占地面积大,近年来,电厂的除灰系统已不采用。

10.2.10 系原规范第7.2.6条的修改。

据调查,多数发电厂敷设了2条或2条以上的压力灰渣(浆)管,其中1条为备用管。有的灰渣(浆)管由于结垢,必须定期清理,每次需要15d~30d或更长的时间。有的灰渣(浆)管不结垢,但磨损严重,必须定期翻转一定角度。故应敷设1条备用管。

当灰渣(浆)管结垢严重时,应避免采用水力除灰。

10.2.11 本条为新增条文。

本条提出了灰渣管的选择要求。

10.3 机械除渣系统

10.3.1 本条为新增条文。

机械除渣系统方式主要有：水浸式刮板捞渣机配渣仓系统、干式风冷排渣机配渣仓系统及埋刮板输送机配渣仓系统。

1 刮板捞渣机配渣仓系统。该系统要比传统的用捞渣机将渣捞出加水后水力输送，然后再脱水的系统简单、合理、省水，目前国内较多采用这种方式。

2 干式风冷排渣机配渣仓系统。该系统是一种引进型、新型除渣方式，主要采用干式风冷输渣机，炉底渣在干式输渣机输送带上被空气冷却，冷却后的底渣采用机械或气力输送方式送至渣仓贮存。

3 埋刮板输送机配渣仓系统。该系统常见于循环流化床锅炉，进入埋刮板输送机的锅炉底渣须经底渣冷却器冷却至200℃以下，采用机械或气力输送方式将埋刮板输送机捞出的渣转运至渣仓。该系统出渣为干渣。

由于锅炉底渣颗粒较飞灰大，采用气力输送方式对管路的磨损严重，因此，底渣输送系统宜优先采用机械输送系统。

10.3.2 本条为新增条文。

刮板捞渣机的总长度应适度，一般不宜超过65m，斜升段水平倾角也不宜太大，以不大于35°为宜，若捞渣机太长或倾角过大，无论从设备运行可靠性，还是整体刚度、安装检修、除大焦能力等都会带来更多的问题。

10.3.3 本条为新增条文。

本条提出了干式风冷输渣机的选择要求。

10.3.4 本条为新增条文。

本条提出了埋刮板输送机的选择和布置设计的要求。

电厂用刮板输送机的主要参数选择：低链速，宜采用速度0.08m/s以下；宽机槽；主要承磨件，如链条、头轮、尾轮、导轨应采用耐磨钢。

10.3.5 本条为新增条文。

小型火电厂尤其是秸秆及垃圾电厂的渣量比较小，贮存1d～2d的灰渣量，则渣仓直径及高度选取较小，对灰渣外运不宜。另外，许多供热电厂多为小型机组，多在北方寒冷地区，贮存时间长有利于灰渣外运。

10.4 干式除灰系统

10.4.1 本条为新增条文。

我国干式除灰系统的类型较多，主要有负压气力除灰系统、低正压气力除灰系统、正压气力除灰系统、空气斜槽除灰系统、螺旋输送机等方式，国外还有埋刮板输送机、气力提升装置等方式，也有由上述方式组合的联合系统。

1 负压气力除灰系统。负压源主要有负压风机、水环式真空泵和喷射式抽气器等。主要用于除尘器灰斗干灰至灰库集中。负压系统的特点是系统较简单，自动化程度高，以及运行中对周围环境不会造成污染。但输送距离一般不超过200m，设计出力一般在40t/h以下。

2 正压气力除灰系统。这种系统目前在我国应用最多，技术也较成熟，输送距离和出力都比负压气力除灰系统大。

3 其他系统。空气斜槽除灰系统在国外得到了广泛的应用，国内也有部分发电厂采用了该系统，如巴公、高井、永安、大武口、台州等发电厂。空气斜槽具有动力消耗少、无传动设备、噪声小、系统布置简单、运行比较可靠等优点，缺点是布置上必须保证有大于6%的坡度。

螺旋输送机，其功能与空气斜槽大体相同，但不需向下倾斜安装。

国外也有采用埋刮板输送机集中干灰的方式。

10.4.2 本条为新增条文。

在设计煤种和校核煤种灰分差别不大的情况下，一般出力裕度取设计煤种灰量的50%即可满足要求。但我国电厂实际燃煤复杂，设计煤种和校核煤种灰分差别较大，有时相差1倍，此时按设计煤种灰分计算的系统出力（包括裕度）不能满足燃用校核煤种时的输送要求，因此还需对满足燃用校核煤种时的输送要求进行校核，并取20%的裕度，以上二者之间取大值。

本条中静电除尘器第一电场集灰斗的容积不宜小于8h集灰量是针对中等灰分的煤质而言，对某些煤种灰分很大，难以做到8h集灰量的可适当减少，但不应少于6h。

10.4.3 系原规范第7.3.1条的修改。

国产空压机的产品质量越来越好，形式也越来越多，有活塞式（有油、无油）、螺杆式（有油、无油）、滑片式、离心式等。一般运行2台设1台备用，当采用螺杆式空压机，运行2台以上，也可只设1台备用。如选用活塞式空压机时可增加1台备用空压机。

10.4.4 系原规范第7.3.2条的修改。

10.4.5 系原规范第7.3.3条的修改。

现在国内使用的空气斜槽有宽型和窄型两种。宽型斜槽的灰层薄，窄型斜槽的灰层厚。灰层厚度一般为0.10m～0.15m。其布置坡度推荐不低于6%，在布置条件允许的情况下应更加大斜度。因为斜度每提高1%，出力可增加20%左右，这样不仅便于安全运行，也有利于经济运行。

空气斜槽要考虑防潮措施，如提高输送空气的温度以及空气斜槽布置在室内等。当斜槽露天布置，气温较低时应考虑保温措施，保温的外层宜采用铝皮保护层。

根据各电厂运行经验，空气斜槽的输送气源当采用热风时，就能够使斜槽内的灰流动性更好，以保证系统正常运行。为了防止空气结露与灰粘结而引起在输送中堵灰，风温不应低于40℃，在南方地区还应再提高一些。

10.4.6 系原规范第7.3.4条的修改。

很多热电厂多为小型机组，且多在北方寒冷地区，储存时间长有利于灰渣外运。

根据运行经验，当灰库为中转或缓冲灰库时，其有效容积不宜小于除灰系统8h的排灰量。

10.4.7 系原规范第7.3.5条的修改。

库底气化槽的最小总面积不宜小于库底截面积的15%。现在气化槽型号多，宽度有150mm、175mm、200mm等，布置起来比较容易，并且气化槽所占面积越大越有利于库底气化。

灰库气化空气的选择可按库底斜槽每平方米气化空气量0.62m³（标准状态）计算。气化空气设置专用加热器，对灰库排灰能起到良好的效果，规范中只提出加热要求，而未对加热的温度作出具体规定，但加热后的最低温度应保证灰库内不发生结露现象。

10.4.8 系原规范第7.3.6条的修改。

灰库底部装车用的加水调湿装置，加水量不应超过灰质量的30%。如加水量过大，湿灰就会粘结车厢，不易卸空。运行实践表明：加水量过低，在运输过程中会出现干灰飞扬现象，故设计加水量应为15%～30%。

10.5 灰渣外运系统

10.5.1 系原规范第7.4.3条的修改。

采用汽车输送方式，根据其运作形式的不同，又可分为电厂自购车辆和利用社会运力两种方式。采用自购汽车方式，初投资较大，管理复杂；利用社会运力运灰，则可省去购买汽车的初期投资，管理简单，当干灰综合利用量逐步增大后，不会出现运输设备闲置的问题。因此，条件允许时，应优先考虑采用利用社会运力方式。

10.5.2 系原规范第7.4.4条的修改。

国内已有部分电厂采用皮带作为主系统厂外运送灰渣,如衡水、鄂州、三河、安顺、金竹山等电厂,其中,金竹山电厂采用的是管状皮带输送机,其他电厂采用的是普通皮带输送机。以上电厂均采用单路皮带,只考虑容量备用,可以满足要求。因此,本条仅作了灰渣皮带机设计的原则性规定。

由于皮带机在布置上较管道复杂且占地大,不宜分期设置。按照运煤皮带机的设置原则,除灰(渣)皮带机的出力按规划容量考虑。

皮带机的出力按规划容量计算并留有100%余量是考虑按两班制运行,每班运行5h~6h。当皮带机故障检修时,由于灰库和渣仓的容积较大,可作为缓冲备用。如果经技术经济论证认为改按一班制运行更为合理时,方可适当放大这一裕度。

除灰(渣)皮带机应设必要的防护罩,起到防止风吹雨淋的作用。管状皮带输送机因皮带被卷成管状,能起到防止风吹雨淋的作用,不过造价相对较高。

10.5.3 本条为新增条文。

沿江、河的发电厂,当贮灰场靠近江河且离发电厂较远或从厂区至贮灰场沿途敷设输灰管道需穿越地段限制或敷设有困难时,经过技术经济比较,可采用船舶运输灰渣的方式。采用的船型、吨位以及在厂区内的装船方式、灰场卸船方式,要根据发电厂的容量、当地的航运情况、航道情况和灰场贮灰方式,经技术经济比较确定。

10.6 控制及检修设施

10.6.1 系原规范第7.5.1条的修改。

国内新建电厂干除灰系统控制基本都采用程序控制或集中控制且运行可靠性很高,不需再设就地控制装置。为方便调试及事故处理,可保留必要的就地按钮。

对水力除灰渣系统(包括石子煤系统),应根据系统和工程条件采用就地或集中控制。

10.6.2 系原规范第7.5.2条的修改。

10.7 循环流化床锅炉除灰渣系统

本节为新增章节。

10.7.1 本条为新增条文。

由于循环流化床锅炉的灰渣中钙化物含量较高,不宜采用水力除灰系统。

国内循环流化床锅炉电厂的底渣输送系统,其系统出力一般为底渣量的230%~300%,电厂运行人员反映出力偏小。考虑我国电厂燃煤煤种多变以及入炉燃煤粒度的变化,底渣量变化较大,输送机械经常在低速下工作,可大大减少对部件的磨损,故推荐系统出力不宜小于底渣量的250%。

11 脱硫系统

本章为新增章节。

11.0.1 目前常用的烟气脱硫工艺见表2。

表2 常用的烟气脱硫工艺

分类	处理方法	基本原理及适应性	处理效果及优缺点
干法半干法	循环流化床锅炉炉内脱硫法	向循环流化床燃烧锅炉燃烧室喷入石灰石粉,在炉内煅烧成CaO,然后与SO_2反应,生成$CaSO_3$与$CaSO_4$ 适用于各种容量的锅炉,国内已有不少业绩	脱硫效率约为80%~90%,系统简单,脱硫效率中等,钙硫比高(Ca/S=2.0~3.0)

续表2

分类	处理方法	基本原理及适应性	处理效果及优缺点
干法、半干法	烟气循环流化床或NID(Novel Integrated Desulphurization)	利用CaO消化生成吸收剂$Ca(OH)_2$,在一个特制的回流循环流化床装置或反应器中与烟尘混合,并多次循环,装置的底部喷入雾状水调质,使石灰碱性达到最佳状态,与SO_2反应生成$CaSO_3$与$CaSO_4$ 适用于各种容量的锅炉,目前国内已有不少业绩	脱硫效率80%~90%,系统较简单,钙硫比低(Ca/S=1.1~1.3),投资较高,占地面积大,运行费用较高,对运行要求严格
	电子束照射法	吸收剂为液氨,利用电子束照射作用,与氨反应后生成$(NH_4)_2SO_4$,在除尘器中被收集,副产品可作为肥料。可同时脱硝 适用于中小型锅炉,目前国内已有业绩	脱硫效率可达90%,投资高,占地面积大,运行费用较高,对运行要求严格
	喷雾干燥法	利用CaO消化并加水制成消石灰[$Ca(OH)_2$]乳,在含SO_2的烟气进入吸收塔时,向吸收塔内喷入消石灰乳,在塔内与SO_2与$Ca(OH)_2$反应,生成$CaSO_3$与$CaSO_4$颗粒物,利用烟气的热量干燥后,降落到塔底 适用于各种容量的锅炉,在国内已有业绩	脱硫效率70%~85%,投资较高,占地面积大,消石灰乳泵磨损严重,吸收塔内集结结垢,钙硫比较低(Ca/S=1.4~1.5)
	炉内喷钙尾部增湿	向锅炉燃烧室喷入石灰石粉,使$CaCO_3$煅烧成CaO,炉内一部分与SO_2反应生成$CaSO_3$与$CaSO_4$,然后同烟气一起进入炉外活化器,其中烟尘和吸收剂再循环,使活化器内烟气温度降到接近露点温度,SO_2与吸收剂进一步反应脱硫,低温烟气排出活化器后,或采用热交换或混入部分热空气,使烟温提高到70℃左右,再进入除尘器 适用于大中容量锅炉,国内已有业绩	脱硫效率70%~80%,投资较高,占地面积大,降低锅炉热效率,运行管理要求高,钙硫比高(Ca/S=2.5~3)
	荷电干式吸收剂喷射脱硫	通过特殊的喷枪,使吸收剂$Ca(OH)_2$干粉荷电后,喷入锅炉内部烟道中与SO_2反应,生成$CaSO_3$与$CaSO_4$ 适用于中小容量的锅炉,在国内已有不少工程使用	脱硫效率70%~85%,系统较简单,占地面积省,投资较低,钙硫比低(Ca/S=1.3~1.5),运行成本低
湿法	石灰石-石膏湿法	利用石灰石粉浆洗涤烟气,SO_2与$CaCO_3$产生化学反应,生成$CaSO_3$,进而被氧化成$CaSO_4$,固液分离等工艺过程达到脱硫的目的 适用于较大容量锅炉,技术成熟,业绩广泛	脱硫效率可达90%~95%以上,技术可靠,工艺系统完整,钙硫比低(Ca/S=1.03~1.05),脱硫效率最高,可获得石膏副产品,投资很大,占地面积大,系统复杂,运行成本高,管理要求严格
	海水脱硫	利用天然海水作为吸收液,在反应塔内洗涤SO_2,吸收SO_2后的海水在曝气氧化池中与海水混合,曝气处理,使不稳定的SO_3^{2-}被氧化成稳定的SO_4^{2-},最终排入大海。通常需要设置烟气换热器 国内有此行业绩	脱硫效率可达90%以上,投资大,受自然条件限制(需位于海边且周围海域对增加的SO_4^{2-}不敏感),占地面积较大,运行成本较低
	氨法	利用氨水或液氨为吸收剂,通过吸收洗涤烟气,使SO_2与氨反应,生成$(NH_4)_2SO_3$和NH_4HSO_3,进一步氧化成$(NH_4)_2SO_4$ 适用于中小容量锅炉,国内有系列设备	脱硫效率80%~90%,系统简单,占地小,投资较低,运行费用高
	钠钙双碱法	利用NaOH或$NaCO_3$溶液作为吸收剂,降低吸收液结垢倾向,同时再生的NaOH或$NaCO_3$溶液可反复循环利用,使用CaO消化产生的$Ca(OH)_2$作为固硫剂,达到脱硫的目的 适用于中小容量锅炉,目前国内已有业绩	脱硫效率可达90%,投资中等,占地面积中等,运行成本中等

续表2

分类	处理方法	基本原理及适应性	处理效果及优缺点
湿法	碱金属（镁或钠）法	利用$Mg(OH)_2$或$NaOH$作为吸收剂，在反应塔中洗烟气，使SO_2与$Mg(OH)_2$或$NaOH$产生化学反应，生成$MgSO_3$或Na_2SO_3，在氧化塔中进一步氧化为$MgSO_4$或Na_2SO_4，达到脱硫的目的	脱硫效率可达90%以上，占地中等，投资中等，运行费用较高
	废碱液法	利用锅炉房水力除灰渣系统的碱性循环废水及企业的其他碱性废液作为吸收剂，通过麻石筒法除尘器洗涤烟气，使烟气中的SO_2与碱性废水反应 适用于中小容量锅炉，在工业锅炉上应用较多	脱硫效率30%～60%，系统简单，投资较低，占地较大，效率低，运行费用低

11.0.3 一般情况下，当采用湿法脱硫工艺时，2台炉配1台反应吸收塔比1台炉配1台反应吸收塔投资要低，有利于节省投资。

11.0.4 脱硫增压风机的工作条件与锅炉引风机类似，选择要求参照引风机。

关于锅炉炉膛瞬态防爆压力的选取，目前国内现行规程《电站煤粉锅炉炉膛防爆规程》DL/T 435及《火力发电厂烟风煤粉管道设计技术规程》DL/T 5121》与现行美国国家防火协会 NFPA85规范之间存在差异，如果完全按照国内现行规程执行提高炉膛瞬态防爆压力，则比较保守，将导致锅炉及烟气系统钢材增加较多。

国内中小型机组锅炉大多属于传统型锅炉（在原苏联设计标准上发展起来的），其炉膛防爆设计压力低于美国标准，一般不低于±4kPa。取钢材按屈服极限确定基本许用应力时的安全系数 $n_s=1.5$，则炉膛瞬态防爆压力达到±4×1.5=±6.0（kPa）；如果取 $n_s=1.67$，则炉膛瞬态防爆压力达到±4×1.67=±6.7（kPa）；其绝对值均小于8.7kPa。因此，锅炉（特别是传统型锅炉）炉膛设计瞬态负压在引风机压头较大时可适当提高，按照引风机在环境温度下的TB点[Test Block，风机试验台工况点。一般将此工况点作为风机能力（风量、压头）的考核点]能力取用，但不要求负压绝对值大于8.7kPa。

11.0.10 本条规定了脱硫控制室的设置及控制水平。

1 脱硫控制室与其他控制室或构筑物如果有条件合并布置，可节约占地。

2 脱硫系统的控制水平应与机组控制水平一致。

12 脱硝系统

本章为新增章节。

12.0.1 目前常用的烟气脱硝工艺见表3。

表3 常用的烟气脱硝工艺

分类	处理方法	基本原理及适应性	处理效果及优缺点
干法（还原法）	选择性催化还原法（SCR）	采用NH_3为反应剂，采用TiO_2和V_2O_5为主体的催化剂，将NO_x还原为N_2。反应温度300℃～400℃ 技术最成熟，适合于大容量锅炉，在国内有运行业绩	脱硝效率高，可达到50%～90%，NH_3透逸率比较高，投资费用较高
干法（还原法）	非选择性催化还原法（SNCR）	采用NH_3或尿素[$CO(NH_2)_2$]不使用催化剂，反应温度要控制在850℃～1100℃ 适合中容量锅炉，在600MW机组上尚无业绩	脱硝效率较低，仅40%～60%，还原剂消耗量大，NH_3透逸率高，会影响下游设备（如空预器）的堵塞和腐蚀，无副产品催化剂，投资费用较低

续表3

分类	处理方法	基本原理及适应性	处理效果及优缺点
干法（还原法）	活性炭、焦吸附法	采用活性炭或焦吸附SO_2，并将其转化为H_2SO_4，同时催化加入的NH_3将NO_x还原为N_2。可同时脱硫和脱硝 适合于中小容量锅炉，在国内尚无业绩	脱硝效率可达到80%，初投资和运行费用较高
湿法（氧化法）	O_3氧化吸收法	采用O_3为反应剂，使NO_x氧化，然后用稀硝酸（HNO_3）液体需经浓缩处理，而且O_3需用高电压取 适合小容量锅炉	脱硝效率可达到85%，初投资高，运行高
湿法（氧化法）	ClO_2氧化还原法	采用ClO_2为反应剂，将NO_x氧化吸收，使NO_2还原为N_2。副产品KNO_3可作化肥，可以和采用$NaOH$作为脱硫剂的湿法脱硫技术结合使用 适合小容量锅炉	脱硝效率高，可达到95%，运行成本高，投资高
湿法（氧化法）	$KMnO_4$氧化吸收法	采用$KMnO_4$为反应剂，将NO_x氧化成NO_2，然后NO_2固相生成硝酸盐。副产品KNO_3可作化肥，可同时脱硫，存在水污染的问题，需调配水处理系统 适合小容量锅炉	脱硝效率高，可达到90%～95%，运行成本高，投资较高

12.0.2 当选择液氨等作为脱硝反应剂时，还应经过建设项目环境影响报告和安全预评价报告的批复通过。

12.0.3 失效催化剂的处理一般采用再生循环利用或者是垃圾掩埋，主要取决于失效催化剂的寿命与使用情况，同时综合考虑处理方式对环境的影响和经济成本。

12.0.4 如果脱硝装置采用 SCR 装置且"高含尘"（位于省煤器和空预器之间）布置的方式，一般旁路有两种，一种是烟气调温旁路，另一种是 SCR 旁路。

所谓烟气调温旁路，是指从省煤器入口至 SCR 反应器入口的旁路。其作用是在低负荷时（低于50%～70%MCR）打开旁路，将烟气直接引入 SCR 装置，保证 SCR 装置内的烟气温度保持在适合投NH_3的温度（300℃左右），以确保脱硝效率。由于锅炉在低负荷时NO_x浓度相应较低，如果电厂低负荷的年运行小时很低时，可以考虑不投NH_3，因此一般不设置烟气调温旁路。

所谓 SCR 旁路，是指从 SCR 入口至空预器入口的旁路。其主要用于锅炉启停时保护 SCR 装置内的催化剂不受损坏，并且方便检修 SCR。因此，安装 SCR 旁路主要用于锅炉需要经常启停或长时间不用的情况。SCR 旁路需要增加挡板，由于挡板常关，因此积灰比较严重，为使积灰不结块，SCR 旁路还需要设置一套加热系统使之加热至100℃左右，因而投资、维护费用和要求都比较高。在美国，SCR 在夏季运行，冬季关闭，所以专门设置 SCR 旁路；对于小型热电厂一般可不设置 SCR 旁路。

12.0.5 关于锅炉炉膛瞬态防爆压力选取的原则与第11.0.4条条文说明相同。

12.0.6 主要指410t/h锅炉当采用回转式空气预热器时，如果采用 SCR 或 SNCR 装置，残余NH_3和烟气中的SO_3、H_2O形成NH_3HSO_4，在温度150℃～230℃范围内对空气预热器的中温段和冷段形成强烈腐蚀，SCR 催化物也将部分SO_2转化为易溶于水形成硫酸滴的SO_3，加剧冷端腐蚀和堵塞的可能。因此，空气预热器设计需要采用如下一些措施：

1 换热元件采用高吹灰通透性的波形替代，虽然这种波形能保证吹灰和清洗效果，但换热性能下降，需增加换热面积。

2 冷段采用搪瓷表面传热元件，可以隔断腐蚀物和金属接触，表面光洁，易于清洗干净。

3 空气预热器吹灰器采用蒸汽吹灰和高压水停机清洗。

13 汽轮机设备及系统

13.1 汽轮机设备

13.1.1 系原规范第8.1.1条的修改。

国家发改委、建设部2007年《关于印发〈热电联产和煤矸石综合利用发电项目建设管理暂行规定〉的通知》中明确：在已有热电厂的供热范围内，原则上不重复规划建设企业自备热电厂。除大型石化、化工、钢铁和造纸等企业外，限制建设为单一企业服务的热电联产项目。在热电联产项目中，优先安排背压式热电联产机组，当背压式机组不能满足供热需要时，鼓励建设单机200MW及以上大型高效供热机组。在电网规模较小的边远地区，结合当地电力电量平衡需要，可以按热负荷需求规划抽汽式供热机组，并优先考虑利用生物质能等可再生能源的热电联产机组；限制新建并逐步淘汰次高压参数及以下燃煤（油）抽凝机组。

根据国家新的能源政策，热电联产应当以集中供热为前提，以热定电。在热负荷可靠落实的前提下，应优先选用容量较大、参数较高和经济效益更高的供热式汽轮机。

对于干旱地区，水资源非常紧张，节约水资源是我国保护环境的基本国策，因此，干旱地区宜选用空冷式汽轮机。

13.1.2 系原规范第8.1.2条。

13.1.3 系原规范第8.1.3条的修改。

1 选用背压式机组，特别强调必须具有常年持续稳定的热负荷。如一些化工企业，一年四季不分冬夏、不分昼夜，除有计划停产检修外，连续生产，用汽热负荷非常稳定，这样的企业自备热电厂，非常适合选用背压式机组或抽汽背压式机组来承担全年中的基本热负荷。

背压式机组满负荷运行时，有很高的经济性。但负荷低时，效率降低很多。因此应让背压式汽轮机带足全年中的基本热负荷，这样节能效果显著。通常背压式汽轮机的最小热负荷，不得低于调压器正常工作允许的最小出力，为额定出力的40%左右。

2 热电厂各热用户或企业自备热电厂各车间的用汽量和用汽时间不均衡，在全年的热负荷中有一部分是常年稳定的热负荷，而另一部分是随季节和昼夜而波动的热负荷。在机组选型时，必须实事求是，有多少是常年稳定的基本热负荷，就选用多大容量的背压式汽轮机或抽汽背压式汽轮机，另设置抽凝式机组承担变化波动的热负荷。

3 本条提出了"新建热电厂的第一台机组不宜设置背压式汽轮机"这一点在我国是有经验教训的。热网建设牵涉到城市规划和各行各业，虽然强调与热电厂同时设计、同时施工、同时投产，但往往因种种原因而滞后较长时间，新的经济开发区热负荷稳定一般需要1年~2年，甚至2年~3年时间。在这种情况下，第一台机组选用了背压式汽轮机，常常因热负荷不足，而不能正常投运，不得不改为先安装抽凝式机组，后安装背压式机组。

13.1.4 系原规范第8.1.4条的修改。

为了使热电联产系统的经济性达到最佳状态，应该正确选择供热式汽轮机的形式、容量，并建设一定容量的尖峰锅炉实行联合供热。热化系数是标志热电联产系统经济性是否达到最佳状态的一个重要指标。在工程中具体取多少，必须因地制宜，论证确定。

热化系数取值过小，满足了热电厂本身的经济效益，则可能使热电厂机组容量小、扩建周期短而新建尖峰锅炉房多；热化系数取值过大，则设备投资和热电厂的运行经济效益受热负荷的增长速度的严重制约。

影响热化系数的主要因素有热负荷的种类、大小、特性和增长速度；地区气象特征；供热式机组的形式、容量；热电厂的扩建周期和综合造价；尖峰锅炉房的容量和综合造价；热网的参数、形式、规模和综合造价；热电厂的燃料和供水条件及费用；地区的煤价、气价、电价和热电厂在电网中的地位等。这些因素都是随时间和地点而变化的，同时也在一定程度上受到国家能源政策和经济政策的约束。因此合理选取热化系数是一个政策性强、涉及面广、较复杂的系统优化组合问题。

热化系数作为衡量热电厂经济性的宏观指标，一般在0.5~0.8范围内，这就说明即建成热电厂之后仍有20%~50%的供热负荷不依靠电厂，直接由调峰锅炉供给。而保留一部分外置区锅炉房，既有利于电厂的经济运行，降低热电厂的建设投资，又对供热区域起到调峰和备用作用。

13.1.5、13.1.6 系原规范第8.1.5条和第8.1.6条。

13.2 主蒸汽及供热蒸汽系统

13.2.1、13.2.2 系原规范第8.2.1条和第8.2.2条。

13.3 给水系统及给水泵

13.3.1、13.3.2 系原规范第8.3.1条和第8.3.2条。

13.3.3 系原规范第8.3.3条的修改。

近年来，为了减少厂用电，已出现一些高压热电厂采用大汽轮机的中压抽汽，供小背压机带动给水泵，小背压机的排汽再供除氧器用汽（0.8MPa~1.0MPa），进一步提高了节能效果。

13.3.4 系原规范第8.3.4条。

13.4 除氧器及给水箱

13.4.1 系原规范第8.4.1条。

13.4.2 系原规范第8.4.2条的修改和补充。

给水箱是凝结水泵、化学补水泵与给水泵之间的缓冲容器，在机组启动、热负荷大幅度变化以及凝结水系统或化学补给水系统故障造成除氧器进水中断时，可以保证在一定时间内不间断地满足锅炉给水的需要。

考虑到小型发电厂近年来的热控水平及操作水平虽有所提高，但热电厂的热负荷变化较大等因素，对130t/h级及以下的锅炉的给水箱容量，仍规定与原条文相近。随机组容量的增大，热控水平的提高，适当减小给水箱容量，对设备布置和节约投资均有利，故对410t/h级及以下的锅炉，补充规定给水箱总容量为15min全部锅炉额定蒸发量时的给水消耗量，但仍比纯凝汽电厂大。

给水箱的总容量是指水箱正常水位至出水管顶部水位之间的贮水量。

13.4.3 系原规范第8.4.3条的修改。

国产高压50MW级抽凝式机组凝汽器带鼓泡式除氧装置，允许补水进入凝汽器进行初级除氧。

13.4.4 系原规范第8.4.4条。

13.4.5 系原规范第8.4.5条的修改。

在以供采暖为主的热电厂中，当热网加热器的大量高温疏水和高压加热器的疏水进入大气式除氧器时，其扩容汽化的蒸汽量超过除氧器的用汽需要，使进入除氧器的给水不需要回热抽汽加热就自生沸腾，产生这种自生沸腾的不良后果是：

1 除氧器内压力升高，对空排汽量加大，汽水损失增加。
2 破坏除氧器内的汽水逆向流动，除氧效果恶化。
3 影响给水泵的安全运行。

在除氧器热力系统做热平衡计算时，应保证除氧器不发生自生沸腾。为此必须使回热抽汽量有一定的正值，必要时还要对除氧器进行低负荷热平衡校核计算。如果计算的结果是回热抽汽量为较小的正值，甚至负值时，就必须把大量的热网高温疏水通过疏水冷却器降温后再进入除氧器。疏水冷却器可以用来预热热网水、生水或化学补给水。

解决除氧器自生沸腾的另一方法是提高除氧器的工作压力，

采用绝对压力为 0.25MPa～0.412MPa、饱和温度为 120℃～145℃的中压除氧器或压力为 0.5MPa、饱和温度为 158℃的高压除氧器。近年来大容量、高参数的采暖机组都采用了压力较高的除氧器。

13.4.6 本条为新增条文。

火力发电厂高温高压机组一般配置两台除氧器：一台低压除氧器，一台高压除氧器。温度较低的除盐水首先经除盐水泵补入低压除氧器，在低压除氧器内热力除氧，加热到一定温度后再由中继泵打入高压除氧器。设置低压除氧器的目的一方面主要是经过两道除氧，可保证给水含氧量合格；另一方面，可防止低压补水直接进入高压除氧器，引起设备负荷加大，出现剧烈振动，甚至造成设备损坏。

在保证给水含氧量合格的条件下（给水含氧量部颁标准为小于 $7\mu g/L$），也可采用一级高压除氧器。

13.4.7～13.4.9 系原规范第 8.4.6 条～第 8.4.8 条。

13.5 凝结水系统及凝结水泵

13.5.1 系原规范第 8.5.1 条。

13.5.2 系原规范第 8.5.2 条的修改。

新增凝结水泵"宜设置调速装置"，主要是考虑电厂的节能降耗。

凝汽式机组一般装设 2 台凝结水泵，一运一备。每台凝结水泵的容量应为汽机最大进汽工况下最大凝结水量的 110%。裕量 10%，主要考虑除氧器水位调节需要、凝结水泵老化和其他未估计到的因素。

13.5.3、13.5.4 系原规范第 8.5.3 条和第 8.5.4 条。

13.6 低压加热器疏水泵

13.6.1 系原规范第 8.6.1 条的修改。

由于本规范电厂容量的适应范围已经扩大到 125MW 以下机组，因此根据这一情况，相应修改本条。

13.6.2、13.6.3 系原规范第 8.6.2 条和第 8.6.3 条。

13.7 疏水扩容器、疏水箱、疏水泵与低位水箱、低位水泵

13.7.1 系原规范第 8.7.1 条的修改。

电厂的主蒸汽、供热蒸汽和厂用低压蒸汽等均采用母管制系统。其他各类母管也较多，启动和经常疏放水也较多，为回收工质和热量，宜设疏水扩容器、疏水箱和疏水泵。本次修订补充了高压机组宜分别设置高压疏水扩容器和低压疏水扩容器的规定。

多数热电厂设疏水箱和疏水泵。运行中锅炉停炉及水压试验后的放水，常因水质差，回收一部分或不回收。除氧器给水箱的放水，多数发电厂均采用先放至疏水箱，再用疏水泵打至其他除氧器给水箱后，然后放去部分水质差的剩水。实际放入疏水箱的主要是各母管的经常疏水。考虑到多数热电厂实际放入疏水箱的经常疏水量，疏水箱的容积比原规范规定得小一些。

第二组疏水系统的设置，可根据机组台数、主厂房长度等因素综合考虑决定。一般机组超过 4 台时，根据需要可设置第二组疏水设施。

13.7.2 系原规范第 8.7.2 条。

13.8 工业水系统

13.8.1 系原规范第 8.8.1 条。

13.8.2 系原规范第 8.8.2 条的修改。

有些发电厂把工业水、冲灰水、消防水和生活水等系统连在一起，系统紊乱，互相影响。为避免出现各种用水相混的情况发生和保证工业用水的可靠性，要求工业水具有独立的供、排水系统。供水系统不应与厂内消防用水、冲灰用水、生活用水等系统合并。

13.8.3 系原规范第 8.8.3 条的修改。

工业水系统一般可分为开式、闭式或开式与闭式相结合的系统。开式系统较为常见，这种系统较简单。当淡水水源不足或水质较差，如再生水、海水等，不能适应辅机设备冷却水要求的，需要进行澄清、过滤或化学处理时，可选用闭式系统，回收重复利用。

近年来在大机组中普遍采用的闭式除盐水系统也出现在一些对工业水要求较高的 50MW 级及以上的机组设计中，因此补充了此条款。

13.8.4～13.8.7 系原规范第 8.8.4 条～第 8.8.7 条。

13.8.8 系原规范第 8.8.8 条。

提倡节约用水，循环使用，一水多用。工业水排水可回收作为其他对水质要求不高的用户的水源，如作煤场喷洒水、调湿灰用水等，也可以经过冷却后再作工业水循环使用。

13.8.9 系原规范第 8.8.9 条。

13.9 热网加热器及其系统

13.9.1～13.9.11 系原规范第 8.9.1 条～第 8.9.11 条。

13.10 减温减压装置

13.10.1～13.10.4 系原规范第 8.10.1 条～第 8.10.4 条。

13.11 蒸汽热力网的凝结水回收设备

13.11.1、13.11.2 系原规范第 8.11.1 条和第 8.11.2 条。

13.12 凝汽器及其辅助设施

13.12.1 系原规范第 8.12.1 条。

13.12.2 系原规范第 8.12.2 条的修改。

凝汽器胶球清洗装置能在运行中对凝汽器换热管内壁进行自动清洗，是提高凝汽器真空、延长管材使用寿命、减少人工清洗、检修工作量、提高机组运行经济性、节能降低煤耗的有效措施。对水质条件差、受季节性变化影响大的开式循环水系统的机组尤为必要。因此除了采用开式循环水系统水质好，水中悬浮物较少，并证明凝汽器管材不结垢的除外，一般应装设胶球清洗装置。

13.12.3 本条为新增条文。

本条提出了对凝汽器抽真空设备的规定。

13.12.4 本条为新增条文。

本条补充了对空冷机组凝汽器抽真空设备的规定。

14 水处理设备及系统

14.1 水的预处理

14.1.1 系原规范第 10.1.1 条的修改。

随着水处理新技术不断推出和其工艺系统日臻完善，可供选择的锅炉补给水处理水源不局限于水源地的原水，如城市回用再生水、矿井排水以及苦咸水、海水等，经过技术经济比较后都可以作为被选择水源。

14.1.2 本条为新增条文。

要求掌握所选择的水源是否有丰水期和枯水期的变化以及变化规律，了解是否有海水倒灌或农田排灌等影响，对于回用再生水、矿井排水需了解其来源和水质组成。对于地表水还应对是否会有沿程变化进行预测判断。

14.1.3 本条为新增条文。

14.1.4 本条为新增条文。

强调水质资料的获取是设计行之有效的水处理系统的先决条件。作为锅炉补给水的水源应进行水质全分析，并对分析次数及项目作出规定。

14.1.5 系原规范第 10.1.2 条的修改。

根据不同的被处理水源确定水处理系统。对不同的水质选择不同的处理工艺时细化归纳成三个大类：

1 凝聚澄清。

2 颗粒介质过滤。

3 膜过滤。

14.1.6 系原规范第10.1.3条和第10.1.4条的修改。

保留条文中有用部分，增加近年来运用成熟的微滤、超滤等内容，以及设备台数的确定。

14.1.7 本条为新增条文。

预处理系统运行时的"启"与"停"操作不太频繁，手动操作一般不会给运行带来不便；而澄清器（池）排泥、过滤器（池）反洗则随运行状态的继续不断重复，宜程序控制。

14.1.8 本条为新增条文。

14.2 水的预除盐

本节为新增章节。

随着水处理科技不断发展和处理工艺可操作性增强，无论是膜法脱盐还是热法脱盐，依托的是物理法，在热力发电领域被越来越多地采用。纳滤膜也能部分脱盐，但在国内火电厂尚鲜见，因此本规范所指的膜法是针对反渗透而言。

14.2.1 本条论述了发电厂水的预脱盐工艺。

14.2.3 热电厂以热电联产来获取效益，机组容量不大但需补水量很大。提出设计预脱盐系统前应进行技术经济比较。

1 提出了反渗透系统选择配置的原则。主要包括：模块化设计、回收率确定原则、排放浓水宜回用以及装置运行加药、停运保养等。

1）根据运行资料，中水回收率约55%，其他淡水回收率可达85%，海水单级反渗透回收率可达45%。

2）RO膜对进水中溶解性盐类不可能绝对完美地截留。水通量同时是温度、压力、溶质浓度、膜通量衰减以及回收率的函数，运行中任一因素都会影响产水量。设计时应考虑程序计算膜元件的温度取值，海水每降低1℃产水量下降约3%，淡水每降低1℃产水量下降1.5%～2%。加热水体可以减小水的黏度、提高水的扩散系数、降低膜表面浓差极化、增加水通量。

3）反渗透高压泵出口慢开阀可防膜组件受高压水冲击，也有工程采用变频手段控制启动条件，装爆破膜是尽可能减小误操作引起膜损坏，浓水排放装流量控制阀可以控制水的回收率。

14.2.4 本条论述了发电厂采用热法预脱盐的规定。

1 提出了设置海水预处理的原则。

2 提出了海水热法脱盐前的水质稳定、调理原则。

3 提出了蒸馏淡化装置的容量配置原则。

4 提出了加热和抽真空用汽选择的原则。

5 对不同类型的热法海水淡化装置最高操作温度作出了原则约定。不同的海水淡化装置，其所选材质也不同。

14.3 锅炉补给水处理

系对原规范第10.2节作出较大增删、调整和修改。20世纪90年代以来随着热电联产机组容量、参数不断增大、升高，以及不断推出阴离子交换树脂新品种和价格下降，水的软化工艺渐渐淡出市场。基建电厂锅炉补给水处理大都采用除盐技术，运行厂也纷纷对软化系统进行除盐工艺技术改造。锅炉补给水水质的改观与锅炉水、汽系统能否清洁运行相辅相成，既可核减锅炉排污损失，又可减轻热力系统化学加药负担。

14.3.1 本条为锅炉补给水处理系统设计。

1 系原规范第10.2.1条的修改。

保留了原条文中有用部分，提出锅炉补给水处理宜采用除盐技术。

2 系原规范第10.2.1条的修改。

3 本款为新增条款。

离子交换树脂的工作交换容量是拟定处理系统、选取设备规范的重要数据。树脂的工作交换容量是动态的，当树脂品牌和用量确定后，在不超过相应树脂工作交换容量上限的前提下，也可用再生剂耗量的不同得到相应树脂的工作交换容量，使再生排水pH值在中性范围内。

4 系原规范第10.2.1条的修改。

5 系原规范第10.2.3条的修改。

本规范锅炉蒸发量一般不超过410t/h级，仍保留并修改"启动或事故增加的损失"这一项。由于不采用单独软化水作为补给水，厂内水、汽系统循环损失相应核减，锅炉蒸发量大时宜取下限，锅炉蒸发量小时宜取上限。

14.3.2 本条规定了锅炉补给水处理设备的选择。

1 系原规范第10.2.4条的修改。

每台交换器正常再生次数宜按每昼夜不超过1次考虑是基于：当每台交换器正常再生次数多于1次/d时，说明进入交换器的水中需被交换的离子含量高，此时往往用设置预脱盐系统、增大交换器直径、增加交换器台数等方法来解决；在相同制水量时，再生越频繁，单位耗酸碱和废水排放量以及厂用电越大；运行20h、再生4h较科学，涉外工程和核电机组均如此考虑。有前置预脱盐的交换器不受本条款限制。

每台交换器正常再生次数按每昼夜1次考虑，对检修或再生备用以及全年最坏水质的已具有缓冲空间。

2 系原规范第10.2.5.1款的修改。

目前国内离子交换器最大直径为φ3200mm，固定床系列中间水箱6min贮水量和浮动床系列中间水箱4min贮水量对应的有效贮容约为20m³，其直径不会超过φ3400mm，不会对制造、运输带来不便。

3 本款为新增条款。

装置元器件配置应保证产水回收率大于90%。据了解：IONPURE公司C-CELL装置的淡水室和浓水室均填充着离子交换树脂，充分克服了水电阻问题，能耗降低，故无须浓水循环、不必加盐，有浓水排放，但没有极水排放；ELECTROPURE公司EDI装置中，淡水室填充着离子交换树脂，浓水室无离子交换树脂填充，故也无须浓水循环、但须加盐，有浓水排放，也有极水排放。

4 本条为新增条款。

提出了对运行中的除盐系统进行不能断水的保护。

5 系原规范第10.2.5.2款～第10.2.5.4款的修改。

14.4 热力系统的化学加药和水汽取样

14.4.1 系原规范第10.3.1条和第10.3.2条的修改。

1 锅炉炉水加药不局限于磷酸盐，也可用氢氧化钠校正水质。加药是一把双刃剑，在为锅炉水处理作出贡献的同时客观上也向水体投入了杂质。因此在达到处理效果前下希望加入量越少越好。如一台410t/h级汽包炉，每个月投加一次30g的固体分析纯氢氧化钠提高炉水pH本底值即可，同时锅炉不再排污。

2 当锅炉补给水采用除盐水后，给水应进行加氨处理。

3 根据锅炉压力等级或炉型，考虑是否进行给水加联氨处理。联氨不仅是除氧剂，还有缓蚀作用。

4 新增闭式冷却水系统加药及药品选择内容。药品宜与给水或炉水采用的一致。当给水没有进行加联氨时，可视炉水加药品种先对闭冷水添加适量磷酸盐或氢氧化钠提升pH本底值，然后加少量氨维持pH值。

14.4.2 本条为新增条文。

有必要时可向制造厂提出增设加药点，与本体连接的入药口应在锅炉出厂前完成。

14.4.3 系原规范第10.3.1条和第10.3.2条的修改。

根据实际运行情况，高压及以下机组的加药计量泵（尤其是进口泵)不易损坏,对多台机组合用一套加药装置时,可不设备用泵,泵出口管系设计成相互备用;如果仅设单台机组,也可根据机组情况考虑备用泵。

14.4.4 本条为新增条文。

本条提出了自动加药以及控制自动加药所采集的信号方式。

14.4.5 系原规范第 10.3.4 条的修改。

本条强调了样点设置、与水化学工况的关系确定等。

14.4.6 本条为新增条文。

采用水汽取样模块;配备必要的在线仪表(如溶氧表、pH 表和电导率表等),根据工程情况选择在线仪表信号输送方式。

14.4.7 系原规范第 10.3.4.1 款的修改。

14.4.8 本条为新增条文。

本条对加药、取样管道材料选择提出了要求。

14.4.9 系原规范第 10.3.4.6 款的修改。

加药、取样装置宜物理集中布置,就近设立现场水汽化验室,其分析仪器配置应与在线仪表互补。

14.5 冷却水处理

14.5.1 系原规范第 10.4.1 条的修改。

电厂冷却水是厂内最大水用户,尤其是冷却塔二次冷却电厂,其水源选择意义重大。循环冷却水系统又是一个动态平衡体系,不仅包括水量、水质的平衡(稳定),而且包括换热表面、微生物生长等方面的平衡,循环冷却水加药就是为了维持浓缩倍率在一定范围时,尽量提高凝汽器传热效率和循环水浓缩倍率,建立起系统新的动态平衡和保持系统正常、经济运行。

14.5.2 本条为新增条文。

本条增加了凝汽器循环水浓缩倍率计算取值的内容。

近年水质稳定剂药效已大幅提高,通常可使水中极限碳酸盐硬度保持在 10mmol/L,辅助加酸效果更佳。

循环水补充水碳酸盐硬度较高又要求有较高浓缩倍率时,应采用补充水软化处理或循环水旁流软化处理。

循环水排污水必须回用于循环冷却水系统或补充水含盐量很高时也可考虑膜处理。

14.5.3 本条为新增条文。

再生水一般指城市污水经过一级处理、二级处理后的排水。同自然界淡水相比,它具有含盐量、有机物、氨氮高,细菌种群复杂,腐蚀和结垢倾向大等特点。可考虑石灰处理,当有机物等含量高时宜采用生物膜处理。

14.5.4 系原规范第 10.4.2 条的修改。

硫酸亚铁溶液在凝汽器铜管内壁形成碱性氧化铁膜可减缓铜管腐蚀。新铜管一次造膜效果较好;运行中补膜与药剂浓度、加药模块距加药点距离、二价铁被氧化成三价铁速度、水的流程以及时间有关。聚磷酸盐在水中易产生粘着物,而硫酸亚铁有助凝作用,可致使粘着物附于管壁影响传热效果,因此冷却水采用聚磷酸盐处理时不宜选用硫酸亚铁成膜。

14.6 热网补给水及生产回水处理

14.6.1 系原规范第 10.5.2 条的修改。

本条阐述了对热网补给水处理的要求。

14.6.2 系原规范第 10.5.3 条、第 10.5.5 条的修改。

14.6.3 系原规范第 10.5.4 条的修改。

14.7 药品贮存和溶液箱

14.7.1 系原规范第 10.7.1 条的修改。

14.7.2 系原规范第 10.7.3 条的修改。

14.8 箱、槽、管道、阀门设计及其防腐

本节为新增章节。

14.8.1 本条为新增条文。

本条提出了水箱(池)本体应具有的必要功能。

14.8.2 本条为新增条文。

本条提出了管道、阀门应满足流经介质的要求。

14.8.3 本条为新增条文。

本条对寒冷地区室外设施提出了保温和防冻要求。

14.8.4 系原规范第 10.6 节的修改。

本条提出了应根据腐蚀性介质的性质选择防腐材料和工艺,兼顾防腐衬涂施工时的环境、劳动卫生条件。直埋钢管要根据土壤性质(如盐碱性、地下水位以及冻土层等)选择管外壁防腐层。

14.9 化验室及仪器

14.9.1 系原规范第 10.7.5 条的修改。

14.9.2 本条为新增条文。

15 信息系统

本章为新增章节。

15.1 一 般 规 定

15.1.1 在全厂信息系统的总体规划设计时,要符合现行行业标准《电厂信息管理系统设计内容及深度规定》DLGJ 164 的有关规定。

15.2 全厂信息系统的总体规划

15.2.6 单向传输隔离设备应是通过国家有关部门认证的、可靠的、取得合格证书的产品。应遵循国家经贸委发布的〔2002〕第 30 号令《电网和电厂计算机监控系统及调度数据网络安全防护规定》(2002 年 6 月 8 日起施行)。

15.3 管理信息系统(MIS)

15.3.6 信息分类与编码应遵照国家标准和电力行业的各种规范及编码标准。如工程采用电厂标识系统,应遵循现行国家标准《电厂标识系统编码标准》GB/T 50549。

16 仪表与控制

16.1 一 般 规 定

16.1.1 系原规范第 13.1.1 条的修改。

本条规定了仪表与控制系统的选型的基本原则。

16.1.2 系原规范第 13.1.2 条的修改。

根据我国电力建设的现状和发展要求,本条强调仪表与控制系统的选择应技术先进、质量可靠、性价比高。

16.1.3 系原规范第 13.1.3 条的修改。

由于产品必须经过鉴定后才准许生产并投放市场的做法今后将有所改变,所以对新产品、新技术的要求修改为"取得成功的应用经验后",不再强调"鉴定合格"。

16.1.4 本条为新增条文。

本条是采用分散控制系统(DCS)、可编程控制器(PLC)技术后新增的条文,规定了控制系统对于安全防范和措施的基本要求。

16.2 控制方式及自动化水平

16.2.1 系原规范第 13.2.1 条~第 13.2.7 条的修改。

原条文第13.2.1条～第13.2.7条,采用就地控制、设置常规控制盘控制的模式已经不能满足电厂对自动化水平的要求,随着自动化技术的发展,电厂减员增效的要求,控制方式采用集中控制得到了广泛的应用。

16.2.2 本条为新增条文。

分散控制系统(DCS)、可编程控制器(PLC)技术成熟,作为电厂机组或主厂房内控制系统,在新建、扩建电厂中得到了广泛的应用。

16.2.3 本条为新增条文。

本条是采用分散控制系统(DCS)、可编程控制器(PLC)技术后新增的条文。主厂房控制系统设置数量应根据单元制、母管制、厂内热网情况确定。

16.2.4 本条为新增条文。

由于辅助车间分散,运行人员相对较多。为减少辅助车间值班点,按区域或功能进行划分,适当合并设置。对于工艺流程简单的辅助车间,也可采用就地控制方式。因为除灰渣工艺系统在某些电厂中系统非常简单,一般采用就地控制方式,故本条保留了辅助车间可采用就地控制方式的模式。

16.2.5 本条为新增条文。

本条是采用分散控制系统(DCS)、可编程控制器(PLC)技术后新增的条文。为提高辅助车间自动化水平,使之与机组或主厂房自动化水平相协调,对于采用集中控制方式的辅助车间,按区域设置控制点,设置独立的控制系统,有利于工程的实施。全厂辅助车间控制系统选型应统一,可以减少备品备件和培训、维护工作量。

16.2.6 本条为新增条文。

本条是采用分散控制系统(DCS)、可编程控制器(PLC)技术后新增的条文。根据多数电厂工程实例,结合计算机通信技术的发展,将循环水泵、空冷岛系统、燃油泵房、空压机房、脱硝等与机组或主厂房联系密切的工艺系统,纳入机组或主厂房控制系统,以实现上述车间无人值班。

16.3 控制室和电子设备间布置

16.3.1 本条为新增条文。

原规范第13.2.1条～第13.2.7条控制方式由就地控制改为本规范第16.2.1集中控制方式后,对集中控制方式的控制室和电子设备间布置进行了原则规定。

16.3.2 本条为新增条文。

小机组的集中控制室的设置有机炉电集中控制室、机炉集中控制室、锅炉集中控制室、汽机集中控制室等多种形式。集中控制室的设置具有较大的灵活性和多样性。

16.3.3 本条为新增条文。

电子设备间的布置因机组的布置方式不同,具有较大的灵活性和多样性,设计人员可根据工程情况确定。

16.3.4 本条为新增条文。

辅助车间三个控制点的设置,已得到广泛应用。

16.3.5 本条为新增条文。

从合并控制点、减少运行人员的角度出发,将脱硫控制系统与灰渣控制系统的操作员站集中摆放在一起,脱硫与灰渣控制室合并设置。当电厂运行方式有需要时可单独设置脱硫控制室和灰渣控制室。

16.3.6 系原规范第13.10.1条的修改。

控制室是电厂主辅机设备控制中心。热控设计人员要积极主动配合主体专业统一规划布置控制室和电子设备间,工艺专业要像对待主辅设备布置一样重视将控制室和电子设备间纳入主房和辅助车间规划布置。本条规定了控制室位置及面积的基本原则。增加了电子设备间盘柜到墙、盘柜两侧的通道和盘柜之间的通道应满足热控设备最小安全距离、散热的要求。控制室操作台前空间距离应大于4m,当受条件限制时最小不小于3.5m。两排机柜之间距离应大于1.4m,当受条件限制时最小不小于1.2m。靠墙布置的盘柜和背对背布置的盘柜应考虑留有大于100mm的散热距离,条件受限制时最小距离不小于50mm。

16.3.7 系原规范第13.10.2条的修改。

本条规定了控制室和电子设备间环境设施的基本要求。

16.4 测量与仪表

16.4.1、16.4.2 系原规范第13.3.1条～第13.3.7条的修改。

采用分散控制系统(DCS)、可编程控制器(PLC)技术后,检测指示、记录、积算、报警等功能由DCS或PLC微处理器完成,并通过操作员站显示器显示和报警。本条列举了检测的主要内容和具体项目。

16.4.3 本条为新增条文。

对检测仪表选择原则进行了规定。

16.4.4 本条为新增条文。

本条对巡检人员进行现场检查和就地操作的就地检测仪表设置进行了规定。

16.5 模拟量控制

16.5.1、16.5.2 系原规范第13.4.1条～第13.4.11条的修改。

这两条列举了模拟量控制的主要内容和具体项目。

16.6 开关量控制及联锁

16.6.1、16.6.2 系原规范第13.5.1条～第13.5.5条、第13.8.1条和第13.8.2条的修改。

本条基于DCS或PLC技术的应用,对开关量控制的基本功能和具体功能的条款进行了规定。

16.6.3 本条为新增条文。

本条确定了顺序控制系统设置的原则。

16.7 报 警

16.7.1 系原规范第13.6.1条的修改。

本条根据集中控制方式,增加了主要电气设备故障、有毒/有害气体泄漏作为报警内容。

16.7.2 本条为新增条文。

根据机组或主厂房控制系统采用DCS或PLC技术,确定信号源的新内容。

16.7.3 本条为新增条文。

本条是采用分散控制系统(DCS)、可编程控制器(PLC)技术后的新增条文。规定进入控制系统的报警信号均能在操作员站显示器上显示和打印机上打印。

16.7.4 本条为新增条文。

本条规定了采用分散控制系统(DCS)、可编程控制器(PLC)后,常规光字牌报警器进行报警设置的原则。

16.7.5 系原规范第13.6.2条的修改。

本条规定了机电联系信号设置的条件和原则。

16.8 保 护

16.8.1 系原规范第13.7.1条的修改。

由于控制技术的发展以及控制设备采用较先进的计算机技术后,对保护设计的要求增加了较多的内容,如防误动和拒动措施,独立性原则,停机、停炉按钮直接接入驱动回路,保护优先原则,不设运行人员切、投保护操作设备等,这些在设计中应充分重视。

16.8.2、16.8.3 系原规范第13.7.2和第13.7.3条的修改。

16.8.4 本条为新增条文。

本条提出了发电机的保护内容。

16.8.5 本条为新增条文。

本条提出了辅助系统的保护要求。

16.9 控制系统

本节为新增章节。

16.9.1 本条为新增条文。

本条规定了控制系统的可利用率。

16.9.2 本条为新增条文。

本条是采用分散控制系统(DCS)、可编程控制器(PLC)技术后的新增条文。在工程实施过程中，控制系统I/O点的数量多有变化，设计时应考虑10%～20%的备用量。特别是对于辅助车间控制系统应特别给予关注，板卡、通道、端子均应按此原则考虑。

16.9.3 本条为新增条文。

本条对控制器数量设计进行了原则规定。

16.9.4 本条为新增条文。

本条对控制器、操作员站的处理能力进行了原则规定。

16.9.5 本条为新增条文。

本条对控制系统的通信负荷率进行了原则规定。

16.9.6 本条为新增条文。

本条对独立于控制系统的后备硬接线操作手段的设置进行了原则规定。

16.9.7 本条为新增条文。

本条对变送器冗余设置进行了原则规定。

16.10 控制电源

16.10.1 系原规范第13.9.1条的修改。

本条提出了机组或主厂房控制系统、汽轮机控制系统、机组保护回路、火焰检测装置等供电电源的设计原则。

16.10.2 系原规范第13.9.2条的修改。

为保证配电箱、电源盘供电电源的可靠性，本条文提出应有两路输入电源，分别引自厂用低压母线的不同段。

16.10.3 系原规范第13.9.3条的修改。

采用DCS或PLC控制系统后，取消了常规控制盘设计模式和供电模式，规定了其他控制盘的供电电源设计原则。

16.11 电缆、仪表导管和就地设备布置

16.11.1～16.11.3 系原规范第13.11.1条～第13.11.3条。

16.11.4 系原规范第13.11.4条的修改。

16.11.5 系原规范第13.11.5条的修改。

明确分支电缆通道可采用电缆槽盒的设计原则。

16.11.6 系原规范第13.11.6条。

检测点定位和变送器布置的原则应满足和保证被测介质检测参数精度的要求，在此基础上，适当集中布置，以方便安装维护。

16.11.7 系原规范第13.11.7条。

某些发电厂仪表控制设备及部件的设计，因露天防护措施不力而造成不少事故。为此规定，凡露天布置的热控设备、导管及阀门，均应注意采取防尘、防雨、防冻、防高温、防震、防止机械损伤等措施。

16.12 仪表与控制试验室

16.12.1 系原规范第13.12.1条的修改。

发电厂的仪表与控制试验室是国家计量系统中的一部分，根据我国计量管理有关规定《火力发电厂仪表与控制试验室建设标准》，应根据国家三级计量标准设计》制定本条。

16.12.2 系原规范第13.12.2条的修改。

对于企业内的自备发电厂，当企业已设置了仪表与控制试验室时，不应重复设置仪表与控制试验室。

16.12.3 系原规范第13.12.3条的修改。

本条规定了试验室建设规模的基本原则。

16.12.4 系原规范第13.12.5条的修改。

凡比较难以搬运的重而大的仪表控制设备，如执行机构等，一般在主厂房内设置现场维修间。

16.12.5、16.12.6 系原规范第13.12.6条和第13.12.7条。

17 电气设备及系统

17.1 发电机与主变压器

17.1.1 本条为新增条文。

本条提出了发电机及其励磁系统的选型原则和技术要求。

17.1.2 本条为新增条文。

"扣除高压厂用工作变压器计算负荷与高压厂用备用变压器可能替代的高压厂用工作变压器计算负荷的差值进行选择"，系指以估算厂用电率的原则和方法所确定的厂用电计算负荷。计算方法是考虑到高压厂用备用变压器可能作为高压厂用工作变压器的检修备用，主变压器的容量选择因此应考虑这种运行工况。

当发电机出口装设断路器且不设置专用的高压厂用备用变压器，而由一台机组的高压厂用工作变压器低压侧厂用工作母线引接另一台机组的高压事故停机电源时，则主变压器的容量宜按发电机的最大连续容量扣除本机组的高压厂用工作变压器计算负荷确定。

根据现行国家标准《电力变压器 第1部分:总则》GB 1094.1规定，变压器正常使用条件为：海拔不超过1000m、最高气温+40℃、最热月平均温度+30℃、最高年平均温度+20℃、最低气温－25℃(适用于户外变压器)。现行国家标准《电力变压器 第2部分:温升》GB 1094.2规定油浸式变压器(以矿物油或燃点不大于300℃的合成绝缘液体为冷却介质)在连续额定容量稳态下的绕组平均温升(用电阻法测量)限值为65℃。故对发电机单元连接主变压器的容量选择条件作出了规定。

变压器绕组温升是指在正常使用条件下制造厂的保证值，变压器应承受规定条件下的温升试验，应以正常的温升限值为准。在特殊使用条件下的温升限值应按现行国家标准《电力变压器 第2部分:温升》GB 1094.2—1996第4.3条的规定进行修正。

变压器容量可根据发电机主变压器的负载特性及热特性参数进行验算。

17.1.3 系原规范第11.1.2条。

17.1.4 本条为新增条文。

热电联产工程应按"以热定电"的方式运行，并网运行的企业自备热电厂应坚持自发自用原则，严格限制上网电量。故规定容量为50MW级及以下的热电机组宜以发电机电压供电。

17.1.5 系原规范第11.1.4条。

一般情况下，发电厂的主变压器应采用双绕组变压器，以减少发电厂出现的电压等级，便于运行管理。经技术经济比较论证，确需出现两种升高电压等级，而且建厂初期每种电压侧的通过功率达到该变压器任一个绕组容量的15%以上时，才可选用三绕组变压器。

17.1.6 系原规范第11.1.5条。

正常情况下，发电厂与地区电力网间的交换功率不会有太大的变化，地区电力网的电压也不应有太大的波动，故发电厂的主变压器采用有载调压变压器的必要性不大，因此为了提高运行的可靠性，不宜采用有载调压变压器。

对某些容量较大(装机总容量在100MW级及以上)，且当地电业部门又要求承担调频调相任务的发电厂，也可采用有载调压变压器，但需经过调相调压计算论证。

17.1.7 本条为新增条文。

自耦变压器作为升压变压器，若发电机满发，则只有中压同时

向高压送电时才能达到额定容量;高、中压间的电力输送与上述相反。自耦变压器容量就不能充分利用,此时可通过计算来选择公共线圈容量。因此,使用自耦变压器要经过技术经济比较确定。

17.2 电气主接线

17.2.1 系原规范第12.1.1条。

小型发电厂多数为热电厂,一般靠近负荷中心,常由发电机电压配电装置供电。发电机电压的选择可根据各地区电力网的电压情况,经技术经济比较后选定。

当发电机与变压器为单元连接且有厂用分支引出时,发电机的额定电压采用6.3kV是恰当的,可以节省高压厂用变压器的费用,并可直接向6kV厂用负荷供电。

17.2.2 本条为新增条文。

17.2.3 系原规范第12.1.2条。

本条明确了发电机电压母线的接线方式,对连接母线上的不同容量机组规定了不同的要求。当每段母线容量在24MW及以上,负荷较大,出线较多,且有重要负荷时,为保证对用户安全供电、灵活运行,采用双母线或双母线分段是必要的。

17.2.4 系原规范第12.1.3条。

据调查,有发电机直配线的发电厂,其限流电抗器的设置位置有下列几种情况:

1 当每段母线上发电机容量为24MW及以上时,需在发电机电压母线分段上和直配线上安装电抗器来限制短路电流。

2 当每段母线上发电机容量为12MW及以下时,宜在母线分段上安装电抗器。

3 限流电抗器安装在不同地点,其效果是有差异的,以限流电抗器在母线分段上的效果最为显著,最为经济。

17.2.5 系原规范第12.1.4条。

17.2.6 本条为新增条文。

110kV~220kV线路电压互感器、耦合电容器或电容式电压互感器以及避雷器的检修与试验可与相应回路配合或带电作业进行,故规定"不应装设隔离开关"。

17.2.7 系原规范第12.1.6条的修改。

发电机与双绕组变压器为单元接线时,对供热式机组经常有停机不停炉的运行方式,此时需要主变压器向锅炉辅机倒送电,以保证供热的可靠性。经了解,目前国产的125MW以下机组的发电机出口断路器为SF6型,已经应用得较多。国外如ABB、AREVA等公司也有成熟产品。但是价格昂贵,一般为150万元/台~180万元/台。因此,为保证供热的可靠性,发电机出口是否装设断路器,应该与厂用备用电源的引接方式、发电厂与电网的联系强弱有密切关系。需要在工程中进行技术经济比较。本条中对供热机组采用"可",而对于凝汽式机组来说,机、炉同时检修,因此不需要装设断路器。

如果确定发电机出口装设断路器,此时主变压器或高压厂用工作变压器宜采用有载调压方式,当根据机组接入系统的变电站电压波动范围经过计算,满足机组启动和正常运行等不同工况下的高压厂用母线电压水平要求时,也可采用无励磁调压方式。

17.2.8 系原规范第12.1.7条的修改。

本规范适用于发电机的单机容量最大为100MW级,可能出现的最高电压是220kV,对接线方式的规定只限于220kV及以下(包括35kV、66kV、110 kV)的电压等级。

17.2.9 系原规范第12.1.8条。

对于25MW级及以下的机组,当采用发电机变压器组接线方式时,由于与发电机直接联系的电路距离较短,其单相接地故障电容电流很小,不会超过规定的允许值,因此采用发电机变压器组接线的发电机的中性点不应采用接地方式。

当发电机额定容量为50MW级以下时,发电机电压为6.3kV回路中的单相接地故障电容电流大于4A,或发电机额定容量为50MW~100MW级、发电机电压为10.5kV回路中的单相接地故障电容电流大于3A,且要求发电机带内部单相接地故障继续运行时,宜在厂用变压器的中性点经消弧线圈接地,也可在发电机的中性点经消弧线圈接地;当发电机内部发生故障要求瞬时切机时,宜采用高电阻接地方式。电阻器一般接在发电机中性点变压器的二次绕组上。

17.2.10 系原规范第12.1.9条。

发电厂主变压器的接地方式决定于电力网中性点的接地方式,因此本条不作具体规定,应按系统规划专业提供的接地方式而定。

17.3 交流厂用电系统

17.3.1 系原规范第12.2.1条。

原规范适用的发电机容量较小,本次修订单机容量增大到100MW级,高压厂用电系统应为6kV。

17.3.2 系原规范第12.2.2条。

高压厂用工作变压器不采用有载调压变压器,而又要求厂用母线上的电压偏移在±5%范围之内,必须具备两个条件:一是发电机出口电压波动不应超过±5%;二是高压厂用工作变压器的阻抗不宜大于10.5%,目前已被公认是选择变压器阻抗的一个必要条件。

当发电机出口装设断路器,此时高压厂用工作变压器宜采用有载调压方式,当根据机组接入系统的变电站电压波动范围经过计算,满足机组启动和正常运行等不同工况下的高压厂用母线电压水平要求时,也可采用无励磁调压方式。

17.3.3 系原规范第12.2.3条。

考虑到高压厂用备用变压器有从升高电压母线引接的可能,该母线电压受电力系统的影响比较大,为了考虑全厂停电后满足机组启动的要求,必须保证高压厂用母线的电压波动不超过±5%。所以当高压厂用备用变压器的阻抗电压在10.5%以上时,应采用有载调压变压器。

17.3.4 系原规范第12.2.4条。

为了便于检修,强调了高压厂用工作电源与机组对应引接的原则。我国绝大多数发电厂是按此引接的,并有丰富的运行经验。

17.3.5 系原规范第12.2.5条的修改。

对低压厂用变压器容量的选择考虑今后发展和临时用电的需要,仍规定留有10%左右的裕度。

17.3.6 系原规范第12.2.6条的修改。

由发电机电压母线引接的备用电源,可靠性差,但运行经验表明,发生故障的几率很小。这种引接方式具有投资省的优点,因此,当有发电机电压母线时,可从该母线引接一个备用电源,而第二个备用电源则不宜再从该发电机电压母线引接。

"电源可靠"的含义是指容量应能满足备用电源自启动和连续运行的要求,电源数量应在2个以上(包括本厂的发电机电源)。"从外部电力系统取得足够的电源"是指发电厂全厂停电后能满足启动机组的需要,包括三绕组变压器的中压侧从高压侧取得足够的电源。此时应注意由于负荷潮流变化引起母线电压降低的不利因素,并应满足发电厂重要的大容量电动机正常启动电压的要求。

"从外部电网引接专用线路"作为高压厂用备用电源是指发电厂仅有1级~2级升高电压向电网送电,而发电厂附近有较低电压级的电网,且在发电厂停电时能提供可靠的电源,在这种情况下,可从该电网引接专用线路作为备用电源。

"两个相对独立的电源"是指接于同一升高电压等级的不同母线上(包括通过母联或分段断路器连接的不同母线),也就是说2及以上的高压厂用备用电源,可全部引自具有2个及以上电源的双母线接线的配电装置,或单母线分段的配电装置。当技术经济合理时,也可从不同电压等级的配电装置母线上引接。

对于出口装设断路器的机组,其高压厂用备用变压器的功能为机组的事故停机电源和/或高压厂用工作变压器的检修备用。事故停机电源是基本功能,必须满足,检修备用可根据电厂需要,结合厂用电接线、厂用变压器容量、厂用开关开断能力等因素按需设置。

17.3.7 系原规范第12.2.7条。

高、低压厂用备用变压器的容量选择,均应满足最大的一台厂用工作变压器所带的负荷要求。

17.3.8 系原规范第12.2.8条的修改。

对100MW级及以下发电机的厂用分支线上装设断路器已有成熟的运行经验,其优点是:当厂用分支回路发生故障时,仅将高压厂用变压器切除,而不影响整个机组的正常运行。

17.3.9 系原规范第12.2.9条的修改。

本条中的I类负荷系指短时(包括手动切换恢复供电所需的时间)停电可能影响人身或设备安全,使生产停顿或发电量大量下降的负荷。II类负荷系指允许短时停电,但停电时间过长,有可能损坏设备或影响正常生产的负荷。III类负荷为长时间停电不会直接影响生产的负荷。

本条中所指的备用电源是明备用电源,不包括互为备用的暗备用电源。

17.3.10 系原规范第12.2.10条的修改。

热电厂不宜超过6台,凝汽式发电厂不宜超过4台。在工作电源较多的情况下,为了对工作电源提供可靠的备用电源,需设置第二备用电源,以满足厂用电源供电的可靠性。

17.3.11 系原规范第12.2.11条的修改。

因本规范适用范围增大到100MW级机组,当锅炉为410t/h级时,具有双套辅机,所以每台机组设置2段母线供电。

17.3.12 系原规范第12.2.12条。

发电厂内设置固定的交流低压检修供电网络,为检修、试验等工作提供方便。

在检修现场装设检修电源箱是为了供电焊机、电动工具和试验设备等使用。

17.3.13 系原规范第12.2.13条的修改。

厂用变压器接线组别的选择应使厂用工作电源与备用电源之间相位一致,原因是以便厂用工作电源可采用并联切换方式。

低压厂用变压器采用D,yn接线,变压器的零序阻抗大大减小,可缩小各种短路类型的短路电流差异,以简化保护方式。另外,对改善运行性能也有益处。

17.4 高压配电装置

17.4.1 系原规范第12.3.2条的修改。

17.4.2 系原规范第12.3.1条的修改。

35kV屋内配电装置具有节约土地、便于运行维护、防污性能好等优点,且投资也不高于屋外型,所以宜采用屋内配电装置。110kV～220kV 的 SF6 全封闭组合电器(GIS)目前国内的价格已经降低,因此在大气严重污秽地区(或场地受限制时),经技术经济论证决定是否采用GIS。

17.5 直流电源系统及交流不间断电源

17.5.1 系原规范第12.6.1条的修改。

17.5.2 系原规范第12.6.2条和第12.6.3条的修改。

本条增加了50MW级及以上机组蓄电池组数量的要求。

17.5.3 本条为新增条文。

17.5.4 本条为新增条文。

本条对正常运行、均衡充电和事故放电工况下的直流母线电压允许变化范围作了规定。

17.5.5 系原规范第12.6.4条的修改。

当装设2组蓄电池时,因控制负荷属于经常性负荷,为保证安全,可以允许切换到1组蓄电池运行,故应统计全部负荷。事故照明负荷因负荷较大而影响蓄电池容量,故按60%统计在每组蓄电池上。

17.5.6 系原规范第12.6.5条的修改。

当企业自备电厂不与电力系统连接时,在事故停电时间内,很难立即处理恢复厂用电,故蓄电池的容量按事故停电2h的放电容量计算。

17.5.7 系原规范第12.6.6条的修改。

对于晶闸管充电装置,原则上可配置1套备用充电装置,即:1组蓄电池配置2套充电装置;2组蓄电池可配置3套。高频开关充电装置,整流模块可以更换,且有冗余,原则上不设整台装置的备用。即:1组蓄电池配置1套充电装置,2组蓄电池配置2套充电装置。

17.5.8 系原规范第12.6.7条。

当采用单母线或单母线分段接线方式时,每一段母线上接有一组蓄电池和相应的充电设备。当相同电压的两组蓄电池设有公用备用充电设备时,在接线上还应能将这套备用的充电设备切换到两组蓄电池的母线上。

17.5.9 本条为新增条文。

当机组或主厂房热工自动化控制系统采用计算机控制系统时应设置在线式交流不间断电源。

17.5.10 本条为新增条文。

本条对交流不间断电源的主要技术条件作出了规定。

17.5.11 本条为新增条文。

本条对交流不间断电源的输入电源作出了规定。

17.5.12 本条为新增条文。

本条对交流不间断电源配电接线作出了规定。

17.6 电气监测与控制

17.6.1 系原规范第12.7.1条的修改。

热工自动化控制方式分为机炉电集中控制、机炉集中控制、锅炉集中控制、汽机集中控制方式。根据热工控制方式的分类,结合目前技术水平的发展以及实际运行情况,当采用机炉电集中控制方式时,推荐采用分散控制系统(电气系统纳入DCS)方案,此时电力网络部分的控制应设在机炉电集中控制室;当采用机炉集中控制、汽机集中控制方式时,电气采用主控制室的控制方式,并推荐采用电气监控管理系统,该系统也包括电力网络系统的控制。

17.6.2 本条为新增条文。

本条对计算机控制系统的网络结构作出了规定。

17.6.3 本条为新增条文。

本条对机炉电集中控制室内的电气控制设备及元件作出了规定。

17.6.4 系原规范第12.7.3条的修改。

本条对采用主控制室控制时,应在电气监控管理系统进行控制和监视的设备及元件作出了规定。

17.6.5 本条为新增条文。

本条对电力网络计算机监控系统的监控范围作出了规定。

17.6.6 本条为新增条文。

17.6.7 本条为新增条文。

为了保证事故紧急情况可采用硬手操实现安全停机,本条提出了至少要保留的后备硬操手段。

17.6.8 本条为新增条文。

继电保护、自动准同步、自动电压调节、故障录波和厂用电切换装置采用专门的独立装置,不纳入计算机控制系统。

17.6.9 系原规范第12.7.4条。

主控制室控制的设备和元件的继电保护装置和电度表宜装设

在主控制室内,但低压厂用变压器的继电保护和电度表也可放在厂用配电装置内。

17.6.10 本条为新增条文。

电力网络部分的同期功能也可以在电力网络计算机监控系统中实现。

17.6.11 本条为新增条文。

本条对隔离开关、接地开关和母线接地器与断路器之间的防误操作作出了规定。

17.7 电气测量仪表

17.7.1 系原规范第12.8.1条的修改。

17.7.2 本条为新增条文。

17.8 元件继电保护和安全自动装置

17.8.1 系原规范第12.9.1条的修改。

17.9 照明系统

17.9.1 本条为新增条文。

本条提出了发电厂照明系统的设计原则和要求。

绿色照明是指节约能源、保护环境,有益于提高人们生产、工作、学习效率和生活质量,保护身心健康的照明。

17.9.2 本条为新增条文。

17.9.3 系原规范第12.10.1条的修改。

根据目前照明设计的要求,对发电厂正常照明、应急直流照明系统重新作了规定。

17.9.4 系原规范第12.10.2条和第12.10.3条的修改。

按现行国家标准《特低电压(ELV)限值》GB/T 3805 的规定:"当电气设备采用24V以上的安全电压时,必须采取防止直接接触带电体的保护措施",故本条对生产厂房内安装高度低于2.2m照明灯具以及热管道与电缆隧道内照明灯具的安全电压规定为24V。

17.9.5 系原规范第12.10.4条的修改。

在选择光源时,应进行全寿命期的综合经济分析比较。因为高效、长寿命光源虽然价格较高,但使用数量减少,运行维护费用降低,如细管径直管荧光灯、紧凑型荧光灯和金属卤化物灯、高压钠灯。三基色荧光灯比卤粉的荧光灯显色性好,光效更高,寿命更长。

17.9.6 系原规范第12.10.5条的修改。

为确保电厂的安全运行和防止船只对取、排水口及码头等构筑物可能造成的危害,本条作出了相应的规定。

17.10 电缆选择与敷设

17.10.1 系原规范第12.11.1条的修改。

本条按现行国家标准《电力工程电缆设计规范》GB 50217 的有关规定执行。

17.11 过电压保护与接地

17.11.1 系原规范第12.12.1条的修改。

17.11.2 本条为新增条文。

本条规定了主要生产建(构)筑物、辅助厂房建(构)筑物和生产办公楼、食堂、宿舍楼等附属建(构)筑物,液氨贮罐分别应执行的国家标准。

17.11.3 本条为新增条文。

本条规定了发电厂交流接地系统的设计应执行的国家标准。

17.12 电气试验室

17.12.1 本条为新增条文。

电气试验室的规模可参考现行行业标准《火力发电厂修配设备及建筑面积配置标准》DL/T 5059。

17.12.2 系原规范第12.14.2条的修改。

对企业内的自备发电厂,当企业已经设置了电气试验室时,企业自备发电厂不应重复设置电气试验室。当企业电气试验室不能满足发电厂电气设备的高压试验项目要求时,应按发电厂电气试验要求给予配备。

17.13 爆炸火灾危险环境的电气装置

17.13.1 系原规范第12.15.1条的修改。

17.14 厂内通信

17.14.1 系原规范第11.13.1条~第11.13.3条的修改。

对于小型火力发电厂的行政及调度系统可合并考虑,容量基数适当调整,交换机均考虑采用程控交换机。

17.14.2 系原规范第11.13.4条的修改。

17.14.3 系原规范第11.13.5条的修改。

厂内通信电源与系统通信电源可合并考虑。宜放置在厂内通信部分。

17.14.4 本条为新增条文。

目前许多小型电厂不单独设置通信机房,通信设备安装在电气设备室时,考虑通信屏位要求即可。蓄电池也可与电气蓄电池一并摆放。

17.14.5 本条为新增条文。

通信设备必须有安全可靠的接地系统,接地要求执行国家的有关规程、规范。

17.14.6 本条为新增条文。

17.14.7 本条为新增条文。

17.15 系统保护

17.15.1 系原规范第11.2.1条的修改。

17.16 系统通信

17.16.1 系原规范第11.3.1条的修改。

17.16.2 系原规范第11.3.2条的修改。

本条规定了各专业对通道的要求及通道数量、种类的统计。

17.16.3 系原规范第11.3.3条的修改。

小型发电厂一般不是系统中的重要节点,保证有一路通道接入调度端,除非重要的电厂提供两个通道。

17.16.4 系原规范第11.3.4条的修改。

一般电厂配置一套通信电源及蓄电池。

17.16.5 系原规范第11.3.5条的修改。

为方便厂运行管理,通信设备宜统一布置、统一管理。

17.17 系统远动

17.17.1 系原规范第11.4.1条的修改。

目前许多电厂远动功能纳入电力系统计算机网控系统或DCS,不再需要设置单独RTU。

17.17.2 系原规范第11.4.2条的修改。

由于不同机组由不同的调度进行调度管理,故应满足相应度的相关规范。

17.17.3 系原规范第11.4.2条。

发电厂与调度中心之间,随着机组大小的不同,电网对机组的接入有不同的通道方式要求,但应至少有一条可靠的远动通道。

17.17.4 本条为新增条文。

17.18 电能量计量

本节为新增章节。

18 水工设施及系统

18.1 水源和水务管理

18.1.1 本条为新增条文。

为了保证电厂供水水源落实可靠，在选厂阶段应充分考虑当地工农业和生活用水的发展情况。此外，同一水体中常有多个用水户，这些用户现在和将来都在改变着水体的水质、水量和水温等要素，这些改变都将对发电厂的运行产生影响。预先注意并考虑到这种影响，对于保证发电厂的安全经济运行是必需的。

18.1.2 本条为新增条文。

根据国家有关产业政策，在北方缺水地区，新建、扩建发电厂禁止取用地下水，严格控制使用地表水，鼓励利用城市污水处理厂的再生水和其他废水，原则上应建设空冷机组。这些地区的发电厂要与城市污水厂统一规划、配套同步建设。坑口电厂项目首先考虑使用矿井疏干水。鼓励沿海缺水地区利用发电厂余热进行海水淡化。

18.1.3 本条为新增条文。

近年来，越来越多的火电厂利用经处理合格后的城市中水作为补给水源，本条强调有条件时，经充分论证和技术经济比较，发电厂应尽量利用城市再生水水源。此外，工业水采用再生水时，按照有关规定，应设备用水源。

18.1.4 本条为新增条文。

根据国家有关产业政策，坑口电站项目应首先考虑使用矿井疏干水。本条强调应根据矿区开采规划和排水方式，分析可供水量。

18.1.5 系原规范第9.1.3条的修改。

由于河道取水点区间内存在着工农业用水、生活用水和水域生态用水，根据国家有关规定，强调了电厂取水要取得水行政主管部门同意用水的正式文件。

18.1.6 系原规范第9.1.1条的修改。

随着国民经济的迅速发展和人民生活水平的提高，工农业和人民生活用水需求量日益增多，有限的水资源日益紧缺；另一方面，环境保护的要求日趋严格，对废水的处理和排放提出了较高的要求。因此，本条作出了原则性要求，发电厂设计中应对电厂各类用水、排水进行全面规划、综合平衡和优化比较，以达到经济合理、一水多用、综合利用，提高重复用水率，降低全厂耗水指标，减少废水排放量。排水应符合排放标准。

18.1.7 本条为新增条文。

本条是发电厂规划设计的主要原则，强调了水务管理工作中应执行和遵守的有关法律、法规、标准、规定和要求。

18.1.8 本条为新增条文。

本条在我国火力发电厂多年节水经验的基础上参照国内外有关技术标准制定。规定了火电厂设计的节水评价指标。

淡水循环供水系统设计耗水指标按夏季凝汽工况（频率$P=10\%$的气象条件）计算。

表18.1.8中直流供水系统包括了淡水直流供水和海水直流供水系统。

耗水量包括厂内各项生产、生活和未预见水量等，不包括厂外输水管道损失、供热机组外网损失、临时及事故用水、原水预处理系统和再生水深度处理系统的自用水量以及厂外生活区用水。

各类电厂申请取水指标时，应增加管道损失量和水处理系统的自用水量。

18.1.9 本条为新增条文。

发电厂设计中需控制水量和水质的供、排水系统，装设必要的计量和监测装置是贯彻水务管理的必要措施。

18.2 供水系统

18.2.1 系原规范第9.1.2条的修改。

在选择供水系统时，必须考虑地区水资源利用规划及工农业用水的合理分配关系，正确预计发电厂周边近期与远期供热负荷的变化，根据水源条件和规划容量，通过技术经济比较确定。

18.2.2 系原规范第9.1.4条的修改。

本条增加了空冷系统。

目前国际、国内得到实际应用的电站空冷系统有：直接空冷系统（又称GEA或ACC系统）、采用混合式凝汽器的间接空冷系统（又称海勒系统）、采用表面式凝汽器的间接空冷系统（又称哈蒙系统）共三类。

典型年的选取方法为：先从当地的气象资料找出多年的算术平均气温为X，然后从最近5年～10年的气象统计资料中的某一年找出其该年算术平均气温Y，若$X=Y$，则年算术平均气温为Y的那一年即为典型年。

18.2.3 系原规范第9.1.6条的修改。

本条增加了应考虑温排水对取水水温的影响。

18.2.4 系原规范第9.1.7条的修改。

本条规定了在供水系统的最高计算温度时，应采用的气象参数标准、资料年限及气象参数的频率统计方法和取值方法。

18.2.5 本条为新增条文。

气象资料应取得近期5年～10年的典型年"气温一小时"统计资料和近期10年的风频、风速资料。

设计气温的选择方法，目前国内尚无规范、标准可遵循，除5℃以上年加权平均法外，还有年平均气温法、6000h法、全年发电量最大法等。

5℃以上年加权平均法：在典型年的小时气温统计表上，从5℃开始直到最高值取其加权平均值为设计气温（5℃以下按5℃计算）。

18.2.6 本条为新增条文。

发电厂一般采用集中水泵房母管制供水系统，但容量较大机组经论证后也可采用扩大单元制供水系统。

18.2.7 系原规范第9.1.5条。

按照"以热定电、热电联产"的原则，热电厂的建设必须以热负荷为根据，其规划、设计和运行应从宏观上求得年节能最多和年费用最小的综合效益。

18.2.8 本条为新增条文。

18.2.9 系原规范第9.1.8条的修改。

发电厂用水水质应能满足设备生产厂的有关技术要求，否则不利于机组的安全运行，当现有水源的水质不能满足要求时，可采取相应处理措施。

悬浮物较多的补充水容易在淋水装置和集水池里沉积，给发电厂的安全运行和检修带来麻烦，冷却塔广泛使用塑料淋水填料后，对水质的要求相应提高，当水中悬浮物含量超过规定值时，宜做预处理。

18.2.10 系原规范第9.1.9条的修改。

本条增加了"必要时应进行数模计算或模型试验"，所列因素直接关系到发电厂的投资、经济性和对水域生态的影响。许多实践证明，在工程条件比较复杂的情况下，利用数模计算或模型试验是达到发电厂取、排水口的合理布置和提高经济效益的有效措施。

18.2.11 系原规范第9.1.10条的修改。

为提高自动化水平，减轻工人劳动强度，本条对电动或气动阀门的标准作了规定。

18.3 取水构筑物和水泵房

18.3.1 系原规范第9.2.1条的修改。

据调查，在保证率97%的低水位时，以往大多数电厂仍能满发,少数电厂虽由于水位低,取水量受到限制,但采取措施后仍能达到满发。水泵房按保证率97%低水位校核是有利于发电厂的安全运行。当出现校核低水位时,允许减少取水量,减少的幅度应根据工程和水源的具体情况确定。

18.3.2 系原规范第9.2.2条。

实践证明,地表水的取水构筑物的进水间分隔成若干单间,为清污、设备检修提供了方便。

在有冰凌的河、湖、海水域,宜在取水口前设置拦冰设施或采取排水回流措施提高取水口处的水温。在有大量泥沙的河道、海湾取水时,取水口应避开回流区,并根据取水口处含沙量垂直分布的情况采取减少悬浮物及防止推移质进入的措施。

当水中漂浮物较多时,取水口进口的流速宜小于该区域天然流速,但不宜小于0.2m/s,以免使取水口的造价太高。

18.3.3 系原规范第9.2.3条的修改。

对岸边水泵房±0.00m层标高作出规定,以保证岸边水泵房的安全,也就保证了发电厂的正常供水。

频率为2%的浪高,可采用重现期为50年的波列累积频率1%的波浪作用在泵房前墙的波峰面高度。波峰面高度可按现行行业标准《海港水文规范》JTJ 213的有关规定计算确定。如果在几乎没有风浪的江河上取水时,频率2%浪高这项可取零值。受风浪潮影响较大的江、河、湖旁发电厂,由于没有如海边区域那种的波浪样本,常用风推算浪,此时浪高采用重现期50年的浪爬高。

18.3.4 系原规范第9.2.4条。

有条件时,采用浮船式或缆车式取水设施,可节省取水构筑物的建设费用。

18.3.5 本条为新增条文。

在循环供水系统中有条件时,循环水泵应优先考虑设置在汽机房或其毗屋内,以减少泵房建筑费用和占地,降低工程造价。

18.3.6 本条为新增条文。

据调查,许多大型发电厂循环水泵都采用了露天布置,采用露天布置可节约投资,因此,在大气腐蚀不严重且可采取防冻措施的工程中可考虑水泵露天布置。

18.3.7 系原规范第9.2.5条的修改。

由于小机组规划容量越来越大,考虑到近期和远期的关系及运行灵活性,将原规范容量循环水泵设置3台~4台改为不少于4台。

18.3.8 系原规范第9.2.8条的修改。

由于补给水泵在循环供水系统中的重要地位,以及补给水泵检修工作量大于管道检修的特点,同时考虑了机组的规划容量,补充水泵由原规范的宜设置3台,改为不宜少于3台。既考虑了补给水泵调度的灵活性,又明确了有1台备用水泵,增加的费用有限,有利于电厂的安全运行。

18.3.9 系原规范第9.2.7条的修改。

与海水直接接触的部件中,增加了闸门门槽。增加了涂料、阴极保护防腐措施。

由于泵和阀门属于机械产品,当选用耐海水腐蚀材料时,应与制造厂签订技术协议予以明确。

18.3.10 系原规范第9.2.10条的修改。

本条从保障水泵房安全运行、提供必需的劳动安全卫生条件、减轻工人劳动强度等方面考虑,对水泵房、切换间内设备的安装、运行、检修作出了规定。

当水泵等设备露天布置时,根据工程具体要求可设或不设固定式检修吊车,如不设,需要时采用汽车吊等移动式吊车完成。

18.4 输配水管道及沟渠

18.4.1 系原规范第9.1.11条的修改。

本条规定了达到规划容量时循环进、排水管(沟)不宜少于2条。根据调查了解,已建的发电厂达到规划容量时,绝大多数发电厂为2条或2条以上的循环进、排水管(沟)。

18.4.2 系原规范第9.1.12条的修改。

本条规定了当补给水管设置1条时,应考虑蓄水池或其他供水措施作备用,以提高供水的可靠性。一般可采用城市供水或相邻厂矿企业供水作为备用水源,但应落实可靠。当设置蓄水池时,其容量应按补给水管事故所必需的抢修时间计算,抢修时间应根据管长、管材、管径、管路特点、管道敷设条件、道路、运输工具、排除事故的手段以及气候条件等因素确定。一般宜按8h~12h考虑。

为节省初期建设费用,可根据工程具体情况,实现分期建设。另外,本条还对采用2条补给水管时的单管通流能力作了规定。当每条补给水管不能保证通过60%补给水量时,则补给水管之间每隔一定距离需设置联络管和阀门,以便当其中1条补给水管局部发生事故时,可利用联络管和阀门进行切换,实现事故管的分段运行,以确保补给水量不少于60%。

为了节约用水和考核用水指标,本条规定了在补给水总管上及厂内主要用户的接管上应装设水量计量装置。

18.4.3 本条为新增条文。

本条参照了现行行业标准《火力发电厂水工设计规范》DL/T 5339的有关规定。根据当今新材料的发展,可用于循环水管及补充水管的管材越来越多,钢管并非压力管道最好的管材。循环水管及补充水管管材的选用应通过技术经济比较后确定。对于输送海水的管道以及大口径循环水压力管道,在管线较长时宜采用预应力钢筋混凝土或预应力钢筒混凝土管。

18.4.4 系原规范第9.1.13条的修改。

从明渠的施工和运行特点出发,供水明渠应按规划容量一次建成。

18.5 冷却设施

18.5.1 系原规范第9.3.1条。

冷却设施的选择受诸多因素的影响,各种冷却设施都有一定的适用范围,但又受其自身特点的限制,除应满足使用要求外,还应结合水文、气象、地形、地质等自然条件,材料、设备、电能、补给水的供应情况,场地布置和施工条件,运行的经济性,冷却设施与周围环境的相互影响,通过技术经济比较确定合适的冷却设施。

目前发电厂运用最广泛的冷却设施是冷却塔。

18.5.2 系原规范第9.3.7条的修改。

水库、湖泊或河道水体作为发电厂的冷却池,可减少水工设施占地和循环水系统的总损失量,能获得较低的冷却水温。当自然条件合适时,尚可减少水工设施的施工工程量。因此,在条件许可时,利用水库、湖泊或河道水面冷却循环水是适宜的。

利用水库、湖泊或河道作为冷却池后,将使水体的自然环境条件发生变化,并对社会的其他生产活动带来一定的影响。在冷却池设计中,还应根据国家的有关标准和规定,充分考虑取水、排水及其建筑物对工农业、渔业、航运和环境带来的影响,并应同有关方面充分协商,提出解决有关问题的措施方案,取得有关部门出具的书面同意文件。

18.5.3 系原规范第9.3.2条的修改。

机械通风冷却塔初期投资小、建设工期短、布置紧凑占地少、冷却后水温较低、冷却效果稳定,适宜在空气湿度大、气温高、要求冷却后水温比较低的情况下采用,也适应于小型发电厂建设投资少、速度快的特点。但是机械通风冷却塔需要风机设备,运行中要消耗电能,增加了检修维护工作量及运行费。

自然通风冷却塔初期投资较大,施工期较长、占地多,但运行维护工程量少,冷却效果稳定,适用于冷却水量较大的情况。

近年来,随着机械通风冷却塔技术的发展,其设计、制造和运行经验日益成熟,在一些工程中得以采用。因此本条强调了采用何种塔型,应结合工程具体情况,通过技术经济比较后确定。

18.5.4 系原规范第9.3.3条的修改。

本条对冷却塔的布置及间距提出了具体的要求。

18.5.5 系原规范第9.3.4条的修改。

淋水填料是在塔内造成水和空气充分接触进行热交换的关键元件。近年来冷却塔内已全面推广使用塑料淋水填料、除水器、喷溅装置及配水管。为了确保这些塑料部件制品的制造及安装质量，原国家电力公司组织有关单位编制了现行行业标准《冷却塔塑料部件技术条件》DL/T 742，规定了冷却塔内使用的塑料材质的淋水填料、除水器、喷溅装置和配水管等部件有关设计、生产制造、质量检验、安装和运行管理等各个环节的基本要求，在冷却塔设计中应执行该技术条件。

18.5.6 系原规范第9.3.5条的修改。

原条文中冷却塔宜装设除水器改为应装设除水器。这是从节约用水、改善厂区和邻近地区环境条件、缩小冷却塔与附近建（构）筑物的间距以减少厂区占地和降低循环水管（沟）造价等方面考虑，新建的自然通风冷却塔或机械通风冷却塔应装设除水器。

根据冷却塔多年运行实践表明，目前塑料材质的除水器已取代了玻璃钢除水器。

18.5.7 系原规范第9.3.6条的修改。

在寒冷和严寒地区，冷却塔冬季运行中的最大隐患和危害是结冰。冷却塔结冰后，不仅影响塔的通风，降低冷却效果，严重时还会造成淋水填料塌落、塔体结构和设备的损坏。为保证发电厂安全经济运行，设计中应采用合适的防冰措施。

18.5.8 本条为新增条文。

本条规定的目的是为了减小通风阻力，提高冷却效率。

18.5.9 本条为新增条文。

电厂采用空冷系统后，初投资一般增加5%～10%，因此，强调空冷系统设计应通过技术经济比较后确定空冷系统的形式。

18.5.10 本条为新增条文。

18.5.11 本条为新增条文。

由于空气冷凝器暴露在空气中，直接与周围空气进行热交换，因此环境风场必然会对空气冷凝器的正常运行产生很大影响，特别是风的作用会使空冷系统的换热效率降低，导致汽轮机的背压提高，降低发电效率，极端情况会导致汽轮机的背压超过安全标准，造成电厂停机。

因此，当风环境比较复杂或电厂周边地形地貌特殊时，为了评估环境对空冷系统造成的影响，应对空冷机组方案进行系统的数模计算或物模试验验证，以弄清风对空冷系统换热效率的影响规律，从而为减少这些不利影响，保证机组满负荷安全、经济运行提出建设性措施，使得最后实施方案做到科学合理。

18.5.12 本条为新增条文。

本条根据已有工程经验确定。

18.5.13 本条为新增条文。

18.5.14 本条为新增条文。

本条提出了排烟冷却塔在设计时应考虑的主要因素和要求。

排烟冷却塔在欧洲国家已有20多年的运行经验，取得了较好的社会效益。2006年，北京热电厂一期改造工程投运了我国第一座排烟冷却塔，淋水面积3090m²；2007年，国内自主设计的排烟冷却塔在三河电厂二期工程投运，淋水面积4500m²。

18.5.15 本条为新增条文。

海水冷却塔是沿海地区节约淡水资源与减低海洋热污染的有效途径，在德国、美国、日本等国家采用较多。由于海水的物理特性与淡水不同，因此本条强调了海水冷却塔的选型与设计应考虑的因素。

18.5.16 本条为新增条文。

当环境对冷却塔的噪声有限制时，视工程具体条件应采取下列措施降低噪声：

1 机械通风冷却塔选用低噪声型的风机设备。

2 改善配水和集水系统，减低淋水噪声。

3 冷却塔周围设置隔音屏障。

4 冷却塔设置的位置远离对噪声敏感的区域。

18.6 外部除灰渣系统及贮灰场

18.6.1 系原规范第9.4.1条的修改。

目前发电厂厂区外的灰管大部分沿地面敷设，检修方便，运行情况良好。但有可靠依据证明灰管结垢或磨损不严重时，可以将灰管浅埋于地下，其优点是不占农田，施工简单，节省投资。

18.6.2 本条为新增条文。

关于检修道路的标准，应以简易道路为宜。

18.6.3 系原规范第9.4.3条和第9.4.4条的修改。

近年来，由于环保、节水等要求贮灰场澄清水不能直接外放，灰水考虑回收，故原条文作局部修改。

18.6.4 本条为新增条文。

灰渣管道的选择应根据灰水性质（灰、渣、灰渣）确定。近十几年来，针对发电厂的除灰管道出现了许多复合管材，如薄壁管内铸石管道、衬胶管道、衬塑管道、衬橡胶管道和衬陶瓷管道等，这些管材均已通过权威机构鉴定并推广使用。

18.6.5 本条为新增条文。

18.6.6 本条为新增条文。

由于灰水回收管道发生事故时对电厂生产影响甚微，因而规定了灰水回收管道可以不设备用。

18.6.7 系原规范第9.6.11条的修改。

灰渣综合利用途径越来越广，排入贮灰场的灰渣量越来越少，因此贮灰场的初期容量不宜太大，且应分期、分块建设，以节省工程投资，同时减少土地的占用。

18.6.8 本条为新增条文。

本条系引用了现行行业标准《火力发电厂水工设计规范》DL/T 5339的内容，强调了山谷水灰场堤坝的设计标准。

根据现行国家标准《堤防工程设计规范》GB 50286并参考现行行业标准《碾压式土石坝设计规范》SL 274，将坝体抗滑稳定安全系数的计算工况分为"正常运行条件"和"非常运行条件"。抗滑稳定计算组合工况按现行行业标准《火力发电厂水工设计规范》DL/T 5339执行。

贮灰场堤坝的安全稳定是贮灰场安全运行的关键，一旦失事，其危害较大。

18.6.9 本条为新增条文。

本条系引用现行行业标准《火力发电厂水工设计规范》DL/T 5339的内容，强调了江、河、湖、海滩（涂）灰场围堤的设计标准。

18.6.10 系原规范第9.4.2条的修改。

本条增加了山谷型干灰场截洪、排洪导流的要求。

18.6.11 系原规范第9.6.15条的修改。

1 系第9.6.15.1款的修改。

2 系第9.6.15.2款的修改。

3 系第9.6.15.3款的修改。干灰场运行时，考虑到工作条件较为恶劣，机具零件容易磨损，故障较频繁，为此要求施工机具要有备用。

4 系第9.6.15.4款的修改。

5 系新增款条，由于贮灰场附近一般均有居民和农作物田地，运行机具的噪声及飞灰对其影响较大，因此要求干贮灰场四周应设绿化隔离带，减少灰场运行时噪声及飞灰对周围的影响。

18.7 给水排水

18.7.1、18.7.2 系原规范第9.5.1条和第9.5.2条的修改。

18.7.3 本条为新增条文。

18.7.4 系原规范第9.5.8条的修改。

发电厂生产排水可分为两部分：污染较严重、需经处理后方排放的部分称作生产污水;轻度污染或水温不高,不需处理即可排放的部分则称为生产废水。

随着对环境保护的日益重视,为消除或减少污染,需对生活污水、生产污水进行必要的处理后方可排放。处理达标后的生产污水可视为生产废水,应尽量重复使用,如果不能重复利用时,对外排放的水质应符合现行国家标准《污水综合排放标准》GB 8978 的规定。

18.7.5 系原规范第 9.5.8 条的修改。

18.7.6 本条为新增条文。

目前,电厂处理含煤废水的方法很多,除常用的有一体化净水器外,还有利用微孔陶瓷滤板进行机械过滤、加药混凝后利用膜式过滤器直接过滤等方法。这些方法在处理效果、运行管理的难易程度和运行成本、初期投资等方面均有差异,设计时需结合工程具体情况,通过技术经济比较后综合考虑确定。

18.7.7 本条为新增条文。

18.8 水工建(构)筑物

18.8.1~18.8.3 系原规范第 9.6.1 条~第 9.6.3 条的修改。

18.8.4、18.8.5 系原规范第 9.6.4 条和第 9.6.5 条。

18.8.6、18.8.7 系原规范第 9.6.6 条和第 9.6.7 条的修改。

18.8.8 系原规范第 9.6.8 条的修改。

18.8.9 系原规范第 9.6.9 条的修改。

水工建筑物(特别是厂外取水构筑物和水泵房)的施工,受自然条件影响较大,施工条件一般比较困难,施工费用较多,因此,应按规划容量统一规划。

当取水构筑物和水泵房不受场地布置和施工等条件的限制,且经济上合理时,则应分期建设,以节省投资。

18.8.10 本条为新增条文。

为保持和改善生态环境,排水口的形式应进行水力模型试验,满足其消能和散热的要求。

18.8.11 本条为新增条文。

本条系引用现行行业标准《火力发电厂水工设计规范》DL/T 5339 的有关内容。

为保证干灰场的良好运行和减少天然雨水不受灰渣影响,设置截洪沟以拦截外来洪水是经常采用的防洪措施,但其设计标准不宜太高,以节省工程投资。

18.8.12 本条为新增条文。

本条引用现行行业标准《火力发电厂水工设计规范》DL/T 5339 的有关内容。

为了保证灰场安全运行,需要在灰场上游端修建拦洪坝,灰场内底部建输水设施将拦截的上游洪水通过输水设施排至灰场下游,本条规定了上游拦洪坝设计标准及确定坝高的原则性要求。

18.8.13、18.8.14 系原规范第 9.6.13 条和第 9.6.14 条的修改。

19 辅助及附属设施

19.0.1 系原规范第 16.0.1 条的修改。

本条强调了发电厂的设计一般不设置金工修配设施,应充分利用社会加工能力。

19.0.2 系原规范第 16.0.2 条的修改。

本条强调了设置检修车间和检修机具的条件,仅限于边远和偏僻电厂。

19.0.3 系原规范第 16.0.3 条。

19.0.4 系原规范第 16.0.4 条的修改。

据调研,目前热电厂大多采用循环流化床锅炉,除灰所需的空气比较大,化水车间的仪用空气量占一定份额,多数热电厂全厂集中设一个空压机房,分别向各工艺专业用气点供气。

控制用和检修用宜采用同型号、同容量的空气压缩机,控制用和检修用压缩机可以互为备用,以减少备件的品种,提高设备的利用率,同时也保证了压缩空气供气的可靠性。为了防止机组大修时检修用压缩空气耗量过大导致母管压力下降影响控制用压缩空气的质量,从母管引向检修用压缩空气的一端应设动力驱动隔离阀,一旦母管压力低于一定值,联锁关闭该隔离阀,保证控制用压缩空气的质量。

热工控制用气设备的最大连续用气量一般按统计的气动设备耗气量的 2 倍确定。根据调研的电厂反映,目前使用的大多为进口技术的螺杆式空压机,质量可靠,对于 410t/h 级及以下的锅炉,备用一台即可,但贮气罐的容量适当增大。当采用活塞式空气压缩机、且运行台数大于 3 台时,建议备用 2 台。热工控制用储气罐的容量必须满足全厂断电或全部空压机故障安全停机所需的耗气量。空压机台数应考虑下列两个工况:

1 两台机组正常运行,不需要检修用压缩空气时。
2 一台机组正常运行,另一台机组正在检修时。

本条对控制用压缩空气的质量提出了标准和详细规定。

19.0.5 系原规范第 16.0.5 条的修改。

发电厂设备和管道的保温是一项重要的节能措施。保温好坏直接影响到年运行费用。对高温和中温管道保温材料的最大导热系数和容重作了明确的规定。数值取自现行行业标准《火力发电厂保温油漆设计规程》DL/T 5072。

本条对发电厂设备、管道的保温及其计算方法作了规定。

对于露天的供热蒸汽管道宜采用防潮层,减少热损失。

由于机组容量和参数的提高,垂直管道支撑件的间距作了调整,结构形式分为紧箍承重环和焊接承重环两种。

19.0.6 系原规范第 16.0.6 条的修改。

据调研,保护层外标识管道的介质名称和流向箭头可满足要求。为了防腐,增加了介质温度低于 120℃的管道、设备都应进行油漆的规定。

19.0.7 系原规范第 16.0.7 条的修改。

20 建筑与结构

20.1 一般规定

20.1.1 系原规范第 15.1.1 条的修改。

20.1.2 系原规范第 15.1.2 条的修改。

本条强调了节能、环保要求。

20.1.3 本条为新增条文。

20.1.4 本条为新增条文。

本条明确了规范规定范围内的建(构)筑物主体结构的设计使用年限。

20.1.5 本条为新增条文。

对于不同结构,其安全等级不同。一般情况下,应按现行国家标准《建筑结构可靠度设计统一标准》GB 50068、《混凝土结构设计规范》GB 50010、《钢结构设计规范》GB 50017 的有关规定执行。包括主厂房在内的一般电厂建筑结构的安全等级可取二级。

依据现行国家标准《烟囱设计规范》GB 50051,高度 200m 及以上的烟囱安全等级为一级。

主厂房钢筋混凝土煤斗、汽机房屋盖主要承重结构、钢筋混凝土悬吊锅炉炉架安全等级为一级。

20.1.6 本条为新增条文。

20.1.7 本条为新增条文。

建筑材料的使用分别受国家、地方政策法规的限制,选择时应充分考虑这些因素。

20.1.8 本条为新增条文。
20.1.9 系原规范第15.1.8条的修改。

厂房结构设置温度伸缩缝,是为了避免由于温差和混凝土收缩使结构产生严重的变形和裂缝。伸缩缝最大间距的取值主要根据设计规范的规定,并结合发电厂特点以及设计经验确定。

20.1.10 系原规范第15.1.17条的修改。

所谓采取防盐雾侵蚀措施,一般指尽可能少用外露钢结构,必须采用时应在钢结构表面加强防腐涂料处理;外露的钢筋混凝土结构应适当增加钢筋保护层的厚度。

20.2 抗震设计

本节为新增章节。

20.2.1 本条为新增条文。
20.2.2 系原规范第15.1.14条的修改。

特别重要的工矿企业的自备发电厂主要指没有备用电源的发电厂及没有备用热源的热电厂,其停电(热)会造成重要设备严重破坏或危及人身安全。

20.3 主厂房结构

本节为新增章节。

20.3.1 系原规范第15.1.12条的修改。

钢筋混凝土结构仍然是小型发电厂优先考虑的结构方案,增加了钢结构方案。

20.3.2 本条为新增条文。

发电厂主厂房屋面结构大多采用屋架及大型屋面板的无檩体系,但因结构自重大,在抗震区对抗震不利。近年来,发电厂主厂房屋面结构采用钢屋架、钢檩条和压型钢板作底模上铺钢筋混凝土现浇板的有檩体系越来越多。故屋面结构采用何种体系,应结合工程特点、施工条件及材料供应等情况来确定。

20.3.3 本条为新增条文。
20.3.4 本条为新增条文。
20.3.5 本条为新增条文。

悬吊式锅炉炉架建议优先采用钢结构,不排除采用钢筋混凝土结构的可能。

20.3.6 本条为新增条文。

本条规定了汽轮发电机基础设计的要求。

20.4 地基与基础

本节为新增章节。

20.4.1 系原规范第15.1.13条的修改。

本条提出了地基与基础设计的总的要求。地基与基础设计首先要以工程地质勘测报告中的建议为主要依据,同时结合工程特点、地区建设经验,采用优化设计方案,以提高设计质量。

20.4.2 本条为新增条文。

主厂房地基设计在一般情况下宜采用同一类型的地基,但也可根据工程的具体地质条件,采用不同的地基形式。如某工程锅炉房采用桩基,而汽机房及除氧煤仓间采用天然地基;另一工程则相反,锅炉房为天然地基,而汽机房及除氧煤仓间则采用桩基。实践证明,厂房不同的结构单元采用不同的地基形式,不仅有效地减少了各单元之间的差异沉降,而且具有明显的经济效果。

20.4.3 本条为新增条文。

地基是建(构)筑物的根基,通过地基承载力、地基变形和稳定性计算,才能保证建(构)筑物的安全。

20.4.4 本条为新增条文。

对于软弱地基,应视建筑物的重要性及其对地基承载力的要求,本着安全、经济的原则,采用不同的人工地基。浅层加固常用的方法有强夯法、强夯置换法、排水固结法、振冲挤密桩、挤密砂石桩、灰土桩、换填置换法等。当浅层加固不能满足设计要求时,软弱地基亦可采用桩基处理。

重要建(构)筑物指主厂房、烟囱、冷却塔、场地和地基条件复杂的一般建(构)筑物。

20.4.5 本条为新增条文。

本条提出了厂房基础的选型意见。

20.4.6 本条为新增条文。

贮煤场地基处理可采用堆煤自预压法、堆载预压法、真空预压法、水泥搅拌桩、碎石桩、高压旋喷桩等。

20.4.7 本条为新增条文。

本条根据现行国家标准《建筑地基基础设计规范》GB 50007—2002第10.2.9条的要求制定。

20.4.8 本条为新增条文。

20.5 采光和自然通风

本节为新增章节。

20.5.1 系原规范第15.3.1条的修改。

为了使厂房内天然采光能保持一定的采光系数,侧窗需经常擦洗和便于洁净;为了节能,主厂房内应避免设置大面积玻璃窗。

20.5.2 系原规范第15.3.1条的修改。

本条以现行国家标准《建筑采光设计标准》GB/T 50033为依据,并结合电厂实际情况,规定了发电厂建筑物天然采光标准。

20.5.3 本条为新增条文。
20.5.4 系原规范第15.3.2条的修改。

20.6 建筑热工及噪声控制

本节为新增章节。

20.6.1 本条为新增条文。

本条提出了建筑热工设计的基本要求。

20.6.2 本条为新增条文。

本条应按照有关标准进行建筑热工设计。

20.6.3 系原规范第15.3.5条的修改。

20.7 防排水

本节为新增章节。

20.7.1 本条为新增条文。
20.7.2 系原规范第15.4.2条的修改。

据调查,已建电厂的室内沟道、隧道大部分存在渗、漏水和积水问题,主要原因是设计时没有可靠的防排水措施,因此强调"应有妥善的排水设计和可靠的防排水措施",以保证电厂生产安全。

20.7.3 本条为新增条文。

20.8 室内外装修

20.8.1 系原规范第15.4.6条的修改。

现行国家标准《建筑内部装修设计防火规范》GB 50222对建筑室内外装修有详细的规定。

20.8.2 系原规范第15.4.5条的修改。

20.9 门 和 窗

本节为新增章节。

20.9.1 系原规范第15.4.3条的修改。

对电气建筑物的门窗及墙上的开孔洞部位应采取措施防止小动物的进入,以免影响电气设备的安全运行。

20.9.2 系原规范第15.4.4条的修改。

考虑到有特殊工艺要求的房间,如集中控制室、计算机房、通信室等有隔声、防尘的要求,采用塑钢或铝合金门、窗比较合理。

20.9.3 本条为新增条文。

有侵蚀性物质的化水用房有腐蚀性气体,对金属有腐蚀作用,如采用金属门、窗,应采用防腐型。

20.10 生活设施

20.10.1～20.10.3 系原规范第 15.5.1 条～第 15.5.3 条的修改。

20.11 烟　囱

本节为新增章节。

20.11.1 系原规范第 15.6.4 条的修改。

20.11.2～20.11.4 系新增条文。

20.12 运煤构筑物

本节为新增章节。

20.12.1 本条为新增条文。

当运煤栈桥跨度大于 24m 时,预应力钢筋混凝土结构受到施工条件、场地要求等种种因素的限制,较难推广,故倾向于其纵向结构采用钢桁架,而栈桥支架仍可选择混凝土结构方案。

20.12.2 系原规范第 15.6.5 条的修改。

我国是个多气候的国家。据调查报告分析,运煤栈桥的形式也有多种,封闭运煤栈桥采用轻型围护结构较为合理。

20.12.3 本条为新增条文。

20.13 空冷凝汽器支承结构

本节为新增章节。

20.13.1 本条为新增条文。

本条提出了空冷凝汽器支承结构平面布置的要求。

20.13.2 本条为新增条文。

本条规定了空冷凝汽器支承结构的选择形式。

20.13.3 本条为新增条文。

空冷凝汽器主要承重钢结构构件要进行可靠的防腐。

20.14 活 荷 载

20.14.1 系原规范第 15.7.1 条。

20.14.2 系原规范第 15.7.2 条的修改。

表 20.14.2"火力发电厂主厂房屋面、楼(地)面均布活荷载标准值及组合值、频遇值和准永久值系数"基本上保留原规范的荷载取值。另根据现行国家标准《建筑结构荷载规范》GB 50009,增加可变荷载的频遇值系数、组合值系数。

20.14.3、20.14.4 系原规范第 15.7.3 条和第 15.7.4 条的修改。

21 采暖通风与空气调节

21.1 一般规定

21.1.1 系原规范第 14.1.1 条的修改。

本条规定了集中采暖地区和采暖过渡地区的气象条件。

采暖区的划分是一项比较复杂而且政策性很强的问题,它不仅取决于人民的生活水平和需要,而且受到国家财力和物力的制约,尤其是像我国这样幅员辽阔的发展中国家更应慎重。

对于集中采暖地区的各类建筑物,只要室内经常有人停留或工作,或者工艺对室内温度有一定要求时,均应设集中采暖。

发电厂的热源条件比较方便,有大量的余热可供利用,根据目前的实际情况,我们提出了过渡地区各类建筑物设置集中采暖的条件。应该说明的是,本条特别强调了位于过渡地区的某些生产厂房、某些辅助和附属建筑物,可以按照集中采暖地区的条件设计集中采暖,而并非过渡地区所有的建筑物均要设置集中采暖。就过渡地区而言,气象条件差别仍然很大,所以集中采暖建筑物的种类也因地而异。一般情况下,主厂房属于热车间,在过渡地区不宜设计集中采暖;而对于夜班休息楼、生产办公楼等建筑物需要设计集中采暖;至于发电厂其他辅助及附属建筑物是否设计集中采暖,还应视电厂的室外采暖计算温度和其他因素决定。

21.1.2 系原规范第 14.1.2 条。

21.1.3 系原规范第 14.1.5 条的修改。

21.1.4 系原规范第 14.1.6 条的修改。

采用工业水作为制冷系统的冷却水,是从全厂"一水多用"的水务管理、节省设备初投资和运行费用等几个方面综合考虑后的系统优化意见。

21.1.5 系原规范第 14.1.7 条的修改。

本条为强制性条文。对明火和电采暖器采暖易引起易燃、易爆气体或物料燃烧、爆炸,会危机生产安全和工人生命安全,该建筑物的采暖禁止采用明火和电采暖器。

21.1.6 系原规范第 14.1.8 条。

21.1.7 本条为新增条文。

本条对采暖、通风和空气调节室内设计参数作出了规定。

21.1.8 系原规范第 14.1.10 条的修改。

21.1.9 本条为新增条文。

创造良好舒适的工作和休息环境,有利于人员集中精力、高效率地工作,可避免由于人为的原因造成工作失误所带来的损失。同时,各类控制和管理设备对室内环境也有一定的要求。

21.1.10 本条为新增条文。

对于散热量和散湿量较大的生产车间,在夏季设计自然通风或机械通风时,其作业地带的温度应根据车间的热强度和夏季通风室外计算温度来确定。对作业地带所考虑的是如何维持地面以上 2m 内的空间的温度,在这个区域内允许局部非工作地点,即热源周边一定范围内的温度超过设计允许值。

21.1.11 本条为新增条文。

本条给出了发电厂各类建筑通风设计的基本原则。在确定通风方式时,应根据工艺过程,散发有害物设备的特点,与工艺密切配合,了解生产过程,收集各类有害物生产的数据,结合当地具体条件,因地制宜地确定通风设计方案。

21.1.12 本条为新增条文。

本条给出了有易燃、易爆气体产生车间的通风设计的基本原则。

21.2 主 厂 房

21.2.1～21.2.3 系原规范第 14.2.1 条～第 14.2.3 条。

21.2.4 本条为新增条文。

21.2.5 系原规范第 14.2.4 条。

21.2.6 本条为新增条文。

随着科学技术的发展,控制仪表和元件对环境的要求不断降低,室内的温度和湿度的要求已接近人对温度和湿度的要求。随着生活水平的提高,人对环境的要求却在不断提高,集控楼内空调多为集中空调,相邻的值班室、办公室和工程师室在有条件的情况下宜设空调,以改善工作环境,提高工作效率。

21.2.7 本条为新增条文。

在确定真空清扫设备和管网时,应根据技术论证合理配置;在选择设备时应注意海拔高度对真空设备能力的影响。

21.3 电气建筑与电气设备

21.3.1 系原规范第 14.3.1 条的修改。

21.3.2 本条为新增条文。

随着科学技术的进步,电子计算机和电子设备对环境的温度、湿度已具备较强的适应能力,但从符合人体卫生舒适的"等效温度"以及对电子设备防尘的角度考虑,对环境的温度、湿度、新风量以及室内洁净度均应有一定的要求。因此,对上述房间应采取空气调节措施。本条规定了集中空调系统空气处理设备配置的基本原则。

21.3.3 系原规范第14.3.2条~第14.3.5条的合并修改。

目前发电厂蓄电池主要采用密封免维护铅酸蓄电池,根据生产厂家提供的资料要求环境温度不超过30℃,环境温度过高对蓄电池寿命有影响。同时,免维护电池在充电过程中有少量氢气释放,因此,蓄电池室的空调应采用直流式,室内空气不允许再循环。

21.3.4 本条为新增条文。

对炎热高湿地区的电子设备间内,尤其是设有高压开关柜和设有干式变压器的配电间,室内环境温度过高是多年来普遍存在的问题,通风系统应根据对送入房间的空气采取降温措施。一般电气设备的环境最高允许温度不超过40℃,故规定不宜高于35℃作为设计温度。

21.3.5 系原规范第14.3.6条的修改。

目前发电厂厂用变压器主要使用干式变压器,油浸式变压器使用的较少,而干式变压器与油浸式变压器对最高环境温度要求不一样,故对两种变压器室的通风方式分别规定。

21.3.6~21.3.8 系原规范第14.3.7条~第14.3.9条的修改。

21.3.9 系原规范第14.3.11条的修改。

现在的发电机出线小室没有油断路器设备,取消了原条文中的油断路器。

21.3.10 系原规范第14.3.13条。

21.3.11 本条为新增条文。

主要强调通风、空调系统所采取的防火措施,除考虑自身的防火排烟功能外,还应考虑电气建筑和电子设备间的消防设施的性质,注意和相关专业之间的协调一致。

21.4 运煤建筑

21.4.1 系原规范第14.4.1条的修改。

在采暖过渡地区,运煤建筑物内仍有冰冻可能,使运煤胶带打滑,为了保证胶带正常运行,碎煤机室及转运站可在运煤带式输送机头部及尾部设置局部采暖。

21.4.2、21.4.3 系原规范第14.4.2和第14.4.3条。

21.4.4 系原规范第14.4.4条的修改。

发电厂运煤系统的地下卸煤沟、运煤隧道、转运站等夏季室内阴冷潮湿,运行时煤尘飞扬,劳动条件很差,因此,规定应有通风除尘设施。

对采暖地区应结合通风、除尘方式根据热、风平衡计算热补偿量,以满足环境温度不低于5℃。

21.4.5 系原规范第14.4.5条的修改。

21.5 化学建筑

21.5.1~21.5.8 系原规范第14.5.1条~第14.5.8条的修改。

21.5.9 本条为新增条文。

21.5.10 本条为新增条文。

本条对本节未涉及的其他化学建筑规定了通风原则。

21.6 其他辅助及附属建筑

21.6.1 本条为新增条文。

21.6.2 系原规范第14.6.2条的修改。

21.6.3 本条为新增条文。

本条规定了空压机房的采暖、通风原则。

21.6.4 系原规范第14.6.1条。

21.7 厂区制冷、加热站及管网

21.7.1 系原规范第14.7.1条。

21.7.2 系原规范第14.7.2条~第14.7.3条的修改。

本条明确厂区加热站的设备容量和台数按照第13.9节热网加热器及其系统的原则确定。

21.7.3 系原规范第14.7.4条。

21.7.4 系原规范第14.7.5条的修改。

本条明确了厂区采暖热网补给水及定压方式的原则。

21.7.5~21.7.8 系原规范第14.7.6条~第14.7.9条。

21.7.9~21.7.11 系新增条文。

21.7.12 本条为新增条文。

本条规定了人工冷源的选择原则,在新建电厂的初期,没有可靠的蒸汽汽源,不宜采用溴化锂吸收式冷水机组。

21.7.13 本条为新增条文。

本条规定了制冷机组的配置原则。制冷设备的配置应尽可能地适应空调系统冷负荷随季节变化,如果机组单机容量过大,存在不易调节、经济性较差的问题。

1 对压缩式冷水机组,考虑使用灵活,便于能量调节,在空调冷负荷较低时,能够起到互相备用的作用,故规定按2×75%或3×50%选型。

2 溴化锂吸收式冷水机组运行一段时间后,在蒸发器、吸收器、冷凝器的换热管的内壁会逐渐形成一层污垢,污垢积越多,热阻越大,使传热工况恶化,制冷量下降。因此,在选择设备时,单台制冷量增加10%作为裕量。溴化锂冷水机组与压缩式冷水机组相比,运行可靠,故障率低,可不考虑设备的备用。

3 其他形式冷水机组主要指模块式、空冷式冷水机组等,整体式空调机组主要指柜式空调机组和屋顶式空调机组。对模块式和空冷式冷水机组,由于设备本身具有互为备用的功能,因此仅考虑设备容量的备用即可,而整体式空调机组则应考虑设备的备用。

21.7.14 本条为新增条文。

22 环境保护和水土保持

22.1 一般规定

22.1.1、22.1.2 系原规范第17.1.1条和第17.1.2条的修改。

近年来,环境问题已成为制约我国社会经济发展的突出问题,为了保护生态环境,实现可持续发展,国家加强了环保的管理力度,制定了一系列的法律、法规、政策和标准。各省、自治区和直辖市也根据本地区的具体情况,相应颁发了地方性的法规和政策。发电厂的设计必须遵循保护环境的指导思想,贯彻国家环境保护的法律、法规及产业政策以及地方制定的有关规定。

现行建设项目环境保护法律、法规主要有:《中华人民共和国环境保护法》,《中华人民共和国大气污染防治法》,《中华人民共和国水污染防治法》,《中华人民共和国环境噪声污染防治法》,《中华人民共和国固体废物污染环境防治法》,《中华人民共和国海洋环境保护法》,《中华人民共和国清洁生产促进法》,《中华人民共和国循环经济促进法》,《中华人民共和国节约能源法》,《中华人民共和国水土保持法》,《中华人民共和国环境影响评价法》,《建设项目环境保护管理条例》。

国家环境保护行政主管部门根据国家产业政策和社会经济条件制定了相关的环境质量标准和污染物排放标准。

各省、自制区、直辖市地方政府对国家污染物排放标准中未作规定的项目,可以制定地方污染物排放标准;对国家污染物排放标准中已有的项目,也可根据本地环境质量要求,制定严于国家污染

物排放标准的地方排放标准。

凡是在已有地方污染物排放标准的区域内建设的发电厂,应当执行地方污染物排放标准。

第22.1.2条新增了在施工建设期要防止对生态造成破坏的内容。

22.1.3 系原规范第17.1.3条的修改。

《中华人民共和国清洁生产促进法》于2003年1月1日施行,国家对浪费资源和严重污染环境的落后技术、工艺、设备和产品实行限期淘汰制度。要求企业在进行技术改造过程中采取清洁生产措施。

22.1.4 本条为新增条文。

本条提出了对废弃物处理的原则要求。

22.1.5 本条为新增条文。

国家计委、国家经贸委、建设部、国家环保总局于2000年1月1日以计基础〔2000〕1268号文发布了《关于发展热电联产的规定》。要求热电联产项目审批时,热电厂、热力网、粉煤灰综合利用项目应同时审批、同步建设、同步验收。

22.1.6 系原规范第17.1.4条的修改。

22.2 环境保护和水土保持设计要求

22.2.1 系原规范第17.2.1条~第17.2.3条的修改。

根据《中华人民共和国水土保持法》,新增了水土保持方案的有关内容和要求。

22.3 各类污染源治理原则

22.3.1 本条规定了大气污染防治的有关内容。

1 系原规范第17.3.1条的修改。

发电厂排放的大气污染物应符合国家颁发的有关现行的排放标准,二氧化硫属于总量控制项目,二氧化硫排放量除应符合排放标准要求外,还要符合总量控制的要求。

2~4 系新增条款。

根据我国目前的技术装备水平和环保标准要求,并根据煤质条件,发电厂除尘器宜采用布袋除尘器、电袋除尘器和电气除尘器。

对于小机组脱硫系统应结合工程的具体特点,选用环保管理部门认可的、运行可靠的、二氧化硫排放能稳定达标的技术方案。

5 系原规范第17.3.3条的修改。

为避免不利气象条件下烟气下洗造成局部地面污染,烟囱高度应高于锅炉房或露天锅炉炉顶高度的2倍~2.5倍。

当发电厂邻近机场对烟囱高度有限制时,应采用合并烟囱,增加热释放率,提高烟气抬升高度的方式,达到环境质量标准和排放标准要求。

6 本款为新增条款。

本款增加了对粉尘无组织排放控制的要求。

22.3.2 本条为废水治理的有关规定。

1 系原规范第17.3.5条的修改。

根据清洁生产原则,电厂设计应减小对水资源的消耗量,减少废水、污水产生量,对处理达标的废水、污水应积极回收利用。

3 系原规范第17.3.6条的修改。

发电厂的废水处理宜采用清污分流、分散处理、达标集中排放的原则。可根据不同废水、污水的污染因子,采取有针对性的处理方案,避免各类废水、污水混合后导致污染物成分复杂、处理难度大、污水处理设施投资高等问题。企业自备发电厂的废水、污水可送入企业的污水处理厂集中处理,避免重复投资建设。

4 系原规范第17.3.7条的修改。

发电厂的废水、污水排放口不宜多于2个,排放口应有取样监测的条件,并装有流量计。对于废水在线监测装置可根据环境影响评价的要求确定是否设置。

5 系原规范第17.3.8条的修改。

脱硫废水一般不允许外排,处理后可用于干灰调湿、灰场喷洒等,在厂内消耗掉;直流循环温排水排水口位置的设置应根据环境影响评价确定。

22.3.3 本条规定了固体废物治理及综合利用的有关内容。

1 本款为新增条款。

灰渣综合利用可节约资源,变废为宝,保护环境,热电联产机组要求灰渣应全部综合利用,目前粉煤灰用于生产建材和筑路较多;脱硫系统产生的固体废物根据脱硫方案的不同而有所不同,一般也可用于建材生产,但现阶段综合利用情况不太好,大多运往灰场单独存放。

2 本款为新增条款。

发电厂灰渣由于浸出液中pH值超标属于第Ⅱ类一般工业固体废物,灰场设计应根据现行国家标准《一般工业固体废物贮存、处置场污染控制标准》GB 18599的要求采取防渗处理,灰场界距居民集中区要有500m以上。

22.3.4 本条规定了噪声防治的有关内容。

1、2 系原规范第17.3.12条和第17.3.13条的修改。

控制工程噪声对环境的影响,有从声源上根治噪声和从噪声传播途径上控制噪声两种措施。发电厂的噪声应首先从声源上进行控制,选择符合国家噪声控制标准的设备。

对于声源上无法控制的生产噪声可采用对设备装设隔声罩、对外排汽阀装设消声器、在建筑物内敷设吸声材料等措施控制噪声。

3 本款为新增条款。

在总平面布置上应注意厂界周边的情况,如冷却塔等噪声设备或设施应尽量远离厂外的敏感点,根据环境影响评价的要求采取噪声治理措施。

22.4 环境管理和监测

22.4.1 系原规范第17.4.3条。

按照国家有关规定,发电厂应设有环保监测基层站,负责本企业的环保监测工作。从目前实际情况来看,发电厂环保监测站往往与化水试验室合并,并备有环保监测分析所需仪器,负责环保取样监测工作。对于总装机容量小于50MW的发电厂可配置必要的监测仪器,并可委托地方环保部门的监测机构定期进行监测。

22.4.2 系原规范第17.4.2条。

22.4.3 本条为新增条文。

22.4.4 本条为新增条文。

发电厂的排污口主要有废气、废水、固体废物、噪声排放口等。排放口要有明确的环保图形标志、监测取样条件。

22.5 水土保持

本节为新增章节。

22.5.1 火力发电厂水土保持措施设计应符合现行国家标准《开发建设项目水土保持技术规范》GB 50433的要求,主要水土保持措施应包括发电厂的防洪工程、阶梯布置的防护工程、护坡工程、土地整治、灰场的灰坝、排洪设施等工程措施和施工期的临时拦挡、临时覆盖、临时排水等临时防护措施,以及项目建设区的植物防护措施。

23 劳动安全与职业卫生

23.1 一般规定

23.1.1 本条为新增条文。

改善劳动条件,保护劳动者在生产过程中的安全和健康是我国的一项重要政策，随着社会经济活动日趋活跃和复杂，特别是经济成分、组织形式日益多样化，我国的安全生产问题越来越突出。党中央、国务院一贯高度重视安全生产工作，新中国成立以来特别是改革开放以来制定了一系列的法律、法规，加强安全生产工作。

1982年《中华人民共和国宪法》中明确规定"加强劳动保护、改善劳动条件"，这是有关安全生产方面最高法律效力的规定。

《中华人民共和国劳动法》中明确规定"劳动安全卫生设施必须符合国家规定的标准。新建、改建、扩建工程的劳动安全卫生设施必须与主体工程同时设计、同时施工、同时投入生产和使用"。

《中华人民共和国安全生产法》明确提出安全生产工作方针为"安全第一、预防为主"；"生产经营单位新建、改建、扩建工程项目的安全设施，必须与主体工程同时设计、同时施工、同时投入生产和使用。安全设施投资应纳入建设项目概算"。

《中华人民共和国职业病防治法》提出"职业病防治工作坚持预防为主、防治结合的方针，实行分类管理、综合治理"。

发电厂的设计应认真贯彻国家安全生产的法律、法规的要求。

23.1.2 本条为新增条文。

与劳动安全和职业卫生相关的现行法律、条例、国家标准和行业标准如下：

1 法律：
《中华人民共和国安全生产法》（2002年11月1日施行）；
《中华人民共和国劳动法》（1995年1月1日施行）；
《中华人民共和国电力法》（1996年4月1日施行）；
《中华人民共和国防洪法》（1998年1月1日施行）；
《中华人民共和国消防法》（1998年9月1日施行）；
《中华人民共和国职业病防治法》（2002年5月1日施行）。

2 条例：
国务院第393号令《建设工程安全生产管理条例》（2004年2月1日实施）；
国务院第549号令《特种设备安全监察条例》（2009年5月1日实施）；
国务院第591号令《危险化学品安全管理条例》（2011年12月1日实施）。

3 国家标准：
《生产设备安全卫生设计总则》GB 5083；
《生产过程安全卫生要求总则》GB 12801；
《民用建筑设计通则》GB 50352；
《建筑内部装修设计防火规范》GB 50222；
《爆炸和火灾危险环境电力装置设计规范》GB 50058；
《火力发电厂与变电站设计防火规范》GB 50229；
《粉尘防爆安全规程》GB 15577；
《储罐区防火堤设计规范》GB 50351；
《安全色》GB 2893；
《安全标志及其使用导则》GB 2894；
《3～110kV高压配电装置设计规范》GB 50060；
《建筑物防雷设计规范》GB 50057；
《工业企业噪声控制设计规范》GBJ 87；
《工业企业设计卫生标准》GBZ 1；
《工作场所有害因素职业接触限值》GBZ 2.1、GBZ 2.2；
《采暖通风与空气调节设计规范》GB 50019；
《交流电气装置接地设计规范》GB 50065。

4 行业标准：
《火力发电厂劳动安全和工业卫生设计规程》DL 5053；
《高压配电装置设计技术规程》DL 5352；
《电力工业锅炉压力容器监察规程》DL 612；
《交流电气装置的过电压保护和绝缘配合》DL/T 620。

23.1.3 本条为新增条文。

发电厂劳动安全基层监测站、安全教育室用房、仪器设备的配备可参照现行的《电力行业劳动环境检测监督管理规定》、《火力发电厂辅助、附属及生活福利建筑面积标准》DL/T 5052等有关标准、规范的规定执行。

23.2 劳动安全

23.2.1 本条为新增条文。

根据《中华人民共和国安全生产法》，对高危行业的建设项目应进行安全生产评价。国家发展和改革委员会、国家安全生产监督管理局《关于加强建设项目安全设施"三同时"工作的通知》（发改投资〔2003〕1346号）中明确规定"对矿山建设项目和生产、储存危险物品、使用危险化学品等高危行业的建设项目以及具有较大安全风险的建设项目，建设单位在进行项目可行性研究时，应对安全生产条件进行专门论证，委托安全评价中介机构进行安全生产评价，对建设项目安全设施的安全性和可操作性进行综合分析，提出安全生产对策的具体方案"；《关于进一步加强建设项目（工程）劳动安全卫生预评价工作的通知》（安监管办字〔2001〕39号）规定"新建、改建、扩建的工程建设项目，必须进行劳动安全卫生预评价，以保障安全生产设施与主体工程同时设计、同时施工、同时投产使用，不给安全生产工作留下隐患"。

23.2.2 本条为新增条文。

一般应从自然与环境因素、主要危险有害物质、生产过程危险有害因素、人力与安全管理、重大危险源辨识等方面对危险、有害因素进行辨识。可根据系统工艺流程对危险区域进行划分。

23.2.3、23.2.4 系新增条文。

防火分区、防火间距、安全疏散等具体的防火设计应按照现行国家标准《火力发电厂与变电站设计防火规范》GB 50229的要求执行。

23.2.5 系原规范第18.2.1条的修改。

发电机、变压器、变电站、配电室及厂内各种电气设备、设施、电缆等，因故障、误操作、短路、雷击等原因均可引发人身触电伤害、设备损坏、仪表失灵、系统破坏等危险。带电设备的安全防护距离及防电伤、防直击雷设计要符合现行的有关标准、规范的要求。

23.2.6 系原规范第18.2.2条～第18.2.6条的修改。

发电厂有许多传动、转动设备，机械伤害是一种常见的人身伤害事故，为保护运行人员的安全，应切实做好这方面的防护工作。机、炉、煤、灰、水、化各车间机械设备传动装置的联轴器部分，运煤系统的皮带转动部分，送风机、吸风机靠背轮都要装设防护罩。为防止运行人员接触上煤胶带，输送机的运行通道侧应加设防护栏杆，跨越胶带处设人行过桥。在输送机头部、尾部、中部可装设事故按钮，并应沿带式输送机全长设紧急事故拉线开关及报警装置。

为防止坠落、磕、碰、跌伤等意外伤害事故发生，保护工作人员的安全，在井、坑、孔、洞或沟道等有坠落危险处应设防护栏杆或盖板，防护栏杆高度应符合有关规范要求。

23.2.7 本条为新增条文。

主要为防止厂区交通事故造成的人身伤害。

23.2.8 本条为新增条文

根据《中华人民共和国安全生产法》第二十八条，生产经营单位应当在有较大危险因素的生产经营场所和有关设施、设备上设置明显的安全警示标志。工作场所的安全标志和安全色设置应按照现行国家标准《安全标志及其使用导则》GB 2894、《安全色》GB 2893的有关规定具体落实。

23.3 职业卫生

23.3.1 本条为新增条文。

《中华人民共和国职业病防治法》中规定，新建、扩建、改建建设项目和技术改造、技术引进项目可能产生职业病危害的，建设单位在可行性论证阶段应当向卫生行政部门提交职业病危害预评价报告。职业卫生设计应以预评价报告为依据,落实各项防护要求。

23.3.2 本条为新增条文。

危害因素一般包括物理因素和化学因素。物理因素主要指电磁场辐射、高温、噪声、振动等;化学因素主要指粉尘、有毒有害物质;应结合电厂的实际情况,依据《工作场所有害因素职业接触限值》GBZ 2.1、GBZ 2.2 的规定进行分析。

23.3.3 系原规范第 18.3.1 条和第 18.3.2 条的修改。

煤尘防治应首先堵住产生煤尘的源头。绞龙的密封、导煤槽出口加挡帘、减小落差、控制皮带速度可减少煤尘的产生;对原煤采取加湿的办法,适当提高其表面水分,是当前防止煤尘飞扬的有效措施。对运煤系统的各落煤点安装除尘器。对贮煤场应设置覆盖整个煤堆表面的喷洒设施。采用喷雾加湿和地面水力清扫等也是煤尘综合防治的有效措施。煤尘综合防治的各项措施应符合现行行业标准《火力发电厂运煤设计技术规程 第 2 部分:煤尘防治》DL/T 5187.2 的要求,并应符合现行国家标准《工业企业设计卫生标准》GBZ 1、《工作场所有害因素职业接触限值》GBZ 2.1、GBZ 2.2 的要求。

目前,采用气力除灰系统的电厂越来越多,由于粉煤灰成分中游离二氧化硅含量高、粒径小,对人体危害严重。气力除灰系统要密闭运行,灰库应设有袋式除尘器,干灰场应有喷洒碾压设备。

23.3.4 系原规范第 18.3.3 条的修改。

23.3.5 系原规范第 18.5.1 条和第 18.5.2 条的修改。

发电厂的高噪声设备主要集中在主厂房内及运煤系统的转动、传动部件和筛碎设备。应从声源上进行控制,选用噪声低、振动小的设备。对不能根除的生产噪声,可采取有效的隔声、消声、吸声等控制措施,以降低噪声危害。

23.3.6 系原规范第 18.4.1 条和第 18.4.2 条的修改。

发电厂的地下卸煤沟、运煤隧道、地下转运站等地下建筑物内部,一般较阴冷、潮湿,故应采取防潮设施,以改善劳动条件,保护工人身体健康。

23.3.7 系原规范第 18.2.8 条和第 18.2.9 条的修改。

23.3.8 本条为新增条文。

职业病警示标识可以提醒、警示工作人员工作场所可能存在的职业危害,要采取相应的防护措施。警示标识的具体设置应按照《工作场所职业病危害警示标识》GBZ 158 的有关规定执行。

24 消 防

本章为新增章节。

中华人民共和国国家标准

烟囱设计规范

Code for design of chimneys

GB 50051—2013

主编部门：中国冶金建设协会
批准部门：中华人民共和国住房和城乡建设部
施行日期：２０１３年５月１日

中华人民共和国住房和城乡建设部
公　　告

第 1596 号

住房城乡建设部关于发布国家标准《烟囱设计规范》的公告

现批准《烟囱设计规范》为国家标准，编号为 GB 50051-2013，自 2013 年 5 月 1 日起实施。其中，第 3.1.5、3.2.6、3.2.12、9.5.3 (4)、14.1.1 条（款）为强制性条文，必须严格执行。原国家标准《烟囱设计规范》GB 50051-2002 同时废止。

本规范由我部标准定额研究所组织中国计划出版社出版发行。

中华人民共和国住房和城乡建设部
2012 年 12 月 25 日

前　　言

本规范是根据住房和城乡建设部《关于〈印发 2010 年工程建设标准规范制订、修订计划〉的通知》（建标〔2010〕43 号）的要求，由中冶东方工程技术有限公司会同有关单位共同对原国家标准《烟囱设计规范》GB 50051-2002（以下简称"原规范"）进行全面修订而成。

本规范在修订过程中，规范修订组开展了多项专题调研、试验与理论研究，进行了广泛的调查分析，总结了近年来我国烟囱设计的实践经验，与相关的标准规范进行了协调，与国际先进的标准规范进行了比较和借鉴，最后经审查定稿。

本规范共分 14 章和 3 个附录，主要内容包括：总则，术语，基本规定，材料，荷载与作用，砖烟囱，单筒式钢筋混凝土烟囱，套筒式和多管式烟囱，玻璃钢烟囱，钢烟囱，烟囱的防腐蚀，烟囱基础，烟道，航空障碍灯和标志等。

本次修订的主要内容如下：

1. 为满足湿烟气防腐蚀需要，增加了玻璃钢烟囱，本规范由原规范的 13 章增加到 14 章。

2. 对钢筋混凝土烟囱修改了有孔洞时的计算公式。原规范计算公式仅限于同一截面的两个孔洞中心线夹角为 180°，本次修订对两个孔洞中心线夹角不作限制，方便了工程应用。

3. 为满足烟囱防腐蚀需要，对烟气类别进行了划分，重新定义了烟气腐蚀等级。在大量实践和调研的基础上，针对各种不同类别烟气，对烟囱的选型和防腐蚀处理作出了更加科学的规定。

4. 对钢烟囱的局部稳定计算进行了修订。原规范计算公式不全面，仅考虑了筒壁弹性屈曲影响，本规范综合考虑了弹性屈曲和弹塑性屈曲影响，参照欧洲标准进行了修订。

5. 对于风荷载局部风压和横风向共振相应进行了修订。增加了局部风压对环形截面产生的风弯矩计算公式；调整了横风向共振计算规定。

6. 将原规范中具有共性内容统一合并到基本规定一章里。

7. 增加了烟囱水平位移限值和烟气排放监测系统设置的规定。

8. 增加了桩基础设计规定。

9. 为适应工程应用需要，并结合工程实践经验，将原规范规定的钢筋混凝土烟囱适用高度由原来 210m 调整到 240m。

10. 为满足实际设计需要，在原规范基础上，对钢内筒烟囱和砖内筒烟囱的计算和构造进行更加详细的规定。

本规范中以黑体字标志的条文为强制性条文，必须严格执行。

本规范由住房和城乡建设部负责管理和对强制性条文的解释，由中冶东方工程技术有限公司负责具体技术内容的解释。本规范在执行过程中如有意见或建议，请寄送中冶东方工程技术有限公司国家标准《烟囱设计规范》管理组（地址：上海市浦东新区龙东大道 3000 号张江集电港 5 号楼 301 室，邮政编码：201203），以便今后修订时参考。

本规范主编单位、参编单位、参加单位、主要起草人和主要审查人：

主 编 单 位：中冶东方工程技术有限公司
参 编 单 位：大连理工大学

华东电力设计院
西北电力设计院
上海富晨化工有限公司
冀州市中意复合材料有限公司
中冶建筑研究总院有限公司
中冶长天国际工程有限责任公司
中冶焦耐工程技术有限公司
西安建筑科技大学
河北衡兴环保设备工程有限公司
河北省电力勘测设计研究院
苏州云白环境设备制造有限公司
北京方圆计量工程技术公司
参 加 单 位：重庆大众防腐有限公司

上海德昊化工有限公司
杭州中昊科技有限公司
亚什兰（中国）投资有限公司
欧文斯科宁（中国）投资有限公司
主要起草人：牛春良　宋玉普　蔡洪良　解宝安
　　　　　　陆士平　王立成　车　轶　李国树
　　　　　　孙献民　王永焕　李吉娃　龚　佳
　　　　　　李　宁　郭　亮　李晓文　郭全国
　　　　　　邢克勇　姚应军　付国勤
主要审查人：陆卯生　马人乐　张文革　陈　博
　　　　　　张长信　于淑琴　鞠洪国　陈　飞
　　　　　　刘坐镇

目　次

1 总则 ·················· 7—8—8
2 术语 ·················· 7—8—8
　2.1 术语 ················ 7—8—8
3 基本规定 ··············· 7—8—9
　3.1 设计原则 ············· 7—8—9
　3.2 设计规定 ············· 7—8—10
　3.3 受热温度允许值 ·········· 7—8—11
　3.4 钢筋混凝土烟囱筒壁设计规定 ··· 7—8—11
　3.5 烟气排放监测系统 ········· 7—8—11
　3.6 烟囱检修与维护 ·········· 7—8—11
4 材料 ·················· 7—8—11
　4.1 砖石 ················ 7—8—11
　4.2 混凝土 ··············· 7—8—12
　4.3 钢筋和钢材 ············· 7—8—12
　4.4 材料热工计算指标 ········· 7—8—14
5 荷载与作用 ·············· 7—8—14
　5.1 荷载与作用的分类 ········· 7—8—14
　5.2 风荷载 ··············· 7—8—14
　5.3 平台活荷载与积灰荷载 ······ 7—8—15
　5.4 裹冰荷载 ············· 7—8—15
　5.5 地震作用 ············· 7—8—15
　5.6 温度作用 ············· 7—8—16
　5.7 烟气压力计算 ··········· 7—8—17
6 砖烟囱 ················ 7—8—18
　6.1 一般规定 ············· 7—8—18
　6.2 水平截面计算 ··········· 7—8—18
　6.3 环向钢箍计算 ··········· 7—8—18
　6.4 环向钢筋计算 ··········· 7—8—18
　6.5 竖向钢筋计算 ··········· 7—8—18
　6.6 构造规定 ············· 7—8—19
7 单筒式钢筋混凝土烟囱 ········ 7—8—20
　7.1 一般规定 ············· 7—8—20
　7.2 附加弯矩计算 ··········· 7—8—20
　7.3 烟囱筒壁承载能力极限状态
　　　计算 ················ 7—8—21
　7.4 烟囱筒壁正常使用极限状态
　　　计算 ················ 7—8—22
　7.5 构造规定 ············· 7—8—26
8 套筒式和多管式烟囱 ········· 7—8—26

8.1 一般规定 ·············· 7—8—26
8.2 计算规定 ·············· 7—8—27
8.3 自立式钢内筒 ············ 7—8—27
8.4 悬挂式钢内筒 ············ 7—8—28
8.5 砖内筒 ··············· 7—8—28
8.6 构造规定 ·············· 7—8—28
9 玻璃钢烟囱 ·············· 7—8—30
　9.1 一般规定 ············· 7—8—30
　9.2 材料 ················ 7—8—30
　9.3 筒壁承载能力计算 ········· 7—8—31
　9.4 构造规定 ············· 7—8—32
　9.5 烟囱制作要求 ··········· 7—8—32
　9.6 安装要求 ············· 7—8—33
10 钢烟囱 ················ 7—8—33
　10.1 一般规定 ············· 7—8—33
　10.2 塔架式钢烟囱 ··········· 7—8—33
　10.3 自立式钢烟囱 ··········· 7—8—33
　10.4 拉索式钢烟囱 ··········· 7—8—35
11 烟囱的防腐蚀 ············ 7—8—35
　11.1 一般规定 ············· 7—8—35
　11.2 烟囱结构型式选择 ········ 7—8—35
　11.3 砖烟囱的防腐蚀 ········· 7—8—35
　11.4 单筒式钢筋混凝土烟囱的
　　　　防腐蚀 ·············· 7—8—35
　11.5 套筒式和多管式烟囱的砖内
　　　　筒防腐蚀 ············· 7—8—36
　11.6 套筒式和多管式烟囱的钢内
　　　　筒防腐蚀 ············· 7—8—36
　11.7 钢烟囱的防腐蚀 ········· 7—8—36
12 烟囱基础 ··············· 7—8—36
　12.1 一般规定 ············· 7—8—36
　12.2 地基计算 ············· 7—8—36
　12.3 刚性基础计算 ··········· 7—8—37
　12.4 板式基础计算 ··········· 7—8—37
　12.5 壳体基础计算 ··········· 7—8—39
　12.6 桩基础 ·············· 7—8—41
　12.7 基础构造 ············· 7—8—41
13 烟道 ················· 7—8—42
　13.1 一般规定 ············· 7—8—42

13.2 烟道的计算和构造 ·················· 7—8—42
14 航空障碍灯和标志 ···················· 7—8—43
   14.1 一般规定 ························· 7—8—43
   14.2 障碍灯的分布 ····················· 7—8—43
   14.3 航空障碍灯设计要求 ·············· 7—8—43
附录 A　环形截面几何特性计算
        公式 ································ 7—8—44
附录 B　焊接圆筒截面轴心受压

稳定系数 ·························· 7—8—44
附录 C　环形和圆形基础的最终沉降量
        和倾斜的计算 ···················· 7—8—44
本规范用词说明 ····························· 7—8—48
引用标准名录 ······························· 7—8—48
附：条文说明 ······························· 7—8—49

Contents

1 General provisions .... 7—8—8
2 Terms .... 7—8—8
  2.1 Terms .... 7—8—8
3 Basic requirement .... 7—8—9
  3.1 Design principle .... 7—8—9
  3.2 Design requirement .... 7—8—10
  3.3 Allowable value of heated temperature .... 7—8—11
  3.4 Design regulations of reinforced concrete chimney wall .... 7—8—11
  3.5 Test system of discharged fume .... 7—8—11
  3.6 Inspection and maintenance of chimney .... 7—8—11
4 Materials .... 7—8—11
  4.1 Masonry .... 7—8—11
  4.2 Concrete .... 7—8—12
  4.3 Steel bar and steel product .... 7—8—12
  4.4 Material thermal calculation index .... 7—8—14
5 Loads and action .... 7—8—14
  5.1 Classification of loads and action .... 7—8—14
  5.2 Wind load .... 7—8—14
  5.3 Platform live load and dust load .... 7—8—15
  5.4 Ice load .... 7—8—15
  5.5 Earthquake action .... 7—8—15
  5.6 Temperature action .... 7—8—16
  5.7 Gas pressure calculation .... 7—8—17
6 Brick chimney .... 7—8—18
  6.1 General requirement .... 7—8—18
  6.2 Calculation of horizontal section .... 7—8—18
  6.3 Calculation of hoops .... 7—8—18
  6.4 Calculation of ring ribs .... 7—8—18
  6.5 Calculation of vertical bar .... 7—8—18
  6.6 Structure regulations .... 7—8—19
7 Single tube reinforced concrete chimney .... 7—8—20
  7.1 General requirement .... 7—8—20
  7.2 Additional bending moment .... 7—8—20
  7.3 Ultimate limit states .... 7—8—21
  7.4 Serviceability limit states .... 7—8—22
  7.5 Structure regulations .... 7—8—26
8 Tube-in-tube chimney and multi-flue chimney .... 7—8—26
  8.1 General requirement .... 7—8—26
  8.2 Calculation regulations .... 7—8—27
  8.3 Self-supporting steel tube .... 7—8—27
  8.4 Suspended steel tube .... 7—8—28
  8.5 Brick tube .... 7—8—28
  8.6 Structure regulations .... 7—8—28
9 Glass fibre reinforced plastic chimney .... 7—8—30
  9.1 General requirement .... 7—8—30
  9.2 Materials .... 7—8—30
  9.3 Calculation of bearing capacity of chimney wall .... 7—8—31
  9.4 Structure regulations .... 7—8—32
  9.5 Chimney manufacture .... 7—8—32
  9.6 Installation .... 7—8—33
10 Steel chimney .... 7—8—33
  10.1 General requirement .... 7—8—33
  10.2 Framed steel chimney .... 7—8—33
  10.3 Self-supporting steel chimney .... 7—8—33
  10.4 Guyed steel chimney .... 7—8—35
11 Anticorrosion of chimney .... 7—8—35
  11.1 General requirement .... 7—8—35
  11.2 Selection of chimney structures and typs .... 7—8—35
  11.3 Anticorrosion of brick chimney .... 7—8—35
  11.4 Anticorrosion of single tube reinforced concrete chimney .... 7—8—35
  11.5 Anticorrosion of tube-in-tube chimney and multi-flue chimney with brick tube .... 7—8—36

- 11.6 Anticorrosion of tube-in-tube chimney and multi-flue chimney with steel tube .... 7—8—36
- 11.7 Anticorrosion of steel chimney .... 7—8—36
- 12 Foundation .... 7—8—36
  - 12.1 General requirement .... 7—8—36
  - 12.2 Calculation .... 7—8—36
  - 12.3 Rigid foundation .... 7—8—37
  - 12.4 Mat foundation .... 7—8—37
  - 12.5 Shell foundation .... 7—8—39
  - 12.6 Pile foundation .... 7—8—41
  - 12.7 Foundation structure .... 7—8—41
- 13 Flue .... 7—8—42
  - 13.1 General requirement .... 7—8—42
  - 13.2 Calculation and structure of flue .... 7—8—42
- 14 Warning lamp and symbols .... 7—8—43
  - 14.1 General requirement .... 7—8—43
  - 14.2 Distribution of warning lamp .... 7—8—43
  - 14.3 Design requirements of warning lamp .... 7—8—43
- Appendix A Formulation of ring section geometric properties .... 7—8—44
- Appendix B Stability coefficient of welded cylinder section under axial load .... 7—8—44
- Appendix C Calculation of final settlement and incline of ring and round foundation .... 7—8—44
- Explanation of wording in this code .... 7—8—48
- List of quoted standards .... 7—8—48
- Addition: Explanation of provisions .... 7—8—49

1 总　则

1.0.1 为了在烟囱设计中贯彻执行国家的技术经济政策，做到安全、适用、经济、保证质量，制定本规范。

1.0.2 本规范适用于圆形截面的砖烟囱、钢筋混凝土烟囱、钢烟囱、玻璃钢烟囱等单筒式烟囱，以及由砖、钢、玻璃钢为内筒的套筒式烟囱和多管式烟囱的设计。

1.0.3 烟囱的设计除应符合本规范外，尚应符合国家现行有关标准的规定。

2 术　语

2.1 术　语

2.1.1 烟囱　chimney
用于排放烟气或废气的高耸构筑物。

2.1.2 筒身　shaft
烟囱基础以上部分，包括筒壁、隔热层和内衬等部分。

2.1.3 筒壁　shell
烟囱筒身的最外层结构，整个筒身承重部分。

2.1.4 隔热层　insulation
置于筒壁与内衬之间，使筒壁受热温度不超过规定的最高温度。

2.1.5 内衬　lining
分段支承在筒壁牛腿之上的自承重结构或依靠分布于筒壁上的锚筋直接附于筒壁上的浇筑体，对隔热层或筒壁起到保护作用。

2.1.6 钢烟囱　steel chimney
筒壁材质为钢材的烟囱。

2.1.7 钢筋混凝土烟囱　reinforced concrete chimney
筒壁材质为钢筋混凝土的烟囱。

2.1.8 砖烟囱　brick chimney
筒壁材质为砖砌体的烟囱。

2.1.9 自立式烟囱　self-supporting chimney
筒身在不加任何附加支撑的条件下，自身构成一个稳定结构的烟囱。

2.1.10 拉索式烟囱　guyed chimney
筒身与拉索共同组成稳定体系的烟囱。

2.1.11 塔架式钢烟囱　framed steel chimney
排烟筒主要承担自身竖向荷载，水平荷载主要由钢塔架承担的钢烟囱。

2.1.12 单筒式烟囱　single tube chimney
内衬和隔热层直接分段支承在筒壁牛腿上的普通烟囱。

2.1.13 套筒式烟囱　tube-in-tube chimney
筒壁内设置一个排烟筒的烟囱。

2.1.14 多管式烟囱　multi-flue chimney
两个或多个排烟筒共用一个筒壁或塔架组成的烟囱。

2.1.15 烟道　flue
排烟系统的一部分，用以将烟气导入烟囱。

2.1.16 横风向风振　across-wind sympathetic vibration
在烟囱背风侧产生的旋涡脱落频率较稳定且与结构自振频率相等时，产生的横风向的共振现象。

2.1.17 临界风速　critical wind speed
结构产生横风向共振时的风速。

2.1.18 锁住区　lock in range
风的旋涡脱落频率与结构自振频率相等的范围。

2.1.19 破风圈　strake
通过破坏风的有规律的旋涡脱落来减少横风向共振响应的减振装置。

2.1.20 温度作用　temperature action
结构或构件受到外部或内部条件约束，当外界温度变化时或在有温差的条件下，不能自由胀缩而产生的作用。

2.1.21 传热系数　heat transfer coefficient
结构两侧空气温差为1K，在单位时间内通过结构单位面积的传热量，单位为W/(m²·K)。

2.1.22 导热系数　thermal conductivity
材料导热特性的一个物理指标。数值上等于热流密度除以负温度梯度，单位为W/(m·K)。

2.1.23 附加弯矩　additional bending moment
因结构侧向变形，结构自重作用或竖向地震作用在结构水平截面产生的弯矩。

2.1.24 航空障碍灯　warning lamp
在机场一定范围内，用于标识高耸构筑物或高层建筑外形轮廓与高度，对航空飞行器起到警示作用的灯具。

2.1.25 玻璃钢烟囱　glass fiber reinforced plastic chimney
以玻璃纤维及其制品为增强材料、以合成树脂为基体材料，用机械缠绕成型工艺制造的一种烟囱，简称GFRP。

2.1.26 反应型阻燃树脂　reactive flame-retardant resin
树脂的分子主链中含有氯、溴、磷等阻燃元素，在不添加或少量添加辅助阻燃材料后，可使固化后的玻璃钢材料具有点燃困难、离火自熄的性能。

2.1.27 基体材料　matrix
玻璃钢材料中的树脂部分。

2.1.28 环氧乙烯基酯树脂　epoxy vinyl ester resin
由环氧树脂与不饱和一元羧酸加成聚合反应，在分子主链的端部形成不饱和活性基团，可与苯乙烯等稀释和交联剂进行固化反应而生成的热固性树脂。

2.1.29 极限氧指数　limited oxygen index(LOI)
在规定条件下，试样在氮、氧混合气体中，维持平衡燃烧所需的最低氧浓度(体积百分含量)。

2.1.30 火焰传播速率　flame-spread rating
采用标准方法对一厚度为3mm～4mm，且以玻璃纤维短切原丝毡增强、树脂含量为70%～75%的玻璃钢层合板所测定的一个指数值。

2.1.31 缠绕　winding
在控制张力和预定线型的条件下，以浸渍树脂的连续纤维或织物缠绕到芯模或模具上成型制品的一种方法。

2.1.32 缠绕角　winding angle
缠绕在芯模上的纤维束或带的长度方向与芯模子午线或母线间的夹角。

2.1.33 螺旋缠绕　helical winding
浸渍过树脂的纤维或带以与芯模轴线成非0°或90°角的方向连续缠绕到芯模上的方法。

2.1.34 环向缠绕　hoop winding
浸渍过树脂的纤维或带以与芯模轴线成90°或接近90°的方向连续缠绕到芯模上的方法。

2.1.35 缠绕循环　winding cycle
缠绕纤维均匀布满在芯模表面上的过程。

2.1.36 增强材料　reinforcement

加入树脂基体中能使复合材料制品的力学性能显著提高的纤维材料。

2.1.37 表面毡　surfacing mat

由定长或连续的纤维单丝粘结而成的紧密薄片,用于复合材料的表面层。

2.1.38 短切原丝毡　chopped-strand mat

由粘结剂将随机分布的短切原丝粘结而成的一种毡,简称短切毡。

2.1.39 热变形温度　heat-deflection temperature(HDT)

当树脂浇铸体试件在等速升温的规定液体传热介质中,按简支梁模型,在规定的静荷载作用下,产生规定变形量时的温度。

2.1.40 玻璃化温度　glass transition temperature(Tg)

当树脂浇铸体试件在一定升温速率下达到一定温度值时,从一种硬的玻璃状脆性状态转变为柔性的弹性状态,物理参数出现不连续的变化的现象时,所对应的温度。

2.1.41 玻璃钢的临界温度　GFRP critical temperature

高温下玻璃钢性能下降速度开始急剧增加时的温度,是判断玻璃钢结构层材料能否在长期高温下工作的重要依据。

3 基本规定

3.1 设计原则

3.1.1 烟囱结构及其附属构件的极限状态设计,应包括下列内容:

1 烟囱结构或附属构件达到最大承载力,如发生强度破坏、局部或整体失稳以及因过度变形而不适于继续承载的承载能力极限状态。

2 烟囱结构或附属构件达到正常使用规定的限值,如达到变形、裂缝和最高受热温度等规定限值的正常使用极限状态。

3.1.2 对于承载能力极限状态,应根据不同的设计状况分别进行基本组合和地震组合设计。对于正常使用极限状态,应分别按作用效应的标准组合、频遇组合和准永久组合进行设计。

3.1.3 烟囱应根据其高度按表3.1.3划分安全等级。

表3.1.3 烟囱的安全等级

安全等级	烟囱高度(m)
一级	≥200
二级	<200

注:对于高度小于200m的电厂烟囱,当单机容量大于或等于300MW时,其安全等级按一级确定。

3.1.4 对于持久设计状况和短暂设计状况,烟囱承载能力极限状态设计应按下列公式的最不利值确定:

$$\gamma_0 \left(\sum_{i=1}^{m} \gamma_{Gi} S_{Gik} + \gamma_{Q1} \gamma_{L1} S_{Q1k} + \sum_{j=2}^{n} \gamma_{Qj} \psi_{cj} \gamma_{Lj} S_{Qjk} \right) \leq R_d$$

(3.1.4-1)

$$\gamma_0 \left(\sum_{i=1}^{m} \gamma_{Gi} S_{Gik} + \sum_{j=1}^{n} \gamma_{Qj} \psi_{cj} \gamma_{Lj} S_{Qjk} \right) \leq R_d$$

(3.1.4-2)

式中:γ_0——烟囱重要性系数,按本规范第3.1.5条的规定采用;

γ_{Gi}——第 i 个永久作用分项系数,按本规范第3.1.6条的规定采用;

γ_{Q1}——第1个可变作用(主导可变作用)分项系数,按本规范第3.1.6条的规定采用;

γ_{Qj}——第 j 个可变作用的分项系数,按本规范第3.1.6条的规定采用;

S_{Gik}——第 i 个永久作用标准值的效应;

S_{Q1k}——第1个可变作用(主导可变作用)标准值的效应;

S_{Qjk}——第 j 个可变作用标准值的效应;

ψ_{cj}——第 j 个可变作用的组合值系数,按本规范第3.1.7条的规定采用;

γ_{L1}、γ_{Lj}——第1个和第 j 个考虑烟囱设计使用年限的可变作用调整系数,按现行国家标准《建筑结构荷载规范》GB 50009采用;

R_d——烟囱或烟囱构件的抗力设计值。

3.1.5 对安全等级为一级的烟囱,烟囱的重要性系数 γ_0 不应小于1.1。

3.1.6 承载能力极限状态计算时,作用效应基本组合的分项系数应按表3.1.6的规定采用。

表3.1.6 基本组合分项系数

作用名称	符号	数值	备 注
永久作用	γ_G	1.20	用于式(3.1.4-1) 其效应对承载能力不利时
		1.35	用于式(3.1.4-2) 其效应对承载能力不利时
		1.00	一般构件 其效应对承载能力有利时
		0.90	抗倾覆和滑移验算
风荷载	γ_W	1.40	
平台上活荷载	γ_L	1.40	当对结构承载力有利时取0
安装检修荷载	γ_A	1.30	
环向烟气负压	γ_{CP}	1.10	用于玻璃钢烟囱
裹冰荷载	γ_I	1.40	
温度作用	γ_T	1.10	用于玻璃钢烟囱
		1.00	其他类型烟囱

注:用于套筒式或多管式烟囱支承平台水平构件承载力计算时,永久作用分项系数 γ_G 取1.35。

3.1.7 承载能力极限状态计算时,应按表3.1.7的规定确定相应的组合值系数。

表3.1.7 作用效应的组合情况及组合值系数

作用效应的组合情况		第1个可变作用	其他可变作用	组合值系数				
				ψ_{cW}	ψ_{cMa}	ψ_{cL}	ψ_{cT}	ψ_{cCP}
Ⅰ	$G+W+L$	W	M_a+L	1.00	1.00	0.70	—	—
Ⅱ	$G+A+W+L$	A	$W+M_a+L$	0.60	1.00	0.70	—	—
Ⅲ	$G+I+W+L$	I	$W+M_a+L$	0.60	1.00	0.70	—	—
Ⅳ	$G+T+W+CP$	T	$W+CP$	1.00	—	—	1.00	1.00
Ⅴ	$G+T+CP$	T	CP	—	—	—	1.00	1.00
Ⅵ	$G+AT+CP$	AT	CP	0.20	—	—	1.00	1.00

注:1 G 表示烟囱或结构构件自重,W 为风荷载,M_a 为附加弯矩,A 为安装荷载(包括施工吊装设备重量、起吊重量和平台上的施工荷载),I 为裹冰荷载,L 为平台活荷载(包括检修维护和生产操作活荷载);T 表示烟气温度作用,AT 表示非正常运行烟气温度作用;CP 表示环向烟气负压。组合Ⅳ、Ⅴ、Ⅵ用于自立式或悬挂式排烟内筒计算。

2 砖烟囱和塔架式钢烟囱可不计算附加弯矩 M_a。

3.1.8 抗震设防的烟囱除应按本规范第3.1.4条~第3.1.7条极限承载能力计算外,尚应按下列公式进行截面抗震验算:

$$\gamma_{GE} S_{GE} + \gamma_{Eh} S_{Ehk} + \gamma_{Ev} S_{Evk} + \psi_{WE} \gamma_W S_{Wk} + \psi_{MaE} S_{MaE} \leq R_d/\gamma_{RE}$$

(3.1.8-1)

$$\gamma_{GE} S_{GE} + \gamma_{Eh} S_{Ehk} + \gamma_{Ev} S_{Evk} + \psi_{WE} \gamma_W S_{Wk} + \psi_{MaE} S_{MaE} + \psi_{cT} S_T \leq R_d/\gamma_{RE}$$

(3.1.8-2)

式中:γ_{RE}——承载力抗震调整系数,砖烟囱和玻璃钢烟囱取1.0;

钢筋混凝土烟囱取 0.9；钢烟囱取 0.8；钢塔架按本规范第 10 章规定采用；当仅计算竖向地震作用时，各类烟囱和构件均应采用 1.0；

γ_{Eh}——水平地震作用分项系数，按表 3.1.8-1 的规定采用；

γ_{Ev}——竖向地震作用分项系数，按表 3.1.8-1 的规定采用；

S_{Ehk}——水平地震作用标准值的效应，按本规范第 5.5 节的规定进行计算；

S_{Evk}——竖向地震作用标准值的效应，按本规范第 5.5 节的规定进行计算；

S_{Wk}——风荷载标准值作用效应；

S_{MaE}——由地震作用、风荷载、日照和基础倾斜引起的附加弯矩效应，按本规范第 7.2 节的规定计算；

S_{GE}——重力荷载代表值的效应，重力荷载代表值取烟囱及其构配件自重标准值和各层平台活荷载组合值之和。活荷载的组合值系数，应按表 3.1.8-2 的规定采用；

S_{T}——烟气温度作用效应；

γ_{W}——风荷载分项系数，按本规范表 3.1.6 的规定采用；

ψ_{WE}——风荷载的组合值系数，取 0.20；

ψ_{MaE}——由地震作用、风荷载、日照和基础倾斜引起的附加弯矩组合值系数，取 1.0；

ψ_{cT}——温度作用组合值系数，取 1.0；

γ_{GE}——重力荷载分项系数，一般情况应取 1.2，当重力荷载对烟囱承载能力有利时，不应大于 1.0。

表 3.1.8-1 地震作用分项系数

地震作用		γ_{Eh}	γ_{Ev}
仅计算水平地震作用		1.3	0
仅计算竖向地震作用		0	1.3
同时计算水平和竖向地震作用	水平地震作用为主时	1.3	0.5
	竖向地震作用为主时	0.5	1.3

表 3.1.8-2 计算重力荷载代表值时活荷载组合值系数

活荷载种类	组合值系数
积灰荷载	0.9
筒壁顶部平台活荷载	不计入
其余各层平台 按实际情况计算的平台活荷载	1.0
按等效均布荷载计算的平台活荷载	0.2

3.1.9 对于正常使用极限状态，应根据不同设计要求，采用作用效应的标准组合或准永久组合进行设计，并应符合下列规定：

1 标准组合应用于验算钢筋混凝土烟囱筒壁的混凝土压应力、钢筋拉应力、裂缝宽度，以及地基承载力或结构变形验算等，并应按下式计算：

$$\sum_{i=1}^{m} S_{Gik} + S_{Q1k} + \sum_{j=2}^{n} \psi_{cj} S_{Qjk} \leqslant C \quad (3.1.9\text{-}1)$$

式中：C——烟囱或结构构件达到正常使用要求的规定限值。

2 准永久组合用于地基变形的计算，应按下式确定：

$$\sum_{i=1}^{m} S_{Gik} + \sum_{j=1}^{n} \psi_{qj} S_{Qjk} \leqslant C \quad (3.1.9\text{-}2)$$

式中：ψ_{qj}——第 j 个可变作用效应的准永久系数，平台活荷载取 0.6；积灰荷载取 0.8；一般情况下不计入风荷载，但对于风玫瑰图呈严重偏心的地区，可采用风荷载频遇值系数 0.4 进行计算。

3.1.10 荷载效应及温度作用效应的标准组合应符合表 3.1.10 的情况，并应采用相应的组合值系数。

表 3.1.10 荷载效应和温度作用效应的标准组合值系数

情况	荷载和温度作用的效应组合			组合值系数		备 注
	永久荷载	第一个可变荷载	其他可变荷载	ψ_{cW}	ψ_{cMa}	
I	G	T	$W + M_a$	1	1	用于计算水平截面
II	—	T	—	—	—	用于计算垂直截面

3.2 设 计 规 定

3.2.1 设计烟囱时，应根据使用条件、烟囱高度、材料供应及施工条件等因素，确定采用砖烟囱、钢筋混凝土烟囱或钢烟囱。下列情况不应采用砖烟囱：

1 高度大于 60m 的烟囱。

2 抗震设防烈度为 9 度地区的烟囱。

3 抗震设防烈度为 8 度时，Ⅲ、Ⅳ类场地的烟囱。

3.2.2 烟囱内衬的设置应符合下列规定：

1 砖烟囱应符合下列规定：

1）当烟气温度大于 400℃时，内衬应沿筒壁全高设置；

2）当烟气温度小于或等于 400℃时，内衬可在筒壁下部局部设置，其最低设置高度应超过烟道孔顶，超过高度不宜小于孔高的 1/2。

2 钢筋混凝土单筒烟囱的内衬宜沿筒壁全高设置。

3 当筒壁温度符合本规范第 3.3.1 条温度限值且满足防腐蚀要求时，钢烟囱可不设置内衬。但当筒壁温度较高时，应采取防烫伤措施。

4 当烟气腐蚀等级为弱腐蚀及以上时，烟囱内衬设置尚应符合本规范第 11 章的有关规定。

5 内衬厚度应由温度计算确定，但烟道进口处一节或地下烟道基础内部分的厚度不应小于 200mm 或一砖。其他各节不应小于 100mm 或半砖。内衬各节的搭接长度不应小于 300mm 或六皮砖（图 3.2.2）。

3.2.3 隔热层的构造应符合下列规定：

1 采用砖砌内衬、空气隔热层时，厚度宜为 50mm，同时应在内衬靠筒壁一侧按竖向间距 1m，环向间距为 500mm 挑出顶砖，顶砖与筒壁间应留 10mm 缝隙。

2 填料隔热层的厚度宜采用 80mm～200mm，同时应在内衬上设置间距为 1.5m～2.5m 整圈防沉带，防沉带与筒壁之间应留出 10mm 的温度缝（图 3.2.3）。

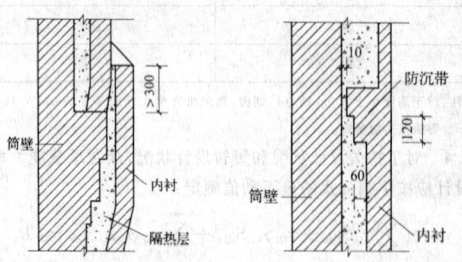

图 3.2.2 内衬搭接(mm)　　图 3.2.3 防沉带构造(mm)

3.2.4 烟囱在同一平面内，有两个烟道口时，宜设置隔烟墙，其高度宜采用烟道孔高度的(0.5～1.5)倍。隔烟墙厚度应根据烟气压力进行计算确定，抗震设防地区应计算地震作用。

3.2.5 烟囱外表面的爬梯应按下列规定设置：

1 爬梯应离地面 2.5m 处开始设置，并应直至烟囱顶端。

2 爬梯应设在常年主导风向的上风向。

3 烟囱高度大于 40m 时，应在爬梯上设置活动休息板，其间隔不应超过 30m。

3.2.6 烟囱爬梯应设置安全防护围栏。

3.2.7 烟囱外部检修平台,应按下列规定设置:
　　1 烟囱高度小于 60m 时,无特殊要求可不设置。
　　2 烟囱高度为 60m~100m 时,可仅在顶部设置。
　　3 烟囱高度大于 100m 时,可在中部适当增设平台。
　　4 当设置航空障碍灯时,检修平台可与障碍灯维护平台共用,可不再单独设置检修平台。
　　5 当设置烟气排放监测系统时,应根据本规范第 3.5.1 条规定设置采样平台后,采样平台可与检修平台共用。
　　6 烟囱平台应设置高度不低于 1.1m 的安全护栏和不低于 100mm 的脚部挡板。

3.2.8 无特殊要求时,砖烟囱可不设置检修平台和信号灯平台。

3.2.9 爬梯和烟囱外部平台各杆件长度不宜超过 2.5m,杆件之间可采用螺栓连接。

3.2.10 爬梯和平台等金属构件,宜采用热浸镀锌防腐,镀层厚度应满足表 3.2.10 的要求,并应符合现行国家标准《金属覆盖层 钢铁制件热浸镀锌层 技术要求及试验方法》GB/T 13912 的有关规定。

表 3.2.10 金属热浸镀锌最小厚度

镀层厚度 (μm)	钢构件厚度 t (mm)			
	$t<1.6$	$1.6≤t<3.0$	$3.0≤t<6.0$	$t≥6$
平均厚度	45	55	70	85
局部厚度	35	45	55	70

3.2.11 爬梯、平台与筒壁的连接应满足强度和耐久性要求。

3.2.12 烟囱筒身应设置防雷设施。

3.2.13 烟囱筒身应设沉降观测点和倾斜观测点。清灰装置应根据实际烟气情况确定是否设置。

3.2.14 烟囱基础宜采用环形或圆形板式基础。在条件允许时,可采用壳体基础。对于高度较小且地上烟道入口的砖烟囱,亦可采用毛石砌体或毛石混凝土刚性基础,基础材质要求应符合本规范第 4 章的有关规定。

3.2.15 筒壁的计算截面位置应按下列规定采用:
　　1 水平截面应取筒壁各节的底截面。
　　2 垂直截面可取各节底部单位高度的截面。

3.2.16 在荷载的标准组合效应作用下,钢筋混凝土烟囱、钢结构烟囱和玻璃钢烟囱任意高度的水平位移不应大于该点离地高度的 1/100,砖烟囱不应大于 1/300。

3.3 受热温度允许值

3.3.1 烟囱筒壁和基础的受热温度应符合下列规定:
　　1 烧结普通黏土砖筒壁的最高受热温度不应超过 400℃。
　　2 钢筋混凝土筒壁和基础以及素混凝土基础的最高受热温度不应超过 150℃。
　　3 非耐热钢烟囱筒壁的最高受热温度应符合表 3.3.1 的规定。

表 3.3.1 钢烟囱筒壁的最高受热温度

钢 材	最高受热温度(℃)	备 注
碳素结构钢	250	用于沸腾钢
	350	用于镇静钢
低合金结构钢和可焊接低合金耐候钢	400	

　　4 玻璃钢烟囱最高受热温度应符合本规范第 9 章的有关规定。

3.4 钢筋混凝土烟囱筒壁设计规定

3.4.1 对正常使用极限状态,按作用效应标准组合计算的混凝土压应力和钢筋拉应力,应符合本规范第 7.4.1 条的规定。

3.4.2 对正常使用极限状态,按作用效应标准组合计算的最大水平裂缝宽度和最大垂直裂缝宽度不应大于表 3.4.2 规定的限值。

表 3.4.2 裂缝宽度限值(mm)

部 位	最大裂缝宽度限值
筒壁顶部 20m 范围内	0.15
其余部位	0.20

3.4.3 安全等级为一级的单筒式钢筋混凝土烟囱,以及套筒式或多管式钢筋混凝土烟囱的筒壁,应采用双侧配筋。其他单筒式钢筋混凝土烟囱筒壁内侧的下列部位应配置钢筋:
　　1 筒壁厚度大于 350mm 时。
　　2 夏季筒壁外表面温度长时间大于内侧温度时。

3.4.4 筒壁最小配筋率应符合表 3.4.4 的规定。

表 3.4.4 筒壁最小配筋率(%)

配筋方式		双侧配筋	单侧配筋
竖向钢筋	外侧	0.25	0.40
	内侧	0.20	—
环向钢筋	外侧	0.25(0.20)	0.25
	内侧	0.10(0.15)	—

注:括号内数字为套筒式或多管式钢筋混凝土烟囱最小配筋率。

3.4.5 筒壁环向钢筋应配在竖向钢筋靠筒壁表面(双侧配筋时指内、外表面)一侧,环向钢筋的保护层厚度不应小于 30mm。

3.4.6 筒壁钢筋最小直径和最大间距应符合表 3.4.6 的规定。当为双侧配筋时,内外侧钢筋应用拉筋拉结,拉筋直径不应小于 6mm,纵横间距宜为 500mm。

表 3.4.6 筒壁钢筋最小直径和最大间距(mm)

配筋种类	最小直径	最大间距
竖向钢筋	10	外侧 250,内侧 300
环向钢筋	8	200,且不大于壁厚

3.4.7 竖向钢筋的分段长度,宜取移动模板的倍数,并加搭接长度。

钢筋搭接长度应按现行国家标准《混凝土结构设计规范》GB 50010 的规定执行,接头位置应相互错开,并在任一搭接范围内,不应超过截面内钢筋总面积的 1/4。

当钢筋采用焊接接头时,其焊接类型及质量应符合现行行业标准《钢筋焊接及验收规程》JGJ 18 的有关规定。

3.5 烟气排放监测系统

3.5.1 当连续监测烟气排放系统装置离地高度超过 2.5m 时,应在监测装置下部 1.2m~1.3m 标高处设置采样平台。平台应设置爬梯或 Z 形楼梯。当监测装置离地高度超过 5m 时,平台应设置 Z 形楼梯、旋转楼梯或升降梯。

3.5.2 安装连续监测烟气排放系统装置的工作区域应提供永久性的电源,并应设防雷接地装置。

3.6 烟囱检修与维护

3.6.1 烟囱设计应设置用于维护和检修的设施。

3.6.2 烟囱设计文件对外露钢结构件和钢烟囱宜规定检查和维护要求。

4 材　料

4.1 砖　石

4.1.1 砖烟囱筒壁宜采用烧结普通黏土砖,且强度等级不应低于 MU10,砂浆强度等级不应低于 M5。

4.1.2 烟囱及烟道的内衬材料可按下列规定采用:

1 当烟气温度低于400℃时,可采用强度等级为MU10的烧结普通黏土砖和强度等级为M5的混合砂浆。

2 当烟气温度为400℃～500℃时,可采用强度等级为MU10的烧结普通黏土砖和耐热砂浆。

3 当烟气温度高于500℃时,可采用黏土质耐火砖和黏土质火泥泥浆,也可采用耐热混凝土。

4 当烟气腐蚀等级为弱腐蚀以上时,内衬材料尚应符合本规范第11章的有关规定。

4.1.3 石砌基础的材料应采用未风化的天然石材,并应根据地基土的潮湿程度按下列规定采用:

1 当地基土稍湿时,应采用强度等级不低于MU30的石材和强度等级不低于M5的水泥砂浆砌筑。

2 当地基土很湿时,应采用强度等级不低于MU30的石材和强度等级不低于M7.5的水泥砂浆砌筑。

3 当地基土含水饱和时,应采用强度等级不低于MU40的石材和强度等级不低于M10的水泥砂浆砌筑。

4.1.4 砖砌体在温度作用下的抗压强度设计值和弹性模量,可不计入温度的影响,应按现行国家标准《砌体结构设计规范》GB 50003的有关规定执行。

4.1.5 砖砌体的线膨胀系数 α_m 可按下列规定采用:

1 当砌体受热温度 T 为20℃～200℃时,α_m 可采用 $5\times10^{-6}/℃$。

2 当砌体受热温度 $T>200℃$,且 $T\leqslant 400℃$ 时,α_m 可按下式确定:

$$\alpha_m = 5\times10^{-6} + \frac{T-200}{200}\times 10^{-6} \quad (4.1.5)$$

4.2 混 凝 土

4.2.1 钢筋混凝土烟囱筒壁的混凝土宜按下列规定采用:

1 混凝土宜采用普通硅酸盐水泥或矿渣硅酸盐水泥配制,强度等级不应低于C25。

2 混凝土的水胶比不宜大于0.45,每立方米混凝土水泥用量不应超过450kg。

3 对于腐蚀环境下的烟囱,筒壁和基础混凝土的基本要求尚应符合现行国家标准《工业建筑防腐蚀设计规范》GB 50046的有关规定。

4 混凝土的骨料应坚硬致密,粗骨料宜采用玄武岩、闪长岩、花岗岩等破碎的碎石或河卵石。细骨料宜采用天然砂,也可采用玄武岩、闪长岩、花岗岩等岩石经破碎筛分后的产品,但不得含有金属矿物、云母、硫酸化合物和硫化物。

5 粗骨料粒径不应超过筒壁厚度的1/5和钢筋净距的3/4,同时最大粒径不应超过60mm;泵送混凝土时最大粒径不应超过40mm。

4.2.2 基础与烟道混凝土最低强度等级应满足现行国家标准《混凝土结构设计规范》GB 50010和《工业建筑防腐蚀设计规范》GB 50046的有关规定,壳体基础混凝土强度等级不应低于C30,非壳体钢筋混凝土基础混凝土强度等级不应低于C25。

4.2.3 混凝土在温度作用下的强度标准值应按表4.2.3的规定采用。

表4.2.3 混凝土在温度作用下的强度标准值(N/mm²)

受力状态	符号	温度(℃)	混凝土强度等级				
			C20	C25	C30	C35	C40
轴心抗压	f_{ctk}	20	13.40	16.70	20.10	23.40	26.80
		60	11.30	14.20	16.60	19.40	22.20
		100	10.70	13.20	15.60	18.30	20.90
		150	10.10	12.70	14.80	17.30	19.80

续表4.2.3

受力状态	符号	温度(℃)	混凝土强度等级				
			C20	C25	C30	C35	C40
轴心抗拉	f_{ttk}	20	1.54	1.78	2.01	2.20	2.39
		60	1.24	1.41	1.57	1.74	1.86
		100	1.08	1.23	1.37	1.52	1.63
		150	0.93	1.06	1.18	1.31	1.40

注:温度为中间值时,可采用线性插入法计算。

4.2.4 受热温度值应按下列规定采用:

1 轴心受压及轴心受拉时应取计算截面的平均温度。

2 弯曲受压时应取表面最高受热温度。

4.2.5 混凝土在温度作用下的强度设计值应按下列公式计算:

$$f_{ct} = \frac{f_{ctk}}{\gamma_{ct}} \quad (4.2.5-1)$$

$$f_{tt} = \frac{f_{ttk}}{\gamma_{tt}} \quad (4.2.5-2)$$

式中:f_{ct}、f_{tt}——混凝土在温度作用下的轴心抗压、轴心抗拉强度设计值(N/mm²);

f_{ctk}、f_{ttk}——混凝土在温度作用下的轴心抗压、轴心抗拉强度标准值,按本规范表4.2.3的规定采用(N/mm²);

γ_{ct}、γ_{tt}——混凝土的轴心抗压强度、轴心抗拉强度分项系数,按表4.2.5的规定采用。

表4.2.5 混凝土在温度作用下的材料分项系数

构件名称	γ_{ct}	γ_{tt}
筒壁	1.85	1.50
壳体基础	1.60	1.40
其他构件	1.40	1.40

4.2.6 混凝土在温度作用下的弹性模量可按下式计算:

$$E_{ct} = \beta_c E_c \quad (4.2.6)$$

式中:E_{ct}——混凝土在温度作用下的弹性模量(N/mm²);

β_c——混凝土在温度作用下的弹性模量折减系数,按表4.2.6的规定采用;

E_c——混凝土弹性模量(N/mm²),按现行国家标准《混凝土结构设计规范》GB 50010的规定采用。

表4.2.6 混凝土弹性模量折减系数 β_c

系数	受热温度(℃)				受热温度的取值
	20	60	100	150	
β_c	1.00	0.85	0.75	0.65	承载能力极限状态计算时,取筒壁、壳体基础等的平均温度。正常使用极限状态计算时,取筒壁内表面温度。

注:温度为中间值时,应采用线性插入法计算。

4.2.7 混凝土的线膨胀系数 α_c 可采用 $1.0\times10^{-5}/℃$。

4.3 钢筋和钢材

4.3.1 钢筋混凝土筒壁的配筋宜采用HRB335级钢筋,也可采用HRB400级钢筋。抗震设防烈度8度及以上地区,宜选用HRB335E、HRB400E级钢筋。砖筒壁的环向钢筋可采用HPB300级钢筋。钢筋性能应符合现行国家标准《钢筋混凝土用钢 第1部分:热轧光圆钢筋》GB 1499.1和《钢筋混凝土用钢 第2部分:热轧带肋钢筋》GB 1499.2的有关规定。

4.3.2 在温度作用下,钢筋的强度标准值应按下式计算:

$$f_{ytk} = \beta_{yt} f_{yk} \quad (4.3.2)$$

式中：f_{ytk}——钢筋在温度作用下强度标准值（N/mm²）；
  f_{yk}——钢筋在常温下强度标准值（N/mm²），按现行国家标准《混凝土结构设计规范》GB 50010采用；
  $β_{yt}$——钢筋在温度作用下强度折减系数，温度不大于100℃时取1.00，150℃时取0.90，中间值采用线性插入。

4.3.3 钢筋的强度设计值应按下式计算：

$$f_{yt} = \frac{f_{ytk}}{\gamma_{yt}} \quad (4.3.3)$$

式中：f_{yt}——钢筋在温度作用下的抗拉强度设计值（N/mm²）；
  γ_{yt}——钢筋在温度作用下的抗拉强度分项系数，按表4.3.3的规定采用。

表4.3.3 钢筋在温度作用下的材料分项系数

序号	构件名称	γ_{yt}
1	钢筋混凝土筒壁	1.6
2	壳体基础	1.2
3	砖筒壁竖筋	1.9
4	砖筒壁环筋	1.6
5	其他构件	1.1

注：当钢筋在温度作用下的抗拉强度设计值的计算值大于现行国家标准《混凝土结构设计规范》GB 50010规定的常温下相应数值时，应取常温下强度设计值。

4.3.4 钢烟囱的钢材、钢筋混凝土烟囱及砖烟囱附件的钢材，应符合现行国家标准《钢结构设计规范》GB 50017的有关规定，并应符合下列规定：

1 钢烟囱塔架和筒壁可采用Q235、Q345、Q390、Q420钢。其质量应分别符合现行国家标准《碳素结构钢》GB/T 700和《低合金高强度结构钢》GB/T 1591的规定。

2 处在大气潮湿地区的钢烟囱塔架和筒壁或排放烟气属于中等腐蚀性的筒壁，宜采用Q235NH、Q295NH或Q355NH可焊接低合金耐候钢。其质量应符合现行国家标准《耐候结构钢》GB/T 4171的有关规定。腐蚀性烟气分级应按本规范第11章的规定执行。

3 烟囱的平台、爬梯和砖烟囱的环向钢箍宜采用Q235B级钢材。

4.3.5 当作用温度不大于100℃时，钢材和焊缝的强度设计值应按现行国家标准《钢结构设计规范》GB 50017的规定采用。对未作规定的耐候钢应按表4.3.5-1和表4.3.5-2的规定采用。

表4.3.5-1 耐候钢的强度设计值（N/mm²）

钢材牌号	厚度t(mm)	抗拉、抗压和抗弯强度f	抗剪强度f_v	端面承压（刨平顶紧）f_{ce}
Q235NH	$t \leq 16$	210	120	275
	$16 < t \leq 40$	200	115	275
	$40 < t \leq 60$	190	110	275
Q295NH	$t \leq 16$	265	150	320
	$16 < t \leq 40$	255	145	320
	$40 < t \leq 60$	245	140	320
Q355NH	$t \leq 16$	315	185	370
	$16 < t \leq 40$	310	180	370
	$40 < t \leq 60$	300	170	370

表4.3.5-2 耐候钢的焊缝强度设计值（N/mm²）

焊接方法和焊条型号	构件钢材牌号	厚度t(mm)	抗压强度f_c^w	对接焊缝 焊接质量为下列等级时，抗拉强度f_t^w 一级、二级	对接焊缝 三级	抗剪强度f_v^w	角焊缝 抗拉、抗压和抗剪f_f^w
自动焊、半自动焊和E43型焊条的手工焊	Q235NH	$t \leq 16$	210	210	175	120	140
		$16 < t \leq 40$	200	200	170	115	140
		$40 < t \leq 60$	190	190	160	110	140
	Q295NH	$t \leq 16$	265	265	225	150	140
		$16 < t \leq 40$	255	255	215	145	140
		$40 < t \leq 60$	245	245	210	140	140
自动焊、半自动焊和E50型焊条的手工焊	Q355NH	$t \leq 16$	315	315	265	185	165
		$16 < t \leq 40$	310	310	260	180	165
		$40 < t \leq 60$	300	300	255	170	165

注：1 自动焊和半自动焊所采用的焊丝和焊剂，应保证其熔敷金属抗拉强度不低于相应手工焊焊条的数值。
  2 焊缝质量等级应符合现行国家标准《钢结构工程施工质量验收规范》GB 50205的有关规定。
  3 对接焊缝抗弯受压区强度取f_c^w，抗弯受拉区强度设计值取f_t^w。

4.3.6 Q235、Q345、Q390和Q420钢材及其焊缝在温度作用下的强度设计值，应按下列公式计算：

$$f_t = \gamma_s f \quad (4.3.6-1)$$

$$f_{vt} = \gamma_s f_v \quad (4.3.6-2)$$

$$f_{xt}^w = \gamma_s f_x^w \quad (4.3.6-3)$$

$$\gamma_s = 1.0 + \frac{T}{767 \times \ln\frac{T}{1750}} \quad (4.3.6-4)$$

式中：f_t——钢材在温度作用下的抗拉、抗压和抗弯强度设计值（N/mm²）；
  f_{vt}——钢材在温度作用下的抗剪强度设计值（N/mm²）；
  f_{xt}^w——焊缝在温度作用下各种受力状态的强度设计值（N/mm²），下标字母x为字母c(抗压)、t(抗拉)、v(抗剪)和f(角焊缝强度)的代表；
  γ_s——钢材及焊缝在温度作用下强度设计值的折减系数；
  f——钢材在温度不大于100℃时的抗拉、抗压和抗弯强度设计值（N/mm²）；
  f_v——钢材在温度不大于100℃时的抗剪强度设计值（N/mm²）；
  f_x^w——焊缝在温度大于100℃时各种受力状态的强度设计值（N/mm²），下标字母x为字母c(抗压)、t(抗拉)、v(抗剪)和f(角焊缝强度)的代表；
  T——钢材或焊缝计算处温度（℃）。

4.3.7 钢筋在温度作用下的弹性模量可不计及温度折减，应按现行国家标准《混凝土结构设计规范》GB 50010采用。钢材在温度作用下的弹性模量应折减，并应按下式计算：

$$E_t = \beta_d E \quad (4.3.7)$$

式中：E_t——钢材在温度作用下的弹性模量（N/mm²）；
  β_d——钢材在温度作用下弹性模量的折减系数，按表4.3.7的规定采用；
  E——钢材在作用温度小于或等于100℃时的弹性模量（N/mm²），按现行国家标准《钢结构设计规范》GB 50017采用。

表4.3.7 钢材弹性模量的温度折减系数

折减系数	作用温度（℃）						
	≤100	150	200	250	300	350	400
β_d	1.00	0.98	0.96	0.94	0.92	0.88	0.83

注：温度为中间值时，应采用线性插入法计算。

4.3.8 钢筋和钢材的线膨胀系数 α_s 可采用 $1.2\times10^{-5}/℃$。

4.4 材料热工计算指标

4.4.1 隔热材料应采用无机材料，其干燥状态下的重力密度不宜大于 $8kN/m^3$。

4.4.2 材料的热计算指标，应按实际试验资料确定。当无试验资料时，对几种常用的材料，干燥状态下可按表 4.4.2 的规定采用。在确定材料的热工计算指标时，应计入下列因素对隔热材料导热性能的影响：

    1 对于松散型隔热材料，应计入由于运输、捆扎、堆放等原因所造成的导热系数增大的影响。

    2 对于烟气温度低于 150℃ 时，宜采用憎水性隔热材料。当采用非憎水性隔热材料时应计入湿度对导热性能的影响。

表 4.4.2 材料在干燥状态下的热工计算指标

材料种类		最高使用温度(℃)	重力密度(kN/m³)	导热系数[W/(m·K)]
普通黏土砖砌体		500	18	$0.81+0.0006T$
黏土耐火砖砌体		1400	19	$0.93+0.0006T$
陶土砖砌体		1150	18~22	$(0.35\sim1.10)+0.0005T$
漂珠轻质耐火砖		900	6~11	$0.20\sim0.40$
硅藻土砖砌体		900	5	$0.12+0.00023T$
			6	$0.14+0.00023T$
			7	$0.17+0.00023T$
普通钢筋混凝土		200	24	$1.74+0.0005T$
普通混凝土		200	23	$1.51+0.0005T$
耐火混凝土		1200	19	$0.82+0.0006T$
轻骨料混凝土（骨料为页岩陶粒或浮石）		400	15	$0.67+0.00012T$
			13	$0.53+0.00012T$
			11	$0.42+0.00012T$
膨胀珍珠岩(松散体)		750	0.8~2.5	$(0.052\sim0.076)+0.0001T$
水泥珍珠岩制品		600	4.5	$(0.058\sim0.16)+0.0001T$
高炉水渣		800	5.0	$(0.1\sim0.16)+0.0003T$
岩棉		500	0.5~2.5	$(0.036\sim0.05)+0.0002T$
矿渣棉		600	1.2~1.5	$(0.031\sim0.044)+0.0002T$
矿渣棉制品		600	3.5~4.0	$(0.047\sim0.07)+0.0002T$
垂直封闭空气层（厚度为50mm）				$0.333+0.0052T$
建筑钢			78.5	58.15
自然干燥下	砂土		16	$0.35\sim1.28$
	黏土		18~20	$0.58\sim1.45$
	黏土夹砂		18	$0.69\sim1.26$

注：1 有条件时应采用实测数据。
    2 表中 T 为烟气温度(℃)。

5 荷载与作用

5.1 荷载与作用的分类

5.1.1 烟囱的荷载与作用可按下列规定分类：

    1 结构自重、土压力、拉线的拉力应为永久作用。

    2 风荷载、烟气温度作用、大气温度作用、安装检修荷载、平台活荷载、裹冰荷载、地震作用、烟气压力及地基沉陷等应为可变作用。

    3 拉线断线应为偶然作用。

5.1.2 烟气产生的烟气温度作用和烟气压力作用应按正常运行工况和非正常运行工况确定。因脱硫装置或余热锅炉设备故障等原因所引起的事故状态，应按非正常运行工况确定，并应按短暂设计状况进行设计。

5.1.3 本规范未规定的荷载与作用，均应按现行国家标准《建筑结构荷载规范》GB 50009 和《建筑抗震设计规范》GB 50011 的规定采用。

5.2 风荷载

5.2.1 基本风压应按现行国家标准《建筑结构荷载规范》GB 50009 规定的 50 年一遇的风压采用，但基本风压不得小于 $0.35kN/m^2$。烟囱安全等级为一级时，其计算风压应按基本风压的 1.1 倍确定。

5.2.2 计算塔架式钢烟囱风荷载时，可不计入塔架与排烟筒的相互影响，可分别计算塔架和排烟筒的基本风荷载。

5.2.3 塔架式钢烟囱的排烟筒为两个及以上时，排烟筒的风荷载体型系数，应由风洞试验确定。

5.2.4 对于圆形钢筋混凝土烟囱和自立式钢结构烟囱，当其坡度小于或等于 2% 时，应根据雷诺数的不同情况进行横风向风振验算，并应符合下列规定：

    1 用于横风向风振验算的雷诺数 Re、临界风速和烟囱顶部风速，应分别按下列公式计算：

$$Re=69000vd \quad (5.2.4\text{-}1)$$

$$v_{cr,j}=\frac{d}{S_t\times T_j} \quad (5.2.4\text{-}2)$$

$$v_H=40\sqrt{\mu_H w_0} \quad (5.2.4\text{-}3)$$

式中：$v_{cr,j}$——第 j 振型临界风速(m/s)；

    v_H——烟囱顶部 H 处风速(m/s)；

    v——计算高度处风速(m/s)，计算烟囱筒身风振时，可取 $v=v_{cr,j}$；

    d——圆形杆件外径(m)，计算烟囱筒身时，可取烟囱 2/3 高度处外径；

    S_t——斯脱罗哈数，圆形截面结构或杆件的取值范围为 0.2~0.3；对于非圆形截面杆件可取 0.15；

    T_j——结构或杆件的第 j 振型自振周期(s)；

    μ_H——烟囱顶部 H 处风压高度变化系数；

    w_0——基本风压(kN/m²)。

    2 当 $Re<3\times10^5$，且 $v_H>v_{cr,j}$ 时，自立式钢烟囱和钢筋混凝土烟囱可不计算亚临界横风向共振荷载，但对于塔架式钢烟囱的塔架杆件，在构造上应采取防振措施或控制杆件的临界风速不小于 15m/s。

    3 当 $Re\geq3.5\times10^6$，且 $1.2v_H>v_{cr,j}$ 时，应验算其共振响应。横风向共振响应可采用下列公式进行简化计算：

$$w_{cej}=|\lambda_j|\frac{v_{cr,j}^2\varphi_{zj}}{12800\zeta_j} \quad (5.2.4\text{-}4)$$

$$\lambda_j=\lambda_j(H_1/H)-\lambda_j(H_2/H) \quad (5.2.4\text{-}5)$$

$$H_1 = H\left(\frac{v_{cr,j}}{1.2v_H}\right)^{\frac{1}{\alpha}} \quad (5.2.4\text{-}6)$$

$$H_2 = H\left(\frac{1.3v_{cr,j}}{v_H}\right)^{\frac{1}{\alpha}} \quad (5.2.4\text{-}7)$$

式中：ζ_j——第 j 振型结构阻尼比，对于第一振型，混凝土烟囱取 0.05；无内衬钢烟囱取 0.01，有内衬钢烟囱取 0.02；玻璃钢烟囱取 0.035；对于高振型的阻尼比，无实测资料时，可按第一振型选用；

w_{crj}——横风向共振响应等效风荷载(kN/m^2)；

H——烟囱高度(m)；

H_1——横风向共振荷载范围起点高度(m)；

H_2——横风向共振荷载范围终点高度(m)；

α——地面粗糙度系数，按现行国家标准《建筑结构荷载规范》GB 50009 的规定取值，对于钢烟囱可根据实际情况取不利数值；

φ_{zj}——在 z 高度处结构的 j 振型系数；

$\lambda_j(H_i/H)$—— j 振型计算系数，根据"锁住区"起点高度 H_1 或终点高度 H_2 与烟囱整个高度 H 的比值按表 5.2.4 选用。

表 5.2.4 $\lambda_j(H_i/H)$计算系数

振型序号	H_i/H										
	0	0.1	0.2	0.3	0.4	0.5	0.6	0.7	0.8	0.9	1.0
1	1.56	1.55	1.54	1.49	1.42	1.31	1.15	0.94	0.68	0.37	0
2	0.83	0.82	0.76	0.60	0.37	0.09	−0.16	−0.33	−0.38	−0.27	0
3	0.52	0.48	0.32	0.06	−0.19	−0.30	−0.21	0	0.14	0.23	0

注：中间值可采用线性插值计算。

4 当雷诺数为 $3 \times 10^5 \leqslant Re \leqslant 3.5 \times 10^6$ 时，可不计算横风向共振荷载。

5.2.5 在验算横风向共振时，应计算风速小于基本设计风压工况下可能发生的最不利共振响应。

5.2.6 当烟囱发生横风向共振时，可将横风向共振荷载效应 S_C 与对应风速下顺风向荷载效应 S_A 按下式进行组合：

$$S = \sqrt{S_C^2 + S_A^2} \quad (5.2.6)$$

5.2.7 在径向局部风压作用下，烟囱竖向截面最大环向风弯矩可按下列公式计算：

$$M_{\theta in} = 0.314\mu_z w_0 r^2 \quad (5.2.7\text{-}1)$$

$$M_{\theta out} = 0.272\mu_z w_0 r^2 \quad (5.2.7\text{-}2)$$

式中：$M_{\theta in}$——筒壁内侧受拉环向风弯矩($kN \cdot m/m$)；

$M_{\theta out}$——筒壁外侧受拉环向风弯矩($kN \cdot m/m$)；

μ_z——风压高度变化系数；

r——计算高度处烟囱外半径(m)。

5.3 平台活荷载与积灰荷载

5.3.1 烟囱平台活荷载取值应符合下列规定：

1 分段支承排烟筒和悬挂式排烟筒的承重平台除应包括承受排烟筒自重荷载外，还应计入 $7kN/m^2 \sim 11kN/m^2$ 的施工检修荷载。当构件从属受荷面积大于或等于 $50m^2$ 时应取小值，小于或等于 $20m^2$ 时应取大值，中间可线性插值。

2 用于自立式或悬挂式钢内筒的吊装平台，应根据施工吊装方案，确定荷载设计值。但平台各构件的活荷载可取 $7kN/m^2 \sim 11kN/m^2$。当构件从属受荷面积大于或等于 $50m^2$ 时应取小值，小于或等于 $20m^2$ 时应取大值，中间可线性插值。

3 非承重检修平台、采样平台和障碍灯平台，活荷载可取 $3kN/m^2$。

4 套筒式或多管式钢筋混凝土烟囱顶部平台，活荷载可取 $7kN/m^2$。

5.3.2 排烟筒内壁应根据内衬材料特性及烟气条件，计入 $0\sim$ 50mm 厚积灰荷载。干积灰重力密度可取 $10.4kN/m^3$；潮湿积灰重力密度可取 $11.7kN/m^3$；湿积灰重力密度可取 $12.8kN/m^3$。

5.3.3 烟囱积灰平台的积灰荷载应按实际情况确定，并不宜小于 $7kN/m^2$。

5.4 裹冰荷载

5.4.1 拉索式钢烟囱的拉索和塔架式钢烟囱的塔架，符合裹冰气象条件时，应计算裹冰荷载。裹冰荷载可按现行国家标准《高耸结构设计规范》GB 50135 的有关规定进行计算。

5.5 地震作用

5.5.1 烟囱抗震验算应符合下列规定：

1 本规范未作规定的均应按现行国家标准《建筑抗震设计规范》GB 50011 的有关规定执行。

2 在地震作用计算时，钢筋混凝土烟囱和砖烟囱的结构阻尼比可取 0.05，无内衬钢烟囱可取 0.01，有内衬钢烟囱可取 0.02，玻璃钢烟囱可取 0.035。

3 抗震设防烈度为 6 度和 7 度时，可不计算竖向地震作用；8 度和 9 度时，应计算竖向地震作用。

5.5.2 抗震设防烈度为 6 度时，Ⅰ、Ⅱ类场地的砖烟囱，可仅配置环向钢箍或环向钢筋，其他抗震设防地区的砖烟囱应按本规范第 6.5 节的规定配置竖向钢筋。

5.5.3 下列烟囱可不进行截面抗震验算，但应满足抗震构造要求：

1 抗震设防烈度为 7 度时Ⅰ、Ⅱ类场地，且基本风压 $w_0 \geqslant 0.5kN/m^2$ 的钢筋混凝土烟囱。

2 抗震设防烈度为 7 度时Ⅲ、Ⅳ类场地和 8 度时Ⅰ、Ⅱ类场地，且高度不超过 45m 的砖烟囱。

5.5.4 水平地震作用可按现行国家标准《建筑抗震设计规范》GB 50011 规定的振型分解反应谱法进行计算。高度不超过 150m 时，可计算前 3 个振型组合；高度超过 150m 时，可计算前 3 个~5 个振型组合；高度大于 200m 时，计算的振型数量不应少于 5 个。

5.5.5 烟囱竖向地震作用标准值可按下列公式计算：

1 烟囱根部的竖向地震作用可按下式计算：

$$F_{Ev0} = \pm 0.75\alpha_{vmax}G_E \quad (5.5.5\text{-}1)$$

2 其余各截面可按下列公式计算：

$$F_{Evik} = \pm \eta\left(G_{iE} - \frac{G_{iE}^2}{G_E}\right) \quad (5.5.5\text{-}2)$$

$$\eta = 4(1+C)\kappa_v \quad (5.5.5\text{-}3)$$

式中：F_{Evik}——计算截面 i 的竖向地震作用标准值(kN)，对于烟囱根部截面，当 $F_{Evik} < F_{Ev0}$ 时，取 $F_{Evik} = F_{Ev0}$；

G_{iE}——计算截面 i 以上的烟囱重力荷载代表值(kN)，取截面 i 以上的重力荷载标准值与平台活荷载组合值之和，活荷载组合值系数按本规范表 3.1.8-2 的规定采用；套筒或多筒式烟囱，当采用自承重式排烟筒时，G_{iE} 不包括排烟筒重量；当采用平台支承排烟筒时，平台及排烟筒重量通过平台传给外承重筒，在 G_{iE} 中计入平台及排烟筒重量；

G_E——基础顶面以上的烟囱总重力荷载代表值(kN)，取烟囱总重力荷载标准值与各层平台活荷载组合值之和，活荷载组合值系数按本规范表 3.1.8-2 的规定采用；套筒或多筒式烟囱，当采用自承重式排烟筒时，G_E 不包括排烟筒重量；当采用平台支承排烟筒时，平台及排烟筒重量通过平台传给外承重筒，在 G_E 中计入平台及排烟筒重量；

C——结构材料的弹性恢复系数，砖烟囱取 $C=0.6$；钢筋混凝土烟囱与玻璃钢烟囱取 $C=0.7$；钢烟囱取 $C=0.8$；

κ_v——竖向地震系数,按现行国家标准《建筑抗震设计规范》GB 50011 规定的设计基本地震加速度与重力加速度比值的 65% 采用,7 度取 $\kappa_v=0.065(0.1)$;8 度取 $\kappa_v=0.13(0.2)$;9 度取 $\kappa_v=0.26$;$\kappa_v=0.1$ 和 $\kappa_v=0.2$ 分别用于设计基本地震加速度为 $0.15g$ 和 $0.30g$ 的地区;

α_{vmax}——竖向地震影响系数最大值,按现行国家标准《建筑抗震设计规范》GB 50011 的规定,取水平地震影响系数最大值的 65%。

5.5.6 悬挂式和分段支承式排烟筒竖向地震力计算时,可将悬挂或支承平台作为排烟筒根部、排烟筒自由端作为顶部按本规范第 5.5.5 条进行计算,并应根据悬挂或支承平台的高度位置,对计算结果乘以竖向地震效应增大系数,增大系数可按下列公式进行计算:

$$\beta = \zeta \beta_{vi} \quad (5.5.6\text{-}1)$$

$$\beta_{vi} = 4(1+C)\left(1 - \frac{G_{iE}}{G_E}\right) \quad (5.5.6\text{-}2)$$

$$\zeta = \frac{1}{1 + \frac{G_{vE}L^3}{47EIT_{vg}^2}} \quad (5.5.6\text{-}3)$$

式中:β——竖向地震效应增大系数;

β_{vi}——修正前第 i 层悬挂或支承平台竖向地震效应增大系数;

ζ——平台刚度对竖向地震效应的折减系数;

G_{vE}——悬挂(或支承)平台一根主梁所承受的总重力荷载(包括主梁自重荷载)代表值(kN);

L——主梁跨度(m);

E——主梁材料的弹性模量(kN/m²);

I——主梁截面惯性矩(m⁴);

T_{vg}——竖向地震场地特征周期(s),可取设计第一组水平地震特征周期的 65%。

5.6 温度作用

5.6.1 烟囱内部的烟气温度,应符合下列规定:

1 计算烟囱最高受热温度和确定材料在温度作用下的折减系数时,应采用烟囱使用时的最高温度。

2 确定烟气露点温度和防腐蚀措施时,应采用烟气温度变化范围下限值。

5.6.2 烟囱外部的环境温度,应按下列规定采用:

1 计算烟囱最高受热温度和确定材料在温度作用下的折减系数时,应采用极端最高温度。

2 计算筒壁温度差时,应采用极端最低温度。

5.6.3 筒壁计算出的各点受热温度,均不应大于本规范第 3.3.1 条和表 4.4.2 规定的相应材料最高使用温度允许值。

5.6.4 烟囱内衬、隔热层和筒壁以及基础和烟道各点的受热温度(图 5.6.4-1 和图 5.6.4-2),可按下式计算:

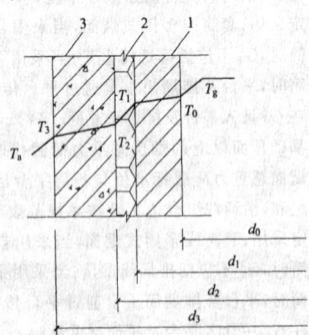

图 5.6.4-1 单筒烟囱传热计算
1—内衬;2—隔热层;3—筒壁

$$T_{cj} = T_g - \frac{T_g - T_a}{R_{tot}}\left(R_{in} + \sum_{i=1}^{j} R_i\right) \quad (5.6.4)$$

式中:T_{cj}——计算点 j 的受热温度(℃);

T_g——烟气温度(℃);

T_a——空气温度(℃);

R_{tot}——内衬、隔热层、筒壁或基础环壁及环壁外侧计算土层等总热阻(m²·K/W);

R_i——第 i 层热阻(m²·K/W);

R_{in}——内衬内表面的热阻(m²·K/W)。

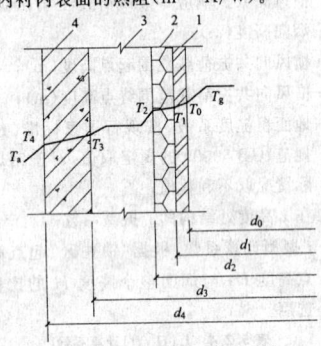

图 5.6.4-2 套筒烟囱传热计算
1—内筒;2—隔热层;3—空气层;4—筒壁

5.6.5 单筒烟囱内衬、隔热层、筒壁热阻以及总热阻,可分别按下列公式计算:

$$R_{tot} = R_{in} + \sum_{i=1}^{3} R_i + R_{ex} \quad (5.6.5\text{-}1)$$

$$R_{in} = \frac{1}{\alpha_{in} d_0} \quad (5.6.5\text{-}2)$$

$$R_i = \frac{1}{2\lambda_i}\ln\frac{d_i}{d_{i-1}} \quad (5.6.5\text{-}3)$$

$$R_{ex} = \frac{1}{\alpha_{ex} d_3} \quad (5.6.5\text{-}4)$$

式中:R_i——筒身第 i 层结构热阻($i=1$ 代表内衬;$i=2$ 代表隔热层;$i=3$ 代表筒壁)(m²·K/W);

λ_i——筒身第 i 层结构导热系数[W/(m·K)];

α_{in}——内衬内表面传热系数[W/(m²·K)];

α_{ex}——筒壁外表面传热系数[W/(m²·K)];

R_{ex}——筒壁外表面的热阻(m²·K/W);

d_0、d_1、d_2、d_3——分别为内衬、隔热层、筒壁内直径及筒壁外直径(m)。

5.6.6 套筒烟囱内筒、隔热层、筒壁热阻以及总热阻,可分别按下列公式进行计算:

$$R_{tot} = R_{in} + \sum_{i=1}^{4} R_i + R_{ex} \quad (5.6.6\text{-}1)$$

$$R_{in} = \frac{1}{\beta \alpha_{in} d_0} \quad (5.6.6\text{-}2)$$

$$R_1 = \frac{1}{2\beta\lambda_1}\ln\frac{d_1}{d_0} \quad (5.6.6\text{-}3)$$

$$R_2 = \frac{1}{2\beta\lambda_2}\ln\frac{d_2}{d_1} \quad (5.6.6\text{-}4)$$

$$R_3 = \frac{1}{\alpha_s d_2} \quad (5.6.6\text{-}5)$$

$$R_4 = \frac{1}{2\lambda_4}\ln\frac{d_4}{d_3} \quad (5.6.6\text{-}6)$$

$$R_{ex} = \frac{1}{\alpha_{ex} d_4} \quad (5.6.6\text{-}7)$$

$$\alpha_s = 1.211 + 0.0681 T_g \quad (5.6.6\text{-}8)$$

式中:β——有通风条件时的外筒与内筒传热比,外筒与内筒间距不应小于 100mm,并取 $\beta=0.5$;

α_s——有通风条件时,外筒内表面与内筒外表面的传热系数。

5.6.7 矩形烟道侧壁或地下烟道的烟囱基础底板的总热阻可按

本规范公式(5.6.5-1)计算，各层热阻可按下列公式进行计算：

$$R_{in} = \frac{1}{\alpha_{in}} \quad (5.6.7\text{-}1)$$

$$R_i = \frac{t_i}{\lambda_i} \quad (5.6.7\text{-}2)$$

$$R_{ex} = \frac{1}{\alpha_{ex}} \quad (5.6.7\text{-}3)$$

式中：t_i——分别为内衬、隔热层、筒壁或计算土层厚度(m)。

5.6.8 内衬内表面的传热系数和筒壁或计算土层外表面的传热系数，可分别按表5.6.8-1及表5.6.8-2采用。

表5.6.8-1 内衬内表面的传热系数 α_{in}

烟气温度(℃)	传热系数[W/(m²·K)]
50～100	33
101～300	38
>300	58

表5.6.8-2 筒壁或计算土层外表面的传热系数 α_{ex}

季节	传热系数[W/(m²·K)]
夏季	12
冬季	23

5.6.9 在烟道口高度范围内烟气温差可按下式计算：

$$\Delta T_0 = \beta T_g \quad (5.6.9)$$

式中：ΔT_0——烟道入口高度范围内烟气温差(℃)；
β——烟道口范围烟气不均匀温度变化系数，宜根据实际工程情况选取，当无可靠经验时，可按表5.6.9选取。

表5.6.9 烟道口范围烟气不均匀温度变化系数 β

烟道情况	一个烟道		两个或多个烟道	
	干式除尘	湿式除尘或湿法脱硫	直接与烟囱连接	在烟囱外部通过汇流烟道连接
β	0.15	0.30	0.80	0.45

注：多烟道时，烟气温度 T_g 按各烟道烟气流量加权平均值确定。

5.6.10 烟道口上部烟气温差可按下式进行计算：

$$\Delta T_g = \Delta T_0 \cdot e^{-\zeta_t \cdot z/d_0} \quad (5.6.10)$$

式中：ΔT_g——距离烟道口顶部 z 高度处的烟气温差(℃)；
ζ_t——衰减系数；多烟道且设有隔烟墙时，取 $\zeta_t = 0.15$；其余情况取 $\zeta_t = 0.40$；
z——距离烟道口顶部计算点的距离(m)；
d_0——烟道口上部烟囱内直径(m)。

5.6.11 沿烟囱直径两端，筒壁厚度中点处温度差可按下式进行计算：

$$\Delta T_m = \Delta T_g \left(1 - \frac{R_{tot}^c}{R_{tot}}\right) \quad (5.6.11)$$

式中：R_{tot}^c——从烟囱内衬内表面到烟囱筒壁中点的总热阻(m²·K/W)。

5.6.12 自立式钢烟囱或玻璃钢烟囱由筒壁温差产生的水平位移，可按下列公式计算：

$$u_x = \theta_0 H_B \left(z + \frac{1}{2} H_B\right) + \frac{\theta_0}{V}\left[z - \frac{1}{V}(1 - e^{-V \cdot z})\right] \quad (5.6.12\text{-}1)$$

$$\theta_0 = 0.811 \times \frac{\alpha_z \Delta T_{m0}}{d} \quad (5.6.12\text{-}2)$$

$$V = \zeta_t / d \quad (5.6.12\text{-}3)$$

式中：u_x——距烟道口顶部 z 筒壁截面的水平位移(m)；
θ_0——在烟道口范围内的截面转角变位(rad)；
H_B——筒壁烟道口高度(m)；
α_z——筒壁材料的纵向膨胀系数；
d——筒壁厚度中点所在圆直径(m)；
ΔT_{m0}——$z=0$ 时 ΔT_m 计算值。

5.6.13 在不计算支承平台水平约束和重力影响的情况下，悬挂式排烟筒由筒壁温差产生的水平位移可按下式计算：

$$u_x = \frac{\theta_0}{V}\left[z - \frac{1}{V}(1 - e^{-V \cdot z})\right] \quad (5.6.13)$$

5.6.14 钢或玻璃钢内筒轴向温度应力应根据各层支承平台约束情况确定。内筒可按梁柱计算模型处理，并应根据各层支承平台位置的位移与按本规范第5.6.12条或5.6.13条计算的相应位置处的位移相等计算梁柱内力，该内力可近似为内筒计算温度应力。内筒计算温度应力也可按下列公式计算：

$$\sigma_m^T = 0.4 E_{zc} \alpha_z \Delta T_m \quad (5.6.14\text{-}1)$$

$$\sigma_{sec}^T = 0.1 E_{zc} \alpha_z \Delta T_g \quad (5.6.14\text{-}2)$$

$$\sigma_b^T = 0.5 E_{zb} \alpha_z \Delta T_w \quad (5.6.14\text{-}3)$$

式中：σ_m^T——筒身弯曲温度应力(MPa)；
σ_{sec}^T——温度次应力(MPa)；
σ_b^T——筒壁内外温差引起的温度应力(MPa)；
E_{zc}——筒壁纵向受压或受拉弹性模量(MPa)；
E_{zb}——筒壁纵向弯曲弹性模量(MPa)；
ΔT_w——筒壁内外温差(℃)。

5.6.15 钢或玻璃钢内筒环向温度应力可按下式计算：

$$\sigma_\theta^T = 0.5 E_{\theta b} \alpha_\theta \Delta T_w \quad (5.6.15)$$

式中：α_θ——筒壁材料环向膨胀系数；
$E_{\theta b}$——筒壁环向弯曲弹性模量(MPa)。

5.7 烟气压力计算

5.7.1 烟气压力可按下列公式计算：

$$p_g = 0.01(\rho_a - \rho_g) h \quad (5.7.1\text{-}1)$$

$$\rho_a = \rho_{ao} \frac{273}{273 + T_a} \quad (5.7.1\text{-}2)$$

$$\rho_g = \rho_{go} \frac{273}{273 + T_g} \quad (5.7.1\text{-}3)$$

式中：p_g——烟气压力(kN/m²)；
ρ_a——烟囱外部空气密度(kg/m³)；
ρ_g——烟气密度(kg/m³)；
h——烟道口中心标高到烟囱顶部的距离(m)；
ρ_{ao}——标准状态下的大气密度(kg/m³)，按1.285kg/m³采用；
ρ_{go}——标准状态下的烟气密度(kg/m³)，按燃烧计算结果采用；无计算数据时，干式除尘(干烟气)取1.32kg/m³，湿式除尘(湿烟气)取1.28kg/m³；
T_a——烟囱外部环境温度(℃)；
T_g——烟气温度(℃)。

5.7.2 钢内筒非正常操作压力或爆炸压力应根据各工程实际情况确定，且其负压值不应小于2.5kN/m²。压力值可沿钢内筒高度取恒定值。

5.7.3 烟气压力对排烟筒产生的环向拉应力或压应力可按下式计算：

$$\sigma_\theta = \frac{p_g r}{t} \quad (5.7.3)$$

式中：σ_θ——烟气压力产生的环向拉应力(烟气正压运行)或压应力(烟气负压运行)(kN/m²)；
r——排烟筒半径(m)；
t——排烟筒壁厚(m)。

6 砖 烟 囱

6.1 一 般 规 定

6.1.1 砖烟囱筒壁设计,应进行下列计算和验算:

1 水平截面应进行承载力极限状态计算和荷载偏心距验算,并应符合下列规定:

   1)在永久作用和风荷载设计值作用下,按本规范第6.2.1条的规定进行承载能力极限状态计算。

   2)抗震设防烈度为6度(Ⅲ、Ⅳ类场地)以上地区的砖烟囱,应按本规范第6.5节有关规定进行竖向钢筋计算。

   3)在永久作用和风荷载设计值作用下,按本规范第6.2.2条验算水平截面抗裂度。

2 在温度作用下,应按正常使用极限状态,进行环向钢箍或环向钢筋计算。计算出的环向钢箍或环向钢筋截面面积,小于构造值时,应按构造值配置。

6.2 水平截面计算

6.2.1 筒壁在永久作用和风荷载共同作用下,水平截面极限承载能力应按下列公式计算:

$$N \leqslant \varphi f A \quad (6.2.1-1)$$

$$\varphi = \frac{1}{1+\left(\frac{e_0}{i}+\beta\sqrt{\alpha}\right)^2} \quad (6.2.1-2)$$

$$\beta = h_d/d \quad (6.2.1-3)$$

式中:N——永久作用产生的轴向压力设计值(N);

f——砖砌体抗压强度设计值,按现行国家标准《砌体结构设计规范》GB 50003 的规定采用;

A——计算截面面积(mm^2);

φ——高径比 β 及轴向力偏心距 e_0 对承载力的影响系数;

β——计算截面以上筒壁高径比;

h_d——计算截面至筒壁顶端的高度(m);

d——烟囱计算截面直径(m);

i——计算截面的回转半径(m);

e_0——在风荷载设计值作用下,轴向力至截面重心的偏心距(m);

α——与砂浆强度等级有关的系数,当砂浆等级≥M5 时,α=0.0015;当砂浆强度等级为 M2.5 时,α=0.0020。

6.2.2 筒壁的水平截面抗裂度,应符合下列公式的要求:

$$e_k \leqslant r_{com} \quad (6.2.2-1)$$

$$r_{com} = W/A \quad (6.2.2-2)$$

式中:e_k——在风荷载标准值作用下,轴力至截面重心的偏心距(m);

r_{com}——计算截面核心距(m);

W——计算截面最小弹性抵抗矩(m^3)。

6.2.3 在风荷载设计值作用下,轴向力至截面重心的偏心距,应符合下式的要求:

$$e_0 \leqslant 0.6a \quad (6.2.3)$$

式中:a——计算截面重心至筒壁外边缘的最小距离(m)。

6.2.4 配置竖向钢筋的筒壁截面可不受本规范第 6.2.2 条和第 6.2.3 条限制。

6.3 环向钢箍计算

6.3.1 在筒壁温度差作用下,筒壁每米高度所需的环向钢箍截面面积,可按下列公式计算:

$$A_h = 500 \frac{r_2}{f_{at}} \varepsilon_m E'_{mt} \ln\left(1+\frac{t\varepsilon_m}{r_1\varepsilon_t}\right) \quad (6.3.1-1)$$

$$\varepsilon_t = \frac{\gamma_t t \alpha_m \Delta T}{r_2 \ln(r_2/r_1)} \quad (6.3.1-2)$$

$$\varepsilon_m = \varepsilon_t - \frac{f_{at}}{E_{sh}} \geqslant 0 \quad (6.3.1-3)$$

$$E_{sh} = \frac{E}{1+\frac{n}{6r_2}} \quad (6.3.1-4)$$

式中:A_h——每米高筒壁所需的环向钢箍截面面积(mm^2);

r_1——筒壁内半径(mm);

r_2——筒壁外半径(mm),用于式(6.3.1-4)时单位为(m);

ε_m——筒壁内表面相对压缩变形值;

ε_t——筒壁外表面在温度差作用下的自由相对伸长值;

α_m——砖砌体线膨胀系数,取 5×10^{-6}/℃;

γ_t——温度作用分项系数,取 γ_t=1.6;

ΔT——筒壁内外表面温度差(℃);

t——筒壁厚度(mm);

f_{at}——环向钢箍抗拉强度设计值,可取 f_{at}=145N/mm^2;

E'_{mt}——砖砌体在温度作用下的弹塑性模量,当筒壁内表面温度 $T\leqslant200$℃时,$E'_{mt}=E_m/3$;当 $T\geqslant350$℃时,取 $E'_{mt}=E_m/5$;中间值线性插入求得;

E_{sh}——环向钢箍折算弹性模量(N/mm^2);

E——环向钢箍钢材弹性模量(N/mm^2);

n——一圈环向钢箍的接头数量。

6.3.2 筒壁内表面相对压缩变形值 ε_m 小于 0 时,应按构造配环向钢箍。

6.4 环向钢筋计算

6.4.1 当砖烟囱采用配置环向钢筋的方案时,在筒壁温度差作用下,每米高筒壁所需的环向钢筋截面面积,可按下列公式计算:

$$A_{sm} = 500 \frac{r_s \eta}{f_{yt}} \varepsilon_m E'_{mt} \ln\left(1+\frac{t_0 \varepsilon_m}{r_1 \varepsilon_t}\right) \quad (6.4.1-1)$$

$$\varepsilon_t = \frac{\gamma_t t_0 \alpha_m \Delta T_s}{r_s \ln(r_s/r_1)} \quad (6.4.1-2)$$

$$\varepsilon_m = \varepsilon_t - \frac{\psi_{st} f_{yt}}{E_{st}} \geqslant 0 \quad (6.4.1-3)$$

$$t_0 = t - a \quad (6.4.1-4)$$

式中:A_{sm}——每米高筒壁所需的环向钢筋截面面积(mm^2);

t_0——计算截面筒壁有效厚度(mm);

a——筒壁外边缘至环向钢筋的距离,单根环向钢筋取 a=30mm,双根筋取 a=45mm;

r_s——环向钢筋所在圆(双根筋为环向钢筋重心处)半径(mm);

ΔT_s——筒壁内表面与环向钢筋处温度差值;

η——与环向钢筋根数有关的系数,单根筋(指每个断面)η=1.0,双根筋时 η=1.05;

f_{yt}——温度作用下,钢筋抗拉强度设计值(N/mm^2);

E_{st}——环向钢筋在温度作用下弹性模量(N/mm^2);

γ_t——温度作用分项系数,取 γ_t=1.4;

ψ_{st}——裂缝间环向钢筋应变不均匀系数,当筒壁内表面温度 $T\leqslant200$℃时,ψ_{st}=0.6;$T\geqslant350$℃时,ψ_{st}=1.0,中间值线性插入求得。

6.4.2 筒壁内表面相对压缩变形值 ε_m 小于 0 时,应按构造配环向钢筋。

6.5 竖向钢筋计算

6.5.1 抗震设防地区的砖烟囱竖向配筋,可按下列规定确定:

1 各水平截面所需的竖向钢筋截面面积,可按下列公式计算:

$$A_s = \frac{\beta M - (\gamma_G G_k - \gamma_{Ev} F_{Evk}) r_p}{r_p f_{yt}} \quad (6.5.1-1)$$

$$M = \gamma_{Eh} M_{Ek} + \psi_{cWE} \gamma_W M_{Wk} \quad (6.5.1-2)$$

$$\beta = \frac{\theta}{\sin\theta} \qquad (6.5.1\text{-}3)$$

$$\theta = \pi - \frac{\sin\theta}{a_c} \qquad (6.5.1\text{-}4)$$

式中：A_s——计算截面所需的竖向钢筋总截面面积(mm^2)；
　　　β——弯矩影响系数(图6.5.1)；
　　　M_{Ek}——水平地震作用在计算截面产生的弯矩标准值(N·m)；
　　　M_{Wk}——风荷载在计算截面产生的弯矩标准值(N·m)；
　　　G_k——计算截面重力标准值(N)；
　　　F_{Evk}——计算截面竖向地震作用产生轴向力标准值(N)；
　　　r_p——计算截面筒壁平均半径(m)；
　　　f_{yt}——考虑温度作用钢筋抗拉强度设计值(N/mm^2)；
　　　γ_{Eh}——水平地震作用分项系数 $\gamma_{Eh}=1.3$；
　　　γ_W——风荷载分项系数 $\gamma_W=1.4$；
　　　θ——受压区半角；
　　　γ_G——重力荷载分项系数，$\gamma_G=1.0$；
　　　γ_{Ev}——竖向地震作用分项系数，按本规范表3.1.8-1规定采用；
　　　ψ_{cWE}——地震作用时风荷载组合系数，取 $\psi_{cWE}=0.2$。

2 弯矩影响系数 β，可根据参数 a_c 由图6.5.1查得。a_c 可按下式计算：

$$a_c = \frac{M}{\varphi_0 r_p A f - (\gamma_G G_k - \gamma_{Ev} F_{Evk}) r_p} \qquad (6.5.1\text{-}5)$$

式中：φ_0——轴心受压纵向挠曲系数，按本规范公式(6.2.1-2)计算时取 $e_0=0$；
　　　A——计算截面筒壁截面面积(mm^2)；
　　　f——砖砌体抗压强度设计值(N/mm^2)。

6.5.2 当计算出的配筋值小于构造配筋时，应按构造配筋。

6.5.3 配置竖向钢筋的砖烟囱应同时配置环向钢筋。

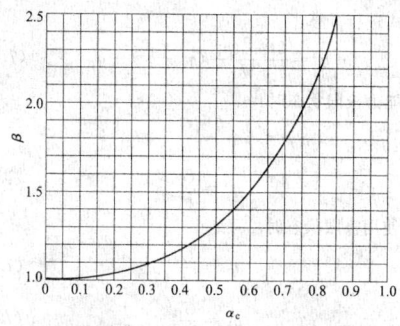

图6.5.1 弯矩影响系数 β

6.6 构造规定

6.6.1 砖烟囱筒壁宜设计成截顶圆锥形，筒壁坡度、分节高度和壁厚应符合下列规定：
　1 筒壁坡度宜采用2%～3%。
　2 分节高度不宜超过15m。
　3 筒壁厚度应按下列原则确定：
　　1）当筒壁内径小于或等于3.5m时，筒壁最小厚度应为240mm。当内径大于3.5m时，最小厚度应为370mm。
　　2）当设有平台时，平台所在节的筒壁厚度宜大于或等于370mm。
　　3）筒壁厚度可按分节高度自下而上减薄，但同一节厚度应相同。
　　4）筒壁顶部可向外局部加厚，总加厚宽度宜为180mm，并应以阶梯向外挑出，每阶挑出不宜超过60mm。加厚部分的上部以1:3水泥砂浆抹成排水坡(图6.6.1)。

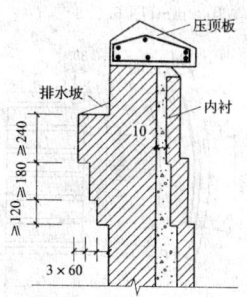

图6.6.1 筒首构造(mm)

6.6.2 内衬到顶的烟囱宜设钢筋混凝土压顶板(图6.6.1)。

6.6.3 支承内衬的环形悬臂应在筒身分节处以阶梯形向内挑出，每阶挑出不宜超过60mm，挑出总高度应由剪切计算确定，但最上阶的高度不应小于240mm。

6.6.4 筒壁上孔洞设置应符合下列规定：
　1 在同一平面设置两个孔洞时，宜对称设置。
　2 孔洞对应圆心角不应超过50°。孔洞宽度不大于1.2m时，孔顶宜采用半圆拱；孔洞宽度大于1.2m时，宜在孔顶设置钢筋混凝土圈梁。
　3 配置环向钢箍或环向钢筋的砖筒壁，在孔洞上下砌体中应配置直径为6mm环向钢筋，其截面面积不应小于被切断的环向钢箍或环向钢筋截面积。
　4 当孔洞较大时，宜设砖垛加强。

6.6.5 筒壁与钢筋混凝土基础接触处，当基础环壁内表面温度大于100℃时，在筒壁根部1.0m范围内，宜将环向配筋或环向钢箍增加1倍。

6.6.6 环向钢箍按计算配置时，间距宜为0.5m～1.5m；按构造配置时，间距不宜大于1.5m。

环向钢箍的宽度不宜小于60mm，厚度不宜小于6mm。每圈环向钢箍接头不应少于2个，每段长度不宜超过5m。环向钢箍接头的螺栓宜采用Q235级钢材，其净截面面积不应小于环向钢箍截面面积。环向钢箍接头位置应沿筒壁高度互相错开。环向钢箍接头做法见图6.6.6。

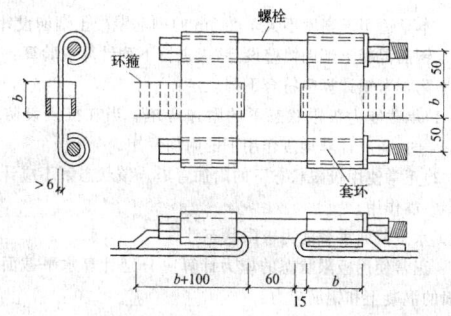

图6.6.6 环向钢箍接头(mm)
1—环向钢箍；2—螺栓；3—套环

6.6.7 环向钢箍安装时应施加预应力，预应力可按表6.6.7采用。

表6.6.7 环向钢箍预应力值(N/mm^2)

安装时温度(℃)	T>10	10≥T≥0	T<0
预应力值	30	50	60

6.6.8 环向钢筋按计算配置时，直径宜为6mm～8mm，间距不应少于3皮砖，且不应大于8皮砖；按构造配置时，直径宜为6mm，间距不应大于8皮砖。

同一平面内环向钢筋不宜多于2根，2根钢筋的间距应为30mm。

钢筋搭接长度应为钢筋直径的40倍，接头位置应互相错开。

钢筋的保护层应为30mm(图6.6.8)。

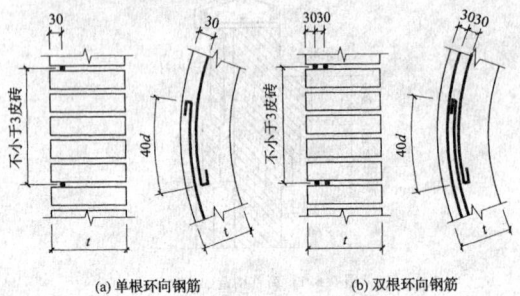

(a) 单根环向钢筋　　(b) 双根环向钢筋

图 6.6.8　环向钢筋配置(mm)

6.6.9 在环形悬臂和筒壁顶部加厚范围内，环向钢筋应适当增加。

6.6.10 抗震设防地区的砖烟囱，其配筋不应小于表6.6.10的规定。

表 6.6.10　抗震设防地区砖烟囱上部的最小配筋

配筋方式	烈度和场地类别		
	6度Ⅲ、Ⅳ类场地	7度Ⅰ、Ⅱ类场地	7度Ⅲ、Ⅳ类场地、8度Ⅰ、Ⅱ类场地
配筋范围	0.5H 到顶端	0.5H 到顶端	$H \leq 30m$ 时全高；$H > 30m$ 时由 $0.4H$ 到顶端
竖向配筋	$\phi 8$，间距 500mm~700mm，且不少于6根	$\phi 10$ 间距 500mm~700mm，且不少于6根	$\phi 10$ 间距 500mm，且不少于6根

注：1　竖向筋接头宜搭接钢筋直径的40倍，钢筋在搭接范围内应用铁丝绑牢，钢筋宜设直角弯钩。
　　2　烟囱顶部宜设钢筋混凝土压顶圈梁以锚固竖向钢筋。
　　3　竖向钢筋配置在距筒壁外表面120mm处。

7　单筒式钢筋混凝土烟囱

7.1　一般规定

7.1.1 本章适用于高度不大于240m的钢筋混凝土烟囱设计。

7.1.2 钢筋混凝土烟囱筒壁设计，应进行下列计算或验算：

　1　附加弯矩计算应符合下列规定：
　　1）承载能力极限状态下的附加弯矩。当在抗震设防地区时，尚应计算地震作用下的附加弯矩。
　　2）正常使用极限状态下的附加弯矩。该状态下不应计算地震作用。
　2　水平截面承载能力极限状态计算。
　3　正常使用极限状态的应力计算应分别计算水平截面和垂直截面的混凝土和钢筋应力。
　4　正常使用极限状态的裂缝宽度验算。

7.2　附加弯矩计算

7.2.1 承载能力极限状态和正常使用极限状态计算时，筒身重力荷载对筒壁水平截面 i 产生的附加弯矩 M_{ai} (图7.2.1)，可按下式计算：

$$M_{ai} = \frac{q_i(h-h_i)^2}{2}\left[\frac{h+2h_i}{3}\left(\frac{1}{\rho_c}+\frac{\alpha_c \Delta T}{d}\right)+\tan\theta\right] \quad (7.2.1)$$

式中：q_i——距筒壁顶(h-h_i)/3处的折算线分布重力荷载，可按本规范公式(7.2.3-1)计算；
　　　h——筒身高度(m)；
　　　h_i——计算截面 i 的高度(m)；
　　　$1/\rho_c$——筒身代表截面处的弯曲变形曲率，可按本规范公式

(7.2.5-1)、公式(7.2.5-2)、公式(7.2.5-4)和公式(7.2.5-5)计算；
　　α_c——混凝土的线膨胀系数；
　　ΔT——由日照产生的筒身阳面与阴面的温度差，应按当地实测数据采用。当无实测数据时，可按20℃采用；
　　d——高度为 $0.4h$ 处的筒身外直径(m)；
　　θ——基础倾斜角(rad)，按现行国家标准《建筑地基基础设计规范》GB 50007规定的地基允许倾斜值采用。

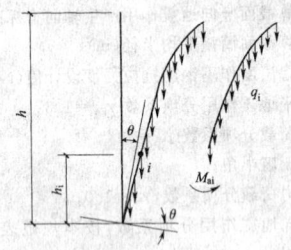

图 7.2.1　附加弯矩

7.2.2 抗震设防地区的钢筋混凝土烟囱，筒身重力荷载及竖向地震作用对筒壁水平截面 i 产生的附加弯矩 M_{Eai}，可按下式计算：

$$M_{Eai} = \frac{q_i(h-h_i)^2 \pm \gamma_{Ev}F_{Evik}(h-h_i)}{2}$$
$$\left[\frac{h+2h_i}{3}\left(\frac{1}{\rho_{Ec}}+\frac{\alpha_c \Delta T}{d}\right)+\tan\theta\right] \quad (7.2.2)$$

式中：$1/\rho_{Ec}$——考虑地震作用时，筒身代表截面处的变形曲率，按本规范公式(7.2.5-3)计算；
　　γ_{Ev}——竖向地震作用系数，取0.50；
　　F_{Evik}——水平截面 i 的竖向地震作用标准值。

7.2.3 计算截面 i 附加弯矩时，其折线分布重力荷载 q_i 值，可按下列公式进行计算：

$$q_i = \frac{2(h-h_i)}{3h}(q_0-q_1)+q_1 \quad (7.2.3-1)$$

承载能力极限状态时：

$$q_0 = \frac{G}{h} \quad (7.2.3-2)$$

$$q_1 = \frac{G_1}{h_1} \quad (7.2.3-3)$$

正常使用极限状态时：

$$q_0 = \frac{G_k}{h} \quad (7.2.3-4)$$

$$q_1 = \frac{G_{1k}}{h_1} \quad (7.2.3-5)$$

式中：q_0——整个筒身的平均线分布重力荷载(kN/m)；
　　　q_1——筒身顶部第一节的平均线分布重力荷载(kN/m)；
　　　$G、G_k$——分别为筒身(内衬、隔热层、筒壁)全部自重荷载设计值和标准值(kN)；
　　　$G_1、G_{1k}$——分别为筒身顶部第一节全部自重荷载设计值和标准值(kN)；
　　　h_1——筒身顶部第一节高度(m)。

7.2.4 筒身代表截面处，轴向力对筒壁水平截面中心的相对偏心距，应按下列公式计算：
　1　承载能力极限状态应按下列公式计算：
　　1）不考虑地震作用时：

$$\frac{e}{r} = \frac{M_w+M_a}{N \cdot r} \quad (7.2.4-1)$$

　　2）当考虑地震作用时：

$$\frac{e_E}{r} = \frac{M_E+\psi_{ewE}M_w+M_{Ea}}{N \cdot r} \quad (7.2.4-2)$$

　2　正常使用极限状态应按下式计算：

$$\frac{e_k}{r} = \frac{M_{wk} + M_{ak}}{N_k \cdot r} \qquad (7.2.4-3)$$

式中：N——筒身代表截面处的轴向力设计值(kN)；
N_k——筒身代表截面处的轴向力标准值(kN)；
M_w——筒身代表截面处的风弯矩设计值(kN·m)；
M_{wk}——筒身代表截面处的风弯矩标准值(kN·m)；
M_a——筒身代表截面处承载能力极限状态附加弯矩设计值(kN·m)；
M_{ak}——筒身代表截面处正常使用极限状态附加弯矩标准值(kN·m)；
M_E——筒身代表截面处的地震作用弯矩设计值(kN·m)；
M_{Ea}——筒身代表截面处的地震作用时附加弯矩设计值(kN·m)；
e——按作用效应基本组合计算的轴向力设计值对混凝土筒壁圆心轴线的偏心距(m)；
e_E——按含地震作用的荷载效应基本组合计算的轴向力设计值对混凝土筒壁圆心轴线的偏心距(m)；
e_k——按荷载效应标准组合计算的轴向力标准值对混凝土筒壁圆心轴线的偏心距(m)；
ψ_{cWE}——含地震作用效应的基本组合中风荷载组合系数，取0.2；
r——筒壁代表截面处的筒壁平均半径(m)。

7.2.5 筒身代表截面处的变形曲率 $1/\rho_c$ 和 $1/\rho_{Ec}$，可按下列公式计算：

1 承载能力极限状态可按下列公式计算：

1) 当 $\frac{e}{r} \leqslant 0.5$ 时：

$$\frac{1}{\rho_c} = \frac{1.6(M_w + M_a)}{0.33 E_{ct} I} \qquad (7.2.5-1)$$

2) 当 $\frac{e}{r} > 0.5$ 时：

$$\frac{1}{\rho_c} = \frac{1.6(M_w + M_a)}{0.25 E_{ct} I} \qquad (7.2.5-2)$$

3) 当计算地震作用时：

$$\frac{1}{\rho_{Ec}} = \frac{M_E + \psi_{cWE} M_w + M_{Ea}}{0.25 E_{ct} I} \qquad (7.2.5-3)$$

2 正常使用极限状态可按下列公式计算：

1) 当 $\frac{e_k}{r} \leqslant 0.5$ 时：

$$\frac{1}{\rho_c} = \frac{M_{wk} + M_{ak}}{0.65 E_{ct} I} \qquad (7.2.5-4)$$

2) 当 $\frac{e_k}{r} > 0.5$ 时：

$$\frac{1}{\rho_c} = \frac{M_{wk} + M_{ak}}{0.4 E_{ct} I} \qquad (7.2.5-5)$$

式中：E_{ct}——筒身代表截面处的筒壁混凝土在温度作用下的弹性模量(kN/m²)；
I——筒身代表截面惯性矩(m⁴)。

7.2.6 计算筒身代表截面处的变形曲率 $1/\rho_c$ 和 $1/\rho_{Ec}$ 时，可先假定附加弯矩初始值，承载能力极限状态计算时可假定 $M_a = 0.35 M_w$，计及地震作用时可取 $M_{Ea} = 0.35 M_E$，正常使用极限状态可取 $M_{ak} = 0.2 M_w$，代入有关公式求得附加弯矩值与假定值相差不超过5%时，可不再计算，不满足该条件时应进行循环迭代，并应直到前后两次的附加弯矩不超过5%为止。其最后值应为所求的附加弯矩值，与之相应的曲率值应为筒身变形终曲率。

7.2.7 筒身代表截面处的附加弯矩可不迭代，可按下列公式直接计算：

1 承载能力极限状态时：

$$M_a = \frac{\frac{1}{2} q_i (h-h_i)^2 \left[\frac{h+2h_i}{3}\left(\frac{1.6 M_w}{\alpha_e E_{ct} I} + \frac{\alpha_c \Delta T}{d}\right) + \tan\theta\right]}{1 - \frac{q_i (h-h_i)^2}{2} \cdot \frac{(h+2h_i)}{3} \cdot \frac{1.6}{\alpha_e E_{ct} I}}$$

$$(7.2.7-1)$$

2 承载能力极限状态下，计算地震作用时：

$$M_{Ea} = \frac{\frac{q_i (h-h_i)^2 \pm \gamma_{Ev} F_{Evik}(h-h_i)}{2}\left[\frac{h+2h_i}{3}\left(\frac{M_E + \psi_{cWE} M_w}{\alpha_e E_{ct} I} + \frac{\alpha_c \Delta T}{d}\right) + \tan\theta\right]}{1 - \frac{q_i (h-h_i)^2 \pm \gamma_{Ev} F_{Evik}(h-h_i)}{2} \cdot \frac{h+2h_i}{3} \cdot \frac{1}{\alpha_e E_{ct} I}}$$

$$(7.2.7-2)$$

3 正常使用极限状态时：

$$M_{ak} = \frac{\frac{1}{2} q_i (h-h_i)^2 \left[\frac{h+2h_i}{3}\left(\frac{M_{wk}}{\alpha_e E_{ct} I} + \frac{\alpha_c \Delta T}{d}\right) + \tan\theta\right]}{1 - \frac{q_i (h-h_i)^2}{2} \cdot \frac{h+2h_i}{3} \cdot \frac{1}{\alpha_e E_{ct} I}}$$

$$(7.2.7-3)$$

式中：α_e——刚度折减系数，承载能力极限状态时，当 $\frac{e}{r} \leqslant 0.5$ 时，取 $\alpha_e = 0.33$；当 $\frac{e}{r} > 0.5$ 以及地震作用时，取 $\alpha_e = 0.25$；正常使用极限状态时，当 $\frac{e_k}{r} \leqslant 0.5$ 时，取 $\alpha_e = 0.65$；当 $\frac{e_k}{r} > 0.5$ 时，取 $\alpha_e = 0.4$。

注：在确定 $\frac{e}{r}$ 或 $\frac{e_k}{r}$ 时，按第7.2.6条假定附加弯矩，然后确定公式(7.2.7-1)、(7.2.7-2)或(7.2.7-3)中的 α_e 值。再用计算出的附加弯矩复核 $\frac{e}{r}$ 或 $\frac{e_k}{r}$ 值是否符合所采用的 α_e 值条件。否则应另确定 α_e 值。

7.2.8 筒身代表截面可按下列规定确定：

1 当筒身各段坡度均小于或等于3%时，可按下列规定确定：

1) 筒身无烟道孔时，取筒身最下节的筒壁底截面。

2) 筒身有烟道孔时，取洞口上一节的筒壁底截面。

2 当筒身下部 $h/4$ 范围内有大于3%的坡度时，可按下列规定确定：

1) 在坡度小于3%的区段内无烟道孔时，取该区段的筒壁底截面。

2) 在坡度小于3%的区段内有烟道孔时，取洞口上一节筒壁底截面。

7.2.9 当筒身坡度不符合本规范第7.2.8条的规定时，筒身附加弯矩可按下式进行计算(图7.2.9)：

$$M_{ai} = \sum_{j=i+1}^{n} G_j (u_j - u_i) \qquad (7.2.9)$$

式中：G_j——筒身 j 质点的重力(计算地震作用时应包括竖向地震作用)；
u_i、u_j——筒身 i，j 质点的最终水平位移，计算时包括日照温差和基础倾斜的影响。

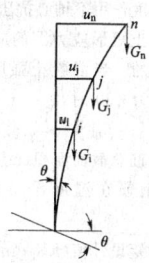

图7.2.9 附加弯矩计算

7.3 烟囱筒壁承载能力极限状态计算

7.3.1 钢筋混凝土烟囱筒壁水平截面极限状态承载能力，应按下列公式计算：

1 当烟囱筒壁计算截面无孔洞时[图7.3.1(a)]：

$$M + M_a \leqslant \alpha_1 f_{ct} A r \frac{\sin\alpha\pi}{\pi} + f_{yt} A_s r \frac{\sin\alpha\pi + \sin\alpha_t \pi}{\pi} \qquad (7.3.1-1)$$

$$\alpha = \frac{N + f_{yt}A_s}{\alpha_1 f_{ct}A + 2.5 f_{yt}A_s} \quad (7.3.1\text{-}2)$$

当 $\alpha \geqslant \frac{2}{3}$ 时：

$$\alpha = \frac{N}{\alpha_1 f_{ct}A + f_{yt}A_s} \quad (7.3.1\text{-}3)$$

2 当筒壁计算截面有孔洞时：

　1) 有一个孔洞[图 7.3.1(b)]：

$$M + M_a \leqslant \frac{r}{\pi - \theta}\{(\alpha_1 f_{ct}A + f_{yt}A_s)[\sin(\alpha\pi - \alpha\theta + \theta) - \sin\theta]$$
$$+ f_{yt}A_s \sin[\alpha_t(\pi - \theta)]\} \quad (7.3.1\text{-}4)$$

$$A = 2(\pi - \theta)rt \quad (7.3.1\text{-}5)$$

　2) 有两个孔洞，且 $\alpha_0 = \pi$ 时[图 7.3.1(c)]：

$$M + M_a \leqslant \frac{r}{\pi - \theta_1 - \theta_2}\{(\alpha_1 f_{ct}A + f_{yt}A_s)[\sin(\pi\alpha - \alpha\theta_1 - \alpha\theta_2 + \theta_1)$$
$$- \sin\theta_1] + f_{yt}A_s[\sin(\alpha_t\pi - \alpha_t\theta_1 - \alpha_t\theta_2 + \theta_2) - \sin\theta_2]\}$$
$$(7.3.1\text{-}6)$$

$$A = 2(\pi - \theta_1 - \theta_2)rt \quad (7.3.1\text{-}7)$$

　3) 有两个孔洞，且当 $\alpha_0 \leqslant \alpha(\pi - \theta_1 - \theta_2) + \theta_1 + \theta_2$ 时，可按 $\theta = \theta_1 + \theta_2$ 的单孔洞截面计算；

　4) 当 $\alpha(\pi - \theta_1 - \theta_2) + \theta_1 + \theta_2 < \alpha_0 \leqslant \pi - \theta_2 - \alpha_t(\pi - \theta_1 - \theta_2)$ 时 [图 7.3.1(d)]：

$$M + M_a \leqslant \frac{r}{\pi - \theta_1 - \theta_2}\{(\alpha_1 f_{ct}A + f_{yt}A_s)[\sin(\alpha\pi - \alpha\theta_1 - \alpha\theta_2 + \theta_1)$$
$$- \sin\theta_1] + f_{yt}A_s \sin(\alpha_t\pi - \alpha_t\theta_1 - \alpha_t\theta_2)\} \quad (7.3.1\text{-}8)$$

　5) 当 $\alpha_0 > \pi - \theta_2 - \alpha_t(\pi - \theta_1 - \theta_2)$ 时[图 7.3.1(e)]：

$$M + M_a \leqslant \frac{r}{\pi - \theta_1 - \theta_2}\{(\alpha_1 f_{ct}A + f_{yt}A_s)[\sin(\alpha\pi - \alpha\theta_1 - \alpha\theta_2 + \theta_1)$$
$$- \sin\theta_1] + \frac{f_{yt}A_s}{2}[\sin(\beta'_2) + \sin\beta_2 - \sin(\pi - \alpha_0 + \theta_2) +$$
$$\sin(\pi - \alpha_0 - \theta_2)]\} \quad (7.3.1\text{-}9)$$

$$\beta_2 = k - \arcsin\left(-\frac{m}{2\sin k}\right) \quad (7.3.1\text{-}10)$$

$$\beta'_2 = k + \arcsin\left(-\frac{m}{2\sin k}\right) \quad (7.3.1\text{-}11)$$

$$m = \cos(\pi - \alpha_0 - \theta_2) - \cos(\pi - \alpha_0 + \theta_2) \quad (7.3.1\text{-}12)$$

$$k = \alpha_t(\pi - \theta_1 - \theta_2) + \theta_2 \quad (7.3.1\text{-}13)$$

$$A = 2(\pi - \theta_1 - \theta_2)rt \quad (7.3.1\text{-}14)$$

式中：N——计算截面轴向力设计值(kN)；

　α——受压区混凝土截面面积与全截面面积的比值；

　α_t——受拉竖向钢筋截面面积与全部竖向钢筋截面面积的比值，$\alpha_t = 1 - 1.5\alpha$，当 $\alpha \geqslant \frac{2}{3}$ 时，$\alpha_t = 0$；

　A——计算截面的筒壁截面面积(m^2)；

　f_{ct}——混凝土在温度作用下轴心抗压强度设计值(kN/m^2)；

　α_1——受压区混凝土矩形应力图的应力与混凝土抗压强度设计值的比值，当混凝土强度等级不超过 C50 时，$\alpha_1 = 1.0$；当为 C80 时，$\alpha_1 = 0.94$，其间按线性内插法取用；

　A_s——计算截面钢筋总截面面积(m^2)；

　f_{yt}——计算截面钢筋在温度作用下的抗拉强度设计值(kN/m^2)；

　M——计算截面弯矩设计值($kN \cdot m$)；

　M_a——计算截面附加弯矩设计值($kN \cdot m$)；

　r——计算截面筒壁平均半径(m)；

　t——筒厚度(m)；

　θ——计算截面有一个孔洞时的孔洞半角(rad)；

　θ_1——计算截面有两个孔洞时，大孔的半角(rad)；

　θ_2——计算截面有两个孔洞时，小孔的半角(rad)；

　α_0——计算截面有两个孔洞时，两孔洞角平分线的夹角(rad)。

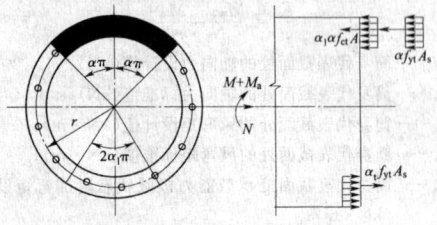

(a) 筒壁没有孔洞

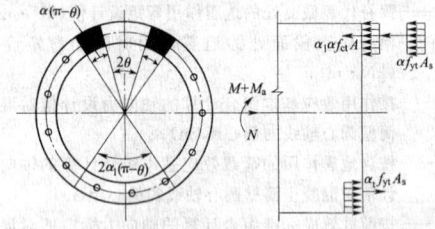

(b) 筒壁有一个孔洞

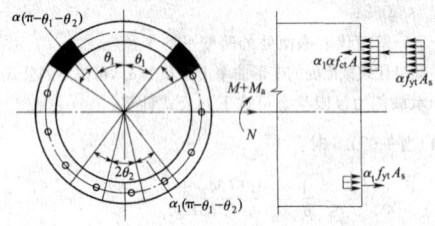

(c) 筒壁两个孔洞（$\alpha_0 = \pi$，大孔位于受压区）

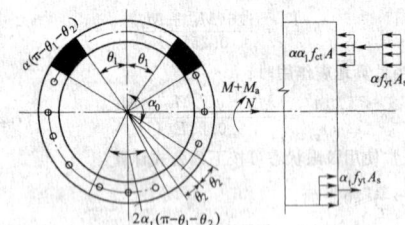

(d) 筒壁两个孔洞（$\alpha_0 \neq \pi$，其中小孔位于拉压区之间）

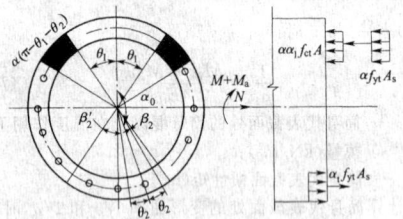

(e) 筒壁两个孔洞（$\alpha_0 \neq \pi$，其中小孔位于受拉区内）

图 7.3.1　截面极限承载能力计算

7.3.2 筒壁竖向截面极限承载能力，可按现行国家标准《混凝土结构设计规范》GB 50010 正截面受弯承载力进行计算。

7.4 烟囱筒壁正常使用极限状态计算

7.4.1 正常使用极限状态计算应包括下列内容：

1 计算在荷载标准值和温度共同作用下混凝土与钢筋应力，以及温度单独作用下钢筋应力，并应满足下列公式的要求：

$$\sigma_{cw1} \leqslant 0.4 f_{ctk} \quad (7.4.1\text{-}1)$$

$$\sigma_{sw1} \leqslant 0.5 f_{ytk} \quad (7.4.1\text{-}2)$$

$$\sigma_{st} \leqslant 0.5 f_{ytk} \quad (7.4.1\text{-}3)$$

式中：σ_{cwt}——在荷载标准值和温度共同作用下混凝土的应力值(N/mm^2)；

σ_{swt}——在荷载标准值和温度共同作用下竖向钢筋的应力值(N/mm^2)；

σ_{st}——在温度作用下环向和竖向钢筋的应力值(N/mm^2)；

f_{ctk}——混凝土在温度作用下的强度标准值，按本规范表4.2.3的规定取值(N/mm^2)；

f_{ytk}——钢筋在温度作用下的强度标准值，按本规范第4.3.2条的规定取值(N/mm^2)。

2 验算筒壁裂缝宽度，并应符合本规范表3.4.2的规定。

Ⅰ 荷载标准值作用下的水平截面应力计算

7.4.2 钢筋混凝土筒壁水平截面在自重荷载、风荷载和附加弯矩（均为标准值）作用下的应力计算，应根据轴向力标准值对筒壁圆心的偏心距 e_k 与截面核心距 r_{co} 的相应关系（$e_k > r_{co}$ 或 $e_k \leqslant r_{co}$），分别采用图7.4.2所示的应力计算简图，并应符合下列规定：

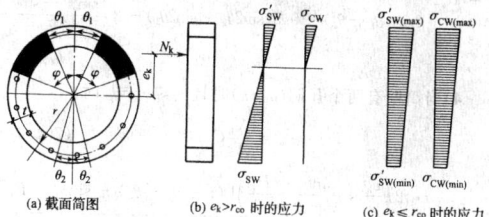

图 7.4.2 在荷载标准值作用下截面应力计算
(a) 截面简图　(b) $e_k > r_{co}$ 时的应力　(c) $e_k \leqslant r_{co}$ 时的应力

1 轴向力标准值对筒壁圆心的偏心距应按下式计算：

$$e_k = \frac{M_{wk} + M_{ak}}{N_k} \quad (7.4.2-1)$$

式中：M_{wk}——计算截面由风荷载标准值产生的弯矩(kN·m)；

M_{ak}——计算截面正常使用极限状态的附加弯矩标准值(kN·m)；

N_k——计算截面的轴向力标准值(kN)。

2 截面核心距 r_{co} 可按下列公式计算：

1）当筒壁计算截面无孔洞时：

$$r_{co} = 0.5r \quad (7.4.2-2)$$

2）当筒壁计算截面有一个孔洞（将孔洞置于受压区）时：

$$r_{co} = \frac{\pi - \theta - 0.5\sin 2\theta - 2\sin\theta}{2(\pi - \theta - \sin\theta)} r \quad (7.4.2-3)$$

3）当筒壁计算截面有两个孔洞（$\alpha_0 = \pi$，并将大孔洞置于受压区）时：

$$r_{co} = \frac{\pi - \theta_1 - \theta_2 - 0.5(\sin 2\theta_1 + \sin 2\theta_2) + 2\cos\theta_2(\sin\theta_2 - \sin\theta_1)}{2[\sin\theta_2 - \sin\theta_1 + (\pi - \theta_1 - \theta_2)\cos\theta_2]} r$$

$$(7.4.2-4)$$

4）当筒壁计算截面有两个孔洞（$\alpha_0 \neq \pi$，并将大孔洞置于受压区）且 $\alpha_0 \leqslant \pi - \theta_2$ 时：

$$r_{co} = \{[(\pi - \theta_1 - \theta_2) - 0.5[\sin 2\theta_1 - 0.5\sin 2(\alpha_0 - \theta_2) + 0.5\sin 2(\alpha_0 + \theta_2)]] + \sin(\alpha_0 - \theta_2) - \sin(\alpha_0 + \theta_2) - 2\sin\theta_1]\} / [2[(\pi - \theta_1 - \theta_2) + \sin(\alpha_0 - \theta_2) - \sin(\alpha_0 + \theta_2) - 2\sin\theta_1]\} r$$

$$(7.4.2-5)$$

5）当筒壁计算截面有两个孔洞（$\alpha_0 \neq \pi$，并将大孔洞置于受压区）且 $\alpha_0 > \pi - \theta_2$ 时：

$$r_{co} = \{[(\pi - \theta_1 - \theta_2) - 0.5[\sin 2\theta_1 - 0.5\sin 2(\alpha_0 - \theta_2) + 0.5\sin 2(\alpha_0 + \theta_2)] - \cos(\alpha_0 + \theta_2)[\sin(\alpha_0 - \theta_2) - \sin(\alpha_0 + \theta_2) - 2\sin\theta_1] / -2(\pi - \theta_1 - \theta_2)\cos(\alpha_0 + \theta_2) + \sin(\alpha_0 - \theta_2) - \sin(\alpha_0 + \theta_2) - 2\sin\theta_1]\} r$$

$$(7.4.2-6)$$

7.4.3 当 $e_k > r_{co}$ 时，筒壁水平截面混凝土及钢筋应力应按下列公式计算：

1 背风侧混凝土压应力 σ_{cw} 应按下列公式计算：

1）当筒壁计算截面无孔洞时：

$$\sigma_{cw} = \frac{N_k}{A_0} C_{c1} \quad (7.4.3-1)$$

$$C_{c1} = \frac{\pi(1 + \alpha_{Et}\rho_t)(1 - \cos\varphi)}{\sin\varphi - (\varphi + \pi\alpha_{Et}\rho_t)\cos\varphi} \quad (7.4.3-2)$$

2）当筒壁计算截面有一个孔洞时：

$$\sigma_{cw} = \frac{N_k}{A_0} C_{c2} \quad (7.4.3-3)$$

$$C_{c2} = \frac{(1 + \alpha_{Et}\rho_t)(\pi - \theta)(\cos\theta - \cos\varphi)}{\sin\varphi - (1 + \alpha_{Et}\rho_t)\sin\theta - [\varphi - \theta + (\pi - \theta)\alpha_{Et}\rho_t]\cos\varphi}$$

$$(7.4.3-4)$$

3）当筒壁计算截面有两个孔洞（$\alpha_0 = \pi$）时：

$$\sigma_{cw} = \frac{N_k}{A_0} C_{c3} \quad (7.4.3-5)$$

$$C_{c3} = \frac{B_{c3}}{D_{c3}} \quad (7.4.3-6)$$

$$B_{c3} = (\pi - \theta_1 - \theta_2)(1 + \alpha_{Et}\rho_t)(\cos\theta_1 - \cos\varphi)$$

$$(7.4.3-7)$$

$$D_{c3} = \sin\varphi - (1 + \alpha_{Et}\rho_t)\sin\theta_1 - [\varphi - \theta_1 + \alpha_{Et}\rho_t(\pi - \theta_1 - \theta_2)]\cos\varphi + \alpha_{Et}\rho_t\sin\theta_2$$

$$(7.4.3-8)$$

4）当筒壁计算截面有两个孔洞时（$\alpha_0 < \pi$）时：

$$\sigma_{cw} = \frac{N_k}{A_0} C_{c4} \quad (7.4.3-9)$$

$$C_{c4} = \frac{B_{c4}}{D_{c4}} \quad (7.4.3-10)$$

$$B_{c4} = (\pi - \theta_1 - \theta_2)(1 + \alpha_{Et}\rho_t)(\cos\theta_1 - \cos\varphi)$$

$$(7.4.3-11)$$

$$D_{c4} = \sin\varphi - (1 + \alpha_{Et}\rho_t)\sin\theta_1 - [\varphi - \theta_1 + \alpha_{Et}\rho_t(\pi - \theta_1 - \theta_2)]\cos\varphi + \frac{1}{2}\alpha_{Et}\rho_t[\sin(\alpha_0 - \theta_2) - \sin(\alpha_0 + \theta_2)]$$

$$(7.4.3-12)$$

式中：A_0——筒壁计算截面的换算面积，按本规范公式(7.4.5-1)计算；

α_{Et}——在温度和荷载长期作用下，钢筋的弹性模量与混凝土的弹塑性模量的比值，按本规范公式(7.4.5-2)计算；

φ——筒壁计算截面的受压区半角；

ρ_t——竖向钢筋总配筋率（包括筒壁外侧和内侧配筋）。

2 迎风侧竖向钢筋拉应力 σ_{sw} 应按下列公式计算：

1）当筒壁计算截面无孔洞时：

$$\sigma_{sw} = \alpha_{Et} \frac{N_k}{A_0} C_{s1} \quad (7.4.3-13)$$

$$C_{s1} = \frac{1 + \cos\varphi}{1 - \cos\varphi} C_{c1} \quad (7.4.3-14)$$

2）当筒壁计算截面有一个孔洞时：

$$\sigma_{sw} = \alpha_{Et} \frac{N_k}{A_0} C_{s2} \quad (7.4.3-15)$$

$$C_{s2} = \frac{1 + \cos\varphi}{\cos\theta - \cos\varphi} C_{c2} \quad (7.4.3-16)$$

3）当筒壁计算截面有两个孔洞（$\alpha_0 = \pi$）时：

$$\sigma_{sw} = \alpha_{Et} \frac{N_k}{A_0} C_{s3} \quad (7.4.3-17)$$

$$C_{s3} = \frac{\cos\theta_2 + \cos\varphi}{\cos\theta_1 - \cos\varphi} C_{c3} \quad (7.4.3-18)$$

4）当筒壁有两个孔洞（$\alpha_0 \neq \pi$，将大孔洞置于受压区）且 $\alpha_0 \leqslant \pi - \theta_2$ 时：

$$\sigma_{sw} = \alpha_{Et} \frac{N_k}{A_0} C_{s4} \quad (7.4.3-19)$$

$$C_{s4} = \frac{1 + \cos\varphi}{\cos\theta_1 - \cos\varphi} C_{c4} \quad (7.4.3-20)$$

5）当筒壁有两个孔洞（$\alpha_0 \neq \pi$，将大孔洞置于受压区）且 $\alpha_0 > \pi - \theta_2$ 时：

$$\sigma_{sw} = \alpha_{Et} \frac{N_k}{A_0} C_{s5} \quad (7.4.3-21)$$

$$C_{s5} = \frac{\cos(\alpha_0 + \theta_2) + \cos\varphi}{\cos\theta_1 - \cos\varphi} C_{c4} \quad (7.4.3-22)$$

3 受压区半角 φ，应按下列公式确定：

1）当筒壁计算截面无孔洞时：
$$\frac{e_k}{r} = \frac{\varphi - 0.5\sin2\varphi + \pi\alpha_{Et}\rho_t}{2[\sin\varphi - (\varphi + \pi\alpha_{Et}\rho_t)\cos\varphi]} \quad (7.4.3\text{-}23)$$

2）当筒壁计算截面有一个孔洞时：
$$\frac{e_k}{r} = \frac{(1+\alpha_{Et}\rho_t)(\varphi - \theta - 0.5\sin2\theta + 2\sin\theta\cos\varphi) - 0.5\sin2\varphi + \alpha_{Et}\rho_t(\pi-\varphi)}{2\{\sin\varphi - (1+\alpha_{Et}\rho_t)\sin\theta - [\varphi - \theta + (\pi-\theta)\alpha_{Et}\rho_t]\cos\varphi\}}$$
$$(7.4.3\text{-}24)$$

3）当筒壁计算截面有两个孔洞（$\alpha_0 = \pi$）时：
$$\frac{e_k}{r} = \frac{B_{ec1}}{D_{ec1}} \quad (7.4.3\text{-}25)$$

$$B_{ec1} = (1+\alpha_{Et}\rho_t)(\varphi - \theta_1 - 0.5\sin2\theta_1 + 2\cos\varphi\sin\theta_1) - 0.5\sin2\varphi + \alpha_{Et}\rho_t(\pi - \theta_2 - 0.5\sin2\theta_2 - 2\cos\varphi\sin\theta_2) \quad (7.4.3\text{-}26)$$

$$D_{ec1} = 2\{\sin\varphi - (1+\alpha_{Et}\rho_t)\sin\theta_1 - [\varphi - \theta_1 + \alpha_{Et}\rho_t(\pi - \theta_1 - \theta_2)]\cos\varphi + \alpha_{Et}\rho_t\sin\theta_2\} \quad (7.4.3\text{-}27)$$

4）当开两个孔洞（$\alpha_0 \neq \pi$），将大孔洞置于受压区时：
$$\frac{e_k}{r} = \frac{B_{ec2}}{D_{ec2}} \quad (7.4.3\text{-}28)$$

$$B_{ec2} = (1+\alpha_{Et}\rho_t)(\varphi - \theta_1 - 0.5\sin2\theta_1 + 2\cos\varphi\sin\theta_1) - 0.5\sin2\varphi + \alpha_{Et}\rho_t[\pi - \varphi - \theta_2 - 0.25\sin(2\alpha_0 + 2\theta_2) + 0.25\sin(2\alpha_0 - 2\theta_2) + \cos\varphi\sin(\alpha_0 + \theta_2) - \cos\varphi\sin(\alpha_0 - \theta_2)] \quad (7.4.3\text{-}29)$$

$$D_{ec2} = 2\{\sin\varphi - (1+\alpha_{Et}\rho_t)\sin\theta_1 - [\varphi - \theta_1 + \alpha_{Et}\rho_t(\pi - \theta_1 - \theta_2)]\cos\varphi + \frac{1}{2}\alpha_{Et}\rho_t[\sin(\alpha_0 - \theta_2) - \sin(\alpha_0 + \theta_2)]\} \quad (7.4.3\text{-}30)$$

7.4.4 当 $e_k \leq r_{co}$ 时，筒壁水平截面混凝土压应力应按下列公式计算：

1 背风侧的混凝土压应力 σ_{cw} 应按下列公式计算：

1）当筒壁计算截面无孔洞时：
$$\sigma_{cw} = \frac{N_k}{A_0}C_{c5} \quad (7.4.4\text{-}1)$$
$$C_{c5} = 1 + 2\frac{e_k}{r} \quad (7.4.4\text{-}2)$$

2）当筒壁计算截面有一个孔洞时：
$$\sigma_{cw} = \frac{N_k}{A_0}C_{c6} \quad (7.4.4\text{-}3)$$

$$C_{c6} = 1 + \frac{2\left(\dfrac{e_k}{r} + \dfrac{\sin\theta}{\pi-\theta}\right)[(\pi-\theta)\cos\theta + \sin\theta]}{\pi - \theta - 0.5\sin2\theta - 2\dfrac{\sin^2\theta}{\pi-\theta}}$$
$$(7.4.4\text{-}4)$$

3）当筒壁计算截面有两个孔洞（$\alpha_0 = \pi$）时：
$$\sigma_{cw} = \frac{N_k}{A_0}C_{c7} \quad (7.4.4\text{-}5)$$

$$C_{c7} = 1 + \frac{2\left(\dfrac{e_k}{r} + \dfrac{\sin\theta_1 - \sin\theta_2}{\pi - \theta_1 - \theta_2}\right)[(\pi - \theta_1 - \theta_2)\cos\theta_1 - \sin\theta_2 + \sin\theta_1]}{(\pi - \theta_1 - \theta_2) - 0.5(\sin2\theta_1 + \sin2\theta_2) - 2\dfrac{(\sin\theta_2 - \sin\theta_1)^2}{\pi - \theta_1 - \theta_2}}$$
$$(7.4.4\text{-}6)$$

4）当筒壁计算截面有两个孔洞（$\alpha_0 \neq \pi$），将大孔洞置于受压区）时：
$$\sigma_{cw} = \frac{N_k}{A_0}C_{c8} \quad (7.4.4\text{-}7)$$

$$C_{c8} = 1 + \frac{2\left(\dfrac{e_k}{r} + \dfrac{\sin\theta_1 + P_1}{\pi - \theta_1 - \theta_2}\right)[(\pi - \theta_1 - \theta_2)\cos\theta_1 + \sin\theta_1 + P_1]}{(\pi - \theta_1 - \theta_2) - 0.5(\sin2\theta_1 + P_2) - 2\dfrac{(\sin\theta_1 + P_1)^2}{\pi - \theta_1 - \theta_2}}$$
$$(7.4.4\text{-}8)$$

$$P_1 = \frac{1}{2}[\sin(\alpha_0 + \theta_2) - \sin(\alpha_0 - \theta_2)] \quad (7.4.4\text{-}9)$$

$$P_2 = \frac{1}{2}[\sin2(\alpha_0 + \theta_2) - \sin2(\alpha_0 - \theta_2)] \quad (7.4.4\text{-}10)$$

2 迎风侧混凝土压应力 σ'_{cw} 应按下列公式计算：

1）当筒壁计算截面无孔洞时：
$$\sigma'_{cw} = \frac{N_k}{A_0}C_{c9} \quad (7.4.4\text{-}11)$$
$$C_{c9} = 1 - 2\frac{e_k}{r} \quad (7.4.4\text{-}12)$$

2）当筒壁计算截面有一个孔洞时：
$$\sigma'_{cw} = \frac{N_k}{A_0}C_{c10} \quad (7.4.4\text{-}13)$$

$$C_{c10} = 1 - \frac{2\left(\dfrac{e_k}{r} + \dfrac{\sin\theta}{\pi-\theta}\right)(\pi - \theta - \sin\theta)}{\pi - \theta - 0.5\sin2\theta - 2\dfrac{\sin^2\theta}{\pi-\theta}}$$
$$(7.4.4\text{-}14)$$

3）当洞壁计算截面有两个孔洞（$\alpha_0 = \pi$）时：
$$\sigma'_{cw} = \frac{N_k}{A_0}C_{c11} \quad (7.4.4\text{-}15)$$

$$C_{c11} = 1 - \frac{2\left(\dfrac{e_k}{r} + \dfrac{\sin\theta_1 - \sin\theta_2}{\pi - \theta_1 - \theta_2}\right)[(\pi - \theta_1 - \theta_2)\cos\theta_2 + \sin\theta_2 - \sin\theta_1]}{(\pi - \theta_1 - \theta_2) - 0.5(\sin2\theta_1 + \sin2\theta_2) - 2\dfrac{(\sin\theta_2 - \sin\theta_1)^2}{\pi - \theta_1 - \theta_2}}$$
$$(7.4.4\text{-}16)$$

4）当筒壁有两个孔洞（$\alpha_0 \neq \pi$）时且 $\alpha_0 \leq \pi - \theta_2$ 时：
$$\sigma'_{cw} = \frac{N_k}{A_0}C_{c12} \quad (7.4.4\text{-}17)$$

$$C_{c12} = 1 - \frac{2\left(\dfrac{e_k}{r} + \dfrac{\sin\theta_1 + P_1}{\pi - \theta_1 - \theta_2}\right)[(\pi - \theta_1 - \theta_2) - \sin\theta_1 - P_1]}{(\pi - \theta_1 - \theta_2) - 0.5(\sin2\theta_1 + P_2) - 2\dfrac{(\sin\theta_1 + P_1)^2}{\pi - \theta_1 - \theta_2}}$$
$$(7.4.4\text{-}18)$$

5）当筒壁有两个孔洞（$\alpha_0 \neq \pi$）时且 $\alpha_0 > \pi - \theta_2$ 时：
$$\sigma'_{cw} = \frac{N_k}{A_0}C_{c13} \quad (7.4.4\text{-}19)$$

$$C_{c13} = 1 - \frac{2\left(\dfrac{e_k}{r} + \dfrac{\sin\theta_1 + P_1}{\pi - \theta_1 - \theta_2}\right)[-(\pi - \theta_1 - \theta_2)\cos(\alpha_0 + \theta_2) - \sin\theta_1 - P_1]}{(\pi - \theta_1 - \theta_2) - 0.5(\sin2\theta_1 + P_2) - 2\dfrac{(\sin\theta_1 + P_1)^2}{\pi - \theta_1 - \theta_2}}$$
$$(7.4.4\text{-}20)$$

7.4.5 筒壁水平截面的换算截面面积 A_0 和 α_{Et} 应按下列公式计算：
$$A_0 = 2rt(\pi - \theta_1 - \theta_2)(1 + \alpha_{Et}\rho_t) \quad (7.4.5\text{-}1)$$
$$\alpha_{Et} = 2.5\frac{E_s}{E_{ct}} \quad (7.4.5\text{-}2)$$

式中：E_s——钢筋弹性模量（N/mm^2）；
E_{ct}——混凝土在温度作用下的弹性模量（N/mm^2），按本规范第 4.2.6 条规定采用。

Ⅱ 荷载标准值和温度共同作用下的水平截面应力计算

7.4.6 在计算荷载标准值和温度共同作用下的筒壁水平截面应力前，首先应按下列公式计算应变参数：

1 压应变参数 P_c 值应按下列公式计算：

当 $e_k > r_{co}$ 时：
$$P_c = \frac{1.8\sigma_{cw}}{\varepsilon_t E_{ct}} \quad (7.4.6\text{-}1)$$
$$\varepsilon_t = 1.25(\alpha_c T_c - \alpha_s T_s) \quad (7.4.6\text{-}2)$$

当 $e_k \leq r_{co}$ 时：
$$P_c = \frac{2.5\sigma_{cw}}{\varepsilon_t E_{ct}} \quad (7.4.6\text{-}3)$$

2 拉应变参数 P_s 值（仅适用于 $e_k > r_{co}$）应按下列公式计算：
$$P_s = \frac{0.7\sigma_{sw}}{\varepsilon_t E_s} \quad (7.4.6\text{-}4)$$

式中：ε_t——筒壁内表面与外侧钢筋的相对自由变形值；
α_c、α_s——分别为混凝土、钢筋的线膨胀系数，按本规范第 4.2.7 条和第 4.3.8 条的规定采用；
T_c、T_s——分别为筒壁内表面、外侧竖向钢筋的受热温度（℃）。

按本规范第5.6节规定计算；

σ_{cw}、σ_{sw}——分别为在荷载标准值作用下背风侧混凝土压应力、迎风侧竖向钢筋拉应力（N/mm²），按本规范第7.4.3条～第7.4.5条规定计算。

7.4.7 背风侧混凝土压应力 σ_{cwt}（图7.4.7），应按下列公式计算：

1 当 $P_c \geq 1$ 时：
$$\sigma_{cwt} = \sigma_{cw} \quad (7.4.7-1)$$

2 当 $P_c < 1$ 时：
$$\sigma_{cwt} = \sigma_{cw} + E'_{ct}\varepsilon_t(\xi_{wt} - P_c)\eta_{ct1} \quad (7.4.7-2)$$

当 $e_k > r_{co}$ 时：
$$E'_{ct} = 0.55 E_{ct} \quad (7.4.7-3)$$

当 $e_k \leq r_{co}$ 时：
$$E'_{ct} = 0.4 E_{ct} \quad (7.4.7-4)$$

当 $1 > P_c > \dfrac{1+2\alpha_{E_{ta}}\rho'\left(1-\dfrac{c'}{t_0}\right)}{2[1+\alpha_{E_{ta}}(\rho+\rho')]}$ 时：

$$\xi_{wt} = P_c + \dfrac{1+2\alpha_{E_{ta}}\left(\rho+\rho'\dfrac{c'}{t_0}\right)}{2[1+\alpha_{E_{ta}}(\rho+\rho')]} \quad (7.4.7-5)$$

当 $P_c \leq \dfrac{1+2\alpha_{E_{ta}}\rho'\left(1-\dfrac{c'}{t_0}\right)}{2[1+\alpha_{E_{ta}}(\rho+\rho')]}$ 时：

$$\xi_{wt} = -\alpha_{E_{ta}}(\rho+\rho') + \sqrt{[\alpha_{E_{ta}}(\rho+\rho')]^2 + 2\alpha_{E_{ta}}\left(\rho+\rho'\dfrac{c'}{t_0}\right) + 2P_c[1+\alpha_{E_{ta}}(\rho+\rho')]}$$
$$(7.4.7-6)$$

$$\alpha_{E_{ta}} = \dfrac{E_s}{E'_{ct}} \quad (7.4.7-7)$$

当 $P_c \leq 0.2$ 时：
$$\eta_{ct1} = 1 - 2.6 P_c \quad (7.4.7-8)$$

当 $P_c > 0.2$ 时：
$$\eta_{ct1} = 0.6(1 - P_c) \quad (7.4.7-9)$$

式中：E'_{ct}——在温度和荷载长期作用下混凝土的弹塑性模量（N/mm²）；

ξ_{wt}——在荷载标准值和温度共同作用下筒壁厚度内受压区的相对高度系数；

ρ、ρ'——分别为筒壁外侧和内侧竖向钢筋配筋率；

t_0——筒壁有效厚度（mm）；

c'——筒壁内侧竖向钢筋保护层厚度（mm）；

η_{ct1}——温度应力衰减系数。

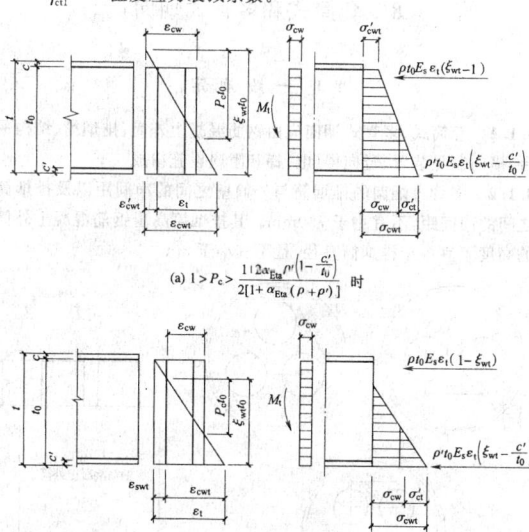

图7.4.7 水平截面背风侧混凝土的应变和应力（宽度为1）

7.4.8 迎风侧竖向钢筋应力 σ_{swt}（图7.4.8），应按下列公式计算：

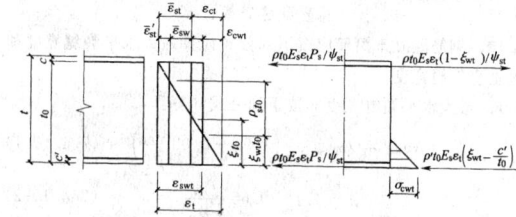

图7.4.8 水平截面迎风侧钢筋的应变和应力计算（宽度为1）

1 当 $e_k > r_{co}$，$P_s \geq \dfrac{\rho + \psi_{st}\dfrac{c'}{t_0}}{\rho + \rho'}$ 时：
$$\sigma_{swt} = \sigma_{sw} \quad (7.4.8-1)$$

2 当 $e_k > r_{co}$，$P_s < \dfrac{\rho + \psi_{st}\dfrac{c'}{t_0}}{\rho + \rho'}$ 时：
$$\sigma_{swt} = \dfrac{E_s}{\psi_{st}}\varepsilon_t(1 - \xi_{wt}) \quad (7.4.8-2)$$

$$\xi_{wt} = -\alpha_{E_{ta}}\left(\dfrac{\rho}{\psi_{st}} + \rho'\right) + \left\{\left[\alpha_{E_{ta}}\left(\dfrac{\rho}{\psi_{st}} + \rho'\right)\right]^2 + 2\alpha_{E_{ta}}\left(\dfrac{\rho}{\psi_{st}} + \rho'\dfrac{c'}{t_0}\right) - 2\alpha_{E_{ta}}(\rho+\rho')\dfrac{P_s}{\psi_{st}}\right\}^{\frac{1}{2}}$$
$$(7.4.8-3)$$

式中：ψ_{st}——受拉钢筋在温度作用下的应变不均匀系数，按本规范公式（7.4.9-4）计算。

3 当 $e_k \leq r_{co}$，$P_c \leq \dfrac{1+2\alpha_{E_{ta}}\rho'\left(1-\dfrac{c'}{t_0}\right)}{2[1+\alpha_{E_{ta}}(\rho+\rho')]}$ 时：
$$\sigma_{swt} = \sigma_{st} \quad (7.4.8-4)$$

4 $e_k \leq r_{co}$，$P_c > \dfrac{1+2\alpha_{E_{ta}}\rho'\left(1-\dfrac{c'}{t_0}\right)}{2[1+\alpha_{E_{ta}}(\rho+\rho')]}$ 时，截面全部受压，不应进行计算。钢筋应按极限承载能力计算结果配置。

Ⅲ 温度作用下水平截面和垂直截面应力计算

7.4.9 裂缝处水平截面和垂直截面在温度单独作用下混凝土压应力 σ_{ct} 和钢筋拉应力 σ_{st}（图7.4.9），应按下列公式计算：

$$\sigma_{ct} = E'_{ct}\varepsilon_t\xi_1 \quad (7.4.9-1)$$

$$\sigma_{st} = \dfrac{E_s}{\psi_{st}}\varepsilon_t(1 - \xi_1) \quad (7.4.9-2)$$

$$\xi_1 = -\alpha_{E_{ta}}\left(\dfrac{\rho}{\psi_{st}} + \rho'\right) + \sqrt{\left[\alpha_{E_{ta}}\left(\dfrac{\rho}{\psi_{st}} + \rho'\right)\right]^2 + 2\alpha_{E_{ta}}\left(\dfrac{\rho}{\psi_{st}} + \rho'\dfrac{c'}{t_0}\right)}$$
$$(7.4.9-3)$$

$$\psi_{st} = \dfrac{1.1 E_s\varepsilon_t(1-\xi_1)\rho_{te}}{E_s\varepsilon_t(1-\xi_1)\rho_{te} + 0.65 f_{ttk}} \quad (7.4.9-4)$$

式中：E'_{ct}——在温度和荷载长期作用下混凝土的弹塑性模量（N/mm²），按本规范公式（7.4.7-3）计算；

f_{ttk}——混凝土在温度作用下的轴心抗拉强度标准值（N/mm²），按本规范表4.2.3采用；

ρ_{te}——以有效受拉混凝土截面积计算的受拉钢筋配筋率，取 $\rho_{te} = 2\rho$。

当计算的 $\psi_{st} < 0.2$ 时取 $\psi_{st} = 0.2$；$\psi_{st} > 1$ 时取 $\psi_{st} = 1$。

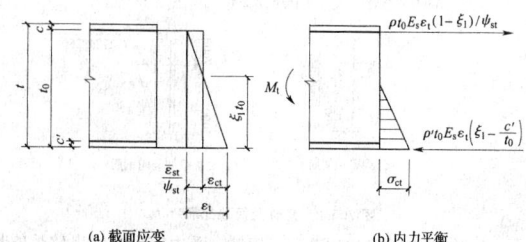

图7.4.9 裂缝处水平截面和垂直截面应变和应力计算（宽度为1）

Ⅳ 筒壁裂缝宽度计算

7.4.10 钢筋混凝土筒壁应按下列公式计算最大水平裂缝宽度和最大垂直裂缝宽度：

1 最大水平裂缝宽度应按下列公式计算：

$$w_{max} = k\alpha_{cr}\psi \frac{\sigma_{swt}}{E_s}\left(1.9c + 0.08\frac{d_{eq}}{\rho_{te}}\right) \quad (7.4.10-1)$$

$$\psi = 1.1 - 0.65\frac{f_{tik}}{\rho_{te}\sigma_{st}} \quad (7.4.10-2)$$

$$d_{eq} = \frac{\sum n_i d_i^2}{\sum n_i v_i d_i} \quad (7.4.10-3)$$

式中：σ_{swt}——荷载标准值和温度共同作用下竖向钢筋在裂缝处的拉应力（N/mm²）；

α_{cr}——构件受力特征系数，当 $\sigma_{swt} = \sigma_{sw}$ 时，取 $\alpha_{cr} = 2.4$，在其他情况时，取 $\alpha_{cr} = 2.1$；

k——烟囱工作条件系数，取 $k = 1.2$；

n_i——第 i 种钢筋根数；

ρ_{te}——以有效受拉混凝土截面积计算的受拉钢筋配筋率，当 $\sigma_{swt} = \sigma_{sw}$ 时，$\rho_{te} = \rho + \rho'$，当为其他情况时，$\rho_{te} = 2\rho$，当 $\rho_{te} < 0.01$ 时，取 $\rho_{te} = 0.01$；

d_i、d_{eq}——第 i 种受拉钢筋及等效钢筋的直径（mm）；

c——混凝土保护层厚度（mm）；

v_i——纵向受拉钢筋的相对黏结特性系数，光圆钢筋取 0.7，带肋钢筋取 1.0。

2 最大垂直裂缝宽度应按公式(7.4.10-1)～公式(7.4.10-3)进行计算，σ_{swt} 改以 σ_{st} 代替，并应 $\alpha_{cr} = 2.1$。

7.5 构造规定

7.5.1 钢筋混凝土烟囱筒壁的坡度，分节高度和厚度应符合下列规定：

1 筒壁坡度宜采用 2%，对高烟囱亦可采用几种不同的坡度。

2 筒壁分节高度，应为移动模板的倍数，且不宜超过 15m。

3 筒壁最小厚度应符合本规范表 7.5.1 的规定。

表 7.5.1 筒壁最小厚度

筒壁顶口内径 D（m）	最小厚度（mm）
$D \leq 4$	140
$4 < D \leq 6$	160
$6 < D \leq 8$	180
$D > 8$	$180 + (D-8) \times 10$

注：采用滑动模板施工时，最小厚度不宜小于 160mm。

4 筒壁厚度可根据分节高度自下而上阶梯形减薄，但同一节厚度宜相同。

7.5.2 筒壁环形悬臂和筒壁顶部加厚区段的构造，应符合下列规定（图 7.5.2）：

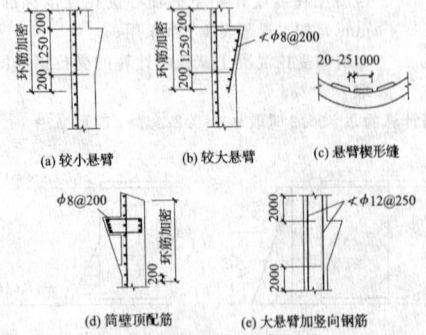

图 7.5.2 悬臂及筒顶配筋（mm）

1 环形悬臂可按构造配置钢筋。受力较大或挑出较长的悬臂应按牛腿计算配置钢筋。

2 在环形悬臂中，应沿悬臂设置垂直楔形缝，缝的宽度应为 20mm～25mm，缝的间距宜为 1m。

3 在环形悬臂处和筒壁顶部加厚区段内，筒壁外侧环向钢筋应适当加密，宜比非加厚区段增加 1 倍配筋。

4 当环形悬臂挑出较长或荷载较大时，宜在悬臂上下各 2m 范围内，对筒壁内外侧竖向钢筋及环向钢筋应适当加密，宜比非加厚区段增加 1 倍配筋。

7.5.3 筒壁上设有孔洞时，应符合下列规定：

1 在同一水平截面内有两个孔洞时，宜对称设置。

2 孔洞对应的圆心角不应超过 70°。在同一水平截面内总的开孔圆心角不得超过 140°。

3 孔洞宜设计成圆形。矩形孔洞的转角宜设计成弧形（图 7.5.3）。

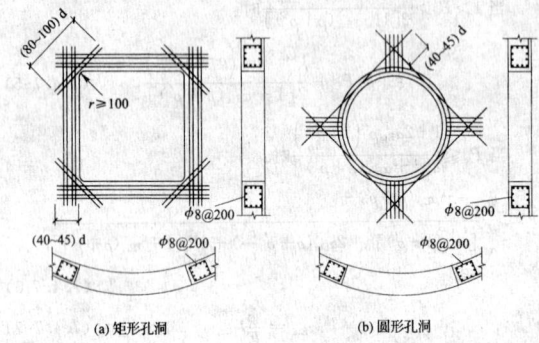

(a) 矩形孔洞　　(b) 圆形孔洞

图 7.5.3 洞口加固筋（mm）

4 孔洞周围应配补强钢筋，并应布置在孔洞边缘 3 倍筒壁厚度范围内，其截面积宜为同方向被切断钢筋截面积的 1.3 倍。其中环向补强钢筋的一半应贯通整个环形截面。矩形孔洞转角处应配置与水平方向成 45°角的斜向钢筋，每个转角处的钢筋，按筒壁厚度每 100mm 不应小于 250mm²，且不应少于 2 根。

补强钢筋伸过洞口边缘的长度，抗震设防地区应为钢筋直径的 45 倍，非抗震设防地区应为钢筋直径的 40 倍。

8 套筒式和多管式烟囱

8.1 一般规定

8.1.1 套筒式、多管式烟囱应由钢筋混凝土外筒、排烟筒、结构平台、横向制晃装置、竖向楼（电）梯和附属设施组成。

8.1.2 多管式烟囱的排烟筒与外筒壁之间的净间距以及排烟筒之间的净间距，不宜小于 750mm。其排烟筒高出钢筋混凝土外筒的高度不宜小于排烟筒直径，且不宜小于 3m。

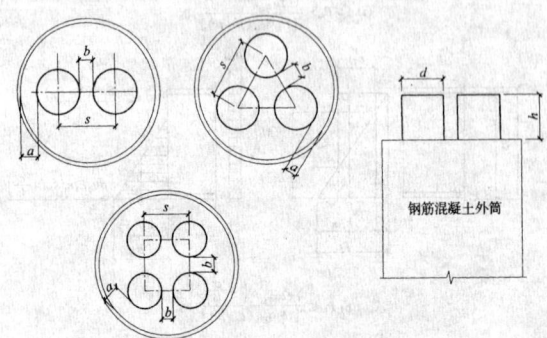

图 8.1.2 多管式烟囱布置

a—排烟筒与外筒壁之间的净间距；b—排烟筒之间的净间距

8.1.3 套筒式烟囱的排烟筒与外筒壁之间的净间距 a 不宜小于1000mm。其排烟筒高出钢筋混凝土外筒的高度 h 宜在 2 倍的内外筒净间距 a 至 1 倍钢内筒直径范围内。

8.1.4 排烟筒可依据实际情况,选择砖砌体结构、钢结构或玻璃钢结构。

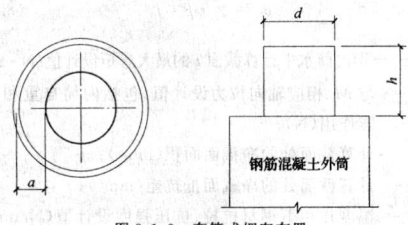

图 8.1.3 套筒式烟囱布置

8.1.5 结构平台应根据排烟内筒的结构特性,并宜结合横向制晃装置、施工方案及运行条件设置。

8.1.6 钢梯宜设置在钢筋混凝土外筒内部。当运行维护需要时,可设置电梯。

8.1.7 套筒式和多管式烟囱应进行下列计算或验算:
  1 承重外筒应进行水平截面承载能力极限状态计算和水平裂缝宽度验算。
  2 排烟筒的计算应符合下列规定:
    1)分段支撑的砖内筒,应进行受热温度和环箍或环筋计算。
    2)自立式砖砌内筒,除进行受热温度和环箍或环筋计算外,在抗震设防地区还应进行地震作用下的抗震承载力验算和顶部最大水平位移计算。
    3)自立式钢内筒应进行强度、整体稳定、局部稳定和洞口补强计算。
    4)悬挂式钢内筒应进行整体强度、局部强度和悬挂结点强度计算。

8.2 计算规定

8.2.1 在风荷载或地震作用下,外筒计算时,可不计入内筒抗弯刚度的影响。

8.2.2 自立式钢内筒的极限承载能力计算,除应包括自重荷载、烟气温度作用外,还应计入外筒在承受风荷载、地震作用、附加弯矩、烟道水平推力及施工安装和检修荷载的影响。腐蚀厚度裕度不应计入计算截面的有效截面积。

8.2.3 内筒外层表面温度不应大于 50℃。

8.2.4 排烟筒计算时,对非正常烟气运行温度工况,对应外筒风荷载组合值系数应取 0.7。

8.2.5 顶部平台以上部分钢内筒的风压脉动系数、风振系数,可按外筒顶部标高处的数值采用。

8.2.6 钢内筒在支承位置以上自由段的相对变形应小于其自由段高度的 1/100。变形和强度计算时,不应计入腐蚀裕度的刚度和强度影响。

8.3 自立式钢内筒

8.3.1 钢内筒和钢筋混凝土外筒的基本自振周期宜符合下式的要求:

$$\left| \frac{(T_c - T_s)}{T_c} \right| \geq 0.2 \qquad (8.3.1)$$

式中:T_c——钢筋混凝土外筒的基本自振周期(s);
  T_s——钢内筒的基本自振周期(s)。

8.3.2 钢内筒长细比应满足下式要求:

$$\frac{l_0}{i} \leq 80 \qquad (8.3.2)$$

式中:l_0——钢内筒相邻横向支承点间距(m);
  i——钢内筒截面回转半径,对圆环形截面,取环形截面平均半径的 0.707 倍(m)。

8.3.3 钢内筒基本自振周期可按下式计算:

$$T_s = \alpha_1 \sqrt{\frac{G_0 l_{max}^4}{9.81 EI}} \qquad (8.3.3)$$

式中:T_s——钢内筒基本自振周期(s);
  α_1——特征系数,当两端铰接支承,$\alpha_1 = 0.637$;当一端固定、一端铰,$\alpha_1 = 0.408$;当两端固定支承,$\alpha_1 = 0.281$;当一端固定、一端自由,$\alpha_1 = 1.786$;
  I——截面惯性矩(m^4),计算时,不计入截面开孔影响;
  G_0——钢内筒单位长度重量,包括保温、防护层等所有结构的自重(N/m);
  l_{max}——钢内筒相邻横向支承点最大间距(m);
  E——钢材的弹性模量(N/m^2)。

8.3.4 钢内筒可根据制晃装置处位移,按连续杆件计算钢内筒内力。

8.3.5 钢内筒截面设计强度应按下列规定取值:
  1 钢内筒水平截面抗压强度设计允许值应按下列公式计算:

$$f_{ch} = \eta_h \zeta_h f_t \qquad (8.3.5-1)$$

$$\eta_h = \frac{21600}{18000 + (l_{0i}/i)^2} \qquad (8.3.5-2)$$

式中:f_{ch}——钢内筒水平截面抗压强度设计值(N/mm^2);
  η_h——钢内筒水平截面处的曲折系数,当 $\eta_h > 1.0$ 时,取 1.0。
  f_t——钢材在温度作用下的抗压强度设计值(N/mm^2);
  l_{0i}——钢内筒计算截面处两相邻横向支承点间距(m)。

  2 钢内筒强度折减系数 ζ_h 应按下列公式计算:
  当 $C \leq 5.60$ 时:

$$\zeta_h = 0.125 C \qquad (8.3.5-3)$$

  当 $C > 5.60$ 时:

$$\zeta_h = 0.583 + 0.021 C \qquad (8.3.5-4)$$

$$C = \frac{t}{r} \cdot \frac{E}{f_t} \qquad (8.3.5-5)$$

式中:C——计算系数;
  t——内筒筒壁厚度(mm);
  r——内筒筒壁半径(mm)。

  3 钢内筒水平截面处的抗剪强度设计允许值,应按下式计算:

$$f_{vh} = 0.5 f_{ch} \qquad (8.3.5-6)$$

8.3.6 制晃装置计算应符合下列规定:
  1 自立式和悬挂式钢内筒,内筒与外筒之间的制晃装置承受的力,应根据内外筒变形协调计算。
  2 当钢内筒采用刚性制晃装置,沿圆周方向 4 点均匀设置时,钢内筒支承环的弯矩、环向轴力及沿内筒半径方向的剪力(图 8.3.6),可按下列公式计算:

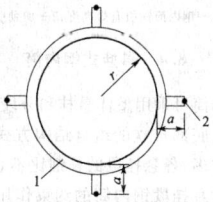

图 8.3.6 支承环受力
1—支承环;2—支撑点

$$M_{max} = F_k (0.015 r + 0.25 a) \qquad (8.3.6-1)$$

$$V_{max} = F_k \left(0.12 + 0.32 \frac{a}{r} \right) \qquad (8.3.6-2)$$

当 $a/r \leq 0.656$ 时:

$$N_{max} = \frac{F_k}{4} \qquad (8.3.6-3)$$

当 $a/r > 0.656$ 时：
$$N_{max} = F_k \left(0.04 + 0.32\frac{a}{r}\right) \quad (8.3.6-4)$$

式中：M_{max}——支承环的最大弯矩（kN·m）；
V_{max}——支承环沿半径方向的最大剪力（kN）；
N_{max}——支承环沿圆周方向的最大拉力（kN）；
F_k——外筒在 k 层制晃装置处，传给每一个内筒的最大水平力（kN），可根据变形协调求得；
r——钢内筒半径（m）；
a——支承点的偏心距离（m）。

8.3.7 钢内筒环向加强环的截面积和截面惯性矩应按下列公式计算：

1 正常运行情况下：
$$A \geqslant \frac{2\beta_t lr}{f_t} p_g \quad (8.3.7-1)$$
$$I \geqslant \frac{2\beta_t lr^3}{3E} p_g \quad (8.3.7-2)$$

2 非正常运行情况下：
$$A \geqslant \frac{1.5\beta_t lr}{f_t} p_g^{AT} \quad (8.3.7-3)$$
$$I \geqslant \frac{1.5\beta_t lr^3}{3E} p_g^{AT} \quad (8.3.7-4)$$

式中：A——环向加强环截面积（m²）；
I——环向加强环截面惯性矩（m⁴）；
l——钢内筒加劲肋间距（m）；
β_t——动力系数，取 2.0；
p_g——正常运行情况下的烟气压力，按本规范第 5 章规定计算（kN/m²）；
p_g^{AT}——非正常运行情况下的烟气压力，根据非正常烟气温度按本规范第 5 章规定计算（kN/m²）。

8.3.8 钢内筒环向加强环（图 8.3.8）截面特性计算中，应计入钢内筒钢板有效高度 h_e，计入面积不应大于加强环截面积，h_e 可按下式计算：
$$h_e = 1.56\sqrt{rt} \quad (8.3.8)$$

式中：h_e——钢内筒钢板有效高度（m）；
t——钢内筒钢板厚度（m）。

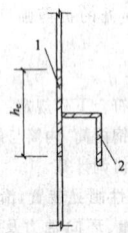

图 8.3.8 加强环截面
1—钢内筒钢板有效高度；2—加劲肋

8.4 悬挂式钢内筒

8.4.1 悬挂式钢内筒可采用整体悬挂和分段悬挂结构方式；也可采用中上部分悬挂、底部自立的组合结构方式。当采用分段悬挂式时，分段数不宜过多；各悬挂段的长细比不宜超过 120。

8.4.2 悬挂平台对悬挂段钢内筒的约束作用应根据悬挂平台和悬挂段钢内筒间的相对刚度关系确定：当平台梁的转动刚度与钢内筒线刚度的比值小于 0.1 时，可将悬挂端简化为不动铰支座；当比值大于 10 时，可将悬挂端简化为固定端；当比值介于 0.1～10 时，应将悬吊端简化为弹性转动支座。

8.4.3 悬挂段钢内筒的水平地震作用，可只计算在水平地震作用下钢筋混凝土外筒壁传给悬挂段钢内筒的作用效应。悬挂平台和悬挂段钢内筒的竖向地震作用可按本规范第 5 章的规定计算。

8.4.4 悬挂段钢内筒设计强度应满足下列公式要求：
$$\frac{N_i}{A_{ni}} + \frac{M_i}{W_{ni}} \leqslant \sigma_t \quad (8.4.4-1)$$
$$\sigma_t = \gamma_t \cdot \beta \cdot f_t \quad (8.4.4-2)$$

式中：M_i——钢内筒水平计算截面 i 的最大弯矩设计值（N·mm）；
N_i——与 M_i 相应轴向拉力设计值，包括内筒自重和竖向地震作用（N）；
A_{ni}——计算截面处的净截面面积（mm²）；
W_{ni}——计算截面处的净截面抵抗矩（mm³）；
f_t——温度作用下钢材抗拉、抗压强度设计值（N/mm²），按本规范第 4.3.6 条进行计算；
β——焊接效率系数。一级焊缝时，取 $\beta = 0.85$；二级焊缝时，取 $\beta = 0.7$；
γ_t——悬挂段钢内筒抗拉强度设计值调整系数：对于风、地震及正常运行荷载组合，γ_t 可取 1.0；对于非正常运行工况下的温差荷载组合，γ_t 可取 1.1。

8.5 砖内筒

8.5.1 砖内筒宜在满足强度、稳定和变形的条件下，采用整体自承重结构形式。当烟囱高度超过 60m 或采用整体自承重形式不经济时，可采用分段支承形式。

8.5.2 砖内筒的材质选择及防腐蚀设计应符合本规范第 11 章的有关规定。

8.5.3 砖内筒应符合下列规定：
1 砖内筒采用分段支承时，支承平台间距应根据砖内筒的强度和稳定性等综合因素确定。套筒式砖内筒可采用由承重环梁、钢支柱、平台钢梁、平台剪力撑和平台钢格栅板组成的斜撑式支承平台支承。
2 分段支承的砖内筒，其下部的积灰平台可采用钢筋混凝土结构。当平台梁跨度较大时，可在跨中增设承重柱。
3 套筒式砖内筒烟囱的钢筋混凝土外筒和内筒在烟囱顶部可采用盖板进行封闭，盖板与外筒壁的连接应安全可靠，并应保证内筒温度变化时自由变形。多管式砖内筒烟囱应设置顶部封闭平台。

8.5.4 采用分段支承的砖内筒，在支承平台处的搭接接头，应满足砖内筒纵向和环向温度变形要求。

8.5.5 烟囱的钢筋混凝土外筒壁与排烟筒之间，应按检修维护的要求设置检修维护平台及竖向楼梯。套筒式砖内筒烟囱可在钢筋混凝土外筒的上部外侧设置直爬梯通至烟囱筒顶，多管式砖内筒烟囱应在内部设置直爬梯通至烟囱筒顶。

8.6 构造规定

8.6.1 钢筋混凝土外筒除应符合本规范第 7.5 节的有关规定外，尚应符合下列规定：
1 钢筋混凝土外筒上部宜设计成等直径圆筒结构。筒的下部可根据需要放坡。
2 外筒的最小厚度不宜小于 250mm。筒壁应采用双侧配筋。
3 外筒筒壁顶部内外环向钢筋，在自上而下 5m 高度范围内，钢筋面积应比计算值增加一倍。
4 承重平台的大梁和吊装平台的大梁，应支承在筒壁内侧。筒壁预留孔洞的尺寸，应满足大梁安装就位要求，且筒壁厚度应适当增大。大梁对筒壁产生的偏心距宜减小,大梁支承点处应有支承垫板并配置局部承压钢筋网片。施工完毕后,应将筒壁孔洞用混凝土封闭。

5 外筒壁仅有1个~2个烟道口时,筒壁洞口的设置和配筋应符合本规范第7.5.3条规定。

当烟道口为3个~4个时,除应符合本规范第7.5.3条的有关规定外,在洞口上下的环向加固筋应有50%钢筋沿整个周圈布置。另外50%加固筋应伸过洞口边缘一倍钢筋锚固长度。

6 当采用钢内筒时,外筒底部应预留吊装钢内筒的安装孔。选择在外筒外部焊接成筒的施工方案时,安装孔宽度应大于钢内筒外径0.5m~1.0m,孔的高度应根据施工方法确定。吊装完成后,应用砖砌体将安装孔封闭,并应在其中开设一个检修大门。

7 外筒应在下部第一层平台上部1.5m处,开设4个~8个进风口。进风口的总面积宜为外筒内表面与内筒外表面所包围的水平面积的5%。在顶层平台下应设4个~8个出风口,其面积宜小于进风口面积。

8 外筒的附属设施宜热浸镀锌防腐,镀层厚度应满足本规范第3.2.10条要求,并应采用镀锌自锚螺栓固定。

8.6.2 内筒构造应符合下列规定:

1 烟道与内筒相交处,应在内筒上设置烟气导流平台。

2 烟道入口以上区段应设隔热层。隔热层宜选择无碱超细玻璃棉或泡沫玻璃棉,厚度宜计算确定,应外包丝铝箔。

3 钢内筒与水平烟道接口处,内筒增加竖向和环向加劲肋(角钢或槽钢),环向加劲肋间距宜为1.5m。洞口边缘应加设立柱;必要时可与外筒之间增设支撑(图8.6.2-1)。

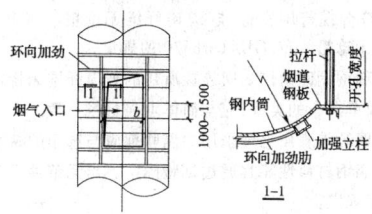

图8.6.2-1 洞口加劲布置和节点(mm)
b—洞口宽度

4 钢内筒宜全高设置设环向加劲肋。其间距可采用一倍钢内筒直径,最大间距为钢内筒直径的1.5倍,且不应大于7.5m。每个环所要求的最小截面应按本规范第8.3.7条计算确定,并不应小于表8.6.2规定数值。

表8.6.2 钢烟囱加劲肋最小截面尺寸

钢烟囱直径 d(m)	最小加劲角钢(mm)
$d \leq 4.50$	L 75×75×6
$4.50 < d \leq 6.00$	L 100×80×6
$6.00 < d \leq 7.50$	L 125×80×8
$7.50 < d \leq 9.00$	L 140×90×10
$9.00 < d \leq 10.50$	L 160×100×10

5 环向加劲肋宜采用等肢或不等肢角钢、T型钢制作,翼板应外,与钢内筒可用连续焊缝或间断焊缝焊接。

6 自立式内筒应在根部设置一个检查人孔。

7 钢内筒的筒壁顶部构造,可按图8.6.2-2处理。

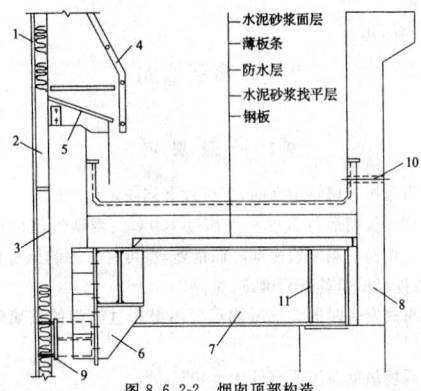

图8.6.2-2 烟囱顶部构造
1—钢内筒;2—隔热层;3—外包不锈钢;4—直梯;5—防雨通风帽;6—支撑点;7—信号平台梁;8—外筒;9—加强支承环;10—溢水管;11—加劲肋

8.6.3 钢平台构造应符合下列要求:

1 钢平台的计算与构造均应按现行国家标准《钢结构设计规范》GB 50017的规定执行。受烟气温度影响时,还应计算由于温度作用造成钢材强度的降低。

2 钢平台易受到烟气冷凝酸腐蚀的部位,应局部做隔离防腐措施。

3 各层平台应设置吊物孔。吊物孔尺寸及吊物时承受的重力,应根据安装、检修方案确定。平台下是否安装永久性单轨吊,应根据是否需要确定。

4 各层平台应设置照明和通信设施。上层照明开关应设在下层平台上。

5 各层平台的通道宽度不应小于750mm,洞口周圈应设栏杆和踢脚板。与排烟筒相接触的孔洞,应留有一定空隙。

8.6.4 制晃装置应符合下列要求:

1 采用钢内筒时,应设置制晃装置。

2 可采用刚性制晃装置,也可采用柔性的制晃装置。当采用刚性制晃装置时,宜利用平台为约束构件。每隔一层平台宜设置一道。制晃装置对内筒仅起水平弹性约束作用,不应约束钢内筒由于烟气温度作用而产生的竖向和水平方向的温度变形。

3 制晃装置处内筒的加强环,可按图8.6.4进行加强。

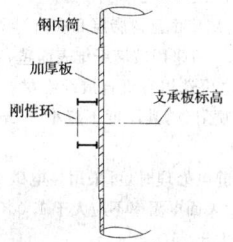

图8.6.4 内筒加强环

8.6.5 悬挂钢内筒的悬挂平台与下部相邻的横向约束平台间距不宜小于15m。最下层横向约束平台与膨胀伸缩节间的钢内筒壁长度不宜大于25m。

8.6.6 砖内筒结构砖砌体的厚度不宜小于200mm;砖内筒外表面设置的封闭层厚度不宜小于30mm,封闭层外表面按照计算设置的隔热层厚度不宜小于60mm。

8.6.7 砖内筒的砌砌体内可不配置竖向钢筋,但应按计算和构造要求配制环向钢筋或在外表面设置环向钢箍,环向钢箍的最小尺寸不应小于60mm×6mm(宽×厚),沿高度方向间距不宜超过1000mm。

8.6.8 钢筋混凝土承重环梁宜采用现场浇筑。斜撑式支承平台的钢筋混凝土承重环梁可采用分段预制,环梁分段长度宜为3m,钢梁最小环向间距宜采用750mm~1400mm,钢支柱最小环向间距宜与环梁分段长度相匹配,宜采用1500mm~2800mm。

8.6.9 多管式砖内筒烟囱分段支承平台的混凝土板厚不宜小于150mm。

9 玻璃钢烟囱

9.1 一般规定

9.1.1 当选用玻璃钢烟囱时,应符合下列规定:

1 烟气长期运行温度不得超过100℃。当烟气超出运行条件时,可在烟囱前端采取冷却降温措施,也可将选用的原材料和制成品的性能经试验验证后确定。

2 事故发生时的30min内温度不得超过树脂的玻璃化温度(T_g)。

3 环境最低温度不宜低于-40℃。

9.1.2 玻璃钢烟囱直径和高度应符合下列规定:

1 自立式玻璃钢烟囱的高度不宜超过30m,且其高径比(H/D)不宜大于10;

2 拉索式玻璃钢烟囱的高度不宜超过45m,且其高径比(H/D)不宜大于20;

3 塔架式、套筒式或多管式玻璃钢烟囱,其跨径比(L/D)不宜大于10。

注:H为烟囱高度(m);L为玻璃钢烟囱横向支承间距(m);D为玻璃钢烟囱直径(m)。

9.1.3 玻璃钢烟囱的设计,应计入烟气运行的流速、温度、磨损及化学介质腐蚀等因素的影响。当烟气流速超过31m/s时,应在拐角以及突变部位的树脂中添加耐磨填料或采取其他技术措施。

9.1.4 平台活荷载与筒壁积灰荷载的取值应符合本规范第5章的有关规定。

9.1.5 结构强度和承载力计算时,不应计入筒壁防腐蚀内衬层的厚度和外表面层厚度,但应计算其重量影响。

9.1.6 玻璃钢烟囱设计使用年限不宜少于30年。

9.1.7 塔架式和拉索式玻璃钢烟囱层间挠度不应超过相应支撑段间距的1/120。

9.2 材料

9.2.1 玻璃钢烟囱的筒壁应由防腐蚀内衬层、结构层和外表面层组成,并应符合下列规定:

1 防腐蚀内衬层应由富树脂层和次内衬层组成,富树脂层厚度不小于0.25mm,宜采用玻璃纤维表面毡,其树脂含量不应于85%(重量比),也可选用有机合成纤维材料;次内衬层应采用玻璃纤维短切毡或喷射纱,其厚度不应小于2mm,树脂含量不应小于70%(重量比)。

当内衬层需防静电处理时,可采用导电碳纤维毡或导电碳填料,其内表面的连续表面电阻率不应大于$1.0×10^6 Ω$,静电释放装置的对地电阻不应大于25Ω。

2 结构层应由玻璃纤维连续纱或玻璃纤维织物浸渍树脂缠绕成型,其树脂含量应为35%±5%(重量比),厚度应由计算确定。

3 外表面层中的最后一层树脂应采取无空气阻聚的措施。当玻璃钢烟囱暴露在室外时,外表面层应添加紫外线吸收剂,外表面层厚度不应小于0.5mm。

9.2.2 玻璃钢烟囱的基体材料应选用反应型阻燃环氧乙烯基酯树脂,除其液体树脂技术指标应符合现行国家标准《纤维增强塑料用液体不饱和聚酯树脂》GB/T 8237的规定外,其他性能和技术要求尚应符合下列规定:

1 树脂浇铸体的主要性能应符合表9.2.2的要求;

表9.2.2 树脂浇铸体的主要性能

力学性能	耐蚀层树脂	结构层树脂
拉伸强度(MPa)	≥60.0	≥60.0
拉伸模量(GPa)	≥3.0	≥3.0
断裂延伸率(%)	≥3.0	≥2.5
热变形温度 HDT (℃,1.82MPa)	≥100	
耐碱性(10%NaOH,100℃)	≥100h无异状	

续表9.2.2

2 烟气最高设计使用温度(T)应小于或等于HDT-20℃。

3 防腐蚀内层和结构层宜选用同类型的树脂。当选用不同类型的树脂时,层间不得脱层。

4 阻燃性能应符合下列要求:

1)反应型阻燃环氧乙烯基酯树脂浇铸体的极限氧指数(LOI)不应小于23;

2)当反应型阻燃环氧乙烯基酯树脂含量为35%±5%(重量比),添加0~3%阻燃协同剂(Sb_2O_3)时,玻璃钢极限氧指数(LOI)不应小于32;

3)玻璃钢的火焰传播速率不应大于45。

5 当有可靠经验和安全措施保证时,玻璃钢烟囱的基体材料可选用其他类型的树脂。

9.2.3 玻璃钢烟囱增强材料应符合下列规定:

1 富树脂层宜选用耐化学型C-glass表面毡或有机合成材料,也可选用C型中碱玻璃纤维表面毡;次内层应选用E-CR类型的玻璃纤维短切原丝毡或喷射纱。当有防静电要求时,可选用导电碳纤维毡或布。玻璃纤维短切原丝毡质量应符合现行国家标准《玻璃纤维短切原丝毡和连续原丝毡》GB/T 17470的规定。

2 结构层应选用E-CR类型的玻璃纤维的缠绕纱、单向布;在排放潮湿烟气条件下,可选用E型玻璃纤维的缠绕纱、单向布。其质量应符合现行国家标准《玻璃纤维无捻粗纱》GB/T 18369、《玻璃纤维无捻粗纱布》GB/T 18370的规定。

3 玻璃钢烟囱筒体之间连接所用的玻璃纤维无捻粗纱布、短切原丝毡或单向布的类型,应与筒体增强材料一致。

4 玻璃纤维表面处理采用的偶联剂应与选用的树脂匹配。

9.2.4 玻璃钢材料性能宜通过试验确定。当无条件进行试验时,应符合下列规定:

1 当采用环向缠绕纱和轴向单向布的铺层结构时,常温下纤维缠绕玻璃钢材料的性能宜符合表9.2.4-1的规定。

表9.2.4-1 常温下纤维缠绕玻璃钢主要力学性能指标

项 目	数值(MPa)
环向抗拉强度标准值 $f_{\theta t k}$	≥220
环向抗弯强度标准值 $f_{\theta b k}$	≥330
轴向抗压强度标准值 f_{zck}	≥140
轴向抗拉弹性模量 E_{zt}	≥16000
轴向弯曲弹性模量 E_{zb}	≥8000
轴向压缩弹性模量 E_{zc}	≥16000
轴向抗拉强度标准值 f_{ztk}	≥190
轴向抗弯强度标准值 f_{zbk}	≥140
剪切弹性模量 G_k	≥7000
环向拉伸弹性模量 $E_{\theta t}$	≥28000
环向弯曲弹性模量 $E_{\theta b}$	≥18000
环向压缩弹性模量 $E_{\theta c}$	≥20000

2 当采用短切毡和方格布交替铺层的手糊玻璃钢板时,常温下玻璃钢材料的性能宜符合表9.2.4-2的规定。

3 玻璃钢的重力密度、膨胀系数、泊松比和导热系数等计算指标,可按表9.2.4-3的规定取值。

表9.2.4-2 常温下手糊玻璃钢板的主要力学性能指标(MPa)

拉伸强度	弯曲强度	层间剪切强度	弯曲弹性模量
≥160	≥200	≥20	≥7000

表9.2.4-3 玻璃钢主要计算参数

项目	数值
环纵向泊松比 $\nu_{z\theta}$	0.23
纵向热膨胀系数 α_z	2.0×10^{-5}/℃
重力密度	$(17\sim20)$ kN/m³
纵环向泊松比 $\nu_{\theta z}$	0.12
环向热膨胀系数 α_θ	1.2×10^{-5}/℃
导热系数	$(0.23\sim0.29)$ [W/(m·K)]

9.2.5 玻璃钢材料强度设计值应根据下列公式进行计算:

$$f_{zc} = \gamma_{zct} \cdot \frac{f_{zck}}{\gamma_{zc}} \tag{9.2.5-1}$$

$$f_{zt} = \gamma_{ztt} \cdot \frac{f_{ztk}}{\gamma_{zt}} \tag{9.2.5-2}$$

$$f_{zb} = \gamma_{zbt} \cdot \frac{f_{zbk}}{\gamma_{zb}} \tag{9.2.5-3}$$

$$f_{\theta t} = \gamma_{\theta tt} \cdot \frac{f_{\theta tk}}{\gamma_{\theta t}} \tag{9.2.5-4}$$

$$f_{\theta b} = \gamma_{\theta bt} \cdot \frac{f_{\theta bk}}{\gamma_{\theta b}} \tag{9.2.5-5}$$

$$f_{\theta c} = \gamma_{\theta ct} \cdot \frac{f_{\theta ck}}{\gamma_{\theta c}} \tag{9.2.5-6}$$

式中：f_{zc}、f_{zck}——玻璃钢纵向抗压强度设计值、标准值(N/mm²)；

f_{zt}、f_{ztk}——玻璃钢纵向抗拉强度设计值、标准值(N/mm²)；

f_{zb}、f_{zbk}——玻璃钢纵向弯曲抗拉(或抗压)强度设计值、标准值(N/mm²)；

$f_{\theta t}$、$f_{\theta tk}$——玻璃钢环向抗拉强度设计值、标准值(N/mm²)；

$f_{\theta b}$、$f_{\theta bk}$——玻璃钢环向弯曲抗拉(或抗压)强度设计值、标准值(N/mm²)；

$f_{\theta c}$、$f_{\theta ck}$——玻璃钢环向抗压强度设计值、标准值(N/mm²)；

γ_{zc}、γ_{zt}、γ_{zb}、$\gamma_{\theta t}$、$\gamma_{\theta b}$、$\gamma_{\theta c}$——玻璃钢材料分项系数，取值不应小于表9.2.5-1规定的数值；

γ_{zct}、γ_{ztt}、γ_{zbt}、$\gamma_{\theta tt}$、$\gamma_{\theta bt}$、$\gamma_{\theta ct}$——玻璃钢材料温度折减系数，取值不应大于表9.2.5-2规定的数值。

表9.2.5-1 玻璃钢烟囱的材料分项系数

受力状态	符号	作用效应的组合情况	
		用于组合Ⅳ、Ⅵ及本规范公式(3.1.8-2)	用于组合Ⅴ
轴心受压	γ_{zc}或$\gamma_{\theta c}$	3.2	3.6
轴心受拉	γ_{zt}或$\gamma_{\theta t}$	2.6	8.0
弯曲受拉或弯曲受压	γ_{zb}或$\gamma_{\theta b}$	2.0	2.5

注：组合Ⅳ、Ⅴ、Ⅵ应符合本规范第3.1.7条的规定。

表9.2.5-2 玻璃钢烟囱的材料温度折减系数

温度(℃)	材料温度折减系数	
	γ_{zct}、γ_{zbt}、$\gamma_{\theta ct}$	γ_{ztt}、$\gamma_{\theta bt}$、$\gamma_{\theta tt}$
20	1.00	1.00
60	0.70	0.95
90	0.60	0.85

注：表中温度为中间值时，可采用线性插值确定。

9.2.6 玻璃钢弹性模量应计算温度折减，当烟气温度不大于100℃时，折减系数可按0.8取值。

9.3 筒壁承载能力计算

9.3.1 在弯矩、轴力和温度作用下，自立式玻璃钢内筒纵向抗压强度应符合下列公式的要求:

$$\sigma_{zc} = \frac{N_i}{A_{ni}} + \frac{M_i}{W_{ni}} + \gamma_T(\sigma_m^T + \sigma_{sec}^T) \leqslant f_{zc}(\text{或}\ \sigma_{crt}^z) \tag{9.3.1-1}$$

$$\sigma_{zb} = \gamma_T \sigma_b^T \leqslant f_{zb} \tag{9.3.1-2}$$

$$\sigma_{crt}^z = k\sqrt{\frac{E_{zb}E_{\theta c}}{3(1-\nu_{z\theta}\nu_{\theta z})}} \times \frac{t_0}{\gamma_{zc} r} \tag{9.3.1-3}$$

$$k = 1.0 - 0.9(1.0 - e^{-x}) \tag{9.3.1-4}$$

$$x = \frac{1}{16}\sqrt{\frac{r}{t_0}} \tag{9.3.1-5}$$

式中：A_{ni}——计算截面处的结构层净截面面积(mm²)；

W_{ni}——计算截面处的结构层净截面抵抗矩(mm³)；

M_i——玻璃钢烟囱水平计算截面i的最大弯矩设计值(N·mm)；

N_i——与M_i相应轴向压力或轴向拉力设计值(N)；

f_{zc}——玻璃钢轴心抗压强度设计值(N/mm²)；

f_{zb}——玻璃钢纵向弯曲抗拉强度设计值(N/mm²)；

E_{zb}——玻璃钢轴向弯曲弹性模量(N/mm²)；

$E_{\theta c}$——玻璃钢环向压缩弹性模量(N/mm²)；

σ_{crt}^z——筒壁轴向临界应力(N/mm²)；

t_0——烟囱筒壁玻璃钢结构层厚度(mm)；

r——筒壁计算截面结构层中心半径(mm)；

σ_m^T、σ_{sec}^T、σ_b^T——筒身弯曲温度应力、温度次应力和筒壁内外温差引起的温度应力(MPa)，按本规范第五章规定进行计算；

γ_T——温度作用分项系数，取$\gamma_T = 1.1$。

9.3.2 在弯矩、轴力和温度作用下，悬挂式玻璃钢内筒纵向抗拉强度应按下列公式计算:

$$\sigma_{zt} = \frac{N_i}{A_{ni}} + \frac{M_i}{W_{ni}} + \gamma_T(\sigma_m^T + \sigma_{sec}^T) \leqslant f_{zt}^s \tag{9.3.2-1}$$

$$\sigma_{zt} = \frac{N_i}{A_{ni}} + \gamma_T(\sigma_m^T + \sigma_{sec}^T) \leqslant f_{zt}^s \tag{9.3.2-2}$$

$$\sigma_{zb} = \gamma_T \sigma_b^T \leqslant f_{zb} \tag{9.3.2-3}$$

$$\frac{\sigma_{zt}}{f_{zt}^s} + \frac{\sigma_{zb}}{f_{zb}} \leqslant 1 \tag{9.3.2-4}$$

式中：f_{zt}^s——玻璃钢轴心受拉强度设计值(N/mm²)，抗力分项系数取2.6；

f_{zt}^s——玻璃钢轴心受拉强度设计值(N/mm²)，抗力分项系数取8.0。

9.3.3 玻璃钢筒壁在烟气负压和风荷载环向弯矩作用下，其强度可按下列公式计算:

$$\sigma_\theta = \frac{pr}{t_0} \leqslant \sigma_{crt}^\theta \tag{9.3.3-1}$$

$$\sigma_{\theta b} = \frac{M_{\theta in}}{W_\theta} + \sigma_\theta^T \leqslant f_{\theta b} \tag{9.3.3-2}$$

$$\frac{\sigma_\theta}{\sigma_{crt}^\theta} + \frac{\sigma_{\theta b}}{f_{\theta b}} \leqslant 1 \tag{9.3.3-3}$$

$$\sigma_{crt}^\theta = 0.765 (E_{\theta b})^{3/4} \cdot (E_{zc})^{1/4} \cdot \frac{r}{L_s} \cdot \left(\frac{t_0}{r}\right)^{1.5} \cdot \frac{1}{\gamma_{\theta c}} \tag{9.3.3-4}$$

式中：$M_{\theta in}$——局部风压产生的环向单位高度风弯矩(N·mm/mm)，按本规范第5.2.7条计算；

p——烟气压力(N/mm²)；

W_θ——筒壁厚度沿环向单位高度截面抵抗矩(mm³/mm)；

$E_{\theta b}$——玻璃钢环向弯曲弹性模量(N/mm²)；

E_{zc}——玻璃钢轴向受压弹性模量(N/mm²)；

L_s——筒壁加筋肋间距(mm);
σ_θ^T——筒壁环向温度应力(N/mm²),按本规范第5章的规定进行计算;
σ_{crt}^θ——筒壁环向临界应力(N/mm²)。

9.3.4 负压运行的自立式玻璃钢内筒,筒壁强度应按下式计算:

$$\frac{\sigma_{zc}}{\sigma_{cr}^z} + \left(\frac{\sigma_\theta}{\sigma_{crt}^\theta}\right)^2 \leq 1 \quad (9.3.4)$$

9.3.5 玻璃钢烟囱可采用加劲肋的方法提高玻璃钢烟囱筒壁刚度,加劲肋影响截面抗弯刚度应满足下式要求:

$$E_s I_s \geq \frac{2pL_s r^3}{1.15} \quad (9.3.5)$$

式中:E_s——加劲肋沿环向弯曲模量(N/mm²);
I_s——加劲肋及筒壁影响截面有效宽度惯性矩(mm⁴)。筒壁影响截面有效宽度可采用 $L=1.56\sqrt{rt_0}$,且计算影响面积不大于加强截面面积。

9.3.6 玻璃钢筒壁分段采用平端对接时,宜内外双面粘贴连接,并应对粘贴连接宽度、厚度及铺层分别按下列要求进行计算:

1 粘贴连接接口宽度应满足下式要求:

$$W \geq \left(\frac{N_i}{2\pi r} + \frac{M_i}{\pi r^2}\right) \cdot \frac{\gamma_\tau}{f_\tau} \quad (9.3.6-1)$$

式中:N_i、M_i——连接截面上部筒身总重力荷载设计值(N)与连接截面处弯矩设计值(N·mm);
f_τ——手糊板层间允许剪切强度(MPa),可按试验数据采用,当无试验数据时可取20MPa;
γ_τ——手糊板层间剪切强度分项系数,取 $\gamma_\tau = 10$。

2 粘贴连接接口厚度(计算时不计防腐蚀层厚度)应满足下式要求:

$$t \geq \left(\frac{N_i}{2\pi r} + \frac{M_i}{\pi r^2}\right) \cdot \frac{\gamma_{zc}}{f_{zc}} \quad (9.3.6-2)$$

式中:f_{zc}——手糊板轴向抗压强度(MPa),当无试验数据时可采用140MPa;
γ_{zc}——手糊板轴向抗压强度分项系数,取 $\gamma_{zc}=10$。

9.3.7 玻璃钢烟囱开孔宜采用圆形,洞孔应应满足本规范公式(10.3.2-16)的要求。

9.4 构造规定

9.4.1 玻璃钢烟囱下部烟道接口宜设计成圆形。

9.4.2 拉索式玻璃钢烟囱拉索设置应满足以下规定:

1 当烟囱高度与直径之比小于15时,可设1层拉索,拉索位置应距烟囱顶部小于 $h/3$ 处。

2 烟囱高度与直径之比大于15时,可设2层拉索;上层拉索系结位置,宜距烟囱顶部小于 $h/3$ 处;下层拉索宜设在上层拉索位置至烟囱底部的1/2高度处。

3 拉索宜为3根,平面夹角宜为120°,拉索与烟囱轴向夹角不宜小于25°。

9.4.3 玻璃钢加强肋间距不应超过烟囱直径的1.5倍,并不应大于8m。

9.4.4 每段玻璃钢烟囱之间连接应符合下列规定:

1 宜采用平端对接,对接处筒体的内外面的粘贴连接面的宽度、厚度应按本规范第9.3.6条计算确定,但全厚度时的宽度不应小于400mm。

2 当筒体直径小于4m时,也可采用承插连接,承插深度不应小于100mm,内外部接缝处糊制宽度不应小于400mm。

3 接缝处采用玻璃纤维短切原丝毡和无捻粗纱布交替糊制,第一层和最后一层是玻璃纤维短切原丝毡。

9.4.5 烟囱膨胀节宜采用玻璃钢法兰形式连接,连接节点应严密,连接材料的防腐蚀和耐温性能应符合烟气工艺要求。

9.4.6 玻璃钢烟囱的筒壁结构层最小厚度应符合表9.4.6的规定。

表9.4.6 玻璃钢烟囱的筒壁结构层最小厚度(mm)

烟囱直径(m)	结构层最小厚度	备注
≤2.5	6	中间值线性插入
>4	10	

9.5 烟囱制作要求

9.5.1 玻璃钢烟囱的制造环境应符合下列规定:

1 应在工厂室内或在有临时围护结构的现场制作。

2 制作场所应通风。

3 环境温度宜为15℃~30℃,所有材料和设备温度应高于露点温度3℃;当环境温度低于10℃时,应采取加热保温措施,并严禁采用明火或蒸汽直接加热。

4 原材料使用时的温度,不应低于环境温度。

9.5.2 玻璃钢烟囱的制造设备应符合下列要求:

1 缠绕机在整个玻璃钢内衬分段长度上的缠绕角应在±1.5°以内。

2 制造玻璃钢内衬所用的筒芯(模具)的外表面应均匀,其直径的偏差(沿长度方向)应控制在设计直径的±0.25%以内。

3 树脂混合设备应计量准确,应先在树脂中按比例加入促进剂,并应混合均匀;在输送到玻璃纤维浸胶槽前,应按比例加入固化剂,并应搅拌均匀。

4 玻璃纤维增强材料使用时,应符合均匀、连续、可重复的输送要求,在缠绕中,不应产生间隙、空隙或者结构损伤。

9.5.3 树脂的使用应符合下列要求:

1 在制造前,应进行树脂胶凝时间的试验。

2 树脂黏度可通过加入气相二氧化硅或苯乙烯调节,其加入量不得超过树脂重量的3%。

3 已加入促进剂和引发剂的树脂,应在树脂凝胶前用完。已发生凝胶的树脂不得使用。

4 促进剂与固化剂严禁同时加入树脂中。

9.5.4 玻璃纤维增强材料使用前不得有损坏、污染和水分。

9.5.5 玻璃钢烟囱应分段制造,每段长度应同制造能力相匹配,同时应符合安装和接缝总数最少的原则。

9.5.6 制造玻璃钢内衬所用的筒芯(模具)使用前应符合下列规定:

1 表面应洁净、光滑、无缺陷。

2 表面应使用聚酯薄膜或脱模剂。

9.5.7 防腐蚀内衬层的制造应符合下列规定:

1 富树脂层应先将配好的树脂均匀涂覆于旋转的筒芯(模具)上,再将玻璃纤维表面毡缠绕到筒芯(模具)上,并应完全浸润。

2 次内衬层应在富树脂层上采用玻璃纤维短切原丝毡和树脂衬贴,并应充分碾压、去除气泡、浸润完全,直至到达设计规定的厚度。

当施工条件可靠时,也可采用喷射工艺,厚度应均匀。

3 同层玻璃纤维原丝毡的叠加宽度不应少于10mm。

4 在防腐蚀内衬层放热固化完成后,应检查是否存在气泡、斑点和凹凸不平,并应进行修补。

9.5.8 结构层与防腐蚀内衬层的制造间隔时间应符合下列规定:

1 防腐蚀内衬层固化完成后,表面应采用丙酮擦拭发黏后再进行结构层制作。

2 防腐蚀内衬层固化完成后超过24h时,应检查表面是否有污染和水分,并应用丙酮擦拭,应根据擦拭后表面状态按下列要求进一步处理:

  1)当擦拭后表面发黏时,可进行结构层制造。

  2)当擦拭后表面不发黏,或表面有污染时,应打磨去除表面光泽,清理干净后进行结构层制造。

3 结构层与防腐蚀内衬层的制造间隔时间不宜超过72h。

9.5.9 结构层的制造应符合下列规定:

1 应在防腐蚀内衬层固化后再缠绕结构层。当在缠绕开始前,应先在内衬层表面均匀涂布一道树脂。

2 采用玻璃纤维连续纱浸渍树脂后,应以规定的缠绕角度连续成型;也可根据设计要求,采用环向连续缠绕、轴向加衬单向布的交替成型方法。

3 缠绕角度应允许在±1.5°内变化。

4 缠绕作业不能持续到最终厚度,或因设备故障而延迟完成时,重新开始缠绕作业的间隔时间和表面处理方法应按本规范第9.5.8条执行。

9.5.10 外表层的制造应符合下列规定:

1 玻璃钢烟囱内衬的外表面应采用无空气阻聚的树脂封面。

2 玻璃钢烟囱在室外使用时,外表面层应添加紫外线吸收剂。

9.5.11 玻璃钢烟囱筒体的制造误差应符合下列规定:

1 各分段筒体的直径误差应小于直径的1%。

2 各分段筒体的高度误差不应超过本段高度的±0.5%,且不应超过13mm。

3 各分段筒体的厚度误差不应超过内衬厚度的-10%~+20%,或重量误差应控制为-5%~+10%。

9.6 安装要求

9.6.1 在装卸、存放和安装期间,应计入吊装荷载及变形对玻璃钢筒体产生的不利影响。

9.6.2 玻璃钢烟囱分段装卸时,应采用柔性吊索。

9.6.3 直径超过3m的分段玻璃钢烟囱宜垂直存放和移动。

9.6.4 当分段的玻璃钢烟囱进行水平和垂直位置的相互变换时,应符合底部边缘点的荷载设计要求,且防腐蚀层表面不得产生裂纹。

9.6.5 每段玻璃钢烟囱上的对称吊环,应满足安装期间所施加的各种载荷。

10 钢 烟 囱

10.1 一般规定

10.1.1 钢烟囱可分为塔架式、自立式和拉索式。外筒为钢筒壁的套筒式和多管式钢烟囱,外筒可按本章第10.3节有关自立式钢烟囱的规定进行设计,内筒布置与计算应按本规范第8章有关规定进行设计。

10.1.2 钢塔架及拉索计算可按现行国家标准《高耸结构设计规范》GB 50135 的有关规定进行。

10.1.3 当烟气温度较高时,对于无隔热层的钢烟囱应在其底部2m高度范围内,采取隔热措施或设置安全防护栏。

10.1.4 钢烟囱选用的材料应符合现行国家标准《钢结构设计规范》GB 50017 的规定。

10.2 塔架式钢烟囱

10.2.1 钢塔架可根据排烟筒的数量确定,水平截面可设计成三角形和方形。

10.2.2 钢塔架沿高度可采用单坡度或多坡度形式。塔架底部宽度与高度之比,不宜小于1/8。

10.2.3 对于高度较高,底部较宽的钢塔架,宜在底部各边增设拉杆。

10.2.4 钢塔架的计算应符合下列规定:

1 在风荷载和地震作用下,应根据排烟筒与钢塔架的连接方式,计算排烟筒对塔架的作用力。

2 当钢塔架截面为三角形时,在风荷载与地震作用下,应计算三种作用方向[图10.2.4(a)]。

3 当钢塔架截面为四边形时,在风荷载与地震作用下,应计算两种作用方向[图10.2.4(b)]。

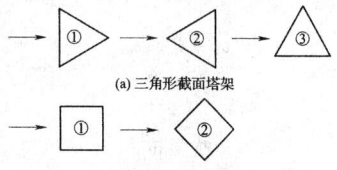

(a) 三角形截面塔架

(b) 四边形截面塔架

图 10.2.4 塔架外力作用方向

4 当钢塔架与排烟筒采用整体吊装时应对钢塔架进行吊装验算。

5 钢塔架应计算由脉动风引起的风振影响,当钢塔架的基本自振周期小于0.25s时,可不计算风振影响。

6 钢塔架杆件的自振频率应与塔架的自振频率相互错开。

7 对承受上拔力和横向力的钢塔架基础,除地基应进行强度计算和变形验算外,尚应进行抗拔和抗滑稳定性验算。

10.2.5 钢塔架腹杆宜按下列规定确定:

1 塔架顶层和底层宜采用刚性 K 型腹杆。

2 塔架中间层宜采用预加拉紧的柔性交叉腹杆。

3 塔柱及刚性腹杆宜采用钢管,当为组合截面时宜采用封闭式组合截面。

4 交叉柔性腹杆宜采用圆钢。

10.2.6 钢塔架平台与排烟筒连接时,可采用滑道式连接(图10.2.6)。

10.2.7 钢塔架应沿塔面变坡处或受力情况复杂且构造薄弱处设置横隔,其余可沿塔架高度每隔 2 个~3 个节间设置一道横隔。塔架应沿高度每隔20m~30m设一道休息平台或检修平台。

10.2.8 钢塔架抗震验算时,其构件及连接节点的承载力抗震调整系数可采用表10.2.8数值。

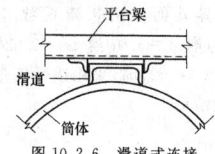

图 10.2.6 滑道式连接

表 10.2.8 塔架构件及连接节点承载力抗震调整系数

调整系数\塔架构件	塔柱	腹杆	支座斜杆	节点
γ_{RE}	0.85	0.80	0.90	1.00

10.2.9 塔架式钢烟囱的水平弯矩,应按排烟筒与塔架变形协调进行计算。

10.2.10 排烟筒的构造要求应与自立式钢烟囱相同。

10.3 自立式钢烟囱

10.3.1 自立式钢烟囱的直径 d 和对应位置高度 h 之间的关系应根据强度和变形要求,经过计算后确定,并宜满足下式的要求;当不满足下式要求时,烟囱下部直径宜扩大或采用其他减震等措施:

$$h \leqslant 30d \quad (10.3.1)$$

10.3.2 自立式钢烟囱应进行下列计算:

1 弯矩和轴向力作用下,钢烟囱强度应按下式进行计算:

$$\frac{N_i}{A_{ni}} + \frac{M_i}{W_{ni}} \leqslant f_t \quad (10.3.2-1)$$

式中:M_i——钢烟囱水平计算截面 i 的最大弯矩设计值(包括风弯矩和水平地震作用弯矩)(N·mm);

N_i——与 M_i 相应轴向压力或轴向拉力设计值(包括结构自重和竖向地震作用)(N);

A_{ni}——计算截面处的净截面面积(mm²);

W_{ni}——计算截面处的净截面抵抗矩(mm³);

f_t——温度作用下钢材抗拉、抗压强度设计值(N/mm²),按本规范第4.3.6条进行计算。

2 弯矩和轴向力作用下,钢烟囱局部稳定性应按下列公式进行验算:

$$\sigma_N + \sigma_B \leqslant \sigma_{crt} \quad (10.3.2\text{-}2)$$

$$\sigma_N = \frac{N_i}{A_{ni}} \quad (10.3.2\text{-}3)$$

$$\sigma_B = \frac{M_i}{W_{ni}} \quad (10.3.2\text{-}4)$$

$$\sigma_{crt} = \begin{cases} (0.909 - 0.375\beta^{1.2})f_{yt} & \beta \leqslant \sqrt{2} \\ \dfrac{0.68}{\beta^2}f_{yt} & \beta > \sqrt{2} \end{cases} \quad (10.3.2\text{-}5)$$

$$\beta = \sqrt{\frac{f_{yt}}{\alpha \sigma_{et}}} \quad (10.3.2\text{-}6)$$

$$\sigma_{et} = 1.21 E_t \cdot \frac{t}{D_i} \quad (10.3.2\text{-}7)$$

$$\alpha = \delta \cdot \frac{\alpha_N \sigma_N + \alpha_B \sigma_B}{\sigma_N + \sigma_B} \quad (10.3.2\text{-}8)$$

$$\alpha_N = \begin{cases} \dfrac{0.83}{\sqrt{1 + D_i/(200t)}} & \dfrac{D_i}{t} \leqslant 424 \\ \dfrac{0.7}{\sqrt{0.1 + D_i/(200t)}} & \dfrac{D_i}{t} > 424 \end{cases} \quad (10.3.2\text{-}9)$$

$$\alpha_B = 0.189 + 0.811\alpha_N \quad (10.3.2\text{-}10)$$

$$f_{yt} = \gamma_s f_y \quad (10.3.2\text{-}11)$$

式中:σ_{crt}——烟囱筒壁局部稳定临界应力(N/mm^2);
f_y——钢材屈服强度(N/mm^2);
γ_s——钢材在温度作用下强度设计值折减系数,按本规范第4.3.6条确定;
t——筒壁厚度(mm);
E_t——温度作用下钢材的弹性模量(N/mm^2);
D_i——i截面钢烟囱外直径(mm);
δ——烟囱筒体几何缺陷折减系数,当$w \leqslant 0.01l$时(图10.3.2),取$\delta=1.0$;当$w=0.02l$时,取$\delta=0.5$;当$0.01l<w<0.02l$时,采用线性插值;不允许出现$w>0.02l$的情况。

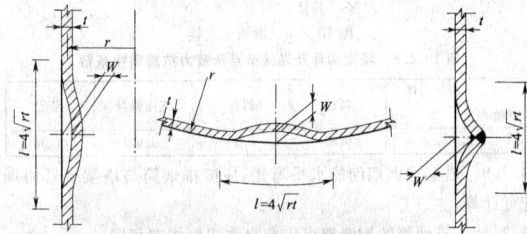

图10.3.2 钢烟囱筒体几何缺陷示意

3 在弯矩和轴向力作用下,钢烟囱的整体稳定性应按下列公式进行验算:

$$\frac{N_i}{\varphi A_{bi}} + \frac{M_i}{W_{bi}(1 - 0.8N_i/N_{Ex})} \leqslant f_t \quad (10.3.2\text{-}12)$$

$$N_{Ex} = \frac{\pi^2 E_t A_{bi}}{\lambda^2} \quad (10.3.2\text{-}13)$$

式中:A_{bi}——计算截面处的毛截面面积(mm^2);
W_{bi}——计算截面处的毛截面抵抗矩(mm^3);
N_{Ex}——欧拉临界力(N);
λ——烟囱长细比,按悬臂构件计算;
φ——焊接圆筒截面轴心受压构件稳定系数,按本规范附录B采用。

4 地脚螺栓最大拉力可按下式计算:

$$P_{max} = \frac{4M}{nd} - \frac{N}{n} \quad (10.3.2\text{-}14)$$

式中:P_{max}——地脚螺栓的最大拉力(kN);
M——烟囱底部最大弯矩设计值(kN·m);
N——与弯矩相应的轴向压力设计值(kN);
d——地脚螺栓所在圆直径(m);
n——地脚螺栓数量。

5 钢烟囱底座基础局部受压应力,可按下式计算:

$$\sigma_{cbt} = \frac{G}{A_t} + \frac{M}{W_t} \leqslant \omega \beta_i f_{ct} \quad (10.3.2\text{-}15)$$

式中:σ_{cbt}——钢烟囱(包括钢内筒)荷载设计值作用下,在混凝土底座处产生的局部受压应力(N/mm^2);
G——烟囱底部重力荷载设计值(kN);
A_t——钢烟囱与混凝土基础的接触面面积(mm^2);
W_t——钢烟囱与混凝土基础的接触面截面抵抗矩(mm^3);
ω——荷载分布影响系数,可取$\omega=0.675$;
β_i——混凝土局部受压时强度提高系数,按现行国家标准《混凝土结构设计规范》GB 50010的有关规定计算;
f_{ct}——混凝土在温度作用下的轴心抗压强度设计值。

6 烟道入口宜设计成圆形。矩形孔洞的转角宜设计成圆弧形。孔洞应力应满足下式要求:

$$\sigma = \left(\frac{N}{A_0} + \frac{M}{W_0}\right)\alpha_k \leqslant f_t \quad (10.3.2\text{-}16)$$

式中:A_0——洞口补强后水平截面面积,应不小于无孔洞的相应圆筒壁水平截面面积(mm^2);
W_0——洞口补强后水平截面最小抵抗矩(mm^3);
f_t——温度作用下的钢材抗压强度设计值(N/mm^2);
N——洞口截面处轴向力设计值(N);
M——洞口截面处弯矩设计值(N·mm);
α_k——洞口应力集中系数,孔洞圆角半径r与孔洞宽度b之比,$r/b=0.1$时,可取$\alpha_k=4$,$r/b \geqslant 0.2$时,取$\alpha_k=3$,中间值线性插入。

10.3.3 钢烟囱的筒壁最小厚度应满足下列公式要求:
烟囱高度不大于20m时:

$$t_{min} = 4.5 + C \quad (10.3.3\text{-}1)$$

烟囱高度大于20m时:

$$t_{min} = 6 + C \quad (10.3.3\text{-}2)$$

式中:t_{min}——筒壁最小厚度(mm);
C——腐蚀厚度裕度,有隔热层时取$C=2mm$,无隔热层时取$C=3mm$。

10.3.4 隔热层的设置应符合下列规定:

1 当烟气温度高于本规范表3.3.1规定的最高受热温度时,应设置隔热层。

2 隔热层厚度应由温度计算确定,但最小厚度不宜小于50mm。对于全辐射炉型的烟囱,隔热层厚度不宜小于75mm。

3 隔热层应与烟囱筒壁牢固连接,当采用不定型现场浇注材料时,可采用锚固钉或金属网固定。烟囱顶部可设置钢板圈保护隔离层边缘。钢板圈厚度不应小于6mm。

4 应沿烟囱高度方向,每隔1m~1.5m设置一个角钢支承环。

5 当烟气温度高于560℃时,隔热层的锚固件可采用不锈钢(1Cr18Ni9Ti)制造。烟气温度低于560℃时,可采用一般碳素钢制造。

10.3.5 破风圈的设置应符合下列规定:

1 当烟囱的临界风速小于6m/s~7m/s时,应设置破风圈。当烟囱的临界风速为7m/s~13.4m/s,小于设计风速,且采用改变烟囱高度、直径和增加厚度等措施不经济时,也可设置破风圈。

2 设置破风圈范围的烟囱体形系数应按1.2采用。

3 需设置破风圈时,应在距烟囱上端不小于烟囱高度1/3的范围内设置。

4 破风圈型式可采用螺旋板型或交错排列直立板型,并应符合下列规定:

1)当采用螺旋板型时,其螺旋板厚度不小于6mm,宽度为烟囱外径的1/10。螺旋板为三道,沿圆周均布,螺旋节距可为烟囱外直径的5倍。

2)当交错排列直立板型时,其直立板厚度不小于6mm,长度不大于1.5m,宽度为烟囱外径的1/10,每圈立板数量为4块,沿烟囱圆周均布,相邻圈立板相互错开45°。

10.3.6 烟囱顶部可设置用于涂刷油漆的导轨滑车及滑车钢丝绳。

10.4 拉索式钢烟囱

10.4.1 当烟囱高度与直径之比大于30(h/d>30)时,可采用拉索式钢烟囱。

10.4.2 当烟囱高度与直径之比小于35时,可设一层拉索。拉索宜为3根,平面夹角宜为120°,拉索与烟囱轴向夹角不应小于25°。拉索系结位置距烟囱顶部应小于$h/3$处。

10.4.3 烟囱高度与直径之比大于35时,可设两层拉索;上层拉索系结位置,宜距烟囱顶部小于$h/3$处;下层拉索系结位置,宜设在上层拉索至烟囱底的1/2高度处。

10.4.4 拉索式钢烟囱在风荷载和地震作用下的内力计算,可按现行国家标准《高耸结构设计规范》GB 50135的规定计算,并考虑及横风向风振的影响。

10.4.5 拉索式钢烟囱筒身的构造措施,应与自立式钢烟囱相同。

11 烟囱的防腐蚀

11.1 一般规定

11.1.1 燃煤烟气可按下列规定分类:

1 相对湿度小于60%、温度大于或等于90℃的烟气,应为干烟气。

2 相对湿度大于或等于60%、温度大于60℃但小于90℃的烟气,应为潮湿烟气。

3 相对湿度为饱和状态、温度小于或等于60℃的烟气,应为湿烟气。

11.1.2 当排放非燃煤烟气时,烟气分类可根据经验并按本规范第11.1.1条的规定确定。烟囱设计应按烟气分类及相应腐蚀等级,采取对应的防腐蚀措施。

11.1.3 对于烟气主要腐蚀介质为二氧化硫的干烟气,当烟气温度低于150℃,且烟气二氧化硫含量大于500ppm时,应计入烟气的腐蚀性影响,并应按下列规定确定其腐蚀等级:

1 当二氧化硫含量为500ppm~1000ppm时,应为弱腐蚀干烟气。

2 当二氧化硫含量大于1000ppm且小于或等于1800ppm时,应为中等腐蚀干烟气。

3 当二氧化硫含量大于1800ppm时,应为强腐蚀干烟气。

11.1.4 湿法脱硫后的烟气应为强腐蚀性湿烟气;湿法脱硫烟气经过再加热后应为强腐蚀性潮湿烟气。

11.1.5 烟囱设计应计入周围环境对烟囱外部的腐蚀影响,可根据现行国家标准《工业建筑防腐蚀设计规范》GB 50046的有关规定采取防腐蚀措施。

11.1.6 当烟囱所排放烟气的特性发生变化时,应对原烟囱的防腐蚀措施进行重新评估。

11.1.7 湿烟气烟囱设计应符合下列规定:

1 排烟筒内部应设置冷凝液收集装置。

2 烟囱顶部钢筋混凝土外筒首、避雷针和爬梯等,应计入烟羽造成的腐蚀影响,并应采取防腐蚀措施。

3 排烟筒应按大型管道设备的要求设置定期检修维护设施。

11.2 烟囱结构型式选择

11.2.1 烟囱的结构型式应根据烟气的分类和腐蚀等级确定,可按表11.2.1的要求并结合实际情况进行选取。

表11.2.1 烟囱结构型式

烟囱类型			烟气类型	干烟气			潮湿烟气	湿烟气
				弱腐蚀性	中等腐蚀	强腐蚀		
砖烟囱				○	□	×	×	×
单筒式钢筋混凝土烟囱				○	□	△	△	×
套筒或多管式烟囱	砖内筒			□	□	□	△	×
	钢内筒	防腐金属内衬		△	△	□	□	○
		轻质防腐砖内衬		□	□	○	○	○
		防腐涂层内衬		□	□	□	□	□
		耐酸混凝土内衬		□	□	□	□	□
	玻璃钢内筒			△	△	□	□	○

注:1 "○"建议采用的方案;"□"可采用的方案;"△"不宜采用的方案;"×"不应采用的方案。

2 选择表中所列方案时,其材料性能应与实际烟囱运行工况相适应。当烟气温度较高时,内衬材料应满足长期耐高温要求。

11.2.2 排放干烟气的烟囱结构型式的选择应符合下列规定:

1 烟囱高度小于或等于100m时,可采用单筒式烟囱。当烟气属强腐蚀性时,宜采用砖套筒式烟囱。

2 烟囱高度大于100m,且排放强腐蚀性烟气时,宜采用套筒式或多管式烟囱;当排放中等腐蚀性烟气时,可采用套筒式或多管式烟囱,也可采用单筒式烟囱;当排放弱腐蚀性烟气时,宜采用单筒式烟囱。

11.2.3 排放潮湿烟气的烟囱结构型式的选择应符合下列规定:

1 宜采用套筒式或多管式烟囱。

2 每个排烟筒接入锅炉台数应结合排烟筒的防腐措施确定。300MW以下机组每个排烟筒接入锅炉台数不宜超过2台,且不应超过4台;300MW及其以上机组每个排烟筒接入锅炉台数不应超过2台;1000MW及其以上机组为每个排烟筒接入锅炉台数不应超过1台。

11.2.4 排放湿烟气的烟囱结构型式的选择应符合下列规定:

1 应采用套筒式或多管式烟囱。

2 每个排烟筒接入锅炉台数应结合排烟筒的防腐措施确定。200MW以下机组每个排烟筒接入锅炉台数不宜超过2台,且不应超过4台;200MW及其以上机组每个排烟筒接入锅炉台数不应超过2台;600MW及其以上机组每个排烟筒接入锅炉台数宜为1台;1000MW及其以上机组为每个排烟筒接入锅炉台数不应超过1台。

11.3 砖烟囱的防腐蚀

11.3.1 当排放弱腐蚀性等级干烟气时,烟囱内衬宜按烟囱全高设置;当排放中等腐蚀性等级干烟气时,烟囱内衬应按烟囱全高设置。

11.3.2 当排放中等腐蚀性等级干烟气时,烟囱内衬宜采用耐火砖和耐酸胶泥(或耐酸砂浆)砌筑。

11.4 单筒式钢筋混凝土烟囱的防腐蚀

11.4.1 单筒式钢筋混凝土烟囱筒壁混凝土强度等级应符合下列规定:

1 当排放弱腐蚀性干烟气时,混凝土强度等级不应低于C30。

2 当排放中等腐蚀性干烟气时,混凝土强度等级不应低于C35。

3 当排放强腐蚀性干烟气或潮湿烟气时,混凝土强度等级不应低于C40。

11.4.2 单筒式钢筋混凝土烟囱筒壁内侧混凝土保护层最小厚度和腐蚀裕度厚度,应符合下列规定:

1 当排放弱腐蚀性干烟气时,混凝土最小保护层厚度应为35mm。

2 当排放中等腐蚀性干烟气时,筒壁厚度宜增加30mm的腐蚀裕度,混凝土最小保护层厚度宜为40mm。

3 当排放强等腐蚀性干烟气或潮湿烟气时,筒壁厚度宜增加50mm的腐蚀裕度,混凝土最小保护层厚度宜为50mm。

11.4.3 单筒式钢筋混凝土烟囱内衬和隔热层,应符合下列规定:

1 当排放弱腐蚀性干烟气时,内衬宜采用耐酸砖(砌块)和耐酸胶泥砌筑或轻质、耐酸、隔热整体浇注防腐内衬。

2 当排放中等以及强腐蚀性干烟气或潮湿烟气时,内衬应采用耐酸胶泥和耐酸砖(砌块)砌筑或轻质、耐酸、隔热整体浇注防腐内衬。

3 当排放强腐蚀性烟气时,砌体类内衬最小厚度不宜小于200mm;当采用轻质、耐酸、隔热整体浇注防腐蚀内衬时,其最小厚度不宜小于150mm。

4 烟囱保温隔热层应采用耐酸憎水性的材料制品。

5 钢筋混凝土筒壁内表面应设置防腐蚀隔离层。

11.4.4 烟囱内的烟气压力宜符合下列规定:

1 烟囱高度不超过100m时,烟囱内部烟气压力可不受限制。

2 烟囱高度大于100m时,当排放弱腐蚀性等级烟气时,烟气压力不宜超过100Pa;当排放中等腐蚀性等级烟气时,烟气压力不宜超过50Pa。

3 当排放强腐蚀性烟气时,烟囱宜负压运行。

4 当烟气正压压力超过本条第1款~第3款的规定时,可采取下列措施:

　　1)增大烟囱顶部出口内直径,降低顶部烟气排放的出口流速。

　　2)调整烟囱外形尺寸,减小烟囱外表面的坡度或内衬内表面的粗糙度。

　　3)在烟囱顶部做烟气扩散装置。

11.4.5 烟囱内衬耐酸砖(砌块)和耐酸砂浆(或耐酸胶泥)砌筑,应用挤压法施工,砌体中的水平灰缝和垂直灰缝应饱满、密实。当采用轻质、耐酸、隔热整体浇注防腐蚀内衬时,不宜设缝。

11.5 套筒式和多管式烟囱的砖内筒防腐蚀

11.5.1 砖内筒的材料选择应符合下列规定:

1 当排放中等腐蚀性干烟气时,砖内筒宜采用耐酸砖(砌块)和耐酸胶泥(耐酸砂浆)砌筑;砖内筒的保温隔热层宜采用轻质隔热防腐的玻璃棉制品。

2 当排放强腐蚀性干烟气或潮湿烟气时,排烟内筒应采用耐酸砖(砌块)和耐酸胶泥(耐酸砂浆)砌筑;砖内筒的保温隔热层应采用轻质隔热防腐的玻璃棉制品。

3 在满足砖内筒砌体强度和稳定的条件下,应采用轻质耐酸材料砌筑。

4 排烟内筒耐酸砖(砌块)宜采用异形形状,砌体施工应符合本规范第11.4.5条的规定。

11.5.2 砖内筒防腐蚀应符合下列规定:

1 内筒中排放的烟气宜处于负压运行状态。当出现正压运行状态时,耐酸砖(砌块)砌体结构的外表面应设置密实型耐酸砂浆封闭层;也可在内外筒间的夹层中设置风机加压,并应使内外筒间夹层中的空气压力超过相应处排烟内筒中的烟气压力值50Pa。

2 内筒外表面应按计算和构造要求确定设置保温隔热层,并应使烟气不在内筒内表面出现结露现象。

3 内筒各分段接头处,应采用耐酸防腐蚀材料连接,烟气不应渗漏,并应满足温度伸缩要求(图11.5.2)。

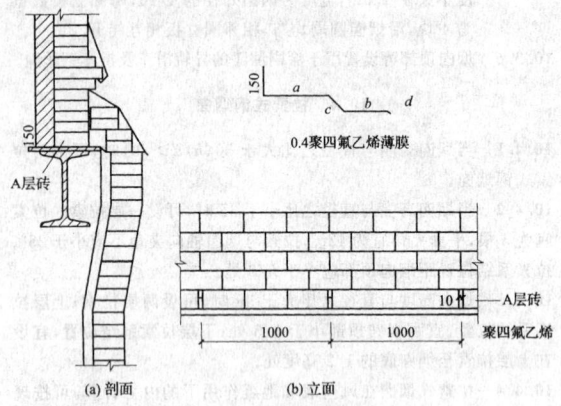

图 11.5.2 内筒接头构造(mm)

4 砖内筒支承结构应进行防腐蚀保护。

11.6 套筒式和多管式烟囱的钢内筒防腐蚀

11.6.1 钢内筒内衬应按本规范表11.2.1选用。

11.6.2 钢内筒材料及结构构造应符合下列规定:

1 钢内筒的外表面和导流板以下的内表面应采用耐高温防腐蚀涂料防护。

2 钢内筒的外保温层应分两层铺设,接缝应错开。钢内筒采用轻质防腐蚀砖内衬时,可不设外保温层。

3 钢内筒首保温层应采用不锈钢包裹,其余部位可采用铝板包裹。

11.7 钢烟囱的防腐蚀

11.7.1 钢烟囱内衬防腐蚀设计可按本规范第11.6节设计进行。

11.7.2 钢烟囱外表面应计入大气环境的腐蚀影响因素,宜采取长效防腐蚀措施。

12 烟囱基础

12.1 一般规定

12.1.1 烟囱地基基础的计算,除应符合本规范的规定外,尚应符合国家现行标准《建筑地基基础设计规范》GB 50007和《建筑桩基技术规范》JGJ 94的有关规定。在抗震设防地区还应符合现行国家标准《建筑抗震设计规范》GB 50011的规定。

12.1.2 基础截面极限承载力计算和正常使用极限状态验算,应按现行国家标准《混凝土结构设计规范》GB 50010的有关规定进行。

12.1.3 对于有烟气通过的基础,材料强度应计算温度作用的影响。

12.2 地基计算

12.2.1 烟囱基础地基压力计算,应符合下列规定:

1 轴心荷载作用时:

$$p_k = \frac{N_k + G_k}{A} \leqslant f_a \tag{12.2.1-1}$$

2 偏心荷载作用时除应满足公式(12.2.1-1)的要求外,尚应符合下列要求:

1)地基最大压力:

$$p_{kmax} = \frac{N_k + G_k}{A} + \frac{M_k}{W} \leq 1.2f_a \quad (12.2.1-2)$$

2)地基最小压力:

板式基础:

$$p_{kmin} = \frac{N_k + G_k}{A} - \frac{M_k}{W} \geq 0 \quad (12.2.1-3)$$

壳体基础:

$$p_{kmin} = \frac{N_k}{A} - \frac{M_k}{W} \geq 0 \quad (12.2.1-4)$$

式中:N_k——相应荷载效应标准组合时,上部结构传至基础顶面竖向力值(kN);
  G_k——基础自重标准值和基础上土重标准值之和(kN);
  f_a——修正后的地基承载力特征值(kPa);
  M_k——相应于荷载效应标准组合时,传至基础底面的弯矩值(kN·m);
  W——基础底面的抵抗矩(m³);
  A——基础底面面积(m²)。

3 自立式钢烟囱和塔架基础可按现行国家标准《高耸结构设计规范》GB 50135 的有关规定进行设计。

12.2.2 地基的沉降和基础倾斜,应按现行国家标准《建筑地基基础设计规范》GB 50007 和本规范第 3.1.9 条的规定进行计算。

12.2.3 环形或圆形基础下的地基平均附加压应力系数,可按本规范附录 C 采用。

12.3 刚性基础计算

12.3.1 刚性基础的外形尺寸(图12.3.1),应按下列公式确定:

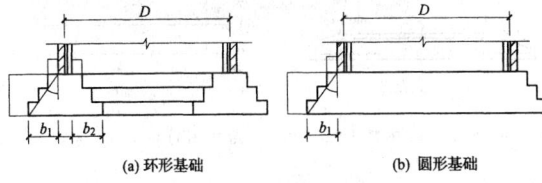

图 12.3.1 刚性基础(mm)
(a)环形基础 (b)圆形基础

1 当为环形基础时:

$$b_1 \leq 0.8h\tan\alpha \quad (12.3.1-1)$$
$$b_2 \leq h\tan\alpha \quad (12.3.1-2)$$

2 当为圆形基础时:

$$b_1 \leq 0.8h\tan\alpha \quad (12.3.1-3)$$
$$h \geq \frac{D}{3\tan\alpha} \quad (12.3.1-4)$$

式中:b_1、b_2——基础台阶悬挑尺寸(m);
  h——基础高度(m);
  $\tan\alpha$——基础台阶宽高比,按现行国家标准《建筑地基基础设计规范》GB 50007 的规定采用;
  D——基础顶面筒壁内直径(m)。

12.4 板式基础计算

12.4.1 板式基础外形尺寸(图12.4.1)的确定,宜符合下列规定:

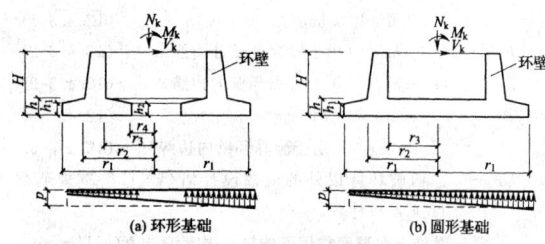

图 12.4.1 基础尺寸与底面压力计算
(a)环形基础 (b)圆形基础

1 当为环形基础时,宜按下列公式计算:

$$r_4 \approx \beta r_z \quad (12.4.1-1)$$
$$h \geq \frac{r_1 - r_2}{2.2} \quad (12.4.1-2)$$
$$h \geq \frac{r_3 - r_4}{3.0} \quad (12.4.1-3)$$
$$h_1 \geq \frac{h}{2} \quad (12.4.1-4)$$
$$h_2 \geq \frac{h}{2} \quad (12.4.1-5)$$
$$r_z = \frac{r_2 + r_3}{2} \quad (12.4.1-6)$$

2 当为圆形基础时,宜按下列公式计算:

$$\frac{r_1}{r_2} \approx 1.5 \quad (12.4.1-7)$$
$$h \geq \frac{r_1 - r_2}{2.2} \quad (12.4.1-8)$$
$$h \geq \frac{r_3}{4.0} \quad (12.4.1-9)$$
$$h_1 \geq \frac{h}{2} \quad (12.4.1-10)$$

式中:β——基础底板平面外形系数,根据 r_1 与 r_2 的比值,由图 12.4.11-2 查得,或按 $\beta = -3.9 \times \left(\frac{r_1}{r_2}\right)^3 + 12.9 \times \left(\frac{r_1}{r_2}\right)^2 - 15.3 \times \frac{r_1}{r_2} + 7.3$ 进行计算;
  r_z——环壁底面中心处半径。其余符号见图12.4.1。

12.4.2 计算基础底板的内力时,基础底板的压力可按均布荷载采用,并应取外悬挑中点处的最大压力(图12.4.1),其值应按下式计算:

$$p = \frac{N}{A} + \frac{M_z}{I} \cdot \frac{r_1 + r_2}{2} \quad (12.4.2)$$

式中:M_z——作用于基础底面的总弯矩设计值(kN·m);
  N——作用于基础顶面的垂直荷载设计值(kN)(不含基础自重及土重);
  A——基础底面面积(m²);
  I——基础底面惯性矩(m⁴)。

12.4.3 在环壁与底板交接处的冲切强度可按下列公式计算(图12.4.3):

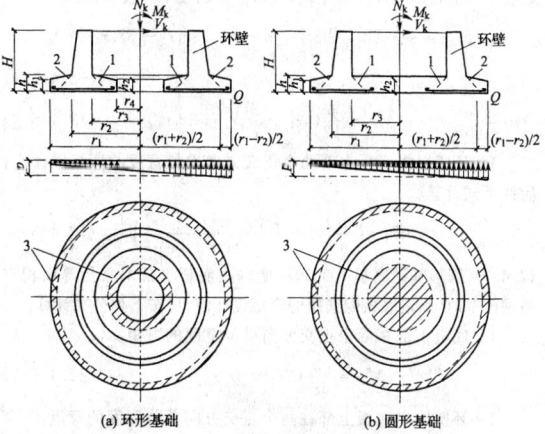

图 12.4.3 底板冲切强度计算
1—验算环壁内边缘冲切强度时破坏锥体的斜截面;
2—验算环壁外边缘冲切强度时破坏锥体的斜截面;
3—冲切破坏锥体的底截面

$$F_l \leqslant 0.35\beta_h f_{tt}(b_t+b_b)h_0 \quad (12.4.3\text{-}1)$$
$$b_b = 2\pi(r_2+h_0) \quad (\text{用于验算环壁外边缘}) \quad (12.4.3\text{-}2)$$
$$b_b = 2\pi(r_3-h_0) \quad (\text{用于验算环壁内边缘}) \quad (12.4.3\text{-}3)$$
$$b_t = 2\pi r_2 \quad (\text{用于验算环壁外边缘}) \quad (12.4.3\text{-}4)$$
$$b_t = 2\pi r_3 \quad (\text{用于验算环壁内边缘}) \quad (12.4.3\text{-}5)$$

式中：F_l——冲切破坏体以外的荷载设计值(kN)，按本规范第12.4.4条计算；

f_{tt}——混凝土在温度作用下的抗拉强度设计值(kN/m²)；

b_b——冲切破坏锥体斜截面的下边圆周长(m)；

b_t——冲切破坏锥体斜截面的上边圆周长(m)；

h_0——基础底板计算截面处的有效厚度(m)；

β_h——受冲切承载力截面高度影响系数，当 h 不大于800mm时，β_h 取 1.0；当 h 大于或等于 2000mm 时，β_h 取 0.9，其间按线性内插法采用。

12.4.4 冲切破坏锥体以外的荷载 F_l，可按下列公式计算：

1 计算环壁外边缘时：
$$F_l = p\pi[r_1^2-(r_2+h_0)^2] \quad (12.4.4\text{-}1)$$

2 计算环壁内边缘时：

1) 环形基础
$$F_l = p\pi[(r_3-h_0)^2-r_4^2] \quad (12.4.4\text{-}2)$$

2) 圆形基础：
$$F_l = p\pi(r_3-h_0)^2 \quad (12.4.4\text{-}3)$$

12.4.5 环形基础底板下部和底板内悬挑上部均采用径、环向配筋时，确定底板配筋用的弯矩设计值可按下列公式计算：

1 底板下部半径 r_2 处单位弧长的径向弯矩设计值：
$$M_R = \frac{p}{3(r_1+r_2)}(2r_1^3-3r_1^2r_2+r_2^3) \quad (12.4.5\text{-}1)$$

2 底板下部单位宽度的环向弯矩设计值：
$$M_\theta = \frac{M_R}{2} \quad (12.4.5\text{-}2)$$

3 底板内悬挑上部单位宽度的环向弯矩设计值：
$$M_{\theta T} = \frac{pr_z}{6(r_z-r_4)}\left(\frac{2r_4^3-3r_4^2r_z+r_z^3}{r_z}-\frac{4r_1^3-6r_1^2r_z+2r_z^3}{r_1+r_z}\right)$$
$$(12.4.5\text{-}3)$$

12.4.6 圆形基础底板下部采用径、环向配筋，环壁以内底板上部为等面积方格网配筋时，确定底板配筋用的弯矩设计值可按下列规定计算：

1 当 $r_1/r_z \leqslant 1.8$ 时，底板下部径向弯矩和环向弯矩设计值，分别应按本规范公式(12.4.5-1)和公式(12.4.5-2)进行计算。

2 当 $r_1/r_z > 1.8$ 时，基础外形不合理，不宜采用。采用时，其底板下部的径向和环向弯矩设计值，分别应按下式计算：
$$M_R = \frac{p}{12r_z}(2r_1^3+3r_1^2r_z+r_1r_z^2-3r_1^2r_z-3r_1r_z^2) \quad (12.4.6\text{-}1)$$
$$M_\theta = \frac{p}{12}(4r_1^2-3r_1r_z-3r_z^2) \quad (12.4.6\text{-}2)$$

3 环壁以内底板上部两个正交方向单位宽度的弯矩设计值，应按下式计算：
$$M_T = \frac{p}{6}\left(r_z^2-\frac{4r_1^3-6r_1^2r_z+2r_z^3}{r_1+r_z}\right) \quad (12.4.6\text{-}3)$$

12.4.7 圆形基础底板下部和环壁以内底板上部均采用等面积方格网配筋时，确定底板配筋用的弯矩设计值可按下列公式计算：

1 底板下部在两个正交方向单位宽度的弯矩：
$$M_B = \frac{p}{6r_1}(2r_1^3-3r_1^2r_z+r_z^3) \quad (12.4.7\text{-}1)$$

2 环壁以内底板上部在两个正交方向单位宽度的弯矩：
$$M_T = \frac{p}{6}\left(r_z^2-2r_1r_z+\frac{r_z^3}{r_1}\right) \quad (12.4.7\text{-}2)$$

12.4.8 当按本规范公式(12.4.5-3)、公式(12.4.6-3)或公式(12.4.7-2)计算所得的弯矩 $M_{\theta T}$ 或 M_T 不大于0时，环壁以内底板上部不宜配置钢筋。但当 $p_{kmin}-\frac{G_k}{A} \leqslant 0$，或基础有烟气通过且烟气温度较高时，应按构造配筋。

12.4.9 环形和圆形基础底板外悬挑上部可不配置钢筋，但当地基反力最小边扣除基础自重和土重、基础底面出现负值($p_{kmin}-\frac{G_k}{A}<0$)时，底板外悬挑上部应配置钢筋。其用于配筋的弯矩值可近似按承受均布荷载 q 的悬臂构件进行计算，且均布荷载 q 可按下式计算：
$$q = \frac{M_z r_1}{I}-\frac{N}{A} \quad (12.4.9)$$

12.4.10 底板下部配筋，应取半径 r_2 处的底板有效高度 h_0，并应按等厚度进行计算。

当采用径、环向配筋时，其径向钢筋可按 r_2 处满足计算要求呈辐射状配置；环向钢筋可按等直径等间距配置。

12.4.11 圆形基础底板下部不需配筋范围半径 r_d(图 12.4.11-1)，应按下列公式计算：

1 径、环向配筋时：
$$r_d \leqslant \beta_0 r_z - 35d \quad (12.4.11\text{-}1)$$

2 等面积方格网配置时：
$$r_d \leqslant r_3+r_2-r_1-35d \quad (12.4.11\text{-}2)$$

式中：β_0——底板下部钢筋理论切断系数，按 r_1/r_z 由图 12.4.11-2 查得；

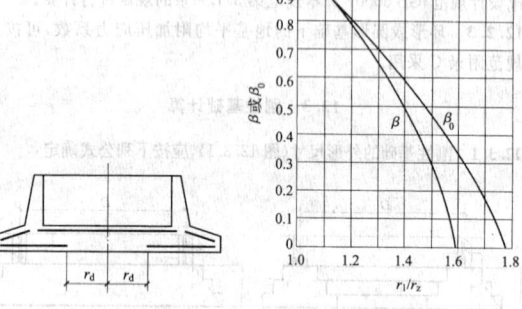

图 12.4.11-1 不需配筋范围 r_d 　　图 12.4.11-2 β 与 β_0 系数

d——受力钢筋直径(mm)。

12.4.12 当有烟气通过基础时，基础底板与环壁，可按下列规定计算受热温度：

1 基础环壁的受热温度，应按本规范公式(5.6.4)进行计算。计算时环壁外侧的计算土层厚度(图12.4.12)可按下式计算：
$$H_1 = 0.505H-0.325+0.05DH \quad (12.4.12)$$

式中：H_1——计算土层厚度(m)；

H、D——分别为由内衬内表面计算的基础环壁埋深(m)和直径(m)，见图12.4.12所示。

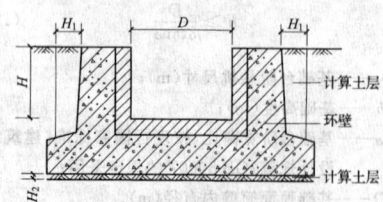

图 12.4.12 计算土层厚度示意

2 基础底板的受热温度，可采用地温代替本规范公式(5.6.4)中的空气温度 T_a，应按第一类温度边界问题进行计算。

计算时基础底板下的计算土层厚度(图12.4.12)和地温可按下列规定采用:

  1)计算底板最高受热温度时 $H_2=0.3$m,地温取15℃。
  2)计算底板温度差时 $H_2=0.2$m,地温取10℃。
 3 计算出的基础环壁及底板的最高受热温度,应小于或等于混凝土的最高受热温度允许值。

12.4.13 计算基础底板配筋时,应根据最高受热温度,采用本规范第4.2节和第4.3节规定的混凝土和钢筋在温度作用下的强度设计值。

12.4.14 在计算基础环壁和底板配筋,且未计算温度作用产生的应力时,配筋宜增加15%。

12.5 壳体基础计算

12.5.1 壳体基础的外形尺寸(图12.5.1)应按下列规定确定:
 1 倒锥壳(下壳)的控制尺寸 r_2 应按下列公式确定:

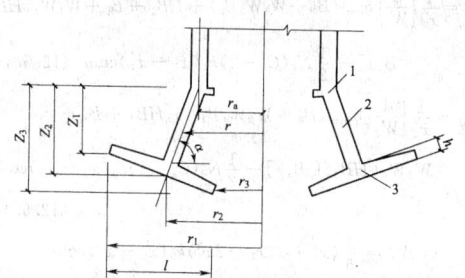

图 12.5.1 正倒锥组合壳基础
1—上环梁;2—正锥壳;3—倒锥壳

$$p_{k\max} = \frac{N_k + G_k}{2\pi r_2} + \frac{M_k}{\pi r_2^2} \quad (12.5.1\text{-}1)$$

$$p_{k\min} = \frac{N_k + G_k}{2\pi r_2} - \frac{M_k}{\pi r_2^2} \quad (12.5.1\text{-}2)$$

$$\frac{p_{k\max}}{p_{k\min}} \leqslant 3 \quad (12.5.1\text{-}3)$$

式中:G_k——基础自重标准值和至埋深 z_2 处的土重标准值之和(kN);

$p_{k\max}$、$p_{k\min}$——分别为下壳经向长度内,沿环向(r_2处)单位长度范围内,在水平投影面上的最大和最小地基反力标准值(kN/m)。

 2 下壳经向水平投影宽度 l 可按下列公式确定:

$$l = \frac{p_k}{f_a} \quad (12.5.1\text{-}4)$$

$$p_k = \frac{(N_k + G_k)(1 + \cos\theta_0)}{2r_2(\pi + \theta_0\cos\theta_0 - \sin\theta_0)} \quad (12.5.1\text{-}5)$$

式中:p_k——在荷载标准值作用下,下壳经向水平投影宽度 l 和沿半径为 r_2 的环向单位弧长范围内产生的总地基反力标准值(kN/m);

   θ_0——地基塑性区对应的方位角,可根据 e/r_2 查表12.5.1, $e = M_k/(N_k + G_k)$。

表12.5.1 θ_0 与 e/r_2 的对应值

e/r_2	θ_0	e/r_2	θ_0	e/r_2	θ_0
0	3.1416	0.17	2.4195	0.34	1.7010
0.01	3.0934	0.18	2.3792	0.35	1.6534
0.02	3.0488	0.19	2.3389	0.36	1.6045
0.03	3.0039	0.20	2.2985	0.37	1.5542
0.04	2.9596	0.21	2.2581	0.38	1.5024
0.05	2.9159	0.22	2.2175	0.39	1.4486
0.06	2.8727	0.23	2.1767	0.40	1.3927

续表12.5.1

e/r_2	θ_0	e/r_2	θ_0	e/r_2	θ_0
0.07	2.8299	0.24	2.1357	0.41	1.3341
0.08	2.7877	0.25	2.0944	0.42	1.2723
0.09	2.7458	0.26	2.0528	0.43	1.2067
0.10	2.7043	0.27	2.0109	0.44	1.1361
0.11	2.6630	0.28	1.9685	0.45	1.0591
0.12	2.6620	0.29	1.9256	0.46	0.9733
0.13	2.5813	0.30	1.8821	0.47	0.8746
0.14	2.5407	0.31	1.8380	0.48	0.7545
0.15	2.5002	0.32	1.7932	0.49	0.5898
0.16	2.4598	0.33	1.7476	0.50	0

 3 下壳内、外半径 r_3、r_1 可按下列公式确定:

$$r_3 = \frac{1}{2}\left(\frac{2}{3}r_2 - l\right) + \sqrt{\frac{1}{4}\left(l - \frac{2}{3}r_2\right)^2 + \frac{1}{3}r_2^2 + r_2 l - l^2}$$
$$(12.5.1\text{-}6)$$

$$r_1 = r_3 + l \quad (12.5.1\text{-}7)$$

 4 下壳与上壳(正锥壳)相交边缘处的下壳有效厚度 h 可按下列公式确定:

$$h \geqslant \frac{2.2Q_c}{0.75 f_t} \quad (12.5.1\text{-}8)$$

$$Q_c = \frac{1}{2} p_1 \frac{1}{\sin\alpha} \quad (12.5.1\text{-}9)$$

式中:Q_c——下壳最大剪力(N),计算时不计下壳自重;
   f_t——混凝土的抗拉强度设计值(N/mm²);
   p_1——在荷载设计值作用下,下壳经向水平投影宽度 l 和沿半径为 r_2 的环向单位弧长范围内产生的总地基反力设计值(kN/m),按本规范公式(12.5.1-5)计算,其中 G_k、N_k 采用设计值。

12.5.2 正倒锥组合壳体基础的计算可按下列原则进行:
 1 正锥壳(上壳)可按无矩理论计算。
 2 倒锥壳(下壳)可按极限平衡理论计算。

12.5.3 正锥壳的经、环向薄膜内力,可按下列公式计算:

$$N_\alpha = -\frac{N_1}{2\pi r \sin\alpha} - \frac{M_1 + H_1(r - r_a)\tan\alpha}{\pi r^2 \sin\alpha} \quad (12.5.3\text{-}1)$$

$$N_\theta = 0 \quad (12.5.3\text{-}2)$$

式中:N_1、M_1——分别为壳上边缘处总的垂直力(kN)和弯矩设计值(kN·m);

  N_α、N_θ——分别为壳体计算截面处单位长度的经向、环向薄膜力(kN);

   H_1——作用于壳上边缘的水平剪力设计值(kN);

  r_a、r——分别为壳体上边缘及计算截面的水平半径(m)(图12.5.1);

   α——壳面与水平面的夹角(°)(图12.5.1)。

12.5.4 倒锥壳的计算,可按下列步骤进行:
 1 倒锥壳水平投影面上的最大土反力 $q_{y\max}$ 可按下列公式计算(图12.5.4-1):

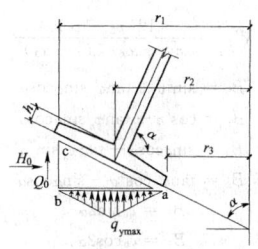

图 12.5.4-1 倒锥壳土反力

$$q_{ymax} = \frac{2\left(p_k - Q_0 \dfrac{r_1}{r_2}\right)}{r_1 - r_3} \quad (12.5.4-1)$$

$$Q_0 = H_0 \tan\varphi_0 + c_0(z_3 - z_1) \quad (12.5.4-2)$$

$$H_0 = 0.25\gamma_0(z_3^2 - z_1^2)\tan^2\left(\frac{1}{2}\varphi_0 + 45°\right) \quad (12.5.4-3)$$

$$\varphi_0 = \frac{1}{2}\varphi \quad (12.5.4-4)$$

$$c_0 = \frac{1}{2}c \quad (12.5.4-5)$$

式中：q_{ymax}——倒锥壳水平投影面上的最大土反力（kN/mm²）；
φ_0——土的计算内摩擦角（°）；
φ——土的实际内摩擦角（°）；
c_0——土的计算黏聚力；
c——土的实际黏聚力；
γ_0——土的重力密度（kN/mm³）；
H_0——作用在 bc 面上总的被动土压力（kN）；
Q_0——作用在 bc 面上总的剪切力（kN）。

2 壳体特征系数 C_s，当 $C_s < 2$ 时应为短壳，$C_s \geq 2$ 时应为长壳。C_s 可按下式计算：

$$C_s = \frac{r_1 - r_3}{2h\sin\alpha} \quad (12.5.4-6)$$

式中：h——为倒锥壳与正锥壳相交处倒锥壳的厚度（m）。

3 倒锥壳内力（图12.5.4-2）可按下列公式计算：

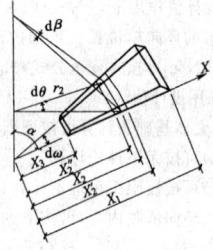

图 12.5.4-2 几何尺寸

1）当为短壳时：
环向拉力 N_θ：

$$N_\theta = \frac{1}{6}(B_2 q_{ymax} + B_3 H + B_5)(x_1 - x_3)(x_1 + x_2 + x_3)$$
$$(12.5.4-7)$$

$$H = 0.5\gamma_0 z_2 \tan^2\left(\frac{1}{2}\varphi_0 + 45°\right) \quad (12.5.4-8)$$

$$M_{a1} = \frac{1}{x_2' W_1}(B_0 q_{ymax} + B_1 H + B_4) \quad (12.5.4-9)$$

$$M_{a2} = \frac{1}{x_2'' W_2}(B_0 q_{ymax} + B_1 H + B_4) \quad (12.5.4-10)$$

$$W_1 = \frac{12(x_1 - x_2)}{(x_1^2 - x_2'^2)(x_1 - x_2')^2} \quad (12.5.4-11)$$

$$W_2 = \frac{12(x_2 - x_3)}{(x_2''^2 - x_3^2)(x_2'' - x_3)^2} \quad (12.5.4-12)$$

$$B_0 = \sin^2\alpha + \tan\varphi_0 \sin\alpha\cos\alpha \quad (12.5.4-13)$$

$$B_1 = \cos^2\alpha + \tan\varphi_0 \sin\alpha\cos\alpha \quad (12.5.4-14)$$

$$B_2 = \sin\alpha\cos\alpha - \tan\varphi_0 \sin^2\alpha \quad (12.5.4-15)$$

$$B_3 = \tan\varphi_0 \cos^2\alpha - \sin\alpha\cos\alpha \quad (12.5.4-16)$$

$$B_4 = c_0 \sin 2\alpha \quad (12.5.4-17)$$

$$B_5 = c_0 \cos 2\alpha \quad (12.5.4-18)$$

2）当为长壳时（图12.5.4-3）：

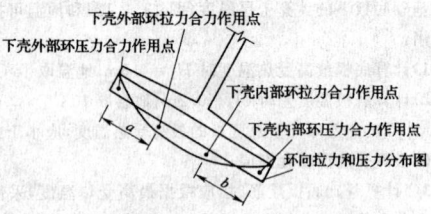

图 12.5.4-3 长壳环向压、拉力分布
$a、b$——分别为下壳外部和内部环向拉、压合力作用点间的距离

环向拉力 $N_{\theta 1}$：

$$N_{\theta 1} = N_\theta(C_s - 1) \quad (12.5.4-19)$$

$$N_\theta = \frac{1}{6}(B_2 q_{ymax} + B_3 H + B_5)(x_1 - x_3)(x_1 + x_2 + x_3)$$
$$(12.5.4-20)$$

$$M_{a1} = \frac{1}{x_2'}\left\{\frac{1}{W_1}[q_{ymax}(B_0 + W_1 W_3 B_2) + HB_1 + B_4 + W_1 W_3(HB_3 + B_5)] - \frac{1}{2}N_\theta(C_s - 1)k_1(x_1 - x_2')\cot\alpha\right\} \quad (12.5.4-21)$$

$$M_{a2} = \frac{1}{x_2''}\left\{\frac{1}{W_2}[q_{ymax}(B_0 + W_2 W_4 B_2) + HB_1 + B_4 + W_2 W_4(HB_3 + B_5)] - \frac{1}{2}N_\theta(C_s - 1)k_0(x_2'' - x_3)\cot\alpha\right\} \quad (12.5.4-22)$$

$$W_3 = \frac{1}{6}(x_1^2 + x_1 x_2 - 2x_2'^2)k_0(x_1 - x_2')\cot\alpha \quad (12.5.4-23)$$

$$W_4 = \frac{1}{6}(x_2^2 - x_2 x_3 - x_3^2)k_1(x_2'' - x_3)\cot\alpha \quad (12.5.4-24)$$

$$k_0 = \frac{a}{x_1 - x_2'} \quad (12.5.4-25)$$

$$k_1 = \frac{b}{x_2'' - x_3} \quad (12.5.4-26)$$

12.5.5 组合壳上环梁的内力可按下列公式计算（图12.5.5）：

$$N_{\theta M} = r_e N_{aa3}\cos\alpha \quad (12.5.5-1)$$

$$M_a = -N_{ab1}e_1 - N_{aa3}e_3 \quad (12.5.5-2)$$

$$M_\theta = M_a r_e \quad (12.5.5-3)$$

式中：$N_{\theta M}$——环梁的环向力（kN）（以受拉为正）；
M_a——环梁单位长度上的扭矩（kN·m）（围绕环梁截面重心以顺时针方向转动为正）；
M_θ——环梁的环向弯矩（kN·m）（以下表面受拉为正）；
N_{aai}, N_{abi}——分别为第 i 个（$i=1$ 代表烟囱筒壁；$i=3$ 代表基础的正锥壳）壳体小径边缘和大径边缘处单位长度上的薄膜经向力（kN）（以受拉为正）；
r_e——环梁截面重心处的半径（m）；
e_i——分别为壳体（$i=1,3$）的薄膜经向力至环梁截面重心的距离（m）（图12.5.5）。

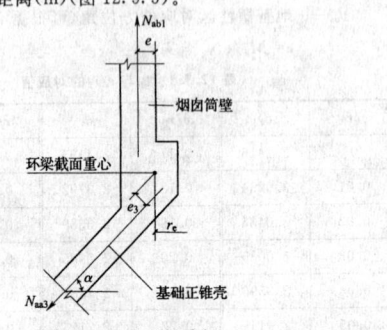

图 12.5.5 上环梁受力

12.5.6 组合壳体基础底部构件的冲切强度，可按本规范第

12.4.2条~第12.4.4条的有关规定计算。冲切破坏锥体斜截面的下边圆周长S_x和冲切破坏锥体以外的荷载Q_c(图12.5.6),应按下列公式计算:

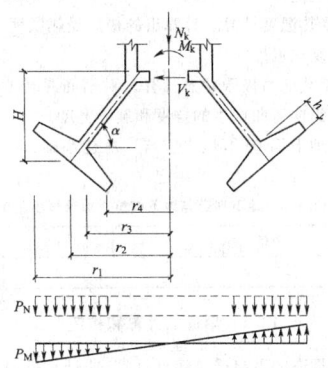

图12.5.6 正倒锥组合壳

1 验算外边缘时:
$$S_x = 2\pi[r_2 + h_0(\sin\alpha + \cos\alpha)] \quad (12.5.6-1)$$
$$Q_c = p\pi\{r_1^2 - [r_2 + h_0(\sin\alpha + \cos\alpha)]^2\} \quad (12.5.6-2)$$

2 验算内边缘时:
$$S_x = 2\pi[r_3 - h_0(\sin\alpha - \cos\alpha)] \quad (12.5.6-3)$$
$$Q_c = p\pi\{[r_3 - h_0(\sin\alpha - \cos\alpha)]^2 - r_4^2\} \quad (12.5.6-4)$$

式中:h_0——计算截面的有效高度(m)。

12.6 桩 基 础

12.6.1 当地基存在下列情况之一时,宜采用桩基础:
1 震陷性、湿陷性、膨胀性、冻胀性或侵蚀性等不良土层时。
2 上覆土层为强度低、压缩性高的软弱土层,不能满足强度和变形要求时。
3 在抗震设防地区地基持力层范围内有可液化土层时。

12.6.2 烟囱桩基础可采用预制钢筋混凝土桩、混凝土灌注桩和钢桩。桩型、桩横断面尺寸及桩端持力层的选择应综合计入地质情况、施工条件、施工工艺、建筑场地环境等因素,并应充分利用各桩型特点以满足安全、经济及工期等方面的要求,可按现行行业标准《建筑桩基技术规范》JGJ 94的规定进行设计。

12.6.3 烟囱桩基础的承台平面可为圆形或环形,桩的平面布置应以承台平面中心点,呈放射状布置。桩的分布半径,应根据烟囱筒身荷载的作用点的位置,在荷载作用点(基础环壁中心)两侧布置,并应内疏外密,以加大群桩的平面抵抗矩,不宜采用单圈布置。桩间距应符合现行行业标准《建筑桩基技术规范》JGJ 94的要求。

12.6.4 烟囱桩基竖向承载力计算应按现行行业标准《建筑桩基技术规范》JGJ 94的规定进行。偏心荷载作用时,以承台中心对称布置的桩可按下列公式计算:

$$N_{ik} = \frac{F_k + G_k}{n} \pm \frac{M_k r_i}{\frac{1}{2}\sum_{j=1}^{n} r_j^2} \quad (12.6.4-1)$$

$$N_{ik} \leq 1.2R_a \quad (12.6.4-2)$$

$$\frac{F_k + G_k}{n} \leq R_a \quad (12.6.4-3)$$

式中:N_{ik}——相应于荷载效应标准组合时,第i根桩的竖向力(kN);
F_k——相应于荷载效应标准组合作用于桩基承台顶面的竖向力(kN);
G_k——桩基承台自重及承台上土自重标准值;
M_k——相应于荷载效应标准组合时作用承台底面的弯矩值(kN·m);

R_a——单桩竖向承载力特征值(kN);
r_i——第i根桩所在圆的半径(m);
n——桩基中的桩数。

12.6.5 烟囱桩基的桩顶作用效应计算、桩基沉降计算及桩基的变形允许值、桩基水平承载力与位移计算、桩身承载力与抗裂计算、桩承台计算等,均应符合现行行业标准《建筑桩基技术规范》JGJ 94的规定。

12.6.6 烟囱桩基承台的内力分析,应按基本组合考虑荷载效应,对于低桩承台(在承台不脱空条件下)可不计入承台及上覆填土的自重,可采用净荷载计算桩顶反力;对于高桩承台应取全部荷载。对于桩出现拉力的承台,其上表面应配置受拉钢筋。

12.6.7 桩基础防腐蚀应符合现行国家标准《工业建筑防腐蚀设计规范》GB 50046的有关规定。

12.7 基 础 构 造

12.7.1 烟囱与烟道沉降缝设置,应符合下列规定:
1 当为地面烟道或地下烟道时,沉降缝应设在基础的边缘处。
2 当为架空烟道时,沉降缝可设在筒壁边缘处。
3 当为壳基础时,宜采用地面烟道或架空烟道。

12.7.2 基础的底面应设混凝土垫层,厚度宜采用100mm。

12.7.3 设置地下烟道时,基础宜贮灰槽,槽底面应低于烟道底面250mm~500mm。

12.7.4 设置地下烟道的基础,当烟气温度较高,采用普通混凝土不能满足本规范第3.3.1条规定时,宜将烟气入口提高至基础顶面以上。

12.7.5 烟囱周围的地面应设护坡,坡度不应小于2%。护坡的最低处,应高出周围地面100mm。护坡宽度不应小于1.5m。

12.7.6 板式基础的环壁宜设计成内表面垂直、外表面倾斜的形式,上部厚度应比筒壁、隔热层和内衬的总厚度增加50mm~100mm。环壁高出地面不宜小于400mm。

12.7.7 板式基础底板下部径向和环向(或纵向和横向)钢筋的最小配筋率不宜小于0.15%,配筋最小直径和最大间距应符合表12.7.7的规定。当底板厚度大于2000mm时,宜在板厚中间部位设置温度应力钢筋。

表12.7.7 板式基础配筋最小直径及最大间距(mm)

部位	配筋种类		最小直径	最大间距
环壁	竖向钢筋		12	250
	环向钢筋		12	200
底板下部	径、环向配筋	径向	12	r_2处250,外边缘400
		环向	12	250
	方格网配筋		12	250

12.7.8 板式基础底板上部按构造配筋时,其钢筋最小直径与最大间距,应符合表12.7.8的规定。

表12.7.8 板式基础底板上部的构造配筋(mm)

基础形式	配筋种类	最小直径	最大间距
环形基础	径、环向配筋	12	径向250,环向250
圆形基础	方格网配筋	12	250

12.7.9 基础环壁设有孔洞时,应符合本规范第7.5.3条的有关规定。洞口下部距基础底距离较小时,该处的环壁应增加补强钢筋。必要时可按两端固接的曲梁进行计算。

12.7.10 壳体基础可按图12.7.10及表12.7.10所示外形尺寸进行设计。壳体厚度不应小于300mm。壳体基础与筒壁相接处,应设置环梁。

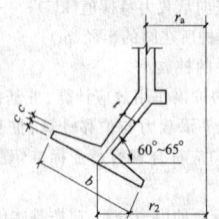

图 12.7.10 壳体基础外形

表 12.7.10 壳体基础外形尺寸

基础形式	t	b	c
正、倒锥组合壳	$(0.035\sim0.06)r_2$	$(0.35\sim0.55)r_2$	$(0.05\sim0.065)r_2$

12.7.11 壳体上不宜设孔洞,如需设置孔洞时,孔洞边缘距壳体上下边距离不宜小于1m,孔洞周围应按本规范第7.5.3条规定配置补强钢筋。

12.7.12 壳体基础应配双层钢筋,其直径不应小于12mm,间距不应大于200mm。受力钢筋接头应采用焊接。当钢筋直径小于14mm时,亦可采用搭接,搭接长度不应小于40d,接头位置应相互错开,壳体最小配筋率(径向和环向)均不应小于0.4%。上壳上下边缘附近构造环向钢筋应适当加强。

12.7.13 壳体基础钢筋保护层不应小于40mm。

12.7.14 壳体基础不宜留施工缝,如必须设置时,应对施工缝采取处理措施。

12.7.15 桩基承台构造应符合以下规定:

1 承台外形尺寸宜满足板式基础合理外形尺寸(12.4.1)的要求;底板厚度不应小于300mm;承台周边距桩中心距离不应小于桩直径或桩断面边长,且边桩外缘至承台外缘的距离不应小于150mm。

2 承台钢筋保护层厚度不应小于40mm,当无混凝土垫层时,不应小于70mm。承台混凝土强度等级不应低于C25。

3 承台配筋应按计算确定,底板下部钢筋最小配筋率不宜小于0.15%(径向和环向),且环壁及底板上、下部配筋最小直径和最大间距应符合表12.7.7和表12.7.8的规定;当底板厚度大于2000mm时,宜在板厚中间部位设置温度应力钢筋。

4 承台其他构造要求应与本节的要求相同,并应符合现行行业标准《建筑桩基技术规范》JGJ 94 的规定。

13 烟 道

13.1 一般规定

13.1.1 烟道可按下列类型分类:

1 地下烟道。
2 地面烟道。
3 架空烟道。

13.1.2 烟道的材料选择,宜符合下列规定:

1 下列情况地下烟道宜采用钢筋混凝土烟道:
 1)净空尺寸较大。
 2)地面荷载较大或有汽车、火车通过。
 3)有防水要求。

2 除本条第1款的情况外,地下烟道及地面烟道可采用砖砌烟道。

3 架空烟道宜采用钢筋混凝土结构,也可采用钢烟道。

13.1.3 烟道的结构型式宜按下列规定采用:

1 砖砌烟道的顶部应做成半圆拱。

2 钢筋混凝土烟道宜做成箱形封闭框架,也可做成槽型,顶盖宜为预制板。

3 钢烟道宜设计成圆筒形或矩形。

13.1.4 烟道应进行下列计算:

1 最高受热温度计算。计算出的最高受热温度,应小于或等于材料的允许受热温度。

2 结构承载能力极限状态计算。对钢筋混凝土架空烟道还应验算烟道沿纵向弯曲产生的挠度和裂缝宽度。

13.1.5 当为地下烟道时,烟道应与厂房柱基础、设备基础、电缆沟等保持距离,可按表13.1.5确定。

表 13.1.5 地下烟道与地下构筑物边缘最小距离

烟气温度(℃)	<200	200~400	401~600	601~800
距离(m)	≥0.1	≥0.2	≥0.4	≥0.5

13.2 烟道的计算和构造

13.2.1 地下烟道的最高受热温度计算,应计算周围土壤的热阻作用,计算土层厚度(图13.2.1)可按下列公式计算:

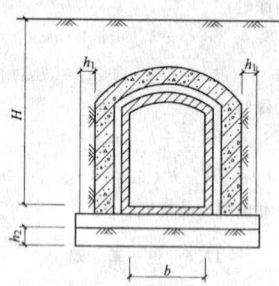

图 13.2.1 计算土层厚度示意

1 计算烟道侧墙时:

$$h_1 = 0.505H - 0.325 + 0.05bH \quad (13.2.1-1)$$

2 计算烟道底板时:

$$h_2 = 0.3（地温取15℃） \quad (13.2.1-2)$$

3 计算烟道顶板时,取实际土层厚度。

式中:H、b——分别为从内衬内表面算起的烟道埋深和宽度(m)(图13.2.1);

h_1——烟道侧面计算土层厚度(m);

h_2——烟道底面计算土层厚度(m)。

13.2.2 确定计算土层厚度后,可按本规范公式(5.6.4)计算烟道受热温度,其计算原则应与本规范第12.4.12条相同。计算温度应满足材料受热温度允许值。对材料强度应计算温度作用的影响。

13.2.3 地面荷载应根据实际情况确定,但不得小于10kN/m²。对于钢铁厂的炼钢车间、轧钢车间外部的地下烟道,在无足够依据时,可采用30kN/m²荷载进行计算。

13.2.4 地下烟道在计算时应分别按侧墙两侧无土、一侧无土和两侧有土等荷载工况计算。

13.2.5 地下砖砌烟道(图13.2.5)的承载能力计算应符合下列规定:

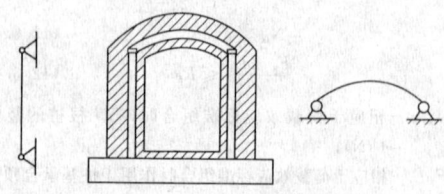

图 13.2.5 砖烟道型式

1 烟道侧墙的计算模型可按下列原则采用:

 1)当侧墙两侧有土时,侧墙可按上(拱脚处)下端铰接,并仅计算拱顶范围以外的地面荷载,按偏心受压计算。

　　2)当侧墙两侧无土时,侧墙可按上端(拱脚处)悬臂、下端固结,验算拱顶推力作用下的承载能力,不计入内衬对侧墙的推力。

　　3)砖砌地下烟道不允许出现一侧有土、另一侧无土的情况。

　2 砖砌烟道的顶拱应按双铰拱计算。其荷载组合应计算拱上无土、拱上有土、拱上有地面荷载(并计算最不利分布)等情况。

当顶拱截面内有弯矩产生时,截面内的合力作用点不应超过截面核心距。

　3 砖砌烟道的底板计算可按下列原则确定:
　　1)当为钢筋混凝土底板时,地基反力可按平均分布采用。
　　2)当底板为素混凝土时,地基反力按侧壁压力呈45°角扩散。

13.2.6 钢筋混凝土地下烟道应按下列规定进行计算:

　1 槽型地下烟道的顶盖、侧墙可按下列规定计算[图13.2.6(a)]:
　　1)预制顶板按两端简支板计算。
　　2)侧墙按上部有盖板和无盖板两种情况计算:
　　　当上部有盖板时,上支点可按铰接计算。
　　　当上部无盖板时,侧墙可按悬壁计算。

　2 封闭箱型地下烟道[图13.2.6(b)]可按封闭框架计算。

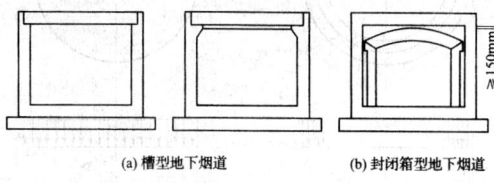

(a) 槽型地下烟道　　(b) 封闭箱型地下烟道

图13.2.6　钢筋混凝土烟道

13.2.7 地面砖烟道(图13.2.7)的承载能力可按下端固接的拱形框架进行计算。

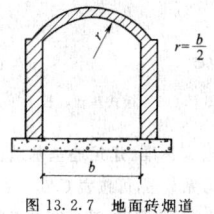

图13.2.7　地面砖烟道

13.2.8 架空烟道计算应符合下列规定:

　1 架空烟道应计算自重荷载、风荷载、底板积灰荷载和烟气压力。在抗震设防地区尚应计算地震作用。

　2 烟道内的烟气压力,可取±2.5kN/m²。

　3 架空烟道在进行温度计算时,除应计算出的最高受热温度要满足材料受热温度允许值外,还应使温度差值符合下列要求:
　　1)砖砌烟道的侧墙,不大于20℃。
　　2)钢筋混凝土烟道及砖砌烟道的钢筋混凝土的底板和顶板,不大于40℃。

13.2.9 烟道的构造应符合下列规定:

　1 地下砖烟道的顶拱中心夹角宜为60°~90°,顶拱厚度不应小于一砖,侧墙厚度不应小于一砖半。

　2 砖烟道(包括地下及地面砖烟道)所采用砖的强度等级不应低于MU10,砂浆强度等级不应低于M2.5。当温度较高时应采用耐热砂浆。

　3 地下及地面烟道均宜设内衬和隔热层。砖内衬的顶应做成拱形,其拱脚应向烟道侧壁伸出,并应与烟道侧壁留10mm空隙。浇注料内衬宜在烟道内壁敷设一层钢筋网后再施工。

　4 不设内衬的烟道,应在烟道内表面抹黏土保护层。

　5 当为封闭式箱形钢筋混凝土烟道时,拱形砖内衬的拱顶至烟道顶板底表面应留有不小于150mm的空隙。

　6 烟道与炉子基础及烟囱基础连接处,应设置沉降缝。对于地下烟道,在地面荷载变化较大处,也应设置沉降缝。

　7 较长的烟道应设置伸缩缝。地面及地下烟道的伸缩缝最大间距应为20m,架空烟道不宜超过25m,缝宽宜为20mm~30mm。缝中应填塞石棉绳等可压缩的耐高温材料。当有防水要求时,伸缩缝的处理应满足防水要求。

抗震设防地区的架空烟道与烟囱之间防震缝的宽度,应按现行国家标准《建筑抗震设计规范》GB 50011执行。

　8 连接引风机和烟道之间的钢烟道,应设置补偿器。

13.2.10 烟道防腐蚀应符合本规范第11章有关规定。

14 航空障碍灯和标志

14.1 一般规定

14.1.1 对于下列影响航空器飞行安全的烟囱应设置航空障碍灯和标志:

　1 在民用机场净空保护区域内修建的烟囱。

　2 在民用机场净空保护区域外、但在民用机场进近管制区域内修建高出地表150m的烟囱。

　3 在建有高架直升机停机坪的城市中,修建影响飞行安全的烟囱。

14.1.2 中光强B型障碍灯应为红色闪光灯,并应晚间运行。闪光频率应为20次/min~60次/min,闪光的有效光强不应小于2000cd±25%。

14.1.3 高光强A型障碍灯应为白色闪光灯,并应全天候运行。闪光频率应为40次/min~60次/min,闪光的有效光强应随背景亮度变光强闪光,白天应为200000cd,黄昏或黎明应为20000cd,夜间应为2000cd。

14.1.4 烟囱标志应采用橙色与白色相间或红色与白色相间的水平油漆带。

14.2 障碍灯的分布

14.2.1 障碍灯的设置应显示出烟囱的最顶点和最大边缘。

14.2.2 高度小于或等于45m的烟囱,可只在烟囱顶部设置一层障碍灯。高度超过45m的烟囱应设置多层障碍灯,各层的间距不应大于45m,并宜相等。

14.2.3 烟囱顶部的障碍灯应设置在烟囱顶端以下1.5m~3m范围内,高度超过150m的烟囱可设置在烟囱顶部7.5m范围内。

14.2.4 每层障碍灯的数量应根据其所在标高烟囱的外径确定,并应符合下列规定:

　1 外径小于或等于6m,每层应设3个障碍灯。

　2 外径超过6m,但不大于30m时,每层应设置4个障碍灯。

　3 外径超过30m,每层应设6个障碍灯。

14.2.5 高度超过150m的烟囱顶部应采用高光强A型障碍灯,其间距应控制在75m~105m范围内,在高光强A型障碍灯分层之间应设置低、中光强障碍灯。

14.2.6 高度低于150m的烟囱,也可采用高光强A型障碍灯,采用高光强A型障碍灯后,可不必再用色漆标志烟囱。

14.2.7 每层障碍灯应设置维护平台。

14.3 航空障碍灯设计要求

14.3.1 所有障碍灯应同时闪光,高光强A型障碍灯应自动变光强,中光强B型障碍灯应自动启闭,所有障碍灯应能自动监控,并应使其保证正常状态。

14.3.2 设置障碍灯时,应避免使周围居民感到不适,从地面应只能看到散逸的光线。

附录 A 环形截面几何特性计算公式

表 A 环形截面几何特性计算公式

计算内容	简图及计算式		
重心至圆心的距离 y_0	0	$r\dfrac{\sin\theta}{\pi-\theta}$	$r\dfrac{\sin\theta_1-\sin\theta_2}{\pi-\theta_1-\theta_2}$
重心至截面边缘的距离 y_1	r_2	$r_2\cos\theta_2-r\dfrac{\sin\theta_1-\sin\theta_2}{\pi-\theta_1-\theta_2}$	$r_2\cos\theta_2-r\dfrac{\sin\theta_1-\sin\theta_2}{\pi-\theta_1-\theta_2}$
y_2	r_2	$r_2\cos\theta_1+r\dfrac{\sin\theta_1-\sin\theta_2}{\pi-\theta_1-\theta_2}$	$r_2\cos\theta_1+r\dfrac{\sin\theta_1-\sin\theta_2}{\pi-\theta_1-\theta_2}$
截面面积 A	$2\pi rt$	$2rt(\pi-\theta)$	$2rt(\pi-\theta_1-\theta_2)$
重心轴的截面惯性矩 I	πtr^3	$r^3t\left(\pi-\theta-\cos\theta\sin\theta-2\dfrac{\sin^2\theta}{\pi-\theta}\right)$	$r^3t\left[\pi-\theta_1-\theta_2-\cos\theta_1\sin\theta_1-\cos\theta_2\sin\theta_2-2\dfrac{(\sin\theta_1-\sin\theta_2)^2}{\pi-\theta_1-\theta_2}\right]$

注: r_2 为外半径; r 为平均半径($r=r_2-t/2$); t 为壁厚。

附录 B 焊接圆筒截面轴心受压稳定系数

表 B 焊接圆筒截面轴心受压稳定系数 φ

$\lambda_n\sqrt{\dfrac{f_y}{235}}$	0	10	20	30	40	50	60	70	80	90	100	110	120
0	1.000	0.992	0.970	0.936	0.899	0.856	0.807	0.751	0.688	0.621	0.555	0.493	0.437
1	1.000	0.991	0.967	0.932	0.895	0.852	0.802	0.745	0.681	0.614	0.549	0.487	0.432
2	1.000	0.989	0.963	0.929	0.891	0.847	0.797	0.739	0.675	0.608	0.542	0.481	0.426
3	0.999	0.987	0.960	0.925	0.887	0.842	0.791	0.732	0.668	0.601	0.536	0.475	0.421
4	0.999	0.985	0.957	0.922	0.882	0.838	0.786	0.726	0.661	0.594	0.529	0.470	0.416
5	0.998	0.983	0.954	0.918	0.878	0.833	0.781	0.720	0.655	0.588	0.523	0.464	0.411
6	0.997	0.981	0.950	0.914	0.874	0.828	0.774	0.714	0.648	0.581	0.517	0.458	0.406
7	0.996	0.978	0.947	0.910	0.870	0.823	0.769	0.707	0.641	0.575	0.511	0.453	0.402
8	0.995	0.976	0.943	0.906	0.865	0.818	0.763	0.701	0.635	0.568	0.505	0.447	0.397
9	0.994	0.973	0.939	0.903	0.861	0.813	0.757	0.694	0.628	0.561	0.499	0.442	0.392
$\lambda_n\sqrt{\dfrac{f_y}{235}}$	130	140	150	160	170	180	190	200	210	220	230	240	250
0	0.387	0.345	0.308	0.276	0.250	0.225	0.204	0.186	0.170	0.156	0.144	0.133	0.123
1	0.383	0.341	0.304	0.273	0.246	0.223	0.202	0.184	0.169	0.155	0.143	0.132	
2	0.378	0.337	0.301	0.270	0.244	0.220	0.200	0.183	0.167	0.154	0.142	0.131	
3	0.374	0.333	0.298	0.267	0.241	0.218	0.198	0.181	0.166	0.153	0.141	0.130	
4	0.370	0.329	0.295	0.264	0.239	0.216	0.197	0.180	0.165	0.151	0.140	0.129	
5	0.365	0.326	0.291	0.262	0.236	0.214	0.195	0.178	0.163	0.150	0.138	0.128	
6	0.361	0.322	0.288	0.259	0.234	0.212	0.193	0.176	0.162	0.149	0.137	0.127	
7	0.357	0.318	0.285	0.256	0.231	0.210	0.191	0.175	0.160	0.147	0.136	0.126	
8	0.353	0.315	0.282	0.254	0.229	0.208	0.190	0.173	0.159	0.146	0.135	0.125	
9	0.349	0.311	0.279	0.251	0.227	0.206	0.188	0.172	0.158	0.145	0.134	0.124	

注: 表中 φ 值按下列公式计算:

当 $\lambda_n=\dfrac{\lambda}{\pi}\sqrt{\dfrac{f_y}{E}}\leqslant 0.215$ 时, $\varphi=1-\alpha_1\lambda_n^2$; 当 $\lambda_n>0.215$ 时, $\varphi=\dfrac{1}{2\lambda_n^2}\left[(\alpha_2+\alpha_3\lambda_n+\lambda_n^2)-\sqrt{(\alpha_2+\alpha_3\lambda_n+\lambda_n^2)^2-4\lambda_n^2}\right]$;

其中, $\alpha_1=0.65, \alpha_2=0.965, \alpha_3=0.300$。

附录 C 环形和圆形基础的最终沉降量和倾斜的计算

C.0.1 基础最终沉降量可按下列规定进行计算:

1 环形基础可计算环宽中点 C、D[图 C.0.1(a)]的沉降; 圆形基础应计算圆心 O 点[图 C.0.1(b)]的沉降。

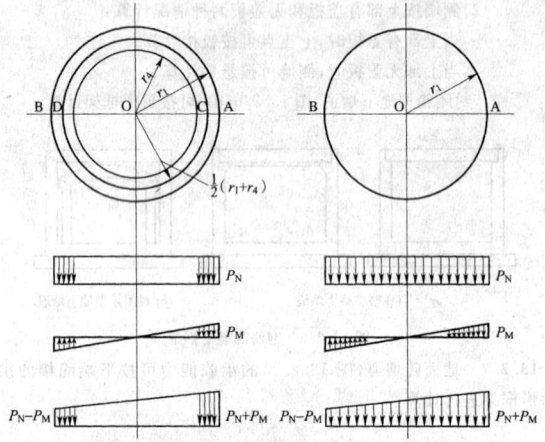

(a) 环形基础   (b) 圆形基础

图 C.0.1 板式基础底板下压力

计算应按现行国家标准《建筑地基基础设计规范》GB 50007 进行。平均附加应力系数 $\bar{\alpha}$, 可按表 C.0.1-1~表 C.0.1-3 采用。

2 计算环形基础沉降量时, 其环宽中点的平均附加应力系数 $\bar{\alpha}$ 值, 应分别按大圆与小圆由表 C.0.1-1~表 C.0.1-3 中相应的 Z/R 和 b/R 栏查得的数值相减后采用。

C.0.2 基础倾斜可按下列规定进行计算:

1 分别计算与基础最大压力 p_{max} 及最小压力 p_{min} 相对应的基础外边缘 A、B 两点的沉降量 S_A 和 S_B, 基础的倾斜值 m_θ, 可按下式计算:

$$m_\theta=\frac{S_A-S_B}{2r_1} \quad (C.0.2-1)$$

式中: r_1 —— 圆形基础的半径或环形基础的外圆半径。

2 计算在梯形荷载作用下的基础沉降量 S_A 和 S_B 时, 可将荷载分为均布荷载和三角形荷载, 分别计算其相应的沉降量再进行叠加。

3 计算环形基础在三角形荷载作用下的倾斜值时, 可按半径 r_1 的圆板在三角形荷载作用下, 算得的 A、B 两点沉降值, 减去半径为 r_4 的圆板在相应的梯形荷载作用下, 算得的 A、B 两点沉降值。

C.0.3 正倒锥组合壳体基础, 其最终沉降量和倾斜值, 可按下壳水平投影的环板基础进行计算。

表 C.0.1-1 圆形面积上均布荷载作用下土中中任意点竖向平均附加应力系数 $\bar{\alpha}$

Z/R	0	0.200	0.400	0.600	0.800	1.000	1.200	1.400	1.600	1.800	2.000	2.200	2.400	2.600	2.800	3.000	3.200	3.400	3.600	3.800	4.000
0	1.000	1.000	1.000	1.000	1.000	0.500	0	0	0	0	0	0	0	0	0	0	0	0	0	0	0
0.20	0.998	0.997	0.996	0.992	0.964	0.482	0.025	0.004	0.001	0	0	0	0	0	0	0	0	0	0	0	0
0.40	0.986	0.984	0.997	0.955	0.880	0.465	0.079	0.022	0.008	0.003	0.001	0.001	0	0	0	0	0	0	0	0	0
0.60	0.960	0.956	0.941	0.902	0.803	0.447	0.121	0.045	0.019	0.009	0.005	0.003	0.002	0.001	0.001	0.001	0.001	0	0	0	0
0.80	0.923	0.917	0.895	0.845	0.739	0.430	0.149	0.066	0.032	0.016	0.009	0.005	0.003	0.002	0.001	0.001	0.001	0.001	0.001	0.001	0
1.00	0.878	0.870	0.835	0.790	0.685	0.413	0.167	0.083	0.044	0.024	0.015	0.009	0.006	0.004	0.003	0.002	0.001	0.001	0.001	0.001	0.001
1.20	0.831	0.823	0.795	0.740	0.638	0.396	0.177	0.096	0.054	0.032	0.020	0.013	0.008	0.006	0.004	0.003	0.002	0.002	0.001	0.001	0.001
1.40	0.784	0.776	0.747	0.693	0.597	0.380	0.183	0.105	0.063	0.039	0.025	0.017	0.011	0.008	0.006	0.004	0.003	0.002	0.002	0.001	0.001
1.60	0.739	0.731	0.704	0.649	0.561	0.364	0.186	0.112	0.070	0.045	0.030	0.021	0.014	0.010	0.007	0.005	0.004	0.003	0.002	0.002	0.002
1.80	0.697	0.689	0.662	0.613	0.529	0.350	0.186	0.116	0.076	0.050	0.035	0.024	0.017	0.012	0.009	0.007	0.005	0.004	0.003	0.002	0.002
2.00	0.658	0.650	0.625	0.578	0.500	0.336	0.185	0.119	0.080	0.055	0.038	0.027	0.020	0.015	0.011	0.008	0.006	0.005	0.004	0.003	0.002
2.20	0.623	0.615	0.591	0.546	0.473	0.322	0.183	0.120	0.083	0.058	0.042	0.030	0.022	0.017	0.012	0.009	0.007	0.006	0.005	0.004	0.003
2.40	0.590	0.582	0.560	0.518	0.450	0.309	0.180	0.121	0.085	0.061	0.044	0.033	0.024	0.019	0.014	0.011	0.008	0.007	0.005	0.004	0.003
2.60	0.560	0.553	0.531	0.492	0.428	0.297	0.176	0.121	0.086	0.063	0.046	0.035	0.026	0.020	0.016	0.012	0.009	0.007	0.006	0.005	0.004
2.80	0.532	0.526	0.505	0.468	0.408	0.285	0.173	0.120	0.087	0.064	0.048	0.037	0.028	0.022	0.017	0.013	0.010	0.008	0.006	0.005	0.004
3.00	0.507	0.501	0.483	0.447	0.390	0.274	0.169	0.119	0.087	0.065	0.049	0.038	0.030	0.023	0.018	0.015	0.012	0.009	0.007	0.006	0.005
3.20	0.484	0.478	0.460	0.427	0.373	0.265	0.165	0.117	0.086	0.066	0.050	0.039	0.032	0.024	0.019	0.015	0.013	0.010	0.008	0.006	0.005
3.40	0.463	0.457	0.440	0.408	0.357	0.255	0.160	0.115	0.086	0.066	0.051	0.040	0.033	0.025	0.020	0.016	0.013	0.011	0.008	0.007	0.006
3.60	0.443	0.438	0.421	0.392	0.343	0.246	0.156	0.113	0.085	0.066	0.052	0.041	0.034	0.026	0.021	0.017	0.014	0.011	0.009	0.008	0.006
3.80	0.425	0.420	0.404	0.376	0.330	0.238	0.152	0.112	0.085	0.066	0.052	0.041	0.034	0.027	0.022	0.018	0.015	0.012	0.010	0.008	0.007
4.00	0.409	0.404	0.389	0.361	0.318	0.230	0.149	0.109	0.084	0.065	0.052	0.042	0.035	0.028	0.023	0.019	0.016	0.013	0.010	0.009	0.007
4.20	0.393	0.388	0.374	0.348	0.306	0.223	0.145	0.107	0.082	0.065	0.052	0.042	0.035	0.028	0.023	0.019	0.016	0.013	0.011	0.009	0.008
4.40	0.379	0.374	0.360	0.336	0.295	0.216	0.141	0.105	0.081	0.064	0.052	0.042	0.035	0.029	0.024	0.020	0.017	0.014	0.012	0.010	0.009
4.60	0.365	0.361	0.348	0.324	0.285	0.209	0.137	0.103	0.080	0.064	0.051	0.042	0.035	0.029	0.024	0.020	0.017	0.014	0.012	0.010	0.009
4.80	0.353	0.349	0.336	0.313	0.276	0.203	0.134	0.101	0.079	0.063	0.051	0.042	0.035	0.029	0.024	0.021	0.018	0.015	0.013	0.011	0.009
5.00	0.341	0.337	0.325	0.303	0.267	0.197	0.131	0.099	0.078	0.062	0.051	0.042	0.035	0.029	0.025	0.021	0.018	0.015	0.013	0.011	0.010

表 C.0.1-2 圆形面积上三角形分布荷载作用下对称轴下土中任意点竖向平均附加应力系数 $\bar{\alpha}$

简图	Z/R	\multicolumn{21}{c}{b/R}
		0	0.200	0.400	0.600	0.800	1.000	1.200	1.400	1.600	1.800	2.000	2.200	2.400	2.600	2.800	3.000	3.200	3.400	3.600	3.800	4.000
	0	0.500	0.400	0.300	0.200	0.100	0	0	0	0	0	0	0	0	0	0	0	0	0	0	0	0
	0.20	0.499	0.399	0.300	0.200	0.102	0.016	0	0	0	0	0	0	0	0	0	0	0	0	0	0	0
	0.40	0.493	0.396	0.298	0.200	0.107	0.030	0.002	0	0	0	0	0	0	0	0	0	0	0	0	0	0
	0.60	0.480	0.387	0.293	0.200	0.112	0.041	0.008	0.001	0	0	0	0	0	0	0	0	0	0	0	0	0
	0.80	0.462	0.377	0.287	0.199	0.117	0.050	0.016	0.003	0.001	0	0	0	0	0	0	0	0	0	0	0	0
	1.00	0.439	0.360	0.278	0.196	0.120	0.057	0.023	0.007	0.002	0.001	0	0	0	0	0	0	0	0	0	0	0
	1.20	0.416	0.343	0.267	0.192	0.121	0.063	0.030	0.012	0.004	0.002	0.001	0	0	0	0	0	0	0	0	0	0
	1.40	0.392	0.326	0.257	0.187	0.121	0.067	0.036	0.017	0.006	0.003	0.001	0.001	0	0	0	0	0	0	0	0	0
	1.60	0.370	0.310	0.245	0.181	0.120	0.070	0.040	0.021	0.009	0.004	0.002	0.001	0.001	0	0	0	0	0	0	0	0
	1.80	0.349	0.294	0.234	0.175	0.119	0.072	0.044	0.025	0.013	0.006	0.003	0.002	0.001	0.001	0	0	0	0	0	0	0
	2.00	0.329	0.279	0.224	0.169	0.116	0.072	0.046	0.028	0.016	0.008	0.004	0.002	0.001	0.001	0.001	0	0	0	0	0	0
	2.20	0.312	0.265	0.214	0.163	0.114	0.073	0.048	0.031	0.018	0.010	0.005	0.003	0.002	0.001	0.001	0.001	0.001	0	0	0	0
	2.40	0.295	0.252	0.205	0.157	0.111	0.073	0.049	0.033	0.021	0.012	0.007	0.004	0.002	0.002	0.001	0.001	0.001	0.001	0	0	0
	2.60	0.280	0.240	0.196	0.151	0.108	0.072	0.050	0.035	0.023	0.014	0.009	0.005	0.003	0.002	0.002	0.001	0.001	0.001	0.001	0	0
	2.80	0.266	0.229	0.187	0.145	0.105	0.071	0.051	0.036	0.025	0.016	0.010	0.006	0.004	0.003	0.002	0.002	0.001	0.001	0.001	0.001	0
	3.00	0.254	0.218	0.180	0.140	0.102	0.070	0.051	0.037	0.026	0.018	0.012	0.007	0.005	0.004	0.002	0.002	0.002	0.001	0.001	0.001	0.001
	3.20	0.242	0.209	0.172	0.135	0.099	0.069	0.051	0.037	0.027	0.019	0.013	0.008	0.006	0.004	0.003	0.002	0.002	0.002	0.001	0.001	0.001
	3.40	0.232	0.200	0.166	0.130	0.096	0.067	0.050	0.037	0.028	0.020	0.014	0.009	0.006	0.005	0.004	0.003	0.002	0.002	0.002	0.001	0.001
	3.60	0.222	0.192	0.159	0.125	0.094	0.066	0.049	0.038	0.029	0.021	0.015	0.010	0.007	0.005	0.004	0.003	0.003	0.002	0.002	0.002	0.001
	3.80	0.213	0.184	0.152	0.121	0.091	0.065	0.048	0.038	0.029	0.022	0.016	0.011	0.008	0.006	0.005	0.004	0.003	0.002	0.002	0.002	0.002
	4.00	0.205	0.177	0.148	0.117	0.088	0.063	0.047	0.037	0.029	0.023	0.016	0.012	0.009	0.007	0.005	0.004	0.004	0.003	0.003	0.002	0.002
	4.20	0.197	0.171	0.142	0.113	0.086	0.062	0.046	0.036	0.029	0.023	0.016	0.013	0.009	0.007	0.006	0.005	0.004	0.003	0.003	0.003	0.003
	4.40	0.190	0.165	0.138	0.110	0.083	0.061	0.045	0.036	0.029	0.024	0.019	0.013	0.011	0.008	0.006	0.005	0.004	0.004	0.003	0.003	0.003
	4.60	0.183	0.159	0.133	0.107	0.081	0.059	0.044	0.036	0.029	0.024	0.019	0.014	0.011	0.009	0.007	0.006	0.005	0.004	0.004	0.003	0.003
	4.80	0.177	0.154	0.129	0.104	0.079	0.058	0.043	0.035	0.028	0.024	0.019	0.014	0.012	0.010	0.007	0.006	0.005	0.005	0.004	0.003	0.003
	5.00	0.171	0.151	0.125	0.101	0.077	0.057	0.042	0.035	0.028	0.023	0.019	0.016	0.012	0.010	0.008	0.007	0.006	0.005	0.005	0.005	0.004

表 C.0.1-3　圆形面积上三角形分布荷载作用下对称轴下土中任意点竖向平均附加应力系数 $\bar{\alpha}$

Z/R	b/R																			
	-0.200	-0.400	-0.600	-0.800	-1.000	-1.200	-1.400	-1.600	-1.800	-2.000	-2.200	-2.400	-2.600	-2.800	-3.000	-3.200	-3.400	-3.600	-3.800	-4.000
0	0.600	0.700	0.800	0.900	0.500	0	0	0	0	0	0	0	0	0	0	0	0	0	0	0
0.20	0.598	0.697	0.791	0.862	0.466	0.024	0	0	0	0	0	0	0	0	0	0	0	0	0	0
0.40	0.589	0.679	0.755	0.774	0.435	0.071	0.004	0.001	0	0	0	0	0	0	0	0	0	0	0	0
0.60	0.569	0.647	0.702	0.691	0.406	0.106	0.019	0.007	0.003	0.001	0	0	0	0	0	0	0	0	0	0
0.80	0.541	0.608	0.646	0.622	0.380	0.126	0.038	0.015	0.007	0.002	0.001	0	0	0	0	0	0	0	0	0
1.00	0.511	0.567	0.594	0.565	0.356	0.137	0.054	0.025	0.013	0.004	0.002	0.001	0	0	0	0	0	0	0	0
1.20	0.479	0.527	0.548	0.517	0.333	0.142	0.066	0.034	0.019	0.007	0.003	0.001	0.001	0	0	0	0	0	0	0
1.40	0.449	0.491	0.506	0.476	0.313	0.143	0.075	0.042	0.024	0.011	0.004	0.002	0.001	0.001	0	0	0	0	0	0
1.60	0.421	0.457	0.470	0.441	0.294	0.142	0.080	0.048	0.029	0.015	0.006	0.003	0.002	0.001	0.001	0	0	0	0	0
1.80	0.395	0.428	0.438	0.410	0.278	0.140	0.084	0.052	0.033	0.018	0.009	0.004	0.003	0.002	0.001	0.001	0.001	0	0	0
2.00	0.372	0.401	0.409	0.383	0.263	0.137	0.085	0.055	0.036	0.022	0.012	0.006	0.004	0.003	0.002	0.001	0.001	0.001	0	0
2.20	0.350	0.376	0.384	0.360	0.248	0.134	0.087	0.057	0.039	0.024	0.014	0.008	0.005	0.004	0.002	0.002	0.001	0.001	0.001	0
2.40	0.331	0.355	0.362	0.339	0.236	0.130	0.087	0.058	0.040	0.026	0.017	0.010	0.007	0.005	0.003	0.002	0.002	0.001	0.001	0.001
2.60	0.313	0.336	0.341	0.320	0.225	0.126	0.085	0.059	0.042	0.028	0.019	0.012	0.008	0.006	0.004	0.003	0.002	0.002	0.001	0.001
2.80	0.297	0.318	0.323	0.303	0.214	0.122	0.084	0.058	0.042	0.030	0.021	0.014	0.010	0.007	0.005	0.004	0.003	0.002	0.002	0.001
3.00	0.283	0.302	0.307	0.288	0.204	0.118	0.082	0.058	0.043	0.031	0.022	0.015	0.011	0.008	0.006	0.004	0.003	0.003	0.002	0.002
3.20	0.269	0.287	0.292	0.274	0.196	0.114	0.081	0.058	0.043	0.032	0.023	0.016	0.012	0.009	0.007	0.005	0.004	0.003	0.002	0.002
3.40	0.257	0.274	0.278	0.261	0.188	0.110	0.079	0.057	0.043	0.032	0.024	0.017	0.013	0.010	0.008	0.006	0.005	0.004	0.003	0.003
3.60	0.246	0.262	0.266	0.250	0.180	0.107	0.077	0.056	0.042	0.033	0.025	0.017	0.013	0.010	0.008	0.006	0.005	0.004	0.003	0.003
3.80	0.236	0.251	0.255	0.239	0.173	0.104	0.076	0.055	0.042	0.033	0.025	0.018	0.014	0.011	0.009	0.007	0.006	0.005	0.004	0.004
4.00	0.224	0.241	0.244	0.229	0.167	0.101	0.074	0.054	0.041	0.033	0.026	0.018	0.014	0.011	0.009	0.007	0.006	0.005	0.004	0.004
4.20	0.217	0.231	0.234	0.220	0.161	0.098	0.072	0.053	0.040	0.033	0.026	0.019	0.015	0.012	0.010	0.008	0.007	0.006	0.005	0.004
4.40	0.209	0.222	0.225	0.212	0.155	0.095	0.069	0.052	0.040	0.032	0.026	0.020	0.015	0.012	0.010	0.008	0.007	0.006	0.005	0.005
4.60	0.202	0.214	0.217	0.204	0.150	0.092	0.067	0.051	0.040	0.032	0.026	0.021	0.015	0.013	0.010	0.008	0.007	0.006	0.005	0.005
4.80	0.195	0.207	0.209	0.197	0.145	0.090	0.065	0.050	0.039	0.031	0.026	0.021	0.015	0.012	0.010	0.009	0.008	0.006	0.006	0.005
5.00	0.188	0.201	0.202	0.190	0.140	0.087	0.064	0.049	0.039	0.031	0.026	0.021	0.018	0.015	0.013	0.011	0.009	0.008	0.007	0.006

本规范用词说明

1 为便于在执行本规范条文时区别对待，对要求严格程度不同的用词说明如下：
   1）表示很严格，非这样做不可的：
      正面词采用"必须"，反面词采用"严禁"；
   2）表示严格，在正常情况下均应这样做的：
      正面词采用"应"，反面词采用"不应"或"不得"；
   3）表示允许稍有选择，在条件许可时首先应这样做的：
      正面词采用"宜"，反面词采用"不宜"；
   4）表示有选择，在一定条件下可以这样做的，采用"可"。

2 条文中指明应按其他有关标准执行的写法为："应符合……的规定"或"应按……执行"。

引用标准名录

《砌体结构设计规范》GB 50003
《建筑地基基础设计规范》GB 50007
《建筑结构荷载规范》GB 50009
《混凝土结构设计规范》GB 50010
《建筑抗震设计规范》GB 50011
《钢结构设计规范》GB 50017
《工业建筑防腐蚀设计规范》GB 50046
《高耸结构设计规范》GB 50135
《钢结构工程施工质量验收规范》GB 50205
《碳素结构钢》GB/T 700
《钢筋混凝土用钢 第1部分：热轧光圆钢筋》GB 1499.1
《钢筋混凝土用钢 第2部分：热轧带肋钢筋》GB 1499.2
《低合金高强度结构钢》GB/T 1591
《耐候结构钢》GB/T 4171
《纤维增强塑料用液体不饱和聚酯树脂》GB/T 8237
《金属覆盖层 钢铁制件热浸镀锌层 技术要求及试验方法》GB/T 13912
《玻璃纤维短切原丝毡和连续原丝毡》GB/T 17470
《玻璃纤维无捻粗纱》GB/T 18369
《玻璃纤维无捻粗纱布》GB/T 18370
《钢筋焊接及验收规程》JGJ 18
《建筑桩基技术规范》JGJ 94

中华人民共和国国家标准

烟囱设计规范

GB 50051—2013

条 文 说 明

修 订 说 明

本规范是在《烟囱设计规范》GB 50051-2002 的基础上修订而成。上一版规范的主编单位是包头钢铁设计研究总院（现为中冶东方工程技术有限公司），参编单位是西安建筑科技大学、大连理工大学、西北电力设计院、华东电力设计院、山东电力工程咨询院、中国成都化工工程公司、长沙冶金设计研究总院、鞍山焦化耐火材料设计研究院、北京市计量科学研究所。主要起草人是牛春良、杨春田、于淑琴、宋玉普、卫云亭、陆卯生、赵德厚、鞠洪国、王赞泓、黄惠嘉、黄承逵、赵国藩、岳鹤龄、狄原沆、傅国勤、魏业培、张长信、蔡洪良、解宝安、乔永胜、郭亮、朱向前、张小平。

本次规范修订过程中，修订组进行了广泛的调查研究，特别是对近年来烟气脱硫后烟囱的破坏情况进行了大量调研，总结了烟囱腐蚀与防护经验，对烟囱防腐蚀作出了更为详细的规定，并新增了玻璃钢烟囱设计内容，扩大了烟囱防腐蚀的选择范围。在修订过程中，同时也参考了国外先进技术标准，进一步完善了规范内容。

近年来，非圆形截面的异形烟囱应用较多，其截面应力分析以及风荷载计算等均需要深入研究；虽然本次规范修订对烟囱防腐蚀做了较多工作，但限于现有工业材料水平，还不能做到既安全可靠又经济适用这一水准，需要在今后修订中逐步予以完善。

为了准确理解本规范的技术规定，按照《工程建设标准编写规定》的要求，编制组编写了《烟囱设计规范》条文说明。本条文说明不具备与规范正文同等的法律效力，仅供使用者作为理解和把握规范规定的参考。

目 次

1 总则 ········· 7—8—52
3 基本规定 ········· 7—8—52
　3.1 设计原则 ········· 7—8—52
　3.2 设计规定 ········· 7—8—52
　3.3 受热温度允许值 ········· 7—8—53
　3.4 钢筋混凝土烟囱筒壁设计规定 ········· 7—8—53
　3.5 烟气排放监测系统 ········· 7—8—53
4 材料 ········· 7—8—53
　4.1 砖石 ········· 7—8—53
　4.2 混凝土 ········· 7—8—54
　4.3 钢筋和钢材 ········· 7—8—54
　4.4 材料热工计算指标 ········· 7—8—54
5 荷载与作用 ········· 7—8—55
　5.1 荷载与作用的分类 ········· 7—8—55
　5.2 风荷载 ········· 7—8—55
　5.3 平台活荷载与积灰荷载 ········· 7—8—55
　5.5 地震作用 ········· 7—8—55
　5.6 温度作用 ········· 7—8—56
6 砖烟囱 ········· 7—8—57
　6.1 一般规定 ········· 7—8—57
　6.2 水平截面计算 ········· 7—8—57
　6.6 构造规定 ········· 7—8—57
7 单筒式钢筋混凝土烟囱 ········· 7—8—58
　7.1 一般规定 ········· 7—8—58
　7.2 附加弯矩计算 ········· 7—8—58
　7.3 烟囱筒壁承载能力极限状态计算 ········· 7—8—58
　7.4 烟囱筒壁正常使用极限状态计算 ········· 7—8—58
8 套筒式和多管式烟囱 ········· 7—8—59
　8.1 一般规定 ········· 7—8—59
　8.2 计算规定 ········· 7—8—59
　8.3 自立式钢内筒 ········· 7—8—59
　8.4 悬挂式钢内筒 ········· 7—8—59
　8.5 砖内筒 ········· 7—8—59
　8.6 构造规定 ········· 7—8—60
9 玻璃钢烟囱 ········· 7—8—60
　9.1 一般规定 ········· 7—8—60
　9.2 材料 ········· 7—8—61
　9.3 筒壁承载能力计算 ········· 7—8—62
　9.4 构造规定 ········· 7—8—62
　9.5 烟囱制作要求 ········· 7—8—62
　9.6 安装要求 ········· 7—8—62
10 钢烟囱 ········· 7—8—62
　10.2 塔架式钢烟囱 ········· 7—8—62
　10.3 自立式钢烟囱 ········· 7—8—63
　10.4 拉索式钢烟囱 ········· 7—8—63
11 烟囱的防腐蚀 ········· 7—8—63
　11.1 一般规定 ········· 7—8—63
　11.2 烟囱结构型式选择 ········· 7—8—63
　11.3 砖烟囱的防腐蚀 ········· 7—8—64
　11.4 单筒式钢筋混凝土烟囱的防腐蚀 ········· 7—8—64
　11.5 套筒式和多管式烟囱的砖内筒防腐蚀 ········· 7—8—64
　11.7 钢烟囱的防腐蚀 ········· 7—8—64
12 烟囱基础 ········· 7—8—64
　12.1 一般规定 ········· 7—8—64
　12.2 地基计算 ········· 7—8—64
　12.3 刚性基础计算 ········· 7—8—64
　12.4 板式基础计算 ········· 7—8—64
　12.5 壳体基础计算 ········· 7—8—64
　12.6 桩基础 ········· 7—8—64
　12.7 基础构造 ········· 7—8—64
13 烟道 ········· 7—8—65
　13.1 一般规定 ········· 7—8—65
　13.2 烟道的计算和构造 ········· 7—8—65
14 航空障碍灯和标志 ········· 7—8—65
　14.1 一般规定 ········· 7—8—65
　14.2 障碍灯的分布 ········· 7—8—65

1 总 则

1.0.2 本次规范修订增加了玻璃钢烟囱设计内容,同时明确规范适用于圆形截面烟囱设计。与非圆形截面的异形烟囱相比,圆形截面烟囱对减少风荷载阻力、降低温度应力集中等有明显优势。但随着城市多样化建设发展需要,近几年异形烟囱发展较快,对于异形烟囱需要对风荷载体形系数、振动特性等进行专门研究,本规范给出的截面承载能力极限状态和正常使用极限状态等计算公式都不再适用。

1.0.3 本规范修订过程与有关的现行规范进行了协调,对于有些规范并不完全适用于烟囱设计的内容,本规范根据烟囱的特点进行了一些特殊规定。

3 基本规定

3.1 设计原则

3.1.1 本规范采用以概率理论为基础的极限状态设计方法,以可靠指标度量结构构件的可靠度,采用分项系数的设计表达式进行结构计算。烟囱设计根据现行国家标准《建筑结构可靠度设计统一标准》GB 50068 和《工程结构可靠性设计统一标准》GB 50153 的规定划分为两类极限状态——承载能力极限状态和正常使用极限状态。

3.1.2 根据现行国家标准《工程结构可靠性设计统一标准》GB 50153,工程结构设计分为四种设计状况,即持久设计状况、短暂设计状况、偶然设计状况和地震设计状况。偶然设计状况适用于结构出现异常情况,包括火灾、爆炸、撞击时的情况,烟囱设计未涉及此类状况。承载能力极限状态设计,应根据不同的设计状况分别进行基本组合和地震组合设计。对于正常使用极限状态,应分别按作用效应的标准组合、频遇组合和准永久组合进行设计。

3.1.3 烟囱安全等级主要根据烟囱高度确定,对于电力系统烟囱考虑了单机容量。原规范规定当单机容量大于或等于 200 兆瓦(MW)时为一级,过于严格,本次规范修订规定大于或等于 300 兆瓦(MW)时为一级。

3.1.4 根据现行国家标准《工程结构可靠性设计统一标准》GB 50153,对极限承载能力表达式进行了修改,增加了活荷载调整系数。安全等级为一级的烟囱,其风荷载调整系数为 1.1。

3.1.5 取消了原规范设计使用年限为 100 年烟囱安全等级为一级的规定。在极限承载能力表达式中包含了活荷载设计使用年限调整系数,为避免重复计算,取消了该项规定。现行国家标准《工程结构可靠性设计统一标准》GB 50153 规定,安全等级为一级的房屋建筑的结构重要性系数不应小于 1.1。烟囱为高耸结构,其结构重要性系数不应低于该项要求。

3.1.6 本次规范修订增加了玻璃钢烟囱。由于玻璃钢烟囱在温度作用下,材料强度离散性较大,同时与国际标准接轨,本次修订增加了玻璃钢烟囱温度作用分项系数为 1.10。规定对结构受力有利时,平台活荷载和检修、安装荷载分项系数取值为 0。

3.1.7 根据烟囱的工作特性,本条列出了烟囱可能发生的各种荷载效应和作用效应的基本组合情况。其中组合情况Ⅰ是普遍发生的;组合情况Ⅱ多发生于套筒式或多管式烟囱;组合情况Ⅲ用于塔架或拉索验算。组合Ⅳ、Ⅴ、Ⅵ用于自立式或悬挂式钢内筒或玻璃钢内筒计算。由于平台约束对内筒将产生较大温度应力,需要进行该类组合计算。

为了与现行国家标准《高耸结构设计规范》GB 50135 的规定一致,在安装检修为第 1 可变荷载时,风荷载的组合系数由 0.45 调整到 0.60,同时考虑其他平台活荷载。

附加弯矩属可变荷载,组合中应予折减。但由于缺乏统计数据且考虑到自重为其产生的主要因素,故组合系数为 1.00。

增加了温度组合工况,原规范将该种工况列于正常使用状态下,温度和荷载共同作用情况,主要用于钢筋混凝土烟囱筒壁验算。由于温度作用长期存在,在自立式或悬挂式钢内筒或玻璃钢内筒极限承载能力验算时,也应考虑其组合,并且其组合系数应取 1.00。

由于砖烟囱和塔架式钢烟囱的结构特点,其变形较小,可不考虑其附加弯矩影响。

3.1.8 根据需要,本次修订增加了玻璃钢烟囱、塔架抗震调整系数。同时规定仅计算竖向地震作用时,抗震调整系数取 1.0,以与现行国家标准《建筑抗震设计规范》GB 50011 强制性条文一致。重力荷载代表值计算时,积灰荷载组合系数由 0.5 调整为 0.9,与烟囱实际运行情况以及《建筑结构荷载规范》GB 50009 一致。

公式(3.1.8-1)用于普通烟囱及套筒(或多管)烟囱外筒的抗震验算;公式(3.1.8-2)用于自立式或悬挂式排烟内筒抗震验算,主要是考虑平台约束对内筒产生的温度应力影响。

3.1.9 钢筋混凝土烟囱在承载能力极限状态计算时未考虑温度应力,原因是考虑混凝土开裂后温度应力消失。但在正常使用极限状态应考虑温度应力,故需在该阶段进行应力验算。

烟囱地基变形计算,主要包括基础最终沉降量计算及基础倾斜计算。在长期荷载作用下,地基所产生的变形主要是由于土中孔隙水的消散、孔隙水的减少而发生的。风荷载是瞬时作用的活荷载,在其作用下土中孔隙水一般来不及消散,土体积的变化也迟缓于风荷载,故风荷载产生的地基变形可按瞬时变形考虑。影响烟囱基础沉降和倾斜的主要因素,是作用于筒身的长期荷载、邻近建筑的相互影响以及地基本身的不均匀性,而瞬时作用的影响是很小的,故一般情况下,计算烟囱基础的地基变形时,不考虑风荷载。但对于烟囱来讲,风荷载是主要活荷载,特殊情况下,即对于风玫瑰图严重偏心的地区,为确保结构的稳定性,应考虑风荷载。

增加了积灰荷载准永久系数取值。

3.2 设计规定

3.2.1 烟囱筒壁的材料选择,在一般情况下主要依据烟囱的高度和地震烈度。从目前国内情况看,烟囱高度大于 80m 时,一般采用钢筋混凝土筒壁。烟囱高度小于或等于 60m 时,多数采用砖烟囱。烟囱高度介于 60m 至 80m 之间时,除要考虑烟囱高度和地震烈度外,还宜根据烟囱直径、烟气温度、材料供应及施工条件等情况进行综合比较后确定。

砖烟囱的抗震性能较差。即使是配置竖向钢筋的砖烟囱,遇到较高烈度的地震仍难免发生一定程度的破坏。而且高烈度区砖烟囱的竖向配筋量很大,导致施工质量难以保证,而造价与钢筋混凝土烟囱相差不大。

3.2.2 烟囱内衬设置的主要作用是降低筒壁温度,保证筒壁的受热温度在限值之内,减少材料力学性能的降低和降低筒壁温度应力以减少裂缝开展。设置内衬还可以减少烟气对筒壁的腐蚀和磨损。考虑上述因素,本条对内衬的设置区域、温度界限分别作了规定。钢筋混凝土单筒烟囱的内衬宜沿筒壁全高设置,当有积灰平台时,可仅在烟道口以上部分设置。

钢烟囱可以不设置内衬,主要是指烟气无腐蚀、或虽有腐蚀但采用防腐蚀涂料的钢烟囱。当烟气温度过高或仅通过防腐涂料不能够满足要求时,仍需设置内衬。

3.2.4 隔烟墙高度问题一直存在争议,原规范规定应超过烟道孔顶,超出高度不小于 1/2 孔高。但实际应用中,许多烟道孔高度很大,难以实现。调研表明底部 1/3 烟气容易灌入对面烟道,上部 2/3 烟气会直接被抽入烟囱。为此,本次规范修订规定隔烟墙高度宜采用烟道孔高度的 0.5 倍～1.5 倍,烟囱高度较低和烟道孔较矮的烟囱宜取较大值,反之取较小值。

3.2.6 我国以往烟囱爬梯一般在一定高度(约 10m)处开始设置安全防护围栏,与国际标准相比,安全等级偏低,本次修改要求全高设置,且为强制性条文。烟囱为高耸结构,爬梯是后续烟囱高空维护、检查的唯一通道,围栏是保护使用人员安全的重要设施,其重要性同平台栏杆一样,必须设置。

3.2.10 爬梯和平台等金属构件是宜腐蚀构件,特别是这些构件长期处于露天和烟气等化学腐蚀介质可能腐蚀的环境里,因此,宜采取热浸镀锌防腐措施。

3.2.11 爬梯、平台与筒壁连接的可靠性,直接关系到烟囱使用期间高空作业人员的生命安全,因此必须满足强度和耐久性要求。

3.2.12 防雷装置是烟囱附属系统中的重要组成部分,烟囱一般均高出周围建筑物,其防雷设施设置尤为重要,必须按有关防雷标准进行防雷设计。

3.2.13 烟囱沉降和倾斜对其结构安全影响敏感,需要设置专门的观测装置。烟囱底部是否设置清灰系统(包括积灰平台、漏斗和清灰孔等),应根据实际需要确定,在烟囱使用寿命期间无积灰产生的,可以不设。

3.2.15 筒壁计算截面的选取,是以具有代表性、计算方便又偏于安全为原则而确定的。因烟囱的坡度、筒身各层厚度及截面配筋的变化都在分节处,同时筒身的自重、风荷载及温度也按分节进行计算。这样,在每节底部的水平截面总是该节的最不利截面。因而本规范规定在计算水平截面时,取筒壁各节的底截面。

垂直截面本可以选择任意单位高度为计算截面。因为各节底部截面的一些数据是现成的(如筒壁内外半径、内衬及隔热层厚度)。所以计算垂直面时,也规定取筒壁各节底部单位高度为计算截面。

3.2.16 原规范的水平位移限值未明确规定,有关要求应符合原国家标准《高耸结构设计规范》GBJ 135—90 的规定,即控制变形为离地高度的 1/100。新修订的《高耸结构设计规范》GB 50135—2006 所规定的高耸结构变形控制不适合烟囱设计要求,故本次规范修订给出水平变位限值。

美国《Code Requirements for Reinforced Concrete Chimneys and Commentary》ACI 307—08 规定烟囱顶部位移限值为烟囱高度的 1/300。根据我国实际应用情况,规定钢筋混凝土烟囱和钢烟囱位移限值为离地高度的 1/100,而砖烟囱,需要控制水平截面偏心距不得大于其核心距,其位移限值应严格控制,确定为 1/300。

3.3 受热温度允许值

3.3.1 烟囱筒壁温度和基础的最高受热温度允许值仍与原规范的规定相同。

1 对于普通黏土砖砌体的筒壁,限制最高使用温度,是依据在温度作用下材料性能的变化、温度应力的大小、筒壁使用效果等因素综合考虑的。砖砌体在 400℃ 温度作用下,强度有所降低(主要是砂浆强度降低)。由于筒壁的高温区仅在筒壁内侧,筒壁内的温度是由内向外递减的,平均温度要小于 400℃。

2 钢筋混凝土及混凝土的受热温度允许值规定为 150℃,这是因为从烟囱的大量调查中发现,由于温度的作用,筒壁裂缝比较普遍,有些还相当严重。这是由于一方面温度应力、混凝土的收缩及徐变、施工质量等因素综合造成的,另一方面,烟气的温度不仅长期作用,而且在使用过程中受热温度还可能出现超温现象。超温现象除了因为烟气温度升高(事故或燃料改变)外,还与内衬及隔热层性能达不到设计要求有关。这些都将导致筒壁温度升高。综合以上因素,限制钢筋混凝土筒壁的设计最高受热温度为 150℃。

3 关于钢筋混凝土基础的设计最高受热温度,实际调查中发现,凡烟气穿过基础的高温烟囱,基础有的出现严重酥碎,有的已全部烧坏。这是因为热量在土中不易散发,蓄积的热量使基础受热温度愈来愈高,导致混凝土解体。在原规范编制过程中,进行了大试件模拟试验。在试验的基础上,给出了温度计算公式。在设计过程中发现,用上述公式计算,对烟气温度大于 350℃ 的基础,很难仅用隔热的措施使基础受热温度降至 150℃ 以下。如果采取通风散热或改用耐热混凝土为基础材料等措施,则尚缺乏工程实践经验。因此,高温烟囱应避免采用有烟气穿过的基础而可将烟道入口升至地面。

非耐热钢烟囱筒壁受热温度的适用范围摘自国家标准《钢制压力容器》GB 150—1998。

3.4 钢筋混凝土烟囱筒壁设计规定

3.4.1 本条给出了在正常使用极限状态计算时控制混凝土及钢筋的应力限值,以防止混凝土和钢筋应力过大。

3.4.2 原规范与现行国家标准《混凝土结构设计规范》GB 50010 统一,裂缝宽度限值区分了使用环境类别,并对裂缝宽度限值作了规定。由于烟囱工作环境恶劣,裂缝普遍,因此,本次修订规定所有钢筋混凝土烟囱上部 20m 范围最大裂缝宽度为 0.15mm,其余部位全部为 0.20mm。

3.5 烟气排放监测系统

3.5.1 烟气排放连续监测系统(Continuous Emissions Monitoring Systems,简称 CEMS)的设置,由环保或工艺有关专业设置,土建专业应预留位置并设置用于采样的平台。

3.5.2 安装烟气 CEMS 的工作区域应提供永久性的电源,以保障烟气 CEMS 的正常运行。安装在高空位置的烟气 CEMS 要采取措施防止发生雷击事故,做好接地,以保证人身安全和仪器的运行安全。

4 材 料

4.1 砖 石

4.1.1 砖烟囱筒壁材料的选用考虑了以下情况:

(1)从对砖烟囱的调查研究发现,砖的强度等级低于或等于 MU7.5 时,砌体的耐久性差,容易风化腐蚀。特别是处于潮湿环境或具有腐蚀性介质作用时更为突出。故将砖的强度等级提高一级,规定其强度等级不应低于 MU10。

(2)烟气中一般都含有不同程度的腐蚀介质,烟囱筒壁一般会受到烟气腐蚀的作用。在调查的砖烟囱中,发现砂浆被腐蚀后丧失强度,用手很容易将砂浆剥落。但仍具有一定的强度,说明砂浆的耐腐蚀性不如砖。从调研中还可以看到烟囱筒首部分腐蚀更为严重,砂浆疏松剥落。因此,从耐腐蚀上要求砂浆强度等级不应低于 M5。

通过对配筋砖烟囱调查发现:用 M2.5 混合砂浆砌筑配有环向钢筋的砖筒壁,由于砂浆强度低,密实性差,钢筋锈蚀严重,钢筋围有黄色锈斑,钢筋与砂浆黏结不好,难以保证共同工作。而用 M5 混合砂浆砌筑的烟囱投产使用多年,烟囱外表无明显裂缝,凿开后钢筋锈蚀较轻,砂浆密实饱满。所以,从防止钢筋锈蚀和保证钢筋与砂浆共同工作出发,砖筒壁的砂浆强度等级也不应低于 M5。

烧结黏土砖可有效满足温度收缩及遇水膨胀,故砖烟囱宜选用烧结黏土砖。当其他类型砌块性能达到上述性能时,也可采用。

4.1.2 本条规定了烟囱及烟道的内衬材料。

在已投产使用的烟囱中,内衬开裂是比较普遍存在的问题。有的烟囱内衬在温度反复作用下,开裂长达几米或十几米,且沿整个壁厚贯通。内衬的开裂导致筒壁受热温度升高并产生裂缝,内衬已成为烟囱正常使用下的薄弱环节。开裂严重直接影响烟囱的正常使用。因此,在内衬材料的选择上应予重视。

内衬直接受烟气温度及烟气中腐蚀性介质的作用,因此内衬材料应根据烟气温度及腐蚀程度选择,依据烟气温度,可选用普通黏土砖或黏土质耐火砖做内衬;当烟气中含有较强的腐蚀性介质时,按本规范第11章有关规定执行。

4.2 混 凝 土

4.2.1 钢筋混凝土烟囱筒壁混凝土的采用有以下考虑:

1 普通硅酸盐水泥和矿渣硅酸盐水泥除具有一般水泥特性外尚有抗硫酸盐侵蚀性好的优点。适合用于烟囱筒壁。但矿渣硅酸盐水泥抗冻性差,平均气温在10℃以下时不宜使用。

2 对混凝土水灰比和水泥用量的限制是为了减少混凝土中水泥石和粗骨料之间在较高温度作用时的变形差。水泥石在第一次受热时产生较大收缩,含水量愈高,收缩变形愈大。骨料受热后则膨胀。而水泥石与骨料间的变形差增大的结果导致混凝土产生更大内应力和更多内部微细裂缝,从而降低混凝土强度。限制水泥用量的目的也是为了不使水泥石过多,避免产生过大的收缩变形。

5 对粗骨料粒径的限制也可减少它与水泥石之间的变形差。

4.2.2 在规范编制调研中发现,当设有地下烟道的烟囱基础受到烟气温度作用后,混凝土开裂、疏松现象普遍,严重的已烧坏。并且作为高耸构筑物的基础,混凝土强度等级应高于一般基础。为此,本条对基础与烟道混凝土最低强度等级的要求作了适当提高。

4.2.3 表4.2.3列入混凝土在温度作用下的强度标准值。现行国家标准《建筑结构可靠度设计统一标准》GB 50068要求:"在各类材料的结构设计与施工规范中,应对材料和构件的力学性能、几何参数等质量特征提出明确的要求。"

温度作用下混凝土试件各类强度可以用以下随机方程表达:

$$f_{xt} = \gamma_x f_x \tag{1}$$

式中:f_{xt}——温度作用下混凝土各类强度(轴心抗压 f_{ct} 和轴心抗拉 f_{tt})试验值(N/mm²);

γ_x——温度作用下混凝土试件各类强度的折减系数;

f_x——常温下混凝土各类强度的试验值(N/mm²)。

本规范根据国内外 375 个 γ_x 的试验子样按不同强度类别及不同温度进行参数估计和分布假设检验得到各项统计参数及判断(不拒绝韦伯分布)。对随机变量 f_x 则全部采用了现行国家标准《混凝土结构设计规范》GB 50010 中的统计参数求得各种强度等级及不同强度类别的 f_x 的密度函数。根据 γ_x 及 f_x 的密度函数,采用统计模拟方法(蒙脱卡洛法)即可采集到 f_{xt} 的子样数据。再经统计检验得 f_{xt} 的各项统计参数及概率密度函数为正态分布。最后,混凝土在温度作用下的各类强度标准值按下式计算:

$$f_{xtk} = \mu_{fxt}(1 - 1.645\delta_{fxt}) \tag{2}$$

式中:f_{xtk}——温度作用下混凝土各类强度(轴心抗压 f_{ctk} 和轴心抗拉 f_{ttk})的标准值(N/mm²);

μ_{fxt}——随机变量 f_{xt} 的平均值(见表1);

δ_{fxt}——随机变量 f_{xt} 的标准差(见表1)。

表4.2.3中的数值根据计算结果作了少量调整。

表1 温度作用下混凝土强度平均值及变异系数

强度类别	符号	温度(℃)	混凝土强度等级					
			C15	C20	C25	C30	C35	C40
轴心抗压	μ_{fct} / δ_{fct}	60	13.83 / 0.24	17.38 / 0.21	20.90 / 0.20	23.53 / 0.19	27.08 / 0.17	30.47 / 0.17
		100	13.98 / 0.26	17.57 / 0.24	21.12 / 0.22	23.78 / 0.21	27.37 / 0.20	30.80 / 0.19
		150	12.83 / 0.25	16.12 / 0.23	19.38 / 0.21	21.83 / 0.21	25.11 / 0.20	28.26 / 0.18
轴心抗拉	μ_{ftt} / δ_{ftt}	60	1.65 / 0.23	1.87 / 0.20	2.04 / 0.19	2.20 / 0.17	2.39 / 0.16	2.52 / 0.16
		100	1.53 / 0.25	1.73 / 0.21	1.89 / 0.20	2.03 / 0.19	2.20 / 0.19	2.33 / 0.18
		150	1.40 / 0.24	1.59 / 0.22	1.73 / 0.20	1.86 / 0.19	2.02 / 0.18	2.13 / 0.17

4.2.5 本条对混凝土强度设计值的规定都是按工程经验校准法计算确定的。考虑烟囱竖向浇灌施工和养护条件与一般水平构件的差异,混凝土在温度作用下的轴心抗压设计强度减系数采用0.8,据此进行工程经验校准,得到混凝土在温度作用下的轴心抗压强度材料分项系数为1.85。

4.2.6 本规范利用采集到的 320 个混凝土在温度作用下的弹性模量试验数据,用参数估计和概率分布的假设检验方法,取保证率为50%来计算弹性模量标准值。

4.3 钢筋和钢材

4.3.1 对钢筋混凝土筒壁未推荐采用光圆钢筋,因为在温度作用下光圆钢筋与混凝土的黏结力显著下降。如温度为100℃时,约为常温的3/4,温度为200℃时,约为常温的1/2。温度为450℃时,黏结力全部破坏。由于国家标准《混凝土结构设计规范》GB 50010 修订,高强度钢筋 HRB400 和 RRBF400 为推广品种之一,本次规范修订也增加了该类钢筋的使用,但未推荐更高等级的钢筋,因为当钢筋应力过高时,会引起裂缝宽度过大。为了减小裂缝宽度,采取了控制钢筋拉应力的措施。

4.3.2 现行国家标准《混凝土结构设计规范》GB 50010 对热轧钢筋在常温下的标准值都已作出规定。本条所列的强度标准值的取值方法是常温下热轧钢筋的强度标准值乘以温度折减系数。

4.3.3 钢筋的强度设计值的分项系数是按工程经验校正确定的。

4.3.5 耐候钢的抗拉、抗压和抗弯强度设计值是以现行国家标准《焊接结构用耐候钢》GB 4172 规定的钢材屈服强度除以抗力分项系数而得。其他则按现行国家标准《钢结构设计规范》GB 50017 换算公式计算。本条对耐候钢的角焊缝强度设计值适当降低,相当于增加了一定的腐蚀裕度。

4.3.6 对 Q235、Q345、Q390 和 Q420 钢材强度设计值的温度折减系数是采用欧洲钢结构协会(ECCS)的规定值。耐候钢在温度作用下钢材和焊缝的强度设计值的温度折减系数宜要求供货厂商提供或通过试验确定。

4.3.7 由于限制了钢筋混凝土筒壁和基础的最高受热温度不超过150℃,钢筋弹性模量降低很少。为使计算简化,本条规定了筒壁和基础的钢筋弹性模量不予折减。

钢烟囱的最高受热温度规定为400℃。因此钢材在温度作用下的弹性模量应予折减。为与屈服强度折减系数配套,本条也采用了欧洲钢结构协会(ECCS)的规定。

4.4 材料热工计算指标

4.4.1 隔热材料应采用重力密度小、隔热性能好的无机材料。隔热材料宜为整体性好、不易破碎和变形、吸水率低、具有一定强度并便于施工的轻质材料。根据烟气温度及材料最高使用温度确定材料的种类。常用的隔热材料有:硅藻土砖、膨胀珍珠岩、水泥膨胀珍珠岩制品、岩棉、矿渣棉等。

4.4.2 材料的热工计算指标离散性较大,应按所选用的材料实际试验资料确定。但有的生产厂家无产品性能指标试验资料提供时,可按正文表 4.4.2 采用。

导热系数是建筑材料的热物理特性指标之一,单位为瓦(特)每米开(尔文)[W/(m·K)]。说明材料传递热时的能力。导热系数除与材料的重度、湿度有关外,还与温度有关。材料重度小,其导热系数低;材料湿度大,其导热系数就愈大。烟囱隔热层处于工作状态时,一般材料应为干燥状态。由于施工方法(如双滑或内砌外滑)或使用不当,致使隔热材料有一定湿度,应采取措施尽量控制材料的湿度,或根据实践经验考虑湿度对导热系数的影响。材料随受热温度的提高,导热系数增大。对烟囱来说,一般烟气温度较高,温度对导热系数的影响不能忽略。在计算筒身各层受热温度时,应采用相应温度下的导热系数。在烟囱计算中,按下式来表达:

$$\lambda = a + bT \tag{3}$$

式中:a——温度为 0℃ 时导热系数;
b——系数,相当于温度增高 1℃ 时导热系数增加值;
T——平均受热温度(℃)。

要准确地给出材料的导热系数是比较困难的,本规范给出的导热系数数值,参考了有关资料和规范,以及国内各生产厂和科研单位的试验数据加以分析整理,当无材料试验数据时可以采用。

5 荷载与作用

5.1 荷载与作用的分类

5.1.1 对烟囱来讲,温度作用具有准永久性质。但从温度变化的幅度角度看,又具有较大的可变性。因此在荷载与作用的分类时,将温度作用划为可变荷载。由于机械故障等原因造成降温设备事故时,会使烟气温度迅速增高,但持续时间较短,这种情况的温度作用为偶然荷载。

5.2 风 荷 载

5.2.2、5.2.3 塔架内有三个或四个排烟筒时,排烟筒的风荷载体型系数,目前有关资料很少,且缺乏通用性。因此,在条文中规定:应进行模拟试验来确定。

当然,这样规定将给设计工作带来一定困难,因此,在此介绍一些情况,可供设计时参考。

(1)上海东方明珠电视塔塔身为三柱式,设计前进行了模拟风洞试验。试件直径 30mm,高 200mm,柱间净距 0.75d,相当于 φ=0.727,风速 17m/s。测定结果如图 1。

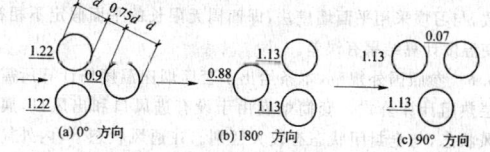

图 1 三筒风洞试验

最大体型系数出现在图 1(a)所示风向,以整体系数来表示,μ_s=3.34/2.75=1.21。

根据各国的试验结果,当迎风面挡风系数 φ>0.5 时,μ_s 值随着 φ 的增大而增大,特别是在 $d \cdot V \geq 6m^2/s$ 时,遵守这一规律,对于三个排烟筒一般均属于 $\varphi \geq 0.5$,$d \cdot V \geq 6m^2/s$ 的情况(d 为管径,V 为风速)。

因此,在无法进行试验的情况下,对三个排烟筒的整体风荷载体型系数,可取:

$$\mu_s = 1 + 0.4\varphi \tag{4}$$

(2)四个排烟筒的情况,日本做过风洞试验。该试验是为某电厂 200m 塔架式钢烟囱而做的,排烟筒布置情况如图 2。

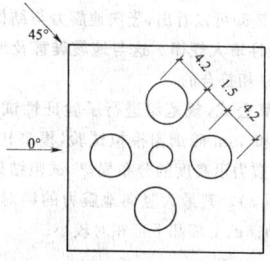

图 2 四筒式布置

经试验后确定排烟筒的体型系数 μ_s=1.10。这个数值比圆管塔架的 μ_s 要小一些,但有一定参考价值。在无条件试验时,四筒式排烟筒的 μ_s 值,可参考下式:

0°风攻角时: $\mu_s = 1+0.2\varphi$ \qquad (5)
45°风攻角时: $\mu_s = 1.2(1+0.1\varphi)$ \qquad (6)

(3)关于排烟筒与塔架对 μ_s 的互相影响问题,各国规范均未考虑。原冶金部建筑研究总院在宝钢 200m 塔架式钢烟囱所做的风洞试验,塔内为两个排烟筒的情况下,在某些风向下,塔架反而使烟囱体型系数有所增大。但一般情况,排烟筒体型系数大致降低 0.09~0.13,平均降低 0.11。因此,一般可不考虑塔架与排烟筒的相互作用。

5.2.4 本条对烟囱的横风向风振计算作了具体规定。近年来虽未发现由于横风向风振导致烟囱破坏,但在烟囱使用情况调查中,发现钢筋混凝土烟囱上部,普遍出现水平裂缝。这除了与温度作用有关外,也不能排除与横风向风振有关。对于钢烟囱,由于阻尼系数较小,往往横风向风振起控制作用,因此考虑横风向风振是必要的。

5.2.5 基本设计风压是在设计基准期内可能发生的最大风压值,实践证明,横风向最不利共振往往发生在低于基本设计风压工况下,因此要求进行验算。

5.2.7 上口直径较大的钢筋混凝土烟囱和钢烟囱,其上部环向风弯矩较大,需要经过计算确定配筋数量或截面尺寸,本次规范修订增加了相关计算内容。

5.3 平台活荷载与积灰荷载

5.3.1 将原规范其他章节荷载内容修订完善后,统一放到本章。
5.3.2 根据排烟筒内壁部分工程实际调查情况,发现许多烟囱内壁存在较厚积灰,本次修订增加该部分内容。积灰厚度与表面粗糙情况、干湿交替运行等因素有关,应结合烟囱实际运行情况确定积灰厚度,如燃烧天然气的烟囱可不考虑积灰。烟灰重力密度参考国外标准给出。

5.5 地震作用

5.5.4 原规范规定烟囱高度不超过 100m 时,可采用简化方法计算水平地震力。简化计算与实际结果误差较大,特别是自振周期相差会达到 50%,随着计算机普及和发展,应该全部采用振型分解反应谱法进行计算。本次规范修改取消了简化计算方法。
5.5.5 本规范给出的烟囱在竖向地震作用下的计算方法,是根据冲量原理推导的。对于烟囱等高耸构筑物,根据上述理论,推导出的竖向地震作用计算公式(5.5.5-2)和公式(5.5.5-3)。

用这两个公式计算的竖向地震力的绝对值,沿高度的分布规律为:在烟囱上部和下部相对较小,而在烟囱中下部 $h/3$ 附近(在烟囱质量重心处)竖向地震力最大。

对公式(5.5.5-2)进行整理得：

$$\frac{F_{Evik}}{G_{iE}} = \pm \eta \left(1 - \frac{G_{iE}}{G_E}\right) \quad (7)$$

由公式(5.5.5-3)可以看出，竖向地震力与结构自重荷载的比值，自下而上呈线性增大规律。这与地震震害及地震时在高层建筑上的实测结果是相符的。

针对上述计算公式，规范组进行了验证性试验。做了180m钢筋混凝土烟囱和45m砖烟囱模拟试验，模型比例分别为1/40和1/15。竖向地震力沿高度的分布规律，试验结果与理论计算结果吻合较好(见图3)。其最大竖向地震力的绝对值，发生在烟囱质量重心处，在烟囱的上部和下部相对较小。

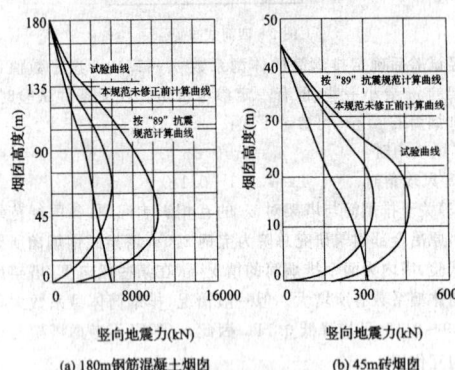

图3　试验与理论计算竖向地震力比较

注："89"抗震规范指原国家标准《建筑抗震设计规范》GBJ 11—89。

为了偏于安全，本规范规定：烟囱根部取 $F_{Ev0} = \pm 0.75 \alpha_{vmax} G_E$，而其余截面按公式(5.5.5-2)计算，但在烟囱下部，当计算的竖向地震力小于 F_{Ev0} 时，取等于 F_{Ev0} (见图4)。

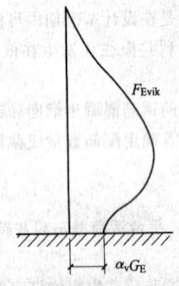

图4　本规范竖向地震力分布

用本规范提出的竖向地震力计算方法得到的竖向地震作用，与原国家标准《建筑抗震设计规范》GBJ 11—89 计算的竖向地震作用对比如下：

1　《建筑抗震设计规范》GBJ 11—89 给出的竖向地震力最大值在烟囱根部，数值为：

$$F_{Evk} = \alpha_{max} G_{eq} \quad (8)$$

符号意义见该规范。同时该规范第11.1.5条规定，烟囱竖向地震作用效应的增大系数，采用2.5。因此烟囱根部最大竖向地震力标准值为：

$$F_{Evkmax} = 2.5 \alpha_{vmax} G_{eq} = 2.5 \times 0.65 \alpha_{max} \times 0.75 G_E$$

$$= 1.028 \frac{a}{g} G_E \quad (9)$$

式中：a——设计基本地震加速度，见现行国家标准《建筑抗震设计规范》GB 50011；

g——重力加速度。

2　本规范最大竖向地震标准值发生在烟囱中下部，数值为：

$$F_{Evkmax} = (1+C) \kappa_v G_E = 0.65(1+C) \frac{a}{g} G_E \quad (10)$$

3　将结构弹性恢复系数代入公式(10)，得到两种计算方法计算的竖向地震力最大值比较，见表2。

表2　两种计算方法得到的竖向地震力最大值比较

烟囱类别	砖烟囱	混凝土烟囱	钢烟囱
竖向地震力比值 公式10/公式9	1.01	1.07	1.14

可见，对于砖烟囱和钢筋混凝土烟囱而言，两种计算方法所得竖向地震力最大值基本相等。两种计算方法的最大区别，在于竖向地震作用的最大值位置不在同一点，用本规范给出的计算方法计算的最大竖向地震力，发生在大约距烟囱根部 $h/3$ 处。因此，在上部约 $2h/3$ 范围内，按本规范计算的竖向地震力较《建筑抗震设计规范》GBJ 11—89 计算结果偏大，这是符合震害规律的。

5.5.6　对于悬挂钢内筒或分段支承的砖内筒，其竖向地震作用主要是由外筒通过悬挂(或支承)平台传递给内筒。因此，在竖向地震作用计算时，可以把悬挂(或支承)平台作为排烟筒根部，自由端作为顶部按规范公式进行计算。

无论是水平地震，还是竖向地震，它们对地面上除刚体外的结构物都具有一定的动力放大作用。这种动力放大效应沿结构高度不是固定的，而是变化的，变化规律是自下而上逐渐增大。

美国圣费尔南多地震，在近十座多层及高层建筑上，测得竖向加速度沿建筑高度呈线性增大，最大值为地面加速度的4倍。1995年日本阪神地震时，在高层建筑上，也测到同样规律。但在高耸构筑物上，还没有地震实测值。《烟囱设计规范》编写组进行的烟囱模型竖向地震响应试验，测试了竖向地震作用沿高度的变化规律，烟囱模型顶部地震加速度放大倍数约为6倍~8倍。

烟囱各点竖向地震加速度为：

$$a_{vi} = \frac{F_{Evik}}{m_{iE}} = \frac{F_{Evik} g}{G_{iE}} = 4(1+C) k_v g \left(1 - \frac{G_{iE}}{G_E}\right)$$

$$= 4(1+C) \frac{a_{v0}}{g} g \left(1 - \frac{G_{iE}}{G_E}\right)$$

$$= 4 a_{v0} (1+C) \left(1 - \frac{G_{iE}}{G_E}\right) \quad (11)$$

式中：a_{vi}、a_{v0}——分别表示烟囱各截面和地面竖向加速度值。

由上式可得各截面竖向地震加速度放大系数为：

$$\beta_{vi} = \frac{a_{vi}}{a_{v0}} = 4(1+C) \left(1 - \frac{G_{iE}}{G_E}\right) \quad (12)$$

5.6　温度作用

5.6.5　内衬、隔热层和筒壁及总热阻按环壁法公式给出，取消了平壁法计算公式。烟囱是截头圆锥体，其直径在各个截面上均不一致，与习惯采用平面墙壁法，即四周无限长的平面假定不相符，致使温度计算结果有误差。

5.6.6　参照国外规范，本条给出了套筒烟囱温度场计算所需的各层热阻计算公式。套筒烟囱由于设有进风口和出风口，属于通风状态，与全封闭状态有较大区别。在通风状态下，内外筒间距应不小于100mm，并在烟囱高度范围内应设置进气孔和排气孔，进气孔和排气孔的面积在数值上应等于外筒上口内直径的2/3。

5.6.9、5.6.10　在烟道口及上部的一定范围内，烟气温度沿高度和环向分布是非均匀的，从而沿烟囱直径方向产生温差，该温差在烟道口高度范围内可按固定数值采用，而在烟道口顶部则沿高度逐渐衰减。

5.6.11　筒壁厚度中点温差用于计算筒壁温度变形和弯矩。

5.6.13、5.6.14　温度效应是由烟气在纵向及环向产生的不均匀温度场所引起的，要计算出由温度效应在截面上产生的内力就需要先计算出温差下钢内筒烟囱产生的变形。由于钢内筒在制晃平台处变形受到约束,因此钢内筒的截面上产生了内力。

(1)横截面上的温度分布假定。

横截面上的温度分布假定如图5,其中:

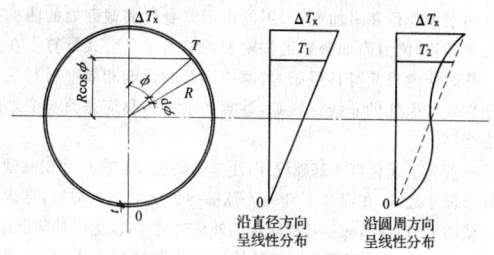

图5 横截面上的温度分布假定

$$T_1 = \Delta T_x(1+\cos\phi)/2 \quad (13)$$
$$T_2 = \Delta T_x(1-\phi/\pi) \quad (14)$$

式中:ΔT_x——从钢内筒烟囱烟道入口顶部算起距离x处的截面温差(℃);

(2)转角变形计算。

从假定的温差分布可以看到,沿直径方向的线性温差分布引起恒定的转角变形为:

$$\theta = \alpha \Delta T_x / d \quad (15)$$

式中:α——钢材的线性膨胀系数;
d——钢内筒直径。

同时,由于温度沿钢内筒圆周方向的不均匀分布产生次应力,使截面产生转角变位θ_s,在圆周上取微元dA,微元面积dA=$Rd\phi t$。

从温差分布应力图上可以得到微元上的应力$f_\phi = \alpha(T_2-T_1)E$,因此微元上的荷载为$f_\phi dA = \alpha(T_2-T_1)ERd\phi t$,

荷载对截面中性轴取矩得:

$$M = 2\int_0^\pi f_\phi R\cos\phi dA = 2\int_0^\pi \alpha(T_2-T_1)ER\cos\phi dA$$
$$= -0.2976\alpha ER^2 t \Delta T_x$$

M引起的转角θ_s为:

$$\theta_s = \frac{M}{EI} = \frac{-0.2976\alpha ER^2 t \Delta T_x}{E\pi R^3 t} = -0.1895\frac{\alpha \Delta T_x}{R} \quad (16)$$

一阶效应与二阶效应两者产生的转角位移之和即为钢内筒的总转角:

$$\theta_x = \theta + \theta_s = 0.811\alpha \Delta T_x/d \quad (17)$$

式中:R——钢内筒半径;
E——钢材弹性模量;
t——为筒壁厚度。

(3)钢内筒温差作用下的水平变形组成。

钢内筒的温差分布由两部分组成,烟道入口高度范围内截面温差取恒值ΔT_{x0}和从烟道入口顶部以上距离x处的截面温度值ΔT_x。在不同的温差作用下,钢内筒烟囱的水平变形由两部分组成。

1)第一部分是烟道口区域温差产生的变形,沿高度线性变化。由于钢内筒为悬吊,膨胀节处可看作为自由端,因此烟道口区域产生的变形只对底部的自立段有影响,对上部悬吊段没有影响。

2)第二部分是由烟道口以上截面温差引起的变形,沿高度呈曲线变化。

烟道口的顶部标高一般在25m左右,所以烟道口以上截面温差产生的变形对底部自立段和悬吊段均有影响。

(4)烟道口范围钢内筒烟囱水平线变形计算。

1)在烟道口范围内,截面转角变位是常数,如图6,即:

$$\theta_0 = \theta_{x=0} = 0.811\alpha\eta_t\Delta T_x/d$$

转角曲线图的面积为:

$$A_B = \theta_0 H_B$$

距离烟道口顶部上x处钢内筒烟囱截面在等值温度作用下的水平线变位为:

$$u_{xT} = \theta_0 H_B(H_B/2 + x)$$

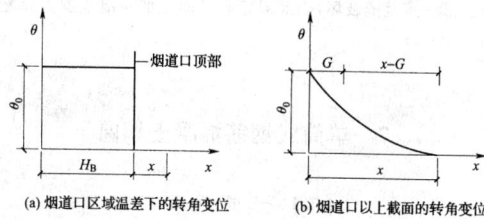

(a)烟道口区域温差下的转角变位 (b)烟道口以上截面的转角变位

图6 钢内筒横截面转角曲线

2)距离烟道口顶部上x处钢内筒烟囱截面的转角如图6(b),计算公式为:

$$\theta = 0.811\alpha\eta_t\Delta T_0 e^{-\zeta_1 x/d}/d$$

令$\theta_0 = 0.811\alpha\eta_t\Delta T_0/2R, V = \zeta_1/d$,

则$\theta = \theta_0 e^{-V \cdot x}$

转角曲线图的面积为:

$$A = \int_0^x \theta dx = \theta_0 \int_0^x e^{-V \cdot x} dx = -\frac{\theta_0}{V} e^{-V \cdot x}\Big|_0^x = \frac{\theta_0}{V}(1-e^{-V \cdot x})$$

将转角曲线图对0点取矩得:

$$M_0 = \int_0^x \theta x dx = \theta_0 \int_0^x e^{-V \cdot x} x dx = -\frac{\theta_0}{V^2} e^{-V \cdot x}(-Vx-1)\Big|_0^x$$
$$= \frac{\theta_0}{V^2}[1-e^{-V \cdot x}(Vx+1)]$$

转角曲线的重心为:$G = M_0/A$,距离烟道口顶部上x处钢内筒烟囱截面在温差作用下的水平线变位为:

$$u'_{xT} = A(x-G) = Ax - M_0 = \frac{\theta_0 x}{V}(1-e^{-V \cdot x}) - \frac{\theta_0}{V^2}[1-e^{-V \cdot x}(Vx+1)] = \frac{\theta_0}{V}\left[x - \frac{1}{V}(1-e^{-V \cdot x})\right]$$

3)根据上面的分析和推导可以得到钢内筒底部自立段和上部悬吊段的水平变位计算公式:

自立段:

$$u_x = u_{xT} + u'_{xT} = \theta_0 H_B\left(\frac{H_B}{2} + x\right) + \frac{\theta_0}{V}\left[x - \frac{1}{V}(1-e^{-V \cdot x})\right] \quad (18)$$

悬吊段:

$$u_x = u'_{xT} = \frac{\theta_0}{V}\left[x - \frac{1}{V}(1-e^{-V \cdot x})\right] \quad (19)$$

$$\theta_0 = 0.811\alpha\eta_t\Delta T_0/d \quad (20)$$

5.6.15 烟囱在温度作用下将产生变形,当变形受到约束时将产生温度应力。内筒由于横向支承和底部约束等影响,将产生筒身弯曲应力、次应力和筒壁厚度方向温差引起的温度应力。

6 砖 烟 囱

6.1 一般规定

6.1.1 本条规定与原规范相同。

6.2 水平截面计算

6.2.1 原规范$\varphi = \dfrac{1}{1+\left(\dfrac{e_0}{i}+\lambda\sqrt{\dfrac{\alpha}{12}}\right)^2}$,$\lambda$为长细比。本次修改采用高径比。二者计算结果相当。

6.2.2 原规范截面抗裂度验算采用荷载标准值,本次修订为设计值。

6.6 构造规定

6.6.10 本条规定了砖烟囱最小配筋值和范围。砖烟囱地震破坏特点明显,历次地震几乎都有砖烟囱破坏案例,其共同特点就是掉头或上部一定范围破坏,因此规定砖烟囱上部一定范围需要配置钢筋。

7 单筒式钢筋混凝土烟囱

7.1 一般规定

7.1.1 目前,我国电厂钢筋混凝土烟囱的建设高度大多都在240m左右,并已经应用多年。实践证明,应用本规范完全可以满足240m烟囱设计需要,故将原规范规定的210m限制高度提高到240m。

7.1.2 本条规定了钢筋混凝土烟囱必须要进行的计算内容。

7.2 附加弯矩计算

7.2.2 在抗震设防地区的钢筋混凝土烟囱,应在极限状态承载能力计算中,考虑地震作用(水平和竖向)及风荷载、日照和基础倾斜产生的附加弯矩,称之为$P-\Delta$效应,规范中定义为地震附加弯矩M_{Eai}。

在水平地震作用下,烟囱的振型可能出现高振型(特别是高烟囱)。通过计算分析,烟囱多振型的组合振型位移$\left(\sum_{j=1}^{n}\delta_{ij}^{2}\right)^{1/2}$曲线,与第一振型的位移$\delta_{i1}$曲线基本相吻合(图7),其位移差对计算筒身的$P-\Delta$效应影响甚小,可用曲率系数加以调正。因此,仍可按第一振型等曲率(地震作用终曲率)计算地震作用下的附加弯矩。

由于考虑竖向地震与水平地震共同作用,对竖向地震考虑了分项系数γ_{Ev}。

7.2.3 本条给出了烟囱筒身折算线分布重力q_i值的计算公式。筒身(含筒壁、隔热层、内衬)重力荷载沿高度线分布q_i值是不规律的,虽呈上小下大的分布形式,但非呈直线变化。为了简化计算,采用了呈直线分布代替其实际分布,使其计算结果基本等效(图8)。

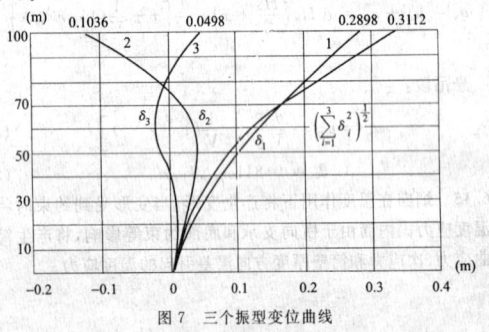

图7 三个振型变位曲线

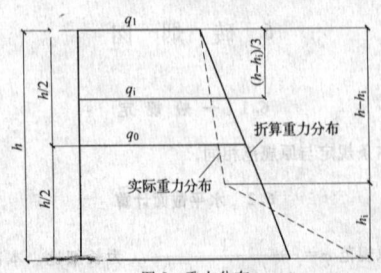

图8 重力分布

7.2.8 本条规定了筒身代表截面的选择位置。筒身的曲率沿高度是变化的。为了简化计算,采用某一截面的曲率,代表筒身的实际曲率,然后按等曲率计算附加弯矩。这个截面定义为代表截面。代表截面的确定,是以等曲率和实际曲率计算出的筒身顶部变位近似相等确定的。代表截面的确定,是通过对工程实例和预计烟囱的发展趋势,进行分析和计算后确定的。

用代表截面曲率计算出的烟囱顶部变位,一般比实际曲率算得的筒顶变位大1.6%~15.2%。

7.2.9 当烟囱筒身下部坡度不满足本规范第7.2.8条的规定时,筒身的水平变位和附加弯矩,不能再用筒身代表截面处的曲率按等曲率计算,筒身附加弯矩可按附加弯矩的定义公式计算。在变位计算时应考虑筒身日照温差、基础倾斜的影响和筒壁材料受压后塑性发展引起的非线性影响,计算的水平位移是筒身变形的最终变形。

一般为了优化烟囱基础设计,使基础底板外悬挑尺寸在基础合理外形尺寸之内,在筒身下部$h/4$范围内加大筒身的坡度,增大基础环壁的上口直径,减少基础底板的外悬挑尺寸,以优化基础设计。

如果烟囱筒身下部大于3%的坡度范围超过$h/4$时,仍按代表截面的变形曲率计算附加弯矩,会使筒身附加弯矩计算值增大,与实际附加弯矩误差较大。

7.3 烟囱筒壁承载能力极限状态计算

7.3.1 钢筋混凝土烟囱筒壁水平截面承载能力极限状态计算公式在原规范基础上进行了较大调整。原规范给出了在烟囱筒壁上开设一个或两个孔洞计算公式,但对开孔有严格限制,即同一截面开两个孔时,要求两个孔的角平分线夹角为180°,这大大限制了实际应用。本次规范修改,两个孔的角平分线夹角不再限制,给出通用计算公式,会使规范应用面更加广泛。

7.4 烟囱筒壁正常使用极限状态计算

7.4.1 正常使用极限状态的计算内容包括:在荷载标准值和温度共同作用下的水平截面背风侧混凝土与迎风侧钢筋的应力计算以及温度单独作用下钢筋应力计算;垂直截面环向钢筋在温度作用下的应力及混凝土裂缝开展宽度计算。

7.4.2~7.4.5 在荷载标准值作用下,筒壁水平截面混凝土压应力及竖向钢筋拉应力的计算公式采用了以下假定:

(1)全截面受压时,截面应力呈梯形或三角形分布。局部受压时,压区和拉区应力都呈三角形分布。

(2)平均应变和开裂截面应变都符合平截面假定。

(3)受拉区混凝土不参与工作。

(4)计入高温与荷载长期作用下对混凝土产生塑性的影响。

(5)竖向钢筋按截面等效的钢筒考虑,其分布半径等于环形截面的平均半径。

与极限承载能力状态相对应,本次规范修改调整了同一截面开两个孔洞时的计算公式。

7.4.6~7.4.9 在荷载标准值和温度共同作用下的筒壁水平截面应力值通常为正常使用极限状态起控制作用的值。计算公式采用了以下假定:

(1)截面应变符合平截面假定。

(2)温度单独作用下压区应力图形呈三角形。

(3)受拉区混凝土不参与工作。

(4)计算混凝土压应力时,不考虑截面开裂后钢筋的应变不均匀系数,即$\varphi_{st}=1$及混凝土应变不均匀系数,即$\varphi_{ct}=1$。在计算钢筋的拉应力时考虑φ_{st},但不考虑φ_{ct}。

(5)烟囱筒壁能自由伸缩变形但不能自由转动。因此温度应力只需计算由筒壁内外表面温差引起的弯曲约束下的应力值。

(6)计算方法为分别计算温度作用和荷载标准值作用下的应力值后进行叠加。在叠加时考虑荷载标准值作用对温度作用下的混凝土压应力及钢筋拉应力的降低。荷载标准值作用下的应力值按本规范第7.4.2条~第7.4.5条规定计算。

7.4.10 裂缝计算公式引用了现行国家标准《混凝土结构设计规范》GB 50010中的公式。但公式中增加了一个大于1的工作条件系数k,其理由是:

（1）烟囱处于室外环境及温度作用下，混凝土的收缩比室内结构大得多。在长期高温作用下，钢筋与混凝土间的黏结强度有所降低，滑移增大。这些均可导致裂缝宽度增加。

（2）烟囱筒壁模型试验结果表明，烟囱筒壁外表面由温度作用造成的竖向裂缝并不是沿周圆均匀分布，而是集中在局部区域，应是由于混凝土的非匀质性引起的，而《混凝土结构设计规范》GB 50010公式中，裂缝间距计算部分，与烟囱实际情况不甚符合，以致裂缝开展宽度的实测值大部分大于《混凝土结构设计规范》GB 50010中公式的计算值。重庆电厂240m烟囱的竖向裂缝亦远非均匀分布，实测值也大于计算值。

（3）模型试验表明，在荷载固定温度保持恒温时，水平裂缝仍继续增大。估计是裂缝间钢筋与混凝土的膨胀差所致。

（4）根据西北电力设计院和西安建筑科技大学对国内四个混凝土烟囱钢筋保护层的实测结果，都大于设计值。即使施工偏差在验收规范许可范围内，也不能保证沿周长均匀分布。这必将影响裂缝宽度。

8 套筒式和多管式烟囱

8.1 一般规定

8.1.1 套筒式和多管式烟囱，国外于20世纪70年代就开始采用。而我国的第一座多管（四筒）烟囱，是20世纪80年代初建于秦岭电厂的高210m烟囱，内筒为分段支承的四筒烟囱。从那时起，在国内建了多座套筒式和多管式烟囱。内筒包括分段支承、自立式砖砌内筒及钢内筒等形式。套筒式和多管式烟囱，至今已有二十几年实践经验。

8.1.2 多管烟囱各排烟筒之间距离的确定主要考虑以下两种因素：

1 从安装、维护及人员通行方面考虑，不宜小于750mm。

2 从烟囱出口烟气最大抬升高度方面考虑，宜取 $S=(1.35\sim1.40)d$，实际应用中，可灵活掌握。

排烟筒高出钢筋混凝土外筒的高度 h 的规定，主要为减少烟气下泄对外筒的腐蚀影响，同时又考虑了烟囱顶部的整体外观。

8.1.3 套筒式烟囱的内筒与外筒壁之间一般布置有转梯，考虑到人员通行及基本作业空间需要，本次修订将该部分内容纳入规范，建议其净间距不宜小于1000mm。

8.1.7 套筒式和多管式烟囱的计算，分为外部承重筒和内部排烟筒两部分。外筒应进行承载能力极限状态计算和水平截面正常使用应力及裂缝宽度计算，可不考虑温度作用。除增加了平台荷载外，与本规范第7章的单筒式钢筋混凝土烟囱的计算相同。

内筒的计算则需根据内筒的形式，进行受热温度及承载能力极限状态计算。

8.2 计算规定

8.2.1 钢筋混凝土外筒计算时，需特别注意的是：平台荷载和吊装荷载。如采用分段支承式砖内筒，平台荷载较大，外筒壁要承受由平台梁传来的集中荷载。关于吊装荷载，是指钢内筒安装时，采用上部吊装方案而言。此项荷载应根据施工方案而定。有的施工单位采用下部顶升方案，此时便没有吊装荷载。

8.3 自立式钢内筒

8.3.4 外筒对钢内筒产生的内力由外筒位移引起钢内筒相应变形而产生。

8.3.7 制晃装置加强环的计算公式，均为在实际工程设计中采用的公式，具有一定实践经验。

8.3.8 为增强钢内筒承受内部负压的能力，防止负压条件下钢内筒的失稳（圆柱壳在均匀压力下失稳形态为不稳定分岔失稳）和阻止产生椭圆形振动，钢内筒设置环向加劲肋。

8.4 悬挂式钢内筒

8.4.1 悬挂式钢内筒结构形式的选择，应按照工程设计条件、钢内筒中排放烟气的压力分布状况、烟气腐蚀性和耐久性要求综合考虑确定。

对于分段悬挂式钢内筒，它是将钢内筒分为一段或几段悬挂于不同高度的烟囱内部平台上，各分段之间通过可自由变形的膨胀伸缩节连接，以消除热胀冷缩和烟囱水平变位现象造成的纵（横）向伸缩变形影响。钢内筒膨胀伸缩节的防渗漏防腐处理比较困难，是烟囱整体结构防腐设计和施工的薄弱环节，钢内筒分段数偏多会引起膨胀伸缩节的数量增多，由此带来较大的烟气冷凝结露酸液渗漏腐蚀风险和隐患。

另外，针对悬挂式钢内筒的计算研究分析表明，分段数增加，钢内筒节省的用钢量不很明显；而由此带来的膨胀伸缩节烟气渗漏腐蚀隐患弊端要大于用钢量节省的效益。因此，分段悬挂式钢内筒的悬挂段数不宜过多，以1段为宜，最多不超过2段；膨胀伸缩节的设置标高位置应尽量降低。

8.4.2 钢内筒的抗弯刚度比悬挂平台梁的抗弯刚度要大得多，悬挂平台梁不足以阻止钢内筒整体转动，应具体分析悬挂平台梁对钢内筒的转动约束作用。

平台梁对钢内筒的转动约束刚度可以通过内筒支座间的转角刚度来求得。钢内筒通过悬吊支座与平台梁连接，悬吊支座一般对称布置，因此，求平台梁对双钢内筒的转动约束大小，可以在两个对称的平台梁上各作用两个力，使其形成两个力偶。设其中一个平台梁与悬吊支座连接处作用集中力 F，求出一个平台梁的挠度大小 Δ，则两个平台梁之间的相对位移即为 2Δ，根据弯矩与转角之间的关系可以得到平台梁的转动刚度 k_1：

$$k_1 = \frac{M}{\theta} = \frac{nFd}{\theta} = \frac{nFd^2}{2\Delta} \tag{21}$$

式中：n——单个平台梁上悬吊支座的个数；

2Δ——位于同一直径上的一对悬吊点的位移差；

d——钢内筒的直径。

8.4.3 当悬挂平台下悬挂段钢内筒的长度较小时，钢内筒线刚度较大，由转动产生的钢内筒应力较大，因此该段钢内筒不宜太短。在水平地震作用下，多跨悬挂钢内筒由自身惯性力产生的地震内力只在最下层横向约束平台处较大，其他层很小，可忽略不计。因此，在进行横向约束平台布置时，可考虑将最下层的钢内筒悬臂段的长度设置得小些。分析表明，当该段长度不大于25m时，钢内筒由自身惯性力产生的地震内力可忽略不计。

悬挂钢内筒的竖向地震作用可按支承在悬挂平台上倒立的钢内筒按本规范第5章的有关规定计算。

8.4.4 本规范给出的悬挂式钢内筒抗拉强度设计值公式是根据极限状态设计方法和容许应力法之间的换算得到的。

内筒允许应力是根据美国土木工程师学会标准《钢内筒设计与施工》ASCE 13—75规定的钢内筒抗拉强度容许应力值的计算公式转变而来。

8.5 砖内筒

8.5.1 受砖体材料强度和投资费用控制的约束，国内砖内筒烟囱基本上都是采用分段支承形式。

8.5.3 分段支承的套筒式砖内筒烟囱内部平台间距一般按25m左右考虑，分段支承的多管式砖内筒烟囱内部平台间距一般按30m左右考虑。

对于分段支承的套筒式砖内筒烟囱，考虑到内部空间紧凑和布置的便利性，本规范给出了较常采用的内部平台结构形式，即采用钢筋混凝土环梁、钢支柱、平台钢梁和平台支撑组成的内部平台体系。

对于分段支承的多管式砖内筒烟囱，由于内部空间较大，建议采用梁板体系的内部平台结构。从施工的角度考虑，平台梁建议采用钢结构。

采用分段支承形式的套筒式和多管式砖内筒烟囱，在各分段内部支承平台处的连接示意详见图9～图12。

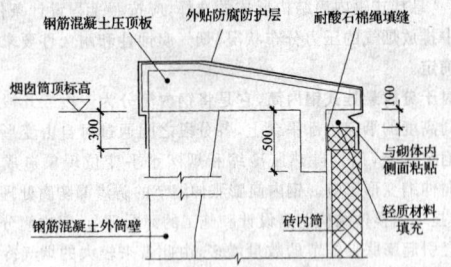

图 9　套筒式砖内筒烟囱筒首连接示意

8.5.4　通常采用设置100mm的缝隙考虑各分段的砖内筒，在烟气温度作用下产生的竖向变形。水平方向的变形（径向）很小，忽略不计。

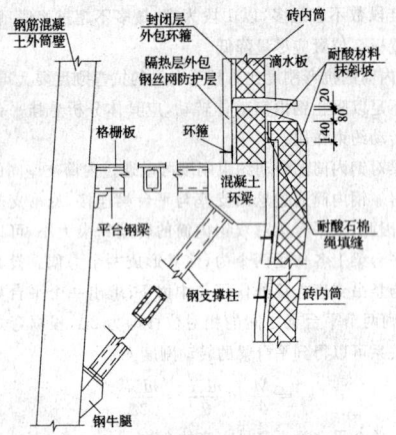

图 10　套筒式砖内筒烟囱内部平台连接示意

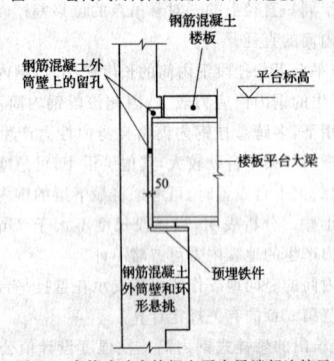

图 11　多管式砖内筒烟囱平台梁端部连接示意

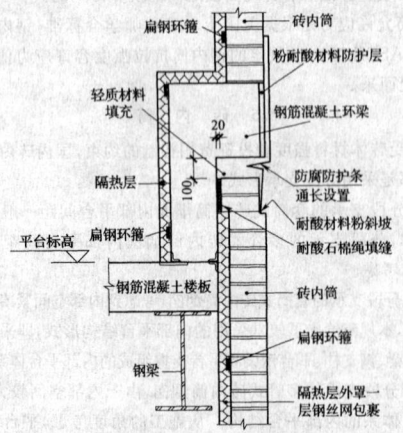

图 12　多管式砖内筒烟囱平台处砖内筒连接示意

8.5.5　烟囱中排放烟气的砖内筒一般应按管道设备的检修维护要求设置通行梯子。

8.6　构　造　规　定

8.6.1　钢筋混凝土外筒由于半径较大，且承受平台传来的荷载，所以，对筒壁的最小厚度、牛腿附近配筋的加强等规定与单筒式钢筋混凝土烟囱有所不同。在本条内，除对有特殊要求的内容加以说明外，其余应按第7章单筒式钢筋混凝土烟囱的有关规定执行。

8.6.2　对套筒式和多管式烟囱，顶层平台有一些特殊要求，其功能主要起封闭作用。在此处积灰严重，烟囱在使用时应定期清灰。另外，在多雨地区，必须考虑排水。一般应设置排水管。根据使用经验，排水管的直径应大于或等于300mm，否则易堵塞。

8.6.3　采用钢筋混凝土平台，梁和板的断面尺寸很大，平台的重量过大，且施工也十分困难。而钢平台自重轻且施工方便。

8.6.4　制晃装置仅用于钢内筒情况。因为烟囱很高，相对而言钢内筒长细比较大，必须设置制晃装置，使外筒起到保持内筒稳定的作用。不管是采用刚性制晃装置，还是采用柔性制晃装置，均需要在水平方向起到约束作用。而在竖向，却要满足内筒在烟气温度作用下，能够自由伸缩。

8.6.5　相关数值取自西安建筑科技大学与西北电力设计院共同完成的《高烟囱悬吊钢内筒设计研究报告》（2010年5月）研究成果。

8.6.6～8.6.9　这些构造要求都是结合以往火力发电厂分段支承式的套筒式或多管式砖内筒烟囱设计实践得出的，已在数十座烟囱工程中得到检验和验证。

9　玻璃钢烟囱

9.1　一　般　规　定

9.1.1　在美国材料与试验协会标准《燃煤电厂玻璃纤维增强塑料（FRP）烟囱内筒设计、制造和安装标准指南》ASTM D5364（以下简称"ASTM D5364"中规定了玻璃钢烟囱适合于无GGH的湿饱和烟气运行温度（60℃以下），当FGD吸收塔有旁路时，在开启旁路烟道后的烟气温度，则在短时间内不超过121℃。国内燃煤电厂用于排放湿法脱硫烟气的温度，在无GGH时，在45℃～55℃范围，有GGH时，在80℃～95℃范围。从我们调查的国内化工、冶金和轻工等行业现有玻璃钢烟囱（大多用于脱酸后的烟气）的使用情况来看，绝大多数长期运行温度不超过100℃。所以确定100℃为本规范所选玻璃钢材质适合长期使用的最高温度。

当烟气超出本规范规定的运行条件时（如大于100℃），可在烟囱前段采取冷却降温措施（如喷淋冷却），以确保烟气运行温度在规定的区间内。

随着科技进步和发展，将不断有高性能材料出现，因此对于超过本条规定的温度条件而要选用玻璃钢材质，则需要评估和试验确定，这也有利于玻璃钢烟囱未来发展和不断完善。

在事故发生时，短时间内烟气温度急剧升高，而玻璃钢短期内的使用温度极限应不能超过基体树脂的玻璃化温度（T_g）。

基体树脂类型不同，其固化后的玻璃化温度也不同。我们对两种类型四个品种的反应型阻燃环氧乙烯基酯树脂的T_g和HDT进行了检测验证，同样能满足本条的温度条件。

材料的耐寒性能常用脆化温度（T_b）来表示。工程上常把在某一低温下材料受力作用时只有极少变形就产生脆性破坏的这个温度称为脆化温度。同常温下性能相比，随着温度的降低，玻璃钢材料的分子无规则热运动减慢，结构趋于有序排列；树脂将会发生收缩，柔性越好收缩越大，同时树脂伸长率会下降，而拉伸强度和弹性模量将增大,弯曲强度也会增加,树脂呈现脆性倾向。鉴于目前已有正常使用在-40℃下玻璃钢材质的管道和储罐情况,确定了未含外保温层的玻璃钢烟囱筒体在本环境温度的使用下限指标。

9.1.2 烟囱的设计高度及高径比多是参照实际案例确定的。另外,参考 ASTM D5364 中规定:L/r 不超过 20,故取自立式 H/D 不大于 10;拉索式 H/D 不大于 20;塔架式、套筒式或多管式 L/D 不宜大于 10。

9.1.3 由于玻璃钢材质的耐磨性能不强,在高的烟气流速下,对拐角或突变部位的冲击和磨损加大,导致腐蚀加强。可通过在树脂中添加耐磨填料(如碳化硅等)来提高该部位玻璃钢的耐磨性。本条引用了 ASTM D5364 中的烟气流速值。

9.1.5 防腐内层及外表层树脂含量较高,强度及模量较低,在计算结构强度和承载力时,均不考虑。

9.1.6 设计使用年限参考了以下标准(表3):

表3 设计使用年限参考标准

标 准	ASTM D5364	CICIND
使用寿命	35年	25年

注:CICIND指国际工业烟囱协会《玻璃钢(GRP)内筒标准规范》。

9.1.7 玻璃钢的弹性模量较低,因此需对挠度作出相应规定。

9.2 材　料

9.2.1 富树脂层和次内层由于具有比较高的树脂含量,固化后的交联密度高,使得玻璃钢表面致密,抗化学介质的扩散渗透能力增强。

玻璃钢是一种绝缘性能比较好的材质,玻璃钢烟囱在使用中可能产生大量的静电,会导致安全运行隐患,所以需要考虑静电释放和接地措施。

树脂中通常含有苯乙烯交联剂,在固化过程中由于空气中的氧阻聚作用,使得固化后表面产生发黏等固化不完全现象。无空气阻聚的树脂一般是在树脂中添加少量的石蜡,在树脂固化过程中,石蜡会慢慢迁移到表面,形成隔绝空气的一层薄膜,使得表面固化完全,使用在最后一层中。

紫外线将会破坏树脂分子链中苯环等结构的化学稳定性,因此对室外的玻璃钢烟囱,或者对有可能接受到紫外线照射的部位,其表面层树脂中,应加入抗紫外线的吸收剂。

9.2.2 环氧乙烯基酯树脂是目前国内外玻璃钢烟囱制造中的常用树脂,其固化后树脂及其玻璃钢制品在耐温、耐腐蚀、耐久性和物理力学等方面的综合性能优良。从国内调查反馈来看,采用环氧乙烯基酯树脂制造玻璃钢烟囱已过半,而在烟塔合一的工程应用中,已经全部采用环氧乙烯基酯树脂,但基本上以非阻燃型树脂为主。

关于本规范中采用阻燃树脂的背景介绍如下:

(1) ASTM D5364 中,对玻璃钢烟囱的树脂明确了应选用含卤素的化学阻燃树脂。从北美地区目前应用的玻璃钢烟囱情况来看,几乎都采用反应型阻燃环氧乙烯基酯树脂。

(2) 国际工业烟囱协会(CICIND)《玻璃钢(GRP)内筒标准规范》对树脂的选用主要有三类:环氧乙烯基酯树脂、不饱和聚酯树脂(双酚 A 富马酸型和氯菌酸型)和酚醛树脂。对于阻燃性能,认为在需要和规定时,在玻璃钢烟囱内衬的内、外表层采用反应型阻燃树脂,或者全部采用反应型阻燃树脂。同时强调应当遵守本地或国家的消防条例,并认为采用内外表面阻燃的结构是无法限制规模很大的火焰。

(3) 现行国家标准《火力发电厂与变电所设计防火规范》GB 50229—2006第3.0.1条将烟囱的火灾危险性归为"丁类",耐火等级为2级,但没有涉及玻璃钢烟囱及其材质的要求。但第8.1.5条对"室内采暖系统的管道管件及保温材料"提出了强制性条文"应采用不燃材料";第8.2.7条规定了对"空气调节系统风道及其附件应采用不燃材料制作";第8.2.8条规定"空气调节系统风道的保温材料,冷水管道的保温材料,消声材料及其黏结剂应采用不燃烧材料或者难燃烧材料"。

(4) 现行国家标准《建筑设计防火规范》GB 50016—2006 第10.3.15条规定:"通风、空气调节系统的风管应采用不燃材料",但"接触腐蚀性介质的风管和柔性接头可以采用难燃材料"。

从国内已发生的玻璃钢烟囱火灾事故及由于脱硫塔火灾引起的钢排烟筒过火案例来看,同样也需要引起我们高度重视玻璃钢烟囱的阻燃性问题。因此从安全消防角度考虑,采用阻燃树脂是防止玻璃钢材质在存放、安装和运行过程中避免着火、火焰扩散和传播事故发生的措施之一。

树脂的热变形温度应超过烟气设计温度20℃以上,这是国内外对温度条件下使用玻璃钢材料的通常规则,主要是确保作为结构材料的玻璃钢不能在超出其临界温度的环境下长期运行。临界温度范围取决于玻璃钢的基体树脂—固化体系,同纤维类型和玻璃钢所受应力状态的类型关系不大。对于树脂的三个温度有如下关系:临界温度<热变形温度<玻璃化温度。

现行国家标准《纤维增强用液体不饱和聚酯树脂》GB/T 8237没有规定树脂固化后的拉伸强度等指标,而这些指标对玻璃钢烟囱所用树脂的质量控制是必须的,故作规定值。

树脂结构中的酯基是最容易受到酸和碱化学介质侵蚀的基团,已有研究表明:酸对酯基的侵蚀是可逆反应过程;而碱对酯基的侵蚀是个不可逆反应,其树脂浇铸体试样在碱溶液中会发生由表及里的溶胀、开裂以致破碎。在防腐蚀性能上通常以此来推断:即树脂的耐碱性好,其耐腐蚀性也好。现行国家标准《乙烯基酯树脂防腐蚀工程技术规范》GB/T 50590中对反应型阻燃环氧乙烯基酯树脂的质量要求中,列入了耐碱性试验指标。本规范中对四种反应型阻燃环氧乙烯基酯树脂浇铸体的耐碱性进行了试验和验证,作为判断树脂耐腐蚀性能的重要依据。

玻璃钢材质的阻燃性表征之一是采用有限氧指数值(LOI):国内消防法规对难燃材料的要求之一是 LOI 不小于 32。我们用未添加或添加少量三氧化二锑,树脂含量在35%左右的四种反应型阻燃环氧乙烯基酯树脂玻璃钢样条验证,能够满足此指标要求。

玻璃钢材质的阻燃性表征之二是火焰传播速率:它是采用美国材料与试验协会标准《建筑材料表面燃烧性能试验方法》ASTM E84 隧道法测定的玻璃钢层合板的一个指数值。表示火焰前沿在材料表面的发展速度,关系到火灾波及邻近可燃物而使火势扩大的一个评估指标。国内无相对应的标准,但已有测定机构提供专门服务。

玻璃钢烟囱是长期使用且维修困难的高耸构筑物,由于烟气的强腐蚀性,因此防腐蚀层应设计成树脂含量高、纤维含量低的抗渗性铺层;结构层主要考虑其在运行温度条件下的力学性能为主,因此纤维含量高;从国外已有运行实例看,其防腐蚀层和结构层全部采用反应型阻燃环氧乙烯基酯树脂,综合性能优异,同时也有效防止了因防腐蚀层和结构层采用不同树脂可能造成的界面相容性问题,避免了脱层。

9.2.4 玻璃钢材料的性能数据高低,在树脂确定的情况下,与所采用纤维的类型、品质以及工艺铺层结构有关,可根据烟囱的受力特点,设计相应的工艺铺层,通过试验确定。本条表9.2.4-1~表9.2.4-3所列是缠绕玻璃钢及手糊玻璃钢制品的性能数据,没有采用通常的实验室制样方法,而是用更加接近工程实际的工厂化条件进行的生产制样,按国家有关标准进行检测,并依据现行国家标准《建筑结构可靠度设计统一标准》GB 50068和《工程结构可靠性设计统一标准》GB 50153规定的原则确定的标准值,可供没有条件进行试验的设计选用和参考。

表9.2.4-1和表9.2.4-3是采用缠绕试验铺层方法,用2层环向缠绕纱与4层单向布交替制作,具体如表4;

表 4　缠绕试验铺层做法

纤维名称	规　　格	树脂含量
单向布	430g/m²	43%
缠绕纱	2400Tex	35%

表 9.2.4-2 是采用手糊板试验铺层方法，用 3 层玻璃布与 3 层短切毡交替铺层，具体如表 5：

表 5　手糊板试验铺层做法

纤维名称	规　　格	树脂含量
玻璃布	610g/m²	50%
短切毡	450g/m²	70%

9.2.5 玻璃钢材料的材料分项系数参考了 ASTM D5364 中的规定，但考虑我国制作工艺及现场管理的实际水平，在实际取值时应大于或等于本规范所规定的分项系数。

为了确定玻璃钢烟囱材料在各种受力状态下的力学指标，中冶东方工程技术有限公司委托有关单位做了有关试验。通过试验可以看到，玻璃钢材料的力学指标离散性比较大。规范给出的材料分项系数虽然较一般建大，但仍不足以保证结构设计已经可靠，原因是在温度作用下材料的力学指标又会有变化，规范给出 60℃ 和 90℃ 设计温度下强度指标折减系数。这样可尽量保证玻璃钢烟囱在不同温度下具有相近可靠度保证率。

9.2.6 通过试验可以得出结论，玻璃钢材料的力学性能随着温度升高会有较大幅度的降低，因此当烟气温度不大于 100℃ 时，采用弹性模量进行计算时折减系数按 0.8 考虑。

9.3　筒壁承载能力计算

9.3.1、9.3.2 考虑了玻璃钢烟囱受拉、受压、受弯及组合最不利情况下的轴向强度计算。

9.3.3～9.3.5 计算公式部分内容参考了 ASTM D5364 中的有关规定。

9.3.6 玻璃钢烟囱的接口可采用平端对接、承插粘接等多种形式，在直径大于 4m 时宜采用平端对接，此处平端对接的粘接计算主要考虑自重及连接截面处弯矩的因素。

9.4　构造规定

9.4.1 玻璃钢材料为各向异性，容易产生应力集中，因此下部烟道接口建议设计成圆形，以尽量减小对玻璃钢筒体的破坏。

9.4.2 玻璃钢材料的弹性模量较低，故设置拉索时要保证 H/D 不大于 10，且应充分考虑拉索预紧力对烟囱的应力影响。

9.4.3 加强肋的设置间距参考了 ASTM D5364 中的规定。

9.4.4 玻璃钢烟囱的连接可采用承插粘接或平端对接等方式。

9.4.6 考虑到玻璃钢烟囱的结构刚度和耐久性，故对玻璃钢的结构层最小厚度作了规定，按照玻璃钢烟囱的直径差异，确定了两种不同直径系列的烟囱最小厚度。

9.5　烟囱制作要求

9.5.1 对于直径小的玻璃钢烟囱，可以在制造商的工厂内制作，对于直径大，运输有困难的，应在项目现场或其附近临时有围护结构的工厂内制作，这样可保证满足制造时的环境温度和湿度要求。

树脂中的苯乙烯是有嗅味的易燃、易挥发化学品，除加强劳动保护外，还应加强工作场所的通风。

温度过低，树脂固化速度变慢，影响工作效率和固化后产品的强度，温度过高，树脂固化速度太快，不及制作的材料会浪费；湿度大，空气中的水分对树脂固化速度和固化后玻璃钢性能会有影响。在环境温度为（15～30）℃下材料和设备温度高于露点温度 3℃，通常其相对湿度不会大于 80%。

低温存放，利于树脂有长的存储期。但是在使用时，材料温度应同环境温度相一致，否则固化剂的用量配方不能固定，树脂的黏度也会变大，影响同纤维的浸润。

9.5.3 树脂的黏度是使用工艺中的重要性能，而且与温度的关系密切：

当温度下降、树脂黏度上升时，不利于浸透纤维。加入苯乙烯稀释，使得树脂黏度下降，可提高纤维浸润性能，但是加入的苯乙烯量不宜超过 3%，如用量大则会影响树脂的相关性能。

当温度上升、树脂黏度下降时，黏度太小，利于纤维浸透树脂，但会产生树脂流挂缺胶，同样也会影响产品质量，而加入适量的触变剂（如：气相二氧化硅），则可有效防止流胶。

树脂常温固化时所采用的固化剂均系过氧化物（如过氧化甲乙酮、过氧化环己酮等），它同配套的促进剂（如环烷酸钴等）直接混合将会发生剧烈的化学反应引起燃烧和火灾，严重时甚至会发生爆炸事故，危及生命和财产安全，因此严禁两者同时加入。

9.5.4 玻璃纤维增强材料如有污物和水分将会影响与树脂的浸润，造成界面的无效结合，影响固化，从而使材料的性能下降。

9.5.5 分段制造的每节筒体长度，主要从缠绕的设备能力和安装能力等方面综合考虑，筒体连接越少，效率也越高。

9.5.6 筒芯表面使用聚酯薄膜或脱模剂（如聚乙烯醇），会提供光滑的内表面，以保证玻璃钢筒体脱模时不损坏筒芯表面。

9.5.7 防腐蚀内层是直接接触烟气介质的，要求具有高的树脂含量和很好的抗渗透性能。如果存在气泡等制造中的缺陷，会直接影响产品的防腐蚀性能，应及时修补。

9.5.8 筒体结构层与防腐蚀内层的制造间隔时间的控制目的：是防止运行中发生结构层与防腐蚀内层脱层。尤其在结构层与防腐蚀内层所用树脂不一致的情况下，需要特别注意控制。防腐蚀内层所用往往是含胶量大于 70% 的耐温性好、固化交联密度高的树脂，如果间隔时间长了，结构层与防腐蚀内层的界面融合就会存在隐患。从已发生的玻璃钢罐体结构层与防腐蚀内层的脱层事故分析，主要是这个原因。

9.5.9 在结构层缠绕开始前，先在防腐蚀层表面涂布树脂主要是提高层间结合。

9.6　安装要求

9.6.2 刚性类吊索材料（如钢丝绳）容易损坏筒体表面，以采用尼龙等柔性类吊索为好。

9.6.3 玻璃钢材质具有高强度低模量的特性，垂直存放和移动主要是要保持筒体不变形。

9.6.4、9.6.5 这两条对筒体吊装提出要求。

10　钢　烟　囱

10.2　塔架式钢烟囱

10.2.1 在过去的设计中，常用的塔架截面形式主要有三角形和四边形，并优先选用三角形。因为三角形截面塔架为几何不变形状，整体稳定性好、刚度大、抗扭能力强，对基础沉降不敏感。

10.2.2 塔架在风荷载作用下，其弯矩图形近似于折线形。一般将塔架立面形式做成与受力情况相符的折线形，为了方便塔架的制作安装，塔面的坡度不宜过多，一般变坡以 3 个～4 个为宜。

根据实践经验，塔架底部宽度一般按塔架高度的 1/4 至 1/8 范围内选用，多数按塔架高度的 1/5 至 1/6 决定其底部尺寸。在此范围内确定的塔架底部宽度，对控制塔架的水平变位、降低结构自振周期、减少基础的内力等都是有利的。

10.2.3 增设斜拉杆是为了减小塔架底部和节间的变形，并使底部节间有足够的刚度和稳定性。

10.2.4 排烟筒与塔架平台或横隔相连，在风荷载和地震作用下，排烟筒相当于一根连续梁,将风荷载和地震力通过连接点传给钢塔架。但应注意排烟筒在温度作用下可自由变形。

钢塔架与排烟筒采用整体吊装时,顶部吊点的上节间内力往往大于按承载能力极限状态设计时的内力,所以必须进行吊装验算。

10.2.5 由于排烟筒伸出塔顶,对塔顶将产生较大的水平集中力,在塔架底部接近地面两个节间又有较大的剪力,可能有扭矩产生。所以在塔架顶层和底层采用刚性 K 型腹杆,以保证塔架在这两部分具有可靠的刚度。组合截面做成封闭式,除提高杆件的强度和刚度外,更有利于防腐,提高杆件的防腐能力。

采用预加拉紧的柔性交叉腹杆,使交叉腹杆不受长细比的限制,能消除杆件的残余变形,可加强塔架的整体刚度,减小水平变位和横向变形。由于断面减小,降低了用钢量和投资。

钢管性能优越于其他截面,它各向同性,对受压受拉均有利,并具有良好的空气动力性能,风阻小、防腐涂料省、施工维修方便,对可能受压,也可能受扭的塔柱和 K 型腹杆选用钢管是合理的。

承受拉力的预加拉紧的柔性交叉腹杆,选用风阻小、抗腐蚀能力强、直径小面积大的圆钢,既经济又合理。

10.2.6 滑道式连接是将排烟筒体的滑道与平台梁相连,在垂直方向可自由变位,能抗水平力和扭矩。当排烟筒为悬挂式时,排烟筒底部或靠近底部处与平台梁连接可采用承托式,即将筒体支承在平台梁上。承托板宜开椭圆螺栓孔,使筒体在水平方向有很小的间隙变位,而在垂直方向能上下自由伸缩。以上部位与平台梁的连接可采用滑道式。

10.2.8 本次规范修订,增加了塔架抗震验算时构件及连接节点的承载力抗震调整系数。

10.3 自立式钢烟囱

10.3.1 原规范规定烟囱高径比宜满足 $h \leqslant 20d$,在一些情况下偏于严格,特别是风荷载较小地区。按此规定设计,往往烟囱应力水平较低。本次规范修订将此限定放宽到 $h \leqslant 30d$,可在满足强度和变形要求的前提下,在此范围内进行高径比选择。当钢烟囱的强度和变形是由风振控制时,可采用可靠的减震措施来满足要求。

10.3.2 强度和整体稳定性计算公式,基本参照现行国家标准《钢结构设计规范》GB 50017 中的公式。只因钢烟囱一直在较高温度下的不利环境中工作,没有考虑截面塑性发展,在强度和稳定性计算公式中取消了截面塑性发展系数 γ。等效弯矩系数 β_m 由于悬臂结构时为 1,所以稳定性公式中取消了 β_m。

钢烟囱局部稳定计算公式参照 CICIND 标准进行了修订。原规范局部稳定计算公式为圆柱壳弹性屈服应力形式,未考虑钢材塑性屈曲和制作加工几何缺陷影响,在某些情况下,计算结果不安全。

10.3.3 本条规定钢烟囱的最小厚度是为了保证结构刚度和耐久性。

10.3.4 温度超过 425℃时,碳素钢要产生蠕变,在荷载作用下易产生永久变形。为了控制钢材使用温度,当温度达到 400℃ 时,应设置隔热层,以降低钢筒壁的受热温度。

碳素钢的抗氧化温度上限为 560℃,金属锚固件温度不应超过此界限。因为金属锚固件一旦超过抗氧化界限出现氧化现象,将造成连接松动,影响正常使用。

10.3.5 钢烟囱发生横风向风振(共振)现象在实际工程中有所发生,特别是在烟囱刚度较小,临界风速一般小于设计的最大风速,因此,临界风速出现的概率较大。一旦临界风速出现,涡系脱落的频率与烟囱的自振频率相同(或几乎相同),烟囱要发生横风向共振。因此,在设计中,应尽量避免出现共振现象。如果调整烟囱的刚度难以达到目的时,在烟囱上部设置破风圈是一种较有效的解决方法。除破风圈以外,也可以采用其他形式的减振装置对烟囱进行减振。

10.4 拉索式钢烟囱

10.4.1 当烟囱高度与直径之比大于 30($h/d>30$)时,可采用拉索式钢烟囱。实际应用中,如果经过技术经济比较,虽然 $h/d \leqslant 30$,但采用拉索式钢烟囱更合理,也可采用该种烟囱。

11 烟囱的防腐蚀

11.1 一般规定

11.1.1~11.1.4 烟囱烟气根据其温度、湿度及结露状况分类;对于干烟气将原规范腐蚀等级按燃煤含硫量确定改为直接按烟气含硫量确定;烟气分为干烟气、潮湿烟气和湿烟气三类,对应各类烟气又分别划分为强、中、弱三种腐蚀等级,各类烟气虽腐蚀等级相同,但腐蚀程度不同,采取的防腐蚀措施也不同。规范规定湿法脱硫后的烟气为强腐蚀性湿烟气、湿法脱硫烟气经过再加热之后为强腐蚀性潮湿烟气,其他方式产生的湿烟气或潮湿烟气的腐蚀等级应根据具体情况加以确定。

11.1.6 烟囱防腐蚀材料应满足烟囱实际存在的各运行工况条件,且应能适用于各工况可能存在交替变化的情况。

11.1.7 湿烟气烟囱冷凝液从实际工程掌握的情况,流量在每小时数吨至数十吨,故排烟筒底部必须设置冷凝液收集装置,有条件时可在钢内筒其他部位设置冷凝液收集装置,可有效减少烟囱雨现象。

11.2 烟囱结构型式选择

11.2.1 烟囱结构型式的选择是防腐蚀措施的重要环节。原规范提出了烟囱结构型式选择要求以来,针对不同的烟气腐蚀性等级选择的烟囱结构型式,对保证烟囱安全可靠地正常使用和耐久性都起到了非常重要的指导性意义。

结合近 10 年来火力发电厂烟囱及其他行业烟囱,在不同使用条件,特别是烟气湿法脱硫运行条件下,采用不同烟囱结构型式和防腐蚀措施在运行后出现的渗漏腐蚀现象及处理经验,提出了对排放不同腐蚀性等级的干烟气、湿烟气和潮湿烟气的烟囱结构型式的选择要求。

根据对 20 座湿法脱硫现场调研,湿法脱硫机组实时运行温度统计数据为,无 GGH 运行工况(湿烟气)平均温度为 52℃,设 GGH 运行工况(潮湿烟气)平均温度为 83℃。

在湿法脱硫无 GGH 运行工况(湿烟气)下,烟囱内有冷凝液积聚。在湿法脱硫设 GGH 运行工况(潮湿烟气)下,烟囱内无冷凝液积聚,烟囱内的积灰处于干燥状态。

湿烟气烟囱内有冷凝液流淌,要解决防腐问题首先必须满足防渗,应采用整体气密的排烟筒或防腐内衬。钢内筒防腐内衬主要有:

(1)钢内筒衬防腐金属材料指钢内筒镍板或钛板等,国内工程仅挂贴钛板和复合钛板有应用,且多为复合钛板。

(2)钢内筒衬轻质防腐砖指进口玻璃砖防腐系统、国产玻璃砖防腐系统、国产泡沫玻化砖防腐系统。

(3)玻璃钢排烟筒在国外大型电厂有较多湿烟囱应用案例;国内在小型电厂有应用案例,在大型电厂烟囱合一烟道有应用案例。

(4)钢内筒衬防腐涂料主要指目前应用较多的玻璃鳞片。

到目前为止,国内湿烟气烟囱运行时间不长,大部分未超过 6 年,但还是暴露出了诸多问题,有待进一步改进。

(1)钢内筒衬钛板总体使用情况良好,但挂贴钛板出现了钛板局部腐蚀穿孔的现象,复合钛板钢内筒出现了焊缝连接部位渗漏现象。

(2)钢内筒进口玻璃砖防腐系统使用情况良好,表面耐烟气冲刷性能稍弱。

(3)钢内筒国产玻璃砖防腐系统的工程问题突出,除施工质量的过程控制没有落实外,砖、胶出现较多材料失效的现象。

(4)钢内筒国产泡沫玻化砖防腐系统出现问题的工程较多,从现场调研结果反映出,砖、胶性能与进口产品相比较有差距;目前钢内筒产生的腐蚀的主要原因是施工工艺造成的胶饱满密实缺陷问题。

国内燃煤电厂新建机组有7座烟囱采用进口玻璃砖防腐系统,目前使用状况良好。

统计的国内约30座采用国产玻璃砖、国产泡沫玻化砖防腐系统的烟囱,有较多出现了不同程度的腐蚀情况;一般在投运后1年~2年内发生,最短在投运1个月后即出现了钢内筒腐蚀穿孔现象。

与进口玻璃砖防腐系统相比,国产玻璃砖、国产泡沫玻化砖防腐系统在原材料、施工质量过程控制和管理方面尚存一定差距,有较大的改进空间。

(5)钢内筒衬玻璃鳞片材料使用寿命较短,一般在5年~8年。使用期间维护工程量大,到目前为止,较多的工程已进行过维修。对用于实际使用时间少于10年的湿烟气烟囱,其经济性有一定优势。对于防腐涂层内衬,在选用时,应对其抗渗性能和断裂延伸率等性能加以限制。

本规范表11.2.1是总结近年来实践经验给出的,在选用时应结合实际烟囱运行工况的差异性进行调整。应根据烟囱的实际工况,对内衬防腐材料的耐酸、耐热老化、耐热冲击和耐磨性能以及断裂延伸率、抗渗透性能等主要性能指标进行综合评价后予以确定。

11.2.4 根据近几年火力发电厂工程排放湿烟气烟囱的渗漏腐蚀现象较为普遍和严重的调查情况,提出了应采用具备检修条件的套筒式或多管式烟囱。

每个排烟筒接入锅炉台数根据发电厂机组规模进行了规定,其他行业可对照其规模容量执行。

11.3 砖烟囱的防腐蚀

11.3.1 砖烟囱一般用于不超过60m高度的低烟囱。由于砌体结构的抗渗性能不易保证,因此烟囱中排放的烟气类型限定于干烟气。

11.3.2 砖烟囱的主要防腐蚀措施是根据烟气的腐蚀性等级做好防腐蚀内衬材料的选择和有效控制施工质量。水泥砂浆和石灰水泥砂浆的耐腐蚀性能最差,当受到腐蚀后,体积发生膨胀,内衬的整体性和严密性易受到破坏,一般不在砖烟囱的内衬中使用。普通黏土砖耐腐蚀性也较差,受腐蚀后易出现掉皮现象,一般不应在排放中等腐蚀等级的砖烟囱内衬中使用。

11.4 单筒式钢筋混凝土烟囱的防腐蚀

11.4.2 对于排放干烟气的单筒式烟囱,已形成了一套安全有效、适合国情的单筒式烟囱防腐蚀措施适用标准,实践证明使用效果良好。

近几年湿烟气烟囱(烟囱脱硫改造工程或新建脱硫烟囱工程),单筒式烟囱出现了较严重的渗漏腐蚀现象,有的已威胁到了烟囱钢筋混凝土筒壁的安全可靠性。基于此,单筒式烟囱中排放的烟气类型限定于干烟气和潮湿烟气。

11.4.3 结合近年来轻质耐酸隔热防腐整体浇注料在干烟气条件下单筒式烟囱中的使用情况,补充了该种材料。

11.4.4 单筒式烟囱是截锥圆形,上小下大形状,烟囱中上部区段运行的烟气正压压力值较大,对单筒式烟囱中烟气正压力数值加以限制,减少烟气渗透腐蚀。

11.5 套筒式和多管式烟囱的砖内筒防腐蚀

11.5.1 烟囱中砖砌体排烟内筒的材料全部选用耐酸防腐蚀性能的;在条件许可时选用轻质型的,以减小排烟内筒的荷重。

11.7 钢烟囱的防腐蚀

11.7.1 从防腐蚀的角度考虑,钢烟囱高度不起主要作用。所以,本节未区分钢烟囱高度而分别提出相关的设计要求。

11.7.2 根据钢烟囱外表面检修维护困难的特点,提出了采用长效防腐措施。

12 烟囱基础

12.1 一般规定

12.1.1~12.1.3 这一部分规定仍与原规范相同。

12.2 地基计算

12.2.1~12.2.3 这一节完全与原规范相同。

12.3 刚性基础计算

12.3.1 刚性基础在满足底面积的前提下,需确定合理的高度及台阶尺寸,公式(12.3.1-1)~公式(12.3.1-4)均与原规范相同,实践已经证明这些公式是合理的。

12.4 板式基础计算

12.4.1~12.4.11 这11条给出板式基础外形尺寸的确定及环形和圆形板式基础的冲切强度和弯矩的计算公式。

12.4.12 设置地下烟道的基础,将直接受到温度作用。由于基础周围是土壤,温度不易扩散,所以基础的温度很高。当烟气温度超过350℃时,采用隔热层的措施,使基础混凝土的受热温度小于或等于150℃,隔热层已相当厚。当烟气温度更高时,采用隔热的办法就更难满足混凝土受热的要求,此时可把烟气入口改在基础顶面以上或采用通风隔热措施以避免基础承受高温。曾考虑过采用耐热混凝土作为基础材料。但由于对耐热混凝土作为在高温(大于150℃)作用下的受力结构,国内还没有完整的试验结果和成熟的使用经验。因此未列入本规范。

12.4.14 地下基础在温度作用下,基础内外表面将产生温度差,即有温度应力产生。温度应力与荷载应力进行组合。由于板式基础在荷载作用下所产生的内力,是按极限平衡理论计算的。其计算假定:在极限状态下,基础已充分开裂,开裂成几个极限平衡体。在这种充分开裂的情况下,已无法求解整体基础的温度应力。所以,对于温度应力与荷载应力,本规范未给出应力组合计算公式,仅在配筋数量上适当考虑温度作用的影响。

12.5 壳体基础计算

12.5.1~12.5.5 根据有关试验和实际工程设计经验,本规范正倒锥组合壳的"正截锥"(上下环梁之间的截锥体),按"无矩"理论计算;"倒截锥"(底板壳)按极限平衡理论进行内力计算;环梁按内力平衡条件计算。由于"正截锥"壳是按无矩理论计算,忽略了壳的边缘效应(弯矩M,水平力V)对环梁的影响。但是,由于按无矩理论计算的薄膜经向力,大于按有矩理论的计算值,使两种计算方法的结果,在壳的边缘处比较接近。为了安全起见,在壳基础构造的第12.7.12条,特别强调"上壳上下边缘附近构造环向钢筋应适当加强"。

12.6 桩基础

12.6.3 桩基承台优先考虑采用环形,桩宜对称布置在环壁中心位置两侧,可适当偏外侧布置,并通过反复试算,逐步调整,直到符合全部要求为止。

12.7 基础构造

12.7.7 考虑到整体弯曲对基础底板作用时的影响,底板下部钢筋构造加强,规定最小配筋率径向和环向(或纵向和横向)不宜小于 0.15%。当底板厚度大于 2000mm 时,增加双向钢筋网是为了减少大体积混凝土温度收缩的影响,并提高底板的抗剪承载力。

12.7.12 壳体基础主要处于薄膜受力状态,用材节省,需满足最低配筋要求。

13 烟 道

13.1 一般规定

13.1.1 本条是对实际工程经验的总结。由于烟道的材料、计算方法均与烟道的类型有关,烟道从工艺角度分为地下烟道、地面烟道和架空烟道。架空烟道一般用于电厂烟囱。

13.1.5 地下烟道与地下构筑物之间的最小距离,是按已有工程经验确定的。在设计工作中满足本条规定的前提下,可根据实践经验确定。

13.2 烟道的计算和构造

13.2.1 地下烟道应对其受热温度进行计算,本条给出了地下温度场土层影响厚度的计算公式。土层影响厚度计算公式是根据试验确定的。计算出的温度应小于材料受热温度允许值。

13.2.7 地面烟道的计算(一般为砖砌烟道),一般按封闭框架考虑。拱型顶应做成半圆型,因为半圆拱的水平推力较小。

13.2.8 架空烟道的计算中应考虑自重荷载、风荷载、积灰荷载和烟道内的烟气压力。在抗震设防地区还应考虑地震作用。其中积灰荷载和烟气压力是根据电厂烟囱给出的,根据现行行业标准《火力发电厂烟风煤粉管道设计技术规程》DL/T 5121 烟道内的烟气压力一般按 ±2.5kN/m² 考虑。其他工厂的烟气压力和积灰荷载应另行考虑。

在架空烟道的温度作用计算中,需要对烟道侧墙的温度差进行计算,避免温差过大引起烟道开裂。

13.2.9 钢烟道胀缩,对多管式的钢内筒水平推力较大,在连接引风机和烟囱之间的一段钢烟道内设置补偿器,可减小钢烟道对钢内筒的推力,设置补偿器后,仅在构造上考虑钢内筒与基础的连接。

14 航空障碍灯和标志

14.1 一般规定

14.1.1 烟囱对空中航空飞行器视为障碍物,是造成飞行安全的隐患,因此烟囱应设置障碍标志。我国颁布的《民用航空法》、国务院、中央军委发布的《关于保护机场净空》的文件等一系列行政法规都规定了航空障碍灯必须设置的场所和范围。民用机场净空保护区域是指在民用机场及其周围区域上空,依据现行行业标准《民用机场飞行区技术标准》MH 5001—2006 规定的障碍物限制面划定的空间范围。在该范围内的烟囱应设置航空障碍灯和标志。

14.1.2~14.1.4 国际民用航空公约《附件十四》,针对烟囱尤其是高烟囱有严格的技术要求和规定。中国民用航空局制定的《民用机场飞行区技术标准》MH 5001—2006 和国务院、中央军委国发〔2001〕29 号《军用机场净空规定》对障碍灯和标志都有明确规定。本节的制定参照了上述标准。在《民用机场飞行区技术标准》MH 5001—2006 中将高光强障碍灯划分为 A、B 型,将中光强障碍灯划分为 A、B、C 型。其中适合安装在高耸烟囱的障碍灯形式为高光强 A 型障碍灯及中光强 B 型障碍灯。本次规范修订对障碍灯选用型号作出了规定。

14.2 障碍灯的分布

14.2.1~14.2.7 航空障碍灯的分布及标志可参照图 13 进行设置。

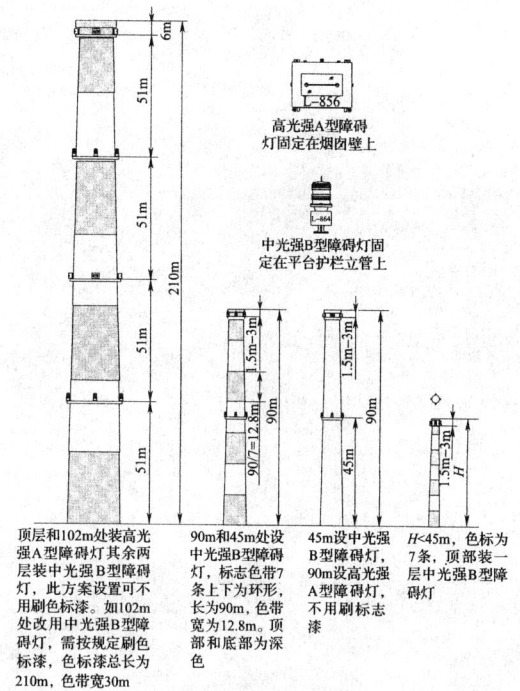

图 13 烟囱设置航空障碍灯分布及标志

中华人民共和国国家标准

小型水力发电站设计规范

Design code for small hydropower station

GB 50071—2002

主编部门：水利部水利水电规划设计管理局
批准部门：中华人民共和国建设部
施行日期：2003年3月1日

建设部关于发布国家标准
《小型水力发电站设计规范》的公告

第 94 号

现批准《小型水力发电站设计规范》为国家标准，编号为 GB 50071—2002，自 2003 年 3 月 1 日起实施。其中，第 1.0.3、1.0.4、2.3.3、2.3.5、2.3.6、2.4.3、3.3.1、3.3.2（3）、3.3.4、3.4.2（3）、3.4.7（3）、4.3.1、4.4.1、5.1.1、5.1.2、5.1.3、5.1.5（1）（2）（7）、5.3.1、5.3.3、5.3.5、5.3.8、5.3.10、5.3.11、5.4.6、5.4.7、5.5.2、5.5.10、5.5.18、5.5.19、5.5.23、5.5.27、5.5.28、5.5.29、5.5.33、5.5.34、5.5.35、5.5.38（2）（4）（5）、5.5.46、5.5.47、5.5.53、5.5.55、5.6.3、5.6.12、5.6.13、5.6.16、5.7.4、6.1.3、6.1.4（4）（5）、6.2.2（1）（2）、6.3.2、6.3.3、6.3.6、7.3.5、7.4.1、7.4.2、7.4.5、7.4.6、7.5.1、7.5.2、7.6.2、7.7.5、7.7.6、7.8.1、7.8.2、7.8.3、7.8.4、7.9.2、7.9.7、7.9.8、7.9.11、7.11.3、9.2.1、9.2.2、9.2.3、9.2.4、9.2.5、9.2.8、9.2.9、9.2.11、9.2.12、9.2.13、10.2.1（1）（2）（3）条（款）为强制性条文，必须严格执行。原《小型水力发电站设计规范》GBJ 71—84 同时废止。

本规范由建设部标准定额研究所组织中国计划出版社出版发行。

中华人民共和国建设部
二〇〇二年十一月二十六日

前　言

经建设部同意，水利部组织水利部水利水电规划设计总院和水利部四川水利水电勘测设计研究院于 1998～2000 年对国家标准《小型水力发电站设计规范》GBJ 71—84 进行了修订。

本修订后的规范主要内容包括：水文，工程地质勘察，水利及动能计算，工程布置及建筑物，水力机械及采暖通风，电气，金属结构，消防，施工，水库淹没处理及工程占地，环境保护，工程管理，工程概（估）算，经济评价等各专业的设计要求。

对 GBJ 71—84 进行修改、补充的内容，主要包括以下几个方面：

1 规范适用范围改为装机规模 50～5MW、出线电压等级 110kV 以下、机组容量不超过 15MW 的水电站设计。

2 增加工程地质勘察、消防、施工、水库淹没处理及工程占地、环境保护、工程管理、工程概（估）算、经济评价等 8 章内容。

3 增加了小型水电站工程等别划分及建筑物级别和洪水标准的规定。

4 反映我国近 20 年小型水电站设计技术进步方面的内容，增加了混凝土面板堆石坝、碾压混凝土坝、地下厂房、贯流式机组、计算机监控等设计内容和技术要求。

5 对 GBJ 71—84 中涉及的部分设计参数，进一步提出量化指标，增强了规范的可操作性。

本规范由建设部负责对强制性条文的解释，由水利部负责日常管理工作，由水利部水利水电规划设计管理局负责具体技术内容的解释。在本规范执行过程中，希望各单位结合工程实践，认真总结经验，注意积累资料，如发现本规范需要修改和补充之处，请将意见和有关资料寄往：水利部水利水电规划设计管理局（邮编 100011　传真：010—62015974、010—62070508），以供今后修订时参考。

本规范主编单位和主要起草人：

主编单位：水利部水利水电规划设计总院
　　　　　　水利部四川水利水电勘测设计研究院

主要起草人：司志明　张仁忠　戴晓文　吴迪如
　　　　　　骆继明　刘聪凝　赵德金　方宜生
　　　　　　李　霞　高明军　徐孝刚　刘德印
　　　　　　许　宁　翟启荣　叶纪刚　胡振华
　　　　　　吴　克　罗　健　何福鉴　郑绮萍

目 次

1 总则 …………………………………… 7—9—5
2 水文 …………………………………… 7—9—5
　2.1 一般规定 ………………………… 7—9—5
　2.2 径流 ……………………………… 7—9—5
　2.3 洪水 ……………………………… 7—9—5
　2.4 水位流量关系曲线 ……………… 7—9—6
　2.5 泥沙、蒸发、冰情及其他 ……… 7—9—6
3 工程地质勘察 ………………………… 7—9—6
　3.1 一般规定 ………………………… 7—9—6
　3.2 区域地质 ………………………… 7—9—6
　3.3 水库工程地质 …………………… 7—9—6
　3.4 水工建筑物工程地质 …………… 7—9—7
　3.5 天然建筑材料 …………………… 7—9—7
4 水利及动能计算 ……………………… 7—9—7
　4.1 一般规定 ………………………… 7—9—7
　4.2 径流调节计算 …………………… 7—9—8
　4.3 洪水调节及防洪特征水位选择 … 7—9—8
　4.4 正常蓄水位和死水位选择 ……… 7—9—8
　4.5 装机容量及机组机型选择 ……… 7—9—8
　4.6 引水道尺寸及日调节容积选择 … 7—9—8
　4.7 水库泥沙淤积分析及回水计算 … 7—9—9
5 工程布置及建筑物 …………………… 7—9—9
　5.1 一般规定 ………………………… 7—9—9
　5.2 工程布置 ………………………… 7—9—10
　5.3 挡水建筑物 ……………………… 7—9—10
　5.4 泄水建筑物 ……………………… 7—9—11
　5.5 引水建筑物 ……………………… 7—9—11
　5.6 厂房及开关站 …………………… 7—9—15
　5.7 通航建筑物 ……………………… 7—9—15
　5.8 水工建筑物安全监测设计 ……… 7—9—16
6 水力机械及采暖通风 ………………… 7—9—16
　6.1 水轮发电机组选择 ……………… 7—9—16
　6.2 调速系统和调节保证计算 ……… 7—9—16
　6.3 技术供、排水系统 ……………… 7—9—16
　6.4 压缩空气系统 …………………… 7—9—17
　6.5 油系统 …………………………… 7—9—17
　6.6 水力监视测量系统 ……………… 7—9—17
　6.7 采暖通风 ………………………… 7—9—17
　6.8 主厂房起重机 …………………… 7—9—18
　6.9 水力机械布置 …………………… 7—9—18
　6.10 机修设备 ………………………… 7—9—18
7 电气 …………………………………… 7—9—18
　7.1 电站与电网连接 ………………… 7—9—18
　7.2 电气主接线 ……………………… 7—9—18
　7.3 厂用电及坝区供电 ……………… 7—9—18
　7.4 过电压保护及接地装置 ………… 7—9—19
　7.5 照明 ……………………………… 7—9—19
　7.6 厂内外主要电气设备布置 ……… 7—9—19
　7.7 电缆选型及敷设 ………………… 7—9—19
　7.8 继电保护及系统安全自动装置 … 7—9—19
　7.9 自动控制 ………………………… 7—9—20
　7.10 电气测量仪表装置 ……………… 7—9—20
　7.11 操作电源 ………………………… 7—9—20
　7.12 通信 ……………………………… 7—9—20
　7.13 电工修理及电气试验 …………… 7—9—20
8 金属结构 ……………………………… 7—9—21
　8.1 一般规定 ………………………… 7—9—21
　8.2 泄水闸门及启闭设备 …………… 7—9—21
　8.3 引水发电系统闸门、拦污栅及
　　　启闭设备 ………………………… 7—9—21
9 消防 …………………………………… 7—9—22
　9.1 一般规定 ………………………… 7—9—22
　9.2 工程消防 ………………………… 7—9—22
10 施工 ………………………………… 7—9—22
　10.1 一般规定 ………………………… 7—9—22
　10.2 施工导流 ………………………… 7—9—22
　10.3 料场选择及开采 ………………… 7—9—23
　10.4 主体工程施工 …………………… 7—9—23
　10.5 场内外交通 ……………………… 7—9—24
　10.6 施工工厂设施 …………………… 7—9—24
　10.7 施工总布置 ……………………… 7—9—24
　10.8 施工总进度 ……………………… 7—9—24
11 水库淹没处理及工程占地 ………… 7—9—24
　11.1 水库淹没处理范围及标准 ……… 7—9—24
　11.2 水库淹没实物指标调查 ………… 7—9—25
　11.3 农村移民安置 …………………… 7—9—25
　11.4 集镇、乡镇企业、专业项目的迁
　　　（改）建 ………………………… 7—9—25

11.5 防护工程 ·················· 7—9—25
11.6 库底清理 ················· 7—9—25
11.7 水库淹没处理补偿投资概
    （估）算 ···················· 7—9—25
11.8 工程占地 ················· 7—9—26
12 环境保护 ······················· 7—9—26
   12.1 环境影响评价 ············ 7—9—26
   12.2 环境保护设计 ············ 7—9—26
13 工程管理 ······················· 7—9—26

13.1 一般规定 ················· 7—9—26
13.2 工程管理范围和保护范围 ········ 7—9—26
13.3 生产、生活设施 ············ 7—9—26
13.4 工程管理运用 ············· 7—9—26
14 工程概（估）算 ················ 7—9—26
15 经济评价 ······················· 7—9—26
附：条文说明 ······················· 7—9—28

1 总 则

1.0.1 为适应我国小型水力发电站（以下简称电站）建设发展的需要，反映电站建设的技术进步和新的经验，统一设计技术要求，提高设计质量，特制定本规范。

1.0.2 本规范适用于装机容量50～5MW，机组容量15MW以下，出线电压等级不超过110kV的新建、扩建和改建的电站设计。装机容量小于5MW的电站可参照执行。

1.0.3 电站设计应在河流、河段或地区水利水电规划和地方电力规划的基础上进行。对上、下游有影响的电站开发时，应征求相邻地区意见。

1.0.4 电站设计必须执行国家现行的技术经济政策，根据地方水利、水电、航运、水土保持、环境保护等的要求和电力市场的需要统筹安排，因地制宜，合理利用水资源。

1.0.5 电站设计必须进行调查研究、勘测、试验工作，获取水文、气象、地形、地质、建材、水库淹没、移民、环境和国民经济综合利用要求等基本资料和数据。

1.0.6 电站设计除应符合本规范外，尚应符合国家现行的有关标准的规定。

2 水 文

2.1 一般规定

2.1.1 水文分析计算应收集本流域和邻近流域的水文气象及自然地理特征资料，本流域水利水电工程开发、水土保持等人类活动影响资料，区域历史洪水调查资料以及区域水文气象综合分析研究成果等。

2.1.2 对水文计算所依据的基本资料、采用的各种参数和分析计算成果，应进行分析检查，论证其合理性。

2.2 径 流

2.2.1 径流计算应提供坝址下列全部或部分径流成果：
1 年、月、旬径流系列和多年平均径流量；
2 设计代表年的年、期径流量及其年内分配；
3 日平均流量历时曲线等。

2.2.2 设计径流计算应根据不同的资料条件，采用以下方法：
1 当坝址有20年以上（含插补延长）的连续径流系列资料时，可用频率计算方法直接计算设计年径流；
2 当坝址径流资料少于20年，但上、下游或相邻流域有20年以上（含插补延长）的径流资料时，可将参证站设计径流成果按集水面积和雨量修正，移用到坝址；
3 当无以上资料条件时，可采用区域综合方法进行设计径流计算。

2.2.3 设计径流断面以上流域人类活动影响径流时，应调查分析影响程度，并进行径流的还原计算。当还原水量资料短缺时，可通过分析直接统计受人类活动影响后的实测径流系列或按资料短缺的径流计算方法，进行设计径流计算。

2.2.4 径流计算时段可根据设计要求选用年、期（非汛期、枯水期）等。在 n 项连续径流系列中，按由大到小顺序排列的第 m 项的经验频率 P_m 应按（2.2.4）式计算：

$$P_m = \frac{m}{n+1} \times 100\% \qquad (2.2.4)$$

频率曲线的线型可采用皮尔逊Ⅲ型，其统计参数可用矩法初步估算，并用适线法调整确定。

2.2.5 采用区域综合方法进行径流计算，应利用省级以上主管部门审定的区域降雨径流及统计参数等值线图或径流计算经验公式。

2.2.6 对选定的年径流系列，应根据区域内水文站、雨量站资料，通过其长、短系列统计参数对比，分析其代表性。

2.2.7 设计代表年的月、日径流分配，可选用年、期径流量经验频率接近设计频率的实测年作为典型年，并用设计径流量进行修正确定。

当实测资料短缺时，设计代表年的月、日径流分配，可采用已有的径流区域综合图表推算。

2.2.8 电站所在河流有特殊水文地质条件时，应分析研究其对径流设计值的影响。

2.2.9 推求日平均流量历时曲线，可根据资料条件采用以下方法：
1 用丰、平、枯三个代表年的日平均流量或平水年的日平均流量排序统计。
2 将参证站的日平均流量历时曲线按集水面积和雨量修正，移用到站址。

2.3 洪 水

2.3.1 应根据电站设计要求，提出下列坝（厂）址全部或部分的设计洪水成果：
1 各设计频率的年最大洪峰流量和时段洪量；
2 各设计频率的分期最大洪峰流量；
3 各设计频率的年和分期洪水过程线。

2.3.2 当坝址上、下游附近水文站有20年以上的实测和插补洪水资料时，可采用频率分析计算方法，直接推求设计洪水。

2.3.3 当坝址上、下游附近实测洪水资料短缺时，应根据经主管部门审定的全国和省（自治区、直辖市）暴雨和产汇流区域综合研究成果及其配套的暴雨径流查算图表，由设计暴雨推求设计洪水。

2.3.4 由设计暴雨推求设计洪水时，不同历时设计暴雨量可采用设计点暴雨量和点面关系推算。设计点暴雨量可从经审定的暴雨统计参数等值线图上查算。设计暴雨的时程分配可根据区域综合雨型或典型雨型，采用不同历时设计暴雨量同频率控制放大求得。

设计暴雨历时可取24h，也可根据流域面积及汇流历时确定。

2.3.5 由设计暴雨推求设计洪水的产流、汇流参数，可从经审定的暴雨径流查算图表查算。对设计采用的产流、汇流参数应进行合理性分析。

2.3.6 设计洪水计算采用的历史洪水，可直接引用省（自治区、直辖市）刊布的历史洪水调查成果。当电站所在河流无历史洪水资料时，应在坝（厂）址或其上、下游河段进行历史洪水调查。

2.3.7 计算分期设计洪水时，分期应根据工程设计要求确定，其起迄日期应符合洪水季节变化规律。分期不得少于1个月。分期设计洪水可跨期使用。

2.3.8 当电站上游有调节水库时，应估算区间设计洪水，并将上游水库设计洪水经调节后的下泄洪水与其组合，推求受上游水库调蓄影响的坝址设计洪水。

2.4 水位流量关系曲线

2.4.1 当坝（厂）址上、下游附近有水文站时，应在坝（厂）址进行水位观测和洪、枯水位调查，分析河段水面比降，经水位修正后将水文站水位流量关系移用到设计断面。

2.4.2 坝（厂）址河段无水文站时，应根据河段纵断面图和横断面图，以及调查估算的洪水、枯水水面比降，采用水力学公式推算设计断面水位流量关系曲线。

2.4.3 对拟定的水位流量关系曲线，应用实测和调查的水位、流量资料对其进行验证。

2.5 泥沙、蒸发、冰情及其他

2.5.1 应根据电站设计要求，提出下列坝（厂）址处全部或部分的泥沙成果：

　　1 多年平均悬移质年输沙量和丰沙、平沙、少沙年的悬移质输沙量及其年内分配；

　　2 多年平均悬移质含沙量及实测最大含沙量；

　　3 悬移质泥沙颗粒级配及中值粒径、最大粒径；

　　4 悬移质泥沙矿物成分及硬度；

　　5 河床质颗粒级配；

　　6 推移质输沙量。

2.5.2 电站悬移质泥沙计算，可根据不同的资料条件采用以下方法：

　　1 当坝址上、下游或流域内有泥沙测验资料时，可经面积修正后移用参证站的泥沙特征值；

　　2 电站所在流域泥沙测验资料短缺或无泥沙测验资料时，可根据邻近流域泥沙测验资料，或侵蚀模数区域综合图表估算泥沙特征值。

2.5.3 电站水库可根据流域内、邻近地区蒸发站资料，或蒸发量区域综合图表计算多年平均水面蒸发量及其年内分配。

2.5.4 对有冰情的设计河段，应提供河段的封冻和解冻时河流形势；岸冰出现、流凌出现、全河封冻及融冰等最早、最迟日期；封冻冰厚、流冰大小，冰塞、冰坝发生时间、地点及规模等。

3 工程地质勘察

3.1 一般规定

3.1.1 工程地质勘察的内容应包括工程区的基本地质条件和主要工程地质问题；天然建筑材料的分布、储量和质量。

3.1.2 工程地质勘察应按勘察任务书进行。勘察任务书应明确设计初拟的主要技术指标和应查明的主要工程地质问题，要求提交的勘察成果及提交时间。

3.1.3 工程地质勘察应搜集和利用已有地形、地质资料。勘察方法应以地质测绘、轻型勘探和现场简易试验为主，必要时采用重型勘探。在进行工程地质勘察和评价时，宜采用工程地质类比法和经验分析法。

3.2 区 域 地 质

3.2.1 应研究工程区已有的区域地质资料，确定工程区所属大地构造部位，还应分析区域主要构造对工程的影响。

3.2.2 工程区的地震基本烈度应按国家地震局编制的1∶4000000《中国地震参数区划图2001年》确定。

3.3 水库工程地质

3.3.1 水库渗漏问题勘察应包括下列内容：

　　1 水库周边有无单薄分水岭、低邻谷和通向库外的透水层、断层破碎带等，对渗漏的可能性和严重程度作出评价；

　　2 可溶岩分布库段的岩溶发育规律、泉水及地下水分水岭的分布高程、相对隔水层的分布及封闭条件、地下水与河水的补给与排泄关系等，评价渗漏的可能性、渗漏途径、渗漏性质（管道、溶隙）及其对建库的影响。

3.3.2 库岸稳定勘察应包括下列内容：

　　1 岸坡岩（土）体性质、结构组成、软弱土层的分布、断裂构造切割情况、各种对岸坡稳定不利的控制结构面的产状、延伸及相互组合关系；

　　2 岩质库岸风化卸荷状态及变形特征，并鉴别变形的类型、性质、范围及其形成条件；

　　3 近坝库岸滑坡、坍滑体、泥石流的分布及其稳定性；

4 坍岸地段各类土层的分布高程、稳定坡角、浪击带的稳定坡角,并预测坍岸的范围。

3.3.3 浸没勘察应包括下列内容:

1 浸没地段土层结构、厚度、组成及下伏基岩或相对隔水层埋深;

2 土层渗透性、地下水位埋深、地下水的补给与排泄条件、土层毛细水上升高度、产生浸没的地下水临界深度,预测产生浸没的范围。

3.3.4 应通过勘察对建库条件、蓄水后可能产生的环境地质问题进行评价,并对不良地质问题提出处理措施的建议。

3.4 水工建筑物工程地质

3.4.1 混凝土坝和砌石坝坝址勘察应包括下列内容:

1 坝址地形地貌、覆盖层厚度及其渗透特性、河床深槽范围和深度;

2 坝基(肩)岩性特征及其物理力学性质,软弱夹层、泥化夹层的分布和性状;

3 坝基(肩)岩体的风化、卸荷特征、断层破碎带、裂隙密集带、顺河断层和缓倾角结构面的位置、充填物性状和延伸情况,进行坝基岩体质量分类,确定可利用岩面位置,提出岩(土)体物理力学参数;

4 坝基(肩)岩体透水性分带、相对隔水层埋深,提出坝基(肩)防渗范围及深度;

5 评价坝基(肩)抗滑稳定、变形及渗透稳定性,提出不良工程地质问题处理措施的建议。

3.4.2 土石坝坝址勘察应包括下列内容:

1 河床覆盖层及阶地堆积物的地层结构、分层厚度、分布特征、现代河床及古河床冲积层内淤泥和粉细砂层及架空、漂孤石层的分布,对土层的承载能力、抗剪特性、地震液化等建坝条件作出评价;

2 提出岩(土)体渗透系数,允许渗透坡降和物理力学参数,并对不良地质问题提出处理意见;

3 防渗体部位断层破碎带和裂隙密集带的分布、宽度、充填状况,并评价其渗透稳定性;

4 坝基(肩)岩体风化、卸荷厚度及性状;

5 坝基(肩)相对隔水层分布高程、两岸地下水位埋深,并提出坝基(肩)防渗范围及深度。

3.4.3 泄水建筑物勘察应包括以下内容:

1 地形地貌、地层岩性、地质构造、岩体风化卸荷特征、地下水位、岩(土)体的物理力学性质;

2 两岸边坡稳定条件及冲刷区岩体抗冲特征;

3 提出岩(土)体物理力学参数和处理措施的建议。

3.4.4 隧洞、地下厂房、调压室及埋管等地下建筑物勘察应包括下列内容:

1 地形地貌、地层岩性、地质构造、地下水位、上覆岩体厚度、进出口地段岩体风化卸荷带厚度、主要断层及软弱层结构面的性状、延伸长度及其与洞室轴线方向的组合关系,并进行围岩工程地质分类,提出岩(土)体物理力学参数;

2 应对隧洞成洞条件和进出口边坡稳定条件进行评价;调查隧洞穿越煤系地层的洞段有毒易爆气体的危害程度,并对采空区洞室围岩稳定、深埋隧洞岩爆作出评价;可溶岩地区的岩溶洞穴、暗河水系对成洞条件的影响并作出评价;

3 对地下厂房和调压室应结合地应力,分别评价洞顶、高边墙及交叉段岩体稳定性,提出处理措施和建议;

4 在层状地层内布置埋管时,还应查明岩层倾角、倾向与埋管的倾斜角的关系。

3.4.5 压力管道勘察应包括以下内容:

1 地形地貌、覆盖层厚度、基岩面坡度、山体稳定条件、镇墩地基岩(土)体物理力学性质;

2 对压力管道沿线边坡稳定、地基承载能力作出评价。

3.4.6 渠道勘察应包括以下内容:

1 地形地貌、地层岩性、滑坡、泥石流的分布;

2 按坡高、岩(土)体性质、岩层产状等因素进行工程地质分段,评价渠道的渗漏、渠基和边坡的稳定性;

3 提出相应的岩(土)体物理力学参数、稳定边坡建议值及处理措施的建议。

3.4.7 主、副厂房厂址勘察应包括以下内容:

1 地形地貌、岩(土)体性质、承载能力、变形特征、透水性及边坡稳定;

2 岩基上的建筑物应查明岩体风化带、卸荷带、软弱夹层分布及其性状,并提出持力层的物理力学参数;

3 软基上的建筑物应查明覆盖层厚度、性质、分层特征、渗透性、地下水位埋深、淤泥及粉细砂层的分布、性状及地震液化条件,对变形和渗透稳定作出评价,并提出各项物理力学参数和处理措施的建议。

3.5 天然建筑材料

3.5.1 天然建筑材料应按不同设计阶段要求的精度进行初查或详查。

3.5.2 在天然骨料缺乏或开采不经济时,应进行人工骨料源调查,并对其储量、质量和开采条件作出评价。

4 水利及动能计算

4.1 一般规定

4.1.1 水利动能设计应以河流、河段或地区水利水电规划及电力规划为基础,根据开发目标和工程安全的要求，经综合分析论证，选定工程规模及特征值。

4.1.2 水利动能设计应在收集和分析当地社会经济、自然条件、电力系统、生态环境等基本资料和综合利用要求的基础上进行。

4.2 径流调节计算

4.2.1 径流调节计算应收集长系列逐月（旬）径流、典型年逐日径流，电站下游水位流量关系曲线，水库库面蒸发和库区渗漏，水库水位-容积、面积关系曲线，综合利用部门需水要求等资料。

4.2.2 径流调节计算应根据电站的调节性能和各部门用水要求，进行水量平衡，计算电站保证出力、多年平均发电量和特征水头，阐明电站运行特征和效益。

4.2.3 电站设计保证率可根据系统中水电站容量占电力系统容量的比重、设计电站的调节性能和容量大小等因素，在80%～90%范围内选取。

4.2.4 径流调节计算应采用时历法。对于多年调节水库及年调节水库，应采用长系列（不少于20年），按月（旬）平均流量进行计算；无调节或日调节电站，可采用典型年日平均流量计算。典型年可选择丰水、平水、枯水三个代表年，也可增加平偏丰水、平偏枯水两个代表年。

4.2.5 当设计电站的上、下游有已建或在设计水平年内拟建的水利水电工程时，应进行梯级电站径流调节计算。

4.2.6 保证出力应根据径流调节计算结果绘制出力保证率曲线，按选定的设计保证率确定。

4.2.7 多年平均发电量可采用长系列年电量或典型年年电量的平均值。

4.3 洪水调节及防洪特征水位选择

4.3.1 洪水调节计算应根据工程防洪标准及下游防洪要求，对拟定的泄洪建筑物规模及汛期限制水位进行技术经济比较，确定泄洪建筑物尺寸和汛期限制水位、设计洪水位及校核洪水位。

4.3.2 汛期限制水位应按防洪与兴利相结合的原则，根据不同汛期限制水位对主要兴利目标、下游防洪、泥沙淤积、库区淹没、工程投资的影响，综合分析确定。

4.3.3 对于梯级水库，应分析梯级中各水库的防洪标准、防洪任务、洪水调度原则等，使设计电站的泄洪建筑物布置、规模及运行方式与梯级中其他水库相协调。

4.4 正常蓄水位和死水位选择

4.4.1 正常蓄水位选择应根据河流梯级开发方案、综合利用要求、工程建设条件、泥沙淤积、水库淹没、生态环境等因素，拟定若干方案，进行动能经济指标计算，经综合分析确定。

4.4.2 死水位选择除应比较不同方案的电力电量效益和费用外，还应分析其他部门对水位的要求及水库泥沙淤积、水轮机运行工况等因素，经综合分析确定。

4.5 装机容量及机组机型选择

4.5.1 装机容量应在分析水库的调节性能、综合利用要求、系统设计水平年的负荷及其特性、供电范围、电源结构的基础上，计算各装机方案的年发电量、发电效益和相应费用，结合电力电量平衡，综合比较后确定。

4.5.2 设计水平年可参照系统国民经济计划、本电站的规模及其系统内的比重确定。系统中的骨干电站可采用第一台机组投产后5～10年为电站设计水平年。

4.5.3 对并入孤立地方电网中运行的电站，其装机容量可在全网电力电量平衡的基础上选择。

4.5.4 对并入地方电网运行的电站，当地方电网与国家电网联网时，电站的装机容量选择可在地方电网电力电量平衡的基础上，结合国家电网吸收电力、电量的能力，经经济分析比较后确定。

4.5.5 与国家电网联网运行的电站，或调节性能差、或容量占电力系统容量比重小的电站，其装机容量选择可根据能量指标，采用方案比较和经济评价的方法确定，可不进行电力电量平衡。

4.5.6 灌溉和供水为主的水库电站，其装机容量的选择应以灌溉和供水流量过程为依据，选择若干装机方案，进行技术经济比较确定。

4.5.7 装机容量选择时，其引用流量应与上、下游梯级电站相协调。

4.5.8 水轮机额定水头应根据电站开发方式确定。高水头引水式电站的额定水头可取最小水头；其他型式电站的额定水头，应按额定水头与加权平均水头的比值在0.85～0.95之间选择，且额定水头不宜高于汛期加权平均水头。

4.5.9 水轮机机组机型及机组容量，应根据电站的出力、水头变化特性、枢纽布置及电力系统的运行要求等因素，计算不同方案的效益与费用，通过综合分析比较选择。机组台数不宜少于2台。

4.5.10 选定电站装机容量后，应结合系统电力电量平衡，计算分析电站有效电量。对不进行电力电量平衡的电站，可采用有效电量系数折算有效电量。

4.6 引水道尺寸及日调节容积选择

4.6.1 引水式水电站引水道尺寸和日调节池容积的选择，应根据地形、地质、冰凌、泥沙淤积、电站装机容量、日运行方式等分析比较确定。

4.6.2 日调节容积可按设计保证率条件下，经调节后能满足日负荷运行要求所需的库容确定。安全系数可采用1.1～1.2。

4.7 水库泥沙淤积分析及回水计算

4.7.1 库容和年输沙量之比（以下简称库沙比）小于30的电站，应根据水库形态、河流输沙特性、泄流规模以及泥沙淤积对环境的影响等因素，拟定排沙减淤的水库运行方式。当库沙比大于30时，拟定水库运行方式可不计入库泥沙淤积的影响。

4.7.2 高水头电站应分析过机含沙量、泥沙级配及硬度。

4.7.3 水库泥沙冲淤计算，应根据泥沙特性、水库运行方式、资料条件等，可选用类比法或经验法，也可采用数学模型。

4.7.4 水库泥沙淤积预测年限为工程投入运行后的10～20年。当水库冲淤相对平衡年限小于10年时，水库泥沙淤积预测年限为水库冲淤相对平衡年限。

4.7.5 水库回水计算应根据河道条件、水库特性、水库运用方式，按满足设计要求的流量，推求建库前天然水面线及建库后泥沙淤积预测年限的库区回水水面线。回水计算时应采用洪水水面线推求各河段综合糙率，分析水库泥沙冲淤后河段糙率的变化；计算断面应能反映河道基本特性及淤积后河床特性。

5 工程布置及建筑物

5.1 一般规定

5.1.1 工程等别及建筑物级别应遵守下列规定：

1 电站工程应根据其规模、效益和在国民经济中的重要性分为Ⅳ、Ⅴ两等。其等别按表5.1.1-1的规定确定；

表5.1.1-1 电站工程的等别

工程等别	工程规模	装机容量（MW）	水库总库容（万m³）	灌溉面积（万亩）	防洪保护农田（万亩）
Ⅳ	小(1)型	50～10	1000～100	5～0.5	30～5
Ⅴ	小(2)型	<10	100～10	<0.5	<5

注：1 表中的水库总库容指校核洪水位以下水库静库容。
　　2 综合利用的水利水电枢纽工程，当按其各项用途分别确定的等别不同时，应以其中的最高等别确定整个枢纽工程的等别。

2 水工建筑物的级别，应根据其所属枢纽工程的等别、作用和重要性按表5.1.1-2的规定确定；

表5.1.1-2 水工建筑物的级别

工程等别	永久性水工建筑物级别		临时性水工建筑物级别
	主要建筑物	次要建筑物	
Ⅳ	4	5	5
Ⅴ	5	5	5

3 水库大坝的坝高超过表5.1.1-3规定者，可提高一级，但洪水标准不予提高。

表5.1.1-3 水库大坝提级的指标

坝的原级别		4	5
坝高（m）	土石坝	50	30
	混凝土坝、浆砌石坝	70	40

注：1 当水工建筑物的工程地质条件复杂或采用新坝型、新型结构时，可提高一级，但洪水标准不予提高。
　　2 当水库总库容大于、等于1000万m³，或土石坝坝高超过50m、混凝土坝和浆砌石坝坝高超过70m时，其挡水和泄水建筑物设计尚应执行国家现行的有关标准的规定。

5.1.2 水工建筑物的防洪标准应遵守下列规定：

1 水库工程水工建筑物的防洪标准按表5.1.2的规定确定；

表5.1.2 水库工程水工建筑物的防洪标准

水工建筑物级别	防洪标准[重现期(年)]				
	山区、丘陵区			平原区、滨海区	
	正常运用（设计）	非常运用（校核）		正常运用（设计）	非常运用（校核）
		混凝土坝、浆砌石坝及其他水工建筑物	土石坝		
4	50～30	500～200	1000～300	50～20	100～50
5	30～20	200～100	300～200	<20	50～20

2 当山区、丘陵区的水库枢纽工程挡水建筑物的挡水高度低于15m，上下游水头差小于10m时，其防洪标准可按平原、滨海区的规定确定；当平原、滨海区的水库枢纽工程挡水建筑物的挡水高度高于15m，上下游水头差大于10m时，其防洪标准可按山区、丘陵区的规定确定；

3 当土石坝失事或混凝土坝及浆砌石坝洪水漫顶后对下游造成重大灾害时，其非常运用（校核）洪水标准应取上限；

4 低水头或失事后损失不大的水库枢纽工程的挡水和泄水建筑物，经过专门论证并报主管部门批准，其非常运用（校核）洪水标准可降低一级。

5.1.3 非挡水厂房的防洪标准，应根据其级别按表5.1.3的规定确定；河床式厂房的防洪标准应与挡水建筑物的防洪标准相一致。

表5.1.3 非挡水厂房的防洪标准

水工建筑物级别	防洪标准[重现期(年)]	
	正常运用（设计）	非常运用（校核）
4	50～20	100～50
5	<20	50～20

注：副厂房、主变压器场、开关站和进厂公路的防洪标准可参照此表确定。

5.1.4 电站型式按工作水头的大小可分为低水头（30m以下）、中水头（30～100m）、高水头（100m以上）电站；按壅水方式可分为堤坝式、引水式、混合式电站。

5.1.5 枢纽总体布置及水工建筑物设计，应根据工程的具体情况具备下列基本资料：

　　1 地形图测图项目及比例尺宜按表5.1.5的规定选用；

表5.1.5　测图项目及比例尺

序号	测图项目	比例尺
1	库区	1:10000～1:25000
2	坝段	1:1000～1:2000
3	坝（闸）址、渠首、溢洪道	1:200～1:1000
4	隧洞、渡槽进出口、调压井、管道、厂房等	1:200～1:1000
5	施工场地、天然料场	1:1000～1:5000

注：1　库区地形复杂时，比例尺可选用1:2000～1:10000。
　　2　地质测图比例尺，宜与相同部位的地形测图比例尺一致。

　　2 工程地质勘察报告和图纸；
　　3 气象、水文资料及水利、动能计算成果；
　　4 水资源综合利用资料；
　　5 水力机械、电气及金属结构资料；
　　6 施工条件资料；
　　7 业主的意见和上级主管部门的有关批复文件。

5.2 工程布置

5.2.1 坝址（线）、厂址的选择，应根据地形地质条件、枢纽布置、运行条件、施工条件、淹没损失、环境影响、工程量及投资等因素，经技术经济比较后选择。

5.2.2 枢纽总体布置应满足综合利用的要求，通过技术经济比较，合理布置挡水、泄水、引水、发电、通航等建筑物。

5.2.3 堤坝式电站的挡水建筑物为混凝土坝、浆砌石坝时，厂房可采用坝后式或河床式布置，河床狭窄时也可采用坝内式、河岸式、地下式、半地下式布置；挡水建筑物为土石坝时，厂房可采用河岸式、地下式、半地下式布置。

　　当受泥沙淤积影响时，进水口应设置防沙、排沙设施。

5.2.4 河床式电站厂房宜选择在河床稳定、水流平顺的河段上，并有利于取水、防沙、航运、对外交通及施工导流。

5.2.5 引水式电站的首部枢纽，可采用无坝或低坝（含底格栏栅坝）引水。在弯曲河段上，进水闸宜设置在凹岸弯道顶点偏下游的稳定河岸处，并应采取防沙、排沙措施。

5.2.6 混合式电站的挡水建筑物为混凝土坝、砌石坝时，进水口可布置在坝身或岸边，当受泥沙淤积影响时，应靠近枢纽排沙设施布置。

　　挡水建筑物为土石坝时，进水口宜布置在岸边。

5.2.7 灌溉渠道上的电站，宜结合跌水或陡坡建筑物统筹布置。当电站与跌水建筑物分建时，其引水渠、尾水渠与渠道的衔接，应使水流流态稳定。

5.2.8 在有通航建筑物的枢纽中，厂房和通航建筑物宜分别布置在河床两岸；当必须布置于同一岸时，应采取工程措施满足通航水流和交通要求。

5.2.9 电站所在河流的漂浮物或冰凌较多时，其引水建筑物的进水口附近，应采取拦截、排除措施。

5.2.10 电站各建筑物布置宜避开高陡边坡，不能避开时，应进行边坡稳定分析。对不稳定的岩体，应采取工程措施。

5.3 挡水建筑物

5.3.1 挡水建筑物的型式，应根据坝（闸）高、地形地质条件、建筑材料、运行条件、施工条件、工期、工程量及投资等因素，经技术经济比较后确定。

5.3.2 重力坝按筑坝材料可采用混凝土重力坝、碾压混凝土重力坝及浆砌石重力坝；按坝体结构可采用实体重力坝、宽缝重力坝、空腹坝及支墩坝。其布置应满足下列要求：

　　1 重力坝宜建在岩基上，低坝也可建在软基上；
　　2 坝身泄洪、引水、发电、排沙建筑物的布置，应避免相互干扰；
　　3 河谷狭窄时，可采用横缝灌浆形成整体式重力坝；河谷较宽时可采用分缝重力坝；
　　4 当采用碾压式混凝土重力坝时，坝体结构布置应有利于碾压混凝土施工。

5.3.3 重力坝应进行水力、坝体稳定及坝体（基）应力计算；对非岩基上的重力坝还应进行沉降和渗透稳定计算。

5.3.4 拱坝的建筑材料可采用混凝土或浆砌石；体型可采用单曲拱坝和双曲拱坝。其布置应满足下列要求：

　　1 拱坝宜修建在河谷较狭窄、地质条件较好的坝址上；
　　2 拱坝轴线宜选在河谷两岸厚实的岩体上游；
　　3 "V"形河谷宜选用双曲拱坝，"U"形河谷宜选用单曲拱坝；
　　4 当坝址河谷的对称性较差时，坝体的水平拱可设计成不对称的拱，或采取其他措施改善坝体应力。当坝址河谷形状不规则或河床有局部深槽时，宜设计成有垫座的拱坝；
　　5 泄水方式应根据坝高、拱坝体型、电站厂房位置、泄量大小、地形、地质、施工等条件经综合比较选定；
　　6 枢纽各建筑物的布置不应对拱坝应力及稳定产

生不利影响。

5.3.5 拱坝应进行水力、坝体应力与应变以及拱座稳定分析计算。

5.3.6 土石坝可根据下列条件，分别采用均质坝、分区坝及人工防渗材料坝：

 1 筑坝材料的种类、性质、数量、位置、开采运输条件以及开挖弃料的利用；

 2 枢纽布置、地形、地质、基础处理型式、坝体与泄水、引水建筑物的连接及地震烈度等；

 3 施工导流与度汛、气象条件、施工条件及进度要求。

5.3.7 当天然防渗材料储量或质量不能满足要求或不经济时，坝体的防渗体可采用沥青混凝土、钢筋混凝土、土工织物等人工材料。

5.3.8 土石坝宜根据坝高、坝型进行坝体稳定、坝基稳定、坝体渗流、渗透稳定、沉降的分析计算。

 当混凝土面板坝采用厚趾板、高趾墙或趾板下基岩内有软弱夹层时，应对趾板进行稳定分析，并对高趾墙进行应力分析。

5.3.9 橡胶坝宜建在河道顺直、河床及岸坡稳定、泥沙少的河段上，坝高不宜大于5m。

5.3.10 岩石地基上挡水建筑物的地基处理和岸坡连接设计，应满足强度、抗滑稳定、渗流稳定和绕坝渗漏及耐久性的要求。

5.3.11 非岩石地基上挡水建筑物的地基处理设计，宜采用铺盖、截水墙、换基等防渗措施；对深厚覆盖层的地基处理可采用高喷、混凝土防渗墙、振冲等工程措施，满足强度、变形、防渗、排水和减少不均匀沉陷等要求。

5.4 泄水建筑物

5.4.1 电站泄水建筑物的型式、尺寸及高程，应根据地形、地质、枢纽布置、泥沙、泄量、工程量、施工、投资等条件，经技术经济比较确定。

5.4.2 电站放水孔的设置应根据供水、排沙、检修或其他要求确定。

5.4.3 土石坝的泄水建筑物宜采用开敞式溢洪道；当受条件限制时可采用开敞式进口的无压泄洪隧洞。

5.4.4 混凝土坝、砌石坝宜采用坝顶溢流，也可采用坝身泄水孔或隧洞泄洪的方式。

5.4.5 河床式电站宜采用闸、坝泄洪。

5.4.6 泄洪建筑物泄放正常运用（设计）洪水时，应保证挡水建筑物及其他主要建筑物的安全，满足下游河道的防洪要求；泄放非常运用（校核）洪水时，应保证挡水建筑物的安全。

5.4.7 泄洪建筑物的下游应设置消能和防护设施。消能方式应根据上、下游水位及泄量、地形、地质、运行方式等条件，经技术经济比较后确定。

5.4.8 泄水建筑物应进行泄流能力、水面线、高速水流的掺气及防空蚀、消能防冲等水力计算。对泄量大、水流流态复杂的泄水建筑物，宜进行水工模型试验。

5.4.9 开敞式溢洪道应布置在稳定的地基上，轴线宜取直线，进、出口水流宜顺畅、水面衔接平稳，下泄水流距坝体和其他建筑物应有安全距离。

5.4.10 泄洪隧洞应经技术经济比较选择有压流或无压流，对高流速的泄水隧洞，在同一段内不得采用有压流与无压流相互交替的工作方式。

5.4.11 泄洪隧洞、放水底孔经技术经济比较，可与施工导流洞相结合。

5.4.12 泄洪闸底槛高程应根据洪水调节、泄洪排沙、堰型、门型、施工导流等条件，经技术经济比较确定。

5.4.13 软基上的泄洪闸应采用整体式结构布置，并保持结构布置匀称。

 闸室底板在中等紧密地基上或7度以上地震区宜采用整体式平底板，在紧密地基上可采用分离式平底板、箱式平底板、折线底板、反拱底板等；在地基表层松软时可采用低堰底板。

5.4.14 岩基上的泄洪闸的闸室底板可采用分离式平底板，在7度以上地震区宜采用整体式平底板。

5.4.15 软基上的泄洪闸的闸室上游应设铺盖。下游消能方式应采用底流消能，并应设护坦、海漫、防冲槽等。

5.4.16 泄水建筑物应根据不同型式，分别进行下列结构和稳定计算：

 1 开敞式溢洪道和泄洪闸闸室稳定性、地基应力、结构强度；

 2 溢洪道陡槽及消能设施结构强度；

 3 泄洪隧洞衬砌结构强度；

 4 软基上泄洪闸渗透稳定性、地基沉陷量。

5.5 引水建筑物

5.5.1 引水建筑物的型式应根据电站的开发方式、使用要求、地形地质条件和挡水建筑物的类型，结合枢纽总体布置和施工条件，经技术经济比较确定。

5.5.2 进水口设计应符合以下要求：

 1 在各级运行水位下，水流顺畅、流态平稳、进流均匀，满足引用流量的要求；

 2 避免产生贯通式漏斗漩涡；

 3 泥沙淤积影响取水或影响机组安全运行时，设置防沙和冲沙设施；

 4 在多污物河流上设置防污、排污设施；严寒地区设置防冰、排冰设施。

5.5.3 岸边开敞式进水口位置宜选在稳定河段上，对多泥沙河流，进水口宜选在弯曲河段凹岸弯道顶点的下游附近；在漂浮物和冰凌严重的河段，宜选在直河段。进水口底板高程应高于冲沙闸底板和冲沙廊道进口高程，其高差不宜小于1.0m。

5.5.4 潜没式进水口底板高程应高出孔口前缘水库冲淤平衡高程，其顶缘在上游最低运行水位以下的淹没深度，应满足进水口不产生贯通式漏斗漩涡和不产生负压的要求，并不小于1.0m。

5.5.5 开敞式进水口前拦沙坎高度不宜低于1.5~2.0m，或为冲沙槽内水深的50%左右；拦沙坎前缘与冲沙闸前缘的夹角宜采用105°~110°。

5.5.6 采用底格栅引水时，栅条应沿流向布置。栅格间隙宜采用1~1.5cm。栅条宜采用梯形断面，宽度宜采用1.2~2.0cm。

5.5.7 进水口应进行水头损失、引水流量、有压进水口的通气孔面积和竖井式进水口上游管道的水锤压力等水力计算。

5.5.8 进水口建筑物应满足稳定、强度、刚度和耐久性的要求，并根据不同型式分别进行下列计算：
  1 进水口整体抗滑、抗浮稳定；
  2 坝式进水孔口应力；
  3 塔式、岸塔式进水口塔座和塔身结构强度、刚度及开敞式进水口闸室结构强度；
  4 岸坡式进水口和竖井式进水口洞身结构强度。

5.5.9 引水隧洞的线路选择应符合下列要求：
  1 隧洞线路宜顺直，其转弯半径不宜小于洞径（或洞宽）的5倍，转角宜小于60°，弯曲段首尾宜设直线段，其长度宜大于5倍洞径（或洞宽）；
  2 进、出口宜布置在地质构造简单、山坡稳定、岩石坚硬和土石方开挖量较小的地段，并避免高边坡开挖；
  3 洞线与岩层、构造断裂面和主要节理裂隙面的夹角，在整体块状结构的岩体中不宜小于30°；在层状岩体中不宜小于45°；并宜避开严重构造破碎带、软弱结构面及地下水丰富地段，如无法避免应提出工程措施；
  4 相邻两隧洞间的岩体厚度，不宜小于2倍的洞径（或洞宽）。岩体好时可减小，但不宜小于1倍洞径（或洞宽）；
  5 应有利于施工支洞的布置。

5.5.10 引水隧洞洞顶以上和傍山隧洞外侧岩体的最小厚度，应根据地质条件、隧洞断面形状及尺寸、施工成洞条件、内水压力、衬砌型式等因素综合分析决定，并应符合下列要求：
  1 无压隧洞上覆岩体厚度不宜小于1.5倍开挖跨度；
  2 压力隧洞上覆围岩重量应大于洞内静水压力；
  3 傍山隧洞外侧围岩的最小厚度，无压隧洞不宜小于开挖跨度的3倍；压力隧洞应大于洞内静水压力。

5.5.11 引水隧洞的纵坡，应根据运用要求、上下游衔接、沿线建筑物底部高程、施工条件、检修条件等因素综合分析确定。沿程不宜设平坡和反坡。

5.5.12 有压引水隧洞全线洞顶处的最小压力余幅，在最不利运行工况下，不宜小于2.0m。

5.5.13 引水隧洞的横断面设计应符合下列要求：
  1 压力隧洞宜采用圆形。其断面尺寸应根据隧洞工程投资和电能损失等综合分析比较确定。隧洞最小内径不宜小于1.8m。隧洞设计流速可选用3.0~5.0m/s。
  2 无压隧洞宜采用圆拱直墙式断面或马蹄形断面。圆拱直墙式断面的圆拱中心角可选用90°~180°，高宽比可选用1~1.5。洞宽不宜小于1.5m，且洞高不宜小于1.8m。在恒定流条件下，洞内水面线以上空间面积不宜小于隧洞断面面积的15%，且高度不宜小于0.4m；在非恒定流条件下，上述数值可减小。

5.5.14 引水隧洞应进行过流能力，上、下游水流衔接，水头损失，水锤压力，压坡线以及水面线等水力计算。

5.5.15 引水隧洞根据围岩的强度、完整性、渗透性，可采用喷锚衬砌、混凝土衬砌、钢筋混凝土衬砌或钢板衬砌。

5.5.16 引水隧洞的混凝土和钢筋混凝土衬砌，强度等级不应低于C15。单筋钢筋混凝土衬砌厚度不宜小于25cm；双层钢筋混凝土衬砌厚度不宜小于30cm。限裂设计允许最大裂缝宽度不应超过0.30mm；当水质有侵蚀性时，不宜超过0.25mm。

5.5.17 采用喷锚衬砌的引水隧洞，其洞内允许流速不宜大于8m/s。喷混凝土厚度不应小于5cm，不宜大于20cm。

5.5.18 引水隧洞的混凝土和钢筋混凝土衬砌顶部必须进行回填灌浆。灌浆的范围、孔距、排距、压力及浆液浓度等，应根据衬砌结构的型式、隧洞工作条件及施工方法等分析确定。灌浆孔应深入围岩5cm以上。地质条件差的地段，应采用固结灌浆处理。固结灌浆的参数，可通过工程类比或现场试验确定。

5.5.19 当土石坝采用坝下埋管引水时，应符合下列要求：
  1 管基置于均匀、坚硬的岩石地基上；
  2 引水管的强度和刚度满足要求；
  3 引水管轴线垂直于大坝轴线；
  4 引水管设置伸缩缝和沉陷缝，其分缝长度宜为15~20m，钢筋混凝土管的分缝内设两道止水；
  5 引水管周围坝体填筑质量满足坝体和坝基渗流稳定。引水管穿过防渗体处，设置截流环，并加大防渗体断面尺寸；
  6 闸门设在大坝上游侧。

5.5.20 调压室的设置应在机组调节保证计算和运行条件分析的基础上，根据电站在电力系统中的作用、地形、地质、压力水道布置等因素，经技术经济比较确定。

初步判别设置调压室条件时，可根据压力水道中水流惯性时间常数判断，当其大于允许值时应设调压室，允许值宜取2～4s。当电站孤立运行或机组容量在电力系统中所占的比重超过50%时，允许值宜取小值；当电站机组容量在电力系统中所占比重小于20%时，允许值宜取大值。

5.5.21 调压室的位置宜靠近厂房，并结合地形、地质、压力水道布置等因素，经技术经济比较确定。

5.5.22 调压室的型式应根据电站的工作特性，结合地形、地质条件以及各类调压室的特点，经技术经济比较确定。

5.5.23 调压室断面面积和高度应分别满足波动稳定和涌波要求。

5.5.24 调压室最高涌波计算时，引水道的糙率取其小值。当水库水位为正常蓄水位时，应以共用同一调压室全部机组满载丢弃全负荷作为设计工况；当水库水位为校核洪水位时，相应工况作校核。

5.5.25 调压室最低涌波计算时，引水道的糙率取其大值。计算水库水位为死水位时，共用同一调压室的全部n台机组由$(n-1)$台增至n台或全部机组由2/3负荷突增至满载，并复核水库水位为死水位时全部机组瞬时丢弃全负荷时的第二振幅。

5.5.26 调压室涌波水位计算，应对可能出现的涌波叠加不利工况进行复核。当叠加的涌波水位超过最高涌波水位或低于最低涌波水位时，可调整运行方式或修改调压室断面尺寸。

5.5.27 调压室最高涌波水位以上的安全超高不宜小于1.0m。调压室最低涌波水位与压力引水道顶部之间的安全高度不应小于2.0m。调压室底板应留有不小于1.0m的安全水深。

5.5.28 调压室的衬砌应根据围岩类别，分别采用锚杆钢筋网喷混凝土或钢筋混凝土衬砌。其围岩宜进行固结灌浆加固。寒冷地区尚应有防冻设施。

5.5.29 调压室上部及外侧边坡应进行稳定分析及加固处理，其附近宜设排水设施，顶部应设置安全保护设施。在寒冷地区尚应有保温设施。

5.5.30 调压室的运行要求应根据电站的上游水位、下游水位、运行特性、压力水道和调压室的结构型式等确定。

5.5.31 引水渠道线路的选择和布置应符合下列要求：

1 宜避开地质构造复杂、渗透性大及有崩滑、塌（湿）陷、泥石流等地质地段，避免深挖和高填方，少占地，少拆迁；

2 渠线宜顺直。如需转弯，衬砌渠道的弯曲半径不宜小于渠道水面宽度的2.5倍，不衬砌渠道的弯曲半径不宜小于水面宽度的5倍；严寒地区渠道线路宜沿阳坡布置，弯曲半径不应小于水面宽度的5倍；

3 择优选定渠道建筑物的位置和型式。

5.5.32 引水渠道的型式应结合地形、地质、运行及枢纽总布置等条件，经技术经济比较分别选用自动调节渠道、非自动调节渠道或二者相结合的调节渠道。

5.5.33 引水渠道水力设计应进行下列计算：

1 电站在正常运用条件下，按明渠均匀流，确定渠道的基本尺寸和前池特征水位，推求各部位的水深、流速和水面高程；

2 电站突然增荷时，按非恒定流方法计算渠道末端最低水位；机组全部丢弃负荷时，自动调节渠道按非恒定流方法推算水面线；

3 泄水建筑物的水力计算。

5.5.34 引水渠道的纵坡和横断面，应根据地形、地质、水力条件，经经济分析确定。地面坡降陡且起伏大、地下水位低的山丘及严寒地区宜采用窄深式断面；地势平坦、地下水位高、地基土冻胀性强及有综合利用要求的渠道，宜采用宽浅式断面；山区傍山渠道宜采用封闭的矩形箱式断面。

渠顶超高，应符合表5.5.34的规定。严寒地区冬季运行的渠道超高可加大。

表 5.5.34 渠顶超高

最大流量（m³/s）	>50	50～10	<10
超高（m）	1.0以上	1.0～0.6	0.4

渠堤或渠墙顶宽在无通车要求时，土渠宜采用1.0～2.5m；砌石衬砌渠道宜采用0.5～0.7m。

5.5.35 非自动调节渠道的泄水建筑物型式宜采用泄水闸、侧堰或虹吸式泄水道。在有控制水位、调节流量及配水要求的引水渠道上应设置节制闸。引水渠道两侧应设排水设施；严寒地区应采取防冻措施和设置排冰设施。多沙河流上的引水渠道应设置沉沙、排沙设施。

5.5.36 引水渠道的流速，非衬砌渠道应限制在不冲、不淤流速范围内；衬砌渠道及输冰运行的渠道宜采用1.0～2.0m/s。

5.5.37 引水渠道的防渗可选用混凝土衬砌、浆砌块（卵）石衬砌或复合土工织物等。

5.5.38 前池布置应符合下列要求：

1 前池的位置宜避开滑坡、顺坡裂隙发育和高边坡地段，并结合压力水道的线路和厂房位置，选择在坚实稳定、透水性小的地基上，并应分析前池建成后水文地质条件变化对边坡稳定的影响；

2 前池的容积和水深应满足电站负荷变化时前池水位波动小和沉沙的要求。当前池用作调节池时并应满足调节要求；

3 引水渠道与前池连接段的扩展角不宜大于12°，底部纵坡宜小于或等于1：5；

4 压力管道进水口顶缘最小淹没深度应符合本规范5.5.4的规定。前池末端底板高程应低于进水室底板高程0.5m以上；

5 前池应设置排沙、放空设施,其型式宜采用冲沙廊道(洞)。寒冷地区还应设拦冰、导冰、排冰设施;

6 前池内电站进水口可采用闸门控制或虹吸式取水;

7 非自动调节渠道电站前池的泄水建筑物,宜采用侧堰式泄水道,其泄流能力应满足电站全部机组丢弃负荷时的最大流量要求。

5.5.39 调节池的设置应根据电站的需要,结合地形、地质条件等经技术经济比较确定。其布置应符合下列要求:

1 调节池的位置,应根据所需的调节容积和消落深度,结合地形、地质条件选择,宜利用天然洼地。

2 调节池的布置方式应根据地形、地质条件选择,可采用与引水渠相结合或相连通、与前池相结合或相连通、通过连接管(渠)直接向压力管道或前池供水等方式。调节池与各连接建筑物的水流衔接经水力计算确定。

5.5.40 前池应进行电站正常运行突然丢弃负荷时的最高涌波和突然增加负荷时的最低涌波计算。前池的最高水位,对自动调节渠道为最高涌波水位;对非自动调节渠道为溢流堰上最高水位。前池墙顶超高可按渠顶超高加 0.1~0.3m。

5.5.41 前池、调节池建筑物,应满足稳定、强度、变形、抗裂、抗渗及抗冻等方面的要求。其压力墙应按挡水建筑物的要求进行稳定和强度计算。

5.5.42 压力水管应根据电站水头、应用条件等,经技术经济比较分别选用钢管、钢筋混凝土管、预应力钢筋混凝土管、玻璃钢管、钢套筒混凝土管及钢套筒预应力混凝土管等。

5.5.43 压力水管的线路应根据工程总布置,结合地形、地质、施工、运行条件,经技术经济比较选择。线路宜短而直。

5.5.44 压力水管的供水方式,应根据电站水头、开发方式、引用流量及管道类型,结合地形、地质条件和工程布置等,经技术经济比较分别选用单元供水、联合供水或分组供水方式。每根压力水管连接的机组台数不宜超过 3 台。

5.5.45 压力水管内径应根据电站的水头、管道类型、工程量、投资及电能损失等,经技术经济比较确定。管内经济流速,对钢筋混凝土管可采用 2.5~3.5m/s,钢管可采用 4.0~6.0m/s。

5.5.46 露天式压力水管(明管)的布置,应符合下列要求:

1 管线应避开滑坡和崩塌地段,个别管段若不能避开山洪、坠石影响时,可布置为洞内明管、地下埋管或外包混凝土管;

2 在管道转弯处、分岔处、隧洞与钢管接头处、混凝土管与钢管接头处,应设置镇墩,并在镇墩下游侧设伸缩节。当直管段长度大于 150m 时,应在其间加设镇墩。两镇墩间管道可用支墩或管座支承,支墩间距宜采用 6~12m。镇墩、管座的地基应坚实稳定;

3 管道底部应高出地表 0.6m 以上,管道顶部在最低压力线以下 2m;

4 明管两侧应设纵向排水沟,并与横向排水沟相连。沿管线应设维修人行道。

5.5.47 压力水管的壁厚应满足强度和外压稳定性要求,并经应力分析确定。压力水管承受的最大内水压力,应通过水锤分析计算确定。

5.5.48 压力水管的分岔管可采用卜形、对称 Y 形或三岔形三种布置方式。其分岔角,根据岔管型式和材料确定,钢筋混凝土岔管宜采用 30°~60°;钢岔管宜采用 45°~90°。

5.5.49 压力水管伸缩节型式可采用承插式或套筒式。伸缩节的止水填料应具有高弹性、耐久性和低摩擦系数。当水头低于 500m 时,可采用橡胶石棉盘根;当水头高于 500m 时,宜采用聚四氟乙烯石棉盘根。

5.5.50 压力钢管的支承结构型式,应根据管径大小选择:当管径小于 1500mm 时,可采用鞍形;当管径为 1500~2500mm 时,宜采用平面滑动式或滚动式;当管径大于 2500mm 时,宜采用滚动式或摆动式。对可能产生不均匀沉陷的地基应采取相应结构措施。

5.5.51 压力钢管应设置进人孔,其孔径不应大于 500mm,间距不宜大于 150m。压力钢管最低点,应设置排水装置,高水头压力钢管排水口应设置消能设施。

5.5.52 压力钢管的内表面必须喷涂耐磨、防锈、防腐涂料;外表面应进行防护处理。严寒地区尚应有防冻设施。

5.5.53 焊接成型的钢管,应进行焊缝探伤检查和水压试验。水压试验可根据管道长度、内水压力等选择分节、分段或整体三种方式,对明管宜作整体试验。试验压力值不应小于 1.25 倍正常工作情况最高内水压力,也不得小于特殊工况的最高内水压力。

5.5.54 地下埋藏式压力水管布置应符合下列要求:

1 地下埋管线路应选择在地形、地质条件好的地段;

2 地下埋管宜采用单管供水方式,若采用多管供水方式,相邻两管间距不宜小于 2 倍管径;

3 洞井型式、压力水管坡度,应根据布置要求、地质条件、施工条件综合分析确定;

4 地下水位高的地段宜设置排水设施,并应布置观测井或测压计。

5.5.55 地下埋管衬砌混凝土的强度等级不应低于 C15。其平硐、斜井应进行顶拱回填灌浆,灌浆压力不宜小于 0.2MPa。钢管和岩石联合受力的地下埋管,应进行钢管与混凝土、混凝土与岩石之间的接缝灌浆，灌浆压力宜采用 0.2MPa。地下埋管的围岩宜进行固结灌浆，灌浆压力不宜小于 0.5MPa。

5.5.56 地下埋管中，钢管与引水隧洞或调压室的混凝土衬砌连接处的钢管首端应设止水环。钢管管壁与围岩之间的净空尺寸应满足施工要求。

5.6 厂房及开关站

5.6.1 电站厂房的型式应结合枢纽布置、地形、地质、上下游水位变幅等因素，经技术经济比较后可分别采用地面式、地下式、半地下式、溢流式或坝内式。

5.6.2 地面式厂房的厂区布置应符合下列原则：
1 厂区与枢纽其他建筑物的布置相互协调；
2 主厂房、副厂房、主变压器场、高压引出线、开关站、进厂交通、发电引水及尾水建筑物的布置相互协调；
3 厂区布置的排水系统，当不能自流排水时设置专用的排水泵；
4 傍山厂房的山坡上设置防山洪及滚石的设施；
5 开关站和主变压器场的位置宜靠近厂房。当受地形限制时主变压器和开关站可分开布置；
6 保护环境、绿化厂区。

5.6.3 地面式厂房的位置，应根据地形地质条件，结合枢纽总体布置、厂房型式、防洪、通风、采光等要求，通过方案比较确定。当压力水管采用明管时，宜将厂房避开事故水流的主冲方向或采取其他防冲措施。

厂房位置宜避开冲沟口，当不能避开时应采取相应防护设施；厂房位于高陡边坡下时，应对边坡稳定进行分析，并采取相应的安全保护措施。

5.6.4 电站尾水渠的布置宜避开泄洪建筑物出口水流的影响。当受条件限制时，尾水渠与泄洪建筑物出口之间应设置导流墙。

5.6.5 地面式厂房的防洪建筑物型式，应根据水位变幅确定。当水位变幅小、地形条件允许时，宜在厂房外修建防洪墙或防洪堤；当水位变幅大时，可采用厂房挡水或设防洪门。

5.6.6 厂房主机室的高度和宽度，应根据机电设备布置、机组安装和检修、设备吊运、通风和采光的要求确定。

5.6.7 主厂房机组间距应符合下列要求：
1 当采用卧式机组时，应满足安装和检修时能抽出发电机转子的要求，且机组之间的净距不应小于 1.5m；
2 当采用立式机组时，宜按发电机风罩直径、蜗壳和尾水管的尺寸和平面布置确定，相邻混凝土蜗壳之间和尾水管之间的隔墩厚度，不宜小于 1.0m，设永久缝时不宜小于 2.0m。金属蜗壳之间的隔墩厚度不宜小于 1.0m。发电机风罩盖板之间的净距不宜小于 1.5m；
3 当采用坝内式、溢流式厂房时，尾水管之间的混凝土厚度应满足结构和强度要求；
4 边机组段的长度应结合安装场的位置、主机室与安装场的高差和起重机的起吊范围等因素确定。

5.6.8 安装间面积宜按 1 台机组扩大检修需要确定。安装间地面高程宜与发电机层高程相同；安装间宜布置于厂房的一端，且与主厂房同宽。

5.6.9 厂房应设置通风、采光和减少噪声的措施；坝内式厂房、河床式厂房和地下式厂房尚应设置防潮设施；严寒地区的地面式主、副厂房还应设置采（保）暖设施。

5.6.10 主机段与安装间及副厂房等相邻建筑物之间，应根据地基情况和厂房布置设置永久变形缝。水下永久缝和承受水压的竖向施工缝应设止水，向下延伸至基岩的止水应与基岩牢固连接。

5.6.11 地面式厂房整体稳定及地基应力计算，应分别取中间机组段、边机组段、安装间段作为一个独立的单元，在各种荷载组合情况下进行下列计算：
1 沿基面抗滑稳定和垂直正应力。当厂房地基内存在软弱层面时，还应复核厂房深层抗滑稳定；
2 高尾水位的厂房应进行抗浮稳定计算。

5.6.12 非岩石地基上的地面式厂房基础，应满足强度、防渗、排水和减小不均沉陷的要求。

5.6.13 厂房所有结构构件应进行强度计算，对高排架的受压构件尚应验算其稳定性。吊车梁、厂房构架以及需要控制变形值的构件，尚应进行变形验算。对承受水压力的下部结构构件及在使用上需要限制裂缝宽度的上部结构构件，应进行裂缝宽度验算；对直接承受振动荷载的构件尚应进行动力计算。

5.6.14 地下式厂房宜布置在地质构造简单、岩体坚硬完整、地下水微弱以及岸坡稳定的地段。

5.6.15 地下厂房主洞室纵轴线走向，宜与围岩的主要结构面呈较大的夹角，并应分析软弱结构面对洞室稳定的不利影响；在高地应力区，洞室纵轴线走向宜接近围岩的主应力方向。

5.6.16 地下厂房的支护结构应结合围岩自身的承载能力，经分析计算确定。

5.6.17 电站厂房的建筑设计应技术先进、造型美观大方、方便使用并与枢纽中其他建筑物相协调。

5.7 通航建筑物

5.7.1 通航建筑物的型式及布置，应结合枢纽布置、地形、地质、泥沙、水流条件、运行条件、施工等因素，经技术经济比较确定。

5.7.2 通航建筑物不宜靠近进水口、厂房和溢洪道。如因条件限制须傍靠这些建筑物时，应采取安全措施。

5.7.3 斜面升船机的位置宜选择在地形平缓、工程量小、地质条件好的地方。

5.7.4 通航建筑物上、下游引航道应与主航道平顺衔接，上、下游引航道口门区水流的流速、流态应满足通航要求，并应设置防止泥沙淤积的措施。

5.8 水工建筑物安全监测设计

5.8.1 水工建筑物应根据其重要性、型式、结构特性及地基条件等，设置安全监测设施。其监测的项目应按表5.8.1的规定选择。

表5.8.1 主要水工建筑物安全监测项目

建筑物型式 观测项目	混凝土坝砌石坝	土石坝	河床式厂房闸坝	隧洞	调压室压力管道	地下式厂房	高陡边坡
	1)上、下游水位 2)扬压力 3)渗漏水量 4)位移 5)伸缩缝 6)上、下游冲淤	1)上、下游水位 2)浸润线 3)渗漏水量 4)位移、沉降	1)上、下游水位 2)扬压力 3)渗漏水量 4)位移 5)上、下游冲淤	1)外水压力 2)位移	1)水位 2)应力 3)外水压力	1)围岩山体压力 2)应变 3)围岩变形 4)支护结构的应力、应变 5)地下水位	1)位移 2)变形 3)地下水位 4)外水压力

5.8.2 安全监测设计应以外部观测为主，内部观测为辅。观测断面和观测点的选择应有代表性。

5.8.3 对安全性观测项目及测点，设计宜提供观测值的预计变动范围。

5.8.4 监测设施应有保护措施，并便于施工、安装和维护。

6 水力机械及采暖通风

6.1 水轮发电机组选择

6.1.1 水轮机型式、容量和台数的选择，应根据枢纽布置、电站工作水头范围、运行方式、电站效益、工程投资和运输条件，经技术经济比较后确定。

6.1.2 根据选定的额定水头、泥沙、水质和转轮特性，确定转轮型号、直径、转速、出力、效率和吸出高度等主要目标参数。也可直接采用制造厂推荐的参数。

6.1.3 转桨式水轮机的飞逸转速，应取在运行水头范围内水轮机导叶和转轮叶片协联工况下飞逸转速的最大值。其他型式水轮机的飞逸转速，应按电站最大净水头和水轮机导叶的最大可能开度确定。

6.1.4 机组安装高程应根据水轮机各种工况下允许吸出高度值和相应尾水位确定：

　　1 装机多于2台时，应满足1台机组在各种水头下最大出力运行时的吸出高度和相应尾水位的要求；

　　2 装机1～2台时，应满足1台机组在各种水头下50%最大出力运行时的吸出高度和相应尾水位的要求；

　　3 灯泡贯流式机组宜根据电站水头、流量、出力和转轮空蚀系数的实际组合工况进行计算确定，并满足尾水管出口顶部淹没0.5m以上的要求；

　　4 冲击式水轮机的安装高程应满足排空和0.2～0.3m的通气高度要求；

　　5 立轴式水轮机尾水管出口顶缘应低于最低尾水位0.5m；卧轴式水轮机尾水管出口的淹没水深应大于0.3m。

6.1.5 水轮机蜗壳和尾水管可采用制造厂推荐的型式和尺寸，肘形尾水管扩散段底板与水平面夹角应为0°～12°。

　　立轴式水轮机尾水锥管部分应设置金属里衬，肘管部分也可设置金属里衬。

6.1.6 发电机型式应按现行系列配套选择。发电机参数的选择应满足电力系统、电站运行工况的要求，并经技术经济比较确定。

6.2 调速系统和调节保证计算

6.2.1 每台机组应设置一套包括调速器、油压装置等附属设备组成的调速系统。

6.2.2 应根据电力系统的要求和水轮机输水系统的特性，进行水轮机调节保证计算，并满足以下要求：

　　1 蜗壳最大压力值，应在额定水头和最高水头两种情况下，按额定出力甩负荷的条件进行计算；

　　2 水轮机蜗壳最大允许压力上升率：额定水头在40m以下，不得大于70%；额定水头在40～100m，不得大于50%；额定水头在100m以上，应小于30%；

　　3 机组额定出力甩全负荷时，最大转速上升率不宜大于50%；

　　4 机组容量占电力系统容量比重小时，机组额定出力甩负荷时最大转速上升率允许达到50%～60%，超过时应进行论证。

6.2.3 当压力上升率和转速上升率不能满足设计要求时，可采取下列措施：

　　1 改变导水叶关闭规律；

　　2 改变输水管道尺寸；

　　3 增加发电机飞轮力矩；

　　4 设置调压井或调压阀。

6.3 技术供、排水系统

6.3.1 技术供水方式应根据电站的工作水头范围确定。工作水头小于15m时，宜采用水泵供水；15～100m时，宜采用自流减压或射流泵及顶盖取水供水；大于120m时，宜采用水泵供水，也可采用减压供水。

　　电站工作水头范围不宜采用单一供水方式时，可采用混合供水方式，并经技术经济比较确定不同供水方式的分界水头。

6.3.2 技术供水系统应有可靠水源，可从上游、下游及外来水源取水，取水口不应少于2个，每个取水口应保证通过设计流量。

水轮机轴承润滑用水、主轴密封用水的备用水源应能自动投入。

6.3.3 采用水泵供水方式时，应设置备用水泵。当1组水泵中任何1台发生故障，备用水泵应自动投入运转。

6.3.4 技术供水系统应设置滤水器。滤水器清污时，系统供水不应中断。供水系统水中含沙量大时，应论证是否设置沉沙、排沙设施。

轴承润滑水、主轴密封用水的水质应满足机组用水的要求。

6.3.5 机组检修排水和厂内渗漏排水宜分别设置排水泵。

机组检修排水泵应设2台，其总排水量应能保证在4～6h内，排除1台水轮机过水部件和输水管道内的积水，以及上、下游闸门的漏水。每台水泵的出水流量应大于上、下游闸门的总漏水流量。

厂内渗漏集水井排水泵应不少于2台，其中1台备用。排水泵应随集水井水位变化自动运转。水位超过警戒水位应报警。

6.3.6 厂区室外排水应自成系统，不得将其引入厂内集水井或集水廊道。

6.4 压缩空气系统

6.4.1 电站厂房内可设置中压和低压空气压缩系统，其规模按设计要求的空气量、工作压力和相对湿度确定。

6.4.2 供油压装置油罐充气的中压空气压缩系统的压力，应根据油压装置的额定工作压力确定。其空气压缩机宜为2台，1台工作，1台备用，并应设置贮气罐。

空气压缩机的容量可按全部压缩机同时工作，在1～2h内将一个压力油罐的空气压力，从常压充到额定压力的要求确定。

贮气罐的容积可按压力油罐的运行补气量确定。贮气罐额定工作压力宜高于压力油罐额定工作压力0.2～0.3MPa。

6.4.3 供机组制动、检修维护和蝴蝶阀、水轮机主轴围带密封用的低压空气压缩系统的压力应为0.7～0.8MPa。当低压空气压缩系统不能满足蝴蝶阀围带充气要求时，可用中压空气压缩系统减压供给。

机组制动用气贮气罐的总容积，应按同时制动的机组台数的总耗气量确定。

空气压缩机的容量应按同时制动的机组耗气量和恢复贮气罐工作压力的时间确定。恢复贮气罐工作压力的时间可取10～15min。

机组制动用气应有备用空气压缩机或其他备用气源。

6.4.4 当机组需采用充气压水方式作调相运行时，其充气用空气压缩机可与机组制动用空气压缩机共用。其容量应按调相压水的用气量确定，但调相供气管路和贮气罐应与机组制动用气系统分开。

调相用贮气罐容积，应根据1台机组调相时，初次压低转轮室水位所需用的空气量确定。

调相用空气压缩机的总容量，应按1台机组首次压水后恢复贮气罐工作压力的时间及已投入调相运行的机组总漏气量确定。恢复贮气罐工作压力的时间可取15～45min。

6.5 油 系 统

6.5.1 电站可设置透平油系统和绝缘油系统，其设备、管路应分开设置并满足贮油、输油和油净化等要求。

6.5.2 透平油和绝缘油油罐的容积，应满足贮油、检修换油和油净化等要求。透平油罐的容积，宜为容量最大的1台机组用油量的110%。绝缘油罐的容积，宜为容量最大的1台主变压器用油量的110%。

6.5.3 油净化设备应包括油泵和滤油机，其品种、容量和台数，可根据电站用油量确定。

6.5.4 电站油系统宜设置简化油化验设备，梯级水电站或水电站群宜设置中心油务系统。中心油务系统应设置贮油、油净化设备和油化验设备。

6.6 水力监视测量系统

6.6.1 水力监视测量系统应满足水轮发电机组安全、经济运行的要求。其监视测量项目应根据电站的水轮机型式和自动化水平确定。采用计算机监控的电站还应满足计算机监控的要求。

6.6.2 电站应分别设置上游水位、下游水位、水轮机工作水头、水轮机过流段压力、拦污栅前后水位差等参数的测量仪表。对容量大的电站增设水库水温、机组冷却水温、机组过流流量、机组效率、机组振动、机组轴摆度等测量仪表。

6.7 采暖通风

6.7.1 电站的采暖通风方式，应根据当地气象条件、厂房型式及各生产场所对空气参数的要求确定。

6.7.2 地面式厂房的主机间、安装场和副厂房的通风方式，宜采用自然通风。当自然通风达不到室内空气参数要求时，可采用自然与机械联合通风、机械通风、局部空气调节等方式。

主厂房发电机层以下各层可采用自然进风、机械排风的通风方式。

6.7.3 封闭式厂房可利用孔洞采用自然进风、机械排风的通风方式。当室内空气参数不能满足通风要求时,可采用空气调节装置。

6.7.4 发电机采用管道式通风时,其热风应引至厂房外,并不得返回厂内。

6.7.5 油罐室的换气次数不应少于3次/h;油处理室和蓄电池室的换气次数不应少于6次/h。室内空气严禁循环使用。

6.7.6 油罐室、油处理室和蓄电池室应分别设置单独的通风系统。通风系统的排风口应高出屋顶1.5m。

6.7.7 SF_6开关室换气次数应为8次/h,吸风口应设置在房间下部。

6.7.8 主、副厂房的室内温度低于5℃时,应设置采暖装置,并应满足消防要求。

6.8 主厂房起重机

6.8.1 电站主厂房应设置起重机。起重机的额定起重量,应按吊运最重件和起吊工具的总重量,并参照起重机系列的标准起重量确定。起重机的跨度可按起重机标准跨度选取。起重机的升降高度和速度,应满足机组安装和检修的要求。

6.8.2 起重机应选用轻级工作制,但制动器的电气设备应采用中级工作制。

6.9 水力机械布置

6.9.1 水力机械设备和电气设备宜分区布置。

6.9.2 主厂房机组段的长度和宽度,应根据机组及流道、调速器、油压装置、进水阀、电气盘柜等尺寸,并结合安装、检修、运行、交通及土建设计等要求确定。边机组段长度,还应满足起重机吊运部件和进水阀所需尺寸的要求。

6.9.3 主厂房净空高度应满足下列要求:
  1 立轴发电机转子连轴整体吊运;
  2 轴流式水轮机连轴套装及整体吊运;
  3 主变压器进厂检修;
  4 灯泡贯流式机组外配水环等部件翻身;
  5 起重机吊运部件与固定物之间的距离,垂直方向不小于0.3m,水平方向不小于0.4m。

6.9.4 安装场的面积应根据1台机组扩大性检修的需要确定,机组主要部件应布置在起重机吊钩工作范围线之内,并应满足下列要求:
  1 安装及大修过程中吊运大件次序的要求;
  2 机组大件之间、机组大件与墙(柱)和固定设备之间的净距为0.8~1.0m;
  3 车辆进厂装卸。

6.9.5 安装场高程宜与发电机层高程一致。其宽度应与机组段宽度一致,其长度可按1.5~2.0倍机组长度初选。

6.9.6 油罐室和油处理室应根据厂区的总体设计、气象条件和消防要求布置。透平油室宜设在厂房内,绝缘油罐宜设在厂房外。油处理室应布置在油罐室附近。

6.9.7 其他辅助机械的布置应便于设备的安装、运行及检修维护。

6.10 机修设备

6.10.1 机修设备应根据机电设备检修内容、对外交通、外厂协作加工条件等因素配置。

6.10.2 机修车间宜设在靠近主厂房且交通方便的地方。

6.10.3 梯级水电站和水电站群宜设置中心修配厂。

7 电 气

7.1 电站与电网连接

7.1.1 电气设计应根据电站特性和电力系统要求,确定送电点、输送电压、出线回路数、输送容量(包括穿越功率)、运行方式及其与电网的连接形式。

7.1.2 电站与电力系统连接的输送电压宜采用一级电压。110kV的出线回路数不宜超过两回,35kV的出线回路数不宜超过4回。

7.1.3 梯级电站或电站群宜设置联合开关站。经技术经济论证后,也可设置联合升压站。

7.2 电气主接线

7.2.1 电气主接线应根据电站在电力系统中的地位、枢纽布置和设备特点等因素确定,并应满足运行可靠、接线简单、操作维修方便和节省工程投资等要求。当电站分期建设时,接线应便于过渡。

7.2.2 电站升高电压侧接线,宜选用单母线或单母线分段、变压器-线路组、桥形和角形接线方式。

7.2.3 发电机电压侧接线,可选用单元或扩大单元接线、单母线或单母线分段接线。

7.2.4 电站主变压器应采用三相式,其容量可按与其连接的发电机容量选择。当发电机电压母线上连接有近区负荷时,可扣除近区最小负荷选择主变压器容量。当主变压器有穿越功率通过时,主变压器容量还应加上最大穿越功率。

7.2.5 当需通过电网倒送厂用电时,单元接线的发电机出口处应装设断路器。三圈变压器的低压侧应装设断路器。

7.3 厂用电及坝区供电

7.3.1 厂用电的电源,宜由发电机电压母线或单元分支线接出,也可从35kV电压母线或出线上供电。厂用变压器不应超过2台。装设2台厂用变压器时,其中1台变压器可与外来电源连接。

7.3.2 厂用变压器宜采用干式变压器,其容量选择应符合下列规定:

1 装设1台变压器时，容量必须满足最大计算负荷；

2 装设2台变压器时，当其中1台检修或出现故障，另1台应能担负电站正常运行时的厂用电负荷或短时最大负荷；

3 计算厂用电负荷时，应计及负荷率和网损率，并校验电动机自起动负荷。

7.3.3 厂用变压器的高压侧宜装设断路器。

7.3.4 厂用电的电压应采用380V/220V、三相四线制系统。装设2台厂用变压器时，厂用电母线宜采用单母线或单母线分段接线。

7.3.5 坝区用电可由专设的坝区用电变压器或由厂用电直接供电。

泄洪设施的供电应有2个独立的电源。

7.4 过电压保护及接地装置

7.4.1 室外配电装置和露天油罐等，应装设直接雷过电压保护。直接雷过电压保护装置可采用避雷针、避雷线。

7.4.2 厂房顶上和35kV及以下高压配电装置的构架上，不应装设避雷针。在变压器的门形构架上，不得装设避雷针。

7.4.3 1kV以下中性点直接接地的配电网络中，电力设备的金属外壳宜采用低压接零保护。

7.4.4 接地装置设计，应利用下列自然接地体：

1 常年与水接触的钢筋混凝土水工建筑物的表层钢筋；

2 压力钢管及闸门、拦污栅的金属埋设件；

3 留在地下或水中的金属体。

除利用自然接地体外，尚应设置人工接地网。

7.4.5 自然接地体与人工接地网的连接不少于两点，其连接处应设接地电阻测量井。

7.4.6 在大接地短路电流系统中，电力设备的接地电阻值应不大于0.5Ω；在小接地短路电流系统中，应不大于4Ω。

独立的避雷针（线）宜装设独立的接地装置。在高土壤电阻率地区，可与主接地网连接，地中连接导线的长度不得小于**15m**。

7.5 照 明

7.5.1 电站工作照明和事故照明的供电网络应分开设置。工作照明应由厂用电系统供电。当交流电源全部消失后，事故照明可由蓄电池组或其他电源供电。

7.5.2 工作照明发生故障中断后仍需继续工作的场所和主要通道应装设事故照明。室外配电装置可不装设事故照明。

7.5.3 电站工作照明和事故照明最低的照度标准及照明安全措施，可参照国家现行的有关标准的规定执行。

7.6 厂内外主要电气设备布置

7.6.1 升压变电站宜靠近厂房。开关站和主变压器分开布置时，主变压器应设在发电机电压配电装置室附近。

7.6.2 6kV及以上户内高压配电装置应有防止小动物入侵的措施。

7.6.3 35kV配电装置宜采用户内式布置。110kV配电装置宜采用户外式布置。但在污秽地区或地形条件受到限制时，经技术经济比较，110kV配电装置可采用户内式布置。110kV配电装置也可采用封闭式组合电器。

7.6.4 电站中央控制室应按电站的自动化控制方式设置。中央控制室面积应根据控制屏（台）的数量、布置要求和布置形式确定。

7.7 电缆选型及敷设

7.7.1 电力电缆宜选用全塑阻燃电缆。高压电力电缆宜选用阻燃交联聚乙烯绝缘电力电缆。易受机械损伤的场所，应采用全塑阻燃铠装电缆。

7.7.2 控制电缆宜采用铜芯全塑阻燃电缆。有抗电磁干扰要求时，应采用屏蔽阻燃电缆或对绞屏蔽阻燃电缆。

7.7.3 电力电缆与控制电缆宜分开敷设。当敷设在同一侧或同一电缆托架（桥架）上时，控制电缆宜敷设在电力电缆的下方。

7.7.4 埋地电缆的埋设深度不宜小于700mm。当冻土层厚度超过700mm时，应采取防止电缆损坏的措施。

7.7.5 电缆竖井的上、下两端以及电缆穿越墙体、屏柜和楼板等孔洞处，应采用非燃烧材料封堵。

7.7.6 对未采用阻燃电缆的电站，其进出屏柜接头处2~3m范围内应对电缆外层涂防火涂料。

7.8 继电保护及系统安全自动装置

7.8.1 电力设备和线路应装设主保护和后备保护装置。当主保护装置或断路器拒动时，应由元件本身的后备保护或相邻元件的保护装置切除故障。

7.8.2 继电保护装置应由可靠元件构成，并满足可靠性、选择性、灵敏性和快速性的要求。保护装置的时限级差，可取$0.5\sim0.7s$。当采用微机继电保护装置时，可取$0.3\sim0.5s$。

7.8.3 配置各类保护装置的电流互感器，应满足消除保护死区和减小电流互感器本身故障所产生的影响的要求。

7.8.4 保护装置用电流互感器（包括中间电流互感器）的稳态误差不应大于**10%**。

保护装置和测量仪表用的电流互感器不宜共用一组二次线圈，共用时，仪表回路应通过中间电流互感器连接。

7.8.5 电压互感器二次回路断线或其他故障使保护装置误动作，应装设断线闭锁装置，并发出信号。二次回路断线不导致保护装置误动作，可只装设电压回路断线信号装置。

7.8.6 保护装置回路内应设置指示信号，并能分别显示各保护装置动作状况。

7.8.7 装有断路器的 110kV 和 35kV 线路，可装设自动重合闸装置。

7.8.8 有 2 台厂用变压器的电站应装设厂用电备用电源自动投入装置。

7.9 自动控制

7.9.1 水轮发电机组及其附属设备的控制，应按机组自动化规定进行设计，并应符合下列要求：
　　1 以一个命令脉冲完成水轮发电机组的启动或停机；
　　2 水轮发电机组能自动调节有功功率和无功功率；
　　3 机组附属设备、技术供排水系统及压缩空气系统等，能够自动和现地手动控制。

7.9.2 水轮机液压或电动操作的进水阀或快速闸门控制，应包括在机组自动操作范围内，并能够现场进行操作。当机组发生紧急事故时，应自动关闭进水阀或快速闸门。

7.9.3 装机容量在 10MW 及以上的电站，可采用计算机监控系统。

7.9.4 按集中控制设计的梯级水电站或水电站群，各被控水电站可按无人值班（少人值守）的控制方式设计。

7.9.5 发电机宜采用晶闸管励磁系统。

7.9.6 发电机自动励磁调节器，应满足下列要求：
　　1 电力系统发生故障而电压降低时，应强行励磁；
　　2 限制水轮发电机转速升高引起的过电压，应强行减磁。

7.9.7 发电机应装设自动灭磁装置。

7.9.8 当设有中央控制室时，进水阀或快速闸门、水轮发电机组、变压器、110kV 线路和 35kV 线路、近区和坝区的厂变高压侧断路器、直流系统等控制设备，应在中央控制室内进行控制。

7.9.9 中央音响信号系统应装设中央复归和重复动作的信号装置。
　　采用计算机监控系统时，中央音响信号宜由计算机系统完成。

7.9.10 电站应装设带有非同步闭锁的手动准同步装置和自动准同步装置。
　　采用计算机监控系统时，宜采用专功能同步装置。

7.9.11 发电机出口、发电机-变压器组单元接线高压侧、对侧有电源的线路和母线分段等处的断路器应能够进行同步操作。

7.10 电气测量仪表装置

7.10.1 电站配置的电气测量仪表应符合国家现行的有关标准的规定。

7.10.2 采用计算机监控系统的电站，电气测量仪表的配置应简化。有遥测要求时，宜由计算机监控系统转送。

7.10.3 有分时计费要求的，应设分时电能计量装置。

7.11 操作电源

7.11.1 电站的操作电源应采用蓄电池直流电源装置，蓄电池只装设 1 组，并应按浮充电方式运行。

7.11.2 操作电源电压宜采用 220V、110V。

7.11.3 蓄电池容量，应满足全厂事故停电时的用电容量和最大冲击负荷的容量。
　　事故停电时间可按 0.5h 计算；无人值班（少人值守）的小水电站可按 1h 计算。

7.11.4 蓄电池宜采用阀控式蓄电池。蓄电池的充电及浮充电，宜采用 1 套整流装置。蓄电池组充电电源回路应设相应的电源指示。

7.11.5 直流装置应具有自动完成充放电控制、电池容量及电压检测、绝缘监测及故障报警等功能。

7.12 通　信

7.12.1 电站应设有厂内通信设施。生产调度通信和行政通信，可合用一台程控调度总机。对外通信可向当地电信部门申请中继线。

7.12.2 程控调度总机的容量，可根据电站装机容量和自动控制方式在 60～200 门之间选取。

7.12.3 通信设备电源，可由厂用交流电源供电，并应有可靠的事故备用电源。备用电源可由厂内直流电源经逆变供电。

7.13 电工修理及电气试验

7.13.1 电站应设置专用的电工修理间，并按其规模和集中管理的要求，配置电工修理工具和设备。

7.13.2 装机容量 10MW 及以上的电站应设电气试验室；装机容量小于 10MW 的电站，可配置简易电气试验室。

7.13.3 集中管理的梯级水电站和水电站群，宜设置集中的电气中心试验室。
　　电气试验室仪器仪表设备的配置标准，可根据现行等级分类标准执行。
　　有计算机监控系统的电站，可适当增加专用仪器仪表。

8 金属结构

8.1 一般规定

8.1.1 电站的工作闸门、事故闸门和检修闸门孔口尺寸和设计水头系列，应符合国家现行有关标准的规定。

8.1.2 闸门型式应根据闸门运行要求、闸孔位置、尺寸及上下游水位、操作水头、水文、泥沙及污物情况、启闭机型式及容量、制造安装技术及工艺、材料供应以及维护检修等条件，经技术经济比较后确定。

8.1.3 两道闸门之间或闸门与拦污栅之间的最小净距，应满足门槽混凝土强度与抗渗、启闭机布置与运行、闸门安装与维修和水力学条件等因素的要求，且不宜小于 1.5m。

8.1.4 潜孔式闸门门后不能充分通气时，应在紧靠闸门下游孔口的顶部设置通气孔，其顶端应与启闭机室分开，并高出校核洪水位，孔口应设置防护设施。

通气孔面积对引水发电管道的快速闸门或事故闸门，可按管道面积的 5% 选用；对泄水管道的工作闸门或事故闸门，可按泄水管道面积的 10% 选用；对检修闸门可选用大于或等于充水管的面积。

8.1.5 根据闸门的工作性质和操作运行要求，快速闸门、事故闸门和检修闸门均宜设置平压设施。如采用充水阀平压，其操作应和闸门启闭机联动，并在启闭机上设置小开度的行程开关。

8.1.6 露顶式工作闸门顶部应有 0.3~0.5m 的超高值，该超高不得作为水库调蓄或超蓄之用。

8.1.7 闸门、拦污栅及其附属设备，应根据水质、运行条件、设置部位和结构型式，采取防腐蚀措施。

8.1.8 闸门不得承受冰的静压力。防止冰静压力的措施，应根据当地气温、日照及水库（前池）水位变幅等条件，分别选用潜水电泵、压缩空气泡、开凿冰沟或其他保温方法。

8.1.9 根据闸门、拦污栅和启闭机的正常运行和维修要求，宜设置启闭机室、保护罩、检修室或检修平台、门库或存放槽等设施。

8.1.10 闸门的启闭设备应根据闸门型式、尺寸、孔数及操作运行要求等条件，通过技术经济比较分别选用螺杆式、固定卷扬式、台车式、门式或液压式启闭机。其主要技术参数应符合国家现行启闭机系列标准。

8.2 泄水闸门及启闭设备

8.2.1 在泄洪道、堰闸工作闸门的上游侧，宜设置检修闸门；对于重要工程，也可设置事故闸门。当库水位低于闸门底槛的连续时间能满足检修要求时，可不设置检修闸门；当下游水位经常淹没底槛时，应研究设置下游检修闸门的必要性。

在设置检修闸门时，10 孔以内可设 1~2 扇，超过 10 孔宜增加。

检修闸门的型式，可选用平面闸门、叠梁、浮式叠梁和浮箱等。

8.2.2 在泄水孔工作闸门的上游侧，应设置事故闸门。对高水头长泄水孔，尚应研究在事故闸门前设检修闸门的必要性。

8.2.3 泄水孔工作闸门的门后宜保持明流。

8.2.4 泄水孔的工作闸门可选用弧形闸门、平面闸门或其他形式的闸门（阀）。

采用弧形闸门时，应择优选用止水结构和型式；采用平面闸门时，还应选用合适的门槽型式。

弧形闸门的支铰宜布置在过流时不受水流及漂浮物冲击的高程上。

在泄水建筑物出口处采用锥形阀时，应防止喷射水雾对附近建筑物的影响。

8.2.5 排沙孔闸门宜设置在进口段，且采用上游面板和上游止水。门槽和水道边界宜光滑平整，并选用抗磨材料加以防护。

排沙孔工作闸门布置在出口处时，除孔道选用抗磨材料防护外，平时宜将设在进口处的事故闸门关闭挡沙。

8.2.6 施工导流孔闸门及其门槽应满足施工期和初期发电的各种运行工况要求。经分析论证，导流孔闸门也可与永久性闸门共用。

8.2.7 对于低水头弧形闸门，应保证支臂动力稳定性。

8.2.8 多孔数的泄洪工作闸门需要在短时间内全部开启或均匀泄水时，宜选用固定式启闭机操作。

启闭机应采用双回路供电，经论证也可设置备用动力。

8.3 引水发电系统闸门、拦污栅及启闭设备

8.3.1 当机组或压力输水管道要求闸门作事故保护时，坝后式电站进口和引水式电站压力管道进口应设快速闸门和检修闸门。对长引水道的引水式电站，尚宜在引水道进口处设置事故闸门。

河床式电站当机组有防飞逸装置时，其进水口宜设置事故闸门和检修闸门。

虹吸式进水口应在虹吸管顶部装设补气阀。

8.3.2 快速闸门的关闭时间，应满足对机组或压力管道的保护要求，其下降速度在接近底槛时不宜大于 5m/min。

快速闸门启闭机应能就地操作和远方操作，并应采用双回路供电的操作电源和开度指示控制器。

8.3.3 坝后式和河床式水电站的进水口检修闸门，4 台机组以内可设置一扇，4 台机组以上可增加。其启闭设备宜选用移动式启闭机。在枢纽布置允许时可与泄水系统检修闸门共用启闭机。

8.3.4 调压室中的闸门应研究涌浪对闸门停放和运行的影响。

8.3.5 尾水检修闸门宜采用平面滑动闸门或叠梁闸门，闸门数量应根据孔口数量、机组安装和调试、施工条件等因素，经技术经济比较后确定。4 台机组以内时尾水检修闸门可设置 1~2 扇。其启闭设备宜选用移动式启闭机。

8.3.6 贯流式机组的进水口应设置检修闸门（或事故闸门），尾水出口应设置事故闸门（或检修闸门）。拦污栅设计应采取措施减少过栅水头损失。

8.3.7 进水口应设置拦污栅。拦污栅清污设施的布置和选型，应根据河流中污物的性质、数量以及对清污等的要求确定。在污物少时，可设置一道拦污栅；在污物多时，除设置排污和导漂设施外，宜设两道拦污栅。

8.3.8 拦污栅的设计应满足结构强度和稳定要求，其荷载应根据污物种类、数量及清污措施等条件，采用 2~4m 水位差。

8.3.9 低水头电站进水口宜装设监测拦污栅前后水位差的压差测量及报警装置。

8.3.10 拦污栅宜为活动式，并设置启闭拦污栅的机械设备。当拦污栅倾斜布置时，其倾斜角应结合水工建筑物布置确定。

8.3.11 低水头电站进水口倾斜布置的拦污栅，如需设置清污机时，可选用耙斗式或回转式清污机，也可采用回转栅式清污机。

9 消 防

9.1 一 般 规 定

9.1.1 电站的消防设计应贯彻预防为主、防消结合、自防自救的方针，防止和减少火灾危害。

9.1.2 电站的消防设计，除应符合本规范的规定外，尚应符合国家现行的有关标准的规定。

9.2 工 程 消 防

9.2.1 电站的生产及非生产建筑物、构筑物应按国家现行的有关标准的规定，划分其危险性分类及耐火等级。

9.2.2 厂区内设有消防车道时，车道宽不应小于 3.5m，并宜与厂内交通道路合用。

9.2.3 主厂房和高度在 24m 以下的副厂房，应划分为一个防火分区。

9.2.4 厂房的安全疏散通道不应少于 2 个。发电机层室内最远点到最近疏散出口距离不应超过 60m。

9.2.5 单台油容量超过 1000kg 的油浸主变压器及其他充油设备应设置贮油坑和公共贮油池；单台室内油容量超过 100kg 的厂用变压器及其他充油设备，应设贮油坑或挡油槛。

9.2.6 电力电缆及控制电缆应分层敷设。对非阻燃性分层敷设的电缆层间应采用耐火极限不小于 0.5h 的隔板分隔。

9.2.7 电缆隧道及沟道的下列部位应设置防火分隔设施：
1 穿越厂房外墙处；
2 穿越控制室、配电装置室处；
3 电力电缆及控制电缆隧道每隔 150m 处；
4 电缆沟道每隔 200m 处；
5 电缆分支接引处。

9.2.8 厂区的水轮发电机、油罐室和油浸主变压器等部位应设置固定灭火装置。

9.2.9 厂房应设排烟或消烟设施，并宜与厂内通风系统结合。

9.2.10 厂区消防给水水源可采用天然水源自流、专用消防水池、消防水泵供水等，消防给水可与生活、生产供水系统合并。供水水质、水压、水量应满足消防给水的要求。

9.2.11 主、副厂房及油罐室、升压开关站均应设置消火栓。

9.2.12 消防设备的供电应按二级负荷供应，并采用单独的供电回路。

9.2.13 厂房的主要疏散通道、封闭楼梯间、消防电梯主要出口、消防水泵房等部位，应设置事故照明及疏散标志。

9.2.14 火灾探测器宜带火灾报警信号装置。

9.2.15 消防控制设备宜设在中央控制室内。采用消防水泵供水时，应在消火栓箱中设有消防水泵启动设施。

10 施 工

10.1 一 般 规 定

10.1.1 编制施工组织设计的依据与应具备的资料：
1 与电站施工有关的水文、气象、地形、地质资料、设计图和工程量；
2 电站所在地区的施工条件；
3 上级主管部门或业主对施工组织设计的意见和要求。

10.1.2 施工组织设计文件编制的原则：
1 结合实际，因地制宜；
2 统筹安排、综合平衡、妥善协调各分部、分项工程；
3 结合国情推广新技术、新材料、新工艺和新设备；凡经实践证明技术经济效益显著的科研成果，经论证后可采用。

10.2 施 工 导 流

10.2.1 电站施工导流标准应按下列原则选择：

1 导流临时建筑物级别为Ⅴ级，其洪水标准应符合表10.2.1-1规定。

表10.2.1-1 小水电站临时建筑物洪水标准

建筑物类型		供水重现期（年）
山区丘陵区	土石结构	10～5
	混凝土、浆砌石结构	5～3
平原区	土石结构	5～3
	混凝土、浆砌石结构	3

2 当坝体填筑物高度达到不需围堰保护时或导流建筑物封堵后，其临时度汛洪水标准应按表10.2.1-2确定。但可根据失事后对下游影响的大小，适当提高或降低标准；

表10.2.1-2 坝体临时度汛洪水标准

建筑物	洪水重现期（年）	
	施工期坝体拦洪度汛	导流建筑物封堵后坝体度汛
土石坝	20～10	30～20
混凝土、浆砌石坝	10～5	20～10

3 过水围堰的挡水及过水标准，应根据围堰的不同运用时段，分别采用枯水期洪水和全年洪水按表10.2.1-1的规定确定；

4 截流标准可采用截流时段重现期5～3年的月或旬的平均流量；

5 导流泄水建筑物封堵下闸设计流量，可用封堵时段内重现期10～3年的月或旬的平均流量，或按实测水文统计资料分析确定；

6 封堵工程施工阶段的导流设计标准，可在该封堵时段10～5年重现期范围内选定；

7 施工期蓄水标准可按保证率75%～85%计算。

10.2.2 导流方式应根据枢纽布置、水工建筑物型式和河流特性，综合分析截流、坝体度汛、封堵、初期发电及施工总进度等因素，经方案比较后可分别采用分期围堰导流、与断流围堰配合的明渠导流、隧洞导流、涵管导流以及施工过程中的坝体底孔导流、缺口导流和不同泄水建筑物组合导流等。

10.2.3 导流挡水、泄水建筑物的型式，应根据地形、地质、水文、枢纽布置、施工等条件，经技术经济比较后确定。

当导流建筑物与永久工程结合时，应提出结合方式及具体措施。

10.2.4 施工期蓄水应与导流泄水建筑物封堵统一安排。应提出后期导流建筑物的封堵措施。导流建筑物封堵过程中，应采取措施解决下游发电、灌溉、通航、供水要求。

10.3 料场选择及开采

10.3.1 天然建筑材料开采量，应分别根据土石方填筑、混凝土及砌石等用量以及加工、运输、堆存、施工中损耗和弃料量确定。

10.3.2 土石坝料场选择应遵守下列原则：

1 坝料物理力学性质满足坝体用料质量标准；

2 储量相对集中，料层厚，总储量能满足坝体填筑需用量；

3 按坝体不同部位使用料场；

4 保留部分近距离的料场用于坝体合龙和抢拦洪高程；

5 料场剥离层薄，便于开采；

6 开采工作面开阔，运距短，附近有废料堆场；

7 不占或少占耕地、林场。

10.3.3 混凝土骨料料场选择应遵守下列原则：

1 工程附近天然砂砾石储量丰富，质量符合标准，级配及开采、运输条件好时，应将其作为主要料源；

2 在主体工程附近合格的天然砂砾石料场储量不能满足用量时，宜就近开采加工人工骨料；当开挖渣料数量多、质量好，且能满足施工进度需要，应优先利用；

3 少占或不占耕地。

10.3.4 选定料场的开采、运输、堆存、加工工艺、废料处理、环境保护设计及主要机械设备，应经方案比较后确定。

10.4 主体工程施工

10.4.1 电站主体工程施工设计应包括以下内容：

1 水工建筑物设计对施工的要求；

2 确定主要单项工程施工方案及其施工顺序、施工方法、施工布置和工艺；对有温度控制要求的建筑物，应提出相应的温度控制要求和防止裂缝的措施；

3 根据总进度要求安排，主要单项工程施工进度及相应的施工强度；

4 选择主要单项工程的主要施工设备型号和数量；

5 确定主要施工设施规模、布置和型式；

6 计算施工辅助工程的工程量及主体工程施工的附加量；

7 计算施工所需的主要材料、劳动力数量和需用计划；

8 协同施工总布置和总进度，平衡整个工程土石方。

10.4.2 电站主体工程施工方案选择的原则：

1 施工期短、能保证工程质量和安全；辅助工程量及施工附加量小，施工成本低；

   2 先后作业之间、土建工程与机电安装之间、各道工序之间协调均衡，干扰小；

   3 技术先进、可靠；

   4 施工强度和施工设备、材料、劳动力等资源需求均衡。

10.5 场内外交通

10.5.1 对外交通宜采用公路运输方式，应优先利用国家或地方现有交通设施，并选择里程短的改建、新建道路，确定重大部件的运输措施和对外交通施工进度。

10.5.2 场内交通布置方案应根据施工总布置、场内交通道路建设和维护费用、运输总费用及满足施工运输要求等因素，经方案比较后确定。

10.5.3 对选定的场内交通方案，应确定其线路及设施的技术标准和场内主要交通干线与场外交通的衔接方式。

10.6 施工工厂设施

10.6.1 施工工厂设施宜利用当地企业的设施和生产能力。

10.6.2 需要设在现场的施工工厂，其布置应符合下列要求：

   1 厂址宜靠近服务对象和用户中心，水电供应和交通运输方便，避免物资逆向运输；

   2 协作关系密切的施工工厂布置宜相对集中；

   3 生产区与生活区应相对分开；

   4 满足防火、安全、卫生和环境保护要求。

10.6.3 施工工厂应分系统设计，分别确定厂址、平面布置、生产规模、场地和房屋面积，确定土建工程量及所需的主要设备。

10.7 施工总布置

10.7.1 施工总布置应符合下列原则：

   1 根据工程施工特点及进度要求，选择施工临时设施项目并确定其规模；

   2 节约用地和少占耕地，并有利于工程完工后临时占地的复耕和造地；

   3 在满足环境保护要求、不影响河道排洪和不抬高下游尾水位的前提下，利用渣料形成施工场地；

   4 避免在不良地质区域设置施工临时设施；

   5 施工场地的防洪标准按5～10年重现期洪水选择；

   6 整体规划施工场地排水，提出防护措施，防止水土流失。

10.7.2 施工分区布置应符合下列要求：

   1 施工分区布置应使枢纽工程施工形成最优工艺流程。分区间交通道路布置合理，运输方便，避免或减少反向运输；

   2 机电设备、金属结构组装场地宜靠近主要安装场地，交通方便；

   3 施工管理中心宜设在主体工程施工工厂区和仓库区的适中地段，各施工区应靠近其施工对象，生活区与生产区宜分开布置；

   4 主要施工物资仓库、站场等，应布置在场内外交通衔接处。炸药库、雷管库、油库等的设置应满足安全要求。

10.8 施工总进度

10.8.1 工程建设工期应为工程筹建期、工程准备期、主体工程施工期和工程完建期。工程总工期为后三项工期之和。

10.8.2 编制施工总进度应遵守下列原则：

   1 对控制总工期或受洪水威胁的工程和关键项目，应采取技术和安全措施，缩短建设周期，发挥投资效益；

   2 采用平均先进指标，适当留有余地；

   3 分析枢纽主体工程、场内外交通、施工导截流及其他施工临时工程、施工工厂设施等建筑安装任务，编制单项工程施工进度和各施工阶段的施工进度计划，确定其关键路线及项目、施工强度和分阶段的工程形象面貌；

   4 对施工总进度进行资源优化后，确定包括有强度曲线与劳动力曲线内容的施工总进度表（含关键路线进度表）和劳动力、主要施工设备、主要材料分年度供应计划。

11 水库淹没处理及工程占地

11.1 水库淹没处理范围及标准

11.1.1 水库淹没处理范围应包括水库经常淹没区、临时淹没区以及因淹没而引起的浸没、坍岸、滑坡和其他受水库蓄水影响的地域。

11.1.2 水库淹没处理设计洪水标准应根据不同淹没对象，按表11.1.2的规定取值。

表11.1.2 不同淹没对象设计洪水标准

淹 没 对 象	洪水标准［重现期（年）］
耕地、园地、牧区的牧草地	2～5
农村居民点、集镇、乡镇企业	10～20

表11.1.2中未列的非牧区的牧草地应采用正常蓄水位，林地应高于正常蓄水位0.5m；铁路、公路、电力及电信线路、文物古迹、水利设施等，其设计洪水标准应按国家现行的有关标准的规定，会同有关部门协商确定。

在水库淹没区采取防护工程措施时，其设计洪水标准应根据防护对象的重要性，按照国家现行的有关标准的规定执行。

11.1.3 水库回水淹没范围的确定应以坝址以上天然洪水与建库后汛期和非汛期同一频率的洪水回水位所组成的外包线为依据。若汛期降低水库水位运行，库前段回水位低于正常蓄水位时，应采用正常蓄水位高程。水库回水末端设计终点位置，在回水曲线不高于同频率天然洪水水面线 0.3m 范围内，可采用与同频率天然水面线水平封闭或垂直封闭。

水库洪水回水位，应计入 10～20 年的泥沙淤积影响。

11.1.4 居民迁移和土地征用界线，应综合分析水库淹没、浸没、风浪、冰塞壅水、滑坡、坍岸等影响确定。在回水影响小的库段，居民迁移线应高于正常蓄水位 1.0m，土地征用界线应高于正常蓄水位 0.5m。

11.2 水库淹没实物指标调查

11.2.1 水库淹没实物指标调查范围应包括水库淹没区和影响区。其调查内容应为水库淹没对象和受影响的对象的实物指标。

在水库淹没调查时，还应收集水库淹没影响涉及地区的社会经济现状资料和国民经济发展计划。

11.2.2 水库淹没实物指标调查统计可分为农村、集镇、乡镇企业和专业项目等，其调查要求、方法及精度，可参照国家现行的有关标准的规定执行。

11.3 农村移民安置

11.3.1 在编制农村移民安置规划时，应收集移民安置区的水文气象、地形、地质、水土资源、环境现状、人文历史、社会经济等基本资料。

11.3.2 编制农村移民安置规划以编制规划的当年为基准年，以水库下闸蓄水的当年作为规划水平年。

11.3.3 编制农村移民安置规划时，应以水库淹没调查实物指标为基础，分析确定生产安置和搬迁安置人口数量。人口数量计及基准年到规划水平年期间的自然增长人口。

11.3.4 农村移民安置规划应贯彻开发性移民方针，采取以土地安置与非土地安置相结合的安置方式。在进行农村移民安置区的选择时，应分析移民环境容量、自然和社会经济条件、生活及风俗习惯等基本情况。

11.3.5 农村移民安置规划应在方案比较的基础上，经综合分析论证后，确定推荐方案，并应对安置区的基础设施进行规划设计。

11.4 集镇、乡镇企业、专业项目的迁（改）建

11.4.1 集镇迁建应会同地方人民政府提出防护、迁建或撤销、合并的意见。集镇的撤销、合并或易地迁建，应报上级人民政府审批。集镇迁建方案，尚应符合《村镇规划标准》GB 50188—93 的有关规定。

11.4.2 受淹的乡镇企业迁（改）建，应根据受淹影响程度，结合地区产业结构及环境保护要求，初步确定迁（改）建方案。

11.4.3 受淹的专业项目需迁（改）建应按原规模、原标准或恢复原功能的原则，根据国家现行的有关标准的规定，初步确定迁（改）建方案；不需要迁（改）建或难以迁（改）建的，应根据淹没影响程度，按有关规定给予补偿。

11.5 防护工程

11.5.1 对于水库淹没区内成片耕地、集中居民区或重要的淹没对象，凡具备防护条件且技术经济合理，应采取防护工程措施。确定防护工程应进行方案比较。

11.5.2 防护工程的防洪标准，集镇可采用 10～20 年一遇洪水，农田可采用 5～10 年一遇洪水。重要集镇的防洪标准可适当提高。

11.5.3 防护区内排涝标准的设计暴雨重现期，在旱作区，农田和农村居民点可采用 5～10 年一遇暴雨 1～3d 排干，在水稻区可采用 3～5 年一遇暴雨 3～5d 排干。

11.6 库底清理

11.6.1 库底清理范围与对象，应根据水库运行方式和各项事业发展的要求确定。库底清理应与水库移民搬迁同时进行，并在水库蓄水前完成。

11.6.2 库底清理的技术要求应按照国家现行有关标准规定执行。

11.7 水库淹没处理补偿投资概（估）算

11.7.1 补偿投资计算应遵循以下原则：

1 征用土地补偿和安置补助标准应符合国家和省、自治区、直辖市所颁布的现行的有关条例、规定；

2 农村移民安置和集镇、乡镇企业、专业项目迁（改）建，按原规模、原标准、恢复原功能的原则，计算其所需的补偿投资。

对不需要或难以迁（改）建的淹没对象，可给予拆卸费、运输费或补偿；

3 投资补偿单价、标准、定额，应根据当时国家政策、物价水平，结合当地的实际情况制定。各种费率，可按照国家有关规定取用；

4 水库淹没处理补偿投资概（估）算水平年，应与枢纽工程概算编制年相同。

11.7.2 补偿投资概（估）算可由以下部分构成：

1 农村移民安置补偿费；

2 集镇迁建补偿费；

3 乡镇企业迁（改）建补偿费；

4 专业项目迁（改）建补偿费；

5 防护工程费；

6 库底清理费；
7 其他费用，主要包括勘测规划设计费、实施管理费、技术培训费、监理费等；
8 预备费，包括基本预备费和价差预备费；
9 建设期贷款利息；
10 有关税费。

11.8 工程占地

11.8.1 工程占地应包括永久占地和临时占地。

11.8.2 工程占地的实物指标应按工程设计所确定的范围，分别按永久占地和临时占地进行调查统计。

11.8.3 工程永久占地，应采用水库淹没处理的征地标准。施工临时占地，应根据占用的时间和被占土地复种条件，按临时补偿或征用处理。

11.8.4 工程永久占地的补偿投资概（估）算，可按本规范11.7.1的规定执行，并可计列临时工程占地的青苗补偿费。

12 环 境 保 护

12.1 环境影响评价

12.1.1 电站建设应按国家现行有关法规和标准，进行环境影响评价。
应根据电站对环境影响程度，编制环境影响报告书或环境影响报告表，或填报环境影响登记表。

12.1.2 电站环境影响评价应包括：工程分析、环境现状调查、环境影响识别、环境影响预测评价、环境保护措施拟定和投资估算等。

12.1.3 进行电站环境影响评价时，应通过工程分析和环境现状调查，对识别、筛选出的主要环境问题进行重点评价。

12.1.4 电站环境影响预测方法，宜采用类比调查法或专业判断法，也可采用数学模式法。

12.1.5 通过环境影响预测评价，对不利影响应拟定对策措施，并进行环境保护投资估算。

12.2 环境保护设计

12.2.1 应按环境影响报告书（表）及其审批意见中确定的各项环境保护措施，进行环境保护设计，编制环境保护设施的投资概算。

13 工 程 管 理

13.1 一 般 规 定

13.1.1 应根据国家现行有关规定和业主的要求，确定管理机构的体制、机构设置和人员编制。
机构设置和人员编制应贯彻精简、统一、效能的原则。

13.1.2 管理机构宜在就近城镇选址。

13.2 工程管理范围和保护范围

13.2.1 应根据国家有关法规及地方管理有关条例，结合当地自然地理条件、土地利用情况和工程的特点，确定工程的管理范围和保护范围。

13.2.2 工程管理范围应根据永久建筑物和设施的平面布置，管理、运行设施和管理单位的生产、生活和文化福利设施的占地确定。

13.2.3 工程保护范围应根据工程具体情况、安全运行要求，结合当地条件按国家现行有关规定确定。

13.3 生产、生活设施

13.3.1 应按照有利生产、方便管理、经济适用的原则，确定各类生产、生活设施的建设项目、规模和建筑标准。

13.3.2 应通过总体规划和建筑布局，确定生产、生活面积和环境绿化美化设施，提出总体规划平面图。

13.3.3 位于城郊和风景名胜区的电站，其生产、生活设施宜与周围环境相协调。

13.4 工程管理运用

13.4.1 应根据电站的特点和在电网中的作用，拟定工程调度管理运用方案。

13.4.2 应根据工程各建筑物和设施的设计条件，提出相应的操作运用和维护检修的技术要求。

13.4.3 应根据工程观测项目及观测设施的特点，提出观测方法和资料整理分析的技术要求。

13.4.4 应根据工程财务评价经济指标，拟定水费、电费的计收标准。

14 工程概（估）算

14.0.1 电站设计概（估）算应根据国家现行经济政策、设计文件及工程所在地区的建设条件编制。

14.0.2 编制设计概（估）算应全面反映设计内容，合理选用定额、标准、费率和价格，保证设计概（估）算质量。

14.0.3 应根据工程资金来源和需要，编制内资概（估）算或内外资概（估）算。

14.0.4 应按照国家现行的有关标准的规定及编制年的价格水平，编制设计概（估）算。

14.0.5 设计概（估）算编制依据应根据其隶属关系，中央项目执行中央部委的规定，地方项目执行各省、自治区、直辖市及计划单列市的规定。

15 经 济 评 价

15.0.1 经济评价应包括财务评价和国民经济评价。

15.0.2 经济评价应遵循费用与效益计算口径对应一致的原则，计及资金的时间价值，以动态分析为主，辅以静态分析。

15.0.3 财务评价应以财务内部收益率及上网电价为主要指标，以财务净现值、投资利润率、投资利税率及静态投资回收期为辅助指标。

15.0.4 财务内部收益率不小于财务基准收益率或计算的财务净现值大于零且上网电价能为市场接受时，其财务评价应为可行。

15.0.5 国民经济评价应以经济内部收益率为主要指标，经济净现值及效益费用比为辅助指标。

15.0.6 经济内部收益率不小于社会折现率或经济净现值不小于零时，其国民经济评价应可行。

15.0.7 经济评价应进行不确定性分析，并宜以敏感性分析为主。

15.0.8 在财务评价和国民经济评价的基础上，尚应结合淹没、单位千瓦投资、单位电能投资等指标，以及电站的社会效益、环境效益进行综合评价。

中华人民共和国国家标准

小型水力发电站设计规范

GB 50071—2002

条 文 说 明

目　次

1 总则 …………………………………… 7—9—30
2 水文 …………………………………… 7—9—30
　2.1 一般规定 ……………………………… 7—9—30
　2.2 径流 …………………………………… 7—9—30
　2.3 洪水 …………………………………… 7—9—30
3 工程地质勘察 ………………………… 7—9—30
　3.1 一般规定 ……………………………… 7—9—30
　3.4 水工建筑物工程地质 ………………… 7—9—30
　3.5 天然建筑材料 ………………………… 7—9—31
4 水利及动能计算 ……………………… 7—9—31
　4.1 一般规定 ……………………………… 7—9—31
　4.2 径流调节计算 ………………………… 7—9—31
　4.4 正常蓄水位和死水位选择 …………… 7—9—31
　4.5 装机容量及机组机型选择 …………… 7—9—31
　4.6 引水道尺寸及日调节容积选择 ……… 7—9—31
　4.7 水库泥沙淤积分析及回水计算 ……… 7—9—31
5 工程布置及建筑物 …………………… 7—9—31
　5.1 一般规定 ……………………………… 7—9—31
　5.2 工程布置 ……………………………… 7—9—32
　5.3 挡水建筑物 …………………………… 7—9—32
　5.4 泄水建筑物 …………………………… 7—9—32
　5.5 引水建筑物 …………………………… 7—9—32
　5.6 厂房及开关站 ………………………… 7—9—33
　5.7 通航建筑物 …………………………… 7—9—34
　5.8 水工建筑物安全监测设计 …………… 7—9—34
6 水力机械及采暖通风 ………………… 7—9—35
　6.1 水轮发电机组选择 …………………… 7—9—35
　6.2 调速系统和调节保证计算 …………… 7—9—35
　6.3 技术供、排水系统 …………………… 7—9—35
　6.4 压缩空气系统 ………………………… 7—9—35
　6.6 水力监视测量系统 …………………… 7—9—35
　6.7 采暖通风 ……………………………… 7—9—35
　6.8 主厂房起重机 ………………………… 7—9—36
　6.9 水力机械布置 ………………………… 7—9—36
7 电气 …………………………………… 7—9—36
　7.1 电站与电网连接 ……………………… 7—9—36
　7.2 电气主接线 …………………………… 7—9—36
　7.3 厂用电及坝区供电 …………………… 7—9—36
　7.4 过电压保护及接地装置 ……………… 7—9—36
　7.5 照明 …………………………………… 7—9—36
　7.6 厂内外主要电气设备布置 …………… 7—9—37
　7.7 电缆选型及敷设 ……………………… 7—9—37
　7.8 继电保护及系统安全自动装置 ……… 7—9—37
　7.9 自动控制 ……………………………… 7—9—37
　7.10 电气测量仪表装置 ………………… 7—9—37
　7.11 操作电源 …………………………… 7—9—37
　7.12 通信 ………………………………… 7—9—37
8 金属结构 ……………………………… 7—9—38
　8.1 一般规定 ……………………………… 7—9—38
　8.2 泄水闸门及启闭设备 ………………… 7—9—38
　8.3 引水发电系统闸门、拦污栅
　　　 及启闭设备 …………………………… 7—9—38
9 消防 …………………………………… 7—9—39
　9.2 工程消防 ……………………………… 7—9—39
10 施工 ………………………………… 7—9—39
　10.2 施工导流 …………………………… 7—9—39
　10.3 料场选择及开采 …………………… 7—9—40
　10.5 场内外交通 ………………………… 7—9—40
　10.6 施工工厂设施 ……………………… 7—9—40
　10.7 施工总布置 ………………………… 7—9—40
　10.8 施工总进度 ………………………… 7—9—40
11 水库淹没处理及工程占地 ………… 7—9—41
　11.1 水库淹没处理范围及标准 ………… 7—9—41
　11.2 水库淹没实物指标调查 …………… 7—9—41
　11.3 农村移民安置 ……………………… 7—9—41
　11.5 防护工程 …………………………… 7—9—41
　11.8 工程占地 …………………………… 7—9—41
12 环境保护 …………………………… 7—9—41
13 工程管理 …………………………… 7—9—42
14 工程概（估）算 …………………… 7—9—42

1 总 则

1.0.2 关于规范适用的装机容量范围，原《小型水力发电站设计规范》GBJ 71—84 为 25MW 以下，机组容量为 0.5～6MW；《小型水电站施工技术规范》SL 172—96 为 50～0.5MW；《小型水力发电站水文设计规范》SL 77—94，《小水电水能设计规程》SL 76—94，《小水电建设项目经济评价规程》SL 16—95 均为 25MW 以下；《小型水力发电站自动化设计规定》SDJ 33—89 为 25MW，单机容量为 0.5～6MW；《防洪标准》GB 50201—94 中，小（Ⅰ）型水电站为 50～10MW，小（Ⅱ）型水电站为 10MW 以下；《小型水电站初步设计编制规程》SL/T 179—96 为 50～10MW。上述标准适用的装机容量范围各不相同。本次修编 GBJ 71—84 规范，考虑到我国小水电站建设已具一定规模，单机容量增大，低水头贯流式水轮发电机组的普遍运用等因素，对装机容量的适用范围定为 50～5MW 是合适的。

本规范所指小水电站设计，包括国家现行基本建设程序规定的项目建议书、可行性研究报告、初步设计等各阶段设计的技术要求。不同设计阶段的工作内容和深度要求，应符合国家现行的有关编制规程的规定。

2 水 文

2.1 一般规定

2.1.1 区域水文气象综合分析研究成果是指流域所在地区已刊布的《水文手册》、《水文图集》、《降雨径流查算图表》、《水资源评价》、《中小流域暴雨洪水计算手册》、《历史洪水调查资料》等。

2.2 径 流

2.2.2 小水电站多建在中小河流上，这些河流在 20 世纪 60～70 年代相继建立了水文站、雨量站，进行水位、流量及雨量观测，目前已有 20 年以上的流量和降雨量实测资料，少数电站设计依据的水文站径流系列不足 20 年时，可通过相关插补延长达到 20 年。因此，本条规定频率分析计算的径流系列要求不少于 20 年。

2.2.3 还原水量包括：上游工农业用水量、蓄水工程蓄水变量、跨流域引入和引出水量等。

当还原水量资料短缺时，可通过分析直接统计受人类活动影响后的实测径流系列或按资料短缺的径流计算方法，进行设计径流计算。

2.2.8 特殊水文地质条件，主要指岩溶地区形成的不闭合流域对正常径流量的影响。

2.3 洪 水

2.3.5 经审定的暴雨径流查算图表是指：全国暴雨洪水分析计算协作小组办公室编印的《编制全国暴雨径流查算图表》技术报告及各省（自治区、直辖市）主要成果《产流汇流计算部分》；各省（自治区、直辖市）编制的《暴雨图集》、《可能最大暴雨图集》、《暴雨径流查算图表》、《中小流域暴雨洪水计算手册》、《水文图集》、《水文手册》等。

2.3.7 分期设计洪水可跨期使用是指定期选样计算的分期设计洪水可跨期使用，跨期 5～10d，但不得超过 10d。

3 工程地质勘察

3.1 一般规定

3.1.2 地质勘察任务应由设计单位提出，在勘察过程中如发现对设计方案有重大影响的工程地质问题时，应及时与设计单位联系，必要时调整勘察任务。

3.1.3 目前，1/200000 区域地质图已覆盖全国，很多省（自治区、直辖市）已有 1/50000 区域地质图，同时已建和在建的数以万计的水利水电工程也积累了大量的勘察经验和资料，小水电站勘察应充分搜集和利用这些资料，采用工程类比和经验分析法。

勘察方法强调以工程地质测绘、轻型勘探和现场简易试验为主，必要时采用重型勘探。这是根据我国小水电站勘察经验提出的。轻型勘探主要包括物探、坑槽探，宜广泛采用。岩心钻探、平硐、竖井等重型勘探手段，在规模较大的工程，重要的工程部位如混凝土重力坝、拱坝、软基建坝（厂）等和对不良地质问题勘察时应适量采用，并做到综合利用。

3.4 水工建筑物工程地质

3.4.1 混凝土坝和砌石坝重点强调勘察对坝基抗滑稳定具有控制作用的各类软弱夹层，这是因为近年来有些小水电站混凝土坝在坝基（肩）开挖中揭示有较多软弱夹层和泥化层而在勘察中未予发现，给设计、施工造成被动。

3.4.2 土石坝对地基要求较低，一般不全部清除覆盖层，而将坝壳基础置于软基上，如基岩埋藏较浅，防渗体宜直接衔接在岩基上。鉴于一些小水电站清基时，常发现古河床，其埋深远大于现河床，古河床内冲积层成分复杂；另有一些土石坝由于坝基勘察深度不够，未发现存在的淤泥层，致使坝坡产生塌滑，因此，规范强调了对土石坝应重点勘察古河床切割深度、淤泥软土层、细粉沙层及其地震液化条件。

3.4.3 工程实践表明，泄水建筑物下游冲刷破坏严重，有时引起岸坡边坡失稳，因此强调勘察下游受冲部位岩（土）体坑冲刷性能。

3.4.4 小水电站地下建筑物施工的经验表明,影响洞室稳定条件的主要因素是进出口岩(土)体的完整和风化卸荷程度、边坡稳定条件、断层破碎带性状及其走向与洞室轴线的交角、洞室地下水活动情况、强透水带的分布、与地表连通情况、形成的外水压力等。当前小型工程洞室设计仍采用传统的普氏理论,要求勘察单位分段提供 K_0、f 值,由于小型工程洞室不可能做很多勘探测试工作,因此围岩分类以定性为主,可采用《中小型水利水电工程地质勘察规范》SL 55—93 中,附录 B 中小型水利水电工程围岩工程地质分类。

3.4.5 压力管道地基最常见的不良地质问题,是管线布置地段山体整体稳定问题。以往由于前期勘察工作深度不够,时有发现管路布置于滑坡体或卸荷变形体上给工程造成不利影响,因此强调勘察压力管道山体的稳定性。

3.4.6 引水明渠的边坡稳定是常见的病害。以往由于勘察工作深度不够,渠线通过基岩顺向坡、滑坡、泥石流体,致使渠道改线或增加处理难度。因此强调对渠线的不良地质问题要进行勘察。

3.5 天然建筑材料

3.5.1 不同设计阶段,天然建筑材料的勘察应参照《水利水电工程天然建筑材料勘测规程》SDJ 17 和《中小型水利水电工程地质勘察规范》SL 55—93 中有关规定。

3.5.2 人工骨料料源的调查应尽量利用天然及人工揭示的露头(如采石场),减少勘探工作量。当利用灰岩、白云岩作料源时,尚应注意岩溶洞穴发育程度及其充填物对质量的影响。

4 水利及动能计算

4.1 一般规定

4.1.1 电力系统中的负荷增长及其负荷特性变化、系统中水电站与火电站的容量及特性等对设计水电站特征值的影响较大,因此水能设计还应以电力规划为基础。

4.2 径流调节计算

4.2.2 在进行水量平衡时,入库径流计算应分析设计水平年内人类活动的影响因素。对某一些电站,可不强调计算保证出力。对有调节性能的电站,多年平均发电量中尚需反映丰、枯及峰、谷电量。

4.2.3 系统中小水电站容量比重较大或调节性能较好时,设计的水电站取较大的设计保证率。反之,取较小的设计保证率。

4.2.5 当设计水电站上游有调节水库或当设计水电站为调节水库,其下游有已建或在设计水平年内拟建的水利水电工程时,应进行梯级水电站径流调节计算。

4.2.6 对于多年调节或年调节水库电站,应根据系列年枯水期平均出力计算保证出力;对于日调节或无调节电站,应根据典型年逐日出力过程计算其保证出力。

4.4 正常蓄水位和死水位选择

4.4.2 在满足用水要求和泥沙淤积等条件下,若电站取水口投资增加不多时,死水位可取其下限,以留有余地。

4.5 装机容量及机组机型选择

4.5.2 设计水平年一般是通过逐年电力电量平衡和经济比较,在选择装机容量的同时一并选定。这种方法虽符合电力系统动态发展和资金时间价值的实际,但工作量较大,不确定因素较多,因此在小水电站设计中不宜采用。本条推荐采用的简化方法,可满足小水电站设计要求。

4.5.8 对于高水头引水式电站,由于引用流量对水头损失影响较大,装机容量、流量、水头三者存在一定关系。当流量为设计引用流量、机组为额定出力时,水头损失最大,发电水头最小。因此,最小水头即为设计水头。

其他型式电站,设计水头宜不高于汛期加权平均水头,以尽量减少汛期水头受阻。

4.5.10 对于没有进行电力电量平衡的小水电站,其有效电量系数可参照现行《小水电建设项目经济评价规程》SL 16—95 选择,也可根据经验确定。

4.6 引水道尺寸及日调节容积选择

4.6.1 引水道尺寸是指引水道的纵坡和横断面。

4.7 水库泥沙淤积分析及回水计算

4.7.1 库容与年输沙量之比为体积比。

4.7.5 水库回水计算应为确定水库淹没、浸没范围,分析回水对上一级电站的影响,合理选择水库特征水位等提供依据。洪水水面线指一次洪水的实测水面线或历史洪水的水面线。在河道中淹没对象有大片集中耕地、密集居民点或其他重要建筑物时,应在相应的位置设置计算断面。

5 工程布置及建筑物

5.1 一般规定

5.1.1 工程等别及建筑物级别主要是参照国家《防洪标准》GB 50201—94 制订的。

5.1.2 挡水高度系指挡水建筑物在河床平均高程以上的高度。

5.1.3 非挡水厂房的防洪标准应低于同类挡水建筑物防洪标准，故在国家《防洪标准》GB 50201—94的基础上作了适当的修改。

5.2 工程布置

5.2.2 在有通航要求的河流上，电站的梯级开发应尽量与航运梯级规划相一致。

5.2.4 当受条件限制枢纽只能布置于弯曲河段上时，主厂房宜布置于凹岸弯道顶点偏下游的稳定河岸处，并采取有效的取水、防沙措施。

5.3 挡水建筑物

5.3.2～5.3.10 重力坝、拱坝、土石坝和橡胶坝的设计应参照国家现行的相应坝型的设计规范。

5.4 泄水建筑物

5.4.1 小水电站泄水建筑物包括泄洪建筑物和动力渠道及前池上的溢水建筑物。其型式主要有溢洪道、泄水隧洞、泄洪（水）闸、泄水孔。

5.4.3 土石坝一般不允许漫顶过水，因此要求其泄水建筑物具有一定的超泄能力，在有条件时，应优先选用开敞式溢洪道。

5.4.7 常用消能方式有底流消能、挑流消能、面流消能、消力戽消能。小水电站多采用底流消能和挑流消能。

5.4.10 按明流方式设计的低流速无压隧洞，允许在非正常运用洪水时出现明满交替的工作状态。

5.5 引水建筑物

5.5.1 小水电站引水建筑物一般包括进水口、动力渠道、有（无）压引水隧洞、调压室或前池、压力管道。

5.5.2 进水口的型式按照水流条件可分为开敞式、浅孔式、深孔式；按进水口位置和引水管位置可分为坝式、岸式（岸塔式、竖井式、岸坡式）、塔式进水口。

5.5.3 在多泥沙河流上，为了解决泄洪排沙与取水的矛盾，在采取有效的防沙、排沙措施后，进水口也可布置在河流淤积积岸（凸岸）。

5.5.4 有压进水口的最小淹没深度计算，建议参照现行的水电站进水口设计规范。对引用流量小、隧洞流速小的小水电站，经过论证，进水口顶缘的最小淹没深度可适当降低。

5.5.10 对高压隧洞，围岩的最小厚度计入围岩劈裂的影响，建议按挪威公式判别。

5.5.18 回填灌浆和固结灌浆的参数在未进行试验之前，可参照现行水工隧洞设计规范的规定和工程的实践经验初步确定。回填灌浆的范围一般在顶拱中心角90°～120°以内，孔距和排距一般采用2.0～6.0m，灌浆压力一般采用0.1～0.3MPa。固结灌浆排距一般2.0～4.0m，每排不宜少于6孔，对称布置，深入围岩的孔深宜为0.5倍洞径，灌浆压力宜为1.5～2.0倍内水压力。

5.5.20 本规范所指调压室均为上游调压室。压力水道中水流惯性时间常数的计算，可参见现行的水电站调压室设计规范。

5.5.22 调压室的基本型式有简单式、阻抗式、水室式、溢流式、差动式、气垫式。选型的基本原则如下：
　1 能有效地反射由压力管道传来的水击波；
　2 在无限小负荷变化时，能保持稳定；
　3 大负荷变化时，水面振幅小，波动衰减快；
　4 正常运行时，经过调压室与压力水道连接处的水头损失较小；
　5 结构简单、经济合理、施工方便。

5.5.23 调压室的稳定断面积计算，可参见现行水电站调压室设计规范。

5.5.32 当引水渠道较长或设计流量大时，一般采用非自动调节渠道；当引水渠道进水口水位变幅不大、渠线较短、地形条件较好时，一般采用自动调渠道。

5.5.33 引水渠道水力计算可参照现行的水电站引水渠道及前池设计规范。

5.5.37 引水渠道衬砌和护面的作用除减小渗漏和降低渠道糙率外，尚可提高渠道的抗冲能力和边坡稳定性，避免渠道两侧土地盐碱化和沼泽化，防止渠坡长草和穴居动物破坏。浆砌块（卵）石衬砌，一般厚度0.2～0.3m，下面铺设0.10～0.15m厚的砾石或碎石垫层。

5.5.38 根据浙江省的经验，前池有效容积不宜小于2.5～3min的单机引用流量的水量。

5.5.40 前池涌波计算参照现行的水电站引水渠道及前池设计规范。

5.5.49 压力水管伸缩节的滑动区应光滑、无锈，压环与管壁之间的间隙小，水封材料耐磨性和弹性好，摩擦系数小，以及钢管的椭圆度和同心度符合要求。广西桂林天湖水电站（水头1074m）的钢管伸缩节，将滑动区管壁喷锌并抛光至表面粗糙度$R_a=6.3$右，水封压环与管壁间的间隙为1.0mm。止水填料在水头617～1074m段试验了橡胶石棉盘根和聚四氟乙烯石棉盘根，结果前者漏水，后者完全成功。因此，推荐在水头大于500m时，采用聚四氟乙烯石棉盘根。

5.5.50 小水电站压力钢管的支承结构型式应结构简单、受力明确、施工方便、造价低。根据天湖水电站的经验，可采用分离式支承滚轮结构。该型式结构简单、受力明确、计算简便、节省材料和制造、运输、安装、管理、维修方便，运行安全，其结构见图1。

5.5.52 小水电站压力钢管的水压试验，因受条件限制，实施上确有困难时，经上级主管部门批准，可不

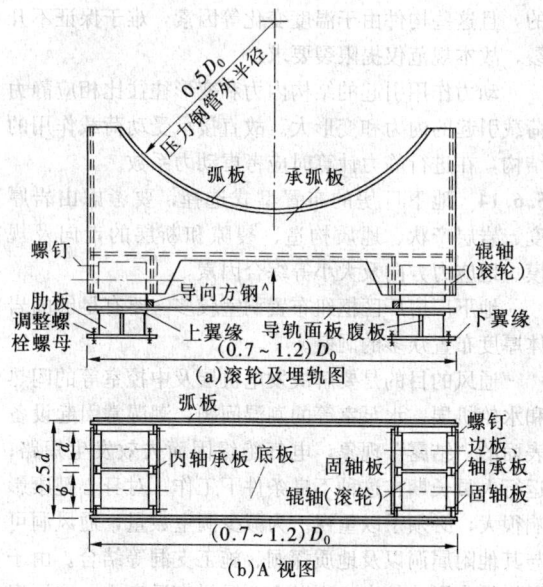

图1 分离式支承滚轮结构图
(a) 滚轮及埋轨图；(b) A视图

进行水压试验，但应采用性能优良、低温韧性高的钢材，严格按焊接工艺要求施焊，需焊后热处理的焊缝必须热处理，并对纵、环缝按100%无损探伤，或对整个钢管进行100%无损探伤。

5.6 厂房及开关站

5.6.2、5.6.3 傍山厂房边坡必须具有足够的稳定性，当边坡地质条件较差时，应采取必要的工程措施，以确保厂房的安全，特别应注意调压井和引水道的结构，避免引水建筑物可能渗水而影响边坡的稳定性。

位于冲沟口附近的厂房应仔细研究山洪的影响，根据洪量和泥石流量采取相应防御设施。

岸边式地面厂房位置选择与引水方式密切相关，应综合考虑。为了预防压力管道或高压闸阀发生破裂事故而危及厂房安全，可将厂房位置避开压力管道事故水流的主要方向，或修筑能将事故水流导离厂房的围护建筑物，或提高管道及高压闸阀的安全储备，或其他安全措施。

5.6.6、5.6.7 决定主厂房尺寸时应注意的事项：

1 尾水管和蜗壳一般均应按厂家提供的尺寸进行布置，如确有必要时，征得厂家同意后可作些修改。例如，尾水管可作如下修改：

1）水平扩散段采用窄高型尾水管，以减小机组间距；

2）高水头电站尾水管用圆形断面，也可减小机组间距；

3）水平扩散段底板，在满足尾水管出口顶部有足够淹没深度下可适当上翘，以减少厂房基础部分的开挖；

4）适当加长尾水管，以便在其上布置变压器或副厂房；

5）改变高度及扩散角，以适应厂房布置；

6）平面上尾水管中心线与机组中心线成夹角布置或偏离布置，以适应河道流向，便于尾水衔接。

2 在一般情况下，混流式或轴流式水轮机机组间距由蜗壳平面尺寸加混凝土厚度尺寸决定；高水头电站由于单机引用流量小，机组间距由定子尺寸或发电机周围电气设备布置尺寸决定。

3 坝后式厂房机组间距主要由蜗壳平面投影尺寸控制，据不完全统计，机组间距与水轮机转轮直径的比值约4.0左右，其机组段长度一般与坝体分缝相对应。

4 河床式厂房，蜗壳平面投影尺寸不完全是控制尺寸，这和选用水轮机混凝土蜗壳包角有关（一般选用包角180°）。从蜗壳混凝土厚度来看，差别较大，这和蜗壳内壁有无钢板衬砌关系较大，如有钢衬，钢筋混凝土结构即可以考虑放宽限裂要求，混凝土壁厚可以减小，反之要增大；河床式厂房机组间距与水轮机转轮直径的比值约在3.0~3.8之间。当机组段设有泄流排沙孔时，机组间距离尚应结合泄流排沙孔的布置确定。

5.6.8 混流式、轴流式机组1台机扩大检修部件如表1。

表1 安装间放置的机组大件

大件名称 \ 机组型式	混流悬式机组	轴流悬式机组	轴流伞式机组
发电机转子	√	√	√
发电机上机架	√	√	
水轮机转轮	√	√	√
水轮机顶盖	√	√	√
水轮机支持盖			√
推力轴承支架		√	√

贯流式机组1台机扩大检修部件为发电机转子、发电机定子、水轮机转轮、导水机构；水斗式卧式机组1台机扩大检修部件为发电机转子、水轮机转轮、发电机定子、水轮机机壳；水斗式立式机组1台机扩大检修部件为发电机转子、发电机上机架、水轮机转轮。一般不考虑机组与变压器同时检修。

5.6.11 当边机组段及安装间段有侧向水压力作用时，应计算上下游及左右侧向的水压力等共同作用下的稳定和地基应力。

厂房基础面由于厂房布置需要，往往做成台阶式或其他不规则形状，一般可将其投影为某一高程的计算平面进行简化计算。

厂房承受的荷载组合情况分为基本组合及特殊组

合两种。基本组合是厂房在正常运行情况下的荷载组合；特殊组合是厂房在非常运行情况下的荷载组合。

荷载组合一般应按表2的规定，必要时考虑其他可能的不利组合。

表2 荷载组合

荷载组合	计算情况		上下游水位	荷载名称									附注
				结构自重	永久设备重	水重	回填土石重	静水压力	扬压力	浪压力	泥沙压力	土压力	冰压力	地震力	
基本组合	正常运行	a₁	上游正常蓄水位 下游最低水位	√	√	√	√	√	√	√	√	√	√		土压力需根据厂房外是否填有土、石而定（下同）
		a₂	上游设计洪水位 下游相应水位	√	√	√	√	√	√	√	√	√			
		b	下游设计洪水位	√	√	√	√	√			√	√			
特殊组合	机组检修	a	上游正常蓄水位 下游检修水位	√	√		√	√	√	√	√	√			水重应根据实际情况扣除
		b	下游检修水位	√	√		√	√	√		√	√			
	机组未安装	a	上游正常蓄水位或设计洪水位 下游相应水位	√			√	√	√	√	√	√			①蜗壳二期混凝土未浇；②水重应根据实际情况扣除
		b	下游设计洪水位	√			√	√	√		√	√			
	非常运行	a	上游校核洪水位 下游相应水位	√	√	√	√	√	√	√	√	√			
		b	下游校核洪水位	√	√	√	√	√	√		√	√			
	地震情况	a	上游正常蓄水位 下游最低水位	√	√	√	√	√	√	√	√	√		√	上、下游水位，若有其他论证时，可另作规定
		b	下游满载运行水位	√	√	√	√	√	√		√	√		√	

注：1 表中a适用于河床式厂房，b适用于坝后式及岸边式厂房。
2 浪压力与冰压力非同时存在，可根据实际情况，选择一种计算，其他荷载按实际作用的可能性进行组合。
3 施工期的情况应作必要的核算，可作为特殊组合。
4 厂房基础设有排水孔时，如考虑排水失效情况，可作为特殊组合。
5 正常运行 a₂ 及机组未安装 a 中的下游相应水位，是指当上游发生正常蓄水位或设计洪水位时可能出现的对厂房建筑物最不利的水位（包括枢纽溢洪或不溢洪情况）。
6 非常运行 a 的下游校核洪水位，是指当上游发生校核洪水位时，下游可能出现对厂房建筑物最不利的水位（包括枢纽溢洪或不溢洪情况）。

5.6.13 直接承受水压力的厂房下部结构构件，如钢筋混凝土蜗壳、挡水墙、尾水管等，除应进行结构强度设计外，还应满足限裂要求。根据以往工程的设计经验，要同时满足抗裂和限裂（即双控）是比较困难的，且这些构件由于温度变化等因素，难于保证不开裂，故本规范仅提限裂要求。

动力作用引起的结构内力和变形往往比相应静力荷载引起的内力和变形大。故直接承受动荷载作用的结构，在进行静力计算时应考虑动力系数。

5.6.14 地下厂房的布置型式选择，要考虑山岩厚度、岩层产状、地质构造、裂隙和断层的走向及规模、地应力方向及大小等综合因素。

地下厂房厂区枢纽布置洞室较多，要有足够的岩体厚度布置众多的洞室。

通风的目的是要解决发电机层及中控室等的闷热和水轮机层、水泵室等的潮湿问题，潮湿常引起设备表面的"结露"现象，电气绝缘因而失效发生短路；运行人员长期在这种不良条件下工作，对身心健康影响很大，必须予以重视。为减少洞室数量，通风洞可与其他附属洞以及地质探洞、施工支洞等结合。由于风机噪声影响较大，所以主要风机宜远离主、副厂房布置。

5.6.15 一般情况下主洞室纵轴线与软弱结构面正交对围岩稳定最为有利，但是围岩软弱结构面往往是多组的，因此提出选择洞室纵轴线时，不仅要考虑主要软弱结构面方向，而且要兼顾次要的结构面的影响，减少软弱结构面的裸露，有利于围岩的稳定和支护。评价软弱结构面的影响时，应考虑其数量、产状及性质。

洞室开挖使洞壁原来法向地应力释放，围岩应力重分布，在应力超过岩体极限强度的区域，岩体发生塑性屈服变形滑移塌落，因此在高地应力地区，应考虑地应力方向问题，使洞室纵轴线走向与最大主应力方向平行或呈较小夹角，有利于边壁稳定，减少侧向压力或变形。

5.6.16 地下工程的设计理论和方法，在60年代后有较大的发展，即由过去将岩体视为外荷转向将岩体当作承载结构，采取锚喷支护结构型式。地下结构设计的基本指导思想是充分发挥围岩自身承载能力，因地制宜地搞好地下洞室的开挖和支护。

5.7 通航建筑物

5.7.1～5.7.4 通航建筑物设计应参照国家现行的有关标准执行。

5.8 水工建筑物安全监测设计

5.8.1 设置观测设施的目的是：

1 监视水工建筑物的安全运行；
2 掌握施工、安装期水工建筑物的状况；
3 校核设计计算及试验。

5.8.2 观测断面选择及测点布置应从整个枢纽工程统盘考虑，能反映各建筑物及结构的实际工况，在满足精度要求的前提下，力求少而精。各观测值能互相校核，尽量排除和避免影响精度的因素（如基点变位、测点局部变形、折光气流等）。

6 水力机械及采暖通风

6.1 水轮发电机组选择

6.1.1 电站水轮机型式的选择必须充分考虑电站的特点，根据电站开发方式、动能计算、水工建筑物布置、电力系统的要求，参照国内外已生产的水轮机参数及制造厂生产水平，并与制造厂密切联系和协商，初选若干方案进行技术经济比较确定。

在某一水头段范围内，可能有两种适用的水轮机型式可供选择时，应结合电站具体条件，对不同型式的水轮机进行技术经济比较。

6.1.2 水轮机的转轮直径可按转轮尺寸系列规定选取。也可以与制造厂协商采用非标准直径系列的转轮直径，在选择转轮直径时，应考虑泥沙、水质及机组允许安装高程的影响。在多泥沙河流和基础开挖受限时，可要求制造厂对机组提出相应的保护措施。

6.1.3 导叶最大可能开度，即被限位块限定的导叶最大开度。

6.1.4 由于厂房布置和其他方面的要求，可使尾水管出口扩散段偏转一个角度、上翘某一高度或中间加隔墩等，但应与制造厂协商，征得制造厂的同意。

6.1.5 当水头高于150m时，由于尾水管中水流流速大，为防止混凝土肘管因水流冲刷而破坏，肘管需加设钢板里衬。当工作水头小于150m时，考虑到施工进度、施工难度，经技术经济比较后也可加设金属里衬。

6.1.6 发电机参数的选择，可根据国家有关规范和标准，并与制造厂密切联系和协商选取，功率因数可按0.8～0.85选取，灯泡贯流式机组可按0.9～0.95选取。飞轮力矩可根据调节保证要求与制造厂协商确定。

6.2 调速系统和调节保证计算

6.2.2 灯泡贯流式机组的转速上升率可适当放宽。

6.3 技术供、排水系统

6.3.1 采用自流供水，且装机2台的电站，一般每台机设一取水口，装机多于2台时，每一取水口至少能保证通过2台机组所需的流量。

取水口水管上的第一个阀门应有便于检修和更换的措施。

6.3.2 技术供水水源含沙量大时，应合理确定供水系统的管内流速，并在管路系统中采取排除泥沙的措施。

6.4 压缩空气系统

6.4.1 电站压缩空气系统的主要服务对象是机组制动用气、密封用气、调相压水用气、机组检修吹扫用气及调速器油压装置充气。

工作压力在0.8MPa以下为低压系统，工作压力在2.5～6.4MPa为中压系统。

各用气设备需要的耗气量，除机组检修用气外，应由设备生产厂家提供。

6.4.2 供油压装置压力油罐充气的中压压缩空气系统的压力，可以根据油压装置额定工作压力确定，一般为2.5MPa、4.0MPa或6.4MPa。

贮气罐的工作压力宜高于压力油罐工作压力，尤其是装机两台以上的电站，1台压力油罐充气后，贮气罐压力仍宜高于油压装置充气后的压力，以降低压缩空气的相对湿度。

6.4.3 同时制动的机组台数和电站主接线方式有关，应根据主接线方式按发生重大事故同时制动的机组台数确定。

电站设有调相压水用压缩空气系统时，制动用气可以使用调相贮气罐的气源作为备用气源，但其系统仍应分开设置，并有防止制动用气系统向调相用气系统倒流的措施。

6.4.4 对于需作调相运行的电站，其调相运行时首次充气成功与否，决定调相空气压缩机和贮气罐的容量、导叶的漏气量。对于调相运行的机组，应向制造厂提出改进导水叶止水结构的要求，并取得制造厂提供的导水叶的漏气量资料。

6.6 水力监视测量系统

6.6.2 以往水力监视测量系统的设计，均根据测量项目分别设置单一的监视测量仪表。随着新技术的发展以及电站运行水平要求的提高，国内已研制出若干具有测量水轮机效率等多功能综合性测量装置，功能可根据用户的需要和要求选择，并可适应计算机监控要求，这些装置有的取得了成功的运行经验，效果良好，对容量较大的电站，特别是对具有计算机监控和经济运行要求的电站，可优先加以选用。

6.7 采暖通风

6.7.1 电站的采暖通风设计以确保机电设备安全运行，改善电站工作条件为目的，应做到经济合理、技术先进、符合工业卫生和环境保护要求。

6.7.2、6.7.3 电站采用空气调节方式时，应尽量减少空气调节房间的面积。当采用局部空气调节或局部区域空气调节不能满足其要求时，可采用全室性空气调节。

6.7.4～6.7.8 换气次数标准的确定，已考虑了正常排风和事故排风的需要。排风系统应独立设置。室内应保持负压。

主厂房除有条件利用发电机组排放热风采暖的厂房外，一般不设置全面采暖系统，仅在工作地点和休息地点设置局部采暖装置。

当厂房设置全面采暖时,其外围护结构应根据技术经济比较确定,且符合国家有关节能标准的要求。

6.8 主厂房起重机

6.8.1 主厂房采用单小车或双小车单主钩、双主钩桥式起重机,主要取决于主厂房的允许高度和起重量,可经技术经济比较确定。当主厂房上部高度受限时,可以选择双小车桥式起重机。当采用单小车起重机时,应考虑设备吊运、翻身用副钩的荷载问题。

为满足机组安装期间零星小件频繁吊运,可与制造厂联系在大梁下装设一移动式电动葫芦。

根据灯泡贯流式机组安装检修的特殊要求,可选用主钩和小车具有调速功能的起重机。

6.9 水力机械布置

6.9.2 低水头大流量的电站主厂房机组段的平面尺寸,应首先考虑进水流道和尾水流道的平面尺寸及满足土建对流道混凝土壁厚的要求。

6.9.5 安装场长度可根据机组容量的大小按1.5~2.0倍的机组长度初选。灯泡贯流式机组电站宜取大值,小容量的卧式机组电站可小于1.5倍。

7 电 气

7.1 电站与电网连接

7.1.1、7.1.2 电站与电网的连接是在电力系统规划设计基础上进行的。小水电站与大系统连接时,由于装机容量较小,可不考虑系统的稳定性。但与小系统连接时,应充分注意系统的稳定性。电站在满足全部容量送入电力系统的前提下,应简化电气主接线,不宜出现过多的电压等级。

7.1.3 对短时间内确有可能相继开发的几个梯级水电站群,应统一规划梯级水电站之间的连接方式及与电力系统的联网方式。如梯级水电站群的装机容量都不大,距离负荷点又较远时,为了简化梯级水电站的主接线,可将水电站群的容量集中起来,以110kV电压送入电力系统,比分散送电节约投资,便于梯级调度管理。因此,可在适当的地址或电站群中的一个电站,设置联合开关站。

7.2 电气主接线

7.2.1 设计电气主接线时,应考虑电站的分期建设和分期安装机组的情况。特别是对单机容量比较大或机组台数较多的电站,从第一台机组投产到全部机组投入电力系统运行,可能要经过比较长的时间。因此,要认真研究主接线适合分期过渡安装的方式,以减少电站投产后停电次数。

7.2.2 调查表明,电站升高电压侧采用单母线和单母线分段比较广泛。桥形接线适用于进出线各两回的电站,桥形接线分内桥和外桥接线。外桥接线适用于电站利用小时数较低,担任调峰任务、变压器切合频繁、线路较短、有穿越功率经过的情况。内桥接线适用于利用小时数较高,主变压器不经常切合或线路较长、故障率较高的电站。桥形接线所需断路器最少。小水电站角形接线应用较少,一般只采用三角形。

7.2.5 调查表明,运行单位大都希望装设发电机出口断路器,以减少电站在调峰、开机、停机以及退出检修时,高压断路的操作次数,提高对电力系统供电的可靠性。

7.3 厂用电及坝区供电

7.3.2 调查表明,近几年来,电站厂用变压器广泛选用干式变压器,尤其是环氧树脂干式变压器。

7.3.3 调查表明,运行单位认为断路器与熔断器价差不大,且断路器运行操作方便,并有利于厂用备用电源自动投入。

7.3.4 小水电站一般无大容量的电动机,通常采用380V/220V、三相四线制供电系统。由于厂变中性点直接接地,还可以实现接零保护。

小水电站单机容量小,机组台数少,机组自用电容量较小,一般采用自用电与公用厂用电共用的混合供电方式。

7.3.5 坝区用电一般由专设的坝区用电变压器供电,若坝区与电站相距较近,也可由厂用电直接供电。

对坝后式水电站,若无专用坝区变压器时,可由厂用电直接供电。对引水式电站,取水口距厂房较远时,闸坝用电宜从厂房架设专用的线路供电。取水口附近如有地区或其他水电站的电源,可以作为取水口的备用电源。

对影响水工建筑物安全的泄洪设施,应有两个独立的电源供电。若有困难,可装设柴油发电机组作为备用电源。

7.4 过电压保护及接地装置

7.4.1 避雷针或避雷线的设置,应充分利用电站所处的地形条件。避雷针与避雷线保护范围的计算方法,可按电力设备过电压保护设计技术规程的有关规定执行。

7.4.5 电站接地电阻测量中,应能测量人工接地网、自然接地网及屋外配电装置接地网的电阻。

7.5 照 明

7.5.1、7.5.2 工作照明是满足规定照度的一种照明装置。因此,在主、副厂房及车间、办公室、通道等处均应装设工作照明。屋外开关站由于没有经常值班人员,可不装设事故照明。

7.5.3 水轮机层以下的蜗壳层或贯流式机组的漏油

装置层的潮湿场所，工作照明应尽可能采用36V安全电压供电。

7.6 厂内外主要电气设备布置

7.6.1 升压变压器应尽可能靠近主厂房布置，可缩短发电机电压母线及母线廊道的长度，既节省投资，又减少电能损耗，同时也给安装、维护、检修带来方便。但在布置时应满足防火规范规定的要求。

7.6.2 高压配电室的窗户，应设置防止鼠雀等小动物钻入及雨雪飘进室内的设施。

7.6.3 近年来，由于我国35kV设备的生产能力和生产规模较完善。经调查，选用35kV户内开关设备的运行较可靠，维护方便，投资不高，对35kV开关设备选型推荐采用户内式布置方案。110kV户内全封闭组合电器造价较高，设计中多采用户外式。但在地形狭窄和有腐蚀气体的场所，经济条件允许时，也可采用户内式组合电器布置。

7.7 电缆选型及敷设

7.7.1 由于水电站消防要求不断提高，在电缆选型中，已广泛采用阻燃电缆。阻燃电缆可节省防火涂料、减少消防投资。

7.8 继电保护及系统安全自动装置

7.8.2 继电保护装置的灵敏系数，应按照《继电保护和安全装置技术规程》GB 14285—93的规定选取。

7.8.6 对常规继电器构成的继电保护装置，保护动作后，相应的报警接点应点亮光字牌，并起动中央音响信号装置报警，对应的信号继电器应掉牌。对于微机继电保护装置，保护动作后，保护屏上应标有相应文字或代码的LED点亮，并送出报警接点。

7.8.7 重合闸的配置原则和启动方式，应按照GB 14285—93执行。

7.9 自动控制

7.9.3、7.9.4 计算机监控系统在国内小水电站已得到较多的运用，见表3。

表3 国内小水电站计算机监控系统部分用户一览表

序号	用户名称	装机容量(MW)	投运日期
1	福建范厝水电厂	3×12=36	1989.12
2	福建良浅水电厂	3×10=30	1991.09
3	福建连江山仔水电站	3×15=45	1995.01
4	福建车岭水电站	2×7.5=15	1995.01
5	宁夏青铜峡唐渠水电站	1×30=30	1995.04
6	福建顺昌谟武水电站	3×10=30	1995.03

续表3

序号	用户名称	装机容量(MW)	投运日期
7	吉林满台城水电站	1×6=6	1995.03
8	福建山美水电站	1×30=30	1995.10
9	江西洪门水电厂	5×7.5=37.5	1996.10
10	湖南贺龙水电厂	3×8=24	1997.01
11	江西大坳水电站	2×20=40	1999.03
12	四川磨房沟水电厂	3×12.5=37.5	1998.05
13	四川雅安丁村坝水电站	3×10=30	1998.06
14	西藏沃卡水电站	4×8=32	1998.07
15	陕西魏家堡水电站	3×6.3=18.9	1998.09
16	四川射洪金华电站	3×15=45	1998.12

采用计算机监控系统的小水电站，计算机监控系统的设计，应符合《水力发电厂计算机监控系统设计规定》DL/T 5065—1996的要求。

7.9.6 采用计算机监控系统的小水电站，宜采用带微机调节器的励磁装置。

7.9.9 当电站设备发生故障时，信号装置应发出区别不同故障性质的音响信号。

7.9.10 自动准同步装置目前使用较多的有两种：一种为ZZQ-3和ZZQ-5型；另一种为微机型。

7.10 电气测量仪表装置

7.10.1 国家现行的有关标准是指国家现行的《电气测量仪表装置设计技术规程》SDJ 6。

7.10.2 电测量仪表简化的程度，视工程实际情况或参照DL/T 5065—1996确定。电能计量装置一般均需设置。设有计算机监控系统电站，可不在另设遥测装置，以减少投资和避免设备重复设置。

7.11 操作电源

7.11.5 直流装置的控制功能，多由工控微机完成。若采用由模拟电路构成的直流电源装置，其电池容量检测、直流母线绝缘监测等需另由专功能装置完成。

7.12 通信

7.12.1 厂内生产调度通信和行政通信以前大多数电站采用分开设置的方式。随着科学技术的进步，特别是数字技术在调度总机上的应用，交换速度和可靠性大大提高，数字式调度总机既有调度总机的功能，又有交换机的功能。规范规定采用调度通信和行政通信合用一台调度总机，可以满足水电站运行的要求。

8 金属结构

8.1 一般规定

8.1.1 电站的工作闸门，系指承担主要工作并能在动水中启闭的闸门；事故闸门系指当闸门的下游（或上游）发生事故时能在动水中关闭的闸门，当需快速关闭时也称快速闸门，这种闸门宜在静水中开启；检修闸门系指水工建筑物机械设备检修时用以挡水的闸门，这种闸门宜在静水中启闭。

8.1.2 影响闸门选型的各项条件，应综合考虑：

 1 运行要求决定闸门工作性质，如静水或动水启闭，动闭静启，需要局部开启或快速关闭等，对门型选择有很大关系，是选型的主要因素，所选门型必须满足运行要求。

 2 闸门设置位置，可在进口、中部或出口。在出口时选择弧门有利；在中部或进口，选弧门要设较大的闸室是不利因素，用平面闸门则可简化布置。

 3 当操作水头较高时，考虑到水流条件以选弧门为宜。若下游水位较高，设弧门可能使支铰浸水，则选平面闸门有利。

 4 对排沙和过推移质的闸门以选用弧门有利，对排漂浮物则可选下沉式或舌瓣式闸门。

 5 为避免启闭力过大可选弧门。

8.1.3 本条提出的应满足两道闸门之间及闸门与拦污栅之间的最小距离的要求，是为了避免由于设计不慎，给运行和维修带来不便，造成不良后果。其中满足门槽水力学条件只对中、高水头闸门有意义。两道门槽相距太近，对门槽空蚀不利，据调查其最小距离不宜小于1.5m，具体要求也可参照《水工闸门门槽的水力设计》一书（1990年4月、水利水电科学研究院水力学研究所编）。

8.1.5 关于闸门平压设施，在水头不高的小型孔口，有时采用闸门提升小开度充水平压，仅需适当增大启闭设备容量和设置小开度行程开关，简化了闸门结构，这种方法只要充水时的闸下出流不会造成不利影响也是可行的，因此不规定必须设置。

 充水平压设施可采用旁道管、门上设充水阀、门叶节间充水等方式。在小水电站常采用充水阀并与启闭机联动，此时必须在启闭机上设置小开度行程开关，以保证操作安全可靠，并保护启闭设备。

8.1.6 露顶闸门的超高，是保证闸门正常运行的安全值，不能作为水库调蓄或超蓄用，否则将降低建筑物的安全保障。

8.1.10 由于各工程的自然条件、水工建筑物的运用条件不完全相同，因此，在启闭机选型时需进行全面的技术经济比较。在经济比较中，除计入启闭设备的制造、安装、运输等费用外，尚应计入相应的水工建筑物和其他辅助设施的费用。

8.2 泄水闸门及启闭设备

8.2.1 当下游水位经常淹没底槛时，应研究论证是否设置下游检修闸门，以保证闸室、闸门槽能有足够的检修时间。这种情况在平原和浅丘地区的拦河闸中较常出现。如设置检修闸门投资较高且枯水期下游水深不大时，应视具体情况，可采取临时修筑土石围堰或采用叠梁闸门等方法解决。

8.2.2 对高水头泄水洞，在事故闸门前是否需要再设一道检修闸门，应视水头高低、事故门前洞身长短、洞身地质情况和检修条件等研究决定。

8.2.4 建国以来，我国不少中、小型水利水电工程在泄水孔出口设置锥形阀作为工作闸门，其特点是泄流能力高，阀体受力均匀，启闭力小，泄流消能防冲设施可大大简化，但应采取措施解决开阀时喷射水雾对附近建筑物特别是对电气设备的影响。

8.2.5 对泥沙淤积较严重的情况，建议平时利用工作门前的事故门关闭挡沙，以免洞中淤沙难以处理，同时也改善了工作闸门的运行条件。事故闸门常为静水开启，门前淤沙对闸门操作影响较小，也较易采取措施解决。

8.2.6 施工导流孔的封堵门虽属一次性使用，但由于闸门门槽需经历多个汛期，常年通过泥沙，因此导流孔门槽段的空蚀和磨损应认真对待。

 永久性闸门若能够满足下闸封堵的要求，且门叶回收利用经济可行，可以将永久性闸门在封堵导流孔时使用，以节省工程投资。

8.2.7 据调查，我国近30年来，有20余座低水头弧形闸门发生支臂失稳事故，这个问题具有一定的普遍性，应在总体布置、设计计算和构造上采取措施。

8.2.8 备用动力的设置，应根据供电电源的可靠性决定。通常如采用双回路供电可满足要求。只有在双回路供电仍不可靠时才考虑备用柴油发电机。如启闭机有备用手摇装置，也不需再设备用动力。

8.3 引水发电系统闸门、拦污栅及启闭设备

8.3.1 检修闸门、事故闸门、快速闸门等在什么条件下设置，主要根据实践经验确定。对国内14个省的初步调查，大至可分为三类：

 1 坝后式电站，大多数都设有检修闸门和快速闸门，运行较好。一些没有设置检修闸门的电站在正常发电时，快速闸门吊在孔口，不能维修；在机组检修时，快速闸门又要挡水，也不能检修。因此，设置检修门是必要的。

 2 河床式电站，大多数为低水头、大流量机组，一般都设置有检修闸门和事故闸门。

 3 引水式电站的布置形式很多，除了设置快速

闸门（或蝴蝶阀）外，在进水口处设置事故闸门或检修闸门的也不乏实例。当引水洞较长时，设置事故闸门较为有利，一旦引水隧洞发生事故，事故闸门可迅速截断水流，防止事故扩大。

8.3.3 坝后式和河床式电站，进水口检修闸门主要用在进口快速闸门或事故闸门检修时挡水。实践表明，4台机组以内共用1套检修闸门，可以满足正常运行时的维修要求。

8.3.4 调压室中的事故闸门，因事故保护要求常停放于调压室内的门槽中，由于井内水位经常波动和导叶关闭产生涌浪，所以要注意闸门停放和下降的平稳性。据国内调查，有些电站的调压井快速闸门曾发生过停放和下降过程中不稳定现象，影响正常运行，因此应注意机组甩负荷产生的强烈涌浪对闸门稳定性的影响，必要时可进行专门的模型试验和研究。

8.3.6 根据贯流式机组的运行经验，机组自身的防飞逸装置比较可靠，不需要设置快速闸门。由于低水头小水电站水头十分宝贵，因此应优选栅条型式和清污措施，尽量减小过栅水头损失。

8.3.7 拦污栅及清污设施的布置和选型，对污物较少的河流，可只设置一道拦污栅，用人工清污即可；对污物较多的河段，应以排为主，对表面漂浮物采用拦污排或浮栅将污物挡截，再由人工清捞或引导至泄水闸排泄，效果较好；对于全断面均有较多污物的河段，用两道拦污栅或活动拦污栅以及各机组采用连通式布置也是一种办法，宜根据其污物的具体情况决定。

拦污栅应有足够的过水断面，其过栅流速：当采用人工清污时，可采用0.6～0.8m/s；机械清污可用1～1.25m/s；不考虑清污时，可采用0.5m/s。

拦污栅栅条间距应根据水轮机的类型和尺寸以及河段的污物性质、数量选择最大允许极限值，既能防止有害杂物进入机组损坏设备，又能减小水头损失和清污量。

8.3.10 拦污栅倾斜布置时的倾斜角与取水口的型式和地形地质条件关系密切，应结合水工建筑物布置综合考虑确定。根据国内已建小水电站资料，拦污栅倾斜布置时，其倾斜角变幅很大，不宜划定范围，因此取消原规范"宜取60°～75°"的规定。

8.3.11 根据国内小水电站清污机的应用情况，对低水头小水电站倾斜布置的拦污栅，推荐了几种在湖北、湖南、山东、新疆等地应用效果较好的清污机，可根据具体的污物情况和清污要求选用。

9 消　防

9.2 工程消防

9.2.2 消防车道按单车道考虑，宽度应不小于3.5m，如不是环形消防车道，还应有不小于12m×12m的回车场，车道上空净距根据一般消防车的高度不能小于4m。

9.2.3 主厂房虽然体积较大，但其空间大，耐火等级又多为一、二级，其内部设备产生火灾的危险性较小，因此不予分区。

9.2.4 地面厂房的发电机层，其安全出口不少于两个，且有一个直通屋外地面。地下厂房的发电机层设两个通至屋外地面的安全出口，并至少有一个直通屋外地面；进厂交通隧道的出口可作为直通屋外地面的安全出口；厂房出线或通风用的隧道及竖井出口可作为通至屋外地面的安全出口。

9.2.7 电缆隧道及沟道中的电缆无论是非阻燃性电缆或是阻燃性电缆都应设置防火分隔设施。

9.2.9 若厂房的排烟系统与厂内通风系统相结合，必须采取控制措施，即发生火灾时通风系统应关闭，待火情解除后再进行排烟。

9.2.10 在有条件的地方，应采用常高压系统供应消防用水；如消防用水系统与生产、生活供水系统合用，应采取措施保证消防用水不作它用。

9.2.15 由于水电站的中央控制室一般有人值班（值守），把火灾报警控制装置设在此处易于处理事故。

采用消防水泵供水时，消火栓箱中设消防水泵启动装置，便于供水操作。

10 施　工

10.2 施工导流

10.2.1 坝体施工期拦洪度汛与导流建筑物封堵后，坝体度汛洪水标准系根据小水电站特点和施工实践，并参照《水利水电工程施工组织设计规范》SDJ 338—89和《防洪标准》GB 50201—94拟定的。本规定与上述规范的洪水标准比较列于表4。

表4 坝体施工期拦洪度汛标准［重现期（年）］

建筑物	施工期坝体拦洪度汛		封堵后坝体度汛		《防洪标准》GB 50201—94	
	SDJ 338—89	本规范	SDJ 338—89	本规范	4级建筑物	5级建筑物
土石坝	50～20	20～10	4、5级无规定	30～20	50～30	30～20
混凝土坝或浆砌石坝	20～10	10～5	4、5级无规定	20～10	50～30	30～20

SDJ 338—89中过水围堰的挡水标准，重现期为3～20年范围太宽，设计不易遵循。本规范定为：土石围堰的挡水标准采用其挡水时段5～10年重现期洪

水；混凝土和砌石围堰的挡水标准采用挡水时段3～5年重现期洪水。上述规定符合围堰的实际运用情况，并便于设计使用。

根据国内小水电站施工实践，本规范提出的截流标准采用截流时段重现期3～5年的月或旬平均流量。

10.2.2、10.2.3 施工导流不能只重视初期导、截流，而应同时考虑后期导流，包括坝体度汛、下闸蓄水等。导流建筑物应考虑各导流要求，并研究与永久性建筑物相结合的合理性。导流建筑物的设计可参照本规范"5 工程布置及建筑物"的有关规定。

10.3 料场选择及开采

10.3.1 土石坝坝料损耗大小与施工条件、施工方法和施工工艺关系密切，差别较大，可根据具体条件参考表5确定。

表5 筑坝材料施工损耗（％）

料种	开采	制备	汽车运输	堆存中转	坝面作业
	较陡山坡	地形平缓			
堆石料	10～20	5～10	0.2～0.5	5～10	4～8
砂砾料	—	3～5	0.2～0.5	3～6	1.0～1.5
土料	—	3～10	0.5～1.0	5～10	—

混凝土砂石骨料运输加工损耗补偿系数，可参考下列经验数据：人工骨料（1.13～1.30）K；天然骨料中无级配调整设施时为（1.10～1.27）K，有级配调整设施时为（1.14～1.25）K；其中K为级配平衡的弃料补偿系数，视工程条件由级配平衡计算确定，一般不应超过1.2，级配偏粗采取调整措施时可取1.0。

混凝土砂石料开采损耗系数可参照表6选用。

表6 砂石料开采损耗系数

开采条件	采石场	砂砾石料场
水上	1.02～1.05	1.02～1.05
水下	—	1.05～1.10

10.3.3 根据国内外施工实践，人工骨料石料场宜选择灰岩、可采储量为需用量2倍以上、运距在5km以内、剥采比在0.4以下、有用层厚度在15m以上，且开采、加工、运输及水电供应条件好的料场。

10.5 场内外交通

10.5.1 选择对外交通运输方案、线路与标准时，应分析计算外来物资和设备的总运输量、分年度运输量及运输强度。重大件设备运输方案，应了解现有运输道路的路况、建筑物技术标准及通行条件，拟定相应的改善措施，并与有关单位取得协议后确定。

10.5.2 场内交通干线及其主要建筑物设计标准，可参考国家现行的有关标准的规定。

10.6 施工工厂设施

10.6.3 电站施工工厂可分为：砂石加工系统，混凝土生产系统，压缩空气、供水、供电和通信系统，机械修配、加工厂等。

10.7 施工总布置

10.7.1 施工场地选择和布置，首先应根据枢纽布置特点，以及附近场地的相对位置、高程、面积和征地范围等主要指标，研究对外交通进入施工场地与内部交通的衔接条件和高程、场地内部地形条件、各种设施及货流方向，选择场内交通的主要运输道路。并以交通道路为纽带，结合地形条件，设置临时设施，研究分区规划，使之布局合理、相互协调。

主要施工场地、施工工厂和临时设施的防洪标准采用5～10年重现期洪水，是根据小水电工程特点结合地方工程实践拟定的。

10.7.2 以混凝土建筑物为主的电站工程，施工工区布置宜以砂、石料开采、加工、混凝土拌和、浇筑系统为主。以当地材料坝为主的电站工程布置，宜以土石料采挖、加工、堆料场和上坝运输线路为主。两种坝型的施工布置，均应优先保证主要生产系统设置的位置。

10.8 施工总进度

10.8.1 为统一施工总工期的划分标准，本规范按SDJ 338—89和《小型水电站初步设计编制规程》SL/T 179—96规定，将工程建设工期划分为四个阶段。

工程筹建期可作为工程准备期的第一阶段，由建设单位负责进行，如对外交通、施工用电、通讯、施工征地与移民，以及招标评标、签约等涉及对外协作的筹建工程。工程筹建期的长短视具体情况而定，不包括在准备工期之内，但应在设计文件中阐明。

第二阶段为工程准备期，即按合同规定由土建承包商所做的准备工作期。在推广招标承包制之后，承包单位为提高经济效益及加快工程进度，准备工期可缩短，在安排施工总进度时应予以考虑。

10.8.2 单项工程施工进度既是施工总进度的构成部分，又是编制施工总进度的基础；既应服从总进度的整体安排，通过各单项工程施工方法研究，又为合理调整施工总进度提供依据。设计中两者必须紧密配合，才能编制出整体较优的施工总进度方案。

11 水库淹没处理及工程占地

11.1 水库淹没处理范围及标准

11.1.1 经常淹没区系指水库正常蓄水位以下受淹没的地区；临时淹没区系指正常蓄水位以上受水库洪水回水、风浪、船行波、冰塞壅水的地区；其他受水库蓄水影响区主要指水库蓄水使岩溶、洼地出现库水倒灌区或滞洪区以及失去生产、生活条件而必须采取处理措施的孤岛等。

浸没范围应根据水文地质资料所提的浸没高程确定，浸没所依据的水位一般采用正常蓄水位，也可采用库水位在1年内持续时间在2个月以上的运行水位。

对可能发生坍岸、滑坡的地段，应根据工程地质和水文地质资料，按预测5年可能达到的范围确定。

风浪影响区按在正常蓄水位时发生5年一遇风速计算的浪高值确定，其计算公式参见《水电工程水库淹没处理规划设计规范》DL/T 5064—1996附录A。

冰塞壅水区，按冰花大量出现时的水库平均水位和平均入库流量及通过的冰花量计算的水位确定。

11.1.2 因牧区牧草地是牧民的重要生产资料，其洪水标准应与耕地、园地相同。水库淹没涉及重要集镇和特殊工矿企业，其水库淹没处理的洪水标准可取本规定的上限，若需提高标准时应经上级主管部门批准。

当水库淹没涉及公路、桥梁、输变电、通讯、文物古迹、旅游等重要设施，其淹没处理的设计洪水标准，除应符合《防洪标准》GB 50201—94的规定外，尚应符合国家现行有关标准的规定。

11.1.3 为合理确定水库淹没处理范围，除应有干流洪水的回水曲线外，还应有主要支流与干流同频率洪水的回水资料。关于回水末端设计终点是采取水平延伸还是垂直封闭，应结合当地地形、淹没对象重要性及特点等具体情况，综合分析确定，避免造成高淹低不淹的不合理现象。

对已垦殖利用的河滩地的洪水标准，宜区别对待：连续耕种3年以上河滩地的洪水标准可与常耕地相同；垦殖不到3年或间断耕种的河滩地，可采用正常蓄水位作为淹没处理的标准。

当水库淹没涉及公路、桥梁、输变电、通讯、文物古迹、旅游等专用设施，其淹没处理的设计水标准，应按GB 50201—94的规定和参照国家有关标准的规定，会同有关部门协商确定。

11.2 水库淹没实物指标调查

11.2.1 水库淹没影响除调查实物指标的数量及影响程度外，还应调查淹没影响对象的质量，例如：淹没工厂的规模、公路及桥梁的等级、房屋结构等。对于采取防护工程措施的地段，应分别调查统计防护与不防护的水库淹没影响实物指标，以便进行比较。

土地面积一律按国家规定的标准亩计量。目前，还在使用习惯亩的地方，应通过实地丈量找出两者的折算系数，并加以说明。

11.3 农村移民安置

11.3.4 由于农村移民安置规划是实现农村移民安置的重要依据，所拟定的农村移民安置规划方案，要提出不低于搬迁前生活水平和为搬迁后提供发展的目标。其编制办法应参照国家现行的有关标准执行。

移民安置要认真进行移民安置区的环境容量分析研究。移民环境容量可采用土地资源容量法或土地可承载人口数量法计算，前者按土地生产力除以安置标准，后者按安置区总产量除以人均生活标准。

11.5 防护工程

11.5.2 由于受小水电站水库淹没影响的集镇，其人口规模远小于20万人，一般也没有重要的工矿企业，集中成片的农田面积也远小于30万亩。故本条在GB 50201标准规定的基础上，拟定了防护工程的防洪标准，但对于重要集镇，可适当提高防洪标准。

11.8 工程占地

11.8.1~11.8.4 根据实践经验，工程永久占地与水库淹没处理的移民安置同样重要，工程永久占地的移民安置也应编制规划，但应注意，属于水库区的工程占地，不应在水库淹没调查中重复统计。工程永久占地的补偿标准、单价和计算办法，宜与水库淹没处理一致，以避免造成矛盾。

工程占地费用在枢纽建筑工程项目中计列。

12 环境保护

12.1.1 根据1998年11月国务院发布的《建设项目环境保护管理条例》规定，对建设项目实行环境影响评价。该条例对建设项目和环境保护实行分类管理：建设项目对环境可能造成重大影响的，应当编制环境影响报告书；建设项目对环境可能造成轻度影响的，应当编制环境影响报告表；建设项目对环境影响很小，不需要进行环境影响评价的，应当填报环境影响登记表。

12.1.3 小水电站主要环境问题是水库淹没及移民安置，和工程下游河段水文情势改变及工程施工等对生态环境的影响。

12.1.4 小水电站工程规模小，对环境的影响一般较小，加之设计周期短，通常难以取得足够的参数和数据，因此环境影响预测方法宜采用类比调查法或专业判断法。

13 工程管理

13.1.1 随着基本建设业主责任制的推广和多渠道集资办电的发展，将业主的要求也作为确定管理机构的因素之一。

13.1.2 水电站多数建设在山区，管理机构选址以城市为依托，或在就近城镇建立后方生活基地，避免了企业办社会，既节约工程投资，又解决了职工生产、生活中的实际困难。

14 工程概（估）算

14.0.1～14.0.5 设计概（估）算编制涉及国家政策和投资渠道等多种因素，其编制方法、定额、标准、费率和价格等规定时效性极强，难以作出具体规定。因此，本规范仅规定了编制原则。

中华人民共和国国家标准

冷库设计规范

Code for design of cold store

GB 50072—2010

主编部门：中华人民共和国商务部
批准部门：中华人民共和国住房和城乡建设部
施行日期：２０１０年７月１日

中华人民共和国住房和城乡建设部
公 告

第 489 号

关于发布国家标准
《冷库设计规范》的公告

现批准《冷库设计规范》为国家标准，编号为 GB 50072-2010，自 2010 年 7 月 1 日起实施。其中，第 4.1.8、4.1.9、4.2.2、4.2.3、4.2.10、4.2.12、4.2.17、4.5.4、5.2.1、5.3.1、5.3.2、6.2.7、7.3.8、8.1.2、8.2.3、8.2.9、8.3.6、9.0.1（1）、9.0.2 条（款）为强制性条文，必须严格执行。原《冷库设计规范》GB 50072-2001 同时废止。

本规范由我部标准定额研究所组织中国计划出版社出版发行。

中华人民共和国住房和城乡建设部
二〇一〇年一月十八日

前 言

本规范是根据原建设部《关于印发〈2007 年工程建设标准规范制定、修订计划（第二批）〉的通知》（建标〔2007〕126 号），在商务部市场体系建设司的组织下，由国内贸易工程设计研究院会同有关单位在原国家标准《冷库设计规范》GB 50072—2001 的基础上修订而成的。

在修订过程中，遵照国家基本建设的有关方针、政策，对近几年国内新建和改建的冷库进行了重点调研，并在 9 个省市召开了有教学、科研、工程设计、设备制造、建筑安装等部门专业人员参加的座谈会，广泛听取了对国家标准《冷库设计规范》GB 50072—2001（以下简称"原规范"）的修订意见，查阅了国际上相关技术资料，在广泛征求意见的基础上，通过反复修改和完善，最后经专家审查定稿。

本次修订的主要内容如下：

1. 将原规范的适用范围扩大，涵盖了各种建设规模的冷库，除氨制冷系统外，还涵盖了使用氢氟烃类制冷工质的系统。

2. 在满足消防要求的前提下，对冷库占地、防火分区面积作了调整；对冷库外围护结构的总热阻作了调整；删去了原规范中使用黏土砖的相关规定。

3. 删去原规范中有关制冷设备校核计算的各种公式，增加了冷库制冷系统工业金属管道设计压力、设计温度及管道和管件材料的选取规定。

4. 增加了对制冷机房制冷剂泄漏的安全监测措施；调整了制冷机房事故排风量。

5. 增加了对冷库生产、生活用水的水质、水量的具体规定；新增了"消防给水与安全防护"一节。

本规范共分 9 章和 1 个附录。其主要内容有：总则、术语、基本规定、建筑、结构、制冷、电气、给水和排水、采暖通风和地面防冻，并将采暖地区机械通风地面防冻加热负荷和机械通风送风量计算列入附录 A 中。

本规范中以黑体字标志的条文为强制性条文，必须严格执行。

本规范由住房和城乡建设部负责管理和对强制性条文的解释，商务部市场体系建设司负责日常管理，国内贸易工程设计研究院负责具体技术内容的解释。在执行本规范过程中，如发现需要修改或补充之处，或有需要解释的具体技术内容请将意见及有关资料寄交国内贸易工程设计研究院（地址：北京市右安门外大街 99 号，邮政编码：100069），以便今后修订时参考。

本规范主编单位、参编单位、主要起草人和主要审查人员：

主 编 单 位：国内贸易工程设计研究院
参 编 单 位：中国制冷学会
　　　　　　公安部天津消防研究所
　　　　　　天津商业大学
　　　　　　上海海洋大学
　　　　　　哈尔滨商业大学

主要起草人: 徐 维　于 伟　徐庆磊
　　　　　　　史纪纯　邓建平　陈锦远
　　　　　　　杨一凡　王宗存　刘 斌
　　　　　　　谈向东　宋立倬

主要审查人员: 王立忠　倪照鹏　谢 晶
　　　　　　　　李娥飞　张建一　刘志伟
　　　　　　　　赵育川　青长刚　赵霄龙
　　　　　　　　唐俊杰　杨万华

目　次

1 总则 ································· 7—10—6
2 术语 ································· 7—10—6
3 基本规定 ··························· 7—10—6
4 建筑 ································· 7—10—7
　4.1 库址选择与总平面 ············ 7—10—7
　4.2 库房的布置 ····················· 7—10—8
　4.3 库房的隔热 ····················· 7—10—9
　4.4 库房的隔汽和防潮 ············ 7—10—11
　4.5 构造要求 ························ 7—10—11
　4.6 制冷机房、变配电所和控制室 ··· 7—10—11
5 结构 ································· 7—10—12
　5.1 一般规定 ························ 7—10—12
　5.2 荷载 ······························ 7—10—12
　5.3 材料 ······························ 7—10—13
6 制冷 ································· 7—10—13
　6.1 冷间冷却设备负荷和机械负荷的计算 ··· 7—10—13
　6.2 库房 ······························ 7—10—15
　6.3 制冷压缩机和辅助设备 ······ 7—10—16
　6.4 安全与控制 ····················· 7—10—17
　6.5 管道与吊架 ····················· 7—10—17
　6.6 制冷管道和设备的保冷、保温与防腐 ··· 7—10—19
　6.7 制冰和储冰 ····················· 7—10—19
7 电气 ································· 7—10—19
　7.1 变配电所 ························ 7—10—19
　7.2 制冷机房 ························ 7—10—20
　7.3 库房 ······························ 7—10—20
　7.4 制冷工艺自动控制 ············ 7—10—21
8 给水和排水 ······················· 7—10—21
　8.1 给水 ······························ 7—10—21
　8.2 排水 ······························ 7—10—22
　8.3 消防给水与安全防护 ········· 7—10—22
9 采暖通风和地面防冻 ············ 7—10—23
附录 A 采暖地区机械通风地面防冻加热负荷和机械通风送风量计算 ··· 7—10—23
本规范用词说明 ······················ 7—10—25
引用标准名录 ························· 7—10—25
附：条文说明 ························· 7—10—26

Contents

1 General provisions .... 7—10—6
2 Terms .... 7—10—6
3 Fundamental stipulation .... 7—10—6
4 Architecture .... 7—10—7
   4.1 Choose the storehouse's location and general layout .... 7—10—7
   4.2 Configuration of storehouse .... 7—10—8
   4.3 Heat-insulation of storehouse ...... 7—10—9
   4.4 Vapor barrier and damp course of storehouse .... 7—10—11
   4.5 Requisite structure .... 7—10—11
   4.6 Refrigerating machine room, electric substation and control room ...... 7—10—11
5 Construction .... 7—10—12
   5.1 General stipulation .... 7—10—12
   5.2 Load .... 7—10—12
   5.3 Material .... 7—10—13
6 Refrigeration .... 7—10—13
   6.1 The calculation of the cooling equipment load and mechanical load among the cold room .... 7—10—13
   6.2 Storehous .... 7—10—15
   6.3 Refrigerating compressor and accessories .... 7—10—16
   6.4 Safety and control .... 7—10—17
   6.5 Pipeline and hanger .... 7—10—17
   6.6 Protecting the cold, warm-keeping and antiseptic of refrigerating pipeline and apparatus .... 7—10—19
   6.7 Ice-making and ice-storage .... 7—10—19
7 Electricity .... 7—10—19
   7.1 Electric substation .... 7—10—19
   7.2 Refrigerating machine room .... 7—10—20
   7.3 Storehouse .... 7—10—20
   7.4 Automatic control of refrigeration craft .... 7—10—21
8 Water supply and drainage .... 7—10—21
   8.1 Water supply .... 7—10—21
   8.2 Drainage .... 7—10—22
   8.3 Water supply of hydrant and protection safely .... 7—10—22
9 Heating ventilation and frost-proof of ground .... 7—10—23
AppendixA The calculation of ground frost-proof heating load and air supply volume of mechanical ventilation in heating region .... 7—10—23
Explanation of wording in this code .... 7—10—25
List of quoted standards .... 7—10—25
Addition: Explanation of provisions .... 7—10—26

1 总 则

1.0.1 为使冷库设计满足食品冷藏技术和卫生要求,制定本规范。

1.0.2 本规范适用于采用氨、氢氟烃及其混合物为制冷剂的蒸汽压缩式制冷系统(以下简称为氨或氟制冷系统),以钢筋混凝土或砌体结构为主体结构的新建、改建、扩建的冷库,不适用于山洞冷库、装配式冷库、气调库。

1.0.3 冷库设计应做到技术先进、保护环境、经济合理、安全适用。

1.0.4 本规范规定了冷库设计的基本技术要求。当本规范与国家法律、行政法规的规定相抵触时,应按国家法律、行政法规的规定执行。

1.0.5 冷库设计除应符合本规范的规定外,尚应符合国家现行有关标准的要求。

2 术 语

2.0.1 冷库 cold store
采用人工制冷降温并具有保冷功能的仓储建筑群,包括制冷机房、变配电间等。

2.0.2 库房 storehouse
指冷库建筑物主体及为其服务的楼梯间、电梯、穿堂等附属房间。

2.0.3 穿堂 anteroom
为冷却间、冻结间、冷藏间进出货物而设置的通道,其室温分常温或某一特定温度。

2.0.4 冷间 cold room
冷库中采用人工制冷降温房间的统称,包括冷却间、冻结间、冷藏间、冰库、低温穿堂等。

2.0.5 冷却间 chilling room
对产品进行冷却加工的房间。

2.0.6 冻结间 freezing room
对产品进行冻结加工的房间。

2.0.7 冷藏间 cold storage room
用于贮存冷加工产品的冷间,其中用于贮存冷却加工产品的冷间称为冷却物冷藏间;用于贮存冻结加工产品的冷间称为冻结物冷藏间。

2.0.8 冰库 ice storage room
用于贮存冰的房间。

2.0.9 制冷机房 refrigerating machine room
制冷机器间和设备间的总称。

2.0.10 机器间 machine room
安装制冷压缩机的房间。

2.0.11 设备间 equipment room
安装制冷辅助设备的房间。

2.0.12 冷却设备负荷 cooling equipment load
为维持冷间在某一温度,需从该冷间移走的热流量值。

2.0.13 机械负荷 mechanical load
为维持制冷系统正常运转,制冷压缩机负载所带走的热流量值。

2.0.14 制冷系统 refrigerating system
通过管道将制冷机器和设备以及相关元件相互连接起来,组成一个封闭的制冷回路,制冷剂就在这个回路里循环吸热和放热。

2.0.15 保冷 keep to the cooling
为防止低温设备、管道外表面凝露,以减少其冷损失而采取的技术措施。

3 基本规定

3.0.1 冷库的设计规模以冷藏间或冰库的公称容积为计算标准。公称容积大于 20000m³ 为大型冷库;20000m³～5000m³ 为中型冷库;小于 5000m³ 为小型冷库。

公称容积应按冷藏间或冰库的室内净面积(不扣除柱、门斗和制冷设备所占的面积)乘以房间净高确定。

3.0.2 冷库或冰库的计算吨位可按下式计算:

$$G=\frac{\sum V_1 \rho_s \eta}{1000} \quad (3.0.2)$$

式中:G——冷库或冰库的计算吨位(t);
V_1——冷藏间或冰库的公称容积(m³);
η——冷藏间或冰库的容积利用系数;
ρ_s——食品的计算密度(kg/m³)。

3.0.3 冷藏间容积利用系数不应小于表 3.0.3 的规定值。

表 3.0.3 冷藏间容积利用系数

公称容积(m³)	容积利用系数 η
500～1000	0.40
1001～2000	0.50
2001～10000	0.55
10001～15000	0.60
>15000	0.62

注:1 对于仅储存冻结加工食品或冷却加工食品的冷库,表内公称容积应为全部冷藏间公称容积之和;对于同时储存冻结加工食品和冷却加工食品的冷库,表内公称容积应分别为冻结物冷藏间或冷却物冷藏间各自的公称容积之和。
2 蔬菜冷库的容积利用系数应按表 3.0.3 中的数值乘以 0.8 的修正系数。

3.0.4 采用货架或特殊使用要求时,冷藏间的容积利用系数可根据具体情况确定。

3.0.5 贮藏块冰冰库的容积利用系数不应小于表 3.0.5 的规定值。

表 3.0.5　贮藏块冰冰库的容积利用系数

冰库净高（m）	容积利用系数 η
≤4.20	0.40
4.21～5.00	0.50
5.01～6.00	0.60
>6.00	0.65

3.0.6 食品计算密度应按表 3.0.6 的规定采用。

表 3.0.6　食品计算密度

序号	食品类别	密度（kg/m³）
1	冻肉	400
2	冻分割肉	650
3	冻鱼	470
4	篓装、箱装鲜蛋	260
5	鲜蔬菜	230
6	篓装、箱装鲜水果	350
7	冰蛋	700
8	机制冰	750
9	其他	按实际密度采用

注：同一冷库如同时存放猪、牛、羊肉（包括禽兔）时，密度可按 400kg/m³ 确定；当只存冻羊腔时，密度应按 250kg/m³ 确定；只存冻牛、羊肉时，密度应按 330kg/m³ 确定。

3.0.7 冷库设计的室外气象参数，除应符合现行国家标准《采暖通风与空气调节设计规范》GB 50019 的规定外，尚应符合下列规定：

1 计算冷间围护结构热流量时，室外计算温度应采用夏季空气调节室外计算日平均温度。

2 计算冷间围护结构最小总热阻时，室外计算相对湿度应采用最热月的平均相对湿度。

3 计算开门热流量和冷间通风换气流量时，室外计算温度应采用夏季通风室外计算温度，室外相对湿度应采用夏季通风室外计算相对湿度。

3.0.8 冷间的设计温度和相对湿度应根据各类食品的冷藏工艺要求确定，也可按表 3.0.8 的规定选用。

表 3.0.8　冷间的设计温度和相对湿度

序号	冷间名称	室温（℃）	相对湿度（%）	适用食品范围
1	冷却间	0～4	—	肉、蛋等
2	冻结间	−18～−23	—	肉、禽、兔、冰蛋、蔬菜等
		−23～−30	—	鱼、虾等
3	冷却物冷藏间	0	85～90	冷却后的肉、禽
		−2～0	80～85	鲜蛋
		−1～+1	90～95	冰鲜鱼
		0～+2	85～90	苹果、鸭梨等
		−1～+1	90～95	大白菜、蒜薹、葱头、菠菜、香菜、胡萝卜、甘蓝、芹菜、莴苣等
		+2～+4	85～90	土豆、橘子、荔枝
		+7～+13	85～95	柿子椒、菜豆、黄瓜、番茄、菠萝、柑橘等
		+11～+16	85～90	香蕉等

续表 3.0.8

序号	冷间名称	室温（℃）	相对湿度（%）	适用食品范围
4	冻结物冷藏间	−15～−20	85～90	冻肉、禽、副产品、冰蛋、冻蔬菜、冰棒等
		−18～−25	90～95	冻鱼、虾、冷冻饮品等
5	冰库	−4～−6		盐水制冰的冰块

注：冷却物冷藏间设计温度宜取 0℃，储藏过程中应按照食品的产地、品种、成熟度和降温时间等调节其温度与相对湿度。

3.0.9 选用产品均应符合国家现行有关标准的规定。

4　建　筑

4.1　库址选择与总平面

4.1.1 冷库库址的选择应符合下列规定：

1 应符合当地总体规划的要求，并应经当地规划部门批准。

2 库址宜选择在城市规划的物流园区中，且应位于周围集中居住区夏季最大频率风向的下风侧。使用氨制冷工质的冷库，与其下风侧居住区的防护距离不宜小于 300m，与其他方位居住区的卫生防护距离不宜小于 150m。

3 库址周围应有良好的卫生条件，且必须避开和远离有害气体、灰沙、烟雾、粉尘及其他污染源的地段。

4 应选择在交通运输方便的地方。

5 应具备可靠的水源和电源以及排水条件。

6 宜选在地势较高和工程地质条件良好的地方。

7 肉类、水产等加工厂内的冷库和食品批发市场、食品配送中心等的冷库库址还应综合考虑其特殊要求。

4.1.2 冷库的总平面布置应符合下列规定：

1 应满足生产工艺、运输、管理和设备管线布置合理等综合要求。

2 当设有铁路专用线时，库房应沿铁路专用线布置。

3 当设有水运码头时，库房应靠近水运码头布置。

4 当以公路运输为主时，库房应靠近冷库运输主出入口布置。

5 肉类、水产类等加工厂的冷库应布置在该加工厂洁净区内，并应在其污染区夏季最大频率风向的上风侧。

6 食品批发市场的冷库应布置在该市场仓储区内，并应与交易区分开布置。

7 在库区显著位置应设风向标。

4.1.3 冷库总平面布置应做到近远期结合，以近期为主，对库房占地、铁路专用线、水运码头、设备管线、道路、回车场等资源应统筹规划、合理布置，并应兼顾今后扩建的可能。

4.1.4 冷库总平面竖向设计应符合下列规定：
 1 库区内应有良好的雨水排水系统，道路和回车场应有防积水措施。
 2 库房周边不应采用明沟排放污水。

4.1.5 库区的主要道路和进入库区的主要道路应铺设适于车辆通行的混凝土或沥青等硬路面。

4.1.6 制冷机房或制冷机组应靠近用冷负荷最大的冷间布置，并应有良好的自然通风条件。

4.1.7 变配电所应靠近制冷机房布置。

4.1.8 两座一、二级耐火等级的库房贴邻布置时，贴邻布置的库房总长度不应大于150m，总占地面积不应大于10000m²。库房应设置环形消防车道。贴邻库房两侧的外墙均应为防火墙，屋顶的耐火极限不应低于1.00h。

4.1.9 库房与制冷机房、变配电所和控制室贴邻布置时，相邻侧的墙体，应至少有一面为防火墙，屋顶耐火极限不应低于1.00h。

4.2 库房的布置

4.2.1 库房布置应符合下列规定：
 1 应满足生产工艺流程要求，运输线路宜短，应避免迂回和交叉。
 2 冷藏间平面柱网尺寸和层高应根据贮藏食品的主要品种、包装规格、运输堆码方式、托盘规格和堆码高度以及经营管理模式等使用功能确定，并应综合考虑建筑模数及结构选型。
 3 当采用氟制冷机组时，可设置于库房穿堂内。
 4 冷间应按不同的设计温度分区、分层布置。
 5 冷间建筑应尽量减少其隔热围护结构的外表面积。

4.2.2 每座冷库冷藏间耐火等级、层数和面积应符合表4.2.2的要求。

表4.2.2 每座冷库冷藏间耐火等级、层数和面积（m²）

冷藏间耐火等级	最多允许层数	冷藏间的最大允许占地面积和防火分区的最大允许建筑面积（m²）			
		单层、多层		高层	
		冷藏间占地	防火分区	冷藏间占地	防火分区
一、二级	不限	7000	3500	5000	2500
三级	3	1200	400	—	—

注：**1** 当设地下室时，只允许设一层地下室，且地下冷藏间占地面积不应大于地上冷藏间建筑的最大允许占地面积，防火分区不应大于1500m²。
 2 建筑高度超过24m的冷库为高层冷库。
 3 本表中"—"表示不允许建高层冷库。

4.2.3 冷藏间与穿堂之间的隔墙应为防火隔墙，该防火隔墙的耐火极限不应低于3.00h，该防火隔墙上的冷藏门可为非防火门。

4.2.4 冷藏间的分间应符合下列规定：
 1 应按贮藏食品的特性及冷藏温度等要求分间。
 2 有异味或易串味的贮藏食品应设单间。
 3 宜按不同经营模式和管理需要分间。

4.2.5 库房应设穿堂，温度应根据工艺需要确定。

4.2.6 库房公路站台应符合下列规定：
 1 站台宽度不宜小于5m。
 2 站台边缘停车侧面应装设缓冲橡胶块，并应涂有黄、黑相间防撞警示色带。
 3 站台上应设罩棚，靠站台边缘一侧如有结构柱时，柱边距站台边缘净距不宜小于0.6m；罩棚挑檐挑出站台边缘的部分不应小于1.00m，净高应与运输车辆的高度相适应，并应设有组织排水。
 4 根据需要可设封闭站台，封闭站台应与冷库穿堂合并布置。
 5 封闭站台的宽度及其内的温度可根据使用要求确定，其外围护结构应满足相应的保温要求。
 6 封闭站台的高度、门洞数量应与货物吞吐量相适应，并应设置相应的冷藏门和连接冷藏车的密闭软门套。
 7 在站台的适当位置应布置满足使用需要的上、下站台的台阶和坡道。

4.2.7 库房的铁路站台应符合下列规定：
 1 站台宽度不宜小于7m。
 2 站台边缘顶面应高出轨顶面1.1m，边缘距铁路中心线的水平距离应为1.75m。
 3 站台长度应与铁路专用线装卸作业段的长度相同。
 4 站台上应设罩棚，罩棚柱边与站台边缘净距不应小于2m，檐高和挑出长度应符合铁路专用线的限界规定。
 5 在站台的适当位置应布置满足使用需要的上、下台阶和坡道。

4.2.8 多层、高层库房应设置电梯。电梯轿厢的选择应充分利用电梯的运载能力。

4.2.9 库房设置电梯的数量可按下列规定计算：
 1 5t型电梯运载能力，可按34t/h计；3t型电梯运载能力，可按20t/h计；2t型电梯运载能力可按13t/h计。
 2 以铁路运输为主的冷库及港口中转冷库的电梯数量应按一次进出货吞吐量和装卸允许时间确定。
 3 全部为公路运输的冷库电梯数量应按日高峰进出货吞吐量和日低谷进出货吞吐量的平均值确定。
 4 在以铁路、水运进出货吞吐量确定电梯数量的情况下，电梯位置可兼顾日常生产和公路进出货使用的需要，不宜再另设电梯。

4.2.10 库房的楼梯间应设在穿堂附近，并应采用不燃材料建造，通向穿堂的门应为乙级防火门；首层楼梯出口应直通室外或距直通室外的出口不大于15m。

4.2.11 带水作业的加工间和温度高、湿度大的房间不应与冷藏间毗连；当生产流程必须毗连时，应具备良好的通风条件。

4.2.12 建筑面积大于1000m²的冷藏间应至少设两个冷藏门（含隔墙上的门），面积不大于1000m²的冷藏间可只设一个冷藏门。冷藏门内侧应设有应急内开门锁装置，并应有醒目的标识。

4.2.13 冻结物冷藏间的门洞内侧应设置构造简易、可以更换的回笼间。

4.2.14 冷藏门外侧应设置冷风幕或在其冷藏门内侧设置耐低温的透明塑料门帘。

4.2.15 库房的计量设备应根据进出货操作流程短捷的原则和需要设置。

4.2.16 库房附属的办公室、安保值班室、烘衣室、更衣室、休息室及卫生间等与库房生产、管理直接有关的辅助房间可布置于穿堂附近，多层、高层冷库应设置在首层（卫生间除外），但应至少有一个独立的安全出口，卫生间内应设自动冲洗（或非手动式冲洗）的便器和洗手盆。

4.2.17 在库房内严禁设置与库房生产、管理无直接关系的其他用房。

4.3 库房的隔热

4.3.1 库房的隔热材料应符合下列规定：
  1 热导率宜小。
  2 不应有散发有害或异味等对食品有污染的物质。
  3 宜为难燃或不燃材料，且不易变质。
  4 宜选用块状温度变形系数小的块状隔热材料。
  5 易于现场施工。
  6 正铺贴于地面、楼面的隔热材料，其抗压强度不应小于0.25MPa。

4.3.2 围护结构隔热材料的厚度应按下式计算：

$$d=\lambda\left[R_0-\left(\frac{1}{\alpha_w}+\frac{d_1}{\lambda_1}+\frac{d_2}{\lambda_2}+\cdots+\frac{d_n}{\lambda_n}+\frac{1}{\alpha_n}\right)\right] \quad (4.3.2)$$

式中：d——隔热材料的厚度（m）；
  λ——隔热材料的热导率[W/(m·℃)]；
  R_0——围护结构总热阻（m²·℃/W）；
  α_w——围护结构外表面传热系数[W/(m²·℃)]；
  α_n——围护结构内表面传热系数[W/(m²·℃)]；
  $d_1,d_2\cdots d_n$——围护结构除隔热层外各层材料的厚度（m）；
  $\lambda_1,\lambda_2\cdots\lambda_n$——围护结构除隔热层外各层材料的热导率[W/(m·℃)]。

4.3.3 冷库隔热材料设计采用的热导率值应按下式计算确定：

$$\lambda=\lambda'\cdot b \quad (4.3.3)$$

式中：λ——设计采用的热导率[W/(m·℃)]；
  λ'——正常条件下测定的热导率[W/(m·℃)]；
  b——热导率的修正系数可按表4.3.3的规定采用。

表4.3.3 热导率的修正系数

序号	材料名称	b
1	聚氨酯泡沫塑料	1.4
2	聚苯乙烯泡沫塑料	1.3
3	聚苯乙烯挤塑板	1.3
4	膨胀珍珠岩	1.7
5	沥青膨胀珍珠岩	1.2
6	水泥膨胀珍珠岩	1.3
7	加气混凝土	1.3
8	岩棉	1.8
9	软木	1.2
10	炉渣	1.6
11	稻壳	1.7

注：加气混凝土、水泥膨胀珍珠岩的修正系数，应为经过烘干的块状材料并用沥青等不含水黏结材料贴铺、砌筑的数值。

4.3.4 冷间外墙、屋面或顶棚设计采用的室内、外两侧温度差Δt，应按下式计算确定：

$$\Delta t=\Delta t'\cdot a \quad (4.3.4)$$

式中：Δt——设计采用的室内、外两侧温度差（℃）；
  $\Delta t'$——夏季空气调节室外计算日平均温度与室内温度差（℃）；
  a——围护结构两侧温度差修正系数可按表4.3.4的规定采用。

表4.3.4 围护结构两侧温度差修正系数

序号	围护结构部位	a
1	$D>4$的外墙： 冻结间、冻结物冷藏间 冷却间、冷却物冷藏间、冰库	1.05 1.10
2	$D>4$相邻有常温房间的外墙： 冻结间、冻结物冷藏间 冷却间、冷却物冷藏间、冰库	1.00 1.00
3	$D>4$的冷间顶棚，其上为通风阁楼，屋面有隔热层或通风层： 冻结间、冻结物冷藏间 冷却间、冷却物冷藏间、冰库	1.15 1.20
4	$D>4$的冷间顶棚，其上为不通风阁楼，屋面有隔热层或通风层： 冻结间、冻结物冷藏间 冷却间、冷却物冷藏间、冰库	1.20 1.30

续表 4.3.4

序号	围护结构部位	a
5	$D>4$ 的无阁楼屋面，屋面有通风层： 冻结间、冻结物冷藏间 冷却间、冷却物冷藏间、冰库	1.20 1.30
6	$D≤4$ 的外墙：冻结物冷藏间	1.30
7	$D≤4$ 的无阁楼屋面：冻结物冷藏间	1.60
8	半地下室外墙外侧为土壤时	0.20
9	冷间地面下部无通风等加热设备时	0.20
10	冷间地面隔热层下有通风等加热设备时	0.60
11	冷间地面隔热层下为通风架空层时	0.70
12	两侧均为冷间时	1.00

注：1 D 值可从相关材料、热工手册中查得选用。
　　2 负温穿堂的 a 值可按冻结物冷藏间确定。
　　3 表内未列的其他室温等于或高于 0℃ 的冷间可参照各项中冷却间的 a 值选用。

4.3.5 冷间外墙、屋面或顶棚的总热阻，根据设计采用的室内、外两侧温度差 Δt 值，可按表 4.3.5 的规定选用。

表 4.3.5 冷间外墙、屋面或顶棚的总热阻（$m^2·℃/W$）

设计采用的室内外温度差 Δt（℃）	面积热流量（W/m^2）			
	7	8	9	10	11
90	12.86	11.25	10.00	9.00	8.18
80	11.43	10.00	8.89	8.00	7.27
70	10.00	8.75	7.78	7.00	6.36
60	8.57	7.50	6.67	6.00	5.45
50	7.14	6.25	5.56	5.00	4.55
40	5.71	5.00	4.44	4.00	3.64
30	4.29	3.75	3.33	3.00	2.73
20	2.86	2.50	2.22	2.00	1.82

4.3.6 冷间隔墙总热阻应根据隔墙两侧设计室温按表 4.3.6 的规定选用。

表 4.3.6 冷间隔墙总热阻（$m^2·℃/W$）

隔墙两侧设计室温	面积热流量（W/m^2）	
	10	12
冻结间—23℃——冷却间 0℃	3.80	3.17
冻结间—23℃——冻结间—23℃	2.80	2.33
冻结间—23℃——穿堂 4℃	2.70	2.25
冻结间—23℃——穿堂—10℃	2.00	1.67
冻结物冷藏间—18℃～—20℃——冷却物冷藏间 0℃	3.30	2.75
冻结物冷藏间—18℃～—20℃——冰库—4℃	2.80	2.33
冻结物冷藏间—18℃～—20℃——穿堂 4℃	2.80	2.33
冷却物冷藏间 0℃——冷却物冷藏间 0℃	2.00	1.67

注：隔墙总热阻已考虑生产中的温度波动因素。

4.3.7 冷间楼面总热阻可根据楼板上、下冷间设计温度按表 4.3.7 的规定选用。

表 4.3.7 冷间楼面总热阻

楼板上、下冷间设计温度（℃）	冷间楼面总热阻（$m^2·℃/W$）
35	4.77
23～28	4.08
15～20	3.31
8～12	2.58
5	1.89

注：1 楼板总热阻已考虑生产中温度波动因素。
　　2 当冷却物冷藏间楼板下为冻结物冷藏间时，楼板热阻不宜小于 4.08 $m^2·℃/W$。

4.3.8 冷间直接铺设在土壤上的地面总热阻应根据冷间设计温度按表 4.3.8 的规定选用。

表 4.3.8 直接铺设在土壤上的冷间地面总热阻

冷间设计温度（℃）	冷间地面总热阻（$m^2·℃/W$）
0～—2	1.72
—5～—10	2.54
—15～—20	3.18
—23～—28	3.91
—35	4.77

注：当地面隔热层采用炉渣时，总热阻按本表数据乘以 0.8 修正系数。

4.3.9 冷间铺设在架空层上的地面总热阻根据冷间设计温度按表 4.3.9 选用。

表 4.3.9 铺设在架空层上的冷间地面总热阻

冷间设计温度（℃）	冷间地面总热阻（$m^2·℃/W$）
0～—2	2.15
—5～—10	2.71
—15～—20	3.44
—23～—28	4.08
—35	4.77

4.3.10 库房围护结构外表面和内表面传热系数（α_w、α_n）和热阻（R_w、R_n）按表 4.3.10 的规定选用。

表 4.3.10 库房围护结构外表面和内表面传热系数 α_w、α_n 和热阻 R_w、R_n

围护结构部位及环境条件	α_w [$W/(m^2·℃)$]	α_n [$W/(m^2·℃)$]	R_w 或 R_n ($m^2·℃/W$)
无防风设施的屋面、外墙的外表面	23	—	0.043
顶棚上为阁楼或有房屋和外墙外部紧邻其他建筑物的外表面	12	—	0.083

续表 4.3.10

围护结构部位及环境条件	a_w [W/(m²·℃)]	a_n [W/(m²·℃)]	R_w 或 R_n (m²·℃/W)
外墙和顶棚的内表面、内墙和楼板的表面、地面的上表面：			
1. 冻结间、冷却间设有强力鼓风装置时	—	29	0.034
2. 冷却物冷藏间设有强力鼓风装置时		18	0.056
3. 冻结物冷藏间设有鼓风的冷却设备时		12	0.083
4. 冷间无机械鼓风装置时		8	0.125
地面下为通风架空层	8	—	0.125

注：地面下为通风加热管道和直接铺设于土壤上的地面以及半地下室外墙埋入地下的部位，外表面传热系数均可不计。

4.3.11 相邻同温冷间的隔墙及上、下相邻两层为同温冷间之间的楼板可不设隔热层。

4.3.12 当冷库底层冷间设计温度低于 0℃时，地面应采取防止冻胀的措施；当地面下为岩层或沙砾层且地下水位较低时，可不做防止冻胀处理。

4.3.13 冷库底层冷间设计温度等于或高于 0℃时，地面可不做防止冻胀处理，但应仍设置相应的隔热层。在空气冷却器基座下部及其周边 1m 范围内的地面总热阻 R_0 不应小于 3.18m²·℃/W。

4.3.14 冷库屋面及外墙外侧宜涂白色或浅色。

4.4 库房的隔汽和防潮

4.4.1 当围护结构两侧设计温差等于或大于 5℃时，应在隔热层温度较高的一侧设置隔汽层。

4.4.2 围护结构蒸汽渗透阻可按下式计算：

$$H_0 \geq 1.6 \times (P_{sw} - P_{sn}) / w \quad (4.4.2)$$

式中：H_0——围护结构隔汽层高温侧各层材料（隔热层以外）的蒸汽渗透阻之和（m²·h·Pa/q）；

w——蒸汽渗透强度（q/m²·h）；

P_{sw}——围护结构高温侧空气的水蒸气分压力（Pa）；

P_{sn}——围护结构低温侧空气的水蒸气分压力（Pa）。

4.4.3 当围护结构隔热层选用现喷（或灌注）硬质聚氨酯泡沫塑料材料时，隔汽层不应选用热熔性材料。

4.4.4 库房隔汽层和防潮层的构造应符合下列规定：

1 库房外墙的隔汽层应与地面隔热层上、下的防水层和隔汽层搭接。

2 楼面、地面的隔热层上、下、四周应做防水层或隔汽层，且楼面、地面隔热层的防水层或隔汽层应全封闭。

3 隔墙隔热层底部应做防潮层，且应在其热侧上翻铺 0.12m。

4 冷却间或冻结间隔墙的隔热层两侧均应做隔汽层。

4.5 构造要求

4.5.1 在夏热冬暖地区的库房屋面上应设置通风间层。

4.5.2 库房顶层隔热层采用块状隔热材料时，不应再设阁楼层。

4.5.3 用作铺设松散隔热材料的阁楼，设计应符合下列规定：

1 阁楼楼面不应留有缝隙，若采用预制构件时，构件之间的缝隙必须填实。

2 松散隔热材料的设计厚度应取计算厚度的 1.5 倍。

3 阁楼柱应自阁楼楼面起包 1.5m 高度的块状隔热材料，厚度应使热阻不小于 1.38m²·℃/W，隔热层外面应设置隔汽层，但不应抹灰。

4.5.4 当外墙与阁楼楼面均采用松散可燃隔热材料时，相交处应设防火带。相交部位防火分隔的耐火极限不应低于楼板的耐火极限。

4.5.5 多层、高层冷库冷藏间的外墙与檐口及各层冷藏间外墙与穿堂连接部位的变形缝应采取防漏水的构造措施。

4.5.6 库房的下列部位，均应采取防冷桥的构造处理：

1 由于承重结构需要连续而使隔热层断开的部位。

2 门洞和设备、供电管线穿越隔热层周围部位。

3 冷藏间、冻结间通往穿堂的门洞外跨越变形缝部位的局部地面和楼面。

4.5.7 装隔热材料不应采用含水黏结材料黏结块。

4.5.8 带水作业的冷间应有保护墙面、楼面和地面的防水措施。

4.5.9 库房屋面排水宜设置外天沟和墙外明装雨水管。

4.5.10 冷间建筑的地下室或地面架空层应采用防止地下水和地表水浸入的措施，并应设排水设施。

4.5.11 冷藏间的地面面层应采用耐磨损、不起灰地面。

4.6 制冷机房、变配电所和控制室

4.6.1 氨制冷机房、变配电所和控制室应符合下列规定：

1 氨制冷机房平面开间、进深应符合制冷设备布置要求，净高应根据设备高度和采暖通风的要求确定。

2 氨制冷机房的屋面应设置通风间层及隔热层。

3 氨制冷机房的控制室和操作人员值班室应与机器间隔开，并应设固定密闭观察窗。

4 机器间内的墙裙、地面和设备基座应采用易于清洗的面层。

5 变配电所与氨压缩机房贴邻共用的隔墙必须采用防火墙，该墙上应只穿过与配电室有关的管道、沟道，穿过部位周围应采用不燃材料严密封塞。

6 氨制冷机房和变配电所的门应采用平开门并向外开启。

7 氨制冷机房、配电室和控制室之间连通的门均应为乙级防火门。

4.6.2 氟制冷机房如单独设置时，应根据制冷工艺要求布置其设备、管线，满足制冷工艺要求，并应按照氨制冷机房的相应要求执行。

5 结 构

5.1 一般规定

5.1.1 冷间宜采用钢筋混凝土结构或钢结构，也可采用砌体结构。

5.1.2 冷间结构应考虑所处环境温度变化作用产生的变形及内应力影响，并采取相应措施减少温度变化作用对结构引起的不利影响。

5.1.3 冷间采用钢筋混凝土结构时，伸缩缝的最大间距不宜大于 50m。如有充分依据和可靠措施，伸缩缝最大间距可适当增加。

5.1.4 冷间顶层为阁楼时，阁楼屋面宜采用装配式结构。当采用现浇钢筋混凝土屋面时，伸缩缝最大间距可按表 5.1.4 采用。

表 5.1.4 现浇钢筋混凝土阁楼屋面
伸缩缝最大间距（m）

序号	屋面做法	伸缩缝最大间距
1	有隔热层	45
2	无隔热层	35

注：当有充分依据或可靠措施，表中数值可以增加。

5.1.5 当冷间阁楼屋面采用现浇钢筋混凝土楼盖，且相对边柱中心线距离大于或等于 30m 时，边柱柱顶与屋面梁宜采用铰接。

5.1.6 当冷间底层为架空地面时，地面结构宜采用预制梁板。

5.1.7 当冷库外墙采用自承重墙时，外墙与库内承重结构之间每层均应可靠拉结，设置锚系梁。锚系梁间距可为 6m，墙角处不宜设置。墙角砌体应适当配筋且墙角至第一个锚系梁的距离不宜小于 6m。设置的锚系梁应能承受外墙的拉力与压力。抗震设防烈度为 6 度及 6 度以上，外墙应设置钢筋混凝土构造柱及圈梁。

5.1.8 冷间混凝土结构的耐久性应根据表 5.1.8 的环境类别进行设计。

表 5.1.8 混凝土结构的环境类别

环境类别	名 称	条 件
二 a	0℃及以上温度库房、0℃及以上温度冷加工间、架空式地面防冻层	室内潮湿环境
二 b	0℃以下冷间	低温环境
三	盐水制冰间	轻度盐雾环境

5.1.9 冷间钢筋混凝土板每个方向全截面最小温度配筋率不应小于 0.3%。

5.1.10 零度以下的低温库房承重墙和柱基础的最小埋置深度，自库房室外地坪向下不宜小于 1.5m，且应满足所在地区冬季地基土冻胀和融陷影响对基础埋置深度的要求。

5.1.11 软土地基应考虑库房地面大面积堆载所产生的地基不均匀变形对墙柱基础、库房地面及上部结构的不利影响。

5.1.12 抗震设防烈度 6 度及 6 度以上的板柱-剪力墙结构，柱上板带上部钢筋的 1/2 及全部下部钢筋应纵向连通。

5.2 荷 载

5.2.1 冷库楼面和地面结构均布活荷载标准值及准永久值系数应根据房间用途按表 5.2.1 的规定采用。

表 5.2.1 冷库楼面和地面结构均布活荷载
标准值及准永久值系数

序号	房间名称	标准值（kN/m²）	准永久值系数
1	人行楼梯间	3.5	0.3
2	冷却间、冻结间	15.0	0.6
3	运货穿堂、站台、收发货间	15.0	0.4
4	冷却物冷藏间	15.0	0.8
5	冻结物冷藏间	20.0	0.8
6	制冰池	20.0	0.8
7	冰库	9×h	
8	专用于装隔热材料的阁楼	1.5	0.8
9	电梯机房	7.0	0.8

注：1 本表第 2~7 项为等效均布活荷载标准值。
2 本表第 2~5 项适用于堆货高度不超过 5m 的库房，并已包括 1000kg 叉车运行荷载在内，贮存冰蛋、桶装油脂及冻分割肉等密度大的货物时，其楼面和地面活荷载应按实际情况确定。
3 h 为堆冰高度（m）。

5.2.2 单层库房冻结物冷藏间堆货高度达 6m 时，地面均布活荷载标准值可采用 30kN/m²。单层高货架库房可根据货架平面布置和货架层数按实际情况计算取值。

5.2.3 楼板下有吊重时，可按实际情况另加。

5.2.4 冷库吊运轨道结构计算的活荷载标准值及准永久值系数应按表5.2.4的规定采用。

表 5.2.4 冷库吊运轨道活荷载标准值及准永久值系数

序号	房间名称	标准值 (kN/m)	准永久值系数
1	猪、羊白条肉	4.5	0.6
2	冻鱼（每盘15kg）	6.0	0.75
3	冻鱼（每盘20kg）	7.5	0.75
4	牛两分胴体轨道	7.5	0.6
5	牛四分胴体轨道	5.0	0.6

注：本表数值包括滑轮和吊具重量。

5.2.5 当吊运轨道直接吊在楼板下，设计现浇或预制梁板时，应按吊点负荷面积将本表数值折算成集中荷载；设计现浇板柱-剪力墙时，可折算成均布荷载。

5.2.6 四层及四层以上的冷库及穿堂，其梁、柱和基础活荷载的折减系数宜按表5.2.6的规定采用。

表 5.2.6 冷库和穿堂梁、柱及基础活荷载折减系数

项 目	结构部位		
	梁	柱	基础
穿堂	0.7	0.7	0.5
库房	1.0	0.8	0.8

5.2.7 制冷机房操作平台无设备区域的操作荷载（包括操作人员及一般检修工具的重量），可按均布活荷载考虑，采用 2kN/m²。设备按实际荷载确定。

5.2.8 制冷机房设于楼面时，设备荷载应按实际重量考虑，楼面均布活荷载标准值可按 8kN/m²。压缩机等振动设备动力系数取 1.3。

5.3 材 料

5.3.1 冷间内采用的水泥必须符合下列规定：
　1 应采用普通硅酸盐水泥，或采用矿渣硅酸盐水泥。不得采用火山灰质硅酸盐水泥和粉煤灰硅酸盐水泥。
　2 不同品种水泥不得混合使用，同一构件不得使用两种以上品种的水泥。

5.3.2 冷间内砖砌体应采用强度等级不低于MU10的烧结普通砖，并应用水泥砂浆砌筑和抹面。砌筑用水泥砂浆强度等级应不低于M7.5。

5.3.3 冷间用的混凝土如需提高抗冻融破坏能力时，可掺入适宜的混凝土外加剂。

5.3.4 冷间内钢筋混凝土的受力钢筋宜采用HRB400级和HRB335级热轧钢筋，也可采用HPB235级热轧钢筋。冷间钢结构用钢除应符合本规范外，尚应符合现行国家标准《钢结构设计规范》GB 50017 的规定。

6 制 冷

6.1 冷间冷却设备负荷和机械负荷的计算

6.1.1 冷间冷却设备负荷应按下式计算：

$$Q_s = Q_1 + pQ_2 + Q_3 + Q_4 + Q_5 \quad (6.1.1)$$

式中：Q_s——冷间冷却设备负荷（W）；
　Q_1——冷间围护结构热流量（W）；
　Q_2——冷间内货物热流量（W）；
　Q_3——冷间通风换气热流量（W）；
　Q_4——冷间内电动机运转热流量（W）；
　Q_5——冷间操作热流量（W），但对冷却间及冻结间则不计算该热流量；
　p——冷间内货物冷加工负荷系数。冷却间、冻结间和货物不经冷却而直接进入冷却物冷藏间的货物冷加工负荷系数 p 应取 1.3，其他冷间 p 取 1。

6.1.2 冷间机械负荷应分别根据不同蒸发温度按下式计算：

$$Q_j = (n_1 \sum Q_1 + n_2 \sum Q_2 + n_3 \sum Q_3 + n_4 \sum Q_4 + n_5 \sum Q_5) R \quad (6.1.2)$$

式中：Q_j——某蒸发温度的机械负荷（W）；
　n_1——冷间围护结构热流量的季节修正系数，一般可根据冷库生产旺季出现的月份按表6.1.2的规定采用。当冷库全年生产无明显淡旺季区别时应取1；
　n_2——冷间货物热流量折减系数；
　n_3——同期换气系数，宜取 0.5～1.0（"同时最大换气量与全库每日总换气量的比数"大时取大值）；
　n_4——冷间内电动机同期运转系数；
　n_5——冷间同期操作系数；
　R——制冷装置和管道等冷损耗补偿系数，一般直接冷却系统宜取 1.07，间接冷却系统宜取 1.12。

表 6.1.2 季节修正系数 n_1

纬度	库温(℃)	月份 1	2	3	4	5	6	7	8	9	10	11	12
北纬40°以上(含40°)	0	−0.70	−0.50	−0.10	0.40	0.70	0.90	1.00	1.00	0.70	0.30	−0.10	−0.50
	−10	−0.25	−0.11	0.19	0.59	0.78	0.92	1.00	1.00	0.78	0.49	0.19	−0.11
	−18	−0.02	0.10	0.33	0.64	0.82	0.93	1.00	1.00	0.82	0.58	0.33	0.10
	−23	−0.08	0.18	0.40	0.68	0.84	0.94	1.00	1.00	0.84	0.62	0.40	0.18
	−30	0.19	0.28	0.47	0.72	0.86	0.95	1.00	1.00	0.86	0.67	0.47	0.28
北纬35°~40°(含35°)	0	−0.30	−0.20	0.20	0.50	0.80	0.90	1.00	1.00	0.70	0.50	0.10	−0.20
	−10	0.05	0.14	0.41	0.65	0.86	0.92	1.00	1.00	0.78	0.65	0.35	0.14
	−18	0.22	0.29	0.51	0.71	0.89	0.93	1.00	1.00	0.82	0.71	0.38	0.29
	−23	0.30	0.36	0.56	0.74	0.90	0.94	1.00	1.00	0.84	0.74	0.40	0.36
	−30	0.38	0.44	0.61	0.77	0.91	0.95	1.00	1.00	0.86	0.77	0.47	0.44
北纬30°~35°(含30°)	0	0.10	0.15	0.33	0.53	0.72	0.86	1.00	1.00	0.83	0.62	0.41	0.20
	−10	0.31	0.36	0.48	0.64	0.79	0.86	1.00	1.00	0.88	0.71	0.55	0.38
	−18	0.42	0.46	0.56	0.70	0.82	0.90	1.00	1.00	0.88	0.76	0.62	0.48
	−23	0.47	0.51	0.60	0.73	0.84	0.91	1.00	1.00	0.89	0.78	0.65	0.53
	−30	0.53	0.56	0.65	0.76	0.85	0.92	1.00	1.00	0.90	0.81	0.69	0.58
北纬25°~30°(含25°)	0	0.18	0.23	0.42	0.60	0.80	0.88	1.00	1.00	0.87	0.65	0.45	0.26
	−10	0.39	0.41	0.56	0.71	0.84	0.90	1.00	1.00	0.90	0.73	0.59	0.44
	−18	0.49	0.51	0.63	0.76	0.86	0.91	1.00	1.00	0.92	0.78	0.65	0.53
	−23	0.54	0.56	0.67	0.78	0.89	0.93	1.00	1.00	0.92	0.80	0.67	0.57
	−30	0.59	0.61	0.70	0.80	0.90	0.93	1.00	1.00	0.93	0.82	0.72	0.62
北纬25°以下	0	0.44	0.48	0.63	0.79	0.94	0.97	1.00	1.00	0.93	0.81	0.65	0.40
	−10	0.58	0.60	0.73	0.85	0.94	0.98	1.00	1.00	0.95	0.85	0.75	0.63
	−18	0.65	0.67	0.77	0.88	0.95	0.98	1.00	1.00	0.96	0.87	0.79	0.69
	−23	0.68	0.70	0.79	0.89	0.96	0.98	1.00	1.00	0.96	0.89	0.81	0.72
	−30	0.72	0.73	0.82	0.90	0.96	1.00	1.00	1.00	0.97	0.90	0.83	0.75

6.1.3 冷间货物热流量折减系数 n_2 应根据冷间的性质确定。冷却物冷藏间宜取 0.3~0.6；冻结物冷藏间宜取 0.5~0.8；冷加工间和其他冷间应取 1。

6.1.4 冷间内电动机同期运转系数 n_4 和冷间同期操作系数 n_5，应按表 6.1.4 规定采用。

表 6.1.4 冷间内电动机同期运转系数 n_4 和冷间同期操作系数 n_5

冷间总间数	n_4 或 n_5
1	1
2~4	0.5
≥5	0.4

注：1 冷却间、冷却物冷藏间、冻结间 n_4 取 1，其他冷间按本表取值。
　　2 冷间总间数应按同一蒸发温度且用途相同的冷间间数计算。

6.1.5 冷间的每日进货量应按下列规定取值：
　　1 冷却间或冻结间应按设计冷加工能力计算。
　　2 存放果蔬的冷却物冷藏间，不应大于该间计算吨位的 10%。
　　3 存放鲜蛋的冷却物冷藏间，不应大于该间计算吨位的 5%。
　　4 无外库调入货物的冷库，其冻结物冷藏间每日进货量，宜按该库每日冻结加工量计算。
　　5 有从外库调入货物的冷库，其冻结物冷藏间每间每日进货量可按该间计算吨位的 5%~15% 计算。
　　6 冻结量大的水产冷库，其冻结物冷藏间的每日进货量可按具体情况确定。

6.1.6 货物进入冷间时的温度应按下列规定确定：
　　1 未经冷却的屠宰鲜肉温度应取 39℃，已经冷却的鲜肉温度应取 4℃。
　　2 从外库调入的冻结货物温度应取 −10℃~−15℃。
　　3 无外库调入货物的冷库，进入冻结物冷藏间的货物温度，应按该冷库冻结间终止降温时或产品包装后的货物温度确定。
　　4 冰鲜鱼、虾整理后的温度应取 15℃。
　　5 鲜鱼虾整理后进入冷加工间的温度，按整理鱼虾用水的水温确定。
　　6 鲜蛋、水果、蔬菜的进货温度，按冷间生产旺月气温的月平均温度确定。

6.1.7 服务于机关、学校、工厂、宾馆、商场等小型服务性冷库，当其冷间总的公称容积在 500m³ 以下时，冷间冷却设备负荷应按下式计算：

$$Q'_s = Q_1 + pQ_2 + Q_4 + Q_{5a} + Q_{5b} \quad (6.1.7)$$

式中：Q'_s——小型服务性冷库冷间冷却设备负荷（W）；
　　　Q_1——冷间围护结构热流量（W）；
　　　Q_2——冷间内货物热流量（W）；
　　　Q_4——冷间内电动机运转热流量（W）；
　　　Q_{5a}——冷间内照明热流量（W），对冻结间则不计算该项热流量；
　　　Q_{5b}——冷间开门的热流量，对冻结间则不计算该项热流量（W）；
　　　p——货物冷加工负荷系数，冻结间以及货物不经冷却而直接进入冷却物冷藏间的货物冷加工负荷系数 p 取 1.3，其他冷间 p 取 1。

6.1.8 小型服务性冷库冷间机械负荷应分别根据不同蒸发温度按下式计算：

$$Q'_j = (\sum Q_1 + n_2 \sum Q_2 + n_4 \sum Q_4 + n_5 \sum Q_{5a} + n_5 \sum Q_{5b}) \frac{24}{\tau} R$$

$$(6.1.8)$$

式中：Q'_j——同一蒸发温度的冷间的机械负荷（W）；
　　　n_2——冷间货物热流量折减系数，冷却物冷藏间宜取 0.6，冻结物冷藏间宜取 0.5，其他冷间取 1；
　　　n_4——冷间内电动机同期运转系数，取值见表 6.1.4；
　　　n_5——冷间同期操作系数，取值见表 6.1.4；
　　　τ——制冷机组每日工作时间，宜取 12h～16h；
　　　R——冷库制冷系统和管道等冷损耗补偿系数，直接冷却系统宜取 1.07，间接冷却系统宜取 1.12。

注：冻结间不计算 Q_{5a} 和 Q_{5b} 这两项热流量。

6.2 库　房

6.2.1 设有吊轨的冷却间和冻结间的冷加工能力可按下式计算：

$$G_d = \frac{lg}{1000} \cdot \frac{24}{\tau} \quad (6.2.1)$$

式中：G_d——设有吊轨的冷却间、冻结间每日冷加工能力（t）；
　　　l——冷间内吊轨的有效总长度（m）；
　　　g——吊轨单位长度净载货量（kg/m）；
　　　τ——冷间货物加工时间（h）。

6.2.2 吊轨单位长度净载货量 g 可按表 6.2.2 所列取值：

表 6.2.2　吊轨单位长度净载货量（kg/m）

货物名称	输送方式	吊轨单位长度净载货量
猪胴体	人工推送	200～265
猪胴体	机械传送	170～210
牛胴体	人工推送（1/2 胴体）	195～400
牛胴体	人工推送（1/4 胴体）	130～265
羊胴体	人工推送	170～240

注：水产品可按照加工企业的习惯装载方式确定。

6.2.3 吊轨的轨距及轨面高度，应按吊挂食品和运载工具的实际尺寸、冷间内通风间距及必要的操作空间确定。

6.2.4 设有搁架式冻结设备的冻结间，其冷加工能力可按下式计算：

$$G_g = \frac{NG'_g}{1000} \cdot \frac{24}{\tau} \quad (6.2.4)$$

式中：G_g——搁架式冻结间每日的冷加工能力（t）；
　　　N——搁架式冻结设备设计摆放冻结食品容器的件数；
　　　G'_g——每件食品的净质量（kg）；
　　　τ——货物冷加工时间（h）；
　　　24——每日小时数（h）。

6.2.5 成套食品冷加工设备的加工能力，可根据产品技术文件所提供的数据确定。

6.2.6 冷间冷却设备的选型应根据食品冷加工或冷藏的要求确定，并应符合下列要求：

　　1 所选用的冷却设备的使用条件，应符合设备制造厂家提出的设备技术条件的要求。
　　2 冷却间和冷却物冷藏间的冷却设备应采用空气冷却器。
　　3 包装间的冷却设备宜采用空气冷却器。
　　4 冻结物冷藏间的冷却设备，宜选用空气冷却器。当食品无良好的包装时，可采用顶排管、墙排管。
　　5 对食品的冻结加工，应根据不同食品冻结工艺的要求，选用相应的冻结装置。

6.2.7 包装间、分割间、产品整理间等人员较多房间的空调系统严禁采用氨直接蒸发制冷系统。

6.2.8 冷间内排管与墙面的净距离不应小于 150mm，与顶板或梁底的净距离不宜大于 250mm。落地式空气冷却器水盘底与地面之间架空距离不应小于 300mm。

6.2.9 冷间冷却设备的传热面积应通过校核计算确定。

6.2.10 冷间内空气温度与冷却设备中制冷剂蒸发温度的计算温度差，应根据提高制冷机效率，节省能源、减少食品干耗、降低投资等因素，通过技术经济比较确定，并应符合下列规定：

  1 顶排管、墙排管和搁架式冻结设备的计算温度差，可按算术平均温度差采用，并不宜大于10℃。

  2 空气冷却器的计算温度差，应按对数平均温度差确定，可取7℃～10℃。对冷却物冷藏间使用的空气冷却器也可采用更小的温度差。

6.2.11 冷间冷却设备每一通路的压力降，应控制在制冷剂饱和温度降低1℃的范围内。

6.2.12 根据冷间的用途、空间、空气冷却器的性能、贮存货物的种类和要求的贮存温、湿度条件，可采用无风道或有风道的空气分配系统。

6.2.13 无风道空气分配系统，宜用于装有分区使用的吊顶式空气冷却器或装有集中落地式空气冷却器的冷藏间，空气冷却器应保证有足够的气流射程，并应在冷间货堆的上部留有足够的气流扩展空间。同时应采取技术措施使冷空气较均匀地布满整个冷间。

6.2.14 风道空气分配系统，可用于空气强制循环的冻结间和冷却间，以及冷间狭长、设有集中落地式空气冷却器而货堆上部又缺少足够的气流扩展空间的冷藏间。该空气分配系统，应设置送风风道，并利用货物之间的空间作为回风道。

6.2.15 冷却间、冻结间的气流组织应符合下列要求：

  1 悬挂白条肉的冷却间，气流应均匀下吹，肉片间平均风速应为0.5m/s～1.0m/s。采用两段冷却工艺时，第一段风速宜为2m/s，第二段风速宜为1.5m/s。

  2 悬挂白条肉的冻结间，气流应均匀下吹，肉片间平均风速宜为1.5m/s～2.0m/s。

  3 盘装食品冻结间的气流应均匀横吹，盘间平均风速宜为1.0m/s～3.0m/s。其他类型加工制作的食品，其冻结方式可按合同的相关约定进行设计。

6.2.16 冷却物冷藏间的通风换气应符合下列要求：

  1 冷却物冷藏间宜按所贮货物的品种设置通风换气装置，换气次数每日不宜少于1次。

  2 面积大于150m² 或虽小于150m² 但不经常开门及设于地下室（或半地下室）的冷却物冷藏间，宜采用机械通风换气装置。进入冷间的新鲜空气应先经冷却处理。

  3 当冷间外新鲜空气的温度低于冷间内空气温度时，送入冷间的新鲜空气应先经预热处理。

  4 新鲜空气的进风口应设置便于操作的保温启闭装置。

  5 冷间内废气应直接排至库外，出风口应设于距冷间内地坪0.5m处，并应设置便于操作的保温启闭装置。

  6 新鲜空气入口和废气排出口不宜设在冷间的同一侧面的墙面上。

6.2.17 设于冷库常温穿堂内的冷间新风换气管道，在其紧靠冷间壁面的管段的外表面，应用隔热材料进行保温，其保温长度不小于2m；对设于冷库穿堂内的库房排气管道应将其外表面全部用隔热材料进行保温。

6.2.18 冷间通风换气的排气管道应坡向冷间外，而进气管道在冷间内的管段应坡向空气冷却器。

6.3 制冷压缩机和辅助设备

6.3.1 冷库所选用的制冷压缩机和辅助设备的使用条件应符合产品制造商要求的技术条件。

6.3.2 制冷压缩机的选择应符合下列要求：

  1 应根据各蒸发温度机械负荷的计算值分别选定，不另设备用机。

  2 选配制冷压缩机时，各制冷压缩机的制冷量宜大小搭配。

  3 制冷压缩机的系列不宜超过两种。如仅有两台制冷压缩机时，应选用同一系列。

  4 应根据实际使用工况，对制冷压缩机所需的驱动功率进行核算，并通过其制造厂选配适宜的驱动电机。

6.3.3 冷库制冷系统中采用的中间冷却器、气液分离器、油分离器、冷凝器、贮液器、低压贮液器、低压循环贮液器等，应通过校核计算进行选定，并应与制冷系统中设置的制冷压缩机的制冷量相匹配。对采用氨制冷系统的大、中型冷库，高压贮氨器的选用应不少于两台。

6.3.4 洗涤式油分离器的进液口应低于冷凝器的出液总管250mm～300mm。

6.3.5 冷凝器的选用应符合下列规定：

  1 采用水冷式冷凝器时，其冷凝温度不应超过39℃；采用蒸发式冷凝器时，其冷凝温度不应超过36℃。

  2 冷凝器冷却水进出口的温度差，对立式壳管式冷凝器宜取1.5℃～3℃；对卧式壳管式冷凝器宜取4℃～6℃。

  3 冷凝器的传热系数和热流密度应按产品生产厂家提供的数据采用。

  4 对使用氢氟烃及其混合物为制冷剂的中、小型冷库，宜选用风冷冷凝器。

6.3.6 冷库制冷系统中排液桶的体积应按冷库冷间中蒸发器排液量最大的一间确定。排液桶的充满度宜取70%。

6.3.7 输送制冷剂泵应根据其输送的制冷剂体积流量和扬程来确定。其制冷剂的循环倍数：对负荷较稳定、蒸发器组数较少、不易积油的蒸发器，下进上出供液方式的可采用3倍～4倍；对负荷有波动、蒸发器组数较多、容易积油的蒸发器，下进上出供液方式的可采用5倍～6倍，上进下出供液方式的采用

7倍～8倍。同时制冷剂泵进液口处压力应有不小于0.5m制冷剂液柱的裕度。

6.3.8 对采用重力供液方式的回气管路系统，当存在下列情况之一时，应在制冷机房内增设气液分离器：

　　1 服务于两层及两层以上的库房。
　　2 设有两个或两个以上的制冰池。
　　3 库房的气液分离器与制冷压缩机房的水平距离大于50m。

6.3.9 冷库制冷系统辅助设备中冷冻油应通过集油器进行排放。

6.3.10 大、中型冷库制冷系统中不凝性气体，应通过不凝性气体分离器进行排放。

6.3.11 制冷机房的布置应符合下列规定：

　　1 制冷设备布置应符合工艺流程及安全操作规程的要求，并适当考虑设备部件拆卸和检修的空间需要紧凑布置。
　　2 制冷机房内主要操作通道的宽度应不大于1.3m，制冷压缩机突出部位到其他设备或分配站之间的距离不应小于1m。两台制冷压缩机突出部位之间的距离不应小于1m，并能有抽出机器曲轴的可能，制冷机与墙壁以及非主要通道不小于0.8m。
　　3 设备间内的主要通道的宽度应为1.2m，非主要通道的宽度不应小于0.8m。
　　4 水泵和油处理设备不宜布置在机器间或设备间内。

6.4 安全与控制

6.4.1 制冷压缩机安全保护装置除应由制造厂依照相应的行业标准要求进行配置外，尚应设置下列安全部件：

　　1 活塞式制冷压缩机排出口处应设止逆阀；螺杆式制冷压缩机吸气管处应设止逆阀。
　　2 制冷压缩机冷却水出水管上应设断水停机保护装置。
　　3 应设事故紧急停机按钮。

6.4.2 冷凝器应设冷凝压力超压报警装置，水冷冷凝器应设断水报警装置，蒸发式冷凝器应增设压力表、安全阀及风机故障报警装置。

6.4.3 制冷剂泵应设置下列安全保护装置：

　　1 液泵断液自动停泵装置。
　　2 泵的排液管上应装设压力表、止逆阀。
　　3 泵的排液总管上应加设旁通泄压阀。

6.4.4 所有制冷容器、制冷系统加液站集管，以及制冷剂液体、气体分配站集管上和不凝性气体分离器的回气管上，均应设压力表或真空压力表。

6.4.5 制冷系统中采用的压力表或真空压力表均应采用制冷剂专用表，压力表的安装高度距观察者站立的平面不应超过3m。选用精度应符合以下规定：

　　1 位于制冷系统高压侧的压力表或真空压力表不应低于1.5级。
　　2 位于制冷系统低压侧的真空压力表不应低于2.5级。
　　3 压力表或真空压力表的量程不得小于工作压力的1.5倍，不得大于工作压力的3倍。

6.4.6 低压循环贮液器、气液分离器和中间冷却器应设超高液位报警装置，并应设有维持其正常液位的供液装置，不应用同一只仪表同时进行控制和保护。

6.4.7 贮液器、中间冷却器、气液分离器、低压循环贮液器、低压贮液器、排液桶、集油器等均应设液位指示器，其液位指示器两端连接件应有自动关闭装置。

6.4.8 安全阀应设置泄压管。氨制冷系统的安全总泄压管出口应高于周围50m内最高建筑物（冷库除外）的屋脊5m，并应采取防止雷击、防止雨水、杂物落入泄压管内的措施。

6.4.9 制冷系统中气体、液体及融霜热气分配站的集管、中间冷却器冷却盘管的进出口部位，应设测温用的温度计套管或温度传感器套管。

6.4.10 设于室外的冷凝器、油分离器等设备，应有防止非操作人员进入的围栏。设于室外的制冷机组、贮液器，除应设围栏外，还应有通风良好的遮阳设施。

6.4.11 冷库冻结间、冷却间、冷藏间内不宜设置制冷阀门。

6.4.12 冷库冷间使用的空气冷却器宜设人工指令自动融霜装置及风机故障报警装置。

6.4.13 冻结间在不进行冻结加工时，宜通过所设置的自动控温装置，使房间温度控制在－8℃±2℃的范围内。

6.4.14 有人值守的制冷压缩机房宜设控制室或操作人员值班室，其室内噪声声级应控制在85dB（A）以下。

6.4.15 对使用氨作制冷剂的冷库制冷系统，宜装设紧急泄氨器，在发生火灾等紧急情况下，将氨液溶于水，排至经当地环境保护主管部门批准的消纳贮缸或水池中。

6.4.16 对使用氨作制冷剂的冷库制冷系统，其氨制冷剂总的充注量不应超过40000kg，具有独立氨制冷系统的相邻冷库之间的安全隔离距离应不小于30m。

6.5 管道与吊架

6.5.1 冷库制冷系统管道的设计，应根据其工作压力、工作温度、输送制冷剂的特性等工艺条件，并结合周围的环境和各种荷载条件进行。

6.5.2 冷库制冷系统管道的设计压力应根据其采用的制冷剂及其工作状况按表6.5.2确定。

表 6.5.2　冷库制冷系统管道设计压力选择表（MPa）

设计压力\管道部位 制冷剂	高压侧	低压侧
R717	2.0	1.5
R404A	2.5	1.8
R507	2.5	1.8

注：1　高压侧：指自制冷压缩机排气口经冷凝器、贮液器到节流装置的入口这一段制冷管道。
　　2　低压侧：指自系统节流装置出口，经蒸发器到制冷压缩机吸入口这一段制冷管道，双级压缩制冷装置的中间冷却器的中压部分亦属于低压侧。

6.5.3　冷库制冷系统管道的设计温度，可根据表6.5.3分别按高、低压侧设计温度选取。

表 6.5.3　冷库制冷系统管道的设计温度选择表（℃）

制冷剂	高压侧设计温度	低压侧设计温度
R717	150	43
R404A	150	46
R507	150	46

6.5.4　冷库制冷系统低压侧管道的最低工作温度，可依据冷库不同冷间冷加工工艺的不同，按表6.5.4所示确定其管道最低工作温度。

表 6.5.4　冷库不同冷间制冷系统（低压侧）管道的最低工作温度

冷库中不同冷间承担不同冷加工任务的制冷系统的管道	最低工作温度（℃）	相应的工作压力(绝对压力)(MPa)		
		R717	R404A	R507
产品冷却加工、冷却物冷藏、低温穿堂、包装间、暂存间、盐水制冰及冰库	-15	0.236	-15.82℃ 0.36	0.38
用于冷库一般冻结、冻结物冷藏及快速制冰及冰库	-35	0.093	-36.42℃ 0.16	0.175
用于速冻加工、出口企业冻结加工	-48	0.046	-46.75℃ 0.1	0.097

6.5.5　当冷库制冷系统管道按本标准第6.5.2条~第6.5.4条的技术条件进行设计时，对无缝管管道材料的选用应符合表6.5.5的规定。

表 6.5.5　冷库制冷系统高压侧及低压侧管道材料选用表

制冷剂	R717	R404A	R507
管材牌号	10、20	10、20 T_2、TU_1、TU_2 0Cr18Ni9 1Cr18Ni9	10、20 T_2、TU_1、TU_2 0Cr18Ni9
标准号	GB/T 8163	GB/T 8163 GB/T 17791 GB/T 14976	GB/T 8163 GB/T 17791 GB/T 14976

6.5.6　制冷管道管径的选择应按其允许压力降和允许制冷剂的流速综合考虑确定。制冷回气管允许的压力降相当于制冷剂饱和温度降低1℃；而制冷排气管允许的压力降，则相当于制冷剂饱和温度升高0.5℃。

6.5.7　制冷管道的布置应符合下列要求：

1　低压侧制冷管道的直线段超过100m，高压侧制冷管道直线段超过50m，应设置一处管道补偿装置，并应在管道的适当位置，设置导向支架和滑动支、吊架。

2　制冷管道穿过建筑物的墙体（除防火墙外）、楼板、屋面时，应加套管，套管与管道间的空隙应密封但制冷压缩机的排气管道与套管间的间隙不应密封。低压侧管道套管的直径应大于管道隔热层的外径，并不得影响管道的热位移。套管应超出墙面、楼板、屋面50mm。管道穿过屋面时应设防雨罩。

3　热气融霜用的热气管，应从制冷压缩机排气管除油装置以后引出，并应在其起端装设截止阀和压力表，热气融霜压力不得超过0.8MPa（表压）。

4　在设计制冷系统管道时，应考虑能从任何一个设备中将制冷剂抽走。

5　制冷系统管道的布置，对其供液管应避免形成气袋，回气管应避免形成液囊。

6　当水平布置的制冷系统的回气管外径大于108mm时，其变径元件应选用偏心异径管接头，并应保证管道底部平齐。

7　制冷系统管道的走向及坡度，对使用氨制冷剂的制冷系统，应方便制冷剂与冷冻油分离；对使用氢氟烃及其混合物为制冷剂的制冷系统，应方便系统的回油。

8　对于跨越厂区道路的管道，在其跨越段上不得装设阀门、金属波纹管补偿器和法兰、螺纹接头等管道组成件，其路面以上距管道的净空高度不应小于4.5m。

6.5.8　制冷管道所用的弯头、异径管接头、三通、管帽等管件应采用工厂制作件，其设计条件应与其连接管道的设计条件相同，其壁厚也应与其连接的管道相同。热弯加工的弯头，其最小弯曲半径应为管子外径的3.5倍，冷弯加工的弯头，其最小弯曲半径应为管子外径的4倍。

6.5.9　制冷系统中所用的阀门、仪表及测控元件都应选用与其使用的制冷剂相适应的专用元器件。

6.5.10　与制冷管道直接接触的支吊架零部件，其材料应按管道设计温度选用。

6.5.11　水平制冷管道支吊架的最大间距，应依据制冷管道强度和刚度的计算结果确定，并取两者中的较小值作为其支吊架的间距。

6.5.12　当按刚度条件计算管道允许跨距时，由管道自重产生的弯曲挠度不应超过管道跨距的0.0025。

6.6 制冷管道和设备的保冷、保温与防腐

6.6.1 凡制冷管道和设备能导致冷损失的部位、能产生凝露的部位和易形成冷桥的部位，均应进行保冷。

6.6.2 制冷管道和设备保冷的设计、计算、选材等均应按现行国家标准《设备及管道绝热技术通则》GB/T 4272及《设备及管道绝热设计导则》GB/T 8175的有关规定执行。

6.6.3 穿过墙体、楼板等处的保冷管道，应采取不使管道保冷结构中断的技术措施。

6.6.4 融霜用热气管应做保温。

6.6.5 制冷系统管道和设备经排污、严密性试验合格后，均应涂防锈底漆和色漆。冷间制冷光滑排管可仅刷防锈漆。

6.6.6 制冷管道及设备所涂敷色漆的色标应符合表6.6.6的规定。

表6.6.6 制冷管道及设备涂敷色漆的色标

管道或设备名称	颜色（色标）
制冷高、低压液体管	淡黄（Y06）
制冷吸气管	天酞蓝（PB09）
制冷高压气体管、安全管、均压管	大红（R03）
放油管	黄（YR02）
放空气管	乳白（Y11）
油分离器	大红（R03）
冷凝器	银灰（B04）
贮液器	淡黄（Y06）
气液分离器、低压循环贮液器、低压桶、中间冷却器、排液桶	天酞蓝（PB09）
集油器	黄（YR02）
制冷压缩机及机组、空气冷却器	按产品出厂涂色涂装
各种阀体	黑色
截止阀手轮	淡黄（Y06）
节流阀手轮	大红（R03）

6.6.7 制冷管道和设备保冷、保温结构所选用的黏结剂，保冷、保温材料、防锈涂料及色漆的特性应相互匹配，不得有不良的物理、化学反应，并应符合食品卫生的要求。

6.7 制冰和储冰

6.7.1 盐水制冰的冰块重量、外形尺寸应符合现行国家标准《人造冰》GB 4600的要求。

6.7.2 当盐水制冰池的冷却设备采用V型或立管式蒸发器时，宜采用重力式供液制冷循环方式，气液分离器体积不应小于该蒸发器体积的20%～25%，且分离器内的气体流速不应大于0.5m/s。

6.7.3 制冰池的四壁和底部应做好隔热层、防水层和隔汽层。冰池四壁的顶部应采取防止生产用水渗入隔热层的措施，冰池底部隔热层下部应有通风设施，制冰池隔热层的总热阻应大于或等于$3m^2 \cdot ℃/W$。

6.7.4 堆码块冰冰库的冷却设备应符合下列要求：
1 冰库的建筑净高在6m以下的可不设墙排管，其顶排管可布满冰库的顶板。
2 冰库的建筑净高在6m或高于6m时，应设墙排管和顶排管。墙排管的设置高度宜在库内堆冰高度以上。
3 冰库内顶排管或墙排管不得采用翅片管。

6.7.5 盐水制冰的冰库温度可取－4℃。对贮存片冰、管冰的冰库库温可取－15℃，其制冷设备宜采用空气冷却器。

7 电 气

7.1 变配电所

7.1.1 大型冷库、高层冷库及有特殊要求的冷库应按二级负荷用户供电，中断供电会导致较大经济损失的中型冷库应按二级负荷用户供电，不会导致较大经济损失的中型冷库及小型冷库可按三级负荷用户供电。

7.1.2 当供电电源不能满足负荷等级的要求时，应设置柴油发电机组备用电源。备用电源的容量应满足冷库保温运行的需要，并应满足消防负荷的需要，应按其中较大者确定。如正常电源停电时要求继续进行生产作业，可按要求选择备用电源的容量。

7.1.3 冷库的电力负荷宜按需要系数法计算，冷库总电力负荷需要系数不宜低于0.55。

7.1.4 当冷库电力负荷有明显的季节性变化，在保证制冷机组可靠启动时，宜选用2台或多台变压器运行。

7.1.5 冷库宜设变配电所，变配电所应靠近或贴邻制冷机房布置。当氟制冷系统不集中设置制冷机房时，变配电所宜靠近库区负荷中心布置。装机容量小的小型冷库，可仅设低压配电室。大型冷库根据全厂负荷分布情况，技术经济合理时，可设分变配电所。各回路低压出线上宜单独设置电能计量仪表。

7.1.6 冷库应在变配电所低压侧采用集中无功补偿。当冷库有高压用电设备时，可在变电所高、低压配电室分别进行无功补偿。当冷库设有分配电室时，也可在分配电室进行无功补偿。

7.1.7 高、低压配电室及柴油发电机房应设置备用

照明。高、低压配电室备用照明照度不应低于正常照明的50%，柴油发电机房备用照明照度应保证正常照明的照度。当采用自带蓄电池的应急照明灯具时，备用照明持续时间不应小于30min。

7.2 制冷机房

7.2.1 氨制冷机房应设置氨气体浓度报警装置，当空气中氨气浓度达到100ppm或150ppm时，应自动发出报警信号，并应自动开启制冷机房内的事故排风机。氨气浓度传感器应安装在氨制冷机组及贮氨容器上方的机房顶板上。

7.2.2 氨制冷机房应设事故排风机，在控制室排风机控制柜上和制冷机房门外墙上应安装人工启停控制按钮。

7.2.3 大、中型冷库氟制冷机房应设置气体浓度报警装置，当空气中氟气体浓度达到设定值时，应自动发出报警信号，并应自动开启事故排风机。气体浓度传感器应安装在制冷机房内距地面0.3m处的墙上。

7.2.4 氟制冷机房应设事故排风机，在机房内排风机控制柜上和制冷机房门外墙上应安装人工启停控制按钮。

7.2.5 事故排风机应按二级负荷供电，当制冷系统因故障被切除供电电源停止运行时，应保证排风机的可靠供电。事故排风机的过载保护应作用于信号报警而不直接停风机。气体浓度报警装置应设备用电源。

7.2.6 氨制冷机房应设控制室，控制室可位于机房一侧。氨制冷压缩机组启动控制柜、冷凝器水泵及风机、机房排风控制柜、氨气浓度报警装置、制冷机房照明配电箱等宜集中布置在控制室中。

7.2.7 每台氨制冷压缩机组及每台氨泵均应在启动控制柜（箱）上安装电流表，每台氨制冷机组控制台上应安装紧急停车按钮/开关。

7.2.8 氟制冷机房可不单设控制室，各制冷设备控制柜、排风机控制柜等可布置在氟制冷机房内。

7.2.9 各台制冷压缩机组宜由低压配电室经放射式配电。对不设制冷机房分散布置的小型氟制冷压缩机组，也可采用放射式与树干式相结合的配电方式。

7.2.10 制冷压缩机组的动力配线可采用铜芯绝缘电线穿钢管埋地暗敷，也可采用铜芯交联电缆桥架敷设或敷设在电缆沟内。氟制冷机房内的动力配线一般不应敷设在电缆沟内，当确有需要时，可采用充沙电缆沟。

7.2.11 制冷机房照明宜按正常环境设计。照明方式宜为一般照明，设计照度不应低于150 lx。

7.2.12 制冷机房及控制室应设置备用照明，大、中型冷库制冷机房及控制室备用照度不应低于正常照明的50%，小型冷库制冷机房及控制室备用照明照度不应低于正常照明的10%。当采用自带蓄电池的应急照明灯具时，应急照明持续时间不应小于30min。

7.3 库 房

7.3.1 冷间内的动力及照明配电、控制设备宜集中布置在冷间外的穿堂或其他通风干燥场所。当布置在低温潮湿的穿堂内时，应采用防潮密封型配电箱。

7.3.2 冷间内照明灯具应选用符合食品卫生安全要求和冷间环境条件、可快速点亮的节能型照明灯具，一般情况不应采用白炽灯具。冷间照明灯具显色性指数不宜低于60。

7.3.3 大、中型冷库冷间照明照度不宜低于50 lx，穿堂照度不宜低于100 lx。小型冷库冷间照度不宜低于20 lx，穿堂照度不宜低于50 lx。视觉作业要求高的冷库，应按要求设计。

7.3.4 冷间内照明灯具的布置应避开吊顶式空气冷却器和顶排管，在冷间内通道处应重点布灯，在货位内可均匀布置。

7.3.5 建筑面积大于100m²的冷间内，照明灯具宜分成数路单独控制，冷间外宜集中设置照明配电箱，各照明支路应设信号灯。当不集中设置照明配电箱，各冷间照明控制开关分散布置在冷间外穿堂时，应选用带指示灯的防潮型开关或气密式开关。

7.3.6 库房宜采用AC220V/380V TN-S或TN-C-S配电系统。冷间内照明支路宜采用AC220V单相配电，照明灯具的金属外壳应接专用保护线（PE线），各照明支路应设置剩余电流保护装置。

7.3.7 冷间内动力、照明、控制线路应根据不同的冷间温度要求，选用适用的耐低温的铜芯电力电缆，并宜明敷。

7.3.8 穿过冷间保温层的电气线路应相对集中敷设，且必须采取可靠的防火和防止产生冷桥的措施。

7.3.9 采用松散保温材料（如稻壳）的冷库阁楼层内不应安装电气设备及敷设电气线路。

7.3.10 冷藏间内宜在门口附近设置呼唤按钮，呼唤信号应传送到制冷机房控制室或有人值班的房间，并应在冷藏间外设有呼唤信号显示。设有呼唤信号按钮的冷藏间，应在冷藏间内门的上方设长明灯。设有专用疏散门的冷藏间，应在冷藏间内疏散门的上方设置长明灯。

7.3.11 库房电梯应由变电所低压配电室或库房分配电室的专用回路供电。高层冷库当消防电梯兼作货梯且两类电梯贴邻布置时，可由一组消防双回路电源供电，末端双回路电源自动切换配电箱应布置在消防电梯间内。

7.3.12 库房消火栓箱信号应传送到制冷机房控制室或有人值班的房间显示和报警。

7.3.13 当库房地坪防冻采用机械通风或电伴热线时，通风机或电伴热线应能根据设定的地坪温度自动运行。

7.3.14 当冷间内空气冷却器下水管防冻用电伴热线、库房地坪防冻用电伴热线及冷库门用电伴热线采用 AC220V 配电时,应采用带有专用接地线(PE 线)的电伴热线,或采用具有双层绝缘的电伴热线,配电线路应设置过载、短路及剩余电流保护装置。

7.3.15 经计算需要进行防雷设计时,库房宜按三类防雷建筑物设防雷设施。

7.3.16 库房的封闭站台、多层冷库的封闭楼梯间内和高层冷库的楼梯间内应设置疏散照明。高层冷库的消防电梯机房间内应设置备用照明,备用照明的照度不应低于正常照明的 50%。当采用自带蓄电池的应急照明灯具时,应急照明持续时间不应小于 30min。当有特殊要求时冷藏间内可布置应急照明及电话,冷间穿堂可布置广播及保安监视系统。

7.3.17 大、中型冷库、高层冷库公路站台靠近停车位一侧墙上,宜设置供机械冷藏车(制冷系统)使用的三相电源插座。

7.3.18 盐水池制冰间的照明开关及动力配电箱应集中布置在通风、干燥的场所。制冰间照明、动力线路宜穿管暗敷,照明灯具应采用具有防腐(盐雾)功能的密封型节能灯具。

7.3.19 速冻设备加工间内当采用氨直接蒸发的成套快速冻结装置时,在快速冻结装置出口处的上方应安装氨气浓度传感器,在加工间内应布置氨气浓度报警装置。当氨气浓度达到 100ppm 或 150ppm 时,应发出报警信号,并应自动开启事故排风机、自动停止成套冻结装置的运行,漏氨信号应同时传送至机房控制室报警。加工间内事故排风机应按二级负荷供电,过载保护应作用于信号报警而不直接停风机。氨气浓度报警装置应有备用电源。加工间内应布置备用照明及疏散照明,备用照明照度不应低于正常照明的 10%。当采用自带蓄电池的照明灯具时,应急照明持续时间不应小于 30min。

7.3.20 冷间内同一台空气冷却器(冷风机)的数台电动机,可共用一块电流表,共用一组控制电器及短路保护电器,每台电动机应单独设置配电线路、断相保护及过载保护。当空气冷却器电动机绕组中设有温度保护开关时,每台电机可不再设置断相保护及过载保护,同一台空气冷却器的多台电动机可共用配电线路。

7.4 制冷工艺自动控制

7.4.1 氟制冷系统应符合下列规定:

1 当采用单台氟制冷机组分散布置时,冷间温度、空气冷却器除霜应能自动控制,制冷系统全自动运行。

2 当设有集中的制冷机房,采用多机头并联机组时,冷间温度、机组能量调节应能自动控制,制冷系统可人工指令运行,也可全自动运行。当空气冷却器采用电热除霜时,应设有空气冷却器排液管温度超限保护。

7.4.2 氨制冷系统应符合下列规定:

1 小型冷库制冷系统宜手动控制,应实现制冷工艺提出的安全保护要求。低压循环贮液桶及中间冷却器供液及氨泵回路宜实现局部自动控制,宜设计集中报警信号系统。

2 大、中型冷库及有条件的小型冷库宜采用人工指令开停制冷机组、制冷系统自动运行的分布式计算机/可编程控制器控制系统。空气冷却器除霜宜采用人工指令或按累计运行时间编程,除霜过程自动控制。

3 有条件的冷库宜采用制冷系统全自动运行及冷库计算机管理系统。

7.4.3 冷库应设置温度测量、显示及记录系统(装置)。冷间门口宜有冷间温度显示。有特殊要求的冷库,可在冷间门外设置温度记录仪表。

7.4.4 冷藏间内温度传感器不应设置在靠近门口处及空气冷却器或送风道出风口附近,宜设置在靠近外墙处和冷藏间的中部。冻结间和冷却间内温度传感器宜设置在空气冷却器回风口一侧。温度传感器安装高度不宜低于 1.8m。建筑面积大于 100m² 的冷间,温度传感器数量不宜少于 2 个。

7.4.5 冷间内空气冷却器动力控制箱宜集中布置在电气间内或分散布置在冷间外的穿堂内,不应在空气冷却器现场设置电动机的急停按钮/开关。

8 给水和排水

8.1 给 水

8.1.1 冷库的水源应就近选用城镇自来水或地下水、地表水。

8.1.2 冷库生活用水、制冰原料水和水产品冻结过程中加水的水质应符合现行国家标准《生活饮用水卫生标准》GB 5749 的规定。

8.1.3 生产设备的冷却水、冲霜水,其水质应满足被冷却设备的水质要求和卫生要求。

8.1.4 冷库给水应保证有足够的水量、水压,并应符合下列规定:

1 冷库生产设备的冷却水、冲霜水用水量应根据用水设备确定。

2 冷凝器采用直流水冷却时,其用水量应按下式计算:

$$Q = \frac{3.6\phi_1}{1000C\Delta t} \quad (8.1.2)$$

式中:Q——冷却用水量(m^3/h);

ϕ_1——冷凝器的热负荷(W);

C——冷却水比热容,$C=4.1868 kJ/(kg \cdot ℃)$;

Δt——冷凝器冷却水进出水温度差(℃)。

3 制冰用水量应按每吨冰用水 1.1m³～1.5m³ 计算。

4 冷库的生活用水量宜按 25L/人·班～35L/人·班,用水时间 8h,小时变化系数为 2.5～3.0 计算。洗浴用水量按 40L/人·班～60L/人·班,延续供水时间为 1h。

8.1.5 冷库用水的水温应符合下列规定:

1 蒸发式冷凝器除外,冷凝器的冷却水进出口平均温度应比冷凝温度低 5℃～7℃。

2 冲霜水的水温不应低于 10℃,不宜高于 25℃。

3 冷凝器进水温度最高允许值:立式壳管式为 32℃,卧式壳管式为 29℃,淋浇式为 32℃。

8.1.6 冷库冷却水应采用循环供水。循环冷却水系统宜采用敞开式。

8.1.7 冷却塔的选用应符合下列规定:

1 冷却塔热力性能应满足设计对水温、水量及当地气象条件的要求。

2 风机设备应是效率高、噪声小、运转安全可靠、耐腐蚀、符合标准的产品。

3 冷却塔体、填料的制作、安装应符合国家有关产品标准。

4 冷却塔运行噪声应满足环保要求。

8.1.8 计算冷却塔的最高冷却水温的气象条件,宜采用按湿球温度频率统计方法计算的频率为 10% 的日平均气象条件。气象资料应采用近期连续不少于 5 年,每年最热时期 3 个月的日平均值。

8.1.9 冷却塔循环给水的补充水量,宜按冷却塔循环水量的 2%～3% 计算。蒸发式冷凝器循环冷却水的补充水量,宜按循环水量的 3%～5% 计算。

8.1.10 循环冷却水系统宜采取除垢、防腐及水质稳定的处理措施。

8.1.11 寒冷和严寒地区的循环给水系统,应采取如下防冻措施:

1 在冷却塔的进水干管上宜设旁路水管,并应能通过全部循环水量。

2 冷却塔的进水管道应设泄空水管或采取其他保温措施。

8.1.12 制冷压缩机冷却水进水宜设过滤器,出水管上应设水流指示器,进水压力不应小于 69kPa。

8.1.13 冷库冲霜水系统应符合下列规定:

1 空气冷却器(冷风机)冲霜水宜回收利用。冲霜水量应按产品样本规定。冲霜淋水延续时间按每次 15min～20min 计算。

2 速冻装置及对卫生有特殊要求冷间的冷风机冲霜水宜采用一次性用水。

3 空气冷却器(冷风机)冲霜配水装置前的自由水头应满足冷风机要求,但进水压力不应小于 49kPa。

4 冷库冲霜水系统调节站宜集中设置,并应设置泄空装置。当环境温度低于 0℃ 时,应采取防冻措施。有自控要求的冷间,冲霜水电动阀前后段应设置泄空装置,并应采取防冻措施。

5 冲霜给水管应有坡度,并坡向空气冷却器。管道上应设泄空装置并应有防结露措施。

8.1.14 当给排水管道穿过冷间及库体保温时,保温墙体内外两侧的管道上应采取保温措施,其管道保温层的长度不应小于 1.5m。冷库穿堂内给排水管道明露部分应采取保温或防止结露的措施。

8.1.15 冷库内生产、生活用水应分别设水表计量,并应有可靠的节水、节能措施。

8.2 排 水

8.2.1 冷却间和制冷压缩机房的地面应设地漏,地漏水封高度不应小于 50mm。电梯井、地磅坑等易于集水处应有排水及防止水流倒灌设施。

8.2.2 冷库建筑的地下室、地面架空层应设排水措施。

8.2.3 冷风机水盘排水、蒸发式冷凝器排水、贮存食品或饮料的冷藏库房的地面排水不得与污废水管道系统直接连接,应采取间接排水的方式。

8.2.4 多层冷库中各层冲(融)霜水排水,应在排入冲(融)霜排水主立管前设水封装置。

8.2.5 不同温度冷间的冲(融)霜排水管,应在接入冲(融)霜排水干管前设水封装置。

8.2.6 冷风机采用热氨融霜或电融霜时,融霜排水可直接排放。库内融霜排水管道可采用电伴热保温。

8.2.7 冲(融)霜排水管道的坡度和充满度,应符合现行国家标准《建筑给水排水设计规范》GB 50015 的规定。

8.2.8 冷却物冷藏间设在地下室时,其冲(融)霜排水的集水井(池)应采取防止冻结和防止水流倒灌的措施。

8.2.9 冲(融)霜排水管道出水口应设置水封或水封井。寒冷地区的水封及水封井应采取防冻措施。

8.3 消防给水与安全防护

8.3.1 冷库应按现行国家标准《建筑设计防火规范》GB 50016 及《建筑灭火器配置设计规范》GB 50140 设置消防给水和灭火设施。

8.3.2 冷库内的消火栓应设置在穿堂或楼梯间内,当环境温度低于 0℃ 时,室内消火栓系统可采用干式系统,但应在首层入口处设置快速接口和止回阀,管道最高处应设置自动排气阀。

8.3.3 库区及氨压缩机房和设备间(靠近贮氨器处)门外应设室外消火栓。大型冷库的氨压缩机房对外进出口处宜设室内消火栓并配置开花水枪。

8.3.4 大型冷库的氨压缩机房贮氨器上方宜设置水

喷淋系统，并选用开式喷头，开式喷头保护面积按贮氨器占地面积确定。开式喷头的水源可由库区消防给水系统供给，操作均可为手动。

8.3.5 大型冷库氨压缩机房贮氨器处稀释漏氨排水及紧急泄氨器排水应单独排出，并在排入库区排水管网前应设有隔断措施，并配备有事故水池，提升水泵。事故水池内稀释漏氨排水及紧急泄氨器排水应经处理达标后排入市政排水管网或沟渠。

8.3.6 大型冷库和高层冷库设计温度高于 **0℃**，且其中一个防火分区建筑面积大于 **1500m²** 时，应设置自动喷水灭火系统。当冷藏间内设计温度不低于 **4℃** 时，应采用湿式自动喷水灭火系统；当冷藏间内设计温度低于 **4℃** 时，应采用干式自动喷水灭火系统或预作用自动喷水灭火系统。

9 采暖通风和地面防冻

9.0.1 制冷机房的采暖设计应符合下列要求：

　1 制冷机房内严禁明火采暖。

　2 设置集中采暖的制冷机房，室内设计温度不宜低于 16℃。

9.0.2 制冷机房的通风设计应符合下列要求：

　1 制冷机房日常运行时应保持通风良好，通风量应通过计算确定，通风换气次数不应小于 **3 次/h**。当自然通风无法满足要求时应设置日常排风装置。

　2 氟制冷机房应设置事故排风装置，排风换气次数不应小于 **12 次/h**。氟制冷机房内的事故排风口上沿距室内地坪的距离不应大于 **1.2m**。

　3 氨制冷机房应设置事故排风装置，事故排风量应按 **183m³/(m²·h)** 进行计算确定，且最小排风量不应小于 **34000m³/h**。氨制冷机房的事故排风机必须选用防爆型，排风口应位于侧墙高处或屋顶。

9.0.3 冷间地面的防冻设计形式应根据库房布置、投资费用、能源消耗和经常操作管理费用等指标经技术经济比较后选定。

9.0.4 采用自然通风的地面防冻设计应符合下列要求：

　1 自然通风管两端应直通，并坡向室外。直通管段总长度不宜大于 30m，其穿越冷间地下的长度不宜大于 24m。

　2 自然通风管管径宜采用内径 250mm 或 300mm 的水泥管，管中心距离不宜大于 1.2m，管口的管底宜高出室外地面 150mm，管口应加网栅。

　3 自然通风管的布置宜与当地的夏季最大频率风向平行。

9.0.5 采用机械通风的地面防冻设计应符合下列要求：

　1 采用机械通风的支风道管径宜采用内径 250mm 或 300mm 的水泥管，管中心距离可按 1.5m～2.0m 等

距布置，管内风速应均匀，一般不宜小于 1m/s。

　2 机械通风的主风道断面尺寸不宜小于 0.8m×1.2m（宽×高）。

　3 采暖地区机械通风的送风温度宜取 10℃，排风温度宜取 5℃。

　4 采暖地区机械通风地面防冻加热负荷和机械通风量应按本规范附录 A 的规定进行计算。

　5 地面加热层的温度宜取 1℃～2℃，并应在该加热层设温度监控装置。

9.0.6 架空式的地面防冻设计应符合下列要求：

　1 架空式地面的进出风口底面高出室外地面不应小于 150mm，其进出风口应设格栅。在采暖地区架空式地面的进出风口应增设保温的启闭装置。

　2 架空式地面的架空层净高不宜小于 1m。

　3 架空式地面的进风口宜面向当地夏季最大频率风向。

9.0.7 采用不冻液为热媒的地面防冻设计应符合下列要求：

　1 供液温度不应高于 20℃，回液温度宜取 5℃。

　2 管内液体流速不应小于 0.25m/s。

　3 加热管应设在冷间地面隔热层下的混凝土垫层内，并应采用钢筋网将该加热管固定。

　4 采用金属管作为加热管时应采用焊接连接，采用非金属管作为加热管时地面下不应安装可拆卸接头。加热管在垫层混凝土施工前应以 0.6MPa（表压）的水压试漏，并经 24h 不降压为合格。

9.0.8 当地面加热层的热源采用制冷系统的冷凝热时，压缩机同期运行的最小负荷值应能满足地面加热负荷的需要。

9.0.9 当冷间地面面积小于 500m²，且经济合理时，也可采用电热法进行地面防冻。

附录 A 采暖地区机械通风地面防冻加热负荷和机械通风送风量计算

A.0.1 采暖地区地面防冻的加热计算，应采用稳定传热计算公式。部分土壤热物理系数宜按表 A.0.1 的规定确定。

表 A.0.1 部分土壤热物理系数

土壤名称	密度 (kg/m³)	导热系数 [W/(m·℃)]	土壤条件	
			质量湿度 (%)	温度 (℃)
亚黏土	1610	0.84	15	融土
碎石亚黏土	1980	1.17	10	融土
砂土	1975	1.38	28	8.8

续表 A.0.1

土壤名称	密度 (kg/m³)	导热系数 [W/(m·℃)]	土壤条件 质量湿度 (%)	温度 (℃)
砂土	1755	1.50	42	11.7
黏土	1850	1.41	32	9.4
黏土	1970	1.47	29	7.7
黏土	2055	1.38	24	8.8
黏土加砂	1890	1.27	23	9.7
黏土加砂	1920	1.30	27	10.6

A.0.2 采暖地区机械通风地面防冻加热负荷应按下式计算：

$$Q_f = a(Q_r - Q_{tu}) \times \frac{24}{T} \quad (A.0.2)$$

式中：Q_f——地面加热负荷（W）；
　　　a——计算修正值，当室外年平均气温小于10℃时宜取 1；当室外年平均气温不低于10℃时，宜取 1.15；
　　　Q_r——地面加热层传入冷间的热量（W）；
　　　Q_{tu}——土壤传给地面加热层的热量（W）；
　　　T——通风加热装置每日运行的时间，一般不宜小于 4h。

A.0.3 机械通风地面加热层传入冷间的热量 Q_r 应按下式计算：

$$Q_r = F_d(t_r - t_n)K_d \quad (A.0.3)$$

式中：Q_r——地面加热层传入冷间的热量（W）；
　　　F_d——冷间地面面积（m²）；
　　　t_r——地面加热层的温度（℃）；
　　　t_n——冷间内的空气温度（℃）；
　　　K_d——冷间地面的传热系数[W/(m²·℃)]。

A.0.4 土壤传给地面加热层的热量 Q_{tu} 应按下式计算：

$$Q_{tu} = F_d(t_{tu} - t_r)K_{tu} \quad (A.0.4)$$

式中：Q_{tu}——土壤传给地面加热层的热量（W）；
　　　F_d——冷间地面面积（m²）；
　　　t_{tu}——土壤温度（℃）；
　　　t_r——地面加热层的温度（℃），宜取 1℃～2℃；
　　　K_{tu}——土壤传热系数[W/(m²·℃)]。

A.0.5 土壤温度应取地面下 3.2m 深处历年最低两个月的土壤平均温度。主要城市地面下 3.2m 深处历年最低两个月的土壤平均温度应按表 A.0.5 的规定确定。当缺少该项资料时，可按当地年平均气温减 2℃计算。

表 A.0.5 主要城市地面下 3.2m 深处历年最低两个月的土壤平均温度

城市名称	3.2m 深处地温（℃）				
	月份	温度值	月份	温度值	平均值
北京	3	9.4	4	9.4	9.4
上海	3	14.8	4	14.5	14.7
天津	3	10.6	4	10.2	10.4
哈尔滨	4	2.4	5	2.1	2.3
长春	4	3.8	5	3.4	3.6
沈阳	4	5.4	5	5.7	5.6
乌兰浩特	4	2.4	5	2.2	2.3
呼和浩特	4	4.6	5	4.6	4.6
兰州	3	8.6	4	8.8	8.7
西宁	3	5.9	4	6.2	6.1
银川	4	6.7	5	7.0	6.9
西安	4	11.9	5	12.0	12.0
太原	3	8.4	4	7.9	8.2
石家庄	3	11.2	4	11.4	11.3
郑州	3	12.3	4	12.5	12.4
乌鲁木齐	3	6.5	4	6.6	6.5
南昌	3	16.0	4	15.7	15.9
武汉	4	15.6	5	15.8	15.7
长沙	3	16.6	4	16.4	16.5
南宁	4	22.0	5	22.0	22.0
广州	3	21.9	4	22.0	22.0
昆明	4	15.1	5	15.1	15.1
拉萨	2	7.6	3	7.6	7.6
成都	3	15.4	4	15.8	15.6
贵阳	3	15.3	4	15.4	15.4
南京	3	14.0	4	13.7	13.9
合肥	4	15.0	5	15.5	15.3
杭州	3	15.6	4	15.2	15.4
济南	3	13.8	4	13.6	13.7
蚌埠	3	14.1	4	14.0	14.1
齐齐哈尔	4	2.7	5	2.5	2.6
海拉尔	6	0.5	7	0.4	0.5

A.0.6 土壤传热系数 K_{tu} 应按下式进行计算：

$$K_{tu}=\frac{1}{\frac{\delta_{tu}}{\lambda_{tu}}+\sum\frac{\delta_{i-n}}{\lambda_{i-n}}} \quad (A.0.6)$$

式中：K_{tu}——土壤传热系数 [W/(m²·℃)]；
　　　δ_{tu}——土壤计算厚度，一般采用 3.2m；
　　　λ_{tu}——土壤的热导率 [W/(m·℃)]；
　　　δ_{i-n}——加热层至土壤表面各层材料的厚度 (m)；
　　　λ_{i-n}——加热层至土壤表面各层材料的热导率 [W/(m·℃)]。

A.0.7 机械通风送风量应按下式进行计算：

$$V_s=1.15\times\frac{3.6Q_f}{C_k\cdot\rho_k(t_s-t_p)} \quad (A.0.7)$$

式中：V_s——送风量 (m³/h)；
　　　Q_f——地面加热负荷 (W)；
　　　C_k——空气比热容 [kJ/(kg·℃)]；
　　　ρ_k——空气密度 (kg/m³)；
　　　t_s——送风温度，宜取 10℃；
　　　t_p——排风温度，宜取 5℃。

本规范用词说明

1 为便于在执行本规范条文时区别对待，对要求严格程度不同的用词说明如下：
　　1）表示很严格，非这样做不可的：
　　　正面词采用"必须"，反面词采用"严禁"；
　　2）表示严格，在正常情况下均应这样做的：
　　　正面词采用"应"，反面词采用"不应"或"不得"；
　　3）表示允许稍有选择，在条件许可时首先应这样做的：
　　　正面词采用"宜"，反面词采用"不宜"；
　　4）表示有选择，在一定条件下可以这样做的，采用"可"。

2 条文中指明应按其他有关标准执行的写法为："应符合……的规定"或"应按……执行"。

引用标准名录

《生活饮用水卫生标准》GB 5749
《设备及管道绝热技术通则》GB/T 4272
《设备及管道绝热设计导则》GB/T 8175
《建筑给水排水设计规范》GB 50015
《建筑设计防火规范》GB 50016
《钢结构设计规范》GB 50017
《采暖通风与空气调节设计规范》GB 50019
《建筑灭火器配置设计规范》GB 50140
《人造冰》GB 4600

中华人民共和国国家标准

冷库设计规范

GB 50072—2010

条 文 说 明

修 订 说 明

一、修订依据

根据原建设部《关于印发〈2007年工程建设标准规范制定、修订计划（第二批）〉的通知》（建标〔2007〕126号）和商务部下达的《冷库设计规范》工程建设标准修订任务来开展修订工作的。

二、修订的目的和内容

1 目的：

原规范自2001年6月1日实施以来，曾对全国冷库设计和冷库建设起到了很好的规范和促进作用。但实施10年来，我国市场经济和相关技术已有了很大的发展，原规范已不能适应当今冷库建设发展的需要，为此需进行再次修订。

2 内容：

1) 总则部分：在适用范围中，修订为不分冷库规模大小，均应执行本规范；并适用于氨和氟两种制冷系统。

2) 建筑部分：适应发展需要，在选址、总平面、库房等相关条文作了修订；对建库规模占地、防火分区等作了修订；贯彻节能减排，对冷库维护结构总热阻的单位面积热流量取值作了调整。

3) 结构部分：对冷库冷间结构的耐久性应根据环境类别进行设计作了补充修订；对砌体材料禁用黏土砖作了规定。

4) 制冷工艺部分：补充了有关制冷系统一工业管道、设计温度、设计压力及管材和管件的选用规定；对小型冷库制冷机的选用特性作了规定；删去了冷库制冷系统中制冷设备校核计算的各项计算公式。

5) 电气部分：规定了氨机房内报警设定值为100ppm～150ppm，并对自动报警和自动开启机房内事故通风机作了规定；对冷间内照明增加了节能型灯具的相关规定；对防止引发火灾和人身安全保护等作了相关规定。

6) 给排水部分：对冷库生产、生活用水的水质，水量增加了相应规定；增加了蒸发式冷凝器补充水量和循环冷却水除垢、防腐以及水质稳定措施的规定；增加了节能、节水措施相关技术规定；增加有关消防、安全方面的相关规定。

7) 采暖通风部分：增加了氟制冷机房事故排风相关规定；对氨制冷机房安全的通风量和事故排风作了相关规定；增加了电热法地坪防冻相关规定。

目 次

1 总则 ················· 7—10—29
2 术语 ················· 7—10—29
3 基本规定 ············· 7—10—29
4 建筑 ················· 7—10—38
　4.1 库址选择与总平面 ··· 7—10—38
　4.2 库房的布置 ········· 7—10—39
　4.3 库房的隔热 ········· 7—10—40
　4.4 库房的隔汽和防潮 ··· 7—10—40
　4.5 构造要求 ··········· 7—10—40
　4.6 制冷机房、变配电所和控制室 ··· 7—10—40
5 结构 ················· 7—10—40
　5.1 一般规定 ··········· 7—10—40
　5.2 荷载 ··············· 7—10—41
　5.3 材料 ··············· 7—10—41
6 制冷 ················· 7—10—42
　6.1 冷间冷却设备负荷和机械负荷的计算 ··· 7—10—42
　6.2 库房 ··············· 7—10—42
　6.3 制冷压缩机和辅助设备 ··· 7—10—42
　6.4 安全与控制 ········· 7—10—43
　6.5 管道与吊架 ········· 7—10—43
　6.6 制冷管道和设备的保冷、保温与防腐 ··· 7—10—44
　6.7 制冰和储冰 ········· 7—10—44
7 电气 ················· 7—10—44
　7.1 变配电所 ··········· 7—10—44
　7.2 制冷机房 ··········· 7—10—45
　7.3 库房 ··············· 7—10—46
　7.4 制冷工艺自动控制 ··· 7—10—47
8 给水和排水 ··········· 7—10—47
　8.1 给水 ··············· 7—10—47
　8.2 排水 ··············· 7—10—48
　8.3 消防给水与安全防护 ··· 7—10—49
9 采暖通风和地面防冻 ··· 7—10—49

1 总 则

1.0.1 为规范冷库设计,不论规模大小,均应执行或参照执行本规范相关规定。

1.0.2 本条规定了规范的适用范围。

1 按基建性质划分:它适用于新建、改建、扩建的冷库。至于改建维修的冷库,因受原有条件限制,在某些方面不一定能符合本规范要求,但规范中的一些原则,在改建或维修工程时仍可适用,如有特殊情况,应按因地制宜的原则执行。

2 本规范适用于以氨、氟为制冷剂的制冷系统。由于目前在冷库制冷系统中使用的氢氟烃类制冷剂,都不是环保冷媒,而是过渡性替代物质,因此在选用时,需随时关注国家在制冷剂方面的环保政策。

1.0.3 本规范修订中强调了"保护环境、安全适用",以适应我国冷库建设的发展。

1.0.5 根据国家对编制全国通用设计标准规范的规定,凡引用或参见其他设计标准、规范和其他有关规定的内容,除必要的以外,本规范不再另立条文,故在本条中统一作了交代。

2 术 语

本章给出了本规范中使用的 15 个术语的定义和对应的英语词语,以方便规范使用的理解和交流。

3 基本规定

3.0.1 本规范规定冷库的设计规模,应以冷藏间或冰库的公称容积作为计算标准。公称容积为冷藏间或冰库的净面积(不扣除柱、门斗和制冷设备所占的面积)乘以房间净高。过去冷库的设计规模多以冷藏间或冰库的公称贮藏吨位计算。这种计算方法有许多缺点,主要表现在它的计算公式对冷库工程建设不能起到规范的作用。其计算公式为:公称贮藏吨位=堆装面积×堆装高度×食品计算密度。公式中堆装面积和堆装高度虽有若干规定,但漏洞很多。因此常常出现几个贮藏同一类食品,公称贮藏吨位也相同的冷库,其建筑面积、内净容积和建设投资却相差很大,难于对设计质量进行评比,且国际上久已以"容积"衡量冷库规模的大小。根据中华人民共和国建设部制定的《工程设计资质标准》(2007 年修订本),商物粮行业冷藏库建设项目设计规模划分见表 1:

表 1 商物粮行业冷藏库建设项目设计规模划分

设计规模	大型	中型	小型
公称体积(m³)	>20000	20000~5000	<5000

使用公称容积有以下优点:

1 避免对"堆装面积"等因素解释不一而出现许多矛盾,也便于控制冷库规模和基建投资。

2 促使设计人员充分利用冷藏空间,提高容积的利用系数,做出更为经济实用的设计,也便于评定设计的优劣。

3 促使使用单位通过改革工艺、改进包装和堆码技术,挖掘冷库贮藏的潜力。

3.0.2 由于改用"公称容积"代替我国长期以来使用的"公称吨位"作为衡量冷库规模的标准,在设计和经营、管理等部门必然要求能有一个简便的将"公称容积"换算成吨位的方法,因此本条给了一个换算公式,并引用了一个"计算吨位"量称。

3.0.3 本条规定了有关冷藏间的容积利用系数 η 值的选取。

1 原《冷库设计规范》编写组分析了商业、外贸、水产等 33 座不同规模、贮存不同食品的冷库,按原设计贮存量和原设计采用的食品计算密度,换算出堆货容积,它与冷藏间内净容积之比即为容积利用系数。按照冷库规模大小初步提出 4 种容积利用系数 η 值。

2 规范编写组又对另外 17 座规模大小不等的冷库进行了验算,第一步按各库原设计的冷藏吨位等求出其容积利用系数 η 值,并将它与初步提出的 4 种 η 值计算的冷藏吨位等进行比较;第二步按原设计图及有关贮藏规定(走道宽度、货物距墙、顶距离,有无门斗等)求出按手推车运货留走道的容积利用系数 η 值和按电瓶车运货留走道的容积利用系数 η 值,同时求出其相应的冷藏吨位。将 η、η_1、η_2、η_3 比较,提出了规范中 5 种不同公称容积的容积利用系数。其间规范编写组还对天津商业、外贸、水产 5 座冷库的容积利用系数作出测定和比较。

3 1982 年原规范审查会对规范提出的容积利用系数作了审查,提出公称容积小于 1000m³ 的冷库容积利用系数 0.45 偏大,最好改为 0.40。

这次审查会后,规范编写组又到辽宁、山东、北京、上海、浙江调查了 54 座冷库的容积利用情况(见表 2)。其中北京、上海、辽宁 6 座蔬菜冷库的容积利用情况说明,除周水子冷库拱屋面空间浪费大,堆装时留的空地太多,造成容积利用系数太小外,其他蔬菜冷库的容积利用系数均应采用本规范表 3.0.3 规定值乘以 0.8 的修正系数。

4 有地方反映贮存水果、鸡蛋的实际容积利用系数与规范值相差较大。为此规范编制组曾于 1983 年 11 月到河南、武汉对鸡蛋、水果冷库进行了测定(见表 3 中序号 22~26),证明贮存鲜蛋、鲜水果的实际容积利用系数与本规范值相差上下均不到 5%,本规范值基本可用。

表 2 冷库容积利用系数及食品密度调查表（一间或数间冷藏间）

序号	冷库名称	贮存货物名称	冷藏温度(℃)	冷库公称容积(m^3)	F_1 净面积(m^2)	h_1 净高度(m)	V_1 净容积(m^3)	F_2 堆装面积(m^2)	h_2 堆装高度(m)	V_2 堆装容积(m^3)	η_1 测定的容积利用系数 V_2/V_1	η 本规范规定容积利用系数	$\dfrac{\eta_1}{\eta}$	货物名称	存放形式	包装形式	ρ_1 测定值(t/m^2)	ρ_s 本规范值(t/m^3)	$\dfrac{\rho_1}{\rho_s}$
1	营口食品公司冷库(二期)	牛、羊肉	-15	2240	197.5	4.07	803.0	133.0	3.40	452.0	0.560	0.55	1.010	牛、羊肉	码垛	无	0.409	0.33	1.24
2	上海哈尔滨路冷库	牛肉、羊腔	-17～-18	3965	1160.0	2.85～4.05	3965.0	862.0	2.18～3.46	2412.0	0.608	0.55	1.100	—	—	—	—	—	—
3	大连食品公司冷冻厂	猪肉	-17～-18	21507	587.0	4.58	2688.0	467.0	3.70	1727.0	0.640	0.62	1.036	猪肉	码垛	无	700/1727=0.405	0.40	1.01
4	烟台肉联厂1500t冷库	猪肉	-17～-18	6235	354.0	5.00	1770.0	287.0	4.25	1219.0	0.688	0.55	1.250	猪白条	码垛	无	460/1219=0.377	0.40	0.94
5	青岛肉联厂老库	猪肉	-17～-18	6077	237.0	3.69	877.0	192.0	2.98	571.0	0.650	0.55	1.180	—	—	—	—	—	—
6	青岛肉联厂新库	猪肉	-17～-18	10694	588.0	4.56	2681.0	475.0	3.76	1786.0	0.666	0.60	1.110	猪白条	码垛	无	700/1786=0.391	0.40	0.98
7	北京市西南郊食品冷冻厂	猪肉	-17～-18	64828	572.0	4.54	2596.0	454.0	3.84	1742.0	0.670	0.62	1.080	猪白条	码垛	无	768/1742=0.441	0.40	1.10
8	上海薛家浜冷库	冻肉	-17～-18	55341	12136.0	4.56	55341.0	10233.0	3.75	38375.0	0.690	0.62	1.110	—	—	—	—	—	—
9	上海沪南冷库(二)	冻肉	-16～-18	11601	—	—	—	—	—	—	平均 0.603	0.60	1.004	—	—	—	—	—	—
10	杭州食品罐头食品厂3000t冷库	猪肉、禽	-18	6435	—	—	1251.3	—	—	736.0	0.590	0.55	1.060	—	—	—	—	—	—
11	宁波食品公司500t冷库	猪肉	-18	1829	—	—	1829.0	—	—	941.0	0.514	0.50	1.030	—	—	—	—	—	—
12	营口食品公司150t蛋库	鲜蛋	±0	1006	129.0	3.90	503.0	77.6	3.10	240.0	0.480	0.50	0.960	鲜鸡蛋	箱堆	木箱	75/240=0.312	0.26	1.19

续表 2

序号	冷库名称	贮存货物名称	冷藏温度 (℃)	冷库公称容积 (m^3)	容积利用系数（一间或数间冷藏间）									食品密度				
					F_1 净面积 (m^2)	h_1 净高度 (m)	V_1 净容积 (m^3)	F_2 堆装面积 (m^2)	h_2 堆装高度 (m)	V_2 堆装容积 (m^3)	η_1 测定的容积利用系数 V_2/V_1	η 本规范规定容积利用系数	η_1/η	货物名称	存放形式	包装形式	ρ_1 测定值 (t/m^2)	ρ_s 本规范值 (t/m^3)	ρ_1/ρ_s
13	大连食品公司冷冻厂	鲜蛋	±0	13296	351.0	4.00	1404.0	264.0	3.10	818.0	0.580	0.60	0.967	鲜鸡蛋	箱堆	木箱	225/818=0.275	0.26	1.04
14	北京市食品公司肉联厂蛋库	鲜蛋	±0	3328	475.0	3.20	1520.0	392.0	2.62	1009.0	0.660	0.55	1.200	鲜鸡蛋	箱堆	木箱	0.243	0.26	0.93
15	北京市西南郊食品冷冻厂	鲜蛋	±0	6949	432.0	3.70	1600.0	338.0	2.60	878.0	0.548	0.55	0.996	鲜鸡蛋	堆垛	木箱	0.262	0.26	1.01
16	上海二厂冷蛋库	鲜蛋	±0	6948	—	—	—	—	—	—	平均 0.603	0.55	1.100	—	—	—	平均 0.190	0.26	0.73
17	上海蛋品批发部	鲜蛋	±0	7113	—	—	—	—	—	—	平均 0.524	0.55	0.950	—	—	—	0.245	0.26	0.94
18	杭州食品公司蛋批发部500t蛋库	鲜蛋	+2~-2	3960	264.0	5.00	1320.0	158.0	3.65	574.0	0.430	0.55	0.780	鲜鸡蛋	堆垛	木箱	0.251	0.26	0.96
19	宁波蛋品批发部100t蛋库	鲜蛋	+2~-2	417.6	87.0	4.80	417.6	69.0	2.50	172.5	0.413	未规定 >0.40	1.030	—	—	—	—	—	—
20	北京市左安门菜站三期库	鲜蛋	—	—	—	—	—	333.0	箱装 3.66	1220.0	0.540	0.60	0.900	鲜蛋	堆垛	木箱	262/1220=0.214	0.26	0.82
21	上海新桥冷库	鲜蛋	0~5	9194	382.5	4.10	1568.0	286.0	3.50	1001.0	0.638	0.55	1.160	—	—	—	—	—	—
22	上海蛋品复路蛋库	冰蛋	-17~-20	1267	—	—	—	—	—	—	0.568	0.50	1.130	—	—	—	—	—	—
23	沈阳站平莱冷库	蔬菜	±0	10291	302.0	3.40	1029.0	171.0	3.10	530.0	0.510	0.60	0.850	蒜薹	架存	挂、有的装塑料袋	70/530=0.132	0.23	0.57

续表 2

序号	冷库名称	贮存货物名称	冷藏温度 (℃)	冷库公称容积 (m^3)	F_1 净面积 (m^2)	h_1 净高度 (m)	V_1 净容积 (m^3)	F_2 堆装面积 (m^2)	h_2 堆装高度 (m)	V_2 堆装容积 (m^3)	η_1 测定的容积利用系数 V_2/V_1	η 本规范规定容积利用系数	η_1/η	货物名称	存放形式	包装形式	ρ_1 测定值 (t/m^2)	ρ_s 本规范值 (t/m^3)	ρ_1/ρ_s
24	大连周水子菜库	蔬菜	±0	18656	212.0	4.40	933.0	—	—	298.0(走道宽)	0.320	0.62	0.530	蒜薹	架存	—	60/298=0.201	0.23	0.87
25	营口蔬菜公司第二菜库(北)	蔬菜	±0	7564	210.0	—	945.0	102.0	—	418.0	0.440	0.55	0.800	蒜薹	架存	挂塑料袋	40/418=0.095	0.23	0.41
26	营口蔬菜公司第二菜库(南)	蔬菜	±0	8187	413.0	4.95	2046.0	189.0	4.60	870.0	0.424	0.55	0.770	蒜薹	架存	挂塑料袋	90/870=0.103	0.23	0.45
27	北京左安门二期库	蔬菜	±0	13512	420.0	5.36	2252.0	307.0	3.84	1181.0	0.520	0.60	0.870	大白菜	—	—	140/1181=0.119	0.23	0.52
28	上海国庆路硫酸莱库	蔬菜	0~2	5547	1440.0	3.80~4.00	5547.0	859.0	3.00	2578.0	0.465	0.55	0.850	—	—	—	—	—	—
29	沈阳公司沈东发站	蔬菜	±0	7599	357.0	4.26	1520.0	249.0	3.50	872.0	0.570	0.55	1.036	水果	堆垛7个高	筐装	185/872=0.213	0.23	0.93
30	北京市果品公司四道口5000t冷库	水果	±0	33432	342.0	4.00	1368.0	269.0	3.33	896.0	0.655	0.62	1.050	—	—	箱装	—	—	—
31	北京市果品公司四道口5000t冷库	水果	±0	—	—	—	—	—	3.22	866.0	0.633	0.62	1.020	水果	—	筐装	0.235	0.23	1.02
32	上海果品公司冷库	水果	±0	34230	360.3	4.00	1441.0	277.0	3.15	872.5	0.606	0.62	0.980	—	—	—	—	—	—
33	上海果品公司新闸桥(老库)	水果	0~5	12823	262.0	5.00	1310.0	201.0	3.60	724.0	0.550	0.60	0.910	水果	—	—	0.250	0.23	1.08
	上海果品公司新闸桥(新库)	水果	0~5	32862	—	—	—	—	3.15	901.0	0.575	0.62	0.930	水果	—	篓装	0.200	0.23	0.86
34	上海蒜食品厂康冷库	苹果	0~2	2158	239.8	4.50	1079.0	180.7	3.15	569.2	0.530	0.55	0.960	—	—	—	—	—	—

续表 2

序号	冷库名称	贮存货物名称	冷藏温度 (℃)	冷库公称容积 (m³)	容积利用系数								食品密度				
					F_1 净面积 (m²)	h_1 净高度 (m)	V_1 净容积 (m³)	F_2 堆装面积 (m²)	h_2 堆装高度 (m)	V_2 堆装容积 (m³)	η_1 测定的容积利用系数 V_2/V_1	η 本规范规定容积利用系数	$\frac{\eta_1}{\eta}$	货物名称	存放形式	包装形式	测定值 ρ_1 (t/m²)	本规范值 ρ_s (t/m³)	$\frac{\rho_1}{\rho_s}$
35	上海蛋一厂冷禽库	冻鸡	-21	3348	343.0	4.86	1667.0	248.4	3.62	899.0	0.540	0.55	0.980	冻鸡	—	—	0.500	0.40	1.25
36	上海北宝兴路冷盘冻鸭库(新库)	—	-15~-18	5800	—	—	—	—	—	—	平均 0.610	0.55	1.110	—	—	—	—	0.40	—
37	上海北宝兴路冷鸡、鹅库(老库)	—	-15~-18	1321	—	—	—	—	—	—	0.630	0.50	1.260	—	—	—	—	0.47	—
38	宁波市家禽500t冷库	禽	-18	1944	432.0	4.50	1944.0	336.0	3.50	1176.0	0.604	0.50	1.210	禽	—	—	0.440	0.40	1.10
39	营口水产公司冷库	水产	-18	3159	187.0	6.50 大高	1215.0	127.4	4.50	开两个门 573.0	0.470	0.55	0.850	水产	码垛	无	280/573 =0.488	0.47	1.02
40	大连海洋渔业公司10000t库	水产	-18	25914	442.0	3.74	1653.0	358.0	3.24	1160.0	0.700	0.62	1.130	—	托板上13层	—	—	0.47	—
41	大连海洋渔业公司水产制品厂冷库	水产	-20	8162	626.0	4.25	2660.0	564.0	3.20	1804.0	0.670	0.55	1.210	水产	13层纸箱高码垛	无	1.5/3.66 =0.426	0.47	0.90
42	烟台海洋渔业公司冷冻厂3800t新库	水产	-18	12621	826.0	3.67	3032.0	664.0	2.80	1859.0	0.613	0.60	1.02	水产	托板码堆	纸箱	620/1859 =0.333	0.47	0.71
43	青岛海洋渔业公司中港冷库一期新库	水产	-18	21972	246.0	3.38 太低	831.0	209.0	2.40	501.0	0.600	0.62	0.79	水产	堆块	无	1/1.54 =0.649	0.47	1.38
44	北京四路通水产5000t冷库	水产	-18	19679	1371.0	3.98	5456.0	1070.0	3.41	3648.0	0.668	0.62	1.07	水产	放1400t时	—	224/501 =0.447	0.47	0.95
45	上海水产供销站冷库	水产	-18	24000	1669.0	3.64	6074.0	1454.0	3.12	4536.0	0.750	0.62	1.2	水产	放1684t时	—	0.380	0.47	0.81
																	0.460	0.47	0.98
																	—	—	—

续表 2

序号	冷库名称	贮存货物名称	冷藏温度(℃)	冷库公称容积(m^3)	容积利用系数(一间或数间冷藏间)							η	η本规范规定容积利用系数	$\dfrac{\eta_1}{\eta}$	食品密度					
					F_1 净面积(m^2)	h_1 净高度(m)	V_1 净容积(m^3)	F_2 堆装面积(m^2)	h_2 堆装高度(m)	V_2 堆装容积(m^3)	η_1测定的容积利用系数 V_2/V_1			货物名称	存放形式	包装形式	ρ_1测定值(t/m^2)	ρ_s本规范值(t/m^3)	$\dfrac{\rho_1}{\rho_s}$
46	上海康泰食品厂冷库	马面鱼	-18	7174	239.8	4.00	959.0	—	—	569.0	0.590	0.55	1.07	—	—	—	—	—	—
47	上海林海食品冷库	鱼肉、番茄、土豆	-18	4587	468.0	3.20	1530.0	403.0	2.50	1037.0	0.677	0.55	1.23	—	—	—	—	—	—
48	杭州卖鱼桥水产1000t冷库	水产	-18	4895	1009.3	4.85	4895.0	—	3.00	2612.0	0.533	0.55	0.97	—	—	—	0.430	0.47	0.91
49	宁波3000t中转水产冷库	水产	-18	12972	1435.0	4.52	6486.0	1045.0	3.00	3135.0	0.483	0.60	0.80	—	—	—	—	—	—
50	舟山洋渔业公司大下冷库	水产	-18	37990	1681.0	4.52	7598.0	1541.0	3.00	4623.0	0.608	0.62	0.98	—	—	—	—	—	—
51	烟台洋渔业公司3000t冷库	冰	-6	5227	378.0	13.83	5227.0	378.0	—	3949.0	0.750	0.65	1.15	冰	堆块	无	—	—	—
52	青岛洋渔业公司中港一期库	冰	-4	14861	547.0	11.56	6372.0	547.0	—	5117.0	0.800	0.65	1.23	—	—	—	4000/5117=0.782	0.75	1.04
53	宁波冷藏公司冰棒库	冰棒等	-18	996	83.0	4.00	332.0	46.0	3.00	138.0	0.410	0.40	1.03	—	—	—	—	—	—
54	大连南关冷库	虾肉	-18	34658	520.0	6.25	3253.0	371.0	5.06	1877.0	0.577	0.62	0.93	—	—	—	—	—	—
55	北京外贸饮料食品厂700t冷库	冻肉	-20	3566	673.0	5.30	3566.0	479.0	4.47	2141.0	0.600	0.55	1.09	冻肉	托板	纸箱	800/2141=0.373	0.40	0.93
56	上海外贸三厂冷冻10000t冷库	冻肉、分割肉	-18	36502	9156.0	3.50~4.30	36502.0	6505.0	3.24~3.60	21829.0	0.60	0.62	0.97	分割肉	—	—	—	—	—
57	上海外贸冷冻三厂7000t冷库	肉兔、冰蛋等	-18~-20	32862	8365.0	3.80~4.25	32862.0	5907.0	3.24~3.60	19710.0	0.600	0.62	0.97	肉兔、冰蛋	—	纸盒	0.376	0.40	0.94

表3 冷藏间容积利用系数 η 验算情况（序号1～17为按图计算，18～27为现场实例）

序号	设计号或冷库名称	原设计吨位(t)	贮存货物名称	冷藏面积总净面积(m²)	冷藏间净高(m)	冷藏间总净容积(m³)	按原设计计算 密度(kg/m³)	按原设计计算 冷藏量(t)	按原设计计算 求得的η值	按本规范计算 密度(kg/m³)	按本规范计算 η值	按本规范计算 冷藏量(t)	与原设计冷藏量比(%)	备注
1	冷90	100	冷却物	39.0	4.00	156	320	26.5	0.530	260	0.40	16.20	−38.0	原设计容量偏大，平面尺寸小，净高5.41m，堆高5m无法实现
			冻结物	118.7	4.00	474	375	75.0	0.420	400	0.40	75.80	+1.0	—
2	冷101	170	冻肉	138.3	5.41	748	375	170.0	0.620	400	0.40	119.00	−30.0	原设计计房间宽11m减去电瓶车走道货架宽4.3m，堆高4.7m不合理
3	冷88	500	冻肉	470.0	5.00	2350	375	500.0	0.570	400	0.55	517.00	+3.40	—
4	冷55	1000	冻肉	666.0	5.70	3796	375	976.0	0.700	400	0.55	835.00	−14.4	原设计货架宽4.3m，空间浪费
5	冷109	1900	西红柿	3873.0	4.80	18590	175	1900.0	0.650	230	0.62	2120.00	−11.6	—
6	冷117	2300	冻肉	1581.0	7.55	11935	375	2356.0	0.530	400	0.62	2864.00	+21.6	原设计净7.55m，堆高只有5m，鲜蛋肉鱼、肉鱼5.8m高鲜蛋都无法实现，故实际冷藏量达不到规范值
7	冷84	3000	冻肉	2513.0	4.56	11458	375	2860.0	0.670	400	0.62	2750.00	−3.8	
8	冷106	5000	冻肉	4380.0	4.56	19976	375	5140.0	0.690	400	0.62	4954.00	−3.8	
9	冷97	—	牛、羊、猪肉	2105.0	6.64	13977	375	4284.0	0.730	400	0.62	3466.00	—	
		5000	鱼	659.0	6.64	4375	450	1170.0	0.580	470	0.62	1275.00	+10.0	
		—	鲜蛋	942.0	6.64	6253	320	—	—	260	0.55	894.00	—	
10	冷113	6500	冻肉	5693.0	4.56	25960	375	6500.0	0.670	400	0.62	6438.00	−1.0	
11	冷111	9000	冻肉	7136.0	4.76	33967	375	8800.0	0.690	400	0.62	8424.00	−4.2	
12	冷105	10000	冻肉	9488.0	4.56	43265	375	10176.0	0.630	400	0.62	10729.00	+5.4	
13	冷110	10000	冻肉	8344.0	4.76	39717	375	10200.0	0.680	400	0.62	9850.00	−4.3	
14	冷87	10000	冻肉	9468.0	4.56	43174	375	10174.0	0.670	400	0.62	10707.00	+5.2	
15	柳州库10000t	10000	冻肉	9109.0	4.46～4.65	41519	375	10701.0	0.680	400	0.62	10296.00	−3.8	
16	冷114	20000	冻肉	17912.0	4.76	85262	375	20855.0	0.650	400	0.62	21145.00	+1.4	
17	龙华果品库	6000	果蔬	8501.0	4.02	34174	(295)	(6000.0)	0.600	230	0.62	4873.00	−18.8	按该库标准间实际堆仓及木箱计实际η=0.54，上海堆装密度大

7—10—35

续表 3

序号	设计号或冷库名称	原设计吨位(t)	贮存货物名称	冷藏间总净面积(m^2)	冷藏间净高(m)	冷藏间总净容积(m^3)	按原设计计算 密度(kg/m^3)	按原设计计算 冷藏量(t)	求得的 η 值	按本规范计算 密度(kg/m^3)	按本规范计算 η 值	按本规范计算 冷藏量(t)	与原设计冷藏量比(%)	备 注
18	天津第一食品厂	1700	鲜蛋	2768.0	4.00	11070	—	(1700.0)	0.590	260	0.60	1726.00	+1.6	—
19	天津食品公司第二冷冻厂	7000	冻肉	7460.0	4.00	29840	320	实测 6948.0	0.540	400	0.62	7400.00	与实际比+6.5	—
20	天津水产供销公司冷库	1200	水果	1865.0	4.00	7459	375	实测 1000.0	0.500	230	0.55	943.00	与实际比-5.7	—
21	天津外贸食品公司冷冻厂	2000	冻鱼	1677.0	6.00	10060	320	2752.0	堆高4.8m 0.608	470	0.60	2836.00	与实际比+3.0	—
22	武汉第六冷冻厂	10000	冻食品	7889.0	3.85	30372	(450)	剔骨肉 实存7141.0	0.619	400	0.62	7532.00	与实际比+5.5	原设计面积净高均小
23	郑州市蛋库	5000	鲜蛋	7509.0	底层4.58 一五层4.28 二三四层4.18	32125	320	实测 5118.0	0.590	260	0.62	5178.00	+1.2	—
24	郑州果品冷库	5000	鲜蛋	6691.0	4.78	31984	300	5000.0	0.590	260	0.62	5155.00	+3.1	原设计面积偏小
25	武汉徐家棚水果库	5000	水果	6134.0	6.00	36814	(185)	5000.0	0.605	230	0.62	5249.00	+5.0	箱间留孔隙堆装密度小
26	武汉禽蛋加工厂冷库	5000	鲜蛋	10402.0	4.58	47641	(233)	实测 6768.0	0.610	260	0.62	7680.00	+13.5	原设计面积太大
27	汉口水果库	600	鲜蛋	319.0	4.50	4107	(233)	600.0	0.560	260	0.55	587.00	-2.0	实测箱间空隙时534t
		500	水果	660.0	4.80	3168	—	实测 400.0	—	230	0.55	401.00	+0.3	原设计面积小达不到500t

5 过去冷库设计没有国家的统一规范，同样的10000t冷库，有的设计冷藏间内净容积为39717m³，有的却达43265m³，后者大9%。同样5000t鲜蛋冷库，有的冷藏间建筑面积为6849m³，有的却达11637m³，较前者大70%；冷藏间净容积前者为31984m³，后者为47632m³，较前者大49%；每吨鲜蛋用同样的木箱，实测其占用建筑面积和冷藏间净容积分别为1.4m³～1.71m³和6.28m³～7.03m³，相差都不小。因此规范有必要作些统一规定。过去各单位都是按照自己掌握的数据进行设计，各系统冷库因用途不同，包装、运输、堆码方法、形式以及管理等也各不相同。现在本规范按5种不同规模的公称容积划分，确定了容积利用系数值，对某些冷库可能还不尽合理，有待在今后试行中积累资料后再进行修订和补充。

表3.0.3中公称容积是指一座冷库各冷藏间公称容积之和，请注意该表注1。

6 实行新规范就要合理地考虑堆装设备、容器、合理的堆装高度和房间净高等，如果设计不考虑生产实际，盲目提高房间净高，其容积利用系数就可能达不到规范要求，实践中必然浪费资金和能源。

3.0.4 冰库的利用系数 η 值，随房间净高而异。从表4调查可看出：

表4 冰库容积利用系数

型式	内净面积(m²)	净高(m)	内净容积(m³)	堆冰面积(m²)	堆冰高度(m)	堆冰容积(m³)	堆冰质量(t)	容积利用系数
单层	246	6.00	1476	204	3.85	785	589	0.53
单层或多层	246	5.00	1232	204	2.75	560	420	0.45
	246	4.45	1094	204	2.20	448	336	0.40
单层	400	6.00	2406	377	3.85	1451	1088	0.60
单层或多层	400	5.00	2000	377	2.75	1036	777	0.52
	400	4.45	1780	377	2.20	829	621	0.46
单层	540	12.00	6480	484	8.80	4259	3194	0.66
单层	540	6.00	3243	484	3.85	1863	1397	0.57
单层或多层	540	5.00	2700	484	2.75	1331	998	0.49
	540	4.50	2432	484	2.20	1064	798	0.43
单层	680	12.00	8160	649	8.80	5711	4283	0.70
单层	680	6.00	4080	649	3.85	2498	1873	0.61
单层或多层	680	4.50	3060	649	2.20	1460	1095	0.47

1 容积利用系数 η 值与面积虽有关系，但当冰库内净面积分别为246m²、540m²、680m²时，η 值则分别为0.53、0.57、0.61，互相间仅差4%。但由表4可看出，η 值受净高的影响却比较大。如上述相同面积的冰库，当净高不同时，η 值相差达13%～22%（即净高越高，容积利用系数越大）。

2 从内净容积的大小方面也很难确定 η 值。例如，内净容积相近分别为2406m²、2432m² 时，其 η 值分别为0.6、0.43，相差很大；若内净容积接近，如分别为3243m² 和3060m² 的两个房间，则 η 值分别为0.57、0.47，相差也很大。

3 用吊车吊冰时，因吊车占空间大，故净高要高一些才经济。水产系统冰库趋向于做12m净高，η 值可达0.7。例如，冰库内净面积为680m²，净高6m，无吊车时，$\eta=0.61$；而有吊车时，房间净高分别为9m、8m、7m时，η 值则分别为0.64、0.59、0.52，显然低于9m时就不经济了。

以水产系统两套定型图纸验证：200t冰库内净面积为68.86m²（11m×6.26m），净高6m，内净容积413m³，值取0.6，以计算密度为750kg/m³ 计，则能储冰186t。又如500t冰库，内净面积为191m²（16.9m×11.35m），净高6.05m，内净容积1160 m³；η 值按0.6计，则可储冰522t。

3.0.6 有关冷库贮藏食品的计算密度值的说明。

1 最初确定食品的计算密度（即实际的堆装密度），系根据当年在河南、陕西、四川、广东、广西、湖北、湖南、江苏和内蒙古九个省、自治区42座冷库中测定的数据加以整理、归纳得出的。第一步整理出8类73种商品的密度，再归纳为25种食品的密度（不包括装载用具的质量），并同1975年原商业部设计院编的《冷藏库制冷设计手册》（以下简称《手册》）的数据作了比较，见表5。在本规范初稿中，编写组提出41种食品的堆装密度，后来在本规范的报审稿中，编写组根据国内食品冷库贮存货物的类别归纳提出8种计算密度，提供审查会审定。这类数值与《手册》规定相比，肉类、鱼类冷库略有增加，分别增加6.6%和4.4%，鲜蛋略有减少，减少6.2%，而水果减少比例较大，为26%。

2 在原规范审查会中，编写组认为牛、羊库的计算密度采用400kg/m³ 偏大，特别是羊腔达不到此密度。如贵州省1981年10月测定羊腔密度只有207kg/m³～241kg/m³。编写组于1981年10月在海拉尔肉联厂测定了几垛牛、羊肉，其密度：带骨牛肉为362.94kg/m³，羊腔为216.97kg/m³（这批羊较小），纸箱装剔骨牛、羊块肉为824.3kg/m³。同时在乌鲁木齐肉联厂也作了测定：羊腔为300kg/m³～320kg/m³，劈半羊为375kg/m³～400kg/m³。因此对表3.0.6加了附注，规定冻肉冷库如同时存放猪、牛、羊时，其密度均按400kg/m³ 计，当只存冻羊腔时，其密度按250kg/m³ 计，只存冻牛、羊肉时，密度按330kg/m³ 计。这类数值不宜再少，因为今后总会有一部分作剔骨块肉存放。

3 当年审查会还确定食品计算密度中的鲜蛋由300kg/m³ 降低为260kg/m³ 较宜；鲜水果由250kg/m³

改为230kg/m³。对蔬菜的密度认为250kg/m³也大了一点。

表5 冷藏食品计算密度比较（kg/m³）

序号	名称	密度 1975年《手册》	规范归纳后意见
1	冻猪白条肉	375	400
2	冻牛白条肉	400	330
3	冻羊腔	300	250
4	块状冻剔骨肉或副产品	650	600
5	块状冻鱼	450	470
6	冻猪大油（冻动物油）	540（桶装）630（箱装）	650
7	块状冻冰蛋	—	730
8	听装冰蛋	550	700
9	箱装冻家禽	350	550（盒装）
10	盘冻鸡	—	350
11	冻鸭	—	450
12	冻蛇（盘装）	—	800
13	冻蛇（纸箱）	—	450
14	冻兔（带骨）	—	500
15	冻兔（去骨）	—	650
16	木箱装鲜鸡蛋	320	300
17	篓装鲜鸡蛋	—	230
18	篓装鸭蛋	—	250
19	筐装新鲜水果	—	220（200～230）
20	箱装新鲜水果	340	300（270～330）
21	托板式活动货架存菜	—	250
22	木杆搭固定货架存蔬菜（不包括架间距离）	—	220
23	篓装蔬菜	—	250（170～340）
24	木箱装蔬菜	—	250（170～350）
25	其他食品	300	370

当年审查会后编写组又到54个冷库作了调查，证明审查会提出的意见基本可行，但蔬菜的密度过去国内没有统一规定，《手册》也没有提供数据，从调查中得知存货方法对密度影响很大。目前北方一些蔬菜冷库用搭架子存蒜薹，走道多，架间空隙多，堆装密度也就很小。同样存大白菜，北京左安门菜站有的篓装只有119kg/m³，而上海国庆路菜站用托板式活动货架存大白菜则可达233kg/m³。从北京蔬菜公司提供的表6看，不同品种的蔬菜其密度相差一倍多。编写组调查冷藏间按每平方米净面积计贮菜量：存蒜薹190kg（营口第二菜库）至283kg（大连周子水菜库），存葱头可达800kg（周子水菜库），相差也很大。编写组认为蔬菜库计算密度取值可与水果冷库同，也定为230kg/m³，不宜太低；上海、湖北等有关单位认为这个数字可以。过去一些蔬菜冷库不考虑如何提高容积利用和堆装密度，空间浪费较大。

编写组于1983年11月又到河南、武汉几个鲜蛋、水果冷库作了调查。木箱装鲜蛋堆装密度，四座冷库分别为304kg/m³、233kg/m³、266kg/m³和233kg/m³，平均为259kg/m³。三座冷库的篓装水果的堆装密度分别为195kg/m³、235kg/m³、242kg/m³，平均为224kg/m³。以上调查的有关数字见表2、表6。

表6 北京蔬菜公司提供的不同品种蔬菜的堆装密度表（kg/m³）

蔬菜名称	包装形式	堆装密度
甘蓝（圆白菜）	堆垛	300
大白菜	木箱装	150～170
葱头	木箱装	260
葱头	篓装	340
土豆	木箱装	300～350
柿子椒	篓装	170
蒜薹（蒜苗）	散装	200
大蒜	篓装	260
鲜姜	篓装	260

3.0.7 过去国内冷库设计用的气象参数，没有统一规定。这次确定均采用现行国家标准《采暖通风与空气调节设计规范》GB 50019中室外空气计算参数。库房外围护结构的传热计算（包括热阻、热流量）。本规范规定其室外温度采用夏季空气调节室外计算日平均温度t_{wp}。

4 建 筑

4.1 库址选择与总平面

4.1.1 冷库是贮藏冷冻食品的仓库，故库址的选择除应满足一般工程选址的条件外，必须考虑避开对食品有污染的特殊要求，若是附属于肉类联合加工厂、水产加工厂和食品批发市场、食品配送中心等的冷库还必须综合考虑其建设条件。

4.1.2 本条规定了冷库的总平面布置要求。

1～3 同原规范相比，这三款对文字表述作了修改和调整，以使其更确切。

4 因当前高速公路的发展，今后公路运输将成为主要运输途径之一，故增加此款。

5 本款应以"洁净区和污染区"表述更确切，故不具体指明"厂内牲畜、家禽、水产等原料区……"，因为有的原料也不应在污染区。

6、7 这两款对防火、安全及疏散标识上作了规定。

4.1.8 本条为强制性条文。为适应冷库建设的发展及防火要求，经调查已建冷库的实践证明，对一、二级耐火等级的冷库贴邻布置作了相应的规定。

4.1.9 本条为强制性条文。对制冷机房布置作了更明确规定，以利于贯彻执行。

4.2 库房的布置

4.2.1 同原规范相比，本条增加了第3款，以适应氟制冷机组新增适用范围的相关规定。

4.2.2 本条为强制性条文。是本次修订的重点，对此作如下重点说明：

1 原规范中库房冷藏间建筑的最大允许占地面积和防火分区面积是总结我国当时30年来建库经验得出的，具体是根据20世纪50年代当时建库需要测算和确定的，从20世纪50年代至今，特别是我国改革开放以来，国民经济有了飞速的发展，为适应我国对外贸易和国内人民生活对冷冻食品的需要，冷库建设规模日益扩大，近年来在深圳、上海、福州、厦门、杭州等沿海城市相继建设的万吨、几万吨的冷库数不胜数，其冷藏间建筑占地面积、单层已突破10000m²，多层已突破7000m²，承重木屋架、木吊顶的三级耐火冷藏间建筑已很少建设。本次修订对一、二级单层冷库最大允许占地面积作了适当增加，即"冷藏间建筑"单层、多层调至7000m²，并增加了高层5000m²的规定。

2 原规范中未明确高层及地下室的耐火等级、层数和面积，只在"最多允许层数"栏内列出一、二级层数不限，为在执行中更确切理解，故本次修订表4.2.2增加了高层和地下室规定。

3 对冷库建筑火灾危险性的分析：

1）据现有调查了解的资料看，国内、外冷库建筑的火灾事故大多发生在新建和大修施工中，由于带火作业与可燃的隔热层、防水层等交叉施工，管理不善而引起火灾，在正常生产过程中发生火灾的冷库还没有，这说明经过实践证明冷库火灾的危险性是极小的。

2）冷库中贮存物为冷冻食品，大多以水产、肉类、蔬菜、果品为主，其火灾危险性，在现行国家标准《建筑设计防火规范》GB 50016中划为"丙类"，这应该理解为是在正常温度和湿度条件下它的火灾危险性，而冷库库房的工况是高湿低温，所贮存物也是高湿低温的，且正常使用中无火源引入的可能，工作人员极少。因此长期实践中冷库正常使用中还未出现过火灾事故。

3）冷库库房内的贮存物一旦与火源接触，由于高湿低温也不易点燃，即使点燃后达到一定火势也是要有较长的延迟时间，此时这种一旦有火源的出现时

间必然是在工作时间，由于延迟时间会早被工作人员发现，会及时扑灭，故也不具有火势蔓延成火灾事故的危险性。非工作时间冷间内是没有人的，因此也就不会有火源的引入。

4）历史上曾偶有在投产后发生火灾事故的，其隔热材料为稻壳，火源为穿过隔热层的电线设置不当，短路而引发的。因此，为避免类似的事故的发生，本规范在电气专业的第7.3.6条、第7.3.9条均作了加强防护的规定。

4 对于一旦发生火灾的消防措施：

1）从安全角度考虑，一定要从突发事故出发，采取有应急的消防措施。对于冷库建筑消防设施设置是否合理，对其设防目的等作如下分析：第一，要保工作人员的安全；第二，要最大限度地减少贮存物品的损失；第三，要对冷库建筑本身最大限度地减少损失；第四，技术上可能，而且技术经济合理。

从上述设置消防设施的目的出发，作如下分析和配置。

第一，冷库内工作人员仅有很少的管理和货物运输人员，一旦出现火情，库房所设置的门和通道均能做到及时撤离和疏散。

第二，对于贮存物内冷藏间如设置火灾自动报警和自动喷淋消防设施，因其冷藏间工况均在0℃以下（或0℃左右），故对于启动的控制温度难以设定，如设定过低，则误启动的可能性很大，反而对贮存物造成不必要的损失，如按正常火情温度设定，则冷藏间内如能达到正常火情温度才启动，则冷藏间火情已到较为严重的程度，贮存物由解冻、回化到可以燃烧的情况，那火势会相当严重。因此在冷藏间内设置自动报警对冷库的冷藏间而言，意义不大，且工程建设投资和日常维护、管理费用也不小，且不会减少对贮存物的损失，故此措施不可取。

第三，冷库建筑工程中投资最大的部分，主要是隔热层工程部分，该部分最怕水浸受潮，根据对冷藏间内火情发展的过程的分析，一般是最初在局部，且一定是可能带入火源的工作时间，在有人的情况下，会及时发现，局部扑救是完全可能的，不致对建筑工程本身造成整体破坏。

综上情况，冷库中设置自动报警不是合理的消防设施，应在冷藏间外附近穿堂处设置固定式室内消火栓和移动式手提消器材更为合理和适用。

2）为使库房建筑日常做到不产生火源，防止发生火灾隐患对库房、楼梯间的布置作了具体规定，详见本规范第4.2.10条、第4.2.12条。

4.2.3 本条为强制性条文。对冷藏间与穿堂之间的隔墙应为防火隔墙作了明确规定，但因目前冷藏门在技术上尚不能做到防火门的要求，故也明确规定冷藏门为非防火门。这样做的实效是一旦发生火灾，过火面积只限定在门洞范围，仍减小了火势蔓延的趋势。

4.2.4 对比原规范增加了第 3 款,以适应市场经济发展,对经营、管理上的功能需要作了相应规定。

4.2.6 根据调查了解使用功能上的需要,本条比原规范增加了第 2 款、第 7 款规定。

4.2.9 根据冷库吞吐量的不断加大,本条增加了 5t 型电梯运载能力的规定。

4.2.10 本条为强制性条文。在冷库防火要求上作了相应的规定。

4.2.12 本条为强制性条文。对应急疏散作了规定。

4.2.13、4.2.14 这两条在减少冷藏间入口的冷热交换和节能上作了相应规定。

4.2.17 本条为强制性条文。对库房安全使用,避免火灾等事故隐患作了相应规定。

4.3 库房的隔热

4.3.2~4.3.10 本规范为方便设计使用,把原规范列为附录中的列表加以整理,结合公式计算过程修订于正文中。

为贯彻节能方针,本部分重点对冷间外墙、无阁楼的屋面、有阁楼的顶棚的总热阻 R_0 ($m^2 \cdot ℃/W$) 作了修订,面积热流量 (W/m^2) 取值取消了"$12W/m^2$",增加了"$7W/m^2$"。

4.4 库房的隔汽和防潮

4.4.2 本条对蒸汽渗透阻验算作了规定。

4.4.3 采用现喷(或灌注)硬质聚氨酯泡沫塑料时,其发泡反应为放热过程,会使热熔性隔汽层与基层脱离,所以本条规定这种情况下不应选用热熔性材料。

4.4.4 本条根据调查的实践经验对隔汽层和防潮层的构造作了详细规定。

4.5 构造要求

4.5.1 因通风间层对夏热冬暖地区作用显著,故作此规定。

4.5.2 从实践经验证明,库房顶层隔热层采用块状隔热材料技术可行,使用可靠,可节省投资,故作此规定。

4.5.3 将原"阁楼柱应自阁楼楼面起包 1.2m 高度的块状隔热材料",调整为"1.5m 高",是根据调查中发现 1.2m 高度以上仍出现反潮现象。

4.5.4 本条为强制性条文。关于冷库防火和火灾情况,本规范编制组曾做过两次调查。第一次调查了上海、浙江、广东、天津、辽宁、陕西 6 个省市,从 1968~1980 年间发生火灾的 17 个冷库,其中 16 个冷库是在施工中失火,另有一个冷库是在投产后发生的,而且是由于设计不当,将接线盒放在可燃烧的稻壳隔热层内,电线发生短路引起火灾。1982 年又了解了辽宁、烟台、青岛、北京、上海、浙江部分地区的商业(肉类、蔬菜、水果、蛋品等)、外贸、水产、

轻工各系统总冷藏量达 513924t 的 227 座冷库的情况。这 227 座冷库,按每座冷库投产使用年限统计为 3175 座年,共发生火灾 21 起,造成损失 163.33 万元。21 起火灾中属于施工中发生的 19 起,造成万元以上损失的计 5 起,共损失 160 万元,占 21 起火灾损失的 98%。由此可见:

$$施工中发生火灾几率 = \frac{发生火灾数}{座年} = \frac{19}{3175} = 0.6$$
次/100 座年。

$$生产中发生火灾几率 = \frac{2}{3175} = 0.06 次/100 座年。$$

施工中发生火灾造成损失与 227 座冷库的原基建投资之比为 1:100,生产中发生火灾造成损失与 227 座冷库的原基建投资之比为 1:5000;21 起火灾中,由于电焊、电线、电热丝、灯泡等引起的计 4 起,占 19%。因此,我们认为防火重点应放在施工组织预防措施方面。但鉴于我国历史上大多数冷库采用易燃材料稻壳做外墙、层面的隔热层,今后部分地区仍会延用该做法,故不能排除其失火隐患。1984 年我们了解到 1963 年的长春蛋禽厂 1200t 冷库生产中曾发生火灾,自阁楼稻壳燃烧起,涉及外墙、软木亦大部烧毁,损失近百万元(货物 45 万元、冷库维修费用达 50 万元)。为了防止火灾造成损失,除应加强投产后的安全保卫工作外,外墙与阁楼楼面均采用松散可燃隔热材料时,其相交处宜设防火带。本次修订,更明确规定了防火带的耐火等级。

4.5.5 近年来多层冷库冷藏间外墙与檐口及穿堂与冷藏间连接部分的变形缝部位漏雨和漏水的问题常有出现。因此,本次修订规范时增加本条,应在设计中注意。

4.6 制冷机房、变配电所和控制室

4.6.2 本条对氟制冷机房单独设置作了规定。

5 结 构

5.1 一般规定

5.1.1 冷库是特殊的仓储建筑,冻融循环和温度应力对结构有一定的影响,因此,本条对冷库中冷间的结构形式提出建议。

5.1.2 冷间建筑结构在降温以后,由于材料热胀冷缩,引起垂直和水平方向收缩变形,在构件之间相互约束作用下产生温度应力。如果设计不当就会使结构产生较大的裂缝。通过合理的结构设计可以减少温度变化引起的内力及变形,并防止产生大于规范要求的裂缝。

据了解,目前国内对 0℃ 以下环境中混凝土线膨胀系数及弹性模量仍无法提出供计算用的精确数值;另外,钢筋混凝土收缩徐变对温度应力的松弛程度也

缺乏定量的研究资料。因此，本规范仍按过去经验做法提出冷间结构设计的一般规定。

冷库是特殊的仓储建筑，在降温过程中会因温度变化作用对结构产生不利影响。因此，冷间逐步降温使建筑及结构构件逐步收缩，减少因激烈降温而产生温度裂缝。逐步降温也有利于建筑及结构构件中的水分逐步得到蒸发。冷库降温步骤可参考国家现行标准《氨制冷系统安装工程施工及验收规范》SBJ 12中的附录A。土建冷库试车降温时必须缓慢地降温，室温2℃以上时每天降温3℃～5℃，室温降至2℃时，应保持3d～5d；室温在2℃以下时，每天允许降温4℃～5℃。

5.1.3 本着与国家现行规范相协调的原则，根据冷库特殊的仓储建筑性质，本条规定了各混凝土结构伸缩缝最大间距。

5.1.4～5.1.7 冷间结构温度应力是客观存在的，经多年调查观测，其最常见发生裂缝的部位在冷间外墙四角及檐口、顶层与底层柱上下两端。本着改善支承条件，减少内外结构相互影响的原则，若将屋面板适当分块，阁楼屋面采用装配式结构及底层采用预制梁板架空层等措施，可使温度应力显著减少，特别是阁楼层柱顶采用铰接时，可以消除柱端弯矩。屋面采用装配式结构应注意做好屋面防水处理。

5.1.8 本着与国家现行规范相协调的原则，本规范与现行国家标准《混凝土结构设计规范》GB 50010提法一致，仅规定环境类别，混凝土保护层最小厚度、混凝土最低强度等级、最大水灰比、最小水泥用量等不再单列，可直接套用《混凝土结构设计规范》GB 50010。由于《混凝土结构设计规范》GB 50010等民用设计规范不包括冷库这种人工低温环境，只能套用接近的自然环境。

钢筋混凝土构件除应保证结构上的安全使用外，尚应考虑耐久性的要求。在预期使用年限内，不致因受冻融、碳化、风化和化学侵蚀等影响，产生钢筋锈蚀而降低结构的安全度。

5.1.9 考虑冷间温度收缩影响，减少收缩裂缝，本次规范修订保留冷间钢筋混凝土板两个方向全截面温度配筋率皆不应小于0.3%。温度配筋应为板受弯钢筋的一部分。

5.1.10 多次冷库维修情况表明，零度以下低温冷藏间常因使用及管理不当引起冷间地坪发生冻胀，造成冷间上部结构严重损坏，为减少冷间墙柱基础下地基发生冻胀，除设计中设置架空地坪、加热地坪等防冻胀措施外，墙柱基础埋置深度不宜过浅，本次规范修订保留墙柱基础埋深自室外地坪向下不宜小于1.5m，一般冷间室内地坪高于室外地面约1.1m，墙柱基础埋深自冷库室内地坪起不宜小于2.6m。

5.1.11 冷间一层地面长时间堆货，对软土地基易产生较大的不均匀变形，而影响冷间正常使用，本条提出应予考虑。

5.1.12 根据冷库震害调查资料，多层冷库采用原无梁楼盖结构体系具有一定的抗震能力。按国家现行规范已取消无梁楼盖结构体系，地震区采用板柱-剪力墙结构应符合现行国家标准《建筑抗震设计规范》GB 50011的要求。针对冷库结构形式特点，提出冷库板柱-剪力墙结构主要抗震构造的要求。

5.2 荷 载

5.2.1 本条为强制性条文。本次规范修订对库房楼面、地面均布荷载标准值仍采用原规范均布活荷载值。根据《全国民用建筑工程设计技术措施——结构》中第2.8.1条，将部分"活荷载标准值"改为"等效均布活荷载"。

冷库贮存品随市场需要而变化，各种商品的密度不同，为适应这一变化，要求冷库能适应变更用途时应有较大的活荷载。

5.2.6 多层冷库的穿堂主要考虑临时堆货与叉车运行同时作用，其楼板一般为简支板，可能叉车重量由一块板承担，因此考虑活荷载为15kN/m²。但计算梁板基础时，不可能每层都满载。冷库进出货时，同时工作的层数一般只有二层，因此，四层及四层以上穿堂应考虑活荷载的折减，梁柱活荷载宜乘以0.7折减系数，基础活荷载宜乘以0.5折减系数。

库房内仅对某一层楼板而言，其局部或全部都可能满载，故梁板活荷载不能折减。就冷库一般满载的情况而言，减去通道部分，库内地面只有70%～80%的面积上堆货。一般说，一座10000m²的猪肉冷库，满载时只能存10000t冻肉，其楼板计算活荷载虽为20kN/m²，而实际平均活荷载每平方米仅1t。因此，四层及四层以上的库房计算柱及基础时活荷载乘以0.8折减系数。

5.2.8 本条参考《全国民用建筑工程设计技术措施——结构》表2.1.2-5中补充"制冷机房"楼面均布活荷载标准值。当制冷机房设于楼面时，应有减震措施。

5.3 材 料

5.3.1 本条为强制性条文。

5.3.2 本条为强制性条文。根据国家规定将黏土砖改为烧结普通砖，即符合现行国家标准《烧结普通砖》GB 5101的各种烧结实心砖。考虑冷库0℃及0℃以下冻融循环对结构的影响，冷间内选用的砖应按现行国家标准《砌墙砖试验方法》GB/T 2542进行冻融实验。

5.3.3 冷间门口或冻结间等个别部位发生冻融循环要多些，冻坏的可能性大些，但要求大部分结构都满足个别部位的要求是不合理的。除了可以采取措施加强管理，防止个别部位冻坏外，还可以用局部维修手段补救，以保证整个结构的安全使用。

近年来各种混凝土外加剂发展较快，在不增加太多成本的前提下，掺适量外加剂可以大大提高混凝土抗冻融性能。

5.3.4 国家现行规范提倡用 HRB 400 级钢筋作为我国钢筋混凝土结构的主力钢筋。国家标准《钢筋混凝土用钢 第2部分：热轧带肋钢筋》GB 1499.2—2007 中 HRB 400 级和 HRB 335 级钢筋技术要求中的化学成分和力学性能基本一致，考虑到新中国成立以来，在冷库建设中从未发生过钢筋混凝土构件冷脆断裂的情况，故本条与现行国家标准《混凝土结构设计规范》GB 50010 提法一致。

6 制 冷

本章修订重点是针对冷库制冷系统的特点，补充了有关制冷压力管道设计的技术要求，明确了目前冷库制冷系统管道及管件的材料选择。对于冷库制冷负荷的计算，制冷系统中各类制冷设备的校核计算方法作了必要的删减，因为这些计算方法都已在大学及职业学院的相应教材中普遍采用，在此不赘述。

6.1 冷间冷却设备负荷和机械负荷的计算

6.1.1~6.1.6 这六条对冷库冷间冷却设备负荷包括哪些，相关系数如何取法，冷间的机械负荷应包括哪些，相关系数如何取法作出了明确规定，为行业中发生的有关冷库工程的经济纠纷排解执法提供了一个科学的界定。这其中对冷间货物热流量折减系数 n_2 的取值说明如下：

1 对冷却物冷藏间，按本规范表 3.0.3 中公称容积为大值时取小值；公称容积为小值时，取大值。

2 对冻结物冷藏间，按本规范表 3.0.3 中公称容积为大值时取大值；公称容积为小值时，取小值。

6.1.7、6.1.8 服务于机关、学校、工厂、宾馆、商场的小型服务性冷库，在我国数以万计，量大面广，而使用又有其特点。这类小冷库，每个冷间的公称容积小，冷间内放置的物品品种杂，有的是半成品食品，冷间体积利用系数低，人员出入频繁，但在冷间内逗留的时间不长，每日冷间开门次数多，故不需要专门通风换气；贮存的物品存期不长（大都在数周至1个月内），对冷间内温度要求不严，针对这类冷库的使用特点，国内有关部门也曾编制过这类小冷库设计的守则，本次修订补充了这类小冷库热流量负荷的计算方法。

6.2 库 房

6.2.1~6.2.3 目前我国冷库中对畜产品、水产品的冷却、冻结加工多采用悬挂输送方式，因此，对这一类冷间的加工能力如何确定，本条给出了具体的计算方法。

6.2.4 在我国一些中小型冷库中，仍然在使用搁架式冻结设备，本条给出了这类冻结设备冷加工能力的计算方法。

6.2.5、6.2.6 随着我国食品行业市场化的发展，各种可供冷库采用的食品冷加工设备层出不穷，规范中无法将它们技术条件一一列出。因此，只能从保证食品冷加工质量、安全和节能几个方面提出一些原则要求。

6.2.7 本条为强制性条文。冷库的分割加工间、包装间、产品整理加工间，是操作工人密集的生产车间，这些人员流动性大，缺少相关的制冷知识，遇到车间内制冷设备制冷剂的泄漏，往往不知所措，极易造成群死群伤，为了保护工人的人身安全，在他们工作的厂所所选用的低温空调设备一定不能使用有一定毒性的制冷剂——氨。

6.2.8、6.2.9 这两条是在总结我国多年冷库建造经验的基础上，对冷间中冷却设备的布置原则作出了规定。对冷却设备传热面积的确定，可按相关教材上的校核计算公式进行校核计算后确定。

6.2.10 本条给出了确定冷间内冷却设备校核计算中，计算温差确定的原则。

6.2.11 考虑到制冷压缩机的能耗，本条规定了制冷剂在通往冷间冷却设备每一通路的压力降的控制范围。

6.2.12~6.2.14 这三条是在总结我国冷库中使用空气冷却器的经验基础上，提出了当冷间采用空气冷却器时，其布置及空气分配系统的设计原则。

6.2.15 本条是在参考了国外冷库冷却间、冻结间内气流组织的实验资料，又结合了我国冷库现场实测的技术数据而提出的。

6.2.16 本条对冷却物冷藏间通风换气设施提出具体的设计要求，通过调研，从降低能耗考虑将冷却物冷藏间的每日换气次数减为1次。

6.2.17、6.2.18 这两条是为防止冷间的通风换气管道，因室内外温差的存在而引起风道表面结露凝水，污染库房而作出的规定。

6.3 制冷压缩机和辅助设备

6.3.1、6.3.2 这两条对服务于冷库的制冷压缩机和辅助制冷设备的选型原则提出了具体的要求，特别是对所选用的制冷压缩机，按实际使用工况，对其所需的驱动功率进行核算尤为重要。

6.3.3 本次修订将制冷系统中，中间冷却器、气液分离器等制冷设备选择校核计算的相应公式删去，一则可压缩本规范的篇幅，二则这些公式在高等教育和职业教育的教材中都很容易找到，而且越来越多的制冷机器与设备的选型软件，在工程设计单位得到了广泛的应用，因此规范就不再重复引述。

6.3.4 现实中有些冷库采用洗涤式油分离器,由于进液管口的位置设置的不好,则影响到洗涤式油分离器的使用效果,因此本条作出了具体规定。

6.3.5 本条对冷库制冷系统中,冷凝器的选配原则作出了规定,其中冷凝温度不可定得过高,主要是考虑增加投资不多,但节能效果显著。

6.3.6 本条规定了排液桶体积的确定方法,这也是多年实践经验的总结。

6.3.7 本条规定了选定制冷剂输送泵的原则方法,在参照国外相关资料的基础上,结合了我国冷库工程建设的实践提出来的。

6.3.8 本条是在总结了国内冷库重力供液方式实践经验的基础上提出来的,主要为防止产生液击增加制冷系统工作的安全性。

6.3.9、6.3.10 对冷库制冷系统中的冷冻油和不凝性气体,从操作安全考虑作出了应该通过专用设备进行处理的规定。

6.3.11 本条对冷库制冷压缩机间和设备间中的制冷机器与设备的布置原则作出了规定,适当地缩小设备之间的间距,减小了制冷机房的占地面积。为了减小制冷机房内的噪声和减少油污,保持机房的洁净,一般不将水泵和油处理设备布置在制冷机房内。

6.4 安全与控制

6.4.1 除制冷压缩机产品出厂时已配备的安全保护仪表外,在工程设计中应增设的安全防护设施本条中都有明确的规定。

6.4.2 本条对各种常用的冷凝器在工程设计中应增设的安全保护装置作出了明确的规定。

6.4.3 本条是对制冷剂泵安全保护装置的具体要求。

6.4.4、6.4.5 压力表或真空压力表是我们操作人员眼睛的延伸,随时了解制冷系统中设备、管道中压力变化,是操作人员安全值守的必要条件,对制冷系统中所有应监测压力的地方装设压力表和真空压力表(对可能产生真空、负压的部位),都是必需的,因此这两条作出了明确的规定,同时也必须对其安装位置、精度等级等作出相应规定。

6.4.6、6.4.7 这两条都是从保证冷库制冷系统安全运转的角度提出的要求。

6.4.8 由于氨气的容重比空气轻,将氨制冷系统、安全泄压总管的出口置于比周围建筑物高的位置,有利于氨气的向上扩散,减轻对库区周围环境的污染。

6.4.9 在制冷系统的这些部位设置测温用的温度计套管,是为了及时掌握制冷系统中制冷剂的温度状况,为制冷系统的运行状况的经济性分析,提供相关参数。

6.4.10 现在的冷库面向社会开放,不少冷库就建在物流中心,进出冷库厂区人员嘈杂,为了确保冷库制冷系统运转的安全,不被干扰作出了本条规定。

6.4.11 制冷阀门在日常使用中,如果维护的不周全,极易造成泄漏,冷库内冻间、冷却间、冷藏间都是一个封闭的空间,将易产生渗漏的制冷阀门置于此是非常不安全的。

6.4.12 冷库冷间使用的空气冷却器融霜工作比较频繁,为减轻操作人员的频繁劳作,在有条件的冷库可设置人工指令自动融霜装置。冷间风机的故障如不及时处理,往往易引发火灾,故本条提出增设风机故障报警装置的要求。

6.4.13 冷库冻结间的使用,往往有淡旺季,特别在一些生产性冷库,在冻结加工淡季,冻结间有一个短暂的停产时间,为了减少冻结间冻融循环对其围护结构的破坏,要求在冻结间停产期间冷间也维持在-8℃左右,如果能通过自动控温装置实现这个过程,就更方便用户了。

6.4.14 本条是根据国家现行职业卫生标准《工业企业设计卫生标准》GBZ 1的要求提出来的。

6.4.15 本条是为了加强冷库氨制冷系统的安全防护措施,条文中吸纳了北京市安监局对北京地区涉氨单位、安全用氨的要求。

6.4.16 本条是从加强冷库安全生产管理着眼,参照了有关标准的规定,并结合当前及今后若干年国内建设大型冷库的实际需要而作出的规定。

6.5 管道与吊架

本节是本次规范修订的重点,在修订过程中,我们参照了国家质量监督检验检疫总局颁发的TSG特种设备安全技术规范《压力容器压力管道设计许可规则》TSGR 1001,同时在具体条文的描述中,一方面加强了同现行国家标准《工业金属管道设计规范》GB 50316和《压力管道规范》GB/T 20801.1~GB/T 20801.6的协调,另一方面在总结了我国食品冷藏行业50年以来在负温下长期使用国产优质碳素钢无缝钢管的实践经验,突出了食品冷藏行业中制冷压力管道的特点,有的还经过应力分析验算,做到符合国情、安全可靠、节约资源。

6.5.2 由于目前国内冷库制冷系统绝大部分采用蒸汽压缩式制冷系统,结合国内冷库制冷系统实际工作状况,考虑到极端最不利的情况,本条提出了冷库制冷系统管道当处于冷凝压力状态下和处于蒸发压力状态下,采用不同制冷剂时的设计压力值。

6.5.3 本条就冷库制冷系统管道,规定了处于冷凝压力状态下和处于蒸发压力状态下的不同制冷剂管道的设计温度。

6.5.4 本条结合目前国内冷库贮存不同食品时,食品冷加工工艺的要求不同,从而使冷间的空气温度不同,但从总体上按照实际操作中可能遇到的最苛刻的压力和温度组合工况的温度,可归并为三种最低工作温度,这就从标准化的角度,将冷库制冷系统管道的最低工作温度加以明确（不管使用何种制冷剂）。

6.5.5 冷库制冷系统低压侧管道依据第 6.5.2～6.5.4 条的技术条件进行设计，但在制冷系统实际常年运行时处于低温低应力状况，故可按本条表 6.5.5 中所示的管材材质选用，而这些管材在我们冷库制冷系统中应用已经接受了考验，证明是安全可靠的。

6.5.6 本条是对冷库制冷系统管道管径选择应遵守的原则。

6.5.7 本条是对冷库制冷管道的布置原则提出的具体要求，而这些原则又是多年冷库设计建造经验的总结。

6.5.8 本条对制冷管道的弯管（弯头）的设计条件作出了明确规定，弯管在压力管道中是受力最为薄弱的地方，也是易形成应力集中的地方，为了减缓弯管所承受的应力，减小制冷剂在其流动的阻力损失，因此对弯管的最小弯曲半径作出了规定，目前这类弯曲半径的弯管，在有执照的压力管道元件生产厂家是可以事先订制的。

6.5.9 由于制冷剂的特性，不同种类的制冷剂与金属材料的相容性是不同的，如氨对铜就有腐蚀性，因此制冷系统中所选用的阀门、仪表及测控元件都应选用同系统中使用的制冷剂相容的专用元器件。

6.5.10 本条是制冷管道支吊架零部件制造材料选定应遵循的原则。

6.5.11 本条是确定水平制冷管道支吊架最大间距的原则。

6.5.12 本条的规定一方面是为了制冷管道运行的安全，另一方面也保证了制冷剂在系统中循环工作的顺畅，不产生积液。

6.6 制冷管道和设备的保冷、保温与防腐

6.6.1 本条对冷库制冷系统管道和设备进行保冷的部位作出了原则规定。

6.6.2 本条给出了制冷管道和设备保冷设计需遵循的标准。

6.6.3 目前有的冷库在保冷管道穿墙穿楼板处，保冷层中断造成局部冷桥，滴水跑冷严重，致使该部分制冷管道锈蚀严重，危及到制冷管道的安全。本条特别加以提醒。

6.6.4 本条是为融霜用的热气通过管道输送到融霜设备处仍能保持有一定温度，保证热气融霜的效果而作出的规定。

6.6.5 本条对制冷管道和设备如何进行防腐处理，针对冷库低温高湿这种特种环境作出了明确规定。

6.6.6 冷库制冷系统的涂装，主要是为了操作人员，从管道和设备的涂色上得到提示，方便日常的操作管理。

6.6.7 通过调研，发现有的冷库其制冷管道和设备保冷结构所选的黏结剂或防锈涂料，在性能上不相容，时间一久易产生物理化学反应，削弱或破坏了保冷结构，缩短了使用寿命，因此本条在这方面加以提醒。

6.7 制冰和储冰

6.7.1 本条是从标准化角度提出的要求。

6.7.2 目前设备制造厂所提供的盐水制冰设备，都是采用重力供液制冷循环方式，这是与盐水蒸发器采用特定的 V 型或立管型有关，国外的实验证明，这种供液方式能最大限度地发挥这两种型式蒸发器的传热效率，如改为制冷剂泵供液，则使其传热效率下降影响到整个冰池的日产冰量，因此本条特别加以提醒。

6.7.3 目前有些冷库中的盐水制冰设备使用一段时间后毁损严重，多与盐水池的保冷结构做的不理想有关，因此本条作了必要的提示。从节约能源角度考虑，本次修订将制冰池隔热层的总热阻提高到 $3m^2 \cdot ℃/W$。

6.7.4 本条是对堆存块冰的冰库提出了具体的要求。

6.7.5 在人造冰方面，目前除了应用广泛的盐水冰以外，还有管冰及片冰等制冰设备，本条对这些新型的制冰设备配套使用的冰库贮冰温度作出了规定。

7 电 气

7.1 变配电所

7.1.1 根据原建设部制定的《工程设计资质标准》（2007 年修订本），商物粮行业冷藏库建设项目设计规模划分见表 7。

表 7 商物粮行业冷藏库建设项目设计规模划分

设计规模	大型	中型	小型
公称体积（m³）	>20000	20000～5000	<5000

参照现行国家标准《建筑设计防火规范》GB 50016 的有关规定，高层冷库是指建筑高度超过 24m 的多层冷库。有特殊要求的冷库是指规模不大但对供电可靠性要求高的小型冷库。

原规范中本条要求"冷库应按二级负荷供电，在负荷较小或地区供电条件困难时可采用一回路专用线供电"，通过调研，普遍反映该要求偏高，供电部门一般不会同意提供一路专用线供电，如要求实现二回路供电，投资会增加很多。近年来，国内各地电网供电情况有所好转，如需临时停电会提前通知，业主表示通过采取必要的应对措施（如提前出货，强制降低库温，停电时禁止进出冷库库房等），短时停电不会造成较大的经济损失。因此在本次修订中，本条要求予以适当放宽，设计时应与建设方及当地供电部门协商确定冷库负荷等级及电源供电方案。

应说明的是，本条中的负荷等级是针对制冷系统主要用电设备（如制冷机组、氨泵、冷凝器、空气冷却器、水泵等）确定的，至于冷库中的消防用电设备（如消防水泵、消防电梯等）的负荷等级应根据现行国家标准《建筑设计防火规范》GB 50016 有关内容确定。

7.1.2 柴油发电机组备用电源的容量是按正常电源停电时，冷库保温运行的需要确定的，不考虑保温负荷与消防负荷同时运行，因此柴油发电机组容量应按二者中数值大的选择。冷库如设有柴油发电机组备用电源，会提高企业的生存能力和竞争能力，如果建设方对备用电源的容量另有要求，可按合同要求设计。

7.1.3 冷库中主要用电负荷是制冷系统及辅助系统用电设备，多年运行实践表明，采用全库总电力负荷需要系数法进行负荷计算是合适的。原规范本条规定总需要系数可取 0.55～0.70，通过调研发现，近年来我国食品加工及冷冻、冷藏行业发展极快，冷库投资主体、生产规模、贮存加工物品种类、经营管理模式等均发生了很大的变化，特别是在实行峰谷电价分段计费的地区，建设方为了减少运行费用，冷库/肉联厂多集中在夜间谷价电费时段集中制冷降温及加工作业，白天峰价时段不开机或少开机，运行负荷相对集中，有些单位反映 0.70 的需要系数上限感到偏紧。另外，本次修订，适用范围扩展到公称体积 500m³ 以下的小冷库，这些小冷库制冷机组多在 1 台～3 台之间，0.70 的需要系数上限已不适用。因此，本次修订仅提出了需要系数下限值，对上限值不作统一规定，在进行工程设计时，建议与建设方协商，根据建设方的要求及使用经验确定需要系数取值。

7.1.4 当冷库/肉联厂运行负荷有明显的季节性变化时，为了调节负荷，实现经济运行，达到节能的目的，宜选用 2 台或多台变压器运行。

7.1.5 冷库的用电负荷大多集中布置在制冷机房，因此变配电所应靠近制冷机房设置。对氟制冷系统，当不集中设制冷机房时，应根据用电负荷在总图上的分布情况，变配电所宜布置在负荷中心附近。对大型冷库/肉联厂，由于占地面积大，用电设备多且布置分散，此时仅靠近制冷机房布置变配电所已不完善，可考虑设分变配电所。

7.1.6 冷库用电负荷多集中在制冷机房，因此当有高压用电设备时，应在制冷机房变配电所高、低压配电室集中设置无功功率补偿。对远离制冷机房变配电所，用电负荷又相对集中的屠宰与分割车间、熟食加工车间等场所，当设有分配电室时，为了减少供电线路上的电能损失，提高无功补偿效果，也可在分配电室设置无功功率补偿装置。

7.1.7 原规范本条文为宜设应急照明，本次修订综合了现行国家标准《建筑设计防火规范》GB 50016 及《建筑照明设计标准》GB 50034 的有关规定，并

考虑到冷库的特点作此调整。

7.2 制冷机房

7.2.1 氨属有毒物质，有强烈的刺激气味，因此为了工作人员及设备运行的安全，氨制冷机房均应设氨气浓度报警装置。当氨气浓度达到设定值时，应自动发出报警信号，并自动启动事故排风机。由于氨气比空气轻，因此氨气传感器应安装在机房顶板上。

氨气浓度设定值，我国目前尚无统一规定，查国外有关资料，也未见到统一规定。本条提出的 100ppm 或 150ppm 的报警设定值是参照（美国）国际氨制冷学会第 111 号公告中"氨制冷机房的通风"有关内容确定的（详见美国工业制冷标准 ANSI/ASHRAE 标准 15/94 第 13 章安全中第 13.8 节机房的通风）。由于氨有强烈的刺激气味，少量的泄漏，机房工人就会及时发觉，并会采取必要的处理措施。自动报警及启动事故排风机的氨气浓度设定值设定太低，如小于 50ppm，则会报警频繁，并会出现误报警。如设定值过高，则会增加机房工人受伤害的风险。

7.2.2 当出现氨气泄漏时，本条为保证及时开启排风机作此规定。

7.2.3 氟是有害气体，无色无味且比空气重，如出现大量的制冷剂泄漏，会存在使机房工人产生窒息的潜在性危险，本条为保护制冷机房操作工人的安全而作此规定。氟气体浓度设定值可根据各地卫生部门的要求确定。

7.2.4 当出现氟气泄漏时，本条为保证及时开启事故排风机作此规定。

7.2.5 制冷机房排风机是保证运行安全和人身安全的重要用电设备，因此应按二级负荷供电。根据现行国家标准《制冷和供热用机械制冷系统安全要求》GB 9237 的有关规定，制冷剂泄漏报警系统应安装独立的应急系统电源（如电池）。

7.2.6 原规范为进一步提高氨制冷机房的运行安全，要求不应将氨制冷机组启动控制柜等布置在氨制冷机房内。通过调研有的地区反映，氨制冷机组启动柜集中布置在控制室中，在现场手动启动制冷机组时，不能观察到主机电流的变化，因此要求恢复以前的做法，将制冷机组启动柜布置在制冷机组附近。本次规范修订，因氨制冷机房在发生漏氨事故时空气中的氨气浓度远不会达到爆炸下限（详见第 7.2.11 条条文说明），机房是安全的，因此考虑到一些地区的工人操作习惯，对本条规定予以放宽。

修订组认为在氨制冷机房发生漏氨事故时，为便于控制室值班人员及时、安全的停止制冷系统运行、紧急处理漏氨事故，一般情况下氨制冷机组启动控制柜、冷凝器控制柜、机房排风机控制柜等集中布置在控制室中为宜。

7.2.7 安装电流表有助于观察电机和制冷系统的运行情况。氨制冷机组在运行中如出现意外情况（如机械故障等），应紧急停车进行处理，以免事故扩大，因此要求在机组控制台上安装紧急停车按钮。

7.2.8、7.2.9 这两条是根据氟制冷系统的特点制定的。

7.2.10 氟无色无味且比空气重，当有氟气泄漏时，会大量积聚在电缆沟内，对进行维修作业的电气人员的身体健康造成损害，因此氟制冷机房内电气线路一般不应采用电缆沟敷设，当确有需要时，可在电缆沟内充沙。

7.2.11 原规范要求氨制冷机房照明应选用防爆型灯具，本次规范修订，根据（美国）国际氨制冷学会第111号公告的建议，在氨制冷机房设有事故通风机及氨气浓度报警装置，并执行本规范中第7.2.1条控制要求，当出现氨气意外泄漏时，能保证制冷机房氨气浓度控制在4%以下，远远达不到氨气的爆炸下限（16%），因此氨制冷机房是安全的。此外根据新中国成立以来我国制冷行业的运行经验，尚未发生过氨制冷机房当出现漏氨时因电气火花引发爆炸事故的先例，所以机房照明可按正常环境设计。

7.2.12 突然停电时，制冷机房及控制室值班人员为了安全要进行必要的操作，因此应设有备用照明。

7.3 库　房

7.3.1 冷间内属低温、潮湿场所，电气设备易受潮损坏，且低温环境下检修困难，因此一般情况下配电及控制设备不应布置在冷间内。

7.3.2 冷间内使用的照明灯具应符合现行国家标准《肉类加工厂卫生规范》GB 12694对灯具的要求，要有较高显色性，要能快速点亮。原规范限于当时的历史条件和技术水平，推荐采用"防潮型白炽灯具"。白炽灯的优点是显色性好，即开即亮、价格便宜，缺点是光效低、能耗大、寿命短。近年来随着科技的进步，新的灯具产品不断推出，已有多种新光源和节能型灯具适用于冷间照明，如低温环保型日光灯，紧凑型节能灯、快速启动金卤灯、高显色性钠灯、高频无极灯及大功率白光LED灯等，与白炽灯相比均具有光效高、节能、寿命长等优点，虽然目前价格要远高于白炽灯，但节能效果显著。

通过调研发现，虽然目前冷库大多仍采用白炽灯，但已有一些冷库采用了金卤灯、低温环保型日光灯，也有个别冷库采用了高频无极灯和LED灯，农村的一些小冷库（高温库）多采用紧凑型节能灯，多元化趋势日益明显。为贯彻执行节能减排的方针，本次修订要求一般情况下不再采用白炽灯具，设计人员在工程设计时应与建设方协商，合理确定灯型，优先选用环保、节能型灯具。

7.3.3 原条文规定"冷间照度不宜低于20lx"，通过调研发现，不同地区、不同类型的冷库对照度的要求是不同的，因此，本次修订不再硬性规定一个统一的标准，工程设计时具体照度取值可根据建设方的需要确定。

7.3.4 本条是根据冷库特点制定的。

7.3.5 本条是为提高冷间照明的可靠性制定的。

7.3.6 本条是为了提高冷间用电的安全性制定的。根据现行国家标准《建筑照明设计标准》GB 50034的有关规定，对冷间内固定安装的灯具，不再要求"应采用安全电压供电"。

7.3.7 原规范条文规定冷间内应采用橡皮绝缘电力电缆，但普遍反映XV型橡皮绝缘聚氯乙烯护套电力电缆已不生产，订货困难。目前随着我国的科技进步，新的电缆品种不断推出，已有多种电缆适用于低温环境下使用，如硅橡胶电力电缆，使用温度－60℃；丁腈电力电缆，使用温度－60℃；乙丙橡胶绝缘电力电缆（EPR电缆），使用温度－50℃；本次修订不再规定应采用的电缆型号，而由设计人员根据冷间的温度要求选用适用的电缆。

应当指出，我国目前尚未有专门用于低温环境而使用的电缆，上述几种电缆均为特种电缆，高温特性、低温特性均好，但造价较高。规范编制组已与上海电缆研究所联系，希望组织制订并生产专用于低温环境下的电缆，造价会降低，届时如有产品推出，可供设计选用。

7.3.8 本条为强制性条文。电气线路穿过冷间保温墙处如处理不当，不仅会出现冰霜，造成冷量损失，导致保温层局部失效，同时是潜在的引起电气火灾的隐患，因此必须采取可靠的保温密封处理措施。

7.3.9 本次修订保留了冷库阁楼层的设计做法，当阁楼层内采用松散保温材料（如稻壳）时，为了避免发生火灾，冷库阁楼层内不应敷设电气设备。

7.3.10 当人员被误关在冷藏间内时，为保障人身安全而作出本条规定。

7.3.11 库房电梯属冷库的重要用电负荷，供电应予保证，不应与其他负荷共用一路电源。本条参照现行国家标准《建筑设计防火规范》GB 50016的有关规定，并结合冷库的特点，对高层冷库消防电梯的供电作此规定。

7.3.12 当冷库发生火情用消火栓启动消防水泵进行灭火时，应将该消火栓箱动作信号传送到有人值班的房间进行报警。

7.3.13 本条是为了保证冷库地坪不被冻胀制定的措施。

7.3.14 为防止因电伴热线安装使用不当导致发生间接电击制定本条规定。

7.3.15 三类防雷建筑物的设计要求见现行国家标准《建筑物防雷设计规范》GB 50057的有关规定。

7.3.16 本条是参照现行国家标准《建筑设计防火规

范》GB 50016及《高层民用建筑设计防火规范》GB 50045的有关内容,并结合冷库的特点制定的。当建设方有特殊要求时,可按合同内容设计。

7.3.17 为保证机械冷藏车的制冷系统在公路站台装卸货物时能可靠运行作此规定。

7.3.18 盐水制冰间空气中含有盐雾,有较强的腐蚀性,本条为了延长电气产品的使用寿命作此规定。

7.3.19 速冻设备加工间多为人工采光、通风的密闭空间,是人员密集型操作场所,为了防止快速冻结装置意外发生氨气泄漏,对操作工人造成伤害而作此规定。

7.3.20 冷间内使用的空气冷却器电动机工作条件相同,同时启停运行,单台电动机容量一般不大于3kW。考虑到冷库的特点,降温运行时,现场无人值守,冷间为低温潮湿场所,电器设备易受潮损坏,维修困难,因此制定本条规定,要求空气冷却器电动机设置观测仪表及采取必要的保护措施,以提高其运行的安全性。

电机绕组中内置温度保护开关,是目前防止电机过载损坏甚至引起火灾危险的最可靠措施,国外进口的空气冷却器多具备此功能,而国产的空气冷却器尚未见到具有此种功能的产品(国产大型电动机有内置温度开关的产品)。

7.4 制冷工艺自动控制

7.4.1 对氟制冷系统提出了自动运行的控制要求,为防止空气冷却器电热除霜时由于意外失控,以致温升过高造成冷量损失,要求设排液管温度超限保护。

7.4.2 对氨制冷系统的自动控制,通过调研发现,外商独资或合资的企业,自动化程度较高,制冷机组、自控元件、控制系统均为国外进口设备。有的企业甚至可做到制冷机房无人值守,制冷系统运行参数或故障信号可通过无线传输方式发送到值班经理的手机或电脑上。而国内企业对制冷系统自动控制态度不一,有的要求高一些,大多数要求不高,个别企业甚至已停止使用运行多年的自控系统,又回到全部手动操作的传统模式。究其原因,主要是国产自控元件质量不可靠、故障率高;自控系统投资大,运行成本高,对维护操作的工人技术水平要求高;目前中、小型冷库多为私人企业,业主希望尽量减少运行成本。

针对国内现状,提出了不同的自动控制程度要求:

1 小型冷库以手动操作为主,安全生产是必要的,因此,配合制冷工艺设计实现各种安全保护功能及集中报警信号系统是基本要求。

2 分布式(DCS)控制系统集合了现代先进的科技成果,如计算机技术、可编程控制技术、工业总线技术、网络和信息传输技术等,系统构成简单、操作方便、运行稳定可靠,因此,在制冷系统自动控制中应推广采用。

3 采用制冷系统全自动运行及计算机管理系统,必将全面提升企业的管理水平和综合竞争能力。

7.4.3、7.4.4 冷库应设置温度测量、显示及记录系统(装置)是基本要求。调研中发现,温度传感器在有些冷库中安装随意,不尽合理,为此作了明确规定。

7.4.5 现行国家标准《通用用电设备配电设计规范》GB 50055—93第2.6.4条规定"自动控制或联锁控制的电动机,应有手动控制和解除自动控制或联锁控制的措施;远方控制的电动机,应有就地控制和解除远方控制的措施……",该条条文解释是"保证人身和设备安全的最基本规定。设计中应根据具体情况,采取各种必要的措施"。

冷库电气设计图纸在进行施工图外部审查时,有些外审单位根据该条规定提出冷间空气冷却器电机应就地设急停按钮/开关。冷库不是公共建筑,只有装卸工人和制冷机房值班人员才可进入冷间。在冻结间、冷却间降温运行时,不会有工人进去作业。冷藏间降温时会有装卸工人进去作业,但冷藏间多采用吊顶式空气冷却器,一般不会影响到装卸工人的安全,装卸工人也不允许对制冷设备和电气设备进行操作。冷藏间自动或手动降温运行时,不会有机房值班人员在现场,当空气冷却器电机出现故障时,很难做到第一时间在现场及时发现。冷间内均属低温、潮湿场所,一般情况下电气设备不应在冷间内安装,易受潮损坏,且维修困难。根据冷库的这些特点,在本次修订中,特意增加了在空气冷却器现场不应设置急停按钮/开关的规定。

8 给水和排水

8.1 给 水

8.1.2 本条为强制性条文。是根据《中华人民共和国食品卫生法》对食品加工用水水质的要求制定的。

8.1.3 对生产设备的冷却水、冲霜水水质未作硬性规定,可根据各冷却设备对水质的要求确定。如速冻装置;存放的食品对卫生有特殊要求冷间的冷风机冲霜水水质应符合现行国家标准《生活饮用水卫生标准》GB 5749的规定。对其他用水设备的补充水,有条件可采用城市杂用水或中水作为水源,其水质应符合现行国家标准《城市污水再生利用 城市杂用水水质》GB/T 18920的规定。

8.1.4 本条对冷库给水系统的设计用水量提出了总的要求。冷库生活用水及洗浴用水量是参照现行国家标准《建筑给水排水设计规范》GB 50015工业企业建筑相关用水定额制定的。

8.1.5 本条对冷凝器进出水温差未作规定。由于冷凝器设备的选用、温差的要求等均属制冷专业范围，因此由制冷专业提供设计数据。

冲霜水水温只作下限的规定，根据对集宁肉联厂冷库上、水下管道的测定资料，当水温不低于10℃，冷库管道长度在40m内流动的水不会产生冰冻现象。考虑到目前国内情况及今后发展趋势，有条件时，可适当提高水温，以缩短冲霜时间和减少冲霜水量，但水温不宜过高，如超过25℃时，容易产生水雾。

8.1.6 从节能、节水角度考虑应提倡循环用水，但南方地区靠近江河的冷库，若水源充足，水质满足要求，可直接使用。

8.1.7 本条提出了对冷却塔的选用原则。设计选用时，应根据具体工程实际选用，特别是在节能、节水及噪声控制方面，应重点加以注意。

8.1.8 本条规定按湿球温度频率统计方法计算的频率为10%的日平均气象条件，在冷库工程设计中是恰当的。如《火力发电厂设计技术规程》（1985年版）规定：冷却水的最高计算温度宜按历年最炎热时期（一般以3个月计）频率为10%的日平均气象条件计算。

在冷库工程设计中采用近期连续不少于5年，每年最热3个月频率为10%时的空气干球温度及相应的相对湿度作为计算依据，可以满足工艺对水温的要求。

8.1.9 冷却塔的水量损失包括蒸发损失、风吹损失、渗漏损失、排污损失。

蒸发损失：根据现行国家标准《工业循环水冷却设计规范》GB/T 50102中冷却塔蒸发损失水量公式计算，当气温30℃，冷却塔进出水温差2℃时，蒸发损失率为0.3%。

风吹损失：现行国家标准《工业循环水冷却设计规范》GB/T 50102中规定，机械通风冷却塔（有除水器）的风吹损失率为0.2%～0.3%，有的资料规定为0.2%～0.5%，对于冷库设计中常用的中小型机械通风冷却塔一般均未装除水器，尚无风吹损失水量资料。考虑到无除水器水量损失会增加，其风吹损失率按大于1%计。

渗漏损失：具有防水层护面的冷却塔的集水池中的渗漏，一般可忽略不计。

排污损失：损失水量占循环水量的0.5%～1.0%或更大。

根据冷库设计多年的实践和各项损失累计，本条规定补充水量为冷却塔循环水量的2%～3%。蒸发式冷凝器的补充水量损失主要包括蒸发损失、渗漏损失，未考虑排污水量。如考虑排污水量，蒸发式冷凝器补充水量为循环水量的3%～5%。

8.1.10 有的地区水的硬度较高，冷凝器结垢较严重。特别是目前多数冷库冷却设备采用了蒸发式冷凝器。蒸发式冷凝器是以水和空气作冷却介质，利用部分冷却水的蒸发带走气体制冷剂冷凝过程所放出的热量。当水蒸发时，原来存在的杂质还在水中，水中溶解的固体的浓度也会不断提高，如果这些杂质和污物不能有效控制，会引起结垢、腐蚀和污泥积聚，从而降低传热效率，不节能，并会影响设备的寿命和正常的运行。因而需采取除垢、防腐及水质稳定处理措施。但由于地域不同，水质各异，可根据各地具体情况确定，本条未作硬性规定，至于选择哪种处理方法应考虑便于操作管理并通过技术经济比较确定，目前蒸发式冷凝器除垢一般推荐采用物理法进行处理，主要是避免采用化学方法时产生对设备腐蚀的情况发生。

8.1.11 作为防冻措施，在冷却塔进水干管上设旁路水管，能通过全部循环水量，使循环水不经过冷却塔布水系统及填料，直接进入冷却塔水盘或集水池，冬季冷却效果能满足要求。这项措施已在我国及美、英等国作为成熟经验普遍实施。

循环水泵至冷却塔的循环水管道一般为明敷，在管道上应安装泄空管，当冬季冷却塔停止运转时，可将管道内水放空，以免结冰。

8.1.12 本条是对水冷式制冷压缩机冷却水设施提出的基本要求。

8.1.13 本条是对冷库冲霜水系统提出的基本要求。目前空气冷却器除霜型式很多，有用水冲霜，热氨融霜，电融霜等，规范规定采用水冲霜的称为"冲霜水"，其他型式除霜的称为"融霜水"。

8.1.14 冷库是一低温高湿的场所，给排水管道极易结露滴水，故本条提出了相应的防结露措施。

8.1.15 本条是为了对冷库用水进行科学计量考核制定的。

8.2 排　　水

8.2.1 冷库的冷却间、制冷压缩机房以及电梯井、地磅坑等处，都易积水。设置地漏，有组织的排水，是防止这些地方积水的有效方法。冷库穿堂部分是否设置地漏排水，应根据穿堂使用实际要求确定。

8.2.2 目前有些冷库的地下室作为车库或人防工程使用，冷库地面架空层内由于湿度大，不通风也极易积水。因此这些部分都应有排水措施。

8.2.3 本条为强制性条文。主要是从食品安全卫生方面考虑的。间接排水是指冷却设备及容器与排水管道不直接连接，以防止排水管道中有毒气体进入设备或容器。

8.2.4、8.2.5 这两条主要是考虑目前冷库实际，当设置不同楼层、不同温度冷间时，冲（融）霜排水管不宜直接连接，防止互相串通、跑冷、跑味。特别是温度相差较大的冷间还会引起管道冻裂。

8.2.6、8.2.7 这两条所采取的措施都是为了防止冷间内冲（融）霜排水管道冻冰及使其排水畅通。

8.2.9 本条为强制性条文。设置水封（井）主要是防止跑冷和防止室外排水管道中有毒气体通过管道进入冷间内，污染冷间内环境卫生。

8.3 消防给水与安全防护

8.3.1 本条对冷库中一般防火做法及灭火器配置的原则给出了应遵循的相关规范。

8.3.2 我们在调研中了解到多数冷库即使在穿堂或楼梯间设了消火栓，在冷库使用中几乎未出现库内用消火栓扑救过火灾的情况。但考虑冷库内大部分隔热材料和包装材料为可燃物，因此，根据现行国家标准《建筑设计防火规范》GB 50016 及《建筑灭火器配置设计规范》GB 50140 的规定在穿堂或楼梯间设置消火栓及灭火器。这样，一旦发生火灾，就能迅速扑救，及时阻止火势蔓延。由于冷库冷间为高湿低温场所，冷间内可不布置消火栓。

8.3.3 本条规定冷库的氨压缩机房和设备间门外设室外消火栓，一是为救火，二是当机房大量漏氨时，可作为水幕保护抢救人员进入室内关闭阀门等操作。

8.3.4 本条规定主要是为了控制和消除液氨泄漏，以稀释事故漏氨。目前国家对使用氨作为制冷剂的安全问题十分重视，从安全防护、环境保护等方面提出了相关要求。条文中吸纳了北京市安监局对北京地区涉氨单位安全用氨的要求。

水喷淋系统可与库区消防给水系统连接，水量分别计算，喷水时间按 0.5h 计。当储氨器布置在室外时，同样可设置开式喷头，并应有相应的排水措施。

8.3.5 在控制和消除液氨泄漏事故中，会引发环境污染危害，为最大限度地减少损失和保护人身安全，提出了相关要求。当漏氨或紧急泄氨时，用水来扑救和防护，会产生大量氨液混合水（每 1kg/min 的氨需提供 8L/min～17L/min 的水），为防止氨液混合水直接排入市政排水管网，先进行截流至事故水池并进行处理，处理后的废水需经当地环保部门同意后排入市政排水管网或沟渠。

8.3.6 本条为强制性条文。大型冷库、高层冷库由于体量大，人员疏散较困难，一旦着火，很难扑救。自动喷水灭火系统经实践证明是最为有效的自救灭火设施。当大型冷库、高层冷库的库房设计温度高于0℃，且每个防火分区建筑面积大于 1500m² 时，设置自动喷水灭火系统是可行的。

9 采暖通风和地面防冻

9.0.1 本条第 1 款为强制性条款。当氨蒸气在空气中的含量达到一定的比例时，就与空气构成爆炸性气体，这种混合气体遇到明火时会发生爆炸。一些氟利昂制冷剂气体接触明火时会分解成有毒气体——光气，对人有害。因此规定制冷机房内严禁明火采暖。

9.0.2 本条为强制性条文。是对制冷机房的通风设计提出的具体要求。

1 制冷机房日常运行时，为了防止制冷剂的浓度过大，必须保证通风良好。另一方面，在夏季良好的通风可以排除制冷机房内电机和其他电气设备散发的热量，以降低制冷机房内温度，改善操作人员的工作环境。日常通风的风量，以消除夏季制冷机房内余热、取机房内温度与夏季通风室外计算温度之差不大于10℃来计算。

2 事故通风是保障安全生产和保障工人生命安全的必要措施。对在事故发生过程中可能突然散发有害气体的制冷机房，在设计中应设置事故通风系统。氟制冷机房事故通风的换气次数与现行国家标准《采暖通风与空气调节设计规范》GB 50019 中的规定相一致。

3 氨制冷机房，在事故发生时如果突然散发大量的氨制冷剂，其危险性更大。国外相关资料推荐氨制冷机房每平方米的紧急通风量是 50.8L/s，紧急通风量最低值是 9440L/s。9440L/s 是基于假定某根管断裂，而使机房内氨浓度保持在 4％以下的最小排风量，事故排风量 183m³/（m²·h）是据此确定的。

制冷机房的通风考虑了两方面的要求：一方面是正常工作状态下保证制冷机房内的空气品质，改善操作人员的工作环境；另一方面是事故状态下排除突然散发的大量制冷剂气体，保障安全生产和工人生命安全。具体设计中，可以设置多台（或 2 台）事故排风机，在制冷机房正常工作状态下，采用部分事故排风机兼做日常排风的作用，在事故状态下所有事故排风机全部开启。

9.0.4 本条对自然通风的地面防冻设计提出了基本要求。

1 根据已建成冷库的实践经验，体积在 2250m³（500t）以下的冷库大多采用自然通风管地面防冻的方法。穿越冷间的通风管长度为 24m，加上站台宽 6m，每根通风管总长度为 30m。使用情况表明，只要管路畅通，此种直通管自然通风地面防冻的方法是安全可靠的。

2 对－30℃和－20℃的冷间，地面温度取－27℃和－17℃，地面保温层厚度为 200mm 和 150mm，保温材料导热系数取 0.047W/（m·℃），通风管间距取 2m，通风管管壁温度取 2℃，地面下 3.2m 深处历年最低两个月的土壤平均温度取 9.4℃（以北京市为例），建立如图 1 所示的物理模型，计算结果见图 2。计算结果显示，当通风管间距大于 1.2m 时，通风层（即 600mm 厚填砂层）上表面会出现温度低于 0℃的部位。

当冷间地面温度取－30℃和－20℃，地面保温层厚度为 200mm 和 150mm，保温材料导热系数取 0.028W/（m·℃），其他条件同上，计算结果见图 3。计算结果显示，由于提高了保温层的保温性能，通风层（即 600mm 厚填砂层）上表面温度均大

3 自然通风的地面防冻方式，主要在室外中小型冷库中使用，一次性投资低，不需要运行费用，其防冻的安全性主要与冷间温度、保温材料性能及其厚度、通风管直径及其间距、通风口朝向和室外风速有关。我国地域辽阔，室外气象参数差异很大，限定每根通风管总长度不大于30m，是根据已建冷库的实践经验而定的。

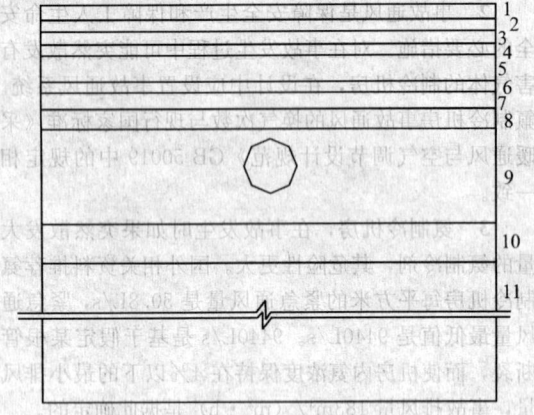

图1 物理模型

1—面层；2—120厚C30混凝土；3—20厚1:3水泥砂浆保护层；4—0.1厚聚乙烯塑料薄膜；5—保温层；6—1.2厚聚氨酯隔汽层；7—20厚1:2.5水泥砂浆找平层；8—150厚C15混凝土垫层；9—600厚中砂内配φ250通风管；10—200厚碎石垫层；11—素土夯实

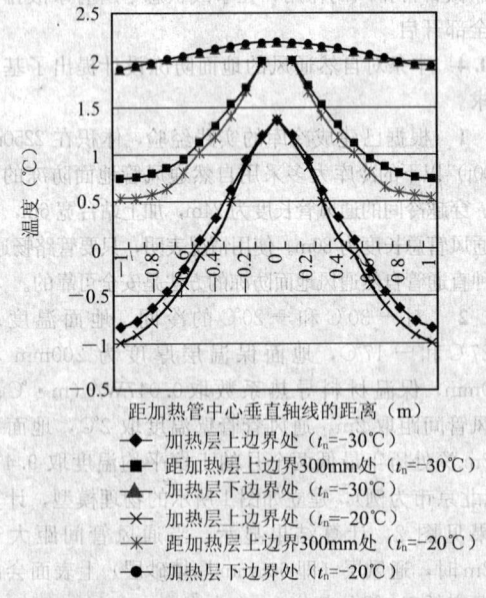

图2 地面通风层沿水平方向的温度分布（一）

4 地面采用自然通风的方式防冻，应保证通风管通畅，避免被杂物堵塞，否则会造成地面局部冻鼓。因此，在进出风口处应设置网栅，并应经常清理，以防污物堵塞。

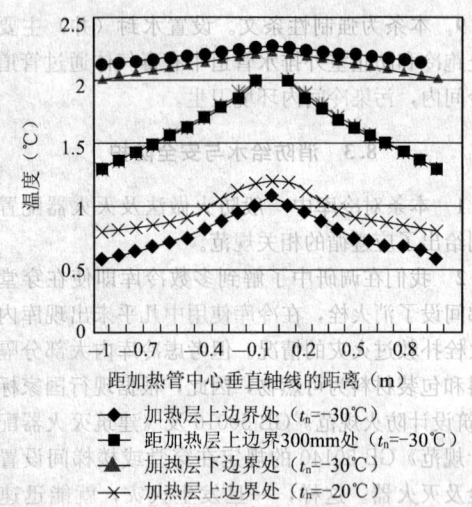

图3 地面通风加热层沿水平方向的温度分布（二）

9.0.5 本条是对机械通风的地面防冻设计提出的具体要求。

1 对于没有自然通风条件或自然通风条件较差和冷间面积较大、通风管长度大于30m时，采用机械通风地面防冻措施虽然运行费用稍高，但运行安全可靠。

为了保证传热效果，本规范规定支管风速不宜小于1m/s，以避免因风速减小致使表面传热系数下降过多，从而导致传热效果变差。总风道尺寸定为不宜小于0.8m×1.2m，目的是便于进人调整和检查，有利于保证各支风道布风均匀。

2 采暖地区的机械通风地面防冻设施强调设置空气加热装置，在整个采暖季节甚至过渡季都要每天定时运转。

9.0.6 架空地面自然通风防冻方法具有效果好、维护简单等优点，普遍受到各类冷库建设单位的欢迎，尤其是多层冷库。经调查，该方法在东北地区的冷库中也大量采用，冬季用保温门将进出风口关（堵）好。在东北的某些寒冷气候条件下，只要能不使架空层内土壤冻结到基础埋深以下，等到来年气温升高的季节开启进出风口的保温门后，能使已冻结的土壤融化解冻，即不会发生由于土壤冻结过深造成柱基础冻鼓、结构破坏的现象。但在某些特别严寒和寒冷季节时间很长的地方，则要另行考虑。调查发现，冷库架空层内湿度很大，尤其是夏季，混凝土楼板产生结露。有的冷库架空层楼板的保护层剥落，甚至产生钢筋暴露锈蚀的现象。因此应重视架空层内的通风问题。如果冷库架空地面下架空高度过小，进风口面积小，通风不畅，无排水沟，内存积水，会严重影响使用效果。执行本条款时，应结合本规范的第4.5.10条和第8.2.2条同时考虑。

9.0.7 加热地面防冻设施的不冻液可采用乙二醇溶液。液体加热设备布置较灵活,运行和管理也方便。

由于加热管浇筑在混凝土板内,不便维护和检查,因此施工时必须严格要求,做好清污、除锈、试压、试漏工作,并在施工过程中严加管理,确保施工质量。

9.0.8 当地面加热层的热源采用制冷系统的冷凝热时,应以压缩机的最小运行负荷为计算依据,否则地面加热系统就会出现加热量不足的可能性,影响使用。

9.0.9 国内冷库工程中早在20世纪50~60年代就使用过电热法地面防冻方式。该方法施工简单,初次投资相对较低,运行管理方便,但运行费用较高。根据国外资料介绍,采用电热法进行地面防冻,冷间面积小于1500m^2时是比较经济的。考虑到我国的能源状况和冷库地坪防冻采用电热法还缺乏足够的实践经验,因此本条规定冷间面积小于500m^2,且经济合理时可采用电热法进行地面防冻。

中华人民共和国国家标准

洁净厂房设计规范

Code for design of clean room

GB 50073—2013

主编部门：中华人民共和国工业和信息化部
批准部门：中华人民共和国住房和城乡建设部
施行日期：２０１３年９月１日

中华人民共和国住房和城乡建设部
公告

第 1627 号

住房城乡建设部关于发布国家标准《洁净厂房设计规范》的公告

现批准《洁净厂房设计规范》为国家标准，编号为 GB 50073-2013，自 2013 年 9 月 1 日起实施。其中，第 3.0.1（1、2、3）、4.2.3（1）、4.4.1、5.2.1、5.2.4、5.2.5、5.2.6、5.2.7、5.2.8、5.2.9、5.2.10、5.2.11、5.3.5、5.3.10、6.1.5、6.2.1、6.3.2、6.5.1、6.5.3、6.5.4、6.5.6、6.5.7（1）、6.6.2、6.6.6、7.3.2、7.3.3（1、4）、7.4.1、7.4.3、7.4.4、7.4.5（2）、8.1.1（4）、8.1.5、8.1.8、8.4.1、8.4.2（2、3）、8.4.3、9.2.2、9.2.5（1）、9.2.6、9.3.3、9.3.4、9.3.5、9.3.6、9.4.3、9.5.2、9.5.4、9.5.7 条（款）为强制性条文，必须严格执行。原国家标准《洁净厂房设计规范》GB 50073-2001 同时废止。

本规范由我部标准定额研究所组织中国计划出版社出版发行。

中华人民共和国住房和城乡建设部
2013 年 1 月 28 日

前　言

本规范是根据原建设部《关于印发〈2002-2003 年度工程建设国家标准规范制订、修订计划〉的通知》（建标函〔2003〕102 号）的要求，由中国电子工程设计院会同有关单位共同对《洁净厂房设计规范》GB 50073-2001 修订而成。

本规范在修订过程中，修订组结合我国洁净厂房设计建造和运行的实际情况，进行了广泛的调查研究和测试，认真总结了《洁净厂房设计规范》GB 50073-2001 多年来实施的经验，广泛征求了全国有关单位的意见，最后经审查定稿。

本规范共 9 章和 3 个附录，主要内容包括：总则、术语、空气洁净度等级、总体设计、建筑、空气净化、给水排水、工业管道、电气等。

本规范主要的修订技术内容是：修改了第 2 章术语；对第 3 章空气洁净度等级的相关内容作了修改和补充；修改了第 8 章，更名为"工业管道"；修改了部分"强制性条文"为"非强制性条文"。

本规范中以黑体字标志的条文为强制性条文，必须严格执行。

本规范由住房和城乡建设部负责管理和对强制性条文的解释，由工业和信息化部负责日常管理，由中国电子工程设计院负责具体技术内容的解释。在本规范执行过程中如有意见或建议，请寄送中国电子工程设计院（地址：北京市海淀区万寿路 27 号，邮政编码：100840，传真：010-68217842），以便今后修订时参考。

本规范主编单位、参编单位、主要起草人和主要审查人：

主编单位：中国电子工程设计院

参编单位：信息产业部第十一设计研究院科技工程股份有限公司
中国石油化工集团上海医药工业设计院
中国建筑科学研究院

主要起草人：陈霖新　张利群　王唯国
　　　　　　缪德骅　晁　阳　赵　海
　　　　　　俞渭雄　周春海　秦学礼
　　　　　　谭易和　贺继行　肖红梅
　　　　　　樊勋昌　张彦国　黄德明
　　　　　　牛光宏　冷捷敏　冯佩明

主要审查人：涂光备　薛长立　王宗存
　　　　　　张洪雁　施红平　李兆坚
　　　　　　叶　鸣　孙志华　万桐良

目　次

1 总则 ⋯⋯⋯⋯⋯⋯⋯⋯⋯⋯⋯⋯⋯ 7—11—5
2 术语 ⋯⋯⋯⋯⋯⋯⋯⋯⋯⋯⋯⋯⋯ 7—11—5
3 空气洁净度等级 ⋯⋯⋯⋯⋯⋯⋯ 7—11—6
4 总体设计 ⋯⋯⋯⋯⋯⋯⋯⋯⋯⋯ 7—11—6
　4.1 洁净厂房位置选择和
　　　总平面布置 ⋯⋯⋯⋯⋯⋯⋯⋯ 7—11—6
　4.2 工艺平面布置和设计综合协调 ⋯ 7—11—6
　4.3 人员净化和物料净化 ⋯⋯⋯⋯ 7—11—7
　4.4 噪声控制 ⋯⋯⋯⋯⋯⋯⋯⋯⋯ 7—11—7
　4.5 微振控制 ⋯⋯⋯⋯⋯⋯⋯⋯⋯ 7—11—7
5 建筑 ⋯⋯⋯⋯⋯⋯⋯⋯⋯⋯⋯⋯ 7—11—7
　5.1 一般规定 ⋯⋯⋯⋯⋯⋯⋯⋯⋯ 7—11—7
　5.2 防火和疏散 ⋯⋯⋯⋯⋯⋯⋯⋯ 7—11—8
　5.3 室内装修 ⋯⋯⋯⋯⋯⋯⋯⋯⋯ 7—11—8
6 空气净化 ⋯⋯⋯⋯⋯⋯⋯⋯⋯⋯ 7—11—8
　6.1 一般规定 ⋯⋯⋯⋯⋯⋯⋯⋯⋯ 7—11—8
　6.2 洁净室压差控制 ⋯⋯⋯⋯⋯⋯ 7—11—9
　6.3 气流流型和送风量 ⋯⋯⋯⋯⋯ 7—11—9
　6.4 空气净化处理 ⋯⋯⋯⋯⋯⋯⋯ 7—11—9
　6.5 采暖通风、防排烟 ⋯⋯⋯⋯⋯ 7—11—9
　6.6 风管和附件 ⋯⋯⋯⋯⋯⋯⋯⋯ 7—11—9
7 给水排水 ⋯⋯⋯⋯⋯⋯⋯⋯⋯⋯ 7—11—10
　7.1 一般规定 ⋯⋯⋯⋯⋯⋯⋯⋯⋯ 7—11—10
　7.2 给水 ⋯⋯⋯⋯⋯⋯⋯⋯⋯⋯⋯ 7—11—10
　7.3 排水 ⋯⋯⋯⋯⋯⋯⋯⋯⋯⋯⋯ 7—11—10
　7.4 消防给水和灭火设备 ⋯⋯⋯⋯ 7—11—10
8 工业管道 ⋯⋯⋯⋯⋯⋯⋯⋯⋯⋯ 7—11—10
　8.1 一般规定 ⋯⋯⋯⋯⋯⋯⋯⋯⋯ 7—11—10
　8.2 管道材料和阀门 ⋯⋯⋯⋯⋯⋯ 7—11—11
　8.3 管道连接 ⋯⋯⋯⋯⋯⋯⋯⋯⋯ 7—11—11
　8.4 安全技术 ⋯⋯⋯⋯⋯⋯⋯⋯⋯ 7—11—11
9 电气 ⋯⋯⋯⋯⋯⋯⋯⋯⋯⋯⋯⋯ 7—11—11
　9.1 配电 ⋯⋯⋯⋯⋯⋯⋯⋯⋯⋯⋯ 7—11—11
　9.2 照明 ⋯⋯⋯⋯⋯⋯⋯⋯⋯⋯⋯ 7—11—11
　9.3 通信 ⋯⋯⋯⋯⋯⋯⋯⋯⋯⋯⋯ 7—11—12
　9.4 自动控制 ⋯⋯⋯⋯⋯⋯⋯⋯⋯ 7—11—12
　9.5 静电防护及接地 ⋯⋯⋯⋯⋯⋯ 7—11—12
附录 A 洁净室或洁净区
　　　性能测试和认证 ⋯⋯⋯⋯⋯ 7—11—12
附录 B 洁净厂房生产工作间
　　　的火灾危险性分类举例 ⋯ 7—11—14
附录 C 净化空调系统设计对
　　　维护管理的要求 ⋯⋯⋯⋯⋯ 7—11—14
本规范用词说明 ⋯⋯⋯⋯⋯⋯⋯⋯ 7—11—14
引用标准名录 ⋯⋯⋯⋯⋯⋯⋯⋯⋯ 7—11—14
附：条文说明 ⋯⋯⋯⋯⋯⋯⋯⋯⋯ 7—11—15

Contents

1 General provisions ················ 7—11—5
2 Terms ································ 7—11—5
3 Classification of air
  cleanliness ························ 7—11—6
4 Overall design ····················· 7—11—6
  4.1 Location selection and
      general layout of clean Plant ······ 7—11—6
  4.2 Process layout and design
      coordination ···················· 7—11—6
  4.3 Personnel and
      material purification ············ 7—11—7
  4.4 Noise control ···················· 7—11—7
  4.5 Microvibration control ········· 7—11—7
5 Architecture ························ 7—11—7
  5.1 General requirement ············ 7—11—7
  5.2 Fire protection and evacuation ······ 7—11—8
  5.3 Interior decoration ·············· 7—11—8
6 Air purification ······················ 7—11—8
  6.1 General requirement ············ 7—11—8
  6.2 Pressure control of clean room ··· 7—11—9
  6.3 Air flow pattern and
      supply airflow rate ··············· 7—11—9
  6.4 Air purification ·················· 7—11—9
  6.5 Heating and ventilation
      smoke control ···················· 7—11—9
  6.6 Duct and accessories ············ 7—11—9
7 Water supply and drainage ······ 7—11—10
  7.1 General requirement ············ 7—11—10
  7.2 Water supply ···················· 7—11—10
  7.3 Drainage ·························· 7—11—10
  7.4 Fire water supply and fire
      fighting equipment ············· 7—11—10
8 Industrial pipe ······················ 7—11—10
8.1 General requirement ············ 7—11—10
8.2 Pipeline materials and valves ··· 7—11—11
8.3 Pipe connections ················· 7—11—11
8.4 Security technology ·············· 7—11—11
9 Electric ······························· 7—11—11
  9.1 Power distribution ··············· 7—11—11
  9.2 Illumination ······················ 7—11—11
  9.3 Communication ·················· 7—11—12
  9.4 Automatic control ··············· 7—11—12
  9.5 Electrostatic protection
      and grounding ··················· 7—11—12
Appendix A Performance testing and
            certification of the
            clean room or
            clean zone ·············· 7—11—12
Appendix B Examples of fire hazard
            classification for
            production workshop
            of clear plant ·········· 7—11—14
Appendix C Requirements for
            maintenance and
            management of
            design of purify
            air conditioning
            system ··················· 7—11—14
Explanation of wording
  in this code ························· 7—11—14
List of quoted standrds ············· 7—11—14
Addition: Explanation
  of provisions ························ 7—11—15

1 总　则

1.0.1 为了使洁净厂房设计符合节约能源、劳动卫生和环境保护的要求，做到技术先进、经济适用、安全可靠，确保洁净厂房设计质量，制定本规范。

1.0.2 本规范适用于新建、扩建和改建洁净厂房的设计。

1.0.3 洁净厂房设计应是施工安装、维护管理、检修测试和安全运行的基础。

1.0.4 洁净厂房设计除应符合本规范外，尚应符合国家现行有关标准的规定。

2 术　语

2.0.1 洁净室　clean room
空气悬浮粒子浓度受控的房间。它的建造和使用应减少室内诱入、产生及滞留的粒子。室内其他有关参数如温度、湿度、压力等按要求进行控制。

2.0.2 洁净区　clean zone
空气悬浮粒子浓度受控的限定空间。它的建造和使用应减少空间内诱入、产生及滞留粒子。空间内其他有关参数如温度、湿度、压力等按要求进行控制。洁净区可以是开放式或封闭式。

2.0.3 移动式洁净小室　mobile clean booth
可整体移动位置的小型洁净室。有刚性和柔性材料围挡两类。

2.0.4 人身净化用室　room for cleaning human body
人员在进入洁净室之前按一定程序进行净化的房间。

2.0.5 物料净化用室　room for cleaning material
物料在进入洁净室之前按一定程序进行净化的房间。

2.0.6 粒径　particle size
给定的粒径测定仪所显示的、与被测粒子的响应量相当的球形体直径。

2.0.7 悬浮粒子　airborne particle
用于空气洁净度分级的空气中悬浮粒子尺寸范围在 $0.1\mu m \sim 5\mu m$ 的固体和液体粒子，但不适用于表征悬浮粒子的物理性、化学性、放射性及生命性。

2.0.8 超微粒子　ultrafine particle
具有当量直径小于 $0.1\mu m$ 的粒子。

2.0.9 微粒子　microparticle
具有当量直径大于 $5\mu m$ 的粒子。

2.0.10 粒径分布　particle size distribution
粒子粒径频率分布和累积分布，是粒径的函数。

2.0.11 含尘浓度　particle concentration
单位体积空气中悬浮粒子的颗数。

2.0.12 洁净度　cleanliness
以单位体积空气中大于或等于某粒径粒子的数量来区分的洁净程度。

2.0.13 气流流型　air flow pattern
对室内空气的流动形态和分布进行合理设计。

2.0.14 单向流　unidirectional airflow
通过洁净室（区）整个断面的风速稳定、大致平行的受控气流。

2.0.15 垂直单向流　vertical unidirectional flow
与水平面垂直的单向流。

2.0.16 水平单向流　horizontal unidirectional flow
与水平面平行的单向流。

2.0.17 非单向流　non-unidirectional flow
送入洁净室（区）的送风以诱导方式与室（区）内空气混合的气流分布类型。

2.0.18 混合流　mixed airflow
单向流和非单向流组合的气流。

2.0.19 洁净工作区　clean working area
除工艺特殊要求外，指洁净室内离地面高度 $0.8m \sim 1.5m$ 的区域。

2.0.20 空气吹淋室　air shower
利用高速洁净气流吹落并清除进入洁净室人员表面附着粒子的小室。

2.0.21 气闸室　air lock
设置在洁净室出入口，阻隔室外或邻室污染气流和压差控制而设置的缓冲间。

2.0.22 传递窗　pass box
在洁净室隔墙上设置的传递物料和工器具的窗口。两侧装有不能同时开启的窗扇。

2.0.23 洁净工作台　clean bench
能够保持操作空间所需洁净度的工作台。

2.0.24 洁净工作服　clean working garment
为把工作人员产生的粒子限制在最小程度所使用的发尘量少的洁净服装。

2.0.25 空态　as-built
设施已经建成，其服务动力公用设施区接通并运行，但无生产设备、材料及人员的状态。

2.0.26 静态　at-rest
设施已经建成，生产设备已经安装好，并按供需双方商定的状态运行，但无生产人员的状态。

2.0.27 动态　operational
设施以规定的方式运行，有规定的人员在场，并在商定的状态下进行工作。

2.0.28 已装过滤器检漏　installed filter system leakage test
为确认过滤器安装良好、没有向洁净室（区）的旁路渗漏，过滤器及其框架均无缺陷和渗漏所做的检测。

2.0.29 高效空气过滤器　high efficiency particulate air filter (HEPA)
在额定风量下，对粒径大于或等于 $0.3\mu m$ 粒子的捕集效率在 99.9% 以上的空气过滤器。

2.0.30 超高效空气过滤器　ultra low penetration air filter (ULPA)
在额定风量下，对粒径 $0.1\mu m \sim 0.2\mu m$ 粒子的捕集效率在 99.999% 以上的空气过滤器。

2.0.31 纯水　purity water
对电解质杂质含量和非电解质杂质含量均有要求的水。

2.0.32 防静电环境　antistatic environment
能防止静电危害的特定环境，在这一环境中不易产生静电，静电产生后易于消散或消除，静电噪声难以传播。

2.0.33 表面电阻　surface resistance
在材料的表面上两电极间所加直流电压与流过两极间的稳态电流之商。

2.0.34 体积电阻　volume resistance
在材料的相对两表面上放置的两电极间所加直流电压与流过两电极间的稳态电流之商。该电流不包括沿材料表面的电流。

2.0.35 表面电阻率　surface resistivity
在材料表面层的直流电场强度与稳态电流线密度之商。

2.0.36 体积电阻率 volume resistivity
在材料内层的直流电场强度与稳态电流密度之商。

2.0.37 专用消防口 fire-fight access
消防人员为灭火而进入建筑物的专用入口，平时封闭，使用时由消防人员从室外打开。

2.0.38 自净时间 recovery time of cleanliness
洁净室被污染后，净化空调系统开始运行至恢复到稳定的规定室内洁净度等级所需的时间。

2.0.39 生物洁净室 biological clean room
洁净室空气中悬浮微生物控制在规定值内的限定空间。

2.0.40 浮游菌 airborne viable bacteria
悬浮在空气中的带菌微粒。

2.0.41 沉降菌 settlemen bacteria
降落在培养皿上的带菌微粒。

2.0.42 U 描述符 U descriptor
每立方米空气中包括超微粒子的实测或规定浓度。U 描述符不能规定悬浮粒子洁净度等级，但它可与悬浮粒子洁净度等级同时引述，也可以单独引述。

2.0.43 M 描述符 M descriptor
每立方米空气中实测的或规定的微粒子。M 描述符不能规定悬浮粒子洁净度等级，但它可与悬浮粒子洁净度等级同时引述，也可以单独引述。

2.0.44 工业管道 industrial pipe
洁净厂房内，除给水排水管道和净化空调、采暖通风管道外的气体、液体管道，统称为工业管道。

3 空气洁净度等级

3.0.1 洁净室及洁净区内空气中悬浮粒子空气洁净度等级应符合下列规定：
1 洁净室及洁净区空气洁净度整数等级应按表 3.0.1 确定。

表 3.0.1 洁净室及洁净区空气洁净度整数等级

空气洁净度等级(N)	大于或等于要求粒径的最大浓度限值(pc/m³)					
	0.1μm	0.2μm	0.3μm	0.5μm	1μm	5μm
1	10	2	—	—	—	—
2	100	24	10	4	—	—
3	1000	237	102	35	8	—
4	10000	2370	1020	352	83	—
5	100000	23700	10200	3520	832	29
6	1000000	237000	102000	35200	8320	293
7				352000	83200	2930
8				3520000	832000	29300
9				35200000	8320000	293000

注：按不同的测量方法，各等级水平的浓度数据的有效数字不应超过 3 位。

2 各种要求粒径 D 的最大浓度限值 C_n 应按下式计算：

$$C_n = 10^N \times \left(\frac{0.1}{D}\right)^{2.08} \quad (3.0.1)$$

式中：C_n——大于或等于要求粒径的最大浓度限值(pc/m³)。C_n 是四舍五入至相近的整数，有效位数不超过三位；
N——空气洁净度等级，数字不超过 9，洁净度等级整数之间的中间数可以按 0.1 为最小允许递增量；
D——要求的粒径(μm)；
0.1——常数，其量纲为 μm。

3 当工艺要求粒径不止一个时，相邻两粒径中的大者与小者之比不得小于 1.5 倍。

4 空气洁净度等级的粒径范围应为 0.1μm～0.5μm，超出粒径范围时可采用 U 描述符或 M 描述符补充说明。

3.0.2 空气洁净度等级所处状态包括空态、静态、动态，空气洁净度等级所处状态应与业主协商确定。

3.0.3 空气洁净度的测试方法应按本规范附录 A 的要求进行。

3.0.4 当洁净室(区)内的产品生产工艺要求控制微生物、化学污染物时，应根据工艺特点对各空气洁净度等级规定相应的微生物、化学污染物浓度限值。

4 总 体 设 计

4.1 洁净厂房位置选择和总平面布置

4.1.1 洁净厂房位置选择应符合下列规定，并经技术经济方案比较后确定：
1 应在大气含尘和有害气体浓度较低、自然环境较好的区域。
2 应远离铁路、码头、飞机场、交通要道以及散发大量粉尘和有害气体的工厂、贮仓、堆场等有严重空气污染、振动或噪声干扰的区域。当不能远离严重空气污染源时，应位于最大频率风向上风侧，或全年最小频率风向下风侧。
3 应布置在厂区内环境清洁，人流、物流不穿越或少穿越的地段。

4.1.2 对于兼有微振控制要求的洁净厂房的位置选择，应实际测定周围现有振源的振动影响，并应与精密设备、精密仪器仪表容许振动值分析比较后确定。

4.1.3 洁净厂房新风口与交通干道边沿的最近距离宜大于 50m。

4.1.4 洁净厂房周围宜设置环形消防车道，也可沿厂房的两个长边设置消防车道。

4.1.5 洁净厂房周围的道路面层应选用整体性能好、发尘少的材料。

4.1.6 洁净厂房周围应进行绿化。可铺植草坪，不应种植对生产有害的植物，并不得妨碍消防作业。

4.2 工艺平面布置和设计综合协调

4.2.1 工艺平面布置应符合下列规定：
1 工艺平面布置应合理、紧凑。洁净室或洁净区内应只布置必要的工艺设备，以及有空气洁净度等级要求的工序和工作室。
2 在满足生产工艺和噪声要求的前提下，对空气洁净度要求严格的洁净室或洁净区宜靠近空气调节机房，空气洁净度等级相同的工序和工作室宜集中布置。
3 洁净室内对空气洁净度要求严格的工序应布置在上风侧，易产生污染的工艺设备应布置在靠近回风口位置。
4 应考虑大型设备安装和维修的运输路线，并预留设备安装口和检修口。
5 不同空气洁净度等级房间之间联系频繁时，宜设有防止污染的措施，如气闸室、传递窗等。
6 应设置单独的物料入口，物料传递路线应最短，物料进入洁净室(区)之前应进行清洁处理。

4.2.2 洁净厂房的平面和空间设计应满足生产工艺和空气洁净度等级要求。洁净区、人员净化、物料净化和其他辅助用房应分区布置，并应与生产操作、工艺设备安装和维修、管线布置、气流流型以及净化空调系统等各种技术设施进行综合协调。

4.2.3 洁净厂房内应少设隔间，但在下列情况下应进行分隔：
1 按生产的火灾危险性分类，甲、乙类与非甲、乙类相邻的生产区段之间，或有防火分隔要求者。
2 按产品生产工艺需要有分隔要求时。
3 生产联系少，并经常不同时使用的两个生产区段之间。

4.2.4 在满足生产工艺和空气洁净度等级要求的条件下，洁净厂房内各种固定技术设施的布置，应优先考虑净化空调系统的要求。固定技术设施包括送风口、照明器、回风口、各种管线等。

4.3 人员净化和物料净化

4.3.1 洁净厂房内应设置人员净化、物料净化用室和设施，并应根据需要设置生活室和其他用室。

4.3.2 人员净化用室和生活室的设置应符合下列规定：
 1 应设置存放雨具、换鞋、存外衣、更换洁净工作服等人员净化室。
 2 厕所、盥洗室、淋浴室、休息室等生活室以及空气吹淋室、气闸室、工作服洗涤间和干燥间等可根据需要设置。

4.3.3 人员净化用室和生活用室的设计应符合下列规定：
 1 人员净化用室的入口处应设净鞋措施。
 2 存外衣、更换洁净工作服的房间应分别设置。
 3 外衣存衣柜应按设计人数每人设一柜，洁净工作服宜集中挂入带有空气吹淋的洁净柜内。
 4 盥洗室应设洗手和烘干设施。
 5 空气吹淋室应设在洁净区人员入口处，并与洁净工作服更衣室相邻。单人空气吹淋室按最大班人数每 30 人设一台。洁净区工作人员超过 5 人时，空气吹淋室一侧应设旁通门。
 6 严于 5 级的垂直单向流洁净室宜设气闸室。
 7 洁净室内不得设厕所。人员净化用室内的厕所应设前室。

4.3.4 人流路线应符合下列规定：
 1 人流路线应避免往复交叉。
 2 人员净化用室和生活用室的布置应按人员净化程序（图 4.3.4）进行布置。

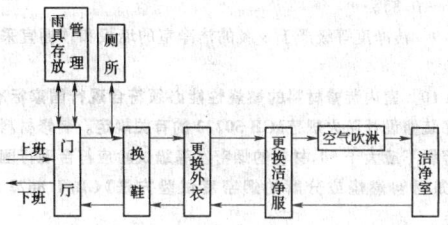

图 4.3.4 人员净化程序

4.3.5 根据不同的空气洁净度等级和工作人员数量，洁净厂房内人员净化用室和生活用室的建筑面积应合理确定，并宜按洁净区设计人数平均每人 $2m^2 \sim 4m^2$ 计算。

4.3.6 洁净工作服更衣室、洗涤室的空气净化要求宜根据产品工艺要求和相邻洁净室（区）的空气洁净度等级确定。

4.3.7 洁净室内设备和物料出入口应根据设备和物料的性质、形状等特征设置物料净化用室及其设施。物料净化用室的布置应防止净化后物料在传递过程中被污染。

4.4 噪声控制

4.4.1 洁净室内的空态噪声级，非单向流洁净室不应大于 60dB (A)，单向流、混合流洁净室不应大于 65dB(A)。

4.4.2 洁净室的噪声频谱限制应采用倍频程声压级，空态噪声频谱的限制值不宜大于表 4.4.2 中的规定。

表 4.4.2 空态噪声频谱的限制值

倍频程声压级[dB(A)] 洁净室分类 中心频率(Hz)	63	125	250	500	1000	2000	4000	8000
非单向流	79	70	63	58	55	52	50	40
单向流、混合流	83	74	68	63	60	57	55	54

4.4.3 洁净厂房的平面和空间设计应考虑噪声控制要求。洁净室的围护结构应有良好的隔声性能，并宜使其各部分隔声量相接近。

4.4.4 洁净室内的各种设备均应选用低噪声产品。对于辐射噪声值超过洁净室允许值的设备，宜设置专用隔声或消声设施。

4.4.5 净化空调系统噪声超过允许值时，应采取隔声、消声、隔振等控制措施。除事故排风外，洁净室内的排风系统应进行减噪设计。

4.4.6 根据室内容许噪声级要求，净化空调系统风管内风速宜符合下列规定：
 1 总风管风速宜为 6m/s～10m/s。
 2 无送、回风口的支风管风速宜为 4m/s～6m/s。
 3 有送、回风口的支风管风速宜为 2m/s～5m/s。

4.5 微振控制

4.5.1 有微振控制要求的洁净厂房设计应符合下列规定：
 1 在结构选型、隔振缝设置、壁板与地面、壁板与顶棚连接处，应按微振控制要求设计。
 2 洁净室与周围辅助性站房内有强烈振动的设备及连接管道应采取主动隔振措施。
 3 应测定洁净厂房内、外各类振源对洁净厂房精密设备、精密仪器仪表位置处的综合振动影响，以决定是否采取被动隔振措施。

4.5.2 精密设备、精密仪器仪表的容许振动值应由生产工艺和设备制造部门提供。当生产工艺和设备制造部门难以提供容许振动值时，可按现行国家标准《隔振设计规范》GB 50463 的有关规定执行。

4.5.3 精密设备、精密仪器仪表的被动隔振设计应具备下列条件：
 1 周围振源对其综合影响的振动数据。
 2 设备、仪器仪表的型号、规格和轮廓尺寸图。
 3 设备、仪器仪表的质量、质心位置及质量惯性矩。
 4 设备、仪器仪表的底座外轮廓图，附属装置，管道位置及坑、沟、孔洞尺寸，地脚螺栓及预埋件位置等。
 5 设备、仪器仪表的调平要求。
 6 设备、仪器仪表的容许振动值。
 7 所选用或设计的隔振器或隔振装置的技术参数、外形尺寸及安装条件。

4.5.4 精密设备、精密仪器仪表的被动隔振设计应符合下列规定：
 1 隔振台座应具有足够的刚度。
 2 隔振台座应采取倾斜校正措施。
 3 隔振系统纵向阻尼比不应小于 0.15。
 4 隔振措施不应影响洁净室内的气流流型。

4.5.5 精密设备、精密仪器仪表的被动隔振措施宜采用能自动校正倾斜的空气弹簧隔振装置。对供应空气弹簧用的气源应进行净化处理。

5 建　筑

5.1 一般规定

5.1.1 洁净厂房的建筑平面和空间布局应具有适当的灵活性。主体结构宜采用大空间及大跨度柱网，不宜采用内墙承重体系。

5.1.2 洁净厂房围护结构的材料选型应符合保温、隔热、防火、防潮、少产尘等要求。

5.1.3 洁净厂房主体结构的耐久性应与室内装备和装修水平相协调，并应具有防火、控制温度变形和不均匀沉陷性能。厂房变形缝不宜穿越洁净区。

5.1.4 送、回风管和其他管线暗敷时，应设置技术夹层、技术夹道或地沟等。穿越楼层的竖向管线需暗敷时，宜设置技术竖井，其形式、尺寸和构造应符合风道、管线的安装、检修和防火要求。

5.1.5 对兼有一般生产和洁净生产的综合性厂房的平面布局和构造处理，应避免人流、物流运输及防火方面对洁净生产带来不利的影响。

5.2 防火和疏散

5.2.1 洁净厂房的耐火等级不应低于二级。

5.2.2 洁净厂房内生产工作间的火灾危险性，应符合现行国家标准《建筑设计防火规范》GB 50016 的有关规定。洁净厂房生产工作间的火灾危险性分类举例应符合本规范附录 B 的规定。

5.2.3 生产类别为甲、乙类生产的洁净厂房宜为单层厂房，其防火分区最大允许建筑面积，单层厂房宜为 3000m²，多层厂房宜为 2000m²。丙、丁、戊类生产的洁净厂房的防火分区最大允许建筑面积应符合现行国家标准《建筑设计防火规范》GB 50016 的有关规定。

5.2.4 洁净室的顶棚、壁板及夹芯材料应为不燃烧体，且不得采用有机复合材料。顶棚和壁板的耐火极限不应低于 0.4h，疏散走道顶棚的耐火极限不应低于 1.0h。

5.2.5 在一个防火分区内的综合性厂房，洁净生产与一般生产区域之间应设置不燃烧体隔断措施。隔墙及其相应顶棚的耐火极限不应低于 1h，隔墙上的门窗耐火极限不应低于 0.6h。穿隔墙或顶板的管线周围空隙应采用防火或耐火材料紧密填堵。

5.2.6 技术竖井井壁应为不燃烧体，其耐火极限不应低于 1h。井壁上检查门的耐火极限不应低于 0.6h；竖井内在各层或间隔一层楼板处，应采用相当于楼板耐火极限的不燃烧体作水平防火分隔；穿过水平防火分隔的管线周围空隙应采用防火或耐火材料紧密填堵。

5.2.7 洁净厂房每一生产层，每一防火分区或每一洁净区的安全出口数量不应少于 2 个。当符合下列要求时可设 1 个：

  1 对甲、乙类生产厂房每层的洁净生产区总建筑面积不超过 100m²，且同一时间内的生产人员总数不超过 5 人。

  2 对丙、丁、戊类生产厂房，应按现行国家标准《建筑设计防火规范》GB 50016 的有关规定设置。

5.2.8 安全出入口应分散布置，从生产地点至安全出口不应经过曲折的人员净化路线，并应设有明显的疏散标志，安全疏散距离应符合现行国家标准《建筑设计防火规范》GB 50016 的有关规定。

5.2.9 洁净区与非洁净区、洁净区与室外相通的安全疏散门应向疏散方向开启，并应加闭门器。安全疏散门不应采用吊门、转门、侧拉门、卷帘门以及电控自动门。

5.2.10 洁净厂房同层洁净室（区）外墙应设可供消防人员通往厂房洁净室（区）的门窗，其门窗洞口间距大于 80m 时，应在该段外墙的适当部位设置专用消防口。

专用消防口的宽度不应小于 750mm，高度不应小于 1800mm，并应有明显标志。楼层的专用消防口应设置阳台，并从二层开始向上层架设钢梯。

5.2.11 洁净厂房外墙上的吊门、电控自动门以及装有栅栏的窗，均不应作为火灾发生时提供消防人员进入厂房的入口。

5.3 室内装修

5.3.1 洁净厂房的建筑围护结构和室内装修，应选用气密性良好，且在温度和湿度变化时变形小、污染物浓度符合现行国家有关标准规定限值的材料。洁净室装饰材料及密封材料不得采用释放对室内各种产品品质有影响物质的材料。

5.3.2 洁净室内墙壁和顶棚的装修应符合下列规定：

  1 洁净室内墙壁和顶棚的表面应平整、光滑、不起尘、避免眩光，便于除尘，并应减少凹凸面。

  2 踢脚不应突出墙面。

  3 洁净室不宜采用砌筑墙抹灰墙面，当必须采用时宜采用干燥作业，抹灰应采用符合现行国家标准《建筑装饰装修工程质量验收规范》GB 50210 中高级抹灰的要求。墙面抹灰后应刷涂料面层，并应选用难燃、不开裂、耐腐蚀、耐清洗、表面光滑、不易吸水变质发霉的涂料。

5.3.3 洁净室地面设计应符合下列规定：

  1 洁净室地面应符合生产工艺要求。

  2 洁净室地面应平整、耐磨、易清洗、不开裂，且不易积聚静电。

  3 地面垫层宜配筋，潮湿地区垫层应有防潮措施。

5.3.4 洁净厂房技术夹层的墙壁和顶棚表面宜平整、光滑，位于地下的技术夹层应采取防水或防潮、防霉措施。

5.3.5 洁净室（区）和人员净化用室设置外窗时，应采用双层玻璃固定窗，并应有良好的气密性。

5.3.6 洁净室内的密闭门应朝空气洁净度较高的房间开启，并应加设闭门器，无窗洁净室的密闭门上宜设置观察窗。

5.3.7 洁净室门窗、墙壁、顶棚等的设计应符合下列规定：

  1 洁净室门窗、墙壁、顶棚、地（楼）面及施工缝隙均应采取可靠的密闭措施。

  2 当采用轻质构造顶棚做技术夹层时，夹层内宜设检修通道。

  3 洁净室窗宜与内墙面齐平，不宜设窗台。

5.3.8 洁净室内的色彩宜淡雅柔和。室内顶棚和墙面表面材料的光反射系数宜为 0.6~0.8，地面表面材料的光反射系数宜为 0.15~0.35。

5.3.9 洁净度等级严于 8 级的洁净室的墙板和顶棚宜采用轻质壁板。

5.3.10 室内装修材料的燃烧性能必须符合现行国家标准《建筑内部装修设计防火规范》GB 50222 的有关规定。装修材料的烟密度等级不应大于 50，材料的烟密度等级试验应符合现行国家标准《建筑材料燃烧或分解的烟密度试验方法》GB/T 8627 的有关规定。

6 空气净化

6.1 一般规定

6.1.1 洁净厂房内各洁净室的空气洁净度等级应满足生产工艺对生产环境的洁净要求。

6.1.2 应根据空气洁净度等级的不同要求，选用不同的气流流型。

6.1.3 下列情况之一者，其净化空调系统宜分开设置：

  1 运行班次或使用时间不同。

  2 生产工艺中某工序散发的物质或气体对其他工序的产品质量有影响。

  3 对温、湿度控制要求差别大。

  4 净化空调系统与一般空调系统。

6.1.4 洁净室的温、湿度范围应符合表 6.1.4 的规定。

表 6.1.4 洁净室的温、湿度范围

房间性质	温度（℃）		湿度（%）	
	冬季	夏季	冬季	夏季
生产工艺有温、湿度要求的洁净室	按生产工艺要求确定			

续表 6.1.4

房间性质	温度(℃)		湿度(%)	
	冬季	夏季	冬季	夏季
生产工艺无温、湿度要求的洁净室	20～22	24～26	30～50	50～70
人员净化及生活用室	16～20	26～30	—	—

6.1.5 洁净室内的新鲜空气量应取下列两项中的最大值：
　　1 补偿室内排风量和保持室内正压值所需新鲜空气量之和。
　　2 保证供给洁净室内每人每小时的新鲜空气量不小于 40m³。

6.1.6 洁净区的清扫宜采用移动式高效真空吸尘器，但空气洁净度等级为 1 级～5 级的单向流洁净室宜设置集中式真空吸尘系统。洁净室内的吸尘系统管道应暗敷，吸尘口应加盖封堵。

6.1.7 净化空调系统设计对维护管理的要求应符合本规范附录 C 的规定。

6.2 洁净室压差控制

6.2.1 洁净室（区）与周围的空间必须保持一定的压差，并应按工艺要求决定维持正压差或负压差。

6.2.2 不同等级的洁净室之间的压差不宜小于 5Pa，洁净区与非洁净区之间的压差不应小于 5Pa，洁净区与室外的压差不应小于 10Pa。

6.2.3 洁净室维持不同的压差值所需的压差风量，根据洁净室特点，宜采用缝隙法或换气次数法确定。

6.2.4 送风、回风和排风系统的启闭宜联锁。正压洁净室联锁程序应先启动送风机，再启动回风机和排风机；关闭时联锁程序应相反。
　　负压洁净室联锁程序应与上述正压洁净室相反。

6.2.5 非连续运行的洁净室，可根据生产工艺要求设置值班送风，并应进行净化空调处理。

6.3 气流流型和送风量

6.3.1 气流流型的设计应符合下列规定：
　　1 洁净室（区）的气流流型和送风量应符合表 6.3.3 的要求。空气洁净度等级要求严于 4 级时，应采用单向流；空气洁净度等级为 4 级～5 级时，应采用单向流；空气洁净度等级为 6 级～9 级时，应采用非单向流。
　　2 洁净室工作区的气流分布应均匀。
　　3 洁净室工作区的气流流速应符合生产工艺要求。

6.3.2 洁净室的送风量应取下列三项中的最大值：
　　1 满足空气洁净度等级要求的送风量。
　　2 根据热、湿负荷计算确定的送风量。
　　3 按本规范第 6.1.5 条的要求向洁净室内供给的新鲜空气量。

6.3.3 为保证空气洁净度等级的送风量，应按表 6.3.3 中的有关数据进行计算或按室内发尘量进行计算。

表 6.3.3 气流流型和送风量

空气洁净度等级	气流流型	平均风速(m/s)	换气次数(h⁻¹)
1～3	单向流	0.3～0.5	—
4,5	单向流	0.2～0.4	—
6	非单向流	—	50～60
7	非单向流	—	15～25
8,9	非单向流	—	10～15

注：1 换气次数适用于层高小于 4.0m 的洁净室；
　　2 应根据室内人员、工艺设备的布置以及物料传输等情况采用上、下限值。

6.3.4 洁净室内各种设施的布置应考虑气流流型和空气洁净度的影响，并应符合下列规定：

　　1 单向流洁净室内不宜布置洁净工作台，非单向流洁净室的回风口宜远离洁净工作台。
　　2 需排风的工艺设备宜布置在洁净室下风侧。
　　3 有发热设备时，应采取措施减少热气流对气流分布的影响。
　　4 余压阀宜布置在洁净气流的下风侧。

6.4 空气净化处理

6.4.1 空气过滤器的选用、布置和安装方式应符合下列规定：
　　1 空气净化处理应根据空气洁净度等级合理选用空气过滤器。
　　2 空气过滤器的处理风量应小于或等于额定风量。
　　3 中效或高中效空气过滤器宜集中设置在空调箱的正压段。
　　4 亚高效过滤器和高效过滤器作为末端过滤器时宜设置在净化空调系统的末端，超高效过滤器应设置在净化空调系统的末端。
　　5 设置在同一洁净室内的高效（亚高效、超高效）空气过滤器的阻力、效率应接近。
　　6 高效（亚高效、超高效）空气过滤器安装方式应严密、简便、可靠，易于检漏和更换。

6.4.2 对较大型的洁净厂房的净化空调系统的新风宜集中进行空气净化处理。

6.4.3 净化空调系统设计应合理利用回风。

6.4.4 净化空调系统的风机宜采用变频措施。

6.4.5 严寒及寒冷地区的新风系统应设置防冻保护措施。

6.5 采暖通风、防排烟

6.5.1 空气洁净度等级严于 8 级的洁净室不得采用散热器采暖。

6.5.2 洁净室内产生粉尘和有害气体的工艺设备，应设局部排风装置。

6.5.3 在下列情况下，局部排风系统应单独设置：
　　1 排风介质混合后能产生或加剧腐蚀性、毒性、燃烧爆炸危险性和发生交叉污染。
　　2 排风介质中含有毒性的气体。
　　3 排风介质中含有易燃、易爆气体。

6.5.4 洁净室的排风系统设计应符合下列规定：
　　1 应防止室外气流倒灌。
　　2 含有易燃、易爆物质的局部排风系统应按物理化学性质采取相应的防火防爆措施。
　　3 排风介质中有害物浓度及排放速率超过国家或地区有害物排放浓度及排放速率规定时，应进行无害化处理。
　　4 对含有水蒸气和凝结性物质的排风系统，应设坡度及排放口。

6.5.5 换鞋、存外衣、盥洗、厕所和淋浴等生产辅助房间应采取通风措施，其室内的静压值应低于洁净室。

6.5.6 根据生产工艺要求应设置事故排风系统。事故排风系统应设自动和手动控制开关，手动控制开关应分别设在洁净室内、外便于操作处。

6.5.7 洁净厂房排烟设施的设置应符合下列规定：
　　1 洁净厂房中的疏散走廊应设置机械排烟设施。
　　2 洁净厂房设置的排烟设施应符合现行国家标准《建筑设计防火规范》GB 50016 的有关规定。

6.6 风管和附件

6.6.1 净化空调系统的新风管段应设置电动密闭阀、调节阀，送、回风管段应设置调节阀，洁净室内的排风系统应设置调节阀、止回阀或电动密闭阀。

6.6.2 下列情况之一的通风、净化空调系统的风管应设防火阀：
   1 风管穿越防火分区的隔墙处，穿越变形缝的防火隔墙的两侧。
   2 风管穿越通风、空气调节机房的隔墙和楼板处。
   3 垂直风管与每层水平风管交接的水平管段上。

6.6.3 净化空调系统的风管和调节风阀、高效空气过滤器的保护网、孔板、扩散孔板等附件的制作材料和涂料，应符合输送空气的洁净度要求及其所处的空气环境条件的要求。

洁净室内排风系统的风管和调节阀、止回阀、电动密闭阀等附件的制作材料和涂料，应符合排除气体的性质及其所处的空气环境条件的要求。

6.6.4 净化空调系统的送、回风总管及排风系统的吸风总管段上宜采取消声措施，满足洁净室内噪声要求。

净化空调系统的排风管或局部排风系统的排风管段上，宜采取消声措施，满足室外环境区域噪声标准的要求。

6.6.5 在空气过滤器的前、后应设置测压孔或压差计。在新风管、送风、回风总管段上，宜设置风量测定孔。

6.6.6 风管、附件及辅助材料的耐火性能应符合下列规定：
   1 净化空调系统、排风系统的风管应采用不燃材料。
   2 排除有腐蚀性气体的风管应采用耐腐蚀的难燃材料。
   3 排烟系统的风管应采用不燃材料，其耐火极限应大于0.5h。
   4 附件、保温材料、消声材料和粘结剂等均采用不燃材料或难燃材料。

7 给水排水

7.1 一般规定

7.1.1 洁净厂房内的给水排水干管应敷设在技术夹层或技术夹道内，也可埋地敷设。洁净室内管道宜暗装，与本房间无关的管道不宜穿过。

7.1.2 管道外表面可能结露时，应采取防护措施。防结露层外表面应光滑，易于清洗，并不得对洁净室造成污染。

7.1.3 管道穿过洁净室墙壁、楼板和顶棚时应设套管，管道和套管之间应采取可靠的密封措施。无法设置套管的部位也应采取有效的密封措施。

7.2 给 水

7.2.1 洁净厂房内的给水系统应符合生产、生活和消防等各项用水对水质、水温、水压和水量的要求，并应分别设置。管道的设计应留有余量，以适应工艺变动。

7.2.2 水质要求较高的纯水供水管道应采用循环供水方式，并应符合下列规定：
   1 循环附加水量应为使用水量的30%~100%。
   2 干管流速应为1.5m/s~3m/s。
   3 不循环的支管长度应尽量短，其长度不应大于6倍管径。
   4 供水干管上应设有清洗口。
   5 管道系统各组成部分应密封，不得有渗气现象。

7.2.3 管材选择应符合下列规定：
   1 纯水管道的管材应符合生产工艺对水质的要求，可选择不锈钢管或工程塑管。
   2 工艺设备用循环冷却给水和回水管可采用热镀锌钢管、不锈钢管或工程塑管等。
   3 管道配件应采用与管道相应的材料。

7.2.4 循环冷却水管道应预留清洗口。

7.2.5 洁净厂房周围应设置洒水设施。

7.3 排 水

7.3.1 排水系统应符合工艺设备排出的废水性质、浓度和水量等要求。有害废水应经废水处理，达到国家排放标准后排出。

7.3.2 洁净室内的排水设备以及与重力回水管道相连接的设备，必须在其排出口以下部位设水封装置，排水系统应设有完善的透气装置。

7.3.3 洁净室内地漏等排水设施的设置应符合下列规定：
   1 空气洁净度等级严于6级的洁净室内不应设地漏。
   2 6级洁净室内不宜设地漏，如必须设置时，应采用专用地漏。
   3 空气洁净度等级等于或严于7级的洁净室内不宜设排水沟。
   4 空气洁净度等级等于或严于7级的洁净室内不应穿过排水立管，其他洁净室内穿过排水立管时不应设检查口。

7.3.4 洁净厂房内应采用不易积存污物、易于清洗的卫生设备、管道、管架及其附件。

7.3.5 洁净厂房宜设置消防排水设施。

7.4 消防给水和灭火设备

7.4.1 洁净厂房必须设置消防给水设施，消防给水设施设置设计应根据生产的火灾危险性、建筑物耐火等级以及建筑物的体积等因素确定。

7.4.2 洁净厂房的消防给水和固定灭火设备的设置应符合现行国家标准《建筑设计防火规范》GB 50016 的有关规定。

7.4.3 洁净室的生产层及可通行的上、下技术夹层应设置室内消火栓。消火栓的用水量不应小于10L/s，同时使用水枪数不应少于2只，水枪充实水柱长度不应小于10m，每只水枪的出水量应按不小于5L/s计算。

7.4.4 洁净厂房内各场所必须配置灭火器，配置灭火器设计应符合现行国家标准《建筑灭火器配置设计规范》GB 50140 的有关规定。

7.4.5 洁净厂房内设有贵重设备、仪器的房间设置固定灭火设施时，除应符合现行国家标准《建筑设计防火规范》GB 50016 的有关规定外，还应符合下列规定：
   1 当设置自动喷水灭火系统时，宜采用预作用式自动喷水灭火系统。
   2 当设置气体灭火系统时，不应采用卤代烷1211以及能导致人员窒息和对保护对象产生二次损害的灭火剂。

8 工业管道

8.1 一般规定

8.1.1 洁净室(区)工业管道的敷设应符合下列规定：
   1 洁净室(区)内工业管道不应穿越无关的房间。
   2 干管应敷设在上、下技术夹层或技术夹道内。
   3 易燃、易爆、有毒物质管道应明敷。
   4 当易燃、易爆、有毒物质管道敷设在技术夹层或技术夹道内时，必须采取可靠的浓度检测报警、通风措施。

8.1.2 洁净室(区)工业管道的设计应符合现行国家标准《工业金属管道设计规范》GB 50316 的有关规定。

8.1.3 工业管道设计应符合下列规定：
   1 应按输送介质的物化性质，合理确定管内物料流速和管径。
   2 在满足生产工艺的条件下，管道系统应尽量短。

3 应避免出现不易吹除的盲管、死角和不易清扫的部位。

4 管道系统应设必需的吹除口、放散口和取样口。

8.1.4 工业管道穿过洁净室墙壁或楼板处的管段不应有焊缝。管道与墙壁或楼板之间应采取可靠的密封措施。

8.1.5 可燃气体管道、氧气管道的末端或最高点应设置放散管。放散管引至室外应高出屋脊1m，并应有防雨、防杂物侵入的措施。

8.1.6 气体净化装置的选择和配置应符合气源和生产工艺对气体纯度的要求。气体终端净化装置宜设在邻近用气点处。

8.1.7 气体过滤器的选择和配置应符合生产工艺对气体洁净度的要求。高纯气体终端过滤器应设在靠近用气点处。

8.1.8 洁净厂房内，生产类别为现行国家标准《建筑设计防火规范》GB 50016 规定的甲、乙类气体、液体入口室或分配室的设置应符合下列规定：

1 当毗连布置时，应设在单层厂房靠外墙或多层厂房的最上一层靠外墙处，并应与相邻房间采用耐火极限大于 3.0h 的隔墙分隔。

2 应有良好的通风。

3 泄压设施和电气防爆应按现行国家标准《建筑设计防火规范》GB 50016、《爆炸和火灾危险环境电力装置设计规范》GB 50058 的有关规定执行。

8.2 管道材料和阀门

8.2.1 工业管道材料和阀门应根据所输送物料的物化性质和使用工况选用，并应满足生产工艺的要求和使用特点，经技术经济比较后确定。

8.2.2 高纯气体管道和阀门的选用应符合生产工艺的要求，并应符合下列规定：

1 当气体纯度大于或等于 99.999%，露点低于 −76℃时，应采用内壁电抛光的低碳不锈钢管或内壁光亮抛光的不锈钢管。阀门宜采用隔膜阀或波纹管阀。

2 当气体纯度大于或等于 99.99%，露点低于 −60℃时，应采用内壁光亮抛光的不锈钢管。除可燃气体管道宜采用波纹管阀外，其他气体管道宜采用球阀。

8.2.3 当干燥压缩空气露点低于 −70℃时，应采用内壁光亮抛光的不锈钢管；当露点低于 −40℃时，宜采用不锈钢管或热镀锌无缝钢管。阀门宜采用波纹管阀或球阀。

8.2.4 阀门材质宜与相连接的管道材质相适应。

8.3 管道连接

8.3.1 工业管道的连接应符合下列规定：

1 管道连接应采用焊接，热镀锌钢管应采用螺纹连接。

2 不锈钢管应采用氩弧焊，以对接焊或承接焊连接；高纯气体管道宜采用内壁无斑痕的对接焊。

8.3.2 管道与设备的连接应符合设备的连接要求。当采用软连接时宜采用金属软管。

8.3.3 管道与管道、管道与阀门连接的密封材料应符合下列规定：

1 螺纹或法兰连接处的密封材料应根据输送物料性质、设计工况选择，宜采用聚四氟乙烯。

2 高纯气体管道与阀门连接的密封材料应按生产工艺和气体特性的要求确定，宜采用金属垫或双卡套。

8.3.4 洁净室（区）内的工业管道应根据管子表面温度和环境温度、湿度确定保温形式和构造。冷管道保温后的外表面温度不应低于环境的露点温度。保温层外表面应采用不产生尘粒、微生物的材料，并应平整、光洁，宜采用金属外壳保护。

8.4 安全技术

8.4.1 下列部位应设可燃气体报警装置和事故排风装置，报警装置应与相应的事故排风机连锁：

1 生产类别为甲类的气体、液体入口室或分配室。

2 管廊、上、下技术夹层、技术夹道内有可燃气体的易积聚处。

3 洁净室内使用可燃气体处。

8.4.2 可燃气体管道应采取下列安全技术措施：

1 接至用气设备的支管宜设置阻火器。

2 引至室外的放散管应设置阻火器，并应设置防雷保护设施。

3 应设导除静电的接地设施。

8.4.3 氧气管道应采取下列安全技术措施：

1 管道及其阀门、附件应经严格脱脂处理。

2 应设导除静电的接地设施。

8.4.4 工业管道应按不同介质标明显的标识。

8.4.5 各种气瓶库应集中设置在洁净厂房外。当日用气量不超过1瓶时，气瓶可设置在洁净室内，应采取不积尘和易于清洁的措施。

9 电 气

9.1 配 电

9.1.1 洁净厂房低压配电设计应采用 220/380V。带电导体系统的形式宜采用单相二线制、三相三线制、三相四线制。系统接地的形式宜采用 TN-S 或 TN-C-S 系统。

9.1.2 洁净厂房的用电负荷等级和供电要求应按现行国家标准《供配电系统设计规范》GB 50052 的有关规定和生产工艺要求确定。主要生产工艺设备应由专用变压器或专用低压馈电线路供电，有特殊要求的工作电源宜设置不间断电源（UPS）。净化空调系统用电负荷、照明负荷应由变电所专线供电。

9.1.3 洁净厂房消防用电设备的供配电设计应按现行国家标准《建筑防火设计规范》GB 50016 有关规定执行。

9.1.4 电源进线应设置切断装置，并宜设在洁净区外便于管理的地点。

9.1.5 洁净室内的配电设备应选择不易积尘、便于擦拭的小型暗装设备，不宜设置大型落地安装的配电设备。

9.1.6 洁净室内的电气管线宜暗敷，穿线导管应采用不燃材料。洁净区的电气管线管口及安装于墙上的各种电器设备与墙体接缝处应有可靠的密封措施。

9.2 照 明

9.2.1 洁净室内照明光源宜采用高效荧光灯。若工艺有特殊要求或照度值达不到设计要求时，可采用其他形式光源。

9.2.2 洁净室内一般照明灯具应为吸顶明装。当灯具嵌入顶棚暗装时，安装缝隙应有可靠的密封措施。洁净室应采用洁净室专用灯具。

9.2.3 无采光窗的洁净室（区）的生产房间一般照明的照度标准值宜为 200 lx～500 lx，辅助用房、人员净化和物料净化用室、气闸室、走廊等宜为 150 lx～300 lx。

9.2.4 洁净室内一般照明的照度均匀度不应小于 0.7。

9.2.5 洁净厂房内备用照明的设置应符合下列规定：

1 洁净厂房内应设置备用照明。

2 备用照明宜为正常照明的一部分。

3 备用照明应满足所需场所或部位进行必要活动和操作的最低照度。

9.2.6 洁净厂房内应设置供人员疏散用的应急照明。在安全出口、疏散口和疏散通道转角处应按现行国家标准《建筑设计防火规范》GB 50016 的有关规定设置疏散标志。在专用消防口处应设置疏散标志。

9.2.7 洁净厂房中有爆炸危险的房间的照明灯具和电气线路的设计，应符合现行国家标准《爆炸和火灾危险环境电力装置设计规范》GB 50058 的有关规定。

9.3 通 信

9.3.1 洁净厂房内应设置与厂房内、外联系的通信装置。洁净厂房内生产区与其他工段的联系宜设生产对讲电话。

9.3.2 洁净厂房根据生产管理和生产工艺特殊需要，宜设置闭路电视监视系统。

9.3.3 洁净厂房的生产层、技术夹层、机房、站房等均应设置火灾报警探测器。洁净厂房生产区及走廊应设置手动火灾报警按钮。

9.3.4 洁净厂房应设置消防值班室或控制室，并不应设在洁净区内。消防值班室应设置消防专用电话总机。

9.3.5 洁净厂房的消防控制设备及线路连接应可靠。控制设备的控制及显示功能应符合现行国家标准《火灾自动报警系统设计规范》GB 50116 的有关规定。洁净区内火灾报警应进行核实，并应进行下列消防联动控制：

    1 应启动室内消防水泵，接收其反馈信号。除自动控制外，还应在消防控制室设置手动直接控制装置。

    2 应关闭有关部位的电动防火阀，停止相应的空调循环风机、排风机及新风机，并应接收其反馈信号。

    3 应关闭有关部位的电动防火门、防火卷帘门。

    4 应控制备用应急照明灯和疏散标志灯亮起。

    5 在消防控制室或低压配电室，应手动切断有关部位的非消防电源。

    6 应启动火灾应急扩音机，进行人工或自动播音。

    7 应控制电梯降至首层，并接收其反馈信号。

9.3.6 洁净厂房中易燃、易爆气体、液体的贮存和使用场所及入口室或分配室应设可燃气体探测器。有毒气体、液体的贮存和使用场所应设气体检测器。报警信号应联动启动或手动启动相应的事故排风机，并应将报警信号送至消防控制室。

9.4 自动控制

9.4.1 洁净厂房宜设置净化空调系统等的自动监控装置。

9.4.2 洁净室净化空调系统宜选用变频调速控制的风机。

9.4.3 净化空调系统的电加热器应设置无风、超温断电保护装置。当采用电加湿器时，应设置无水保护装置。

9.5 静电防护及接地

9.5.1 洁净厂房应根据工艺生产要求采取静电防护措施。

9.5.2 洁净室（区）内的防静电地面，其性能应符合下列规定：

    1 地面的面层应具有导电性能，并应保持长时间性能稳定。

    2 地面的面层应采用静电耗散性的材料，其表面电阻率应为 $1.0\times10^5\Omega/\square \sim 1.0\times10^{12}\Omega/\square$ 或体积电阻率为 $1.0\times10^4\Omega\cdot cm \sim 1.0\times10^{11}\Omega\cdot cm$。

    3 地面应设有导电泄放措施和接地构造，其对地泄放电阻值应为 $1.0\times10^5\Omega \sim 1.0\times10^9\Omega$。

9.5.3 洁净室的净化空调系统应采取防静电接地措施。

9.5.4 洁净室内可能产生静电危害的设备、流动液体、气体或粉体管道应采取防静电接地措施，其中有爆炸和火灾危险场所的设备、管道应符合现行国家标准《爆炸和火灾危险环境电力装置设计规范》GB 50058 的有关规定。

9.5.5 防静电接地系统应分别按不同要求设置接地连接端子。在一个房间内应设置等电位的接地网格或闭合的接地铜排环。

    在防静电接地系统各个连接部位之间电阻值应小于 0.1Ω。

9.5.6 洁净厂房内不同功能的接地系统的设计均应遵循等电位联结的原则，其中直流接地系统不能与交流接地系统混接。直流工作接地的接地干线应单独绝缘敷设，并应使用绝缘屏蔽电缆。

9.5.7 接地系统采用综合接地方式时接地电阻值应小于或等于 1Ω；选择分散接地方式时，各种功能接地系统的接地体必须远离防雷接地系统的接地体，两者应保持 20m 以上的间距。洁净厂房的防雷接地系统设计应符合现行国家标准《建筑物防雷设计规范》GB 50057 的有关规定。

附录 A 洁净室或洁净区性能测试和认证

A.1 通 则

A.1.1 洁净室或洁净区应监测或定期进行性能测试，以认证该洁净室或洁净区始终符合本规范的要求。

A.1.2 洁净室或洁净区性能测试认证工作应由专门检测认证单位承担，并提交检测报告。

A.1.3 测试和认证工作之前，系统应达到稳定运行。测试和监测仪表应在标定证书有效使用期内。

A.2 洁净室或洁净区性能测试要求

A.2.1 洁净室或洁净区应进行下列三项测试：

    1 空气洁净度测试。生物洁净室应进行浮游菌、沉降菌测试。

    2 静压差测试。

    3 风速或风量测试。

A.2.2 洁净室或洁净区的三项测试应符合下列规定：

    1 空气洁净度测试应符合表 A.2.2-1 的规定。

表 A.2.2-1 空气洁净度测试

空气洁净度等级	最长时间间隔（月）	测试方法
≤5	6	见本规范第 A.3.5 条
>5	12	

    2 静压差、风速或风量测试应符合表 A.2.2-2 的规定。

表 A.2.2-2 静压差、风速或风量测试

测试项目	最长时间间隔（月）	测试方法
风速或风量	12	见本规范第 A.3.1 条
静压差		见本规范第 A.3.2 条

A.2.3 当洁净室或洁净区已对粒子浓度、风速或风量、静压差执行连续监测，并且其测试值均符合本规范要求，则认证的测试时间间隔可延长。具体间隔时间可与认证单位洽商，并应符合下列规定：

    1 空气洁净度等级认证可进行静态或动态检测，应洽商确定。

    2 风量测定采用风速计在风口或风管测定。

A.2.4 洁净室或洁净区洽商选择的测试要求应符合表 A.2.4 的规定。

表 A.2.4 洁净室或洁净区洽商选择的测试

测试项目	空气洁净度等级	建议最长的时间间隔（月）	测试方法
已安装过滤器泄漏	所有洁净度等级	24	见本规范第 A.3.3 条
气流流型目测			—
自净时间			—
密闭性			见本规范第 A.3.4 条
温度		12	—
相对湿度			—

续表 A.2.4

测试项目	空气洁净度等级	建议最长的时间间隔(月)	测试方法
照度	所有洁净度等级	24	—
噪声		12	—

A.3 洁净室主要测试方法

A.3.1 风量或风速测试应符合下列规定：

1 对于单向流洁净室，采用室截面平均风速和截面乘积的方法确定送风量，测点位于高效过滤器出风面约 150mm～300mm，垂直气流处的截面作为采样截面，截面上测点间距不宜大于 0.6m，测点数不应少于 4 点，所有读数的算术平均值作为平均风速。

2 对于非单向流洁净室，采用风口或风管法确定送风量，可按现行国家标准《通风与空调工程施工质量验收规范》GB 50243 规定的方法执行。

A.3.2 静压差测试应符合下列规定：

1 静压差的测定应在洁净室(区)的风速、风量和送风均匀性检测合格后进行，并应在所有的门关闭时检测。

2 仪器宜采用各种微差压力计，仪表灵敏度应小于 1.0Pa。

A.3.3 已安装过滤器检漏测试应符合下列规定：

1 检漏方法有光度计法和粒子计数器法。

2 在过滤器上风侧应引入测试用气溶胶，在过滤器下风侧用光度计或粒子计数器的等动力采样头放在距离被检过滤器表面 2cm～3cm 处，以 5mm/s～15mm/s 的扫描速度移动，并应注意安装交接处的扫描。

A.3.4 密闭性测试适用于确认有无被污染的空气从相邻洁净室(区)或非洁净室(区)通过吊顶、隔墙等表面或门、窗渗漏入洁净室(区)。一般适用于 1 级至 5 级的洁净室(区)进行测试。采用光度计法和粒子计数器法进行测试。

A.3.5 洁净度的检测应符合下列规定：

1 使用采样量大于 1L/min 的光学粒子计数器，在仪器选用时应考虑粒径鉴别能力、粒子浓度适用范围和计数效率。仪器应有有效的标定合格证书。

2 最少采样点数应按下式计算：

$$N_L = A^{0.5} \quad (A.3.5\text{-}1)$$

式中：N_L——最少采样点；

A——洁净室或被控洁净区的面积(m^2)。

3 采样点应均匀分布于洁净室或洁净区的整个面积内，并位于工作活动的高度，活动高度宜距地面 0.8m；每个采样点的最小采样时间为 1min。

4 每一采样点的每次采样量至少为 2L，采样量应按下式计算：

$$V_S = \frac{20}{C_{n \cdot m}} \times 1000 \quad (A.3.5\text{-}2)$$

式中：V_S——每个采样点的每次采样量，以 L 表示；当 V_S 很大时，可使用顺序采样法；

$C_{n \cdot m}$——被测洁净室空气洁净度等级的被测粒径的限值(pc/m^3)；

20——在规定被测粒径粒子的空气洁净度等级限值时，应测到的粒子颗数(pc)。

5 当洁净室或洁净区仅有一个采样点时，则在该点应至少采样 3 次。

A.3.6 对超出等级范围粒子的检测应符合下列规定：

1 在产品生产工艺有要求时，可按等级粒径范围之外的粒子浓度规定空气洁净度的水平。此类粒子的最大允许浓度和检测方法应由客户与建造商协商确定。

2 当评价小于 0.1μm 的粒子造成的污染危险时，应采用符合这类粒子具体特性的采样方法和装置；可独立应用 U 描述符说明超微粒子浓度，也可将它作为悬浮粒子空气洁净度等级的补充说明。

U 描述符用"$U(x,y)$"表示，其中 x 为超微粒子的最大允许浓度(pc/m^3)，y 为以微米计的粒径。

例如：粒径范围等于或大于 0.01μm 的最大允许超微粒子的浓度为 140000 个/m^3，应表示为"$U(140000, 0.01μm)$"。

3 当需评价大于 5μm 的粒子造成的污染危险时，应采用符合这类粒子具体特性的采样装置和方法。可独立应用 M 描述符说明大于 5μm 的粒子浓度，也可将它作为悬浮粒子空气洁净度等级的补充说明。

M 描述符用"$M(a,b);c$"表示，其中 a 为大粒子的最大允许浓度(pc/m^3)，b 为与规定的大粒子测量方法相应的当量直径(μm)，c 为规定的测量方法。

例如：采用显微镜对多级撞击采样器采集的粒子进行检测，测量得到 10μm～20μm 粒径范围的悬浮粒子浓度为 1000 个/m^3，则用 M 描述符表示为"$M(1000; 10μm～20μm)$；多级撞击采样器以显微镜测定粒径并计数"。

A.4 监 测

A.4.1 按照双方协议书的规定进行空气中悬浮粒子浓度和其他参数的监测。

A.4.2 双方协议书中应明确测量空气悬浮粒子浓度最少采样点、每次最少的空气采样量、采样时间、每个采样点的测量次数、测量时间间隔、被计数粒子的粒径，以及粒子数的限值。

A.4.3 当监测结果超过规定的限值时，则应认定设施不符合要求，应进行修正；修正后应再进行认证检测。当监测结果在规定限值内，可继续监测。

A.5 认 证

A.5.1 按双方协议书的规定及第 A.2 节的要求，按第 A.3 节的方法进行测试，当测试结果在规定的限值之内时，可认定该洁净室符合规定要求。当测试结果超过规定的限值，可认定该洁净室不符合要求，应进行改进，在完成改进工作之后，应进行再认证。

A.5.2 记录数据评价应符合下列规定：

1 在空气洁净度测试中，当测点在 1 点～10 点时，应计算平均中值、标准偏差、标准误差和由全部采样点的平均粒子浓度导出 95％置信上限值。

2 当采样点超过 10 点时，应计算算术平均值，并按算术平均值进行空气洁净度等级的评价。

A.5.3 每次性能测试或再认证测试应做记录，并应提交性能合格或不合格的综合报告。测试报告应包括下列内容：

1 测试机构的名称、地址。

2 测试日期和测试者签名。

3 执行标准的编号及标准出版日期。

4 被测试的洁净室或洁净区的地址、采样点的特定编号及坐标图。

5 被测洁净室或洁净区的空气洁净度等级、被测粒径、被测洁净室所处的状态、气流流型和静压差。

6 测量用的仪器编号和标定证书，测试方法细则及测试中的特殊情况。

7 测试结果包括在全部采样点坐标图上注明所测的粒子浓度或沉降菌、浮游菌的菌落数。

8 对异常测试值进行说明及数据处理。

9 注明上次的测试日期。

10 设施的测试文件可作为下次监测计划的依据。

A.5.4 测试机构应提交洁净室检验证书、再检验证书。

附录 B 洁净厂房生产工作间的火灾危险性分类举例

表 B 洁净厂房生产工作间的火灾危险性分类举例

生产类别	举例
甲	微型轴承装配的精研间、装配前的检查间 精密陀螺仪装配的清洗间 磁带涂布烘干工段 化工厂的丁酮、丙酮、环乙酮等易燃溶剂的物理提纯工作间、光致抗蚀剂的配制工作间 集成电路工厂使用闪点小于28℃的易燃液体的化学清洗间、外延间 常压化学气相沉积间和化学试剂贮存间
乙	胶片厂的洗印车间
丙	计算机房记录数据的磁盘贮存间 显像管厂装配工段烧枪间 磁带装配工段 集成电路工厂的氧化、扩散间、光刻间
丁	液晶显示器件工厂的溅射间、彩膜检验间 光纤预制棒的 MCVD、OVD 沉淀间、火抛光、芯棒烧缩及拉伸间、拉纤间 彩色荧光粉厂的蓝粉、绿粉、红粉制造间
戊	半导体器件、集成电路工厂的切片间、磨片间、抛光间 光纤、光缆工厂的光纤筛选、检验区

附录 C 净化空调系统设计对维护管理的要求

C.0.1 洁净室的净化空气监测频数宜按表 C.0.1 的规定进行监测。

表 C.0.1 洁净室的净化空气监测频数

监测项目 \ 空气洁净度等级	1～3	4,5	6	7	8,9
温度	循环监测	每班 2 次			
湿度		每班 2 次			
压差值		每月 1 次			
洁净度		每周 1 次		每 3 个月 1 次	每 6 个月 1 次

C.0.2 当出现下列任何一种情况时,应更换高效空气过滤器:
 1 气流速度降到最低限度。即使更换初效、中效空气过滤器后,气流速度仍不能增大。
 2 高效空气过滤器的阻力达到初阻力的 1.5 倍～2.0 倍。
 3 高效空气过滤器出现无法修补的渗漏。

C.0.3 当洁净厂房内采用高效真空吸尘器进行清扫时,应定期检查吸尘器排气口的含尘浓度。

本规范用词说明

1 为便于在执行本规范条文时区别对待,对要求严格程度不同的用词说明如下:
 1) 表示很严格,非这样做不可的:
  正面词采用"必须",反面词采用"严禁";
 2) 表示严格,在正常情况下均应这样做的:
  正面词采用"应",反面词采用"不应"或"不得";
 3) 表示允许稍有选择,在条件许可时首先应这样做的:
  正面词采用"宜",反面词采用"不宜";
 4) 表示有选择,在一定条件下可以这样做的,采用"可"。

2 条文中指明应按其他有关标准执行的写法为:"应符合……的规定"或"应按……执行"。

引用标准名录

《建筑设计防火规范》GB 50016
《供配电系统设计规范》GB 50052
《建筑物防雷设计规范》GB 50057
《爆炸和火灾危险环境电力装置设计规范》GB 50058
《火灾自动报警系统设计规范》GB 50116
《建筑灭火器配置设计规范》GB 50140
《建筑装饰装修工程质量验收规范》GB 50210
《建筑内部装修设计防火规范》GB 50222
《工业金属管道设计规范》GB 50316
《通风与空调工程施工质量验收规范》GB 50243
《隔振设计规范》GB 50463
《建筑材料燃烧或分解的烟密度试验方法》GB/T 8627

中华人民共和国国家标准

洁净厂房设计规范

GB 50073—2013

条 文 说 明

修 订 说 明

《洁净厂房设计规范》GB 50073-2013，经住房和城乡建设部 2013 年 1 月 28 日以第 1627 号公告批准发布。

本规范是在《洁净厂房设计规范》GB 50073-2001 的基础上修订而成，上一版的主编单位是中国电子工程设计院，参编单位是信息产业部第十一设计研究院、中国石油化工集团上海医药工业设计院、中国建筑科学研究院，主要起草人员是刘存宏、陈霖新、张利群、王唯国、缪德骅、郝锡泽、赵海、俞渭雄、周春海、晁阳、贺继行、陆原、肖红梅、樊勖昌、谭易和、黄德明、郭兴周、冷捷敏、冯佩明。

本次修订的主要内容为：修改了第 2 章术语；对第 3 章空气洁净度等级的相关内容作了修改和补充；修改了第 8 章，更名为"工业管道"；修改了部分"强制性条文"为"推荐性条文"。

为便于广大设计、施工、科研、学校等单位有关人员在使用本规范时能正确理解和执行条文规定，《洁净厂房设计规范》编制组按章、节、条顺序编制了本规范的条文说明，对条文规定的目的、依据以及执行中需注意的有关事项进行了说明。但是，本条文说明不具备与规范正文同等的法律效力，仅供使用者作为理解和把握规范规定的参考。

目　次

1 总则 ················· 7—11—18
3 空气洁净度等级 ············ 7—11—18
4 总体设计 ················ 7—11—18
　4.1 洁净厂房位置选择和总平面布置 ··· 7—11—18
　4.2 工艺平面布置和设计综合协调 ···· 7—11—19
　4.3 人员净化和物料净化 ········ 7—11—19
　4.4 噪声控制 ············· 7—11—20
　4.5 微振控制 ············· 7—11—21
5 建筑 ··················· 7—11—21
　5.1 一般规定 ············· 7—11—21
　5.2 防火和疏散 ············ 7—11—21
　5.3 室内装修 ············· 7—11—22
6 空气净化 ················ 7—11—23
　6.1 一般规定 ············· 7—11—23
　6.2 洁净室压差控制 ·········· 7—11—23
　6.3 气流流型和送风量 ········· 7—11—24
　6.4 空气净化处理 ··········· 7—11—24
　6.5 采暖通风、防排烟 ········· 7—11—25
　6.6 风管和附件 ············ 7—11—25

7 给水排水 ················ 7—11—26
　7.1 一般规定 ············· 7—11—26
　7.2 给水 ··············· 7—11—26
　7.3 排水 ··············· 7—11—26
　7.4 消防给水和灭火设备 ········ 7—11—26
8 工业管道 ················ 7—11—27
　8.1 一般规定 ············· 7—11—27
　8.2 管道材料和阀门 ·········· 7—11—28
　8.3 管道连接 ············· 7—11—28
　8.4 安全技术 ············· 7—11—28
9 电气 ··················· 7—11—29
　9.1 配电 ··············· 7—11—29
　9.2 照明 ··············· 7—11—29
　9.3 通信 ··············· 7—11—30
　9.4 自动控制 ············· 7—11—30
　9.5 静电防护及接地 ·········· 7—11—31
附录 A　洁净室或洁净区性能
　　　　测试和认证 ·········· 7—11—31

1 总 则

本规范是全国通用的洁净厂房设计的国家标准，适用于各种类型工业企业新建、扩建和改建洁净厂房的设计。由于各类工业企业的洁净厂房内生产的产品及其生产工艺各不相同，它们对生产环境控制会有一些特殊要求，本规范不可能将这些要求逐一地进行规定，因此各行业可依本规范按各自的特点制订必要的本行业的标准、规定，以利于准确、完整地执行洁净厂房设计规范的各项规定。目前已有现行国家标准《医药工业洁净厂房设计规范》GB 50457、《电子工业洁净厂房设计规范》GB 50472 相继发布实施。

3 空气洁净度等级

3.0.1 本规范修订过程中，涉及洁净技术的各有关单位、科技人员和专家们都强烈希望"规范应与国际接轨"，为此，本规范修订中将空气洁净度等级等效采用国际标准《洁净室及相关被控环境——第一部分，空气洁净度的分级》ISO 14644-1，在该标准中列出的空气洁净度整数等级（表3.0.1）及其关注的大于或等于要求粒径的允许浓度有争议时，可按式(3.0.1)得出的浓度 C_n 作为标准限值。由于空气洁净度等级的分级规定是洁净厂房设计建造必须遵循的规定，所以本条的第1款～第3款为强制性条文。

3.0.4 随着科学技术的发展，目前在一些高科技产品用洁净厂房中，不仅要求控制洁净室（区）内的微粒，还要求控制各类微生物、化学污染物，为此增加了本条规定。

4 总体设计

4.1 洁净厂房位置选择和总平面布置

4.1.1 洁净厂房与其他工业厂房的区别在于洁净厂房内的生产工艺有空气洁净度要求。因此，设有洁净厂房的工厂厂址宜选在大气含尘浓度较低的地区，如农村、城市远郊、水域之滨等，不宜选择在气候干旱、多风沙地区或有严重空气污染的城市工业区。

根据国内外测试资料，农村空气污染程度较低，其含尘浓度一般只相当于城市含尘浓度的几分之一，甚至低一个数量级。而城市工业区的含尘浓度又远高于城市市区及市郊。不同地区含尘浓度也不同，如表1～表3所示。不同季节的含尘浓度也不相同，表4所列是天津市某地段不同季节室外含尘浓度的实测值。

表1 大气中含尘浓度

场 所	计重浓度（mg/m³）	≥0.5μm 计数浓度（pc/m³）
市中心	0.10～0.35	5.3×10⁷～2.5×10⁸
市郊	0.05～0.30	3.5×10⁷～1.1×10⁸
田野	0.01～0.10	1.1×10⁷～3.5×10⁷
大洋		1.1×10⁵～2.5×10⁶

表2 天津地区的大气含尘计重浓度

场 所	大气计重浓度（mg/m³）	
	测值范围	平均值
校园、住宅区	0.18～0.32	0.206
商业街区	0.23～0.41	0.291
工业区	0.27～0.59	0.437

从表1、表2中可以看出，各地区、场所大气环境质量差别较大，若在环境质量较差的地区建厂，设计中应采取有效的技术措施以确保洁净厂房的技术要求。

表3 大气含尘浓度平均值（大于或等于0.5μm）(pc/L)

地区	年平均	月平均最大值	月平均最小值
北京（市区）	190956	293481	9274
北京（昌平农村）	35643	156620	4591
上海（市区）	128052	365103	34327
西安（市区）	131644	317561	29738

表4 不同季节室外大气含尘浓度的实测值

季节	时间	环境温湿度		含尘浓度(pc/m³)	
		温度(℃)	湿度(%)	≥0.5μm	≥5.0μm
夏（阴、雨后）	9:00	26.1	89	8.20×10⁷	3.23×10⁵
	10:00	27.0	86	8.35×10⁷	3.58×10⁵
	11:00	27.4	82	8.35×10⁷	4.20×10⁵
	12:00	28.8	79	7.25×10⁷	2.95×10⁵
	13:00	29.3	73	7.21×10⁷	2.81×10⁵
	14:00	29.6	73	7.42×10⁷	3.36×10⁵
	15:00	30.6	70	7.60×10⁷	4.82×10⁵
	16:00	30.2	70	6.81×10⁷	4.81×10⁵
	17:00	30.2	76	8.30×10⁷	5.50×10⁵
秋（晴、无风）	8:00	14.0	64	1.21×10⁸	2.21×10⁶
	9:00	16.2	54	1.32×10⁸	2.03×10⁶
	10:00	19.0	42	1.31×10⁸	1.80×10⁶
	11:00	21.1	39	1.23×10⁸	2.01×10⁶
	12:00	22.4	34	1.43×10⁸	1.83×10⁶
	13:00	23.0	29	7.94×10⁷	8.70×10⁵
	14:00	24.2	37	1.03×10⁸	1.04×10⁶
	15:00	23.5	39	1.12×10⁸	2.01×10⁶
冬（晴）	8:00	-6.1	51	5.4×10⁷	3.9×10⁵
	9:00	-4.5	44	6.6×10⁷	4.0×10⁵
	10:00	-2.8	40	7.5×10⁷	7.7×10⁵
	11:00	-0.8	28	5.9×10⁷	4.1×10⁵
	12:00	1.2	24	3.7×10⁷	4.1×10⁵
	13:00	2.3	16	2.4×10⁷	4.3×10⁵
	14:00	3.6	14	2.9×10⁷	4.6×10⁵
	15:00	3.6	14	2.9×10⁷	5.1×10⁵
	16:00	3.4	22	9.3×10⁷	5.1×10⁵
	17:00	3.0	25	5.3×10⁷	12.4×10⁵

4.1.2 洁净厂房内当布置有精密设备和精密仪器仪表，若它们有防微振要求时，为解决防微振问题，在厂址选择或已建工厂内的洁净厂房场地选择过程中，需要对周围振源的振动影响作出评价，以确定该厂址或场地是否适宜建设。

周围振源对精密设备、精密仪器仪表的振动影响，是若干单个振源振动的叠加结果。这种叠加，目前还没有系统的参考数据及实用的计算方法。因此，应立足于实测。过去有的工厂，由于建厂前没有对周围各类振源的振动影响进行实测，建成后发现对精密设备、精密仪器仪表影响很大，有的甚至难以工作，给生产、试验带来很大困难，这说明实测振源振动影响是非常必要的。

4.1.3 本条规定仍以规范编制组的科研成果报告《环境尘源影响范围研究》为依据。根据上述报告，道路灰尘"严重污染区"位于道路下风侧50m范围之内，100m以外为"轻污染区"。洁净厂房最好离开车辆频繁的干道100m以外，但考虑到厂区总平面布置的可能性以及厂区围墙或厂内路沿绿化的阻尘作用等因素，本条规定洁净厂房与车辆频繁的干道之间的距离宜大于50m。

在《洁净厂房设计规范》GB 50073—2001（以下简称原规范）实施中，各地区、各设计单位认为本条规定距离的界定不明确，且考虑到道路的污染物对洁净厂房的影响主要是影响净化空调系统新鲜空气的质量，而洁净室（区）围护结构气密性较好的特点，本次修改为"新风口与交通干道边沿的最近距离宜大于50m"。

4.1.6 绿化有良好的吸尘、阻尘作用。洁净厂房周围场地绿化应以种植草坪为主，小灌木为辅，不宜种植观赏花卉及高大乔木。因为观赏花多为季节性一年生植物，需经常翻土、播种、移植，从而破坏植被，反而使尘土飞扬；而高大乔木树冠覆盖面积大，其下部难以形成植被，也易产生扬尘。

洁净厂房外围宜种植枝叶茂盛的常绿树种。洁净厂房周围绿化树种应选用不产生花絮、绒毛、粉尘等对大气有不良影响的树种。

4.2 工艺平面布置和设计综合协调

4.2.2 因生产工艺的不同，洁净厂房内常有多种气体、液体供应管道，如氢、氧、氮、氩、压缩空气和纯水、上水等管道，以及电气管线、净化空调系统的送回风管和局部排风管等，管线交叉复杂。因此，在进行管线综合布置时，必须在平面和标高上密切配合，综合考虑，才能做到安装、调试、清扫、使用和维修的方便及整齐美观。

对国内已建成的洁净厂房调研中，了解到为布置各种管道和高效过滤器等一般均设置了技术夹层或技术夹道，大多使用效果良好，但有的新建工程把技术夹层设计得过高是不经济的。改建工程由于空间较小，管线布置比较紧凑，但如果布置合理，效果也是不错的。因此，在进行管线综合布置设计和确定技术夹层层高时，应进行技术经济比较，做到技术上可靠，经济上合理。

通过原规范实施以来反馈的信息，虽然本条具有确保洁净厂房安全可靠的作用，但主要还是影响产品质量的提高、成品率高低和经济性问题，因此本次修订修改为推荐条文。

4.2.3 随着各类产品生产工艺技术的发展，生产自动化程度的提高和改进，近年来洁净厂房建设中大都采用大开间，以满足生产工艺要求。

洁净厂房内除考虑生产安全性需增设隔断外，一般不设隔断。由于本条第2款、第3款的内容只是为了有利于运行管理作出的规定，故本次修订修改为推荐性条文。

4.3 人员净化和物料净化

4.3.1、4.3.2 人员与物料进入洁净室会把外部污染物带入室内，特别是人员本身就是一个重要的污染源，不同衣着、不同动作时的人体产尘量见表5。从表5中数据可见，身着普通服装的人走动时的产尘（大于或等于0.5μm）量可达近 $300×10^4$ pc/(min·人)。根据国外有关资料报道，洁净室中的灰尘来源分析见表6，来源于人员因素的占35%。对洁净室空气抽样分析也发现，主要的污染物有人的皮肤微屑、衣服织物的纤维与室外大气中同样性质的微粒。由此可见，要获得生产环境所需要的空气洁净度，人员与物料的净化是十分必要的。

存放雨具、换鞋、存外衣、更换洁净工作服用室是人员净化用室的基本组成部分，也是人员净化用室的必要部分。生活用室应视车间所在地区的自然条件、车间规模及工艺特征等具体情况，根据实际需要设置。如车间规模较大、人员集中或工艺为暗室操作的洁净室应设必要的休息室。

鉴于第4.3.1条、第4.3.2条仅为原则性通用规定，本次修订修改为推荐性条文。

表5 不同衣着、不同动作时的人体产尘

产尘 衣着 状态	≥0.5μm 颗粒数[pc/(min·人)]		
	一般工作服	白色无菌工作服	全包式洁净工作服
静站	339×10³	113×10³	5.6×10³
静坐	302×10³	112×10³	7.45×10³
腕上下运动	2980×10³	300×10³	18.7×10³

续表5

产尘 衣着 状态	≥0.5μm 颗粒数[pc/(min·人)]		
	一般工作服	白色无菌工作服	全包式洁净工作服
上身前屈	2240×10³	540×10³	24.2×10³
腕自由运动	2240×10³	289×10³	20.5×10³
脱帽	1310×10³	—	—
头上下左右运动	631×10³	151×10³	11.2×10³
上身扭动	850×10³	267×10³	14.9×10³
屈身	3120×10³	605×10³	37.3×10³
踏步	2300×10³	860×10³	44.8×10³
步行	2920×10³	1010×10³	56×10³

表6 洁净室内粒子来源分析

发生源	百分比(%)	发生源	百分比(%)
从空气中漏入	7	从生产过程中产生	25
从原料中带入	8	由人员因素造成	35
从设备运转中产生	25		

4.3.3 本条对人员净化用室和生活用室的设计作出规定。

1 净鞋的目的在于保护人员净化用室入口处不致受到严重污染。国内多数洁净厂房人员入口处设有擦鞋、水洗净鞋、粘鞋垫、换鞋、套鞋等净鞋措施。

为了保护人员净化用室的清洁，最彻底的办法是在更衣前将外出鞋脱去，换上清洁鞋或鞋套。现有洁净厂房工作人员都执行更衣前换鞋的制度，其中不少洁净厂房对换鞋方式作了周密考虑，换鞋设施的布置考虑了外出鞋与清洁鞋接触的地面要有明确的区分，避免了清洁鞋被外出鞋污染，如跨越鞋柜式换鞋，清洁平台上换鞋等都有很好的效果。

2、3 外出服在家庭生活及户外活动中积有大量微尘和不洁物，服装本身也会散发纤维屑，更衣室将外出服及随身携带的其他物品存放在专用的存外衣柜内。考虑到国内洁净厂房当前的管理方式和习惯，外出服一般由个人闭锁使用，按在册人数每人一柜计算是必要的；洁净工作服柜一般也可按每人一柜设计，但也有集中将洁净工作服存放于洁净柜中的，置于洁净柜中更为理想。为避免外出服污染洁净工作服，为此本条明确规定存外衣、更换洁净工作服的房间应分别设置。

4 手是交叉污染的媒介，人员在接触工作服之前洗手十分必要。操作中直接用手接触洁净零件、材料的人员可以戴洁净手套或在洁净室内洗手。

洗净的手不可用普通毛巾擦抹，因为普通毛巾易产生纤维尘，最好的办法是热风吹干，电热自动烘手器就是一种较好的选择。

由于人员净化的净鞋措施、存外衣和更换洁净工作服房间的分隔以及洗手设施的设置，均为了减少甚至消除洁净室工作人员带入的污染物对产品质量的影响，所以本次修订将本条第1款、第2款、第4款改为推荐性条文。

5 工业洁净室设置空气吹淋室的理由是：

1）在一定风速、一定吹淋时间的条件下，空气吹淋室对清除人员身上的灰尘有明显效果。

本规范编制组进行了"吹淋室效果的测定"的科研项目，对于经吹淋与不经吹淋两种情况的人员散尘量作了大量的测试对比。结果表明，吹淋室的吹淋效果，对大于或等于0.5μm的尘粒约为10%～30%，对大于或等于5μm的尘粒约为15%～35%。

2）吹淋室具有气闸的作用，能防止外部空气进入洁净室，并使洁净室维持正压状态。

3）吹淋室除了有一定净化效果外，它作为人员进入洁净区的一个分界，还具有警示性的心理作用，有利于规范洁净室人员在洁净室内的活动。

4）国内洁净厂房的现状是：在统计的38个洁净厂房中，约80%设有空气吹淋室。

关于吹淋室的使用人数，主要取决于每人吹淋所需时间和上班前人员净化的总时间。参考计算方法：假定洁净室自净时间为30min，换鞋、更衣占去10min，上班人员总吹淋时间为20min。设每人吹淋30s，另加准备时间10s，则一台单人吹淋室可供30人使用。

当最大班使用人数超过30人时，可将两台或多台单人吹淋室并联布置。

垂直单向流洁净室由于自净能力强，无紊流影响，人员产尘能迅速被回风带走而不致污染产品，鉴于这种有利条件，也可不设吹淋室而改设气闸室。

吹淋室旁设通道，可使下班人员和卫生清扫或检修人员的进出不必通过吹淋室，起到保护吹淋设备的作用，同时也方便检修期间设备、工具等进出。

洁净室（区）是否设置空气吹淋室，各洁净厂房做法不一，但在原规范中规定："空气吹淋室应设在洁净区人员入口处，并与洁净工作服更衣室相邻。"因为本条作为强制性条款，在实施过程中，一些单位以为"所有洁净室均应设置空气吹淋室"。实际上本款规定并不是要求所有洁净室均应设置空气吹淋室，只是要求当需设置空气吹淋室时，应如何设置。为此，本次修订将本款改为推荐性条款。

7 洁净区内设置厕所不仅容易使洁净室受到污染，还会影响洁净区的压力控制。原规范规定洁净区内不宜设厕所，为了强调洁净区内不得设厕所的要求，本次修订将"不宜"改为"不得"，但该款条文仍为推荐性。人员净化用室内的厕所应设在盥洗室之前，厕所前室作为缓冲，前室还应放置供人员入厕穿用的套鞋。

4.3.4 人员净化应当循序渐进，有一个合理的程序，在净化过程中，避免已清洁部分被脏的部分所污染。根据目前国内洁净厂房常用的人员净化程序，本规范提出了一次更衣（盥洗前存外衣）、一次吹淋的人员净化程序。由于本条第1款只是对洁净厂房中人流路线的原则性规定，本次修订改为推荐性条文。

4.3.5、4.3.6 关于人员净化用室建筑面积控制指标，主要参考了有关资料提出的面积指标和部分洁净厂房实际采用的指标，并进行统计后得出的。人员较多时，面积指标采用下限；人员较少时，面积指标采用上限。

近年来，国内设计、建造的洁净厂房，一般是根据产品生产工艺要求或洁净厂房的布局情况按相邻洁净室（区）的洁净度等级确定洁净工作服更衣室的空气洁净度等级，还有一些洁净厂房虽然没有对洁净工作服更衣室、洁净工作服洗涤室提出空气洁净度等级要求，但室内采用高效空气过滤送风系统，或将洁净室内的净化空气部分地引入更衣室、洁净工作服洗涤室。为此，本次修订时对洁净工作服更衣室的空气洁净度等级宜低于相邻洁净区1级～2级"和"洁净服洗涤室的空气洁净度等级不宜低于8级"的规定取消，修改为将更衣室与洁净工作服洗涤室对空气净化要求的相关内容的规定合并在一条内："宜根据产品生产工艺要求和相邻洁净室（区）的空气洁净度等级确定"。不再规定具体的"等级"或"等级范围"。

4.3.7 鉴于本条有关物料净化的规定主要涉及影响空气洁净度或产品生产过程的可能被污染，且在原规范实施过程中一些行业的洁净厂房设计、建造中执行本条规定难度较大，为此本次修订改为推荐性条文。

4.4 噪声控制

4.4.1 洁净室的噪声一般不算高，但数据差额较大，相差近10dB（A）。国内关于噪声对健康影响的研究表明，低于80dB（A）的一般工业噪声，对健康的影响不太大。因此，洁净室噪声标准的制订主要考虑噪声的烦恼效应、语言通讯干扰和对工作效率的影响。

国外洁净室噪声标准的研究工作开始于20世纪60年代。1966年制定的美国联邦标准《洁净室环境控制要求》209a和1974年修订的209b规定："洁净室的噪声控制在可能进行必要的通话，满足操作或产品的要求，并使人员保持在舒适和安全的范围内"。

在《洁净室及相关受控环境——第四部分，设计、施工和启动》ISO 14644-4—2001标准中规定："应依据洁净室内人的舒适和安全要求及环境（如其他设备）的背景声压级来选择适宜的声压级。洁净室的声压级范围为40～65dB（A）"。

从收集的国内外洁净室噪声标准来看，有以下几个特点：洁净室的噪声标准一般均少严于保护健康的标准。在洁净室的环境下，噪声条件主要在于保障正常操作运行，满足必要的谈话联系，提供舒适的工作环境。绝大多数标准给出的允许值在65dB（A）～70dB（A）范围，医疗行业则更低。现行的大多数标准均以A声压级作为评价指标，也有少数标准对各频带声压级提出了限制。少数标准按不同的空气洁净度等级分别给出了噪声容许值，而大多数标准对不同的空气洁净度等级洁净室提出了一个统一的容许值。

根据"洁净厂房噪声评价与标准的研究"所得到的成果，我国59个洁净厂房平均噪声级的分布，电子工业216个洁净室的噪声分布状况和不同声级下各种效应的主观评价指标如图1所示：

由图1可见，若以65dB（A）作为洁净室噪声允许值标准，工人感到高烦恼的百分率低于30%，对集中精神感到有较高影响的百分率不到10%，而对工作速度、动作准确性的影响则可忽略，从主观评价调查看，语言通讯干扰可以属于轻微的等级。如按这一限值来衡量现有洁净室的噪声，则有75%超过标准，就电子工业而言，也有47%的洁净室超过标准。

近年来，我国的洁净室环境技术有了一定的发展，但对噪声的控制技术还相对滞后，从1996—1997年对国内部分行业的部分洁净室进行的调研结果来看，还有相当一部分的洁净室噪声在65dB（A）以上，就电子工业而言，还有约35%的洁净室超过标准。

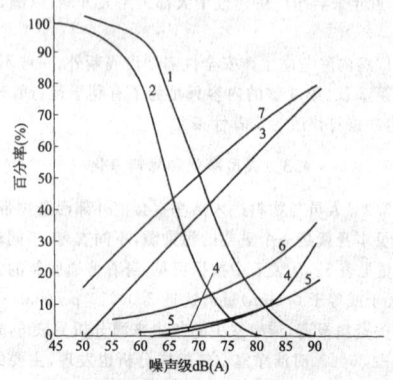

图1 洁净厂房噪声分布与评价图
1—59个洁净厂房超过某一声级的百分率；
2—电子工业216个洁净室超过某一声级的百分率；
3—高烦恼率；4—准确性高影响率；5—工作速度高影响率；
6—集中精神高影响率；7—交谈及电话通讯高干扰率

同样由图1得知，若以70dB（A）为噪声允许值标准，工人感到高烦恼的百分率将达到39%，对于集中精神感到有较高影响的百分率为12.4%，对工作速度和动作准确性影响仍不显著，对语言通讯的干扰则属于较高的等级。如按70dB（A）的限值来衡量现有洁净厂房的噪声，则多数可以满足标准。

目前国内的相当一部分洁净室的隔墙使用的是进口或国产的金属壁板，由于壁板的隔声量存在着某些薄弱环节而造成隔声不理想，且室内的噪声仍过高。如上海某公司使用的是进口壁板，其室内噪声平均值达69dB（A）；上海某公司使用的也是进口壁板光刻间，测得其室内平均噪声值为70dB（A），其他一些洁净室的生产环境的噪声也偏高，也就是说，从噪声的效应来看，标准低于65dB（A）为好。

对国内几个行业不同气流流型洁净室的静态和动态噪声所进行的分析表明，不同气流流型的静态噪声有较大差异。非单向流洁净室的静态噪声实测值在41dB(A)~64dB(A)范围内，平均为54dB(A)；单向流、混合流洁净室的静态噪声实测值为51dB(A)~75dB(A)范围内，平均为65dB(A)。非单向流洁净室比单向流洁净室的静态噪声平均值约低11dB(A)。

由于噪声控制要求是确保人员健康的重要条件，本条为强制性条文。

4.4.3~4.4.6 控制设备噪声首先要从声源上考虑，设计时应选用低噪声设备。在某些情况下，由于技术或经济上的原因而难以做到时，则应从噪声传播途径上采取降噪措施，如把高噪声工艺设备迁出洁净室或隔离布置于隔声间内。有些由于与生产联系密切，必须置于洁净区内的高噪声设备，亦可采用隔声罩隔绝噪声。

国内现有洁净厂房中，不少洁净室将机械泵一类高噪声设备置于洁净室外套间或技术夹道内，洁净室内噪声有明显降低。

洁净室的静态噪声主要来源于净化空调系统和局部净化设备运行噪声，静态噪声的大小与洁净室气流流型、换气次数等因素有关。但关键在于净化空调系统的布置及合理的降噪措施，不合理的设计方案必然导致较高的静态噪声。

关于降低洁净室净化空调系统噪声的措施，国内外有关资料提出了一些有效的措施：

如《现代洁净室概念》一文中强调"选择那种能满足气流要求的噪声最低的风机，还应该采用弹性减振基础"。关于消声器的使用，文中说："管道消声器在中频和高频范围内降低噪声是有效的，当风管敷设长度在50ft以内时，就应考虑采用消声器。关于风管的连接，文中又说："通风机和送风管道与回风管道之间，应采用柔性连接管隔开"。还要求"将通风机外壳、静压箱和管道等加上衬里"。如北京某大学微电子研究所回风管道在未处理前噪声高达83.5dB(A)，经过加设衬垫处理后噪声降到66.2dB(A)，使光刻间的室内环境噪声平均下降了7dB(A)~9dB(A)。由此可见，只要对风道系统采取消声和防止管道固体传声等措施，洁净室噪声可以大幅度降低。

国内还有不少洁净室，由于系统设计合理，并采取了降噪措施，室内噪声得到有效控制。

排风系统噪声对洁净室影响极大，以集成电路生产为例，在生产过程中，外延、扩散、腐蚀、清洗等多种工序都需设排风系统。近年来，洁净厂房排风系统的噪声治理日益受到重视，要注意选用低噪声风机等。

由于洁净室内的工作环境要求比较安静，洁净室的密封性能较好，噪声不易衰减。按规定限制风管风速，既减小了净化空调系统的阻力，降低了风机压头和转速，减弱了风机的噪声，又防止了风速过大而产生附加噪声。

如上所述，第4.4.3条~第4.4.6条的规定均为洁净厂房设计中，从平面和空间设计到各类设备、系统及其附属设备等的选择都应充分考虑噪声控制措施，以保证达到洁净厂房要求的噪声控制值。原规范中将第4.4.3条、第4.4.4条规定为强制性条文，但在实施中各单位认为规定过严，可操作性也不强，为此本次修订改为推荐性条文。

4.5 微振控制

4.5.1 有微振控制要求的洁净厂房，设计应考虑建筑结构的选型及地面（楼面）的构造做法，如增加基础及上部结构垂直及横向刚度、增加地面（楼面）刚度，能有效减小振动影响。此外，还应考虑隔振缝设置及其有效的构造措施，壁板与地面和顶棚采用柔性连接等，均能减小振动传递。即减小了对精密设备、仪器仪表的振动影响。

在洁净厂房设计中，应首先考虑对强振源采取隔振措施，以减小强振源对精密设备、仪器仪表的振动影响，在此基础上，精密设备、仪器仪表再根据各自的容许振动值采取被动隔振措施，就大致能够达到预定目的。

在原规范中，本条为强制性条文，虽然明确规定本条只用于有微振控制要求的洁净厂房，但由于没有量化的规定，容易引起执行不准确的问题，实施以来确有此种情况发生，为此本次修订将本条改为推荐性条文。

4.5.4 精密设备、仪器仪表的被动隔振措施，由隔振台座及隔振器（或隔振装置）组成。根据隔振设计计算需要，设定隔振台座为不变形刚体，为此应对隔振台座的形状、几何尺寸及材质选用等方面加以考虑，使之具有足够的刚度。

某些精密设备、仪器仪表在运行时，由于移动部件位置变化或加工、测试件的质量及质心位置变化，使各隔振器的变形量不相等，隔振台座发生倾斜，导致精密设备、仪器仪表难以正常工作。为此，应设置校正倾斜装置，使隔振台座保持原有的水平度，以保证精密设备、仪器仪表的正常运行。

隔振系统阻尼过小，会产生较大的自振，以及受外界突发干扰（如对隔振台座的冲击、室内气流的扰动影响等），造成隔振台座晃动，这种振动值有时会大于精密设备、仪器仪表的容许振动值，影响其正常运行。为此应增大隔振系统阻尼值，才能减小此类振动。通过多项工程实践表明，隔振系统阻尼比不小于0.15是比较恰当的。

4.5.5 空气弹簧的垂直向、横向刚度很低，使隔振系统具有很低的固有振动频率，同时它具有可调节阻尼值的特性，隔振系统可获得需要的阻尼，因此，隔振系统具有良好的隔振效果。当配用高精度控制阀时，可自动校正隔振台座的倾斜。由于空气弹簧具有其他隔振材料及隔振器不可替代的优越性，已被我国及国际工程界普遍采用作为精密设备、仪器仪表的隔振元件。

用于被动隔振措施的空气弹簧隔振装置由空气弹簧隔振器、高精度控制阀、仪表箱及气源组成。由于空气弹簧隔振装置在校正隔振台座倾斜时会排出气体（如压缩空气、氮气等），因此对气源应进行净化处理，使其达到洁净室的空气洁净度等级，才能保证排出的气体不致对洁净室造成污染。

5 建 筑

5.1 一般规定

5.1.1 洁净厂房的建筑平面和空间布局应具有适当的灵活性，为生产工艺的调整创造条件。本条规定是指在不增加面积、高度的情况下，进行局部的工艺和生产设备调整，在这种情况下，厂房内墙的可变性就是一个重要的措施，为此，本条规定不宜采用内墙承重体系。

5.1.3 主体结构要具备同建筑处理及其室内装备和装修水平相适应的等级水平。若室内装备与装修水平高，而主体结构为临时的，就会形成严重的浪费。本条规定着重于使洁净厂房在耐久性、装修与装备水平、耐火能力等几个方面相互协调，使投资长期发挥作用。此外，温度或沉陷不但可能影响安全，而且还会破坏建筑装修的完整性及围护结构的气密性，故须对主体结构采取相应措施。

5.1.5 对兼有一般生产和洁净生产的综合性厂房，在考虑其平面布局和构造处理时，应合理组织人流、物流运输及消防疏散线路，避免一般生产对洁净生产带来不利的影响。当防火方面与洁净生产要求有冲突时，应采取措施，在确保消防疏散的前提下，减少对洁净生产的不利影响。

5.2 防火和疏散

5.2.1 洁净厂房虽不同于一般工业厂房，但在材料与构造的耐火性能以及火灾的火势形成、发展与扩散等基本特性方面，两者都基本一致。所以现行国家标准《建筑设计防火规范》GB 50016中不少条文同样适用于洁净厂房。本节主要结合洁净厂房的下列特点，对于防火规范尚未包括或者不适合的部分做必要的补充：

(1)空间密闭,火灾发生后,烟量特大,对于疏散和扑救极为不利。同时由于热量无处泄漏,火源的热辐射经四壁反射室内迅速升温,大大缩短了全室各部位材料达到燃点的时间。

当厂房外墙无窗时,室内发生的火灾往往不容易被外界发现,发现后也不容易选定扑救突破口。

(2)平面布置曲折,增加了疏散路线上的障碍,延长了安全疏散的距离和时间。

(3)若干洁净室都通过风管彼此串通,当火灾发生,特别是火势初起未被发现而又继续送风的情况下,风管成为烟、火迅速外窜,殃及其余房间的重要通道。

(4)室内装修使用了一些高分子合成材料,这些材料在燃烧时产生浓烟,散发毒气。有的燃烧速度极快。

(5)某些生产过程使用易燃易爆物质,火灾危险性高。如甲醇、甲苯、丙酮、丁酮、乙酸乙酯、乙醇、甲烷、二氯甲烷、硅烷、异丙醇、氢等都是甲、乙类易燃易爆物质,对洁净厂房构成潜在的火灾威胁。

此外,洁净厂房内往往有不少极为精密、贵重的设备,建设投资十分昂贵,一旦失火,损失极大。

鉴于以上几方面的特点,为保障生命、财产的安全,尽量减少火灾中的损失,本规范分别从防止起火与延烧,便利疏散与抢救这两个方面补充提出若干条文,强调了建筑耐火等级与防火分隔,对于防火墙间占地面积与疏散路线提出较严格的要求。这部分规范编制工作在公安部有关部门指导下进行。本部分规定不包括防爆措施。

分析洁净厂房火灾实例可以发现,严格控制建筑物的耐火等级十分必要。本条规定将洁净厂房耐火等级定为二级及二级以上,使建筑构配件耐火性能与甲、乙类生产相适应,从而减少成灾的可能性。本条为强制性条文。

5.2.2 由于本规范附录B中仅仅是洁净厂房生产工艺间的火灾危险性类别举例,表中的实例可能十分全面,也没有包含各行各业的各类洁净厂房的生产工艺间,即使已经列入表中的生产工艺间也会随着科学技术发展、新设备、新工艺的出现有所变化,所以本次修订将本条改为推荐性条文。

5.2.3 本条对防火分区最大允许建筑面积作出规定。

(1)限制防火分区的面积,一是可以控制火灾蔓延,减少损失;二是便于扑救,使消防人员既容易在现场寻找火源,也容易安全撤离。防火墙间允许面积的大小视厂房的情况与生产火灾危险性确定。

(2)据调查统计,甲、乙类洁净厂房多数情况下,其占地面积,单层厂房在2500m²以下,多层厂房不超过1500m²。考虑略留余地,则将防火分区允许占地面积规定为3000m²(单层)和2000m²(多层);与现行国家标准《建筑设计防火规范》GB 50016甲类生产的二级耐火建筑物允许占地面积相吻合。由于甲、乙类生产往往混杂一处,故本条规定不再予以严格区分。本条规定为宜为3000m²(单层)和2000m²(多层),既考虑了洁净厂房的特点作了较严格的规定,又为执行中因具体情况确有困难时,应在确保疏散距离的前提下仍可放宽,按现行国家标准《建筑设计防火规范》GB 50016的规定执行。

(3)丙、丁、戊类洁净厂房的防火分区最大允许面积,本次修订中规定应符合现行国家标准《建筑设计防火规范》GB 50016,不再作较严格的规定,这是因为本规范第5.2.1条规定"洁净厂房耐火等级不应低于二级",已作了较严格的规定,可减少成灾的可能性。近年来,随着科学技术的发展,一些生产高新技术产品的洁净厂房,为了提高生产效率、产品质量,采用了大体量、大跨度的厂房布局,一些洁净厂房的建筑面积有接近或超过规范规定的防火分区最大允许面积的情况发生,在2008年12月发布的现行国家标准《电子工业洁净厂房设计规范》GB 50472中,已规定对丙类电子工厂洁净厂房的防火分区面积限值在规定条件下可以按产品生产工艺要求确定。所以本次修订本条修改为推荐性条文。

5.2.4 本条为强制性条文。洁净室的顶棚和壁板материал,为避免因室内或室外一方发生火灾突及另一方,须规定其燃烧性能,即虽不能要求它与土建式顶棚或隔墙具有同样耐火极限,至少也须要求它的燃烧性能同建筑物相一致,即采用不燃烧体,且不得采用有机复合材料,以避免燃烧时产生窒息性气体、有害气体等。根据实施中的实际需要,在条文中增加了对壁板的耐火极限规定。目前国内外制造厂家生产的洁净室用金属壁板,大部分均能满足上述要求。

5.2.5 控制了防火分区占地面积后,还需要在一个防火分区内将洁净区与非洁净区之间设置防火分隔,本条规定防火分隔应为不燃烧体,并规定了耐火极限,主要是从保护洁净区的财产安全出发。为此,本条作为强制性条文。

5.2.6 洁净厂房的技术竖井是布置相关管线的垂直管廊,贯通各个楼层,为防止一旦发生火情后,洁净厂房的各层相应火势串通,本条对技术竖井耐火要求、分隔、管线空隙填塞作了强制性规定。

5.2.7 对于设置一个安全出口的条件,甲、乙类生产间同现行国家标准《建筑设计防火规范》GB 50016中的100m²、150m²相比,本条均按100m²,这是考虑即便100m²的洁净室也不算小,可能容纳相当数量的贵重装置,须有良好的疏散条件,所以作了较严格的规定。本条为强制性条文。

5.2.8 人员净化程序多,连同生活用室在内包括有换鞋、更衣、盥洗、吹淋等用室。布置上要避免路线交叉,于是往往形成从人员入口到生产地点的曲折迂回路线。因此,一旦发生火灾,把这样曲折的人员净化路线当作通往安全出口的通道是不恰当的,所以作了本条的强制性规定。

5.2.9 安全疏散门是关系到人员安全疏散的重要条件之一,为此本条对洁净室(区)的安全疏散门作了强制性的规定。

5.2.10 洁净厂房空间密闭,设有人员净化和物料净化设施,火灾发生后,扑救极为不利。洁净厂房同层外墙设通往洁净区的门窗或专用消防口后,可方便消防人员的进入及扑救。为此,本条对洁净厂房设置专用消防口作了强制性规定。

5.2.11 由于洁净厂房外墙上的吊门、电动自动门以及装有栅栏的窗,一般设有手动、自动控制装置或固定栅栏,为此本条规定此类门、窗不应作为消防人员进入洁净厂房的入口,并作为强制性条文。

5.3 室内装修

5.3.1 材料在温度、湿度变化时易引起变形而导致缝隙泄漏或发尘,不利于确保室内洁净环境。洁净室(区)内,某些产品的生产过程中可能发生因所用材料释放至空气中的化学污染物对产品质量的影响,为此本条作了相关的补充规定。由于本条的规定均只涉及产品质量或成品率的提高,所以本次修订改为推荐性条文。

5.3.2 制订本条的目的主要在于尽量减少洁净室内积尘面(特别是水平凹凸面),以免在室内气流作用下引起积尘的二次飞扬,污染室内洁净环境。由于本条第1、2款仅涉及洁净室的建造质量,并且近年来的工程实践表明,只要设计时十分重视和明确要求,是可以得到保证的。所以本次修订改为推荐性条文。

5.3.3 本条第1、2款由于仅涉及洁净室的建造质量,所以本次修订改为推荐性条文。

5.3.5 当洁净室(区)和人员净化用室设有外窗时,为防止作业人员随意开启直接通向室外环境的外窗而引发室外空气的严重污染,作了本条强制性的规定。

5.3.6 洁净室内门开启方向的规定是鉴于洁净区内各房间空气洁净度要求及其室内送风量与风压有所不同,高洁净度房间相对于低洁净度房间(或走廊)保持一定压差值,为使门扇能关闭紧密,门扇应朝向洁净度高的房间开启。条文中所以用"应"而不用"宜"是考虑某些洁净生产房间的生产工艺存在火灾危险,为安全疏散要求,其门扇应向外开。

5.3.7 本条中所指密闭措施包括:密封胶嵌缝、压缝条压缝、纤维布条粘贴压缝,加穿墙套管等。本条第1款与第5.3.2条相似,所以本次修订改为推荐性条文。

5.3.8 洁净室采光多需借助人工照明，再加上室内空气循环使用，因此从人体卫生角度分析，其环境条件是较差的。为了改善环境，减少室内人员工疲劳，故应特别注意室内建筑装修的色彩。

本条中有关室内表面材料的光反射系数的规定是根据现行国家标准《工业企业采光设计标准》GB 50033 以及参考国外有关室内表面推荐光反射系数的资料制订的。室内表面反射率的大小不但直接影响工作面上的照度水平，而且对整个室内亮度分布起着决定性作用。考虑到洁净厂房一般工作精度较高，为减少视疲劳，改善室内的光照环境，因而需要有一个明亮的室内空间。为此，洁净室的墙面与顶棚需采用较高的光反射系数。

5.3.9 空气洁净度等级要求较高的洁净室，其墙板和顶棚宜采用轻质壁板构造。轻质壁板连接构造的整体性和气密性是很重要的，整体性除靠板与板之间的雌雄槽紧密组合外，还靠上下马槽和板之间的严密结合，使洁净室形成一个完整的匣体。板壁之间的接缝应以硅橡胶等密封材料嵌缝密封，它的作用是防止灰尘在停机时从此进入室内，同时使洁净室在正常工作时易于保持正压，减少能量的损耗。此外，洁净室的关键密封部位是高效过滤器之间或高效过滤器与其安装骨架之间的缝隙，一定要绝对密封。目前国内使用的密封方法很多，如液槽密封、机械压垫密封等，但必须做到涂料或填嵌方便，操作简单，而且还要考虑更换高效过滤器时方便拆装。总之，没有经过高效过滤器过滤的空气绝对不允许直接进入洁净室内。洁净室顶棚用轻质壁板应具有一定的承重能力，以便施工、运行时人员行走。

5.3.10 洁净室（区）内所选用的装修材料除应符合现行国家标准《建筑内部装修设计防火规范》GB 50222 的规定外，还应符合现行国家标准《建筑材料燃烧或分解的烟密度试验方法》GB/T 8627 的有关规定，为此本条对洁净厂房用装修材料的燃烧性能和烟密度作了强制性规定。

6 空气净化

6.1 一般规定

6.1.1 洁净的生产环境是生产工艺的需要，是确保产品的成品率和产品质量的可靠性、长寿命所必需的。随着我国国民经济的发展，各行各业对生产环境的温度、相对湿度和洁净度的要求也越来越高。例如：大规模和超大规模集成电路的发展很快，在1980年时其集成度只有64kB，而到目前集成度已提高到1GB；64kB集成电路前工序生产所要求生产环境的洁净度等级只有4级和5级，而1GB集成电路前工序生产对生产环境洁净度等级的要求提高到1级和2级（0.1μm）。

不同的生产工艺、不同的生产工序对生产环境的要求也是不相同的，因此，确定洁净室的空气洁净度等级时应根据不同工艺、不同工序对环境的洁净度要求而定。

根据不同生产工艺、不同生产工序对环境洁净度的不同要求，该高则高，该低则低，尽量缩小高洁净度等级部分的面积，以局部高等级净化和全室较低等级净化的洁净室系统代替全室高等级净化的洁净室系统。既能确保不同生产工艺对环境的要求，又能大幅度地降低初投资和运行费用。

例如：对于生产1GB超大规模集成电路前工序的洁净室来说，在整个生产过程中只有少数工序（制版、光刻等）对环境的洁净度等级要求最高为1级或2级，而其他大部分工序只要求5级、6级，甚至只有7级。不需将全部洁净室都设计为1级或2级。

6.1.4 人是洁净室内主要的发尘源，作业人员进入洁净室必须穿着与洁净室的空气洁净度等级相适应的洁净工作服。由于洁净工作服的透气性较差，为了保证作业人员的工作环境，提高劳动生产率，在洁净室生产工艺对环境的温、湿度没有特殊要求时，洁净室内的温度主要是为了作业人员的舒适。因此，洁净室温度冬季为20℃～22℃，夏季为24℃～26℃，湿度冬季为30%～50%，夏季为50%～70%，比较适宜。由于洁净室（区）的温度、相对湿度首先应按生产工艺要求确定，只有在生产工艺无要求时，才能按本条的规定根据作业人员的舒适度确定，但在本规范实施中因洁净厂房生产的产品多种多样，作业人员多少和工作条件也不相同，所以强制执行有困难，为此本次修订改为推荐性条文。

6.1.5 本条为强制性条文。现行国家标准《采暖通风与空气调节设计规范》GB 50019 中对一般工业厂房的新鲜空气量的规定为每人每小时不小于30m³。由于新鲜空气量是确保洁净室（区）作业人员健康的重要条件之一，所以本次修订中对洁净室（区）的新鲜空气量规定为应取补偿室内排风量和保持室内正压值所需新鲜空气量之和，保证供给洁净室（区）内每人每小时的新鲜空气量不小于40m³。两项中的最大值。

6.2 洁净室压差控制

6.2.1 为了保证洁净室在正常工作或空气平衡暂时受到破坏时，气流都能从空气洁净度高的区域流向空气洁净度低的区域，使洁净室的洁净度不会受到污染空气的干扰，所以洁净室必须保持一定的压差。

在国内外洁净室标准和洁净度等级中，对洁净室内压差值的大小都作了明确规定。

压差值的大小应选择适当。压差值选择过小，洁净室的压差很容易破坏，洁净室的洁净度就会受到影响。压差值选择过大，就会使净化空调系统的新风量增大，空调负荷增加，同时使中效、高效过滤器使用寿命缩短，故很不经济。另外，当室内压差值高于50Pa时，门的开关就会受到影响。因此，洁净室压差值的大小应根据我国现有洁净室的建设经验，参照国内外有关标准和试验研究的结果合理确定。

自《洁净厂房设计规范》GBJ 73—84 在 1985 年颁布以来，我国按规范设计、建造了数百万平方米的各种洁净级别的洁净室，并且都经过了数年的运行考验，满足了工艺要求。实践经验证明，《洁净厂房设计规范》GBJ 73—84 中有关洁净室内正压值的选择是正确的、可行的。

已颁布实施的国际标准《洁净室及相关受控环境——第一部分，空气洁净度的分级》ISO 14664-1 和日本工业标准《洁净室悬浮粒子检测方法》JIS 9920、俄罗斯国家标准《洁净室及相关受控环境》TOCTP 50766 等有关现行的洁净室标准中都明确规定，为了保持洁净室的洁净度等级免受外界的干扰，对于不同等级的洁净室之间、洁净室与相邻的无洁净度级别的房间之间都必须维持一定的压差。虽然各个国家规定的最小压差值不尽相同，但最小压差值都在5Pa以上。

由于洁净室（区）与周围空间维持一定的压差是实现空气洁净度的基本条件，为此，规定本条为强制性条文。

6.2.2 试验研究的结果表明，洁净室内正压值受室外风速的影响，室内正压值要高于室外风速产生的风压力。当室外风速大于3m/s时，产生的风压力接近5Pa，若洁净室内正压值为5Pa时，室外的污染空气就有可能渗漏到室内。但根据现行国家标准《采暖通风和空气调节设计规范》GB 50019 编制组提供的全国气象资料统计，全国203个城市中有74个城市的冬夏平均风速大于3m/s，占总数的36.4%。这样如果洁净室与室外相邻时，其最小的正压值应该大于5Pa。因此，规定洁净室与室外的最小压差为10Pa。由于各行各业的洁净厂房内产品生产工艺不同，各产品生产工序的条件差异，不同等级或洁净室（区）之间与非洁净室（区）之间的压差取值均有差别，所以本次修订将本条改为推荐性条文。

6.2.3 国内外洁净室压差风量的确定，多数是采用房间换气次数估算的。因为压差风量的大小是与洁净室围护结构的气密性及维持的压差值大小有关，对于相同大小的房间，由于门窗的数量及形式的不同，气密性不同，导致渗漏风量也不同，故维持同样大小的压差值所需压差风量就有所差异。因此，在选取换气次数时，对于气密性差的房间取上限，气密性较好的房间可取得小一些。

(1)采用缝隙法来计算渗漏风量，既考虑了洁净室围护结构的气密性，又考虑了室内维持不同的压差值所需的正压风量。因此，缝隙法比按房间的换气次数估算法较为合理和精确。

单位长度缝隙渗漏空气量用公式计算是比较困难的，一般是通过不同形式的门、窗进行多次试验的数据统计后得出的。表7是对国内洁净室的20多种常用的门、窗在实验室进行了大量的试验后取得的数据，虽然近年来洁净室门窗的材料和形式有很大的发展，但目前还有部分洁净室仍然采用钢制密封门窗，故表7中的数据仍可供设计时参考。

表7 围护结构单位长度缝隙的渗漏风量

压差(Pa) \ 门窗形式 漏风量(m³/h·m)	非密闭门	密闭门	单层固定密闭钢窗	单层开启式密闭钢窗	传递窗	壁板
5	17	4	0.7	3.5	2.0	0.3
10	24	6	1.0	4.5	3.0	0.6
15	30	8	1.3	6.0	4.0	0.8
20	36	10	1.5	7.0	5.0	1.0
25	40	11	1.7	8.0	5.5	1.2
30	44	11	1.9	8.5	6.0	1.4
35	48	12	2.1	9.0	7.0	1.5
40	52	13	2.3	10.0	7.5	1.7
45	55	15	2.5	10.5	8.0	1.9
50	60	16	2.6	11.5	9.0	2.0

缝隙法宜按下式计算：

$$Q = a \cdot \sum(q \cdot L)$$

式中：Q——维持洁净室压差值所需的压差风量(m^3/h)；

　　　a——根据围护结构气密性确定的安全系数，可取1.1～1.2；

　　　q——当洁净室为某一压差值时，其围护结构单位长度缝隙的渗漏风量$m^3/(h \cdot m)$；

　　　L——围护结构的缝隙长度(m)。

(2)换气次数法，宜按下列数据选用：

压差5Pa时，取1次/h～2次/h。

压差10Pa时，取2次/h～4次/h。

6.2.4 洁净室(区)的正压或负压是以对室内的送风量、回风量和排风量平衡协调实现的，为确保洁净室所需的正压值或负压值，通常还应将送风、回风和排风系统顺序启停，为此作了本条规定。但实践证明，由于各行各业的洁净室(区)的产品生产工艺或使用要求不同，有些洁净室是间断、不连续运行，所以送风、回风和排风系统的启停虽然大多采用联锁控制，而有的也采用手动控制，为此本次修改本条改为推荐性条文。

6.2.5 根据对国内洁净室的调查表明，有一部分洁净室设置了值班风机，但多数洁净室没有设置值班风机，而是采用上班前提前半小时运行净化空调系统达到洁净室自净的方法。

非连续性运行的洁净室设置值班送风的问题，应根据生产工艺具体情况而定。如果生产工艺要求严格，在空气净化调节系统停止运行时，会污染室内放置的半成品，又不能采用局部处理时最好设置值班送风，值班送风系统应送出经过净化空调处理的空气，以避免洁净室内产品或设备结露。

6.3 气流流型和送风量

6.3.1 洁净室的气流流型应考虑避免或减少涡流。这样可以减少二次气流，有利于迅速有效地排除粒子。

对于空气洁净度要求不同的洁净室(区)，所采用的气流流型亦应不同。近年在电子工厂洁净厂房或医药工业洁净厂房内，为减少建设工程造价、降低能量消耗，常常采用同时具有单向流和非单向流的混合流洁净室，即使在微电子生产洁净厂房中要求1级～3级的空气洁净度等级的生产环境也采用混合流洁净室，即在洁净厂房的洁净生产区采用5级，仅在局部或微环境内采用1级～3级。根据上述情况，本条进行了新的规定，并修改为推荐性条文。

6.3.2 洁净室(区)的送风量是确保其正常运行的基本条件，本条规定的洁净室(区)送风量应取三项中最大值是多年来国内外的经验总结，如果不是"最大值"，则将使建造后的洁净室达不到所要求的洁净度等级或环境条件达不到要求或作业人员健康得不到保障，为此，本条规定为强制性条文。

6.3.3 洁净室送风量计算所用的数据是参照国际标准《洁净室及相关受控环境——第四部分，设计、施工和启动》ISO 14644-4—2001中表B.2而编制的。其中，换气次数系根据我国实际情况确定的。

(1)表6.3.3空气洁净度等级系指静态而言。其编制理由如下：

1)工程施工前的空气洁净度测试，一般都是在空态或静态下进行的；

2)国内外标准中大多已明确规定按静态进行空气洁净度测试。如果设计时业主提出须动态进行验收时，则另行处理。

(2)参照已经发布的国际标准《洁净室及相关受控环境——第四部分，设计、施工和启动》ISO 14644-4中对微电子洁净室、医药工业洁净室的送风量的规定，以及在本规范修订过程中对国内已投入运行的各类洁净厂房实际运行状况的调查研究，经分析表明，《洁净室及相关受控环境——第四部分，设计、施工和启动》ISO 14644-4—2001中表B.2对不同等级的洁净室送风量、平均风速的相关数据基本合理，编写组结合国内的实际状况作了必要的调整，现将表B.2摘录于表8。

表8 微电子洁净室实例

洁净度等级 ISO等级	气流流型	平均风速 (m/s)	单位面积送风量 (m³/m²·h)	应用实例
2	U	0.3～0.5	—	光刻、半导体加工区
3	U	0.3～0.5	—	工作区、半导体加工区
4	U	0.3～0.5	—	工作区，多层掩膜加工、光盘制造、半导体服务区
5	U	0.2～0.5	—	工作区，多层掩膜加工、光盘制造、半导体服务区、动力区
6	N或M	—	70～160	动力区、多层掩膜加工、半导体服务区
7	N或M	—	30～70	服务区、表面处理
8	N或M	—	10～20	服务区

注：1 制定最佳设计条件之前，首先应明确使用环境的ISO级别有关的占用状态；

　　2 气流流型符号的意义，U为单向流流型；N为非单向流流型，M为混合流流型(单向流和非单向流的组合流型)；

　　3 平均风速通常适用于单向流流型。单向流平均风速大小与被控制空间的形状和热气流温度有关。单向流流速不是指过滤器面风速；

　　4 单位面积送风量适用于非单向流流型和混合流流型。单位面积送风量的推荐值适用于层高为3.0m的洁净室；

　　5 在洁净室设计中须考虑密封措施；

　　6 对于污染源或污染区可用隔板或空气幕予以有效分隔。

由于本条规定的洁净送风量主要是依据目前国内外的实际状况的经验总结，各类工业产品的生产工艺的差异和不断进步，使洁净室的送风量有所差异，所以本次修订将本条改为推荐性条文。

6.4 空气净化处理

6.4.1 近年来，我国各类洁净厂房中所采用的空气过滤器品种、布置和安装方式均发生了较大变化,特别是一些外资、合资企业和空气洁净度等级要求十分严格的洁净厂房变化尤为明显。为了有利于本规范的实施,本次修订将本条第1~4款改为推荐性条文。

6.4.3 在工艺生产过程不产生有害物时,净化空调系统在保证新鲜空气量和保持洁净室压差的条件下,为了节约能源,应尽量利用回风。而单向流洁净室的换气次数大,当机房距单向流洁净室较远时,可以使一部分空气不回机房而直接循环使用。近年来,一些高洁净等级的单向流洁净室采用新风集中处理+FFU净化空调系统,它是由多台风机过滤器单元设备组成实现洁净室回风的直接循环,如图2所示。

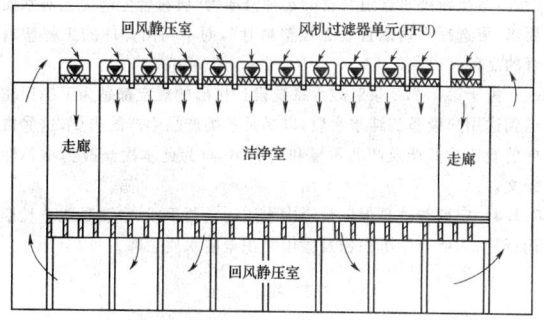

图2 风机过滤器单元送风方式(FFU)示意图

当生产工艺过程产生大量有害物质,局部排风又不能满足卫生要求,并对其他工序有影响时,才能采用直流式净化空调系统。因为当车间内的有害物质不能全部排除时,如再使其循环使用,则会造成车间内的有害物浓度越来越大,对人员健康及生产有影响,故应采用直流式净化空调系统。

6.4.4 在净化空调系统中,考虑到系统的阻力变化影响其风量等因素,风机采用变频调速装置作恒定风量或定压控制,通常由高效过滤器的压差变化控制变频装置。一些单位的实践说明,使用后有明显节能效果。

6.4.5 由于原规范本条部分内容与第9.4.3条重复,本次修订中将有关电加热器等内容移至第9.4节。

本条规定所指的寒冷地区是处于建筑气候区划一级区中Ⅰ区(1月平均气温小于或等于-10℃)和Ⅱ区(1月平均气温-10℃~0℃)的地区,在此类地区的新风系统采用防冻措施,是为了防止新风机组表冷器冻裂。

6.5 采暖通风、防排烟

6.5.1 对国内现有洁净室的调研看到,为防止散热器引发的污染,除少数改建工程仍采用原有散热器作洁净室采暖外,新建洁净室没有采用散热器采暖的,考虑到技术的发展,本条规定了包括8级和8级以上洁净室不应采用散热器采暖,为此本条文为强制性条文。

6.5.3 对于局部排风系统单独分开设置的规定是为了防止排风系统中的易燃、易爆、有毒、腐蚀性介质的相互渗混、交叉污染,诱发各种安全事故,并参照现行国家标准《采暖通风与空气调节设计规范》GB 50019的规定制定,本条为强制性条文。

6.5.4 国内大部分洁净室的排风装置都设置了防倒灌措施,防止净化空调系统停止运行时,室外空气倒流入洁净室,引起污染或积尘。工程中常采取的防倒灌措施:一是采用中效过滤器,其结构比较简单,维护管理方便;二是采用止回阀,其使用方便,无须经常维修管理,但密封性较差;三是采用密闭阀,其密封性好,但结构复杂,要人工经常操作管理;四是采用自动控制装置。本条涉及洁净厂房内排风系统的安全、稳定运行,所以规定为强制性条文。

6.5.5 厕所、换鞋、存外衣、盥洗和淋浴等辅助房间是产生灰尘、臭气和水蒸气的地方,紧靠洁净区,若处理不当,将会使这些有害物渗入洁净室,污染洁净室。本条是确保洁净室(区)不被这些辅助房间污染的规定,鉴于具体做法也没有量化的静压值规定,本次修改为推荐性条文。通风措施的做法一般宜采用下述方式:
(1)送入经过中效过滤器过滤后的洁净空气;
(2)送入洁净室多余的回风或正压排风;
(3)在厕所或浴室内采用机械排风。

6.5.6 鉴于事故排风是保证生产安全和员工安全的一项必要措施,所以按照现行国家标准《采暖通风与空气调节设计规范》GB 50019的规定应设计事故排风装置。本条是确保洁净厂房安全运行的重要条件之一,所以规定为强制性条文。

6.5.7 从近年来国内建造的洁净厂房的调研资料可以看出,一部分洁净厂房为确保人员疏散的安全性,在疏散走廊设置了机械排烟或加压送风系统,如三星视界有限公司,深圳大学实验楼,赛格日立等。洁净厂房的疏散走廊及其长度,依据具体工程项目的不同位置,差异较大,难于统一。本规范实施以来的洁净厂房设计建造均在疏散走道设置了机械排烟系统,为此,本条第1款规定在疏散走廊应设置机械排烟系统,并作为强制性条款。

本条第2款规定了各类产品生产用洁净厂房应按现行国家标准《建筑设计防火规范》GB 50016的有关规定设置排烟设施,这是由于各行业洁净厂房内产品生产工艺、使用要求和布置均不相同,在本规范中很难作出统一的"排烟设施的规定",所以本款为推荐性条款。

6.6 风管和附件

6.6.1 新风管上的调节阀用于调节新风比;电动密闭阀用于空调机停止运行时关闭新风。回风总管上的调节阀用于调节回风比。送风支管上的调节阀用于调节洁净室的送风量。回风支管上的调节阀用于调节洁净室内的正压值。空调机出风口处的密闭调节阀用于并联空调机停运时的关闭切断,也可用于单台空调机的总送风量调节。排风系统吸风管段上的调节阀用于调节局部排风量,排风管段上的止回阀或电动密闭阀等用于防止室外空气倒灌。

6.6.2 参照现行国家标准《建筑设计防火规范》GB 50016的有关条文,并结合洁净室情况作出的本条规定。风管穿过变形缝有三种情况:一是变形缝两侧有防火隔墙,二是变形缝一侧有防火隔墙,三是变形缝两侧没有防火隔墙。规范条文是按第一种情况两侧设置防火阀。通风系统的防火阀是在一旦出现火情时,防止火势蔓延的主要手段,为此本条为强制性条文。

6.6.3 从不影响空气净化效果及经济两个方面考虑,净化空调系统风管与附件的制作材料是随着输送空气净化程度的高低而定的。洁净度高的选用不易产尘的材料,洁净度低的选用产尘少的材料。

排风系统风管与附件的制作材料是随着输送气体的腐蚀性程度的强弱而定。

6.6.4 净化空调系统的送、回风及排风系统消声措施的设置,应根据系统设置的实际情况,经计算是否满足室内外噪声标准,确定消声措施的设置,故本条改为推荐性条文。

6.6.5 在各级空气过滤器的前、后设测压孔或安装压差计,便于运行中随时了解各级空气过滤器的阻力变化情况,以便及时清洗或更换。

6.6.6 风管及附件的不燃材料是指各种金属板材,难燃材料是指氧指数大于或等于32的玻璃钢。风管保温和消声的不燃材料是指岩棉、玻璃棉等,难燃材料是指氧指数大于或等于32的聚氨酯(聚苯乙烯)泡沫塑料、橡塑海绵等。穿越防火墙及变形缝防火隔墙两侧各2000mm范围内的风管和电加热器前、后800mm范围内的风管的保温材料和垫片、粘结剂等,均应采用不燃材料或难燃材料。本条规定了风管及附件、辅助材料的耐火性能,所以为强制性条文。

7 给水排水

7.1 一般规定

7.1.1 洁净厂房内管道的敷设方式直接影响洁净室的空气洁净度,因此,条文中首先要求管道尽量在洁净室外敷设,以最大限度地减少洁净室内的管道。目前,洁净厂房的管道布置形式有:

(1)各种干管布置在技术夹层、技术夹道、技术竖井内。特别是有上、下夹层的洁净厂房,给水排水干管大都设在下夹层内。

(2)暗装立管可布置在墙板、异型砖、管槽或技术夹道内。

(3)支管由干管或立管引入洁净室,最好从上、下夹层引入20cm~30cm与设备二次接管相连。

(4)安装在技术夹道内的管道及阀件,可明装也可暗装在壁柜内。壁柜上适当设活动板,便于检修。

7.1.2 洁净厂房均为恒温恒湿房间,而生产工艺需要的给水排水管道又有不同的水温要求,管内外的温差使管外壁结露,影响室内温湿度。因此,对于有可能结露的管道应采取防结露措施是必要的。

对于防结露层外表面,可以采用镀锌铁皮或铝皮作外壳,便于清洗,并不产生灰尘。

7.1.3 穿管处的密封是保证洁净室空气洁净度的重要一环。本条规定主要是防止洁净室外未净化空气渗入室内;洁净室内的洁净空气向外渗漏也会造成能量的浪费,甚至影响室内的洁净度。实践证明,采用套管方式是行之有效的。当实在无法做套管的部位(如软吊顶)也应采取严格的密封措施。主要的密封方法有微孔海绵、有机硅橡胶、橡胶圈及环氧树脂冷胶等。

7.2 给水

7.2.1 洁净厂房内的生产工艺一般为超精细加工或要求无菌无尘,对给水系统要求较为严格,如大规模集成电路的超纯水、医药工业的无菌水等。而且有的水系统的造价高、管理要求严格,因此应根据不同的要求设置系统(如纯水的不同水质要求,冷却水的不同水温、水质要求等),以便重点保证要求严格的系统,也利于管理和节省运转费用。

目前设在洁净厂房中的生产工艺大多为技术发展迅速的工业,如大规模集成电路、生物制药等。这些生产部门产品升级换代快,生产工艺变化多。因此,在管道设计中应留有充分的余量。

7.2.2、7.2.3 这两条都是为了保证工艺所要求水质的措施。

随着生产工艺对纯水水质的不断提高,甚至到了理论纯水的程度,尤其是集成电路的发展不但对水中电解质的含量要求极严格,而且对细菌、微粒、有机物及溶解氧等都有极其严格的要求,医药工业中要求供应的注射用水,对水中含菌量、热源均有严格要求。除了严格的纯水制造过程外,纯水输送管道的管材选择和管网设计是保证使用点水质的关键。

实践证明,采用循环供水方式是行之有效的。主要是基于保证输水管道内的流速和尽量减少不循环段的死水区,以减少纯水在管道内的停留时间,减少管道材料微量溶出物(即使目前质量最好的管道也会有微量物质溶出)对超纯水水质的影响,同时,基于流水不腐的道理,高的流速也可以防止细菌微生物的滋生。

条文中有关要求及数据系根据国内外有关资料并结合近年设计、运行经验提出的。

在纯水管材选择方面,主要应考虑三方面的因素:

(1)材料的化学稳定性:纯水是一种极好的溶剂,为了保证在输送过程中纯水水质下降最小,必须选择化学稳定性较好的管材,也就是在所要求的纯水中的溶出物最少。溶出物的多少由材料的溶出试验确定,其中包括金属离子、有机物的溶出。

(2)管道内壁的光洁度:若管道内壁有微小的凹凸,会造成微粒的沉积和微生物的繁殖,导致微粒和细菌两项指标的不合格。目前 PVDF 管道内壁粗糙度可达小于 $1\mu m$,而不锈钢管约为几十微米。

(3)管道及管件接头处的平整度;对于防止产生流水的涡流区是非常重要的。

本规范适用于各类洁净厂房的设计,而各类产品生产工艺对纯水水质的要求差异较大,其纯水管材的选择主要是与水质相关,同时还应价廉、方便施工,为适应各类产品发展的需要和选择的灵活性,本次将纯水管道管材的选择修改为"应符合生产工艺对水质要求,可选择不锈钢管或工程塑料管",而不列出具体的工程塑料管的品种。

由于第 7.2.2 条对纯水系统设计作出的规定都是为了确保输送到达用户设备的纯水水质,以满足各类产品生产的需要,这些措施的规定均只涉及产品质量和成品率等,为此本次修改为推荐性条文。

7.2.4 定期清洗是保证管道内水质的重要手段,主要是防止长期运行后,内壁产生沉积物及微生物积聚使水质下降。

7.3 排水

7.3.1 本条是对洁净厂房排水系统的原则性规定,没有涉及具体限值或界限等方面的规定,实施表明可改为推荐性条文。

7.3.2、7.3.3 洁净室内重力排水系统的水封和透气装置对于维持洁净室内各项技术指标是极其重要的。除了对于一般厂房防止臭气逸外外,对于洁净室若不能保持水封会产生室内外的空气对流。在正常工作时,室内洁净空气会通过排水管向外渗漏;当通风系统停止工作时,室外非洁净空气会向室内倒灌,影响洁净室的洁净度、温湿度,并消耗洁净室的能量。鉴于洁净室内的排水设施直接涉及空气洁净度和洁净室的安全稳定运行,为此,规定第 7.3.2 条和第 7.3.3 条的第 1 款、第 4 款为强制性条文(款)。

7.3.4 本条是为了从各个方面维护洁净厂房的洁净度而制订的。一般洁净厂房内的卫生器具均采用白陶瓷或不锈钢制品,而不用水磨石或水泥制作。明露的卫生器具和工艺设备配件尽量选用高档的镀铬或工程塑料制品及表面光滑易于清洗的设备、附件。地漏采用专用洁净室用地漏。

7.3.5 考虑到洁净厂房内设备、仪器贵重及其制成品价值昂贵,消防后应尽快排除积水,特别是仓库、夹层等场所更应避免积水浸泡,减少损失。

7.4 消防给水和灭火设备

7.4.1 本条为洁净厂房设计的一条原则规定。消防设施是洁净厂房的一个重要组成部分。其重要性不但因为其工艺设备及建筑工程造价昂贵,更由于洁净厂房是相对密闭的建筑,有的甚至为无窗厂房。洁净室内通道窄而曲折,致使人员疏散和救灾都较困难。为了确保人员生命财产的安全,在设计中应贯彻"以防为主,防消结合"的消防工作方针,在设计中除了采取有效的防火措施外,还必须设置必要的灭火设施。实践证明,水消防是最有效、最经济的消防手段,因此条文中提出"必须设置消防给水设施",并作为强制性条文。

从国内外的资料来看,洁净厂房火灾事故不少。上海、沈阳及台湾等地都发生过洁净厂房火灾事故。由于厂房内有大量的化学物质(包括建筑材料),失火后产生大量有害气体,甚至有毒气体,人员很难进入,教训是极其深刻的。因此,洁净厂房的火灾危险性是很大的,必须认真进行消防设计,并得到当地消防主管部门的严格审查。

洁净厂房与一般厂房不同,设置消防系统时应根据其生产工艺的特点、对洁净度的不同要求以及生产的火灾危险性分类、建筑耐火等级、建筑物体积、当地经济技术条件等因素确定。除了水消防外，还应设置必要的灭火设备。

7.4.2 本规范实施以来，在洁净厂房设计、建造中均十分重视消防水设施的设置，严格按规定在洁净厂房内设置消火栓，许多洁净厂房还按其具体条件设置了自动喷水灭火系统，对设有贵重设备、仪器的房间，为避免巨大经济损失，设置预作用式自动喷水灭火装置，为此本规范对洁净厂房的消防设施除了作出第7.4.3条、第7.4.5条的规定外，在本条强调洁净厂房的消防给水和灭火设备的设计包括消防水系统的泵、水池等均应符合现行国家标准《建筑设计防火规范》GB 50016的有关规定。但由于在现行国家标准《建筑设计防火规范》GB 50016中有关消防给水和灭火设备的条文既有强制性条文，也有推荐性条文，因此将本条改为推荐性条文。

7.4.3 本条是根据国内洁净厂房设计的实际情况编写的。根据《建筑设计防火规范》GB 50016关于室内消火栓用水量的规定，高度小于或等于24m、体积小于或等于1000m³的厂房，其消防用水量为5L/s。根据洁净厂房的特点此值偏小，故制订了室内消火栓给水的最低限制参数，本条作为强制性条文规定。

7.4.4 设置灭火器是扑救初期火灾最有效的手段，据统计，60%～80%的建筑初期火灾，在消防队到达之前是靠灭火器扑火。洁净厂房各层、各场所均应按照现行国家标准《建筑灭火器配置设计规范》GB 50140的要求配置灭火器，本条作为强制性条文规定。

7.4.5 本条主要是根据近年来灭火技术的发展和洁净厂房的消防特点制订的。

洁净厂房的生产特点是：

（1）有很多精密设备和仪器，并且使用多种易燃、易爆、有腐蚀性、有毒的气体和液体。其中一些生产部位的火灾危险性属于丙类（如氧化扩散、光刻、离子注入和打印包装等），也有些属于甲类（如拉单晶、外延及化学气相沉积等）。

（2）洁净厂房密闭性强，一旦失火，人员疏散和扑救相对较困难。

（3）洁净厂房造价高、设备仪器贵重，一旦失火，经济损失巨大。

基于上述特点，洁净厂房对消防的要求很高，除了必须设置消防给水系统及灭火器外，还应根据现行国家标准《建筑防火设计规范》GB 50016的规定设置固定灭火装置，特别是设有贵重设备、仪器的房间更需认真确定。本次修订将本条的第2款作为强制性条款。

8 工业管道

8.1 一般规定

8.1.1、8.1.2 本次修订的理由是：

（1）由于现有洁净厂房内，除给排水管道外的工业管道还包括各类气体输送、液体输送和真空管道等，所以将本章扩大更名为"工业管道"。据了解，目前洁净厂房内的工业管道干管、支干管均基本敷设在上、下技术夹层、技术夹道或特殊的管廊内，这种方式既可满足洁净室（区）生产工艺的需要，符合洁净室（区）布置和洁净、美观的要求，又有利于各类管道的安装、维护。

（2）据调查了解，目前洁净室（区）内的易燃、易爆、有毒物质的输送管道大多采取明敷的方式，即包括这类物质输送管道的干管、支干管和接至产品生产设备的支管均采取明敷的方式，以便容易发现这类物质输送过程中可能产生的泄漏，有利于即时采取抢救措施。但是由于各种原因，并不是所有的洁净室都采用明敷，也有的工程在采取必要的安全保护措施后，将这类物质的输送干管、支干管敷设在技术夹层或技术夹道内，此时在技术夹层、技术夹道内应设置可靠的气体泄漏报警和机械排风措施，一旦此类管道发生易燃、易爆、有毒物质泄漏至技术夹层、技术夹道后，当超过规定的浓度限值时，气体报警装置发出声光信号，并自动连锁开启事故排风机，避免事故的发生，为此作了第3、4款的规定，第4款为强制性条文。

（3）原规范规定的"管道及管架宜设装饰面板"，由于"装饰面板"式样不明确，在实施中形式多样，且不统一，有的采用装饰不锈钢套管，易于清洁、整齐光滑，有的仅为"象征性"措施，不能达到洁净、美观的目的，甚至不易清洁、维护，为此本次修订取消了此规定。

8.1.3 工业管道的管径通常应按输送物质的物化性质和具体工程中所输送物质的流量、温度、压力和流速确定。其中流量、压力、温度是依据产品生产工艺确定，但管内物料流速应按其物化性质、状态合理确定。

各种物料在输送过程中应尽量减少污染，使停止使用时的物料残留尽量少，并使管道系统易于吹除，因此各类工业管道系统应尽量短，避免"盲管"等不易吹除的死角。

由于各类工业管道在投入使用前或检修前、后均应进行吹除、排放达到预期洁净度或纯度要求，为此各工业管道系统应设必需的吹除口、放空口，以确保各系统的安全、稳定运行。为进行物料的化验、分析或吹除效果的取样，相应的管道系统还应设置取样口。

鉴于各类工业管道输送的物料品种较多、纯度不同，不能做统一的强制性规定，为此将本条改为推荐性条文。

8.1.4 本条规定工业管道穿过洁净室墙壁或楼板处的管段不应有焊缝，是便于检查焊缝的焊接质量。为保持洁净室的空气洁净度和室内正压规定，管道与墙壁或楼板之间应采取可靠的密封措施，密封材料常用硅橡胶等填塞。

8.1.5 可燃气体（包括城镇燃气、天然气、氢气等）和氧气管道系统发生事故或气体纯度不符合要求时，需吹除置换，这些气体吹除置换时不能排入室内，所以在管道末端或最高点应设放散管，以便将气体排入大气。放散管的排放口应高出屋脊1m，以防止由于风向的影响будет排放的气体倒灌回室内。本条涉及可燃气体等管道系统的运行安全，为此作为强制性条文规定。

8.1.6 对气体纯度要求严格的生产工艺，如电子工业中真空器件、半导体器件、特种半导体器件、集成电路等生产工艺，从材料制备到器件制造、封装、性能测试等工艺过程中各种高纯气中的杂质含量将直接影响产品的合格率，如氢气用于硅外延时，氢中的微量氧和水汽易与硅作用生成二氧化硅而影响完整结晶生长，致使外延片的堆垛层错密度高，甚至变成多晶。

氢气在扩散过程中作为运载气时，如果含有氧和水汽易使硅片表面氧化。故对净化装置的设置应根据气源和生产工艺对气体纯度的要求，选择相应的气体净化装置。

为保证使用点气体纯度符合要求，规定气体终端净化装置宜设在邻近气点处以缩短高纯气体管道的长度，避免污染，气体终端净化装置应该是距离用气点越近越好，但往往受各种条件限制，难以实现，为此条文规定采用"宜"。

8.1.7 在各种生产工艺过程中不仅对各种气体纯度要求十分严格，而且对气体中含尘量也有相应严格的要求，有关专家指出，高纯气体中含尘量比其纯度在一定意义上显得更为重要，因此规定了根据不同的生产工艺要求设置相应精度的气体终端过滤器，并规定应设在靠近气点。

在洁净厂房内一般设置预过滤器和高精度终端气体过滤器。预过滤器是设在洁净厂房气体入口室的干管上，作为预过滤，以减轻终端过滤器的负担，并延长其使用寿命。

预过滤器的滤材通常采用多孔陶瓷管、多孔钢玉管、微孔玻璃制品、微孔泡沫塑料、粉末冶金管、聚丙腈纤维等。

高精度终端气体过滤器是设在靠近用气设备的支管上。其滤材采用超细玻璃棉高效滤纸、醋酸纤维素滤膜、粉末金属材料等。

8.1.8 进入洁净厂房的气体、液体管道种类根据生产工艺的不同确定,一般各种管道上均设有总控制阀门,压力表、流量计、过滤器、调压装置、在线分析仪等,为安全可靠运行和方便管理,应将这些控制装置、附件集中设置在气体、液体入口室或分配室内。

对于甲、乙类火灾危险生产用气体、液体入口室或分配室内,可能有可燃气体、液体管道如氢气、燃气等时,在与洁净厂房毗连布置时,应按本条第1款的规定实施,据调查,现有的这类洁净厂房大多均按此类要求进行布置,设在洁净厂房边跨靠外墙的房间内,并应以耐火极限大于3.0h的隔墙与相邻房间分隔;还应设置良好的通风措施,及时排除可能泄漏的可燃气体等,并应按现行国家标准《建筑设计防火规范》GB 50016的规定,设置必要的泄压面积;电气防爆应按现行国家标准《爆炸和火灾危险环境电力装置设计规范》GB 50058的规定进行爆炸危险环境的设防。本条规定均涉及洁净厂房的安全稳定运行,所以规定为强制性条文。

8.2 管道材料和阀门

8.2.1 工业管道的材料和阀门的选用,由于所输送的物料品种多样,它们的物化性质不同,具体工程中各种物料的使用工况(压力、温度、浓度等)也是不同的,所以本条规定工业管道的材料和阀门应根据所输送物料的物化性质和使用工况,在满足不同的生产工艺要求的前提下,经技术经济比较选择合适的材质。如集成电路生产中所需的高纯气体、特种气体等都有特殊的和严格的要求,如对气体中的杂质和露点要求极为严格,需要达到 10^{-9}、10^{-12} 级,尘埃粒径要求控制小于 $0.1\mu m$,甚至 $0.05\mu m$ 的粒子,因此需要相应高质量的输送管道和阀门,但不同材质或同一材质管道内壁处理方法不同,价格相差甚远,如某工程拟引进316L材质的不锈钢管,内壁电抛光处理要比未经处理的价格高出 1.6 倍$\sim$ 2.1 倍。因此管道材料、内壁处理和阀形式的选用要根据具体的生产工艺区别对待,这样才能做到既满足生产工艺要求,又经济合理。

8.2.2 根据对国内洁净厂房使用情况的调查,大多工厂高纯气体管道是采用不锈钢管,因为它具有化学稳定性好,渗透性小,吸附性差等特性,输送的气体质量能满足生产工艺的要求。

阀门的严密性好坏是影响气体纯度的重要因素之一。国内多数洁净厂房和某些引进或合资项目的高纯气体管道阀门基本上都是采用不锈钢材质,阀门类型有隔膜阀、波纹管阀和球阀。波纹管阀比球阀严密性好,隔膜阀除严密性好外,还具有阀体死区积小、易吹除的特点,因此适用于气体纯度要求极高,生产工艺严格或危险性大的气体。

如上海某集成电路厂前工序(0.35μm)技术,芯片直径 8″,要求高纯气体中杂质含量均要小于 10×10^{-9},氮、氢、氧、氩气体管道采用进口 SS316L 内壁电抛光处理(通称 EP 管)。316L 是低碳不锈钢管,其使用原因是防止钢材中碳组分的析出及吸附或释放杂质气体,影响气体纯度并导致产品成品率下降。阀门是隔膜阀 Cajon VCR 密封连接形式。又如深圳某公司集成电路后工序,气体纯度要求 99.999%,露点 -70℃,氮气、氮氢混合气、氧气管道均采用 SS304 不锈钢管,国内合资企业进行内壁光亮抛光处理,阀门为进口球阀,双卡套连接。

为此,本条规定按生产工艺和对气体纯度的要求选用合适的不锈钢管材和阀门。

8.2.3 本条规定干燥压缩空气露点低于 -70℃ 时,应采用不锈钢管内壁经抛光处理,并非规定要进行电抛光。而是可以采用机械抛光。化学抛光俗称光亮抛光,因为表面光亮水分不易被吸附、泄留在管道表面,而且极易被吹除干燥,对输送低露点的气体是十分必要的。SS304 钢相于国内钢牌号为 0Cr18Ni9。如上海某工程集成电路厂干燥压缩空气露点要求 -73℃,采用管材为 SS304 钢,内壁光亮抛光(通称 BA 管),阀门采用波纹管阀双卡套连接;深圳某公司集成电路后工序干燥压缩空气露点要求 -70℃,采用国内合资企业进行电抛光处理,阀门为进口球阀,双卡套连接。

对于干燥压缩空气露点低于 -40℃,可以采用 0Cr18Ni9 不锈钢管(304)或热镀锌无缝钢管,这在国内已有多年运行经验,证明是可以满足此类压缩空气的输送要求的。

8.3 管道连接

8.3.1 工业管道的连接目前基本均采用焊接,主要是能确保管道连接的严密性。镀锌钢管一般是螺纹连接,由于施工较麻烦且严密性比焊接要难以保证,有少数单位采用焊接,它带来的问题是破坏管道原有的镀锌层,容易生锈,焊接时出现有刺激性的异味对人体有害,而且管道内壁有脱落的镀层会吹扫带来困难也污染气体,为此本条规定镀锌钢管采用螺纹连接。

不锈钢管承插焊连接的好处是便于管道对中,方便焊接,缺点是由于管道与承插件之间有间隙,产生死角,吹扫时不易吹除干净。对高纯气体要求高和严格的生产工艺会影响其产品质量,为此规定采用对接焊并要求内壁无焊缝,它是氩弧焊接时不施加不锈钢焊丝,利用焊件本身溶化填满焊缝。

8.3.2 以往有些单位采用非金属软管两端加卡箍固定,优点是软管连接管道柔软,长度随意,连接方便,但由于非金属管道对气体和水的渗透性和吸附性都比金属管道差,而且易老化变形,极易造成气体渗漏影响气体质量。现在金属软管品种多、规格全、连接方式多样、使用寿命长,尤其高纯气体不造成污染,虽价格较贵,但综合比较是合适的,为此本次修订时推荐宜采用金属软管。

不同材料的管道对气体和水的渗透、吸附能力见表10。

表10 不同管道材料渗透性、吸附性比较

管道材料	渗透性	吸附性
不锈钢	无	弱
紫铜	无	对水吸附性强
聚四氟乙烯	很小	弱
真空橡胶	较小	强
乳胶	大	强

8.3.3 本条规定高纯气体管道与阀门连接的密封材料采用金属垫或双卡套,具体选择要随产品生产工艺对高纯气体质量的要求和本身特性决定。金属垫这种密封形式(国外称 Cajon VCR 形式)严密性好、气体不渗漏和污染,通常用于高纯氢气或氮氢混合气系统以及要求气体杂质十分严格的生产工艺,如集成电路亚微米技术的前工序的各种气体管道,而干燥压缩空气管道则是采用双卡套形式。

工业管道与阀门的法兰或螺纹连接处的密封材料,一般应根据管内流过的物料性质、设计工况(压力、温度等)进行选用,由于四氟乙烯材质具有较广泛的适应性,密封性能较好,为避免洁净室(区)内因物料泄漏影响洁净生产环境,所以推荐使用。

8.3.4 由于洁净厂房中的工业管道可能有热管道或冷管道,为避免散热和结露应对此类管道进行绝热保温,故增加本条对保温材料及外表面进行规定。

8.4 安全技术

8.4.1 可燃气体和可燃气体蒸气(指甲类液体挥发产生的蒸气)易燃、易爆,危险性大,可能发生燃烧爆炸事故,而且发生事故时波及面广,危害性大,造成的损失严重,为此本条规定,在属于甲类火灾危险生产的气体、液体入口室或分配室和洁净厂房内的管廊上、下技术夹层或技术夹道内有可燃气体(蒸气)的易积聚处或使用可燃气体的部位应设置气体报警探头。在上述场所一旦出现可燃气体泄漏达到报警浓度时,应及时发出报警信号并自动开启事故排风系统,及时将可燃气体排除,降低其浓度不会达到爆炸极限,防止燃烧爆炸事故的发生,避免国家财产损失和人员伤亡。为此,本条为强制性条文。

8.4.2 为了防止可燃气体管道系统与明火直接接触以及管道系统中压力突然降低,造成倒流形成回火,所以在引至室外的可燃气体放散管上应设置阻火器,只有在接至有明火源的可燃气体用气设备的支管上也设置阻火器,才能阻止火焰蔓延至管道系统,确保安全运行;由于一些使用可燃气体的生产设备的特性要求,在接至用气设备的支管上未设阻火器,为此对本条第1、2款作了修改,并规定第2、3款为强制性条款,第1款改为推荐性条款。

8.4.3 氧气是助燃性气体,在氧气中任何可燃物质的引燃温度均要大降低,极易发生燃烧事故,为此规定了氧气管道设导除静电接地的措施,以防止由于静电产生的火花而发生燃烧事故。本条规定为强制性条文。

8.4.4 由于工业管道的种类较多,按不同介质说明显的标识的目的,既是从安全角度考虑,又更便于对输送介质进行识别的需要;同时可以避免误操作引发事故,还有利于维护管理,所以本条修订改为推荐性条文。

8.4.5 洁净厂房气密性好,造价高,人员集中,精密设备和仪器多,为了确保安全,气瓶应集中设置在洁净厂房外。但有些洁净室内用气量很少,为便于管理,故规定日用气量不超过一瓶(水容量40L)时,可将气瓶设置在洁净室内,为保持洁净室内的洁净度,设在洁净室内的钢瓶应采取不积尘和易于清洁的措施。本条实施中,一些单位认为量化指标(日用气量不超过一瓶)未明确规定是一种气体还是各种气体,并不宜规定如此严格。据了解,因特殊需要,在现有的一些洁净室如实验室内超过一个钢瓶,且为数量少的几种气体的小容量钢瓶已使用多年,只要采取必要的安全措施和做到不积尘、易于清洁,并加强管理,也是可行的,为此本次修订改为推荐性条文。

9 电 气

9.1 配 电

9.1.1 洁净厂房内有较多的电子设备系单相负荷,存在不平衡电流。而且环境中有荧光灯、晶体管、数据处理以及其他非线性负荷存在,配电线路中存在高次谐波电流,致使中性线上流有较大的电流。而 TN-S 或 TN-C-S 接地系统中有专用不带电的保护接地线(PE),因此安全性好。

9.1.2 在洁净厂房中,工艺设备用电的负荷等级应由它对供电可靠性的要求来确定。同时,它又与为净化空调系统正常运行的用电负荷,如送风机、回风机、排风机等有密切的联系。对这些用电设备的可靠供电是保证生产的前提。在确定供电可靠性方面,下列几个因素应予以考虑:

(1)洁净厂房是现代科学技术发展的产物。随着科学技术的日新月异,新技术、新工艺、新产品不断出现,产品精密度的日益提高,对无尘提出了越来越高的要求。目前,洁净厂房已广泛应用于电子、生物制药、宇航、精密仪器制造等重要部门。

(2)洁净厂房的空气洁净度对有净化要求的产品质量有很大影响。因此,必须保持净化空调系统的正常运行。据了解,在规定的空气洁净度下生产的产品合格率可提高约 10%~30%。一旦停电,室内空气会很快污染,影响产品质量。

(3)洁净厂房是个相对的密闭体,由于停电造成送风中断,室内的新鲜空气得不到补充,有害气体不能排出,对工作人员的健康是不利的。

洁净厂房内对供电有特殊要求的用电设备宜设置不间断电源(UPS)供电。对供电有特殊要求的用电设备是指采用备用电源自动投入方式或柴油发电机组应急自启动方式仍不能满足要求者,一般稳压稳频设备不能满足要求者,计算机实时控制系统和通信网络监控系统等。

近年来,国内外一些洁净厂房中一级用电负荷因雷击及电源瞬时变动而引起停电事故频繁发生,造成了较大的经济损失,其原因不是主电源断电,而是控制电源失电造成保护系统失灵而造成

事故。

电气照明在洁净厂房设计中也很重要。从工艺性质来看,洁净厂房内一般从事精密视觉工作,需要高照度高质量照明。为了获得良好和稳定的照明条件,除了解决好照明形式、光源、照度等一系列问题外,最重要的是保证供电电源的可靠性和稳定性。

洁净厂房照明电源直接由变电所低压照明盘专线供电,把它与动力供电线分开,避免引起照明电源电压频繁的和较大的波动,同时增加供电的可靠性。根据对荧光灯供电电压与照度关系的现场测定,电压由 226V 降到 208V 时,相应的照度由 530 lx 降到 435 lx,可见,电压波动对荧光灯的照度影响较大。

鉴于上述原因,洁净厂房净化空调系统用电负荷、照明负荷应由专用低压馈电线路供电。

9.1.3 消防用电设备供配电设计有严格要求,这些要求已在现行国家标准《建筑设计防火规范》GB 50016 中作了明确规定。洁净厂房从工程投资规模与厂房的密封结构等方面考虑,防火设计更显重要,故把消防用电设备的供配电设计作为单独一条提出。

9.1.4 从调研资料表明,洁净厂房曾发生过多次火灾事故,而电气原因引起的火灾事故占很大比例。为了防止洁净厂房或单独洁净室在节假日停止工作或无人值班时的电气火灾,以及当火灾发生时便于可靠地切断电源,所以电源进线保护应设置切断装置。

为了方便管理,切断装置宜设在非洁净区便于操作的地点。

9.1.5 据调查,国内大部分洁净室内的配电设备为暗装,这主要是防止积尘,便于清扫。另外,洁净室建筑装修标准比较高,应与室内墙体颜色、美观整齐相协调。对于大型配电设备,如落地式动力配电箱,暗装比较困难,为了减少积尘,宜放在非洁净区,如技术夹层或技术夹道等。

9.1.6 管线暗敷原因见第 9.1.5 条的条文说明。

考虑防火要求,管材应采用不燃材料。

当净化空调系统停止运行,该系统又未设值班送风时,为防止由于压差而使尘粒通过管线空隙渗入洁净室,所以由非洁净区进入洁净区,不同级别洁净室之间电气管线口应做密封处理。

9.2 照 明

9.2.1 洁净室的照明一般要求照度高,但灯具安装的数量受到送风风口数量和位置等条件的限制,这就要求在达到同一照度值情况下,安装灯具的个数最少。荧光灯的发光效率一般是白炽灯的3倍~4倍,而且发热量小,有利于空调节能。此外,洁净室天然采光少,在选用光源时还需考虑它的光谱分布尽量接近于天然光,荧光灯基本能满足这一要求。因此,目前国内外洁净室一般均采用荧光灯作为照明光源。当有些洁净室层高较高,采用一般荧光灯照明很难达到设计照度值,在此情况下,可采用其他光色好、光效更高的光源。由于某些生产工艺对光源光色有特殊要求,或荧光灯对生产工艺和测试设备有干扰时,也可采用其他形式光源。

9.2.2 照明灯具的安装方式是洁净室照明设计的重要课题之一。随着洁净技术的发展,普遍认为要保持洁净室内的洁净关键有三个要素:

(1)使用合适的高效过滤器。

(2)解决好气流流型,维持室内外压差。

(3)保持室内免受污染。

因此,能否保持洁净度主要取决于净化空调系统及选用设备,当然也要消除工作人员及其他物体的尘源。众所周知,照明灯具并不是主要尘源,但如果安装不妥,将会通过灯具缝隙渗入尘粒。实践证明,灯具嵌入顶棚暗装,在施工中往往与建筑配合误差较大,造成密封不严,不能达到预期效果,而且投资大,发光效率低。实践和测试结果表明,在非单向流洁净室中,照明灯具明装并不会使洁净度等级有所下降。

鉴于以上原因,在洁净室中灯具安装应以吸顶明装为好。但

是若灯具安装受到层高限制及工艺特殊要求暗装时，一定要做好密封处理，以防尘粒渗入洁净室，灯具结构能便于清扫和更换灯管。

据调查，目前国内已有包括带格栅的各种类型洁净室专用灯具生产，本条取消了相关灯具形式的限制性规定，并明确应采用洁净室专用灯具。洁净室的灯具及其安装方式对维持空气洁净度至关重要，为此，本条为强制性条文。

9.2.3 本条中的无采光窗洁净室（区）是指在建筑物的围护结构上不设置窗，或有窗而被全部遮挡，或窗面积很小起不到采光窗作用的洁净厂房。参照现行国家标准《建筑照明设计标准》GB 50034—2004 中的有关规定对本条进行了修改，表 11 是摘录该标准的部分相关内容。

表 11 部分工业建筑一般照明标准值

房间或场所		参考平面及其高度	照度标准值(lx)	备注
试验室	一般	0.75m 水平面	300	可另加局部照明
	精细	0.75m 水平面	500	
计算机站		0.75m 水平面	500	防火幕反射
风机房、空调机房		地面	100	—
冷冻站		地面	150	—
机电、仪表装配	一般	0.75m 水平面	300	可另加局部照明
	精密	0.75m 水平面	500	
	特精密	0.75m 水平面	750	
电子工业	电子元器件	0.75m 水平面	500	可另加局部照明
	电子零部件			
	电子材料			
制药工业	酸碱、药液及粉配制	0.75m 水平面	300	
	制药生产：配置、清洗、超滤、制粒、压片、灌装、轧盖等	0.75m 水平面	300	
	制药生产流转通道	地面	200	
食品、饮料工业	糕点、糖果	0.75m 水平面		
	肉制品、乳制品	0.75m 水平面		
	饮料	0.75m 水平面		

表 11 中的电子工业、制药工业、精密加工、食品工业等的照度值均在本条规定的 200 lx～500 lx 范围。本次修订本条改为推荐性条文。

9.2.4 根据对现有洁净厂房的照明调查，一般生产车间的照度均匀度都能达到 0.7。经征求使用者意见，认为比值能满足要求。

9.2.5 洁净厂房的正常照明因电源故障而熄灭，不能进行必要的操作处置可能导致生产流程混乱，加工处理的贵重零部件损坏；或由于不能进行必要的操作处置而可能引起火灾、爆炸和中毒等事故，本条规定应设置备用照明，以防止上述事故和情况发生。

备用照明应满足所需要的场所或部位进行各项活动和工作所需的最低照度值。一般场所备用照明的照度不应低于正常照明照度标准的 1/10。消防控制室、应急发电机室、配电室及电话机房等房间的主要工作面上，备用照明的照度不宜低于正常照明的照度值。为减少灯具重复设置，节省投资，并提高洁净室的洁净度有利，备用照明宜作为正常照明的一部分。

9.2.6 洁净厂房是一个相对的密闭体，室内人员流动路线复杂，出入通道迂回，为便于事故情况下人员的疏散，及火灾时能救灾灭火，所以洁净厂房应设置供人员疏散用的应急照明。

在安全出口、疏散口和疏散通道转角处设置标志灯以便于疏散人员辨认通行方向，迅速撤离事故现场。在专用消防口设红色应急灯，以便于消防人员及时进入厂房进行灭火。本条为强制性条文。

9.2.7 据调查，近年设计、建造的各类洁净厂房中均设有面积不等的有爆炸危险的房间，如可燃气体分配间、可燃液体（溶剂等）

储存分配间等，为此本次修订增加本条规定。

9.3 通　信

9.3.1 洁净厂房设置的电话、对讲电话等是与内、外部联系的装置，有如下作用：

（1）作为正常的工作联系。

（2）发生火灾时与外部联系，积极采取有效的灭火措施。

（3）洁净室内的工作人员是一个重要的尘源，人走动时的发尘量是静止时的 5 倍～10 倍，所以减少人员在洁净室内的走动，对保证洁净度有很重要的作用。

9.3.3 洁净厂房广泛应用于电子、生物制药、宇航、精密仪器制造及科研各行业中，其重要性越来越多地被人们所认识。新建和改建的洁净厂房数量不断增加，大多数洁净厂房内设有贵重设备、仪器，且建造费用昂贵，一旦着火损失巨大。同时洁净厂房内人员进出迂回曲折，人员疏散比较困难，火情不易被外部发现，消防人员难以接近，防火有一定困难，因此设置火灾自动报警装置十分重要。

对近年设计、建成的 25 个洁净厂房的调查中，有约 90%以上的洁净厂房装有火灾自动报警装置，这是由于本规范颁布实施以来洁净厂房装设火灾报警装置已得到各方面的重视和认同，消防意识不断提高，随着产品质量提高、价格合理，各种形式的报警装置正得到广泛应用，因此作了本条的强制性规定。

目前我国生产的火灾报警探测器的种类较多，常用的有感烟式、紫外线感光式、红外线感光式、定温感温式、差定温复合式等。

9.3.4 本条规定的洁净厂房中应设置消防值班室或控制室是确保各类消防系统正常运行和及时对发生的各类火情等组织扑救的关键手段，故作为强制性条文规定。

9.3.5 本条规定探测器报警后，强调人工核实和控制，当确认是真正发生火灾后，按规定设置的联动控制设备进行操作并反馈信号，目的是减少损失。因为洁净厂房内的生产要求与普通厂房不同，对于洁净要求严格的厂房，若一旦关断净化空调系统即使再恢复也会影响洁净度，使之达不到工艺生产要求而造成损失。为此本条作了强制性规定。

9.3.6 由于各类洁净厂房中，不仅使用易燃、易爆气体和有毒气体，有的洁净厂房还使用易燃、易爆液体和有毒液体等，所以本条将条文中除"气体"外增加"液体"。通常易燃、易爆液体泄漏后，可挥发为液体蒸气或相变为气态，可通过气体或液体蒸气进行检测报警；某些液体可能泄漏后不会很快挥发，此时应设置液体泄漏探测器等。本条为强制性条文。

9.4 自动控制

9.4.1 洁净厂房设置一套较完整的自动监控装置，对确保洁净厂房的正常生产和提高运行管理水平十分有利，但建设投资增加。各类洁净厂房内包括洁净室空气洁净度、温度和湿度的监控，洁净室的压差监控，高纯气体、纯水的监控，气体纯度、纯水水质的监控等的要求是不同的，并且各行各业的洁净室（区）的规模、面积也是不同的，所以自动监控装置的功能应视工程具体情况确定，宜设计成各种类型的监测、控制系统，只有相当规模的洁净厂房宜设计成集散式计算机控制和管理系统。为此本次修订将本条改为推荐性条文。

9.4.2 净化空调系统的空气过滤器随运行时间的增加，阻力逐渐增大，为保持送风风量，经常手动调节系统中的风阀，以增加风量，调整很麻烦；在空气调节系统调试中，系统启动时为使风机空载启动，首先将风机出口风阀关闭，风机启动后，由于风阀上承受压力很大，打开十分困难。当采用空气过滤器前后压力差的变化控制送风机的变频调速装置后，送风量的调节变得十分容易，送风压力稳定。同时洁净室净化空调系统的送风机采用变频调速后节能十分显著。

9.4.3 为避免净化空调系统因风机停转无风或超温时，电加热器继续送电加热会造成设备损坏甚至发生火灾，本条强制性规定应设置无风、超温断电等保护装置。

9.5 静电防护及接地

9.5.1 洁净厂房的室内环境中许多场合存在着静电危害，从而导致电子器件、电子仪器和电子设备损坏或性能下降，或导致人体遭受电击伤害，或导致爆炸、火灾危险场所引燃、引爆，或导致尘埃吸附影响环境洁净度。因此，洁净厂房工程设计中要十分重视防静电环境设计。

9.5.2 防静电地面材料采用具有导静电性能的材料是防静电环境设计的基本要求。目前国内生产的防静电材料及制品有长效型、短效型和中效型，长效型必须是长时间持久地保持静电耗散性能，其时间界限为十年以上，而短效型能维持静电耗散性能在三年以内，介于三年以上和十年以下的为中效型。洁净厂房一般为永久性建筑，因此条文强制性规定防静电地面应选用具有长时间保持稳定静电耗散性能的材料。

本条第 2 款和第 3 款中规定了防静电地面的表面电阻率、体积电阻率和地面对地泄放电阻值，这些规定是参照现行行业标准《电子产品制造与应用系统防静电检测通用规范》SJ/T 10694 而制订的。

9.5.3 由于各种用途的洁净室对防静电控制的要求是不同的，工程实践表明，目前在一些洁净厂房内的净化空调系统采取了防静电接地措施，但也有一些洁净厂房内的净化空调系统未采用此项措施，所以本次修订改为推荐性条文。

9.5.4 洁净厂房内可能产生静电的生产设备(包括防静电安全工作台)和容易产生静电的流动液体、气体或粉体的管道，应采取防静电接地措施，将静电导除。当这些设备与管道处在爆炸和火灾危险环境中时，设备和管道的连接安装要求更加严格，以防发生严重灾害。因此，强调执行现行国家标准《爆炸和火灾危险环境电力装置设计规范》GB 50058 的规定。本条为强制性条文。

9.5.5、9.5.6 这两条修改的理由是：第一，各种用途的洁净室(区)对防静电控制的要求是不同的，有一些洁净室(区)还没有防静电接地要求，所以条文不宜规定过严，避免增加执行的难度；第二，原条文的一些规定过细；第三，条文中的一些内容与相关的规范相同或相似。因此，两条的内容进行简化，并改为推荐性条文。

9.5.7 为了解决好各个接地系统之间的相互关系，接地系统设计时，必须以防雷接地系统设计为基础。由于在大多数情况下各种功能接地系统采用综合接地方式，因此首先必须考虑防雷接地系统，使其他功能接地系统都应包括在防雷接地系统的保护范围之内。本条规定洁净厂房防雷接地系统的基本要求，涉及建造后的洁净厂房的安全运行，为此作为强制性条文。

附录 A 洁净室或洁净区性能测试和认证

A.1 通　　则

本附录编写的指导思想是与国际接轨，依据国际标准《洁净室及相关受控环境》ISO 14644、《生物污染控制》ISO 14698 等的内容进行编制。

A.1.1 洁净室或洁净区在设计、施工验收后，应进行综合性能评价。洁净室交付使用后，由于洁净室维护管理不当，洁净室工作人员误操作和净化空调系统长期运行使空气过滤器性能变化，洁净室周围环境的突发事件如沙尘暴等，以及洁净室工艺变化诸因素均会影响洁净室综合性能，因而洁净室经常监测或定期的性能测试是必要的，以证实洁净室或洁净区的性能符合本规范的要求。

A.2 洁净室或洁净区性能测试要求

A.2.1、A.2.2 这两条等同采用国际标准《洁净室及相关受控环境　第 2 部分：证明持续符合 ISO 14644-1 的检测和监测技术》ISO 14644-2 的相关内容。

最长测试时间间隔是根据近年来我国一些合资企业的内部质量管理条款以及 ISO 14644-2 的空气洁净度认证测试要求而编制的。

A.3 洁净室测试方法

近年来，国际标准组织(ISO)的 ISO/TC209 技术委员会相继制定了"洁净室及相关受控环境"的系列标准，与本规范有关的有《洁净室及相关受控环境　第 1 部分：空气洁净度分级》ISO 14644-1，《洁净室及相关受控环境　第 2 部分：证明持续符合 ISO 14644-1 的检测和监测技术条件》ISO 14644-2，《洁净室及相关受控环境　第 3 部分：检测方法》ISO 14644-3，《洁净室及相关受控环境　第 4 部分：设计、施工和启动》ISO 14644-4 等。国内制定的国家标准《洁净厂房施工及质量验收规范》GB 50929 中对洁净室(区)的各项检测方法均有明确的要求和规定，所以本节参照相关国内外的标准对洁净室测试方法进行了相应的修改、补充。

中华人民共和国国家标准

石 油 库 设 计 规 范

Code for design of oil depot

GB 50074—2002

主编部门：中国石油化工集团公司
批准部门：中华人民共和国建设部
施行日期：2 0 0 3 年 3 月 1 日

中华人民共和国建设部
公　　告

第 106 号

**建设部关于发布国家标准
《石油库设计规范》的公告**

现批准《石油库设计规范》为国家标准，编号为 GB 50074—2002，自 2003 年 3 月 1 日起实施。其中，第 3.0.1、3.0.2、3.0.3、3.0.4、4.0.3、4.0.4、4.0.5、4.0.7、4.0.8、5.0.3、5.0.5 (1) (2) (3)、5.0.9 (1) (2) (4) (6) (7)、6.0.2 (1)、6.0.3 (2) (4) (5)、6.0.4、6.0.5、6.0.7 (1) (2)、6.0.8、6.0.9、6.0.11、6.0.12 (2) (3)、6.0.21、6.0.22、7.0.5、7.0.6、8.1.2、8.1.5、8.1.10、8.1.11、8.1.13、8.1.14、8.1.16、8.2.8、8.3.3、8.3.4、8.3.5、8.3.6、8.3.9、8.3.10、9.0.2 (3)、9.0.4 (2) (3)、9.0.5、9.0.6、9.0.7、9.0.8 (1) (2)、10.1.4、10.3.3 (1) (2) (3) (5)、11.0.1 (1) (3) (4) (6)、11.0.2、12.1.1、12.1.2、12.1.3 (1) (2)、12.1.5 (1)、12.2.1、12.2.3、12.2.7 (1) (2) (5)、12.2.8、12.2.10、12.2.11 (1)、12.2.14、12.3.4、12.3.5、12.4.1、12.4.3、12.5.1 (1) (2)、12.5.2、12.6.1、12.6.3、13.2.1、13.2.2、13.2.3、13.2.4、13.2.5、13.3.1、13.3.4、14.1.4、14.1.6、14.1.7、14.2.1、14.2.3、14.2.4、14.2.10、14.2.11、14.2.13 (2) (3)、14.2.15 (1)、14.3.1、14.3.3、14.3.5、14.3.6、14.3.7、14.3.8、14.3.9、14.3.13、15.2.2、15.2.6、15.2.7、15.2.10 条（款）为强制性条文，必须严格执行。原《石油库设计规范》GBJ 74—84 同时废止。

本规范由建设部标准定额研究所组织中国计划出版社出版发行。

中华人民共和国建设部
二〇〇三年一月十日

前　　言

本规范是根据建设部建标〔1998〕244 号文《一九九八年工程建设国家标准制修订计划（第二批）》的要求，对原国家标准《石油库设计规范》GBJ 74—84 进行修订而成。

本规范共分 15 章和 2 个附录。主要内容包括石油库设计所涉及的库址选择、平面布置、储运工艺、安全消防、给水排水、环境保护、供电配电、采暖通风等方面的必要规定。由于石油库储存的是易燃和可燃液体，属爆炸和火灾危险场所，所以，本着"安全可靠"的原则，着重对有关安全、消防问题作出详细规定。

本次修订，将原国家标准《小型石油库及汽车加油站设计规范》GB 50156—92 中的小型石油库设计方面的内容纳入了《石油库设计规范》。1984 年版《石油库设计规范》共有条文 211 条（包括 1995 年局部修订条文），本次修订保留了 91 条，修改了 100 条，取消了 20 条，增加了 73 条。与原规范相比，新规范主要有以下三个变化：

1. 增大了各级石油库油罐总容量；
2. 提高了安全防火标准；
3. 内容更为全面、合理。

在修订过程中，规范编制组进行了广泛的调查研究，总结了我国石油库几十年来的设计、建设、管理经验，借鉴了发达工业国家的相关标准，广泛征求了有关设计、施工、科研、管理等方面的意见，对其中主要问题进行了多次讨论、协调，最后经审查定稿。

根据建设部建标〔2000〕87 号文《关于印发〈工程建设标准制强制性条文〉管理工作的暂行规定》的要求，正文中用黑体字注明了本规范的强制性条款。

经中华人民共和国建设部授权，本规范由中国石油化工集团公司负责管理，由中国石化工程建设公司（原中国石化北京设计院）负责具体解释工作。

解释单位地址：北京市西城区安德路甲 67 号，邮编：100011。

本规范在实施过程中，如发现需要修改补充之处，请将意见和有关资料提供给中国石化工程建设公司，以便在今后修订时参考。

本规范的主编单位、参编单位和主要起草人：

主 编 单 位：中国石化工程建设公司（原中国石化北京设计院）

参 编 单 位：解放军总后勤部建筑设计研究院
　　　　　　铁道部第三勘察设计院
　　　　　　解放军总装备部工程设计研究总院
　　　　　　机械部设计研究院
　　　　　　国家电力公司西北电力设计院

主要起草人：陆万林　韩　钧　周家祥　欧清礼
　　　　　　张顺德　计鸿谨　吴文革　张建民
　　　　　　王道庆　许文忠　张东明　杨进峰
　　　　　　周东兴　李著萱　肖院花　余鹏飞

目　次

1　总则 ·· 7—12—5
2　术语 ·· 7—12—5
3　一般规定 ···································· 7—12—5
4　库址选择 ···································· 7—12—6
5　总平面布置 ·································· 7—12—6
6　油罐区 ······································· 7—12—8
7　油泵站 ······································· 7—12—9
8　油品装卸设施 ································ 7—12—9
　8.1　铁路油品装卸设施 ······················ 7—12—9
　8.2　汽车油罐车装卸设施 ··················· 7—12—10
　8.3　油品装卸码头 ··························· 7—12—10
9　输油及热力管道 ····························· 7—12—11
10　油桶灌装设施 ······························ 7—12—11
　10.1　油桶灌装设施组成和平面
　　　　布置 ··································· 7—12—11
　10.2　油桶灌装 ······························ 7—12—11
　10.3　桶装油品库房 ·························· 7—12—11
11　车间供油站 ································ 7—12—12
12　消防设施 ··································· 7—12—12
　12.1　一般规定 ······························ 7—12—12
　12.2　消防给水 ······························ 7—12—13
　12.3　油罐的泡沫灭火系统 ·················· 7—12—13
　12.4　灭火器材配置 ·························· 7—12—14
　12.5　消防车设置 ····························· 7—12—14
　12.6　其他 ··································· 7—12—14
13　给水、排水及含油污水处理 ··· 7—12—15
　13.1　给水 ··································· 7—12—15
　13.2　排水 ··································· 7—12—15
　13.3　含油污水处理 ·························· 7—12—15
14　电气装置 ··································· 7—12—15
　14.1　供配电 ································· 7—12—15
　14.2　防雷 ··································· 7—12—15
　14.3　防静电 ································· 7—12—16
15　采暖通风 ··································· 7—12—17
　15.1　采暖 ··································· 7—12—17
　15.2　通风 ··································· 7—12—17
附录 A　计算间距的起讫点 ·············· 7—12—17
附录 B　石油库内爆炸危险区域的
　　　　等级范围划分 ··················· 7—12—17
本规范用词说明 ······························ 7—12—21
附：条文说明 ··································· 7—12—22

1 总 则

1.0.1 为在石油库设计中贯彻执行国家有关方针政策，统一技术要求，做到安全可靠、技术先进、经济合理，制定本规范。

1.0.2 本规范适用于新建、扩建和改建石油库的设计。
  本规范不适用于石油化工厂厂区内、长距离输油管道和油气田的油品储运设施的设计。亦不适用于地下水封式石油库、自然洞石油库。

1.0.3 石油库设计除应执行本规范外，尚应符合国家现行有关强制性标准的规定。

2 术 语

2.0.1 石油库 oil depot
  收发和储存原油、汽油、煤油、柴油、喷气燃料、溶剂油、润滑油和重油等整装、散装油品的独立或企业附属的仓库或设施。

2.0.2 人工洞石油库 man-made cave oil depot
  油罐等主要设备设置在人工开挖洞内的石油库。

2.0.3 覆土油罐 buried tank
  置于被土覆盖的罐室中的油罐，且罐室顶部和周围的覆土厚度不小于0.5m。

2.0.4 浮顶油罐 floating roof tank
  顶盖漂浮在油面上的油罐。

2.0.5 内浮顶油罐 internal floating roof tank
  在油罐内设有浮盘的固定顶油罐。

2.0.6 浅盘式内浮顶油罐 internal floating roof tank with shallow plate
  钢制浮盘不设浮仓且边缘板高度不大于0.5m的内浮顶油罐。

2.0.7 埋地卧式油罐 underground horizontal tank
  采用直接覆土或罐池充沙（细土）方式埋设在地下，且罐内最高液面低于罐外4m范围内地面的最低标高0.2m的卧式油罐。

2.0.8 油罐组 a group of tanks
  用一组闭合连接的防火堤围起来的一组油罐。

2.0.9 油罐区 tank farm
  由一个或若干个油罐组构成的区域。

2.0.10 储油区 oil storage area
  由一个或若干个油罐区和为其服务的油泵站、变配电间以及必要的消防设施构成的区域。

2.0.11 油罐容量 nominal volume of tank
  经计算并圆整后的油罐公称容量。

2.0.12 油罐操作间 operating room for tank
  人工洞石油库油罐阀组的操作间。

2.0.13 易燃油品 inflammable oil
  闪点低于或等于45℃的油品。

2.0.14 可燃油品 combustible oil
  闪点高于45℃的油品。

2.0.15 企业附属石油库 oil depot attached to a enterprise
  专供本企业用于生产而在厂区内设置的石油库。

2.0.16 安全距离 safe distance
  满足防火、环保等要求的距离。

2.0.17 铁路油品装卸线 railway for oil loading and unloading
  石油库内用于油品装卸作业的铁路线段。

2.0.18 液化石油气 liquefied petroleum gas
  在常温常压下为气态，经压缩或冷却后为液态的 C_3、C_4 及其混合物。

3 一般规定

3.0.1 石油库的等级划分，应符合表3.0.1的规定。

表3.0.1 石油库的等级划分

等 级	石油库总容量 $TV(m^3)$
一级	$100000 \leq TV$
二级	$30000 \leq TV < 100000$
三级	$10000 \leq TV < 30000$
四级	$1000 \leq TV < 10000$
五级	$TV < 1000$

注：1 表中总容量 TV 系指油罐容量和桶装油品设计存放量之总和，不包括零位罐和放空罐的容量。
  2 当石油库储存液化石油气时，液化石油气罐的容量应计入石油库总容量。

3.0.2 石油库储存油品的火灾危险性分类，应符合表3.0.2的规定。

表3.0.2 石油库储存油品的火灾危险性分类

类 别		油品闪点 F_t(℃)
甲		$F_t < 28$
乙	A	$28 \leq F_t \leq 45$
	B	$45 < F_t < 60$
丙	A	$60 \leq F_t \leq 120$
	B	$F_t > 120$

3.0.3 石油库内生产性建筑物和构筑物的耐火等级不得低于表3.0.3的规定。

表3.0.3 石油库内生产性建筑物和构筑物的最低耐火等级

序号	建筑物和构筑物	油品类别	耐火等级
1	油泵房、阀门室、灌油间(亭)、铁路油品装卸暖库	甲、乙	二级
		丙	三级
2	桶装油品库房及敞棚	甲、乙	二级
		丙	三级
3	化验室、计量室、仪表室、锅炉房、变配电间、修洗桶间、汽车油库车库、润滑油再生间、柴油发电机间、空气压缩机间、高架罐支座(架)	—	二级
4	机修间、器材库、水泵房、铁路油品装卸栈桥、汽车油品装卸站台、油品码头栈桥、油泵棚、阀门棚	—	三级

注：1 建筑物和构筑物构件的燃烧性能和耐火极限应符合现行国家标准《建筑设计防火规范》的规定。
  2 三级耐火等级的建筑物和构筑物的构件不得采用可燃材料建造。
  3 桶装甲、乙类油品敞棚承重柱的耐火极限不低于2.5h；敞棚顶承重构件及顶面的耐火极限可不限，但不得采用可燃材料建造。

3.0.4 石油库储存液化石油气时,液化石油气罐的总容量不应大于油罐总容量的10%,且不应大于1300m³。

3.0.5 石油库内液化石油气设施的设计,可按现行国家标准《石油化工企业设计防火规范》GB 50160 的有关规定执行。

4 库址选择

4.0.1 石油库库址选择应符合城镇规划、环境保护和防火安全要求,且交通方便。

4.0.2 企业附属石油库的库址,应结合该企业主体工程统一考虑,并应符合城镇或工业区规划、环境保护和防火安全的要求。

4.0.3 石油库的库址应具备良好的地质条件,不得选择在有土崩、断层、滑坡、沼泽、流沙及泥石流的地区和地下矿藏开采后有可能塌陷的地区。

人工洞石油库的库址,应选在地质构造简单、岩性均一、石质坚硬与不易风化的地区,并宜避开断层和密集的破碎带。

4.0.4 一、二、三级石油库的库址,不得选在地震基本烈度为9度及以上的地区。

4.0.5 石油库场地设计标高,应符合下列规定:

1 当库址选定在靠近江河、湖泊等地段时,库区场地的最低设计标高,应高于计算洪水位0.5m及以上。

2 计算洪水位采用的防洪水标准,应符合下列规定:

   1)一、二、三级石油库洪水重现期应为50年;
   2)四、五级石油库洪水重现期应为25年。

3 当库址选定在海岛、沿海地段或潮汐作用明显的河口段时,库区场地的最低设计标高,应高于计算水位1m及以上。在无掩护海岸,还应考虑波浪超高。计算水位应采用高潮累积频率10%的潮位。

4 当有防止石油库受淹的可靠措施,且技术经济合理时,库址亦可选在低于计算水位的地段。

4.0.6 石油库的库址,应具备满足生产、消防、生活所需的水源和电源的条件,还应具备排水的条件。

4.0.7 石油库与周围居住区、工矿企业、交通线等的安全距离,不得小于表 4.0.7 的规定。

4.0.8 企业附属石油库与本企业建筑物、构筑物、交通线等的安全距离,不得小于表 4.0.8 的规定。

表 4.0.7 石油库与周围居住区、工矿企业、交通线等的安全距离(m)

序号	名 称	石油库等级				
		一级	二级	三级	四级	五级
1	居住区及公共建筑物	100	90	80	70	50
2	工矿企业	60	50	40	35	30
3	国家铁路线	60	55	50	50	50
4	工业企业铁路线	35	30	25	25	25
5	公路	25	20	15	15	15
6	国家一、二级架空通信线路	40	40	40	40	40
7	架空电力线路和不属于国家一、二级的架空通信线路	1.5倍杆高	1.5倍杆高	1.5倍杆高	1.5倍杆高	1.5倍杆高
8	爆破作业场地(如采石场)	300	300	300	300	300

注:1 序号1~7的安全距离,从石油库的油罐或油品装卸区算起;有防火堤的油罐从防火堤中心线算起;无防火堤的覆土油罐从罐室内壁算起;油品装卸区从装卸车(船)时鹤管口的位置或泵房算起;序号8的安全距离从石油库围墙算起。

对于有装油作业的油品装卸区,序号1~6的安全距离可减少25%,但不得小于15m;对于仅有卸油作业的油品装卸区以及单罐容量小于或等于100m³的埋地卧式油罐,序号1~6的安全距离可减少50%,但不得小于15m,序号7的安全距离可减少1倍杆高。

2 四、五级石油库仅储存丙A类油品或丙A和丙B类油品时,序号1,2,5的安全距离可减少25%;四、五级石油库仅储存丙B类油品时,可不受本表限制。

3 少于1000人或300户的居住区与二、三、四、五级石油库的距离可减少25%;少于100人或30户的居住区与一级石油库的安全距离可减少25%,与二、三、四、五级石油库的距离可减少50%,但不得小于35m。居住区包括石油库的生活区。

4 注2~注4的折减不得叠加。

5 对于电压35kV及以上的架空电力线路,序号7的距离除应满足本表要求外,且不应小于30m。

6 铁路附属石油库与国家铁路线及工业企业铁路线的距离,可按表5.0.3铁路机车走行线的规定执行。

7 当两个石油库或油库与工矿企业的油罐区相毗邻建设时,其相邻油罐之间的防火距离可取相邻油罐中较大罐直径的1.5倍,但不得小于30m;其他建筑物、构筑物之间的防火距离应按本规范表5.0.3的规定增加50%。

8 非石油库用户外埋地电缆与石油库围墙的距离不应小于3m。

表 4.0.8 企业附属石油库与本企业建筑物、构筑物、交通线等的安全距离(m)

油品类别	库内建筑物、构筑物	安全距离 企业建筑物、构筑物等	甲类生产厂房	甲类物品库房	乙、丙、丁、戊类生产厂房及物品库房耐火等级			明火或散发火花的地点	厂外铁路	厂内道路	
					一、二	三	四			主要	次要
油罐区(TV为罐区总容量m³)	甲、乙	TV≤50	25	25	12	15	20	25	25	15	10
		50<TV≤200	25	25	15	20	25	25	25	15	10
		200<TV≤1000	25	25	20	25	30	25	25	15	10
		1000<TV≤5000	30	30	25	30	40	30	25	15	10
	丙	TV≤250	15	15	10	12	15	20	20	10	5
		250<TV≤1000	20	20	12	15	20	20	20	10	5
		1000<TV≤5000	25	25	15	20	25	25	20	10	5
		5000<TV≤25000	30	30	20	25	30	30	20	10	5
油泵房、灌油间	甲、乙		12	12	12	14	16	20	20	10	5
	丙		12	12	10	12	15	15	15	10	5
桶装油品库房	甲、乙		15	15	15	20	25	30	25	15	5
	丙		15	15	12	15	20	20	20	10	5
汽车灌油鹤管	甲、乙		14	14	15	16	18	20	20	15	15
	丙		12	12	12	14	15	15	15	10	5
其他生产性建筑物	甲、乙、丙		12	12	12	14	15	15	15	10	5

注:1 当甲、乙类油品与丙类油品混存时,丙类油品可按其容量的20%折算计入油罐区总容量。

2 对于埋地卧式油罐和储存丙B类油品的油罐,本表距离(与厂内次要道路的距离除外)可减少50%,但不得小于10m。

3 表中未注明的企业建筑物、构筑物与库内建筑物、构筑物的安全距离,应按现行国家标准《建筑设计防火规范》规定的防火距离执行。

4 企业附属石油库的甲、乙类油品储罐总容量大于5000m³,丙类油品储罐总容量大于25000m³时,企业附属石油库与本企业建筑物、构筑物、交通线等的安全距离,应符合本规范第4.0.6条的规定。

4.0.9 石油库与飞机场的距离,应符合国家现行有关标准和规范的规定。

5 总平面布置

5.0.1 石油库内的设施宜分区布置。石油库的分区及各区内的主要建筑物和构筑物,宜按表5.0.1的规定布置。

表 5.0.1 石油库分区及其主要建筑物和构筑物

序号	分区		区内主要建筑物和构筑物
1	储罐区		油罐、防火堤、油泵站、变配电间等
2	油品装卸区	铁路油品装卸区	铁路油品装卸栈桥、站台、油泵站、桶装油品库房、零位罐、变配电间等
		水运油品装卸区	油品装卸码头、油泵站、灌油间、桶装油品库房、变配电间等
		公路油品装卸区	高架罐、灌油间、油泵站、变配电间、汽车油品装卸设施、桶装油品库房、控制室等
3	辅助生产区		修洗桶间、消防泵房、消防车库、变配电间、机修间、器材库、锅炉房、化验室、污水处理设施、计量室、油罐车库等

续表 5.0.1

序号	分区	区内主要建筑物和构筑物
4	行政管理区	办公室、传达室、汽车库、警卫及消防人员宿舍、集体宿舍、浴室、食堂等

注：1 企业附属石油库的分区，尚宜结合该企业的总体布置统一考虑。
　　2 对于四级石油库，序号3、4的建筑物和构筑物可合并布置；对于五级石油库，序号2、3、4的建筑物和构筑物可合并布置。

5.0.2 石油库内使用性质相近的建筑物或构筑物，在符合生产使用和安全防火的要求下，宜合并建造。

5.0.3 石油库内建筑物、构筑物之间的防火距离（油罐与油罐之间的距离除外），不应小于表5.0.3的规定。

表 5.0.3 石油库内建筑物、构筑物之间的防火距离(m)

序号	建筑物和构筑物名称		油罐(V为单罐容量 m³) V>50000	5000<V ≤50000	1000<V ≤5000	V≤1000	高架油罐	油泵房 甲、乙类油品	油泵房 丙类油品	灌油间 甲、乙类油品	灌油间 丙类油品	汽车灌油鹤管 甲、乙类油品	汽车灌油鹤管 丙类油品	铁路油品装卸设施 甲、乙类油品	铁路油品装卸设施 丙类油品	油品装卸码头 甲、乙类油品	油品装卸码头 丙类油品	桶装油品库房 甲、乙类油品	桶装油品库房 丙类油品	隔油池 150m³及以下	隔油池 150m³以上
			1	2	3	4	5	6	7	8	9	10	11	12	13	14	15	16	17	18	19
5	高架油罐		19	15	11.5	7.5															
6	油泵房	甲、乙类油品	19	15	11.5	9	12	12													
7		丙类油品	14.5	11.5	9	7.5	9														
8	灌油间	甲、乙类油品	24	19	15	11.5	15	12	12	12											
9		丙类油品	19	15	11.5	9	12			10											
10	汽车灌油鹤管	甲、乙类油品	24	19	15	11.5	15	15	15	15	15										
11		丙类油品	19	15	11.5	9	12	12		12											
12	铁路油品装卸设施	甲、乙类油品	24	19	15	11.5	15	8	8	15	15	15	15								
13		丙类油品	19	15	11.5	9	12			12	12										
14	油品装卸码头	甲、乙类油品	47	37.5	30	26.5	15	15	15	15	15	20	20								
15		丙类油品	33	26.5	22.5	22.5	12			12	12	15		15							
16	桶装油品库房	甲、乙类油品	24	19	15	11.5	15	15	15	15	15	15	15	15	15	15	12				
17		丙类油品	19	15	11.5	9	12	12		12	12	15	12		12			10			
18	隔油池	150m³及以下	24	19	15	11.5	15	15		15		25		15		25	15				
19		150m³以上	28	22.5	19	15	19	25		25		30		25		30	15	15			
20	消防泵房、消防车库		33	26.5	22.5	19	15	15	15	15	15	15	15	15	15	20	15	15	15	20	25
21	露天变配电所变压器	10kV及以下	19	15	15	15	15	15		15		15		15		15		15		20	20
22		10kV以上	23	19	19	19	23														30
23	独立变配电间和中心控制室		19	15	11.5	9	15														
24	铁路机车走行线		24	19	15	12	15	12	12	12	12	15	12	15	12	20	15	12	10	15	20
25	有明火或散发火花的建筑物、构筑物及地点		33	26.5	22.5	26.5	30	30	15	30	15	30	15	30	15	30	15	30	15	40	40
26	油罐车库		28	22.5	19	15	20	15	12	20	12	20	12	20	12	20	15	15	12	15	20
27	围墙		14.5	11.5	7.5	5	8	10	10	10	10	15	15	15	15	—	—	10	10	10	10
28	其他建筑物、构筑物		24	19	15	11.5	12	12	12	12	12	12	12	12	12	15	12	12	12	15	15

注：1 序号1、2、3、4的油罐，系指储存甲类和乙A类油品的浮顶油罐或内浮顶油罐，储存丙类油品的立式固定顶油罐，容量大于50m³的卧式油罐。对于储存乙B类油品的立式固定顶油罐，序号1、2、3、4的距离应增加30%；对于容量等于或小于50m³的卧式油罐，序号4的距离可减少30%。
2 储油区油泵站采用棚式或露天式时，甲、乙、丙A类油品泵棚或露天泵应布置在防火堤内，其与序号1、2、3、4的油罐间距可不受本表限制，与其他序号的建筑物、构筑物间距以油泵外缘按本表油泵房与其他建筑物、构筑物间距确定。丙B类油品露天泵可布置在丙B类油品罐组的防火堤内。
3 灌油间与高架油罐邻近的一侧如无门窗和孔洞时，两者之间的距离可不受限制。
4 密闭式隔油池与建筑物、构筑物的距离可减少50%；油罐组内的隔油池距离可不受限制。
5 四、五级石油库内各建筑物、构筑物之间的防火距离，除Ⅳ、Ⅴ外，可减少25%。
6 序号1、2、3、4储存甲、乙类油品的油罐至河（海）岸边的距离：当单罐容量等于或小于1000m³时，不应小于20m；当单罐容量大于1000m³时，不应小于30m。储存丙类油品的油罐至河（海）岸边的距离：当单罐容量等于或小于500m³时，不应小于12m；当单罐容量大于500m³时，不应小于15m。其他各序号的建筑物和构筑物（序号27除外）至河（海）岸边的距离不应小于10m。
7 对于卸车作业的甲、乙类油品铁路装卸设施，本表距离可减少25%。
8 与油品泵房相毗邻的变配电间至石油库内各建筑物、构筑物的防火距离与油品泵房相同。
9 上述折减不得叠加。

5.0.4 油罐应集中布置。当地形条件允许时,油罐宜布置在比卸油点低、比灌油地点高的位置,但当油罐区地面标高高于邻近居民点、工业企业或铁路线时,必须采取加固防火堤等防止库内油品外流的安全防护措施。

5.0.5 人工洞石油库储油区的布置,应符合下列规定:
1 油罐室的布置,应最大限度地利用岩石覆盖层的厚度。油罐室岩石覆盖层的厚度,应满足防护要求。
2 变配电间、空气压缩机间、发电间等,不应与油罐室布置在同一主巷道内。当布置在单独洞室内或洞外时,其洞口或建筑物、构筑物至油罐室主巷道洞口、油罐室的排风管或油罐的通气管管口的距离,不应小于15m。
3 油泵间、通风机室与油罐室布置在同一主巷道内时,与油罐室的距离不应小于15m。
4 每条主巷道的出入口,不宜少于两处(尽头式巷道除外),洞口宜选择在岩石较完整的陡坡上。

5.0.6 铁路装卸区,宜布置在石油库的边缘地带。石油库的专用铁路线,不宜与石油库出入口的道路相交叉。

5.0.7 公路装卸区,应布置在石油库面向公路的一侧,宜设围墙与其他各区隔开,并应设单独出入口。

5.0.8 行政管理区宜设围墙(栅)与其他各区隔开,并应设单独对外的出入口。

5.0.9 石油库内道路的设计,应符合下列规定:
1 石油库油罐区应设环行消防道路。四、五级石油库、山区或丘陵地带的石油库油罐区亦可设有回车场的尽头式消防道路。
2 油罐中心与最近的消防道路之间的距离,不应大于80m;相邻油罐组防火堤外堤脚线之间应留有宽度不小于7m的消防通道。
3 消防道路与防火堤外堤脚线之间的距离,不宜小于3m。
4 铁路装卸区应设消防道路。
5 铁路装卸区的消防道路宜与库内道路构成环行道,也可设有回车场的尽头式道路。
6 汽车油罐车装卸设施和油桶灌装设施,必须设置能保证消防车辆顺利接近火灾场地的消防道路。
7 一级石油库的油罐区和装卸区消防道路的路面宽度不应小于6m,其他级别石油库的油罐区和装卸区消防道路的路面宽度不应小于4m。
8 一级石油库的油罐区和装卸区消防道路的转弯半径不宜小于12m。

5.0.10 石油库通向公路的车辆出入口(公路装卸区的单独出入口除外),一、二、三级石油库不宜少于2处,四、五级石油库可设1处。

5.0.11 石油库应设高度不低于2.5m的非燃烧材料的实体围墙。山区或丘陵地带的石油库,可设置镀锌铁丝网围墙。企业附属石油库与本企业毗邻一侧的围墙高度不宜低于1.8m。

5.0.12 石油库内应进行绿化,除行政管理区外不应栽植油性大的树种。防火堤内严禁植树,但在气温适宜地区可铺设高度不超过0.15m的四季常绿草皮。消防道路与防火堤之间,不宜种树。石油库内绿化,不应妨碍消防操作。

6 油 罐 区

6.0.1 石油库的油罐设置应采用地上式,有特殊要求时可采用覆土式、人工洞式或埋地式。

6.0.2 石油库的油罐应采用钢制油罐。油罐的设计应符合国家现行油罐设计规范的要求。选用油罐类型应符合下列规定:
1 储存甲类和乙A类油品的地上立式油罐,应选用浮顶油罐或内浮顶油罐,浮顶油罐应采用二次密封装置。
2 储存甲类油品的覆土油罐和人工洞油罐,以及储存其他油品的油罐,宜选用固定顶油罐。
3 容量小于或等于100m³的地上油罐,可选用卧式油罐。

6.0.3 石油库的地上油罐和覆土油罐,应按下列规定成组布置:
1 甲、乙和丙A类油品储罐可布置在同一油罐组内;甲、乙和丙A类油品储罐不宜与丙B类油品储罐布置在同一油罐组内。
2 沸溢性油品储罐不应与非沸溢性油品储罐同组布置。
3 地上立式油罐、高架油罐、卧式油罐、覆土油罐不宜布置在同一个油罐组内。
4 同一个油罐组内油罐的总容量应符合下列规定:
 1)固定顶油罐组及固定顶油罐和浮顶、内浮顶油罐的混合罐组不应大于120000m³;
 2)浮顶、内浮顶油罐组不应大于600000m³。
5 同一个油罐组内的油罐数量应符合下列规定:
 1)当单罐容量等于或大于1000m³时,不应多于12座;
 2)单罐容量小于1000m³的油罐组和储存丙B类油品的油罐组内的油罐数量不限。

6.0.4 地上油罐组内的布置应符合下列规定:
1 单罐容量小于1000m³的储存丙B类油品的油罐不应超过4排;其他油罐不应超过2排。
2 立式油罐排与排之间的防火距离不应小于5m;卧式油罐排与排之间的防火距离不应小于3m。

6.0.5 油罐之间的防火距离不应小于表6.0.5的规定。

表6.0.5 油罐之间的防火距离

油品类别	单罐容量 V(m³)	油罐型式 固定顶油罐 地上式	覆土式	浮顶油罐、内浮顶油罐	卧式油罐
甲、乙A类	不限	—		0.4D	0.4D
乙B类	V>1000	0.6D		0.4D	0.8D
乙B类	V≤1000 消防采用固定冷却方式	0.6D	0.4D	0.4D	0.8D
乙B类	V≤1000 消防采用移动冷却方式	0.75D			
丙A类	不限	0.4D	不限	—	
丙B类	V>1000	5m			
丙B类	V≤1000	2m			

注:1 表中D为相邻油罐中较大油罐的直径。单容积大于1000m³油罐D为直径或高度的较大值。
2 不同容量的油罐、不同型式的油罐之间的防火距离,应采用较大值。
3 高架油罐之间的防火距离,不应小于0.6m。
4 单罐容量不大于300m³,总容量不大于1500m³的立式油罐组,油罐之间的防火距离可不受本表限制,但不应小于1.5m。
5 浮顶、内浮顶油罐之间的防火距离按0.4D计算大于20m时,特殊情况下最小可取20m,但应符合本规范第12.2.7条第3款和第12.2.8条第4款的规定。
6 丙A类油品固定顶油罐之间的防火距离、覆土式油罐之间的防火距离按0.4D计算大于15m时,可取15m。
7 浅盘式内浮顶油罐与固定顶油罐等同。

6.0.6 地上油罐组应设防火堤,防火堤的设置应符合下列规定:
1 防火堤应采用非燃烧材料建造,并应能承受所容纳油品的静压力且不应泄漏。
2 立式油罐防火堤的计算高度应保证堤内有效容积需要。防火堤的实高应比计算高度高出0.2m。防火堤的实高不应低于1m(以防火堤内侧设计地坪计),且不宜高于2.2m(以防火堤外侧道路路面计)。卧式油罐的防火堤实高不应低于0.5m(以防火堤内侧设计地坪计)。如采用土质防火堤,堤顶宽度不应小于0.5m。
3 严禁在防火堤上开洞。管道穿越防火堤处应采用非燃烧材料严密填实。在雨水沟穿越防火堤处,应采取排水阻油措施。

4 油罐组防火堤的人行踏步不应少于两处,且应处于不同的方位上。

6.0.7 覆土油罐的罐室设计应符合下列规定:
    1 覆土油罐利用罐室墙作围护结构时,罐室墙应采用砖石或混凝土块浆砌,罐室墙应严密不渗漏。罐室应有排水阻油措施。
    2 覆土油罐的水平通道应设密闭门。
    3 覆土油罐的竖直通道可不设密闭门。

6.0.8 地上立式油罐的罐壁至防火堤内堤脚线的距离,不应小于罐壁高度的一半。卧式油罐的罐壁至防火堤内堤脚线的距离,不应小于3m。依山建设的油罐,可利用山体兼作防火堤,油罐的罐壁至山体的距离不得小于1.5m。

6.0.9 防火堤内的有效容量,应符合下列规定:
    1 对于固定顶油罐,不应小于油罐组内一个最大油罐的容量。
    2 对于浮顶油罐或内浮顶油罐,不应小于油罐组内一个最大油罐容量的一半。
    3 当固定顶油罐与浮顶油罐或内浮顶油罐布置在同一油罐组内时,应取以上两款规定的较大值。
    4 覆土油罐的防火堤内有效容量规定同上,但油罐容量应按其高出地面部分的容量计算。

6.0.10 立式油罐罐组应按下列规定设置隔堤:
    1 当单罐容量小于5000m³时,隔堤内的油罐数量不应多于6座。
    2 当单罐容量等于或大于5000m³至小于20000m³时,隔堤内油罐的数量不应多于4座。
    3 当罐容量等于或大于20000m³时,隔堤内油罐数量不应多于2座。
    4 隔堤内沸溢性油品储罐的数量不应多于2座。
    5 非沸溢性的丙B类油品储罐,可不设置隔堤。
    6 隔堤顶面标高,应比防火堤顶面标高低0.2~0.3m。
    7 隔堤应采用非燃烧材料建造,并能承受所容纳油品的静压力且不应泄漏。

6.0.11 立式油罐的进油管,应从油罐下部接入;如确需从上部接入时,甲、乙、丙A类油品的进油管应延伸到油罐的底部。卧式油罐的进油管从上部接入时,甲、乙、丙A类油品的进油管应延伸到油罐底部。

6.0.12 油罐附件的设置应符合下列规定:
    1 油罐应设进出油接合管、排污孔、放水阀、人孔、采光孔、量油孔和通气管等基本附件。
    2 下列油罐的通气管上必须装设阻火器:
        1)储存甲、乙、丙A类油品的固定顶油罐;
        2)储存甲、乙类油品的卧式油罐;
        3)储存丙A类油品的地上卧式油罐。
    3 储存甲、乙类油品的固定顶油罐和地上卧式油罐的通气管上装设呼吸阀。

6.0.13 地上油罐应设梯子和栏杆。高度大于5m的立式油罐,应采用盘梯或斜梯。拱顶油罐顶上经常走人的地方,应设防滑踏步。

6.0.14 地上立式油罐应设液位计和高液位报警器。频繁操作的油罐宜设自动联锁切断进油装置。等于和大于50000m³的油罐尚应设自动联锁切断进油装置。有脱水操作要求的油罐宜装设自动脱水器。

6.0.15 地上立式油罐的基础面标高,宜高出油罐周围设计地坪标高0.5m;卧式油罐宜采用双支座。

6.0.16 油罐储罐的主要进出口管道宜采用挠性或柔性连接方式。

6.0.17 人工洞石油库油罐总容量和座数根据巷道形式确定。同一个贯通式巷道内的油罐总容量不应大于100000m³,油罐不宜多于15座;同一个尽头式巷道内的油罐总容量不应大于40000m³,油罐不宜多于6座。储存丙B类油品的油罐座数,可不受此限制。

6.0.18 人工洞内罐室之间的距离,不宜小于相邻较大罐室毛洞的直径。

6.0.19 人工洞内油罐顶与罐室顶内表面的距离,不应小于1.2m。罐壁与罐室壁内表面的距离,不应小于0.8m。

6.0.20 人工洞石油库主巷道衬砌后的净宽,不应小于3m;边墙的高度,不应小于2.2m。主巷道的纵向坡度,不宜小于5‰。

6.0.21 人工洞石油库主巷道的口部,应根据抗爆等级设相应的防护门和密闭门。罐室防爆墙上应设密闭门。

6.0.22 人工洞式油罐的通气管口必须设在洞外。通气管采用钢管。各种油品应分别设置通气管,其直径应经计算确定并不得小于出油管直径。通气管在油罐操作间处应安装管道式呼吸阀、放液阀;通气管口处应安装阻火器。

7 油泵站

7.0.1 油泵站宜采用地上式。其建筑形式应根据输送介质的特点、运行条件及当地气象条件等综合考虑确定,可采用房间式(泵房)、棚式(泵棚),亦可采用露天式。

7.0.2 泵房(棚)的设置应符合下列规定:
    1 泵房应设外开门,且不宜少于2个,其中1个应能满足泵房内最大设备进出需要。建筑面积小于60m²时可设1个外开门。
    2 泵房和泵棚的净空不应低于3.5m。

7.0.3 输油泵的设置,应符合下列规定:
    1 输送有特殊要求的油品时,应设专用输油泵和备用泵。
    2 连续输送同一种油品的油泵,当同时操作的油泵不多于3台时,可设1台备用泵;当同时操作的油泵多于3台时,备用泵不应多于2台。
    3 经常操作但不连续运转的油泵不宜单独设置备用泵,可与输送性质相近油品的油泵互为备用或共设1台备用泵。
    4 不经常操作的油泵,不应设置备用泵。

7.0.4 用于离心泵灌泵和抽吸运油容器底油的泵可采用容积泵。

7.0.5 油泵站的油气排放管的设置应符合下列规定:
    1 管口应设在泵房(棚)外。
    2 管口应高出周围地坪4m及以上。
    3 设在泵房(棚)顶面上方的油气排放管,其管口应高出泵房(棚)顶面1.5m及以上。
    4 管口与配电间门、窗的水平路径不应小于5m。
    5 管口应装设阻火器。

7.0.6 没有安全阀的容积泵的出口管道上应设置安全阀。

7.0.7 油泵机组的布置应符合下列规定:
    1 油泵机组单排布置时,电动机端部至墙(柱)的净距,不宜小于1.5m。
    2 相邻油泵机组机座之间的净距,不应小于较大油泵机组机座宽度的1.5倍。

7.0.8 油品装卸区不设集中油泵站时,油泵可设置于铁路装卸栈桥或汽车油罐车装卸台之下,但油泵四周应是开敞的,且油泵基础顶面不应低于周围地坪。

8 油品装卸设施

8.1 铁路油品装卸设施

8.1.1 铁路油品装卸线设置,应符合下列规定:

1 铁路油品装卸线的车位数,应按油品运输量确定。

2 铁路油品装卸线应为尽头式。

3 铁路油品装卸线应为平直线,股道直线段的始端至装卸栈桥第一鹤管的距离,不应小于进库油罐车长度的1/2。装卸线设在平直线上确有困难时,可设在半径不小于600m的曲线上。

4 装卸线上油罐车列的始端车位车钩中心线至前方铁路道岔警冲标的安全距离,不应小于31m;终端车位车钩中心线至装卸线车挡的安全距离应为20m。

8.1.2 油品装卸线中心线至石油库内非罐车铁路装卸线中心线的安全距离,应符合下列规定:

1 装甲、乙类油品的不应小于20m。

2 卸甲、乙类油品的不应小于15m。

3 装卸丙类油品的不应小于10m。

8.1.3 甲、乙、丙A类油品装卸线与丙B类油品装卸线,宜分开设置。当甲、乙、丙A类油品与丙B类油品合用一条装卸线且同时作业时,两种鹤管之间的距离,不应小于24m;不同时作业时,鹤管间距可不限制。

8.1.4 桶装油品装卸车与油罐车装卸车合用一条装卸线时,桶装油品车位至相邻油罐车车位的净距,不应小于10m。

8.1.5 油品装卸线中心线至无装卸栈桥一侧其他建筑物或构筑物的距离,在露天场所不应小于3.5m,在非露天场所不应小于2.44m。

注:1 非露天场所系指在库房、敞棚或山洞内的场所。
  2 油品装卸线的中心线与其他建筑物或构筑物的距离,尚应符合本规范表5.0.3的规定。

8.1.6 铁路中心线至石油库铁路大门边缘的距离,有附挂调车作业时,不应小于3.2m,无附挂调车作业时不应小于2.44m。

8.1.7 铁路中心线至油品装卸暖库大门边缘的距离不应小于2m。暖库大门的净空高度(自轨面算起)不应小于5m。

8.1.8 桶装油品装卸站台的顶面应高于轨面,其高差不应小于1.1m。站台边缘至装卸线中心线的距离应符合下列规定:

1 当装卸站台的顶面距轨面高差等于1.1m时,不应小于1.75m。

2 当装卸站台的顶面距轨面高差大于1.1m时,不应小于1.85m。

8.1.9 卸油设施的零位罐至油品卸油线中心线的距离,不应小于6m。零位罐的总容量,不应大于一次卸车量。

8.1.10 从下部接卸铁路油罐车的卸油系统,应采用密闭管道系统。从上部向铁路油罐车灌装甲、乙、丙A类油品时,应采用插到油罐车底部的鹤管。鹤管内的油品流速,不应大于4.5m/s。

8.1.11 油品装卸栈桥应在装卸线的一侧设置。

8.1.12 油品装卸栈桥的桥面,宜高于轨面3.5m。栈桥上应安设全栏杆。在栈桥的两端和沿栈桥每60~80m处,应设上下栈桥的梯子。

8.1.13 新建和扩建的油品装卸栈桥边缘与油品装卸线中心线的距离,应符合下列规定:

1 自轨面算起3m及以下不应小于2m。

2 自轨面算起3m以上不应小于1.85m。

8.1.14 油品装卸鹤管至石油库围墙的铁路大门的距离,不应小于20m。

8.1.15 两条油品装卸线共用一座栈桥时,两条油品装卸线中心线的距离,应符合下列规定:

1 当采用小鹤管时,不宜大于6m。

2 当采用大鹤管时,不宜大于7.5m。

8.1.16 相邻两座油品装卸栈桥之间两条油品装卸线的距离,应符合下列规定:

1 当二者或其中之一用于甲、乙类油品时,不应小于10m。

2 当二者都用于丙类油品时,不应小于6m。

8.2 汽车油罐车装卸设施

8.2.1 向汽车油罐车灌装甲、乙、丙A类油品宜在装车棚(亭)内进行。甲、乙、丙A类油品可共用一个装车棚(亭)。

8.2.2 汽车油罐车的油品灌装宜采用泵送装车方式。有地形高差可供利用时,宜采用储油罐直接自流装车方式。

8.2.3 汽车油罐车的油品装卸应有计量措施,计量精度应符合国家有关规定。

8.2.4 汽车油罐车的油品灌装宜采用定量装车控制方式。

8.2.5 汽车油罐车向卧式容器卸甲、乙、丙A类油品时,应采用密闭管道系统。有地形高差可利用时,应采用自流卸油方式。

8.2.6 油品装车流量不宜小于30m³/h,但装卸车流速不得大于4.5m/s。

8.2.7 汽油总装车量(包括铁路装车量)大于20万吨/年的油库,宜设置油气回收设施。

8.2.8 当采用上装鹤管向汽车油罐车灌装甲、乙、丙A类油品时,应采用能插到油罐车底部的装油鹤管。

8.3 油品装卸码头

8.3.1 油品装卸码头宜布置在港口的边缘地区和下游。

8.3.2 油品装卸码头和作业区宜独立设置。

8.3.3 油品装卸码头与公路桥梁、铁路桥梁等建筑物、构筑物的安全距离,不应小于表8.3.3的规定。

表8.3.3 油品装卸码头与公路桥梁、铁路桥梁等建筑物、构筑物的安全距离

油品装卸码头位置	油品类别	安全距离(m)
公路桥梁、铁路桥梁的下游	甲、乙	150
	丙A	100
公路桥梁、铁路桥梁的上游	甲、乙	300
	丙A	200
内河大型船队锚地、固定停泊所、城市水源取水口的上游	甲、乙、丙A	1000

注:停靠小于500t油船的码头,安全距离可减少50%。

8.3.4 油品装卸码头之间或油品装卸码头相邻两泊位的船舶安全距离,不应小于表8.3.4的规定。

表8.3.4 油品装卸码头之间或油品装卸码头相邻两泊位的船舶安全距离(m)

船长	<110	110~150	151~182	183~235	236~279
安全距离	25	35	40	50	55

注:1 船舶安全距离系指相邻油品泊位设计船型首尾间的净距。
  2 当相邻泊位设计船型不同时,其间距应按吨级较大者计算。
  3 当突堤或栈桥码头两侧靠船时,可不受上述船舶间距的限制,但对于装卸甲类油品泊位,船舷之间的安全距离不应小于25m。
  4 1000t级及以下油船之间的防火距离可取船长的0.3倍。

8.3.5 油品装卸码头与相邻货运码头的安全距离,不应小于表8.3.5的规定。

表8.3.5 油品装卸码头与相邻货运码头的安全距离

油品装卸码头位置	油品类别	安全距离(m)
内河货运码头下游	甲、乙	75
	丙A	50
沿海、河口 内河货运码头上游	甲、乙	150
	丙A	100

注:表中安全距离系指相邻两码头所停靠设计船型首尾间的净距。

8.3.6 油品装卸码头与相邻客运站码头的安全距离,不应小于表8.3.6的规定。

表8.3.6 油品装卸码头与相邻港口客运站码头的安全距离

油品装卸码头位置	客运站级别	油品类别	安全距离(m)
沿海	一、二、三、四	甲、乙	300
		丙 A	200
内河客运站码头的下游	一、二	甲、乙	300
		丙 A	200
	三、四	甲、乙	150
		丙 A	100
内河客运站码头的上游	一	甲、乙	3000
		丙 A	2000
	二	甲、乙	2000
		丙 A	1500
	三、四	甲、乙	1000
		丙 A	700

注:1 油品装卸码头与相邻客运站码头的安全距离,系指相邻两码头所停靠设计船型首尾间的净距。
  2 停靠小于500t油船的码头,安全距离可减少50%。
  3 客运站级别划分应符合现行国家标准《河港工程设计规范》GB 50192的规定。

8.3.7 码头的油品装卸设施,应与设计船型的装卸能力相适应。

8.3.8 停靠需要排放压舱水或洗舱水油船的码头,应设置接受压舱水或洗舱水的设施。

8.3.9 油品装卸码头的建造材料,应采用非燃烧材料(护舷设施除外)。

8.3.10 在输油管道位于岸边的适当位置,应设紧急关闭阀。

8.3.11 栈桥式油品码头的栈桥宜独立设置。

9 输油及热力管道

9.0.1 输油及热力管道的管径和壁厚的选择,应根据其设计条件进行计算,并经技术经济比较后确定。

9.0.2 管道的敷设,应符合下列规定:
 1 石油库围墙以内的输油管道,宜地上敷设;热力管道,宜地上或管沟敷设。
 2 地上或管沟内的管道,应敷设在管墩或管架上,保温管道应设管托。
 3 管沟在进入油泵房、灌油间和油罐组防火堤处,必须设隔断墙。
 4 埋地输油管道的管顶距地面,在耕种地段不应小于0.8m,在其他地段不应小于0.5m。

9.0.3 地上或管沟内的管道以及埋地管道的出土端(包括局部管沟、套管内的管道及非弹性敷设管道的转弯部分等可能产生伸缩的管段),均应进行热应力计算,并应采取补偿和锚固措施。

9.0.4 管道穿越、跨越库内铁路和道路时,应符合下列规定:
 1 管道穿越铁路和道路处,其交角不宜小于60°,并应采取涵洞或套管或其他防护措施。套管的端部伸出路基坡脚不应小于2m,路边有排水沟时,排水沟外边不应小于1m。套管顶距铁路轨面不应小于0.8m,距道路面不应小于0.6m。
 2 管道跨越电气化铁路时,轨面以上的净空高度不应小于6.6m。管道跨越非电气化铁路时,轨面以上的净空高度不应小于5.5m。管道跨越消防道路时,路面以上的净空高度不应小于5m。管道跨越车行道路时,路面以上的净空高度不应小于4.5m。管架立柱边缘距铁路不应小于3m,距道路不应小于1m。
 3 管道的穿越、跨越段上,不得装设阀门、波纹管或套筒补偿器、法兰螺纹接头等附件。

9.0.5 管道与铁路或道路平行布置时,其突出部分距铁路不应小于3.8m(装卸油品栈桥下面的管道除外),距道路不应小于1m。

9.0.6 管道之间的连接应采用焊接方式。有特殊需要的部位可采用法兰连接。

9.0.7 输油管道上的阀门,应采用钢制阀门。

9.0.8 管道的防护,应符合下列规定:
 1 钢管及其附件的外表面,必须涂刷防腐涂层;埋地钢管尚应采取防腐绝缘或其他防护措施。
 2 不放空、不保温的地上输油管道,应在适当位置设置泄压装置。
 3 输送易凝油品的管道,应采取防凝措施。管道的保温层外,应设良好的防水层。

9.0.9 输送有特殊要求的油品,应设专用管道。

10 油桶灌装设施

10.1 油桶灌装设施组成和平面布置

10.1.1 油桶灌装设施主要由灌装油罐、灌装油泵房、灌桶间、计量室、空桶堆放场、重桶库房(棚)、油桶装卸车站台以及必要的辅助生产设施和行政、生活设施组成,设计可根据需要设置。

10.1.2 油桶灌装设施的平面布置,应符合下列规定:
 1 空桶堆放场、重桶库房(棚)的布置,应避免油桶搬运作业交叉进行和往返运输。
 2 灌装油罐、灌桶操作、收发油桶等场地应分区布置,且应方便操作、互不干扰。

10.1.3 灌装油泵房、灌桶间、重桶库房可合并设在同一建筑物内。

10.1.4 对于甲、乙类油品,油泵与灌油栓之间应设防火墙。甲、乙类油品的灌桶间与重桶库房之间应设无门、窗、孔洞的防火墙。

10.1.5 油桶灌装设施的辅助生产和行政、生活设施,可与邻近车间联合设置。

10.2 油桶灌装

10.2.1 油桶灌装宜采用泵送灌装方式。有地形高差可供利用时,宜采用油罐直接自流灌装方式。

10.2.2 油桶灌装场所的设计,应符合下列规定:
 1 甲、乙、丙 A 类油品宜在灌油棚(亭)内灌装,并可在同一座灌油棚(亭)内灌装。
 2 润滑油宜在室内灌装,其灌桶间宜单独设置。

10.2.3 灌装200L油桶的时间应符合下列规定:
 1 甲、乙、丙 A 类油品宜为1min。
 2 润滑油宜为3min。
 3 灌油枪出口流速不得大于4.5m/s。

10.3 桶装油品库房

10.3.1 空、重桶的堆放,应满足灌装作业及油桶收发作业的要求。空桶的堆放量宜为1d的灌装量,重桶的堆放量宜为3d的灌装量。

10.3.2 空桶可露天堆放。

10.3.3 重桶应堆放在库房(棚)内。重桶库房(棚)的设计,应符合下列规定:
 1 当甲、乙类油品重桶与丙类油品重桶储存在同一栋库房内时,两者之间应设防火墙。
 2 甲、乙类油品的重桶库房,不得建地下或半地下式。
 3 重桶库房应为单层建筑。当丙类油品的重桶库房采用二级耐火等级时,可为双层建筑。

  4 油品重桶库房应设外开门。丙类油品重桶库房,可在墙外侧设推拉门。建筑面积大于或等于 $100m^2$ 的重桶堆放间,门的数量不应少于 2 个,门宽不应小于 2m,并应设置斜坡式门槛,门槛应选用非燃烧材料,且应高出室内地坪 0.15m。

  5 重桶库房的单栋建筑面积不应大于表 10.3.3 的规定。

表 10.3.3 重桶库房单栋建筑面积

油品类别	耐火等级	建筑面积(m^2)	防火墙隔间面积(m^2)
甲	二级	750	250
乙	二级	2000	500
	三级	500	250
丙	二级	4000	1000
	三级	1200	400

10.3.4 油桶的堆码应符合下列规定:

  1 空桶宜卧式堆码。堆码层数宜为 3 层,且不得超过 6 层。

  2 重桶应立式堆码。机械堆码时,甲类油品不得超过 2 层,乙类和丙 A 类油品不得超过 3 层,丙 B 类油品不得超过 4 层。人工堆码时,各类油品均不得超过 2 层。

  3 运输油桶的主要通道宽度,不应小于 1.8m,桶垛之间的辅助通道宽度,不应小于 1.0m。桶垛与墙柱之间的距离,应为 0.25~0.5m。

  4 单层的重桶库房净空高度不得小于 3.5m。油桶多层堆码时,最上层距屋顶构件的净距不得小于 1m。

11 车间供油站

11.0.1 设置在企业厂房内的车间供油站,应符合下列规定:

  1 甲、乙类油品的储存量,不应大于车间 2d 的需用量,且不应大于 $2m^3$。

  2 丙类油品的储存量不宜大于 $10m^3$。

  3 车间供油站应靠厂房外墙布置,并应设耐火极限不低于 3h 的非燃烧体墙和耐火极限不低于 1.5h 的非燃烧体屋顶。

  4 储存甲、乙类油品的车间供油站,应为单层建筑,并应设直接向外的出入口和防止油品流散的设施。

  5 存油量不大于 $5m^3$ 的丙类油品储罐(箱),可直接设置在丁、戊类生产厂房内的固定地点。

  6 油罐的通气管管口应设在室外,甲、乙类油品储罐的通气管管口应高出屋面 1m,与厂房门、窗之间的距离不应小于 4m。

  7 油罐和油泵的距离可不受限制。

11.0.2 设置在企业厂房外的车间供油站,应符合下列规定:

  1 车间供油站与本企业建筑物、构筑物、交通线等的安全距离,应符合本规范第 4.0.8 条的规定;站内布置应符合本规范第 5.0.3 条的规定。

  2 甲、乙类油品储罐的容量不大于 $20m^3$ 且油罐为埋地卧式油罐或丙类油品储罐的容量不大于 $100m^3$ 时,站内油罐、油泵房与本车间厂房、厂内道路等的防火距离以及站内油罐、油泵房之间的防火距离可适当减小,但应符合下列规定:

   1) 站内油罐、油泵房与本车间厂房、厂内道路等的防火距离,不应小于表 11.0.2 的规定;

   2) 油泵房与地上油罐的防火距离不应小于 5m;

   3) 油泵房与埋地卧式油罐的防火距离不应小于 3m;

   4) 布置在露天或棚内的油泵与油罐的距离可不受限制。

  3 车间供油站应设高度不低于 1.6m 的站区围墙。当厂房外墙兼作站区围墙时,厂房外墙地坪以上 6m 高度范围内,不应有门、窗、孔洞。工厂围墙兼作站区围墙时,油罐、油泵房与工厂围墙的距离应符合本规范第 5.0.3 条的规定。

表 11.0.2 站内油罐、油泵房与本车间厂房、厂内道路等的防火距离(m)

名称		油品类别	一、二级厂房	厂房内明火或散发火花地点	站区围墙	厂内道路
油罐	埋地卧式	甲、乙	3	18.5	3	5
		丙	3	8		
	地上式	丙	6	17.5		
油泵房		甲、乙	3	15		
		丙	3	8		

  4 当油泵房与厂房毗邻建设时,油泵房应采用耐火极限不低于 3h 的非燃烧体墙和不低于 1.5h 非燃烧体屋顶。对于甲、乙类油品的泵房,尚应设有直接向外的出入口。

  5 甲、乙类油品埋地卧式油罐的通气管管口应高出地面 4m 及以上。

12 消防设施

12.1 一般规定

12.1.1 石油库应设消防设施。石油库的消防设施设置,应根据石油库等级、油罐型式、油品火灾危险性以及与邻近单位的消防协作条件等因素综合考虑确定。

12.1.2 石油库的油罐应设置泡沫灭火设施;缺水少电及偏远地区的四、五级石油库中,当设置泡沫灭火设施较困难时,亦可采用烟雾灭火设施。

12.1.3 泡沫灭火系统的设置,应符合下列规定:

  1 地上式固定顶油罐、内浮顶油罐应设低倍数泡沫灭火系统或中倍数泡沫灭火系统。

  2 浮顶油罐宜设低倍数泡沫灭火系统;当采用中心软管配置泡沫混合液的方式时,亦可设中倍数泡沫灭火系统。

  3 覆土油罐可设高倍数泡沫灭火系统。

12.1.4 油罐的泡沫灭火系统设施的设置方式,应符合下列规定:

  1 单罐容量大于 $1000m^3$ 的油罐应采用固定式泡沫灭火系统。

  2 单罐容量小于或等于 $1000m^3$ 的油罐可采用半固定式泡沫灭火系统。

  3 卧式油罐、覆土油罐、丙 B 类润滑油罐和容量不大于 $200m^3$ 的地上油罐,可采用移动式泡沫灭火系统。

  4 当企业有较强的机动消防力量时,其附属石油库的油罐可采用半固定式或移动式泡沫灭火系统。

12.1.5 油罐应设消防冷却水系统。消防冷却水系统的设置应符合下列规定:

  1 单罐容量不小于 $5000m^3$ 或罐壁高度不小于 17m 的油罐,应设固定式消防冷却水系统。

  2 单罐容量小于 $5000m^3$ 且罐壁高度小于 17m 的油罐,可设移动式消防冷却水系统或固定式水枪与移动式水枪相结合的消防冷却水系统。

12.1.6 石油库所属的油品装卸码头的消防设施应符合下列规定:

  1 石油库所属的油品装卸码头等于或大于 5000t 级时,消防设施可按现行国家标准《石油化工企业设计防火规范》GB 50160 中油品装卸码头消防的有关规定执行。

  2 石油库所属的油品装卸码头小于 5000t 级时,应配置 30L/s 的移动喷雾水炮 1 只和 500L 推车式压力比例混合泡沫装置 1 台。

  3 四、五级石油库所属的油品装卸码头,应配置 7.5L/s 喷雾水枪 2 只和 200L 推车式压力比例混合泡沫装置 1 台。

12.2 消防给水

12.2.1 一、二、三、四级石油库应设独立消防给水系统。

12.2.2 五级石油库的消防给水可与生产、生活给水系统合并设置。缺水少电的山区五级石油库的立式油罐可只设烟雾灭火设施，不设消防给水系统。

12.2.3 当石油库采用高压消防给水系统时，给水压力不应小于在达到设计消防水量时最不利点灭火所需要的压力；当石油库采用低压消防给水系统时，应保证每个消火栓出口处在达到设计消防水量时，给水压力不应小于0.15MPa。

12.2.4 消防给水系统应保持充水状态。严寒地区的消防给水管道，冬季可不充水。

12.2.5 一、二、三级石油库罐区的消防给水管道应环状敷设；四、五级石油库油罐区的消防给水管道可枝状敷设；山区石油库的单罐容量小于或等于5000m³且油罐单排布置的油罐区，其消防给水管道可枝状敷设。一、二、三级石油库油罐区的消防水环形管道的进水管道不应少于2条，每条管道应能通过全部消防用水量。

12.2.6 石油库的消防用水量，应按油罐区消防用水量计算确定。油罐区的消防用水量，应为扑救油罐火灾配置泡沫最大用水量与冷却油罐最大用水量的总和。但五级石油库消防用水量应按油罐消防用水量与库内建、构筑物的消防计算用水量的较大值确定。

12.2.7 油罐的消防冷却水的供应范围，应符合下列规定：

1 着火的地上固定顶油罐以及距该油罐罐壁不大于1.5D（D为着火油罐直径）范围内相邻的地上油罐，均应冷却。当相邻的地上油罐超过3座时，可按其中较大的3座相邻油罐计算冷却水量。

2 着火的浮顶、内浮顶油罐应冷却，其相邻油罐可不冷却。当着火的浮顶油罐、内浮顶油罐浮盘为浅盘或浮舱用易熔材料制作时，其相邻油罐也应冷却。

3 距着火的浮顶油罐、内浮顶油罐罐壁距离小于0.4D（D为着火油罐与相邻油罐两者中较大的直径）范围内的相邻油罐受火焰辐射热影响比较大的局部应冷却。

4 着火的覆土油罐及其相邻的覆土油罐可不冷却，但应考虑灭火时的保护用水量（指人身掩护和冷却地面及油罐附件的水量）。

5 着火的地上卧式油罐应冷却；距着火罐直径与长度之和的1/2范围内的相邻油罐也应冷却。

12.2.8 油罐的消防冷却水供水范围和供给强度应符合下列规定：

1 地上立式油罐消防冷却水供水范围和供给强度不应小于表12.2.8的规定：

表12.2.8 地上立式油罐消防冷却水供水范围和供给强度

油罐及消防冷却形式		供水范围	供给强度	附 注
移动式水枪冷却	着火罐	固定顶罐	罐周全长	0.6(0.8)L/s·m	—
		浮顶罐 内浮顶罐	罐周全长	0.45(0.6)L/s·m	浮盘为浅盘式或浮舱用易熔材料制作的内浮顶罐按固定顶罐计算
	相邻罐	不保温	罐周半长	0.35(0.5)L/s·m	
		保温		0.2L/s·m	
固定式冷却	着火罐	固定顶罐	罐壁表面积	2.5L/min·m²	
		浮顶罐 内浮顶罐	罐壁表面积	2.0L/min·m²	浮盘为浅盘式或浮舱用易熔材料制作的内浮顶罐按固定顶罐计算
	相邻罐		罐壁表面积的1/2	2.0L/min·m²	按实际冷却面积计算，但不得小于罐壁表面积的1/2

注：1 移动式水枪冷却栏中供给强度是按使用φ16mm水枪确定的，括号内数据为使用φ19mm水枪的数据。
2 着火罐单支水枪保护范围φ16mm为8~10m，φ19mm为9~11m；邻近罐单支水枪保护范围φ16mm为14~20m，φ19mm为15~25m。

2 覆土油罐的保护用水供给强度不应小于0.3L/s·m，用水量计算长度应为最大油罐的周长。

3 着火的地上卧式油罐的消防冷却水供给强度不应小于6L/min·m²，其相邻油罐的消防冷却水供给强度不应小于3L/min·m²。冷却面积应按油罐投影面积计算。

4 距着火的浮顶油罐、内浮顶油罐罐壁0.4D（D为着火油罐与相邻油罐两者中较大油罐的直径）范围内的所有相邻油罐的冷却水量总和不应小于45L/s。

5 油罐的消防冷却水供给强度应根据设计所选用的设备进行校核。

12.2.9 油罐采用固定消防冷却方式时，冷却水管安装应符合下列规定：

1 油罐抗风圈或加强圈没有设置导流施时，其下面应设冷却喷水环管。

2 冷却喷水环管上宜设置膜式喷头，喷头布置间距不宜大于2m，喷头的出水压力不应小于0.1MPa。

3 油罐冷却水的进水立管下端应设清扫口。清扫口下端应高于罐基础顶面，其高差不应小于0.3m。

4 消防冷却水管道上应设控制阀和放空阀。控制阀应设在防火堤外，放空阀宜设在防火堤外。消防冷却水以地面水为水源时，消防冷却水管道上宜设置过滤器。

12.2.10 消防冷却水最小供给时间，应符合下列规定：

1 直径大于20m的地上固定顶油罐（包括直径大于20m的浮盘为浅盘或浮舱用易熔材料制作的内浮顶油罐）应为6h，其他地上立式油罐可为4h。

2 地上卧式油罐应为1h。

12.2.11 石油库消防泵的设置应符合下列规定：

1 一、二、三级石油库的消防泵应设2个动力源。

2 消防冷却水泵、泡沫混合液泵应采用正压启动或自吸启动，当采用自吸启动时，自吸时间不宜大于45s。

3 消防冷却水泵、泡沫混合液泵应各设1台备用泵。当消防冷却水泵与泡沫混合液泵的压力、流量接近时，可共用1台备用泵。备用泵的流量、扬程不应小于最大工作泵的能力。四、五级石油库可不设备用泵。

12.2.12 当多台消防水泵的吸水管共用1条泵前主管道时，该管道应有2条支管道接入水池，且每条支管道应能通过全部用水量。

12.2.13 石油库设有消防水池时，其补水时间不应超过96h。水池容量大于1000m³时，应分隔为2个池，并应用带阀门的连通管连通。

12.2.14 消防冷却水系统应设置消火栓。消火栓的设置应符合下列规定：

1 移动式消防冷却水系统的消火栓设置数量，应按油罐冷却灭火所需消防水量及消火栓保护半径确定，消火栓的保护半径不应大于120m，且距着火罐罐壁15m内的消火栓不应计算在内。

2 固定式消防冷却水系统所设置的消火栓的间距不应大于60m。

3 寒冷地区消防水管道上设置的消火栓应有防冻、放空措施。

12.3 油罐的泡沫灭火系统

12.3.1 泡沫混合装置宜采用压力比例泡沫混合或平衡比例泡沫混合等流程。

12.3.2 内浮顶油罐泡沫发生器的数量不应少于2个，且宜对称布置。

12.3.3 单罐容量等于或大于50000m³的浮顶油罐，泡沫灭火系统可采用手动操作或遥控方式；单罐容量等于或大于100000m³的浮顶油罐，泡沫灭火系统应采用自动控制方式。

12.3.4 油罐的低倍数泡沫灭火系统设计，除应执行本规范规定外,尚应符合现行国家标准《低倍数泡沫灭火系统设计规范》GB 50151的有关规定。

12.3.5 油罐的中倍数泡沫灭火系统设计应执行现行国家标准《高倍数、中倍数泡沫灭火系统设计规范》GB 50196,并应符合下列规定:

1 泡沫液储备量不应小于油罐灭火设备在规定时间内的泡沫液用量、扑救该油罐流散液体火灾所需泡沫枪在规定时间内的泡沫液用量以及充满泡沫混合液管道的泡沫液用量之和。

2 着火的固定顶油罐及浮盘为浅盘或舱舱用易熔材料制作的内浮顶油罐,中倍数泡沫混合液供给强度和连续供给时间不应小于表 12.3.5-1 的规定。

表 12.3.5-1 中倍数泡沫混合液供给强度和连续供给时间

油品类别	泡沫混合液供给强度(L/min·m³)		连续供给时间(min)
	固定式、半固定式	移动式	
甲、乙、丙	4	5	15

3 着火的浮顶、内浮顶油罐的中倍数泡沫混合液流量,应按罐壁与堰板之间的环形面积计算。中倍数泡沫混合液供给强度、泡沫产生器保护周长和连续供给时间不应小于表 12.3.5-2 的规定。

表 12.3.5-2 中倍数泡沫混合液供给强度、泡沫产生器保护周长和连续供给时间

泡沫产生器混合液流量(L/s)	泡沫混合液供给强度(L/min·m²)	保护周长(m)	连续供给时间(min)
1.5	4	15	15
3	4	30	15

4 扑救油品流散火灾用的中倍数泡沫枪数量、连续供给时间,不应小于表 12.3.5-3 的规定。

表 12.3.5-3 中倍数泡沫枪数量和连续供给时间

油罐直径(m)	泡沫枪流量(L/s)	泡沫枪数量(支)	连续供给时间(min)
≤15	4	1	15
>15	4	2	15

12.3.6 内浮顶油罐和直径大于 20m 的固定顶油罐的中倍数泡沫产生器宜均匀布置。当数量大于或等于 3 个时,可 2 个共用 1 根管道引至防火堤外。

12.3.7 覆土油罐灭火药剂宜采用合成型高倍数泡沫液;地上式油罐的中倍数泡沫灭火药剂宜采用蛋白型中倍数泡沫液。

12.3.8 当覆土油罐采用高倍数泡沫灭火系统时,应符合下列规定:

1 出入口和通风口的泡沫封堵宜采用 2 台高倍数泡沫发生器。

2 无消防车的石油库宜配备 1 台 500L 推车式压力比例泡沫混合装置、1 台 18.375kW 手抬机动泵,以及不小于 50m³ 的消防储备水量。

3 单罐容量等于或大于 5000m³ 油罐的高倍数泡沫液储量不宜小于 1m³;单罐容量小于 5000m³ 油罐的高倍数泡沫液储量不宜小于 0.5m³。

4 每个出入口应配备有灭火毯和砂袋。灭火毯的数量不应少于 5 条,砂袋的数量不应少于 0.5m³/m²。

12.3.9 当油库采用固定式泡沫灭火系统时,尚应配置泡沫勾管、泡沫枪。

12.4 灭火器材配置

12.4.1 石油库应配置灭火器。

12.4.2 控制室、电话间、化验室宜选用二氧化碳灭火器;其他场所宜选用干粉型或泡沫型灭火器。

12.4.3 灭火器材配置应执行现行国家标准《建筑灭火器配置设计规范》GBJ 140—90(1997年版)的有关规定,且还应符合下列规定:

1 油罐组按防火堤内面积每 400m² 应设 1 具 8kg 手提式干粉灭火器;当计算数量超过 6 具时,可设 6 具。

2 五级石油库主要场所灭火毯、灭火砂配置数量不应少于表 12.4.3 的规定:

表 12.4.3 五级石油库主要场所灭火毯、灭火砂配置数量

场所 灭火器材	罐区	桶装油品库房	油泵房	灌油间	铁路油品装卸栈桥	汽车装油场地	油品装卸码头
灭火毯(块)	2	2	—	3	2	2	1
灭火砂(m³)	2	1	0.5	2	—	1	1

3 四级及以上石油库配备的灭火砂数量应同五级石油库,灭火毯数量在上表所列各场所应按 4~6 块配置。

12.5 消防车设置

12.5.1 消防车辆数量的确定,应符合下列规定:

1 当采用水罐消防车对油罐进行冷却时,水罐消防车的台数应按油罐最大需要水量进行配备。

2 当采用泡沫消防车对油罐进行灭火时,泡沫消防车的台数应按着火油罐最大需要泡沫液量进行配备。

3 设有固定消防系统、油库总容量等于或大于 50000m³ 的二级石油库中,固定顶罐单罐容量不小于 10000m³ 或浮顶罐单罐容量不小于 20000m³ 时,应配备 1 辆泡沫消防车或 1 台泡沫液储量不小于 7000L 的机动泡沫设备。设有固定消防系统的一级石油库中,固定顶罐单罐容量不小于 10000m³ 或浮顶罐单罐容量不小于 20000m³ 时,应配备 2 辆泡沫消防车或 2 台泡沫液储量不小于 7000L 的机动泡沫设备。

4 石油库应和邻近企业或城镇消防站协商组成联防。联防企业或城镇消防站的消防车辆符合下列要求时,可作为油库的消防计算车辆:

1)在接到火灾报警后 5min 内能对着火罐进行冷却的消防车辆;

2)在接到火灾报警后 10min 内能对相邻油罐进行冷却的消防车辆;

3)在接到火灾报警后 20min 内能对着火油罐提供泡沫的消防车辆。

12.5.2 消防车库的位置,应能满足接到火灾报警后,消防车到达火场的时间不超过 5min 的要求。

12.6 其 他

12.6.1 石油库内应设消防值班室。消防值班室内应设专用受警录音电话。

12.6.2 一、二、三级石油库的消防值班室应与消防泵房控制室或消防车库合并设置,四、五级石油库的消防值班室可和油库值班室合并设置。消防值班室与油库值班调度室、城镇消防站之间应设直通电话。油库总容量等于或大于 50000m³ 的石油库的报警信号应在消防值班室显示。

12.6.3 储油区、装卸区和辅助生产区的值班室内,应设火灾报警电话。

12.6.4 储油区和装卸区内,宜设置户外手动报警设施。单罐容量等于或大于 50000m³ 的浮顶油罐应设火灾自动报警系统。

12.6.5 石油库火灾自动报警系统设计,应符合现行国家标准《火灾自动报警系统设计规范》GB 50116 的规定。

12.6.6 缺水少电及偏远地区的四、五级石油库采用烟雾灭火设施时,应符合下列规定:

1 立式油罐不应多于 5 个,且甲类和乙 A 类油品储罐单罐容量不应大于 700m³,乙 B 和丙类油品储罐单罐容量不应大于 2000m³。

2 当 1 座油罐安装多个发烟器时,发烟器必须联动,且宜对

称布置。

3 烟雾灭火的药剂强度及安装方式,应符合有关产品的使用要求和规定。

4 药剂损失系数应为1.1~1.2。

12.6.7 石油库内的集中控制室、变配电间、电缆夹层等场所采用气溶胶灭火装置时,气溶胶喷放出口温度不得大于80℃。

13 给水、排水及含油污水处理

13.1 给 水

13.1.1 石油库的水源应就近选用地下水、地表水或城镇自来水。水源的水质应分别符合生活用水、生产用水和消防用水的水质标准。企业附属石油库的给水,应由该企业统一考虑。石油库选用城镇自来水做水源时,水管进入石油库处的压力不应低于0.12MPa。

13.1.2 石油库的生产和生活用水水源,宜合并建设。当生产区和生活区相距较远或合并建设在技术经济上不合理时,亦可分别设置。

13.1.3 石油库水源工程供水量的确定,应符合下列规定:

1 石油库的生产用水量和生活用水量应按最大小时用水量计算。

2 石油库的生产用水量应根据生产过程和用水设备确定。

3 石油库的生活用水量宜按25~35升/人·班,用水时间为8h,时间变化系数为2.5~3.0计算。洗浴用水量宜按40~60升/人·班,用水时间为1h计算。由石油库供水的附属居民区的生活用水量,宜按当地用水定额计算。

4 消防、生产及生活用水采用同一水源时,水源工程的供水量应按最大消防用水量的1.2倍计算确定。当采用消防水池时,应按消防水池的补充水量、生产用水量及生活用水量总和的1.2倍计算确定。

5 当消防与生产采用同一水源,生活用水采用另一水源时,消防与生产用水的水源工程的供水量应按最大消防用水量的1.2倍计算确定。采用消防水池时,应按消防水池的补充水量与生产用水量总和的1.2倍计算确定。生活用水水源工程的供水量应按生活用水量的1.2倍计算确定。

6 当消防用水采用单独水源、生产与生活用水合用另一水源时,消防用水水源工程的供水量,应按最大消防用水量的1.2倍计算确定。设消防水池时,应按消防水池补充水量的1.2倍计算确定。生产与生活用水水源工程的供水量,应按生产用水量与生活用水量之和的1.2倍计算确定。

13.2 排 水

13.2.1 石油库的含油与不含油污水,必须采用分流制排放。含油污水应采用管道排放。未被油品污染的地面雨水和生产废水可采用明渠排放,但在排出石油库围墙之前必须设置水封装置。水封装置与围墙之间的排水通道必须采用暗渠或暗管。

13.2.2 覆土油罐室和人工洞油罐室应设排水管,并在罐室外设置阀门等切断装置。

13.2.3 油罐区防火堤内的含油污水管道引出防火堤时,应在堤外采取防止油品流出罐区的切断措施。

13.2.4 含油污水管道应在下列各处设置水封井:

1 油罐组防火堤或建筑物、构筑物的排水管出口处。

2 支管与干管连接处。

3 干管每隔300m处。

13.2.5 石油库的污水管道在通过石油库围墙处应设置水封井。

13.2.6 水封井的水封高度不应小于0.25m。水封井应设沉泥段,沉泥段自最低的管底算起,其深度不应小于0.25m。

13.3 含油污水处理

13.3.1 石油库的含油污水(包括接受油船上的压舱水和洗舱水)必须经过处理,达到现行的国家排放标准后才能排放。

13.3.2 处理含油污水的构筑物或设备,宜采用密闭式或加设盖板。

13.3.3 含油污水处理,应根据污水的水质和水量,选用相应的调节、隔油过滤等设施。对于间断排放的含油污水,宜设调节池。调节、隔油等设施宜结合总平面和地形条件集中布置。当含油污水中含有其他有毒物质时,尚应采用其他相应的处理措施。

13.3.4 在石油库污水排放处,应设置取样点或检测水质和测量水量的设施。

14 电气装置

14.1 供 配 电

14.1.1 石油库输油作业的供电负荷等级宜为三级,不能中断输油作业的石油库供电负荷等级应为二级。一、二、三级石油库应设置供信息系统使用的应急电源。

14.1.2 石油库的供电宜采用外接电源。当采用外接电源有困难或不经济时,可采用自备电源。

14.1.3 一、二、三级石油库的消防泵站应设事故照明电源,事故照明可采用蓄电池作备用电源,其连续供电时间不应少于20min。

14.1.4 10kV以上的露天变配电装置应独立设置。10kV及以下的变配电装置的变配电间与易燃油品泵房(棚)相毗邻时,应符合下列规定:

1 隔墙应为非燃烧材料建造的实体墙。与配电间无关的管道,不得穿过隔墙。所有穿墙的孔洞,应用非燃烧材料严密填实。

2 变配电间的门窗应向外开。其门窗应设在泵房的爆炸危险区域以外,如窗设在爆炸危险区以内,应设密闭固定窗。

3 配电间的地坪应高于油泵房室外地坪0.6m。

14.1.5 石油库主要生产作业场所的配电电缆应采用铜芯电缆,并宜采用直埋或电缆沟充砂敷设。直埋电缆的埋设深度,一般地段不应小于0.7m,在耕种地段不宜小于1.0m,在岩石非耕地段不应小于0.5m。电缆与地上输油管道同架敷设时,该电缆应采用阻燃或耐火型电缆,且电缆与管道之间的净距不应小于0.2m。

14.1.6 电缆不得与输油管道、热力管道同沟敷设。

14.1.7 石油库内建筑物、构筑物爆炸危险区域的等级及电气设备选型,应按现行国家标准《爆炸和火灾危险环境电力装置设计规范》GB 50058执行,其爆炸危险区域的等级范围划分应符合本规范附录B的规定。

14.1.8 人工洞石油库油罐区的主巷道、支巷道、油罐操作间、油泵房和通风机房等处的照明灯具、接线盒、开关等,当无防爆要求时,应采用防水防尘型,其防护等级不应低于IP44级。

14.2 防 雷

14.2.1 钢油罐必须做防雷接地,接地点不应少于2处。

14.2.2 钢油罐接地点沿油罐周长的间距,不宜大于30m,接地电阻不宜大于10Ω。

14.2.3 储存易燃油品的油罐防雷设计,应符合下列规定:

1 装有阻火器的地上卧式油罐的壁厚和地上固定顶钢油罐的顶板厚度等于或大于4mm时,不应装设避雷针。铝顶油罐和顶板厚度小于4mm的钢油罐,应装设避雷针(网)。避雷针(网)应保护整个油罐。

2 浮顶油罐或内浮顶油罐不应装设避雷针,但应将浮顶与罐体用2根导线做电气连接。浮顶油罐连接导线应选用横截面不于于25mm²的软铜复绞线。对于内浮顶油罐,钢质浮盘油罐连接导线应选用横截面不小于16mm²的软铜复绞线;铝质浮盘油罐连接导线应选用直径不小于1.8mm的不锈钢钢丝绳。

3 覆土油罐的罐体及罐室的金属构件以及呼吸阀、量油孔等金属附件,应做电气连接并接地,接地电阻不宜大于10Ω。

14.2.4 储存可燃油品的钢油罐,不应装设避雷针(线),但必须做防雷接地。

14.2.5 装于地上钢油罐上的信息系统的配线电缆应采用屏蔽电缆。电缆穿钢管配线时,其钢管上下2处应与罐体做电气连接并接地。

14.2.6 石油库内信息系统的配电线路首末端需与电子器件连接时,应装设与电子器件耐压水平相适应的过电压保护(电涌保护)器。

14.2.7 石油库内的信息系统配线电缆,宜采用铠装屏蔽电缆,且宜直接埋地敷设。电缆金属外皮两端及在进入建筑物处应接地。当电缆采用穿钢管敷设时,钢管两端及在进入建筑物处应接地。建筑物内电气设备的保护接地与防感应雷接地应共用一个接地装置,接地电阻值应按其中的最小值确定。

14.2.8 油罐上安装的信息系统装置,其金属的外壳应与油罐体做电气连接。

14.2.9 石油库的信息系统接地,宜就近与接地汇流排连接。

14.2.10 储存易燃油品的人工洞石油库,应采取下列防止高电位引入的措施:

1 进出洞内的金属管道从洞口算起,当其洞外埋地长度超过$2\sqrt{\rho}$m(ρ为埋地电缆或金属管道处的土壤电阻率Ω·m)且不小于15m时,应在进入洞口处做1处接地。在其洞外部分不埋地或埋地长度不足$2\sqrt{\rho}$m时,除在进入洞口处做1处接地外,还应在洞外做2处接地,接地点间距不应小于50m,接地电阻不宜大于20Ω。

2 电力和信息线路应采用铠装电缆埋地引入洞内。洞口电缆的外皮应与洞内的油罐、输油管道的接地装置相连。若由架空线路转换为电缆埋地引入洞内时,从洞口算起,当其洞外埋地长度超过$2\sqrt{\rho}$m时,电缆金属外皮在进入处应做接地。当埋地长度不足$2\sqrt{\rho}$m时,电缆金属外皮除在进入洞口处做接地外,还应在洞外做2处接地,接地点间距不应小于50m,接地电阻不宜大于20Ω。电缆与架空线路的连接处,应装设过电压保护器。过电压保护器、电缆外皮和瓷瓶铁脚,应做电气连接并接地,接地电阻不宜大于10Ω。

3 人工洞石油库油罐的金属通气管和金属通风管的露出洞外部分,应装设独立避雷针。爆炸危险1区应在避雷针的保护范围以内。避雷针的尖端应设在爆炸危险2区之外。

14.2.11 易燃油品泵房(棚)的防雷,应符合下列规定:

1 油泵房(棚)应采用避雷带(网)。避雷带(网)的引下线不应少于2根,并应沿建筑物四周均匀对称布置,其间距不应大于18m。网格不应大于10m×10m或12m×8m。

2 进出油泵房(棚)的金属管道、电缆的金属外皮或架空电缆金属槽,在泵房(棚)外侧应做1处接地,接地装置应与保护接地装置及防感应雷接地装置合用。

14.2.12 可燃油品泵房(棚)的防雷,应符合下列规定:

1 在平均雷暴日大于40d/a的地区,油泵房(棚)宜装设避雷带(网)防直击雷。避雷带(网)的引下线不应少于2根,其间距不应大于18m。

2 进出油泵房(棚)的金属管道、电缆的金属外皮或架空电缆金属槽,在泵房(棚)外侧应做1处接地,接地装置宜与保护接地装置及防感应雷接地装置合用。

14.2.13 装卸易燃油品的鹤管和油品装卸栈桥(站台)的防雷,应符合下列规定:

1 露天装卸油作业的,可不装设避雷针(带)。

2 在棚内进行装卸油作业的,应装设避雷针(带)。避雷针(带)的保护范围应为爆炸危险1区。

3 进入油品装卸区的输油(气)管道在进入点应接地,接地电阻不应大于20Ω。

14.2.14 在爆炸危险区域内的输油(油气)管道,应采取下列防雷措施:

1 输油(油气)管道的法兰连接处应跨接。当不少于5根螺栓连接时,在非腐蚀环境下可不跨接。

2 平行敷设于地上或管沟的金属管道,其净距小于100mm时,应用金属线跨接,跨接点的间距不应大于30m。管道交叉点净距小于100mm时,其交叉点应用金属线跨接。

14.2.15 石油库生产区的建筑物内400V/230V供配电系统的防雷,应符合下列规定:

1 当电源采用TN系统时,从建筑物内总配电盘(箱)开始引出的配电线路和分支线路必须采用TN-S系统。

2 建筑物的防雷区,应根据现行国家标准《建筑物防雷设计规范》GB 50057划分。工艺管道、配电线路的金属外壳(保护层或屏蔽层),在各防雷区的界面处应做等电位连接。在各被保护的设备处,应安装与设备耐压水平相适应的过电压(电涌)保护器。

14.2.16 避雷针(网、带)的接地电阻,不宜大于10Ω。

14.3 防 静 电

14.3.1 储存甲、乙、丙A类油品的钢油罐,应采取防静电措施。

14.3.2 钢油罐的防雷接地装置可兼作防静电接地装置。

14.3.3 铁路油品装卸栈桥的首末端及中间处,应与钢轨、输油(油气)管道、鹤管等相互做电气连接并接地。

14.3.4 石油库专用铁路线与电气化铁路接轨时,电气化铁路高压电接触网不宜进入石油库装卸区。

14.3.5 当石油库专用铁路线与电气化铁路接轨,铁路高压接触网不进入石油库专用铁路线时,应符合下列规定:

1 在石油库专用铁路线上,应设置2组绝缘轨缝。第一组设在专用铁路线起始点15m以内,第二组设在进入装卸区前。2组绝缘轨缝的距离,应大于取送车列的总长度。

2 在每组绝缘轨缝的电气化铁路侧,应设1组向电气化铁路所在方向延伸的接地装置,接地电阻不应大于10Ω。

3 铁路油品装卸设施的钢轨、输油管道、鹤管、钢栈桥等应等电位跨接并接地,两组跨接点的间距不应大于20m,每组接地电阻不应大于10Ω。

14.3.6 当石油库专用铁路与电气化铁路接轨,且铁路高压接触网进入石油库专用铁路线时,应符合下列规定:

1 进入石油库的专用电气化铁路线高压接触网应设2组隔离开关。第一组设在与专用铁路线起始点15m以内,第二组设在专用铁路线进入装卸作业前,且与第一个鹤管的距离不应小于30m。隔离开关的入库端应装设避雷器保护。专用线的高压接触网终端距第一个装卸油鹤管,不应小于15m。

2 在石油库专用铁路线上,应设置2组绝缘轨缝及相应的回流开关装置。第一组设在专用铁路线起始点15m以内,第二组设在进入装卸区前。

3 在每组绝缘轨缝的电气化铁路侧,应设1组向电气化铁路所在方向延伸的接地装置,接地电阻不应大于10Ω。

4 专用电气化铁路线第二组隔离开关后的高压接触网,应设置供搭接的接地装置。

5 铁路油品装卸设施的钢轨、输油管道、鹤管、钢栈桥等应做等电位跨接并接地,两组跨接点的间距不应大于20m,每组接地电阻不应大于10Ω。

14.3.7 甲、乙、丙A类油品的汽车油罐车或油桶的灌装设施,应设置与油罐车或油桶跨接的防静电接地装置。

14.3.8 油品装卸码头,应设置与油船跨接的防静电接地装置。此接地装置应与码头上的油品装卸设备的防静电接地装置合用。

14.3.9 地上或管沟敷设的输油管道的始端、末端、分支处以及直线段每隔200～300m处,应设置防静电和防感应雷的接地装置。

14.3.10 地上或管沟敷设的输油管道的防静电接地装置可与防感应雷的接地装置合用,接地电阻不宜大于30Ω,接地点宜设在固定管墩(架)处。

14.3.11 油品装卸场所用于跨接的防静电接地装置,宜采用能检测接地状况的防静电接地仪器。

14.3.12 移动式的接地连接线,宜采用绝缘附套导线,通过防爆开关,将接地装置与油品装卸设施相连。

14.3.13 下列甲、乙、丙A类油品(原油除外)作业场所,应设消除人体静电装置:
 1 泵房的门外。
 2 储罐的上罐扶梯入口处。
 3 装卸作业区内操作平台的扶梯入口处。
 4 码头上下船的出入口处。

14.3.14 当输送甲、乙类油品的管道上装有精密过滤器时,油品自过滤器出口流至装料容器入口应有30s的缓和时间。

14.3.15 防静电接地装置的接地电阻,不宜大于100Ω。

14.3.16 石油库内防雷接地、防静电接地、电气设备的工作接地、保护接地及信息系统的接地等,宜共用接地装置,其接地电阻不应大于4Ω。

15 采暖通风

15.1 采 暖

15.1.1 集中采暖的热媒,应采用热水。特殊情况下可采用低压蒸汽。并充分利用生产余热。

15.1.2 石油库设计集中采暖时,房间的采暖室内计算温度,宜符合表15.1.2的规定。

表15.1.2 房间的采暖室内计算温度

序号	房间名称	采暖室内计算温度(℃)
1	水泵房、消防泵房、柴油发电机间、空气压缩机间,汽车库	5
2	油泵房、铁路油品装卸暖库	≥8
3	灌油间、修洗间、机修间	12
4	计量室、仪表间、化验室、办公室、值班室、休息室	16～18

15.2 通 风

15.2.1 石油库的生产性建筑物应采用自然通风进行全面换气。当自然通风不能满足要求时,可采用机械通风。

15.2.2 易燃油品的泵房和灌油间,除采用自然通风外,尚应设置机械排风进行定期排风,其换气次数不应小于每小时10次。计算换气量时,房间高度高于4m时按4m计算。定期排风耗热量可不予补偿。
 对于易燃油品地上泵房,当其外墙下部设有百叶窗、花隔墙常开孔口时,可不设置机械排风设施。

15.2.3 在集中散发有害物质的操作地点(如修洗桶间、化验室通风柜等),宜采取局部通风措施。

15.2.4 人工洞石油库的洞内,应设置固定式机械通风系统。在一般情况下宜采用机械排风、自然进风。
 机械通风的换气量,应按一个最大罐室的净空间、一个操作间以及油泵房、风机房同时进行通风确定。
 油泵房的机械排风系统,宜与灌室的机械排风系统联合设置。洞内通风系统宜设置备用机组。

15.2.5 人工洞石油库的洞内,应设置清洗油罐的机械排风系统。该系统宜与罐室的机械排风系统联合设置。

15.2.6 人工洞石油库洞内排风系统的出口和油罐的通气管管口必须引至洞外,距洞口的水平距离不应小于20m,并应高于洞口,还应采取防止油气倒灌的措施。

15.2.7 洞内的柴油发电机间,应采用机械通风。柴油机排烟管的出口必须引至洞外,并应高于洞口,还应采取防止烟气倒灌的措施。

15.2.8 洞内的配电间、仪表间,应采用独立隔间,并应采取防潮措施。

15.2.9 通风口的设置应避免在通风区域内产生空气流动死角。

15.2.10 在爆炸危险区域内,风机、电机等所有活动部件应选防爆型,其构造应能防止产生电火花。机械通风系统应采用不燃烧材料制作。风机应采用直接传动或联轴器传动。风管、风机及其安装方式均应采取导静电措施。

15.2.11 设有甲、乙类油品设备的房间内,宜设可燃气体浓度自动检测报警装置,且应与机械通风设备联动,并应设有手动开启装置。

附录A 计算间距的起讫点

A.0.1 道路——路边;
A.0.2 铁路——铁路中心线;
A.0.3 管道——管子中心(指明者除外);
A.0.4 油罐——罐外壁;
A.0.5 各种设备——最突出的外缘;
A.0.6 架空电力和通信线路——线路中心线;
A.0.7 埋地电力和通信电缆——电缆中心;
A.0.8 建筑物或构筑物——外墙轴线;
A.0.9 铁路油罐装卸设施——铁路装卸线中心或端部的装卸油品鹤管;
A.0.10 油品装卸码头——前沿线(靠船的边缘);
A.0.11 铁路油罐车、汽车油罐车的油品装卸鹤管——鹤管的立管中心;
A.0.12 工矿企业、居民区——围墙轴线;无围墙者,建筑物或构筑物外墙轴线。

附录B 石油库内爆炸危险区域的等级范围划分

B.0.1 爆炸危险区域的等级定义应符合现行国家标准《爆炸和火灾危险环境电力装置设计规范》GB 50058 的规定。

B.0.2 易燃油品设施的爆炸危险区域内地坪以下的坑、沟划为1区。

B.0.3 储存易燃油品的地上固定顶油罐爆炸危险区域划分,应符合下列规定(图 B.0.3):
 1 罐内未充惰性气体的油品表面以上空间划为0区。
 2 以通气口为中心、半径为1.5m的球形空间划为1区。
 3 距储罐外壁和顶部3m范围内及储罐外壁至防火堤,其高度为堤顶高的范围内划为2区。

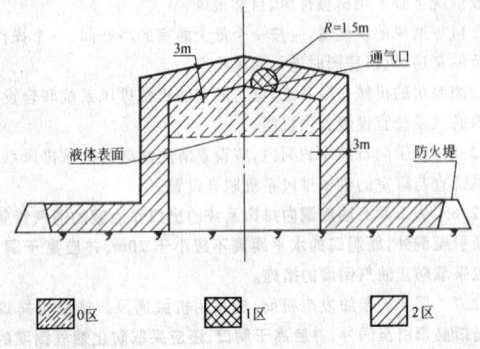

图 B.0.3　储存易燃油品的地上固定顶油罐爆炸危险区域划分

B.0.4　储存易燃油品的内浮顶油罐爆炸危险区域划分,应符合下列规定(图 B.0.4):
　　1　浮盘上部空间及以通气口为中心、半径为1.5m 范围内的球形空间划为1区。
　　2　距储罐外壁和顶部3m 范围内及储罐外壁至防火堤,其高度为堤顶高的范围内划为2区。

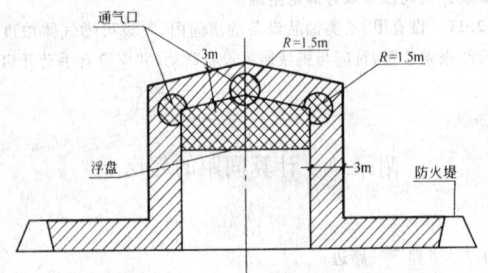

图 B.0.4　储存易燃油品的内浮顶油罐爆炸危险区域划分

B.0.5　储存易燃油品的浮顶油罐爆炸危险区域划分,应符合下列规定(图 B.0.5):
　　1　浮盘上部至罐壁顶部空间为1区。
　　2　距储罐外壁和顶部3m 范围内及储罐外壁至防火堤,其高度为堤顶高的范围内划为2区。

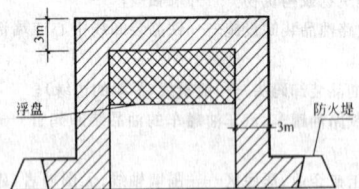

图 B.0.5　储存易燃油品的浮顶油罐爆炸危险区域划分

B.0.6　储存易燃油品的地上卧式油罐爆炸危险区域划分,应符合下列规定(图 B.0.6):
　　1　罐内未充惰性气体的液体表面以上的空间划为0区。
　　2　以通气口为中心、半径为1.5m 的球形空间划为1区。
　　3　距储罐外壁和顶部3m 范围内及储罐外壁至防火堤,其高度为堤顶高的范围内划为2区。

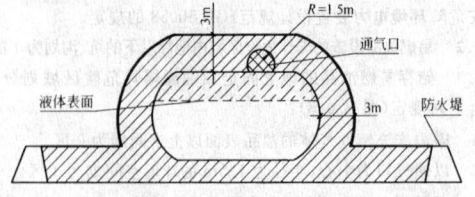

图 B.0.6　储存易燃油品的地上卧式油罐爆炸危险区域划分

B.0.7　易燃油品泵房、阀室爆炸危险区域划分,应符合下列规定(图 B.0.7):
　　1　易燃油品泵房和阀室内部空间划为1区。
　　2　有孔墙或开式墙外与墙等高、L_2 范围以内且不小于3m 的空间及距地坪0.6m 高、L_1 范围以内的空间划为2区。
　　3　危险区边界与释放源的距离应符合表 B.0.7 的规定。

表 B.0.7　危险区边界与释放源的距离

名称	距离(m)			
	L_1		L_2	
工作压力 PN(MPa)	≤1.6	>1.6	≤1.6	>1.6
油泵房	L+3	15	L+3	7.5
阀室	L+3	L+3	L+3	L+3

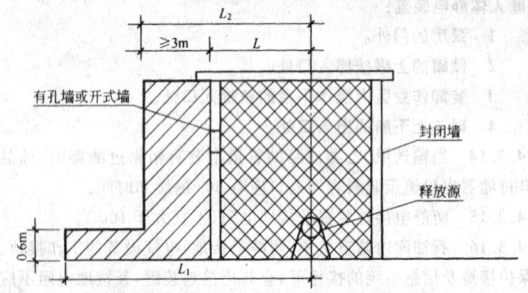

图 B.0.7　易燃油品泵房、阀室爆炸危险区域划分

B.0.8　易燃油品泵棚、露天泵站的泵和配管的阀门、法兰等为释放源的爆炸危险区域划分,应符合下列规定(图 B.0.8):
　　1　以释放源为中心、半径为 R 的球形空间和自地面算起高为0.6m,半径为 L 的圆柱体的范围内划为2区。
　　2　危险区边界与释放源的距离应符合表 B.0.8 的规定。

表 B.0.8　危险区边界与释放源的距离

名称	距离(m)			
	L		R	
工作压力 PN(MPa)	≤1.6	>1.6	≤1.6	>1.6
油泵	3	15	1	7.5
法兰、阀门	3	3	1	1

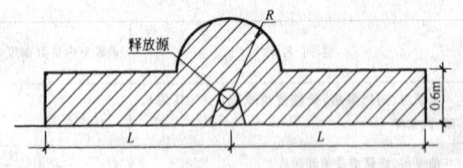

图 B.0.8　易燃油品泵棚、露天泵站的泵及配管的阀门、法兰等为释放源的爆炸危险区域划分

B.0.9　易燃油品灌桶间爆炸危险区域划分,应符合下列规定(图 B.0.9):

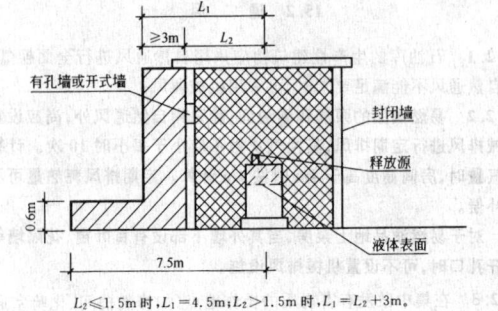

L_2≤1.5m 时,L_1=4.5m;L_2>1.5m 时,L_1=L_2+3m。

图 B.0.9　易燃油品灌桶间爆炸危险区域划分

1 油桶内液体表面以上的空间划为0区。
2 灌桶间内空间划为1区。
3 有孔墙或开式墙外3m以内与墙等高,且距释放源4.5m以内的室外空间,和自地面算起0.6m高、距释放源7.5m以内的室外空间划为2区。

B.0.10 易燃油品灌桶棚或露天灌桶场所的爆炸危险区域划分,应符合下列规定(图B.0.10):
1 油桶内液体表面以上的空间划为0区。
2 以灌桶口为中心,半径为1.5m的球形空间划为1区。
3 以灌桶口为中心,半径为4.5m的球形并延至地面的空间划为2区。

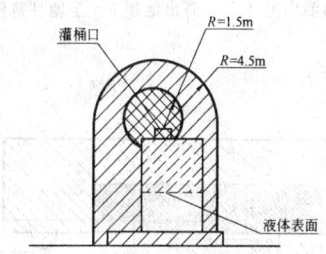

图B.0.10 易燃油品灌桶棚或露天灌桶场所爆炸危险区域划分

B.0.11 易燃油品汽车油罐车库、易燃油品重桶库房的爆炸危险区域划分,应符合下列规定(图B.0.11):
建筑物内空间及有孔或开式墙外1m与建筑物等高的范围内划为2区。

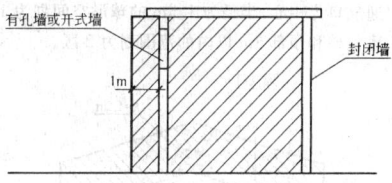

图B.0.11 易燃油品汽车油罐车库、易燃油品重桶库房爆炸危险区域划分

B.0.12 易燃油品汽车油罐车棚、易燃油品重桶堆放棚的爆炸危险区域划分,应符合下列规定(图B.0.12):
棚的内部空间划为2区。

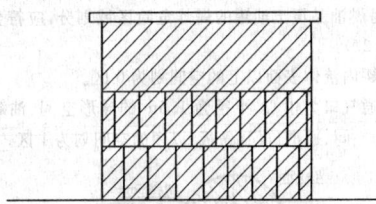

图B.0.12 易燃油品汽车油罐车棚、易燃油品重桶堆放棚爆炸危险区域划分

B.0.13 铁路、汽车油罐车卸易燃油品时爆炸危险区域划分,应符合下列规定(图B.0.13):
1 油罐车内液体表面以上的空间划为0区。
2 以卸油口为中心,半径为1.5m的球形空间和以密闭卸油口为中心,半径为0.5m的球形空间划为1区。
3 以卸油口为中心,半径为3m的球形并延至地面的空间和以密闭卸油口为中心,半径为1.5m的球形并延至地面的空间划为2区。

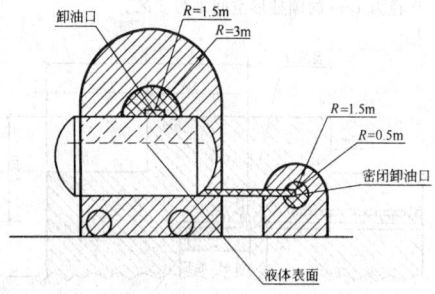

图B.0.13 铁路、汽车油罐车卸易燃油品时爆炸危险区域划分

B.0.14 铁路、汽车油罐车灌装易燃油品时爆炸危险区域划分,应符合下列规定(图B.0.14):
1 油罐车内液体表面以上的空间划为0区。
2 以油罐车灌装口为中心,半径为3m的球形并延至地面的空间划为1区。
3 以灌装口为中心,半径为7.5m的球形空间和以灌装口轴线为中心线、自地面算起高为7.5m、半径为15m的圆柱形空间划为2区。

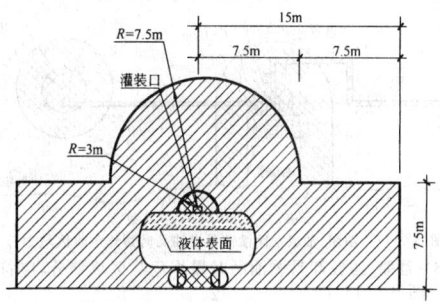

图B.0.14 铁路、汽车油罐车灌装易燃油品时爆炸危险区域划分

B.0.15 铁路、汽车油罐车密闭灌装易燃油品时爆炸危险区域划分,应符合下列规定(图B.0.15):
1 油罐车内液体表面以上的空间划为0区。
2 以油罐车灌装口为中心,半径为1.5m的球形空间和以通气口为中心,半径为1.5m的球形空间划为1区。
3 以油罐车灌装口为中心,半径为4.5m的球形并延至地面的空间和以通气口为中心,半径为3m的球形空间划为2区。

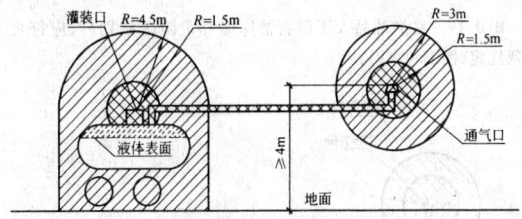

图B.0.15 铁路、汽车油罐车密闭灌装易燃油品时爆炸危险区域划分

B.0.16 油船、油驳灌装易燃油品时爆炸危险区域划分,应符合下列规定(图B.0.16):
1 油船、油驳内液体表面以上的空间划为0区。
2 以油船、油驳的灌装口为中心,半径为3m的球形并延至水面的空间划为1区。
3 以油船、油驳的灌装口为中心,半径为7.5m并高于灌装口7.5m的圆柱形空间和自水面算起7.5m高、以灌装口轴线为中心线、半径为15m的圆柱形空间划为2区。

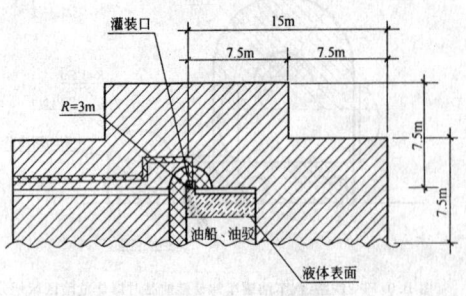

图 B.0.16 油船、油驳灌装易燃油品时爆炸危险区域划分图

B.0.17 油船、油驳密闭灌装易燃油品时爆炸危险区域划分,应符合下列规定(图 B.0.17):

1 油船、油驳内液体表面以上的空间划为0区。

2 以灌装口为中心、半径为1.5m的球形空间及以通气口为中心、半径为1.5m的球形空间划为1区。

3 以灌装口为中心、半径为4.5m的球形并延至水面的空间和以通气口为中心、半径为3m的球形空间划为2区。

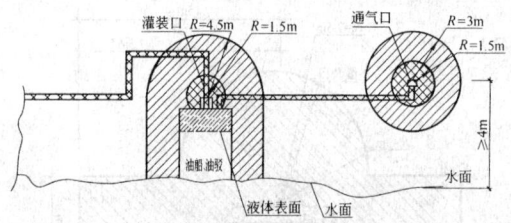

图 B.0.17 油船、油驳密闭灌装易燃油品时爆炸危险区域划分

B.0.18 油船、油驳卸易燃油品时爆炸危险区域划分,应符合下列规定(图 B.0.18):

1 油船、油驳内液体表面以上的空间划为0区。

2 以卸油口为中心、半径为1.5m的球形空间划为1区。

3 以卸油口为中心、半径为3m的球形并延至水面的空间划为2区。

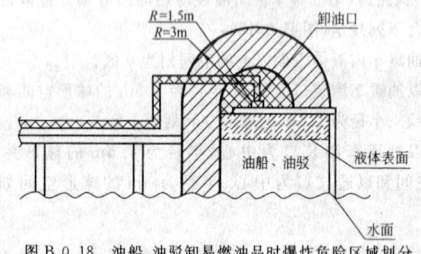

图 B.0.18 油船、油驳卸易燃油品时爆炸危险区域划分

B.0.19 易燃油品人工洞石油库爆炸危险区域划分,应符合下列规定(图 B.0.19):

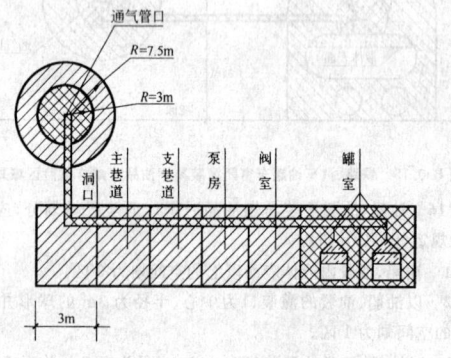

图 B.0.19 易燃油品人工洞石油库爆炸危险区域划分图

1 油罐内液体表面以上的空间划为0区。

2 罐室和阀室内部以及通气口为中心、半径为3m的球形空间划为1区。通风不良的人工洞石油库的洞内空间均应划为1区。

3 通风良好的人工洞石油库的洞内主巷道、支巷道、油泵房、阀室及以通气口为中心、半径为7.5m的球形空间、人工洞口外3m范围内空间划为2区。

B.0.20 易燃油品的隔油池爆炸危险区域划分,应符合下列规定(图 B.0.20):

1 有盖板的隔油池内液体表面以上的空间划为0区。

2 无盖板的隔油池内液体表面以上的空间和距隔油池内壁1.5m、高出池顶1.5m至地坪范围以内的空间划为1区。

3 距隔油池内壁4.5m、高出池顶3m至地坪范围以内的空间划为2区。

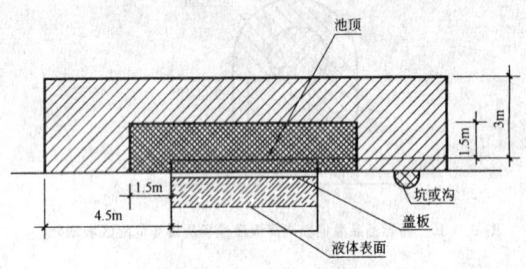

图 B.0.20 易燃油品的隔油池爆炸危险区域划分

B.0.21 含易燃油品的污水浮选罐爆炸危险区域划分,应符合下列规定(图 B.0.21):

1 罐内液体表面以上的空间划为0区。

2 以通气口为中心、半径为1.5m的球形空间划为1区。

3 距罐外壁和顶部3m以内的范围划为2区。

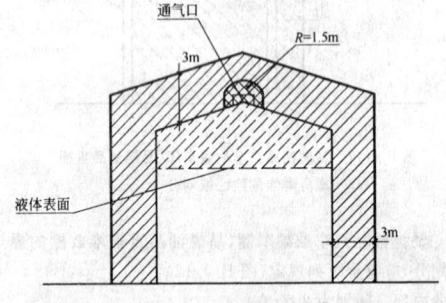

图 B.0.21 含易燃油品的污水浮选罐爆炸危险区域划分

B.0.22 易燃油品覆土油罐的爆炸危险区域划分,应符合下列规定(图 B.0.22):

1 油罐内液体表面以上的空间划为0区。

2 以通气口为中心、半径为1.5m的球形空间、油罐外壁与护体之间的空间、通道口门(盖板)以内的空间划为1区。

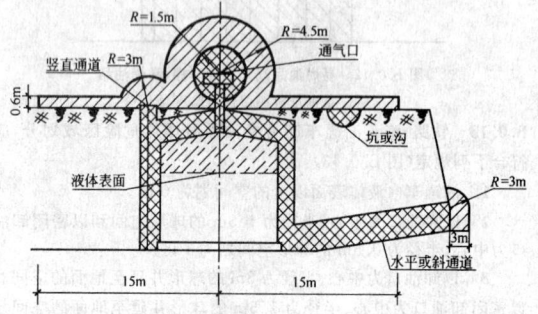

图 B.0.22 易燃油品覆土油罐的爆炸危险区域划分

3 以通气口为中心、半径为4.5m的球形空间、以通道口的门(盖板)为中心、半径为3m的球形并延至地面的空间及以油罐通气口为中心、半径为15m、高0.6m的圆柱形空间划为2区。

B.0.23 易燃油品阀门井的爆炸危险区域划分,应符合下列规定(图B.0.23):

1 阀门井内部空间划为1区。

2 距阀门井内壁1.5m、高1.5m的柱形空间划为2区。

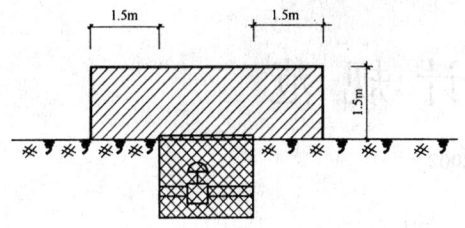

图 B.0.23 易燃油品阀门井爆炸危险区域划分

B.0.24 易燃油品管沟爆炸危险区域划分,应符合下列规定(图B.0.24):

1 有盖板的管沟内部空间划为1区。

2 无盖板的管沟内部空间划为2区。

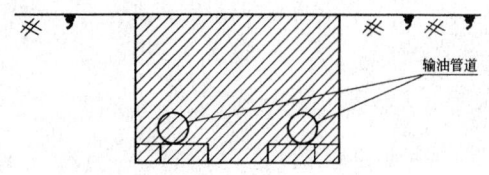

图 B.0.24 易燃油品管沟爆炸危险区域划分

本规范用词说明

1 为便于在执行本规范条文时区别对待,对要求严格程度不同的用词说明如下:

1)表示很严格,非这样做不可的用词:

正面词采用"必须",反面词采用"严禁"。

2)表示严格,在正常情况下均应这样做的用词:

正面词采用"应",反面词采用"不应"或"不得"。

3)表示允许稍有选择,在条件许可时首先应这样做的用词:

正面词采用"宜";反面词采用"不宜";

表示有选择,在一定条件下可以这样做的用词,采用"可"。

2 本规范中指明应按其他有关标准、规范执行的写法为"应符合……的规定"或"应按……执行。"

中华人民共和国国家标准

石油库设计规范

GB 50074—2002

条文说明

目 次

1 总则 ································· 7—12—24
3 一般规定 ···························· 7—12—24
4 库址选择 ···························· 7—12—25
5 总平面布置 ························· 7—12—26
6 油罐区 ································ 7—12—28
7 油泵站 ································ 7—12—31
8 油品装卸设施 ······················ 7—12—32
   8.1 铁路油品装卸设施 ············ 7—12—32
   8.2 汽车油罐车装卸设施 ········· 7—12—33
   8.3 油品装卸码头 ··················· 7—12—34
9 输油及热力管道 ··················· 7—12—35
10 油桶灌装设施 ····················· 7—12—36
   10.1 油桶灌装设施组成和平面
       布置 ································ 7—12—36
   10.2 油桶灌装 ························ 7—12—36
   10.3 桶装油品库房 ·················· 7—12—36
11 车间供油站 ························ 7—12—36

12 消防设施 ··························· 7—12—37
   12.1 一般规定 ························ 7—12—37
   12.2 消防给水 ························ 7—12—39
   12.3 油罐的泡沫灭火系统 ········· 7—12—43
   12.4 灭火器材配置 ·················· 7—12—43
   12.5 消防车设置 ····················· 7—12—43
   12.6 其他 ······························ 7—12—44
13 给水、排水及含油污水处理 ··· 7—12—44
   13.1 给水 ······························ 7—12—44
   13.2 排水 ······························ 7—12—45
   13.3 含油污水处理 ·················· 7—12—45
14 电气装置 ··························· 7—12—45
   14.1 供配电 ··························· 7—12—45
   14.2 防雷 ······························ 7—12—46
   14.3 防静电 ··························· 7—12—47
15 采暖通风 ··························· 7—12—48
   15.1 采暖 ······························ 7—12—48
   15.2 通风 ······························ 7—12—48

1 总　则

1.0.1 本条规定了设计石油库应遵循的原则要求。

石油库属爆炸和火灾危险性设施，所以必须做到安全可靠。技术先进是安全的有效保证，在保证安全的前提下也要兼顾经济效益。本条提出的各项要求是对石油库设计提出的原则要求，设计单位和具体设计人员在设计石油库时，应严格执行本规范的具体规定，采取各种有效措施，达到条文中提出的要求。

1.0.2 本条规定了《石油库设计规范》的适用范围和不适用范围。

1 本次修订对《石油库设计规范》的适用范围做了如下改变：

1）增加了"改建石油库"的设计，也应遵循本规范的规定；

2）把总容量小于 $500m^3$ 的小型石油库纳入到本规范适用范围之中。

2 与1984年版《石油库设计规范》相比，本规范不适用范围有如下变化：

1）取消了使用期限少于5年的临时性石油库和生产装置内部的储油设施的设计不适用范围的规定；

2）增加了石油化工厂厂区内、长距离输油管道和油气田油品储运设施的设计为不适用范围。

3 上述变化有以下情况或理由：

1）建设部关于本次对《石油库设计规范》、《小型石油库及汽车加油站设计规范》的修订文件中，同意把小型石油库的有关内容并入《石油库设计规范》中，这样既完善了《石油库设计规范》标准的内容，方便使用，也避免了大小油库两个标准的不协调、不一致之处；

2）使石油库改建部分工程也有规范可以遵循；

3）相关部门或行业的标准逐步健全，使得这些部门和行业的工程建设有了可遵循的国家标准规范。这样，石油化工厂厂区内、长距离输油管道和油气田的油品储运设施的设计不再使用本规范；

4）出于对安全的考虑，使用期限少于5年的临时性石油库也应该受标准规范的制约；

5）本规范已不再适用于石油化工厂厂区内油品储运设施的设计，生产装置内部储油设施的设计使用规范的问题已不是本规范应该提及的问题了。

1.0.3 这一条规定有两方面的含义：

其一，《石油库设计规范》是专业性技术规范，其适用范围和它规定的技术内容，就是针对石油库设计而制定的，因此设计石油库应该执行《石油库设计规范》的规定。在设计石油库时，如遇到其他标准与本规范在同一问题上作出的规定不一致的情况，执行本规范的规定。

其二，石油库设计涉及的专业较多，接触的面也广，本规范只能规定石油库特有的问题。对于其他专业性较强、且已有国家或行业标准规范作出规定的问题，本规范不便再作规定，以免产生矛盾，造成混乱。本规范明确规定者，按本规范执行；本规范未作规定者，可执行国家现行有关强制性标准的规定。

3　一般规定

3.0.1 关于石油库的等级划分，本次规范修订时作了调整，且与原规范的等级划分有了比较大的改变。一级石油库从 $50000m^3$ 及以上改为 $100000m^3$ 及以上；五级石油库从 $500m^3$ 以下改为 $1000m^3$ 以下；二、三、四级石油库也都适当增加、调整了容量。调整的理由主要是：

随着我国国民经济建设的迅速发展，各地方各部门的用油量都有了很大程度的增长，油罐的单罐容量也在不断地加大，目前最大单罐容量已达到 $100000m^3$。炼油厂的原油处理能力20世纪70年代250万吨/年处理量已是较大的，现在新建炼油厂提出达到1000万吨/年处理能力的要求。国内几十万吨的原油库已不少见，一个县级石油库也可以达到几千吨到上万吨的容量。国外的大石油库也有相当可观的容量，如日本鹿岛原油储备库，库容量为694万 m^3。石油库容量增大了，石油库的等级划分也应随之作适当的调整，以使各级石油库的容量梯度更为合理，更便于对不同库容的石油库提出不同的技术和安全要求。例如，本规范对单罐容量和总容量在 $50000m^3$ 及以上的油库提出了更为严格的安全要求。

3.0.2 石油库储存油品的火灾危险性分类没有根本性变化，只是对乙类油品细化为乙A、乙B类，这是为了适应规范中新增条文的要求而提出的。如要求喷气燃料、灯用煤油等油品应选用浮顶或内浮顶油罐，就有必要把乙类油品划分为乙A、乙B类。在条文中的写法是："储存甲类和乙A类油品的地上油罐，应采用浮顶油罐或内浮顶油罐"。

3.0.3 石油库内生产性建筑物和构筑物的耐火等级部分作了调整。如铁路油品装卸栈桥和汽车油品装卸站台可以采用三级耐火等级，主要是针对铁路油品装卸栈桥和汽车油品装卸站台目前有相当多采用钢质结构的现状而提出的。钢栈桥轻便美观，易于制作，但达不到二级耐火等级的要求；另一方面油品装卸栈桥（或站台）发生火灾造成严重损失的情况很少，故允许铁路油品装卸栈桥和汽车油品装卸站台耐火等级为三级是合理的。

3.0.4 考虑到现在一些石油库有经营少量民用和车用液化石油气的需求，本规范在修订时增加了允许石油库储存少量液化石油气的条文。需要说明的是，允许石油库经营的仅仅是作为民用和车用燃料的液化石油气，不能扩大范围到其他石油化工产品。

3.0.5 本规范没对液化石油气的储存、装卸设施作出具体规定，而是要求执行现行国家标准《石油化工企业设计防火规范》GB 50160的有关规定，因为该规范对液化石油气储运设施的设计已有详细规定，且适用于石油库储存液化石油气这种情况。

4 库 址 选 择

4.0.1 本条原则性规定了石油库库址选择的要求。

由于大部分石油库是位于或靠近城镇，所以石油库建设应符合当地城镇的总体规划，包括地区交通运输规划及公用工程设施的规划等要求。

考虑到石油库的油品在储运及装卸作业中对大气的环境污染以及可能产生油品渗漏、污水排放等对地下水源的污染，所以本条规定了石油库库址应符合环境保护的要求。

4.0.2 由于过去有些企业未经城市规划的同意，在企业内部任意扩大库容或新建油库，因不注意防火，发生重大火灾，不但损失严重，而且危及相邻企业和居住区的安全。为此本条规定了企业附属石油库，应结合该企业主体工程统一考虑，并应符合城镇或工业规划、环境保护与防火安全的要求。

4.0.4 在地震烈度9度及以上的地区不得建造一、二、三级石油库的规定，主要是考虑在这类地区建库如发生强烈地震，油罐破裂的可能性大，对附近工矿企业的安全威胁大，经济损失严重。

4.0.5 现行国家标准《防洪标准》GB 50201—94中第4.0.1条，关于工矿企业的等级和防洪标准是这样规定的：中型规模工矿企业的防洪标准（重现期）为50～20年，小型规模的工矿企业的防洪标准（重现期）为20～10年。因此本条规定一、二、三级石油库的洪水重现期为50年，四、五级石油库的洪水重现期为25年。

另外参照交通部行业标准《海湾总平面设计规范》JTJ 211 99中第4.3.3条，本条增加了沿海等地段石油库库区场地最低设计标准的规定："库区场地的最低设计标高，应高于计算水位1m及以上。在无掩护海岸，还应考虑波浪超高。计算水位应采用高潮累积频率10%的潮位。"因为我国沿海各港因潮型和潮差特点不同，南北方港口遭受台风涌水程度差异较大。南方港口特别是汕头、珠江、湛江和海南岛地区直接遭受台风，涌水增高显著，涌水高度在设计水位以上约1.5～2.0m；而北方沿海港口受台风风力影响较弱，涌水高度较弱，一般涌水高度在设计水位以上1.0m左右，不超过1.3m。所以，库区场地的最低设计标高要结合当地情况确定。

4.0.7 为了减少石油库与周围居住区、工矿企业和交通线在火灾事故中的相互影响，防止油品污染环境、节约用地等，对石油库与周围居住区、工矿企业、交通线等处的安全距离作了规定。表4.0.7中所列安全距离与本规范1984年版的相关规定基本相同。现对表4.0.7说明如下：

1 本次修订，安全距离按油库等级划分为五个档次，虽然各个级别的石油库的库容增大了，但考虑到本次修订提高了安全和消防标准，如本规范1984年版规定："储存甲类油品的地上油罐，宜采用浮顶油罐或内浮顶油罐。"本次修订改为："储存甲类和乙A类油品的地上油罐，应采用浮顶油罐或内浮顶油罐。"此外，还增加了许多保障石油库安全的规定，所以表4.0.7保留本规范1984年版各级石油库的对外安全距离是合适的。这样做还有利于现有石油库进行增容改造。

2 石油库与居住区及公共建筑物的安全距离除了考虑火灾事故的相互影响外，还考虑到石油库储存和装卸油品作业时排出的油气对居住区的空气污染。根据多年实践经验，规定五级油库与居住区及公共建筑物的安全距离为50m是合适的。而随着石油库容量的加大，火灾相互影响也加大，其他级别石油库与居住区及公共建筑物的安全距离依次增为70、80、90和100m。

居住区的规模有大有小，当居住区规模小到一定程度，其与石油库的相互影响就很有限了，所以制定了二、三、四、五级石油库与小规模居住区之间的安全距离可以折减的规定。一级石油库库容没有上限，规模可能很大，与小规模居住区之间的安全距离不宜折减。

3 石油库与工矿企业的安全距离，因各企业生产特点和火灾危险性千差万别，不可能分别规定。本条所作规定，与同级国家标准对比协调，大致相同或相近。

4 对于石油库与国家铁路线及工业企业铁路线的安全距离，由于国家铁路线的重要性和行驶速度、运输量等远大于工业企业铁路线，因此其安全距离也较大，本条按石油库一、二、三、四、五等级依次规定为60、55、50、50、50m。工业企业铁路线的安全距离参照现行国家标准《建筑设计防火规范》GBJ 16—87（2001年版）第4.8.3条中甲、乙类液体储罐距厂外铁路中心线35m，距厂内铁路中心线25m。因此，本条规定石油库与工业企业铁路线的安全距离按石油库一、二、三、四、五等级依次为35、30、25、25、25m。

5 对于石油库与公路的安全距离，由于油罐和油罐车在作业时都散发油气，油罐区和装卸区都属于爆炸和火灾危险场所，公路上可能有明火，为避免它们之间的相互影响，按油库一、二、三、四、五等级分别规定安全距离为25、20、15、15、15m。

6 对于石油库与架空通信线路的安全距离，主要考虑油罐发生火灾时，火焰可高达几十米，对库外通信线路正常通话威胁较大，参照有关部门规定，确定其安全距离不小于40m。

7 对于石油库与架空电力线路和不属于国家一、二级的架空通信线路的安全距离，主要是考虑倒杆事故。据15次倒杆事故统计，倒杆后偏移距离在1m以内的6起，偏移距离在2～3m的4起，偏移距离为半杆高的2起，偏移距离为一杆高的2起，偏移距离大于1倍半杆高的1起。

8 对于石油库与爆破作业场地安全距离，主要考虑爆破石块飞行的距离。

9 石油库的油品装卸区与油罐区相比危险性要小一些，所以规定其与居住区、工矿企业、交通线等的安全距离可以减少25％。石油库的油品装卸区在仅用于卸油作业时，油气散发量很小，与装油作业相比安全得多；单罐容量等于或小于100m³的埋地卧式油罐，容量小，受外界影响小，与油罐区相比也安全得多，发生火灾及火灾造成的损失也小得多，故这两者与居住区、工矿企业、交通线等之间的安全距离减少50％，是合理的也是安全的。

10 因为石油库内或工矿企业的油罐区，储存、输送的油品均为易燃或可燃油品，性质相同或相近，且各自均有独立的消防系统，故当两个石油库或油库与工矿企业的油罐区相毗邻建设时，它们之间的安全距离可比石油库与工矿企业的安全距离适当减小。"其相邻油罐之间的防火距离不应小于相邻油罐中较大罐直径的1.5倍"的规定，是根据本规范第12.2.7条第1款的规定制定的；"其他建筑物、构筑物之间的防火距离应按本规范表5.0.3的规定增加50％"是可行的。这样做可减少不必要的占地，为石油库选址提供有利条件。

4.0.8 本条部分参考了现行国家标准《建筑设计防火规范》GBJ 16—87（2001年版）及原来小型石油库设计规范，并适当作了补充。

4.0.9 各级机场对周围空间有特殊的安全要求，故制定本条规定。

5 总平面布置

5.0.1 石油库内各种建、构筑物，火灾危险程度、散发油气量的多少、生产操作的方式等差别较大，有必要按生产操作、火灾危险程度、经营管理等特点进行分区布置。把特殊的区域加以隔离，限制一定人员的出入，有利于安全管理，并便于采取有效的消防措施。

5.0.2 石油库建筑物及构筑物的面积都不大，在符合生产使用和安全条件下，将石油库内的建筑物及构筑物合并建造，既可减少油库用地，节约投资，又便于生产操作和管理，这是石油库总图设计的一个主要原则。

石油库内可以合建的建筑物、构筑物很多，如润滑油调配间可与润滑油泵房、润滑油灌油间合建；润滑油预热间可与桶装润滑油品库房合建；甲、乙、丙类油品泵房可以合建；油品泵房可与其相应的配电间、仪表间和控制室合建；消防泵房可与消防器材间、值班室合建等。

5.0.3 石油库内各建筑物、构筑物之间防火距离的确定，主要是考虑到发生火灾时，它们之间的相互影响。石油库内经常散发油气的油罐和铁路、公路、水运等油品装卸设施同其他建筑物、构筑物之间的距离应该大些。

1 油罐与其他建筑物、构筑物之间的防火距离的确定。

　1) 确定防火距离的原则。

　a 避免或减少发生火灾的可能性。火灾的发生必须具备可燃物质、空气和火源等三个条件。因此，散发可燃气体的油罐与明火的距离应大于在正常生产情况下油气扩散所能达到的最大距离；

　b 尽量减少火灾可能造成的影响和损失。对于散发油气、容易着火、一经着火即不易扑灭且影响油库生产的建筑物和构筑物，其与油罐的距离应大些，其他的可以小些；

　c 按油罐容量及油品危险性的大小规定不同的防火距离；

　d 在相互不影响的情况下，尽量缩小建筑物、构筑物之间的防火距离。

　e 在确定防火距离时，应考虑操作安全和管理方便。

　2) 油罐火灾情况。根据调查材料统计，绝大部分火灾是由明火引起的（炼厂的统计为67％，商业油库比例更大），而以外来明火引起的较多。如油品经排水沟流至库外水沟，库外点火，火势回窜引起火灾。这种情况以商业库为多。其他原因则有雷击、静电等。

　3) 油罐散发油气的扩散距离。

　a 清洗油罐时油气扩散的水平距离，一般为18～30m；

　b 油罐进油时排放的油气扩散范围：水平距离约为11m；垂直距离约为1.3m。

　4) 油罐火灾的特点。

　a 油罐火灾几率低；

　b 起火原因多为操作、管理不当；

　c 如有防火堤，其影响范围可以控制。

　5) 油罐与各建筑物、构筑物的防火距离。决定油罐与各建筑物、构筑物的防火距离，首先应考虑油罐扩散的油气不被明火引燃，以及油罐失火后不致影响其他建筑物和构筑物。据国外资料介绍，石油库油罐与各建筑物、构筑物的防火距离均趋于缩小。英国石油学会《销售安全规范》规定，油罐与明火和散发火花的建筑物、构筑物的距离为15m。日本丸善石油公司的油库管理手册，是以油罐内油品的静止状态和使用状态分别规定油罐区内动火的安全距离，其最大距离为20m。苏联1970年修订的规范也比1956年的规范规定的距离缩小了。油罐着火后对附近建筑物和构筑物的影响、扑灭火灾的难易，随罐容的大小、油罐的型式及所储油品性质的不同而有所区别。表5.0.3中的距离是以储存甲、乙类油品的浮顶油罐或内浮顶油罐、储存丙类油品的立式固定顶油罐等为基准，按罐容的大小而制定的。详见备注中说明。

　　a　油罐与油泵房的距离。油罐与油泵房的距离，主要考虑油罐着火时对泵房的影响，防止油泵损坏，影响生产。油泵房内没有明火，对油罐影响很小。从泵的操作需要考虑，应减少油泵吸入管道的摩阻损失，保证两者之间的距离尽可能小，规定不同容量的油罐与甲、乙类油品泵房的距离分别为19、15、11.5、9m；与丙类油品泵房的距离分别为14.5、11.5、9、7.5m。

　　b　油罐与灌油间、汽车灌油鹤管、铁路油品装卸线的距离。三者任一处发生火灾，火势都较易控制，对油罐的影响不大。该三处在操作时散发油气较多，应考虑油罐着火后对它们的影响，故其距离较油罐与油泵之间的距离要适当增大些。

　　c　油罐与油品装卸码头的距离。油罐或油船着火后，彼此之间影响较大，油船着火后往往难以扑灭，影响范围更大。油码头所临水域来往船只较多，明火不易控制，油罐与码头的距离应适当增大。

　　d　油罐与桶装油品库房、隔油池的距离。桶装油品库房一般不散发油气，其着火几率较小，但库房内储存的油品一经着火即难以扑灭，影响范围也很大，故应与灌油间等同对待。隔油池着火几率较桶装油品库房为大，着火后火势较猛，故大于150m³的隔油池与油罐的距离应较桶装油品库房与油罐的距离为大。

　　e　油罐与消防泵房、消防车库的距离。消防泵房和消防车库为石油库中的主要消防设施，一旦油罐发生火灾，消防泵和消防车应立即发挥作用且不受火灾威胁。它们与油罐的距离应保证油罐发生火灾时不影响其运转和出车，且油罐散发的油气不致蔓延到消防泵房和消防车库，距离要适当增大，故按油罐大小分别规定为33、26.5、22.5、19m。

　　f　油罐与有明火或散发火花的地点的距离。主要考虑油气不致蔓延到有明火或散发火花的地点引起爆炸或燃烧，也考虑明火设施产生的飞火不致落到油罐附近。

　　2　其他各种建筑物、构筑物之间的防火距离的确定。

　　1）油气扩散的情况。

　　a　据英国有关资料介绍，装车时的油气扩散范围不大，在7.6m以外可安装非防爆电气设备。

　　b　向油船装汽油，当泵流量为250m³/h，在人孔下风侧6.1m处测得油气；

　　2）从上述情况看，装车、装船和灌桶作业时，油气扩散的范围不大，考虑到建筑物、构筑物之间车辆运行、操作要求，以及建筑物、构筑物着火时相互之间的影响、灭火操作的要求等因素，相互间应有适当的距离。

　　3）容量等于或小于50m³的卧式油罐着火后易于扑灭，危险性较小，故规定容量等于或小于50m³的卧式油罐与各项建筑物、构筑物的距离可减少30%。四、五级石油库容量相对较小，操作简单，故规定各建筑物、构筑物之间的防火距离可减少25%。

　　3　本次修订增加了储油区油泵采用露天布置的规定，主要参照现行国家标准《石油化工企业设计防火规范》GB 50160—92确定的。

5.0.4　油罐区比灌油点高的优点是：有利于泵的吸入，不需再把泵房的标高降得很低或建地下泵房；有条件时，还可实现自流作业，节约能量；在停电情况下仍能维持自流发油，不影响石油库发油作业。油罐区都设有防火堤，万一油罐破裂，也不致使油品流出堤外影响其他。

5.0.5　提出洞口不宜少于2处，主要是为了生产安全，还考虑了施工排渣和投产后便于通风。如东北某人工洞石油库发生爆炸时把一个洞口堵塞，如无第二个洞口就无法进入洞中进行扑救。

　　主巷道内容易积聚油气，形成爆燃危险场所，而变配电间、空气压缩机间、发电间是容易散发火花的地点，故不应设在主巷道内。如果必须进洞，应另辟洞室，并单设出入口，这样可以互不影响。布置在洞外时，因罐室主巷道洞口可能排出油气并有呼吸管和排风管出口，故按地上油罐与变配电间的距离考虑，采用15m的距离。

　　油泵间、通风机室不散发火花，从防护要求考虑，设在洞内比较安全。在调查中，尚未发现由于洞内油泵间和通风机室而引起的洞内火灾，所以允许油泵间和通风机室与罐室布置在同一主巷道内。

5.0.6　铁路装卸区布置在石油库的边缘地带，不致因铁路罐车进出而影响其他各区的操作管理，也减少铁路与库区道路的交叉，有利于安全和消防。但有可能受地形或其他条件的限制，不能在边缘地带布置时，可全面综合考虑进行合理布置。

　　铁路线如与石油库出入口处的道路相交叉，常因铁路调车作业影响石油库正常车辆出入，平时也易发生事故，尤以在发生火灾时，可能妨碍外来救护车辆的顺利通过。

5.0.7　石油库的公路装卸区是外来人员和车辆往来较多的区域，业务比较繁忙。将该区布置在面向公路的一侧，设单独的出入口，外来的车辆可不驶入其他各区，出入方便，比较安全。若设围墙与其他各区隔开，并设业务室、休息室等，外来人员只限在该区活动，更有利于安全管理。出入口外设停车场，待装车辆在此等候，有秩序地进库装油，不致使库内秩序混乱，也不致由于待装车辆停在公路上影响公共交通。

5.0.8 本条规定主要考虑防止和减少外来人员进入或通过生产作业区，以利于安全。

5.0.9 石油库内的油罐区是火灾危险性最大的场所，油罐区的周围设环行道路，油罐组之间留有宽度不小于7m的消防通道，有利于消防车辆的通行和调度，能及时转移到有利的扑救地点。

有回车场的尽头式道路，车辆行驶及调动均不如环行道路灵活，一般不宜采用。但在山区的油罐区或小型石油库的油罐区，因地形或面积的限制，建环行道确有困难时，可以设有回车场的尽头式道路。

铁路装卸区着火的几率虽小，着火后也较易扑灭，但仍需要及时扑救，故规定应设消防道路，并宜与库内道路相连形成环行道路，以利于消防车的通行和调动。考虑到有些石油库受地形或面积的限制，故规定可设有回车场的尽头式道路。

5.0.10 石油库的出入口如只有1个，在发生事故或进行维护时就可能阻碍交通。尤以库内发生火灾时，外界支援的消防车、救护车、消防器材及人员的进出较多，设2个出入口就比较方便。

5.0.11 石油库应尽可能与一般火种隔绝，禁止无关人员进入库内，建造围墙有利于防火和安全，也易做好保卫工作。在调查中，普遍反映石油库应设围墙。石油库的围墙应比一般围墙高，故规定不应低于2.5m。

建在山区的石油库面积较大，地形复杂，建实体围墙确有困难时，可以设镀锌铁丝围墙。但装卸区和行政管理区有条件时仍应设实体围墙。

5.0.12 石油库内进行绿化，可以美化和改善库内环境。油性大的树易燃烧，除行政管理区外不应栽植。防火堤内如栽树，万一着火对油罐威胁较大，也不利于消防，故不应栽树。

6 油罐区

6.0.1 油罐建成地上式，具有施工速度快、施工方便、土方工程量小、工程造价低等优点。另外，与之相配套的管道、泵站等也可建成地上式，从而也降低了配套建设费，管理也较方便。但由于地上油罐目标暴露、防护能力差，受温度影响的呼吸损耗大，在军事油库和战略储备油库等有特殊要求时，油罐可采用覆土式、人工洞式或埋地式。

6.0.2 钢制油罐与非金属油罐比较具有造价低、施工快、防渗防漏性好、检修容易、占地小等优点，故要求油库采用钢制油罐。

甲类和乙A类油品易挥发，采用浮顶或内浮顶油罐储存甲类和乙A类油品可以减少油品蒸发损耗85%以上，从而减少油气对空气的污染，还减少了空气对油品的氧化，保证油品质量，此外对保证安全也非常有利。浮顶油罐比固定顶油罐投资多，但减少的油气损耗约1年即可收回投资。由于覆土油罐和人工洞罐受温度影响很小，又多为部队所采用，周转次数很少，所以可不采用浮顶油罐或内浮顶油罐。

6.0.3 本条为石油库的地上油罐和覆土油罐成组布置的规定。

1 甲、乙和丙A类油品的火灾危险性相同或相近，布置在一个油罐组内有利于油罐之间互相调配和统一考虑消防设施，既可节省输油管道和消防管道，也便于管理。而丙B类油品性质与它们相差较大，消防要求不同，所以不宜建在一个油罐组内。

2 沸溢性油品在发生火灾等事故时容易从油罐中溢出，导致火灾流散，影响非沸溢性油品安全，故沸溢性油品储罐不应与非沸溢性油品储罐布置在同一油罐组内。

3 地上油罐、覆土油罐、高架油罐、卧式油罐的罐底标高、管道标高等各不相同，消防要求也不相同，布置在一起对操作、管理、设计和施工等均不方便。故地上油罐、覆土油罐、高架油罐、卧式油罐不宜布置在同一油罐组内。

4 随着石化工业的发展，油罐的容量越来越大，浮顶油罐单体容量已达100000m³，固定顶油罐也做到了20000m³。所以适当提高油罐组总容量有利于采用大容量罐，以减少占地。

5 一个油罐组内油罐座数越多，发生火灾事故的机会就越多；单体油罐容量越大，火灾损失及危害就越大。为了控制一定的火灾范围和火灾损失，故根据油罐容量大小规定了最多油罐数量。由于丙B类油品储罐不易发生火灾；而油罐容量小于1000m³时，发生火灾容易扑救，故对这两种情况不加限制。

6.0.4 油罐布置不允许超过两排，主要是考虑油罐失火时便于扑救。如果布置超过两排，当中间一排油罐发生火灾时，因四周都有油罐会给扑救工作带来一些困难，也可能会导致火灾的扩大。

储存丙B类油品的油罐（尤其是储存润滑油的油罐），在独立石油库中发生火灾事故的几率极小，至今没有发生过着火事故。所以规定这种油罐可以布置成四排，以节约用地和投资。

为便于扑救卧式油罐的火灾，规定排与排之间的净距不应小于3m。

6.0.5 油罐的间距主要是根据下列因素确定：

1 油罐区约占石油库总面积的1/3～1/2。缩小油罐间距，可以有效地缩小石油库的占地面积；

2 节约用地是基本国策之一。因此在保证操作方便和生产安全的前提下应尽量减少油罐间距，以达到减少占地从而减少投资的目的；

3 根据1982年2月调查材料的统计，油罐着火几率很低，年平均着火几率为0.448‰，而多数火灾事故是由于操作时不遵守安全防火规定或违反操作规程造成的。绝大多数石油库安全生产几十年没有发生火灾事故。因此，只要遵守各项安全制度和操作规程，提高管理水平，油罐火灾事故是可以避免的。绝不能因为以前曾发生过若干次油罐火灾事故而将油罐间距增大。

4 着火油罐能否引起相邻油罐爆炸起火，主要决定于油罐周围的情况。如某炼油厂添加剂车间的20号罐起火，罐底破裂油品大量流出，周围没有防火堤，形成一片大火。同时对火灾又不能及时进行扑救，火焰长时间烘烤邻近油罐，相邻油罐又多是敞口的，因而被引燃。而与着火罐相距7m的酒精罐，因处在较高的台阶上，着火油品没有流到酒精罐前，酒精罐就没有起火。再如上海某厂油罐起火后烧了20min，与其相距2.3m的油罐也没有被引燃起火。如果油罐起火后就对着火罐和相邻罐进行冷却，油罐上又装有阻火器，相邻油罐是很难被引燃的。根据油罐着火实际情况的调查，可以看到真正由于着火罐烘烤而引燃相邻油罐的事例极少。因此，没有必要加大油罐的间距。

5 油罐间距也不能太小，因为油罐发生火灾后，必须有一个扑救和冷却的操作场地。消防操作场地要求有二：一是消防人员用水枪冷却油罐，水枪喷射仰角一般为50°～60°，故需考虑水枪操作人员至被冷却油罐的距离；二是要考虑泡沫产生器破坏时，消防人员要有一个往着火油罐上挂泡沫钩管的场地。对于石油库中常用的1000～5000m³钢制油罐，0.4～0.6D的距离基本上可以满足上述两项要求；小于1000m³的钢制油罐，如果操作人员站的位置避开两个罐之间最小间距的地方，0.4～0.6D的距离也能满足上述两项操作要求。但是考虑到当前实际的消防操作水平，故对不大于1000m³的钢制油罐，当采用移动式消防冷却时，油罐间距可增加到0.75D。

6 我国有些炼油厂和石油库在布置油罐时，采用的油罐间距已为油罐直径的0.5～0.7倍。这些单位把油罐间距缩小后至今没有出现过问题，足以证明缩小油罐间距是可行的。

7 许多国家过去都规定油罐间距为一个D，近30年都作了不同程度的缩小。美国把油罐间距减到1/6～1/4（D_1+D_2），前苏联的新规定已把油罐间距减到0.75D，英国油罐间距为0.5D，法国油罐间距为1/4～1/2D。与国外大多数规范比较，本规范规定的油罐间距还是偏于安全的。

8 浮顶油罐和内浮顶油罐的浮盘直接浮在油上，抑制了油气挥发，很少发生火灾；即使发生火灾，基本上只在浮盘周围密封圈处燃烧，比较易于扑灭，也不需要冷却相邻油罐，其间距可缩至0.4D。对于覆土油罐，虽然着火的几率不一定低，但不需要对着火罐的相邻油罐进行冷却，场地可以小一些。同时，这种类型的油罐直径大，而高度相对较小，故将间距定为0.4D。

9 表6.0.5注5规定："浮顶油罐、内浮顶油罐之间的防火距离按0.4D计算大于20m时，特殊情况下最小可取20m。"其"特殊情况"是指储罐区总图布置受地理、地质条件或土地规划的限制，按0.4D的罐间距布置油罐会大幅度增加工程投资等情况。该规定主要是针对直径大于50m的大型浮顶油罐而制定的，该规定允许大型浮顶油罐之间的防火距离小于0.4D，但只要不小于20m，安全是有保障的。理由如下：

1) 就100000m³浮顶油罐来说，其可燃面积（罐顶密封圈处）大约为250m²，而10000m³固定顶油罐可燃面积约为615m²。就罐本身火灾危险性而言，100000m³浮顶油罐不比10000m³固定顶油罐更危险，而10000m³的固定顶油罐储存乙类油品时，最小罐间距取0.6D，为16.8m；储存丙A类油品时最小罐间距取0.4D，为11.2m。均小于20m。

2) 浮顶油罐和内浮顶油罐发生整个罐内表面火灾事故的几率极小，据国外有关机构统计，浮顶油罐和内浮顶油罐发生整个罐内表面火灾事故的频率为$1.2×10^{-4}$/罐·年。即使发生整个罐内表面火灾事故，也不一定能引燃相距20m外的邻近浮顶油罐或内浮顶油罐，到目前为止还没有着火的浮顶油罐或内浮顶油罐引燃邻近浮顶油罐或内浮顶油罐的案例。

3) 国外标准也有类似的规定，如英国石油学会《石油工业安全操作标准规范》第二部分《销售安全规范》（第三版）关于浮顶油罐的间距是这样规定的：对直径小于和等于45m的罐，建议罐间距为10m；对直径大于45m的罐，建议罐间距为15m。法国石油企业安全委员会编制的石油库管理规则关于浮顶油罐的间距是这样规定的：两座浮顶油罐中，其中一座的直径大于40m时，最小间距可为20m。

4) 为了解着火油罐火焰辐射热对邻近罐的影响，我们运用国际上比较权威的DNV Technical公司的安全计算软件（PHAST Professional 5.2版），对浮顶油罐20m防火间距作出安全评价。评价结果（按油罐着火时形成全面积池火做的计算）表明，距着火罐越远的地方，火灾辐射热强度越小；在距着火罐相同距离处，着火罐直径越大，火灾辐射热强度也越大，这符合火灾辐射热强度规律。但火灾辐射热强度并未随着火罐直径的增加而成比例增加，即着火罐直径增加的大，而火灾辐射热强度增加的小，这也符合火灾辐射热强度规律。距100000m³着火罐（$D=80m$）罐壁20m处的火灾辐射热强度为7.685kW/m²，距10000m³着火罐（$D=28m$）罐壁0.4D（11.2m）处的火灾辐射热强度为 8.72kW/m²，前者小于后者。这一计算结果说明，既然规范允许 10000m³ 浮顶油罐间距为 0.4D，并经多年实践证明是安全的，那么 100000m³ 浮顶油罐间距为 0.2D 也是安全的。

5）表 6.0.5 注 5 的规定有利于减少占地，节省工程投资。例如，对一个有 6 座 100000m³ 浮顶原油储罐的罐区来说，罐间距采用 20m 将比采用 0.4D 罐区占地减少 15 亩，管道减少 19%，防火堤减少 7%，消防道路减少 7%。

6.0.6 本条为地上油罐组设防火堤的规定。

1 地上油罐一旦发生爆炸破裂事故，油品会流出油罐外，如果没有防火堤，油品就到处流淌。如大连某厂一个罐区没有防火堤，一个罐爆炸破裂后油品流到哪里就烧到哪里。河北省某石油化工厂燃料油罐爆炸后，因无防火堤，油品崩到汽油罐区，将汽油罐引燃。为避免此类事故，规定地上油罐应设防火堤。

2 防火堤内有效容积对应的防火堤高度刚好容易使油品漫溢，故防火堤实际高度应高出计算高度 0.2m。另外，考虑防火堤内油品着火时用泡沫枪灭火易冲击造成喷洒，故防火堤最好不低于 1m；为了消防方便，又不宜高于 2.2m。为防止计算高度的参考点发生误会，特意规定了高度的起算点。最低高度限制主要是为了防范泡沫喷洒，故从防火堤内侧设计地坪起算；最高高度限制主要是为了方便消防操作，故从防火堤外侧道路路面起算。

3 管道穿越防火堤必须要保证严密，且严禁在防火堤上开洞，以防事故状态下油品到处流散。防火堤内雨水可以排出堤外，但事故溢出的油不应排走，故必须要采取排水阻油措施，可以采用安装有切断阀的排水井，也可采用排水阻油器。

4 防火堤内人行踏步是供工作人员进出防火堤之用，考虑平时工作方便和事故时能及时逃生，故不应少于 2 处，且应处于不同方位上。

6.0.7 据调查，很多覆土油罐带有水平通道，为防止油罐底部破裂时油品顺水平通道外流，所以规定必须设密闭门。竖直通道不会溢油，故可不设密闭门。

6.0.9 防火堤有效容量的规定的主要出发点是：

1 装满半罐油品的油罐如果发生爆炸，大部分只是炸开罐顶。如上海某厂 1981 年一个罐在满罐时爆炸，只把罐顶炸开 2m 长的一个裂口。大连某厂 1978 年一个罐爆炸，也是罐顶被炸开，油品未流出油罐。

2 油罐油位低时发生爆炸，有的将罐底炸裂，如前面提到的某炼油厂的 20 号罐，着火时油位为 1.9m。而该厂 1972 年爆炸的另一个罐，当时油位为 0.75m，爆炸时只把罐顶炸裂，而没有炸裂罐底。

3 油罐冒罐或漏失的油量都不会大于一个罐的容量。所以本条规定防火堤内有效容量不小于最大油罐的容量是安全的。

对于浮顶油罐或内浮顶油罐，因浮顶下面基本上没有气体空间，不易发生爆炸。即使爆炸，也只是将浮盘掀掉，不会炸破油罐下部，所以油品流出油罐的可能性很小，故防火堤的有效容量规定不小于最大浮顶罐或内浮顶油罐容量的一半是安全的。

6.0.10 油罐除了有可能发生破裂事故外，在使用过程中冒罐、漏油等事故时有发生。为了把油罐事故控制在最小的范围内，把一定数量的油罐用隔堤分开是非常必要的。沸溢性油品储罐在着火时易向罐外沸溢出泡沫状的油品，为了限制其影响范围，不管油罐容量大小，规定其两个罐一隔。为了限制着火油品漫过防火堤，故规定隔堤比防火堤要低。

6.0.11 油罐进油管要求从油罐下部接入，主要是为了安全和减少油品损耗。油品从上部进入油罐，如不采取有效措施，就会使油品喷溅，这样除增加油品大呼吸损耗外，同时还增加了油品因摩擦产生大量静电，达到一定电位，就会在气相空间放电而引发爆炸的危险。如 1977 年上海某厂一个油罐发生爆炸事故，就是因进油管从罐壁上部接入，当时罐内液位高 1.8m，油品落差约 4m，当油品流速增加到 7.5m/s 时，大量静电积聚并放电，引起爆炸。1978 年大连某厂的一个 5000m³ 的柴油罐，因为油品从扫线管进入油罐，落差 5m，因静电放电引起爆炸。1980 年该厂添加剂车间 400 m³ 的煤油罐，也是因为进油管从上部接入，油品落差 6.1m，进油时产生大量静电引起爆炸，并引燃周围油罐和其他设备。所以要求油管从油罐下部接入。当工艺安装需要从上部接入时，就应将其延伸到油罐下部。由于立式油罐比卧式油罐高度要高，从上部接管更不利，所以对立式罐要求严，而对卧式罐要求宜从下部接入，但从上部进管时均要求延伸到底。

6.0.12 对各种油罐而言，油罐基本附件应是一样的。但储存丙 A 类油品的罐因呼吸损耗很小，可不设呼吸阀；储存丙 B 类油品的罐因基本无油气排放，可不设呼吸阀和阻火器。

6.0.14 为随时掌握罐内液位，进行自动控制，也为防止油罐溢油引起火灾、爆炸，在油罐上应设液位计和高液位报警器。由于大型油罐危害性也大，所以对等于和大于 50000m³ 的油罐的要求更高些。

6.0.15 立式油罐最近几年出现过不均匀下沉和结构裂缝，直接影响油罐安全。油罐基础有很多情况是凭经验建造的，故要求作结构设计。卧式油罐双支座比三支座的受力性好，即使一个支座沉降也不影响使用。而三支或多支座若发生某一个支座沉降，则会引起油罐局部应力过大遭破坏。

6.0.16 油罐在地震作用下，由于罐壁发生翘离或罐基础发生不均匀沉降、倾斜，使油罐和配管连接处遭到破坏是常见的震害之一。例如，1989 年 10 月 17 日美国加州 Loma Prieta 地震，位于地震区域的炼油厂所有遭到破坏的油罐都与罐壁的翘离有关。此外，由于罐基础处理不当，有一些油罐在投入使用后其基础仍会发生较大幅度的沉降，致使管道和罐壁遭到破坏。为防止上述破坏情况的发生，可采取一定措施，增加油罐配管的柔性来消除相对位移的影响，如可在与罐壁连接的管道上设置金属软管或使管道的形状具有足够的柔性。此外，油罐进出口管道采用挠性或柔性连接方式，还可吸收管道的热伸缩变位，降低管道的热应力。

6.0.17 一个人工洞内的油罐的总容量和座数不应过大或过多，这和在一个地上油罐组内限制油罐总容量和座数的理由一样，在洞内发生爆炸或火灾事故时，使其影响范围尽可能小。如东北某人工洞石油库主巷道发生一次爆炸，洞内 18 座罐都有不同程度的变形。西南某人工洞石油库一个罐室的支巷道发生爆炸，洞内 5 座油罐有 4 座报废。如果一个洞内油罐座数少些，损失就不会那么大。此外，一个洞内油罐座数过多，主巷道必然很长，不利于通风，也不利于呼吸管道排气和吸气，且容易积聚油气，发生事故的可能性就增加。

6.0.18 洞内油罐的间距主要是根据岩质和油罐直径而定。现在一般是采用相邻较大油罐室毛洞的直径作为间距。如西南某人工洞石油库的油罐与油罐之间的距离是一个油罐室毛洞直径，1980 年在一个油罐室的支巷道内发生爆炸，导致了油罐室内的油罐发生连续爆炸，把油罐室的钢密封门崩出支巷道 70 多米远，洞内四座油罐都被炸坏而报废，但油罐室与油罐室之间的岩体仍完好无损，这说明这样一个距离可以保证油罐洞室的安全。

6.0.19 本条规定的几个尺寸主要是考虑施工、生产和维修操作方便。洞内的油罐锈蚀比较严重，必须经常检查和涂刷油漆，需要一定的活动空间。现在有些油罐的上方仅有 0.5~0.8m 高的空间，工人到罐顶检查时需要在顶上爬行，当工人上罐量油、取样和刷油漆时还要携带工具，在罐顶工作既不方便也不安全。有的罐壁周围的环行通道宽度只有 0.6m，单人行走已显狭窄，当油罐需要维修时，无法搭脚手架。因此，规定环行通道的最小宽度为 0.8m，为维修提供方便。

6.0.20 规定主巷道的净宽主要是考虑施工时出石渣和生产操作方便。施工时，不论是用小矿车出渣或是用自卸汽车出渣，其宽度都不能小于 3m，高度也不能小于 2.2m，安装和操作也需要这样的尺寸。如某省的一个人工洞石油库的主巷道太窄，只得将管道安装在走道下面的管沟里，检查维修很不方便，而且容易锈蚀漏油。某军区一个人工洞石油库的主巷道坡度太小，夏季洞里的水排不出去，积水浸没了管道和罐底，所以这里规定主巷道的纵向坡度不宜小于 5‰。

6.0.21 对人工洞石油库主巷道口部的抗爆等级各部门要求不一致，暂时难以统一规定。但都必须设防护门，防护门必须与要求的抗爆等级相适应。

罐室的密封门的作用，主要是防止油罐破裂时油品流出罐室，以减少油品的损失和对其他油罐的影响。

6.0.22 人工洞内的油罐呼吸不能在洞内进行，否则油气无法扩散，造成油气积聚。可用通气管将大小呼吸的油气引出洞外。近几年有的通气管采用非金属管，不利于导走静电；也有的虽为钢管，但直径比出油管直径小，造成呼吸不畅。另外，管道式呼吸阀因呼吸均通过通气管从而避免了油气外泄。有些通气管内积聚了不少水、油冷凝液，减少了通气管通道面积，故要求安装放液阀。

7 油 泵 站

7.0.1 在以往的泵站设计中，采用地下泵房相当普遍，其地下泵房标高低于轨顶或泵站外地坪 2~3m，也有的深达 5~6m。由于标高太低不便于解决防排水问题，同时增加了土方工程量，也容易积聚油气，给建筑施工、设备安装、操作使用，特别是安全管理带来很多问题，所以推荐油泵站建成地上式。从建筑形式看，泵房虽有利于设备和操作环境，但一方面增大了建房、通风等的投资，另一方面容易积聚油气，于安全不利；露天泵站造价低、设备简单、油气不容易积聚，但设备和操作人员易受环境气候影响；泵棚则介于泵房与露天泵站之间，应当说是一种较好的泵站形式。

7.0.2 本条为泵房（棚）的设置要求。

1 规定油泵房设 2 个向外开的门，主要是考虑发生火灾、爆炸事故时便于操作人员安全疏散。小于 60 m² 的油泵房，因泵的台数少，发生事故的机会也少，即使发生事故也易于疏散，故允许设 1 个外开门。

2 泵房和泵棚净空不低于 3.5m，主要考虑设备竖向布置和有利于油气扩散。

7.0.3 本条为输油泵的设置要求。

1 为保证特殊油品（如航空喷气燃料等）的质量，规定了专泵专用，且专设备用泵，不得与其他油品油泵共用。

2 通过调查发现，多数油库普遍存在着油泵的备用台数过多，油泵的利用率低的现象，特别是自行设计的石油库更是随意增设备用泵。

一些油泵常年不用或很少使用，造成设备和建筑面积的严重浪费。现在国产油泵和电动机质量不断提高，只要操作管理得当设备很少出故障。因此，根据石油库油泵的运行特点，在满足生产需要的前提下，制定合理的油泵备用原则是必要的。

连续输送的油泵是指生产装置或工厂开工周期内

不能停用的泵,如炼油厂从油罐区供给工艺装置的原料油泵、长距离输油管道的输油泵、发电厂锅炉的供油泵等。这些油泵在发生故障时,如没有备用泵,则无法保证连续供油,必然造成各种事故或较大的经济损失。所以规定连续输送的油泵应设备用油泵。

3 经常操作但不连续运转的油泵,根据生产需要时开时停,作业时间长短不一,石油库的输油泵大多属于此类,如油品装卸和输转等作业所用的泵。这些油泵发生故障时,一般不致造成重大的损失,客观上也有一定检修时间,各种类型的油泵采用互为备用或共设1台备用油泵是可以满足生产需要的。

4 不经常操作的油泵是指平时操作次数很少且不属于关键性生产的泵,如油泵房的排污泵、抽罐底残油的泵等。这种泵停运的时间比较长,有足够的时间进行检修,即使在运行时损坏,对生产影响也不大。故这种泵没有必要设备用油泵。

7.0.4 离心泵工作前必须灌泵,以往多采用真空泵给离心泵灌泵。由于真空泵工作中常常漏水,造成泵站积水,冬天还易冻,而且必须采用真空罐,真空罐是一个危险源。另外,真空泵排出的油气易造成污染、能源浪费,并有可能引发火灾事故,所以不宜采用真空泵。现在有些容积泵(如滑片泵)完全可以替代真空泵,且无真空泵上述缺点,故本条推荐采用容积泵给离心泵灌泵。

7.0.6 调查的十六起油泵房事故中,有五起是容积泵引起的,占油泵房事故的31%,主要是由于没有安装安全阀。当油泵出口管道堵塞或在操作时没有打开油泵出口管道上的阀门时,泵的出口压力超过了泵体或管道所能承受的压力,把泵盖或管件崩开而喷油,有的遇到明火还发生火灾、爆炸事故,造成人身伤亡及经济损失。为避免这种事故的发生,故做本条规定。

7.0.7 在调查中看到不少石油库油泵房内油泵、阀门和管道布置比较零乱,间距不是过大就是过小。间距过大占地面积大,不经济;间距过小既不安全,又影响操作。所以做了本条规定。

1 电动机端部至墙壁(柱)这一地带,一般应满足行人、泵和电动机的搬运和安装以及电动机在检修时抽芯的要求。故规定此距离不小于1.5m。

2 油泵的间距是从满足操作、通行和放置拆卸下来的油泵所需的地方提出的,现在的规定基本上能够适应大泵间距大、小泵间距小的要求。

7.0.8 油泵站可实行集中布置,但由于集中泵站造成管道多、阀门多、油泵吸程大等问题,许多油品装卸区将铁路装卸栈桥或汽车油罐车装卸站台当作泵棚,直接将泵分散布置在栈桥或站台下,以节省建站费用,同时减小了油泵吸程。规定"油泵四周应是开敞的,且油泵基础标高不应低于周围地坪。"是为了使油气能迅速扩散,增强安全可靠性。需要注意的是,设置在栈桥或站台下的泵要满足防爆要求和铁路油品装卸区安全限界的要求。

8 油品装卸设施

8.1 铁路油品装卸设施

8.1.1 本条为铁路油品装卸设置的要求。

1 按照油品运输量确定装卸线的车位数,以使装卸油品设施能力与石油库的周转、储存油品能力相匹配,从而提高油品装卸设施的利用率,发挥其效益。

2 由于油品装卸区属于爆炸和火灾危险场所,为了安全防火,送取油罐车的机车采取推车进库、拉车出库的作业方式,即机车一般不需进入装卸区内。所以,无须将油品装卸线建成贯通式。

在调查中发现,有部分石油库将油品装卸线建成贯通式。虽然采取了安全防范措施,增加了严格的油品装卸安全规定和操作规程。但是,装卸设施工程和送取机车走行距离的增加,使石油库的建设资金和日常运营费用均有所增加。而且,油品装卸操作的复杂化,也增加了不安全因素。

3 油品装卸线为平直线,既便于装卸油品栈桥的修建和输油管道的敷设与维修,又便于油罐车的安全停放,防止溜车事故的发生,以及油品的准确计量和装卸彻底。

装卸线设在平直线上确有困难时,设在半径不小于600m的曲线上也能进行作业。但这样设置,由于车辆距栈桥的空隙较大,使油品装卸作业既不方便,又不很安全;同时,油罐车列相邻的车钩中心线相互错开,车辆的摘挂作业困难。而且,也不便于装卸栈桥的修建和输油管道的敷设与维修。

如果装卸线直线段始端至栈桥第一鹤位的距离小于采用油罐车长度的1/2时,由于第一鹤位的油罐车部分停在曲线上,不利于此油罐车的对位和插取鹤管操作。

4 每条油品装卸线的有效长度可按下式计算:

$$L = L_1 + L_2 + L_3 + L_4$$

式中 L——装卸线有效长度(m);
L_1——机车至警冲标的距离,取$L_1 = 9m$;
L_2——机车长度(m),取常用大型调车机车长度值为22m;
L_3——油罐车列的总长度(m);
L_4——装卸线终端安全距离,取$L_4 = 20m$。

对于有一条以上装卸线的油库装卸区,机车在送取、摘挂油罐车后,其前端至前方警冲标应留有供机车司机向前方及邻线瞭望的9m距离,以保证机车安全地退出。

终端车位钩中心线至装卸线车档间20m的安全

距离，是考虑在装卸过程中发生油罐车着火时，为规避着火油罐车，将其后部的油罐车后移所必需的安全距离。同时有此段缓冲距离，也利于油罐车列的调车对位，以及避免发生油罐车冲出车挡的事故。

8.1.2 本条为油品装卸线中心线至非罐车装卸线中心线的安全距离要求。

1 装甲、乙类油品的股道中心线两侧各 15m 范围内为爆炸危险区域 2 区，一切可能产生火花的操作均不得侵入该区域。所以，规定其距非罐车装卸线中心线不应小于 20m。

2 卸甲、乙类油品的股道中心线两侧各 3m 范围内为爆炸和火灾危险区域 2 区，一切可能产生火花的操作均不得侵入该区域。所以，规定其距非罐车装卸线中心线不应小于 15m。

3 丙类油品的火灾危险性等级较低，而且在常温下无爆炸危险。所以，规定其装卸线中心线距非罐车装卸线中心线不应小于 10m。

8.1.8 本条的规定是与现行国家标准《铁路车站及枢纽设计规范》GB 50091—99 相协调的。该规范规定：普通货物站台应高出轨面 1.10m，其边缘至线路中心线的距离应为 1.75m；高出轨面距离大于 1.10m、等于小于 4.80m 的货物高站台，其边缘至线路中心线的距离应为 1.85m。

8.1.9 零位罐在卸油品过程中主要起暂时储存或缓冲作用，罐中油品处于过渡储存或输送流动状态，而非长期储存于此。因此，规定零位罐的总容量不应大于一次所卸油品的总量。

8.1.10 规定从下部接卸铁路油罐车油品的卸油系统应采用密闭管道系统，既防止接卸过程中的油品泄漏、污染环境，又消除油品蒸发气体的外泄发生，确保接卸操作安全。

本条规定装卸车流速不应大于 4.5m/s，是为了防止静电危害，便于装车量的控制，减少油气挥发，减少管道振动和减小管道水击力。

国外有关标准对油品灌装流速也有严格限制。例如，美国 API 标准规定，不论管径如何流速限值为 4.5～6.0m/s；美国 Mobil 公司标准规定，DN100 鹤管最大装车流量不应大于 125 m³/h，折算流速为 4.4m/s。

8.1.11 如果在一条装卸线两侧同时修建油品装卸栈桥，不仅不能发挥双栈桥的作用，反而会造成工程投资的浪费，而且妨碍油罐车列的调车作业，很不安全。

8.1.13 现行国家标准《标准轨距铁路机车车辆限界》GB 146.1—83、《标准轨距铁路建筑限界》GB 146.2—83、《铁路车站及枢纽设计规范》GB 50091—99 以及铁道部令《中华人民共和国铁路技术管理规程》中，对标准轨距铁路中心线距两侧建、构筑物边缘的距离作了明确规定。本规范 8.1.5～8.1.7 条和 8.1.13 条的规定内容都符合上述标准、规程的有关规定。

对油品装卸栈桥边缘与铁路油品装卸线的中心线的距离，本规范 1984 年版是这样规定的：自轨面算起 3m 以下不应小于 2m，3m 以上不应小于 1.75m。此规定与上述铁路的标准和规程的有关规定有所不同，在实际执行中铁路部门往往要求执行上述铁路的标准和规程的规定，这样一来会给建设单位造成不必要的麻烦。本次修订时就此问题与铁道部建设管理司进行了协调，8.1.13 条的"新建和扩建的铁路油品装卸栈桥边缘与铁路油品装卸线的中心线的距离，自轨面算起 3m 及以下不应小于 2m，3m 以上不应小于 1.85m"的规定是协调的结果。这样修改对铁路油罐车装卸车作业影响不大，且能解决与铁路部门的矛盾，因此，本次修订作了这样的修改。"新建和扩建的"意为本规范本次修订版发布之前即已存在的铁路油品装卸栈桥可不按 8.1.13 条的规定进行改造。

8.2 汽车油罐车装卸设施

8.2.1 甲、乙、丙 A 类油品在室内灌装容易积聚油气，有形成爆炸气体的危险，在露天场地灌装又受雨雪和日晒的影响，故宜在灌油棚（亭）内灌装。

灌油棚（亭）具备半露天条件，进行灌装作业时有通风良好、油气不易积聚的优点，比较安全，故允许甲、乙、丙 A 类油品可在同一座灌油棚（亭）内灌装。

8.2.2 石油库的油品装车应充分利用自然地形高差从储油罐中直接自流灌装作业，以节省能耗。采用泵送装车方式，可省去高架罐这一中间环节，这样既可节省建筑高架罐的用地和费用、简化工艺流程和操作工序、便于安全管理，又可消除通过高架罐灌油时的大呼吸损耗。

8.2.4 "定量装车控制方式"是一种先进的装车工艺，对防止装车溢流，保障装车安全大有好处，故推荐采用这种装车控制方式。

8.2.5 有些小型石油库可能建有卧式汽油罐，由于卧式汽油罐没有内浮盘，油罐车向其卸油时会挥发出大量油气，如果采用敞口卸油方式，油气将从进油口向周围扩散，这样即损害操作工的健康，又不利于安全。因此，推荐汽车油罐车向卧式容器卸汽油时采用密闭管道系统，将油气引至安全地点集中排放或回收再利用。

8.2.6 现在汽车油罐车的容量多为 8m³ 以上，如果每辆汽车油罐车的设计装车流量小于 30m³/h，则装车时间过长，设计不够合理。

8.2.7 汽油是一种易挥发性油品，汽油在灌装过程中由于液流的机械搅动作用，会大量挥发油气。这些油气扩散到大气中去既污染了环境，又浪费了宝贵的能源，还对安全构成严重威胁。随着社会的进步，环境保护工作日益受到人们的重视。目前,发达国家的石油库已普遍采取了油气回收措施;我国北京、上海等大城市也已开始开展油气污染治理工作。有理由相信,在不远的将来这一工作会在全国各地展开。在现阶段,油气回收设备尚需从国外进口,进口油气回收设备价格昂贵,小型石油库用不起。根据技术经济分析,油库的汽油装车量大于20万吨/年时,回收油气才有经济价值。从环保、安全和经济三方面考虑,推荐汽油装车量大于20万吨/年的油库设置油气回收设施。

8.2.8 据实际检测,采用将鹤管插到油罐车底部的浸没式灌装方式,比采用喷溅式灌装方式灌装轻质油品,可减少油气损失50%以上。此外,采用喷溅灌装方式鹤管出口处易于积聚静电,一旦静电放电,则极易引发火灾事故。将灌油鹤管插到油罐车底部,既可减少油气损失,还可防止静电危害。

8.3 油品装卸码头

8.3.1 油品是易燃和可燃液体,从安全角度出发,装卸油品码头宜远离其他码头和建筑物,最好在同一城市其他码头的下游。

8.3.2 由于油品具有易燃或可燃的性质,故油品装卸油船作业不宜与其他货物装卸船作业在同一码头和作业区混杂进行。

8.3.3 公路桥梁和铁路桥梁是关系国计民生的重要构筑物,石油码头与公路桥梁和铁路桥梁的安全距离应该比石油库与一般公共建筑物的安全距离大。为减小油船失火时流淌火对桥梁的影响,增加了油品码头位于公路桥梁和铁路桥梁上游时的安全距离。

内河大型船队锚地、固定停泊所、城市水源取水口是河道中的重要场所,石油码头位于这些场所上游时,应远离这些场所。

500吨位以下的油船绝大多数为中、高速柴油机船,船身小,操纵比较灵活,所载油品数量不多,其危险性相对较小,故其与桥梁等的安全距离可以适当减少。

本条所规定的油品装卸码头与公路桥梁、铁路桥梁、内河大型船队锚地、固定停泊所、城市水源取水口的安全距离与1984年版《石油库设计规范》相同。实践证明,这一规定是安全的、合理的。

8.3.4 1984年版《石油库设计规范》规定油品装卸码头相邻两泊位间的安全距离根据船长乘系数(船长≤150m,系数为0.2;船长>150m,系数为0.3)确定。为便于执行,本次修订改为与现行国家标准《石油化工企业设计防火规范》GB 50160—92和现行行业标准《装卸油品码头防火设计规范》JTJ 237—99的相关规定一致。修订后的安全距离与原规定基本相当。

8.3.5 1984年版《石油库设计规范》没有规定装卸油品码头与相邻货物码头的安全距离,考虑到油品码头与货运码头有可能相互影响安全,故本次修订特增加本条规定。本条规定是参照《装卸油品码头防火设计规范》JTJ 237—99的相关内容制定的。

8.3.6 随着社会的进步,人身安全越来越受到重视,本着以人为本的原则,本次修订加大了油品装卸码头与客运码头的安全距离。现行国家标准《河港工程设计规范》GB 50192—93将国内港口客运站按规模划分四个等级,见表1。

表1 客运站等级划分

等级划分	设计旅客聚集量(人)
一级站	≥2500
二级站	1500~2499
三级站	500~1499
四级站	100~499

客运站级别不同,说明其重要性不同,油品码头与各级客运站的安全距离也应有所不同。据调查,内河港口客运站一般设在城市中心区,而油品码头一般布置于城区之外,且大多数位于客运码头下游。表2列举了一些内河城市港口客运码头与石油公司油品码头相对关系的情况。

表2 内河城市港口客运码头与石油公司油品码头相对关系

城市	油品码头	油品码头位置	两者之间距离(km)	备注
重庆	黄花园水上加油站	客运码头上游	2	停靠小于100t油船
	伏牛溪油库码头	客运码头上游	>10	
涪陵	石油公司码头	客运码头下游	8~10	
万州	石油公司码头	客运码头下游	5~6	
宜昌	石油公司码头	客运码头下游	>3	
武汉	石油公司码头1	客运码头下游	8~9	
	石油公司码头2	客运码头上游	>10	
巴东	石油公司码头	客运码头下游	3	
九江	石油公司码头	客运码头下游	>3	
安庆	石油公司码头	客运码头上游	1~2	
铜陵	石油公司码头	客运码头上游	2~3	
芜湖	石油公司码头	客运码头上游	>3	
南京	石油公司码头	客运码头下游	>3	
镇江	石油公司码头	客运码头下游	>3	
上海	石油公司码头	客运码头下游	>3	
南昌	石油公司码头	客运码头下游	5	

由于油船发生火灾事故往往形成流淌火,为保证客运码头的安全,本规范鼓励油品码头建于客运码头下游,对油品码头建于客运码头上游的情况则大幅度

提高了安全距离限制。根据实际调查，本条规定是不难实现的。

8.3.8 根据国家有关环保法规，达不到国家污水排放标准的污水不能对外排放。因此含油的压舱水和洗舱水必须上岸处理。

8.3.10 规定输油管道在岸边适当位置设紧急关闭阀，是为了及时制止爆管跑油事故，避免事故扩大。

8.3.11 油品为火灾危险品，为保证安全，栈桥式油品码头不宜与其他货运码头共用一座栈桥。

9 输油及热力管道

9.0.1 设计条件主要包括流量、压力和温度等参数，根据这些设计条件进行计算并经技术经济比较后选择管径和壁厚，是管道设计的基本原则。

9.0.2 本条为管道敷设的要求。

1 相对管沟和埋地敷设方式，输油管道地上敷设方式有不易腐蚀、便于检查维修、施工简便、有利于安全生产等优点；缺点是不够整齐美观。管道埋地敷设易于腐蚀，不便维修；输油管道管沟敷设管沟内易积聚油气，安全性差，且造价较高。石油库建设应重点考虑安全和便于维护，因此，本款推荐石油库围墙以内的输油管道采用地上敷设方式。对需穿越道路或有特殊要求的地段，允许采用埋地或管沟敷设方式。

2 管道如果直接敷设于地面或管沟底，仍然容易腐蚀，所以规定地上或管沟内的管道应敷设在管墩或管架上。

保温管道在管墩或管架处设置管托的作用，是使管道在滑动时保温层不致受到破坏，同时还可使管托处的保温层较为严密，以减少热损失。

3 管沟内容易积聚油气，是发生火灾事故的原因之一，一旦管沟内爆炸起火，火将沿管沟蔓延。故管沟在进入油泵房、灌油间和油罐组防火堤处必须设隔断墙。

4 管道的埋设深度应根据管材的强度、外部负荷、土壤的冰冻深度以及地下水位等情况，并结合当地埋管经验确定。生产有特殊要求的地方，还要从技术经济方面确定合理的埋深。由于情况比较复杂，本款规定仅从防止管道遭受地面上机械破坏所需要的最小埋深考虑。根据《公路设计手册——涵洞》介绍："当路堤填土高度在 0.5m 以上时，土层削弱车辆荷载对涵洞的动力影响，故不计冲击力量。同时涵洞（明涵除外）还可以同周围的土质发生作用，以提高承载能力"。因此，本款规定管道埋设深度（从管顶到地面的距离），在耕种地段不应小于 0.8m，在其他地段不应小于 0.5m。

国内有关规范对管道埋地深度的规定，分不同情况，一般都在 0.5~1.0m 之间。

9.0.3 在生产实践中，常有管道因热应力超出限值而破损的事故发生，这是由于管道设置未采取热补偿措施而造成的。所以本条强调管道敷设应进行热应力计算并采取相应的补偿和锚固措施。

9.0.4 本条为管道穿越、跨越库内铁路和道路的要求。

1 管道穿越铁路和道路时，要求交角不宜小于 60°，是为了尽量缩短穿越部分的长度，便于施工和减少对路基的破坏；要求敷设在涵洞或套管内，一是为了方便管道的施工与维修，二是为使管道不直接承受车辆及上部土压荷载，管道不致损坏。当然也可采取其他有效的防护措施。

套管在铁路下的埋设深度，参考了北京铁路局等十三个铁路局所属车辆段的检修实践经验和建国以来铁路建设积累的资料，即"埋地敷设管道与铁路交叉时，其净距不小于 0.7m"而制定的。

套管在管道下面的埋设深度，根据本规范第 9.0.2 条对埋设深度的规定，又考虑到管道上面要通过车辆，但石油库内来往车辆很少的情况，采用从路面至套管顶的距离为 0.6m。美国石油学会的《散装油库设计导则》中也规定行车道下管道最小覆盖层为 18~24 英寸（即 0.45~0.60m）。

2 "管道跨越电气化铁路时，轨面以上的净空高度不应小于 6.6m"的规定，是根据国标《工业金属管道设计规范》GB 50316—2000 的有关规定制定的。

"管道跨越非电气化铁路时，轨面以上的净空高度不应小于 5.5m"的规定，是根据现行国家标准《标准轨距铁路建筑限界》GB 146.2—83 的有关规定制定的。

考虑到现在的大型消防车高度已超过 4m，故本款增加了"管道跨越消防道时，路面以上的净空高度不应小于 5m"的规定。

跨越车行道路时的净空高度 4.5m，是参照现行国家标准《厂矿道路设计规范》GBJ 22—87 制定的。

"管架立柱边缘距铁路不应小于 3m"的规定，是参照现行国家标准《工业企业标准轨距铁路设计规范》GBJ 12—87 制定的。

"管架立柱边缘距道路不小于 1m"的规定，是为了充分利用路肩，节约用地。在石油库内，跨越道路的桁架立柱、照明电杆、消火栓和行道树等设置在路肩上的情况不少，车辆正常行驶是不会撞倒支柱或电杆的。

3 管道穿、跨越段上，不应安装阀门和其他附件，既是为了避免这些附件渗漏而影响铁路或道路的正常使用，也是为了便于检修和维护这些附件。

9.0.5 管道与铁路平行布置时，距离大了要多占地；距离小了，不利于安全生产。考虑到管道与铁路和道路平行布置时是"线接触"，因而互相影响的机会更多一些，所以应比9.0.4条规定的距离适当大些。

9.0.6 管道采取焊接方式可节省材料，而采用法兰连接则费用较高。

焊接的管道不易渗漏，而法兰连接的管道渗漏机会多，需定期更换垫片，维护费用高。

多一对法兰，就多一处漏油隐患。为安全着想，管道还是焊接连接为好。

9.0.7 钢阀的抗拉强度、韧性等性能均优于铸铁阀。采用钢阀在防止阀门冻裂、拉裂、水击及其他外来机械损伤等方面比采用铸铁阀安全得多。为保证油品管道的安全，目前在石油化工行业，油品管道已普遍采用钢阀。在价格上，钢阀并不比铸铁阀贵很多。有鉴于此，本条规定"输油管道上的阀门应采用钢制阀门"。

9.0.8 本条为管道防护的要求。

2 规定采取泄压措施，是为了地上不放空、不保温的管道中的油品受热膨胀后能及时泄压，不至于使管子或配件因油品受热膨胀，压力升高而破裂，发生跑油事故。

3 所谓防凝措施，系指保温、伴热、扫线和自流放空等，设计时可根据实际情况采取一种或几种措施。规定应有良好的防水层是针对有些管道由于防水层不好，致使保温层受潮而起不到保温作用提出的。

9.0.9 有些油品（如喷气燃料）对质量要求很高，为保证油品质量，输送这样的油品就应专管专用。

10 油桶灌装设施

10.1 油桶灌装设施组成和平面布置

10.1.4 甲、乙类油品属易挥发性油品，在油泵与灌油栓之间设防火隔墙，将油气与用电设备隔开，有利于防止火灾发生。灌桶间操作较为频繁，灌桶时会挥发油气，为保证重桶安全，在重桶库房与灌桶间之间有必要设置无门、窗、孔洞的隔墙。

10.2 油桶灌装

10.2.2 本条为油桶灌装场所的设计要求。

1 条文说明与8.2.1相同。

2 为保证润滑油品质量，防止风沙、雨、雪等机械杂质污染油品，故宜在室内进行灌装作业。

10.2.3 本条为灌装200L油桶的时间要求。

1 对于灌装200L甲、乙、丙A类油桶的时间控制在1min（流量约为3L/s）较合适。如果灌桶时间再缩短，即流量再加大，而灌油栓（枪）直径受桶口限制不能再加大（一般不超过32mm），则灌桶流速将超过8.2.6规定的安全流速。对轻柴油还会因灌桶速度太快而冒沫，影响灌装作业，操作工人也显得太紧张。如果灌装时间定得过长，就会影响灌装效率，不能充分发挥灌装设备的效益。

2 润滑油粘度高，在管道中输送阻力大，流速比较慢，因此灌装200L润滑油油桶的时间应适当延长，规定为3min（流量约为1L/s）比较适宜。

10.3 桶装油品库房

10.3.1 本条为空、重桶的堆放量要求。

1 空桶可以随时来随时灌装，其堆放量为1d的灌装量也就够了。

2 根据实际调查，为便于及时向用户供油，重桶堆放量宜为3d的灌装量。

10.3.3 为防止重桶遭受人为损坏，以及防止因日晒而升温，重桶应堆放在室内或棚内。

1 甲、乙类油品重桶如与丙类油品重桶储存在同一栋库房内时，从安全和经济两方面考虑，有必要用防火隔墙将两者隔开。

2 甲、乙类油品重桶库房若建成地下或半地下式，油品一旦漏油，房间内容易积存油气，存在发生火灾、爆炸的不安全因素。

3 甲、乙类油品安全防火要求严格，为避免摔、撞甲、乙类油品重桶，其重桶库房应单层建造。丙类油品火灾危险性较小，为节省占地，其重桶库房可双层建造，但必须采用二级耐火等级。

4 油品重桶库房设外开门，有利于发生火灾事故时人员和油桶疏散。根据现行国家标准《建筑设计防火规范》GBJ 16—87（2001年版）的要求，建筑面积大于或等于$100m^2$的重桶堆放间，门的数量不得少于2个。对油品重桶堆放间要求设置高于室内地坪0.15m的非燃烧材料建造的斜坡式门槛，主要是为了在油品重桶堆放间发生火灾、爆炸事故时，防止油品流散到室外，使火灾蔓延。斜坡式门槛也不宜过高，过高将给平时作业造成不便。

5 本款重桶库房的单栋建筑面积的规定，与现行国家标准《建筑设计防火规范》GBJ 16—87（2001年版）的相关规定是一致的。

10.3.4 为方便油桶的检查、取样、搬运和堆码时的安全操作以及考虑油品性质等因素，本条规定了堆码层数和有关通道宽度。这一规定是在调查研究的基础上作出的。

11 车间供油站

11.0.1 本条为设置在企业厂房内的车间供油站的要求。

1、2 此二款是参照国内外有关规范制定的。

苏联的《石油和石油制品仓库设计标准》规定在一、二级耐火等级的生产性建筑物内允许存放油品的数量如表3所示。

表 3　生产性建筑物内允许存放油品的数量

序号	储存方法	油品数量（m³）	
		易燃油品	可燃油品
1	桶装，储存于用不燃的墙和相邻的房间隔开并有直接向外出口的专设房间内者	20	100
2	桶装，储存于丁、戊类生产性建筑物内未隔成专设房间者	0.1	0.5
3	储罐，设在用不燃的墙和相邻的房间隔开并有直接向外出口的专设房间内者	车间 1d 的需要量，但不超过 30	车间 1d 的需要量，但不超过 150
4	储罐，设在地下室者	不允许	300
5	储罐，设在丁、戊类生产性建筑不燃性支柱、托座和场地上者	1	5

《建筑设计防火规范》GBJ 16—87（2001 年版）第 3.2.10 条规定：厂房内设置甲、乙类物品的中间仓库时，其储量不宜超过 1d 的需用量。中间仓库应靠外墙布置并应采用耐火极限不低于 3h 的非燃烧体楼板与其他部分隔开。

参照以上资料，并根据国内大、中、小型企业厂房内车间供油站的具体现状，本款规定车间甲、乙类油品存油量为 2d 的需用量。由于工厂规模不同，产品不同，车间用油量有大有小，对于需用量较大的车间，本条还规定了甲、乙类油品的最大储存量不宜大于 2m³。

3　为防止和减少厂房内的车间供油站爆炸事故对其他生产部分的破坏，减少人员伤亡，本款规定车间供油站应靠外墙布置，并对分隔构造也做了具体规定。

4　本款的规定，主要是考虑到桶装或罐（箱）装油操作时如发生跑、冒、滴、漏或起火爆炸时，要防止油品流散到站外，以控制火势蔓延，便于扑救和疏散，减少损失。可考虑在门口设置斜坡式门槛来防止油品流散。

5　与甲、乙类油品相比，丙类油品的危险性要小得多，故作本款规定。

6　甲、乙类油品容易挥发，油气与空气混合极易形成爆炸性的气体混合物，不仅火灾危险性较大，而且也不符合工业卫生标准的要求。据调查，不论在商业系统还是企业单位，将油罐（箱）内的油气直接排入室内的情况较为多见，由此而引发的火灾、人身中毒案例也不少。针对上述问题，本款规定油罐通气管应引至室外，以便于油气扩散，并防止油气通过门窗进入其他房间，发生爆炸和火灾事故。按照爆炸危险场所的划分范围，要求排气口的位置应高出屋面 1m，与毗邻房间门、窗之间的距离不应小于 4m。

7　因厂房内车间供油站受厂房面积的限制，油罐和油泵较难分开布置在单独房间内。考虑到油罐（箱）容量较小、设备简单、业务单纯等特点，为便于操作，本款规定车间供油站的油罐和油泵可一起布置。

11.0.2　有些企业的厂房距离企业油库较远，或企业无油库。当设置在厂房内的供油站其储油量和设施不可能满足生产要求时，本规范允许在厂房外设置车间供油站。

1　设置在厂房外的车间供油站，其性质等同于企业附属油库。

2　车间供油站与燃油设备或零星用油点有密切的关系，因此，在总图布置上在满足防火距离要求的前提下，应尽量靠近厂房，以使系统简单、操作管理方便。为此，本款对甲、乙类油品的储存量不大于 20m³ 且油罐为埋地卧式油罐，或丙类油品的储存量不大于 100 m³ 的车间供油站，其油罐、油泵房与本厂房、本厂房明火或散发火花地点、站区围墙、厂内道路等的距离，放宽了要求。

4　厂房外的车间供油站，与本厂房的关系十分密切，其油泵房在厂房外布置受到限制时，可以设置在厂房内，这就方便了操作和管理。但由于油泵房属火灾危险场所，故对油泵房与其相邻间提出了分隔构造的要求。特别是甲、乙类油品的油泵房，存在爆炸危险性，本款作了出入口直接向外的规定。

12　消防设施

12.1　一般规定

12.1.1　石油库是储存爆炸危险品的场所，所以石油库应设灭火系统。

12.1.2、12.1.3　石油库最常用的灭火手段是用泡沫液产生空气泡沫进行灭火，空气泡沫可扑救各种形式的油品火灾。目前，我国有蛋白型和合成型两种型式泡沫液，蛋白型泡沫液和合成型泡沫液各有自身的优势和不足。蛋白型泡沫液售价低，泡沫的抗烧性强，但泡沫液易氧化腐败，储存时间短；合成型泡沫液泡沫的流动性好，泡沫液抗氧化性能强，储存时间较长，但泡沫的抗烧性欠佳，泡沫液的售价较贵。蛋白型泡沫液有中倍数、低倍数泡沫液两种类型；合成型泡沫液有高倍数、中倍数、低倍数泡沫液三种类型。所以灭火系统也相应有高倍数、中倍数、低倍数泡沫灭火系统。其使用情况分述如下：

1 高倍数泡沫灭火系统是能产生200倍以上泡沫的发泡灭火系统。这种灭火系统一般用于扑救密闭空间的火灾,如覆土油罐、电缆沟、管沟等建、构筑物内的火灾。

2 中倍数泡沫灭火系统是能产生21～200倍泡沫的发泡灭火系统。这种灭火系统分为两种情况,50倍以下(30～40倍最好)的中倍数泡沫适用于地上油罐的液上灭火;50倍以上的中倍数泡沫适用于流淌火灾的扑救(如建、构筑物内的泡沫喷淋)。

3 低倍数泡沫灭火系统是能产生20倍以下的泡沫发泡灭火系统,这种灭火系统适用于开放性的火灾灭火。

中倍数泡沫灭火系统和低倍数泡沫灭火系统由于自身的特性,各有自己的优点和缺点:

低倍数泡沫灭火系统是常用的泡沫灭火系统,使用范围广,泡沫可以远距离喷射,抗风干扰比中倍数泡沫强,在浮顶油罐的液上泡沫喷放中,由于比重大,具有较大的优越性,在扑救浮顶油罐的实际火灾中,已有很多成功案例。

中倍数泡沫灭火系统是我国20世纪70年代研究开发的用于油罐液上喷放的新型灭火系统。由于蛋白型中倍数泡沫液性能的改进和中倍数泡沫质量比低倍数泡沫质量轻,在油罐的液上喷放灭火时,比低倍数泡沫灭火系统有一定的优势,表现为油面上流动速度快,可直接喷放在油面上,受油品污染少,抗烧性好,所以灭火速度快,这已经被实验室研究和现场灭火试验所证实。据《低倍数泡沫灭火系统设计规范》专题报告汇编(1989年9月编制)和1992年10月原商业部设计院编制的中倍数泡沫灭火系统资料介绍:

低倍数泡沫混合液在供给强度为5～7 L/min·m^2、混合比为3%～6%、预燃时间为60～120s的情况下,灭火时间为3～5min;中倍数泡沫混合液在供给强度为4～4.4 L/min·m^2、混合比为8%、预燃时间为60～90s的情况下,灭火时间为1～2min。在供给强度同为4 L/min·m^2时,中倍数蛋白泡沫混合液灭火时间为124s;低倍数蛋白泡沫混合液灭火时间为459s;低倍数氟蛋白泡沫混合液灭火时间为270s。

烟雾灭火技术也称气溶胶灭火技术,是我国自己研制发展起来的新型灭火技术。它适用于油罐的初期火灾,但不能用于流淌火灾,且不能阻止火灾的复燃。烟雾灭火技术在石油公司、金属机械加工厂、列车机务段等单位得到推广应用。安装烟雾装置的轻柴油罐容量最大到5000m^3,汽油罐容量最大到1000m^3,并已有四次自动扑灭油罐初期火灾的成功案例。由于它有不能抗复燃的致命弱点,故本规范只允许其在缺水少电及偏远地区的四、五级石油库的油罐上使用。当油库油罐的数量较多,水源方便时,使用烟雾灭火装置,在安全和经济上都是不合算的。

12.1.4 本条为油罐消防冷却水系统的设置要求。

1 据调查,大部分独立石油库采用固定式泡沫灭火系统,并设临时高压给水系统。也有个别山区石油库,利用高位水池的高压给水系统供水。独立石油库的油罐一般比较集中,消防管道数量不多,采用这种灭火方式,整个系统经常处于战备状态,启动快、操作简单、可节省人力。故本规范规定单罐容量大于1000m^3的油罐应采用固定式泡沫灭火系统。

2 单罐容量小于或等于1000m^3的油罐相对来说危险性要小一些,采用半固定式泡沫灭火系统,可节省消防设备投资。

3 移动式泡沫灭火系统,具有机动灵活、维护管理方便、不需在油罐上安装泡沫发生器等设备的特点。

卧式油罐和离壁式覆土油罐,安装空气泡沫发生器比较困难。卧式油罐的着火一般只发生在面积很小的罐口,容易处理,采用移动式泡沫灭火系统较好。覆土油罐较为隐蔽,在没有发生掀顶的情况下,只要密闭洞口和通气口,就能达到灭火的目的;

丙B类润滑油罐火灾机率很小,且油罐容量不大,没有必要在消防设备上大量投资,发生火灾时,可依靠泡沫钩管或泡沫车扑救。

容量不大于200m^3的地上油罐,燃烧面积小,需要的泡沫量少,罐壁高度小于6.5m,此类油罐的火灾可用泡沫钩管扑救。

4 企业附属石油库的灭火系统应根据企业情况全面考虑,当企业有较强的机动消防力量时,其附属石油库采用半固定式或移动式泡沫灭火系统较为经济合理。

12.1.5 消防冷却水在扑救油罐火灾中,占有特别重要的地位。水的供应及时与否,决定着灭火的成败,这已为大量的火灾案例所证实。所以,保证充足的水源是灭火成功的关键。

1 单罐容量不小于5000m^3的油罐若采用移动式冷却水系统,所需要的水枪和人员很多。对于罐壁高度不小于17m的油罐冷却,移动水枪要满足灭火充实水柱的要求,水枪后坐力很大,操作人员不易控制,所以推荐采用固定式冷却水系统。

2 单罐容量小于5000m^3且罐壁高度小于17m的油罐,使用移动冷却水枪数量相对较少,所需人员也较少,操作水枪较为容易。与用固定冷却水系统相比,采用移动式冷却水系统可节省工程投资。

12.1.6 石油库所属的油码头消防设施的主要保护对象是码头的装卸区,即用于扑救装卸区油品泄漏的火灾和阻止停靠码头船只火灾热辐射,对码头及装卸设施实施保护,采用的水枪和水炮应是水幕和直流两用的设备。

在码头上发生的流散油品火灾,可用推车式压力比例混合泡沫装置进行灭火,用水枪和水炮进行灭火掩护和码头保护。

油码头的消防给水，一般由油库区引一根水管道至油码头，且在水管道上设置消火栓或快速接头，以为水炮、水枪、泡沫装置提供水源；当油库和码头距离较远时，可在码头上直接取水。

现行国家标准《石油化工企业设计防火规范》GB 50160 对 5000t 级以上的油码头消防已有规定，故本规范不再作规定。

12.2 消防给水

12.2.1 消防给水系统与生产、生活给水系统分开设置的理由如下：

石油库的生产、生活给水水量较小，而消防用水量较大却不常使用，合用一条管道造成大管道输送很小流量，水质易变坏。

石油库的消防给水对水质无特殊要求，生活给水对水质要求较为严格。

消防给水与生产、生活给水压力差别较大。石油库区的生产、生活给水压力较低，与消防给水合用一个系统，生产、生活给水的管道需提高压力等级，这是不经济的。

12.2.2 五级石油库一般靠近城镇，消防用水量较小，城镇给水管网既是油库的水源，又是石油库的消防备用水管网，所以规定五级石油库的消防、生产、生活给水管道可合用一个系统。

缺水、少电的山区油库，水源困难，人畜生活靠车从山下运水或地窖内存雨水解决用水，这些地区周围空旷，油罐着火后一般也不会造成重大的危害，所以规定立式油罐可只采用烟雾灭火，不用考虑水冷却。

12.2.3 关于消防给水系统压力的规定，说明如下：

石油库高压消防给水系统的压力是根据最不利点的保护对象及消防给水设备的类型等因素确定的。当采用移动式水枪冷却油罐时，则消防给水管道最不利点的压力是根据系统达到设计消防水量时，由油罐高度、水枪喷嘴处所要求的压力及水带压力损失综合确定的。

石油库低压消防给水系统主要用于为消防车供水。消防车从消火栓取水有两种方式，一种是用水带从消火栓向消防车的水罐里注水，另一种是消防车的水泵吸水管直接接在消火栓上吸水（包括手抬机动泵从管网上吸水）。前一种取水方式较为普遍，消火栓出水量最少为 10L/s。直径为 65mm、长度为 20m 的帆布水带，在流量为 10L/s 时的压力损失为 8.6m，本规范 1984 年版规定消火栓最低压力为 0.1MPa，消防车实际操作供水不畅，故本次修订改为应保证每个消火栓的给水压力不小于 0.15MPa。

12.2.4 消防给水系统应保持充水状态，是为了减少消防水到火场的时间。油库消防给水系统最好维持在低压状态，以便发生小规模火灾时能随时取水，将消防给水系统与生产、生活给水系统连通可较方便地做到这一点。

12.2.5 油罐区的消防给水管道应采用环状敷设，主要考虑油罐区是油库的防火重点，环状管网可以从两侧向用水点供水，较为可靠。

四、五级石油库油罐容量较小，一般靠近城镇，油库区面积不大，发生火灾时影响范围亦较小，所以规定消防给水管道可枝状敷设。

建在山区或丘陵地带的石油库，地形复杂，环状敷设管网比较困难，因此本规范规定：山区石油库的单罐容量小于或等于 5000m³ 且油罐单排布置的油罐区，其消防给水管道可枝状敷设。

12.2.6 四级以上的石油库一次最大消防用水量是在油罐区，其他设施的消防用水量都比油罐区小。故规定石油库的消防用水量应按油罐区的消防用水量计算决定。

五级石油库中，有些油库油罐区全是由卧式罐组成的，罐区计算消防用水量可能比库区内建、构筑物的计算消防用水量还要低，所以，规范规定取两者计算的较大值。

12.2.7 油罐冷却范围规定的理由如下：

1 地上固定顶着火油罐的罐壁直接接触火焰，需要在短时间内加以冷却。为了保护罐体、控制火灾蔓延、减少辐射热影响、保障邻近罐的安全，地上固定顶着火油罐应进行冷却。

关于固定顶油罐着火时，相邻油罐冷却范围的规定依据是：

1) 天津消防研究所 1974 年对 5000m³ 汽油罐低液面敞口油罐着火后的辐射热进行了测定。在距着火油罐罐壁 1.5D（D 为着火油罐直径）处，当测点高度等于着火油罐罐壁高时，辐射热强度平均值为 7817kJ/m²·h，四个方向平均最大值为 8637 kJ/m²·h，绝对最大值为 16010kJ/m²·h。

1976 年 5000m³ 汽油罐氟蛋白泡沫液下喷射灭火试验中，当液面高为 11.3m，在距着火油罐罐壁 1.5D 处，测点高度等于着火油罐罐壁高时，辐射热强度四个方向平均最大值为 17794 kJ/m²·h，绝对最大值为 20934kJ/m²·h。

由上述试验可知，在距着火油罐罐壁 1.5D 范围内，火焰辐射热强度是比较大的。为确保相邻油罐的安全，应对距着火油罐罐壁 1.5D 范围内的相邻油罐予以冷却。

2) 在火场上，着火油罐下风向的相邻油罐接受辐射热最大，其次是侧风向，上风向最小。所以本条规定当冷却范围内的油罐超过 3 座时，按 3 座较大相邻油罐计算冷却水量。

2 浮顶油罐、内浮顶油罐着火时，基本上只在浮盘边燃烧，火势较小。例如，某厂一座 10000m³ 浮顶油罐（内装轻柴油）着火，15min 扑灭，浮盘周边三处着火，最大一处着火长才 7m。故本款规定着火的浮顶油罐、内浮顶油罐的相邻油罐可不冷却。

3 本款规定"距着火的浮顶油罐、内浮顶油罐罐壁距离小于 0.4D（D 为着火油罐与相邻油罐两者中较大油罐的直径）范围内的相邻油罐受火焰辐射热影响比较大的局部应冷却"，是为了提高大型浮顶油罐和内浮顶油罐（容量≥50000m³）的安全可靠性。

4 覆土油罐都是地下隐蔽罐，覆土厚度至少有 0.5m，着火的和相邻的覆土油罐均可不冷却。但火灾时，辐射热较强，四周地面温度较高，消防人员必须在喷雾（开花）水枪掩护下进行灭火。故应考虑灭火时的人身掩护和冷却四周地面及油罐附件的用水量。

5 卧式罐是圆筒形结构常压罐，结构稳定性好，发生火灾一般在罐人孔口燃烧，根据调查资料，火灾容易扑救。一般用石棉被就能扑灭发生的火灾，在有流淌火灾时，仍需考虑着火罐和邻近罐的冷却水量。

12.2.8 油罐的消防冷却水和保护用水的供给强度规定的依据如下：

1 移动冷却方式。移动冷却方式采用直流水枪冷却，受风向、消防队员操作水平影响，冷却水不可能完全喷淋到罐壁上。故移动式冷却水供给强度比固定冷却方式大。

1）固定顶油罐着火时，水枪冷却水供给强度的依据为：1962 年公安部、石油部、商业部在天津消防研究所进行泡沫灭火试验时，曾对 400m³ 固定顶油罐进行了冷却水量的测定。第一次试验结果为每米罐壁周长耗水量为 0.635 L/s·m，未发现罐壁有冷却不到的空白点；第二次试验结果为每米罐壁周长耗水量为 0.478 L/s·m，发现罐壁有冷却不到的空白点，感到水量不足。试验组根据两次测定，建议用 ϕ16mm 水枪冷却时，冷却水供给强度不应小于 0.6L/s·m；用 ϕ19mm 水枪冷却时，冷却水供给强度不应小于 0.8 L/s·m。

2）浮顶油罐、内浮顶油罐着火时，火势不大，且不是罐壁四周都着火，冷却水供给强度可小些。故规定用 ϕ16mm 水枪冷却时，冷却水供给强度不应小于 0.45L/s·m；用 ϕ19mm 水枪冷却时，冷却水供给强度不应小于 0.6 L/s·m。

3）着火油罐的相邻不保温油罐水枪冷却水供给强度的依据为：据《5000m³ 汽油罐氟蛋白泡沫液下喷射灭火系统试验报告》介绍，距着火油罐壁 0.5 倍着火油罐直径处辐射热强度绝对最大值为 85829 kJ/m²·h。在这种辐射热强度下，相邻的油罐会挥发出来大量油气，有可能被引燃。因此，相邻油罐需要冷却罐壁和呼吸阀、量油孔所在的罐顶部位。

相邻油罐的冷却水供给强度，没有做过试验，是根据测定的辐射热强度进行推算确定的：条件为实测辐射热强度 85829kJ/m²·h，用 20℃水冷却时，水的汽化率按 50% 计算（考虑油罐在着火油罐辐射热影响下，有时会超过 100℃也有不超过 100℃的）；20℃的水 50% 水汽化时吸收的热量为 1465kJ/L。

按此条件计算，冷却水供给强度为：q＝20500÷350÷60＝0.98L/min·m²。按罐壁周长计算的冷却水供给强度为 0.177L/s·m。考虑各种不利因素和富裕量，故推荐冷却水供给强度：ϕ16mm 水枪不小于 0.35 L/s·m；ϕ19mm 水枪不小于 0.5 L/s·m。

4）着火油罐的相邻油罐如为保温油罐，保温层有隔热作用，冷却水供给强度可适当减小。

5）地上卧式油罐的冷却水供给强度是和相关规范协调后制定的。

2 固定冷却方式。固定冷却方式冷却水供给强度是根据过去天津消防科研所在 5000m³ 固定顶油罐所做灭火试验得出的数据反算推出的。试验中冷却水供给强度以周长计算为 0.5 L/s·m，此时单位罐壁表面积的冷却水供给强度为 2.3L/min·m²，条文中取 2.5L/min·m²，试验表明这一冷却水供给强度可以保证罐壁在火灾中不变形。对相邻油罐计算出来的冷却水供给强度为 0.92 L/min·m²，由于冷却水喷头的工作压力不能低于 0.1MPa，按此压力计算出来的冷却水供给强度接近 2.0L/min·m²，故本规范规定邻近罐冷却水供给强度为 2.0L/min·m²。

在设计时，为节省水量，可将固定冷却环管分成两个圆弧形管或四个圆弧形管。着火时由阀门控制罐的冷却范围，对着火油罐整圈圆形喷淋管全开，而相邻油罐仅靠近着火油罐的一个圆弧形喷水管或两个圆弧形喷淋管，这样虽增加阀门，但设计用水量可大大减少。

3 与国外标准中油罐冷却水供给强度比较（见表 4）。

表 4 我国和国外油罐消防冷却水供给强度比较表

序号	国名	规范名称或单位名称	冷却水供给强度				备注
			固定式冷却 (L/min·m²)		移动式冷却 (L/s·m)		
			着火罐	相邻罐	着火罐	相邻罐	
1	中国	石油库设计规范	2.50	2.00	≥0.60	≥0.35	
2	前苏联	石油和石油制品仓库设计标准	2.80	1.10	0.50	0.20	
3	美国	防火协会	8.15	—	1.44		
4	美国	埃索工程公司	3.60		0.64		
5	英国	防火协会	9.80		1.74		

续表4

序号	国名	规范名称或单位名称	冷却水供给强度 固定式冷却 (L/min·m²) 着火罐	冷却水供给强度 固定式冷却 (L/min·m²) 相邻罐	冷却水供给强度 移动式冷却 (L/s·m) 着火罐	冷却水供给强度 移动式冷却 (L/s·m) 相邻罐	备注
6	法国	卜劳士公司	5.00~15.00	—	0.89~2.66		
7	法国	司贝西姆公司安全规范和劳动保护规范	3.00		0.53		
8	日本	保险公司消防标准	10.00	—	1.77		
9	日本	火灾协会	2.00		0.35		
10	西德	国家规范	6.60	—	1.18		1966年

从表4可以看出，本规范规定的冷却水供给强度居中间值。

本条规定的移动式冷却水供给强度是根据试验数据和理论计算再附加一个安全系数得出的。设计时，还应根据我国当前可供使用的消防设备（按水枪、水喷淋头的实际数量和水量），加以复核。

4 移动式冷却选用水枪要注意的问题。表12.2.8注中的水枪保护范围是按水枪压力为0.35MPa确定的，在此压力下φ16mm水枪的流量为5.3L/s，φ19mm水枪的流量为7.5L/s。若实际设计水枪压力与0.35MPa相差较大，水枪保护范围需做适当调整。计算水枪数量时，不保温相邻油罐水枪保护范围用低值，保温相邻油罐水枪保护范围用高值，并和规定的冷却水强度计算的水量进行比较，复核水枪数量。

本条第4款规定的所有相邻油罐冷却水量总合，主要是用于冷却相邻油罐距着火罐较近的部位或受辐射热影响较大的部位。规定冷却水量总合不小于45L/s是考虑最少6支水枪的使用量，按每支水枪的保护周长15~25m计算，可以保护90~150m的油罐周长。若采用固定冷却方式，供水强度按2.0L/min·m²计算，可冷却1350m²油罐表面积。

12.2.9 本条为油罐采用固定消防冷却方式时，冷却水管安装的要求。

1 油罐抗风圈或加强圈若没有设置导流设施，冷却水便不能均匀地覆盖整个罐壁，所以要求其下面设冷却喷水环管。

2 国内的固定喷淋方式以前都是采用穿孔管，穿孔管易锈蚀堵塞，达不到应有的效果。膜式喷头一般是用耐腐蚀材料制作的，且能方便地拆下检修，所以本规范推荐采用膜式喷头。

3、4 设置锈渣清扫口、控制阀、放空阀，是为了清扫管道和定期检查。在用地面水作为水源时，因水质变化较大，管道最好加设过滤器，以免杂质堵塞喷头。

12.2.10 关于冷却水供给时间的确定，说明如下：

1 油罐冷却水供给时间系指从油罐着火开始进行冷却，直至油罐火焰被扑灭，并使油罐罐壁的温度下降到不致引起复燃为止的一段时间。一般来说，油罐直径越小，火场组织简单，扑灭时间短，相应的冷却时间也短。冷却水供给时间与燃烧时间有直接关系，从14个地上钢油罐火灾扑救记录分析，燃烧时间最长的一般为4.5h，见表5。

表5 地上钢油罐火灾扑救记录

序号	容量(m³)	油品	扑救时间(min)	燃烧时间(min)	扑救手段	备注
1	200	汽油	8	9	水和灭火器	某石化厂外部明火引燃，罐未破坏
2	200	原油	30	40	黄河泡沫车	某石化厂外部明火引燃，顶盖掀掉
3	400	汽油	1	5	泡沫钩管	某厂外部明火引燃，周边炸开1/6
4	100	原油		25	泡沫	某油田雷击引燃，罐未破坏
5	5000	渣油	10	30	蒸汽	某石化厂超温自燃，罐炸开1/6
6	5000	轻柴油	—	270	烧光	某石化厂装仪表发生火花，罐炸开
7	500	燃料油	不详		蒸汽	某石化厂雷击通风管，罐未破坏
8	10000	裂化油	—	自灭	—	某石化厂超温、明火，炸开3个口
9	400	原油	15	25	泡沫	某石化厂罐顶全炸开
10	1000	汽油	1	5	泡沫枪	某石化厂取样口静电，罐未破坏

续表 5

序号	容量 (m³)	油品	扑救时间 (min)	燃烧时间 (min)	扑救手段	备注
11	500	污油	—	30	泡沫	某石化厂焊保温灯,3个通风孔着火,罐底裂开
12	5000	渣油	3	8	泡沫	某石化厂超温自燃,罐顶裂开1/3,泡沫管道完好
13	2000	苯	—	—	泡沫钩管	某厂取样器碰扁钢,罐顶开口2m
14	1000	0#柴油	3	101	黄河泡沫车	某县公司雷击,掀顶着火

根据火场实际经验并参考有关规范,规定了直径大于20m的地上固定顶油罐(包括直径大于20m的浮盘为浅盘和浮舱用易熔材料制作的内浮顶油罐)冷却水供给时间应为6h,直径等于或小于20m的地上油罐冷却水供给时间为4h。

覆土油罐火灾扑救记录分析见表6。一般燃烧时间在1~2h;个别长达8.5h。时间长的原因,多是本身不具有控制火灾的基本消防力量;个别油库虽有控制火灾的基本消防力量,但油罐破裂,火灾蔓延,致使时间延长。现在高倍数泡沫采用灌入的办法,是容易扑灭隐蔽性火灾的。故规定覆土油罐的冷却水供给时间为4h。

浮顶油罐着火时,火势较小,故规定浮顶油罐的冷却水供给时间为4h。

表6 覆土油罐火灾扑救记录表

序号	容量 (m³)	油品	扑救时间 (min)	燃烧时间 (min)	扑救手段	备注
1	15000	原油	20	63	泡沫	某炼厂雷击引燃,罐顶全部塌入
2	3000	原油	20	60	泡沫	某厂外部明火引燃,罐顶全部塌入
3	3000	原油	15	120	泡沫	某厂外部明火引燃,罐顶全部塌入
4	4000	原油	—	2200	泡沫	某电厂外部明火引燃,罐顶全部塌入,罐壁破裂

续表 6

序号	容量 (m³)	油品	扑救时间 (min)	燃烧时间 (min)	扑救手段	备注
5	2100	汽油	—	5100	泡沫	某油库雷击,罐顶全塌,罐壁破裂
6	15000	原油	40	300	泡沫	某炼厂雷击,罐顶全塌,罐壁破裂
7	5000	原油	80	360	化学泡沫	某炼厂电焊切割着火,引燃油罐
8	4000	原油	—	960	泡沫	某机械厂用打火机看液面着火,罐顶全部塌入,蔓延其他油罐
9	600	原油	5	60	蒸汽、泡沫	某石化厂检修动火,油罐着火,罐顶全部塌入
10	200	原油	15	25	泡沫	某石化厂1961年火灾,罐顶塌入
11	2000	成品油	—	—	空罐自灭火	某军区洞库1980年电灯开关引爆,巷道、密闭门炸坏,洞口罐炸瘪

2 地上卧式油罐着火多在人孔处燃烧,油罐本体不易发生爆炸,扑救容易,油罐灭火用水较少,所以只要求有不小于1h的供水时间。

12.2.11 本条为石油库的消防泵设置要求。

1 可靠的动力源是石油库安全供水的关键。一、二、三级石油库的消防泵房设两个动力源,可保证消防泵能随时启动。两个动力源可以是双电源,也可以是一个电源、一个柴油机或汽油机驱动泵,也可以两个都采用柴油机或汽油机驱动泵。双电源可以都来自库外,也可以一个来自库外,一个采用柴油机或汽油机带动发电机发电。具体的选用应根据实际情况确定。

2 本款要求的自吸启动,系指消防泵本身具有自吸液体进泵的功能。利用真空泵灌泵的方式,不属自吸启动,采用这种启动方式,很难在45s内启动消防泵。

3 一、二、三级石油库消防泵房一般情况下,泡沫混合液泵和冷却水泵各设一台备用泵。当泡沫混合液泵和消防水泵在流量、扬程接近时,为节省投资,冷却水泵可与泡沫混合液泵共用一台备用泵。四、五级石油库容量较小,其火灾危害性较小,这些油库距城镇较近，社会力量支援方便，故对这类油库的消防设施适当放宽要求。

12.2.12 多台消防水泵共用 1 条泵前吸水主管时，如只用 1 条支管道通入水池，则消防水管网供水的可靠性不高，所以作出本条规定。

12.2.13 石油库着火机率小，发生一次火灾后，会特别注意安全防火，一般不会在 4d 内（96 h）又发生火灾，实际情况也是如此。参考苏联 1970 年《石油和石油制品仓库设计标准》消防水池补水时间 96 h 的规定，本规范规定水池的补水时间不应超过 96h。

当水池容量超过 1000m³ 时，容量大，检修和清扫一次时间长，因面积大，不易清扫干净，为保证消防用水安全，所以规定将池子分隔成两个，以便一个水池检修时，另一个水池能保存必要的应急用水。

12.2.14 消火栓在固定冷却和移动冷却水系统中都需要设置。

1 移动冷却水系统中，消火栓设置总数根据消防水的计算用水量计算确定，一定要保证设计水枪数量有足够出水量。

2 固定冷却水系统中，按 60m 间距布置消火栓，可保证消防时的人员掩护、消防车的补水、移动消防设施的供水。

3 寒冷地区的消火栓需考虑冬天容易冻坏问题，可采取放空措施或采用防冻消火栓。

12.3 油罐的泡沫灭火系统

12.3.1 我国的泡沫混合流程常用环泵式混合流程，它本身具有一些缺点，如流程长，不容易实现自动化，最大的问题是由于管网的压力、流量变化、取水水池的水位变化，使需要的混合比难以得到保证。而压力比例混合和平衡比例混合流程可以适应几何高差、压力、流量的变化，输送混合液的混合比比较稳定。所以本规范推荐采用压力比例混合或平衡比例混合流程。

压力比例泡沫混合装置具有操作简单，泵可以采用高位自灌启动，泵发生事故不能运转时，也可靠外来消防车送入消防水为泡沫混合装置提供水源产生合格的泡沫混合液，提高了泡沫系统消防的可靠性。

12.3.2 内浮顶油罐爆炸着火时，有可能因浮盘变形把液面分成两个部分，在运转中多次发生过卡盘沉盘事故，所以对称布置不少于 2 个泡沫发生器，对于内浮顶油罐是合理的。

12.3.5 由于在现行国家标准《高倍数、中倍数泡沫灭火系统设计规范》GB 50196 中，对地上式油罐中倍数泡沫系统的设计规定的不具体，选取数据有困难，故本条根据地上式油罐低倍数泡沫灭火系统的设计模式，特作出一些补充规定。

混合液供给强度和连续供给时间是参照《高倍数、中倍数泡沫灭火系统设计规范》中的中倍数泡沫灭火系统数据制定的。

中倍数泡沫液是在低倍数蛋白泡沫液基础上发展起来的，中倍数泡沫液在低倍数泡沫发泡设备上使用，其灭火效果是等同的。

12.3.7 灭火药剂现在有很多种，正确选择药剂是很重要的，一般合成泡沫发泡性能好，但抗烧性较差。

在地上油罐的火灾中，选择接近低倍数系统发泡倍数的蛋白型中倍数泡沫液就能收到很好的效果。

12.3.8 高倍数泡沫系统最大的特点是发泡量大，靠堆积泡沫厚度的覆盖来隔绝空气，冷却火焰，达到灭火的目的。通过鄂城油库 5000m³ 覆土油罐的冷试可知，1300m³ 的夹壁道容积，使用一台高倍数泡沫发生器（PFS3 型），在压力为 0.5～0.6MPa 时，工作 15～16 min，就能全部充满覆土油罐（罐容 5000m³）的夹壁道容积，耗费泡沫液只有 90～100L。像江西某油库 5000m³ 覆土油罐发生火灾事故时，若用高倍数泡沫灭火，充填泡沫体积大约为 2000m³，则计算只需要泡沫液 150 L 左右。考虑到火灾时的损耗，推荐储存泡沫液不小于 500～1000 L。

目前的覆土罐油库大部分都配备有消防车和水池，只需要配齐高倍数泡沫发生器和高倍数泡沫液，就能满足规范要求，不会使油库增加太大负担。

在覆土罐油库中未配备消防车的，一般油罐的容量不会大于 5000m³，库容量较小，配备简单的移动消防设备就能解决油库内发生的火灾。

石棉毯、砂袋是消防的良好器材，即经济，又方便，是灭火的极好工具，所以本规范规定应配备。

12.4 灭火器材配置

12.4.1、12.4.2 灭火器材对于油库的零星火灾扑救是很有效的。干粉或泡沫适用于油品火灾。由于干粉和泡沫具有导电性能，所以控制室、电话间、化验室宜选用二氧化碳等气体灭火装置和器材。

12.4.3 油罐组配置灭火器材主要是为了扑救初期或零星火灾。石油库的油罐灭火以泡沫灭火系统为主，而灭火器材只是辅助灭火手段。灭火毯和沙子使用方便，取材容易，价格便宜，管理人员必须充分重视，按规范配置，以保障油库安全。

12.5 消防车设置

12.5.1 本条为消防车辆数量确定的要求。

3 设有固定消防系统时，机动消防力量只是固定系统的补充，对于库容大的一级石油库，配备一定数量的泡沫消防车或机动泡沫设备，加强消防力量是非常必要的。机动泡沫设备是由一种带囊的泡沫液罐和压力比例混合器组成的供应泡沫混合液的移动设备，它只在油库内使用，可配备一个司机和两个操作员。这种设备具有泡沫泵站和消防车的共同特点，使用起来简单方便。

4 消防车的数量可考虑协作单位可供使用的车辆。关于协作单位可供使用的车辆，是指适用于冷却和扑灭油罐火灾的消防车辆。具备协作条件的单位，首先应保证本单位应有的基本消防力量；援外车辆，具体出多少消防车，需协商解决。

为了有效利用协作条件，对于协作单位可供使用的车辆到达火场的时间分不同情况作出规定的理由如下：

    1) 协作单位的消防车辆在接到火灾报警后 5min 内到达着火油罐现场，就可及时对着火油罐进行冷却，保证其不发生严重变形或破裂；

    2) 协作单位的消防车辆在接到火灾报警后 10min 内到达相邻油罐现场，对相邻油罐进行冷却，就能保证其安全；

    3) 着火油罐和相邻油罐的冷却得到保证时，就可以控制火势，协作单位的泡沫消防车辆在接到火灾报警后 20min 内到达火场进行灭火是合适的。

12.5.2 消防车的主要消防对象是油罐区。因为油罐一旦着火，蔓延很快，扑救困难，辐射热对邻近油罐的威胁大。地上钢油罐被火烧 5min 就可使罐壁温度升到 500℃，钢板强度降低一半；10min 可使罐壁温度升到 700℃，钢板强度降低 80%以上，此时油罐将严重变形乃至破坏。所以油罐一旦发生火灾，必须在短时间内进行冷却和灭火。为此，规定了消防车至油罐区的行车时间不得超过 5min，以保证消防车辆到达火场扑救火灾。

据调查，消防车在油库内的行车速度一般为 30km/h，这样在 5min 内，其最远点可达 2.5km。实际上石油库内消防车至油罐区的行车距离大都可以满足 5min 到达火场的要求。

12.6 其 他

12.6.1、12.6.2 这两条规定是为了及时将火警传达给有关部门，以便迅速组织灭火战斗。

12.6.3 石油库的火灾报警如果采用库区集中的警笛和电话报警，对于油库的安全是很不够的，油库内的安全巡回检查不能做到随时发现火情随时报警，所以本条规定在油罐区、装卸区、辅助生产区值班室内应设火灾报警电话。

12.6.4 在油罐区、装卸区的外面设手动按纽火灾报警系统，以增加报警速度，减少火灾损失。

浮顶油罐初期火灾不大，尤其是低液面时难于及时发现，所以要求单罐容量等于或大于 50000m³ 的浮顶油罐设自动报警系统，以便能尽快获知火情。

12.6.6 烟雾灭火技术也称气溶胶灭火技术，是我国自己研制发展起来的新型灭火技术。它适用于油罐的初期火灾，但不能用于流淌火灾，且不能阻止火灾的复燃。天津消防研究所和湖南长沙消防器材厂经过多年研究和试验，现在已经具备烟雾灭火的理论知识和相当的实践经验。在缺水少电地区及偏远地区，要求油库安装泡沫灭火系统确实比较困难，维护也不方便。如果安装半固定式泡沫灭火系统，灭火时需要泡沫消防车，缺水少电地区及偏远地区往往也难以提供。如果安装固定式泡沫灭火系统，一次性投资费用高，维护费用也相当高。而且，四、五油库的火灾规模相比之下也较小，有烟雾灭火设施总比没有其他灭火系统要好。

1 规定油罐个数是因为万一烟雾灭火设施没有将火扑灭，也不会引发更大的火灾事故。汽柴油罐的容积来自于天津消防研究的实际消防试验。

2 多个发烟器安装在一个罐上时，发烟器若不同时工作，直接影响灭火效果，所以规定必须联动，保证同时启动。

3 由于没有烟雾灭火药剂的国家标准，烟雾灭火系统设置也没有相应的标准，因此烟雾灭火的药剂强度应符合药剂生产厂家的要求。烟雾灭火的设备选用、安装方式也应在厂家推荐的基础上进行。长沙消防器材厂和天津消防研究所在进行多次烟雾灭火试验的基础上，结合全国的烟雾灭火装置应用情况推荐了下面的可供参考的药剂供应强度：

    1) 当发烟器安装在罐外时，汽油罐不小于 0.95kg/m²，柴油罐不小于 0.70kg/m²；

    2) 当发烟器安装在罐内时，汽油罐不小于 0.75kg/m²，柴油罐不小于 0.55kg/m²。

4 药剂损失系数是考虑工程使用和试验之间的差距，根据一般气体灭火所用系数规定的。

12.6.7 气溶胶是一种液体或固体微粒悬浮于气体介质中所组成的稳定或准稳定物质系统，目前是替代卤代烷的理想产品，使用中可以自动喷放，也可人工控制喷放，在气体灭火的场所比二氧化碳便宜得多，其喷放方式比二氧化碳装置也安全简单得多。

气溶胶装置生产厂家很多，在选用时一定要了解产品性能，有的产品由于喷放温度高，误喷后发生过烧死人的事故，所以本条规定气溶胶喷放出口温度不得大于 80℃。

13 给水、排水及含油污水处理

13.1 给 水

13.1.2 石油库的生产用水量不大，一般石油库的生活用水量也不大，两者合建可以节约建设资金，也便于操作和管理。

特殊情况也可以分别建设，例如沿海地区，用量很大的消防用水可采用海水做水源。

13.1.3 石油库生产区的生活用水量和工作人员洗

浴用水量引自现行国家标准《室外给水设计规范》GBJ 13—97。

在石油库的各项用水量中，消防用水量远大于生产用水量和生活用水量，所以当消防用水与生产、生活用水使用同一水源时，按1.2倍消防用水量作为水源工程的供水量是可行的。

13.2 排 水

13.2.1 为了防止污染、保护环境，石油库排水必须清、污分流，这样可以减少含油污水的处理量。

含油污水若明渠排放时，一处发生火灾，很可能蔓延全系统，因此规定含油污水应采用管道排放。未被油品污染的雨水和生产废水采用明渠排放，可减少基建费用。为防止事故时油气外逸或库外火源蔓延到墙内，在围墙处增设水封和暗管是必须的。

13.2.2 本条是为了在油罐发生破裂事故或火灾时，防止油品外流和火灾蔓延。

13.2.4 本条规定设置水封井的位置，是考虑一旦发生火灾时，互相间予以隔绝，使火灾不致蔓延。

13.3 含油污水处理

13.3.2 本条的规定是为了安全防火，减少大气污染，保护工人健康，减少气温和雨雪的影响，提高处理效果。

13.3.3 石油库的含油污水情况比较复杂。有些油库由于有压仓水需要处理，含油污水处理的流程较长，从隔油、粗粒化、浮选一直到生化，直至污水处理合格后排放；有的油库含油污水极少，甚至有的油库除了油罐清洗时有一些泥外，平时就没有含油污水的产生，这样的污水处理仅隔油、沉淀之后就可以达标排放。油罐的切水情况也是各不相同，有的油库的油罐需要经常切水，以保证油品的质量；有的油库，特别是一些军队的储备库，几年也不会切一次水。因此，对于石油库的含油污水处理，只能笼统规定达到排放标准后再排放的要求。至于如何处理，应根据具体的情况，具体进行设计。

当油库经常有少量含油污水排放时，可进行连续的隔油、浮选等处理方法进行处理；也可以设一个池子集中一段时间的污水进行间断的处理。当油库的污水排放不均匀，如有压仓水的处理，可设置调节池（罐），污水处理的设计流量可以降低，以达到较好的处理效果。

当油库的污水排放量极少，甚至可以集中起来送至相关的污水处理场进行处理，油库本身可不设污水处理设施。

处理含油污水的池子或设备应有盖或密闭式，以减少油气的散发。现在用于油库含油污水处理的设备较多，在条件许可时可优先选用。使用含油污水处理设备可减少污水处理的占地面积，也可以改善污水处理的环境。

13.3.4 处理后的污水在排出库外处设置取样点和计量设施，是为了有利于环保部门的检查和监测。

14 电 气 装 置

14.1 供 配 电

14.1.1 石油库的电力负荷多为装卸油作业用电。突然停电，一般不会造成人员伤亡或重大经济损失。根据电力负荷分类标准，定为三级负荷。不能中断输油作业的石油库为二级，如长距离输油的首末端中转库、炼油厂的储油库等周转频繁，如突然停电，会给输送油作业带来影响。目前国内石油库自动化水平越来越高，火灾自动报警、温度和液位自动检测等信息系统，在一、二、三级石油库应用较为广泛，若油库突然停电，这些系统就不能正常工作，因此信息系统供电应设应急电源。

14.1.2 石油库采用外接电源供电，具有建设投资少、经营费用低、维护管理方便等优点，故应尽量采用外接电源。但有些石油库位于偏僻的山区，距外电源太远，采用外接电源在技术和经济方面均不合理，在此情况下，也可采用自备电源。

14.1.3 一、二、三级石油库的消防泵站是比较重要的场所，如不设事故照明电源，照明电源突然停电，会给消防泵的操作带来困难。因此本条规定应设不少于20min的事故照明电源。

14.1.4 10kV以上的变配装置一般均设在露天，独立设置较为安全。油泵是石油库的主要用电设备，电压为10kV及以下的变配装置的变配电间与油品泵房（棚）相毗邻布置，于油泵配电较为方便、经济。由于变配电间的电器设备是非防爆型的，操作时容易产生电弧，而易燃油品泵房又属于爆炸和火灾危险场所，故它们相毗邻时，应符合一定要求。

1 本款规定是为了防止油泵房（棚）的油气通过隔墙孔洞、沟道窜入变配电间而发生爆炸火灾事故；且当油泵发生火灾时，也可防止其蔓延到变配电间。

2 本款规定变配电间的门窗应向外开，是为了发生事故时便于工作人员撤离现场。变配电间的门窗应设在爆炸危险区以外的规定，是为了防止油泵房的油气通过门窗进入变配电间。

3 油气一般比空气重，易于在低洼处流动和积聚，故规定变配电间的地坪应高出油泵房的室外地坪0.6m。

14.1.5 电缆的埋设深度主要考虑电缆在地面机械力作用下不致受损伤，一般平地埋设0.7m就能满足要求；在农田耕种地段因怕机械耕地损伤电缆，故要求埋设深度为1.0m；对于岩石地段，因石质坚硬，施工困难，地面机械力的作用也较弱，可以埋浅一些。

电缆与地上输油管道同架敷设时，规定它们之间的净距不应小于0.2m，是为了便于安装和维修。选阻燃电缆或耐火型电缆，是为了避免火灾事故扩大。

14.1.6 电缆若与热力管道同沟敷设，会受到热力管道的温度影响，对电缆散热不利，会使电缆温度升高，缩短电缆的使用寿命。另外输油管道管沟内常有油气积聚，易形成爆炸混合气体，电缆若敷设在里面，一旦电缆破坏，产生短路电弧火花，就会引起爆炸。故规定电缆不得和输油管道、热力管道敷设在同一管沟内。

14.1.7 现行国家标准《爆炸和火灾危险环境电力装置设计规范》GB 50058—92 第2.3.2条明确指出，该规范不包含石油库的爆炸危险区域范围的确定。所以本规范附录B制定了石油库内建筑物、构筑物爆炸危险区域的等级范围划分规定。

14.1.8 人工洞石油库的主巷道、支巷道、油罐操作间、油泵房和通风机房内常常渗水漏水，尤其是夏季，湿度很大。这些地方的灯具等当无防爆要求时，采用防护等级不低于IP44的防水防尘型，可保证灯具不会因受潮漏电而危及操作人员的安全。

14.2 防 雷

14.2.1 在钢油罐的防雷措施中，油罐良好接地很重要，它可以降低雷击点的电位、反击电位和跨步电压。

14.2.2 规定防雷接地装置的接地电阻不宜大于10Ω，是根据国内各部规程的推荐值。经调查，20多年来这样的接地电阻运行情况良好。

14.2.3 储存易燃油品的油罐的防雷规定说明如下：

1 装有阻火器的固定顶钢油罐在导电性能上是连续的，当罐顶钢板厚度大于或等于4mm时，对雷电有自身保护能力，不需要装设避雷针（线）保护。当钢板厚度小于4mm时，为防止直接雷电击穿油罐钢板引起事故，故需要装设避雷针（网）保护整个油罐。

编制组曾于1980年8月和1981年3月，与中国科学院电工研究所合作，进行了石油储罐雷击模拟试验。模拟雷电流的幅值为146.6～220kA（能量为133.4～201.8J），钢板熔化深度为0.076～0.352mm。考虑到实际上的各种不利因素（如材料的不均匀性、使用后的钢板腐蚀等）及富裕量，规定钢板厚度大于或等于4mm，对防雷是足够安全的。

我国解放前建的钢油罐，都没有装设避雷针（网）保护。解放后根据苏联专家的意见，有的补加了避雷针（网），有些石油库的钢油罐至今没有装设避雷针（网）（如解放前建的上海916石油库和广州市第三石油库等）。浙江省所有的商业石油库都没有装避雷针（网）。因为油罐钢板厚度都大于4mm，且装有阻火器，接地装置良好，投产使用几十年，从未发生过油罐被雷击着火的事故。

由此可见，钢板厚度不小于4mm的钢油罐，装有阻火器，做好接地，完全可以不装设避雷针（网）保护。

2 浮顶油罐由于浮顶上的密封严密，浮顶上面的油气较少，一般都达不到爆炸下限，即使雷击着火，也只发生在密封圈不严处，容易扑灭，故不需装设避雷针（网）。

浮顶油罐采用2根横截面不小于25mm²的软铜复绞线将金属浮顶与罐体进行的电气连接，是为了导走浮盘上的感应雷电荷和油品传到金属浮盘上的静电荷。

对于内浮顶油罐，浮盘上没有感应雷电荷，只需导走油品传到金属浮盘上的静电荷。因此，钢质浮盘油罐连接导线用横截面不小于16mm²的软铜复绞线、铝质浮盘油罐连接导线用直径不小于1.8mm的不锈钢钢丝绳就可以了。铝质浮盘用不锈钢钢丝绳，主要是为了防止接触点发生电化学腐蚀，影响接触效果，造成火花隐患。

3 对于覆土油罐，国内外不少资料都写明"凡覆土厚度在0.5m以上者，可以不考虑防雷措施"。特别是德国规范，经过几次修改，还是规定覆土油罐不需要进行任何的专门防雷。这是因为油罐埋在土里，受到土壤的屏蔽作用。当雷击油罐顶部的土层时，土层可将雷电流疏散导走，起到保护作用，故可不再装设避雷针（网）。但其呼吸阀、阻火器、量油孔、采光孔等，一般都没有覆土层，故应做好良好的电气连接并接地。

14.2.4 储存可燃油品的油罐的气体空间，油气浓度一般都达不到爆炸极限下限，又因油品闪点高，雷电作用的时间很短（一般在几十μs以内），雷电火花不能点燃油品而造成火灾事故。故储存可燃油品的金属油罐不需装设避雷针（网）。

14.2.5 本条规定是为了使钢管对电缆产生电磁封锁，减少雷电波沿配线电缆传输到控制室，将信息系统装置击坏。

14.2.6 本条规定主要是为了防雷电电磁脉冲过电压损坏信息装置的电子器件。

14.2.7 本条规定是为了尽可能减少雷电波的侵入，避免建筑物内发生雷电火花、发生火灾事故。建筑内电气设备保护接地与防感应雷接地公用，主要是为等电位连接，防止雷电过电压火花。

14.2.8 本条规定是为了信息系统装置与油罐罐体做等电位连接，防止信息装置被雷电过电压损坏。

14.2.9 因信息系统连线存在电阻和电抗。若连线过长，其上的压降过大，会产生反击，将信息系统装置的电子元件损坏。

14.2.10 储存易燃油品的人工洞石油库需要设置防

止高电位引入的理由如下：

1 地上或管沟敷设的金属管道，当受雷击或雷电感应时，会将高电位引入洞内，故应将金属管道埋地敷设进洞或进行多点接触。根据试验和实践，金属管道在洞外埋地长度超过 $2\sqrt{\rho}$ m 或在洞外 100m 之内的地上或管沟敷设的金属管道做两处接地，其接地电阻不大于 20Ω 时，引入洞内的电位可大大降低，雷害事故就可避免。

2 雷击时高电位可能沿低压架空线侵入洞内发生事故，因此，要求电力和通信线采用铠装电缆埋地入洞。当从架空线上转换一段电缆埋地进洞时，有必要采取本款所规定的保护措施。当高电位到达电缆首端时，过电压保护器动作，电缆外皮与芯线短路，由于集肤效应，电流被排挤到电缆外皮上，电缆外皮上的雷电流在互感作用下，在芯线中产生感应电势，使电缆芯线中的电流减少。如果埋地电缆的长度大于或等于 $2\sqrt{\rho}$ m，且其接地电阻不大于 10Ω 时，绝大部分雷电流经电缆首端的接地装置及电缆外皮泄入大地，残余电流也经洞口电缆的接地装置泄入大地。这时侵入洞内的电位可以降低到首端的 17.6% 以下。

3 人工洞石油库油罐的金属呼吸管与金属通风管暴露在洞外，当直击雷或感应雷的高电位通过这些管道引到洞内时，就有可能在某一间隙放电引燃油气而造成爆炸火灾事故。因此，露出洞外的金属呼吸管与金属通风管应装设独立避雷针保护。

14.2.11 易燃油品泵站（棚）的防雷：

1 易燃油品泵站（棚）属爆炸和火灾危险场所，故应设置避雷带（网）防直击雷。网格是为均压分流，降低反击电压，将雷电流顺利泄入大地。

2 若雷直接击在金属管道及电缆金属外皮或架空槽上，或其附近发生雷击，都会在其上产生雷电过电压。为防止过电压进入易燃油品泵站（棚），所以在其外侧应接地，使电流在其外侧就泄入地下，降低或减少过电压进入泵站（棚）内。接地装置与保护及防感应雷接地装置合用，是为了均压等电位，防止反击电火花发生。

14.2.12 可燃油品泵站（棚）的防雷：

1 可燃油品泵站（棚）属火灾危险场所，防雷要比易燃油品泵站（棚）的防雷要求宽一些。在雷暴日大于 40d/a 的地区才装设避雷带（网）防直击雷。

2 本款条文说明与 14.2.10 条第 2 款相同。

14.2.13 装卸易燃油品的鹤管、装卸油栈桥的防雷：

1 露天进行装卸油作业的，雷雨天不应也不能进行装卸油作业，不进行装卸油作业，爆炸危险区域不存在，所以不装设避雷针（带）防直击雷。

2 当在棚内进行装卸油作业时，雷雨天可能要进行装卸油作业，这样就存在爆炸危险区，所以要安装避雷针（带）防直击雷。雷击中棚是有概率的，爆炸危险区域内存在爆炸危险混合物也是一定的。1

区存在的概率相对 2 区存在的概率要高些，所以避雷针（带）只保护 1 区。

3 装卸油作业区属爆炸危险场所，进入装卸油作业区的输油（油气）管道在进入点接地，可将沿管道传输过来的雷电流泄入地中，减少作业区雷电流的浸入，防止反击雷电火花。

14.2.14 在爆炸危险区域内的输油（油气）管道采取防雷措施的理由如下：

1 根据有关规范规定，法兰盘做跨接主要是防止在法兰连接处发生雷击火花。

2 本款规定是防止在管道之间产生雷电反击火花，将其跨接后，使管道之间形成等电位，反击火花就不会产生了。

14.2.15 本条规定的理由如下：

1 当电源采用 TN 系统时，在建筑物内总配电盘（箱）开始引出的配电线路和分支线路，PE 线与 N 线必须分开。使各用电设备形成等电位连接，对人身、设备安全都有好处。

2 在建筑物的防雷区，所有进出建筑物的金属管道、配电线路的金属外壳（保护层或屏蔽层），在各防雷区介面做等电位连接，主要是为均压各金属管道电位，防止雷电火花。在各被保护设备处，安装过电压（电涌）保护器，是为箝制过电压，使其过电压限制在设备所能耐受的数值内，使设备受到保护，避免雷电损坏设备。

14.3 防静电

14.3.1 输送甲、乙、丙 A 类油品时，由于油品与管道及过滤器的摩擦会产生大量静电荷，若不通过接地装置把电荷导走就会聚集在油罐上，形成很高的电位，当此电位达到某一间隙放电电位时，可能发生放电火花，引起爆炸着火事故。因此本条规定，储存甲、乙、丙 A 类成品油的油罐要做防静电接地。

14.3.3 为使鹤管和油罐车形成等电位，避免鹤管与油罐车之间产生电火花，故铁路装卸油品设施的钢轨、油管、鹤管和金属栈桥等应互相做电气连接并接地。

14.3.4 石油库专用铁路线与电气化铁路接轨时，电气化铁路高压接触网电压高（27.5kV），会对石油库的装卸油作业产生危险影响，在设计时应首先考虑电气化铁路的高压接触网不进入石油库装卸油作业区。当确有困难必须进入时，应采取相应的安全措施。

14.3.5 石油库专用铁路线与电气化铁路接轨，铁路高压接触网不进入石油库专用铁路线时，铁路信号及铁路高压接触网仍会对石油库产生一定危险影响。本条的三款规定，是为了消除这种危险影响。

1 在石油库专用铁路线上，设置两组绝缘轨缝，是为了防止铁路信号及铁路高压接触网的回流电流进入石油库装卸油作业区。要求两组绝缘轨缝的距离要大

于取送列车的总长度,是为了防止在装卸油作业时,列车短接绝缘轨缝,使绝缘轨缝失去隔离作用;

2 在每组绝缘轨缝的电气化铁路侧,装设一组向电气化铁路所在方向延伸的接地装置,是为了将铁路高压接触网的回流电流引回电气化铁路,减少或消除回流电流进入石油库装卸油作业区,确保石油库装卸油作业的安全。

3 跨接是使钢轨、输油管道、鹤管、钢栈桥等形成等电位,防止相互之间存在电位差而产生火花放电,危及石油库装卸油的安全。

14.3.6 石油库专用铁路线与电气化铁路接轨,铁路高压接触网进入石油库专用铁路线时,铁路信号及铁路高压接触网会威胁石油库的安全。本规范不赞成这样设置,当不得不这样做时,一定要采取本条第5款规定的防范措施。

1 设两组隔离开关的主要作用,是保证装卸油作业时,石油库内高压接触网不带电。距作业区近的一组开关除调车作业外,均处于常开状态,避雷器是保护开关用的。距作业区远的一组(与铁路起始点15m以内),除装卸油作业外,一般处于常闭状态。

2 石油库专用铁路线上,设两组绝缘轨缝与回流开关,是为了保证在调车作业时高压接触网电流畅通,在装卸油作业时,装卸油作业区不受高压接触网影响。使铁路信号电、感应电通过绝缘轨缝隔离,不致于侵入装卸油作业区,确保装卸作业安全。

3 在绝缘轨缝的电气化铁路侧安装向电气化铁路所在方向延伸的接地装置,主要是为了将铁路信号及高压接触网的回流电流引回铁路专用线,确保装卸油作业区安全。

4 在第二组隔离开关断开的情况下,石油库内的高压接触网上,由于铁路高压接触网的电磁感应关系,仍会带上较高的电压。设置供搭接的接地装置,可消除接触网的感应电压,确保人身安全。

5 本款规定的目的是防止因电位差而发生雷电或杂散电流闪击火花。

14.3.7 本条规定是为了导走汽车油罐车和油桶上的静电。

14.3.8 为消除油船在装卸油品过程中产生的静电积聚,需在油品装卸码头上设置跨接油船的防静电接地装置。此接地装置与码头上的油品装卸设备的接地装置合用,可避免装卸设备连接时产生火花。

14.3.9 输油管道在输油过程中由于油的流动和油品与管壁的摩擦,将产生大量静电。本条规定可防止静电的积聚,并保证静电接地电阻不超过安全值(不大于100Ω)。

14.3.10 当输油管道的静电接地装置与防感雷接地装置合用时,接地电阻不宜大于30Ω是按防感应雷的接地装置设置的。接地点设在固定管墩(架)处,是为了防止机械或外力对接地装置的损害。

14.3.11 油品装卸设施设静电接地装置,是防止静电事故很重要的措施,因此要求专为油品装卸设施跨接的静电接地仪,具有能检测接地线和接地装置是否完好、接地装置接地电阻值是否符合规范要求的功能。油品装卸设施静电跨接线连接牢固、静电消除通路已经形成后才允许装卸油品;油品灌装完毕,经过必须的静止时间才可抽动鹤管,这样做可有效防止静电事故。

14.3.12 移动式的接地连接线,在与油品装卸设施相连的瞬间,若油品装卸设施上积聚有静电荷,就会发生静电火花。若通过防爆开关连接,火花在防爆开关内形成,就可以避免或消除因此而产生的静电事故。

14.3.13 由于人们穿着人造织物衣服极为普遍,人造织物极易产生静电,往往积聚在人体上。为防静电可能产生的火花,需对进入轻油泵房、轻油罐顶上、轻油作业区的操作平台,以及爆炸危险区域等处的扶梯上或入口处设置消除人体静电的装置。此消除静电装置是指用金属管做成的扶手,在进入这些场所之前人体应抚摸此扶手以消除人体静电。

14.3.14 甲、乙类油品经过输送管道上的精密过滤器时,由于油品与精密过滤器的摩擦会产生大量静电积聚,有可能出现危险的高电位。试验证明,油品经精密过滤器时产生的静电高电位需有30s时间才能消除,故制定本条规定。

14.3.15 因静电的电压较高,电流较小,故其接地电阻值一般不大于100Ω即可,国外也有资料介绍不大于1000Ω。

15 采暖通风

15.1 采 暖

15.1.1 石油库内有些建筑物比较分散而采暖热负荷又小,因此采暖热媒直接采用生产用的蒸汽比较方便经济。所以规定了"特殊情况下可采用低压蒸汽"的条文。

15.1.2 表15.1.2序号1中的温度是根据《工业企业设计卫生标准》TJ 36—87第55条,结合石油库泵房等房间每名工人占用面积都在50m²以上,又是间断操作等特点,采用5℃设计采暖温度是可行的。

15.2 通 风

15.2.1 本条规定了石油库内建筑物通风换气的基本原则。这些建筑物一般均为两面开窗开门,且跨度小,具备实现自然通风的良好条件。自然通风可有效地消防余热和冲淡油气浓度,故强调了自然通风作为换气的主要方式。

15.2.2 中国石化集团北京设计院、《石油库设计规范》编制组等单位，曾对兰州炼油厂、大庆炼油厂、石油二厂、上海炼油厂以及上海石油站的数十个油泵房在自然通风条件下进行过油气浓度的测定。测定结果表明，绝大多数测点的油气蒸汽浓度在卫生允许浓度以下，有一小部分测点稍高于卫生允许浓度。在测定中获得的一次最高浓度为 2.26mg/L，是检修汽油泵将残油放入室内管沟的特殊情况下测得的。现行《工业企业设计卫生标准》TJ 36—87 规定的工作地带空气中汽油蒸汽允许浓度为 0.35mg/L，系指工人每日连续操作 8h 的环境要求。石油库的油泵房操作是间断的，工人在泵房内只间断停留。国内长期生产中未曾发现此类泵房操作人员有职业中毒事例，汽油蒸汽的爆炸下限浓度为 37.2mg/L，为卫生允许浓度的 106 倍。

根据以上分析，结合国内此类泵房以自然通风为主的长期生产经验，本条的规定是可行的。

15.2.4 条文中规定了人工洞石油库的洞内应设置固定式机械通风。其中"固定"二字是指机组不是移动的，如装设通风管道也应是固定的（洗灌通风的接头部分除外），以利洞内安全生产。对换气次数有如下的取法：灌室（以净空间计）3次/h，油泵房大于10次/h，操作间 6次/h，风机房 3次/h。

15.2.5 关于清洗油罐的通风量，因为清洗油罐的方法和要求的换气时间各不相同，又缺乏更多的测定数据，很难统一计算方法。现在清洗油罐一般工序是：操作人员先戴氧气呼吸面罩进入灌内清除底油，用水龙带清洗灌壁底，放空含油污水，然后接通排风系统通风。当通风量达到油罐容积的 30 倍后，一般就可以允许操作人员进入。当用灌内充水的办法将油气从呼吸管顶出时，其换气量可相应减少。

15.2.9～15.2.11 这三条是根据《石油库设计规范》编制组对石油库事故案例调查及分析而新增的条文。

中华人民共和国国家标准

民用爆破器材工程设计安全规范

Safety code for design of engineering of
civil explosives materials

GB 50089—2007

主编部门：国防科学技术工业委员会
批准部门：中华人民共和国建设部
施行日期：２００７年８月１日

中华人民共和国建设部
公　　告

第 578 号

建设部关于发布国家标准
《民用爆破器材工程设计安全规范》的公告

现批准《民用爆破器材工程设计安全规范》为国家标准，编号为 GB 50089—2007，自 2007 年 8 月 1 日起实施。其中，第 3.2.2、3.2.3、3.3.1、3.3.2、3.3.3、3.3.6、4.2.2、4.2.3、4.2.4、4.3.2、4.3.3、5.1.1（3）、5.2.2（1）（3）（5）（6）（7）(8)、5.2.3（1）（3）、5.2.4、5.3.2（1）（2）（3）(5)、5.3.3（1）（2）（3）（5）、5.4.2（1）、5.4.3(1)、6.0.2（2）（3）（4）（5）（9）、6.0.3（2）（4）、6.0.4、6.0.5、6.0.6（1）（3）（4）（6）（8）（9）(10)、(11)、(12)、6.0.7、6.0.8、6.0.9、7.1.1、7.1.2、7.1.3、7.1.4、7.1.6、7.1.7（2）、8.1.1、8.2.1、8.2.6、8.4.4、8.4.8、8.4.9、8.4.10、8.5.1、8.6.1、8.6.6、8.6.7、9.0.1、9.0.5、9.0.6、9.0.10、9.0.11、9.0.12（2）（3）、10.0.1、10.0.3、11.2.1、11.2.2（4）、11.3.3、11.3.4、11.3.6、11.3.7、12.2.1(2)(3)(5)(6)(8)、12.2.2、12.2.3(1)(2)(4)、12.2.4、12.3.3(1)(2)、12.3.4(2)、12.3.5、12.3.6、12.5.4、12.5.5（1）（3）、12.6.2、12.6.3、12.6.5、12.6.6、12.7.2、12.7.3、12.7.6、12.7.7、12.8.1、12.8.3、13.1.2、13.1.3、13.1.4、14.2.2、15.2.1、15.2.3、15.2.5、15.2.6、15.3.4、15.4.1、15.4.2、15.6.2、15.7.1、15.7.2、15.7.3、15.7.4、15.7.6、A.0.1、A.0.2 条（款）为强制性条文，必须严格执行。原《民用爆破器材工厂设计安全规范》GB 50089—98 同时废止。

本规范由建设部标准定额研究所组织中国计划出版社出版发行。

中华人民共和国建设部
二〇〇七年二月二十七日

前　　言

本规范是根据建设部《关于印发"二〇〇二～二〇〇三年度工程建设国家标准制定、修订计划"的通知》（建标〔2003〕102 号）的要求，由五洲工程设计研究院会同有关设计、科研、生产和流通单位对《民用爆破器材工厂设计安全规范》GB 50089—98 进行修订而成。

本规范共分 15 章、6 个附录。主要内容包括总则，术语，危险等级和计算药量，企业规划和外部距离，总平面布置和内部最小允许距离，工艺与布置，危险品贮存和运输，建筑与结构，消防给水，废水处理，采暖、通风和空气调节，电气，危险品性能试验场和销毁场，混装炸药车地面辅助设施和自动控制等。

本次修订，与原国家标准《民用爆破器材工厂设计安全规范》GB 50089—98 相比，保留了 90 条、3 个附录，修改了 109 条，取消了 24 条，增加了 95 条、3 个附录。规范修订后为 294 条、6 个附录。主要修订内容是：调整了建筑物的危险等级，进一步明确生产线联建的安全技术要求，补充调整了内、外部最小允许距离，修订了防护屏障的作用系数，增加了钢结构的要求，修订了电气危险场所的区域划分，通过试验增加了电磁辐射对电雷管的安全场强要求，补充了流通企业库房设计的安全技术规定等。

修订过程中，遵照《中华人民共和国安全生产法》和国家基本建设的有关政策，贯彻"安全第一，预防为主"的方针，针对民爆行业发展趋势，开展了专题研究和部分试验研究，总结了近五年来民用爆破器材工程建设设计方面的安全科研成果和经验教训，有选择地吸收了国外符合我国实际情况的先进安全技术。在全国范围内广泛征求了有关设计、科研、生产、流通民爆行业单位及行业主管部门的意见。最后经国防科学技术工业委员会民爆器材监督管理局会同有关部门审查定稿。

本规范以黑体字标志的条文为强制性条文，必须严格执行。

本规范由建设部负责管理和对强制性条文的解释，由五洲工程设计研究院（中国兵器工业第五设计研究院）负责具体技术内容的解释。本规范在执行过程中，如发现需要修改或补充之处，请将意见和有关资料寄送五洲工程设计研究院（地址：北京市宣武区西便门内大街 85 号，邮编：100053，传真：010-83111943）。

本规范主编单位、参编单位和主要起草人：

主 编 单 位：五洲工程设计研究院（中国兵器工业第五设计研究院）

参 编 单 位：中国爆破器材行业协会
中国兵器工业规划研究院民爆咨询中心
广东南海化工总厂有限公司
福建永安化工厂
浙江利民化工有限公司
新疆雪峰民爆器材有限公司
湖南南岭爆破器材有限公司
福建龙岩红炭山七〇八有限公司
长沙矿冶研究院
西安庆华民爆公司
西安应用物理化学研究所
河南省前进化工有限公司
重庆八四五化工公司
葛洲坝易普力化工公司
甘肃和平民爆有限公司

主要起草人：魏新熙　杨家福　张嘉浩　王爱凤
　　　　　　陶少萍　郑志良　尹君平　管怀安
　　　　　　王泽溥　张幼平　白春光　张国辉
　　　　　　梁景堂　张利洪　刘晓苗

目 次

1 总则 ·· 7—13—5
2 术语 ·· 7—13—5
3 危险等级和计算药量 ···················· 7—13—6
　3.1 危险品的危险等级 ···················· 7—13—6
　3.2 建筑物的危险等级 ···················· 7—13—6
　3.3 计算药量 ······································· 7—13—9
4 企业规划和外部距离 ······················ 7—13—9
　4.1 企业规划 ······································· 7—13—9
　4.2 危险品生产区外部距离 ············ 7—13—10
　4.3 危险品总仓库区外部距离 ······ 7—13—12
5 总平面布置和内部最小允许
　　距离 ··· 7—13—12
　5.1 总平面布置 ································· 7—13—12
　5.2 危险品生产区内最小允许距离 ··· 7—13—12
　5.3 危险品总仓库区内最小允许
　　　距离 ··· 7—13—13
　5.4 防护屏障 ······································· 7—13—14
6 工艺与布置 ······································· 7—13—15
7 危险品贮存和运输 ·························· 7—13—16
　7.1 危险品贮存 ································· 7—13—16
　7.2 危险品运输 ································· 7—13—18
8 建筑与结构 ······································· 7—13—18
　8.1 一般规定 ······································· 7—13—18
　8.2 危险性建筑物的结构选型 ······ 7—13—18
　8.3 危险性建筑物的结构构造 ······ 7—13—19
　8.4 抗爆间室和抗爆屏院 ················ 7—13—19
　8.5 安全疏散 ······································· 7—13—20
　8.6 危险性建筑物的建筑构造 ······ 7—13—20
　8.7 嵌入式建筑物 ····························· 7—13—21
　8.8 通廊和隧道 ································· 7—13—21
　8.9 危险品仓库的建筑构造 ············ 7—13—21
9 消防给水 ·· 7—13—21
10 废水处理 ·· 7—13—22
11 采暖、通风和空气调节 ············ 7—13—23
　11.1 一般规定 ···································· 7—13—23
　11.2 采暖 ··· 7—13—23
　11.3 通风和空气调节 ······················ 7—13—23
12 电气 ·· 7—13—24
　12.1 电气危险场所分类 ················ 7—13—24
　12.2 电气设备 ···································· 7—13—26
　12.3 室内电气线路 ·························· 7—13—27
　12.4 照明 ··· 7—13—28
　12.5 10kV 及以下变（配）电所和
　　　 配电室 ··· 7—13—28
　12.6 室外电气线路 ·························· 7—13—29
　12.7 防雷和接地 ······························· 7—13—29
　12.8 防静电 ·· 7—13—29
　12.9 通讯 ··· 7—13—30
13 危险品性能试验场和销毁场 ····· 7—13—30
　13.1 危险品性能试验场 ················ 7—13—30
　13.2 危险品销毁场 ·························· 7—13—30
14 混装炸药车地面辅助设施 ········ 7—13—30
　14.1 固定式辅助设施 ······················ 7—13—30
　14.2 移动式辅助设施 ······················ 7—13—31
15 自动控制 ······································· 7—13—31
　15.1 一般规定 ···································· 7—13—31
　15.2 检测、控制和联锁装置 ········· 7—13—31
　15.3 仪表设备及线路 ······················ 7—13—31
　15.4 控制室 ·· 7—13—31
　15.5 安全防范系统 ·························· 7—13—32
　15.6 火灾报警系统 ·························· 7—13—32
　15.7 工业电雷管射频辐射安全
　　　 防护 ·· 7—13—32
附录 A　有关地形利用的条件及
　　　 增减值 ······································ 7—13—32
附录 B　计算药量与 $R_{1.1}$ 值 ·············· 7—13—33
附录 C　常用火药、炸药的梯恩梯
　　　 当量系数 ································· 7—13—34
附录 D　防护土堤的防护范围 ········ 7—13—34
附录 E　危险品生产工序的卫生
　　　 特征分级 ································· 7—13—34
附录 F　火药、炸药危险场所电气
　　　 设备最高表面温度的
　　　 分组划分 ································· 7—13—36
本规范用词说明 ···································· 7—13—36
附：条文说明 ·· 7—13—37

1 总 则

1.0.1 为贯彻执行《中华人民共和国安全生产法》，坚持"安全第一，预防为主"的方针，采用技术手段，防止和减少生产安全事故，保障人民群众生命和财产安全，促进经济建设的发展，制定本规范。

1.0.2 本规范适用于民爆行业生产、流通企业的新建、改建、扩建和技术改造工程项目。

1.0.3 民用爆破器材工程设计除应执行本规范外，还应符合国家现行有关标准的规定。

2 术 语

2.0.1 民用爆破器材 civil explosives materials

用于非军事目的的各种炸药（起爆药、猛炸药、火药、烟火药等）及其制品（油气井及地震勘探用或其他用途的爆破器材等）和火工品（雷管、导火索、导爆索等）的总称。

2.0.2 危险品 dangerous goods

指民爆行业研究、生产、流通与应用过程中的具有燃烧、爆炸危险的原材料、半成品、在制品、成品等。

2.0.3 在制品 work in-process

指正在各生产阶段加工中的产品。

2.0.4 半成品 semi-finished product

指在某些生产阶段上已完工，但尚需进一步加工的产品。

2.0.5 梯恩梯当量 TNT equivalent

在距爆源相同的径向距离上，产生相同爆炸参数时的梯恩梯药质量与被测试装药质量之比。

2.0.6 整体爆炸 mass-detonation

整个危险品的某一部分被引爆后，导致全部危险品的瞬间爆炸。

2.0.7 计算药量 explosive quantity

能同时爆炸或燃烧的危险品药量。

2.0.8 设计药量 design quantity of explosive

折合成梯恩梯当量的可能同时爆炸的危险品药量。

2.0.9 危险性建筑物 dangerous goods building

生产或贮存危险品的建筑物，包括危险品生产厂房和危险品贮存库房。

2.0.10 非危险性建筑物 nondangerous goods building

本规范未列入危险等级的建筑物。

2.0.11 生产线 production line

在危险品生产中，能确保完成连续性工序的一组生产系统、建筑物、构筑物或相关设施等。

2.0.12 内部最小允许距离 internal separation distance

指危险性建筑物之间，在规定的破坏标准下所需的最小距离。它是按危险性建筑物的危险等级和计算药量确定的。

2.0.13 外部距离 external separation distance

指危险性建筑物与外部各类目标之间，在规定的破坏标准下所需的最小距离。它是按危险性建筑物的危险等级和计算药量确定的。

2.0.14 防护屏障 protecting barrier

天然或人工的挡墙，其形式、尺寸及结构均能按规定方式限制爆炸冲击波、破片、火焰对附近建筑物及设施的影响。

2.0.15 钢刚架结构 steel-frame construction

采用刚架型式的钢结构。

2.0.16 轻钢刚架结构 light steel-frame construction

围护结构采用轻型夹层保温板、轻钢檩条的钢刚架结构。

2.0.17 抗爆间室 blast resistant chamber

具有承受本室内因发生爆炸而产生破坏作用的间室。可根据间室内生产或贮存的危险品性质、恢复生产的要求，按能承受一次或多次爆炸荷载进行设计。

2.0.18 抗爆屏院 blast resistant shield yard

当抗爆间室内发生爆炸事故时，为阻止爆炸冲击波或爆炸破片向四周扩散，而在抗爆间室外设置的屏院。

2.0.19 抑爆间室 suppressive shield chamber

具有承受本室内发生爆炸而产生破坏作用的间室，且可通过能控制冲击波泄出强度的墙体泄出间室之外，符合环境安全要求。

2.0.20 嵌入式建筑物 built-in building

嵌入防护屏障外侧，三面墙外侧及顶盖上覆土、一面外露的建筑物。

2.0.21 轻型泄压屋盖 light relief roof

泄压部分（不包括檩条、梁、屋架）由轻质材料构成，当建筑物内部发生事故时，具有泄压效能，使建筑物主体结构尽可能不遭受破坏的屋盖。

轻质泄压部分的单位面积重量不应大于 $0.8kN/m^2$。

2.0.22 轻质易碎屋盖 light fragile roof

由轻质易碎材料构成，当建筑物内部发生事故时，不仅具有泄压效能，且破碎成小块，减轻对外部影响的屋盖。

轻质易碎部分的单位面积重量不应大于 $1.5kN/m^2$。

2.0.23 安全出口 emergency exit

建筑物内的作业人员能通过它直接到达室外安全处的疏散出口。

2.0.24 辅助用室 auxiliary room

辅助用室是指更衣室、盥洗室、浴室、洗衣房、休息室、厕所等，根据生产特点、实际需要和使用方便的原则而设置。

2.0.25 卫生特征分级 industrial hygiene classification

根据生产过程接触的药物经皮肤吸收或通过呼吸系统吸入体内引起中毒的危害程度所进行的分级，分为1、2、3三个级别。

2.0.26 电气危险场所 electrical installation in hazardous locations

燃烧爆炸性物质出现或预期可能出现的数量达到足以要求对电气设备的结构、安装和使用采取预防措施的场所。

2.0.27 可燃性粉尘环境 combustible dust atmosphere

在大气环境条件下，粉尘或纤维状的可燃性物质与空气的混合物点燃后，燃烧传至全部未燃混合物的环境。

2.0.28 爆炸性气体环境 explosive gas atmosphere

在大气环境条件下，气体或蒸气可燃物质与空气的混合物点燃后，燃烧将传至全部未燃烧混合物的环境。

2.0.29 直接接地 direct-earthing

将金属设备或金属构件与接地系统直接用导体进行可靠连接。

2.0.30 间接接地 indirect-earthing

将人体、金属设备等通过防静电材料或防静电制品与接地系统进行可靠连接。

2.0.31 防静电材料 anti-electrostatic material

通过在聚合物内添加导电性物质（炭黑、金属粉等）、抗静电剂等，以降低电阻率，增加电荷泄漏能力的材料的统称。

2.0.32 防静电制品 anti-electrostatic ware

由防静电材料制成，具有固定形状，电阻值在 $5 \times 10^4 \sim 1 \times 10^8$ Ω范围内的物品。

2.0.33 独立变电所 independent electrical substation

变电所为一独立建筑物或独立的箱式变电站。

2.0.34 静电泄漏电阻 electrostatically leakage resistance

物体的被测点与大地之间的总电阻。

2.0.35 防静电地面 anti-electrostatic floor

能有效地泄漏或消散静电荷，防止静电荷积累所采用的地面。

2.0.36 静电非导电材料 electrostatic non-conducting material

体电阻率值大于或等于 1.0×10^{10} Ω·m的物体或表面电阻率值大于或等于 1.0×10^{11} Ω的材料。

2.0.37 无线电通信 radio communication

利用无线电波的通信。

2.0.38 移动站 mobile station

用于移动业务，是指在运动状态使用移动设备或在非明确定点暂停使用的站点。

2.0.39 基站 base station

用于陆地移动业务或陆地的电台。

2.0.40 固定站 fixed station

使用固定设备的站点。

2.0.41 无线电定位 radio location

用于无线电定位业务，在固定点使用（不在移动时使用）的电台。

2.0.42 民用波段无线电广播 civilian use radio

用于个人或商用无线电通信，无线电信号，远程目标或设备控制的固定站、地面站、移动站的无线电通信设备。

2.0.43 天线 antenna

一种将信号源射频功率发射到空间或截获空间电磁场转变为电信号的转换器。

3 危险等级和计算药量

3.1 危险品的危险等级

3.1.1 危险品的危险等级应符合下列规定：

1　1.1级：危险品具有整体爆炸危险性。

2　1.2级：危险品具有迸射破片的危险性，但无整体爆炸危险性。

3　1.3级：危险品具有燃烧危险和较小爆炸或较小迸射危险，或两者兼有，但无整体爆炸危险性。

4　1.4级：危险品无重大危险性，但不排除某些危险品在外界强力引燃、引爆条件下的燃烧爆炸危险作用。

3.2 建筑物的危险等级

3.2.1 建筑物危险等级主要指建筑物内所含有的危险品危险等级及生产工序的危险等级，分为1.1（含1.1*）、1.2、1.4级。

注：1　民用爆破器材尚无1.3级危险品，不设对应的1.3级建筑物危险等级。

2　1.1*是特指生产无雷管感度炸药、硝铵膨化工序及在抗爆间室中进行的炸药准备、药柱压制、导爆索索制等建筑物危险等级。

3.2.2 生产、加工、研制危险品的建筑物危险等级应符合表3.2.2-1的规定，贮存危险品的建筑物危险等级应符合表3.2.2-2的规定。

表 3.2.2-1 生产、加工、研制危险品的建筑物危险等级

序号	危险品名称	危险等级	生产加工工序	技术要求或说明
工业炸药				
1	铵梯（油）类炸药	1.1	梯恩梯粉碎、梯恩梯称量、混药、筛药、凉药、装药、包装	—
		1.4	硝酸铵粉碎、干燥	—
		1.4	废水处理	—
2	粉状铵油炸药、铵松蜡炸药、铵沥蜡炸药	1.1	混药、筛药、凉药、装药、包装	—
		1.1*	混药、筛药、凉药、装药、包装	无雷管感度炸药，且厂房内计算药量不应大于5t
		1.4	硝酸铵粉碎、干燥	—
3	多孔粒状铵油炸药	1.1*	混药、包装	无雷管感度炸药，且厂房内计算药量不应大于5t
4	膨化硝铵炸药	1.1*	膨化	厂房内计算药量不应大于1.5t
		1.1	混药、凉药、装药、包装	—
5	粒状黏性炸药	1.1*	混药、包装	无雷管感度炸药，且厂房内计算药量不应大于5t
		1.4	硝酸铵粉碎、干燥	—
6	水胶炸药	1.1	硝酸甲胺制造和浓缩、混药、凉药、装药、包装	—
		1.4	硝酸铵粉碎、筛选	—
7	浆状炸药	1.1	梯恩梯粉碎、炸药熔药、混药、凉药、包装	—
		1.4	硝酸铵粉碎	—
8	胶状、粉状乳化炸药	1.1	乳化、乳胶基质冷却、乳胶基质贮存、敏化（制粉）、敏化后的保温（凉药）、贮存、装药、包装	—
		1.4	硝酸铵粉碎、硝酸钠粉碎	—
9	黑梯药柱（注装）	1.1	熔药、装药、凉药、检验、包装	—
10	梯恩梯药柱（压制）	1.1*	压制	应在抗爆间室内进行
			检验、包装	
11	太乳炸药	1.1	制片、干燥、检验、包装	—
工业雷管				
12	火雷管、电雷管、导爆管雷管、继爆管	1.1	黑索今或太安的造粒、干燥、筛选、包装	—
			火雷管干燥、烘干	—
		1.1*	继爆管的装配、包装	—
		1.2	二硝基重氮酚制造（中和、还原、重氮、过滤）	二硝基重氮酚应为湿药
			二硝基重氮酚的干燥、凉药、筛选、黑索今或太安的造粒、干燥、筛选	应在抗爆间室内进行
			火雷管装药、压药	应在抗爆间室内进行
			电雷管、导爆管雷管装配、雷管编码	应在钢板防护下进行
			雷管检验、包装、装箱	检验应在钢板防护下进行
			雷管试验站	—
			引火药头用和延期药用的引火药剂制造	—
		1.4	引火元件制造	—
			延期药混合、造粒、干燥、筛选、装药	按工艺要求可设抗爆间室或钢板防护
			延期元件制造	—
			二硝基重氮酚废水处理	—

续表 3.2.2-1

序号	危险品名称		危险等级	生产加工工序	技术要求或说明
				工业索类火工品	
13	导火索		1.1	黑火药三成分混药、干燥、凉药、筛选、包装	—
				导火索制造中的黑火药准备	
			1.4	导火索制索、盘索、烘干、普检、包装	—
				硝酸钾干燥、粉碎	—
14	导爆索		1.1	炸药的筛选、混合、干燥	
				导爆索包塑、涂索、烘索、盘索、普检、组批、包装	当包塑等在抗爆间室内进行，可按 1.1* 级处理
			1.1*	炸药的筛选、混合、干燥	应在抗爆间室内进行
				导爆索制索	应在抗爆间室内进行
			1.2	导爆索性能测试	
15	塑料导爆管		1.2	炸药的粉碎、干燥、筛选、混合	应在抗爆间室或钢板防护下进行
			1.4	塑料导爆管制造	按工艺要求，导爆管挤出处可设防护
16	爆裂管		1.1	爆裂管的切索、包装	
			1.2	爆裂管装药	应在抗爆间室内进行
				油气井用起爆器材	
17	射孔弹、穿孔弹		1.1	炸药准备（筛选、烘干等）	—
			1.2	炸药暂存、保温、压药	应在抗爆间室内进行
				装配、包装	宜在钢板防护下进行
				试验室	可用试验塔
				地震勘探用爆破器材	
18	震源药柱	高爆速	1.1	炸药准备、熔混药、装药、压药、凉药、装配、检验、装箱	—
		中爆速	1.1	炸药准备、震源药柱检验、装箱	—
				装药、压药	—
				钻孔	—
				装传爆药柱	—
		低爆速	1.1	炸药准备、装药、装传爆药柱、检验、装箱	—
19	黑火药、炸药、起爆药		1.4	理化试验室	单间计算药量不宜超过 600g
			—	理化试验室	药量不大于 300g，单间计算药量不超过 20g 时，可为防火甲级

注：雷管制造中所用药剂（单组分或多组分药剂），其作用和起爆药类似者，此类药剂的危险等级应按表内二硝基重氮酚确定。

表 3.2.2-2 贮存危险品的建筑物危险等级

序号	危险品名称	危险等级 中转库	危险等级 总仓库
1	黑索今、太安、奥克托金、梯恩梯、苦味酸、黑梯药柱（注装）、梯恩梯药柱（压制）、太乳炸药 铵梯（油）类炸药、粉状铵油炸药、铵松蜡炸药、铵沥蜡炸药、多孔粒状铵油炸药、膨化硝铵炸药、粒状黏性炸药、水胶炸药、浆状炸药、胶状和粉状乳化炸药、黑火药	1.1	1.1
2	起爆药	1.1	—
3	雷管（火雷管、电雷管、导爆管雷管、继爆管）	1.1	1.1
4	爆裂管	1.1	1.1
5	导爆索、射孔（穿孔）弹、震源药柱	1.1	1.1
6	延期药	1.4	—
7	导火索	1.4	1.4
8	硝酸铵、硝酸钠、硝酸钾、氯酸钾、高氯酸钾	1.4	1.4

3.2.3 同一建筑物内存在不同的危险品或生产工序时，该建筑物的危险等级应按其中最高的危险等级确定。

3.3 计算药量

3.3.1 建筑物内的成品、半成品、在制品等及生产设备、运输器具或设备里，能引起同时爆炸或燃烧的危险品最大药量为该建筑物内的计算药量。

3.3.2 包装、装车时，位于防护屏障内车辆中的药量应计入厂房的计算药量；位于防护屏障外车辆中的药量与厂房内的存药有同时爆炸可能时，其药量亦应计入厂房的计算药量。

3.3.3 当1.1级危险品与1.2级危险品同时存在时，应将1.1级危险品的计算药量与1.2级危险品中属于1.1级危险品的计算药量合并计算。

3.3.4 建筑物中抗爆间室、防爆装置内危险品的药量可不计入该建筑物的计算药量。

3.3.5 炸药生产厂房外废水沉淀池中的药量，可不计入该厂房的计算药量。

3.3.6 当炸药生产厂房内的硝酸铵与炸药在同一工作间内存放时，应将硝酸铵存量的一半计入该厂房的计算药量。当硝酸铵为水溶液时，可不计入该厂房的计算药量，该工位应有实心砌体隔墙。当炸药生产厂房内的硝酸铵与炸药不在同一工作间内存放，且有符合表3.3.6间隔距离和隔墙厚度的要求时，可不将硝酸铵存量计入该厂房的计算药量。

表 3.3.6 炸药生产厂房内硝酸铵存放间与炸药的间隔及隔墙厚度

厂房内存放的炸药总量（kg）	硝酸铵存放间与炸药的间隔距离（m）	硝酸铵存放间与炸药工作间的隔墙厚度（m）
≤500	≥2	≥0.37
>500 ≤1000	≥2.5	≥0.37
>1000 ≤2000	≥3	≥0.37
>2000 ≤3000	≥3.5	≥0.37
>3000 ≤4000	≥4	≥0.49
>4000 ≤5000	≥4.5	≥0.49

注：1 表中硝酸铵存放间与炸药的间隔距离为硝酸铵存放间的隔墙至炸药工作间内最近的炸药存放点的距离。
2 表中隔墙为实心砌体墙。
3 硝酸铵存放间与炸药工作间之间不宜有门相通。当生产必需有门相通时，不应在门相通处存放硝酸铵或炸药。

4 企业规划和外部距离

4.1 企业规划

4.1.1 民用爆破器材生产、流通企业厂（库）址选择应符合现行国家标准《工业企业总平面设计规范》

GB 50187的相应规定。

4.1.2 民用爆破器材生产企业,应根据生产品种、生产特性、危险程度等因素进行分区规划。企业宜设危险品生产区(包括辅助生产部分)、危险品总仓库区、性能试验场、销毁场及生活区。

4.1.3 民用爆破器材生产企业各区的规划,应符合下列要求:

1 根据企业生产、生活、运输和管理等因素确定各区相互位置。危险品生产区宜设置在适中位置,危险品总仓库区、性能试验场、销毁场宜设置在偏僻地带或边缘地带。

2 企业各区不应分设在国家铁路线、一级公路的两侧,宜规划在运输线路的一侧。

3 当企业位于山区时,不应将危险品生产区布置在山坡陡峻的狭窄沟谷中。

4 辅助生产部分宜靠近生活区的方向布置。

5 无关的人流和物流不应通过危险品生产区和危险品总仓库区。危险品的运输不应通过生活区。

4.1.4 民用爆破器材流通企业设置危险品仓库区时,库址应选择在远离居住区的地带,且应符合本规范第4.3节危险品总仓库区外部距离和第5.3节危险品总仓库区内最小允许距离的规定。

4.2 危险品生产区外部距离

4.2.1 危险品生产区内的危险性建筑物与其周围居住区、公路、铁路、城镇规划边缘等的外部距离,应根据建筑物的危险等级和计算药量计算确定。

外部距离应自危险性建筑物的外墙面算起。

表4.2.2 危险品生产区1.1级建筑物的外部距离(m)

序号	项目	单个建筑物内计算药量(kg)																			
		20000	18000	16000	14000	12000	10000	9000	8000	7000	6000	5000	4000	3000	2000	1000	500	300	200	100	50	30	10
1	人数小于等于50人或户数小于等于10户的零散住户边缘、职工总数小于50人的工厂企业围墙、本厂危险品总仓库区、加油站	380	360	350	340	320	300	290	280	270	260	250	240	230	210	190	170	150	140	130	95	80	65
2	人数大于50人且小于等于500人的居民点边缘、职工总数小于500人的工厂企业围墙、有摘挂作业的铁路中间站站界或建筑物边缘	580	560	540	520	490	460	450	430	410	390	370	340	310	270	230	190	170	150	140	125	105	75
3	人数大于500人且小于等于5000人的居民点边缘、职工总数小于5000人的工厂企业围墙	680	660	630	600	570	540	520	500	480	450	430	400	360	320	250	220	200	180	160	140	120	100
4	人数小于等于2万人的乡镇规划边缘、220kV架空输电线路、110kV区域变电站围墙	830	800	770	730	700	660	630	610	580	550	520	480	440	390	310	250	220	200	180	160	140	120
5	人数小于等于10万人的城镇规划边缘、220kV以上架空输电线路、220kV及以上的区域变电站围墙	1040	1010	970	940	880	830	810	770	740	700	670	620	560	490	400	350	320	300	250	230	200	
6	人数大于10万人的城市市区规划边缘	2030	1960	1890	1820	1720	1610	1580	1510	1440	1370	1300	1190	1090	950	770	650	550	450	350	280	260	250
7	国家铁路线、二级以上公路、通航的河流航道、110kV架空输电线路	440	420	410	390	370	350	340	320	310	290	280	260	230	200	170	150	130	120	100	80	70	60
8	非本厂的工厂铁路支线、三级公路、35kV架空输电线路	260	250	240	230	220	210	200	190	180	170	160	150	140	120	90	80	70	60	55	50	45	

注:1 计算药量为中间值时,外部距离采用线性插入法确定。
2 表中二级以上公路系指年平均双向昼夜行车量大于等于2000辆者;三级公路系指年平均双向昼夜行车量小于2000辆且大于等于200辆者。
3 新建危险品工厂的外部距离应满足表中序号1~8的规定。现有工厂如在市区或城镇规划范围内,其外部距离应满足表中除序号5、6外的规定。
4 表中外部距离适用于平坦地形,遇有利地形可适当折减,遇不利地形宜适当增加。有关地形利用的条件及增减值见本规范附录A。

表 4.3.2 危险品总仓库区 1.1 级建筑物的外部距离（m）

序号	项目	单个建筑物内计算药量（kg）																																
		100	300	500	1000	2000	5000	6000	7000	8000	9000	10000	12000	14000	16000	18000	20000	25000	30000	35000	40000	45000	50000	60000	70000	80000	90000	100000	120000	140000	160000	180000	200000
1	人数小于等于50人或户数小于等于10户的零散住户边缘，职工总数小于50人的工厂企业围墙，本厂危险品生产区，加油站	100	140	160	180	200	220	230	240	250	260	270	280	300	310	330	340	360	380	400	420	440	460	490	510	530	550	570	610	640	670	700	720
2	人数大于50人且小于500人的居民点边缘，职工总数小于500人的工厂企业围墙，有 邻接作业的铁路中间站或站界建筑物边缘	130	160	170	200	250	330	350	360	380	400	410	430	460	480	500	520	550	590	620	650	670	700	740	780	820	850	880	930	980	1030	1070	1110
3	人数大于500人且小于5000人的居民点边缘，职工总数小于5000人的工厂企业围墙	140	170	190	220	270	370	390	410	430	450	460	490	520	540	560	580	630	670	700	730	760	790	840	880	920	960	990	1050	1110	1160	1210	1250
4	人数大于等于2万人的乡镇规划边缘，220kV架空输电线路、110kV区域变电站围墙	160	190	220	250	320	430	460	480	500	520	540	580	610	630	660	680	740	780	820	860	900	920	980	1030	1080	1120	1160	1240	1300	1360	1420	1470
5	人数大于10万人的城镇规划区边缘，220kV以上架空输电线路、220kV及以上的区域变电站围墙	170	290	310	380	430	590	630	650	680	720	740	770	830	860	900	940	990	1060	1120	1170	1210	1260	1330	1400	1480	1550	1580	1680	1760	1850	1930	2000
6	国家铁路线，二级以上公路，通航河流航道，110kV架空输电电线路	280	500	600	700	830	1160	1230	1260	1330	1400	1440	1510	1610	1680	1750	1820	1930	2070	2170	2280	2350	2450	2590	2730	2870	2980	3080	3260	3430	3610	3750	3890
7	新建危险品工厂的外部距离	350	110	140	160	190	250	260	270	290	300	310	320	350	360	380	390	410	440	470	490	500	530	560	590	620	640	660	700	740	770	800	830
8	非本厂工厂的工厂铁路，支线、三级公路，35kV架空输电线路	90	70	80	90	110	140	150	160	170	180	200	210	220	230	240	250	270	280	300	310	320	340	360	370	390	400	420	450	470	490	500	60

注：1 计算药量为中间值时，外部距离采用线性插入法确定。
2 二级公路以上公路系指年平均双向昼夜行车量大于2000辆者；三级公路系指年平均双向昼夜行车量小于2000辆且大于等于200辆者。
3 新建危险品工厂如在市区或城镇规划范围内，其外部距离应满足表中序号1~8的规定。现有工厂当外部距离清足表中序号1~8的规定，遇不利地形及围墙可适当折减，遇有利地形及围墙可适当增加。
4 表中外部距离适用于平坦地形，遇有利地形或不利地形利用的条件及减值见本规范附录A。

4.2.2 危险品生产区内，1.1级或1.1*级建筑物的外部距离不应小于表4.2.2的规定。

4.2.3 危险品生产区内，1.2级建筑物的外部距离不应小于表4.2.2的规定。

4.2.4 危险品生产区内，1.4级建筑物的外部距离不应小于50m。硝酸铵仓库的外部距离不应小于200m。

4.3 危险品总仓库区外部距离

4.3.1 危险品总仓库区内的危险性建筑物与其周围居住区、公路、铁路、城镇规划边缘等的外部距离，应根据建筑物的危险等级和计算药量计算确定。

外部距离应自危险性建筑物的外墙面算起。

4.3.2 危险品总仓库区内，1.1级建筑物的外部距离不应小于表4.3.2的规定。

4.3.3 危险品总仓库区内，1.4级建筑物的外部距离不应小于100m；硝酸铵仓库的外部距离不应小于200m。

5 总平面布置和内部最小允许距离

5.1 总平面布置

5.1.1 危险品生产区和总仓库区的总平面布置，应符合下列要求：

1 总平面布置应将危险性建筑物与非危险性建筑物分开布置。

2 危险品生产区总平面布置应符合生产工艺流程，避免危险品的往返或交叉运输。

3 危险性建筑物之间、危险性建筑物与其他建筑物之间的距离应符合最小允许距离的要求。因地形条件对最小允许距离造成的影响应符合本规范附录A的规定。

4 同一类的危险性建筑物和库房宜集中布置。

5 危险性或计算药量较大的建筑物，宜布置在边缘地带或有利于安全的地带，不宜布置在出入口附近。

6 两个危险性建筑物之间不宜长面相对布置。

7 危险性生产建筑物靠山布置时，距山坡脚不宜太近。

8 运输道路不应在其他危险性建筑物的防护屏障内穿行通过。非危险性生产部分的人流、物流不宜通过危险品生产地段。

9 未经铺砌的场地，均宜进行绿化，并以种植阔叶树为主。在危险性建筑物周围25m范围内，不应种植针叶树或竹子。危险性建筑物周围8m范围内，宜设防火隔离带。

10 危险品生产区和总仓库区应分别设置围墙。围墙高度不应低于2m，围墙与危险性建筑物的距离不宜小于15m。

5.1.2 危险性生产建筑物抗爆间室的轻型面，不宜面向主干道和主要厂房。

5.1.3 危险品生产区内布置有不同性质产品的生产线时，生产线之间危险性建筑物的最小允许距离，应分别按各自的危险等级和计算药量计算确定后再增加50%。雷管生产线宜独立成区布置。

5.2 危险品生产区内最小允许距离

5.2.1 危险品生产区内各建筑物之间的最小允许距离，应分别根据建筑物的危险等级及计算药量所计算的距离和本节有关条款所规定的距离，取其最大值确定。

最小允许距离应自危险性建筑物的外墙轴线算起。

5.2.2 危险品生产区，1.1级建筑物应设置防护屏障，1.1级建筑物与其邻近建筑物的最小允许距离，应符合下列规定：

1 1.1级建筑物与其邻近生产性建筑物的最小允许距离，应根据设置防护屏障的情况，不小于表5.2.2的规定，且不应小于30m；当相邻生产性建筑物采用轻钢刚架结构时，其最小允许距离应按表5.2.2的规定数值再增加50%，且不应小于30m。

表5.2.2 1.1级建筑物距其他建（构）筑物的最小允许距离

建筑物危险等级	两个建筑物均无防护屏障	两个建筑物中仅有一方有防护屏障	两个建筑物均有防护屏障
1.1	$1.8R_{1.1}$	$1.0R_{1.1}$	$0.6R_{1.1}$

注：1 $R_{1.1}$是指单方有防护屏障、不同计算药量的1.1级建筑物与相邻无防护屏障的建筑物所需的最小允许距离值。$R_{1.1}$值应符合本规范附录B的规定。

2 表中指标按梯恩梯当量等于1时确定；当1.1级建筑物内危险品梯恩梯当量大于1时，应按本表所计算的距离再增加20%；当1.1级建筑物内危险品梯恩梯当量小于1时，应按本表所计算的距离再减少10%。常用火药、炸药的梯恩梯当量系数应符合本规范附录C的规定。

3 当厂房的防护屏障高出爆炸物顶面1m，低于屋檐高度时，在计算该厂房与邻近建筑物的距离时，该厂房应按有防护屏障计算；在计算邻近建筑物与该厂房的距离时，该厂房应按无防护屏障计算。

2 仅为1.1级装药包装建筑物服务的包装箱中转库与该厂房的最小允许距离，可不按本规范第5.2.2条第1款确定，但不应小于现行国家标准《建筑设计防火规范》GB 50016中防火间距的规定。

3 嵌入在1.1级建筑物防护屏障外侧的非危险

性建筑物，与其邻近各危险性建筑物的距离，应分别按其邻近各危险性建筑物的要求确定。

4 1.1级建筑物采用抑爆间室等特殊结构建筑物时，与其邻近建筑物的最小允许距离，可由抗爆计算确定。

5 无雷管感度炸药生产、硝铵膨化工序等1.1*级建筑物不设置防护屏障时，与其邻近建筑物的最小允许距离应为50m。

6 梯恩梯药柱（压制）、继爆管、导爆索生产等1.1*级建筑物不设置防护屏障时，与其邻近建筑物的最小允许距离应为35m。

7 1.1级建筑物与公用建筑物、构筑物的最小允许距离应按表5.2.2的要求确定，并应符合下列规定：

1）与烟囱不产生火星的锅炉房的距离，应按表5.2.2要求的计算值再增加50%，且不应小于50m；与烟囱产生火星的锅炉房的距离，应按5.2.2要求的计算值再增加50%，且不应小于100m。

2）与35kV总降压变电所、总配电所的距离，应按表5.2.2要求的计算值再增加1倍，且不应小于100m。

3）与10kV及以下的总变电所、总配电所的距离，应按表5.2.2要求进行计算，且不应小于50m；仅为一个1.1级建筑物服务的无固定值班人员单建的独立变电所，与该建筑物的距离不应小于现行国家标准《建筑设计防火规范》GB 50016中防火间距的规定。

4）与钢筋混凝土结构水塔的距离，应按表5.2.2要求的计算值再增加50%，且不应小于100m。

5）与地下或半地下高位水池的距离，不应小于50m。

6）与有明火或散发火星的建筑物的距离，应按表5.2.2的要求计算，且不应小于50m。

7）与车间办公室、车间食堂（无明火）、辅助生产部分建筑物的距离，应按表5.2.2的要求的计算值再增加50%，且不应小于50m。

8）与厂部办公室、食堂、汽车库、消防车库的距离，应按表5.2.2要求的计算值再增加50%，且不应小于150m。

8 1.1*级建筑物与公用建筑物、构筑物的最小允许距离应按第5.2.3条第3款的要求确定。

5.2.3 危险品生产区，不设置防护屏障的1.2级建筑物，与其邻近建筑物的最小允许距离，应符合下列规定：

1 1.2级建筑物与其邻近建筑物的最小允许距离，不应小于表5.2.3的规定。

表5.2.3 1.2级建筑物距其他建（构）筑物的最小允许距离

序号	生产分类	生产工房药量（kg）	距离（m）	集中存放炸药量（kg）
1	射孔弹、穿孔弹	药量≤500	35	≤150
		500<药量≤1000	50	≤300
2	火工品	药量≤50	30	≤50
		50<药量≤200	35	≤150

注：表中序号1和2中的建筑物根据其贮存或使用的危险品性质和计算药量，按1.1级计算出的最小允许距离如小于表列距离，则可采用计算所得的距离，但不得小于30m。

2 仅为1.2级装药包装建筑物服务的包装箱中转库与该厂房的最小允许距离，可不按第5.2.3条第1款确定，但不应小于现行国家标准《建筑设计防火规范》GB 50016中防火间距的规定。

3 1.2级建筑物与公用建筑物、构筑物的最小允许距离应按表5.2.3的要求确定，并应符合下列规定：

1）与锅炉房的距离，不应小于50m。

2）与35kV总降压变电所、总配电所的距离，不应小于50m。

3）与钢筋混凝土结构水塔、地下或半地下高位水池的距离，不应小于50m。

4）与厂部办公室、食堂、汽车库、消防车库、车间办公室、车间食堂、有明火或散发火星的建筑物、辅助生产部分建筑物的距离，不应小于50m。

5.2.4 危险品生产区，不设置防护屏障的1.4级建筑物，与其邻近建筑物的最小允许距离，应符合下列规定：

1 1.4级建筑物与其邻近建筑物的最小允许距离，不应小于25m。硝酸铵仓库与任何建筑物的最小允许距离不应小于50m。

2 1.4级建筑物与公用建筑物、构筑物的最小允许距离，应符合下列规定：

1）与锅炉房、厂部办公室、食堂、汽车库、消防车库、有明火或散发火星的建筑物及场所的距离，不应小于50m。

2）与35kV总降压变电所、总配电所、钢筋混凝土结构水塔、地下或半地下高位水池的距离，不宜小于50m。

3）与车间办公室、车间食堂（无明火）、辅助生产部分建筑物的距离，不应小于30m。

5.3 危险品总仓库区内最小允许距离

5.3.1 危险品总仓库区内各建筑物之间的最小允许距离，应分别根据建筑物的危险等级及计算药量所计算的距离和本节有关条款所规定的距离，取其最大值确定。

最小允许距离应自危险性建筑物的外墙轴线算起。

5.3.2 危险品总仓库区，1.1级建筑物应设置防护屏障。与其邻近建筑物的最小允许距离，应符合下列规定：

1 有防护屏障的1.1级建筑物与其邻近有防护屏障建筑物的最小允许距离，不应小于表5.3.2-1的规定。

2 有防护屏障的1.1级建筑物与其邻近无防护屏障建筑物的最小允许距离，应按表5.3.2-1的规定数值增加1倍。

3 与10kV及以下变电所的距离，不应小于50m。

4 与消防水池的距离，不宜小于30m。

5 与值班室的最小允许距离，不应小于表5.3.2-2的规定。

表5.3.2-1 有防护屏障1.1级仓库距有防护屏障各级仓库的最小允许距离（m）

序号	危险品名称	单库计算药量（kg）							
		200000	150000	100000	50000	30000	10000	5000	1000	500
1	黑索今、奥克托金、太安、黑梯药柱				80	70	50	40	30	25
2	梯恩梯及其药柱、苦味酸、太乳炸药、震源药柱（高爆速）	45	40	35	30	20	20	20	20
3	雷管、继爆管、爆裂管、导爆索					70	50	40	30	25
4	铵梯（油）类炸药、粉状铵油炸药、铵松蜡炸药、铵沥蜡炸药、多孔粒状铵油炸药、膨化硝铵炸药、粒状黏性炸药、水胶炸药、浆状炸药、胶状和粉状乳化炸药、震源药柱（中低爆速）、射孔弹、穿孔弹、黑火药及其制品	45	40	35	30	25	20	20	20	20

注：对单库计算药量小于等于1000kg，在两仓库间各自设置防护屏障的部位难以满足构造要求时，该部位处应设置一道防护屏障。

表5.3.2-2 有防护屏障1.1级仓库距仓库值班室的最小允许距离（m）

序号	值班室设置防护屏障情况	单库计算药量（kg）								
		200000	150000	100000	50000	30000	20000	10000	5000	1000	500
1	有防护屏障	220	210	200	170	140	130	110	90	70	50
2	无防护屏障	350	325	300	250	200	180	150	120	90	70

注：计算药量为中间值时，最小允许距离采用线性插入法确定。

5.3.3 危险品总仓库区，不设置防护屏障的1.4级建筑物与其邻近建筑物的最小允许距离，应符合下列规定：

1 与其邻近建筑物的最小允许距离，不应小于20m。

2 硝酸铵库与其邻近建筑物的最小允许距离，不应小于50m。

3 与10kV及以下变电所的距离，不应小于50m。

4 与消防水池的距离，不宜小于20m。

5 与值班室的最小允许距离，不应小于50m。

5.3.4 当总仓库区设置岗哨时，岗哨距危险品仓库的距离，可不按本规范第5.3.2条和第5.3.3条的要求进行限制。

5.4 防护屏障

5.4.1 防护屏障的形式，应根据总平面布置、运输方式、地形条件等因素确定。

防护屏障可采用防护土堤、钢筋混凝土挡墙等形式。

防护屏障的设置，应能对本建筑物及周围建筑物起到防护作用。防护土堤的防护范围应按本规范附录D确定。

5.4.2 防护屏障的高度，应符合下列规定：

1 当防护屏障内为单层建筑物时，不应小于屋檐高度；防护屏障内建筑物为单坡屋面时，不应小于低屋檐高度。

2 当防护屏障内建筑物较高，设置到檐口高度有困难时，防护屏障的高度可高出爆炸物顶面1m。

5.4.3 防护屏障的宽度，应符合下列规定：

1 防护土堤的顶宽，不应小于1m，底宽应根据土质条件确定，但不应小于高度的1.5倍。

2 钢筋混凝土防护屏障的顶宽、底宽，应根据计算药量设计确定。

5.4.4 防护屏障的边坡应稳定,其坡度应根据不同材料确定。当利用开挖的边坡兼作防护屏障时,其表面应平整,边坡应稳定,遇有风化危岩等应采取措施。

5.4.5 防护屏障的内坡脚与建筑物外墙之间的水平距离不宜大于 3m。

在有运输或特殊要求的地段,其距离应按最小使用要求确定,但不应大于 15m。有条件时该段防护屏障的高度宜增高 2~3m。

5.4.6 防护屏障的设置应满足生产运输及安全疏散的要求,并应符合下列规定:

1 当防护屏障采用防护土堤时,应设置运输通道或运输隧道。运输通道的端部需设挡土墙时,其结构宜为钢筋混凝土结构。

运输通道和运输隧道应满足运输要求,并应使其防护土堤的无作用区为最小。运输通道净宽度不宜大于 5m。汽车运输隧道净宽度宜为 3.5m,净高度不宜小于 3m。

2 当在危险品生产厂房的防护土堤内设置安全疏散隧道时,应符合下列规定:

1) 安全疏散隧道应设置在危险品生产厂房安全出口附近。

2) 安全疏散隧道不得兼作运输用。

3) 安全疏散隧道的净高度不宜小于 2.2m,净宽度宜为 1.5m。

4) 安全疏散隧道的平面形式宜将内端的一半与土堤垂直,外端的一半呈 35°角,宜按本规范附录 D 确定。

3 当防护屏障采用其他形式时,其生产运输和安全疏散要求,由抗爆设计确定。

5.4.7 在取土困难地区,可在防护土堤内坡脚处砌筑高度不大于 1m 的挡土墙,外坡脚处砌筑高度不大于 2m 的挡土墙。防护土堤的最小底宽应符合本规范第 5.4.3 条的规定。在特殊困难情况下,允许在防护土堤底部 1m 高度以下填筑块状材料。

5.4.8 当危险品生产区两个危险品中转库的计算药量总和不超过本规范第 7.1.1 条的各自允许最大计算药量规定时,两个中转库可组建在防护土堤相隔的联合防护土堤内。

联合防护土堤内建筑物的外部距离和最小允许距离,应按联合防护土堤内各建筑物计算药量总和确定。

当联合防护土堤内任何建筑物中的危险品发生爆炸不会引起该联合防护土堤内另一建筑物中的危险品殉爆时,其外部距离和最小允许距离,可分别按各个建筑物的危险等级和计算药量计算,按其计算结果的最大值确定。

6 工艺与布置

6.0.1 工艺设计中,应坚持减少厂房计算药量和操作人员的原则,对有燃烧、爆炸危险的作业应采用隔离操作、自动监控等可靠的先进技术。

6.0.2 危险品生产厂房和仓库平面布置应符合下列规定:

1 危险品生产厂房建筑平面宜为单层矩形,不宜采用封闭的口字形、冂字形。当工艺有特殊要求时,应尽可能采用钢平台。

2 危险品生产厂房不应建地下室、半地下室。

3 危险品仓库库房应为矩形单层建筑。

4 危险品生产厂房内设备、管道、运输装置和操作岗位的布置应方便操作人员的迅速疏散。

5 危险品生产厂房内的人员疏散路线,不应布置成需要通过其他危险操作间方能疏散的形式。当该厂房外设有防护屏障时,应在防护屏障就近处设置专用疏散隧道。

6 起爆器材生产厂房,宜设计成单面走廊形式。当中间布置走道、两边设工作间时,危险工作间应布置有直通室外的安全疏散口或安全窗。对两边工作间通向中间走道的门或门洞不应相对布置。

7 生产厂房内危险品暂存间,应采取措施使危险品存量不致危及其他房间,且宜布置在建筑物的端部,并不宜靠近出入口和生活间。起爆器材生产厂房中暂存的起爆药、炸药和火工品宜贮存在抗爆间室或可靠的防护装置内。当生产工艺需要时,也可贮存在沿厂房外墙布置成突出的贮存间内,该贮存间不应靠近厂房的出入口。

8 允许设辅助用室的危险品生产厂房,辅助用室宜设在厂房的端头。

9 危险性生产厂房内与生产无直接联系的辅助间应和生产工作间隔开,并应设直接通向室外的出入口。

6.0.3 危险品运输通廊应符合下列规定:

1 危险品运输通廊宜采用敞开式或半敞开式,不宜采用封闭式通廊。工艺要求采用封闭式通廊时,应符合本规范第 8.8 节通廊和隧道的设计规定。

2 在通廊内采用机械传送危险品时,应采取保障危险品之间不发生殉爆的设施。

3 危险品运输通廊不宜布置成直线。

4 危险品成品中转库与危险品生产厂房之间不应设置封闭式通廊。

6.0.4 1.2 级厂房中易发生事故的工序应设在抗爆间室或防护装置内。

6.0.5 危险品生产厂房中,设置抗爆间室应符合下列要求:

1 抗爆间室之间或抗爆间室与相邻工作间之间

不应设地沟相通。

2 输送有燃烧爆炸危险物料的管道，在未设隔火隔爆措施的条件下，不应通过或进出抗爆间室。

3 输送没有燃烧爆炸危险物料的管道通过或进出抗爆间室时，应在穿墙处采取密封措施。

4 抗爆间室的门、操作口、观察孔、传递窗，其结构应能满足抗爆及不传爆的要求。

5 抗爆间室门的开启应与室内设备动力系统的启停进行联锁。

6 抗爆间室（泄爆面外）应设置抗爆屏院。

6.0.6 危险品生产厂房各工序的联建应符合下列规定：

1 有固定操作人员的非危险性生产厂房不应和1.1级危险品生产厂房联建。

2 工业炸药制造中的机制制管工序无固定操作人员，具有自动输送，且能与自动装药机对接的可与装药工序联建。

3 炸药制造中的装药与包装联建，且装药与包装以手工为主时，应设有不小于250mm的隔墙；装药间至包装间的输药通道不应与包装间的人工操作位置直接相对。

4 粉状铵梯炸药（含铵梯油炸药）生产中的梯恩梯粉碎、混药工序和铵油炸药热加工法生产中的混药工序应独立设置厂房。

5 粉状铵梯炸药（含铵梯油炸药）生产中的装药、包装工序可与筛药、凉药工序联建。

6 水胶炸药制造中的硝酸甲胺制造与浓缩应单独设置厂房。

7 工业炸药能做到工艺技术与设备匹配，制药至成品包装能实现自动化、连续化生产，且具有可靠的防止传爆和殉爆的安全防范措施时，可在一个厂房内联建。该厂房内在线生产人员不应超过15人、计算药量不应超过2.5t。制药与后工序之间、装药与后工序之间均应设置隔墙。

8 对联建在一个生产厂房内，采取轮换生产方式的两条工业炸药同类产品自动化、连续化生产线，应有保障在一条生产线未停工、未清理干净时，不能启动另一条生产线的技术管理措施。

9 对联建在一个生产厂房内，具备同时生产条件的两条工业炸药同类产品自动化、连续化生产线，应有防止生产线间传爆和殉爆的安全防范措施。该生产厂房内不应有固定位置的操作人员。

10 工业炸药制造的制药工序与装药包装工序采取分别独立设置厂房时，制药厂房在线生产人员不应超过6人、计算药量不应超过1.5t；装药包装厂房在线生产人员不应超过22人、计算药量不应超过3.5t。装药与后工序之间应设置隔墙。

11 工业炸药制造采用间断生产工艺，具有雷管感度的乳胶基质、乳化炸药需保温成熟或凉药的工序应独立设置厂房。

12 雷管等起爆器材生产线的传输设备采取可靠的防止传爆和殉爆措施后，可贯穿各抗爆间室或钢板防护装置。

6.0.7 工业炸药制造采用轮碾工艺时，混药厂房内设置的轮碾机台数不应超过2台。

6.0.8 导火索制索厂房内不应设黑火药暂存间。

6.0.9 危险品生产或输送用的设备和装置应符合下列要求：

1 制造炸药的设备在满足产品质量要求的前提下，应选择低转速、低压力、低噪音的设备。当温度、压力等工艺参数超标时，会引起燃烧爆炸的设备应设自动监控和报警装置。

2 与物料接触的设备零部件应光滑，有摩擦碰撞时不应产生火花，其材质与制造危险品的原材料、半成品、在制品、成品无不良反应。

3 设备的结构选型，不应有积存物料的死角，应有防止润滑油进入物料和防止物料进入保温夹套、空心轴或其他转动部分的措施。

4 有搅拌、碾压等装置的设备，当检修人员进行机内作业时，应设有能防止他人启动设备的安全保障措施。

5 在采用连续或半连续工艺的生产中，对具有发生燃烧、爆炸事故可能性的设备应采取防止传爆的安全防范技术措施。

6 输送危险品的管道不应埋地敷设。当采用架空敷设时，应便于检查。当两个厂房（工序）之间采用管道或运输装置输送危险品时，应采取防止传爆的措施。

7 生产或输送危险品的设备、装置和管道应设有导出静电的措施。

8 输送易燃、易爆危险品的设备，对不引起传爆的允许药层厚度应通过试验确定。

6.0.10 制造炸药的加热介质宜采用热水或低压蒸汽。但起爆药和黑索今、太安等较敏感的炸药干燥设备应采用热水。

6.0.11 起爆药除采用人力运输外，也可采用球形防爆车运送。

6.0.12 与防护屏障内危险品生产厂房生产联系密切的非危险性建筑物，可嵌设在防护屏障外侧，且不应以隧道形式直通防护屏障内侧的生产厂房。

7 危险品贮存和运输

7.1 危险品贮存

7.1.1 危险品生产区内应减少危险品的贮存，危险品生产区内单个危险品中转库允许最大计算药量应符合表7.1.1的规定。

表 7.1.1 危险品生产区内单个危险品中转库允许最大计算药量

危险品名称	允许最大计算药量（kg）
黑索今、太安、太乳炸药	3000
黑梯药柱	3000
起爆药	500
奥克托金	500
梯恩梯	5000
苦味酸	2000
雷管	800
继爆管	3000
导爆索	3000
黑火药	3000
导火索	8000
延期药	1500
铵梯（油）类炸药、铵油（含铵松蜡、铵沥蜡）炸药、膨化硝铵炸药、胶状和粉状乳化炸药、水胶炸药、浆状炸药、多孔粒状铵油炸药、粒状黏性炸药	20000
射孔弹、穿孔弹	1500
震源药柱	20000
爆裂管	10000

7.1.2 危险品生产区中转库炸药的总药量,应符合下列规定：

    1 梯恩梯中转库的总计算药量不应大于 3d 的生产需要量。

    2 炸药成品中转库的总计算药量不应大于 1d 的炸药生产量。当炸药日产量小于 5t 时,炸药成品中转库的总计算药量不应大于 5t。

7.1.3 危险品总仓库区内单个危险品仓库允许最大计算药量应符合表 7.1.3 的规定。

表 7.1.3 危险品总仓库内单个危险品仓库允许最大计算药量

危险品名称	允许最大计算药量（kg）
黑索今、太安、太乳炸药	50000
黑梯药柱	50000
梯恩梯	150000
苦味酸	30000
雷管	10000
继爆管	30000
导爆索	30000
导火索	40000

续表 7.1.3

危险品名称	允许最大计算药量（kg）
铵梯（油）类炸药、铵油（含铵松蜡、铵沥蜡）炸药、膨化硝铵炸药、胶状和粉状乳化炸药、水胶炸药、浆状炸药、多孔粒状铵油炸药、粒状黏性炸药、震源药柱	200000
奥克托金	3000
射孔弹、穿孔弹	10000
爆裂管	15000
黑火药	20000
硝酸铵	500000

7.1.4 硝酸铵仓库可设在危险品生产区内,单个硝酸铵仓库允许最大计算药量应符合本规范表 7.1.3 的规定。

7.1.5 危险品宜按不同品种,设专库单独存放。

7.1.6 不同品种危险品同库存放应符合下列规定：

    1 当受条件限制时,各种包装完整无损的不同品种的危险品成品同库存放时,应符合表 7.1.6 的规定。

表 7.1.6 危险品同库存放

危险品名称	雷管类	黑火药	导火索	炸药类	射孔弹类	导爆索类
雷管类	○	×	×	×	×	×
黑火药	×	○	×	×	×	×
导火索	×	×	○	○	○	○
炸药类	×	×	○	○	○	○
射孔弹类	×	×	○	○	○	○
导爆索类	×	×	○	○	○	○

注：1 ○表示可同库存放,×表示不得同库存放。
    2 雷管类含火雷管、电雷管、导爆管雷管、继爆管。
    3 导爆索类含导爆索和爆裂管。若需在危险品仓库存放塑料导爆管时,可按导爆索类对待。

    2 当不同的危险品同库存放时,单库允许最大计算药量仍应符合本规范表 7.1.1 和表 7.1.3 的规定。当危险级别相同的危险品同库存放时,同库存放的总药量不应超过其中一个品种的单库允许最大计算药量；当危险级别不同的危险品同库存放时,同库存放的总药量不应超过其中危险级别最高品种的单库允许最大计算药量,且库房的危险级别应以危险级别最高品种的等级确定。

    3 总仓库区和生产区的硝酸铵仓库不应和任何物品同库存放。

    4 任何废品不应和成品同库存放。

    5 当符合同库存放的不同品种的危险品同库贮存在危险品生产区的中转库内时,库房内应设隔墙分隔。

7.1.7 仓库内危险品的堆放应符合下列规定：

1 危险品应成垛堆放。堆垛与墙面之间、堆垛与堆垛之间应设置不宜小于 0.8m 宽的检查通道和不宜小于 1.2m 宽的装运通道。

2 堆放炸药类、索类危险品堆垛的总高度不应大于 1.8m，堆放雷管类危险品堆垛的总高度不应大于 1.6m。

7.2 危险品运输

7.2.1 危险品运输宜采用汽车运输，不应采用三轮汽车和畜力车运输。严禁采用翻斗车和各种挂车运输。

7.2.2 危险品生产区运输危险品的主干道中心线，与各类建筑物的距离，应符合下列规定：

1 距 1.1（1.1*）级建筑物不宜小于 20m。

2 距 1.2 级、1.4 级建筑物不宜小于 15m。

3 距有明火或散发火星地点不宜小于 30m。

7.2.3 危险品总仓库区运输危险品的主干道中心线，与各类危险性建筑物的距离不应小于 10m。

7.2.4 危险品生产区及危险品总仓库区内运输危险品的主干道，纵坡不宜大于 6%，以运输硝酸铵为主的道路纵坡不宜大于 8%。用手推车运输危险品的道路纵坡不宜大于 2%。

7.2.5 非防爆机动车辆不应直接进入危险性建筑物内，宜在其门前不小于 2.5m 处进行装卸作业。防爆机动车辆可进入库房内进行装卸作业。

7.2.6 人工提送起爆药时，应设专用人行道，纵坡不宜大于 6%，路面不应设有台阶，不宜与机动车行驶的道路交叉。

7.2.7 危险品总仓库区采用铁路运输时，宜将铁路通到仓库旁边。当条件困难时，可在危险品总仓库区设置转运站台。站台上允许最大存药量（包括车厢内的存药量）以及站台与其邻近建筑物的最小允许距离及站台的外部距离，均应按所转运产品同一危险等级的仓库要求确定。

当在危险品总仓库区以外的地方设置危险品转运站台，站台上的危险品可在 24h 内全部运走时，其外部距离可按危险品总仓库区同一危险等级的仓库要求相应减少 20%～30%。

当站台上的危险品可在 48h 内全部运走时，其外部距离可按危险品总仓库区同一危险等级的仓库要求相应减少 10%～20%。

8 建筑与结构

8.1 一般规定

8.1.1 危险性建筑物的耐火等级不应低于现行国家标准《建筑设计防火规范》GB 50016 中规定的二级耐火等级。

8.1.2 危险品生产工序的卫生特征分级应按本规范附录 E 确定，并按现行国家职业卫生标准《工业企业设计卫生标准》GBZ 1 设置卫生设施。

8.1.3 危险品生产厂房内辅助用室的设置，应符合下列规定：

1 1.1 级厂房内不应设置辅助用室，可设置带洗手盆的水冲厕所（黑火药和起爆药生产厂房除外）。

2 1.1 级厂房的辅助用室应集中单建或布置在非危险性建筑物内。

3 1.1*级、1.2 级、1.4 级厂房内可设置辅助用室。辅助用室应布置在厂房较安全的一端，且应设不小于 370mm 厚的实心砌体与危险性工作间隔开；层数不应超过二层。

4 在危险性工作间的上面或下面，不应设置辅助用室。

5 辅助用室的门窗，不宜直接对邻近危险工作间的泄爆、泄压面。

8.2 危险性建筑物的结构选型

8.2.1 危险品生产厂房承重结构宜采用钢筋混凝土框架承重结构，不应采用独立砖柱承重。当符合下列条件之一者，可采用实心砌体结构承重：

1 单层厂房跨度不大于 7.5m，长度不大于 30m，室内净高不大于 5m，且操作人员少的 1.1（1.1*）级、1.2 级厂房。

2 单层厂房跨度不大于 12m，长度不大于 30m，室内净高不大于 6m 的 1.4 级厂房。

3 危险品生产工序全部布置在抗爆间室或钢板防护装置内，且抗爆间室或钢板防护装置外不存危险品的 1.1*级、1.2 级厂房。

4 粉状铵梯炸药生产线的梯恩梯球磨机粉碎厂房、轮碾机混药厂房。

5 横隔墙密、存药量小又分散的理化室、1.2 级试验站等。

6 无人操作的厂房。

8.2.2 不具有易燃易爆粉尘的危险品生产厂房和具有防粉尘措施的危险品生产厂房，可采用符合防火要求的钢刚架结构。危险品能与钢材反应产生敏感危险物的生产厂房不应采用钢刚架结构。

8.2.3 危险品仓库，可采用实心砌体结构承重。亦可采用符合防火要求的钢刚架结构。

8.2.4 危险性建筑物实心砌体厚度不应小于 240mm，且不应采用空斗砌体、毛石砌体。

8.2.5 危险性建筑物的屋盖宜采用现浇钢筋混凝土屋盖。不宜采用架空隔热层屋面。

8.2.6 黑火药生产厂房和库房、粉状铵梯炸药生产线的梯恩梯球磨机粉碎厂房和轮碾机混药厂房应采用轻质易碎屋盖或轻型泄压屋盖。

8.3 危险性建筑物的结构构造

8.3.1 具有易燃、易爆粉尘的厂房，宜采用外形平整不易集尘的结构构件和构造。

8.3.2 危险性建筑物结构应加强联结，如钢筋混凝土预制板与梁、梁与墙或柱锚固、柱与围护墙拉结以及砖墙墙体之间拉结等。

8.3.3 危险性建筑物在下列部位应设置现浇钢筋混凝土闭合圈梁。

1 装配式钢筋混凝土屋盖宜在梁底或板底处，沿外墙及内纵、横墙设置圈梁，并与梁联成整体。

2 轻质易碎屋盖或轻型泄压屋盖宜在梁底处，沿外墙及内纵、横墙设置圈梁，并与梁联成整体。

3 危险性建筑物，应按上密下稀的原则，沿墙高每隔4m左右，在窗洞顶增设圈梁。

8.3.4 门窗洞口宜采用钢筋混凝土过梁，过梁支承长度不应小于250mm。

8.3.5 当采用钢刚架结构体系时，应符合下列要求：

1 结构横向体系应采用刚架。

2 结构和构件应保证整体稳定和局部稳定。

3 构件在可能出现塑性铰的最大应力区内，应避免焊接接头。

4 节点（如柱脚、支撑节点、檩与梁连接点等）的破坏，不应先于构件全截面屈服。

5 支撑杆件应用整根材料。

8.3.6 钢刚架结构体系应按上密下稀的原则沿柱高4m左右设置闭合连续钢圈梁，圈梁的接头、圈梁与柱的连接应加强。

8.3.7 当钢刚架结构体系的围护结构采用轻型夹层保温板时，保温板总厚度不应小于80mm，上、下层钢板厚度均不应小于0.6mm，檩距不应大于1.5m。

8.3.8 轻钢刚架结构的屋面檩条应按简支檩设计，在支撑处两相邻檩条应加强连接，其破坏不应先于构件全截面屈服。

8.3.9 冷成型夹层保温板与支承构件的连接，应根据受力的大小，选用下列连接方法：

1 带有特大号垫圈的加大直径的自穿、自攻螺栓。

2 熔焊或加有大号垫板的塞焊。

3 焊于支承构件上螺栓，用衬垫、特大号垫圈和螺帽，把板紧固于支承构件上。

8.4 抗爆间室和抗爆屏院

8.4.1 抗爆间室的墙应采用现浇钢筋混凝土，墙厚不宜小于300mm。当设计药量小于1kg时，现浇钢筋混凝土墙厚不应小于200mm，也可采用钢板结构。

8.4.2 抗爆间室的屋盖宜采用现浇钢筋混凝土。当抗爆间室发生爆炸时，屋面泄压对毗邻工作间不造成破坏时，宜采用轻质易碎屋盖，也可采用轻型泄压屋盖。

8.4.3 抗爆间室的墙和屋盖（不包括轻型窗和轻质易碎屋盖或轻型泄压屋盖），应符合下列规定：

1 在设计药量爆炸空气冲击波和碎片的局部作用下，不应产生震塌、飞散和穿透。

2 在设计药量爆炸空气冲击波的整体作用下，允许产生一定的残余变形。抗爆间室的墙和屋盖按弹性或弹塑性理论设计。

8.4.4 抗爆门、抗爆传递窗应符合下列规定：

1 在爆炸碎片作用下，不应穿透。

2 当抗爆间室内发出爆炸时，应能防止火焰及空气冲击波泄出。

3 抗爆门应为单扇平开门，门的开启方向在空气冲击波作用下应能转向关闭状态。

4 在设计药量爆炸空气冲击波的整体作用下，抗爆门的结构不应有残余变形。

5 抗爆传递窗的内、外窗扇不应同时开启，并应有联锁装置。

8.4.5 抗爆间室朝向室外的一面应设轻型窗。窗台高度不应高于室内地面0.4m。

8.4.6 抗爆间室与主厂房构造处理应符合下列规定：

1 当抗爆间室采用轻质易碎屋盖时，与抗爆间室毗邻的主厂房屋盖不应高出抗爆间室屋盖；当高出时，抗爆间室应采用钢筋混凝土屋盖。

2 当抗爆间室采用轻质易碎屋盖时，应在钢筋混凝土墙顶设置钢筋混凝土女儿墙与其相毗邻的主厂房屋盖隔开。女儿墙高度不应小于500mm，厚度可为抗爆间室墙厚的1/2，但不应小于150mm。

3 抗爆间室与相毗邻的主厂房之间的连接应符合下列规定：

1) 抗爆间室与主厂房间宜设置抗震缝。

2) 当抗爆间室屋盖为钢筋混凝土，室内设计药量小于5kg时，或抗爆间室屋盖为轻质易碎，室内设计药量小于3kg时，可不设抗震缝，但应加强结构构件的锚固。

3) 当抗爆间室屋盖为钢筋混凝土，室内设计药量为5~20kg时，或抗爆间室屋盖为轻质易碎，室内设计药量为3~5kg时，可不设抗震缝，主体厂房的结构可采用可动连接的方式支承于间室的墙上。

4) 当抗爆间室屋盖为钢筋混凝土，室内设计药量大于20kg时，或抗爆间室屋盖为轻质易碎，室内设计药量大于5kg时，应设抗震缝，主体厂房的结构不允许支承在间室的墙上。

8.4.7 在抗爆间室轻型窗的外面，应设置现浇钢筋混凝土屏院。抗爆屏院的平面形式和进深应符合表8.4.7的规定。

表8.4.7 抗爆屏院平面形式和最小进深

设计药量(kg)	<3	3~15	15~30	30~50
平面形式				
最小进深(m)	3	4	5	6

当采用"冖"形屏院时,在轻型窗处应设置进出抗爆屏院的出入口。

8.4.8 抗爆屏院的高度不应低于抗爆间室的檐口高度。当抗爆屏院的进深超过4m时,屏院中墙高度应增高,其增加高度不应小于进深超过量的1/2,屏院边墙由抗爆间室的檐口高度逐渐增加至屏院中墙高度。

8.4.9 抑爆泄压装置应采用钢结构或钢筋混凝土结构。抑爆泄压装置必须与抗爆间室的墙和屋盖有可靠连接,当发生爆炸事故时,不允许有任何碎片飞出。

8.4.10 抑爆泄压装置应采用合理的泄压比,并应符合下列规定:

1 能够承受爆炸产生的空气冲击波的整体和局部作用。

2 能够迅速泄出室内的爆炸气体。

3 泄出的冲击波压力能够满足对火焰、压力的控制。

8.5 安全疏散

8.5.1 危险品生产厂房安全出口的设置应符合下列规定:

1 危险品生产厂房每层或每个危险性工作间安全出口的数目不应少于2个;当每层或每个危险工作间的面积不超过65m²,且同一时间生产人数不超过3人时,可设1个安全出口。

2 安全出口应布置在室外有安全通道的一侧。

3 有防护屏障的危险性厂房安全出口,应布置在防护屏障的开口方向或安全疏散隧道的附近。

8.5.2 危险品生产厂房内非危险性工作间的安全出口,应根据各工作间的生产类别按现行国家标准《建筑设计防火规范》GB 50016的有关规定执行。

8.5.3 1.1(1.1*)级、1.2级生产厂房底层应设置安全窗,二层及以上厂房可设置安全滑梯、滑杆。安全窗、滑梯、滑杆不应计入安全出口的数目内。

8.5.4 安全滑梯、滑杆、疏散楼梯的设置应符合下列规定:

1 安全滑梯、滑杆不应直对疏散门,并应设置不小于1.5m²的装有不低于1.1m高的护栏平台。当共用一个平台时,其面积不应小于2m²。

2 疏散楼梯、滑梯、滑杆可设在防护屏障外侧,厂房外门与疏散楼梯、滑梯、滑杆之间,应用钢筋混凝土平台相连。

8.5.5 危险性厂房由最远点至安全出口的疏散距离应符合下列规定:

1 当为1.1(1.1*)级、1.2级厂房时,不应超过15m。

2 当为1.4级厂房时,不应超过20m。

3 当中间走廊两边为生产间或中间布置连续作业流水线的1.1(1.1*)级、1.2级厂房时,不应超过20m。

8.6 危险性建筑物的建筑构造

8.6.1 危险品生产厂房应采用平开门,不应设置门槛。供安全疏散用的封闭楼梯间,可采用向疏散方向开启的单向弹簧门。

8.6.2 危险品生产对火花或静电敏感时,其生产厂房的门窗及配件应采用不产生火花材料及防静电材料制品。黑火药生产厂房应采用木质门窗。

8.6.3 门的设置应符合下列规定:

1 疏散用门应向外开启,危险工作间的门不应与其他房间的门直对设置。

2 设置门斗时,应采用外门斗。门斗的内门和外门中心应在一直线上,开启方向应和疏散用门一致。

当危险品生产厂房为中间走廊,两边为生产间的布置形式时,可采用内门斗。内门斗隔墙不应突出生产间内墙,且应砌到顶。

3 危险品生产间的外门口应做防滑坡道,不应设置台阶。

8.6.4 安全窗应符合下列规定:

1 洞口宽度不应小于1m,不宜设置中梃。当设有中梃时,窗扇开启宽度不应小于0.9m,不应设置固定扇。

2 洞口高度不应小于1.5m。

3 窗台距室内地面不应大于0.5m。

4 窗扇应向外平开,且一推即开。

5 保温窗宜采用单框双层玻璃或中空玻璃。当采用双层框窗扇时,应能同时向外开启。

8.6.5 危险生产区内建筑物的门窗玻璃宜采用防止碎玻璃伤人的措施。

8.6.6 具有易燃易爆粉尘的危险性建筑物不应设置天窗。

8.6.7 危险品生产间的地面,应符合下列规定:

1 当危险品生产间内的危险品遇火花能引起燃烧、爆炸时,应采用不发生火花的地面面层。

2 当危险品生产间内的危险品对撞击、摩擦作用敏感时,应采用不发生火花的柔性地面面层。

3 当危险品生产间内的危险品对静电作用敏感

时，应采用防静电地面层。

8.6.8 危险品生产间的室内装修，应符合下列规定：

1 危险品生产间内墙面应抹灰。

2 具有易燃易爆粉尘的生产间的内墙面和顶棚表面应平整、光滑，所有凹角宜抹成圆弧。

3 经常冲洗和设有雨淋装置的生产间的顶棚和内墙应全部油漆。产品要求洁净而经常清扫的工作间应做油漆墙裙，墙裙以上的墙面应采用耐擦洗涂料。油漆和涂料的颜色应与危险品颜色相区别。

8.6.9 危险品生产间不宜设置吊顶棚。当生产工艺要求设置时，应符合下列条件：

1 吊顶棚底应平整、无缝隙、不易脱落。

2 吊顶棚不宜设置人孔、孔洞。如必须设置时，孔洞周边应有密封措施。

3 吊顶棚范围内不同危险等级的生产间的隔墙应砌至屋面板梁的底部。

8.6.10 危险品生产厂房内平台宜为钢或钢筋混凝土材料。梯宜为钢梯。

平台和钢梯踏步的面层应与生产间地面面层相适应。

8.7 嵌入式建筑物

8.7.1 嵌入式建筑物应采用钢筋混凝土结构。不覆土一面的墙体由抗爆设计确定。

8.7.2 嵌入式建筑物的覆土厚度，对墙顶外侧不应小于1.5m，对屋盖上部不应小于0.5m。

8.7.3 嵌入式建筑物的构造，应符合下列规定：

1 覆土部分的墙应采用现浇钢筋混凝土，墙厚不应小于250mm。

2 屋盖应采用现浇钢筋混凝土结构。

3 未覆土一面的墙应减少开窗面积。当采用钢筋混凝土时，墙厚不应小于200mm；当采用砖墙时，墙厚不应小于370mm，并应与顶盖、侧墙柱牢固连接。

8.7.4 嵌入式建筑物的门窗采光部分宜采用塑性透光材料。

8.8 通廊和隧道

8.8.1 危险品运输通廊设计，应符合下列规定：

1 通廊的承重及围护结构宜采用非燃烧体。

2 通廊应采用钢筋混凝土柱、符合防火要求的钢柱承重。

3 封闭式通廊，应采用轻质易碎或轻型泄压屋盖和墙体，且应设置安全出口，安全出口间距不宜大于30m。通廊内不应设置台阶。

4 封闭式通廊两端距危险性建筑物墙面前不小于3m处应设置隔墙。隔爆墙的宽度和高度应超出通廊横断面边缘不小于0.5m。

5 运输中有可能洒落危险品的通廊，其地面面层应与连接的危险性建筑物地面面层相一致。

8.8.2 非危险品运输封闭式通廊与危险性建筑物连接时，应在连接前不小于3m处设置隔爆墙。隔爆墙与危险性建筑物之间通廊应采用轻型泄压或轻质易碎的屋盖和墙体。

8.8.3 防护屏障的隧道，应采用钢筋混凝土结构。运输中有可能洒落炸药的隧道地面，应采用不发生火花地面。隧道应取折向，且不应设置台阶。

8.9 危险品仓库的建筑构造

8.9.1 危险品仓库安全出口不应少于2个，当仓库面积小于220m²时，可设1个安全出口。库房内任一点到安全出口的距离不应大于30m。

8.9.2 危险品仓库门的设计，应符合下列规定：

1 危险品仓库的门应向外平开，门洞宽度不小于1.5m，且不应设置门槛。

2 当危险品仓库设置门斗时，应采用外门斗，此时的内、外两层门均应向外开启。

3 危险品总仓库的门宜为双层，内层门应为通风用门，外层门应为防火门，两层门均应向外开启。

8.9.3 危险品总仓库的窗，应设置铁栅、金属网和能开启的窗扇，在勒脚处宜设置可开、关的活动百叶窗或带活动防护板的固定百叶窗，并应装设金属网。

8.9.4 危险品仓库宜采用不发生火花地面，当危险品以包装箱方式存放且不在仓库内开箱时，可采用一般地面。

9 消防给水

9.0.1 民用爆破器材工程的建设必须设置消防给水系统。

9.0.2 民用爆破器材工程的消防给水设计，除执行本章要求外，尚应符合现行国家标准《建筑设计防火规范》GB 50016和《自动喷水灭火系统设计规范》GB 50084等的有关规定。各级危险性建筑物的消防给水设计，不应低于现行国家标准《建筑设计防火规范》GB 50016中甲类生产厂房的要求和现行国家标准《自动喷水灭火系统设计规范》GB 50084中严重危险级的要求。

9.0.3 危险品生产区的消防给水管网或生产与消防联合给水管网应设计成环状管网。当受地形限制不能设置环状管网，且在生产无不间断供水要求，并设有对置高位水池等具有满足水量、水压要求的消防储备水时，可设计为枝状管网。

9.0.4 危险品生产区的消防储备水量应按下列情况计算：

1 当危险品生产区内不设置消防雨淋系统时，消防储备水量应为室内、室外消火栓系统3h的用水量。

2 当危险品生产区内设置消防雨淋系统时，消防储备水量应为最大一组雨淋系统1h用水量与室内、室外消火栓系统3h用水量之和。

注：消防储备水量应采取平时不被动用的措施。

9.0.5 危险品生产区内应设置室外消火栓，当建筑物有防护屏障时，室外消火栓应设置在防护屏障的防护范围内，并且不应设在防护屏障内。

9.0.6 室外消防用水量应按现行国家标准《建筑设计防火规范》GB 50016的规定计算，但不应小于20L/s。消防延续时间应按3h计算。

9.0.7 设置有消防雨淋系统的生产区宜采用常高压给水系统。当采用临时高压给水系统时，应设置水塔或气压给水设备等。

9.0.8 采用临时高压给水系统时，其消防水泵的设置应符合下列要求：

1 消防水泵应设有备用泵，其工作能力不应小于1台主泵的工作能力。

2 消防水泵应保证在火警后30s内启动，并在火场断电时仍能正常运转。

3 消防水泵应有备用动力源。

9.0.9 危险品生产厂房均应设置室内消火栓，并应符合下列要求：

1 室内消火栓应布置在厂房出口附近明显易于取用的地点。

2 室内消火栓之间的距离应按计算确定，但不应超过30m。

3 当易燃烧的危险品生产厂房开间较小，水带不易展开时，室内消火栓可安装在室外墙面上，但应采取防冻措施。

9.0.10 生产过程中下列生产工序应设置消防雨淋系统：

1 粉状铵梯炸药、铵油炸药生产的混药、筛药、凉药、装药、包装、梯恩梯粉碎。

2 粉状乳化炸药生产的制粉出料、装药、包装。

3 膨化硝铵炸药生产的混药、凉药、装药、包装。

4 黑梯药柱生产的熔药、装药。

5 导火索生产的黑火药三成分混药、干燥、凉药、筛选、准备及制索。

6 导爆索生产的黑索今或太安的筛选、混合、干燥。

7 震源药柱生产的炸药熔混药、装药。

9.0.11 下列设备的内部、上方或周围应设置雨淋喷头、闭式喷头或水幕管等消防设施：

1 粉状铵梯炸药、铵油炸药生产的轮碾机、凉药机、梯恩梯球磨机。

2 膨化硝铵炸药生产的轮碾机、破碎机、混药机、凉药机。

3 导火索生产的三成分球磨机。

4 粉状炸药螺旋输送设备。

注：设置在抗爆间室内的设备，可不设雨淋系统。

9.0.12 消防雨淋系统的设置应符合下列要求：

1 消防雨淋系统应设感温或感光探测自动控制启动设施，同时还应设置手动控制启动设施。当生产工序中药量很少，且有人在现场操作时，可只设手动控制的雨淋系统。手动控制设施应设在便于操作的地点和靠近疏散出口。

2 消防雨淋系统管网中最不利点的喷头出口水压不应低于0.05MPa。

3 设有消防雨淋系统的厂房所需进口水压应按计算确定，但不应小于0.2MPa。

4 消防雨淋系统作用时间应按1h确定。

5 消防雨淋系统应设置试验试水装置。

9.0.13 当火焰有可能通过工作间的门、窗和洞口蔓延至相邻工作间时，应在该工作间的门、窗和洞口设置阻火水幕，并与该工作间的雨淋系统同时动作。当相邻工作间与该工作间设置为同一淋水管网，或同时动作的雨淋系统时，中间隔墙的门、窗和洞口上可不设阻火水幕。

9.0.14 危险品生产区的中转库、硝酸铵库应设置室外消火栓。

9.0.15 危险品总仓库区应根据当地消防供水条件，设置高位水池、消防蓄水池或室外消火栓，并应符合下列要求：

1 消防用水量应按20L/s计算，消防延续时间按3h确定。

2 当危险品总仓库区总库存量不超过100t时，消防用水量可按15L/s计算。

3 高位水池或消防蓄水池中储水使用后的补水时间不应超过48h。

4 供消防车使用的消防蓄水池，保护范围半径不应大于150m。

9.0.16 民用爆破器材工程设计应按现行国家标准《建筑灭火器配置设计规范》GB 50140的有关规定配备灭火器。

10 废水处理

10.0.1 民用爆破器材工程的废水排放设计，应与近似清洁生产废水分流。有害废水应采取治理措施，并应符合现行国家标准《污水综合排放标准》GB 8978、《兵器工业水污染物排放标准 火炸药》GB 14470.1、《兵器工业水污染物排放标准 火工药剂》GB 14470.2等的有关规定。

10.0.2 民用爆破器材工程废水处理的设计，应符合重复或循环使用废水，达到少排和不排出废水的原则。

10.0.3 含有起爆药的废水，应采取消除其爆炸危险性的措施。几种能相互发生化学反应而生成易爆物的废水在进行销爆处理前，严禁排入同一管网。

10.0.4 在含有起爆药的工房中，当采用拖布拖洗地面时，其洗拖布的桶装废水，应送废水处理工房处理。

10.0.5 在有火药、炸药粉尘散落的工作间内，应使用拖布拖洗地面，并应设置洗拖布用水池。

11 采暖、通风和空气调节

11.1 一般规定

11.1.1 民用爆破器材工程的采暖、通风和空气调节设计除执行本章规定外，尚应符合现行国家标准《建筑设计防火规范》GB 50016 和《采暖通风与空气调节设计规范》GB 50019 等的规定。

11.1.2 除本章规定外，危险场所的通风、空调设备的选用还应符合本规范第 12.2 节的有关规定。

11.1.3 危险品生产区各级危险性建筑物室内空气的温度和相对湿度应符合国家相关的标准和规定。当产品技术条件有特殊要求时，可按产品的技术条件确定。

11.2 采 暖

11.2.1 危险性建筑物应采用热风或散热器采暖，严禁用明火采暖。

当采用散热器采暖时，其热媒应采用不高于 110℃ 的热水或压力等于或小于 0.05MPa 的饱和蒸汽。但对下列厂房采用散热器采暖时，其热媒应采用不高于 90℃ 的热水：

1 导火索生产的黑火药三成分混药、干燥、凉药、筛选、黑火药准备、包装厂房。

2 导爆索生产的黑索今或太安的筛选、混合、干燥厂房。

3 塑料导爆管生产的奥克托金或黑索今粉碎、干燥、筛选、混合厂房。

4 雷管生产的二硝基重氮酚（含作用和起爆药类似的药剂）的干燥、凉药、筛选厂房。

5 雷管生产的黑索今或太安的造粒、干燥、筛选、包装厂房。

6 雷管生产的雷管的装药、压药厂房。

11.2.2 危险性建筑物采暖系统的设计，应符合下列规定：

1 散热器应采用光面管或其他易于擦洗的散热器，不应采用带肋片的或柱型散热器。

2 散热器和采暖管道的外表面应涂以易于识别爆炸危险性粉尘颜色的油漆。

3 散热器的外表面与墙内表面的距离不应小于 60mm，与地面的距离不宜小于 100mm。散热器不应设在壁龛内。

4 抗爆间室的散热器，不应设在轻型面。采暖干管不应穿过抗爆间室的墙体，抗爆间室内的散热器支管上的阀门，应设在操作走廊内。

5 采暖管道不应设在地沟内。当在过门地沟内设置采暖管道时，应对地沟采取密闭措施。

6 蒸汽、高温水管道的入口装置和换热装置不应设在危险工作间内。

11.2.3 当采用电热锅炉作为热源，且用汽量不大于 1t/h 时，电热锅炉可贴邻生产工房布置，但应布置在工房较安全的一端，并用防火墙隔离。电热锅炉间应设单独的外开门、窗。

11.3 通风和空气调节

11.3.1 危险性生产厂房中，散发燃烧爆炸危险性粉尘或气体的设备和操作岗位应设局部排风。

11.3.2 空气中含有燃烧爆炸危险性粉尘的厂房中，机械排风系统设计应符合下列规定：

1 排风口位置和入口风速的确定应能有效地排除燃烧爆炸危险性粉尘或气体。

2 含有燃烧爆炸危险性粉尘的空气应经净化处理后再排至大气。

3 散发有火药、炸药粉尘的生产设备或生产岗位的局部排风除尘，宜采用湿法方式处理，且除尘器应置于排风系统的负压段上。

4 水平风管内的风速应按燃烧爆炸危险性粉尘不在风管内沉积的原则确定，风管应设有坡度。

5 排除含有燃烧爆炸危险性粉尘或气体的局部排风系统，应按每个危险品生产间分别设置。排风管道不宜穿过与本排风系统无关的房间。排尘系统不应与排气系统合为一个系统。对于危险性大的生产设备的局部排风应按每台生产设备单独设置。

6 排风管道不宜设在地沟或吊顶内，也不应利用建筑物的构件作为排风管道。

7 排风管道或设备内有可能沉积燃烧爆炸危险性粉尘时，应设置清扫孔、冲洗接管等清理装置，需要冲洗的风管应设有大于 1% 的坡度。

11.3.3 散发燃烧爆炸危险性粉尘或气体的厂房的通风和空气调节系统，应采用直流式，其送风机和空气调节机的出口应装止回阀。

11.3.4 雷管、黑火药生产厂房的通风和空气调节系统应符合下列规定：

1 雷管装配、包装厂房的空气调节系统可以回风。

2 雷管装药、压药厂房的空气调节系统，当采用喷水式空气处理装置时可以回风。

3 黑火药生产厂房内，不应设计机械通风。

11.3.5 散发燃烧爆炸危险性粉尘或气体的厂房的通风设备及阀门的选型应符合下列规定：

1 进风系统的风管上设置止回阀时,通风机可采用非防爆型。
2 排除燃烧爆炸危险性粉尘或气体的排风系统,风机及电机应采用防爆型,且电机和风机应直联。
3 置于湿式除尘器后的排风机应采用防爆型。
4 散发燃烧爆炸危险性粉尘的厂房,其通风、空气调节风管上的调节阀应采用防爆型。

11.3.6 危险性建筑物均应设置单独的通风机室及空气调节机室,该室的门、窗不应与危险工作间相通,且应设置单独的外门。

11.3.7 各抗爆间室之间、抗爆间室与其他工作间及操作走廊之间不应有风管、风口相连通。

11.3.8 散发有燃烧爆炸危险性粉尘或气体的危险性建筑物的通风和空气调节系统的风管宜采用圆形风管,并架空敷设。

风管涂漆颜色应与燃烧爆炸危险性粉尘的颜色易于分辨。

11.3.9 危险性建筑物中通风、空调系统的风管应采用非燃烧材料制作,并且风管和设备的保温材料也应采用非燃烧材料。

12 电 气

12.1 电气危险场所分类

12.1.1 电气危险场所划分应符合下列规定:
1 F0类:经常或长期存在能形成爆炸危险的火药、炸药及其粉尘的危险场所。
2 F1类:在正常运行时可能形成爆炸危险的火药、炸药及其粉尘的危险场所。
3 F2类:在正常运行时能形成火灾危险,而爆炸危险性极小的火药、炸药、氧化剂及其粉尘的危险场所。
4 各类危险场所均以工作间(或建筑物)为单位。

常用的生产、加工、研制危险品的工作间(或建筑物)电气危险场所分类和防雷类别应符合表12.1.1-1的规定,贮存危险品的中转库和危险品总仓库危险场所(或建筑物)分类及防雷类别应符合表12.1.1-2的规定。

表12.1.1-1 生产、加工、研制危险品的工作间(或建筑物)电气危险场所分类及防雷类别

序号	危险品名称		工作间(或建筑物)名称	危险场所分类	防雷类别
工业炸药					
1	铵梯(油)类炸药		梯恩梯粉碎、梯恩梯称量、混药、筛药、凉药、装药、包装	F1	一
			硝酸铵粉碎、干燥	F2	二
2	粉状铵油炸药、铵松蜡炸药、铵沥蜡炸药		混药、筛药、凉药、装药、包装	F1	一
			硝酸铵粉碎、干燥	F2	二
3	多孔粒状铵油炸药		混药、包装	F1	一
4	膨化硝铵炸药		膨化	F1	一
			混药、凉药、装药、包装	F1	一
5	粒状黏性炸药		混药、包装	F1	一
			硝酸铵粉碎、干燥	F2	二
6	水胶炸药		硝酸甲胺制造和浓缩、混药、凉药、装药、包装	F1	一
			硝酸铵粉碎、筛选	F2	二
7	浆状炸药		梯恩梯粉碎、炸药熔药、混药、凉药、包装	F1	一
			硝酸铵粉碎、筛选	F2	二
8	乳化炸药	粉状	制粉、装药、包装	F1	一
			乳化、乳胶基质冷却	F2	二
			硝酸铵粉碎、硝酸钠粉碎	F2	二
		胶状	乳化、乳胶基质冷却、乳胶基质贮存、敏化、敏化后的保温(凉药)、贮存、装药、包装	F2	二
			硝酸铵粉碎、硝酸钠粉碎	F2	二

续表 12.1.1-1

序号	危险品名称	工作间（或建筑物）名称	危险场所分类	防雷类别
工业炸药				
9	黑梯药柱（注装）	熔药、装药、凉药、检验、包装	F1	一
10	梯恩梯药柱（压制）	压制	F1	一
		检验、包装	F1	一
11	太乳炸药	制片、干燥、检验、包装	F1	一
工业雷管				
12	火雷管、电雷管、导爆管雷管、继爆管	黑索今或太安的造粒、干燥、筛选、包装	F1	一
		火雷管干燥、烘干	F1	一
		继爆管的装配、包装	F1	一
		二硝基重氮酚制造（中和、还原、重氮、过滤）	F1	一
		二硝基重氮酚的干燥、凉药、筛选、黑索今或太安的造粒、干燥、筛选	F1	一
		火雷管装药、压药	F1	一
		电雷管、导爆管雷管装配、雷管编码	F1	一
		雷管检验、包装、装箱	F1	一
		雷管试验站	F1	一
		引火药头用和延期药用的引火药剂制造	F1	一
		引火元件制造	F1	一
		延期药混合、造粒、干燥、筛选、装药、延期元件制造	F1	一
		二硝基重氮酚废水处理	F2	二
工业索类火工品				
13	导火索	黑火药三成分混药、干燥、凉药、筛选、包装 导火索制造中的黑火药准备	F0	一
		导火索制索、盘索、烘干、普检、包装	F2	二
		硝酸钾干燥、粉碎	F2	二
14	导爆索	炸药的筛选、混合、干燥	F1	一
		导爆索包塑、涂索、烘索、盘索、普检、组批、包装	F1	一
		炸药的筛选、混合、干燥	F1	一
		导爆索制索	F1	一
15	塑料导爆管	炸药的粉碎、干燥、筛选、混合	F1	一
		塑料导爆管制造	F2	二
16	爆裂管	爆裂管切索、包装	F1	一
		爆裂管装药	F1	一
油气井用起爆器材				
17	射孔弹、穿孔弹	炸药暂存、烘干、称量	F1	一
		压药、装配	F1	一
		包装	F1	一
		试验室	F1	一

续表12.1.1-1

序号	危险品名称		工作间（或建筑物）名称	危险场所分类	防雷类别
			地震勘探用爆破器材		
18	震源药柱	高爆速	炸药准备、熔混药、装药、压药、凉药、装配、检验、装箱	F1	一
		中爆速	炸药准备、震源药柱检验、装箱	F1	一
			装药、压药	F1	一
			钻孔	F1	一
			装传爆药柱	F1	一
		低爆速	炸药准备、装药、装传爆药柱、检验、装箱	F1	一
19	黑火药、炸药、起爆药		理化试验室	F2	二

注：1 雷管制造中所用药剂（单组分或多组分药剂），其作用与起爆药相类似者，此类药剂的电气危险场所类别应按表内二硝基重氮酚确定。
   2 粉状、胶状乳化炸药生产线联建，当出现电气危险场所类别不同时，以高者计。
   3 危险品性能试验塔（罐）工作间的危险作业场所分类应按本表确定，防雷类别宜为三类。

表12.1.1-2 贮存危险品的中转库和危险品总仓库危险场所（或建筑物）分类及防雷类别

序号	危险品仓库（含中转库）名称	危险场所类别	防雷类别
1	黑索今、太安、奥克托金、梯恩梯、苦味酸、黑梯药柱、梯恩梯药柱、太乳炸药、黑火药 铵梯（油）类炸药、粉状铵油炸药、铵松蜡炸药、铵沥蜡炸药、多孔粒状铵油炸药、膨化硝铵炸药、粒状黏性炸药、水胶炸药、浆状炸药、粉状乳化炸药	F0	一
2	起爆药	F0	一
3	胶状乳化炸药	F1	一
4	雷管（火雷管、电雷管、导爆管雷管、继爆管）	F1	一
5	爆裂管	F1	一
6	导爆索、射孔（穿孔）弹、震源药柱	F1	一
7	延期药	F1	一
8	导火索	F1	一
9	硝酸铵、硝酸钠、硝酸钾、氯酸钾、高氯酸钾	F2	二

12.1.2 与危险场所采用非燃烧体密实墙隔开的非危险场所，当隔墙设门与危险场所相通时，如果所设门除有人出入外，其余时间均处于关闭状态，则该工作间的危险场所分类可按表12.1.2确定。当门经常处于敞开状态时，该工作间应与相毗邻危险场所的类别相同。

表12.1.2 与危险场所相毗邻的场所类别

危险场所类别	用一道有门的密实墙隔开的工作间	用两道有门的密实墙通过走廊隔开的工作间
F0	F1	无危险
F1	F2	无危险
F2	无危险	无危险

注：1 本条不适用于配电室、电气室、电源室、电加热间、电机室。
   2 控制室、仪表室位置的确定应符合自动控制部分有关规定。
   3 密实墙应为非燃烧体的实体墙，墙上除设门外，无其他孔洞。

12.1.3 为各类危险场所服务的排风室应与所服务的场所危险类别相同。

12.1.4 为各类危险场所服务的送风室，当通往危险场所的送风管能阻止危险物质回到送风室时，可划为非危险场所。

12.1.5 在生产过程中，工作间存在两种及两种以上的火药、炸药及氧化剂等危险物质时，应按危险性较高的物质确定危险场所类别。

12.1.6 危险场所既存在火药、炸药，又存在易燃液体时，除应符合本规范的规定外，尚应符合现行国家标准《爆炸和火灾危险环境电力装置设计规范》GB 50058的有关规定。

12.1.7 运输危险品的通廊采用封闭式时，危险场所应划为F1类，防雷类别应为一类。当运输危险品的通廊采用敞开或半敞开式时，危险场所应划为F2类，防雷类别应为二类。

12.2 电气设备

12.2.1 危险场所电气设备应符合下列规定：
  1 危险场所电气设计时，宜将正常运行时可产生火花及高温的电气设备，布置在危险性较小或无危险的工作间。

2 危险场所采用的防爆电气设备，必须是符合现行国家标准生产，并由国家指定检验部门鉴定合格的产品。

3 危险场所不应安装、使用无线遥控设备、无线通信设备。

4 危险场所电气设备，如有过负载可能时，应符合现行国家标准《通用用电设备配电设计规范》GB 50055 的有关规定。

5 生产时严禁工作人员入内的工作间，其用电设备的控制按钮应安装在工作间外，并应将用电设备的启动与门的关闭连锁。

6 危险场所配线接线盒等选型，应与该危险场所的电气设备防爆等级相一致。

7 爆炸性气体环境用电气设备的Ⅱ类电气设备的最高表面温度分组，应符合表 12.2.1-1 的规定。火药、炸药危险场所电气设备最高表面温度的分组划分宜符合本规范附录 F 的规定。

表 12.2.1-1　爆炸性气体环境用电气设备的
Ⅱ类电气设备的最高表面温度分组

温度组别	最高表面温度（℃）
T1	450
T2	300
T3	200
T4	135
T5	100
T6	85

8 火药、炸药危险场所电气设备的最高表面温度应符合表 12.2.1-2 的规定。

表 12.2.1-2　火药、炸药危险场所
电气设备的最高表面温度（℃）

温度组别	无过负荷的设备	有过负荷的设备
T4	135	135
T5	100	85

注：危险场所电气设备的最高表面温度可标注温度值，或标注最高表面温度组别或两者都标注。

9 电气设备除按危险场所选型外，尚应考虑安装场所的其他环境条件。

12.2.2 F0 类危险场所电气设备选择应符合下列规定：

1 F0 类危险场所内不应安装电气设备，当工艺确有必要安装控制按钮及检测仪表（不含黑火药危险场所）时，控制按钮应采用可燃性粉尘环境用电气设备 DIP A21 或 DIP B21 型（IP65 级），检测仪表的选型应为本质安全型（IP65 级）。

2 采用非防爆电气设备隔墙传动时，应符合下列要求：

  1) 需要电气设备隔墙传动的工作间，应由生产工艺确定。
  2) 安装电气设备的工作间，应采用非燃烧体密实墙与危险场所隔开，隔墙上不应设门、窗。
  3) 传动轴通过隔墙处应采用填料函密封或有同等效果的密封措施。
  4) 安装电气设备工作间的门，应设在外墙上或通向非危险场所，且门应向室外或非危险场所开启。

3 F0 类危险场所电气照明应采用安装在窗外的可燃性粉尘环境用电气设备 DIP A22 或 DIP B22 型（IP54 级）灯具，安装灯具的窗户应为双层玻璃的固定窗。门灯及安装在外墙外侧的开关、控制按钮、配电箱选型应与灯具相同。采用干法生产黑火药的 F0 类危险场所的电气照明应采用可燃性粉尘环境用电气设备 DIP A21 或 DIP B21 型(IP65 级)灯具，安装在双层玻璃的固定窗外；亦可采用安装在室外的增安型投光灯。门灯及安装在外墙外侧的开关及控制按钮应采用增安型或可燃性粉尘环境用电气设备（IP65 级）。

12.2.3 F1 类危险场所电气设备选择应符合下列规定：

1 F1 类危险场所电气设备应采用可燃性粉尘环境用电气设备 DIP A21 或 DIP B21 型（IP65 级）、Ⅱ类 B 级隔爆型、增安型（仅限于灯具及控制按钮）、本质安全型（IP54 级）。

2 门灯及安装在外墙外侧的开关，应采用可燃性粉尘环境用电气设备 DIP A22 或 DIP B22 型（IP54 级）。

3 危险场所不宜安装移动设备用的接插装置。当确需设置时，应选择插座与插销带联锁保护装置的产品，满足断电后插销才能插入或拔出的要求。

4 当采用非防爆电气设备隔墙传动时，应符合本规范第 12.2.2 条第 2 款的规定。

12.2.4 F2 类危险场所电气设备、门灯及开关的选型均应采用可燃性粉尘环境用电气设备 DIP A22 或 DIP B22 型（IP54 级）。

12.3　室内电气线路

12.3.1 危险场所电气线路的一般规定：

1 危险性建筑物低压配电线路的保护应符合现行国家标准《低压配电设计规范》GB 50054 的有关规定。

2 危险场所的插座回路上应设置额定动作电流不大于 30mA 瞬时切断电路的剩余电流保护器。

3 各类危险场所电气线路，应采用阻燃型铜芯

绝缘导线或阻燃型铜芯金属铠装电缆。电缆沿桥架敷设时，可采用阻燃型铜芯绝缘护套电缆。

4 各类危险场所电力和照明线路的电线和电缆的额定电压不得低于750V。保护线的额定电压应与相线相同，并应在同一护套或钢管内敷设。电话线路的电线及电缆的额定电压应不低于500V。

12.3.2 当危险场所采用电缆时，除照明分支线路外，电缆不应有分支或中间接头。电缆敷设以明敷为宜，在有机械损伤可能的部位应穿钢管保护。亦可采用钢制电缆桥架敷设。电缆不宜敷设在电缆沟内，如必须敷设在电缆沟内时，应设防止水或危险物质进入沟内的措施，在过墙处应设隔板，并对孔洞严密封堵。

12.3.3 当采用电线穿钢管敷设时，应符合下列规定：

1 穿电线敷设的钢管应采用公称口径不小于15mm的镀锌焊接钢管，钢管间应采用螺纹连接，连接螺纹不应少于6扣，在有剧烈振动的场所，应设防松装置。

2 电线穿钢管敷设的线路，进入防爆电气设备时，应装设隔离密封装置。

3 电气线路采用绝缘导线穿钢管敷设时宜明敷。

12.3.4 F0类危险场所的电气线路应符合下列规定：

1 F0类危险场所内不应敷设电力及照明线路。在确有必要时，可敷设本工作间使用的控制按钮及检测仪表线路。灯具安装在窗外的电气线路，应采用芯线截面不小于2.5mm²的铜芯绝缘导线穿镀锌焊接钢管敷设；亦可采用芯线截面不小于2.5mm²的铜芯金属铠装电缆敷设。

2 当采用穿钢管敷设时，接线盒的选型应与防爆设备（检测仪表）的等级相一致。当采用铠装电缆时，与设备连接处应采用铠装电缆密封接头。

12.3.5 F1类危险场所电气线路应符合下列规定：

1 电线或电缆的芯线截面应符合表12.3.5的规定。

表12.3.5 危险场所绝缘电线或电缆芯线截面选择

技术要求 危险场所类别	绝缘电线或电缆芯线允许最小截面（mm²）			挠性连接
	电力	照明	控制按钮	
F0			铜芯1.5	DIP A21、DIP B21（IP65）、隔爆型ⅡB
F1	铜芯2.5	铜芯2.5	铜芯1.5	DIP A21、DIP B21（IP65）、隔爆型ⅡB、增安型
F2	铜芯1.5	铜芯1.5	铜芯1.5	DIP A22、DIP B22（IP54）

注：保护线截面选择应符合有关规范的规定。

2 引至1kV以下的单台鼠笼型感应电动机供电回路，电线或电缆芯线截面长期允许的载流量不应小于电动机额定电流的1.25倍。

3 采用穿钢管敷设的线路接线盒及铠装电缆密封装置应符合本规范第12.2.1条第6款的规定。

4 移动电缆应采用芯线截面不小于2.5mm²的重型橡套电缆。

12.3.6 F2类危险场所电气线路应符合下列规定：

1 电气线路采用的绝缘导线或电缆，其芯线截面选择应符合本规范表12.3.5的规定。

2 引至1kV以下单台鼠笼型感应电动机供电回路，电线或电缆芯线截面长期允许的载流量不应小于电动机的额定电流。当电动机经常接近满载运行时，导线的载流量应有适当的裕量。

3 移动电缆应采用芯线截面不小于1.5mm²的中型橡套电缆。

12.4 照 明

12.4.1 民用爆破器材工程的电气照明设计应符合现行国家标准《建筑照明设计标准》GB 50034的有关规定。

12.4.2 危险场所的主要工作间及主要通道应设应急照明，应急时间不少于30min。

12.4.3 应急照明照度标准不应低于该场所一般照明照度标准的10%。

12.5 10kV及以下变（配）电所和配电室

12.5.1 民用爆破器材工厂供电负荷等级宜为三级。当危险品生产中工艺要求不能中断供电时，其供电负荷应为二级。自动控制系统、消防系统及安全防范系统应设应急电源。应急电源设计应符合现行国家标准《供配电系统设计规范》GB 50052的有关规定。

12.5.2 设在危险品生产区的总变电所、总配电所应为独立式。危险品仓库区的变电所可为独立变电所或杆上变电所，必要时可附建于非危险性建筑物。

12.5.3 变电所设计除执行本规范外，尚应符合现行国家标准《10kV及以下变电所设计规范》GB 50053的有关规定。

12.5.4 车间变电所不应附建于1.1（1.1*）级建筑物。当附建于1.2级、1.4级建筑物时，应符合下列规定：

1 变电所应为户内式。

2 变电所应布置在建筑物较安全的一端，与危险场所相毗邻的隔墙应为非燃烧体密实墙，且隔墙上不应设门、窗。

3 变压器室及高、低压配电室的门、窗应设在外墙上，且门应向外开启。

4 与变电所无关的管线不应通过变电所。

12.5.5 配电室（含电气室、电加热间、电机间、电源室）可附建于各类危险性建筑物内，可在室内安装非防爆电气设备，但应符合下列要求：

1 配电室与危险场所相毗邻的隔墙应为非燃烧体密实墙，且不应设门、窗与 F0 类、F1 类、F2 类危险场所相通。

2 配电室的门、窗应设在建筑物的外墙上，且门应向外开启。门、窗与干法生产黑火药的 F0 类危险场所的门、窗之间的距离不宜小于 3m。

3 配电室不应通过与其无关的管线。

4 当危险性建筑物为多层厂房时，电源引入的配电室宜设在建筑物的一层，且不宜在有爆炸和火灾危险场所的正上方或正下方。

12.5.6 独立变电所电源中性点的接地电阻不应大于 4Ω。附建于 1.2 级、1.4 级或其他非危险性建筑物的变电所，其电气系统接地电阻应符合本规范第 12.7.7 条的规定。

12.6 室外电气线路

12.6.1 引入危险性建筑物的 1kV 以下低压线路的敷设应符合下列规定：

1 从配电端到受电端全长采用金属铠装电缆埋地敷设，在入户端应将电缆的金属外皮、钢管接到防雷电感应的接地装置上。

2 当全线采用电缆埋地有困难时，可采用钢筋混凝土杆和铁横担的架空线，并应使用一段金属铠装电缆或护套电缆穿钢管直接埋地引入，其埋地长度应按式（12.6.1）计算，但不应小于 15m。

$$L \geq 2\sqrt{\rho} \qquad (12.6.1)$$

式中 L ——金属铠装电缆或护套电缆穿钢管埋于地中的长度（m）；

ρ ——埋电缆处的土壤电阻率（Ω·m）。

3 在架空线与电缆连接处，尚应装设避雷器。避雷器、电缆金属外皮、钢管和绝缘子铁脚、金具等应连在一起接地，其冲击接地电阻不应大于 10Ω。

12.6.2 引入采用干法生产黑火药建筑物的 1kV 以下的低压线路，从配电端到受电端应全长采用铜芯金属铠装电缆埋地敷设。

12.6.3 危险性建筑物区设置的各级架空线路不应跨越危险性建筑物。

12.6.4 在危险性建筑物区的 10kV 及以下的高压线路宜采用电缆埋地敷设。当采用架空线路时，架空线路的轴线与 1.1（1.1*）级（干法生产黑火药除外）、1.2 级建筑物的距离不应小于电杆档距的 2/3，且不应小于 35m，与干法生产黑火药的 1.1 级建筑物的距离不应小于 50m，与 1.4 级建筑物的距离不应小于电杆高度的 1.5 倍。

12.6.5 当在危险性建筑物区架设 1kV 以下的架空线路时，不应跨越危险性建筑物。其架空线的轴线与危险性建筑物的距离不应小于电杆高度的 1.5 倍，与干法生产黑火药的 1.1 级建筑物的距离不应小于 50m。

12.6.6 危险品生产区及危险品总仓库区不应建造无线通信塔（基站）。

12.7 防雷和接地

12.7.1 危险性建筑物的防雷设计应符合现行国家标准《建筑物防雷设计规范》GB 50057 的有关规定。建筑物防雷类别应符合本规范表 12.1.1-1 和表 12.1.1-2 的规定。

12.7.2 当电源采用 TN 系统时，从建筑物内总配电盘（箱）开始引出的配电线路和分支线路必须采用 TN-S 系统。

12.7.3 危险性建筑物内电气装置应采取等电位联结。当仅设总等电位联结不能满足要求时，尚应采取辅助等电位联结。

12.7.4 在危险场所内，穿电线的金属管、电缆的金属外皮等，应作为辅助接地线。输送危险物质的金属管道不应作为接地装置。

12.7.5 保护线截面选择应符合现行国家标准《低压配电设计规范》GB 50054 中有关条款的规定。

12.7.6 危险性建筑物电源引入总配电箱处应装设过电压电涌保护器。

12.7.7 危险性建筑物内电气设备的工作接地、保护接地、防雷接地、防静电接地、电子系统接地、屏蔽接地等应共用接地装置，接地电阻值应满足其中最小值。当需要接地的设备多且分散时，应在室内装设构成闭合回路的接地干线。室内接地干线每隔 18～24m 与室外环形接地干线连接一次，每个建筑物的连接不应少于 2 处。

12.7.8 架空金属管道，在进出建筑物处，应与防雷电感应的接地装置相连接。距离建筑物 100m 内的金属管道应每隔 25m 左右接地一次，其冲击接地电阻不应大于 20Ω。埋地或地沟内的金属管道在进、出建筑物处，亦应与防雷电感应的接地装置相连。

平行敷设的金属管道，其净距小于 100mm 时，应每隔 25m 左右用金属线跨接一次；交叉净距小于 100mm 时，其交叉处亦应跨接。

12.8 防静电

12.8.1 对危险场所中金属设备外露可导电部分或设备外部可导电部分、金属管道、金属支架等，均应做防静电直接接地。

12.8.2 防静电直接接地装置应与防雷电感应、等电位联结等共用同一接地装置。

12.8.3 危险场所中不能或不适宜直接接地的金属设备、装置等，应通过防静电材料间接接地。

12.8.4 当危险场所采用防静电地面时，其静电泄漏电阻值应按该工作间的危险品类别确定。

12.8.5 危险场所不应使用静电非导电材料制作的工

装器具。当必须使用这种工装器具时,应进行处理,使其静电泄漏电阻值符合要求。危险场所中,固定或移动设备上有外露静电非导电材料制作的部件存在时,该部件的面积不应大于 $100cm^2$。

12.8.6 危险工作间相对湿度宜控制在 60% 以上。黑火药危险工作间宜控制在 65% 以上。当工艺有特殊要求时,可按工艺要求确定。

12.9 通 讯

12.9.1 危险性建筑物应设置畅通的电话设施,可兼作厂区火灾报警电话。

12.9.2 危险场所电话设备选择及线路要求,应符合本规范的有关规定。

13 危险品性能试验场和销毁场

13.1 危险品性能试验场

13.1.1 危险品性能试验场,宜布置在独立的偏僻地带,并宜设置铁刺网围墙,围墙距试验作业地点边缘不宜少于 50m。

13.1.2 危险品性能试验,当一次爆炸最大药量不超过 2kg 时,试验场围墙距居民点、村庄等建筑物的距离,不应小于 200m,距本厂生产厂房不应小于 100m。当一次爆炸最大药量超过 2kg 时,应布置在厂区以外符合安全的偏僻地带。

13.1.3 当危险品性能试验采用封闭爆炸试验塔(罐)时,应布置在厂区内有利于安全的边缘地带。该试验塔(罐)距其他建筑物的最小允许距离应按表 13.1.3 确定。

表 13.1.3 试验塔(罐)距其他建筑物的最小允许距离

爆炸药量 (kg)	最小允许距离 (m)
<0.5	20
1~2	25

13.1.4 危险品性能试验场中进行殉爆试验时,一次最大殉爆药量不应大于 1kg。殉爆试验的准备间距试验作业地点边缘不应小于 35m。

13.1.5 当受条件限制时,危险品性能试验场可和危险品销毁场设置在同一场地内进行轮换作业,且应符合危险品销毁场的外部距离规定。作业地点之间应设置防护屏障,防护屏障的高度不应低于 3m。

13.1.6 危险品性能试验场,根据其所在的环境,应符合现行国家标准《工业企业噪声控制设计规范》GBJ 87、《工业企业厂界噪声标准》GB 12348 和《城市区域环境噪声标准》GB 3096 的有关规定。

13.2 危险品销毁场

13.2.1 当采用炸毁法或烧毁法销毁危险品时,应设置危险品销毁场。销毁场应布置在厂区以外有利于安全的偏僻地带。

13.2.2 当采用炸毁法时,引爆一次最大药量不应超过 2kg;采用烧毁法时,一次最大销毁量不应超过 200kg。

采用炸毁法时,应在销毁坑中进行。当场地周围没有自然屏障时,炸毁地点周围宜设高度不低于 3m 的防护屏障。

13.2.3 当采用炸毁法或烧毁法时,销毁场边缘距周围建筑物的距离不应小于 200m,距公路、铁路等不应小于 150m。

13.2.4 销毁场不应设待销毁的危险品贮存库,可设置为销毁时使用的点火件或起爆件掩体。销毁场应设人身掩体,其位置应布置在销毁作业场常年主导风向的上风方向,掩体出入口应背向销毁作业地点,与作业地点边缘距离不应小于 50m。掩体之间距离不应小于 30m。

13.2.5 销毁场宜设围墙,围墙距作业地点边缘不宜小于 50m。

13.2.6 当销毁火工品及其药剂采用销毁塔炸毁时,该塔可布置在厂区有利于安全的边缘地带,与危险品生产厂房的最小允许距离,应按危险品生产厂房最大计算药量计算确定,且不应小于本规范表 13.1.3 的规定。根据其所在的环境,还应符合现行国家标准《工业企业噪声控制设计规范》GBJ 87、《工业企业厂界噪声标准》GB 12348 和《城市区域环境噪声标准》GB 3096 的规定。

14 混装炸药车地面辅助设施

14.1 固定式辅助设施

14.1.1 为现场混装炸药车而进行的原材料贮存,氧化剂溶液、油相及不在混装炸药车上进行的乳化液(乳胶体)等的制备及装车作业,宜建立地面制备站。

14.1.2 当地面制备站内不附建有起爆器材和炸药仓库时,该地面制备站的设计可执行现行国家标准《建筑设计防火规范》GB 50016 的有关规定。

14.1.3 当地面制备站内附建有起爆器材和炸药暂存库时,该地面制备站的设计应执行本规范相应的有关规定。

硝酸铵贮存、破碎、氧化剂溶液、油相、乳化液(乳胶体)等的制备及装车作业生产工序等的危险等级应为 1.4 级;电气危险场所应为 F2 类;防雷类别应为二类。地面制备站应设室外消火栓。

14.1.4 硝酸铵破碎、氧化剂溶液、油相、乳化液(乳胶体)等的制备工序可在一个建筑物内联建。硝酸铵破碎与其他工序之间应有隔墙。

14.1.5 混装车可进入 1.4 级建筑物进行装车作业。

14.1.6 地面制备站宜设混装车车库。该车库可与维修工房联建,并应有隔墙。

14.1.7 乳化剂、敏化剂库房和柴油库可联建,并应有隔墙。

14.1.8 硝酸铵仓库应独立设置,单库最大贮量应为600t。

14.1.9 危险品仓库区内应设置独立的危险品发放间,距其邻近库房不宜小于50m。

14.2 移动式辅助设施

14.2.1 为现场混装炸药车而进行的原材料贮存、氧化剂溶液、油相、乳化液(乳胶体)等的制备,可使用移动式辅助设施。

14.2.2 移动式辅助设施应根据不同的使用功能,分设制备挂车、生活挂车。移动式辅助设施不应附建有起爆器材和炸药仓库。

14.2.3 移动式辅助设施站区的内部和外部距离可执行现行国家标准《建筑设计防火规范》GB 50016 的相关规定。

14.2.4 移动式辅助设施消防设计应符合现行国家标准《建筑设计防火规范》GB 50016 的相关规定。

14.2.5 移动式辅助设施电力装置应符合现行国家标准《爆炸和火灾危险环境电力装置设计规范》GB 50058的相关规定。

14.2.6 移动式辅助设施防雷设计应符合现行国家标准《建筑物防雷设计规范》GB 50057 中二类防雷要求的相关规定。

15 自动控制

15.1 一般规定

15.1.1 民用爆破器材工厂的自动控制设计除执行本规范外,尚应符合现行国家标准《自动化仪表工程施工及验收规范》GB 50093、《爆炸和火灾危险坏境电力装置设计规范》GB 50058 的有关规定。

15.1.2 电气危险场所的分类,应按本规范第12.1节的规定确定。

15.2 检测、控制和联锁装置

15.2.1 在危险品生产过程中,当工艺参数超过某一界限能引起燃烧、爆炸等危险时,应根据要求设置反映该参数变化的信号报警系统、自动停机、消防雨淋等安全联锁装置。安全联锁控制系统除设有自动工作制外,尚应设有手动工作制。

15.2.2 按照安全生产条件要求,危险品生产工序宜设置电子监视系统,该系统的配置应满足摄像、显示、录制、存储和控制等功能。

15.2.3 对开、停车有顺序要求的生产过程应设有联锁控制装置。

15.2.4 自动控制系统应设置不间断应急电源,其应急时间不应少于30min。

15.2.5 自动控制系统发生停气、停水、停电等有可能引起危险事故时,应设置反映其参数的预警信号或自动联锁控制装置。

15.2.6 自动控制系统中执行机构的动作形式及调节器正、反作用的选择,应使组成的自动控制系统在突然停电或停气时,能满足安全要求。

15.3 仪表设备及线路

15.3.1 危险场所安装的电动仪表设备,其选型及有关要求应符合本规范第12.2节的规定。

15.3.2 安装在各类危险场所的检测仪表及电气设备,应有铭牌和防爆标志,并在铭牌上标明国家授权的部门所发给的防爆合格证编号。

15.3.3 防爆仪表和电气设备,除本质安全型外,应有"电源未切断不得打开"的标志。

15.3.4 F1类、F2类危险场所需要安装用电设备专用的控制箱(柜)时,F1类危险场所应采用可燃性粉尘环境用电气设备(IP65级)、Ⅱ类B级隔爆型;F2类危险场所应采用可燃性粉尘环境用电气设备(IP54级)。

15.3.5 危险场所内的自动控制系统、火灾自动报警系统及安全防范系统的线路应采用额定电压不低于500V铜芯金属铠装屏蔽电缆。当采用多芯电缆时,其芯线截面不宜小于1.0mm²。当采用阻燃铜芯绝缘电线穿镀锌焊接钢管敷设时,其芯线截面选择应符合本规范表12.3.5的规定。各种线路的敷设方式应符合本规范第12.3节及现行国家标准《自动化仪表工程施工及验收规范》GB 50093 的有关规定。

15.3.6 自动控制系统、火灾自动报警系统及安全防范系统应采用金属铠装电缆埋地引入建筑物,且电缆的金属外皮、屏蔽层在进入建筑物处应接地。当电缆采用穿钢管敷设时,钢管两端及在进入建筑物处应接地。电缆线路首、末端,与电子器件连接处,应设置与电子器件耐压水平相适应的过电压保护(电涌保护)器。

15.3.7 对自动控制系统、火灾自动报警系统、安全防范系统,应进行可靠接地。接地要求除符合本规范外,尚应符合现行国家标准《自动化仪表工程施工及验收规范》GB 50093、《火灾自动报警系统设计规范》GB 50116、《安全防护工程技术规范》GB 50348的有关规定。

15.4 控 制 室

15.4.1 危险等级为1.1(1.1*)级的危险性建筑物,设置有人值班的控制室时,应嵌入防护屏障外侧或防护屏障外的合适位置。

15.4.2 危险等级为1,2级的危险性建筑物内附建控制室时,应符合下列规定:

1 控制室与危险场所的隔墙应为非燃烧体密实墙。

2 隔墙上不应设门窗与危险场所相通。

3 控制室的门应通向室外或非危险场所。

4 与控制室无关的管线不应通过控制室。

15.4.3 危险等级为1.1（1.1*）级危险性建筑物内可附建无人值班的控制室,但应符合本规范第15.4.2条的规定。

15.4.4 控制室应远离振动源和具有强电磁干扰的环境。

15.5 安全防范系统

15.5.1 民用爆破器材工厂的总仓库宜设置安全防范系统。

15.5.2 安全防范系统的配置、设备选择、传输线路要求、防雷设置等应符合现行国家标准《安全防护工程技术规范》GB 50348、《建筑物电子信息系统防雷技术规范》GB 50343和本规范相关条款的规定。

15.6 火灾报警系统

15.6.1 民用爆破器材工厂宜设置火灾自动报警系统,该系统的设计除应符合本规范的有关规定外,尚应符合现行国家标准《火灾自动报警系统设计规范》GB 50116的有关规定。

15.6.2 当不设置火灾自动报警系统时,应设置火灾报警信号。火灾报警信号可与生产调度电话兼容。

15.7 工业电雷管射频辐射安全防护

15.7.1 工业电雷管生产、贮存的建筑物与广播电台、电视台、移动站、固定站、无线电通信等发射天线的距离,应根据发射功率、频率和本节有关条款规定的距离,取其最大值。

15.7.2 工业电雷管生产、贮存建筑物与MF（中频）广播发射天线最小允许距离应符合表15.7.2的规定。

表15.7.2 工业电雷管生产、贮存建筑物与MF（中频）广播发射天线最小允许距离

发射机功率（W）	≤4000	5000	10000	25000	50000	100000
最小允许距离（m）	300	330	550	730	1100	1500

注: 1 MF(中频)广播发射天线的频率范围为0.535～1.60MHz。
    2 表中最小允许距离为发射天线至建筑物外墙外侧距离。

15.7.3 工业电雷管生产、贮存建筑物与FM调频广播发射天线的最小允许距离应符合表15.7.3的规定。

表15.7.3 工业电雷管生产、贮存建筑物与FM调频广播发射天线最小允许距离

发射机功率（W）	≤1000	10000	100000	316000
最小允许距离（m）	270	520	820	1500

注: 1 频率调制为88～108MHz。
    2 表中最小允许距离为发射天线至建筑物外墙外侧距离。

15.7.4 工业电雷管生产、贮存建筑物与民用波段无线电广播移动和固定通信发射天线的最小允许距离应符合表15.7.4的规定。

表15.7.4 工业电雷管生产、贮存建筑物与民用波段无线电广播发射天线最小允许距离

发射机功率（W）	≤5	5～10	10～50	50～100	100～250	250～500	500～600	600～1000	1000～10000
最小允许距离（m）	25	35	80	120	168	240	270	370	1100

注: 1 本表适用于MF（中频）、VHF（甚高频）、UHF（超高频）移动站、固定站、无线电定位等。
    2 表中最小允许距离为发射天线至建筑物外墙外侧距离。

15.7.5 工业电雷管生产、贮存建筑物与VHF（TV）和UHF（TV）发射天线最小允许距离应符合表15.7.5的规定。

表15.7.5 工业电雷管生产、贮存建筑物与VHF（TV）和UHF（TV）发射天线最小允许距离

发射机功率（W）	≤10^3	10^3～10^4	10^4～10^5	10^5～10^6	$1×10^6$～$5×10^6$
最小允许距离（m）	350	610	1100	1500	2000

注: 表中最小允许距离为发射天线至建筑物外墙外侧距离。

15.7.6 工业电雷管生产、贮存建筑物与发射天线之间不能满足最小允许距离时,应采用屏蔽措施防护。

附录A 有关地形利用的条件及增减值

A.0.1 当危险性建筑物紧靠山脚布置,其与山背后建筑物之间的外部距离调整应符合下列规定:

1 计算药量小于20t,山高大于20m,山的坡度大于15°时,可减少25%～30%。

2 计算药量在20～50t,山高大于30m,山的坡

度大于 25°时，可减少 20%～25%。

3 计算药量大于 50t，山高大于 50m，山的坡度大于 30°时，可减少 15%～20%。

A.0.2 在一条山沟中，对两侧山高为 30～60m，坡度 20°～30°，沟宽 40～100m，纵坡 4%～10%时，沿沟纵深和出口方向布置的建筑物之间的内部最小允许距离，与平坦地形相比，应适当增加 10%～40%；对有可能沿山坡脚下直对布置的两建筑物之间的最小允许距离，与平坦地形相比，应增加 10%～50%。

附录 B 计算药量与 $R_{1.1}$ 值

B.0.1 计算药量与 $R_{1.1}$ 值应符合表 B.0.1 的规定。

表 B.0.1 计算药量与 $R_{1.1}$ 值表

计算药量（kg）	$R_{1.1}$（m）	计算药量（kg）	$R_{1.1}$（m）
≤50	9	1400	46
100	12	1450	47
150	15	1500	48
200	17	1550	49
250	19	1600	50
300	21	1650	51
350	23	1700	52
400	25	1800	53
450	27	1900	54
500	28	2000	55
550	29	2100	56
600	30	2200	57
650	31	2300	58
700	32	2400	59
750	33	2500	60
800	34	2600	61
850	35	2700	62
900	36	2800	63
950	37	2900	64
1000	38	3000	65
1050	39	3100	66
1100	40	3200	67
1150	41	3300	68
1200	42	3400	69
1250	43	3500	70
1300	44	3600	71
1350	45	3700	72

续表 B.0.1

计算药量（kg）	$R_{1.1}$（m）	计算药量（kg）	$R_{1.1}$（m）
3800	73	9800	115
3900	74	10000	116
4000	75	10200	117
4100	76	10400	118
4200	77	10600	119
4300	78	10800	120
4400	79	11000	121
4500	80	11250	122
4600	81	11500	123
4700	82	11750	124
4800	83	12000	125
4900	84	12250	126
5000	85	12500	127
5100	86	12750	128
5200	87	13000	129
5300	88	13250	130
5400	89	13500	131
5500	90	13750	132
5600	91	14000	133
5800	92	14250	134
5900	93	14500	135
6100	94	14750	136
6250	95	15000	137
6400	96	15250	138
6550	97	15500	139
6700	98	15750	140
6850	99	16000	141
7000	100	16250	142
7150	101	16500	143
7300	102	16750	144
7450	103	17000	145
7600	104	17300	146
7800	105	17500	147
8000	106	17900	148
8200	107	18200	149
8400	108	18500	150
8600	109	18800	151
8800	110	19100	152
9000	111	19400	153
9200	112	19700	154
9400	113	20000	155
9600	114		

附录C 常用火药、炸药的梯恩梯当量系数

C.0.1 常用火药、炸药的梯恩梯当量系数应符合表C.0.1的规定。

表 C.0.1 常用火药、炸药的梯恩梯当量系数

种类	炸药名称	梯恩梯当量系数
炸药	梯恩梯	1.00
	粉状铵梯炸药	0.70
	水胶炸药	0.73
	乳化炸药	0.76
	黑索今	1.20
	太安	1.28
火药	黑火药	0.40

注：未列入本表的炸药梯恩梯当量系数应由试验确定。

C.0.2 民用爆破器材的传统产品和新产品，其梯恩梯当量系数可按下列规定确定：

1 粉状铵梯油炸药、粉状铵油炸药、铵松蜡炸药、铵沥蜡炸药、多孔粒状铵油炸药、膨化硝铵炸药、粒状黏性炸药、浆状炸药、射孔弹、穿孔弹、震源药柱（中、低爆速）等梯恩梯当量系数按小于1考虑。

2 苦味酸、太乳炸药、雷管制品、导爆索、继爆管、爆裂管、震源药柱（高爆速）等梯恩梯当量系数按等于1考虑。

3 奥克托金、黑梯药柱、起爆药剂等梯恩梯当量系数按大于1考虑。

附录D 防护土堤的防护范围

D.0.1 防护土堤的防护范围见图D.0.1。

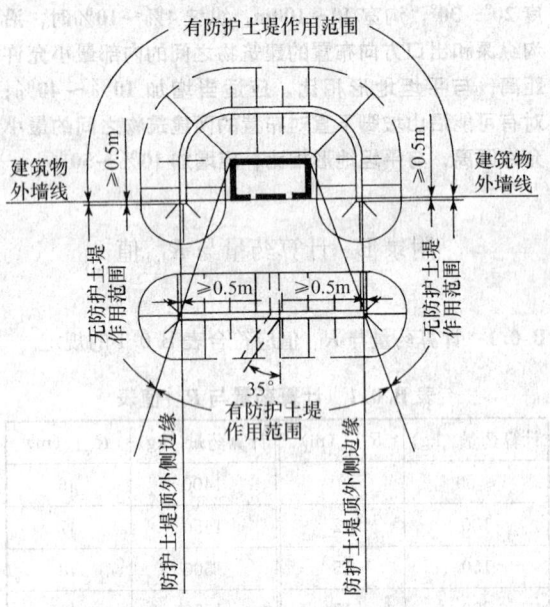

图 D.0.1 防护土堤的防护范围

附录E 危险品生产工序的卫生特征分级

E.0.1 危险品生产工序的卫生特征分级，宜符合表E.0.1的规定。

表 E.0.1 危险品生产工序的卫生特征分级

序号	危险品名称	生产加工工序	卫生特征分级
		工业炸药	
1	铵梯（油）类炸药	梯恩梯粉碎、梯恩梯称量、混药、筛药、凉药、装药、包装	1
		硝酸铵粉碎、干燥	2
2	粉状铵油炸药、铵松蜡炸药、铵沥蜡炸药	混药、筛药、凉药、装药、包装	2
		硝酸铵粉碎、干燥	2
3	多孔粒状铵油炸药	混药、包装	2
4	膨化硝铵炸药	膨化	2
		混药、凉药、装药、包装	2
5	粒状黏性炸药	混药、包装	2
		硝酸铵粉碎、干燥	2
6	水胶炸药	硝酸甲胺制造和浓缩、混药、凉药、装药、包装	2
		硝酸铵粉碎、筛选	2
7	浆状炸药	梯恩梯粉碎、炸药熔药、混药、凉药、包装	1
		硝酸铵粉碎	2
8	胶状、粉状乳化炸药	乳化、乳胶基质冷却、乳胶基质贮存敏化（制粉）、敏化后的保温（凉药）、贮存、装药、包装	2
		硝酸铵粉碎、硝酸钠粉碎	2

续表E.0.1

序号	危险品名称	生产加工工序	卫生特征分级
		工业炸药	
9	黑梯药柱（注装）	熔药、装药、凉药、检验、包装	1
10	梯恩梯药柱（压制）	压制	1
		检验、包装	1
11	太乳炸药	制片、干燥、检验、包装	2
		工业雷管	
12	火雷管、电雷管、导爆管雷管、继爆管	黑索今或太安的造粒、干燥、筛选、包装	2
		火雷管干燥、烘干	—
		继爆管的装配、包装	2
		二硝基重氮酚制造（中和、还原、重氮、过滤）	1
		二硝基重氮酚的干燥、凉药、筛选、黑索今或太安的造粒、干燥、筛选	2
		火雷管装药、压药	2
		电雷管、导爆管雷管装配、雷管编码	2
		雷管检验、包装、装箱	2
		雷管试验站	3
		引火药头用和延期药用的引火药剂制造	2
		引火元件制造	2
		延期药混合、造粒、干燥、筛选、装药、延期元件制造	2
		二硝基重氮酚废水处理	
		工业索类火工品	
13	导火索	黑火药三成分混药、干燥、凉药、筛选、包装导火索制造中的黑火药准备	2
		导火索制索、盘索、烘干、普检、包装	2
		硝酸钾干燥、粉碎	2
14	导爆索	炸药的筛选、混合、干燥	2
		导爆索包塑、涂索、烘索、盘索、普检、组批、包装	2
		炸药的筛选、混合、干燥	2
		导爆索制索	2
15	塑料导爆管	炸药的粉碎、干燥、筛选、混合	2
		塑料导爆管制造	3
16	爆裂管	爆裂管切索、包装	2
		爆裂管装药	2
		油气井用起爆器材	
17	射孔弹、穿孔弹	炸药暂存、烘干、称量	2
		压药、装配	2
		包装	2
		试验室	2
		地震勘探用爆破器材	
18	震源药柱	高爆速	炸药准备、熔混药、装药、压药、凉药、装配、检验、装箱	1
		中爆速	炸药准备、震源药柱检验、装箱	1
			装药、压药、钻孔、装传爆药柱	1
		低爆速	炸药准备、装药、装传爆药柱、检验、装箱	2
19	黑火药、炸药、起爆药	理化试验室	2

附录F 火药、炸药危险场所电气设备最高表面温度的分组划分

F.0.1 火药、炸药危险场所电气设备最高表面温度的分组划分，宜符合表F.0.1的规定。

表F.0.1 火药、炸药危险场所电气设备最高表面温度的分组划分

种类	粉尘名称	电气设备最高表面温度组别
炸药	梯恩梯	T4
	粉状铵梯炸药	T4
	奥克托金	T4
	铵油炸药	T4
	水胶炸药	T4
	浆状炸药	T4
	乳化炸药	T4
	黑索今	T5
	太安	T5
火药	黑火药	T4
起爆药	二硝基重氮酚	T5
	毫秒延期药	T5

本规范用词说明

1 为便于在执行本规范条文时区别对待，对要求严格程度不同的用词说明如下：

1) 表示很严格，非这样做不可的用词：
正面词采用"必须"，反面词采用"严禁"。

2) 表示严格，在正常情况下均应这样做的用词：
正面词采用"应"，反面词采用"不应"或"不得"。

3) 表示允许稍有选择，在条件许可时首先应这样做的用词：
正面词采用"宜"，反面词采用"不宜"；
表示有选择，在一定条件下可以这样做的用词，采用"可"。

2 本规范中指明应按其他有关标准、规范执行的写法为"应符合……的规定"或"应按……执行"。

中华人民共和国国家标准

民用爆破器材工程设计安全规范

GB 50089—2007

条 文 说 明

目　次

1　总则 …………………………… 7—13—39
3　危险等级和计算药量 ………… 7—13—39
　　3.1　危险品的危险等级 ……… 7—13—39
　　3.2　建筑物的危险等级 ……… 7—13—39
　　3.3　计算药量 ………………… 7—13—39
4　企业规划和外部距离 ………… 7—13—39
　　4.1　企业规划 ………………… 7—13—39
　　4.2　危险品生产区外部距离 … 7—13—40
　　4.3　危险品总仓库区外部距离 … 7—13—42
5　总平面布置和内部最小
　　允许距离 ……………………… 7—13—42
　　5.1　总平面布置 ……………… 7—13—42
　　5.2　危险品生产区内最小允许距离 … 7—13—43
　　5.3　危险品总仓库区内最小
　　　　允许距离 ………………… 7—13—44
　　5.4　防护屏障 ………………… 7—13—44
6　工艺与布置 …………………… 7—13—45
7　危险品贮存和运输 …………… 7—13—46
　　7.1　危险品贮存 ……………… 7—13—46
　　7.2　危险品运输 ……………… 7—13—47
8　建筑与结构 …………………… 7—13—48
　　8.1　一般规定 ………………… 7—13—48
　　8.2　危险性建筑物的结构选型 … 7—13—48
　　8.3　危险性建筑物的结构构造 … 7—13—49
　　8.4　抗爆间室和抗爆屏院 …… 7—13—49
　　8.5　安全疏散 ………………… 7—13—50
　　8.6　危险性建筑物的建筑构造 … 7—13—50
　　8.7　嵌入式建筑物 …………… 7—13—51
　　8.8　通廊和隧道 ……………… 7—13—51
　　8.9　危险品仓库的建筑构造 … 7—13—51
9　消防给水 ……………………… 7—13—51
10　废水处理 …………………… 7—13—53
11　采暖、通风和空气调节 …… 7—13—53
　　11.1　一般规定 ……………… 7—13—53
　　11.2　采暖 …………………… 7—13—53
　　11.3　通风和空气调节 ……… 7—13—54
12　电气 ………………………… 7—13—55
　　12.1　电气危险场所分类 …… 7—13—55
　　12.2　电气设备 ……………… 7—13—55
　　12.3　室内电气线路 ………… 7—13—56
　　12.4　照明 …………………… 7—13—56
　　12.5　10kV 及以下变（配）电所和
　　　　　配电室 ………………… 7—13—56
　　12.6　室外电气线路 ………… 7—13—56
　　12.7　防雷和接地 …………… 7—13—56
　　12.8　防静电 ………………… 7—13—56
13　危险品性能试验场和销毁场 … 7—13—57
　　13.1　危险品性能试验场 …… 7—13—57
　　13.2　危险品销毁场 ………… 7—13—57
14　混装炸药车地面辅助设施 … 7—13—57
　　14.1　固定式辅助设施 ……… 7—13—57
　　14.2　移动式辅助设施 ……… 7—13—57
15　自动控制 …………………… 7—13—57
　　15.1　一般规定 ……………… 7—13—57
　　15.2　检测、控制和联锁装置 … 7—13—58
　　15.3　仪表设备及线路 ……… 7—13—58
　　15.4　控制室 ………………… 7—13—58
　　15.6　火灾报警系统 ………… 7—13—58
　　15.7　工业电雷管射频辐射
　　　　　安全防护 ……………… 7—13—58

1 总 则

1.0.1 本条主要说明制定本规范的目的。民用爆破器材属易燃易爆品，在生产和贮存中，一旦发生火灾或爆炸事故，往往造成人员伤亡和经济的重大损失。在民用爆破器材工厂设计中，必须全面贯彻执行安全标准和法规，以便使新建工厂符合安全要求，预防事故，尽量减少事故损失，保障人民生命和国家财产的安全。

1.0.2 本条规定了本规范的适用范围。对在本规范修订颁布实施前已建成的老厂，如不符合本规范要求的，可根据实际情况创造条件，逐步进行安全技术改造。

3 危险等级和计算药量

3.1 危险品的危险等级

本节为新增条款，主要是考虑了与国家及国际相关的爆炸、燃烧危险品分类的衔接和一致。危险品的危险等级是根据危险品本身所具有的及其对周围环境可能造成的危险作用而定义的。即分为 1.1、1.2、1.3 和 1.4 四级。

危险品的危险等级与国际标准靠近，可以与国际产品接轨，方便使用，便于交流。

3.2 建筑物的危险等级

3.2.1 对生产或贮存危险品的建筑物划分危险等级的目的，主要是为了确定建筑物的内、外部距离和建筑物的结构形式，以及其他各种相关的安全技术措施。

《民用爆破器材工厂设计安全规范》GB 50089—98（以下简称原规范）对建筑物危险等级的划分方法主要是根据危险品发生爆炸事故时所产生的破坏能力，其次是考虑危险品的感度、生产工艺方法，以及建筑物本身抗爆、泄爆的措施而确定的，是一种以产品生产工序为主要依据的危险等级划分方法，基本上是沿用前苏联 20 世纪 60 年代初期的设计安全规范做法。这种分类方法对危险品生产工序、工艺方法的依赖性较大，每当有新产品出现时，就不容易确切划分建筑物危险等级，甚至发生对建筑物危险等级划分的歧义。目前世界上欧洲一些国家的类似规范对建筑物危险等级划分，主要是根据建筑物内危险品的爆炸、燃烧特性来确定的，基本不涉及危险品的生产工序或工艺方法。每当有新产品问世，只要性能确定了，危险等级所需的相应防护措施即可基本确定。应当说这是一个较好的建筑物危险等级划分方法，可以避免某些不确定性，从而提高了适用性。

修订的规范，在建筑物危险等级分类中，考虑到上述情况，同时考虑到我国民用爆破器材生产的历史及现状，确定主要是以建筑物内所含有的危险品危险等级并结合生产工序的危险程度来划分建筑物危险等级。应当指出的是，这里的危险品并非单纯指成品，还包括制造、加工过程中的半成品、在制品、原材料和制造、加工后的成品等。

3.2.2 本条具体给出了典型的、有代表性的生产、加工、研制危险品的建筑物危险等级。具体应用时可以比照。

这里需要指出的是，由国防科工委发布的《民用爆破器材分类与代码》WJ/T 9041—2004 中已无铵梯黑炸药品目，本规范修订时不再将其列入。

3.3 计算药量

3.3.6 已有的技术资料和国内外燃烧、爆炸事故表明，硝酸铵在外界一定激发条件下是可以发生爆炸的。在炸药生产厂房内，规定当硝酸铵与炸药同在一个工作间时，应将硝酸铵重量的一半与炸药物重量之和作为本建筑物的计算药量。例如，计算粉状铵梯炸药混药工房内的药量时，其计算药量等于正在混制的炸药量加上已混制完成的炸药量，再加上备料物中的梯恩梯药量及硝酸铵重量的一半。又如，多孔粒状铵油炸药生产工房内的计算药量，等于正在混制及混制完成的药量之和，再加上贮存的硝酸铵重量的一半。

国内多次爆炸事故资料表明，在炸药生产工房内，如果硝酸铵贮存在单独的隔间内，炸药发生爆炸时，硝酸铵未被殉爆。美国专门就此做过大规模试验并纳入安全规范。利用美国有关规范并结合我国国情，确定了表 3.3.6 "炸药生产厂房内硝酸铵存放间与炸药的间隔及隔墙厚度"，从实践上看还是可行的。表中规定的炸药量最大为 5t，也是适合目前实际生产状况的。

值得强调的是，表 3.3.6 中虽未对硝酸铵限量，但为安全计，硝酸铵在厂房内的贮存量应以满足班产或日产的需要量为宜，不应随意超量贮存。

硝酸铵存放间与炸药的间隔，是指二者平面布置而言，如利用地形位差建厂，将硝酸铵存放间布置在炸药工作间的侧上方是允许的，但不能将硝酸铵存放间直接布置在炸药工作间楼板的上面。

表 3.3.6 中规定的隔墙厚度，无论是硝酸铵存放间与炸药工作间相邻，还是其间有其他房间（不存放炸药）相隔，均指硝酸铵存放间靠近炸药工作间一侧的墙厚。

4 企业规划和外部距离

4.1 企业规划

4.1.1 本条为新增条款。民用爆破器材生产、流通企业厂（库）址选择，从工程建设的角度来讲，应考虑工程地质、地震基本烈度、水文条件、洪水情况，避免选择在不良地质等有直接危害的地段。

4.1.2 根据民用爆破器材企业的特点、多年生产实践和事故教训，本条明确规定了在企业规划时，要从整体布局上将企业进行分区。分区布置，其目的是有利于安全，同时也便于企业管理。

本规范修订时，把殉爆试验场改为性能试验场。

4.1.3 本条具体规定了在进行企业各区规划时，应遵循的基本原则和应考虑的主要问题。

1 本款强调在确定各区相互位置时，必须全面考虑企业生产、生活、运输和管理等多方面的因素。根据实践经验，在总体布置上首先应将危险品生产区的位置安排好，因为危险品生产区是工厂的主要部分，它与各区都有密切的联系，因此，首先合理确定其位置，将它布置在工厂的适中部位，有利于合理组织生产和方便生活。危险品总仓库区是工厂集中存放危险品的地方，从安全和保卫上考虑，宜设在有自然屏障遮挡或其他有利于安全的地带。为满足国家噪声的有关标准要求以及从安全角度考虑，性能试验场和销毁场，也宜设在工厂的偏僻地带或边缘地带。

2 本款从人流和物流安全的角度，规定企业各区不应规划在国家铁路线、一级公路的两侧，避免与国家主要运输线路交叉，以利于安全。

3 从试验和事故教训中得知，在山坡陡峻的狭窄沟谷中，山体对爆炸空气冲击波反射的影响要比开阔地形大很多，一旦发生爆炸事故，将会增大危害程度。同时，此种地形也不利于人员的安全疏散和有害气体的扩散。

4 辅助生产部分是为危险品生产区服务的，而其作业均是非危险性的，靠近生活区方向布置，可缩短职工上下班的距离。

5 本款主要是考虑安全性。无关的人流和物流不允许通过危险品生产区和危险品总仓库区，可减少对危险品生产区和危险品总仓库区的影响，同时也避免不必要的威胁。

规定危险品的运输不应通过生活区，是考虑生活区人员密集，而工厂的危险品运输每天都在进行，势必增加危险性。

4.1.4 本条规定了民用爆破器材流通企业，当需设置危险品仓库区时，库址选择的原则。

4.2 危险品生产区外部距离

4.2.1 危险品生产区内，各危险性建筑物的危险等级及其计算药量不尽相同，因而所需外部距离也不一样，因此在确定外部距离时，应根据危险品生产区内1.1级、1.2级、1.4级建筑物的各自要求，经分别计算后确定。

4.2.2 本条规定了1.1级建筑物的外部距离。1.1级建筑物是指贮存不同梯恩梯当量的整体爆炸危险的建筑物的总称。

表4.2.2中外部距离是按爆心设有防护屏障，而被保护对象不设防护屏障，且建筑物以砖混结构为标准确定的。外部距离只考虑爆炸空气冲击波的破坏效应，没有考虑飞散物的影响。

表4.2.2中项目较原规范增加两项：人数大于500人且小于等于5000人的居民点边缘、职工总数小于5000人的工厂企业围墙和人数小于等于2万人的乡镇规划边缘。主要是考虑乡镇发展很快，目前1万人左右的乡镇很多，为节省土地，方便使用，故增加此两项外部距离。在最小计算药量方面由小于或等于100kg降至10kg。

建筑物的破坏等级划分见表1。

表1　建筑物的破坏等级

破坏等级	破坏程度	破坏特征描述									备注
		玻璃	木门窗	砖外墙	木屋盖	钢筋混凝土屋盖	瓦屋面	顶棚	内墙	钢筋混凝土柱	超压 ΔP ($\times 10^5$ Pa)
一	基本无破坏	偶然破坏	无损坏	无损坏	无损坏	无损坏	无损坏	无损坏	无损坏	无损坏	$\Delta P<0.02$
二	次轻度破坏	少部分到大部分呈大块条状或小块破坏	窗扇少量破坏	无损坏	无损坏	无损坏	少量移动	抹灰少量掉落	板条墙抹灰少量掉落	无损坏	$\Delta P=0.09$ ~0.02
三	轻度破坏	大部分呈小块破坏到粉碎	窗扇大量破坏，窗框门扇破坏	出现较小裂缝，最大宽度≤5mm，稍有倾斜	木屋面板变形，偶然折裂	无损坏	大量移动	抹灰大量掉落	板条墙抹灰大量掉落	无损坏	$\Delta P=0.25$ ~0.09
四	中等破坏	粉碎	窗扇掉落、内倒、窗框门扇大量破坏	出现较大裂缝，最大宽度在5~50mm，明显倾斜，墙垛出现较小裂缝	木屋面板、木屋檩条折裂，木屋架支座松动	出现微小裂缝，最大宽度≤1mm	大量移动到全部掀掉	木龙骨部分破坏、下垂	砖内墙出现小裂缝	无损坏	$\Delta P=0.40$ ~0.25

续表1

破坏等级	破坏程度	破坏特征描述									备注
		玻璃	木门窗	砖外墙	木屋盖	钢筋混凝土屋盖	瓦屋面	顶棚	内墙	钢筋混凝土柱	超压 ΔP $(\times 10^5 Pa)$
五	次严重破坏		门窗扇摧毁、窗框掉落	出现严重裂缝、最大宽度>50mm,严重倾斜,砖垛出现较大裂缝	木檩条折断,木屋架杆件偶然折裂,支座错位	出现明显裂缝、最大宽度在1~2mm,修理后能继续使用		塌落	砖内墙出现较大裂缝	无损坏	$\Delta P=$ 0.55~0.40
六	严重破坏			部分倒塌	部分倒塌	出现较宽裂缝、最大宽度>2mm			砖内墙出现严重裂缝到部分倒塌	有倾斜	$\Delta P=$ 0.76~0.55

现将各项外部距离可能产生的破坏情况简要说明如下:

1 对人数小于等于50人或户数小于等于10户的零散住户边缘、职工总数小于50人的工厂企业围墙、危险品总仓库区、加油站考虑该项人员相对较少,因此对该项的外部距离,按轻度破坏标准的下限到次轻度破坏标准的上限考虑。需要指出的是,由于个别震落物及玻璃破碎对人员的偶然伤害是不可避免的。

2 对人数大于50人且小于等于500人的居民点边缘、职工总数小于500人的工厂企业围墙、有摘挂作业的铁路中间站站界或建筑物边缘,考虑该项人员相对较多,因此对该项的外部距离,按次轻度破坏标准考虑。

3 对人数大于500人且小于等于5000人的居民点边缘、职工总数小于5000人的工厂企业围墙,根据该项的重要性,对其外部距离,按次轻度破坏标准的中偏下标准考虑。

4 对人数小于等于2万人的乡镇规划边缘,其外部距离,按次轻度破坏标准的偏下标准考虑。

5 对人数小于等于10万人的城镇规划边缘,考虑该项居住和活动人员比较多,其外部距离,按次轻度破坏标准的下限标准考虑。

6 对人数大于10万人的城市市区规划边缘,其外部距离,按基本无破坏标准考虑。但偶然也会有少量的玻璃破坏。

7 对国家铁路线、二级以上公路等,考虑为重要的运输系统,昼夜行车量很大,但无论铁路列车或汽车,都是行进状态,在较短时间内即可通过危险区,而发生事故的可能有一定的偶然性。据此,规定其外部距离按次轻度破坏标准的上限标准考虑是可行的。

8 对非本厂的工厂铁路支线、三级以下公路等,考虑到这些项目是活动目标,工厂一旦发生事故恰遇有车辆通过,有一定的偶然性,据此,规定其外部距离按轻度破坏标准考虑,不会因爆炸空气冲击波的超压而使正常行驶的车辆发生事故,但偶然飞散物的伤害有可能发生,因其有很大的随机性,故这样的破坏标准是可以接受的。

9 对35kV、110kV、220kV以上的架空输电线路,考虑其重要程度、服务范围、经济效益以及一旦遭受破坏所造成的损失的大小,规范采用了不同的破坏标准。

对35kV、110kV的架空输电线路,考虑其服务范围有一定局限性,一旦遭受破坏其影响面不大的特点,因此规范中采用了轻度破坏标准。一般情况下由于架空线路呈细圆形截面,有利于冲击波的绕流,但对于个别飞散物的破坏影响,由于有很大的随机性,则很难防范。

对220kV的架空输电线路,考虑其服务范围比较广,一旦遭受破坏其影响面比较大、经济损失严重的特点,因此采用次轻度破坏标准。但尽管如此,仍不能避免个别飞散物的影响,但几率将是很低的。

对220kV以上的架空输电线路,目前有330kV、500kV、750kV,考虑它们是跨省输电,一旦遭受破坏其影响面非常大、经济损失非常严重的特点,因此,规范采用次轻度破坏标准的下限。

10 对110kV、220kV及以上的区域变电站,考虑其重要程度、服务范围、经济效益以及一旦遭受破坏所造成的损失的大小,规范采用了不同的破坏标准。

对110kV区域变电站,采用次轻度破坏标准。

对220kV及以上的区域变电站,采用次轻度破坏标准的下限。

本条还规定了1.1*级建筑物的外部距离按1.1级建筑物的外部距离的规定执行。

4.2.3 本条规定了1.2级建筑物的外部距离。1.2级建筑物内计算药量一般不大于200kg,原规范规定其外部距离均按表4.2.2中存药量大于100kg及小于等于200kg一档的外部距离确定。本次规范修订，规定了这类建筑物的外部距离按建筑物内计算药量对应表4.2.2中的距离确定。

4.2.4 1.4级建筑物的外部距离，主要是根据建筑物内的危险品能燃烧和在外界一定的引爆条件下也可能爆炸的特点而制定的。

1.4级建筑物中，除硝酸铵仓库外，其余1.4级建筑物的外部距离，保留原规范不应小于50m的规定。

硝酸铵仓库允许最大计算药量可达500t，而且又允许布置在危险品生产区内，如果一旦发生爆炸事故，对周围的影响后果是极其严重的。但考虑到原规范执行10年来在这个问题上未发生严重后果，故本条在修订时，仍保留原规范的规定。

4.3 危险品总仓库区外部距离

4.3.1 危险品总仓库区与其周围居住区、公路、铁路、城镇规划边缘等的距离，均属外部距离。由于总仓库区内各危险品仓库的危险等级和计算药量不尽相同，所要求的外部距离也不一样，为此，在确定总仓库区外部距离时，应分别按总仓库区内各个仓库的危险等级和计算药量计算后确定。

4.3.2 本条要说明的问题与第4.2.2条基本相同。鉴于危险品总仓库区发生爆炸事故的几率很低，又考虑到节省土地、少迁居民和节省投资等因素，1.1级总仓库距各类项目的外部距离，采用比危险品生产区1.1级建筑物的要求略小、破坏程度稍重一点的标准，总的比危险品生产区1.1级建筑物外部距离的破坏标准重半级左右。原规范也是这样定的，经过十多年的实践，证明也是可行的。

与原规范相比，在项目方面增加两项：人数大于500人且小于等于5000人的居民点边缘、职工总数小于5000人的工厂企业围墙和人数小于等于2万人的乡镇规划边缘；在最小计算药量方面由小于或等于1000kg降至100kg。

4.3.3 根据1.4级总仓库区内所贮存的危险品品种，一类为只燃烧，一类为氧化剂，故采用原规范标准，对只燃烧不会爆炸者，规定其外部距离不应小于100m；对硝酸铵仓库，由于存量较大，采用与危险品生产区相同的外部距离标准，规定其外部距离不应小于200m。

5 总平面布置和内部最小允许距离

5.1 总平面布置

5.1.1 本条规定了危险品生产区和总仓库区总平面布置的一般原则和基本要求。

1 将危险性建筑物与非危险性建筑物分开布置是最基本的原则。危险性建筑物相对集中布置，以与非危险性建筑物分开，可减少危险性建筑物对非危险性建筑物的影响，有利于安全。

2 危险品生产区总平面布置应符合生产工艺流程，避免危险品的往返或交叉运输，是从安全角度考虑而制定的。

3 本款所提出的建筑物之间要满足最小允许距离的要求，是基于危险性建筑物一旦发生意外爆炸事故时，对周围建筑物的影响不应超过所允许的破坏标准。

4 同类危险性建筑物集中布置可以减少影响面，有利于安全。

5 危险性或存药量较大的建筑物，不宜布置在出入口附近，主要考虑出入口附近非危险性的辅助建筑物和设施比较多，且人员比较集中，故规定不宜布置在出入口附近。

6 根据试验和爆炸事故证明，在一定范围内，建筑物的长面方向比山墙方向破坏力要大，因此规定了不宜长面相对布置的要求。

7 当危险性生产厂房靠山体布置太近时，由于山体对爆炸空气冲击波的反射作用，使邻近工序产生次生灾害，工厂的爆炸事故证明了这点。但具体在多少药量情况下距山体多少距离为宜，应视药量的大小和品种情况、山的坡度及植被分布情况而定。

8 从有利于安全的角度考虑，规定了运输道路不应在各危险性建筑物的防护屏障内穿行通过，这样从道路布置设计上就保证运输车辆不会在其他危险性建筑物的防护屏障内穿越。非危险性生产部分的人流、物流不宜通过危险品生产地带。

9 无论危险品生产区还是危险品总仓库区内，凡未经铺砌的场地均宜种植阔叶树，特别是在危险性建筑物周围25m范围内，不应种植针叶树或竹子。本款新增了危险性建筑物周围的防火隔离带的宽度。

10 围墙与危险性建筑物的距离，考虑公安部有关防火隔离带的规定和林业部强调生态防火距离的要求，以及参考国外若干国家对危险性建筑物周围防火隔离带的具体规定，本款保留原规范规定15m的要求。

5.1.2 由于危险品生产厂房抗爆间室的轻型面，实际上是爆炸时的泄压面，为了安全起见，在总平面布置时，应注意避免将抗爆间室的泄爆方向面对人多、车辆多的主干道和主要厂房。

5.1.3 本条为新增条款，主要是避免生产线之间人员、运输的交叉，使生产线相对独立，同时考虑一旦发生事故，相邻生产线的建筑物的破坏标准将降低一级，以减少生产线相互影响。

不同性质产品的生产线是指炸药及其制品生产线、黑火药生产线、起爆器材生产线等。不同品种的炸药生产线不在此规定的范围内。

本条规定雷管生产线宜独立成区布置，即要求雷管生产线布置在独立的场地上，且设置独立的围墙，不应与其他生产线混线布置。

5.2 危险品生产区内最小允许距离

5.2.1 危险品生产区内最小允许距离是指危险品生产区内各建筑物之间的最小允许距离。由于危险品生产区内不仅有 1.1 级、1.2 级、1.4 级建筑物，还有为生产服务的公用建筑物、构筑物，如锅炉房、变电所、水池、高位水塔、办公室等。对这些不同危险等级和不同用途的公用建筑物、构筑物，都规定有各自不同的最小允许距离要求。在确定各建筑物之间的距离时，要全面考虑到彼此各方的要求，从中取其最大值，即为所确定的符合要求的距离。

5.2.2 本条修改了双无防护屏障的距离系数，主要是考虑防护屏障对爆炸空气冲击波减弱作用没有原规范规定的那么大。同时最小允许距离由 35m 降至 30m，突破最小允许距离 35m 的界线。

当相邻生产性建筑物采用轻钢刚架结构时，其最小允许距离应按规范表 5.2.2 的规定数值增加 50%，该数值是经过计算分析而得到的。计算分析表明，一旦相邻建筑物发生爆炸，轻钢刚架结构的屋盖、墙面维护结构有可能造成塌落，但没有试验验证。对此在下阶段工作中还将进一步落实修订。

1 根据本款计算出的距离，是指 1.1 级建筑物一旦发生爆炸事故，对相邻砖混结构建筑物将产生次严重破坏，但不致倒塌，同时由于爆炸飞散物和震落物所造成的伤害和损失将是无法避免的。

2 本款的包装箱中转库是指专为单个 1.1 级装药包装建筑物服务的无固定人员的包装箱中转库。

5 1.1* 级建筑物可以不设防护屏障，但它有爆炸的危险，故规定最小允许距离不小于 50m。

7 本款规定了 1.1 级建筑物与各类公用建筑物、构筑物之间的最小允许距离。鉴于公用建筑物的功能不同，服务范围也不同，因此针对不同的公用建筑物、构筑物，分别确定了不同的允许破坏标准。

1) 锅炉房是全厂的热力供应中心，一旦遭到破坏将直接影响到全厂的生产，而且锅炉房本身一旦遭受破坏，复建周期长，恢复生产困难，因此，锅炉房的破坏以越轻越好，但锅炉房的热力管线要加长，热损失将增大，技术经济不合理。经全面考虑后，本款保留原规范的规定，锅炉房的破坏标准以不超过中等破坏为准。本项规定的 1.1 级建筑物与锅炉房的距离除按计算外，且不应小于 100m，是考虑烟囱的火星和灰尘对 1.1 级建筑物的影响；对无火星的锅炉房是指有可靠的除尘装置不产生火星，其距离可适当减少。

2) 总降压变电所、总配电所是全厂的供电中心，一旦遭到破坏将影响全厂，甚至产生相应的次生灾害，因此采用轻度破坏标准。

3) 10kV 及以下单建变电所服务范围有限，与所服务的对象距离太远，不仅线路长，管理也不便，为此采用次严重破坏标准。

4) 钢筋混凝土水塔是全厂的供水主要来源，一旦遭受破坏不仅直接影响生产，还有可能影响消防用水的来源，因此颇为重要。本项规定的破坏标准为中等破坏标准。

5) 地下或半地下高位水池覆土后，抗冲击波荷载的能力提高，且多数高位水池为圆形结构，其刚度大，较为有利。但地下、半地下高位水池要求承受来自爆炸源的地震波应力。鉴于工厂的爆炸源均产生于地面以上，经地表再经地下传至高位水池，其能量远比地下爆炸源减少许多，而且高位水池所在地由于地质条件不同也有很大差别。根据原规范 10 年来的执行情况，在这方面尚未发现有何问题，因此仍维持原规范的标准。但危险品生产区内 1.1 级建筑物的存药量变化幅度很大，原规范所规定的距离仅能保持在小药量情况下，高位水池不裂，药量大到一定程度，高位水池仍会出现裂缝等破坏情况。

6) 火花在风的吹动下影响范围较大，在这个范围内散落的裸露易燃易爆品有可能因火花引燃而引发事故，故规定为不应小于 50m。

7) 考虑到车间办公室、辅助生产建筑物等距生产车间不宜太远，但也不宜一旦发生事故就遭受与生产工房一样的次严重破坏，因此本项采用中等破坏标准。本项保留了原规范的规定，与车间办公室、车间食堂（无明火）、辅助生产建筑物的距离，应按表 5.2.2 要求的计算值再增加 50%，且不应小于 50m。

8) 全厂性公共建筑物，如厂部办公室是工厂的指挥中心，也是机要所在。食堂是工人集中的场所，消防车库是保护工厂安全的组成部分，从保护人身安全和减少事故损失考虑，其距离不宜太远，因此本项确定为轻度破坏标准。原规范要求最小允许距离不得小于 150m，能满足轻度破坏标准，故保留 150m 的规定。

5.2.3 1.2 级建筑物与其邻近建筑物的最小允许距离，是按下列原则确定的：

1 对 1.2 级建筑物的最小允许距离，改为按生产工房药量确定的距离。这是为防止工房药量大，一旦发生爆炸事故，对周围会加大影响而定的。

2 本款增加了为 1.2 级装药包装建筑物服务的包装箱中转库（无固定人员）与该装药包装建筑物的距离，按现行国家标准《建筑设计防火规范》GB 50016 中防火间距执行的规定。

3 1.2 级建筑物与公共建筑物、构筑物的最小允许距离，其确定原则基本与 1.1 级建筑物相同。只是由于危险作业在抗爆间室内，有破坏影响范围小的具体情况，因此，在确定其与公共建筑物、构筑物的最小允许距离时，比1.1级建筑物的要求略小。

5.2.4 1.4级建筑物与其邻近建筑物的最小允许距离，是按下列原则确定的：

1 危险品生产区内1.4级建筑物中的产品有燃烧危险，在一定条件下也可能发生爆炸，故根据1.4级建筑物中危险品存量的多少和周围建筑物的重要程度，分别规定了不同的距离。

1.4级建筑物中，需要指出的是硝酸铵仓库，其允许存量最大可达500t，混装炸药车地面辅助设施可达600t，按原规范规定，其与任何建筑物的距离均不应小于50m，考虑十余年来既无重大事故又无新的可供依据的数据，不好轻易变动，本次修订仍保留原规定。

需要指出的是，由于硝酸铵仓库存量很大，当硝酸铵仓库一旦发生事故时，其对周围建筑物的破坏，将会大大超过所允许的次严重破坏标准。

2 1.4级建筑物与公共建筑物、构筑物的最小允许距离，其确定原则基本与1.1级、1.2级建筑物相同，只是在多数情况下可能产生的是燃烧危险，在一定条件下也可能发生爆炸。据此，制定了与公共建筑物、构筑物的最小允许距离。必须指出的是，万一发生爆炸事故，对周围建筑物的破坏将是严重的，但几率是很低的。

5.3 危险品总仓库区内最小允许距离

5.3.1 危险品总仓库区内各建筑物之间的距离，属于内部最小允许距离。由于危险品总仓库区只有1.1级和1.4级危险品仓库，为了便于使用，已将1.1级仓库与其邻近建筑物的最小允许距离，列于表5.3.2-1中，使用时可直接查出。必须指出的是，使用时应将相互间要求的距离均查出，然后取其最大值作为建筑物间的最小允许距离。

5.3.2 本条规定了1.1级危险品总仓库区应设置防护屏障。

1 本款规定了1.1级仓库与其邻近建筑物的最小允许距离。其破坏标准是，当某个1.1级仓库一旦发生爆炸事故时，对邻近仓库内的危险品不产生殉爆而建筑物却全部倒塌。不仅相邻仓库倒塌，就是再远一点的仓库，也将随着爆炸事故仓库药量及距离的大小而产生不同的破坏后果。

危险品总仓库区内最小允许距离较原规范有所降低，主要是考虑相邻库房不被殉爆即可。

2 本款增加了有防护屏障的1.1级库房与相邻无防护屏障库房的最小允许距离应按双有防护屏障的距离增加1倍的规定。

5 总仓库区的值班室是仓库管理人员和保卫人员值班的地方。为有利于值班人员的安全，本款强调宜结合地形将其布置在有自然屏障的地方。考虑到值班室与1.1级仓库的距离远了，管理上不方便，近了又不利于安全，为此，值班室与1.1级仓库的距离，基本是按次严重破坏标准考虑的，并根据值班室是否设有防护屏障而分成几个档次确定。由于总仓库区内的库房存药量差别很大，当大药量仓库一旦发生爆炸事故，对值班室有可能产生超过次严重破坏标准的情况。

本款细化了1.1级库房与值班室的最小允许距离，库房计算药量由原来限定的30t，对应有防护屏障值班室需150m，调至库房计算药量20t、10t、5t、1t、0.5t，对应有防护屏障值班室需130m、110m、90m、70m、50m，主要是考虑在库房计算药量小时，减少库房与值班室的最小允许距离。

5.3.3 由于1.4级仓库在一定条件下也会爆炸，为减少发生事故的可能性，本条提出，1.4级仓库分一般1.4级和硝酸铵仓库两种办法处理其最小允许距离。当具有爆炸危险的1.4级仓库与1.1级仓库邻近时，其与1.1级仓库相对面的一侧，推荐设置防护屏障；否则，最小允许距离应按表5.3.2-1的规定数值增加1倍，且不小于本条规定。

除上述与原规范相比有补充外，其余无改变。

5.3.4 当危险品总仓库区设置岗哨时，岗哨与仓库的距离，在条文中未提出明确要求，因为岗哨是为仓库警卫用的，将根据保卫需要设置岗哨位置。因此，一旦仓库发生事故，岗哨上的警卫人员将不可避免地产生伤亡。

5.4 防护屏障

5.4.1 防护屏障可以有多种形式，例如钢筋混凝土挡墙、防护土堤等。不论采用何种形式，都应能起到防护作用。本条以防护土堤为例，绘出防护土堤的有防护作用范围和无防护作用范围。

5.4.2 本条所规定的防护屏障的高度是最低要求高度，如有条件能做到高出屋檐高度，则对削弱爆炸空气冲击波和阻挡低角度飞散物更有好处。当防护屏障内建筑物较高，例如高度大于6m时，本条亦规定了防护屏障高度可按高出爆炸物顶面1m设置。但是，建筑物之间的最小允许距离计算应符合表5.2.2注3的规定。应该指出，适当增高防护屏障的高度，对安全有利。

5.4.3 本条分别对防护土堤和钢筋混凝土挡墙的防护屏障顶宽提出要求，其他防护屏障可按此原则处理。

5.4.4 防护屏障的边坡应稳定（主要指土堤），否则易塌落，将达不到规范标准，减弱了安全防护的作用。

5.4.5 建筑物的外墙与防护屏障内坡脚的水平距离越小，防护作用越好。但从生产、运输、采光和地面排水等多方面要求，两者必须保持一定距离。本条规定除运输或工艺方面有特殊要求的地段外，应尽量减少该段距离，以使防护屏障起到防护作用。

5.4.6 本条主要是对生产运输通道或运输隧道在穿越或通过防护屏障时的一些技术要求。同时对通过防护屏障的安全疏散隧道也提出了一些具体技术要求。

5.4.7 本条提出了当防护屏障采用防护土堤构造而取土又较为困难时，各种减少土方量的具体技术措施。

5.4.8 根据我国的具体情况，应尽可能减少占地面积，而又要保证安全，为此本条提出在危险品生产区，对两个危险品仓库可以组合在联合的防护土堤内的具体技术要求。

本次修订放宽了联合土围的规定，不再限定仅用于起爆器材，而不能用于火药、炸药。

6 工艺与布置

6.0.1 工艺设计中坚持减少厂房计算药量和操作人员，是一个极为重要的原则，也可以说是通过血的教训得来的经验总结。从历次事故中可以看出，往往原发事故点并不严重，但由于厂房计算药量大、操作人员多，甚至严重超量、超员，酿成了极为惨烈的后果。

要求对于有燃烧、爆炸危险的作业应采用隔离操作、自动监控等可靠的先进技术，这是从技术上保障安全的基本要求。

6.0.2 本条是危险品生产厂房和仓库平面布置的规定。

1 本款规定是为在进行危险品生产厂房平面设计时应有利于人员的疏散。

囗字形、冂字形厂房都不利于人员疏散，并且当厂房的一面发生爆炸时会影响到其他面。因山体地形原因而设计为 L 形厂房，如内部布置合理，亦可这样设计。

4 本款规定在布置工艺设备、管道及操作岗位时，应有利于人员的疏散。传送皮带挡住操作者的疏散道路，工作面太小，人员交错等情况，在发生事故时均不利于人员的迅速疏散。

5 危险品生产厂房的底层，除了门作为疏散出口外，对距门较远或不能迅速到达疏散口的固定工位，应根据需要设置符合本规范第 8.6.4 条要求的安全窗，但应注意安全窗外要能便于疏散。

6 起爆器材生产厂房宜设计成一边为工作间，另一侧为通道，尤其是雷管生产中装药、压药工序，在条件允许的条件下首先应该这样设计。当设计成中间为通道，两侧为工作间时（如电雷管装配工序），如发生偶然事故，人员需经过中间通道才能向外疏散，在人员多的工序会拖延时间，甚至发生人员相互碰撞。所以规定在这种情况下，上述工作间应有直通室外的安全出口。对于固定工位设置直通室外的安全出口则可以是门，也可以是安全窗。

7 厂房内危险品暂存间存药量相对集中，若发生爆炸事故，爆源附近遭受的破坏更加严重，所以危险品暂存间宜布置在厂房的端部，并不宜靠近厂房出入口和生活间，以减少事故损失。

雷管等起爆器材生产厂房中人员较多，提倡炸药、起爆药和火工品宜暂存在抗爆间室或防护装甲（如防爆箱）内，以达到不能发生殉爆的目的。但有时因工艺流程的需要，危险品暂存间布置在端部对组织生产不便时，也可以沿外墙布置成突出的贮存间。但贮存间不应靠近人员的出口，以防止危险品与人流交叉，避免发生偶然事故时造成很多人员的伤亡。

9 危险性建筑物不可避免地存在火药、炸药粉尘，由于厂房中辅助间（如通风室、配电室、泵房等）内的操作不必和生产厂房随时保持联系，辅助间和生产工作间之间宜设隔墙，隔墙上不用门相通，辅助间的出入口不宜经过危险性生产工作间，而宜直通室外。

6.0.3 本条是危险品运输通廊的规定。

1 某厂乳化炸药生产线发生爆炸事故时，爆源在装药包装工房。由于装药工房与卷纸管工房之间有密封式通廊相连，通廊结构为预制板重型屋盖，两侧为石头砌墙，窗面积很小，通廊呈直线形式，这样，爆炸冲击波沿通廊直抵卷纸管工房，使该工房遭受严重破坏，工人伤亡。如果通廊为敞开式，或通廊虽为封闭式，但为易泄爆的轻型结构，则损失远不会如此严重。

地下通廊连接两个厂房时，发生事故时将给相邻厂房造成更严重的破坏，处于其间的人员也不易疏散，故本规范不推荐使用地下通廊。对于个别工厂的厂房之间需穿过局部山体而设的通道，可不视为地下通廊。

2 在前述某厂乳化炸药生产线中，乳化厂房利用悬挂式输送机输送药坯。原设计根据殉爆试验，对每个药坯限重 2.7kg，药坯间距则限定为 900mm。事故发生时，每个药坯实际重量达 20kg，而药坯间距又仅为 500mm。装药厂房爆炸后，沿该药坯输送机殉爆至乳化厂房的制坯部分，造成乳化厂房严重破坏，死伤多人。

有鉴于此，采用机械化连续输送危险品时，输送设备上的危险品间距应能保证危险品爆炸时不发生殉爆。危险品殉爆距离应有可靠的依据，也可以模拟生产条件进行试验确定。

3 在条件允许的情况下，与危险性建筑物相连的通廊宜设计成折线形式。实践证明，在危险性建筑物内危险品发生爆炸事故时，与直线形通廊相比，折线形通廊可减少爆炸冲击波的破坏范围，降低相邻厂房的损失。折线的角度要适当，且应保证通廊内人员运输的安全与方便。

4 危险品成品中转库存药量较大，发生事故时影响范围大且严重，故作此规定。

6.0.4 雷管、导爆索等起爆器材生产中操作人员较多，有些工序（如雷管装、压药）易发生事故，而这些工序一般药量比较小，因此可把事故破坏限制在抗爆间室内，以减少事故的损失。采用钢板防护是为了防止传爆。

6.0.6 本条是危险品生产厂房各工序的联建问题。

1 有固定操作人员的非危险性生产厂房，是指炸药生产中的卷纸管、导火索生产中的缠线等生产厂房。

7 本款涉及对自动化、连续化生产的认识，有必要对"自动化"、"连续化"给予定义。自动化是指采用能自动调节、检查、加工和控制的机器设备进行生产作业，以代替人工直接操作。如果整个生产过程从进料、加工、传送、检查以至完成产品，能自动按人们预定的程序和要求进行，而启动、调整、停车以及排除故障等仍由人工操作，称"综合自动化"。如果启动、停车与排除故障等操作也都能自动实现，称为"全自动化"。

就目前我国的自动化、连续化工业炸药（如乳化炸药）生产线来讲，应当说还是处于"初级阶段"意义上的自动线，距真正意义上的自动化、连续化，并从本质上提高生产的安全程度尚有许多工作要做。尤其是真正与自动化、连续化生产线相匹配的各种设备更是关键性的问题。现在的情况是，制药部分的设备尚属规范，装药设备则急待完善，包装设备尚待继续生产实践检验。故本规范规定，工业炸药制造在一个厂房内联建的条件是：工艺技术与设备匹配，制药至成品包装实现自动化、连续化，有可靠的防止传爆和殉爆的措施，这三个条件缺一不可。

对于生产线在一个厂房内联建的定员定量问题，是结合国防科工委乳化炸药安全生产研讨会议纪要及有关文件要求的精神，给出的具体规定和要求。

原规范中曾规定有对手工间断操作的无雷管感度乳化炸药生产工艺的要求，现已不再审批新建。对此，本次修订时予以取消。

8 工业炸药生产厂房单个厂房一般布置单条生产线。目前国内的情况是，工业炸药同类产品如胶状和粉状乳化炸药往往布置在一个生产厂房中，利用同一组乳化设备制造乳化基质。由于各自配方不同而采取轮换生产方式进行。当一条线停工，彻底清理完成后才开始另一条线的生产，实际上厂房内仍是一条线在运行。考虑到国内生产实际及现状，作了本条规定。这里一定要注意满足该条的条文要求，不能勉强凑合，降低要求。同时应指出，这种情况下，一旦发生偶然的燃烧、爆炸事故时，该厂房内的两条生产线设备设施可能会遭到破坏，从客观上存在增大设备设施财产损失的可能，进而提高了对事故破坏等级的判定。

9 考虑到目前国内两条工业炸药同类产品自动化、连续化生产线进行同时生产的情况尚无先例和成功的实践，为慎重起见，"具备同时生产条件"的问题应经过相关的专家论证和主管部门审批同意。

10 自动化、连续化工业炸药生产线或间断式生产线，由于各种条件限制，不能在一个厂房内联建时，还是将制药工序与装药包装工序分别建设厂房为好，这样做既方便生产、有利于安全，又便于产品的升级换代、产能产量的调节和设施的技术改造。本款还结合国防科工委乳化炸药安全生产研讨会议纪要及有关文件要求的精神，给出了具体的定员定量规定。

12 此款是针对目前雷管等起爆器材连续化生产线的出现而定的要求。强调对于贯穿各抗爆间室或钢板防护装置的传输应有可靠的隔爆措施。

6.0.7 原规范特别对粉状铵梯炸药生产的轮碾机设置台数规定为不应超过2台。根据民爆生产安全管理规定，轮碾机的砣重不应超过500kg，混药时的药温不应超过70℃。考虑到制造其他工业炸药时，也会采用轮碾机工艺进行混药，故本次修订作此规定。

6.0.9 本条是对危险品生产或输送用的设备和装置的要求。

8 这一款是新增加的，目的是强调对于输送易燃、易爆危险品的设备来讲，应注意所输送的危险品厚度要满足不引起燃烧爆炸的安全要求。

6.0.11 此条提出了除传统的人力运送起爆药方式外，还可以利用球形防爆车推送。

7 危险品贮存和运输

7.1 危险品贮存

7.1.1 危险品生产区内单个危险品中转库允许的最大存药量应符合表7.1.1的规定，当中转库需贮存的药量超过表7.1.1规定的数量时，可以增加库房的个数。

7.1.2 关于危险品生产区内炸药的总存药量的规定。

1 危险品生产区内梯恩梯中转库的存药量除符合本规范第7.1.1条的规定外，其总存量不应超过3d的生产需要量。例如对于每天需要梯恩梯为4t的工厂，梯恩梯中转库总存量不应超过12t。可设计5t的梯恩梯中转库房2幢。在满足生产的前提下，生产区的危险品存量应尽量减少。

2 对于炸药成品中转库，除应符合本规范第7.1.1条的规定外，还不应大于1d的炸药生产量。例如日产铵梯炸药40t的工厂，其中转库总存药量不应超过40t，如设计为存药量20t的库房，则库房不应超过2幢。但对于生产量较小的工厂，例如当炸药日产量为3t时，其存药量允许稍大于1d的生产量，其中转库的总存量可为5t，这样规定可避免频繁运输，既保证生产安全，又便于组织生产。

7.1.3 本条是对危险品总仓库区内单个危险品仓库允许最大存药量的规定。

对硝酸铵仓库贮存量保留原规范规定的500t，国内民用爆破器材工厂中未发生过硝酸铵仓库的燃烧爆炸事故，说明硝酸铵在管理好的情况下，是比较安定的，但一旦发生爆炸事故则破坏非常严重。1993年深圳清水河化学危险品仓库大爆炸中，硝酸铵发生爆炸，因硝酸铵与其他多种化学品混放在一个库内。硝酸铵的爆炸可能是由其他化学品燃烧着火而引起的，其爆炸后果是相当严重。以其中4号库为例，硝酸铵约数十吨，其爆炸后的爆坑直径23m，深7m，因仓库是互相连接的，并均存有易燃易爆物品，故引起邻近几百米范围内的大火。在国外文献的报道中，美国俄克拉荷马州皮罗尔的一个散装硝酸铵仓库发生着火，着火25min后，发生了爆炸。在弗吉尼亚州，一座混合工房内有铵油炸药30t，硝酸铵20t，在燃烧30min后发生强烈的爆炸。2001年9月21日法国南部城市Toulouse郊外AZF GP（Azote De France）化肥厂仓储的400t硝酸铵爆炸，形成了一个长65m、宽54m、深10m以上的弹坑，爆炸冲击波影响到3km以外的市中心。事故造成30人死亡，近4000人受伤，50所学校及10000幢建筑物受损。上述这些事故说明，硝酸铵在特定条件下是会燃烧爆炸的。

美国防火协会规定的硝酸铵贮量比较大，可达2268t。超过此量时必须配备完整的、强大的自动防火系统。

虽然硝酸铵在平时只是一种肥料，并无多大危险，但考虑到硝酸铵仓库设在生产区或库区，其周围有1.1级、1.2级危险厂房或库区，贮量不宜太大，故作了上述规定。

表7.1.3是对单个库房允许最大存药量的规定，当需要贮存量超过表中规定值时，可增加库房的幢数。

7.1.4 由于硝酸铵用量大，为便于生产和减少运输，硝酸铵仓库可以设在危险品生产区，其单库允许最大存药量应符合表7.1.3的规定。众所周知，硝酸铵在一定强度的外部作用下是可以发生燃烧爆炸的，所以在消防和建筑结构上应采取相应措施。一旦硝酸铵库发生爆炸事故，对生产区的破坏将是极其严重的。同样，根据生产需要，可在生产区设置多个硝酸铵库房。

7.1.6 本条是不同品种危险品同库存放的规定。

1 尽管危险品单品种专库存放有利于安全和管理，但当受条件限制时，在不增大事故可能性的前提下，不同品种包装完好的危险品是可以同库存放的。需要强调的是，危险品必须包装完整无损、无泄漏、分堆存放，避免互相混淆，并应符合表7.1.6的规定。

为便于掌握危险品同库存放的原则，将危险品分成六大类，危险品分类的原则和说明详见表7.1.6的注释。对于未列入规范的危险品，可参照分类和共存原则研究确定。

2 关于不同品种危险品同库存放的存药量的规定举例如下：如总仓库的梯恩梯和苦味酸同库存放，二者为同一危险等级，苦味酸不应超过表7.1.3中的30t，梯恩梯和苦味酸存放的总药量不应超过表7.1.3中梯恩梯允许最大存药量150t。又如梯恩梯和黑索今同库存放，二者为不同危险等级，梯恩梯和黑索今存放总药量不应超过表7.1.3中黑索今存药量50t，且库房应作为1.1级考虑。再如硝酸铵类炸药与梯恩梯，因是不同危险等级，同库存放总药量不是200t，而应是150t，且库房应按梯恩梯1.1级考虑。

3 硝酸铵仓库贮量大，且在一定条件下硝酸铵有燃烧爆炸危险，所以硝酸铵应专库存放，不应与任何物品同库存放。

4 危险品的废品和不合格品，由于其安定性较差，且不会有良好的包装，所以不应与成品同库贮存。

5 符合同库存放的不同品种危险品贮存在危险品生产区中的中转库内时，应存放在以隔墙互相隔开的贮存间内。这是由于中转库人员、物品出入频繁，危险品洒落的可能性大，为避免危险品相互混淆，作此规定。所以中转库除应符合同库存放的规定外，还应符合本款规定。

7.1.7 仓库内危险品堆放过密，会造成通风不良，堆垛过高也会对危险品存放和操作人员的安全产生不安全因素，所以特别制定危险品堆放的两款规定。

与原规范相比，增加了检查通道和装运通道的尺寸要求。

7.2 危险品运输

7.2.1 为满足危险品运输的要求，本条规定宜采用汽车运输。由于翻斗车的车厢形式不利于装载危险品，万一翻斗机构失灵就更加危险。挂车因刹车等因素易产生车辆碰撞，故禁止使用。用三轮车和畜力车运输危险品也有不安全因素，因此不应使用。

7.2.2 本条第1、2两款的规定是考虑到有可能在生产和运输过程中，在1.1级、1.2级、1.4级建筑物附近洒落危险品及其粉尘，所以要求车辆与建筑物保持一定距离，以避免行驶的车辆碾压危险品而发生意外事故。另外，在危险品生产建筑物靠近处，汽车经常往返行驶对建筑物内的生产会产生干扰，不利于生产。因此，要求必须有一定的距离。

第3款的规定是防止有火星飞散到运输危险品的

7.2.3 增加危险品总仓库区运输危险品的主干道中心线与各类建筑物的距离不应小于10m的规定。原规范只对危险品生产区有规定，而危险品总仓库区没有相应规定，这次修订，考虑危险品总仓库区运输的危险品主要是包装好的、无散落的危险品粉尘，故危险品总仓库区运输危险品的主干道中心线，与各类建筑物的距离较危险品生产区的规定有所减小。

7.2.4 根据现行国家标准《厂矿道路设计规范》GBJ 22的规定，提出经常运输易燃、易爆危险品专用道路的最大纵坡不得大于6%的规定，以及参照其他相应规定，提出本条的各项要求。

7.2.5 本条的规定，主要考虑机动车如果在紧靠危险性建筑物的门前进行装卸作业，一旦建筑物内发生危险情况，不利于建筑物内的人员疏散，从而增加不必要的事故损失。当机动车采取防爆措施后，参照国外同类行业的做法，允许防爆机动车辆进入库房内进行装卸作业。

7.2.6 起爆药是比较敏感的，为了防止人工提送中与其他行人或车辆碰撞而出现事故，为此规定用人工提送起爆药时，应设专用人行道。

7.2.7 为提高装卸效率，减少危险品的倒运，并有利于安全，在有条件时应尽量将铁路通到每个仓库旁边。

对必须在危险品总仓库区以外的地方设置危险品转运站台时，本条提出了两种情况，即站台上的危险品可在24h内全部运走时和在48h内全部运走时的外部距离折减系数。目的在于鼓励尽快运走。

8 建筑与结构

8.1 一般规定

8.1.1 根据民用爆破器材工厂各类危险品的生产厂房性质分析，1.1级、1.2级厂房是炸药、起爆药的制造、加工厂房，都具有爆炸、燃烧的危险；1.4级厂房基本是氧化剂、燃烧剂一类的生产厂房，且厂房周围多有爆炸源，也具有燃烧、爆炸危险。所以，1.1级、1.2级、1.4级生产厂房的危险程度要比现行国家标准《建筑设计防火规范》GB 50016中甲类生产厂房大得多。现行国家标准《建筑设计防火规范》GB 50016厂房、库房的耐火等级规定，甲类厂房、库房的耐火等级为一、二级，所以本规范提出1.1级、1.2级、1.4级厂房和库房的耐火等级应符合现行国家标准《建筑设计防火规范》GB 50016中二级耐火等级的规定。

8.1.2 为了设计使用的方便，将现行各类生产中的各类危险品生产工序，按现行国家标准《工业企业设计卫生标准》GBZ 1的车间卫生特征分级的原则做了分级。主要考虑原则是，凡生产或使用的物质极易经皮肤吸收引起中毒的，定为1级，如梯恩梯、二硝基重氮酚。其他按情况定为2级。

卫生特征分级为1级的应设通过式淋浴。

8.1.3 民用爆破器材工厂中辅助用室的设置是一个很重要的问题，因为在这种工厂中，危险生产厂房有爆炸的危险，因此，除了在生产中不能离开操作岗位的人员外，其他人员都应尽量远离危险品生产厂房，避免发生事故时造成不必要的伤亡。确保人员的安全是设计辅助用室的指导思想。

1 1.1级厂房是具有爆炸危险的厂房，发生爆炸时威力比较大，影响面也比较宽，从安全上考虑，规定不允许在这类厂房内设置辅助用室，而应将它们布置在远离危险品生产厂房的安全地带，这样，在发生事故时人员的安全才能得到保证。但考虑到生活上的方便和生产上的需要，不允许操作人员长时间离开工作岗位，因此允许在厂房内设置厕所，但对于敏感度特别高的黑火药、二硝基重氮酚等极易发生事故的生产厂房，连厕所也不允许设置。

2 1.1级厂房的辅助用室，应单建或设在附近其他非危险性的建筑物中。辅助用室可近一些布置，但应符合安全要求。

3 1.2级厂房，原则上不宜设置辅助用室。当存药量比较小，危险生产工序设在抗爆间室内或用钢板防护装置隔开时，一旦发生事故，一般只局限于抗爆间室内，危险程度大大降低，事故的影响面比较小。在这种火工品生产厂房内，如果必须设置，应符合条文中的规定。

8.2 危险性建筑物的结构选型

8.2.1 危险品生产厂房的承重结构首先推荐采用钢筋混凝土框架结构，其主要优点是整体性好、抗侧力强。现在钢模问世，大型预制构件隐退，大量采用现浇钢筋混凝土，这样框架结构优于铰接排架结构，由于柱、梁连接成为一个空间的整体，因而具有较强的抗爆能力。当厂房发生局部爆炸时，整个厂房全倒塌的可能性较小，有望减少人员伤亡和财产损失。钢筋混凝土柱、梁连接的铰接排架，预制屋面板结构，当发生局部爆炸时，容易产生梁、板倒塌。砖混结构厂房，当发生局部爆炸时，容易产生墙倒屋塌。为此，本次修订，不论单层或多层的1.1级、1.2级厂房和多层的1.4级厂房，都推荐采用钢筋混凝土框架结构承重。这主要是考虑到厂房中某一部分发生事故时，不致因承重结构整体性差或承载能力不足而导致楼板或屋盖倒塌，使整个厂房受到严重破坏，造成更多人员的不必要伤亡和设备的不必要损坏。

考虑到民用爆破器材工厂的实际生产情况，在符合特定条件下，可采用砖墙承重：

1 对于单层的1.1级、1.2级厂房，在厂房面积小、层高低、操作人员较少的条件下允许采用砖墙承重。这主要考虑到这类厂房面积小，操作人员距爆炸中心一般都比较近，一旦发生事故，势必房毁人亡。故本规范对这类厂房提出了跨度、长度和高度以及人员的限制，凡符合条件的，可采用砖墙承重。

3 对于危险品生产工序全部布置在抗爆间室内，且间室外不存放或存放少量危险品时，一旦发生爆炸，则不会影响主体厂房。所以砖墙承重部分不存在因本厂房局部爆炸而倒塌的危险，允许采用砖墙承重。

4 梯恩梯球磨机粉碎厂房，轮碾机混药厂房的存药量较大，且药量又集中，操作人员距爆心近，厂房面积小，一旦爆炸事故发生，不论是否采用钢筋混凝土结构，都势必是房毁人亡。所以对这种厂房提出可采用砖墙承重。

5 承重横隔墙较密的厂房，刚度大，厂房存药量小，且又分散，当厂房内局部发生爆炸时，对相邻工作间的影响小，所以可采用砖墙承重。

6 对无人操作的厂房，由于不存在操作人员的伤亡问题，采用砖墙承重就可以满足要求。

8.2.2 钢刚架结构易于积尘，且为金属，故而要求没有炸药粉尘的或采取措施能防止积尘的危险品生产厂房，或与金属反应不产生敏感爆炸危险物的厂房，方可采用钢刚架结构，但必须符合现行国家标准《建筑设计防火规范》GB 50016 中二级耐火等级的要求。

8.2.3 危险品仓库允许采用砖墙承重，主要是考虑到仓库无固定人员、较厂房重要性低，且因仓库面积小，存药集中，药量一般较大，一旦发生爆炸事故，出事仓库被摧毁，相邻库房允许破坏。因此，允许采用砖墙承重和符合防火要求的钢刚架结构。

8.2.4 小于 240mm 的砖墙、空斗墙、毛石墙等的抗震能力差，容易倒塌，不予采用。

8.2.5 危险品生产厂房的屋盖首先推荐采用现浇钢筋混凝土屋盖，它可与钢筋混凝土框架构成整体，当发生局部爆炸时，现浇屋面板倒塌面积较小，可减轻事故时屋盖下塌而造成的伤亡；从抗外爆角度来讲，钢筋混凝土屋面板抗外来飞散物是很有效的。预制屋面板容易产生梁、板倒塌而造成伤亡，故不推荐采用。

8.2.6 对厂房面积小，事故频率高的粉状铵梯炸药生产的轮碾机混药厂房、本身有泄压要求的黑火药生产厂房及梯恩梯球磨机粉碎厂房，条文中规定应采用轻质易碎屋盖或轻型泄压屋盖。目的是一旦发生燃爆或爆炸事故，易泄压，可减轻飞散物对周边的危害。但厂房刚度差，抗外来飞散物的防护能力差。

8.3 危险性建筑物的结构构造

8.3.1 易燃易爆粉尘是指各种爆炸物如粉状铵梯炸药、黑火药、起爆药等的粉尘，这些粉尘的积聚，不但增加了日常清扫工作，而且可能引起自燃，导致事故。所以，对危险品生产厂房的构件要求采用外形平整，不易积尘，易于清扫的结构构件和构造措施。特别是屋盖的选型，首先要考虑采用无檩、平板体系，不宜采用有檩体系，更不宜采用易于积尘的构件。如果必须采用易积尘的结构构件，就要设置吊顶，但设置吊顶也易积尘，在一定程度上也增加了不安全的因素。

8.3.2～8.3.4 从事故调查和一些国内外试验资料来看，对具有爆炸危险的 1.1 级、1.2 级、1.4 级厂房，当采取一定的构造措施后，对提高建筑物的抗震能力是有一定效果的。

本规范提出了几项主要的构造措施，着重在墙体方面、构件和墙体连接方面加强，以增强工房的整体性。

8.3.5、8.3.6 为了增强钢刚架结构的整体性和抗震能力，参考钢结构抗震构造措施而规定。

8.3.7 根据轻钢结构常规设计所采用的一般规格，经抗爆验算，提出与双无防护屏障内部最小允许距离（增大 50%）相应的结构构造最低要求。否则宜按抗爆炸荷载进行验算。

8.3.8 轻钢刚架结构的檩条按常规设计所采用的规格，其抗冲击波强度还是不足的。因此，作此规定，以达到提高檩条的抗冲击波作用的能力，防止发生外爆事故时，围护构件不致塌落伤人。

8.3.9 轻钢刚架结构的彩色钢板在爆炸冲击波作用下，回弹力较大，彩色钢板容易被撕裂，因此，在连接方法上要加强，这是参考美国抗爆钢结构的节点构造方法而规定的。

8.4 抗爆间室和抗爆屏院

8.4.1、8.4.2 这两条主要是对抗爆间室的结构作了规定。

抗爆间室，一般情况下应采用钢筋混凝土结构。目前国内广泛采用矩形钢筋混凝土抗爆间室，使用效果较好。钢筋混凝土是弹塑性材料，具有一定的延性，可经受爆炸荷载的多次反复作用，又具有抵抗破片穿透和爆炸震塌的局部破坏的性能。

抗爆间室的屋盖做成现浇钢筋混凝土的较好，其整体性强，可使间室的空气冲击波和破片对相邻部分不产生破坏作用，与轻质易碎屋盖相比，在爆炸事故后具有不需修理即可继续使用的优点。所以，在一般情况下，抗爆间室宜做成现浇钢筋混凝土屋盖。本次修改，取消了装配整体式屋盖，增加了钢结构。这一是工程需要，二是有了方法，至于装配整体式屋盖，随着钢模发展，已无需要，故而取消。

8.4.3、8.4.4 这两条是对抗爆间室提出具体的设防标准和要求，对原条文进行了修改。明确了在设计药量爆炸的局部作用下，不能震塌、飞散和穿透。

根据可能发生爆炸事故的多少，分别采用不同的控制延性比，达到控制抗爆间室的残余变形，可以与结构的计算联系起来，使概念清楚。

本次修订，取消了观察孔玻璃的规定，主要考虑采用摄像监视技术可替代人工观察，且有利于安全。

8.4.5 抗爆间室朝向室外的一面应设置轻型窗，这是为了保证抗爆间室至少有一个泄爆面，以减少冲击波反射产生的附加荷载。规定了窗台的高度，为了防止室外雨水的侵入，又要尽可能扩大泄爆面。

8.4.6 本条提出了抗爆间室与相邻主厂房的构造处理。

抗爆间室采用轻质易碎屋盖时，一旦发生事故，大部分冲击波和破片将从屋盖泄出。为了尽可能减少对相邻屋盖的影响以及构造上的需要，当与间室相邻的主厂房的屋盖低于间室屋盖或与间室屋盖等高时，可采用轻质易碎屋盖，应按第2款采取措施；当与间室相邻的主厂房的屋盖高出间室屋盖时，应采用钢筋混凝土屋盖。

抗爆间室与相邻主厂房间宜设抗震缝，这主要是从生产实践和事故中总结出来的。以往抗爆间室与主厂房之间不设抗震缝，当间室内爆炸后，发现由于间室墙体产生变位，连结松动，造成裂缝等不利于结构的影响。条文中针对药量较小时，爆炸荷载作用下变位不大的特点，确定可不设抗震缝，这是根据一定的实践经验和理论计算而决定的。规定轻盖设计药量小于5kg，重盖小于20kg时可不设抗震缝，是使间室顶部的相对变位控制在较小范围以内。

8.4.7 抗爆间室轻型窗的外面设置抗爆屏院，这主要是从安全角度提出来的要求。抗爆屏院是为了承受抗爆间室内爆炸后泄出的空气冲击波和爆炸飞散物所产生的两类破坏作用，一是空气冲击波对屏院墙面的整体破坏作用，二是飞散物对屏院墙面造成的震塌和穿透的局部破坏作用。一般情况下，要求从屏院泄出的冲击波和飞散物不致对周围建筑物产生较大的破坏，因此，必须确保在空气冲击波作用下，屏院不致倒塌或成碎块飞出。当抗爆间室是多室时，屏院还应阻挡经间室轻型窗泄出的空气冲击波传至相邻的另一间室，防止发生殉爆。为了保证抗爆屏院的作用，提出了抗爆屏院的高度要求。本次修订，还增加了抗爆屏院的构造、平面形式和最小进深要求。

8.5 安 全 疏 散

8.5.1 本条对安全出口的设置作了规定。

1 安全出口数量的规定。安全出口对厂房里人员的疏散起到重要作用，规定安全出口数量，是为了一旦发生事故，能确保操作人员迅速离开，减少人员伤亡。对面积小、人员少的厂房，一个安全出口可以满足疏散需要的，条文中作了适当的放宽。

3 防护屏障内厂房的安全出口，应布置在防护屏障的开口方向或防护屏障内安全疏散隧道的附近，其目的是便于操作人员能够迅速跑出危险区，而不会出了厂房又被困在防护屏障内受到伤害。

8.5.3 安全窗是根据危险品生产要求设置的，布置在外墙上，兼有采光和逃生功能。当发生事故时，安全窗可作为靠近该窗口人员的逃生口，它不同于一般疏散用门（可供众人逃生），所以，不能列入安全出口的数目中。

8.5.5 厂房疏散以安全到达安全出口为前提。安全出口包括直接通向室外的出口和安全疏散的楼梯。规定厂房安全疏散距离，是为了当发生事故时，人员能以极快的速度用最短的时间跑出，并到达安全地带。

8.6 危险性建筑物的建筑构造

8.6.1 各级危险品生产厂房都有不同程度的危险性，为了在发生事故时，操作人员能够迅速离开，防止堵塞或绊倒，所以危险品生产厂房的门应平开，不允许设置门槛，不应采用侧拉门、吊门。

弹簧门在危险品生产厂房的来往运输中，容易发生碰撞而造成事故，所以不允许采用弹簧门。但对疏散用的封闭楼梯间可以采用弹簧门，是为了防止事故时烟雾进入，影响疏散。

8.6.2 黑火药对机械碰撞和摩擦起火特别敏感，生产时药粉粉尘较大，事故频率比较高，所以规定了黑火药生产厂房的门窗应采用木质的，门窗配件应采用不发生火花的材料，对其他厂房的门窗材质和门窗配件材料，规范中不作限制性的规定。

8.6.3 疏散用门均应向外开启，室内的门应向疏散方向开启，主要是有利于疏散。

危险工作间的门不应与其他工作间的门直对设置，主要是从安全上考虑，尽量避免当一个工作间发生事故时，波及对面的工作间。

设置门斗时，一定要设计成外门斗，因为内门斗突出室内，对疏散不利，门斗的门应与房门的朝向一致，也是为了方便疏散。

8.6.4 本条是对安全窗的要求。安全窗的设置是为了发生事故时，操作人员能够利用靠近操作岗位的窗迅速跑出去，因此，窗洞口不能太小，否则人员不易疏散；窗口不能太低，以免碰着人的头部；窗台不能太高，否则人员迈不过去；双层安全窗应能同时向外开启，是为了开启方便，达到迅速疏散的目的。

8.6.6 有危险品粉尘的1.1级、1.2级生产厂房不应设置天窗，主要是从安全角度考虑的。天窗的构造比较复杂，易于积聚药粉，不清扫，存在隐患。另外，现在民用爆破器材工厂的生产厂房的规模也没有必要设置天窗。

8.6.7 本条是对危险品生产间地面的规定。

1 不发生火花地面，主要防止撞击产生火花而引起事故。

塑料类材料地面，大多为不良导体，经摩擦易产生高压静电，易产生火花，所以这类材料不得作为不发生火花的地面使用。

2 柔性地面，一般指橡胶地面、沥青地面。橡胶地面不应浮铺，应铺贴平整，接缝严密。防止缝中积存药粉或橡胶滑动，确保安全。

3 近几年来，在一些生产中，静电已成为一个特别值得注意的问题。从分析许多事故资料来看，由于静电而引起的事故是很多的，人在走动或工作时的动作，将会产生静电荷并在一定条件下积聚，并表现出很高的静电电位，通过采用防静电地面，可以将人体上的静电荷导走。

8.6.8 有危险品粉尘的工作间，墙面、顶棚一般都要抹灰、粉刷。对经常需用水冲洗和设有雨淋装置的工作间，一般都应刷油漆，是为了便于冲洗。油漆颜色应区别于危险品的颜色，这样易于发现粉尘，便于彻底清洗。

8.6.9 在有易燃、易爆粉尘的工作间，规定不宜设置吊顶，是由于普通吊顶的密闭性一般不易保证，有可能积聚粉尘，在一定程度上增加了不安全的因素。

若必须设置吊顶时，吊顶设置孔洞时要有密封措施，主要是为了防止粉尘从这些薄弱环节进入吊顶，形成隐患。有吊顶的危险品工作间，要求隔墙砌至屋面板（梁）底部，是防止事故从吊顶上蔓延到另一个工作间，产生新的事故。

8.7 嵌入式建筑物

8.7.1、8.7.2 嵌入式建筑物是指非危险性建筑物嵌在1.1级厂房防护土堤的外侧。这类建筑物，既要考虑1.1级厂房事故爆炸时空气冲击波对它的影响，也要考虑室内的防水、防潮问题。所以，对嵌入土中的墙和顶盖应采用钢筋混凝土。未覆土一面的墙，以往由于多采用砖砌结构，在爆炸事故中，破坏比较严重，有倒塌现象，所以，应根据1.1级厂房内计算药量，按抗爆设计确定采用钢筋混凝土或砖墙结构。当采用砖墙围护时，承重结构应采用钢筋混凝土。

8.7.3 本条是嵌入式建筑物的构造要求。

未覆土一面墙应尽量减少开窗面积，是防止在药量较大的情况下，土堤内爆炸所形成的空气冲击波经过土堤顶部绕流，有可能透过门窗洞口进入室内，从而对室内人员造成伤害。

8.7.4 采用塑性玻璃是为了减少玻璃片对人员的伤害。

8.8 通廊和隧道

8.8.1、8.8.2 室外通廊与厂房相比，属于次要建筑物。但由于通廊与生产厂房直接连接，为了防止火灾通过通廊蔓延，故对通廊建筑物结构的材料提出要求。考虑到施工、安装的方便、快速以及工厂现状，规定通廊的承重及围护结构的防火性能不应低于非燃烧体。

当采用封闭式通廊时，由于通廊一端的厂房一旦发生爆炸，进入通廊的冲击波如果没有足够的泄爆面积，通廊会形成冲击波的传播渠道以致危及通廊另一端厂房的安全。为此，要求其屋盖与墙应采用轻质易碎屋盖，以便泄压。

本次修订，增加了轻型泄压屋盖和墙体，同时，要求增设隔爆墙。事故证明：封闭式通廊虽然采用了轻质易碎和轻型泄压的屋盖和墙体，但还是起到了一定程度的传爆作用。将隔爆墙设在通廊穿土围处，隔爆墙上虽有洞口，但比通廊的断面大大减小，爆炸冲击波在隔爆墙处受阻，土围里面的通廊的屋盖和墙体破坏，起了一定的泄爆作用，部分爆炸冲击波继而通过洞口进入土围外通廊时，通廊的断面又扩大，爆炸冲击波又经过再一次扩大，压力衰减，起到了一定程度的消波作用。

8.8.3 本条是对穿过防护土堤的疏散隧道、运输隧道结构的具体规定。

8.9 危险品仓库的建筑构造

8.9.1 本条对安全出口的数量作了规定。确定足够的安全出口数量，对保证安全疏散将起到重要作用。

8.9.2 危险品总仓库的门宜用双层门，内层为格栅门。这样做的目的，首先是考虑库房的通风，其次是考虑管理上的方便。

8.9.3 危险品总仓库的窗要求配铁栏杆和金属网，并在勒脚处设置进风窗。加铁栏杆是考虑安全，加金属网是防止虫、鸟、鼠进入库内，设进风窗则可满足自然通风的需要。对于严寒地区，进风窗最好能启闭。

9 消防给水

9.0.1 民用爆破器材生产、使用、运输过程中极易发生燃烧、爆炸事故，无论在起火时或爆炸后引起火灾时，都需要有足够的水来进行扑救，以防小火烧成大火，燃烧导致爆炸。这里强调能供给足够消防用水的消防给水系统，是指不但要有足够水量的消防水源，还应有能够供给足够消防用水的管网和供水设备。

9.0.2 本规范针对民用爆破器材工程设计，规定了消防给水的一些特殊要求，而对工程设计的一般要求，如非危险性建筑物以及总体设计方面的消防给水水量、水力计算、耐火等级、生产危险性分类、泵房布置等，不可能详细阐述。因此在进行民用爆破器材工程设计时，还应遵守现行国家标准《建筑设计防火规范》GB 50016、《自动喷水灭火系统设计规范》GB 50084等的有关规定。

9.0.3 根据现行国家标准《建筑设计防火规范》GB 50016的要求，室外消防给水管网应采用环状管网。但是结合民用爆破器材工程领域的具体情况，有的厂房沿山沟设置，受地形限制，不易敷设成环状管网。为保证工厂消防给水不中断，提出在生产上无不间断供水要求，并在设有对置高位水池，可由两个相对方向向生产区供水的情况下，采用枝状管网。

9.0.4 本条规定了危险品生产区两种不同情况下的消防储备水量的计算方法。根据某些工厂发生火灾时，发现消防贮水池中的水因平时被动用而无水的情况，故在附注中注明：消防储备水量应采取平时不被动用的措施。

由于现行国家标准《建筑设计防火规范》GB 50016对甲、乙、丙类生产厂房的供水要求有所提高，即将火灾延续时间由2h改为3h。本规范从国家标准规范之间宜相协调的原则出发，同时考虑避免引起工程消防审查验收标准不一致的情况出现，故本规范采用3h。

9.0.5 为在发生事故时便于使用，减少对使用人员和设备的伤害，规定室外消火栓不得设在防护屏障围绕的范围内和防护屏障的开口处。应设在有防护屏障防护的范围内。

9.0.6 本条规定了室外消防用水量的下限不小于20L/s，是根据民用爆破器材工程领域的工房体积较小，并考虑到一辆消防车的供水能力等而确定的。对体积大的工房仍应按现行国家标准《建筑设计防火规范》GB 50016的规定计算确定，不受20L/s的限制。

9.0.7 消防雨淋系统任何时候都需要处于准工作状态，也就是平时一直都需要保持有足够的压力，一旦发生火情，就能立即喷水，扑灭火灾，因此消防给水管网宜为常高压给水系统。同时，室内、外消火栓也可以不需要使用消防车或消防水泵加压，直接由消火栓接出水带、水枪灭火。在有可能利用地势设置高位水池时，应尽可能这样做。

在地形不具备设置高位水池的条件时，消防给水的水量和压力需要由固定设置的消防水泵来加压供给，这是临时高压给水系统。这时，在消防加压设备启动供水前的头10min灭火用水，应当设置水塔或气压给水设备来保持。

9.0.8 本条为新增条文，主要针对民用爆破器材易燃烧、爆炸的特点，提出当采用临时高压给水系统时消防水泵的设置要求，目的是为了在起火时或爆炸后引起火灾时，能及时、有效地启动消防水泵，保证灭火不中断供水和所必需的水量。

9.0.9 本条提出在危险品生产厂房中应设置室内消火栓的要求和一些具体规定。考虑到消防水带有一定长度，并且必须伸展开，不能打褶，才能顺利通水，因此提出在室内开间较小的厂房可将室内消火栓安装在室外墙面上。使用时，在室外展开水带，通水后，通过门、窗向室内或拉进室内喷射。但在寒冷地区，有结冰可能时，应采取防冻措施。

9.0.10 本条中所列应设置消防雨淋系统的生产工序，仅为当前生产民用爆破器材的品种和工艺，将来有新的品种和工序增加时，应参照所列生产工序的燃烧、爆炸特性，设置自动喷水雨淋灭火系统。

随着工厂生产能力的增加，设置消防雨淋系统的生产工序的面积亦不断扩大，并且现行国家标准《自动喷水灭火系统设计规范》GB 50084 中自动喷水灭火系统的设计喷水强度也有所提高，为避免由于消防雨淋面积的大幅增加导致消防储水量的成倍增长，出现消防系统庞大、难于实现的情况，可由工艺设置消防雨淋系统的生产工序，根据炸药的燃烧特性及生产过程中炸药的存在位置，确定设置消防雨淋系统的具体位置，并在工艺图上明确表示。

9.0.11 本条规定了药量比较集中的设备内部、上方或周围应设雨淋喷头、闭式喷头或水幕管。

9.0.12 消防雨淋系统是扑救易燃、易爆危险物品火灾的有效手段，本条对设置雨淋系统的要求作了明确规定。

为了防止自控失灵，在设置感温或感光探测自动控制启动雨淋系统的设施时，还应设置手动控制启动雨淋系统的设施。

对于存药量很少，且有人在现场工作，工作人员操作手动开关更方便的场所，也可设只有手动控制的雨淋系统。

本条中对雨淋管网要求的压力和作用延续时间也作了规定，提出了最低压力的要求。必须指出，雨淋管网设计中，应通过计算确定厂房给水管道入口处所需的压力，如经计算所需压力低于0.2MPa时，应按0.2MPa设计；如经计算高于0.2MPa时，必须按计算值供给消防用水。

雨淋系统设置试验试水装置，是为了在不影响生产的情况下，能定期对雨淋系统进行试验和检测，以确保雨淋系统处于正常状态。

9.0.13 本条对工作间、生产工序间的门洞有可能导致火灾蔓延的场所提出了应设置阻火水幕，并强调了应与厂房中的雨淋系统同时动作。为了合理减少消防用水量，对设有同时动作的雨淋系统的相邻工作间，其中间的门窗、洞口可不设阻火水幕。

9.0.14 本条为新增条文，对危险品生产区的中转库、硝酸铵库的消防要求提出了明确的规定。

9.0.15 本条是针对民用爆破器材工程中危险品总仓库区的消防给水设计提出的要求。条文中的数据是参照现行国家标准《建筑设计防火规范》GB 50016 等有关资料而确定的。

库区水池的补水源，可为生产区接来的管道，或利用就近的天然水源（山溪、蓄水塘、蓄水库等）。在没有就近的、经济的水源可利用时，也可利用水槽车等运水供给。

当危险品总仓库区总库存量不超过100t时，其消防用水量可按15L/s计算（原规范为20L/s），并不应低于现行国家标准《建筑设计防火规范》GB 50016中甲类物品仓库的要求。此条为增加内容。

9.0.16 本条为新增条文，增加了民用爆破器材工程设计应按现行国家标准《建筑灭火器配置设计规范》GB 50140的有关规定配备灭火器的要求。

10 废水处理

10.0.1 本条是为满足环保要求而作出的规定。为了避免将不需处理的近似清洁生产废水混入，增加废水处理量，特别强调了排水应做到清污分流。

10.0.2、10.0.3 规定含有起爆药的废水，应采取有效的方法消除其爆炸危险性后才能排出，不允许不经处理直接排入下水道内，造成隐患。含有能相互发生化学反应而生成易爆物质的不同废水，也不应排入同一下水道，以防相互作用形成隐患，例如氮化钠废水和硝酸铅废水。

10.0.5 用水冲洗地面，用水量很大，带出的有害、有毒物质也多，为加强操作管理，及时清除洒落在地面上的药粒粉尘，改冲洗为拖布擦洗地面，水量减少很多，带出的有害、有毒物质也大为降低。因此尽量不用大量水冲洗地面，并规定在设计中应考虑设置有洗拖布的水池。

11 采暖、通风和空气调节

11.1 一般规定

11.1.1 本章根据民用爆破器材工程的特点规定了采暖通风与空气调节设计安全方面的特殊要求，并且还应符合现行国家标准《建筑设计防火规范》GB 50016和《采暖通风与空气调节设计规范》GB 50019等的规定。

11.1.2 同样是防爆设备，如防爆电动机，在不同的电气危险区域，其防护等级要求是不一致的，本条是为了使通风、空调设备的选用与电气对危险场所电气设备的安全要求保持一致而作出的规定。

11.1.3 本条为新增条文，增加了对危险性建筑物室内温、湿度的要求。在无特殊要求时，按国家相关的标准和规定执行。当产品技术条件有特殊要求时，以满足产品的技术条件为主。

11.2 采暖

11.2.1 火药、炸药对火焰的敏感度都比较高，如与明火接触便会剧烈燃烧或爆炸，因此，在危险性建筑物中严禁用明火采暖。

火药、炸药除了对火焰的敏感度较高以外，对温度的敏感度也较高，它与高温物体接触也能引起燃烧、爆炸事故。火药、炸药发生燃烧、爆炸危险的大小与接触物体表面温度的高低成正比。温度愈高，发生燃烧、爆炸危险的可能性愈大；温度愈低，发生燃烧、爆炸危险的可能性愈小。

火药、炸药的品种不同，对火焰、温度的敏感程度也不一样。即使是同一种火药、炸药，由于其状态和所处生产工段的不同，以及厂房中存药量多少的不同，发生燃烧、爆炸危险性的大小也不同。

根据上述情况，为确保安全，在本规范中对各生产厂房中各工段的采暖方式、热媒及其温度作了必要的规定。

11.2.2 本条是危险性建筑物采暖系统设计的有关规定。

1 在火药、炸药生产厂房内，生产过程中散发的燃烧、爆炸危险性粉尘会沉积在散热器的表面，因此需要将它经常擦洗干净，以免引起事故。采用光面管散热器或其他易于擦洗的散热器，是为了方便清扫和擦洗。凡是带肋片的散热器或柱型散热器，由于不便擦洗，不应采用。

2 在火药、炸药生产厂房中，为了易于发现散热器和采暖管道表面所积存的燃烧、爆炸危险性粉尘，以便及时擦洗，规定了散热器和采暖管道外表面涂漆的颜色应与燃烧、爆炸危险性粉尘的颜色相区别。

3 规定散热器外表面距墙内表面的距离不应小于60mm，距地面不宜小于100mm，散热器不应装在壁龛内，这些规定都是为了留出必要的操作空间，以便能将散热器和采暖管道上积存的燃烧、爆炸危险性粉尘擦洗干净。

4 抗爆间室的轻型面是用轻质材料做成的，它是作为泄压用的。不应将散热器安装在轻型面上，是为了当发生爆炸事故时，避免散热器被气浪掀出，防止事故扩大。

采暖干管不应穿过抗爆间室的墙，是避免当抗爆间室炸毁时，采暖干管受到破坏而可能引起的传爆。

把散热器支管上的阀门装在操作走廊内，是考虑当抗爆间室内发生爆炸，散热器及其管道受到破坏时，能及时将阀门关闭。

5 散发火药、炸药粉尘的厂房内，由于冲洗地面，燃烧、爆炸危险性粉尘会被冲入地沟内，时间长了，这些危险性粉尘就会在地沟内积存起来，形成隐患，所以采暖管道不应设在地沟内。

6 蒸气、高温水管道的入口装置和换热装置所使用的热媒压力和温度都比较高，超过了第11.2.1条关于危险品厂房采暖热媒及其参数的规定，为避免发生事故，规定了蒸气管道、高温水管道的入口装置及换热装置不应设在危险工作间内。

11.2.3 此条是新增条款,考虑到有的生产厂仅一或两个工房用汽或热水,且用量较少,而生产区又无热源,电热锅炉又较方便,故从经济和安全的角度出发作出本条规定。

11.3 通风和空气调节

11.3.1 在危险性生产厂房中有一些生产设备或操作岗位散发有大量的火药、炸药粉尘或气体,如不及时处理,不仅危害操作人员的身体健康,更重要的是增加了发生事故的可能性。为了避免或减少事故的发生,规定了在这些设备或操作岗位处,必须设计局部排风。

11.3.2 本条是机械排风系统设计时的一些具体规定,设计中应遵守。

1 确定合适的排风口位置和风速是为了提高排风效果,以有效地排除危险性粉尘。

2 含火药、炸药粉尘的空气,如果没有经过净化处理而直接排至室外,火药、炸药粉尘将会沉降下来,日积月累,在工房的屋面及周围地面上会形成火药、炸药药层,一旦发生事故,将会造成严重的后果。因此规定了含有火药、炸药粉尘的空气必须经过净化装置处理才允许排至大气。

3 考虑到以往的爆炸事故,对于含有火药、炸药粉尘的排风系统,推荐采用湿式除尘器除尘。目前常用的湿式除尘器为水浴除尘器,因为水浴除尘器使药粉处于水中,不易发生爆炸。同时将除尘器置于排风机的负压段上,其目的是为使粉尘经过净化后,再进入排风机,减少事故的发生。

4 如果水平风管内的风速过低,火药、炸药粉尘就会沉积在管壁上,一旦发生事故时,它就向导火索、导爆索一样起着传火导爆的作用。

5 总结事故的经验和教训,提出了排风系统的布置要符合"小、专、短"的原则。

排除含有燃烧、爆炸危险性粉尘的局部排风系统,应按每个危险品生产间分别设置。主要是考虑到生产的安全和减少事故的蔓延扩大,把危害程度减少到最低限度。

排风管道不宜穿过与本排风系统无关的房间,是为了避免发生事故时,火焰及冲击波通过风管而扩大到无关的房间。

排气系统主要是指排除沥青、蜡蒸气的系统,如果排气系统与排尘系统合为一个系统,会使炸药粉尘和沥青、蜡蒸气一起凝固在风管内壁,不易清除,增加了发生事故的可能性。

对于易发生事故的生产设备,局部排风应按每台生产设备单独设置,主要是考虑风管的传爆而引起事故的扩大。如粉状铵梯炸药混药厂房内的每台轮碾机应单独设置排风系统。

6 排风管道不宜设在地沟或吊顶内,也不应利用建筑物构件作排风道,主要是从安全角度出发,减少事故的危害程度。

7 设置风管清扫孔及冲洗接管等也是从安全角度出发,及时将留在风管内的火药、炸药粉尘清理干净。

11.3.3 凡散发燃烧、爆炸危险性粉尘和气体的厂房,原则上规定了这类厂房的通风和空气调节系统只能用直流式,不允许回风。若将其含有火药、炸药粉尘的空气循环使用,会使粉尘浓度逐渐增高,当遇到火花时就会发生燃烧、爆炸,因此,空气不应再循环。

在送风机和空气调节机的出口处安装止回阀是防止当风机停止运转时,含有火药、炸药粉尘的空气会倒流入通风机或空气调节机内。

11.3.4 考虑到生产厂房各工段(工作间)散发的燃烧、爆炸危险性粉尘的量是不同的,有的工段(工作间)散发的量多,有的工段(工作间)散发的量少,有的工段(工作间)只散发微量粉尘。根据不同情况区别对待的原则,规定了雷管装配、包装厂房可以回风;雷管装药、压药厂房在采用喷水式空气处理装置的条件下,可以回风。

黑火药的摩擦感度和火焰感度都比较高。特别是含有黑火药粉尘的空气在风管内流动时,会产生电压很高的静电火花,引起事故。为安全起见,规定了黑火药生产厂房内不应设计机械通风。

11.3.5 通风设备的选型主要是考虑安全。

1 因进风系统的风机是布置在单独隔开的送风机室内,由于所输送的空气比较清洁,送风机室内的空气质量也比较好,所以规定了当通风系统的风管上设有止回阀时,通风机可采用非防爆型。

2 排除含有火药、炸药粉尘或气体的排风系统,由于系统内、外的空气中均含有火药、炸药粉尘或气体,遇火花即可能引起燃烧或爆炸,为此,规定了其排风机及电机均为防爆型。通风机和电机应为直联,因为采用三角胶带或联轴器传动会由于摩擦产生静电而易发生爆炸事故。

3 经过净化处理后的空气中,仍会含有少量的火药、炸药粉尘,所以置于湿式除尘器后的排风机应采用防爆型。

4 散发燃烧、爆炸危险性粉尘的厂房,其通风、空气调节风管上的调节阀应采用防爆阀门,是因为防爆阀门在调节风量、转动阀板时不会产生火花。

11.3.6 危险性建筑物均应设置单独的通风机室及空气调节机室,且不应有门、窗和危险工作间相通,而应设置单独的外门。其目的是为了当危险性建筑物发生事故时,通风机室和空气调节机室内的人员和设备免遭伤害和损坏。

11.3.7 抗爆间室发生的爆燃事故比较多,发生事故时,风管将成为传爆管道。为了避免一个抗爆间室发生爆炸时波及到另一个抗爆间室或操作走廊而引起连锁爆炸,因此规定了抗爆间室之间或抗爆间室与操作走廊之间不允许有风管、风口相连通。

11.3.8 采用圆形风管主要是为了减少火药、炸药粉尘在其外表面的聚集,且便于清洗。规定风管架空敷设的目的,是为了防止一旦风管爆炸时减少对建筑物的危害程度,并便于检修。

风管涂漆颜色应与燃烧、爆炸危险性粉尘的颜色易于分辨,其目的是在火药、炸药生产厂房中,易于发现风管外表面所积存的燃烧、爆炸危险性粉尘,便于及时擦洗。

11.3.9 本条是新增条款。通风、空调系统的风管是火灾蔓延的通道。为了避免火灾通过通风、空调系统的风管进一步扩大,规定了风管及风管和设备的保温材料应采用非燃烧材料制作。

12 电 气

12.1 电气危险场所分类

12.1.1 为防止由于电气设备和电气线路在运行中产生电火花及高温引起燃烧爆炸事故,根据民用爆破器材工厂生产状况及贮存情况,发生事故几率和事故后造成的破坏程度以及工厂多年运行的经验,将电气危险场所划分为三类。电气危险场所划分是根据危险品与电气设备有关的因素确定的:

1 危险品电火花感度及热感度。

危险场所中电气设备可能产生电火花及表面发热产生高温均是引燃引爆火药、炸药的主要因素,不同的产品对电火花感度及热感度是不一样的,因此分类时应考虑危险品电火花和热感度性能的因素,如黑火药的电火花感度高,危险场所分类就划分的较高。

2 粉尘的浓度与积聚程度。

火药、炸药是以粉尘扩散到空气中,有可能积聚在电气设备上或进入电气设备内部,从而接触到火源,所以危险品粉尘浓度和积聚程度和电气危险场所的分类关系最密切,粉尘浓度大、积聚程度严重,与电气设备点火源接触机会多,发生事故的可能性就大,因此必须考虑。

3 危险品的存量。

工作间(或建筑物)存药量大,一旦发生事故后果严重,所以危险品库房划分的类别较生产厂房高。

4 危险品的干湿度。

火药、炸药的干湿度不同,其危险性是不同的,如火药、炸药及起爆药生产过程中,处在水中或酸中时比较安全,电气设备和电气线路引起爆燃事故的可能性较小,安全措施可降低些。

根据电气危险场所分类划分原则,在表12.1.1-1及表12.1.1-2中将常用危险品工作间及总仓库列出。

但划分危险场所的因素很多,如生产过程中火药、炸药的散露程度、存药量、空气中散发的粉尘浓度及电气设备表面粉尘的积聚程度、干湿程度、空气流通程度等都与生产管理有着密切关系,在设计时应根据生产情况采取合理的安全措施。

电气危险场所的分类与建筑物危险等级不同,前者以工作间为单位,后者以整个建筑物为单位。

12.1.2 考虑防止火药、炸药物质(含粉尘)进入正常介质的工作间,特别是配电室、电源室等工作间安装的电气设备及元器件均为非防爆产品,操作时易产生火花,所以配电室等工作间不应采用本条的规定。

12.1.3 此条是借鉴了乌克兰有关规范的规定。

12.1.6 危险场所既有火药、炸药,又有易燃液体及爆炸性气体时,为了保证安全,应根据本规范和现行国家标准《爆炸和火灾危险环境电力装置设计规范》GB 50058中安全措施较高者设防。

12.1.7 运输危险品的通廊存在危险性,应根据其构造形式采取相应的安全措施。

12.2 电气设备

12.2.1 近年来我国防爆电气设备品种有所增加,但目前生产的防爆电气设备没有完全适合火药、炸药危险场所使用的产品。火药、炸药危险场所设计时,电气设备及线路尽量布置在爆炸危险场所以外或危险性较小的场所,目的是为了安全。

本条第7、8款,火药、炸药危险场所电气设备的最高表面温度确定,是借鉴了现行国家标准《可燃性粉尘环境用电气设备 第1部分:用外壳和限制表面温度保护的电气设备 第1节:电气设备的技术要求》GB 12476.1、《可燃性粉尘环境用电气设备 第1部分:用外壳和限制表面温度保护的电气设备 第2节:电气设备的选择、安装和维护》GB 12476.2和《爆炸性气体环境用电气设备第1部分:通用要求》GB 3836.1确定的。

本条第9款电气设备的安装位置除考虑电气危险场所外,还应考虑防腐、海拔高度等环境因素。

12.2.2 F0类危险场所,由于生产时工作间粉尘比较多,且电火花感度高或存药量大,危险性高,发生事故后果严重,必须采取最安全的措施。工艺要求在该场所必须安装检测仪表(黑火药电火花感度比较高,因此除外)时,其外壳防护等级应能完全阻止火药、炸药粉尘进入仪表内。该内容是借鉴了瑞典国家电气检验局的规定。

由于火药、炸药危险场所专用的防爆电气设备没有解决,因此电动机采用隔墙传动,照明采用可燃性粉尘环境用防爆灯具(IP65)安装在固定窗外,这些措施是防止由于电气设备产生火花及高温引起事故。

12.2.3 根据火药、炸药生产过程及产品的特点,F1类危险场所中,粉尘较多的工作间电气设备采用尘密外壳防爆产品比较合适。目前我国已有等同于国际电工委员会标准生产的可燃性粉尘环境用电气设备可以选用。Ⅱ类B级隔爆型防爆电气设备，已使用几十年而未发生过事故，实践证明是可以采用的。

12.2.4 目前我国已有等同于国际电工委员会标准的现行国家标准《可燃性粉尘环境用电气设备 第1部分：用外壳和限制表面温度保护的电气设备 第1节：电气设备的技术要求》GB 12476.1 的 DIP A22 或 DIP B22（IP54）电气设备（含电动机）适用于F2类危险场所选用。

12.3 室内电气线路

12.3.1 第2款增加了插座回路上应设置动作电流不大于30mA、能瞬时切断电路的剩余电路保护器，是为了避免操作者受到电击，保护人身安全。

12.3.2 危险场所尽量不采用电缆敷设在电缆沟内，因为火药、炸药危险场所经常用水冲洗地面，电缆沟内容易沉积危险物质，又不易清除，容易造成安全隐患。

12.3.4 F0类危险场所除增加敷设控制按钮及检测仪表线路外，不允许安装电气设备，无需敷设电气线路。

12.3.5 第2款鼠笼型感应电动机有一定的过载能力，因此电动机配电线路导线长期允许的载流量应为电动机额定电流的1.25倍。

第4款主要考虑移动电缆应满足的机械强度，故规定需选用不小于2.5mm²的铜芯重型橡套电缆。

12.4 照 明

12.4.2 为保证在停电事故情况下，危险场所的操作人员能迅速安全疏散，因此危险场所应设置应急照明。当应急照明作为正常照明的一部分同时使用时，两者的电源、线路及控制开关应分开设置；应急照明灯具自带蓄电池时，照明控制开关及其线路可共用。

12.5 10kV及以下变（配）电所和配电室

12.5.1 民用爆破器材工厂生产时，因突然停电一般不会引起事故，故规定供电负荷为三级。随着科学技术发展，民爆器材生产工艺采用了自动控制的连续化生产线，如果该类生产线因突然停电影响产品质量，造成一定的经济损失时，供电负荷可高于三级。按照现行国家有关规范规定，消防及安防系统应设应急电源，应急电源的类型可按现行国家标准《供配电系统设计规范》GB 50052 和工厂的具体情况确定。

12.5.4 民用爆破器材工厂的1.1（1.1*）级建筑物存药量大，万一发生事故影响供电范围大，故车间变电所不应附建于1.1（1.1*）级建筑物。当附建于1.2级、1.4级建筑物时，采取本规范所列的措施后，可以满足安全供电。

12.5.5 附建于各类危险性建筑物内的配电室等，均安装非防爆电气设备（含非防爆电气设备、电子元器件），因此，必须采取措施防止危险物质及粉尘进入配电室与易产生火花和高温的电气设备接触。

12.6 室外电气线路

12.6.1 为了防止雷击电气线路时，高电位侵入危险性建筑物内，引起爆炸事故，低压供电线路宜采用从配电端到受电端埋地引入，不得将架空线路直接引入建筑物内。全线埋地有困难时，允许架空线路换接一段金属铠装电缆或护套电缆穿钢管埋地引入。应特别强调，在架空线与电缆换接处和进建筑物时，必须采取本条规定的安全措施，这样电缆进户端的高电位就可以降低很多，起到了保护作用。

12.6.2 我国目前黑火药生产工艺一般采用干法生产，生产过程中粉尘很多，且电火花感度高，为避免由于电气线路引入高电位引燃爆事故，所以要求低压供电线路全长采用铠装电缆埋地引入。

12.6.6 无线电通信系统是以电磁波方式传播，在一定情况下，这种电磁波产生的磁场电能，能引起危险品（如工业电雷管）爆炸，为防止引发事故，制定本条。

12.7 防雷和接地

12.7.1 各类危险性建筑物的防雷类别见表12.1.1-1和表12.1.1-2，防雷实施的设计应按现行国家标准《建筑物防雷设计规范》GB 50057 的规定进行。

12.7.2、12.7.3 危险性建筑物的低压供电系统采用TN-S接地形式比较安全。因为该系统中PE线不通过工作电流，不产生电位差。等电位联结能使电气装置内的电位差减少或消除，在爆炸和火灾危险场所电气装置中可有效地避免电火花发生。总等电位联结可消除TN-C-S系统电源线路中PEN线电压降在建筑物内引起的电位差，因此，各类危险性建筑物内实施等电位联结后，可采用TN-C-S接地形式，但PE线和N线必须在总配电箱开始分开后严禁再混接。

12.7.6 安装过电压保护器，是为了钳制过电压，使过电压限制在设备所能耐受的数值内，因而能保护设备，避免雷电损坏设备。

12.8 防 静 电

12.8.2 一般危险场所防静电接地、防雷（一类防雷建筑物的防直击雷除外）、防止高电位引入、工作地、电气装置内不带电金属部分接地等共用同一接地装置，接地装置的电阻值应取其中最小值。

12.8.4 危险场所中防静电地面、工作台面泄漏电阻，应根据危险场所危险品类别确定，因为危险品不同，其防静电地面泄漏电阻值也不同。

12.8.6 危险场所中湿度对静电影响很大。美国《兵工安全规范》DAR COM-R385-100 中规定危险场所内相对湿度大于 65%，在澳大利亚《The control of undesitable static electricity》AS 1020-1984 中规定，起爆药感度高的危险环境相对湿度不低于 70%，对不敏感环境相对湿度要求在 50% 及以上，本规范参考了上述标准，作适当的调整后确定为一般危险场所相对湿度控制在 60% 以上，黑火药静电感度高，相对湿度要求高些。

13 危险品性能试验场和销毁场

13.1 危险品性能试验场

13.1.1 危险品性能试验场的选址原则。危险品性能试验场是工厂经常做产品性能试验的地方，因此宜布置在相对独立偏僻的地带，如厂区后面丘陵洼谷中，以利于安全。

13.1.2 危险品性能试验场的外部距离规定。危险品性能试验一次爆炸最大药量一般不超过2kg，但震源药柱性能试验由于用户的不同要求，一次爆炸的药量有12kg、20kg等，对此情况，本条进行了原则规定，应布置在厂区以外符合安全要求的偏僻地带。

13.1.3 为了节省土地，便于保卫管理及使用方便，对危险品性能试验，国内已有部分工厂采用封闭式爆炸试验塔（罐）来做殉爆等性能试验。当采用封闭式爆炸试验塔（罐）时，其可布置在厂区内有利于安全的边缘地带。本条规定了其要求的内部距离。

13.1.5 当受条件限制时，可以将危险品性能试验与销毁场设置在同一场地内，两个作业地点之间需设置不应低于 3m 高度的防护屏障。重要的一点是，为了安全，这两个作业地点不能同时使用。

13.1.6 危险品性能试验场、封闭式爆炸试验塔（罐），由于试验时噪声较大，故工程建设和使用时应考虑噪声对周围的影响，且应满足国家现行有关标准的规定。

13.2 危险品销毁场

13.2.1 销毁场是工厂不定期销毁危险品的地方，为了不影响工厂安全，故规定销毁场应布置在厂区以外有利于安全的偏僻地带。

13.2.2 为了有利于安全，当用爆炸法销毁炸药时，最好是在有自然屏障遮挡处进行，当无自然屏障可利用时，宜在爆炸点周围设置防护屏障。一次最大销毁量不应超过2kg，是指每次一炮的最大药量。

13.2.3 为防止在销毁作业中发生意外爆炸事故对周围的影响，特规定销毁场边缘与周围建筑物、公路、铁路等应保持一定的距离。

13.2.4 根据生产实践，销毁场一般无人值班，故本条规定销毁场不应设待销毁的危险品贮存库。但由于供销毁时使用的点火件或起爆件放在露天不利于安全，所以允许设置销毁时使用的点火件或起爆件掩体。考虑到销毁人员的安全，规定设人身掩体，掩体应具有一定的防护强度，如采用钢筋混凝土结构等。

13.2.5 根据以往的事故教训，销毁场宜设围墙，以防无关人员进入，造成意外事故。

13.2.6 为了节省土地，节约资金，便于管理及使用方便，可以采用销毁塔来炸毁处理火工品及其药剂，该销毁塔可以布置在厂区内有利于安全的边缘地带。根据试验数据，确定不同销毁药量的销毁塔采用不同的最小允许距离，以利安全。

14 混装炸药车地面辅助设施

14.1 固定式辅助设施

本节规定了现场混装炸药车固定式地面辅助设施的具体要求。明确地面辅助设施内附建有起爆器材或炸药仓库时，应执行本规范的有关规定。实践中，不少固定式地面辅助设施不附建有起爆器材和炸药仓库，而仅有原材料贮存及氧化剂溶液、油相、乳化液（乳胶基质）等制备工作，对这样的固定式地面辅助设施，本规范规定执行现行国家标准《建筑设计防火规范》GB 50016 即可，这样规定与国外规定一致。但应注意，这里的乳化液（乳胶基质）不应有雷管感度。

条文中提出的联建原则为指导性要求，条件许可时，还是单建为宜。硝酸铵溶解、油相配置危险性不大，如单独设置厂房，则可不列入危险等级。

危险品发放间的设立是为避免在库房内开箱作业，以保证安全。

14.2 移动式辅助设施

此节为修订新增的内容，规定了移动式辅助设施的具体要求。明确移动式辅助设施应根据使用功能进行分设，且不应附建有起爆器材和炸药仓库；移动式辅助设施的内、外部距离执行现行国家标准《建筑设计防火规范》GB 50016 规定的防火间距；消防、电气、防雷执行国家现行有关标准的规定。

但应注意，这里的乳化液（乳胶基质）不应有雷管感度。

15 自 动 控 制

15.1 一 般 规 定

15.1.1、15.1.2 自动控制设计中，所选用的仪表和控制装置一般属于电气设备，因此，危险场所自动控制装置设计时，除符合本专业技术规定外，对自控专业未作规定的内容，应符合本规范第12章电气专业的有关规定。同时还应符合现行国家标准《自动化仪表工程施工及验收规范》GB 50093 第9部分"电气防爆和接地"和《爆炸和火灾危险环境电力装置设计规范》GB 50058 中的有关规定。

15.2 检测、控制和联锁装置

15.2.5 为防止自动控制系统突然停气而引发事故，必须设置预先报警信号，可避免事故发生。

15.2.6 本条是自动控制系统安全设计的基本要求，规定在确定调节系统中对执行机构和调节器的选型应满足本条的要求。例如，有一用于物料烘干的温度调节系统，加热介质为蒸汽或热风，即调节系统通过改变蒸汽或热风量来保证物料烘干温度在规定范围内。对于这样的温度调节系统，其调节器应选用"反作用"形式的，调节阀的执行机构应选"气（电）开"式的，当突然停气或停电时阀门关闭，即切断蒸汽或热风，保证温度不升高，不会发生危险事故。

15.3 仪表设备及线路

15.3.1 自动控制系统的设备大多为电气设备，因此，其选型应按本规范第12.2节的规定确定。

15.3.2 本条强调了用在危险场所中仪器仪表的质量要求，目的是为了安全。

15.3.3 防止误操作的安全措施。

15.3.4 F1类、F2类危险场所不允许安装非防爆仪表箱、控制箱（柜）等，因此，原规范规定采用正压型控制箱（柜），但实施比较困难。随着技术的进步，我国已能生产可燃性粉尘环境用电气设备（IP65级）。应该说明的是，F1类、F2类危险场所用电设备专用的控制箱（柜）属非标准设备，其控制原理图、箱体布置图、防爆等级等应由设计单位向制造厂家提出要求。

15.3.5 从控制室到现场仪表的信号线，具有一定的分布电容和电感，储有一定的能量。对于本质安全线路，为了限制它们的储能，确保整个回路的安全火花性能，因而本质安全型仪表制造厂对信号线的分布电容和分布电感有一定的限制，一般在其仪表使用说明书中提出它们的最大允许值。因此在进行工程设计时，为使线路的分布电容和分布电感不超过仪表使用说明书中规定的数值，应从本质安全线路的敷设长度上来满足其规定。

15.3.6 为防止高电位引入危险场所而作的规定。

15.4 控 制 室

15.4.1 为1.1（1.1*）级生产工房设置有人值班的控制室，原规范中规定宜嵌入防护屏障外侧，修订后变为1.1（1.1*）级工房服务的控制室应嵌入防护屏障外侧或选择在符合规范规定的安全距离的地方建造，目的是为了人员安全。

15.4.2 1.2级生产工房设置的控制室，均安装非防爆电气设备仪器及仪表，为防止危险物质进入控制室引起燃爆事故，因此，要求控制室采用密实墙与危险场所隔开，门应通向安全场所。

15.4.4 控制室一般安装有电子仪器、仪表、工控机及计算机等设备，为保证电子仪器设备正常运行，控制室应布置在无振动源和电磁干扰的环境。

15.6 火灾报警系统

15.6.1、15.6.2 民用爆破器材属于易燃易爆物品，一旦发生燃烧或由此引发爆炸事故造成的后果是很严重的。为了及时监测和发现火情，以便及时采取措施防止酿成重大损失，要求在危险场所设置火灾报警信号。有条件的时候，最好设置火灾自动报警系统。安装在危险场所的火灾检测设备及线路要求应符合本规范第12章的有关规定；对于系统的控制则可按现行国家标准《火灾自动报警系统设计规范》GB 50116 的有关规定进行设计。

15.7 工业电雷管射频辐射安全防护

随着电子科学技术的发展，无线电业务日益扩展，发射功率不断增大，电磁环境（存在的所有电磁现象的总和）日趋恶化。工业电雷管在电磁环境中为敏感器材，民爆行业电雷管生产或流通企业对此非常关注。为此，本次规范修订特委托兵器工业第二一三研究所进行了"工业电雷管射频感度试验"。试验结果证明，工业电雷管在电磁环境中摄取足够射频能量会发火引爆。在试验数据的基础上，参考了美国商用电雷管有关安全的规定，以及现行国家标准《爆破安全规程》GB 6722—2003 和《中华人民共和国无线电频率划分规定》、《国家电磁兼容标准指南》等资料编制了本节内容。

15.7.1 为了防止工业电雷管生产、贮存过程中因电磁辐射（任何源的能量流以无线电波的形式向外发出）造成危险，应根据生产和贮存建筑物周围射频源（存源向外发出电磁能的装置）的频率范围及发射天线功率确定最小允许距离。

15.7.2 据美国有关资料介绍，工业电雷管在中频（0.535~1.60MHz）频段是比较危险的。这是因为有大的功率，且同时有很低的频率，使得射频能量衰减比较小。

15.7.3、15.7.5 据美国有关资料介绍，调频FM和TV发射机虽然其功率很大，且天线是水平极化，但产生危险性的可能性比较小，因为在工业电雷管中高频电流会迅速衰减。

15.7.4 本条包括的范围比较广，如无线电信号、远程目标或设备控制的固定站（在特定固定点间使用的无线电通信站）、地面站（运动状态下移动设备不能使用的站)、基站(用于陆地移动业务或陆地电台)、无线电定位(不在移动时使用)的电台、无线对讲(运动时使用的通信设备)等。

15.7.6 当受条件限制,工业电雷管生产、贮存建筑物不能满足相关表中规定的最小允许距离时,应采用无源电磁屏蔽防护,并请有资质的单位按照国家有关标准检测确认。民用爆破器材生产企业内运输,应采用金属或与金属同等效果的材料进行防护。

中华人民共和国国家标准

汽车加油加气站设计与施工规范

Code for design and construction of filling station

GB 50156—2012

主编部门：中 国 石 油 化 工 集 团 公 司
批准部门：中华人民共和国住房和城乡建设部
施行日期：２０１３年３月１日

中华人民共和国住房和城乡建设部
公　告

第 1435 号

关于发布国家标准《汽车加油加气站设计与施工规范》的公告

现批准《汽车加油加气站设计与施工规范》为国家标准，编号为 GB 50156—2012，自 2013 年 3 月 1 日起实施。其中，第 4.0.4、4.0.5、4.0.6、4.0.7、4.0.8、4.0.9、5.0.5、5.0.10、5.0.11、5.0.13、6.1.1、6.2.1、6.3.1、6.3.13、7.1.2（1）、7.1.3（1）、7.1.4（1）、7.1.5、7.2.4、7.3.1、7.3.5、7.4.11、7.5.1、8.1.21（1）、8.2.2、8.3.1、9.1.7、9.3.1、10.1.1、10.2.1、11.1.6、11.2.1、11.2.4、11.4.1、11.4.2、11.5.1、12.2.5、13.7.5 条（款）为强制性条文，必须严格执行。原国家标准《汽车加油加气站设计与施工规范》GB 50156—2002（2006 年版）同时废止。

本规范由我部标准定额研究所组织中国计划出版社出版发行。

中华人民共和国住房和城乡建设部
二〇一二年六月二十八日

前　言

本规范是根据住房和城乡建设部《关于印发〈2009 年工程建设标准规范制订、修订计划〉的通知》（建标〔2009〕88 号）的要求，由中国石化工程建设有限公司会同有关单位在对原国家标准《汽车加油加气站设计与施工规范》GB 50156—2002（2006 年版）进行修订的基础上编制完成的。

本规范在修订过程中，修订组进行了比较广泛的调查研究，组织了多次国内、国外考察，总结了我国汽车加油加气站多年的设计、施工、建设、运营和管理等实践经验，借鉴了国内已有的行业标准和国外发达国家的相关标准，广泛征求了有关设计、施工、科研和管理等方面的意见，对其中主要问题进行了多次讨论和协调，最后经审查定稿。

本规范共分 13 章和 3 个附录，主要内容包括：总则，术语、符号和缩略语，基本规定，站址选择，站内平面布置，加油工艺及设施，LPG 加气工艺及设施，CNG 加气工艺及设施，LNG 和 L-CNG 加气工艺及设施，消防设施及给排水，电气、报警和紧急切断系统，采暖通风、建（构）筑物、绿化和工程施工等。

与原国家标准《汽车加油加气站设计与施工规范》GB 50156—2002（2006 年版）相比，本规范主要有下列变化：

1. 增加了 LNG（液化天然气）加气站内容。
2. 增加了自助加油站（区）内容。
3. 增加了电动汽车充电设施内容。
4. 加强了加油站安全和环保措施。
5. 细化了压缩天然气加气母站和子站的内容。
6. 采用了一些新工艺、新技术和新设备。
7. 调整了民用建筑物保护类别划分标准。

本规范中以黑体字标志的条文为强制性条文，必须严格执行。

本规范由住房和城乡建设部负责管理和对强制性条文的解释，由中国石油化工集团公司负责日常管理，由中国石化工程建设有限公司负责具体技术内容的解释。请各单位在本规范实施过程中，结合工程实践，认真总结经验，注意积累资料，随时将意见和有关资料反馈给中国石化工程建设有限公司（地址：北京市朝阳区安慧北里安园 21 号；邮政编码：100101），以供今后修订时参考。

本规范主编单位、参编单位、参加单位、主要起草人和主要审查人：

主编单位：中国石化工程建设有限公司
参编单位：中国市政工程华北设计研究院
中国石油集团工程设计有限责任公司西南分公司
中国人民解放军总后勤部建筑设计研究院

中国石油天然气股份有限公司规划总院
中国石化集团第四建设公司
中国石化销售有限公司
中国石油天然气股份有限公司销售分公司
陕西省燃气设计院
四川川油天然气科技发展有限公司

参 加 单 位：中海石油气电集团有限责任公司

主要起草人：韩　钧　吴洪松　章申远　许文忠
　　　　　　　葛春玉　程晓春　杨新和　王铭坤

主要审查人：
王长江　郭宗华　陈立峰　杨楚生
计鸿谨　吴文革　张建民　朱晓明
邓　渊　康　智　尹　强　郭庆功
钟道迪　高永和　崔有泉　符一平
蒋荣华　曹宏章　陈运强　何　珺
倪照鹏　何龙辉　周家样　张晓鹏
朱　红　伍　林　赵新文　杨　庆
王丹晖　罗艾民　谢　伟　朱　磊
陈云玉　李　钢　宋玉银　周红儿
唐　洁　孙秀明　邱　明　杨　炯

目 次

1 总则 ·· 7—14—7
2 术语、符号和缩略语 ························· 7—14—7
　2.1 术语 ·· 7—14—7
　2.2 符号 ·· 7—14—8
　2.3 缩略语 ··· 7—14—8
3 基本规定 ··· 7—14—8
4 站址选择 ··· 7—14—9
5 站内平面布置 ································· 7—14—12
6 加油工艺及设施 ······························· 7—14—14
　6.1 油罐 ··· 7—14—14
　6.2 加油机 ·· 7—14—15
　6.3 工艺管道系统 ······························ 7—14—15
　6.4 橇装式加油装置 ··························· 7—14—16
　6.5 防渗措施 ···································· 7—14—16
　6.6 自助加油站（区） ························ 7—14—16
7 LPG 加气工艺及设施 ························· 7—14—16
　7.1 LPG 储罐 ···································· 7—14—16
　7.2 泵和压缩机 ································· 7—14—17
　7.3 LPG 加气机 ································· 7—14—17
　7.4 LPG 管道系统 ······························ 7—14—17
　7.5 槽车卸车点 ································· 7—14—18
8 CNG 加气工艺及设施 ························· 7—14—18
　8.1 CNG 常规加气站和加气母站工艺
　　　设施 ··· 7—14—18
　8.2 CNG 加气子站工艺设施 ················· 7—14—18
　8.3 CNG 工艺设施的安全保护 ············· 7—14—18
　8.4 CNG 管道及其组成件 ··················· 7—14—19
9 LNG 和 L-CNG 加气工艺及
　　设施 ·· 7—14—19
　9.1 LNG 储罐、泵和气化器 ················· 7—14—19
　9.2 LNG 卸车 ···································· 7—14—20
　9.3 LNG 加气区 ································· 7—14—20
　9.4 LNG 管道系统 ······························ 7—14—20
10 消防设施及给排水 ·························· 7—14—20
　10.1 灭火器材配置 ···························· 7—14—20
　10.2 消防给水 ·································· 7—14—21
　10.3 给排水系统 ······························· 7—14—21
11 电气、报警和紧急切断
　　系统 ·· 7—14—21
　11.1 供配电 ····································· 7—14—21
　11.2 防雷、防静电 ···························· 7—14—21
　11.3 充电设施 ·································· 7—14—22
　11.4 报警系统 ·································· 7—14—22
　11.5 紧急切断系统 ···························· 7—14—22
12 采暖通风、建（构）筑物、
　　绿化 ·· 7—14—22
　12.1 采暖通风 ·································· 7—14—22
　12.2 建（构）筑物 ···························· 7—14—22
　12.3 绿化 ·· 7—14—23
13 工程施工 ······································ 7—14—23
　13.1 一般规定 ·································· 7—14—23
　13.2 材料和设备检验 ························· 7—14—23
　13.3 土建工程 ·································· 7—14—24
　13.4 设备安装工程 ···························· 7—14—25
　13.5 管道工程 ·································· 7—14—25
　13.6 电气仪表安装工程 ······················ 7—14—26
　13.7 防腐绝热工程 ···························· 7—14—27
　13.8 交工文件 ·································· 7—14—27
附录 A 计算间距的起止点 ···················· 7—14—27
附录 B 民用建筑物保护类别
　　　　划分 ······································· 7—14—28
附录 C 加油加气站内爆炸危险区域
　　　　的等级和范围划分 ···················· 7—14—28
本规范用词说明 ···································· 7—14—31
引用标准名录 ······································· 7—14—31
附：条文说明 ······································· 7—14—33

Contents

1 General provisions ·················· 7—14—7
2 Terms, sign and eclipsis ············ 7—14—7
   2.1 Terms ························· 7—14—7
   2.2 Sign ·························· 7—14—8
   2.3 Eclipsis ······················· 7—14—8
3 Basic requirement ················· 7—14—8
4 Site choice of station ··············· 7—14—9
5 Layout of station ·················· 7—14—12
6 Fuel filling process and
   facilities ························ 7—14—14
   6.1 Oil tank ······················· 7—14—14
   6.2 Oil dispenser ·················· 7—14—15
   6.3 Pipeline system ················ 7—14—15
   6.4 Portable fuel device ············ 7—14—16
   6.5 Seepage prevention measures ···· 7—14—16
   6.6 Self-service fuel filling station
      (area) ························ 7—14—16
7 LPG filling process and
   facilities ························ 7—14—16
   7.1 LPG tank ····················· 7—14—16
   7.2 Pump and compressor ·········· 7—14—17
   7.3 LPG dispenser ················· 7—14—17
   7.4 LPG pipeline system ············ 7—14—17
   7.5 Unloading point of tank car ······ 7—14—18
8 CNG filling process and
   facilities ························ 7—14—18
   8.1 Process facilities of conventional
      CNG filling station and primary
      CNG filling station ·············· 7—14—18
   8.2 Facilities of secondary CNG filling
      station ······················· 7—14—18
   8.3 Protection measures for CNG process
      facilities ······················ 7—14—18
   8.4 CNG piping system ············· 7—14—19
9 LNG and L-CNG filling process and
   facilities ························ 7—14—19
   9.1 LNG tank, pump and gasifier ···· 7—14—19
   9.2 LNG unloading process ········· 7—14—20
   9.3 LNG filling area ················ 7—14—20
   9.4 LNG pipeline system ············ 7—14—20
10 Fire protection system, water
    supply and drain system ········ 7—14—20
   10.1 Fire extinguishers ············· 7—14—20
   10.2 water supply system for fire
       protection of LPG, LNG
       facilities ····················· 7—14—21
   10.3 Water supply and drain
       system ······················ 7—14—21
11 Electric, alarm system and
    emergency cut-off system ······ 7—14—21
   11.1 Power supply ················· 7—14—21
   11.2 Lightningproof and anti-static
       measures ···················· 7—14—21
   11.3 charging facilities ············· 7—14—22
   11.4 Alarm system ················ 7—14—22
   11.5 Emergency cut-off system ····· 7—14—22
12 Heating, ventilation, buildings
    and virescence ················ 7—14—22
   12.1 Heating and ventilation ········ 7—14—22
   12.2 Buildings ···················· 7—14—22
   12.3 Virescence ··················· 7—14—23
13 Construction ···················· 7—14—23
   13.1 General requirements ········· 7—14—23
   13.2 material and equipment
       inspection ··················· 7—14—23
   13.3 Civil engineering
       construction ················· 7—14—24
   13.4 Installation of equipments ····· 7—14—25
   13.5 Pipeline fabrication ··········· 7—14—25

- 13.6 Fabrication of electrical equipments and instruments .... 7—14—26
- 13.7 Pipeline anti-corrosion and thermal insulation .... 7—14—27
- 13.8 Finishing documents .... 7—14—27
- Appendix A The caculating points of clearance distance ... 7—14—27
- Appendix B Classification of protection for civil buildings .... 7—14—28
- Appendix C Classification and range of explosive danger zones .... 7—14—28
- Explanation of wording in this code .... 7—14—31
- List of quoted standards .... 7—14—31
- Addition: Explanation of provisions .... 7—14—33

1 总 则

1.0.1 为了在汽车加油加气站设计和施工中贯彻国家有关方针政策，统一技术要求，做到安全适用、技术先进、经济合理，制定本规范。

1.0.2 本规范适用于新建、扩建和改建的汽车加油站、加气站和加油加气合建站工程的设计和施工。

1.0.3 汽车加油加气站的设计和施工，除应符合本规范外，尚应符合国家现行有关标准的规定。

2 术语、符号和缩略语

2.1 术 语

2.1.1 加油加气站　filling station
加油站、加气站、加油加气合建站的统称。

2.1.2 加油站　fuel filling station
具有储油设施，使用加油机为机动车加注汽油、柴油等车用燃油并可提供其他便利性服务的场所。

2.1.3 加气站　gas filling station
具有储气设施，使用加气机为机动车加注车用LPG、CNG或LNG等车用燃气并可提供其他便利性服务的场所。

2.1.4 加油加气合建站　fuel and gas combined filling station
具有储油（气）设施，既能为机动车加注车用燃油，又能加注车用燃气，也可提供其他便利性服务的场所。

2.1.5 站房　station house
用于加油加气站管理、经营和提供其他便利性服务的建筑物。

2.1.6 加油加气作业区　operational area
加油加气站内布置油（气）卸车设施、储油（储气）设施、加油机、加气机、加（卸）气柱、通气管（放散管）、可燃液体罐车卸车停车位、车载储气瓶组拖车停车位、LPG(LNG)泵、CNG(LPG)压缩机等设备的区域。该区域的边界线为设备爆炸危险区域边界线加3m，对柴油设备为设备外缘加3m。

2.1.7 辅助服务区　auxiliary service area
加油加气站用地红线范围内加油加气作业区以外的区域。

2.1.8 安全拉断阀　safe-break valve
在一定外力作用下自动断开，断开后的两节均具有自密封功能的装置。该装置安装在加油机或加气机、加（卸）气柱的软管上，是防止软管被拉断而发生泄漏事故的专用保护装置。

2.1.9 管道组成件　piping components
用于连接或装配管道的元件（包括管子、管件、阀门、垫片、紧固件、接头、耐压软管、过滤器、阻火器等）。

2.1.10 工艺设备　process equipments
设置在加油加气站内的油（气）卸车接口、油罐、LPG储罐、LNG储罐、CNG储气瓶（井）、加油机、加气机、加（卸）气柱、通气管（放散管）、车载储气瓶组拖车、LPG泵、LNG泵、CNG压缩机、LPG压缩机等设备的统称。

2.1.11 电动汽车充电设施　EV charging facilities
为电动汽车提供充电服务的相关电气设备，如低压开关柜、直流充电机、直流充电桩、交流充电桩和电池更换装置等。

2.1.12 卸车点　unloading point
接卸汽车罐车所载油品、LPG、LNG的固定地点。

2.1.13 埋地油罐　buried oil tank
罐顶低于周围4m范围内的地面，并采用直接覆土或罐池充沙方式埋设在地下的卧式油品储罐。

2.1.14 加油岛　fuel filling island
用于安装加油机的平台。

2.1.15 汽油设备　gasoline-filling equipment
为机动车加注汽油而设置的汽油罐（含其通气管）、汽油加油机等固定设备。

2.1.16 柴油设备　diesel-filling equipment
为机动车加注柴油而设置的柴油罐（含其通气管）、柴油加油机等固定设备。

2.1.17 卸油油气回收系统　vapor recovery system for gasoline unloading process
将油罐车向汽油罐卸油时产生的油气密闭回收至油罐车内的系统。

2.1.18 加油油气回收系统　vapor recovery system for filling process
将给汽油车辆加油时产生的油气密闭回收至埋地汽油罐的系统。

2.1.19 橇装式加油装置　portable fuel device
将地面防火防爆储油罐、加油机、自动灭火装置等设备整体装配于一个橇体的地面加油装置。

2.1.20 自助加油站（区）　self-help fuel filling station(area)
具备相应安全防护设施，可由顾客自行完成车辆加注燃油作业的加油站（区）。

2.1.21 LPG加气站　LPG filling station
为LPG汽车储气瓶充装车用LPG的场所。

2.1.22 埋地LPG罐　buried LPG tank
罐顶低于周围4m范围内的地面，并采用直接覆土或罐池充沙方式埋设在地下的卧式LPG储罐。

2.1.23 CNG加气站　CNG filling station
CNG常规加气站、CNG加气母站、CNG加气子站的统称。

2.1.24 CNG常规加气站　CNG conventional filling station
从站外天然气管道取气，经过工艺处理并增压后，通过加气机给汽车CNG储气瓶充装车用CNG的场所。

2.1.25 CNG加气母站　primary CNG filling station
从站外天然气管道取气，经过工艺处理并增压后，通过加气柱给CNG车载储气瓶组充装CNG的场所。

2.1.26 CNG加气子站　secondary CNG filling station
用车载储气瓶组拖车运进CNG，通过加气机为汽车CNG储气瓶充装CNG的场所。

2.1.27 LNG加气站　LNG filling station
为LNG汽车储气瓶充装车用LNG的场所。

2.1.28 L-CNG加气站　L-CNG filling station
能将LNG转化为CNG，并为CNG汽车储气瓶充装车用CNG的场所。

2.1.29 加气岛　gas filling island
用于安装加气机或加气柱的平台。

2.1.30 CNG加（卸）气设备　CNG filling (unload) facility
CNG加气机、加气柱、卸气柱的统称。

2.1.31 加气机　gas dispenser
用于向燃气汽车储气瓶充装LPG、CNG或LNG，并带有计量、计价装置的专用设备。

2.1.32 CNG加（卸）气柱　CNG dispensing (bleeding) pole
用于向车载储气瓶组充装（卸出）CNG，并带有计量装置的专用设备。

2.1.33 CNG储气井　CNG storage well
竖向埋设于地下且井筒与井壁之间采用水泥浆进行全填充封

固,并用于储存 CNG 的管状设施,由井底装置、井筒、内置排液管、井口装置等构成。

2.1.34 CNG 储气瓶组 CNG storage bottles group
通过管道将多个 CNG 储气瓶连接成一个整体的 CNG 储气装置。

2.1.35 CNG 固定储气设施 CNG fixed storage facility
安装在固定位置的地上或地下储气瓶(组)和储气井的统称。

2.1.36 CNG 储气设施 CNG storage facility
储气瓶(组)、储气井和车载储气瓶组的统称。

2.1.37 CNG 储气设施的总容积 total volume of CNG storage facility
CNG 固定储气设施与所有处于满载或作业状态的车载 CNG 储气瓶(组)的几何容积之和。

2.1.38 埋地 LNG 储罐 buried LNG tank
罐顶低于周围 4m 范围内的地面,并采用直接覆土或罐池充沙方式埋设在地下的卧式 LNG 储罐。

2.1.39 地下 LNG 储罐 underground LNG tank
罐顶低于周围 4m 范围内地面标高 0.2m,并设置在罐池中的 LNG 储罐。

2.1.40 半地下 LNG 储罐 semi-underground LNG tank
罐体一半以上安装在周围 4m 范围内地面以下,并设置在罐池中的 LNG 储罐。

2.1.41 防护堤 safety dike
用于拦蓄 LPG、LNG 储罐事故时溢出的易燃和可燃液体的构筑物。

2.2 符 号

A——浸入油品中的金属物表面积之和;
V——油罐、LPG 储罐、LNG 储罐和 CNG 储气设施总容积;
V_t——油品储存单罐容积。

2.3 缩 略 语

LPG——liquefied petroleum gas(液化石油气);
CNG——compressed natural gas(压缩天然气);
LNG——liquefied natural gas(液化天然气);
L-CNG——由 LNG 转化为 CNG。

3 基 本 规 定

3.0.1 向加油加气站供油供气,可采取罐车运输、车载储气瓶组拖车运输或管道输送的方式。

3.0.2 加油站可与除 CNG 加气母站外的其他各类加气站联合建站,各类天然气加气站可联合建站。加油加气站可与电动汽车充电设施联合建站。

3.0.3 橇装式加油装置可用于政府有关部门许可的企业自用、临时或特定场所。采用橇装式加油装置的加油站,其设计与安装应符合现行行业标准《采用橇装式加油装置的加油站技术规范》SH/T 3134 和本规范第 6.4 节的有关规定。

3.0.4 加油站内乙醇汽油设施的设计,除应符合本规范的规定外,尚应符合现行国家标准《车用乙醇汽油储运设计规范》GB/T 50610 的有关规定。

3.0.5 电动汽车充电设施的设计,除应符合本规范的规定外,尚应符合国家现行有关标准的规定。

3.0.6 CNG 加气站与城镇天然气配站的合建站,以及 CNG 加气站与城镇天然气接收门站的合建站,其设计与施工除应符合本规范的规定外,尚应符合现行国家标准《城镇燃气设计规范》GB 50028 的有关规定。

3.0.7 CNG 加气站与天然气输气管道场站合建站的设计与施工,除应符合本规范的规定外,尚应符合现行国家标准《石油天然气工程设计防火规范》GB 50183 等的有关规定。

3.0.8 加油加气站可经营国家行政许可的非油品业务,站内可设置柴油尾气处理液加注设施。

3.0.9 加油站的等级划分,应符合表 3.0.9 的规定。

表 3.0.9 加油站的等级划分

级别	油罐容积(m³)	
	总容积	单罐容积
一级	150<V≤210	V≤50
二级	90<V≤150	V≤50
三级	V≤90	汽油罐 V≤30,柴油罐 V≤50

注:柴油罐容积可折半计入油罐总容积。

3.0.10 LPG 加气站的等级划分应符合表 3.0.10 的规定。

表 3.0.10 LPG 加气站的等级划分

级别	LPG 罐容积(m³)	
	总容积	单罐容积
一级	45<V≤60	V≤30
二级	30<V≤45	V≤30
三级	V≤30	V≤30

3.0.11 CNG 加气站储气设施的总容积,应根据设计加气汽车数量、每辆汽车加气时间、母站服务的子站的个数、规模和服务半径等因素综合确定。在城市建成区内,CNG 加气站储气设施的总容积应符合下列规定:

1 CNG 加气母站储气设施的总容积不应超过 120m³。
2 CNG 常规加气站储气设施的总容积不应超过 30m³。
3 CNG 加气子站内设置有固定储气设施时,固定储气设施的总容积不应超过 18m³,站内停放的车载储气瓶组拖车不应多于 1 辆。
4 CNG 加气子站内无固定储气设施时,站内停放的车载储气瓶组拖车不应多于 2 辆。
5 CNG 常规加气站可采用 LNG 储罐做补充气源,但 LNG 储罐容积、CNG 储气设施的总容积和加气站的等级划分,应符合本规范第 3.0.12 条的规定。

3.0.12 LNG 加气站、L-CNG 加气站、LNG 和 L-CNG 加气合建站的等级划分,应符合表 3.0.12 的规定。

表 3.0.12 LNG 加气站、L-CNG 加气站、LNG 和 L-CNG 加气合建站的等级划分

级别	LNG 加气站		L-CNG 加气站、LNG 和 L-CNG 加气合建站		
	LNG 储罐总容积(m³)	LNG 储罐单罐容积(m³)	LNG 储罐总容积(m³)	LNG 储罐单罐容积(m³)	CNG 储气设施总容积(m³)
一级	120<V≤180	≤60	120<V≤180	≤60	V≤12
一级*	—	—	60<V≤120	≤60	V≤24
二级	60<V≤120	≤60	60<V≤120	≤60	V≤9
二级*	—	—	—	≤60	V≤18

续表 3.0.12

级别	LNG 加气站		L-CNG 加气站，LNG 和 L-CNG 加气合建站		
	LNG 储罐总容积(m^3)	LNG 储罐单罐容积(m^3)	LNG 储罐总容积(m^3)	LNG 储罐单罐容积(m^3)	CNG 储气设施总容积(m^3)
三级	V≤60	≤60	V≤60	≤60	V≤9
三级*	—	—	V≤30	≤30	V≤18

注：带"*"的加气站专指 CNG 常规加气站以 LNG 储罐做补充气源的建站形式。

3.0.13 加油与 LPG 加气合建站的等级划分，应符合表 3.0.13 的规定。

表 3.0.13 加油与 LPG 加气合建站的等级划分

合建站等级	LPG 储罐总容积(m^3)	LPG 储罐总容积与油品储罐总容积合计(m^3)
一级	V≤45	120<V≤180
二级	V≤30	60<V≤120
三级	V≤20	V≤60

注：1 柴油罐容积可折半计入油罐总容积。
  2 当油罐总容积大于 90 m^3 时，汽油罐单罐容积不应大于 50 m^3；当油罐总容积小于或等于 90 m^3 时，汽油罐单罐容积不应大于 30 m^3，柴油单罐容积不应大于 50 m^3。
  3 LPG 储罐单罐容积不应大于 30 m^3。

3.0.14 加油与 CNG 加气合建站的等级划分，应符合表 3.0.14 的规定。

表 3.0.14 加油与 CNG 加气合建站的等级划分

级别	油品储罐总容积(m^3)	常规 CNG 加气站储气设施总容积(m^3)	加气子站储气设施(m^3)
一级	90<V≤120	V≤24	固定储气设施总容积≤12 可停放 1 辆车载储气瓶组拖车
二级	V≤90		

续表 3.0.14

级别	油品储罐总容积(m^3)	常规 CNG 加气站储气设施总容积(m^3)	加气子站储气设施(m^3)
三级	V≤60	V≤12	可停放 1 辆车载储气瓶组拖车

注：1 柴油罐容积可折半计入油罐总容积。
  2 当油罐总容积大于 90 m^3 时，汽油罐单罐容积不应大于 50 m^3；当油罐总容积小于或等于 90 m^3 时，汽油罐单罐容积不应大于 30 m^3，柴油单罐容积不应大于 50 m^3。

3.0.15 加油与 LNG 加气、L-CNG 加气、LNG/L-CNG 加气联合建站的等级划分，应符合表 3.0.15 的规定。

表 3.0.15 加油与 LNG 加气、L-CNG 加气、LNG/L-CNG 加气合建站的等级划分

合建站等级	LNG 储罐总容积(m^3)	LNG 储罐总容积与油品储罐总容积合计(m^3)	CNG 储气设施总容积(m^3)
一级	V≤120	150<V≤210	V≤12
二级	V≤60	90<V≤150	V≤9
三级	V≤60	V≤90	V≤8

注：1 柴油罐容积可折半计入油罐总容积。
  2 当油罐总容积大于 90 m^3 时，汽油罐单罐容积不应大于 50 m^3；当油罐总容积小于或等于 90 m^3 时，汽油罐单罐容积不应大于 30 m^3，柴油单罐容积不应大于 50 m^3。
  3 LNG 储罐的单罐容积不应大于 60 m^3。

4 站址选择

4.0.1 加油加气站的站址选择，应符合城乡规划、环境保护和防火安全的要求，并应选在交通便利的地方。

4.0.2 在城市建成区不宜建一级加油站、一级加气站、一级加油加气合建站、CNG 加气母站。在城市中心区不应建一级加油站、一级加气站、一级加油加气合建站、CNG 加气母站。

4.0.3 城市建成区内的加油加气站，宜靠近城市道路，但不宜选在城市干道的交叉路口附近。

4.0.4 加油站、加油加气合建站的汽油设备与站外建（构）筑物的安全间距，不应小于表 4.0.4 的规定。

表 4.0.4 汽油设备与站外建(构)筑物的安全间距(m)

站外建(构)筑物		站内汽油设备									
		埋地油罐						加油机、通气管管口			
		一级站			二级站			三级站			
		无油气回收系统	有卸油油气回收系统	有卸油和加油油气回收系统	无油气回收系统	有卸油油气回收系统	有卸油和加油油气回收系统	无油气回收系统	有卸油油气回收系统	有卸油和加油油气回收系统	无油气回收系统	有卸油和加油油气回收系统
重要公共建筑物		50	40	35	50	40	35	50	40	35	50	40	35
明火地点或散发火花地点		30	24	21	25	20	17.5	18	14.5	12.5	18	14.5	12.5
民用建筑物保护类别	一类保护物	25	20	17.5	20	16	14	16	13	11	16	13	11
	二类保护物	20	16	14	16	13	11	11	9.5	8.5	11	9.5	8.5
	三类保护物	16	13	11	12	9.5	8.5	10	8	7	10	8	7
甲、乙类物品生产厂房、库房和甲、乙类液体储罐		25	20	17.5	22	17.5	15.5	18	14.5	12.5	18	14.5	12.5
丙、丁、戊类物品生产厂房、库房和丙类液体储罐以及容积不大于 50 m^3 的埋地甲、乙类液体储罐		18	14.5	12.5	16	13	11	12	10.5	9	15	12	10.5

续表 4.0.4

站外建(构)筑物		站内汽油设备									加油机、通气管管口	
		埋地油罐										
		一级站			二级站			三级站				
		无油气回收系统	有卸油油气回收系统	有卸油和加油油气回收系统	无油气回收系统	有卸油油气回收系统	有卸油和加油油气回收系统	无油气回收系统	有卸油油气回收系统	有卸油和加油油气回收系统	无油气回收系统	有卸油油气回收系统	有卸油和加油油气回收系统
室外变配电站		25	20	17.5	22	18	15.5	18	14.5	12.5	18	14.5	12.5
铁路		22	17.5	15.5	22	17.5	15.5	22	17.5	15.5	22	17.5	15.5
城市道路	快速路、主干路	10	8	7	8	6.5	5.5	8	6.5	5.5	6	5	5
	次干路、支路	8	6.5	5.5	6	5	5	6	5	5	5	5	5
架空通信线和通信发射塔		1倍杆(塔)高,且不应小于5m			5			5			5		
架空电力线路	无绝缘层	1.5倍杆(塔)高,且不应小于6.5m			1倍杆(塔)高,且不应小于6.5m			6.5			6.5		
	有绝缘层	1倍杆(塔)高,且不应小于5m			0.75倍杆(塔)高,且不应小于5m			5			5		

注:1 室外变、配电站指电力系统电压为35kV~500kV,且每台变压器容量在10MV·A以上的室外变、配电站,以及工业企业的变压器总油量大于5t的室外降压变电站。其他规格的室外变、配电站或变压器应按丙类物品生产厂房确定。
2 表中道路系指机动车道路。油罐、加油机和油罐通气管管口与郊区公路的安全间距应按城市道路确定,高速公路、一级和二级公路应按城市快速路、主干路确定;三级和四级公路应按城市次干路、支路确定。
3 与重要公共建筑物的主要出入口(包括铁路、地铁和二级及以上公路的隧道出入口)尚不应小于50m。
4 一、二级耐火等级民用建筑物面向加油站一侧的墙为无门窗洞口的实体墙时,油罐、加油机和通气管管口与该民用建筑物的距离,不应低于本表规定的安全间距的70%,并不得小于6m。

4.0.5 加油站、加油加气合建站的柴油设备与站外建(构)筑物的安全间距,不应小于表 4.0.5 的规定。

表 4.0.5 柴油设备与站外建(构)筑物的安全间距(m)

站外建(构)筑物		站内柴油设备			
		埋地油罐			加油机、通气管管口
		一级站	二级站	三级站	
重要公共建筑物		25	25	25	25
明火地点或散发火花地点		12.5	12.5	10	10
民用建筑物保护类别	一类保护物	6	6	6	6
	二类保护物	6	6	6	6
	三类保护物	6	6	6	6
甲、乙类生产厂房、库房和甲、乙类液体储罐		12.5	11	9	9
丙、丁、戊类物品生产厂房、库房和丙类液体储罐,以及容积不大于50m³的埋地甲、乙类液体储罐		9	9	9	9
室外变配电站		15	15	15	15
铁路		15	15	15	15
城市道路	快速路、主干路	3	3	3	3
	次干路、支路	3	3	3	3
架空通信线和通信发射塔		0.75倍杆(塔)高,且不应小于5m	5	5	5
架空电力线路	无绝缘层	0.75倍杆(塔)高,且不应小于6.5m	0.75倍杆(塔)高,且不应小于6.5m	6.5	6.5
	有绝缘层	0.5倍杆(塔)高,且不应小于5m	0.5倍杆(塔)高,且不应小于5m	5	5

注:1 室外变、配电站指电力系统电压为35kV~500kV,且每台变压器容量在10MV·A以上的室外变、配电站,以及工业企业的变压器总油量大于5t的室外降压变电站。其他规格的室外变、配电站或变压器应按丙类物品生产厂房确定。
2 表中道路指机动车道路。油罐、加油机和油罐通气管管口与郊区公路的安全间距应按城市道路确定,高速公路、一级和二级公路应按城市快速路、主干路确定;三级和四级公路应按城市次干路、支路确定。

4.0.6 LPG加气站、加油加气合建站的LPG储罐与站外建(构)筑物的安全间距,不应小于表 4.0.6 的规定。

表 4.0.6 LPG 储罐与站外建(构)筑物的安全间距(m)

站外建(构)筑物		地上LPG储罐			埋地LPG储罐		
		一级站	二级站	三级站	一级站	二级站	三级站
重要公共建筑物		100	100	100	100	100	100
明火地点或散发火花地点		45	38	33	30	25	18
民用建筑物保护类别	一类保护物						
	二类保护物	35	28	22	20	16	14
	三类保护物	25	22	18	15	13	11
甲、乙类生产厂房、库房和甲、乙类液体储罐		45	45	40	25	22	18
丙、丁、戊类物品生产厂房、库房和丙类液体储罐,以及容积不大于50m³的埋地甲、乙类液体储罐		32	32	28	18	16	15
室外变配电站		45	45	40	25	22	18
铁路		45	45	45	22	22	22
城市道路	快速路、主干路	15	13	11	10	8	8
	次干路、支路	12	11	10	8	6	6
架空通信线和通信发射塔		1.5倍杆(塔)高	1倍杆(塔)高		0.75倍杆(塔)高		

续表 4.0.6

站外建(构)筑物		地上 LPG 储罐			埋地 LPG 储罐		
		一级站	二级站	三级站	一级站	二级站	三级站
架空电力线路	无绝缘层	1.5倍杆(塔)高	1.5倍杆(塔)高		1倍杆(塔)高		
	有绝缘层		1倍杆(塔)高		0.75倍杆(塔)高		

注：1 室外变、配电站指电力系统电压为 35kV～500kV，且每台变压器容量在 10MV·A 以上的室外变、配电站，以及工业企业的变压器总油量大于 5t 的室外降压变电站。其他规格的室外变、配电站或变压器应按丙类物品生产厂房确定。

2 表中道路指机动车道路。油罐、加油机和油罐通气管管口与郊区公路的安全间距应按城市道路确定，高速公路、一级和二级公路应按城市快速路、主干路确定；三级和四级公路应按城市次干路、支路确定。

3 液化石油气罐与站外一、二、三类保护物地下室的出入口、门窗的距离，应按本表一、二、三类保护物的安全间距增加50%。

4 一、二级耐火等级民用建筑物面向加气站一侧的墙为无门窗洞口实体墙时，LPG 储罐与该民用建筑物的距离不应低于本表规定的安全间距的 70%。

5 容量小于或等于 10m³ 的地上 LPG 储罐整体装配式的加气站，其罐与站外建(构)筑物的距离，不应低于本表三级站的地上安全间距的 80%。

6 LPG 储罐与站外建筑面积不超过 200m² 的独立民用建筑物的距离，不应低于本表三类保护物安全间距的 80%，并不应小于三级站的安全间距。

4.0.7 LPG 加气站、加油加气合建站的 LPG 卸车点、加气机、放散管管口与站外建(构)筑物的安全间距，不应小于表 4.0.7 的规定。

表 4.0.7 LPG 卸车点、加气机、放散管管口与站外建(构)筑物的安全间距(m)

站外建(构)筑物		站内 LPG 设备		
		LPG 卸车点	放散管管口	加气机
重要公共建筑物		100	100	100
明火地点或散发火花地点		25	18	18
民用建筑物保护类别	一类保护物	25	18	18
	二类保护物	16	14	14
	三类保护物	13	11	11
甲、乙类物品生产厂房、库房和甲、乙类液体储罐		22	20	20
丙、丁、戊类物品生产厂房、库房和丙类液体储罐以及容积不大于 50m³ 的埋地甲、乙类液体储罐		16	14	14
室外变配电站		22	20	20
铁路		22	22	22
城市道路	快速路、主干路	8	8	6
	次干路、支路	6	4	5
架空通信线和通信发射塔		0.75倍杆(塔)高		
架空电力线路	无绝缘层	1倍杆(塔)高		
	有绝缘层	0.75倍杆(塔)高		

注：1 室外变、配电站指电力系统电压为 35kV～500kV，且每台变压器容量在 10MV·A 以上的室外变、配电站，以及工业企业的变压器总油量大于 5t 的室外降压变电站。其他规格的室外变、配电站或变压器应按丙类物品生产厂房确定。

2 表中道路指机动车道路。油罐、加油机和油罐通气管管口与郊区公路的安全间距应按城市道路确定，高速公路、一级和二级公路应按城市快速路、主干路确定；三级和四级公路应按城市次干路、支路确定。

3 LPG 卸车点、加气机、放散管管口与站外一、二、三类保护物地下室的出入口、门窗的距离，应按本表一、二、三类保护物的安全间距增加50%。

4 一、二级耐火等级民用建筑物面向加气站一侧的墙为无门窗洞口实体墙时，站内 LPG 设备与该民用建筑物的距离不应低于本表规定的安全间距的 70%。

5 LPG 卸车点、加气机、放散管管口与站外建筑面积不超过 200m² 独立的民用建筑物的距离，不应低于本表的三类保护物的安全间距的 80%，并不应小于 11m。

4.0.8 CNG 加气站和加油加气合建站的压缩天然气工艺设备与站外建(构)筑物的安全间距，不应小于表 4.0.8 的规定。CNG 加气站的橇装设备与站外建(构)筑物的安全间距，应符合表 4.0.8 的规定。

表 4.0.8 CNG 工艺设备与站外建(构)筑物的安全间距(m)

站外建(构)筑物		站内 CNG 工艺设备		
		储气瓶	集中放散管管口	储气井、加(卸)气设备、脱硫脱水设备、压缩机(间)
重要公共建筑物		50	30	30
明火地点或散发火花地点		30	25	20
民用建筑物保护类别	一类保护物	30	25	20
	二类保护物	20	20	14
	三类保护物	18	15	12
甲、乙类物品生产厂房、库房和甲、乙类液体储罐		25	25	18
丙、丁、戊类物品生产厂房、库房和丙类液体储罐以及容积不大于 50m³ 的埋地甲、乙类液体储罐		18	18	13
室外变配电站		25	25	18
铁路		30	30	22
城市道路	快速路、主干路	12	10	6
	次干路、支路	10	8	5
架空通信线和通信发射塔		1倍杆(塔)高	1倍杆(塔)高	1倍杆(塔)高
架空电力线路	无绝缘层	1.5倍杆(塔)高	1.5倍杆(塔)高	1倍杆(塔)高
	有绝缘层	1倍杆(塔)高	1倍杆(塔)高	

注：1 室外变、配电站指电力系统电压为 35kV～500kV，且每台变压器容量在 10MV·A 以上的室外变、配电站，以及工业企业的变压器总油量大于 5t 的室外降压变电站。其他规格的室外变、配电站或变压器应按丙类物品生产厂房确定。

2 表中道路指机动车道路。油罐、加油机和油罐通气管管口与郊区公路的安全间距应按城市道路确定，高速公路、一级和二级公路应按城市快速路、主干路确定；三级和四级公路应按城市次干路、支路确定。

3 与重要建筑物的主要出入口(包括铁路、地铁和二级以上公路的隧道出入口)尚不应小于 50m。

4 储气瓶拖车固定停车位与站外建(构)筑物的防火间距，应按本表储气瓶的安全间距确定。

5 一、二级耐火等级民用建筑物面向加气站一侧的墙为无门窗洞口实体墙时，站内 CNG 工艺设备与该民用建筑物的距离，不应低于本表规定的安全间距的 70%。

4.0.9 加气站、加油加气合建站的 LNG 储罐、放散管管口、LNG 卸车点与站外建(构)筑物的安全间距，不应小于表 4.0.9 的规定。LNG 加气站的橇装设备与站外建(构)筑物的安全间距，应符合本规范表 4.0.9 的规定。

表 4.0.9 LNG 设备与站外建(构)筑物的安全间距(m)

站外建(构)筑物	站内 LNG 设备				
	地上 LNG 储罐			放散管管口、加气机	LNG 卸车点
	一级站	二级站	三级站		
重要公共建筑物	80	80	80	50	50

续表 4.0.9

站外建(构)筑物		站内LNG设备				
		地上LNG储罐			放散管管口、加气机	LNG卸车点
		一级站	二级站	三级站		
明火地点或散发火花地点		35	30	25	25	
民用建筑保护物类别	一类保护物	35	30	25	25	
	二类保护物	25	20	16	16	16
	三类保护物	18	16	14	14	14
甲、乙类生产厂房、库房和甲、乙类液体储罐		35	30	25	25	
丙、丁、戊类物品生产厂房、库房和丙类液体储罐,以及容积不大于50m³的埋地甲、乙类液体储罐		25	22	20	20	20
室外变配电站		40	35	30	30	30
铁路		80	60	50	50	50
城市道路	快速路、主干路	12	10	8	8	8
	次干路、支路	10	8	6	6	6
架空通信线和通信发射塔		1倍杆(塔)高	0.75倍杆(塔)高		0.75倍杆(塔)高	
架空电力线	无绝缘层	1.5倍杆(塔)高	1.5倍杆(塔)高	1倍杆(塔)高		
	有绝缘层		1倍杆(塔)高		0.75倍杆(塔)高	

注：1 室外变、配电站指电力系统电压为35kV～500kV,且每台变压器容量在10MV·A以上的室外变、配电站,以及工业企业的变压器总油量大于5t的室外降压变电站。其他规格的室外变、配电站或变压器应按丙类物品生产厂房确定。
2 表中道路指机动车道路。油罐、加油机和油罐通气管管口与郊区公路的安全间距应按城市道路确定,高速公路、一级和二级公路应按城市快速路、主干路确定；三级和四级公路应按城市次干路、支路确定。
3 埋地LNG储罐、地下LNG储罐和半地下LNG储罐与站外建(构)筑物的距离,分别不应低于本表地上LNG储罐的安全间距的50%、70%和80%,且最小不应小于6m。
4 一、二级耐火等级民用建筑物面向加油站一侧的墙为无门窗洞口实体墙时,站内LNG设备与这民用建筑物的距离,可按本表规定的安全间距的70%。
5 LNG储罐、放散管管口、加气机、LNG卸车点与站外建筑面积不超过200m²的独立民用建筑物的距离,不低于本表的三类保护物的安全间距的80%。

4.0.10 本规范表4.0.4～表4.0.9中,设备或建(构)筑物的计算间距起止点应符合本规范附录A的规定。

4.0.11 本规范表4.0.4～表4.0.9中,重要公共建筑物及民用建筑物保护类别划分应符合本规范附录B的规定。

4.0.12 本规范表4.0.4～表4.0.9中,"明火地点"和"散发火花地点"的定义和"甲、乙、丙、丁、戊类物品"及"甲、乙、丙类液体"划分应符合现行国家标准《建筑设计防火规范》GB 50016的有关规定。

4.0.13 架空电力线路不应跨越加油加气站的加油加气作业区。架空通信线路不应跨越加气站的加油加气作业区。

5 站内平面布置

5.0.1 车辆入口和出口应分开设置。

5.0.2 站区内停车位和道路应符合下列规定：
  1 站内车道或停车位宽度应按车辆类型确定。CNG加气母站内单车道或单车停车位宽度,不应小于4.5m,双车道或双车停车位宽度不应小于9m;其他类型加油加气站的车道或停车位,单车道或单车停车位宽度不应小于4m,双车道或双车停车位不应小于6m。
  2 站内的道路转弯半径应按行驶车型确定,且不宜小于9m。
  3 站内停车位应为平坡,道路坡度不应大于8%,且宜坡向站外。
  4 加油加气作业区内的停车位和道路路面不应采用沥青路面。

5.0.3 加油加气作业区与辅助服务区之间应有界限标识。

5.0.4 在加油加气合建站内,宜将柴油罐布置在LPG储罐或CNG储气瓶(组)、LNG储罐与汽油罐之间。

5.0.5 加油加气作业区内,不得有"明火地点"或"散发火花地点"。

5.0.6 柴油尾气处理液加注设施的布置,应符合下列规定：
  1 不符合防爆要求的设备,应布置在爆炸危险区域之外,且与爆炸危险区域边界线的距离不应小于3m。
  2 符合防爆要求的设备,在进行平面布置时可按加油机对待。

5.0.7 电动汽车充电设施应布置在辅助服务区内。

5.0.8 加油加气站的变配电间或室外变压器应布置在爆炸危险区域之外,且与爆炸危险区域边界线的距离不应小于3m。变配电间的起算点应为门窗等洞口。

5.0.9 站房可布置在加油加气作业区内,但应符合本规范第12.2.10条的规定。

5.0.10 加油加气站内设置的经营性餐饮、汽车服务等非站房所属建筑物或设施,不应布置在加油加气作业区内,其与站内可燃液体或可燃气体设备的防火间距,应符合本规范第4.0.4条至第4.0.9条有关三类保护物的规定。经营性餐饮、汽车服务等设施内设置明火设备时,则应视为"明火地点"或"散发火花地点"。其中,对加油站内设置的燃煤设备不得按设置有油气回收系统折减距离。

5.0.11 加油加气站内的爆炸危险区域,不应超出站区围墙和可用地界线。

5.0.12 加油加气站的工艺设备与站外建(构)筑物之间,宜设置高度不低于2.2m的不燃烧体实体围墙。当加油加气站的工艺设备与站外建(构)筑物之间的距离大于表4.0.4～表4.0.9中安全间距的1.5倍,且大于25m时,可设置非实体围墙。面向车辆入口和出口道路的一侧可设非实体围墙或不设围墙。

5.0.13 加油加气站内设施之间的防火距离,不应小于表5.0.13-1和表5.0.13-2的规定。

5.0.14 本规范表5.0.13-1和表5.0.13-2中,CNG储气设施、油品卸车点、LPG泵(房)、LPG压缩机(间)、天然气压缩机(间)、天然气调压器(间)、天然气脱硫和脱水设备、加油机、LPG加气机、CNG加卸气设施、LNG卸车点、LNG潜液泵、LNG柱塞泵、地下泵室入口、LNG加气机、LNG气化器与站区围墙的防火间距还应符合本规范第5.0.11条的规定,设备或建(构)筑物的计算间距起止点应符合本规范附录A的规定。

5.0.15 加油加气站内爆炸危险区域的等级和范围划分,应符合本规范附录C的规定。

表 5.0.13-1 站内设施的防火间距 (m)

设施名称		汽油罐	柴油罐	汽油通气管管口	柴油通气管管口	LPG储罐 地上罐 一级站	LPG储罐 地上罐 二级站	LPG储罐 地上罐 三级站	LPG储罐 埋地罐 一级站	LPG储罐 埋地罐 二级站	LPG储罐 埋地罐 三级站	CNG储气设施	CNG集中放散管管口	油品卸车点	LPG卸车点	LPG泵(房)、压缩机(间)	天然气压缩机(间)	天然气调压器(间)	天然气脱硫和脱水设备	加油机	LPG加气机	CNG加气机、加气柱和卸气柱	站房	消防泵房和消防水池取水口	自用燃煤锅炉房和燃煤厨房	自用有燃气(油)设备的房间	站区围墙
汽油罐		0.5	0.5	—	—	×	×	×	6	4	3	6	6	—	5	5	6	6	5	—	4	4	4	10	18.5	8	3
柴油罐		0.5	0.5	—	—	×	×	×	4	3	2	4	4	—	3.5	3.5	4	4	3.5	—	3	3	3	7	13	6	2
汽油通气管管口		—	—	—	—	×	×	×	8	6	4	8	8	3	8	6	6	6	5	—	8	8	4	10	18.5	8	3
柴油通气管管口		—	—	—	—	×	×	×	6	4	2	6	6	2	6	4	4	4	3.5	—	6	6	3.5	7	13	6	2
LPG储罐	地上罐 一级站	×	×	×	×	D	×	×	×	×	×	×	×	12	12/10	12/10	×	×	×	12/10	12/10	×	12/10	40/30	45	18/14	6
LPG储罐	地上罐 二级站	×	×	×	×	×	D	×	×	×	×	×	×	10	10/8	10/8	×	×	×	10/8	10/8	×	10/8	30/20	38	16/12	5
LPG储罐	地上罐 三级站	×	×	×	×	×	×	D	×	×	×	×	×	8	8/6	8/6	×	×	×	8/6	8/6	8	8/6	30/20	33	16/12	4
LPG储罐	埋地罐 一级站	6	4	8	6	×	×	×				2	×	5	3	3	×	×	×	8	8	×	5	20	30	10	4
LPG储罐	埋地罐 二级站	4	3	6	4	×	×	×				×	×	3	×	×	×	×	×	6	6	×	5	15	25	8	3
LPG储罐	埋地罐 三级站	3	2	4	2	×	×	×				2	×	×	×	×	×	×	×	×	×	×	6	12	18	8	3
CNG储气设施		6	4	8	6	×	×	×	×	×	×	1.5(1)	—	6	×	×	×	×	×	6	×	×	5		25	14	3
CNG集中放散管管口		6	4	8	6	×	×	×	×	×	×	—		×	×	×	×	×	×	6	×	×	5		15	14	3
油品卸车点		—	—	3	2	12	10	8	5	3	×	6	×		4	4	4	4	4	6	5	4	4	4	10	15	8	3
LPG卸车点		5	3.5	8	6	12/10	10/8	8/6	3	×	×	×	×	4		4	×	×	×	×	5	4	5	8	25	12	3
LPG泵(房)、压缩机(间)		5	3.5	6	4	12/10	10/8	8/6	3	×	×	×	×	4	4		4	5	4	×	4	4	4	8	25	12	2
天然气压缩机(间)		6	4	6	4	×	×	×	×	×	×	×	×	4	×	4				6	×	4	4	8	25	12	2
天然气调压器(间)		6	4	6	4	×	×	×	×	×	×	×	×	4	×	5				6	×	4	4	8	25	12	2
天然气脱硫和脱水设备		5	3.5	5	3.5	×	×	×	×	×	×	×	×	4	×	4				6	×	4	5	15	25	12	2
加油机		—	—	—	—	12/10	10/8	8/6	8	6	×	6	6	6	×	4	6	6	6		4	4	4	5	6	15(10)	8(6)	—
LPG加气机		4	3	8	6	12/10	10/8	8/6	8	6	×	×	×	5	5	4	×	×	×	4		—	×	5.5	6	18	12	—
CNG加气机、加气柱和卸气柱		4	3	8	6	×	×	8	×	×	×	×	×	4	4	4	4	4	4	4	—		×	5	6	18	12	—
站房		4	3	4	3.5	12/10	10/8	8	5	5	6	5	5	4	5	4	4	4	5	5	×	×		5.5	6			
消防泵房和消防水池取水口		10	7	10	7	40/30	30/20	20	20	15	12			10	8	8	8	8	15	6	6	6			12			—
自用燃煤锅炉房和燃煤厨房		18.5	13	18.5	13	45	38	33	30	25	18	25	15	15	25	25	25	25	25	15(10)	18	18		12		—	—	—
自用有燃气(油)设备的房间		8	6	8	6	18/14	16/12	16/12	10	8	8	14	14	8	12	12	12	12	12	8(6)	12	12			—	—	—	—
站区围墙		3	2	3	2	6	5	4	4	3	3	3	3	3	3	2	2	2	2	—	—	—		—	—	—	—	

注：1 表中数据分子为LPG储罐无固定喷淋装置的距离，分母为LPG储罐设有固定喷淋装置的距离。D为LPG地上罐相邻较大罐的直径。
2 括号内数值为储气井与储气井、柴油加油机与自用有燃气或燃气(油)设备的房间的距离。
3 橇装式加油装置的油罐与站内设施之间的防火间距应按本表汽油罐、柴油罐增加30%。
4 当卸油采用油气回收系统时，汽油通气管管口与站区围墙的距离不应小于2m。
5 LPG储罐放散管管口与LPG储罐距离不限，与站内其他设施的防火间距可按相应级别的LPG埋地储罐确定。
6 LPG泵和压缩机、天然气压缩机、调压器和天然气脱硫和脱水设备露天布置或布置在开敞的建筑物内时，起算点应为设备外缘；LPG泵和压缩机、天然气压缩机、天然气调压器设置在非开敞的室内时，起算点应为该类设备所在建筑物的门窗或洞口。
7 容量小于或等于10m³的地上LPG储罐的整体装配式加气站，其储罐与站内其他设施的防火间距，不应低于本表三级站的地上储罐防火间距的80%。
8 CNG加气站的橇装设备与站内其他设施的防火间距，应按本表相应设备的防火间距确定。
9 站房、有燃气或燃气(油)等明火设备的房间的起算点应为门窗等洞口。站房内设置有变配电间时，变配电间的布置应符合本规范第5.0.8条的规定。
10 表中"—"表示无防火间距要求，"×"表示该类设施不应合建。

表 5.0.13-2 站内设施的防火间距(m)

设施名称	汽油罐、柴油罐	油罐通气管口	LNG储罐一级站	LNG储罐二级站	LNG储罐三级站	CNG储气设施	天然气放散管口 CNG系统	天然气放散管口 LNG系统	油品卸车点	LNG卸车点	天然气压缩机(间)	天然气调压器(间)	天然气脱硫、脱水装置	加油机	CNG加气机	LNG加气机	LNG潜液泵池	LNG柱塞泵	LNG高压气化器	站房	消防泵房和消防水池取水口	有燃气(油)设备的房间	站区围墙
汽油罐、柴油罐	*	*	15	12	10	*	*	*	6	*	6	*	*	*	*	4	6	6	6	*	*	*	*
油罐通气管口	*	*	12	10	8	*	*	8	*	*	*	*	*	*	*	*	8	8	5	*	*	*	*
LNG储罐 一级站	15	12	—	2	2	6	5	—	12	5	6	6	6	6	6	—	—	2	6	10	20	15	6
LNG储罐 二级站	12	10	2	—	2	5	4	—	10	3	4	4	4	4	4	—	—	2	4	8	15	12	5
LNG储罐 三级站	10	8	2	2	—	4	3	—	8	2	3	3	3	3	3	—	—	2	3	6	15	12	4
CNG储气设施	*	*	6	5	4	—	*	4	*	*	6	*	*	3	*	6	6	6	*	*	*	*	*
天然气放散管口 CNG系统	*	*	5	4	3	*	—	*	*	*	4	*	*	*	*	6	6	6	*	*	*	*	*
天然气放散管口 LNG系统	*	8	—	—	—	4	*	—	6	3	*	*	*	*	*	*	8	12	12	*	*	*	*
油品卸车点	6	*	12	10	8	*	*	6	—	*	*	*	*	*	*	*	*	*	*	*	*	*	*
LNG卸车点	*	*	5	3	2	*	*	3	*	—	*	*	*	*	*	*	4	6	15	12	*	*	2
天然气压缩机(间)	6	*	6	4	3	6	4	*	*	*	—	*	*	*	*	*	*	*	*	*	*	*	*
天然气调压器(间)	*	*	6	4	3	*	*	*	*	*	*	—	*	*	*	*	*	*	*	*	*	*	*
天然气脱硫、脱水装置	*	*	6	4	3	*	*	*	*	*	*	*	—	*	*	*	*	*	*	*	*	*	*
加油机	*	*	6	4	3	3	*	*	*	*	*	*	*	—	*	2	6	6	6	*	*	*	*
CNG加气机	*	*	6	4	3	*	*	*	*	*	*	*	*	*	—	*	*	*	*	*	*	*	*
LNG加气机	4	*	—	—	—	6	6	*	*	*	*	*	*	2	*	—	6	6	6	15	15	8	6
LNG潜液泵池	6	8	—	—	—	6	6	8	*	4	*	*	*	6	*	6	—	*	*	15	15	8	2
LNG柱塞泵	6	8	2	2	2	6	6	12	*	6	*	*	*	6	*	6	*	—	*	15	15	8	2
LNG高压气化器	5	5	6	4	3	*	*	12	*	15	*	*	*	6	*	6	*	*	—	8	15	8	2
站房	*	*	10	8	6	*	*	*	*	12	*	*	*	*	*	15	15	15	8	—	*	*	*
消防泵房和消防水池取水口	*	*	20	15	15	*	*	*	12	*	*	*	*	*	*	15	15	15	15	*	—	*	*
有燃气(油)设备的房间	*	*	15	12	12	*	*	*	*	12	*	*	*	*	*	8	8	8	8	*	*	—	*
站区围墙	*	*	6	5	4	*	*	*	*	2	*	*	*	*	*	6	2	2	2	*	*	*	—

注：1 站房、有燃气(油)等明火设备的房间的起算点应为门窗等洞口。
2 表中"—"表示无防火间距要求，"*"表示应符合表5.0.13-1的规定。

6 加油工艺及设施

6.1 油罐

6.1.1 加油站的汽油罐和柴油罐(橇装式加油装置所配置的防火防爆油罐除外)应埋地设置，严禁设在室内或地下室内。

6.1.2 汽车加油站的储油罐，应采用卧式油罐。

6.1.3 埋地油罐需要采用双层油罐时，可采用双层钢制油罐、双层玻璃纤维增强塑料油罐、内钢外玻璃纤维增强塑料双层油罐。既有加油站的埋地单层钢制油罐改造为双层油罐时，可采用玻璃纤维增强塑料等满足强度和防渗要求的材料进行衬里改造。

6.1.4 单层钢制油罐、双层钢制油罐和内钢外玻璃纤维增强塑料双层油罐的内层罐的罐体结构设计，可按现行行业标准《钢制常压储罐 第一部分：储存对水有污染的易燃和不易燃液体的埋地卧式圆筒形单层和双层储罐》AQ 3020的有关规定执行，并应符合下列规定：

1 钢制油罐的罐体和封头所用钢板的公称厚度，不应小于表6.1.4的规定。

表 6.1.4 钢制油罐的罐体和封头所用钢板的公称厚度(mm)

油罐公称直径 (mm)	单层油罐、双层油罐内层罐体和封头公称厚度		双层钢制油罐外层罐体和封头公称厚度	
	罐体	封头	罐体	封头
800～1600	5	6	4	5
1601～2500	6	7	5	6
2501～3000	7	8	5	6

2 钢制油罐的设计内压不应低于0.08MPa。

6.1.5 双层玻璃纤维增强塑料油罐的内、外层壁厚，以及内钢外玻璃纤维增强塑料双层油罐的外层壁厚，均不小于4mm。

6.1.6 与罐内油品直接接触的玻璃纤维增强塑料等非金属层，应满足消除油品静电荷的要求，其表面电阻率应小于$10^9\Omega$；当表面电阻率无法满足小于$10^9\Omega$的要求时，应在罐内安装能够消除油品静电电荷的物体。消除油品静电电荷的物体可为浸入油品中的钢板，也可为钢制的进油立管、出油管等金属物，其表面积之和不应小于式(6.1.6)的计算值。安装在罐内的静电消除物体应接地，其接地电阻应符合本规范第11.2节的有关规定：

$$A = 0.04 V_t \qquad (6.1.6)$$

式中：A——浸入油品中的金属物表面积之和(m^2)；
V_t——储罐容积(m^3)。

6.1.7 双层油罐内壁与外壁之间应有满足渗漏检测要求的贯通间隙。

6.1.8 双层钢制油罐、内钢外玻璃纤维增强塑料双层油罐和玻璃纤维增强塑料等非金属防渗衬里的双层油罐，应设渗漏检测立管，并应符合下列规定：

1 检测立管应采用钢管，直径宜为80mm，壁厚不宜小于4mm。

2 检测立管应位于油罐顶部的纵向中心线上。

3 检测立管的底部管口应与油罐内、外壁间隙相连通，顶部管口应装防尘盖。

4 检测立管应满足人工检测和在线监测的要求，并应保证油罐内、外壁任何部位出现渗漏均能被发现。

6.1.9 油罐应采用钢制人孔盖。

6.1.10 油罐设在非车行道下面时，罐顶的覆土厚度不应小于0.5m；设在车行道下面时，罐顶低于混凝土路面不宜小于0.9m。钢制油罐的周围应回填中性沙或细土，其厚度不应小于0.3m；外层为玻璃纤维增强塑料材料的油罐，其回填料应符合产品说明书的要求。

6.1.11 当埋地油罐受地下水或雨水作用有上浮的可能时，应采取防止油罐上浮的措施。

6.1.12 埋地油罐的人孔应设操作井。设在行车道下面的人孔井应采用加油站车行道下专用的密闭井盖和井座。

6.1.13 油罐应采取卸油时的防满溢措施。油料达到油罐容量90%时,应能触动高液位报警装置;油料达到油罐容量95%时,应能自动停止油料继续进罐。

6.1.14 设有油气回收系统的加油加气站,其站内油罐应设带有高液位报警功能的液位监测系统。单层油罐的液位监测系统尚应具备渗漏检测功能,其渗漏检测分辨率不宜大于 0.8L/h。

6.1.15 与土壤接触的钢制油罐外表面,其防腐设计应符合现行行业标准《石油化工设备和管道涂料防腐蚀技术规范》SH 3022的有关规定,且防腐等级不应低于加强级。

6.2 加油机

6.2.1 加油机不得设置在室内。

6.2.2 加油枪应采用自封式加油枪,汽油加油枪的流量不应大于50L/min。

6.2.3 加油软管上宜设安全拉断阀。

6.2.4 以正压(潜油泵)供油的加油机,其底部的供油管道上应设剪切阀,当加油机被撞或着火时,剪切阀应能自动关闭。

6.2.5 采用一机多油品的加油机时,加油机上的放枪位应有各油品的文字标识,加油枪应有颜色标识。

6.2.6 位于加油岛端部的加油机附近应设防撞柱(栏),其高度不应小于 0.5m。

6.3 工艺管道系统

6.3.1 油罐车卸油必须采用密闭卸油方式。

6.3.2 每个油罐应各自设置卸油管道和卸油接口。各卸油接口及油气回收接口,应有明显的标识。

6.3.3 卸油接口应装设快速接头及密封盖。

6.3.4 加油站采用卸油油气回收系统时,其设计应符合下列规定:

　1 汽油罐车向站内油罐卸油应采用平衡式密闭油气回收系统。

　2 各汽油罐可共用一根卸油油气回收主管,回收主管的公称直径不宜小于 80mm。

　3 卸油油气回收管道的接口宜采用自闭式快速接头。采用非自闭式快速接头时,应在靠近快速接头的连接管道上装设阀门。

6.3.5 加油站宜采用油罐装设潜油泵的一泵供多机(枪)的加油工艺。采用自吸式加油机时,每台加油机应按加油品种单独设置进油管和罐内底阀。

6.3.6 加油站采用加油油气回收系统时,其设计应符合下列规定:

　1 应采用真空辅助式油气回收系统。

　2 汽油加油机与油罐之间应设油气回收管道,多台汽油加油机可共用 1 根油气回收主管,油气回收主管的公称直径不应小于 50mm。

　3 加油油气回收系统应采取防止油气反向流至加油枪的措施。

　4 加油机应具备回收油气功能,其气液比宜设定为 1.0~1.2。

　5 在加油机底部与油气回收立管的连接处,应安装一个用于检测阻力和系统密闭性的丝接三通,其旁通短管上应设公称直径为 25mm 的球阀及丝堵。

6.3.7 油罐的接合管设置应符合下列规定:

　1 接合管应为金属材质。

　2 接合管应设在油罐的顶部,其中进油接合管、出油接合管或潜油泵安装口,应设在人孔盖上。

　3 进油管应伸至罐内距罐底 50mm~100mm 处。进油立管的底端应为 45°斜管口或 T 形管口。进油管管壁不得有与油罐

气相空间相通的开口。

　4 罐内潜油泵的入油口或通往自吸式加油机管道的罐内底阀,应高于罐底 150mm~200mm。

　5 油罐的量油孔应设带锁的量油帽。量油孔下部的接合管宜向下伸至罐内距罐底 200mm 处,并应有检尺时使接合管内液位与罐内液位相一致的技术措施。

　6 油罐人孔井内的管道及设备,应保证油罐人孔盖的可拆装性。

　7 人孔盖上的接合管与引出井外管道的连接,宜采用金属软管过渡连接(包括潜油泵出油管)。

6.3.8 汽油罐与柴油罐的通气管应分开设置。通气管口高出地面的高度不应小于 4m。沿建(构)筑物的墙(柱)向上敷设的通气管,其管口应高出建筑物的顶面 1.5m 及以上。通气管口应设置阻火器。

6.3.9 通气管的公称直径不应小于 50mm。

6.3.10 当加油站采用油气回收系统时,汽油罐的通气管口除应装设阻火器外,尚应装设呼吸阀。呼吸阀的工作正压宜为 2kPa~3kPa,工作负压宜为 1.5kPa~2kPa。

6.3.11 加油站工艺管道的选用,应符合下列规定:

　1 油罐通气管道和露出地面的管道,应采用符合现行国家标准《输送流体用无缝钢管》GB/T 8163 的无缝钢管。

　2 其他管道应采用输送流体用无缝钢管或适于输送油品的热塑性塑料管道。所采用的热塑性塑料管道应有质量证明文件。非烃类车用燃料不得采用不导静电的热塑性塑料管道。

　3 无缝钢管的公称壁厚不应小于 4mm,埋地钢管的连接应采用焊接。

　4 热塑性塑料管道的主体结构层应为无孔隙聚乙烯材料,壁厚不应小于 4mm。埋地部分的热塑性塑料管道应采用配套的专用连接管件电熔连接。

　5 导静电热塑性塑料管道导电衬层的体电阻率应小于 $10^8 \Omega \cdot m$,表面电阻率应小于 $10^{10} \Omega$。

　6 不导电热塑性塑料管道主体结构层的介电击穿强度应大于 100kV。

　7 柴油尾气处理液加注设备的管道,应采用奥氏体不锈钢管道或能满足输送柴油尾气处理液的其他管道。

6.3.12 油罐车卸油时用的卸油连通软管、油气回收连通软管,应采用导静电耐油软管,其体电阻率应小于 $10^8 \Omega \cdot m$,表面电阻率应小于 $10^{10} \Omega$,或采用内附金属丝(网)的橡胶软管。

6.3.13 加油站内的工艺管道除必须露出地面的以外,均应埋地敷设。当采用管沟敷设时,管沟内必须用中性沙子或细土填满、填实。

6.3.14 卸油管道、卸油油气回收管道、加油油气回收管道和油罐通气管横管,应坡向埋地油罐。卸油管道的坡度不应小于 2‰,卸油油气回收管道、加油油气回收管道和油罐通气管横管的坡度,不应小于 1‰。

6.3.15 受地形限制,加油油气回收管道坡向油罐的坡度无法满足本规范第 6.3.14 条的要求时,可在管道靠近油罐的位置设置集液器,且管道坡向集液器的坡度不应小于 1‰。

6.3.16 埋地工艺管道的埋设深度不得小于 0.4m。敷设在混凝土场地或道路下面的管道,管顶低于混凝土层下表面不得小于 0.2m。管道周围应回填不小于 100mm 厚的中性沙子或细土。

6.3.17 工艺管道不应穿过或跨越站房等与其无直接关系的建(构)筑物;与管沟、电缆沟和排水沟相交叉时,应采取相应的防护措施。

6.3.18 不导静电热塑性塑料管道的设计和安装,除应符合本规范第 6.3.1 条至第 6.3.17 条的有关规定外,尚应符合下列规定:

　1 管道内油品的流速应小于 2.8m/s。

　2 管道在人孔井内、加油机底槽和卸油口等处未完全埋地的部分,应在满足管道连接要求的前提下,采用最短的安装长度和最

少的接头。

6.3.19 埋地钢质管道外表面的防腐设计，应符合现行国家标准《钢质管道外腐蚀控制规范》GB/T 21447 的有关规定。

6.4 橇装式加油装置

6.4.1 橇装式加油装置的油罐内应安装防爆装置。防爆装置采用阻隔防爆装置时，阻隔防爆装置的选用和安装，应按现行行业标准《阻隔防爆橇装式汽车加油（气）装置技术要求》AQ 3002 的有关规定执行。

6.4.2 橇装式加油装置应采用双层钢制油罐。

6.4.3 橇装式加油装置的汽油设备应采用卸油和加油油气回收系统。

6.4.4 双壁油罐应采用检测仪器或其他设施对内罐与外罐之间的空间进行渗漏监测，并应保证内罐与外罐任何部位出现渗漏时均能被发现。

6.4.5 橇装式加油装置的汽油罐应设防晒罩棚或采取隔热措施。

6.4.6 橇装式加油装置四周应设防护围堰，防护围堰内的有效容量不应小于储罐总容量的 50%。防护围堰应采用不燃烧实体材料建造，且不应渗漏。

6.5 防渗措施

6.5.1 加油站应按国家有关环境保护标准或政府有关环境保护法规、法令的要求，采取防止油品渗漏的措施。

6.5.2 采取防止油品渗漏保护措施的加油站，其埋地油罐应采用下列之一的防渗方式：
　　1 单层油罐设置防渗罐池；
　　2 采用双层油罐。

6.5.3 防渗罐池的设计应符合下列规定：
　　1 防渗罐池应采用防渗钢筋混凝土整体浇筑，并应符合现行国家标准《地下工程防水技术规范》GB 50108 的有关规定。
　　2 防渗罐池应根据罐池的数量设置隔池。一个隔池内的油罐不应多于两座。
　　3 防渗罐池的池壁顶应高于池内罐顶标高，池底宜低于罐底设计标高 200mm，墙铺与罐壁之间的间距不应小于 500mm。
　　4 防渗罐池的内表面应衬玻璃钢或其他材料防渗层。
　　5 防渗罐池内的空间，应采用中性沙回填。
　　6 防渗罐池的上部，应采取防止雨水、地表水和外部泄漏油品渗入池内的措施。

6.5.4 防渗罐池的各隔池内应设检测立管，检测立管的设置应符合下列规定：
　　1 检测立管应采用耐油、耐腐蚀的管材制作，直径宜为 100mm，壁厚不应小于 4mm。
　　2 检测立管的下端应置于防渗罐池的最低处，上部管口应高出罐区设计地面 200mm（油罐设置在车道下的除外）。
　　3 检测立管与池内罐顶标高以下范围应为过滤管段。过滤管段应能允许池内任何层面的渗漏液体（油或水）进入检测管，并应能阻止泥沙侵入。
　　4 检测立管周围应回填粒径为 10mm～30mm 的砾石。
　　5 检测口应有防止雨水、油污、杂物侵入的保护盖和标识。

6.5.5 装有潜油泵的油罐人孔操作井、卸油口井、加油机底槽等可能发生油品渗漏的部位，也应采取相应的防渗措施。

6.5.6 采取防渗漏措施的加油站，其埋地加油管道应采用双层管道。双层管道的设计，应符合下列规定：
　　1 双层管道的内层管应符合本规范第 6.3 节的有关规定。
　　2 采用双层非金属管道时，外层管应满足耐油、耐腐蚀、耐老化和系统试验压力的要求。
　　3 采用双层钢质管道时，外层管的壁厚不应小于 5mm。
　　4 双层管道系统的内层管与外层管之间的缝隙应贯通。

　　5 双层管道系统的最低点应设检漏点。
　　6 双层管道坡向检漏点的坡度，不应小于 5‰，并应保证内层管和外层管任何部位出现渗漏均能在检漏点处被发现。
　　7 管道系统的渗漏检测宜采用在线监测系统。

6.5.7 双层油罐、防渗罐池的渗漏检测宜采用在线监测系统。采用液体传感器监测时，传感器的检测精度不应大于 3.5mm。

6.5.8 既有加油站油罐和管道需要更新改造时，应符合本规范第 6.5.1 条～第 6.5.7 条的规定。

6.6 自助加油站（区）

6.6.1 自助加油站（区）应明显标示加油车辆引导线，并应在加油站车辆入口和加油岛处设置醒目的"自助"标识。

6.6.2 在加油岛和加油机附近的明显位置，应标示油品类别、标号以及安全警示。

6.6.3 不宜在同一加油车位上同时设置汽油、柴油两种加油功能。

6.6.4 自助加油机除应符合本规范第 6.2 节的规定外，尚应符合下列规定：
　　1 应设置释放静电装置。
　　2 应标示自助加油操作说明。
　　3 应具备音频提示系统，在提起加油枪后可提示油品品种、标号并进行操作指导。
　　4 加油枪应设置当跌落时即自动停止加油作业的功能。
　　5 应设置紧急停机开关。

6.6.5 自助加油站应设置视频监视系统，该系统应能覆盖加油区、卸油区、人孔井、收银区、便利店等区域。视频设备不应因车辆遮挡而影响监视。

6.6.6 自助加油站的营业室内应设监控系统，该系统应具备下列监控功能：
　　1 营业员可通过监控系统确认每台自助加油机的使用情况。
　　2 可分别控制每台自助加油机的加油和停止状态。
　　3 发生紧急情况可启动紧急切断开关停止所有加油机运行。
　　4 可与顾客进行单独对话，指导其操作。
　　5 对整个加油场地进行广播。

6.6.7 经营汽油的自助加油站，应设置加油油气回收系统。

7 LPG 加气工艺及设施

7.1 LPG 储罐

7.1.1 加气站内液化石油气储罐的设计，应符合下列规定：
　　1 储罐设计应符合国家现行标准《钢制压力容器》GB 150、《钢制卧式容器》JB 4731 和《固定式压力容器安全技术监察规程》TSGR 0004 的有关规定。
　　2 储罐的设计压力不应小于 1.78MPa。
　　3 储罐的出液管道端口接管高度，应按选择的充装泵要求确定。进液管道和液相回流管道宜接入储罐内的气相空间。

7.1.2 储罐根部关闭阀门的设置应符合下列规定：
　　1 储罐的进液管、液相回流管和气相回流管上应设置止回阀。
　　2 出液管和卸车用的气相平衡管上宜设过流阀。

7.1.3 储罐的管路系统和附属设备的设置应符合下列规定：
　　1 储罐必须设置全启封闭式弹簧安全阀。安全阀与储罐之间的管道上应装设切断阀，切断阀在正常操作时应处于铅封开启状态。地上储罐放散管管口应高出储罐操作平台 2m 及以上，且应高出地面 5m 及以上。地下储罐的放散管管口应高出地面 5m 及以上。放散管管口应垂直向上，底部应设排污管。

2 管路系统的设计压力不应小于 2.5MPa。

3 在储罐外的排污管上应设两道切断阀,阀间宜设排污箱。在寒冷和严寒地区,从储罐底部引出的排污管的根部管道应加装伴热或保温装置。

4 对储罐内未设置控制阀门的出液管道和排污管道,应在储罐的第一道法兰处配备堵漏装置。

5 储罐应设置检修用的放散管,其公称直径不应小于40mm,并宜与安全阀接管共用一个开口。

6 过流阀的关闭流量宜为最大工作流量的 1.6 倍~1.8 倍。

7.1.4 LPG罐测量仪表的设置应符合下列规定:

1 储罐必须设置就地指示的液位计、压力表和温度计,以及液位上、下限报警装置。

2 储罐宜设置液位上限限位控制和压力上限报警装置。

3 在一、二级LPG加气站或合建站内,储罐液位和压力的测量宜设远程监控系统。

7.1.5 LPG储罐严禁设置在室内或地下室内。在加油加气合建站和城市建成区内的加气站,LPG储罐应埋地设置,且不应布置在车行道下。

7.1.6 地上LPG储罐的设置应符合下列规定:

1 储罐应集中单排布置,储罐与储罐之间的净距不应小于相邻较大罐的直径。

2 罐组四周应设置高度为1m的防护堤,防护堤内堤脚线至罐壁净距不应小于2m。

3 储罐的支座应采用钢筋混凝土支座,其耐火极限不应低于5h。

7.1.7 埋地LPG储罐的设置应符合下列规定:

1 储罐之间距离不应小于 2m,且应采用防渗混凝土墙隔开。

2 直接覆土埋设在地下的LPG储罐罐顶的覆土厚度,不应小于0.5m;罐周围应回填中性细沙,其厚度不应小于0.5m。

3 LPG储罐应采取抗浮措施。

7.1.8 埋地LPG储罐采用地下罐池时,应符合下列规定:

1 罐池内壁与罐壁之间的净距不应小于1m。

2 罐池底和侧壁应采取防渗漏措施,池内应用中性细沙或沙包填实。

3 罐顶的覆盖厚度(含盖板)不应小于0.5m,周边填充厚度不应小于0.9m。

4 池底一侧应设排水沟,池底面坡度宜为3‰。抽水井内的电气设备应符合防爆要求。

7.1.9 储罐应坡向排污端,坡度应为3‰~5‰。

7.1.10 埋地LPG储罐外表面的防腐设计,应符合现行行业标准《石油化工设备和管道涂料防腐蚀技术规范》SH 3022 的有关规定,并应采用最高级别防腐绝缘保护层,同时应采取阴极保护措施。在LPG储罐根部阀门后,应安装绝缘法兰。

7.2 泵和压缩机

7.2.1 LPG卸车宜选用卸车泵;LPG储罐总容积大于 30m³ 时,卸车可选用LPG压缩机;LPG储罐总容积小于或等于 45m³ 时,可由LPG槽车上的卸车泵卸车,槽车上的卸车泵宜由站内供电。

7.2.2 向燃气汽车加气应选用充装泵。充装泵的计算流量应依据其所供应的加气枪数量确定。

7.2.3 加气站内所设的卸车泵流量不宜小于 300L/min。

7.2.4 设置在地面上的泵和压缩机,应设置防晒罩棚或泵房(压缩机间)。

7.2.5 LPG储罐的出液管设置在罐体底部时,充装泵的管路系统设计应符合下列规定:

1 泵的进、出口宜安装长度不小于0.3m挠性管或采取其他防振措施。

2 从储罐引至泵进口的液相管道,应坡向泵的进口,且不得有窝存气体的位置。

3 在泵的出口管路上应安装回流阀、止回阀和压力表。

7.2.6 LPG储罐的出液管设在罐体顶部时,抽液泵的管路系统设计应符合本规范第 7.2.5 条第 1、3 款的规定。

7.2.7 潜液泵的管路系统设计除应符合本规范第 7.2.5 条第 3 款的规定外,并宜在安装潜液泵的筒体下部设置切断阀和过流阀。切断阀应能在罐顶操作。

7.2.8 潜液泵宜设超温自动停泵保护装置。电机运行温度至45℃时,应自动切断电源。

7.2.9 LPG压缩机进、出口管道阀门及附件的设置,应符合下列规定:

1 进口管道应设过滤器。

2 出口管道应设止回阀和安全阀。

3 进口管道和储罐的气相之间应设旁通阀。

7.3 LPG加气机

7.3.1 加气机不得设置在室内。

7.3.2 加气机数量应根据加气汽车数量确定。每辆汽车加气时间可按 3min~5min 计算。

7.3.3 加气机应具有充装和计量功能,其技术要求应符合下列规定:

1 加气系统的设计压力不应小于 2.5MPa。

2 加气枪的流量不应大于 60L/min。

3 加气软管上应设安全拉断阀,其分离拉力宜为 400N~600N。

4 加气机的计量精度不应低于 1.0 级。

5 加气枪的加气嘴应与汽车车载LPG储液瓶受气口配套。加气嘴应配置自密封阀,其卸开连接后的液体泄漏量不应大于 5mL。

7.3.4 加气机的液相管道上宜设事故切断阀或过流阀。事故切断阀和过流阀应符合下列规定:

1 当加气机被撞时,设置的事故切断阀应能自行关闭。

2 过流阀关闭流量宜为最大工作流量的 1.6 倍~1.8 倍。

3 事故切断阀或过流阀与充装泵连接的管道应牢固,当加气机被撞时,该管道系统不得受损坏。

7.3.5 加气机附近应设置防撞柱(栏),其高度不应低于 **0.5m**。

7.4 LPG管道系统

7.4.1 LPG管道应选用10号、20号钢或具有同等性能材料的无缝钢管,其技术性能应符合现行国家标准《输送流体用无缝钢管》GB/T 8163 的有关规定。管件应与管子材质相同。

7.4.2 管道上的阀门及其他金属配件的材质宜为碳素钢。

7.4.3 LPG管道组成件的设计压力不应小于 2.5MPa。

7.4.4 管子与管子、管子与管件的连接应采用焊接。

7.4.5 管道与储罐、容器、设备及阀门的连接,宜采用法兰连接。

7.4.6 管道系统上的胶管应采用耐LPG腐蚀的钢丝缠绕高压胶管,压力等级不应小于 6.4MPa。

7.4.7 LPG管道宜埋地敷设。当需要管沟敷设时,管沟应采用中性沙子填实。

7.4.8 埋地管道应埋设在土壤冰冻线以下,且覆土厚度(管顶至路面)不得小于 0.8m。穿越车行道处,宜加设套管。

7.4.9 埋地管道防腐设计,应符合现行国家标准《钢质管道外腐蚀控制规范》GB/T 21447 的有关规定。

7.4.10 液态LPG在管道中的流速,泵前不宜大于 1.2m/s,泵后不应大于 3m/s;气态LPG在管道中的流速不宜大于 12m/s。

7.4.11 液化石油气罐的出液管道和连接槽车的液相管道上,应设置紧急切断阀。

7.5 槽车卸车点

7.5.1 连接 LPG 槽车的液相管道和气相管道上应设置安全拉断阀。

7.5.2 安全拉断阀的分离拉力宜为 400N～600N，关断阀与接头的距离不应大于 0.2m。

7.5.3 在 LPG 储罐或卸车泵的进口管道上应设过滤器。过滤器滤网的流通面积不应小于管道截面积的 5 倍，并应能阻止粒度大于 0.2mm 的固体杂质通过。

8 CNG 加气工艺及设施

8.1 CNG 常规加气站和加气母站工艺设施

8.1.1 天然气进站管道宜采取调压或限压措施。天然气进站管道设置调压器时，调压器应设置在天然气进站管道上的紧急关断阀之后。

8.1.2 天然气进站管道上应设计量装置。计量准确度不应低于 1.0 级。体积流量计量的基准状态，压力为 101.325kPa，温度应为 20℃。

8.1.3 进站天然气硫化氢含量不符合现行国家标准《车用压缩天然气》GB 18047 的有关规定时，应在站内进行脱硫处理。脱硫系统的设计应符合下列规定：
1 脱硫应在天然气增压前进行。
2 脱硫设备应设在室外。
3 脱硫系统宜设置备用脱硫塔。
4 脱硫设备宜采用固体脱硫剂。
5 脱硫塔前后的工艺管道上应设置硫化氢含量检测取样口，也可设置硫化氢含量在线检测分析仪。

8.1.4 进站天然气含水量不符合现行国家标准《车用压缩天然气》GB 18047 的有关规定时，应在站内进行脱水处理。脱水系统的设计应符合下列规定：
1 脱水系统宜设置备用脱水设备。
2 脱水设备宜采用固体吸附剂。
3 脱水设备的出口管道上应设置露点检测仪。

8.1.5 进入压缩机的天然气不应含游离水，含尘量和微尘直径等质量指标应符合所选用的压缩机的有关规定。

8.1.6 压缩机排气压力不应大于 25MPa（表压）。

8.1.7 压缩机组进口前应分设缓冲罐，机组出口后宜设排气缓冲罐。缓冲罐的设置应符合下列规定：
1 分离缓冲罐应设在进气总管上或每台机组的进口位置处。
2 分离缓冲罐内应有凝液捕集分离结构。
3 机组排气缓冲宜设置在机组排气除油过滤器之后。
4 天然气在缓冲罐内的停留时间不宜小于 10s。
5 分离缓冲罐及容积大于 $0.3m^3$ 的排气缓冲罐，应设压力指示仪表和液位计，并应有超压安全泄放措施。

8.1.8 设置压缩机组的吸气、排气管道时，应避免振动对管道系统、压缩机和建（构）物造成有害影响。

8.1.9 天然气压缩机宜单排布置，压缩机房的主要通道宽度不宜小于 2m。

8.1.10 压缩机组的运行管理宜采用计算机集中控制。

8.1.11 压缩机的卸载排气不应对外放散，宜回收至压缩机缓冲罐。

8.1.12 压缩机组排出的冷凝液应集中处理。

8.1.13 固定储气设施的额定工作压力应为 25MPa，设计温度应满足环境温度要求。

8.1.14 CNG 加气站内所设置的固定储气设施应选用储气瓶或储气井。

8.1.15 固定储气瓶（组）宜选用同一种规格型号的大容积储气瓶，并应符合现行国家标准《站用压缩天然气钢瓶》GB 19158 的有关规定。

8.1.16 储气瓶（组）应固定在独立支架上，地上储气瓶（组）宜卧式放置。

8.1.17 固定储气设施应有积液收集处理措施。

8.1.18 储气井不宜建在地质滑坡带及溶洞等地质构造上。

8.1.19 储气井本体的设计疲劳次数不应小于 2.5×10^4 次。

8.1.20 储气井的工程设计和建造，应符合国家法规和现行行业标准《高压气地下储气井》SY/T 6535 及其他有关标准的规定。储气井口应便于开启检测。

8.1.21 CNG 加（卸）气设备设置应符合下列规定：
1 加（卸）气设施不得设置在室内。
2 加（卸）气设备额定工作压力应为 20MPa。
3 加气机流量不应大于 $0.25m^3/min$（工作状态）。
4 加（卸）气柱流量不应大于 $0.5m^3/min$（工作状态）。
5 加气（卸气）枪软管上应设安全拉断阀。加气机安全拉断阀的分离拉力宜为 400N～600N，加气柱安全拉断阀的分离拉力宜为 600N～900N。软管的长度不应大于 6m。
6 加卸气设施应满足工作温度的要求。

8.1.22 储气瓶（组）的管道接口端不宜朝向办公区、加气岛和临近的站外建筑物。不可避免时，储气瓶（组）的管道接口端与办公区、加气岛和临近的站外建筑物之间应设厚度不小于 200mm 的钢筋混凝土实体墙隔墙，并应符合下列规定：
1 固定储气瓶（组）的管道接口端与办公区、加气岛和临近的站外建筑物之间设置的隔墙，其高度应高于储气瓶（组）顶部 1m 及以上，隔墙长度应为储气瓶（组）宽度两端各加 2m 及以上。
2 车载储气瓶组的管道接口端与办公区、加气岛和临近的站外建筑物之间设置的隔墙，其高度应高于储气瓶组拖车的高度 1m 及以上，长度不小于车宽两端各加 1m 及以上。
3 储气瓶（组）管道接口端与站外建筑物之间设置的隔墙，可作为站区围墙的一部分。

8.1.23 加气设施的计量准确度不应低于 1.0 级。

8.2 CNG 加气子站工艺设施

8.2.1 CNG 加气子站可采用压缩机增压或液压设备增压的加气工艺。

8.2.2 采用液压设备增压工艺的 CNG 加气子站，其液压设备不应使用甲类或乙类可燃液体，液体的操作温度应低于液体的闪点至少 5℃。

8.2.3 CNG 加气子站的液压设施应采用防爆电气设备，液压设施与站内其他设施的间距可不限。

8.2.4 CNG 加气子站储气设施、压缩机、加气机、卸气柱的设置，应符合本规范第 8.1 节的有关规定。

8.2.5 储气瓶（组）的管道接口端不宜朝向办公区、加气岛和临近的站外建筑物。不可避免时，应符合本规范第 8.1.21 条的规定。

8.3 CNG 工艺设施的安全保护

8.3.1 天然气进站管道上应设置紧急切断阀。可手动操作的紧急切断阀的位置应便于发生事故时能及时切断气源。

8.3.2 站内天然气调压计量、增压、储存、加气各工段，应分段设置切断气源的切断阀。

8.3.3 储气瓶（组）、储气井与加气机或加气柱之间的总管上应设主切断阀。每个储气瓶（井）出口应设切断阀。

8.3.4 储气瓶（组）、储气井进气总管上应设安全阀及紧急放散管、压力表及超压报警器。车载储气瓶组应有与站内工艺安全设施相匹配的安全保护措施,但可不设超压报警器。

8.3.5 加气站内各级管道和设备的设计压力低于来气可能达到的最高压力时,应设置安全阀。安全阀的设置,应符合现行行业标准《固定式压力容器安全技术监察规程》TSG R0004 的有关规定。安全阀的定压 P_0 除应符合现行行业标准《固定式压力容器安全技术监察规程》TSG R0004 的有关规定外,尚应符合下列公式的规定:

 1 当 $P_w \leqslant 1.8\text{MPa}$ 时:
$$P_0 = P_w + 0.18 \tag{8.3.5-1}$$
式中:P_0——安全阀的定压(MPa)。
   P_w——设备最大工作压力(MPa)。

 2 当 $1.8\text{MPa} < P_w \leqslant 4.0\text{MPa}$ 时:
$$P_0 = 1.1 P_w \tag{8.3.5-2}$$

 3 当 $4.0\text{MPa} < P_w \leqslant 8.0\text{MPa}$ 时:
$$P_0 = P_w + 0.4 \tag{8.3.5-3}$$

 4 当 $8.0\text{MPa} < P_w \leqslant 25.0\text{MPa}$ 时:
$$P_0 = 1.05 P_w \tag{8.3.5-4}$$

8.3.6 加气站内的所有设备和管道组成件的设计压力,应高于最大工作压力10%及以上,且不应低于安全阀的定压。

8.3.7 加气站内的天然气管道和储气瓶(组)应设置泄压放空设施,泄压放空设施应采取防堵塞和防冻措施。泄放气体应符合下列规定:

 1 一次泄放量大于 500m³(基准状态)的高压气体,应通过放散管迅速排放。

 2 一次泄放量大于 2m³(基准状态),泄放次数平均每小时2次~3次以上的操作排放,应设置专用回收罐。

 3 一次泄放量小于 2m³(基准状态)的气体可排入大气。

8.3.8 加气站的天然气放散管设置应符合下列规定:

 1 不同压力级别系统的放散管宜分别设置。

 2 放散管管口应高出设备平台 2m 及以上,且应高出所在地面 5m 及以上。

 3 放散管应垂直向上。

8.3.9 压缩机组运行的安全保护应符合下列规定:

 1 压缩机出口与第一个截断阀之间应设安全阀,安全阀的泄放能力不应小于压缩机的安全泄放量。

 2 压缩机进、出口应设高、低压报警和高压越限停机装置。

 3 压缩机组的冷却系统应设温度报警及停车装置。

 4 压缩机组的润滑油系统应设低压报警及停机装置。

8.3.10 CNG 加气站内的设备及管道,凡经增压、输送、储存、缓冲或有较大阻力损失需显示压力的位置,均应设压力测点,并应设供压力表拆卸时高压气体泄压的安全泄气孔。压力表量程范围宜为工作压力的 1.5 倍~2 倍。

8.3.11 CNG 加气站内下列位置应设高度不小于 0.5m 的防撞柱(栏):

 1 固定储气瓶(组)或储气井与站内汽车通道相邻一侧。

 2 加气机、加气柱和卸气柱的车辆通过侧。

8.3.12 CNG 加气机、加气柱的进气管道上,宜设置防撞事故自动切断阀。

8.4 CNG 管道及其组成件

8.4.1 天然气管道应选用无缝钢管。设计压力低于 4MPa 的天然气管道,应符合现行国家标准《输送流体用无缝钢管》GB/T 8163 的有关规定;设计压力等于或高于 4MPa 的天然气管道,应符合现行国家标准《流体输送用不锈钢无缝钢管》GB/T 14976 或《高压锅炉用无缝钢管》GB 5310 的有关规定。

8.4.2 加气站内与天然气接触的所有设备和管道组成件的材质,应与天然气介质相适应。

8.4.3 站内高压天然气管道宜采用焊接连接,管道与设备、阀门可采用法兰、卡套、锥管螺纹连接。

8.4.4 天然气管道宜埋地或管沟充沙敷设,埋地敷设时其管顶距地面不应小于 0.5m。冰冻地区宜敷设在冰冻线以下。室内管道宜采用管沟敷设,管沟应用中性沙填充。

8.4.5 埋地管道防腐设计,应符合现行国家标准《钢质管道外腐蚀控制规范》GB/T 21447 的有关规定。

9 LNG 和 L-CNG 加气工艺及设施

9.1 LNG 储罐、泵和气化器

9.1.1 加气站、加油加气合建站内 LNG 储罐的设计,应符合下列规定:

 1 储罐设计应符合国家现行标准《钢制压力容器》GB 150、《低温绝热压力容器》GB 18442 和《固定式压力容器安全技术监察规程》TSG R0004 的有关规定。

 2 储罐内筒的设计温度不应高于-196℃,设计压力应符合下列公式的规定:

 1)当 $P_w < 0.9\text{MPa}$ 时:
$$P_d \geqslant P_w + 0.18\text{MPa} \tag{9.1.1-1}$$

 2)当 $P_w \geqslant 0.9\text{MPa}$ 时:
$$P_d \geqslant 1.2 P_w \tag{9.1.1-2}$$
式中:P_d——设计压力(MPa)。
   P_w——设备最大工作压力(MPa)。

 3 内罐与外罐之间应设绝热层,绝热层应与 LNG 和天然气相适应,并应为不燃材料。外罐外部着火时,绝热层的绝热性能不应明显降低。

9.1.2 在城市中心区内,各类 LNG 加气站及加油加气合建站,应采用埋地 LNG 储罐、地下 LNG 储罐或半地下 LNG 储罐。

9.1.3 地上 LNG 储罐等设备的设置,应符合下列规定:

 1 LNG 储罐之间的净距不应小于相邻较大罐的直径的1/2,且不应小于 2m。

 2 LNG 储罐组四周应设防护堤,堤内的有效容量不应小于其中 1 个最大 LNG 储罐的容量。防护堤内地面应至少低于周边地面 0.1m,防护堤顶面应至少高出堤内地面 0.8m,且应至少高出堤外地面 0.4m。防护堤堤脚线至 LNG 储罐外壁的净距不应小于 2m。防护堤应采用不燃烧实体材料建造,应能承受所容纳液体的静压及温度变化的影响,且不应渗漏。防护堤的雨水排放口应有封堵措施。

 3 防护堤内不应设置其他可燃液体储罐、CNG 储气瓶(组)或储气井。非明火气化器和 LNG 泵可设置在防护堤内。

9.1.4 地下或半地下 LNG 储罐的设置,应符合下列规定:

 1 储罐宜采用卧式储罐。

 2 储罐应安装在罐池中。罐池应为不燃烧实体防护结构,应能承受所容纳液体的静压及温度变化的影响,且不应渗漏。

 3 储罐的外壁距罐池内壁的距离不应小于 1m,同池内储罐的间距不应小于 1.5m。

 4 罐池深度大于或等于 2m 时,池壁顶应至少高出池外地面 1m。

 5 半地下 LNG 储罐的池壁顶至少高出罐顶 0.2m。

 6 储罐应采取抗浮措施。

 7 罐池上方可设置开敞式的罩棚。

9.1.5 储罐基础的耐火极限不应低于 3h。

9.1.6 LNG 储罐阀门的设置应符合下列规定:

1 储罐应设置全启封闭式安全阀,且不应少于2个,其中1个应为备用。安全阀的设置应符合现行行业标准《固定式压力容器安全技术监察规程》TSG R0004 的有关规定。

2 安全阀与储罐之间应设切断阀,切断阀在正常操作时应处于铅封开启状态。

3 与LNG储罐连接的LNG管道应设置可远程操作的紧急切断阀。

4 与储罐气相空间相连的管道上应设置可远程控制的放散控制阀。

5 LNG储罐液相管道根部阀门与储罐的连接应采用焊接,阀体材质应与管子材质相适应。

9.1.7 LNG储罐的仪表设置应符合下列规定:

1 LNG储罐应设置液位计和高液位报警器。高液位报警器应与进液管道紧急切断阀连锁。

2 LNG储罐最高液位以上部位应设置压力表。

3 在内罐与外罐之间应设置检测环形空间绝对压力的仪器或检测接口。

4 液位计、压力表应能就地指示,并应将检测信号传送至控制室集中显示。

9.1.8 充装LNG汽车系统使用的潜液泵宜安装在泵池内。潜液泵罐的设计应符合本规范第9.1.1条的规定。LNG潜液泵罐的管路系统和附属设备的设置,应符合下列规定:

1 LNG储罐的底部(外壁)与潜液泵罐的顶部(外壁)的高差,应满足LNG潜液泵的性能要求。

2 潜液泵罐的回气管道宜与LNG储罐的气相管道接通。

3 潜液泵罐应设置温度和压力检测仪表。温度和压力检测仪表应能就地指示,并应将检测信号传送至控制室集中显示。

4 在泵出口管道上设置全启封闭式安全阀和紧急切断阀。泵出口宜设置止回阀。

9.1.9 L-CNG系统采用柱塞泵输送LNG时,柱塞泵的设置应符合下列规定:

1 柱塞泵的设置应满足泵吸入压头要求。

2 泵的进、出口管道应设置防震装置。

3 在泵出口管道上应设置止回阀和全启封闭式安全阀。

4 在泵出口管道上应设置温度和压力检测仪表。温度和压力检测仪表应能就地指示,并应将检测信号传送至控制室集中显示。

5 应采取防噪声措施。

9.1.10 气化器的设置应符合下列规定:

1 气化器的选用应符合当地冬季气温条件下的使用要求。

2 气化器的设计压力不应小于最大工作压力的1.2倍。

3 高压气化器出口气体温度不应低于5℃。

4 高压气化器出口应设置温度计。

9.2 LNG卸车

9.2.1 连接槽车的液相管道上应设置紧急切断阀和止回阀,气相管道上宜设切断阀。

9.2.2 LNG卸车软管应采用奥氏体不锈钢波纹软管,其公称压力不得小于装卸系统工作压力的2倍,其最小爆破压力不应小于公称压力的4倍。

9.3 LNG加气区

9.3.1 加气机不得设置在室内。

9.3.2 LNG加气机应符合下列规定:

1 加气系统的充装压力不应大于汽车车载瓶的最大工作压力。

2 加气机计量误差不宜大于1.5%。

3 加气机加气软管应设安全拉断阀,安全拉断阀的脱离拉力宜为400N~600N。

4 加气机配置的软管应符合本规范第9.2.2条的规定,软管的长度不应大于6m。

9.3.3 在LNG加气岛上宜配置氮气或压缩空气管吹扫接头,其最小爆破压力不应小于公称压力的4倍。

9.3.4 加气机附近应设置防撞(柱)栏,其高度不应小于0.5m。

9.4 LNG管道系统

9.4.1 LNG管道和低温气相管道的设计,应符合下列规定:

1 管道系统的设计压力不小于最大工作压力的1.2倍,且不应小于所连接设备(或容器)的设计压力与静压头之和。

2 管道的设计温度不应高于−196℃。

3 管道和管道件材质应采用低温不锈钢。管道应符合现行国家标准《流体输送用不锈钢无缝钢管》GB/T 14976 的有关规定,管件应符合现行国家标准《钢制对焊无缝管件》GB/T 12459 的有关规定。

9.4.2 阀门的选用应符合现行国家标准《低温阀门技术条件》GB/T 24925 的有关规定。紧急切断阀的选用应符合现行国家标准《低温介质用紧急切断阀》GB/T 24918 的有关规定。

9.4.3 远程控制的阀门均应具有手动操作功能。

9.4.4 低温管道所采用的绝热保冷材料应为防潮性能良好的不燃材料。低温管道绝热工程应符合现行国家标准《工业设备及管道绝热工程设计规范》GB 50264 的有关规定。

9.4.5 LNG管道的两个切断阀之间应设置安全阀或其他泄压装置,泄压排放的气体应接入放散管。

9.4.6 LNG设备和管道的天然气放散应符合下列规定:

1 加气站内应集中放散管。LNG储罐的放散管应接入集中放散管,其他设备和管道的放散管宜接入集中放散管。

2 放散管管口应高出LNG储罐及以管口为中心半径12m范围内的建(构)筑物2m以上,且距地面不应小于5m。放散管管口不宜设罩等影响放散气流垂直向上的装置。放散管底部应有排污措施。

3 低温天然气系统的放散应经加热器加热后放散,放散天然气的温度不宜低于−107℃。

10 消防设施及给排水

10.1 灭火器材配置

10.1.1 加油加气站工艺设备应配置灭火器材,并应符合下列规定:

1 每2台加气机应配置不少于2具4kg手提式干粉灭火器,加气机不足2台应按2台配置。

2 每2台加油机应配置不少于2具4kg手提式干粉灭火器,或1具4kg手提式干粉灭火器和1具6L泡沫灭火器。加油机不足2台应按2台配置。

3 地上LPG储罐、地上LNG储罐、地下和半地下LNG储罐、CNG储气设施,应配置2台不小于35kg推车式干粉灭火器。当两种介质储罐之间的距离超过15m时,应分别配置。

4 地下储罐应配置1台不小于35kg推车式干粉灭火器。当两种介质储罐之间的距离超过15m时,应分别配置。

5 LPG泵和LNG泵、压缩机操作间(棚),应按建筑面积每50m²配置不少于2具4kg手提式干粉灭火器。

6 一、二级加油站应配置灭火毯5块、沙子2m³;三级加油站应配置灭火毯不少于2块、沙子2m³。加油加气合建站应按同级别的加油站配置灭火毯和沙子。

10.1.2 其余建筑的灭火器配置,应符合现行国家标准《建筑灭火器配置设计规范》GB 50140 的有关规定。

10.2 消防给水

10.2.1 加油加气站的 LPG 设施应设置消防给水系统。

10.2.2 设置有地上 LNG 储罐的一、二级 LNG 加气站应设消防给水系统,但符合下列条件之一时可不设消防给水系统:

 1 LNG 加气站位于市政消火栓保护半径 150m 以内,且能满足一级站供水量不小于 20L/s 或二级站供水量不小于 15L/s 时。

 2 LNG 储罐之间的净距不小于 4m,且在 LNG 储罐之间设置耐火极限不低于 3h 钢筋混凝土防火隔墙。防火隔墙顶部高于 LNG 储罐顶部,长度至两侧防堤,厚度不小于 200mm。

 3 LNG 加气站位于城市建成区以外,且为严重缺水地区;LNG 储罐、放散管、储气瓶(组)、卸车点与站外建(构)筑物的安全间距,不小于本规范表 4.0.8 和表 4.0.9 规定的安全间距的 2 倍;LNG 储罐之间的净距不小于 4m;灭火器材的配置数量在本规范第 10.1 节规定的基础上增加 1 倍。

10.2.3 加油站、CNG 加气站、三级 LNG 加气站和采用埋地、地下和半地下 LNG 储罐的各级 LNG 加气站,可不设消防给水系统。

10.2.4 消防给水应利用城市或企业已建的消防给水系统。当无消防给水系统可依托时,应自建消防给水系统。

10.2.5 LPG、LNG 设施的消防给水管道可与站内的生产、生活给水管道合并设置,消防水量应按固定式冷却水量和移动水量之和计算。

10.2.6 LPG 设施的消防给水设计应符合下列规定:

 1 LPG 储罐采用地上设置的加气站,消火栓消防用水量不应小于 20L/s;总容积大于 50m³ 的地上 LPG 的储罐还应设置固定式消防冷却水系统,其冷却水供给强度不应小于 0.15L/m²·s,着火罐的供水范围应按其全部表面积计算,距着火罐直径与长度之和 0.75 倍范围内的相邻储罐的供水范围,可按相邻储罐表面积的一半计算。

 2 采用埋地 LPG 储罐的加气站,一级站消火栓消防用水量不应小于 15L/s;二级站和三级站消火栓消防用水量不应小于 10L/s。

 3 LPG 储罐地上布置时,连续给水时间不应少于 3h;LPG 储罐埋地敷设时,连续给水时间不应少于 1h。

10.2.7 设置有地上 LNG 储罐的各类 LNG 加气站及加油加气合建站的消防给水设计,应符合下列规定:

 1 一级站消火栓消防用水量不应小于 20L/s,二级站消火栓消防用水量不应小于 15L/s。

 2 连续给水时间不应少于 2h。

10.2.8 消防水泵宜设 2 台。当设 2 台消防水泵时,可不设备用泵。当计算消防用水量超过 35L/s 时,消防水泵应设双动力源。

10.2.9 LPG 设施的消防给水系统利用城市消防给水管道时,室外消火栓与 LPG 储罐的距离宜为 30m~50m。三级站的 LPG 储罐距市政消火栓不大于 80m,且市政消火栓给水压力大于 0.2MPa 时,站内可不设消火栓。

10.2.10 固定式消防喷淋冷却水的喷头出口处给水压力不应小于 0.2MPa。移动式消防水枪出口处给水压力不应小于 0.2MPa,并应采用多功能水枪。

10.3 给排水系统

10.3.1 加油加气站设置的水冷式压缩机系统的压缩机冷却水供给,应满足压缩机的水量、水质要求,且宜循环使用。

10.3.2 加油加气站的排水应符合下列规定:

 1 站内地面雨水可散流排出站外。当雨水由明沟排至站外时,应在围墙内设置水封装置。

 2 加油站、LPG 加气站或加油与 LPG 加气合建站排出建筑物或围墙的污水,在建筑物墙外或围墙内应分别设水封井(独立的生活污水除外)。水封井的水封高度不应小于 0.25m;水封井应设沉泥段,沉泥段高度不应小于 0.25m。

 3 清洗油罐的污水应集中收集处理,不应直接进入排水管道。LPG 储罐的排污(排水)应采用活动式回收桶集中收集处理,不应直接接入排水管道。

 4 排出站外的污水应符合国家现行有关污水排放标准的规定。

 5 加油站、LPG 加气站,不应采用暗沟排水。

11 电气、报警和紧急切断系统

11.1 供配电

11.1.1 加油加气站的供电负荷等级可为三级,信息系统应设不间断供电电源。

11.1.2 加油站、LPG 加气站、加油和 LPG 加气合建站的供电电源,宜采用电压为 380/220V 的外接电源;CNG 加气站、LNG 加气站、L-CNG 加气站、加油和 CNG(或 LNG 加气站、L-CNG 加气站)加气合建站的供电电源,宜采用电压为 6/10kV 的外接电源。加油站的供电系统应设独立的计量装置。

11.1.3 加油站、加气站及加油加气合建站的消防泵房、罩棚、营业室、LPG 泵房、压缩机间等处,均应设事故照明。

11.1.4 当引用外电源有困难时,加油加气站可设置小型内燃发电机组。内燃机的排烟管口,应安装阻火器。排烟管口至各爆炸危险区域边界的水平距离,应符合下列规定:

 1 排烟口高出地面 4.5m 以下时,不应小于 5m。

 2 排烟口高出地面 4.5m 及以上时,不应小于 3m。

11.1.5 加油加气站的电力线路宜采用电缆并直埋敷设。电缆穿越行车道部分,应穿钢管保护。

11.1.6 当采用电缆沟敷设电缆时,加油加气作业区内的电缆沟内必须充沙填实。电缆不得与油品、LPG、LNG 和 CNG 管道以及热力管道敷设在同一沟内。

11.1.7 爆炸危险区域内的电气设备选型、安装、电力线路敷设等,应符合现行国家标准《爆炸和火灾危险环境电力装置设计规范》GB 50058 的有关规定。

11.1.8 加油加气站内爆炸危险区域以外的照明灯具,可选用非防爆型。罩棚下处于非爆炸危险区域的灯具,应选用防护等级不低于 IP 44 级的照明灯具。

11.2 防雷、防静电

11.2.1 钢制油罐、LPG 储罐、LNG 储罐和 CNG 储气瓶(组)必须进行防雷接地,接地点不应少于 2 处。

11.2.2 加油加气站的电气接地应符合下列规定:

 1 防雷接地、防静电接地、电气设备的工作接地、保护接地及信息系统的接地等,宜共用接地装置,其接地电阻应按其中接地电阻值要求最小的接地电阻值确定。

 2 当各自单独设置接地装置时,油罐、LPG 储罐、LNG 储罐和 CNG 储气瓶(组)的防雷接地装置的接地电阻、配线电缆金属外皮两端和保护钢管两端的接地装置的接地电阻,不应大于 10Ω,电气系统的工作和保护接地电阻不应大于 4Ω,地上油品、LPG、CNG 和 LNG 管道始、末端和分支处的接地装置的接地电阻,不大于 30Ω。

11.2.3 当 LPG 储罐的阴极防腐符合下列规定时,可不另设防雷和防静电接地装置:

1 LPG 储罐采用牺牲阳极法进行阴极防腐时,牺牲阳极的接地电阻不应大于 10Ω,阳极与储罐的铜芯连线横截面不应小于 16mm²。

2 LPG 储罐采用强制电流法进行阴极防腐时,接地电极应采用锌棒或镁锌复合棒,其接地电阻不应大于 10Ω,接地电极与储罐的铜芯连线横截面不应小于 16mm²。

11.2.4 埋地钢制储罐、埋地 LPG 储罐和埋地 LNG 储罐,以及非金属油罐顶部的金属部件和罐内的各金属部件,应与非埋地部分的工艺金属管道相互做电气连接并接地。

11.2.5 加油加气站内油气放散管在接入全站共用接地装置后,可不单独做防雷接地。

11.2.6 当加油加气站内的站房和罩棚等建筑物需要防直击雷时,应采用避雷带(网)保护。当罩棚采用金属屋面时,其顶面单层金属板厚度大于 0.5mm、搭接长度大于 100mm,且下面无易燃的吊顶材料时,可不采用避雷带(网)保护。

11.2.7 加油加气站的信息系统应采用铠装电缆或导线穿钢管配线。配线电缆金属外皮两端、保护钢管两端均应接地。

11.2.8 加油加气站信息系统的配电线路首、末端与电子器件连接时,应设置与电子器件耐压水平相适应的过电压(电涌)保护器。

11.2.9 380/220V 供配电系统宜采用 TN—S 系统,当外供电源为 380V 时,可采用 TN—C—S 系统。供电系统的电缆金属外皮或电缆金属保护管两端均应接地,在供配电系统的电源端应安装与设备耐压水平相适应的过电压(电涌)保护器。

11.2.10 地上或管沟敷设的油品管道、LPG 管道、LNG 管道和 CNG 管道,应设防静电和防感应雷的共用接地装置,其接地电阻不应大于 30Ω。

11.2.11 加油加气站的汽油罐车、LPG 罐车和 LNG 罐车卸车场地和 CNG 加气子站内的车载储气瓶组的卸气场地,应设卸车或卸气时用的防静电接地装置,并应设置能检测跨接线及监视接地装置状态的静电接地仪。

11.2.12 在爆炸危险区域内工艺管道上的法兰、胶管两端等连接处,应用金属线跨接。当法兰的连接螺栓不少于 5 根时,在非腐蚀环境下可不跨接。

11.2.13 油罐车卸油用的卸油软管、油气回收软管与两端快速接头,应保证可靠的电气连接。

11.2.14 采用导静电的热塑性塑料管道时,导电内衬应接地;采用不导静电的热塑性塑料管道时,不埋地部分的热熔连接件应保证长期可靠的接地,也可采用专用的密封帽将连接管件的电熔插孔密封,管道或接头的其他导电部件也应接地。

11.2.15 防静电接地装置的接地电阻不应大于 100Ω。

11.3 充电设施

11.3.1 户外安装的充电设备的基础应高于所在地坪 200mm。

11.3.2 户外安装的直流充电机、直流充电桩和交流充电桩的防护等级应为 IP 54。

11.3.3 直流充电机、直流或交流充电桩与站内汽车通道(或充电车位)相邻一侧,应设置车挡或防撞(柱)栏,防撞(柱)栏的高度不应小于 0.5m。

11.4 报警系统

11.4.1 加气站、加油加气合建站应设置可燃气体检测报警系统。

11.4.2 加气站、加油加气合建站内设置有 LPG 设备、LNG 设备的场所和设置有 CNG 设备(包括罐、瓶、泵、压缩机等)的房间内、罩棚下,应设置可燃气体检测器。

11.4.3 可燃气体检测器一级报警设定值小于或等于可燃气体爆炸下限的 25%。

11.4.4 LPG 储罐和 LNG 储罐应设置液位上限、下限报警装置和压力上限报警装置。

11.4.5 报警器宜集中设置在控制室或值班室内。

11.4.6 报警系统应配有不间断电源。

11.4.7 可燃气体检测器和报警器的选用和安装,应符合现行国家标准《石油化工可燃气体和有毒气体检测报警设计规范》GB 50493 的有关规定。

11.4.8 LNG 泵应设超温、超压自动停泵保护装置。

11.5 紧急切断系统

11.5.1 加油加气站应设置紧急切断系统,该系统应能在事故状态下迅速切断加油泵、LPG 泵、LNG 泵、LPG 压缩机、CNG 压缩机的电源和关闭重要的 LPG、CNG、LNG 管道阀门。紧急切断系统应具有失效保护功能。

11.5.2 加油泵、LPG 泵、LNG 泵、LPG 压缩机、CNG 压缩机的电源和加气站管道上的紧急切断阀,应能由手动启动的远程控制切断系统操纵关闭。

11.5.3 紧急切断系统应至少在下列位置设置启动开关:
  1 距加气站卸车点 5m 以内。
  2 在加油加气现场工作人员容易接近的位置。
  3 在控制室或值班室内。

11.5.4 紧急切断系统应只能手动复位。

12 采暖通风、建(构)筑物、绿化

12.1 采暖通风

12.1.1 加油加气站内的各类房间应根据站场环境、生产工艺特点和运行管理需要进行采暖设计。采暖房间的室内计算温度不宜低于表 12.1.1 的规定。

表 12.1.1 采暖房间的室内计算温度

房间名称	室内计算温度(℃)
营业室、仪表控制室、办公室、值班休息室	18
浴室、更衣室	25
卫生间	12
压缩机间、调压器间、可燃液体泵房、发电间	12
消防器材间	5

12.1.2 加油加气站的采暖宜利用城市、小区或邻近单位的热源。无利用条件时,可在加油加气站内设置锅炉房。

12.1.3 设置在站房内的热水锅炉房(间),应符合下列规定:
  1 锅炉宜选用额定供热量不大于 140kW 的小型锅炉。
  2 当采用燃煤锅炉时,宜选用具有除尘功能的自然通风型锅炉。锅炉烟囱出口应高出屋顶 2m 及以上,且应采取防止火星外逸的有效措施。
  3 当采用燃气热水器采暖时,热水器应设有排烟系统和熄火保护等安全装置。

12.1.4 加油加气站内,爆炸危险区域内的房间或箱体应采取通风措施,并应符合下列规定:
  1 采用强制通风时,通风设备的通风能力在工艺设备工作期间应按每小时换气 12 次计算,在工艺设备非工作期间应按每小时换气 5 次计算。通风设备应防爆,并应与可燃气体浓度报警器联锁。
  2 采用自然通风时,通风口总面积不应小于 300cm²/m²(地面),通风口不应少于 2 个,且应靠近可燃气体积聚的部位设置。

12.1.5 加油加气站室内外采暖管道宜直埋敷设,当采用管沟敷设时,管沟应充沙填实,进出建筑物处应采取隔断措施。

12.2 建(构)筑物

12.2.1 加油加气作业区内的站房及其他附属建筑物的耐火等级

不应低于二级。当罩棚顶棚的承重构件为钢结构时，其耐火极限可为0.25h，顶棚其他部分不应采用燃烧体建造。

12.2.2 汽车加油、加气场地宜设置罩棚，罩棚的设计应符合下列规定：

    1 罩棚应采用不燃烧材料建造。

    2 进站口无限高措施时，罩棚的净空高度不应小于4.5m；进站口有限高措施时，罩棚的净空高度不应小于限高高度。

    3 罩棚遮盖加油机、加气机的平面投影距离不宜小于2m。

    4 罩棚设计应计算活荷载、雪荷载、风荷载，其设计标准值应符合现行国家标准《建筑结构荷载规范》GB 50009的有关规定。

    5 罩棚的抗震设计应按现行国家标准《建筑抗震设计规范》GB 50011的有关规定执行。

    6 设置于CNG设备和LNG设备上方的罩棚，应采用避免天然气积聚的结构形式。

12.2.3 加油岛、加气岛的设计应符合下列规定：

    1 加油岛、加气岛应高出停车位的地坪0.15m～0.2m。

    2 加油岛、加气岛两端的宽度不应小于1.2m。

    3 加油岛、加气岛上的罩棚立柱边缘距岛端部，不应小于0.6m。

12.2.4 布置有可燃液体或可燃气体设备的建筑物的门窗应向外开启，并应按现行国家标准《建筑设计防火规范》GB 50016的有关规定采取泄压措施。

12.2.5 布置有LPG或LNG设备的房间的地坪应采用不发生火花地面。

12.2.6 加油站的CNG储气瓶（组）间宜采用开敞式或半开敞式钢筋混凝土结构或钢结构。屋面应采用不燃烧轻质材料建造。储气瓶（组）管道接口端朝向的墙应为厚度不小于200mm的钢筋混凝土实体墙。

12.2.7 加油加气站内的工艺设备，不宜布置在封闭的房间或箱体内；工艺设备（不包括本规范要求埋地设置的油罐和LPG储罐）需要布置在封闭的房间或箱体内时，房间或箱体内应设置可燃气体检测报警器和强制通风设备，并应符合本规范第12.1.4条的规定。

12.2.8 当压缩机间与值班室、仪表间相邻时，值班室、仪表间的门窗应位于爆炸危险区范围之外，且与压缩机间的中间隔墙应为无门窗洞口的防火墙。

12.2.9 站房可由办公室、值班室、营业室、控制室、变配电间、卫生间和便利店等组成。

12.2.10 站房的一部分位于加油加气作业区内时，该站房的建筑面积不宜超过300m²，且该站房内不得有明火设备。

12.2.11 辅助服务区内建筑物的面积不应超过本规范附录B中三类保护物标准，其消防设计应符合现行国家标准《建筑设计防火规范》GB 50016的有关规定。

12.2.12 站房可与设置在辅助服务区内的餐厅、汽车服务、锅炉房、厨房、员工宿舍、司机休息室等设施合建，但站房与餐厅、汽车服务、锅炉房、厨房、员工宿舍、司机休息室等设施之间，应设置无门窗洞口且耐火极限不低于3h的实体墙。

12.2.13 站房可设在站外民用建筑物内或与站外民用建筑物合建，并应符合下列规定：

    1 站房与民用建筑物之间不得有连接通道。

    2 站房应单独开通向加油加气站的出入口。

    3 民用建筑物不得有直接通向加油加气站的出入口。

12.2.14 当加油加气站内的锅炉房、厨房等有明火设备的房间与工艺设备之间的距离符合表5.0.13的规定但小于或等于25m时，其朝向加油加气作业区的外墙应为无门窗洞口且耐火极限不低于3h的实体墙。

12.2.15 加油加气站内不应设地下和半地下室。

12.2.16 位于爆炸危险区域内的操作井、排水井，应采取防渗漏和防火花发生的措施。

12.3 绿 化

12.3.1 加油加气站作业区内不得种植油性植物。

12.3.2 LPG加气站作业区内不应种植树木和易造成可燃气体积聚的其他植物。

13 工程施工

13.1 一般规定

13.1.1 承建加油加气站建筑工程的施工单位应具有建筑工程的相应资质。

13.1.2 承建加油加气站安装工程的施工单位应具有安装工程的相应资质。从事锅炉、压力容器及压力管道安装、改造、维修的单位，应取得相应的特种设备许可证。

13.1.3 从事锅炉、压力容器和压力管道焊接的焊工，应按现行行业标准《特种设备焊接操作人员考核细则》TSG Z6002的有关规定，取得与所从事的焊接工作相适应的焊工合格证。

13.1.4 无损检测人员应取得相应的资格。

13.1.5 加油加气站工程施工应按工程设计文件及工艺设备、电气仪表的产品使用说明书进行，需修改或材料代用时，应有原设计单位变更设计的书面文件或经原设计单位同意的设计变更书面文件。

13.1.6 施工单位应编制施工方案，并应在施工前进行设计交底和技术交底。施工方案宜包括下列内容：

    1 工程概况。

    2 施工部署。

    3 施工进度计划。

    4 资源配置计划。

    5 主要施工方法和质量标准。

    6 质量保证措施和安全保证措施。

    7 施工平面布置。

    8 施工记录。

13.1.7 施工用设备、检测设备性能应可靠，计量器具应经过检定，处于合格状态，并应在有效检定期内。

13.1.8 加油加气站施工应做好施工记录，其中隐蔽工程施工记录应有建设或监理单位代表确认签字。

13.1.9 当在敷设有地下管道、线缆的地段进行土石方作业时，应采取安全施工措施。

13.1.10 施工中的安全技术和劳动保护，应按现行国家标准《石油化工建设工程施工安全技术规范》GB 50484的有关规定执行。

13.2 材料和设备检验

13.2.1 材料和设备的规格、型号、材质等应符合设计文件的要求。

13.2.2 材料和设备应具有有效的质量证明文件，并应符合下列规定：

    1 材料质量证明文件的特性数据应符合相应产品标准的规定。

    2 "压力容器产品质量证明书"应符合现行行业标准《固定式压力容器安全技术监察规程》TSG R0004的有关规定，且应有"锅炉压力容器产品安全性能监督检验证书"。

    3 气瓶应具有"产品合格证和批量检验质量证明书"，且应有"锅炉压力容器产品安全性能监督检验证书"。

4 压力容器应按现行国家标准《钢制压力容器》GB 150 的有关规定进行检验与验收；LNG 储罐还应按现行国家标准《低温绝热压力容器》GB 18442 的有关规定进行检验与验收。

5 油罐等常压容器应按设计文件要求和现行行业标准《钢制焊接常压容器》NB/T 47003.1 的有关规定进行检验与验收。

6 储气井应取得"压力容器（储气井）产品安全性能监督检验证书"后投入使用。

7 可燃介质阀门应按现行行业标准《石油化工钢制通用阀门选用、检验及验收》SH 3064 的有关规定进行检验与验收。

8 进口设备尚应有商检部门出具的进口设备商检合格证。

13.2.3 计量仪器应经过检定，处于合格状态，并应在有效检定期内。

13.2.4 设备的开箱检验，应由有关人员参加，并应按装箱清单进行下列检查：

1 应核对设备的名称、型号、规格、包装箱号、箱数，并应检查包装状况。

2 应检查随机技术资料及专用工具。

3 应对主机、附属设备及零、部件进行外观检查，并应核实零、部件的品种、规格、数量等。

4 检验后应提交有签证的检验记录。

13.2.5 可燃介质管道的组成件应有产品标识，并应按现行国家标准《石油化工金属管道工程施工质量验收规范》GB 50517 的有关规定进行检验。

13.2.6 油罐在安装前应进行下列检查：

1 钢制油罐应进行压力试验，试验用压力表精度不应低于 2.5 级，试验介质应为温度不低于 5℃ 的洁净水，试验压力应为 0.1MPa。升压至 0.1MPa 后，应停压 10min，然后降至 0.08MPa，再停压 30min，应以不降压、无泄漏和无变形为合格。压力试验后，应及时清除罐内的积水及焊渣等污物。

2 双层油罐内层与外层之间的间隙，应以 35kPa 空气静压进行正压或真空度渗漏检测，持压 30min，不降压、无泄漏应为合格。

3 双层油罐内层与外层的夹层，应以 34.5kPa 进行水压或气压试验，或以 18kPa 进行真空试验。持压 1h，不降压、无泄漏应为合格。

4 油罐在制造厂已进行压力试验并有压力试验合格报告，并经现场外观检查罐体无损伤，且双层油罐内外层之间的间隙持压符合本条第 2 款的要求时，施工现场可不进行压力试验。

13.2.7 LPG 储罐、LNG 储罐和 CNG 储气瓶（含瓶口阀）安装前，应检查确认内部无水、油和焊渣等污物。

13.2.8 当材料和设备有下列情况之一时，不得使用：

1 质量证明文件特性数据不全或对其数据有异议的。

2 实物标识与质量证明文件标识不符的。

3 要求复验的材料未进行复验或复验后不合格的。

4 不满足设计或国家现行有关产品标准和本规范要求的。

13.2.9 属下列情况之一的储罐，应根据国家现行有关标准和本规范第 6.1 节的规定，进行技术鉴定合格后再使用：

1 旧罐复用及出厂存放时间超过 2 年的。

2 有明显变形、锈蚀或其他缺陷的。

3 对质量有异议的。

13.2.10 埋地油罐的罐体质量检验应在油罐就位前进行，并应有记录，记录包括下列内容：

1 油罐直径、壁厚、公称容量。

2 出厂日期和使用记录。

3 腐蚀情况及技术鉴定合格报告。

4 压力试验合格报告。

13.3 土建工程

13.3.1 工程测量应按现行国家标准《工程测量规范》GB 50026 的有关规定进行。施工过程中应对平面控制桩、水准点等测量成果进行检查和复测，并应对水准点和标桩采取保护措施。

13.3.2 进行场地平整和土方开挖回填作业时，应采取防止地表水或地下水流入作业区的措施。排水出口应设置在远离建筑物的低洼地点，并应保证排水畅通。排水暗沟的出水口处应采取防止冻结的措施。临时排水设施应待地下工程土方回填完毕后再拆除。

13.3.3 在地下水位以下开挖土方时，应采取防止周围建（构）筑物产生附加沉降的措施。

13.3.4 当设计文件无要求时，场地平土应以不小于 2‰ 的坡度坡向排水沟。

13.3.5 土方工程应按现行国家标准《建筑地基基础工程施工质量验收规范》GB 50202 的有关规定进行验收。

13.3.6 混凝土设备基础模板、钢筋和混凝土工程施工，除应符合现行行业标准《石油化工设备混凝土基础工程施工及验收规范》SH 3510 的有关规定外，尚应符合下列规定：

1 拆除模板时基础混凝土达到的强度，不应低于设计强度的 40%。

2 钢筋的混凝土保护层厚度允许偏差为 ±10mm。

3 设备基础的工程质量应符合下列规定：

1）基础混凝土不得有裂缝、蜂窝、露筋等缺陷；

2）基础周围土方应夯实、整平；

3）螺栓应无损坏、腐蚀，螺栓预留孔和预留洞中的积水、杂物应清理干净；

4）设备基础应标出轴线和标高，基础的允许偏差应符合表 13.3.6 的规定；

5）由多个独立基础组成的设备基础，各个基础间的轴线、标高等的允许偏差应按表 13.3.6 的规定检查。

表 13.3.6 块体式设备基础的允许偏差（mm）

项次	项 目		允许偏差
1	轴线位置		20
2	不同平面的标高（不计表面灌浆层厚度）		0 -20
3	平面外形尺寸		±20
4	凸台上平面外形尺寸		0 -20
5	凹穴平面尺寸		+20 0
6	平面度（包括地坪上需安装设备部分）	每米	5
		全长	10
7	侧面垂直度	每米	5
		全高	10
8	预埋地脚螺栓	标高（顶端）	+10 0
		螺栓中心圆直径	±5
		中心距（在根部和顶部两处测量）	±2
9	地脚螺栓预留孔	中心线位置	10
		深度	+20 0
		孔中心线铅垂度	10
10	预埋件	标高（平面）	+5 0
		中心线位置	10
		水平度	10

4 基础交付设备安装时，混凝土强度不应低于设计强度的75%。

5 当对设备基础有沉降量要求时，应在找正、找平及底座二次灌浆完成并达到规定强度后，按下列程序进行沉降观测，应以基础均匀沉降且6d内累计沉降量不大于12mm为合格：

  1) 设置观测基准点和液位观测标识；
  2) 按设备容积的1/3分期注水，每期稳定时间不得少于12h；
  3) 设备充满水后，观测时间不得少于6d。

13.3.7 站房及其他附属建筑物的基础、构造柱、圈梁、模板、钢筋、混凝土，以及砖石工程等的施工，应符合现行国家标准《建筑地基础工程施工质量验收规范》GB 50202、《砌体工程施工质量验收规范》GB 50203和《混凝土结构工程施工质量验收规范》GB 50204的有关规定。

13.3.8 防渗混凝土的施工应符合现行国家标准《地下工程防水技术规范》GB 50108的有关规定。防渗池施工应符合现行行业标准《石油化工混凝土水池工程施工及验收规范》SH/T 3535的有关规定。

13.3.9 站房及其他附属建筑物的屋面工程、地面工程和建筑装饰工程的施工，应符合现行国家标准《屋面工程质量验收规范》GB 50207、《建筑地面工程施工质量验收规范》GB 50209和《建筑装饰装修工程质量验收规范》GB 50210的有关规定。

13.3.10 钢结构的制作、安装应符合现行国家标准《钢结构工程施工质量验收规范》GB 50205的有关规定。建筑物和钢结构的防火涂层的施工，应符合设计文件与产品使用说明书的要求。

13.3.11 站区建筑物的采暖和给排水施工，应按现行国家标准《建筑给水排水及采暖工程施工质量验收规范》GB 50242的有关规定进行验收。

13.3.12 站区混凝土地面施工，应符合国家现行标准《公路路基施工技术规范》JTG F10、《公路路面基层施工技术规范》JTJ 034和《水泥混凝土路面施工及验收规范》GBJ 97的有关规定，并应按地基土回填夯实、垫层铺设、面层施工的工序进行控制，上道工序未经检查验收合格，下道工序不得施工。

13.4 设备安装工程

13.4.1 加油加气站工程所用的静设备宜在制造厂整体制造。

13.4.2 静设备的安装应符合现行国家标准《石油化工静设备安装工程施工质量验收规范》GB 50461的有关规定。安装允许偏差应符合表13.4.2的规定。

表13.4.2 静设备安装允许偏差(mm)

检查项目		偏差值
中心线位置		5
标高		±5
储罐水平度	轴向	L/1000
	径向	2D/1000
塔器垂直度		H/1000
塔器方位（沿底座环周测量）		10

注：D 为静设备外径；L 为卧式储罐长度；H 为立式容器高度。

13.4.3 油罐和液化石油气罐安装就位后，应按本规范第13.3.6条第5款的规定进行注水沉降。

13.4.4 静设备封孔前应清除内部的泥沙和杂物，并应经建设或监理单位代表检查确认后再封闭。

13.4.5 CNG储气瓶（组）的安装应符合设计文件的要求。

13.4.6 CNG储气井的建造除应符合现行行业标准《高压气地下储气井》SY/T 6535的有关规定外，尚应符合下列规定：

1 储气井井筒与地层之间的环形空隙应采用硅酸盐水泥全井段填充，固井水泥浆应返出地面，且填充的水泥浆的体积不应小于空隙的理论计算体积，其密度不应小于 $1650kg/m^3$。

2 储气井应根据所处环境条件进行防腐蚀设计及处理。

3 储气井组宜在井口装置下端面至地下埋深不小于1.5m、以井口中心点为中心且半径不小于1m的范围内，采用C30钢筋混凝土进行加强固定。

4 储气井的钻井和固井施工应由具有相应资质的工程监理单位进行过程监理，并取得"工程质量监理评估报告"。

13.4.7 LNG储罐在预冷前罐内应进行干燥处理，干燥后储罐内气体的露点不应高于−20℃。

13.4.8 加油机、加气机安装应按产品使用说明书的要求进行，并应符合下列规定：

1 安装完毕，应按产品使用说明书的规定预通电，并应进行整机的试机工作。在初次上电前应再次检查确认下列事项符合要求：

  1) 电源线已连接好；
  2) 管道上各接口已按设计文件要求连接完毕；
  3) 管道内污物已清除。

2 加气枪应进行加气充装泄漏测试，测试压力应按设计压力进行。测试不得少于3次。

3 试机时不得以水代油(气)试验整机。

13.4.9 机械设备安装应符合现行国家标准《机械设备安装工程施工及验收通用规范》GB 50231的有关规定。

13.4.10 压缩机与泵的安装应符合现行国家标准《风机、压缩机、泵安装工程施工及验收规范》GB 50275的有关规定。

13.4.11 压缩机在空气负荷试运转中，应进行下列各项检查和记录：

1 润滑油的压力、温度和各部位的供油情况。
2 各级吸、排气的温度和压力。
3 各级进、排水的温度、压力和冷却水的供应情况。
4 各级吸、排气阀的工作应无异常现象。
5 运动部件应无异常响声。
6 连接部位应无漏气、漏油或漏水现象。
7 连接部位应无松动现象。
8 气量调节装置应灵敏。
9 主轴承、滑道、填函等主要摩擦部位的温度。
10 电动机的电流、电压、温升。
11 自动控制装置应灵敏、可靠。

13.4.12 压缩机空气负荷试运转后，应清洗油过滤器并更换润滑油。

13.5 管道工程

13.5.1 与储罐连接的管道应在储罐安装就位并经注水或承重沉降试验稳定后进行安装。

13.5.2 热塑性塑料管道安装完后，埋地部分的管道应将管件上电熔连接的通电插孔用专用密封帽或绝缘材料密封。非埋地部分的管道应按本规范第11.2.14条的规定执行。

13.5.3 在安装带导静电内衬的热塑性塑料管道时，应确保连接部位电气连通，并应在管道安装完后或覆土前，对非金属管道做电气连通测试。

13.5.4 可燃介质管道焊缝外观应成型良好，与母材圆滑过度，宽度宜为每侧盖过坡口2mm，焊接接头表面质量应符合下列规定：

1 不得有裂纹、未熔合、夹渣、飞溅存在。

2 CNG和LNG管道焊缝不得有咬肉，其他管道焊缝咬肉深度不大于0.5mm，连续咬肉长度不应大于100mm，且焊缝两侧咬肉总长不应大于焊缝全长的10%。

3 焊缝表面不得低于管道表面，焊缝余高不应大于2mm。

13.5.5 可燃介质管道焊接接头无损检测方法应符合设计文件要求，缺陷等级评定应符合现行行业标准《承压设备无损检测》JB/T 4730.1～JB/T 4730.6的有关规定，并应符合下列规定：

1 射线检测时，射线检测技术等级不得低于AB级，管道焊接接头的合格标准，应符合下列规定：
  1）LPG、LNG和CNG管道Ⅱ级合格；
  2）油品和油气管道Ⅲ级合格。

2 超声波检测时，管道焊接接头的合格标准，应符合下列规定：
  1）LPG、LNG和CNG管道Ⅰ级合格；
  2）油品和油气管道Ⅱ级合格。

3 当射线检测改用超声波检测时，应征得设计单位同意并取得证明文件。

13.5.6 每名焊工施焊焊接接头射线或超声波检测百分率，应符合下列规定：

1 油品管道焊接接头，不得低于10%。
2 LPG管道焊接接头，不得低于20%。
3 CNG和LNG管道焊接接头，应为100%。
4 固定焊的焊接接头不得少于检测数量的40%，且不应少于1个。

13.5.7 可燃介质管道焊接接头抽样检验，有不合格时，应按该焊工的不合格数加倍检验，仍有不合格时应全部检验。不合格焊缝的返修次数不得超过3次。

13.5.8 可燃介质管道上流量计孔板上、下游直管的长度，应符合设计文件要求，且设计文件要求的直管长度范围内的焊缝内表面应与管道内表面平齐。

13.5.9 加油站工艺管道系统安装完成后，应进行压力试验，并应符合下列规定：

1 压力试验宜以洁净水进行。
2 压力试验的环境温度不得低于5℃。
3 管道的工作压力和试验压力，应按表13.5.9取值。

表13.5.9 加油站工艺管道系统的工作压力和试验压力

管道	材质	工作压力 (kPa)	试验压力 (kPa) 真空	试验压力 (kPa) 正压
正压加油管道（采用潜油泵加压）	钢管	+350	—	+600±50
	热塑性塑料管道	+350	—	+500±10
负压加油管道（采用自吸式加油机）	钢管	−60	−90±5	+600±50
	热塑性塑料管道	−60	−90±5	+500±10
通气管横管、油气回收管道	钢管	+130	−90±5	+600±50
	热塑性塑料管道	+100	−90±5	+500±10
卸油管道	钢管	100		
	热塑性塑料管道	100		
双层外层管道	钢管	−50～+450	−90±5	+600±50
	热塑性塑料管道	−50～+450	−60±5	+500±10

注：表中P值为表压。

13.5.10 LPG、CNG、LNG管道系统安装完成后，应进行压力试验，并应符合下列规定：

1 钢制管道系统的压力试验应以洁净水进行，试验压力应为设计压力的1.5倍。奥氏体不锈钢管道以水作试验介质时，水中的氯离子含量不得超过50mg/L。

2 LNG管道系统宜采用气压试验，当采用液压试验时，应将试验液体完全排出管道系统的措施。

3 管道系统采用气压试验时，应有经施工单位技术总负责人批准的安全措施，试验压力应为设计压力的1.15倍。

4 压力试验的环境温度不得低于5℃。

13.5.11 压力试验过程中有泄漏时，不得带压处理。缺陷消除后应重新试压。

13.5.12 可燃介质管道系统试压完毕，应及时拆除临时盲板，并应恢复原状。

13.5.13 可燃介质管道系统试压合格后，应用洁净水进行冲洗或用空气进行吹扫，并应符合下列规定：

1 不应安装法兰连接的安全阀、仪表件等，对已焊在管道上的阀门和仪表应采取保护措施。

2 不参与冲洗或吹扫的设备应隔离。

3 CNG、LNG管道宜采用空气吹扫。吹扫压力不得超过设备和管道系统的设计压力，空气流速不得小于20m/s，应以无游离水为合格。

4 水冲洗流速不得小于1.5m/s。

13.5.14 可燃介质管道系统采用水冲洗时，应目测排出口的水色和透明度，应以出、入口水色和透明度一致为合格。

采用空气吹扫时，应在排出口设白色油漆靶检查，应以5min内靶上无铁锈及其他杂物颗粒为合格。经冲洗或吹扫合格的管道，应及时恢复原状。

13.5.15 可燃介质管道系统应以设计压力进行严密性试验，试验介质应为压缩空气或氮气。

13.5.16 LNG管道系统在预冷前应进行干燥处理，干燥处理后管道系统内气体的露点不应高于−20℃。

13.5.17 油气回收管道系统安装、试压、吹扫完毕之后和覆土之前，应按现行国家标准《加油站大气污染物排放标准》GB 20952的有关规定，对管路密闭性和液阻进行自检。

13.5.18 可燃介质管道工程的施工，除应符合本节的规定外，尚应符合现行国家标准《石油化工金属管道工程施工质量验收规范》GB 50517的有关规定。

13.6 电气仪表安装工程

13.6.1 盘、柜及二次回路结线的安装除应符合现行国家标准《电气装置安装工程盘、柜及二次回路结线施工及验收规范》GB 50171的有关规定外，尚应符合下列规定：

1 母线搭接面应处理后搪锡，并应均匀涂抹电力复合脂。

2 二次回路接线应紧密、无松动，采用多股软铜线时，线端应采用相应规格的接线耳与接线端子相连。

13.6.2 电缆施工除应符合现行国家标准《电气装置安装工程电缆线路施工及验收规范》GB 50168的有关规定外，尚应符合下列规定：

1 电缆进入电缆沟和建筑物时应穿管保护。保护管出入电缆沟和建筑物处的空洞应封闭，保护管管口应密封。

2 加油加气作业区内的电缆沟内应充沙填实。

3 有防火要求时，在电缆穿过墙壁、楼板或进入电气盘、柜的孔洞处应进行防火和阻燃处理，并应采取隔离密封措施。

13.6.3 照明施工应按现行国家标准《建筑电气工程施工质量验收规范》GB 50303的有关规定进行验收。

13.6.4 接地装置的施工除应符合现行国家标准《电气装置安装工程接地装置施工及验收规范》GB 50169的有关规定外，尚应符合下列规定：

1 接地体顶面埋设深度设计文件无规定时，不宜小于0.6m。角钢及钢管接地体应垂直敷设，除接地体外，接地装置焊接部位应作防腐处理。

2 电气装置的接地应以单独的接地线与接地干线相连接，不得采用串接方式。

13.6.5 设备和管道的静电接地应符合设计文件的规定。

13.6.6 所有导电体在安装完成后应进行接地检查，接地电阻值应符合设计要求。

13.6.7 爆炸及火灾危险环境电气装置的施工除应符合现行国家标准《电气装置安装工程爆炸和火灾危险环境电气装置施工及验收规范》GB 50257 的有关规定外，尚应符合下列规定：

 1 接线盒、接线箱等的隔爆面上不应有砂眼、机械伤痕。

 2 电缆线路穿过不同危险区域时，在交界处的电缆沟内应充砂、填阻火堵料或加设防火隔墙，保护两端的管口处应将电缆周围用非燃性纤维堵塞严密，再填塞密封胶泥。

 3 钢管与钢管、钢管与电气设备、钢管与钢管附件之间的连接，应满足防爆要求。

13.6.8 仪表的安装调试除应符合现行行业标准《石油化工仪表工程施工技术规程》SH 3521 的有关规定外，尚应符合下列规定：

 1 仪表安装前应进行外观检查，并应经调试校验合格。

 2 仪表电缆电线敷设及接线前，应进行导通检查与绝缘试验。

 3 内浮筒液面计及浮球液面计采用导向管或其他导向装置时，导向管或导向装置应垂直安装，并应保证导向管内液流畅通。

 4 安装浮球液位报警器用的法兰与工艺设备之间连接管的长度，应保证浮球能在全量程范围内自由活动。

 5 仪表设备外壳、仪表盘（箱）、接线箱等，当有可能接触到危险电压的裸露金属部件时，应作保护接地。

 6 计量仪器安装前应确认在计量鉴定合格有效期内，如计量有效期满，应及时与建设单位或监理单位代表联系。

 7 仪表管路工作介质为油品、油气、LPG、LNG、CNG 等可燃介质时，其施工应符合现行国家标准《石油化工金属管道工程施工质量验收规范》GB 50517 的有关规定。

 8 仪表安装完成后，应按设计文件及国家现行有关标准的规定进行各项性能试验，并应做书面记录。

 9 电缆的屏蔽单端接地宜在控制室一侧接地，电缆现场端的屏蔽层不得露出保护层外，应与相邻金属体保持绝缘，同一线路屏蔽层应有可靠的电气连续性。

13.6.9 信息系统的通信线和电源线在室内敷设时，宜采用暗铺方式；无法暗铺时，应使用护套管或线槽沿墙明铺。

13.6.10 信息系统的电源线和通信线不应敷设在同一镀锌钢护套管内，通信线管与电源线管出口间隔宜为 300mm。

13.7 防腐绝热工程

13.7.1 加油加气站设备和管道的防腐蚀要求，应符合设计文件的规定。

13.7.2 加油加气站设备的防腐蚀施工，应符合现行行业标准《石油化工设备和管道涂料防腐蚀技术规范》SH 3022 的有关规定。

13.7.3 加油加气站管道的防腐蚀施工，应符合现行国家标准《钢质管道外腐蚀控制规范》GB/T 21447 的有关规定。

13.7.4 当环境温度低于 5℃，相对湿度大于 80% 或在雨、雪环境中，未采取可靠措施，不得进行防腐作业。

13.7.5 进行防腐蚀施工时，严禁在站内距作业点 18.5m 范围内进行有明火或电火花的作业。

13.7.6 已在车间进行防腐蚀处理的埋地金属设备和管道，应在现场对其防腐层进行电火花检测，不合格时，应重新进行防腐蚀处理。

13.7.7 设备和管道的绝热应符合现行国家标准《工业设备及管道绝热工程施工规范》GB 50126 的有关规定。

13.8 交工文件

13.8.1 施工单位按合同规定范围内的工程全部完成后，应及时进行工程交工验收。

13.8.2 工程交工验收时，施工单位应提交下列资料：

 1 综合部分，应包括下列内容：
  1）交工技术文件说明；
  2）开工报告；
  3）工程交工证书；
  4）设计变更一览表；
  5）材料和设备质量证明文件及材料复验报告。

 2 建筑工程，应包括下列内容：
  1）工程定位测量记录；
  2）地基验槽记录；
  3）钢筋检验记录；
  4）混凝土工程施工记录；
  5）混凝土/砂浆试件试验报告；
  6）设备基础允许偏差项目检验记录；
  7）设备基础沉降记录；
  8）钢结构安装记录；
  9）钢结构防火层施工记录；
  10）防水工程试水记录；
  11）填方土料及填土压实试验记录；
  12）合格焊工登记表；
  13）隐蔽工程记录；
  14）防腐工程施工检查记录。

 3 安装工程，应包括下列内容：
  1）合格焊工登记表；
  2）隐蔽工程记录；
  3）防腐工程施工检查记录；
  4）防腐绝缘层电火花检测报告；
  5）设备开箱检验记录；
  6）设备安装记录；
  7）设备清理、检查、封孔记录；
  8）机器安装记录；
  9）机器单机运行记录；
  10）阀门试压记录；
  11）安全阀调试记录；
  12）管道系统安装检查记录；
  13）管道系统压力试验和严密性试验记录；
  14）管道系统吹扫/冲洗记录；
  15）管道系统静电接地记录；
  16）电缆敷设和绝缘检查记录；
  17）报警系统安装检查记录；
  18）接地极、接地电阻、防雷接地安装测定记录；
  19）电气照明安装检查记录；
  20）防爆电气设备安装检查记录；
  21）仪表调试与回路试验记录；
  22）隔热工程质量验收记录；
  23）综合控制系统基本功能检测记录；
  24）仪表管道耐压/严密性试验记录；
  25）仪表管道泄漏性/真空度试验条件确认与试验记录；
  26）控制系统机柜/仪表盘/操作台安装检验记录。

 4 竣工图。

附录 A 计算间距的起止点

A.0.1 站址选择、站内平面布置的安全间距和防火间距起止点，应符合下列规定：

1 道路——路面边缘。
2 铁路——铁路中心线。
3 管道——管子中心线。
4 储罐——罐外壁。
5 储气瓶——瓶外壁。
6 储气井——井管中心。
7 加油机、加气机——中心线。
8 设备——外缘。
9 架空电力线、通信线路——线路中心线。
10 埋地电力、通信电缆——电缆中心线。
11 建(构)筑物——外墙轴线。
12 地下建(构)筑物——出入口、通气口、采光窗等对外开口。
13 卸车点——接卸油(LPG、LNG)罐车的固定接头。
14 架空电力线杆高、通信线杆高和通信发射塔塔高——电线杆和通信发射塔所在地面至杆顶或塔顶的高度。

注：本规范中的安全间距和防火间距未特殊说明时，均指平面投影距离。

附录 B 民用建筑物保护类别划分

B.0.1 重要公共建筑物，应包括下列内容：
1 地市级及以上的党政机关办公楼。
2 设计使用人数或座位数超过 1500 人(座)的体育馆、会堂、影剧院、娱乐场所、车站、证券交易所等人员密集的公共室内场所。
3 藏书量超过 50 万册的图书馆；地市级及以上的文物古迹、博物馆、展览馆、档案馆等建筑物。
4 省级及以上的银行等金融机构办公楼，省级及以上的广播电视建筑。
5 设计使用人数超过 5000 人的露天体育场、露天游泳场和其他露天公众聚会娱乐场所。
6 使用人数超过 500 人的中小学校及其他未成年人学校；使用人数超过 200 人的幼儿园、托儿所、残障人员康复设施；150 张床位以上的养老院、医院的门诊部和住院楼。这些设施有围墙者，从围墙中心线算起；无围墙者，从最近的建筑物算起。
7 总建筑面积超过 20000m² 的商店(商场)建筑，商业营业场所的建筑面积超过 15000m² 的综合楼。
8 地铁出入口，隧道出入口。

B.0.2 除重要公共建筑物以外的下列建筑物，应划分为一类保护物：
1 县级党政机关办公楼。
2 设计使用人数或座位数超过 800 人(座)的体育馆、会堂、会议中心、电影院、剧场、室内娱乐场所、车站和客运站等公共室内场所。
3 文物古迹、博物馆、展览馆、档案馆和藏书量超过 10 万册的图书馆等建筑物。
4 分行级的银行等金融机构办公楼。
5 设计使用人数超过 2000 人的露天体育场、露天游泳场和其他露天公众聚会娱乐场所。
6 中小学校、幼儿园、托儿所、残障人员康复设施、养老院、医院的门诊楼和住院楼等建筑物。这些设施有围墙者，从围墙中心线算起；无围墙者，从最近的建筑物算起。
7 总建筑面积超过 6000m² 的商店(商场)、商业营业场所的建筑面积超过 4000m² 的综合楼、证券交易所；总建筑面积超过 2000m² 的地下商店(商业街)以及总建筑面积超过 10000m² 的菜市场等商业营业场所。
8 总建筑面积超过 10000m² 的办公楼、写字楼等办公建筑。

9 总建筑面积超过 10000m² 的居住建筑。
10 总建筑面积超过 15000m² 的其他建筑。

B.0.3 除重要公共建筑物和一类保护物以外的下列建筑物，应为二类保护物：
1 体育馆、会堂、电影院、剧场、室内娱乐场所、车站、客运站、体育场、露天游泳场和其他露天娱乐场所等室内外公众聚会场所。
2 地下商店(商业街)；总建筑面积超过 3000m² 的商店(商场)、商业营业场所的建筑面积超过 2000m² 的综合楼；总建筑面积超过 3000m² 的菜市场等商业营业场所。
3 支行级的银行等金融机构办公楼。
4 总建筑面积超过 5000m² 的办公楼、写字楼等办公类建筑物。
5 总建筑面积超过 5000m² 的居住建筑。
6 总建筑面积超过 7500m² 的其他建筑物。
7 车位超过 100 个的汽车库和车位超过 200 个的停车场。
8 城市主干道的桥梁、高架路等。

B.0.4 除重要公共建筑物、一类和二类保护物以外的建筑物，应为三类保护物。

注：本规范第 B.0.1 条至第 B.0.4 条所列建筑物无特殊说明时，均指单栋建筑物；本规范第 B.0.1 条至第 B.0.4 条所列建筑物面积不含地下车库和地下设备间面积；与本规范第 B.0.1 条至第 B.0.4 条所列建筑物同样性质或规模的独立地下建筑物等同于第 B.0.1 条至第 B.0.4 条所列各类建筑物。

附录 C 加油加气站内爆炸危险区域的等级和范围划分

C.0.1 爆炸危险区域的等级定义，应符合现行国家标准《爆炸和火灾危险环境电力装置设计规范》GB 50058 的有关规定。

C.0.2 汽油、LPG 和 LNG 设施的爆炸危险区域内地坪以下的坑或沟应划为 1 区。

C.0.3 埋地卧式汽油储罐爆炸危险区域划分(图 C.0.3)，应符合下列规定：

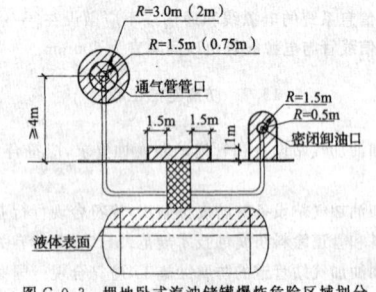

图 C.0.3 埋地卧式汽油储罐爆炸危险区域划分

1 罐内部油品表面以上的空间应划分为 0 区。
2 人孔(阀)井内部空间，以通气管管口为中心，半径为 1.5m (0.75m) 的球形空间和以密闭卸油口为中心，半径为 0.5m 的球形空间，应划分为 1 区。
3 距人孔(阀)井外边缘 1.5m 以内，自地面算起 1m 高的圆柱形空间、以通气管管口为中心，半径为 3m(2m) 的球形空间和以密闭卸油口为中心，半径为 1.5m 的球形并延至地面的空间，应划分为 2 区。

注：采用卸油油气回收系统的汽油罐通气管管口爆炸危险区域用括号内数字。

C.0.4 汽油的地面油罐、油罐车和密闭卸油口的爆炸危险区域划分(图 C.0.4)，应符合下列规定：

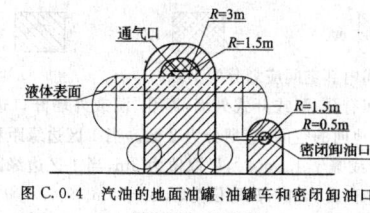

图 C.0.4 汽油的地面油罐、油罐车和密闭卸油口
爆炸危险区域划分

 0区； 1区； 2区

1 地面油罐和油罐车内部的油品表面以上空间应划分为0区。

2 以通气口为中心，半径为1.5m的球形空间和以密闭卸油口为中心，半径为0.5m的球形空间，应划分为1区。

3 以通气口为中心，半径为3m的球形并延至地面的空间和以密闭卸油口为中心，半径为1.5m的球形并延至地面的空间，应划分为2区。

C.0.5 汽油加油机爆炸危险区域划分(图C.0.5)，应符合下列规定：

1 加油机壳体内部空间应划分为1区。

2 以加油机中心线为中心线，以半径为4.5m(3m)的地面区域为底面和以加油机顶部以上0.15m半径为3m(1.5m)的平面为顶面的圆台形空间，应划分为2区。

注：采用加油油气回收系统的加油机爆炸危险区域用括号内数字。

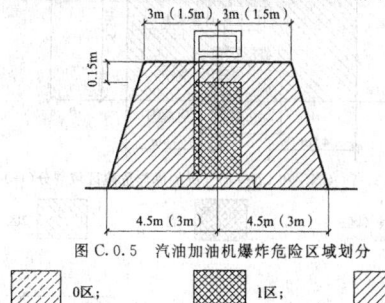

图 C.0.5 汽油加油机爆炸危险区域划分

0区； 1区； 2区

C.0.6 LPG加气机爆炸危险区域划分(图C.0.6)，应符合下列规定：

1 加气机内部空间应划分为1区。

2 以加气机中心线为中心线，以半径为5m的地面区域为底面和以加气机顶部以上0.15m半径为3m的平面为顶面的圆台形空间，应划分为2区。

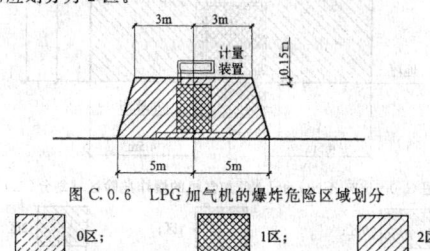

图 C.0.6 LPG加气机的爆炸危险区域划分

0区； 1区； 2区

C.0.7 埋地LPG储罐爆炸危险区域划分(图C.0.7)，应符合下列规定：

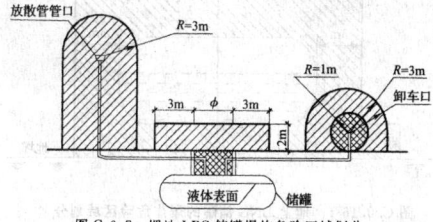

图 C.0.7 埋地LPG储罐爆炸危险区域划分

 0区； 1区； 2区

1 人孔(阀)井内部空间和以卸车口为中心，半径为1m的球形空间，应划分为1区。

2 距人孔(阀)井外边缘3m以内，自地面算起2m高的圆柱形空间，以放散管管口为中心，半径为3m的球形并延至地面的空间和以卸车口为中心，半径为3m的球形并延至地面的空间，应划分为2区。

C.0.8 地上LPG储罐爆炸危险区域划分(图C.0.8)，应符合下列规定：

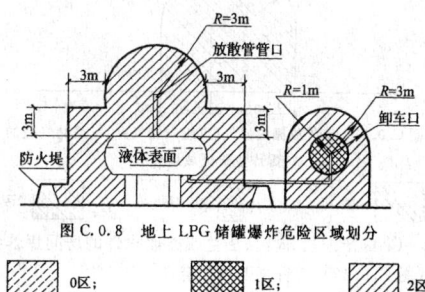

图 C.0.8 地上LPG储罐爆炸危险区域划分

0区； 1区； 2区

1 以卸车口为中心，半径为1m的球形空间，应划分为1区。

2 以放散管管口为中心，半径为3m的球形空间，距储罐外壁3m范围内并延至地面的空间，防护堤内与防护堤等高的空间和以卸车口为中心，半径为3m的球形并延至地面的空间，应划分为2区。

C.0.9 露天或棚内设置的LPG泵、压缩机、阀门、法兰或类似附件的爆炸危险区域划分(图C.0.9)，距释放源壳体外缘半径为3m范围内的空间和距释放源壳体外缘6m范围内，自地面算起0.6m高的空间，应划分为2区。

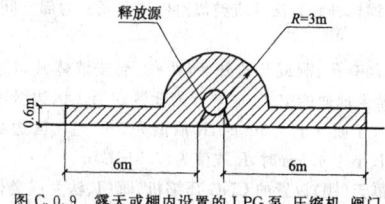

图 C.0.9 露天或棚内设置的LPG泵、压缩机、阀门、
法兰或类似附件的爆炸危险区域划分

0区； 1区； 2区

C.0.10 LPG压缩机、泵、法兰、阀门或类似附件的房间爆炸危险区域划分(图C.0.10)，应符合下列规定：

1 压缩机、泵、法兰、阀门或类似附件的房间内部空间，应划分为1区。

2 房间有孔、洞或开式外墙，距孔、洞或墙体开口边缘3m范围内与房间等高的空间，应划为2区。

3 在1区范围之外，距释放源距离为$R2$，自地面算起0.6m高的空间，应划分为2区。当1区边缘距释放源的距离L大于3m时，$R2$取值为L外加3m，当1区边缘距释放源的距离L小于等于3m时，$R2$取值为6m。

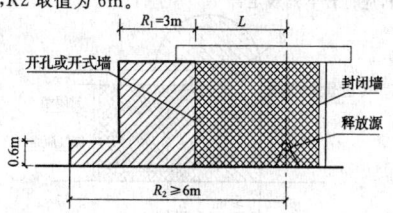

图 C.0.10 LPG压缩机、泵、法兰、阀门或类似附件的
房间爆炸危险区域划分

C.0.11 室外或棚内CNG储气瓶(组)、储气井、车载储气瓶的爆炸危险区域划分(图C.0.11),以放散管管口为中心,半径为3m的球形空间和距储气瓶(组)壳体(储气井)4.5m以内并延至地面的空间,应划分为2区。

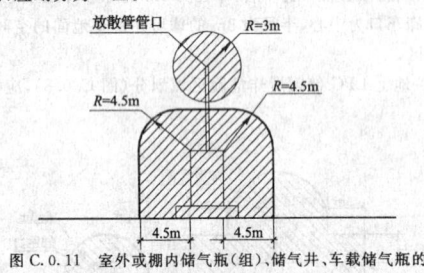

图 C.0.11 室外或棚内储气瓶(组)、储气井、车载储气瓶的爆炸危险区域划分

C.0.12 CNG压缩机、阀门、法兰或类似附件的房间爆炸危险区域划分(图C.0.12),应符合下列规定:

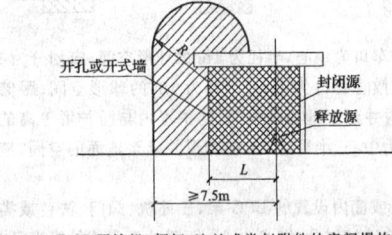

图 C.0.12 CNG压缩机、阀门、法兰或类似附件的房间爆炸危险区域划分

1 压缩机、阀门、法兰或类似附件的房间的内部空间,应划分为1区。

2 房间有孔、洞或开式外墙,距孔、洞或墙体开口边缘为 R 的范围并延至地面的空间,应划分为2区。当1区边缘距释放源的距离 L 大于或等于4.5m时, R 取值为3m,当1区边缘距释放源的距离 L 小于4.5m时, R 取值为 $(7.5-L)$ m。

C.0.13 露天(棚)设置的CNG压缩机、阀门、法兰或类似附件的爆炸危险区域划分(图C.0.13),距压缩机、阀门、法兰或类似附件壳体7.5m以内并延至地面的空间,应划分为2区。

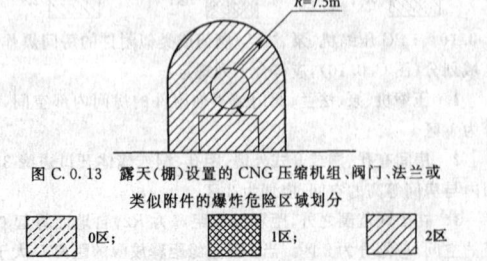

图 C.0.13 露天(棚)设置的CNG压缩机组、阀门、法兰或类似附件的爆炸危险区域划分

C.0.14 存放CNG储气瓶(组)的房间爆炸危险区域划分(图C.0.14),应符合下列规定:

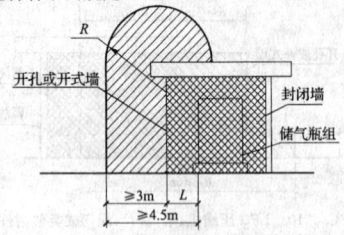

图 C.0.14 存放CNG储气瓶(组)的房间爆炸危险区域划分

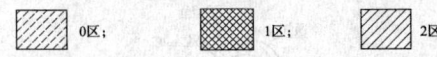

1 房间内部空间应划分为1区。

2 房间有孔、洞或开式外墙,距孔、洞或外墙开口边缘 R 的范围并延至地面的空间,应划分为2区。当1区边缘距释放源的距离 L 大于或等于1.5m时, R 取值为3m,当1区边缘距释放源的距离 L 小于1.5m时, R 取值为 $(4.5-L)$ m。

C.0.15 CNG和LNG加气机的爆炸危险区域的等级和范围划分,应符合下列规定:

1 CNG和LNG加气机的内部空间应划分为1区。

2 距CNG和LNG加气机的外壁四周4.5m,自地面高度为5.5m的范围内空间应划分为2区(图C.0.15-1)。当罩棚底部至地面距离 L 小于5.5m时,罩棚上部空间应为非防爆区(图C.0.15-2)。

C.0.16 LNG储罐的爆炸危险区域划分(图C.0.16-1~图C.0.16-3),应符合下列规定:

1 距LNG储罐的外壁和顶部3m的范围内划分为2区。

2 储罐区的防护堤至储罐外壁,高度为堤顶高度的范围内应划分为2区。

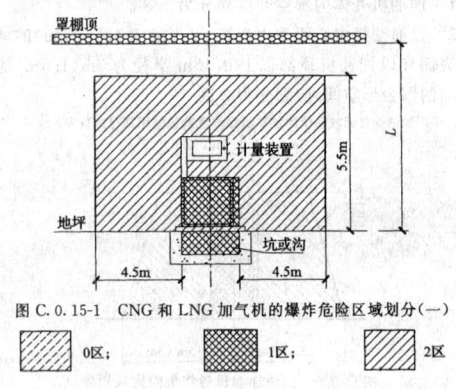

图 C.0.15-1 CNG和LNG加气机的爆炸危险区域划分(一)

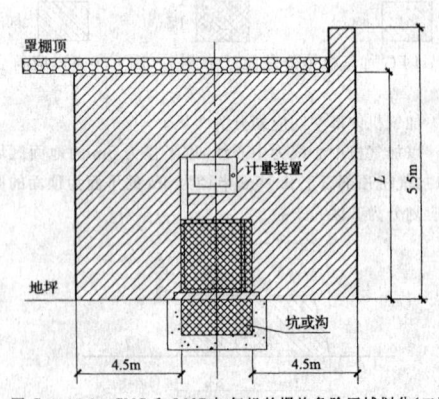

图 C.0.15-2 CNG和LNG加气机的爆炸危险区域划分(二)

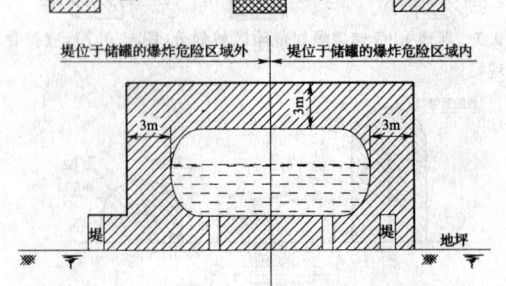

图 C.0.16-1 地上LNG储罐的爆炸危险区域划分

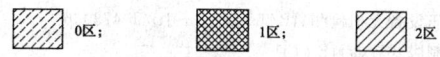

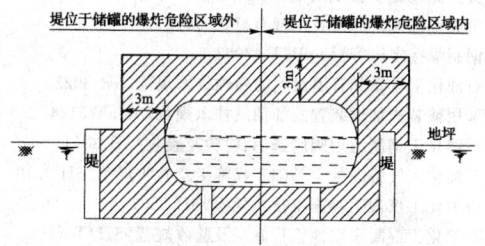

图 C.0.16-2 半地下 LNG 储罐的爆炸危险区域划分

C.0.17 露天设置的 LNG 泵的爆炸危险区域划分(图 C.0.18),应符合下列规定:

1 距设备或装置的外壁 4.5m,高出顶部 7.5m,地坪以上的范围内,应划分为 2 区。

2 当设置于防护堤内时,设备或装置外壁至防护堤,高度为堤顶高度的范围内,应划分为 2 区。

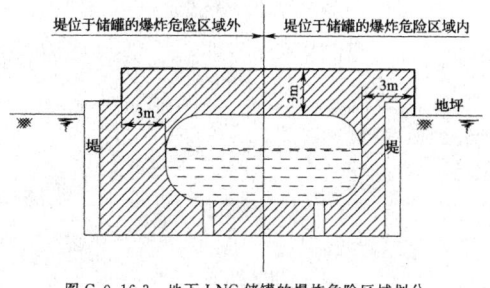

图 C.0.16-3 地下 LNG 储罐的爆炸危险区域划分

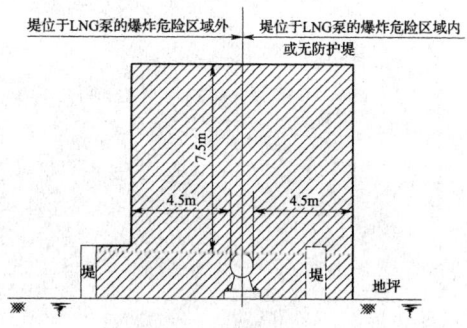

图 C.0.17 露天设置的 LNG 泵、空温式 LNG 气化器、阀门及法兰的爆炸危险区域划分

C.0.18 露天设置的水浴式 LNG 气化器的爆炸危险区域划分,应符合下列规定:

1 距水浴式 LNG 气化器的外壁和顶部 3m 的范围内,应划分为 2 区。

2 当设置于防护堤内时,设备外壁至防护堤,高度为堤顶高度的范围内,应划分为 2 区。

C.0.19 LNG 卸气柱的爆炸危险区域划分,应符合下列规定:

1 以密闭式注送口为中心,半径为 1.5m 的空间,应划分为 1 区。

2 以密闭式注送口为中心,半径为 4.5m 的空间以及至地坪以上的范围内,应划分为 2 区。

本规范用词说明

1 为便于在执行本规范条文时区别对待,对要求严格程度不同的用词说明如下:

1)表示很严格,非这样做不可的:
   正面词采用"必须",反面词采用"严禁";
2)表示严格,在正常情况下均应这样做的:
   正面词采用"应",反面词采用"不应"或"不得";
3)表示允许稍有选择,在条件许可时首先应这样做的:
   正面词采用"宜",反面词采用"不宜";
4)表示有选择,在一定条件下可以这样做的,采用"可"。

2 条文中指明应按其他有关标准执行的写法为:"应符合……的规定"或"应按……执行"。

引用标准名录

《建筑结构荷载规范》GB 50009
《建筑抗震设计规范》GB 50011
《建筑设计防火规范》GB 50016
《工程测量规范》GB 50026
《城镇燃气设计规范》GB 50028
《爆炸和火灾危险环境电力装置设计规范》GB 50058
《水泥混凝土路面施工及验收规范》GBJ 97
《地下工程防水技术规范》GB 50108
《工业设备及管道绝热工程施工规范》GB 50126
《建筑灭火器配置设计规范》GB 50140
《电气装置安装工程 电缆线路施工及验收规范》GB 50168
《电气装置安装工程 接地装置施工及验收规范》GB 50169
《电气装置安装工程 盘、柜及二次回路结线施工及验收规范》GB 50171
《石油天然气工程设计防火规范》GB 50183
《建筑地基基础工程施工质量验收规范》GB 50202
《砌体工程施工质量验收规范》GB 50203
《混凝土结构工程施工质量验收规范》GB 50204
《钢结构工程施工质量验收规范》GB 50205
《屋面工程质量验收规范》GB 50207
《建筑地面工程施工质量验收规范》GB 50209
《建筑装饰装修工程质量验收规范》GB 50210
《机械设备安装工程施工及验收通用规范》GB 50231
《建筑给水排水及采暖工程施工质量验收规范》GB 50242
《电气装置安装工程 爆炸和火灾危险环境电气装置施工及验收规范》GB 50257
《工业设备及管道绝热工程设计规范》GB 50264
《风机、压缩机、泵安装工程施工及验收规范》GB 50275
《建筑电气工程施工质量验收规范》GB 50303
《石油化工静设备安装工程施工质量验收规范》GB 50461
《石油化工建设工程施工安全技术规范》GB 50484
《石油化工可燃气体和有毒气体检测报警设计规范》GB 50493
《石油化工金属管道工程施工质量验收规范》GB 50517
《车用乙醇汽油储运设计规范》GB/T 50610
《钢制压力容器》GB 150

《高压锅炉用无缝钢管》GB 5310
《输送流体用无缝钢管》GB/T 8163
《钢制对焊无缝管件》GB/T 12459
《流体输送用不锈钢无缝钢管》GB/T 14976
《车用压缩天然气》GB 18047
《低温绝热压力容器》GB 18442
《站用压缩天然气钢瓶》GB 19158
《加油站大气污染物排放标准》GB 20952
《钢质管道外腐蚀控制规范》GB/T 21447
《低温介质用紧急切断阀》GB/T 24918
《低温阀门技术条件》GB/T 24925
《阻隔防爆橇装式汽车加油(气)装置技术要求》AQ 3002
《钢制常压储罐 第一部分：储存对水有污染的易燃和不易燃液体的埋地卧式圆筒形单层和双层储罐》AQ 3020

《承压设备无损检测》JB/T 4730.1～JB/T 4730.6
《钢制卧式容器》JB 4731
《公路路基施工技术规范》JTG F10
《公路路面基层施工技术规范》JTJ 034
《钢制焊接常压容器》NB/T 47003.1
《石油化工设备和管道涂料防腐蚀技术规范》SH 3022
《采用橇装式加油装置的加油站技术规范》SH/T 3134
《石油化工钢制通用阀门选用、检验及验收》SH 3064
《石油化工设备混凝土基础工程施工及验收规范》SH 3510
《石油化工仪表工程施工技术规程》SH 3521
《石油化工混凝土水池工程施工及验收规范》SH/T 3535
《高压气地下储气井》SY/T 6535
《固定式压力容器安全技术监察规程》TSG R0004
《特种设备焊接操作人员考核细则》TSG Z6002

中华人民共和国国家标准

汽车加油加气站设计与施工规范

GB 50156—2012

条 文 说 明

修 订 说 明

《汽车加油加气站设计与施工规范》GB 50156—2012，经住房和城乡建设部 2012 年 6 月 28 日以第 1435 号公告批准发布。

本规范在《汽车加油加气站设计与施工规范》GB 50156—2002（2006 年版）的基础上修订而成，上一版的编制单位是中国石化工程建设公司、中国市政工程华北设计研究院、四川石油管理局勘察设计研究院、解放军总后勤部建筑设计研究院、中国石油天然气股份有限公司规划总院、中国石化集团第四建设公司，主要起草人员是陆万林、韩钧、邓渊、章申远、许文忠、赵金立、周家祥、程晓春、欧清礼、计鸿谨、吴文革、范慰颉、朱晓明、吴洪松、邓红、汪庆华、蒋荣华、谢桂旺、林家武、曹宏章。

本次修订遵循的主要原则是：

1. 尽量创造有利条件，满足建站需求，更好地为社会服务。

2. 通过技术手段，提高加油加气站的安全和环保水平，满足公众日益增长的安全和环保需求。

3. 与国内有关标准规范相协调，避免大的差异。

4. 参考国外有关标准规范，提升本规范的先进性。

5. 充分结合实际情况，改善规范的可操作性。

本次修订的主要技术内容是：

1. 增加了 LNG（液化天然气）加气站内容。

2. 增加了自助加油站（区）内容。

3. 增加了电动汽车充电设施内容。

4. 加强了加油站安全和环保措施。

5. 细化了压缩天然气加气母站和子站的内容。

6. 采用了一些新工艺、新技术和新设备。

7. 调整了民用建筑物保护类别划分标准。

本规范修订过程中，编制组进行了广泛的调查研究，总结了我国汽车加油加气站多年的设计、施工、建设、运营和管理等实践经验，同时参考了国外先进技术法规和技术标准。

为便于广大设计、施工、科研、学校等单位有关人员在使用本标准时能正确理解和执行条文规定，《汽车加油加气站设计与施工规范》编制组按章、节、条顺序编制了本标准的条文说明，对条文规定的目的、依据以及执行中需注意的有关事项进行了说明，还着重对强制性条文的强制性理由作了解释。但是，本条文说明不具备与标准正文同等的法律效力，仅供使用者作为理解和把握标准规定的参考。

目　次

1　总则 …………………………… 7—14—36
3　基本规定 ……………………… 7—14—36
4　站址选择 ……………………… 7—14—37
5　站内平面布置 ………………… 7—14—40
6　加油工艺及设施 ……………… 7—14—41
　　6.1　油罐 ……………………… 7—14—41
　　6.2　加油机 …………………… 7—14—42
　　6.3　工艺管道系统 …………… 7—14—43
　　6.4　橇装式加油装置 ………… 7—14—44
　　6.5　防渗措施 ………………… 7—14—44
　　6.6　自助加油站（区） ……… 7—14—44
7　LPG 加气工艺及设施 ………… 7—14—45
　　7.1　LPG 储罐 ………………… 7—14—45
　　7.2　泵和压缩机 ……………… 7—14—45
　　7.3　LPG 加气机 ……………… 7—14—45
　　7.4　LPG 管道系统 …………… 7—14—46
　　7.5　槽车卸车点 ……………… 7—14—46
8　CNG 加气工艺及设施 ………… 7—14—46
　　8.1　CNG 常规加气站和加气母站工艺
　　　　设施 ……………………… 7—14—46
　　8.2　CNG 加气子站工艺设施 … 7—14—46
　　8.3　CNG 工艺设施的安全保护 … 7—14—46
　　8.4　CNG 管道及其组成件 …… 7—14—47
9　LNG 和 L-CNG 加气工艺及
　　设施 …………………………… 7—14—47
　　9.1　LNG 储罐、泵和气化器 … 7—14—47
　　9.2　LNG 卸车 ………………… 7—14—48
　　9.3　LNG 加气区 ……………… 7—14—48
　　9.4　LNG 管道系统 …………… 7—14—48
10　消防设施及给排水 …………… 7—14—48
　　10.1　灭火器材配置 …………… 7—14—48
　　10.2　消防给水 ………………… 7—14—48
　　10.3　给排水系统 ……………… 7—14—49
11　电气、报警和紧急切断系统 … 7—14—49
　　11.1　供配电 …………………… 7—14—49
　　11.2　防雷、防静电 …………… 7—14—49
　　11.4　报警系统 ………………… 7—14—50
　　11.5　紧急切断系统 …………… 7—14—50
12　采暖通风、建（构）筑物、
　　绿化 …………………………… 7—14—50
　　12.1　采暖通风 ………………… 7—14—50
　　12.2　建（构）筑物 …………… 7—14—50
　　12.3　绿化 ……………………… 7—14—51
13　工程施工 ……………………… 7—14—51
　　13.1　一般规定 ………………… 7—14—51
　　13.2　材料和设备检验 ………… 7—14—51
　　13.3　土建工程 ………………… 7—14—51
　　13.4　设备安装工程 …………… 7—14—51
　　13.5　管道工程 ………………… 7—14—51
　　13.6　电气仪表安装工程 ……… 7—14—51
　　13.7　防腐绝热工程 …………… 7—14—51
　　13.8　交工文件 ………………… 7—14—51

1 总 则

1.0.1 汽车加油加气站属危险性设施，又主要建在人员稠密地区，所以必须采取适当的措施保证安全。技术先进是安全的有效保证，在保证安全的前提下也要兼顾经济效益。本条提出的各项要求是对设计提出的原则要求，设计单位和具体设计人员在设计汽车加油加气站时，还要严格执行本规范的具体规定，采取各种有效措施，达到条文中提出的要求。

1.0.2 考虑到在已建加油站内增加加气站的可能性，故本规范适用范围除新建外，还包括加油加气站的扩建和改建工程及加油站和加气站合建的工程设计。

需要说明的是，建设规模不变，布局不变，功能不变，地址不变的设施、设备更新不属改建，而是正常检修维修范围的工作。"扩建和改建工程"仅指加油加气站的扩建和改建部分，不包括已有部分。

1.0.3 加油加气站设计涉及的专业较多，接触的面也广，本规范是综合性技术规范，只能规定加油加气站特有的问题。对于其他专业性较强、且已有专用国家或行业标准作出规定的问题，本规范不便再作规定，以免产生矛盾，造成混乱。本规范明确规定者，按本规范执行；本规范未作规定者执行国家现行有关标准的规定。

3 基 本 规 定

3.0.2 本规范允许加油站与加气（LPG、CNG、LNG）站合建。这样做有利于节省城市用地、有利于经营管理，也有利于燃气汽车的发展。只要采取适当的安全措施，加油站和加气站合建是可以做到安全可靠的。国外燃气汽车发展比较快的国家普遍采用加油站和加气站合建方式。

从对国内外加油站的考察来看，LPG 加气站与 CNG、LNG 加气站联合建站的需求很少，所以本规范没有制定 LPG 加气站与 CNG、LNG 加气站联合建站的规定。

电动汽车是国家政策大力推广的新能源汽车，利用加油站、加气站网点建电动汽车充电设施（包括电池更换设施）是一种便捷的方式。参考国外经验，本条规定加油站、加气站可与电动汽车充电设施联合建站。

3.0.3 橇装式加油装置固定在一个基座上，安放在地面，具有体积小、占地少、安装简便的优点。为确保安全，这种橇装式加油装置采取了比埋地油罐更为严格的安全措施，如设置有自动灭火装置、紧急泄压装置、防溢流装置、高温自动断油保护阀、防爆装置等埋地油罐一般不采用的装置，安全性有所保证，但毕竟是地上油罐，不适合在普通场合使用。本条规定的"橇装式加油装置可用于政府有关部门许可的企业自用、临时或特定场所"，"企业自用"是指设在企业的橇装式加油装置不对外界车辆提供加油服务；"临时或特定场所"是指抢险救灾临时加油、城市建成区以外专项工程施工等场所。

3.0.8 增加柴油尾气处理液加注业务，是为了适应清洁燃料的发展需要。

3.0.9 加油站内油罐容积一般是依其业务量确定。油罐容积越大，其危险性也越大，对周围建、构筑的影响程度也越高。为区别对待不同油罐容积的加油站，本条按油罐容积大小，将加油站划分为三个等级，以便分别制定安全规定。

本次修订，将各级加油站的许用容积均增加 30m³，以便适应加油站加油量日益增长的趋势。2001 年全国汽车保有量约为 1800 万辆，2010 年全国汽车保有量已超过 8000 万辆，是 9 年前的 4 倍多；2002 年全国汽油和柴油消费量约为 1.1 亿 t，2010 年全国汽油和柴油消费量约为 2.3 亿 t，是 8 年前的 2 倍多；2001 年全国加油站数量约有 9 万座，由于城市加油站建设用地非常紧张和昂贵，10 年来加油站数量增长缓慢，至 2010 年全国加油站数量约为 9.5 万座。由此可见，目前汽车保有量较 10 年前已有大幅度增加，加油站的营业量也随之大幅度提高。在加油站数量不能相应增加的情况下，增加加油站油罐总容积，提高加油站运营效率是必要的。

现在城市加油站销售量超过 5000t/a 的很普遍，地理位置好的甚至超过 20000t/a。加油站油源的供应渠道是否固定、距离远近、道路状况、运输条件等都会影响加油站供油的及时性和保证率，从而影响加油站油罐的容积大小。一般来说，加油站油罐容积宜为 3d～5d 的销售量，照此推算，销售量为 5000t/a 的加油站，油罐总容积需达到 65m³～110m³，故本规范三级加油站的允许油罐总容积为 90m³。在城市建成区内，建、构筑的布置比较密集，加油站建设条件越来越苛刻，许多情况是只能建三级站，销售量超过 20000t/a 的加油站在城市中心区较多，90m³ 的油罐总容积基本可以保证油罐一天进一次油满足需求。加油站如果油罐总容积小，对于销售量大的加油站就需要多次进油，进油次数多，尤其是在白天交通繁忙时进油不利于安全。所以，规定三级加油站油罐的允许总容积为 90m³ 是合适的。

对于加油站来说，油罐总容积越大，其适应市场的能力也越强。建于城市郊区或公路两侧等开阔地带的加油站可以允许其油罐总容积比城市建成区内的加油站油罐总容积大些，本规范将油罐总容积为 151m³～210m³ 的加油站划为一级加油站。二级站油罐规模取一、三级加油站的中间值定为 91m³～150m³。

油罐容积越大，其危险度也越大，故需对各级加油站的单罐最大容积作出限制。本条规定的单罐容积上限，既考虑了安全因素，又考虑了加油站运营需要。柴油的闪点较高，其危险性远不如汽油，故规定柴油罐容积可折半计入油罐总容积。

与国外加油站油罐规模相比，本规范对油罐规模的控制是比较严格的。美国和加拿大的情况如下：

美国消防协会在《防火规章》NFPA 30A 中规定：对于Ⅰ、Ⅱ级易燃可燃液体，单个地下罐的容积最大为 12000 加仑（45.4m³），汇总容积为 48000 加仑（181.7m³）；对于使用加油设备加注的Ⅱ、Ⅲ级可燃液体场合，可以扩大到单个 20000 加仑（75m³）和总容积 80000 加仑（304m³）。

按照 NFPA 30A 对易燃和可燃液体的分级规定，LPG、LNG 和汽油属于Ⅰ级易燃液体，柴油属于Ⅱ级可燃液体。

加拿大对加油站地下油罐的罐容也没有严格的限制性要求，加拿大《液体燃油处置规范》2007（TSSA 2007 Fuel Handling Code）规定：在一个设施处不得安装容量大于 100m³ 的单隔间地下储油罐。大于 500m³ 的地下总储量仅允许用于油库。

3.0.10 LPG 储罐为压力储罐，其危险程度比汽油罐高，控制 LPG 加气站储罐的容积小于加油站油品储罐的容积是应该的。从需求方面来看，LPG 加气站主要建在城市里，而在城市郊区一般皆建有 LPG 储存站，供气条件较好，LPG 加气站储罐的储存天数宜为 2d～3d。据了解，国外 LPG 加气站和国内已建成并投入使用的 LPG 加气站日加气车次范围为 100 车次～550 车次。根据国内车载 LPG 瓶使用情况，平均每车次加气量按 40L 计算，则日加气数量范围为 4m³～22m³。对应 2d 的储存天数，LPG 加气站所需储罐容积范围为 9m³～52m³；对应 3d 的储存天数，LPG 加气站所需储罐容积范围为 14m³～78m³。从目前国内运行的 LPG 加气站来看，LPG 储罐容积都在 30m³～60m³ 之间，基本能满足运营需要。据了解，目前运送 LPG 加气站的主要车型为 10t 车。为了能一次卸尽 10t 液化石油气，LPG 加气站的储罐容积最好不小于 30m³（包括罐底残留量和 0.1 倍～0.15 倍储罐容积的气相空间）。故本规范规定一级 LPG 加气站储罐容积的上限为 60m³，三级 LPG 加气站储罐容积的上限为 30m³，二级 LPG 加气站储罐容积范围 31m³～45m³ 是对一级和三级站储罐容积的折中。对单罐容量的限制，是为了降低 LPG 加气站的风险度。

3.0.11 对本条各款说明如下：

1 根据调研，目前 CNG 加气母站一般有 5 个～7 个拖车在固定停车位同时加气，主力拖车储气瓶组几何容积为 18m³。为限制城市建成区内 CNG 加气母站规模，故规定 CNG 加气母站储气设施的总容积不应超过 120m³。

2 根据调研，目前压缩天然气常规加气站日加气量一般为 10000m³～15000m³（基准状态），繁忙的加气站日加气量达到 20000m³（基准状态）。根据作业需要，加气时间比较集中的压缩天然气加气站，储气量以日加气量的 1/2 为宜，加气时间不很集中的压缩天然气加气站，储气量以日加气量的 1/3 为宜。故本规范规定压缩天然气常规加气站储气设施的总容积在城市建成区内不应超过 30m³。

3 目前国内的车载储气瓶组的总容积基本在 18m³～25m³ 之间，这些拖车的车载储气瓶单瓶容积基本相当，均在 2.25m³～2.8m³ 之间，因此不同类型的单台拖车的风险度相当。控制住 CNG 加气站内的同时停放的车载储气瓶拖车规格，也就控制住 CNG 加气站的风险度。所以本款只要求"CNG 加气子站停放的车载储气瓶组拖车不应多于 1 辆"，对其总容积没有限制要求。规定"站内固定储气设施的总容积不应超过 18m³"是为了满足工艺操作需要。

4 当采用液压拖车时，站内不需要设置固定储气设施，需要在 1 台拖车工作时，另外有 1 台拖车在站内备用，故规定在站内可有 2 辆车载储气瓶组拖车。

5 在某些地区，天然气是紧缺资源，CNG 常规加气站用气高峰时期供气管道常常压力很低，有时严重影响给 CNG 汽车加气的速度，造成 CNG 汽车在加气站排长队，在有的以 CNG 汽车为出租车主力的城市，因为 CNG 常规加气管道供气不足，已影响到城市交通的正常运行。CNG 常规加气站以 LNG 储罐做补充气源，是可行的缓解供气不足的措施，但需要控制其规模。

3.0.12 LNG 加气站、L-CNG 加气站、LNG 和 L-CNG 加气合建站的等级划分，需综合考虑的因素如下：一是加气站设置的规模与周围环境条件的协调；二是依其汽车加气业务量；三是 LNG 储罐的容积能接受进站槽车的卸量。目前大型 LNG 槽车的卸量在 51m³ 左右。

加气站 LNG 储罐容积按 1d～3d 的销售量进行配置为宜。

1）本规范制定三级站规模的理由：一是 LNG 具有温度低（操作温度-162℃）不易被点燃、泄放气体轻于空气的特点，故 LNG 加气站安全性好于其他燃气加气站，规模可适当加大。二是 LNG 槽车运距普遍在 500km 以上，主要使用大容积运输车或集装箱，最好在 1 座加气站内完成卸量。目前加气站的 LNG 数量主要由供应点的汽车地中衡计量，通过加气站的销售量进行复验核实、认定。若由 1 辆槽车供应 2 座加气站，难以核查 2 座加气站的卸气量，易引发计量纠纷。

三级站的总容积规模，是按能接纳 1 辆槽车的可卸量，并考虑卸车前站内 LNG 储罐尚有一定的余量。因此，将三级站的容积定为小于或等于 60m³ 较为合理。

2）各类 LNG 加气站的单罐容积规模：一是在加气站运行作业中，倒罐装较为复杂，并易发生误操作事故；二是在向储罐充装 LNG 初期产生的 BOG 量较大。目前 BOG 多数采用放空，造成浪费和污染。因此，在加气站内最好由 1 台储罐来完成接纳 1 辆槽车的卸量。因此，将单罐容积上限定为 60m³，有利于 LNG 加气站的运行和节能。

3）一、二级站规模按增加 2 台和 1 台 60m³ LNG 储罐设定，以满足 1d～3d 的销售量需要。

3.0.13 加油站与 LPG 加气合建站的级别划分，宜与加油站、LPG 加气站的级别划分相对应，使某一级别的加油和 LPG 合建站与同级别的加油站、LPG 加气站的危险程度基本相当，且能分别满足加油和 LPG 加气的运营需要。这样划分清晰明了，便于掌握和管理。

3.0.14 加油站与 CNG 加气合建站的级别划分原则与 3.0.13 条基本相同。规定加气子站固定储气瓶（井）设施总容积为 12m³，主要供车载储气瓶扫线并有一定余量。

3.0.15 按本条规定，可充分利用已有的二、三级加油站改扩建成加油和 LNG 加气合建站，有利于节省土地和提高加油加气站效益，有利于加气站的网点布局，促进其发展，实用可行。

鉴于 LNG 设施安全性较好，加油站与 LNG 加气站、L-CNG 加气站、LNG/L-CNG 加气合建站的级别划分，按同级别加油站规模确定。

4 站址选择

4.0.1 在进行加油加气站网点布局和选址定点时，首先需要符合当地的整体规划、环境保护和防火安全的要求，同时，需要处理好方便加油加气和不影响交通这样一个关系。

4.0.2 一级加油站、一级加气站、一级加油加气合建站、CNG 加气母站储存设备容积大，加油加气量大，风险性相对较大，为控制风险，所以不允许其建在城市中心区。"城市建成区"和"城市中心区"概念见现行国家标准《城市规划基本术语标准》GB/T 50280—98，其中"城市中心区"包括该标准中的"市中心"和"副中心"。该标准对"城市建成区"表述为："城市行政区内实际已经成片开发建设、市政公用设施和公共设施基本具备的地区。"；对"市中心"表述为："城市中重要市级公共设施比较集中，人群流动频繁的公共活动区域"；对"副中心"表述为"城市中为分散中心活动强度的、辅助性的次于市中心的市级公共服务中心"。

4.0.3 加油加气站建在交叉路口附近，容易造成车辆堵塞，会减少路口的通行能力，因而作出本条规定。

4.0.4 通观国外发达国家有关标准规范的安全理念，以技术手段确保可燃物料储运设施自身的安全性能，是主要的防火措施，防火间距是辅助措施，我国有关防火设计规范也逐渐采用这一设防原则。加油加气站与站外设施之间的安全间距，有两方面的作用，一是防止站外明火、火花或其他危险行为影响加油加气站安全；二是避免加油加气站发生火灾事故时，对站外设施造成较大危害。对加油加气站而言，设防边界为站区围墙或站区边界线；对站外设施来说，需要根据设施的性质、人员密集程度等条件区别对待。本规范附录 B 将民用建筑物划分为重要公共建筑物、一类保护物、二类保护物和三类保护物四个保护类别，参照国内外相关标准和实践经验，分别制定了加油加气站与四个类别公共或民用建筑物之间的安全间距。

本规范 6.1.1 条明确规定"加油站的汽油罐和柴油罐应埋地设置"。据我们调查，几起地下油罐着火的事故证明，地下油罐一旦着火，火势较小，容易扑灭，对周围影响较小，比较安全。本条参照现行国家标准《建筑设计防火规范》GB 50016，制定了埋地油罐、加油机与站外建（构）筑物的防火距离，分述如下：

1 站外建筑物分为：重要公共建筑物、民用建筑物及甲、乙类物品的生产厂房。现行国家标准《建筑设计防火规范》GB 50016 对明火或散发火花地点和甲、乙类物品及甲、乙类液体已作定义，本规范不再定义。重要公共建筑物性质重要或人员密集，加油加气站与重要公共建筑物的安全间距应远于其他建筑物。本条规定加油站的埋地油罐和加油机与重要公共建筑物的安全间距在无油气回收系统情况下,不论级别均为50m,基本上在加油站事故影响范围之外。

现行国家标准《建筑设计防火规范》GB 50016—2006 第 4.2.1 条规定:甲、乙类液体总储量小于200m³的储罐区与一/二、三、四级耐火等级的建筑物的防火间距分别为15m、20m、25m;对单罐容积小于等于50m³的直埋甲、乙、丙类液体储罐,在此基础上还可减少50%。

加油站的油品储罐埋地设置,其安全性比地上的油罐好得多,故安全间距可按现行国家标准《建筑设计防火规范》GB 50016—2006 的规定适当减小。考虑到加油站一般位于建(构)筑物和人流较多的地区,本条规定的汽油罐与站外建筑物的安全间距要大于现行国家标准《建筑设计防火规范》GB 50016—2006 的规定。

2 站外甲、乙类物品生产厂房火灾危险性大,加油站与这类设施应有较大的安全间距,本规范三个级别的汽油罐分别定为25m、22m 和18m。

3 汽油设备与明火或散发火花地点的距离是参照现行国家标准《建筑设计防火规范》GB 50016—2006 第 4.2.1 条的规定制定的。根据《建筑设计防火规范》GB 50016—2006 对"明火地点"和"散发火花地点"定义,本条的"明火或散发火花地点"指的是工业明火或散发火花地点、独立的锅炉房等,不包括民用建筑物内的灶具等明火。

4 汽油设备与室外变、配电站和铁路的安全间距是参照现行国家标准《建筑设计防火规范》GB 50016—2006 第 4.2.1 条和第 4.2.9 条的规定制定的。现行国家标准《建筑设计防火规范》GB 50016—2006 第 4.2.1 条和第 4.2.9 条规定:甲、乙类液体储罐与室外变、配电站和铁路的安全间距不应小于35m。考虑到加油站油罐埋地设置,安全性较好,安全间距减小到25m;对采用油气回收系统的加油站允许安全间距进一步减小5m 或7.5m。表 4.0.4 注1 中的"其他规格的室外变、配电站或变压器应按丙类物品生产厂房对待",是参照现行国家标准《建筑设计防火规范》GB 50016—2006 条文说明表1"生产的火灾危险分类举例"和现行国家标准《火力发电厂与变电站设计防火规范》GB 50229—2006 第 11.1.1 条的规定确定的。

5 汽油设备与站外道路的安全间距是按现行国家标准《建筑设计防火规范》GB 50016—2006 第 4.2.9 条的规定制定的。现行国家标准《建筑设计防火规范》GB 50016—2006 第 4.2.9 条的规定:甲、乙类液体储罐与厂外道路的防火间距不应小于20m。考虑到加油站油罐埋地设置,安全性较好,站外铁路、道路与油罐的防火间距适当减小。

6 根据实践经验,架空通信线与一、二级加油站油罐的安全间距分别为1倍杆(塔)高、0.75倍杆(塔)高是安全可靠的,与三级加油站汽油设备的安全间距可适当减少到5m。架空电力线的危险性大于架空通信线,根据实践经验,架空电力线与一级加油站油罐的安全间距为1.5倍杆高是安全可靠的,与二、三级加油站的安全间距视危险程度的降低而依次减少是合适的。有绝缘层的架空电力线安全性好一些,故允许安全间距适当减少。

7 设有卸油油气回收系统的加油站或加油加气合建站,汽车油罐车卸油时,油气被控制在密闭系统内,不向外界排放,对环境卫生和防火安全都很有利,为鼓励采用这种先进技术,故允许其安全间距可减少20%;同时设有卸油和加油油气回收系统的加油站,不但汽车油罐车卸油时,基本不向外界排放油气,给汽车加油时也很少向外界排放油气(据国外资料介绍,油气回收率能达到90%以上),安全性更好,为鼓励采用这种先进技术,故允许其安全间距可减少30%。加油站对外安全间距折减30%后,与民用建筑物除个别安全间距最小可为7m外,大多数大于现行国家标准《建筑设计防火规范》GB 50016—2006 第 4.2.1 条规定的甲、乙类液体总储量小于200m³,且单罐容量小于等于50m³的直埋储罐区与一/二耐火等级的建筑物的7.5m 防火间距要求。

8 表 4.0.4 注 3 的"与重要公共建筑物的主要出入口(包括铁路、地铁和二级及以上公路的隧道出入口)尚不应小于50m。"意思是,汽油设备与重要公共建筑物外墙轴线的距离执行表 4.0.4 的规定,与重要公共建筑物的主要出入口的距离"不应小于50m"。

9 表 4.0.4 注 4 的"一、二级耐火等级民用建筑物面向加油站一侧的墙为无门窗洞口的实体墙时,油罐、加油机和通气管管口与该民用建筑物的距离,不应低于本表规定的安全间距的70%"意思是,油罐、加油机和通气管管口与民用建物无门窗洞口的实体墙的距离可以减少30%。

4.0.5 柴油闪点远高于柴油在加油站的储存温度,基本不会发生爆炸和火灾事故,安全性比汽油好得多。故规定加油站柴油设备与站外重要公共建筑物、明火或散发火花地点、民用建筑物、生产厂房(库房)和甲、乙类液体储罐、室外变配电站、铁路的安全间距,小于汽油设备站外建(构)筑物的安全间距;与城市道路的安全间距减小到3m。

4.0.6、4.0.7 加气站及加油加气合建站的LPG 储罐与站外建(构)筑物的安全间距是按照储罐设置形式、加气站等级以及站外建(构)筑物的类别,并依据国内外相关规范分别确定的。表1 和表2 列出了国内外相关规范的安全间距。

表1 各种LPG 加气站设计标准安全间距对照(一)(m)

建(构)筑物		石油天然气行业标准			建设部行业标准					澳大利亚标准			
		埋地储罐			埋地储罐			卸车点放散管	加气机	埋地储罐	卸车点	地上泵	加气机
		一级	二级	三级	一级	二级	三级						
储罐总容积(m³)		61~150	21~60	≤20	41~60	21~40	≤20	不限	—	—	—	—	—
单罐容积(m³)		≤50	≤30	≤20	≤30	≤30	≤20	—	—	≤65	—	—	—
重要公共建筑物		40	30	20	100	100	100	—	—	—	—	—	—
明火或散发火花地点		25	20	15	25	20	16	25	20	—	—	—	—
民用建筑物保护类别	一类保护物	—	—	—	25	20	16	30	20	55	55	55	15
	二类保护物	23	20	18	18	15	12	20	16	15	15	15	15
	三类保护物	—	—	—	15	12	10	15	12	10	10	10	15
站外甲、乙类液体储罐		23	20	18	22	22	18	30	—	—	—	—	—
室外变配电站		25	20	18	22	22	18	30	25	—	—	—	—
铁路(中心线)		—	—	—	22	22	22	30	25	—	—	—	—
电缆沟、暖气管沟、下水道		—	—	—	6	5	5	—	—	—	—	—	—
城市道路	快速路、主干路	15	15	15	10	8	8	10	6	—	—	—	—
	次干路、支路	10	10	10	8	6	6	8	5	—	—	—	—

表2 各种LPG加气站设计标准安全间距对照(二)(m)

建(构)筑物		荷兰标准			上海市地方标准 埋地储罐			广东省地方标准 埋地储罐		
		埋地储罐	卸车点	加气机	一级	二级	三级	一级	二级	三级
储罐总容积(m^3)		不限	—	—	41~60	21~40	≤20	51~150	31~50	≤30
单罐容积(m^3)		≤50	—	—	≤30	≤30	≤20	≤50	≤25	≤15
重要公共建筑物		—	—	—	60	60	60	35	25	20
明火或散发火花地点		—	—	—	20	20	20			
民用建筑物保护类别	一类保护物	40	60	20	20	20	20	22.5	12.5	10
	二类保护物	20	30	20	10	10	10			
	三类保护物	15	5	7	10	10	10			
站外甲、乙类液体储罐		—	—	—	20	20	20			
室外变配电站		22	22	18				25	20	15
铁路(中心线)		22	22	22						
电缆沟、暖气管沟、下水道		—	—	—	6	6	6			
城市道路	快速路、主干路	—	—	—	11	11	11	12.5	10	8
	次干路、支路	—	—	—	9	9	9	10	7.5	5

本规范制定的 LPG 加气站技术和设备要求，基本上与澳大利亚、荷兰等发达国家相当，并规定了一系列防范各类事故的措施。依据表 1 和表 2 及现行国家标准《建筑设计防火规范》GB 50016—2006 等现行国家标准，制定了 LPG 储罐、加气机等与站外建(构)筑物的防火距离，现分述如下：

1 重要公共建筑物性质重要、人员密集、加气站发生火灾可能会对其产生较大影响和损失，因此，不分级别，安全间距均规定为不小于100m，基本上在加气站事故影响区外。民用建筑按照其使用性质、重要程度、人员密集程度分为三个保护类别，并分别确定其防火距离。在参照建设部行业标准《汽车用燃气加气站技术规范》CJJ 84—2000 的基础上，对安全间距略有调整。另外，从表1和表2可以看出，本规范的安全间距多数情况大于国外规范的相应安全间距。甲、乙类物品生产厂房与地上 LPG 储罐的间距与现行国家标准《建筑设计防火规范》GB 50016—2006 第 4.4.1 条基本一致，而地下罐按地上储罐的 50%确定。

2 与明火或散发火花地点、室外变配电站的安全间距参照现行国家标准《建筑设计防火规范》GB 50016—2006 第 4.4.1 条的规定确定。

3 与铁路的安全间距按现行国家标准《建筑设计防火规范》GB 50016—2006 有关规定制定，而地下罐按照地上储罐的安全间距折减 50%。

4 对与快速路、主干路的安全间距参照现行国家标准《建筑设计防火规范》GB 50016—2006 有关规定制定，一、二、三级站分别为 15m、13m、11m；埋地 LPG 储罐减半。与次干路、支路的安全间距相应减少。

5 表 4.0.6 和表 4.0.7 注 4 的"一、二级耐火等级民用建筑物面向加气站一侧的墙为无门窗洞口实体墙时，站内 LPG 设备与该民用建筑物的距离不应低于本表规定的安全间距的 70%。"意思是，LPG 设备与民用建筑物无门窗洞口的实体墙的距离可以减少 30%。

4.0.8 CNG 加气站与站外建(构)筑物的安全间距，主要是参照现行国家标准《石油天然气工程设计防火规范》GB 50183—2004 的有关规定编制的。该规范将生产规模小于 $50×10^4 m^3/d$ 的天然气站场定为五级站，其与公共设施的防火间距不小于 30m 即可；CNG 常规加气站和加气子站一般日处理量小于 $2.5×10^4 m^3/d$，CNG 加气母站一般日处理量小于 $20×10^4 m^3/d$，本条规定 CNG 加气站与重要公共建筑物的安全间距不小于 50m 是妥当的。

目前脱硫塔一般不进行再生处理，所以脱硫脱水塔安全性比较可靠，均按与储气井的距离确定是可行的。

储气井由于安装于地下，一旦发生事故，影响范围相对地上储气瓶要小，故允许其与站外建(构)筑物的安全间距小于地上储气瓶。

表 4.0.8 注 5 的"一、二级耐火等级民用建筑物面向加气站一侧的墙为无门窗洞口实体墙时，站内 CNG 工艺设备与该民用建筑物的距离，不应低于本表规定的安全间距的 70%"。意思是，CNG 工艺设备与民用建筑物无门窗洞口的实体墙的距离可以减少 30%。

4.0.9 制订 LNG 加气站与站外建(构)筑物及设施的安全间距，主要是参照现行国家标准《城镇燃气设计规范》GB 50028—2006 和《液化天然气(LNG)生产、储存和装运》GB/T 20368—2006(等同采用 NFPA 59A)制订的。对比数据见表 3。

LNG 加气站与 LPG 加气站相比，安全性能好得多(见表4)，故 LNG 设施与站外建(构)筑物的安全间距可以小于 LPG 与站外建(构)筑物的安全间距。

表3 《城镇燃气设计规范》GB 50028—2006、《液化天然气(LNG)生产、储存和装运》GB/T 20368—2006、《汽车加油加气站设计与施工规范》GB 50156—2010 LNG 储罐安全间距对比(以总容积120m^3为例)

项目	《城镇燃气设计规范》GB 50028—2006 的规定	《液化天然气(LNG)生产、储存和装运》GB/T 20368—2006 (NFPA 59A)的规定	《汽车加油加气站设计与施工规范》GB 50156—2011 的规定
与重要公共建筑物的距离(m)	50	45	50~80
与其他民用建筑的距离(m)	45	15	16~30

表4 LNG与LPG安全性能比较

项目	LNG	LPG	安全性能比较
工作压力(MPa)	0.6~1.0	0.6~1.0	基本相当
工作温度(℃)	-162	常温	LNG比LPG不易被明火或火花点燃
气体比重	轻于空气	重于空气	LNG泄漏气化后其气体会迅速向上扩散,安全性好;LPG泄漏气化后其气体会低处注沉积扩散,安全性差
罐壁结构	双层壁,高真空多层缠绕结构	单层壁	LNG储罐比LPG储罐耐火性能好

LNG储罐、放散管管口、LNG卸车点与站外建(构)筑物之间的安全间距说明如下:

1 距重要公共建筑物的安全间距为80m,基本上在重大事故影响范围之外。

以三级站1台60m³LNG储罐发生全泄漏为例,泄漏天然气量最大值为32400m³,在静风中成倒圆锥体扩散,与空气构成爆炸危险的体积648000m³(按爆炸浓度上限值5%计算),发生爆燃的影响范围在60m以内。在泄漏过程中的实际工况是动态的,在泄漏处浓度急剧上升,不断外扩。在扩延区域内,天然气浓度渐增,并进入爆炸危险区域。堵截后,浓度逐渐降低,直至区域内的天然气浓度不构成对人体危害,而需消除隐患。在总泄漏时段内,实际构成的爆燃危险区域要小于按总泄漏值计算的爆炸危险距离。

2 民用建筑物视其使用性质、重要程度和人员密集程度,将民用建筑物分为三个保护类别,并分别制定了加气站与各类民用建筑物的安全间距。一类保护物重要程度高,建筑面积大,人员较多,虽然建筑物材料多为一、二级耐火等级,但仍然有必要保持较大的安全间距,所以确定三个级别加气站与一类保护物的安全间距分别为35m、30m、25m,而与二、三类保护物的安全间距依其重要程度的降低分别递减为25m、20m、16m和18m、16m、14m。

3 三个级别加气站内LNG储罐与明火的距离分别为35m、30m、25m,主要考虑发生LNG泄漏事故,可控制扩延量或在10min内能熄灭周围明火的安全间距。

4 站外甲、乙类物品生产厂房火灾危险性大,加气站与这类设施应有较大的安全间距,本条款按三个级别分别定为35m、30m和25m。

5 由于室外变配电站的重要性,城市的变配电站的规模都比较大。LNG储罐与室外变配电站的安全间距适当提高是必要的,本条款按三个级别分别定为40m、35m和30m。

6 考虑到铁路的重要性,本规范规定的LNG储罐与站外铁路的安全间距,保证铁路在加气站发生重大危险事故影响区以外。

7 随着LNG储罐安装位置的下移,发生泄漏沉积在罐区内的时间相对长,随着气化速度降低,对防护堤外的扩散减慢,危害降低,其安全间距可适当减小。故对地下和半地下LNG储罐与站外建(构)筑物的安全间距允许按地上LNG储罐减少30%和20%。

8 放散管口、LNG卸车点与站外建(构)筑物的安全间距基本随三级站要求。

9 表4.0.9注4的"一、二级耐火等级民用建筑物面向加气站一侧的墙为无门窗洞口实体墙时,站内LNG设备与该民用建筑物的距离,不应低于本表规定的安全间距的70%。"意思是,站内LNG设备与民用建筑物无门窗洞口的实体墙的距离可以减少30%。

4.0.13 加油加气作业区是易燃和可燃液体或气体集中的区域,本条的要求意在减少加油加气站遭遇事故的风险。加气站的危险性高于加油站,故两者要区别对待。

5 站内平面布置

5.0.1 本条规定是为了保证在发生事故时汽车槽车能迅速驶离。在运营管理中还需注意避免加油、加气车辆堵塞汽车槽车驶离车道,以防止事故时阻碍汽车槽车迅速驶离。

5.0.2 本条规定了站区内停车场和道路的布置要求。

1 根据加油、加气业务操作方便和安全管理方面的要求,并通过对全国部分加油加气站的调查,CNG加气母站内单车道或单车位宽度需不小于4.5m,双车道或双车位宽度需不小于9m;其他车辆单车道宽度需不小于4m,双车道宽度需不小于6m。

2 站内道路转弯半径按主流车型确定,不小于9m是合适的。

3 汽车槽车卸车停车位按平坡设计,主要考虑尽量避免溜车。

4 站内停车场和道路路面采用沥青路面,容易受到泄露油品的侵蚀,沥青层易于破坏,此外,发生火灾事故时沥青将发生熔融而影响车辆辙离和消防工作正常进行,故规定不应采用沥青路面。

5.0.5 本条为强制性条文。加油加气作业区内大部分是爆炸危险区域,需要对明火或散发火花地点严加防范。

5.0.7 国家政策在推广电动汽车,根据国外经验,利用加油站网点建电动汽车充电或更换电池设施是一种简便易行的形式。电动汽车充电或电池更换设备一般没有防爆性能,所以要求"电动汽车充电设施应布置在辅助服务区内"。

5.0.8 加油加气站的变配电设备一般不防爆,所以要求其布置在爆炸危险区域之外,并保持不小于3m的附加安全距离。对变配电间来说需要防范的是油气进入室内,所以规定起算点为门窗等洞口。

5.0.10 本条为强制性条文。根据商务部有关文件的精神,加油加气站内可以经营食品、餐饮、汽车洗车及保养、小商品等。对独立设置的经营性餐饮、汽车服务等设施要求按站外建筑物对待,可以满足加油加气作业区的安全需求。

"独立设置的经营性餐饮、汽车服务等设施"系指在站房(包括便利店)之外设置的餐饮服务、汽车洗车及保养等建筑物或房间。

"对加油加气站内设置的燃煤设备不得按设置有油气回收系统折减距离"的规定,仅适用于在加油加气站内设置有燃煤设备的情况。

5.0.11 本条为强制性条文。站区围墙和可用地界线之外是加油加气站不可控区域,而在爆炸危险区域内一旦出现明火或火花,则易引发爆炸和火灾事故。为保证加油加气站安全,要求"爆炸危险区域不应超出站区围墙和可用地界线"是必要的。

5.0.12 加油加气站的工艺设备与站外建(构)筑物之间的距离小于或等于25m以及小于或等于表4.0.4~表4.0.9中的防火距离的1.5倍时,相邻一侧应设置高度不小于2.2m的非燃烧实体围墙,可隔绝一般火种及禁止无关人员进入,以保障站内安全。加油加气站的工艺设备与站外建(构)筑物之间的距离大于表4.0.4~表4.0.9中的防火距离的1.5倍,且大于25m时,安全性要好得多,相邻一侧应设置隔离墙,主要是禁止无关人员进入,隔离墙为非实体围墙即可。加油加气站面向进、出口的一侧,可建非实体围墙,主要是为了进、出站内的车辆视野开阔,行车安全,方便操作人员对加油、加气车辆进行管理,同时,在城市建站还能满足城市景观美化的要求。

5.0.13 本条为强制性条文。根据加油加气站内各设施的特点和附录C所划分的爆炸危险区域规定了各设施间的防火距离。分述如下:

1 加油站油品储罐与站内建(构)筑物之间的防火距离。加油站使用埋地卧式油罐的安全性好,油罐着火几率小。从调查情况分析,过去曾发生的几次加油站油罐人孔处着火事故多为因敞口卸油产生静电而发生的。只要严格按本规范的规定采用密闭卸油方式卸油,油罐发生火灾的可能性很小。由于油罐埋地敷设,即使油罐着火,也不会发生油品流淌到地面形成流淌火灾,火灾规模会很有限。所以,加油站卧式油罐与站内建(构)筑物的距离可以适当小些。

2 加油机与站房、油品储罐之间的防火距离。本表规定站房与加油机之间的距离为5m,既把站房设在爆炸危险区域之外,又考虑二者之间可停一辆汽车加油,如此规定较合理。加油机与埋地油罐同一类火灾等级设施,故其距离不限。

3 燃煤锅炉房与油品储罐、加油机、密闭卸油点之间的防火距离。现行国家标准《石油库设计规范》GB 50074 规定,石油库内容量小于等于 50m³ 的卧式油罐与明火或散发火花地点的距离为18.5m。依据这一规定,本表规定站内燃煤锅炉房与埋地油罐距离为18.5m 是可靠的。

与油罐相比,加油机、密闭卸油点的火灾危险性较小,其爆炸危险区域也较小,因此规定此两处与站内锅炉房距离为15m是合理的。

4 燃气(油)热水炉间与其他设施之间的防火距离。采用燃气(油)热水炉供暖炉子燃料来源容易解决,环保性好,其烟囱发生火花飞溅的几率较低,安全性能是可靠的。故本表规定燃气(油)热水炉间与其他设施的间距小于锅炉房与其他设施的间距是合理的。

5 LPG储罐与站内其他设施之间的防火距离。

1)关于合建站内油品储罐与LPG储罐的防火间距,澳大利亚规范规定两类储罐之间的防火间距为3m,荷兰规范规定两类储罐之间的防火间距为1m。在加油加气合建站内应重点防止LPG气体积聚在汽、柴油储罐及其操作井内。为此,LPG储罐与汽、柴油储罐的距离要较油罐与油罐之间、气罐与气罐之间的距离适当增加。

2)LPG储罐与卸车点、加气机的距离,由于采用了紧急切断阀和拉断阀等安全装置,且在卸车、加气过程中皆有操作人员,一旦发生事故能及时处理。与现行国家标准《城镇燃气设计规范》GB 50028—2006 相比,适当减少了防火间距。与荷兰规范要求的5m相比,又适当增加了间距。

3)LPG储罐与站房的防火间距与现行的行业标准《汽车用燃气加气站技术规范》CJJ 84—2000 基本一致,比荷兰规范要求的距离略有增加。

4)液化石油气储罐与消防泵房及消防水池取水口的距离主要是参照现行国家标准《城镇燃气设计规范》GB 50028—2006 确定的。

5)1台小于或等于 10m³ 的地上LPG储罐整体装配式加气站,具有投资省、占地小、使用方便等特点,目前在日本使用较多。由于采用整体装配,系统简单,事故危险性小,为便于采用,本表规定其相关防火间距可按本表中三级站的地上储罐减少20%。

6 LPG卸车点(车载卸车泵)与站内道路之间的防火距离。规定两者之间的防火距离不小于2m,主要是考虑减少站内行驶车辆对卸车点(车载卸车泵)的干扰。

7 CNG加气站内储气设施与站内其他设施之间的防火距离。在参考美国、新西兰规范的基础上,根据我国使用的天然气气质量,分析站内各部位可能会发生的事故及其对周围的影响程度后,适当加大防火距离。

8 CNG加气站、加油加气(CNG)合建站内设施之间的防火距离。CNG加气站内储气设施与站内其他设施之间的防火距离,是在参考美国、新西兰规范的基础上,根据我国使用的天然气气质量,分析站内各部位可能会发生的事故及其对周围的影响程度,结合我国CNG加气站的建设和运行经验确定的。

9 LNG加气站、加油加气(LNG)合建站内设施之间的防火距离。LNG加气站内储气设施与站内其他设施之间的防火距离,是在依据现行国家标准《城镇燃气设计规范》GB 50028—2006、《液化天然气(LNG)生产、储存和装运》GB/T 20368—2006 的基础上,分析站内各部位可能会发生的事故及其对周围的影响程度,结合我国已经建成LNG加气站的实际运行经验确定的。表5.0.13-2中,对LNG设备之间没有间距要求,是为了方便建造集约化的橇装设备。橇装设备在制造厂整体建造,相对现场安装更能保证质量。

10 表5.0.13-1注4的"当卸油采用油气回收系统时,汽油通气管管口与站区围墙的距离不应小于2m。"意思是,汽油通气管管口与站区围墙的距离可以减少至2m。

11 表5.0.13-1注7的"容量小于或等于 10m³ 的地上LPG储罐的整体装配式加气站,其储罐与站内其他设施的防火间距,不应低于本表三级站的地上储罐防火间距的80%。"意思是,容量小于或等于 10m³ 的地上LPG储罐的整体装配式加气站,其储罐与站内其他设施的防火间距,可以按表中三级站的地上储罐减少20%。

5.0.14 本规范表 5.0.13-1 和表 5.0.13-2 中,CNG储气设施、油品卸车点、LPG泵(房)、LPG压缩机(间)、天然气压缩机(间)、天然气调压器(间)、天然气脱硫和脱水设备、加油机、LPG加气机、CNG加卸设施、LNG卸车点、LNG潜液泵罐、LNG柱塞泵、地下泵室入口、LNG加气机、LNG气化器与站区围墙的最小防火间距小于附录C规定的爆炸危险区域的,需要采取措施(如有的设备可以布置在室内,设备间靠近围墙的墙采用无门窗洞口的实体墙;加高围墙至不小于爆炸危险区域的高度),保证爆炸危险区域不超出围墙。

6 加油工艺及设施

6.1 油 罐

6.1.1 本条为强制性条文。加油站的卧式油罐埋地敷设比较安全。从国内外的有关调查资料统计来看,油罐埋地敷设,发生火灾的几率很小,即使油罐着火,也容易扑救。英国石油学会《销售安全规范》讲到,Ⅰ类石油(即汽油类)只要液体储存在埋地罐内,就没有发生火灾的可能性。事实上,国内、国外目前也没有发现加油站有大的埋地罐火灾。

另外,埋地油罐与地上油罐比较,占地面积较小。因为不需要设置防火堤,省去了防火堤的占地面积。必要时还可将油罐埋设在加油场地及车道之下,不占或少量占地。加上因埋地罐较安全,与其他建(构)筑物的要求距离也小,也可减少加油站的占地面积。这对于用地紧张的城市建设意义很大。另一方面,也避免了地面罐必须设置冷却水,以及油罐受紫外线照射、气温变化大,带来的油品蒸发和损耗大等不安全问题。

油罐设在室内发生的爆炸火灾事例较多,造成的损失也较大。其主要原因是油罐需要安装一些阀门等附件,它们是产生爆炸危险气体的释放源。泄漏挥发出的油气,由于通风不良而积聚在室内,易于发生爆炸火灾事故。

6.1.3 双层油罐是目前国外加油站防止地下油罐渗(泄)漏普遍采取的一种措施。其过渡历程与趋势为:单层罐——双层钢罐(也称SS地下储罐)——内钢外玻璃纤维增强塑料(FRP)双层罐(也称SF地下储罐)——双层玻璃纤维增强塑料(FRP)油罐(也称FF地下储罐)。对于加油站在用埋地油罐的改造,北美、欧盟等国家在采用双层油罐的过渡期,为减少既有加油站更换双层油罐的损失，允许采用玻璃纤维增强塑料等满足强度和防渗要求的衬里技术改成双层油罐，我国香港也采用了这种改造技术。

双层油罐由于其有两层罐壁，在防止油罐出现渗（泄）漏方面具有双保险作用，再加上国外标准在制造上要求对两层罐壁间隙实施在线监测和人工检测，无论是内层罐发生渗漏还是外层罐发生渗漏，都能在贯通间隙内被发现，从而可有效地避免渗漏油品进入环境，污染土壤和地下水。

内钢外玻璃纤维增强塑料双层油罐，是在单层钢制油罐的基础上外附一层玻璃纤维增强塑料（即：玻璃钢）防渗外套，构成双层罐。这种罐除具有双层罐的共同特点外，还由于其外层玻璃纤维增强塑料罐体抗土壤和化学腐蚀方面远远优于钢质油罐，故其使用寿命比直接接触土壤的钢罐要长。

双层玻璃纤维增强塑料油罐，其内层和外层均属玻璃纤维增强塑料罐体，在抗内、外腐蚀方面都优于带有金属罐体的油罐。因此，这种罐可能会成为今后各国在加油站地下油罐的主推产品。

6.1.4 对于埋地钢制油罐的结构设计计算问题，我国目前还没有一个很适合的标准，多数设计是凭经验或依据有关教科书。对于双层钢制常压储罐，目前可以执行的标准只有行业标准《钢制常压储罐 第一部分：储存对水有污染的易燃和不易燃液体的埋地卧式圆筒形单层和双层储罐》AQ 3020，该标准等同采用欧洲标准 BS EN 12285-1：2003。对于目前在我国出于环保需求开始使用的内钢外玻璃纤维增强塑料双层油罐和双层玻璃纤维增强塑料油罐，也尚无产品制造标准，部分厂家引进的双层罐技术主要还是依照国外标准进行制作，其构造和质量保证也是直接受控于国外厂家或监管机构。其中，双层玻璃纤维增强塑料储罐目前主要执行的是美国标准《用于石油产品、乙醇和乙醇汽油混合物的玻璃纤维增强塑料地下储罐》UL 1316。AQ 3020 虽对埋地卧式储罐的构造进行了规定，但对罐体结构计算问题没有规定，对罐体采用的钢板厚度要求也不太适应我国的实际情况。为了保证加油站埋地钢制油罐的质量及使用寿命，根据我国多年来的使用情况和设计经验，在遵守 BS EN 12285-1：2003 有关规定的基础上，本条第 1 款、第 2 款分别对油罐所用钢板的厚度和设计内压给出了基本的要求。

6.1.6 本条是参照欧洲标准《渗漏检测系统 第 7 部分 双层间隙、防渗漏衬里及防渗漏外套的一般要求和试验方法》EN 13160—7：2003 制定的。

6.1.7 本条参照国外标准，在制造上要求两壁之间有满足渗（泄）漏检测的贯通间隙，以便于对间隙实施在线监测和人工检测。

6.1.8 设置渗漏检测立管及对其直径的要求，是为了满足人工检测和设置液体检测器检测；要求检测立管的底部管口与油罐内、外壁间隙相连通，是为了能够尽早的发现渗漏。检测立管的位置最好置于人孔井内，以便于在线监测仪表共用一个井。

双层玻璃纤维增强塑料罐未作此要求，是因为其不管是罐体耐腐蚀性方面还是罐体结构，都适宜于采用液体检测法对其双层之间的间隙进行渗漏检测。这种方法既能实施在线监测，又便于人工直接观察。美国及加拿大等国对这种油罐的渗漏监测，也已由最早的干式液体探测器（安在壁间）法逐步向采用液体检（监）测法或真空监测法过渡，而且加拿大 TSSA（安全局）还明确规定只允许采用这两种方法。

6.1.10 规定非车行道下的油罐顶部覆土厚度不小于 0.5m，是为防止活动外荷载直接伤及油罐，也是防止油罐顶部植被根系破坏钢质油罐外防腐层的最小保护厚度。

规定设在车行道下面的油罐顶部低于混凝土路面不宜小于 0.9m，是油罐人孔井置于车行道下时内部设备和管道安装的合适尺寸。

规定油罐的周围应回填厚度不小于 0.3m 的中性沙或细土，主要是为避免采用石块、冻土块等硬物回填造成罐身或防腐层破

伤，影响油罐使用寿命。对于钢质油罐外壁还要防止回填含酸碱的废渣，对油罐加剧腐蚀。

6.1.11 当油罐埋在地下水位较高的地带时，在空罐情况下，会有漂浮的危险。有可能将与其连接的管道拉断，造成跑油甚至发生火灾事故。故规定当油罐受地下水或雨水作用有上浮的可能时，应采取防止油罐上浮的措施。

6.1.12 油罐的出油接合管、量油孔、液位计、潜油泵等一般都设在人孔盖上，这些附件需要经常操作和维护，故需设人孔操作井。"专用的密闭井盖和井座"是指加油站专用的防水、防尘和碰撞时不发生火花的产品。

6.1.13 本条参照美国有关标准制定。高液位报警装置指设置在卸油场地附近的声光报警器，用于提醒卸油人员，其罐内探头可以是专用探头（如音叉探头），也可以由液位监测系统设定，油罐容量达到 90% 的液位时触动声光报警器。"油料达到油罐容量 95% 时，自动停止油料继续进罐"是防止油罐溢油，目前采用较多的是一种机械装置——防溢流阀，安装在卸油管中，达到设定液位防溢流阀自动关闭，阻止油品继续进罐。

6.1.14 为保证油气回收效果，设有油气回收系统的加油站，汽油罐均需处于密闭状态，平时管理和卸油时均不能打开量油孔，否则会破坏系统的密闭性，因此必须借助液位监测系统来掌握罐内油品的多少。出于全站信息化管理的角度和满足环保要求，只汽油罐设置液位监测系统，显然不太协调，因此也要求柴油罐设置。

利用液位监测系统监测埋地油罐渗漏，是及时发现单壁油罐渗漏的一种方法。我国近几年安装的磁致伸缩液位监测系统，不少都具此功能，稍加改造或调整就能达到此要求。

监测系统的精度，美国规定为：动态监测为 0.2gal/h（0.76L/h），静态监测为 0.1gal/h（0.38L/h）。考虑到我国目前市场上的液位监测产品精度（部分只具备 0.76L/h 的油罐静态渗漏监测）以及改造的难度等问题，故只规定了油罐静态渗漏监测量不大于 0.8L/h。

6.1.15 埋地钢制油罐的防腐好坏，直接影响到钢制油罐的使用寿命，故本条作如此规定。

6.2 加油机

6.2.1 本条为强制性条文。加油机设在室内，容易在室内形成爆炸混合气体积聚，再加上国内外目前生产的加油机顶部的电子显示和程控系统多为非防爆产品，如果将加油机设在室内，则易引起爆炸和火灾事故，故作此条规定。

6.2.2 自封式加油枪是指带防溢功能的加油枪，各国已普遍采用。这种枪的最大好处是能够在油箱加满油时，自动关闭加油枪，避免了因加油操作疏忽造成的油品从油箱口溢出而导致的能源浪费及可引发的火灾和污染环境等。但这种枪的加油流量不能太快，否则会使油箱内受到加油流速过快的冲击引起油品翻花，产生很多的油沫子，使油箱未加满，加油枪就自动关闭，此外还有可能发生静电火灾问题。因此，国内外目前应用的汽油加油枪的流量基本都控制在 50L/min 以下，而且生产的油气回收泵流量也是与其相匹配的，超出此流量会带来一系列问题。

柴油相对于汽油发生的火灾几率较小，而且加注柴油的多数都是大型车辆，油箱也大，故本条对加注柴油的流量未作规定。

6.2.3 拉断阀一般装在加油软管上或油枪与软管的连接处，是预防向车辆加完油后，忘记将加油枪从油箱口移开就开车，而导致加油软管被拉断或加油机被拉倒，出现泄漏事故的保护器件。拉断阀的分离拉力过小会因加油水击现象等不该拉脱时被拉脱，拉力过大起不到保护加油机、胶管及连接接头的作用。依据现行国家标准《燃油加油站防爆安全技术 第 2 部分：加油机用安全拉断阀结构和性能的安全要求》GB 22380.2—2010 的规定，安全拉断阀的分离拉力应为 800N～1500N。

6.2.4 剪切阀是加油机以正压（如潜油泵）供油的可靠油路保护

装置,安装在加油机底部与供油立管的连接处。此阀作用有二:一是加油机被意外撞击时,剪切阀的剪切环处会首先发生断裂,阀芯自动关闭,防止液体连续泄漏而导致发生火灾事故或污染环境;二是加油机一旦遇到着火事故时,剪切阀附近达到一定温度时,阀芯也会自动关闭,切断油路,避免引起严重的火灾事故。有关剪切阀的具体性能要求,详见现行国家标准《燃油加油站防爆安全技术 第3部分:剪切阀结构和性能的安全要求》GB 22380.3。

6.2.5 此条规定的主要目的是防止误加油品。

6.3 工艺管道系统

6.3.1 本条为强制性条文。以前采用敞口式卸油(即将卸油胶管插入量油孔内)的加油站,油气从卸油口排出,有些油气中还夹带有油珠油雾,极不安全,多次发生着火事故。所以,本条规定必须采用密闭卸油方式十分必要。其含义包括加油站的油罐必须设置专用进油管道,采用快速接头连接进行卸油,避免油气在卸油口沿地面排放。严禁采用敞口卸油方式。

6.3.2 此条规定的目的是防止卸油卸错罐,发生混油事故。

6.3.4 卸油油气回收在国外也通称为"一次回收"或"一阶段回收"。

 1 所谓平衡式密闭油气回收系统,是指系统在密闭的状态下,油罐车向地下油罐卸油的同时,使地下油罐排出的油气直接通过管道(即卸油油气回收管道)收到油罐车内的系统,而不需外加任何动力。这也是各国目前都采用的方法。

 2 各汽油罐共用一根卸油油气回收主管,使各汽油罐的气体空间相连通,也是各国普遍采用的一种形式,可以简化工艺,节省管道,避免卸油时接错接口,出现张冠李戴。规定其公称直径不宜小于80mm,主要是为减少气路管道阻力,节省卸油时间,并使其与油罐车的DN100(或DN100变DN80)的油气回收接头及连通软管的直径相匹配。

 3 采用非自闭式快速接头(即普通快速接头)时,要求与快速接头前的油气回收管道上设阀门,主要是为使卸油结束后及时关闭此阀门,使罐内气体不外泄,避免污染环境和发生火灾。自闭式快速接头,平时和卸油结束(软管接头脱离)后都自动处于关闭状态,故不需另装阀门,除操作简便外,还避免了普通接头设阀门可能出现的忘关阀门所带来的问题,故美国和西欧等先进国家基本都采用这种接头。

6.3.5 采用油罐装潜油泵的加油工艺,与采用自吸式加油机相比,其最大特点是:油罐正压出油、技术先进、加油噪音低、工艺简单,一般不受油位较低和管道较长等条件的限制,是我国加油站的技术发展趋势。

从保证加油工况的角度看,如果几台自吸式加油机共用一根接自油罐的进油管(即油罐的出油管),有时会造成互相影响,流量不均,当一台加油机停泵时,还有抽入空气的可能,影响计量精度,甚至出现断流现象。故规定采用自吸式加油机时,每台加油机应单独设置进油管。设置底阀的目的是为防止加油停歇时出现油品断流,吸入气体,影响加油精度。

6.3.6 加油油气回收在国外也通称为"二次回收"或"二阶段回收"。

 1 所谓真空辅助式油气回收系统,是指在加油油气系统回收系统的主管上增设油气回收泵或在每台加油机内分别增设油气回收泵而组成的系统。在主管上增设油气回收泵,通常称为"集中式"加油油气系统回收系统;在每台加油机内分别增设油气回收泵(一般一泵对一枪),通常称为"分散式"加油油气系统回收系统,是各国目前都采用的方法。增设油气回收泵的主要目的是为了克服油气自加油枪至油罐的阻力,并使加油枪口气口形成负压,使加油时油箱内呼出的油气抽到油罐内。

 2 多台汽油加油机共用一根油气回收主管,可以简化工艺,节省管道,是国外普遍采用的一种形式。油至油罐处可以直接连

接到卸油油气回收主管上。规定其直径不小于DN50主要是为保证其有一定的强度和减少气路管道阻力。

 3 防止油气反向流的措施一般采用在油气回收泵的出口管上安装一个专用的气体单向阀,用于防止罐内空间压力过高时保护回收泵或不使加油枪在油箱口处增加排放。

 4 本款规定的气液比值与现行国家标准《加油站大气污染物排放标准》GB 20952—2007规定一致。

 5 设置检测三通是为了方便检测整体油气回收系统的密闭性和加油机至油罐的油气回收管道内的气体流通阻力是否符合规定的限值。系统不严密会使油气外泄;加油过程中产生的油气通过埋地油气回收管道至油罐时,会在管道内形成冷凝液,如果冷凝液在管道中聚集就会使返回到油罐的气体受阻(即液阻),轻者影响回收效果,重者会导致系统失去作用。因此,这两个指标是衡量加油油气回收系统是否正常的指标。检测三通安装如图1所示。

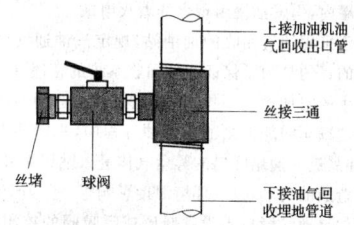

图1 液阻和系统密闭性检测口示意

6.3.7 本条条文说明如下:

 1 "接合管应为金属材质"主要是为了与油罐金属人孔盖接合,并满足导静电要求。

 2 规定油罐的各接合管应设在油罐的顶部,既是功能上的常规要求,也是安全上的基本要求,目的是不损伤装油部分的罐身,便于平时的检修与管理,避免现场安装开孔可能出现焊接不良和接管受力大,容易发生断裂而造成的跑油渗油等不安全事故。规定油罐的出油接合管应设在人孔盖上,主要是为了使该接合管上的底阀或潜油泵拆卸检修方便。

 3 本款规定主要是为防止油罐车向油罐卸油时在罐内产生油品喷溅,而引发静电着火事故。采用临时管道插入油罐敞口喷溅卸油,曾引起的着火事例很多,例如,北京市和平里加油站、郑州市人民路加油站都在卸油时,进油管未插到罐底,造成油品喷溅,产生静电火花,引起卸油口部起火。

进油立管的底端采用45°斜管口或T形管口,在防止产生静电方面优于其他形式的管口,有利于安全,也是国内和国外通常采取的形式。

 4 罐内潜油泵的入油口或自吸式加油机吸入管道的罐内底阀入油口,距罐底的距离不能太高也不能太低,太高会有大量的油品不能被抽出,降低了油罐的使用容积,太低会使罐底污物进入加油机而加给汽车油箱。

 5 量油帽带锁有利于加油站的防盗和安全管理。其接合管伸至罐内距罐底200mm的高度,在正常情况下,罐内油品中的静电可通过接合管被导走,避免人工量油时发生静电引燃事故。但设计上要保证检尺时使罐内空间为大气压(通常可在罐内最高液位以上的接合管上开对称孔),以使管内液位与罐内实际液位相一致。

 6 油罐的人孔是制造和检修的出入口,因此人孔井内的管道及设备,须保证油罐人孔盖的可拆装性。

 7 人孔盖上的接合管采用金属软管过渡与引出井外管道的连接,可以减少管道与人孔盖之间的连接力,便于管道之间的连接和检修时拆装人孔盖,并能保证人孔盖的密闭性。

6.3.8 规定汽油罐与柴油罐的通气管分开设置,主要是为了防止这两种不同种类的油品罐互相连通,避免一旦出现冒罐时,油品经通

气管流到另一个罐造成混油事故,使得油品不能应用。对于同类油品(如:汽油90#、93#、97#)储罐的通气管,本条隐含着允许互相连通,共用一根通气立管的意思,可使同类油品储罐气路系统的工艺变得简单化,即使出现窜油问题,也不至于油品不能应用。但在设计上应考虑便于以后各罐在洗罐和检修时气路管道的拆装与封堵问题。

对于通气管的管口高度,英国《销售安全规范》规定不小于3.75m,美国规定不小于3.66m,我国的《建筑设计防火规范》等标准规定不小于4m,为与我国相关标准取得一致,故规定通气管的管口应高出地面至少4m。

规定沿建筑物的墙(柱)向上敷设的通气管管口,应高出建筑物的顶面至少1.5m,主要是为了使油气易于扩散,不积聚于屋顶,同时1.5m也是本规范对通气管口爆炸危险区域划为1区的半径。

规定通气管口应安装阻火器,是为了防止外部的火源通过通气管引入罐内,引发油罐出现爆炸着火事故。

6.3.10 对于采用油气回收的加油站,规定汽油通气管管口安装机械呼吸阀的目的是为了保证油气回收系统的密闭性,使卸油、加油和平时产生的附加油气不排放或减少排放,达到回收效率的要求。特别是油罐车向加油站油罐卸油过程中,由于两者的液面不断变化,除油品进入油罐呼出的等量气体进入油罐车外,气体的呼入和吸入所造成的扰动,以及环境温度影响等,还会产生一定量的附加蒸发。如果通气管不设呼吸阀或呼吸阀的控制压力偏小,都会使这部分附加蒸发的油气排入大气,难以达到回收效率的要求,实际也证明了这一点。

规定呼吸阀的工作正压宜为2kPa~3kPa,是依据某单位曾在夏季卸油时对加油站密闭气路系统实测给出的。

规定呼吸阀的工作负压宜为1.5kPa~2kPa,主要是基于以下两方面的考虑:一是油罐在出油的同时,如果机械呼吸阀的负压值定的太小,油罐出现的负压也就太小,不利于将汽车油箱排出的油气通过加油机和回收管道回收到油罐中;二是如果负压值定的偏大,就会增加埋地油罐的负荷,而且对采用自吸式加油机在油罐低液位时的吸油也很不利。

6.3.11 部分款说明如下:

2 本款的"非烃类车用燃料"不包括车用乙醇汽油。因为本规范对非金属复合材料管道的技术要求是参照欧洲标准《加油站埋地安装用热塑性塑料管道和挠性金属管道》EN 14125—2004制定的,而 EN 14125—2004不适用于输送非烃类车用燃料的非金属管道。

4、6 这两款是参照欧洲标准《加油站埋地安装用热塑性塑料管道和挠性金属管道》EN 14125—2004制定的。

5 本款是依据国家标准《防止静电事故通用导则》GB 12158—2006中第7.2.2条制定的。

7 本款是针对我国柴油公交车、重型车尾气排放实施国Ⅳ标准(国家机动车第四阶段排放标准),采用SCR(选择性催化还原)技术,需要在加油站增设尾气处理液加注设备而提出的。尾气处理液是指尿素溶液(Adblue)。SCR技术是在现有柴油车应用国Ⅲ(欧Ⅲ)柴油的基础上,通过发动机内优化燃烧降低颗粒物后,在排气管内喷入尿素溶液作为还原剂而降低氮氧化物(NOₓ),使氮氧化物转换成纯净的氮气和水蒸气,而满足环保排放要求的一种技术。柴油车尿素溶液的耗量约为燃油耗量的4%~5%。使用SCR技术还可以使尾气排放升到欧Ⅴ要求。由于尿素溶液对碳钢具有一定的腐蚀性,不适于用碳素钢管输送,故应采用奥氏体不锈钢等适于输送要求的管道。

6.3.13 本条为强制性条文。加油站内多是道路或加油场地,工艺管道不便地上敷设。采用管沟敷设时要求必须用沙子或细土填满、填实,主要是为避免管沟积聚油气,形成爆炸危险空间。此外,根据欧洲标准和不导静电非金属复合材料管道试验结论,对不导

静电非金属复合材料管道来说,只有埋地敷设才能做到不积聚静电电荷。

6.3.14 规定"卸油油气回收管道、加油油气回收管道和油罐通气管横管的坡度,不应小于1‰",与现行国家标准《加油站大气污染物排放标准》GB 20952—2007规定相一致,目的是防止管道内积液,保证管道气相畅通。

6.3.17 "与其无直接关系的建(构)筑物",是指除加油场地、道路和油罐维护结构以外的站内建(构)筑物,如站房等房屋式建筑,给排水井等地下构筑物。规定不应穿过或跨越这些建(构)筑物,是为防止管道损伤、渗漏带来的不安全问题。同样,与其他管沟、电缆沟和排水沟相交叉处也应采取相应的防护措施。

6.3.18 本条规定是参照欧洲标准《输送流体用管子的静电危害分析》IEC TR60079—32 DC:2010制定的。

6.4 橇装式加油装置

6.4.2~6.4.6 为满足公众日益提高的安全和环保需求,第6.4.2条~第6.4.6条规定了加强橇装式加油装置安全和环保要求的措施。

6.5 防渗措施

6.5.2 埋地油罐采用双层油罐的最大好处是自身具备二次防渗功能,在防渗方面比单壁油罐多了一层防护,并便于实现人工检测和在线监测,可以在第一时间内及时发现渗漏,使渗漏油品不进入环境。特别是双壁玻璃纤维增强塑料(玻璃钢)罐和带有防护外套的金属油罐,在抗土壤腐蚀方面更远远优于与土壤直接接触的金属油罐,会大大延长油罐的使用寿命。是目前美国和西欧等先进国家推广应用的主流技术。

本规范允许采用单层油罐设置防渗罐池做法,主要是由于我国在采用双层油罐技术方面还属刚起步,相关标准不健全,而且自20世纪90年代初就一直沿用防渗罐池做法。但这种做法只是将渗漏控制在池内范围,仍会污染池内土壤,如果池子做的不严密,还存在着渗漏污染扩散问题,再加上其建设造价并不比采用双层油罐省,油罐相对使用寿命短,因此,这种防渗方式也只是一种过渡期间的措施,终究会被双层油罐技术所代替。

6.5.4 设置检测立管的目的是为了检测或监测防渗罐池内的油罐是否出现渗漏。

6.6 自助加油站(区)

6.6.1 本条的规定,是为了在无人引导的情况下,指引消费者进站、准确地把车辆停靠在加油位上,进行加油操作。

6.6.2 在加油机泵岛及附近标示油品类别、标号及安全警示,可以引导消费者选择适合自己的加油位并注意安全。

6.6.3 不在同一加油车位上同时设置汽油、柴油两个品种服务,可以方便消费者根据油品灯箱的标示选择合适的加油车位,同时避免或减少加错油的现象。

6.6.4 自助加油不同于加油员加油,因此对加油机和加油枪的功能提出了一些特殊要求以保证加油安全。

6.6.5 设置视频监控系统是出于安全和风险管理的考虑,同时通过对顾客的加油行为分析,改善服务。

6.6.6 营业室内设置监控系统,是自助加油站的一个特点,营业员可以通过该系统关注和控制每台加油机的作业情况,并与顾客进行对话沟通,提供服务和指导。在发生紧急情况时,可以启动紧急切断开关停止所有加油机的运行并通过站内广播引导顾客离开危险区域。

6.6.7 由于汽油闪点低,挥发性强,油蒸汽是加油站的主要安全隐患,要求经营汽油的自助加油站设置加油油气回收系统,有助于保证自助加油的安全,并有助于大气环境保护。

7 LPG加气工艺及设施

7.1 LPG储罐

7.1.1 对本条各款说明如下：

1 关于压力容器的设计和制造，国家现行标准《钢制压力容器》GB 150、《钢制卧式容器》JB 4731 和国家质量技术监督局颁发的《固定式压力容器安全技术监察规程》TSG R0004 已有详细规定和要求，故本规范不再作具体规定。

2 《固定式压力容器安全技术监察规程》TSG R0004 第 3.9.3 条规定：常温储存液化气体压力容器的设计压力应以规定温度下的工作压力为基础确定；常温储存液化石油气 50℃ 的饱和蒸汽压力小于或等于 50℃丙烷的饱和蒸汽压力时，容器工作压力等于 50℃丙烷的饱和蒸汽压力（为 1.600MPa 表压）。行业标准《石油化工钢制压力容器》SH/T 3074—2007 第 6.1.1.5 条规定：工作压力 $P_w \leq 1.8MPa$ 时，容器设计压力 $P_d = P_w + 0.18MPa$。根据上述规定，本款规定"储罐的设计压力不应小于 1.78MPa"。

3 LPG充装泵有多种形式，储罐出液管必须适应充装泵的要求。进液管道和液相回流管道接入储罐内的气相空间的优点是：一旦管道发生泄漏事故直接泄漏出去的是气体，其质量比直接泄漏出液体小得多，危害性也小得多。

7.1.2 止回阀和过流阀有自动关闭功能。进液管、液相回流管和气相回流管上设止回阀，出液管和卸车用的气相平衡管上设过流阀可有效防止LPG管道发生意外泄漏事故。止回阀和过流阀设在储罐内，增强了储罐首级关闭阀的安全可靠性。

7.1.3 本条说明如下：

1 安全阀是防止 LPG 储罐因超压而发生爆裂事故的必要设备，《固定式压力容器安全技术监察规程》TSG R0004 也规定压力容器必须安装安全阀。规定"安全阀与储罐之间的管道上应装设切断阀"，是为了便于安全阀检修和调试。对放散管管口的安装高度的要求，主要是防止液化石油气放散时操作人员受到伤害。

规定"切断阀在正常操作时应处于铅封开启状态。"是为了防止发生误操作事故。在设计文件上需对安全阀与储罐之间的管道上安装的切断阀注明铅封开。

2 因为 7.1.1 条规定 LPG 储罐的设计压力不应低于 1.78MPa，再考虑泵的提升压力，故规定阀门及附件系统的设计压力不应低于 2.5MPa。

3 要求在排污管上设置两道切断阀，是为了确保安全。排污管内可能会有水分，故在寒冷和严寒地区，应对从储罐底部引出的排污管的根部管道加装伴热或保温装置，以防止排污管阀门及法兰垫片冻裂。

4 储罐内未设置控制阀门的出液管道和排污管道，最危险点在储罐的第一道法兰处。本款的规定，是为了确保安全。

5 储罐设置检修用的放散管，便于检修储罐时将罐内LPG气体放散干净。要求该放散管与安全阀接管共用一个开孔，是为了减少储罐开孔。

6 为防止加气瞬间的过流造成关闭，故要求过流阀的关阀流量宜为最大工作流量的 1.6 倍～1.8 倍。

7.1.4 LPG储罐是一种密闭性容器，准确测量其温度、压力，尤其是液位，对安全操作非常重要，故本条规定了液化石油气储罐测量仪表设置要求。

1 要求LPG储罐设置就地指示的液位计、压力表和温度计，这是因为一次仪表的可靠性高以及便于就地观察罐内情况。要求设置液位上、下限报警装置，是为了能及时发现液位达到极限，防止超装事故发生。

2 要求设置液位上限限位控制和压力上限报警装置，是为了能及时对超压情况采取处理措施。

3 对LPG储罐来说，最重要的参数是液位和压力，故要求在一、二级站内对这两个参数的测量设二次仪表。二次仪表一般设在站房的控制室内，这样便于对储罐进行监测。

7.1.5 本条为强制性条文。由于LPG的气体比重比空气大，LPG储罐设在室内或地下室内，泄漏出来LPG气体易于在室内积聚，形成爆炸危险气体，故规定LPG储罐严禁设在室内或地下室内。LPG储罐埋地设置受外界影响（主要是温度方面的影响）比较小，罐内压力相对比较稳定。一旦某个埋地储罐或其他设施发生火灾，基本上不会对另外的埋地储罐构成严重威胁，比地上设置要安全得多。故本条规定，在加油加气合建站和城市建成区内的加气站，LPG储罐应埋地设置。需要指出的是，根据本条的规定，地上LPG储罐整体装配式的加气站不能建在城市建成区内。

7.1.6 对本条各款说明如下：

1 地上储罐集中单排布置，方便管理，有利于消防。储罐间净距不应小于相邻较大罐的直径，系根据现行国家标准《城镇燃气设计规范》GB 50028—2006 而确定的。

2 储罐四周设置高度为1m的防护堤（非燃烧防护墙），以防止发生液化石油气发生泄漏事故，外溢地外。

7.1.7 地下储罐间应采用防渗混凝土墙隔开，以防止事故时串漏。

7.1.8 建于水源保护地的液化石油气埋地储罐，一般都要求设置罐池。本条对罐池设置提出了具体要求。

1 规定罐与罐池内壁之间的净距不应小于1m，是为了储罐开罐检查时，安装 X 射线照相设备。

2 填沙的作用与埋地油罐填沙作用相同。

7.1.9 规定"储罐应坡向排污端，坡度应为 3‰～5‰"，是为了便于清污。

7.1.10 LPG储罐是压力储罐，一旦发生腐蚀穿孔事故，后果将十分严重。所以，为了延长埋地 LPG 储罐的使用寿命，本条规定要采用严格的防腐措施。

7.2 泵和压缩机

7.2.1 用LPG压缩机卸车，可加快卸车速度。槽车上泵的动力由站内供电比由槽车上的柴油机带动安全，且能减少噪声和油气污染。

7.2.3 加气站内所设卸车泵流量若低于 300L/min，则槽车在站内停留时间太长，影响运营。

7.2.4 本条为强制性条文。为地面上的泵和压缩机设置防晒罩棚或泵房（压缩机间），可防止泵和压缩机因日晒而升温升压，这样有利于泵和压缩机的安全运行。

7.2.5 本条规定了一般地面泵的管路系统设计要求。

1 本款措施，是为了避免因泵的振动造成管件等损坏。

2 管路坡向泵进口，可避免泵产生气蚀。

3 泵的出口阀门前的旁通管上设置回流阀，可以确保输出的液化石油气压力稳定，并保护泵在出口阀门未打开时的运行安全。

7.2.7 本条规定在安装潜液泵的筒体下部设置切断阀，便于潜液泵拆卸、更换和维修；安装过流阀是为了能在储罐外系统发生大量泄漏时，自动关闭管路。

7.2.8 本条的规定，是为了防止潜液泵电机超温运行造成损坏和事故。

7.2.9 本条规定了压缩机进、出口管道阀门及附件的设置要求。规定在压缩机的进口和储罐的气相之间设置旁通阀，目的在于降低压缩机的运行温度。

7.3 LPG加气机

7.3.1 本条为强制性条文。加气机设在室内，泄漏的LPG气体不易扩散，易引发爆炸和火灾事故。

7—14—45

7.3.2 根据国外资料以及实践经验,计算加气机数量时,每辆汽车加气时间按 3min~5min 计算比较合适。

7.3.3 对本条各款说明如下:

1 同第 7.1.3 条第 2 款的说明。

2 限制加气枪流量,是为了便于控制加气操作和减少静电危险。

3 加气软管设拉断阀是为了防止加气汽车在加气时意外启动而拉断加气软管或拉倒加气机,造成液化石油气外泄事故发生。拉断阀在外力作用下分开后,两端能自行密封。分离拉力范围是参照国外标准制定的。

4 本款的规定是为了提高计量精度。

5 加气嘴配置自密封阀,可使加气操作既简便、又安全。

7.3.5 本条为强制性条文。此条规定是为了提醒加气车辆驾驶员小心驾驶,避免撞毁加气机,造成大量液化石油气泄漏。

7.4 LPG 管道系统

7.4.1 10#、20# 钢是优质碳素钢,LPG 管道采用这种管材较为安全。

7.4.3 同第 7.1.3 条第 2 款的说明。

7.4.4 与其他连接方式相比,焊接方式防泄漏性能更好,所以本条要求液化石油气管道宜采用焊接连接方式。

7.4.5 为了安装和拆卸检修方便,LPG 管道与储罐、容器、设备及阀门的连接,推荐采用法兰连接方式。

7.4.6 一般耐油胶管都不能耐 LPG 腐蚀,所以本条规定管系统上的胶管应采用耐 LPG 腐蚀的钢丝缠绕高压胶管。

7.4.7 LPG 管道埋地敷设占地少,美观,且能避免人为损坏和受环境温度影响。规定采用管沟敷设时,应填中性沙,是为了防止管沟内积聚可燃气体。

7.4.8 本条的规定内容是为了防止管道受冻土变形影响而损坏或被车压坏。

7.4.9 LPG 是一种非常危险的介质,一旦泄漏可能引起严重后果。为安全起见,本条要求埋地敷设的 LPG 管道采用最高等级的防腐绝缘保护层。

7.4.10 限制 LPG 管道流速,是减少静电危害的重要措施。

7.4.11 本条为强制性条文。LPG 储罐的出液管道和连接槽车的液相管道是 LPG 加气站的重要工艺管道,也是最危险的管道,在这些管道上设紧急切断阀,对保障安全是十分必要的。

7.5 槽车卸车点

7.5.1 本条为强制性条文。设置拉断阀的规定有两个目的,一是为了防止槽车卸车时意外启动或溜车而拉断管道;二是为了一旦站内发生火灾事故槽车能迅速离开。

7.5.3 本条的规定,是为了防止杂质进入储罐影响充装泵的运行。

8 CNG 加气工艺及设施

8.1 CNG 常规加气站和加气母站工艺设施

8.1.1 CNG 进站管道设置调压装置以适应压缩机工况变化需要,满足压缩机的吸入压力,平稳供气,并防止超压,保证运行安全。

8.1.3 在进站天然气的硫化氢含量达不到现行国家标准《车用压缩天然气》GB 18047 的硫含量要求时,需要进行脱硫处理。加气站脱硫处理量较小,一般采用固体法脱硫,为环保需要,固体脱硫剂不在站内再生。设置备用塔,可作为在一塔检修或换脱硫剂时的备用。脱硫装置设置在室外是出于安全需要。设置硫含量检测是工艺操作的要求。

8.1.4 CNG 加气站多以输气干线内天然气为气源,其气质可达到现行国家标准《天然气》GB 17820 中的 II 类气质指标,但给汽车加注的天然气须满足现行国家标准《车用压缩天然气》GB 18047 对天然气的水露点的要求。一般情况下来自输气干线内天然气质量达不到《车用压缩天然气》GB 18047 要求的指标,所以还要进行脱水。

因采用固体吸附剂脱水,可能会增加气体中的含尘量对压缩机安全运行有影响,可通过增加过滤器来解决。

8.1.7 压缩机前设置缓冲罐可保证压缩机工作平稳。设置排气缓冲罐是减少为了排气脉冲带来的振动,若振动小,不设置排气缓冲罐也是可行的。

8.1.9 压缩机单排布置主要考虑水、电、气、汽的管路和地沟可在同一方向设置,工艺布置合理。通道留有足够的宽度方便安装、维修、操作和通风。

8.1.11 当压缩机停机后,机内气体需及时泄压放掉以待第二次启动。由于泄压的天然气量大、压力高、又在室内,因此需将泄放的天然气回收再用。

8.1.12 压缩机排出的冷凝液中含有凝析油等污物,有一定危险,所以应集中处理,达到排放标准后才能排放。压缩机组包括本机、冷却器和分离器。

8.1.13 我国 CNG 汽车规定统一运行压力为 20MPa,CNG 站的储气瓶压力为 25MPa,以满足 CNG 汽车充气需要。

8.1.14 目前 CNG 加气站固定储气设施主要用储气瓶(组)和储气井。储气瓶(组)有易于制造,维护方便的优点。储气井具有占地面积小、运行费用低、安全可靠、操作维护简便和事故影响范围小等优点,因此被广泛采用。目前已建成并运行的储气井规模为:储气井井筒直径 ϕ177.8mm~ϕ244.5mm;最大井深大于 300m;储气井水容积 $1m^3$~$10m^3$;最大工作压力 25MPa。

8.1.15 采用大容积储气瓶具有瓶阀少、接口少、安全性高等优点,所以推荐加气站选用同一种规格型号的大容积储气瓶。

8.1.16 储气瓶(组)采用卧式排列便于布置管道及阀件,方便操作保养,当瓶内有沉积液时易于外排。

8.1.18 在地质滑坡带上建造储气井难于保证井筒稳固,溶洞地质不易钻井施工和固井。

8.1.19 疲劳次数要求是为了保证储气井本体有足够的使用寿命。为保证储气井的安全性能,储气井在使用期间还需定期气密性检查、排液及定期检验。

8.1.21 本条规定了加气机、加气柱、卸气柱的选用和设置要求:

1 加气机设在室内,泄漏的 CNG 气体不易扩散,易引发爆炸和火灾事故,故此款作为强制性条文规定。

3、4 控制加气速度的规定是参照美国天然气汽车加气标准的限速值和目前 CNG 加气站操作经验制定的。

8.1.22 本条的储气瓶(组)包括固定储气瓶(组)和车载储气瓶组。储气瓶(组)的管道接口端是储气瓶的薄弱点,故采取此项措施加以防范。

8.2 CNG 加气子站工艺设施

8.2.2 本条为强制性条文。本条的要求是为了保证液压设备处于安全状态。

8.2.5 本条的储气瓶(组)包括固定储气瓶(组)和车载储气瓶组。

8.3 CNG 工艺设施的安全保护

8.3.1 本条为强制性条文。天然气进站管道上安装切断阀,是为了一旦发生火灾或其他事故,立即切断气源灭火。手动操作可在自控系统失灵时,操作人员仍能靠近并关闭截断阀,切断气源,防止事故扩大。

8.3.2、8.3.3 要求站内天然气调压计量、增压、储存、加气各工段分段设置切断气源的切断阀，是为了便于维修和发生事故时紧急切断。

8.3.6 本条是参照美国内务部民用消防局技术标准《汽车用天然气加气站》制订的。该标准规定：天然气设备包括所有的管道、截止阀及安全阀，还有组成供气、加气、缓冲及售气网络的设备的设计压力比最大的工作压力高10%，并且在任何情况下不低于安全阀的起始工作压力。

8.3.7 一次泄放量大于500m³（基准状态）的高压气体（如储气瓶组事故时紧急排放的气体、火灾或紧急检修设备时排放系统气体），很难予以回收，只能通过放散管迅速排放。压缩机停机卸载的天然气量一般大于2m³（基准状态），排放到回收罐，防止扩散。仪表或加气作业时泄放的气量减少，就地排入大气简便易行，且无危险之忧。

8.3.8 本条第3款规定"放散管应垂直向上"，是为了避免天然气高速放散时，对放散管造成较大冲击。

8.3.10 压力容器与压力表连接短管设泄气孔（一般为 $\phi1.4mm$），是保证拆卸压力表时排放管内余压，确保操作安全。

8.3.11 设安全防撞柱（栏）主要为了防止进站加气汽车控制失误，撞上天然气设备造成事故。

8.4 CNG管道及其组成件

8.4.4 加气站室内管沟敷设，沟内填充中性沙是为了防止泄漏的天然气聚集形成爆炸危险空间。

9 LNG和L-CNG加气工艺及设施

9.1 LNG储罐、泵和气化器

9.1.1 本条规定了LNG储罐的设计要求。

1 本款规定了LNG储罐设计应执行的有关标准规范，这些标准是保证LNG储罐设计质量的必要条件。

2 要求 $P_d \geq P_w + 0.18MPa$，是根据行业标准《石油化工钢制压力容器》SH/T 3074—2007制定的；要求储罐的设计压力不应小于1.2倍最大工作压力，略高于现行国家标准《钢制压力容器》GB 150的要求。LNG储罐的工作温度约为-196℃，故本款要求设计温度不应高于-196℃。由于LNG加气可能设在市区内，本款的规定提高了储罐的安全度（包括外壳），是必要的。

3 本款的规定是参照现行国家标准《液化天然气（LNG）生产、储存和装运》GB/T 20368—2006制定的。

9.1.2 埋地LNG储罐、地下或半地下LNG储罐抵御外部火灾的性能好，自身发生事故影响范围小。在城市中心区内，建筑物和人员较为密集，故规定应采用埋地LNG储罐、地下或半地下LNG储罐。

9.1.3 本条规定了地上LNG储罐等设备的布置要求。

2 本款规定的目的是使泄漏的LNG在堤区内缓慢气化，且以上升扩散为主，减小气雾沿地面扩散。防护堤与LNG储罐在堤区内距离的确定，一是操作与维修的需要，二是储罐及其管路发生泄漏事故，尽量将泄漏的LNG控制在堤区内。

规定"防护堤的雨水排放口应有封堵措施"，是为了在LNG储罐发生泄漏事故时能及时封堵雨水排放口，避免LNG流淌至防护堤外。

3 增压气化器、LNG潜液泵等装置，从工艺操作方面来说需靠近储罐布置。CNG高压瓶组或储气井发生事故的爆破力较大，不宜布置在防护堤内。

9.1.4 本条规定了地下或半地下LNG储罐的设置要求。

1 采用卧式储罐可减小罐池深度，降低建造难度。

4 本款的规定，是为了防止人员意外跌落罐池而受伤。

6 罐池内在雨季有可能积水，故需对储罐采取抗浮措施。

9.1.6 本条规定了LNG储罐阀门的设置要求，说明如下：

1 设置安全阀是国家现行标准《固定式压力容器安全技术监察规程》TSG R0004的有关规定。为保证安全阀的安全可靠性和满足检验需要，LNG储罐设置2台或2台以上全启封闭式安全阀是必要的。

2 规定"安全阀与储罐之间应设切断阀"，是为了满足安全阀检验需要。

3 规定"与LNG储罐连接的LNG管道应设置可远程操作的紧急切断阀"，是为了能在事故状态下，做到迅速和安全地关闭与LNG储罐连接的LNG管道阀门，防止泄漏事故的扩大。

4 本款规定，是为了在LNG储罐超压情况下，能远程迅速打开放散控制阀，这样既可保证储罐安全，也能确保操作人员安全。

5 阀门与储罐或管道采用焊接连接相对法兰或螺纹连接严密性好得多，LNG储罐液相管道首道阀门是最重要的阀门，故本款从严要求，规避了在该处接口可能发生的重大泄漏事故，这是LNG加气站重要的一项安全措施。

9.1.7 本条为强制性条文。对本条LNG储罐的仪表设置要求说明如下：

1 液位是LNG储罐重要的安全参数，实时监测液位和高液位报警是必不可少的。要求"高液位报警器应与进液管道紧急切断阀连锁"，可确保LNG储罐不满溢。

2 压力也是LNG储罐重要的安全参数，对压力实时监测是必要的。

3 检测内罐与外罐之间环形空间的绝对压力，是观察LNG储罐完好性的简便易行的有效手段。

4 本款要求"液位计、压力表应能就地指示，并应将检测信号传送至控制室集中显示"，有利于实时监测LNG储罐的安全参数。

9.1.8 本条是对LNG潜液泵池的管路系统和附属设备的规定。

1 对LNG储罐的底与泵罐顶面的高差要求，是为了保证潜液泵的正常运行。

2 潜液泵启动时，泵罐压力骤降会引发LNG气化，将气化气引至LNG储罐气相空间形成连通，有利于确保罐的进液。当利用潜液泵卸车时，与槽车的气相管相接形成连通，也有利于卸车顺利进行。

3 潜液泵罐的温度和压力是防止潜液泵气蚀的重要参数，也是启动潜液泵的重要依据，故要求设置温度和压力检测装置。

4 在泵的出口管道上设置安全阀和紧急切断阀，是安全运行管理需要。

9.1.9 本条规定了柱塞泵的设置要求。

1 目前一些L-CNG加气站柱塞泵的运行不稳定，多数是由于储罐与泵的安装高差不足、管路较长、管径较小等设计缺陷造成的。

2 柱塞泵的运行震动较大，在泵的进、出口管道上设柔性、防震装置可以减缓震动。

3 为防止CNG储气瓶（井）内天然气倒流，需在泵的出口管道上设置止回阀；要求设全启封闭式安全阀，是为了防止管道超压。

4 在泵的出口管道上设置温度和压力检测装置，便于对泵的运行进行监控。

5 目前一些 L-CNG 加气站所购置的柱塞泵运行噪声太大，严重干扰了周边环境。其原因一是泵的结构型式本身特性造成；二是一些管道连接不当。在泵型未改变前，L-CNG 加气站建在居民区、旅馆、公寓及办公楼等需要安静条件的地区时，柱塞泵需采取有效的防噪声措施。

9.1.10 要求"高压气化器出口气体温度不应低于 5℃"，是为了保护 CNG 储气瓶(井)、CNG 汽车车用瓶在受充装时产生的汤姆逊效应温度降低不低于 $-5℃$。此外，供应 CNG 汽车的温度较低，会产生较大的计量气费差，不利于加气站的运营。

9.2 LNG 卸车

9.2.1 本条的要求是为了在出现不正常情况时，能迅速中断作业。

9.2.2 本条规定是依据现行行业标准《固定式压力容器安全技术监察规程》TSG R0004—2009 第 6.13 条制定的。有的站采用固定式装卸臂卸车，也是可行的。

9.3 LNG 加气区

9.3.1 本条为强制性条文。加气机设在室内，泄漏的液化天然气不易扩散，易引发爆炸和火灾事故。

9.3.2 本条是对加气机技术性能的基本要求。

 1 要求"加气系统的充装压力不应大于汽车车载瓶的最大工作压力"，是为了防止汽车车用瓶超压。

 3 在加气机的充装软管上设拉断装置，以防止在充装过程中发生汽车启离的恶性事故。

9.3.4 加气机前设置防撞柱(栏)，以避免受汽车碰撞引发事故。

9.4 LNG 管道系统

9.4.1 本条规定了 LNG 管道和低温气相管道的设计要求。

 1 管路系统的设计温度要求同 LNG 储罐。设计压力的确定原则也同 LNG 储罐，但管路系统的最大工作压力与 LNG 储罐的最大工作压力是不同的。液相管道的最大工作压力需考虑 LNG 储罐的液位静压和泵流量为零时的压力。

 3 要求管材和管件等应符合相关现行国家标准，是为了保证质量。

9.4.5 为防止管道内 LNG 受热膨胀造成管道爆破，特制定此条。

9.4.6 对 LNG 加气站的天然气放散管的设计规定主要目的如下：

 1 在加气站运行中，常发生 LNG 液相系统安全阀弹簧失效或发生冰卡而不能复位关闭，造成大量 LNG 喷泻，因此 LNG 加气站的各类安全阀放散需集中引至安全区。

 2 本款规定是为了避免放散天然气影响附近建(构)筑物安全。

 3 为保证放散的低温天然气能迅速上浮至高空，故要求经温式气化器加热。放散的天然气温度为 $-112℃$ 时，天然气的比重小于空气，本款规定适当提高放散温度，以保证放散的天然气向上飘散。

10 消防设施及给排水

10.1 灭火器材配置

10.1.1 本条为强制性条文。加油加气站经营的是易燃易爆液体或气体，存在一定的火灾危险性，配置灭火器材是必要的。小型灭火器材是控制初期火灾和扑灭小型火灾的最有效设备，因此规定了小型灭火器的选用型号及数量。其中，使用灭火毯和沙子是扑灭油罐罐口火灾和地面油类火灾最有效的方式，且花费不多。本节规定是参照本规范 2006 年版原有规定和现行国家标准《建筑灭火器配置设计规范》GB 50140—2005 并结合实际情况，经多方征求意见后制定的。

10.2 消防给水

10.2.1 本条为强制性条文。是参照现行国家标准《城镇燃气设计规范》GB 50028—2006 的有关规定编制的。

10.2.2 现行国家标准《石油天然气工程设计防火规范》GB 50183—2004 第 10.4.5 条规定，总容积小于 $250m^3$ 的 LNG 储罐区不需设固定消防水供水系统。本规范规定一级 LNG 加气站 LNG 储罐不大于 $180m^3$，但考虑到 LNG 加气站往往建在建筑物较为稠密的地区，设置有地上 LNG 储罐的一、二级 LNG 加气站，一旦发生事故造成的影响可能会比较大，故要求其设消防给水系统，以加强 LNG 加气站的安全性能。对三种条件下站内可不设消防给水系统说明如下：

 1 现行国家标准《建筑设计防火规范》GB 50016—2006 规定：室外消火栓的保护半径不应大于 150m；在市政消火栓保护半径 150m 以内，如消防用水量不超过 15L/s 时，可不设室外消火栓。LNG 加气站位于市政消火栓有效保护半径 150m 以内情况下，且市政消火栓能满足一级站供水量不小于 20L/s，二级站供水量不小于 15L/s 的需求，故站内不需设消防给水系统。

 2 消防给水系统的主要作用是保护着火罐的临近罐免受火灾威胁，有些地方设置消防给水系统有困难，在 LNG 储罐之间设置钢筋混凝土防火墙，可有效降低 LNG 储罐之间的相互影响，不设消防给水系统也是可行的。

 3 位于城市建成区以外、且为严重缺水地区的 LNG 加气站，发生事故造成的影响会比较小，参照现行国家标准《石油天然气工程设计防火规范》GB 50183—2004 第 10.4.5 条规定不要求设固定消防水供水系统。考虑到城市建成区以外建站用地相对较为宽裕，故要求安全间距和灭火器材数量加倍，尽量降低 LNG 加气站事故风险。

10.2.3 加油站的火灾危险主要源于油罐，由于油罐埋地设置，加油站的火灾危险就相当低了，而且，埋地油罐的着火主要在检修人孔处，火灾时用灭火毯覆盖能有效地扑灭火灾；压缩天然气的火灾特点是爆炸后在泄漏点着火，只要关闭相关气阀，就能很快熄灭火灾；地下和半地下 LNG 储罐设置在钢筋混凝土罐池内，罐池顶部高于 LNG 储罐顶部，故抵御外部火灾的性能好。LNG 储罐一旦发生泄漏事故，泄漏的 LNG 被限制在钢筋混凝土罐池内，且会很快挥发并向上飘散，事故影响范围小。因此，采用地下和半地下 LNG 储罐的各类 LNG 加气站及加气合建站不设消防给水系统是可行的；设置有地上 LNG 储罐的三级 LNG 加气站，LNG 储罐规模较小，且一般只有 1 台 LNG 储罐，不设消防给水系统是可行的。

10.2.6 本条规定了 LPG 设施的消防给水设计，说明如下：

 1 此款内容是参照现行国家标准《城镇燃气设计规范》GB 50028—2006 的有关规定编制的。

 2 液化石油气储罐埋地设置时，罐本身并不需要冷却水，消防水主要用于加气站火灾时对地面上的液化石油气泵、加气设备、管道、阀门等进行冷却。规定一级站消防冷却水不小于 15L/s，二级、三级站消防冷却水不小于 10L/s 可以满足消防时的冷却保护要求。

 3 LPG 地上罐的消防时间是参照现行国家标准《城镇燃气设计规范》GB 50028—2006 规定的。当 LPG 储罐埋地设置时，加气站消防冷却的主要对象都比较小，规定 1h 的消防给水时间是合适的。

10.2.8 消防水泵设 2 台，在其中 1 台不能使用时，至少还可以有一半的消防水能力,可不设备用泵,可以减少投资。当计算消防水量超过35L/s时设2个动力源是按现行国家标准《建筑设计防火规范》GB 50016—2006确定的。2个动力源可以是双回路电源,也可以是1个电源、1个内燃机,也可以2个都是内燃机。

10.2.9 现行国家标准《建筑设计防火规范》GB 50016—2006规定:室外消火栓的保护半径不应大于150m;在市政消火栓保护半径150m以内,如消防用水量不超过15L/s时,可不设室外消火栓。本条的规定更为严格,这样规定是为了提高液化石油气加气站的安全可靠程度。

10.2.10 喷头出水压力太低,喷头喷水效果不好,规定喷头出水最低压力是为了喷头能正常工作;水枪出水压力太低不能保证水枪的充实水柱。采用多功能水枪(即开花-直流水枪),在实际使用中比较方便,既可以远射,也可以喷雾使用。

10.3 给排水系统

10.3.2 水封设施是隔绝油气串通的有效做法。

1 设置水封井是为了防止可能的地面污油和受油品污染的雨水通过排水沟排出站时,站内外积聚在沟中的油气互相串通,引发火灾。

2 此款规定是为了防止可能混入室外污水管道中的油气和室内污水管道相通,或和站外的污水管道中直接气相相通,引发火灾。

3 液化石油气储罐的污水中可能含有一些液化石油气凝液,且挥发性很高,故限制其直接排入下水道,以确保安全。

5 埋地管道漏油容易渗入暗沟,且不易被发现,漏油顺着暗沟流到站外易引发火灾事故,故本款规定限制采用暗沟排水。需要说明的是,本款的暗沟不包括埋地敷设的排水管道。

11 电气、报警和紧急切断系统

11.1 供配电

11.1.1 加油加气站的供电负荷,主要是加油机、加气机、压缩机、机泵等用电,突然停电,一般不会造成人员伤亡或大的经济损失。根据电力负荷分类标准,定为三级负荷。目前国内的加油加气站的自动化水平越来越高,如自动温度及液位检测、可燃气体检测报警系统、电脑控制的加油加气机等信息系统,但突然停电,这些系统就不能正常工作,给加油加气站的运营和安全带来危害,故规定信息系统的供电应设置不间断供电电源。

11.1.2 加油站、LPG加气站、加油和LPG加气合建站供电负荷的额定电压一般是380V/220V,用380V/200V的外接电源是最经济合理的。CNG加气站、LNG加气站、L-CNG加气站、加油和CNG(或LNG加气站、L-CNG加气站)加气合建站,其压缩机的供电负荷,额定电压大多用6kV,采用6kV/10kV外接电源是最经济的,故推荐采用6kV/10kV外接电源。由于要独立核算,自负盈亏,所以加油加气站的供电系统,都需建立独立的计量装置。

11.1.3 加油站、加气站及加油加气合建站,是人流流动比较频繁的地方,如不设事故照明,照明电源突然停电,会给经营操作或人员撤离危险场所带来困难。因此应在消防泵房、营业室、罩棚、LPG泵房、压缩机间等处设置事故照明。

11.1.4 采用外接电源具有投资小、经营费用低、维修管理方便等优点,故应首先考虑选用外接电源。当采用外接电源有困难时,采用小型内燃发电机组解决加油加气站的供电问题,是可行的。

内燃发电机组属非防爆电气设备,其废气排出口安装排气阻火器,可以防止或减少火星排出,避免火星引燃爆炸性混合物,发生爆炸火灾事故。排烟口至各爆炸危险区域边界水平距离具体数值的规定,主要是引用英国石油协会《商业石油库安全规范》的数据并根据国内运行经验确定的。

11.1.5 加油加气站的供电电缆采用直埋敷设是较安全的。穿越行车道部分穿钢管保护,是为了防止汽车压坏电缆。

11.1.6 本条为强制性条文。当加油加气站的配电电缆较多时,采用电缆沟敷设便于检修。为了防止爆炸性气体混合物进入电缆沟,引发爆炸火灾事故,电缆沟有必要充沙填实。电缆保护层有可能破损漏电,可燃介质管道也可能漏油漏气,这两种情况出现在同一处将酿成火灾事故;热力管道温度较高,靠近电缆敷设对电缆保护层有损坏作用。为了避免电缆与管道相互影响,故规定"电缆不得与油品、LPG、LNG和CNG管道以及热力管道敷设在同一沟内"。

11.1.7 现行国家标准《爆炸和火灾危险环境电力装置设计规范》GB 50058对爆炸危险区域内的电气设备选型、安装、电力线路敷设作出了详细规定,但对加油加气站内的典型设备的防爆区域划分没有具体规定,所以本规范根据加油加气站内的特点,在附录C对加油加气站内的爆炸危险区域划分作出了规定。

11.1.8 爆炸危险区域以外的电气设备允许选非防爆型。考虑到罩棚下的灯,经常处在多尘土、雨水有可能溅淋其上的环境中,因此规定"罩棚下处于非爆炸危险区域的灯具,应选用防护等级不低于IP44级的照明灯具。"

11.2 防雷、防静电

11.2.1 本条为强制性条文。在可燃液体罐的防雷措施中,油罐的良好接地很重要,它可以降低雷击点的电位、反击电位和跨步电压。规定接地点不少于2处,是为了提高其接地的可靠性。

11.2.2 加油加气站的面积一般都不大,各类接地共用一个接地装置既经济又安全。当单独设置接地装置时,各接地装置之间要保持一定距离(地下大于3m),否则是分不开的。当分不开时,只好合并在一起设置,但接地电阻要按其最小要求值设置。

11.2.3 LPG储罐采用牺牲阳极法做阴极防腐时,只要牺牲阳极的接地电阻不大于10Ω,阳极与储罐的铜芯连线横截面不小于16mm²就能满足雷电流顺利泄入大地,降低反击电位和跨步电压的要求;LPG储罐采用强制电流法进行阴极防腐时,若储罐的防雷和防静电接地极用钢质材料,必将造成保护电流大量流失。而锌或镁锌复合材料在土壤中的开路电位为-1.1V(相对饱和硫酸铜电极),这一电位与储罐阴极保护所要求的电位基本相等,因此,接地电极采用锌棒或镁锌复合棒,保护电流就不会从这里流失了。锌棒或镁锌复合棒接地极比钢制接地极导电能力还好,只要强制电流法阴极防腐系统的阳极采用锌棒或镁锌复合棒,并使其接地电阻不大于10Ω,用锌棒或镁锌复合棒兼做防雷和防静电接地极,可以保证储罐有良好的防雷和防静电接地保护,是完全可行的。

11.2.4 本条为强制性条文。由于埋地油品储罐、LPG储罐埋在土里,受到土层的屏蔽保护,当雷击储罐顶部的土层时,土层可将雷电流疏散走,起到保护作用,故不需再装设避雷针(线)防雷。但其高出地面的量油孔、通气管、放散管及阻火器等附件,有可能遭受直击雷或感应雷的侵害,故应相互做良好的电气连接并应与储罐的接地共用一个接地装置,给雷电提供一个泄入大地的良好通路,防止雷电反击火花造成危害事故。

11.2.7 要求加油加气站的信息系统(通信、液位、计算机系统等)采用铠装电缆或导线穿钢管配线,是为了对电缆实施良好的保护。规定配线电缆外皮两端、保护管两端均应接地,是为了产生电磁封锁效应,尽量减少雷电波的侵入,减少或消除雷电事故。

11.2.8 加油加气站信息系统的配电线路首、末端装设过电压(电涌)保护器,主要是为了防止雷电电磁脉冲过电压损坏信息系统的电子器件。

11.2.9 加油加气站的380V/220V供配电系统,采用TN-S系统,即在总配电盘(箱)开始引出的配电线路和分支线路,PE线与N线必须分开设置,使各用电设备形成等电位连接,PE线正常时不走电流,这在防爆场所是很必要的,对人身和设备安全都有好处。

在供配电系统的电源端,安装过电压(电涌)保护器,是为钳制雷电电磁脉冲产生的过电压,使其过电压限制在设备所能耐受的数值内,避免雷电损坏用电设备。

11.2.10 地上或管沟敷设的油品、LPG、LNG和CNG管道的始端、末端,应设防静电或防感应雷的接地装置,主要是为了将油品、LPG、LNG和CNG在输送过程中产生的静电泄入大地,避免管道上聚集大量的静电荷而发生静电事故。设防感应雷接地,主要是让地上或管沟敷设的输油输气管道的感应雷通过接地装置泄入大地,避免雷害事故的发生。

11.2.11 本条规定"加油加气站的汽油罐车、LPG罐车和LNG罐车卸车场地和CNG加气子站内的车载储气瓶组的卸气场地,应设卸车或卸气时用的防静电接地装置",是防止静电事故的重要措施。要求"设置能检测跨接线及监视接地装置状态的静电接地仪",是为了能检测接地线和接地装置是否完好、接地装置接地电阻值是否符合规范要求、跨接线是否连接牢固、静电消除通路是否已经形成等功能。实际操作上述检查合格后,才允许卸油和卸液化石油气。使用具有以上功能的静电接地仪,就能防止罐车卸车时发生静电事故。

11.2.12 在爆炸危险区域内的油品、LPG、LNG和CNG管道上的法兰及胶管两端连接处应有金属线跨接,主要是为了防止法兰及胶管两端连接处由于连接不良(接触电阻大于0.03Ω)而发生静电或雷电火花,继而发生爆炸火灾事故。有不少于5根螺栓连接的法兰,在非腐蚀环境下,法兰连接处的连接是良好的,故可不做金属线跨接。

11.2.15 防雷电接地装置单独设置时,只要接地电阻不大于100Ω,就可以消除静电荷积聚,防止静电火花。

11.4 报警系统

11.4.1 本条为强制性条文。本条规定是为了能及时检测到可燃气体非正常超量泄漏,以便工作人员尽快进行泄漏处理,防止或消除爆炸事故隐患。

11.4.2 本条为强制性条文。因为这些区域是可燃气体储存、灌输作业的重点区域,最有可能泄漏并聚集可燃气体,所以要求在这些区域设置可燃气体检测器。

11.4.3 本条规定是根据现行国家标准《石油化工可燃气体和有毒气体检测报警设计规范》GB 50493—2009的有关规定制定的。

11.4.5 因为值班室或控室内经常有人员在进行营业,报警器设在这里,操作人员能及时得到报警。

11.5 紧急切断系统

11.5.1 本条为强制性条文。设置紧急切断系统,可以在事故(火灾、超压、超温、泄漏等)发生初期,迅速切断加油泵、LPG泵、LNG泵、LPG压缩机、CNG压缩机的电源和关闭重要的LPG、CNG、LNG管道阀门,阻止事态进一步扩大,是一项重要的安全防护措施。

11.5.2 本条的规定,是为了使操作人员能在安全地点进行关闭加油泵、LPG泵、LNG泵、LPG压缩机、CNG压缩机的电源和紧急切断阀操作。

11.5.3 为了保证加油站发生意外事故时,工作人员能够迅速启动紧急切断系统,本条规定在三处工作人员经常出现的地点能启动紧急切断系统,即在此三处安装启动按钮或装置。

11.5.4 本条规定是为了防止系统误动作,一般情况是,紧急切断系统启动后,需人工确认设施恢复正常后,才能人工操作使系统恢复正常。

12 采暖通风、建(构)筑物、绿化

12.1 采暖通风

12.1.1 本条是根据现行国家标准《采暖通风与空气调节设计规范》GB 50019—2003的有关规定制定的。

12.1.3 本条仅对设置在站房内的热水锅炉间,提出具体要求。对本规范表5.0.13中有关防火间距已有要求的内容,本条不再赘述。

12.1.4 本条规定了加油加气站内爆炸危险区域内的房间应采取通风措施,以防止发生中毒和爆炸事故。

采用自然通风时,通风口的设置,除满足面积和个数外,还需要考虑通风口的位置。对于可能泄漏液化石油气的建筑物,以下排风为主;对于可能泄漏天然气的建筑物,以上排风为主。排风口布置时,尽可能均匀,不留死角,以便于可燃气体的迅速扩散。

12.1.5 加油加气站室内外采暖管道采用直埋方式有利于美观和安全。对采用管沟敷设提出的要求,是为了避免可燃气体积聚和串入室内,消除爆炸和火灾危险。

12.2 建(构)筑物

12.2.1 本条规定"加油加气作业区内的站房及其他建筑物的耐火等级不应低于二级",是为了降低火灾危险性,降低次生灾害。罩棚四周(或三面)开敞,有利于可燃气体扩散、人员撤离和消防,其安全性优于房间式建筑物,因此规定"当罩棚的顶棚为钢结构时,其耐火极限可为0.25h。"

12.2.2 加油岛、加气岛及加油、加气场地系机动车辆加油、加气的固定场所,为避免操作人员和加油、加气设备长期处于雨淋和日晒状态,故规定"汽车加油、加气场地宜设罩棚"。

2 对于罩棚高度,主要是考虑能顺利通过各种加油、加气车辆。除少数超大型集装箱车辆外,结合我国实际情况和国家现行的有关标准规范要求,故规定进站口无限高措时,罩棚有效高度不应小于4.5m。有的加油加气站受条件限制,只能为小型车服务,进站口有限高时,罩棚的有效高度小于限高也是可行的。

4 近几年,由于风雪荷载造成罩棚坍塌的事故发生较多,故本条指出"罩棚设计应计算活荷载、雪荷载、风荷载"。

6 天然气比空气轻,泄漏出来的天然气会向上飘散,如果窝存在罩棚里面,有可能形成爆炸性气体,本条规定旨在防止出现这种隐患。

12.2.3 加油、加气岛为安装加油机、加气机的平台,又称安全岛。为使汽车加油、加气时,加油机、加气机和罩棚柱不受汽车碰撞和确保操作人员人身安全,根据实际需要,对加油、加气岛的高度、宽度及其突出罩棚柱外的距离作了规定。

12.2.4 对加油站、加油加气合建站内建筑物的门、窗向外开的要求,有利于可燃气体扩散、防爆泄压和人员逃生。现行国家标准《建筑设计防火规范》GB 50016对有爆炸危险的建筑物已有详细的设计规定,所以本规范不再另作规定。

12.2.5 本条为强制性条文。LPG或LNG设备泄漏的气体比空气重,易于在房间的地面处积聚,要求"地坪应采用不发生火花地面"是一项重要的防爆措施。

12.2.6 天然气压缩机房是易燃易爆场所,采用敞开式或半敞开式厂房,有利于可燃气体扩散和通风,并增大建筑物的泄压比。

12.2.7 加油加气站内的可燃液体和可燃气体设备,如果布置在封闭的房间或箱体内,则泄漏的可燃气体不易扩散,故不主张采用;在有些场所有降低噪声和防护要求,可燃液体和可燃气体设备需要布置在封闭的房间或箱体内,此种情况下,房间或箱体内应设置可燃气体检测报警器和机械通风设备是必要的安全措施。

12.2.8 本条规定,主要是为了保证值班人员的安全和改善操作环境、减少噪声影响。

12.2.9 本条规定了站房的组成内容,其含义是站房可根据需要由办公室、值班室、营业室、控制室、变配电间、卫生间和便利店中的全部或几项组成。

12.2.12 允许站房与锅炉房、厨房等站内建筑物合建,可减少加油站占地。要求站房与锅炉房、厨房之间应设置无门窗洞口且耐火极限不低于3h的实体墙,可使相互间的影响降到最低程度。

12.2.13 站房本身不是危险性建筑物,设在站外民用建筑物内有利于节约用地,只要两者之间没有通道连接就可保证安全。

12.2.15 地下建筑物易积聚油气,为保证安全,在加油加气站内限制建地下建(构)筑物是必要的。

12.2.16 位于爆炸危险区域内的操作井、排水井有可能存在爆炸性气体,故需采取本条规定的防范措施。

12.3 绿　化

12.3.1 因油性植物易引起火灾,故作本条规定。

12.3.2 本条的规定是为了防止LPG气体积聚在树木和其他植物中,引发火灾。

13　工程施工

13.1　一般规定

13.1.1~13.1.4 此4条是根据国家有关管理部门的规定制定的。这里的承建加油加气站建筑和安装工程的单位包括检维修单位。

13.2　材料和设备检验

13.2.2 对本条说明如下:

1 对于金属管道器材,可执行的国内标准规范有现行国家标准《输送流体用无缝钢管》GB/T 8163、《高压锅炉用无缝钢管》GB 5310、《流体输送用不锈钢无缝钢管》GB/T 14976、《钢制对焊无缝管件》GB/T 12459等;对非金属输油管道,目前中国还没有相应的产品标准,建议参照欧洲标准《加油站埋地安装用热塑性塑料管道和挠性金属管道》EN 14125—2004执行。

5 对非金属油罐,目前中国还没有相应的产品标准,建议参照美国标准《用于储存石油产品、乙醇和含醇汽油的玻璃钢地下油罐》UL 1316执行。

6 "压力容器(储气井)产品安全性能监督检验证书"是指储气井本体由具有相应资质的锅炉压力容器(特种设备)检验机构对所用材料、组装、试验进行监督检验后出具的证书。

13.2.8 本条要求建设单位、监理和施工单位对工程所用材料和设备按相关标准和本节的规定进行质量检验发现的不合格品进行处置,以保证工程质量。

13.3　土建工程

13.3.1~13.3.12 本节中所引用的相关国家、行业标准是加油加气站的土建工程施工应执行的基本要求。此外,根据加油加气站的具体特点和要求,为便于加油加气站施工和检验,提高规范的可操作性,本规范有针对性地制定了一些具体规定。

13.4　设备安装工程

13.4.2 对于LPG储罐等有安装倾斜度要求的设备,储罐水平度宜以设计倾斜度为基准。

13.4.6 本条对储气井固井施工提出了要求。

2 水泥已具备一定的防腐功能,但在建造过程中若遇到Cl^-、SO_4^{2-}、HCO_3^-、CO_3^{2-}、HS^-等对水泥有腐蚀作用的地层,则需采取防腐蚀的施工处理。

3 在对现用井的检测中发现,井口至地下1.5m内由于地表水的下渗而产生较严重的腐蚀,采用加强固定后,既能避免地表水的渗透和井口腐蚀,同时也克服了储气井在极限条件下的上冲破坏的危险,达到安全使用的目的。

13.5　管道工程

13.5.1 如果在油罐基础沉降稳定前连接管道,随着油罐使用过程中基础的沉降,管道有被拉断的危险。

13.5.5~13.5.7 加油加气站工艺管道中输送的均为可燃介质,尤其是加气站管道的压力较高,故此3条对管道焊接质量方面作出了严格规定。

13.5.9 表中热塑性塑料管道系统的工作压力和试验压力值是参照欧洲标准《加油站埋地安装用热塑性和挠性金属管道》EN 14125—2004给出的。

13.5.10 由于气压试验具有一定的危险性,所以要求试压前应事先制定可靠的安全措施并经施工单位技术总负责人批准。在温度降至一定程度时,金属可能会发生冷脆,因此压力试验时环境温度不宜过低,本条对此作了最低温度规定。

13.5.11 压力试验过程中一旦出现问题,如果带压操作极易引起事故,应泄压后才能处理,本条是压力试验中的基本安全规定。

13.6　电气仪表安装工程

13.6.8 电缆的屏蔽单端接地示意见图2。

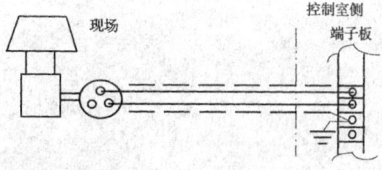

图2　电缆屏蔽单端接地示意

13.7　防腐绝热工程

13.7.5 本条为强制性条文。防腐涂料一般含有易燃液体,进行防腐蚀施工时需要严格控制明火或电火花。

13.8　交工文件

13.8.1、13.8.2 交工文件是落实建设工程质量终身负责制的需要,是工程质量监理和检测结果的验证资料。

本节条文是对交工文件的一般规定。有关交工文件整理、汇编的具体内容、格式、份数和其他要求,可在开工前由建设、监理和施工单位根据工程内容协商确定。

中华人民共和国国家标准

烟花爆竹工程设计安全规范

Safety code for design of engineering
of fireworks and firecracker

GB 50161—2009

主编部门：国家安全生产监督管理总局
批准部门：中华人民共和国住房和城乡建设部
施行日期：２０１０年７月１日

中华人民共和国住房和城乡建设部
公 告

第 433 号

关于发布国家标准《烟花爆竹工程设计安全规范》的公告

现批准《烟花爆竹工程设计安全规范》为国家标准，编号为 GB 50161—2009，自 2010 年 7 月 1 日起实施。其中，第 3.1.2、3.1.3、3.2.1、3.2.2、4.2.2、4.2.3、4.3.2、4.3.3、4.4.1、4.4.2、5.1.1（3）、5.1.3（1）、5.2.2、5.2.3、5.2.4、5.2.5、5.2.6、5.2.7、5.2.8、5.2.9、5.2.10、5.3.2、5.3.3、5.3.4、5.3.5、5.3.6、5.4.2（1）、5.4.4、5.4.6（1）、6.0.4、6.0.5、6.0.7、6.0.8、6.0.9、6.0.10、7.1.2（1）、8.1.1、8.2.1（1）、8.2.2（1）、8.2.3、8.2.6（5）、8.3.5（1、3、4）、8.4.1（1）、8.5.3、11.2.2（3）、12.2.1（2、3、6）、12.2.5、12.2.6、12.3.1（2、7）、12.6.2、12.6.3 条（款）为强制性条文，必须严格执行。原《烟花爆竹工厂设计安全规范》GB 50161—92 同时废止。

本规范由我部标准定额研究所组织中国计划出版社出版发行。

中华人民共和国住房和城乡建设部
二〇〇九年十一月十一日

前 言

本规范是根据原建设部《关于印发〈2007 年工程建设标准规范制订、修订计划（第二批）〉的通知》（建标〔2007〕126 号）的要求，由兵器工业安全技术研究所和国家安全生产宜春烟花爆竹检测检验中心会同有关单位，对原国家标准《烟花爆竹工厂设计安全规范》GB 50161—92 进行修订而成。

本规范在修订过程中，遵照《中华人民共和国安全生产法》和国家基本建设的有关政策，贯彻"安全第一，预防为主，综合治理"的方针，对湖南、江西、广西等烟花爆竹主产区 30 多个烟花爆竹生产、经营企业进行了调查研究。总结了我国烟花爆竹生产的实践经验，参考了有关国内标准和国外标准。在全国范围内广泛征求了有关行业协会、科研检测单位、大专院校、企业单位及行业主管部门的意见，最后经审查定稿。

本规范共分 12 章和 1 个附录。主要内容包括工艺、总图、建筑、结构、消防、废水处理、采暖通风、电气等专业的安全必要规定。

本次修订的主要技术内容有：增加了术语一章，调整了建筑物的危险等级，增加了工艺安全要求，调整了危险性建筑物的内外部最小允许距离，增加了结构防护要求，修订了电气危险场所的类别划分，补充了电气安全要求。

本规范中以黑体字标志的条文为强制性条文，必须严格执行。

本规范由住房和城乡建设部负责管理和对强制性条文的解释，国家安全生产监督管理总局安全监督管理三司负责日常管理，兵器工业安全技术研究所负责具体技术内容的解释。

本规范在执行过程中，如发现需要修改或补充之处，请将意见和有关资料寄送兵器工业安全技术研究所（地址：北京市 55 号信箱，邮政编码：100053，传真：010—83111943），以供今后修订时参考。

本规范主编单位、参编单位、主要起草人和主要审查人员：

主 编 单 位：兵器工业安全技术研究所
　　　　　　国家安全生产宜春烟花爆竹检测检验中心

参 编 单 位：湖南烟花爆竹产品安全质量监督检测中心
　　　　　　江西省李渡烟花集团有限公司
　　　　　　熊猫烟花集团股份有限公司

主要起草人：魏新熙　范军政　郑志良
　　　　　　李后生　王爱凤　陶少萍
　　　　　　陈　洁　侯国平　尹君平
　　　　　　张幼平　白春光　管怀安
　　　　　　董文学　王建国　阎　翀

万　军　郭玲香　罗建社
黄荼香
主要审查人员：赵家玉　黄明章　刘幼贞
张兴林　韩国庆　杜元金

潘功配　李金明　李增义
黄玉国　刘春文　肖湘杰
余建国　袁学群

目 次

1 总则 ································· 7—15—6
2 术语 ································· 7—15—6
3 建筑物危险等级和计算药量 ··· 7—15—7
   3.1 建筑物危险等级 ················ 7—15—7
   3.2 计算药量 ························ 7—15—7
4 工程规划和外部最小允许距离 ··· 7—15—8
   4.1 工程规划 ························ 7—15—8
   4.2 危险品生产区外部最小
       允许距离 ························ 7—15—8
   4.3 危险品总仓库区外部最小
       允许距离 ························ 7—15—8
   4.4 燃放试验场和销毁场外部
       最小允许距离 ···················· 7—15—9
5 总平面布置和内部最小
   允许距离 ····························· 7—15—9
   5.1 总平面布置 ······················ 7—15—9
   5.2 危险品生产区内部最小
       允许距离 ························ 7—15—9
   5.3 危险品总仓库区内部最小
       允许距离 ························ 7—15—10
   5.4 防护屏障 ························ 7—15—11
6 工艺与布置 ························ 7—15—11
7 危险品储存和运输 ··············· 7—15—12
   7.1 危险品储存 ····················· 7—15—12
   7.2 危险品运输 ····················· 7—15—12
8 建筑结构 ··························· 7—15—12
   8.1 一般规定 ························ 7—15—12
   8.2 危险品生产区危险性建筑物的
       结构选型和构造 ················ 7—15—13
   8.3 抗爆间室和抗爆屏院 ·········· 7—15—13
   8.4 危险品生产区危险性建筑物的
       安全疏散 ························ 7—15—14
   8.5 危险品生产区危险性建筑物的
       建筑构造 ························ 7—15—14
   8.6 危险品总仓库区危险品仓库的
       建筑结构 ························ 7—15—14
   8.7 通廊和隧道 ····················· 7—15—14
9 消防 ································ 7—15—14
10 废水处理 ··························· 7—15—15
11 采暖通风与空气调节 ············ 7—15—15
   11.1 采暖 ···························· 7—15—15
   11.2 通风和空气调节 ·············· 7—15—15
12 危险场所的电气 ·················· 7—15—16
   12.1 危险场所类别的划分 ········ 7—15—16
   12.2 电气设备 ······················ 7—15—17
   12.3 室内电气线路 ················ 7—15—17
   12.4 照明 ···························· 7—15—17
   12.5 10kV 及以下变（配）电所和
       厂房配电室 ···················· 7—15—18
   12.6 室外电气线路 ················ 7—15—18
   12.7 防雷与接地 ··················· 7—15—18
   12.8 防静电 ························· 7—15—18
   12.9 通讯 ···························· 7—15—18
   12.10 视频监控系统 ··············· 7—15—18
   12.11 火灾报警系统 ··············· 7—15—19
   12.12 安全防范工程 ··············· 7—15—19
   12.13 控制室 ······················· 7—15—19
附录 A 防护屏障的防护范围 ····· 7—15—19
本规范用词说明 ······················ 7—15—19
引用标准名录 ························· 7—15—19
附：条文说明 ························· 7—15—20

Contents

1 General provisions ·········· 7—15—6
2 Terms ·········· 7—15—6
3 Hazard classes of building and explosive quantity ·········· 7—15—7
  3.1 Hazard classes of building ·········· 7—15—7
  3.2 Explosive quantity ·········· 7—15—7
4 Engineering planning and external separation distance ·········· 7—15—8
  4.1 Engineering planning ·········· 7—15—8
  4.2 External separation distance in hazardous goods production area ·········· 7—15—8
  4.3 External separation distance in general store area of hazardous goods ·········· 7—15—8
  4.4 External separation distance in destruction ground and testing area ·········· 7—15—9
5 General plan layout and internal separation distance ·········· 7—15—9
  5.1 General plan layout ·········· 7—15—9
  5.2 Internal separation distance in hazardous goods production area ·········· 7—15—9
  5.3 Internal separation distance in general store area of hazardous goods ·········· 7—15—10
  5.4 Protecting barrier ·········· 7—15—11
6 Process and layout ·········· 7—15—11
7 Storage and transportation of hazardous goods ·········· 7—15—12
  7.1 Storage of hazardous goods ·········· 7—15—12
  7.2 Transportation of hazardous goods ·········· 7—15—12
8 Building structure ·········· 7—15—12
  8.1 General requirement ·········· 7—15—12
  8.2 Structure selection and construction of hazardous goods production area ·········· 7—15—13
  8.3 Blast resistant chamber and blast resistant yard ·········· 7—15—13
  8.4 Emergency evacuation of hazardous buildings in production area ·········· 7—15—14
  8.5 Construction of buildings in hazardous goods production area ·········· 7—15—14
  8.6 Structure of buildings in general store area of hazardous goods ·········· 7—15—14
  8.7 Gorridor and tunnel ·········· 7—15—14
9 Fire fighting ·········· 7—15—14
10 Treatment of waste water ·········· 7—15—15
11 Heating, ventilation and air conditioning ·········· 7—15—15
  11.1 Heating ·········· 7—15—15
  11.2 Ventilation and air conditioning ·········· 7—15—15
12 Electrical installation in hazardous location ·········· 7—15—16
  12.1 Classification of hazardous location ·········· 7—15—16
  12.2 Electrical equipment ·········· 7—15—17
  12.3 Indoor electrical wiring ·········· 7—15—17
  12.4 Lighting system ·········· 7—15—17
  12.5 10kV & under power distribution substations and power distribution rooms in production building ·········· 7—15—18
  12.6 Outdoor electrical wiring ·········· 7—15—18
  12.7 Lightning protection and earthing ·········· 7—15—18
  12.8 Electrostatic prevention ·········· 7—15—18
  12.9 Communication ·········· 7—15—18
  12.10 Television monitoring system ·········· 7—15—18
  12.11 Fire alarm system ·········· 7—15—19
  12.12 Security and protection system ·········· 7—15—19
  12.13 Control chamber ·········· 7—15—19
Appendix A protection area of protecting barrier ·········· 7—15—19
Explanation of wording in this code ·········· 7—15—19
List of quoted standards ·········· 7—15—19
Addition: Explanation of provisions ·········· 7—15—20

1 总 则

1.0.1 为贯彻《中华人民共和国安全生产法》，坚持"安全第一、预防为主、综合治理"的方针，规范烟花爆竹工程的设计，预防和减少生产安全事故，保障人民群众生命和财产安全，促进烟花爆竹行业安全、持续、健康发展，制定本规范。

1.0.2 本规范适用于烟花爆竹生产项目和经营批发仓库的新建、改建和扩建工程设计；本规范不适用于经营零售烟花爆竹的储存，以及军用烟火的制造、运输和储存。

1.0.3 本规范有关外部安全距离的规定也适用于在烟花爆竹生产企业和经营批发企业仓库周边进行居民点、企业、城镇、重要设施的规划建设。

1.0.4 本规范规定了烟花爆竹生产项目和经营批发仓库工程设计的基本技术要求。当本规范与国家法律、行政法规的规定相抵触时，应按国家法律、行政法规的规定执行。

1.0.5 烟花爆竹生产项目和经营批发仓库的工程设计除应执行本规范的规定外，尚应符合国家现行有关标准的规定。

2 术 语

2.0.1 烟花爆竹生产项目　fireworks and firecracker project
指生产烟花、爆竹及生产用于烟花、爆竹产品的黑火药、烟火药、引火线、电点火头等的厂房、场所及配套的仓库。

2.0.2 危险品　hazardous goods
指本规范范围内的烟火药、黑火药、引火线、氧化剂等，以及用以上物品制成的烟花、爆竹在制品、半成品、成品。

2.0.3 在制品　work in-process
指正在各生产阶段加工的产品。

2.0.4 半成品　semi-finished product
指在某些生产阶段上已完工，尚需进一步加工的产品。

2.0.5 危险品生产厂房　production building of hazardous goods
生产、制造、加工危险品的建筑物。

2.0.6 中转库　transit store
在生产过程中，在厂区内用于暂存药物、半成品、成品、引火线及有药部件的建（构）筑物。

2.0.7 危险品总仓库区　hazardous goods general store area
指储存成品、化工原材料、药物（黑火药、烟火药、亮珠、药柱、药块）、效果内筒、引火线的危险品仓库集中的区域。

2.0.8 临时存药洞　temporary explosive storage cave
指在危险性建筑物附近自然山体内镶嵌的临时存放药物的洞室。

2.0.9 危险性建筑物　hazardous goods building
指生产或储存危险品的建（构）筑物，包括危险品生产厂房、储存库房（仓库）、晒场、临时存药洞等。

2.0.10 计算药量　explosive quantity
能形成同时爆炸或燃烧的危险最大药量。

2.0.11 摩擦类药剂　friction ignited powder
含氯酸钾、硫化锑、雷酸银等药剂，经摩擦能产生引燃(爆)作用的药剂。

2.0.12 笛音剂　whistling powder
含高氯酸钾、苯甲酸氢钾、苯二甲酸氢钾等药剂，能产生哨音效果的药剂。

2.0.13 爆炸音剂　powder with detonation sound
含高氯酸盐、硝酸盐、硫磺、硫化锑、铝粉等药剂，能产生爆炸音响效果的药剂。

2.0.14 外部最小允许距离　external separation distance
指危险性建筑物与外部各类目标之间，在规定的破坏标准下所允许的最小距离。它是按建筑物的危险等级和计算药量确定的。

2.0.15 内部最小允许距离　internal separation distance
指危险品厂房、库房与相邻建筑物之间，在规定的破坏标准下所允许的最小距离。它是按建筑物的危险等级和计算药量确定的。

2.0.16 防护屏障　protecting barrier
有天然屏障和人工屏障，其形式、强度均能按规定方式限制爆炸冲击波、碎片、火焰对附近建筑物及设施的影响。

2.0.17 人均使用面积　useable floor area per capita
厂房内有效使用面积按作业人员平均，每个作业人员所占有的面积。

2.0.18 轻型泄压屋盖　light relief roof
泄压部分（不包括檩条、梁、屋架）由轻质材料构成，当建筑物内部发生事故时，具有泄压效能，使建筑物主体结构尽可能不受到破坏的屋盖。
轻型泄压部分的单位面积重量不应大于 $0.8kN/m^2$。

2.0.19 轻质易碎屋盖　light fragile roof
由轻质易碎材料构成，当建筑物内部发生事故时，不仅具有泄压效能，且破碎成小块，减轻对外部影响的屋盖。
轻质易碎部分的单位面积重量不大于 $1.5kN/m^2$。

2.0.20 抗爆间室　blast resistant chamber
具有承受本室内因发生爆炸而产生破坏作用的间室，对间室外的人员、设备以及危险品起到保护作用。可根据间室内生产或储存的危险品性质、恢复生产的要求，可承受一次或多次爆炸破坏作用的间室。

2.0.21 抗爆屏院　blast resistant shield yard
当抗爆间室内发生爆炸事故时，为阻止爆炸破片和减弱爆炸冲击波向泄爆方向扩散而在抗爆间室轻型窗外设置的屏院。

2.0.22 装甲防护装置　armor protective device
装于特定场所或设于单个特定设备或操作岗位的装置，以防止装置外的人员、物资或设备受到可能发生的局部火灾或爆炸侵害的金属防护体。

2.0.23 安全出口　emergency exit
建筑物内的作业人员能直接疏散到室外安全地带的门或出口。

2.0.24 生活辅助用室　auxiliary room
指更衣室、盥洗室、浴室、洗衣房、休息室、厕所等。

2.0.25 电气危险场所　electrical installation in hazardous locations
爆炸或燃烧性物质出现或预期可能出现的数量达到足以要求对电气设备的结构、安装和使用采取预防措施的场所。

2.0.26 可燃性粉尘环境　combustible dust atmosphere
在大气环境条件下，粉尘或纤维状的可燃性物质与空气的混合物点燃后，燃烧传至全部未燃混合物的环境。

2.0.27 爆炸性气体环境　explosive gas atmosphere
在大气环境条件下，气体或蒸气可燃性物质与空气的混合物点燃后，燃烧传至全部未燃混合物的环境。

2.0.28 直接接地　direct-earthing
将金属设备或金属构件与接地系统直接用导体进行可靠连接。

2.0.29 间接接地　indirect-earthing
将人体、金属设备等通过防静电材料或防静电制品与接地系统进行可靠连接。

2.0.30 防静电材料 anti-electrostatic material

通过在聚合物内添加导电性物质（炭黑、金属粉等）、抗静电剂等，以降低电阻率，增加电荷泄漏能力的材料统称为防静电材料。

2.0.31 防静电制品 anti-electrostatic ware

由防静电材料制成，具有固体形状，电阻值在 $5×10^4Ω~1×10^8Ω$ 范围内的物品。

2.0.32 静电非导体 static non-conductor

体电阻率值大于或等于 $1.0×10^{10}Ω·m$ 的物体或表面电阻率大于或等于 $1.0×10^{11}Ω$ 的物体。

2.0.33 允许最高表面温度 maximum permissible surface temperature

为了避免粉尘点燃，允许电气设备在运行中达到的最高表面温度。

2.0.34 独立变电所 independent electrical substation

变电所为独立的建筑物。

2.0.35 防静电地面 anti-electrostatic floor

能有效地泄漏或消散静电荷，防止静电荷积累的地面。

2.0.36 静电泄漏电阻 electrostatically leakage resistance

物体的被测点与大地之间的总电阻。

2.0.37 防火墙 fire wall

指能够截断火焰及火星传播且在一定时间内能起到隔绝温度传播的不燃烧体材料制成的实心砌体，耐火极限不小于3h。防火墙上不应开设门、窗和洞口。

3 建筑物危险等级和计算药量

3.1 建筑物危险等级

3.1.1 危险性建筑物的危险等级，应按下列规定划分为 1.1、1.3 级：

1 1.1 级建筑物为建筑物内的危险品在制造、储存、运输中具有整体爆炸危险或有迸射危险，其破坏效应将波及周围。根据破坏能力划分为 1.1^{-1}、1.1^{-2} 级。

1.1^{-1} 级建筑物为建筑物内的危险品发生爆炸事故时，其破坏能力相当于 TNT 的厂房和仓库；

1.1^{-2} 级建筑物为建筑物内的危险品发生爆炸事故时，其破坏能力相当于黑火药的厂房和仓库。

2 1.3 级建筑物为建筑物内的危险品在制造、储存、运输中具有燃烧危险，偶尔有较小爆炸或较小迸射危险，或两者兼有，但无整体爆炸危险，其破坏效应局限于本建筑物内，对周围建筑物影响较小。

3.1.2 厂房的危险等级应由其中最危险的生产工序确定。仓库的危险等级应由其中所储存最危险的物品确定。

3.1.3 危险品生产工序的危险等级分类应符合表 3.1.3-1 的规定。危险品仓库的危险等级分类应符合表 3.1.3-2 的规定。

表 3.1.3-1 危险品生产工序的危险等级分类

序号	危险品名称	危险等级	生产工序
1	黑火药	1.1^{-2}	药料混合（硝酸钾与碳、硫磺球磨）、潮药模（或潮药包片）、压药、拆模（撕片）、碎片、造粒、抛光、浆药、干燥、散药、精选、计量包装
		1.3	单料粉碎、精选、干燥、称料、硫、碳二成分混合
2	烟火药	1.1^{-1}	药料混合、造粒、筛选、制开球药、压药、浆药、干燥、散药、计量包装
		1.1^{-2}	精药柱（药块）、湿药调制、烟雾剂干燥、散药、计量包装
		1.3	氧化剂、可燃物的粉碎、精选、称料（单料）

续表 3.1.3-1

序号	危险品名称	危险等级	生产工序
3	引火线	1.1^{-1}	制引、浆引、漆引、干燥、散药、绕引、定型裁剪、捆扎、切引、包装
4	爆竹类	1.1^{-1}	装药
		1.1^{-2}	黑火药装药
		1.3	插引（含机械插引、手工插引和空筒插引）、挤引、封口、点药、结鞭、包装
5	组合烟花类、内筒型小礼花类	1.1^{-1}	装药、筑（压）药、内筒封口（压纸片、装封口剂）
		1.1^{-2}	装发射药、黑火药装（筑）药、已装药部件钻孔、装单个裸药件、单筒药量≥25g 非裸药件组装、外筒封口（压纸片）
		1.3	蘸药、安引、组盆串引（空筒）、单筒药量<25g 非裸药件组装、包装
6	礼花弹类	1.1^{-1}	装球
		1.1^{-2}	包药、组装（含安引、装发射药包、串球）、剖引（引线钻孔）、球干燥、散药、开球
		1.3	空壳安引、糊球
7	吐珠类	1.1^{-2}	装（筑）药
		1.3	安引（空筒）、组装、包装
8	升空类（含双响炮）	1.1^{-1}	装药、筑（压）药、包药
		1.1^{-2}	黑火药装（筑）药、包药、装裸药效果件（含效果药包）、单个药量≥30g 非裸药效果件
		1.3	安引、单个药量<30g 非裸药效果件组装（含安稳定杆）、包装
9	旋转类（旋转升空类）	1.1^{-1}	装药、筑（压）药
		1.1^{-2}	黑火药装、筑（压）药、已装药部件钻孔
		1.3	安引、组装（含引线、配件、旋转轴、架）、包装
10	喷花类和架子烟花类	1.1^{-2}	装药、筑（压）药、已装药部件的钻孔
		1.3	安引、组装、包装
11	线香类	1.1^{-1}	装药
		1.3	粘药、干燥、散热、发火药干燥
12	摩擦类	1.1^{-2}	雷酸银药物配制、拌药砂、发令纸干燥
		1.3	机械蘸药
		1.3	包药砂、手工蘸药、分装
13	烟雾类	1.1^{-2}	装药、筑（压）药
		1.3	糊球、安引、球干燥、散热、组装、包装
14	造型玩具类	1.1^{-2}	装药、筑（压）药
			已装药部件钻孔
		1.3	安引、组装、包装
15	电点火头	1.3	蘸药、干燥（晾干）、检测、包装

注：表中未列品种、加工工序，其危险等级可依照本规范第 3.1.1 条并对照本表确定。

表 3.1.3-2 危险品仓库的危险等级分类

贮存的危险品名称	危险等级
烟火药（包括裸药效果件）、开球药	1.1^{-1}
黑火药、引火线，未封口含药半成品，单个装药量在 40g 及以上封口的烟花半成品及含爆炸音剂、笛音剂的半成品，封口的 B 级爆竹半成品，A、B 级成品（喷花类除外），单筒药量 25g 及以上的 C 组合烟花类成品	1.1^{-2}
电点火头，单个装药量在 40g 以下封口的烟花半成品（不含爆炸音剂、笛音剂）、封口的 C 级爆竹半成品、C、D 级成品（其中，组合烟花类成品单筒药量在 25g 以下）、喷花类成品	1.3

注：表中 A、B、C、D 级为现行国家标准《烟花爆竹 安全与质量》GB 10631 规定的产品分级。

3.1.4 氧化剂、可燃物及其他化工原材料的火灾危险性分类应符合现行国家标准《建筑设计防火规范》GB 50016 的有关规定。

3.2 计算药量

3.2.1 危险性建筑物的计算药量应为该建筑物内（含生产设备、运输设备和器具里）所存放的黑火药、烟火药、在制品、半成品、成品等能形成同时爆炸或燃烧的危险品最大药量。

3.2.2 防护屏障内的危险品药量应计入该屏障内的危险性建筑物的计算药量。

3.2.3 危险性建筑物中抗爆间室的危险品药量可不计入危险性建筑物的计算药量。

3.2.4 危险性建筑物内采取了分隔防护措施,危险品相互间不会引起同时爆炸或燃烧的药量可分别计算,取其最大值为危险性建筑物的计算药量。

4 工程规划和外部最小允许距离

4.1 工程规划

4.1.1 烟花爆竹生产项目和经营批发仓库的选址应符合城乡规划的要求,并避开居民点、学校、工业区、旅游区、铁路和公路运输线、高压输电线等。

4.1.2 烟花爆竹生产项目应根据所生产的产品种类、工艺特性、生产能力、危险程度进行分区规划,分别设置非危险品生产区、危险品生产区、危险品总仓库区、燃放试验场和销毁场、行政区。

4.1.3 烟花爆竹生产项目规划应符合下列要求:

    1 根据生产、生活、运输、管理和气象等因素确定各区相互位置。危险品生产区、危险品总仓库区宜设在有自然屏障或有利于安全的地带,燃放试验场和销毁场宜单独设在偏僻地带。

    2 非危险品生产区可靠近住宅区布置。

    3 无关人流和货流不应通过危险品生产区和危险品总仓库区。危险品货物运输不宜通过住宅区。

4.1.4 当烟花爆竹生产项目建在山区时,应合理利用地形,将危险品生产区、危险品总仓库区、燃放试验场或销毁场布置在有自然屏障的偏僻地带。不应将危险品生产区布置在山坡陡峭的狭窄沟谷中。

4.1.5 烟花爆竹经营批发企业设置危险品仓库时,应符合本规范第4.3节危险品总仓库区外部最小允许距离和第5.3节危险品总仓库区内部最小允许距离的规定。

4.2 危险品生产区外部最小允许距离

4.2.1 危险品生产区内的危险性建筑物与其周围零散住户、村庄、公路、铁路、城镇和本企业总仓库区等外部最小允许距离,应分别按建筑物的危险等级和计算药量计算后取其最大值。外部最小允许距离应自危险性建筑物的外墙算起,晒场自晒场边缘算起。

4.2.2 危险品生产区1.1级建筑物、构筑物的外部最小允许距离不应小于表4.2.2的规定。

表4.2.2 危险品生产区1.1级建筑物、构筑物的外部最小允许距离(m)

项目	计算药量 (kg)								
	≤10	>10 ≤20	>20 ≤30	>30 ≤50	>50 ≤100	>100 ≤200	>200 ≤300	>300 ≤500	>500 ≤800
10户或50人以下的零散住户,50人以下的企业围墙,本企业独立的总仓库区建筑物边缘,无摘挂作业铁路中间站界及建筑物边缘,110kV架空输电线路	50	60	65	70	80	110	120	140	170
村庄边缘、学校,职工人数在50人及以上的企业围墙,有摘挂作业的铁路车站站界及建筑物边缘,220kV以下的区域变电站围墙,220kV架空输电线路	60	70	80	100	120	160	180	210	250

续表4.2.2

项目	计算药量 (kg)								
	≤10	>10 ≤20	>20 ≤30	>30 ≤50	>50 ≤100	>100 ≤200	>200 ≤300	>300 ≤500	>500 ≤800
城镇规划边缘,220kV及以上的区域变电站围墙,220kV以上的架空输电线路	110	130	150	180	220	290	330	370	450
铁路线、二级及以上公路路边、通航的河流航道边缘	35	40	50	60	70	95	110	120	150
三级公路路边、35kV架空输电线路	35	35	35	50	60	80	90	110	130

（注：表中最后一列 >800 ≤1000 对应数值依次为：190、270、490、160、140）

4.2.3 危险品生产区1.3级建筑物、构筑物的外部最小允许距离不应小于表4.2.3的规定。

表4.2.3 危险品生产区1.3级建筑物、构筑物的外部最小允许距离(m)

项目	计算药量 (kg)					
	≤100	>100 ≤200	>200 ≤400	>400 ≤600	>600 ≤800	>800 ≤1000
10户或50人以下的零散住户,50人以下的企业围墙,本企业独立的总仓库区建筑物边缘,无摘挂作业铁路中间站界及建筑物边缘,110kV架空输电线路	35	35	35	35	35	35
村庄边缘、学校,职工人数在50人及以上的企业围墙,有摘挂作业的铁路车站站界及建筑物边缘,220kV以下的区域变电站围墙,220kV架空输电线路	40	42	44	46	48	50
城镇规划边缘,220kV及以上的区域变电站围墙,220kV以上的架空输电线路	60	65	70	75	80	90
铁路线、二级及以上公路路边、通航的河流航道边缘	35	35	40	40	40	40
三级公路路边、35kV架空输电线路	35	35	35	35	35	35

4.3 危险品总仓库区外部最小允许距离

4.3.1 危险品总仓库区内的危险性建筑物与其周围零散住户、村庄、公路、铁路、城镇和本企业生产区等外部最小允许距离,应分别按建筑物的危险等级和计算药量计算后取其最大值。外部最小允许距离应自危险性建筑物的外墙算起。

4.3.2 危险品总仓库区1.1级仓库的外部最小允许距离不应小于表4.3.2的规定。

表4.3.2 危险品总仓库区1.1级仓库的外部最小允许距离(m)

项目	计算药量 (kg)									
	≤500	>500 ≤1000	>1000 ≤2000	>2000 ≤3000	>3000 ≤4000	>4000 ≤5000	>5000 ≤6000	>6000 ≤7000	>7000 ≤8000	>8000 ≤9000
10户或50人以下的零散住户,50人以下的企业围墙,本企业生产区建筑物边缘,无摘挂作业铁路中间站界及建筑物边缘,110kV架空输电线路	115	145	185	210	230	250	260	275	290	300

（注：最后一列 >9000 ≤10000 对应数值为 310）

续表 4.3.2

项目	计算药量 (kg)									
	≤500	>500 ~1000	>1000 ~2000	>2000 ~3000	>3000 ~4000	>4000 ~5000	>5000 ~6000	>6000 ~7000	>7000 ~8000	>8000 ~9000
村庄边缘，学校，职工人数在 50 人以上的企业围墙，有摘挂作业的铁路车站站界，220kV 以下的区域变电站围墙，220kV 以下的架空输电线路	175	220	280	320	350	380	400	420	440	460
城镇规划边缘，220kV 及以上的区域变电站围墙，220kV 以上的架空输电线路	315	400	510	580	630	690	720	760	800	830
铁路线、二级及以上公路路边、通航的河流航道边缘	100	125	155	180	195	210	220	235	245	255
三级公路路边、35kV 架空输电线路	80	90	110	120	130	140	150	160	170	180

注：最后一列为 >9000~10000，对应数值依次为 480、860、270、190。

4.3.3 危险品总仓库区 1.3 级仓库的外部最小允许距离不应小于表 4.3.3 的规定。

表 4.3.3 危险品总仓库区 1.3 级仓库的外部最小允许距离(m)

项目	计算药量 (kg)									
	≤500	>500 ~2000	>2000 ~3000	>3000 ~4000	>4000 ~5000	>5000 ~6000	>6000 ~7000	>7000 ~8000	>8000 ~9000	>9000 ~10000
10 户或 50 人以下的零散住户，50 人以下的企业围墙，本企业生产区建筑物边缘，无摘挂作业铁路中间站站界及建筑物边缘，110kV 架空输电线路	35	40	45	48	50	55	57	60	65	78
村庄边缘，学校，职工人数在 50 人及以上的企业围墙，有摘挂作业的铁路车站站界及建筑物边缘，220kV 以下的区域变电站围墙，220kV 以下架空输电线路	40	65	75	80	85	90	95	100	105	110
城镇规划边缘，220kV 及以上的区域变电站围墙，220kV 以上架空输电线路	70	110	120	130	140	150	160	170	180	190
铁路线、二级及以上公路路边、通航的河流航道边缘	40	40	45	48	50	52	53	55	55	55
三级公路路边、35kV 架空输电线路	35	35	38	40	42	45	47	53	55	55

注：最后一列为 >10000~20000，对应数值依次为 85、140、250、70、70。

4.3.4 若将总仓库区和生产区相邻或相连时，两者之间距离应按照各自外部最小允许距离要求计算，取大值。

4.4 燃放试验场和销毁场外部最小允许距离

4.4.1 燃放试验场的外部最小允许距离不应小于表 4.4.1 的规定。

表 4.4.1 燃放试验场的外部最小允许距离(m)

项目	燃放试验场类别				
	地面烟花	升空烟花	≤4 号礼花弹	>5 号礼花弹 <10 号礼花弹	≥10 号礼花弹
危险品生产区及危险品仓库易燃易爆液体库	50	200	300	600	800
居民住宅	30	100	150	300	400

注：外部最小允许距离自燃放试验场边缘起算。

4.4.2 烟花爆竹企业的危险品销毁场边缘场外建筑物的外部最小允许距离不应小于 65m，一次烧毁药量不应超过 20kg。

5 总平面布置和内部最小允许距离

5.1 总平面布置

5.1.1 危险品生产区的总平面布置应符合下列规定：

1 同时生产烟花爆竹多个产品类别的企业，应根据生产工艺特性、产品种类分别建立生产线，并应做到分小区布置。

2 生产线的厂（库）房的总平面布置应符合工艺流程及生产能力的要求，宜避免危险品的往返和交叉运输。

3 危险性建筑物之间、危险性建筑物与其他建筑物之间的距离应符合内部最小允许距离的要求。

4 同一危险等级的厂房和库房宜集中布置；计算药量大或危险性大的厂房和库房，宜布置在危险品生产区的边缘或其他有利于安全的地形处；粉尘污染比较大的厂房应布置在厂区的边缘。

5 危险品生产厂房宜小型、分散。

6 危险品生产厂房靠山布置时，距山脚不宜太近。当危险品生产厂房布置在山凹中时，应考虑人员的安全疏散和有害气体的扩散。

5.1.2 危险品总仓库区的总平面布置应符合下列规定：

1 应根据仓库的危险等级和计算药量结合地形布置。

2 比较危险或计算药量较大的危险品仓库，不宜布置在库区出入口的附近。

3 危险品运输道路不应在其他防护屏障内穿行通过。

4 不同类别仓库应考虑分区布置，同一危险等级的仓库宜集中布置，计算药量大或危险性大的仓库宜布置在总仓库区的边缘或其他有利于安全的地形处。

5.1.3 危险品生产区和危险品总仓库区的围墙设置应符合下列规定：

1 危险品生产区和危险品总仓库区应设置高度不低于 2m 的围墙。

2 围墙与危险性建筑物、构筑物之间的距离宜为 12m，且不得小于 5m。

3 围墙应为密砌墙，特殊地形设置密砌墙有困难时，局部地段可设置刺丝网围墙。

5.1.4 危险品生产区和危险品总仓库区的绿化，宜种植阔叶树。

5.1.5 距离危险性建筑物、构筑物外墙四周 5m 内宜设置防火隔离带。

5.2 危险品生产区内部最小允许距离

5.2.1 危险品生产区内各建筑物之间的内部最小允许距离，应分别按照各危险性建筑物的危险等级及其计算药量所确定的距离和本节各条所规定的距离，取其最大值。内部最小允许距离应自建筑物的外墙算起，晒场自晒场边缘算起。

5.2.2 危险品生产区内1.1⁻¹级建筑物与邻近建筑物的内部最小允许距离，应符合表5.2.2的规定。

表5.2.2 危险品生产区内1.1⁻¹级建筑物与邻近建筑物的内部最小允许距离(m)

计算药量(kg)	双有屏障	单有屏障	因屏障开口形成双方无屏障
≤5	12(7)	12(7)	14
10	12(7)	12(8)	16
20	12(7)	12(10)	20
30	12(7)	12	24
40	12(8)	14	28
60	12(9)	15	30
80	12(10)	16	32
100	12	18	36
200	14	22	44
300	16	25	50
400	18	28	55
500	20	30	60
800	23	35	70
1000	25	38	76

注：当两座相邻厂房相对的外墙均为防火墙时，可采用括号内数字。

5.2.3 危险品生产区内1.1⁻²级建筑物与邻近建筑物的内部最小允许距离，应符合表5.2.2中的数字乘以0.8，但不得小于表中相应列的最小值。

5.2.4 1.1级建筑物有敞开面时，该敞开面方向的内部最小允许距离应按本规范表5.2.2的要求计算后再增加20%。

5.2.5 在一条山沟中，当1.1级建筑物镶嵌在山坡陡峻的山体中时，与其正前方建筑物的内部最小允许距离应按本规范第5.2.2条或第5.2.3条的要求计算后再增加50%。

5.2.6 危险品生产区内布置有进射危险产品的生产线时，该生产线有进射危险品的建筑物与其他生产线建筑物的内部最小允许距离，应分别按各自的危险等级和计算药量计算后再增加50%。

5.2.7 危险品生产区内1.1级建筑物与公用建筑物、构筑物的内部最小允许距离应符合下列规定：

1 与锅炉房、独立变电所、水塔、高位水池(包括地上、地下或半地下)及消防蓄水池、有明火或散发火星的建筑物的内部最小允许距离，应按本规范表5.2.2的要求计算后再增加50%，并不应小于50m。

2 与厂区内办公室、食堂、汽车库的内部最小允许距离，应按本规范表5.2.2的要求计算后再增加50%，并不应小于65m。

5.2.8 危险品生产区内1.3级建筑物与邻近建筑物的内部最小允许距离应符合表5.2.8的规定。

表5.2.8 危险品生产区内1.3级建筑物与邻近建筑物的内部最小允许距离(m)

计算药量(kg)	内部最小允许距离
≤50	12
100	14
200	16
400	18
600	20
800	22
1000	25

注：当两座相邻厂房相对的外墙均为防火墙时，表中距离可乘0.8，但不得小于12m。

5.2.9 危险品生产区内1.3级建筑物与公用建筑物、构筑物的内部最小允许距离应符合下列规定：

1 与锅炉房、有明火或散发火星的建筑物的内部最小允许距离不应小于50m。

2 与独立变电所、水塔、高位水池(包括地上、地下或半地下)及消防蓄水池的内部最小允许距离不应小于35m。

3 与厂区内办公室、食堂、汽车库的内部最小允许距离不应小于50m。

5.2.10 在山区建厂利用山体设置临时存药洞时，临时存药洞洞口相对位置不应布置建筑物，临时存药洞外壁与相邻建筑物之间的内部最小允许距离应符合表5.2.10的规定。

表5.2.10 临时存药洞外壁与邻近建筑物之间的内部最小允许距离(m)

计算药量(kg)	内部最小允许距离
≤5	4
10	5

5.3 危险品总仓库区内部最小允许距离

5.3.1 危险品总仓库区内各建筑物之间的内部最小允许距离，应按各仓库的危险等级和计算药量分别计算后取其最大值。内部最小允许距离应自建筑物的外墙算起。

5.3.2 危险品总仓库区内1.1⁻¹级仓库与邻近危险品仓库的内部最小允许距离应符合表5.3.2的规定。

表5.3.2 危险品总仓库区内1.1⁻¹级仓库与邻近危险品仓库的内部最小允许距离(m)

计算药量(kg)	单有屏障	双有屏障
≤100	20	12
>100 ≤500	25	15
>500 ≤1000	30	20
>1000 ≤3000	40	25
>3000 ≤5000	50	30
>5000 ≤7000	56	33
>7000 ≤9000	62	37
>9000 ≤10000	65	40

5.3.3 危险品总仓库区内1.1⁻²级仓库与邻近危险品仓库的内部最小允许距离应符合表5.3.2中规定的距离乘以0.8，但不得小于表中相应列的最小值。

5.3.4 危险品总仓库区内1.3级仓库与邻近危险品仓库的内部最小允许距离应符合表5.3.4的规定。

表5.3.4 危险品总仓库区内1.3级仓库与邻近危险品仓库的内部最小允许距离(m)

计算药量(kg)	内部最小允许距离
≤500	15
>500 ≤1000	20
>1000 ≤5000	25
>5000 ≤10000	30
>10000 ≤15000	35
>15000 ≤20000	40

5.3.5 危险品总仓库区10kV及以下变电所与危险品仓库的内部最小允许距离应符合下列规定：
    1 与1.1$^-$^{1}级、1.1$^-$^{2}级仓库的内部最小允许距离应分别符合本规范第5.3.2条和第5.3.3条的规定，并不应小于50m。
    2 与1.3级仓库的内部最小允许距离应符合表5.3.4的规定，并不应小于25m。

5.3.6 危险品总仓库区值班室宜结合地形布置在有自然屏障处，与危险品仓库的内部最小允许距离应符合下列规定：
    1 与1.1$^-$^{1}级仓库的内部最小允许距离应符合表5.3.6-1的规定。
    2 与1.1$^-$^{2}级仓库的内部最小允许距离按表5.3.6-1的要求乘以0.8，但不得小于表中相应列的最小值。
    3 与1.3级仓库的内部最小允许距离应符合表5.3.6-2的规定。
    4 当值班室采取抗爆结构时，其与各级仓库的内部最小允许距离按设计确定。

表5.3.6-1 1.1$^-$^{1}级仓库与库区值班室的内部最小允许距离(m)

计算药量(kg)	值班室无防护屏障	值班室有防护屏障
≤500	50	35
>500 ≤1000	65	50
>1000 ≤5000	110	80
>5000 ≤10000	140	100

表5.3.6-2 1.3级仓库与库区值班室的内部最小允许距离(m)

计算药量(kg)	内部最小允许距离
≤500	25
>500 ≤1000	30
>1000 ≤5000	35
>5000 ≤10000	40
>10000 ≤20000	50

5.3.7 当危险品总仓库区设置有固定值班人员岗哨时，岗哨与危险品仓库的距离可不受本规范第5.3.6条的限制。

5.3.8 当采用洞库或覆土库储存危险品时，洞库或覆土库应符合现行国家标准《地下及覆土火药炸药仓库设计安全规范》GB 50154中的有关规定。

5.4 防护屏障

5.4.1 防护屏障的形式应根据总平面布置、运输方式、地形条件、建筑物内计算药量等因素确定。防护屏障可采用防护土堤、钢筋混凝土防护屏障或夯土防护墙等形式。防护屏障的设置，应能对本建筑物及邻近建筑物起到防护作用。防护屏障的防护范围应按本规范附录A确定。

5.4.2 危险品生产区和危险品总仓库区防护屏障的设置应符合下列规定：
    1 1.1级建筑物应设置防护屏障。
    2 1.1级建筑物内计算药量小于100kg时，可采用夯土防护墙。
    3 1.3级建筑物可不设置防护屏障。

5.4.3 防护屏障内坡脚与建筑物外墙之间的水平距离符合下列规定：
    1 有运输或特殊要求的地段，其距离应按最小使用要求确定，但不应大于9m，并适当增加防护屏障高度。
    2 无运输或特殊要求时，其距离不应大于3m，且不宜小于1.5m。

5.4.4 防护屏障的高度不应低于防护屏障内危险性建筑物侧墙顶部与被保护建筑物屋檐或道路中心线上3.7m处之间连线的高度，并应符合本规范附录A的规定。

5.4.5 防护屏障的设置应满足生产运输及安全疏散的要求，并应符合下列规定：
    1 当防护屏障采用防护土堤时，应设置运输通道或运输隧道，并应符合下列规定：
        1）运输通道和运输隧道应满足运输要求，并应使其防护土堤的无防护作用区为最小。汽车运输通道净宽度不宜大于5m。汽车运输隧道净宽度宜为3.5m，净高度不宜小于3.0m，其结构应符合本规范第8.7.2条的规定。
        2）运输通道的防护土堤端部需设挡土墙时，其结构宜为钢筋混凝土结构。
    2 当在危险品生产厂房的防护土堤内设置安全疏散隧道时，应符合下列规定：
        1）安全疏散隧道应设置在危险品生产厂房安全出口附近。
        2）安全疏散隧道的平面形式宜将内端的一半与土堤垂直，外端的一半成35°角，宜按本规范附录A确定。
        3）安全疏散隧道的净高度不宜小于2.2m，净宽度宜为1.5m，其结构应符合本规范第8.7.2条的规定。
        4）安全疏散隧道不得兼作运输用。
    3 当防护屏障采用其他形式时，生产运输及安全疏散的要求由抗爆设计确定。

5.4.6 防护土堤的构造应符合下列规定：
    1 防护土堤的顶宽不应小于**1.0m**，底宽应根据不同土质材料确定，但不应小于防护土堤高度的**1.5倍**。防护土堤的边坡应稳定。
    2 在取土困难地区可在防护土堤内坡脚处砌筑高度不大于1.0m的挡土墙，外坡脚处砌筑高度不大于2.0m的挡土墙；在特殊困难情况下，允许在防护土堤底部距建筑物地面标高1.0m范围内填筑块状材料。

5.4.7 夯土防护墙的顶宽不应小于0.7m，墙高不应大于4.5m，边坡度宜为1:0.2~1:0.25，应采用灰土为填料，地面到地面以上0.5m范围内墙体应采用砌体或石块砌护墙。

5.4.8 钢筋混凝土防护屏障应根据防护屏障内危险性建筑物的计算药量由抗爆设计确定，并应满足抗爆炸空气冲击波及爆炸碎片的作用。当建筑物外墙为钢筋混凝土墙，且满足抗爆设计要求时，该外墙可作为防护屏障。

6 工艺与布置

6.0.1 烟花爆竹的生产工艺宜采用机械化、自动化、自动监控等可靠的先进技术。对有燃烧、爆炸危险的作业宜采取隔离操作，并应坚持减少厂房内存药量和作业人员的原则，做到小型、分散。

6.0.2 烟花爆竹生产应按产品类型设置生产线，生产工序的设置应符合产品生产工艺流程要求，各危险性建筑物或各生产工序的生产能力应相互匹配。

6.0.3 有燃烧、爆炸危险的作业场所使用的设备、仪器、工器具应满足使用环境的安全要求。

6.0.4 有易燃易爆粉尘散落的工作场所应设置清洗设施，并应有充足的清洗用水。

6.0.5 在危险品生产区内，危险品生产厂房允许最大存药量应符合现行国家标准《烟花爆竹劳动安全技术规程》GB 11652的有关规定；危险品中转库最大存药量不应超过两天生产需要量，且单库不应超过本规范第7.1.2条的规定；临时存药间或临时存药洞的最大存药量不应超过单人半天的生产需要量，且不应超过10kg。

6.0.6 1.1级、1.3级厂房和库房(仓库)应为单层建筑,其平面宜为矩形。

6.0.7 1.1级厂房应单机单层或单人单栋独立设置,当采取抗爆间室、隔离操作时可以联建。引火线制造厂房应单间单机布置,每栋厂房联建间数不超过4间。

6.0.8 1.3级厂房设置应符合下列规定:
　　1 工作间联建时应采用密实砌体墙隔开,且联建间数不应超过6间,当厂房建筑耐火等级为三级时,联建间数不应超过4间。
　　2 机械插引厂房工作间联建间数不应超过4间,且每个工作间应为单人、单机布置。
　　3 原料称量、氧化剂的粉碎和筛选、可燃物的粉碎和筛选,应独立设置厂房。

6.0.9 不同危险等级的中转库应独立设置,且不得和生产厂房联建。

6.0.10 有固定作业人员的非危险品生产厂房不得和危险品生产厂房联建。

6.0.11 1.1级厂房内不应设置除更衣室外的辅助用室,1.3级厂房内可设置生产辅助用室(如工器具室等)。

6.0.12 危险品生产厂房内设置临时存药间或在厂房附近设置临时存药洞时,临时存药间与操作间应采用钢筋混凝土墙或不小于370mm的密实砌体墙隔开,临时存药洞的设置应符合本规范第5.2.10条和第8.1.6条的规定。

6.0.13 危险品生产厂房内的工艺布置应便于作业人员操作、维修以及发生事故时迅速疏散。

6.0.14 对危险品进行直接加工的岗位宜设置防护装甲、防护板或采取人机隔离、远距离操作。对于作业人员与药物直接接触的混药、造粒、装药等工序应设置防护隔离罩、隔离板或其他个体防护装置。对有升空迸射危险的生产岗位宜设置防迸射措施。

6.0.15 1.1级厂房的人均使用面积不宜少于9.0m²,1.3级厂房的人均使用面积不宜少于4.5m²。

6.0.16 有升空迸射危险的生产厂房与相邻厂房的门、窗不宜正对设置。若正对设置时,在门、窗前不大于3.0m处设置拦截装置,拦截装置的宽度应大于门宽0.5m(每侧),高度应超出门窗高1.5m,高出的1.5m应斜向本建筑物,倾斜角度30°~45°。

6.0.17 烟花爆竹成品、有药半成品和药剂的干燥,宜采用热水、低压蒸汽或利用日光干燥,严禁采用明火烘干。干燥场所应符合下列规定:
　　1 干燥厂房内应设置排湿装置、感温报警装置及通风凉药设施。
　　2 热水、低压蒸汽干燥厂房内的温度应符合现行国家标准《烟花爆竹劳动安全技术规程》GB 11652的有关规定。
　　3 热风干燥厂房可对没有裸露药剂的成品、半成品及无药半成品进行干燥;当药剂和带裸露药剂的半成品采用热风干燥时,应有防止药物产生扬尘的措施。烘干温度应符合现行国家标准《烟花爆竹劳动安全技术规程》GB 11652的有关规定。
　　4 日光干燥应在专门的晒场进行,晒场地要求平整。危险品晒场周围应设置防护堤,防护堤顶面应高出产品面1m。

6.0.18 晒场宜设置凉药间或凉药厂房。当有可靠的防雨和防溅措施时,可不设凉药厂房。

6.0.19 运输危险品的廊道应采用敞开式或半敞开式,不宜与危险品生产厂房直接相连。

6.0.20 产品陈列室应陈列产品模型,不应陈列危险品。陈列实物时应单独建设陈列场所,并应满足本规范中的有关条款规定。

7 危险品储存和运输

7.1 危险品储存

7.1.1 危险品的储存应符合现行国家标准《烟花爆竹劳动安全技术规程》GB 11652中有关储存的规定。

7.1.2 库房(仓库)危险品的存药量和建设规模应符合下列规定:
　　1 危险品生产区内,1.1级中转库单库存药量不应超过500kg,1.3级中转库单库存药量不应超过1000kg。
　　2 危险品总仓库区内,1.1级成品仓库单库存药量不宜超过10000kg,1.3级成品仓库单库存药量不宜超过20000kg,烟火药、黑火药、引火线仓库单库存药量不宜超过5000kg。
　　3 危险品总仓库区内,1.1级成品仓库单栋建筑面积不宜超过500m²,1.3级成品仓库单栋建筑面积不宜超过1000m²,每个防火分区面积不超过500m²,烟火药、黑火药、引火线仓库单栋建筑面积不宜超过100m²。

7.1.3 库房(仓库)内危险品的堆放应符合下列规定:
　　1 危险品堆垛间应留有检查、清点、装运的通道。堆垛之间的距离不宜小于0.7m,堆垛距内墙壁距离不应少于0.45m;搬运通道的宽度不宜小于l.5m。
　　2 烟火药、黑火药堆垛的高度不应超过1.0m,半成品与未成箱成品堆垛的高度不应超过1.5m,成箱成品堆垛的高度不应超过2.5m。

7.2 危险品运输

7.2.1 危险品的运输宜采用符合安全要求并带有防火罩的汽车运输;厂内运输可采用符合安全要求的手推车运输,厂房之间的运输也可采用人工提送的方式。不宜采用三轮车运输,严禁用畜力车、翻斗车和各种挂车运输。

7.2.2 危险品生产区运输危险品的主干道中心线与各级危险性建筑物的距离应符合下列规定:
　　1 距1.1级建筑不宜小于20m,有防护屏障时可不小于12m。
　　2 距1.3级建筑不宜小于12m,距实墙面可不小于6m。
　　3 运输裸露危险品的道路中心线距有明火或散发火星的建筑物不应小于35m。

7.2.3 危险品总仓库区运输危险品的主干道中心线与各级危险性建筑物的距离不应小于10m。

7.2.4 危险品生产区和危险品总仓库区内汽车运输危险品的主干道纵坡不宜大于6%,手推车运输危险品的道路纵坡不宜大于2%。

7.2.5 机动车不应直接进入1.1级和1.3级建筑物内,装卸作业宜在各级危险性建筑物门前不小于2.5m以外处进行。

7.2.6 人工提送危险品时,宜设专用人行道,道路纵坡不宜大于8%,路面应平整,且不应设有台阶。

8 建筑结构

8.1 一般规定

8.1.1 各级危险性建筑物的耐火等级和化学原料仓库的耐火等

级除本规范第8.1.2条规定者外,均不应低于现行国家标准《建筑设计防火规范》GB 50016中二级耐火等级的规定。

8.1.2 建筑面积小于$20m^2$的1.1级建筑物或建筑面积不超过$300m^2$的1.3级建筑物的耐火等级可为三级。

8.1.3 危险性建筑物应有适当的净空,室内梁或板中的最低净空高度不宜小于2.8m,并应满足正常的采光和通风要求。

8.1.4 危险品生产区内宜设有供1.1级、1.3级建筑物内操作人员使用的洗涤、淋浴、更衣、卫生间等生活辅助用室和办公用室。危险品总仓库区内应设置门卫值班室,不宜设置其他辅助用室。

8.1.5 危险品生产区的办公用室和生活辅助用室宜独立设置或布置在非危险性建筑物内。当危险品生产厂房附设办公用室和生活辅助用室时,应符合下列规定:

 1 1.1级厂房可附设更衣室。

 2 1.3级厂房除可附设更衣室外,还可附设其他生活辅助用室和车间办公用室,但应布置在厂房较安全的一端,并应采用防火墙与生产工作间隔开。

车间办公用室和生活辅助用室应为单层建筑,其门窗不宜面向相邻厂房危险性工作间的泄爆面。

8.1.6 在危险品生产区内,当两个危险性建筑物之间设置临时存药洞时,应符合下列规定:

 1 临时存药洞应镶嵌在天然山体内。存药洞门应离山体前坡脚不小于800mm。

 2 临时存药洞的净空尺寸宽不大于800mm,高不大于1000mm,存药洞净深不大于600mm,存药洞底宜高出存药洞外人行地面600mm。

 3 临时存药洞前面宜设置平开木门。

 4 临时存药洞墙体可采用不小于240mm的密实砌体或钢筋混凝土墙体。

 5 临时存药洞上部覆土厚度不应小于500mm,两侧墙顶覆土宽度不应小于1500mm。

 6 临时存药洞内应用水泥砂浆抹面,四周有土处应采取防水及隔潮措施。存药洞上部应有良好的排水措施。

8.1.7 距本厂围墙小于12m的危险性建筑物,危险性建筑物面向围墙方向的外墙宜为实体墙;如设有门、窗或洞口,应采取防火措施。

8.2 危险品生产区危险性建筑物的结构选型和构造

8.2.1 1.1级建筑物的结构形式应符合下列规定:

 1 除本规范第8.2.1条第2款规定以外的1.1级建筑物,均应采用现浇钢筋混凝土框架结构。

 2 当符合下列条件之一者,可采用钢筋混凝土柱、梁承重结构或砌体承重结构:

  1)建筑面积小于$20m^2$,且操作人员不超过2人的厂房。

  2)远距离控制而室内无人操作的厂房。

8.2.2 1.3级建筑物的结构形式应符合下列规定:

 1 除本规范第8.2.2条第2款规定以外的1.3级建筑物,均应采用现浇钢筋混凝土框架结构。

 2 当符合下列条件之一者,可采用钢筋混凝土柱、梁承重结构或砌体承重结构:

  1)同时满足跨度不大于7.5m、长度不大于30m、室内净高不大于4m,且横隔墙间距不大于15m的厂房。

  2)横隔墙较密且间距不大于6m的厂房。

8.2.3 采用砌体承重结构的1.1级、1.3级建筑物不得采用独立砖柱承重。危险性建筑物的砌体厚度不应小于240mm,并不得采用空斗墙和毛石墙。

8.2.4 1.1级、1.3级厂房屋盖宜采用现浇钢筋混凝土屋盖,并与框架连成整体;也可采用轻质泄爆屋盖。当采用钢筋混凝土柱、梁承重结构时,宜采用轻质泄爆屋盖。当采用轻质泄爆屋盖（如彩色复合压型钢板等）时,宜采取防止成片或整块屋盖飞出伤人的措施。$1.1^{\sim2}$级黑火药生产厂房宜采用轻质易碎屋盖或轻质泄压屋盖。当1.3级厂房屋盖采用现浇钢筋混凝土屋盖时,宜设置能较好泄压的门窗等。

8.2.5 有易燃、易爆粉尘的厂房,应采用外形平整、不易积尘的结构构件和构造。

8.2.6 1.1级、1.3级厂房结构构造应符合下列规定:

 1 在梁底标高处,沿外墙和内横墙应设置现浇钢筋混凝土闭合圈梁。

 2 梁与墙或柱应锚固可靠,梁与圈梁应连成整体。

 3 围护砌体和钢筋混凝土柱之间应加强联结,纵横砌体之间也应加强联结。

 4 门窗洞口应采用钢筋混凝土过梁,过梁的支承长度不应小于250mm。当门洞口大于2700mm时宜设置钢筋混凝土门框架或门楹。

 5 砌体承重结构的外墙四角及单元内外墙交接处应设构造柱。

8.3 抗爆间室和抗爆屏院

8.3.1 抗爆间室墙厚及屋盖应根据设计药量计算后确定,并应符合下列规定:

 1 当设计药量大于1kg时,抗爆间室的墙及屋盖应采用现浇钢筋混凝土结构,墙厚不宜小于300mm。

 2 当设计药量不大于1kg时,抗爆间室的墙及屋盖宜采用现浇钢筋混凝土结构,墙厚不应小于200mm。

 3 当设计药量不大于1kg时,抗爆间室的墙及屋盖可采用钢板或组合钢板结构。

8.3.2 抗爆间室的墙（不包括轻型窗所在墙）和屋盖计算应符合下列规定:

 1 在设计药量爆炸空气冲击波和破片的局部作用下,不应产生震塌、飞散和穿透。

 2 在设计药量爆炸空气冲击波的整体作用下,允许产生一定的残余变形。按使用要求,抗爆间室的墙和屋盖按弹性或弹塑性理论设计。

8.3.3 抗爆间室朝室外的一面应设置轻型窗。窗台的高度不应高于室内地面0.4m。

8.3.4 在抗爆间室轻型窗的外面应设置现浇钢筋混凝土抗爆屏院,并应符合下列规定:

 1 抗爆屏院的平面形式和最小进深应符合表8.3.4的规定。

表8.3.4 抗爆屏院的平面形式和最小进深(m)

设计药量(kg)	小于3	大于等于3并小于15	大于等于15并小于30	大于等于30并小于50
平面形式				
最小进深(m)	3	4	5	6

 2 抗爆屏院的高度不应低于抗爆间室的檐口高度。当抗爆屏院的进深超过4m时,抗爆屏院中墙高度应增高,增加的高度不应小于进深超过量的1/2,抗爆屏院边墙由抗爆间室的檐口高度逐渐增加至屏院中墙高度。

 3 当采用平面形式为"冂"的抗爆屏院时,在轻型窗处宜设置进出抗爆屏院的出入口。

8.3.5 危险品生产厂房中,采用抗爆间室时应符合下列规定:

 1 抗爆间室之间或抗爆间室与相邻工作间之间不应设地沟相通。

 2 输送有燃烧爆炸危险物料的管道,在未设防火隔爆措施的条件下,不应通过或进出抗爆间室。

3 当输送没有燃烧爆炸危险物料的管道必须通过或进出抗爆间室时,应在穿墙处采取密封措施。

4 抗爆间室的门、操作口、观察孔和传递窗的结构应能满足抗爆及不传爆的要求。

5 抗爆间室门的开启应与室内设备动力系统的启停进行联锁。

6 抗爆间室的墙高出厂房相邻屋面应不少于0.5m。

8.3.6 当危险品仓库均采用抗爆间室时,可不设置抗爆屏院,结构可按不殉爆设计。

8.4 危险品生产区危险性建筑物的安全疏散

8.4.1 危险品生产厂房安全出口的设置应符合下列规定:

1 1.1级、1.3级厂房每一危险性工作间的建筑面积大于18m²时,安全出口的数目不应少于2个。

2 1.1级、1.3级厂房每一危险性工作间的建筑面积小于18m²,且同一时间内的作业人员不超过3人时,可设1个安全出口,但必须设置安全窗。当建筑面积为9m²且同一时间内的作业人员不超过2人时,可设1个安全出口。

3 安全出口应布置在建筑物室外有安全通道的一侧。

4 须穿过另一危险性工作间才到达室外的出口,不应作为本工作间的安全出口。

5 防护屏障内的危险性厂房的安全出口,应布置在防护屏障的开口方向或安全疏散隧道的附近。

8.4.2 1.1级、1.3级厂房外墙上宜设置安全窗。安全窗可作为安全出口,但不计入安全出口的数目。

8.4.3 1.1级、1.3级厂房每一危险工作间内由最远工作点至外部出口的距离,应符合下列规定:

1 1.1级厂房不应超过5m。

2 1.3级厂房不应超过8m。

8.4.4 厂房内的主通道宽度不应小于1.2m,每排操作岗位之间的通道宽度和工作间内的通道宽度不应小于1.0m。

8.4.5 疏散门的设置应符合下列规定:

1 应为向外开启的平开门,室内不得装插销。

2 当设置门斗时,应采用外门斗,门的开启方向应与疏散方向一致。

3 危险性工作间的外门口不应设置台阶,应做成防滑坡道。

8.5 危险品生产区危险性建筑物的建筑构造

8.5.1 1.1级、1.3级厂房的门应采用向外开启的平开门,外门宽度不应小于1.2m,危险性工作间的门不应与其他房间的门直对设置,内门宽度不应小于1.0m。内、外门均不得设置门槛。外门口不应设置影响疏散的明沟和管线等。

8.5.2 危险品生产区内建筑物的门窗玻璃宜采用防止碎玻璃伤人的措施。

8.5.3 黑火药和烟火药生产厂房应采用木门窗。门窗的小五金应采用在相互碰撞或摩擦时不产生火花的材料。

8.5.4 安全窗应符合下列规定:

1 窗洞口的宽度不应小于1.0m。

2 窗扇的高度不应小于1.5m。

3 窗台的高度不应高出室内地面0.5m。

4 窗扇应向外开,不得设置中梃。

5 窗扇不宜设插销,应利于快速开启。

6 双层安全窗的窗扇,应能同时向外开启。

8.5.5 危险性工作间的地面应符合现行国家标准《建筑地面设计规范》GB 50037的有关要求,并应符合下列规定:

1 对火花能引起危险品燃烧、爆炸的工作间,应采用不发火花的地面。

2 当工作间内的危险品对撞击、摩擦特别敏感时,应采用不发生火花的柔性地面。

3 当工作间内的危险品对静电作用特别敏感时,应采用不发火花的防静电地面。

8.5.6 有易燃易爆粉尘的工作间不宜设置吊顶,当设置吊顶时,应符合下列规定:

1 吊顶上不应有孔洞。

2 墙体应砌至屋面板或梁的底部。

8.5.7 危险性工作间的内墙应抹灰。有易燃易爆粉尘的工作间,其地面、内墙面、顶棚面应平整、光滑,不得有裂缝,所有凹角宜抹成圆弧。易燃易爆粉尘较少的工作间内墙面应刷1.5m~2.0m高油漆墙裙;经常冲洗的工作间,其顶棚及内墙面应刷油漆,油漆颜色与危险品颜色应有所区别。收集冲洗废水的排水沟,其内壁宜平整、光滑,所有凹角宜抹成圆弧,排水沟的坡度不宜小于1%。

8.6 危险品总仓库区危险品仓库的建筑结构

8.6.1 危险品仓库应根据当地气候和存放物品的要求,采取防潮、隔热、通风、防小动物等措施。

8.6.2 危险品仓库宜采用现浇钢筋混凝土框架结构,也可采用钢筋混凝土柱、梁承重结构或砌体承重结构。屋盖宜采用现浇钢筋混凝土屋盖,也可采用轻质泄压或轻质易碎屋盖。1.3级仓库屋盖当采用现浇钢筋混凝土屋盖时,宜多设置门和高窗或采用轻型围护结构等。

8.6.3 危险品仓库安全出口的设置应符合下列规定:

1 当仓库(或储存隔间)的建筑面积大于100m²(或长度大于18m)时,安全出口不应少于2个。

2 当仓库(或储存隔间)的建筑面积小于100m²,且长度小于18m时,可设1个安全出口。

3 仓库内任一点至安全出口的距离不应大于15m。

8.6.4 危险品仓库门的设计应符合下列规定:

1 仓库的门应向外平开,门洞的宽度不宜小于1.5m,不得设门槛。

2 当仓库设计有门斗时,应采用外门斗,且内、外两层门均应向外开启。

3 总仓库的门宜为双层,内层门为通风用门,通风用门应有防小动物进入的措施。外层门为防火门,两层门均应向外开启。

8.6.5 危险品总仓库的窗宜设可开启的高窗,并应配置铁栅和金属网。在勒脚处宜设置可开关的活动百叶或带活动防护板的固定百叶窗。窗应有防小动物进入的措施。

8.6.6 危险品仓库的地面应符合本规范第8.5.5条的规定。当危险品已装箱并不在库内开箱时,可采用一般地面。

8.7 通廊和隧道

8.7.1 危险品运输通廊设计应符合下列规定:

1 通廊的承重及围护结构宜采用不燃烧体。

2 通廊宜采用钢筋混凝土柱或符合防火要求的钢柱承重。

3 运输中有可能撒落药粉的通廊,其地面面层应与连接的危险性建筑物地面面层相一致。

8.7.2 防护屏障的隧道应采用钢筋混凝土结构。运输中有可能撒落药粉的隧道地面,应采用不发生火花地面,且不应设置台阶。

9 消 防

9.0.1 烟花爆竹生产项目和经营批发仓库必须设置消防给水设

施。消防给水可采用消火栓、手抬机动消防泵等不同形式的给水系统。

9.0.2 消防给水的水源必须充足可靠。当利用天然水源时,在枯水期应有可靠的取水设施;当水源来自市政给水管网而厂区内无消防蓄水设施时,消防给水管网应设计成环状,并有两条输水干管接自市政给水管网;当采用自备水源井时,应设置消防蓄水设施。

9.0.3 当厂区内设置蓄水池或有天然河、湖、池塘可利用时,应设有固定式消防泵或手抬机动消防泵。消防泵宜设有备用泵。

9.0.4 危险品生产厂房和中转库的室外消防用水量,应按现行国家标准《建筑设计防火规范》GB 50016 中甲类建筑物的规定执行。当单个建筑物的体积均不超过 300m³ 时,室外消防用水量可按 10L/s 计算,消防延续时间可按 2h 计算。

9.0.5 1.3 级厂房宜设室内消火栓系统,室内消火栓系统的设置应符合现行国家标准《建筑设计防火规范》GB 50016 中对甲类建筑物的规定。

9.0.6 易发生燃烧事故的工作间宜设置雨淋灭火系统,并应符合下列规定:
  1 存药量大于 1kg 且为单人作业的工作间内,宜在工作台上方设置手动控制的雨淋灭火系统或翻斗水箱等相应灭火设施。翻斗水箱容积应根据工作台面积,按 16L/m² 计算确定。
  2 作业人员少于 6 人,建筑面积大于 9m² 且小于 60m² 的工作间内,宜设置手动控制的雨淋灭火系统,消防延续时间按 30min 计算。
  3 雨淋灭火系统的喷水强度不宜低于 16L/(min·m²),最不利点的喷头压力不宜低于 0.05MPa。

9.0.7 对产品或原料与水接触能引起燃烧、爆炸或助长火势蔓延的厂房,不应设置以水为灭火剂的消防设施,应根据产品和原料的特性选择灭火剂和消防设施。

9.0.8 危险品总仓库区根据当地消防供水条件,可设消防蓄水池、高位水池、室外消火栓或利用天然河、塘。室外消防用水量应按现行国家标准《建筑设计防火规范》GB 50016 中甲类仓库的规定执行,消防延续时间按 3h 计算。供消防车或手抬机动消防泵取水的消防蓄水池的保护半径不应大于 150m。

9.0.9 消防储备水应有平时不被动用的措施。使用后的补给恢复时间不宜超过 48h。

9.0.10 烟花爆竹生产项目和经营批发仓库宜按现行国家标准《建筑灭火器配置设计规范》GB 50140 的有关规定配置灭火器。

10 废水处理

10.0.1 烟花爆竹生产项目的废水排放设计,应遵循清污分流、少排或不排废水的原则。有害废水应采取必要的治理措施,并达到国家现行有关排放标准的规定后排放。

10.0.2 有易燃易爆粉尘散落的工作间宜用水冲洗,并应设排水沟。排水沟的设计应符合国家现行有关标准的规定。

10.0.3 含药废水宜用管道集中收集。集中收集的含药废水宜先经污水池沉淀或过滤,再集中处理排放,沉淀或过滤的沉渣应定期挖出销毁。污水沉淀或过滤池的设计应符合国家现行有关标准的规定。

11 采暖通风与空气调节

11.1 采 暖

11.1.1 当危险性建筑物需采暖时,宜采用散热器采暖,严禁使用火炉或其他明火采暖,并应符合下列规定:
  1 黑火药生产的 1.1 级厂房、烟火药生产的 1.1⁻¹ 级厂房及其他危险品生产中危险品呈干燥松散和裸露状态的厂房,采暖热媒应采用不高于 90℃ 的热水。
  2 黑火药制品和烟火药制品加工的生产厂房,采暖热媒宜采用不高于 110℃ 的热水或压力不大于 0.05MPa 的低压蒸汽。

11.1.2 危险性建筑物散热器采暖系统的设计应符合下列规定:
  1 散发燃烧爆炸危险性粉尘的厂房,散热器应采用光面管或其他易于擦洗的散热器,不应采用带肋片或柱形散热器。散热器和采暖管道外表面油漆颜色与燃烧爆炸危险性粉尘的颜色应有所区别。
  2 散热器外表面距墙内表面不应小于 60mm,距地面不宜小于 100mm,散热器不应设在壁龛内。
  3 抗爆间室的散热器不应设在轻型面。采暖干管不应穿过抗爆间室的墙,抗爆间室内散热器支管上的阀门应设在操作走廊内。
  4 采暖管道不应设在地沟内。当必须设在过门地沟内时,应对地沟采取密封措施。
  5 蒸气或高温水管道的人口装置和换热装置不应设在危险工作间内。

11.1.3 当危险性建筑物采用热风采暖时,送风温度宜大于 35℃ 并小于 70℃。热风采暖系统的设置应符合本规范第 11.2 节中的有关规定。

11.2 通风和空气调节

11.2.1 在危险品生产厂房内,对散发燃烧爆炸危险性粉尘或气体的设备和操作岗位宜设局部排风,并宜分别设置。

11.2.2 危险品生产厂房的通风和空气调节系统设计应符合下列规定:
  1 散发燃烧爆炸危险性粉尘或气体厂房的通风和空气调节系统应采用直流式,其送风机的出口应装止回阀。
  2 散发燃烧爆炸危险性粉尘或气体的厂房内,通风和空气调节系统风管上的调节阀应采用防爆型。
  3 黑火药生产厂房内不得设计机械通风。

11.2.3 空气中含有燃烧爆炸危险性粉尘或气体的厂房中,机械排风系统的设计应符合下列要求:
  1 排除燃烧爆炸危险性粉尘或气体的风机及电机应采用防爆型,且电机和风机应直联。
  2 含有燃烧爆炸危险性粉尘的空气应经过除尘处理后再排入大气,除尘处理宜采用湿法方式。当粉尘与水接触能引起爆炸或燃烧时,不应采用湿法除尘。除尘装置应置于排风系统的负压段上,且排风机应采用防爆型。
  3 水平风管内的风速应按燃烧爆炸危险性粉尘不在风管内沉积的原则确定。水平风管应设有不小于 1% 的坡度。
  4 排风管道不宜穿过与本排风系统无关的房间。

11.2.4 危险品生产厂房的通风和空气调节机室应单独设置,不应与危险性工作间相通,且应设置单独的外门。

11.2.5 各抗爆间室之间、抗爆间室与其他工作间及操作走廊之间不应有风管、风口相连通。

11.2.6 散发燃烧爆炸危险性粉尘厂房内的通风、空气调节系统的风管不宜暗设。

11.2.7 危险性建筑物中,送、排风管道宜采用圆形截面风管。风管上应设置检查孔,并架空敷设;风管应采用不燃材料制作,且风管和设备的保温材料也应采用不燃材料。风管涂漆颜色与燃烧爆炸危险性粉尘的颜色应易于分辨。

12 危险场所的电气

12.1 危险场所类别的划分

12.1.1 危险场所划分为 F0、F1、F2 三类，并应符合下列规定：

1 F0 类：经常或长期存在能形成爆炸危险的黑火药、烟火药及其粉尘的危险场所。

2 F1 类：在正常运行时可能形成爆炸危险的黑火药、烟火药及其粉尘的危险场所。

3 F2 类：在正常运行时能形成火灾危险，而爆炸危险性极小的危险品及粉尘的危险场所。

4 各类危险场所均以工作间（或建筑物）为单位。

5 生产、加工、研制危险品的工作间（或建筑物）危险场所分类和防雷类别应符合表 12.1.1-1 的规定。储存危险品的场所、中转库和仓库危险场所分类和防雷类别应符合表 12.1.1-2 的规定。

表 12.1.1-1 生产、加工、研制危险品的工作间（或建筑物）危险场所分类和防雷类别

序号	危险品名称	工作间（或建筑物）名称	危险场所分类	防雷类别
1	黑火药	药物混合（硝酸钾与硫、硫磺磨）、潮药装模（或潮药包片）、压药、拆版（撕片）、碎片、造粒、抛光、浆药、干燥、散热、筛选、计量包装	F0	一
		单料粉碎、筛选、干燥、称料、硫、碳二成分混合	F2	二
2	烟火药	药物混合、造粒、筛选、制球药、压药、浆药、干燥、散热、计量包装、精药柱（药块）、湿药调制、烟雾剂干燥、散热、包装	F0	一
		氧化剂、可燃物的粉碎与筛选、称料（单料）	F2	二
3	引火线	制引、浆引、漆引、干燥、散热、定型裁割、捆扎、切引、绕引	F1	二
4	爆竹类	装药	F0	一
		插引（含机械插引、手工插引和空筒插引）、挤引、封口、点药、结鞭	F1	二
		包装	F2	二
5	组合烟花类、内筒型小礼花类	装药、筑（压）药、内筒对口（压纸片、装封口）	F0	一
		已装药部件钻孔、装筒单个药剂、单发药剂≥25g 非裸药件组装、外筒封口（压纸片）	F1	二
		蘸药、安引、盆引（空筒）、单筒药剂≤25g 非裸药件组装、包装	F2	二
6	礼花弹类	装球、包药	F0	一
		组装（含安发、装发射药包、串球）、剖引（引线钻孔）、球干燥、散热、包装	F1	二
		空壳安引、糊球	F2	二
7	吐珠类	装（筑）药	F0	一
		安引（空筒）、组装、包装	F1	二
8	升空类（含双响炮）	装药、筑（压）药	F0	一
		包装、装裸药效果件（含药果包）、单个药剂≥30g 非裸药件组装	F1	二
		安引、单个药剂＜30g 非裸药效果件（含安稳爆杆）、包装	F2	二
9	旋转类（旋转升空类）	装药、筑（压）药	F0	一
		已装药部件钻孔	F1	二
		安引（含引线、配件、旋转轴、架）、包装	F2	二
10	喷花类和架子烟花	装药、筑（压）药	F0	一
		已装药部件的钻孔	F1	二
		安引、包装	F2	二

续表 12.1.1-1

序号	危险品名称	工作间（或建筑物）名称	危险场所分类	防雷类别
11	线香类	装药	F0	一
		干燥、散热	F1	二
		粘药、包装	F2	二
12	摩擦类	雷酸银药物配制、拌药砂、发令纸干燥	F0	一
		机械蘸药	F1	二
		包药砂、手工蘸药、分装、包装	F2	二
13	烟雾类	装药、筑（压）药	F0	一
		球干燥、散热	F1	二
		糊球、安引、组装、包装	F2	二
14	造型玩具类	装药、筑（压）药	F0	一
		已装药部件钻孔	F1	二
		安引、组装、包装	F2	二
15	电点火头	蘸药、干燥（晾干）、检测、包装	F2	二

注：1 表中装药、筑（压）药包括烟火药、黑火药的装药、筑（压）药；
2 当本规范 3.1.3-1 生产工序危险等级分为 1.1 级建筑物同时满足总存药量小于 10kg、单人操作，建筑面积小于 12m² 时，危险场所类别可划为二类；
3 表中未列品种、加工工序，其危险场所分类和防雷类别划分可参照本表确定。

表 12.1.1-2 储存危险品的场所、中转库和仓库危险场所的分类与防雷类别

场所（或建筑物）名称	危险场所分类	防雷类别
烟火药（包括裸药效果件）、开球药、黑火药、引火线、未封口含药半成品、单个装药量在 40g 及以上已封口的烟花半成品及含爆炸音剂的半成品、B 级爆竹半成品，A、B 级成品（喷花类除外）、单筒药量 25g 及以上的 C 级组合烟花类成品	F0	一
电点火头、单个装药量在 40g 以下已封口的烟花半成品（不含爆炸音剂、笛音剂）、已封口 C 级爆竹半成品，C、D 级成品（其中，组合烟花成品单筒药量在 25g 以下）、喷花类产品	F1	二

12.1.2 当危险场所既存在黑火药、烟火药，又存在易燃液体时，危险场所类别的划分除应符合本规范的规定外，还应符合现行国家标准《爆炸和火灾危险环境电力装置设计规范》GB 50058 中有关爆炸性气体环境危险区域划分的规定。

12.1.3 危险场所与相毗邻场所采取不燃烧体密实墙隔开且隔墙上设有相通的门，当门经常处于关闭状态（除有人出入外）时，与危险场所相毗邻的场所类别可按表 12.1.3 确定；当门经常处于敞开状态时，与危险场所相毗邻的场所类别应与危险场所类别相同。

表 12.1.3 与危险场所相毗邻的场所类别

危险场所类别	用一道有门的密实墙隔开的工作间危险场所类别	用两道有门的密实墙通过走廊隔开的工作间危险场所类别
F0	F1	非危险场所
F1	非危险场所	非危险场所
F2	非危险场所	非危险场所

注：1 本条不适用于配电室（电机室、控制室、仪表室等）；
2 密实墙应为不燃烧体的实体墙，墙上除门外无其他孔洞。

12.1.4 排风室的危险场所类别应按下列规定分类：

1 为 F0 类危险场所（黑火药除外）服务的排风室划为 F1 类危险场所。

2 为 F1 类、F2 类危险场所服务的排风室与所服务的危险场所类别相同。

3 为各类危险场所服务的排风室，当采用湿式净化装置时，可划为 F2 类危险场所（黑火药除外）。

12.1.5 为危险场所服务的送风室，当通往危险场所的送风管能阻止危险物质回到送风室时，该送风室危险场所类别可划为非危险场所。

12.1.6 运输危险品的敞开式或半敞开式通廊，其危险场所类别应划为 F2 类，防雷类别宜为二类。

12.1.7 雷雨天存放危险品的晒场宜设置防直击雷装置，避雷装置保护范围的滚球半径可取 60m。

12.2 电气设备

12.2.1 危险场所的电气设备应符合下列规定：

1 正常运行和操作时，可能产生电火花或高温的电气设备应安装在无危险或危险性较小的场所。

2 危险场所采用的防爆电气设备必须是按照现行国家标准生产的合格产品。

3 危险场所电气设备允许最高表面温度为 T4(135℃)。

4 危险场所采用的接线盒、挠性连接等选型，应与该场所电气设备防爆等级相一致。

5 危险场所电动机的电气设计应符合现行国家标准《通用用电设备配电设计规范》GB 50055 中第二章电动机的规定。

6 生产时严禁工作人员入内的工作间，其用电设备的控制按钮应安装在工作间外，并将用电设备的启停与门连锁，门关闭后用电设备才能启动。

7 危险场所不宜设置接插装置。当确需设置时，应选择相应防爆型、插座与插销带连锁保护装置，并满足断电后插销才能插入或拔出的要求。

8 危险场所不应使用无线遥控设备等。

12.2.2 危险场所采用非防爆电气设备隔墙传动时，应符合下列规定：

1 安装电气设备的工作间应采用不燃烧体密实墙与危险场所隔开，隔墙上不应设门、窗、洞口。

2 传动轴通过隔墙处的孔洞必须采用填料函封堵或同等效果的密封措施。

3 安装电气设备工作间的门应设在外墙上或通向非危险场所，且门应向室外或非危险场所开启。

12.2.3 F0 类危险场所不应安装电气设备。当确有必要时，可设置检测仪表（黑火药除外），检测仪表选型应符合本规范第 12.2.5 条的规定。

12.2.4 F0 类危险场所电气照明应采用可燃性粉尘环境 21 区用电气设备 DIP21，外壳防护等级为 IP65 级的灯具，安装在固定窗外照明或采用能够满足有关规范安全要求的壁龛灯。

门灯及安装在外墙外侧的开关、控制按钮、控制箱等，选型应选用与灯具防爆级别相同的产品。

12.2.5 F1 类危险场所电气设备的选型应符合下列规定：

1 电气设备应采用可燃性粉尘环境用电气设备 21 区 DIP21、IP65，爆炸性气体环境用电气设备Ⅱ类 B 级隔爆型、本质安全型(IP54)，灯具及控制按钮可采用增安型。

2 门灯及安装在外墙外侧的开关应采用可燃性粉尘环境用电气设备不低于 22 区 DIP22、IP54。

12.2.6 F2 类危险场所电气设备、门灯及安装在外墙外侧的开关应采用可燃性粉尘环境用电气设备 22 区 DIP22、IP54。

12.3 室内电气线路

12.3.1 危险场所电气线路应符合下列规定：

1 危险性建筑物低压配电线路的保护应符合现行国家标准《低压配电设计规范》GB 50054 的有关规定。

2 电气线路严禁采用绝缘电线明敷或穿塑料管敷设。

3 电气线路应采用铜芯阻燃绝缘电线或铜芯阻燃电缆。

4 电气线路的电线和电缆的额定电压不得低于 450V/750V。保护线的额定电压应与相线相同，并应在同一钢管或护套内敷设。电话线路电线的额定电压不应低于 300V/500V。

5 插座回路应设置额定动作电流不大于 30mA、瞬时切断电路的剩余电流保护器。

6 检测仪表线路可采用线芯截面不小于 1.0mm² 的铜芯聚氯乙烯护套内钢带铠装控制电缆；也可采用线芯截面不小于 1.5mm² 的铜芯阻燃绝缘电线穿镀锌焊接钢管敷设。

7 危险场所电气线路绝缘电线或电缆线芯的材质和最小截面应符合表 12.3.1 的规定。

表 12.3.1 危险场所电气线路绝缘电线或电缆线芯的材质和最小截面

危险场所类别	绝缘电线或电缆线芯最小截面(mm²)		
	电力	照明	控制按钮
F0	—	—	铜芯 1.5
F1	铜芯 2.5	铜芯 2.5	铜芯 1.5
F2	铜芯 1.5	铜芯 1.5	铜芯 1.5

8 保护线(PE 线)截面的确定应符合现行国家标准的有关规定。

12.3.2 危险场所电气线路穿钢管敷设应符合下列规定：

1 穿电线的钢管应采用公称口径不小于 15mm 的镀锌焊接钢管，钢管间应采用螺纹连接，且连接螺纹不应少于 6 扣。在有剧烈振动的场所应设防松装置。

2 电气线路与防爆电气设备连接处必须作隔离密封。

3 电气线路宜采用明敷。

12.3.3 危险场所电气线路采用电缆敷设应符合下列规定：

1 电缆明敷时，应采用金属铠装电缆。

2 电缆沿桥架敷设时，宜采用绝缘护套电缆；桥架应采用金属槽式结构。

3 电缆不宜敷设在电缆沟内。当必须敷设在电缆沟内时，应设置防止水及危险物质进入沟内的措施，电缆沟在过墙处应设隔板，并对孔洞严密堵塞。

4 电力电缆不应有分支或中间接头。照明线路的分支接头应设在接线盒内。

5 在有机械损伤可能的部位应穿钢管保护。

12.3.4 F0 类危险场所电气线路应符合下列规定：

1 危险场所不应敷设电力和照明线路，可敷设本工作间的控制按钮及检测仪表线路。灯具安装在固定窗外的电气线路应采用线芯截面不小于 2.5mm² 的铜芯绝缘电线穿镀锌焊接钢管敷设，亦可采用线芯截面不小于 2.5mm² 的铜芯金属铠装电缆明敷。

2 当采用穿钢管敷设时，接线盒的选型应与防爆电气设备的等级相一致。当采用铠装电缆时，与设备连接处应采用铠装电缆密封接头。

3 控制按钮线路线芯截面选择应符合本规范表 12.3.1 的规定。

12.3.5 F1 类危险场所电气线路应符合下列规定：

1 电线或电缆线芯截面选择应符合本规范表 12.3.1 的规定。

2 引至 1kV 以下的单台鼠笼型感应电动机供电回路，电线或电缆线芯截面长期允许载流量不应小于电动机额定电流的 1.25 倍。

3 移动电缆应采用线芯截面不小于 2.5mm² 的重型橡套电缆。

12.3.6 F2 类危险场所的电气线路应符合下列规定：

1 电气线路采用的绝缘电线或电缆的线芯截面选择应符合本规范表 12.3.1 的规定。

2 引至 1kV 以下的单台鼠笼型感应电动机供电回路，绝缘电线或电缆线芯截面长期允许载流量不应小于电动机的额定电流。当电动机经常接近满载运行时，线芯的载流量应留有适当裕量。

3 移动电缆应采用线芯截面不小于 1.5mm² 的中型橡套电缆。

12.4 照明

12.4.1 烟花爆竹生产厂房主要工作间的照度标准宜为 200 lx，

且主要生产的工作间出入口应设置应急照明,其照度值应不低于该场所正常照明照度值的10%,应急时间宜为30min。

12.4.2 烟花爆竹生产的辅助厂房、库房的照度标准宜分别为100 lx、50 lx。

12.5 10kV 及以下变(配)电所和厂房配电室

12.5.1 烟花爆竹企业的供电设计应符合现行国家标准《供配电系统设计规范》GB 50052 中有关三级负荷的规定。

12.5.2 烟花爆竹生产过程中因突然中断供电有可能导致燃爆事故发生的用电设备,以及企业设置的视频监控系统、安全防范系统均应设置应急电源。消防系统宜设置应急电源。

12.5.3 危险品生产区 10kV 及以下变电所应为独立变电所。危险品总仓库区 10kV 及以下变电所宜为独立变电所。

12.5.4 变电所设计除执行本规范外,尚应符合现行国家标准《10kV 及以下变电所设计规范》GB 50053 的有关规定。

12.5.5 变压器低压侧中心点接地电阻不应大于 4Ω。

12.5.6 厂房配电室、电机间、控制室可附建于各类危险性建筑物内,但应符合下列规定:
  1 与危险场所相毗邻的隔墙应为不燃烧体密实墙,且不应设门、窗与危险场所相通。
  2 门、窗应设在建筑物的外墙上,且门应向外开启。
  3 与配电室、电机间、控制室无关的管线不应通过配电室、电机间、控制室。
  4 设在黑火药生产厂房内的配电室、电机间、控制室除应满足上述要求外,配电室、电机间、控制室的门、窗与黑火药生产工作间的门、窗之间的距离不宜小于 3m。

12.6 室外电气线路

12.6.1 引入危险性建筑物的 1kV 以下低压线路的敷设应符合下列规定:
  1 从配电端到受电端宜全长采用金属铠装电缆埋地敷设,在入户端应将电缆的金属外皮、钢管接到防雷电感应的接地装置上。
  2 当全线采用电缆埋地有困难时,可采用钢筋混凝土杆和铁横担的架空线,并应使用一段金属铠装电缆或护套电缆穿钢管直接埋地引入,其埋地长度应符合下式的要求,但不应小于 15m。

$$L \geqslant 2\sqrt{\rho} \qquad (12.6.1)$$

式中:L——金属铠装电缆或护套电缆穿钢管于地中的长度(m);
  ρ——埋电缆处的土壤电阻率(Ω·m)。
  3 在电缆与架空线换接处尚应装设避雷器。避雷器、电缆金属外皮、钢管和绝缘子的铁脚、金属器具等应连在一起接地,其冲击接地电阻不应大于 10Ω。

12.6.2 引入黑火药生产工房的 1kV 以下低压线路,从配电端到受电端应全长采用铜芯金属铠装电缆埋地敷设。

12.6.3 与烟花爆竹企业无关的电气线路和通信线路严禁穿越、跨越危险品生产区和危险品总仓库区。当在危险品生产区或危险品总仓库区围墙外敷设时,10kV 及以下电力架空线路和通信架空线路与危险性建筑物外墙的水平距离不应小于 35m。

12.6.4 危险品生产区和危险品总仓库区 10kV 及以下的高压线路宜采用埋地敷设。当采用架空敷设时,其轴线与危险性建筑物的距离应符合下列规定:
  1 距 1.1 级厂房外墙不应小于 35m,距 1.1 级仓库外墙不应小于 50m。
  2 距 1.3 级建筑物外墙不应小于电杆高度的 1.5 倍。

12.6.5 当危险品生产区和危险品总仓库区架空敷设 1kV 以下的电气线路和通信线路时,其轴线与 1.1 级、1.3 级建筑物外墙的距离不应小于电杆高度的 1.5 倍,与生产黑火药和干法生产黑火

药建筑物外墙的距离不应小于 35m。

12.6.6 危险品生产区和危险品总仓库区不应设置无线通信塔。当无线通信塔设置在危险品生产区和危险品总仓库区围墙外时,无线通信塔与围墙的距离不应小于 100m。

12.7 防雷与接地

12.7.1 危险性建筑物应采取防雷措施。防雷设计应符合现行国家标准《建筑物防雷设计规范》GB 50057 的有关规定。危险性建筑物防雷类别应符合本规范表 12.1.1-1 和 12.1.1-2 的规定。

12.7.2 变电所引至危险性建筑物的低压供电系统宜采用 TN-C-S 接地形式,从建筑物内总配电箱开始引出的配电线路和分支线路必须采用 TN-S 系统。

12.7.3 危险性建筑物内电气设备的工作接地、保护接地、防雷电感应等接地、防静电接地、信息系统接地等应共用接地装置,接地电阻值应取其中最小值。

12.7.4 危险性建筑物内穿电线的钢管、电缆的金属外皮、除输送危险物质外的金属管道、建筑物钢筋等设施均应等电位联结。

12.7.5 危险性建筑物总配电箱内应设置电涌保护器。

12.7.6 当危险场所设有多台需要接地的设备且位置分散时,工作间内应设置构成闭合回路的接地干线。接地体宜沿建筑物墙外埋地敷设,并应构成闭合回路,且每隔 18m~24m 室内与室外连接一次,每个建筑物的连接不应少于两处。

12.7.7 架空敷设的金属管道应在进出建筑物处与防雷电感应的接地装置相连接。距离建筑物 100m 内的金属管道应每隔 25m 左右接地一次,其冲击接地电阻不大于 20Ω。埋地或地沟内敷设的金属管道在进出建筑物处亦应与防雷电感应的接地装置相连。

12.7.8 平行敷设的金属管道,当其净距小于 100mm 时,应每隔 25m 左右用金属线跨接一次;当交叉净距小于 100mm 时,其交叉处亦应跨接。

12.8 防 静 电

12.8.1 危险场所内可导电的金属设备、金属管道、金属支架及金属导体均应进行直接静电接地。

12.8.2 静电接地系统应与电气设备的保护接地共用同一接地装置。

12.8.3 危险场所中不能或不宜直接接地的金属设备、装置等,应通过防静电材料间接接地。

12.8.4 当危险场所采用防静电地面及工作台面时,其静电泄漏电阻值应控制在 0.05MΩ~1.0MΩ。

12.8.5 危险场所需要采用空气增湿方法泄漏静电时,其室内空气相对湿度宜为 60%。黑火药生产的危险场所空气相对湿度应为 65%。当工艺有特殊要求时可按工艺要求确定。

12.8.6 危险场所不应使用静电非导体材料制作的工器具具。当必须使用静电非导体材料的工器具时,应对其进行导静电处理,使其静电泄漏电阻值符合要求。

12.8.7 黑火药、烟火药生产危险场所入口处的外墙外侧应设置人体综合电阻监测仪和人体静电指示及释放仪,在其附近宜设备用接地端子。

12.9 通 讯

12.9.1 危险品生产区和危险品总仓库区应设置畅通的固定电话。

12.9.2 危险场所电话设备选型及线路的技术要求应符合本规范的有关规定。

12.10 视频监控系统

12.10.1 危险品生产场所和危险品总仓库区宜设置视频监控系统,系统的构成应符合相关规范的规定。

12.10.2 危险场所视频监控设计、电气设备选型、线路技术要求及敷设方式等均应符合本规范的规定。

12.11 火灾报警系统

12.11.1 危险品生产区和危险品总仓库区可设置火灾自动报警系统。

12.11.2 危险场所火灾自动报警设计、电气设备选型、线路技术要求及敷设方式、防雷接地均应符合本规范的规定。

12.11.3 当危险品生产区和危险品总仓库区不设置火灾自动报警系统时，可采用畅通的电话系统兼作火灾报警装置。

12.12 安全防范工程

12.12.1 烟花爆竹总仓库区及库房的安全防范措施应采用"人防、物防、技防"相结合的方式。

12.12.2 烟花爆竹的危险品仓库及库区宜设置安全防范系统。

12.13 控 制 室

12.13.1 烟花爆竹生产项目和经营批发仓库的消防控制室、安全防范系统监控中心及自动控制室宜设置在单独建筑物内，亦可附建在非危险性建筑物内。

12.13.2 1.1级建筑物内不应附建有人值班的控制室。1.3级建筑物内可附建控制室，但应符合本规范第12.5.6条的规定。

12.13.3 当1.1级建筑物需要设置有人值班的控制室时，应将控制室嵌入防护土堤外侧或布置在防护土堤外符合安全要求的位置。

附录 A 防护屏障的防护范围

A.0.1 防护屏障的防护范围见图 A.0.1。

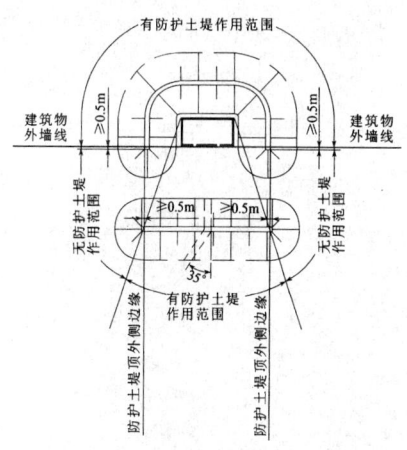

图 A.0.1 防护屏障的防护范围

A.0.2 "一字防护土挡墙"防护屏障的防护要求见图 A.0.2。

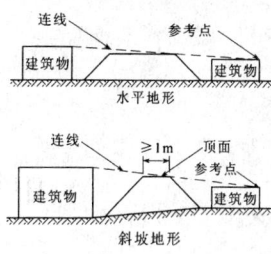

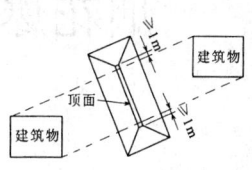

图 A.0.2 "一字防护土挡墙"防护屏障的防护要求

本规范用词说明

1 为便于在执行本规范条文时区别对待，对要求严格程度不同的用词说明如下：
　　1）表示很严格，非这样做不可的：
　　　　正面词采用"必须"，反面词采用"严禁"；
　　2）表示严格，在正常情况下均应这样做的：
　　　　正面词采用"应"，反面词采用"不应"或"不得"；
　　3）表示允许稍有选择，在条件许可时首先应这样做的：
　　　　正面词采用"宜"，反面词采用"不宜"；
　　4）表示有选择，在一定条件下可以这样做的，采用"可"。

2 条文中指明应按其他有关标准执行的写法为："应符合……的规定"或"应按……执行"。

引用标准名录

《烟花爆竹　安全与质量》GB 10631—2004
《烟花爆竹劳动安全技术规程》GB 11652—1989
《建筑设计防火规范》GB 50016—2006
《建筑地面设计规范》GB 50037—1996
《供配电系统设计规范》GB 50052—1995
《10kV及以下变电所设计规范》GB 50053—1994
《低压配电设计规范》GB 50054—1995
《通用用电设备配电设计规范》GB 50055—1993
《建筑物防雷设计规范》GB 50057—1994
《爆炸和火灾危险环境电力装置设计规范》GB 50058—1992
《建筑灭火器配置设计规范》GB 50140—2005
《地下及覆土火药炸药仓库设计安全规范》GB 50154—2009

中华人民共和国国家标准

烟花爆竹工程设计安全规范

GB 50161—2009

条 文 说 明

修 订 说 明

国家标准《烟花爆竹工厂设计安全规范》GB 50161—92（以下简称原规范）自 1992 年发布实施后，为规范烟花爆竹行业规划建设、设计管理、安全生产等提供了重要的法规性决策依据，对工厂的安全生产起到了重要的保障作用。近年来，随着国家对安全生产越来越重视，"以人为本"的安全理念不断深入，烟花爆竹行业法制化建设的不断健全、生产企业周边环境的不断变化、社会安全性责任的不断加强，国家安全生产监督管理总局对烟花爆竹行业发展提出了新要求：即工厂化、机械化、科技化、标准化、集约化，推进行业技术进步，提高生产工艺技术水平；对于高风险的烟花爆竹行业有必要提升准入的基础条件，提高企业的本质安全度，防止重大群死群伤事故的发生。为适应烟花爆竹行业安全形势和发展需要，促进行业安全、健康发展，有必要对原规范进行一次全面修订。

本次修订遵循的是安全第一、科技进步、与国际接轨、覆盖行业范围、实事求是、可操作性及全面修订的基本原则。修订后的规范名称为《烟花爆竹工程设计安全规范》。

原规范 11 章、2 个附录，共 134 条。本次修订在原规范的基础上，保留了 33 条，修改了 98 条，取消了 3 条、2 个附录，增加了 114 条、1 个附录。规范修订后分 12 章、1 个附录，共 245 条，主要内容包括工艺、总图、建筑、结构、消防、废水处理、采暖通风、电气等专业的安全必要规定。主要修订内容有：

1. 对建筑物危险等级进行了修订。将原规范的 A 级、C 级修订为 1.1 级、1.3 级。对 1.1 级建筑物根据建筑物内危险品的破坏威力分为 1.1^{-1} 级和 1.1^{-2} 级。采用 1.1、1.2、1.3……的分级方法，首先可以避免与现行国家标准《烟花爆竹 安全与质量》GB 10631—2004 中产品等级 A、B、C、D 相混淆；其次与国际、国内标准接轨，便于交流与合作。

2. 对生产工序危险等级分类表和仓库危险等级分类表进行了修订。修订后的生产工序危险等级分类表 3.1.3-1，包括了现行国家标准《烟花爆竹 安全与质量》GB 10631—2004 中的全部 14 类产品的生产工序，比原规范分类更细、更易于操作；同时对部分工序的名称进行了修订，尽可能与行业内其他规范统一；根据行业发展和技术进步的成果对部分工序的危险等级进行了调整。

3. 根据国家、行业对安全生产的要求，增加了安全防护的规定。在生产工艺上，提倡采用机械化、自动化、自动监控的生产工艺技术；在安全防护上，对有燃烧、爆炸危险的作业要求采取隔离操作，并采取防传爆、防殉爆措施；在生产工房布置上，对燃烧、爆炸危险性大的工序要求单独设置厂房。体现了"以人为本"的安全理念。

4. 总结工厂的实践经验，增加了临时存药洞的相关安全规定。临时存药洞投资少、使用方便，而且对减少操作人员身边的存药量能起到一定作用，在烟花爆竹主产区应用非常普遍。但是各地的临时存药洞五花八门，存在不少安全隐患。对临时存药洞的设置条件、存药量、安全距离、结构等进行规定非常必要。

5. 总体规划增加了烟花爆竹批发经营企业仓库的内容，扩大了规范涵盖的范围。原规范只对烟花爆竹工厂设计提出规定，没有涵盖经营批发企业仓库等单位，修订后的规范覆盖了国家安全生产监督管理总局对烟花爆竹行业的监管范围，增加了经营批发企业仓库设计的安全规定。

6. 对部分危险性建筑物内、外部最小允许距离要求进行了修订，对烟花爆竹工厂燃放试验场的安全距离进行了修订，鉴于原规范安全距离标准比较低，在规范修订过程中，重新核算了原规范给出的安全距离数值，结合历史上兵器工业安全技术研究所爆炸试验的科学研究成果，参考事故调查报告，通过详细计算，对危险品生产区和危险品总仓库区的内部最小允许距离作了适当调整，对防护屏障的设置提高了要求，以符合提升安全的生产要求。

根据专家评审意见、考虑行业现状，并参照国家现行标准《焰火晚会烟花爆竹燃放安全规程》GA 183 附录 B 中礼花弹基本安全参数，结合工厂燃放试验的特点通过计算对工厂燃放试验场的安全距离进行了适当调整。

7. 对危险性建筑物的结构选型进行了修订，吸收了国内、外有关抗爆结构要求，引入抗爆间室特种结构形式，对抗爆间室和抗爆屏院提出了具体要求，有利于在工程建设中采用。

8. 对危险场所电气进行了修订，增加了工厂供电负荷等级、防静电、火灾报警、视频监控、安全防范工程的要求，对电气危险场所的分类重新进行了规定，根据行业危险性建筑物发生雷电事故的可能性和后果对其防雷类别进行了适当调整，与原规范相比更符合行业现状。

随着烟花爆竹行业的发展，不断出现新型烟花爆竹药物配方，需要对新型烟花爆竹药物的相容性、安全性能参数、TNT 当量进行试验测试，建立药物配方与安全性能参数的数据库。

为便于广大设计、施工、科研、学校等单位有关人员在使用本标准时能正确理解和执行条文规定，《烟花爆竹工程设计安全规范》编制组按章、节、条顺序编制了本标准的条文说明，对条文规定的目的、依据以及执行中需注意的有关事项进行了说明，还着重对强制性条文的强制性理由作了解释。但是，本条文说明不具备与标准正文同等的法律效力，仅供使用者作为理解和把握标准规定的参考。

目　次

1　总则　　　　　　　　　　　　　　　 7—15—24
3　建筑物危险等级和计算药量　　　　　 7—15—24
　　3.1　建筑物危险等级　　　　　　　　7—15—24
　　3.2　计算药量　　　　　　　　　　　7—15—25
4　工程规划和外部最小允许距离　　　　 7—15—26
　　4.1　工程规划　　　　　　　　　　　7—15—26
　　4.2　危险品生产区外部最小允许距离　7—15—26
　　4.3　危险品总仓库区外部最小允许距离 7—15—26
　　4.4　燃放试验场和销毁场外部最小允许距离 7—15—27
5　总平面布置和内部最小允许距离　　　 7—15—27
　　5.1　总平面布置　　　　　　　　　　7—15—27
　　5.2　危险品生产区内部最小允许距离　7—15—27
　　5.3　危险品总仓库区内部最小允许距离 7—15—28
　　5.4　防护屏障　　　　　　　　　　　7—15—28
6　工艺与布置　　　　　　　　　　　　 7—15—29
7　危险品储存和运输　　　　　　　　　 7—15—30
　　7.1　危险品储存　　　　　　　　　　7—15—30
　　7.2　危险品运输　　　　　　　　　　7—15—30
8　建筑结构　　　　　　　　　　　　　 7—15—30
　　8.1　一般规定　　　　　　　　　　　7—15—30
　　8.2　危险品生产区危险性建筑物的结构选型和构造 7—15—30
　　8.3　抗爆间室和抗爆屏院　　　　　　7—15—31
　　8.4　危险品生产区危险性建筑物的安全疏散 7—15—31
　　8.5　危险品生产区危险性建筑物的建筑构造 7—15—31
　　8.6　危险品总仓库区危险品仓库的建筑结构 7—15—32
　　8.7　通廊和隧道　　　　　　　　　　7—15—32
9　消防　　　　　　　　　　　　　　　 7—15—32
10　废水处理　　　　　　　　　　　　　7—15—32
11　采暖通风与空气调节　　　　　　　　7—15—33
　　11.1　采暖　　　　　　　　　　　　 7—15—33
　　11.2　通风和空气调节　　　　　　　 7—15—33
12　危险场所的电气　　　　　　　　　　7—15—33
　　12.1　危险场所类别的划分　　　　　 7—15—33
　　12.2　电气设备　　　　　　　　　　 7—15—34
　　12.3　室内电气线路　　　　　　　　 7—15—34
　　12.4　照明　　　　　　　　　　　　 7—15—34
　　12.5　10kV及以下变（配）电所和厂房配电室 7—15—34
　　12.6　室外电气线路　　　　　　　　 7—15—35
　　12.7　防雷与接地　　　　　　　　　 7—15—35
　　12.8　防静电　　　　　　　　　　　 7—15—35
　　12.9　通讯　　　　　　　　　　　　 7—15—35
　　12.10　视频监控系统　　　　　　　　7—15—35
　　12.11　火灾报警系统　　　　　　　　7—15—35
　　12.12　安全防范工程　　　　　　　　7—15—35
　　12.13　控制室　　　　　　　　　　　7—15—35

1 总　　则

1.0.1 本条强调了烟花爆竹工程设计必须贯彻的安全方针，以及制定本规范的目的，使所建工程从本质上符合安全要求，以利投入使用后对国家和人民生命财产安全有一定保障。

1.0.2 本条规定了本规范的适用范围和不适用范围。对新建、扩建工程，应按规范要求建成一个本质安全型的企业。对现有企业，由于历史原因，存在着不少安全隐患，在改建时为了消除这些不安全因素，防止事故发生以及限制事故波及范围，所以也应遵守本规范，使改建部分达到规范要求。

本次修订明确了烟花爆竹批发经营企业的仓库建设工程适用本规范。

对零售烟花爆竹的储存，以及军用烟火的制造、运输和储存，因其条件不同，不适用本规范。

1.0.3 本条是从保障人民群众生命和财产安全出发强调了外部安全距离规定的外延要求。

1.0.5 本规范主要规定了烟花爆竹建设工程在安全上的特殊要求，不能包括工程设计中的所有问题，因此，本规范未规定的其他问题应执行现行国家工程建设相关标准、规范的规定，如《建筑设计防火规范》GB 50016、《工业企业设计卫生标准》GBZ 1 以及土建、供排水、电气设计等一系列有关专业的标准、规范。

3 建筑物危险等级和计算药量

3.1 建筑物危险等级

3.1.1 对烟花爆竹生产项目的建筑物划分危险等级，主要是为了便于确定危险性建筑物与相邻的建筑物、构筑物、设施及场所的安全距离，其次是为了确定危险性建筑物的结构形式和应采取的安全措施。

建筑物的危险等级是根据建筑物内所含的生产工序和制造、加工或储存危险品的危险性决定的。危险品的危险性是根据危险品的感度、一旦发生爆炸事故时所产生的对外界的破坏力为主要依据。本规范中的危险品指烟花、爆竹成品、已装药的半成品及其药剂，事故指涉及烟花、爆竹成品、已装药的半成品及其药剂的燃烧、爆炸事故。

实践证明，烟花爆竹企业的事故主要有两种形式，即爆炸和燃烧，这两种情况下，对外界破坏遵循的规律不一样，须分别处理。本规范中将危险等级分为两级：1.1 级为具有整体爆炸危险的建筑物，1.3 级为具有燃烧危险的建筑物。

1.1 级建筑物主要特点是其中的危险品具有整体爆炸危险或有迸射危险性。该建筑物一旦发生事故，主要以爆炸冲击波和爆炸破片的形式对外界产生破坏，且这种破坏不局限于本建筑物中，周围的建筑物及附近的人员也会受到严重破坏和伤害，尤其是冲击波和破片的速度非常快，来不及疏散或采取相应的补救措施，一般多采用安全距离来防范对周围的危害。

通过我们对典型烟花爆竹药剂的 TNT 当量试验和全国范围的调研发现，烟花爆竹药剂爆炸时，其破坏威力变化很大，有的与 TNT 相当，有的与黑火药相当。对每种威力的药都定一个档次，既不可能，也不必要。经过反复的考虑和比较，借鉴现行国家标准《民用爆破器材工程设计安全规范》GB 50089 和国内、外同类标准的制定经验，考虑到工程处置、管理方便，本次修订把 1.1 级再细分为：破坏威力与 TNT 相当的作为 1.1^{-1} 级，破坏威力与黑火药相当的作为 1.1^{-2} 级。这两级主要区别在破坏威力不同，因此

在工程处置、管理上的差别主要在于安全距离不同。

1.3 级建筑物主要特点是其中的危险品具有燃烧危险和较小爆炸或较小迸射危险，或两者兼有，但无整体爆炸危险性。该建筑物一旦发生事故，主要是燃烧事故，事故对外界的破坏主要是靠火焰以及辐射出的热量烧伤人员并引燃其他财产，但考虑到其中的危险品多数是有爆炸可能的含有烟火药、黑火药的危险品，不同于普通的危险品，因此，不能笼统地按防火规范处理，需在本规范中单独列为一个等级以考虑它的特殊性。如烟花产品的包装厂房，所包装的对象中含有烟火药、黑火药这样一些爆品，但加工方式（加工时不直接接触药剂）和这些爆品存在的状态（分散在各个产品中）使之不易发生整体爆炸事故，只发生燃烧事故或较小爆炸事故，故将其定为 1.3 级建筑物。

1.3 级建筑物还包括一种情况，即建筑物内的危险品偶尔有轻微爆炸，但这种爆炸轻微到破坏效应只局限于本建筑物内。同样以包装厂房为例，在包装厂房中发生火灾事故时，其中的爆竹会发生爆炸，但其威力不会波及厂房以外，因此，包装厂房在包装某些产品时，也是属于偶尔有轻微爆炸，但其破坏效应只局限于本建筑物内的厂房。

危险品成品仓库要求在仓库内只有成箱产品的搬动，没有其他操作。

本条中的制造、储存、运输均指危险建筑物内，正常生产运行时所发生的制造、储存、运输。

3.1.3 本条是根据建筑物危险等级的划分原则，对烟花爆竹企业危险品生产、加工厂房和危险品储存库房的具体规定。

通过 81 个典型配方的 5000 多次的冲击与摩擦感度试验和 9 个代表性配方的 49 次 TNT 当量试验，结果表明：含氯酸盐、高氯酸盐的药剂的 TNT 当量均大于黑火药，有些含有惰性剂的烟火药剂的 TNT 当量与黑火药相当，甚至还小。

因此，分级的原则主要是把烟花爆竹生产使用的烟火药剂定为 1.1^{-1} 级；把黑火药和含有惰性剂（如碳酸锶）的烟火药，以及其他 TNT 当量值相当于黑火药的烟火药定为 1.1^{-2} 级。对 1.1^{-1} 级药剂进行加工的工序，定为 1.1^{-1} 级工序，烟火药的 TNT 当量值有高有低，但在生产中同一厂房不同当量的烟火药没有区分开，因此按高的划分；对 1.1^{-2} 级药剂进行加工的工序，定为 1.1^{-2} 级工序。对药量比较少且分散或不直接加工危险药剂的工序定为 1.3 级工序。

本规范表 3.1.3-1 和表 3.1.3-2 就是依据上述原则，并考虑危险品的感度、生产工艺的危险程度、事故频率及产品包装情况等因素，对生产工序和库房划分危险等级。厂房的危险等级由其生产工序的危险等级确定，库房的危险等级由其中储存的危险品的危险等级确定。

表 3.1.3-1 中所列工序，是修编组根据现场调研，综合全国大部分地区的实际情况，参照现行国家标准《烟花爆竹　安全与质量》GB 10631 中的产品分类定出的，基本上能概括烟花爆竹生产的危险工序。由于各地各厂的工艺流程不同、生产习惯不同，因此难以把全国各地所有的烟花爆竹生产企业的工序一一列出，对于那些没列出的工序，可参照本规范表 3.1.3-1 确定危险等级。

将烟花爆竹生产中所有药物（黑火药、烟火药、效果件、开球药等）生产工序（包括烟花爆竹产品制作装药前的药物计量的）的危险等级统一归入表 3.1.3-1 中的黑火药、烟火药栏目。

单料称料工序，定义为：只有称量这一操作，称量的物质没有爆炸或自燃性质，并且称量后分开存放在容器内。这样的厂房称为原料厂房，作 1.3 级处理。称量的物质有爆炸或自燃性质或混合这一操作的作为混合厂房。

氧化剂、可燃物的粉碎和筛选厂房还没形成爆炸品，较少发生能波及建筑物以外的爆炸事故，因此作 1.3 级厂房，但其粉尘危害大，事故几率相对大一些。同时，其对周围环境污染也很大，这样一是影响周围厂房的工人健康，二是易将火灾传播出去，故要求原

料称量、氧化剂、可燃物的粉碎和筛选厂房单独建设，不与其他厂房联建，这在本规范第6.0.8条中有规定。

无论黑火药引线还是烟火药引线，基本上采用机械制引，生产过程中一人管理多台设备，每台设备的药量与引火线的规格有关，随着氯酸盐药物的禁止使用，制引工序发生事故的频率大大降低，发生事故后的危害程度主要与引火线的规格有关，修订时把引火线的制作等工序归入1.1¹级，不再细分黑火药引线和烟火药引线。该条目中的"切引"工序还包括烟花爆竹产品制作过程中的切引。

烟花爆竹已装药的钻孔工序，药都分散在纸筒、引线中，因没有集中在一起的裸露药，不易发生波及建筑物以外的事故，但该工序事故频率较高，因此，该工序在爆竹和烟花制造中定为1.1¹级，以强调它的危险性，并采用相应的措施（如单独建设）。从全国调研情况看，各厂对这一厂房一般是单独建设的，这样要求大家也能接受。

对于组合烟花类、礼花弹类、小礼花类、升空类、旋转类、旋转升空类、造型玩具类产品中，对烟火药或同时有烟火药、黑火药的装药、压药工序定为1.1⁻¹级，对只有黑火药的装药、压药工序列入其中的1.1⁻¹级；吐珠类、喷花类、架子烟花、烟雾类产品的装药，药物主要成分是黑火药、含惰性剂的烟火药，或者药物为湿态，这些产品的装药工序定为1.1⁻²级。

烟花爆竹制造中的插引（含机械插引，手工插引和空筒插引）工序药物分散在纸筒、引线中，不易发生波及建筑物以外的爆炸事故，在禁止使用氯酸盐药物的情况下，发生事故的频率大大降低，因此，修订中把插引工序列入1.3级，考虑到机械插引这一工序的切引具有危险性，曾发出过燃爆事故，本规范第6.0.8条对机械插引工序的工艺布置进行了特别规定。组装、包装和礼花弹制造中的糊球工序，由于不对裸露药剂进行直接加工，厂房不易发生事故，即使发生了事故，只要不严重违反技术安全规程，不大量存放成品或待加工品，是不会酿成波及本建筑物以外的事故的，故也将这几道工序定为1.3级。

电子点火头蘸药是在湿态下进行，由于电子点火头药量分散，不易发生波及工房外的爆炸事故，故将检测、干燥（晾干）、包装等工序也列入1.3级。

摩擦类产品雷酸银药物配制没有包括在黑火药和烟火药范围内，故单独列出雷酸银药物配制与拌药砂工序，列入1.1⁻¹级；发令纸含有赤磷、高氯酸盐等物质，干燥（晾干）时可能发生燃爆事故，故发令纸干燥工序列入1.1⁻¹级；机械蘸药工序虽然药物为湿态，但药量较少，且机械设备残留物干燥后也易于发生事故，故将机械蘸药工序列入1.1⁻²级；其他工序药量很少或药物为湿态不易发生事故，故列入1.3级；线香类产品装药工序列入1.1⁻¹级，其他制作工序药为湿态或分散，不易发生事故，故列入1.3级。

表3.1.3-2包括中转库和成品总仓库。中转库是指准备进入下一道工序的待加工品（半成品）或成品进总库区前在厂区内集中暂存的库房。

半成品的面很广，有封口的也有未封口的，有危险的也有危险性小的，这与产品的品种、加工工艺及外贸需求有关。已封口的含爆炸音剂、笛音剂半成品感度较高，考虑药剂有纸壳约束，使爆炸威力有所削弱，因此把已封口的含爆炸音剂、笛音剂的半成品定为1.1⁻¹级。对已封口的单个装药量在40g及以上的烟花半成品、单个装药量在30g及以上的升空类半成品、B级及以上爆竹半成品，单个威力不小，在库房中又是集中堆放，一旦发生事故，殉爆的可能性很大，即会酿成爆炸事故，一旦发生事故，可能殉爆周围产品，考虑药剂有纸壳约束，使爆炸威力有所削弱，故将其定为1.1⁻²级。未封口的半成品的引火线和烟火药常裸露在外，事故几率相对增加，产生同时爆炸的可能性也大，加之半成品库中药量大，因此，发生事故后不易仅局限在本库房内，如1988年1月4日，山西某爆竹厂在中转库领爆竹并编爆竹，整房爆竹半成品（已制好，待编鞭）爆炸，炸死几人，并抛到几十米外；同年四川某县也有一次类似事故。因此有裸药的半成品中转库应为1.1级，考虑半成品的药剂有纸壳约束，使爆炸威力有所削弱，故将其归入1.1⁻¹级。

A、B级成品（喷花类除外）每个装药量都很大，单个威力不小，在库房中又是集中堆放，一旦发生事故，殉爆的可能性很大，即会酿成爆炸事故，如2008年2月，广东某仓储公司仓库发生爆炸，库区20栋库房不同程度损毁（3栋库房整体炸毁、15栋库房过火烧毁、2座库房顶板脱落），其中储存有礼花弹等大药量A、B级产品的3栋库房发生了整体爆炸。故A、B级成品仓库应为1.1级，考虑产品中的药剂有纸壳约束，使爆炸威力有所削弱，故将其归入1.1⁻¹级。

根据现行国家标准《烟花爆竹 安全与质量》GB 10631，C级组合烟花类产品药量可能达到1500g，如果单筒药量过大（特别是含爆炸药剂较多时），一旦产品中的某一个筒子发生意外爆炸，可能导致整个产品发生爆炸，进而可能引起恶性爆炸事故，在进行的试验中，曾发生过一个筒子爆炸殉爆整个产品的情况，特别是当筒子壁厚较薄时发生殉爆的可能更大，标技委及相关专家反复讨论，将单筒药量≥25g的列入1.1⁻²级。

在中转库、总仓库中将C、D级产品（含A、B级喷花类产品）、电子点火头定为1.3级的依据，是参考了美国、德国烟花爆竹规范，并结合我国的分级原则和事故经验确定的。如对C级爆竹成品库定为1.3级，就借鉴了一例事故的经验：1983年广西合浦某爆竹厂因装卸时擦着引线，燃爆满屋的爆竹，事后爆竹的碎纸近半米厚，可是爆炸仅局限在这一厂房内，甚至该厂房都没受到损坏，也没产生火灾。

表3.1.3-1和表3.1.3-2中，"单个"产品是指没有组合的个体产品，"单筒"是特指组合烟花类产品中，相对独立的个体筒子。

3.1.4 烟花爆竹企业涉及的氧化剂、可燃物及其他化工原材料的火灾危险性类别在防火规范中均有规定，在烟花爆竹企业储存时其性质没有发生变化，故本规范不对其仓库的危险等级重新进行规定。而对危险性可能发生变化的使用工序（比如粉碎、混合等）的危险等级进行了规定。

3.2 计算药量

3.2.1 危险性建筑物的计算药量是确定建筑物安全距离的重要根据，它考虑建筑物中发生事故时对外界可能造成的最严重破坏，这就要计算建筑物正常运转中可能有的能同时爆炸或燃烧的最大药量。许多实验和事故证明，一次爆炸（燃烧）的药量若分几次爆炸（燃烧），其威力就小得多。因此，确定计算药量的原则是：能形成同时爆炸（燃烧）或殉爆（燃）的药量，就要合起来计算，不会引起殉爆（燃）或不同时爆炸（燃烧）的药量可分别计算，取最大者。因各企业情况千差万别，很难再定的很细，作为规范也没必要很细，故这一节只定原则要求。

存药量是建筑物中所有的药量之和，而计算药量是指存药量中那些能形成同时爆炸（燃烧）的药量之和，两者是不同的。但在实践中由于难以确定存药量中哪些能同时爆（燃），哪些不能同时爆（燃），故常把存药量作为计算药量。

3.2.2 防护屏障内的危险品药量及运输工具内的药量，与危险性建筑物同处在一个防护屏障内，同时殉爆（燃）的可能性很大，所以应该计入危险性建筑物的计算药量内。

3.2.3 危险性建筑物抗爆间室内的药量，因考虑结构采取了抗爆防护，该部分药量不应殉爆厂房内的存药，厂房内的存药一旦发生事故，也不会引起抗爆间室内的药量爆炸（燃烧），为此，该部分药量可不计入危险性建筑物的计算药量。

3.2.4 当厂房内几处存药，采取防护措施（如防爆箱）隔离，不会相互引起爆炸或燃烧，则可以分别计算，取其中最大值作为危险性建筑物的计算药量。

4 工程规划和外部最小允许距离

4.1 工程规划

4.1.1 烟花爆竹生产属于危险性行业，有发生燃烧、爆炸事故的危险，一旦发生燃烧、爆炸事故，将有可能波及周围，并有一定的破坏性。所以在选择厂址时，应重点考虑避免对外界重要设施的影响，故作此特别规定。对于企业选址还应符合现行国家标准《工业企业总平面设计规范》GB 50187 的规定。

4.1.2 总结易燃、易爆危险品生产、储存的实践经验和过去的事故教训（比如：1985年4月太原某烟花厂特大燃烧爆炸事故、1993年12月广西某爆竹厂特大燃烧爆炸事故、2000年3月江西某花炮厂燃爆事故），工程规划时，应从整体布局上考虑，根据组成企业的各区功能、性质，做到分区、分开布置，这不仅有利于安全，而且便于企业管理。

4.1.3 本条具体规定了在进行分区规划时应遵循的基本原则和应考虑的主要问题。

1 本款强调在分区规划、确定各区位置时，应该全面考虑条文中所说的各种因素，同时提出危险品生产区宜设在适当位置。一个企业最主要也是最重要的部分是生产区，其他部分是对它的配套、辅助，是为它服务的。因而布局是否合理、安全决定于危险品生产区的布置。历来的经验表明，在总体布局上合理布置、确定危险品生产区的位置是企业安全的保证，同时有助于各区的联系，合理组织生产、方便职工生活。

危险品总仓库区是集中存放危险品的地方，存药量比较大，从安全角度上考虑，宜设在有自然屏障或有利于安全的地带。燃放试验场和销毁场都是散发火星的地方，也容易出事，为不影响危险品生产区，故宜单独布置，且设在有利于安全的偏僻地带。

2 非危险品生产区系指不涉及烟火药或爆炸药等危险品的生产区，对内外不存在危险，所以在满足生产的原则上，可将非危险品生产区靠近住宅区方向布置，以方便职工。

3 为了确保安全，减少不安全因素，本款强调不应使无关人员和货流通过危险品生产区和危险品总仓库区，同时考虑到住宅区人员密集，从人对危险品运输的影响和危险品运输一旦出事对人员的影响两方面考虑，强调提出危险品货物运输不宜通过住宅区。这里住宅区是指本厂的住宅区。

4.1.4 在山区建厂，充分利用有利地形，布置危险性建筑物，既有利于安全，又可减少占地。但本条规定不应将危险品生产区布置在山坡陡峭的狭窄沟谷中。对于狭窄沟谷，首先人员疏散困难；第二，一旦发生爆炸，产生的有害气体不易扩散；第三，山体对爆炸冲击波还有反射作用，将加剧破坏，鉴于这三点制定本条规定。

4.1.5 本条为新增条文，针对烟花爆竹批发经营企业建设危险品仓库的情况，对其应执行的外部最小允许距离和内部最小允许距离作出了明确规定。

4.2 危险品生产区外部最小允许距离

4.2.1 危险品生产区内的危险性建筑物与其周围村庄、企业、公路、铁路、城镇和本企业生活区等之间的距离，均属外部最小允许距离。由于危险品生产区内各危险性建筑物的危险等级及其计算药量不尽相同，因而所需外部最小允许距离也不一样。所以在确定外部距离时，应根据危险品生产区内 1.1 级、1.3 级建筑物的各自要求分别计算，取最大值。

外部最小允许距离自危险性建筑物的外墙算起，与原规范相一致。对于晒场，则自晒场边缘算起。

4.2.2 本规范中，1.1 级建筑物是具有集中爆炸危险品的建筑物。试验表明，不同性质的爆炸物品爆炸后所形成的空气冲击波峰值超压，在较远处差别不太明显，为此，根据试验资料、事故调查和国内外有关文献，经分析整理后，提出用本规范表 4.2.2 来确定 1.1 级建筑物的外部最小允许距离，不再区分 1.1^{-1} 级和 1.1^{-2} 级建筑物。

1 对零散住户和本企业总仓库区，考虑到人员较少，按轻度破坏标准考虑，即：玻璃大部分粉碎，木窗扇大量破坏，木窗框和木门扇破坏，板条内墙抹灰大量掉落，砖外墙出现较小裂缝，钢筋混凝土结构无损坏。

2 对村庄、中小型企业，考虑人员较多且相对集中；对 220kV 以下区域变电站、220kV 架空输电线路，考虑其地区性，一旦出事影响面较广。所以以上各项均按次轻度破坏标准考虑，即：玻璃少部分到大部分破坏，木窗扇少量破坏，板条内墙抹灰少量掉落，钢筋混凝土结构和砖混结构均无损坏。

3 对于城镇规划边缘，考虑人员较多且集中，各种设施也多；对 220kV 以上区域变电站、220kV 以上架空输电线路，考虑其跨区域性，一旦出事影响面非常广。所以以上各项均按次轻度破坏标准下限确定外部最小允许距离。

4 对铁路、二级及以上公路、通航河道和 35kV 架空输电线等，考虑是活动目标和线形目标，参照零散住户外部距离再适当降低确定。

5 在计算药量栏增加 800kg 和 1000kg 两档主要是考虑生产区内烘干房的计算药量可能超过 500kg，增加相应外部最小允许距离要求。

本次修订从爆炸产生冲击波的峰值超压、爆炸飞散物密度、防火等因素考虑，规定当单个建筑物计算药量小于等于 10kg 时的外部最小允许距离：距零散住户、本企业独立总仓库区边缘不小于 50m，距村庄边缘不小于 60m，距铁路、二级及以上公路边不小于 35m，距三级公路路边不小于 35m。

由于无法将外部目标——罗列，可根据人数规模和重要性选用相应项目栏来确定外部最小允许距离（如本企业住宅区可根据人数规模选择第一项或第二项的外部最小允许距离要求）。若外部目标要求的安全距离大于本规范规定，则执行外部目标的规定。本规范中所指住户指具备合法居住条件并有固定人员的居住场所。

4.2.3 1.3 级建筑物外部最小允许距离在参照了国内外同类标准后，主要考虑的是防火，既防止外来的火引燃危险品，又防止一旦发生事故，明火传到外界，波及外部；再考虑综合安全系数。本次修订规定当单个建筑物计算药量小于 100kg 时的外部最小允许距离：距零散住户、本企业独立总仓库区边缘不小于 35m，距村庄边缘不小于 40m，距铁路、二级及以上公路边不小于 35m，距三级公路路边不小于 35m。

4.3 危险品总仓库区外部最小允许距离

4.3.1 烟花爆竹危险品总仓库区与其周围村庄、企业、铁路、公路、城镇和本企业生产区、住宅区等之间的距离，均属外部最小允许距离，由于总仓库区内各危险品仓库的危险等级和计算药量不尽相同，所以要求的外部最小允许距离也不一样。故在确定总库区的外部最小允许距离时，应分别按总仓库区内各个仓库的危险等级和计算药量计算，取大值。

4.3.2 本条规定原则与本规范第 4.2.2 条基本相同，鉴于危险品总仓库区发生爆炸事故的几率很少，本着节约土地，节省投资等原则，有集中爆炸危险品的 1.1 级仓库，按轻度破坏标准偏下限来确定与零散住户和本厂危险品生产区边缘的外部最小允许距离；与其他目标项目的外部距离，根据其重要性确定。

4.3.3 1.3 级仓库的外部最小允许距离，主要考虑防火要求，为此规定最小防火距离为 35m；同时参照了国外同一类别烟火安全距离的标准，制定了本规范表 4.3.3。

本次修订根据国内现有烟花爆竹危险品总仓库的实际储存情

况,库房的最小计算药量从原规范 2000kg 降至 500kg,相应的外部最小允许距离降至:距零散住户、本企业危险品生产区边缘不小于 35m,距村庄边缘不小于 40m,距铁路、二级及以上公路边不小于 40m,距三级公路路边不小于 35m。

4.3.4 本条为新增条文。明确总仓库区和生产区之间执行外部最小允许距离,且取各主要求的最大值。

4.4 燃放试验场和销毁场外部最小允许距离

4.4.1 本条规定了燃放试验场的外部最小允许距离,根据专家评审意见并参照《焰火晚会烟花爆竹燃放安全规程》GA 183 附录B中礼花弹基本安全参数进行了适当调整。表 4.4.1 中的地面烟花燃放试验主要指鞭炮、玩具类烟花、喷花类产品(A级产品除外)的燃放试验。

4.4.2 本条规定了烟花爆竹生产企业日常销毁危险品的销毁场外部最小允许距离。危险品的销毁可以采用多种方式,常用的是烧毁法。本条规定当采用烧毁法时,考虑有可能发生爆炸的危险,限定一次烧毁药量不应超过 20kg,以控制一旦爆炸对外界的影响,同时规定外部最小允许距离不应小于 65m,是按次轻度破坏标准确定的。

5 总平面布置和内部最小允许距离

5.1 总平面布置

5.1.1 总结多年来的生产、建设实践经验,为使厂区布置更加科学、合理、确保安全,本条提出了对危险品生产区总平面布置的一般原则和基本要求。

1 根据多年的生产、建设经验,企业根据生产工艺特性、产品种类分别建立生产线,做到分小区布置,不仅方便管理,也有利于安全。

2 本款提出生产线的厂房布置应符合生产匹配,且应符合工艺流程,宜避免危险品往返和交叉运输,是从生产能力配套、安全生产,减少危险品的运输环节和相互影响等方面考虑而制定的。

3 建筑物之间的距离要满足内部最小允许距离的要求,是为了控制一旦发生事故,对周围建筑物的影响不得超过允许的破坏标准。

4 本款提出同一危险等级的厂房和库房宜集中布置,是指同一生产线上的同类厂房和库房,目的是为了减少较危险的厂房和库房对危险性小的厂房的影响,使整个厂区危险性降低,这样不仅可以减少厂区的占地面积,还有利于安全。

5 本款强调了危险品生产区厂房布置的总原则,小型、分散、留有防火距离。这对于机械化程度不高,大量手工操作的烟花爆竹行业的生产是非常必要的,是多年来烟花爆竹生产经验和事故教训的总结。

6 当危险品生产厂房靠山布置时,要考虑到山体的稳定、防洪以及山体对空气冲击波阻挡而产生的反射波。靠山布置太近时,山体对空气冲击波的反射作用会使邻近厂房和相对面产生的灾害加强,所以不宜太近,具体距离多少要综合考虑。

对于危险品生产厂房布置在山凹中,从利用地形因素上讲是合适的,但不利于人员的安全疏散和有害气体的扩散,所以提出应考虑人员安全疏散的问题。

5.1.2 本条提出了对危险品总仓库区的总平面布置的一般原则。

1 一般危险品的总仓库存贮量较大,发生爆炸事故时破坏性较强,所以结合地形,布置不同等级的危险品仓库,不仅可以减少占地,而且有利于安全。

2 比较危险或计算药量大的危险品仓库一般容易发生爆炸事故,或者一旦出事破坏性较大,考虑到库区的值班室一般都设在库区出入口附近,而且车辆、人员都必须经过出入口,故本款提出不宜布置在库区出入口附近。

3 本款规定运输道路设计时,运输危险品的车辆不应在其他防护屏障内通过是为了安全起见。因为车辆通过其他防护屏障内,增加了车和人与危险品仓库的接触,增加了不安全因素,提高了发生事故的几率。

4 本款为新增条款。本款提出同一等级的仓库宜集中布置,计算药量大和危险性大的仓库宜布置在总仓库区的边缘地带,目的是为了减少较危险的仓库对危险性较小的仓库的影响,使整个总仓库区危险性降低,这样不仅可以减少库区的占地面积,还有利于安全。

5.1.3 为确保危险品生产区和危险品总仓库区的安全,方便管理,也为了能真正起到防护作用,本条强调应分别设置密砌围墙。特殊地形设置密砌围墙有困难时,也应设置围墙,但设置方法可以结合具体地形条件因地制宜处理。

对于围墙与危险性建筑物的距离,由原规范规定不宜小于 5m 现改为宜为 12m,不得小于 5m 的规定是为了提高防火能力,防止从围墙外扬进火星把危险性建筑物引燃。在新建时宜加大围墙与危险性建筑物、构筑物的距离。

5.1.4 危险品生产区和危险品总仓库区的绿化不仅可以美化环境,调节气温,改善工人工作条件,而且还有助于削弱爆炸产生的冲击波,同时还能阻挡爆炸产生的飞片,从而达到减少对周围建筑物的破坏。本条提出宜种植阔叶树,是因为它不易引燃,在此强调选择树种时,不应选用易引燃的针叶树或竹子。

5.1.5 本条为新增条文,是为了提高防山火的能力。

5.2 危险品生产区内部最小允许距离

5.2.1 危险品生产区内各建筑物之间距离属于内部最小允许距离,由于危险品生产区内有着不同等级的危险性厂房,还有为危险品生产区服务的车间办公室,公用建筑物、构筑物,如锅炉房、变电所、水塔等,而且各危险性厂房的计算药量又不尽相同,对这些不同危险等级、不同计算药量和不同用途、不同重要性的各公用建筑物、构筑物,都有自己各自不同的内部最小允许距离要求,在确定各建筑物之间的内部最小允许距离时,要全面考虑彼此各方的要求,综合结果,取大值。同时根据危险性建筑物的耐火等级,还应符合现行国家标准《建筑设计防火规范》GB 50016 的有关规定。

内部最小允许距离自危险性建筑物的外墙算起,与原规范相一致。对于晒场,则自晒场边缘算起。

5.2.2 本条规定了危险品生产区内 1.1^{-1} 级建筑物内部最小允许距离。这是根据国内多年爆炸危险品生产的实践,试验资料的总结,事故材料的统计结果,并参考了现行国家标准《民用爆破器材工程设计安全规范》GB 50089 而确定的。

表 5.2.2 规定的 1.1^{-1} 级建筑物内部最小允许距离,是按一旦危险性建筑物发生爆炸,周围邻近砖混建筑物按次严重破坏的标准考虑确定的,即:玻璃粉碎、木门窗扇摧毁、窗框掉落、砖外墙出现严重裂缝并有严重倾斜,砖内墙也出现较大裂缝。在制定表 5.2.2 时,主要考虑冲击波破坏,不考虑偶尔飞片的破坏和杀伤。

1.1级建筑物应设防护屏障。表 5.2.2 中所列的双方无屏障是指由于防护屏障有开口,形成了无防护作用范围,造成无防护作用范围内的建筑物与该建筑物之间形成双方无防护的情况。

根据现状调研,原规范规定的内部距离表中计算药量小于等于 1kg 的建筑物存在意义不大,故在表 5.2.2 中删除。原规范在确定建筑物内部最小允许距离时要求有防火墙,但实际上并未设置,导致小药量的内部最小允许距离要求偏小,故本次修订增加对防火墙的要求,否则加大内部最小允许距离。

5.2.3 本条为新增条文。涵盖了原规范中对 A_3 级建筑物的内部距离要求。

5.2.4 本条为新增条文。原规范规定的建筑物内部距离要求建筑物均应有外墙，但企业现状存在大部分建筑物为无墙体的敞开面，故对这种情形作出增加20%内部最小允许距离的规定。

5.2.5 本条为新增条文。对于镶嵌在山坡陡峻的山体中的危险性建筑物，考虑到山体对爆炸冲击波有反射作用，溢出的冲击波压力将加强。同时参考现行国家标准《地下及覆土火药炸药仓库设计安全规范》GB 50154中危险性建筑物面对面布置时内部距离增大系数的规定，而制定本条。

5.2.6 本条为新增条文。根据国内多年事故资料的统计结果，有进料危险产品的生产线在发生事故时，对周围建筑物影响加大，故对生产这类产品的建筑物内部最小允许距离作出增加50%的规定。

5.2.7 本条规定了1.1级建筑物与公用建筑物、构筑物之间的内部最小允许距离。鉴于公用建筑物服务面广，牵涉范围大，所以根据不同的公用建筑物、构筑物的重要性和对安全的影响程度，采用不同的允许破坏标准来确定内部最小允许距离。

　　1 锅炉房考虑到它们是全厂供热的中心，一旦遭破坏将直接影响整个企业，独立变电所、水塔和高位水池或消防蓄水池考虑到它们是全厂供电、供水的中心，一旦遭破坏将直接影响整个企业，故内部最小允许距离按砖混结构轻度破坏标准计算，破坏特征：玻璃大部分粉碎，木窗扇大量破坏，木窗框和木门扇破坏，板条内墙抹灰大量掉落，砖外墙出现较小裂缝，钢筋混凝土结构无损坏。

　　2 厂部办公室、辅助部分建筑物考虑到人员密集，故内部最小允许距离按砖混结构轻度破坏标准下限计算。

5.2.8 本条规定了危险品生产区内1.3级建筑物与邻近建筑物的内部最小允许距离。1.3级建筑物主要是集中燃烧的危险，着重从防火的角度确定与邻近建筑物的最小允许距离，同时考虑了偶尔有轻微爆炸的危险。表5.2.8所规定的内部最小允许距离是总结了国内外军工、烟花爆竹标准中集中燃烧级的内部允许距离规定而制定的。

　　本次修订根据国内现有烟花爆竹危险品生产区内的实际生产、储存情况，对表5.2.8中的计算药量进行适当调小，增加了计算药量≤50kg和100kg两档；针对原规范实际要求建筑物的外墙为防火墙，但部分企业并未设置，导致内部距离要求偏小，故增加对防火墙的设置要求。

5.2.9 本条规定了1.3级建筑物与公用建筑物、构筑物之间的内部最小允许距离，主要还是考虑防止火灾。

5.2.10 本条为新增条文。为减少厂房内作业人员身边的存药量，部分企业使用了此种存储方式。表5.2.10规定的内部最小允许距离，一是按照临时存药洞事故时不致引起邻近建筑物内药物发生殉爆的距离，二是为避免临时存药洞事故时对邻近建筑物产生抛掷现象，按照相邻建筑物设置在临时存药洞爆炸漏斗半径以外的距离。该距离允许相邻建筑倒塌。

5.3 危险品总仓库区内部最小允许距离

5.3.1 危险品总仓库区内各建筑物之间的距离属于危险品总仓库区的内部最小允许距离。由于危险品总仓库区内各仓库的危险等级不一，计算药量不相同，所以要求也不一样。在确定危险性仓库之间的内部最小允许距离时，应根据各仓库危险等级、计算药量分别计算，取大值。

5.3.2 本条规定了危险品总仓库区内1.1级仓库的内部最小允许距离。表5.3.2中列出的单有、双有屏障的内部最小允许距离是参考了国内外有关资料，一旦某仓库爆炸，相邻仓库按允许次严重破坏标准上限而定的，即：门窗框掉落、门窗扇推毁、木屋架杆件偶然折裂，木檩条折断，支座错位，钢筋混凝土盖出现明显裂缝，砖外墙出现严重裂缝并有严重倾斜，砖内墙出现较大裂缝，但不至于倒塌。

　　本次修订根据国内现有烟花爆竹危险品库区内的实际储存情况，对表5.3.2中的计算药量进行适当调小，增加了药量≤100kg的档；删除了药量＞10000kg且≤15000kg和＞15000kg且≤20000kg的档。

5.3.3 本条为新增条文。涵盖了原规范对A₃级仓库的内部距离要求。

5.3.4 本条规定了危险品总仓库区内1.3级仓库的内部最小允许距离。表5.3.4中列出的内部最小允许距离是根据燃烧试验和美国有关烟火库的标准而制定的。

5.3.5 本条规定了在危险品总仓库区内设置10kV及以下变电所时，变电所与各级仓库的内部最小允许距离。

5.3.6 库区值班室是昼夜有固定人员的地方，为保证安全，本条强调宜结合地形布置在有自然屏障的地方，既方便管理，又确保安全。

　　值班室与1.1级仓库的内部最小允许距离，按一旦仓库爆炸，值班室受到中等破坏标准而制定的。

　　值班室与1.3级仓库的内部最小允许距离，按防火要求确定。本次修订增加了表5.3.6-2。

5.3.7 为管理方便，在危险品总仓库区内可以设置无固定值班人员的岗哨位。考虑岗哨位无固定人员，岗哨位与各级仓库的距离不限。

5.3.8 本条为新增条文。明确洞库和覆土库应执行的规范。

5.4 防护屏障

5.4.1 本条指出防护屏障有多种形式，可以根据需要采用不同的形式。规范中规定的为人工防护屏障，同时强调设置的防护屏障要能真正起到对被保护建筑物的防护作用。

5.4.2 本条规定了在危险品生产区和危险品总仓库区内各级危险性建筑物设置防护屏障的要求。

　　1 强调了对于有集中爆炸危险的1.1级建筑物应设置防护屏障，以阻挡爆炸产生的飞散物，削弱爆炸产生的冲击波，达到减少对周围影响的目的。

　　2 本款是针对夯土防护墙的结构强度作出的修订。对于计算药量小的建筑物，采用简易的夯土防护墙就可起到防护作用。

　　3 对1.3级建筑物，主要考虑燃烧危险，即使轻微爆炸对外影响也很小，故可以不设防护屏障。

5.4.3 防护屏障从阻挡爆炸空气冲击波和阻拦爆炸飞散物防护作用来讲，与建筑物的距离越小防护作用越好，但考虑到施工、使用、采光、排水等因素，两者之间还应有一定距离。

　　1 规定了当建筑物前面与防护屏障之间需考虑汽车回转半径、联系通道时，防护屏障的内坡脚与建筑物外墙的水平距离不应大于9m，同时应增加防护屏障的高度，宜增高1m。

　　2 规定了当只考虑建筑物采光、排水等因素时，防护屏障的内坡脚与建筑物外墙的水平距离不应大于3m，且不应小于1.5m。

5.4.4 防护屏障的高度直接影响防护屏障的作用效果，为有效阻挡爆炸空气冲击波，阻拦大部分飞散物，起到防护作用，故作本条规定。

5.4.5 在设置防护屏障时，应同时考虑生产运输、人员疏散。本次修订补充了对运输通道、运输隧道和安全疏散隧道的具体要求。

5.4.6 本条规定了防护土堤的具体做法要求。该要求是试验、事故、实践的总结，只有这样的防护土堤，才能有真正的防护作用。

　　防护土堤应分层夯实，确保其整体强度、边坡稳定。防护土堤坡度应根据不同土质材料确定；当土堤底宽为高度的1.5倍时，由于坡度很陡，应采取构造措施。

5.4.7 本条规定了夯土防护墙的具体做法要求。

5.4.8 当采用钢筋混凝土防护挡墙时，应根据建筑物的计算药量、与建筑物的距离，通过计算爆炸作用荷载来确定钢筋混凝土防护挡墙的厚度和配筋。

6 工艺与布置

6.0.1 烟花爆竹行业属高危行业，从安全上考虑，鼓励烟花爆竹生产采用机械化、自动化，采用隔离操作工艺技术，以减少事故对人员的伤害，有利于安全。

在工程建设和管理中，应尽可能减少危险性建筑物的存药量和作业人员，做到小型分散，这是根据我国的国情和烟花爆竹行业长期实践中总结出来的控制事故规模、减少事故损失的经验，应推广。

6.0.2 本条为新增条文，强调工艺设计的配套、协调、顺畅，不交叉、不倒流，满足产品生产流程，各工序与生产能力应匹配，不出现生产瓶颈，从工程设施上保证达到均衡、安全生产的条件。

6.0.3 各种机械和监控设施在危险场所的应用必须满足其环境的安全要求，即电气设备应防尘、防爆或采取隔墙传动等技术防护措施，接触危险品物料的设备、仪器、工器具的材质应与接触的危险品物料具有相容性，且应符合安全使用要求。

6.0.4 本条要求在有易燃易爆粉尘的工作场所应设置清洗设施，是为了及时清洗易燃易爆粉尘，避免粉尘聚集引发事故。

6.0.5 危险品生产厂房的允许最大存药量在满足生产的前提下，应尽量减少。

现行国家标准《烟花爆竹劳动安全技术规程》GB 11652 对各危险品生产厂房的允许最大存药量均进行了规定，本规范不再作具体规定。从全国烟花爆竹主产区现场调研情况看，有些地方烘干房药量比较大，对生产区的安全是一个很大威胁，应严格执行《烟花爆竹劳动安全技术规程》GB 11652 的有关要求。

危险品中转库的允许最大存药量，考虑到有利于生产周转，故限定不超过两天生产需要量。因不同企业、不同规模、不同产品相差较大，有些企业某些产品两天的生产过大，而生产区不允许大量集中存放，故对中转库单库最大存药量进行了限制。

临时存药间和临时存药洞是从减少作业人员身边的存药量和便于组织生产、减少从中转库取药次数而设置的。临时存药间与操作间一般仅一墙之隔，存药量不宜过大；临时存药洞一般布置在两个厂房中间的防护土堤内，药量过大与生产厂房的安全距离难以保证，故其最大存药量以不超过 10kg 为限。

6.0.6 单层厂房比两层厂房的事故危害要小，加之发生事故时，楼上的人员不好疏散，因此，从安全上要求危险厂房和仓库都应为单层。矩形的厂房和库房（仓库）当某一点发生偶然事故时，对本厂房和库房（仓库）中其余部分的影响要比其他形式的建筑物小，所以危险厂房和库房（仓库）的平面都宜采用矩形。

6.0.7 1.1 级厂房危险性相对较大，事故率高，历年来烟花爆竹工厂的事故多集中在这一类厂房。规定这类厂房单机单栋或单人单栋，独立建设，可限制事故规模，避免引起连锁反应，造成重大事故。但若采取有效的抗爆防护措施，如抗爆间室或经计算确定的其他防护间，在一个工作间内的燃烧爆炸事故不会影响相邻工作间时，则可以联建，可减少占地面积。从调研情况看，引火线制造均采用机械制引，一人可以看管几台设备，每台制引机的药量较少，发生事故基本上是爆燃事故，工作间之间采用符合防护要求的实体墙隔离后，可以联建，但不超过 4 间，这样可以减轻作业人员的劳动条件、减少占地面积，厂房危险品数量也不至于过大。

6.0.8 1.3 级厂房联建时，应采用密实砌体墙隔开。机械插引的引线数量相对较多，为避免事故时的相互影响及人员的及时疏散，每个工作间只能布置插引机 1 台，应采用密实墙隔离，可联建但不应超过 4 间。1.3 级厂房中的原料称量、氧化剂、可燃剂的粉碎和筛选厂房，粉尘很多，这些粉尘又都是可燃剂和氧化剂，容易发生燃烧甚至粉尘爆炸，和其他 1.3 级厂房比事故率高；结合我国烟花爆竹工厂的实际情况，以上几个厂房应独立建设。

6.0.9 中转库存药量大，生产厂房事故率高，两者联建容易产生恶性事故。

6.0.10 危险性建筑物与非危险性建筑物分开布置是易燃易爆危险品生产、储存工程建设的基本准则，本条规定有固定操作人员的非危险品生产厂房不得与危险品厂房联建，主要是考虑危险品厂房有可能发生燃爆事故的风险，如与非危险品厂房联建，将波及该厂房，扩大事故的灾害。另外，非危险品生产的作业人员可避免受危险品生产的威胁，所以不允许联建。

6.0.11 设置必需的生产辅助用室（如工器具室等），可以减少工器具的搬动和作业人员的交叉，利于安全管理。但 1.1 级厂房固有的危险性决定了它不宜附建除更衣室外的其他辅助用室。

6.0.12 本条是新增条文，是对设置临时存药间和临时存药洞的基本要求。从对全国主产区调研情况看，设置临时存药间和临时存药洞可以最大限度达到"存药岗位不操作、操作岗位少存药"，对减少事故发生概率和降低事故伤害程度是有利的。

6.0.13 本条是对危险品生产厂房工艺路线、工艺设备布置的原则要求。设备挡住操作者的疏散道路、工作面太小等在发生事故时不利于人员迅速疏散。

6.0.14 危险品生产宜采取人机隔离、远距离操作。对危险品进行直接加工的工序当无法远距离操作时，应设置有效的个体防护隔离措施。从发生的事故案例和试验分析，作业人员与危险品面对面操作时，一旦发生爆燃事故就可能对作业人员的脸部和胸部烧伤，根本来不及跑开，对这些工序设置个体防护设施是保护作业人员的最有效可行的措施。

6.0.15 规定人均最少使用面积，以利于减少作业场地小，互相干扰而引起的事故。还可控制人员密度，减少事故的伤亡。1.1 级厂房人均面积不宜少于 $9.0m^2$ 是通过核算单机单栋（或单人单栋）设备或作业台的面积而定的。1.3 级厂房的人均使用面积不宜少于 $4.5m^2$ 是通过核算作业台面积、人员疏散要求等设定的。通过对全国主产区的调研情况看，在原规范的基础上适当增大人均面积是必要的，也符合大多数企业的现状。

6.0.16 本条为新增条文，是根据升空进射类产品的危险特性及事故案例而规定的。例如，2006 年湖南浏阳某烟花厂升空进射类产品生产工房发生事故，进射出的产品引起附近中转库发生燃烧爆炸，导致多人死亡，整个工厂基本被毁。

6.0.17 采用日光干燥方式，可以节约能源、减少投资。但近年来因日光干燥出现安全生产事故比较多，故本次修订对采用日光干燥提出了安全要求。

采用暖气干燥方式，要求热媒采用热水或低压饱和蒸汽，热水温度不高于 90℃，低压饱和蒸汽压力不大于 0.05MPa，经军用烟火生产企业实践证明，这样可保证药粉掉在散热器上不至于干马上引燃。

从调研情况看，部分企业采用热风干燥方式。对药剂和带裸药的半成品采用热风干燥方式，干燥厂房容易形成药剂扬尘，增加事故风险。在满足烘干温度要求的情况下，对无裸露药剂的成品、半成品和无药的半成品可采用热风干燥的方式，若药剂和带裸药半成品的烘干采用热风干燥，应采取防止药物发生扬尘的有效措施，以降低事故风险。

由于明火，温度不好控制，易直接引燃药物。故严禁采用明火烘烤，包括火炕、在锅上烘烤等间接的形式。

6.0.18 本条为新增条文，对干燥的产品为防止在产品未完全凉透之前进行装箱，造成热量积聚，引发事故，需要配套凉药厂房。从调研情况看，有些地区晒场（特别是亮珠晒场）产品进入晒场后一直到产品晾晒达到要求后才收集，没有设置凉药工房，对于这种情况要求晒场设置可靠的防雨设施，同时要求晒架不能太低，能可靠防止雨水反溅影响产品。

6.0.19 当危险品运输采用廊道时，应采用敞开式和半敞开式廊道，防止传爆，不允许采用封闭式廊道。

6.0.20 本条为新增条文，曾有产品陈列室发生过事故，故作此规定。

7 危险品储存和运输

7.1 危险品储存

7.1.1 危险品应分类分级分库存放，防止相互影响，扩大事故。

7.1.2 对危险品库房（仓库）的单库存药量和面积进行限定，是为了减少库房一旦发生燃烧、爆炸时对外界造成的影响。危险品生产区内作业人员较多，严格控制生产区内中转库房的存药量，以防止一旦发生事故造成重大人员伤亡。本规范主要根据单栋仓库中存药量发生事故对周围建筑物的影响考虑，故对单栋仓库中最大存药量进行限制。为防止仓库越建越大、提供超储的可能，本次规范修订在本条第 3 款对危险品总仓库的最大面积作了限制，仓库建筑面积宜根据单库存药量的多少及其他要求进行确定，建议"1.3 级成品仓库单栋建筑面积不宜超过 1000m²，每个防火分区的最大允许建筑面积不应超过 500m²；1.1 级成品仓库单栋建筑面积不宜超过 500m²。"

7.1.3 对危险品的堆放通道，定出垛间距及堆垛与内墙壁的距离，是为了便于通风和人员检查，按一般人体肩宽 0.4m～0.5m 而定的。搬运通道宽 1.5m，主要考虑手推车运输和搬运作业的需要。

对危险品的堆放高度，成箱成品的堆垛高度限定，主要从不压坏最底层包装箱和便于装卸防止倒垛考虑而定。散件成品、半成品的堆垛高度是为了方便搬运而定的。

7.2 危险品运输

7.2.1 危险品运输从安全上有特殊的要求，本条规定应采用带有防火罩装置的汽车运输。三轮车不易控制，不宜用于危险品运输；畜力车、翻斗车和挂斗车，更由于有失控和不灵活等不安全因素，故而严禁使用。对于危险品运输车的具体规定以及运输危险品从业人员的管理规定还需执行相关的法律法规。

7.2.2 本条第 1、2 款的规定，一方面是考虑在生产过程中，危险品药粉有可能散落在 1.1 级和 1.3 级建筑物的附近，保持一定距离可以避免行驶车辆碾压危险品药粉而发生事故；另一方面是从运输、生产过程中发生事故时减少相互影响考虑的。第 3 款的规定是防止火星飞到运输的危险品车上造成事故。本次修订补充了有相应防护条件情况下可减少主干道中心线与各类建筑物的距离。

主干道为连接危险品生产区（或库区）主要出入口用于运输危险品的公用道路。

7.2.3 本条为新增条文，原规范只对危险品生产区有规定，而危险品总仓库区没有相应规定，本次修订考虑危险品总仓库区运输的危险品主要是包装好的、无散落的危险品粉尘，故危险品总仓库区运输危险品的主干道中心线与各类建筑物的距离较危险品生产区的规定有所减小。

7.2.4 根据现行国家标准《厂矿道路设计规范》GBJ 22 的规定，厂内各类道路的最大纵坡，在平原微丘区主干道为 6%，在山岭重丘区主干道为 8%。考虑到危险品生产区和危险品总仓库区运输危险品的特殊要求，故对主干道纵坡规定不宜大于 6%，用手推车运输的道路纵坡不大于 2%，为防止重车上、下重停不住而发生意外。

7.2.5 本条规定机动车应在危险性建筑物门前 2.5m 以外进行作业，是考虑一旦建筑物内发生偶然事故时，机动车不会堵住门口，有利于人员疏散。

7.2.6 对人工提送危险品的人行道，规定不应设有台阶，是防止踩空、绊脚，造成危险品掉落，发生意外事故。

8 建筑结构

8.1 一般规定

8.1.1 现行国家标准《建筑设计防火规范》GB 50016 规定，甲类生产厂房或库房均要求不低于二级耐火等级。而烟花爆竹生产均含有甲类第五项物质，理应遵守该规定。本次修订明确了化学原料仓库建筑物耐火等级的规定。

8.1.2 鉴于烟花爆竹生产的作业做到少量、分散，有的建筑物很小，为此按生产特点和现行国家标准《建筑设计防火规范》GB 50016 的规定，对建筑面积小于 20m² 的 1.1 级建筑物和建筑面积不超过 300m² 的 1.3 级建筑物适当放宽，可不低于三级耐火等级。

8.1.3 本条增加危险性建筑物应有适当的净空，以满足正常的采光和通风要求。一般工房的净空不小于 3.2m，面积较大、人员较多的 1.3 级工房，房内净空高度一般均在 4m 以上。根据行业的现状和特点，本条仅提出设计同时满足梁或板中的最低净空要求不宜小于 2.8m，避免出现室内净空太低的情况。其他建筑规范有具体的采光和通风要求，本规范不作具体规定。

8.1.4 在危险品生产区内设置办公用室和生活辅助用室，一是直接指挥生产和紧急处理事故；二是工人卫生保健，不带粉尘离开危险品生产区，宜在危险品生产区内更换洁净后可离开。明确了危险品仓库区内除设置警卫值班室外，不宜设置其他辅助用室。

8.1.5 生活辅助用室系指洗涤、更衣室、浴室、厕所等，考虑到 1.1 级厂房具有爆炸危险不应设置，防止扩大危害；而 1.3 级则主要为燃烧危险，可以设置，但应布置在较安全一端，并用防火墙分隔，万一出事，可以及时疏散。同时，规定门窗不宜面对相邻厂房的泄爆面，主要避免波及生活辅助用室。

车间办公室是与生产调度、现场管理直接相关的，为方便管理，可以附设在 1.3 级厂房，它的设置与生活辅助用室的要求相同。

办公室一般为生产指挥首脑机构，不应在发生事故时一起摧毁而失去紧急指挥，所以宜单独设置。

8.1.6 本条为新增加条文。明确是在"生产区内"，为了减少生产作业厂房的药量，在两个危险性建筑物之间的天然山体等内镶嵌临时存放药物的洞室，对临时存放药洞室的尺寸及做法等提出具体要求。把药物临时存放在洞室内，不对药物进行直接操作且临时存药洞四周覆土，极大减少了发生事故的概率，万一发生事故，则因有覆土减弱了冲击波和破片的次生灾害。

8.1.7 对建筑物外墙与本厂围墙的距离小于 12m 的危险性建筑物，为了防止围墙外有火星等传入建筑物内，此墙不宜开设门洞和窗户。如开设时，面向围墙方向的外墙尽量少开设门洞和窗户，且对开设的门洞和窗户宜采取防止火焰传播的措施，如采用防火门、窗户外设置挡板或密格铁丝网等措施、加高围墙至不低于屋脊高度及留有不小于 12m 的防火隔离带等防火措施。

8.2 危险品生产区危险性建筑物的结构选型和构造

8.2.1 1.1 级建筑物有爆炸危险，为防止墙倒屋顶，所以对墙有一定要求。砖墙承受爆炸冲击波的能力较低，容易倒塌，所以 1.1 级建筑物的结构形式除符合本条第 2 条件者外，应采用现浇钢筋混凝土框架结构。现浇钢筋混凝土框架结构整体性及抗震性能较好，采用现浇钢筋混凝土框架承重结构，墙即使倒塌，柱仍能支持屋盖，不会出现墙倒屋塌的灾难性次生灾害事故。而符合本条第 2 款条件者，可采用钢筋混凝土柱、梁承重结构或砌体承重结构,主要是考虑鉴于有些厂房不大、人员也少,或室内无人的厂房,在满足规定的条件下,允许采用钢筋混凝土柱、梁承重结构或砖墙承重结构。

8.2.2 1.3级建筑物主要是燃烧危险,但一般厂房较大、人员也较多,为防止墙倒屋塌对室内人员的重大伤害,所以对结构形式有一定要求。砖墙承受爆炸冲击波的能力较低,容易倒塌,所以1.3级建筑物的结构形式除符合本条第2款条件外,也应采用现浇钢筋混凝土框架结构。当厂房不大、人员少,或横隔墙比较密的情况下,也可采用钢筋混凝土柱、梁承重结构或砖墙承重结构。当采用砖墙承重结构时,第1款对跨度、长度、净高、横隔墙间距同时提出要求,第2款对药量较小的理化、分析室等,只对横隔墙提出了要求,是为了避免1.3级厂房中人员较密集且厂房采用砖墙承重结构,由于横隔墙间距太大带来的安全隐患。

8.2.3 独立砖柱、180mm墙、空斗墙、毛石墙,强度不高,较容易为气浪摧毁,所以独立砖柱、180mm墙不应使用。虽然空斗墙、毛石墙在南方普遍使用,但现行国家标准《建筑抗震设计规范》GB 50011和《砌体结构设计规范》GB 50003中也不允许采用180mm墙、空斗墙等墙体承重,所以规定危险性建筑物不得采用。

8.2.4 屋面采用钢筋混凝土屋盖,容易做到平整光滑,易于满足规范中表面平整光滑的要求。但一旦发生事故,发生事故的建筑物本身也会造成重大损失。原规范建议危险性厂房屋盖宜采用轻质易碎屋盖,主要考虑屋盖泄压的作用。根据烟花爆竹的事故分析,当采用现浇钢筋混凝土屋盖,可以在发生爆炸事故的相邻建筑物产生阻燃、隔爆的作用,可以避免"火烧连营"的事故,基本不会发生某一建筑物发生事故时,造成整个工厂或库区全部毁灭破坏的局面。故本次修订规范首先建议使用现浇钢筋混凝土屋盖。对易燃易爆建筑物可采用轻质易碎或轻质泄压屋盖。现在南方普遍采用小青瓦屋盖,该屋盖总重量可能符合要求,但不属于易碎,在爆炸事故时,每一片瓦都成为破片,对周围破坏比较大,且易于积尘掉灰。本次提出危险性建筑物采用的轻质泄压屋盖(如彩色复合压型钢板等)时,应采取防止成片或整块屋盖飞片伤人的措施的要求,如采取屋檐处板上加钢梁加强锚固和屋脊处减弱连接的方法等。

当1.3级厂房屋盖采用现浇钢筋混凝土屋盖时,须满足门窗泄压面积F≥3P(其中,P为存药量,单位为t;F为泄压面积,单位为m²)的要求。一般情况,工房开设的门窗面积均比要求的泄压面积多。当门窗面积不能满足泄压的要求时,可在现浇钢筋混凝土屋盖上开设泄压孔洞,以满足泄压面积的要求。1.1级厂房因整体爆炸,不考虑泄压面积的问题。

8.2.5 危险性建筑物要求外形平整,主要防止积尘,有利于清洗,以免留下隐患,扩大事故危害。

8.2.6 对危险性建筑物采取构造措施,加强建筑物整体刚度,防止局部墙体倒塌而造成整体屋盖垮塌,在试验和事故中证明是有效的。本次规范主要增加钢筋混凝土构造柱、圈梁的设置要求和采用钢筋混凝土过梁等要求。

8.3 抗爆间室和抗爆屏院

8.3.1 本条是对抗爆间室的结构形式作出的规定。

抗爆间室一般情况下应采用钢筋混凝土结构。目前国内广泛采用矩形钢筋混凝土抗爆间室,使用效果较好。钢筋混凝土弹塑性材料,具有一定的延性,可经受爆炸载荷的多次反作用,具有抵抗破片穿透和爆炸震塌的局部破坏的性能。

抗爆间室的屋盖做成现浇钢筋混凝土的较好,其整体性强,可使间室的空气冲击波和破片对相邻部分不产生破坏作用,与轻质易碎屋盖相比,在爆炸事故后具有不须修理即可继续使用的优点,所以一般情况下,抗爆间室宜做成现浇钢筋混凝土屋盖。本次修订增加了药量较小时可采用钢板或组合钢板结构,一是工程需要,二是有了具体设计及施工方法。

8.3.2 本条是对抗爆间室提出的设防标准和要求。明确抗爆间室在设计药量爆炸空气冲击波和破片的局部作用下,不能震塌、飞散和穿透;在设计药量爆炸空气冲击波的整体作用下,允许变形、破坏的程度。

8.3.3 抗爆间室朝向室外的一面应设置轻型窗,这是为了保证抗爆间室至少有一个泄爆面,以减少爆炸冲击波反射产生的荷载。增加窗台高度的规定,是为了防止室外雨水的侵入,又要尽可能扩大泄爆面。

8.3.4 抗爆间室轻型面的外面设置抗爆屏院,主要是从安全要求提出来的。抗爆屏院是为了承受抗爆间室内爆炸后泄出的空气冲击波和爆炸飞散物所产生的两类破坏作用,一是爆炸空气冲击波对屏院墙面的整体破坏作用,二是爆炸飞散物对屏院墙面造成的震塌和穿透的局部破坏作用。因此,必须确保在空气冲击波作用下,屏院不致倒塌或成碎块飞出。当抗爆间室是多室时,屏院还应阻挡经间室轻型窗泄出的空气冲击波传至相邻的另一间室而导致发生殉爆的可能性。为了更好地保证抗爆屏院的作用,本次修订提出了抗爆屏院的平面形式和最小进深、高度以及构造的要求。

8.3.5 抗爆间室内发生爆炸事故可能性相对较大,为了避免一个抗爆间室发生爆炸时波及另一个抗爆间室或相邻工作间引起连锁爆炸,本条作了相关规定。

8.3.6 本条为新增条文。

8.4 危险品生产区危险性建筑物的安全疏散

8.4.1 安全出口是保障人员快速疏散到室外的有效措施,一般情况下不少于2个,防止有一个被堵住,尚有另一出口可通向室外。

当生产间很小且人员很少时,要设2个出口一无可能,二无必要,因此,对厂房分别规定不同的限额,可设1个,不等于一定设1个。在南方有条件多设更好,在北方由于气候关系而允许设1个,同时另有安全窗可作为逃脱口。

穿过危险工作间到达外部的出口,有可能被阻而失去疏散作用,故而不应作为本工作间的安全出口。

1.1级、1.3级厂房每一危险性工作间的面积大于18m²时,安全出口不应少于2个。因本规范第6.0.15条规定,1.1级厂房的人均使用面积不宜少于9.0m²,则面积大于18m²时基本为2人及2人以上,故规定安全出口不应少于2个。

防护土堤内房间的安全出口应布置在防护土堤的开口方向,以利于人员安全疏散,避免被堵在土堤内。

8.4.2 为便于岗位操作工人用最短的时间就近疏散,一般在岗位附近外墙上设安全窗,以便于疏散,但它不是专门作厂房内所有工人的疏散,因此不计入安全出口的数目。

8.4.3 本条规定是为了既能迅速疏散人员到室外,又能满足生产上的要求。该最远疏散距离是根据现有厂房估算的,与国外同类标准的要求基本一致。

8.4.4 本条规定是保证通道通畅,避免操作岗位上的工人相互影响,以利于安全;通道上是不允许堆放杂物的,以保证厂房内比较整洁,方便生产过程的联系。

8.4.5 对疏散门的设置提出具体规定,门向外开适合人向外疏散,不许设室内插销,为防止万一发生事故人员疏散受阻。寒冷风沙地区可设门斗,采用外门斗;门开启方向与疏散门一致,易于人员疏散;外门口不应设台阶,为防止疏散时人员摔倒。

8.5 危险品生产区危险性建筑物的建筑构造

8.5.1 1.1级、1.3级厂房门的设置要求:一是向外开,便于人流由室内顺利向室外疏散;二是门的宽度需与厂房内的疏散通道宽度匹配且不应小于1.2m,不致在出口时造成拥塞。

8.5.2 为了减少破碎玻璃伤人的次生灾害问题,增加了本条要求,可采用塑性透光材料(如阳光板)或普通玻璃贴防爆膜及玻璃内外加密格钢丝网等方法。

8.5.3 生产厂房要求采用木门窗是考虑安全要求，钢门窗易碰撞冒火星，对黑火药、烟火药都是危险的。故而作此规定。

8.5.4 本条规定是为便于一定身高的人员能快速顺利地从安全窗疏散出去。

8.5.5 本条对地面作原则规定，材料可以自选。总的目标是不允许产生火花。常用的有不发火水磨石地面、不发火沥青地面、不发火导静电沥青地面以及导电地面等。目前烟花爆竹行业大多采用大方砖地面，缺点是表面不光滑、拼缝较多，易积粉尘，不易清扫，更有甚者是土地面，时间长了，药尘和土混合在一起，存有隐患，这是不适宜的。

8.5.6 对有易燃易爆粉尘的工作间一般不允许设吊顶，目的是为了防止粉尘飞扬积存在吊顶内。而现在大多数为冷摊小青瓦屋顶，粉尘容易积存到小青瓦上，存在安全隐患。所以有的企业就设置了吊顶。为此规定当设置吊顶时不允许设人孔，即要求密闭；且隔墙砌到板底，起隔火墙的作用。

8.5.7 规定危险性工作间的内墙要粉刷，有利于清扫墙面上积存的粉尘。对粉尘较多的工作间要求油漆，便于用水冲洗；对粉尘较少的工作间，采用油漆墙裙，可用湿布擦洗。总之，不能让药粉长期存在墙面上而留下隐患。本次增加了对排水沟的要求。

8.6 危险品总仓库区危险品仓库的建筑结构

8.6.1 本条为危险品仓库总的原则规定，考虑当地气候条件以及防小动物的措施。

8.6.2 本条规定危险品仓库宜采用现浇钢筋混凝土框架结构。也可采用砌体承重，即仓库允许墙倒屋塌，因为室内无人，但里面的所有产品可能爆炸、烧毁或无法继续使用。屋盖宜采用钢筋混凝土结构，在某种程度上它比轻质易碎、轻质泄压屋盖有利。采用轻质易碎、轻质泄压结构，虽然不致造成更严重的后果且易于清理；但有可能产生次生灾害更大。

当1.3级仓库屋盖采用现浇钢筋混凝土屋盖时，也须满足门窗泄压面积(m²)F≥3P(P为存药量，单位为t)的要求。一般情况下，仓库开设的门窗面积均比要求的泄压面积多。当门窗面积不能满足泄压的要求时，可在现浇钢筋混凝土屋盖上开设泄压孔洞，以满足泄压面积的要求。

8.6.3 危险品仓库（或储存隔间）安全出口数目不应少于2个，以便于快速疏散和互为备用。当仓库小时，设2个出口使仓库堆放面积减少，为此，规定在仓库面积小于100 m²且长度小于18m时，可设1个。原规范"当仓库面积小于150m²，且长度小于18m时，可设1个"中面积小于150m²改为面积小于100m²。主要为了与现行国家标准《建筑设计防火规范》GB 50016中的要求（面积小于100m²，可设置1个）相协调。考虑到3个柱间至少设1个门，故从库内最远点到安全出口的距离不应大于15m，该距离大了，不安全；小了，仓库设计将增加不少门，仓库的利用面积太小。

8.6.4 危险品仓库的内、外门向外开且不设门槛，易于疏散，门宽不小于1.5m既方便运输也利于疏散。

长期储存危险品的仓库为双层门，要定期开门通风，内层门为通风门，可不打开，有利于防盗、防小动物。

8.6.5 危险品仓库的窗既要采光，又要通风，且能防盗、防小动物。故而宜配置铁栅、金属网，在勒脚处更设能符合防护要求的进风小窗。

8.6.6 危险品仓库的地面应和相应生产间的要求一样，主要考虑有撒药的可能性。如果都以成品包装箱存放并不在库内开箱作业时，没有撒药的可能，可采用一般地面。

8.7 通廊和隧道

8.7.1 本条为新增条文。室外通廊与厂房相比，属于次要建筑物，但通廊与生产厂房又直接连接，为了防止火灾通过通廊蔓延，故对通廊建筑物结构的材料提出要求，考虑到施工、安装的方便、快速以及工厂现状，规定通廊的承重及围护结构的防火性能不应低于非燃烧体。

8.7.2 本条为新增条文，是对穿过防护土堤的疏散隧道、运输隧道结构的具体规定。

9 消 防

9.0.1 烟花爆竹的生产、储存具有燃烧爆炸危险性，消防是防止事故扩大的重要措施之一，因此必须设有消防给水设施。考虑到烟花爆竹生产区和危险品仓库区距城镇消防站较远，一般情况都应设消火栓给水系统，尤其应设室外消火栓，当火灾发生时，接上消防水龙带即可灭火。考虑厂房、库房(仓库)分散，如有天然河湖或池塘可利用或建消防蓄水池，也可采用固定消防泵或手抬机动消防泵取水加压灭火。

9.0.2 本条从确保消防供水安全的角度考虑，烟花爆竹工程必须有充足的消防水源，否则无法扑救火灾。水源来自市政管网时，要求厂区设计成环状管网，并有两条输水干管接自市政给水管网，主要是提高消防供水的可靠性，考虑其中一段给水管发生故障、断水、检修时，其他管段仍可保证消防供水。对自备水源井，要求设置消防蓄水设施，如水池、水塘等，主要考虑一旦水源井取水泵损坏，厂区仍有足够的消防储备水可满足灭火需要，以防事故扩大。

9.0.3 一般烟花爆竹工程远离市镇，无法接引市镇给水管网，只能依靠天然或自备水源（如天然河、湖、池塘、水源井、水池、水塔等），利用消防泵或手抬机动消防泵加压灭火。要求设有备用消防泵，主要考虑火灾时的供水安全。

9.0.4 本条规定危险品生产厂房和中转库的室外消防用水量，应按现行国家标准《建筑设计防火规范》GB 50016中甲类建筑的规定执行。考虑到烟花爆竹工厂建筑物分散，又有防护距离要求的特点，对建筑物体积小于300m³的工厂，适当放宽室外消防用水量的计算要求。

9.0.5 本条为新增条文。根据1.3级危险品生产厂房的危险特性，同时考虑到一般1.3级厂房面积较大，作业人员较多，室内消火栓可起到控制初期火灾的作用。

9.0.6 本条根据易发生燃烧事故厂房的不同情况，提出了设置雨淋灭火系统的要求，雨淋系统启动后，立即大面积下水，能有效控制和扑救火灾，防止事故扩大，因此推荐设置。雨淋灭火系统的喷淋强度和最不利点喷头的压力是参照现行国家标准《自动喷水灭火系统设计规范》GB 50084中严重危险级给出的。

9.0.7 有些产品和原材料遇水易引起燃烧爆炸危险，故不能采用水型灭火剂，本条提出应根据产品和原料的特性选择灭火剂和消防设施。如镁粉可采用干砂或石粉灭火。

9.0.8 本条是对危险品仓库区消防的规定。随着国家对燃放烟花政策的逐步放开，烟花仓库越建越大，危险性也随库房存药量的增加而增大，为确保有足够的消防储备水量，能及时扑灭火灾，避免事故扩大，因此本条要求烟花仓库的室外消防用水量按现行国家标准《建筑设计防火规范》GB 50016中甲类仓库的规定执行。

9.0.9 规定消防储备水平时不能被动用，是为了保证火灾时有足够的消防用水以灭火。使用后，储水量的恢复时间也作了明确规定。

9.0.10 本条为新增条文，是对灭火器配置所作的规定。

10 废水处理

10.0.1 本条是对废水排放的原则规定。要求对废水进行治理，排出厂外的废水应达到国家现行有关排放标准的规定。

10.0.2、10.0.3 对有易燃易爆粉尘散落的工作间,采用水冲洗可有效避免扬尘和摩擦危险,减少发生燃爆事故的可能性。用水冲洗时,废水较多,工作间内可设排水沟,然后用管道收集后集中处理。由于悬浮物易附着在地面、沟壁,留下安全隐患,故室外不宜采用明沟收集。

要求集中收集的含药废水先经污水池沉淀或过滤,再集中处理排放,目的是降低废水中的悬浮固体浓度,减少废水处理设施的处理负荷,提高处理效率。沉淀及过滤的沉渣仍具有一定的危险性,因此规定应定期挖出销毁。

排水沟和沉淀池的一般要求见本规范建筑结构部分规定,具体做法由设计人员依据国家有关规范进行设计。

11 采暖通风与空气调节

11.1 采 暖

11.1.1 本条是对采暖热媒的规定。

黑火药和烟火药对火焰的敏感度都比较高,与明火接触便会剧烈燃烧或爆炸,因此规定危险性建筑物内禁止用火炉和其他明火采暖。

黑火药和烟火药对温度的敏感度也较高,与高温物体接触也能引起燃烧、爆炸事故。其危险性的大小与接触物体表面温度的高低成正比。散状药物的危险性比制品和成品的危险性大,所以分别作出不同的规定。

11.1.2 本条是对采暖系统设计的安全规定。

1 规定散热器的选型要求,是为了便于清扫和擦洗,及时清除沉积于散热器表面的危险性粉尘,避免引起事故。规定散热器和管道外表面油漆的颜色应与危险性粉尘的颜色相区别,是为了易于发现和识别散热器及采暖管道表面积存的危险性粉尘,以便及时擦洗。

2 该规定是为了留出必要的操作空间,以便能将散热器和采暖管道上积存的危险性粉尘擦洗干净。

3 抗爆间室轻型面的作用是泄压,为了防止发生爆炸事故时,散热器被气浪掀出,导致事故扩大,故规定不应将散热器安装在轻型面的一面。采暖干管不应穿过抗爆间室的墙,也是避免抗爆间室发生爆炸事故时,采暖干管受到破坏而可能引起的传爆。把散热器支管上的阀门装在操作走廊内,是考虑当抗爆间室内发生爆炸,散热器及其管道受到破坏时,能及时将阀门关闭。

4 本款是为了防止危险性粉尘进入地沟,日积月累,造成隐患而规定的。

5 蒸汽管道、高温水管道的入口装置和换热装置所使用的热媒的压力和温度都可能超过本规范第 11.1.1 条规定,为避免发生事故,所以规定了不应设在危险工作间内。

11.1.3 本条为新增条文。热风采暖的送风温度是参照现行国家标准《采暖通风与空气调节设计规范》GB 50019 制定的。从安全角度考虑,强调热风采暖系统的设置应符合本规范第 11.2 节的有关规定。

11.2 通风和空气调节

11.2.1 厂房中散发的危险性粉尘,如不及时处理,不仅危害工人的身体健康,而且有可能引发事故,危及工人安全。为此,规定在这些设备和岗位上宜设局部排风。为避免事故沿风管蔓延扩大,规定局部排风系统应按操作岗位分别设置。

11.2.2 本条是对危险品生产厂房的通风、空气调节系统的设计规定。

1 散发易燃易爆危险性粉尘的厂房,若将空气循环使用,会使危险性粉尘浓度逐渐增高,当遇到火花时就会发生燃烧、爆炸,因此规定通风、空调系统应采用直流式,不允许回风。出口装止回阀是为了防止当风机停止运转时,含有危险性粉尘的空气倒流入通风机或空气调节机内。

2 采用防爆型是因为防爆阀门在调节风量、转动阀板时不会产生火花。

3 黑火药生产厂房内,由于黑火药的摩擦感度和火焰感度都比较高,含有黑火药粉尘的空气在风管内流动时,会产生电压很高的静电,在一定条件下会放电产生火花,引起事故。为安全起见,规定了黑火药生产厂房内不应设计机械通风。

11.2.3 本条是对有燃烧爆炸危险性粉尘的厂房中机械排风系统的设计规定。

1 排除含有燃烧爆炸危险性粉尘的排风系统,由于系统内外的空气中均含有危险性粉尘,遇火花即可能引起燃烧或爆炸,为此,规定了其排风机及电机均为防爆型。规定通风机和电机应直联,是因为采用三角胶带或联轴器传动会由于摩擦产生静电而发生爆炸事故。

2 含有燃烧爆炸危险性粉尘的空气不经净化处理直接排放,不仅会污染环境,还会留下隐患,因此规定必须经过净化处理后方允许排入大气。从安全考虑,净化装置宜采用湿法除尘。对于与水接触易引起爆炸或燃烧的危险性粉尘,则不能采用湿法净化。将净化装置放于排风机的负压段上,目的是使粉尘经过净化后再进入排风机,减少事故发生的可能。经过净化处理后的空气中仍会含有少量的危险性粉尘,所以置于湿式除尘器后的排风机仍采用防爆型。

3 风速过低,危险性粉尘易沉积在管底,留下隐患。水平风管要求设有一定坡度,是为了便于清理。

4 本款规定为了避免发生事故时,火焰和冲击波通过风管波及到无关房间。

11.2.4 目的是为了当危险工作间发生事故时,通风机室内的人员和设备可免受伤害和损坏。

11.2.5 为了避免抗爆间室发生燃烧、爆炸时,会通过风管波及到其他抗爆间室或操作走廊而引起连锁燃烧、爆炸事故,因此规定了抗爆间室之间或抗爆间室与操作走廊之间不允许有风管、风口相连通。

11.2.6 为了便于清扫沉积于风管表面的危险性粉尘,规定风管不宜设在吊顶内。

11.2.7 风管采用圆形风管主要是为了减少危险性粉尘在其外表面的聚集,且便于清洗。设置检查孔,是便于检查、清理风管内的粉尘。规定风管架空敷设的目的,是为了防止一旦风管爆裂时减少对建筑物的危害程度,并便于检修。为了避免火灾通过通风、空调系统的风管进一步扩大,规定了风管及风管和设备的保温材料应采用非燃烧材料制作。风管涂漆颜色应与危险性粉尘易于识别,是为了易于发现风管外表面所积存的危险性粉尘,便于及时擦洗。

12 危险场所的电气

12.1 危险场所类别的划分

12.1.1 由于烟花爆竹生产过程中,主要原料为烟火药和黑火药等危险物质,这些物质遇电火花及高温能引起燃烧爆炸。为了防止危险场所由于电气设备和线路在运行中产生电火花和高温等危险因素,将危险场所划分为三类,工程设计时根据不同的危险场所采取相应的电气安全措施。

危险场所类别划分的依据:

1 危险品存药量。

危险场所(或建筑物)中,危险品存药量的多少决定了事故风险的大小。存药量大时,一旦发生事故后的破坏程度就大,波及面广,所以危险品仓库危险类别划分得高。

2 危险品电火花感度及热感度。

危险场所(或建筑物)中,危险品种类不同,对电火花的感度及热感度是不一样的,分类应根据危险品电火花和热感度性能确定,如黑火药虽然引燃温度比较高,但点燃能量比较小,电火花感度高,因此,危险场所类别划分得比较高。

3 危险品粉尘浓度及积聚。

危险场所(或建筑物)中,危险品的粉尘扩散到空气中,当粉尘浓度未达到爆炸下限值时,一般不易发生爆燃。但当危险场所粉尘浓度达到下限值时,遇到热源、火源会引起燃烧、爆炸,粉尘浓度大,发生事故的可能性高;另外,空气中的粉尘会降落在电气设备外壳上,粉尘浓度越高积聚的厚度可能加厚,发生事故的几率就高,因此,生产过程粉尘浓度较大的场所,危险场所类别划分得比较高。

本条所列各种危险场所分类划分,不可能包括的很齐全,在表 12.1.1-1 和表 12.1.1-2 中将常用危险品工作间及总仓库举例列出。但划分危险场所的因素很多,如生产过程中危险物质存药量的控制、散露程度、空气中散发的粉尘浓度、粉尘积聚程度、危险品干湿程度、空气流通状况等都与生产管理有着密切关系,在设计时应根据生产情况,合理确定危险场所类别,采取合理的电气安全防范措施。

危险场所的类别与建筑物危险等级不同,前者是以工作间(或建筑物)为单位,后者是以整个建筑物为单位。防雷类别也是以整个建筑物为单位。

12.1.2 本条为新增条文。危险场所中存在烟火药、黑火药,又存在易燃液体(如酒精)时,除应符合本规范要求外,尚应符合相关的现行国家标准,如果二者不一致时,则以其中要求安全措施较高者为准。

12.1.3 本条规定主要是防止危险物质(含粉尘)进入非危险环境的工作间。因为配电室、电机室等工作间安装的电气设备及元器件均为非防爆产品,操作时易产生火花或电弧,所以配电室不应采用本条的规定。

12.1.4 本条是对排风室危险场所的分类:

1 为 F0 类危险场所服务的排风室(生产黑火药的工作间不得安装机械排风),危险程度有所降低,故可划为 F1 类危险场所。

2 该内容是借鉴了乌克兰相关规范的规定而制定的。

3 采用湿式净化装置时,由于排出的危险物质已用水过滤,排风室内粉尘很少,故可划为 F2 类危险场所。

12.1.5 送风机系统在正常运行情况时为保持正压,且送风管道能阻止危险物质进入送风室,故可划为非危险场所。

12.1.7 设在室外的危险品晒场需要在雷雨天存放危险品时应执行本条规定。

12.2 电气设备

12.2.1 本条为危险场所电气设备的一般规定。

2 该款内容原规范不是强制性规定,本次修订改为强制性条款。目前防爆电气设备生产厂家很多,以假乱真的现象时有发生,一旦安装了不合格的防爆电气设备,有可能产生电火花和电弧等危险因素。

3 原规范危险场所电气设备最高表面温度为 140℃~160℃,由于该数值不符合现行国家防爆电气设备最高表面温度生产标准(T1~T6)的规定,因此修订后改为 T4(135℃),安全要求比原规范严格了。

7 接插装置是为移动设备提供电源,移动设备是不固定的,容易造成危险事故,本条规定不推荐使用移动设备。

12.2.2 由于目前我国生产的防爆电动机外壳防护等级不能满足危险场所的安全要求,所以采取电动机隔墙传动。

12.2.3、12.2.4 在 F0 类危险场所中,生产或储存可能出现比较多的粉尘或存药量大的工作间,发生事故的几率比较高,且发生事故后后果严重;同时黑火药、烟火药危险场所适用的防爆电气设备没有解决,必须采取最安全的措施,所以该场所不得安装电气设备。照明采用可燃性粉尘环境用灯具安装在固定窗外,这些措施是防止由于电气设备或线路而引发的危险。

由于生产工艺确有必要安装检测仪表(黑火药除外)时,仪表的外壳应具有一定防护能力防止粉尘进入壳内,且满足最高允许表面温度值要求。该内容是借鉴了瑞典国家电气检验局的有关规定而制定的。

由于我国黑火药生产工艺一般采用干法生产,生产时危险场所粉尘很多,同时黑火药粉尘的最小点火能量较小,因此,黑火药生产的危险场所不得安装电气设备和检测仪表。

12.2.5 根据烟花爆竹生产过程及产品的特点,F1 类危险场所中,生产过程粉尘较多的工作间,电气设备采用能阻止粉尘进入壳内的产品比较合适。目前我国现行标准《可燃性粉尘环境用电气设备 第 1 部分:用外壳和限制表面温度保护的电气设备 第 2 节:电气设备的选择、安装和维护》GB 12476.2—2006 等同于国际电工委员会标准 IEC 61241-1-2(1999 年)。烟花爆竹生产的危险场所采用尘密外壳(DIP IP65 级)电气设备,比较适用于 F1 类危险场所选用。同时爆炸性气体环境用电气设备 dⅡB 级隔爆型产品,在类似危险场所已采用多年,也可以选用。

12.2.6 F2 类危险场所选用可燃性粉尘环境用电气设备防尘外壳(IP54 级)比较合适。

12.3 室内电气线路

12.3.1 电气线路严禁使用绝缘电线明敷或穿塑料管敷设,是因为其机械强度低、易受损伤、绝缘易受腐蚀破坏、容易着火等。对电线或电缆线芯的材质与最小截面进行规定是为了从物理性能和机械强度方面提高可靠性,防止因线路事故中断供电或引起燃爆事故。

12.3.2 第 3 款规定电气线路采用明敷目的是为了方便与防爆电气连接。

12.3.3 第 3 款规定危险场所尽量不采用电缆敷设在电缆沟内,主要考虑电缆沟内容易积聚危险物质,又不易清除,容易形成安全隐患;另外,危险场所需经常用水冲洗地面,电缆沟有可能进水,形成安全隐患。

12.3.4 F0 类危险场所不安装电气设备,当然也不敷设电气线路。控制按钮及检测仪表线路技术要求及敷设方式应满足相关条文的安全要求。

12.3.5

2 鼠笼型感应电动机有一定的过载能力,因此,引至电动机配电线路的电线或电缆线芯截面长期允许载流量应大于电动机额定电流。

3 移动电缆为了满足机械强度的要求,故需选用不小于 2.5mm² 的铜芯重型橡套电缆。

12.4 照 明

12.4.1 现行国家标准《建筑照明设计标准》GB 50034 中没有明确规定烟花爆竹生产危险场所的照度值,本条提供了设计参考值。

考虑因突然停电时,操作人员能及时安全撤离现场,因此,危险场所宜设置应急照明。

12.4.2 对非危险的生产辅助厂房、库房(仓库)的照度没有特殊要求,执行现行国家相关标准的规定。

12.5 10kV 及以下变(配)电所和厂房配电室

12.5.2 烟花爆竹生产时,一般不会因突然停电而引起燃烧爆炸事故,三级供电负荷基本能满足生产要求。但对供电有特殊要求的工序、系统等应设置应急电源。随着科学技术的发展,烟花爆竹生产工艺技术也有所改进,有可能实现连续化生产和自动控制,有条件时,提高供电负荷的等级是必要的。

12.5.3 独立变电所的安全性和可靠性都比较好。

12.5.6 附建于各类危险性建筑物内的配电室,考虑其安装的均为非防爆电气设备(含电气设备、仪表、电子元器件等),为防止危险物质及粉尘进入配电室引起事故,故应采取必要的安全防护措施。

12.6 室外电气线路

12.6.1 为了防止雷击电气线路时,高电位侵入危险性建筑物内引起燃烧爆炸事故,低压供电线路宜采用从配电端至受电端埋地敷设,不得将架空线路直接引入建筑物内。全线埋地有困难时,允许架空线路换接一段金属铠装电缆或护套电缆穿钢管埋地引入。应特别强调在架空线与电缆换接处和进建筑物时,必须采取规范中规定的安全措施,这样电缆进户端的高电位就可以降低很多,起到保护作用。

12.6.2 我国目前黑火药生产一般采用干法生产,生产过程危险场所粉尘很多,且黑火药的火花感度高,为了防止电气线路引入高电位引发爆事故,所以要求低压供电线路从变电所至厂房应全长采用金属铠装电缆埋地敷设。

12.6.3 一是考虑烟花爆竹企业发生偶然爆炸事故时避免对外单位供电系统和通信系统的破坏,特别是高压供电线路一般为区域性供电线路,一旦遭到破坏影响大、波及面广;二是考虑外系统的供电、通信线路发生故障时,不致危及烟花爆竹企业的安全,故制定本条规定。

12.6.6 主要考虑防止电磁辐射引发安全生产事故,同时为防止烟花爆竹生产、储存发生偶然爆炸时,破坏无线电通信设施。

12.7 防雷与接地

12.7.1 根据送审稿专家审查意见和现行国家标准《建筑物防雷设计规范》GB 50057 中防雷类别的划分原则,分析了烟花爆竹行业生产现状和发生雷电事故的人员伤亡和经济损失情况,在本规范表 12.1.1-1 中适当调整了危险性建筑物的防雷类别并补充了注 2 要求。原规范是遵循 1983 年版本的《建筑防雷设计规范》制定的,现行防雷规范采用滚球法确定接闪器的保护范围,保护范围比旧版小。

12.7.2 危险性建筑物的低压供电系统采用 TN-S 接地形式比较安全。因为该系统中 PE 线不通过电流,但是造价比较高。等电位联结能使电气装置内的电位差减少或消除,在爆炸和火灾危险场所电气装置中可有效地避免电火花发生。总等电位联结可消除 TN-C-S 系统电源线路中 PEN 线电压降在危险环境内引起的电位差,因此,各类危险性建筑物内实施等电位联结后,电源引入线可采用 TN-C-S 形式。但 PE 线和 N 线必须在总配电箱开始分开后严禁再混接。

12.7.3、12.7.4 是对等电位接地的要求。一类防雷建筑物防直击雷接地必须单独设置接地装置。

12.7.5 安装电涌保护器是为了钳制过电压,使其过电压限制在设备所能耐受的数值内,使设备受到保护,避免雷电损坏设备。

12.8 防静电

本节为新增内容。

12.8.2 危险场所的防静电接地应与防雷感应、防止高电位引入、电气装置内不带电金属部分等接地共用同一接地装置。

12.8.4 危险场所中防静电地面、工作台面等泄漏电阻只给出范围,具体阻值应按照该场所中危险品的类别确定,因为危险品的种类不同,防静电地面、台面泄漏电阻要求不同。

12.8.5 危险场所中湿度对静电影响很大。美国兵工安全规范中规定危险场所内相对湿度大于 65%,在澳大利亚标准《The control of undesirable static electricity》AS 1020—1984 中规定,起爆药静电感度高的危险场所相对湿度不低于 70%,对静电不敏感场所湿度要求在 50% 及以上。本规范参考了上述标准,并作适当的调整后确定为危险场所相对湿度宜控制在 60%。黑火药静电感度高,相对湿度要求高些,应为 65%。

12.8.7 黑火药、烟火药生产过程粉尘很多,同时两种危险品粉尘电火花和静电感度比较高,最小引燃能量比较小,因此,黑火药、烟火药生产危险场所除进行等电位联结外,还需要设置下列的防静电措施:如工作间地面、工作台面、工作器具、操作人员的工作服(含工作鞋、腕带)等应采用导静电材料制作,同时在危险场所入口处设置泄漏静电和检测静电装置,如果危险场所采取了以上的导静电措施后,就可以防止和减少由于静电引起的燃爆事故。静电安全与企业安全生产管理关系非常密切,所以企业必须加强管理,确保安全生产。

12.9 通 讯

12.9.1 烟花爆竹生产区应设置电话设施,为生产调度与物流提供信息系统,必要时可兼作火灾报警系统。危险品总仓库区的值班室应设置畅通电话系统设施,作为对外联络的通信系统,必要时可兼作火灾报警系统。

12.10 视频监控系统

烟花爆竹企业的原料、半成品及成品基本属于易燃易爆危险品,烟花爆竹的生产属于劳动密集型的高危行业。为防止生产、储存过程中的超药量、超人员和超范围,防止违章指挥、违章作业、违反劳动纪律等现象的发生,提高企业安全管理手段和水平,实现全天候监视危险场所的工作状况,本规范提出烟花爆竹生产区危险品生产场所和危险品总仓库区宜设置监控系统。

12.11 火灾报警系统

烟花爆竹属于易燃易爆物品,一旦发生燃烧或由此引发爆炸事故造成的后果是很严重的。为了及时检测和发现火情,以便迅速采取措施避免重大事故的发生,防止酿成重大损失,要求在场所设置火灾报警信号,有条件时最好设置火灾自动报警系统。安装在危险场所的火灾检测设备及线路的技术要求应符合本规范的规定,对于系统的构成及控制可按现行国家标准《火灾自动报警系统设计规范》GB 50116 的有关规定进行设计。

12.12 安全防范工程

由于烟花爆竹属于易燃易爆物品,特别是仓库储存大量的烟花爆竹等危险品,一旦遭受破坏或流入社会而引发燃烧或爆炸事故,会造成严重的后果。为了维护社会公共安全,保障人身安全和国家、集体、个人财产安全,所以烟花爆竹生产库房和危险品总仓库区宜设置安全防范系统。

12.13 控 制 室

12.13.1 烟花爆竹生产项目和经营批发仓库的消防控制室、安全防范系统监控中心及自动控制室可分项设在单独建筑物内,也可三项合建在一个建筑物内,也可附建在非危险性建筑物内。

中华人民共和国国家标准

氢气站设计规范

Design code for hydrogen station

GB 50177—2005

主编部门：中华人民共和国信息产业部
批准部门：中华人民共和国建设部
施行日期：2005年10月1日

中华人民共和国建设部公告

第 330 号

建设部关于发布国家标准 《氢气站设计规范》的公告

现批准《氢气站设计规范》为国家标准，编号为 GB 50177—2005，自 2005 年 10 月 1 日起实施。其中，第 1.0.3、3.0.2、3.0.3、3.0.4、4.0.3（1）、4.0.8、4.0.10、4.0.11、4.0.13、4.0.15、6.0.2、6.0.3、6.0.5、6.0.10、7.0.3、7.0.6、7.0.10、8.0.2、8.0.3、8.0.5、8.0.6、8.0.7（4）、9.0.2、9.0.4、9.0.5、9.0.6、9.0.7、11.0.1、11.0.5、11.0.7、12.0.9、12.0.10（2）（5）、12.0.12（4）（5）、12.0.13 为强制性条文，必须严格执行。原《氢氧站设计规范》GB 50177—93 及其强制性条文同时废止。

本标准由建设部标准定额研究所组织中国计划出版社出版发行。

中华人民共和国建设部
二〇〇五年四月十五日

前 言

本规范是根据建设部建标〔2002〕85 号文的要求，具体由中国电子工程设计院会同有关单位共同对《氢氧站设计规范》GB 50177—93 修订编制而成。

在修订编制过程中，修订组结合我国氢气站、供氢站设计、建造和运行的实际情况，进行了大量的调查研究，并广泛向全国有关单位或个人征求意见，最后由我部会同有关部门审查定稿。

本规范共 12 章和 5 个附录。其主要内容有：总则、术语、总平面布置、工艺系统、设备选择、工艺布置、建筑结构、电气及仪表控制、防雷及接地、给水排水及消防、采暖通风、氢气管道等。

本规范中以黑体字标志的条文为强制性条文，必须严格执行。本规范由建设部负责管理和对强制性条文的解释，中国电子工程设计院《氢气站设计规范》管理组负责具体技术内容的解释。在执行过程中，请各单位结合工程实践，认真总结经验，如发现需要修改或补充之处，请将意见和建议寄至中国电子工程设计院《氢气站设计规范》管理组（地址：北京市海淀区万寿路 27 号，邮编：100840，传真：010-68217842，E-mail：ceedi@ceedi.com.cn），以供今后修订时参考。

本规范主编单位、参编单位和主要起草人：

主编单位： 中国电子工程设计院

参编单位： 西南化工研究设计院
　　　　　　武汉钢铁设计研究总院
　　　　　　西南电力设计院

主要起草人： 陈霖新　章光护　姚震生　邰豫川
　　　　　　　李承蓉　袁柏燕　孟培勤　吴炳成
　　　　　　　牛光宏　孙美君

目 次

1 总则 …………………………… 7—16—4
2 术语 …………………………… 7—16—4
3 总平面布置 …………………… 7—16—4
4 工艺系统 ……………………… 7—16—5
5 设备选择 ……………………… 7—16—6
6 工艺布置 ……………………… 7—16—6
7 建筑结构 ……………………… 7—16—7
8 电气及仪表控制 ……………… 7—16—7
9 防雷及接地 …………………… 7—16—8
10 给水排水及消防 ……………… 7—16—8
11 采暖通风 ……………………… 7—16—8
12 氢气管道 ……………………… 7—16—9
附录 A 氢气站爆炸危险区域的
        等级范围划分 ………… 7—16—10
附录 B 厂区、氢气站及车间架空
        氢气管道与其他架空管线
        之间的最小净距 ……… 7—16—10
附录 C 厂区架空氢气管道与建筑物、
        构筑物之间的最小净距 … 7—16—10
附录 D 厂区直接埋地氢气管道与
        其他埋地管线之间的最小
        净距 …………………… 7—16—11
附录 E 厂区直接埋地氢气管道与
        建筑物、构筑物之间的最小
        净距 …………………… 7—16—11
本规范用词说明 ………………… 7—16—11
附：条文说明 …………………… 7—16—12

1 总 则

1.0.1 为在氢气站、供氢站的设计中正确贯彻国家基本建设的方针政策，确保安全生产，节约能源，保护环境，满足生产要求，做到技术先进，经济合理，制定本规范。

1.0.2 本规范适用于新建、改建、扩建的氢气站、供氢站及厂区和车间的氢气管道设计。

1.0.3 氢气站、供氢站的生产火灾危险性类别，应为"甲"类。

氢气站、供氢站内有爆炸危险房间或区域的爆炸危险等级应划分为 1 区或 2 区，并应符合本规范附录 A 的规定。

1.0.4 氢气站、供氢站和氢气管道的设计，除执行本规范外，尚应符合国家现行有关标准的规定。

2 术 语

2.0.1 氢气站　hydrogen station

采用相关的工艺（如水电解、天然气转化气、甲醇转化气、焦炉煤气、水煤气等为原料气的变压吸附等）制取氢气所需的工艺设施、灌充设施、压缩和储存设施、辅助设施及其建筑物、构筑物或场所的统称。

2.0.2 供氢站　hydrogen supply station

不含氢气发生设备，以瓶装或/和管道供应氢气的建筑物、构筑物、氢气罐或场所的统称。

2.0.3 氢气罐　hydrogen gas receiver

用于储存氢气的定压变容积（湿式储气柜）及变压定容积的容器的统称。

2.0.4 明火地点　open flame site

室内外有外露的火焰或赤热表面的固定地点。

2.0.5 散发火花地点　sparking site

有飞火的烟囱或室外的砂轮、电焊、气焊（割）等固定地点。

2.0.6 氢气灌装站　filling hydrogen gas station

设有灌充氢气用氢气压缩、灌充设施及必要的辅助设施的建筑物、构筑物或场所的统称。

2.0.7 水电解制氢装置　the installation of hydrogen gas produced by electrolysising water

以水为原料，由水电解槽、氢（氧）气液分离器、氢（氧）气冷却器、氢（氧）气洗涤器等设备组合的统称。

2.0.8 水电解制氢系统　the system of hydrogen gas produced by electrolysising water

以水电解工艺制取氢气，由水电解制氢装置及氢气加压、储存、纯化、灌充等操作单元组成的工艺系统的统称。

2.0.9 变压吸附提纯氢装置　the installation of hydrogen purification by pressure swing adsorption

以各类含氢气体为原料，经多个吸附塔，采用变压吸附法，从原料气中提取氢气的工艺设备组合的统称。

2.0.10 变压吸附提纯氢系统　hydrogen purification system by pressure swing adsorption

以变压吸附法从各类含氢气体中提纯制取氢气，由变压吸附装置及氢气加压、储存、纯化、灌充等操作单元组成的工艺系统的统称。

2.0.11 甲醇蒸气转化制氢装置　the installation of hydrogen gas produced by the methanol transforming

以甲醇和水为原料，采用催化转化工艺，在一定温度下将甲醇裂解转化制取氢气的生产设备组合的统称。

2.0.12 低压氢气压缩机　the low pressure compressor for the hydrogen gas

输出压力小于 1.6 MPa 的氢气压缩机。

2.0.13 中压氢气压缩机　the middle pressure compressor for the hydrogen gas

输出压力大于或等于 1.6 MPa，小于 10.0 MPa 的氢气压缩机。

2.0.14 高压氢气压缩机　the high pressure compressor for the hydrogen gas

输出压力大于或等于 10.0 MPa 的氢气压缩机。

2.0.15 钢瓶集装格　the bundle of hydrogen gas cylinders

由专用框架固定，采用集气管将多只气体钢瓶接口并连组合的气体钢瓶组单元。

2.0.16 氢气汇流排间　the hydrogen gas manifolds room

设有采用氢气钢瓶供应氢气用的汇流排等设施的房间。

2.0.17 氢气灌装间　the hydrogen gas filling room

设有供灌充氢气钢瓶用的氢气灌充台或钢瓶集装格等设施的房间。

2.0.18 实瓶　solid cylinder

存有气体充压力气体的气瓶，一般容积为 40L，设计压力为 12.0～20.0 MPa 的气体钢瓶。

2.0.19 空瓶　empty cylinder

无内压或留有残余压力的气体钢瓶。

2.0.20 湿氢　wet hydrogen

在所处温度、压力下，水含量达饱和或过饱和状态的氢气。

2.0.21 倒气用氢气压缩机　the hydrogen gas compressor for turning system over

在制氢或供氢系统中，氢气增压、储存或灌充用的氢气压缩机。

3 总平面布置

3.0.1 氢气站、供氢站、氢气罐的布置，应按下列要求经综合比较确定：

1 宜布置在工厂常年最小频率风向的下风侧，并应远离有明火或散发火花的地点；

2 宜布置为独立建筑物、构筑物；

3 不得布置在人员密集地段和主要交通要道近处；

4 氢气站、供氢站、氢气罐区，宜设置不燃烧体的实体围墙，其高度不应小于 2.5m；

5 宜留有扩建的余地。

3.0.2 氢气站、供氢站、氢气罐与建筑物、构筑物的防火间距，不应小于表 3.0.2 的规定。

表 3.0.2 氢气站、供氢站、氢气罐与建筑物、构筑物的防火间距(m)

建筑物、构筑物		氢气站或供氢站	氢气罐总容积(m³)			
			≤1000	1001～10000	10001～50000	>50000
其他建筑物耐火等级	一、二级	12	12	15	20	25
	三级	14	15	20	25	30
	四级	16	20	25	30	35
民用建筑		25	25	30	35	40
重要公共建筑		50	50			
35～500kV 且每台变压器为 10000kV·A 以上室外变配电站以及总油量超过 5t 的总降压站		25	25	30	35	40

续表3.0.2

建筑物、构筑物	氢气站或供氢站	氢气罐总容积(m³)			
		≤1000	1001~10000	10001~50000	>50000
明火或散发火花的地点	30	25	30	35	40
架空电力线	≥1.5倍电杆高度	≥1.5倍 电杆高度			

注：1 防火间距应按相邻建筑物、构筑物的外墙、凸出部分外缘、储罐外壁的最近距离计算。
2 固定容积的氢气罐，总容积按其水容量(m³)和工作压力(绝对压力)的乘积计算。
3 总容积不超过20m³的氢气罐与所属厂房的防火间距不限。
4 与高层厂房之间的防火间距，应按本表相应增加3m。
5 氢气罐与氢气罐之间的防火间距，不应小于相邻较大罐直径。

3.0.3 氢气站、供氢站、氢气罐与铁路、道路的防火间距，不应小于表3.0.3的规定。

表3.0.3 氢气站、供氢站、氢气罐与铁路、道路的防火间距(m)

铁路、道路		氢气站、供氢站	氢气罐
厂外铁路线(中心线)	非电力牵引机车	30	25
	电力牵引机车	20	20
厂内铁路线(中心线)	非电力牵引机车	20	20
	电力牵引机车	20	15
厂外道路(相邻侧路边)		15	15
厂内道路 (相邻侧路边)	主要道路	10	10
	次要道路	5	5
围墙		5	5

注：防火间距应从氢气站、供氢站建筑物、构筑物的外墙、凸出部分外缘及氢气罐外壁计算。

3.0.4 氢气罐或罐区之间的防火间距，应符合下列规定：
1 湿式氢气罐之间的防火间距，不应小于相邻较大罐(罐径较大者，下同)的半径；
2 卧式氢气罐之间的防火间距，不应小于相邻较大罐直径的2/3；立式罐之间、球形罐之间的防火间距，不应小于相邻较大罐的直径；
3 卧式、立式、球形氢气罐与湿式氢气罐之间的防火间距，按其中较大者确定；
4 一组卧式或立式或球形氢气罐的总容积，不应超过30000m³。组与组的防火间距，卧式氢气罐不应小于相邻较大罐长度的一半；立式、球形罐不应小于相邻较大罐的直径，并不应小于10m。

3.0.5 氢气站需与其他车间呈L形、Π形或Ⅲ形毗连布置时，应符合下列规定：
1 站房面积不得超过1000m²；
2 毗连的墙应为无门、窗、洞的防火墙；
3 不得同热处理、锻压、焊接等有明火作业的车间相连；
4 宜布置在厂房的端部，与之相连的建筑物耐火等级不应低于二级。

3.0.6 供氢站内氢气实瓶数不超过60瓶或占地面积不超过500m²时，可与耐火等级不低于二级的用氢车间或其他非明火作业的丁、戊类车间毗连，其毗连的墙应为无门、窗、洞的防爆防护墙，并宜布置在靠厂房的外墙或端部。

3.0.7 氢气站内的氢气灌瓶间、实瓶间、空瓶间，宜布置在厂房的边缘部分。

4 工艺系统

4.0.1 氢气站制氢系统的类型应按下列因素确定：
1 氢气站的规模；
2 当地氢源状况，制氢用原料及电力的供应状况；
3 用户对氢气纯度及其杂质含量、压力的要求；
4 用户使用氢气的特性，如负荷变化情况、连续性要求等；
5 制氢系统的技术经济参数、特性。

4.0.2 水电解制氢系统应设有下列装置：
1 设置压力调节装置，以维持水电解槽出口氢气与氧气之间一定的压力差值，宜小于0.5kPa；
2 每套水电解制氢装置的氢出气管与氢气总管之间、氧出气管与氧气总管之间，应设放空管、切断阀和取样分析阀；
3 设有原料水制备装置，包括原料水箱、原料水泵等。原料水泵出口压力应与制氢系统工作压力相适应。
4 设有碱液配制、回收装置。水电解槽入口应设碱液过滤器。

4.0.3 水电解制氢系统制取的氧气，可根据需要进行回收或直接排入大气，并应符合下列规定：
1 当回收电解氧气时，必须设置氧中氢自动分析仪和手工分析装置，并设有氧中氢超浓度报警装置；
2 电解氧气回收或直接排入大气时，均应采取措施保持氧气与氢气压力的平衡。

4.0.4 变压吸附提纯氢系统的设置，应根据下列因素确定：
1 拟用的原料气的压力、组成和杂质含量；
2 产品氢气的压力、纯度和杂质含量；
3 氢气使用的连续性、负荷变化状况；
4 技术经济参数。

4.0.5 变压吸附提纯氢系统，应设有下列装置：
1 原料气的预处理设施(视原料气中的杂质含量确定)；
2 吸附器组及程序控制阀；
3 氢气的精制(视用户对氢气纯度及杂质含量等要求确定)；
4 氢气和解吸气的缓冲设施；
5 解吸气回收利用设施；
6 根据需要设置原料气、产品氢气、解吸气的增压设施。

4.0.6 甲醇转化制氢系统，应设有下列装置：
1 原料甲醇及脱盐水的储存、输送装置；
2 甲醇转化反应器及其辅助装置，如加热炉或加热器、热回收设备等；
3 变压吸附提纯氢装置。

4.0.7 氢气压缩机前应设氢气缓冲罐。数台氢气压缩机可并联从同一氢气管道吸气，但应采取措施确保吸气侧氢气为正压。输送氢气用压缩机后应设氢气罐，并在氢气压缩机的进气管与排气管之间设旁通管。

4.0.8 氢气压缩机安全保护装置的设置，应符合下列规定：
1 压缩机出口与第1个切断阀之间应设安全阀；
2 压缩机进、出口应设高低压报警和超限停机装置；
3 润滑油系统应设油压过低或油温过高的报警装置；
4 压缩机的冷却水系统应设温度或压力报警和停机装置；
5 压缩机进、出口管应设有置换吹扫口。

4.0.9 氢气站、供氢站一般采用气态储存氢气，主要有高、中、低压氢罐，金属氢化物储装置，通常应符合下列要求：
1 储氢量应满足制氢或供氢系统的供氢能力与用户用氢压力、流量均衡连续的要求；
2 采用金属氢化物储氢装置时，应设有氢气纯化装置、换热装置及相应的控制阀门等；
3 供氢站采用高压氢气罐储存时，应设有倒气用氢气压缩机。

4.0.10 氢气站、供氢站的氢气安全设施设置，应符合下列规定：
1 应设有安全泄压装置，如安全阀等；

2 氢气罐顶部最高点，应设氢气放空管；
3 应设压力测量仪表；
4 应设氮气吹扫换接口。

4.0.11 各类制氢系统中，设备及其管道内的冷凝水，均应经各自的专用疏水装置或排水水封排至室外。水封上的气体放空管，应分别接至室外安全处。

4.0.12 各类制氢系统中的氢气纯化设备，应根据纯化前后的氢气压力、纯度及杂质含量和纯化用材料的品种、活化与再生方法等确定。

4.0.13 氢气站应按外销氢气量选择氢气灌装方式。氢气灌装系统的设置应符合下列规定：
1 应设有超压泄放用安全阀；
2 应设有氢气回流阀，氢气回流至氢气压缩机前管路或氢气缓冲罐；
3 应设有分组切断阀、压力显示仪表；
4 应设有吹扫放空阀，放空管应接至室外安全处；
5 应设有气瓶内余气及含氧量测试仪表。

4.0.14 当氢气用气设备对氢气含尘量有要求时，应在送氢管道上设置相应精度的气体过滤器。

4.0.15 各类制氢系统、供氢系统，均应设有含氧量小于 0.5% 的氮气置换吹扫设施。

5 设备选择

5.0.1 氢气站的设计容量，应根据氢气的用途、使用特点，宜按下列因素确定：
1 各类用氢设备的昼夜平均小时耗量或班平均小时耗量；
2 连续用氢设备的最大小时耗量与其余用氢设备的昼夜平均小时耗量或班平均小时耗量之和；
3 外销氢气的氢气站，应根据外供氢气量和市场需求状况和商业的经济规模确定。

5.0.2 水电解制氢装置的型号、容量和台数，应根据下列因素经技术经济比较后确定：
1 根据氢气耗量、使用特点等合理选用电耗小、电解小室电压低、价格合理、性能可靠的水电解制氢装置；
2 新建氢气站设置 2 台及以上水电解制氢装置时，其型号宜相同；
3 水电解制氢装置宜设备用，当采取储气等措施确保不中断供气或与用气设备同步检修时，可不设备用。

5.0.3 水电解制氢装置所需的原料水制备、碱液制备等辅助设备，宜按下列要求选用：
1 原料水制取装置的容量，不应小于 4h 原料水耗量；原料水储水箱容积不应小于 8h 原料水耗量；原料水泵供水压力，应大于制氢装置工作压力；
2 原料水制取装置、储水箱及其水泵的材质，应采用不污染原料水水质和耐腐蚀的材料制作。
3 碱液箱容积，应大于每套水电解制氢装置及碱液管道的全部体积之和；碱液泵的流量，可按每套水电解制氢装置所需碱液量和灌注时间确定。

5.0.4 变压吸附提纯氢系统的吸附器组的容量和吸附器数量，应根据下列因素经技术经济比较后确定：
1 原料气的压力、组成和产品氢气的纯度、杂质含量、压力；
2 产品氢气的耗量和用氢特点；
3 氢气回收率。

5.0.5 甲醇转化制氢系统的容量，应按下列因素确定：
1 产品氢气的耗量和用氢特点；

2 产品氢气的纯度、杂质含量和压力；
3 氢气回收率；
4 甲醇的储存、输送应符合相关国家标准的规定；
5 现场工作条件。

5.0.6 氢气储存方式，应根据下列因素经技术经济比较后确定：
1 氢气站规模、用氢设备耗量和使用特性；
2 储氢系统输入压力、供氢压力；
3 现场工作条件。

5.0.7 氢气罐的形式，应根据所需储存的氢气容量、压力状况确定。当氢气压力小于 6kPa 时，应选用湿式储氢罐；当氢气压力为中、低压，单罐容量大于或等于 $5000Nm^3$ 时，宜采用球形储罐；氢气压力为中、低压，单罐容量小于 $5000Nm^3$ 时，宜采用筒形储罐；氢气压力为高压时，宜采用长管钢瓶式储罐等。

5.0.8 氢气压缩机的选型、台数，应根据进气压力、排气压力、氢气纯度和用户最大小时氢气耗量或用户使用特性等确定。氢气压缩机台数不宜少于 2 台。连续运行的往复式氢气压缩机应设备用。

5.0.9 氢气灌装用压缩机的型号、排气量，应根据充装台或充装容器的规格、数量，充装时间和进气压力、排气压力等确定。灌装用氢气压缩机，可不设备用。

5.0.10 当纯化后的氢气灌装时，应采用膜式压缩机，并宜设置空钢瓶处理系统，包括钢瓶抽真空设备和钢瓶加热装置。

5.0.11 氢气灌装用充灌台应设两组或两组以上，一组灌装、一组倒换钢瓶。每组钢瓶的数量，应以外销氢气量或灌装用氢气压缩机的排气量、氢气充装时间确定。

氢气灌装用钢瓶集装格通常设两组以上，钢瓶集装格的数量和每格的钢瓶数量，应根据外销氢气量和方便运输或吊装等因素确定。

氢气长管钢瓶拖车的钢瓶规格、数量，应按用户的氢气用量、供应周期等确定。

5.0.12 氢气汇流排应设两组或两组以上，一组供气、一组倒换钢瓶。每组钢瓶的数量，应按用户最大小时耗量和供气时间确定。

5.0.13 氢气站、供氢站内具有下列情况之一时，宜设起吊设施：
1 站内设备需要吊装时；
2 氢气的灌装、储运采用钢瓶集装格。
起吊设施的起吊重量，应按吊装件的最大荷重确定。

6 工艺布置

6.0.1 当氢气站内的制氢装置、储氢装置等设备为室外布置时，可将氢气站内的建筑物、构筑物和室外设备视为一套工艺装置。在装置内部，根据氢气生产工艺需要将其分隔为设备区、建筑物区等。

6.0.2 氢气站工艺装置内的设备、建筑物平面布置的防火间距，不应小于表 6.0.2 的规定。

表 6.0.2 设备、建筑物平面布置的防火间距 (m)

项 目	控制室、变配电室、生活辅助间	氢气压缩机或氢气压缩机间	装置内氢气罐	氢灌瓶间、氢实（空）瓶间
控制室、变配电室、生活辅助间	—	15	15	15
氢气压缩机或氢气压缩机间	15	—	9	9
装置内氢气罐	15	9	—	9
氢灌瓶间、氢实（空）瓶间	15	9	9	—

注：氢气站内的氢气罐总容积小于 $5000m^3$ 时，可按上表装置内氢气罐的规定进行布置。

6.0.3 氢气站工艺装置内兼作消防车道的道路，应符合下列规定：

　　1 道路应相互贯通。当装置宽度小于或等于 60m，且装置外两侧设有消防车道时，可不设贯通式道路；

　　2 道路的宽度不应小于 4m，路面上的净空高度不应小于 4.5m。

6.0.4 当同一建筑物内，布置有不同火灾危险性类别的房间时，其间的隔墙应为防火墙。

　　同一建筑物内，宜将人员集中的房间布置在火灾危险性较小的一端。

6.0.5 氢气站内应将有爆炸危险的房间集中布置。有爆炸危险房间不应与无爆炸危险房间直接相通。必须相通时，应以走廊相连或设置双门斗。

6.0.6 制氢间、氢气纯化间、氢气压缩机间的电气控制盘、仪表控制盘的布置，应符合下列规定：

　　1 宜布置在相邻的控制室内；

　　2 控制室应以防火墙与上述房间隔开。

6.0.7 当氢气站内同时灌充氢气和氧气时，灌瓶间等的布置应符合下列规定：

　　1 应分别设置氢气灌瓶间、实瓶间、空瓶间及氧气灌瓶间、实瓶间、空瓶间；

　　2 灌瓶间可通过门洞与空瓶间和实瓶间相通，并均应独立的出入口。

6.0.8 当氢气实瓶数量不超过 60 瓶时，实瓶、空瓶和氢气灌充器或氢气汇流排，可布置在同一房间内，但实瓶、空瓶必须分开存放。

6.0.9 在同一房间内，可设置制氢装置、氢气纯化装置或各种型号的氢气压缩机。

6.0.10 当氢气站内同时设有氢气压缩机和氧气压缩机时，不得将氧气压缩机与氢气压缩机设置在同一房间内。

6.0.11 水电解制氢间内的主要通道不宜小于 2.5m；水电解槽之间的净距不宜小于 2.0m；水电解槽与墙之间的净距不宜小于 1.5m。水电解槽与其辅助设备及辅助设备之间的净距，应按技术功能确定。

　　常压型水电解制氢装置的平面布置间距，应视规格、尺寸和检修要求确定。

6.0.12 氢气压缩机之间的净距不宜小于 1.5m，与墙之间的净距不宜小于 1.0m。当规定的净距不能满足零部件抽出时，则净距应比抽出零部件的长度大 0.5m。

　　氢气压缩机与其附属设备之间的净距，可按工艺要求确定。

6.0.13 氢气纯化间主要通道净宽度不宜小于 1.5m。纯化设备之间及其与墙之间的净距均不宜小于 1.0m。

6.0.14 氢气灌瓶间、实瓶间、空瓶间和汇流排间的通道净宽度，应根据气瓶运输方式确定，但不宜小于 1.5m，并应有防止瓶倒的措施。

6.0.15 氢气压缩机和电动机之间联轴器或皮带传动部位，应采取安全防护措施。当采用皮带传动时，应采取导除静电的措施。

6.0.16 氢气罐不应设在厂房内。在寒冷地区，湿式氢气罐和固定容积含湿氢气罐底部，应采取防冻措施。

7　建筑结构

7.0.1 氢气站、供氢站的耐火等级不应低于二级，并宜为单层建筑。

7.0.2 有爆炸危险房间，宜采用钢筋混凝土柱承重的框架或排架结构。当采用钢柱承重时，钢柱应设防火保护，其耐火极限不得低于 2.0h。

7.0.3 氢气站、供氢站内有爆炸危险房间应按现行国家标准《建筑设计防火规范》GBJ 16 的规定，设置泄压设施。

7.0.4 氢气站、供氢站有爆炸危险房间的泄压设施的设置，应符合下列规定：

　　1 泄压设施宜采用非燃烧体轻质屋盖作为泄压面积，易于泄压的门、窗、轻质墙体也可作为泄压面积；

　　2 泄压面积的计算应符合现行国家标准《建筑设计防火规范》GBJ 16 的要求；

　　3 泄压设施的设置应避开人员密集场所和主要交通道路，并宜靠近有爆炸危险的部位；

　　4 氢气压缩机间宜采用半敞开或敞开式的建筑物。

7.0.5 有爆炸危险房间的安全出入口，不应少于 2 个，其中 1 个应直通室外。但面积不超过 100m² 的房间，可设 1 个直通室外出入口。

7.0.6 有爆炸危险房间与无爆炸危险房间之间，应采用耐火极限不低于 3.0h 的不燃烧体防爆防护墙隔开。当设置双门斗相通时，门的耐火极限不应低于 1.2h。

　　有爆炸危险房间与无爆炸危险房间之间，当必须穿过管线时，应采用不燃烧体材料填塞空隙。

7.0.7 有爆炸危险房间的门窗应向外开启，并宜采用撞击时不产生火花的材料制作。

7.0.8 氢气灌瓶间、空瓶间、实瓶间和氢气汇流排间，应设置气瓶装卸平台，其宽度不宜小于 2m，高度应按气瓶运输工具高度确定，宜高出室外地坪 0.6～1.2m，气瓶装卸平台，应设置大于平台宽度的雨篷，雨篷及其支撑材料应为不燃烧体。

7.0.9 氢气灌瓶间内，应设置高度不低于 2m 的防护墙。

　　氢气灌瓶间、氢气汇流排间和实瓶间，应采取防止阳光直射气瓶的措施。

7.0.10 有爆炸危险房间的上部空间，应通风良好。顶棚内表面应平整，避免死角。

7.0.11 制氢间、氢气压缩机间、氢气纯化间、氢气灌瓶间等的厂房跨度大于 9.0m 时，宜设天窗。天窗、排气孔应设在最高处。

7.0.12 制氢间的屋架下弦的高度，应满足设备安装和排热的要求，并不得低于 5.0m。

　　氢气压缩机间、氢气纯化间屋架下弦的高度，应满足设备安装和维修的要求，并不得低于 4.5m。

　　氢气灌瓶间、氢气汇流排间屋架下弦的高度，不宜低于 4.5m。氢气集装瓶间屋架下弦的高度，应按起吊设备确定，并不宜低于 6m。

8　电气及仪表控制

8.0.1 氢气站、供氢站的供电，按现行国家标准《供配电系统设计规范》GB 50052 规定的负荷分级，除中断供氢将造成较大损失者外，宜为三级负荷。

8.0.2 有爆炸危险房间或区域内的电气设施，应符合现行国家标准《爆炸和火灾危险环境电力装置设计规范》GB 50058 的规定。

8.0.3 有爆炸危险环境的电气设施选型，不应低于氢气爆炸混合物的级别、组别（ⅡCT1）。有爆炸危险环境的电气设计和电气设备、线路接地，应按现行国家标准《爆炸和火灾危险环境电力装置设计规范》GB 50058 的规定执行。

8.0.4 有爆炸危险房间的照明应采用防爆灯具，其光源宜采用荧光灯等高效光源。灯具宜装在较低处，并不得装在氢气释放源的正上方。

　　氢气站内宜设置应急照明。

8.0.5 在有爆炸危险环境内的电缆及导线敷设，应符合现行国家标准《电力工程电缆设计规范》GB 50217 的规定。敷设导线或电缆用的保护钢管，必须在下列各处做隔离密封：

　　1 导线或电缆引向电气设备接头部件前；

2 相邻的环境之间。

8.0.6 有爆炸危险房间内,应设氢气检漏报警装置,并应与相应的事故排风机联锁。当空气中氢气浓度达到0.4%(体积比)时,事故排风机应能自动开启。

8.0.7 氢气站应根据氢气生产系统的需要设置下列分析仪器:
　　1 氢气纯度分析仪(连续);
　　2 纯氢、高纯氢中杂质含量分析;
　　3 原料气纯度或组分分析;
　　4 对水电解制氢装置,应设置氧中氢含量和氢中氧含量在线分析仪;当回收氧气时,应设氧中氢含量超量报警装置。
　　5 根据需要设制氢过程分段气体浓度分析仪。

8.0.8 氢气站、供氢站应根据需要设置下列计量仪器:
　　1 原料气体流量计;
　　2 产品氢氢或对外供氢的氢气流量计。

8.0.9 氢气站采用水电解制氢装置时,水电解槽的直流电源的配置,应符合下列规定:
　　1 每台水电解槽,应采用单独的晶闸管整流器或硅整流器供电。整流器应有调压功能,并宜具备自动稳流功能;
　　2 整流器应配有专用整流变压器。三相整流变压器绕组的一侧,应按三角形(△)接线;
　　3 整流装置对电网的谐波干扰,应按国家限制谐波的有关规定执行。

8.0.10 水电解制氢系统的直流电源的设置,应符合下列规定:
　　1 高压整流变压器和饱和电抗器,应设在单独的变压器室内。变压器室的设计,应符合现行国家标准《10kV及以下变电所设计规范》GB 50053 的规定;
　　2 整流变压器室远离高压配电室时,高压进线侧宜设负荷开关或隔离开关;
　　3 整流器或成套低压整流装置,应设在与电解间相邻的电源室内。电源室的设计,应符合现行国家标准《低压配电设计规范》GB 50054 的规定;
　　4 直流线路应采用铜导体,宜敷设在较高处或地沟内。当必须采用裸母线时,应有防止产生火花的措施;
　　5 电解间应设置直流电源的紧急断电按钮,按钮宜设在便于操作处。

8.0.11 氢气灌瓶间与氢气压缩机间之间,应设联系信号。

8.0.12 氢气站、供氢站,应设下列主要压力检测项目:
　　1 站房出口氢气压力;
　　2 氢气罐压力;
　　3 制氢装置出口压力显示、调节;
　　4 水电解制氢装置的氢侧、氧侧压力和压差控制、调节;
　　5 变压吸附提纯氢系统的每个吸附器的压力显示、吸附压力调节;
　　6 氢气压缩机进气、排气压力。
　　根据氢气生产工艺要求,尚需设置压力调节装置。

8.0.13 氢气站、供氢站,应设下列主要温度检测项目:
　　1 制氢装置出口气体温度显示;
　　2 水电解槽(分离器)温度显示、调节;
　　3 变压吸附器入口气体温度显示;
　　4 氢气压缩机出口氢气温度显示。

8.0.14 氢气站、供氢站应设自动控制系统;需要时可按无人值守要求配置。

9 防雷及接地

9.0.1 氢气站、供氢站的防雷,应按现行国家标准《建筑物防雷设计规范》GB 50057、《爆炸和火灾危险环境电力装置设计规范》GB 50058 的要求设置防雷、接地设施。

9.0.2 氢气站、供氢站的防雷分类不应低于第二类防雷建筑。其防雷设施应防直击雷、防雷电感应和防雷电波侵入。防直击雷的防雷接闪器,应使被保护的氢气站建筑物、构筑物、通风风帽、氢气放空管等突出屋面的物体均处于保护范围内。

9.0.3 氢气站、供氢站内按用途分有电气设备工作(系统)接地、保护接地、雷电保护接地、防静电接地。不同用途接地共用一个总的接地装置时,其接地电阻应符合其中最小值。

9.0.4 氢气站、供氢站内的设备、管道、构架、电缆金属外皮、钢屋架和突出屋面的放空管、风管等应接到防雷电感应接地装置上。管道法兰、阀门连接处,应采用金属线跨接。

9.0.5 室外架空敷设氢气管道应与防雷电感应的接地装置相连。距建筑100m内管道,每隔25m左右接地一次,其冲击接地电阻不应大于20Ω。埋地氢气管道,在进出建筑物处亦应与防雷电感应的接地装置相连。

9.0.6 有爆炸危险环境内可能产生静电危险的物体应采取防静电措施。在进出氢气站和供氢站处、不同爆炸危险环境边界、管道分岔处及长距离无分支管道每隔50～80m处均应设防静电接地,其接地电阻不应大于10Ω。

9.0.7 氢气罐等有爆炸危险的露天钢质封闭容器,当其壁厚大于4mm时可不装设接闪器,但应有可靠接地,接地点不应小于2处;两接地点间距不宜大于30m,冲击接地电阻不应大于10Ω。氢气放散管的保护应符合现行国家标准《建筑物防雷设计规范》GB 50057 的要求。

9.0.8 要求接地的设备、管道等均应设接地端子。接地端子与接地线之间,可采用螺栓紧固连接;对有振动、位移的设备和管道,其连接处应加挠性连接线过渡。

10 给水排水及消防

10.0.1 氢气站、供氢站内的生产用水,除中断供氢将造成较大损失外,可采用一路供水。

10.0.2 氢气站、供氢站内的冷却水系统,应符合下列规定:
　　1 冷却水系统,宜采用闭式循环水;
　　2 冷却水供水压力宜为0.15～0.35 MPa。水质及排水温度,应符合现行国家标准《压缩空气站设计规范》GB 50029 的要求;
　　3 应装设断水保护装置。

10.0.3 氢气站的冷却水排水,应设水流观察装置或排水漏斗。

10.0.4 氢气站排出的废液,应符合现行国家标准《污水综合排放标准》GB 8978 的规定。

10.0.5 有爆炸危险房间、电器设备间,可根据建筑物大小和具体情况配备二氧化碳、"干粉"等灭火器材。

10.0.6 氢气站、供氢站的室内外消防设计,应符合现行国家标准《建筑设计防火规范》GBJ 16 的规定。

11 采暖通风

11.0.1 氢气站、供氢站严禁使用明火取暖。当设集中采暖时,应采用易于消除灰尘的散热器。

11.0.2 集中采暖时,室内计算温度应符合下列规定:
　　1 生产房间不应低于15℃;
　　2 空瓶、实瓶间不应低于10℃;
　　3 氢气罐阀门室不应低于5℃;

4 值班室、生活间等应按现行国家标准《工业企业设计卫生标准》GBZ 1 的规定执行。

11.0.3 在计算采暖、通风热量时,应计入制氢装置散发的热量。

11.0.4 氢气灌瓶间、氢气汇流排间和空、实瓶间内的散热器,应采取隔热措施。

11.0.5 有爆炸危险房间的自然通风换气次数,每小时不得少于 3 次;事故排风装置换气次数每小时不得少于 12 次,并与氢气检漏装置联锁。

11.0.6 自然通风帽应设有风量调节装置和防止凝结水滴落的措施。

11.0.7 有爆炸危险房间,事故排风机的选型,应符合现行国家标准《爆炸和火灾危险环境电力装置设计规范》GB 50058 的规定,并不应低于氢气爆炸混合物的级别、组别(ⅡCT1)。

12 氢气管道

12.0.1 碳素钢管中氢气最大流速,应符合表 12.0.1 的规定。

表 12.0.1 碳素钢管中氢气最大流速

设计压力(MPa)	最大流速(m/s)
>3.0	10
0.1~3.0	15
<0.1	按允许压力降确定

注:氢气设计压力为 0.1~3.0 MPa,在不锈钢管中最大流速可为 25m/s。

12.0.2 氢气管道的管材应采用无缝钢管。对氢气纯度有严格要求时,其管材、阀门、附件和敷设,应按现行国家标准《洁净厂房设计规范》GB 50073 中有关规定执行。

12.0.3 氢气管道阀门的采用,应符合下列规定:
1 氢气管道的阀门,宜采用球阀、截止阀;
2 阀门的材料,应符合表 12.0.3 的规定。

表 12.0.3 氢气阀门材料

设计压力(MPa)	材 料
<0.1	阀体采用铸钢 密封面采用合金钢或与阀体一致
0.1~2.5	阀杆采用碳钢 阀体采用铸钢 密封面采用合金或与阀体一致
>2.5	阀体、阀杆、密封面均采用不锈钢

注:1 当密封面与阀体直接连接时,密封面材料可以与阀体一致。
2 阀门的密封填料,应采用聚四氟乙烯等材料。

12.0.4 氢气管道法兰、垫片的选择,宜符合表 12.0.4 的规定。

表 12.0.4 氢气管道法兰、垫片

设计压力(MPa)	法兰密封面型式	垫片
<2.5	突面式	聚四氟乙烯板
2.5~10.0	凹凸式或榫槽式	金属缠绕式垫片
>10.0	凹凸式或梯形槽	二号硬纸板、退火紫铜板

12.0.5 氢气管道的连接,应采用焊接。但与设备、阀门的连接,可采用法兰或锥管螺纹连接。螺纹连接处,应采用聚四氟乙烯薄膜作为填料。

12.0.6 氢气管道穿过墙壁或楼板时,应敷设在套管内,套管内的管段不应有焊缝。管道与套管间,应采用不燃材料填塞。

12.0.7 氢气管道与其他管道共架敷设或分层布置时,氢气管道宜布置在外侧并在上层。

12.0.8 输送湿氢或需做水压试验的管道,应有不小于 3‰的坡度,在管道最低点处应设排水装置。

12.0.9 氢气放空管,应设阻火器。阻火器应设在管口处。放空管的设置,应符合下列规定:

1 应引至室外,放空管管口应高出屋脊 1m;
2 应有防雨雪侵入和杂物堵塞的措施;
3 压力大于 0.1 MPa 时,阻火器后的管材,应采用不锈钢管。

12.0.10 氢气站、供氢站和车间内氢气管道敷设时,应符合下列规定:

1 宜沿墙、柱架空敷设,其高度不应防碍交通并便于检修。与其他管道共架敷设时,应符合本规范附录 B 的要求;
2 严禁穿过生活间、办公室,并不得穿过不使用氢气的房间;
3 车间入口处应设切断阀,并宜设流量记录累计仪表;
4 车间内管道末端宜设放空管;
5 接至用氢设备的支管,应设切断阀,有明火的用氢设备还应设阻火器。

12.0.11 厂区内氢气管道架空敷设时,应符合下列规定:

1 应敷设在不燃烧体的支架上;
2 寒冷地区,湿氢管道应采取防冻设施;
3 与其他架空管线之间的最小净距,宜按本规范附录 B 的规定执行;与建筑物、构筑物、铁路和道路等之间的最小净距,宜按本规范附录 C 的规定执行。

12.0.12 厂区内氢气管道直接埋地敷设时,应符合下列规定:

1 埋地敷设深度,应根据地面荷载、土壤冻结深度等条件确定,管顶距地面不宜小于 0.7m;湿氢管道应敷设在冻土层以下;当敷设在冻土层内时,应采取防冻措施;
2 应根据埋地地带的土壤腐蚀性等级,采取相应的防腐蚀措施;
3 与建筑物、构筑物、道路及其他埋地敷设管线之间的最小净距,宜按本规范附录 D、附录 E 的规定执行;
4 不得敷设在露天堆场下面或穿过热力沟。当必须穿过热力沟时,应设套管。套管和套管内的管段不应有焊缝;
5 敷设在铁路或不便开挖的道路下面时,应加设套管。套管的两端应伸出铁路路基、道路路肩或延伸至排水沟边均为 1m。套管内的管段不应有焊缝;套管的端部应设检漏管;
6 回填土前,应从沟底起直至管顶以上 300mm 范围内,用松散的土填平夯实或用砂填满再回填土。

12.0.13 厂区内氢气管道明沟敷设时,应符合下列规定:

1 管道支架应采用不燃烧体;
2 在寒冷地区,湿氢管道应采取防冻措施;
3 不应与其他管道共沟敷设。

12.0.14 氢气管道设计对施工及验收的要求,应符合下列规定:

1 接触氢气的表面,应彻底去除毛刺、焊渣、铁锈和污垢等,管道内壁的除锈应达到出现本色为止;
2 碳钢管的焊接,宜采用氩弧焊作底焊;不锈钢管应采用氩弧焊;
3 管道、阀门、管件等在安装过程中及安装后,应采用严格措施防止焊渣、铁锈及可燃物等进入或遗留在管内;
4 管道的试验介质和试验压力,应符合表 12.0.14 的规定;
5 泄漏量试验合格后,必须用不含油的空气或氮气,以不小于 20m/s 的流速进行吹扫,直至出口无铁锈、无尘土及其他脏物为合格。

表 12.0.14 氢气管道的试验介质和试验压力

管道设计压力(MPa)	强度试验		气密性试验		泄漏量试验	
	试验介质	试验压力(MPa)	试验介质	试验压力(MPa)	试验介质	试验压力(MPa)
<0.1	空气或氮气	0.1	空气或氮气	1.05P	空气或氮气	1.0P
0.1~3.0		1.15P		1.05P		1.0P
>3.0	水	1.5P		1.05P		1.0P

注:1 表中 P 指氢气管道设计压力。

2 试验介质不应含油。
3 以空气或氮气做强度试验时,应制定安全措施。
4 以空气或氮气做强度试验时,应在达到试验压力后保压 5 min,以无变形、无泄漏为合格。以水做强度试验时,应在试验压力下保持 10 min,以无变形、无泄漏为合格。
5 气密性试验达到规定试验压力后,保压 10 min,然后降至设计压力,对焊缝及连接部位进行泄漏检查,以无泄漏为合格。
6 泄漏量试验时间为 24h,泄漏率以平均每小时小于 0.5% 为合格。

附录 A 氢气站爆炸危险区域的等级范围划分

A.0.1 爆炸危险区域的等级定义应符合现行国家标准《爆炸和火灾危险环境电力装置设计规范》GB 50058 的规定。

A.0.2 氢气站厂房内爆炸危险区域的划分,应符合下列规定(图 A.0.2):

1 制氢间、氢气纯化间、氢气压缩机间、氢气灌瓶间等爆炸危险房间为 1 区;
2 从上述各类房间的门窗边沿计算,半径为 4.5m 的地面、空间区域为 2 区;
3 从氢气排放口计算,半径为 4.5m 的空间和顶部距离为 7.5m 的区域为 2 区。

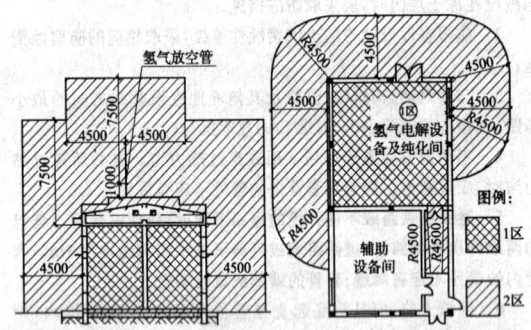

图 A.0.2 氢气站厂房内爆炸危险区域划分

A.0.3 氢气站内的室外制氢设备、氢气罐爆炸危险区域划分,应符合下列规定(图 A.0.3):

1 从室外制氢设备、氢气罐的边沿计算,距离为 4.5m,顶部距离为 7.5m 的空间区域为 2 区;
2 从氢气排放口计算,半径为 4.5m 的空间和顶部距离为 7.5m 的区域为 2 区。

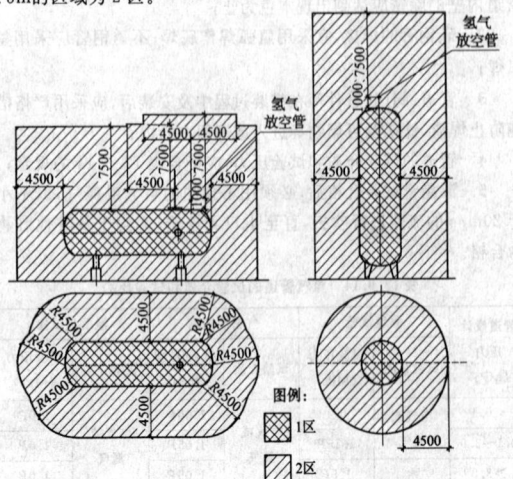

图 A.0.3 氢气站内的室外制氢设备、氢气罐爆炸危险区域划分

附录 B 厂区、氢气站及车间架空氢气管道与其他架空管线之间的最小净距

表 B 厂区、氢气站及车间架空氢气管道与其他架空管线之间的最小净距(m)

名　称	平行净距	交叉净距
给水管、排水管	0.25	0.25
热力管(蒸气压力不超过 1.3 MPa)	0.25	0.25
不燃气体管	0.25	0.25
燃气管、燃油管和氧气管	0.50	0.25
滑触线	3.00	1.50
裸导线	2.00	0.50
绝缘导线和电气线路	1.00	0.25
穿有导线的电线管	1.00	0.25
插接式母线、悬挂干线	3.00	1.00

注:1 氢气管道与氧气管道上的阀门、法兰及其他机械接头(如焊接点等),在错开一定距离的条件下,其最小平行净距可减少到 0.25m。
2 同一使用目的的氢气管道与氧气管道并行敷设时,最小并行净距可减少到 0.25m。

附录 C 厂区架空氢气管道与建筑物、构筑物之间的最小净距

表 C 厂区架空氢气管道与建筑物、构筑物之间的最小净距(m)

名　称	平行净距	交叉净距
建筑物有门窗的墙壁外边或突出部分外边	3.0	—
建筑物无门窗的墙壁外边或突出部分外边	1.5	—
非电气化铁路钢轨	3.0(距轨外侧)	6.0(距轨面)
电气化铁路钢轨	3.0(距轨外侧)	6.55(距轨面)
道路	1.0	4.5(距轨面)
人行道	1.5(距相邻路边)	2.5(距轨面)
厂区围墙(中心线)	1.0	—
照明、电信杆、柱中心	1.0	—
散发火花及明火地点	10.0	—

注:1 氢气管道沿氢气站、供氢站或使用氢气的建筑物外墙敷设时,平行净距不受本表限制。但氢气管道不得采用法兰、螺纹连接。
2 与架空电力线路的距离,应符合现行国家标准《66kV 及以下架空电力线路设计规范》GBJ 61 的规定。
3 有大件运输要求或在检修期间有大型起吊设施通过的道路,其交叉净距应根据需要确定。
4 当氢气管道在管架上敷设时,平行净距应从管架最近外侧算起。

附录D 厂区直接埋地氢气管道与其他埋地管线之间的最小净距

表D 厂区直接埋地氢气管道与其他埋地管线之间的最小净距(m)

名称	平行净距	交叉净距
给水管直径：		
<75mm	0.8	0.25
75～150mm	1.0	0.25
200～400mm	1.2	0.25
>400mm	1.5	0.25
排水管直径：		
<800mm	0.8	0.25
800～1500mm	1.0	0.25
>1500mm	1.2	0.25
热力管(沟)	1.5	0.25
氧气管	1.5	0.25
煤气管煤气压力：		
<0.15MPa	1.0	0.25
0.15～0.3MPa	1.2	0.25
>0.3MPa	1.5	0.25
压缩空气等不燃气体管道	1.5	0.15
电力电缆	1.0	0.50
直埋电信电缆	0.8	0.50
电缆管	1.0	0.25
电线沟	1.5	0.25
排水暗渠	0.8	0.50

附录E 厂区直接埋地氢气管道与建筑物、构筑物之间的最小净距

表E 厂区直接埋地氢气管道与建筑物、构筑物之间的最小净距(m)

名称	平行净距	交叉净距
有地下室的建筑物基础和通行沟道的边缘	3.0	—

续表E

名称	平行净距	交叉净距
无地下室的建筑物基础边缘	2.0	—
铁路	2.5(距轨外侧)	1.2
排水沟边缘	0.8	—
道路	0.8(距路或路肩边缘)	0.5
照明电线杆中心	0.8	—
电力(220V、380V)电线杆中心	1.5	—
高压电杆中心	2.0	—
架空管架基础外缘	0.8	—
围墙、篱栅基础外缘	1.0	—
乔木中心	1.5	—
灌木中心	1.0	—

注：1 本表中前两项平行净距是指埋地管道与同标高或其以上的基础最外侧的最小净距。

2 氢气管道与铁路或道路交叉净距，是指管顶距轨底或路面，并且交叉角不宜小于45°。

本规范用词说明

1 为便于在执行本规范条文时区别对待，对要求严格程度不同的用词说明如下：

1) 表示很严格，非这样做不可的用词：
   正面词采用"必须"，反面词采用"严禁"。

2) 表示严格，在正常情况下均应这样做的用词：
   正面词采用"应"，反面词采用"不应"或"不得"。

3) 表示允许稍有选择，在条件许可时首先应这样做的用词：
   正面词采用"宜"，反面词采用"不宜"；
   表示有选择，在一定条件下可以这样做的用词，采用"可"。

2 本规范中指明应按其他有关标准、规范执行的写法为"应符合……的规定"或"应按……执行"。

中华人民共和国国家标准

氢气站设计规范

GB 50177—2005

条文说明

目 次

1 总则 …………………………… 7—16—14
3 总平面布置 …………………… 7—16—15
4 工艺系统 ……………………… 7—16—15
5 设备选择 ……………………… 7—16—18
6 工艺布置 ……………………… 7—16—19
7 建筑结构 ……………………… 7—16—21
8 电气及仪表控制 ……………… 7—16—21
9 防雷及接地 …………………… 7—16—22
10 给水排水及消防 ……………… 7—16—22
11 采暖通风 ……………………… 7—16—23
12 氢气管道 ……………………… 7—16—23
附录 A 氢气站爆炸危险区域的
      等级范围划分 ………… 7—16—25

1 总 则

1.0.1 本条是本规范的宗旨。鉴于氢气是可燃气体,且着火、爆炸范围宽,下限低,氢气站的安全生产十分重要。各种制氢方法均需消耗一定数量的能量,有的制氢方法需消耗比较多的一次能源或二次能源,如水电解制氢需消耗较多的电能,因此,应十分注意降低能量消耗,节约能源。氢气目前主要广泛应用于冶金、电子、化工、电力、轻工、玻璃等行业,用作保护气体、还原气体、原料气体等,由于在生产过程中的作用不同,对氢气的质量要求也各不相同,应充分满足生产对氢气质量的要求。氢能被誉为21世纪的"清洁能源",随着科学技术的发展,氢能的应用将会逐步得到推广。因此,氢气站、供氢站设计,必须认真贯彻各项方针政策,切实采取防火、防爆安全技术措施;认真分析比较,采用先进、合理的氢气生产流程和设备;认真执行本规范的各项规定,使设计做到安全可靠,节约能源,保护环境,满足生产要求,达到技术先进,经济上合理。

1 近年来,国内工业氢气制取方法主要有:水电解制氢、含氢气体为原料的变压吸附法提纯氢气、甲醇蒸汽转化制氢以及各种副产氢气的回收利用等。各种制氢方法因工作原理、工艺流程、单体设备的不同,各具特色和不同的优势,各地区、行业和企业应根据自身的实际情况和具体条件,经技术经济比较后合理选择氢气制取方法。如上海××钢铁公司,在一期工程时,采用水电解制氢方法,装设2台氢气产量为200Nm³/h的水电解制氢装置,由于生产发展的需要,氢气需求量大幅度增加,该公司在扩建工程中采用了利用公司内焦化厂的副产焦炉煤气(含氢气50%~60%)为原料气的变压吸附提纯氢气系统,氢气产量为2000Nm³/h,氢气纯度大于99.99%。变压吸附提纯氢气技术及装置已在我国石化、冶金、电子等行业推广应用,取得了良好的能源效益、经济效益。甲醇蒸气转化制氢也在国内外得到积极应用,据了解国内有多家制造单位已商品化生产,仅北京、天津就有多套500Nm³/h左右的甲醇蒸气转化制氢系统正在运行中。

各种制氢方法以不同的规模在各行业设计、建造、运行,积累了丰富的经验,制氢以及氢气纯化、压缩、灌装技术日臻完善。据了解,国内设计、制造、运行中的产氢量15万Nm³/h的变压吸附提纯氢气系统、产氢量350Nm³/h的水电解制氢系统等正在良好地运行中。实践证明,采用各种制氢方法的氢气站在我国已有成熟的设计、建造和运营经验,为此本规范应该适应这种实际情况和需求,从只适用于水电解制氢的氢氧站扩大为适用于各种制氢方法的氢气站,并据此要求将各章、节和条文作相应的修改和补充。

2 本条所指的供氢站是不含氢气发生设备,以氢气钢瓶或氢气长管钢瓶拖车或管道输送供应氢气的建筑物、构筑物的统称。本条所指的氢气,应符合现行国家标准《工业氢》、《纯氢、高纯氢和超纯氢》中规定的各项技术指标与要求。据调查,目前国内电子、冶金、石化、电力、机械、轻工等行业使用的氢气,除了工厂自建氢气站外,瓶装或邻近工厂用管道输送供应的氢气,均符合现行国家标准的规定。国家标准的主要技术指标如表1。

表1 工业氢、超纯氢、高纯氢、纯氢

项目	GB/T 3634—1995	GB/T 7445—1995		
	工业氢	超纯氢	高纯氢	纯氢
氢纯度$(10^{-2})\geq$	99.0~99.9	99.9999	99.999	99.99
氧含量$(10^{-6})\leq$	4000~100	0.2	1	5
氮含量$(10^{-6})\leq$	6000~400	0.4	5	60
CO 含量$(10^{-6})\leq$	无规定	0.1	1	5
CO_2 含量$(10^{-6})\leq$	无规定	0.1	1	5
CH_4 含量$(10^{-6})\leq$	—	0.2	1	10
水分$(10^{-6})\leq$	游离水 100mL/瓶(合格品)	1	3	30

供氢站根据氢气来源、规模、技术参数的不同,可包括:氢气汇流排间、实瓶间、空瓶间、氢气纯化间、氢气加压间等。

1.0.3 本条规定的依据为:

1 氢气的主要特性。

(1)主要特征数据:

比重:20℃时(空气=1)为0.06953;

燃烧温度:在空气中为574℃,在氧气中为560℃;

燃烧界限:在空气中为4%~75%(体积),在氧气中为4.5%~94%(体积);

爆轰界限:在空气中为18.3%~59%(体积),在氧气中为15%~90%(体积);

不燃范围:空气-氢-二氧化碳中$O_2<8\%$,空气-氢-氧中$O_2<5\%$;

最大点火能量(大气压力):在空气中为0.000019J,在氧气中为0.000007J;

最高燃烧温度(氢气与空气的体积比为0.462)为2129℃。

(2)氢气无色无嗅,人们不能凭感觉发现。

(3)氢气比空气轻,呈上升趋势。

(4)当氢气与空气或氧气混合时,形成一种混合比范围很宽的易燃易爆混合物。

(5)点燃爆炸混合物所需能量低,仅为汽油-空气混合物点火能的1/10。一个看不见的小火花就能引燃。

(6)氢气易扩散,约比空气扩散快3.8倍。

(7)氢气易泄漏,由于分子量小和粘度低,氢气的泄漏约为空气的2倍。

2 按现行国家标准《建筑设计防火规范》的规定,氢气站、供氢站属于甲类生产。

3 按照《爆炸和火灾危险环境电力装置设计规范》中的有关条款规定,确定氢气站、供氢站内有爆炸危险区域为1区或2区的主要依据是:

(1)有爆炸危险的制氢间、氢气纯化间、氢气压缩机间等的空间都不大,设备布置间距最大仅4m,因此本规范规定,建筑物内的爆炸危险区域范围,一般以房间为单位。

(2)规范规定,"1区:在正常运行时可能出现爆炸性气体混合物的环境;"并在注中明确:"正常运行是指正常的开车、运转、停车,易燃物质产品的装卸,密闭容器盖的开闭,安全阀、排放阀以及所有工厂设备都在其设计参数范围内工作的状态。"氢气站内有爆炸危险的房间内的生产设备在开车、停车时,均可能出现爆炸性混合气体环境。

(3)对"第一级释放源"的规定是:"预计正常运行时周期或偶尔释放的释放源……在正常运行时会释放易燃物质的泵、压缩机和阀门等的密封处……"鉴于目前阀门等附件的密封性能难以保证易于泄漏的氢气不外泄,所以,氢气站有爆炸危险房间内,在正常运行时,存在着周期或偶尔释放的释放源,即属于第一级释放源。

(4)根据规定,释放源级别和通风方式与爆炸危险区域划分和范围之间的关系是:在自然通风和一般机械通风的情况下,第一级释放源可划为1区;当通风良好时,应降低爆炸危险区域等级;局部机械通风,在降低爆炸性气体混合物浓度方面比自然通风和一般机械通风更为有效时,可采用局部机械通风使等级降低。根据对各种类型氢气站的调查了解,有爆炸危险房间内均设置自然通风和一般的机械通风,未设局部通风。因此,在氢气站的制氢间、氢气纯化间、氢气压缩机间、氢气灌装间等房间内爆炸危险物质的释放属于第一级释放源,其爆炸危险区域的划分应定为1区。

(5)按照《爆炸和火灾危险环境电力装置设计规范》中的有关条款的规定和对现有氢气站的调查了解,本次规范修订中,将有爆炸危险为1区的各类房间的相邻区域、空间和氢气排气口周围空间等规定为2区有爆炸危险场所。氢气站室外制氢设备、氢气罐的周围空间和氢气放空管周围空间规定为2区有爆炸危险场所。

(6)本规范附录 A 是根据前面的叙述和现行国家标准《爆炸和火灾危险环境电力装置设计规范》中的有关规定,对氢气站爆炸危险区域的等级范围划分作了规定,并附图说明。

1.0.4 与本规范有关的标准、规范主要有:《建筑设计防火规范》、《爆炸和火灾危险环境电力装置设计规范》、《供配电系统设计规范》、《电力工程电缆设计规范》、《建筑物防雷设计规范》、《气瓶安全监察规程》、《10kV 及以下变电所设计规范》、《低压配电设计规范》、《工矿企业总平面设计规范》、《氧气站设计规范》、《氢气使用安全技术规程》、《压缩空气站设计规范》、《工业企业设计卫生标准》等。

3 总平面布置

3.0.1 本条规定是在工厂总平面布置时,确定氢气站、供氢站、氢气罐及其附属构筑物等的位置的基本原则。确定这些原则的目的,是为了确保安全生产,保障国家财产和人身安全。

1 根据现行国家标准《工矿企业总平面设计规范》规定:"煤气站和天然气配气站宜布置在主要用户的常年最小风向频率的下风侧,并应远离有明火或散发火花的地点","乙炔站应位于明火或散发火花地点常年最小风向频率的下风侧"。

氢气与煤气、天然气、乙炔均属可燃气体。为确保工厂的生产安全,所以作本条规定。

2 按现行国家标准《建筑设计防火规范》规定:"有爆炸危险的甲、乙类厂房宜独立设置"。

对运行中的各类制氢方法的氢气站的调查了解,基本上为独立建筑;另对电力部门作为发电机氢冷用氢,装设的水电解槽的小型氢氧站的调查,也都采用独立建筑,因此,本条的规定是必要的,也是基本符合实际情况的。

3 《工矿企业总平面设计规范》中规定:"易燃、易爆、危险品生产设施,应布置在企业的偏僻地带"。

《火力发电厂总图布置及交通运输设计规定》中规定:"生产过程中有爆炸危险的建筑物、构筑物……一般布置在厂区的边缘地段"。

氢气站、供氢站、氢气罐可能发生燃烧和爆炸,为了尽量减少事故的发生以及避免发生爆炸等事故造成较大的人身伤亡及经济损失,因此规定不宜布置在人员密集地段和主要交通要道邻近处。

4 氢气站属于有爆炸和火灾危险的场所,是企业的重要能源供应站之一。有的单位若中断供氢将会造成较大的经济损失或工厂停产。因此,应作为工厂的重要安全保卫场所。据调查,设有围墙者占有较大比例,有的单位在建设过程中未设围墙,投产运行后,为防止事故的发生,确保安全生产,后增设了围墙。为此,制定本条规定。

3.0.2~3.0.4 为明确氢气站、供氢站、氢气罐与建筑物、构筑物的防火间距,将现行国家标准《建筑设计防火规范》中的有关规定具体化。

表 3.0.2 的注 2 规定:固定容积的氢气罐,总容积按其水容量(m³)和工作压力(绝对压力)的乘积计算。氢气罐总容积计算时,工作压力的单位为(kg/cm²),如某氢气罐的水容量为 4m³、工作压力为 1.5 MPa(绝对压力),则氢气罐总容积≈4×15≈60m³。

3.0.5 在氢气站设计中,有时受占地面积和具体用地条件的限制,使氢气站的站区布置较为困难;有时为了氢气供应方便,与用氢车间毗连布置。为此,在遵守现行国家标准《建筑设计防火规范》的前提下,且符合本条各款的规定时,允许氢气站与其他车间呈 L 形、Π 形、Ⅲ形毗连布置。

1 按现行国家标准《建筑设计防火规范》的规定,甲类生产类别、单层厂房、二级耐火等级时,防火分区的最大允许占地面积为 3000m²。考虑到氢气的爆炸着火范围宽,点火能低,爆炸威力大,为了保证氢气生产的安全和一旦发生事故后减少损失,本条规定毗连的氢气站站房面积不应超过 1000m²,为防火分区最大允许占地面积的 1/3。

2 氢气生产过程中,有氢气泄漏的可能,为确保安全生产,氢气站不得同明火或散发火花的生产车间、场所布置在同一建筑物内,如:热处理车间、焊接车间、锻压车间、汽车库、锅炉房等。

与氢气站毗连的其他车间的建筑耐火等级,应与氢气站一致,不应低于二级。

3 据对国内已经建成投产的氢气站的调查,一些单位为了减少占地面积,方便运行和管理,降低基本建设投资,在符合现行国家标准《建筑设计防火规范》的规定的前提下,经有关部门的审查批准,将氢气站与冷冻站、压缩空气站、氮氧站等动力站或其他车间以 L 形、Π 形、Ⅲ形毗连布置。

3.0.6 制定本条的依据是:

1 按现行国家标准《氢气使用安全技术规程》中规定:当氢气实瓶数量不超过 60 瓶时,可与耐火等级不低于二级的用氢厂房毗连;

2 美国防火标准 NFPA51 中规定:在建筑物内储存的燃气气瓶,除正在使用或连接后准备使用者外,乙炔及非液化气体的储存量不应超过 2500 立方英尺(约 70m³);

3 根据对一些用氢量较小的用氢单位的调查,许多单位在用氢车间设有氢气汇流排和储存少量氢气钢瓶,其布置方式是设在厂房端部或靠外墙或与用氢车间毗连的专用房间内。

当使用氢气的工厂采用邻近工厂管道输送氢气供应时,是按供应氢气和使用氢气的技术参数,在供氢站内设置必要的增压、储存、纯化装置。若供氢站的占地面积不超过 500m² 时,为了方便管理,减少占地面积,可与耐火等级不低于二级的用氢车间或其他非明火作业的丁、戊类车间毗连。

由于此类供氢站内设备布置较紧凑,厂房不高,一般通风条件较制氢间差,为从严控制,本条规定毗连布置的站房面积不得超过 500m²,比本规范第 3.0.5 条减少 1/2。据调查,国内此类供氢站运行中采取如下做法:南京某厂使用邻近的某化肥厂用管道输送的氢气,在厂内的用氢车间内设有稳压装置和氢气压缩机;自贡某厂从邻近氯碱厂用管道输送氢气,在厂内用氢车间内设有增压、净化装置的供氢站;北京某厂从邻近工厂用管道输送的氢气,在厂内设有氢气纯化装置等的供氢站。这些供氢站的占地面积均未超过 500m²。

4 工艺系统

4.0.1 本条规定了确定氢气站制氢系统类型的主要因素。

1 氢气广泛用于电子、冶金、电力、建材、石油化工等行业,由于用途不同,要求供应的氢气纯度、压力等技术参数均不相同,表 2 是各行业使用氢气的主要技术参数。

表 2 各行业所需氢气主要技术参数

行业	用途	技术参数	用氢特点
电子	电真空器件生产	纯度>99.99% 含氧量:<5×10⁻⁶ D.P.−60℃ 压力:≥0.02 MPa	昼夜连续或班连续使用
电子	半导体器件	纯度>99.99% 含氧量:<1×10⁻⁶ D.P.−60~−80℃ 压力:≥0.2 MPa	

续表2

行业	用途	技术参数	用氢特点
电子	大规模、超大规模集成电路	纯度：>99.99999% 含氧量：5×10⁻⁹ D.P. -80℃或更严 压力：≥0.2MPa	昼夜连续或班连续使用
	电子材料	纯度：>99.99% 含氧量：<5×10⁻⁶ D.P. -40～-60℃ 压力：≥0.02MPa	
冶金	有色金属生产	纯度：>99.99% 含氧量：<5×10⁻⁶ D.P. -50～-70℃ 压力：≥0.02MPa	昼夜连续使用
	钢材加工（薄板、特殊钢管生产等）	纯度：>99.99% 含氧量：<5×10⁻⁶ D.P. -50～-70℃ 压力：≥0.02MPa	
石油化工	催化重整加氢 渣油脱硫加氢 石脑油加氢精制等	纯度：>99.9% 压力：1.0～2.0MPa	连续使用
电力	发电机氢气冷却	纯度：>99.5% 压力：0.03～0.5MPa	一次充氢和经常补充氢
建材	浮法玻璃生产	纯度：>99.995% 含氧量：<5×10⁻⁶ D.P. -60℃ 压力：≥0.02MPa	昼夜连续使用
轻化工	油脂化学、醇类加氢	纯度：>99.95% 压力：1.0～7.0MPa	
	人造宝石	纯度：>99.5% 压力：≥0.02MPa	昼夜连续或班连续使用

2 各行各业使用氢气的企业，由于产品品种、产能规模的不同和电力供应、含氢原料气供应的差异，需要经过比较选择合适的制氢方法和适用的制氢工艺系统，所以本条提供了确定制氢工艺系统类型的基本因素，供氢气站设计人员参照执行。如：某用氢企业地处水力发电十分丰富的地区或者当地电网谷段电价低廉，而该单位的氢气用量不大，若自建氢气站时，可选用比小时用氢量大的压力型水电解制氢系统，在电网谷段生产氢气储存在压力氢气罐内，利用水电价廉或峰谷电价差，降低氢气成本，经技术经济比较可在较短时间回收所增加的建设投资时，宜选用工作压力大于1.6MPa的压力型水电解制氢装置。同上一例，若该用氢企业邻近处有丰富、低廉的副产氢气（焦炉煤气、氯碱厂副产氢等）时，经技术经济比较，也可采用变压吸附法提纯氢获得所需的氢气。

目前国内商业化的制氢系统主要有两大类，一是水电解制氢系统，这是采用水电解法制取氢气、氧气。此类系统按操作压力划分为常压型、压力型，按产品氢气纯度划分为普型、纯气型。目前水电解制氢系统氢产量最大为350Nm³/h，但制气能力可达500Nm³/h。水电解制氢系统具有氢气纯度高、维护操作方便，但电能消耗较大；二是变压吸附法（简称PSA法）提纯氢系统，这类系统因原料气的不同，其提纯氢系统有不同的设备配置。PSA提纯氢系统有普型、纯气型，国产PSA提纯氢系统的最大处理能力达20万～30万Nm³/h。只要需用氢气的企业、地区有合适的原料气，如煤制合成气、天然气、煤层气、焦炉煤气、氯碱厂副产氢气、石油炼厂含氢气体和甲醇转化气等，且氢气用量较大，均以采用PSA提纯氢系统为宜。

鉴于上述两大类制氢系统的特点，本条规定：氢气站的制氢系统类型的选择，应按氢气站的规模；当地的资源或含氢原料气状况；产品氢的纯度、杂质含量和压力等要求。经技术经济比较后确定。

4.0.2 本条是水电解制氢系统应设有的装置要求。

1 水电解制氢过程中，目前还主要采用石棉隔膜布将氢电解小室和氧电解小室分别制取的氢气、氧气分隔，使水电解制氢装置不会发生氢气、氧气相互掺混形成爆鸣气。但石棉布必须浸泡在电解液中，呈现湿润状态方能起到分隔氢气、氧气的作用。因此，在水电解制氢装置运行中，必须确保氢、氧侧（阴极、阳极侧）的压力差不能过大，若超过某一设定值后，就会造成某一电解小室或多个电解小室的"干槽"现象，从而使氢气、氧气互相掺混，降低氢气或氧气的纯度，严重时形成爆炸混合气。这是十分危险的，极易引起事故的发生。所以本款规定：应设置压力调节装置，以确保氢气、氧气之间的压差设定值。

氢、氧气之间的压差值的规定，与水电解制氢装置的气道与隔膜框的结构尺寸有关。我们在调查统计国内外商品化生产的水电解槽有关结构尺寸的基础上，在本款中规定水电解槽出口氢气、氧气之间的压差值宜小于0.5kPa。此值均小于现有水电解槽气道至隔膜框上石棉布的距离，并有一定的富裕度。

2 鉴于水电解制氢装置在开车、停车或发生事故时，都应将纯度不合格的气体或置换气体排入大气，只有在经过取样分析，气体纯度符合规定后，才能把气体送入气体总管。为此，本款规定：每套水电解制氢装置的氢气、氧气出口管与氢气、氧气总管之间，应设置放空管、切断阀和取样分析阀。

3 本款规定：在水电解制氢系统中，应设有原料水制备装置，包括原料水箱、原料水泵等。水电解制氢的原料水系统与其工作压力有关，常压水电解制氢系统的原料水都是定期用原料水泵注入高位水箱，再由高位水箱定期或连续地流入水电解槽，补充原料水；压力型水电解制氢系统的原料水是定期或连续（手动或自动）地用原料水泵直接注入或注入平衡水箱，在平衡水箱内接有气体平衡管，使平衡水箱内的压力与制氢系统内气体压力一致，确保原料水顺利流入水电解槽。致于原料水箱中的原料水从何处引入，则与各企业的具体条件有关，各行各业的用氢企业差异较大，所以本规范对原料水来源不作规定。但是无论是何种情况、何种水电解制氢装置，均需设有原料水箱、原料水泵，而原料水泵出口压力只与水电解制氢系统的工作压力有关，为此本条对原料水供应只作基本内容的规定。

4 水电解制氢系统所需碱液（电解液）都是在氢气站内进行配制；水电解槽检修时，为减少消耗和改善环境，都是将水电解槽中的碱液回收后重复使用，因此，本款规定：水电解制氢系统应设有碱液配制、回收装置。

水电解槽运行时，电解液（碱液）在水电解槽、分离器、冷却器之间不断循环，带走水电解过程产生的热量。为避免电解液中过多的杂质堵塞进液孔或出气孔或在电解小室内沉积机械杂质，为提高水电解槽使用寿命和电能效率，在水电解制氢系统的碱液循环管道上，均设有碱液过滤器。为确保水电解槽的正常运行，本款规定："水电解槽入口应设碱液过滤器"。在一些企业的水电解制氢系统的碱液配制、循环管路上，不仅在水电解槽入口设有碱液过滤器，还在碱液配制箱出口管路等处设有碱液过滤器。

4.0.3 制定本条的依据是：

1 水电解制氢系统在制取氢气的同时也产生氧气，产量为氢气量的一半。氧气若回收使用，可提高氢气站的经济效益，节约电能，相应降低氢气的单位能耗。当氢气站所在单位使用氧气时，可采用中压或低压氧气管道输送；当所在单位不使用或少量使用氧气时，则需将氧气加压灌瓶外销。据调查了解，近年来许多采用水电解制氢的氢气站都回收氧气使用或灌瓶外销。如：上海某厂氢气站，氢气生产能力为150m³/h，氧气生产能力为75m³/h，在进行氢气站技术改造时，增加了氧气回收灌瓶系统，增加建筑面积300m²和

600m³ 氧气罐 1 只、氧气压缩机 2 台，每天可提供 360 瓶氧气，既增加了收入，每年又可节约电能 75 万 kW·h。江苏××化工厂氢气站副产氧气回收灌瓶多年，氧气灌瓶可达 1500 瓶/d，取得了较好的社会效益和经济效益。为此本条规定，可根据工厂的具体情况，采用不同方式回收利用。

2 目前许多工厂已将氧气灌瓶外销，并积累了许多有益的经验。但严格控制水电解氧气的纯度至关重要，若纯度降低或不稳定，将使瓶装氧气质量下降。严重时，还可能造成氧气纯度较大幅度降低，以至形成爆炸混合气，将会发生爆炸事故。据了解，与电解氧回收利用相关的爆炸事故时有发生。为防止电解氧气灌瓶及使用中爆炸事故的发生，本条规定：当回收电解氧气时，必须设置氧中氢自动分析和手工分析仪装置。之所以还要设手工分析装置，是为了更为严格地、可靠地确保安全；定期采用手工分析，既能校核自动仪表可靠性，又可提高操作人员的安全生产意识。同时，还应设氧中氢含量报警装置。

3 若氧气不回收直接排入大气时，对常压型水电解制氢系统需设置氧气调节水封，利用水封高度，保持氢侧、氧侧的压力平衡；压力型水电解制氢系统可设氧气排空水封，以便压力调节装置的正常运行，保持氢侧、氧侧压力平衡。水封高度约为 1500mm。如：在电力系统用于氢冷火力发电机组供应氢气的氢气站，通常装设产氢量 5～10Nm³/h 水电解制氢装置制取氢气；氧气产量较少，各发电厂氢气站都不回收电解氧气，均设有氧气排空水封，其水封高度约 1500mm。

4.0.4 变压吸附提纯氢系统设置通常应根据下列因素确定：
1 变压吸附的原理是基于不同的气体组分在相同的压力下在吸附剂上的吸附能力有差异，同一气体组分在不同的压力下在吸附剂上的吸附能力亦有差异的特性。通常周期性的压力变化，实现气体的分离提纯和被吸附气体的解吸。原料气组成的差异直接影响系统的配置，组成复杂的原料气，根据其杂质的成分及含量应增设预处理设施，且杂质组成将直接影响产品氢的收率。原料气的压力、组成决定选用吸附剂的类型、配比及用量。

2 产品氢气的压力取决于吸附压力的选择，若超出吸附压力，需增设产品增压系统。氢气的纯度决定系统设置，一般氢气纯度要求可通过变压吸附分离直接得到满足，对杂质含量有特殊要求者还应增设产品氢纯化系统。如焦炉煤气变压吸附制氢装置的脱氧及干燥系统。

3 氢气使用的连续性决定设备的配置，连续性较强的变压吸附提氢气系统中配置的活塞式压缩机、真空泵等配套设备均应设置用，吸附器及阀门的配置应实现程序控制阀与仪表等的在线维修。氢气负荷变化可通过多床吸附器的切换及调整吸附时间来实现。

4 变压吸附提纯氢系统的配置和压力的选择，在一定的范围内吸附压力高有利于吸附过程向正方向进行，可减少吸附剂的用量，但是增加了设备的成本及能耗。采用抽真空解吸的变压吸附提氢工艺与常压解吸工艺比较，前者可增加氢气的回收率，但同时又增加设备的投资及能耗。所以，变压吸附提纯氢工艺的设置在满足工艺要求的同时应考虑技术经济因素。

4.0.5 变压吸附提纯氢系统，通常应设有下列装置：
1 原料气中一些在变压吸附系统吸附剂上通过常规降压手段难于解吸或可使吸附剂中毒失效的杂质组分，必须在变压吸附前增设预处理系统。如通过在变压吸附前设变温吸附预处理装置可脱除高碳烃类的杂质；增设脱硫工序可脱除原料气中的硫化物等。

2 变压吸附提纯氢气的吸附压力通常为 0.7～3.0 MPa，若低于 0.7 MPa，吸附剂吸附杂质的能力降低，不能保证提纯氢气的纯度及装置的处理能力，对提高氢气收率也不利。需增加原料气增压设施，以保证吸附压力，或满足用户对氢气压力的需求。

3 变压吸附提纯氢气装置包括吸附器组、吸附剂、程序控制阀及控制系统。吸附器组及程序控制阀是变压吸附提氢装置的主要组成部分。

4 变压吸附提纯氢装置氢气的输出虽然是连续的，但随着时序的变化，每个周期输出的氢气气量和压力均有一定的波动，故增设氢气缓冲罐可使输出氢气的压力波动减少、流量稳定。每个周期内输出的解吸气是不连续的，如果对解吸气有连续性和稳定性的要求，则应增设吸气缓冲罐。

5 视原料气的组成情况，通常提纯氢气后的解吸气热值增高，可通过增压返回到厂区燃料气管网作气体燃料，回收能量。

4.0.6 甲醇制氢系统，通常应设有下列装置：
1 原料甲醇及脱盐水的储存、输送装置。甲醇裂解制氢的原料是甲醇和脱盐水，甲醇储罐是必不可少的设备。甲醇裂解反应在 1.0 MPa，220～280℃下，在专用催化剂上进行，所以甲醇或脱盐水均需通过泵输送到反应器中；

2 甲醇裂解装置的主要设备是甲醇转化反应器，甲醇转化反应在此进行。根据反应温度的要求，外部供热一般采用加热导热油为反应器提供热量；通过增设换热器回收转化器的热量，以达到热量的合理利用。因此，甲醇转化制氢系统应设有甲醇转化反应器及其辅助装置，如加热炉或加热器、热回收设备等；

3 甲醇转化反应的转化气组成：H_2 为 73%～74%，CO_2 为 23%～24.5%，CO 为 0～1.0%，其余为甲醇及饱和水。为获得纯氢产品应设置变压吸附装置，经分离可获得 99%～99.999% 纯度的氢气。

4.0.7 为防止氢气压缩机的吸气管道产生负压和制氢装置出口氢气压力波动，并由此引起制氢装置不能正常运行或发生空气渗入氢气系统形成爆炸混合气。为此，本条规定氢气压缩机前应设氢气缓冲罐。

据调查了解，氢气站内设有多台氢气压缩机时，许多单位都是采用从同一氢气管道吸气，所以本条作了"数台氢气压缩机可并联从同一氢气管道吸气"的规定。同时为确保安全生产，本条还规定凡数台氢气压缩机经同一根吸气管吸气时，应装设确保氢气保持正压的措施，如设氢气压力报警、回流调节装置、氢气压缩机的进气管与排气管之间设旁通管等措施。

为了使中、低压氢气压缩机在开车、调节负荷时，不会发生大量氢气排入大气，提高运行安全度，减少氢气排放量，节约电能。本条规定在中、低压氢气压缩机的进气、排气管之间，应设回流旁通管。回流旁通管上的调节阀在氢气压缩机正常运转时，一般适当开启，氢气回流以减少氢气压缩机的开停次数，有利于氢气站的安全运行。回流旁通管上的调节阀一般采用手动、气动、自力式等。

4.0.8 氢气压缩机的安全保护装置的设置，是确保其安全、稳定、可靠运行的重要保证，也是确保氢气站安全运行的重要条件，因此本条为强制性条文。

本条第 1 款的规定，是对氢气压缩机进行超压保护，确保安全、可靠运行的必须具备措施之一。第 2 款至第 5 款是氢气压缩机的安全保护措施。这里特别要强调说明的是：氢气压缩机的进气氢气管应设低压报警和超限停机装置，由于氢气为可燃气体，不允许在氢气压缩机进口氢气压力的不正常降低，若因操作不慎进口压力降低以致吸入空气，形成爆炸混合气，将可能造成严重人身伤亡、设备损坏的事故，所以本条作为强制性条文的规定，设计时必须遵守。第 5 款规定的进口、出口氢气管路应设有置换吹刷口子，这是确保初次投产或氢气压缩机检修前、后的安全保护措施。

本条的第 2 款至第 4 款的安全保护装置一般是由氢气压缩机制造厂配套提供。

4.0.9 本条是对氢气站、供氢站的储气设施提出的要求。
1 氢气站、供氢站一般设有一定储量的储气设施，目前氢气储存设施主要有两类：一是高、中、低压氢气罐，氢气罐的储氢压力、储氢能力应按制氢设备（或供氢装置）的压力、氢气用户的用氢压力、用氢量及其负荷变化状况等因素确定。高压氢气罐（压力大于 15 MPa），具有储氢能力大、能满足各类用户的需求；中压

(压力大于 1.6 MPa)、低压(压力小于或等于 1.6 MPa)氢气罐的储氢能力主要根据制氢或供氢压力、用氢压力和均衡连续供氢要求确定。二是金属氢化物储氢材料,它是依据金属氢化物在不同压力、不同温度下的吸放、放氢特性储存氢气。目前一些科研单位正研制储氢性能优良的储氢材料和装置,但由于储氢能力尚不理想,还不能满足实际应用的要求,但是这种储氢方法将为未来氢能应用中具有巨大竞争力的储氢方法。

2 在供氢站或燃料电池汽车用加氢站中,为了满足灌充高压氢气或汽车加氢的需要,一般应设置高压(如压力大于 40 MPa)氢气罐。对这种高压氢气罐升压充氢或接收外部供应的氢气进行升压,需设置增压用氢气压缩机;这种增压氢气压缩机可采用膜式压缩机或气动/液动增压机。

4.0.10 本条第 1 款是氢气罐的超压保护装置,是确保氢气罐安全、可靠运行必须具备的基本技术措施。第 2 款的规定是氢气站设计、运行的经验教训总结,由于氢气比重仅为 0.069(空气为 1.0 时),在使用氮气吹扫置换时,若系统的最高点或氢气罐的最高点未设放空管,则很难将系统内的氢气吹扫置换干净,有时甚至吹扫数天也不能达到规定值。如某研究所的一座湿式氢气罐,为检修动火,打开氢气罐放空管排放氢气达 7d,因未用氮气吹扫置换,仍发生了氢气罐爆炸事故,造成设备损坏,3 人死亡。为此,本条规定,在氢气罐顶部最高点必须装设放空管。

4.0.11 各种制氢系统的氢气中冷凝水排放过程中将不可避免地有少量氢气同时排出,若操作不当或操作人员未及时关好冷凝水排放阀,使氢气排入房间内或在排水管(沟)中形成爆炸混合物,将会造成爆炸事故等严重后果。据调查,曾在一些工厂多次发生此类事故。如:上海某厂氢气管道积水,在气水分离器处向房间内直接排水,曾在一次排放冷凝水过程中,操作人员违章离开现场,致使氢气排入房间内,氢气浓度达到了爆炸极限,当操作人员开灯时,发生爆炸,塌房 2 间,烧伤 2 人;另一工厂,在排放氢气管道积水时,用胶管接至室外,因胶管脱落,氢气泄漏到房间内,形成了爆炸混合气,在操作人员下班关灯时,发生爆炸,炸坏房屋,2 人轻伤。鉴于上述情况,为杜绝此类事故的发生,本条规定冷凝水应经疏水装置或排水水封排至室外。这样的装置已在许多工厂使用,做到了在氢气设备及管道内的冷凝水排放过程中,没有氢气泄漏到房间内。

水电解制氢系统中的氧气中冷凝水排出时,与氢气一样也有氧气泄漏到房间内的情况,氧气比空气重,又为助燃气体,为了确保安全生产,防止因氧气泄漏、积存引起的着火事故的发生,氧气设备及管道内的冷凝水排放也应经单独设置的疏水装置或氧气排水水封排至室外。这里更强调的是氢气、氧气中冷凝水疏水装置或排水水封应各自设置,不得合用一个疏水装置或排水水封,这是为了避免形成氢气、氧气爆炸混合气。所以,本条规定:"应经各自的专用疏水装置或排水水封排至室外"。

4.0.12 按表 2 所列,各行业对氢气纯度和杂质含量的要求是不相同的。为了采用技术先进、经济合理、操作管理方便、建设投资少的氢气纯化方法和装置,应根据具体工程原料氢气的条件、技术参数和用氢设备对产品氢气所需的纯度和杂质含量,进行技术经济比较后选用合适的氢气纯化系统。如:常压型水电解制氢装置制取的氢气经加压后,可采用加热再生或无热再生的氢气纯化系统;压力型水电解制氢装置制取的氢气,可采用自身工作气再生或两级氢气纯化系统。对半导体集成电路工厂为制取高纯氢气,可采用催化吸附净化装置作为初级纯化,而以低温吸附或吸气剂型纯化装置作为末端氢气纯化。

4.0.13 为确保氢气灌装系统安全、可靠的运行,应设置相应的安全装置,这是因为:一是氢气为易燃、易爆和易泄漏的气体;二是灌装系统为高压运行,一般氢气灌装压力大于 15 MPa;三是氢气灌装容器均为高压气瓶。本条规定,氢气灌装系统应设有超压泄放用安全阀、分组切断阀、压力显示仪表,避免发生超压事故和分组管理灌装气瓶;应设有氢气回流阀、吹扫放空阀;氢气放空管接至室外安全处,正常情况下,氢气回流利用,减少排放大气的氢气量,既有利安全也减少浪费,但在不正常情况或开车、停车时,则应对系统进行放空和吹扫置换。

4.0.14 氢气系统中的含尘量与制氢系统的设备选型、设备和管道的材质、氢气纯度等因素有关。据调查测定,未经过滤的氢气系统中粒径大于 $0.5\mu m$ 的尘粒含量达每升数千到数万粒,因此当用户对氢气中的尘粒粒径和含尘浓度有要求时,应设置不同过滤精度的过滤器。

4.0.15 各类制氢系统在检修、开车、停车时,都应进行吹扫置换,将系统中的残留氢气或空气吹除干净,尤要注意死角末端残留气,并分析系统内氮中氧的含量,达到规定值,方可进行检修动火、开车、停车。按现行国家标准《氢气使用安全技术规程》规定,置换氮气中含氧量不得超过 0.5%。

5 设备选择

5.0.1 氢气站设计容量通常是根据用户氢气耗量和使用氢气的特点确定,当氢气用户为三班均匀使用氢气时,设计容量按班平均小时耗量计算。若氢气用户为三班使用氢气,且各班用氢负荷差异比较大,或一班(二班)用氢,可按昼夜平均小时耗量计算。在用氢量高于或低于昼夜平均小时耗量时,以用氢气罐储气进行调节。但是电力部门计算设计容量是按全部氢冷发电机的正常消耗量,以及能在大约 7d 的时间内积累起相当于最大一台氢冷发电机的一次启动充氢量之和考虑。本条第 3 款是对外销的商用型氢气站的设计容量的规定,应十分重视对市场需求的调查分析,否则将会因设计容量过大,设备得不到发挥,造成亏损。

5.0.2 水电解制氢过程要消耗较多的电能,所以人们都以水电解制氢装置的单位氢气电能消耗($kW \cdot h/Nm^3 \cdot H_2$)作为此类设备的性能参数、产品质量的主要体现,也是评价这类装置先进性的主要标志。近年来各国的科技工作者、制造厂家经过研究开发,改进制造工艺、槽体结构,使水电解制氢装置的单位氢气电能消耗得到了降低。日本研制的离子膜水电解制氢装置(实验型),单位氢气电能消耗仅 $3.8kW \cdot h/Nm^3 \cdot H_2$;国内研制的新型压力水电解制氢装置可达 $4.2 \sim 4.5 kW \cdot h/Nm^3 \cdot H_2$。表 3 列出文献报道的国内外一些水电解制氢装置的主要性能参数。

表 3 国内外一些制造厂家的碱性水电解槽的性能参数

特性	制造公司								
	Electrolyser Corp	Brown Boveri & Cie	Norsk Hydro	De Nora	Lurgi	Sunshine project	Hydrotechnik	Krebskosmo	国内某公司
电解池结构	单极箱式	双极压滤机式	双极压滤机式	双极压滤机式	双极压滤机式	双极压滤机式	双极压滤机式	双极压滤机式	双极压滤机式
压力(MPa)	常压	常压	常压	常压	3	2	常压	常压	3
温度(℃)	70	80	80	80	90	90~120	80	80	80~90
电解液	KOH	KOH	KOH	KOH	KOH	KOH	KOH	KOH	KOH
电解液的浓度(wt%)	25	25	25	29	25	30	25	28	28~30
电流密度(A/m²)	1340	2000	1750	1500	2000	4000	1500~2500	1000~3000	3000
电解小室电压(V)	1.90	2.04	1.75	1.85~1.95	1.86	1.65	1.9	1.65~1.9	1.85~1.92
电流效率(%)	99.9	99.9	98	98.5	98.75	98	99	98.5	99
能量效率(%)	78	73	83	75~80	80	87	77	77~89	78~85
耗电量(kW·h/Nm³·H₂)	4.9	4.9	4.3	4.6	4.3	4.2	4.9	3.9~4.6	4.2~4.5

鉴于以上情况，在本条中规定："选用电耗小、电解小室电压低、价格合理、性能可靠的水电解制氢装置。"

新建氢气站设置 2 台及以上水电解制氢装置时，宜选用同一型号、同一规格的水电解制氢装置，以便于操作管理及备品、备件的统一。

水电解制氢装置是否设备用，根据用户的用气情况而定。因为水电解槽体不易损坏，根据生产实践，常压型一般 4 年以上才需对槽体进行大修，检修时间根据设备的复杂程度、用户的检修水平和能力确定；压力型水电解制氢装置使用年限 20～30 年。又因各厂在停产后对全厂的经济效益影响也不一样，因此本条规定宜设备用。但当水电解制氢装置检修能与用户检修同步进行，或利用节、假日进行检修，不中断供气，或用户有其他临时氢气源能满足用氢设备的用气，或氢气站内设置有足够大容量的氢气罐储存氢气而不影响用户使用氢气时，则可不设备用。如电力部门采用氢气罐储存氢气，可以满足水电解制氢装置检修时用氢，一般都不设备用。

5.0.3 制定本条的依据是：

1 水电解制氢所需的原料水实际耗量一般按 850～1000 g/Nm³·H₂ 计，即 0.85～1.00L/Nm³·H₂。规定原料水制备能力不宜小于 4h 原料水耗量是能满足生产需要的。规定储水箱容积不宜小于 8h 原料水消耗量，是考虑制水装置一班或两班生产，供全天使用。

2 原料水制取装置、储水箱及其水泵的材质，应采用不污染原料水质和耐腐蚀的材料制作；目前国内采用如下几种：不锈钢、钢板内衬聚乙烯、钢板内涂耐腐蚀漆或全部为聚氯乙烯塑料板。

设计时可根据水箱容积、制作条件和经济条件等因素确定。

3 据调查，水电解制氢装置是根据水电解槽体寿命和实际使用状况，逐台进行检修。检修时都是将水电解槽及其附属设备内的电解液全部返回至碱液收集箱内，待设备检修任务完成后重复使用，所以碱液收集箱的容积应大于每套水电解制氢装置及碱液管道的全部体积之和。目前，国内各种水电解制氢装置电解液充装量差别较大，表 4 为部分水电解槽电解液充装量。

表 4 部分水电解槽电解液充装量

电解液体积(m³)	水电解槽型号						
	DQ-4	DQ-10	DDQ-10/40	THE 100	THE 150	THE 200	DY-125
水电解槽电解液体积	0.30	0.50	0.80	1.25	1.82	2.46	9.50
氢、氧分离器等电解液体积	0.10	0.10	0.70	1.25	1.63	1.64	5.50
合计	0.40	0.60	1.50	2.60	3.45	4.10	15.00

5.0.4 吸附器组是变压吸附提纯氢系统的主体设备，吸附器的性能参数将决定 PSA 系统的技术性能——处理能力、产品氢气纯度和杂质含量、产品氢气产量等。我国在 PSA 制氢技术的研究开发和设计、制造、实际运行方面的经验表明：吸附器组的规格尺寸、内部构件应以提高氢回收率、减少制造成本为基本原则。吸附器组的吸附器数量，应根据变压吸附提纯氢系统的原料气组成、压力（即吸附压力）、吸附剂的吸附容量、产品氢气的产量和纯度、氢回收率等因素确定。在一定的范围内吸附压力高对吸附有利，吸附剂用量减少；原料气组成不同，吸附剂类型及用量亦不相同。吸附塔数量与工艺时序和氢回收率有关，为满足较高的氢回收率，应增加工艺过程的均压次数，多次均压需要通过数台吸附器来完成；对用氢要求连续供应的装置，应采用多床吸附，以实现在线切换。所以，本条规定：变压吸附提纯氢系统的吸附器组的容量和吸附器数量，应按条文列出的各种因素，经技术经济比较后确定。

5.0.5 甲醇转化制氢系统的容量和配置与氢气的纯度及消耗量有关，根据用户用氢量的要求，甲醇转化制氢系统的容量可以从几十标方到几千标方。氢气的纯度越高，同样产氢量装置的容量就越小。

甲醇转化制氢反应的压力通常为 1.0 MPa，若用氢压力超出 1.0 MPa，则必须设置氢气增压系统。如氢气用于灌充钢瓶，则需在变压吸附装置后面设氢气压缩机。

甲醇转化制氢系统所需热量与现场工作条件有关，如现场有中压蒸气可直接用于加热。对没有热源的场合可通过设置加热炉进行加热，视现场条件选择油、煤、天然气作为燃料来加热热载体导热油。

甲醇转化制氢系统的容量确定时，还应根据现场工作条件，拟建中的甲醇转化制氢系统及其甲醇的储存、输送应符合相关的国家标准，如《建筑设计防火规范》、《石油化工设计防火规范》等。

5.0.7 氢气罐的形式有湿式和固定容积两种，根据所储存氢气压力和所需储存容量选择。常压水电解制氢装置供氢压力小于 6 kPa，一般采用湿式氢气罐。固定容积氢气罐有筒形、球形和长管钢瓶三类，由于球形储氢罐最小结构容积为 300m³，储存压力为 1.6 MPa，储存容量为 5000Nm³，所以氢气压力为中、低压，容量大于或等于 5000Nm³，宜采用球形储罐。氢气压力为高压（压力大于 20 MPa）时，一般可采用长管钢瓶等储存高压氢气。

5.0.8 中、低压氢气压缩机的选择是根据进气压力、工艺用氢压力、氢气纯度要求和最大小时耗量确定的。若对要求不中断供气设保安储气者，则根据储气压力、吸气压力选择压缩机。纯化后的氢气压缩要考虑压缩后气体不受油的污染和避免纯度降低等因素，应采用无油润滑压缩机或膜式压缩机。如某厂纯化后氢气需设保安储气，氢气压缩机采用无油润滑氢气压缩机，吸气压力 0.15 MPa，储气压力 1.2 MPa。

由于活塞式压缩机运动部件易出故障，设置备用是目前常用的习惯做法，以保证不中断供气。

5.0.9 高压氢气压缩机作为氢气灌瓶用，因瓶装氢主要是外供，因此，一般不设备用。据调查，各单位亦是这样配置的。但专业气体厂，为保证连续对外供气，均设备用机组。

5.0.10 纯化氢气灌瓶，为防止压缩过程中对氢气的污染，规定采用膜式压缩机。据调查，各单位亦是这样配置的。

设置空钢瓶抽真空设备和钢瓶加热装置，在灌充纯化氢气时是对钢瓶灌充前的预处理，以确保纯化氢气在钢瓶中纯度不会降低；对普氢钢瓶的空钢瓶进行抽真空，则是从安全生产出发，避免空钢瓶余气压力过低或余气不纯时的一种安全措施，并应认真进行余气纯度的分析。

5.0.11 氢气灌装用充灌台的氢气充装过程包括钢瓶倒换（卸下、装上空瓶）、充装氢气，由于钢瓶倒换时间因具体条件、操作人员的熟练程度不同而不同，一般氢气钢瓶充装时间为 5～15min（仅为充装氢气的时间，不包括钢瓶倒换时间）。长管钢瓶拖车的充装时间与此类似，一般长管钢瓶拖车的充装时间不少于 30min，也没有包括更换拖车充装用卡具和吹扫置换时间。

5.0.13 氢气站设置起吊设施是为了便于站内需要吊装重量重或外形尺寸大的设备安装、维修时使用。另据调查，采用钢瓶集装格进行氢气灌充、储运的氢气站、供氢站内均设有起吊设施。为此本条规定，具有两种情况之一的宜设起吊设施。

6 工艺布置

6.0.1、6.0.2 这两条制定的依据是：

1 设有各类制氢装置的氢气站的生产过程、化工单元设备与各种化工产品生产过程相似，因此参照国家标准《石油化工企业设计防火规范》的规定，当氢气站内的制氢装置、储氢装置等设备室外布置时，可将氢气站内的建筑物、构筑物和室外布置的单元设备视为一套工艺装置。

2 在氢气站工艺装置内的设备、建筑物平面布置的防火间距，是参照国家标准《石油化工企业设计防火规范》GB 50160中表4.2.1的有关规定，并结合氢气站的特点制定的。现将该标准的表4.2.1摘录于表5。

表5 设备、建筑物平面布置的防火间距(m)

项目		控制室、变配电室、化验室、办公室、生活间	明火设备	介质温度低于自燃点的工艺设备			介质温度等于或高于自燃点的工艺设备	隔墙热村反应设备	其他工艺设备或其房间
				可燃气体压缩机或压缩机房	装置储罐	其他工艺设备或其房间			
				甲$_A$ 甲$_{B}$、乙$_A$	甲$_A$ 甲$_{B}$、乙$_A$、丙$_A$	甲$_A$ 甲$_{B}$、乙$_A$、丙$_A$			
液化烃和可燃气体类别		—	—	甲	甲	甲	甲	乙	
控制室、变配电室、化验室、办公室、生活间		—	—	—	—	—	—	—	—
明火设备		—	15						
可燃气体压缩机或压缩机房	甲	15	22.5	—					
	乙	9	9	—					
介质温度低于自燃点的工艺设备	甲$_A$	22.5	22.5	15	9				
装置储罐	甲$_B$、乙$_A$	15	22.5	15	9	7.5			
	丙	9	15	7.5	7.5	—			
其他工艺设备或其房间	甲$_A$	15	15	9	9	7.5	7.5		
	甲$_B$、乙$_A$	9	15	7.5	7.5	—	7.5	—	
	乙$_B$、丙	—	9	—	—	—	—	—	—

6.0.5 制定本条的依据是：

1 在现行国家标准《建筑设计防火规范》中规定有爆炸危险的甲、乙类生产部位，宜设在单层厂房靠外墙或多层厂房的最上一层靠外墙处。若必须在甲、乙类厂房内贴建设置办公、休息室、控制室时，应采用耐火极限不低于3h的非燃烧体防护墙隔开。为此，本条规定：有爆炸危险房间不应与无爆炸危险房间直接相通。

根据既要确保安全，又要适应生产要求的原则，若工艺布置确实需要时，有爆炸危险房间与无爆炸危险房间之间，应以走廊相连或设置双门斗隔开。实际使用中，经常保持一樘门处于关闭状态，避免氢气窜入无爆炸危险房间。

2 据调查，现正运行的各种规模的氢气站中，有爆炸危险房间——水电解制氢间、氢气纯化间、氢气压缩机间等，与无爆炸危险房间——碱液间、储存间、配电间、控制室、直流电源室及其变电站等均布置在同一建筑物内，有爆炸危险房间与无爆炸危险房间之间不直接相通，以防护墙相隔或经走廊或以双门斗相通。经多年的实际生产运行，证明这是可行的。

6.0.7 制定本条的依据是：

1 氢气灌瓶间、实瓶间、空瓶间与氧气灌瓶间、实瓶间、空瓶间鉴于下列因素应分别设置：

（1）氢气灌瓶间、实瓶间、空瓶间属于有爆炸危险房间；

（2）采用水电解制氢的氢气站灌充的电解氢气钢瓶或电解氧气钢瓶在使用中，时有事故发生。为确保安全生产，严格管理，避免氢气钢瓶、氧气钢瓶的错灌和实瓶、空瓶的混杂，防止事故的发生；

（3）氢气、氧气灌充过程中，时有事故发生。例如：北京某厂高压高纯氢气管破裂，发生着火事故，将铝板地面烧毁；宝鸡某厂，氢气灌瓶时，瓶阀漏气、着火，将其铜管烧毁，灌瓶间的窗玻璃震碎。

2 灌瓶间与实瓶间、空瓶间之间的气瓶运输频繁，为方便操作、运输，运行中的氢气灌瓶间与实瓶、空瓶间之间大部分是以门

洞相通。所以规定灌瓶间可通过门洞与实瓶间、空瓶间相通。

6.0.8 按美国NFPA50A(1999年版)中表3.2.1规定，氢系统总容量不超过15000ft³(425m³)可设在专用房内，相当于压力为15 MPa的气瓶71瓶。

按现行国家标准《氢气使用安全技术规程》的规定，氢气实瓶数量不超过60瓶的可与耐火等级不低于二级的用氢厂房毗连。

现行国家标准《乙炔站设计规范》中规定，当实瓶数量不超过60瓶时，空、实瓶和灌充架（汇流排）可布置在同一房间内。

鉴于上述各标准、规范的规定，特作本条规定。

6.0.10 本条制定的依据是：

1 氢气压缩机间为有爆炸危险房间，电气设施均按1区爆炸危险环境进行设防。

2 据调查，氢气压缩机、高压氢气管道及氧气压缩机都是氢气站易发生事故的部位。如：某厂氢气压缩机，因高压压力表堵塞，清理不当，发生高压氢气着火事故；北京某厂氢气站，氢气压缩机三级排气安全阀动作，氢气外溢，室内发生燃烧着火；某厂氢气站，氧气压缩机的润滑用水中断，汽缸发生燃烧，引起着火事故。

鉴于上述情况，本条规定：不得将氧气压缩机与氢气压缩机设置在同一房间内。

6.0.11 本条是在对正在运行中部分采用水电解制氢的氢气站进行调查分析的基础上制定的。近年来，国内已有多种压力型水电解槽投入生产运行，由于此类水电解槽体积较小，目前容量最大的压力型水电解槽直径小于2.0m，并在制造厂出厂前已将各电解小室组装为整体，在现场进行整体安装。水电解槽检修时，可将槽体运送至检修场所进行检修。为此，本条规定：水电解制氢间的主要通道不宜小于2.5m；水电解槽之间的净距不宜小于2.0m，已能满足需要。

由于常压水电解制氢装置仍有使用，对此本条建议"视规格、尺寸和检修要求确定。"

6.0.14 氢气钢瓶在储存、运输过程中发生瓶倒事故，不仅会造成操作人员受伤，而且还会诱发着火、爆炸，损坏房屋等严重后果。如：北京某厂曾发生一个氢气实瓶倒下，瓶阀被折断并飞出3m左右把墙打坏，钢瓶冲出1m多远；上海某厂曾发生氢气钢瓶瓶倒事故，瓶阀损坏漏氢气，发生着火事故；咸阳某厂在氢气灌充时，未将钢瓶固定，引起瓶倒，发生着火事故；宝鸡某厂也因氢气钢瓶瓶倒下，瓶嘴漏气，发生着火爆炸，玻璃窗被震碎。为此，为确保氢气钢瓶灌充、储存、运输中的安全，本条规定应有防止瓶倒的措施。

6.0.15 制定本条的依据是：

1 国家标准《石油化工企业设计防火规范》中规定：输送可燃气体、易燃和可燃液体的压缩机和泵，不得使用平皮带或三角皮带传动，若在特殊情况下需要使用皮带传动，应采取防止静电火花的安全措施。

2 据调查，国内氢气站中氢气灌瓶用的高压氢气压缩大部分采用3JY-0.75/150型压缩机，该设备为皮带传动，均采取了防静电接地措施。例如，北京某厂3JY-0.75/150型氢压机采取了压缩机与压缩机用电机分别接地，在压缩机旁打入2.5m长的3相相连的钢管与压缩机连接；另一工厂则采用室外埋设接地板和厂房内铝板相连，铝板与氢压机相连接的措施。

为此，制定本条规定是必要的，也是可以做到的。

6.0.16 制定本条的目的是为了确保氢气站的安全生产。

1 氢气罐，不论是湿式或固定容积式都用作制氢系统的负荷调节和储存，一旦发生事故，将会造成严重后果。如北京某研究所150m³湿式氢气罐，检修时发生爆炸事故，其钟罩整体冲上空中然后落到离原地数十米处，部分金属、混凝土重飞至数百米处。又如天津某电厂设有6台容积为10m³、压力为小于等于0.8 MPa的固定容积氢气罐，1989年9月在倒罐操作过程中因氢气纯度不合格，1号罐发生爆炸事故，罐体炸成3块，底部一块重约1000kg，飞

到29m处，上半部就地倒下，另一块重约260kg，爆炸后击破邻近水塔，落入150m远的燃油车间罐区，当场炸死值班人员1名。再如某厂8m³氢气罐，检修时发生爆炸事故，大碎片飞出20m，小碎片飞出40m以外。

鉴于以上实例，为了确保氢气站的安全生产，本条规定："氢气罐不应设在厂房内。

2 为防止湿式氢气罐的水槽内水结冻，引起钟罩升降不畅，以至卡死，造成氢气罐损坏，应设有防冻措施。据调查，在我国采暖计算温度低于0℃的地区，湿式氢气罐均设有防冻措施，通常是采用蒸汽通入水槽进行保温防冻。

3 《火力发电厂建筑设计技术规定》中规定："制氢站的储气罐应设在室外，在寒冷地区为防止阀门冻结，可将储气罐的下半部做成封闭式，室内净高不低于2.6m，其防爆要求同电解间"。如吉林某厂，设有12只10m³氢气罐，罐下部2.8m以下全封闭，做成阀门室。

7 建筑结构

7.0.1 氢气站、供氢站有爆炸危险房间，在生产过程中散发、泄漏氢气，易形成爆炸混合气，发生火灾和爆炸事故。爆炸混合气的燃烧、爆炸扩散速度快，发生事故时疏散和抢救较困难，将会造成较大的伤亡和损失。据调查大部分的氢气站均为单层建筑。为减少发生事故时的损失和伤亡，故本条规定氢气站宜为单层建筑。

7.0.2～7.0.4 这三条是按现行国家标准《建筑设计防火规范》中有关甲类生产和厂房防爆的规定制定的。

1 国家标准《建筑设计防火规范》正在修订，据了解该规范的修订"报批稿"已完成，在该修订稿中对甲类生产建筑防爆泄压面积的规定和计算方法作了修改，因此本规范规定：氢气站、供氢站有爆炸危险房间泄压面积的计算应符合现行国家标准《建筑设计防火规范》的规定。

2 我国南方地区，冬季最低室外气温也在0℃以上，对采用变压吸附提纯氢的氢气站中的氢气压缩机间，由于面积不大，推荐采用半敞开式或敞开式的建筑物。

7.0.6 按现行国家标准《建筑设计防火规范》的规定，若必须贴邻设置车间办公室、休息室等，应以耐火极限不低于3.0h的非燃烧体墙隔开。按此要求，本条规定有爆炸危险房间与无爆炸危险房间之间采用耐火极限不低于3.0h的非燃烧体墙分隔。当设置双门斗相通时，应采用甲级防火门窗。为此本条规定门的耐火极限不低于1.2h。

7.0.7 为防止爆炸着火事故的发生，本条规定在有爆炸危险房间的门窗宜采用撞击时不起火花的材料制作。撞击时不起火花的门窗材料有木材、铝、橡胶、塑料等。亦可以仅在门窗经常开启部分采用不起火花材料制作，以防止铁制窗框直接撞击。

7.0.8 为方便氢气瓶的装卸，减少劳动强度，应设气瓶装卸平台。因平台上来往操作和气瓶运输频繁，应设置大于平台宽度的雨篷，用以遮阳和遮雨雪。由于氢气属甲类生产，雨篷及其支撑材料应为不燃材料。

7.0.9 氢气灌瓶间设置防护墙，是为减少灌瓶过程中由于管理不严和操作失误造成的爆炸事故所带来的损失和影响，保护操作人员人身安全。一些工厂氢气站在操作规程中规定，当气瓶灌充支管、夹子连接后，操作人员走到防护墙外面打开充气总阀进行灌充。为此，本条规定应设2m高的防护墙，其墙体材料宜采用钢筋混凝土。

气瓶受日光强烈直射后，瓶内气体压力随温度升高而升高，会引起超压的不安全性，为此规定应采取防止阳光直射气瓶的措施，一般采用窗玻璃涂白、磨砂玻璃以及遮阳板等方法。

7.0.10 氢气轻，易聚积在房屋上方。屋盖下表面的构造要有利于氢气的排出，屋盖顶部一般设自然通风帽、通风屋脊、天窗或老虎窗等，以保持通风良好，使氢气能从最高通风装置导出。为此，本条规定有爆炸危险房间上部空间应自然通风良好，顶棚平整，避免死角。

7.0.11 氢气站的水电解制氢间室温较高，设置天窗不但通风好且利于排热，当跨度大于9m时，宜设天窗。为排净氢气，天窗、排气孔应设在最高处。

7.0.12 据调查，即使在我国北方，氢气站的水电解制氢间内如果自然通风不好，室温可达40~50℃。为改善通风，加强排热，对水电解制氢的屋架下弦高度作了不得低于5.0m的规定。此规定与目前各行业正在运行中的氢气站的水电解制氢间的屋架下弦高度基本一致；氢气站采用变压吸附提纯氢装置设在室内的制氢间，一般均为小型的PSA装置，此类制氢间的屋架下弦高度不得低于5.0m，可满足要求。

对氢气压缩机间、氢气纯化间、氢气灌瓶间、氢气集装瓶间等的屋架下弦高度均规定了下限值，具体执行中应视设备外形尺寸和设备检修需要确定。

8 电气及仪表控制

8.0.1 氢气站、供氢站的各类设备，停电后自身不致损坏，按现行国家标准《供配电系统设计规范》规定的负荷分级，为三级负荷。

发电厂氢气站生产的氢气是供冷却发电机使用，如停止供应氢气将使发电机不能正常运行，但其氢气罐储量大，设计储存期达7~10d，制氢设备短时中断供电，对发电机运行不致产生较大影响。当氢气站、供氢站作为工业产品生产的动力供应源时，其负荷等级与中断供氢所造成的损失直接有关。如浮法玻璃生产线，用氢量大，而氢气罐储量小，有的工厂甚至未设氢气罐，一旦停止供气，将造成玻璃和锡槽上层锡液报废，经济损失较大。而熔炼玻璃的窑炉又属一级负荷，此类氢气站供电负荷等级要相应提高。所以本条规定，除中断供氢将造成较大损失者外，宜为三级负荷。

8.0.4 氢气是易燃易爆气体，爆炸范围宽、点火能量低，比重又小，极易向上扩散。为了安全，规定灯具宜在低处安装，并不得在氢气释放源正上方布灯。

在相同照度下，采用荧光灯等高效光源，可以减少灯数，降低造价。此外，荧光灯等高效光源使用寿命长，灯具表面温度低，受电压波动影响小，维修工作量少。

制氢间等是有爆炸危险的生产过程，多为三班制运行，一旦中断照明，影响较大。因此，氢气站内一般宜设应急照明。

8.0.5 氢气站内有爆炸危险环境内的电缆及电缆敷设应符合现行国家标准。敷设的导线和电缆用钢管保护时，应按本条规定进行隔离密封。

8.0.6 为保证在有爆炸危险房间内的生产设备及人身安全，应设氢气检漏报警装置。目前国内生产的氢气检漏报警装置，按检测原理划分有接触燃烧式、热化学式、气敏半导体式和钯栅场效应晶体式4种。这4种各有优缺点，其中，钯栅场效应晶体式应用的较多。据调查，使用该产品的用户均表示满意。其优点是灵敏度和选择性好，只对氢气报警，探头使用寿命约10000h。

将超限报警触点接入事故排风机控制回路进行联锁后，当氢气超量形成隐患或事故发生时，能及时自动开启风机进行排除。

8.0.7 制定本条的依据：

1 为确保氢气站生产的氢气质量和纯度以及生产安全，在运行中应按规定进行纯度分析，因此要配置氢气纯度分析仪、高纯氢气中杂质含量分析仪。据调查，现在运行中的氢气站一般采用人工分析和自动分析。人工分析所用仪器简单，价格低。自动分析仪器，国内已有定型产品生产。已在一些制氢装置中成套供应，提供自动分析仪表。对变压吸附提纯氢系统，为使系统稳定运行，还应对原料气纯度或组分进行分析。

2 在水电解制氢系统生产氢气的同时，有副产品氧。氧气回收利用，相应降低氢气的单位能耗，以取得较好的社会效益和经济效益。为确保安全，此类水电解制氢装置，应设置本条规定的分析仪器和报警装置，可参见本规范第 4.0.3 条的说明。

8.0.9 制定本条的依据是：

1 水电解槽是以电阻为主的非线性负荷，水电解槽常温状态开车时，需要调节电压，使电流逐步升高，直至达到额定电流，历时数小时。正常生产时，为控制产气量，也要调节电解电压。停车时有一定的反电势，停车电压高，反电势也高，停车电压低，反电势也低。因此，停车时要适时调节电压，缓慢降低电流至额定电流的 20%～30% 时，再切断电源。由于每台水电解槽的参数不同，开、停车和正常生产时需要调压的高低有差异，因此每台水电解槽应配置单独整流设备供电，以便按照需要进行调节。更重要的是，采用单独整流设备供电，可以防止多台水电解槽共用同一直流电源可能产生的环流现象，有利于保证水电解制氢系统安全运行和延长水电解槽使用寿命。

目前，可供水电解槽使用的性能优良的直流电源是晶闸管整流器和硅整流器。

晶闸管整流器具有体积小、效率高、调节方便和易于实现自动稳流、稳压等优点。随着晶闸管质量和容量的提高，触发电路抗干扰性能和保护环节的不断改善，使用范围正逐步扩大。不足之处是选用或运行不当时，回路中出现高次谐波，引起损耗加大，甚至使网络波形畸变。

硅整流器具有输出波形好、工作可靠和维修方便、可自动稳定电流等优点，使用比较广泛，但采用饱和电抗器调压和自动稳流噪声大，整流效率低。

2 整流器配置专用整流变压器后，可防止环流和整流器输出的偏流现象，起到电气隔离作用，有利于保证生产安全、节能和延长水电解槽使用寿命。

将三相整流变压器绕组中的一侧按三角形（△）接线，可消除三次谐波电流对电网的干扰。

3 晶闸管和硅整流设备是谐波发生源，能向电网注入谐波电流，造成电网电压正弦波畸变，电能质量下降。按原电力部颁发的《电力系统谐波管理暂行规定》，整流装置对电网的谐波干扰应限制在允许的范围内，方能接电运行。

8.0.10 本条制定的依据是：

1 高压整流变压器室的设计要求与配电变压器室相同。因此设计时，应按《10kV 及以下变电所设计规范》执行。

2 当整流变压器室远离高压配电室时，为了保证维修人员的安全，在高压侧要有直观的断电点。为此，规定在高压进线侧宜设负荷开关或隔离开关。

3 采用水电解制氢的氢气站电解间内为有爆炸危险房间，但由于设备特点，当采用裸母线时，应防止因金属导体短接、撞击或母线连接不良而产生火花，一般应采用以下措施：

（1）母线在地沟内敷设，且地沟设盖板；

（2）母线明敷时要有保护网罩，如金属网罩等；

（3）母线连接采用焊接；

（4）螺栓连接（母线与设备间）时，母线连接处应蘸锡，连接要可靠，并防止自动松脱。

8.0.11 氢气压缩和灌瓶操作的关系十分密切，两处又都是有爆炸危险环境，为便于协调生产，规定应设置联系信号。

8.0.12、8.0.13 这两条是规定氢气站、供氢站在通常情况下，为了安全、稳定的运行和方便进行管理，应设置的压力检测、温度检测项目。

8.0.14 氢气站、供氢站通常情况下均应设自动控制系统，近年来建设的站房都是这样做的，只不过自控范围、内容有所不同。氢气站无人值守的全自动控制系统，国内已有实例，但因造价较高，应按业主需要确定。

9 防雷及接地

9.0.2 根据现行国家标准《爆炸和火灾危险环境电力装置设计规范》及本规范第 1.0.3 条的规定，氢气站、供氢站内部分房间以及氢气罐为 1 区爆炸危险环境。按现行国家标准《建筑物防雷设计规范》规定，凡属于 1 区爆炸危险环境为第一或第二类防雷建筑，因此本条规定："氢气站、供氢站的防雷分类不应低于第二类防雷建筑。"应设有防直击雷、防雷电感应和防电波侵入的措施。通风风帽、氢气放散管等突出屋面的物体均应按现行国家标准《建筑物防雷设计规范》的有关规定执行。

9.0.3 Ⅰ类防雷建筑物应设独立避雷针、架空避雷线或架空避雷网，并应有独立的接地装置。除此类建筑外的不同用途接地可共用一个总的接地装置，其接地电阻应符合其中最小值。因此，作了本条的规定。

9.0.4 有爆炸危险房间内的较大型金属物（如设备、管道、构架等）应进行良好的接地处理，是防雷电感应的主要措施。在正常环境无锈的情况下，管道接头、阀门、法兰盘等接触电阻一般均在 0.03Ω 以下。但若管道接头生锈，会使接触电阻增大。根据试验，螺栓连接的法兰盘之间如生锈腐蚀，在雷电流幅值相当低（10.7kA）的情况下，法兰盘间也能发生火花。氢气站如不注意经常检查并测试管道接头等的过渡电阻，一旦接头处生锈，则十分危险。为此，规定所有管道，包括暖气管及水管法兰盘、阀门接头等均应采用金属线跨接。

9.0.5 本条是参照现行国家标准《建筑物防雷设计规范》中有关第一类防雷建筑物防止雷电波侵入措施"架空金属管道，在进出建筑物处应与防雷感应的接地装置相连。距离建筑物 100m 内的管道，应每隔 25m 左右接地一次，其冲击接地电阻不应大于 20Ω"等规定制定。

9.0.6 为加速管道上静电荷释放而制定，并参考《化工企业静电接地设计规程》中的有关规定和要求制定本条。

9.0.7 本条的制定根据是：多年来大部分室外氢气罐等封闭式容器的防雷均采用容器外壁作为"接闪器"保护方式，已有多年的运行实践经验。

9.0.8 凡需接地的设备、管道进接地端子，接地端子与接地线之间采用螺栓紧固连接以便于平时检修。为了接地连接可靠，对有振动、位移的设备和管道采用挠性过渡连接是必要的。

10 给水排水及消防

10.0.1 电子、冶金、电力、石油化工等行业的氢气站均设有一定容积的氢气罐，当暂时中断供水，各类制氢装置停止运行，也不会影响供氢及制氢设备的安全，氢气站用水采用一路供水。但玻璃等行业部分氢气站无氢气罐，若制氢设备停止运行，中断供氢，使浮法玻璃生产用锡槽的锡液氧化，将会造成较大损失，该类工厂冷却水均为两路供水。

10.0.2 制定本条的依据是：

1 根据国家节约用水政策及供水日趋紧张的状况，应对直流供水进行限制，所以规定冷却水宜为循环水。

氢气站、供氢站冷却水宜与全厂循环冷却水统一考虑，有的站自行设置时，宜采用闭式循环系统。

2 据调查，现有氢气站冷却水水压一般在 0.15～0.35 MPa 范围，已满足需要。冷却水水质及排水温度按《压缩空气站设计规范》的有关要求确定。对冷却水的热稳定性的要求是防止结垢，部分工厂采用软水复用或循环。

3 氢气站、供氢站装设断水保护装置是十分必要的，否则水压不够，造成制氢设备、氢气压缩机等运行不正常，甚至发生事故。冷却水中断后还会使气体温度升高，影响制、供氢系统正常运行。因此，本条规定应设断水保护装置。

10.0.5 已调查的氢气站、供氢站有爆炸危险房间及电气设备房间，如变压器间、直流电源室、配电间、控制室，均设有二氧化碳、"干粉"等灭火装置；电气设备房间不得采用水消防。

11 采暖通风

11.0.1 可燃气体燃烧、爆炸的条件：一是达到一定的浓度范围，二是有明火。所以"严禁明火"是氢气站、供氢站至关重要的安全措施之一，而且，不得采用电炉、火炉等明火取暖。

要求选用易于清除灰尘的散热器，如柱型、光管、钢制板式换热器等，是为了保持清洁，防止因积灰扬尘而引起爆炸，以确保安全。

11.0.2 生产房间采暖计算温度不低于 15℃ 是按照《工业企业设计卫生标准》的规定。空、实瓶间内不是经常有人值班、作业，所以将采暖计算温度降为 10℃。

氢气罐阀门室温度要求不低于 5℃，是为了防止室内结冰，冻裂管道、阀门而泄漏氢气。

11.0.3、11.0.4 由于氢气钢瓶是灌充氢气（压力大于或等于 15 MPa）的高压容器，为防止氢气钢瓶受热超压，所以制定本条规定。对条文中规定的房间内的散热器，应采取隔热措施。

11.0.5 制定本条的依据是：

1 如果室内通风不良，外泄的氢气积聚到爆炸极限范围时，一旦遇火花，就会立即引起爆炸事故。氢气比重仅为空气的1/14，极易扩散，所以只要厂房高处设风帽或天窗，靠自然风力或温差风的作用，新鲜空气置换含氢空气，氢气浓度就会大大低于爆炸极限。自然通风，无疑是安全防爆的有效措施之一。

现行国家标准《爆炸和火灾危险环境电力装置设计规范》中规定："当通风良好时，应降低爆炸危险区域等级；当通风不良时，应提高爆炸危险区域等级。"

事故排风装置，是针对制氢系统一旦发生大量氢气泄漏事故时，自然通风的换气次数不能适应紧急置换、氢气扩散的要求而设置并即时启动。

2 据调查，现运行中的氢气站内有爆炸危险房间每小时自然换气次数和事故排风换气次数，均分别按 3 次和小于 12 次设计，已安全运行几十年，未曾发现因换气次数选用不当而酿成事故。

12 氢气管道

12.0.1 气体的流速有经济流速和安全流速之分，对可燃性气体主要应着眼于安全流速。氢气具有着火能量低，与空气、氧气混合燃烧和爆炸极限宽，燃烧速度快等特点，所以在生产和使用过程中的燃烧、爆炸问题应特别注意。氢与空气或与氧混合形成处于爆炸极限范围内的可燃性混合物和着火源同时存在，是燃烧和爆炸的两个基本条件。为此，应管理好可燃烧性物质，防止氢气泄漏、逸出和积累，注意系统的密封、抑制和监视爆炸性混合物的形成。同

时要管理好着火源。着火源分自燃和外因点燃两大类。火源的形成和性质见表6。

表6 火源的形成和性质

着火源分类	内　　容
机械着火源	冲击和摩擦、绝热压缩
热着火源	高温表面、热辐射
电着火源	电火花、静电火花
化学着火源	明火、自然发热

氢气在管道内流动，当流速大，与管壁摩擦增强，特别是管道内含有铁锈杂质时，形成静电火花。据美国宇航局统计的 96 次氢气事故中，氢气释放到大气与空气混合后着火事故占 62%，静电引起的着火事故占 17.2%。多年以来，氢气管道设计中控制流速为 8m/s，本规范修订前，规定碳钢管中氢气最大流速：当压力大于 1.6 MPa 时为 8m/s；0.1～1.6 MPa 为 12m/s；不锈钢管为 15m/s。原规范执行中一些单位询问和提供超规定最大流速的有关问题和情况，如扬子石化—巴斯夫公司提供，该公司相关石化装置的氢气流速采用小于 20m/s。近年来，随着我国引进技术、设备和技术交往，许多单位实际又突破原规范的规定流速。国内已建部分氢气管道流速见表7。

表7 国内部分单位氢气管道流速

单位	流量 (m³/h)	压力 (MPa)	管径 (mm)	流速 (m/s)	备注
上海某厂	60	0.3	D27.2×2.1	10.0	
某　所	40	0.3	D27.2×2.1	11.5	碳钢管
武汉某厂	750	0.3	D89.1×4.2	13.6	
无锡某厂	140	0.4	D34×2.8	15.8	
上海某钢厂	160	0.5	D32×3	13.9	不锈钢管

从表 7 可见，氢气流速比修订前规定流速有所提高是可行的。为确保安全生产，应在接地、防泄漏方面加强技术措施。随着技术、材料及施工管理水平的提高，这是完全可以做到的，如：管道内壁除锈至本色；碳钢管氩弧焊接底焊，防焊渣落入管道中；安装过程中和安装后防止焊渣、铁锈遗留在管内并进行吹扫；泄漏量试验要求泄漏率以小于 0.5% 为合格；室外管道接地，阀门、法兰金属线跨接，设备、管道设接地端头等。

在国家标准《氢气及相关气体安全技术规程》GB 16912—1997 中规定管道中氧气的最高允许流速为：工作压力大于 0.1 小于或等于 3.0 MPa 时，碳钢 15m/s，不锈钢 25m/s；工作压力大于 3.0 小于 10 MPa 时，不锈钢 10m/s。本次修订参考此规定对氢气最大流速作了适当修改。

12.0.2 为避免因氢气泄漏造成燃烧和爆炸事故的发生，规定氢气管道的管材应采用无缝钢管，不采用具有焊缝的焊接钢管、电焊钢管等。

12.0.4 法兰和垫片的选用按工作介质的压力、温度和需要密封程度而定。由于氢气易泄漏，密封程度要求高，规定压力大于 2.5 MPa 采用凹凸式或榫槽式或梯形槽式法兰。

根据实际使用情况和保证氢气管道连接部位的密封，规定工作压力小于 10 MPa，氢气管道垫片采用聚四氟乙烯或金属缠绕式垫片；压力大于等于 10 MPa，垫片采用硬钢纸板或退火紫铜板。

12.0.5 氢气是易燃易爆气体，管道应采用焊接，以防止产生泄漏。与设备、阀门连接处允许采用法兰或丝扣连接，是因受阀门、设备本身连接方式的限制，从国内外氢气管道敷设情况看，几乎全是采用这种方法。

丝扣连接处采用聚四氟乙烯薄膜作填料，具有清洁、施工方便、安全性、密封性好的优点，目前国内外应用最为普遍，可以替代以往常用的涂铅油的麻或棉丝。

12.0.6 管道穿过墙壁或楼板时,为使管道不承受外力作用并能自由膨胀及施工检修方便,故要求敷设在套管内;套管内的管段不得有焊缝,是为了避免因有焊缝不便检查而无法发现泄漏氢气所带来的不安全性。此外,为防止氢气漏到其他房间引起意外事故,故要求在管道与套管的间隙应用不燃材料填堵。

12.0.7 为防止检修其他管道时,焊渣火花落在氢气管道上发生危险,也为了防止氢气管道发生事故时影响其他管道,又因氢气轻,极易向上扩散,所以规定氢气管道布置在其他管道外侧和上层。

12.0.8 输送湿氢及需做水压试验的管道,因有积水、排水问题,规定管道坡度不小于3‰,并在最低点处设排水装置排水,防止排水时氢气泄漏。

12.0.9 氢气放空管设阻火器,是为了在氢气放空时,一旦雷击引起燃烧爆炸事故时起阻止事故蔓延作用。阻火器位置以往有的设在室内,以便于维修;也有的设在室外,利于防雷击。本条规定,应设在管口处。氢气放空管高出屋脊1m是为使氢气排空时,不倒灌入室内。

压力大于0.1MPa氢气放空管,为防止氢气放空时流速过大,并考虑放空管设在室外被雨水、湿空气腐蚀产生铁锈引起放空时氢气的燃烧、爆炸事故,本条规定放空管在阻火器后的管材应采用不锈钢管。

12.0.10 本条制定的依据是:

1 氢气站、供氢站和车间内氢气管道,为便于施工和操作维修,避免或减少泄漏时的不安全性,规定宜沿墙、柱架空敷设。

2 为避免因氢气泄漏造成不必要的人身和国家财产的损失,规定氢气管道不准穿过生活间、办公室和穿过不使用氢气的房间。

3 进入用户车间设切断阀,是为了便于车间管理,安全生产。一旦事故发生时,切断气源。设流量记录累计仪表,便于车间独立经济核算。

4 氢气系统在投入使用前或者需要动火检修时,均需以氮气或其他惰性气体进行系统的吹扫置换,因此规定管道末端设放空管。

5 氢气的火焰传播速度快,一旦回火便迅速传至整个系统,后果严重。接至有明火的用氢设备的支管上装设阻火器,是为了在一台用氢设备出事故产生回火时不影响或尽量减少影响其他使用点的一项安全措施,以达到安全生产。

12.0.11 本条制定的依据是:

1 氢气为易燃易爆气体,为防止氢气管道火灾事故扩大,故规定支架采用不燃材料制作;

2 为防止湿氢管道在寒冷地区结冻堵塞,规定采取防冻措施。一般采取管道保温或采用不超过70℃的热水管伴随保温。

12.0.12 本条制定的依据是:

1 埋地敷设深度,按现行国家标准《工矿企业总平面设计规范》规定。

2 土壤腐蚀性等级分为低、中、高三级,防腐层分别采用普通、加强及特加强三个等级。各级防腐层结构见表8。

表8 防腐层结构

防腐层等级	防腐层结构层次									总厚度(mm)	适用土壤腐蚀等级
	1	2	3	4	5	6	7	8	9		
普通	底漆一层	沥青2mm	玻璃布一层	外包层	—	—	—	—	—	4	低
加强	底漆一层	沥青2mm	玻璃布一层	沥青2mm	外包层	—	—	—	—	6	中
特加强	底漆一层	沥青2mm	玻璃布一层	沥青2mm	玻璃布一层	沥青2mm	外包层	—	—	8	高

一般情况下埋地氢气管道采用加强级防腐层。

3 按现行国家标准《工矿企业总平面设计规范》中有关管线综合和绿化布置的规定。当必须穿过热力地沟时,加设套管。规定套管和套管内的管段不应有焊缝,是为了防止氢气泄漏进入地沟甚至窜入建筑物、构筑物内,形成氢气爆炸混合物,引起事故的发生。

4 敷设在铁路和不便开挖的道路下面的管道设套管,主要考虑到便于氢气管检修,同时避免使氢气管道承受外力作用。套管内的管段应是无焊缝的。

5 为防止从管底到管子上部以上300mm范围内回填土块、石头等杂物形成空洞,一旦氢气泄漏时,积聚形成爆炸性气体,故回填土前应在管子上部300mm范围内,用松散土填平夯实或填满砂子后才可再回填土。

12.0.13 明沟敷设在电力部门应用较多,实质上是一种低架空敷设,其要求与架空敷设相同。为确保安全,本条作了较严格的规定。

12.0.14 氢气管道能否安全运行,施工条件和施工质量起着很重要的作用,必须引起重视。目前国内现行国家标准对所有各种工业管道作出的规定具有通用性、普遍性。对氢气管道来说,因它是易燃易爆气体,具有危险性,从安全角度需要作补充规定。本条就是根据国内经验提出的氢气管道设计对施工及验收的要求。

1 氢气管道引起燃烧爆炸的条件有两个:一是形成氢气与空气或氧气的爆炸混合气;二是有火源。为防止氢气事故的发生,必须要千方百计地消除或防止产生上述两个条件。根据这一基本点,氢气管道中如有铁锈、焊渣等杂物时,被高速氢气流带动与管壁摩擦容易产生火源,特别是管道内壁有毛刺、焊渣突出物时更增加碰撞起火的危险,所以应比其他管道要求严格。

2 碳钢管焊接采用氩弧焊作底焊,是防止焊渣进入管道内的一项安全技术措施,但施工费用增加,以往氢气管道并未这样做,为此,本条规定宜采用氩弧焊作底焊。

3 为确保氢气管道系统安全运行,在安装过程中每个环节每个步骤均要采取措施防止焊渣、铁屑、可燃物等进入,否则在管道安装完毕再来检查和消除是十分麻烦、十分困难的,不易彻底清除干净。为此,规定应采取措施,防止焊渣等进入管内。

4 氢气管道强度试验、气密性试验和泄漏量试验是检验施工安装最终质量的重要手段,为统一标准制定本条。

一般管道强度试验以液压进行,考虑到液压试验后,水分除去很困难,易使管道内壁产生锈蚀,影响安全运行。为此,规定对压力小于3.0MPa的氢气管道做气压强度试验;对压力大于等于3.0MPa的管道,为了安全,采用水压强度试验。以气压做强度试验时,应制定严密的安全措施,防止意外事故的发生。

气密性试验一般管道按工作压力进行,考虑到氢气渗透性强,为防止泄漏,按照现行国家标准《钢制压力容器》规定的气密性试验压力,规定为$1.05P$。

对泄漏量试验合格的泄漏率规定,是根据氢气渗透性强的特性,经国内多年实践证明可行,并符合安全要求。泄漏率可按下列计算方法进行:

当氢气管道公称直径小于或等于300mm时:

$$A = \left[1 - \frac{(273+t_1)P_2}{(273+t_2)P_1}\right] \times \frac{100}{24}$$

当氢气管道公称直径大于300mm时:

$$A = \left[1 - \frac{(273+t_1)P_2}{(273+t_2)P_1}\right] \times \frac{100}{24} \times \frac{D_N}{0.3}$$

式中 A——泄漏率(%/h);
P_1、P_2——试验开始、终了时的绝对压力(MPa);
t_1、t_2——试验开始、终了时的温度(℃);
D_N——氢气管道公称直径(m)。

附录 A 氢气站爆炸危险区域的等级范围划分

A.0.1 氢气站爆炸危险区域的等级范围划分,是以现行国家标准《爆炸和火灾危险环境电力装置设计规范》GB 50058 中的有关规定和氢气站设计的特点制定。

A.0.2 氢气密度小、易扩散,参照 GB 50058 中对比空气轻的可燃气体的生产、储存、使用场所的有关规定,本标准规定:氢气站内制氢间等有爆炸危险房间为 1 区;从这类房间的门窗边沿计算的房间外,半径为 4.5mm 的地面、空间区域为 2 区;氢气站的室外制氢设备、氢气罐等,从设备边沿计算,距离为 4.5m、顶部距离为 7.5m 的区域为 2 区;对氢气排放口,从排放口计算,半径为 4.5m 的空间和顶部距离为 7.5m 的区域为 2 区。

中华人民共和国国家标准

发生炉煤气站设计规范

Design code for producer gas station

GB 50195—2013

主编部门：中国机械工业联合会
批准部门：中华人民共和国住房和城乡建设部
施行日期：2013 年 5 月 1 日

中华人民共和国住房和城乡建设部
公　告

第 1602 号

住房城乡建设部关于发布国家标准《发生炉煤气站设计规范》的公告

现批准《发生炉煤气站设计规范》为国家标准，编号为 GB 50195—2013，自 2013 年 5 月 1 日起实施。其中，第 7.0.1、7.0.3、7.0.4、7.0.6、7.0.9、7.0.12、7.0.13、9.0.1、13.0.2、15.0.7、15.0.8、17.0.3、17.0.4、17.0.5 条为强制性条文，必须严格执行。原《发生炉煤气站设计规范》GB 50195—94 同时废止。

本规范由我部标准定额研究所组织中国计划出版社出版发行。

中华人民共和国住房和城乡建设部
2012 年 12 月 25 日

前　言

根据原建设部《关于印发"2002 至 2003 年度工程建设国家标准制定、修订计划"的通知》（建标〔2003〕102 号）要求，中国中元国际工程公司会同有关单位共同时《发生炉煤气站设计规范》GB 50195—94 进行了修订。

在修订过程中，编制组在研究了原规范内容的基础上，根据国家有关政策，进行了广泛的调查研究，开展了有关的专题研究和技术研讨，广泛征求全国相关发生炉煤气设计、制造、使用等单位的意见，最后经有关部门审查定稿。

本规范共分 17 章和 4 个附录，其主要内容包括：总则，术语，煤种选择，设计产量和质量，站区布置，设备选择，设备的安全，工艺布置，空气管道，辅助设施，煤和灰渣的贮运，给水、排水和循环水，热工测量和控制，采暖、通风和除尘，电气，建筑和结构，煤气管道。

本次修订的主要内容是：
1. "术语"章的内容作了调整和补充；
2. 根据现行国家标准《常压固定床气化用煤技术条件》GB/T 9143 的规定，对两段式煤气发生炉气化用煤技术指标进行了调整；
3. 增补了"煤气脱硫技术"的相关内容；
4. 明确承压大于 0.1MPa 的发生炉水夹套的设计要求，以及两段炉煤气站气化工艺；
5. 室内消防设施的设置；
6. 调整"热工测量的控制"章的内容；

本规范以黑体字标志的条文为强制性条文，必须严格执行。

本规范由住房和城乡建设部负责管理和对强制性条文的解释，由中国机械工业联合会负责日常管理，由中国中元国际工程公司负责具体技术内容的解释。

本规范执行过程中如有意见或建议请寄送中国中元国际工程公司《发生炉煤气站设计规范》管理组（地址：北京市西三环北路 5 号，邮编：100089，传真：010-68458351，email：powergas2906@qq.com），以便今后修订时参考。

本规范组织单位、主编单位、参编单位、主要起草人和主要审查人：

主要起草人：江绍辉　傅永明　王昌遒　马洪敬
　　　　　　徐　辉　王洪跃　黄培林　霍锡臣
　　　　　　李　军　朱大钧　戴　颖　胡黔生
　　　　　　卞建国　孙玉娟　胡全喜
主要审查人：盛传红　傅鑫泉　陈家仁　佟胜华
　　　　　　姚　波　毛文中
组 织 单 位：中国机械工业勘察设计协会
主 编 单 位：中国中元国际工程公司
参 编 单 位：中国市政工程华北设计研究总院
　　　　　　中冶焦耐工程技术有限公司
　　　　　　济南黄台煤气炉有限公司
　　　　　　中国铝业股份有限公司广西分公司

目次

1 总则 ·················· 7—17—5
2 术语 ·················· 7—17—5
3 煤种选择 ·············· 7—17—5
4 设计产量和质量 ········ 7—17—6
5 站区布置 ·············· 7—17—6
6 设备选择 ·············· 7—17—6
7 设备的安全 ············ 7—17—7
8 工艺布置 ·············· 7—17—7
9 空气管道 ·············· 7—17—7
10 辅助设施 ············· 7—17—7
11 煤和灰渣的贮运 ······· 7—17—7
12 给水、排水和循环水 ··· 7—17—8
13 热工测量和控制 ······· 7—17—9
14 采暖、通风和除尘 ····· 7—17—9
15 电气 ················· 7—17—9
16 建筑和结构 ··········· 7—17—10
17 煤气管道 ············· 7—17—10
附录 A 厂区架空煤气管道与建筑物、构筑物和管线的最小水平净距 ········· 7—17—11
附录 B 厂区架空煤气管道与铁路、道路、架空电力线路和其他管道的最小交叉净距 ········ 7—17—11
附录 C 厂区架空煤气管道与在同一支架上平行敷设的其他管道的最小水平净距 ········ 7—17—12
附录 D 车间架空冷煤气管道与其他管线平行、垂直和交叉敷设的最小净距 ················ 7—17—12
本规范用词说明 ············ 7—17—12
引用标准名录 ·············· 7—17—12
附：条文说明 ·············· 7—17—13

Contents

1　General provisions ····················· 7—17—5
2　Terms ································· 7—17—5
3　Coal type selection ···················· 7—17—5
4　Design output and quality ········· 7—17—6
5　Station layout ······················· 7—17—6
6　Equipment selection ················ 7—17—6
7　Equipment safety ···················· 7—17—7
8　Process arrangement ················ 7—17—7
9　Air piping ···························· 7—17—7
10　Auxiliary equipment ··············· 7—17—7
11　Storage, transportation of coal and ash ·························· 7—17—7
12　Water supply, drainage and circulation ························· 7—17—8
13　Thermal monitoring and control ······························ 7—17—9
14　Heating, ventilation and dust abatement ·························· 7—17—9
15　Electric ······························ 7—17—9
16　Building and structure ············ 7—17—10
17　Gas piping ··························· 7—17—10
Appendix A　The minimum horizontal net interval from overhead gas pipes to buildings, structures and pipelines in factory ·············· 7—17—11
Appendix B　The minimum cross net interval from overhead gas pipes to railways, roads, overhead electric lines and other pipes in factory ········ 7—17—11
Appendix C　The minimum horizontal net interval from overhead gas pipes to other parallel pipes lay on the same bracket in factory ·············· 7—17—12
Appendix D　The minimum horizontal, vertical, cross net interval between in workshops overhead cold gas pipes and other pipes ······················ 7—17—12
Explanation of wording in this code ································· 7—17—12
List of quoted standards ··············· 7—17—12
Addition: Explanation of provisions ····················· 7—17—13

1 总 则

1.0.1 为使发生炉煤气站(以下简称煤气站)设计能保证安全生产、节约能源、保护环境、改善劳动条件,做到技术先进和经济合理,制定本规范。

1.0.2 本规范适用于工业企业新建、扩建和改建的常压固定床发生炉的煤气站及其煤气管道的设计。本规范不适用于水煤气站及其水煤气管道的设计。

1.0.3 煤气站扩建和改建的工程,应合理地充分利用原有的设备、管道、建筑物和构筑物。

1.0.4 煤气站的环境保护设施,必须与主体工程同时设计、同时施工、同时投产使用。

1.0.5 煤气站有害物质的排放和噪声的控制,应符合国家现行有关标准的规定。

1.0.6 煤气站及其煤气管道的设计,除应符合本规范外,尚应符合国家现行有关标准的规定。

2 术 语

2.0.1 发生炉煤气站　producer gas station
以煤、焦炭为原料,饱和空气为气化剂,采用常压固定床煤气发生炉连续制取工业用煤气所设置的生产和辅助生产设施的总称。

2.0.2 运煤(渣)栈桥　overhead bridge for coal(slag) conveyer
运输煤、焦炭或灰渣的带式输送机走廊。

2.0.3 破碎筛分间　crasher and screen room
装有煤或焦炭的破碎设备或筛分设备的房间。

2.0.4 受煤斗　coal receiving hopper
在煤场内或机械化运煤设备前的贮煤斗。

2.0.5 末煤　fine coal
粒度为小于 6mm 的煤。

2.0.6 机械化运输　transport by conveyer
带式输送机、多斗提升机、刮板机和水力除灰渣等运输方式。

2.0.7 半机械化运输　transport by simple machine
单轨电葫芦、单斗提升机、电动牵引小车、有轨手推矿车和简易运煤机械等运输方式。

2.0.8 磁选分离设施　magnetic separator
装在运煤系统上的磁选设备、悬吊式磁铁分离器、电磁胶带轮等。

2.0.9 小型煤气站　small type gas station
煤气设计产量小于或等于 6000m³/h 的煤气站。

2.0.10 中型煤气站　medium type gas station
煤气设计产量大于 6000m³/h,且小于 50000m³/h 的煤气站。

2.0.11 大型煤气站　large type gas station
煤气设计产量大于 50000m³/h 的煤气站。

2.0.12 一般通道　common passage
室内操作和检查经常来往通过的地方。

2.0.13 主要通道　main passage
设备安装和检修运输用的干道。

2.0.14 两段式煤气发生炉　two stage gasifier
带有干馏段的煤气发生炉,简称"两段炉"。

2.0.15 煤气净化设备　equipment for gas purification
竖管、旋风除尘器、电气滤清器、洗涤塔、间接冷却器、除滴器等的总称。

2.0.16 电气滤清器　electrostatic precipitator
湿式电气除尘器、电除焦油器、静电除尘器的总称。

2.0.17 除滴器　water knockout
去除煤气中的水滴的设备。

2.0.18 钟罩阀　bell type valve
煤气发生炉出口放散煤气或烟气的装置。

2.0.19 止逆阀　non-return valve
防止煤气发生炉内煤气向空气管内倒流的装置。

2.0.20 爆破阀　anti-explosion valve
煤气爆炸时阀内膜片破裂泄压后,阀盖由于重锤的作用,自动闭上,能起安全作用的阀。

2.0.21 爆破膜　bursting disc
装于空气管、煤气管末端的泄压膜片。

2.0.22 自然吸风装置　draft ventilation equipment
供煤气发生炉烘炉时自然通风的设备。

2.0.23 排水器　water seal equipment
排除煤气管道内冷凝水的设备。

2.0.24 盘形阀　disk valve
用于切断热煤气的盘型阀。

2.0.25 煤气管补偿器　flexible section of gas pipe
煤气管道上温度变化补偿用的装置。

2.0.26 盲板　blanking plate
煤气设备或管道的法兰间用于临时隔断或扩建延伸的部位的堵板。

2.0.27 撑铁　side shoring
设在煤气设备或管道的法兰前后,用于装卸盲板、盲板垫圈的支撑。

2.0.28 眼镜阀　revolving gate valve
煤气管道上的旋转式闸阀。

3 煤种选择

3.0.1 气化煤种的选用,应做到合理利用能源和节约能源,满足用户对煤质量的要求,并应与安全生产、经济效益和环境保护相协调。

3.0.2 选用的气化煤种,应有其产地、元素成分分析等技术指标资料和相应的气化煤种供应协议。

3.0.3 一段式煤气发生炉气化用煤的技术指标,应符合现行国家标准《常压固定床气化用煤技术条件》GB/T 9143 的有关规定。

3.0.4 两段式煤气发生炉气化用煤的技术指标,除应符合现行国家标准《常压固定床气化用煤技术条件》GB/T 9143 的有关规定外,尚应符合表 3.0.4 的规定。

表 3.0.4　两段式煤气发生炉气化用煤技术指标

项　目	技术指标
粒度(mm)	20~40;25~50;30~60
最大粒度与最小粒度之比	≤2
块煤限下率(%)	≤10
挥发分 V_d(%)	≥20
灰分 A_d(%)	≤18
黏结指数 G	≤20
坩埚膨胀序数 C.S.N	≤2

3.0.5 初步设计前,应取得采用煤种的气化试验报告。煤的主要气化指标的采用,应根据选用的煤气发生炉型式、煤种、粒度等因素综合确定。对用于气化的煤种,应采用其平均气化强度指标;对未用于气化的煤种,应根据其气化试验报告和用于煤气发生炉

化的类似煤种的气化指标确定。

4 设计产量和质量

4.0.1 煤气站的设计产量,应根据各煤气用户的车间小时最大煤气消耗量之和及车间之间的同时使用系数确定。煤气用户的车间小时最大煤气消耗量,应根据各使用煤气设备的小时最大煤气消耗量之和及各设备之间的同时使用系数确定。

4.0.2 煤气用户车间之间的同时使用系数和各设备之间的同时使用系数,应根据同类型企业的实际工况进行核算后确定。

4.0.3 一段发生炉煤气低位发热量宜符合下列规定:
    1 无烟煤系统或焦炭系统不宜小于 5000kJ/m³;
    2 烟煤系统不宜小于 5650kJ/m³。

4.0.4 两段发生炉煤气低位发热量宜符合下列规定:
    1 上段煤不宜小于 6700kJ/m³;
    2 下段煤不宜大于 5440kJ/m³。

4.0.5 冷煤气站的煤气温度,在洗涤塔或间接冷却器后,不宜高于 35℃,且夏季不应高于 45℃。

4.0.6 在使用煤气设备前,热煤气站以烟煤气化的煤气温度,不宜低于 350℃。

4.0.7 冷煤气站出口煤气中的灰尘和焦油含量,应根据用户要求确定。当用户无要求时,宜符合下列规定:
    1 无烟煤系统或焦炭系统煤气中的灰尘和焦油含量之和,不宜大于 50mg/m³;
    2 烟煤系统煤气中的灰尘和焦油含量之和,不宜大于 100mg/m³;
    3 两段炉系统煤气中的灰尘和焦油含量之和,不宜大于 50mg/m³。

4.0.8 发生炉煤气脱硫工艺的选择,应根据发生炉煤气的用途、处理量和煤气中的硫化氢含量,并结合当地环境保护要求和煤气燃烧反应后所产生的硫氧化物所允许的排放标准等因素,经技术经济方案比较后确定。

4.0.9 发生炉煤气脱硫设备的能力,应按需处理的煤气量和其相应的硫化氢含量确定。

4.0.10 发生炉煤气脱硫设备台数的设置,应能使煤气中硫化氢含量符合设计要求。

5 站区布置

5.0.1 煤气站区的布置应符合现行国家标准《工业企业总平面设计规范》GB 50187 的有关规定,并应符合下列要求:
    1 煤气站区应位于厂区主要建筑物和构筑物全年最小频率风向的上风侧;
    2 煤气站应靠近煤气负荷比较集中的地点;
    3 应便于煤、灰渣、末煤、焦油、焦油渣的运输和贮存以及循环水的处理;
    4 在旁侧设有锅炉房时应便于与锅炉房共用煤和灰渣的贮运设施以及末煤的利用;
    5 应合理规划预留扩建场地;
    6 应设绿化场地。

5.0.2 煤气站区的厂房布置,其防火间距应符合现行国家标准《建筑设计防火规范》GB 50016 的有关规定。

5.0.3 煤气站主厂房的正面,宜垂直于夏季最大频率风向;室外煤气净化设备,宜布置在煤气站主厂房夏季最大频率风向的下风侧。

5.0.4 煤气排送机间、空气鼓风机间宜与煤气站主厂房分开布置。小型煤气站的煤气排送机间、空气鼓风机间可与煤气站主厂房毗连布置。

5.0.5 循环水系统、焦油系统和煤场等的建筑物和构筑物,宜布置在煤气站主厂房、煤气排送机间、空气鼓风机间等的夏季最大频率风向的下风侧,并应防止冷却塔散发的水雾对周围环境的影响。

5.0.6 煤气站区内的消防车道,应符合现行国家标准《建筑设计防火规范》GB 50016 的有关规定。

6 设备选择

6.0.1 煤气发生炉的备用台数设置宜符合下列规定:
    1 煤气发生炉的工作台数每 5 台及以下应另设 1 台备用;
    2 当用户终年连续高负荷生产时,每 4 台及以下宜另设 1 台备用;
    3 当煤气发生炉检修时,煤气用户允许减少或停止供应煤气的情况下,可不设备用。

6.0.2 煤气发生炉设备选型,应根据煤种确定。当冷煤气站气化不黏结烟煤、弱黏结烟煤及年老褐煤时,宜采用两段炉。

6.0.3 竖管、旋风除尘器、风冷器应分别与煤气发生炉一对一配置。

6.0.4 竖管底部的灰和焦油渣宜采用水力排除。

6.0.5 余热锅炉的设置应满足工艺系统压力降的要求,并应经技术经济比较后确定。

6.0.6 余热锅炉应采用火管式锅炉。

6.0.7 压力大于等于 0.1MPa 的煤气发生炉水夹套或汽包,应符合现行国家标准《钢制压力容器》GB 150 的有关规定。

6.0.8 电气滤清器型式的选择应根据煤气中焦油和杂质的性质确定;当其流动性差、不能自流排除时,应采用带有冲洗装置的电气滤清器。

6.0.9 电气滤清器的数量和容量应根据煤气站的设计产量确定,且不宜少于 2 台,且不应设备用。管式电气滤清器内,煤气的实际流速不宜大于 0.8m/s;当其中 1 台清理或检修时,煤气的实际流速不宜大于 1.2m/s。

6.0.10 当洗涤塔集中设置或与电气滤清器一对一布置时,可不设备用;但当其中一台设备清理或检修而煤气站产气量不变时,其他运行设备应能保证正常工作,满足煤气净化和冷却的要求。

6.0.11 空气鼓风机的空气流量应根据煤气站的设计空气需要量确定。空气压力应根据煤气发生炉在达到设计产量时的炉出口煤气压力、炉内的压力损失、空气管道系统压力损失的总和确定。

6.0.12 煤气排送机的煤气流量应根据煤气站设计产量确定;煤气压力应根据煤气用户对煤气压力的要求和煤气管道系统压力损失的总和确定。

6.0.13 空气鼓风机、煤气排送机,宜采用变频调节。

6.0.14 采用离心式煤气排送机和空气鼓风机时,应符合下列规定:
    1 单机工作时,其流量的富裕量,不宜小于计算流量的 10%;其压力的富裕量,不宜小于计算压力的 20%;并联工作时应适当加大;
    2 压力应根据工作条件下介质的密度进行修正,流量应根据工作条件下介质的温度、湿度、煤气站所在地区的大气压力进行修正;
    3 空气鼓风机和煤气排送机其并联工作台数不宜超过 3 台,并应另设 1 台备用;当需要低负荷调节确认经济合理时,可增设 1 台较小容量的设备。

6.0.15 除滴器宜与煤气排送机一对一布置。

6.0.16 两段炉冷煤气站中,上段煤气电滤器后及下段煤气急冷塔后宜采用间接冷却。

6.0.17 两段炉冷煤气站采用高温焚烧法处理煤气冷凝水时,其焚烧炉的操作温度应大于1100℃。焚烧炉后应设废热锅炉或其他热能回收装置。

7 设备的安全

7.0.1 煤气净化设备和煤气余热锅炉,应设放散管和吹扫管接头;其敷设的位置应能使设备内的介质吹净;当煤气净化设备相连处无隔断装置时,应在较高的设备上或设备之间的煤气管道上装设放散管。

7.0.2 设备和煤气管道放散管的接管上,应设取样嘴。

7.0.3 容积大于或等于1m³的煤气设备上的放散管直径,不应小于100mm;容积小于1m³的煤气设备上的放散管直径,不应小于50mm。

7.0.4 在电气滤清器上必须设爆破阀。

7.0.5 在洗涤塔上宜设爆破阀。

7.0.6 装设爆破阀应符合下列规定:
 1 应装在设备薄弱处或易受爆破气浪直接冲击的部位;
 2 离地面的净空高度小于2m时,应设防护措施;
 3 爆破阀的泄压口不应正对建筑物的门窗、站区道路等有人员经过的地方。

7.0.7 爆破阀薄膜的材料,宜采用退火状态的工业纯铝板。

7.0.8 竖管、旋风除尘器,应设泄压水封。

7.0.9 煤气设备水封的有效高度不应小于表7.0.9的规定。

表7.0.9 煤气设备水封的有效高度

最大工作压力(Pa)	有效高度(mm)
<1000	250
1000~3000以下	0.1P+150
3000~10000	0.1P×1.5
>10000	0.1P+500

注:P为最大工作压力。

7.0.10 煤气排送机后的设备最大工作压力应为煤气排送机前的最大工作压力与煤气排送机的最大升压之和。

7.0.11 钟罩阀内放散水封的有效高度应高出煤气发生炉出口最大工作压力的水柱高度50mm。

7.0.12 煤气设备的水封应采取保持其固定水位的措施。

7.0.13 煤气发生炉、煤气净化设备和煤气排送机与煤气管道之间,应设置可隔断煤气的装置;当设置盲板时,应设便于装卸盲板的撑铁。

7.0.14 在煤气设备和管道上装设的爆破阀、人孔、阀门、盲板等,其距操作层或地面的高度大于2m时,应设置操作平台。

8 工艺布置

8.0.1 煤气发生炉宜采用单排布置。

8.0.2 主厂房的层数和层高,应根据煤气发生炉的型式、煤斗贮量、运煤和排灰渣的方式、操作和安装维修的需要确定。

8.0.3 主厂房内设备之间、设备与墙之间的净距,应根据设备操作、检修和运输的需要确定;当用作一般通道时,净距不宜小于1.5m。

8.0.4 主厂房为封闭建筑时,底层外墙应按设备的最大件尺寸设置门洞或预留安装孔洞;二层以上的楼层,应根据所在层的设备最大部件设置吊装孔,并应根据所在层检修部件的最大重量,设置起重设施和预留安装拆卸设备的场地。

8.0.5 在以烟煤煤种气化的煤气发生炉与竖管或旋风除尘器的接管上,应设清除管内积灰的设施。

8.0.6 煤气净化设备除竖管和旋风除尘器可布置在室内之外,其他设备均应布置在室外。

8.0.7 大型、中型煤气站的煤气排送机和空气鼓风机,宜分开布置在各自的房间内;小型煤气站的煤气排送机和空气鼓风机,可布置在同一房间内。

8.0.8 煤气排送机和空气鼓风机应各自单排布置。

8.0.9 煤气排送机间、空气鼓风机间内,设备之间、设备与墙之间的净距,宜为0.8m~1.2m;当用作主要通道时,不宜小于2m;当用作一般通道时,宜符合本规范第8.0.3条的规定。

8.0.10 煤气排送机间的层数和层高,应根据设备的结构型式、排水器布置和设备吊装等要求确定。当采用单层厂房时,操作层的层高不应小于3.5m;采用双层厂房时,底层的层高不应小于3m。

8.0.11 煤气排送机间、空气鼓风机间的操作层,应在外墙按设备的最大部件设置门洞或预留安装孔洞,并应设置检修最重部件的起重设施和预留有安装拆卸部件的场地。

8.0.12 空气鼓风机的吸风口应布置在室外,并应设置防护网和防雨、防尘、降低噪声的设施。

9 空气管道

9.0.1 在煤气发生炉的进口空气管道,应设明杆式或指示式阀门、自然吸风装置和止逆阀;空气总管的末端,应设爆破膜和放散管,放散管应接至室外。

9.0.2 饱和空气管道应设保温层,并应在其最低点装设排水装置。

9.0.3 空气管道宜架空敷设。

10 辅助设施

10.0.1 煤气站应设化验室,其化验设备应能满足经常化验项目的需要。

10.0.2 煤气站应设机修间和电修间,其维修设备应按站内机电设备及管道的经常维护和小修的需要设置。小型煤气站可不设机修间和电修间。

10.0.3 大型煤气站应设仪表维修间。

10.0.4 煤气安全防护设施应符合现行国家标准《工业企业煤气安全规程》GB 6222 的有关规定。

11 煤和灰渣的贮运

11.0.1 大、中型煤气站的煤、灰渣和末煤应采用机械化装卸和运输,小型煤气站宜采用机械化或半机械化装卸和运输。

11.0.2 煤气站的煤场,应根据煤源远近、供应的均衡性和交通运输方式等条件确定,并应符合下列规定:
 1 火车和船舶运输,煤场贮煤量宜为10d~30d的煤气站入炉煤量;
 2 汽车运输,煤场贮煤量宜为5d~10d的煤气站入炉煤量;
 3 当工厂有集中煤场时,煤气站煤场贮煤量宜为1d~3d的煤气站入炉煤量;
 4 煤场除设置入炉煤的贮存场地外,尚应根据需要预留末煤的堆放场地。

11.0.3 露天煤场应夯实和设排水设施,并宜铺设块石地坪或混凝土地坪;在有经常性的连续降雨、降雪地区,煤场宜防雨、防雪设施,其覆盖面积应根据当地的气象条件及满足煤气站正常运行需煤量确定。

11.0.4 运煤系统设备的每班设计运转时间不宜大于 6h。

11.0.5 机械加煤的煤气发生炉贮煤斗的有效贮量,应根据运煤的工作班制确定,当煤气发生炉为连续运行时,贮煤斗的有效贮量宜按表 11.0.5 的规定。

表 11.0.5 煤气发生炉贮煤斗的有效贮量

运煤工作班制	有 效 贮 量
一班制	煤气发生炉 18h~20h 的入炉煤量
二班制	煤气发生炉 12h~14h 的入炉煤量
三班制	煤气发生炉 6h 的入炉煤量

11.0.6 煤气发生炉的直径大于 2m 时,其贮煤斗内供排放泄漏煤气用的放散管直径不应小于 300mm;当煤气发生炉直径等于或小于 2m 时,贮煤斗放散管直径不应小于 150mm。放散管的设置应便于清理。

11.0.7 煤气发生炉的贮煤斗及溜管的侧壁倾角不应小于 55°。

11.0.8 运煤系统应筛分和磁选分离设施。当供煤的粒度大于设计要求时,应设置破碎机。磁选分离设施应设在破碎机前。

11.0.9 煤气站的贮运系统应设置煤的计量设施。

11.0.10 末煤斗的总贮量不宜小于煤气站的一昼夜末煤产生量。末煤斗及其溜管的侧壁倾角不应小于 60°。在严寒地区的末煤斗应设防冻设施。

11.0.11 灰渣斗的总贮量不宜小于煤气站的一昼夜灰渣排除量。灰渣斗及其溜管的侧壁倾角不应小于 60°。在严寒地区的灰渣斗应设防冻设施。

11.0.12 运煤和排渣系统中设备传动装置的外露转动部分,应设安全防护罩;当装设在运煤栈桥内的带式输送机无安全防护罩时,应设越过带式输送机的过桥,并应在操作人员行走的一侧设栏杆。

11.0.13 主厂房贮煤层应设防止操作人员落入贮煤斗的设施,并应设防止楼板上的积水流入贮煤斗的设施。

11.0.14 当采用带式输送机给煤时,煤气发生炉贮煤斗上方,应采取防止末煤集中进入最后一个贮煤斗的措施。

11.0.15 带式输送机的倾斜角应符合下列规定:
  1 当运送块煤时,不应大于 18°;
  2 当运送末煤及灰渣时,不应大于 20°。

11.0.16 运煤栈桥宜采用半封闭式或封闭式。

11.0.17 运煤栈桥的通道应符合下列规定:
  1 运行通道的净宽不应大于 1m,检修通道的净宽不应小于 0.7m;
  2 运煤栈桥的垂直净高不应小于 2.2m。

11.0.18 运煤筛分破碎设备间应设起吊设施和检修场地。

11.0.19 运煤系统的破碎机、振动筛和产生粉尘的转卸点应设封闭设施。

12 给水、排水和循环水

12.0.1 煤气发生炉水套的给水水质应符合现行国家标准《工业锅炉水质》GB/T 1576 的有关规定。

12.0.2 煤气发生炉搅棒、人孔、炉顶、散煤锥、煤气排送机轴承及油冷却器等冷却水水质,应符合下列规定:
  1 悬浮物不宜大于 100mg/L;
  2 水温 25℃时,pH 值宜为 6.5~9.5;
  3 应根据冷却水的碳酸盐硬度控制排水温度,且不宜大于表 12.0.2 的规定。

表 12.0.2 碳酸盐硬度与排水温度的关系

碳酸盐硬度 (mg/L 以 CaCO₃ 表示)	排水温度 (℃)
≤175	50
250	45
300	40
350	35
500	30

12.0.3 煤气站室外消火栓用水量应按现行国家标准《建筑设计防火规范》GB 50016 的有关规定确定。

12.0.4 主厂房、运煤栈桥、转运站、碎煤机室处,宜设置室内消防给水点,且其相接连处宜设置水幕防火隔离设施。

12.0.5 烟煤系统洗涤冷却煤气的循环水,应分设冷、热两个系统。

12.0.6 煤气净化设备采用接触煤气的循环水时,应进行水处理。水处理后的水质、水压、水温应符合下列规定:
  1 无烟煤系统和焦炭系统的冷煤气循环水的灰尘与焦油含量之和,不应大于 200mg/L;
  2 烟煤系统的冷煤气冷循环水的灰尘与焦油含量之和,不宜大于 200mg/L;热循环水的灰尘与焦油含量之和,不应大于 500mg/L;
  3 水温 25℃时 pH 值不应小于 6.5;
  4 供水点压力应根据煤气净化设备的高度、管网阻力及所采用喷嘴的性能确定,并应符合下列要求:
   1)无填料煤气净化设备喷嘴前的压力宜为 0.1MPa~0.15MPa;
   2)有填料煤气净化设备喷嘴前的压力宜为 0.05MPa~0.1MPa。
  5 无烟煤系统和焦炭系统的冷煤气循环水的给水温度不宜大于 28℃,夏季最高水温不宜大于 35℃;
  6 烟煤系统的冷煤气冷循环水的给水温度不宜大于 28℃,夏季最高水温不宜大于 35℃。烟煤系统的冷煤气热循环水的给水温度不小于 55℃。

12.0.7 接触煤气的循环水,应与不接触煤气的水封用水和设备冷却水、蒸汽冷凝水、生活用水等的排水分流。

12.0.8 冷煤气站站区内接触煤气的洗涤冷却水、水封用水和煤气排水器用水,必须设封闭循环水系统。

12.0.9 热煤气站的湿式盘阀、旋风除尘器、热煤气管道灰斗底部以及其他煤气设备的水封用水,不应直接排入室外排水管道。

12.0.10 厂区和车间煤气管道排水器的排水应集中处理。

12.0.11 接触煤气的循环水冷却塔宜采用风筒自然通风。

12.0.12 接触煤气的循环水系统宜设调节池。

12.0.13 接触煤气的循环水沉淀池、水沟等构筑物,应采取防止循环水渗入土壤污染地下水的措施,并应设清理污泥的设施;水沟之间必须有排除地面水的管渠。

12.0.14 循环水系统的冷却塔不可设备用。当冷却塔检修时,应采取不影响生产的措施。

12.0.15 循环水水沟应设盖板。

12.0.16 煤焦油采用封闭式输送系统,且宜采用蒸汽保温的管道输送。

12.0.17 循环水泵房的吸水井应设水位标尺。

12.0.18 煤气站的循环水系统应设置贮运煤焦油、循环水沉渣的设施。

12.0.19 循环水沉淀池的周围应设置栏杆。

12.0.20 运煤系统建筑物内宜设置用水冲洗地面的设施。

13 热工测量和控制

13.0.1 煤气站应根据安全、经济运行和核算的要求,装设测量仪表和自动控制调节装置。测量仪表的装设,应符合表13.0.1的规定。

表13.0.1 煤气站测量仪表的装设

场所及测量项目			现场显示	控制室显示	控制室记录或累计
煤气炉间	进炉空气	流量	—	√	√
	空气总管空气	压力	√	√	√
		温度	√	√	—
	饱和空气	压力	√	√	—
		温度	√	√	√
	炉出口煤气	温度	√	√	√
		压力	√	√	—
	发生炉汽包或发生炉水套蒸汽	水位	√	√	—
		压力	√	√	√
空气鼓风机间	鼓风机出口及空气汇总管空气	压力	√	√	—
煤气排送机间	排送机入口煤气	压力	√	√	—
		温度	√	—	√
	排送机出口煤气	压力	√	√	√
		温度	√	√	—
室外管道	低压煤气总管	压力	√	√	√
	净化设备之间管道煤气	压力	√	—	—
	外部进站蒸汽	压力	√	√	—
		流量	—	√	√
	外部进站软水	压力	√	—	—
		流量	—	√	√
	外部进站给水	压力	√	—	—
		流量	—	√	√
	出站煤气	压力	√	√	√
		温度	√	√	—
		流量	—	√	√
		热值	—	√	—
净化设备	电除尘器绝缘子箱内	温度	√	√	—
	入竖管循环水	流量	—	√	√
	入洗涤塔循环水	流量	—	√	√
	入卧式电除尘器循环水	流量	—	√	√

注:表中"√"表示应装设,"—"为可不装设。

13.0.2 煤气站的报警信号应符合下列要求:
1 当空气总管的空气压力下降到设计值时,应发出声、光报警信号;当压力继续下降到设定值或空气鼓风机停机时,应自动停止煤气排送机,并发出声、光报警信号;
2 当煤气排送机前低压煤气总管的煤气压力下降到设计值时,应发出声、光报警信号;当继续下降到设定值时应自动停止煤气排送机,并发出声、光报警信号;
3 当电气滤清器出口煤气压力下降到设计值时,应发出声、光报警信号;
4 当电气滤清器绝缘子箱内的温度下降到设计值时,应发出声、光报警信号;
5 电气滤清器内含氧量大于0.8%时,应发出声、光报警信号;当达到1%时,应自动切断高压电源,并发出声、光报警信号;
6 当大型煤气站的煤气排送机、空气鼓风机轴承温度大于65℃或油冷系统的油压小于50kPa时,应发出声、光报警信号。

13.0.3 煤气发生炉应设空气饱和温度自动调节装置,并应设汽包水位自动调节装置、汽包高低液位声光报警装置。

13.0.4 煤气站宜设置生产负荷自动调节装置。

13.0.5 煤气站的检测控制系统宜采用电子计算机系统。

14 采暖、通风和除尘

14.0.1 煤气站各主要生产房间的采暖室内计算温度,除应符合国家现行标准《工业企业设计卫生标准》GBZ 1的有关规定外,尚应符合表14.0.1的规定。

表14.0.1 采暖室内计算温度(℃)

名 称	温 度
主厂房发生炉炉面操作层	16
主厂房其余各层	5~10
煤气排送间、空气鼓风间	10
循环水泵房	16
运煤栈桥、破碎筛分间、焦油泵房等经常无人操作的房间	5
工人值班室、控制室、整流间、化验室	16~18

14.0.2 主厂房宜设机械通风设施。主厂房操作层的换气次数每小时不宜少于5次,并宜设夏季用的局部送风设施;主厂房底层及贮煤层的换气次数每小时不宜少于3次;夏热冬暖地区和夏热冬冷地区,主厂房宜设有天窗或自然排风设施。

14.0.3 当煤气发生炉的加煤机与贮煤斗连接且主厂房贮煤层为封闭建筑时,在贮煤斗内除设置供排放泄漏煤气用的放散管外,尚应在贮煤斗内的上部设机械排风装置;当煤气发生炉的加煤机与贮煤斗不相连接时,在加煤机的上方,宜设机械排风装置。

14.0.4 煤气排送机间应设正常和事故排风装置,并应符合下列要求:
1 煤气排送机轴承处设局部排风罩时,正常换气次数应每小时6次;
2 煤气排送机轴承处不设局部排风罩时,正常换气次数应每小时8次;
3 事故排风换气次数应每小时12次,其开关应与可燃气体检测器报警信号连锁,排风装置的手动开关应在室内外分别设置,并应便于操作。

14.0.5 煤气排送机间内送风口的布置,应采取避免使送出的空气经过煤气排送机到达工人经常工作地点的措施。

14.0.6 机械化运煤系统的破碎机、振动筛和产生粉尘的转卸点,应设机械通风除尘设施。

14.0.7 通风系统的室外进风口不应靠近煤气净化设备区。

15 电 气

15.0.1 煤气站的供电负荷级别和供电方式,应符合现行国家标准《供配电系统设计规范》GB 50052的有关规定。

15.0.2 煤气站的爆炸和火灾危险环境的电力设计,应符合现行国家标准《爆炸和火灾危险环境电力装置设计规范》GB 50058的有关规定,其爆炸和火灾危险环境的划分应符合下列规定:
1 主厂房的贮煤层为封闭建筑,且煤气发生炉的加煤机与贮煤斗连接时,应属2区爆炸危险环境;当符合下列情况之一时,应属22区火灾危险环境:
 1)贮煤斗内不会有煤气漏入时;
 2)贮煤层为敞开或半敞开建筑时;

2 主厂房底层及操作层应属非爆炸危险环境；

3 煤气排送机间及煤气净化设备区应属2区爆炸危险环境；

4 焦油泵房、焦油库应属21区火灾危险环境；

5 煤堆应属23区火灾危险环境；

6 受煤斗室、破碎筛分间、运煤栈桥应属22区火灾危险环境；

7 煤气管道的排水器室应属2区爆炸危险环境。

15.0.3 煤气站的建筑物、构筑物、室外煤气设备和煤气管道的防雷设计，应符合现行国家标准《建筑物防雷设计规范》GB 50057的有关规定。

15.0.4 煤气站的照明设计，应符合现行国家标准《建筑照明设计标准》GB 50034的有关规定。主厂房、煤气排送机间、空气鼓风机间、煤气净化设备和运煤系统等处，应设置检修照明。主厂房、煤气排送机间内各设备的操作岗位处和控制室，应设置应急照明。主厂房的通道处，应设置灯光疏散指示标志。

15.0.5 煤气站内各操作室应设有通信设施。

15.0.6 煤气站的加煤间、排送机间等危险场所的可燃气体和有毒气体检测报警装置的设置，应符合现行国家标准《石油化工可燃气体和有毒气体检测报警设计规范》GB 50493的有关规定。

15.0.7 煤气排送机的电动机必须与空气鼓风机的电动机或空气总管空气压力传感装置联锁，并应符合下列规定：

1 在空气鼓风机启动后，煤气排送机才能启动；当空气鼓风机停止时，应自动停止煤气排送机；联锁装置应能使所有空气鼓风机互相交替工作；

2 当空气总管的空气压力升到大于等于设定值时，应能自动启动煤气排送机，当降到设定值时，应自动停止煤气排送机。

15.0.8 煤气排送机的电动机必须与煤气排送机前低压煤气总管的煤气压力传感装置进行联锁。当压力下降到设定值时，应自动停止煤气排送机。

15.0.9 连续式机械化运煤和排渣系统，其各机械之间应设电气联锁。

15.0.10 当煤气排送机、空气鼓风机的电动机采用管道通风时，其电动机与通风机的电动机之间应设电气联锁。

16 建筑和结构

16.0.1 煤气站生产的火灾危险性分类和厂房耐火等级，按现行国家标准《建筑设计防火规范》GB 50016的有关规定，主厂房、煤气排送机间、煤气管道排水器室应属于乙类火灾危险性生产厂房，其建筑耐火等级不应低于二级。

16.0.2 加煤机与贮煤斗相连且为封闭建筑的主厂房贮煤层、煤气排送机间、煤气管道排水器室等有爆炸危险的厂房，应设置泄压设施，且应符合现行国家标准《建筑设计防火规范》GB 50016的有关规定。

16.0.3 主厂房操作层宜采用封闭建筑，并应设通往煤气净化设备平台或热煤气用户的通道。

16.0.4 主厂房各层的安全出口数目不应少于2个。当每层建筑面积小于等于150m²，且同一时间生产人数不超过10人时，可设置一个安全出口。

16.0.5 主厂房的底层宜采用混凝土地面层，楼层宜采用防滑地砖面层。

16.0.6 煤气站排送机间应符合下列规定：

1 应采用通风良好的封闭建筑，并应设有隔声的观察值班室；

2 应设2个安全出口，当每层面积不大于150m²时可设一个。

16.0.7 煤气排送机间、鼓风机间应设有综合的噪声控制措施，设备基础应设有防振设施。

16.0.8 煤气站内的化验室、整流间、控制室和办公室，应采取防振动、防潮湿、防尘、噪声控制和降高温等措施。

16.0.9 室外煤气净化设备区宜设混凝土地坪。

16.0.10 室外煤气净化设备平台，宽度不应小于0.8m，平台面应有防滑措施；平台周围应设置栏杆，栏杆高度应为1.2m，栏杆底应设150mm高挡板；平台扶梯宜有斜度，竖直高2m以上部分应设护笼。

16.0.11 室外净化设备联合平台的安全出口不应少于2个，当长度不超过15m的平台可设1个安全出口。平台通往地面的扶梯、相邻平台和厂房的走道，均可视为安全出口。平台最远处至安全出口的距离不应超过25m。

16.0.12 水沟、沉淀池、调节池和焦油池应采用钢筋混凝土结构。水沟和焦油沟应设盖板，其顶面标高在室内部分应与室内地坪相同，在室外部分应高出附近地面并不小于150mm。

16.0.13 煤气站主厂房设计时应预留能通过煤气发生炉最大搬运件的安装洞，安装洞可结合门窗洞或在非承重墙处设置。

16.0.14 煤气站的柱距、跨度、层高，在满足工艺设计的前提下，宜符合现行国家标准《厂房建筑模数协调标准》GB/T 50006的规定。

16.0.15 需扩建的煤气站，应合理规划预留扩建场所。

16.0.16 煤气站的辅助用房基本卫生要求应符合国家现行标准《工业企业设计卫生标准》GBZ 1的有关规定。

16.0.17 煤气站的楼层地面和屋面的荷载，应按现行国家标准《建筑结构荷载规范》GB 50009的有关规定确定。

17 煤气管道

17.0.1 厂区煤气管道应架空敷设，并应符合下列规定：

1 应敷设在非燃烧体的支柱或栈桥上；

2 沿建筑物的外墙或屋面上敷设时，该建筑物应为一、二级耐火等级的丁、戊类生产厂房；

3 不应穿过存放易燃易爆物品的堆场和仓储区以及不使用煤气的建筑物；

4 与建筑物、构筑物和管线的最小水平净距，应符合本规范附录A的规定；

5 与铁路、道路、架空电力线路和其他管道之间的最小交叉净距，应符合本规范附录B的规定。

17.0.2 架空煤气管道与水管、热力管、不燃气体管、燃油管和氧气管伴随敷设时，应符合下列规定：

1 厂区架空煤气管道与水管、热力管、不燃气体管和燃油管在同一支柱或栈桥上敷设时，其上下平行敷设的垂直净距不应小于250mm；

2 厂区架空煤气管道与氧气管道共架敷设时，应符合现行国家标准《氧气站设计规范》GB 50030的有关规定；

3 厂区架空煤气管道与在同一支架上平行敷设的其他管道，最小水平净距，应符合本规范附录C的规定；

4 车间架空冷煤气管道与其他管线平行、垂直和交叉敷设的最小净距应符合本规范附录D的规定；

5 利用煤气管道及其支架设置其他管道的托架、吊架时，管道之间的最小净距，应符合本规范附录D的规定，并应采取措施消除管道不同热胀冷缩的相互影响。

6 煤气管道与输送腐蚀性介质管道共架敷设时，煤气管道应架设在上方；对于易漏气、漏油、漏腐蚀性液体的部位，应在煤气管道上采取保护措施。

17.0.3 煤气管道支架上不应敷设电缆，但采用桥架铺装或钢管布线的电缆可敷设在支架上,其间距应符合本规范附录 D 的规定。

17.0.4 厂区架空煤气管道与架空电力线路交叉时,煤气管道应敷设在电力线路的下面,并应在煤气管道上电力线路两侧设有标明电线危险、禁止通行的栏杆;栏杆与电力线路外侧边缘的最小净距,应符合本规范附录 A 的规定;交叉点两侧的煤气管道及其支架必须可靠接地,其电阻值不应大于 10Ω。

17.0.5 煤气管道应设导除静电的接地设施。

17.0.6 煤气管道与铁路、道路的交叉角不宜小于 45°。

17.0.7 敷设在建筑物上的煤气管道,在与建筑物沉降缝的相交处,不应设固定支架。

17.0.8 冷煤气管道在用户的进口处,应设阀门、流量检测装置、压力表、取样嘴和放散管,其位置宜设在用户的墙外,并应设操作平台。

17.0.9 车间煤气管道应架空敷设,当与设备连接的支管架空敷设有困难时,可敷设在空气流通但人不能通行的地沟内。除供同一用户用的空气管道外,不应与其他管线敷设在同一地沟内。

17.0.10 厂区冷煤气管道的坡度不宜小于 0.005,车间冷煤气管道的坡度不宜小于 0.003,且管道最低点应设有排水器。

17.0.11 煤气管道支架间的跨度,应根据管道、冷凝水和保温层的重量、风和雪的荷载、内压力及其他作用力等因素,经强度计算后确定,并应验算煤气管道的最大允许挠度。湿陷性黄土地区的厂区架空煤气管道的强度及支架的荷载均应按其中任一支架下沉失去支撑作用后的条件进行设计。

17.0.12 在室外采暖计算温度低于 −5℃ 的地区,厂区冷煤气管道的排水器应采取防冻设施。

17.0.13 在严寒和寒冷地区,冷煤气管道和阀门应根据当地气温条件、煤气管道长度、负荷高低等因素进行保温的设计。

17.0.14 煤气管道应采取热胀冷缩的补偿措施。当自然补偿不能满足要求时,可采用补偿器进行补偿。

17.0.15 煤气管道的连接,应采用焊接。但热煤气管道的连接,可采用法兰。煤气管道与阀门或设备的连接应采用法兰,但在与管道直径小于 50mm 的附件连接处,可采用螺纹连接。

17.0.16 冷煤气管道的隔断装置选择,应符合现行国家标准《工业企业煤气安全规程》GB 6222 的有关规定。管道直径小于 50mm 的支管,可采用旋塞。管道检修需要隔断部位,应增设带垫圈及撑铁的盲板或眼镜阀。

17.0.17 热煤气管道的隔断装置应采用盘形阀或水封;当阀门安装高度大于 2m 时,宜设置平台。

17.0.18 吹扫用的放散管应设在下列部位:
1 煤气管道最高处;
2 煤气管道的末端;
3 煤气管道进入车间和设备的进口阀门前,但阀门紧靠干管的可不设放散管。

17.0.19 煤气管道和设备上的放散管管口高度应符合下列规定:
1 应高出煤气管道和设备及其平台 4m,与地面距离不应小于 10m;
2 厂房内或距厂房 10m 以内的煤气管道和设备上的放散管管口高度,应高出厂房顶部 4m。

17.0.20 厂区煤气管道上的阀门、计量装置、调节阀等处以及经常检查处,宜设置人孔或手孔。在独立检修的管段上,人孔不应少于 2 个,且人孔的直径不应小于 600mm;在直径小于 600mm 的煤气管道上,宜设手孔,其直径应与管道直径相同。

17.0.21 热煤气管道应设保温层。热煤气站至最远用户之间热煤气管道的长度,应根据煤气在管道内的温度降和压力降确定,但不宜大于 80m。两段煤气发生炉的热煤气管道,当压力允许时,其长度可大于 80m。

17.0.22 热煤气管道应设灰斗,灰斗的间距应根据有利于清灰的原则确定,灰斗下部应设排灰装置。

17.0.23 热煤气管道上应设吹扫孔或机械清灰装置。

17.0.24 煤气排送机前的低压煤气总管上宜设爆破阀或泄压水封。

附录 A 厂区架空煤气管道与建筑物、构筑物和管线的最小水平净距

表 A 厂区架空煤气管道与建筑物、构筑物和管线的最小水平净距(m)

建筑物、构筑物和管线名称	水平净距(m)
一、二级耐火等级建筑物,丁、戊类生产厂房	0.6
一、二级耐火等级建筑物(不包括丁、戊类生产厂房和有爆炸危险的厂房)	2
三、四级耐火等级建筑物	3
有爆炸危险的厂房	5
铁路(中心线)	3.75
道路(距路肩)	1.5
煤气管道	0.6
其他地下管道或地沟	1.5
熔化金属、熔渣出口及其他火源	10
电缆管或沟	1
小于等于 110kV 架空电力线路外侧边缘	最高(杆)塔高
人行道外缘	0.5
厂区围墙(中心线)	1
电力机车	6.6

注:1 当煤气管道与其他建筑物或管道有标高差时,其水平净距应指投影至地面的净距。
2 安装在煤气管道上的栏杆、平台等任何凸出结构,均作为煤气管道的一部分。
3 架空电力线路与煤气管道的水平距离,应考虑导线的最大风偏情况。
4 厂区架空煤气管道与地下管、沟的水平净距,系指煤气管道支架基础与地下管道或地沟的外壁之间的距离。
5 当煤气管道的支架或凸出地面的基础边缘距路面更近于煤气管道外沿时,其与道路净距应以支架或基础边缘计算。

附录 B 厂区架空煤气管道与铁路、道路、架空电力线路和其他管道的最小交叉净距

表 B 厂区架空煤气管道与铁路、道路、架空电力线路和其他管道的最小交叉净距(m)

铁路、道路、导线和管道名称		最小交叉净距(m)	
		管道下	管道上
铁路轨面		5.5(6.6)	—
道路路面		5	—
人行道路面		2.2	—
架空电力线路	1kV 以下	1.5	3
	1kV~30kV	3	3.5
	35kV~110kV	不允许架设	4
架空索道(至小车底最低部分)电车道的架空线		1.5	3
其他管道	管径<300m	同管道直径,但不小于 0.1	同管道直径,但不小于 0.1
	管径≥300m	0.3	0.3

注:1 括号内数字为距电力机车铁路轨面的最小交叉净距。
2 架空电力线路敷设在煤气管道上方时,其最小交叉净距,应考虑导线的最大垂度。

附录C 厂区架空煤气管道与在同一支架上平行敷设的其他管道的最小水平净距

表C 厂区架空煤气管道与在同一支架上平行敷设的其他管道的最小水平净距(mm)

其他管道直径	煤气管道直径		
	<300	300~600	>600
<300	100	150	150
300~600	150	150	200
>600	150	200	300

注：其他小管道利用小型支架设在大煤气管道侧面时，其最小水平净距也应符合本表的规定。

附录D 车间架空冷煤气管道与其他管线平行、垂直和交叉敷设的最小净距

表D 车间架空冷煤气管道与其他管线平行、垂直和交叉敷设的最小净距(m)

车间管线名称		平行	垂直	交叉
氧气管、乙炔管、燃油管		0.5	0.5	0.25
水管、热力管、不燃气体管		符合附录C的规定	0.25	0.1
电线	滑触线	3	3	0.5
	裸导线	2	2	0.5
绝缘导线和电缆		1	1	0.5
穿有导线的电线管		1	1	0.25
插接式母线、悬挂式干线		3	3	1
非防爆型开关、插座、配电箱等		3	3	1

注：煤气的引出口与电气设备不能满足上述距离时，允许二者安装在同一柱子的相对侧面。当为空腹柱子时，应在柱子上装设非燃烧体隔板，局部隔开。

本规范用词说明

1 为便于在执行本规范条文时区别对待，对于要求严格程度不同的用词说明如下：
　1）表示很严格，非这样做不可的：
　　正面词采用"必须"，反面词采用"严禁"；
　2）表示严格，在正常情况下均应这样做的：
　　正面词采用"应"，反面词采用"不应"或"不得"；
　3）表示允许稍有选择，在条件许可时首先应这样做的：
　　正面词采用"宜"，反面词采用"不宜"；
　4）表示有选择，在一定条件下可以这样做的，采用"可"。

2 条文中指明应按其他有关标准执行的写法为："应符合……的规定"或"应按……执行"。

引用标准名录

《厂房建筑模数协调标准》GB 50006
《建筑结构荷载规范》GB 50009
《建筑设计防火规范》GB 50016
《氧气站设计规范》GB 50030
《建筑照明设计标准》GB 50034
《供配电系统设计规范》GB 50052
《建筑物防雷设计规范》GB 50057
《爆炸和火灾危险环境电力装置设计规范》GB 50058
《工业企业总平面设计规范》GB 50187
《石油化工可燃气体和有毒气体检测报警设计规范》GB 50493
《钢制压力容器》GB 150
《工业企业煤气安全规程》GB 6222
《工业企业设计卫生标准》GBZ 1
《工业锅炉水质》GB/T 1576
《常压固定床气化用煤技术条件》GB/T 9143

中华人民共和国国家标准

发生炉煤气站设计规范

GB 50195—2013

条 文 说 明

制 订 说 明

《发生炉煤气站设计规范》GB 50195—2013，经住房和城乡建设部2012年12月25日以第1602号公告批准发布。

本标准是在《发生炉煤气站设计规范》GB 50195—94的基础上修订而成，上一版的主编单位是机械工业部设计研究院（中国中元国际工程公司），参编单位是冶金工业部北京钢铁设计研究总院、国家建筑材料工业局秦皇岛玻璃工业设计研究院、建设部中国市政工程华北设计院，主要起草人员是寇工、顾长藩、魏德宏、温敬业、洪宗宽、张惠琴、梁安馨、徐辉。

本次修订的主要技术内容是：

1. 近年来，随着经济的发展，与本规范密切相关的安全、环保、卫生、节能等有关国家规范、政策和规定也发生了深刻的变化；由于发生炉煤气站具有易燃、易爆、易中毒、耗能的行业特点，规范必须适应这一形势发展的要求，进行相应的调整修改。

2. 原规范中煤气站的热工测量和控制限于20世纪80年代的水平，在现规范中有了进一步提高和补充。

3. 为合理利用能源和保护环境，调整和充实相关的条文。对发生炉煤气行业近些年的环保节能成果，进行研究制定了相应的条文。

4. 两段式煤气发生炉技术在国内已经成熟，规范中增加了相应内容。

5. 其他主要修改内容还有：增加部分煤气发生炉水夹套为压力容器的设计规范内容。调研和总结国内外先进成功经验，充实、完善本规范条文内容。

本标准修订过程中，编制组进行了发生炉煤气脱硫、发生炉煤气站三废治理、国内两段炉煤气站发展状况的调查研究，总结了我国发生炉煤气站运行的实践经验。

为便于广大设计、施工、科研、学校等单位有关人员在使用本标准时能正确理解和执行条文规定，《发生炉煤气站设计规范》编制组按章、节、条顺序编制了本标准的条文说明，对条文规定的目的、依据以及执行中需注意的有关事项进行了说明，还着重对强制性条文的强制性理由做了解释。但是，本条文说明不具备与标准正文同等的法律效力，仅供使用者作为理解和把握标准规定的参考。

目 次

1 总则 …………………………… 7—17—16
3 煤种选择 ……………………… 7—17—16
4 设计产量和质量 ……………… 7—17—16
5 站区布置 ……………………… 7—17—16
6 设备选择 ……………………… 7—17—17
7 设备的安全 …………………… 7—17—17
8 工艺布置 ……………………… 7—17—18
9 空气管道 ……………………… 7—17—19
10 辅助设施 …………………… 7—17—19
11 煤和灰渣的贮运 …………… 7—17—19
12 给水、排水和循环水 ……… 7—17—20
13 热工测量和控制 …………… 7—17—21
14 采暖、通风和除尘 ………… 7—17—21
15 电气 ………………………… 7—17—22
16 建筑和结构 ………………… 7—17—22
17 煤气管道 …………………… 7—17—22

1 总 则

1.0.1 本条说明本规范的制订目的和重要性,明确设计时必须认真贯彻国家有关各项方针政策;设计中要对安全设施周密考虑,保证安全生产,做到安全可靠;要认真合理的节约能源,提高设计质量,使其能在日常生产中发挥经济效益和社会效益,同时要重视对周围环境的保护,以保障人民身体的健康。

1.0.2 本条说明本规范适用于工业企业新建、扩建和改建的以煤为气化原料、在常压下鼓风的固定床气化的发生炉煤气站和煤气管道的设计。

水煤气站也是采用固定床的煤气发生炉,也有一段水煤气发生炉和两段水煤气发生炉之分,但生产的均是水煤气,其工艺生产方法及煤气的性质均与发生炉煤气有所不同,故本条作出"不适用"的规定。

1.0.4 根据《中华人民共和国环境保护法》的规定:"建设项目中防治污染的设施,必须与主体工程同时设计、同时施工、同时投产使用。防治污染的设施必须经原审批环境影响报告书的环境保护行政主管部门验收合格后,该建设项目方可投入生产或者使用。"故作出本条的规定。

3 煤种选择

3.0.4 为了保证燃料在两段煤气炉内正常干馏和气化,现根据国内外两段煤气发生炉操作数据和经验,其用煤条件的规定较为严格,故对原规范规定作了调整。

3.0.5 煤的气化指标对煤气站设计时确定煤种、炉型和炉子台数、工艺流程均有密切关系,故规定:初步设计前,应取得采用煤种的气化试验报告。

煤的气化指标和选用煤气发生炉炉型有关。如采用无烟煤气化的煤气发生炉,同样是 3m 直径,W-G 型炉的产气量比 D 型炉的产气量要高,甚至高 50% 以上。煤的质量与气化强度也有密切的关系。如大同煤比其他烟煤的气化强度要高,鹤岗煤的气化率要比大同煤低。煤的粒度大小与均匀性也直接影响煤气发生炉的产气量,所以,本条文写明要把各种因素综合加以考虑。

对已用于煤气站气化的煤种,应采用平均指标。平均指标是指煤气站在正常操作情况下能稳定生产所达到的指标,如灰渣含碳量、煤气的成分等。由于各厂的操作水平不同,或用户负荷不同,就是使用同一煤种和同一炉型,气化强度也有高低之分。因此,本条文中所指的平均指标是在上述条件下较先进的平均指标。

4 设计产量和质量

4.0.1 煤气站的设计产量决定煤气站的建设规模,应根据用气资料认真核算,力求均衡生产。

4.0.3 本条所规定的指标是蒸汽空气混合煤气一般可能达到的指标。如果用户有较高的要求时,可采取富氧空气等方法提高煤气发热量。

4.0.4 本条所规定的指标是根据大同煤与阜新煤的干基挥发分推算,当干基挥发分接近 20% 时,上段煤气发热量约 $6780kJ/m^3$,本条是依此作规定的。

4.0.6 为了充分利用烟煤热煤气的显热和焦油的潜热,在煤气输送过程中应进行保温。根据资料,当煤气温度低于 350℃ 时,则有煤焦油析出,不仅损失热能,而且污染输送管道及阀门。对融化玻璃的熔窑、炼钢平炉来说,热煤气的温度更为重要,低了满足不了生产要求,故规定不宜低于 350℃。

小型煤气站的热煤气温度,考虑焦油析出问题,也不宜低于 350℃,可是当煤气生产量较低时,在煤气生产和输送过程中,热损失相对较大,要控制在 350℃ 以上,即使保温也难达到,故可适当降低。

4.0.8～4.0.10 制定的条文主要是满足发生炉煤气脱硫要求而对发生炉煤气脱硫工艺选择、工艺装置能力、脱硫工艺过程中产生的"三废"处置等作出的一般规定。

5 站区布置

5.0.1 煤气站区位置的确定,涉及现行国家标准《工业企业总平面设计规范》GB 50187 的规定较多,所以本条仅对与煤气站有关的几项主要因素作了规定。

1 将站区布置在工厂主要建筑物和构筑物全年最小频率风向的上风侧,有利于减少煤气站散发到大气中的有害气体经风的传播对主要生产厂房的影响,故作此规定。

2 煤气站设立在煤气负荷比较集中的地区,可节省供应煤气管道的投资。

3 煤气站的煤、灰渣、末煤、焦油和焦油渣等的贮运数量较大。站区位置的确定,应考虑火车运输厂内外铁路接轨铺设的方便,汽车运输的厂内外主要公路连接的方便。站区内应考虑有足够的场地便于煤、末煤、灰渣贮斗的布置;冷、热循环水系统的建筑物和构筑物,如水泵房、水沟、沉淀池、冷却塔、焦油池等的布置以及循环水水质处理设施的布置。

4 煤气站的位置宜尽量靠近锅炉房,便于与锅炉房共同采用煤及灰渣的贮运设施,同时可减少末煤在沿途运输的损失,并节约投资。

6 过去在煤气站设计中不重视区域内环境的绿化,故作本条的规定。

5.0.3 煤气站主厂房是散发焦油蒸汽、煤气、煤尘、灰尘的地方,而煤气发生炉、汽包、旋风除尘器、竖管等又是散热的设备,因此,主厂房室内的环境较差,操作层温度很高。根据调查,夏季一般在 40℃～43℃ 之间,中南地区甚至高达 45℃ 以上。

为了充分利用自然通风的穿堂风,排除室内的余热,改善工人操作环境,故煤气站主厂房的正面宜垂直于夏季最大频率风向。考虑到室外煤气净化设备如竖管、电气滤清器、洗涤塔等的冷、热循环水和焦油系统都是污染源,为减少水沟、焦油沟散发的有害气体对主厂房操作工人的影响,故条文作此规定。

5.0.4 煤气排送机、空气鼓风机的振动和噪声,对附设在主厂房的生产辅助间内有防振要求的化验室、仪表室、仪表维修室的设备有影响,且噪声对主厂房及生产辅助间内工作人员不利。故作本条规定。

5.0.5 循环水系统、焦油系统和煤场等的建筑物和构筑物如沉淀池、调节池、水沟、焦油池、焦油沟、焦油库、冷却塔、水泵房等会发出有害气体,煤场会散发出煤粉尘。为了保护煤气站主厂房、煤气排送机间、空气鼓风机间等的室内环境卫生,故作本条的规定。

煤气站的冷却塔散发的水雾中含有酚和氰化物等有害物质，故本条规定应防止冷却塔散发的水雾对周围环境的影响。要求设计人员在布置冷却塔时，应结合冷却塔塔型式的大小及水质等具体情况，确定冷却塔的防护间距。

5.0.6 煤气站生产的火灾危险性属于乙类，对消防有较高的要求。因此，规定站区内的消防车道要符合现行国家标准《建筑设计防火规范》GB 50016 的有关规定。

6 设备选择

6.0.1 煤气发生炉的备用台数，是考虑在正常工作制度的情况下，设备检修时煤气站仍能正常运行达到设计产量，满足用户的需要。根据国内不同行业企业煤气站生产开炉率的情况作此规定。

6.0.2 几十年的实践证明，当冷煤气站气化烟煤、年老褐煤时，焦油处理问题和循环水处理问题都没有很好的解决之道，只有两段炉才能较好地解决这些问题，故当冷煤气站气化烟煤、年老褐煤时宜采用两段炉。

6.0.4 竖管底部的灰和焦油渣宜采用水力排除，不宜用人工清理，因为人工清理劳动条件差，劳动强度大。实践经验证明，竖管的煤气冷却水排水量大时流速高，水流可以带走焦油渣。有的在竖管底部安装高压水冲洗装置，定期用高压水冲洗排除，效果也好。

6.0.9 电气滤清器不应设备用指的是不应在设备状况良好的条件下闲置备用，因为设备闲置时腐蚀较快，切断不严密易发生事故。

6.0.13 变频调节装置已广泛应用，而且实践证明空气鼓风机、煤气排送机采用变频调节，节能效果非常显著。一般情况下，变频器的投资一两年即可回收，应大力推广。

6.0.16 干馏较好的两段炉中，上段煤气中的焦油为低温焦油，有很好的流动性，在一级电滤器中可以除去 90%～95% 以上。下段煤气中几乎检测不到焦油，故上段煤气一级电滤器后及下段煤气急冷塔后宜采用间接冷却，以减少于煤气接触的循环水，既可节省水处理的投资，又有利于保护环境。

6.0.17 在两段炉冷煤气站中，上段煤气一级电滤器后及下段煤气急冷塔后采用间接冷却，煤气冷凝水的量较少，其中酚的含量很高，适宜采用高温焚烧法处理。焚烧炉的操作温度应大于 1100℃，是为了避免焚烧温度不够时，酚、焦油等物质裂解不完全产生二次污染。焚烧炉后设废热锅炉或其他热能回收装置，是为了更有效地利用能源。

7 设备的安全

7.0.1 本条为强制性条文。煤气净化设备或余热锅炉在开始送煤气时，应将设备内的空气吹扫干净，当设备停用后进入检修时，必须将设备内的煤气吹扫干净，以确保安全运行或检修。因此，应设有放散管以便进行上述工作。放散管装设的位置，要避免在设备内气流有死角。当净化设备相连处无隔断装置时，可仅在较高的设备上装设放散管。例如电气滤清器与洗涤塔之间无隔断装置时，一般洗涤塔高于电气滤清器，可以在洗涤塔上装设放散管。

又如联结两设备的煤气管段高于设备时，则可在此管道的较高处装设放散管。

7.0.2 为便于取样化验设备和煤气管道内的介质成分，以保证安全检修或安全运行，故作本条规定。

7.0.3 本条为强制性条文。放散管的直径太小会使吹扫时间太长，且易被煤气中含有的水分及杂质堵塞。当设备检修时，还须开启放散管作自然通风用。因此规定放散管的直径不应小于 100mm。

设备容积小，放散煤气量少，可以适当缩小放散管管径，故规定在容积小于 $1m^3$ 的煤气设备上装设的放散管直径应不小于 50mm。

7.0.4 本条为强制性条文。电气滤清器内易发生火花，操作上稍有不慎即有爆炸的危险。电气滤清器均设有爆破阀，生产工厂也确认电气滤清器的爆破阀在爆破时起到了保护设备的作用，所以本条文规定电气滤清器必须装设爆破阀。

7.0.5 经调查，除二级或三级洗涤塔外，多数工厂单级洗涤塔没有爆破阀，个别工厂由于误操作或动火时不遵守规定也发生过严重爆炸事故，但大多数工厂有严格管理制度且遵守安全操作规程，未发生过事故，所以在条文中不作硬性规定，规定为"宜设爆破阀"。

7.0.6 装设爆破阀的目的是保护设备，装设的位置很重要，同时还要避免造成二次伤害。

7.0.7 爆破阀薄膜的材料，我国煤气站长期以来习惯于使用铝板。设计计算按现行国家标准《爆破片与爆破片装置》GB 567—1999 的规定执行。

7.0.8 竖管、旋风除尘器的安装位置紧靠煤气发生炉，而且一般均装设有最大阀和下部出灰的水封，根据调查，绝大部分不设爆破阀，当发生爆炸时，可在最大阀和下部出灰水封处泄压力。

7.0.9 本条为强制性条文。煤气设备水封的有效高度，不应小于本规范表 7.0.9 的规定，说明如下：

(1) 最大工作压力小于 3000Pa 的煤气设备或煤气管道的水封有效高度为其最大工作压力(Pa)乘 0.1 系数后，加 150mm，但不小于 250mm。此规定适用于煤气排送机前或热煤气系统的煤气设备与煤气管道的水封。例如：煤气发生炉出口煤气最大工作压力为 1000Pa，则该系统中设备与管道的水封高度应为 $1000 \times 0.1 + 150 = 250mm$。发生炉煤气未经净化以前的脏煤气中含有数量较多的杂质，其中一部分沉淀于水封槽内必须经常进行清理。如果水封高度太高，将给清理工作带来困难，因此在确保安全的前提下，尚须满足清理工作的顺利进行，该规定在我国发生炉煤气站 50 多年的生产实践中证明是可行的。

(2) 一般发生炉煤气站使用高压煤气排送机后至用户的煤气压力往往均超过 10000Pa，当计算其水封有效高度时，应按煤气排送机后的最大工作压力(Pa)乘 0.1 系数后加 500mm 才是其水封的有效高度，但必须注意煤气排送机后的煤气最大工作压力，应等于煤气排送机前可能达到的最大工作压力与煤气排送机的最大升压之总和，以此计算才能确保其有效水封高度不会突破。

(3) 对最大工作压力 3000Pa～10000Pa 的煤气设备或煤气管道的水封有效高度的规定乘以 1.5 系数，其结果介于上述两种情况之间，在低限时与第一项吻合，在高限时与第二项吻合。

7.0.11 钟罩阀的结构特点是当煤气发生炉出口煤气压力达到设计最大工作压力时，阀体内的钟罩质量与悬挂在阀体外的砝码质量应平衡，当炉出口煤气压力大于设计最大工作压力时，钟罩被自动顶起使煤气得以放散，但当机械机构发生故障时，由于阀体内的放散水封被煤气压力冲破以放散而保持其安全的作用。所以，放散水封的高度，应等于煤气发生炉出口设计最大工作压力的水柱高度加 50mm。

7.0.12 本条为强制性条文。煤气设备的水封应保持其固定水位以确保水封的安全有效高度，一般使水封液面处于溢流状态，也可以采用其他措施保持其水位,故作出本条的规定。

7.0.13 本条为强制性条文。为煤气发生炉煤气净化设备和煤气排送机检修的需要,其与煤气管道之间应设有可靠隔断煤气的装置,以防止煤气漏入检修的设备而发生中毒事故,所以在条文中作出了这方面规定。但在具体方法上各有不同,如设置盲板、眼镜阀均可达到隔断煤气的目的。

7.0.14 安装在离操作层或地面2m以上的爆破阀、人孔、阀门等处均需要一个平台,以便工人在平台上进行检修或操作。

8 工艺布置

8.0.1 煤气发生炉单排布置有以下优点:
(1)煤气发生炉单排布置操作环境好。在同一地区相同气候的条件下,室内温度单排布置比双排布置要低2℃~5℃,因为单排布置室内有良好的自然通风,"热空气"易于排除;而双排布置在两排煤气发生炉的中间地带聚积的"热空气"受到两侧设备(煤气发生炉、双竖管或旋风除尘管)的阻挡,难以排除,故室内温度较高。
(2)设备检修方面。单排布置比双排布置便于设备检修,以更换发生炉水套为例,单排布置时,水套可从煤气发生炉的出灰一侧墙上预留的门洞进出;而双排布置时,必须从两排炉的中间通道运输,颇不方便。
(3)设备布置方面。单排布置比双排布置简单。净化设备可集中布置在主厂房的一侧,管道短;而双排布置时,设备及管道需布置在主厂房的两侧,比较复杂。
(4)根据调查,国内煤气站煤气发生炉不超过12台的,多数是单排布置,超过12台的多数是双排布置。
综合上述分析,单排布置具有操作环境好、设备检修方便、布置简单、便于操作等优点。即使个别工厂需要装设的煤气发生炉台数较多,在站区布置面积允许的情况下,还以单排布置为宜。

8.0.2 确定主厂房的层数和层高的因素很多,据调查目前国内发生炉煤气站主厂房的层数和层高大致情况如下所述:
(1)层数。
1)装设 $\phi2.4m$、$\phi3.0m$、$\phi3.6m$ 的 D 型煤气发生炉的主厂房一般为三层,即底层、操作层、贮煤层。
2)装设 $\phi3.0m$、$\phi2.4m$ 的 W-G 型煤气发生炉的主厂房一般为五层,即底层(出灰层)、二层(炉箅机构层)、三层(操作层)、四层(中间煤仓层)、五层(贮煤层)。
3)装设小于 $\phi2m$ 煤气发生炉的主厂房一般为二层,个别情况采用单层建筑,仅在煤气发生炉炉身周围操作面另加一个简易操作平台。
(2)D 炉的主厂房层高。
1)底层高度:安装 $\phi2.4m$ 煤气发生炉的为6m,$\phi3.0m$ 的为6.5m,$\phi3.6m$ 的为6.8m;
2)操作层的高度:根据发生炉打钎的需要及加煤机贮煤斗的高度来确定;
3)贮煤层的高度与采用的运煤方式有关。胶带运煤用犁式铲卸料时,一般为3m;采用多斗或斜桥单斗运煤时运煤的一端可局部略微提高。
(3)W-G 型炉的主厂房层高。
1)底层高度与出渣渣方式、炉体渣斗高度有关,不同出渣方式的渣斗下净空高度为:
翻斗汽车出渣:2.0m~2.4m;
三轮汽车出渣、人工小车出渣:1.8m~2.0m;
胶带出渣:是根据胶带及给料机尺寸决定的。

2)二层(炉箅机构层)高度,主要决定于炉体的尺寸,$\phi3.0mW-G$ 型煤气发生炉,二层高度约为4.5m。
3)三层(操作层)高度,是根据发生炉打钎的需要,及中间煤仓下煤柱的高度确定的。
4)四层(中间煤层)高度,决定于中间煤仓与贮煤斗(即大煤仓)的高度以及二者之间的净距(即百叶窗高度),其净距一般为600mm~700mm。适当加大百叶窗的高度,有利于中间煤仓进煤扇形阀的检修,便于排除下煤时的阻塞。
5)五层(即贮煤层)高度与运煤方式有关。

8.0.3 主厂房内设备之间、设备与墙之间的净距,与主厂房建筑设计采用封闭、半敞开或全敞开有关,而且由于发生炉型号及其他设备的布置情况变化较大,本规范不宜作具体规定。设计时根据具体情况确定,但应满足设备日常操作和安装检修时零部件拆装及运输的需要。现行国家标准《建筑设计防火规范》GB 50016 规定,疏散走道宽度不宜小于1.4m,因此,本条规定用作一般通道不宜小于1.5m。

8.0.4 主厂房为封闭建筑时,底层应考虑设备的最大部件(如发生炉水套)在安装或检修时能进出主厂房,因此,应留有安装孔及门洞。对二层以上的各楼层,也要根据所在楼层的设备最大部件尺寸留有安装孔或吊装孔,并为这些最大件装置必要的起重设施,留有检修的场地。

8.0.5 烟煤煤种气化的煤气发生炉煤气出口管道易积灰,故作了应设清除管内积灰设施的规定。

8.0.6 鉴于环境卫生的要求,煤气净化设备应设置在室外。根据调查,即使在采暖计算温度为-25℃的严寒地区,如齐齐哈尔、哈尔滨等地的煤气站,其净化设备采取保温措施后均设在室外,已正常运行50多年,在南方地区气候暖和更应设在室外。如将洗涤塔、间接冷却器等净化设备设在全封闭的厂房内,这些散热设备会使室内温度过高,恶化了工人的操作环境,并且易发生设备上防爆膜开裂,引发重大事故。但是对竖管和旋风除尘器,为了缩短与发生炉出口接管的距离,允许其设在厂房内。

8.0.7 煤气站的离心式煤气排送机和空气鼓风机在运转时发出较大噪声,经过14个工厂的煤气站在机组旁半米距离处的测定表明,各种类型煤气排送机的噪声A声级一般为83dB~99dB,平均在93dB;而空气鼓风机的噪声大于煤气排送机的噪声,一般为90dB~104.5dB,多数超过100dB。
煤气排送机间属防爆危险场所,必须考虑防爆,而空气鼓风机间不必防爆,两者分开可减少防爆设备及其他防爆措施和投资费用。
依据上述因素,本条规定了分开布置的原则,目的是为了减少噪声的影响,小型煤气站的煤气排送机和空气鼓风机容量小,结构简单,机组台数少,布置容易处理,故规定小型煤气站的煤气排送机和空气鼓风机可布置在同一房间内。

8.0.8 煤气排送机和空气鼓风机各自单排布置,宏观上整齐,又便于管线的布置,在正常情况下均应这样做。

8.0.9 设备之间的净距系指相邻设备凸出部分(如电动机的基础)之间的水平距离;设备与墙之间的净距系指设备靠墙一侧的凸出部分与墙、柱之间的水平距离。
主要通道的宽度,应满足机组拆装时最大零部件的运输及同时通过行人的需要,并应当留有余量。故规定用作主要通道不宜小于2m。

8.0.10 煤气排送机间的层数层高的确定,要考虑下列因素:
(1)机组结构形式。如煤气排送机出口向下,为使气流直顺,减小压力损失,必须将机组抬高以利管道敷设时,采用二层建筑较好。反之,当机组结构上无特殊要求时,一般采用单层建筑,可节约建筑投资。
(2)排水器布置方式。经调查,煤气排送机间在冶金工厂采用二层建筑较多,排水器布置在室内底层地面上,一般底层的层高不低于3m。在机械工厂,仅有个别采用二层建筑,大多数采用单层建筑,排水器布置在室外地下深坑中。

(3)操作层的层高与机组外形尺寸(高度)、选用的起重设备形式、机组设备安装检修最小起吊高度以及管道的布置方式等有关。根据一般要求,采用单层厂房层高不应小于3.5m。

8.0.11 起重设施要根据设备最重部件考虑,大致有三种方式:
(1)单梁或桥式手动(或电动)起重机;
(2)单轨手动葫芦或电动葫芦;
(3)房顶上留有起吊钩子以便临时悬挂葫芦。

8.0.12 空气鼓风机吸风口处的噪声,一般有95dB,个别的高达108dB,为了避免空气鼓风机吸风口噪声对室内环境的影响,规定应设降低噪声的设施。

为了防止室内煤气排送机运转时,万一煤气外泄将爆炸性混合气吸入空气系统中,所以规定空气鼓风机吸风口应布置在室外。空气鼓风机的吸风口布置在室外时,亦应减少受室外环境的影响和确保空气鼓风机的安全运行,故规定吸风口应设有防护网和防雨设施,以防止杂物、鸟类和雨水被吸入空气系统。

9 空气管道

9.0.1 本条为强制性条文。在煤气发生炉的进口空气管道上,装设明杆式或指示式阀门,以便操作工人能判断阀门开闭及调节控制风量的程度;止逆阀的作用是在停电或鼓风突然终止时,防止发生炉内煤气从炉底倒流进入空气管道;当煤气发生炉在停风压火时,炉内仍需少量空气以保持其不熄火,这就需有自然吸风装置。

爆破膜作为空气管道爆炸时泄压之用,材料可用铝板或橡胶膜,其安装位置应在空气流动方向的管道末端,因管道末端是薄弱环节,爆破时所受冲击力较大。

空气流动方向的总管末端应设有放散管,其作用是当停电或停空气时,再启动发生炉之前,为防止煤气已渗漏至空气总管内形成爆炸性混合气体,需进行吹扫,以确保安全,防止爆炸事故的发生。放散管接到室外的目的是将吹扫的混合气体导向室外排放。

9.0.2 饱和空气管道输送的空气中含有饱和水蒸气,因此在管道外缘应设保温层以防止温度降低,减少蒸汽冷凝的损失,为了使凝结水能顺利排出,故规定管道最低点要设排水装置。

10 辅助设施

10.0.1 煤气站经常化验的项目如下:
(1)煤气成分的全分析和单项分析;
(2)煤的工业分析和筛分分析;
(3)灰渣中含碳量的分析;
(4)煤气中主要成分的测定;
(5)循环水中悬浮物、pH值的测定。
煤气站不经常化验的项目如下:
(1)煤的元素分析和发热量的测定;
(2)循环水中的酚、氰化物含量等的测定;
(3)其他测定。

10.0.3 大型煤气站的仪表及自控装置较复杂,需要设仪表维修间,加强仪表装置的维护管理。

11 煤和灰渣的贮运

11.0.1 煤和灰渣采用机械化或半机械化装卸和运输,是减轻繁重的体力劳动、改善劳动条件、保护环境卫生和工人健康、提高劳动生产率的重要技术政策。根据生产上的需要和设备供应的可能性,结合当地的条件和经验,应积极采用机械化或半机械化装卸和运输。

机械化运输是指带式输送机、多斗提升机、刮板机、水力除灰渣等。半机械化运输是指单轨电葫芦、单斗提升机、电动牵引小车、简易运煤机械等。小型煤气站煤渣排送量一般小于1t/h,运煤量一般小于3t/h,因此,本条规定小型煤气站宜采用机械化或半机械化装卸和运输。

11.0.2 确定煤气站煤场贮煤量的因素较多,主要与煤源远近、供应的均衡性和交通运输方式等条件有关,有些地区要考虑冰雪封路、航道冻结、大风停航等气候条件对交通运输的影响,还与煤气站的规模大小、用地紧张程度等因素的关。设计时应根据具体情况确定,以满足生产的要求。

烟煤露天贮存期过长,因温度上升会引起自燃,露天贮存煤1个月,煤温上升到90℃,3～4个月上升到约500℃,会引起自燃,从安全生产考虑,煤场贮煤的天数不宜过多。

末煤占进厂煤30%以上,原则上应及时处理,尽量减少在厂内堆放末煤量,应根据实际情况适当考虑末煤堆放场地。

综上所述,参照有关规定,从节约用地的原则出发,并考虑到生产上的要求,作本条规定。

11.0.3 煤场露天堆煤,如经雨、雪淋湿,将造成筛选的困难,湿末煤过筛不净,附在煤块表面,一并进入煤气发生炉中,使煤气带出物增加。而且由于煤含水分过大,在气化过程中,势必影响干馏层以至还原层的温度,使煤气质量变坏甚至无法生产。因此规定,在经常性的连续降雨、雪地区,煤场的一部分宜设防雨、防雪设施,以尽量减少雨季入炉煤的表面水分。

煤气站煤场防雨、防雪设施可采用简而易行的方式,达到防雨、防雪的目的即可。

确定防雨、防雪设施的覆盖面积,其牵涉的因素较多,作具体规定有困难,故仅在本条文中提出要根据当地的气象条件及满足煤气站正常运行需煤量确定。

11.0.4 运煤机械在运行前工人需要有一定的准备工作时间,且在发生事故时紧急检修的时间也需1h～2h,故对设备每班设计运转时间作了不宜大于6h的规定。

11.0.5 本条文是按煤气发生炉为三班连续运行规定的,否则贮煤斗中的有效贮量可相应减小。

运煤设备事故紧急检修时间,对于电动葫芦、单斗提升机等简易运煤机械如调换钢丝绳、行走传动齿轮等,在有条件的情况下,一般只需1h～2h;对于带式运输机、多斗提升机、刮板机械、接皮带、换链板及传动齿轮,一般需2h～4h。

11.0.6 烟煤煤气中的焦油灰尘往往会堵塞管道,因此贮煤斗供排放泄漏煤气用的放散管直径不宜过小,且设置时要考虑清理方便。

11.0.8 为使气化用煤的粒度符合设计要求,应设筛分设施。当供煤的煤种块度过大未能满足设计入炉煤的粒度时,应设破碎设施。为确保煤气发生炉给煤机械正常运行和防止设备的磨损,应设有铁件分离设施,如悬吊式磁铁分离器、电磁胶带轮、电磁滚筒等。

11.0.9 煤是煤气生产的主要原料,关系着能耗指标。煤的计量是煤气站经济核算的一个重要手段,设计中应予考虑。

11.0.10 根据调查,国内煤气站末煤斗的总贮量一般都能贮存一昼夜的末煤产生量,通常末煤用火车或汽车运出厂外时,采用一班工作制,故本条文规定,末煤斗的总贮量不宜小于煤气站的一昼夜末煤产生量。

当末煤供厂内锅炉房或其他末煤用户使用时,因是短距离运输,其总贮量可以酌情减少。末煤斗和溜管的侧壁倾角,系按钢筋混凝土制作,斗内壁按抹光滑考虑,故规定内侧角不应小于60°。

为防止末煤冻结,规定在严寒地区的末煤斗应设有防冻设施。齐齐哈尔、沈阳、内蒙等地区的工厂,在末煤斗内加装蒸汽管道,防冻效果较好,在未采取该措施前,遇到严寒季节,如室外温度在−20℃左右时末煤要冻结。

11.0.11 根据调查,煤气站的灰渣采用汽车运输时,一般设置灰渣斗的总贮量均超过一昼夜灰渣排除量。灰渣斗和溜管的侧壁倾角,采取与末煤斗和溜管的侧壁倾角相同的数值,定为不应小于60°。

11.0.12 为保障操作人员行走的安全,特作本条规定。

11.0.13 煤气站主厂房贮煤层因煤灰飞扬,经常需要冲水清扫,故要设置防止水侵入贮煤斗的设施。在正常生产时,贮煤斗内有从煤气炉加煤机漏入的煤气。为防止意外,应设有防止操作人员落入贮煤斗的设施,如盖板、栏杆等。

11.0.14 煤气发生炉内末煤过多,气化不能正常运行,带式输送机送煤用胶带小车,可以避免末煤集中到胶带的端头,如果用刮板,由于刮板与胶带之间留有间隙,致使末煤集中到胶带端头落下。设计应使端头落下的末煤集中到一个专门设置的溜管排出。

11.0.15 国家标准《小型火力发电厂设计规范》GB 50049—94 第5.3.2条规定:"采用普通胶带输送机的倾斜角,运送碎煤机前的原煤时,不应大于16°;运送碎煤机后的细煤时,不应大于18°"。本条文根据煤气站的实际情况,参照上述规定确定。

11.0.16、11.0.17 条文根据煤气站的实际情况,并参照国家标准《小型火力发电厂设计规范》GB 50049—94 第 5.3.3、5.3.4 条的规定确定。上述规范第5.3.3条规定如下:"运煤栈桥宜采用半封闭式或封闭式。气候适宜时,可采用露天布置。但输送机胶带应设防护罩。在寒冷与多风沙地区,应采用封闭式,并应有采暖设施。"第5.3.4条规定如下:"运煤栈桥及地下隧道的通道尺寸,应符合下列要求:5.3.4.1 运行通道的净宽不应小于1m,检修通道的净宽不应小于0.7m。5.3.4.2 运煤栈桥的净高不应小于2.2m。"

11.0.19 根据现行国家标准《采暖通风与空气调节设计规范》GB 50019 有关规定制定。

12 给水、排水和循环水

12.0.4 由于防火的要求,对主厂房、运煤栈桥、转运站、碎煤机室相连接处,设置水幕防火隔离设施,这对防止火焰蔓延是很重要的。

12.0.5 如果烟煤系统的冷、热循环水相混合,则煤气最终冷却用水的温度升高,水质变差,同时竖管用水的温度降低,水中焦油黏度大,不符合工艺要求,故作此条规定。

12.0.6 本条对煤气净化设备与接触煤气的循环水,经处理后要求达到的水质、水压、水温作出规定:

1 无烟煤系统煤气冷却用的循环水水质,是总结了国内现有煤气站的生产情况,灰尘和焦油的含量低于200mg/L时,可以满足生产的要求。

2 冷循环水供煤气的最终冷却用,其水质的好坏对生产过程的影响尤为重要。由于水质恶化将引起洗涤塔的填料、冷却塔的配水系统和煤气净化冷却系统不能正常运行,煤气净化冷却效果差,故对烟煤系统循环水水质亦有要求,但目前水处理的方法很多且均未定型,需进一步总结经验,寻求经济合理的方案,此次修订仍按无烟煤系统煤气冷却用循环水质要求制定,定为不宜大于200mg/L。

热循环水是供给竖管、三级洗涤塔热段初步冷却净化煤气用。热循环水的水温较冷循环水高,焦油在较高温度下黏度较小,故规定水的灰尘和液态焦油的含量的指标较大。因为洗涤塔热段或空气饱和塔(利用热循环水增湿气化用空气的设备)也有木格填料,为了防止填料的堵塞和输送水的管道及喷嘴堵塞,指标也不宜过大。根据各厂家处理的试验资料,规定烟煤系统热循环水灰尘和液态焦油的含量不应大于500mg/L。

3 pH值低于6.5时,水泵、水管易于腐蚀。

4 供水点压力过高浪费能源,过低则喷洒性能差,满足不了工艺要求。有填料的清洗设备,填料有布水的作用,常采用阻损较小、结构简单的喷头,故供水点压力比无填料清洗设备为低。

供水点压力应考虑喷嘴前的压力、供水点至喷嘴的几何高度、供水管路的摩擦阻力与局部阻力。确定喷嘴前压力时,应根据设备的喷嘴数量及单个喷嘴的出水量核算总水量是否合乎设计要求。

5、6 考虑到夏季气温较高,对烟煤系统的冷却循环水或无烟煤系统的循环水水温的要求过低时,不经济。全国南北各地夏季气温差异也很大。根据全国主要城市平均每年最高温度超过5d~20d的干、湿球温度统计资料,以南昌、杭州的气温最高,每年最高温度超过10d的日平均干球温度分别为33.8℃、32.8℃,日平均湿球温度均为28.3℃。按一般冷却塔的设计要求,水温不超过35℃是可行的。其余季节气温较低,多数情况下,应不超过28℃。

烟煤系统的热循环水主要是供竖管中净化冷却煤气用,水温高时,水的蒸发系数大,水中焦油黏度小,水系统堵塞的机会少,故规定热循环水温度不应低于55℃。热循环水系统除了由冷循环水补充的部分冷水及自然冷却降温外,没有冷却的设备,故在正常情况下,热平衡的温度不应小于55℃。

12.0.7 接触煤气的循环水中有害物质如酚、氰化物、硫化物、油的浓度及化学需氧量等均较高,一般都不符合国家或地方规定的排放标准。设计要使循环水系统做到亏水不排放,故不应把本条文所指的其他基本上不含有害物质的用水排入循环水系统。但可以作为循环水系统的补充水。

12.0.8 煤气排水器、隔离水封等用水都接触煤气,其中有不少有害物质不能排放,如果其他排水排入循环水系统,势必增加了循环水系统的水量,使系统难以达到亏水,故规定必须封闭循环使用。

12.0.9 热煤气站一般均以烟煤为气化原料,煤气中含有焦油和酚,当煤气温度降低时,将会有部分焦油、酚等有害物质混入水封用水。因此这部分用水不应直接排放,如果能够控制水封给水量,保持稳定的水位,可以做到不排放。

12.0.10 厂区和车间煤气管道排水器的排水含有不少有害物质,应集中处理。目前,不少工厂都是集中到煤气站的循环水系统。集中方式有的用汽车运回,也有的用管道送回。

12.0.11 接触煤气的循环水中含有焦油、酚等有害物质,根据多年的实践,采用风筒自然通风式冷却塔可提高风筒对排出气进行大气扩散,与开放点滴式、鼓风逆流式相比,可减少对环境的污染。

采用风筒自然通风式冷却塔与鼓风式冷却塔相比可以节省能源,而且也不存在风机被腐蚀的问题,但风筒自然通风式冷却塔的基建费用较高。

12.0.12 沉淀池的沉渣应定期清理,以保持沉淀池的有效容积,调节池是作临时蓄水或清理沉淀池周转之用。

12.0.13 接触煤气的循环水沉淀池、水沟等构筑物,一般均采用钢筋混凝土结构并要求结构设计有较好的防渗漏措施。为保持亏水循环、不使地面水渗入循环水系统，故规定水沟之间必须有排地面水的管渠。

12.0.14 按现行国家标准《工业循环水冷却设计规范》GB/T 50102—2003 规定："冷却塔一般可不设备用。冷却塔检修时，应有不影响生产的措施。"本条文规定与之一致，为了能定期清理检修冷却塔，而且清理检修时仍可正常生产，可设计成分隔的冷却塔，且可与其系统分开。

12.0.15 循环水水沟设盖板主要是防止或减少水中有害物质挥发污染煤气站环境。

12.0.16 煤焦油在高温时有焦油蒸汽产生，为防止污染煤气站环境，应采用封闭式输送系统。焦油沟与蒸汽保温管道相比，后者更严密一些，故规定宜采用蒸汽保温管道。

12.0.17 循环水泵房的吸水井设有水位标尺，可以定期观测水位，控制循环水量的增长，控制补水量，保持循环水系统处于亏水状态。

12.0.18 煤焦油和沉渣为煤气站的废物，不及时处理将泛滥成灾，污染环境。用作燃料是一个较好的方法，既消除污染又节约能源。

12.0.20 运煤系统建筑物的地面与楼面粉尘较多，用水冲洗可防止粉尘飞扬，便于清洗地面，但冲洗的污水中含有煤粉，如何排除，在排水设计中应同时考虑。

13 热工测量和控制

13.0.1 本条规定了煤气站内设置的测量仪表与控制调节装置。一些关键参数除设置就地仪表显示外，应在控制室内设置二次仪表和自动操作控制开关装置。采用计算机程序控制，可防止人为操作失误，预防事故发生。

煤气炉间：进炉空气流量、压力，饱和空气温度、压力，炉出口煤气温度、压力，发生炉汽包或发生炉水套水位，蒸汽压力，这几个数据对于司炉工操作非常重要。所以，现场及操作室都要显示。

室外管道：外部进站的蒸汽、给水、软水等安装流量表，以便于经济核算。净化设备循环水安装流量表及出站煤气的热值测定记录仪，可以检测煤气质量，有利于管理。大型煤气站可采用在线连续自动分析。但因其价格问题，一般小煤气站可采用定时取样分析。

各设备之间装设压力表、温度表，便于检查设备的运行情况。

13.0.2 本条为强制性条文。煤气站的报警信号，其设置理由分述如下：

（1）当煤气站排送机在运行时遇到空气鼓风机或空气系统突然故障不能送风时，如果煤气排送机不立即停止运行，会导致排送机前系统内产生严重负压而使大量空气被吸入，形成爆炸性混合气体，易发生爆炸事故。

（2）本条规定煤气压力降低到设计值时，应发出声、光报警信号，目的是使操作人员注意控制调节，不使压力继续下降，造成停车。当压力继续下降到设定值时，则应停止煤气排送机的运行，并发出声、光报警信号，通知操作人员进行紧急处理，以确保安全生产。设计值和设定值应根据工艺系统的具体要求确定。

（3）为了防止在电气滤清器内形成负压时从外面吸入空气，引起爆炸事故，故当电气滤清器出口的煤气压力下降到设定值时，应发出声、光报警信号，操作人员可根据情况切断该电气滤清器的高压电源。此设计值根据工艺系统具体要求来定。

（4）电气滤清器绝缘子箱内的温度过低，煤气温度达到露点时，会析出水分而在瓷瓶表面凝结，致使瓷瓶耐压性能降低，易发生击穿事故。一般煤气露点温度为 63℃～67℃。

（5）为保证煤气站及其煤气管道的安全运行，需对煤气含氧量监控。

（6）煤气排送机、空气鼓风机的轴承温度与油冷却系统的油压控制是保证设备安全运行的需要，一般除了用人工定期检查外，还应将设备的运行参数集中到控制室实现遥控。

13.0.3 饱和空气温度是发生炉气化的重要参数，采用自动调节可以保证饱和温度的稳定，使其控制在±0.5℃范围内，从而保证了煤气的质量。用自动调节可减轻工人操作，有利于煤气发生炉的正常运行。特别是在煤气发生炉负荷变化较大时，效果更为显著。采用手动调节汽包水位，一有疏忽便会发生缺水或满水。缺水易造成水套烧坏变形事故；满水易造成水倒流风管事故。故汽包应设水位自动调节装置。

13.0.4 煤气站生产负荷自动调节能准确地根据用户用煤气量变化情况调节煤气站的生产能力，使煤气压力稳定，而采用手动调节很难达到压力稳定。手动调节时出现负压的可能性比自动调节大，自动调节在一定程度上能防止煤气站内低压煤气总管出现负压。从而，提高了煤气站生产的安全性。

14 采暖、通风和除尘

14.0.1 本条根据煤气站各个生产区的实际情况，对主要房间的冬季室内计算温度作了规定，对于经常无人操作的地方为节能并防冻规定为+5℃。

14.0.2 根据原规范组调研及测定数据表明，现在煤气站的生产环境接近或者超过许可的卫生标准。除了局部通风外，厂房应有良好的通风，规定操作层的换气次数每小时不宜少于 5 次，除在炉面探火时，一般情况下操作环境会有较好的改善。

主厂房底层及贮煤层煤气的污染情况较操作层为好。底层如果竖管、旋风除尘器排水沟都布置在室外，则基本上没有污染源，贮煤层贮煤斗内已设有排风装置，故规定主厂房底层及贮煤层的换气次数每小时不宜低于 3 次。

在主厂房操作层内，由于煤气发生炉顶部大量辐射热的散发，虽然采取水冷套等措施，夏季室内平均温度往往仍在 40℃以上，某些通风较差的场所最高达 45℃。所以本条规定在夏热冬暖地区和夏热冬冷地区宜设有天窗或自然排风设施。

14.0.3 由于煤气发生炉的加煤机密封性能不良，可能有逸出的煤气进入贮煤斗内，因而影响主厂房贮煤层操作工人的安全和身体健康。根据调查，有些工厂在贮煤斗内安设钟形排气罩作泄漏的煤气导出厂房外，这是行之有效的安全措施。

贮煤斗与加煤机不相连接时，在加煤机的上方宜设有机械排风装置，以清除在加煤时从炉内逸出的煤气和煤块下落时产生的煤粉，以符合主厂房操作层的室内卫生要求。

14.0.4 煤气排送机场所易于泄漏煤气，且煤气排送机间为防爆环境，为创造良好的通风条件，改善操作环境，防止发生事故，故作了设置正常和事故排风装置的规定。

14.0.7 因为净化设备的区域内焦油、挥发酚等有害气体的浓度较大。为了使煤气站通风机室吸入的空气尽量少受其他有害气体的污染，所以本条规定："通风系统的室外进风口不应靠近煤气净化设备区。"

15 电　气

15.0.4 现行国家标准《建筑照明设计标准》GB 50034—2004 对于照明方式、种类、标准、照明质量以及照明配电、控制都有详细规定。

15.0.6 煤气站内是有煤气泄露的危险场所，应设置可燃气体检测器、有毒气体检测器，防止爆炸或中毒事故发生，并宜采用集中检测、报警设施。

15.0.7 本条为强制性条文。当煤气排送机在运行时遇到空气鼓风机和空气系统的突然故障不能送风时，如果煤气排送机不立即停止运行，会导致排送机前系统内产生严重负压而使大量空气吸入，形成混合性爆炸气体，因此，在设计时要考虑确保安全的措施。在本条文中规定的两种联锁方式，就能达到安全的目的。

本条文第 2 款是以空气总管的压力为信息点，当空气鼓风机发生故障停止运转、空气总管内的压力迅速下降不能保证设定值时，压力传感装置立即动作，停止煤气排送机的运行。

15.0.8 本条为强制性条文。为了防止煤气排送机前、低压煤气系统出现负压而使空气吸入，产生不安全的因素，必须设有煤气压力传感装置。当煤气排送机前低压煤气总管的煤气压力下降到设计值时，仪表系统发出声光报警信号，以警告值班人员注意，在值班人员来不及排除煤气压力下降引起的故障，而煤气压力继续下降到设定值时，立即停止煤气排送机的运行。

15.0.10 煤气排送机、空气鼓风机的电动机采用管道通风时，为了安全，必须在通风机运行以后，煤气排送机、空气鼓风机的电动机才能启动；当通风机停止运行时，煤气排送机、空气鼓风机必须停止运转。

16 建筑和结构

16.0.3 主厂房操作层为工人操作频繁的场所，敞开式建筑的工作条件差，宜采用封闭建筑。

16.0.5 主厂房底层为除渣间，采用混凝土地面，楼层采用防滑地砖地面，是便于清扫、改善工作条件。

16.0.6 煤气站排送机间采用封闭建筑是为了避免设备被日晒雨淋和防止设备运转噪声对环境的污染。为了便于观察设备的运行，需设隔声值班室，且安装视野良好的观察窗。

16.0.7 为防止噪声对劳动及周围环境的影响，在厂房设计时要按照现行国家标准《工业企业噪声控制设计规范》GBJ 87—85 及《声环境质量标准》GB 3096—2008 考虑噪声综合控制措施，在设备基础设计时，应根据设备的性能，按照现行国家标准《隔振设计规范》GB 50463 的有关规定设计。

16.0.8 化验室、整流间内有精密仪器仪表，要采取防振、防潮、防尘、噪声控制等措施，确保设备正常使用。办公室要求安静、舒适的良好工作环境，在房间的布置上要根据使用要求合理安排。

16.0.9 室外净化设备区有焦油、污水等，易对地面污染，铺设混凝土地坪，有利于清洁卫生、保护环境、方便操作。

16.0.10 本条规定的数值是参考现行国家标准《固定式钢梯及平台安全要求》GB 4053.3 的规定制定的。

16.0.11 本条是参照现行国家标准《建筑设计防火规范》GB 50016"乙类生产多层厂房的安全疏散距离为 50m"的规定，但考虑到煤气净化设备的平台扶梯大多数为钢结构，其耐火极限比钢筋混凝土结构低，且平台扶梯系敞开式，没有楼梯间，为了工作人员安全疏散到地面，故规定由平台上最远工作地点至平台安全出口的距离不应大于 25m。并参照现行国家标准《石油化工企业设计防火规范》GB 50160 的有关规定，规定甲、乙、丙类塔类联合平台以及其他工艺设备和大型容器或容器组的平台，均应设置不少于 2 个通往地面的梯子作为安全出口，与相邻平台连通的走桥也可作为安全出口，但长度不大于 15m 乙、丙类平台，可只设 1 个梯子。故本条据此亦规定长度不大于 15m 的平台，可只设 1 个安全出口。

16.0.12 采用钢筋混凝土结构，主要是防渗漏，防止污染地下水，如果采用砖砌体达不到此要求。水沟、焦油沟设盖板，防止外界杂物混入水和焦油中，同时防止水及焦油的蒸汽向外界散发以保护环境。沟顶标高高出附近地面的目的是防止地面水侵入循环水、焦油中。

16.0.13 煤气站设计，设备安装孔洞的尺寸由设备提出，土建专业可结合门窗洞口统一考虑设置。

17 煤气管道

17.0.1 厂区煤气管道应采用架空敷设，其理由如下：

（1）发生炉煤气一氧化碳含量高达 23%~27%，毒性很大，地下敷设漏气时不易察觉，容易引起中毒事故。

（2）发生炉煤气杂质含量较高，冷煤气的凝结水量又大，地下敷设不便于清理、试压和维护检修，甚至会堵塞管道影响生产。

（3）地下敷设不但基建费用较高，而且维护检修的费用更高。

关于对厂区煤气管道架空敷设的要求，说明如下：

1 煤气管道非燃烧材料的支架或栈桥，可采用钢筋混凝土或钢材制成的支柱或桁架，高出地面 0.5m 的低支架可采用混凝土块支座。

2 煤气管道沿建筑物的外墙或屋面上敷设时，该建筑物应为一、二级耐火等级的丁、戊类生产厂房，按照现行国家标准《建筑设计防火规范》GB 50016 有关规定：一、二级耐火等级建筑物的所有构件都应由不燃烧体组成；丁、戊类生产厂房是没有爆炸危险和不产生可燃物质的车间；制订本条目的是为了防止发生爆炸和火灾事故的发生。

3 不使用煤气的建筑物，由于它不是煤气用户，缺乏煤气专门人员进行经常的管理，如果有煤气泄露容易酿成事故，为此作了这一规定。

17.0.2 本条是参照现行国家标准《工业企业煤气安全规程》GB 6222 的有关规定制定的。

本条第 2 款规定与现行国家标准《氧气站设计规范》GB 50030 的规定保持一致。

17.0.3 从安全的角度考虑，对煤气管道支架上的电缆敷设提出了具体要求。

17.0.4 本规范确定了煤气管道应敷设在架空电力线路的下面。为了人身安全起见，规定在煤气管道上应设有阻止通行的横向栏杆，不允许通行。本规范对接地电阻值作了具体规定，以确保有良好的接地。

17.0.5 煤气在管道内流动容易产生静电，煤气有泄漏或取样化验时容易造成静电起火或爆炸。

17.0.6 煤气管道与铁路，道路的交叉角如小于 45℃，则铁路、道路两旁的管道支架跨度增加较大，甚至超过煤气管道的允许跨度值。对于由此引起的大跨度敷设，必须采取特殊措施，例如采用组合式支架，增加管道壁厚或采用拱形管道等方法，这不但增加了投资，且使维护不便，所以规定不宜小于 45℃。

17.0.7 考虑在建筑物产生不均匀沉降时，煤气管道不会受此影响，仍可进行自然补偿，故作此规定。

17.0.9 车间煤气管道和厂区煤气管道一样，均应架空敷设，这是为了便于检修管理，保证使用上的安全。但车间内情况比较复杂，设备及结构纵横交错，对架空敷设煤气管道存在着一定的困难。例如，从煤气干管接向使用煤气设备的支管，采用架空敷设时就有可能影响车间内的运输。因此，本条规定当支管架空敷设有困难时，可敷设在空气流通但人不能通过的地沟内。

17.0.10 为了防止架空管道因挠曲存在低洼点而积存水及其他沉淀物。一方面会因积水而增加管道的挠度，严重的会导致断裂；另一方面煤气冷凝水中的腐蚀性成分和管材将发生化学反应致使管道腐蚀。因此，本规范规定厂区煤气管道的坡度不宜小于 0.005。

车间冷煤气管道一般沿墙或柱子敷设，或者放在房顶上，支架间的跨度较小，对管道允许挠度的要求可以严格些，相应的坡度也可以略小一些，故规定坡度仍不宜小于 0.003。

为了及时排除煤气冷凝水，除了要求煤气管道设有坡度以外，还应在管道的最低点设有排水器。

17.0.11 管道支架间的最大允许跨度，在多数的文献中把管道作为多跨的连续梁进行计算，管道截面的最大弯曲应力，不应超过管材的许用弯曲应力，以保证管道强度的安全。煤气管道首先应按强度条件来计算跨度。

但管道在一定跨度下总有一定的挠度，本条规定按强度条件计算最大跨度后，还要进行挠度的验算。条文中所指的最大允许挠度是支架间的管道下垂时，允许低于较低一端支架处管道的底面挠度。即图 1 中的 Δ_{max}。

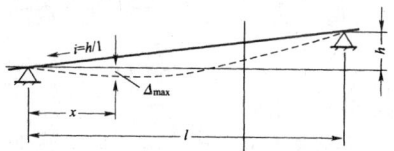

图 1　最大允许挠度示意图

h—管道支点垂直高度差；x—较低支点与最大允许挠度时管道最低点的水平间距；
i—管道坡度；l—管道两支点间的水平间距

17.0.12 根据华东及中南地区的调查情况，在冬季采暖计算温度为 −1℃～−3℃ 的上海、武汉等长江流域，厂区冷煤气管道的排水器没有进行保温，仅在每年冬季采取一些用草绳包扎等临时措施，即可避免冻结。而在冬季采暖计算温度为 −5℃～−10℃ 的洛阳、徐州等黄河、淮河流域，则在冬季就必须采取防冻措施，因而将是否采取防冻措施的界限定在 −5℃。

采用何种防冻措施，可以根据不同的气温及其他条件分别选用：

（1）冬季采暖计算温度为 −5℃～−10℃ 的地区，可以对室外的排水器及排水管包扎保温材料；

（2）冬季采暖计算温度为 −11℃～−20℃ 的地区，对于室外的排水装置，除了包扎保温材料以外，还要在排水管上加蒸汽伴随管，并将蒸汽插入排水器内；

（3）冬季采暖计算温度低于 −20℃ 的地区，要将排水器设置在有采暖设备的排水器室内。

17.0.13 冷煤气管道需要保温的管径界限和保温方式，与当地的气温条件、管道长度及煤气负荷高低都有很大关系，对东北地区的调查说明了这一点。辽宁某厂管道直径在 400mm 以上不保温，抚顺某厂管道直径从 500mm 开始不保温，附近的抚顺某厂管径 800mm 的管道，由于流量为 5500m³/h～6000m³/h 很小，流速亦低，约 3.5m/s，管道挂霜。吉林某厂一根直径 700mm 的煤气管道没有保温，每年冬季都冻结了。哈尔滨某厂规定直径等于或小于 800mm 的管道就保温；但哈尔滨也有从直径 600mm 开始保温的管道；齐齐哈尔某厂管道直径 1200mm 以下都需要保温。

因此，需要保温的管径界限要根据上述的各种条件综合考虑，不能只看气温一个条件，所以本规范中没有作具体管径界限的规定。

17.0.15 煤气管道的连接，应采用焊接，一般直径小于或等于 800mm 的煤气管道采用单面焊，直径大于 800mm 的煤气管道采用双面焊。螺纹连接主要用于管道直径小于 50mm 的附件，例如旋塞或仪表装置的连接。热煤气管道的连接，一般也应采用焊接。但因发生炉煤气的热煤气管道输送压力较低，一般不超过 1kPa，不易泄漏煤气，即使有泄漏也易于察觉，为此，本规范规定热煤气管道可根据需要采用法兰。

17.0.16 可靠切断的目的是防止泄露煤气，以保证检修人员进入煤气设备或煤气管道内的安全，因此，隔断装置的选择和使用，按现行国家标准《工业企业煤气安全规程》GB 6222 有关规定执行。

17.0.18 放散管的作用是在停气或送气时，将残留在管道内的煤气或空气吹扫干净，以保证安全，本条文所规定的放散管安装部位是符合此要求的。

根据现行国家标准《工业企业煤气安全规程》GB 6222 的有关规定："管道网隔断装置前后支管阀门在煤气总管旁 0.5m 内，可不设放散管"。这是因为在关闭紧靠干管的阀门时，不致形成死端，积聚过多煤气，产生不安全的因素。故本规范制订了"阀门紧靠干管的可不设放散管"的规定。

17.0.19 放散管管口的高度，应考虑在放散时排出的煤气对放散操作的工作及其周围环境的影响，防止中毒事故的发生。因此，规定应高出煤气管道和设备及其平台 4m，与地面距离不应小于 10m。

本条规定厂内或距厂房 10m 以内的煤气管道和设备上的放散管，管口应高出厂房顶部 4m，这也是考虑在煤气放散时，在屋面上的人员不致因排出的煤气而中毒，并不使煤气从建筑物天窗、侧窗侵入室内。

17.0.20 人孔或手孔设置的目的主要是为了管道内部检查、清理、检修和停气时管道自然通风时用。其位置可设在按煤气流动方向在煤气隔断装置的后面、煤气管道的最低点以及补偿器、调节阀或其他需要经常检查的地方。

煤气管道独立检修的管段是指厂区煤气管道在采取可靠切断措施后，能够独立检修的管段。所设置人孔不应少于 2 个，主要是考虑在检修或清理该段管道时，管道需要通风以及工人进出管道的方便，以确保人身安全。

17.0.21 两段煤气发生炉的煤气中含重质焦油较少，在温度较低的情况下，不会冷凝在热煤气管道内，故规定两段煤气发生炉的热煤气管道，当压力值允许时，其长度可大于 80m。

17.0.22 热煤气管道的灰斗下部的排灰装置目前主要有两种形式：干式排灰阀与湿式水封排灰装置。两者各有优缺点，干式排灰简单、操作方便，但出灰时容易扬灰及泄漏少量煤气；湿式水封排灰装置安全可靠，环境清洁，不会泄漏煤气，但排水有毒性，不能直排，故需作水处理。因此，条文中仅规定设排灰装置，用干式或湿式可由设计者根据工厂的情况确定。

17.0.24 在煤气排送机前的低压煤气总管上是否需要设置爆破阀或泄压水封的问题，进行过调查。曾有操作不当发生低压总管爆炸，将半净总管的水封及除焦油机前的水封冲开。多数人认为装了比不装更为安全，也有少数人认为只要严格操作制度，加强管理，不装爆破阀也不会发生事故，因此，本规范在条文中作了"宜设有爆破阀或泄压水封"的规定。

中华人民共和国国家标准

泵 站 设 计 规 范

Design code for pumping station

GB 50265—2010

主编部门：中 华 人 民 共 和 国 水 利 部
批准部门：中华人民共和国住房和城乡建设部
实施日期：２０１１年２月１日

中华人民共和国住房和城乡建设部
公　告

第 673 号

关于发布国家标准《泵站设计规范》的公告

现批准《泵站设计规范》为国家标准，编号为 GB 50265—2010，自 2011 年 2 月 1 日起实施。其中，第 6.1.3、6.3.5、6.3.7 条为强制性条文，必须严格执行。原《泵站设计规范》GB/T 50265—97 同时废止。

本规范由我部标准定额研究所组织中国计划出版社出版发行。

中华人民共和国住房和城乡建设部
二〇一〇年七月十五日

前　言

本规范是根据原建设部《关于印发〈工程建设国家标准制订、修订计划〉的通知》（建标〔2002〕85号）的要求，由湖北省水利水电勘测设计院会同有关单位，在《泵站设计规范》GB/T 50265—97 基础上修订完成的。

本规范共 12 章和 5 个附录。主要技术内容包括：总则，泵站等级及防洪（潮）标准，泵站主要设计参数，站址选择，总体布置，泵房，进出水建筑物，其他形式泵站，水力机械及辅助设备，电气，闸门、拦污栅及启闭设备，安全监测等。

本次修订的主要内容有：根据现行有关标准，调整了 5 级建筑物和受潮汐影响泵站的防洪标准；修改完善了设计流量、特征水位和特征扬程的确定方法；修改和增订了有关站址选择、总体布置的规定；修改和增订了泵房布置、防渗排水布置、稳定应力分析、地基计算与处理等有关内容；修改和增订了引渠布置、出水管道形式等相关内容；修改和增订了对其他形式泵站的有关内容；将空气压缩系统的压力等级分类与空压机行业标准进行了统一；简化了泵站机修系统；取消了 630kW 以上采用同步电动机的限制，对无功的补偿内容进行了修改；增加了有关励磁系统条款；删除了已淘汰的电器设备；修改了试验、检修设备的设置条款，让泵站维修、试验走向市场化；修订了出口拍门和快速闸门流道顶部通气孔的面积计算公式；对出口拍门制造材料增加了可使用非金属材料的规定；对工程监测的规定内容进行了修改和增订；对附录 A 的规定内容进行了修改和增订，增加了岩基抗剪断参数和摩擦系数值表；化简了附录 C 的公式 (C.0.2-1) 和公式 (C.0.2-2)。

本规范中以黑体字标志的条文为强制性条文，必须严格执行。

本规范由住房和城乡建设部负责管理和对强制性条文的解释，水利部负责日常管理，水利部水利水电规划设计总院负责具体技术内容的解释。在本规范执行过程中，请各单位结合工程实践，认真总结经验，注意积累资料，如发现需要修改和补充之处，请将修改意见和有关资料反馈给水利部水利水电规划设计总院（地址：北京市西城区六铺炕北小街 2—1 号，邮政编码：100120，传真：010-62056492，邮箱：kjc@mwr.gov.cn），以供今后修订时参考。

本规范主编单位、参编单位、主要起草人和主要审查人：

主编单位：湖北省水利水电勘测设计院

参编单位：山西省水利水电勘测设计研究院
　　　　　中国水利水电勘测设计协会
　　　　　江苏省水利勘测设计研究院有限公司
　　　　　中水北方勘测设计研究有限责任公司
　　　　　上海勘测设计研究院
　　　　　广东省水利电力勘测设计研究院

主要起草人：别大鹏　孙万功　张平易　孙卫岳
　　　　　　张士杰　吴佩荣　邵剑南　姚宇坚
　　　　　　窦以松　周　明　李文峰　陈汉宝
　　　　　　秦昌斌　郭铁桥　王　力　韩　翔
　　　　　　杨晋营　卢天杰　裴　云　李智建
　　　　　　陈登毅　梁修保　刘新泉　董良山
　　　　　　杨国清　李少权

主要审查人： 刘志明　许建中　雷兴顺　鞠占斌　　　许道龙　陈洪涛　马普杰　黄智勇
　　　　　　　姜家荃　卜漱和　云庆龙　王英人　　　　黄荣卫　胡　复　陈武春　逄　辉
　　　　　　　李学勤　朱化广　马东亮　胡德义　　　　王国勤

目　次

1　总则 ·· 7—18—7
2　泵站等级及防洪（潮）标准 ······· 7—18—7
　2.1　泵站等级 ······························ 7—18—7
　2.2　防洪（潮）标准 ··················· 7—18—7
3　泵站主要设计参数 ······················ 7—18—8
　3.1　设计流量 ······························ 7—18—8
　3.2　特征水位 ······························ 7—18—8
　3.3　特征扬程 ······························ 7—18—9
4　站址选择 ···································· 7—18—9
　4.1　一般规定 ······························ 7—18—9
　4.2　泵站站址选择 ······················· 7—18—9
5　总体布置 ·································· 7—18—10
　5.1　一般规定 ···························· 7—18—10
　5.2　泵站布置形式 ····················· 7—18—10
6　泵房 ·· 7—18—10
　6.1　泵房布置 ···························· 7—18—10
　6.2　防渗排水布置 ····················· 7—18—12
　6.3　稳定分析 ···························· 7—18—13
　6.4　地基计算及处理 ················· 7—18—15
　6.5　主要结构计算 ····················· 7—18—16
7　进出水建筑物 ··························· 7—18—17
　7.1　引渠 ···································· 7—18—17
　7.2　前池及进水池 ····················· 7—18—17
　7.3　出水管道 ···························· 7—18—17
　7.4　出水池及压力水箱 ············· 7—18—19
8　其他形式泵站 ··························· 7—18—19
　8.1　一般规定 ···························· 7—18—19
　8.2　竖井式泵站 ························ 7—18—19
　8.3　缆车式泵站 ························ 7—18—20
　8.4　浮船式泵站 ························ 7—18—20
　8.5　潜没式泵站 ························ 7—18—20
9　水力机械及辅助设备 ················ 7—18—21
　9.1　主泵 ···································· 7—18—21
　9.2　进出水流道 ························ 7—18—21
　9.3　进水管道及泵房内出水管道 ··· 7—18—22
　9.4　过渡过程及产生危害的防护 ··· 7—18—22
　9.5　真空及充水系统 ················· 7—18—23
　9.6　排水系统 ···························· 7—18—23
　9.7　供水系统 ···························· 7—18—23
　9.8　压缩空气系统 ····················· 7—18—24
　9.9　供油系统 ···························· 7—18—24
　9.10　起重设备及机修设备 ········ 7—18—24
　9.11　采暖通风与空气调节 ········ 7—18—24
　9.12　水力机械设备布置 ············ 7—18—25
10　电气 ·· 7—18—25
　10.1　供电系统 ···························· 7—18—25
　10.2　电气主接线 ························ 7—18—26
　10.3　主电动机及主要电气设备选择 ·· 7—18—26
　10.4　无功功率补偿 ···················· 7—18—26
　10.5　机组启动 ···························· 7—18—26
　10.6　站用电 ······························· 7—18—26
　10.7　室内外主要电气设备布置及电缆敷设 ························ 7—18—27
　10.8　电气设备的防火 ················· 7—18—27
　10.9　过电压保护及接地装置 ······ 7—18—28
　10.10　照明 ································· 7—18—28
　10.11　继电保护及安全自动装置 ··· 7—18—28
　10.12　自动控制和信号系统 ········ 7—18—29
　10.13　测量表计装置 ··················· 7—18—29
　10.14　操作电源 ························· 7—18—30
　10.15　通信 ································· 7—18—30
　10.16　电气试验设备 ··················· 7—18—30
11　闸门、拦污栅及启闭设备 ········ 7—18—30
　11.1　一般规定 ···························· 7—18—30
　11.2　拦污栅及清污机 ················ 7—18—31
　11.3　拍门及快速闸门 ················ 7—18—31
　11.4　启闭设备 ···························· 7—18—31
12　安全监测 ································· 7—18—32
　12.1　工程监测 ···························· 7—18—32
　12.2　水力监测 ···························· 7—18—32
附录A　泵房稳定分析有关数据 ······ 7—18—32
附录B　泵房地基计算及处理 ·········· 7—18—33
附录C　自由式拍门开启角近似计算 ···································· 7—18—35
附录D　自由式拍门停泵闭门撞击力近似计算 ················ 7—18—36
附录E　快速闸门闭门速度及撞击力近似计算 ··········· 7—18—37
本规范用词说明 ······························ 7—18—38
引用标准名录 ·································· 7—18—38
附：条文说明 ·································· 7—18—39

Contents

1 General provisions ·············· 7—18—7
2 Rank and grade of pumping station and standard for flood (tide) control ······················· 7—18—7
  2.1 Rank and grade of pumping station ······················· 7—18—7
  2.2 Standard for flood (tide) control ······················· 7—18—7
3 Main design parameters of pumping station ······················· 7—18—8
  3.1 Waler level ··················· 7—18—8
  3.2 Characteristic stage ··········· 7—18—8
  3.3 Characteristic head ············ 7—18—9
4 Site selection ···················· 7—18—9
  4.1 General requirement ·········· 7—18—9
  4.2 Site selection for pumping station ······················· 7—18—9
5 General layout ··················· 7—18—10
  5.1 General requirement ·········· 7—18—10
  5.2 Layout pattern of pumping station ······················· 7—18—10
6 Pump house ······················ 7—18—10
  6.1 Pump house layout ············ 7—18—10
  6.2 Arrangement for seepage control and drainage ················ 7—18—12
  6.3 Stability analysis ·············· 7—18—13
  6.4 Calculation and treatment of foundation ···················· 7—18—15
  6.5 Calculation of main structures ··· 7—18—16
7 Inlet and outlet structures ······ 7—18—17
  7.1 Approach channel ············· 7—18—17
  7.2 Forebay and suction sump ······ 7—18—17
  7.3 Outlet conduit ················ 7—18—17
  7.4 Outlet sump and pressure tank ························· 7—18—19
8 Pumping station of other types ························ 7—18—19
  8.1 General requirement ·········· 7—18—19
  8.2 Shaft pumping station ········· 7—18—19
  8.3 Funicular pumping station ······ 7—18—20
  8.4 Floating pumping station ······· 7—18—20
  8.5 Submergible pumping station ···· 7—18—20
9 Hydraulic machine and auxiliary equipment ······················ 7—18—21
  9.1 Main pump ··················· 7—18—21
  9.2 Inlet and outlet passages ······· 7—18—21
  9.3 Suction pipe and the discharge pipe within pump house ········ 7—18—22
  9.4 Transient process and protection against its damage ············ 7—18—22
  9.5 Vacuum and priming system ····· 7—18—23
  9.6 Drainage system ··············· 7—18—23
  9.7 Water supply system ··········· 7—18—23
  9.8 Compressed air system ········· 7—18—24
  9.9 Oil supply system ·············· 7—18—24
  9.10 Hoisting and repairing equipment ··················· 7—18—24
  9.11 Heating, ventilation and air-conditioning ·················· 7—18—24
  9.12 Layout for hydraulic machines ···················· 7—18—25
10 Electrical equipment ············ 7—18—25
  10.1 Electrical power supply system ······················ 7—18—25
  10.2 Main electrical connection ······ 7—18—26
  10.3 Selection of main motor and electrical equipment ············ 7—18—26
  10.4 Reactive power compensation ··· 7—18—26
  10.5 Starting of units ·············· 7—18—26
  10.6 Sevice power of station ········ 7—18—26
  10.7 Layout for electrical equipment and cable ···················· 7—18—27
  10.8 Fire fighting of electrical equipment ··················· 7—18—27
  10.9 Over voltage protection and earthing device ······················ 7—18—28
  10.10 Lighting ···················· 7—18—28
  10.11 Protective relaying and automatic security equipment ············ 7—18—28

10.12	Autocontrol and signal system	7—18—29
10.13	Measuring meter	7—18—29
10.14	Operating power supply	7—18—30
10.15	Communication	7—18—30
10.16	Electrical test equipment	7—18—30
11	Gate, trash rack and hoisting equipment	7—18—30
11.1	General requirement	7—18—30
11.2	Trash rack and screen cleaning machine	7—18—31
11.3	Flap valve and stop gate	7—18—31
11.4	Hoisting equipment	7—18—31
12	Safety monitoring	7—18—32
12.1	Engineering monitoring	7—18—32
12.2	Hydraulic monitoring	7—18—32
Appendix A	Datas for stability analysis of pump house	7—18—32
Appendix B	Calculation and treatment of pump house foundation	7—18—33
Appendix C	Approximate calculation for opening of free flap	7—18—35
Appendix D	Approximate calculation for closing impact of free flap	7—18—36
Appendix E	Approximate calculation for closing speed and closing impact of stop gate	7—18—37
Explanation of wording in this code		7—18—38
List of quoted standards		7—18—38
Addition: Explanation of provisions		7—18—39

1 总 则

1.0.1 为统一泵站设计标准,保证泵站设计质量,使泵站工程技术先进、安全可靠、经济合理、运行管理方便,制订本规范。

1.0.2 本规范适用于新建、扩建与改建的大、中型供、排水泵站设计。

1.0.3 泵站设计应广泛搜集和整理基本资料。基本资料应经过分析,准确可靠,满足设计要求。

1.0.4 泵站设计应吸取实践经验,进行必要的科学试验,节省能源,积极慎重地采用新技术、新材料、新设备和新工艺。

1.0.5 地震动峰值加速度大于或等于 0.10g 的地区,主要建筑物应进行抗震设计。地震动峰值加速度为 0.05g 的地区,可不进行抗震计算,但对 1 级建筑物应采取适当的抗震措施。

1.0.6 泵站设计除应符合本规范外,尚应符合国家现行有关标准的规定。

2 泵站等级及防洪(潮)标准

2.1 泵站等级

2.1.1 泵站的规模应根据工程任务,以近期目标为主,并考虑远景发展要求,综合分析确定。

2.1.2 泵站等别应按表 2.1.2 确定。

表 2.1.2 泵站等别指标

泵站等别	泵站规模	灌溉、排水泵站		工业、城镇供水泵站
		设计流量 (m³/s)	装机功率 (MW)	
Ⅰ	大(1)型	≥200	≥30	特别重要
Ⅱ	大(2)型	200~50	30~10	重要
Ⅲ	中型	50~10	10~1	中等
Ⅳ	小(1)型	10~2	1~0.1	一般
Ⅴ	小(2)型	<2	<0.1	—

注:1 装机功率系指单站指标,包括备用机组在内;
    2 由多级或多座泵站联合组成的泵站工程的等别,可按其整个系统的分等指标确定;
    3 当泵站按分等指标分属两个不同等别时,应以其中的高等别为准。

2.1.3 泵站建筑物应根据泵站所属等别及其在泵站中的作用和重要性分级,其级别应按表 2.1.3 确定。

表 2.1.3 泵站建筑物级别划分

泵站等别	永久性建筑物级别		临时性建筑物级别
	主要建筑物	次要建筑物	
Ⅰ	1	3	4
Ⅱ	2	3	4
Ⅲ	3	4	5
Ⅳ	4	5	5
Ⅴ	5	5	—

2.1.4 泵站与堤身结合的建筑物,其级别不应低于堤防的级别。

2.1.5 对失事后造成巨大损失或严重影响,或采用实践经验较少的新型结构的 2 级~5 级主要建筑物,经论证后,其级别可提高 1 级;对失事后造成损失不大或影响较小的 1 级~4 级主要建筑物,经论证后,其级别可降低 1 级。

2.2 防洪(潮)标准

2.2.1 泵站建筑物防洪标准应按表 2.2.1 确定。

表 2.2.1 泵站建筑物防洪标准

泵站建筑物级别	防洪标准[重现期(a)]	
	设计	校核
1	100	300
2	50	200
3	30	100
4	20	50
5	10	30

注:1 平原、滨海区的泵站,校核防洪标准可视具体情况和需要研究确定。
    2 修建在河流、湖泊或平原水库边的与堤坝结合的建筑物,其防洪标准不应低于堤坝防洪标准。

2.2.2 受潮汐影响的泵站建筑物,其挡水水位的重现期应根据建筑物级别,结合历史最高潮水位,按表 2.2.2 规定的设计标准确定。

表 2.2.2 受潮汐影响泵站建筑物的防洪标准

建筑物级别	1	2	3	4	5
防潮标准 [重现期（a）]	≥100	100～50	50～30	30～20	<20

3 泵站主要设计参数

3.1 设计流量

3.1.1 灌溉泵站设计流量应根据设计灌溉保证率、设计灌水率、灌溉面积、灌溉水利用系数及灌区内调蓄容积等综合分析计算确定。

3.1.2 排水泵站排涝设计流量及其过程线，可根据排涝标准、排涝方式、设计暴雨、排涝面积及调蓄容积等综合分析计算确定；排水泵站排渍设计流量可根据排渍模数与排渍面积计算确定；城市排水泵站排水设计流量可根据设计综合生活污水量、工业废水量和雨水量等计算确定。

3.1.3 工业与城镇供水泵站设计流量应根据设计水平年、设计保证率、供水对象的用水量、城镇供水的时变化系数、日变化系数、调蓄容积等综合确定。用水量主要包括综合生活用水（包括居民生活用水和公共建筑用水）、工业企业用水、浇洒道路和绿地用水、管网漏损水量、未预见用水、消防用水等。

3.2 特征水位

3.2.1 灌溉泵站进水池水位应按下列规定采用：

　　1 防洪水位应按本规范第 2.2.1 条和第 2.2.2 条规定的防洪标准分析确定；

　　2 从河流、湖泊或水库取水时，设计运行水位应取历年灌溉期满足设计灌溉保证率的日平均或旬平均水位；从渠道取水时，设计运行水位应取渠道通过设计流量时的水位；从感潮河口取水时，设计运行水位应按历年灌溉期多年平均最高潮位和最低潮位的平均值确定；

　　3 从河流、湖泊、感潮河口取水时，最高运行水位应取重现期 5a～10a 一遇洪水的日平均水位；从水库取水时，最高运行水位应根据水库调蓄性能论证确定；从渠道取水时，最高运行水位应取渠道通过加大流量时的水位；

　　4 从河流、湖泊或水库取水时，最低运行水位应取历年灌溉期水源保证率为 95%～97% 的最低日平均水位；从渠道取水时，最低运行水位应取渠道通过单泵流量时的水位；从感潮河口取水时，最低运行水位应取历年灌溉期水源保证率为 95%～97% 的日最低潮水位；

　　5 从河流、湖泊、水库或感潮河口取水时，平均水位应取灌溉期多年日平均水位；从渠道取水时，平均水位应取渠道通过平均流量时的水位；

　　6 上述水位均应扣除从取水口至进水池的水力损失。从河床不稳定的河道取水时，尚应考虑河床变化的影响，方可作为进水池相应特征水位。

3.2.2 灌溉泵站出水池水位应按下列规定采用：

　　1 当出水池接输水河道时，最高水位应取输水河道的防洪水位；当出水池接输水渠道时，最高水位应取与泵站最大流量相应的水位。对于从多泥沙河流上取水的泵站，最高水位应考虑输水渠道淤积对水位的影响；

　　2 设计运行水位应取按灌溉设计流量和灌区控制高程的要求推算到出水池的水位；

　　3 最高运行水位应取与泵站最大运行流量相应的水位；

　　4 最低运行水位应取与泵站最小运行流量相应的水位；有通航要求的输水河道，最低运行水位应取最低通航水位；

　　5 平均水位应取灌溉期多年日平均水位。

3.2.3 排水泵站进水池水位应按下列规定采用：

　　1 最高水位应取排水区建站后重现期 10a～20a 一遇的内涝水位。排区内有防洪要求的，最高水位应同时考虑其影响；

　　2 设计运行水位应取由排水区设计排涝水位推算到站前的水位；对有集中调蓄区或与内排站联合运行的泵站，设计运行水位应由调蓄区设计水位或内排站出水池设计水位推算到站前的水位；

　　3 最高运行水位应取按排水区允许最高涝水位的要求推算到站前的水位；对有集中调蓄区或与内排站联合运行的泵站，最高运行水位应取由调蓄区最高调蓄水位或内排站出水池最高运行水位推算到站前的水位；

　　4 最低运行水位应取按降低地下水埋深或调蓄区允许最低水位的要求推算到站前的水位；

　　5 平均水位应取与设计运行水位相同的水位。

3.2.4 排水泵站出水池水位应按下列规定采用：

　　1 防洪水位应按本规范第 2.2.1 条和第 2.2.2 条规定的防洪标准分析确定；

　　2 设计运行水位应按下列规定采用：

　　　　1) 应取承泄区 5a～10a 一遇洪水的排水时段平均水位；

　　　　2) 当承泄区为感潮河段时，应取重现期 5a～10a 的排水时段平均潮位；

　　　　3) 对重要的排水泵站，经论证可适当提高重现期。

　　3 最高运行水位应按下列规定采用：

　　　　1) 当承泄区水位变化幅度较大时，应取重现期 10a～20a 洪水的排水时段平均水位；当承泄区水位变化幅度较小时，可取设计洪水位；

2) 当承泄区为感潮河段时，应取重现期10a～20a的排水时段平均潮水位；

3) 对重要的排水泵站，经论证可适当提高重现期。

4 最低运行水位应取承泄区历年排水期最低水位或最低潮水位的平均值；

5 平均水位应取承泄区多年日平均水位或多年日平均潮水位。

3.2.5 工业、城镇供水泵站进水池水位应按下列规定采用：

1 防洪水位应按本规范第2.2.1条和第2.2.2条规定的防洪标准分析确定；

2 从河流、湖泊或水库取水时，设计运行水位应取满足设计供水保证率的日平均或旬平均水位；从渠道取水时，设计运行水位应取渠道通过设计流量时的水位；从感潮河口取水时，设计运行水位应按供水期多年平均最高潮位和最低潮位的平均值确定；

3 从河流、湖泊、感潮河口取水时，最高运行水位应取10a～20a一遇洪水的日平均水位；从水库取水时，最高运行水位应根据水库调蓄性能论证确定；从渠道取水时，最高运行水位应取渠道通过加大流量时的水位；

4 从河流、湖泊、水库、感潮河口取水时，最低运行水位应取水源保证率为97%～99%的最低日平均水位；从渠道取水时，最低运行水位应取渠道通过单泵流量时的水位；受潮汐影响的泵站，最低运行水位应取水源保证率为97%～99%的日最低潮水位；

5 从河流、湖泊、水库或感潮河口取水时，平均水位应取多年日平均水位；从渠道取水时，平均水位应取渠道通过平均流量时的水位；

6 上述水位均应扣除从取水口至进水池的水力损失。从河床不稳定的河道取水时，尚应考虑河床变化的影响，方可作为进水池相应特征水位。

3.2.6 工业、城镇供水泵站出水池水位应按下列规定采用：

1 最高水位应取输水渠道的校核水位；

2 设计运行水位应取与泵站设计流量相应的水位；

3 最高运行水位应取与泵站最大运行流量相应的水位；

4 最低运行水位应取与泵站最小运行流量相应的水位；

5 平均水位应取输水渠道通过平均流量时的水位。

3.2.7 灌排结合泵站的特征水位，可根据本规范第3.2.1条～第3.2.4条的规定进行综合分析确定。

3.3 特征扬程

3.3.1 设计扬程应按泵站进、出水池设计运行水位差，并计入水力损失确定；在设计扬程下，应满足泵站设计流量要求。

3.3.2 平均扬程可按下式计算加权平均净扬程，并计入水力损失确定；或按泵站进、出水池平均水位差，并计入水力损失确定。在平均扬程下，水泵应在高效区工作。

$$H=\frac{\sum H_i Q_i t_i}{\sum Q_i t_i} \qquad (3.3.2)$$

式中：H——加权平均净扬程（m）；

H_i——第i时段泵站进、出水池运行水位差（m）；

Q_i——第i时段泵站提水流量（m³/s）；

t_i——第i时段历时（d）。

3.3.3 最高扬程宜按泵站出水池最高运行水位与进水池最低运行水位之差，并计入水力损失确定；当出水池最高运行水位与进水池最低运行水位遭遇的几率较小时，经技术经济比较后，最高扬程可适当降低。

3.3.4 最低扬程宜按泵站出水池最低运行水位与进水池最高运行水位之差，并计入水力损失确定；当出水池最低运行水位与进水池最高运行水位遭遇的几率较小时，经技术经济比较后，最低扬程可适当提高。

4 站址选择

4.1 一般规定

4.1.1 泵站站址应根据灌溉、排水、工业及城镇供水总体规划、泵站规模、运行特点和综合利用要求，考虑地形、地质、水源或承泄区、电源、枢纽布置、对外交通、占地、拆迁、施工、环境、管理等因素以及扩建的可能性，经技术经济比较选定。

4.1.2 山丘区泵站站址宜选择在地形开阔、岸坡适宜、有利于工程布置的地点。

4.1.3 泵站站址宜选择在岩土坚实、水文地质条件有利的天然地基上，宜避开软土、松砂、湿陷性黄土、膨胀土、杂填土、分散性土、振动液化土等不良地基，不应设在活动性的断裂构造带以及其他不良地质地段。当遇软土、松砂、湿陷性黄土、膨胀土、杂填土、分散性土、振动液化土等不良地基时，应慎重研究确定基础类型和地基处理措施。

4.2 泵站站址选择

4.2.1 由河流、湖泊、感潮河口、渠道取水的灌溉泵站，其站址宜选择在有利于控制提水灌溉范围，使输水系统布置比较经济的地点。灌溉泵站取水口宜选择在主流稳定靠岸，能保证引水，有利于防洪、防潮汐、防沙、防冰及防污的河段。由潮汐河道取水的灌溉泵站取水口，宜选择在淡水水源充沛、水质适宜灌溉的河段。

4.2.2 从水库取水的灌溉泵站，其站址应根据灌区与水库的相对位置、地质条件和水库水位变化情况，研究论证库区或坝后取水的技术可靠性和经济合理性，选择在岸坡稳定、靠近灌区、取水方便、不受或少受泥沙淤积、冰冻影响的地点。

4.2.3 排水泵站站址宜选择在排水区地势低洼、能汇集排水区涝水，且靠近承泄区的地点。排水泵站出水口不应设在迎溜、崩岸或淤积严重的河段。

4.2.4 灌排结合泵站站址，宜根据有利于外水内引和内水外排，灌溉水源水质不被污染和不致引起或加重土壤盐渍化，并兼顾灌排渠系的合理布置等要求，经综合比较选定。

4.2.5 供水泵站站址宜选择在受水区上游、河床稳定、水源可靠、水质良好、取水方便的河段。

4.2.6 梯级泵站站址应结合各站站址地形、地质、运行管理、总功率最小等条件，经综合比较选定。

5 总体布置

5.1 一般规定

5.1.1 泵站的总体布置应根据站址的地形、地质、水流、泥沙、冰冻、供电、施工、征地拆迁、水利血防、环境等条件，结合整个水利枢纽或供水系统布局、综合利用要求、机组型式等，做到布置合理、有利施工、运行安全、管理方便、少占耕地、投资节省和美观协调。

5.1.2 泵站的总体布置应包括泵房，进、出水建筑物，变电站，枢纽其他建筑物和工程管理用房，内外交通、通信以及其他维护管理设施的布置。

5.1.3 站区布置应满足劳动安全与工业卫生、消防、环境绿化和水土保持等要求。

5.1.4 泵站室外专用变电站宜靠近辅机房布置，满足变电设备的安装检修方便、运输通道、进线出线、防火防爆等要求。

5.1.5 站区内交通布置应满足机电设备运输、消防车辆通行的要求。

5.1.6 具有泄洪任务的水利枢纽，泵房与泄洪建筑物之间应有分隔设施；具有通航任务的水利枢纽，泵房与通航建筑物之间应有足够的安全距离及安全设施。

5.1.7 进水处有污物、杂草等漂浮物的泵站，应设置拦污、清污设施，其位置宜设在引渠末端或前池入口处。站内交通桥宜结合拦污栅设置。

5.1.8 泵房与铁路、高压输电线路、地下压力管道、高速公路及一、二级公路之间的距离不宜小于100m。

5.1.9 进、出水池应设有防护和警示标志。

5.1.10 对水流条件复杂的大型泵站枢纽布置，应通过水工整体模型试验论证。

5.2 泵站布置形式

5.2.1 由河流取水的泵站，当河道岸边坡度较缓时，宜采用引水式布置，并在引渠渠首设进水闸；当河道岸边坡度较陡时，宜采用岸边式布置，其进水建筑物前缘宜与岸边齐平或稍向水源凸出。由渠道取水的泵站，宜在取水口下游侧的渠道上设节制闸。由湖泊、水库取水的泵站，可根据岸边地形、水位变化幅度、泥沙淤积情况及对水质、水温的要求等，采用引水式或岸边式布置。

5.2.2 在具有部分自排条件的地点建排水泵站，泵站宜与排水闸合建；当建站地点已建有排水闸时，排水泵站宜与排水闸分建。排水泵站宜采用正向进水和正向出水的方式。

5.2.3 灌排结合泵站，当水位变化幅度不大或扬程较低时，可采用双向流道的泵房布置形式；当水位变化幅度较大或扬程较高时，可采用单向流道的泵房布置形式，另建配套涵闸，并与泵房之间留有适当的距离，其过流能力宜与泵站机组抽水能力相适应。

5.2.4 建于堤防处且地基条件较好的低扬程、大流量泵站，宜采用堤身式布置；扬程较高或地基条件稍差或建于重要堤防处的泵站，宜采用堤后式布置。

5.2.5 从多泥沙河流上取水的泵站，当具备自流引水沉沙、冲沙条件时，应在引渠上布置沉沙、冲沙或清淤设施；当不具备自流引水沉沙、冲沙条件时，可在岸边设低扬程泵站，布置沉沙、冲沙及其他排沙设施。

5.2.6 运行时水源有冰冻或冰凌的泵站，应有防冰、消冰、导冰等设施。

5.2.7 在深挖方地带修建泵站，应合理确定泵房的开挖深度，减少地下水对泵站运行的不利影响，并应采取必要的站区排水、泵房通风、采暖和采光等措施。

5.2.8 紧靠山坡、溪沟修建泵站，应设置排泄山洪和防止局部山体滑坡、滚石等工程措施。

5.2.9 受地形条件限制，修建地面泵站不经济时，可布置地下泵站。地下泵站应根据地质条件，合理布置泵房、辅机房以及交通、通风、排水等设施。

5.2.10 从血吸虫疫区引水的泵站，应根据水利血防的要求，采取必要的灭螺工程措施。

6 泵 房

6.1 泵房布置

6.1.1 泵房布置应根据泵站的总体布置要求和站址

地质条件，机电设备型号和参数，进、出水流道（或管道），电源进线方向，对外交通以及有利于泵房施工、机组安装与检修和工程管理等，经技术经济比较确定。

6.1.2 泵房布置应符合下列规定：

1 满足机电设备布置、安装、运行和检修要求；

2 满足结构布置要求；

3 满足通风、采暖和采光要求，并符合防潮、防火、防噪声、节能、劳动安全与工业卫生等技术规定；

4 满足内外交通运输要求；

5 注意建筑造型，做到布置合理、适用美观，且与周围环境相协调。

6.1.3 泵房挡水部位顶部安全加高不应小于表6.1.3的规定。

表6.1.3 泵房挡水部位顶部安全加高下限值（m）

运用情况	泵站建筑物级别			
	1	2	3	4、5
设计	0.7	0.5	0.4	0.3
校核	0.5	0.4	0.3	0.2

注：1 安全加高系指波浪、壅浪计算顶高程以上距离泵房挡水部位顶部的高度；

2 设计运用情况系指泵站在设计运行水位或设计洪水位时运用的情况，校核运用情况系指泵站在最高运行水位或校核洪水位时运用的情况。

6.1.4 机组间距应根据机电设备和建筑结构布置的要求确定，并应符合本规范第9.12.2条~第9.12.5条的规定。

6.1.5 主泵房长度应根据机组台数、布置形式、机组间距、边机组段长度和安装检修间的布置等因素确定，并应满足机组吊运和泵房内部交通的要求。

6.1.6 主泵房宽度应根据机组及辅助设备、电气设备布置要求，进、出水流道（或管道）的尺寸，工作通道宽度，进、出水侧必需的设备吊运要求等因素，结合起吊设备的标准跨度确定，并应符合本规范第9.12.7条的规定。立式机组主泵房水泵层宽度的确定，还应计及集水、排水廊道的布置要求等因素。

6.1.7 主泵房各层高度应根据机组及辅助设备、电气设备的布置，机组的安装、运行、检修，设备吊运以及泵房内通风、采暖和采光要求等因素确定，并应符合本规范第9.12.8条~第9.12.10条的规定。

6.1.8 主泵房水泵层底板高程应根据水泵安装高程和进水流道（含吸水室）布置或管道安装要求等因素确定。水泵安装高程应根据本规范第9.1.7条规定，结合泵房处的地形、地质条件综合确定。主泵房电动机层楼板高程应根据水泵安装高程和泵轴、电动机轴的长度等因素确定。

6.1.9 安装在机组周围的辅助设备、电气设备及管道、电缆道，其布置宜避免交叉干扰。

6.1.10 辅机房宜设置在紧靠主泵房的一端或出水侧，其尺寸应根据辅助设备布置、安装、运行和检修等要求确定，且应与泵房总体布置相协调。

6.1.11 安装检修间宜设置在主泵房内对外交通运输方便的一端（或一侧），其尺寸应根据机组安装、检修要求确定，并应符合本规范第9.12.6条的规定。

6.1.12 中控室附近不宜布置有强噪声或强振动的设备。

6.1.13 当主泵房分为多层时，各层楼板均应设置吊物孔，其位置应在同一垂线上，并在起吊设备的工作范围之内。吊物孔的尺寸应按吊运的最大部件或设备外形尺寸各边加0.2m的安全距离确定。

6.1.14 主泵房对外至少应有2个出口，其中一个应能满足运输最大部件或设备的要求。

6.1.15 立式机组主泵房电动机层的进水侧或出水侧应设主通道，其他各层应设置不少于1个主通道。主通道宽度不宜小于1.5m，一般通道宽度不宜小于1.0m。卧式机组主泵房内宜在管道顶部设工作通道。斜轴式机组主泵房内宜在靠近电机处工作通道。贯流式机组主泵房内宜在进、出水流道上部分层设工作通道。

6.1.16 当主泵房分为多层时，各层应设不少于2个通道。主楼梯宽度不宜小于1.0m，坡度不宜大于40°，楼梯的垂直净空不宜小于2.0m。

6.1.17 立式机组主泵房内的水下各层或卧式、斜轴式、贯流式机组主泵房内，应设将渗漏水汇入集水廊道或集水井的排水沟。

6.1.18 主泵房顺水流向的永久变形缝（包括沉降缝、伸缩缝）的设置，应根据泵房结构形式、地基条件等因素确定。土基上的缝距不宜大于30m，岩基上的缝距不宜大于20m。缝的宽度不宜小于20mm。

6.1.19 主泵房排架的布置，应根据机组设备安装、检修的要求，结合泵房结构布置确定。排架宜等跨布置，立柱宜布置在隔墙或墩墙上。当泵房设置顺水流向的永久变形缝时，缝的左右侧应设置排架柱。

6.1.20 主泵房电动机层地面宜铺设水磨石。泵房门窗应根据通风、采暖和采光的需要合理布置。严寒地区应采用双层玻璃窗。向阳面窗户宜有遮阳设施。受阳光直射的窗户可采用磨砂玻璃。

6.1.21 泵房屋面可根据当地气候条件和泵房通风、采暖要求设置隔热层。

6.1.22 泵站建筑物、构筑物生产的火灾危险性类别和耐火等级不应低于表6.1.22的规定。泵房内应消防设施，并应符合国家现行标准《建筑设计防火规范》GB 50016和《水利水电工程设计防火规范》SDJ

278的有关规定。

表 6.1.22 泵站建筑物、构筑物生产的火灾危险性类别和耐火等级

	建筑物、构筑物名称		火灾危险性类别	耐火等级
主要建筑物、构筑物	1	主泵房、辅机房及安装间	丁	二
	2	油浸式变压器室	丙	一
	3	干式变压器室	丁	二
	4 配电装置室	单台设备充油量大于或等于100kg	丙	一
		单台设备充油量小于100kg	丁	二
	5	母线室、母线廊道和竖井	丁	二
	6	中控室(含照明夹层)、继电保护屏室、自动和远动装置室、通信室	丁	二
	7	屋外变压器场	丙	二
	8	屋外开关站、配电装置构架	丁	二
	9	组合电气开关站	丁	二
	10	高压充油电缆隧道和竖井	丙	一
	11	高压干式电力电缆隧道和竖井	丁	二
	12	电力电缆室、控制电缆室、电缆隧道和竖井	丁	二
	13 蓄电池室	防酸隔爆型铅酸蓄电池室	丙	二
		碱性蓄电池室	丁	二
	14	贮酸间、套间及通风机室	丙	二
	15	充放电盘室	丁	二
	16	通风机室、空气调节设备室	戊	二
	17	供排水泵房	戊	二
	18	消防水泵室	戊	二
辅助生产建筑物	1	油处理室	丙	二
	2	继电保护和自动装置试验室	丁	二
	3	高压试验室、仪表试验室	丁	二
	4	机械试验室	丁	二
	5	电工试验室	丁	二
	6	机械修配厂	丁	二
	7	水工观测仪表室	丁	二
附属建筑物、构筑物	1	一般器材仓库	丁	三
	2	警卫室	—	三
	3	汽车库(含消防仓库)	丁	二

6.1.23 主泵房电动机层值班地点允许噪声标准不得大于85dB(A),中控室和通信室在机组段内的允许噪声标准不得大于70dB(A),中控室和通信室在机组段外的允许噪声标准不得大于60dB(A)。若超过上述允许噪声标准时,应采取必要的降声、消声或隔声措施。

6.2 防渗排水布置

6.2.1 防渗排水布置应根据站址地质条件和泵站扬程等因素,结合泵房、两岸连接结构和进、出水建筑物的布置,设置完整的防渗排水系统。

6.2.2 土基上泵房基底防渗长度不足时,可结合出水池布置,在其底板设置钢筋混凝土铺盖、垂直防渗体或两者相结合的布置形式。铺盖应设永久变形缝,且应与泵房底板永久变形缝错开布置。并应符合下列规定:

  1 当泵房地基为中壤土、轻壤土或重砂壤土时,泵房高水位侧宜采用钢筋混凝土铺盖;

  2 当泵房地基为粉土、粉细砂、轻砂壤土或轻粉质砂壤土时,泵房高水位侧宜采用铺盖和垂直防渗体相结合的布置形式。垂直防渗体宜布置在泵房底板高水位侧。在地震区粉细砂地基上,泵房底板下布置的垂直防渗体宜构成四周封闭的形式。粉土、粉细砂、轻砂壤土或轻粉质砂壤土地基除应保证渗流平均坡降和出逸坡降小于允许值外,在渗流出口处(包括两岸侧向渗流的出口处)必须设置排水反滤层;

  3 当防渗段底板下采用端承型桩时,应采取防止底板底面接触冲刷和渗流的措施;

  4 前池、进水池底板上可根据排水需要设置适量的排水孔。在渗流出口处应设置级配良好的排水反滤层。

6.2.3 铺盖长度可根据泵房基础防渗需要确定,宜采用上、下游最大水位差的3倍~5倍,并应符合下列规定:

  1 混凝土或钢筋混凝土铺盖最小厚度不宜小于0.4m,永久变形缝缝距可采用8m~20m,靠近翼墙的铺盖缝距宜采用小值。缝宽可采用20mm~30mm;

  2 用于铺盖的防渗土工膜厚度应根据作用水头、膜下土体可能产生裂隙宽度、膜的应变和强度等因素确定,但不宜小于0.5mm。土工膜上应设保护层;

  3 在寒冷和严寒地区,混凝土或钢筋混凝土铺盖应适当减小永久变形缝缝距。

6.2.4 当泵房地基为较薄的砂性土层或砂砾石层,其下卧层为深厚的相对不透水层时,可在泵房底板的高水位侧设置截水槽或防渗墙。截水槽或防渗墙嵌入相对不透水层的深度不应小于1.0m,其下卧层为岩石时,截水槽或防渗墙嵌入岩石的深度不应小于0.5m。在渗流出口处应设排水反滤层。当泵房地基砂砾石层较厚时,泵房高水位侧可采用铺盖和悬挂式防渗墙相结合的布置形式,在渗流出口处应设排水反滤层。当泵房地基为粒径较大的砂砾石层或粗砾夹卵石层时,泵房底板高水位侧宜设置深齿墙或深防渗墙,在渗流出口处应设排水反滤层。

6.2.5 当泵房地基的下卧层为深厚的相对透水层时,除应符合本规范第6.2.2条的规定外,尚应验算覆盖层抗渗、抗浮的稳定性。必要时可在渗流出口侧设置深入相对透水层的排水井或排水沟,并采取防止被淤堵的措施。

6.2.6 当地基持力层为薄层粘土和砂土互层时,除应符合本规范第6.2.2条的规定外,铺盖前端宜加设一道垂直防渗体,泵房低水位侧宜设排水沟或排水浅井,并采取防止被淤堵的措施。

6.2.7 岩基上泵房可根据防渗需要在底板高水位侧的齿墙下设置水泥灌浆帷幕,其后设置排水设施。

6.2.8 高扬程泵站的泵房可根据需要在其岸坡上设

置通畅的自流排水沟和护坡。

6.2.9 所有顺水流向永久变形缝的水下缝段，应埋设不少于1道材质耐久、性能可靠的止水片（带）。垂直止水带（片）与水平止水带（片）相交处应构成密封系统。

6.2.10 侧向防渗排水布置应根据泵站扬程，岸、翼墙后土质及地下水位变化等情况综合分析确定，并应与泵站正向防渗排水布置相适应。

6.2.11 具有双向扬程的灌排结合泵站，其防渗排水布置应以扬程较高的一向为主，合理选择双向布置形式。

6.3 稳定分析

6.3.1 泵房稳定分析可采取一个典型机组段或一个联段作为计算单元。

6.3.2 用于泵房稳定分析的荷载应包括自重、水重、静水压力、扬压力、土压力、淤沙压力、浪压力、风压力、冰压力、土的冻胀力、地震荷载及其他荷载等，其计算应符合下列规定：

  1 自重包括泵房结构自重、填料重量和永久设备重量；

  2 水重应按其实际体积及水的重度计算。静水压力应根据各种运行水位计算。对于多泥沙河流，应计及含沙量对水的重度的影响；

  3 扬压力应包括浮托力和渗透压力。渗透压力应根据地基类别，各种运行情况下的水位组合条件，泵房基础底部防渗、排水设施的布置情况等因素计算确定。对于土基，宜采用改进阻力系数法计算；对于岩基，宜采用直线分布法计算；

  4 土压力应根据地基条件、回填土性质、挡土高度、填土内的地下水位、泵房结构可能产生的变形情况等因素，按主动土压力或静止土压力计算。计算时应计及填土顶面坡角及超载作用；

  5 淤沙压力应根据泵房位置、泥沙可能淤积的情况计算确定；

  6 浪压力应根据泵房前风向、风速、风区长度（吹程）、风区内的平均水深以及泵房前实际波态的判别等计算确定。波浪要素可采用莆田试验站公式计算确定。当浪压力参与荷载的基本组合时，计算风速可采用当地气象台站提供的重现期为50a的年最大风速；当浪压力参与荷载的特殊组合时，计算风速可采用当地气象台站提供的多年平均年最大风速；

  7 风压力应根据当地气象台站提供的风向、风速和泵房受风面积等计算确定。计算风压力时应考虑泵房周围地形、地貌及附近建筑物的影响；

  8 冰压力、土的冻胀力、地震荷载可按现行行业标准《水工建筑物荷载设计规范》DL 5077 的有关规定计算确定；

  9 其他荷载可根据工程实际情况确定。

6.3.3 设计泵房时应将可能同时作用的各种荷载进行组合。地震荷载不应与校核运用水位组合。用于泵房稳定分析的荷载组合应按表6.3.3的规定采用，必要时还应考虑其他可能的不利组合。

表 6.3.3 荷载组合

荷载组合	计算工况	自重	水重	静水压力	扬压力	土压力	淤沙压力	浪压力	风压力	冰压力	土的冻胀力	地震荷载	其他荷载
基本组合	完建	√	—	—	—	√	—	—	—	—	—	—	√
	设计运用	√	√	√	√	√	√	√	√	—	—	—	√
	冰冻	√	√	√	√	√	√	—	√	√	√	—	√
特殊组合	施工	√	—	—	—	√	—	—	—	—	—	—	√
	检修	√	√	√	√	√	√	—	√	—	—	—	√
	校核运用	√	√	√	√	√	√	√	√	—	—	—	√
	地震	√	√	√	√	√	√	—	√	—	—	√	—

6.3.4 泵房沿基础底面的抗滑稳定安全系数应按下式计算，并应符合下列规定：

土基或岩基：
$$K_c = \frac{f \sum G}{\sum H} \quad (6.3.4\text{-}1)$$

土基：
$$K_c = \frac{\tan\phi_0 \sum G + C_0 A}{\sum H} \quad (6.3.4\text{-}2)$$

岩基：
$$K_c = \frac{f' \sum G + C' A}{\sum H} \quad (6.3.4\text{-}3)$$

式中：K_c——抗滑稳定安全系数；

  $\sum G$——作用于泵房基础底面以上的全部竖向荷载（包括泵房基础底面上的扬压力在内，kN）；

  $\sum H$——作用于泵房基础底面以上的全部水平向荷载（kN）；

  A——泵房基础底面面积（m²）；

  f——泵房基础底面与地基之间的摩擦系数，可按试验资料确定；当无试验资料时，可按本规范附录A第A.0.1条、第A.0.3条的规定采用；

  ϕ_0——土基上泵房基础底面与地基之间摩擦角（°）；

  C_0——土基上泵房基础底面与地基之间的粘结力（kPa）；

  f'——岩基上泵房基础底面与地基之间的抗剪断摩擦系数；

  C'——岩基上泵房基础底面与地基之间的抗剪断粘结力（kPa）。

  1 对于土基，ϕ_0、C_0值可根据室内抗剪试验资料，按本规范第A.0.2条的规定采用。按第A.0.2条的规定采用ϕ_0值和C_0值时，应按下式折算泵房基础底面与土质地基之间的综合摩擦系数。对于粘性土地基，如折算的综合摩擦系数大于0.45，或对于砂性土地基，如折算的综合摩擦系数大于0.5，采用的ϕ_0值和C_0值均应有论证；

$$f_0 = \frac{\tan\phi_0 \sum G + C_0 A}{\sum G} \quad (6.3.4-4)$$

式中：f_0——泵房基底面与土质地基之间的综合摩擦系数。

2 对于岩基，泵房基础底面与岩石地基之间的抗剪断摩擦系数f'值和抗剪断粘结力C'值可根据试验成果，并参照类似工程实践经验及表A.0.3所列值选用。但选用的f'值和C'值不应超过泵房基础混凝土本身的抗剪断参数值。对重要的大型泵站应进行现场试验。

3 当泵房受双向水平力荷载作用时，应核算其沿合力方向的抗滑稳定性，其抗滑稳定安全系数不应小于本规范第6.3.5条规定的允许值；

4 当泵房地基持力层为较深厚的软弱土层，且其上竖向作用荷载较大时，应核算泵房连同地基的部分土体沿深层滑动面滑动的抗滑稳定性；

5 对于岩基，若有不利于泵房抗滑稳定的缓倾角软弱夹层或断裂面存在时，应核算泵房沿可能组合滑裂面滑动的抗滑稳定性。

6.3.5 泵房沿基础底面抗滑稳定安全系数允许值应按表6.3.5采用。

表6.3.5 抗滑稳定安全系数允许值

地基类别	荷载组合		泵站建筑物级别			适用公式
			1	2	3	4、5	
土基	基本组合		1.35	1.30	1.25	1.20	适用于公式 (6.3.4-1) 或公式 (6.3.4-2)
	特殊组合	Ⅰ	1.20	1.15	1.10	1.05	
		Ⅱ	1.10	1.05	1.05	1.00	
岩基	基本组合		1.10	1.08		1.05	适用于公式 (6.3.4-1)
	特殊组合	Ⅰ	1.05	1.03		1.00	
		Ⅱ		1.00			
	基本组合			3.00			适用于公式 (6.3.4-3)
	特殊组合	Ⅰ		2.50			
		Ⅱ		2.30			

注：特殊组合Ⅰ适用于施工工况、检修工况和非常运用工况，特殊组合Ⅱ适用于地震工况。

6.3.6 泵房抗浮稳定安全系数应按下式计算：

$$K_f = \frac{\sum V}{\sum U} \quad (6.3.6)$$

式中：K_f——抗浮稳定安全系数；
$\sum V$——作用于泵房基础底面以上的全部重力（kN）；
$\sum U$——作用于泵房基础底面上的扬压力（kN）。

6.3.7 泵房抗浮稳定安全系数的允许值，不分泵站级别和地基类别，基本荷载组合下不应小于1.10，特殊荷载组合下不应小于1.05。

6.3.8 泵房基础底面应力应根据泵房结构布置和受力情况等因素计算确定。

1 当结构布置及受力情况对称时，应按下式计算：

$$p_{\max}^{\min} = \frac{\sum G}{A} \pm \frac{\sum M}{W} \quad (6.3.8-1)$$

式中：$p_{\max}^{\min}$——泵房基础底面应力的最大值或最小值（kPa）；
$\sum M$——作用于泵房基础底面以上的全部竖向和水平向荷载对于基础底面垂直水流向的形心轴的力矩（kN·m）；
W——泵房基础底面对于该底面垂直水流向的形心轴的截面矩（m³）。

2 当结构布置及受力情况不对称时，应按下式计算：

$$p_{\max}^{\min} = \frac{\sum G}{A} \pm \frac{\sum M_x}{W_x} \pm \frac{\sum M_y}{W_y} \quad (6.3.8-2)$$

式中：$\sum M_x$、$\sum M_y$——作用于泵房基础底面以上的全部水平向和竖向荷载对于基础底面形心轴x、y的力矩（kN·m）；
W_x、W_y——泵房基础底面对于该底面形心轴x、y的截面矩（m³）。

6.3.9 各种荷载组合情况下的泵房基础底面应力应符合下列规定：

1 土基泵房基础底面平均基底应力不应大于地基允许承载力，最大基底应力不应大于地基允许承载力的1.2倍，泵房基础底面应力不均匀系数的计算值不应大于表6.3.9规定的允许值，在地震情况下，泵房地基持力层允许承载力可适当提高；

2 对于岩基，泵房基础底面最大基底应力不应大于地基允许承载力，泵房基础底面应力不均匀系数可不控制，但在非地震情况下基础底面边缘的最小应力不应小于零，在地震情况下基础底面边缘的最小应力不应小于-100kPa。

表6.3.9 不均匀系数的允许值

地基土质	荷载组合	
	基本组合	特殊组合
松软	1.5	2.0
中等坚实	2.0	2.5
坚实	2.5	3.0

注：1 对于重要的大型泵站，不均匀系数的允许值可按表列值适当减小；
2 对于地震工况，不均匀系数的允许值可按表中特殊组合栏所列值适当增大。

6.4 地基计算及处理

6.4.1 泵房地基应满足承载能力、稳定和变形的要求。地基计算的荷载组合可按本规范第 6.3.3 条的规定选用。地基计算应包括下列内容：
1 地基渗流稳定性验算；
2 地基整体稳定计算；
3 地基沉降计算。

6.4.2 泵房地基应优先选用天然地基。标准贯入击数小于 4 击的粘性土地基和标准贯入击数小于或等于 8 击的砂性土地基，不得作为天然地基。当泵房地基岩土的各项物理力学性能指标较差，且工程结构又难以协调适应时，可采用人工地基。

6.4.3 泵房不宜建在半岩半土或半硬半软地基上；否则，应采取可靠的工程措施。

6.4.4 土基上泵房和取水建筑物的基础埋置深度，宜在最大冲刷深度以下 0.5m，采取防护措施后可适当提高。

6.4.5 位于季节性冻土地区土基上的泵房和取水建筑物，基础埋置深度应大于该地区最大冻土深度。

6.4.6 地基土的剪切试验方法可按表 6.4.6 的规定选用。室内试验宜减少取样和试验操作过程中可能造成的误差，试验指标的取值宜采用小值平均值。

表 6.4.6 地基土的剪切试验方法

地基土类别	剪切试验方法	
	饱和快剪	饱和固结快剪
标准贯入击数≥4击的粘土和壤土	验算施工期不超过一年的完建期地基强度	验算运用期和施工期超过一年的完建期地基强度
标准贯入击数<4击的软土、软土夹薄层砂等	验算尚未完全固结状态的地基强度	验算完全固结状态的地基强度
标准贯入击数≥8击的砂土和砂壤土	验算施工期不超过一年或土层较厚的完建期地基强度（直接快剪）	验算运用期和施工期超过一年或土层较薄的完建期地基强度
标准贯入击数≤8击的松砂、砂壤土和粉细砂夹薄层软土等	验算施工期不超过一年或土层较厚的完建期地基强度（三轴不排水剪）	

注：1 重要的大型泵站的粘性土地基应同时采用相应排水条件的三轴剪切试验方法验证；
  2 软粘土地基可采用野外十字板剪切试验方法；
  3 回填土可采用饱和快剪试验方法。

6.4.7 泵房地基允许承载力应根据站址处地基原位或室内试验数据，按本规范附录 B 第 B.1 节所列公式计算确定。

6.4.8 当泵房地基持力层内存在软弱土层时，除应满足持力层的允许承载力外，还应对软弱土层的允许承载力进行核算，并按下式进行计算。复杂地基上大型泵房地基允许承载力计算，应作专门论证确定。

$$p_c + p_z = [R_z] \quad (6.4.8)$$

式中：p_c——软弱土层顶面处的自重应力（kPa）；
  p_z——软弱土层顶面处的附加应力（kPa），可将泵房基础底面应力简化为竖向均布、竖向三角形分布和水平向均布等情况，按条形或矩形基础计算确定；
  $[R_z]$——软弱土层的允许承载力（kPa）。

6.4.9 当泵房基础受振动荷载影响时，其地基允许承载力应按下式进行修正：

$$[R'] \leqslant \psi [R] \quad (6.4.9)$$

式中：$[R']$——在振动荷载作用下的地基允许承载力（kPa）；
  $[R]$——在静荷载作用下的地基允许承载力（kPa）；
  ψ——振动折减系数，可按 0.8～1.0 选用。高扬程机组的基础可采用小值，低扬程机组的块基型整体式基础可采用大值。

6.4.10 泵房地基最终沉降量可按下式进行计算。地基压缩层的计算深度可按计算层面处附加应力与自重应力之比等于 0.1～0.2（坚实地基取大值，软土地基取小值）的条件确定。当其下尚有压缩性较大的土层时，地基压缩层的计算深度应计至该土层的底面。

$$S_\infty = m \sum_{i=1}^{n} \frac{e_{1i} - e_{2i}}{1 + e_{1i}} h_i \quad (6.4.10)$$

式中：S_∞——地基最终沉降量（mm）；
  m——地基沉降量修正系数，可采用 1.0～1.6（坚实地基取小值，软土地基取大值）；
  i——土层号；
  n——地基压缩层范围内的土层数；
  e_{1i}——泵房基础底面以下第 i 层土在平均自重应力作用下的孔隙比；
  e_{2i}——泵房基础底面以下第 i 层土在平均自重应力、平均附加应力共同作用下的孔隙比；
  h_i——第 i 层土的厚度（mm）。

6.4.11 泵房地基允许沉降量和沉降差，应根据工程具体情况分析确定，满足泵房结构安全和不影响泵房内机组的正常运行。

6.4.12 凡属下列情况之一者，可不进行地基沉降计算：
1 岩石地基；
2 砾石、卵石地基；

3 中砂、粗砂地基；

4 大型泵站标准贯入击数大于 15 击的粉砂、细砂、砂壤土、壤土及粘土地基；

5 中型泵站标准贯入击数大于 10 击的壤土及粘土地基。

6.4.13 泵房的地基处理方案应综合考虑地基土质、泵房结构特点、施工条件、环境保护和运行要求等因素，宜按本规范附录 B 表 B.2.1，经技术经济比较选定。换填垫层法、振冲法、强力夯实法、水泥土搅拌法、桩基础和沉井基础等常用地基处理设计应符合现行行业标准《水闸设计规范》SL 265、《建筑地基处理技术规范》JGJ 79、《建筑桩基技术规范》JGJ 94、《既有建筑地基基础加固技术规范》JGJ 123 的有关规定。

6.4.14 泵房地基中有可能发生"液化"的土层宜挖除。当该土层难以挖除时，宜采用振冲法或强力夯实法等处理措施，也可结合地基防渗要求，采用板桩或连续墙围封等措施。

6.4.15 泵房地基为湿陷性黄土地基，可采用强力夯实、换土垫层、灰土桩挤密、桩基础或预浸水等方法处理，并应符合现行行业标准《水闸设计规范》SL 265、《建筑地基处理技术规范》JGJ 79、《建筑桩基技术规范》JGJ 94、《既有建筑地基基础加固技术规范》JGJ 123 的有关规定。泵房基础底面下应有必要的防渗设施。

6.4.16 泵房地基为膨胀土地基，在满足泵房布置和稳定安全要求的前提下，应减小泵房基础底面积，增大基础埋置深度，也可将膨胀土挖除，换填无膨胀性土料垫层，或采用桩基础。

6.4.17 泵房地基为岩石地基，应清除表层松动、破碎的岩块，并对夹泥裂隙和断层破碎带进行处理。对喀斯特地基，应进行专门处理。

6.5 主要结构计算

6.5.1 泵房底板、进出水流道、机墩、排架、吊车梁等主要结构，可根据工程实际情况，简化为二维结构进行计算。必要时，可按三维结构进行计算。

6.5.2 用于泵房主要结构计算的荷载及荷载组合除应按本规范第 6.3.2 条、第 6.3.3 条的规定采用外，还应根据结构的实际受力条件，分别计入机电设备动力荷载、雪荷载、楼面可变荷载、吊车荷载、屋面可变荷载、温度荷载以及其他设备可变荷载。

6.5.3 泵房底板应力可根据受力条件和结构支承形式等情况，按弹性地基上的板、梁或框架结构进行计算，并应符合下列规定：

1 对于土基上的泵房底板，可采用反力直线分布法或弹性地基梁法。相对密度小于或等于 0.50 的砂土地基，可采用反力直线分布法；粘性土地基或相对密度大于 0.50 的砂土地基，可采用弹性地基梁法。当采用弹性地基梁法计算时，应根据可压缩土层厚度与弹性地基梁半长的比值，选用相应的计算方法。当比值小于 0.25 时，可按基床系数法（文克尔假定）计算；当比值大于 2.0 时，可按半无限深的弹性地基梁法计算；当比值为 0.25～2.0 时，可按有限深的弹性地基梁法计算。当底板的长度和宽度均较大，且两者较接近时，可按交叉梁系的弹性地基梁法计算；

2 对于岩基上的泵房底板，可按基床系数法计算。

6.5.4 当土基上泵房底板采用有限深或半无限深的弹性地基梁法计算时，可按下列情况考虑边荷载的作用：

1 当边荷载使泵房底板弯矩增加时，宜计及边荷载的全部作用；

2 当边荷载使泵房底板弯矩减少时，在粘性土地基上可不计边荷载的作用，在砂性土地基上可只计边荷载的 50%。

6.5.5 肘形、钟形进水流道和直管式、屈膝式、猫背式、虹吸式出水流道的应力，可根据各自的结构布置、断面形状和作用荷载等情况，按单孔或多孔框架结构进行计算，并应符合下列规定：

1 若流道壁与泵房墩墙连为一整体结构，且截面尺寸又较大时，计算中应考虑其厚度的影响；

2 当肘形进水流道和直管式出水流道由导流隔水墙分割成双孔矩形断面时，亦可按对称框架结构进行应力计算；

3 当虹吸式出水流道的上升段承受较大的纵向力时，除应计算横向应力外，还应计算纵向应力。

6.5.6 双向进、出水流道应力，可分别按肘形进水流道和直管式出水流道进行计算。

6.5.7 混凝土蜗壳式出水流道应力，可简化为平面"Γ"形刚架、环形板或双向板结构进行计算。

6.5.8 机墩结构形式可根据机组特性和泵房结构布置等因素选用。机墩强度可按正常运用和短路两种荷载组合分别进行计算。对于高扬程泵站，计算机墩稳定时，应计入出水管道水柱的推力，并应设置必要的抗推移设施。

6.5.9 立式机组机墩可按单自由度体系的悬臂梁结构进行共振、振幅和动力系数的验算。卧式机组机墩可只进行垂直振幅的验算。单机功率在 1600kW 以下的立式轴流泵机组和单机功率在 500kW 以下的卧式离心泵组成，其机墩可不进行动力计算。对共振的验算，要求机墩强迫振动频率与自振频率之差和自振频率的比值不小于 20%；对振幅的验算，应分析阻尼的影响，要求最大垂直振幅不超过 0.15mm，最大水平振幅不超过 0.20mm；对动力系数的验算，可忽略阻尼的影响，要求动力系数的验算结果为 1.3～1.5。

6.5.10 泵房排架应力可根据受力条件和结构支承形式等情况进行计算。对干室型泵房，当水下侧墙刚度与排架柱刚度的比值小于或等于5.0时，墙与柱可联合计算；当水下侧墙刚度与排架柱刚度的比值大于5.0时，墙与柱可分开计算。泵房排架应具有足够的刚度。在各种情况下，排架顶部侧向位移不应超过10mm。

6.5.11 吊车梁结构形式可根据泵房结构布置、机组安装和设备吊运要求等因素选用。负荷重量大的吊车梁，宜采用预应力钢筋混凝土结构或钢结构，并应符合下列规定：

1 吊车梁设计中，应考虑吊车启动、运行和制动时产生的影响，并应控制吊车梁的最大计算挠度不超过计算跨度的1/600（钢筋混凝土结构）或1/700（钢结构）；

2 对于钢筋混凝土吊车梁，还应验算裂缝开展宽度，要求最大裂缝宽度不超过0.30mm；

3 吊车梁与柱连接的设计，应满足支座局部承压、抗扭及抗倾覆要求；

4 负荷重量不大的吊车梁，可套用标准设计图集。

7 进出水建筑物

7.1 引 渠

7.1.1 泵站引渠的线路应根据选定的取水口及泵房位置，结合地形地质条件，经技术经济比较选定，并应符合下列规定：

1 渠线宜避开地质构造复杂、渗透性强和有崩塌可能的地段，也宜避开在冻胀性、湿陷性、膨胀性、分散性、松散坡积物以及可溶盐土壤上布置渠线。当无法避免时，则应采取相应的工程措施。渠身宜坐落在挖方地基上，少占耕地；

2 渠线宜顺直。当需设弯道时，土渠弯道半径不宜小于渠道水面宽的5倍，石渠及衬砌渠道弯道半径不宜小于渠道水面宽的3倍，弯道终点与前池进口之间宜有直线段，长度不宜小于渠道水面宽的8倍，直线段长度小于8倍时，宜采取工程措施；

3 渠线宜避免穿过集中居民点、高压线塔、重点保护文物、军用通信线路、油气地下管网以及重要的铁路、公路等；

4 山区渠道宜沿等高线布置，采用明渠与明流隧洞或暗渠、渡槽、倒虹吸相结合的布置，避免深挖高填。

7.1.2 引渠纵坡和断面应根据地形、地质、水力、输沙能力及工程量等条件计算确定，并应满足引水流量、行水安全、渠床不冲、不淤和引渠工程量小等要求。

7.1.3 引渠末段的超高应按突然停机，压力管道倒流水量与引渠来水量共同影响下水位壅高的正波计算确定。必要时设置退水设施。

7.1.4 渗漏严重的土质引渠应采取防渗措施；边坡稳定性差的岩质或土岩结合引渠，应采取防护措施；季节性冻土地区的土质引渠采用衬砌时，应采取抗冻胀措施。

7.2 前池及进水池

7.2.1 泵站前池布置应满足水流顺畅、流速均匀、池内不得产生涡流的要求，宜采用正向进水方式。正向进水的前池，扩散角应小于40°，底坡不宜陡于1：4。

7.2.2 侧向进水的前池，宜设分水导流设施，可通过水工模型试验验证。

7.2.3 多泥沙河流上的泵站前池应设隔墩分为多条进水道，每条进水道通向单独的进水池。在进水道首部应设进水闸及拦沙或水力排沙设施。设有沉沙池的泵站，出池泥沙允许粒径不宜大于0.05mm。

7.2.4 多级泵站前池顶高可根据上、下级泵站流量匹配的要求，在最高运行水位以上预留调节高度确定。前池或引渠末段宜设事故停机泄水设施。

7.2.5 泵站进水池的布置形式应根据地基、流态、含沙量、泵型及机组台数等因素，经技术经济比较确定，可选用开敞式、半隔墩式、全隔墩式矩形池或圆形池。多泥沙河流上宜选用圆形池，每池供一台或两台水泵抽水。

7.2.6 进水池设计应使池内流态良好，满足水泵进水要求，且便于清淤和管理维护。

7.2.7 进水池的水下容积可按共用该进水池的水泵30倍～50倍设计流量确定。

7.2.8 岸墙、翼墙、拦污栅桥等建筑物的稳定、应力分析可按现行行业标准《水闸设计规范》SL 265、《水工挡土墙设计规范》SL 379等的有关规定进行。

7.3 出水管道

7.3.1 泵房外出水管道的布置，应根据泵站总体布置要求，结合地形、地质条件确定。管线应短而直，水力损失小，管道施工及运行管理应方便。管型、管材及管道根数等应经技术经济比较确定。出水管道应避开地质不良地段，否则应采取安全可靠的工程措施。铺设在填方上的管道，填方应压实处理，做好排水设施。管道跨越山洪沟道时，应满足防洪要求。

7.3.2 出水管道的转弯角宜小于60°，转弯半径宜大于2倍管径。管道在平面和立面上均需转弯且其位置相近时，宜合并成一个空间转弯角。管顶线宜布置在最低压力坡度线下，压力不小于0.02MPa。当出水管道线路较长时，应在管线隆起处设置排（补）气阀，其数量和直径应经计算确定。当管线竖向布置平缓时，宜间隔1000m左右设置一处通气设施。

7.3.3 出水管道的出口上缘应淹没在出水池最低运行水位以下 0.1m～0.2m。出水管道出口处应设置断流设施。

7.3.4 明管设计应符合下列规定：

1 明管转弯处、分岔处、不同管材接头处和明管直线段较长时应设置镇墩；

 1) 在明管直线段上设置的镇墩，其间距不宜超过 100m；

 2) 两镇墩之间的管道可用支墩或管座支承。镇墩、支墩或管座的地基应坚实稳定；

 3) 两镇墩之间的管道应设伸缩节，伸缩节应布置在上端。

2 管道支墩的形式和间距应经技术分析和经济比较确定。除伸缩节附近处，其他各支墩宜采用等间距布置。预应力钢筋混凝土管道应采用连续管座或每节设 2 个支墩；

3 管间净距不应小于 0.8m，钢管底部应高出管道槽地面 0.6m，预应力钢筋混凝土管承插口底部应高出管槽地面 0.3m。其他材料的管承插口应预留安装、检修高度；

4 管槽宜设排水沟，坡面宜护砌。当管槽纵向坡度较陡时，沿管线应设人行阶梯便道，其宽度不宜小于 1.0m；

5 当管径大于或等于 1.0m 且管道较长时，应设检查孔。每条管道设置的检查孔不宜少于 2 个，其间距宜为 150m；

6 在严寒地区冬季运行时，可根据需要对管道采取防冻保温措施；

7 跨越堤防的明管，不宜在堤身上设置镇墩。

7.3.5 埋管设计应符合下列规定：

1 埋管管顶最小埋深应在耕植线或最大冻土深度以下；

2 埋管宜采用连续垫座，垫座包角可取 90°～135°；

3 管间净距不应小于 0.8m；

4 埋入地下的钢管应做防锈处理；当地下水或土壤对管材有侵蚀作用时，应采取防腐措施；

5 埋管应设检查孔，每条管道不宜少于 2 个；

6 埋管穿越天然河流、沟道时，埋深宜在最大冲刷深度以下 0.5m，采取防护措施后可适当提高。

7.3.6 钢管管身应采用镇静钢。焊条性能应与母材相适应。焊接成形的钢管应进行焊缝探伤检查和水压试验。

7.3.7 钢筋混凝土管道设计应符合下列规定：

1 预应力钢筋混凝土强度等级不应低于 C40，预制钢筋混凝土强度等级不应低于 C25，现浇钢筋混凝土强度等级不应低于 C20；

2 现浇钢筋混凝土管道伸缩缝的间距应按纵向应力计算确定，且不宜大于 20m。在软硬两种地基交界处应设置伸缩缝或沉降缝。

3 预制钢筋混凝土管道、预应力钢筋混凝土管道及预应力钢筒混凝土管道在直线段每隔 50m～100m 宜设一个安装活接头。管道转弯和分岔处宜采用钢管件连接，并设置镇墩。

7.3.8 管道上作用的荷载应包括自重、水重、水压力、土压力、地下水压力、地面可变荷载、温度荷载、镇墩和支墩不均匀沉降引起的力、施工荷载、地震荷载等。管道结构分析的荷载组合可按表 7.3.8 采用。

表 7.3.8 管道结构分析的荷载组合

管道铺设形式	荷载组合	计算工况	管自重	满管水重	正常水压力	最高水压力	最低水压力	试验水压力	土压力	地下水压力	地面可变荷载	温度荷载	镇墩、支墩不均匀沉降力	施工荷载	地震荷载
明管	基本组合	设计运用	√	√	√	—	—	—	—	—	—	√	√	—	—
明管	特殊组合	校核运用Ⅰ	√	√	—	√	—	—	—	—	—	√	√	—	—
明管	特殊组合	校核运用Ⅱ	√	√	—	—	√	—	—	—	—	√	√	—	—
明管	特殊组合	水压试验	√	√	—	—	—	√	—	—	—	—	—	—	—
明管	特殊组合	施工	√	—	—	—	—	—	—	—	—	—	—	√	—
明管	特殊组合	地震	√	√	√	—	—	—	—	—	—	—	—	—	√
埋管	基本组合	设计运用	√	√	√	—	—	—	√	√	√	√	√	—	—
埋管	基本组合	管道放空	√	—	—	—	—	—	√	√	√	—	—	—	—
埋管	特殊组合	校核运用Ⅰ	√	√	—	√	—	—	√	√	√	√	√	—	—
埋管	特殊组合	校核运用Ⅱ	√	√	—	—	√	—	√	√	√	√	√	—	—
埋管	特殊组合	水压试验	√	√	—	—	—	√	√	√	—	—	—	—	—
埋管	特殊组合	施工	√	—	—	—	—	—	√	√	—	—	—	√	—
埋管	特殊组合	地震	√	√	√	—	—	—	√	√	√	—	—	—	√

注：正常水压力系指设计运用情况或地震情况下作用于管道内壁的内水压力；最高、最低水压力系指因事故停泵等水力过渡过程中（校核运用情况）出现在管道内壁的最大、最小内水压力。

7.3.9 出水管道应进行包括水力损失及水锤在内的水力计算。

7.3.10 明设光面钢管抗外压稳定的最小安全系数可取 2.0，有加劲环的钢管可取 1.8。

7.3.11 明设光面钢管管壁最小厚度，不宜小于下式计算值。设计采用的管壁厚度应考虑锈蚀、磨损等因素的影响，按其计算值增加 1mm～2mm。受泥沙磨损、腐蚀较严重的钢管，对其管壁厚度的确定应作专门论证。

$$\delta = \frac{D}{130} \qquad (7.3.11)$$

式中：δ——管壁厚度（mm）；
　　　D——钢管内径（mm）。

7.3.12 钢管管壁、加劲环及支承环的应力分析，可按现行行业标准《水电站压力钢管设计规范》SL 281 的有关规定执行。

7.3.13 岔管布置宜采用丫形、卜形或三分岔形。对于管径大、水头高的岔管也可采用其他形式。

7.3.14 镇墩和支墩的地基处理与否应根据地质条件确定。在季节性冻土地区，其埋置深度应大于最大冻土深度，镇墩和支墩四周回填土料宜采用砂砾料。

7.3.15 镇墩应进行抗滑、抗倾稳定及地基强度验算，并应符合下列规定：

1 镇墩抗滑稳定安全系数的允许值：基本荷载组合下不应小于 1.30，特殊荷载组合下不应小于 1.10；

2 抗倾稳定安全系数的允许值：基本荷载组合下不应小于 1.50，特殊荷载组合下不应小于 1.20。

7.4 出水池及压力水箱

7.4.1 出水池的位置应结合站址、管线及输水渠道的位置进行选择。宜选在地形条件好、地基坚实稳定、渗透性小、工程量少的地点。如出水池必须建在填方上时，填土应碾压密实，并应采取防渗措施。

7.4.2 当受地形条件限制采用出水池与输水渠连接困难时，可设置出水塔以渡槽与输水渠连接。

7.4.3 出水池布置应符合下列规定：

1 池内水流应顺畅、稳定，水力损失小；

2 出水池建在膨胀土或湿陷性黄土等不良地基上时，应进行地基处理；

3 出水池底宽大于渠道底宽时，应设渐变段连接，渐变段的收缩角宜小于 40°；

4 出水池池中流速不应超过 2.0m/s，且不应出现水跃。

7.4.4 出水塔应符合下列规定：

1 出水塔应布置在稳定的基础上；

2 塔身结构尺寸应满足出水管布置及检修要求，出水管口高程宜略高于塔内水位；

3 应进行基础和塔身稳定计算。

7.4.5 压力水箱应建在坚实基础上，并应与泵房或出水管道连接牢固。压力水箱的尺寸应满足闸门安装和检修的要求。

8 其他形式泵站

8.1 一般规定

8.1.1 当水源水位变化幅度在 10m 以上时，可采用竖井式泵站、缆车式泵站、浮船式泵站、潜没式泵站等其他形式泵站。

8.1.2 其他形式泵站可根据水位变化幅度、涨落速度、水流流速等，经技术经济比较后合理采用。

8.2 竖井式泵站

8.2.1 当河岸坡度较陡、地质条件较好、洪枯水期岸边水深和泵站提水流量均较大时，宜采用岸边取水的集水井与泵房合建的竖井式泵站。在岩基或坚实土基上，集水井与泵房可呈阶梯形布置；在中等坚实土基上，集水井与泵房宜呈水平布置。当河岸坡度较缓、地质条件较差、洪枯水期岸边有足够的水深、泵站提水流量不大，且机组启动要求不高时，可采用岸边取水的集水井与泵房分建的竖井式泵站。

8.2.2 无论集水井与泵房合建或分建，其取水建筑物的布置均应符合下列规定：

1 取水口上部的工作平台设计高程应按校核洪水位加波浪高度和 0.5m 的安全加高确定；

2 最低的取水口下缘距离河底高度应根据河流水文、泥沙特性及河床稳定情况等因素确定，但侧面取水口下缘距离河底高度不得小于 0.5m，正面取水口下缘距离河底高度不得小于 1.0m；

3 集水井应分格，每格应设置不少于 2 道的拦污、清污设施；

4 集水井的进水管数量不宜少于 2 根，其管径应按最低运行水位时的取水要求，经水力计算确定；

5 从多泥沙河流上取水，应设分层取水口，且在集水井内设排沙设施；

6 对于运行时水源有冰冻、冰凌的泵站，应设防冰、消冰、导冰设施。

8.2.3 当取水河段主流不靠岸，且河岸坡度平缓，枯水期岸边水深不足时，可采用河心取水的竖井式泵站。除取水建筑物的布置应符合本规范第 8.2.2 条的规定外，还应设置与河岸相通的工作桥。

8.2.4 竖井式泵站宜采用圆形。泵房内机组台数不宜多于 4 台。井壁顶部应设起吊运输设备。泵房内可不另设检修间。

8.2.5 竖井式泵房内应设安全方便的楼梯。总高度大于 20m 的竖井式泵房，宜设置电梯。泵房窗户应根据泵房内通风、采暖和采光的需要合理布置。当自然通风量不足时，可采用机械通风。

8.2.6 竖井式泵房内应有与机组隔开的操作室。操作室内应设置减噪声设施。

8.2.7 竖井式泵房的底板、井壁等结构应满足抗渗要求，连接部位止水措施应耐久可靠。

8.2.8 竖井式泵站的泵房底板、集水井、栈桥桥墩等基础埋置深度，宜在最大冲刷深度以下 0.5m，采取防护措施后可适当提高。

8.2.9 竖井式泵房应建在坚实的地基上，否则应进行地基处理。竖井式泵房的抗滑稳定安全系数的计算及允许值应符合本规范第 6.3.4 条和第 6.3.5 条的规定,抗浮稳定安全系数的计算及允许值应符合本规范第 6.3.6 条和第 6.3.7 条的规定,基础底面应力不均匀系数的计算及允许值应符合本规范第 6.3.8 条和第 6.3.9 条的规定。

8.3 缆车式泵站

8.3.1 缆车式泵站的位置应符合下列规定:

  1 河流顺直,主流靠岸,岸边水深不应小于 1.2m;

  2 应避开回水区域或岩坡凸出地段;

  3 河岸稳定,地质条件较好,岸坡坡比应在 1:2.5~1:5 之间;

  4 漂浮物应少,且不易受漂木、浮筏或船只的撞击。

8.3.2 缆车式泵站布置应符合下列规定:

  1 泵车数不应少于 2 台,每台泵车宜布置 1 条输水管;

  2 泵车的供电电缆(或架空线)和输水管不应布置在同一侧;

  3 变配电设施、对外交通道路应布置在校核洪水位以上,绞车房的位置应能将泵车上移到校核洪水位以上;

  4 坡道坡度应与岸坡坡度接近,对坡道附近的上、下游天然岸坡亦应按所选坡道坡度进行整理,坡道面应高出上、下游岸坡 0.3m~0.4m,坡道应有防冲设施;

  5 在坡道两侧应设置人行阶梯便道,在岔管处应设工作平台;

  6 泵车上宜有拦污、清污设施。从多泥沙河流上取水,宜另设供应清水的技术供水系统。

8.3.3 每台泵车上宜装置水泵 2 台,机组应交错布置。

8.3.4 泵车车体竖向布置宜成阶梯形。泵车房的净高应满足设备布置和起吊的要求。泵车每排桁架下面的滚轮数宜为 2 个~6 个(取双数),车轮宜选用双凸缘形。泵车上应设减振器。

8.3.5 泵车的结构设计除应进行静力计算外,还应进行动力分析,验算共振和振幅。结构的强迫振动频率与自振频率之差和自振频率的比值不应小于 30%;振幅应符合现行行业标准《机器动荷载作用下建筑物承重结构的振动计算和隔振设计规程》YSJ 009 的有关规定。

8.3.6 泵车应设保险装置。根据牵引力大小,可采用挂钩式或螺栓夹板式保险装置。

8.3.7 水泵吸水管可根据坡道形式和坡度进行布置。采用桥式坡道时,吸水管可布置在车体的两侧;采用岸坡式坡道时,吸水管宜布置在车体迎水的正面。

8.3.8 水泵出水管道应沿坡道布置。岸坡式坡道可采用埋设方式;桥式坡道可采用架设方式。水泵出水管均应装设闸阀。出水管并联后应与联络管相接。联络管宜采用曲臂式,管径小于 400mm 时,可采用橡胶管。出水管上还应设置若干个接头岔管,最低、最高岔管位置应满足设计取水要求。接头岔管间的高差:当采用曲臂联络管时,可取 2.0m~3.0m;当采用其他联络管时,可取 1.0m~2.0m。

8.4 浮船式泵站

8.4.1 浮船式泵站的位置应符合下列规定:

  1 水流应平稳,河面宽阔,且枯水期水深不应小于 1.0m;

  2 应避开顶冲、急流、大回流和大风浪区以及与支流交汇处,且与主航道保持一定距离;

  3 河岸应稳定,岸坡坡度应在 1:1.5~1:4 之间;

  4 漂浮物应少,且不易受漂木、浮筏或船只的撞击;

  5 附近应有可利用作检修场地的平坦河岸。

8.4.2 浮船的形式应根据泵站的重要性、运行要求、材料供应及施工条件等因素,经技术经济比较选定。

8.4.3 浮船布置应包括机组设备间、船首和船尾等部分。当机组容量较大、台数较多时,宜采用下承式机组设备间。浮船首尾甲板长度应根据安全操作管理的需要确定,且不应小于 2.0m。首尾舱应封闭,封闭容积应根据船体安全要求确定。

8.4.4 浮船的设备布置应紧凑合理,满足船体平衡与稳定的要求。不能满足要求时,应采取平衡措施。

8.4.5 浮船的型线和主尺度(包括吃水深、型宽、船长、型深)应按最大排水量及设备布置的要求选定,其设计应符合内河航运船舶设计规定。在任何情况下,浮船的稳性衡准系数不应小于 1.0。

8.4.6 浮船的锚固方式及锚固设备应根据停泊处的地形、水流状况、航运要求及气象条件等因素确定。当流速较大时,浮船上游方向固定索不应少于 3 根。

8.4.7 联络管及其两端接头形式应根据河流水位变化幅度、流速、取水量及河岸坡度等因素,经技术经济比较选定。

8.4.8 输水管的坡度宜与岸坡坡度一致。当地质条件能满足管道基础要求时,输水管可沿岸坡敷设;不能满足要求时,应进行地基处理,并设置支墩固定。当输水管设置接头岔管时,其位置应按水位变化幅度及河岸坡度确定。接头岔管间的高差可取 0.6m~2.0m。

8.5 潜没式泵站

8.5.1 潜没式泵站泵房内宜安装卧式机组,机组台数不宜多于 4 台。

8.5.2 潜没式泵站泵房宜布置成圆形，泵房内机电设备可采用单列式或双列式布置。筒壁顶部应设环形起重设备，泵房内可不另设检修间。房顶宜设天窗。廊道除设置缆车用作交通运输外，可兼作进风道和排风道。运行操作屏柜可布置在廊道入口处绞车房内。机电设备应有较高的自动化程度，可在岸上进行控制。

8.5.3 泵站泵房底板、墙壁、屋顶等结构应满足抗渗要求，连接部位止水措施应耐久可靠。

8.5.4 潜没式泵站泵房基础应锚固在牢固的基础上。泵房抗浮稳定安全系数的计算及其允许值，应符合本规范第 6.3.6 条和第 6.3.7 条的规定。

9 水力机械及辅助设备

9.1 主　泵

9.1.1 主泵选型应符合下列规定：

1 应满足泵站设计流量、设计扬程及不同时期供排水的要求；

2 在平均扬程时，水泵应在高效区运行；在整个运行扬程范围内，水泵应能安全、稳定运行。排水泵站的主泵，在确保安全运行的前提下，其设计流量宜按设计扬程下的最大流量计算；

3 由多泥沙水源取水时，水泵应考虑抗磨蚀措施；水源介质有腐蚀性时，水泵应考虑防腐蚀措施；

4 宜优先选用技术成熟、性能先进、高效节能的产品。当现有产品不能满足泵站设计要求时，可设计新水泵。新设计的水泵应进行泵段模型试验，轴流泵和混流泵还应进行装置模型试验，经验收合格后方可采用。采用国外产品时，应有必要的论证；

5 具有多种泵型可供选择时，应综合分析水力性能、安装、检修、工程投资及运行费用等因素择优确定；

6 采用变速调节应进行方案比较和技术经济论证。

9.1.2 主泵的台数应根据工程规模及建设内容进行技术经济比较后确定。

9.1.3 备用机组的台数应根据工程的重要性、运行条件及年运行小时数确定，并应符合下列规定：

1 重要的供水泵站，工作机组 3 台及 3 台以下时，宜设 1 台备用机组；多于 3 台时，宜设 2 台备用机组；

2 灌溉泵站，工作机组 3 台～9 台时，宜设 1 台备用机组；多于 9 台时，宜设 2 台备用机组；

3 年运行小时数很低的泵站，可不设备用机组；

4 处于水源含沙量大或含腐蚀性介质的工作环境的泵站，或有特殊要求的泵站，备用机组的台数经过论证后可适当增加。

9.1.4 大型轴流泵和混流泵应有装置模型试验资料；当对水泵的过流部件型线或进、出水流道型线做较大更改时，应重新进行装置模型试验。

9.1.5 增速运行的水泵，其转速超过设计转速的 5% 时，应对其强度、磨损、汽蚀、振动等进行论证。

9.1.6 水泵最大轴功率的确定应考虑下列因素：

1 运行范围内各种工况对轴功率的影响；

2 含沙量对轴功率的影响。

9.1.7 水泵安装高程应符合下列规定：

1 在进水池最低运行水位时，应满足不同工况下水泵的允许吸上真空高度或必需汽蚀余量的要求。当电动机与水泵额定转速不同时，或在含泥沙水源中取水时，应对水泵的允许吸上真空高度或必需汽蚀余量进行修正；

2 立式轴流泵或混流泵的基准面最小淹没深度应大于 0.5m；

3 进水池内不应产生有害的漩涡。

9.1.8 并联运行的水泵，其设计扬程应接近，并联运行台数不宜超过 4 台。当流量或扬程变幅较大时，可采用大、小泵搭配或变速调节等方式满足要求。抽送多泥沙水源时，宜适当减少并联台数。串联运行的水泵，其设计流量应接近，串联运行台数不宜超过 2 台，并应对第二级泵的泵壳进行强度校核。

9.1.9 采用液压操作的全调节水泵，油压装置的数量宜根据运行要求确定。

9.1.10 低扬程轴流泵应有防止抬机的措施。

9.1.11 抽取清水时，轴流泵站与混流泵站的装置效率不宜低于 70%～75%；净扬程低于 3m 的泵站，其装置效率不宜低于 60%。离心泵站的装置效率不宜低于 65%～70%。新建泵站的装置效率宜取高值。

9.1.12 抽取多沙水流时，泵站的装置效率可适当降低。

9.2 进出水流道

9.2.1 泵站进出水流道型式应结合泵型、泵房布置、泵站扬程、进出水池水位变化幅度和断流方式等因素，经技术经济比较确定。重要的大型泵站宜采用三维流动数值计算分析，并应进行装置模型试验验证。

9.2.2 泵站进水流道布置应符合下列规定：

1 流道型线平顺，各断面面积沿程变化应均匀合理；

2 出口断面处的流速和压力分布应比较均匀；

3 进口断面处流速宜取 0.8m/s～1.0m/s；

4 在各种工况下，流道内不应产生涡带；

5 进口宜设置检修设施；

6 应方便施工。

9.2.3 肘形和钟形进水流道的进口段底面宜做成平底，或向进口方向上翘，上翘角不宜大于 12°；进口段顶板仰角不宜大于30°，进口上缘应淹没在进水池最低运行水位以下至少0.5m。当进口段宽度较大时，可在该段设置隔水墩。肘形和钟形流道的主要尺寸应根据水泵的结构和外形尺寸结合泵房布置确定。

9.2.4 泵站出水流道布置应符合下列规定：

1 与水泵导叶出口相连的出水室形式应根据水泵的结构和泵站总体布置确定；

2 流道型线变化应比较均匀，当量扩散角宜取8°～12°；

3 出口流速不宜大于1.5m/s，出口装有拍门时，不宜大于2.0m/s；

4 应有合适的断流方式；

5 平直管出口宜设置检修门槽；

6 应方便施工。

9.2.5 泵站的断流方式应根据出水池水位变化幅度、泵站扬程、机型等因素，并结合出水流道形式选择，必要时经技术经济比较确定。断流方式应符合下列规定：

1 运行应可靠；

2 设备应简单，操作应灵活；

3 维护应方便；

4 对机组效率影响应较小。

9.2.6 出水池最低运行水位较高的泵站，可采用直管式出水流道，在出口设置拍门或快速闸门，并应在门后设置通气孔；直管式出水流道的底面可做成平底，顶板宜向出口方向上翘。

9.2.7 立式或斜式轴流泵站，当出水池水位变化幅度不大时，宜采用虹吸式出水流道，配以真空破坏阀断流方式。驼峰底部高程应略高于出水池最高运行水位，驼峰顶部的真空度不应超过7.5m水柱高。驼峰处断面宜设计成扁平状。虹吸管管身接缝处应具有良好的密封性能。

9.2.8 低扬程卧式轴流泵站可采用猫背式或轴伸式出水流道。

9.2.9 出水流道的出口上缘应淹没在出水池最低运行水位以下0.3m～0.5m。当流道宽度较大时，宜设置隔水墩，其起点与机组中心线间的距离不应小于水泵出口直径的2倍。

9.2.10 进、出水流道均应设置检查孔，检查孔孔径不宜小于0.7m。

9.2.11 双流道双向泵站进水流道内宜设置导流锥、隔板等，必要时应进行装置模型试验。

9.3 进水管道及泵房内出水管道

9.3.1 离心泵或小口径轴流泵、混流泵的进水管道设计流速宜取1.5m/s～2.0m/s，出水管道设计流速宜取2.0m/s～3.0m/s。

9.3.2 离心泵进水管件应符合下列规定：

1 水泵进口最低点位于进水池最高运行水位以下时，应设截流设施。

2 进水管进口应设喇叭管，喇叭口流速宜取1.0m/s～1.5m/s，喇叭口直径等于或大于1.25倍进水管直径。

9.3.3 离心泵或小口径轴流泵、混流泵的进水管喇叭口与建筑物距离应符合下列规定：

1 喇叭口中心的悬空高度应符合下列规定：

1) 喇叭管垂直布置时，宜取（0.6～0.8）D（D为喇叭管进口直径）；

2) 喇叭管倾斜布置时，宜取（0.8～1.0）D；

3) 喇叭管水平布置时，宜取（1.0～1.25）D；

4) 喇叭口最低点悬空高度不应小于0.5m。

2 喇叭口中心的淹没深度应符合下列规定：

1) 喇叭管垂直布置时，宜大于（1.0～1.25）D；

2) 喇叭管倾斜布置时，宜大于（1.5～1.8）D；

3) 喇叭管水平布置时，宜大于（1.8～2.0）D。

3 喇叭管中心与后墙距离宜取（0.8～1.0）D，同时应满足管道安装的要求；

4 喇叭管中心与侧墙距离宜取$1.5D$；

5 喇叭管中心至进水室进口距离应大于$4D$；

6 流量较大，且采用喇叭口进水的水泵装置，应采取适当的消涡措施。

9.3.4 离心泵出水管件应符合下列规定：

1 水泵出口应设工作阀门和检修阀门；

2 出水管工作阀门的额定工作压力及操作力矩，应满足水泵关阀启动的要求；

3 出水管不宜安装普通逆止阀；

4 出水管应安装伸缩节，其安装位置应便于水泵和管路、阀门的安装和拆卸；

5 进水钢管穿墙时，宜采用刚性穿墙管，出水钢管穿墙时宜采用柔性穿墙管。

9.4 过渡过程及产生危害的防护

9.4.1 有可能产生水锤危害的泵站，在各设计阶段均应进行事故停泵水锇计算。

9.4.2 当事故停泵瞬态特性参数不能满足下列要求时，应采取防护措施：

1 离心泵最高反转速度不应超过额定转速的1.2倍，超过额定转速的持续时间不应超过2min；

2 立式机组在低于额定转速40%的持续运行时间不应超过2min；

3 最高压力不应超过水泵出口额定压力的1.3倍～1.5倍。

4 输水系统任何部位不应出现水柱断裂。

4.3 真空破坏阀应有足够的过流面积，动作应准确可靠；用拍门或快速闸门作为断流设施时，其断流时间应满足控制反转转速和水锤防护的要求。

4.4 高扬程、长压力管道的泵站，工作阀门宜选用两阶段关闭的液压操作阀。

9.5 真空及充水系统

9.5.1 泵站有下列情况之一者宜设真空、充水系统：
   1 具有虹吸式出水流道的轴流泵站和混流泵站；
   2 需进行初扬水充水的中高扬程离心泵站；
   3 卧式泵叶轮中心淹没深度低于叶轮直径的3/4时。

9.5.2 真空泵宜设2台，互为备用，其容量确定应符合下列规定：
   1 轴流泵和混流泵抽除流道内最大空气容积的时间宜取 10min～20min；
   2 离心泵单泵抽气充水时间不宜超过 5min。

9.5.3 采用虹吸式出水流道的泵站，可利用已运行机组的驼峰负压，作为待启动机组抽真空之用，但抽气时间不应超过 10min～20min。

9.5.4 抽真空系统应密封严实。

9.6 排水系统

9.6.1 泵站应设机组检修及泵房渗漏水的排水系统，泵站有调相要求时，应兼顾调相运行排水。检修排水与其他排水合成一个系统时，应有防止外水倒灌的措施，并宜采用自流排水方式。

9.6.2 排水泵不应少于2台，其流量确定应符合下列规定：
   1 无调相运行要求的泵站，检修排水泵可按4h～6h排除单泵流道积水和上、下游闸门漏水量之和确定；
   2 采用叶轮脱水方式作调相运行的泵站，按一台机组检修，其余机组调相的排水要求确定；
   3 渗漏排水自成系统时，可按15min～20min排除集水井积水确定，并设1台备用泵。

9.6.3 渗漏排水和调相排水应按水位变化实现自动操作，检修排水宜采用自动操作，也可采用手动操作。

9.6.4 叶轮脱水调相运行时，流道内水位应低于叶轮下缘 0.3m～0.5m。

9.6.5 排水泵出口管道上应装设止回阀和检修阀。无冰冻地区，排水泵的排水管出口上缘宜低于进水池最低运行水位；冰冻地区，排水泵的排水管出口下缘宜高于进水池最高运行水位。

9.6.6 采用集水廊道时，其尺寸应满足人工清淤的要求，廊道的出口不应少于2个。采用集水井时，井的有效容积按6h～8h的漏水量确定。

9.6.7 在主泵进、出水管道的最低点或出水室的底部，应设放空管。排水管道应有防止水生生物堵塞的措施。

9.6.8 泵房内生产及生活污水的排放，应符合现行国家标准《污水综合排放标准》GB 8978 的有关规定。

9.7 供水系统

9.7.1 泵站应设主泵机组和辅助设备的冷却、润滑、密封、消防等技术用水以及运行管理人员生活用水的供水系统。

9.7.2 供水系统应满足用水对象对水质、水压和流量的要求，取水口不应少于2个。水源含沙量较大或水质不满足要求时，应进行净化处理，或采用其他水源。生活饮用水应符合现行国家标准《生活饮用水卫生标准》GB 5749 的规定。

9.7.3 采用自流供水方式时，可直接从主泵出水管取水；采用水泵供水方式时，应设能自动投入工作的备用泵。有条件时，可采用循环供水方式。

9.7.4 供水管内流速宜按 2m/s～3m/s 选取，供水泵进水管流速宜按 1.5m/s～2.0m/s 选取。

9.7.5 采用水塔（池）集中供水时，其有效容积应符合下列规定：
   1 轴流泵站和混流泵站取全站 15min 的用水量；
   2 离心泵站取全站 2h～4h 的用水量；
   3 满足全站停机期间的生活用水需要。

9.7.6 每台供水泵应有单独的进水管，管口应有拦污设施，并易于清污；水源污物较多时，宜设备用进水管。

9.7.7 沉淀池或水塔应有排沙清污设施，在寒冷地区还应有防冻保温措施。

9.7.8 供水系统应装设滤水器，在密封及润滑水管路上还应加设细网滤水器，滤水器清污时供水不应中断。

9.7.9 消防给水宜与技术供水、生活供水系统相结合，也可设置单独的消防给水系统。

9.7.10 主泵房、辅机房、室外变电站、露天油罐或厂外地面油罐室均应设置消火栓。主泵房内电动机层消火栓的间距不宜大于 30m，主泵房周围的室外消火栓间距不宜大于 80m。

9.7.11 消防水管的布置应符合下列规定：
   1 一组消防水泵的进水管不应少于2条，其中1条损坏时，其余的进水管应能通过全部用水量；消防水泵宜用自灌式充水；
   2 室内消火栓的布置，应保证有2支水枪的充实水柱同时到达室内任何部位；
   3 室内消火栓应设于明显、易于取用的地点，栓口离地面高度应为 1.1m，其出水方向与墙面应成90°角；
   4 室外消防给水管道直径不应小于 100mm。

9.7.12 室内消防用水量应按2支水枪同时使用计算，每支水枪用水量不应小于2.5L/s。同一建筑物内应采用同一规格的消火栓、水枪和水带，每根水带长度不应超过25m。

9.8 压缩空气系统

9.8.1 泵站应根据机组的结构和要求，设置机组制动、检修、防冻吹冰、密封围带、油压装置及破坏真空等用气的压缩空气系统。

9.8.2 压缩空气系统应满足各用气设备的用气量、工作压力及相对湿度的要求，根据需要可分别设置低压和中压系统。

9.8.3 低压系统应设贮气罐，其总容积可按全部机组同时制动的总耗气量及最低允许压力确定。

9.8.4 低压空气压缩机的容量可按15min～20min恢复贮气罐额定压力确定。低压系统宜设2台空气压缩机，互为备用，或以中压系统减压作为备用。

9.8.5 中压空气压缩机宜设2台，总容量可按2h内将1台油压装置的压力油罐充气至额定工作压力值确定。

9.8.6 空气压缩机宜按自动操作设计，贮气罐应设安全阀、排污阀及压力信号装置。

9.8.7 空气压缩机和贮气罐宜设于单独的房间内。主供气管道应有坡度，并在最低处装设集水器和放水阀。空气压缩机出口管道上应设油水分离器。自动操作时，应装卸荷阀和温度继电器以及监视冷却水中断的示流信号器。

9.8.8 供气管直径应按空气压缩机、贮气罐、用气设备的接口要求，并结合经验选取。

9.9 供油系统

9.9.1 泵站应根据需要设置机组润滑、叶片调节、油压启闭等用油的透平油供油系统。系统应满足贮油、输油和油净化的要求。

9.9.2 透平供油系统宜设置不少于2只容积相等，分别用于贮存净油和污油的油桶。每只透平油桶的容积，可按最大一台机组、油压装置或油压启闭设备中最大用油量的1.1倍确定。

9.9.3 油处理设备的种类、容量及台数应根据用油量选择。泵站不宜设油再生设备和油化验设备。

9.9.4 梯级泵站或泵站群宜设中心油系统，配置油分析与油化验设备，加大贮油及油净化设备的容量和台数，并根据情况设置油再生设备。每个泵站宜能贮存最大一台机组所需油量的净油容器一个。

9.9.5 机组台数在4台及4台以上时，宜设供、排油总管。机组充油时间不宜大于2h。机组少于4台时，可通过临时管道直接向用油设备充油。

9.9.6 装有液压操作阀门的泵站，在低于用油设备的地方宜设漏油箱，其数量可根据液压阀的数量确定。

9.9.7 油桶及变压器事故排油不应污染水源或污染环境。

9.10 起重设备及机修设备

9.10.1 泵站应设起重设备，其额定起重量应根据最重吊运部件和吊具的总重量确定。起重机的提升高度应满足机组安装和检修的要求。

9.10.2 起重量等于或小于5t、主泵台数少于4台时，宜选用电动单梁起重机；起重量大于5t时，宜选用电动单梁或双梁起重机。

9.10.3 起重机应采用轻级、慢速的工作制。制动器及电气设备应采用中级的工作制。

9.10.4 起重机跨度级差应按0.5m选取，起重机轨道两端应设阻进器。

9.10.5 泵站可配置简单的检测和修理工具。

9.10.6 泵站可适当配置供维修与安装用的汽车、手动葫芦和千斤顶等起重运输设备。

9.11 采暖通风与空气调节

9.11.1 泵房通风与采暖方式应根据当地气候条件、泵房形式及对空气参数的要求确定。

9.11.2 地面式泵房宜采用自然通风。当自然通风不能满足要求时，可采用自然与机械联合通风、全机械通风、局部空气调节等方式。封闭式泵房在有条件利用孔洞形成热压差使空气对流并满足室内空气参数要求时，可采用自然通风或部分自然通风结合机械通风的方式。当室内空气参数不满足要求时，可采用空气调节装置。

9.11.3 主电动机宜采用管道通风、半管道通风或空气密闭循环通风。风沙较大的地区，进风口宜设防尘滤网。

9.11.4 油罐室和阀控式密封铅酸蓄电池室的换气次数不应少于3次/h，油处理室和防酸隔爆型铅酸蓄电池室的换气次数不应少于6次/h。室内空气严禁循环使用。

9.11.5 油罐室、油处理室和蓄电池室应分别设置独立的机械通风系统，室内应保持负压。通风系统的排风口应高出屋顶1.5m。风机和配套电动机应选用防爆型。

9.11.6 蓄电池室温度宜保持在10℃～35℃。不设采暖设备时，室内最低温度不得低于0℃。

9.11.7 中控室和通信室的温度不宜低于15℃，当不能满足时应有采暖设施，但不得采用火炉。电动机层宜优先利用电动机热风采暖，其室温在5℃及其以下时，应有其他采暖设施。严寒地区的泵站在非运行期间，可根据当地情况设置采暖设备。

9.11.8 主泵房和辅机房夏季室内空气参数宜按表9.11.8-1及表9.11.8-2的规定选用。

表 9.11.8-1　主泵房夏季室内空气参数表

部位	室外计算温度(℃)	地面式泵房			地下式或半地下式泵房		
		温度(℃)	相对湿度(%)	平均风速(m/s)	温度(℃)	相对湿度(%)	平均风速(m/s)
电动机层工作地带	<29	<32	<75	不规定	<32	<75	0.2~0.5
	29~32	比室外高3	<75	0.2~0.5	比室外高2	<75	0.5
	>32	比室外高3	<75	0.5	比室外高2	<75	0.5
水泵层	<33	<80	不规定		<33	<80	不规定

表 9.11.8-2　辅机房夏季室内空气参数表

部位	室外计算温度(℃)	地面式辅机房			地下式或半地下式辅机房		
		温度(℃)	相对湿度(%)	平均风速(m/s)	温度(℃)	相对湿度(%)	平均风速(m/s)
中控室、通信室	<29	<32	<70	0.2	<32	≤70	不规定
	29~32	<32	<70	0.2~0.5	比室外高2	<70	0.2
	>32	<32	<70	0.5	<33	<70	0.2~0.5
开关室站用变压器室		≤40	不规定	不规定	≤40	不规定	不规定
蓄电池室		≤35	<75	不规定	≤35	<75	不规定

9.12　水力机械设备布置

9.12.1　泵房水力机械设备布置应满足设备运行、维护、安装和检修的要求，并做到整齐、美观。

9.12.2　立式泵机组的间距应取下列的大值：
　　1　电动机风道盖板外径与不小于1.5m宽的运行通道的尺寸总和；
　　2　进水流道最大宽度与相邻流道之间的闸墩厚度的尺寸总和。

9.12.3　机组段长度应按本规范第9.12.2条的规定确定。当泵房分缝或需放置辅助设备时，可适当加大。

9.12.4　卧式泵进水管中心线的距离应符合下列规定：
　　1　单列布置时，相邻机组之间的净距不应小于1.8m~2.0m；
　　2　双列布置时，管道与相邻机组之间的净距不应小于1.2m~1.5m；
　　3　就地检修的电动机应满足转子抽芯的要求；
　　4　应满足进水喇叭管布置、管道阀门布置及水工布置的要求。

9.12.5　边机组段长度应满足设备吊装以及楼梯、交通道布置的要求。

9.12.6　安装检修间长度可按下列原则确定：
　　1　立式机组应满足一台机组安装或扩大性大修的要求。机组检修应充分利用机组间的空地。在安装间，除了放置电动机转子外，尚应留有运输最重件的汽车进入泵房的场地，长度可取1.0倍~1.5倍机组段长度；
　　2　卧式机组应满足设备进入泵房的要求，但不宜小于5.0m。

9.12.7　主泵房宽度应按下列原则确定：
　　1　立式机组泵房宽度应由电动机或风道最大尺寸、上下游侧设备布置及吊装、上下游侧运行维护通道所要求的尺寸确定。电动机层和水泵层的上下游侧均应有运行维护通道，其净宽不宜小于1.5m；当一侧布置有操作盘柜时，其净宽不宜小于2.0m。水泵层的运行通道还应满足设备搬运的要求；
　　2　卧式机组泵房宽度应根据水泵、阀门和所配置的其他管件尺寸，并满足设备安装、检修以及运行维护通道或交通道布置的要求确定。

9.12.8　主泵房电动机层以上净高应符合下列规定：
　　1　立式机组应满足水泵轴或电动机转子联轴的吊运要求。当叶轮调节机构为机械操作时，还应满足调节杆吊装的要求；
　　2　卧式机组应满足水泵或电动机整体吊运或从运输设备上整体装卸的要求；
　　3　起重机最高点与屋面大梁底部距离不应小于0.3m。

9.12.9　吊运设备与固定物的距离应符合下列要求：
　　1　采用刚性吊具时，垂直方向不应小于0.3m；采用柔性吊具时，垂直方向不应小于0.5m；
　　2　水平方向不应小于0.4m；
　　3　主变压器检修时，其抽芯所需的高度不得作为确定主泵房高度的依据。起吊高度不足时，应设变压器检修坑。

9.12.10　水泵层净高不宜小于4.0m，排水泵室净高不宜小于2.4m，排水廊道净高不宜小于2.2m。空气压缩机室净高应大于贮气罐总高度，且不应低于3.5m，并有足够的泄压面积。

9.12.11　在大型卧式机组的四周，宜设工作平台。平台通道宽度不宜小于1.2m。

9.12.12　装有立式机组的泵房，应有直通水泵层的吊物孔，尺寸应能满足导叶体吊运的要求。

9.12.13　在泵房的适当位置应预埋便于设备搬运或检修的挂环以及架设检修平台所需要的构件。

10　电　　气

10.1　供电系统

10.1.1　泵站的供电系统设计应以泵站所在地区电力系统现状及发展规划为依据，经技术经济论证，合理确定接入电力系统方式。

10.1.2　泵站负荷等级及供电方式应根据工程的性质、规模和重要性合理确定。采用双回线路供电时，应按每一回路承担泵站全部容量设计。

10.1.3　泵站的专用变电站，宜采用站、变合一的供电管理方式。

10.1.4 泵站供电系统应设生活用电，并与站用电分开设置。

10.2 电气主接线

10.2.1 电气主接线设计应根据泵站性质、规模、运行方式、供电接线以及泵站重要性等因素合理确定。接线应简单可靠、操作检修方便、节约投资。当泵站分期建设时，应便于过渡。

10.2.2 电气主接线的电源侧宜采用单母线接线，多机组、大容量和重要泵站也可采用单母线分段接线。

10.2.3 电动机电压侧宜采用单母线接线或单母线分段接线。

10.2.4 电动机电压母线进线回路应设置断路器。母线分段时亦应采用断路器联络。

10.2.5 站用变压器宜接在供电线路进线断路器的线路一侧，也可接在主电动机电压母线上；当设置2台及以上站用变压器，且附近有可靠外来电源时，宜将其中1台与外电源连接。

10.3 主电动机及主要电气设备选择

10.3.1 泵站电气设备选择应遵循下列原则：
 1 性能良好、可靠性高、寿命长；
 2 优先选用节能、环保型产品；
 3 功能合理，经济适用；
 4 小型、轻型、成套化，占地少；
 5 维护检修方便，不易发生误操作；
 6 确保运行维护人员的人身安全；
 7 便于运输和安装；
 8 对风沙、污秽、腐蚀性气体、潮湿、凝露、冰雪、地震等危害，应有防护措施；
 9 设备噪声应符合现行国家标准《工业企业噪声控制设计规范》GBJ 87 的有关规定。

10.3.2 泵站主电动机的选择应符合下列规定：
 1 主电动机的容量应按水泵运行可能出现的最大轴功率选配，并留有一定的储备，储备系数宜为1.10～1.05。电动机的容量宜选标准系列；
 2 主电动机的型号、规格和电气性能等应经过技术经济比较选定；
 3 当技术经济条件相近时，电动机额定电压宜优先选用 10kV。

10.3.3 同步电动机应采用静止励磁装置。励磁调节器宜采用微机控制，并具有手动励磁电流闭环反馈调节功能。

10.3.4 主变压器的容量应根据泵站的总计算负荷以及机组启动、运行方式确定，并符合下列规定：
 1 当选用2台及以上变压器时，宜选用相同型号和容量的变压器；
 2 当选用不同容量和型号的变压器且需并列运行时，应符合变压器并列运行条件。

10.3.5 供电网络的电压偏移不能满足泵站要求时，宜选用有载调压变压器。

10.3.6 安装在室内的站用变压器、励磁变压器和补偿电容器宜选用干式。

10.3.7 6kV～10kV 电动机断路器，应按回路负荷电流、短路电流、短路容量选择，并根据操作频繁度选择操作机构。

10.3.8 导体和电器的选择及校验除应符合本规范的规定外，尚应符合现行行业标准《导体和电器设备选择设计技术规定》SDGJ 14 及《高压配电装置设计技术规程》SDJ 5 的有关规定。

10.4 无功功率补偿

10.4.1 无功功率补偿及补偿容量可根据具体电网的要求而定。

10.4.2 采用静电电容器进行的无功功率补偿，电容器应分组，并能根据需要及时投入或退出运行。电容补偿装置宜选用成套电容器柜，并装设专用的控制、保护和放电设备。设备载流部分长期允许电流不应小于电容器组额定电流值的 1.3 倍。

10.5 机组启动

10.5.1 机组应优先采用全电压直接启动方式，并应符合下列规定：
 1 母线电压降不宜超过额定电压的 15%；
 2 当电动机启动引起的电压波动不致破坏其他用电设备正常运行，且启动电磁力矩大于静阻力矩时，电压降可不受 15% 额定电压的限制；
 3 当对系统电压波动有特殊要求时，也可采用其他启动方式；
 4 必要时应进行启动分析，计算启动时间和校验主电动机的热稳定。

10.5.2 电动机启动计算应按供电系统最小运行方式和机组最不利的运行组合形式进行：
 1 当同一母线上全部连接同步电动机时，应按最大一台机组首先启动进行启动计算；
 2 当同一母线上全部连接异步电动机时，应按最后一台最大机组的启动进行启动计算；
 3 当同一母线上连接有同步电动机和异步电动机时，应按全部异步电动机投入运行，再启动最大一台同步电动机的条件进行启动计算。

10.6 站 用 电

10.6.1 泵站站用电设计应根据电气主接线及运行方式、枢纽布置条件和泵站特性进行技术经济比较确定。

10.6.2 站用变压器台数应根据站用电的负荷性质、接线形式和检修方式等因素综合确定，数量不宜超过 2 台。

10.6.3 站用变压器容量应满足可能出现的最大站用电负荷。采用 2 台站用变压器时，其中 1 台退出运行，另 1 台应能承担重要站用电负荷或短时最大负荷。

10.6.4 站用电压应采用 380/220V 三相四线制（或三相五线制）。当设置 2 台站用变压器时，站用电母线宜采用单母线分段接线，并装设备用电源自动投入装置。由不同电压等级供电的 2 台站用变压器低压侧不得并列运行，并设可靠闭锁装置。接有同步电动机励磁电源的站用变压器，宜将其高压侧与该电动机接在同一母线段上。

10.6.5 集中布置的站用电低压配电装置，应采用成套低压配电屏。对距离低压配电装置较远的站用电负荷，宜在负荷中心设置动力配电箱供电。

10.7 室内外主要电气设备布置及电缆敷设

10.7.1 泵站电气设备布置应符合下列规定：

  1 应结合泵站枢纽总体规划，交通道路、地形、地质条件，自然环境和水工建筑物等特点进行布置，减少占地面积和土建工程量，降低工程造价；

  2 布置应紧凑，并有利于主要电气设备之间的电气联接和安全运行，且检修维护方便。降压变电站应尽量靠近主泵房、辅机房；

  3 泵站分期建设时，应按分期实施方案确定。

10.7.2 6kV～10kV 高压配电装置和 380/220V 低压配电装置宜布置在单独的高、低压配电室内。高、低压配电室，中控室，电缆沟进、出口洞应有防止小动物等钻入和雨雪飘入室内的设施。

10.7.3 配电室的长度大于 7m 时，应设 2 个出口；大于 60m 时，应再增设 1 个出口。

10.7.4 电动机单机容量在 630kW 及以上，且机组在 2 台及以上时或单机容量在 630kW 以下，且机组台数在 3 台及以上时，应设中控室。

10.7.5 中控室的设计应符合下列规定：

  1 便于运行和维护；

  2 条件允许时，设置能从中控室瞭望机组的窗户或平台；

  3 中控室面积应根据泵站规模、自动化水平等因素确定；

  4 中控室噪声、温度和湿度应满足工作和设备运行环境要求。

10.7.6 油浸式站用、励磁变压器等充油设备如布置在室内，其油量为 100kg 以上时，应安装在单独的防爆专用小间内。站用变压器宜靠近低压配电装置布置。

10.7.7 干式变压器可不设单独的变压器小间。对无外罩的干式变压器应设置安全防护设施。

10.7.8 油浸变压器上部空间不得作为与其无关的电缆通道。干式变压器上部可通过电缆，但电缆与变压器顶部距离不得小于 2m。

10.7.9 当机组自动屏、励磁屏等布置在机旁时，宜选用同一类型屏，采用一列式布置。

10.7.10 集中补偿的高压电容器宜设单独的电容器室。

10.7.11 中控室、主泵房和高、低压配电室内的电缆，应敷设在电缆支（桥）架上或电缆沟内托架上。电缆沟应设强度高、质量轻、便于移动的防火盖板。

  微机保护，计算机监控系统、视频监视系统等弱电电缆与电力电缆并排敷设时，在可能的范围内远离。

10.7.12 电缆沟内应设置排水设施，排水坡度不宜小于 2%。电缆管进、出口应采取防止水进入管内的措施。

10.7.13 室外直埋敷设的电缆，其埋设深度不宜小于 0.7m。当冻土层厚度超过 0.7m 时，应采取防止电缆损坏的措施。

10.7.14 电缆敷设除应符合本规范的规定外，尚应符合现行国家标准《电力工程电缆设计规范》GB 50217 的有关规定。

10.8 电气设备的防火

10.8.1 站区地面建筑物、室外电气设备周围及主泵房、辅机房均应设置消火栓。

10.8.2 油量为 2500kg 以上的油浸式变压器之间的防火净距应符合下列规定：

  1 电压为 35kV 及以下时，不应小于 5m；

  2 电压为 110kV 时，不应小于 8m；

  3 电压为 220kV 时，不应小于 10m。

10.8.3 当相邻 2 台油浸式变压器之间的防火间距不能满足要求时，应设置防火隔墙。隔墙顶高不应低于变压器油枕顶端高程，隔墙长度不应小于变压器贮油坑两端各加 0.5m 之和。

10.8.4 单台油量超过 1000kg 油浸式变压器及其他充油电气设备应设贮油坑和公用的贮油池，单台油量超过 100kg 站用变压器及其他充油设备应设油坑或挡油槛。

10.8.5 电力电缆与控制电缆应分层敷设。对非阻燃性分层敷设的电缆层间应采用耐火极限不小于 0.5h 的隔板分隔。

10.8.6 电缆隧道及沟道的下列部位应设防火分隔设施：

  1 穿越泵房外墙处；

  2 穿越控制室、配电装置室处；

  3 公用主沟道的分支处；

  4 动力电缆和控制电缆隧道每 150m。

10.8.7 防火分隔物应采用非燃烧材料，其耐火极限不应低于 0.75h。

10.8.8 消防设备的供电应按二类负荷设计，并采用单独的供电回路。

10.8.9 消防控制设备宜设在中央控制室内，采用消防水泵供水时，应在消火栓旁设消防水泵启动按钮。

10.9 过电压保护及接地装置

10.9.1 室外配电装置、架空进线、母线桥、露天油罐等重要设施均应装设防直击雷保护装置。

10.9.2 泵房房顶、变压器的门架上、35kV 及以下高压配电装置的构架上，不得装设避雷针。

10.9.3 钢筋混凝土结构主泵房、中控室、配电室、油处理室、大型电气设备检修间等，可不设专用的防直击雷保护装置，但应将建筑物顶上的钢筋焊接成网与接地网连接。所有金属构件、金属保护网、设备金属外壳及电缆的金属外皮等均应可靠接地，并与总接地网连接。

10.9.4 在 1kV 以下中性点直接接地的电网中，电力设备的金属外壳宜与变压器接地中性线（零线）连接。

10.9.5 直接与架空线路连接的电动机应在母线上装设避雷器和电容器组。当避雷器和电容器组与电动机之间的电气距离超过 50m 时，应在电动机进线端加装一组避雷器。对中性点有引出线的电动机，还应在中性点装一只避雷器。避雷器应选用保护旋转电机的专用避雷器。架空线路进线段还应设置保护旋转电机相应的进线保护装置。

10.9.6 泵站应装设保护人身和设备安全的接地装置。接地装置应充分利用直接埋入地中或水中的钢筋、压力钢管、闸门槽、拦污栅槽等金属件，以及其他各种金属结构等自然接地体。当自然接地体的接地电阻常年都能符合要求时，不宜添设人工接地体；不符合要求时，应增设人工接地装置。接地体之间应焊接。

10.9.7 自然接地体与人工接地网的连接不应少于 2 点，其连接处应设接地测量井。

10.9.8 对小电流接地系统，其接地装置的接地电阻值不宜超过 4Ω。采用计算机监控方式联合接地系统的泵站，接地电阻值不宜超过 1Ω。对大电流接地系统，其接地装置的接地电阻值应按下式进行计算：

$$R \leq \frac{2000}{I} \quad (10.9.8)$$

式中：R——接地装置的接地电阻值（Ω）；
I——计算用的流经接地装置的入地短路电流（A）。

独立避雷针（线）宜装设独立的接地装置。在土壤电阻率高的地区，可与主接地网连接，但在地中连接导线的长度不应小于 15m。

10.9.9 泵站的过电压保护和接地装置除应符合本节规定外，尚应符合现行国家标准《工业与民用电力装置的过电压保护设计规范》GBJ 64 及《工业与民用电力装置的接地设计规范》GBJ 65 的有关规定。

10.10 照 明

10.10.1 泵站应设置正常工作照明、事故照明以及必要的安全照明装置。

10.10.2 工作照明电源应由厂用电系统的 380/220V 三相四线制（或三相五线制）系统供电，照明装置电压宜采用交流 220V；事故照明电源应由蓄电池或其他固定可靠电源供电；安装高度低于 2.5m 时，应有防止触电措施或采用 12V～36V 安全电压照明。

10.10.3 泵站各种场所的最低照度标准值，应按表 10.10.3 规定执行。

表 10.10.3 泵站各种场所的最低照度标准值

工作场所地点	工作面名称	规定照度被照面	工作照明(lx) 混合	工作照明(lx) 一般	事故照明(lx)
一、主泵房和辅机房					
1. 主机室（无天然采光）	设备布置和维护区	离地 0.8m 水平面	500	150	10
2. 主机室（有天然采光）	设备布置和维护区	离地 0.8m 水平面	300	100	10
3. 中控室（主环范围内）	控制盘上表针操作屏台、值班处	控制盘上表针垂直面控制台水平面		200 500	30
4. 继电保护盘室、控制屏	屏前屏后	离地 0.8m 水平面			5
5. 计算机房、通信室	设备上	离地 0.8m 水平面		200	10
6. 高低压配电装置、母线室，变压器室	设备布置和维护区	离地 0.8m 水平面		75	3
7. 电气试验室		离地 0.8m 水平面	300	100	—
8. 机修间	设备布置和维护区	离地 0.8m 水平面	200	60	—
9. 主要楼梯和通道		地面		10	0.5
二、室外					
1. 35kV 及以上配电装置		垂直面		5	—
2. 主要通道和车道		地面		1	—
3. 水工建筑物		地面		5	—

10.10.4 泵站内外照明应采用光学性能和节能特性好的新型灯具，安装的灯具应便于检修和更新。

10.10.5 在正常工作照明消失后仍需工作的场所和运行人员来往的主要通道均应装设事故照明。

10.11 继电保护及安全自动装置

10.11.1 泵站的电力设备和馈电线路应装设主保护和后备保护。在主保护或断路器拒绝动作时，应分别由元件本身的后备保护或相邻元件的保护装置切除故障。

10.11.2 继电保护装置应满足可靠性、选择性、灵敏性和快速性的要求。保护装置动作的时限级差，可取 0.5s～0.7s；当采用微机保护装置时，可取 0.3s～0.4s。

10.11.3 保护装置的灵敏系数应根据最不利的运行方式和故障类型计算确定，灵敏系数 K_m 不应低于表 10.11.3 规定值。

表 10.11.3　保护装置的灵敏系数

保护类型	组成元件	灵敏系数	备注
变压器、电动机纵联差动保护	差电流元件	2	—
变压器、电动机线路电流速断保护	电流元件	2	—
电流保护或电压保护	电流元件和电压元件	1.3～1.5	当为后备保护时可为 1.2
后备保护	电流电压元件	1.5	按相邻保护区末端短路计算
零序电流保护	电流元件	1.5	

10.11.4 泵站主电动机电压母线进线应装设下列保护：

1 带时限电流速断保护。其整定值应大于 1 台机组启动、其余机组正常运行和站用电满负荷时的电流值，动作于断开进线断路器。当母线设有分段断路器时，可设带时限电流速断，比母联断路器延时一个时限动作；

2 带时限的低电压保护。其电压整定值应为 40%～50% 额定电压，时限宜为 1s，应断开进线断路器；

3 母线单相接地故障，应动作于信号。

10.11.5 对电动机相间短路，应采用下列保护方式：

1 额定容量为 2000kW 及以上的电动机，应采用纵联差动保护装置；

2 额定容量为 2000kW 以下的电动机，应采用两相式电流速断保护装置。当采用两相式电流速断保护装置不能满足灵敏系数要求时，应采用纵联差动保护装置。上述保护装置均应动作于断开电动机断路器。

10.11.6 电动机应装设低电压保护。电压整定值应为 40%～50% 额定电压，时限宜为 0.5s，动作于断开电动机断路器。

10.11.7 电动机单相接地故障，当接地电流大于 5A 时，应装设有选择性的单相接地保护。单相接地电流不大于 10A 时，可动作于断开电动机断路器或信号；

单相接地电流大于 10A 时，应动作于断开电动机断路器。

10.11.8 电动机应装设过负荷保护。同步电动机过负荷保护应带两阶时限：第一阶时限应动作于信号；第二阶时限应动作于断开断路器。异步电动机过负荷保护宜动作于信号，也可断开电动机断路器。动作时限应大于机组启动时间或在机组启动时闭锁。

10.11.9 同步电动机应装设失步与失磁保护。失步保护应带时限断开电动机断路器。失磁保护应瞬时断开电动机断路器。失步保护可采用下列方式之一：

1 反应转子回路出现的交流分量；

2 反应定子电压与电流间相角的变化；

3 短路比为 0.8 及以上的电动机采用反应定子过负荷。

10.11.10 机组应设轴承温度升高和过高保护。温度升高动作于信号，温度过高动作于断开电动机断路器。

10.11.11 泵站专用供电线路不应设自动重合闸装置。

10.11.12 站用电备用电源自动投入装置应符合下列规定：

1 当任一段低压母线失去电压时，应能动作；

2 应装设电气闭锁或机械闭锁，在母线电源断开后，才允许备用电源投入；

3 备用电源自动投入装置应只允许投入一次。

10.11.13 泵站可逆式电机，站、变合一的降压变电站及静电电容器的保护装置，应符合现行国家标准《电力装置的继电保护和自动装置设计规范》GB 50062 的有关规定。

10.12　自动控制和信号系统

10.12.1 泵站的自动化程度及远动化范围应根据泵站调度及运行管理要求确定。

10.12.2 大、中型泵站，应按"无人值班（少人值守）"控制模式采用计算机监控系统控制。

10.12.3 泵站主机组及辅助设备按自动控制设计时，应符合下列规定：

1 应以一个命令脉冲使机组按规定的顺序开机或停机，同时发出信号指示；

2 机组辅助设备包括油、气、水系统等，均应能实现自动和手动操作。

10.12.4 泵站设置的信号系统，应能发出区别故障和事故的音响和信号。对采用计算机监控系统的泵站，其功能应由计算机监控系统完成。

10.12.5 大型泵站宜设置视频监视系统，监视机组、降压站、闸门、辅机等主要设备的运行状况。

10.13　测量表计装置

10.13.1 泵站高压异步电动机应装设有功功率表、

电流表或多功能测量仪表。高压同步电动机定子回路应装设电流表、有功功率表、无功功率表、功率因数表、有功电度表及无功电度表。转子回路应装设励磁电流表及励磁电压表，也可在中控室装设功率因数表。对装设测保一体化装置的电动机回路，在非组屏安装的情况下，也可不装以上仪表。

10.13.2 根据泵站检测与控制的要求，可装设自动巡回检测装置和遥测系统。

10.13.3 主变压器或进线应装设电流表、电压表、有功功率表、无功功率表、频率表、功率因数表、有功电度表及无功电度表。有调相任务的机组还应装设带分时计量的双向有功、无功电度表。

10.13.4 主电动机电压母线上应装设带切换开关的测量相电压和相间电压的电压表。

10.13.5 静电电容器装置的总回路应分相设置电流表，在分组回路中可只设置一只电流表。总回路应设置无功功率表和无功电度表。

10.13.6 站用变压器低压侧应装设有功电度表、电流表及带切换开关的电压表。

10.13.7 直流系统应装设直流电流表、直流电压表及绝缘监视仪。

10.13.8 泵站测量仪器仪表装置的设计和电能计量仪表装置的配置，除应符合上述规定外，尚应符合现行国家标准《电力装置的电气测量仪表装置设计规范》GB 50063 的有关规定。

10.14 操作电源

10.14.1 操作电源应保证对继电保护、自动控制、信号回路等负荷的连续可靠供电。

10.14.2 泵站操作电源宜采用直流系统，宜只设 1 组蓄电池，并按浮充电方式运行。直流操作电压可采用 110V 或 220V，其他所需直流电压可采用 DC/DC 装置进行变换。

10.14.3 蓄电池组的容量应符合下列规定：

1 全站事故停电时的用电容量，停电时间宜按 1h 计算；

2 全站最大冲击负荷容量。

10.15 通　信

10.15.1 泵站应设置包括水、电的生产调度通信和行政管理通信的通信设施。通信方式应根据泵站规模、地方供电系统要求、生产管理体制、生活区位置等因素规划设计。泵站宜采用光纤、有线、无线、电力载波等通信方式。对担负防汛任务的泵站，还应满足防汛通信要求。

10.15.2 泵站生产调度通信和行政通信可根据具体情况合并或分开设置。梯级泵站宜设置单独的调度通信设施，其配置应与调度运行方式相适应。

10.15.3 通信设备的容量应根据泵站规模、枢纽布置及自动化和远动化的程度等因素确定。

10.15.4 泵站与电力系统间的联系宜采用电力载波或光纤通信。

10.15.5 通信装置应设不小于 48h 的供电电源。

10.16 电气试验设备

10.16.1 梯级泵站、集中管理的泵站群以及大型泵站可设置中心电气试验室，并符合下列规定：

1 应能进行本站及其管辖范围内各泵站电气设备的检修、调试与校验；

2 能对 35kV 及以下的电气设备进行预防性试验。

10.16.2 对距电气试验中心较远或交通不便的泵站，宜配备电气试验设备。

11 闸门、拦污栅及启闭设备

11.1 一般规定

11.1.1 泵站进水侧应设置拦污设备和检修闸门，出水侧应设置拍门、快速闸门、蝴蝶阀或真空破坏阀等断流设备。当引水建筑物有防淤或控制水位要求时，应设置工作闸门。

11.1.2 拦污栅应综合考虑来污量、污物性质、泵布置和泵型等因素合理布置，并满足本规范第 5.1.7 条的规定。当拦污栅布置在前池进口处，宜在泵站进口设置防护栅。拦污栅宜配备起吊设备，并采取适当的清污措施，可取人工或提栅清污。当来污量大时，应采取机械清污。清污平台宜结合交通桥布置，并满足污物转运要求。

11.1.3 采用拍门或快速闸门断流的泵站，其出水侧还应设置事故闸门或经论证设置检修闸门；采用真空破坏阀断流的泵站，可根据水位情况决定设置防洪闸门或检修闸门，不设闸门应经充分论证。

11.1.4 拍门、快速闸门及事故闸门门后应设通气孔，通气孔应有防护设施。通气孔面积可按下式计算确定：

$$S \geq (0.015 \sim 0.03) A \qquad (11.1.4)$$

式中：S——通气孔面积（m^2）；

A——孔口（管道）面积（m^2）。

11.1.5 拍门或快速闸门停泵闭门操作宜与事故闸门联动控制，保证发生事故时事故闸门及时闭门断流。拍门、快速闸门和事故闸门启闭设备应能现地操作和远方控制操作，并应设置备用操作电源。

11.1.6 检修闸门的数量应根据机组台数、工程重要性及检修条件等因素确定，一般每 3 台～6 台机组宜设置 2 套；6 台机组以上每增加 4 台～6 台可增设 1 套。特殊情况经论证可予增减。

11.1.7 后止水检修闸门宜采用反向预压装置。

11.1.8 检修闸门和事故闸门宜设置充水平压装置。

11.1.9 严寒地区冰冻期运行的工作闸门和事故闸门应有防冰冻措施。

11.1.10 两道闸门门槽之间及门槽与拦污栅槽之间的距离应满足闸门和拦污栅安装、维修及启闭设备布置要求，最小净距宜大于 1.5m。拍门外缘至闸墩或底槛的最小净距宜大于 0.20m。

11.1.11 闸门、拦污栅及其启闭设备的埋件安装，宜采用二期混凝土浇筑方式。多孔共用的检修闸门，其门槽埋件的安装精度应满足一门多孔使用要求。

11.1.12 闸门、拦污栅和启闭设备及埋件应根据水质情况和运用条件，采取有效的防腐蚀措施。自多泥沙水源取水的泵站，应有防蚀措施。

11.1.13 闸门的孔口尺寸，可按现行行业标准《水利水电工程钢闸门设计规范》SL 74 中闸门孔口尺寸和设计水头系列标准选定。

11.1.14 闸门、拦污栅设计计算及启闭力计算应按现行行业标准《水利水电工程钢闸门设计规范》SL 74 的有关规定执行。

11.1.15 固定启闭机宜设置启闭机房。启闭机房和检修平台的高程及工作空间，应满足闸门和拦污栅及启闭机安装、运行及检修要求。

11.2 拦污栅及清污机

11.2.1 采用人工清污时，过栅流速宜取 0.6m/s～0.8m/s；采用机械清污时，过栅流速宜取 0.6m/s～1.0m/s。

11.2.2 拦污栅宜采用活动式。栅体可直立布置，也可以倾斜布置。倾斜布置时，栅体与水平面的夹角宜取 70°～80°。采用机械清污方式的拦污栅可根据清污机的型式采用倾斜布置或直立布置。

11.2.3 拦污栅设计水位差可按 1.0m～2.0m 选用，特殊情况可酌情增减。有流冰并于流冰期运用时，应计入壅冰影响。

11.2.4 拦污栅栅条净距应根据水泵型号和运行工况确定，但最小净距不小于 50mm。在满足保护水泵机组的前提下，拦污栅栅条净距可适当加大。

11.2.5 拦污栅栅条宜采用扁钢制作。栅体构造应满足清污要求。

11.2.6 机械清污的泵站，根据来污量、污物性质及水工布置等因素可选用液压抓斗式、耙斗式或回转式清污机。清污机应运行可靠、操作方便、结构简单。

11.2.7 清污机应设置过载保护装置和自动运行装置。

11.2.8 自多泥沙水源取水的泵站，其清污机水下部件应有抗磨损和防淤措施。

11.3 拍门及快速闸门

11.3.1 拍门和快速闸门选型应根据机组类型、水泵扬程与口径、流道形式、水泵启动方式和闸门孔口尺寸等因素确定。单泵流量 8m³/s 及以下时，可选用整体自由式拍门；单泵流量大于 8m³/s，可选用快速闸门、双节自由式拍门或整体控制式拍门。

11.3.2 拍门和快速闸门事故停泵闭门时间应满足机组保护要求。

11.3.3 设计工况下整体自由式拍门开启角应大于 60°；双节自由式拍门上节门开启角宜大于 50°，下节门开启角宜大于 65°，上下门开启角差不宜大于 20°。增大拍门开度可采用减小门重、调整重心、采用空箱结构或于空箱中填充轻质材料等措施。当采用加平衡重措施时，应有充分论证。

11.3.4 双节式拍门的下节门宜采用部分或全部空箱结构。上下门高度比可取 1.5～2.0。

11.3.5 轴流泵机组用快速闸门或有控制的拍门作为断流装置时，应有安全泄流设施。泄流设施可布置在门体或胸墙上。泄流孔的面积可根据机组安全启动要求，按水力学孔口出流公式试算确定。

11.3.6 拍门、快速闸门的结构应保证足够的强度、刚度和稳定性；荷载计算应考虑由于停泵产生的撞击力。

11.3.7 拍门、快速闸门宜采用焊接钢结构制作；经计算论证，平面尺寸小于 1.2m 的拍门可采用铸铁或采用具有抗冲击性能的非金属材料制作。

11.3.8 拍门铰座应采用铸钢制作。吊耳孔宜加设耐磨衬套，并宜做成长圆形，其圆心距可取 10mm～20mm。

11.3.9 拍门、快速闸门应设缓冲装置。

11.3.10 拍门的止水橡皮和缓冲橡皮宜设在门框上，并便于安装及更换。

11.3.11 拍门宜倾斜布置，其倾斜可取 10°左右。拍门止水工作面宜与门框进行整体机械加工。

11.3.12 拍门铰座宜与门框成套制作。门框宜采用二期混凝土浇筑。对于成套供货的拍门，其门框与管道可采用法兰连接或焊接。

11.3.13 自由式拍门开启角和闭门撞击力可按本规范附录 C 和附录 D 计算。

11.3.14 快速闸门闭门速度和闭门撞击力可按本规范附录 E 计算。

11.4 启闭设备

11.4.1 启闭设备的型式应根据泵站布置、闸门（拦污栅）型式、孔口尺寸、数量、启闭时间要求和运行条件等，经技术经济比较后选定。工作闸门和事故闸门宜选用固定式启闭机；有控制的拍门宜选用液压式快速闸门启闭机；快速闸门宜选用液压式快速闸门启闭机，也可选用卷扬式快速闸门启闭机；检修闸门和拦污栅宜选用卷扬启闭机、螺杆启闭机或电动葫芦，当孔口数量较多时，宜选用移动式启闭机或移动式电动葫芦。

11.4.2 启闭机设计应按现行行业标准《水利水电工程启闭机设计规范》SL 41 的有关规定执行。

11.4.3 卷扬式和液压式快速闸门启闭机应设现地紧急手动释放装置。

11.4.4 卷扬启闭机宜选用镀锌钢丝绳。

11.4.5 启闭机房宜配置适当的检修起吊设施或设备。启闭机与机房墙面及两台启闭机间净距均不应小于 0.8m。

12 安 全 监 测

12.1 工程监测

12.1.1 根据工程等别、地基条件、工程运用及设计要求,泵站应设置变形、渗流、水位等监测项目,并宜设应力、泥沙等监测项目,必要时还可设振动专项监测。

12.1.2 垂直位移宜埋设水准标点,采用水准法进行测量;水平位移宜设水平位移测墩,采用视准线、交汇等方法进行观测。垂直位移和水平位移监测的工作基点及校核基点宜布置在建筑物两岸变形影响区域外,且便于观测的坚实基础上,两端各布置 1 个。

12.1.3 扬压力监测可通过埋设在建筑物下的测压管或渗压计进行。监测点应布设在与主泵房轴线垂直的横向监测断面上。每个横断面上的监测点不宜少于 3 点,并至少应在 3 个横断面布置监测点。

12.1.4 多泥沙水源泵站应对进水池内泥沙淤积部位和高度进行监测,并在出水渠道选择一长度不小于 50m 的平直段设置 3 个监测断面,对水流的含沙量、渠道输沙量和淤积情况进行测量分析。

12.1.5 应通过理论计算,分别在泵房结构应力和振动位移最大值的部位埋设或安置相应的监测设备。

12.2 水力监测

12.2.1 泵站应设置水力监测系统,应根据泵站的性质和特点设置水位、压力、流量等监测项目。

12.2.2 泵站进、出水池应设置水位标尺,根据泵站管理的要求可加装水位传感器或水位报警装置。来水污物较多的泵站还应对拦污栅前后的水位落差进行监测。

12.2.3 水泵进、出口及虹吸式出水流道的驼峰顶部应设真空或压力监测设备,真空表精度等级宜选择 1.5 级。根据泵站的需要还可同时安装相应的压力传感器。

12.2.4 泵站应装设累计水量及单泵流量的监测设备,并在合理位置设置对流量监测设备进行标定所必需的设施。

12.2.5 对配有肘形、钟形或渐缩形进水流道的大型泵站,可采用进水流道差压法并配合水柱差压计或差压流量变送器进行流量监测。设计时应按规定要求设置预埋件,埋设取压管并将其引至泵房下层。对于有等断面管道(或流道)的泵站可采用测量流速的方法对差压流量计进行标定;对于流道断面不规则的泵站可采用盐水浓度法等对差压流量计进行标定测量。

12.2.6 装有进水喇叭管的轴流泵站,可采用喇叭口差压法,配合水柱差压计或差压流量变送器进行流量监测。测压孔的位置应在叶片进口端与前导锥尖之间选取,宜与来流方向成 45°对称布置 4 个测压孔,连接成匀压环。差压流量计的标定宜在水泵生产厂或流量标定站进行。当在泵站现场标定时,应根据现行行业标准《泵站现场测试规程》SD 140 和泵站的具体条件选定标定方法,在设计中应根据标定测量的要求设置必要的预埋件。

12.2.7 对进、出水管道系统没有稳定的差压可供利用的抽水装置,当管道较长时,可在出水管道上装置钢板焊接的文丘里管测定流量,并合理选择流量测量仪表。也可考虑采用超声波法测流。

12.2.8 对进水管装有 90°或 45°弯头或出水管装有 90°弯头的中型卧式离心泵或混流泵泵站,可利用弯头内侧与外侧的水流压力差,配备水柱差压计或差压流量变送器进行流量监测。弯头流量系数应在实验室或泵站现场进行率定。

附录 A 泵房稳定分析有关数据

A.0.1 泵房基础底面与地基之间的摩擦系数值可按表 A.0.1 采用。

表 A.0.1 摩擦系数值

地基类别		摩擦系数 f
粘土	软弱	0.20~0.25
	中等坚硬	0.25~0.35
	坚硬	0.35~0.45
壤土、粉质壤土		0.25~0.40
砂壤土、粉砂土		0.35~0.40
细砂、极细砂		0.40~0.45
中砂、粗砂		0.45~0.50
砂砾石		0.40~0.50
砾石、卵石		0.50~0.55
碎石土		0.40~0.50

A.0.2 土基上泵房基础底面与地基之间的摩擦角和粘结力值可按表A.0.2采用。

表A.0.2 摩擦角和粘结力值

地基类别	摩擦角ϕ_0(°)	粘结力C_0(kPa)
粘性土	0.9ϕ	$(0.2\sim0.3)C$
砂性土	$(0.85\sim0.9)\phi$	0

注：表中ϕ为室内饱和固结快剪（粘性土）或饱和快剪（砂性土）试验测得的内摩擦角值（°）；C为室内饱和固结快剪试验测得的粘结力值(kPa)。

A.0.3 岩基上泵房基础底面与岩石地基之间的抗剪断摩擦系数值、抗剪断粘结力值和摩擦系数值可按表A.0.3采用。如岩石地基内存在风化岩石、软弱结构面、软弱层（带）或断层的情况，抗剪断摩擦系数和抗剪断粘结力值应按现行国家标准《水利水电工程地质勘察规范》GB 50287的有关规定选用。

表A.0.3 岩基上泵房基础底面与岩石地基之间的抗剪断摩擦系数值、抗剪断粘结力值和抗剪摩擦系数值

岩体分类	抗剪断摩擦系数f'	抗剪断粘结力C'（MPa）	抗剪摩擦系数f
Ⅰ	1.50～1.30	1.50～1.30	0.85～0.75
Ⅱ	1.30～1.10	1.30～1.10	0.75～0.65
Ⅲ	1.10～0.90	1.10～0.70	0.65～0.55
Ⅳ	0.90～0.70	0.70～0.30	0.55～0.40
Ⅴ	0.70～0.40	0.30～0.05	0.40～0.30

注：1 表中岩体即基岩，岩体分类标准应按现行国家标准《水利水电工程地质勘察规范》GB 50287的规定执行；
2 表中参数限于硬质岩，软质岩应根据软化系数进行折减。

附录B 泵房地基计算及处理

B.1 泵房地基允许承载力

B.1.1 在只有竖向对称荷载作用下，限制塑性区开展深度可按下式计算：

$$[R_{1/4}] = N_B\gamma_B B + N_D\gamma_D D + N_C C \quad (B.1.1)$$

式中：$[R_{1/4}]$——限制塑性区开展深度，为泵房基础底面宽度的1/4时的地基允许承载力（kPa）；
B——泵房基础底面宽度（m），按基础短边计；
D——泵房基础埋置深度（m）；
C——地基土的粘结力（kPa）；
γ_B——泵房基础底面以下土的重力密度（kN/m³），地下水位以下取有效重力密度；
γ_D——泵房基础底面以上土的加权平均重力密度（kN/m³），地下水位以下取有效重力密度；
N_B、N_D、N_C——承载力系数，见表B.1.1。

表B.1.1 承载力系数

ϕ(°)	N_B	N_D	N_C
0	0.000	1.000	3.142
1	0.014	1.056	3.229
2	0.029	1.116	3.320
3	0.045	1.179	3.413
4	0.061	1.246	3.510
5	0.079	1.316	3.610
6	0.098	1.390	3.714
7	0.117	1.469	3.821
8	0.138	1.553	3.933
9	0.160	1.641	4.048
10	0.184	1.735	4.168
11	0.209	1.834	4.292
12	0.235	1.940	4.421
13	0.263	2.052	4.555
14	0.293	2.170	4.694
15	0.324	2.297	4.839
16	0.358	2.431	4.990
17	0.393	2.573	5.146
18	0.431	2.725	5.310
19	0.472	2.887	5.480
20	0.515	3.059	5.657
21	0.561	3.243	5.843
22	0.610	3.439	6.036
23	0.662	3.648	6.238
24	0.718	3.872	6.449
25	0.778	4.111	6.670
26	0.842	4.366	6.902
27	0.910	4.640	7.144
28	0.984	4.934	7.399
29	1.062	5.249	7.665
30	1.147	5.588	7.946
31	1.238	5.951	8.240
32	1.336	6.343	8.550
33	1.441	6.765	8.876
34	1.555	7.219	9.220
35	1.678	7.710	9.583
36	1.810	8.241	9.966
37	1.954	8.815	10.371
38	2.109	9.437	10.799
39	2.278	10.113	11.253
40	2.462	10.846	11.734

B.1.2 在既有竖向荷载作用，且有水平向荷载作用下，

可按下式计算：

$$[R_h] = \frac{1}{K}(0.5\gamma_B BN_r S_r i_r + qN_q S_q d_q i_q + CN_C S_C d_C i_C)$$ (B.1.2-1)

$$S_r = 1 - 0.4\frac{B}{L}$$ (B.1.2-2)

$$S_q = S_C = 1 + 0.2\frac{B}{L}$$ (B.1.2-3)

$$d_q = d_C = 1 + 0.35\frac{B}{L}$$ (B.1.2-4)

式中：$[R_h]$——地基允许承载力（kPa）；

K——安全系数，对于固结快剪试验的抗剪强度指标时，K值可取用 2.0～3.0（对于重要的大型泵站或软土地基上的泵站，K值可取大值；对于中型泵站或较坚实地基上的泵站，K值可取小值）；

q——泵房基础底面以上的有效侧向荷载（kPa）；

N_r、N_q、N_C——承载力系数，见表 B.1.2-1；

表 B.1.2-1 承载力系数

ϕ（°）	N_r	N_q	N_C
0	0	1.00	5.14
2	0.01	1.20	5.69
4	0.05	1.43	6.17
6	0.14	1.72	6.82
8	0.27	2.06	7.52
10	0.47	2.47	8.35
12	0.76	2.97	9.29
14	1.16	3.58	10.37
16	1.72	4.33	11.62
18	2.49	5.25	13.09
20	3.54	6.40	14.83
22	4.96	7.82	16.89
24	6.90	9.61	19.33
26	9.53	11.85	22.25
28	13.13	14.71	25.80
30	18.09	18.40	30.15
32	24.95	23.18	35.50
34	34.54	29.45	42.18
36	48.08	37.77	50.61
38	67.43	48.92	61.36
40	95.51	64.23	75.36

S_r、S_q、S_C——形状系数，对于矩形基础，按公式（B.1.2-2）、公式（B.1.2-3）计算；对于条形基础，取 $S_r = S_q = S_C = 1$；

L——泵房基础底面长度（m）；

d_q、d_C——深度系数，按公式（B.1.2-4）计算；

i_r、i_q、i_C——倾斜系数，见表 B.1.2-2；当荷载倾斜率 $\tan\delta = 0°$ 时，$i_r = i_q = i_C = 1$；

δ——荷载倾斜角（°）。

表 B.1.2-2 荷载倾斜系数

ϕ（°）	$\tan\delta$											
	0.1			0.2			0.3			0.4		
	i_r	i_q	i_C	i_r	i_q	i_C	i_r	i_q	i_C	i_r	i_q	i_C
6	0.64	0.80	0.53	—	—	—	—	—	—	—	—	—
8	0.71	0.84	0.69	—	—	—	—	—	—	—	—	—
10	0.72	0.85	0.75	—	—	—	—	—	—	—	—	—
12	0.73	0.85	0.78	0.40	0.63	0.44	—	—	—	—	—	—
14	0.73	0.86	0.80	0.44	0.67	0.54	—	—	—	—	—	—
16	0.73	0.85	0.81	0.46	0.68	0.58	—	—	—	—	—	—
18	0.73	0.85	0.82	0.47	0.69	0.61	0.23	0.48	0.36	—	—	—
20	0.72	0.85	0.82	0.47	0.69	0.63	0.51	0.42	—	—	—	—
22	0.72	0.85	0.82	0.47	0.69	0.64	0.27	0.52	0.45	0.10	0.32	0.22
24	0.71	0.84	0.82	0.47	0.68	0.65	0.28	0.53	0.47	0.13	0.37	0.29
26	0.70	0.84	0.82	0.46	0.68	0.65	0.28	0.53	0.48	0.15	0.38	0.32
28	0.69	0.83	0.82	0.46	0.67	0.65	0.27	0.52	0.49	0.16	0.39	0.34
30	0.69	0.83	0.82	0.44	0.67	0.65	0.27	0.52	0.49	0.17	0.39	0.35
32	0.68	0.82	0.81	0.43	0.66	0.64	0.26	0.51	0.50	0.17	0.39	0.35
34	0.67	0.82	0.81	0.42	0.65	0.64	0.25	0.50	0.49	0.14	0.38	0.36
36	0.66	0.81	0.81	0.41	0.64	0.63	0.25	0.50	0.47	0.14	0.37	0.36
38	0.65	0.81	0.80	0.40	0.63	0.62	0.24	0.49	0.47	0.13	0.37	0.35
40	0.64	0.80	0.79	0.39	0.62	0.62	0.23	0.48	0.47	0.13	0.36	0.35

B.1.3 在既有竖向荷载作用，且有水平向荷载作用下，也可按下式核算泵房地基整体稳定性，并应符合下列规定：

$$C_k = \frac{\sqrt{\left(\frac{\sigma_y - \sigma_x}{2}\right)^2 + \tau_{xy}^2} - \frac{\sigma_y + \sigma_x}{2}\sin\phi}{\cos\phi}$$ (B.1.3)

式中：C_k——满足极限平衡条件时所必需的最小粘结力（kPa）；

ϕ——地基土的摩擦角（°）；

σ_y、σ_x、τ_{xy}——核算点的竖向应力、水平向应力和剪应力（kPa），可将泵房基础底面以上荷载简化为竖向均布、竖向三角形分布、水平向均布和竖向半无限均布等情况，按核算点坐标与泵房基础底面宽度的比值查出应力系数，分别计算求得。应力系数可按现行行业标准《水闸设计规范》

SL 265 的规定执行。

1 当按公式（B.1.3）计算的最小粘结力值小于核算点的粘结力值时，该点处于稳定状态；当计算的最小粘结力值等于核算点的粘结力值时，该点处于极限平衡状态；当计算的最小粘结力值大于核算点的粘结力值时，该点处于塑性变形状态。经多点核算后，可将处于极限平衡状态的各点连接起来，绘出泵房地基土的塑性开展区范围。

2 泵房地基允许的塑性开展区最大开展深度可按泵房进水侧基础边缘下垂线上的塑性变形开展深度不超过基础底面宽度1/4的条件控制。当不满足上述控制条件时，可减小或调整泵房基础底面以上作用荷载的大小或分布。

B.2 土质地基常用处理方法

B.2.1 土质地基常用处理方法见表 B.2.1。

表 B.2.1 土质地基常用处理方法

地基处理方法	基本作用	适用条件	说明
换填垫层法	改善地基应力分布，减少沉降量，提高地基整体稳定性和抗渗稳定性	①浅层软弱地基及不均匀地基；②垫层厚度不宜超过3.0m	如用于深厚层软土地基，仍有较大的沉降量
强力夯实法	增大地基承载能力，减少沉降量，并提高地基抗振动液化的能力	透水性较好的松软地基，特别是碎石土或稍密的砂土、杂填土、非饱和粘性土及湿陷性黄土地基	如用于淤泥或淤泥质土地基，应通过现场试验确定其适用性和处理效果
振冲法	增大地基承载能力，减少沉降量，并提高地基抗振动液化的能力	各种松软地基，特别是松砂，或软弱的砂壤土、中砂、粗砂	①处理后，地基的均匀性和防止渗透变形的条件较差；②如用于软土地基，处理效果不明显
水泥土搅拌法	增大地基承载能力，减少沉降量，加强地基防渗，提高地基整体稳定性和抗震液化能力	正常固结淤泥质土、粉土、饱和黄土、素填土和粘性土	①不宜用于有流动地下水的饱和砂土；②加固深度宜在15m以内；③作为复合地基，桩顶与基础间设垫层

续表 B.2.1

地基处理方法	基本作用	适用条件	说明
桩基础	增大地基承载能力，减少沉降量，提高抗滑稳定性	较深厚的松软地基，特别是上部为松软土层、下部为坚硬土层的地基	①桩尖未嵌入坚硬土层的摩擦桩，仍有一定的沉降量；②如用于松砂、砂壤土地基，应注意地基渗透变形问题
沉井基础	增大地基承载能力，减少沉降量，提高抗滑稳定性，并对防止地基渗透变形有利	上部为软土层或粉砂、细砂层，下部为硬粘土层或岩层的地基	不宜用于上部夹有蛮石、树根等杂物的松软地基或下部为顶面倾斜度较大的岩石地基

注：经论证后也可采用高压喷射法等其他地基处理方法。

附录 C 自由式拍门开启角近似计算

C.0.1 整体自由式拍门开启角（图 C.0.1）：当拍门前管（流）道任意布置，门外两边无侧墙时，可按公式（C.0.1-1）求解；当拍门前管（流）道水平布置，门外两边有侧墙时，可按公式（C.0.1-2）求解。参数 m 按公式（C.0.1-3）计算。

$$\sin\alpha = \frac{m}{2}\cos^2(\alpha - \alpha_B) \quad (C.0.1-1)$$

$$\sin\alpha = \frac{m}{4}\frac{\cos^3\alpha}{(1-\cos\alpha)^2} \quad (C.0.1-2)$$

$$m = \frac{2\rho QVL_c}{GL_g - WL_w} \quad (C.0.1-3)$$

式中：α——拍门开启角（°）；

α_B——管（流）道中心线与水平面的夹角（°）；

m——与水泵运行工况、管（流）道尺寸、拍门设计参数有关的参数；

ρ——水体密度（kg/m³）；

Q——水泵流量（m³/s）；

V——管（流）道出口流速（m/s）；

G——拍门自重力（N）；

W——拍门浮力（N）；

L_c——拍门水流冲力作用平面形心至门铰轴线的距离（m）；

L_g——拍门重心至门铰轴线的距离（m）；

L_w——拍门浮心至门铰轴线的距离（m）。

C.0.2 双节自由式拍门开启角（图C.0.2），可按公式（C.0.2-1）和公式（C.0.2-2）联立方程用数值计算方法求解。式中参数 m_1、m_2 和 m_3 分别按公式（C.0.2-3）、公式（C.0.2-4）和公式（C.0.2-5）计算。

$$\sin\alpha_1 = m_1 \cos^2(\alpha_1 - \alpha_B) + m_3 \frac{\cos(\alpha_2 - \alpha_B)[\cos(\alpha_1 - \alpha_B) + \sin(\alpha_2 - \alpha_1)]}{4\left[1 - \frac{h_1}{h_1 + h_2}\cos(\alpha_1 - \alpha_B)\right]^2}$$

(C.0.2-1)

$$\sin\alpha_2 = m_2 \frac{\cos^2(\alpha_2 - \alpha_B)}{4\left[1 - \frac{h_1}{h_1 + h_2}\cos(\alpha_1 - \alpha_B)\right]^2}$$

(C.0.2-2)

$$m_1 = \frac{\rho Q V L_{c1} h_1}{(h_1 + h_2)[G_1 L_{g1} - W_1 L_{w1} + (G_2 - W_2)h_1]}$$

(C.0.2-3)

$$m_2 = \frac{\rho Q V L_{c2} h_2}{(h_1 + h_2)(G_2 L_{g2} - W_2 L_{w2})}$$

(C.0.2-4)

$$m_3 = \frac{\rho Q V h_1 h_2}{(h_1 + h_2)[G_1 L_{g1} - W_1 L_{w1} + (G_2 - W_2)h_1]}$$

(C.0.2-5)

式中：α_1、α_2 ——分别为上节拍门和下节拍门开启角（°）；

h_1、h_2 ——分别为上节拍门和下节拍门的高度（m）；

m_1、m_2、m_3 ——与水泵运行工况、管（流）道尺寸、拍门设计参数有关的参数；

G_1、G_2 ——分别为上节拍门和下节拍门的自重力（N）；

W_1、W_2 ——分别为上节拍门和下节拍门的浮力（N）；

L_{g1}、L_{g2} ——分别为上节拍门和下节拍门的重心至门铰轴线的距离（m）；

L_{w1}、L_{w2} ——分别为上节拍门和下节拍门的浮心至门铰轴线的距离（m）；

L_{c1}、L_{c2} ——分别为上节拍门和下节拍门水流冲力作用平面形心至相应门铰轴线的距离（m）。

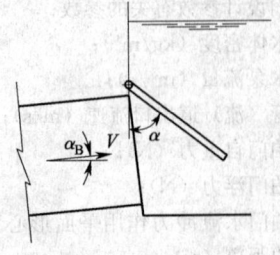

图C.0.1 拍门开启角

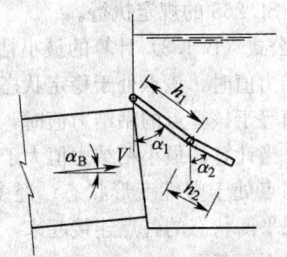

图C.0.2 双节式拍门开启角

附录D 自由式拍门停泵闭门撞击力近似计算

D.0.1 停泵后正转正流时间和正转逆流时间可按公式（D.0.1-1）、公式（D.0.1-2）计算。

$$T_1 = \frac{\eta}{\rho g Q H}\left[J(\omega_0^2 - \omega^2) + \rho M Q^2\right]$$

(D.0.1-1)

$$T_2 = T_1 \frac{\omega}{\omega_0 - \omega}$$

(D.0.1-2)

式中：T_1 ——停泵正转正流时间（s）；

T_2 ——停泵正转逆流时间（s）；

ρ ——水体密度（kg/m³）；

g ——重力加速度（m/s²）；

H ——停泵前水泵运行扬程（m）；

Q ——停泵前水泵流量（m³/s）；

η ——停泵前水泵运行效率；

J ——机组转动部件转动惯量（kg·m²）；

ω_0 ——水泵额定角速度（rad/s）；

ω ——正转正流时段末水泵角速度（rad/s），ω 值可由水泵全特性曲线求得，或取轴流泵 $\omega = (0.5 \sim 0.7)\omega_0$，混流泵、离心泵 $\omega = (0.4 \sim 0.5)\omega_0$；

M ——与管（流）道尺寸有关的系数，$M = \int_0^L \frac{dl}{f(l)}$，当管（流）道断面尺寸为常数时，$M = L/A$；

L ——管（流）道进口至出口总长度（m）；

$f(l)$ ——管（流）道断面积沿长度变化的函数；

A ——管（流）道断面积（m²）。

D.0.2 整体自由式拍门停泵下落运动：正流阶段运动由方程（D.0.2-1）求解，逆流阶段运动由方程（D.0.2-2）求解。方程中的常数 a、b、c_1 和 c_2 分别按公式（D.0.2-3）至公式（D.0.2-6）计算。

$$\alpha'' = a\alpha'^2 - b\sin\alpha + c_1\left(1 - \frac{t}{T_1}\right)^2\cos^2\alpha$$

(D.0.2-1)

$$\alpha'' = a\alpha'^2 - b\sin\alpha - c_2\frac{t}{T_2}$$

(D.0.2-2)

$$a = \frac{1}{4J_p} K\rho B \left[(h+e)^4 - e^4 \right] \quad \text{(D.0.2-3)}$$

$$b = \frac{GL_g - WL_w}{J_p} \quad \text{(D.0.2-4)}$$

$$c_1 = \rho QVL_c / J_p \quad \text{(D.0.2-5)}$$

$$c_2 = \rho g H B h L_y / J_p \quad \text{(D.0.2-6)}$$

式中：α——拍门瞬时位置角度（rad）；
　　　α'——拍门运动角速度（rad/s）；
　　　α''——拍门运动角加速度（rad/s²）；
　　　t——时间（s）；
　　　T_1、T_2——停泵后正转正流和正转逆流历时（s）；
　　　a、b、c_1、c_2——与水泵运行工况、管（流）道尺寸、拍门设计参数有关的常数；
　　　B——拍门宽度（m）；
　　　h——拍门高度（m）；
　　　E——拍门顶至门铰轴线的距离（m）；
　　　J_p——拍门绕铰轴线转动惯量（kg·m²）；
　　　K——拍门运动阻力系数，可取 $K=1\sim1.5$；
　　　G——拍门的自重力（N）；
　　　W——拍门的浮力（N）；
　　　L_g——拍门重心至门铰轴线的距离（m）；
　　　L_w——拍门浮心至门铰轴线的距离（m）；
　　　ρ——水体密度（kg/m³）；
　　　g——重力加速度（m/s²）；
　　　Q——停泵前水泵流量（m³/s）；
　　　V——停泵前管（流）道出口流速（m/s）；
　　　L_c——拍门水流冲击力作用平面形心至门铰轴线的距离（m）；
　　　L_y——拍门反向水压力作用平面形心至门铰轴线的距离（m）。

D.0.3 拍门停泵下落运动方程可用布里斯近似积分法、龙格-库塔法或其他数值计算方法求解。

D.0.4 拍门撞击力可按公式（D.0.4-1）～公式（D.0.4-3）计算。

$$N = \frac{1}{L_n} \left[\left(M_y - \frac{1}{2} M_R \right) + \sqrt{\left(M_y - \frac{1}{2} M_R \right)^2 + \frac{SE}{\delta} J_p \omega_m^2 L_n^2} \right] \quad \text{(D.0.4-1)}$$

$$M_y = \frac{1}{2} \rho g H h^2 B \quad \text{(D.0.4-2)}$$

$$M_R = \frac{1}{4} K B \rho h^4 \omega_m^2 \quad \text{(D.0.4-3)}$$

式中：N——拍门撞击力（N）；
　　　L_n——撞击力作用点至门铰轴线的距离（m）；
　　　M_y——拍门水压力绕门铰轴线的力矩（N·m）；
　　　M_R——拍门运动阻力绕门铰轴线的力矩（N·m）；
　　　H——拍门下落运动计算所得作用水头（m）；
　　　ω_m——拍门下落运动计算所得闭门角速度（rad/s）；
　　　S——拍门缓冲块撞击接触面积（m²）；
　　　E——缓冲块弹性模量（N/m²）；
　　　δ——缓冲块厚度（m）。

附录E　快速闸门闭门速度及撞击力近似计算

E.0.1 快速闸门停泵下落运动速度（图E.0.1），可按公式（E.0.1-1）计算。其中，对卷扬启闭机自由下落闸门，a 值按公式（E.0.1-2）计算；对油压启闭机有阻尼下落闸门，a 值按公式（E.0.1-3）计算；b 和 c 值分别按公式（E.0.1-4）和公式（E.0.1-5）计算。

$$V = \sqrt{\frac{2ac + bm}{2a^2}(1 - e^{-2ax/m}) - bx/a} \quad \text{(E.0.1-1)}$$

$$a = K\rho\delta B \quad \text{(E.0.1-2)}$$

$$a = K\rho\delta B + \frac{\rho_0 \pi}{8}(D^2 - d^2)^3 \sum_1^n \left(\frac{\lambda_i L_i}{d_i^5} + \frac{\zeta_i}{d_i^4} \right) \quad \text{(E.0.1-3)}$$

$$(i = 1, 2, 3 \cdots n)$$

$$b = mg + \rho g B \left[\frac{h-H}{2}\delta - f(hH + H^2/2) \right] \quad \text{(E.0.1-4)}$$

$$c = \rho g B \left(\frac{\delta}{2} - Hf \right) \quad \text{(E.0.1-5)}$$

式中：V——闸门下落运动速度（m/s）；
　　　x——闸门从初始位置下落高度（m）；
　　　m——闸门质量（kg）；
　　　a、b、c——与闸门和启闭机设计参数有关的常数；
　　　ρ、ρ_0——分别为水体和油体密度（kg/m³）；
　　　g——重力加速度（m/s²）；
　　　K——闸门运动阻尼系数，可取 $K=1$；
　　　B——闸门宽度（m）；
　　　H——闸门高度（m）；
　　　δ——闸门厚度（m）；
　　　f——闸门止水橡皮与门槽的摩擦系数；
　　　d_i——油压启闭机系统供油、回油 i 段管路直径或当量直径（m）；
　　　L_i——i 段管路长度或当量长度（m）；
　　　λ_i——i 段管路摩阻系数；
　　　ζ_i——i 段管路局部阻力系数；
　　　d——油压启闭机活塞杆直径（m）；
　　　D——油压启闭机油缸内径（m）；
　　　h——初始位置时门顶淹没水深（m）。

E.0.2 快速闸门对门槽底板撞击力可按下式计算：

$$N = mg \left[1 + \sqrt{1 + \frac{V_m^2}{g\delta_c}} \right] \quad \text{(E.0.2)}$$

式中：N——闸门撞击力（N）；
　　　V_m——闸门下落运动计算所得闭门运动速度

(m/s);

δ_c——闸门自重作用下门底缓冲橡皮最大压缩变形（m）。

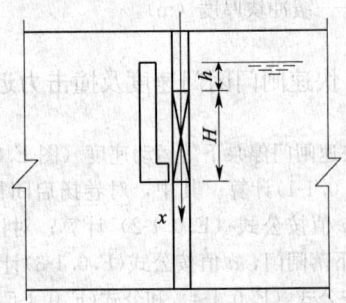

图 E.0.1 快速闸门下落运动

本规范用词说明

1 为便于在执行本规范条文时区别对待，对要求严格程度不同的用词说明如下：

 1) 表示很严格，非这样做不可的：
  正面词采用"必须"，反面词采用"严禁"；
 2) 表示严格，在正常情况下均应这样做的：
  正面词采用"应"，反面词采用"不应"或"不得"；
 3) 表示允许稍有选择，在条件许可时首先应这样做的：
  正面词采用"宜"，反面词采用"不宜"；
 4) 表示有选择，在一定条件下可以这样做的，采用"可"。

2 条文中指明应按其他有关标准执行的写法为："应符合……的规定"或"应按……执行"。

引用标准名录

《建筑设计防火规范》GB 50016

《电力装置的继电保护和自动装置设计规范》GB 50062

《电力装置的电气测量仪表装置设计规范》GB 50063

《工业与民用电力装置的过电压保护设计规范》GBJ 64

《工业与民用电力装置的接地设计规范》GBJ 65

《工业企业噪声控制设计规范》GBJ 87

《电力工程电缆设计规范》GB 50217

《水利水电工程地质勘察规范》GB 50287

《污水综合排放标准》GB 8978

《生活饮用水卫生标准》GB 5749

《建筑地基处理技术规范》JGJ 79

《建筑桩基技术规范》JGJ 94

《既有建筑地基基础加固技术规范》JGJ 123

《水工建筑物荷载设计规范》DL 5077

《水闸设计规范》SL 265

《水工挡土墙设计规范》SL 379

《机器动荷载作用下建筑物承重结构的振动计算和隔振设计规程》YSJ 009

《导体和电器设备选择设计技术规范》SDGJ 14

《高压配电装置设计技术规程》SDJ 5

《水利水电工程启闭机设计规范》SL 41

《水利水电工程钢闸门设计规范》SL 74

《水利水电工程设计防火规范》SDJ 278

《水电站压力钢管设计规范》SL 281

《泵站现场测试规程》SD 140

中华人民共和国国家标准

泵站设计规范

GB 50265—2010

条 文 说 明

修 订 说 明

《泵站设计规范》GB 50265 经住房和城乡建设部 2010 年 7 月 15 日以第 673 号公告批准发布。

为了广大设计、施工、科研、学校等单位有关人员在使用本规范时能理解和执行条文规定，《泵站设计规范》编制组按章、节、条顺序编制了本标准的条文说明，对条文规定的目的、依据以及执行中需注意的有关事项进行了说明，还着重对强制性条文的强制性理由作了解释。但是，本条文说明不具备与标准正文同等的法律效力，仅供使用者作为理解和把握标准规定的参考。

目 次

1 总则 ················ 7—18—42
2 泵站等级及防洪（潮）标准 ··· 7—18—42
　2.1 泵站等级 ············ 7—18—42
　2.2 防洪（潮）标准 ········ 7—18—42
3 泵站主要设计参数 ········ 7—18—42
　3.1 设计流量 ············ 7—18—42
　3.2 特征水位 ············ 7—18—43
　3.3 特征扬程 ············ 7—18—44
4 站址选择 ··············· 7—18—45
　4.1 一般规定 ············ 7—18—45
　4.2 泵站站址选择 ········ 7—18—45
5 总体布置 ··············· 7—18—46
　5.1 一般规定 ············ 7—18—46
　5.2 泵站布置形式 ········ 7—18—47
6 泵房 ················· 7—18—49
　6.1 泵房布置 ············ 7—18—49
　6.2 防渗排水布置 ········ 7—18—51
　6.3 稳定分析 ············ 7—18—53
　6.4 地基计算及处理 ······ 7—18—56
　6.5 主要结构计算 ········ 7—18—60
7 进出水建筑物 ··········· 7—18—63
　7.1 引渠 ················ 7—18—63
　7.2 前池及进水池 ········ 7—18—64
　7.3 出水管道 ············ 7—18—64
　7.4 出水池及压力水箱 ···· 7—18—66
8 其他形式泵站 ··········· 7—18—66
　8.1 一般规定 ············ 7—18—66
　8.2 竖井式泵站 ·········· 7—18—66
　8.3 缆车式泵站 ·········· 7—18—67
　8.4 浮船式泵站 ·········· 7—18—68
　8.5 潜没式泵站 ·········· 7—18—68
9 水力机械及辅助设备 ····· 7—18—68
　9.1 主泵 ················ 7—18—68
　9.2 进出水流道 ·········· 7—18—70
　9.3 进水管道及泵房内出水管道 ··· 7—18—72
　9.4 过渡过程及产生危害的防护 ··· 7—18—73
　9.5 真空及充水系统 ······ 7—18—73
　9.6 排水系统 ············ 7—18—73
　9.7 供水系统 ············ 7—18—74
　9.8 压缩空气系统 ········ 7—18—74
　9.9 供油系统 ············ 7—18—74
　9.10 起重设备及机修设备 ·· 7—18—74
　9.11 采暖通风与空气调节 ·· 7—18—74
　9.12 水力机械设备布置 ···· 7—18—75
10 电气 ·················· 7—18—75
　10.1 供电系统 ············ 7—18—75
　10.2 电气主接线 ·········· 7—18—76
　10.3 主电动机及主要电气设备选择 ··· 7—18—77
　10.4 无功功率补偿 ········ 7—18—77
　10.5 机组启动 ············ 7—18—78
　10.6 站用电 ·············· 7—18—78
　10.7 室内外主要电气设备布置及电缆敷设 ··· 7—18—78
　10.8 电气设备的防火 ······ 7—18—78
　10.9 过电压保护及接地装置 ··· 7—18—78
　10.10 照明 ··············· 7—18—78
　10.11 继电保护及安全自动装置 ··· 7—18—78
　10.12 自动控制和信号系统 ·· 7—18—79
　10.13 测量表计装置 ······· 7—18—79
　10.14 操作电源 ··········· 7—18—79
　10.15 通信 ··············· 7—18—80
　10.16 电气试验设备 ······· 7—18—80
11 闸门、拦污栅及启闭设备 ··· 7—18—80
　11.1 一般规定 ············ 7—18—80
　11.2 拦污栅及清污机 ······ 7—18—81
　11.3 拍门及快速闸门 ······ 7—18—81
　11.4 启闭设备 ············ 7—18—82
12 安全监测 ·············· 7—18—83
　12.1 工程监测 ············ 7—18—83
　12.2 水力监测 ············ 7—18—83
附录 A 泵房稳定分析有关数据 ··· 7—18—83
附录 C 自由式拍门开启角近似计算 ··· 7—18—83
附录 D 自由式拍门停泵闭门撞击力近似计算 ··· 7—18—84

1 总 则

1.0.2 本规范适用范围主要是大、中型泵站,将泵站类型统一为供、排水两类。对供水泵站,除原规范提到的灌溉、工业及城镇供水泵站外,还应包括跨流域调水水源工程和农村集中供水泵站。

城镇供、排水泵站因其特殊性,还应符合现行国家标准《室外给水设计规范》GB 50013、《室外排水设计规范》GB 50014 等的有关规定。

1.0.3 广泛搜集和整理基本资料是一项十分重要的工作,它给泵站设计提供重要依据。过去,因对基本资料重视不够有不少经验教训:泵站建成后有的水源无保证,有的供电不可靠,有的流量达不到设计要求,完不成灌排任务,因而造成损失和浪费。所以,本条强调要广泛搜集和整理与泵站关系密切的基本资料,包括水源、电源、地质、主机型号以及作为设计依据的其他重要数据等。如城镇供水泵站,还应充分搜集有关供水方面的基本资料。原规范要求对基本资料和数据进行分析鉴定,实际操作过程中,一般"分析"是可以做到的,而"鉴定"工作很难实现,因此取消"鉴定"要求,由设计单位对所收集的资料进行分析后采用。

1.0.4 在采用新技术、新材料、新设备和新工艺时,要注意其是否成熟可靠。重要的新技术、新材料、新设备和新工艺的采用,需经过国家有关部门或权威机构进行鉴定验证。

1.0.5 根据国家现行标准《中国地震动参数区划图》GB 18306 和《水工建筑物抗震设计规范》SL 203 的有关规定制定。

泵房结构的抗震计算,采用现行行业标准《水工建筑物抗震设计规范》SL 203 规定的计算方法。

对于抗震措施的设置,要特别注意增强上部结构的整体性和刚度,减轻上部结构的重量,加强各构件连接点的构造,对关键部位的永久变形缝也应有加强措施。

2 泵站等级及防洪(潮)标准

2.1 泵站等级

2.1.2 泵站系指单个泵站,泵站按设计流量和装机功率两项指标分等能表征出泵站本身特点,比较合理,理由如下:

1 不管用途如何,泵站的功能是提水,单位时间的提水量即设计流量直接体现了泵站的规模,应被定为划分等别的主要指标。

2 泵站是利用动力进行提水,装机功率大小表征动力消耗量多少,即泵站的装机功率大小,同时还表示出提水扬程的高低,因此装机功率也是划分泵站等别的重要指标。

对工业及城镇供水泵站,因缺乏定量统计资料,暂按供水对象的重要性确定等别,与现行国家标准《防洪标准》GB 50201 一致。

2.1.3 建筑物的级别主要是为了确定防洪标准、安全加高和各种安全系数等。

永久性建筑物系指泵站运行期间使用的建筑物,根据其重要性分为主要建筑物和次要建筑物。主要建筑物系指失事后造成灾害或严重影响泵站使用的建筑物,如泵房、进水闸、引渠、进出水池、出水管道和变电设施等;次要建筑物系指失事后不致造成灾害或对泵站使用影响不大并易于修复的建筑物,如挡土墙、导水墙和护岸等。临时性建筑物系指泵站施工期间使用的建筑物,如导流建筑物、施工围堰等。

2.1.4 泵站与堤身结合的建筑物,泵房与堤防同起挡水作用,且一旦失事修复困难甚至只好重建,故规定其级别不应低于防洪堤的级别,可根据泵站规模和重要性确定等于或高于堤防本身的级别。在执行本条规定时,还应注意堤防规划和发展的要求,应避免泵站建成不久因堤防标准提高,又要对泵站进行加固或改建。在多泥沙河流上修建泵站,尤其应重视这条规定。

2.2 防洪(潮)标准

2.2.1 平原、滨海区的泵站,在遭遇超标准洪水失事后,一般只会造成经济损失,较少造成大的人身伤亡,故一般没有校核防洪标准,执行时,可根据具体情况分析研究确定。

2.2.2 为与现行国家标准《防洪标准》GB 50201 协调,给出潮汐河口泵站建筑物的防潮标准值。

3 泵站主要设计参数

3.1 设计流量

3.1.1 灌溉泵站设计流量应根据灌区规划确定。由于水泵提水需耗用一定的电能,对提水灌区输水渠道的防渗有着更高的要求。因此,灌溉泵站输水渠道渠系水利用系数的取用可高于自流灌区。灌溉泵站机组的日开机小时数应根据灌区作物的灌溉要求及机电设备运行条件确定,一般可取 24h。

对于提蓄结合灌区或井渠结合灌区,在计算确定泵站设计流量时,应先绘制灌水率图,然后考虑调节水量或可能提取的地下水量,削减灌水率高峰值,以减少泵站的装机功率。

3.1.2 排水泵站的设计流量应根据排水区规划确定。对主要服务于农作物的,其排涝和排渍设计流量具体方法参见现行国家标准《灌溉与排水工程设计规范》

GB 50288。对城镇、工业企业及居住区的排水泵站，其排水设计流量的计算应符合现行国家标准《室外排水设计规范》GB 50014 的有关规定。

3.1.3 工矿区工业供水泵站的设计流量应根据用户（供水对象）提出的供水量要求和用水主管部门的水量分配计划等确定，生活供水泵站的设计流量一般可由用水主管部门确定。设计流量的计算还应符合现行国家标准《室外给水设计规范》GB 50013 的有关规定。

3.2 特征水位

3.2.1 灌溉泵站进水池水位除原规范的规定外，增加了对感潮河口取水泵站有关水位取值的规定。

1 防洪水位是确定泵站建筑物防洪墙顶部高程的依据，是计算分析泵站建筑物稳定安全的重要参数。直接挡洪的泵房，其防洪水位应按本规范表2.2.1、表2.2.2 的规定确定；不直接挡洪的泵房，因泵房前设有防洪进水闸（涵洞），泵房设计时可不考虑防洪水位的作用。防洪水位可先分析计算相应频率的设计洪水，再通过水位流量关系求得，也可通过对历年最高洪水位进行频率计算求得。

2 设计运行水位是计算确定泵站设计扬程的依据。从河流、湖泊或水库取水的灌溉泵站，确定其设计运行水位时，以历年灌溉期的日平均或旬平均水位排频，水源保证率应满足灌溉保证率要求。

4 最低运行水位是确定水泵安装高程的依据。如果最低运行水位确定偏高，将会引起水泵的汽蚀、振动，给工程运行造成困难；如果最低运行水位确定得太低，将增大工程量，增加工程投资。确定最低运行水位时取用的设计保证率应比确定设计运行水位时取用的设计保证率高。对于从河床不稳定河道取水的灌溉泵站，由于河床冲淤变化大，水位与流量的关系不固定，当没有条件进行水位频率分析时，可进行流量频率的分析，然后再计入河床变化等因素的影响。

3.2.2 灌溉泵站出水池有的接输水河道，有的接灌区输水渠道，前者多见于南方平原区，后者多见于北方各地及南方山丘区。只有当出水池接输水河道时，才以输水河道的防洪水位（可能有设计、校核标准之分，也可能没有）作为最高水位。对于从多泥沙河流取水的泵站，泥沙对输水渠道的淤积会造成出水池水位壅高，使实际的扬程增加、水流溢出，因此设计中应考虑泥沙淤积对渠道的影响。

在南方平原地区，与灌溉泵站出水池相通的输水河道，往往有船只通航的要求。如果取与泵站最小运行流量相应的水位作为最低运行水位，虽然已能满足作物灌溉的需要，但低于最低通航水位，此时应取最低通航水位作为泵站出水池最低运行水位，这样才能同时满足船只通航的要求。

3.2.3 排水泵站进水池水位的要求。

1 最高水位是确定泵房电动机层楼板高程或泵房进水侧挡水墙顶部高程的依据。由于排水泵站的建成，建站前历史上曾出现过的最高内涝水位一般不会再现。按目前我国各地规划的治涝标准，一般重现期为 5a～10a，为适当提高治涝标准，本规范取排水区建站后重现期 10a～20a 的内涝水位作为排水泵站进水池最高水位。如果排水区为分蓄洪区等特殊地区，因其防洪标准有特殊要求，泵站作为受影响的建筑物，最高水位应考虑其影响。

2 设计运行水位是排水泵站站前经常出现的内涝水位，是计算确定泵站设计扬程的依据。

设计运行水位与排水区有无调蓄容积等关系很大，在一般情况下，根据排田或排调蓄区的要求，由排水渠道首端的设计水位推算到站前确定。

1） 根据排田要求确定设计运行水位。在调蓄容积不大的排涝区，一般以较低耕作区（约占排水区面积的 90%～95%）的涝水能被排除为原则，确定排水渠道的设计水位。南方一些省常以排水区内部耕作区 90%以上的耕地不受涝的高程作为排水渠道的设计水位。有些地区则以大部分耕地不受涝的高程作为排水渠道的设计水位。这样，可使渠道和泵站充分发挥排水作用，但是土方工程量大，只能在排水渠道长度较短的情况下采用。

2） 根据排调蓄区要求确定设计运行水位。当泵站前池由排水渠道与调蓄区相连时，可按下列两种方式确定设计运行水位：

一种是以调蓄区设计低水位计入排水渠道的水力损失后作为设计运行水位。运行时，自调蓄区设计低水位起，泵站开始满负荷运行（当泵站外水位为设计外水位时），随着来水不断增加，调蓄区边排边蓄直至达到正常水位为止。此时，泵站前池的水位也相应较设计运行水位高，泵站满负荷历时最长，排空调蓄区的水也最快。湖南省洞庭湖地区多采用这种方式。

另一种是以调蓄区设计低水位与设计蓄水位的平均值计入排水渠道的水力损失后作为设计运行水位。按这种方式，只有到平均水位时，泵站才能满载运行（当泵站外水位为设计外水位时）。湖北省多采用这种方式。

3 最高运行水位是排水泵站正常运行的上限排涝水位。超过这个水位，将扩大涝灾损失，调蓄区的控制工程也可能遭到破坏，因此，最高运行水位应在保证排涝效益的前提下，根据排涝设计标准和排涝方式（排田或排调蓄区），通过综合分析计算确定。

4 最低运行水位是排水泵站正常运行的下限排涝水位，是确定水泵安装高程的依据。低于这个水位运行将使水泵产生汽蚀、振动，给工程运行带来困难。最低运行水位的确定，需注意以下三方面的要求：

1） 满足作物对降低地下水位的要求。一般按大部分耕地的平均高程减去作物的适宜地下水埋深,再减 0.2m~0.3m。

2) 满足调蓄区预降最低水位的要求。

3) 满足盐碱地区控制地下水的要求。一般按大部分盐碱地的平均高程减去地下水临界深度再减 0.2m~0.3m。

按上述要求确定的水位分别扣除排水渠道水力损失后,选其中最低者作为最低运行水位。

3.2.4 排水泵站出水池水位应针对排水期进行计算,新建泵站一般是通过对排区的降雨进行分析确定排水期,扩、改建泵站可根据泵站历年实际运行的情况进行统计确定排水期。

1 见本规范第 3.2.1 第 1 款条文说明。

2 设计运行水位是计算确定泵站设计扬程的依据。

根据调查资料,我国各地采用的排涝设计标准为:河北、辽宁等省重现期多采用 5a;广东、安徽等省采用 5a~10a;湖北、湖南、江西、浙江、广西等省、自治区采用 10a,江苏、上海等省、市采用 10a~20a。泵站出水池设计水位与排区暴雨存在着内外组合问题,多数地方采用重现期 5a~10a 的外河 3d~5d 平均水位,有的采用某一涝灾严重的典型年汛期外河最高水位的平均值。

由于设计典型年的选择具有一定的区域局限性,且任意性较大,因此本规范规定采用重现期 5a~10a 的排水时段(即设计排涝标准中要求的排水时间)外河平均水位作为泵站出水池设计运行水位。

3 最高运行水位是确定泵站最高扬程的依据。对采用虹吸式出水流道的块基型泵房,该水位也是确定驼峰顶部底高程的主要依据。例如湖北省采用虹吸式出水流道的泵站,驼峰顶部底高程一般高于出水池最高运行水位 0.05m~0.15m;江苏省采用虹吸式出水流道的泵站,驼峰顶部底高程一般高于出水池最高运行水位 0.5m 左右。最高运行水位的确定与外河水位变化幅度有关,但其重现期的采用应保证泵站机组在最高运行水位工况下能安全运行,同时也不应低于确定设计运行水位时所采用的重现期标准。因此,本规范规定外河水位变化幅度较小时,取设计洪水位作为最高运行水位;外河水位变化幅度较大时,取重现期 10a~20a(比设计运行水位的重现期高)的排水时段平均水位作为最高运行水位。

4 最低运行水位是确定泵站最低扬程和流道出口淹没高程的依据。在最低运行水位工况下,要求泵站机组仍能安全运行。泵站一般和自排闸结合布置,当外江水位低时可以自排,最低运行水位确定时应考虑该因素。

3.2.5 供水泵站进水池水位与灌溉泵站类似,只是因为供水的保证程度要求比灌溉高,因此要求设计运行水位、最低运行水位的水源保证率和最高运行水位的重现期高于灌溉泵站。

3.3 特征扬程

3.3.1 设计扬程是选择水泵型式的主要依据。水力损失包括沿程和局部水力损失。

3.3.2 平均扬程是泵站运行历时最长的工作扬程。选择水泵时应使其在平均扬程工况下,处于高效区运行,因而单位消耗能量最少。平均扬程一般可按泵站进、出水池平均水位差,并计入水力损失确定,但按这种方法计算确定平均扬程,精度稍差,只适用于中、小型泵站工程;对于提水流量年内变化幅度较大,水位、扬程变化幅度也较大的大、中型泵站,应按公式(3.3.2)计算加权平均净扬程,并计入水力损失确定。按这种方法计算确定平均扬程,工作量较大,需根据设计水文系列资料按泵站提水过程所出现的分段扬程、流量和历时进行加权平均才能求得,但由于这种方法同时考虑了流量和运行历时的因素,即总水量的因素,因而计算成果比较精确合理,符合实际情况。

3.3.3 最高扬程是泵站正常运行的上限扬程。水泵在最高扬程工况下运行,其提水流量虽小于设计流量,但应保证其运行的稳定性。对于供水泵站,在最高扬程工况下,应考虑备用机组投入,以满足供水设计流量要求。

对排水泵站,当承泄区水位变化幅度较大时,若按泵站出水池最高运行水位与进水池最低运行水位之差,并计入水力损失确定最高扬程,这样算出的扬程较高,而在设计扬程和平均扬程较低的情况下,既要满足在设计扬程下水泵满足泵站设计流量要求,平均扬程下水泵在高效区工作,又要满足最高扬程下水泵能稳定运行可能比较困难。实际上,当外江出现最高水位时,进水池出现最低运行水位的几率较小,因此水泵选型困难时,可对泵站运行时的水位组合几率进行分析,经论证后,最高扬程可适当降低。据调查,在出现这种情况时,湖北省多按"泵站出水池最高运行水位与进水池设计水位之差,并计入水力损失"的方法确定最高扬程;广东省以泵站的主要特征参数即进水池和出水池的各种水位结合水泵的特性和运行范围合理推算。

3.3.4 最低扬程是泵站正常运行的下限扬程。水泵在最低扬程工况下运行,亦应保证其运行的稳定性。与最高扬程类似,当水泵选型困难时,也可适当提高最低扬程,尤其是出现负扬程时。在出现这种情况时,湖北省多按"泵站出水池最低运行水位与进水池设计水位之差,并计入水力损失"的方法确定最低扬程;广东省以泵站的主要特征参数即进水池和出水池的各种水位结合水泵的特性和运行范围合理推算。

4 站址选择

4.1 一般规定

4.1.1 执行本条规定应注意下列事项：

1 选择站址，应服从灌溉、排水、工业及城镇供水的总体规划。否则，泵站建成后不仅不能发挥预期的作用，甚至还会造成很大的损失和浪费。例如某泵站事先未作工程规划，以致工程建成后基本上没有发挥作用，引河淤积厚度达5m～6m。

2 选择站址，要考虑工程建成后的综合利用要求。尽量发挥综合利用效益，是兴建包括泵站在内的一切水利工程的基本原则之一。

3 选择站址，要考虑水源（或承泄区）包括水流、泥沙等条件。如果所选站址的水流条件不好，不但会影响泵站建成后的水泵使用效率，而且会影响整个泵站的正常运行。例如某排水泵站与排水闸并列布置，抽排时主流不集中，进水池形成回流和漩涡，造成机组振动和汽蚀，降低效率，对运行极为不利。又如某排灌泵站采用侧向进水方式，排水时，主流偏向引渠的一侧，另一侧形成顺时针旋转向的回流区直达引渠口。在前池翼墙范围内，水流不平顺，有时出现阵阵横向流动。水流在流道分水墩两侧形成阵发性漩涡。灌溉时，情况基本相似，但回流方向相反。又某引黄泵站站址选得不够理想，引渠泥沙淤积严重，水泵叶轮严重磨损，功率损失很大，泵站效率很低。

4 选择站址，要考虑工程占地、拆迁因素。珍惜和合理利用每寸土地，是我国的一项基本国策。

5 选择站址，还要考虑工程扩建的可能性，特别是分期实施的工程，要为今后扩建留有余地。

4.1.3 泵站和其他水工建筑物一样，一般要求建在岩土坚实和水文地质条件良好的天然地基上，不应设在活动性的断裂构造带以及其他不良地质地段。在平原、滨湖地区建站，遇到软土、松砂等不良地质条件时应尽量避开，选择在土质均匀密实、承载力高、压缩性小的地基上，否则就要进行地基处理。例如某泵站装机功率$6×1600$kW，建在淤泥质软粘土地基上，该泵站建成9年后的实测最大沉降量累计达0.65m，不均匀沉降差达0.35m，机组每年都要进行维修调试，否则就难以运行。又如某泵站装机功率$8×800$kW，建在粉砂土地基上，当基坑开挖至距离设计底高程尚有2.1m时，即发现有流砂现象，挖不下去，后采取井点排水措施，井点运行48h后，流砂现象才消失。因此，在选择站址时，如遇软土、松砂等不良地质条件时，首先应考虑能否改变站址，如不可能则需采用人工地基，或采取改变上部结构形式等工程措施，以适应不良地基的要求。

4.2 泵站站址选择

4.2.1 对于从河流、湖泊、感潮河口、渠道取水的灌溉泵站，为了能充分发挥其工程效益，应将泵站选在有利于提水，且灌区输水系统布置比较经济的地点。

对于从河流、湖泊、感潮河口、渠道，特别是北方水资源比较紧缺的地区水源中取水的灌溉泵站，其取水口位置的选择尤为重要。如果取水口位置选得不好，轻则影响泵站的正常运行，重则导致整个泵站工程的失败。例如某泵站的取水口位于黄河游荡性河段，河床宽浅不一，水流散乱，浅滩沙洲多，主流摆动频繁，致使取水口经常出现脱流。该泵站建后30余年，主流相对稳定、能保证引水的年份仅有8年，其余年份均因主流摆动，主流偏离取水口的最大距离（垂直河岸）曾达4.2km。为了引水需要，不得不在黄河滩上开挖引渠，最长达6.5km。为防止引渠淤死断流，被迫加大流速拉砂，致使滩岸坍塌，弯道冲刷，大颗粒粗砂连同引渠底砂一起，通过水泵进入渠系和田间。同时由于汽蚀和泥砂磨损，泵站装置效率下降10.4%，实际抽水能力仅为设计抽水能力的61.8%，水泵运转仅500h，泵体即磨蚀穿孔，直径1.4m、长500m的出水管道全部淤满，曾发生管道破裂、5间厂房被毁坏的严重事故。此外，出水干渠严重淤高，致使灌溉水漫顶决堤，将大量泥砂灌入田间，使农田迅速沙化，影响农作物的正常生长，农业减产，损失严重。因此，灌溉泵站取水口应选在主流稳定靠岸，能保证引水的河段，而且应根据取水口所在河段的水文、气象资料，自然灾害情况和环境保护需要等，分别满足防洪、防潮汐、防砂、防冰及防污要求。否则，应采取相应的措施。

4.2.2 对于从水库取水的灌溉泵站，应认真研究水库水位的变化对泵站机组选型及泵站建成投产后机组运行情况的影响，研究水库泥沙淤积、冰冻对泵站取水可靠性的影响，并对站址选在库区或坝后进行技术经济比较。本规范规定，直接从水库取水的灌溉泵站站址，应选择在岸坡稳定、靠近灌区、取水方便，不受或少受泥沙淤积、冰冻影响的地点。

4.2.3 排水泵站是用来排除低洼地区的涝水。为了能及时排净涝水，排水泵站宜设在排水区地势低洼、能汇集排水区涝水，且靠近承泄区的地点，以降低泵站扬程，减小装机功率。例如某泵站装机功率$6×1600$kW，站址选在排水区地势低洼处，紧靠长江岸边，由一条长32km、宽100m的平直排水渠道汇集涝水，进、出口均采用正向布置方式，加之合适的地形、地质条件，泵站建成后，进、出水流顺畅，无任何异常情况。如果有的排水区涝水可向不同的承泄区（河流）排泄，且各河流汛期高水位又非同期发生时，需对河流水位（即所选站址的站上水位）作对比分低、运行费用较经济的站址。如果排水需高低分片排泄时,各片宜单独设置各片控制排涝条件最为有利的站址。因此,本规范规定,排水泵站站址宜选择在排水区地势较低、能汇集排水区涝水,且靠近承泄区的地点。

4.2.4 灌排结合泵站的任务有抽灌、抽排、自灌、自排等,可采用泵站本身或通过设闸控制来实现。在选择灌排结合泵站站址时,应综合考虑外水内引和内水外排的要求,使灌溉水源不致被污染,土壤不致引起或加重盐渍化,并兼顾灌排渠系的合理布置等。例如某泵站装机功率 4×6000 kW,位于已建的排涝闸左侧,枯水季节可用排涝闸自排,汛期外江水位低时也可利用排涝闸抢排,而在汛期外江水位高时,则利用泵站抽排,做到自排与抽排相结合。又如某泵站装机功率 4×1600 kW,利用已建涵洞作为挡洪闸,以挡御江水,并利用原有河道作为排水渠道。闸站之间为一较大的出水池,以利水流稳定,同时在出水池两侧河堤上分别建灌溉闸。汛期可利用泵站抽排涝水,亦可进行抽灌。当外江水位较高时,还可通过已建涵洞引江水自灌,做到了抽排、抽灌与自灌相结合。再如某泵站装机功率 9×1600 kW,多座灌排闸、节制闸及灌溉、排水渠道相配合,当外河水位正常时,低片地区的涝水可由泵站抽排,高片地区的涝水可由排涝节制闸自排,下雨自排有困难时,也可通过闸的调度改由泵站抽排;天旱时,可由外河引水自灌或抽灌入内河,实行上、下游分灌。因此,该站以泵房为主体,充分运用附属建筑物,使灌排紧密结合,既能抽排,又能自排;高、低水可以分排,上、下游可以分灌,合理兼顾,运用灵活,充分发挥了灌排效益。

4.2.5 供水泵站是为受水区提供生活和生产用水的。确保水源可靠和水质符合规定要求,是供水泵站站址选择时必须考虑的首要条件。由于受水区上游水源一般不易受污染,因此,本规范规定,供水泵站站址应选择在受水区上游、河床稳定、水源可靠、水质良好、取水方便的河段。生活饮用水的水质必须符合现行国家标准《生活饮用水卫生标准》GB 5749 的要求。

5 总体布置

5.1 一般规定

5.1.1 供电条件包括供电方式、输电走向、电压等级等,它与泵房平面布置关系密切,应尽量避免出现高压输电线跨河布置的不合理情况。此外,泵站的总体布置要结合考虑整个水利枢纽或供水系统布局,即泵站的总体布置不要和整个水利枢纽或供水系统布局相矛盾。

我国部分地区曾有过血吸虫流行的历史,由于血吸虫危害难以根治,因此在疫区的泵站设计中,应根据疫区的实际情况,按水利血防的要求,采取有效的灭螺工程措施,防止钉螺在站区滋生繁殖或向其他承泄区(受水区)扩散。

5.1.2 许多已建成泵站的管理条件很差,对工程的正常运用有较大的影响。因此,本规范规定,泵站的总体布置应包括泵房,进、出水建筑物,变电站,枢纽其他建筑物和工程管理用房,内外交通、通信以及其他维护管理设施的布置。

5.1.3 近年来,对各类工程劳动安全与工业卫生、消防、水土保持工作的要求在逐步提高,泵站工程也不例外。对于泵站工程,防止水土流失的主要区域是泵站的上、下游引渠岸坡和站区弃土(渣)区。上、下游引渠岸坡的水土流失,将直接影响泵站运行;而站区弃土(渣)区的水土流失,不仅影响站区环境,严重时甚至危及站区建筑物的安全。因此,需要对站区的水土流失作出预测,并采取相应的工程及植物保护措施。为了保障劳动者在劳动过程中的安全与健康,枢纽布置设计应考虑安全与卫生等因素。

5.1.5 站区交通道路除应满足设备运输、人员进出等工程建设和管理要求外,不可忽视消防通道的问题。尤其是机组台数较多、站房顺水流向较长时,如果交通道路不能满足通行消防车辆的要求时,一旦发生事故,就有可能因救援不及时而造成不应有的损失。

5.1.6 泵房不能用来泄洪,必须设专用泄洪建筑物,并与泵房分建,两者之间应有分隔设施,以免泄洪建筑物泄洪时,影响泵房与进、出水池的安全。同样,泵房不能用来通航,必须设专用通航建筑物,并与泵房分建,两者之间应有足够的安全距离。否则,泵房与通航建筑物同时运用,因有较大的横向流速,影响来往船只的安全通航。例如某泵站装机功率 6×1600 kW,将泵站、排涝闸、船闸三者合建,并列成一字形,泵房位于河道左岸,排涝闸共 6 孔,分为两组,其中一组 3 孔紧靠泵房布置,另外一组 3 孔位于河道右岸,船闸则位于两组排涝闸之间。当泵房抽排或排涝闸自排时,进、出水口流速较高,且有横向流速,通航极不安全,经常发生翻船事故。又如某泵站装机功率 10×1600 kW,泵站、排涝闸、船闸三者也是并列成一字形,但因将船闸设在河道左岸,且与泵站、排涝闸分开另建,船闸导航墙又长,故通航不受泵站、排涝闸影响。因此,本规范规定,泵房与泄洪建筑物之间应有分隔设施,与通航建筑物之间应有足够的安全距离及安全设施。

5.1.7 根据调查资料,站内交通桥一般都是紧靠泵房布置,拦污栅通常结合站内交通桥的布置,设在进水流道的进口处,且多呈竖向布置,给清污工作带来许多不便。对于堆积在拦污栅前的污物、杂草,如不及时清除,将会大大减小过流断面,造成栅前水位壅高，增大过栅水头损失，并使栅后水流状态恶化，严重影响机组的正常运行。例如某泵站安装 2.8CJ-70 型轴流泵，单泵设计流量 20m³/s，由于污物、杂草阻塞在拦污栅前，增大过栅水头损失 0.25m，查该泵型性能曲线可知流量减少约 0.5m³/s，减少值相当于单泵设计流量的 1/40。又如某泵站 1989 年春灌时，多机组抽水，进水闸前出现长 40m～50m、厚 1m～2m 的柴草堆，人立草上不下沉，泵站被迫停止引水，组织 100 余人下水 3d，才将柴草捞净，恢复了泵站运行。因此，本规范规定，进水处有污物、杂草的泵站，应设置专用的拦污栅和清污设施，其位置宜设在引渠末端或前池入口处。

5.1.8 根据调查资料，在已建的泵站中当公路干道与泵站引渠或出水干渠交叉时，公路桥通常与站内交通桥结合，紧靠泵房布置。这样虽可利用泵房墩、墙作为桥墩、桥台，节省工程投资，但有很多弊端，如车辆从桥上通过时噪声轰鸣，干扰泵房值班人员的工作，容易导致机组运行的误操作；同时由于尘土飞扬，还会污染泵房环境等。例如某泵站装机功率 6×1600kW，由于兴建时片面强调节约资金，将通往某市的干线公路桥与泵房建在一起，建成后，每日过桥车辆如梭，轰鸣不绝于耳，晴天灰雾腾腾，雨天泥泞飞溅，对泵站的安全运行和泵房环境影响极大，曾发生过由于车辆噪声干扰导致机组运行误操作的事故。如果公路桥与泵房之间拉开一段距离，虽增加了工程投资，但可避免上述弊端，改善泵站运行条件和泵房环境。同样，高压输电线路、地下压力管道对泵站的安全运行可能造成不利影响。因此，本规范规定泵房与铁路、高压输电线路、地下压力管道、高速公路及一、二级公路之间的距离不宜小于 100m。

5.1.10 水工整体模型试验是研究和预测泵站抽水能力及机组运行时进、出口水流条件的最好方法。目前我国建设的大、中型泵站较多，已积累了丰富的经验，对于水流条件简单的泵站，一般不做水工整体模型试验也能满足要求，但对于水流条件复杂的大型泵站枢纽布置，还是应通过水工整体模型试验验证。

5.2 泵站布置形式

5.2.1 灌溉、供水泵站的总体布置，一般可分为引水式和岸边式两种。引水式布置一般适用于水源岸边坡度较缓的情况。在满足灌溉引水要求的条件下，为了节省工程投资和运行费用，泵房位置应通过技术经济比较确定。当水源水位变化幅度不大时，可不设进水闸控制；当水源水位变化幅度较大时，则应在引渠渠首设进水闸。这种布置形式在我国平原和丘陵地区从河流、渠道或湖泊取水的灌溉、供水泵站中采用较多。而在多泥沙河流上，由于引渠易淤积，建议尽量不要采用引水式布置。根据某地区泵站引渠淤积状况调查，进口设闸控制的引渠，一般每年需清淤 1 次～2 次；而进口未设闸控制的引渠，每当灌溉时段结束，引渠即被淤满，下次引水时，必须首先清淤，汛期每次洪水过后，再次引水时，同样也必须清淤，每年清淤工作量相当大，大大增加了运行管理费用。岸边式布置一般适用于水源岸边坡度较陡的情况。采用岸边式布置，由于站前无引渠，可大大减少管理维护工作量；但因泵房直接挡水，加之泵房结构又比较复杂，因此，泵房的工程投资要大一些。至于泵房与岸边的相对位置，根据调查资料，其进水建筑物的前缘，有与岸边齐平的，有稍向水源凸出的，运用效果均较好。

从水库取水的灌溉、供水泵站，当水库岸边坡度较缓、水位变化幅度不大时，可建引水式固定泵房；当水库岸边坡度较陡、水位变化幅度较大时，可建岸边式固定泵房或竖井式（干室型）泵房；当水位变化幅度很大时，可采用移动式泵房（缆车式、浮船式泵房）或潜没式固定泵房。这几种泵房在布置上的最大困难是出水管道接头问题。

5.2.2 由于自排比抽排可节省大量电能，因此在具有部分自排条件的地点建排水泵站时，如果自排闸尚未修建，应优先考虑排水泵站与自排闸合建，以简化工程布置，降低工程造价，方便工程管理。例如某泵站将自排闸布置在河床中央，泵房分别布置在自排闸的两侧。泵房底板紧靠自排闸底板，用永久变形缝隔开。当内河水位高于外河水位时，打开自排闸自排；当内河水位低于外河水位，又需排涝时，则关闭自排闸，由排水泵站抽排。又如某泵站将水泵装在自排闸闸墩内，布置更为紧凑，大大降低了工程造价，水流条件也比较好。但对于大、中型泵站，采用这种布置往往比较困难。如果建站地点已建有自排闸，可考虑将排水泵站与自排闸分建，以方便施工。但需另开排水渠道与自排渠道相连接，其交角不宜大于 30°，排水渠道转弯段的曲率半径不宜小于 5 倍渠道水面宽度，且站前引渠宜有长度为 5 倍渠道水面宽度以上的平直段，以保证泵站进口水流平顺通畅。因此，本规范规定，在具有部分自排条件的地点建排水泵站，泵站宜与排水闸合建；当建站地点已建有排水闸时，排水泵站宜与排水闸分建。

5.2.3 根据调查资料，已建成的灌排结合泵站多数采用单向流道的泵房布置，另建配套涵闸的方式。这种布置方式，适用于水位变化幅度较大或扬程较高的情况，只要布置得当，即可达到灵活运用的要求，但缺点是建筑物多而分散，占用土地较多，特别是在土地资源紧缺的地区，采用这种分建方式，困难较多。至于要求泵房与配套涵闸之间有适当的距离，目的是为了保证泵房进水侧有较好的进水条件，同时也为了保证泵房出水侧有一个容积较大的出水池，以利池内水流稳定，并可在出水池两侧布置灌溉渠首建筑物。例如某泵站枢纽以 4 个泵房为主体，共安装 33 台大型水泵，总装机功率49800kW，并有13座配套建筑物配合，通过灵活的调度运用，做到了抽排、抽灌与自排、自灌相结合。4个泵房排成一字形，泵房之间距离250m，共用一个容积足够大的出水池。又如某泵站枢纽由两座泵房、一座水电站和几座配套建筑物组成，抽水机组总装机功率16400kW，发电机组总装机容量2000kW，泵房与水电站呈一字形排列，泵房进水两侧的引水河和排涝河上，分别建有引水灌溉闸和排涝闸，泵房出水侧至外河之间由围堤围成一个容积较大的出水池，围堤上建有挡洪控制闸。抽引时，打开引水闸和挡洪控制闸，关闭排涝闸；抽排时，打开排涝闸和挡洪控制闸，关闭引水闸；防洪时，关闭挡洪控制闸；发电时，打开挡洪控制闸，关闭引水闸。再如某泵站装机功率9×1600kW，通过6座配套涵闸的控制调度，做到了自排、自灌与抽排、抽灌相结合，既可使高、低水分排，又可使上、下游分灌，运用灵活，效益显著。也有个别泵站由于出水池容积不足，影响泵站的正常运行。例如某泵站装机功率6×800kW，单机流量8.7m³/s，由于出水池容积小于设计总容积，当6台机组全部投入运行时，出水池内水位壅高达0.6m，致使池内水流紊乱，增大了扬程，增加了电能损失。对于配套涵闸的过流能力，则要求与泵房机组的抽水能力相适应，否则，亦将抬高出水池水位，增加电能损失。例如某泵站装机功率4×1600kW，抽水流量84m³/s，建站时，为了节省工程投资，利用原有3孔排涝闸排涝，但其排涝能力只有60m³/s，当泵站满负荷运行时，池内水位壅高，过闸水头损失达0.85m～1.10m，运行情况恶劣，后将3孔排涝闸扩建为4孔，运行条件才大为改善，过闸水头损失不超过0.15m，满足了排涝要求。

当水位变化幅度不大或扬程较低时，可优先考虑采用双向流道的泵房布置。这种布置方式，其突出优点是不需另建配套涵闸。例如某泵站装机功率6×1600kW，采用双向流道的泵房布置，快速闸门断流，通过闸门、流道的调度转换，达到能灌、能排的目的。采用这种布置方式，可不建进水闸、节制闸、排涝闸等配套建筑物，布置十分紧凑，占用土地少，工程投资省，而且管理运行方便；缺点是泵站装置效率较低，当扬程在3m左右时，实测装置效率仅有54%～58%，使耗电量增多，年运行费用增加很多。目前这种布置方式在我国为数甚少，主要是由于扬程受到限制和装置效率较低的缘故。另外，还有一种灌排结合泵站的布置形式，即在出水流道上设置压力水箱或直接开岔。例如某泵站装机功率2×2800kW，采用并联箱涵及拱涵形式的直管出流，单机双管，拍门断流，在出水管道中部设压力水箱（闸门室），压力水箱两端设灌溉管，分别与灌溉渠首相接，并设闸门控制流量。这种布置形式，可少配套建筑物，少占用土地，节省工程投资，是一种较好的灌排结合泵

站布置形式。又如某两座泵站，装机功率均为8×800kW，均采用在出水流道上直接开岔的布置形式，其中一座泵站是在左侧3根出水流道上分岔，另一座泵站是在左、右两侧边的出水流道上开岔，岔口均设阀门控制流量，通过与灌溉渠首相接的岔管，将水引入灌溉渠道。这两座泵站的布置形式，均可少建灌溉节制闸及有关附属建筑物，少占用土地，节省工程投资，也是一种较好的灌排结合泵站布置形式；但因在出水流道上开岔，流道内水力条件不如设压力水箱好，当泵站开机运行时，可能对机组效率有影响。

5.2.4 大、中型泵站因机组功率较大，对基础的整体性和稳定性要求较高，通常是将机组的基础和泵房的基础结合起来，组合成为块基型泵房。块基型泵房按其是否直接挡水及与堤防的连接方式，可分为堤身式和堤后式两种布置形式。堤身式泵房因破堤建站，其两翼与堤防相连接，泵房直接挡水，对地基条件要求较高，其抗滑稳定安全主要由泵房本身重量来维持，同时还应满足抗渗稳定安全的要求，因此适用的扬程不宜高，否则不经济。堤后式泵房因堤后建站，泵房不直接挡水，对地基条件要求稍低，同时因泵房只承受一部分水头，容易满足抗滑、抗渗稳定安全的要求，因此适用的扬程可稍高些。例如某泵站工程包括一、二两站，一站装机功率8×800kW，设计净扬程7.5m，采用虹吸式出水流道，建在轻亚粘土地基上；二站装机功率2×1600kW，设计净扬程7.0m，采用直管式出水流道，建在粘土地基上。在设计中曾分别按堤身式和堤后式布置进行比较，一站采用堤身式布置，其工程量与堤后式相比，混凝土多用3500m³，浆砌石少用200m³，钢材多用30t；二站采用堤身式布置，其工程量与堤后式相比，混凝土多用3100m³，浆砌石少用2100m³，钢材多用160t。由上述比较可见，当泵房承受较大水头时，采用堤身式布置是不经济的。因为泵房自身重量不够，地基土的抗剪强度又较低，为维持抗滑、抗渗稳定安全，需增设阻滑板和防渗刺墙等结构，再加上堤身式布置的进、出口翼墙又比较高，增加了工程量。因此，本规范规定，建于堤防处且地基条件较好的低扬程、大流量泵站，宜采用堤身式布置；而扬程较高、地基条件稍差或建于重要堤防处的泵站，宜采用堤后式布置。

5.2.5 从多泥沙河流上取水的泵站，通常是先在引水口处进行泥沙处理，如布置沉沙池、冲沙闸等，为泵房抽引清水创造条件。例如某引水工程，引水口处具备自流引水沉沙、冲沙条件，在一级站未建之前，先开挖若干条条形沉沙池，保证了距离引水口约80km的二级站抽引清水。但有些地方并不具备自流引水沉沙、冲沙条件，就需要在多泥沙河流的岸边设低扬程泵站，布置沉沙、冲沙及其他除沙设施。根据工程实践结果，这种处理方式的效果比较好。例如某泵站建在多泥沙的黄河岸边，站址处水位变化幅度

7m～13m，岸边坡度陡峻，故先在岸边设一座缆车式泵站，设有7台泵车，配7条出水管道和7套牵引设备。沉沙池位于低扬程缆车式泵站的东北侧，其进口与低扬程泵站的出水池相接，出口则与高扬程泵站的引渠相连。沉沙池分为两厢，每厢长220m，宽4.5m～6.0m，深4.2m～8.4m，纵向底坡1∶50，顶部为溢流堰，泥沙在池内沉淀后，清水由溢流堰顶经集水渠进入高扬程泵站引渠。该沉沙池运行10余年来，累计沉沙量达300余万m^3，所沉泥沙由设在沉沙池尾端下部的排沙廊道用水力排走。又如某泵站是建在多泥沙的黄河岸边，先在岸边设一座低扬程泵站，浑水经较长的输水渠道沉沙后，进入高扬程泵站引渠。以上两泵站的实际运行效果都比较好。因此，本规范规定，从多泥沙河流上取水的泵站，当具备自流引水沉沙、冲沙条件时，应在引渠上布置沉沙、冲沙或清淤设施；当不具备自流引水沉沙、冲沙条件时，可在岸边设低扬程泵站，布置沉沙、冲沙及其他排沙设施。

5.2.7 在深挖方地带修建泵站，应合理确定泵房的开挖深度。如开挖深度不足，满足不了水泵安装高程的要求，还可能因不好的土层未挖除而增加地基处理工程量；开挖深度过深，大大增加了开挖工程量，而且可能遇到地下水，对泵房施工、运行管理（如泵房内排水、防潮等）均带来不利的影响，同时因通风、采暖和采光条件不好，还会恶化泵站的运行条件。因此，本规范规定，深挖方修建泵站，应合理确定泵房的开挖深度，减少地下水对泵站运行的不利影响，并应采取必要的站区排水、泵房通风、采暖和采光等措施。

5.2.8 紧靠山坡、溪沟修建泵站，应设置排泄山洪的工程措施，以确保泵房的安全。站区附近如有局部山体滑坡或滚石等灾害发生的可能，应在泵房建成前进行妥善处理，以免危及工程的安全。

5.2.9 在一些地形起伏变化较大山区，布置地面泵站开挖工程量很大，可将泵站布置在开挖的地下洞室内，以节省投资。例如某引黄入晋工程的总干一、二级泵站，均采用了地下泵站的形式。

6 泵 房

6.1 泵房布置

6.1.1、6.1.2 执行这两条规定应注意下列事项：

1 站址地质条件是进行泵房布置的重要依据之一。如果站址地质条件不好，必然影响泵房建成后的结构安全。为此，在布置泵房时，必须采取合适的结构措施，如减轻结构重量、调整各分部结构的布置等，以适应地基允许承载力、稳定和变形控制的要求。

2 泵房施工、安装、检修和管理条件也是进行泵房布置的重要依据。一个合理的泵房布置方案，不仅工程量少、造价低，而且各种设备布置相互协调，整齐美观，便于施工、安装、检修、运行与管理，有良好的通风、采暖和采光条件，符合防潮、防火、防噪声、节能、劳动安全与工业卫生等技术规定，并满足内外交通运输方便的要求。

3 为了做好泵房布置工作，水工、水力机械、电气、金属结构、施工等专业必须密切配合，进行多方案比较，才能选取符合技术先进、经济合理、安全可靠、管理方便原则的泵房布置方案。

6.1.3 本条是强制性条文。泵房挡水部位顶部安全加高，是指在一定的运用条件下波浪、壅浪计算顶高程以上距离泵房挡水部位顶部的高度，是保证泵房内不受水淹和泵房结构不受破坏的一个重要安全措施。泵房运用情况有设计和校核两种。前者是指泵站在设计运行水位或设计洪水位时的运用情况，后者是指泵站在最高运行水位或校核洪水位时的运用情况。安全加高值取用的是否合理，关系到工程的安全程度和工程量的大小。现根据已建泵站工程的实践经验，并考虑与现行行业标准《水利水电工程等级划分及洪水标准》SL 252 的规定协调一致，确定泵房挡水部位顶部安全加高下限值（见本规范表6.1.3）。

6.1.4 机组间距是控制泵房平面布置的一个重要特征指标，应根据机电设备和建筑结构的布置要求确定。详见本规范第9.12.2条～第9.12.5条的条文说明。

6.1.5 当机组的台数、布置形式（单列式或双列式布置）、机组间距、边机组段长度确定以后，主泵房长度即可确定，如安装检修间设在主泵房一端，则主泵房长度还应包括安装检修间的长度。

6.1.6 主泵房电动机层宽度主要是由电动机、配电设备、吊物孔、工作通道等布置，并考虑进、出水侧必需的设备吊运要求，结合起吊设备的标准跨度确定。当机组间距确定以后，再适当调整电动机、配电设备、吊物孔等相对位置。当配电设备布置在出水侧，吊物孔布置在进水侧，并考虑适当的检修场地，则电动机层宽度需放宽一些；当配电设备集中布置在主泵房一端，吊物孔又不设在主泵房内，而是设在主泵房另一端的安装检修间时，则电动机层宽度可窄一些。水泵层宽度主要是由进、出水流道（或管道）的尺寸，辅助设备、集水廊道、排水廊道和工作通道的布置要求等因素确定。

6.1.8 主泵房水泵层底板高程是控制主泵房立面布置的一个重要指标，底板高程确定合适与否，涉及机组能否安全正常运行和地基是否需要处理及处理工程量大小的问题，是一个十分重要的问题，应认真做好这项工作。

主泵房电动机层楼板高程也是主泵房立面布置的

一个重要指标。当水泵安装高程确定后，根据泵轴、电动机轴的长度等因素，即可确定电动机层的楼板高程。

6.1.9 根据调查资料，已建成泵站内的辅助设备多数布置在主泵房的进水侧，而电气设备则布置在出水侧或中央控制室附近，这样可避免交叉干扰，便于运行管理。

6.1.10 辅机房布置一般有两种：一种是一端式布置，即布置在主泵房一端，这种布置方式的优点是进、出水侧均可开窗，有利于通风、采暖和采光；缺点是机组台数较多时，运行管理不方便。另一种是一侧式布置，通常是布置在主泵房出水侧，这种布置方式的优点是有利于机组的运行管理；缺点是通风、采暖和采光条件不如一端式布置好。

6.1.11 安装检修间的布置一般有三种：一种是一端式布置，即在主泵房对外交通运输方便的一端，沿电动机层长度方向加长一段，作为安装检修间，其高程、宽度一般与电动机层相同。进行机组安装、检修时，可共用主泵房的起吊设备。目前国内绝大多数泵站均采用这种布置方式。另一种是一侧式布置，即在主泵房电动机层的进水侧布置机组安装、检修场地，其高程一般与电动机层相同。进行机组安装、检修时，也可共用主泵房的起吊设备。由于布置进水流道的需要，主泵房电动机层的进水侧通常比较宽敞，具备布置机组安装、检修场地的条件。例如某泵站装机功率10×1600kW，泵房宽度12.0m，机组轴线至进口侧墙的距离为6.5m，与电动机层的长度构成安装检修间所需的面积，并可设置一个大吊物孔。还有一种是平台式布置，即将机组安装、检修场地布置在检修平台上。这种布置必须具备机组间距较大和电动机层楼板高程低于泵房外四周地面高程这两个条件。例如某泵站装机功率8×800kW，机组间距6.0m，安装间检修平台高于电动机层5.0m，宽1.8m，局部扩宽至2.7m，作为机组安装、检修场地。安装检修间的尺寸主要是根据主机组的安装、检修要求确定，其面积大小应能满足一台机组安装或解体大修的要求，应能同时安放电动机转子连轴、上机架、水泵叶轮或主轴等大部件。部件之间应有1.0m~1.5m的净距，并有工作通道和操作需要的场地。现将我国部分泵站的安装检修间尺寸列于表1。

表1 我国部分泵站安装检修间尺寸统计表

泵站序号	单机功率(kW)	机组间距(m)	安装检修间			安装检修间长度/机组间距
			位置	高程	长度×宽度(m)	
1	800	4.8	左端	低于电动机层2.05m	3.9×10.75	0.81
2	800	4.8	左端	低于电动机层2.05m	3.9×10.75	0.81

续表1

泵站序号	单机功率(kW)	机组间距(m)	安装检修间			安装检修间长度/机组间距
			位置	高程	长度×宽度(m)	
3	800	4.8		低于电动机层2.55m	4.05×9.4	0.84
4	800	5.0		与电动机层同高	4.65×11.9	0.93
5	800	5.0		与电动机层同高	4.65×11.9	0.93
6	800	5.0	左端	与电动机层同高	5.0×8.5	1.00
7	800	5.2	左端	与电动机层同高	6.6×8.5	1.27
8	800	5.4	检修平台	高于电动机层4.35m	11.0×3.0	2.04
9	800	5.5	右端	低于电动机层2.65m	5.5×9.0	1.00
10	800	5.2		与电动机层同高	11.0×10.4	2.00
11	800	5.6	东站左端、西站右端	与电动机层同高	6.4×10.5	1.14
12	800	6.0	检修平台	高于电动机层5.0m	—	—
13	1600		在机组间	与电动机层同高	—	—
14	1600	6.8	左端	与电动机层同高	7.8×12.5	1.15
15	1600	7.0	左端	与电动机层同高	5.0×12.5	0.71
16	1600	7.0	右端	与电动机层同高	7.0×10.5	1.00
17	1600	7.0	右端	与电动机层同高	9.8×10.5	1.40
18	1600	7.0	右端	与电动机层同高	10.0×10.5	1.43
19	2800	7.6		与电动机层同高	7.6×12.0	1.00
20	1600	7.7	在主泵房一侧	与电动机层同高		
21	3000	8.0	左端	与电动机层同高	17.75×10.4	2.22
22	3000	8.0	右端	与电动机层同高	17.75×10.4	2.22
23	2800	9.2		与电动机层同高	7.1×9.8	0.77
24	3000	10.0	右端	与电动机层同高	7.1×10.5	0.71
25	6000	11.0	左端	与电动机层同高	17.76×11.5	1.61
26	5000	12.7	左端	低于电动机层3.74m	12.7×13.5	1.00
27	7000	18.8	左端	与电动机层同高	16.5×17.8	0.88

由表1可知，安装检修间长度约为机组间距的0.7倍~2.2倍。

6.1.12 近年来，新建的大、中型泵站大都建有中控室。这对于提高泵站自动化水平、减轻泵站运行人员受到噪声伤害十分有利。但是，中控室附近不宜布置容易发出强噪声或强振动的设备，如空气压缩机、大功率通风机等，以避免干扰控制设备或引起设备误动作。

6.1.13 立式机组主泵房自上而下分为：电动机层、联轴层、人孔层（机组功率较小的泵房无人孔层）和水泵层等，为方便设备、部件的吊运，各层楼板均应设置吊物孔，其位置应在同一垂线上，并在起吊设备的工作范围之内，否则无法将设备、部件吊运到各层。

6.1.14~6.1.16 这三条是为满足泵房对外交通运输方便、建筑防火安全、机组运行管理和泵房内部交通要求而制定的。

6.1.17 为便于汇集和抽排泵房内的渗漏水、生产污水和检修排水等，本规范规定，泵房内（特别是水下各层）四周应设排水沟，其末端应设集水廊道或集水井,以便将渗漏水汇入集水廊道或集水井内,再由排水泵排出。

6.1.18 当主泵房为钢筋混凝土结构,且机组台数较多,泵房结构长度较长时,为了防止和减少由于地基不均匀沉降、温度变化和混凝土干缩等产生的裂缝,应设置永久变形缝(包括沉降缝、伸缩缝)。永久变形缝的间距应根据泵房结构形式、地基土质(岩性)、基底应力分布情况和当地气温条件等因素确定。如辅机房和安装检修间分别设在主泵房的两端,因两者与主泵房在结构形式、基底应力分布情况等方面均有较大的差异,故其间均应设置永久变形缝。主泵房本身永久变形缝的间距则根据机组台数、布置形式、机组间距等因素确定,通常情况下是将永久变形缝设在流道之间的隔墩上,大约是机组间距的整倍数。严禁将永久变形缝设在机组的中心线上,以免影响机组的正常运行。因此,合理设置永久变形缝,是泵房布置中的一个重要问题。现将我国部分泵站泵房永久缝间距列于表2。

表2 我国部分泵站泵房永久缝间距统计表

泵站序号	泵房形式或泵房基础型式	地基土质(岩性)	泵房底板长度(m)	永久缝间距(m)	底板块数
1	湿室型	砂土	27.6	9.2	3
2	湿室型	粉砂	59.2	14.8	4
3	湿室型	粉土	31.4	15.7	2
4	湿室型		39.9	19.95	2
5		中砂	42.5	12.2,14.7,15.6	3
6		粉砂与壤土	57.0	14.6, 21.2	3
7		粉质粘土	58.4	14.6, 29.2	3
8		淤泥	15.8	—	1
9		粉质粘土	32.8	16.4	2
10		细砂	36.0	18.0	2
11		壤土	19.5	—	1
12		板岩	20.3	—	1
13		细砂	41.6	20.8	2
14		淤泥质粘土	44.0	22.0	2
15	块基型	淤泥质粉砂	23.0	—	1
16		粘土	47.98	23.99	2
17		粉质壤土	49.4	23.7, 25.7	3
18		粉质粘土	24.0	—	1
19			48.6	24.3	2
20		粉土夹细砂层	24.9	—	1
21		粉质粘土	26.0	—	1
22		粉质砂壤土	26.0	—	1
23		壤土	34.0	—	1
24		粉土	46.0	—	1
25		风化砂岩与页岩	53.58	—	1

由表2可知,所列泵站多数建在软土地基上,永久变形缝间距多在15m~30m之间,因此本规范规定土基上的永久变形缝间距不宜大于30m。最小缝距未作规定,但最好不小于15m。表2中所列岩基上的泵站仅有两座,均为单块底板,参照有关设计规范的规定,本规范规定岩基上的永久变形缝间距不宜大于20m。

6.1.19 为了方便主泵房排架结构的设计和施工,并省掉排架柱的基础处理工程量,本规范规定排架宜等跨布置,立柱宜布置在隔墙或墩墙上。同时,为了避免地基不均匀沉降、温度变化和混凝土干缩对排架结构的影响,当泵房结构连同泵房底板设置永久变形缝时,排架柱应设置在缝的左右侧,即排架横梁不应跨越永久变形缝。

6.1.20 为了保持主泵房电动机层的洁净卫生,其地面宜铺设水磨石。泵房门窗主要是根据泵房内通风、采暖和采光的需要而设置的,其布置尺寸与泵房的结构形式、面积和空间的大小、当地气候条件等因素有关。一般窗户总面积与泵房内地面面积之比控制在1/7~1/5。即可满足自然通风的要求。在南方湿热地区,夏天气温较高,且多阴雨天气,还需采取机械通风措施。如泵房窗户开得过大,在夏季,由于太阳辐射热影响,会使泵房内温度升高,不利于机组的正常运行和运行值班人员的身体健康;在冬季,对泵房内采暖保温也不利。因此,泵房设计时要全面考虑。为了冬季保温和夏季防止阳光直射的影响,本规范规定严寒地区的泵房窗户应采用双层玻璃窗。向阳面窗户宜有遮阳设施。

6.1.22 建筑防火设计是建筑物设计的一个重要方面。建筑物的耐火等级可分为四级。考虑到泵房建筑的永久性和重要性,本规范规定泵站建筑物、构筑物生产的火灾危险性类别和耐火等级,以及泵房内应设置的消防设施(包括消防给水系统及必要的固定灭火装置等)均应符合国家现行有关标准的规定。

6.1.23 当噪声超过规定标准时,既不利于运行值班人员的身体健康,又容易导致误操作,带来严重的后果。原规范规定泵房电动机层值班地点允许噪声标准不得大于85dB(A),中控室、微机室和通信室允许噪声标准不得大于65dB(A)。本次标准修改时,参照现行行业标准《水利水电工程劳动安全与工业卫生设计规范》DL 5061的规定,改为泵房电动机层值班地点允许噪声标准不得大于85dB(A),中控室、通信值班允许噪声标准:在机组段内的不得大于70dB(A),在机组段外的不得大于60dB(A)。若超过上述允许噪声标准时,应采取必要的降声、消声和隔声措施,如在中控室、通信值班室进口分别设气封隔声门等。

6.2 防渗排水布置

6.2.1 泵站和其他水工建筑物一样,地基防渗排水布置是设计中十分重要的环节，尤其是修建在江河湖泊堤防上和松软地基上的挡水泵站。根据已建工程的实践，工程的失事多数是由于地基防渗排水布置不当造成的。因此，应高度重视，千万不可疏忽大意。

泵站地基的防渗排水布置，即在泵房高水位侧（出水侧）结合出水池的布置设置防渗设施，如钢筋混凝土防渗铺盖、垂直防渗体（钢筋混凝土板桩、水泥砂浆帷幕、高压喷射灌浆帷幕、混凝土防渗墙）等，用来增加防渗长度，减小泵房底板下的渗透压力和平均渗透坡降；在泵房低水位侧（进水侧）结合前池、进水池的布置，设置排水设施，如排水孔（或排水减压井）、反滤层等，使渗透水流尽快地安全排出，并减小渗流出逸处的出逸坡降，防止发生渗透变形，增强地基的抗渗稳定性。采用何种防渗排水布置，应根据站址地质条件和泵站扬程等因素，结合泵房和进出水建筑物的布置确定。对于粘性土地基，特别是坚硬粘土地基，其抗渗透变形的能力较强，一般在泵房高水位侧设置防渗铺盖，加上泵房底板的长度，即可满足泵房地基防渗长度的要求，泵房低水位侧的排水设施也可做得简单些；对于砂性土地基，特别是粉砂、细砂地基，其抗渗透变形的能力较差，要求的安全渗径系数较大，通常需要设置防渗铺盖和垂直防渗体（或相结合的防渗设施），才能有效地保证抗渗稳定安全，同时对排水设施的要求也比较高。对于岩石地基，如果防渗长度不足，只需在泵房底板高水位侧（出水侧）增设齿墙，或在齿墙下设置灌浆帷幕，其后再设置排水孔即可。泵站扬程较高，防渗排水布置的要求也较高；反之，泵站扬程较低，防渗排水布置的要求也较低。

同上述正向防渗排水布置一样，对侧向防渗排水布置也应认真做好，不可忽视。侧向防渗排水布置应结合两岸连接结构（如岸墙，进、出口翼墙）的布置确定。一般可设置防渗刺墙、垂直防渗体等，用来增加侧向防渗长度和侧向渗径系数。但必须指出，要特别注意侧向防渗排水布置与正向防渗排水布置的良好衔接，以构成完整的防渗排水系统。

6.2.2 当土基上泵房基底防渗长度不足时，一般可结合出水池布置，在其底板设置钢筋混凝土防渗铺盖、垂直防渗体或两者相结合的布置形式。为了防止和减少由于地基不均匀沉降、温度变化和混凝土干缩等产生的裂缝，铺盖应设永久变形缝。根据已建的泵站工程实践，永久变形缝间距不宜大于20m，且应与泵房底板的永久变形缝错开布置，以免形成通缝，对基底防渗不利。

由于砂土或砂壤土地基容易产生渗透变形，当泵房基底防渗长度不足时，一般可采用铺盖和垂直防渗体相结合的布置形式，用来增加防渗长度，减小泵房底板下的渗透压力和平均渗透坡降。如果只采用铺盖防渗，其长度可能需要很长，不仅工程造价高，不经济，而且防渗效果也不理想。因此，铺盖必须和垂直防渗体结合使用，才有可能取得最佳的防渗效果。垂直防渗体是垂直向的防渗设施，它比作为水平向防渗设施的铺盖不仅防渗效果好，而且工程造价低。在泵房底板的上、下游端，一般常设有深度不小于0.8m～1.0m的浅齿墙，既能增加泵房基底的防渗长度，又能增加泵房的抗滑稳定性。齿墙深度最深不宜超过2.0m，否则，施工有困难，尤其是在粉砂、细砂地基上，在地下水水位较高的情况下，浇筑齿墙的坑槽难以开挖成形。垂直防渗体的长度也应根据防渗效果好和工程造价低的原则，并结合施工方法确定。在一般情况下，垂直防渗体宜布置在泵房底板高水位侧的齿墙下，这对减小泵房底板下的渗透压力效果最为显著。垂直防渗体长度不宜过长，否则，不仅在经济上不合理，而且又增大施工困难。

在地震动峰值加速度大于或等于0.10g地震区的粉砂或细砂地基上，泵房底板下的垂直防渗体布置宜构成四周封闭的形式，以防止在地震荷载作用下可能发生粉砂或细砂地基的"液化"破坏，即地基产生较大的变形或失稳，从而影响泵房的结构安全。

根据泵站工程的运用特点，在以水压力为主的水平向荷载作用下，泵房底板与地基土之间应有紧密的接触，以避免形成渗流通道，因此为了保证基底的防渗安全，土质地基上的泵房桩基一般采用摩擦型桩（包括摩擦桩和端承摩擦桩）。如果采用端承型桩（包括端承桩和摩擦端承桩），底板底面以上的作用荷载几乎全部由端承型桩承担，直接传递到下卧岩层或坚硬土层上，底板与地基土的接触面上则有可能出现"脱空"现象，加之地下渗流的作用，造成接触冲刷，从而危及泵房安全。因此，在防渗段底板下不得已采用端承型桩时，为了防止底板与地基土的接触面产生接触冲刷（这是一种十分有害的渗流破坏形式），应采取有效的基底防渗措施，例如在底板上游侧设防渗板桩或截水槽，加强底板永久缝的止水结构等。

为了减小泵房底板下的渗透压力，增强地基的抗渗稳定性，在前池、进水池底板上设置适量的排水孔，在渗流出逸处设置级配良好、排水通畅的反滤层，这和在泵基底防渗段设置防渗设施具有同样的重要性。排水孔的布置直接关系到泵房底板下渗透压力的大小和分布状况。排水孔的位置愈往泵房底板方向移动，泵房底板下的渗透压力就愈小，泵房基底的防渗长度随之缩短，作为防渗设施的铺盖、垂直防渗体需做相应的加长或加深。排水孔孔径一般为50mm～100mm，孔距为1m～2m，呈梅花形布置。反滤层一般由2层～3层、每层厚150mm～300mm的不同粒径无粘性土构成，每层层面应大致与渗流方向正交，粒径应沿着渗流的方向由细变粗，第一层平均粒径为0.25mm～1mm，第二层平均粒径为1mm～5mm，第三层平均粒径为5mm～20mm。

6.2.3 铺盖长度应根据防渗效果好和工程造价低的原则确定。从渗流观点看，铺盖长度过短，不能满足防渗要求；但铺盖长度过长，其单位长度的防渗效果也会降低，是不经济的。因此，本规范规定，铺盖长度要适当，可采用上、下游最大水位差的 3 倍～5 倍。

混凝土或钢筋混凝土铺盖的厚度，一般根据构造要求确定。为了保证铺盖防渗效果和方便施工，混凝土或钢筋混凝土铺盖最小厚度不宜小于 0.4m，一般做成等厚度形式。根据国内经验，当地基土质较好时，永久缝的缝距不宜超过 15m～20m；土质中等时，不宜超过 10m～15m；土质较差时，不宜超过 8m～12m。因此，本规范规定，混凝土或钢筋混凝土铺盖顺水流向的永久缝缝距可采用 8m～20m。为了减轻翼墙和墙后回填土重量对铺盖的不利影响，靠近翼墙的铺盖，缝距宜采用小值。

防渗土工膜的厚度应根据作用水头、膜下土体可能产生裂隙宽度、膜的应变和强度等因素确定。根据水闸工程的实践经验，采用的土工膜厚度不宜小于 0.5mm。在敷设土工膜时，应排除膜下积水、积气，防渗土工膜上部可采用水泥砂浆、砌石或预制混凝土块进行防护。

6.2.4 当地基持力层为较薄的透水层（如砂性土层或砂砾石层），其下为深厚的相对不透水层时，可设截水槽或防渗墙。但截水槽或防渗墙必须截断透水层。为了保证良好的防渗效果，截水槽或防渗墙嵌入不透水层的深度不应小于 1.0m，其下卧层为岩石时，截水槽或防渗墙嵌入岩石的深度不应小于 0.5m。

6.2.5 当地基持力层为不透水层，其下为深厚的相对透水层时，为了消减承压水对泵房和覆盖层稳定的不利影响，必要时，可在前池、进水池设置深入相对透水层的排水减压井，但绝对不允许将排水减压井设置在泵房基底防渗段范围内，以免与泵房基底的防渗要求相抵触。

6.2.8 高扬程泵站出水管道一段为沿岸坡铺设的明管或埋管，而出水池通常布置在高达数十米甚至上百米的岸坡顶。为了防止由于降水形成的岸坡径流对泵房基底造成冲刷，或对泵房基底防渗产生不利影响，可在泵房高水位侧岸坡上设置能拦截岸坡径流的通畅的自流排水沟和可靠的护坡。

6.2.9 为了防止水流通过永久变形缝渗入泵房，在水下缝段应埋设材质耐久、性能可靠的止水片（带）。对于重要的大型泵站，应埋设 2 道止水片（带）。目前常用的止水片（带）有紫铜片、塑料止水带和橡胶止水带等，可根据承受的水压力、地区气温、缝的部位及变形情况选用。

止水片（带）的布置应对结构的受力条件有利。止水片（带）除应满足防渗要求外，还能适应混凝土收缩及地基不均匀沉降的变形影响，同时材质要耐久，性能要可靠，构造要简单，还要方便施工。

在水平缝与水平缝，水平缝与垂直缝的交叉处，止水构造必须妥善处理；否则，有可能形成渗漏点，破坏整个结构的防渗效果。交叉处止水片（带）的连接方式有柔性连接和刚性连接两种，可根据结构特点、交叉类型及施工条件等选用。对于水平缝与垂直缝的交叉，一般多采用柔性连接方式；对于水平缝与水平缝的交叉，则多采用刚性连接方式。

6.3 稳 定 分 析

6.3.1 为了简化泵房稳定分析工作，可采取一个典型机组段（包括中间机组段、边机组段和安装间）或一个联段（几台机组共用一块底板，以底板两侧的永久变形缝为界，称为一个联段）作为计算单元。经工程实践检验，这样的简化是可行的。

6.3.2 执行本条规定应注意下列事项：

1 计算作用于泵房底板底部渗透压力的方法，主要根据地基类别确定。土基上可采用渗径系数法（亦称直线分布法）或阻力系数法。前者较为粗略，但计算方法简便，可供初步设计阶段泵房地下轮廓线布置时采用；后者较为精确，但计算方法较为复杂。我国南京水利科学研究院的研究人员对阻力系数法作了改进，提出了改进阻力系数法。该法既保持了阻力系数法的较高精确度，又使计算方法作了一定程度的简化，使用方便，实用价值大。因此，本规范规定对于土基上的泵房，宜采用改进阻力系数法。岩基渗流计算，因涉及基岩的性质、岩体构造、节理、裂隙的分布状况等，情况比较复杂。根据调查资料，作用在岩基上泵房底板底部的渗透压力均按进、出口水位差作为全水头的三角形分布图形确定。因此，本规范规定对于岩基上的泵房，宜采用直线分布法。

2 计算作用于泵房侧面土压力的方法，主要根据泵房结构在土压力作用下可能产生的变形情况确定。土基上的泵房，在土压力作用下往往产生背离填土方向的变形，因此，可按主动土压力计算；岩基上的泵房，由于结构底部嵌固在基岩中，且因结构刚度较大，变形较小，因此可按静止土压力计算。土基上的岸墙、翼墙，由于这类结构比较容易出问题，为安全起见有时亦可按静止土压力计算。对于被动土压力，因其相应的变形量已超出一般挡土结构所允许的范围，故一般不予考虑。

关于主动土压力的计算公式，当填土为砂性土时多采用库仑公式；当填土为粘性土时可采用朗肯公式，也可采用楔体试算法。考虑到库仑公式、朗肯公式或其他计算方法都有一定的假设条件和适用范围，因此本规范对具体的计算公式或方法不作硬性规定，设计人员可根据工程具体情况选用合适的计算公式或方法。对于静止土压力的计算，目前尚无精确的计算公式或方法，一般可采用主动土压力系数的

1.25倍~1.5倍作为静止土压力系数。

关于超载问题,当填土上有超载作用时可将超载换算为假想的填土高度,再代入计算公式中计算其土压力。

3 计算浪压力的公式很多。原规范推荐采用官厅—鹤地水库公式或莆田试验站公式。对于从水库、湖泊取水的灌溉泵站或向湖泊排水的排水泵站以及湖泊岸边的灌排结合泵站,宜采用官厅—鹤地水库公式;对于从河流、渠道取水的灌溉泵站或向河流排水的排水泵站以及河流岸边的灌排结合泵站,宜采用莆田试验站公式。根据原规范执行后反馈的情况,普遍认为莆田试验站公式考虑的影响因素全面,适用范围广,计算精度高,对深水域或浅水域均适用,已可以满足各类泵站浪压力的计算要求,其他公式应用较少。因此,本规范修订时改为推荐莆田试验站公式作为浪压力计算的主要公式。

关于风速值的采用,过去多采用当地实测风速值或由当地实测风力级别查莆福氏风力表确定风速值,但国家现行有关标准(如《水闸设计规范》SL 265 等)均推荐在设计条件下采用当地气象台站重现期50a一遇的年最大风速,校核运用水位或地震情况下采用当地气象台站年最大风速的多年平均值。因此,本规范在修订时,作了相应的修改。

关于吹程的采用,参照有关资料规定,当对岸最远水面距离不超过建筑物前沿水面宽度5倍时,可采用建筑物至对岸的实际距离;当对岸最远水面距离超过建筑物前沿水面宽度5倍时,可采用建筑物前沿水面宽度的5倍作为有效吹程。这样的规定是比较符合工程实际情况的。

至于风浪的持续作用时间,是指保证风浪充分形成所必需的最小风时。当采用莆田试验站公式时,风浪的持续作用时间可按莆田试验站公式的配套公式计算求得。

4 淤沙压力可按现行行业标准《水工建筑物荷载设计规范》DL 5077 的规定进行计算。

关于风压力、冰压力、土的冻胀力,原规范没有提及其计算规定的内容,本次规范修改时加入了这部分内容。

6.3.3 泵房在施工、运用和检修过程中,各种作用荷载的大小、分布及机遇情况是经常变化的,因此应根据泵房不同的工作条件和情况进行荷载组合。荷载组合的原则是,考虑各种荷载出现的几率,将实际可能同时作用的各种荷载进行组合。由于地震荷载的瞬时性与校核运用水位同时遭遇的几率极少,因此地震荷载不应与校核运用水位组合。

表6.3.3规定了计算泵房稳定时的荷载组合。根据调查资料,这样的规定符合我国泵站工程实际情况。完建情况一般控制地基承载力的计算,故应作为基本荷载组合;而施工情况和检修情况均具有短期性的特点,故可作为特殊荷载组合;对于地震情况,出现的几率很少,而且是瞬时性的,则更可作为特殊荷载组合。

6.3.4、6.3.5 泵房的抗滑稳定安全系数是保证泵房安全运行的一个重要指标,其最小值通常是控制在设计运用情况下、校核运用情况下或设计运用水位时遭遇地震的情况下。

原规范中的公式(6.3.4-2)是根据土基上水工建筑物的研究成果提出的,对于岩基上的泵站,只是在形式上保持与该公式一致。根据目前国家现行有关标准的规定,本次规范修订时将原规范公式(6.3.4-2)拆开,分别按土基和岩基列出公式(6.3.4-2)和公式(6.3.4-3),以便于设计中采用。

在泵站初步设计阶段,计算泵房的抗滑稳定安全系数较多地采用公式(6.3.4-1),因为采用该公式计算简便,但 f 值的取用比较困难。f 值可按试验资料确定;当无试验资料时,可按本规范附录A 表A.0.1、表A.0.3规定值采用。表A.0.1、表A.0.3是参照现行行业标准《水闸设计规范》SL 265 制定的。公式(6.3.4-2)是根据现场混凝土板的抗滑试验资料进行分析研究后提出来的。抗滑试验结果表明,混凝土板的抗滑能力不仅和基底面与地基土之间的摩擦角 ϕ_0 值有关,而且还和基底面与地基土之间的粘结力 C_0 值有关,因此,对于粘性土地基上的泵房抗滑稳定安全系数的计算,采用公式(6.3.4-2)显然是比较合理的。

采用公式(6.3.4-2)计算时,公式中的 ϕ_0、C_0 值可根据室内抗剪试验资料按本规范附录A 表A.0.2的规定采用。经工程实验检验,其计算成果能够比较真实地反映工程的实际运用情况。本规范附录A 表A.0.2是根据现场混凝土板的抗滑试验资料与室内抗剪试验资料进行对比分析后制定的,该表所列数据与现行行业标准《水闸设计规范》SL 265 的规定相同。

采用公式(6.3.4-3)计算时,公式中的 f' 值和 C' 值可根据室内抗剪断试验资料、工程实践经验及本规范附录A 表A.0.3所列值综合确定。

由于 f 值或 ϕ_0、C_0 值的取用,对泵房结构设计是否安全、经济、合理关系极大,取用时必须十分慎重。如取用值偏大,则泵房结构在实际运用中将偏于不安全,甚至可能出现滑动的危险;反之,如取用值偏小,则必然会导致工程上的浪费。现将我国部分泵站泵房抗滑稳定计算成果列于表3。

表3 我国部分泵站泵房抗滑稳定计算成果

泵站序号	泵站设计级别	装机功率(kW)	设计扬程(m)	泵房形式	水泵叶轮直径(m)	进水/出水流道形式	地基土质	摩擦系数 f	抗滑稳定安全系数计算值 K_c
1	1	8×800	7.0	堤身式	1.6	肘形/虹吸管	粘质粉土	0.35	校核1.46 检修2.43

续表3

泵站序号	泵站设计级别	装机功率(kW)	设计扬程(m)	泵房形式	水泵叶轮直径(m)	进水/出水流道形式	地基土质	摩擦系数 f	抗滑稳定安全系数计算值 K_c
2	1	10×1600	4.7	堤身式	2.8	肘形/虹吸管	淤泥质粘土	0.25	中块1.35 边块1.50
3	1	7×3000	7.0	堤后式	3.1	肘形/虹吸管	中粉质壤土	—	检修1.49 运行1.60
4	2	8×800	7.0	堤身式	1.6	肘形/平直管	粉质壤土	0.35	灌溉1.19 排水1.33
5	2	6×1600	3.7	堤身式	2.8	肘形/虹吸管	粘土	0.30	1.21
6	2	6×1600	5.5	堤身式	2.8	肘形/平直管	淤泥质粘土	0.30	1.32
7	2	6×1600	7.2	堤身式	2.8	肘形/虹吸管	淤泥质粘土	0.25	1.48
8	2	6×1600	5.41	堤身式	2.8	双向	中粉质壤土	0.45	排水1.56 发电2.46
9	2	4×1600	5.0	堤后式	2.8	肘形/虹吸管	壤土	0.30	1.27
10	2	9×1600	6.0	堤后式	2.8	肘形/虹吸管	粘土	0.30	中块1.26 边块1.13

由表3可知，4号泵站灌溉工况下的 K_c 值偏小，该泵站建在粉质壤土地基上。如 f 值取用0.4，即可满足规范规定的 K_c 计算值大于允许值的要求。5、9、10号泵站 K_c 值亦均偏小，其中5、10号泵站建在粘土地基上，9号泵站建在壤土地基上，如 f 值均取用0.35，即均可满足规范规定的 K_c 计算值大于允许值的要求。但是，建在淤泥质粘土地基上的6号泵站，f 值取用0.30略偏大，如改用0.25，则 K_c 计算值小于允许值，不能满足规范规定的要求。修建在中粉质壤土地基上的8号泵站，f 值取用0.45明显偏大，如改用0.40，则 K_c 计算值大于允许值，仍能满足规范规定的要求；如改用0.35，则 K_c 计算值小于允许值，就不能满足规范规定的要求了。

抗滑稳定安全系数允许值是一个涉及建筑物安全与经济的极为重要的指标，修改后的表6.3.5所列抗滑稳定安全系数允许值与国家现行有关标准的规定是基本一致的。必须指出：表6.3.5规定的抗滑稳定安全系数允许值应与表中规定的适用公式配套使用，不能将表6.3.5中的规定值用于检验不适用公式的计算成果。还必须指出，对于土基，表6.3.5中的规定值对公式（6.3.4-1）和公式（6.3.4-2）均适用，因为当计算指标 f 值和 ϕ_0、C_0 值取用合理时，按公式（6.3.4-1）和公式（6.3.4-2）的计算结果大体上是相当的。

在原规范表6.3.5中规定，按公式（6.3.4-1）计算时岩基上泵房抗滑稳定安全系数允许值，在基本组合和特殊组合Ⅰ情况下，不论建筑物的级别，分别为1.10和1.05。本次规范修改时，有意见提出，1级泵站的规模相对较大，其抗滑稳定安全系数应与2、3、4、5级泵站有所区别。因此，本次规范修改时，将岩基上2、3、4、5级泵站在基本组合和特殊组合Ⅰ情况下的抗滑稳定安全系数允许值，分别下降0.02～0.03。

第6.3.5条为强制性条文，必须严格执行。

6.3.6、6.3.7 泵房的抗浮稳定安全系数也是保证泵房安全运行的一个重要指标，其最小值通常是控制在检修情况下或校核运用情况下。公式（6.3.6）是计算泵房抗浮稳定安全系数的唯一公式。

抗浮稳定安全系数允许值的确定，以泵房不浮起为原则。为留有一定的安全储备，本规范规定不分泵站级别和地基类别，基本荷载组合下为1.10，特殊荷载组合下为1.05。

第6.3.7条为强制性条文，必须严格执行。

6.3.8、6.3.9 泵房基础底面应力大小及分布状况也是保证泵房安全运行的一个重要指标，其最大平均值通常是控制在完建情况下，不均匀系数的最大值通常是控制在校核运用情况下或设计运用水位时遭遇地震的情况下。公式（6.3.8-1）或公式（6.3.8-2）是偏心受压公式，由于泵房结构刚度比较大，泵房基础底面应力可近似地认为呈直线分布，因此泵房基础底面应力可按偏心受压公式进行计算。目前我国普遍采用这两个公式计算。

土基上的泵房稳定应在各种计算情况下地基不致发生剪切破坏而失去稳定。因此，在各种计算情况下（一般控制在完建情况下），要求泵房平均基底应力不大于地基允许承载力，最大基底应力不大于地基允许承载力的1.2倍。对于岩基上的泵房，显然是不难满足上述要求的；而对于土基上的泵房，特别是修建在软土地基上的泵房，要满足上述要求，有时需要通过对地基进行人工处理才能达到。因此，如果不能满足在各种情况下，泵房平均基底应力不大于地基允许承载力，最大基底应力不大于地基允许承载力的1.2倍的要求，地基就将因发生剪切破坏而失去稳定。

为了减少和防止由于泵房基础底部应力分布不均匀导致基础过大的不均匀沉降，从而避免产生泵房结构倾斜甚至断裂的严重事故，本规范规定，土基上泵房基础底面应力不均匀系数（即泵房基础底面应力计算最大值与最小值的比值）不应大于表6.3.9的规定值。表6.3.9规定的不均匀系数允许值与现行行业标准《水闸设计规范》SL 265的规定值是一致的。岩基上泵房基础底面应力的不均匀系数可不受控制。但是，为了避免基础底面基岩之间脱开，要求在非地震情况下基础底面边缘的最小应力不小于零，即基础底面不出现拉应力；在地震情况下基础底面边缘的最小应力不应小于−100kPa，即允许基础底面出现不小于−100kPa的拉应力。现将我国部分泵房基础底面应力及其不均匀系数的计算成果列于表4。

表4 我国部分泵站泵房基础底面应力及其不均匀系数计算成果表

泵站序号	泵站设计级别	装机功率(kW)	泵房形式	地基土质	计算情况或计算部位	基础底面应力(kPa)最大值	基础底面应力(kPa)最小值	基础底面应力(kPa)平均值	不均匀系数
1	1	8×800	堤身式	粘质粉土	校核、检修	220、164	99、83	160、124	2.22、1.89
2	1	10×1600	堤身式	淤泥质粘土	中央、边块	225、270	183、172	204、221	1.23、1.57
3	1	7×3000	堤后式	中粉质壤土	检修、运行	143、223	41、108	92、166	3.49、2.06
4	2	8×800	堤身式	粉质壤土	灌溉、排水	116、89	87、68	102、79	1.33、1.31
5	2	6×1600	堤身式	粘土	左块、右块	205、206	145、147	175、177	1.41、1.40
6	2	6×1600	堤身式	淤泥质粘土		276	146	211	1.89
7	2	6×1600	堤身式	淤泥质粘土	左块、右块	245、237	154、188	200、213	1.59、1.26
8	2	6×1600	堤身式	中粉质壤土	排水、发电	143、93	38、37	91、65	3.76、2.51
9	2	4×1600	堤后式	壤土		203	188	196	1.08
10	2	9×1600	堤后式	粘土	中块、边块	187、224	163、136	177、180	1.12、1.65

由表4可知，2、6、7号泵站均建在淤泥质粘土地基上，其中6号泵站泵房基础底面应力平均值达211kPa，最大值高达276kPa，是淤泥质粘土地基所不能承受的，而不均匀系数为1.89，超过了表6.3.9的规定值，该泵站泵房在施工过程中的最大沉降值超过了50cm，沉降差达25cm～35cm，被迫停工达半年之久，影响了工程进度，因而未能及时发挥工程效益；2号泵站泵房边块基础底面应力平均值达221kPa，最大值高达270kPa，7号泵站泵房左块基础底面应力平均值达200kPa，最大值高达245kPa，都是淤泥质粘土地基所不能承受的，但这两座泵站泵房边块和左块基础底面压力不均匀系数分别为1.57和1.59，稍大于表6.3.9的规定值，加之施工程序安排比较适当，因而施工过程中均未发现什么问题。这就说明，在设计中严格控制泵房基础底面应力及其不均匀系数和在施工中适当安排好施工程序，是十分重要的。3、8号泵站均建在中粉质壤土地基上，其中3号泵站泵房在检修工况下和8号泵站泵房在排水工况下的基础底面应力不均匀系数分别达3.49和3.76，

大大超过了表6.3.9的规定值，但因基础底面应力的平均值仅为91kPa～92kPa，最大值均为143kPa，是中粉质壤土地基所能够承受的，因而在泵站运行过程中未发生什么问题。

满足了表6.3.9的规定，根本就不存在泵房结构发生倾覆的问题。至于表6.3.9的规定值，主要是根据控制泵房基础底面不产生过大的不均匀沉降，即控制泵房结构的竖向轴线（中垂线）不产生过大倾斜的要求确定的，这正是土基上建筑物的一个很显著的特点。而岩基上建筑物一般不存在由于地基不均匀沉降导致的不良后果，因此对不均匀系数可不控制。

关于"在地震情况下，泵房地基持力层允许承载力可适当提高"，可参考现行国家标准《建筑抗震设计规范》GB 50011，天然地基基础抗震验算时，应采用地震作用效应标准组合，且地基抗震承载力应取地基承载力特征值乘以地基抗震承载力调整系数计算。

地基抗震承载力应按下式计算：

$$f_{aE} = \xi_a f_a \quad (1)$$

式中：f_{aE}——调整后的地基抗震承载力；
ξ_a——地基抗震承载力调整系数，应按表5采用；
f_a——深宽修正后的地基承载力特征值，应按现行国家标准《建筑地基基础设计规范》GB 50007采用。

表5 地基土抗震承载力调整系数

岩土名称和性状	ξ_a
岩石，密实的碎石土，密实的砾、粗、中砂，$f_{ak} \geq 300$的粘性土和粉土	1.5
中密、稍密的碎石土，中密和稍密的砾、粗、中砂，密实和中密的细、粉砂，$150 \leq f_{ak} < 300$的粘性土和粉土，坚硬黄土	1.3
稍密的细、粉砂，$100 \leq f_{ak} < 150$的粘性土和粉土，可塑黄土	1.1
淤泥，淤泥质土，松散的砂，杂填土，新近堆积黄土及流塑黄土	1.0

6.4 地基计算及处理

6.4.1 建筑物的地基计算应包括地基的承载能力计算、地基的整体稳定计算和地基的沉降变形计算等，其计算结果是判断地基要不要处理和如何处理的重要依据。如果计算结果不能满足要求而地基又不做处理，就会影响建筑物的安全或正常使用。因此，本规范规定泵房选用的地基应满足承载能力、稳定和变形的要求。

6.4.2 标准贯入击数小于4击的粘性土地基和标准

贯入击数小于或等于 8 击的砂性土地基均为松软地基，其抗剪强度均较低，地基允许承载力均在 80kPa 以下，而泵房结构作用于地基上的平均压应力一般均在 150kPa～200kPa，少则 80kPa～100kPa，多则 200kPa 以上，特别是标准贯入击数小于 4 击的粘性土地基，含水量大，压缩性高，透水性差，通常会产生相当大的地基沉降和沉降差，对安装精度要求严格的水泵机组来说，更是不能允许的。因此，本规范规定，标准贯入击数小于 4 击的粘性土地基（如软弱粘性土地基、淤泥质土地基、淤泥地基等）和标准贯入击数小于或等于 8 击的砂性土地基（如疏松的粉砂、细砂地基或疏松的砂壤土地基等），均不得作为天然地基。对于这些地基，由于各项物理力学性能指标较差，当工程结构上难以协调适应时，就必须进行妥善处理。

6.4.3 水工建筑物不宜建造在半岩半土或半硬半软的地基上，这是一条基本准则。在具体执行过程中发现，对于半岩半土地基，设计人员都能很好的应对；但是对于半硬半软的情况，处理上还是有一定的偏差。例如，对于原状地基中发现持力层有软硬不均的现象时进行适当的处理，一般都能做到。但是，诸如上、下游翼墙由于基坑开挖造成回填的现象，往往没有引起重视，其结果是局部建筑物倾斜或沉降不均，甚至发生事故。为此，本次规范修订时强调了这一点。

6.4.4 国家现行行业标准《公路桥涵地基与基础设计规范》JTG D63 规定，土基上大、中桥基础底面埋置在局部冲刷线以下的安全值，一般为 1.0m～3.5m；技术复杂、修复困难的大桥和重要大桥为 1.5m～4.0m。土基上泵房和取水建筑物由于受水流作用的影响，也可能在基础底部产生局部冲刷，从而影响建筑物的安全，但公路桥涵基础底部可能产生的局部冲刷深度要小得多。因此，本规范规定土基上泵房和取水建筑物的基础埋置深度，宜在最大冲刷深度以下 0.5m，采取防护措施后可适当提高。

6.4.5 位于季节性冻土地区土基上的泵房和取水建筑物，由于土的冻胀力作用，可能引起基础上抬，甚至产生开裂破坏。因此，本规范规定位于季节性冻土地区土基上的泵房和取水建筑物，其基础埋置深度应大于该地区最大冻土深度，即应将基础底面埋置在该地区最大冻土深度以下的不冻胀土层中。现行行业标准《公路桥涵地基与基础设计规范》JTG D63 规定，当上部为超静定结构的桥涵基础，其地基为冻胀性土时，应将基础底面埋入冻结线以下不小于 0.25m。这一规定，可供泵房和取水建筑物设计时参考使用。

6.4.6 土质地基整体稳定计算采用的抗剪强度指标，目前多由地基土的剪切试验求得。但是采用不同的试验仪器和试验方法，得出的试验成果往往差别较大。目前国内常用的剪切仪主要有直剪仪和三轴剪切仪两种。三轴剪切仪的受力状态及排水条件比较符合实际，但试验操作比较复杂，不宜在工地现场进行试验。因此，在工程实践中普遍使用的仍然是直剪仪。直剪仪的主要缺点是受力状况不明确及排水条件难以控制。关于试验方法，最理想的是按不同时期的固结度，将土样固结后进行不排水剪切试验，但这种试验方法太复杂，因而常用的试验方法是饱和快剪或饱和固结快剪。对于试验仪器和试验方法如何选用的问题，原则上是要尽可能符合工程实际情况。本规范表 6.4.6 就是根据这个原则拟订的。选用试验方法时，主要是根据地基土类别、地基压缩层厚薄和施工期长短等确定。

6.4.7 本规范附录 B 第 B.1 节选列的泵房地基允许承载力计算公式，主要有限制塑性开展区的公式、汉森公式和核算泵房地基整体稳定性的 C_k 法公式。限制塑性开展区的公式是按塑性平衡理论推导而得的。当取塑性开展区的最大开展深度为某一允许值时，即可以此时的竖向荷载作为地基持力层的允许承载力。通常是将塑性开展区的最大开展深度视为基础宽度的函数。根据工程实践经验，一般取为基础宽度的 1/3 或 1/4，但不宜规定过大，否则影响建筑物的安全稳定；同时，也不宜规定过小，否则就不能充分发挥地基的潜在能力。为安全起见，本规范取用塑性开展区的最大开展深度为基础宽度的 1/4〔见附录 B 公式 (B.1.1)〕。

对于公式（B.1.1）中的基础底面宽度，现行国家标准《建筑地基基础设计规范》GB 50007 规定，大于 6m 时，按 6m 考虑；小于 3m 时，按 3m 考虑。考虑到大、中型泵房基础底面宽度一般都大于 6m，不加区别的都取用 6m，显然不符合泵站工程的实际。因此，本规范对泵房基础底面宽度不作任何限制，按实际取用，但必须同时满足地基的变形要求。

对于公式（B.1.1）中的基础埋置深度，现行国家标准《建筑地基基础设计规范》GB 50007 规定，一般自室外地面标高算起。在填方整平地区，可自填土地面标高算起，但填土在上部结构施工后完成时，应从天然地面标高算起。这一规定，对房屋建筑地基基础是合理的，因其四周开挖深度基本一致，且开挖后回填时间短，地基回弹影响小。但对大、中型泵房基础情况就不同了。大、中型泵房基础和大、中型水闸底板一样，基坑开挖后回填时间长，地基有充分时间回弹，而且两面不回填土，因此基础埋置深度只能按其实际埋深取用。如基础上、下游端有较深的齿墙，亦可从齿墙底脚算至基础顶面，作为基础的埋置深度。

对于公式（B.1.1）中土的抗剪强度指标，考虑到大、中型泵站和大、中型水闸一样，施工时间一般都比较长，地基有充分时间固结，而且浸于水下，因此宜采用饱和固结快剪试验指标。

严格地说，公式（B.1.1）只适用于竖向对称荷载作用的情况。如果地基承受竖向非对称荷载作用时，可按基础底面应力的最大值进行计算，所得地基持力层的允许承载力则偏于安全。

汉森公式是极限承载力计算公式中的一种，不仅适用于只有竖向荷载作用的情况，而且对既有竖向荷载作用，又有水平向荷载作用的情况也适用。采用该公式计算地基持力层的允许承载力时，规定取用安全系数为 2.0～3.0，这是根据工程的重要性、地基持力层条件和过去使用经验等因素确定的。例如，对于重要的大型泵站或软土地基上的泵站，安全系数可取用大值；对于中型泵站或较坚实地基上的泵站，安全系数可取用小值。本次规范修订时，已将汉森公式的形式予以修改，附录 B 第 B.1 节所列汉森公式，已计入取用的安全系数，可直接计算地基持力层的允许承载力，即公式（B.1.2）。

无论是采用公式（B.1.1），还是采用公式（B.1.2），式中的重力密度和抗剪指标值，都是将整个地基视为均质土取用的。实际工程中常见的多是成层土，可将各土层的重力密度和抗剪强度指标值加权平均，取用加权平均值。这种处理方法比较简单，但容易掩盖软弱夹层的真实情况，对泵房安全是不利的，为此必须同时控制地基沉降不超出允许范围。还有一种处理方法是根据各土层的重力密度和抗剪强度指标值，分层计算其允许承载力，同时绘出地基持力层以下的附加应力曲线，然后检查各土层（特别是软弱夹层）的实际附加应力是否超过各相应土层的允许承载力。如果未超过就安全，超过了就不安全。后一种处理方法虽然克服了前一种处理方法的缺点，不掩盖软弱夹层的真实情况，但计算工作量相当大，往往是与地基沉降计算同时完成。

至于 C_k 法公式，也是按塑性平衡理论推导而得，尤其适用于成层土地基。该公式已被列入了现行行业标准《水闸设计规范》SL 265。在泵站工程设计中，近年来也有一些泵站使用该公式，因此将该公式列入本规范附录 B 第 B.1 节，即公式（B.1.3）。

6.4.8 由于软弱夹层抗剪强度低，往往对地基的整体稳定起控制作用，因此当泵房地基持力层内存在软弱夹层时，应对软弱夹层的允许承载力进行核算。计算软弱夹层顶面处的附加应力时，可将泵房基础底面应力简化为竖向均布、竖向三角形分布和水平向均布等情况，按条形或矩形基础计算确定。条形或矩形基础底面应力为竖向均布、竖向三角形分布和水平向均布等情况的附加应力计算公式可查有关土力学、地基与基础方面的设计手册。

6.4.9 作用于泵房基础的振动荷载，必将降低泵房地基允许承载力，这种影响可用振动折减系数反映。根据现行国家标准《动力机器基础设计规范》GB 50040 的规定，对于汽轮机组和电机基础，振动折减系数可采用 0.8；对于其他机器基础，振动折减系数可采用 1.0。有关动力机器基础的设计手册推荐，对于高转速动力机器基础，振动折减系数可采用 0.8；对于低转速动力机器基础，振动折减系数可采用 1.0。考虑水泵机组基础在动力荷载作用下的振动特性，本规范规定振动折减系数可按 0.8～1.0 选用。高扬程机组的基础可采用小值；低扬程机组的块基型整体式基础可采用大值。

6.4.10、6.4.11 我国水利工程界地基沉降计算，多采用分层总和法，即公式（6.4.10）。严格地说，该式只有在地基土层无侧向膨胀的条件下才是合理的。而这只有在承受无限连续均布荷载作用的情况下才有可能。实际上地基土层受到某种分布形式的荷载作用后，总是要产生或多或少的侧向变形，但因采用分层总和法计算，方法比较简单，工作量相对比较小，计算成果一般与实际沉降量比较接近，因此实际工程中可使用这种计算方法。应该说，无论采用何种计算方法计算地基沉降都是近似的，因为目前各种计算方法在理论上都有一定的局限性，加之地基勘探试验资料的取得，无论是在现场，还是在室内，都难以准确地反映地基的实际情况，因此要想非常准确地计算地基沉降量是很困难的。

当按公式（6.4.10）计算地基最终沉降量时，必须采用土壤压缩曲线，这是由土壤压缩试验提供的。如果基坑开挖较深，基础底面应力往往小于被挖除的土体自重应力，可采用土壤回弹再压缩曲线，以消除开挖土层的先期固结影响。对于公式（6.4.10），根据工程实际情况，往往是软土地基上计算沉降量偏小，对此，参照国家现行有关规范的规定，本次修订时推荐采用了地基沉降量修正系数 m。m 的取值范围为 1.0～1.6，坚实地基取小值，软土地基取大值。

对于地基压缩层的计算深度，可按计算层面处附加应力与自重应力之比等于 0.1～0.2 的条件确定。这种控制应力分布比例的方法，对于底面积较大的泵房基础，应力往下传递比较深广的实际情况是适宜的，经过水利工程实际使用证明，这种方法是能够满足工程要求的。

泵房地基允许沉降量和沉降差的确定，是一个比较复杂的问题。现行国家标准《建筑地基基础设计规范》GB 50007 规定，建筑物的地基变形允许值，可根据地基土类别、上部结构的变形特征，以及上部结构对地基变形的适应能力和使用要求等确定。如单层排架结构（柱距为 6m）柱基的允许沉降量，当地基土为中压缩性土时为 120mm，当地基土为高压缩性土时为 200mm；建筑物高度为 100m 以下的高耸结构基础允许沉降量，当地基土为中压缩性土时为 200mm，当地基土为高压缩性土时为 400mm。框架结构相邻柱基础的允许沉降差，当地基土为中、低压缩性土时为 0.002L（L 为相邻柱基础的中心距，mm)；当地基土为高压缩性土时为0.003L；当基础不均匀沉降时不产生附加应力的结构，其相邻柱基础的沉降差，不论地基土的压缩性如何，均为0.005L。现行行业标准《水闸设计规范》SL 265已对地基允许沉降量和沉降差作了具体规定，由于水闸基础尺寸和刚度比较大，对地基沉降的适应性比较强，因此在不危及水闸结构安全和不影响水闸正常使用的条件下，一般水闸基础的最大沉降量达到100mm～150mm和最大沉降差达到30mm～50mm是允许的。对有防水要求的泵房，过大的沉降差将导致防水失效，危及建筑物安全。现行国家标准《地下工程防水技术规范》GB 50108规定用于沉降的变形缝其最大允许沉降差不应大于30mm。

根据原规范调查资料，多数泵站的泵房地基实测最大沉降量为100mm～250mm，最大沉降差为50mm～100mm，只有少数泵站的泵房地基实测最大沉降量和最大沉降差超过或低于上述范围。例如某泵站的泵房地基实测最大沉降量竟达650mm，最大沉降差竟达350mm；又如某泵站的泵房地基实测最大沉降量只有40mm，沉降差只有20mm。但实测资料证明，即使出现较大的沉降量和沉降差，除个别泵站机组每年需进行维修调试，否则难以继续运行外，其余泵站泵房地基均稳定，运行情况正常。显然，如果对这两个控制指标规定太高，软土地基上的泵房结构将难以得到满足，则必须采取改变结构形式（如采用轻型、简支结构），或回填轻质材料，或加大基础的平面尺寸，或调整施工程序和施工进度等措施，但有时采取某种措施却会对泵房结构的抗滑、抗浮稳定带来或多或少的不利影响；如果对这两个控制指标规定太低，固然容易使软土地基上的泵房结构得到满足，但实际上将会危及泵房结构的安全和影响泵房的正常使用，或给泵站的运行管理工作带来较多的麻烦。

6.4.12 本条规定是指在一般条件下可不进行地基沉降计算的情况，对于地基承载力要求特别高的大型泵站，应根据设计需要和工程实际情况进行地基沉降计算。

6.4.13 水工建筑物的地基处理方法很多，随着科学技术的不断发展，新的地基处理方法，如水泥土搅拌法（深层搅拌法、粉喷桩法）、高压喷射法等不断出现。但是，有些地基处理方法目前仍处于研究阶段，在设计或施工技术方面还不够成熟，特别是用于泵房的地基处理尚有一定的困难；有些方法目前用于实际工程，单价太高，与其他地基处理方法相比较，很不经济。根据泵站工程的实际情况，本规范列出换填垫层法、强力夯实法、水泥土搅拌法、振冲法、桩基础、沉井基础等几种常用地基处理方法的基本作用、适用条件和说明事项（见本规范附录B表B.2.1）。但应指出，任何一种地基处理方法都有它的适用范围和局限性，因此对每一个具体工程要进行具体分析，综合考虑地基土质、泵房结构特点、施工条件和运行要求等因素，初步选出几种可供考虑的地基处理方案或多种地基处理综合措施，经技术经济比较确定合适的地基处理方案。必要时应在施工前通过现场试验确定其适用性和处理效果。

6.4.14 根据工程实践经验，强力夯实法、振冲法等处理措施，对于防止土层可能发生"液化"，均有一定效果。对于粉砂、细砂、砂壤土地基，如果存在可能发生"液化"的问题，采用板桩或连续墙围封，即将泵房底板下四周封闭，其效果尤为显著。

6.4.15 在我国黄河流域及北方地区，广泛分布着黄土和黄土状土，特别是黄河中游的黄土高原区，是我国黄土分布的中心地带。黄土（典型黄土）湿陷性大，且厚度较大；黄土状土（次生黄土）由典型黄土再次搬运而成，其湿陷性一般不大，且厚度较小。黄土在一定的压力作用下受水浸湿，土的结构迅速破坏而产生显著附加下沉，称为湿陷性黄土。湿陷性黄土可分为自重湿陷性黄土和非自重湿陷性黄土。前者在其自重压力下受水浸湿后发生湿陷，后者在其自重压力下受水浸湿后不发生湿陷。对湿陷性黄土地基的处理，应减小土的孔隙比，增大土的重力密度，消除土的湿陷性，本规范列举了如下几种常用的处理方法：①强力夯实法一般可消除1.2m～1.8m深度内黄土的湿陷性，但当表层土的饱和度大于60%时，则不宜采用。② 换土垫层法（包括换灰土垫层法）是消除黄土地基部分湿陷性最常用的处理方法，一般可消除1m～3m深度内黄土的湿陷性，同时可将垫层视为地基的防水层，以减少垫层下天然黄土层的浸水几率。垫层的厚度和宽度可参照现行国家标准《湿陷性黄土地区建筑规范》GB 50025确定。③ 土桩挤密法（包括灰土桩挤密法）适用于地下水位以上，处理深度为5m～15m的湿陷性黄土地基，对地下水位以下或含水量超过25%的黄土层，则不宜采用。④ 桩基础是将一定长度的桩穿透湿陷性黄土层，使上部结构荷载通过桩尖传到下面坚实的非湿陷性黄土层上，这样即使上面黄土层受水浸湿产生湿陷性下沉，也可使上部结构免遭危害。在湿陷性黄土地基上采用的桩基础一般有钢筋混凝土打入式预制桩和就地灌注桩两类，而后者又有钻孔桩、人工挖孔桩和爆扩桩之分。钻孔桩即一般软土地基上的钻孔灌注桩，对上部为湿陷性黄土层，下部为非湿陷性黄土层的地基尤为适合。人工挖孔桩适用于地下水含水层埋藏较深的自重湿陷性黄土地基，一般以卵石层或含钙质结核较多的土层作为持力层，挖孔桩孔径一般为0.8m～1.0m，深度可达15m～25m。爆扩桩施工简便，工效较高，不需打桩设备，但孔深一般不宜超过10m，且不适宜打入地下水位以下的土层。对于打入式预制桩，采用时一定要选择可靠的持力层，而且要考虑打桩时黄土在天然含水量情况下对桩的摩阻力作用。当黄土含有一定数量钙质结核时，桩的打入会遇到一定的困难，甚至不能打到预定的设计桩底高程。湿陷性黄土地基上的桩基础应按支承桩设计，即要求桩尖下的受力土层在桩尖实际压力的作用下不致受到湿陷的影响，特别是自重湿陷性黄土地基受水浸湿后，不仅正摩擦力完全消失，甚至还出现负摩擦力，连同上部结构荷载一起，全部要由桩尖下的土层承担。因此，在湿陷性黄土地基上，对于上部结构荷载大或地基受水浸湿可能性大的重要建筑物，采用桩基础尤为合理。⑤预浸水法是利用黄土预先浸水后产生自重湿陷性的处理方法，适用于处理厚度大、自重湿陷性强的湿陷性黄土地基。需用的浸水场地面积应根据建筑物的平面尺寸和湿陷性黄土层的厚度确定。由于预浸水法用水量大，工期长，因此在没有充足水源保证的地点，不宜采用这种处理方法。经预浸水法处理后的湿陷性黄土地基，还应重新评定地基的湿陷等级，并采取相应的处理措施。

6.4.16 在我国黄河流域以南地区，不同程度地分布着膨胀土。膨胀土的粘粒成分主要由强亲水性矿物质组成，其矿物成分可归纳为以蒙脱石为主和以伊利石为主两大类，均具有吸水膨胀、失水收缩、反复胀缩变形的特点。这种特点对修建在膨胀土地基上的建筑物危害较大，因此必须在满足建筑物布置和稳定安全要求的前提下，采取可靠的措施。根据多年来对膨胀土的研究和工程实践经验，对修建在膨胀土地基上的泵站工程而言，目前主要采取减小泵房基础底面积，增大泵房基础埋置深度，以及换填无膨胀性土料垫层和设置桩基础等地基处理方法。减小泵房基础底面积是在不影响泵房结构的使用功能和充分利用膨胀土地基允许承载力的条件下，增大基础底面的压应力，以减少地基膨胀变形。增大泵房基础埋置深度是将泵房基础尽量往下埋入非膨胀性或膨胀性相对较小的土层中，以减少由于天气干湿变化对地基胀缩变形的影响。上述两种工程措施主要适用于大气影响急剧层深度一般不大于1.5m的平坦地区。换填无膨胀性土料垫层的方法主要适用于强膨胀性或较强膨胀性土层露出较浅，或建筑物在使用中对地基不均匀沉降有严格要求的情况。换填的无膨胀性土料主要有非膨胀性的粘性土、砂、碎石、灰土等，这对含水量及孔隙比较高的膨胀性土地基是很有效的工程措施。换填无膨胀性土料垫层厚度可依据当地大气影响急剧层的深度，或通过胀缩变形计算确定。当大气影响急剧层深度较深，采用减小基础底面积、增大基础埋置深度，或换填无膨胀性土料垫层的方法对泵房结构的使用功能或运行安全有影响，或施工有困难，或工程造价不经济时，可采用桩基础。膨胀土地基中单桩的允许承载力应通过现场浸水静载试验，或根据当地工程实践经验确定。在桩顶以下3m范围内，桩周允许摩擦力的取值应考虑膨胀土的胀缩变形影响，乘以折减系数0.5。在膨胀土地基上设置的桩基础，桩径宜采用250mm～350mm，桩长应通过计算确定，并应大于大气影响急剧层深度的1.6倍，且应大于4m，同时桩尖应支承在非膨胀性或膨胀性相对较小的土层上。

6.4.17 在岩石地基上修建泵房，均不难满足地基的承载能力、稳定和变形要求，因此只需对岩石地基进行常规性的处理，如清除表层松动、破碎岩块，对夹泥裂隙和断层破碎带进行适当的处理等。

喀斯特地基即可溶性岩石地基，主要是指石灰岩地基或白云岩地基，这种地基在我国分布较广，在云南、贵州、广西、四川等省、自治区及广东北部、湖南北部、浙江西部、江苏南部等地均有分布，其中以云贵高原最为集中。由于水对可溶性岩石的长期溶蚀作用，岩石表面溶沟、溶槽遍布，石芽、石林耸立，岩体中常有奇特洞穴和暗沟，以及连接地表和地下的通道，这种现象称"喀斯特"现象。鉴于其复杂性，自然界中很难找到各种条件都完全相同的喀斯特形态，加之修建在喀斯特地基的建筑物也是各不相同的，因此应根据喀斯特地基对建筑物的危害程度，进行专门处理。

6.5 主要结构计算

6.5.1 泵房底板、进出水流道、机墩、排架、吊车梁等主要结构，严格地说均属空间结构，本应按三维结构进行设计，但是这样做计算工作量很大；同时只要满足了工程实际要求的精度，过于精确的计算亦无必要。因此，对上述各主要结构，均可根据工程实际情况，简化为按二维结构进行计算。只是在有必要且条件许可时，才按三维结构进行计算。

6.5.3 泵房底板是整个泵房结构的基础，它承受上部结构重量和作用荷载并均匀地传给地基。依靠它与地基接触面的摩擦力抵抗水平滑动，并兼有防渗、防冲的作用。因此，泵房底板在整个泵房结构中占有十分重要的地位。泵房底板一般均采用平底板形式。它的支承形式因与其连接的结构不同而异，例如大型立式水泵块基型泵房底板，在进水流道进口段，与流道的边墙、隔墩相连接；在进水流道末端，三面支承在较厚实的混凝土块体上；在集水廊道及其后的空箱部分，一般为纵、横向墩墙所支承。这样的"结构—地基"体系，严格地说应按三维结构分析其应力分布状况，但计算极为繁冗，在工程实践中，一般可简化成二维结构，选用近似的计算分析方法。例如进水流道的进口段，一般可沿垂直水流方向截取单位宽度的梁或框架，按倒置梁、弹性地基梁或弹性地基上的框架计算；进水流道末端，一般可按三边固定、一边简支的矩形板计算；集水廊道及其后的空箱部分，一般可按四边固定的双向板计算。现将我国几个已建泵站的泵房底板计算方法列于表6，供参考。

表6 我国几个已建泵站泵房底板计算方法参考表

泵站序号	泵房形式	底板计算方法			说明
		进水流道进口段	进水流道末端	集水廊道及其后的空箱部分	
1	块基型	其中3个泵站按倒置梁和双向板计算，另一个泵站按倒置连续梁计算	—	按四边固定的双向板计算	由4个泵站组成泵群
2	块基型	按倒置梁、弹性地基梁和弹性地基上的框架计算	按三边固定、一边简支的矩形板和圆形板计算，并按交叉梁法补充计算	按四边固定的双向板计算	进水流道末端为钟形
3	块基型	按多跨倒置连续梁计算	按三边固定、一边自由的梯形板计算	按四边固定的双向板计算	设计中曾考虑施工实际情况，当进水流道和空箱顶板尚未浇筑，不能形成整体框架结构时，整块底板按交叉梁法计算
4	块基型	按倒置连续框架计算		按双向板计算	—

应当指出，倒置梁法未考虑墩墙结点宽度和边荷载的影响，加之地基反力按均匀分布，又与实际情况不符，因此该法计算成果比较粗略，但因该法计算简捷，使用方便，对于中、小型泵站工程仍不失为一种简化计算方法。

弹性地基梁法是一种广泛用于大、中型泵站工程设计的比较精确的计算方法。当按弹性地基梁法计算时，应考虑地基土质，特别是地基可压缩层厚度的影响。弹性地基梁法通常采用的有两种假定：一种是文克尔假定，假定地基单位面积所受的压力与该单位面积的地基沉降成正比，其比例系数称为基床系数，或称为垫层系数，显然按此假定基底压力值未考虑基础范围以外地基变形的影响；另一种是假定地基为半无限深理想弹性体，认为土体应力和变形为线性关系，可利用弹性理论中半无限深理想弹性体的沉降公式（如弗拉芒公式）计算地基的沉降，再根据基础挠度和地基变形协调一致的原则求解地基反力，并计及基础范围以外边荷载作用的影响。上述两种假定是两种极限情况，前者适用于岩基或可压缩土层厚度很薄的土基，后者适用于可压缩土层厚度无限深的情况。在此情况下，宜按有限深弹性地基的假定进行计算。至于"有限深"的界限值，目前尚无统一规定。参照现

行行业标准《水闸设计规范》SL 265的规定，本规范规定当可压缩土层厚度与弹性地基梁半长的比值为0.25～2.0时，可按有限深弹性地基梁法计算；当上述比值小于0.25时，可按基床系数法（文克尔假定）计算；当上述比值大于2.0时，可按半无限深弹性地基梁法计算。

泵房底板的长度和宽度一般都比较大，而且两者又比较接近，按板梁判别公式判定，应属弹性地基上的双向矩形板，对此可按交叉梁系的弹性地基梁法计算。这种计算方法，从试荷载法概念出发，利用纵横交叉梁共轭点上相对变位一致的条件进行荷载分配，分别按纵、横向弹性地基梁计算弹性地基板的双向应力，但计算繁冗，在泵房设计中，通常仍是沿泵房进、出水方向截取单位宽度的弹性地基梁，只计算其单向应力。

本规范所述的反力直线分布法，又称荷载组合法或截面法。这种计算方法虽然假定地基反力在垂直水流方向均匀分布，但不把墩墙当作底板的支座，而认为墩墙是作用在底板上的荷载，按截面法计算其内力。

6.5.4 边荷载是作用于泵房底板两侧地基上的荷载，包括与计算块相邻的底板传到地基上的荷载，均可称为边荷载。当采用有限深或半无限深弹性地基梁法计算时，应考虑边荷载对地基变形的影响。根据试验研究和工程实践可知，边荷载对计算泵房底板内力影响，主要与地基土质、边荷载大小及边荷载施加程序等因素有关。如何准确确定边荷载的影响，是一个十分复杂的问题。因此，在泵房设计中，对边荷载的影响只能作一些原则性的考虑。鉴于目前所采用的计算方法本身还不够完善和取用的计算参数不够准确，对边荷载影响百分数作很具体的规定是没有必要的。因此，本规范只作概略性的规定，执行时可结合工程实际情况稍作选择。这个概略性的规定，即当边荷载使泵房底板弯矩增加时，无论是粘性土地基或砂性土地基，均宜计及边荷载的100%；当边荷载使泵房底板弯矩减少时，在粘性土地基上可不计边荷载的作用，在砂性土地基上可只计边荷载的50%，显然这都是从偏安全角度考虑的。

6.5.5 肘形进水流道和直管式、虹吸式出水流道是目前泵房设计中采用最为普遍的进、出水流道形式，其应力计算方法主要取决于结构布置、断面形状和作用荷载等情况，按单孔或多孔框架结构进行计算。钟形进水流道进口段虽然比较宽，但它的高度较肘形流道矮得多，其结构布置和断面形状与肘形进水流道的进口段相比，有一定的相似性；屈膝式或猫背式出水流道主要是为了满足出口淹没的需要，将出口高程压低，呈"低驼峰"状，其结构布置和断面形状与虹吸式出水流道相比，也有一定的相似性，因此钟形进水流道进口段和屈膝式、猫背式出水流道的应力，也可

按单孔或多孔框架结构进行计算。

　　虹吸式出水流道的结构布置按其外部联结方式可分为管墩整体连接和管墩分离两种形式。前者将流道管壁与墩墙浇筑成一整体结构；后者是流道管壁与墩墙是各自独立的。如果流道宽度较大，中间可增设隔墩。

　　管墩整体连接的出水流道实属空间结构体系。为简化计算，可将流道截取为彼此独立的单孔或多孔闭合框架结构，但因作用荷载是随作用部位的不同而变化的，如内水压力在不同部位或在同一部位、不同运用情况下的数值都是不同的，因此，进行应力计算时，要分段截取流道的典型横断面。管墩整体联结的出水流道管壁较厚（尤其是在水泵弯管出口处），进行应力计算时，必须考虑其厚度的影响。例如某泵房设计时，考虑了管壁厚度的影响，获得了较为合理的计算成果，减少了钢筋用量。

　　管墩整体连接的出水流道，一般只需进行流道横断面的静力计算及抗裂核算；管墩分离的出水流道，除需进行流道横断面的静力计算及抗裂核算外，还需进行流道纵断面的静力计算。

　　当虹吸式出水流道为管墩分离形式时，其上升段受有较大的纵向力，除应计算横向应力外，还应计算纵向应力。例如某泵站的虹吸式出水流道，类似一根倾斜放置的空腹梁，其上端与墩墙连接，下端支承在梁上，上升高度和长度均较大，承受的纵向力也较大，设计时对结构纵向应力进行了计算。计算结果表明，纵向应力是一项不可忽视的内力。

6.5.6 双向进出水流道形式目前在国内还不多见。这是一种双进双出的双层流道结构，呈X状，亦称"X形"流道结构，其下层为双向肘形进水流道，上层为双向直管式出水流道。因此，双向进、出水流道可分别按肘形进水流道和直管式出水流道进行应力计算。如果上、下层之间的隔板厚度不大，则按双层框架结构计算也是可以的。

6.5.7 混凝土蜗壳式出水流道目前在国内也不多见。这是一种和水电站厂房混凝土蜗壳形状极为相似的很复杂的整体结构，其实际应力状况很难用简单的计算方法求解。因此，必须对这种结构进行适当的简化方可进行计算。例如某泵房采用混凝土蜗壳式出水流道形式，蜗壳断面为梯形，系由蜗壳顶板、侧墙和底板构成。设计中采用了两种计算方法：一种是将顶板与侧墙视为一个整体，截取单位宽度，按"Γ"形刚架结构计算；另一种是将顶板与侧墙分开，顶板按环形板结构计算，侧墙按上、下两端固定板结构计算。由于蜗壳断面尺寸较大，出水管内设有导水用的隔墩，因此可按对称矩形框架结构计算。

　　泵房是低水头水工建筑物，其混凝土蜗壳承受的内水压力较小，因而计算应力也较小，一般只需按构造配筋。

6.5.8 大、中型立式轴流泵机组的机墩型式有井字梁式、纵梁牛腿式、梁柱构架式、环形梁柱式和圆筒式等。大、中型卧式离心泵机组的机墩形式有块状式、墙式等，机墩结构形式可根据机组特性和泵房结构布置等因素选用。根据调查资料，立式机组单机功率为800kW的机组间距多数在4.8m～5.5m，机墩一般采用井字梁结构，支承电动机的井字梁由两根横梁和两根纵梁组成，荷载由井字梁传至墩上，这种机墩形式结构简单，施工方便；单机功率为1600kW的机组间距多数在6.0m～7.0m，机墩一般采用纵梁牛腿式结构，支承电动机的是两根纵梁和两根与纵梁方向平行的短牛腿。前者伸入墩内，后者从墩上悬出，荷载由纵梁和牛腿传至墩上，这种机墩形式工程量较省；单机功率为2800kW和3000kW的机组间距约在7.6m～10.0m，机墩一般采用梁柱构架式结构，荷载由梁柱构架传至联轴层大体积混凝土上面；单机功率为5000kW和6000kW的机组间距约在11.0m～12.7m。机墩则采用环形梁柱式结构，荷载由环形梁经托梁和立柱分别传至墩墙和密封层大体积混凝土上面；单机功率为7000kW的机组间距达18.8m，机墩则采用圆筒式结构，荷载由圆筒传至下部大体积混凝土上面。卧式机组的水泵机墩一般采用块状式结构，电动机机墩一般采用墙式结构。工程实践证明，这些形式的机墩，结构安全可靠，对设备布置和安装、检修都比较方便。

　　关于机墩的设计，泵房内的立式抽水机组机墩与水电站发电机组机墩基本相同，卧式抽水机组机墩与工业厂房内动力机器的基础基本相同，所不同的是抽水机组的电动机转速比较低，对机墩的要求没有水电站发电机组对其机墩或工业厂房内的动力机器对其基础的要求高。因此，截面尺寸一般不太大的抽水机组机墩，不难满足结构强度、刚度和稳定要求。但对扬程在100m以上的高扬程泵站，在进行卧式机组机墩稳定计算时，应计入水泵启动时出水管道水柱的推力，必要时应设置抗推移设施。例如某泵站设计扬程达160m，由于机墩设计时未考出水管道水柱的推力，工程建成后，水泵启动时作用于泵体的水柱推力很大，水泵基础螺栓阻止不住泵体的滑移，致使泵体与电动机不同心，从而产生振动，影响了机组的正常运行。后经重新安装机组，并设置了抗推移设施，才使机组恢复正常运行。又如某二级泵站的设计扬程为140m，在机墩设计时考虑了出水管道水柱的推力，机墩抗滑稳定安全系数的计算值大于1.3，同时还设置了抗推移设施，作为附加安全因素，工程建成后，经多年运行证明，设计正确。因此，对于扬程在100m以上的高扬程泵站，计算机墩稳定时，应计入出水管道水柱的推力，并应设置必要的抗推移设施。

6.5.9 立式机组机墩的动力计算，主要是验算机墩在振动荷载作用下会不会产生共振，并对振幅和动力系数进行验算。为简化计算，可将立式机组机墩简化为单自由度体系的悬臂梁结构。对共振的验算，要求机墩强迫振动频率与自振频率之差和机墩自振频率的比值不小于20%；对振幅的验算，要求最大振幅值不超过下列允许值：垂直振幅0.15mm，水平振幅0.20mm。这些允许值的规定与水电站发电机组机墩动力计算规定的允许值是一致的，但因目前动力计算本身精度不高，因此对自振频率的计算只能是很粗略的。对于动力系数的验算，根据已建泵站的调查资料，验算结果一般为1.0～1.3。由于泵站电动机转速比较低，机墩强迫振动频率与自振频率的比值很小，加之机组制造精度和安装质量等方面可能存在的问题，因此要求动力系数的计算值不小于1.3。但为了不过多地增加机墩的工程量，还要求动力系数的计算值不大于1.5。如动力系数的计算值不在1.3～1.5范围内，则应重做机墩设计，直至符合上述要求时为止。

对于卧式机组机墩，由于机组水平卧置在泵房内，其动力特性明显优于立式机组机墩，因此可只进行垂直振幅的验算。

工程实验证明，对于单机功率在1600kW以下的立式机组机墩和单机功率在500kW以下的卧式机组机墩，因受机组的振动影响很小，故均可不进行动力计算。例如某省7座立式机组泵站，单机功率均为800kW，机墩均未进行动力计算，经多年运行考验，均未出现异常现象。

6.5.10 泵房排架是泵房结构的主要承重构件，它承担屋面传来的重量、吊车荷载、风荷载等，并通过它传至下部结构，其应力可根据受力条件和结构支承形式等情况进行计算。干室型泵房排架柱多数是支承在水下侧墙上。当水下侧墙刚度与排架柱刚度的比值小于或等于5.0时，水下侧墙受上部排架柱变形的影响较大，因此墙与柱可联合计算；当水下侧墙刚度与排架柱刚度的比值大于5.0时，水下侧墙对排架柱起固结作用，即水下侧墙不受上部排架柱变形的影响，因此墙与柱可分开计算，计算时将水下侧墙作为排架柱的基础。

6.5.11 吊车梁也是泵房结构的主要承重构件，它承受吊车启动、运行、制动时产生的荷载，如垂直轮压、纵向和横向水平制动力等，并通过它传给排架，再传至下部结构，其受力情况比较复杂。吊车梁总是沿泵房纵向布置，对加强泵房的纵向刚度、连接泵房的各横向排架起着一定的作用。吊车梁有单跨简支梁或多跨连续梁等结构形式，可根据泵房结构布置、机组安装和设备吊运要求等因素选用。单跨简支式吊车梁多为预制，吊装较方便；多跨连续式吊车梁工程量较少，造价经济。根据调查资料，泵房内的吊车梁多数为钢筋混凝土结构，也有采用预应力钢筋混凝土结构及钢结构。对于负荷量大的吊车梁，为充分利用材料强度，减少工程量，宜采用预应力钢筋混凝土结构或钢结构。预应力钢筋混凝土吊车梁施工较复杂，钢吊车梁需用钢材较多。钢筋混凝土或预应力钢筋混凝土吊车梁一般有T形、I形等截面形式。T形截面吊车梁有较大的横向刚度，且外形简单，施工方便，是最常用的截面形式。I形截面吊车梁具有受拉翼缘，便于布置预应力钢筋，适用于负荷量较大的情况。变截面吊车梁的外形有鱼腹式、折线式、轻型桁架式等。其特点是薄腹，变截面能充分利用材料强度，节省混凝土和钢筋用量，但因设计计算较复杂，施工制作较麻烦，运输堆放不方便，因此这种截面形式的吊车梁目前在泵房工程中没有得到广泛的应用。

由于吊车梁是直接承受吊车荷载的结构构件，吊车的启动、运行和制动对吊车梁的运用均有很大的影响，因此设计吊车梁时，应考虑吊车启动、运行和制动产生的影响。为保证吊车梁的结构安全，设计中应控制吊车梁的最大计算挠度不超过计算跨度的1/600（钢筋混凝土结构）或1/700（钢结构）。对于钢筋混凝土吊车梁结构，还应按限裂要求，控制最大裂缝宽度不超过0.30mm。

对于负荷量不大的常用吊车梁，设计时可套用标准设计图集。但套用时要注意实际负荷量和吊车梁的计算跨度与所套用图纸上规定的设计负荷量和吊车梁的计算跨度是否符合，千万不可套错。由于泵房不同于一般工业厂房，特别是负荷量较大的吊车梁，有时难以套用标准设计图集，在此情况下，必须自行设计。

7 进出水建筑物

7.1 引 渠

7.1.1、7.1.2 在水源附近修建临河泵站确有困难时，需设置引渠将水引至宜于修建泵站的位置。为了减少工程量，引渠线路宜短、宜直，引渠上的建筑物宜少。为了防止引渠渠床产生冲淤变形，引渠的转弯半径不宜太小。本规范规定土渠弯道半径不宜小于渠道水面宽的5倍，石渠及衬砌渠道弯道半径不宜小于渠道水面宽的3倍。为了改善前池、进水池的水流流态，弯道终点与前池进口之间宜有直线段，其长度不宜小于渠道水面宽的8倍。

7.1.3 对于高扬程泵站，引渠末段的超高值计算应考虑突然停机时引渠来水的壅高及压力管道倒流水量的共同影响，其超高值可按明渠不稳定流计算。在初步设计阶段，引渠末段的超高值可按下式作近似估算：

$$\Delta h_v = \frac{(v_0 - v_0')\sqrt{h_0}}{2.76} - 0.01 h_0 \qquad (2)$$

式中：Δh_v——由于涌浪引起的波浪高度（m）；

h_0——突然停机前引渠末段水深（m）；
v_0——突然停机前引渠末段流速（m/s）；
v_0'——突然停机后引渠末段流速（m/s）。

7.2 前池及进水池

7.2.1、7.2.2 前池、进水池是泵站的重要组成部分。池内水流状态对泵站装置性能，特别是对水泵吸水性能影响很大。如流速分布不均匀，可能出现死水区、回流区及各种漩涡，发生池中淤积，造成部分机组进水量不足，严重时漩涡将空气带入进水流道（或吸水管），使水泵效率大为降低，并导致水泵汽蚀和机组振动等。

前池有正向进水和侧向进水两种形式。正向进水的前池流态较好。例如某泵站前池采用正向进水，进口前的引渠直线段较长，且引渠与前池在同一中心线上。运行情况证明，水流很平稳，即使在最低运行水位时（此时水泵叶轮中心线淹没深度只有0.7m），前池水流仍较为平稳，无回流和漩涡现象。又如某泵站前池采用侧向进水，模型试验资料表明，池内出现大范围回水区和机组前局部回水区，流态很不好，流速分布极不均匀。为改善侧向进水前池流态，结合进水池的隔墩设置分水导流设施是有效的。因此，在泵站设计中，应尽量采用正向进水方式，如因条件限制必须采用侧向进水时，宜在前池内增设分水导流设施，必要时应通过水工模型试验验证。

7.2.3 多泥沙河流上的泵站前池，当部分机组抽水或前池流速低于水流的不淤流速时，在前池的部分区域将发生淤积，这是北方地区开敞式前池普遍存在的问题。例如某泵站前池通过水工模型试验，将原正向进水开敞式前池，改在每2台机组进水口之间设隔墩及分水墩，形成多条进水道，每条进水道通向单独的进水池，从而解决了前池泥沙淤积的问题。出池泥沙粒径允许值是参照现行行业标准《水利水电工程沉沙池设计规范》SL 269确定的。

7.2.5 对于圆形进水池（无前池），在有较大的秒换水系数（即进水池的水下容积与共用该池的水泵设计流量的比值）及淹没深度情况下，水流入池后，主流偏向底部，在坎下形成立面旋滚，而进水池两侧出现较强的回流，水流紊乱，受到立面旋滚所起的搅拌作用，从而使流向进水管喇叭口的水流流速增大，夹沙能力增强。因此，在消耗有限能量的前提下，圆形进水池是一种防止泥沙淤积的良好形式。本规范规定多泥沙河流上宜选用圆形进水池，就是这个道理。

7.2.7 为了满足泵站连续正常运行的需要，进水池水下部分必须保证有适当的容积。如果容积过小，满足不了秒换水系数的要求；如果容积过大，显然会增加进水池的工程量，而且对改善进水池的流态没有明显的作用。根据国内一些泵站工程的运行经验，认为进水池的秒换水系数取30~50是适宜的。

7.3 出水管道

7.3.1、7.3.2 在结合地形、地质条件布置出水管道线路时，通常会出现几个平面及立面转弯点。这些转弯点转弯角和转弯半径的大小对出水管道的局部水头损失影响很大。现将转弯角$\alpha=20°\sim90°$、弯曲半径与管径的比值$R/d=1.0\sim3.0$时的局部水头损失系数ξ_α值及局部水头损失Δh值关系列于表7。

表7 出水管道α、R/d与ξ_α、Δh值关系表

α	R/d							
	1.0		1.5		2.0		3.0	
	ξ_α	Δh	ξ_α	Δh	ξ_α	Δh	ξ_α	Δh
20°	0.320	0.102	0.240	0.076	0.192	0.061	0.144	0.046
30°	0.440	0.140	0.330	0.105	0.264	0.084	0.198	0.063
40°	0.520	0.166	0.390	0.124	0.312	0.099	0.234	0.075
50°	0.600	0.191	0.450	0.143	0.360	0.115	0.270	0.086
60°	0.644	0.205	0.498	0.159	0.398	0.127	0.299	0.095
70°	0.704	0.224	0.528	0.168	0.422	0.134	0.317	0.101
80°	0.760	0.242	0.570	0.182	0.456	0.145	0.342	0.109
90°	0.800	0.255	0.600	0.191	0.480	0.152	0.360	0.115

局部水头损失按下式计算：

$$\Delta h = \xi_\alpha \frac{v^2}{2g} \tag{3}$$

由表7可知，当R/d值一定时，Δh值随着α值的增加而增加，但增量却逐渐递减；当α值一定时，Δh值随着R/d值的增加而减小，但在R/d值增至1.5以上时，减量几乎是按等数值递减。

由于高扬程泵站出水管道长，转弯角较多，如果设置过多的大转弯角，势必加大局部水头损失，从而增大耗电量。因此，本规范规定出水管道的转弯角宜小于60°。但当泵站水位变化幅度大时，部分管道必须在泵房内直立安装，因此，少量设置$\alpha=90°$的弯管还是允许的。

出水管道转弯半径R值的大小对局部水头损失Δh值有直接影响。这种影响表现为：随着R值的增大，Δh值的增量逐渐变小；但R值过大时，需增大镇墩尺寸，而且增加弯管制作安装的困难。根据我国大、中型高扬程泵站工程的实践经验，出水管道直径一般大于500mm，为了有效地减少出水管道的局部水头损失，同时也不过多地增加弯管制作安装的困难，转弯半径R取等于或大于2倍管径是比较适宜的。因此，本规范规定，出水管道的转弯半径宜大于2倍管径。

当管道在平面和立面上均需转弯，且其位置相近时，为了节省镇墩工程量，宜将平面和立面转弯合并成一个空间转弯角。这样，弯管的加工制作并不复杂，而安装对中则可采取一些措施加以解决。

当水泵反转，管道中水流倒流时，如管道立面有较大的向下转弯，镇墩前后的管中流速差别将很大，很可能出现水流脱壁，产生负压，从而影响管道的外压稳定。因此，本规范规定，管顶线宜布置在最低压力坡度线下，压力不小于0.02MPa。

7.3.4 明管的分节长度除根据地形条件确定外，还应满足下式要求：

$$L \leqslant \frac{[\alpha EF(t_1-t_2)-(A_2 \pm A_4)]L_0}{A_1+A_3 \pm A_5} \quad (4)$$

式中：L——明管的分节长度（m）；
　　　α——钢管线性膨胀系数（1/℃）；
　　　E——钢管弹性模量（N/cm²）；
　　　F——钢管管壁断面面积（cm²）；
　　　t_1——管道开始滑动时的金属温度（℃）；
　　　t_2——管道安装合拢时的温度（℃）；
　　　A_1——钢管自重下滑分力（N）；
　　　A_2——伸缩接头处的内水压力（N）；
　　　A_3——水对管壁的摩擦力（N）；
　　　A_4——温度变化时伸缩接头处填料与管壁的摩擦力（N）；
　　　A_5——温度变化时管道与支座的摩擦力（N）；
　　　L_0——伸缩节至镇墩前计算断面的距离（m）。

公式（4）的含义是钢管在温度变化时产生的轴向力，由阻止其变形而产生的阻力所分担，管道不发生滑动，伸缩节处的伸缩变形最小，因而按公式（4）确定明管分节长度是偏于安全的。

关于明管直线段上的镇墩间距，日本规定为120m～150m，美国垦务局及太平洋煤气和电气公司规定小于150m。为了安全起见，本规范规定明管直线段上的镇墩间距不宜超过100m。

7.3.6、7.3.7 管道有木管道、铸铁管道、钢管道、预应力钢筋混凝土管道及预应力钢筒混凝土管道等。在大、中型高扬程泵站工程中，近十年来已不再使用铸铁管，木管只在建国初期的小型工程上使用过，因此本规范不推荐采用这两种管道。

钢管及钢管件使用的钢材性能要求，在国家现行的有关标准中已有详细说明，可参照执行。

为了保证预应力钢筋混凝土管及预应力钢筒钢筋混凝土管道的质量，选材时要注意符合国家定型产品的规格，以便能在工厂订货。

7.3.8 作用在管道上的荷载主要有自重、水重、水压力、土压力以及温度荷载等。它们的计算和组合是比较明确的。在高扬程长管道水压力计算中可考虑以下四种工况：一是设计运用工况下，作用在管道上的稳定的内水压力（即正常水压力）；二是水泵由于突然断电出现反转的校核运用工况下，产生的最大水锤压力（即最高水压力）；三是水泵出现反转的校核运用工况下，当某些管段补气不足时产生的负压（即最低水压力）；四是在管道制作或安装工况下，进行水压试验时出现的最大水压力（即试验水压力）。

7.3.9 水力过渡过程是指水泵设计运用工况以外的各种工况水力分析，如本规范第7.3.8条所述二、三、四种工况下的水压力计算等，其中最重要的是最大水锤压力计算。水锤压力的计算方法常用解析法和图解法等。

7.3.10 明设钢管抗外压稳定的最小安全系数取值与现行行业标准《水电站压力钢管设计规范》SL 281的规定相同。由于光面管和有加劲环的钢管在失稳后造成事故破坏的程度是不一样的，因此光面钢管抗外压稳定的最小安全系数定为2.0，有加劲环的钢管抗外压稳定的最小安全系数定为1.8。

对于不设加劲环的明设钢管，当事故停机管内通气不足或当管道转弯角很大时，由于管道中水流倒流，从而产生真空，在大气压力作用下很有可能变形失稳，因此需要进行外压稳定性校核。

7.3.11 为了防止明设光面钢管外压失稳，规定其管壁最小厚度不宜小于公式（7.3.11）所规定的数值，其推导条件是：外压力为10N/cm²，钢的弹性模量 $E=2.2\times10^6$ N/cm²，泊桑比 $\mu=0$，安全系数 $K=2$。符合公式（7.3.11）规定的管壁厚度是偏于安全的。

7.3.12 钢管结构应力分析有第三强度理论（也称为最大剪应力理论）和第四强度理论（也称为畸变能理论）。我国现行有关的国家标准及目前世界上大多数国家的钢管设计规范都采用第四强度理论进行钢管结构应力分析。

7.3.13 我国目前高扬程泵站出水管道的直径多在1.0m左右，其承受的水头多在100m以内。由于管径较小，压力较低，岔管布置多采用丫形和卜形，其结构设计、计算方法和构造要求可参照现行行业标准《水电站压力钢管设计规范》SL 281的规定执行。

7.3.15 镇墩有开敞式和闭合式两种。开敞式镇墩管道固定在镇墩的表面，闭合式镇墩管道埋设在镇墩内。大、中型泵站一般都采用闭合式镇墩。为了加强钢管与镇墩混凝土的整体性，需在混凝土中埋设螺栓及抱箍，待管道安装就位后浇入混凝土中。由于镇墩是大体积混凝土，为防止温度变化引起镇墩混凝土开裂，破坏其整体性，应在镇墩表面按构造要求布置钢筋网。坐落在较完整基岩上的镇墩，为减少岩石开挖量和混凝土工程量，可在镇墩底部设置一定数量的锚筋，使部分岩体与镇墩共同受力。锚筋的布置应满足构造要求，并需进行锚固力的分析计算。

作用在镇墩上的荷载，荷载组合及镇墩的稳定计算，可采用常规的分析计算方法。安全系数允许值的选用，是一个涉及工程安全与经济的极为重要的问题。本规范规定，镇墩抗滑稳定安全系数的允许值：基本荷载组合下为1.30，特殊荷载组合下为1.10；抗倾稳定安全系数的允许值：基本荷载组合下为

1.50，特殊荷载组合下为1.20。这与现行行业标准《公路桥涵地基与基础设计规范》JTG D63中墩台或挡土墙抗滑和抗倾稳定安全系数允许值的规定是基本一致的。

7.4 出水池及压力水箱

7.4.1 出水池应尽可能建在挖方上。如因地形条件必须建在填方上时，填土应碾压密实，严格控制填土质量，并将出水池做成整体式结构，加大砌置深度，尤其应采取防渗排水措施，以确保出水池的结构安全。

7.4.2 在陕西、宁夏、甘肃等地，由于地形条件的限制，一些泵站用出水池与输水渠道直接连接会加大出水管道长度，常设置出水塔，用渡槽和渠道相接，以减小出水管道长度。

7.4.3 出水池主要起消能稳流作用。因此，要求池内水流顺畅、稳定，且水力损失小，这样才能消减出水流道或出水管道出流的余能，使水流平顺而均匀地流入渠道或承泄区，以免造成冲刷。

出水池与渠道或承泄区的连接，一般需设置逐渐收缩的渐变段。渐变段在平面上的收缩角不宜太大，否则池中水位容易壅高，增加泵站扬程，加大电能消耗；但收缩角也不宜太小，否则使渐变段长度过大，增加工程投资。根据试验资料和工程实践经验，渐变段的收缩角宜采用30°～40°，最大不宜大于40°。

出水池池中流速不应太大，否则由于过大的流速，使佛劳德数Fr超过临界值，池中产生水跃，同时与渠道流速也难以衔接，造成渠道的严重冲刷。根据一些泵站工程实践经验，出水池中流速应控制最大不超过2.0m/s，且不允许出现水跃。

7.4.4 设置出水塔的泵站，其出水管在塔内一般垂直地面布置。规定出水管口高程略高于塔内水位，目的是防止水泵停机时塔内水流倒灌。

7.4.5 压力水箱多用于堤后式排水泵站，且承泄区水位变化幅度较大的情况下。压力水箱可和泵房合建，也可分建。分建式压力水箱应建在坚实地基上，不能建在未经碾压密实的填方上。如压力水箱一端与泵房相连接，应将压力水箱简支在泵房后墙上，以防止产生由于泵房和压力水箱之间的不均匀沉降所造成的危害。

压力水箱是钢筋混凝土框架结构，一般在现场浇筑而成。压力水箱尺寸应根据并联进入水箱的出水管直径与根数而定，但尺寸不宜过小，否则不能满足水箱出口闸门安装和检修的要求。例如某排水泵站，为节省工程将站址选在紧接原自排涵洞进口处，并将进口改建成压力水箱，其尺寸为6.89m×17.4m×7.2m（长×宽×高），压力水箱底板高程与已建涵洞底板相同，两侧与自排涵洞相接，并设闸门控制，从而较好地解决了自排与抽排相结合的问题，而且节省了附属建筑物的投资。

8 其他形式泵站

8.1 一般规定

8.1.1、8.1.2 当水源水位变化幅度在10m以上时，经技术经济比较后，可采用竖井式泵站、缆车式泵站、浮船式泵站、潜没式泵站等其他形式泵站。

当水源水位变化幅度在10m以上，且水位涨落速度大于2m/h、水流速度又大时，宜采用竖井式泵站。如我国长江上、中游河段的水位变化幅度在10m～33m范围内，有些河段每小时水位涨落在2m以上，河流流速大，多采用竖井式泵站，多年来，工程运行情况良好，而且管理也比较方便。

当水源水位变化幅度在10m以上、水位涨落速度小于或等于2m/h、每台泵车日最大取水量为40000m³～60000m³时，可采用缆车式泵站。我国已建缆车式泵站，其水源水位变化幅度多在10m～35m范围内；当水源水位变化幅度小于10m时，采用缆车式泵站就不经济了；同时，由于泵车容积的限制和对运行的要求，单泵流量宜小，水位涨落速度不宜大。

当水源水位变化幅度在10m以上、水位涨落速度小于或等于2m/h、水流速度又较小时，可采用浮船式泵站。我国已建浮船式泵站，其水源水位变化幅度多在10m～20m范围内；当水源水位变化幅度太大时，联络管及其两端的接头结构较复杂，技术上有一定的难度；同时，由于运行的要求和安全的需要，水流速度和水位涨落速度都不宜大。

当水源水位变化幅度在15m以上、洪水期较短、含沙量不大时，可采用潜没式泵站。潜没式泵站是泵房潜没在水中固定式泵站，适用于水源水位变化幅度较大的情况，目前我国已建的潜没式泵站，其水源水位变化幅度多在15m～40m范围内；为了防止泥沙淤积，建站处洪水期不宜长，含沙量不宜大。

8.2 竖井式泵站

8.2.1 集水井与泵房合建在一起，机电设备布置紧凑，总建筑面积较小，吸水管长度较短，运行管理方便。因此，在岸坡地形、地质、岸边水深等条件均能满足要求的情况下，宜首先考虑采用岸边取水的集水井与泵房合建的竖井式泵站。在岩基或坚实土基上，集水井与泵房基础采用阶梯形布置，可减小泵房开挖深度和工程量，且有利于施工。

8.2.2 竖井式泵站的取水建筑物，洪水期多位于洪水包围之中，根据已建竖井式泵站的工程实践，按校核洪水位加波浪高度再加0.5m的安全超高确定工作平台设计高程，可满足运行安全要求。

在河流上取水，为防止推移质泥沙进入取水口，要求最下层取水口下缘距离河底有一定的高度。根据已建竖井式泵站的运行经验，侧面取水口下缘高出河底的高度取 0.5m～0.8m，正面取水口下缘高出河底的高度取 1.0m～1.5m 是合适的。因此，本规范规定侧面取水口下缘距离河底高度不得小于 0.5m，正面取水口下缘距离河底高度不得小于 1.0m。

为了满足安全运行和检修要求，集水井通常用隔墙分成若干个空格。为了保证供水水质要求，每格应至少设 2 道拦污、清污设施。对于污物、杂草较多的河流，可能需设 3 道～4 道。例如某电厂的竖井式泵站，从黄河干流取水，共设置了 4 道拦污栅，并设专用的清污设施，以便将污物、杂草清除干净。

具有取水头部的竖井式泵站，自取水头部布置了通向集水井的进水管。为了保证供水要求，进水管数量一般不宜少于 2 根，当其中一根进水管因事故停止使用时，另一根进水管尚可供水。当进水管埋设较深或需穿越防洪堤坝时，为了减少开挖工程量或避免因管道四周渗流影响堤坝防洪安全，亦可采用虹吸式布置。计算确定进水管直径时，管内流速一般采用 1.0m/s～1.5m/s，最小不宜小于 0.6m/s。

从多泥沙河流上取水，应设多层取水口。这样，汛期可取表层含沙量较小的水。根据黄河中游的某些取水泵站测验资料，当取表层水时，其含沙量比底层水含沙量减少 5%～20%。同时，在集水井内应设清淤排沙设施：大型泵站可采用排污泵（或排泥泵）；中、小型泵站集水井内泥沙淤积不严重时，亦可采用射流泵。为了冲动沉积在底部的泥沙，在井内可设若干个高压水喷嘴，其个数可根据集水井面积而定，一般可设置 4 个～6 个；对于小型泵站集水井，亦可采用水龙带冲沙。

8.2.4 由于圆形泵房受力条件好，水流阻力小，又便于采用沉井法施工，且运行情况良好，因此竖井式泵房宜采用圆形。

竖井式泵房内面积小，安装机组台数不宜多；否则，布置上有一定的困难。为了满足供水保证率要求，需要有一定数量的备用机组，机组台数也不宜少。因此，泵房内机组台数宜采用 3 台～4 台。

8.2.8 竖井式泵房的底板、集水井、栈桥桥墩等基础，均位于河床或岸边，很容易遭受冲刷破坏，因此宜布置在最大冲刷线以下 0.5m，采取防护措施后可适当提高。河床最大冲刷线的计算，一般包括河床自然演变引起的自然冲刷、建筑物及其基础压缩水流产生的一般冲刷和建筑物周围水流状态变化造成的局部冲刷等三部分。

8.2.9 竖井式泵房的竖向高度较大，而平面尺寸相对较小，在较大的水平荷载作用下，很可能由于基础底部应力不均匀系数的增大，导致基础过大的不均匀沉降和泵房结构的倾斜，这对机组的正常运行是有害的。因此，在进行竖井式泵房设计时，除应满足地基允许承载力、抗滑、抗浮稳定安全要求外，还应满足抗倾（即计算基础底部应力不均匀系数不超过规定值）的要求。

8.3 缆车式泵站

8.3.2 缆车式泵站泵车数不应少于 2 台，主要是考虑移车时可交替进行，不致影响供水。根据已建缆车式泵站的运行经验，每台泵车宜布置 1 条输水管道，移车时接管比较方便。

泵车的供电电缆（或架空线）与输水管道应分别布置在泵车轨道两侧，这是为了防止移车时供电电缆（或架空线）与输水管道互相干扰的缘故。

变配电房、绞车房是缆车式泵站的固定设施，两者均应布置在校核洪水位以上，且在同一高程上，这样管理较为方便。绞车房的位置应能将泵车上移到校核洪水位以上，这是为了满足泵车车身防洪的需要。

8.3.3 泵车布置要求紧凑合理，便于操作检修，同时要求车架受力均匀，以保证运行安全。已建的缆车式泵站泵车内机组平面布置大致有三种形式：一是两台机组正反布置；二是两台机组平行布置；三是三台机组呈"品"字形布置。从运行情况看，两台机组正反布置形式较好，其优点是泵车受力均匀、运行时产生振动小，近年来新建的缆车式泵站均采用此种布置形式。因此本规范规定，每台泵车上宜装置水泵 2 台，机组应交错即正反布置。

8.3.4 泵车车型竖向布置宜采用阶梯形，这样可减少三角形纵向车架腹杆高度，增加车体刚度和降低车体重心，有利于车体的整体稳定。

8.3.5 根据调查资料，已建缆车式泵站的泵车车架较普遍存在的主要问题是：在动荷载影响下，强度和稳定性不够，车架结构的变形和振动偏大等，从而影响到泵车的正常运行。其中有少部分泵车已不得不进行必要的加固改造。经分析认为，车架结构产生较大变形和振动的主要原因是由于轨道下地基产生不均匀沉降，致使轨道出现纵向弯曲，车架下弦支点悬空，引起车架杆件内力加剧，造成车架结构的变形；车架承压竖杆和空间刚架的刚度不足而引起变形；平台梁挑出过长结构按自由端处理，在动荷载作用下，振动严重。因此，在设计泵车结构时，除应进行静力（强度、稳定）计算外，还应进行动力计算，验算振幅和共振等，并应对纵向车架杆件按最不利的支承方式进行验算。

8.3.6 由于泵车一直是在斜坡道上上、下移动的，如果操作稍有不当，或绞车失灵，或钢丝绳断裂，容易造成下滑事故，因此泵车应设保险装置以保证运行安全。

8.3.8 泵车出水管与输水管的连接方式对泵车的运行影响很大。目前已建缆车式泵站的泵车接管大致有三种：柔性橡胶管、曲臂式联络管和活动套管。泵车出水管直径小于400mm时，多采用柔性橡胶管；大于400mm时，多采用曲臂式联络管；而活动套管则很少采用。在水位变化幅度较大的情况下，尤其适宜采用曲臂式联络管。因此本规范规定，联络管宜采用曲臂式；管径小于400mm时，可采用橡胶管。

出水管应沿坡道铺设。对于岸坡式坡道，管道可埋设在地下，宜采用预应力钢筋混凝土管；对于桥式坡道，管道可架设，应采用钢管。

沿出水管应设置若干个接头岔管，供泵车出水管与输水管连接输水用。接头岔管的间距和高差，主要取决于水泵允许吸上真空高度、水位涨落幅度和出水管与输水管的连接方式。当采用柔性橡胶管时，接头岔管间的高差可取 1.0m～2.0m；当采用曲臂式联络管时，接头岔管间的高差可取 2.0m～3.0m。

8.4 浮船式泵站

8.4.3 机组设备间布置有上承式与下承式两种：上承式机组设备间，即将水泵机组安装在浮船甲板上。这种布置便于运行管理且通风条件好，适用于木船、钢丝网水泥船或钢船，但缺点是重心高、稳定性差、振动大。下承式机组设备间，即将水泵机组安装在船舱底部骨架上。这种布置重心低、稳定性好、振动小，但运行管理和通风条件差，加上吸水管要穿过船舷，因此仅适用于钢船。不论采用何种布置形式，均应力求船体重心低、振动小，并保证在各种不利条件下运行的稳定性。特别是机组容量较大、台数较多时，宜采用下承式布置。为了确保浮船的安全，防止沉船事故，首尾舱还应封闭，封闭容积应根据浮船船体的安全要求确定。

8.4.5 浮船的稳性衡准系数 K 即回复力矩 M_q 与倾覆力矩 M_f 的比值。浮船设计时，要求在任何情况下均应满足 $K \geq 1.0$，方可确保浮船不致倾覆。

8.4.6 浮船的锚固方式关系到浮船运行的安全。锚固的主要方式有岸边系缆，船首、尾抛锚与岸边系缆相结合，船首、尾抛锚并增设角锚与岸边系缆相结合等。采用何种锚固方式，应根据浮船安全运行要求，结合停泊处的地形、水流状况及气象条件等因素确定。

8.5 潜没式泵站

8.5.1 为了有利于潜没式泵站泵房结构的抗浮稳定，应尽可能减小泵房体积，泵房内宜安装卧式机组，且台数不宜太多，一般不宜超过4台。

8.5.2 潜没式泵站泵房顶宜设置天窗，作为非洪水期通风采光用。天窗结构应保证启闭灵活、密封性好。为了便于管理运用，要求机电设备应能在岸上进行自动控制。

9 水力机械及辅助设备

9.1 主 泵

9.1.1 根据国内已建泵站的选型经验，并考虑到今后的提高和发展，本条规定了主泵选型的基本原则：

1 主泵选型最基本的要求是满足泵站设计流量和设计扬程的要求，同时要求在整个运行范围内，机组安全、稳定，并且有最高的平均效率。

2 要求在泵站设计扬程时，能满足泵站设计流量的要求；在泵站平均扬程时，水泵应尽量达到最高效率；在泵站最高或最低扬程时，水泵能安全、稳定运行，配套电动机不超载。

排水泵站的利用率比较低，当需要运行时，又要求在最短时间内排除积水，所以水泵选型时应与一般泵站有所区别，强调在保证机组安全、稳定运行的前提下，水泵的设计流量宜按最大流量计算。

3 水泵一般按抽送清水设计。当水源含沙量比较大时，水泵效率下降，流量减少，汽蚀性能恶化。所以，在水泵选型时充分考虑含沙量、粒径对水泵性能的影响是必要的。

4 随着科学技术的不断发展，性能优良的水力模型不断出现。在水泵选型时，应以积极的态度推广使用性能优良的新产品，逐步替代落后的系列产品。新设计的水泵应有比较完整的水泵模型试验资料，对轴流泵和混流泵为带有流道的装置模型试验资料，并经过验收合格后才能使用。大型机组在无任何资料可借鉴，且原型泵的放大超过 10 倍时，有必要进行中间机组试验。

5 有多种泵型可供选择时，应考虑机组运行调度的灵活性、可靠性、运行费用、主机组费用、辅助设备费用、土建投资、主机组事故可能造成的损失等因素进行比较论证，选择综合指标优良的水泵。

6 采用变速调节能增加水泵对流量和扬程的适应性，但会增加设备投资，因此应进行技术经济比较。

9.1.2 一般情况下，主泵台数多则运行调度灵活性较好、工程投资较多，主泵台数少则运行调度灵活性下降、工程投资较少，因此主泵的台数选择应对经济性和运行调度灵活性进行综合考虑。

9.1.3 为了保证机组正常检修或发生事故时泵站仍能满足设计流量的要求，设置一定数量的备用机组是必要的。对于重要的城市供水泵站，由于机组事故或检修而不能正常供水，将会影响千家万户的生活，也会给国民经济造成巨大损失，所以备用机组应适当增加。

对于灌溉泵站，备用机组台数可适当减少，但也需具体分析，区别对待。随着我国外向型农业以及集约型农业经济的发展，某些灌溉泵站的重要性十分明显，其备用机组台数经论证可适当增加。

在设置备用机组时，不宜采用容量备用，而应采用台数备用。

9.1.4 轴流泵和混流泵装置模型试验是指包括进、出水流道在内的水力模型试验。由于低扬程水泵进、出流水道的水力损失对泵站装置效率影响很大，除要求提高泵段效率外，还应提高进、出水流道的效率，选择最佳的流道型线。

9.1.5 水泵的轴功率与转速的立方成正比，汽蚀余量与转速的平方成正比。水泵若做增速运行，必须验算电动机是否过载，水泵安装高程是否满足要求，同时要验算水泵结构强度及振动等。

9.1.6 为保证配套电动机在水泵的运行范围内不超载，应分别计算最高扬程、平均扬程、最低扬程时的轴功率，取其最大者作为最大轴功率。

在含沙介质中工作的低比转数水泵，随着含沙量的增大，水泵流量随之减少，故水泵轴功率无明显的变化。高比转数水泵，含沙量对水泵轴功率则有明显影响。由于水泵严重磨蚀引起容积效率大为降低，或者虹吸式出水流道漏气引起扬程增加，水泵都有可能出现超载现象，这是不正常的运行状态，在计算最大轴功率时应酌情考虑。

9.1.7 水泵安装高程合理与否，影响到水泵的使用寿命及运行的稳定性，所以大型水泵的安装高程的确定需要详细论证。

以往我们对泥沙影响水泵汽蚀余量的严重程度认识不足，导致安装高程定得不够合理。近年来，我国学者做了不少实验与研究，所得的结论是一致的：泥沙含量对水泵汽蚀性能有很大的影响。室内实验证明，泥沙含量 $5kg/m^3 \sim 10kg/m^3$，水泵的允许吸上真空高度降低 $0.5m \sim 0.8m$；含沙量 $100kg/m^3$ 时，允许吸上真空高度降低 $1.2m \sim 2.6m$；含沙量 $200kg/m^3$ 时，允许吸上真空高度降低 $2.75m \sim 3.15m$。所以，水泵安装高程应根据水源设计含沙量进行修正。

由于水泵额定转速与配套电动机转速不一致而引起汽蚀余量的变化往往被忽视。当水泵的工作转速不同于额定转速时，汽蚀余量应按下式换算：

$$[NPSH]' = NPSH\left(\frac{n'}{n}\right)^2 \quad (5)$$

式中：$[NPSH]'$——相应于工作转速 n' 的汽蚀余量；
$NPSH$——相应于额定转速 n 的汽蚀余量。

基准面是指通过由叶轮叶片进口边的外端所描绘的圆的中心的水平面，如图1所示。对于多级泵以第一级叶轮为基准；对于立式双吸泵以上部叶片为基准；对于可调叶片的混流泵和轴流泵，以叶片轴线与叶轮室表面的交点所描绘的圆的中心所处的水平面为基准。

9.1.8 将并联运行水泵台数限制在4台以内，除了考虑土建投资和管道工程费用因素外，还考虑了对水泵性能的影响。因为水泵总扬程由净扬程和管路水头损失两部分组成，如果一条总管有4台水泵并联运行，在设计流量下管路水头损失为 ΔH，当单泵运行时，总管通过流量只有设计流量的 $1/4$，管路水头损失只有设计值的 $1/16$，水泵总扬程大为减小，流量增大，效率降低，水泵允许吸上真空高度减小，安装高程需要降低，土建投资也会增大。并联台数愈多，水泵扬程变化范围愈大，对水泵的流量和允许吸上真空高度的影响愈明显。所以，应校核单台水泵运行时的工作点，检查是否出现超载、汽蚀和效率偏低等情况。比转数低于90的水泵，其特性曲线有驼峰出现，同样应考虑能否并联运行。

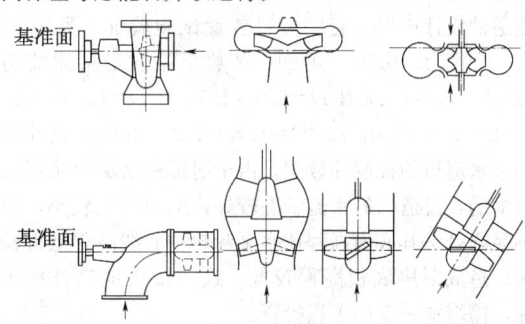

图 1　基准面

9.1.9 油压装置的有效容积指油压从正常工作油压降低到最低工作油压时的供油体积，泵站开机并非同时进行，而且机组运行工况变化比较缓慢，油压装置处于半工作状态，故全站一般共用一套油压装置即可满足要求。

9.1.11、9.1.12 关于水泵装置效率，各方面意见一直存在着较大的差异。本次规范修订工作对此进行了专门的调查。据对调查资料的分析，设计扬程3m以上的轴流泵站装置效率在64.6%～80.3%之间，平均为72.5%；设计扬程3m以下的轴流泵站装置效率在57.3%～64.8%之间，平均为60.4%；双向泵站装置效率在49.8%～61.7%之间，平均为55.8%；离心泵站装置效率在63.3%～77.6%之间，平均为71.3%。

考虑到我国幅员辽阔、地域宽广，对于不同的泵站来说自然条件和抽水要求的差异较大，例如南方地区的超低扬程泵站，净扬程常只有1m～2m，而流道水力损失至少也有0.4m～0.6m，流道效率很低，使得装置效率难以提高；又比如离心泵站在同样的总扬程下，由于地形扬程和管道损失扬程所占比例的不同，其管道效率可能有很大的差异，从而使得装置效率差别很大。故本规范对于泵站的装置效率提出了宜采用的范围值，既反映了我国现阶段泵站的装置效率总体水平，又给出了根据现阶段的设备设计和制造水平、流道研究和施工水平所能够达到的装置效率水平。

9.2 进出水流道

9.2.2 有关试验研究表明：进水流道的设计，主要问题是要保证其出口流速和压力分布比较均匀。为此，要求进水流道型线平顺，各断面面积沿程变化均匀合理，且进口断面处流速宜控制不大于1.0m/s，以减小水力损失，为水泵运行提供良好的水流条件。

9.2.3 肘形进水流道是目前国内外采用最广泛的一种流道形式。如国内已建成的两座最大轴流泵站，水泵叶轮直径分别为4.5m和4.0m，配套电动机功率分别为5000kW和6000kW，都是采用这种流道形式，经多年运行检验，情况良好。我国部分泵站肘形进水流道的设计成果（有些经过装置试验验证）见表8、表9和图2。由表9可知，多数泵站肘形进水流道 $H/D=1.5\sim2.2$，$B/D=2.0\sim2.5$，$L/D=3.5\sim4.0$，$h_k/D=0.8\sim1.0$，$R_0/D=0.8\sim1.0$，可作为设计肘形进水流道的控制性数据。由于肘形进水流道是逐渐收缩的，流道内的水流状态较好，水力损失较小，但不足之处是其底面高程比水泵叶轮中心线高程低得较多，造成泵房底板高程较低，致使泵房地基开挖较深，需增加一定的工程投资。

钟形进水流道也是一种较好的流道型式。根据几座采用钟形进水流道的泵站装置试验资料，与肘形进水流道相比，钟形进水流道的平面宽度较大，B/D 值一般为2.5~2.8，而高度较小，H/D 值一般为1.1~1.4。这样可提高泵房底板高程，减少泵房地基开挖深度，机组间需填充的混凝土量也较少，因而可节省一定的工程量。例如，两座水泵叶轮直径相同的泵站，分别采用肘形进水流道和钟形进水流道，采用钟形进水流道的泵站与采用肘形进水流道的泵站相比，设计扬程高，单泵设计流量大，而泵房地基开挖深度反而浅，混凝土用量反而少（见表10）。根据钟形进水流道的装置试验结果，其装置效率并不比肘型进水流道的装置效率低。因此，国外一些大、中型泵站采用钟形进水流道的较多。近几年来，国内泵站也有采用钟形进水流道的，运行情况证明效果良好。

有关试验资料表明，在水泵叶片安装角相同的情况下，无论是肘形进水流道或钟形进水流道，当进口上缘（顶板延长线与进口断面的延长线的交点）的淹没水深大于0.35m时，基本上未出现局部漩涡；当淹没水深在0.2m~0.3m时，流道进口水面产生时隐时现的漩涡，有时涡带还伸入流道进口内，但此时对水泵性能的影响并不大，机组仍能正常运行；当淹没水深在0.1m~0.18m时，进口水面漩涡出现频繁；当淹没水深为0.06m时，漩涡剧烈，并夹带大量空气进入流道，致使水泵运行不稳，噪声严重。因此，本规范规定进水流道进口上缘的最小淹没水深为0.5m，即应淹没在进水池最低运行水位以下至少0.5m。

进水流道的进口段底面一般宜做成平底。为了抬高进水池和前池的底部高程，降低其两岸翼墙的高度，以减少地基土石方开挖量和混凝土工程量，可将进水流道进口段底面向进口方向上翘，即做成斜坡面形式。根据我国部分泵站的工程实践，除有些泵站进水流道进口段底面做成平底外，多数泵站进水流道的进口段底面上翘角采用7°~11°（见表9）。因此，本规范规定进水流道进口段底面上翘角不宜大于12°。关于进口段顶板仰角，我国多数泵站的进水流道采用20°~28°，也有个别泵站采用32°（见表9）。因此，本规范规定进水流道进口段顶板仰角不宜大于30°。

表8 我国部分泵站肘形进水流道各控制断面面积及流速汇总表

泵站序号	A—A断面 面积 F_A (m²)	A—A断面 流速 V_A (m/s)	B—B断面 面积 F_B (m²)	B—B断面 流速 V_B (m/s)	C—C断面 面积 F_C (m²)	C—C断面 流速 V_C (m/s)	备注
1	12.6	0.60	4.50	1.67	2.22	3.38	
2	13.2	0.53	4.02	1.74	2.22	3.15	
3	22.4	0.81	10.0	1.81	7.07	2.56	
4	23.7	0.89	11.9	1.77	7.25	2.90	
5	25.4	0.82	11.5	1.82	6.60	3.18	
6	25.5	0.82	12.1	1.74	7.06	2.98	
7	25.7	0.82	11.7	1.79	6.47	3.24	
8	30.0	0.70	12.0	1.75	6.83	3.07	
9	33.7	0.62	11.1	1.90	6.45	3.25	
10	36.1	0.84	17.9	1.69	9.62	3.14	
11	75.0	0.80	35.3	1.70	16.9	3.55	
12	59.1	0.91	29.1	1.84	14.7	3.65	

表9 我国部分泵站肘形进水流道主要尺寸汇总表

泵站序号	主要尺寸（cm）											
	D	H	h_1	h_k	h_2	L	L_1	L_2	L_3	L_4	L_5	B	b
1	154	345	—	184	245	1080	—	—	—	162.5	122	450	—
2	154	346.5	500.5	184.2	245.2	1074.8	—	—	—	—	—	440.4	
3	160	288	280	134	188	732.2	—	—	159	130.7	105	450	
4	280	490	420	231.4	324.5	1000	700	332	282	257.8	—	620	60
5	280	420	490	228	320	1000	600	367	250	217.6	130	600	70
6	280	440	526.1	230	280	1000	—	—	200	200	68.2	560	
7	280	450	450	216.2	310	1100	700	367	494	245	136.6	600	60
8	300	540	380	230	400	1140	535		275	244.1	145.5	600	60
9	310	560	700	298.6	386.6	1120	845.2		75.5	274.8	123.9	700	
10	400	700	730	348	450	1300	900	620	330.3	330.3	186.5	1000	100
11	450	720	785	360	522	1500	1100	660	360	360	215	1150	

泵站序号	主要尺寸（cm）						进口段收缩角		比值				
	R_0	R_1	R_2	R_3	R_4	D_1	α	β	H/D	B/D	L/D	h_k/D	R_0/D
1	208	130	79	—	—	168	26°09′	0°	2.24	2.92	7.03	1.19	1.35
2	208.7	—	79	—	—	167.9	28°	0°	2.25	2.86	6.98	1.20	1.36
3	189	197.2	46.7	92.3	—	168	8°56′	0°	1.80	2.81	4.58	0.84	1.18
4	280	—	100	280	360	304	22°	8°27′	1.75	2.21	3.57	0.83	1.00
5	280	50	70	100	360	295	20°	0°	1.50	2.14	3.57	0.81	1.00
6	225	50	30	200	697	300	27°	8°32′	1.57	2.00	3.57	0.82	0.80
7	280	—	100	806	360	295	12°57′	7°50′	1.61	2.14	3.93	0.77	1.00
8	300	50	90	280	510	300	28°06′	10°14′	1.80	2.00	3.80	0.77	1.00
9	308	130	102.3	1065	—	350	26°27′	10°15′	1.81	2.26	3.61	0.96	0.99
10	405	165	115	300	500	432	32°	9°56′	1.75	2.50	3.25	0.87	1.01
11	450	100	130	200	575	460	25°11′	8°32′	1.60	2.56	3.33	0.80	1.00

表10 钟形流道与肘形流道的工程特性参数比较表

泵站序号	水泵叶轮直径（m）	单机功率（kW）	设计扬程（m）	单泵设计流量（m³/s）	流道形式	泵站地基开挖深度（m）	混凝土用量（m³）
1	2.8	1600	5.62	21.0	肘形	4.98	3200
2	2.8	2800	9.00	25.9	钟形	4.00	1300

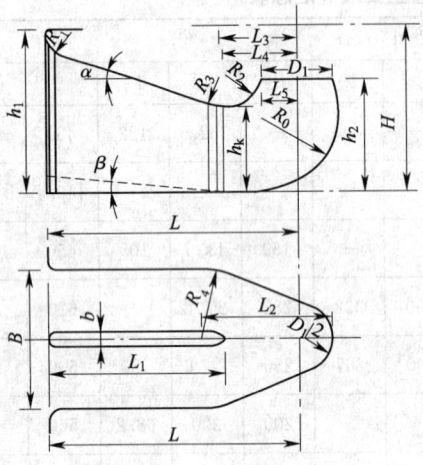

图 2 肘形进水流道主要尺寸图

9.2.4 出水流道布置对泵站的装置效率影响很大，因此流道的型线变化应比较均匀。为了减小水力损失，出口流速应控制在 1.5m/s 以下，当出口装有拍门时，可控制在 2.0m/s。如果水泵出水室出口处流速过大，宜在其后面直至出水流道出口设置扩散段，以降低流速。扩散段的当量扩散角不宜过大，一般取 8°～12°较为合适。

9.2.6 直管式出水流道进口与水泵出水室相连接，然后沿水平方向或向上倾斜至出水池。为了便于机组启动和排除管内空气，在流道出口常采用拍门或快速闸门断流，并在门后管较高处设置通气孔，以减少水流脉动压力，机组停机时还可向流道内补气，避免流道内产生负压，减少关闭拍门时的撞击力，改善流道和拍门的工作条件。

9.2.7 虹吸式出水流道的进口与水泵出水室相连接，出口淹没在出水池最低运行水位以下，中间较高部位为驼峰，并略高于出水池最高运行水位，在满足防洪要求的前提下，出口可不设快速闸门或拍门。在正常运行工况下，由于出水流道的虹吸作用，其顶部出现负压；停机时，需及时打开设在驼峰顶部的真空破坏阀，使空气进入流道而破坏真空，从而切断驼峰两侧的水流，防止出水池的水向水泵倒灌，使机组很快停稳。根据工程实践经验，驼峰顶部的真空度一般应限制在 7m～8m 水柱高，因此本规范规定驼峰顶部的真空度不应超过 7.5m 水柱高。

驼峰断面的高度对该处的流速和压力分布均有影响。如果高度较大，断面处的上、下压差就会很大。工程实践证明，在尽量减少局部水力损失的情况下，压低驼峰断面的高度是有好处的。这样一方面可加大驼峰顶部流速，使水流夹气能力增加，并可减小该断面处的上、下压差；另一方面可减少驼峰顶部的存气量，便于及早形成虹吸和满管流，而且还可减小驼峰顶部的真空度，从而增大适应出水池水位变化的范围，因此驼峰处断面宜设计成扁平状。

9.2.9 由于大、中型泵站机组功率较大，如出水流道的水力损失稍有增大，将使电能有较多的消耗，因此常将出水流道的出口上缘（顶板延长线与出口断面的延长线的交点）淹没在出水池最低运行水位以下 0.3m～0.5m。当流道宽度较大时，为了减小出口拍门或快速闸门的跨度，常在流道中间设置隔水墩。有关试验资料表明，如果隔水墩布置不当，将影响分流效果，使出流分配不均匀，增加出水流道的水力损失。因此，隔水墩起点位置距水泵出水室宜远一点，待至水泵出流流速较均匀处再分隔为好。一般隔水墩起点位置与机组中心线距离不应小于水泵出口直径的 2 倍。

9.3 进水管道及泵房内出水管道

9.3.1 水泵进水管路比较短，其直径不宜按经济流速确定，而应同时考虑减少进水管水力损失，减少泵房挖深和改善水泵汽蚀性能等因素综合比较确定。一般进水管流速建议按 1.5m/s～2.0m/s 选取。

水泵出水管道一般都比较长，出水管流速需进行技术经济比较确定。我国地域辽阔，地区之间有差别，泵站服务对象也不尽相同，致使电价或运行成本差别较大，出水管流速可在 2.0m/s～3.0m/s 范围内选取。

9.3.2 曲线形进水喇叭口水力损失比较小，但制造成本比较高。大型水泵一般采用直线形喇叭管，其锥角不宜大于 30°。

9.3.3 为保证水泵进水管有比较好的流态，使其流速分布比较均匀，避免进水池出现漩涡，离心泵进水喇叭管的布置形式（参见图 3）以及与建筑物的距离应符合本条文的规定。

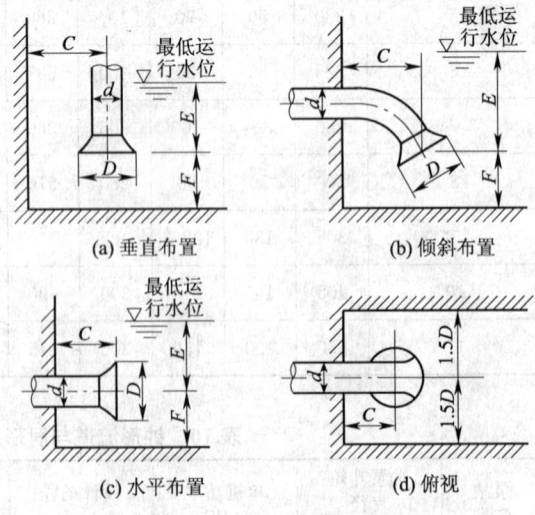

图 3 进水喇叭管布置图
C—喇叭管中心与后墙的距离；d—进水管直径；
D—喇叭管进口直径；E—喇叭口中心的淹没深度；
F—喇叭口中心的悬空高度

9.3.4 离心泵必须关阀启动，所以出水管路上应设工作阀门，为使工作阀门出现故障需检修时能截断水流，还需设检修阀门。

离心泵关阀启动时的扬程即零流量时的扬程，一般达到设计扬程1.3倍～1.4倍。所以，水泵出口操作阀门的工作压力应按零流量时压力选定。

普通止回阀阻力损失大，能耗高，关闭速度不易控制，势必造成水锤压力过大，故不宜装设。当管道直径小于500mm时，可装微阻缓闭止回阀。

9.4 过渡过程及产生危害的防护

9.4.1 当水泵机组事故失电时，管道系统将产生水锤（包括正压水锤和负压水锤）以及机组逆转。水锤压力的大小是管路系统的重要设计依据之一。计算水泵在失去动力后管路系统各参数的变化情况，并采取必要的防护措施，确保机组及管路系统的安全，是泵站设计的重要内容。

9.4.2 事故停泵水锤防护的主要内容应包括以下几方面：①防止最大水锤压力对压力管道及管道附件的破坏；②防止压力管道内水柱断裂或出现不允许的负压；③防止机组反转造成水泵和电动机的破坏；④防止流道内压力波动对水泵机组的破坏。

本条规定的反转速度不超过额定转速的1.2倍，是根据电动机的有关技术标准制定的。事实上，只要水锤防护设施（如两阶段关闭蝶阀）选择得当，完全有可能将反转速度限制在很小的范围，甚至不发生反转。从机组的结构特点看，机组反转属于不正常的运行方式，容易造成某些部件的损坏，所以希望反转速度愈小愈好，但也应避免出现长时间的低速旋转。

最大水锤压力值限制在水泵额定工作压力的1.3倍～1.5倍，主要考虑两方面因素：一是输水系统的经济性；二是采取适当的防护措施，最大水锤压力完全可以限制在此范围内。例如某提灌二期工程最大水锤压力只有额定工作压力的1.2倍～1.25倍。

由于各地区的海拔高度不同，出现水柱分裂的负压值是不同的，在计算上应注意修正。为了减少输水系统工程费用，确保输水系统安全，应采取措施限制输水系统负压值，当负压达到2.0m水柱时，宜装真空破坏阀。

9.4.3 轴流泵和混流泵出水流道的断流设施主要有拍门和快速闸门。采用虹吸式出水流道时，用真空破坏阀断流。

采用真空破坏阀作为断流设施时，其动作应准确可靠。通过真空破坏阀的空气流速宜按50m/s～60m/s选取。采用拍门作为断流设施时，其断流时间应满足水锤防护要求，撞击力不能太大，不能危及建筑物和机组的安全运行。

采用快速闸门作为断流设施时，应保证操作机构动作的可靠性。其断流时间满足设计要求，同时应对其经济性进行论证。

9.4.4 扬程高、管道长的大、中型泵站，事故停泵可能导致机组长时间超速反转或造成水锤压力过大，因而推荐在水泵出口安装两阶段关闭的液压缓闭阀门。根据水泵过渡过程理论分析，水泵从事故失电至逆流开始的这个时段，如果阀门以比较快的速度关闭至某一角度（65°～75°），不至于造成过大的水锤压力升高或降低。管道出现逆流或稍后的某一时刻（如半相时间），阀门必须以缓慢的速度关闭至全关。由于阀门开始慢关时，阀瓣已关至某一角度，作用于水泵叶轮的压力已很小，虽然慢关时段较长，也不会使机组产生大的反转速度。两阶段关闭阀门可以减少水锤压力，减小机组反转速度，又能动水启闭，有一阀多用的特点。

9.5 真空及充水系统

9.5.1 各种形式的水泵都要求叶轮在一定淹深下才能正常启动。如果经过技术经济比较，认为用降低安装高程方法来实现水泵的正常启动不经济，则应设置真空、充水系统。

虹吸式出水流道设置真空系统，目的在于缩短虹吸形成时间，减小机组启动力矩。如果经过分析论证，在不预抽真空情况下机组仍能顺利启动，也可以不设真空、充水系统，但形成虹吸的时间不宜超过5min。

9.5.2 最大抽气容积是虹吸式出水流道内水位由出口最低水位升至离驼峰底部0.2m～0.3m时所需排除的空气容积，即驼峰两侧水位上升的容积加上驼峰部分形成负压后排除的空气容积。

9.5.3 利用运行机组驼峰负压作为待启动机组抽真空时，首先要核算运行机组的抽气量。抽气时间不应超过10min～20min。利用驼峰负压抽气期间，运行机组的扬程增大，轴功率增加，这种抽气方式是否经济还需详细分析。

9.5.4 抽真空管路系统，尤其是虹吸式出水流道抽真空系统，应该有良好的密封性。若真空破坏阀或其他阀件漏气，驼峰部分的真空度降低，相当于水泵扬程增加，轴功率增大，能耗增加。所以，维持抽真空系统的良好密封具有重要意义。

9.6 排 水 系 统

9.6.1 机组检修周期比较长或检修排水量比较小时，宜将检修排水和渗漏排水合并成一个系统。排水泵单泵容量及台数应同时满足两个系统的要求。两个系统合并时，应有防止外水倒灌入集水井的措施。防倒灌措施可采用下列方法之一：

1 吸水室的排空管接于排水泵的吸水管上，不得返回集水井；

2 排空管与集水井（或集水廊道）相通时，应有监视放空管阀门开、关状态的信号装置。

9.6.2 排水泵至少应设 2 台。检修时，排水泵全部投入，在 4h～6h 内排除吸水室全部积水，然后至少有 1 台泵退出运行作备用，其余水泵用以排除闸门的漏水。用于渗漏排水时，至少有 1 台泵作为备用。

9.6.4 大型立式轴流泵或混流泵多数采用同步电动机驱动。机组不抽水时，可作为调相机运行，以补偿系统无功。调相运行时，可落下进水口闸门，利用排水泵降低进水室水位，使叶轮脱水运行。

9.6.5 为配合排水泵实现自动操作，其出水管应位于进水池最低运行水位以下，但冰冻地区除外。

9.6.6 集水井或集水廊道均应考虑清淤以及清淤时的工作条件。

9.6.7 为便于设备检修，在进出水管路最低点设排空管是非常必要的。在寒冷地区，排空管路积水可以避免冻胀引起的设备损坏。为避免鱼类或其他水生生物堵塞排水管，排水管出口可装拍门。

9.7 供水系统

9.7.1 泵站的冷却、密封、润滑、消防以及生活供水系统，应根据泵站规模、机组要求、运行管理人员数量确定。水泵的轴承润滑及生活用水要求有比较好的水质，可单独自成系统。

9.7.2 用水对象对水质的要求，主要包括泥沙含量、粒径以及有害物质含量。作为冷却水，泥沙及污物含量以不堵塞冷却器为原则。水质不符合要求时，应进行净化处理或采用地下水。

9.7.3 主泵扬程低于 10m～15m 时，宜用水泵供水，并按自动操作设计。工作泵故障时备用泵应能自动投入。

9.7.5 轴流泵及混流泵站，因机组用水量较大，水塔容积按全站 15min 的用水量确定，可满足事故停电时，机组停机过程的冷却用水及泵房的消防用水要求。

离心泵站用水量较小，水塔容积可按全站 2h～4h 的用水量确定。

干旱地区的泵站或停泵期间无其他水源的泵站，应充分考虑运行管理人员的生活用水，水塔或水池的容积应能满足停机期间生活和消防用水的需要。

9.7.10～9.7.12 这三条系参照国家现行标准《建筑设计防火规范》GB 50016 和《水利水电工程设计防火规范》SDJ 278 的有关规定制定。

9.8 压缩空气系统

9.8.2 根据压力容器的有关等级划分标准，低压系统压力为 0.1MPa～1.6MPa（不含 1.6MPa）；中压系统压力为 1.6MPa～10MPa（不含 10MPa）。

目前机组制动、检修和吹扫多采用 0.7MPa～0.8MPa 的空气压力，其系统为低压系统；轴流泵或混流泵的叶片调节油压装置多采用 2.5MPa～4.0MPa 的空气压力，其系统为中压系统。

9.8.4 若站内必须设中压系统，而低压系统用气量又不大时，低压用气可由中压系统减压供给，此时可不设低压空压机，但必须设低压贮气罐。中、低压系统之间可用管路连接，通过减压阀或手动阀减压后向低压系统供气，但应设安全阀，确保低压系统的安全。

9.9 供油系统

9.9.3、9.9.4 泵站的油再生及油化验任务较小，加之油分析化验技术性较强，运行人员一般难以掌握，故泵站不宜设油再生和油化验设备。大型多级泵站及泵站群，由于机组台数多，用油量大，且属同一管理系统，宜设中心油系统，贮备必需的净油并进行污油处理，可配备比较完整的油化验设备。

9.9.5 当机组充油量不大、机组台数又比较少时，供油总管利用率比较低，管内积油变质后又被带入轴承油槽，影响新油质量，所以宜用临时管道加油。

9.9.7 绝缘油和透平油均为不溶于水、不易被分解的物质，油桶或变压器事故排油不得排入河道或输水渠道，以免对环境和水质造成污染。

9.10 起重设备及机修设备

9.10.1 为改善工作条件、缩短检修时间，泵房内应装设桥式起重机。起重机的额定起重量应与现行起重机标准系列一致。

立式机组起重量按电动机转子连轴的总重量确定，当电动机为整体结构时，应按整机重量确定。

对整体吊装的卧式机组，起重量按电动机或水泵的整体重量选定。

对可解体的卧式机组，起重量按解体后最重部件的重量选定。

9.10.2 起重机的类型应根据装机台数、起重量的大小等因素选定。为减轻工作强度，宜选用电动起重机。

9.10.3 起重机的工作制应根据其利用率决定。一般泵站起重机的利用率较低，故起重机的桥架，主起升机构，大、小车运行机构的机械部分以及运行机构的电气设备均可选轻级工作制。主起升机构的电气设备及制动器、副起升机构及电气设备在机组安装检修期间工作强度大，故应选用中级工作制。

9.10.5 随着社会分工的发展，将泵站的检修工作社会化，具有节省资金、场地和人员并提高设备利用率的优点。因此泵站可只配备简单的工具。

9.11 采暖通风与空气调节

9.11.1 泵房的通风方式有：自然通风，机械送风、自然排风，自然进风、机械排风，机械送风、机械排风等。选择泵房的通风方式，应根据当地的气象条件、泵房的结构形式及对空气参数的要求选择，并力求经济实用，有利于泵房设备布置，便于通风设备的运行维护。

泵房的采暖方式有：利用电动机热风采暖、电辐射板采暖、热风采暖和热水（或蒸汽）锅炉采暖等。我国各地区的气温差别很大，需根据各地的实际情况以及设备的要求，合理选择采暖方式。

9.11.2 当主泵房属于地面厂房时，应优先考虑最经济、最有效的自然通风。当主泵房属于封闭厂房时，应优先考虑利用结构特点采用自然通风或自然与机械联合通风。

对于值班人员经常工作的场所（如中控室），或者有特殊要求的房间，宜装设空气调节装置。

9.11.4～9.11.7 这四条系参照国家现行标准《采暖通风与空气调节设计规范》GB 50019 和《水力发电厂厂房采暖通风和空气调节设计规程》DL/T 5165 的规定制定。

9.11.8 表 9.11.8-7 和表 9.11.8-2 系参照《工业企业设计卫生标准》GBZ 1 制定。

对于南方部分地区，夏季室外计算温度较高，无法满足一般通风设计的要求，若采用特殊措施又造价昂贵，故表中定为比室外计算温度高 3℃。

9.12 水力机械设备布置

9.12.1 水力机械设备布置直接影响到泵房的结构尺寸，设备布置的合理与否对运行、维护、安装、检修有很大的影响。所以，在进行水力机械设备布置时，除满足其结构尺寸的需要外，还要兼顾以下几方面：

1 满足设备运行、维护的要求。有操作要求的设备，应留有足够的操作距离。只需要巡视检查的设备，应有不小于 1.2m～1.5m 的运行维护通道。为便于其他设备的事故处理，需要考虑比较方便的全厂性通道。

2 满足设备安装、检修的要求。在设备的安装位置，应留有一定的空间，以保证设备能顺利地安装或拆卸。需要将设备吊至安装间或其他地区检修时，既要满足吊运的要求，又要满足设备安放及检修工作的需要。

3 设备布置应整齐、美观、合理。

9.12.2 影响立式机组段尺寸的主要因素是水泵进水流道尺寸及电动机风道盖板尺寸。在进行泵房布置时，首要满足上述尺寸的要求，并保证两台电动机风道盖板间不小于 1.5m 的净距。

9.12.4 卧式机组电动机抽芯有多种方式。如果就地抽芯，往往需加大机组间距，增大泵房投资。多数情况是将电动机定子与转子一起吊至安装间或其他空地进行抽芯。

9.12.5 边机组段长度主要考虑电动机吊装的要求。有空气冷却器时，还要考虑空气冷却器的吊装。在边机组段需要布置楼梯时，可以兼顾其需要。

9.12.6 安装间长度主要决定于机组检修的需要。立式机组在安装间放置的大件主要有电动机转子、上机架、水泵叶轮等。如果电动机层布置的辅助设备和控制保护设备比较少，有足够的空地放置上机架及水泵叶轮，可在安装间只放置电动机转子，并留有汽车开进泵房所必需的场地，即能满足机组检修的要求。

卧式机组一般都在机组旁检修，安装间只作电动机转子抽芯或从泵轴上拆卸叶轮之用，利用率比较低，其长度只需满足设备进出入泵房的要求即可。

9.12.7 泵站的辅助设备比较简单。主泵房宽度除应满足设备的结构尺寸需要外，只需满足各层所必需的运行维护通道即可。卧式机组的运行维护通道可以在进出水管上部布置，其高度应满足管道安装、检修的需要。

9.12.8 主泵房高度主要决定于设备吊运的要求。立式水泵最长部件是水泵轴。泵房高度往往由泵轴的吊运决定。如果水泵叶轮采用机械操作，则泵房高度需考虑调节机构操作杆的安装要求。

9.12.11 大型卧式水泵及电动机轴中心线高程距水泵层地面比较高，在中心线高程或稍低于中心线高程位置，设置工作平台，以利于轴承的运行维护、泵盖拆卸及叶轮的检查。目前有不少泵站在轴中心线高程设一运行、维护、检修层，或在机组四周加一平台，效果比较好，受到运行人员的欢迎。

10 电 气

10.1 供电系统

10.1.1 本条规定了泵站供电系统设计的基本原则和设计应考虑的内容。泵站供电系统设计应以泵站所在地的电力系统现状及发展规划为依据，是指在设计中应收集并考虑本地区电力系统的现状及发展规划等有关资料。在制订本规范的调查中，曾发现专用变电所、专用输电线和泵站电气连接不合理，使得有的工程初期投资增加，有的在工程投运后还需改造。因此，本条文强调了要"合理确定接入电力系统方式"是非常必要的。

10.1.2 通过对 12 个省、直辖市、自治区的调查情况看，大、中型泵站容量较大，从几千千瓦到十几万千瓦，有的工程对国民经济影响较大，一般采用专用输电线路，设置专用降压变电所。也有从附近区域变电所取得电源，采用直配线供电的。直配线供电电压一般为 6kV 或 10kV，此时，应考虑变电所其他负荷不得影响泵站运行。

变电所的其他负荷不能影响本泵站电气设备的运

行,当技术上不能满足上述要求时,则应采取设专用变电所方案。

在此次修订中,将泵站的负荷等级的划分纳入到电气专业中,并做了专项调查,调查中发现大(2)型、中型泵站也采用了双回线供电。特别是北方干旱地区,供水泵站在工业生产和人民生活中的重要性越来越高。该条文是指只要通过论证,中型、甚至小型泵站也可以采用双回线供电。另外采用双回线路供电的泵站,每一回供电线路应按承担泵站全部容量设计,但不包括泵站机组备用容量。

10.1.3 "站变合一"的供电管理方式是指将专用变电所的开关设备、保护控制设备等与泵站的同类设备统一进行选择和布置。这种供电管理方式能节省电气设备和土建投资,并且可以相对减少运行管理人员。据对17个工程、55个泵站的调查,"站变合一"的供电管理方式占设专用变电所泵站的70%。这种方案在技术上是可行的,经济上是合理的,大多数设计、供电及泵站管理部门都比较欢迎。据此,对于有条件的工程宜优先采用"站变合一"的供电管理方式。

调查中还了解到"站变合一"的供电管理方式在运行管理中存在以下问题:当变电所产权属供电部门时,有两个系统的值班员同室、同台或同屏操作情况,这样容易造成管理上的矛盾与混乱,或者是供电部门委托泵站值班员代为操作,其检修和试验仍由供电部门负责,这样容易造成运行和检修的脱节,有些设备缺陷不能及时发现和处理,以致留下事故隐患。因此,"站变合一"供电管理方式应和运行管理体制相适应。当专用变电所确定由泵站管理时,推荐采用"站变合一"的供电管理方式。

10.2 电气主接线

10.2.1 本条规定了在设计电气主接线时应遵循的原则和考虑的因素,应突出泵站是主体,其他因素应该满足泵站运行要求。泵站分期建设时,特别强调了主接线的设计应考虑便于过渡的接线方式,以免造成浪费。

10.2.2 由12个省、直辖市、自治区的55个泵站的调查发现,主接线电源侧大都采用单母线接线,双回路进线时,可采用单母线分段。运行实践证明,上述接线方式能够满足一般泵站运行要求。

10.2.3 本条款未能对泵站的台数和容量作具体规定,设计中可根据泵站的重要性综合考虑,特别是供水泵站,可以采用单母线分段或其他接线方式。如某排涝泵站4台机,单机容量2000kW,电动机母线采用了单母线分段接线。

10.2.5 关于站用变压器高压侧接点:当泵站电气主接线为35kV"站变合一"过渡方案时,在设计中常将站用变压器(至少是其中一台)从35kV侧接出。

这台变压器运行期间可担负站用电负荷,停水期间可作为照明和检修用电。主变压器退出运行,避免空载损耗。如某工程装机功率为60MW,停水期间主变压器仅带检修及电热照明负荷运行,主变压器损耗有功25kW,无功187kvar。

有些地区有第二电源时,在设计中为了提高站用电的可靠性或避免泵站停运时的主变压器空载损耗,常将其中一台站用变压器或另外增加的一台站用变压器接至第二电源上。有条件的地方可以由生活区引一回电源,作为泵站备用电源。

当选用较小容量的直流系统时,为了解决进线开关电动合闸问题,常将站用变压器(有时是其中一台)接至泵站进线处,否则该进线开关只能手动合闸或选用弹簧储能机构。

当泵站采用蓄电池直流系统跳、合闸时,站用变压器一般从主电动机电压母线接出。站用变压器高压侧接线如图4~图11。

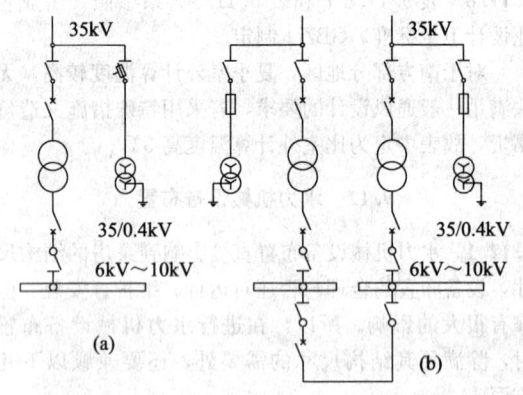

图4 泵站站用电高压侧线示例(一)

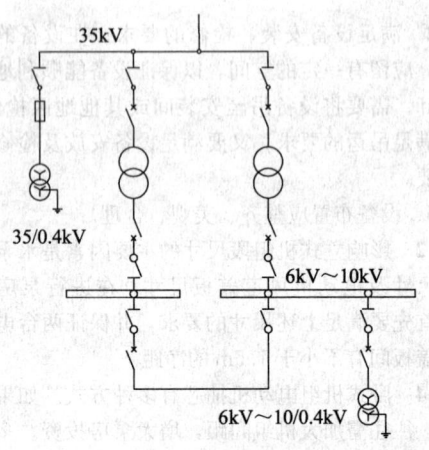

图5 泵站站用电高压侧线示例(二)

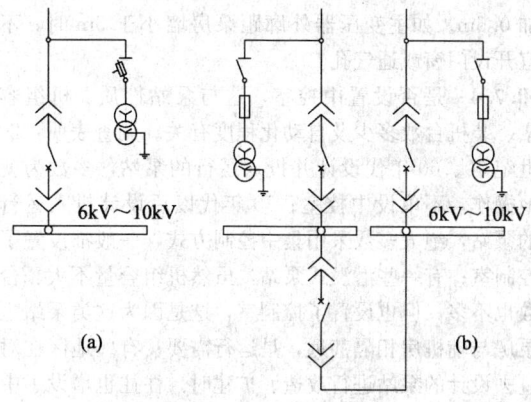

图6 泵站站用电高压侧线示例（三）

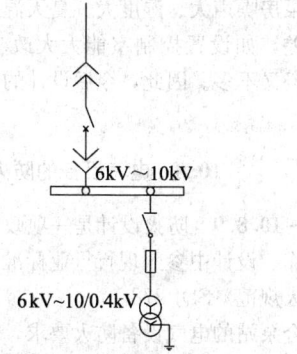

图7 泵站站用电高压侧线示例（四）

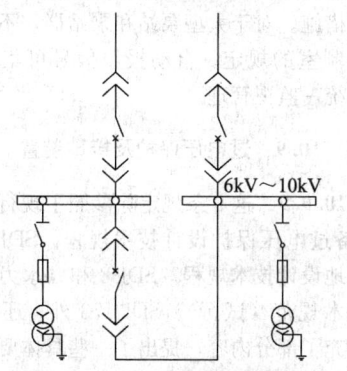

图8 泵站站用电高压侧线示例（五）

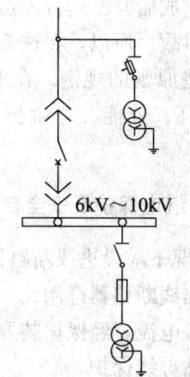

图9 泵站站用电高压侧线示例（六）

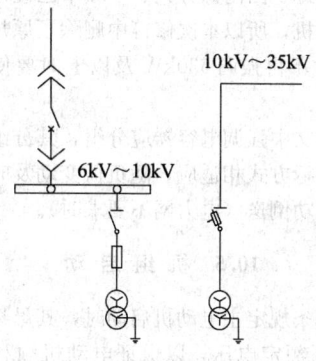

图10 泵站站用电高压侧线示例（七）

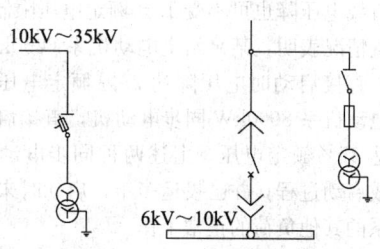

图11 泵站站用电高压侧线示例（八）

10.3 主电动机及主要电气设备选择

10.3.4 泵站专用变电所主变压器容量的选择应满足机组启动的要求，主变压器的容量及台数确定应与主接线结合起来综合考虑。由于主变的容量选择在其他手册中能查到，所以删除了原规范中的附录D。

10.3.5 选用有载调压变压器要由电压校验结果而定。排涝泵站年运行时间较短（一般平均为120d～200d），开停机组频繁，负荷起落较大。多机组运行时电压降落更大，电压质量不稳定，尤其是一些处于电网末端的泵站，这种现象更为严重。调查中有的泵站压降达20%，这时若再开一台机，就有可能引起电动机低电压保护动作而跳闸。将泵站专用变电所的主变压器改换成有载调压变压器，情况就明显好转。近年来，越来越多的大、中型泵站工程设计选用了有载调压变压器。

10.4 无功功率补偿

10.4.1 原规范是根据当时《全国供电规则》和《功率因素调整电费办法》而制定的，现已不适应市场经济的要求。设计中可以根据当地的电网无功和市场情况，作技术经济比较，可补也可不补，只需满足电网的要求即可。

由于城镇的排涝标准很高，泵站年运行小时更低，目前国外、国内部分大、中城市已经使用了较大的异步电动机，所以本次修订中删除了原规范中的第10.4.3条，不再强调630kW及以上时要使用同步电动机。

10.4.2 条文中强调电容器应分组，其分组数及每组容量应与运行方式相适应，随负荷变动及时投入或切除，防止无功倒送（电力网不要求时）。

10.5 机组启动

10.5.1 本条规定主电动机启动时，其母线电压降不宜超过15%额定电压，以保证电动机顺利完成启动过程。但经过准确计算，主电动机启动时，电压降能保证其启动力矩大于水泵静阻力矩，并能产生足够的加速力矩使机组转速上升，并且电动机启动时产生的电网电压降不影响其他用电设备正常运行时，此时主电动机母线电压降也可不受15%额定电压限制。

调查情况表明，某泵站主电动机系6000kW同步电动机，直接启动时电压降达23%额定电压；另一泵站主电动机系8000kW同步电动机，直接启动时电压降高达37%额定电压。上述两种同步电动机均能顺利完成启动过程，并已投运多年，启动时未影响与之有联系的其他负荷的正常工作。

无论采用哪种启动方式，均需计算启动时间和校验主电动机的热稳定。

10.5.2 由于同步电动机的励磁装置的响应时间和幅值，各个装置的情况不一样，未能给出一个准确值，为了慎重起见，一般不计同步电动机的无功补偿作用，确定最不利运行排列组合，进行电动机启动计算。

10.6 站用电

10.6.2 站用变压器台数的确定，主要取决于泵站负荷性质和泵站主接线。据调查情况表明：站用变压器设置1台的占45%，2台的占35%，3台的占20%。当泵站采用单母线分段时，绝大多数用2台站用变压器；当采用单母线时，一般采用1台站用变压器；有条件可将生活变压器作为泵站备用电源。

10.7 室内外主要电气设备布置及电缆敷设

10.7.1 为了便于操作巡视和运行管理，减少土建工程量，减少低压线上的损耗，节省投资，本条明确要求降压变电站尽可能靠近泵站主泵房、辅机房的高压配电室。在调查中发现有降压变电站远离泵站，进线铝排转弯三次才能进入高压配电室的不合理现象。

主变压器尽量靠近泵房，但应满足防火规范的规定。当设置两台主变压器时，其净距不应小于10m，否则应在变压器之间设置防火隔墙，墙顶应高出变压器油枕1m，宽度应超出变压器的贮油坑外各加0.5m。如主变压器外廓距泵房墙小于5m时，不宜开设门窗或通气孔。

10.7.4 是否设置中控室，这与泵站性质、机组容量、装机台数多少及自动化程度有关。调查表明：20世纪50、60年代设计并投入运行的泵站，多数为就地操作，不单设中控室；70年代以后设计投入运行的泵站，绝大多数采用集中控制方式，一般都设置了控制室；有一些潜没式泵站，虽然机组容量不大、台数也不多，但也设置了控制室，这是因为这类泵站主泵房与辅机房相隔甚远，是运行需要；有些地区在对过去设计的泵站进行改造、扩建时，往往也增设了中控室。

主泵房噪声大、湿度大、夏天温度高，因而劳动条件较差，如设置控制室能大大改善工人的工作条件，投资又不多。因此，今后设计的泵站推荐设置中控室。

10.8 电气设备的防火

10.8.1～10.8.9 防火设计是一项政策性和技术性很强的工作。设计中参照现行行业标准《水利水电工程设计防火规范》SDJ 278。

结合泵站的电气设备防火要求，制定了泵站"电气设备的防火"，共9条。根据泵站特点不对主泵房及辅机房进行防火分区，只就主要部位规定了应当采取的消防措施。对于大型泵站和泵站群，不作单独设置消防控制室的规定。自动报警信号可集中在中控室，实行统一监视管理。

10.9 过电压保护及接地装置

10.9.1～10.9.9 这9条规定除参照了现行行业标准《电力设备过电压保护设计技术规程》SDJ 7及《电力设备接地设计技术规程》SDJ 8和《水力发电厂机电设计技术规范（试行）》SDJ 173外，还结合泵站的特点补充了部分内容，提出了一些具体要求。

10.10 照 明

10.10.1～10.10.5 泵站照明在泵站设计中很容易被疏忽，致使泵站建成后常给运行人员带来不便，有的甚至造成误操作事故。所以，在这5条中，对泵站的照明设计作了一些原则的规定。在电光源的选择上，规定应选择光效高、节能、寿命长、显色好的新型灯具。

10.11 继电保护及安全自动装置

10.11.4 一般情况下应设进线断路器（"站变合一"泵站可与变压器出线断路器合用）。

从进线处取得电流，经保护装置作用于进线断路器的保护称为泵站母线保护。

母线保护设带时限电流速断保护，动作于跳开进线断路器，作为主保护。该保护可以与电动机速断保护相配合，使之尽可能满足选择性的要求。

母线设置低压保护，动作于跳开进线断路器，是电动机低电压保护的后备。

当泵站机组台数较多、母线设有分段断路器时，为了迅速切断故障母线，保证无故障母线上的机组正常运行，一般在分段断路器上设置带时限电流速断保护。

10.11.6 从泵站抽水工作流程看，是允许短时停电的，不需要、也不允许机组自启动。

对于梯级泵站，即使个别泵站或个别机组自启动成功，对整个工程提水也没有意义。相反，由于大、中型泵站单机功率或总装机功率较大，自启动电流较大。若自启动将会使全站或系统的电流保护动作，而使全站或电网重新停电。此外，目前多数高扬程泵站不设逆止阀，当机组失电后可能产生反转现象，突然恢复供电时，机组重新自启动将会带来一些严重后果。为此，设置低压保护使机组在失电后尽快与电源断开，防止自启动是很有必要的。

10.11.8 从调查的情况来看，主电动机的保护，有的采用 GL 型过流继电器兼作过负荷及速断两种保护。也有的采用 DL 型电流继电器作过负荷保护。目前推荐使用电动机综合保护装置。

虽然水泵机组属平稳负荷，但有时因流道堵塞，必须停机清除杂物。为防止电动机启动时间过长，应装设过负荷保护。"抽水工程负荷起落较大，电压波动范围也大，电压质量可能较差。对于大、中型泵站，是不允许自启动的，有时由于某些特殊原因产生自启动，因为启动容量较大，自启动时间较长，可能使损坏机组。"因此，规定大、中型泵站设置过负荷保护是有必要的。

对于同步电动机，当短路比在 0.8 以上并且有失磁保护时，可用过负荷保护兼作失步保护。此时，过负荷保护应作用于跳闸。在设计时，为了使保护接线简单，凡满足以上条件时，通常采用 GL 型电流继电器兼作电流速断、过负荷及失步保护。

10.11.9 本条是参照现行国家标准《继电保护和安全自动装置技术规程》GB 14258 的有关规定制定。

装设于泵站的同步电动机，其短路比一般大于 0.8。调查表明，几乎全是采用本条第 3 款的保护方案。该方案的限制条件是主电动机短路比大于或等于 0.8。若小于此值，说明电动机设计的静过载能力较差，其转子励磁绕组和短路环的温升值裕度小，失步情况容易产生过热现象。因此，应考虑其他两种失步保护方式。

10.12 自动控制和信号系统

10.12.2 目前，大、中型泵站已经使用了计算机监控系统，自动化的程度也相当高，但是，全国未形成一个统一的监控模式，而且还不断涌现新的控制模式，如集中、分散-集中控制等。所以本规范中只要求采用计算机监控系统。

10.12.3 对于泵站主机组及辅助设备的自动控制设计问题，运行、设计单位都认为提高单机自动化程度是十分必要的。单机自动化是实现整个泵站自动控制及分散泵站集中远动控制的基本环节。只有抓好这个基本环节，才能有效地提高泵站自动控制水平。本条所规定的机组按预定程度自动完成开机、停机，在设计中是完全能办到的。据调查，我国 20 世纪 70 年代以后建设的大、中型泵站，基本都能按此要求运行。但是，也有不少泵站的自动控制仍处于停运状态，其原因有以下几点：①部分传感器及自动化元件质量不过关，动作不可靠；②一些测试手段尚未妥善解决；③泵站使用环境差，特别是地处黄河流域的一些泵站，水源含沙量大，泥沙的沉积淤塞常常造成一些问题。例如，一些引黄工程的泵站，泥沙堵塞闸阀，使闸阀电动机在开闸时过负荷，需要运行人员反复开停多次，这给闸阀联入程序控制带来麻烦；有的泵站因泥沙淤塞使抽真空的电磁阀无法动作。因此，有自动控制手段的这些泵站只好采用分部操作。今后，应着手解决上述问题。对于因具体情况暂时无法实现自动控制的泵站，可以再增加集中分步操作手段，使其能在集中控制室分步控制机组的开、停机。因此，执行本条款规定的前提条件是不包括那些受具体情况限制或条件不具备的泵站。

10.12.5 视频监视系统作为辅助监控泵站运行的手段，具有远距离实时监视设备运行、事件追溯、消防监控及警卫等方面的优点，已经在许多大、中型泵站采用，投资不是很高，建议采用。

10.13 测量表计装置

10.13.1 泵站电气测量仪表的准确级，与仪表连接的分流器、附加电阻和互感器的准确级以及测量范围等基本要求，可参考现行行业标准《电气测量仪表装置设计技术规程》SDJ 9。

10.13.2 巡回检测技术已在泵站中普遍应用。巡回检测装置可以根据需要巡视或检测泵站各电气参数及其他有关参数，如进水池水位、电动机绕组和轴承温度以及管道流量、压力等，并用数字显示、自动打印和制表。当泵站系统采用远动控制时应将巡检数据远传。推荐使用。

10.13.8 电能计量可按地方电力部门的要求设计。

10.14 操 作 电 源

10.14.3 原规范事故停电时间按 0.5h 计，现在大部分泵站采用了计算机监控，所以本规范把事故停电时间提高到 1h。对于泵站来讲，应考虑以下两种情况：

1 采用 110V 或 220V 直流系统跳、合闸的，一般仅需考虑1台断路器的合闸电流；

2 采用48V直流系统时，最大冲击负荷应按泵站最大运行方式，电力系统发生事故，全部断路器同时跳闸的电流之和确定。

10.15 通　信

10.15.1、10.15.2 通信设计对于泵站安全运行是十分必要的。值班调度员通过通信手段指挥泵站开机运行和各渠道管理所合理配水灌溉以及排除工程故障与处理事故。因此，规定泵站应有专用的通信设施。微波通信建议不采用。目前光纤通信容量大，能实时传送图像等数字信号，公网的光纤覆盖也很广，租用光缆也是可以考虑的。另外移动通信也覆盖全国，采用无线虚拟网也行。

生产电话和行政电话是合一还是分开设置，应根据具体泵站运行调度方式及泵站之间的关系而定。调查中发现，某些独立管理的大型泵站，一般设置行政和调度电话合一的通信设备。但对于一些大、中型梯级泵站，因调度业务比较复杂、工作量较大，有时需要对下属几个单位同时下达命令，采用行政和调度总机合一的方式是不合适的。因此，规定梯级泵站宜设独立的调度通信设施，并与调度的运行方式相适应。

10.15.4 为了同供电部门联系，一般采用电力载波、光纤通信，也可通过电信局公网与供电部门联系。

10.15.5 本条规定了对通信装置电源的基本要求。当泵站操作电源采用蓄电池组时，在交流电源消失后，通信装置的逆变器应由蓄电池供电，否则，应设通信专用蓄电池。

10.16 电气试验设备

10.16.1、10.16.2 因市场经济快速发展，电力部门和设备生产厂的维修试验业务的对外开放，服务及时、专业，特别是泵站管理人员的配置越来越少、设备也越来越复杂、专业划分更细，一般技术人员难以胜任泵站设备的维修和试验工作。通过比较论证，可设置必要的试验设备。对于集中管理的梯级泵站和相对集中管理的泵站群以及大型泵站，由于电气设备多、检修任务大，要负担起本站和所管辖范围内各泵站的电气设备的检修、调试、校验及35kV以下电气设备的预防性试验等任务，也可设电气试验室和电气试验设备。

11 闸门、拦污栅及启闭设备

11.1 一般规定

11.1.2 据调查，各类泵站在进水侧均设有拦污栅，对于保证泵站正常运行起到了重要作用。但有相当多的泵站，由于河渠或内湖污物来量较多，栅面发生严重堵塞，影响泵站的正常运行，甚至被迫停机。较为常见可行的办法是设置机械清污机。拦污栅设置启闭设备的目的，是为了能提栅清污及对拦污栅进行检修或更换。清污平台的设置应方便污物转运，结合交通桥考虑，可节约投资。据调查，有些泵站将清除的污物随意堆放，未做任何处理，既影响清污效率，也于环保不利。

站前拦污栅桥与流向斜交布置对增大过流面积、减小过栅流速的效果并不明显，而且斜交布置、人字形布置或折线布置对清污作业和污物转运是不利的。实际上，绝大多数泵站的站前拦污栅桥布置都是与流向正交的。故取消了原规范关于斜交布置和人字形布置的内容。

11.1.3 轴流泵及混流泵站出口设断流装置的目的是为了保护机组安全。断流方式很多，其中包括拍门及快速闸门等，为保证拍门或快速闸门发生事故时能够及时切断水流，防止水流倒灌对泵组造成危害，要求设置事故闸门。对于经分析论证无停泵飞逸危害的泵站，也可以不设事故闸门，仅设检修闸门。

虹吸式出水流道系采用真空破坏阀断流。由于运行可靠，一般可不设事故闸门，但要根据出口高程及外围堤岸的防洪要求设置防洪闸门或检修闸门。

11.1.4 门后设通气孔，是保证拍门、快速闸门正常工作，减少振动和撞击的重要措施。对通气孔的要求是：孔口应设置在紧靠门后的流道或管道顶部，有足够的通气面积并安全可靠。通气孔的上端应远离行人处，并与启闭机房分开，以策安全。

通气孔面积计算经验公式很多，适用条件不同，结果差别较大，因此很难作硬性规定。原规范所列通气孔面积的估算公式系根据已建泵站经验提出，同时参考了《大型电力排灌站》（水电版，1984年）所提拍门通气孔面积经验公式和《江都排灌站》第三版（水电版，1986年）推荐采用的真空破坏阀面积经验公式。该公式对低扬程泵站是合适的，但对高扬程泵站估算面积偏小。本次修订参考了现行行业标准《水利水电工程钢闸门设计规范》SL 74 推荐的通气孔面积估算方法，对该公式给出适当范围，低扬程泵站取小值，高扬程泵站取大值。

11.1.5 泵站停机时特别是事故停机时，如拍门或快速闸门出现事故，事故闸门应能迅速或延时下落，以保护机组安全。

启闭设备现地操作和远方控制，是指启闭机房的就近操作和中控室自动控制两种方式，其目的是使启闭机操作灵活、方便和实现联动。据调查，泵站事故停电时有发生，严重威胁机组安全，因此，启闭机操作电源应十分可靠。

11.1.6 据调查，为了检修机组，各泵站一般均设有检修闸门。检修闸门的数量各泵站不一，有的泵站每台机组设1套，有的泵站数台机组共设1套。每台机组的检修时间，大型轴流泵约需1个月至3个月。若检修闸门过少，不能按时完成机组检修计划，影响抽水。考虑到大型泵站机组台数较少，而每台机组的检修时间又较长，当机组台数为3台～6台时，为保证至少2台机组同时检修，检修闸门数量不宜少于2套。当机组台数为2台时，可根据工程重要程度设置1套～2套。

"特殊情况"系指那些有挡洪要求或年运行时间不长的泵站。

11.1.7 泵站检修闸门，一般设计水头较低，止水效果差，严重时影响机组的检修。因此，对检修闸门，一般均采用反向预压措施，使止水紧贴座板，实践证明具有较好的止水效果。

11.1.9 对于在严寒地区冰冻期运行的泵站，出口快速闸门和事故闸门应采取门槽防冻措施，对于冰冻期挡水的闸门还应考虑防止冰压力措施。由于拦污栅受冰冻影响较小，不宜作硬性规定。

11.1.10 闸门与闸门及闸门与拦污栅之间的净距不宜过小，否则对闸槽施工、启闭机布置、运行以及闸门安装、检修造成困难。

11.1.11 对于闸门、拦污栅及启闭设备的埋件，由于安装精度要求较高，一期浇筑混凝土浇筑时干扰大，不易达到安装精度要求。因此，本条规定宜采用二期浇筑混凝土方式安装，同时还应预留保证安装施工的空间尺寸。

因检修闸门一般要求能进入所有孔口闸槽内，故对于多孔共用的检修闸门，要求所有门槽埋件均能满足共用闸门的止水要求。

11.2 拦污栅及清污机

11.2.1 拦污栅孔口尺寸的确定，应考虑栅体结构挡水和污物堵塞的影响，特别是堵塞比较严重又有泥沙淤积的泵站，有可能堵塞1/4～1/2的过水面积。拦污栅的过栅流速，根据调查和有关资料介绍：用人工清污时，一般均为0.6m/s～1.0m/s；如采用机械清污，可取1.0m/s～1.25m/s。为安全计，本条采用较小值。

11.2.2 为了便于检查、拆卸和更换，拦污栅应做成活动式。拦污栅一般有倾斜和直立两种布置形式。倾斜布置栅体与水平面倾角，参考有关资料，可取70°～80°。

11.2.3 拦污栅的设计荷载，即设计水位差，根据现行行业标准《水利水电工程钢闸门设计规范》SL 74规定为2m～4m。但对泵站来说，栅前水深一般较浅，通过调查了解，由污物堵塞引起的水位差一般为0.5m左右，1m左右的也不少，严重时，栅前堆积的污物可以站人，泵站被迫停机，此时水位差可达2m以上。

拦污栅水位差的大小，与清污是否及时采用何种清污方式有关。为安全计，本条规定按1.0m～2.0m选用。遇特殊情况，亦可酌情增减。当拦污栅前设置有清污机，其设计水位差可降到1.0m。

11.2.4 泵站拦污栅栅条净距，国内未见规范明确规定，不少设计单位参照水电站拦污栅净距要求选用。前苏联1959年《灌溉系统设计技术规范及标准》抽水站部分第361条，对栅条净距的规定和水电站拦污栅栅条净距相同，即轴流泵取0.05倍水泵叶轮直径，混流泵和离心泵取0.03倍水泵叶轮直径。

栅条净距不宜选得过小（小于50mm），过小则水头损失增大，清污频繁。据调查资料，我国各地泵站拦污栅栅条净距多数为50mm～100mm，接近本条规定。

当设置有清污机时，站前拦污栅上的污物将大为减少，因此栅条间距可适当加大，对清污和减小过栅水头损失有利，但必须满足保护水泵机组的条件。

11.2.5 从调查中看到有不少泵站拦污栅结构过于简单，有的栅条采用钢筋制作，使用中容易产生变形，甚至压垮砸坏。为了保证栅条的抗弯抗扭性能，减少阻水面积，本条要求采用扁钢制作。

使用清污机清污或人工清污的拦污栅，因耙齿要在栅面上来回运动，故栅体构造应满足清污耙齿的工作要求。对于回转式拦污栅，其栅体构造还需特殊设计。

11.2.6 清污机的选型，因河道特性、泵站水工布置、污物性质及来污量的多少差异很大，应按实际情况认真分析研究。目前，液压抓斗式和回转式清污机广泛用于泵站工程，取得了较好的效果。全自动液压抓斗式是一种从国外引进的清污机型式，近年逐步在泵站工程上推广使用，其特点是由计算机控制全自动清污，且不受拦污栅宽度的限制，但过栅的流速不宜过大。由于粉碎式清污机有可能存在环保问题，而且在工程中应用极少，故取消与之相关内容。

11.3 拍门及快速闸门

11.3.1 轴流泵机组有多种启动方式，包括用水流冲开拍门直接启动，先冲开小拍门再开启工作门或大拍门启动，先开泵泄（溢）流再提门启动以及抽真空启动等。每种方式都要求有不同的闸门选型，所以水泵启动方式也是拍门和快速闸门选型的重要因素之一。

据调查，单泵流量较小（$8m^3/s$以下）时，多采用整体自由式拍门断流。这种拍门尺寸小、结构简单、运用灵活且安全可靠，因而得到广泛应用。当流量较大（$8m^3/s$以上）时，整体自由式拍门由于可能产生较大的撞击力，影响机组安全运行，且开启角小，增加水力损失，故不推荐采用。目前国内大型泵站多采用快速闸门或双节自由式拍门、整体控制式拍门断流。这些断流方式在减少撞击力及水力损失方面均取得了不同成效，设计时可结合具体情况选用。

上面所述拍门均系指悬吊式（水平转轴）拍门，除此之外，最近几年已有单位研制出一种"节能型侧向式全自动止回装置"，并已经用于湖北、湖南、安徽、江西、甘肃和广东等省的实际工程中。有关检测机构实测数据表明，这种拍门的开启角度可达85°，节能效果明显，提高了泵站装置效率，且运行平稳，闭门冲击力小。该产品已被列入水利部"948"项目，正在积极推广。

11.3.3 拍门水力损失与开启角的大小有关，据调查了解，一般整体自由式拍门（此处及以下所述拍门均指悬吊式）开启角为50°～60°，个别的不到40°。实际调查到的拍门开启角情况为50°～60°的有3个泵站；60°以上的有1个泵站；双节式拍门上节门开启角在30°～40°的有6个泵站；40°以上的只有1个泵站。

关于拍门的水力损失，由于开启角过小，有5个泵站降低泵效率达到2%～3%，2个泵站达到4%～5%。

拍门开启角过小时，其水力损失大，特别是长期运行的泵站，其电能损耗相当可观，因此拍门开启角宜加大，但鉴于目前的拍门设计方法不尽完善，开启角又不宜过大，否则将加大撞击力。故本条规定拍门开启角应大于60°，其上限由设计者酌情决定。

对于双节式拍门，本条规定上节门开启角大于50°，下节门开启角大于65°，通过试验观察，其水力损失大致与整体自由式拍门开启角60°时的水力损失相当。上节门与下节门开启角差不宜过大，否则将使水力损失增加，并将加大撞击力，根据模型和原型测试综合分析，本条规定不大于20°。拍门加平衡重虽然可以加大开度，但却相应增大了撞击力，且平衡滑轮钢丝绳经常出现脱槽事故。因此本条要求采用加平衡重应有充分论证。

11.3.4 双节式拍门上节门高度一般比下节门大，其主要目的是为了增大下节门开启角，同时拍门撞击力主要由下节门决定，下节门高度小于上节门，就能减少下节门撞击力。根据模型试验，上下门高度比适宜范围为1.5～2.0。

11.3.5 轴流泵不能闭阀启动，为防止拍门或闸门对泵启动的不利影响，应设有安全泄流设施，即在拍门上或在闸门上设小拍门，亦可在胸墙上开泄流孔或墙顶溢流。

泄流孔面积可以根据最大扬程条件、机组启动要求试算确定。先初定泄流孔面积，计算各种流量条件孔口前后水位差。根据此水位差、相应流道水力损失及净扬程计算泵扬程和轴功率，核算电动机功率余量及启动的可靠性，据以确定合理的泄流孔面积。

11.3.7 拍门和快速闸门是在动水中关闭，要承受很大的撞击力，为确保其安全使用，应采用钢材制作。小型拍门一般由水泵制造厂供货，目前拍门最大直径为1.4m，且为铸铁制造。据调查，在使用中出现了不少问题。为安全计，经论证拍门尺寸小于1.2m时，可酌情采用铸铁和非金属材料制作。近年来非金属高强度工程材料发展很快，应用范围也越来越广泛，用来制作拍门也有一定的优势，如玻璃钢等。

11.3.8 拍门铰座是主要受力构件，出现事故的机会较多且不易检修，故应采用铸钢制作，以策安全。

吊耳孔做成长圆形，可减轻拍门撞击时的回弹力，可增加橡皮缓冲的接触面积和整体性，从而减轻对支座的不利影响，并有利于止水。综合几个工程运用实例，圆心距可取10mm～20mm。

11.3.10 将拍门的止水橡皮和缓冲橡皮装在门框埋件上，主要是避免其长期受水流正面冲击而破坏，设计时应考虑安装和更换方便。

11.3.11 采用拍门倾斜布置形式，当拍门关闭时，橡皮止水能借门重紧密压于门框上，使其封水严密。对拍门止水工作面进行机械加工，亦是确保封水严密的措施之一。据调查，拍门倾角一般在10°以内。

本条强调"拍门止水工作面宜与门框进行整体机械加工"，是指将止水座板与门框焊接后再加工，以保证止水效果。

11.3.13、11.3.14 附录C～附录E中公式的推导过程以及实验数据，参见《泵站拍门近似计算方法》（1986年）、《江都排灌站》第二版（1979年）和《泵站过流设施与截流闭锁装置》（2000年）。

11.4 启闭设备

11.4.1 工作闸门和事故闸门是需要经常操作的闸门，随时处于待命状态，宜按一门一机布置，选用固定式启闭机；有控制的拍门和快速闸门因要求能快速关闭，故应选用具有快速闭门功能的启闭设备。而检修闸门和拦污栅一般不需要同时启闭，当其孔口数量较多时，为节省投资，宜按一机多孔布置，选用移动式启闭机或移动式电动葫芦。

近年来，液压技术发展很快，液压式快速闸门启闭机用于有控制的拍门和快速闸门行业内是比较认同的，技术越来越成熟，也有很多工程实例。卷扬式快速闸门启闭机用于快速闸门也是较为常见的配置，但卷扬式快速闸门启闭机用于有控制的拍门确实值得研究，有很多技术问题不好处理：①泵站机组启动时，水流是要冲开拍门的，此时拍门的开度很难控制，启闭机钢丝绳容易出现脱槽和乱绕事故。②事故停机历时数十秒内水泵系统就会进入"反转倒流"阶段，水流失去对拍门的顶托，拍门闭门的冲击力将急剧增大，而且受倒流作用，时间越长冲击力就越大。由于传动机构惯性矩的拖累，卷扬式快速闸门启闭机不可能在短时间内由静止达到高速反转，这种滞后延误了拍门的关闭时机，无法利用"反转倒流"阶段前水流的顶托作用，卷扬式快速闸门启闭机的缓冲效果并不理想，甚至可能有负面影响。③为提高拍门开度，水泵机组运行时拍门由钢丝绳悬吊，拍门上下水流流态复杂，钢丝绳处于长期振动荷载作用容易产生疲劳破坏，存在一定的安全隐患。④从一些泵站使用的卷扬式拍门控制装置的实际情况看，这些装置都已不是规范原指意义上的卷扬式快速闸门启闭机了，有的去掉了动滑轮，有的在高低速传动之间加了离合器，有的在低速轴上加上了制动器。从功能作用上讲，这些机械应该称之为"拍门卷绳器"或"拍门持住装置"，而不应该称之为卷扬式快速闸门启闭机。鉴于以上情况，本次对有控制的拍门和快速闸门的启闭机选型进行分别叙述。对于"拍门卷绳器"或"拍门持住装置"等类似的机械，由于技术还不是很成熟，总结性资料收集不多，本次修订未将其列入规范，各单位可在实践中进一步改进和完善。

11.4.3 据调查，泵站运行期间，事故停电时有发生。为确保机组安全，快速闸门启闭机应设有紧急手动释放装置。当事故停电时，除中控室操作外，现场人员也能迅速关闭闸门。

12 安全监测

12.1 工程监测

12.1.1 泵站工程监测的目的是为了监视泵站施工和运行期间建筑物变形、渗流、水位、应力、泥沙淤积以及振动等情况。当出现不正常情况时，应及时分析原因，采取措施，保证工程安全运用。对监视建筑物安全运行的主要监测项目和测点，宜采用自动化监测设施，同时应具备人工监测的条件。有条件时宜考虑集中、远传引至中控室（或机旁盘）进行遥测。

12.1.2 直接从天然水源取水的泵站，特别是低洼地区的排水泵站，大部分建在土基上。由于基础变形，常引起建筑物发生沉降和位移。因此，变形监测是必不可少的监测项目。垂直位移监测常通过埋设在建筑物上的水准标点进行水准测量，其起测基点应理设在泵站两岸，不受建筑物沉降影响的岩基或坚实土基上，也可布置在人工基础上。

水平位移监测是以平行于建筑物轴线的铅直面为基准面，采用视准线、交汇法测量建筑物的位移值。工作基点和校核基点的设置，要求不受建筑物和地基变形的影响。

12.1.3 目前使用的扬压力监测设备多为测压管装置或渗压计。测压管装置由测压管和滤料箱组成。通过读取测压管的水位，计算作用于建筑物基础的扬压力。实际运用表明，测压管易被堵塞。设计扬压力监测系统时，应对施工工艺提出详细要求。渗压计埋设简单，但电子元件性能不稳定，埋在基础下面时间久可能失灵。

12.1.4 对泥沙的处理是多泥沙水源泵站设计和运行中的一个重要问题。目前，泥沙对泵站的危害仍然相当严重。对水流含沙量及淤积情况进行监测，以便在管理上采取保护水泵和改善流态的措施。同时也可为研究泥沙问题积累资料。

12.1.5 对于建筑在软基上的大型泵站，或采用新型结构、新型机组的泵站，为了监测结构应力、地基应力和机组运行引起的振动，应考虑安装相应测量仪器的要求，预埋必要部件或预留适宜位置。观测应力或振动的目的是检查工程质量，对工程的安全采取必要的预防措施，并为总结设计经验积累资料。

12.2 水力监测

12.2.1 根据泵站科学管理和经济运行的要求，对泵站运行期间水位、压力、单泵流量和累积水量进行经常性的观测是十分必要的。

12.2.2 在泵站进水池和出水池分别设置水位标尺，它既是直接观测和记录水位的设施，又是定期标定水位传感器的基准。监测拦污栅前后的水位落差是为了判断污物对拦污栅的堵塞情况，以便进行清污。

12.2.3 测量水泵进口和出口的真空和压力值是计算水泵效率的需要，同时还可判断水泵的吸水和汽蚀情况。

12.2.4 在泵站现场，应根据水泵装置的条件，选择流态和压力稳定的位置，进行单泵流量及水量累计监测。由于大型流量计在室内标定比较困难，而且费用高，一般宜在现场进行标定。

12.2.5、12.2.6 根据能量平衡的原理，利用流道（或管道）过水断面沿程造成的压力差来计算流量，是泵站流量监测的一种简单、经济、可靠的技术，已为生产实践所证实。

12.2.8 弯头流量计在一些国家已形成系列产品，利用水泵装置按工程要求安装的弯头配置差压测量系统即可作为水泵流量的监测设备。弯头量水具有简单、可靠、经济、便于推广，不因量水而增加管路系统阻力等优点，其测量精度满足泵站技术经济管理的要求，弯头流量计的应用已在实验室和生产实践中得到证实。

附录 A 泵房稳定分析有关数据

A.0.3 表 A.0.3 是根据现行国家标准《水利水电工程地质勘察规范》GB 50287 制定的。

附录 C 自由式拍门开启角近似计算

C.0.2 利用三角函数积化和差公式对原规范公式进行了化简整理。

附录 D 自由式拍门停泵闭门撞击力近似计算

D.0.3 近年来,数值计算的理论发展很快,计算方法也很多。对于这种类型的微分方程的求解,龙格-库塔法较为常用,一般数值计算方法的书籍中也容易找到现成的计算程序,故与布里斯近似积分法同时推荐。

中华人民共和国国家标准

核电厂总平面及运输设计规范

Design code for general plan and transportation
of nuclear power plants

GB/T 50294—1999

主编部门：中 国 核 工 业 总 公 司
批准部门：中华人民共和国建设部
施行日期：1999年10月1日

关于发布国家标准《核电厂总平面及运输设计规范》的通知

建标 [1999] 146 号

根据国家计委《一九九二年工程建设标准制订修订计划》(计综合 [1992] 490 号文附件二)的要求，由中国核工业总公司会同有关部门共同制订的《核电厂总平面及运输设计规范》，经有关部门会审，批准为推荐性国家标准，编号为 GB/T 50294—1999，自 1999 年 10 月 1 日起施行。

本规范由中国核工业总公司负责管理，核工业第二研究设计院负责具体解释工作，建设部标准定额研究所组织中国计划出版社出版发行。

中华人民共和国建设部
一九九九年六月十日

目 次

1 总则 ·· 7—19—4
2 术语 ·· 7—19—4
3 厂址选择 ·· 7—19—4
　3.1 一般规定 ····································· 7—19—4
　3.2 核安全准则 ·································· 7—19—4
4 总体规划 ·· 7—19—5
5 总平面布置 ······································· 7—19—5
　5.1 一般规定 ····································· 7—19—5
　5.2 主要生产设施的布置 ······················ 7—19—6
　5.3 辅助生产设施的布置 ······················ 7—19—6
　5.4 其他设施的布置 ···························· 7—19—6
6 竖向布置 ·· 7—19—7
　6.1 一般规定 ····································· 7—19—7
　6.2 设计标高的确定 ···························· 7—19—7
　6.3 台阶式布置 ·································· 7—19—7
　6.4 土（石）方工程 ···························· 7—19—8
　6.5 场地排水 ····································· 7—19—8
7 管线综合布置 ···································· 7—19—9

7.1 一般规定 ······································· 7—19—9
7.2 地下管线 ······································· 7—19—9
7.3 架空管线 ······································· 7—19—10
8 绿化 ·· 7—19—11
　8.1 一般规定 ····································· 7—19—11
　8.2 绿化布置 ····································· 7—19—11
　8.3 树种选择 ····································· 7—19—11
9 运输 ·· 7—19—11
　9.1 一般规定 ····································· 7—19—11
　9.2 中转站（中转码头） ······················ 7—19—11
　9.3 铁路 ··· 7—19—11
　9.4 道路 ··· 7—19—12
　9.5 水路 ··· 7—19—12
10 主要技术经济指标 ····························· 7—19—13
附录 A 技术经济指标计算方法 ··· 7—19—13
附录 B 本规范用词说明 ·············· 7—19—14
附加说明 ··· 7—19—14
附：条文说明 ······································· 7—19—15

1 总 则

1.0.1 为贯彻国家有关民用核设施安全第一的方针和国家基本建设的政策,统一核电厂总平面及运输设计的设计原则和技术要求,做出安全可靠、切合实际、技术先进、效益良好的设计,制定本规范。

1.0.2 本规范适用于新建、扩建核电厂的总图运输设计。其它核供热的核能厂亦可按本规范执行。

1.0.3 核电厂总平面及运输设计,除应遵守本规范外,尚应符合现行国家有关强制性规范和标准的规定。

2 术 语

2.0.1 核岛
核供汽系统及有关系统、部件和建筑物(通常包括容纳核供汽系统的反应堆厂房、燃料厂房和核辅助厂房等)的统称。

2.0.2 常规岛
核电厂的汽轮发电机组及其配套设施和有关建筑物的统称。

2.0.3 核安全重要建筑物、构筑物
系指这类建筑物、构筑物内有反应堆或对核安全上有重要作用的设施、系统和部件。

2.0.4 辅助核设施
核电厂除核岛以外其它处理、贮存有放射性物质的厂房、库房、贮罐等设施的统称。

2.0.5 外部人为因素
在核电厂外,由人工形成的搬运、加工、运输危险品,如易燃、易爆、有腐蚀性、有毒性以及有放射性物质的设施,一旦发生事故可能对核电厂造成危害的因素。

2.0.6 外部人为事件
由外部人为因素造成的事件。

2.0.7 外围地带
直接围绕厂区,在人口分布和人口密度、土地和水的利用等方面可能需要采取应急措施的地带。

2.0.8 核电机组
由反应堆及其配套的汽轮发电机组以及为维持它们正常运行和保证安全所需的系统和设施组成的基本发电单元。

3 厂址选择

3.1 一般规定

3.1.1 厂址选择应根据有关的法规、文件和中长期核电规划,按国家对核电建设前期工作的规定进行。

3.1.2 厂址选择应包括确定厂区、电厂外部配套设施、职工生活区、施工生产基地范围;确定非居住区和限制区的范围;以及确定厂址所在区域内影响核电厂安全的外部事件设计基准。

在规划选址阶段,应按一址多堆的原则,应对建设顺序和规模提出意见。

在优化候选厂址中,应对建设规模和建成期限提出意见,并对反应堆堆型、装机容量提出建议。

> 注:根据《核电厂环境辐射防护规定》(GB 6249)规定:非居住区应以反应堆为中心半径不得小于0.5km的范围;限制区以为反应堆为中心半径一般不得小于5km的范围。

3.1.3 在选址过程中,由各有关部门及各专业分工协同,对电网结构、电力和热力负荷、供水、交通(包括大件运输)、自然条件(地形、地震、地质、水文、气象)、人口、城镇现状和规划、环境状况、农田水利、占地拆迁、防洪排涝、外部自然事件和人为事件、对外协作、施工条件等各种因素,进行广泛深入的调查研究,做多方案技术经济和安全的比较,推荐几个厂址方案。

3.1.4 选址时应节约用地,宜利用荒山劣地、海涂,不占或少占良田好土,并应符合国家有关土地管理和环境保护等法规规定。

3.1.5 厂址不宜占用铁路、公路、引、排水干渠、工程管网干线等现有设施,并应少拆迁民房,减少人口迁移。

3.1.6 厂址应具有充足、可靠、符合生产和生活需要的水源。
直流冷却供水的厂址,应靠近水源,但其进、排水对水域的影响应符合国家有关规定。

3.1.7 厂址宜位于附近城镇或居民区常年最小风频的上风侧。

3.1.8 厂址宜位于交通干线附近或引接专用线短捷、经济的地区,或靠近有条件建造码头的地区,要具备大件运输的条件。

3.1.9 厂址应有适宜建设所必需的场地面积,满足总平面布置(包括达到规划容量所需)的要求。

3.1.10 厂址的地形,应有利于厂房布置、气体扩散、交通联系、场地排水和减少土石方等。

3.1.11 厂址地下水位应比较深,其流向宜朝无人群或公众对地下水不予利用的地区。

3.1.12 应充分考虑电网出线条件,按发电厂接入系统的规划要求,留有足够的出线走廊。

3.1.13 厂址不宜选在下列地段:
3.1.13.1 地震基本烈度大于7度地区。
3.1.13.2 主要的农、牧、渔养殖区。
3.1.13.3 有开采价值矿藏的矿床区。
3.1.13.4 历史文物古迹保护区。

3.1.14 在厂址外的外部人为因素和自然条件许可时,应充分利用场地,实施一址多堆方案。

3.2 核安全准则

3.2.1 核电厂厂址选择应遵守保护公众和环境免受电厂运行状态或事故工况状态释放的放射性超过国家规定限值的原则。
厂址选择中要考虑以下三个影响:
3.2.1.1 厂址所在区域对核电厂的影响。
3.2.1.2 核电厂对厂址所在区域的影响。
3.2.1.3 人口因素的影响。

3.2.2 厂址选择时必须考虑以下几方面的因素:
3.2.2.1 在某个特定厂址所在区域可能发生的外部自然事件或人为事件对核电厂的影响。
3.2.2.2 可能影响所释放的放射性物质向人体转移的厂址特征及其环境特征。
3.2.2.3 与实施应急措施的可能性及评价个人和群体风险所需要的有关外围地带的人口密度、分布及其它特征。

3.2.3 厂址应建在人口密度较低、区域人口密度较小的地区,在核电厂事故状态时,有采取应急措施的可能。
核电厂距10万人口以上的城镇和100万人口以上大城市的市区发展边界,应分别保持适当的直线距离。

3.2.4 厂址应选在不受洪水(包括降水、高水位、高潮位引起)危害或因挡水构筑物受破坏而引起的洪水及波浪的危害,以及地震引起海啸或湖涌危害的地区。

3.2.5 厂址不应位于在地表或接近地表处可能产生明显的错动的地表断裂带内。

3.2.6 厂址不宜选在有洞穴、岩溶等自然特征和水井、矿井、油井或气井等人为特征的地区,以及有引起地面塌陷、沉降或隆起的可能性而影响核电厂安全的地区。

3.2.7 厂址地下应为固结良好的土层或岩层。基土不应存在在厂

址地区特定的地面运动条件下产生液化的可能。

3.2.8 在厂址及其邻近地区,不宜存在影响核电厂安全的不稳定边坡。

3.2.9 厂址应选在受热带气旋、严重的龙卷风极端气象影响小的地区。

3.2.10 厂区应远离下列设施:

3.2.10.1 大型危险设施如化学品、炸药生产厂和贮存仓库、炼油厂、油和天然气贮存设施。

3.2.10.2 民用机场、军用机场、空中实弹靶场和空中航线。

3.2.10.3 输送易燃气体或其它危险物质的管线。

3.2.10.4 运载危险物品的运输线路包括水路、陆路和航线。

3.2.11 厂址地区的气象,应有利于电厂放射性气体向大气的弥散。

3.2.12 厂址应远离重要的、为公众所用或计划将来供公众使用的地下或地表饮用水水源。

3.2.13 为实施应急措施,厂址应有不同方向二个对外联系的出入口。

3.2.14 对影响厂址安全的外部自然因素和人为因素中选择其与重大辐射风险有关的外部事件(自然事件与人为事件),作为考虑事项,确定核电厂设计用的外部事件设计基准。

3.2.15 对本节各条要求的具体执行,应按照《核电厂厂址选择安全规定》(HAF0100(91))及其导则的规定。

4 总体规划

4.0.1 核电厂总体规划,应在批准的规划容量和选定的厂址基础上,根据生产、施工、生活的要求,结合自然条件,对厂区、非居住区、限制区、施工生产基地、气象站、警卫营房、工厂生活区、水源地、供排水设施、防洪排涝设施、交通运输及其设施、出线走廊等从近期出发,考虑远期,进行统筹规划。

总体规划应与城镇或工业区规划相协调。

4.0.2 核电厂总体规划,应符合下列要求:

4.0.2.1 满足核电厂近、远期规划容量及其配套设施所需用地面积。

4.0.2.2 近期远期结合,从近期出发考虑远期,统筹安排。

4.0.2.3 节约用地,合理规划反应堆厂房位置,以便最大限度地缩小非居住区面积,并充分利用非居住区面积。

4.0.2.4 乏燃料运输应避免穿越繁忙的国家干线和城镇居民区,以短捷路程送到通向后处理厂的接受车站或码头。

4.0.2.5 按照常年最小风频的下、上侧依次布置生活区、饮用水源、配套设施、核电厂厂区。

4.0.2.6 充分利用自然条件,因地制宜,减少基建费用。

4.0.2.7 满足与相邻城镇设施的安全、卫生、环境等要求,并考虑不影响相互发展。

4.0.2.8 减少拆迁移民和原有设施的工程量。

4.0.2.9 各配套设施,在符合有关规范、保证安全的前提下,宜与核电厂接近或相对集中。

4.0.3 生产水取水口(头部)与冷却水排出口的距离,根据水文资料确定,必要时应通过水力排放模型试验确定。

在同一江河取水和排水时,排出口的位置应在取水口(头部)的下游,与下游其它集中取水点应保持一定距离。

4.0.4 非核电厂专用的生产与生活用水水源,必须考虑当地季节性用水的水量与水质变化。

4.0.5 施工生产基地宜靠近厂区,对外交通运输方便的地段,但不应妨碍核电厂今后的发展。

4.0.6 在道路规划时,宜考虑施工用道路与核电厂生产用道路的结合。

4.0.7 核电厂居住区应在限制区以外,靠近既有城镇,结合城镇规划进行建设,充分利用公用设施。

4.0.8 应设置执行应急计划所需的场地、撤离道路及运输和通讯方面的设施。

5 总平面布置

5.1 一般规定

5.1.1 厂区总平面布置,应在核电厂总体规划基础上根据生产、应急、安全、防火、防洪、卫生、噪声、土建施工、设备安装及检修等要求,结合地形、地质、气象、厂内外运输条件、建设顺序等因素进行多方案的技术经济比较后确定。

5.1.2 分期建设的核电厂,近期工程宜集中布置,形成完整的生产体系,并考虑与远期工程的生产联系。

5.1.3 厂区预留发展用地,应根据任务书的要求确定,预留发展用地宜符合下列要求:

5.1.3.1 预留在厂区一端。

5.1.3.2 应有单独的施工出入口,且后期施工不影响前期工程的正常运行。

5.1.3.3 给预留发展容量留有接口位置和管线敷设用地。

5.1.3.4 配套的辅助设施,其布置宜与前期工程相协调。

5.1.4 总平面布置应按生产功能和有无放射性进行分区或相对集中。

5.1.5 总平面布置在满足生产工艺条件下,宜使生产厂房及其联系密切的辅助设施、生产管理设施进行联合,组成联合厂房或多层建筑。通常将反应堆厂房、核辅助厂房、核燃料厂房及贮存水池、联结厂房、电气厂房、汽机厂房等联合在一起组成主厂房建筑群。

5.1.6 建筑物、构筑物的平面位置,要根据地形、地质条件进行布置。在山区或丘陵地区,要防止边坡可能引起的危害,特别是挖方形成的高边坡对核安全重要构筑物的危害。当不可避免时,应作出稳定性评价。反应堆厂房等荷载较大的建筑物、构筑物,应布置在岩层均匀、地基承载力相适宜的地段。

5.1.7 厂区群体建筑的平面布置与空间造型相协调,形成和谐优美的工作环境。

5.1.8 根据核电厂特点,合理确定绿化用地,以符合生产、环保与厂容的要求。

5.1.9 核电厂除征地范围设有用地标志外,设厂区(包围厂区全部建筑物、构筑物)围墙和厂区内的保卫区(包围所有核安全重要建筑物、构筑物)实体屏障。

5.1.10 厂区与保卫区外形宜整齐、少转角,便于瞭望、监视。

5.1.11 厂区总平面布置应满足应急计划对厂区人员的集合场所和撤离路线要求。厂区应有两个不同方向的出入口,其位置应使厂内外联系方便,并可分别作为货流与人流的出入口。

5.1.12 厂区交通运输布置,应使物料流程顺畅短捷,并宜做到人、货分流和避免交叉;对放射性物流与非放射性物流应考虑分流。在主厂房建筑群周围,应有满足运输、装卸大型设备需要的道路和作业场地。

5.1.13 厂区通道宽度,应考虑下列因素,并经计算确定:

5.1.13.1 道路两侧的建筑物、构筑物、露天设备对防火、防爆、卫生间距的要求。

5.1.13.2 地下管线、管廊、道路等布置和施工、拼装作业、检修、大件设备运输等的要求。

5.1.13.3 根据总体规划,对扩建工程需要预留的宽度。

5.1.14 核电厂用地指标,不应大于表5.1.14的规定。

核电厂建设用地参考指标 表5.1.14

建设规模 (MWe)	项 目	用地指标 (m²/kW)
300	厂 区	0.83
	非居住区	2.62

续表 5.1.14

建设规模 (MWe)	项目	用地指标 (m²/kW)
2×900	厂区	0.21
	非居住区	0.49

注：①表列为压水型反应堆核电厂用地指标，2×900MWe 为双堆核电机组。
②厂区用地指标中未包括伸入海域的排水明渠和防浪堤及其包围的海域面积。
③其它建设规模，可参照执行。
④表列非居住区范围内已包括厂区需要的面积，如因地形条件限制非居住区内不能完全包括厂区，则可根据实际情况增加。

5.1.15 核电厂厂区建筑系数，不应小于表 5.1.15 的规定。

核电厂厂区建筑系数　　　表 5.1.15

建设规模(MWe)	建筑系数(%)
300	21
2×900	22

注：其它建设规模，可参照执行，但建筑系数不应小于 21%。

5.2 主要生产设施的布置

5.2.1 核岛布置应遵循下列准则：

5.2.1.1 强放射性区应紧凑，正常运行时只准有一个出入口。

5.2.1.2 将反应堆厂房布置在核岛厂房中心，以便满足与其它厂房的接口连接。

5.2.1.3 燃料厂房的转运槽应正对反应堆厂房的燃料运输通道，燃料运输通道位置取决于反应堆冷却剂系统环路的布置。

5.2.1.4 核辅助厂房与反应堆厂房之间的连接区应尽可能宽敞。

5.2.1.5 反应堆厂房与电气厂房之间的连接区应考虑电气贯穿件的设置。

5.2.2 电气厂房应位于核岛厂房与汽机厂房之间。

5.2.3 汽机厂房的布置应符合下列要求：

5.2.3.1 应紧靠反应堆厂房，其汽机长轴方向宜与反应堆呈径向布置。

5.2.3.2 当采用直流冷却供水时，汽机厂房应靠近取水泵房。

5.2.3.3 根据开关站的位置，应使电气出线方便。

5.2.3.4 炎热地区宜使汽机厂房面向夏季盛行风向。

5.2.4 多台核电机组平行布置、且反应堆与控制室处在邻近汽机厂房断裂飞射物的飞射角范围内时，应考虑用加大距离或用工程措施来防止飞射物的危害。

5.2.5 核岛与常规岛宜布置在稳定的、同一地质单元的地块上，且地基承载力满足要求的地段。

5.2.6 厂区高压配电装置布置应综合考虑下列要求：

5.2.6.1 一般位于汽机厂房一侧，靠近主变压器、出线方便地段，经技术经济论证也可布置在离汽机厂房较远处，甚至厂区围墙外的地区。

5.2.6.2 由主变压器到高压配电装置的线路为架空敷设时，宜避免与高压出线走廊交叉和跨越永久性建筑物。

5.2.6.3 高压配电装置的内部布置，应结合规划容量，一次规划分期建设，并应避免不同等级电压出线的交叉。

5.2.7 主变压器宜布置在汽机厂房外侧，主变压器就地检修时，附近宜有必要的检修场地。

5.2.8 网路控制楼宜布置在高压配电装置场区内。

5.2.9 室外配电装置场地，可作简易地坪。

5.2.10 柴油发电机房应与核岛贴邻，成为主厂房建筑群中的组成部分。

5.3 辅助生产设施的布置

5.3.1 辅助核设施宜相对集中、独立成区布置，且有对外运输的单独出入口。

5.3.2 辅助核设施的布置，尚应符合下列要求：

5.3.2.1 宜在厂区一角、常年最小风频的上风侧、厂区地形最低的地段。

5.3.2.2 地下设施底面宜高于地下水位 1.5m，若不能满足时，这些设施应设置可靠的防水措施。

5.3.2.3 各厂房放射性物料的运输出入口，宜面向指定运输放射性物料的道路。

5.3.3 取水泵房、冷却设施的布置，按不同情况确定。

当采用直流冷却供水时，取水泵房宜靠近汽机厂房。

当采用循环冷却供水时，冷却塔宜靠近汽机厂房，工程初期冷却塔不宜布置在扩建端。

当采用混合冷却供水时，冷却塔宜布置在水源和汽机厂房之间地带。

5.3.4 冷却塔不宜布置在室外配电装置和主厂房建筑群冬季盛行风向的上风侧。

5.3.5 进、排水渠道的布置，应减少相互之间及与其它管线的交叉。

5.3.6 化水处理车间的布置需要考虑下列要求：

5.3.6.1 应靠近主厂房建筑群。

5.3.6.2 应避免卸存酸类、粉状等物品对附近建筑物、构筑物的污染和腐蚀。

5.3.7 循环水补充水处理站，宜靠近冷却塔，以缩短工程管线。

5.3.8 生活、生产、消防用水处理厂，宜布置在厂区常年最小风频下风侧非居住区以外靠近厂区的一侧。

5.3.9 动力和气体供应设施宜相对集中一区，并靠近主厂房建筑群。

5.3.10 辅助锅炉房宜布置在汽机房附近。

5.3.11 压缩空气站应布置在空气较清洁地段、靠近负荷中心，距散发粉尘等有害气体场所保持一定距离，并在它们常年最小风频的下风侧。冷冻站，压缩空气站等产生噪声、振动的设施与装有精密仪表和要求安静的部门，保持防振、防噪声的间距。

5.3.12 在汽机厂房附近，宜留有布置调试锅炉房的位置。

5.3.13 制氢站、气体制品贮存及分配车间，宜单独布置。

5.3.14 厂区应急指挥中心宜布置在主厂房建筑群附近，如为多机组核电厂，宜在机组群附近。

5.4 其他设施的布置

5.4.1 全厂性仓库和检修设施，应分别集中布置，仓库区宜接近对外物料运输的出入口。

5.4.2 各类仓库应按贮存物料的性质、管理特征、确定其朝向与必要的露天作业场地。

5.4.3 废弃物料暂存场地，应在厂区边缘、不妨碍厂容的地段。

5.4.4 机、电修理车间应设置必要的露天堆场和作业场，并有隔离设施予以围筑，以利厂容。

5.4.5 核电厂宜独立设置消防站，并配备消防车三辆。

5.4.6 消防站应设在厂前区边缘，通往厂区主厂房建筑群最短捷的出入口附近，并能顺利通往生活区及厂外其它设施。

5.4.7 消防站边界距厂部办公楼、食堂、展览厅等人员集中场所不应小于 50m。

5.4.8 消防站应设置训练场地、训练塔等，其要求应符合现行公安部的《消防站建筑设计标准》。

5.4.9 消防车库正门距门前已有和规划道路边不宜小于 10m，门前地坪应为水泥混凝土或沥青等材料铺筑，并向道路边缘有 1%～2%的下坡。

5.4.10 行政管理及厂区生活设施一般布置在厂前区，其布置应符合下列要求：

5.4.10.1 位于对外联系方便，面向厂外主要干道的地段，并靠近厂区主要人流入口。

5.4.10.2 布置在工厂常年最小风频的下风侧，其中食堂宜在厂前区常年或夏季最大风频下风侧。

5.4.10.3 建筑物、道路、广场、绿化的平面与空间组合宜简洁美观，有利于生产管理、方便生活、人员集散和厂容厂貌，并与周围环境相协调。

5.4.11 警卫营房应设在厂前区的偏僻一角,且有一定面积的训练场地。

6 竖向布置

6.1 一般规定

6.1.1 核电厂厂区竖向布置,应与总平面布置统一考虑,并与区域总体规划、厂外铁路、厂外道路、厂外排水管网、厂区周围地形等相适应。

6.1.2 竖向布置应满足生产、运输与装卸、工程管线、防洪、场地排水以及施工等要求。并结合地形、地质条件确定竖向布置系统和设计标高,使竖向布置需要的构筑物工程最少,土方工程量最小,且填方与挖方接近平衡。

6.1.3 竖向布置应充分利用和保护自然的排水系统。当必须改变原排水系统时,应对有关流域进行充分调查研究,选择宜于导流的地段,使水顺畅地引出厂外,并从安全、技术、经济方面予以评价。

6.1.4 各建筑物、构筑物室内地坪的标高,室外场地、道路、排水设施、管线、构筑物等的标高,可以反应堆厂房一层地面的±00作为厂区统一的基准标高。

6.1.5 核安全重要建筑物、构筑物场地的设计标高,应在设计基准洪水位以上。当达不到要求时,该区应建立防洪堤或其它可靠的防洪设施和防止内涝等的相应措施。防洪堤的堤顶标高应高于设计基准洪水位。

6.1.6 核安全重要建筑物、构筑物的设计基准洪水应按《滨河核电厂厂址设计基准洪水的确定》(HAF0110)或《滨海核电厂厂址设计基准洪水的确定》(HAF0111)确定。

6.1.7 挖方或填方的边坡或挡土墙,应稳定,不危及附近建(构)筑物。对核安全重要建筑物、构筑物附近的边坡、挡土墙的垂直高度大于5m,且建筑物至坡脚的水平间距与上述高度之比小于2时,应通过动力计算或安全评价予以确认。

6.1.8 对预留场地的土石方开挖,一般情况下宜与本期工程施工一次进行。如根据总体规划、地质条件、地形特征,经过计算与分析,在后期工程施工时论证表明引起的振动等现象,是在一期工程设计参数的允许范围以内,土石方才可分期开挖。

6.2 设计标高的确定

6.2.1 核安全重要建筑物、构筑物的场地设计标高,必须高于设计基准洪水位,当不能满足要求时,必须建造永久性的外部屏障,此屏障核安全重要构筑物,如防洪堤或其它防洪构筑物。

6.2.2 非核安全重要建筑物、构筑物的场地设计标高,应高于频率为1%的高水位。

6.2.3 建筑物的室内外地坪设计标高,应与相互联系密切的车间、仓库、码头之间的运输方式相适应,使进入建筑物的运输线路符合技术条件。

6.2.4 确定建筑物室内地坪标高时,宜使放射性建筑物、构筑物地下设施底部高于地下水位0.5m;否则应采取防渗漏措施。

6.2.5 汽机厂房室内地坪设计标高的确定:当直流冷却供水时,应充分考虑供水的经济性。当循环冷却供水时,应与冷却设施水位高程相适应。

6.2.6 建筑物室内、外地坪高差,应符合下列规定:

6.2.6.1 有车辆出入的建筑物室内、外地坪高差,一般为0.15~0.30m。

6.2.6.2 行政管理设施、无运输车辆出入的室内、外地坪高差可大于0.30m。

6.2.6.3 易燃、可燃、腐蚀性液体仓库室内地坪,应低于仓库门口的地坪。

6.2.6.4 核岛和具有放射性的建筑物、构筑物以及贵重材料、设备仓库应根据需要加大建筑物的室内、外地坪高差。

6.2.7 反应堆厂房外龙门吊架下地坪标高、固定露天(仓库)堆场地坪标高,应高于周围场地,且设不小于5‰的排水坡度。

6.2.8 当建筑物有铁路引入时,应根据铁路运输装卸要求确定,一般情况下,地坪标高与铁路轨顶标高相同。

6.3 台阶式布置

6.3.1 山坡地区建厂,在满足生产、运输等要求下,应采用台阶式布置。

当采用直流冷却供水,场地标高与取水标高相差较大时,考虑供水的经济性,宜将反应堆厂房与汽机厂房错台布置。

6.3.2 台阶的划分,应根据生产性质予以组织。一般将核安全重要建筑物、构筑物布置在一个台阶上,非核安全重要建筑物、构筑物布置在另一个台阶上,全厂台阶数不宜过多。

6.3.3 台阶的宽度,除应满足建筑物、构筑物及其附属设施所需宽度外,尚应满足交通运输、管线敷设、施工安装等需要的宽度。

6.3.4 台阶的高度,一般按下列因素确定:

6.3.4.1 生产工艺及各种运输方式的技术条件。

6.3.4.2 建筑物、构筑物基础埋设深度。

6.3.4.3 横向坡度及台阶宽度。

6.3.4.4 工程地质及水文地质条件。

6.3.5 相邻两台阶的连接,根据工程地质、水文地质、降雨强度、用地情况、运输方式等采用如下几种方式:

6.3.5.1 自然边坡:适用于坡体稳定地段。其边坡坡度应根据工程地质,水文地质条件选用。

当地基为地质良好的填方与地质条件良好且土质较均匀的挖方,其边坡容许坡度可分别按表6.3.5-1、表6.3.5-2确定。

填方边坡容许坡度　　表6.3.5-1

填料类别	边坡最大高度(m)			边坡坡度		
	全部高度	上部高度	下部高度	全部坡度	上部坡度	下部坡度
一般粘性土	20	8	12		1:1.5	1:1.75
砾石土	12			1:1.5		
碎石土、卵石土	20	12	8		1:1.5	1:1.75
不易风化的石块	8			1:1.3		
	20			1:1.5		

注:①用大于25cm的石块砌筑的填方边坡坡度,根据具体情况确定。
②如需在堆顶上大量弃土或作堆场时,应进行坡体稳定性验算。
③作为建筑物、构筑物地基的填方边坡坡度,应符合现行国家标准《建筑地基基础设计规范》的规定。

挖方边坡容许坡度　　表6.3.5-2

土的性质		边坡坡度		
		坡高小于5m	坡高5~10m	坡高小于20m
碎石土(粒径大于2mm的颗粒含量超过全重50%的块石、卵石、碎石等类土)	密实	1:0.35~1:0.50	1:0.5~1:0.75	—
	中密	1:0.50~1:0.75	1:0.75~1:1.00	—
	密实	1:0.75~1:1.00	1:1.00~1:1.25	
老粘性土	坚硬	1:0.35~1:0.50	1:0.50~1:0.75	
	硬塑	1:0.50~1:0.75	1:0.75~1:1.00	
一般粘性土(不包括新近沉积的粘性土)	坚硬	1:0.75~1:1.00	1:1.00~1:1.25	
	硬塑	1:1.00~1:1.25	1:1.25~1:1.50	
黄土	老黄土		1:0.30~1:0.75	
	新黄土		1:0.75~1:1.25	

注:①铁路、道路路堑边坡,分别按现行国家规范《工业企业标准轨距铁路设计规范》、《厂矿道路设计规范》的有关规定执行。
②当边坡高度大于8m时,应设宽度不小于2m的缓和平台。

6.3.5.2 铺砌护坡：适用于降雨强度大、土壤易于风化、流失地段；自然悬崖、陡坡、侵蚀较严重需要防护的地段；填方边坡受水流冲刷的地段。

6.3.5.3 挡土墙：适用于工程地质不良或建筑物、构筑物密集和用地紧张的地段；易受水流冲刷而坍塌或滑动的边坡，且采用一般铺砌护坡不能满足防护要求的地段；采用高站台低货位方式进行装卸作业时。

在核安全重要建筑物、构筑物周围台阶高于5m时，应按6.1.7条执行。

6.3.6 台阶坡顶至建筑物、构筑物的距离，应符合下列要求：

6.3.6.1 满足建筑物、构筑物室外附属设施、道路、铁路、管线和排水沟布置需要的场地。

6.3.6.2 满足施工安装的需要。

6.3.6.3 防止建筑物、构筑物基础侧压力对边坡的影响。

位于稳定土坡顶上的建筑物、构筑物，当基础宽度小于3m时，其基础底面外边缘至坡顶的水平距离S（图6.3.6），应符合下式要求，并不得小于2.5m：

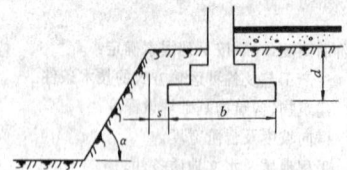

图6.3.6 基础底面外边缘线至坡顶的水平距离

条形基础　　$S \geq 3.5b - \dfrac{d}{tg\alpha}$　　(6.3.6-1)

矩形基础　　$S \geq 2.5b - \dfrac{d}{tg\alpha}$　　(6.3.6-2)

式中　b——垂直于坡顶边缘的基础底面边长(m)；
　　　d——基础埋置深度(m)；
　　　α——边坡坡角(°)。

当边坡坡角大于45°，坡高大于8m时，尚应进行坡体稳定验算，在核安全重要建筑物、构筑物周围，还应有专门的安全分析报告进行安全评价。

6.3.7 台阶坡脚或挡土墙根部至建筑物、构筑物的距离，除应满足本节6.3.6.1及6.3.6.2的规定外，尚应满足建筑物的采光和通风要求，以及考虑开挖基槽时对边坡或挡土墙稳定性的影响。

6.4 土(石)方工程

6.4.1 厂区土(石)方工程量的平衡，除场地平整的土(石)方量以外，还应包括建筑物、构筑物的基础及其地下室、设备基础、管线(地沟、管廊)基槽、排水沟、铁路、道路路槽等土(石)方工程量；挖方的松土量；海涂或软土地带填方的沉降量；稻田、水塘等腐植土或表土清除量与回填利用量。

厂区大量挖方，不能达到填方平衡时，对多余的土(石)方应作出合理安排，结合城镇规划、农田规划、工厂总体规划和工程施工组织设计等进行填海造地及施工用石料等。

6.4.2 场地填方土料和填方基底的处理(不包括作为建筑物、构筑物基础地基的填土)，应符合下列规定：

6.4.2.1 碎石类土、砂土(一般不用细砂、粉砂)和爆破石碴，可用作表层以下的填料。

碎石类土或爆破石碴土，其最大粒径，在距地面设计标高2m以内不应超过30cm，其下各层不得超过每层铺填厚度的2/3(当使用振动碾时不得超过每层铺填厚度的3/4)。

6.4.2.2 含水量符合压实要求的粘性土，宜铺填在放射性建筑物、构筑物的地区。

6.4.2.3 土质较好的耕植土或表土，一般可作为填方土料，但当耕植土或表土含水量过大，采用一般施工方法不易疏干，影响碾压密实度时不宜作为填方土料。

6.4.2.4 碎块草皮和有机质含量大于8%的土，仅用于无压实要求的填方。

6.4.2.5 基底上的树墩及主根应拔除，坑穴应清除积水、淤泥和杂物等，并分层回填夯实。

6.4.2.6 在建筑物、构筑物地面下的填方或厚度小于0.5m的填方，应清除基底上的草皮和垃圾。

6.4.2.7 在土质较好的平坦地上(地面坡度不陡于1:10)填方时，可不清除基底上的草皮，但应割除长草。

6.4.2.8 在稳定山坡上的填方，当山坡坡度为1:10～1:5时，应清除基底上的草皮；当山坡陡于1:5时，应将基底挖成阶梯形，阶宽不小于1m。

6.4.2.9 填方基底为耕植土或松土时，应将基底碾压密实或夯实后再行填土；填方基底为水田、沟渠、池潭时，应根据具体情况，采取适当的基底处理措施(排水疏干、挖除淤泥、抛填片石或砂砾、矿碴等)后再进行填土。

6.4.3 场地粘性土填方最小压实度，应符合表6.4.3-1的规定；铁路、道路路基最小压实度，应分别符合表6.4.3-2、表6.4.3-3的规定。

场地粘性土填方最小压实度　　表6.4.3-1

填土地点	最小压实度
建筑物地面下	0.90
近期不拟建的建、构筑物地面下	0.85
管线基础下	0.90
一般场地	0.80～0.90

注：①利用填土作建筑物地基时，其填土质量应符合现行国家标准《建筑地基基础设计规范》的规定。
②当进行大面积场地平整时，建筑物、构筑物、铁路、道路、管线区域的填方压实度，可统一采用0.90。

铁路路基最小压实度　　表6.4.3-2

铁路等级	路肩施工高程以下深度(cm)	最小压实度
I	0～50	0.95
	50～120	0.90
I、II	0～30	0.95
	30～120	0.90

注：①填料为粘性土和粘砂、粉砂。
②在年平均降水量低于400mm的地区，最小压实度可按表列减少0.05。

道路路基最小压实度　　表6.4.3-3

填挖类别	深度(cm)	路基最小压实度			
		高级路面	次高级路面	中级路面	低级路面
填方	0～80	0.98	0.95	0.90	0.85
	>80	0.95	0.90	0.85	0.80
零填及挖方	0～30	0.98	0.95	0.90	0.85

注：①低于80cm的填方为低填方，其深度由原地面算起，其它填方深度均由路槽底算起。
②低填方时，由原地面向下算起0～30cm深度的压实度，应符合零填、挖方的压实度要求。
③干旱地区或潮湿地区的路基最小压实度，可减少0.02～0.03。

6.5 场地排水

6.5.1 场地排水主要采用管道式排水，当设置排水管道有困难或经济上不合理的地区、地段情况下，可采用明沟排水方式。对有美观要求和有物料装卸作业地段，在明沟上面应铺设沟盖板。

6.5.2 场地的整平坡度，视地形、土质和地段确定。一般为5‰～20‰；困难地段不应小于3‰，最大坡度不宜超过60‰。

6.5.3 排水明沟一般沿道路、铁路和场地最低处布置，且应符合下列要求：

6.5.3.1 应减少与铁路、道路交叉。当必须交叉时，宜垂直交叉，不应小于45°交叉。

6.5.3.2 未经整平地段，应与原地形相适应。

6.5.3.3 跌水和急流槽,不宜设在明沟转弯处。

6.5.3.4 铺砌明沟转弯处,其中心半径不宜小于设计水面宽度的2.5倍。

6.5.4 排水明沟一般采用矩形断面;在厂区边缘(包括山坡坡顶上的截水沟),可采用梯形断面;在岩石地段、雨量少、汇水面积和流量较小地段,可采用三角形断面。明沟起点深度不应小于0.2m,最大深度不宜大于1.1m,矩形明沟底宽不应小于0.4m,梯形明沟底宽不应小于0.3m。

6.5.5 场地雨水口间距,一般为30~80m;低洼和易积水地段或少雨地区,雨水口的数量,宜适当增减。

平箅式雨水口,箅面应低于附近地面3cm,且四周坡向雨水口。

6.5.6 城市型道路雨水口间距,宜按表6.5.6的规定设置,纵坡小于3‰或雨水集流的地段,雨水口的间距要适当加密或采用横隔道路的多算雨水口。

城市型道路雨水口间距　　　　表6.5.6

道路纵坡(‰)	雨水口间距(m)
<0.3	30
0.3~0.5	30~60
0.6~3.0	60~80

6.5.7 雨水口应设置在集水方便并与雨水干管检查井或连接井的支管短捷处,不宜设在建筑物门口、人行道出口和地下管道顶上。

6.5.8 在降雨甚少且蒸发量远大于降雨量的地区,可不设雨水系统,但应有建筑物向道路、道路向围墙外排水的坡度,或厂区向厂外倾斜的坡度。

7 管线综合布置

7.1 一般规定

7.1.1 管线综合布置应根据总平面布置、管线性质、管内介质、布置要求和施工维修等因素确定。使管线布置及管线与建筑物、构筑物、铁路、道路、绿化设施之间,在平面与竖向布置上安全、合理、协调。

7.1.2 管线布置应短捷、顺直,适当集中,管线与建筑物、构筑物、铁路、道路应平行布置,减少交叉,当交叉时,宜垂直交叉,不应小于45°交叉。

干管宜靠近主要用户或支管多的一侧布置。

7.1.3 各种管线除了必须架空以外,应埋地敷设,在符合安全、辐射、卫生和检修条件下,宜共沟敷设包括地下综合管廊和地沟。

7.1.4 在确定各管线敷设方式时,应考虑厂容的要求。

7.1.5 管线不应穿过建筑物、构筑物及预留发展用地。

7.1.6 相邻管线的附属构筑物如阀门井、检查井等应相互交错布置或有条件时合并成一个综合井。

7.1.7 管线综合布置过程中发生矛盾时,在满足生产、安全和有关规范条件下,按下列原则处理:

7.1.7.1 压力流的让重力流的。

7.1.7.2 易弯曲的让不易弯曲的。

7.1.7.3 工程量小的让工程量大的。

7.1.7.4 管径小的让管径大的。

7.1.7.5 施工检修方便的让施工检修不方便的。

7.1.7.6 无放射性的让有放射性的。

7.1.7.7 新设计的让既有的。

7.2 地下管线

7.2.1 地下管线的布置,应符合下列要求:

7.2.1.1 宜按管线埋设深度,自建筑物、构筑物基础开始向外由浅至深布置。

7.2.1.2 氧气、有毒、腐蚀气体、燃油、放射性液体以及各种污水、雨水等不应与其它管线共同敷设在可通行的地下综合管廊内。

7.2.1.3 给水管与排水管、放射性液气体管、有毒液(气)体管,宜分别布置在道路两侧,且生活饮用水与放射性液(气)体的间距不应小于4m。

7.2.1.4 不应把管线平行布置在铁路下面,也不宜平行布置在道路下面。当布置受限制时,可将埋设较深或不经常检修的管线布置在道路下面。

7.2.1.5 酸类、碱类物料装卸场地面下不宜布置地下管线。地下管线距上述场地边界水平距离不应小于2m。

7.2.1.6 直接埋地的管道,不应重叠布置。

7.2.2 地下管线之间的水平净距,不宜小于表7.2.2的规定。

地下管线之间的水平净距(m)　　　　表7.2.2

管线名称	给水管	排水管	热力管(沟)	燃油管	氧气、乙炔管	压缩空气管	直埋电缆(电压在35kV及以下)	通信电缆	低放射性液体管(沟)
给水管	0.5~0.7①	1.5②	1.5	1.5	1.5	1.0	1.0	0.5~1.5④	3.0~4.0⑤
排水管	1.5②	1.5	1.5	1.5	1.5	1.0	1.0	1.0	1.5
热力管(沟)	1.5	1.5	—	2.0	1.5	1.5	2.0	1.0	1.5
燃油管	1.5	1.5	2.0	—	1.5	1.5	1.5	1.0	1.5
氧气、乙炔管	1.5	1.5	1.5	1.5	1.5③	1.5	1.5	1.0	1.5
压缩空气管	1.0	1.0	1.5	1.5	1.5	—	1.0	1.0	1.0
直埋电缆(电压在35kV及以下)	1.0	1.0	2.0	1.5	1.5	1.0	—	0.5	1.0
通信电缆	0.5~1.5④	1.0	1.0	1.0	1.0	1.0	0.5	—	1.0
低放射性液体管(沟)	3.0~4.0⑤	1.5	1.5	1.5	1.5	1.0	1.0	1.0	—

注:表列数值系指管线(或管沟)外壁之间或与最外一根电缆之间的水平净距。当相邻管线之间埋设深度高差大于0.5m时,应按土的性质验算其水平净距。

①指埋设深度相同,且互不影响时,并采用同槽施工的管道。当管径小于或等于300mm时采用0.5m;管径大于300mm时采用0.7m;

②系指给水管管径在200mm及其以下时;当给水管管径大于200mm,不小于3m;

③系指氧气管与乙炔管之间的水平净距;

④当给水管管径在75~150mm时采用0.5m;管径200~400mm时采用1.0m;管径大于400mm时采用1.5m;

⑤生产给水为3.0m;饮用给水为4.0m。

7.2.3 地下管线与建筑物、构筑物之间的水平净距,不宜小于表7.2.3的规定。

地下管线与建筑物、构筑物之间的水平净距(m)　　　　表7.2.3

管线名称 建、构筑物名称	给水管	排水管	热力管(沟)	燃油管	氧气、乙炔管	压缩空气管	电力电缆	通信电缆	低放射性液体管(沟)
标准轨距铁路中心线④	3.8	3.8	3.8	3.8	3.8	3.8	3.8	3.8	3.8
道路路缘石④	1.5	1.5	1.0	1.0	1.0	1.0	1.0	1.0	1.0
建筑物基础外缘	3.0	2.5①	3.0	②	1.5	0.5~1.0③	0.5~1.5③		2.5
管道支架基础外缘	2.0	2.0	0.5	0.5	0.5	0.5	0.5	0.5	2.0

续表 7.2.3

管线名称 建、构筑物名称	给水管	排水管	热力管（沟）	燃油管	氧气、乙炔管	压缩空气管	电力电缆	通信电缆	低放射性液体管（沟）
围墙支架基础外缘	1.5	1.5	1.0	1.5	1.0	1.0	0.5	0.5	1.5
照明、通信电杆中心	1.0	1.0	1.0	1.0	1.0	1.0	0.5	0.5	1.0

注：表列数值系管线标高与建筑物、构筑物基础底面标高相同及以上时，如深于建筑物、构筑物底面标高，应根据土的性质进行验算，但不宜小于表列数值。
表列最小水平净距从管线外壁或防护设施外壁算起。
①本数值系排水管埋设深度浅于建筑物基础底面时的净距，当排水管为压力管时，不小于5m。
②氧气管距有地下室的建筑物基础外沿和通行地沟外沿净距为：氧气压力≤1.6MPa时采用2.0m；氧气压力>1.6MPa时为3.0m。距无地下室的建筑物基础外沿净距为：氧气压力≤1.6MPa时，采用1.2m；氧气压力>1.6MPa时为2.0m。乙炔管距有地下室或生产火灾危险性为甲类的建筑物基础外沿和通行地沟外沿采用2.5m；距无地下室的建筑物基础外沿为1.5m。
③直埋电缆距建筑物散水坡边缘为0.5m；如无散水坡时为1.0m；电缆管道为1.5m。
④铁路、道路与各管线之间的水平净距系在平坦地段时；当为路堤或路堑时，其净距应计算后确定。

7.2.4 地下管线与铁路、道路交叉时的最小垂直净距，应符合下列要求：
  管顶包括防护设施到铁路轨顶为1.2m。
  管顶包括防护设施到道路路面为0.8m。

7.2.5 地下综合管廊内管线布置应符合下列要求：
  7.2.5.1 管廊内应设置不小于0.8m的通道，困难时不小于0.6m，高度不小于2.2m。
  7.2.5.2 电缆与其它管线宜分别布置在通道两侧，如图7.2.5(a)所示；当布置在一起时，应电缆在上，其它管线在下（热力管除外），如图7.2.5(b)所示。

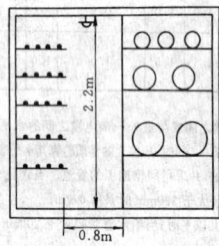 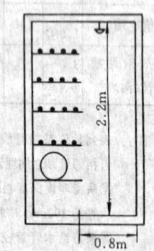

(a) 电缆与其它管线布置　　(b) 电缆与其它管线同侧布置

图7.2.5 地下综合管廊管线布置
・——电缆　　○——其它管线（热力管除外）

  7.2.5.3 不宜布置易燃易爆、有毒、放射性等有危险物料的管线，当布置时不应设置阀门、法兰等容易产生泄漏的装置或部件，且应有安全防护措施。
  7.2.5.4 液体倒空排放点，应靠近管廊的集水井。
  7.2.5.5 各种管线之间的距离和要求等同厂房内敷设规定。
  7.2.5.6 热力管与电缆（线）、给水管不宜布置在同一管廊内，如布置在同一管廊时，应有措施，确保电缆、给水管的正常使用不受影响。

7.2.6 地下综合管廊应符合下列要求：
  7.2.6.1 应设不小于3‰的纵坡和5‰的横坡，纵坡最低处设

集水井，并设抽水泵，必要时设纵向带盖排水明沟。
  7.2.6.2 应设永久性照明和火灾报警器。
  7.2.6.3 设置安全出口指示标记（含距离）。
  7.2.6.4 设置检修器材出入口。
  7.2.6.5 应保持通风。
  7.2.6.6 通道范围内不应有设备、管线、支架侵入，通道两侧不应有尖物或突出的硬体。
  7.2.6.7 通向担架出口的通道不应有直角转弯。
  7.2.6.8 管廊应设置正常出入口与紧急出入口。
  7.2.6.9 敷设有放射性、易燃、易爆、有毒物料管线的管廊，应有抗震、抗辐射效应和防止地下水渗入的功能。
  7.2.6.10 正常出口应设在最安全并可以通过担架的地段，当有几个正常出口时，允许只有一个能通过担架，但应满足7.2.6.7的要求。
  7.2.6.11 在加强防护区的出口，则按加强防护区的要求设置；在生产区的出口，则出口大门应上锁，且大门的开启在主控制室有信号反应。
  7.2.6.12 在可能出现水淹、火灾、高温、高压管线破裂等事故的管廊中应设置紧急出口，其间距不应大于70m。在尽端式管廊地段，紧急出口间距端头不应大于10m，在危险性较小地段，上述两间距允许扩大5倍，但高温、高压管线地段不应扩大。

7.2.7 在回填土地段的管线，应有防止回填土下沉对管线产生影响的措施。

7.3 架空管线

7.3.1 架空管线布置，应符合下列要求：
  7.3.1.1 不影响交通运输、人流通过，并应注意对厂容的影响。
  7.3.1.2 不影响建筑物的自然通风和采光以及门窗的使用。
  7.3.1.3 燃油管与可燃气体管，不应在与其无生产联系的建筑物外墙或屋顶敷设；不应在存放易燃、可燃物料的堆场和仓库区通过。
  7.3.1.4 架空电力线路，不应跨越爆炸危险场所。不应跨越屋顶为易燃材料的建筑物，并避免跨越其它建筑物。
  7.3.1.5 沿建筑物外墙架设的管线，宜管径较小、不产生推力，且建、构筑物的生产与管内介质互不引起腐蚀、易燃的危险。

7.3.2 架空管线与建、构筑物之间的水平净距不宜小于表7.3.2的规定。

架空管线与建筑物、构筑物之间的水平净距(m)　　表7.3.2

建筑物、构筑物名称		水平净距
建筑物	有门窗	3.0
	无门窗	1.5
标准轨距铁路	中心线	3.8
	边沟边缘	1.0
厂内道路缘石或路肩边缘		1.0
人行道边缘		0.5
厂区围墙		1.0

注：①架空管线与建筑物、构筑物净距均指两者最突出部分算起。
②架空电力线路与甲类火灾危险性的生产厂房、甲类物品库房、易燃、易爆材料堆场、易燃液体、气体贮罐的净距，不应小于杆塔高度的1.5倍。
③照明电杆离城市型道路路缘石0.5m。
④35～220kV架空电力线路杆（塔）外缘到铁路中心线水平净距（平行时）最高塔（塔）高加3m；交叉时为5m；10kV以下的架空电力线路，杆（塔）外缘到铁路中心线的水平净距不应小于3m。

7.3.3 架空管线跨越铁路、道路的垂直净距，不宜小于表7.3.3的规定。

架空管线跨越铁路、道路的垂直净距(m)　表7.3.3

名　称	垂直净距
厂内标准轨距铁路(轨顶标高)	5.5
道路路面(路面标高)	5.0①
人行道(道面标高)	2.2

注：表中垂直净距：管线自管线底或管架的最低部分算起。
① 行驶车辆(包括装载货物)总高超过4.0m时，应根据需要确定；如有足够依据确保安全通行时，净距可小于5.0m，但不得小于4.5m。

8 绿　化

8.1 一般规定

8.1.1 核电厂绿化应根据自然条件，厂内各小区的功能和性质，在总平面布置、竖向布置以及室外管线综合布置时统一考虑。

8.1.2 厂内核岛四周环形道路内和带有放射性物质的厂房等设施区不宜绿化。

8.1.3 核电厂绿化用地率不应小于15%。

8.2 绿化布置

8.2.1 行政管理设施区和员工活动较多的室外场所是核电厂的重点绿化地段；其它对环境洁净要求高的或噪声大的车间、站房附近要适当绿化。

8.2.2 需要进行环境监测的地段，可在适当地点栽培监测环境污染指示性植物。

8.2.3 在道路交叉口，铁路道口的绿化布置，应满足视距要求。

8.2.4 厂区有瞭望要求的围墙内外6m以内禁止种植乔木和灌木等，保护区实体屏障隔离带内严禁种植乔木和灌木。

8.2.5 树木与建、构筑物及管线的最小间距应符合表8.2.5的规定。

树木与建、构筑物及管线的最小间距(m)　表8.2.5

名　称	至乔木中心	至灌木中心
建筑物外墙(有窗)	5.0	2.0
建筑物外墙(无窗)	2.5	1.5
围墙(高2m以上)	2.0	1.0
围墙(高3m以下)	1.0	0.8
铁路中心	5.0	3.5
道路路面边缘	1.0	0.5
给水管、排水管	1.0	不限
热力管(沟)	1.5	1.5
氧气管、乙炔管、压缩空气管	1.0	1.0
电力电缆	1.5	0.5
照明电缆	1.0	0.5

8.3 树种选择

8.3.1 绿化应选用常绿树、乡土树木和花草为主。

8.3.2 重点绿化地段，可选部分观赏植物，并作垂直绿化和空间艺术处理。

8.3.3 冷却塔附近可铺草皮，在不妨碍冷却塔的通风、不影响冷却效率的前提下，可种植喜潮湿、耐潮湿的树种。

8.3.4 仓库区绿化宜根据贮存物料的性质和运输装卸要求，选种树干直、分枝点高、病虫害少的树种。

8.3.5 化水处理车间及环境清洁要求高的车间、站房附近宜种无花絮树种；卸酸碱地周围宜种耐酸碱气的树种，且其布置不应妨碍气体的扩散。

9 运　输

9.1 一般规定

9.1.1 厂内外运输应根据地区交通运输现状和总体规划、自然条件和运输物料特征，在总平面布置、竖向布置、管线综合布置时全面考虑、统一安排，合理组织人流、物流，保证工厂运输安全、短捷、畅通。

9.1.2 厂内运输可采用以下几种方式。

9.1.2.1 核电厂引入铁路时，应充分发挥其运输能力，并可直接引入乏燃料贮存厂房，避免二次倒运。

9.1.2.2 厂内各车间、仓库之间或码头与车间、仓库之间，宜采用无轨运输。根据物料数量、单件重量及其外形尺寸，选用汽车、电瓶车或叉车。

9.1.3 对外运输方式的选择，应根据地区交通运输现状和总体规划及自然条件等因素，对各种运输方式进行安全技术经济比较后确定。

9.1.4 核电厂的内、外运输，应满足厂建造和运行期间重大设备在运输、装卸对道路设施和作业场地的要求。

9.1.5 运输设计除执行本章规定外，尚应执行现行国家标准《工业企业标准轨距铁路设计规范》和《厂矿道路设计规范》、《港口工程技术规范》等的有关规定。

9.2 中转站(中转码头)

9.2.1 当核电厂无条件直接由铁路或公路或水路将乏燃料运送到乏燃料后处理工厂，而是由铁路、公路、水路将乏燃料运至附近路网车站或企业车站或码头转运时，应在该车站或码头附近建立中转站或中转码头。

9.2.2 中转站或中转码头应设在人口密度较低，公众活动较少，靠近铁路车站或码头的地段，并就近引接通信、电力、给水、排水、热力等管线。

9.2.3 场地设计标高应与附近车站、码头标高相适应，但不应低于50年一遇的洪水位。

9.2.4 中转站或中转码头应独立设置围墙。

中转站设有铁路到发线、牵出线、走行线、道路、汽车回转场地、管理室等，并有通信、信号、电力、给水、排水、热力管线等必要的公用设施。

中转码头根据作业情况，设置必要的运转与服务设施。

9.2.5 中转站铁路线有效长度，按下列规定计算：

9.2.5.1 到发线有效长度，宜按乏燃料运输列车长度加20m安全停车距离计算。

注：乏燃料运输列车长度，由铁路设计部门按乏燃料运输计划和列车途经线路技术条件，牵引定数等函数确定。

9.2.5.2 牵出线按到发线有效长度计算。在困难条件下，调车作业较少时，可到发线有效长度一半计算。

当条件许可时，可利用走行线进行调车作业而不专设牵出线。但线路平、纵断面及瞭望条件等符合调车作业的要求，并应有安全防护措施。

9.2.5.3 安全线有效长度不应小于50m。

9.2.6 中转站不设专用机车，由当地车站、邻近企业协作解决。

9.2.7 中转码头技术条件见本章第五节"水路"有关条款。

9.3 铁　路

9.3.1 厂外铁路与路网铁路接轨，在既有线上应与该管铁路局取得协议；在新线上应与该管铁路设计单位取得协议；在既有工业企业铁路上接轨时,应与该管企业和铁路局取得协议;特殊情况下必须在路网铁路或另一工业企业铁路的区间内正线接轨,须经铁路局或铁路局和工业企业铁路该主管单位同意,但在接轨地点应开设车站或设辅助所管理。

当厂外铁路与另一工业企业铁路均调车方式办理行车时,经铁路局和该主管单位同意,可在中途接轨。

9.3.2 接轨点位置选择,应按下列要求确定:

9.3.2.1 主要方向的列车,不改变运行方向通过接轨点。

9.3.2.2 应避免车辆取送作业与路网正线交叉。

9.3.2.3 当运输量较大,有大组车或列车时,可在接轨站的到发线上接轨,运输量较小时,可在铁路调车线上或不繁忙的牵出线上接轨。

9.3.3 核电厂铁路设计的技术标准,采用工业企业铁路Ⅱ级。

9.3.4 当线路由核电厂自行经营管理、且核电厂与路网之间实行车辆交接时,可自设编组站,负责列车到发、交接、解编、集结等业务。站场线路有效长度计算见9.2.5条。

9.3.5 厂内铁路线及运输设施的布置,应与总平面布置及竖向布置统一考虑,并应符合下列要求:

9.3.5.1 满足生产要求,减少折角车流和物料倒运。

9.3.5.2 当编组站设在厂内时,应布置在厂区边缘地带,必须避免与主干道交叉,其它线路交叉,根据人流、物流情况,设置相应的道口安全防护设施。

9.3.5.3 线路的平面、断面,线路两侧建筑物、构筑物等有关设施的布置,应符合现行国家标准《工业企业标准轨距铁路设计规范》(GBJ 12)的有关规定。

9.3.6 装卸线的道床设计,除应按现行国家标准《工业企业标准轨距铁路设计规范》的有关规定外,尚应符合下列要求:

9.3.6.1 酸、碱类物料的装卸线,应为防腐的暗道床或整体道床。

9.3.6.2 便于调车和装卸操作人员作业。

9.3.6.3 便于线路的维修、养护。

9.3.6.4 便于清扫散落物及排水。

9.3.7 铁路建筑限界,应符合现行国家标准《标准轨距铁路建筑限界》的规定。

9.3.8 机车牵引乏燃料重车时,在它们之间应设置一节隔离车,隔离车可用普通敞车。

9.3.9 为厂房与编组站之间车辆的牵引,应自备牵引机车,并设机车库。

9.4 道 路

9.4.1 厂内道路布置应符合下列要求:

9.4.1.1 符合物料流程的要求,使厂内各建筑物、构筑物之间物料运输顺直、短捷。

9.4.1.2 人流、一般物流与放射性物流不宜混行。

9.4.1.3 主厂房建筑群四周应设环形道路,其它区道路设置也应符合现行国家标准《建筑设计防火规范》的有关规定。

9.4.1.4 有利于各建筑群的功能分区。

9.4.1.5 宜使永久性道路与施工用道路相结合。

9.4.1.6 符合道路技术条件要求。

9.4.1.7 宜平行或垂直主要建筑物、构筑物。

9.4.2 厂内道路分为主干道、次干道、支道、车间引道和人行道。

9.4.2.1 主干道为连接厂区主要出入口的道路,乏燃料运输及大型设备运输的道路。

9.4.2.2 次干道为连接次要出入口的道路,厂区环形道路,厂房仓库之间或码头之间运输较忙或有特殊需要的道路。

9.4.2.3 支道为车辆和人行都较少的道路以及消防道路等。

9.4.2.4 车间引道为车间、仓库等出入口与主、次干道或支道相连接的道路。

9.4.2.5 人行道为行人通行的道路。

9.4.3 厂内道路主要技术标准按表9.4.3规定选用,其它应符合现行国家标准《厂矿道路设计规范》的有关规定。

厂内道路主要技术标准 表9.4.3

路面宽度(m)		主干道	7～9
		次干道	6～7
		支道	3.5～4.0
		车间引道	与车间大门宽度相适应
		人行道	1～2.0
转弯半径(m)	最小圆曲线半径	行驶单辆汽车时	不宜小于15
		行驶拖挂车时	不宜小于20
	交叉口路面内边缘最小转弯半径	载重 4～8t 单辆汽车	9
		载重 10～15t 单辆汽车	12
		载重 4～8t 汽车带一辆 2～3t 挂车	15
		载重 15～25t 平板挂车	15
		载重 40～60t 平板挂车	18
最大纵坡(%)		主干道	4
		次干道	6
		支道	8
		车间引道	4
最小视距(m)		停车视距	15
		会车视距	30
		交叉口停车视距	20

注:①主要进厂干道的道路宽度取上限。
②车间引道及场地条件困难的主、次干道和支道,除陡坡处外,表列路面内边缘最小转弯半径可减小3m。
③行驶表列以外其它车辆时,路面内边缘最小转弯半径,应根据需要确定。
④通行电瓶车的道路最大纵坡不宜大于4%。

9.4.4 路面结构层的组成及其厚度,应根据不同路段地质条件和行驶的车辆及其荷载,分别按现行的柔性路面设计规范或水泥混凝土路面设计规范进行设计。

9.4.5 路面面层类型宜用水泥混凝土,但在放射性检修车间,放射性废物库等附近,宜用易于更换的如沥青类材料。

9.4.6 厂内道路可视道路所处环境采用城市型或公路型。

9.4.7 道路边缘至相邻建筑物、构筑物和铁路的最小净距见表9.4.7。

道路边缘至相邻建筑物、构筑物及铁路的最小净距 表9.4.7

序号	相邻建筑物、构筑物名称	最小净距(m)
1	建筑物、构筑物外墙面	
	(1)当建筑物面向道路一侧无出入口时	1.5
	(2)当建筑物面向道路一侧有出入口但不通行汽车时	3.0
	(3)当建筑物面向道路一侧有出入口且通行汽车时	按车辆长度及其最小内侧转弯半径确定
2	管线支架	1.0
3	照明电杆	0.5
4	标准轨距铁路中心线	3.8

注:表列最小净距:城市型道路自路面边缘算起,公路型道路自路肩边缘算起。

9.4.8 厂外道路设计,应按现行国家标准《厂矿道路设计规范》的有关规定执行。

9.5 水 路

9.5.1 核电厂水路运输的港址,应与厂址选择同时进行,并结合地区交通运输现状和规划,进行全面分析比较确定。

为运输重大设备和乏燃料,可建造2000～3000t级码头。

9.5.2 根据船舶尺度要求,应充分利用河口深槽、泻湖(包括泻湖入海口)或天然海港建港,以降低工程造价。

9.5.3 港口应有足够的陆域、水域面积。港口水域应选择在有天然掩护、浪、流作用小、泥砂运动较弱的地区。在冰冻地区，应考虑冰凌对港口的影响。

9.5.4 港内水域包括船舶制动水域、回旋水域、码头前沿停泊水域、港池、连接水域以及港内航道、锚地等。上述水域应根据具体情况组合设置。

9.5.5 港内船舶制动水域，宜设在进港方向的直线上，当布置有困难时，可设在半径不小于3~4倍船长的曲线上。

9.5.6 海港的船舶回旋水域，应设在方便船舶靠离码头或进出港的地点，其尺度根据自然条件和港作拖轮配备等因素，可按设计船长1.5~2.5倍的回旋圆直径设置。

9.5.7 河口港的船舶回旋水域，其宽度（垂直水流方向）和长度（沿水流方向）分别为设计船长的1.5~2.0倍和2.5~3.0倍。

9.5.8 码头与取水口（取水头部）、循环冷却水排水口，应保持一定距离。

9.5.9 码头及其陆域作业区，要节约用地，不占或少占良田，少拆迁，宜设在非居住区范围内，避免另行征地和拆迁。

9.5.10 码头型式，应根据地形、地质、水文、货物装卸工艺等因素确定，核电厂宜采用直立式码头。

9.5.11 码头前沿停泊水域宽度：海港码头为设计船舶宽的2倍；顺岸布置的河港码头，不应占主航道，其宽度一般为设计船舶宽的3~4倍。

9.5.12 码头泊位长度（L_b）应满足船舶靠离、系缆和装卸作业的要求。

9.5.12.1 海港码头泊位长度，根据是否有掩护，分别按公式（9.5.12-1）~（9.5.12-4）计算确定：
(1)有掩护的码头泊位长度。
仅为一个泊位时（图9.5.12-1）：
$$L_b = L + 2d \quad (9.5.12\text{-}1)$$
式中 L——设计船长(m)；
d——富裕长度(m)，按表9.5.12选取。

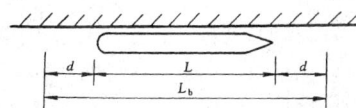

图9.5.12-1 有掩护的海港码头一个泊位长度

同一个码头上连续布置两个以上泊位时（图9.5.12-2）：
端部泊位 $L_b = L + 1.5d$ （9.5.12-2）
中间泊位 $L_b = L + d$ （9.5.12-3）

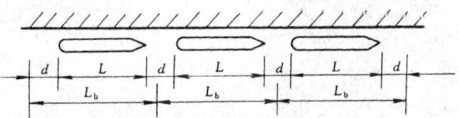

图9.5.12-2 有掩护的海港码头两个以上泊位长度

富裕长度 表9.5.12

L(m)	<40	41~85	86~150	151~200	201~230	>230
d(m)	5	8~10	12~15	18~20	22~25	30

(2)开敞式码头泊位长度：
$$L_b = (1.4\sim1.5)L \quad (9.5.12\text{-}4)$$

9.5.12.2 河运直立式码头泊位长度：
$$L_b = L + d \quad (9.5.12\text{-}5)$$
式中 d——一般采用 $0.1\sim 0.15L$。

9.5.13 码头前沿水域的设计水深，应保证设计船型在满载时安全地靠离和顺利进行装卸作业。

9.5.13.1 海港码头前沿水域设计水深，在可行性研究或方案阶段，当自然资料不足时，可按下式估算：
$$D = K \cdot T \quad (9.5.13)$$
式中 D——海港码头前沿水域设计水深；
K——系数。有掩护码头取1.1~1.5；开敞式码头取1.15~1.2；
T——设计船型满载吃水(m)。

9.5.13.2 河港码头前沿水域设计水深，一般采用设计船型的满载吃水加0.2~0.5m的最小富裕水深。如因回淤需另加富裕水深，其增加值应不小于挖泥船的一次最小挖泥厚度。

9.5.14 码头陆域作业区的布置，应根据码头型式、物料特征、装卸作业需要的场地、建筑物、构筑物、道路、临时存放场、管线等因素进行，达到装卸安全，运输畅通。

9.5.15 码头地面的使用荷载，应根据物料、起重运输机械等荷载确定。在有效的管理和控制下，也可按其使用情况，分块确定使用荷载。

9.5.16 码头陆域作业区的场地设计标高，应与码头前沿高程相适应。作业区应有5‰~10‰的排水坡度。

9.5.17 港口、码头及其作业区设计，除执行本规范外，尚应符合现行交通部的《港口工程技术规范》的有关规定。

10 主要技术经济指标

10.0.1 为评定总平面运输设计的技术经济合理性，初步设计阶段，在总平面运输设计说明书与总平面布置图中应列出主要技术经济指标表。项目如下：

(1)厂区占地面积　　　　　　　　　　　　　　m²
　本期工程占地面积　　　　　　　　　　　　　m²
　规划容量占地面积　　　　　　　　　　　　　m²
(2)单位容量占地面积　　　　　　　　　　　m²/kW
　本期工程单位容量占地面积　　　　　　　　m²/kW
　规划容量单位容量占地面积　　　　　　　　m²/kW
(3)厂区建、构筑物占地面积　　　　　　　　　m²
(4)固定堆场占地面积　　　　　　　　　　　　m²
(5)建筑系数　　　　　　　　　　　　　　　　％
(6)厂内铁路长度　　　　　　　　　　　　　　km
(7)道路及广场占地面积　　　　　　　　　　　m²
(8)土石方工程量　　　　　　　　　　　　　　m³
　填方　　　　　　　　　　　　　　　　　　　m³
　挖方　　　　　　　　　　　　　　　　　　　m³
　单位面积土石方工程量　　　　　　　　　　m³/m²
(9)绿化占地面积　　　　　　　　　　　　　　m²
　绿化占地系数　　　　　　　　　　　　　　　％

10.0.2 各项技术经济指标，应按附录A的规定方法计算。

附录A 技术经济指标计算方法

A.0.1 厂区占地面积按厂区范围线或围墙中心线内的占地面积计算。

A.0.2 建筑物、构筑物占地面积按下列计算：
(1)设计的建筑物、构筑物（包括地下构筑物）面积，按外墙尺寸计算；
(2)圆形构筑物，按最大外径尺寸计算；
(3)方形构筑物，按外壁尺寸计算；
(4)同一基础两个及以上的建筑物、构筑物，按其基础底面尺寸计算。

A.0.3 固定堆场占地面积按堆场使用面积计算。

A.0.4 建筑系数按下式计算：

$$\frac{建筑物、构筑物占地面积+固定堆场占地面积}{厂区占地面积}\times100\% \qquad (A.0.4)$$

A.0.5 土石方工程量仅为平整场地的土石方工程量。

A.0.6 绿化占地面积：按草地、花坛、水面、苗圃、成带或成块以及单株种植等植物占地面积的总和计算。

A.0.7 绿化占地系数按下式计算：

$$\frac{绿化占地面积}{厂区占地面积}\times100\% \qquad (A.0.7)$$

附录 B 本规范用词说明

B.0.1 为便于在执行本规范条文时区别对待，对要求严格程度不同的用词说明如下：

(1)表示很严格，非这样做不可的：
正面词采用"必须"；
反面词采用"严禁"。

(2)表示严格,在正常情况下均应这样做的：
正面词采用"应"；
反面词采用"不应"或"不得"。

(3)表示允许稍有选择,在条件许可时首先应这样做的：
正面词采用"宜"或"可"；
反面词采用"不宜"。

B.0.2 条文中指明应按其它有关标准、规范执行时,写法为"应按……执行"或"应符合……要求或规定"。

附加说明

主编单位、参加单位和主要起草人名单

主 编 单 位：核工业第二研究设计院
参 加 单 位：核工业标准化研究所
主要起草人：施铭达、郭永顺、应汉宗、张栋

中华人民共和国国家标准

核电厂总平面及运输设计规范

GB/T 50294—1999

条 文 说 明

编 制 说 明

本规范是根据国家计委计综合〔1992〕490号文的要求，由中国核工业总公司负责主编，具体由核工业第二研究设计院会同核工业标准化研究所共同编制而成。经建设部1999年6月10日以建标〔1999〕146号文批准，并会同国家质量技术监督局联合发布。

《核电厂总平面及运输设计规范》在制订过程中，编制组进行了广泛的调查研究，收集、分析了大量的国内外相关资料，总结了我国核电站设计和运行过程中的实践经验，并反复征求了有关部门和单位的意见，最后，由中国核工业总公司会同有关部门审查定稿。

在规范执行过程中，希望各单位结合工程实践和科学研究，认真总结经验，注意积累资料，并将意见和建议寄交核工业第二研究设计院（地址：北京市840信箱科技处，邮编：100840），以供今后修订时参考。

目　次

1 总则 ················· 7—19—18
2 术语 ················· 7—19—18
3 厂址选择 ············· 7—19—18
　3.1 一般规定 ········· 7—19—18
　3.2 核安全准则 ······· 7—19—19
4 总体规划 ············· 7—19—20
5 总平面布置 ··········· 7—19—20
　5.1 一般规定 ········· 7—19—20
　5.2 主要生产设施的布置 ··· 7—19—21
　5.3 辅助生产设施的布置 ··· 7—19—21
　5.4 其他设施的布置 ··· 7—19—22
6 竖向布置 ············· 7—19—22
　6.1 一般规定 ········· 7—19—22
　6.2 设计标高的确定 ··· 7—19—22
　6.3 台阶式布置 ······· 7—19—23
　6.4 土（石）方工程 ··· 7—19—23
　6.5 场地排水 ········· 7—19—23
7 管线综合布置 ········· 7—19—23
　7.1 一般规定 ········· 7—19—23
　7.2 地下管线 ········· 7—19—24
　7.3 架空管线 ········· 7—19—24
8 绿化 ················· 7—19—25
　8.1 一般规定 ········· 7—19—25
　8.2 绿化布置 ········· 7—19—25
　8.3 树种选择 ········· 7—19—25
9 运输 ················· 7—19—25
　9.1 一般规定 ········· 7—19—25
　9.2 中转站（中转码头） ··· 7—19—26
　9.3 铁路 ············· 7—19—27
　9.4 道路 ············· 7—19—27
　9.5 水路 ············· 7—19—27
10 主要技术经济指标 ····· 7—19—28
附录 A　技术经济指标计算方法 ··· 7—19—28

1 总 则

1.0.1 本条提出了制定核电厂总平面及运输设计规范的编制背景、指导思想和遵循的原则以及要达到的目的。其内容是贯彻了国务院1986年10月29日发布的《中华人民共和国民用核设施安全监督管理条例》和国家计委计设（1983）1477号文颁发的《基本建设设计工作管理暂行办法》。

1.0.2 本条规定了本规范的适用范围，适用于新建、扩建核电厂（含核供热电厂）的总图运输设计。由于核电厂的特点，对扩建工程，在某些条文中另有规定。对供热的核能厂，因性质类似亦可参照执行。

1.0.3 核电厂总图运输设计，是综合性很强的工作，涉及国家颁发的核安全、辐射防护、防火、卫生、环保、交通运输等规定、规范或标准。现列出引用标准如下：

(1) 火力发电厂总图运输设计技术规程（DL/T 5032—94）（简称《火电总规》，以下同）；
(2) 火力发电厂设计技术规程（DL 5000—94）《火电设规》；
(3) 机械工厂总平面及运输设计规范（JBJ 9—81）（试行）《机规》；
(4) 化工企业总图运输设计规范（HGJ 1—85）（试行）《化规》；
(5) 钢铁企业总图运输设计规范（YBJ 52—88）（试行）《钢规》；
(6) 工业企业标准轨距铁路设计规范（GBJ 12—87）《工规》；
(7) 厂矿道路设计规范（GBJ 22—87）《厂规》；
(8) 核电厂厂址选择安全规定（HAF 0100（91））及其所属导则《规定》；
(9) 核电厂设计安全规定（HAF 0200（91））；
(10) 核电厂内部飞射物及其二次效应的防护（HAF 0204）；
(11) 核电厂环境辐射防护规定（GB 6249—86）《环境规定》；
(12) 辐射防护规定（GB 8703—88）；
(13) 放射性废物的分类（GB 9133—1995）；
(14) IFLG 900MWe压水堆核电站系统设计和建造规则（RCC—P）（第四版）；
(15) 标准轨距铁路建筑限界（GB 146.2—83）；
(16) 建筑设计防火规范修订本（GBJ 16—87）；
(17) 建筑地基基础设计规范（GBJ 7—89）；
(18) 土方和爆破工程施工及验收规范（GBJ 201—83）；
(19) 室外给水设计规范（GBJ 13—86）《外给规》；
(20) 室外排水设计规范（GBJ 14—87）《外排规》；
(21) 乙炔站设计规范（GB 50031—1991）《乙炔规》；
(22) 氧气站设计规范（GB 50030—1991）《氧气规》；
(23) 锅炉房设计规范（GB 50041—1992）《锅炉规》；
(24) 压缩空气站设计规范（GBJ 29—90）《压空规》；
(25) 港口工程技术规范（1987）；
(26) 工业企业通信设计规范（GBJ 42—81）《通信规》；
(27) 架空送电线路设计技术规程（SDJ 3—79）；
(28) 架空配电线路设计技术规程（SDJ 4—79）；
(29) 消防站建筑设计标准（GNJ 1—81）；
(30) 日本原子能安全委员会安全审查指南汇编（HAZ 0301）；
(31) 城镇消防站布局与技术装备标准（GNJ 1—82）（试行）；
(32) 工业企业总平面设计规范（GB 50187—93）《工企总规》。

2 术 语

2.0.1 摘自国家标准《核电厂工程基本术语标准》。
2.0.2 同2.0.1。
2.0.3 参照《核电厂厂址选择安全规定》HAF 0100（91）名词解释中《安全系统》和《核电厂工程基本术语标准》制定的。
2.0.4 区别于核岛中的核辅助厂房，是除核岛以外的其他为处理、贮存放射性物质的车间、库房和贮罐如特种车库、放射性废液贮罐等的统称。
2.0.5 在核电厂外由人工形成的搬运、加工、运输危险品如易燃、易爆、有腐蚀性、有毒以及放射性物质的设施一旦发生事故，可能对核电厂造成危害的因素。如采石场的飞射石块撞击核电厂，爆炸震动的塌方造成水源暂时堵塞或震动引起地面塌陷。又如海洋和内陆水系运输危险品发生事故如爆炸，这些危险品容器连同其装料和水中的碎屑有可能堵塞或破坏与最终热阱有关的冷却设施。因此这些人工形成的设施是对核电厂有影响的外部人为因素。
2.0.7 同2.0.1。
2.0.8 同2.0.1。

3 厂址选择

3.1 一般规定

3.1.1 本条系根据《基本建设设计工作管理暂行办

法》(国家计委计设(1983)1477号)等文件中对建设地点的选择和有关要求制定的。

3.1.2 提出本条的目的是明确核电厂厂址选择应包括的内容,核电厂与非核电厂在选址方面主要差别是核安全,为此增加非居住区、限制区的范围和厂址所在区域内影响核电厂安全的外部事件的设计基准,前二项国家环保局有规定,但具体划定时,将按照实际地形(如山丘与平地)和现场踏勘后确定,后一项则按不同的选址阶段可进行大量调查研究和实地测试等才能完成。

本条中对建设顺序和规模提出意见等内容是根据《火力发电厂设计技术规程》(DL 5000—94)(以下简称《火电设规》)第2.0.3条有关内容制定的。

3.1.3 本条系根据多年核工业的选厂经验,并参照了《钢铁企业总图运输设计规范》(YBJ 52—88)(试行)(以下简称《钢规》)第2.1.2条有关内容制定的。

3.1.4 土地是国家重要财富之一,是农业的基础,而工业建设又必须征用土地,因此国家从开始就提出要珍惜每一寸土地和节约土地的一系列方针、政策。核电厂建设除了厂区用地外,属于非居住区内的土地也要征用,该范围内土地按有关规定仍可利用,但是有局限性,它不得干扰核电厂的正常运行,因此在选址中应注意节约用地,尽量利用荒山劣地、海涂等。(如滨海厂址,将大量多余挖石回填于滩涂,造就土地予以利用),以减少占用陆地的面积,同时尽量将反应堆朝海一侧布置,以减少非居住区在陆地的部分。

3.1.6 核电厂除应具有充足、可靠、符合生产和生活需要的水源外,对于直流供水的厂址,还应考虑进、排水对水域的影响,如热排放对水源引起的温升等。

3.1.8 核电厂在建设期间,除有大宗运输量以外,还有超重、超大的设备(见条文说明表2)需要运输。在核电厂运行期间,每年还有乏燃料运出,乏燃料运输容器也是100多吨的笨重物料,有专设的运输车辆,对运输线路要求有较高的技术条件。因此,厂址的运输条件是厂址适宜性的重要内容之一,必须予以重视。

3.1.9 核电厂建设用地面积,必须充分考虑,以满足总平面布置要求,避免事后因布置不下造成许多困难。其面积除了采用围海或开山形成一定数量的安全、可用面积以外,还需要有一定数量的既有面积。要避免建设用地完全依靠大量土石方工程形成的面积,这会大大增加基建投资,或许还会带来其他不利因素(例如开山后形成高边坡,对核安全重要建筑物、构筑物,将形成威胁)。

3.1.10 厂址的地形,应有利于厂房布置、交通联系、场地排水,还应有利于气体扩散。如果场地周围不开阔或起伏太多,都将影响放射性气体的扩散,并造成滞留现象等。

山区地形(如冲沟、排水地形)是多年自然现象形成,任意破坏,可能会遭致意外危险的后果,应尽量不予破坏。

3.1.11 本条系为了减少地下室的防水措施和费用,对地下水流向的要求是,为了避免因事故使地下水受污染后对公众的影响。

3.1.12 本条系根据《火电设规》第2.0.14条规定制定的。

3.1.14 核电厂对厂址的条件是自然条件和外部人为条件二方面,并且要求都比较高,而又经常矛盾。如果能选择到一个诸多条件经综合平衡后能够满足基本要求的十分不容易,为此提出应该充分利用所选厂址,实施一址多堆方案。

3.2 核安全准则

3.2.1 本条系根据《中华人民共和国民用核设施安全监督管理条例》(国务院1986年10月29日发布)中关于"安全第一"的方针、"保障工作人员和群众的健康,保护环境,促进核能事业的顺利发展"和《核电厂厂址选择安全规定》(HAF 0100(91))(以下简称《规定》)中引言、厂址选择准则以及《辐射防护规定》(GB 8703—88)中有关规定综合制定的。

3.2.2 本条系根据《规定》中"3 厂址选择准则"的要求制定的。

3.2.3 本条系根据《核电厂环境辐射防护规定》(GB 6249—86)2.2节和考虑了人口的分布,在电厂事故时采取应急措施有密切关系而制定。

3.2.4 核电厂严禁受洪水危害,否则其后果非常严重,不仅工厂不能运行,而且将危及公众。洪水的来源很多,本条是按照《规定》4.1,4.2,4.3节内容制定的。

3.2.5 本条系根据《规定》4.4和《核电厂厂址选址中地震问题》(HAF 0101)第4.2.4条的要求制定的。在《日本原子能安全委员会、安全审查指南汇编》中提出核电厂对设想的任何地震力都必须具有足够的抗震能力,使之不致酿成大事故。……同时重要的建筑物和构筑物座落在基岩上。

3.2.6 本条系根据《规定》4.6节制定的。

3.2.7 本条系根据《核电厂厂址查勘》(HAF 0109)附录Ⅱ的Ⅱ.3(1)制定的。

3.2.8 本条系根据《规定》4.5节制定的,这些不稳定斜坡如土和岩体的滑移和雪崩等。

3.2.9 本条系根据《核电厂厂址查勘》(HAF 0109)4.6节制定的。

3.2.10 提出本条的因素是它们可能危及核电厂厂址的安全,大型危险设施包括危险物品的生产工厂、贮存仓库、输送管线和使用部门。它们对核电厂造成的危险来自爆炸、着火、气体和尘埃云。爆炸产生冲击波、飞射物和地面震动,而且有地面塌陷和使地面滑移的可能。对运载危险物品的运输线路,对核电厂危险与来自上述设施相似。此外由海洋或内陆水路运输危险品可能出现很大的危险，因其容器、连同其装载物料和水中的碎屑有可能堵塞或破坏与最终热阱有关的冷却设施。而且有记载，大多数海上交通事故发生在沿海水域或港口。因此要认真对待在这些设施附近的厂址。对于厂址应远离大型机场是因为无论民用的还是军用的飞机坠毁概率，在机场附近通常最大。也有资料介绍，民用飞机坠毁的概率，在航线以外明显减少。

3.2.11 大气弥散是由从烟囱出来的排出物抬升以后的随风运动和大气扩散在一起形成。烟羽抬升是烟囱排出物的速度、温度和周围大气的温度、垂直速度之差，使排出物向上抬升。大气扩散是依靠大气湍流，而大气湍流取决于风速和大气层垂直梯度或温度递减率。这些气象条件是大气弥散的重要因素。

3.2.12 本条系根据《核电厂厂址查勘》（HAF 0109）4.9节要求制定的。

3.2.13 这是在事故状态进行人员撤离的交通运输的需要。

3.2.14 本条系根据《规定》中总准则第3.1.4条制定的。

4 总体规划

4.0.1 提出本条的目的是进行总体规划时应有的依据和要考虑的问题，否则总体规划不落实、不全面。

4.0.2 核电厂总体规划，应符合下列要求：

4.0.2.1 核电厂用地面积，不仅要考虑本期建设需要用地面积，而且要把远期规划容量面积一并考虑，还应考虑远期容量引起相应配套设施需要增建或扩建的用地面积。

4.0.2.2 总体规划时应对近期和远期建设项目建设程序，作出全面安排，要近期、远期相结合，避免重复建设，又以近期为主，远期为辅，要防止远期项目不合理地提前在近期建设。

4.0.2.3 是为了节约用地。非居住区面积要征用归核电厂所有，为了少征土地或少征良田好土，把取决于居住区范围的反应堆布置在最合理的位置，可以达到上述目的。例如愈靠近海边、河边、山边，非居住区落在海上、河上、山上的面积愈多，则相应的陆地面积就愈少。同样，核电厂如果有二个堆、三个堆、四个堆，缩小反应堆之间的距离，相应就减少了非居住区的面积。根据《核电厂环境辐射防护规定》（GB 6249—86）规定，非居住区内可以布置属于核电厂并为核电厂服务的一些辅助设施，例如消防站、汽车库、仓库（粮食库除外）、工作人员食堂、行政管理楼、修理车间、运输设施等。

4.0.2.4 是为了公众安全和乏燃料运输的安全，以及尽量减少影响国家干线上的交通运输。例如秦山核电厂一期工程，为了不影响沪杭公路上繁忙的交通运输，从厂区到转运码头，拟另辟一条平行于沪杭公路的专用线。如果转运码头设在厂区，就没有这个问题，如广东大亚湾核电厂。

4.0.2.5 把生活区布置在常年最小风频的下风侧，核电厂布置在上风侧，是为了减少放射性物质对生活区的影响。

4.0.3 由于排放的冷却水，提高了排出口附近水体温度，如果没有一定距离水流的扩散与混合，使其降低到水体温度，而又被吸取作为冷却水，将影响机组的设计参数。而且进入水体的冷却水，一般还混有低放射性废水，需要用距离来进一步稀释。究竟需多大距离来达到上述要求，必须进行温排水和稀释的模型试验来确定。

4.0.4 本条的目的是如果没有考虑这些因素，一旦出现水源取水量与水质有变化，不能满足生产、生活用水要求，必须放弃原取水水源另觅新水源，这就会影响原总体规划。例如××核电厂第一次的水源地，因为当地洗麻季节的水质，不符合生产、生活水质要求而另选水源地，由此影响了原总体规划。

4.0.5 我国目前是一个严重缺电的国家，根据过去电力建设与发展经验，并考虑核电厂建设周期较长而提出的。

4.0.6 本条是节约基建费用措施之一，也是多年的实践经验，如果道路位置选择合适，还可成为第二个对外联系的道路。例如秦山核电厂二期工程中，从施工生产基地通向厂区的施工通路，被核电厂作为将来第二个通向厂外的道路。就是一个很好的例子。

4.0.7 根据《环境规定》在限制区内不得兴建、扩建大的企业事业单位和生活居住区……等。因此核电厂居住区应建在限制区以外。本规范提出要靠近城镇，结合城镇规划进行建设，除了作为城镇建设的一部分，还可相互充分利用核电厂的和城镇的某些公用设施而制定的。

4.0.8 根据《核动力厂营运单位的应急准备》（HAF 0701）1.1节中提出核动力厂"在采取种种预防性措施后，因失误或事故导致核事故应急状态可能性虽是极小，但仍不能完全排除"，"它可能导致放射性物质不可接受的释放，或不可接受的照射。为了加强应急能力，以便在一旦发生事故时迅速有效地控制事故，并减轻其后果，每一核动力厂必须有周密的总体应急计划和充分的应急准备"，并根据第2章应急计划和第6章应急措施中的要求制定的。

5 总平面布置

5.1 一般规定

5.1.1 核电厂总平面布置，应在总体规划基础上进行，因为它是总体规划中的组成部分。

核电厂与常规火电厂不同之处，主要在于它具有放射性和没有大量的燃料运输。它要求整个核电厂运行寿期内，必须保证核设施的安全和不过量地释放放射性；要减小放射性影响环境的条件；要考虑一旦发生放射性事故，在总图布置上具有采取应急措施的条件。因此在核电厂总图布置时，应根据这个特点与要求和常规火电厂在生产、安全、防火、卫生、施工等要求，结合地形、地质、气象、内外部运输条件进行，并做出多个方案和技术经济比较，以达到用最小的工程费用，合理的技术措施，满足上述技术要求。

5.1.2　这是依多年设计经验提出的，就核电厂来说也是这样。首先以最少的投资，最快的建设速度，形成生产能力，发挥投资效益。但如果后期工程中某些项目与先前工程有较多联系，则在布置中要给以合适的位置。

5.1.3　这是依多年建设经验提出的。不要把后期项目穿插在先期工程中，这样可以避免因施工影响先期工程的正常运行，也可避免因后期工程的变化如机组型式、规模的变化，对原预留场地的面积、外形不符合要求给设计带来的困难。

5.1.4　总平面布置时对各建筑物、构筑物按其功能分区，其作用是明确的，但并不是很严格，要避免生搬硬套，造成不利于为主厂房服务的现象和增加工程建设费用。将有放射性作业的建、构筑物如辅助核设施集中布置在一个区，不仅有利于互相联系，减少工程费用，更大的作用是达到尽量缩小放射性可能污染环境的范围。

5.1.5　本条系为了缩小辅助核设施区范围和提高安全性，且有利于生产管理，也有利于节约建设用地。

5.1.6　在山区或丘陵地区，建筑物、构筑物的布置宜顺着等高线，这是多年建设的经验。对布置在坡脚的建筑物、构筑物，要注意边坡的稳定性和可能发生的危害，特别是切坡形成的高边坡，对附近与核安全有关的重要建筑物、构筑物必须引起高度重视，必须进行详细的地质勘察工作与计算，证明其不会危及核安全有关设施，否则不能将建筑物、构筑物布置在边坡可能影响的范围内。

5.1.8　在核电厂内并非均可绿化，据国内外经验，在核岛周围未见绿化，但绿化对环境、对工作人员、对生态平衡是必需的，为此在总平面布置时要留出绿化用地，为核电厂的绿化创造条件。

5.1.9　根据我国目前情况，在征地范围内一般均设置围墙，在厂区（包围厂区全部建筑物、构筑物）更要筑围墙。为了保障核电厂正常运行，根据《核电厂设计安全规定》（HAF0200）3.16规定"为严密控制出入口，必须以适当的构筑物的布置方式，使核电厂与其周围相隔离"和参照广东大亚湾核电站的做法，在厂区内所有直接涉及运行的建筑物、构筑物外围，还要筑一道围墙或实体屏障，称保卫区实体屏障，此屏障为内外两层间距为6m能透视的双层铁栅围墙，并装有探测装置，以供保卫和监视。

5.1.11　本条系应急状态的需要，也是根据《火电设规》第3.2.2.7款的规定而制定的。

5.1.14　本条及表5.1.14是参考国外核电厂用地指标和国内核电厂用地情况，并根据我国国情提出的。此参数摘自中国核工业总公司主编的《核工业工程项目建设用地指标》第5章"核电站工程建设用地指标"表5.2.3。

5.1.15　本条系参考上述"核电站工程建设用地指标"表5.2.4结合目前正在设计的××核电厂情况制定的。

5.2　主要生产设施的布置

5.2.1、5.2.2　此两条系根据法国电力公司和法马通公司编制并经法国核安全当局批准执行的《法国900MWe压水堆核电站系统设计和建造规则》（RCC—P）的1.1.3.1，1.1.3.3制定的。

5.2.3　本条系根据上述系统和建造规则（RCC—P）的1.1.3.4和《火力发电厂总图运输设计技术规程》（DL/T5032—94）（以下简称《火电总规》）第3.2.1条中有关规定制定的。

5.2.4　因为多台机组平行布置时，反应堆厂房与邻近机组的汽机厂房呈切向布置，这使关键靶物（如控制室）处在汽机转子碎片形成的飞射物25°飞射角的范围内［《核电厂内部飞射物及其二次效应的防护》（HAF 0204）5.2.3］。为了减小这个撞击力，需要加大两个核电机组之间距或采用工程措施，否则是不安全的。

5.2.6～5.2.8　这3条系分别参照《火电总规》第3.2.5条、3.2.6条、3.2.7条中有关条款制定的。

5.2.10　柴油发电机房是核电厂安全非常重要的事故应急备用电源，属于核安全有关的建筑物，有抗震等要求，与核岛贴邻，可与核岛在同一底板上，且线路连接短捷，工程费用较省。

5.3　辅助生产设施的布置

5.3.1　辅助核设施包括如放射性废物处理厂房、放射性机修和去污车间、放射性固体废物暂存库、放射性液体废物贮罐、运送放射性物料的特种汽车库、洗衣房等。

5.3.2　辅助核设施区设单独出入口，其目的是运输放射性物料的车辆可以直接驶往厂外道路，不绕道厂区其他道路再出厂，以减少对厂区的影响。

5.3.3　本条系根据《火电设规》第3.2.2条，《火电总规》第3.2.1条有关条款及以往经验制定的。

5.3.6　本条系根据《火电总规》第3.2.23条有关部分制定的。

5.3.7 本条系根据《火电总规》第3.2.24条规定制定的。

5.3.8 通常生活、生产、消防用水都在同一水处理站中处理，由于生活用水系饮用水，它的处理站宜布置在最大风频的上风侧、非居住区以外，以保证水的质量。

5.3.12 调试锅炉房为汽机厂房服务，是临时性的，但又是必需的，要求总平面布置为临时调试锅炉房留出位置。

5.3.14 参照广东大亚湾核电厂和《核电厂营运单位应急准备》(HAF 0701—5.4) 制定的。

5.4 其他设施的布置

5.4.5 一般工矿企业的消防站是单独设置还是与城镇或附近企业协作，要根据《城镇消防站布局与技术装备标准》(GNJ1—82)（试行）中的第1.0.3条"从接警起五分钟内到达责任区最远点为一般原则"和具体情况与当地消防部门协商确定。但核电厂的安全极为重要，而且核电厂所设限制区是以反应堆为中心半径为5km的范围，附近企业或原有城镇消防站一般都在5km以外，不能在接警起五分钟内达到责任点，所以需要单独设置。车辆的配备是根据《城镇消防站布局与技术装备标准》(GNJ1—82)（试行）中的第5.0.3条制定的。

5.4.11 本条系参考《消防站建筑设计标准》(GNJ1—81)（试行）第2.0.1条"消防站应设在其边界距医院、小学校……集市等人员密集的公共建筑和场所不应小于50m"制定的。

6 竖 向 布 置

6.1 一 般 规 定

6.1.1 厂区竖向布置与总平面布置关系密切，相辅相成，必须统一考虑，才能相互协调，最大限度满足各自要求。在标高处理上，又要与区域总体规划、周围环境协调一致，以保证交通运输安全，地面排水顺畅。

6.1.2 目的是提出竖向布置应满足有关方面的要求，否则延误施工周期，影响机组发电效率，增加发电成本，或受洪水威胁甚至造成放射性向环境超剂量扩散等严重后果。

6.1.3 这是国内外建设经验与教训的总结，在核电厂的安全分析报告上要求对自然的排水地形拟进行任何改变的专题阐述。这是因为这些自然排水系统是常年累月形成的，一般只能利用而不轻易改变。如果必须改变，应对有关排水系统进行全面充分调查研究，选择宜于导流或拦截地段和有效措施。在国外核工业建设的规章中，也提出同样的要求。

6.1.4 为了便于直接了解各建筑物、构筑物、管线与反应堆厂房的标高关系，可采用全厂统一的±00标高，如以反应堆厂房室内地坪为±0.00，其他的建筑物、构筑物室内地坪标高则相对反应堆厂房±0.00为正（＋）或负（－），这种方式便于计算和使用，也是国外设计中常用的。

6.1.5 这是确保核电厂安全的必须条件之一，在《滨河核电厂厂址设计基准洪水的确定》(HAF 0110)中10.1 (1)和《滨海核电厂厂址设计基准洪水的确定》(HAF 0111)中12.1 (1)中提出的。因为洪水泛滥会影响核电厂的安全，因此应根据上述二个安全导则确定设计基准洪水位，确保重要物项的安全。条文中的"相应的措施"是指如在厂区最低处设排水泵房、非常情况下的第二个应急排水口等。

6.1.7 这是根据过去经验提出的，更是依核电厂中核安全重要建筑物、构筑物的安全要求提出的。这些边坡或挡土墙的稳定还包括在地震时仍然是稳定的要求。

6.1.8 预留场地石方开挖，系指现有机组的附近进行石方开挖，由于石方开挖、爆破所引起地面振动，将影响正在运行的组件、设备和仪表，导致误操作或失灵的可能。除非开挖与爆破是有计划、有控制地进行，且所引起的地面运动和振动，对组件、设备、仪表等都在该设施的设计参数范围以内，否则是不允许的。

6.2 设计标高的确定

6.2.1 这是根据《滨河核电厂厂址设计基准洪水的确定》(HAF 0110—10.10)和《滨海核电厂厂址设计基准洪水的确定》(HAF 0111—12.1 (1) (2)和核安全法规译文 RCC—P《法国900MWe压水堆核电站系统设计和建造规则》(HAF·Y0005)第四版1.2.2.2.1中要求制定的。

6.2.2 本条系根据《火电总规》第4.1.2条和《工企总规》第6.2.2条（一）制定的。

6.2.4 是为了节约地下设施防水措施的造价。对放射性建筑物、构筑物除了节约防水措施造价外，更主要是万一放射性液体渗出，向地下弥散时，使它的核素有较长时间与土壤中的分子进行离子交换和被土壤吸附，以减少最终流到地下水的数量。

6.2.5 这是参照《火电总规》第4.2.1条制定的。

6.2.6 建筑物室内、外地坪高差，应符合下列规定：

6.2.6.1 0.15~0.30m是多年实践的参数，也是普遍采用的数值。如果高差太大，则车间大门外的坡道按常规坡度设置就很长，有些甚至长到与道路相交，这样就不符合道路的技术条件。否则坡道短、坡度大，但又不符合技术条件。

6.2.6.3 提出的要求是为了防止这些液体的外流，对环境与安全造成危害。

6.2.6.4 是根据实践的经验和参照《工企总规》第6.2.4条制定的。

6.3 台阶式布置

6.3.1 山坡地区采用台阶式布置的条件是根据我们多年实践的经验提出的。关于"当采用直流冷却供水,场地标高与取水标高相差较大时,考虑供水的经济性,宜将反应堆厂房与汽机厂房错层布置",如于山区建厂,提水高度较大,核岛与汽机厂房场地是削山形成,由于汽机厂房场地标高的安全标准低于核岛场地标高的标准,在核岛与汽机厂房之间蒸汽管道的连接等技术问题都可以解决的前提下,为了降低供水高度,节约运行费用,可以把汽机厂房布置在低于核岛且符合标准规定的另一个台阶。这在国内火电厂有此经验,国外核电厂如日本的福岛、大阪,德国的奥布利希海姆,美国的比弗谷,法国的某些核电厂都是这样布置的。

6.3.5 本条是根据过去的经验并参照《机规》、《钢规》中竖向布置的有关条款制定的。其中表6.3.5-1和6.3.5-2是分别按《厂规》第3.3.3条、《工规》第3.3.2条和《钢规》第5.3.6条编制的。

6.3.6 基础底面外边缘至坡顶的水平距离(S)的计算公式是根据《建筑地基基础设计规范》第5.3.2条规定编制的。

6.4 土(石)方工程

6.4.1 关于大量挖方。核电厂的地下设施(如地下室、地下管廊等)多、规模大,因此土(石)方的余量多。如果全部在厂区内就地消化,达到填挖平衡,会带来其他问题,如建筑物、构筑物基础埋得太深而增加建设费用或回填场地的地基处理需要时间和费用等。根据以往反应堆工程的建设和近年几个核电厂建设经验,除了就地消化一部分土(石)方外,其余挖方如条文所述,作其他用途。本条就是根据上述情况制定的。

6.4.2 本条是根据《土方与爆破工程施工及验收规范》第3.4.1条、第3.4.5条、第3.4.6条和结合放射性建筑物对土的性质要求制定的。关于土质较好的耕植土或表土,一般可作为填方土料……,是根据《机规》第4.5.3制定的。

6.4.3 本条表6.4.3-1、表6.4.3-2、表6.4.3-3是分别依据《钢规》第5.4.3条、《工规》第3.2.8条、《厂规》第3.4.2条规定制定的。

6.5 场地排水

6.5.1 本条系根据多年实际经验提出的。即使在山区的缓坡地区,有条件时工厂也愿意用管道排水。如某核基地三废区,原设计为明沟,投产后工厂改为暗管,理由是原明沟易堆积污物,清扫工作量大,又有碍厂容。核电厂是很清洁的工厂,为了减少污物沉积的环境,保持良好的厂容,因此提出厂区场地排水主要采用管道式排水。

6.5.2 场地整平坡度的目的是既要迅速排除地面水,又要防止地面的冲刷造成土的流失带来环境污染,堵塞管沟,有碍厂容等一系列问题。因此提出:视地形、土质和地段确定。条文中坡度值是参照《钢规》第5.5.2条和多年设计经常采用的参数制定的。

6.5.3 参照《钢规》第5.5.4条及多年设计实践制定的。

6.5.4 这是多年设计中常用的参数。

6.5.8 本条是根据过去的实际经验制定的,如西北的核基地,新疆地区的火电厂就是这样设计的。

7 管线综合布置

7.1 一般规定

7.1.1 核电厂管线繁多,性质、介质各异,它们都有各自的布置原则和要求,如果机械地予以汇总,必然会出现多处碰、撞与重叠而不符合规定、规范,更会破坏总平面布置时对它们位置的初步安排。因此如何根据各管线布置的技术条件,从总体布局上予以安排,采用合适的方式,进行合理的布置,以满足生产,符合安全,减少能耗,节约用地,方便施工检修以及有利厂容环境等要求,就是管线综合布置的目的。本条系根据以往核工业建设经验并吸收其他行业、国外核电站建设经验,提出做好管线综合布置的一些规定和要求。

7.1.3 本条规定是多年来实践的总结,特别是对土地利用率要求日益提高的今天尤为需要。管线在地沟(或管廊)中敷设,除了节约用地,也减少挖土工作量,减少对地面工程的施工影响和施工受雨季的影响,有利于加快建设进度,缩短工程的建设周期。尽量埋地敷设是为了厂区接受放射性沉积物的面积尽可能小的原则,也有利厂容。

7.1.4 一个厂的厂容厂貌,是工厂的精神产品,它反映工厂的精神面貌和管理水平,良好的厂容能激发员工的生产热情,也十分有利于吸引外来客商、用户。作为工厂设计,要为未来工厂的厂容创造条件、打好基础,而管线在各地段敷设方式,是厂容重要内容之一,宜适当予以考虑。

7.1.7 参照了《钢规》第6.1.8条和核工业管线特点规定的。由于放射性液体管线在定期检修时必须倒空管内残液,如果有弯曲或中途有低点则不易倒空,而这些低点容易沉积核素形成放射性聚,增加放射性比活度。为此需在这些部位增设集水井、抽水设施等一系列带放射性的设施。放射性气体管线,因为有冷凝液,其要求与液体管线相同。

7.2 地下管线

7.2.1 本条系根据多年实践经验并参照其他行业总图运输设计规范制定的。

7.2.1.1 是考虑维护建筑物、构筑物的基础安全，避免由于管线标高低于建筑物、构筑物基础，在管线施工时对建筑物、构筑物基础的影响或管沟开挖后因故中断施工，适逢下雨造成建筑物基础下地基坍塌而危及建筑物的安全。由浅到深的布置系指一般情况下，如情况特殊，又有具体措施，可不按此要求布置。

7.2.1.2 是参照《火电总规》第5.2.7条，《机规》第5.2.5条制定的。

7.2.1.3 是考虑给水管特别是饮用水管与排水（雨水污水）管、放射性液（气）体管、有毒液（气）体管尽可能远而制定的。

7.2.1.5 是根据《化规》第5.2.4条制定的。

7.2.2 本条表7.2.2系根据和参照《工企总规》第7.2.6条、《机规》第5.2.6条、《钢规》第6.2.2条、《化规》第5.2.5条、《火电总规》附录A、《外给规》第5.0.21条、《外排规》附录二、《锅炉规》附录三、《压空规》、《氧气规》等有关条文，《乙炔规》第9.0.9条、《通信规》第57条的规定制定的。

放射性管线与其他管线之间净距，目前尚未见到专门规定。核电厂厂区放射性管线中的废水，大致有放射性废液处理房的工艺废水；专用（特种）汽车库的去污冲洗废水；放射性设备检修车间的化学和机械去污废水以及其他类似废水。这些放射性废水其放射性浓度一般在10Bq/l以下，按《放射性废物分类标准》附录A的划分属于低放射性液体废物，按核电厂标准，它们敷设在专设地沟中，以防止泄漏后渗入地下。其次液体的输送是受控制的。平时管中无液体，只有发送车间向接受车间发出通知有液体输送时才有液体，而且双方均有计量，如发现双方计量不符，说明中间有泄漏，因此容易发现是否有泄漏。这些措施对平时检查和需要时进行维修都为人员的安全创造了有利条件。根据以往核工程设计经验和运行实践，确定这类管线可视为类似普通排水管线，它与其他管线之间的净距也可与普通排水管相同。但为了更安全考虑，与给水管净距，按上述分析并参照前苏联《设计原子能工厂和实验室的卫生规范》（H101—58）（1958年修订）高放射性液体（在带屏蔽厚度的管沟内）距饮用水管（标高在放射性管沟之上）的净距：当土壤为粘性土时为5m；非粘性土时为10m。本条定为3~4m（不分土壤性质，因为核电厂，一般建设在基岩地区，管线不是在整块基岩上，就是在回填石料上），若为生产给水则3m；若为生活给水则4m。

7.2.3 本条表7.2.3系根据和参照《工企总规》第7.2.7条、《钢规》第6.2.3条、《化规》第5.2.6条、《机规》第5.2.6条、《火电总规》附录二、《室外给规》第5.0.21条、《室外排规》附录二、《锅炉规》附录二，《氧气规》、《乙炔规》的有关条文，《通信规》第57条的规定制定的。

放射性管线与建筑物、构筑物之间的净距，目前未见到专门规定，由于其性质（见第7.2.2条条文说明）按以往核工程设计经验和运行实践，确定为类似普通排水管线，它与建筑物、构筑物之间的净距也可与普通排水管线相同。

7.2.4 本条是根据《外给规》第5.0.21条、《外排规》附录二、《锅炉规》附录三、《压空规》、《氧气规》等有关条文，《乙炔规》附表3、《钢规》第6.2.4条、《机规》第5.2.7条和工作实践规定的。上述某些专业规范中没有提出与铁路或道路交叉的净距或虽提出但不便于实际使用，经综合分析研究并依据多年设计经验提出了本条的规定数值。如与道路净距，《外给规》、《外排规》、《通信规》都没有提出，其他专业规范都有，因此根据这些规范的规定，并参照一些行业总图设计规范，结合核电厂道路荷载情况、路面结构类型，还为了计算方便，确定了以路面到管（沟）顶为0.8m的净距。

又如给水管穿越铁路的净距，《外给规》中提出：按《铁路工程技术规范》执行。在《铁路工程技术规范》规定是管（沟）顶到铁路路肩的净距。由于各核电厂铁路道床厚度和钢轨型号相差不多，为了计算方便，确定了以轨顶到管（沟）顶为1.2m的净距。

7.2.5、7.2.6 本条系根据1988年法国电力公司编制的《安装规定汇编》（DRI）中I—17《核电厂技术廊道》制定的。

7.2.7 本条系根据核工程特点和多年设计与现场配合施工实践提出的。特别是由于核工程有许多很深的地下设施，浅的7~8m，深的近20m，在施工开挖基坑时侧壁放坡，增加了地面开挖宽度，这些宽度在设施建成后回填，一些靠近地下设施的管线，如果在这宽度内，一旦回填土下沉，造成管线断裂，其后果是十分严重的。而管线的敷设又不能完全依赖于理论上的压实度，因此，在管线综合布置时要考虑此情况，必要时在进行技术经济比较后采取一些措施，如加大与建筑物、构筑物的净距，使管线座落在老土上；或建造支墩或栈桥将管线架起来等等。

7.3 架空管线

7.3.1 本条系根据《锅炉规》第17条及附录一、《压空规》有关条文、《氧气规》、《乙炔规》附录一的附表1.1的规定制定的。

7.3.2 本条系根据《工企总规》第7.3.8条制定的。表7.3.2注②系根据《钢规》表6.3.4，3.8m水平净距是根据《架空送电线路设计技术规程》（SDJ3—79）表30和《工规》第11.3.9条制定的。

7.3.3 本条系根据《工企总规》第7.3.9条制定的。

8 绿 化

8.1 一般规定

8.1.1 随着经济建设的发展，工业企业日益扩大，如何处理好环境保护和工业建设之间的矛盾是当前工业发展的重要课题之一，而绿化就是保护环境、防止污染和维持自然生态平衡的一项重要措施，因此在企业的总平面设计中必须把绿化设计作为其中的一个部分。同时它对改善环境、美化厂容、增加员工爱厂热情、坚持文明生产也起着重要作用。工厂绿化必须根据自然条件（如气象、土质）和厂内各功能小区及其生产性质进行，并且在总平面布置中需要留出的集中绿地，竖向布置时为坡面的保持和管线综合时为植树留出间距等也要作出统一安排。

8.1.2 为了尽量不产生放射性废物，所以规定带放射性物质的设施区不宜绿化，主要是考虑由于大量枯枝残叶可能造成潜在的放射性废物给生产管理带来的困难。

8.1.3 虽然核电厂的大量绿化，有可能造成潜在的放射性废物，但正如本节第8.1.1条说明所阐述的绿化是维持生态平衡重要措施之一。厂区绿化是肯定的，绿化占用多少面积，它占厂区用地面积的百分比是多少？现根据国内几个核电厂的实践，认为绿化用地为不少于15%比较合适。

8.2 绿化布置

8.2.1 根据核电厂的具体情况，认为行政管理设施区即厂前区和其他员工活动较多的室外场所如食堂周围是重点绿化地段，因为：

1) 距主厂房群较远，绿化引起的潜在放射性废物的产生可能性较小。

2) 人员逗留机会多或是出入工厂必经之地，又是外来联系工作的第一接口，必须给人以厂容美观、环境优美的感觉，它既能激发本厂员工爱厂热情也给外来人员第一个对工厂的良好印象。

其他对环境洁净要求高的或噪声大的车间、站房附近也可适当绿化，以创造空气洁净的环境和减低噪声强度的影响。

8.2.2 这是为配合监测放射性剂量而培植的指示性植物。

8.2.3 为了安全，在道路交叉口、铁路道口的绿化布置，必须满足《厂规》和《工规》中对视距要求的规定。

8.2.4 为使装在围墙上的警卫自动探视装置有良好的通视条件，专门为此作为一条提出。不放在表8.2.5中，是为了引起重视。此数据来自《钢规》和广东大亚湾核电站双排铁栅围墙的资料。

8.2.5 本条是根据各行业现行的总图运输设计规范和现行的室外给水、排水、各种气体站房、电力、通信设计规范编制的。

8.3 树种选择

8.3.1 为了不产生潜在放射性废物而确定以常绿树为主；为了有利植物生长而确定以当地乡土植物为主。

8.3.2 为美化厂容提出的。垂直绿化是提醒设计者注意：对厂容和西向遮阳能起一定作用。

8.3.3 这是为保持冷却塔底部进风口附近无灰尘而提出的。

8.3.4 在仓库附近根据贮存物料的性质，可适当进行绿化，对树种提出了基本要求。

8.3.5 本条是从车间或站房所生产的产品要求提出的。因为花絮通过窗户，会严重影响车间、站房所生产的产品质量，同时也使工作人员感到不适；对在卸酸碱场地进行绿化，提出的要求是防止酸碱气体阻碍树木生长，造成枝萎叶凋，有碍厂容景象或因气体扩散不良，造成空气中酸碱浓度增加，有害工作人员身体健康。

9 运 输

9.1 一般规定

9.1.1 设置本条目的系提出运输设计的依据和考虑的内容以及要达到的目的。

地区交通运输现状和规划，是涉及核电厂对外运输方式、总体规划中运输线路布置和运输设施设置。要适应地方交通运输现状，尽可能符合它们的规划，有条件时，可利用地方某些设施或核电厂某些设施结合地方规划，为地方国民经济建设服务。例如某核电厂，根据对地方交通运输现状和规划的了解和核电厂物料运输特征的综合分析研究，确定运行后的主要物料——乏燃料（经核反应堆辐照后卸出且不再在该反应堆中使用的燃料）由海路运走，为此拟在厂区建设一座码头。但是乏燃料货包运输量很小，每年2000t左右，且每年只有数次，码头利用率很低，而地区为了当地经济建设，规划在附近建一座码头。经过综合分析比较决定将工厂码头迁到厂外，在靠近核电厂一侧符合条件地段，建一座综合性码头，虽然对工厂带来一些不便，但它将充分发挥作用，有利于整体的国民经济建设。

核电厂的物料运输量相对于燃煤电厂是非常小的，表1是2×600MW核电厂运行期间的运输量，其中重要的物料是乏燃料和放射性固体废物，它们都有放射性。又如2×900MW核电厂每年卸出乏燃料重70t,加上10个防护容器也只有1200t。固体放射性废物年运输量也只有500t左右,但它们都必须放在一个很大、很重的运输防护容器内送到乏燃料后处理工厂或国家的永久处置场。其次是基建期间大型、重型设备(见表2)和大量的基建材料(约50万t),这些就是核电厂运输物料的特征。运输设计不能以运输量多少来考虑,而是以物料特征来设计。

表1 2×600MW 核电厂运输量(t/a)

对外运输			
运 进		运 出	
物料名称	数量	物料名称	数量
新燃料棒	60	乏燃料(含容器)	900
乏燃料空容器	840	(水泥)固化块	510
(水泥)固化用材料	510	其他可塑性废物	70
其他物料	3240	其他非放射性物料	3160
共 计	4650	共 计	4640
厂内运输		共 计	4650

表2 2×900MW 核电厂大件设备尺寸和重量

部 件 名 称	重量(t)	外形尺寸(m)
压力容器	290	6.4×6.0×10.6
下部堆内构件	112	4.0×4.1×12.5
蒸气发生器	350	Φ5.0×21.0
稳压器	90	3.2×4.0×13.0
湿气分离再热器	280	5.5×5.4×24.3
发电机定子	138	5.8×5.6×11.2
发电机转子	103	1.7×1.9×14.7
主 变	260	5.2×5.2×7.5

核电厂厂内运输比较简单,运输量不大(见表1),主要是(水泥)固化用材料、检修时设备与材料和放射性固体废物等运输,虽然运输量不大,作为设计原则仍应该尽可能把人流和物流分开,减少交叉,特别是还有放射性物料的运输。对于放射性物料,其外包装表面放射性污染水平或辐射水平处理到允许离开放射性厂房进入厂区道路的标准,但它还是潜在的污染源,因此在运输线路设计时与人流与一般货物的线路宜尽量分开或少交叉或不交叉,以确保安全。

9.1.2 这一条是根据核电厂特点提出的

如果工厂经技术经济比较,决定引入铁路时,对有重大设备和乏燃料运出的厂房,应直接引入铁路、避免二次倒运,因为这些物料都属超重、超大物料,对它们的装卸需要有相应能力的设备和场地,如果二次倒运,需要为此增加费用,而且还增加不安全因素。

核电厂厂区内运输,根据物料数量、单件重量和外形尺寸宜选用汽车、电瓶车、叉车。当有水路运输时,从码头到厂房、仓库通常也是无轨运输,对大件物料如蒸发器,乏燃料可由汽车牵引多轴大平板车运输。

9.1.3 对外运输方式,应根据地区交通运输现状和发展规划以及自然条件等因素,对各种运输方式进行安全、技术、经济比较后确定。通常有铁路运输、公路运输,水路运输,铁路、公路联运,水路、铁路联运,公路、水路、铁路联运等。如某核电厂背山面江,乏燃料最终由铁路送到后处理工厂,根据地区交通现状和规划附近没有铁路,经安全、技术、经济比较,不专设铁路专用线,选定由公路运到最近路网车站,并在该站附近选址,建一个中转站,然后再由铁路运往后处理工厂。

9.2 中转站(中转码头)

9.2.1 核电厂的乏燃料在燃料水池贮存几年以后,放射性衰变到一定比活度,就可以运往乏燃料后处理工厂进行处理。目前我国后处理工厂在西北某地,是由铁路通往该厂,考虑到如果今后在其他地方建厂,可能是由公路或水路直通该厂,故本条泛指如果"无条件直接由铁路或公路或水路将乏燃料运送到乏燃料后处理工厂"。就目前情况,如果核电厂没有连接铁路,势必由公路或水路将乏燃料先运到附近某个车站或铁路、水路联运码头转运去后处理工厂。为了物料和公众的安全,并且避免与原有车站、码头的业务干扰,需要在车站或码头附近建立中转站或中转码头。如第9.1.3条条文说明中列举的某核电厂,又如沿海的某核电厂,都是由海运到某地中转码头和中转站,然后由铁路运往后处理工厂。

根据工厂以往经验,当车站由核电厂自行经营管理,且核电厂与国家铁路之间实行车辆交换时或水运以货包交接时,这些可在中转站或中转码头进行。

9.2.2 乏燃料运输货包是潜在危险的货物,其表面辐射水平在规定允许以下,但仍不宜公众接近。因此提出"中转站或中转码头应设在人口密度较低、公众活动较少、靠近铁路车站或码头的地段"。为了与外界联系和管理人员生活需要,要求能就近引接通信、电力、给水、排水等线路。

9.2.3 本条是基于中转站不是每天都有转运或停放车辆业务。例如在雨季或台风季节,为了沿途运输安全,原则上不安排铁路运输与海上运输。这个标准相当于目前中、小型企业之间的防洪标准。况且洪水季节有预报,可以有计划地安排运输计划。

9.2.4 是为了避免无关人员接近货包和为了安全防范,需独立设置围墙,其他是为转运业务必需的设施。

9.2.5 到发线有效长度,由铁路有关部门根据乏燃料运输计划、列车途经线路的技术条件、牵引定数等因素确定，其中包括生活车和按《放射性物质安全运输规定》设置的隔离车。广东大亚湾核电厂乏燃料铁路运输专列长度和运输线路由铁道科学研究院研究确定。

20m的安全停车距离，是参照《工规》第7.1.7条和《机规》7.4.6条确定的。

牵出线和安全线的有效长度，是分别按《工规》第7.1.8条、第7.1.9条和第7.1.11条编制的。

9.2.6 由于中转站运营业务量低，自备机车使用效率不高，故不设机车，由当地车站、邻近企业协作解决。

9.3 铁 路

9.3.1 本条系根据《工规》第1.0.10条和第7.1.18条制定的。

9.3.2 本条系根据《工规》第7.1.17条和《钢规》第10.4.1制定的。

9.3.3 根据核电厂特征，运营期间运输量很小，如9.1.1条所述，即使基建期间一般年运输量也不超过150万t，采用铁路Ⅲ级标准就能满足，但乏燃料运输要求很高，荷载也大，根据我国核基地经验采用Ⅱ级。

9.3.4 本条系根据《化规》第7.2.1条和《工规》第7.1.3条制定的。

9.3.5 本条系根据《工规》第7.1.1条、《化规》第7.3.1条有关规定和核工业厂内铁路运行实践制定的。

9.3.6 本条系根据《化规》第7.3.14条和电厂运行经验制定的。

9.3.7 本条系根据《工规》第1.0.9条制定的。

9.3.8 根据《放射性物质安全运输规定》第6.4.1.2.1"在货包表面和车辆下部外表面任意一点处，辐射水平均不得超过2mSv/h（200mrem/h）"，6.4.1.2.2规定"距车辆侧面所组成的垂直面外2m远的任意一点处，均不得超过0.1mSv/h（10mrem/h）"。这样的辐射水平人可以接近，但不能太久。在6.1中规定：公众接受照射剂量每年不得超过1mSv（100mrem），即在上述货包前2m处累计逗留10h就达到全年剂量，为此在牵引机车与乏燃料货包车（重车）之间，设置隔离车。

9.3.9 核电厂的货物（主要是乏燃料货包）列车以编组站为路网与电厂分界线时，为避免因路网或其他单位机车进入厂区或保卫区带来一系列问题而提出的。

9.4 道 路

9.4.1 本条规定的目的，要求在进行总平面布置时，对道路的布置应符合这些要求。

9.4.1.1 要求厂房之间物料运输所经过道路应顺直短捷。

9.4.1.2 由于放射性物料是潜在着危及人们安全的危险物料，因此要求尽量避免与一般物料和人流在同一道路上通行。如果做不到，则也允许混行，并非不准混行。

9.4.1.3 根据现行《火电总规》第6.3.4条：主厂房四周应设环形道路。同时核电厂为施工安装大型设备，运行期间乏燃料运输，检修期间大设备的吊运等都必须设置环行道路。其他地区则根据物料运输需要，建筑物、构筑物性质，消防规范的要求，考虑运输道路、消防道路或消防通道。

9.4.1.5 是根据过去几个核工程建设经验和国际、国内核电厂建设经验提出的。核电厂建设周期较长，通常要五年左右，施工期间物料运输量大，采取这项措施可以节约总的建设费用，有利于加快建设进度，也有利于提高道路质量。

9.4.1.7 为了节约用地，并便于管线布置与今后的检修。

9.4.2 本条系根据《厂规》第2.3.1条和核电厂运输特征制定的。

9.4.3 厂内道路主要技术标准，根据《厂规》第2.3.2条~2.3.5、2.3.7条制定的。

9.4.4 由于核电厂有特大特重件运输，因此道路结构层厚度必须满足上述运输与装卸车辆的要求。但是不应把全厂道路均按此标准设计，可以根据通过车辆的类别，分成几类，以节约投资。

9.4.5 由于水泥混凝土路面刚性好，路面平整度受气温影响少，施工也简单，能较长期保持良好平整度，符合重型设备的运输要求。在放射性检修厂房、废物库附近、运载放射性物料车辆的地段，建议铺筑易于更换的路面材料，如沥青类路面，因为这些地段是潜在着受放射性污染的可能，一旦发现污染，比较容易挖掉（当作固体废物），重新铺筑。

9.4.6 是为了便于清扫路面，行人安全、厂容整齐。

9.4.7 是根据《厂规》第2.3.9条并参照《钢规》第12.1.5条制定的。其中距标准轨距铁路中心净距，认为在工厂总平面布置中，没有必要精确到厘米，并与第七章地下管线与铁路中心线水平净距3.8m一致（即性质相同），故也规定3.8m

关于序号1中（3）"按车辆长度及其最小内侧转弯半径确定"，是由于净距与出入建筑物车辆最小转弯半径与车长有关（当然又与道路宽度也有关），如解放4~5t车辆，最小内轮迹半径6m，车长7.2m，则净距7.0m就可以安全地出入建筑物，如加长的车辆，其转弯内半径也是6m，但车长8m，正常的门宽就难以安全出入，必须加宽大门，才能安全出入。因此净距要根据出入建筑物车辆长度和转弯半径确定。

9.5 水 路

9.5.1 根据我国核电站建设经验确定。

9.5.2 根据《港规》—（一）第2.2.5条制定。

9.5.3 根据《港规》—（一）第2.2.6条制定。

9.5.4 根据《港规》—（一）第4.2.1条制定。

9.5.5 根据《港规》—（一）第4.2.2条制定。

9.5.6 根据《港规》—（一）第4.2.3条及表4.2.3制定。

9.5.7 根据《港规》—（一）第4.2.3条中的表4.2.3制定。

9.5.9 根据《核电厂环境辐射防护规定》第2.3条规定，核电站设以反应堆为中心半径500m的非居住区。该非居住区土地属核电厂管辖，如果码头在这范围以内可以免征土地。

9.5.10 这里所指地形、地质系指沿岸线陆域和河、海底部分。水文系指水位变化、波浪、流速、流态等。由于核电厂水路运输的物料特点，即运输量小，但是特大、特重物料，且在装卸过程中要求安全、迅速，即转运环节少，装卸作业、运输操作时间短，而这些正是直立式码头具备的条件。因此提出宜采用直立式码头。但是直立式码头要求水位落差小，岸坡陡峻，河、海底部稳定，如果不具备这些条件而建其他型式码头，在安全、迅速方面，似乎难以达到。

9.5.11 根据《港规》—（一）第4.2.6条部分条款和—（二）第4.2.11条制定。

9.5.12 码头的泊位长度是船舶安全靠离，安全作业必须的长度。海港码头泊位长度按有掩护和开敞式二类分别计算，河港码头这里推荐的是直立式码头泊位长度，因为核电厂宜采用直立式码头。上述各类码头是分别按《港规》—（一）第4.3.6条、第4.3.7、第4.3.10条和—（二）第4.2.16条制定的。

9.5.13 码头前沿水域的设计水深，海港与河港有不同计算方法。

海港码头前沿水域设计深度计算比较复杂。受风浪、船舶配载不均、回淤程度等因素影响，故本条未予列出，需要时可查阅《港规》—（一）第4.3.5条。本条从满足码头选址和建设前期工作需要出发，采用比较简单的公式（根据《港规》—（一）第4.3.5条和公式4.3.5-2）。

河港码头前沿水域设计水深，由于一般水流平缓、风浪小，船舶配载不均的影响不大，故设计水深仅考虑船舶满载时吃水加富裕深度，其值为0.2~0.5m，当船舶较大、河底为石质时取高值；反之，取低值。此值系根据《港规》—（二）第4.2.10条制定的。

9.5.14 码头陆域作业区的布置，应根据码头型式、物料特征、装卸作业流程及其需要的作业场地、运输线路、建筑物、构筑物、临时堆场、管线等因素进行。这是因为不同的码头型式，所采用装卸、运输工具和装卸工艺流程及其需要的作业场地也不同，因而有不同的布置。本条的目的是要求码头陆域作业区的布置，达到装卸与运输安全畅通。

9.5.17 本节内容仅就核电厂专用码头水域与陆域设施设计中所涉及的主要问题，做了原则性规定。因此设计时还必须执行现行的《港规》的有关规定。

10 主要技术经济指标

10.0.1 本条是总结过去经验和参照《火电总规》资料编制的。在本指标中没有提道路长度，认为无论作为评定其在总图运输设计中的合理性，还是作为同类工程的比较参考，意义都不大，因为道路的宽度不一，因此用"道路及广场占地面积"来代替，从中可以了解其所占厂区的百分比，有可比性。指标中没有利用系数，因管线等占地宽度伸缩性很大，则利用系数的意义不大，故未列入。

附录A 技术经济指标计算方法

A.0.2 设计的建筑物、构筑物面积，按外墙尺寸计算，是考虑到如果按轴线计算要差建筑系数的2%左右，对核电厂来说，原来的建筑系数不大，差2%的比例就相当大了。其次以北京为例，向市规划局报拟的文件中，要求建筑物、构筑物有外（包）墙尺寸，因此总图设计计算时并不困难。

A.0.6 绿化占地面积，把成片草地（包括地下有管线的占地），亦计入绿化占地面积，这是从实际出发的。

中华人民共和国国家标准

水泥工厂设计规范

Code for design of cement plant

GB 50295—2008

主编部门：国家建筑材料工业标准定额总站
批准部门：中华人民共和国住房和城乡建设部
施行日期：２００９年１月１日

中华人民共和国住房和城乡建设部
公　告

第 120 号

关于发布国家标准《水泥工厂设计规范》的公告

现批准《水泥工厂设计规范》为国家标准，编号为 GB 50295—2008，自 2009 年 1 月 1 日起实施。其中，第 1.0.6、3.1.10、5.1.1（1）、5.4.2、5.4.3、5.4.4、5.7.4（1、2、3、4、8、9）、7.6.9（1、2）、7.9.4（2、3）、7.11.2（7）、8.6.9、9.2.5（2）、9.2.13、9.4.6、9.5.1、9.5.6、10.2.1（5）、10.3.3（7）、10.3.4、10.4.3（5）、11.4.6（1）、11.4.13 条（款）为强制性条文，必须严格执行。原《水泥工厂设计规范》GB 50295—1999 同时废止。

本规范由我部标准定额研究所组织中国计划出版社出版发行。

中华人民共和国住房和城乡建设部
二〇〇八年九月二十四日

前　言

本规范是根据建设部"关于印发《2005 年工程建设标准规范制订、修订计划（第二批）》的通知"（建标函〔2005〕124 号）的要求，由天津水泥工业设计研究院有限公司、中国水泥协会会同中材国际南京水泥工业设计研究院、成都建材工业设计研究院有限公司、南京凯盛水泥技术工程有限公司等有关单位对原国家标准《水泥工厂设计规范》GB 50295—1999 进行修订的基础上编制完成的。

本规范修订后共分 13 章 9 个附录，主要内容有：总则、设计规模及依据、厂址选择及总体规划、原料与燃料、生产工艺、总图运输、电气及自动化、建筑结构、给水排水、供热通风与空气调节、机修、电修和余热利用。

本次修订的主要内容有：

1. 对水泥工厂规模定义进行了调整。
2. 增加了土地利用规划的内容。
3. 增加了废弃物利用及处置的内容。
4. 增加了管理信息系统的内容。
5. 取消了机械修理中铸造及木模的内容。
6. 增加了自动化仪表维修的内容。
7. 取消了有关节能的内容。
8. 取消了有关矿山的内容。
9. 取消了附录 B 及有关环保的内容。
10. 增加了余热利用的内容。

本规范以黑体字标志的条文为强制性条文，必须严格执行。

本规范由住房城乡建设部负责管理和对强制性条文的解释，由国家建筑材料工业标准定额总站负责日常管理，由天津水泥工业设计研究院有限公司负责具体内容解释。本规范在执行过程中，请各单位结合工程实际，注意积累资料，总结经验，如发现需要修改和补充之处，请将意见和有关资料寄交天津水泥工业设计研究院有限公司（地址：天津市北辰区引河里北道 1 号，邮编：300400），以供今后修订时参考。

本规范主编单位、参编单位和主要起草人：

主 编 单 位：天津水泥工业设计研究院有限公司
中国水泥协会

参 编 单 位：中材国际南京水泥工业设计研究院
南京凯盛水泥技术工程有限公司
成都建材工业设计研究院有限公司

主要起草人：

曾学敏	吴佐民	狄东仁	范毓林
郭天代	胡芝娟	白　波	杨路林
王自清	张万利	李蔚光	于德生
严红玲	韩久威	宣铁群	张万昌
王兆明	潘云汉	李慧荣	遇广堃
董兰起	吴　涛	朱晓彬	范琼璋

目 次

1 总则	7—20—5
2 设计规模及依据	7—20—5
2.1 设计规模	7—20—5
2.2 设计依据	7—20—5
3 厂址选择及总体规划	7—20—5
3.1 厂址选择	7—20—5
3.2 总体规划	7—20—6
3.3 土地利用规划	7—20—6
4 原料与燃料	7—20—6
4.1 一般规定	7—20—6
4.2 原料	7—20—7
4.3 煅烧用煤	7—20—7
4.4 调凝剂	7—20—7
4.5 混合材料	7—20—7
4.6 配料设计	7—20—8
4.7 原、燃料工艺性能试验	7—20—8
4.8 原、燃料综合利用	7—20—8
4.9 废弃物的利用	7—20—8
5 生产工艺	7—20—9
5.1 一般规定	7—20—9
5.2 物料破碎	7—20—10
5.3 原、燃料预均化及储存	7—20—11
5.4 废物处置	7—20—11
5.5 原料粉磨	7—20—12
5.6 生料均化、储存及入窑	7—20—12
5.7 煤粉制备	7—20—13
5.8 熟料烧成	7—20—13
5.9 熟料、混合材料、石膏储存及输送	7—20—15
5.10 水泥粉磨	7—20—15
5.11 水泥储存	7—20—16
5.12 水泥包装、成品堆存及水泥散装	7—20—16
5.13 物料烘干	7—20—16
5.14 压缩空气站	7—20—17
5.15 化验室	7—20—17
5.16 耐火材料	7—20—17
5.17 工艺计量、测量与生产控制	7—20—19
6 总图运输	7—20—19
6.1 一般规定	7—20—19
6.2 总平面设计	7—20—19
6.3 交通运输	7—20—21
6.4 竖向设计	7—20—22
6.5 土（石）方工程	7—20—23
6.6 雨水排除	7—20—23
6.7 防洪工程	7—20—23
6.8 管线综合布置	7—20—24
6.9 绿化设计	7—20—24
7 电气及自动化	7—20—24
7.1 一般规定	7—20—24
7.2 供配电系统	7—20—24
7.3 35～110kV 总降压站	7—20—25
7.4 6～10kV 配电站及车间变电所	7—20—26
7.5 厂区配电线路	7—20—26
7.6 车间配电及拖动控制	7—20—26
7.7 照明	7—20—29
7.8 防雷保护	7—20—30
7.9 电气系统接地	7—20—30
7.10 生产过程自动化	7—20—31
7.11 控制室	7—20—32
7.12 仪表及其电源、气源	7—20—32
7.13 电缆及抗干扰	7—20—33
7.14 自动化系统接地	7—20—33
7.15 通信与广播系统	7—20—33
7.16 管理信息系统	7—20—34
8 建筑结构	7—20—35
8.1 一般规定	7—20—35
8.2 生产车间与辅助车间	7—20—35
8.3 辅助用室、生产管理及生活建筑	7—20—35
8.4 建筑构造设计	7—20—36
8.5 主要结构选型	7—20—36
8.6 结构布置	7—20—37
8.7 设计荷载	7—20—37
8.8 结构计算	7—20—38
9 给水排水	7—20—38
9.1 一般规定	7—20—38
9.2 给水	7—20—38
9.3 排水	7—20—39

9.4	车间给水排水 ················	7—20—39
9.5	工厂消防及其用水 ············	7—20—39
10	供热、通风与空气调节 ············	7—20—40
10.1	一般规定 ···················	7—20—40
10.2	供热 ······················	7—20—40
10.3	通风 ······················	7—20—42
10.4	空气调节 ···················	7—20—43
11	机械设备修理 ····················	7—20—43
11.1	一般规定 ···················	7—20—43
11.2	工段组成与装备 ··············	7—20—44
11.3	工段布置 ···················	7—20—44
11.4	工段厂房 ···················	7—20—45
12	电气设备及仪表修理 ··············	7—20—45
12.1	一般规定 ···················	7—20—45
12.2	电气设备及电气仪表修理车间规模 ···············	7—20—46
12.3	电气设备及电气仪表修理内容与设备选择 ········	7—20—46
12.4	电气设备及电气仪表修理车间配置 ···············	7—20—46
12.5	电气仪表维修 ···············	7—20—47
12.6	自动化仪表维修 ··············	7—20—47
13	余热利用 ······················	7—20—47
13.1	一般规定 ···················	7—20—47
13.2	余热发电 ···················	7—20—47
13.3	利用余热供热及制冷 ············	7—20—48
附录A	水泥工厂建（构）筑物生产的火灾危险性类别、耐火等级及防火间距 ·········	插页
附录B	水泥工厂厂内道路主要技术标准 ················	7—20—48
附录C	地下管线最小水平净距 ···	7—20—49
附录D	地下管线、架空管线与建（构）筑物之间最小水平净距 ················	7—20—50
附录E	地下管线之间或地下管线与铁路、道路交叉的最小垂直净距 ··············	7—20—50
附录F	水泥工厂生产车间及辅助建筑最低照度标准 ·········	7—20—51
附录G	散料的物理特性参数 ······	7—20—52
附录H	水泥工厂建筑物通风换气次数 ··············	7—20—53
附录J	水泥工厂建筑物空气调节室内计算温、湿度 ········	7—20—53
本规范用词说明 ··················		7—20—54
附：条文说明 ··················		7—20—55

1 总 则

1.0.1 为在水泥工厂设计中，贯彻执行国家技术经济政策，做到安全可靠、技术先进、环保节能、经济合理，制定本规范。

1.0.2 本规范适用于新建、扩建、改建水泥工厂生产线的工程设计（含熟料基地、水泥粉磨站及散装站）。

1.0.3 水泥工厂设计应进行综合效益和市场需求分析研究，应选用先进、适用、经济、可靠的生产工艺和装备；并应降低工程投资、提高劳动生产率、缩短建设周期。

1.0.4 水泥工厂设计应根据地区条件，依托城镇或同邻近工农业在交通运输、动力公用设施、文教卫生、综合利用和生活设施等方面的协作。

1.0.5 水泥工厂扩建、改建工程应利用原有设施、场地及资源。

1.0.6 水泥工厂设计应采用新型干法水泥生产工艺，严禁新建和扩建湿法回转窑、立波尔窑、干法中空窑等国家产业政策禁止建设的水泥生产线。

1.0.7 水泥工厂设计宜利用工业废弃物，并应综合利用资源和能源。

1.0.8 水泥工厂设计除应符合本规范外，尚应符合国家现行有关标准的规定。

2 设计规模及依据

2.1 设计规模

2.1.1 水泥工厂生产线的设计规模，应结合产品市场流向和原、燃料来源等确定，并应按下列规定划分：

1 单线日产水泥熟料 4000t 及以上的生产线应为大型规模。

2 单线日产水泥熟料 4000t 以下、2000t 及以上生产线应为中型规模。

3 单线日产水泥熟料 2000t 以下生产线应为小型规模。

2.2 设计依据

2.2.1 建设单位应提供设计基础资料。设计基础资料应包括下列主要内容：

1 实行审批制的建设项目，在进行项目可行性研究时，应有批准的项目建议书或项目预可行性研究报告；在进行初步设计时，应有批准的项目可行性研究报告（含厂址选择报告）；在进行施工图设计时，应有批准的初步设计文件。

实行核准制的建设项目，在进行初步设计和施工图设计时，应有批准的项目申请报告（含厂址选择报告）。

2 经国家或省级矿产资源主管部门批准的资源勘探报告（石灰石和硅铝质原料）。

3 原、燃料工艺性能试验报告。

4 厂区及厂外设石灰石破碎车间场地的工程地质和水文地质勘探报告。

5 水源地水文地质和工程地质勘探报告，附水源地及输水线路的地形图 1∶2000 或 1∶1000；或供水意向书或协议书或可行性研究报告。

6 供电与通信意向书或协议书或可行性研究报告。

7 外购原料、燃料供应意向书或协议书。

8 交通运输（承担运量、接轨方案、水运、公路运输等）意向书或协议书或可行性研究报告。

9 主管部门同意征用建设用地的书面文件。

10 下列地形测量图：

1）区域地形图 1∶10000、1∶50000 或 1∶5000。

2）厂区及矿区地形图：可行性研究、初步设计阶段 1∶2000 或 1∶1000，施工图设计阶段 1∶1000 或 1∶500。

3）铁路专用线地形图 1∶2000 或 1∶1000。

11 建厂地区气象和水文资料（含厂区洪水资料）。

12 地震烈度的鉴定报告。

13 建厂地区的城建规划要求。

14 环境影响评价报告及环境保护部门对建厂的要求。

15 安全要求。

16 污水排放意向书或协议书。

17 地方建筑材料价格及概、预算和技术经济资料。

18 与地区协作的其他协议书和文件。

3 厂址选择及总体规划

3.1 厂址选择

3.1.1 厂址选择应符合工业布局和区域建设规划的要求，并应按照国家有关法律、法规及前期工作的规定进行。

3.1.2 厂址选择应根据建设规模、原料与燃料来源、交通运输、供电供水、工程地质、环境保护、企业协作条件、场地现有设施和产品市场流向等进行技术经济比较后确定。

3.1.3 厂址宜设置在石灰石矿山附近，并应有经济合理的交通运输条件。同时应有利于同邻近企业和城镇的协作，不宜将厂址单独设在远离城镇、交通不便的地区。

3.1.4 厂址应满足连续生产要求及发展规划所需的电源和水源,其厂外输电、输水线路应短捷,并应便于维护管理。

3.1.5 工厂用地应充分利用地形、缩短内部运距和节约用地。

3.1.6 厂址应根据远期规划的要求,在满足近期所需的场地面积和不增加建设投资的前提下,适当留有发展的余地。

3.1.7 厂址应具有满足工程建设要求的工程地质和水文地质条件,并应避开有用矿藏。

3.1.8 厂址应位于城镇和居住区全年最小频率风向的上风侧,不应选在窝风地段。

3.1.9 厂址标高宜高于防洪标准的洪水位加0.5m。若低于上述标高时,厂区应有防洪设施,并应在初期工程中一次建成。当厂址位于内涝地区,并有排涝设施时,厂址标高应为设计内涝水位加0.5m。厂区位于山区时,应设置防、排山洪的设施。

3.1.10 水泥工厂的防洪标准应符合现行国家标准《防洪标准》GB 50201 的有关规定。新型干法水泥工厂尚应符合表 3.1.10 的规定。

表 3.1.10 新型干法水泥工厂防洪标准

级别	工厂规模	重现期(年)
Ⅰ	大型规模	≥100
Ⅱ	中型规模	≥50～100
Ⅲ	小型规模	≥25～50

注:多条生产线的工厂相应提高防洪标准。

3.1.11 桥涵、隧道、车辆、码头等外部运输条件及运输方式,应符合运大件或超大件设备的要求。

3.2 总体规划

3.2.1 水泥工厂的总体规划,应符合所在地区的区域规划或城镇规划的要求,宜与城镇居民区和邻近工业企业在环境保护、交通运输、动力公用、修理、仓储、文教卫生、生活设施等方面协作。

3.2.2 水泥工厂的总体规划应合理布置厂区,并应处理好厂区与石灰石矿山、硅铝质原料矿山、水源地、给水处理场、污水处理场、总降压变电站、铁路接轨站、厂外铁路及水运码头等之间的关系。

3.2.3 水泥工厂的总体规划应正确处理近期和远期的关系。近期规划应合理集中布置,远期规划应预留发展,分期征地,不得先征待用。

3.2.4 水泥工厂外部运输方式的选择,宜符合下列规定:

1 应根据当地运输条件确定厂外运输方式。当厂区邻近自然水系,具有较好的港口和通航条件时,应以水运为主;采用陆路运输时,应根据运量、运距、铁路接轨条件等比较后确定铁路、公路运输方案,并应按市场供销情况,决定铁路、公路承担运量比例。

2 应根据建厂地区对散装水泥的接受能力、中转储存及装卸运输等条件配置水泥散装外运设施,并应提高散装水泥在各种运输方式中的比例。

3 厂外铁路接轨点及线路进厂方向的选定,应与厂区平面布置及竖向设计密切配合,经多方案技术经济比较后确定,并应规划企业站、轨道衡线及机车整备作业线等设施的位置。

4 企业站的设置,应根据运量大小、作业要求、管理方式及接轨站的条件等比较后确定,并应充分利用路网铁路站场的能力,不应重复建设。有条件在接轨站上增设交接线、租用铁路机车时,宜采用货物交接方式,可不设企业站。

5 水泥工厂厂外道路与城镇及居住区公路的连接,应平顺短捷。厂区与铁路车站、码头、水源地、矿山工业场地,以及邻近协作企业之间,均应有方便的道路联系。

3.2.5 厂外动力公用设施的布置,宜符合下列规定:

1 总降压变电站,应设置在工厂负荷中心附近,并应保证进出线方便,同时应避开污染源排放点,宜设在多尘污染源上风侧。

2 以江、河取水的水源地,应位于厂区的上游,且岸线稳定而又不妨碍通航的地段,并应符合河道整治规划的要求。

高位水池及水塔,应设置在不会因渗漏溢流引起滑坡、坍塌的地段。

3 沿江、河岸边布置的污水处理场及其排出口,应位于厂区的下游,并应满足卫生防护距离的要求,同时应处于全年最小频率风向的上风侧。

4 集中供热的锅炉房,宜设置在热负荷中心附近,应处于全年最小频率风向的上风侧,并应有方便的燃煤储存场地及炉渣排放条件。

3.3 土地利用规划

3.3.1 厂址选择应利用荒地劣地、山坡地,不应占用耕地,并应促进建设用地的集约利用和优化配置。

3.3.2 厂区布置应利用地形高差合理设置台段。应在满足工艺流程的前提下缩短内部物料输送距离,减少工厂占地面积。工厂总图布置应预留发展用地,近期工程中与生产工艺密切联系的部分,可预留在厂区内,其他预留发展用地宜在厂区一侧,不应预留在厂区中部,不应提前征用土地。

3.3.3 新建水泥厂区建筑系数不得低于30%。水泥厂工业项目行政及生活服务设施用地面积不得超过该工业项目总用地的7%。

4 原料与燃料

4.1 一般规定

4.1.1 在提出对主要配料用原料不同品级的质量要

求时,除应符合国家现行标准《冶金、化工石灰岩及白云岩、水泥原料矿产地质勘查规范》DZ/T 0213的有关规定外,尚应根据矿床赋存条件和质量特征利用矿产资源。

4.1.2 应根据原料与燃料质量、储量及原料工艺性能试验等,确定或调整产品方案和原料品种。主要原料产地宜设置在厂址附近。

4.1.3 主要配料用原料宜采用或搭配低品位原料、工业废渣作为替代原料,并应通过原料工艺性能试验确认其技术可行性和经济合理性。

4.2 原 料

4.2.1 用于水泥生产的石灰质原料,其开采宜符合下列规定:

1 石灰质原料的质量指标宜符合表4.2.1的规定。

表4.2.1 石灰质原料质量指标

石灰质原料	含 量
氧化钙	>48.00%
氧化镁	<3.00%
碱	<0.60%
三氧化硫	<0.50%
游离氧化硅	<8.00%(石英质)或<4.00%(燧石质)
氯离子	<0.03%

2 产品方案中对氧化镁或碱含量有限量要求时,应相应变更本条第1款中氧化镁或碱的质量要求。

3 矿区内赋存的夹层、围岩及覆盖层等岩石质物料,条件许可时,经合理搭配可掺入加以综合利用。

4 矿床中的裂隙土、岩溶充填物及覆盖土等松散物料,当其化学成分适宜时,在满足水泥原料配料前提下,可合理搭配掺用。

4.2.2 硅铝质原料宜符合下列规定:

1 硅铝质原料的主要质量指标宜符合表4.2.2的规定。

表4.2.2 硅铝质原料主要质量指标

硅铝质原料	指 标
硅酸率	3.00~4.00
铝氧率	1.50~3.00
氧化镁	含量<3.00%
碱	含量<4.00%
三氧化硫	含量<1.00%
氯离子	含量<0.03%

2 产品方案中对氧化镁或碱含量有限量要求时,应相应变更本条第1款中氧化镁或碱的质量要求。

3 在资源条件允许时,应首选岩石状硅铝质原料。

4.2.3 铁质校正原料主要质量指标应符合下列要求:

1 三氧化二铁含量大于40.00%。
2 氧化镁含量小于3.00%。
3 碱含量小于2.00%。

4.2.4 原料硅酸率较低且无法满足配料要求时,宜增加硅质校正原料,其主要质量指标应符合下列要求:

1 二氧化硅含量大于80.00%或硅酸率大于4.00。
2 氧化镁含量小于3.00%。
3 碱含量小于2.00%。

4.2.5 原料铝氧率较低且无法满足配料要求时,宜增加铝质校正原料,其主要质量指标应符合下列要求:

1 三氧化二铝含量大于25.00%。
2 氧化镁含量小于3.00%。
3 碱含量小于2.00%。

4.2.6 第4.2.1~4.2.5条的指标中,以石灰质原料质量指标为主,应根据其有害组分含量高低来调整其他配料原料中相应有害组分含量指标,最终应以满足熟料率值及其有害组分限量为准。

4.3 煅烧用煤

4.3.1 煅烧用煤宜选择灰分、含硫量、挥发分、发热量适当的燃煤,原煤宜定矿定点供应。

4.3.2 煅烧用煤的质量,应符合表4.3.2的要求。在满足熟料质量的前提下,煅烧用煤可使用劣质煤、低品位煤及替代燃料。

表4.3.2 煅烧用煤的一般质量要求

序号	名 称	符 号	数 值
1	灰分	A_{ad}	≤28.00%
2	挥发分	V_{ad}	≤35.00%
3	硫含量	$S_{t,ad}$	≤2.00%
4	低位发热量	$Q_{net,ad}$	≥23000 kJ/kg
5	水分	M_t	≤15.00%

4.4 调凝剂

4.4.1 调凝剂的选择应符合下列规定:

1 石膏可单独使用,硬石膏在试验确认后可单独使用或与石膏混合使用。

2 采用工业副产品的石膏时,应经过试验证明其对水泥性能无不良影响时方可使用。

4.4.2 用作调凝剂的石膏和硬石膏,应符合现行国家标准《用于水泥中的石膏和硬石膏》GB 5483的规定。

4.5 混合材料

4.5.1 混合材料的选择应符合下列要求:

1 应根据产品的性能要求确定是否掺加混合材料。

2 应根据熟料质量、混合材料质量及其价格、运输条件等选择混合材料及其产地。

3 应经过试验，确认混合材料是否符合相应的现行国家有关标准的规定，并应确定其最佳掺入量。

4.5.2 用作混合材料的粒化高炉矿渣，应符合现行国家标准《用于水泥中的粒化高炉矿渣》GB/T 203的规定。

4.5.3 用作混合材料的火山灰，应符合现行国家标准《用于水泥中的火山灰质混合材料》GB/T 2847的规定。

4.5.4 用作混合材料的粉煤灰，应符合现行国家标准《用于水泥和混凝土中的粉煤灰》GB/T 1596的规定。

4.5.5 用作混合材料的回转窑窑灰，应符合国家现行标准《掺入水泥中的回转窑窑灰》JC/T 742的规定。

4.5.6 石灰石可作非活性混合材料使用，其三氧化二铝含量不得超过2.50%。

4.5.7 用于复合硅酸盐水泥的其他种类混合材料，应先判定其活性，并应符合下列规定：

1 粒化电炉磷渣混合材料应符合现行国家标准《用于水泥中的粒化电炉磷渣》GB/T 6645的规定。

2 粒化增钙液态渣混合材料应符合国家现行标准《用于水泥中的粒化增钙液态渣》JC 454的规定。

3 粒化铬铁渣混合材料应符合国家现行标准《用于水泥中的粒化铬铁渣》JC 417的规定。

4 粒化高炉钛矿渣混合材料应符合国家现行标准《用于水泥中的粒化高炉钛矿渣》JC 418的规定。

4.6 配料设计

4.6.1 配料设计应符合下列规定：

1 熟料率值目标值和波动范围，应根据原料与燃料质量特性、产品品种要求等确定。

2 配料所用原、燃料化学成分及煤质资料应准确可靠，并应具有代表性和实用性。

3 应经多方案比较后，推荐最佳方案。

4.6.2 水泥中化学成分的允许含量，应符合表4.6.2的规定。

表4.6.2 水泥中化学成分的允许含量

水泥品种 技术要求	硅酸盐水泥		普通水泥	矿渣水泥	火山灰水泥	粉煤灰水泥	复合水泥
	P.I	P.II	P.O	P.S	P.P	P.F	P.C
不溶物（%）	≤0.75	≤1.50	—	—	—	—	—
烧失量（%）	≤3.00	≤3.50	≤5.00	—	—	—	—
三氧化硫（%）	≤3.50			≤4.00	≤3.50		
氧化镁（%）	水泥中≤5.00 水泥压蒸合格，水泥中≤6.00			熟料中≤5.00 水泥压蒸合格，熟料中≤6.00			
碱（%）	要求低碱水泥时≤0.60%或由用户确定			由用户确定			

4.7 原、燃料工艺性能试验

4.7.1 水泥工厂设计应进行原、燃料工艺性能试验。对新的原料品种及工业废渣，应提前进行试验研究。

4.7.2 原、燃料工艺性能试验应符合下列规定：

1 原、燃料工艺性能试验应进行实验室规模试验，新的原料品种及工业废渣还应进行半工业规模试验。

2 主体设计单位应根据原料资源条件和生产方法等提出正式取样要求。取样要求应包括样品种类、质量要求、样品重量。

3 试样应具有充分代表性。

4.7.3 在原、燃料工艺性能试验项目中，应包括燃尽特性、可磨性、磨蚀性、易磨性、易烧性、挥发性等；采用辊式磨时，宜进行辊式磨的磨蚀性和易磨性试验；对湿粘性物料宜做塑性指数试验。以上试验项目应根据水泥工厂生产特点和工艺要求进行选择，并应符合下列规定：

1 煤磨选型与设计时，原煤的易磨性指数测定，应符合现行国家标准《煤的可磨性指数测定方法（哈德格罗夫法）》GB/T 2565的规定。

2 生料粉磨流程、磨机选型等工艺设计时，原料和生料混合料的粉磨功指数或辊式磨的物料易磨性指数的测定，应符合国家现行标准《水泥原料易磨性试验方法》JC/T 734的规定。

3 设计生料配料方案以及确定生料细度、熟料率值时，水泥生料易烧性能的判别，应符合国家现行标准《水泥生料易烧性试验方法》JC/T 735的规定。

4.8 原、燃料综合利用

4.8.1 原、燃料综合利用应满足工厂产品方案的要求。

4.8.2 使用低品位原、燃料后，其所含有害组分对产品性能及自然环境应无不良影响。

4.8.3 矿床中的低品位原料及可供其他工业部门利用的原料，应按国家现行标准《冶金、化工石灰岩及白云岩、水泥原料矿产地质勘查规范》DZ/T 0213的规定进行综合勘探与评价。

4.9 废弃物的利用

4.9.1 水泥工厂利用的废弃物可分为作为替代原料的废弃物和作为替代燃料在水泥煅烧过程中加入的可燃废弃物。

4.9.2 替代原料和替代燃料的利用应满足工厂产品方案的要求。

4.9.3 利用废弃物后，废弃物的处理量不得影响熟料质量，所含有害组分应对产品性能及自然环境无不良影响。

5 生产工艺

5.1 一般规定

5.1.1 水泥生产工艺流程的设计和工艺设备的选型，应符合下列规定：

1 禁止采用明令淘汰的技术工艺和设备。

2 应根据生产方法、生产规模、产品品种、原料与燃料性能和建厂条件等比较后确定工艺流程和主机设备。

3 应选择生产可靠、环境污染小、能耗低、管理维修方便、投资省的工艺流程和设备。

4 应采用有利于提高资源综合利用水平的新技术、新工艺、新设备。

5 应在满足成品与半成品的质量要求下，减少工艺环节和缩短物料运输距离。

6 附属设备的选型应有一定的储备。在保证生产的前提下，可减少附属设备的台数，同类附属设备的型号宜统一。

5.1.2 工艺布置应符合下列规定：

1 总平面布置应满足工艺流程的要求，并应结合地形、地质和运输的要求。

2 工艺布置宜留有合理的发展空间。

3 车间布置宜根据工艺流程和设备选型综合确定，并应在平面和空间布置上，满足施工、安装、操作、维护、监测和通行的要求。

4 露天布置应满足生产操作、维护检修及现行国家环境保护法规要求。露天布置的设备、管件与库顶板或厂房连接处应密封防雨。

5.1.3 物料平衡计算，应符合下列规定：

1 完整水泥生产线和熟料生产线的物料平衡计算应以烧成系统的熟料产量为基准，水泥粉磨站的物料平衡计算应以水泥产量为基准。

2 完整水泥生产线和熟料生产线的物料平衡计算中，各原料的干料消耗定额应由生料消耗定额和配比确定；生料的消耗定额应由生料的理论消耗量和生产损失组成。石膏、混合材的干料消耗定额应按照水泥中的掺入量计算，并应计入生产损失。燃料消耗定额应按烧成用煤和烘干用煤分别计算。

3 应根据各物料的水分将干料消耗定额换算为湿料消耗定额，再计算得出每小时、每天和每年的干、湿料需要量。

4 完整水泥生产线和熟料生产线的生产损失，煤炭为2.0%，其他原料应为0.5%。对于水泥粉磨站，熟料、石膏及其混合材生产损失应为0.5%。

5.1.4 主要工艺设备的设计年利用率，应按工厂规模、生产系统的复杂程度、主机类型、设备来源、使用条件等确定，并宜符合表5.1.4的规定。

表5.1.4 主要工艺设备设计年利用率

序号	主要工艺设备名称	年利用率（%）
1	回转窑	≥85
2	原料磨	65~80
3	水泥磨	60~80
4	煤磨	60~75
5	石灰石破碎机	20~50
6	水泥包装机	≥20

5.1.5 主要生产系统工作制度，可根据各系统的相互关系，以及与外部条件相联系的情况确定，并宜符合表5.1.5的规定。

表5.1.5 主要生产系统工作制度

序号	主要生产系统名称	每周工作天数（d）	每天工作班制
1	石灰石破碎	5~7	1~2
2	石灰石预均化（堆料）	5~7	1~2
3	石灰石预均化（取料）	7	3
4	原料粉磨	7	3
5	生料均化及入窑	7	3
6	煤粉制备	7	3
7	熟料烧成	7	3
8	熟料储存及输送	7	3
9	水泥粉磨	7	3
10	水泥储存	7	3
11	水泥包装及散装	5~7	1~3
12	煤、石膏、硅铝质原料破碎	5~7	1~2
13	压缩空气站	7	3

注：工作班制按每班8h计。

5.1.6 各种物料储存期应根据工厂规模、物料来源、物料性能、运输方式、储库型式、工厂控制水平、市场因素等具体情况确定，并宜符合表5.1.6的规定。

表5.1.6 各种物料储存期（d）

序号	物料名称	库内储存 湿料	库内储存 干料	露天储存	总量
1	石灰质原料	3~7	—	0~10	3~10
2	硅铝质原料	5~30	0~3	—	5~30
3	铁质原料	10~30	—	—	10~30
4	煤	7~30	0~3	—	7~30
5	生料	—	1~3	—	1~3
6	熟料	—	5~20	—	5~20
7	石膏	1~3	—	20~35	20~35
8	混合材料	0~10	—	0~25	2~30
9	水泥	—	3~14	—	3~14

注：1 物料储存期是按窑日产量为基准作平衡计算。
  2 如石灰质原料、硅铝质原料系外购，或由国家铁路、水运进厂时，可取上限。
  3 物料采用矩形预均化堆场以2堆存储时，应以1堆计算储存期；圆形预均化堆场应以料堆容积的2/3计算储存期。
  4 熟料外运和水泥粉磨站的熟料储存期可适当放宽。
  5 混合材料视其来源、运距及品种确定储存期。
  6 水泥储存期应与熟料储存期统一考虑，并结合市场需求、交通运输条件确定。
  7 库内预均化堆场、圆库、联合储库、堆棚等储库的储存方式。
  8 原煤不得长期露天储存，可临时储存。

5.1.7 预分解窑各种规模生产线熟料烧成热耗，宜符合表5.1.7的规定。

表5.1.7 预分解窑各种规模生产线熟料烧成热耗

生产线规模	单位熟料烧成热耗 (kJ/kg)	单位熟料烧成热耗 (kcal/kg)
2000～4000t/d（含2000t/d）	≤3178	≤760
4000 t/d 及以上	≤3050	≤730

注：1 热耗值为燃料采用煤且生产正常情况的设计考核指标。
　　2 窑型热耗值的设定条件：生料中等易烧性，煤热值大于23000kJ/kg（5500kcal/kg）（空气干燥基），海拔低于500m，熟料冷却篦式冷却机，无旁路放风时情况。
　　3 采用重油、天然气等不同类型燃料时，热耗值应根据具体情况进行校正。

5.1.8 主机性能考核应在原、燃料成分及性能均满足设计条件下进行，其考核要求宜符合表5.1.8的规定。

表5.1.8 主机性能考核要求

生产系统	考核时间	考核内容
原料粉磨系统	连续运转2d，每天运转不少于22h	平均小时产量、生料细度、合格率、系统产品电耗
水泥粉磨系统	连续运转2d，每天运转不少于22h	平均小时产量、水泥比表面积、合格率、系统产品电耗
烧成系统	连续运转3d，停窑不超过2次，累计不超过4h	平均日产量、单位熟料热耗、熟料质量（游离钙含量、7d和28d强度等）、系统产品电耗

5.1.9 生产车间的检修设施应符合下列要求：

1 主要设备或需检修的部件较大，其检修机械化水平应较高，石灰石破碎机、石膏破碎机、粉磨设备的传动装置、有厂房的辊式磨等的厂房内，宜设置桥式起重机、悬挂式起重机等起吊设备。对设有厂房的大型风机、大型提升机、选粉机、辊压机等设备上方，宜设置电动葫芦、单轨小车或其他型式的起吊设备。

2 起重设施的起重量，应按检修起吊最重件或需同时起吊的组合件重量确定。

3 起重机的轨顶标高及其他起吊设施的设置高度，应满足起吊物件最大起吊高度的要求。

4 厂房的设计和设备布置，不得影响检修重设施的运行和物件的起吊。

5 检修平台或留有安装检修需要的空间、门洞和设备外运检修的运输通道，宜根据不同设备的安装检修要求设置。

5.1.10 物料输送设计宜符合下列规定：

1 物料输送设备的选型，应根据输送物料的性质、输送能力、输送距离、输送高度等结合工艺布置确定。

2 输送设备的输送能力，应高于实际最大输送量，其富余量宜按不同的输送设备及来料波动情况确定。

3 输送设备的转运点，宜设置除尘装置，下料溜子应降低落差，粒状物料的下料溜子内，应有防磨和降低噪声的措施。

5.1.11 生产控制应根据工艺过程控制、质量控制及程序逻辑控制的要求，进行检测、调节、监控。

5.1.12 特殊地区的工艺设计应符合下列要求：

1 在海拔高度大于500m的地区建厂，空气压缩机和风机的风量、压力应进行校正。

2 在海拔高度大于500m的地区建厂，回转窑、预热器、烘干磨、烘干机、冷却机等设备及系统的工艺计算数据，应根据海拔高度作修正。

3 在海拔高度大于1000m的地区及湿热地区建厂，电动机及设备轴承等订货时应满足特殊要求。

4 在寒冷地区建厂，宜扩大保温范围，并应采取生产时气路、油路、水路畅通的措施，同时应采取防冻措施。

5.2 物料破碎

5.2.1 物料破碎系统的位置，应根据工厂资源情况、矿山开采外部运输条件、厂区位置以及工艺布置等确定。

5.2.2 破碎系统的生产能力，应根据工厂原料与燃料年需要量、年工作天数、破碎系统工作班制以及运输不均衡等确定。

5.2.3 破碎机型式和破碎段数的选择，应根据工厂规模、物料性能、开采粒度和产品粒度要求、磨蚀性以及夹土情况等确定。

5.2.4 单段破碎系统宜选用锤式破碎机或反击式破碎机；二段破碎系统的一级破碎机宜选用颚式、旋回式等；二级破碎机宜选用锤式、反击式或圆锥式等。

5.2.5 原、燃料破碎机前的喂料斗容量，应根据破碎机规格、来车车型、载重量及来车间歇时间确定。

5.2.6 大块石灰石的喂料设备，宜采用重型板式喂料机，其宽度应满足矿石粒度和破碎机入口宽度的要求；板式喂料机应能重载启动，且可调速。

5.2.7 破碎机出料口宜设置受料胶带输送机，其宽度应与出料口大小、出料量相适应。

5.2.8 石灰石、砂岩、铁矿石、煤、石膏、熟料等破碎系统，应设置除尘装置。

5.2.9 物料破碎后输送系统的能力，应满足破碎机瞬时最大出料能力。

5.2.10 硅铝质、铁质原料宜根据物料物理性能、开采粒度和产品粒度、生产能力的要求确定破碎系统段数和破碎机型式。当开采粒度满足入磨要求时，可不进行破碎。

5.2.11 硅铝质原料破碎机前的料仓宜设为浅式仓、大出料口、较大仓壁倾角，仓壁上宜设置树脂衬板等防粘结材料。

5.2.12 硅铝质原料破碎的喂料设备，宜选用带调速装置的中型或轻型板式喂料机。

5.2.13 煤的破碎宜采用一段破碎系统，破碎机可选用锤式、反击式、环锤式等破碎机。

5.2.14 石膏破碎宜采用一段破碎系统，破碎设备可采用锤式、反击式、细颚式破碎机等。喂料设备宜采用能调速的板式喂料机。

5.2.15 熟料破碎宜采用与冷却机配套的锤式或辊式破碎机。

5.3 原、燃料预均化及储存

5.3.1 凡有下列任一情况时，原料应设置预均化设施：
1 矿床赋存条件复杂，矿石品位或主要有害元素的波动幅度较大。
2 矿床中有可以搭配利用的夹层，覆盖物及裂隙土等低品位原料。
3 适应某种水分大、粘性高的物料的物理性能，需采取预配料或预混合式。
4 充分利用矿山资源，减少剥离需外购高品位原料搭配。

5.3.2 凡有下列任一情况时，原煤应设置预均化设施：
1 原煤质量变化较大，或入窑煤粉质量不能保证相邻两次检测的波动范围。
2 原煤来源于多处，或煤种亦为多种。
3 煤质较差，不符合本规范第4.3.2条的要求，或因调节硫碱比需采用配煤方式。

5.3.3 预均化堆场应根据原、燃料性能进行设计，并应符合工厂规模、储存方式、自动化水平、环保要求以及投资等要求。

5.3.4 原、燃料预均化堆场设计应符合下列规定：
1 料堆层数原料宜为400～500层，煤可略少，均化系数可取3～7，宜根据进入堆场原、燃料成分的波动大小确定。
2 堆场形式的选择，应根据工厂的总体布置、厂区地形、扩建前景、物料性能及质量波动等确定。
3 堆料方式可采用人字形堆料法。堆料机型式宜根据堆场形式选用。
4 取料方式可采用端面取料或侧面取料。
5 混合料预均化堆场，在预混合前应进行预配料。
6 当采用两种或两种以上的煤时，宜分别堆存搭配后进入预均化堆场。
7 堆料机卸料端应设料位探测器，并应能随料堆高低自动调节卸料点高度。
8 堆料机出料地沟内宜设通风设施，也可设置对流通风通道。

5.3.5 预均化堆场的厂房设置应根据建厂地区的气候条件、环保要求确定。

5.3.6 简易预均化堆场或库的设计应符合下列规定：
1 简易预均化堆场宜设2个料堆。
2 简易预均化库宜分两组。

5.4 废物处置

5.4.1 水泥工厂协同处置废物应采用新型干法水泥生产工艺，应根据废弃物的特性经技术经济比较后确定处理工艺和设备。

5.4.2 在废物贮存、输送、预处理及最终处置环节设计中，应采取防止气味、粉尘的发散及溶析渗漏等二次污染发生的措施。

5.4.3 水泥生产协同处置废物时，水泥工厂焚烧废弃物排放标准不应超过表5.4.3的规定。

表 5.4.3 水泥工厂焚烧废弃物排放标准（mg/m³）

组　分	限　制　值
含尘浓度	30
氯化氢	10
氟化氢	1
氮氧化物	500
镉和铊	0.05
汞	0.05
重金属总量	0.5
二噁英/呋喃类	0.1ng I-TEQ/m³
二氧化硫	50
有机残碳	10

注：TEQ为标准毒性单位。

5.4.4 水泥工厂协同处置废物时，水泥熟料和水泥产品中重金属含量应满足表5.4.4的要求，其中天然放射性核镭-226、钍-232、钾-40等的放射性比活度应符合现行国家标准《建筑材料放射性核素限量》GB 6566的规定。

表 5.4.4 水泥熟料和水泥中
重金属含量要求（mg/kg）

元　素	熟　料	水泥（P.I）
锑	5	—
砷	40	—
铍	5	—
镉	1.5	1.5

续表5.4.4

元 素	熟 料	水泥（P.I）
铬	150	—
钴	50	—
铜	100	—
锡	25	—
汞	未检出	0.5
镍	100	—
铅	100	—
硒	5	—
铊	2	2
锌	500	—

5.5 原料粉磨

5.5.1 原料粉磨配料站设计应符合下列规定：

1 配料仓的容量应满足原料磨生产的需要。当采用储存库配料时，其容量应按储存要求确定。

2 配料仓的设计应保证物料在仓内不起拱、不挂壁、不堵仓，自上而下流动顺畅。湿粘物料宜采用浅仓，并应加大出料口的长宽比，其锥壁倾角不应小于70°，且应在仓壁铺设防粘、耐磨材料。

3 喂料设备宜选用定量给料机，计量精度误差不应大于±0.5%，喂料量调节范围应为1：10；湿粘性物料宜在定量给料机前加设运行速度较低的预给料机，且料仓出料口的长宽比适当加大。

4 配料仓设在联合储库内时，仓的上口尺寸应满足抓斗起重机卸料的要求。

5 当选用辊式磨、辊压机等作为预粉磨或粉磨设备时，应设除铁及金属探测报警装置。

5.5.2 原料粉磨系统的选型宜符合下列规定：

1 应利用预热器和冷却机废气余热作为烘干热源。

2 一台窑宜配置一套原料粉磨系统。

3 主机选择应根据原料的易磨性和易蚀性、对系统的产量要求及各种粉磨系统特点确定，应选用节能的辊式磨等粉磨设备。

5.5.3 原料磨的产量应根据窑日产量、料耗、磨机日工作小时、台数等确定。

5.5.4 原料粉磨系统的布置宜符合下列规定：

1 原料粉磨系统在利用预热器废气烘干原料时，宜布置在预热器塔架和废气处理系统附近。

2 原料粉磨系统设计中，选粉机等设备的布置应便于操作和维护检修。

3 带烘干的磨机在进、出料口宜设置锁风装置。

4 利用废气余热的原料粉磨系统可设置备用热风炉。

5 辊式磨可露天布置。

6 球磨机中心的高度宜取磨机直径的0.8~1.0倍。

7 球磨机研磨体的装载应设置提升装置。

8 磨机润滑系统油泵站的布置，应保证回油管畅通。

9 球磨机两端轴承基础内侧应设顶磨基础。

10 中心传动的球磨机其传动部分和磨机厂房之间宜设隔墙。

11 不宜入辊压机的原料，可直接送入磨机或选粉机。

12 辊压机喂料仓内应保持一定的料位。

5.5.5 原料粉磨系统产品质量应符合下列规定：

1 出磨生料水分应控制在0.5%以下，最大不得超过1.0%。

2 生料细度应按原料易烧性试验、熟料质量要求等确定，80μm方孔筛筛余宜为10%~14%，200μm方孔筛筛余不宜大于1.5%。

5.5.6 原料粉磨系统的除尘设计应符合下列规定：

1 配料仓顶和仓底及输送设备转运点均应设除尘设施。

2 磨机用预热器或冷却机废气作为烘干热源时，可与预热器或冷却机废气合用一台除尘器，除尘系统应保温。

5.5.7 原料粉磨系统的配料控制，应保证生料达到规定的化学成分，生产控制系统应符合本规范第5.1.11条和第7.10节的有关规定。

5.6 生料均化、储存及入窑

5.6.1 生料均化库的选型应符合下列规定：

1 均化方式宜选用连续式均化库。

2 入窑生料的氧化钙含量的标准偏差应小于±0.25%。

3 入库生料水分应控制在0.5%以下，最大不得超过1.0%，入库生料中不得混有大颗粒原料、研磨体等杂物。

4 生料均化库顶和库底应设置除尘设备。

5.6.2 连续式生料均化库的设计应符合下列规定：

1 每条工艺生产线宜配备1~2个连续式均化库，其高径比宜取2~2.5。

2 生料入库应均匀分散，库顶进料装置宜选用库顶生料分配器多点入库。

3 充气系统的设计应降低阻力。充气箱布置应减少库内的充气死区，并应选择透气性能好、布气均匀及耐磨的透气层材料。充气箱和管路系统应密封良好。

4 宜选用定容式鼓风机供气，鼓风机应有备用，充气量应根据库底充气型式确定，充气压力宜为40~70kPa。

5 库底的配气设备，宜选用空气分配器、电磁阀、气动或电动球阀。

6 可采用库底或库侧卸料，每库应有两个及以上卸料口，并应选用配有手动检修闸门、快速开闭阀和流量控制阀的卸料装置。

7 在严寒或多雨地区，宜设置库顶房。

8 库顶与预热器塔架之间宜设置巡检通道。出库生料宜设置回库的输送回路。

5.6.3 生料入窑系统设计应符合下列规定：

1 喂料仓的料位应稳定，可采用荷重传感器，也可设置料位计和相应的调节回路，规模较小的生产线可设溢料回流设施。

2 喂料设备应喂料准确，并可调节喂料量。计量设备精度允许误差应为±1%，并应满足计量标定的要求。

3 入窑系统输送设备转运点宜设置除尘装置。

5.7 煤粉制备

5.7.1 煤粉制备系统应根据窑的工艺要求及煤的品种、煤质等选用。宜采用中间仓式系统。

5.7.2 煤粉制备系统设计应符合下列规定：

1 煤粉制备选用烘干带粉磨的系统，宜选用辊式磨。

2 煤粉制备的位置应根据煤的特性、工艺布置要求确定，可布置在窑头或预热器塔架附近。

3 原煤仓的容量应满足煤磨生产的需要，下料应通畅。

4 喂煤设备可采用定量或定容式喂料机，并应采取入磨锁风措施。

5 煤粉的选粉宜采用动态选粉机，动态选粉机的布置应便于锥体部分的检查和上部传动装置的检修，粗粉下料管上应设锁风装置。

6 煤粉制备系统的选粉机可布置在露天，并应装设防爆阀，且应便于防爆阀的检修。

7 煤粉仓的容量应满足窑生产的需要。煤粉仓应下料通畅。

8 煤粉制备系统的选粉机、除尘器及所有非标风管应保温和接地。

9 煤粉系统的所有风管及溜子应减少拐弯，需拐弯时，应防止煤粉堆积。

10 采用辊式磨时，原煤入磨前应设置除铁及金属探测报警装置。

11 煤粉制备车间所有工艺设备、风管及溜子均应采取接地措施。

5.7.3 出磨的煤粉水分不应大于1.5%，细度应根据煤质和燃烧器型式确定。

5.7.4 煤粉制备系统的安全防爆设计应符合下列规定：

1 煤磨、选粉机、除尘器、煤粉仓等处应装设防爆阀。

2 防爆阀前的短管长度不应大于10倍的短管当量直径。

3 防爆阀前的短管应垂直布置。

4 当采用带膜片的防爆阀时，阀膜片面应与水平面成45°夹角，并应采取防雨雪措施。

5 防爆阀的设置及大小应符合下列规定：

　1）磨机进、出口管道上的防爆阀截面积不应小于管道截面积的70%。

　2）选粉机、旋风分离器及粗粉分离器的顶盖上，防爆阀的总截面积可按分离器每立方米容积不小于0.04m^2计算。

　3）煤粉仓上的防爆阀总截面积可按煤粉仓每立方米容积0.01m^2计算，但最小不应少于0.5m^2。

6 防爆阀应设置检查和维修平台。

7 煤磨进出口应设温度监测装置。在煤粉仓、除尘器上应设温度和一氧化碳监测及自动报警装置。

8 除尘器进口应设置停电状态下自动动作的快速截断阀。

9 辊式煤磨、煤粉仓、除尘器等设备应设置灭火装置。

5.7.5 煤粉制备烘干热源设计应符合下列规定：

1 利用烧成系统余热作为烘干热源时，宜在热风入煤磨前设置除尘设施。

2 煤粉制备系统宜设置备用热风炉；当设有两台煤磨时可共用一座备用热风炉。

5.7.6 煤粉制备系统的除尘设计应符合下列规定：

1 除尘设备应选用煤磨专用的除尘器，除尘设备应有防燃、防爆、防静电及防结露等设施。

2 进入除尘器的气体温度应高于露点温度25℃。

5.7.7 煤粉制备系统的控制设计应符合本规范第5.1.11条和第7.10.3条的规定。

5.7.8 煤粉供窑及分解炉系统应分别设置计量喂煤装置，可设置一个或两个煤粉仓，并应设荷重传感器，煤粉输送宜采用气力输送。

5.8 熟料烧成

5.8.1 预分解窑系统的布置应符合下列规定：

1 在满足工艺生产要求的前提下，应布置紧凑，占地面积小，预热器塔架高度应较低。

2 预热器塔架除应根据布置要求设置各层主平台外，在需操作和维护的地方均应设置平台，并留有足够的安全操作空间。

3 检修时需临时堆放耐火材料的各层楼面上，应留有放置耐火材料的位置。

4 压缩空气系统管路应接至预热器塔架各层主平台。

5 窑尾塔架宜设置载货电梯。

5.8.2 预热器系统的设计应符合下列规定：

　　1 预热器系统宜按生产能力确定采用单列、双列或多列布置，宜采用五级或六级预热器。

　　2 预热器技术性能应符合下列要求：

　　　　1）系统的压损不宜大于 5.5kPa。

　　　　2）预热器系统排出气体的温度，采用六级预热器时不应高于 290℃，采用五级预热器时不应高于 320℃。

　　　　3）预热器的分离效率不应低于 92%。

　　　　4）系统的密闭性能应好，锁风装置应灵活。

　　　　5）预热器的风管和料管应有吸收热膨胀的措施。

　　　　6）预热器应有捅料和防堵措施。

5.8.3 分解炉选型及设计应符合下列规定：

　　1 宜根据原、燃料性能确定炉型和炉体结构参数。

　　2 分解炉中气体的停留时间可根据分解炉的型式及原、燃料性能确定。燃料在分解炉内应能完全燃烧，其气体停留时间宜大于 2s。入窑物料的表观分解率应达到 90%～95%。

　　3 分解炉用煤量的比例宜占总用煤量的 55%～65%；当采用旁路放风时，分解炉的用煤比例应根据不同的放风量做相应调整。

5.8.4 窑尾高温风机选型、布置应符合下列规定：

　　1 风机效率应大于 80%，正常工作温度不应低于 350℃，风机应耐磨损、耐磨蚀；其风量、风压、最高温度应适应系统最不利工况，并应留有 15% 的储备。

　　2 风机应根据工厂规模、控制水平及工艺要求等条件选择变频调速方式。

　　3 风机进风口应设调节阀门。

　　4 系统中的高温风机应根据工艺系统的要求确定位置，可布置在预热器与增湿塔之间，也可布置在增湿塔后。

　　5 高温风机露天布置时，其传动部分应加设防雨设施。

5.8.5 废气处理系统设计宜符合下列规定：

　　1 系统排出的废气宜进行余热利用，废气应经过调质、降温、除尘处理后排入大气。

　　2 废气处理系统可选用袋式除尘器或电除尘器，宜布置在预热器塔架附近。

　　3 增湿塔应有调节性能，并应满足长期安全运行的要求。

　　4 废气处理系统的风管、增湿塔、除尘器应采取保温措施。

　　5 废气处理热风管道布置宜紧凑合理，不宜水平布置。

　　6 设备与管道连接处及管道两个固定支座间均应设膨胀节。

　　7 增湿塔和除尘器的输送设备宜有较大的储备能力。

　　8 废气烟囱出口直径宜根据烟囱出口流速确定，其流速可取 10～16m/s。废气烟囱高度，应符合现行国家标准《水泥工业大气污染物排放标准》GB 4915 的规定。回转窑及窑磨一体化废气烟囱应设置烟气颗粒物、二氧化硫和氮氧化物连续监测装置。连续监测装置应符合国家现行标准《固定污染源烟气排放连续监测系统技术要求及检测方法》HJ/T 76 的规定。

　　9 回转窑及窑磨一体化废气采用电除尘器时，其入口应设置一氧化碳检测装置。

　　10 废气处理系统的控制，应平衡预热器高温风机、磨系统排风机和除尘器排风机之间的关系。

　　11 废气处理系统的回灰，应设置送入生料均化库或窑灰仓的设施，也可设置直接输送入窑的设施。设旁路放风系统的工厂，对旁路放风收下的回灰，应同时提出处理方案。

5.8.6 回转窑的设计应符合下列规定：

　　1 回转窑的规格应根据烧成系统产量的要求，结合原、燃料条件以及预热器、分解炉、冷却机的配置情况确定。

　　2 回转窑长径比宜取 10～16，斜度应为 3.5%～4.0%，最高转速宜为 3.0～4.0r/min，调速范围宜 1:10。

　　3 回转窑应设置筒体温度的检测装置，烧成带筒体冷却宜采用强制风冷。

　　4 回转窑的主电机宜采用无级变速电动机，并应设置辅助传动，辅助传动应有备用电源。

5.8.7 回转窑的布置应符合下列要求：

　　1 回转窑中心高度，宜根据熟料冷却机的型式及布置确定。当设有两台以上回转窑时，两窑中心距的确定应满足窑头和窑尾设备的布置要求。

　　2 回转窑的安装尺寸应根据冷窑确定；窑基础之间的水平距离，应根据热膨胀后的尺寸确定；窑筒体轴向热膨胀计算，应以传动装置附近带挡轮的轮带中心为基准点，向两端膨胀；窑基础之间应设置联通走道，并应与窑头平台及窑尾平台相联通。

　　3 回转窑传动部分可不设厂房和专用的检修设备，但应设置防雨设施。回转窑传动部分与窑筒体间应设置隔热设施。

5.8.8 分解炉三次风管的设计应符合下列规定：

　　1 三次风可从冷却机的上壳体或窑门罩引出。

　　2 三次风管宜布置成倾斜"一"字形，否则应采取清灰措施。

　　3 三次风管内的风速宜取 18～22m/s。

5.8.9 烧成系统煤粉燃烧器的配置应符合下列要求：

　　1 回转窑的煤粉燃烧器应采用带有喷油点火装置的多通道燃烧器，并应设置一套供燃烧器点火用的供油系统。燃烧器的伸入长度和角度应可调整。

　　2 多通道煤粉燃烧器的一次风量占理论空气需要量的比例不宜大于15%；一次风的送煤风和净风的比例应按不同型式的燃烧器确定。

　　3 分解炉的燃烧器应根据分解炉的型式和煤质确定。

　　4 一次风机宜配备事故风机或备用风机。

5.8.10 在窑头平台上方应设置机械化吊运耐火砖的设备；平台上应设置耐火砖的堆放位置；平台的设计应计入耐火砖堆放荷载；窑头厂房应设置散热、通风、采光设施。

5.8.11 熟料冷却机的配置宜符合下列规定：

　　1 冷却机的热回收率不应低于72%，出冷却机的熟料温度应小于环境温度加70℃。

　　2 熟料冷却机需用的单位熟料冷却空气量，可根据不同型式的篦式冷却机确定。

　　3 篦式冷却机的余风应充分利用，可用于原料、煤和混合材料的烘干或余热发电。

　　4 熟料冷却机余风的除尘，宜采用电除尘器或袋式除尘器。采用电除尘器时，冷却机宜设置可调节水量的喷水系统。采用袋式除尘器时，废气入袋式除尘器前宜设置冷却器。

　　5 篦式冷却机的中心线，应偏在窑内中心线物料升起的一侧。

5.8.12 烧成系统的控制设计应符合本规范第5.1.11条和第7.10节的有关规定。

5.9 熟料、混合材料、石膏储存及输送

5.9.1 熟料输送系统的设计宜符合下列规定：

　　1 熟料输送机的能力应满足窑生产的需要，并应根据熟料温度的不均衡性进行选型。

　　2 自冷却机到熟料库的熟料输送机宜采用链斗输送机、槽式（链板）输送机、链式输送机等。

　　3 熟料输送机地坑应采取通风和防水措施。

　　4 在熟料输送机进料处，应采取除尘措施；在转运点和入熟料库的下料处，应设置除尘器。

5.9.2 储库选型应符合下列规定：

　　1 熟料储存方式应根据工厂规模、地基条件、熟料温度、环保要求等确定选用圆库或帐篷库。

　　2 石膏的储存可分露天堆存及储库储存，大块石膏宜采用露天堆存，碎石膏宜采用储库储存。

　　3 粒状湿混合材料宜采用露天堆场或堆棚储存。粒状干混合材料宜采用圆库储存。

　　4 混合材料为粉煤灰等干粉状物料时，应采用圆库储存。

5.9.3 储库设计应符合下列规定：

　　1 储库的规格、个数应根据生产规模及物料储存期要求确定。

　　2 熟料储存可设生烧料储库。

　　3 圆库、帐篷库等卸料口个数的设置，应保证储库的自然卸空率不低于65%。

　　4 熟料、混合材料、石膏储库的卸料设备，可选用扇形阀门、振动给料机等。卸料量有计量配料要求时，宜选用定量给料机。

　　5 储库出料口与卸料设备间宜设置闸门，卸料设备的下料应降低落差。

　　6 熟料出库输送设备宜选用耐热胶带输送机，且其上倾角度宜小于14°，但受料段的上倾角度应适当降低。

　　7 熟料、混合材料、石膏储库的库顶及库底应设置防尘和除尘设施。

　　8 圆库或帐篷库卸料输送地沟应设置通风换气设施和安全出口。

　　9 有熟料外运的工厂，宜单独设置熟料出库装车系统。

　　10 易被熟料颗粒冲刷的工艺非标准件、阀门等，应采取防磨损和降噪声措施。

5.10 水泥粉磨

5.10.1 水泥粉磨配料站设计宜符合下列规定：

　　1 喂入粉磨系统的物料粒度，应根据粉磨设备的型式和规格确定。

　　2 配料仓的容量应满足水泥磨生产的需要。采用储存库配料时，其容量应按储存期要求确定。

　　3 喂料设备宜选用定量给料机，称量误差应小于±0.5%。喂料量调节范围应为1:10。

　　4 选用辊式磨、辊压机及筒辊磨作为粉磨设备时，应设置除铁器、金属探测报警装置和旁路系统，具有破坏性的金属件严禁进入挤压设备。

5.10.2 水泥粉磨系统可选用开路或闭路球磨系统、带辊压机或辊式磨和球磨的组合粉磨系统、辊式磨系统、筒辊磨系统等。上述系统的选择应根据生产规模、物料性能、水泥品种、投资条件，经技术经济比较后确定。

5.10.3 水泥粉磨系统中主要设备的选型应符合下列规定：

　　1 水泥磨机台数应根据生产规模、品种、粉磨系统特点确定，磨机的规格应根据生产能力、日工作小时、物料的易磨性等确定，并应选用节能的粉磨工艺系统和设备。

　　2 水泥输送应根据输送距离、高度、总图布置、能耗、投资等综合比较后确定，宜采用机械输送。

5.10.4 水泥粉磨系统的布置宜符合下列规定：

　　1 球磨机中心的高度宜取磨机直径的0.8～1.0倍。

　　2 中心传动的球磨机其传动部分和磨机厂房间应设置隔墙。

　　3 磨机研磨体的装载宜设置提升装置。

4 选粉机、提升机、大型风机等上方应设置提升装置或吊钩，并应留出起吊空间。

5 磨机润滑系统的油泵站布置，应保证回油顺畅。

6 磨机两端轴承基础内侧应设置顶磨基础。

7 不宜入辊压机的物料，可直接送入磨机或选粉机。

8 辊压机喂料仓内应保持一定的料柱。

9 磨机出料口应设置锁风装置。

5.10.5 水泥粉磨成品的质量，应符合现行国家标准《通用硅酸盐水泥》GB 175、《快硬硅酸盐水泥》GB 199、《铝酸盐水泥》GB 201 和《中热硅酸盐水泥 低热硅酸盐水泥 低热矿渣硅酸盐水泥》GB 200 等的规定。

5.10.6 水泥球磨系统应采用磨内通风。大型磨机可加设磨内喷水。

5.10.7 水泥粉磨系统和配料仓顶及仓底输送设备转运点均应设置除尘装置。严寒地区的除尘系统应采取保温措施。

5.10.8 易被物料磨损的工艺非标准件、阀门以及风管等，应采取耐磨和降噪措施。

5.10.9 水泥粉磨系统的控制设计应符合本规范第5.1.11条和第7.10节的有关规定。

5.11 水泥储存

5.11.1 水泥库的个数宜根据装库和卸库的要求、水泥成品质量的检验要求、同时生产的水泥品种及市场需要与运输条件确定，并应符合储存期规定。

5.11.2 水泥库底宜设置充气卸料装置，卸料口宜设置防止压料起拱的减压锥或其他设施。在寒冷地区的充气卸料装置应采取防冻结措施。

5.11.3 水泥库底充气气源宜采用定容式鼓风机，库底充气箱总面积不应小于库底总面积的30%。

5.11.4 水泥库卸料设备宜采用电控流量控制阀。

5.11.5 水泥库顶、库底均应设置除尘装置。

5.11.6 水泥输送和除尘器的回灰宜按不同品种水泥分类处置。

5.12 水泥包装、成品堆存及水泥散装

5.12.1 包装机的选型和台数宜根据工厂规模、水泥品种、袋装比例、运输方式、运输条件等确定。

5.12.2 水泥库输送至包装系统间宜设置中间仓，中间仓的容积应计入缓冲量。

5.12.3 包装机前宜设置筛分设备。

5.12.4 包装机所在平面应设有操作空间及包装袋堆存空间，并应设置提升装置吊运包装袋。

5.12.5 包装机和卸袋输送装置下方宜设置回灰仓，并应有回灰输送装置。

5.12.6 袋装水泥胶带输送装置宜采用平型胶带输送机。

5.12.7 包装机的气控系统应采用无油干燥的压缩空气。

5.12.8 包装生产线的控制系统应与水泥库底的卸料设备相联锁，中间仓宜设置荷重传感器或料位计，水泥库底卸料装置的开停应根据仓内水泥的重量或料位控制。

5.12.9 水泥包装系统的提升机、筛分设备、中间仓、包装机、清包器、卸袋机、胶带输送机等处均应采取除尘措施，除尘装置应根据生产规模集中或分散设置。

5.12.10 成品库的设置规格及水平宜根据水泥运输和发运条件、袋装与散装的能力以及水泥库储存量等确定。

5.12.11 成品库站台及铁路专用线上方应设置雨棚，站台建筑物与铁路装车线间的关系应符合现行国家标准《铁路车站及枢纽设计规范》GB 50091 的要求；汽车袋装站台标高应根据车型确定。

5.12.12 包装系统采用直接装车时，包装机台数和发运设备的配置，应满足装车车位和装车时间的要求。

5.12.13 采用大袋包装并设置成品库时，成品库荷载应根据大袋规格及堆存情况确定，并应在成品库中设置相应的起吊运输设备。

5.12.14 包装袋库储存量宜根据包装袋供应来源确定。

5.12.15 包装袋库设计应采取防潮、防火措施。

5.12.16 水泥散装宜单独设置散装库，散装设施按火车、汽车、水运等散装运输方式配置，并应分别满足车位、泊位、散装量、装车装船时间的要求。水泥散装能力不宜小于70%的水泥生产能力。

5.12.17 散装水泥库宜采用充气卸料，气源可采用定容式鼓风机。

5.12.18 散装水泥的入库、卸料及装车应设置除尘装置。

5.12.19 水泥输送和除尘器的回灰宜按不同品种水泥分类处置。

5.13 物料烘干

5.13.1 烘干系统的设置应符合下列要求：

1 物料因水分大需单独烘干时可设置烘干系统。

2 烘干后物料终水分应满足输送、储存、计量及入磨物料综合水分要求。

5.13.2 烘干系统的设计应符合下列规定：

1 应根据物料的性能及烘干量选择系统工艺方案。

2 烘干机前应设置防堵的浅式喂料仓。

3 烘干机的进料输送系统中宜设置可控制式喂料装置。

4 烘干机的热源宜利用预热器废气或篦式冷却机的废气余热。无法利用废气余热时，可单独设置燃烧室，宜选用沸腾燃烧炉式燃烧室。

5.13.3 烘干系统的布置应符合下列规定：

1 烘干系统的位置应便于余热利用，并应设置在储库附近。

2 烘干厂房设计及设备布置，应满足安装、检修、生产操作及通风散热的要求。

3 烘干机和燃烧室应设置热工测量孔和仪表。

5.13.4 烘干系统应设置除尘装置。

5.14 压缩空气站

5.14.1 压缩空气站设计应满足工艺用气要求，并应符合现行国家标准《工业自动化仪表气源压力范围和质量》GB 4830 和《压缩空气站设计规范》GB 50029 的有关规定。

5.14.2 用于阀门控制、脉冲喷吹、空气炮等对气体质量要求较高设备的压缩空气，应进行净化处理。

5.14.3 压缩空气站可集中或分散设置，宜设置在用气负荷中心附近，不应出现粉尘污染。

5.14.4 空气压缩机的选型和台数，应根据空气用量和压力要求，以及气路系统损耗和必要的储备量确定，并应设置备用机组。空气压缩机宜选用效率高、节能和低噪声的设备。

5.15 化 验 室

5.15.1 中央化验室的设计应符合下列要求：

1 化学分析：全套试验仪器和设备配备应符合现行国家标准《水泥化学分析方法》GB/T 176 的有关规定。可对水泥、熟料、生料、原燃材料进行常规分析，此分析结果可作为 X 荧光分析的校正依据。

2 X 荧光分析：应设置一套 X 荧光分析装置，该装置宜设置在中央控制室。有条件的工厂可采用中子在线分析仪。

3 物理检测：应测定物料的细度、比表面积、含水量、容重及强度等物理特性。

4 强度测定：应进行包括水泥物理强度测定、凝结时间、安定性及标准稠度用水量测定等全套试验，并应设置成型室、养护室、小磨房等。

5.15.2 中央化验室应设置满足生产质量控制要求的仪器和装置。

5.15.3 中央化验室宜设置岩相分析。

5.15.4 化验室小磨房宜单独设计。

5.16 耐火材料

5.16.1 耐火材料的选择和配套应符合下列规定：

1 耐火材料质量应符合现行有关国家耐火材料标准要求。不得采用污染环境、重金属含量超标的耐火材料。

2 烧成系统设备配用的衬料品种，应根据窑的规格、原燃料性能、工艺操作参数及配用设备类型确定。

3 预分解窑窑用耐火材料的配置，应符合表 5.16.1-1 的规定。

表 5.16.1-1 预分解窑窑用耐火材料的配置

部位名称	耐火材料品种	配置长度
窑出口	刚玉质浇注料、高热高铝浇注料、莫来石高强耐火浇注料、硅莫砖	<700mm（与设备挡砖圈配合）
冷却带	碱性砖、抗剥落高铝砖、硅莫砖	1D
烧成带	碱性砖	5～8D
过渡带	碱性砖（尖晶石砖）、抗剥落高铝砖、特种高铝砖、硅莫砖	2～4D
分解带	耐碱隔热砖、抗剥落高铝砖	2～3D
入料口	高铝质浇注料、抗剥落高铝砖、特种高铝砖	<1000mm

注：D 为窑筒体内径。

4 预分解窑系统的固定设备，应包括预热器、分解炉、窑门罩、三次风管、篦式冷却机、喷煤管等，其耐火材料的配置应符合表 5.16.1-2 的规定。

表 5.16.1-2 预分解窑系统固定设备耐火材料的配置

部位名称	隔热层	工作层
预热器、分解炉、上升烟道	陶瓷纤维板、硅酸钙板、隔热砖	拱顶型耐碱砖、高强耐碱砖、抗剥落高铝砖、高强耐碱浇注料、高铝质浇注料、碳化硅质抗结皮浇注料
三次风管	硅酸钙板	硅莫砖、高强耐碱砖、高强耐碱浇注料、高铝低水泥浇注料
窑门罩	陶瓷纤维板、硅酸钙板、隔热砖	抗剥落高铝砖、高铝浇注料
篦式冷却机	陶瓷纤维板、硅酸钙板、隔热砖	抗剥落高铝砖、碳化硅复合砖、高强耐碱浇注料、高铝质浇注料、钢纤维增强浇注料、高铝低水泥浇注料
喷煤管	—	高性能喷煤管专用浇注料、莫来石喷煤管专用浇注料、刚玉质浇注料

5.16.2 耐火泥浆应与耐火砖性能匹配，不同类别的耐火砖和耐火泥浆不得相互配用，耐火砖与耐火泥浆匹配的要求应符合表 5.16.2 的规定。

表5.16.2 耐火砖与耐火泥浆匹配的要求

耐火砖	耐火泥浆
系列耐碱砖	相对应的耐碱火泥
系列高铝砖（含普通型、抗剥落型、磷酸盐结合及特种高铝砖）	高铝质火泥，磷酸盐结合火泥，P_A-80型高铝质火泥等
镁铬砖	镁铬质火泥，镁铁火泥
尖晶石砖	镁质及尖晶石质火泥
硅莫砖	相对应的硅莫火泥
硅藻土砖	硅藻土砖用气硬性火泥
硅酸钙板	专用胶结剂

5.16.3 回转窑衬料的设计应符合下列规定：

1 窑内砖型设计宜采用VDZ或ISO标准系列，并应符合下列要求：

　1）衬砖选型：高铝质、粘土质衬砖宜采用ISO标准系列。

　2）窑内衬砖宜采用单层。

　3）窑内低温部位使用的高强隔热砖强度不得小于10MPa。

　4）窑内衬砖厚度范围值宜符合表5.16.3的规定。

表5.16.3 窑内衬砖厚度范围值（mm）

直径	≤3600	3600～4200	4200～6000
镁质砖	180～200	200～220	220～250
高铝质砖	150～180	180～200	200～220

　5）新型窑衬砖长度宜为198mm。

　6）窑内楔形砖的小头应有标记。

2 窑内衬砖的砌筑宜符合下列要求：

　1）窑内衬砖宜采用环砌。

　2）镁质砖宜采用干砌或湿砌；高铝质砖应采用湿砌。

　3）窑内衬砖的砌筑，纵向砖缝：镁质衬砖为1mm；高铝质衬砖不得大于2mm；环向砖缝：镁质衬砖为2mm；高铝质衬砖为2mm。

　4）镁质衬砖干砌时，每环砖应使用铁板夹紧。

3 窑内衬砖使用的耐火泥浆宜符合下列要求：

　1）窑内衬砖使用的耐火泥浆品种宜符合本规范第5.16.2条的规定。

　2）衬砖采用对筒体有腐蚀性的耐火泥浆砌筑时，该耐火泥浆不得直接接触筒体，与筒体接触的砖面应采用对筒体无腐蚀性的耐火泥浆。

4 窑内挡砖圈设计宜符合下列要求：

　1）窑头应设置一道挡砖圈，窑尾挡砖圈的数量宜按窑长和衬砖外形等确定。

　2）窑皮稳定存在的部位，可不设置挡砖圈。

　3）距轮带和大牙轮4m内，不得设置挡砖圈。

　4）挡砖圈应有足够的强度，受热时变形应小，其型式应根据使用条件确定。

　5）挡砖圈应与筒体垂直，其偏斜不得大于1.5mm。

5 窑头衬砖的外形应与保护铁匹配。

6 窑筒体孔洞四周的衬砖砌筑应保证热气流不接触金属筒体。

7 窑筒体两端及筒体孔洞四周衬砌宜采用耐火浇注料。耐火浇注料应配置锚件，锚件形状及数量、排列方式应能固定浇注料，并应预留灌注、振捣位置，同时应设置结构缝和伸缩缝。

5.16.4 预分解窑固定设备衬料设计应符合下列规定：

1 圆柱体衬砖宜采用两种砖型搭配设计；锥体衬砖宜采用三种砖型搭配设计；平面墙体宜采用直形砖和锚固砖搭配设计，其高温区宜采用短挂砖与把钉作为锚件与浇注料搭配设计，其低温区宜采用把钉作为锚件与浇注料搭配设计。弧形面的平面墙体，可采用直形砖和楔形砖搭配设计，也可采用把钉作为锚件与浇注料搭配设计。

2 衬体高度较高时应设置托砖板分段砌筑。托砖板在工作温度下应具有足够的强度，板面应平整。托砖板处可设置托砖。托砖的设置应与托砖板匹配，应保证托砖板不直接接触热气流，且应留有一定的膨胀空间。

3 所有墙体砌筑宜设置隔热层。

4 工作层耐火砖厚度及隔热砖厚度，宜采用65、114、230mm或75、124、250mm。

5 隔热层厚度应根据工作温度、筒体表面要求温度和所用隔热材料的导热系数确定。工作温度小于1100℃时，隔热层宜采用硅酸钙板。硅酸钙板单层厚度宜小于80mm，厚度大于80mm时，宜采用双层，每层厚度应大于30mm；工作温度大于1100℃时，应采用隔热砖。

6 锚固件在工作温度下应具有足够的强度；应选配相应的锚固砖；锚固件应焊在壳体上，其设置的数量及位置应保证墙体上衬砖牢固，并应紧靠壳体。

7 固定设备墙体砌筑时，衬砖应错砖，砖缝不得大于2mm。隔热层与工作层间的缝隙宜取1～2mm。

8 墙体应留有膨胀缝，其纵向膨胀缝宽度不应大于10mm，二道缝膨胀的间距应经计算确定，隔热层不应设置膨胀缝。每排托砖板与下层墙体间应留有膨胀缝，缝内应填充耐高温的陶瓷纤维棉。

9 各固定设备墙体的直墙、顶盖、孔洞四周，以及形状复杂的部位宜采用耐火浇注料，其厚度不应小于50mm；耐火浇注料与金属筒壁间的隔热层宜采用硅酸钙板。

10 使用耐火浇注料应配置锚钉,其形状及数量、排列方式应以固定住浇注料为准,并应预留振捣位置及设置结构缝和膨胀缝。

注:砖型的设计宜采用 VDZ 或 ISO 标准系列。

5.16.5 预分解窑耐火材料宜储存在耐火材料库,其有效面积应符合表 5.16.5 的规定。

表 5.16.5 预分解窑耐火材料库有效面积

预分解窑产量（t/d）	7500	6000	4000	2000
耐火材料库有效面积（m²）	1800	1500	1000	700

5.17 工艺计量、测量与生产控制

5.17.1 水泥生产过程中,从原、燃料进厂到水泥出厂的各个环节,应配置相应的计量装置,并应符合下列规定:

1 原、燃料进厂可根据物料运输方式的不同采用相应的计量装置。

2 原料磨、水泥磨的磨头配料宜采用定量给料秤或其他型式的配料秤,选粉机的粗粉流量宜计量。

3 入窑生料粉宜采用调速式粉体物料定量给料、冲击式固体流量计、失重式给料秤等计量装置。

4 入窑及分解炉用煤粉宜采用天平秤、转子秤、固体流量计、失重式给料秤或其他计量装置。

5 出窑熟料宜采用熟料链斗秤或其他型式的计量装置。

6 生料库、熟料库、水泥库等应设置相应的料位计,各种喂料仓应设置料位计或荷重传感器。

7 袋装水泥计量应采取标定和校正措施。

8 出厂散装水泥宜采用汽车衡、轨道衡或其他型式的计量装置。

5.17.2 计量装置应满足精度要求,用于生产控制时其计量精度误差应为 ±0.5%～±1.0%,用于商业计量的计量精度应满足商业计量要求。

5.17.3 工艺系统设计宜满足计量装置的标定要求。

5.17.4 工艺系统设计应设置过程控制和系统监测仪表,并应满足下列要求:

1 工艺过程测量信号可设置为指示、记录、调节、累计、报警、遥控、联锁等。关键过程测量信号应设置多级报警、联锁或控制。

2 仪表量程过程参数值的单位应符合法定计量单位。

3 宜对工艺设备设置控制和监测的测点。

6 总图运输

6.1 一般规定

6.1.1 总图运输设计应根据工业布局和城市规划的要求,选定经济合理的厂址,并应进行多方案技术经济比较后,选出布置协调、生产可靠、技术先进、效益良好的总体设计。

6.1.2 总平面设计应贯彻合理和节约用地的原则。新型干法水泥工厂厂区用地指标不宜超过表 6.1.2 的规定。

表 6.1.2 新型干法水泥工厂厂区用地指标

工厂规模	大型规模	中型规模	小型规模
厂区用地指标（万 m²）	28～36	18～23	12～21
建（构）筑物、露天堆场及室外操作场地占地面积（万 m²）	8.4～10.8	6.0～6.9	3.6～6.3

注:6000t/d 以上规模生产线用地指标可适当超出本表所限。

6.1.3 改建、扩建的水泥工厂总平面设计,应利用现有的场地和设施,并应减少施工对生产的影响。

6.1.4 工厂总平面设计,应进行多方案的技术经济比较后,选择最佳设计方案,并应列出其主要技术经济指标,各项指标计算方法应符合现行国家标准《工业企业总平面设计规范》GB 50187 的规定,并应包括下列内容:

1 厂区用地面积（万 m²）。

2 建（构）筑物及露天设备用地面积（m²）。

3 露天堆场及作业场用地面积（m²）。

4 建筑系数（%）。

5 厂内铁路长度（km）。

6 厂内道路及广场用地面积（m²）。

7 绿地率（%）。

8 土石方工程量:挖方（土方、石方）（m³）、填方（m³）、挡土墙圬工工程量（m³）。

6.1.5 总平面设计应符合现行国家标准《工业企业总平面设计规范》GB 50187 和《建筑设计防火规范》GB 50016 等的规定。在设防烈度六度及以上地震区、湿陷性黄土地区、膨胀土地区、软土地区和冻土地区等特殊自然条件地区建设工厂,还应符合现行国家标准《建筑抗震设计规范》GB 50011、《湿陷性黄土地区建筑规范》GB 50025 和《膨胀土地区建筑技术规范》GBJ 112 等的规定。

6.2 总平面设计

6.2.1 厂区及功能分区内各项设施的布置,应紧凑协调、外形规整划一,并应合理划分功能分区,单个小建筑物宜合并,也可并入大型厂房内部,并不应突破建筑红线。

6.2.2 厂区的通道宽度,应满足下列要求:

1 应满足通道两侧建（构）筑物及露天设施对防火、防尘、防振动、防噪声及安全卫生间距的要求。

2 应满足铁路、道路与带式输送机通廊等工业

运输线路的布置要求。

 3 应满足各种工程管线的布置要求。

 4 应满足绿化设施的布置要求。

 5 应满足施工、安装与检修要求。

 6 应满足竖向设计中护坡、挡土墙等的布置要求。

6.2.3 建（构）筑物的布置，应利用地形、地势和工程地质及水文地质条件。

6.2.4 厂内外铁路、道路连接应方便短捷，人流和货流不应交叉干扰。

6.2.5 总平面设计中预留的发展用地及近期工程中与生产工艺密切联系的部分，可预留在厂区内，其他应预留在厂外。

6.2.6 生产设施的布置应符合下列规定：

 1 生产设施中各种圆库、窑尾预热器塔架、粉磨厂房等高大建（构）筑物，应布置在工程地质、水文地质良好，地基承载能力较高的地段。

 2 生产设施间联系密切的胶带机廊的布置，应简捷顺畅，不应迂回折返。

 3 氧气、乙炔气瓶库、汽车库及煤粉制备等厂房的布置应满足防火防爆的要求。建（构）筑物的防火间距，应符合本规范附录 A 的规定。

 4 窑尾烟囱应布置在厂前区全年最小频率风向的上风侧。

 5 成品发运和物料装卸区内，铁路装卸线两端标高宜一致，宜沿地形等高线布置。该区域宜布置在厂区一侧的边缘地带，也可布置在铁路、道路货运出入口附近。

 6 石灰石破碎车间应布置在矿山。

6.2.7 露天堆场的设计应符合下列规定：

 1 应满足大宗原料与燃料卸车、倒堆储存及转运的要求，并应设置卸车货位及堆场场地，同时应配置卸车、倒堆、转运设备。

 2 铁路卸车线应按工厂规模与物料运量确定，卸车线应集中布置。物料分堆应就近储存，不应相互干扰混杂，同时应便于转运。煤的分堆储存应符合现行国家标准《建筑设计防火规范》GB 50016 的规定。

 3 料堆长度应根据运输方式、卸车方式及卸车时间所要求的卸车货位确定，料堆间应具有不小于4m 的间隔通道，堆场长度不应大于料堆总长；堆场宽度应根据建设场地条件和倒堆转运要求确定，并应满足生产对储存量的要求。

 4 露天堆场的储存期，应根据工厂规模、货物运距及运输条件确定，并应符合本规范第 5.1.6 条的规定。

 5 堆场设计储存能力，应满足生产对储存期及卸车长度的要求。

 6 链斗卸车机应采用卸料臂可旋转180°、能与装卸桥会让，并附有自动清底的设备；螺旋卸车机应根据调车设备和卸车坑等条件采用；卸车机台数应根据一次来车数量及允许卸车时间确定。

 7 倒堆转运设备的选择，应根据工厂规模、物料数量、工程地质及投资等确定。大中型厂宜选用装卸桥，小型厂宜选用装载机配合地面胶带输送机。

 8 露天堆场竖向设计及雨水排除，应与厂区密切配合、协调一致。有条件时，雨水宜先汇集至沉淀池后，再排至厂区雨水排除系统。

6.2.8 厂区动力、公用设施的布置，应符合下列规定：

 1 总降压变电站应布置在窑尾烟囱及其他烟气粉尘散发点全年最小频率风向的下风侧。110kV 总降压变电站，宜布置在厂区边缘高压线进线方便的一侧。10～35kV 总降压变电站，宜布置在原料粉磨、水泥粉磨厂房或负荷中心附近。

 2 总降压变电站的总平面布置，应紧凑合理，并宜留有扩建余地；站区场地应满足主要设备运输及消防要求，其主要道路宽度不应小于 3.5m。

 3 车间变电所、电力室、控制室，应附设在所服务的车间一侧；布置几个部门共用的变电所时，不应越过建筑红线，不得影响管沟及通道的使用。

 4 压缩空气站应布置在原料调配库、生料均化库和水泥粉磨等主要供气点附近，应妥善处理振动、噪声对周围环境的影响，并应具有较好的通风条件及朝向。

 5 循环水池、循环水泵房和冷却塔的布置，应位于所服务的主要生产车间附近。其环境应清洁、无粉尘污染。循环水采用重力流回水时，循环水池应布置在地势较低的地段。

 6 污水处理场及污水排出口，应设置在全年最小频率风向的上风侧，以及厂区较低一侧的边缘地带。

 7 采暖锅炉房宜布置在厂前区的食堂、浴室等生活设施附近，并应设置煤和炉渣堆场及交通运输道路；应对烟尘、煤和炉渣堆场对周围建筑物和周围景观的影响采取处理措施。

6.2.9 机械修理设施及仓库宜组成机修仓库区，并应布置在生产区与厂前区间，其布置除应满足生产管理和环保卫生等方面的要求外，尚应符合下列规定：

 1 电气仪表修理和机钳修理厂房，应布置在环境洁净、朝向、采光及通风条件较好的地段，机钳修理厂房室外应设置堆场。

 2 铆、锻、焊修理厂房应布置在距厂前区较远地段，并应设置室外操作场及堆场。

 3 汽车修理厂房应布置在生产汽车库附近，室外应设置停车场、试车道、洗车台，并应布置在货运出入口附近。

 4 环保、管道、建筑等维修厂房，应布置在机修区的边缘地带，并应设置室外操作场和物料堆场。

5 氧气瓶库、乙炔气瓶库，应布置在厂区和机修区的边缘安全地带，并应符合现行国家标准《建筑防火设计规范》GB 50016 的规定，其周围应设置消防道路。

6 材料库宜布置在主要生产区和机修区附近，并应设置室外堆场。

7 备品备件库宜布置在机修区附近，并应与厂内铁路卸车线及道路有方便的联系，室外应设置堆场。

8 耐火材料库宜布置在烧成车间附近，并应接近窑头。

6.2.10 运输及计量设施应符合下列规定：

1 水泥工厂内燃机车车库应根据存放兼日常维修保养用设置，维修水平宜按日常维修保养设计，面积可按一台机车确定。

内燃机车车库宜布置在企业站最外一股线上，该股线应设置加油设施等准备作业设施，也可设置专用的准备作业线。

不设企业站而在接轨站进行车辆交接时，内燃机车库可布置在厂内卸车线附近。准备作业线可布置在煤堆场附近。

2 生产汽车库的布置，应符合现行国家标准《汽车库、修车库、停车场设计防火规范》GB 50067 的规定，并应符合下列要求：

　1) 应布置在货运出入口附近。

　2) 宜与汽车修理、汽车加油站、洗车台等设施联合成组布置。

　3) 应避开人流出入口和厂内铁路。

3 汽车加油站的布置应符合现行国家标准《汽车加油加气站设计与施工规范》GB 50156 的有关规定，并应设置开阔的场地和回车道路。

4 路厂联合办公室应布置在专用线外侧、入口处附近，其对进入车辆及其前方应具有良好的可视度。

5 轨道衡应设置在厂外专用计量线上，或企业站专用股道上。轨道衡线应采用通过式布置，其长度应按轨道衡类型、一次称车辆数确定。轨道衡两端宜设不小于 50m 的平直线，困难时不应小于 15m。两端有主要道口时，道口与轨道衡间的距离，不宜小于最长过磅列车或车组的长度。

6 汽车衡应布置在厂区货运道路重车行车方向的右侧，道路路面边缘以外，不得占用正常行车道。

6.2.11 厂前区生产管理及生活设施的布置，应符合下列规定：

1 厂前区应位于厂区全年最小频率风向的下风侧，并应布置在便于生产管理、环境优美、主要人流出入口附近，同时厂前区位置应便于城镇和居住区交通运输。

2 厂前区建筑物应满足日照、采光、通风等要求，其建筑型式、艺术风格，应与当地建筑相协调。

3 工厂办公楼、中央控制室等生产管理及辅助生产设施，宜布置在厂前区的中心地段。

4 食堂、浴室、锅炉房等生活设施，宜集中布置，并应对烟气、煤堆场粉尘对周围环境的影响采取处理措施。

5 单身（倒班）宿舍、警卫（消防）宿舍，宜布置在厂前区边缘地带。

6 生产管理及消防车库，宜布置在主要出入口附近，且消防车库应布置在紧靠道路一侧，并应设置消防练习的场地。

6.3 交通运输

6.3.1 厂外铁路设计应符合下列规定：

1 厂外铁路接轨点的确定，应保证线路短捷顺直、对路网铁路主要车流干扰最少，并应保证厂外铁路各股站线进出接轨站便利。

接轨站如需增加到发线、存车线及交接线等直接配套工程，应在选定接轨点时统一规划。

2 应全面规划企业站、轨道衡线、机车准备作业线、安全线等。

3 厂外铁路应从线路平面、纵横断面全面规划，并应避开高填深挖地段或工程地质不良地段。线路较长时，应作多方案技术经济比较。

6.3.2 厂内铁路设计应符合下列规定：

1 装卸线的股道数量应根据铁路牵引定数、装卸作业时间及装卸作业方式确定。线路有效长度及装卸货位长度，宜按接纳 1/4～1/2 直达列车进厂设计，并应与铁路有关部门商定，取得书面协议文件。

2 厂内铁路应集中布置，并应减少道岔区扇形地带占地面积。

3 线路平面设计方案应作多方案比较后确定。

4 厂内铁路装卸货位段应为平坡直线，装卸作业区咽喉道岔前方的一段线路的坡度应满足列车启动的要求，其长度不应小于该作业区最大车组长度、机车长度及列车附加距离之和。列车停车附加距离不得小于 20m。

5 厂内铁路的末端，应设车挡和车挡表示器。车挡前的附加距离与车挡后的安全距离，应符合下列规定：

　1) 装卸站台的末端至车挡的附加距离应为 10m。

　2) 车间或仓库内采用弹簧式车挡或弯轨式车挡的附加距离，不宜小于 5m。

　3) 车挡后面的安全距离，车间内不应小于 6m，露天不应小于 15m。上述安全距离内，严禁修建建（构）筑物或安装设备。

6.3.3 厂外道路设计应符合下列规定：

1 厂外道路设计应符合现行国家标准《厂矿道

路设计规范》GBJ 22 的有关规定,并应符合下列要求:

  1)工厂通往城镇和居住区的道路,可按三级或四级道路标准设计,其路面宽度宜为 7m,可按具体条件设置人行道或非机动车道。

  2)通往水源地、总降压变电所、爆破材料库等的道路,应按辅助道路标准设计。

 2 厂外道路设计方案应作多方案比较后确定,在条件基本相同的情况下,应采用山脊线或山坡线,山区道路应多挖少填,也可作台口式路堑。

 3 工厂通往城镇和居住区的道路,应与连接的城镇道路标准一致。通往居住区道路为专用道路时,应设置路灯照明。

6.3.4 厂内道路设计应符合下列规定:

 1 厂内道路可分为主干道、次干道、支道、车间引道和人行道等类型,应根据分类采用相应的技术标准设置,并应符合本规范附录 B 的规定。

 2 厂内道路的布置应满足交通运输、安装检修、防火灭火、安全卫生、管线和绿化布置等要求,与厂外道路连接应平顺简捷,路型路面结构应协调一致。

 3 人流和货流不应交叉干扰。主次干道货运繁忙、人流集中的地段,应在道路两侧(或一侧)设置人行道。

 4 厂内道路应与车间建筑红线平行成环形布置。个别边缘地段作尽头式布置时,应设置回车场(道),其形式及各部尺寸,应按通过的车型确定。

 5 厂内道路的互相交叉,宜采用平面正交,且应设置在直线路段。斜交时,交叉角不宜小于 45°。

 6 路面标高应与厂区竖向设计及雨水排除相协调。公路型道路的标高应与附近场地标高相协调。城市型道路的路面标高,应低于附近车间室外散水坡脚标高,并应满足室外场地排水的要求。

 7 路面结构组合类型应根据交通量、路基因素、当地气候条件、道路性质、当地筑路材料、施工及养护维修条件确定。

6.3.5 工业码头设计应符合下列规定:

 1 码头总体设计及工艺设计,应利用港址的水域和陆域条件。工厂与码头间的输送系统及联络道路、公用工程、码头型式、装卸工艺等应作多方案比较选定。

 2 码头总平面设计,应根据总体设计的要求,并应根据生产工艺、地形地物、工程地质、水文地质、气象气候等条件,布置水域和陆域各项设施,同时应满足安全生产的要求。

 3 岸坡陡直稳定、水位变化不大时,宜采用固定式直立码头;岸坡平缓、水位落差较大时,宜采用浮码头。

 4 码头装卸机械的选择,应与船舶类型、船队编组、航班周期等相适应,并应满足航运部门对装卸时间的要求,同时应与厂区输送系统密切配合。

 5 码头的水域布置,应符合下列要求:

  1)码头前沿高程,应保证在设计高水位的情况下,码头仍能正常作业,并应便于码头和场地的衔接。

  2)码头水域的平面尺度,应满足船舶靠离、系缆和装卸作业的要求。

  3)码头泊位(船位)数量及各个泊位(船位)的长度,应根据运量和设计船舶外形确定。

 6 码头的陆域布置,应符合下列要求:

  1)装卸机械、中转储库、运输系统等生产设施应布置在码头前沿的场地附近,动力、公用、修理等辅助生产设施应紧邻其布置,生产管理及生活设施应布置在主要出入口附近。

  2)物料运输应顺畅、路径应短捷。装卸船舶的货物采用无轨车辆直接转运时,进出码头平台(或趸船)的通道不宜少于 2 条,且场地道路宜采用环形布置。

  3)陆域场地的设计标高,应与码头前沿高程相适应;场地排水坡度宜为 5‰~10‰,对渗水性土壤的坡度可取下限,其他土壤应取上限。

6.4 竖向设计

6.4.1 竖向设计应与总平面设计同时进行。竖向设计方案中,厂内外交通运输、工艺流程、远近期发展规划、建(构)筑物基础、雨水排除及土石方量平衡等,应结合洪(潮、涝)水位、水文、工程地质、地形地物及气象等综合确定。

6.4.2 竖向设计有高边坡填、挖方时,应与厂区岩土工程勘察一并提出勘察要求;对可能失稳的边坡及相邻地段应进行工程地质测绘、勘察、试验、观测和分析计算,并应作出稳定性评价,同时应对人工边坡提出最优开挖、填坡坡角;对可能失稳的边坡应提出防护处理措施。

6.4.3 厂区不应被洪水、潮水及内涝水淹浸。场地设计标高应符合本规范第 3.1.9 条的规定。

6.4.4 厂内外铁路、道路及排水设施等标高的连接,应具有较好的技术条件,铁路标高设计应符合现行国家标准《工业企业标准轨距铁路设计规范》GBJ 12 的有关规定,并应与铁路有关部门协商确定。厂区出入口道路路面标高,宜高于厂外道路路面标高,并应连接平顺。

6.4.5 工业厂房室内地坪标高,宜高出室外地坪标高 0.20m,民用建筑宜高出 0.30~0.60m。

6.4.6 竖向设计应采用平坡式或阶梯式。建设场地较为平坦、自然地面横坡度在 3%以下时,宜采用平坡式布置；自然地面横坡坡度大于5‰，应作阶梯式布置。台阶的划分应与厂区功能分区一致。

6.4.7 阶梯式竖向设计，台阶的长边应平行地形等高线布置；台阶的宽度应根据建筑红线、道路、管线、绿化、地形、地质等确定；台阶的高度宜为3～6m，两台阶之间宜用挡土墙连接。

6.4.8 竖向设计台阶阶顶至建筑物的距离，应根据建筑物基础大小、形式及埋深与土壤条件计算确定，且不得小于2.5m。台阶坡脚至建筑物的距离，应满足通风、采光、排水及开挖基槽对边坡或挡土墙的稳定性要求。建筑为朝阳面时，该距离不宜小于台阶高度的1.15倍，且不应小于2m；建筑为朝阴面时，该距离不应小于2m。每个台阶内部应满足联络道路、车间引道、工程管线、排水系统等的布置要求，各建筑地面应设置排水坡。

6.4.9 竖向设计宜采用设计标高、坡向表示法，应标注所有场地特征点、变坡点的设计标高及排水坡向，并应满足施工时的可操作性。

6.4.10 挡土墙高度在10m以下时，可采用浆砌块石结构；10m以上时，应根据地基和施工条件，通过技术经济比较后设计墙体结构。

6.5 土（石）方工程

6.5.1 厂区整平标高，应根据土（石）方工程量、土（石）方来源、土（石）方余方的处理、建（构）筑物基础工程量、建（构）筑物基础挖方量、挡土墙支护工程量等确定。

6.5.2 填（挖）方量的平衡应包括场地填（挖）方量，还应包括建（构）筑物基础（地坑）的挖方量。道路路基挖方量、沟管挖方量、挡土墙、护坡基础挖方量等均应参与土（石）方量平衡。计算平衡时，应计算土壤松散系数及填方高度的回落值。余方堆存或弃置时应采取保护措施，不得危害环境及农田水利设施。

6.5.3 场地表层耕土、淤泥和腐殖土应先挖出集中堆放，并应用作绿化或覆土造田，不得用作填方材料。表土用作填土前应清除其中的植被树根等杂物。

6.5.4 场地平整土（石）方的施工质量，应符合现行国家标准《土方与爆破工程施工及验收规范》GBJ 201的有关规定。

6.6 雨水排除

6.6.1 厂区应设置雨水排水系统，可按下列原则采用明沟或暗管等排除方式：

 1 厂区雨水排除宜采用明沟排水方式。

 2 厂区地形平缓、占地面积大，宜采用暗管排水。

 3 填方地段土质较差、明沟渗漏沉陷严重、造成铺砌不经济时，可采用暗管排水。

 4 可根据功能分区的不同区域及每一区域车流量、人流量的不同特点，采用不同的排水方式。

6.6.2 厂区雨水排水设计流量及断面尺寸的计算，应符合现行国家标准《室外排水设计规范》GB 50014的有关规定。

6.6.3 雨水明沟的走向应与厂内铁路、道路的边沟结合，其平面位置应由线路方向确定。水沟边紧靠路肩外侧的沟岸标高，应随线路纵坡升降；另一侧沟岸标高，应根据场地整平标高及坡度确定。

6.6.4 铺砌明沟的矩形断面，沟底最小宽度不宜小于0.4m，沟起点最小深度不得小于0.2m。沟底纵坡宜为5‰～20‰，最小可采用3‰，个别地形平坦的困难地段，可采用2‰。

6.6.5 厂区占地面积较大、地形条件允许时，雨水排水系统应就近分散排除；排出口应铺砌加固；雨水应排入自然水系，不得对其他工程设施及农田水利造成危害，并应取得当地农业和有关部门的书面协议文件。

6.7 防洪工程

6.7.1 厂区防洪堤或防洪沟等防洪工程的设置，应经过技术经济比较后确定。

6.7.2 防洪堤顶设计标高，应高出设计防洪标准水位0.5m；有波浪侵袭和壅水影响时，应增加波浪侵袭高度和壅水高度。

6.7.3 防洪堤内的积水形成内涝时，可向湖、塘等低地自流排除；内涝水位较高、不能自流排除时，应采取机械排涝措施。

6.7.4 山区建厂时应在靠山坡一侧设置防洪沟，可采用由高向低将山洪引入自然水系排走；防洪沟跨越沟谷地段，可局部筑堤沟或过渡槽通过；防洪沟排出口应铺砌加固；防洪沟不得直接接至农田。

6.7.5 防洪沟宜分段向厂区两端沿短捷路线分散布置，并应利用地形减少挖方及铺砌加固工程量；防洪沟不宜穿过厂区，需穿越时，应从建筑密度较小地段穿过，并应铺砌加固，或做成暗沟；防洪沟太深时，可加盖板填土做成涵洞，但涵洞顶不得布置永久性建筑物。

6.7.6 防洪沟设置在厂区挖方坡顶时，防洪沟与坡顶距离不宜小于5m；防洪沟铺砌加固时，防洪沟与坡顶距离不应小于2.5m。

6.7.7 防洪沟紧靠厂区围墙外布置时，沟墙及沟底应采用浆砌或混凝土铺砌。铺砌段至沟顶的边坡，应根据土质情况采用不同的防护方式。防洪沟转角处应采用平曲线连接，曲线最小半径应为水面宽度的5～10倍。

6.7.8 防洪沟的横截面尺寸，应根据设计洪水流量及防洪纵坡等计算确定。设计沟深应满足设计水深加0.2m的要求。沟底宽度有变化时，宽沟段与窄沟段间应设置6～10m的过渡段。

6.8 管线综合布置

6.8.1 管线敷设方式应根据工程地质、场地条件、施工安装、管理维修以及工艺流程布置等确定，可采用直埋式、集中管沟或架空敷设方式。

6.8.2 水泥工厂的电缆沟、热力管网、给排水管沟等地下管沟中，产生相互影响的管线不宜同沟敷设，其中电缆沟应单独设置。

6.8.3 管线同沟敷设时，给水管、热力管应布置在管沟上部，工业废水管、生活排水管等应布置在下部。

6.8.4 管线（沟）应直线敷设，并应与建筑红线及道路平行布置，但不宜横穿露天堆场或车间内部，并应减少管线与铁路、道路及其他干管的交叉。若交叉，宜为正交或交叉角不小于45°。

6.8.5 干管宜布置在主要用户及支管较多一侧，不应多次穿过道路，也可将管线分类布置在道路两侧。电力、电信电缆应布置在主要生产车间一侧，给排水管线应布置在辅助生产车间及生活设施一侧。

6.8.6 管线综合布置宜按下列顺序，自建筑红线向道路方向布置：
　　1 工艺管道或管廊、管架；
　　2 通信、电力电缆（直埋、电缆沟或桥架）；
　　3 热力管架或管沟；
　　4 生产、生活给水管道或管沟；
　　5 生产废（回）水管道；
　　6 生活污水管道；
　　7 消防给水管道；
　　8 雨水暗管或明沟；
　　9 照明及电信杆柱。

6.8.7 消防给水管道与道路边的距离应小于2m，可与生产、生活给水管合用。雨水暗管或明沟应布置在路肩外侧。照明及电信杆柱可设在路肩上。

6.8.8 管线综合布置，应符合现行国家标准《工业企业总平面设计规范》GB 50187的有关规定。

6.8.9 地下管线、管沟，不应布置在建（构）筑物的基础压力影响范围以内；不应平行敷设在铁路路基和混凝土路面的下面；需穿过路面或广场时，可设钢筋混凝土盖板管沟；管线可布置在草坪及灌木下面，不应布置在乔木下面；直埋地下管线，不应平行重叠敷设。

6.8.10 工厂分期建设时，管线布置应全面规划，近期管线穿越远期用地时，不应影响远期用地的使用。一次建成的工厂，管线用地宜留有发展的余地。

6.8.11 地下管线之间的最小水平净距，宜符合本规范附录C的规定。

6.8.12 地下管线、架空管线与建（构）筑物之间的最小水平净距，宜符合本规范附录D的规定。

6.8.13 改建、扩建工程中的管线综合布置，不应妨碍现有管线的正常使用。管线间距无法满足本规范第6.8.11和6.8.12条的规定时可适当减小，但不应小于0.4m。

6.8.14 地下管线之间或与铁路、道路交叉的最小垂直净距，宜符合本规范附录E的规定。

6.9 绿化设计

6.9.1 绿化设计应满足水泥工厂的特点、环境保护、工业卫生、厂容景观的要求，并应符合当地自然条件、植物生态习性及抗污性能的要求。

6.9.2 新建工厂的厂区绿地率不宜小于15%，改、扩建工厂的厂区绿地率不宜小于10%。厂区绿地率也不应大于20%。

6.9.3 绿化树种选择应符合下列规定：
　　1 应选择具有抗污染、抗风沙、抗盐碱、抗病虫害、滞尘、耐旱、耐涝、耐潮湿、耐严寒、耐高温、耐修剪，且适宜当地自然条件、易成活、生长快等特点的树种和花种。
　　2 应根据不同地段特点及其特殊需要选择。散发粉尘的联合储库、包装车间、露天堆场等地段，宜选择枝叶茂密、叶面粗糙、滞尘能力强的树种；产生强噪声、振动的粉磨厂房、压缩空气站、破碎车间周围，可选择绿篱、常绿灌木和枝叶茂密的常绿乔木，并应使其组成防护林带；厂前区及工厂主要出入口宜选择观赏性强、美化效果好的树种和花种。

6.9.4 厂内道路弯道及交叉口、铁路与道路平交道口附近的绿化设计，应符合现行国家标准《工业企业标准轨距铁路设计规范》GBJ 12的有关规定。

6.9.5 厂区受风沙侵袭时，应设置半透明结构的防风林带，并应设置在受风沙侵袭季节盛行风向的上风侧。

6.9.6 挖、填方边坡宜铺草皮加固，坡脚、坡顶宜种植根系发达的灌木丛。

6.9.7 树木与建（构）筑物和地下管线的最小间距，应符合现行国家标准《工业企业总平面设计规范》GB 50187的有关规定。

7 电气及自动化

7.1 一般规定

7.1.1 电气及自动化设计应满足生产工艺以及节能、降耗、保护环境和保障人身安全的要求。

7.1.2 电器及仪表装置应采取防尘、绝缘等措施。

7.1.3 电气及自动化设计中应采用先进、实用及节能的成套设备和定型产品，严禁采用淘汰产品。

7.2 供配电系统

7.2.1 供电范围应包括厂区、石灰石矿山、其他原料矿山、码头、居住区、水源地及水处理厂等。

供配电方案应根据负荷性质、用电容量、工程特点和地区供电条件确定。

7.2.2 电力负荷分级应符合下列规定：

1 窑的辅助传动及润滑装置、高温风机的辅助传动及润滑装置、篦式冷却机的一室风机、磨机的高压油泵、中央控制室重要设备电源、保证生产安全的循环水泵、无高位水池及消防水泵、重要或危险场所的应急照明、工艺要求的其他重要设备应作为一级负荷。

2 主要生产流程用电设备、重要场所的照明及通讯设备等应作为二级负荷。

3 不属于一级和二级负荷者应作为三级负荷。

7.2.3 供电电源应根据工厂规模、供电距离、工厂发展规划、当地电网现状和发展规划等条件，经过技术经济比较后确定，并应符合下列规定：

1 供电电源为专用供电回路，且工厂附近又无其他电源时，宜采用单电源加柴油发电机供电方案。

2 条件允许时，供电电源宜采用双电源双回路供电方案。

3 受到条件限制、不能取得双电源供电时，可采用一路工作电源和一路备用电源的供电方案，也可采用一路工作电源和一路保安电源的供电方案。

4 供电电源（区域变电站）设在工厂边缘时，可结合用电负荷情况，采用多回路直接向工厂内负荷中心（配电站及配电点）的供电方案。

5 不同规模工厂（包括矿山）的一级负荷保安电源容量不宜小于下列规定：

　　1）2000t/d 以下规模工厂为 300kW。
　　2）2000t/d 级及以上、4000t/d 级以下规模工厂为 500～800kW。
　　3）4000t/d 级及以上规模工厂为 800～1200kW。

7.2.4 供电电压宜符合下列规定：

1 日产熟料 2000t 级以下规模的工厂宜采用 10～35kV 电压供电。

2 日产熟料 2000t 级及以上、4000t 级以下规模的工厂，宜采用 35～110kV 电压供电。

3 日产熟料 4000t 级及以上规模的工厂宜采用 110kV 电压供电。

7.2.5 供配电系统应符合下列要求：

1 两个主电源供电时，应采用同级电压供电；当一个主电源和一个备用电源供电，或一个主电源和一个保安电源供电时，可采用不同等级的电压供电。

2 同时供电的两个回路，每个回路宜按用电负荷的 100% 设计。

3 供电系统应简单可靠，同一电压的配电级数不宜多于两级。

4 中、低压配电宜采用放射式为主。

5 只设置一台变压器的变电所或电动机控制中心之间的低压回路，宜设置联络回路。

6 中压配电宜采用 10kV 电压，中压电动机宜采用 10kV 电压等级的电动机。

7.2.6 无功功率补偿应符合下列规定：

1 水泥工厂功率因数应满足供电部门的要求。

2 无功功率补偿，宜采用高压补偿与低压补偿相结合、集中补偿与就地补偿相结合的补偿方式。

3 低压无功功率补偿宜采用自动补偿。

4 容量超过 2000kV·A 的中压电容器组宜采用自动补偿。

7.3　35～110kV 总降压站

7.3.1 厂区 35kV 总降压站，宜采用户内布置。110kV 变电站应根据厂区条件确定采用户内布置或户外布置。采用 GIS 组合电器的 110kV 开关设备宜采用户外布置。

7.3.2 总降压站站址的选择，应符合本规范第 3.2.5 和 6.2.8 条的规定。

7.3.3 主变压器和主结线的设计应符合下列规定：

1 主变压器的台数和容量，应根据地区供电条件、负荷性质、用电容量、运行方式、工艺生产线数量等因素综合确定。

2 装设两台主变压器的降压站，当断开一台时，另一台主变压器的容量不应小于 60%～70% 的全部负荷，并应保证用户的一、二级负荷。

3 装设三种电压的降压站，如通过主变压器各侧线圈的功率均达到该变压器容量的 15% 以上时，主变压器宜采用三线圈变压器。

4 主变压器采用普通变压器无法满足电力系统和用户对电压质量的要求时，宜采用有载调压变压器。

5 总降压站的主结线，应根据降压站负荷容量、变压器台数、出线回路、供电部门的要求等条件确定。

6 总降压站进线为两回路时，35～110kV 电压等级宜采用桥形接线；35kV 电压等级可采用单母线分段设联络开关接线。

7 总降压站设置两台主变压器时，6～10kV 侧宜采用单母线分段设联络开关接线。

8 用电负荷小于 1800kV·A 的线路终端降压站或分支降压站，且满足电力网安全运行和继电保护的要求时，高压侧可采用熔断器保护。

7.3.4 总降压站的站用电源和操作电源应符合下列规定：

1 总降压站的站用电源宜设置一台站用变压器，并应从附近变电所低压侧引一专用站用备用回路。

2 总降压站为双电源、双变压器且附近又无低压电源时，可设置两台容量相同、互为备用的站用变压器。

3 总降压站为单电源加保安电源时,应从保安电源引一路低压电源作为站用电源备用回路。

4 总降压站为 35kV 进线时,站用电变压器应接在 35kV 母线上。总降压站为 110kV 进线时,站用变压器应接在中压母线上。

5 操作电源宜采用免维护铅酸蓄电池作为直流电源,并应设置充电、浮充电用的硅整流装置。蓄电池容量,应满足合闸、分闸、信号和继电保护的要求。

7.3.5 总降压站的保护和控制应符合下列规定:

1 总降压变电站保护宜采用微机保护装置。

2 主进线的保护供电不宜采用重合闸和备自投。

3 总降压变电站的控制应采用变电站综合自动化系统控制,并应通过调制解调器与上一级变电站通讯。

4 工厂未设变电站综合自动化系统时,微机保护装置信号应进入工厂计算机控制系统。

5 总降压变电站采用控制屏(台)控制时,35kV 和 110kV 开关设备宜采用控制屏(台)操作,中压系统宜采用在中压配电柜上就地操作。

7.3.6 高压配电装置应选用带安全闭锁装置及联锁装置的产品,其布置应便于设备的操作、搬运、检修和实验,并应保证进出线方便。

7.4 6~10kV 配电站及车间变电所

7.4.1 电源进线为 6kV 或 10kV 的配电站,进线侧应装设断路器。分配电所采用单母线接线时,电源进线开关可不装设断路器,只设隔离开关。其中压母线宜采用单母线或单母线分段接线方式。

7.4.2 车间变电所的进线侧宜装设负荷开关或隔离开关。其低压母线宜采用单母线或单母线分段接线方式。

7.4.3 6kV 或 10kV 固定式配电装置的出线侧,在有反馈的出线回路或架空出线回路中,宜装设线路隔离开关。

7.4.4 6kV 或 10kV 的配电站宜采用中置移开式开关柜。

7.4.5 变压器低压侧的总开关和母线分段开关,宜采用低压断路器。

7.4.6 配电站直流操作电源,宜采用一组免维护铅酸蓄电池,并应具有充电、浮充电的硅整流装置。电池容量应满足合闸、分闸、信号和继电保护的要求。

7.4.7 配电站的站用电源,宜引自就近的变压器低压侧配电回路,在无法取得低压电源时,可另设站用变压器。

7.4.8 装有两台及以上变压器的变电所,一台变压器断开时,其余变压器容量应保证一级负荷及部分二级负荷的用电。

7.4.9 配电站或变电所应紧邻负荷中心布置,宜采用电缆进出线;配电站或变电所不设在厂区时,也可采用架空进线。配电站或变电所位置应保证进出线方便。

7.4.10 厂区的变电所或配电站宜采用户内布置。水源地等场所的变电所、配电站,宜采用杆上变压器型式。

7.4.11 TN 及 TT 系统接地型式的低压电网中,采用低压配电变压器时,宜选用 "D,yn11" 接线组别的三相变压器。

7.5 厂区配电线路

7.5.1 工厂电源输电线路及配电线路应根据现场条件、经济合理性及减少土地资源占用等,采用架空线路、电缆线路或其他敷设方式。

7.5.2 厂区电缆可采用电缆沟、电缆隧道、电缆桥架或电缆通廊等敷设方式。当沿同一路径敷设的电力、控制缆线数量少于 8 根时,可采用直埋敷设方式或穿保护管埋地敷设方式。

7.5.3 电缆敷设应选择最短路径,并应避开规划中拟发展的地方,同时应减少与铁路、道路、排水沟、给排水管、热力管沟和其他管沟的交叉。

7.5.4 敷设电缆和计算电缆长度时,应留有一定的余量。

7.5.5 电缆敷设应符合现行国家标准《低压配电装置及线路设计规范》GBJ 54、《电力工程电缆设计规范》GB 50217 及本规范附录 C、D、E 的规定。

7.6 车间配电及拖动控制

7.6.1 电动机的选择应符合下列规定:

1 主机对起动条件、调速及制动无特殊要求时,应采用鼠笼型电动机。

2 颚式破碎机、大容量锤式破碎机、磨机等对起动转矩、转动惯量、电源容量有特殊要求,且起动条件不允许采用鼠笼型电动机时,可采用绕线型电动机。

3 需调速的风机电动机,可采用鼠笼型电动机或绕线型电动机。

4 回转窑可采用直流电动机或变频调速电机驱动,并应满足起动转矩的要求。

5 需调速的各种喂料机,应采用鼠笼型交流变频调速电动机。

6 电动机额定功率的选择应符合下列规定:

1) 负荷平衡的连续工作方式的机械,应按机械的轴功率选择。对装备飞轮等装置的机械,应计入转动惯量的影响。

2) 负荷变动的连续工作方式的机械,宜按等值电流或等值转矩法选择,并应按允许过载转矩校验。

3) 选择电动机额定功率时,应根据机械类型及其重要性计入储备系数。

7 电动机使用地点的海拔高度和介质温度，应符合电动机的技术条件。与规定工作条件不符时，电动机的额定功率应按制造厂的资料予以校正。

8 交流电动机的电压宜按容量选择。200kW及以上的非调速电机，应采用6kV或10kV；200kW以下的，应采用380V。

9 电动机的型式及防护等级，应与周围环境条件相适应。

7.6.2 电动机的起动方式应符合下列规定：

1 满足下列条件的鼠笼型电动机，应采用全电压起动。

　1) 生产机械允许承受全电压起动时的冲击力矩。

　2) 电动机起动时，其端子电压应保证机械要求的起动转矩，配电母线上的电压不宜超过额定电压的15%。

　3) 制造厂对电动机的起动方式无特殊要求。

2 鼠笼电动机当不符合全电压起动条件时，可采用软起动装置，也可采用其他起动方式。

3 有调速要求时，电动机的起动方式应与调速方式相配合。

4 绕线型电动机，宜采用转子回路接入液体变阻器或频敏变阻器起动，其起动转矩应符合生产机械的要求。

7.6.3 电动机的调速应符合下列规定：

1 电动机调速方案的选择，应满足工艺设备对调速范围、调速精度和平滑性的要求，并应对调速方案的技术先进、安全可靠、节能效果、功率因数、谐波干扰、使用维护、投资等进行综合技术经济比较。

2 需调速的喂料机、选粉机、冷却机等宜采用变频调速，也可采用液压调速装置。

3 回转窑当采用数字式直流调速时，应调节电枢电压实现恒转矩调速。

回转窑采用双电机拖动时，应对两台电动机由于特性不一致引起的负荷分配不均衡采取措施。

4 需调速的风机调速方案应经技术经济比较后确定。可选用变频调速，也可采用调速型液力耦合器调速或其他调速方式。

5 使用调速设备时，应符合现行国家标准《电能质量 公用电网谐波》GB/T 14549的有关规定。

7.6.4 电动机的保护应符合下列规定：

1 低压交流电动机应设置短路保护和接地故障保护，并应根据具体情况分别装设过负荷保护、断相保护和低电压保护，同时应符合现行国家标准《通用用电设备配电设计规范》GB 50055的有关规定。

2 低压交流电动机的短路保护装置，宜采用低压断路器的瞬动过电流脱扣器，并应满足电动机起动及灵敏度要求。

3 低压交流电动机的接地故障保护应符合现行国家标准《低压配电设计规范》GB 50054的有关规定。

4 低压交流电动机的断相保护装置，宜采用带断相保护的三相热继电器，也可采用温度保护或专用断相保护装置。

5 交流电动机的低电压保护装置，宜采用接触器的电磁线圈或低压断路器的失压脱扣器作为低电压保护装置。采用电磁线圈作为低电压保护时，其控制回路宜由电动机的主回路供电；由其他电源供主回路失压时，应自动断开控制电源。

6 下列情况应装设电动机的过负荷保护：

　1) 容易过负荷的电动机。

　2) 风机类电动机、磨机、破碎机电动机等起动应限制起动时间的电动机。

　3) 连续运行无人监视的电动机。

7 低压交流电动机的过负荷保护，宜采用热继电器或低压断路器的延时脱扣器作保护装置。

8 连续运行的三相电动机应设置断相保护装置。

9 直流电动机应设置短路保护、过负荷保护和失磁保护。

10 3～10kV异步电动机的保护，应符合现行国家标准《电力装置的继电保护和自动装置设计规范》GB 50062的有关规定。

7.6.5 电动机的控制应符合下列要求：

1 机旁手动操作长期运行的大、中型绕线电动机，应设置提刷装置，并应设置电刷提起位置的联锁装置。

2 电动机集中控制时，起动前应先发起动预报信号；控制点应设置电动机运行信号和故障报警信号；移动设备应设置设备位置信号。生产上互有关联的集中控制点间、集中控制点与有关岗位之间应设置联络信号。

3 集中控制的电动机应设置"集中－机旁"的控制方式。选择在机旁方式时，电动机可通过机旁控制按钮进行单机试车。电动机应设置机旁停车按钮。机旁停车按钮无法确保设备立即停车时，还应增设紧急停车按钮。

4 斗式提升机应在尾轮部位增设紧急停车按钮。带式输送机应在巡视通道一侧或两侧设置拉绳开关，拉绳开关宜每隔25m设置一个。与其他设备有联锁关系的输送设备，宜采用速度开关作应答信号；移动机械有行程限制时，行程两端应设置限位保护。

5 起吊设备、检修设备的电源回路，宜增设就地安装的保护开关，并应设置漏电保护装置。

7.6.6 低压配电系统应符合下列规定：

1 车间用电设备的交流低压电源，宜由设置在电力室或车间变电所的变压器提供。车间低压配电宜采用380/220V的TN系统。

2 对拥有一、二级负荷的电力室或车间变电所，宜设置两台及以上变压器，采用单母线分段运行。当只设置一台变压器时，应设置低压联络线，且备用电源应由附近电力室或车间变电所提供。

3 同一生产流程的电动机或其他用电设备，宜由同一段母线供电。多条生产工艺线的公用设备，宜由不同母线上的两路电源受电，并应设置电源切换装置。

4 车间的单相负荷，宜均匀地分配在三相线路中。

7.6.7 电气测量仪表的配置，应符合现行国家标准《电力装置的电测量仪表装置设计规范》GB 50063的有关规定，并应符合下列要求：

1 各电力室、变电所的低压进线回路，宜设置带转换开关、测三相电压的电压表及三相电流表。

2 需单独经济核算的馈电回路、总照明回路应装三相电流表及三相四线有功电度表。

3 容量为55kW及以上的电动机、调速电动机、容易过载的电动机及工艺要求监视负荷的电动机，宜设置电流监视。

4 车间内的配电箱或控制箱，应设置指示电源电压的电压表。

5 无功补偿电容器回路应设置三相电流表、功率因数表、三相无功电度表。

6 母线联络回路宜设置三相电流表。

7 供直流电动机用电的整流装置上，宜设置测电枢回路的直流电压表、电流表、测励磁回路的电压表、电流表及电动机转速表。

7.6.8 车间配电线路及敷设应符合下列规定：

1 车间配电设计宜采用铜铝材质导体。但有下列情况之一时，应采用铜芯电线或电缆：

1) 重要的保护、控制、测量、信号回路；
2) 直流电动机的励磁回路，导体截面小于6mm²；
3) 随设备移动的线路；
4) 用电设备振动很大的线路，导体截面小于16mm²；
5) 对铝有腐蚀的场所或其他有专门规定的场所。

2 配电线路的保护，应符合现行国家标准《低压配电设计规范》GB 50054中的有关规定。

3 主要生产车间的配电线路敷设宜采用电缆沟（在底层）或电缆桥架敷设；辅助生产车间宜采用钢管配线。

4 导线穿钢管不应敷设在有喷火和红料危险的场所，并采取隔热措施，同时应选用阻燃电缆。采用桥架敷设时，应加设盖板。

5 交流回路中采用单芯电缆时，应采用无钢带铠装或非磁性材料护套的电缆，且不得采用导线磁材料保护管。单芯电缆敷设，应满足下列要求：

1) 保证并联电缆间的电流分布均匀。
2) 接触电缆外皮时无危险。
3) 防止邻近金属部件发热。

6 用于配线的钢管敷设在地坪内时，其钢管直径不得小于15mm；需穿基础时不得小于20mm；敷设在楼板内时钢管直径应与楼板厚度相适应，但不得小于15mm。用于配线的钢管最大直径不宜大于80mm。

7 穿管绝缘导线或电缆的总截面积，不宜超过管内截面积的40%。

8 穿钢管的交流导线，应三相回路共管敷设。

9 下列情况外的不同回路的线路，不应穿同一根金属管：

1) 一台电动机的所有回路。
2) 同一设备多台电动机的所有回路。
3) 同一生产系统无干扰要求的信号、测量和控制回路。

10 6芯以上的控制电缆，应预留不小于15%的备用芯数。

11 导线穿过下沉不等的地区或伸缩缝时，应采取保护措施。

12 起重机的供电，宜采用固定式滑触线（用型钢）、安全滑接输电装置或软电缆供电。

13 起重机在工作范围的任何位置内，尖峰电流时，自供电变压器低压母线至起重机电动机端子的电压降，不得超过其额定电压的15%，无法达到上述要求时，应根据具体情况采取下列措施：

1) 电源线宜接在滑触线的中间。
2) 增大供电线截面。
3) 增设辅助线。
4) 分段供电。

14 起重机滑触线宜每隔30～50m设置一个温度补偿装置，其位置可结合厂房伸缩设置。

15 起重机滑触线宜布置于驾驶室对侧，如有困难需布置于同侧时，对人员上、下时可能触及滑触线段的地方，应采取防护措施。

16 固定式滑触线距地面高度不得低于3.5m。

17 卸料小车、移动皮带机，宜采用软电缆或安全滑接输电装置供电；长预均化库堆料机，宜采用电缆滚筒或安全滑接输电装置供电；长预均化库取料机及链斗卸车机，宜采用电缆滚筒供电；圆形预均化库堆、取料机，宜采用集电环供电。

7.6.9 爆炸及火灾危险场所分区与电力装置设计，应执行现行国家标准《爆炸和火灾危险环境电力装置设计规范》GB 50058并应符合下列规定：

1 氧气瓶库、乙炔气瓶库、燃油泵房等爆炸危险区域，应划分为2区。

2 煤粉制备车间应划分为22区，煤均化库应划分为23区。

3 通风良好时，应降低爆炸危险区域等级；通风不良时，应提高爆炸危险区域等级。

7.7 照　明

7.7.1 照明设计应符合下列规定：

1 水泥工厂照明设计应符合现行国家标准《建筑照明设计标准》GB 50034的有关规定。

2 工作面上照度值应根据设备、管道、梁柱、灰尘等影响条件确定，且应满足规定值。

3 水泥工厂的照明方式应分为一般照明、局部照明和混合照明。在一个工作场所内，不应只装设局部照明。装设局部照明的工作场所，其装设地点应符合表7.7.1的规定。

表7.7.1　工作场所装设局部照明的地点

工作场所名称	装设局部照明的地点
磨房	轴承油位检测
提升机	底部检修门
拉链机、链斗输送机	尾轮
库底、仓底、磨头	喂料设备
泵房	控制屏、仪表屏
控制室、配电室	盘后

4 照明供电线路应安全、可靠。在烧成车间、高温风机及热力管线附近布线时应远离热源。

5 照明设施应保证维护检修安全方便。除特殊场所外，灯具悬挂高度不宜高于4.5m。

6 应采用混光照明。

7.7.2 照度标准应符合下列规定：

1 户内和户外照明的最低照度值，应符合本规范附录F的规定。附录F未包括的，可根据相似场所的照度值确定。计算照度值时，应计入补偿系数。

水泥工厂的中央控制室、控制室、电气及自动化仪表修理室、高低压电气室、化验室、办公室及需要有较高照明环境的车间的照明设计，在满足照度要求的同时，还宜符合统一眩光值及一般显色指数的要求。

2 照明器电压宜为其额定电压的95%～105%。

7.7.3 照明光源的选择应符合下列规定：

1 照明光源宜采用冷光源。

2 应急照明应采用能瞬时点燃的白炽灯或荧光灯，也可采用标准应急灯。

3 窑、磨、破碎等主要生产车间，宜采用高压钠灯、金属卤化物灯等耐振动的光源；化验室、设计室、控制室、电话机房及消防办公室等宜采用细管径荧光灯或三基色稀土荧光灯。预均化堆场和预均化库等大面积照明的场所，宜采用冷光源投光灯、高压钠灯或金属卤化物灯等。各种储库和输送皮带廊宜采用新型螺口荧光灯。

7.7.4 灯具的选型应符合下列规定：

1 灯具型式宜根据环境条件、被照面上配光要求及灯具效率等选择。

2 地坑、水泵房、浴室、水泥库底、包装平台等场所，宜采用防水防尘灯具；室外走廊应采用防水灯头。层高超过7m时应采用深罩型工厂灯；煤粉制备及煤预均化库的照明灯具应符合火灾危险环境22区及23区的要求，防护等级应为IP5X；油泵房、汽车库等场所使用的防爆灯具，应符合现行国家标准《爆炸和火灾危险环境电力装置设计规范》GB 50058的有关规定。

3 照明灯具安装高度低于2.2m时，应采取安全保护措施。

7.7.5 照明电压的选择应符合下列规定：

1 照明电压宜为220V。

2 窑、磨、烘干机、篦式冷却机、电除尘器、大型袋除尘器等金属导体设备内检修用手提灯电压不应超过12V。其他场所检修用手提灯的供电电压不应超过36V。

3 安装在高温、潮湿、有导电地面的场所，且安装高度距地面为2.2m及以下，易触及而无防止触电措施的照明灯具，其使用电压不应超过24V。

7.7.6 照明供电方式的选择应符合下列规定：

1 正常照明电源在要求较高的场所，宜与电力负荷分设变压器供电；生产厂房的正常照明线路，应与电力线路分开；照明与动力负荷共用变压器，且车间变电所低压侧采用放射式配电时，车间照明电源应接自低压配电屏的照明回路。

2 电压在36V及以下的局部照明和检修照明电源，宜由固定式降压变压器供电；降压变压器的电源侧应设置短路保护，严禁采用自耦降压变压器供电，接地应符合现行国家标准《工业与民用电力装置的接地设计规范》GBJ 65的有关规定。

3 总降压站、中央控制室等重要工作场所的应急照明应采用应急灯。

4 烧成系统、原料粉磨、水泥粉磨、循环水泵房、消防泵房等连续生产的主要生产车间可采用动力与照明双电源切换。

5 供电回路的分组及控制，应符合下列要求：

　　1) 使用小功率光源的室内照明线路，每一单相回路的电流不宜超过16A；照明灯具数量不宜超过25个；高强气体放电灯的照明，每一单相分支回路的电流不宜超过30A。

　　2) 照明插座、楼梯间及门廊的照明灯，宜由单独回路供电。

　　3) 三相线路的各相负荷宜分配均衡。最大相负荷不宜大于三相负荷平均值的115%,最小相负荷不宜小于三相负荷平均值的85%;同时供电给多个照明配电箱的线路,各相电流差不应超过10%。气体放电灯为主的照明线路的负荷计算,应计入功率因数影响,且中线截面不应小于相线截面。

  4)车间内的照明宜在照明配电箱上集中分区控制;生活室、控制室、门灯等宜分散控制;道路照明宜自动控制。

  5)多层厂房内,照明配电箱应设在便于维护的位置。

7.7.7 室外照明设计应符合下列规定:

 1 下列地点应设置室外照明:

  1)露天堆场、露天皮带廊。

  2)窑中走道、预热器顶、电除尘器平台、道路等。

  3)装卸站台、码头等。

 2 走道及平台宜采用小功率卤化物或紧凑型荧光灯。

 3 室外照明宜采用分散控制或自动控制,并宜采用防水灯头及防水开关。

7.7.8 值班照明、警卫照明、障碍照明以及无窗封闭厂房等特殊种类照明的设计,应符合下列规定:

 1 值班照明除应正常照明外,宜设置应急照明。

 2 窑尾预热器塔架、增湿塔、烟囱等高大建(构)筑物障碍照明的装设应执行所在地区航空或交通部门的有关规定。

 3 各类库底、地坑等低于地面的建(构)筑物及其他无窗厂房应设正常照明电源,并宜设置应急照明;最低照度应按附录F中相应车间要求的照度提高一级,厂房出入口处照度宜提高一级。

7.7.9 厂区内主要采用TN-C的低压配电系统,其照明配电系统应局部采用TN-S系统,并应设置专用PE线。

7.7.10 照明配电箱的插座回路应装设漏电保护器,其PE线的截面应与相线截面相等。PE线一端应与插座的接地孔相接,另一端应与照明配电箱接PE母线相接。插座回路的N线不得与其他回路的N线共用。

7.7.11 厂区道路照明线路设计应符合下列规定:

 1 厂区道路的照明宜采用高压钠灯,并应采用防护式灯具。

 2 大、中型厂区道路照明线路,宜采用电缆直埋敷设。小型厂可采用架空敷设。

 3 厂区道路照明除各回路应设保护外,每个照明器宜单独设置熔断器保护。

 4 照明线路三相负荷应分配均衡,最大与最小相负荷电流差不宜超过30%。

7.8 防雷保护

7.8.1 建筑物防雷措施应根据地理、地质、气象、环境、雷电活动规律以及被保护物的特点确定。

7.8.2 生产厂房及辅助建筑物应根据其生产性质、发生雷电事故的可能性、后果及防雷要求进行分类,并应符合下列规定:

 1 氧气瓶库、乙炔气瓶库、燃油及储油系统、总降压站,预计雷击次数大于0.3次/a的住宅、办公楼等应为第二类。

 2 凡属下列情况之一时,应为第三类:

  1)预计雷击次数大于或等于0.06次/a,且小于或等于0.3次/a的住宅、办公楼等一般性民用建筑物。

  2)预计雷击次数大于或等于0.06次/a的一般性工业建筑物。

  3)煤粉制备车间、煤预均化堆场。

  4)平均雷暴日大于15d/a的地区,高度为15m及以上的烟囱、水塔等孤立的高耸建筑物;平均雷暴日小于或等于15d/a的地区,高度为20m及以上的烟囱、水塔等孤立的高耸建筑物。

7.8.3 各类防雷建筑物的防雷措施,应符合现行国家标准《建筑物防雷设计规范》GB 50057的规定。

7.9 电气系统接地

7.9.1 水泥工厂电气系统接地应包括工作接地、保护接地、防雷接地、电子设备接地和防静电接地等。

7.9.2 水泥工厂自电力网受电的35～110kV电压级系统的接地方式,应与供电部门协商确定。

7.9.3 3～10kV电压级,宜采用中性点不接地的小电流接地系统。

7.9.4 厂区低压配电系统接地宜采用TN系统。TN系统的型式,应根据工程情况经技术经济比较后确定,并应符合下列规定:

 1 由同一台发电机、同一台变压器或同一段母线向一个建筑物供电的低压配电系统,应采用同一种系统接地型式。建筑物以外的电气设备,宜单独接地。

 2 在TN-C或TN-C-S系统接地型式中,严禁断开PEN线,不得装设断开PEN线的任何电器。

 3 在TN-C-S系统接地型式中,应在由TN-C转为TN-S系统的用户进线配电箱处,将PEN线分为PE线和N线,分开后两者严禁再合并。

 4 在TN-S接地型式中,N线上不应装设只将N线断开的电气器件;当需要断开N线时,应装设相线和N线一起切断的保护电器。

7.9.5 变电所内,不同用途、不同电压的电气设备,除另有规定者外,应使用一个总的接地装置,接地电阻应符合其中最小值的要求。

7.9.6 全厂的共同接地装置，应通过电缆隧道、电缆沟、电缆桥架中的接地干线、铠装电缆的金属外皮、低压电缆中的 PE 线连成电气通路，并应形成全厂接地网。

7.9.7 共同接地装置宜利用自然接地体，但严禁利用输送易燃易爆物质的管道。自然接地体能够满足要求时，除变电所外，可不设人工接地体，但应校验自然接地体的热稳定。

7.9.8 电除尘设备的工作接地极，应设置在电除尘设备附近，与建筑物及其他系统接地极距离不应小于 3m。其接地电阻应满足电除尘设备的要求，并应采用单独引下线连接到接地装置上。

7.9.9 直流回路不得利用自然接地体作为零线、接地线和接地体。直流回路专用中性线、接地体及接地线不得与自然接地体相连接。

7.9.10 接地导体的选择及其对接地电阻的要求等，应符合现行国家标准《工业与民用电力装置的接地设计规范》GBJ 65 的有关规定。

7.10 生产过程自动化

7.10.1 新型干法水泥生产线的自动化设计，应符合下列规定：

1 应设置集散型计算机控制系统，其控制、管理范围宜从预均化堆场至水泥或熟料成品。石灰石破碎及水泥包装的管理和控制，宜分设独立的现场控制室及现场操作站。石灰石破碎及水泥包装的运行信号应与集散型计算机控制系统通讯。

2 热工测控点集中的区域以及数据量较大的配套设备，宜采用现场总线智能仪表，也可局部采用智能仪表，并应以通讯方式接入集散型计算机控制系统。

3 工厂主生产线上的低压电气系统设备可采用智能化控制，并应通过标准开放网络与集散型计算机控制系统通讯。

4 应设置生料质量控制系统，宜采用 X 射线多道光谱分析仪，也可加设 1 个扫描通道，同时应与集散型计算机控制系统通讯。生料分析采样应采用连续性自动取样、人工送样和人工制样装置的方式，并可加设自动送样和自动制样装置。两台以上的生料磨工艺线，宜配置两台制样研磨机。

5 测量窑筒体温度和窑轮带间隙，应采用定点式带微机控制的在线扫描红外测温装置。

6 窑头和篦式冷却机应设置专用高温工业电视装置；生产过程的关键区域，尚应设置闭路工业电视装置。

7 宜设置水泥工厂生产管理信息系统。

7.10.2 原料系统过程检测与控制，应符合下列规定：

1 带热电阻的破碎机轴承、电动机轴承及绕组应设置温度检测和报警。原料输送宜设置原料计量，破碎机宜设置负荷控制等装置。

2 原料预均化堆场的堆、取料机，应设置可编程控制器为主的控制系统。其控制系统应具备手动、自动及遥控等功能，并宜设置工业电视监视系统。

3 原料粉磨系统的检测与控制，应符合下列规定：

1) 对反映主机设备安全及工艺过程正常运行的参数，应进行检测、显示及报警。
2) 宜设置原料磨负荷控制回路。
3) 宜设置磨机出口气体温度、磨机进口气体压力、磨机风量控制回路。
4) 采用辊式磨装置时，应根据辊式磨控制要求，设置相应的检测及控制回路。
5) 应设置增湿塔出口气体温度控制回路。

7.10.3 煤粉制备系统过程检测与控制，应符合下列规定：

1 煤粉制备系统自动化设计，应符合现行国家标准《爆炸和火灾危险环境电力装置设计规范》GB 50058 的有关规定。煤粉制备车间、煤预均化库应分别按火灾危险环境 22 区、23 区的要求选择现场一次仪表，防护等级应为 IP54。

2 对反映主机设备安全及工艺过程正常运行的参数，应进行检测、显示及报警。

3 电除尘器或袋除尘器出口一氧化碳含量及煤粉仓，应进行温度检测、报警，并应对煤粉仓一氧化碳含量进行检测、报警。

4 宜设置磨机出口温度、磨机进口气体压力及磨机负荷控制回路。

5 采用辊式磨装置时，应根据辊式磨本身的控制要求，设置相应的检测及控制回路。

7.10.4 烧成系统过程检测与控制，应符合下列规定：

1 生料均化库及生料入窑，应符合下列规定：

1) 生料均化库库底充气控制，宜采用可编程控制器控制装置，也可采用集散型计算机控制系统控制。
2) 应设置生料喂料控制回路，并宜设置自动在线流量校正装置。
3) 应设置仓重控制回路。

2 预热器及分解炉，应符合下列规定：

1) 各级预热器的出口或进口应设置气体温度及压力检测装置。
2) 预热器卸料管宜设置物料温度检测装置。
3) 易发生堵料的预热器锥体部宜设置防堵检测装置。
4) 预热器一级筒出口应设置气体成分检测及分析装置。预热器五级筒出口或窑尾烟室宜增设气体成分检测及分析装置。
　　5）宜设置分解炉温度控制回路。
　　6）宜设置三次风空气温度及压力检测装置。
　3　回转窑应符合下列规定：
　　1）应设置窑尾烟室气体温度及压力检测装置。
　　2）宜设置窑烧成带温度检测及二次空气温度检测装置。
　　3）应设置回转窑托轮轴承温度检测装置，并宜设置回转窑位移及轮带间隙等检测装置。窑的减速机和主电机的润滑装置，应根据设备要求设置相应的检测装置。
　　4）宜设置窑头负压控制回路。
　　5）应设置线扫描胴体测温装置监测回转窑胴体表面温度。
　4　冷却机及熟料输送，应符合下列规定：
　　1）应设置篦式冷却机篦板温度及篦下压力等参数检测装置。
　　2）宜设置各室风机风量、篦床负荷检测及篦板速度控制回路。
　　3）宜设置熟料温度检测及熟料计量装置。
　　4）熟料库应设置料位检测装置。

7.10.5　水泥粉磨系统过程检测与控制，应符合下列规定：
　1　水泥磨采用球磨时，应符合下列规定：
　　1）对反映主机设备安全及工艺过程正常运行的参数，应进行检测、显示及报警。
　　2）宜设置粉磨系统负荷控制回路。
　2　水泥磨采用预粉磨装置时，应符合下列规定：
　　1）宜增设喂料仓料位控制回路。
　　2）应根据预粉磨装置控制要求，设置相应的控制回路。

7.10.6　水泥储存、包装及发送系统过程检测与控制，应符合下列规定：
　1　水泥库应设置料位检测装置。
　2　宜设置中间仓料位控制回路。
　3　独立设置的水泥包装车间，宜采用小型可编程控制器控制。

7.11　控制室

7.11.1　控制室的布置应符合下列规定：
　1　应根据工艺控制要求和自动化设计原则，设置中央控制室或分车间控制室；辅助车间应按需要设置控制室；分车间控制室不宜过于分散。
　2　控制室宜设置在被控区域的适中位置，并应满足生产控制的要求。

7.11.2　控制室的设置应符合下列要求：
　1　应设置防尘、防火、隔声、隔热和通风等设施。
　2　面积应满足设备安装、操作维修和检修等要求。
　3　室内不应有无关的工艺管道通过。
　4　控制室内应设置中央控制室、荧光分析室、生料样品制备室和仪表维修室等。
　5　对采用集散型计算机控制系统的新建生产工艺线，宜设中央控制室。中央控制室应布置在有较好的采光和通风、噪声小、灰尘少、振动小、无有害气体侵袭的位置。净空高度宜为 2.8～3.2m。同时应铺设防静电活动地板，地板架空高度宜为 250～350mm。
　6　设有集散型计算机控制系统和 X 射线分析仪等的控制室，应根据设备的要求设置空气调节系统，其室内计算温度及湿度应符合本规范附录 J 的规定。其他控制室应根据设备要求设空气调节装置。
　7　控制室消防设施的设置应符合现行国家标准《建筑防火设计规范》GB 50016 的有关规定。

7.12　仪表及其电源、气源

7.12.1　一次检测仪表的选择，应符合下列规定：
　1　应采用质量与性能稳定、精度满足要求的仪表。
　2　变送单元的精度不应低于 0.5 级。
　3　宜采用机电一体化仪表。

7.12.2　二次仪表的选择，应符合下列规定：
　1　应采用性能稳定、抗干扰能力强的显示及控制仪表。采用集散型计算机控制系统时，如无特殊需要，不应设置二次仪表。
　2　反映主机设备安全及工艺过程正常运行，以及对历史过程进行分析的重要参数，应设置记录仪表。
　3　反映主机设备安全及工艺过程正常运行的一般参数，应设置指示仪表。
　4　计量原料与燃料、半成品、成品等，应设置积算仪表。
　5　越限报警的参数，应设置报警仪。
　6　二次仪表的精度，应符合下列规定：
　　1）数字式不应低于 0.5 级。
　　2）模拟式不应低于 1.5 级。

7.12.3　仪表电源应符合下列规定：
　1　仪表电源的负荷级别，不应低于工艺设备用电的负荷级别，并应从低压配电屏专用回路供电。
　2　电源应满足用电设备所需的技术参数。
　3　中央控制室操作站、X 射线分析室及现场控制站供电，应符合下列要求：
　　1）系统用电负荷应按现有设备总容量的 1.2～1.5 倍计算。
　　2）中控室操作站及 X 荧光分析仪宜采用双回路，并应从不同的变压器配出；现场控制站的供电电源，宜采用单回路供电。

3) 应设专用配电盘，且不应与照明、动力等混用；供电质量应满足设备要求。
4) 应设置不间断电源装置，其容量不应小于实际容量的1.5倍。中央控制室操作站、X射线仪和现场控制站的不间断电源供电延续时间均不宜小于30min。

7.12.4 仪表气源应满足各用气设备的要求，仪表设计应符合现行国家标准《工业自动化仪表气源压力范围和质量》GB 4830 的有关规定。

7.13 电缆及抗干扰

7.13.1 电缆选型应符合下列规定：

1 控制电缆宜采用聚氯乙烯电缆，也可采用聚乙烯绝缘或聚氯乙烯护套铜芯电缆；模拟信号电缆，宜采用屏蔽对绞铜芯电缆。

2 控制系统数据通讯电缆，应根据系统的要求采用。

3 与热电耦相连的导线，应采用和热电耦相匹配的补偿导线。

4 控制电缆截面宜采用 $1.0\sim 1.5mm^2$；模拟信号电缆截面宜采用 $0.75\sim 1.5mm^2$；补偿导线线芯截面宜采用 $1.5\sim 2.5mm^2$。

5 采用多芯控制电缆时，宜留有 15% 的备用芯数。

6 主干通讯网及室外远距离通讯线路应采用光缆。

7.13.2 电缆抗干扰措施应符合下列规定：

1 电力电缆应与控制电缆、模拟信号电缆分层敷设。1kV以下的电力电缆和控制电缆可并列分开敷设。

2 电缆屏蔽层应接地，接地方法应符合本规范第 7.14.6 条的规定。

3 支架上的电缆，敷设时应按照电力电缆、控制电缆、信号电缆的顺序由上至下排列敷设。数据通讯电缆应敷设在电缆桥架中的专用电缆槽内。

4 线路沿温度超过 65℃ 的设备表面敷设时，应采取隔热措施，宜采用耐高温电缆；在火源场所敷设时，应采用阻燃电缆，并应采取防火措施。

5 电缆沟内两侧均有支架时，1kV 以下电力电缆、控制电缆、信号电缆、数据通讯电缆应与 1kV 以上电缆分别敷设于两侧支架上。

6 线路不宜敷设在易受机械损伤、有腐蚀性介质排放、潮湿以及有强磁场和强静电干扰的区域。无法避免时，应采取保护措施或屏蔽措施。

7 明敷设的仪表信号线路，与具有强磁场和强静电场的电气设备之间的净距，宜大于 1.5m；采用屏蔽电缆或穿金属保护管敷设时，宜大于 0.8m。

8 直接埋地敷设的电缆，不应沿任何地下管线的上方或下方平行敷设。沿地下管道两侧平行敷设或交叉时，最小净距应符合本规范附录 C 和附录 E 的规定。

9 补偿导线外应加设保护管，也可在汇线槽内敷设，且不宜与其他线路在同一根保护管内敷设，同时不宜直接埋地。

7.14 自动化系统接地

7.14.1 自动化系统接地装置的设置，应满足人身和设备安全及自动控制系统正常运行的要求。

7.14.2 自动化系统的接地方式应符合下列要求：

1 工作接地应根据控制系统及仪器设备的要求确定。

2 保护接地应引至电气保护接地装置。

3 屏蔽接地的接地电阻不应大于 4Ω。

7.14.3 自动化系统接地宜设置单独接地装置。工作接地和屏蔽接地可共用一组接地体，接地电阻应按其中最小值确定，每种接地应设置独立接地干线引至接地体。

7.14.4 静电防护接地的接地极，可借用其他接地装置；如设单独接地极，其接地电阻不应大于 30Ω。

7.14.5 控制系统应采用单点接地。

7.14.6 信号线的屏蔽层接地点选择，应符合下列要求：

1 信号源在测点现场接地时，屏蔽线的屏蔽层应在现场接地。

2 信号源在测点现场不接地时，屏蔽线的屏蔽层应在控制柜端接地。

7.15 通信与广播系统

7.15.1 水泥工厂的电话设计应包括厂区、矿区电话系统及调度电话系统。

7.15.2 厂区电话设计应符合下列规定：

1 工厂的电话系统，宜采用由市话局直配方式，并应以工厂与市话通讯衔接的厂区进口总配线架为界。工厂应同时设置传真及计算机局域网。

2 工厂自备电话站时，宜设置一个电话站。当有自备矿山且远离厂区时，可分别设置电话站，但宜采用同一程式的用户交换机。

3 电话用户配置数量，大中型厂不宜超过 1000 门，可为设计选型的电话机容量的 130%～160%。

4 自备电话站应采用程控交换机。

5 自备电话站址的选择，应结合工厂的近、远期规划、地形及位置等确定。厂区电话站单独建站时，宜设置在厂区办公楼内。电话站的技术用房不应设置在潮湿、振动及灰尘较大的场所。

6 自备电话站宜设置话务员及电话交换机室、总配线架室、维修室等。交换机的容量在 500 门及以下且总配线架（箱）采用小型插入式端子箱时，可将交换机设置于交换机室与话务员室；容量大于 500 门时，交换机话务台与总配线架宜分别设置于不同房间内。话务台的安装，宜保证话务员通过观察正视或侧视到机列上的信号灯。

7 电话网的编号计划，应符合现行国家标准《国家通信网自动电话编号》GB 3971.1 的有关规定，并应符合当地电话局的有关规定。

8 程控用户交换机的电源应稳定，并应配置交流稳压设备，同时宜设置蓄电池组。48V 直流电源输出端的全程压降，应符合系统要求。杂音计脉动电压值不宜大于 2.4mV。超过允许值时，应加设滤波设备。电源系统中，应采取电源中断时对存储器的保护措施。

9 电话站宜设置工作照明及应急照明。电话站有蓄电池时，应急照明宜由蓄电池供电。200 门及以上的电话站交换机室与话务员室、电力室宜设置应急照明。电话站的工作照明，蓄电池室外宜采用节能荧光灯。

10 单独设置电话站时，建筑物耐火等级应为二级，抗震设计应按电话站所在地区规定烈度提高一度。

7.15.3 自备电话站交换机的中继方式，宜符合下列规定：

1 市内电话局的中继方式，交换机设备容量小于 50 门或中继线数小于 5 对时，宜采用双向中继方式；交换机设备容量为 50～500 门或中继线数大于 5 对时，宜采用单向中继方式，也可采用部分双向与部分单向混合的中继方式；交换机设备容量大于 500 门或中继线数大于 37 对时，宜采用单向中继方式。

采用部分双向与部分单向混合的中继方式时，应保证任何一方向的呼叫信号，均可先选用单向中继线，再选用双向中继线。

交换机中继线安装数量，应根据当地电话局的有关规定和市话中继话务量大小确定。

2 大中型厂的交换机容量较大，且有数字传输要求时，程控交换机进入市内电话局的中继方式，宜采用全自动直拨。

7.15.4 调度电话应符合下列要求：

1 大中型工厂宜单独设置调度电话系统。

2 电话会议宜利用具有会议电话系统的厂区电话总机，或程控调度电话总机，不宜单独设置会议电话系统。

3 调度电话总机容量，应根据工厂规模和用户需求确定。大中型厂可选用 100 门，并应留有 10%～30% 的备用量。

4 调度电话总机宜设置中继线至厂区的自备电话总机。水泥工厂调度总机，宜直接对调度分机的各生产岗位进行调度、指挥生产，不宜设置多级调度电话系统。

5 工厂设置调度电话时，各车间办公室、值班室、控制室等主要生产岗位均应设置调度电话分机。调度电话分机应按总机的要求选用，并宜选用同一制式的分机。煤粉制备车间应采用防爆型分机。

6 调度电话站宜设置生产调度室，并宜布置于中央控制室附近。

7 设备间的电缆和导线的敷设，宜采用地下线槽或暗管敷设方式。

7.15.5 广播系统应符合下列规定：

1 可根据需要设置一级有线广播。广播网的分路应根据广播用户地点、播音要求、广播线路路由等确定，广播线路应采用双线回路。

2 广播设计应符合现行国家标准《工业企业通信设计规范》GBJ 42 的有关规定。工厂设置火灾事故广播时，应符合现行国家标准《火灾自动报警系统设计规范》GB 50116 的有关规定。

7.15.6 公用闭路电视系统或共用天线电视系统可根据需要设置，并宜设置技术用房。居住区远离厂区，或因地形复杂等有碍线路敷设时，也可设置多个独立的共用天线电视系统。办公楼、俱乐部、培训及文化活动楼、食堂、招待所、居住区等场所宜设置公用闭路电视系统或共用天线电视系统，并应符合现行国家标准《工业企业共用天线电视系统设计规范》GBJ 120 的有关规定。

7.15.7 通信、广播系统应设置工作接地、保护接地和防雷接地，并应符合现行国家标准《工业企业通信设计规范》GBJ 42 和《工业企业通信接地设计规范》GBJ 79 的有关规定。

7.16 管理信息系统

7.16.1 水泥工厂的管理信息系统，应包括综合布线系统、系统配置与编程功能。系统对生产过程的监视和管理，应通过作业计划处理，生产数据收集应综合处理，并应保证生产管理者合理调度。

7.16.2 水泥工厂的综合布线系统设计，应符合下列规定：

1 系统应采用开放式星型拓扑结构，并应采用光缆和铜芯对绞电缆混合组网，建筑物内应采用铜芯对绞电缆组网，各建筑物之间宜采用光缆。

2 综合布线系统设计应符合现行国家标准《综合布线系统工程设计规范》GB 50311 的有关规定。

7.16.3 水泥工厂的管理信息系统配置，应符合下列规定：

1 宜设置专用服务器，服务器宜设置专门的房间，不可使用集散型计算机控制系统服务器。

2 工厂管理信息系统与集散型计算机控制系统之间应采用硬件网关通讯或通过微机软件方式通讯，并应保证集散型计算机控制系统的安全，可采用软件防火墙关闭不必需的通讯端口。工厂管理信息系统应显示集散型计算机控制系统的实时数据。

3 工厂管理信息系统与生料质量控制系统之间应实现通讯,并应取得荧光分析仪或其他成分分析系统所分析的各种化验分析结果。

4 工厂管理信息系统与各地中衡、轨道衡等计量管理系统之间应实现通讯,并应取得相关秤重和其他信息结果。

5 工厂管理信息系统与变电站管理系统之间应实现通讯,并应取得相关的电量等数据。

6 工厂管理信息系统与工厂其他生产管理相关的计算机系统之间应实现通讯,并应取得所需要的数据。

7 工厂管理信息系统应为开放的系统,并应与企业资源计划系统和其他管理系统相结合。

7.16.4 水泥工厂的管理信息系统应包括下列功能:

1 系统可采用客户机/服务器结构,也可采用浏览器/服务器结构,还可采用混合结构。

2 系统应在办公自动化平台上展开,并应与办公自动化系统有机地结合起来。

3 数据采集处理及通过软件或硬件的数据通讯,应将集散型计算机控制系统数据库转换为管理信息系统数据库。

4 系统应具有数据流程图显示功能,并应以模拟流程图的方式显示生产现场系统的实际运行情况,同时数据显示应分为数字方式和图形方式。

5 系统应具有形成趋势曲线的功能,并应对重要的生产数据进行长时间记录,同时应以曲线的方式显示。

6 系统应具有质量信息管理功能。系统应以质量台账为基础,对化验数据进行全面管理,并应具备自动台账生成、考核分析等功能。

7 系统应具有生产报表自动生成与分析功能。应能根据采集到的生产过程数据,完成按车间、分厂对生产过程参数的分类查询和主机设备运转统计、产品的产量统计、原材料的消耗统计、电量及煤耗统计、历史分析和成本分析等。

8 系统宜具有设备管理功能,应能记录从设备采购到安装调试、日常操作、维护、润滑、维修、大修、故障、报废等信息。

8 建筑结构

8.1 一般规定

8.1.1 建筑结构设计应满足生产工艺的要求,并应保证生产工艺必需的操作、检修面积和空间,同时应满足采光、通风、防寒、隔热、防水、防雨、隔声、卫生标准等要求。

8.1.2 建筑结构设计应采用成熟和符合国家产业政策的新结构、新材料、新技术。

8.1.3 建(构)筑物安全等级应符合表 8.1.3 的规定。

表 8.1.3 建(构)筑物安全等级

安全等级	破坏后果	建(构)筑物名称
二级	严重	三级以外的建(构)筑物
三级	不严重	露天堆场、装载机棚、推土机棚、卷扬机房、扳道房、各种小型物料堆棚、材料库、厕所

8.1.4 建(构)筑物抗震设防分类,应根据其使用功能的重要性、工厂的生产规模、停产后经济损失的大小和修复的难易程度等划分,并应符合表 8.1.4 的规定。

表 8.1.4 建(构)筑物抗震设防分类

抗震设防类别	建(构)筑物名称
乙类	大、中型水泥工厂的总降压变电站、中央控制室
丙类	除乙、丁类以外的建(构)筑物
丁类	露天堆场、装载机棚、推土机棚、卷扬机房、扳道房、各种小型物料堆棚、材料库、厕所

8.1.5 建(构)筑物的防火设计,应符合现行国家标准《建筑设计防火规范》GB 50016 的有关规定。水泥工厂的主要生产车间及建(构)筑物的火灾危险性类别、建筑耐火等级应符合本规范附录 A 的规定。

8.1.6 功能相近的辅助车间、生产管理及生活建筑宜合并建设。

8.2 生产车间与辅助车间

8.2.1 生产厂房的全部工作地带,白天应利用直接自然采光;因工艺和使用条件的限制,自然采光无法满足要求时,可采用人工照明为辅的混合采光;有条件的地区应利用太阳能。

8.2.2 厂房内工作平台上部的净高及楼梯平台至上部构件底面的高度不宜低于 2.0m。

8.2.3 固定设备或有封闭罩的运行设备旁的通道净宽不应小于 0.7m;运转机械旁的通道净宽不应小于 1m。

8.2.4 辅助车间的设计应满足各主体专业的要求,并宜具有自然采光和自然通风。因生产工艺有特殊要求的可除外。

8.3 辅助用室、生产管理及生活建筑

8.3.1 水泥工厂的生产辅助用室,宜包括值班室、控制室及存衣室、卫生间和浴室等生活用室。

8.3.2 辅助用室外围护结构的热工性能,应符合现行国家标准《公共建筑节能设计标准》GB 50189 的

有关规定。

8.3.3 控制室设计除应符合本规范第 7.11.2 条规定外，尚应符合下列要求：

1 控制室应布置在便于观察设备运行的部位，并应设置固定观察窗。

2 控制室的楼地面、墙面及顶棚的布置应便于保洁，必要时可做活动地板和吊顶。

3 室内允许噪声级不应高于 60dB（A）。

8.3.4 生产管理及生活建筑可包括厂前区的工厂办公楼或综合服务楼（行政中心）、食堂、锅炉房、浴室、职工宿舍、招待所、卫生所（急救站）、工厂标识物、围墙大门、警卫室等。

8.4 建筑构造设计

8.4.1 屋面设计应符合下列要求：

1 厂前区及辅助建筑的屋面可采取有组织排水，生产厂房的屋面可采取自由排水。钢筋混凝土屋面坡度不应小于 1：50，金属压型板屋面坡度不宜小于 1：10，当板面无横缝时坡度可控制在 1：13。

2 厂房高度大于 6m 时，应设置可直接到达屋面的垂直爬梯。垂直爬梯的高度大于 6m 时，应设置护笼。

3 屋面上有需要操作或巡检的设备，并利用屋面作楼梯平台时，屋面四周或使用范围内应设置防护栏杆。

4 从厂房内可直接通达圆库库顶时，其库顶的周边应设置防护栏杆。

5 车间内开敞式地坑地沟深度大于 0.5m 时，应根据其所处位置加设防护栏杆。

8.4.2 墙体设计应符合下列要求：

1 框架填充墙可采用各类砌块、非粘土空心砖、页岩等烧结砖或轻质板材。

2 钢结构墙面应采用金属压型板等轻质板材。钢筋混凝土框架厂房的外墙也可采用金属压型板或其他大型板材。

3 在寒冷及风沙大的地区，建筑应设置封闭式围护结构。散热量较大及无需防护的车间，可采用开敞式或半开敞式厂房，并应采取防雨措施。

4 原料粉磨、煤粉制备、破碎车间、罗茨风机房、压缩空气站等车间，应减少外墙上的门、窗面积，外墙围护结构应具有隔声能力。预均化堆场等车间，宜设置封闭式围护结构。

8.4.3 有设备出入车间的大门尺寸，其高、宽分别大于设备 0.6m。人行门宽不应小于 0.9m。

8.4.4 生产车间宜采用平开窗。墙面难以到达的高处，宜采用固定的采光及通风口。

8.4.5 有隔声及防火要求的门窗，应采用相应等级的配件。

8.4.6 楼梯及防护栏杆的设计应符合下列要求：

1 生产车间可采用金属梯作为工作平台交通梯，楼层间疏散梯的设置应符合现行国家标准《建筑防火设计规范》GB 50016 的有关规定，且主梯宽度不应小于 0.9m。

2 钢梯角度不宜大于 45°。室外钢梯宜采用钢格板踏步。

3 煤粉制备车间应设置上下连通的钢筋混凝土楼梯或钢梯，楼梯角度可采用 40°或 45°。

4 车间各类平台的临空周边、垂直运输孔洞以及楼梯洞口的周边，应设置防护栏杆，且栏杆底部应设置高度不小于 100mm 的防护板。

8.4.7 楼面、地面、散水的设计应符合下列要求：

1 建（构）筑物的外围应设置散水，人行门下应设置台阶，车行门下应设置坡道。

2 生产车间及辅助车间宜采用混凝土地面，也可采用水泥砂浆或随捣抹光楼面。

3 有洁净、耐酸碱、不发火花等要求及布有电线的地、楼面，应采用水磨石、地砖、防火花地面及抗静电活动地板。

4 湿陷性黄土、膨胀土、冻胀土地区的地面、散水、台阶、坡道设计应符合现行国家标准《湿陷性黄土地区建筑规范》GB 50025、《膨胀土地区建筑技术规范》GBJ 112 及《冻土地区建筑地基基础设计规范》JGJ 118 的有关规定。

5 卫生间、盥洗室等房间地、楼面标高，宜低于与之相通的走廊或房间的地、楼面 20mm。位于楼层上的此类房间，其楼面尚应设置整体防水层。

6 输送天桥的走道，坡度为 6°～12°时，应设置礓磋；大于 12°时，应设置踏步。无屋盖输送走廊的地面应设置断水条，其间距不应大于 10m；输送走廊斜屋面应设置挡水条，其间距不应大于 10m。

8.4.8 地沟、地坑及地下防水的设计，应符合下列要求：

1 地下水设防标高应根据地下水的稳定水位、场地滞水及建厂后场地地下水位变化确定。最高地下设计水位，应为稳定的最高地下水位或最高滞水水位以上 0.5m，但不应超过室内地坪标高。

2 地坑底面低于地下水设防标高时，应按有压水设防，可采用防水混凝土或防水混凝土另加柔性防水层的双层防护做法；地坑底面高于地下水设防标高时，可按无压水进行防潮处理。地坑及地下廊分缝处，应进行防水处理。

3 地沟、地坑应设置集水坑。

8.5 主要结构选型

8.5.1 建（构）筑物的基础，应采用天然地基。下列情况之一时，宜采用人工地基：

1 天然地基的承载力或变形无法满足建（构）筑物的使用要求。

2 地基具有承载力满足要求的下卧层。
3 地震区地基含有无法满足抗液化要求的土层。

8.5.2 多层厂房宜采用现浇钢筋混凝土框架结构。单层厂房宜根据跨度采用钢结构或钢筋混凝土结构。

8.5.3 预热器塔架的底层宜采用钢筋混凝土结构，上部宜采用钢结构或钢混组合结构；中小型厂也可采用钢筋混凝土结构。

8.5.4 圆形预均化库、帐篷库和长条形预均化库等大跨度屋盖结构，应采用轻型钢结构。

8.5.5 大中型筒仓应采用现浇钢筋混凝土结构。直径大于或等于21m的深仓，可采用预应力或部分预应力钢筋混凝土结构。

8.5.6 回转窑基础，可采用大块式、墙式、箱形或框架式的结构。

8.6 结构布置

8.6.1 厂房的柱网应整齐，并应符合建筑模数要求；平台梁板布置应规则。

8.6.2 厂房内的大型设备基础、独立的构筑物、整体的地坑等，宜与厂房柱的基础分开设置。

8.6.3 与厂房相毗邻的建筑物，宜采用沉降缝或伸缩缝与厂房分开设置。

8.6.4 筒仓边的喂料楼、提升机楼和楼梯间，其结构宜与筒仓为一整体。

8.6.5 辊压机基础宜设置在地面上。设置在楼板上时，应采取加强措施。

8.6.6 建筑在高压缩性软土地基上的厂房，建筑物室内地面或附近有大面积堆料时，应计算堆料对建筑物基础的影响，并应对差异沉降采取相应措施。

8.6.7 输送天桥支在厂房或筒仓上时，宜在天桥支点处设置滚动支座。

8.6.8 建（构）筑物沉降观测点的设置应符合现行国家标准《建筑地基基础设计规范》GB 50007的有关规定，并应进行变形观测。

8.6.9 长期处于磨损工作状态下的结构构件，应采取抗磨损措施，且结构层外应单独设置耐磨层，并应对耐磨层进行定期检查。

8.7 设计荷载

8.7.1 建（构）筑物楼面的均布活荷载的标准值及其组合值、频遇值、准永久值系数，应根据生产的实际情况采用，也可按表8.7.1采用。

表 8.7.1 建（构）筑物楼面均布活荷载

类　别	标准值 (kN/m²)	组合值系数	频遇值系数	准永久值系数
一、生产车间平台、楼梯、输送机转运站	4	0.7	0.7	0.6
二、胶带、绞刀、斜槽输送机走廊、一般走道	2	0.7	0.7	0.6

续表 8.7.1

类　别		标准值 (kN/m²)	组合值系数	频遇值系数	准永久值系数
三、地坑盖、站台、窑磨等基础挑出的走道		10	1.0	0.8	0.6
四、窑头看火平台（预热器塔架平台）堆放耐火砖的部分	计算平台板和梁	20 (15)	1.0	0.8	0.6
	计算框架梁和柱	15 (10)	0.7	0.7	0.6
五、民用建筑		按《建筑结构荷载规范》GB 50009采用			

注：带括号的标准值用于预热器塔架平台。

8.7.2 建（构）筑物屋面水平投影面上的均布活荷载的标准值及其组合值、频遇值、准永久值系数，应按表8.7.2采用。

表 8.7.2 建（构）筑物屋面水平投影面上的均布活荷载

类　别	标准值 (kN/m²)	组合值系数	频遇值系数	准永久值系数
一、压型钢板等轻型屋面	0.5(0.3)	0.7	0.5	0
二、不上人的平屋面	0.5	0.7	0.5	0
三、上人的平屋面	2.0	0.7	0.5	0.4

注：1 屋面兼作楼面时，应按楼面考虑。
　　2 不与雪荷载同时考虑。
　　3 带括号的数值适用于不同结构规范的取值。

8.7.3 建（构）筑物屋面水平投影面上的积灰荷载的标准值及其组合值、频遇值、准永久值系数，应按表8.7.3采用。

表 8.7.3 建（构）筑物屋面水平投影面上的积灰荷载

类　别	标准值 (kN/m²)	组合值系数	频遇值系数	准永久值系数
一、有灰源的车间及与其相连的建筑物	1 (0.5)	0.9	0.9	0.8
二、除一、三项以外的建（构）筑物	0.5	0.9	0.9	0.8
三、水源地、码头、居住区等建筑物	0	—	—	—

注：1 有灰源的车间包括破碎车间，石灰石、煤及辅助原料均化库，卸车坑，磨房，调配站，窑头厂房，喂料楼，熟料库，烘干车间，包装车间等。
　　2 在使用中有较严格的收尘、清灰措施保证时，对于轻型屋面积灰荷载也可采用括号内数值，但应在设计文件中注明设计条件及使用要求。
　　3 积灰荷载仅适用于屋面坡度不大于25°；屋面坡度为25°～45°时，其积灰荷载按插入法取值。屋面坡度为45°及以上时，不考虑积灰荷载。
　　4 屋面板和檩条的设计，应符合现行国家标准《建筑结构荷载规范》GB 50009的有关规定。
　　5 带括号的数值适用于不同结构规范的取值。

8.7.4 建（构）筑物的设备荷载标准值，应根据工艺要求的数值采用。计算时应将其分解为永久荷载和可变荷载。准永久值系数应采用0.8。

8.7.5 无试验资料时，各种物料的重力密度、内摩擦角和摩擦系数可按本规范附录G采用。

8.8 结构计算

8.8.1 预热器塔架、双曲线冷却塔、水塔、烟囱以及高度与宽度之比大于4的框架、天桥支架等的设计，均应计入风振系数。

8.8.2 预热器塔架、高度与宽度之比大于4的框架及天桥支架，在风荷载作用下，顶点的水平位移与总高度之比，不应大于1：500；在多遇地震作用下，不应大于1：450。物料转运站的框架宜根据变形对设备运行的影响控制水平位移。

8.8.3 计算地震作用时，可变荷载的组合值系数应按表8.8.3采用。

表8.8.3 组合值系数

可变荷载种类	组合值系数
雪荷载	0.5
屋面积灰荷载	0.5
屋面活荷载	0
楼面活荷载	0.5
设备荷载	0.8

8.8.4 回转窑基础和磨基础的地基反力，不宜出现拉力。同一设备的相邻两个基础之间的不均匀差异沉降量不应大于10mm。

8.8.5 回转窑基础和管磨基础，可不作动力计算。

8.8.6 回转窑基础、磨基础、破碎机基础和大型风机基础，可不作抗震验算。

8.8.7 有温度变化的管磨基础和筒式烘干机的基础，应计入轴向的温度伸缩力。

9 给水排水

9.1 一般规定

9.1.1 给水排水设计应满足生产、生活和消防用水的要求，并应符合下列规定：

1 应根据地区水资源的总体规划，与邻近城镇和工农业部门协商对水的综合利用。

2 应采取循环用水、一水多用、中水回用等措施。

3 应合理利用水资源和保护水体，排水设计应符合现行国家标准《污水综合排放标准》GB 8978的有关规定。

9.2 给 水

9.2.1 生产、生活用水量的确定，应符合下列规定：

1 生产用水量应根据生产工艺的要求确定。

2 厂区生活用水量，宜为30～50L/（人·班），其小时变化系数宜取1.5～2.5，且其用水时间宜为8h；厂区淋浴用水量，宜为40～60L/（人·班），其淋浴延续时间宜为1h。

3 居住区生活用水量，应符合现行国家标准《室外给水设计规范》GB 50013的有关规定。

4 浇洒道路和场地用水量，宜为2.0～3.0L/（m^2·d）；绿化用水量，宜为1.0～3.0L/（m^2·d）。

5 冲洗汽车用水量和公共建筑生活用水量，应符合现行国家标准《建筑给水排水设计规范》GB 50015的有关规定。

6 中央化验室用水量，宜为30～50m^3/d，且用水时间宜为8h；机电修理车间用水量，宜为10～20m^3/d，且用水时间宜为8h。

7 设计未预见用水量，可按生产、生活总用水量的15%～30%计算。

9.2.2 机械设备轴承冷却水的温度宜小于32℃，其碳酸盐硬度宜控制在80～450mg/L，悬浮物宜小于20mg/L，pH值宜为6.5～8.5，并应满足水质稳定的要求。

9.2.3 锅炉、化验、空气调节和生活等用水水质，用于供给篦式冷却机、增湿塔、立磨喷雾和其他仪表等生产用水时，碳酸盐硬度宜小于450mg/L。

9.2.4 生产用水水压应根据生产要求确定。车间进口的水压，宜为0.25～0.40MPa，部分设备水压要求较高时，可局部加压。

9.2.5 给水水源的选择，应根据水资源勘察资料和总体规划的要求，通过技术经济比较后确定，并应符合下列要求：

1 水资源应丰富可靠，并应满足生产、生活和消防的用水量要求；同时生活饮用水的水源应采用符合现行国家标准《生活饮用水卫生标准》GB 5749有关水源水质卫生要求的地下水。

2 **生活饮用水水质应符合现行国家标准《生活饮用水卫生标准》GB 5749的有关规定。**

3 应选用水质不需净化处理，或只需简易净化处理的水源。

4 有条件时，可与农业、水利、邻近城镇和工业企业协作，综合利用水资源。

5 水源工程及其配套设施应安全、经济，便于施工、管理和维护。

9.2.6 取用地下水时，取水量应小于允许开采水量。采用管井时，应设置备用井。备用井数量可按任何一口井或其设备事故时仍能满足80%设计取水量确定，但不得少于一口井。

9.2.7 取用地表水时，枯水期的流量保证率应为90%～97%。大中型厂和水源丰富地区，宜取大值；小型厂和缺水地区，可取小值。

9.2.8 取水泵站和取水构筑物的最高水位，宜按100年一遇的频率设计；枯水位的保证率，宜按95%设计、99%校核。小型厂可按50年一遇的最高水位频率设计，枯水位的保证率可按90%设计、95%校核。

9.2.9 水源至工厂的输水工程，应根据地形条件采用重力输水。输水管线宜设置两条，当其中一条故障时，应保证通过80%设计水量；当水源至工厂只设置一条输水管，或多座水源井分别以单管向工厂输水时，厂内应设置安全贮水池或其他安全供水的设施。

9.2.10 给水处理厂的生产能力，应根据工厂总体规划的要求确定，并应满足生产、生活最高日供水量加消防补充水量和自用水量。

9.2.11 生产给水宜采用敞开式循环水系统，循环回水可采用压力流或重力流。新型干法水泥工厂的生产用水重复利用率不应低于85%；循环冷却水系统应保持水质和水量平衡，可采用自然或人工方式降低水温，应进行水质稳定计算，并应采取水质稳定措施或其他水质处理措施，同时应符合现行国家标准《工业循环冷却水处理设计规范》GB 50050 的有关规定。

部分水质要求较高的生产用水，可由生活给水系统供水。

9.2.12 在一个水泵站内，宜选用同类型的水泵；每一组生产给水泵，应设置备用泵，但冷却塔给水泵可不设置备用泵。

9.2.13 生活饮用水管道，不得与非生活饮用水管道及非城镇生活饮用水管道直接连接。

9.2.14 生活和消防给水系统应设置水量调节贮存设施，有条件时应选择高位贮水池。

9.2.15 生产和生活、厂内和厂外的用水应分别计量。外购水总管、自备水井管、生产车间和辅助部门，均应设置用水计量器具。各车间和公用建筑生活用水应独立计量。循环水泵站计量仪表的设置应符合现行国家标准《工业循环冷却水处理设计规范》GB 50050 的有关规定。不允许停水点的用水计量器具应设置旁通管路和控制阀。

9.3 排 水

9.3.1 排水工程设计应结合当地规划，综合设计生活污水、工业废水、洪水和雨水的排除。生产污水、生活污水宜采用合流制，雨水宜单独排除。不可回收的生产废水，可排入雨水或生活污水排水系统。

9.3.2 生产排水量应根据生产用水的要求及循环水水质稳定的要求确定。生活污水量的确定应符合现行国家标准《室外排水设计规范》GB 50014 的有关规定，也可按生活用水量的80%~90%计算。

9.3.3 下列各处污水排入排水管网前，应进行局部处理：

1 建筑物排出的粪便污水，宜先排入分散或集中设置的化粪池。

2 回转窑和烘干机的托轮水槽的废水不宜排出；但需排出时，应设置除油设施。

3 汽车洗车台的污水排出及食堂含油污水排出时，应设置沉淀和除油设施。

4 化验室的成型室和细度室的排水，应设置除砂设施。

5 化验室的化学分析室、机械修理、电气设备修理车间和其他车间的蓄电池室排出的含酸碱污水，应设置水中和处理设施。

6 锅炉房排出的温度高于40℃的废水，应设置降温设施。

9.3.4 水泥工厂的污水处理程度及污水排放，应符合现行国家标准《污水综合排放标准》GB 8978 的有关规定，并应取得地区环保主管部门的同意。

9.4 车间给水排水

9.4.1 车间和独立建筑物的给水排水系统，应与室外给水排水系统协调一致。

9.4.2 生产用水设备的进口水压，应根据生产工艺和设备的要求确定。

9.4.3 篦式冷却机和增湿塔喷雾给水泵宜设置调节水箱自灌引水。

9.4.4 石灰石卸车坑、石灰石破碎车间等喷淋除尘用水，宜由生产给水系统供水，也可由生活给水系统供水。水压不足时，应局部加压。

9.4.5 生产车间内的给水管道，宜采用枝状布置。

9.4.6 给水排水管道应根据建厂地区气候条件和建筑物特性，采取防冻和防结露措施。

9.4.7 建筑物的引入管和压力循环回水出户管，应设置控制阀门。用水设备的管道最高部位，宜设置排气阀；管道最低部位，宜设置放水阀。

9.5 工厂消防及其用水

9.5.1 水泥工厂应设计消防给水，并应按建筑物类别及使用功能，设置固定灭火装置和火灾自动报警装置。消防设计应符合现行国家标准《建筑设计防火规范》GB 50016 的有关规定。

9.5.2 厂区和独立居住区，同一时间内的火灾次数，应按一次计算。

9.5.3 消防用水量应符合现行国家标准《建筑设计防火规范》GB 50016 的有关规定。

9.5.4 当工厂设置消防车、移动式消防泵或由附近的消防站协作来满足消防灭火时的水压要求时，室外消防给水应采用低压给水系统，管道的压力应保证消防灭火时最不利点消火栓的水压不小于0.10MPa（从室外地面算起）。消防给水系统可与生活给水系统或生产给水系统合并。设有储油系统时，油库区应采用独立的消防给水系统。

9.5.5 室外消防给水管网应采用环状布置。居住区及小型厂厂区,其室外消防用水量不超过15L/s时,可采用枝状布置。

9.5.6 下列车间和建筑物应设置室内消防给水:
1 煤粉制备车间。
2 煤预均化库。
3 中央控制室。
4 超过2个车位的修车库。
5 停车数量超过5辆的汽车库和停车场。
6 超过5层或体积超过10000m³的单身宿舍、招待所及工厂其他辅助用建筑。

9.5.7 煤粉制备车间,在确保最不利点的消防用水量和水压时,可不设置屋顶水箱。

9.5.8 寒冷地区水泥工厂非采暖车间内的消防管道应采取放空防冻的措施,在总进口处宜设置快速启闭装置。

9.5.9 耐火等级为一、二级,无明火及可燃物较少的丁、戊类高层厂房,每层工作平台工人少于2人,且各层平台人数总和不超过10人时,可不设置室内消防给水。

9.5.10 固定灭火装置的设置,应符合下列规定:
1 主机房的建筑面积不小于140m²的电子计算机房中的主机房和基本工作间的已记录磁(纸)介质库,应设置固定灭火装置。特殊重要设备室宜设置气体灭火设备。
2 单台容量为40MV·A及以上的可燃油油浸电力变压器水喷雾装置或其他固定灭火装置的设置,应符合现行国家标准《建筑设计防火规范》GB 50016和《水喷雾灭火系统设计规范》GB 50219的有关规定。
3 储油系统的油罐区,应采用固定式低倍数气泡沫灭火装置和喷水冷却装置。容量小于200m³的地上油罐,及半地下、地下、覆土和卧式油罐,可采用移动式泡沫灭火装置。
4 煤磨电除尘器的入口处,应根据工艺要求设置二氧化碳灭火装置,并应在煤磨和煤粉仓附近设置干粉灭火器或其他灭火装置。
5 设有集中空气调节系统的招待所、无楼层服务台的客房及综合办公楼内的走道、办公室、餐厅、商店、库房,应设置闭式自动喷水灭火设备。

9.5.11 下列部位应设置火灾检测与自动报警装置:
1 大中型电子计算机房。
2 贵重的机器、仪器、仪表设备室。
3 办公楼内的重要档案、资料库。
4 设有二氧化碳及其他气体固定灭火装置的房间。

9.5.12 水泥工厂的建筑物应设置灭火器,并应符合现行国家标准《建筑灭火器配置设计规范》GB 50140的有关规定。

9.5.13 设有火灾自动报警装置和自动灭火装置的建筑物,宜设消防控制室,并应符合现行国家标准《建筑设计防火规范》GB 50016的有关规定。

9.5.14 煤粉制备车间,宜采用独立布置的方式。与窑头厂房合并时,应采用耐火极限不低于3h的非燃烧体隔墙。

10 供热、通风与空气调节

10.1 一般规定

10.1.1 供热、通风与空气调节设计方案的选择,应根据建厂地区气象条件、总图布置、工艺和控制要求、区域能源状况及环境保护要求,并应通过技术经济比较后确定。

10.1.2 供热、通风与空气调节室外气象计算参数,应符合现行国家标准《采暖通风与空气调节设计规范》GB 50019的有关规定。其中未列出的,可采用地理和气候条件相似的临近气象台站的气象资料。

10.2 供 热

10.2.1 采暖设计应符合下列规定:
1 累年日平均温度稳定低于或等于5℃,且日数大于或等于90d的地区,宜设置集中采暖。
位于集中采暖地区的生产管理和生活建筑,且有防寒要求或经常有人停留、工作,并对室内温度有一定要求的生产及辅助生产建筑,应设置集中采暖。
2 非集中采暖地区的水泥工厂,如需采暖时,其生产管理和生活建筑、生产车间的控制室、值班室及辅助生产建筑,可设置集中采暖。
3 设置集中采暖的生产管理、生活建筑、生产及辅助生产建筑,位于严寒或寒冷地区,且在非工作时间或中断使用的时间室内温度需保持0℃以上时,应按5℃设置值班采暖。工艺系统及生产设备对环境温度另有要求时,室内采暖计算温度可根据要求确定。
各类磨房、水泥包装等高大的生产厂房,不宜设置全面采暖;有温度要求的工作区域,应采用隔断围护结构,并应设置局部采暖或设置取暖室。
4 采暖建筑物远离热力管网、热力管网布置困难、采暖建筑物过高,且采暖热负荷仅为小型控制室或值班室时,可设置局部采暖。
5 贮存或生产过程中产生易燃、易爆气体或物料的建筑物,严禁采用明火采暖。采用电热采暖时,应采用防爆型电暖器及插座。
6 不同供热方式的采暖间歇附加值,宜按表10.2.1采用。

表10.2.1 不同供暖方式的采暖间歇附加值

供热方式	供热热源类型	供热时间(h/d)	间歇附加值(%)
连续供热	热电站或生产线余热供热、区域连续供热锅炉房	24	0
调节运行供热	小区集中供热锅炉房	16~24	10
间歇供热	小型锅炉房（白天运行）	8~10	20

注：间歇附加值按采暖房间总耗热量计算。

7 建筑物冬季采暖室内计算温度，应符合国家现行标准《采暖居住建筑节能检验标准》JGJ 132 的有关规定。

8 采暖热媒选择应符合下列规定：

1) 一般寒冷地区的厂区、厂前区采暖热媒，宜采用95~70℃低温热水。
2) 严寒地区的厂区、厂前区采暖热媒，宜采用110~70℃高温热水。
3) 严寒地区的生产线物料储运和除尘设备保温供热热媒宜采用蒸汽，其他生产车间采暖热媒可采用蒸汽。蒸汽温度不应高于120℃，其凝结水回收率不得低于60%。
4) 利用余热或天然热源采暖时，采暖热媒及其参数可根据具体情况确定。

10.2.2 热源的设计应符合下列规定：

1 所需热负荷的供应，应根据所在区域的供热规划确定。其热负荷可由区域热电站或区域锅炉房供热时，不应单独设置锅炉房。

2 锅炉房设计，应根据工厂总体规划留有扩建余地。

改建、扩建工程，应利用原有建筑物、设备和管道。

3 锅炉房的位置选择，应符合下列规定：

1) 锅炉房应布置在热负荷中心附近，并应布置在厂前区或厂前区与主要用热建筑间的地势较低的位置。
2) 锅炉房应布置在所在区域常年或冬季主导风向的下风侧，并应有利于自然通风和采光。
3) 燃煤锅炉房附近应设置可存放5~10d用煤量的煤堆场和3~5d灰渣量的灰堆场。堆场设计应便于运输及利于防尘，并应符合防火要求。锅炉房采用联合上煤、联合除渣时，还应设置运煤、除渣设施用地。
4) 锅炉房与邻近建（构）筑物之间的距离，应符合现行国家标准《建筑设计防火规范》GB 50016 及本规范附录A的有关规定。

4 锅炉台数与炉型的确定应符合下列规定：

1) 锅炉房内相同参数的锅炉台数不宜少于两台。采用一台能满足热负荷和检修要求时，可只设置一台。

按蒸汽与热水炉型每种不宜超过两台，选用多台锅炉时，应通过技术经济比较确定。

2) 一般寒冷地区采暖锅炉可不设置备用锅炉。但其中一台停止运行时，其余锅炉应满足60%~75%热负荷的要求。
3) 严寒地区的生产建筑采暖及除尘设备保温供热，应设置备用锅炉。
4) 生活供汽应设置备用锅炉。
5) 以水泥窑余热或余热发电抽汽作为采暖、生活用汽热源，且只有一台窑设有余热供热或余热发电抽汽供热时，应设置备用锅炉。
6) 有热水采暖和生活用汽要求，且两种热负荷均较小的厂区锅炉房，宜采用蒸汽锅炉，并应设置汽水换热装置。

5 以热电厂或余热发电抽汽作为水泥工厂采暖、生活用汽热源时，应设置汽水换热站或采取减压措施。汽水换热器的容量和台数，应根据采暖总热负荷选择。严寒地区换热器应设置备用换热器，一般寒冷地区可不设备用换热器。但当其中一台换热器停止运行时，其余设备应能满足60%~70%热负荷的要求。

6 锅炉房控制室应有较好的朝向，其观察窗对锅炉应有较好的观察视野。燃煤锅炉总容量折合12蒸吨以上的锅炉房，宜设置化验室、维修间和生活间。

7 燃煤锅炉总容量折合小于12蒸吨的锅炉房，每台锅炉可单独设置机械上煤、机械除渣装置。

严寒地区燃煤锅炉总容量折合等于或大于12蒸吨，或一般寒冷地区要求机械化程度较高的锅炉房，从煤堆场到锅炉房内运煤，宜采用间歇机械化设备装卸和间歇机械化设备运煤。锅炉除渣宜采用联合除渣机。

8 燃煤锅炉房的鼓、引风机应设置在厂房内，但鼓风机不应设置在锅炉间内。当鼓、引风机设置在室外时，应采取防雨、消声等措施。

9 燃煤锅炉房烟囱高度、个数及烟尘、二氧化硫排放浓度，应符合现行国家标准《锅炉大气污染物排放标准》GB 13271 的有关规定。

10 锅炉房应根据其规模、供热对象分别设置计量仪表检测。

10.2.3 室外热力管网的设计，应符合下列规定：

1 热水采暖管网应采用双管闭式循环系统。蒸汽采暖管网宜采用开式系统，其凝结水应回收。凝结水量小且回收系统复杂时，可就地减温排放。

2 热力管网敷设应符合下列要求：

1) 热力管网敷设型式，应根据建设场地地形、地质、水文、气象条件以及对美观的要求等确定。改建、扩建工程尚应根据原有管网及建（构）筑物情况确定。

2）采用直埋敷设的热力管网，敷设于地下水位以下的直埋管，应有防水措施。穿越铁路或不允许开挖的交通干道时，应加设套管。

3）采用地沟敷设的热力管网，连接各采暖用户的支管宜采用不通行地沟；供热干管及检修不允许开挖的地段，宜采用半通行地沟；当各种管道共同敷设时，宜采用通行地沟，热力管应在管沟的上部，并应符合本规范第6.8.2和6.8.3条的规定。

4）新建厂的热力管网宜采用直埋或地沟敷设，当建设场地不允许时，可采用架空敷设。改建、扩建工程的热力管网，宜采用架空敷设。严寒地区不宜采用架空敷设。

5）各采暖用户热力管入口处均应设设调节阀，并应安装在入户阀门井内。沿墙敷设的架空热力管，室外安装阀门有困难时，入户阀门可安装在室内。

6）地下敷设的热力管沟、阀门井外壁，以及直埋管道、架空管道保温结构表面，与建（构）筑物、道路、铁路及各种管道的最小水平净距、垂直净距，应符合本规范附录C～附录E的规定。

7）热负荷较大的生产及辅助生产建筑物，其采暖入口处，宜设置分户热计量装置。且宜设置温度、压力检测管座。

10.3 通　风

10.3.1 自然通风设计应符合下列规定：

1 以自然通风为主的窑头厂房、冷却机房、烘干车间、各类磨房及余热发电的汽轮发电机房等建筑物，其方位宜根据主要进风面、建筑物形式，按夏季有利的风向布置。

2 底层门洞、侧窗宜作为自然通风的进风口，上部侧窗宜作为自然通风的排风口；烘干机房宜设置排风天窗。侧窗和天窗的窗扇，应开启方便灵活；高侧窗应设置开窗平台。

3 采用自然通风的建筑物，车间内工作地点的夏季空气温度，应符合表10.3.1的要求。当空气温度超出规定值时，应设置机械通风。

表10.3.1　车间内工作地点的夏季空气温度规定值

夏季通风室外计算温度（℃）	≤22	23	24	25	26	27	28	29～32	≥32
允许温差	10	9	8	7	6	5	4	3	2
工作地点温度	≤32			32				32～35	35

注：如受条件限制，在采取通风降温措施后仍达不到本表要求时，允许温差加大1～2℃。

4 产生余热、余湿的地坑、压缩空气站等生产厂房，首先应采用自然通风消除余热、余湿，达不到卫生条件和生产要求时，应采用机械通风。

10.3.2 生产设备冷却通风的设计，应符合下列规定：

1 新型干法生产线的回转窑，其烧成带筒体应根据设备要求设置通风冷却系统。

2 对有风冷降温要求的回转窑烧成带轮带（从窑头起1号或1号及2号轮带），应根据设备所需的风量、风压要求，设计成独立的通风冷却系统。

3 窑中主传动、各种磨机及辊压机等电动机的风冷，应根据制造厂的要求进行通风设计，并应对通风系统采取过滤措施。

4 窑头看火平台应设置可移动的轴流通风机，其工作地点风速应按2～4m/s计算。

10.3.3 生产与辅助生产建筑的机械通风设计，应符合下列要求：

1 凡产生余热、余湿及有害气体的建筑，应以消除有害物质计算通风量，当缺乏必要的资料时，可按房间换气次数确定。水泥工厂建筑物通风换气次数，宜按本规范附录H采用。

2 输送冷、热物料地坑及地下皮带机走廊应设置通风系统。进风采用自然补风时，断面风速宜为0.5～0.7m/s；补风的室外进风口宜设置在空气洁净的地方，专门设置的进风口应高出室外地坪2m，当设在绿化地带时，不宜小于1m；排风系统的吸风口位置的设置应保证抑制热、尘等扩散，且排风口应高出室外地坪2.5m以上。

3 炎热地区的包装车间包装工人插袋处，宜设置局部过滤送风装置。

4 化验室通风柜排风量，应按保持工作孔风速0.5～0.6m/s计算。其排风机及管道应采取防腐措施。

5 有机械送风的配电室，送入室内的空气应经过过滤处理。配电室应设置排风系统，其风量宜为送风系统风量的90%。

6 炎热地区的各车间配电室、电除尘器整流室，应设置机械排风系统。

7 设有二氧化碳或其他气体等固定灭火装置的中央控制室及其他建筑物，应按消防要求设置局部排风系统。

8 炎热地区机、电修车间的各工段厂房内，除应设置移动式通风机外，对于散热及产生有害气体的铆锻焊工段、电修的喷漆等，尚应设置局部排风系统。

9 汽车保养的碱水清洗间、发动机修理间，应设置机械排风系统，并应采用防腐风机。

10 循环水泵站的加氯间及污水泵站的地坑，均应设置机械排风系统。加氯间的排风口应设置在房间的下部。污水泵站吸风口的设置，气流不应短路。

10.3.4 事故通风的设计，应符合下列规定：

1 总降压变电站、配电站的高压开关柜室、电容器室、氧气瓶库、乙炔气瓶库、汽车保养间的充电间、电瓶修理间、射油泵间、燃油附件间及喷漆间等辅助生产厂房，应设置事故排风装置。当事故排风与排热、排湿系统合用时，通风量应根据计算确定，但换气次数不应小于12次/h。

2 事故排风机开关应分别在室内、外便于操作的地点设置。

3 事故排风机应设置在有害气体或有爆炸危险物质散发量最大的地点，并应采取防止气流短路措施。

4 排除有爆炸危险物质的局部排风系统，通风机的电机应采用防爆型。

5 电缆隧道应设置事故排风，排风量应按隧道断面风速0.5～0.7m/s计算，并应采用自然补风。风口距室外地面的高度，进风口不应低于2m，排风口不应低于2.5m。

10.4 空气调节

10.4.1 中央控制室、中央化验室、供配电系统控制室、计量管理监测站及轨道衡等，应根据生产工艺设备的要求，设置空气调节系统；厂前区要求较高的办公楼、综合服务楼、招待所及食堂等建筑物，可根据当地气象条件或建设单位的要求，设置空气调节系统。

水泥工厂建筑物空气调节室内计算温、湿度参数要求，宜按本规范附录J确定。

10.4.2 空气调节房间的布置及围护结构，应符合下列规定：

1 中央控制室、中央化验室及其他建筑内，要求设置空气调节的房间，不宜顶层布置，宜集中布置，其外墙宜北向，并应减少外窗面积，同时向阳窗应采取遮阳措施。

2 中央控制室和中央化验室的成型室、养生室设置在底层时，应设置双层窗。炎热地区的中央控制室空气调节房间宜设置外走廊。

3 中央控制室空气调节房间设置在顶层时，应设置顶棚，炎热地区宜设通风屋顶。

4 空调房间的通风窗夏季应能开启，冬季应能密闭。

5 空气调节房间围护结构的最大传热系数和采暖期最小传热热阻应符合现行国家标准《采暖通风与空气调节设计规范》GB 50019的有关规定。

10.4.3 空气调节系统的设计，应符合下列规定：

1 中央控制室、中央化验室、办公楼、招待所等有空气调节要求的建筑物，当总图布置比较集中，且所需空调总面积较大时，宜采用设置集中冷站的集中空气调节系统。集中冷站应设置在冷负荷中心。

2 有空气调节要求的建筑物，当总图布置比较分散，且每幢建筑物所需空调面积较大时，各建筑物宜采用独立的集中空气调节系统，其空调机房宜设置在建筑物底层或地下室。

3 各主要生产车间控制室、电力室及建筑物中仅个别房间有空调需要时，宜采用局部空气调节系统。

4 中央控制室、中央化验室等有温、湿度要求的集中空气调节系统，应设置温、湿度自动控制装置。

5 集中空气调节系统送、回风总管，以及新风系统的送风管道上，均应设置防火装置。所有风道、保温材料等应采用非燃烧材料或难燃烧材料。

10.4.4 空气调节设备选型应符合下列规定：

1 设置集中冷站的集中空气调节系统的冷源，宜采用冷水机组。冷水机组台数不应少于两台，当其中一台发生故障停运时，其余冷水机组应保证中央控制室、中央化验室所需空气调节的冷负荷。

2 单体集中空气调节系统，应根据建筑物温、湿度要求，分别选用空气调节设备。有特殊要求的办公楼、招待所等建筑物，宜采用冷水机组与风机盘管加新风机组。冷水机组不宜少于两台，可不设置备用机组；中央控制室、中央化验室宜采用整体的恒温、恒湿机组，且不应少于两台，亦不应超过四台。一台机组发生故障停运时，其余机组应能满足设计冷负荷的要求；中央化验室的成型室、养生室设在地下室时，可根据当地环境温度，设置一台整体式恒温、恒湿机组。

11 机械设备修理

11.1 一般规定

11.1.1 机械设备修理车间的装备水平，应根据水泥工厂的生产规模和当地的协作条件确定。大中型厂协作条件较差时，应设置中修能力的装备水平；协作条件有保证时，可按小修设置。

11.1.2 机械设备的维修，应根据工厂的管理体制，采取集中为主或集中与分散相结合的方式。设置生产车间维修组时，应根据主要负责本车间机械设备的日常维护工作设置。

11.1.3 大型备件、锻钢件、精密件、专用件、标准件等应由外协加工或供货商供货。

11.1.4 机械设备修理应由机钳、铆锻焊、热处理等工段组成，有附属矿山时，还应包括矿山设备维修。机械设备修理的辅助设施应包括备品备件库、乙炔气瓶和氧气瓶库，以及办公室和更衣室等生活设施。

11.1.5 机械设备修理工作量宜根据自给率的15%～30%确定，可按下列公式计算：

$$W=\frac{Qg}{1000} \quad (11.1.5)$$

式中 W——机械备件年需要量（t）；
Q——水泥年产量（t）；
g——单位产品备件消耗指标（kg/t），取0.6～1.1。对小型厂取1.1，中型厂取0.7，大型厂取0.6。

11.1.6 机械设备修理车间的工作班制，除机钳工段机床加工宜为两班制外，其他工段应为一班制。

11.2 工段组成与装备

11.2.1 机钳工段宜由机床加工、钳工装配和辅助工种等生产系统，以及工具间、生活间和办公室等组成。

11.2.2 机钳工段配置应符合下列规定：
1 机床数量应根据备件的加工量和机床的年加工量确定，各类机床数应根据机床分配比例和工厂加工特点选择。
2 机钳工段机床配置宜符合表11.2.2的规定。

表11.2.2 机钳工段机床配置（台）

机床名称	小型厂	中型厂	大型厂
普通车床	4	5～6	8
龙门刨床	—	1	1
牛头刨床	1	2	2
插床	—	1	1
铣床	—	1	1
摇臂钻床	1	1	1
立式钻床	1	1	1
桥式起重机	起重量 $Q=5t$，1台	起重量 $Q=10t$，1台	起重量 $Q=10t$，1台

11.2.3 铆锻焊工段宜由锻造和焊接工段组成。其主要设备的配置应符合下列规定：
1 锻造工段的设备规格应根据消耗件中的锻件规格、材质和锻造工艺确定。
2 焊接工段的切割设备规格应根据金属结构件钢板厚度确定；焊接设备规格应根据焊接方法和年工作量确定。
3 铆锻焊工段主要设备配置宜符合表11.2.3的规定。

表11.2.3 铆锻焊工段主要设备配置

设备名称	小型厂	中型厂	大型厂
室式加热炉，炉底面积0.4m²	—	△	△
75kg空气锤	△	△	△
400kg空气锤	—	△	△
剪板机，剪板厚度小于13mm	△	△	△
三辊卷板机，最大板厚19mm	—	△	△
空气压缩机 $Q=0.9m^3/min$，$p=0.7MPa$	△	△	△

续表11.2.3

设备名称	小型厂	中型厂	大型厂
铁砧	△	△	△
焊接整流器	△	△	△
焊接变压器	△	△	△
焊接发电机	△	△	△
半自动切割机	—	△	△
铆钉机	△	△	△
钻床	△	△	△
车间内起重机 $Q=5t$	△	△	△

注："△"表示需要，"—"表示不需要。

11.2.4 热处理工段宜设置普通热处理间、金相检验间、硬度测试间、办公室和生活间等。主要设备应根据年热处理工作量和热处理工件的规格尺寸设置，宜设置箱式电阻炉、井式电阻炉、淬火油槽、淬火水槽、硬度计、金相试样抛光机和金相显微镜等。

11.3 工段布置

11.3.1 机钳工段面积应包括生产机床占用面积，以及钳工装配、工具间和仓库等所需面积。机钳工段面积指标应符合表11.3.1的规定。

表11.3.1 机钳工段面积指标

项目	面积指标
生产机床	按每台机床平均面积指标为45m²计算
钳工装配	按生产机床面积的20%计算
工具间、仓库	按生产机床面积的10%计算

注：生产机床总面积中不包括办公室和生活间，设计时按工厂要求确定。

11.3.2 机钳工段的机床布置，应符合下列规定：
1 应保证安全作业，并应便于机床检修、自然采光及切屑清理，同时应布置紧凑。
2 机床间距尺寸应符合表11.3.2的规定。

表11.3.2 机床间距尺寸（mm）

机床间距尺寸		中小型机床	大型机床
机床与墙之间的距离	与墙之间有操作位置	1000～1200	1200～1500
	与墙之间无操作位置	机床外形与柱子或墙的距离600～800	
机床与机床之间的距离	与机床左右之间的距离	800～1500	1500～3000
	前后之间有一个操作位置	1000～1200	1200～1500
	前后之间有两个及以上操作位置	适当加大	
机床与通道之间的距离	无操作位置	200～400	600～800
	有操作位置	800～1200	

3 机床间距尺寸除应保证本条第2款要求外，尚应保证机床基础与厂房柱子基础的最小距离和起重机吊钩活动的极限范围。

11.3.3 铆锻焊工段的锻造部分可布置在车间端部，可采用隔墙与铆焊部分分开。铆锻焊工段面积指标应符合表11.3.3的规定。

表11.3.3 铆锻焊工段面积指标

项　　目		面积指标
锻压机组	铁砧	30m²
	75kg空气锤	50m²
	400kg空气锤	100m²
燃料、毛坯及锻件堆放		按锻压机组面积的30%计算
铆焊		按0.3t/a·m²单位产量指标计算
露天作业		按工段面积的60%计算

注：工段面积不包括办公室和生活间。

11.3.4 铆锻焊工段的设备布置应符合安全、采光和检修的要求，并应满足加工过程中原材料堆放和操作方便所需的间距。锻造部分的空气锤中心与墙的间距，75kg空气锤应为2800mm，400kg空气锤应为3500mm；空气锤与加热炉的间距，75kg空气锤应为1500mm，400kg空气锤应为1800mm。

11.3.5 热处理工段的面积可为189～216m²，其中生产面积应为75%，辅助部分和生活设施应为25%。工段布置时，炉子与墙的距离应为1000～2000mm，炉子相互间距应为1200～1500mm，炉口与淬火槽的距离应为1500～2000mm。

11.4 工段厂房

11.4.1 机修车间各工段的生产火灾危险性类别及建筑最低耐火等级应符合本规范附录A的规定。

11.4.2 机钳工段的厂房跨度应采用建筑模数制，宜采用9、12、15、18m；厂房各种门的尺寸及适用范围宜符合表11.4.2的要求。

表11.4.2 机钳工段厂房各种门的尺寸及适用范围

门的尺寸（宽×高）(m)	适应范围
1.0×2.1	行人便门、办公室生活间、辅助材料库和工具室门
1.5×2.1	辅助车间手推车进出门
2.1×2.4或2.4×2.4	平板车、电瓶车进出门
3.6×3.6或4.2×4.2	重型载重汽车进出门

11.4.3 机钳工段生产用水量，应按每加工1t备件的耗水量为1.1m³/t计算，机钳工段应配置升压手压泵。每台机床的冷却水量，宜按0.6L/h或0.01m³/d（两班生产）计算；中小型磨床可按0.02m³/d（两班生产）计算。

11.4.4 机钳工段应按机床要求设计供配电，检修平台、钳工台、划线平台、砂轮机等设备附近应设置动

力插座；在布置机床设备的部位，每隔8～12m应设置一只局部照明插座。

11.4.5 铆锻焊工段的铆焊部分地面荷载宜为2t/m²，其放置机床部分的地面荷载宜为1～3t/m²。锻造部分地面荷载宜为3t/m²，并应具有耐热、耐压、耐振性能；氧气瓶库、乙炔瓶库的地面、墙壁应具有防水、防腐蚀性能。

11.4.6 铆锻焊工段的氧气瓶库、乙炔气瓶库设计应符合下列规定：

1 氧气瓶库、乙炔气瓶库与有爆炸危险的房间的距离应大于30m，氧气瓶库和乙炔气瓶库周围25m以内的建筑物严禁采用明火取暖，且库内应设置通风和消防设施。同时库内应采用防爆型照明，照明开关应设置在门外。

2 氧气瓶库、乙炔气瓶库与其他建筑物的防火间距应符合本规范附录A的规定。

11.4.7 卷板机、剪板机等大型设备附近应设置动力插座。

11.4.8 热处理工段应设置机械通风，并应符合本规范第10.3.3条第8款的规定。

11.4.9 热处理工段的厂房建筑不应采用木结构，地面荷载宜为3～5t/m²，且地面应具有耐高温、耐冲击、耐油、易冲洗的性能。

11.4.10 热处理工段宜采用独立建筑物，若与其他车间合并时，应至少有一长边的外侧墙与其他车间互相隔开。

11.4.11 机械设备修理车间应设置备品备件库、氧气瓶库和乙炔瓶库。机械设备修理车间贮库面积可按表11.4.11采用。

表11.4.11 机械设备修理车间贮库面积

库　　名	规格（宽×长）(m)	面积（m²）
备品备件库	12×42	504
	15×42	630
	18×54	972
氧气瓶库、乙炔瓶库	6×12	72
	12×24	144

11.4.12 工段厂房应根据工厂规模和协作条件，设计面积不等的两个备品备件库。两个备品备件库可分别选用5～10t和3t的电动单梁起重机。库房的地面荷载宜为2～3t/m²。

11.4.13 氧气瓶库与乙炔气瓶库在同一建筑物内时，应采用隔墙将氧气瓶库与乙炔气瓶库隔开。库内地面材质应具有防火和防腐蚀性能，且地面荷载应为0.8～1t/m²。

12 电气设备及仪表修理

12.1 一般规定

12.1.1 水泥工厂中应设置电气设备及电气仪表修理

车间和自动化仪表维修车间。

12.1.2 电气设备及电气仪表修理车间的规模应根据工厂规模、电气装备水平及外部协作条件确定。

12.1.3 在大中型厂的主要生产车间，可根据需要设置电气维修间。

12.1.4 电气设备及电气仪表修理车间宜设置在机修车间附近，不宜与铆锻焊工段相邻。

12.1.5 电气设备及电气仪表修理车间内应设置电动或手动单梁起重机，其起重量应满足起吊最大检修部件的要求。

12.2 电气设备及电气仪表修理车间规模

12.2.1 水泥工厂电气修理，应能对电动机、变压器、配电装置、配电线路、电气设备及电气仪表进行修理，并应根据工厂电动机、变压器台数、装机容量及表12.2.1的规定划分车间规模。

表12.2.1 电气设备及电气仪表修理车间规模划分

水泥工厂规模	电动机、变压器总台数	车间规模
4000t/d级及以上规模	800台以上	中型或大型
4000t/d级以下、2000t/d级及以上规模	400～800台	中型或小型

12.2.2 电气设备及电气仪表修理车间的设计规模，应满足工厂扩建的要求，主要设备和厂房宜一次建成，其他设备可按扩建需要逐步增加。

12.2.3 电气设备及电气仪表修理车间的面积可按下列原则设计：

  1 电气设备年送检率可按装备数量的15%～25%确定，设备台数可按表12.2.1中电动机和变压器的总台数计算，每台送检设备所需面积可按5～6m²确定。

  2 不同规模电气设备及电气仪表修理车间的面积宜符合下列规定：

    1) 小型车间为500m²；
    2) 中型车间为900m²；
    3) 大型车间为1000m²。

12.2.4 电气设备及电气仪表修理车间内应设置供设备检修用的材料及备品备件库。全厂电气设备备品备件库的规模，应与全厂仓库统一设计。

12.2.5 独立的电气设备及电气仪表修理车间宜设置办公室、更衣室、厕所等辅助和生活用房。

12.2.6 厂房有起重设备时，其净高不应低于6.5m；无起重设备时，不应低于4.5m。

12.3 电气设备及电气仪表修理内容与设备选择

12.3.1 电气设备及电气仪表修理车间对电气设备的维修，应包括下列内容：

  1 110kV及以下电气设备的检修与预防性试验。

  2 0.5级及以下电气仪表的检验与修理。0.2级以上的仪表校验宜外部协作。

  3 容量为2000kV·A及以下变压器，或中、小型中、低压电动机的大修与中修。

  工厂的主变压器或大型中压电动机及特殊电动机的修理宜外部协作。

  4 变压器油的再生与处理。

  5 电气设备零部件及易损件的修配与制造。

  6 配电线路（架空线、电缆）的维修。

12.3.2 电气设备及电气仪表修理车间应设置拆装钳工、机械加工、变压器油再生与处理、电气试验、绕线下线、浸漆干燥、外线维修、电气仪表维修、电子及元器件维修等。

12.3.3 电气设备及电气仪表修理车间的设备选择与配置，应满足各工段检修任务的要求，并应与机修车间密切协作。

12.3.4 电气设备及电气仪表修理车间的设备和仪表应选用功能全、性能好的新型设备，不得选用劣质或淘汰产品。

12.3.5 电气设备及电气仪表修理车间附近无气源时，应设置移动式空气压缩机。

12.4 电气设备及电气仪表修理车间配置

12.4.1 电气设备及电气仪表修理车间应按主要工艺的顺序配置，不应出现物件的倒流和交叉。

12.4.2 电气设备及电气仪表修理车间有主、辅跨时，应将拆装钳工、机械加工、变压器修理、电气试验及待试设备场地等布置在主跨；应将绕线下线、浸漆干燥、外线检修、仪表修理及其他辅助建筑布置在辅跨。

12.4.3 电气设备及电气仪表修理车间与机修金工车间合建时，宜共用起重设备，并宜在两车间之间设置半墙隔开，同时应在半墙上设置连通两车间的门。

12.4.4 电气设备及电气仪表修理车间应有良好的采光。厂房高度应满足设备起吊要求。有起重设备时，大门尺寸应满足汽车载运变压器进出的要求。

12.4.5 电气试验室的高压区，应设置固定或移动的栏杆和信号标志。

12.4.6 浸漆干燥及油处理间应满足防火要求，并应设置机械通风装置。

12.4.7 电气设备及电气仪表修理车间内应设置生产、生活用水点。

12.4.8 检修和储存电子元器件的房间，宜设置空气调节装置。

12.4.9 电气仪表修理的房间，应采用水磨石地面。油再生与处理间，宜采用瓷砖地面。变压器吊芯间，宜采用耐油沥青混凝土地面。

12.4.10 含六氟化硫的高压断路器检修时，应采取安全防护措施，并应设置机械通风装置。

12.5 电气仪表维修

12.5.1 电气设备及电气仪表修理车间应设置电气仪表维修室和备品备件库，其装备水平宜符合下列规定：

1 大中型厂宜按中修水平设置。具备外部协作条件时，可按小修水平设置，且宜增加备品备件的品种和数量。

2 大中型厂在地处边远地区，当地机加工与仪器仪表工业基础薄弱，且不具备外部协作条件时，可按大修水平设置。

12.5.2 电气仪表维修室应具有良好的采光，同时应设置防火、防尘及防振等设施。

12.6 自动化仪表维修

12.6.1 大中型水泥工厂应设置自动化仪表维修室。

12.6.2 自动化仪表维修室宜设置于工厂中央控制室楼内。

12.6.3 自动化仪表维修室应配备基本的检测、调校、维修设备仪表。对于专业性较强的自动化仪表、计算机系统的重要仪表维修工作，应由专业厂或外部协作解决。

12.6.4 自动化仪表维修室的房间，应采用防静电地板或水磨石地面，并应有良好的采光，同时应设置空气调节装置。

13 余热利用

13.1 一般规定

13.1.1 水泥厂废气余热利用应在保证水泥生产线设计指标不变的条件下进行。烧成系统多余的废气余热宜用于发电。

13.1.2 水泥生产线设计中宜预留窑头和窑尾废气余热利用的建设场地及系统接口。

13.1.3 余热利用系统的建设不应影响水泥生产的正常运行，不应提高水泥生产热耗、降低产量。

13.1.4 余热利用系统设计与建设宜在水泥生产线达产且稳定运行，并对运行工况进行热工标定后进行。

13.1.5 原有水泥生产线增加余热利用系统时，应对生产线中的相关设备进行核算，并应确定余热利用装备的参数。

13.1.6 水泥生产线的煤磨烘干用热风宜取自窑尾高温风机后。

13.1.7 窑尾设置余热利用装置时，窑尾收尘宜采用布袋除尘器。

13.1.8 在余热利用装置的进出烟气管道之间应设置旁通管道，并应在装置进口和旁通烟道分别设置风量调节阀门。余热利用装置应采取防磨、防漏风、清灰和回灰措施。

13.1.9 余热利用系统的主厂房宜设置在窑头、窑尾余热锅炉附近。

13.1.10 余热利用系统的化学水车间用水宜由工厂生活给水系统供给；循环冷却水补充水宜由工厂水净化车间的生产用水、污水处理的中水或水源直接补给。

13.1.11 余热利用系统的废气调节阀门的控制应由水泥生产线中控操作，其控制状态、参数值应反馈至余热电站控制系统。

13.1.12 余热利用系统的电气及自动化控制水平应与水泥生产线控制水平一致。

13.1.13 余热利用系统的设备应选用成熟可靠的国产设备。

13.1.14 余热利用系统宜利用水泥生产线的设施、机构等，并不应重复建设。

13.1.15 高寒地区和高湿热带地区的电气仪表设备，应采取防冻和防湿热措施。

13.2 余热发电

13.2.1 余热发电的形式应符合下列规定：

1 余热发电宜采用纯余热系统，并应采用汽水循环方式，同时系统应简化。

2 热力系统宜采用单压系统。当采用双压或多压系统时，应通过技术经济比较确定。

13.2.2 装机规模应符合下列规定：

1 余热电站的装机规模应按水泥生产线稳定的最大工况废气参数确定。

2 余热电站的装机规模宜采用标准系列的汽轮发电机组，并应利用汽轮发电机组允许的超发能力。

13.2.3 余热电站控制系统的设计应符合下列规定：

1 余热电站宜设置独立的配电中心和控制中心。高、低压配电室的布置应视场地情况和开关设备的数量共用或分开，电站的中央控制室宜布置在汽轮发电机组运转层平面。

2 余热电站应通过集散型计算机控制系统对余热电站的汽、水、油等系统实施监控和操作。

3 余热电站的继电保护控制宜采用综合自动化保护装置。

4 余热电站的站用低压配电宜采用集中配电。站用变压器宜采用干式变压器，变压器的配置宜采用暗备用方式。厂用低压母线段应设置保安联络电源。

13.2.4 余热电站的接入系统应符合下列规定：

1 接入系统并网点宜选择总降压变电站6或10kV的某母线段作为并网关口。

2 余热电站为单台发电机组时，电站6或10kV母线宜采用单母线接线方式，联络线应采用单回电缆线路与总降压变电站6或10kV母线段对应连接；余热电站为两台或多台发电机组时，电站6或10kV母线可采用单母线分段接线方式，联络线应采用双回电缆线路与总降压变电站6或10kV母线段对应连接。

3 发电机组的启动电源应取自外电网或水泥厂自备的备用电源。

4 同期并网点应设置在发电机出口开关处。

5 发电机出口开关处,应设置发电机组安全自动保护装置。

6 建设项目所在地区电业部门对系统调度管理有要求时,在总降压变电站侧 6 或 10kV 母线段联络线的并网关口开关处应加设双低解列装置,且电压采集应取自主变上级系统侧母线电压。

7 电站接入系统设计的远动信息量应根据"接入系统报告"进行设置。

8 接入系统设计中,系统短路电流应按照当地电业部门提供的系统短路参数及发电机组的短路参数计算确定。

9 接入系统设计中,系统继电保护整定计算值应经当地电业部门确认。

13.2.5 水泥生产线与余热电站的配合,应符合下列规定:

1 窑头工艺设计时,应根据余热电站对废气利用要求的冷却机出风位置进行工艺布置。

2 窑尾末级预热器及出口管道应采取保温措施。

3 生料磨及煤磨烘干用风管道设计应满足工艺与余热电站要求。

13.3 利用余热供热及制冷

13.3.1 位于集中采暖地区的工厂宜利用烧成系统废气余热进行采暖供热。设置余热发电时,应对热电联供方案进行技术经济比较后确定。

13.3.2 余热锅炉供热能力,应根据工厂最终规模的热负荷、增扩建的裕量确定。

13.3.3 通过技术改造新增余热供热工程的,应利用原有设施。

13.3.4 余热锅炉供热热媒设计应符合下列规定:

1 供热负荷仅为采暖热负荷时,应采用热水循环系统。

2 供热负荷除采暖负荷外,还包括其他用途时,宜采用蒸汽为热媒。蒸汽参数应满足所有热用户中的最高要求。

13.3.5 同一供热系统中,仅设有一台余热锅炉时,应设置备用热源;有两条以上水泥窑且同时设有余热锅炉时,可不设置备用热源。

13.3.6 采暖热源由余热电站抽汽提供时,应设置汽-水换热站。建厂地区夏季具有一定空调冷负荷时,可采用水泥窑余热锅炉作为吸收式制冷的热源。

附录 B 水泥工厂厂内道路主要技术标准

表 B 水泥工厂厂内道路主要技术标准

序号	标准名称	选用条件及范围	单位	数值
1	设计车速	通用	km/h	15
2	路面宽度	大、中型厂主干道	m	9.0~7.0
		大型厂次干道	m	7.0~6.0
		中型厂次干道,小型厂主干道	m	6.0~5.0
		小型厂次干道	m	6.0~4.5
		大、中、小型厂支道	m	4.5~3.0
		人行道	m	0.75~2.0
3	路肩宽度	困难时用下限	m	0.75~1.5
4	最小转弯半径(路面边缘计)	车间引道	m	6
		行驶 4~8t 单辆汽车	m	9
		4~8t 汽车带一挂车	m	12
		15~25t 平板挂车	m	15
		40~60t 平板挂车	m	18

附录 A 水泥工厂建(构)筑物生产的火灾危险性类别、耐火等级及防火间距

表 A 水泥工厂建(构)筑物生产的火灾危险性类别、耐火等级及防火间距(m)

序号	耐火等级	生产的火灾危险性类别	建(构)筑物名称	间距(m)	1	2	3	4	5	6	7	8	9	10	11	12	13	14	15	16	17	18	19	20	21	22	23	24	25	26	27	28	29	30	31	32	33	34	35	36
1	戊	二	石灰石、粘土原料破碎输送																																						
2	戊	二	煤破碎		10																																					
3	戊	二	原料均化堆场		10	8																																				
4	丙	三	煤预均化堆场		10	10	10																																			
5	戊	二	原料粉磨及圆库		10	10	10	10																																		
6	戊	二	原料、水泥输送		10	10	10	10	10																																	
7	丁	二	煅烧窑尾		13	13	13	13	13	13																																
8	丁	二	煅烧窑头		10	10	10	12	10	10	12																															
9	乙	二	煤粉制备		10	10	13	10																																			
10	丙	一	袋装水泥库		12	12																																					
11	丁	二	熟料储存库		12	12	12																																			
12	戊	二	水泥粉磨及圆库		10	15	12	12	10																																		
13	丁	二	散装水泥库		10	12	12	12	12	10																																	
14	戊	二	供水、压缩空气站		10	12	10	15	12	10	10																															
15	丙	二	材料库		12	12	12	12	12	12																																	
16	丁	二	压缩空气站		12	12	12	12	12	12	12	12																														
17	丙	二	总降压变电所		15	15	15	15	15	15	15	15	15																													
18	丙	二	车间变电所		10	12	12	13	12	12	12	12	12	15																												
19	戊	二	循环水、用水、污水泵站		15	15	10	12	10	10	12	10	10	15	10																											
20	戊	二	机修工程		12	12	12	12	12	12	12	12	12	15	12	10																										
21	丁	二	铸造、锻工工程		15	25	12	12	12	12	12	12	12	25	12	12	12																									
22	戊	二	电气、仪表维修		12	12	12	12	12	12	12	12	12	15	12	12	12	12																								
23	丙	二	车辆卸车、装卸机械、推土机库		15	15	15	15	15	15	15	15	15	25	15	10	12	15	15																								
24	甲	一	氧气、乙炔气体库		12	15	12	12	12	12	12	12	12	25	12	15	25	15	20																								
25	丁	二	锅炉房		25																																						
26	戊	二	汽车库、停车场		10	10	10	10																																			
27	丙	一	中央控制室		12	12	12																																			
28	丙	二	中央化验室		10	13	25	10																																			
29	二	工厂办公楼		10	11	20	15	10	10	10	10	10	15	10	10	10	10	10	10	10																						
30	二	车间办公室、值班、休息办公室		10	12	12	20	25	10	10	14	12	12	12	12	12	12	12	12	12	10																				
31	二	维修厂		10	25	10	10	12	12	12	12	12	12	15	12	12	12	12	10	10																					
32	二	库房、倒班宿舍		12	12	25	16	16	12	12	16	12	12	12	15	12	12	12	12	10	10																			
33	二	厂区食堂、浴室		12	16	16	20	16	16	12	12	16	12	12	12	25	12	12	12	12	12	25	25	20																
34			厂外围墙中心线		6	9	6	6	6	6	6	9	4	6	6	6	6	6	25	9	12	20	6	—	30	30	25	6	25	20												
35			厂内铁路路中心线		3	6	10	6	6	6	6	6	8	—	8	6	6	6	6	6	6	6	6	6	6	6	4															
36			厂围墙中心线		6	6	6	6	6	6	6	6	6	10	6	6	6	6	6	6	6	6	6	6	6	6	5	6	4													

注：
1. 表格中表示的为火灾危险性类别为乙类、丙类和非燃烧材料系列之间，耐火等级为二级的。其他非燃烧材料系列之间，耐火等级为三级的，应按本表增加25%。
2. 储存材料堆场增加长度在50m以上时，其他各种间距在本表基础上增加25%。
3. 表A—图——内的一、二级防火间距为本表数值，改按耐火等级中的防火等级减分为增减。

续表 B

序号	标准名称	选用条件及范围	单位	数值
5	最大纵坡	自行车、手推车道	%	3.5
		各类型厂主干道	%	6
		各类型厂次干道	%	8
		各类型厂支道车间引道	%	9
6	最小竖曲线半径	凹型（$\Delta i > 2\%$时设置）	m	100
		凸型（$\Delta i > 2\%$时设置）	m	300
7	视距	会车视距	m	30
		停车视距	m	15
		交叉口停车视距	m	20
8	车间引道最小长度	汽车引道（大车用上限）	m	6~9
		消防车引道	m	15
		救护车引道	m	6
		电瓶车引道	m	4
		叉车引道	m	6
9	净空高度	路面至建筑物底部	m	4.5

附录 C 地下管线最小水平净距

表 C 地下管线最小水平净距（m）

管线名称		给水管（mm）			压缩空气管	热力管（沟）	电缆沟	通信电缆		电力电缆（kV）		
		<75	75~150	200~400	>400				管道	直埋	<1	1~10	<35
生产废水管（mm）	<800	0.7	0.8	1.0	1.0	0.8	1.0	1.0	0.8	0.8	0.6	0.8	1.0
	800~1500	0.8	1.0	1.2	1.2	1.0	1.2	1.2	1.0	1.0	0.8	1.0	1.0
	>1500	1.0	1.2	1.5	1.5	1.2	1.5	1.5	1.0	1.0	1.0	1.0	1.0
生活污水管（mm）	<300	0.7	0.8	1.0	1.2	0.8	1.0	1.0	0.8	0.8	0.6	0.8	1.0
	400~600	0.8	1.0	1.2	1.5	1.0	1.2	1.2	1.0	1.0	0.8	1.0	1.0
	>600	1.0	1.2	1.5	2.0	1.2	1.5	1.5	1.0	1.0	1.0	1.0	1.0
电力电缆（kV）	<1	0.6	0.6	0.8	0.8	0.8	1.0	0.5	0.5	0.5	—	—	—
	1~10	0.8	0.8	1.0	1.0	1.0	1.0	0.5	0.5	0.5	—	—	—
	<35	1.0	1.0	1.0	1.0	1.0	1.0	0.5	0.5	0.5	—	—	—
通信电缆	管道	0.5	0.5	1.0	1.2	1.0	0.6	0.5					
	直埋	0.5	0.8	1.0	1.2	0.8	0.8	0.5					
电缆沟		0.8	1.0	1.2	1.5	1.0	2.0	—					
热力管（沟）		0.8	1.0	1.2	1.5	1.0							
压缩空气管		0.8	1.0	1.2	1.5	—	—	—					

注：1 同类管线未作规定，按具体情况确定。
　　2 管径均指公称直径。

附录 D 地下管线、架空管线与建(构)筑物之间最小水平净距

表 D 地下管线、架空管线与建(构)筑物之间最小水平净距 (m)

管线名称及规格 建(构)筑物名称	给水管(mm) <75	给水管(mm) 75~150	给水管(mm) 200~400	给水管(mm) >400	排水管(污水/雨水)(mm) <300 <800	排水管(污水/雨水)(mm) 400~600 800~1500	排水管(污水/雨水)(mm) >600 >1500	电力电缆(kV) <10	电力电缆(kV) 10~35	通信电缆	电缆沟	热力管(沟)	压缩空气管	架空管线
建(构)筑物基础外缘	2.0	2.0	2.5	3.0	1.5	2.0	2.5	0.5	0.6	0.5	1.5	1.5	1.5	—
围墙基础外缘	1.0	1.0	1.0	1.0	1.0	1.0	1.0	0.5	0.5	0.5	1.0	1.0	1.0	1.0
排水沟外缘	0.8	0.8	0.8	0.8	0.8	0.8	1.0	0.8	1.0	0.8	1.0	0.8	0.8	—
铁路中心线	3.3	3.3	3.8	3.8	3.8	4.3	4.8	2.5	3.0	2.5	2.5	3.8	2.5	3.8
道路路面(肩)边缘	0.8	0.8	1.0	1.0	0.8	1.0	1.0	0.5	0.5	0.5	0.5	0.8	0.5	0.5
通信照明杆柱中心	0.8	0.8	0.8	0.8	0.8	0.8	0.8	0.5	0.5	0.5	0.5	0.8	0.8	1.0
低压电力杆柱中心	1.0	1.0	1.2	1.2	0.8	0.8	0.8	0.5	0.5	1.0	1.0	1.5	1.0	1.0
管架基础外缘	0.8	0.8	1.0	1.0	0.8	1.2	1.2	0.5	0.5	0.5	0.5	0.8	0.5	—
人行道外缘	0.5	0.5	0.8	0.8	0.5	0.5	0.5	0.5	0.5	0.5	0.5	0.5	0.5	0.5
建筑物外墙面 有门窗	—	—	—	—	—	—	—	—	—	—	—	—	—	3.0
建筑物外墙面 无门窗	—	—	—	—	—	—	—	—	—	—	—	—	—	1.5

注: 1 铁路、道路有高差时应自坡脚(顶)算起。
2 低压电力杆柱应为380V及以下杆柱,超过者应按表中所列数值增加1.5~2.0倍。
3 管径均指公称直径。

附录 E 地下管线之间或地下管线与铁路、道路交叉的最小垂直净距

表 E 地下管线之间或地下管线与铁路、道路交叉的最小垂直净距 (m)

名称	给水管	排水管(沟)	热力管(沟)	压缩空气管	通信电缆 直埋	通信电缆 管道	电缆沟	电力电缆
给水管	0.15	0.15	0.10	0.15	0.50	0.15	0.15	0.50
排水管(沟)	0.15	0.15	0.15	0.15	0.50	0.15	0.15	0.50
热力管(沟)	0.10	0.15	0.15	0.15	0.50	0.25	0.50	0.50
压缩空气管	0.15	0.15	0.15	0.15	0.50	0.25	0.15	0.50
通信电缆(直埋)	0.50	0.50	0.50	0.50	—	—	0.50	0.50
通信电缆(管道)	0.15	0.15	0.25	0.25	—	—	0.50	0.50
电缆沟	0.25	0.25	0.25	0.25	0.50	—	—	0.15
电力电缆	0.50	0.50	0.50	0.50	0.50	0.50	0.15	—
排水明沟沟底	0.50	0.50	0.50	0.50	0.50	0.50	0.50	0.50
铁路轨面	1.20							
道路路面	0.70							

注: 1 净距除注明者外,应自管外壁或防护设施外缘算起。
2 生活饮用水管道与污水管道交叉时,其垂直净距不应小于0.4m。污水管道在上时,污水管应加固,其加固长度不应小于生活给水管道的外径加4m;生活给水管应采用钢管或钢套管,套管伸出交叉管的长度,每边不得小于3m,套管两端应密封。
3 有防护措施时,地下管沟与道路、铁路交叉的最小垂直净距,可小于表中所列数值。

附录 F 水泥工厂生产车间及辅助建筑最低照度标准

表 F 水泥工厂生产车间及辅助建筑最低照度标准

工作场所		视觉工作等级	最低照度（lx）			补偿系数
			混合照明		一般照明	
			局部照明	一般照明		
破碎车间	卸料口、皮带廊	Ⅷ	—	—	30	1.3
	破碎机、皮带端头、移动皮带	Ⅶ	—	—	60	1.3
粉磨车间	喂料平台	Ⅶ	100	40	—	1.3
	油泵站、磨机房	Ⅵ	—	—	100	1.2
	电机房、选粉机	Ⅵ	—	—	100	1.2
	磨轴承	Ⅵ	100	80	—	1.2
烘干车间	烘干机出口	Ⅶ	—	—	60	1.3
	烘干机、除尘器平台、烘干炉	Ⅶ	—	—	60	1.2
烧成车间	除尘整流室	Ⅴ	—	—	130	1.2
	窑主传动	Ⅵ	—	—	100	1.3
	窑头看火	Ⅵ	—	—	100	1.3
	熟料破碎输送	Ⅶ	75	60	—	1.3
	窑尾预热器	Ⅶ	—	—	60	1.3
	户外电除尘器	Ⅷ	—	—	30	1.3
煤粉制备	煤输送	Ⅷ	—	—	30	1.3
	热风炉	Ⅶ	—	—	45	1.3
	煤粉仓、喂料	Ⅶ	100	60	—	1.3
水泥包装、储存、均化堆场	包装机、平台	Ⅵ	—	—	80	1.4
	水泥库顶	Ⅵ	100	50	—	1.4
	水泥库底	Ⅳ	—	—	60	1.4
	走道、堆料区	Ⅸ	—	—	20	1.4
变、配电站控制室、电话站	主控制室、电话总机	Ⅳ甲	—	—	300	1.2
	高、低压配电室	Ⅴ	150	150	—	1.2
	发电机室	Ⅵ	—	—	100	1.2
	变压器电容器室	Ⅶ	—	—	60	1.2
	电缆隧道夹层	Ⅷ	—	—	30	1.2
	车间控制室	Ⅳ乙	—	—	200	1.2
生产管理及生活建筑	设计、制图室	Ⅳ乙	400	200	—	1.2
	办公、阅览室	Ⅴ	—	—	200	1.2
	会议、资料、卫生所	—	—	—	200	1.2
	值班室、更衣室	—	—	—	120	1.2
	职工宿舍	—	—	—	150	1.2
	楼梯、走廊、厕所	Ⅸ	—	—	20	1.2
	警卫室、食堂	Ⅶ	—	—	50	1.2

续表 F

工作场所		视觉工作等级	最低照度（lx）			补偿系数
			混合照明		一般照明	
			局部照明	一般照明		
化验楼	化学分析、工业分析、强度试验	Ⅳ甲	—	—	300	1.2
	高温炉、成型室	Ⅵ	—	—	100	1.2
	储存室、养生室	Ⅶ	—	—	60	1.2
机电修	仪表修理	Ⅳ	—	—	200	1.2
	机电钳、铆锻焊	Ⅴ	—	—	150	1.2
	绕线浸漆试验	—	—	—	150	1.2
	工具、金工	Ⅵ	—	—	75	1.2
生产车间及辅助车间	空压机房	Ⅵ	—	—	75	1.3
	锅炉房、水泵房、油泵房	Ⅶ	—	—	45	1.3
	材料库及装卸场地	Ⅷ	—	—	30	1.4
厂区道路堆场	道路、堆场	露天	—	—	10	1.3
	站台及装卸站	露天	—	—	20	1.3

附录 G 散料的物理特性参数

表 G 散料的物理特性参数

物料名称	重力密度 r (kN/m³)	内摩擦角 Φ (°)	摩擦系数 f	
			对混凝土板	对钢板
石灰石	16	35	0.5	0.3
干粘土（松散）	16	35	0.5	0.3
湿粘土（含块）	17	30	0.3	0.2
碎石膏	15	35	0.5	0.35
干矿渣	11	30	0.5	0.35
湿矿渣	13	35	—	—
干砂	16	30	0.7	0.5
湿砂	18	35	0.6	0.4
页岩	15	35	0.5	0.3
砂岩	16	35	—	—
铁粉	17	30	—	—
铁粉（含碎块）	22	40	—	—
生料粉（充气）	11～14	0～30	—	—
生料粉（不充气）	14	30	0.58	0.3
沸石	15	33	—	—
电石渣（W=60%）	12.8	0	—	—
熟料	16	33	0.5	0.3
水泥	16	30	0.58	0.3
煤块	9	33	0.5	0.3
煤粉、煤灰	8	25	0.55	0.4
煤矸石	16	35	0.6	0.45
夯实回填土	18	30	—	—

附录 H 水泥工厂建筑物通风换气次数

表 H 水泥工厂建筑物通风换气次数

建筑物名称		通风换气次数（次/h）
中央化验室	化学分析室	12
	药品储存室	4
	暗室	6
	岩相分析室	4
	工业分析室	4
	高温炉室	12
	成型室（设在地下室）	6
	小磨房	8
供配电系统	车间控制室	4
	高压开关柜室	12
	低压配电室	6～12
	电容器室	12
	电除尘器整流室	6～12
水处理站的加氯间		15
污水泵站地坑		8
氧气瓶库、乙炔气瓶库		3
汽车保养车间	充电间	10～15
	电瓶修理间	6
	射油泵间	7
	燃油附件间	5～6
	喷漆间	10～15
	发动机修理间	12
	碱水清洗间	8
压缩空气站		12

附录 J 水泥工厂建筑物空气调节室内计算温、湿度

表 J 水泥工厂建筑物空气调节室内计算温、湿度

建筑物名称		温度（℃）	湿度（%）
中央控制室	控制室	20±2	70±10
	计算机室	20±2	70±10
	X射线分析仪室	20±2	70±10
中央化验室	成型室	21±4	>50
	养生室	20±2	>90
	养护箱	20±3	>90
	天平室、强度室、凝结蒸煮、煤工业分析及精度较高的仪器室	17～25	—
各主要生产车间电力室的PC室		17～25	—
计量管理监测站		20±2	—
主要生产车间及辅助车间控制室		17～25	—
轨道衡、汽车衡、电话站		17～25	—
办公楼、招待所、食堂等舒适性空调		26	—

本规范用词说明

1 为便于在执行本规范条文时区别对待,对要求严格程度不同的用词说明如下:

1) 表示很严格,非这样做不可的用词:
   正面词采用"必须",反面词采用"严禁"。
2) 表示严格,在正常情况下均应这样做的用词:
   正面词采用"应",反面词采用"不应"或"不得"。
3) 表示允许稍有选择,在条件许可时首先应这样做的用词:
   正面词采用"宜",反面词采用"不宜";
   表示有选择,在一定条件下可以这样做的用词,采用"可"。

2 本规范中指明应按其他有关标准、规范执行的写法为"应符合……的规定"或"应按……执行"。

中华人民共和国国家标准

水泥工厂设计规范

GB 50295—2008

条 文 说 明

目　次

1 总则 …………………………………… 7—20—58
2 设计规模及依据 ……………………… 7—20—58
   2.1 设计规模 ……………………… 7—20—58
   2.2 设计依据 ……………………… 7—20—58
3 厂址选择及总体规划 ………………… 7—20—58
   3.1 厂址选择 ……………………… 7—20—58
   3.2 总体规划 ……………………… 7—20—59
   3.3 土地利用规划 ………………… 7—20—59
4 原料与燃料 …………………………… 7—20—60
   4.1 一般规定 ……………………… 7—20—60
   4.2 原料 …………………………… 7—20—60
   4.3 煅烧用煤 ……………………… 7—20—61
   4.4 调凝剂 ………………………… 7—20—61
   4.5 混合材料 ……………………… 7—20—61
   4.6 配料设计 ……………………… 7—20—61
   4.7 原、燃料工艺性能试验 ……… 7—20—61
   4.8 原、燃料综合利用 …………… 7—20—61
   4.9 废弃物的利用 ………………… 7—20—62
5 生产工艺 ……………………………… 7—20—62
   5.1 一般规定 ……………………… 7—20—62
   5.2 物料破碎 ……………………… 7—20—64
   5.3 原、燃料预均化及储存 ……… 7—20—65
   5.4 废物处置 ……………………… 7—20—66
   5.5 原料粉磨 ……………………… 7—20—67
   5.6 生料均化、储存及入窑 ……… 7—20—68
   5.7 煤粉制备 ……………………… 7—20—68
   5.8 熟料烧成 ……………………… 7—20—69
   5.9 熟料、混合材料、石膏储
       存及输送 ……………………… 7—20—72
   5.10 水泥粉磨 …………………… 7—20—72
   5.11 水泥储存 …………………… 7—20—74
   5.12 水泥包装、成品堆存及
        水泥散装 …………………… 7—20—74
   5.13 物料烘干 …………………… 7—20—74
   5.14 压缩空气站 ………………… 7—20—75
   5.15 化验室 ……………………… 7—20—75
   5.16 耐火材料 …………………… 7—20—75
   5.17 工艺计量、测量与生产控制 … 7—20—78
6 总图运输 ……………………………… 7—20—78
   6.1 一般规定 ……………………… 7—20—78
   6.2 总平面设计 …………………… 7—20—78
   6.3 交通运输 ……………………… 7—20—79
   6.4 竖向设计 ……………………… 7—20—80
   6.5 土（石）方工程 ……………… 7—20—80
   6.6 雨水排除 ……………………… 7—20—80
   6.7 防洪工程 ……………………… 7—20—81
   6.8 管线综合布置 ………………… 7—20—81
   6.9 绿化设计 ……………………… 7—20—81
7 电气及自动化 ………………………… 7—20—81
   7.1 一般规定 ……………………… 7—20—81
   7.2 供配电系统 …………………… 7—20—81
   7.3 35～110kV 总降压站 ………… 7—20—82
   7.4 6～10kV 配电站及车间变电所 … 7—20—82
   7.5 厂区配电线路 ………………… 7—20—82
   7.6 车间配电及拖动控制 ………… 7—20—83
   7.7 照明 …………………………… 7—20—84
   7.8 防雷保护 ……………………… 7—20—84
   7.9 电气系统接地 ………………… 7—20—84
   7.10 生产过程自动化 …………… 7—20—85
   7.11 控制室 ……………………… 7—20—86
   7.12 仪表及其电源、气源 ……… 7—20—87
   7.13 电缆及抗干扰 ……………… 7—20—87
   7.14 自动化系统接地 …………… 7—20—88
   7.15 通信与广播系统 …………… 7—20—88
   7.16 管理信息系统 ……………… 7—20—89
8 建筑结构 ……………………………… 7—20—90
   8.1 一般规定 ……………………… 7—20—90
   8.2 生产车间与辅助车间 ………… 7—20—90
   8.3 辅助用室、生产管理及
       生活建筑 ……………………… 7—20—90
   8.4 建筑构造设计 ………………… 7—20—90
   8.5 主要结构选型 ………………… 7—20—90
   8.6 结构布置 ……………………… 7—20—91
   8.7 设计荷载 ……………………… 7—20—91
   8.8 结构计算 ……………………… 7—20—91
9 给水排水 ……………………………… 7—20—91
   9.1 一般规定 ……………………… 7—20—91
   9.2 给水 …………………………… 7—20—91
   9.3 排水 …………………………… 7—20—93

9.4 车间给水排水 ································ 7—20—93
9.5 工厂消防及其用水 ························ 7—20—93
10 供热、通风与空气调节 ······················ 7—20—94
 10.1 一般规定 ······································ 7—20—94
 10.2 供热 ··· 7—20—95
 10.3 通风 ··· 7—20—96
 10.4 空气调节 ······································ 7—20—97
11 机械设备修理 ····································· 7—20—97
 11.1 一般规定 ······································ 7—20—97
 11.2 工段组成与装备 ···························· 7—20—97
 11.3 工段布置 ······································ 7—20—97
 11.4 工段厂房 ······································ 7—20—98
12 电气设备及仪表修理 ·························· 7—20—98

12.1 一般规定 ······································ 7—20—98
12.2 电气设备及电气仪表
  修理车间规模 ······························· 7—20—98
12.3 电气设备及电气仪表
  修理内容与设备选择 ···················· 7—20—99
12.4 电气设备及电气仪表
  修理车间配置 ······························· 7—20—99
12.5 电气仪表维修 ······························· 7—20—99
12.6 自动化仪表维修 ··························· 7—20—99
13 余热利用 ·· 7—20—99
 13.1 一般规定 ······································ 7—20—99
 13.2 余热发电 ···································· 7—20—100
 13.3 利用余热供热及制冷 ··················· 7—20—102

1 总 则

1.0.1 本条为制定本规范的目的。本条文提出"安全可靠、技术先进、环保节能、经济合理",是国家的技术经济政策,也是水泥工厂设计应贯彻的方针,建设节约型社会、发展循环经济是国家具有全局性和战略性的发展决策。

1.0.2 本条为本规范的适用范围。本规范是生产六大品种通用水泥及其他水泥的工厂,包括从原料配料到水泥成品的工程设计规范。生产其他水泥(如白水泥等特种水泥)的工厂设计,除原料配料及局部生产环节与生产通用水泥不同外,主要工程设计基本相同,可参照使用本规范。

1.0.3 为了促进水泥工业产业结构调整,实现可持续发展,本条规定了水泥工厂建设从设计方面应提高综合效益,加强资源节约与综合利用,做出最优设计方案。设计企业要转变观念,持续改进,为做出安全可靠、技术先进、环保节能、经济合理的水泥工厂设计而努力。

1.0.4 在我国装备制造产业日臻完善的条件下,水泥工厂的设计和建设不应搞"大而全"、"小而全",应充分考虑专业化和社会化的原则,尽量与其他行业企业协作,以节省投资,提高生产经营效益。

1.0.5 本条规定改、扩建工程应充分利用老厂原有条件,减免重复建设。

1.0.6 本次修订新增条款。本条为强制性条文,本规定是根据水泥工业产业结构调整的政策制定。以悬浮预热和预分解技术为核心的新型干法水泥生产线,具有热耗低、产量质量高的特点,已成为水泥工业发展的方向,在水泥生产线设计中,除某些特种水泥生产线建设可根据产品市场需求及建厂条件确定外,均应采用新型干法水泥生产工艺。

1.0.7 本次修订新增条款。根据近年来国家建设节约型社会及水泥工业发展趋势,以及水泥工业技术创新成果,应强调工业废弃物在水泥工业的利用及资源和能源在水泥工业的利用效率。

1.0.8 水泥工厂设计涉及国家有关政策、法规和标准、规范,故本条规定在设计中除执行本规范外,尚应符合国家现行的节能防火、劳动安全卫生、环境保护及计量等各行业相关的法规、标准和规范。水泥工厂设计应执行的主要国家相关法律法规如下:

《中华人民共和国建筑法》;
《中华人民共和国环境保护法》;
《中华人民共和国大气污染防治法》;
《中华人民共和国水污染防治法》;
《中华人民共和国固体废物污染环境防治法》;
《中华人民共和国环境噪声污染防治法》;
《中华人民共和国节约能源法》;
《中华人民共和国防震减灾法》;
《中华人民共和国环境影响评价法》;
《中华人民共和国劳动法》;
《中华人民共和国安全生产法》;
《特种设备安全监察条例》;
《中华人民共和国矿产资源法》;
《中华人民共和国土地管理法》;
《中华人民共和国水污染防治法实施细则》;
《中华人民共和国清洁生产促进法》;
《中华人民共和国煤炭法》;
《中华人民共和国可再生能源法》;
《中华人民共和国水法》;
《中华人民共和国消防法》;
《建设工程安全管理条例》;
《建设项目环境保护管理条例》。

2 设计规模及依据

2.1 设 计 规 模

本节中仅保留第2.1.1条,其他内容经修订后已调至总则和第5章生产工艺的第5.1节。

2.1.1 原规范中设计生产规模是根据原国家计委等部门《关于基本建设项目和大中型划分标准的规定》(1978)234号文及原《新型干法水泥厂建设标准》划分的。随着近年来我国水泥工业飞速发展,设计规模应重新划分。本条规定主要是用以指导设计工作,它不同于工厂规模大小与行政管理有关的事项。各类设计规模均包括为其配套的水泥粉磨部分。

2.2 设 计 依 据

2.2.1 本条规定了设计基础资料提供的负责部门。设计是基本建设的首要环节,设计的好坏直接决定工厂投产后的效益。依据的设计基础资料和数据应准确可靠,满足进度要求。

列出的设计基础资料主要内容,是按多年设计工作实践的经验提出的,可随着设计项目的具体条件不同,有所增删,如附近无通航水体,则不需水运资料。

3 厂址选择及总体规划

3.1 厂 址 选 择

3.1.1 本条根据国家计委《基本建设设计工作管理暂行办法》〔计设(1983)1477号〕等有关文件关于建设地点的选择原则和有关要求而提出的。

3.1.2 厂址选择的优劣,不仅影响到投资和建设周期,而且还关系到工厂投产后的生产管理和发展。因此，要对方方面面进行考虑，并应认真进行技术经济比较，才能选出较优的厂址，以保证企业效益和社会效益的实现。

3.1.3 本条规定厂址宜靠近石灰石矿山，是由于水泥工厂的主要原料是石灰石，它的用量最大，每吨水泥熟料约用1.35t。同时，水泥生产中物料吞吐量很大，应力求靠近铁路干线，以缩短专用线长度。除考虑接轨方便外，还应选择敷设专用线的有利地形，尽量避免架设桥梁和隧道。当采用水运时，厂址最好在靠近主航道的一侧。

3.1.4 水泥工厂的生产需要有可靠的电源和水源，是保证正常生产的必需条件。如回转窑、高温风机、篦式冷却机的一室风机、中央控制室的重要设备、循环水泵等突然断电，会造成较大损失。因此，应对这些一级供电设备备有保安电源，以确保生产安全。

3.1.5、3.1.6 根据十分珍惜、合理用地的基本国策作出规定，列入厂址选择的要求。

3.1.7 本条根据现行国家标准《建筑地基基础设计规范》GB 50007 的要求，及水泥工厂主机设备大而重的特点，对厂区的工程地质作了规定。对不能满足要求的厂址，还应采取加固措施。

3.1.8 根据《中华人民共和国环境保护法》和《建设项目环境保护管理办法》〔国环字（1986）003号〕的要求制定本条。

不应将厂址设在窝风地带，主要是厂址处在良好的自然通风地带，能较快地排出有害烟尘和气体。

3.1.9 本条规定是为了厂址不应受洪水或内涝威胁。

3.1.10 本条为强制性条文。规定当洪水或内涝不可避免时，工厂应按本条规定要求达到防洪标准，并具有可靠的防洪排涝措施。

3.1.11 选择厂址时，对运输大件水泥机械（如回转窑轮带）应考虑外部运输条件及运输方式的技术经济可行性与合理性，特别要避免因改建或加固铁路干线的桥涵、隧道等，增加投资。

3.2 总体规划

3.2.1 处理好工厂的外部关系，为水泥工厂总体规划的主要任务之一。本条规定了总体规划中工厂与外部关系的布置原则和要求，列出了有关部门和相关的事项，便于掌握。

3.2.2 本条规定了厂区与本厂所属其他单项工程内部关系的布置原则，为总体规划的另一主要内容，一般由区域位置图体现出来。

石灰石矿山含爆破材料库和矿山工业场地，硅铝质原料含砂岩、粉砂岩、页岩等，水源地含输水管线，总降压变电站指变电站或高压输电线。

3.2.3 根据工厂发展趋势和当地建设条件适当留有发展余地，正确处理近远期关系，以保证工厂最终总体规划的合理。

3.2.4 本条对外部运输方式的选择，各种运输设施的布置要求，作出规定。

1 外部运输方式的选择，过去是单打一的选择某种方式，排除其他方式，现行国家标准《工业企业总平面设计规范》GB 50187 第 3.3.2 条比较笼统，本款根据水泥工厂设计经验，提出根据当地运输条件确定，一般选择一种为主，其他方式配合进行的外部运输方式模式，并要求按市场供销情况测定铁路、公路承担运量的比例，使设计尽量符合实际。

2 散装水泥能节约木材，减少在运输环节中的浪费，降低成本，为当前国家方针、政策大力推广的新工艺，本款予以明确。同时指出三项制约因素，应得到落实，才能使用，如使用单位的接受能力；中转储存单位及仓库；装卸运输新设备的研制采用等。

3 厂外铁路的接轨关系和进线方向，对厂区的平面布置及竖向设计影响极大，经济效果较为突出，应足够重视。近年来铁路设计部门承揽厂外铁路设计，强调铁路要求有时过高，而总图运输设计应从总体规划的角度，掌握全局，使整个建设项目经济合理。对厂外铁路的一些附属工程，也提出了合理配置，达到协调配合、使用方便的要求。

4 增设企业站要增大投资、增加管理环节、设备利用率低、造成重复建设等弊端，应尽量避免。根据实践经验，当有条件在接轨站上增设交接线、租用铁路机车时，进行货物交接作业（含取送车及调车作业），对铁路和工厂双方有利。

5 本款为厂外道路的项目构成及布置要求。

3.2.5 水泥工厂余热发电设施及压缩空气站都设在厂内，110kV 以上总降压变电站，有时布置在厂区围墙以外，本条第 1 款作了规定。公用设施中的水源地、高位水池或水塔、污水处理场、集中供热的锅炉房等的布置要求，在本条各款中作了规定。

3.3 土地利用规划

本节为本次修订新增内容。强调厂址选择中应增加容积率控制指标，不占或少占良田，节约合理用地，提高土地利用率。

3.3.1、3.3.2 根据国土资源部《工业项目建设用地控制指标》（国土资发〔2008〕24号）（以下简称《控制指标》）的通知要求，进一步加强建设用地的集约利用和优化配置。厂址选择时应尽量利用荒地劣地、山坡地，不占或少占耕地。要求总体布置充分利用地形。对于预留发展用地，总图布置有多种可能。为节约用地，有近期工程中与生产工艺密切联系的部分，可预留在厂区内。强调其他预留发展用地宜在厂区一侧，不应预留在厂区中部，不应提前征用土地。

3.3.3 本条目的在于优化总图设计，使布局紧凑，减少厂区用地面积。根据已建成的新型干法水泥工厂数据统计，厂区建筑系数能达到30%。根据《控制指标》的要求，水泥厂工业项目行政及生活服务设施用地面积不得超过项目总用地的7%。

4 原料与燃料

4.1 一般规定

本节是原、燃料选择的原则。

4.1.1 本条所指的对原料提出不同的质量要求，是指应根据原料与燃料特性、熟料品种生产技术要求等，确定适宜的熟料率值控制范围，并酌情加以调整。原则上，应首先满足熟料率值中石灰饱和系数（KH）和硅酸率（SM）的设定值，而铝氧率（AM）的设定值则可酌情加以调整。

4.1.2 本条要求在确定原料品种时，应适当考虑工厂投产后，产品品种增加或变更的可能性或可行性。另外还要在因地制宜、因原料制宜的前提下力求简化原料品种。

4.1.3 本条提出选择原料时，应考虑原料之间的匹配关系及各种替代原料的利用。首先考虑石灰质原料对辅助原料和燃料中有害组分限量要求，应随石灰质原料中相应组分含量高低而变化，最终以满足熟料中有害组分限量为准，而以上均需通过工艺性能试验确定。

4.2 原 料

4.2.1 对矿床中 CaO 含量为 45.00%～48.00%的石灰质原料，应根据其赋存特点和 CaO 含量大于等于 48.00%矿石的品位高低和储量多少来确定其利用率，同时应考虑满足有害组分的限量要求。

本次修订对石灰质原料的质量指标要求规定作了适当修改。鉴于燃料中三氧化硫 SO_3 含量普遍偏高，石灰质原料中 SO_3 含量宜小于 0.5%；根据各设计院的大量预分解窑生产线实际生产成熟经验，对游离氧化硅 $f-SiO_2$ 含量要求可放宽至 8%（石英质），对 Cl^- 含量要求可放宽至 0.03%（见表1）。

表1 石灰质原料质量指标修订前后对比

石灰质原料中所含	含量限量要求
氧化钙	>48.00%
氧化镁	<3.00%
碱	<0.60%（原1%）
三氧化硫	<0.50%
游离氧化硅	<8.00%（石英质，原<6.00%），或<4.00%（燧石质）
氯离子	<0.03%（原0.015%）

对矿床中 CaO 含量小于等于 45.00%的石灰质原料也应予以重视，特别是矿区内有高品位矿石或可外购到高品位矿石时，对这种泥灰岩（特别是低钙高硅者）更应予以充分注意和利用，但应经试验确认并需采用预均化措施。

矿床中的岩浆岩和非矿变质岩，一般情况下不宜利用，应予剔除。

对矿山伴生的硅铝质原料，应符合本条第4款规定，并应注意以下几点：

1 应尽可能均匀掺入，以尽量减少进厂石灰石成分波动幅度；

2 对水分较高、塑性指数较大者更应严格控制；

3 它们掺入后，不应导致在破碎、输送及储存等工艺环节中因严重堵塞而影响正常生产。

4.2.2 本条在本次修订中对硅铝质原料的质量指标要求规定作了适当修改，鉴于燃料中 SO_3 含量普遍偏高，硅铝质原料中 SO_3 含量宜小于 1.0%；根据大量预分解窑生产线实际生产成熟经验，对 Cl^- 含量要求可放宽至 0.03%（见表2）。

表2 硅铝质原料主要质量指标修订前后对比

硅铝质原料	指 标
硅酸率	3.00～4.00
铝氧率	1.50～3.00（原1～3）
氧化镁	含量<3.00%
碱	含量<4.00%
三氧化硫	含量<1.00%（原<2.00%）
氯离子	含量<0.03%（原0.015%）

对矿床中不符合本条质量要求的硅铝质原料，在满足配料要求前提下，可合理搭配加以综合利用。岩石状硅铝质原料是指如页岩类、粉砂岩类、砂矿类等原料。

对松散状硅铝质原料矿床中的砾石等夹层，一般均应予以剔除，以免造成进厂硅铝质原料化学成分大幅度波动及对破碎设备造成不利影响。当其混入后不对硅铝质原料化学成分带来较大波动，并不对破碎设备造成很大影响时，可考虑加以综合利用。

4.2.3 采用预分解窑生产时，当熟料硫碱摩尔比（S/R）过高或过低时，应注意选择适宜含硫量的铁质原料。

4.2.4 在保证配料要求及熟料碱含量的前提下，应首先选用易于加工且活性较好的硅质校正原料。

4.2.5 采用预分解窑生产时，在选用粉煤灰、炉渣和煤矸石等铝质校正原料时，应注意控制其烧失量（L.O.I）含量不超过 8%～10%，以控制生料中含碳量，保证窑系统正常稳定生产。同时对铝质校正原料的质量指标中的三氧化二铝含量要求由">30.00%"调整为">25.00%"。

4.2.6 在满足熟料率值及其有害组分限量前提下，

不同原料的质量指标可互相调整、相互调剂。考虑质量指标时，首先确定石灰质原料指标，根据其有害组分含量高低来调整其他配料原料中相应有害组分含量指标。如石灰石中 SiO_2 含量较高，则其他原料中 SiO_2 含量指标就可酌情放宽；又如石灰石中 MgO 或 K_2O+Na_2O 含量较高，则其他原料中 MgO 或 K_2O+Na_2O 含量指标就需从严控制。

4.3 煅烧用煤

4.3.1 工厂所在地附近如有劣质煤，应酌情研究其单独使用或与优质煤搭配使用的可能性。

4.3.2 本条所列对煅烧用煤的质量要求，主要根据工艺煅烧要求和我国近几年重点水泥企业集团工厂实际生产资料。

由于近年来工程设计中已大量采用无烟煤作为熟料煅烧用煤，且工厂使用无烟煤已有成熟实践经验，因此煅烧用煤的质量要求可适当放宽，但挥发分质量要求宜小于等于35.00%（见表3）。

表3 煅烧用煤的一般质量要求修订前后对比

序号	名称	符号	数值
1	灰分	A_{ad}	≤28.00%（原≤30%）
2	挥发分	V_{ad}	≤35.00%（原18～35）
3	硫含量	$S_{t,ad}$	≤2.00%（原<2%）
4	低位发热量	$Q_{net,ad}$	≥23000 kJ/kg（原<21736）
5	水分	M_t	≤15.00%（原<15%）

4.4 调凝剂

4.4.1 工业副产品的石膏是指如磷石膏、氟石膏等。石膏的分子式为 $CaSO_4·2H_2O$，硬石膏分子式为 $CaSO_4$。

4.5 混合材料

4.5.1 混合材料掺加量除应符合第4.5.1条规定外，还需说明下列问题：

1 对老厂扩建项目，可在同等条件下，参考老厂实际生产经验来确定。

2 新厂亦可采用类比法，即用全国大中型水泥工厂同类型、同品种及相同（或相似）混合材料实际掺加量等因素来确定。

3 混合材料掺加量应根据本厂熟料质量、混合材料质量，严格按国家标准执行。设计中应考虑根据国家经济贸易委员会2002年第1号公告《水泥企业质量管理规程》要求，混合材料掺加量波动范围为±2%。

4.5.7 用于复合硅酸盐水泥的其他种类混合材料的活性判定方法是：其28d水泥胶砂抗压强度比大于或等于75%为活性混合材料，而小于75%为非活性混合材料。

4.6 配料设计

4.6.1 本条文对配料设计作了原则规定。

1 根据近年我国预分解窑生产实践经验，提出预分解窑熟料率值适宜控制范围见表4。

表4 预分解窑熟料率值修订前后对比

熟料率值	KH	SM	AM
推荐值	0.910（原0.88）	2.60（原2.50）	1.60
适宜范围	0.880～0.930（原0.86～0.90）	2.40～2.80	1.40～1.90

2 可行性研究阶段，配料计算用原料化学成分，一般应选用考虑贫化因素前、后全矿矿体（矿层）的平均化学成分进行配料计算。

如矿层倾角较小，且上、下矿层之间化学成分差别较大时，则应分矿层分别进行配料计算，并酌情提出几组配料方案。

4.6.2 配料时，熟料（或水泥）中有害组分含量控制值应低于本规范表4.6.2的允许值。

对合资、外资企业及国内企业出口水泥中的有害组分含量，应符合销售地国家（或地区）的水泥标准或合同规定。

本条主要依据现行国家标准《通用硅酸盐水泥》GB 175 和《复合硅酸盐水泥》GB 12958 制定。

4.7 原、燃料工艺性能试验

4.7.1、4.7.2 进行原、燃料工艺性能试验，是为正确选择原料品种和配料方案、确定工艺流程和主机设备选型及保证工厂生产优质、高产、低耗提供科学的重要参数和依据。它不仅是设计的依据，也是主机设备标定和指导生产的依据。

石灰质原料的试样应考虑影响矿石质量的各种因素，包括如硅化、白云岩化、岩浆岩和变质岩、岩溶充填物及覆盖物等。

4.7.3 原煤易磨性指数的测定，其目的是根据 HGI 值判定煤的易磨性能，用于煤磨选型工艺设计。

原料和生料混合料的粉磨功指数（W_i）或辊式磨的物料易磨性指数的测定，其目的是根据易磨性和磨蚀性等试验结果，用于进行选择生料粉磨流程、磨机选型等工艺设计。

水泥生料易烧性能的判别，其目的是根据易烧性试验及熟料岩相鉴定等结果，提出最佳生料配料方案、生料细度、熟料率值等，并结合窑型和煤质资料，提出煅烧工艺等方面的要求。

4.8 原、燃料综合利用

4.8.1 原、燃料的综合利用，主要应满足生产配料要求，不应导致使用后变更或增加配料品种，给配料和工艺流程带来不便。产品方案包括品种、标号、有害组分限量等。

4.9 废弃物的利用

本节为本次修订新增内容。利用工业自身副产品和废弃物作资源，提高资源循环利用率，是水泥工业发展循环经济的主要途径之一。废弃物分类共分3类——替代原料、替代燃料、难以处置的废弃物。

4.9.1、4.9.2 作为替代原料使用的废弃物主要是一些无机质污泥或者焦渣类工业废弃物。依据它们的化学组成，在原料配料时，可以用来替代某些原料或者校正原料。通常把工业石灰、石灰浆、电石渣、饮用水淤泥等工业废物作为水泥生产原料的钙质替代原料；铸造砂、微硅、废催化剂载体、硅石废料、石英砂岩粉、石英砂岩尾矿等可以作为硅质替代原料；炉渣、硫铁矿尾矿、赤铁矿渣、赤泥、锡渣、转化炉灰等则是良好的铁质替代原料；洗煤场废物、飞灰、流化床灰渣、石材废弃物等工业废物则可以作为硅、铝、钙质综合的替代原料；低硫石膏、化学灰ész等则可以代替石膏使用。作为替代燃料使用的废弃物，通常加工成为易于泵送的液体或者粉末，这样可以充分利用水泥行业现有的燃料输送系统，通过简单的改造或者增加少量的设备即可确保其作为燃料使用。可以作为固体类替代燃料的主要有废纸、造纸废弃物、石油焦、石墨灰、木炭、塑料废弃物、橡胶废弃物、旧轮胎、储物箱、灰化土、非放射性废白土、废木材、秸秆、农业废弃物、家庭废弃物、次品燃料、纤维、含油土壤、下水道淤泥、动物脂肪、骨粉等，这些工业废物通过一定的预处理流程均可以作为固态替代燃料使用；而液态的焦油、酸性淤泥、废油、石化废弃物、油漆厂废弃物（油漆类）、化学废弃物、溶剂废弃物、稀释废弃物、蜡状悬浊液、沥青浆、油泥等通过固液分离后可以作为优质的液态替代燃料使用。

4.9.3 在水泥熟料的生产过程中，通常需要控制原燃料中的 K_2O、Na_2O、SO_3、Cl^- 等有害组分的含量，而且这些有害组分是干扰新型干法水泥生产线系统正常运行的重要因素。通常水泥行业比较常用的控制指标为：在干基生料中，K_2O+Na_2O 含量小于等于 1.00%，硫碱比（S/R）为 $0.60\sim1.00$，Cl^- 含量小于等于 $0.03\%\sim0.04\%$。结合原有原料的有害组分特点，在常规生料固有的硫、氯、碱成分条件下，应对所处置的废弃物中上述干扰组分严格进行限量控制。

5 生产工艺

5.1 一般规定

5.1.1 本条根据建材工业技术政策，为推动技术进步，提高产品质量，降低产品消耗，对水泥生产工艺和装备的选型原则作了规定。

1 本款是工艺流程和设备选型的强制性规定，必须符合当前国家产业政策，符合国家环境保护、劳动安全卫生、防火等相关法律和法规的要求，本次修订进一步强调了禁止采用国家明令淘汰落后的技术工艺和设备。

2 工艺流程是水泥工厂工艺设计的基础。表明水泥原料或半成品在水泥生产中所经历的加工环节。在工艺设计中，当工厂生产方法、规模、物料进出厂运输条件确定后，在确定系统选择和设备选型以前，应根据原料的条件和选用设备的性能，来确定工艺流程的各个环节。

3 本款规定了工艺流程和设备的选择原则，工厂投产后要求达到优质、高产、低消耗。因此要求技术先进、运转可靠、投资省、能耗少、环境污染小，在确保实现各项技术经济指标的前提下，以国情和综合效益为依据，积极采用新技术、新工艺、新装备、新材料，生产控制水平宜结合国内外技术发展状况确定。

4 本款所称资源综合利用是指共/伴生资源、低品位矿和尾矿资源综合利用，工业废弃物综合利用和废气、余热等再生资源回收利用，降低水泥工业能耗和提高余热再利用。建设节约型社会，是伴随我国整个现代化进程的长期任务，水泥工业作为资源消耗型工业，应在这方面作出更多贡献。

5 工艺流程应结合总图布置，力求简捷顺畅，避免迂回曲折，尽量缩短运输距离，以减少厂内运输的能量消耗和节约用地。因为工艺流程和总图布置一样，对工厂建成的技术经济指标有着重要影响，两者应结合进行，防止偏废。

6 附属设备对于主机应有一定的储备能力，以保证主机生产的连续性。不能因附属设备选型不当，而影响主机正常生产。附属设备的小时生产能力，应适当大于主机所要求的小时生产能力，其储备量则根据附属设备的种类、型号规格、使用地点和生产条件而定。

各种附属设备在保证正常生产的前提下，尽可能减少台数，设备的型号规格应尽量统一，其目的是便于设备订货，减少备品、配件的种类。

5.1.2 本条规定了工艺设计在总体布置和车间内部布置时，应遵循的原则。

1 本款提出了水泥工厂的工艺总平面设计的基本要求，各相关联系密切的生产系统等宜相邻布置，以便于缩短物料运输距离、管道长度和控制线路，方便生产管理，并节约用地，降低投资。

新型干法生产线的总体布置，与以往水泥工厂的布置有所不同，较多的是以主要车间按一条线布置，与生产流程的物料流向相一致；也是当前新型干法厂采用较多的一种模式；又如新型干法生产线，利用窑尾预热器的废气烘干原、燃料，因此原料粉磨、煤粉制备都紧密地布置在窑尾附近，以缩短高温气体管道的长度，更好地利用余热，使得原料磨系统、生料均化系统与废气处理系统互相依赖，成为一个不可分割的整体。

2 工厂有扩建规划时，应恰当地处理好工厂当前建设与发展远景的关系，减少扩建时对原有生产线的影响。工厂无扩建规划时，对有可能进一步发挥潜力和扩大规模也要作适当规划。如果在设计中不给予适当考虑，就有可能给企业的发展带来困难。

如果在与用户的合同中，明确规定了扩建的任务，则在工厂总平面图和有关生产车间工艺布置图上，应留出扩建位置；有关的输送设备在选型布置时，可以预留扩建后需要的生产能力和预留出扩建位置；与扩建有关的建（构）筑物应考虑必要的衔接措施。

如在与用户的合同中，对扩建未作规定的，在设计布置时，也应考虑扩建的可能性。

3 工艺布置与工艺流程的选择和设备的选型密切相关，一方面，车间工艺布置直接取决于所选定的工艺流程和设备；而另一方面，工艺布置对工艺流程和设备的选择又有较大的影响，例如辊式粉磨系统布置简单，球磨闭路粉磨系统布置就较复杂；又如，由于工艺布置的要求，当输送距离较远时，粉状物料的输送不宜采用机械输送，而输送距离很近时，又不宜采用压缩空气输送。因此工艺布置应结合生产流程和设备选型全面考虑。此外，工艺布置又决定了设备的安装位置、前后设备的相互连接关系，生产操作维修的平面和空间、各种输送设备的长度和高度、车间内人行通道的位置和宽度，各种料仓的形式和大小、厂房面积和层高，以及方便于施工安装的预留设施等设计内容，对工厂的投资和今后的生产影响较大，因此在工艺布置时，应认真考虑，合理布置，既要满足各方面的要求，又要降低投资。

4 明确规定了露天布置要求。为降低工程投资，可采用露天布置，但应满足生产操作、维护检修、密封防雨及环保等要求。

5.1.3 本次修订增加本条，规定了物料平衡的计算要求，使得计算的基准、各原料的干料消耗定额和湿料消耗量的计算具有规范性。对生产损失作出具体规定，以便为企业税收等方面提供法律依据。

5.1.4 本条规定了工厂主要工艺设备的年利用率，是根据近年来设计投产工厂的设计数据和投产后的情况确定的。表5.1.4的数据包括了各种生产规模的主要工艺设备的利用率范围。由于各主机的利用率同生产方法、规模、各生产系统的复杂程度、设备性能等因素有关，因此设计时应结合具体条件确定。

关于避开高峰负荷的磨机利用率问题：近年来有些地区，逐步实行了"峰"、"谷"电差价计费的政策，水泥工厂的磨机是用电量最大的设备，有些地区新建水泥工厂要求窑磨配套时，考虑将来生产时，能不受"避峰"影响，能充分利用"低谷电"，选用磨机时规格加大，适当降低磨机利用率。这种情况投资虽然有所增加，但投产后，由于"低谷电"的经济效益，可能在不太长的时间内即能回收，这对某些企业也是提高经济效益的一项措施。对此特殊问题，在本规范条文中未作规定，设计时应根据具体情况，经过技术经济比较后，确定合适的磨机利用率。

5.1.5 本条文规定了工厂主要生产系统的工作制度，连续周的工作天数为7d，不连续周的工作天数为5~6d。与窑、磨主机联系密切的系统，都与窑、磨的工作制度相同；石灰石破碎的工作制度因和矿山的工作制度、外购石灰石来源、运输条件等有关，因此需根据具体情况采用连续周或不连续周。水泥包装、散装应根据袋装散装比例，以及外运条件而定，煤、石膏、粘土质原料破碎则和工厂规模设备选型有关。这些生产系统一般可用不连续周，特殊需要时采用连续周生产。

5.1.6 本条文规定了工厂各种物料的储存期，为了保证工厂均衡连续生产，各种物料在厂内需要有一定的储存量，并结合国内水泥工厂物料进出厂的运输情况，及产品质量控制要求、环保要求等多种因素，通过分析确定的。条文中包括了各种规模、窑型、物料来源、运输等情况的储存期范围。

表5.1.6中数字为"0"的是指物料不需要储存的情况，例如：有些工厂的石灰质原料不需要在露天堆存，有些干法厂的硅铝质原料只存进厂湿料，不需预烘干，因此，不需在库内储存干料。有些工厂混合材如矿渣烘干前的湿料不进库就在露天堆存，而粉煤灰进厂后不能露天堆存，需直接进库，因此在表中出现了"0"的数值。表内熟料储存期上限比以往规定有所增加，该值适用于外运熟料的工厂熟料外运和运输。气候、市场因素等条件有较大关系，因此条文中增加了熟料储存期上限值。在熟料外运的工厂，水泥储存库的储存期应相应减少，因此条文中降低了水泥储存库储存期下限的数值，在条文注6中阐明了水泥储存期应与熟料储存统一考虑确定。

5.1.7 本条文规定了各种窑型的烧成热耗，表中数据系指按表5.1.8规定的时间和内容下达的指标，这也是国际通用惯例。条文中各种窑型的热耗，系根据近年设计投产的工厂设计指标和投产后的实际情况，结合国外的设计数据，综合分析而确定的。

5.1.8 本条文规定了工厂投产后，主要设备考核内容，其内容是根据已投产工厂的考核情况及国际惯例综合后规定的，目的是保证工厂投产后，各主要设备及系统能正常生产，保证产量和质量达到设计要求。

5.1.9 本条文对水泥工厂生产系统检修设施的要求作了原则规定。水泥工厂的主要设备如窑、磨、破碎机、空气压缩机等设备检修机械化的目的是：①加快检修的速度，缩短检修时间，提高设备利用率。②节省人力，减轻劳动强度，保证检修安全。由于不同规模工厂的设备规格不同，数量不同，因此大中型厂检修机械化程度应较高，小型厂可较低。主机设备需检修的部件体型较大，检修工作比较频繁，花费人力较多的地方，要求检修机械化程度较高，反之则较低。如磨机装球、耐火砖搬运、包装纸袋搬运等处均应设有相应的起吊运输设施。一些生产辅机则根据检修需要和布置条件，设置相应的不同水平的起吊措施，以方便于设备的检修。

5.1.10 本条文对物料输送设计作了原则规定。输送设备是水泥工厂中使用较多的附属设备，水泥工厂各主要生产设备依靠输送系统连接起来，形成连续生产的工艺线。水泥生产从原料准备到水泥成品出厂，需要输送的物料种类繁多、性质各异，输送设备应根据所输送物料的物理特性及温度等条件选用。由于物料输送高度以及输送距离等因素也决定着选用输送设备的型式和规格，所以还应结合工艺布置选用输送设备。

为了保证设备的正常运转，输送设备的输送能力应有一定的余量，应根据不同输送要求及来料波动情况而定，例如各种破碎机破碎后的物料量，以及除尘设备的回灰量，生产中波动较大；因此留的余量应考虑来料波动情况。

输送设备的转运点设置除尘，是为了防止灰尘飞扬、污染环境。输送磨蚀性高的物料（如熟料），应有防磨和降噪措施，以便提高工艺系统运转率和保护环境。

5.1.11 本条规定要求目的为保证水泥工厂稳定、安全地运行，对工艺过程、成品和半成品质量以及设备的运行进行必要的检测、调节和监控，以保证生产过程安全运行。其控制水平可根据不同的工厂规模确定。

5.1.12 本条规定了在一些特殊地区建厂时，工艺设计应注意的问题：

1 由于水泥工厂的压缩空气消耗量是以海拔高度为0m，空气压力为101325Pa和大气温度为20℃时的自由空气为标准。由于随海拔的升高，大气压力和空气密度降低，空气重量减小，因此高海拔地区建厂时，空气压缩机在选型中，应对功率和压力进行校正。同样，对风机、除尘设备、气力输送系统等的功率、风压均应进行修正。

2 海拔高度对回转窑及其他热工设备的生产参数，有一定影响。回转窑在正常条件下，生产每千克熟料生成的废气量（以单位熟料标准状态下空气量计），一般是一定的。但是，由于高原上大气压力降低，根据气体压力和体积成反比的关系，生产每千克熟料需要的空气体积和生成的废气体积都将显著增加，因而提高了窑内气体风速，加大了飞灰量，增加了热耗，限制了回转窑的产量。同样在其他热工设备中的气体体积、风速也随大气压力降低而增加。因此在高原地区建厂，对热工设备的计算，应根据海拔高度作修正。

3 电动机运转时产生的热量，应及时排除，使电动机温度不超过一定数值，排除热量是依靠其本身所附带的风叶来实现的，在高原上空气的密度降低，但电动机的转速依然未变。因此，单位时间内通过的冷却用空气重量减少，从而使冷却作用降低，这时只有降低电动机的出力，才能保持温升在一定数值以内，所以选用电动机时对出力应作修正。

海拔高度较高（如西藏地区），空气因密度降低而容易被电离，因此高压电机内易产生电晕现象，所以选用电动机时应采用具有防电晕措施的电动机。

湿热带电机应选用湿热型电机。

4 在寒冷地区气温很低，要保证某些热工设备或除尘设备不致结露。其他如气动元件、电气仪表元件及润滑油等，对使用环境都有一定要求，因此在设备订货或生产中应注意这个问题，保证生产时气路、油路、水路的畅通。气路、油路、水路及除尘系统应有防冻措施，以免影响正常生产。在寒冷地区物料结冻，形成大块不能松散，很易在储库、料仓、料管等发生堵塞，为了保证正常生产，应注意妥善处理物料的冻结问题。在设计中应有相应措施来防止和处理堵塞故障的发生。

5.2 物料破碎

5.2.1 一般情况下，矿山距工厂较远时，石灰石破碎系统设在矿山为宜，可以减少大块石灰石运输的困难；破碎后用胶带输送碎石进厂，可以节省人力和油料的消耗、降低石灰石成本，近年来投产的大中型工厂，大部分把破碎系统设在矿山。如果矿山和工厂距离较近；或规模较小的工厂，输送条件适宜时，可以设在厂区，或者是放在矿山与厂之间的位置上，因此石灰石破碎系统的位置应根据矿山和厂区的距离、矿山开采运输条件，经技术经济比较后确定。

5.2.2 水泥工厂石灰石破碎系统要求的生产能力一般按下式计算：

$$Q = \frac{Q_1}{K_1 K_2 K_3} \times K_4 \tag{1}$$

式中 Q——破碎系统要求的小时产量（t/h）；

Q_1——工厂石灰石年需要量（包括作混合材用量或外供石灰石量）；

K_1——石灰石破碎车间全年工作天数；

K_2——石灰石破碎车间每天工作班数；

K_3——破碎车间每班工作小时数；

K_4——矿山运输不均衡系数。

破碎系统生产能力应按上述因素确定。

5.2.3 本条提出了破碎流程的选择原则。各种物料破碎系统的成品粒度，主要取决于后续工序的粉磨系统对物料的粒度要求，根据粉磨系统的设备型式、性能确定破碎系统的成品粒度后，破碎系统的破碎比（石灰石破碎系统的进料最大块度与出料成品粒度之比）直接影响到破碎段数的确定和破碎机的选型。例如要求破碎系统破碎比大，则要求破碎机的破碎比也要大，如果选用一种破碎机能满足这一破碎比的要求，则选择一段破碎最好，因为与两段或多段破碎相比，单段破碎的设备台数少、生产流程简单、占地面积小、扬尘少、能耗低、投资省、生产成本低。但当矿石硬度高、游离二氧化硅含量大、磨耗比大时，破碎机的易损件消耗快。如果采用单段锤式破碎机时，锤头磨损快，影响产量和成品粒度，使用寿命短，因此石灰石破碎系统选择也和矿石物料性质、矿石磨蚀性试验结果有关。

5.2.4 新型单段锤式破碎机和反击式破碎机破碎比大（可达10～50,甚至在50以上），因此若条件合适可选用单段破碎的破碎机。其他型式的破碎机如颚式、旋回式等破碎比小，适用于两段破碎系统的一级破碎机。

5.2.5 本条提出了破碎机喂料斗的设计要求。如石灰石破碎机前的喂料斗容量，要满足破碎机连续运转和小时生产能力的要求，因此喂料斗容量应根据卸车方式、一次卸车量、来车间歇时间而定。

喂料斗后壁与侧壁相交线的空间角不应小于50°，喂料斗出料口宽度及高度要求便于出料，不致被料块堵塞而拉坏出料口护板。

5.2.6 根据我国水泥工厂生产实践，大中型厂大块石灰石的喂料设备采用重型板式喂料机较好，机械强度高，承受力大，链板输送方便出料，允许倾角大。

重型板式喂料机的板宽应与锤式破碎机的入料口宽度相配合，喂料方向宜在正面喂料，这样矿石能在破碎机全宽度均匀下料，锤头负荷均匀，破碎机效率高。

破碎机要求均匀喂料，当破碎机负荷大时，喂料量应及时减少，破碎机负荷小时，则增加喂料量，因此板式喂料机的速度应根据破碎机的负荷自动调节，采用无级调速可以使速度变化均匀稳定，同破碎机负荷的变化能较好地匹配。

5.2.7 设置一条宽而短的受料胶带输送机，既可适应破碎机下料口的宽度，又可以避免输送碎石的长胶带输送机直接被破碎后的碎石撞击，从而可减少长胶带输送机的宽度和磨损，延长使用寿命，节省投资。

5.2.8 为满足日益严格的环保标准要求，改善工厂劳动卫生环境，本条提出收尘要求。

5.2.9 石灰石等物料破碎机的生产能力，不是绝对均匀稳定的，为了保证破碎机的正常运转，物料输送系统的能力，应按破碎机瞬时最大生产能力来考虑。

5.2.10 硅铝质原料品种繁多，物理性能各异，因此破碎机的型式和破碎级数的确定宜根据物料物理性能、粒度等因素确定。

5.2.11 为防止硅铝质原料压得太实，粘挂在仓壁上，使卸料不畅，本条对硅铝质原料仓提出了设计要求。

5.2.12 为适应大出料口的需要，采用板式喂料机。

5.2.13 煤的进厂粒度一般都不大，采用一段破碎系统，可以满足生产要求。

根据不同的用途，煤破碎后的成品粒度也不同，一般入磨的粒度为20～40mm,沸腾炉用煤粒度为8mm以下。

5.2.14 石膏用量较小，粒度较大，为减少环节，宜采用一段破碎系统。

5.2.15 篦式冷却机本身带有破碎机，因此不必单独设置熟料破碎机。

5.3 原、燃料预均化及储存

5.3.1、5.3.2 在可行性研究阶段，应计算全矿山或主勘探线的矿山化学成分标准偏差（S）和变异系数（C）。

在初步设计阶段，则应计算全矿山及早期各台段矿山化学成分的 S 和 C。

低品位原料包括石灰质或硅铝质低品位原料。

对石灰质原料主要计算成分为 CaO、MgO。某种成分变化较大时，或对配料有较大影响的也应计算，如 SiO_2、R_2O 等。

对硅铝质原料主要计算 SM。某种成分变化较大时亦应计算，如 SiO_2、MgO、R_2O 等。

对燃煤则应计算 A、V、Q_{net} 的标准偏差及变异系数。

计算标准偏差及变异系数目的在于了解原料和燃料质量变化程度。

原料预均化是现代水泥生产达到优质、高产、低耗的最重要的条件之一。在一个完整的生料均化系统——均化链（从均化开采到入窑生料）中原料预均化是基础。

原料预均化堆场除有预均化和储存两个作用外，尚有综合利用资源、改善工作环境、减少污染、便于实施自动化控制和现代化管理等作用。

当今世界各国水泥工厂几乎都采用先进的自动化控制的原料预均化堆场。在我国已有该类设施的水泥工厂亦逐步增多，实践证明，对提高工厂效益起到了重要的作用。在改善产品结构、提高水泥质量、水泥行业"由大变强"，进一步提高我国水泥工厂技术装备和自动化水平的今日，在我国大中型水泥工厂中，采用原料预均化堆场，是势在必行和必不可少的。

同样，在规模较大的水泥工厂采用煤的预均化堆场也是势在必行和必不可少的。

原煤质量变化较大，或入窑煤粉质量不能保证相邻两次检测的波动范围，即控制灰分 $A±2\%$，挥发分 $V±2\%$ 的条件时，应设置预均化设施。

5.3.3 预均化堆场不仅满足了大型水泥工厂对原、燃料的储存要求，而且在储存原、燃料的同时实现了预均化，它是一种先进的储存均化设施。其优点如下：

1 有利于稳定水泥窑的热工操作制度，提高熟料质量及窑长期安全运转。

2 采用预均化堆场可以大量利用低品位矿石、包括有害成分在规定极限边缘的矿石及许多非均质矿石，从而扩大了原料资源。

3 尽量利用夹层矿石，延长现有矿山使用年限。

但是采用预均化堆场的最大缺点是占地面积大，投资昂贵，因此决定是否采用预均化堆场，不仅是从原、燃料质量波动一个因素，还应结合储存工艺要求、自动化水平、环保要求、工厂规模的大小、投资等因素综合考虑后决定。

5.3.4 本条对预均化堆场设计作出了具体规定。

1 堆料层从理论上讲，层数越多，料堆横断面上物料成分的标准偏差越小，均化系数也越高。实际上由于预均化堆场原料本身存在波动，如原料矿山开采时，利用夹石及其他废石或者原料本身波动，还有堆料时物料离析作用。因此即使堆层 600 层，均化系数也不容易超过 10。根据国外资料和国内经验，堆料层数宜 400～500 层，均化系数 3～7。

对某一个具体的预均化堆场设计，当已知物料的休止角、容重，且堆料长、宽、高、料堆容量、堆料机堆料能力已确定时，只要合理地选择堆料机的速度，就可以求得适宜的堆料层数。

2 堆场的形式有矩形和圆形两种，各有优缺点如下：

1）占地面积：相同有效储量，圆形比矩形堆场约少占地 30%～40%。

2）投资：由于圆形堆场比矩形堆场占地面积少，所以投资也略低。

3）均化系数：圆形与矩形堆场均化系数基本相同。圆形堆场无端锥效应，但圆形堆场是环形料堆，内外圈料分布不如矩形堆场均匀。此外，对于消除长周期波动的影响，也不如矩形堆场优越。

4）圆形堆场中心出料在均化粘性或含土多的物料时，易发生堵塞。

5）圆形堆场无法扩建，只能另外新建堆场，而矩形堆场可以在原有堆场基础上加长扩建。

综上所述，矩形与圆形堆场各有利弊，应根据工厂的总体布置、厂区地形、扩建前景、物料性能及质量波动等经比较后确定。

3 堆料方式是指各层物料之间以什么样的方式相互重叠。现今预均化堆场所采用的堆料方式主要有五种：人字形堆料、波浪形堆料、水平层堆料、倾斜层堆料、圆锥形堆料。其中以人字形堆料方法所需的设备较简单，均化系数也较好，因此现在采用人字形堆料方式最普遍，其缺点是物料颗粒离析比较显著。

目前堆料机有屋架轨道式胶带堆料机、悬臂胶带侧堆料机和回转悬臂式胶带堆料机等。屋架轨道式胶带堆料机用于矩形预均化堆场，悬臂胶带侧堆料机适用于矩形预均化堆场侧面堆料，回转悬臂式胶带堆料机适用于圆形预均化堆场。

4 在堆料方式确定以后，为了保证均化系数，取料时，要求尽可能多地切取各层物料。取料方式主要有端面取料、侧面取料两种。端面取料采用桥式刮板取料机、桥式斗轮取料机。这种端面取料机应用最广，它适用于人字形、波浪形或水平层料堆取料。侧面取料采用悬臂耙式取料机，这种侧面取料机应用也很广，特别适用于多种物料储存的堆场，但均化系数不如端面取料的桥式取料机。

5 混合料预均化堆场适用于石灰石和硅铝质原料预混合。当硅铝质原料水分、粘结性较大时，防止在储存和运输过程中的堵塞，可以和石灰石混合后入预均化堆场储存和均化。如果两种原料都需要均化，系统就复杂，成分不易控制，价格也昂贵。因此，这种情况不宜采用混合预均化堆场。

为了控制入混合预均化堆场前两种物料的配比，需要入堆场前对两种物料进行预配料。

6 根据水泥工厂使用煤的来源不定，煤质波动较大的情况，一些水泥工厂将进厂的不同质量的煤分别堆存，经过搭配后再进入预均化堆场，以提高均化效果。

7 为了解决扬尘问题，目前多采用可以升降的悬臂式胶带堆料机，在堆料机卸料端，设料位探测器来探测自身同料堆的距离，使卸料端自动同料堆保持一定距离，可减小物料落差，抑制扬尘，同时减轻物料离析作用。

5.3.5 预均化堆场一般应设置厂房。如处在高寒、风沙、多雨地区建厂，设置厂房较为合适；由于预均化堆场面积较大、造价较高，在满足环保要求的情况下，可暂不设置，但也应有今后补加的可能。

5.3.6 由于受投资的限制，可采用投资省、有一定均化效果的简易预均化堆场或库。简易预均化堆场设两个料堆，可采用胶带机分层堆料，装载机端部取料来达到均化目的。也可设两组库用胶带机库顶分层堆料，两组库轮流进出料，库底多点搭配来达到简易均化目的。

5.4 废物处置

本节为本次修订新增内容。水泥厂协同处置废物有利于节约资源、保护环境、改善生态状况。

5.4.1 利用水泥回转窑系统所具有的温度高、热惯量大、工况稳定、气料流在窑系统滞留时间长、湍流强烈、碱性气氛等特点，处置原材料工业、生活垃圾及化工、医药等行业排出的危险废物，使其成为补充性替代原、燃料，又无二次污染产生，是实现废物减量化、无害化的有效途径。在我国，水泥厂协同处置废物，尤其是处置有毒有害废物才刚刚起步，因此，应对水泥窑处理有毒废弃物的生产可靠性和使用安全性进行科学研究，在不影响产品质量的前提下对废物进行处置。本条对水泥工厂处理废弃物设计作出了一般规定。

5.4.2 本条为强制性条文。在我国，水泥厂协同处置的大部分是未经预处理的废物，这与发达国家有所不同，因此要特别注意在贮存、输送、预处理等工艺过程不得产生二次污染。

5.4.3 本条为强制性条文。排放指标系参照欧盟标准提出，水泥厂协同处置废物时，其排放必须满足指标要求。

5.4.4 本条为强制性条文。我国现行水泥标准未对产品中的重金属含量提出要求，因此参照国外相关标准制定本条。对于进入水泥产品体系的重金属元素，能否安全地固化不浸出，与使用条件及不同的环境介质有关。

5.5 原料粉磨

5.5.1 本条对原料粉磨配料站设计作出了规定。

1 以往设计中规定主要物料的配料仓的容量不应小于磨机3h的喂料量，对大规格磨机在布置上有困难时可适当减少。原料磨配料仓容量参见表5。

表5 水泥工厂原料磨配料仓的容量

厂名	配料仓容量（t）				主要物料仓容量适应磨机运转时间(h)
	石灰石	混合料(粉煤灰)	硅铝质原料	硫酸渣	
冀东水泥厂	330	—	210	150	2.2
宁国水泥厂	330*	600	—	260	2.0
江南-小野田水泥厂	1000	—	450		3.125
烟台水泥厂	500	(150)	70	160	2.5
琉璃河水泥厂	392	(823)	405	82	2.8
新乡水泥厂	440.5		59.3	16.2	7.4
七里岗水泥厂	339		130	14.8	5.3
中国水泥厂	120*	290	120	100	～2.26

注：标注 * 的为校正料。

2 近几年我国新型干法水泥工厂，如宁国、耀县等厂，由于原料水分原因，都发生过堵仓，因此制定此款。

5.5.2 本条文阐明了原料粉磨系统选型原则。

1、2 原料粉磨利用烧成系统废气余热时，一台窑配一套原料粉磨系统，可以使废气管道简化，操作控制简单，且节省投资。

3 各种粉磨系统有不同的特点，对各种原料的物理特性有不同的适应范围。

1）辊式磨系统其主要特点是磨内集烘干、粉磨、选粉为一体，流程简单，粉磨效率高，其能耗可较管磨系统降低10%～30%，利用窑尾预热器废气可烘干含水分7%～8%的原料，系统建筑空间小，可露天设置或加单层厂房，土建投资少，是目前国内首选的生料粉磨系统。但其对辊套材质及衬板材质要求较高，选用辊式磨应做原料磨蚀性试验。

2）中卸磨系统的特点是结合了风扫磨和尾卸磨的优点，热风从两端进磨，通风量较大，又设有烘干仓，利用窑尾预热器废气可烘干含水分6%～7%的原料，且磨机粗、细仓分开，有利于最佳配球，选粉机回料大部分回入细磨仓，小部分回粗磨仓，有利于冷料的流动性改善，又可便于磨内物料的平衡。其缺点是系统漏风较大，流程也较复杂。该磨系统在国内制造、生产都较成熟，也是一种成熟可靠的粉磨系统。

3）尾卸提升循环磨系统能力相对较小，系统特点是磨内物料用机械方式卸出，磨内风速不能太高，烘干能力较差，利用窑尾预热器废气仅可烘干含水分4%～5%的原料，磨机生产能力愈高，烘干能力愈是显得不足，对于系统能力水分较小的原料，可采用尾卸磨。

4）风扫磨系统阻力较小，烘干能力大，利用窑尾预热器废热可烘干原料水分8%，但单位功率产量低，能耗较提升循环磨高出10%～12%，尤其是用于含水较少的物料，由于风扫和提升物料所需的气体量大于烘干物料所需的热风量，则更不经济。

5）辊压机系统中辊压机适于挤压脆性物料，不宜喂入粘湿性的塑性物料。入辊压机物料的水分，一般认为含2%～3%的水分较为理想，因此粘湿性物料最好不进入辊压机。如果喂料中含有足够的脆性物料，形成脆性料床，塑性成分仅是充填于脆性料床的空隙中，则对挤压物料的影响不大，允许有少量粘土喂入辊压机。一般情况下，尽量使硅铝质原料（粘土）从辊压机之后喂入粉磨系统。我国启新水泥厂原料粉磨系统采用辊压机，只有石灰石经过辊压机，其他几种原料不经辊压机而直接进磨。

5.5.3 以往对磨机的能力按年运转率考虑，对新型干法窑采用预热器废气余热作为烘干热源，窑磨运转基本一致，认为用日平衡来计算磨机产量较为合适，再结合以年运转率综合考虑。

5.5.4 本条规定了原料粉磨系统布置时的具体要求。

原料粉磨系统在利用预热器废气烘干原料时，为简化缩短入磨热风管道，方便操作管理，并使原料粉磨和窑的废气合用一套废气处理除尘系统，因此原料粉磨系统应靠近预热器塔架和废气处理系统布置。

为了防止漏风而降低热效率增加能耗，在带烘干的磨机进、出料口应设置锁风装置。

原料粉磨系统设置备用热风炉，是作为停窑没有热风时的备用热源。

辊式磨根据磨机本身结构，可以露天布置，国内已有此例。但在某些特殊气候条件下，如风沙、高寒、雨雪地区建厂，会带来生产操作的不便，是否设置厂房应根据当地气候等具体条件而定，因此条文中露天布置用"可"规定。

球磨机中心的高度宜取直径的0.8~1.0倍，系根据以往设计生产经验而定。磨机中心高度决定了磨房的标高。在满足换球的要求下，尽可能不增加厂房高度，取0.8~1.0倍的数值比较合适。

原料粉磨系统要求设置提升装置（如钢球提取器）是为了装球时减轻劳动强度，加快检修、装球速度，减少事故的发生。

为维修磨机中空轴瓦等，磨机两端轴承基础内侧加设顶磨基础。

5.5.5 本条文对粉磨系统的产品质量提出了要求。生料水分应控制在0.5%以下，这是由于生料输送及生料均化库均化的要求，水分过大，充气箱的充气层会堵塞，影响生料均化库的充气搅拌。

生料细度定为80μm方孔筛筛余10%~14%，可根据生料易烧性能选用。

5.5.6 本条对原料粉磨系统的除尘提出了要求。配料仓顶和仓底，以及输送设备转运点，由于物料下料落差产生扬尘，故应设除尘点，配置除尘器。

当磨机利用预热器废气作为烘干热源时，可和预热器废气合用一台除尘器，这样可简化生产环节，方便管理，节约投资。

5.5.7 原料粉磨系统配料控制的目的，是为了保证生料达到规定的化学成分、细度，出磨物料水分和磨机的生产能力，并保证粉磨系统长期稳定安全运转。

5.6 生料均化、储存及入窑

5.6.1 生料均化库设计选型时，应根据进厂原料成分的波动、预均化条件及出磨生料质量控制水平等因素确定。根据入窑生料均齐性要求，结合工厂的实际情况，综合考虑均化库前各环节的均化作用，确定合适的均化库类型。连续式生料均化库工艺布置简单、占地少、电耗低、操作控制方便、投资省、技术成熟，入窑生料质量满足生产要求。

关于入窑生料，过去常以生料碳酸钙标准偏差为设计指标。根据近年投产的几个新型干法厂的生产统计，生料CaO标准偏差在0.25%时，不影响烧成和熟料质量，因此，参照国际惯例本条规定了入窑生料CaO标准偏差不大于±0.25%。

生料均化库高径比为库底板至顶板间筒体高度与库内径的比值。

据调查，生料均化库能保持长期、可靠、有效地运行，与出原料磨生料水分控制关系很大。水分低于0.5%的生料具有良好的流动性能；水分增加，生料流动性降低，且库底及库壁易结料，从而降低重力混合及气力均化效果，而研磨体等杂物入库易堵塞库卸料装置。

生料均化库库顶宜选用带灰斗及锁风装置的袋式除尘器，以免除尘器清灰时粉尘二次飞扬，影响除尘效率。

5.6.2 本条对连续式生料均化库的设计作出了具体规定。

生料进库采用多点进料对生料分散性好，直径较大的生料均化库采用多点入库，小直径均化库也可用单点进库。

定容式回转鼓风机，不因系统阻力变化而改变风量，因此作为连续式均化库的充气气源比较合适。

均化库应至少设有两个卸料口，对卸料、清库比较有利。

出均化库生料回库输送回路的主要作用，是烧成系统未投入使用或停窑时，均化库及窑喂料可进行带料试运转。

5.6.3 本条对干法生料入窑系统设计，规定了应包括的内容和具体要求。喂料仓的料位要稳定，才能稳定料仓出料口处的仓压，使喂料装置每一转喂出的生料重量可以相对稳定，保证喂料均匀，并能方便控制。

5.7 煤粉制备

5.7.1 煤粉经煤粉仓向窑和分解炉供煤粉，有利于窑内火焰及煤粉量的调节和计量标定，有利于窑系统热工制度的稳定。

5.7.2 本条对煤粉制备系统作出了具体的设计要求。

钢球煤磨结构简单，集烘干与粉磨于一体，能适用于任何煤种，包括煤矸石含量高的煤都可获得较高细度的煤粉，能可靠长期连续运转。其缺点是设备庞大，金属消耗量高，噪声大，电耗较高。

辊式磨单位电耗低、设备紧凑、占地少、金属耗量少、噪声低，应优先选用。但对难磨的硬质煤不易磨细，如煤矸石含量较多时易造成排渣。当部件磨损时磨机的产量和煤粉的细度变化较大，当有随煤入煤磨的金属杂物时，容易损伤研磨部件。根据具体情况，可选择钢球煤磨。

在大型干法厂中煤粉制备的位置，当放在窑头附近时，利用冷却机的余热对原煤进行烘干，这样可适应含有较大水分的煤，对提高磨机产量有利，但这种热风中氧气的含量超过14%，所以增大了煤磨系统爆炸的危险性。

当煤粉制备放在预热器塔附近时，可利用预热器的废气来做烘干热源，其氧气的含量低于10%，增加了系统的安全性，但废气中湿含量大，对烘干水分高的原煤不利，磨机的产量不易发挥出来。因此应从工艺生产平面布置、利用预热的方案等因素全面衡量确定。

为了简化工艺流程，减小构筑物体积，节省投资，提高粉磨效率，应优先选用动态选粉机作为煤粉的选粉设备。

喂煤设备、动态选粉机回料管与煤粉的出料部位，均应设锁风装置，这主要是为了防止漏风、提高煤磨系统的热效率和分离效率，并降低能耗。

煤粉制备系统有关装备及风管的保温是为了防结露，接地是为了防静电。

5.7.3 出磨煤粉水分大小影响到煤粉输送和煤粉仓卸料，水分太大会使系统堵塞，并影响窑热工制度的稳定。

5.7.4 本条文规定了煤粉制备系统的安全防爆设计要求。其中1~4、8、9款为强制性条款。煤粉制备系统是易燃易爆的场所，因此煤粉制备系统的设计，必须根据系统中各部位的煤粉浓度、温度、CO含量等的危险因素，切实做好防爆设计，保障设备安全运行，因此在动态选粉机、除尘器、煤粉仓、磨尾等处应设防爆阀。防爆阀应能防止泥污、雪荷载、过高的摩擦力引起的静态开启压力升高或由于腐蚀、材料疲劳引起的静态开启压力下降，损害防爆阀的性能，影响泄压效率。

在系统有关部位设置温度、CO监测、报警、阀门及灭火等装置。自动报警装置应在一氧化碳含量达0.5%时报警；一氧化碳含量达1.0%时自动切断高压电源。

5.7.5 利用烧成余热作烘干热源，在热风入煤磨前设置旋风除尘器，是为了减少煤粉中的灰分。

煤粉制备系统的备用热源可根据工厂所在地条件、原煤来源及含水分情况确定。在我国南方多雨地区，或者煤磨采用辊式磨且布置在窑头利用冷却机废气作为烘干热源时，宜设置备用热源；备用热源可用燃油热风炉，由于燃煤的燃烧室系统复杂，不推荐采用。当工厂自认为不要设备用热源时，工艺可在车间总体布置时预留相应位置，既可节省一次投资，将来又有加的可能性。

5.7.6 随着环保要求提高和煤磨袋除尘器技术的成熟，煤磨系统的除尘推荐采用袋除尘器。从动态选粉机出来的气体和成品煤粉，直接进入袋除尘器。在个别寒冷地区，当原煤水分大，废气中湿含量高，易结露糊袋子时，煤磨除尘器可采用电除尘器。

5.7.7 为了使煤粉制备系统安全生产，系统设备正常运行，使煤粉制备过程处于最佳状态，以保证各项工艺指标的实现，因此在本条文中规定了按第7.10.3条对煤粉制备系统进行控制的要求。

5.7.8 本条文规定了煤粉计量输送系统的设计要求。煤粉输送采用机械输送较困难，一般采用气力输送较好。

5.8 熟料烧成

本节在此次修订中，删除了有关小型预热器系统及湿磨干烧预热预分解窑系统等相关内容，同时结合水泥工业技术发展对相关内容进行了调整。

5.8.1 本条根据预热预分解窑系统的布置特点作出了几点规定。预热器塔架除满足工艺生产要求外应满足安全生产要求并尽可能减少占地面积，节约基建投资，降低工人的劳动强度。

5.8.2 本条对预热器系统的设计作出了几点规定。

1 预热器系统的列数随着窑的生产能力的增大，由单列逐渐发展成多列。4000t/d级以下的预热器系统有单列和双列两种，10000t/d等特大规模的预热器系统也有采用三列的。

2 旋风预热器由多级旋风筒组合而成。在选用同类型的预热器时，预热器级数越多，则排出气体的温度越低，热回收量越多，但级数越多，每级温度降越少（见表6），同时级数越多，系统的压力降越大，预热器塔架越高，因此是不经济的。根据目前的使用经验，五级或六级预热器较为经济合理。

表6 不同级数预热器的温度分布

级数 n		1	2	3	4	5	6	7	8
气体出口温度	T_{G0}	527	404	345	310	288	273	262	254
	T_{G1}	900	680	572	510	470	443	423	409
	T_{G2}	—	900	754	670	616	579	553	533
	T_{G3}			900	798	732	686	655	633
	T_{G4}				900	825	775	739	712
	T_{G5}					900	844	805	776
	T_{G6}						900	858	827
	T_{G7}							900	867
	T_{G8}								900
物料出口温度 t_M		514	670	744	788	815	834	848	857
温度系数 Ψ		0.55	0.73	0.82	0.87	0.90	0.92	0.94	0.95
气体总温降 Δt_G		373	496	555	590	612	627	638	646
每级气体平均温降 Δt_{gn}		373	248	185	148	122	105	91	81

注：1 此表摘自《水泥的制造和应用》。

2 表中温度系数 $\Psi = \dfrac{t_M - t_{M0}}{t_{G0} - t_{M0}}$，其值为0~1。

式中 t_M——预热器物料出口温度（℃）；
t_{M0}——预热器物料进口温度（℃）；
t_{G0}——预热器气体进口温度（℃）。

5.8.3 本条对分解炉的选型和设计作出了规定。

1 根据气流和物料在分解炉内的运动方式,分解炉有多种型式。分解炉是一种气固高温反应器,燃料在炉中燃烧放热,在870~900℃温度下,生料在悬浮或沸腾状态中进行无焰煅烧,同时完成传热和碳酸盐分解过程。根据投产工厂的生产实践和有关高等院校、设计科研单位,通过对已有分解炉的分析试验研究,认为不同原料配合的生料有其不同的分解特性,在相同的条件下,达到相同分解率的时间是有区别的,不同的生料其分解指数和终态分解率均有所不同。通常分解炉内燃料的燃烧速率制约着水泥生料的分解,不同来源的燃煤其燃烧特性差异较大,在分解炉内的燃尽时间、燃尽率等特性指标有所不同,因此宜采用原、燃料特性试验确定分解炉结构参数,并适当留有一定的余地,以适应生产波动。

2 当燃料中挥发分含量低时,燃料的燃烧较困难,而在纯空气中较易燃烧。分解炉的型式不同,其气固两相流场分布亦不相同,气体和固体粒子的运动轨迹亦有差别。因此各种型式分解炉设计的气体停留时间差别较大。根据工厂实际测试及运行状况,本条规定其停留时间宜大于2s。

3 根据国内外工厂实际生产情况,分解炉的用煤量在55%~65%内为宜。当采用旁路放风时,热耗随放风量的变化而变化,分解炉的用煤比例也相应变化。

5.8.4 本条对窑尾高温风机的选型与布置提出了要求。

1、2 窑尾高温风机的风量大、风压高,气体中粉尘含量较大,因此对风机的要求较高。由于风机的功率较大,故要求风机的效率不低于80%,并要求能够调速。为保证窑生产能力有一定的发展余地,要求风机的风量和风压都有储备。

3 便于调节系统的风量与风压,便于风机轻载启动。

4 当原料粉磨采用辊式磨时,由于辊式磨通过的气体量较大,出预热器气体可先经增湿塔和高温风机后,全部送入辊式磨。亦可先经高温风机,将烘干原料和燃料需要的热空气分别送给煤磨和原料磨。当原料水分大时,高温风机宜放在增湿塔前。

5 高温风机设置在露天,可以取消厂房,减少投资,检修时可采用临时起吊设施,但传动部分设备应避免雨淋,故应加防雨设施。

5.8.5 本条对废气处理系统的设计作出了几项规定。

1 设计出预热器系统的废气温度在270~340℃,这部分热量可烘干原料、燃料或其他物料,也可利用余热发电。

余热利用废气由有关工艺系统处理,如用于煤磨车间作为煤的烘干热源时,由于其含尘浓度高,会增加煤的灰分,应经过除尘处理后,再送入煤磨。当用作原料或其他物料的烘干热源时,则可以直接利用。

2 废气除尘采用袋式除尘器或电除尘器,是技术上比较成熟的高效除尘设备,使用都较普遍。一般来说,电除尘器投资大,操作费用低;而袋式除尘器投资较低,操作费用大,滤袋损坏维修费用较高。按照现行粉尘排放标准的规定,推荐采用袋式除尘器。

采用袋除尘器,根据滤袋材质耐温情况,需将废气温度降低至滤袋规定的要求后才可送入袋式除尘器除尘。

3 电除尘器对气体和粉尘的物理特性很敏感,预热器排出的废气比电阻在$10^{12}\sim10^{13}\Omega\cdot cm$,而电除尘器只适用于比电阻小于$10^{11}\Omega\cdot cm$,否则除尘效率达不到要求。因此要对废气做调质处理,通常配备增湿塔,气体通过增湿塔时,向塔内喷入高压雾化水,使废气温度降到140~150℃,湿度增加,粉尘比电阻可降到$5\times10^{10}\Omega\cdot cm$,以保证电除尘器的除尘效率。

4 废气处理系统虽然废气温度与露点温度相差约100℃,但在通风不良的废气滞流区,外壁的局部地方温度仍可能低于露点温度。另外在窑的点火升温阶段,除尘器从冷态经废气加热逐渐升温,如有保温则除尘器温升快,冷凝水少,凝结后也能很快蒸发,减少机体的锈蚀,也减少细粉在极板上的粘结。

5 本款主要针对废气处理系统管道直径大又长的特点,应与废热利用相关的工艺系统尽量靠近,使管道布置紧凑合理,降低管道投资,减少散热损失。

6 本款是由于考虑管道热膨胀而制定的。

7 由于增湿塔和除尘器的出灰量不是稳定的,经常不定时塌落,其输送设备的能力应比正常的灰量大得多。

8 本款按《水泥工业大气污染物排放标准》GB 4915和《固定污染源烟气排放连续监测系统技术要求及检测方法》HJ/T 76制定。

9 在电除尘器进口处,设CO监测报警装置是防止CO过量使除尘器燃烧爆炸,损坏设备。要求报警装置在CO含量达0.5%时,自动报警;CO含量达1.0%时,自动切断高压电源。

10 由于预热器的废气余热作为原料磨的烘干热源,且和原料磨系统合用一台除尘器,所以废气处理系统的控制要协调好预热器高温风机,磨系统排风机及除尘器排风机的关系,以保证窑、磨正常生产。

11 当窑和原料磨同时运转时,废气处理系统的回灰可和出生料同时进入生料均化库,而当原料磨停开时,宜送至窑尾喂料系统。

在设有旁路放风系统的工厂,废气处理收下的回灰,由于有害成分很高,若进入生产线,将对窑的烧成不利,既易堵塞预热器系统,又降低熟料强度,因此窑灰要妥善处理。

5.8.6 本条是对回转窑设计的规定。

1 在确定新型干法回转窑的规格时,不仅应按照工厂规模对烧成系统产量的要求,而且还应结合具体的原、燃料条件、预热器型式、级数以及分解炉的流程是在线还是离线,分解炉的炉型、规格和配置的冷却机型式规格等具体情况综合确定。

2 国内现有生产厂的预热器窑和预分解窑的长径比（L/D）,一般在 14～16,表 7 中列出了国内部分生产厂的预分解窑的长径比（L/D）值。随着预分解窑入窑物料分解率的提高,回转窑的转速也相应的提高,根据国内外的工厂资料,窑的转速一般在 3.0～4.0r/min,斜度通常在 3.5%～4.0%。部分新型干法厂的回转窑斜度和转速见表 8。

表 7 部分预分解窑长径比（L/D）值

序号	窑规格（m）	能力（t/d）	L/D	工厂名称
1	φ3.2×50	1000	15.63	槎头、天津等水泥厂
2	φ3.3×50	1000	15.15	滇西（高海拔地区）水泥厂
3	φ3.3×52	1200	15.76	浙江豪龙水泥厂
4	φ3.95×56	2000	14.18	顺昌、华新、海南昌江等水泥厂
5	φ4×43	2000	10.75	新疆、中国、湘乡等水泥厂
6	φ4×60	2500	15	荻港、九里山等水泥厂
7	φ4.3×66	3000	15.3	太行邦正等水泥厂
8	φ4.55×68	3200	14.94	柳州水泥厂
9	φ4.6×72	4000	15.65	江南小野田水泥厂
10	φ4.7×74	4000	15.74	宁国水泥厂
11	φ4.7×75	4000	15.95	冀东水泥厂
12	φ4.75×75	4000	15.79	珠江水泥厂
13	φ4.8×72	5000	15	荻港海螺水泥厂
14	φ5.0×72	5500	14.4	华新水泥厂
15	φ5.6×87	8000	15.53	池州海螺水泥厂
16	φ6.4/6.0×90	10000	14.1	枞阳海螺水泥厂

表 8 部分回转窑斜度和转速

序号	窑规格（m）	能力（t/d）	斜度（%）	最高转速（r/min）	工厂名称
1	φ3.2×50	1000	3.5	3.37	槎头、天津等水泥厂
2	φ3.5×52	1200	3.5	3.91	浙江豪龙水泥厂
3	φ4×43	2000	3.5	3.4	新疆水泥厂
4	φ4×60	2500	3.5	4.0	荻港、九里山等水泥厂
5	φ4.3×66	3000	3.5	4.0	太行邦正等水泥厂
6	φ4.55×68	3200	4.0	3.0	柳州水泥厂
7	φ4.7×74	4000	3.5	4.0	冀东水泥厂
8	φ4.75×75	4000	3.5	4.0	珠江水泥厂
9	φ4.8×72	5000	3.5	4.0	荻港海螺水泥厂
10	φ5.0×72	5500	3.5	4.0	华新水泥厂
11	φ5.6×87	8000	3.5	4.0	池州海螺水泥厂
12	φ6.4/6.0×90	10000	4.0	3.5	枞阳海螺水泥厂

3 回转窑筒体温度是反映窑内煅烧状况和窑皮粘挂、窑衬烧蚀脱落及结圈情况,它直接影响到窑的安全运转。目前应用较成熟的是用红外线扫描测温技术来检测筒体温度。为降低回转窑烧成带筒体温度,可以采用水冷却和强制风冷。对于预分解窑大多采用强制风冷。

4 回转窑设置辅助传动主要是为了检修、保安和镶砌窑衬等需要。为保证辅助传动在紧急（如停电等）情况下能够起动,要设有备用电源。

5.8.7 本条对回转窑的窑中部分的布置作了设计规定。

1 回转窑的中心高度,一般可根据冷却机布置标高来确定,但当回转窑中心高度太高时,也可将窑头和窑尾布置标高综合考虑,从而确定将冷却机布置在地面上或低于地面。

2 回转窑基础布置尺寸的规定,是根据多年来在窑体的机械设计、工艺布置设计以及现场施工安装中所总结并遵循的规则。窑基础间联通走道的设置,是为了操作维护的方便,栏杆的设置应保证安全。

3 近十多年来,我国建成的大中型窑的窑中传动部分,均未设置厂房和专用固定的检修起吊设备,仅在传动装置上部设置了防雨设施,在传动装置和窑筒体之间加了隔热设施,布置时防雨、隔热也可兼顾。当需检修时,可采用临时起吊设备,实践证明,是可行的。

5.8.8 分解炉用的三次风均从冷却机抽取,抽取的位置可在箅式冷却机的上壳体,也可在窑门罩引出。当从上壳体抽取时,应通过沉降室后再送入分解炉;当在窑门罩引出时,可根据具体情况确定是否设置沉降室。根据实践经验,三次风管宜布置成倾斜"一"

字形，否则应在三次风管上采取清灰措施，以防止三次风管堵塞。

三次风管内的风速 18～22m/s 系实践经验的总结。

5.8.9 本条对烧成系统的煤粉燃烧器提出了配置要求。

1～3 多通道燃烧器是目前世界上较为先进并广泛用于回转窑的煤粉燃烧器。它的特点是：一次风量小，可灵活调节火焰的形状和长度，对不同灰分的煤质、不同的煤粉细度适应性强，特别是在灰分较高的情况下，使其达到完全燃烧，从而不仅较好地适应复杂多变的燃烧工况，提高了燃烧效率，而且对降低能耗也有较为明显的效果。

回转窑所需一次空气量，由于多通道燃烧器本身的结构和型式不同是有差异的，根据统计，各国采用的多通道燃烧器，一次风量的比例大多在 8%～14%。

4 本款规定有利于保护燃烧器不被烧坏和窑的连续安全生产。

5.8.10 本条目的是为了减轻繁重的体力劳动，并使窑头平台有良好的操作条件。

5.8.11 本条对熟料冷却机的选用提出了要求。

1 本款从现实性和先进性结合考虑，提出了冷却机的具体要求，以及对出冷却机熟料温度的要求。

2 篦式冷却机所需的冷却风量，要由各室被冷却的熟料量和温度以及篦式冷却机的结构来确定，条文中提出的控制风量，应根据不同型式的篦式冷却机所需的风量来确定。

3 篦式冷却机的余风，可利用作为原、燃料的烘干热源，也可用于余热发电。

4 熟料冷却机的余风除尘，可选用电除尘器或袋式除尘器，这两种除尘器各有特点。如采用袋式除尘器时，入除尘器前宜设置良好的空气冷却机降低废气温度，以适应和保护除尘器。

5 篦式冷却机的中心线，与窑中心线向窑内物料升起的一侧偏移的距离，应根据窑直径的大小和窑的转速等因素来决定，一般为 0.15～0.18D。对于直径较小的窑，可以考虑小于 0.15D，以保证料流在冷却机篦床上均匀分布。

5.9 熟料、混合材料、石膏储存及输送

5.9.1 本条对熟料输送系统设计作了几点规定。

1 由于出窑熟料量的波动及垮窑皮等因素，送入输送机的物料量是不稳定的，因此输送机的能力应有富裕量。

2 出篦式冷却机的熟料温度虽然在环境温度加 65℃以下，但当有大块或垮窑皮出现不正常的情况时，出冷却机熟料温度会大大超过，有时会出现红料，因此，熟料输送机应满足窑在不正常时温度较高的情况。

3 熟料输送机地坑内温度高、操作条件差，应加强散热通风。

4 熟料输送应设有除尘设施，保护环境，防止生产损失。

5.9.2 本条对储库选型作了规定。

1 随着水泥生产技术的发展及进步，圆库、帐篷库在熟料生产线中被广泛采用。鉴于联合储库的粉尘飞扬对环境污染较严重，因此不推荐使用。

2 水泥生产用石膏一般运距大、块度较大，由于外购运输的条件，为满足生产要求需要较长的储存期，故大块石膏采用露天堆放方式，露天堆场堆存量大，可节省建筑费用。破碎后石膏可采用储库储存。碎石膏的储库储存方式与熟料、混合材的储存及入磨方式有关，可根据具体情况设置碎石膏储存库。

3 混合材料的品种繁多，物理性能各异，用量变化也大，综合考虑投资、环保等因素，故规定粒状湿混合材料采用露天堆场、堆棚等储存；粒状干混合材宜采用圆库储存。

5.9.3 在熟料、混合材料、石膏的储存方式确定后，其储库的规格、个数按生产规模及物料储存期要求经计算后即可确定。由物料自重卸料的圆库、帐篷库的有效储量及对建筑物的充分利用，因此要求卸料点个数的设置应保证储库的卸空率不低于 65%。

经生产实践证明，储库卸料口与卸料设备之间设置闸门是必要的，不仅为卸料设备的检修及更换提供了良好的条件，而且对物料的卸料量也能起到一定的控制作用。

出库熟料的输送，实践证明选胶带输送机既经济又可靠，但由于熟料的温度有时可能偏高及熟料流动性能好，因此，要求宜选用耐热胶带输送机，且其上倾角度宜小于 14°。

圆库及帐篷库的卸料输送地沟较长，操作空间狭小，落料点较多，其环境较差，故要求通风换气。

熟料、干混合材、石膏储库的物料入库及库底卸料点，必然含有尘气体排出，因此，要求库顶及库底均需设置除尘装置。

因为熟料磨蚀性非常高，因此容易被熟料颗粒冲刷的工艺非标准件、阀门等，应采取有效的防磨损措施。

5.10 水泥粉磨

5.10.1 本条对水泥粉磨配料站的设计作了几点规定。

1 降低喂入粉磨系统的物料粒度，可以提高产量、降低粉磨电耗。一般磨机的喂料粒度要求小于 25mm，对于石膏的粒度可适当放宽。当采用辊式磨或辊压机时，其适宜的喂料粒度和规格有关，所以应根据辊式磨和辊压机的规格和设备性能来确定。

2 水泥粉磨配料仓的容量，主要是为了满足粉磨系统的连续运转。当配料仓设置在联合储库，并由抓斗吊车供料时，为避免吊车操作频繁，配料仓的有效容量应能满足磨机 3h 左右的用量。对于用提升机或胶带机供料的配料仓，或大型厂磨机小时用量较大时，可以适当减少配料仓的容量。

3 定量给料机属于重量式喂料设备，喂料准确度优于容量式喂料机，并能根据磨机负荷大小自动调节喂料量，准确记录粉磨系统的实际产量。称量误差应小于±0.5%，喂料量调节的范围为1:10，这是根据生产的需要。

4 由于熟料和石膏等物料在破碎运输过程中，易混入铁质物件，当进入辊式磨或辊压机等后，将对设备造成损坏，因此在上述设备前应设置除铁及报警装置。

5.10.2 水泥粉磨系统主要有开路和闭路球磨粉磨系统、带辊压机或辊式磨与球磨组成的粉磨系统、辊式磨以及筒辊磨系统等。

开路粉磨系统的主要优点是：流程简单，生产可靠，操作简便，运转率高；缺点是磨内过粉磨严重，粉磨效率低；当粉磨高强度等级水泥，即比表面积超过 320m²/kg 时，电耗增加较大，产品细度也不易调节，较适合粉磨单一品种的水泥。一级开路双仓小钢段粉磨系统，其粉磨效率可比一般的球磨开路系统有所提高，可磨制比表面积较高的水泥。

闭路粉磨系统在水泥粉磨作业中占有较大的比重，以双仓中长磨一级闭路粉磨系统居多。与开路粉磨相比，设备环节较多、操作维护复杂、厂房面积大、投资多，但粉磨效率高、产量高、电耗低、磨耗小、水泥温度低、产品细度易于调整、可以适应生产高比表面积和多种水泥的需要。

带辊压机或辊式磨与球磨组成的粉磨系统，同一般球磨闭路粉磨系统相比，产量高、电耗低、消耗少。

辊压机预粉磨可以通过调节部分料饼的再循环来达到和球磨能力相平衡，使入磨粒度均匀，提高料饼易磨性，对磨机操作有利。辊压机预粉磨的特点是流程简单，但辊压机担负的粉磨任务小，故系统节能作用亦小。

辊式磨预粉磨，将部分出磨物料再循环，可以减少当入磨物料粒度、易磨性变动时，会发生辊式磨功率的波动和磨机的振动。辊压机混合粉磨，磨后选粉机的部分粗粉，可回入辊压机进行再循环，组成了混合粉磨的流程。适当的粗粉回料可以使辊压机内料床更密实，辊压效果更好，但是回料比例不能太大，料饼再循环量也不宜太多。此种粉磨系统的辊压机，可以承担的粉磨任务比预粉磨稍大，其节能效果比预粉磨有所增加。

辊式磨混合粉磨的流程一般不用辊式磨出磨物料再循环，仅用选粉机粗粉循环，循环量不宜太大，否则会引起传动功率波动，料层不稳，增加操作困难。

辊压机联合粉磨的流程是辊压机应用中较理想的流程，辊压机自成系统，料饼经粗选粉机分选出半成品。粗颗粒全部返回辊压机再压，由于细粉已被选出，使辊压更为有效。细粉作为半成品喂入球磨机，因为粒度小而均匀，有利于磨机操作，易于配球，球径小粉磨效率高。虽然这种系统流程相对复杂，但辊压机承担的粉磨工作量，要比前两种系统大大增加，为此节能效果也更好。辊压机联合粉磨，经过多年的实践，已逐渐变成成熟的粉磨系统。

辊压机或辊式磨与球磨组成的不同的粉磨流程，其预粉磨设备在整个系统中承担的任务增加，相应的节能效果增加。

因此，本条规定了水泥粉磨系统，可根据生产规模、物料性能、水泥品种、投资条件，结合粉磨系统的特点，经技术经济比较确定。

5.10.3 本条规定了水泥粉磨系统中主要设备选型的要求。

1 水泥磨的选型与工厂生产规模、生产水泥的品种、物料的易磨性、粉磨系统的流程，以及日工作小时数、是否需要考虑"避峰"等这些因素有关，因此应根据这些具体条件来确定磨机规格和台数。

2 一般水泥近距离输送可选用机械输送，以节约能耗；远距离输送时，应根据具体条件综合比较确定后，采用经济合理的输送设备。

5.10.4 本条对水泥粉磨系统的布置作了几点规定。

1 为便于磨机检修和倒出研磨体的需要，根据生产实践的经验，确定磨机中心高宜取磨机直径的 0.8～1.0 倍。

2 磨机的传动部分宜和磨机房以隔墙隔开，以便在磨机检修时，保持减速机和电动机的清洁。

3 设置电动葫芦和钢球提取器是为减轻繁重的体力劳动，方便磨机研磨体的补充与更换。

4 便于这些设备的检修。

5 为了使磨机润滑系统的回油流畅，因此回油管的斜度应满足要求。

6 为便于磨机轴承检修，磨机两端轴承基础内侧应设顶磨基础。

7 为了保证辊压机的正常运行和提高工作效率，某些不宜进入辊压机的物料，应设旁路直接送入磨机或选粉机。

8 辊压机的工作原理要求喂入物料形成密实料柱，要求一定的喂料压力，并保证喂料的连续性和均匀性，因此辊压机的喂料小仓的设计，应根据辊压机的规格大小及喂料压力要求进行，且小仓的出口位置及仓角设计，应保证入辊压机的物料不致产生离析现象。

9 磨机出料口设锁风装置是为了减少漏风，保证粉磨系统正常的抽风量，满足系统操作要求，并降低电耗。

5.10.5 水泥粉磨成品的细度指标，系现行国家标准的要求，即对水泥细度的规定。

5.10.6 水泥温度过高会使石膏脱水，失去缓凝作用，影响水泥质量。

5.10.7 水泥粉磨系统生产环节较多，不仅因输送物料转运、配料仓物料的进出产生扬尘，而且生产系统中也有含尘气体排出，这些都应除尘。

5.10.8 熟料的磨蚀性非常高，对工艺非标准件、阀门以及风管等磨损大，应采取有效的防磨损和降低噪声的措施。

5.11 水泥储存

5.11.1 关于水泥成品质量检验所需天数，过去是按取得7d强度的结果来计算的。目前国内大中型水泥工厂，各生产环节控制较严格，水泥质量较稳定，水泥成品的质量检验，只要取得3d强度合格后，便可发运了。因此水泥储存期比过去可缩短一些。

5.11.2 水泥库的出料口当设在库底时，为防止物料起拱方便卸料，在卸料口的上方，宜设防止压料起拱的减压锥或采用其他措施。

5.11.3 用于水泥库库底充气的定容式鼓风机即罗茨风机，并应带过滤器、消声器、止回阀、安全阀、压力表等。

库底充气面积对不同类型的库是不同的，对常用的减压锥型库充气箱总面积，宜不小于库底面积的30%，目的是减少卸料死角。

5.11.4 电控流量控制阀是指气动或电动流量控制阀，可根据包装系统的操作需要，遥控开停和电动调节卸料量。

水泥库底卸料的控制，是库底卸料装置上的电控电动开关阀，上包装机前中间仓的荷重传感器，或料位计的高、低位报警控制停或开。电动流量控制阀的开度，可根据需要由中间仓的荷重传感器，或料位计的指示来自动调节。

5.11.5 库顶收尘风量主要由以下组成：气力输送的风量、输送设备的风量、水泥入库排出的风量、落差引起的风量，以及即将放空时库底充气逸出的风量和漏风量等。水泥库底收尘风量主要有：水泥库底充气卸料风量、输送设备风量、漏风量等。

5.11.6 为了保证出厂水泥质量，特别是生产多品种水泥情况，应避免水泥输送和除尘器回灰时的不同品种水泥的混杂。

5.12 水泥包装、成品堆存及水泥散装

5.12.1 本条规定了包装机的选型原则，在计算包装机的工作制度时，宜采用两班制，每班工作时间不超过7h。

5.12.2 为保证包装机的正常操作，使袋装水泥重量恒定，宜设置中间储仓，维持仓内料位稳定在一定范围内，此中间仓又能起缓冲作用，即当包装机停机、水泥库底停止卸料时，仓内尚可容纳从库到包装系统的输送设备中的水泥。

5.12.3 筛分设备主要为去除水泥中的杂物，常用回转筛或振动筛，在布置上应留有处理筛上物料的位置。

5.12.4 在包装机所在平面，由于要堆存包装袋，楼板应考虑包装袋堆存荷载。

5.12.5 回灰仓宜为钢板仓，仓上面的开口部分应设算板。

5.12.6 袋装水泥选用平型胶带输送机，带宽应为650～800mm，带速为0.8～1.0m/s。

5.12.8 根据经验中间仓的控制采用料位计或荷重传感器均可，但选用荷重传感器较好，因为荷重传感器设置在仓外，不受仓内物料的影响，称重准确，联锁可靠。

5.12.9 水泥包装系统宜采用一级高效袋式除尘器，负压操作，每台除尘器处理抽风点不宜大于5个，并设抽风罩及调节阀。

5.12.11 由于成品库水泥装车需要，铁路专用线上方应设雨棚，成品库四周不可砌墙，但在寒冷地区，可在铁路专用线外侧加砌隔墙。

5.12.12 条文中发运设备主要指各种型式的装车设备。

5.12.14 包装袋库的位置宜靠近包装车间，要满足卸车和进出库的方便，并应设有电动葫芦，当包装袋库设在包装厂房或成品库内时，应能直接将包装袋吊运到包装平台上。

5.12.15 包装袋属易燃物品，又怕受潮，故储库应考虑防火防潮。

5.12.16 散装设备宜采用专门的汽车散装装车机、火车散装装车机和装船机。装车机平台下的净空高度，应满足铁路规范要求。汽车装车机平台下净空高度，应根据散装汽车车型要求确定。

5.12.17 本条参照5.11.3条文说明。

5.12.18 本条参照5.11.5条文说明。

5.12.19 本条参照5.11.6条文说明。

5.13 物料烘干

5.13.1 混合材等物料烘干后终水分，能满足下道工序的要求即可。

5.13.2 本条规定了烘干系统的设计要求。

1 水泥工厂烘干物料的设备，有回转式烘干机、悬浮烘干机、流态化烘干机等，可根据被烘干物料及物料性能和具体条件选择最佳方案。烘干机的单位容积蒸发强度，与烘干机的型式规格、内部结构形

式、物料种类及其物理性能、进出烘干机气体温度、进出烘干机物料水分、烘干机内风速等因素有关。正确选取蒸发强度，应参照相似条件的生产数据来确定。

2 烘干机前湿粘性物料喂料仓应为浅仓，主要为避免湿料压实出料困难。

3 要求控制喂料量，便于稳定烘干热工操作制度。

4 利用预热器和箅式冷却机排出的废气作为烘干热源，是有效利用废气余热的途径之一，可取得良好的经济效益和社会效益，在设计中应尽量利用。

5.13.3 本条根据生产实践，对烘干系统的位置、厂房设计、设备布置检修等作了设计规定。

5.13.4 应根据烘干机排出的气体含尘浓度和粉尘特性，以及工厂所在地环保要求的排放标准，确定除尘系统的方案。

5.14 压缩空气站

5.14.1 水泥工厂各用气点对压缩空气压力、质量要求不同，在设计压缩空气站时应根据实际需要，经济、合理地配置相应设备及管道。

5.14.2 关于压缩空气的质量，根据现行国家标准《工业自动化仪表气源压力范围和质量》GB 4830，其中规定：

——露点：在线压力下的气源露点应比环境温度下限值至少低10℃；

——含尘粒径：气源中含尘粒径不应大于$3\mu m$；

——含油量：气源中油分含量不应大于$10mg/m^3$。

按现行国家标准《一般用压缩空气质量等级》GB/T 13277附录中，规定了压缩空气质量等级的推荐值。

5.14.3 压缩空气站集中还是分散设置，应根据用气负荷中心位置，尽量减少气体压力损失，经过比较后确定。为避免粉尘对空气压缩机的损害，压缩空气站应尽量布置在上风向。

5.14.4 本条规定了对空气压缩机的选型和台数配置，以及应考虑的因素。在生产中使用压缩空气的生产环节，要求气源不断，因此空气压缩机需有备用。通常采用的空气压缩机有活塞式和螺杆式两种。螺杆空气压缩机体积小、噪声小、节能好，推荐广泛采用。

5.15 化 验 室

5.15.1、5.15.2 中央化验室设计除了基本配置外，可根据工厂规模、生产品种、厂方的需要，增添部分测试用的高级仪器设备。

设置X荧光分析装置，可对生产过程中的原料、生料、熟料进行日常的分析检测。与生料质量控制软件配套使用，构成生料质量控制系统，控制出磨生料的质量，以确保窑的正常运转。

5.15.3 岩相分析对于研究配料、熟料煅烧制度对熟料晶体结构的关系有一定意义，但投资较大，工厂是否配置岩相分析，可根据社会协作情况和工厂具体情况确定。

5.15.4 为了避免振动、噪声、粉尘对化验室的影响，小磨房单独设置为好。

5.16 耐 火 材 料

5.16.1 本条文主要对预分解系统设备的耐火材料选型和配套规定了几条原则。

1 耐火材料质量要求见《耐火材料标准汇编》（中国标准出版社出版）。

2 衬料设计时，其配用材料应按照烧成系统设备的规格、原料与燃料性能、工艺操作参数等因素来选用。

窑的产量与直径的三次方成比例，窑产量愈高，直径愈大，其相应热力强度也高，对衬料材质性能要求也高。

原、燃料性质配料率值，与生料易烧性、液相量、液相性能及窑皮性能等有关，在衬料设计选用材料时，应考虑原燃料因素。

3、4 预分解窑入窑的二次空气温度高达1000～1200℃，窑尾废气温度在950℃以上，入窑物料温度在900℃左右，出窑熟料温度高达1350～1400℃，窑内温度高，整个窑内衬砖遭受热侵蚀较重。

窑筒体表面温度高，筒体易变形，易对衬砖产生机械应力。

窑速高，衬砖所受的磨蚀较重。

碱、氯、硫等有害物质的挥发、循环，在窑尾及预热器系统形成结皮，渗入砖的内部，造成碱浸蚀；上述没有挥发的有害物质，进入窑内后，由于其熔点较低，易形成液相，并与窑内物料生成窑皮，此时碱性物料易对衬砖造成碱盐渗入。预分解窑系统窑体和固定设备耐火材料品种的配置，是考虑在上述情况下选用的。

5.16.2 本条对不同耐火砖与耐火泥浆匹配要求作了规定。

5.16.3 本条对回转窑的衬料设计规定了几条原则。

1 回转窑内砖型设计方法有两种，一种是同一窑径配用同一规格的衬砖。不同直径的窑则砖的规格也不一致，此法优点是施工较方便，缺点是制造厂家为供应国内大量不同窑径的衬砖，生产中需频繁更换模具，才能满足用户要求，这样做不利于提高生产效率，保证质量。另一种是国际上使用较为广泛的两种砖型搭配设计，较有代表性的是德国标准VDZ-B型衬砖系列和国际标准ISO π/3系列，现以VDZ-B型衬砖系列说明如下，VDZ-B型砖型尺寸见表9。

表9 VDZ-B 砖型尺寸

砖型	型号	尺寸（mm）				体积 (dm^3)	适用窑直径 $D(mm)$
		a	b	h	l		
	B216	78	65	160	198	2.265	2500~3000
	B316	76.5	66.5			2.265	
	B416	75	68			2.265	
	B616	74	69			2.265	
	B816	74	71			2.2967	
	BP16	64	59			1.632	
	BP+16	83	77.5			1.948	
	B218	78	65	180	198	2.548	3000~3600
	B318	76.5	66.5			2.548	
	B418	75	68			2.548	
	B618	74	69			2.548	
	BP18	64	59			1.835	
	BP+18	83	77			2.192	
	B220	78	65	200	198	2.831	3600~4200
	B320	76.5	66.5			2.831	
	B420	75	68			2.831	
	B520	74.5	68.5			2.831	
	B620	74	69			2.831	
	B820	78	74			3.010	
	BP20	64	59			2.435	
	BP+20	83	76.2			3.152	
	B222	78	65	220	198	3.115	4200~5200
	B322	76.5	66.5			3.115	
	B422	75	68			3.115	
	B522	74.5	68.5			3.115	
	B622	74	69			3.115	
	B822	73	69			3.115	
	BP22	64	59			2.679	
	BP+22	83	75.5			3.452	
	B325	78	65	250	198	3.539	4200~5200
	B425	76.5	66.5			3.539	
	B525	75	68			3.539	
	B625	74.5	68.5			3.539	
	B725	74	69			3.539	
	B825	73	68.5			3.502	
	BP25	64	59			3.044	
	BP+25	83	74.5			3.898	

利用表9配砖优点是耐火材料生产厂家只需备用少量模具，生产中不需频繁更换，有利于生产效率和质量的提高。我国回转窑窑径规格较多，碱性砖宜采用VDZ砖型，从整体上对国家有利，值得推广。

窑内使用的衬砖材质主要有两种，一种为碱性砖，另一种为非碱性的高铝质砖。碱性砖的热膨胀率高，为1%~1.2%（1000℃），而高铝质砖热膨胀率低，一般为0.4%~0.6%（1000℃），窑内衬砖受热后发生膨胀，膨胀值要靠砖缝来消纳，热膨胀值愈高，所需的砖缝愈多。VDZ砖型较薄，则适用于碱性砖，而ISOπ/3砖砖型较厚，则适用于高铝质砖。

2 本款对窑内衬砖衬砌作了规定。

从窑的砌筑角度来看，采用环砌较适宜，此法易砌也易拆卸，对生产有利。

镁砖应干砌，每环砖用铁板夹紧，其数量最多不超过3块，且同一个砖缝内不得嵌入两块钢板。环与环之间用纸板。考虑到我国现生产的镁砖外形尺寸偏差较大，因而也可用湿砌。

砖缝主要用来消纳衬砖的热膨胀量，因此不同材质的衬砖，所处的工况温度以及与各圈砖的数量，决定了砖缝尺寸的数值。从实践生产过程中来看，窑运转时，筒体和衬砖相对滑动，若砖缝太小，则会出现衬砖集中在一侧，而边缘出现缝隙过大而松动掉砖。砖缝太小，当衬砖受热膨胀后，对衬砖本身产生过大的挤压力，因此砖缝要合适，条文中所示的砖缝数值是生产实践的经验值。

3 本款对窑用耐火泥浆品种作了规定；并对在窑衬砌筑时，为防止筒体腐蚀损坏，对有腐蚀性泥浆的使用提出了要求。

4 窑在运转时，窑筒体和衬砖做相对滑动，由于窑的斜度，使窑内衬砖和所粘附的窑皮向下滑动，形成巨大的推力，为了减缓此应力，在窑口和窑尾设置挡砖圈。

为减缓窑口耐热钢护板所受推力，在距窑口约0.6m（目前最小为0.42m）部位需设置一道挡砖圈，窑尾挡砖圈的数量按窑长来确定。烧成带（即窑皮稳定部位）、齿圈和轮带下，因设置挡砖圈后易产生局部热应力使筒体变形，因此不宜设置挡砖圈。

挡砖圈的形状及材质，应保证在所承受的工况条件下，有足够的强度，且受热膨胀后变形较小，从而使窑内衬砌稳定牢固，保证回转窑安全运转。

5 为使窑口保护铁不直接接触高温气流而损坏，本款对该部位衬砖外形提出了要求。

6 为保护窑筒体不直接接触高温气流而损坏，本款对窑筒体上孔洞四周的衬砌提出了要求。

7 耐火浇注料因维修时养护期龄长，窑内一般不采用。但窑头筒体直接暴露在高温气流内，易受热变形，致使该部位衬砖砌筑困难且易在生产过程中塌倒。窑尾为防止倒料，筒体外形为锥体，砖型复杂且数量少，上述两部位用耐火浇注料较合适。

5.16.4 本条对预分解窑固定设备衬料设计提出了几条要求。

固定设备衬体的外形各不相同，且形状复杂，我国一台引进的4000t/d大型预分解窑，固定设备衬料重量占总量70%以上，砖型数量超过100种。因此合理地选用砖型系列，将会减少衬砖的数量，有利于施工、维修。

固定设备的外形主要由圆弧体和直墙所组成，圆弧体主要为圆柱体和圆锥体。可供设计选用的砖型系列标准有两种，一种是现行国家标准《通用耐火砖形状尺寸》GB/T 2992的标准，另一种是德国使用的耐火砖标准中的G系列和H系列砖。这两种标准均能满足圆柱和圆锥体两种衬砖设计要求。VDZ型G和H系列的砖型尺寸见表10。

1 固定设备圆柱体衬砖设计时，有两种方法，一种方法是不同直径的圆柱体需用不同尺寸的衬砖，而固定设备的数量多,筒径不一,用这种方法设计,砖型数量就多。另一种方法是用楔形砖和直形砖搭配设计,可以少量的砖型满足不同直径的圆柱体衬砖要求,减少了砖型的数量,用此法,上述两种系列的砖均可满足要求。

表 10 VDZ 型 G 系列和 H 系列的砖型尺寸

砖型	型号	尺寸(mm)				体积 (dm³)
		a	b	h	l	
	1G4	78	74			
	1G10	81	71			
	1G16	84	68	230	114	1.99
	1G24	88	64			
	1G50	101	51			
	2G4	66	62			
	2G10	69	59			
	2G16	72	56	250	124	1.98
	2G24	76	52			
	2G50	89	39			
	1H6	79	73			
	1H10	81	71			
	H16	84	68	114	230	1.99
	1H24	88	64			
	1H50	101	51			
	2H6	67	61			
	2H10	69	59			
	2H16	72	56	124	250	1.98
	2H24	76	52			
	2H50	89	39			

固定设备锥体衬砖设计方法有两种,一种是面与面斜交(图1)。此法优点是同一层砖使用的砖型尺寸一致,砌筑方便。缺点是不同层将出现不同尺寸的砖型,且都是异形砖,制造管理不便。另一种方法是砖面和锥面垂直相交(图2)。用德国耐火材料标准中的 G 系列和 H 系列型砖搭配设计,可满足衬砌要求。

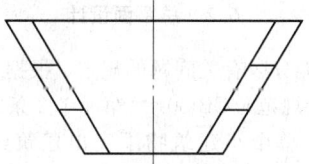

图 1 砖面与锥面斜交

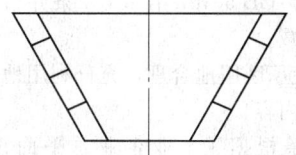

图 2 砖面与锥面垂直

在生产过程中,固定设备的高温段直墙经常出现衬体与壳体脱开而倒塌。其原因是热气流中的粉尘,随热气流穿过缝隙,接触金属筒体,而沉积在金属筒体受热膨胀后鼓出部位的缝隙内,粉尘愈积愈多,缝隙愈来愈大,最后使衬体和壳体脱开,致使衬体向内倾斜倒塌。

在衬砖砌筑中防止直墙倒塌的方法有两种,一是在金属筒体上焊接锚固件,并设计与之相配的锚固砖,在直墙上每隔一定的间距设置锚固件,由于各种锚固件型式不一致,很难规定每平方米设置的数量。在设计中锚固件的设置以墙体不倒塌为原则。锚固件和锚固砖尽量做到形状简单,易于制造和安装。二是在工艺条件允许的情况下,将直墙用楔形砖和直型砖配合砌成弧形,弧形墙体受热膨胀后不易倒塌。目前最有效的方法是据不同的设备配置不同型式及间距的把钉作为锚件与浇注料配合砌筑,或高温设备以矮挂砖、把钉作为锚件形成网格,与耐火浇注料配合砌筑。避免了热气流穿过砖缝隙接触金属筒体,取得了很好的效果。

2 预分解窑系统固定设备体积大,很多设备的高度在 10m 以上,在此高度范围内,衬砖受热的总膨胀量较大,产生的热应力也较大,为减少衬砖受热产生的热应力,需要在设备筒体上设置托砖板,使衬体分段,为减少托砖板直接接触热气流,需设置与托砖板外形匹配的托砖。见图 3 托砖和托砖板相配合的示意图。热气流温度较高的设备,亦可在托砖板上下做宽约 500mm 浇注料。

3 固定设备的外表面大,为减少热辐射损失,宜设置隔热层。

4 本款中所列工作层耐火砖厚度和隔热砖厚度,是德国系列衬砖的标准尺寸。

5 硅酸钙板是隔热材料,目前有标准型(最高使用温度为 1000℃)和高温型(最高使用温度为 1100℃),均有多种规格,且导热系数低、容重低。制造时厚度好控制,使用灵活,施工方便。既可作为衬砖的隔热层,也可作为耐火浇注料的隔热层,施工工效较隔热砖快一倍以上,因此在设计时可优先选用。

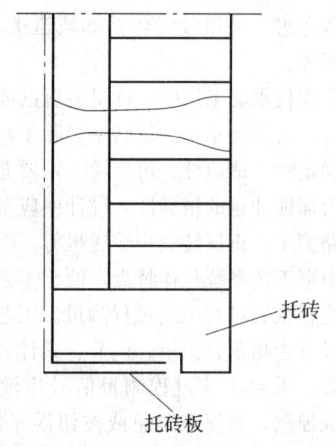

图 3 托砖和托砖板相配合示意图

硅酸钙板厚度一般以 30～80mm 较宜，小于 30 mm，制造较困难，大于 80 mm，因材料导热系数低，冷热面温差太大，易折断。

当工作温度超过 1100℃时，硅酸钙板不能承受此温度，则应采用隔热砖。

6 为使衬体牢固，本款对锚固件和锚固砖及其布置提出了要求。

7 衬砖错砌可使固定墙体砌筑牢固。为避免热气流穿透砖缝接触金属筒体，本款规定了砖缝尺寸。

8 衬体面积过大时，受热后体积产生膨胀，因此产生的应力使衬体出现裂纹，热气流穿过裂纹接触金属筒体使筒体发生变形，变形的筒体又对衬体产生应力。如此反复循环，致使衬体破坏。设计中留设热膨胀缝来消纳热膨胀应力，为阻止热气流通过膨胀缝接触金属筒体，缝内需塞高温陶瓷纤维。隔热层因膨胀量小，可不留设膨胀缝。

9 耐火浇注料可塑性好，能牢固地固定在金属筒体上。因而大量使用在各固定设备的形状复杂部位，容易倒塌的直墙，以及顶盖。

浇注料层厚度一般与所在位置的耐火砖的厚度相同，若单独设置，可根据需要确定其厚度，但厚度应大于 50 mm。低于此数值浇注料不易成型，浇注料层太厚，应考虑浇注料受热膨胀，根据具体情况进行处理。

10 耐火浇注料使用时应配置锚件（把钉，或短挂砖加把钉），材质应能承受浇注料衬体磨损变薄后锚件接触热气流的温度。

5.16.5 预分解窑配用的耐火材料，要防止受潮，因而应设置耐火材料库储存。本条文对耐火材料储存库的面积作了相应的规定。

5.17 工艺计量、测量与生产控制

5.17.1 根据《中华人民共和国计量法》和《中华人民共和国计量法实施细则》，为有利于生产控制、经营管理和经济核算，水泥工厂设计中，所有相应环节均应设置计量装置。其装备水平可与工厂规模、自动化程度协调考虑。计量装置包括如轨道衡、汽车衡、电子皮带秤等。

5.17.2 在现代水泥工厂中，计量装置已成为工艺装备的一部分，为提高系统的运转率，除了精度应满足要求外，稳定性、适应性、可靠性一定要充分考虑。

5.17.3 为保证计量的精确性，设计中应考虑标定措施，如旁路溜子、正反转胶带输送机等。

5.17.4 根据工艺系统具体特点，便于工艺操作和控制，需要设置仪表进行工艺过程测量。工艺过程的测量信号可设置为指示、记录、调节、累计、报警、遥控、联锁等。重要工艺过程测量信号应设置多级报警、联锁或控制，确保在紧急或按钮误操作情况下，保证人身和设备的安全。

6 总图运输

6.1 一般规定

6.1.1 工厂总体设计为工厂总图运输设计的基础和前提。本条明确了设计依据、原则和要求。

6.1.2 节省投资和节约用地是总图运输设计的两项重大任务，应贯穿设计始终。本条修改厂区用地面积是根据国土资源部关于《工业项目建设用地控制指标》的通知（国土资发〔2008〕24 号），结合近年来投产同等规模工厂厂区建设用地平均值，并按照新划分的规模对用地指标表进行了修订（见表 11）。

表 11 新型干法水泥工厂厂区用地指标修订前后对比

工厂规模	大型规模	中型规模	小型规模
厂区用地指标（万 m^2）	28～36（原＜32）	18～23（原＜23）	12～21（原＜15）
建（构）筑物、露天堆场及室外操作场地占地面积（万 m^2）	8.4～10.8（原＜7.5）	6.0～6.9（原＜6.0）	3.6～6.3（原＜3.8）

6.1.3 改建、扩建工程受原有场地、建筑、设备、运输等条件限制，增大了总图运输设计的难度，本条要求改建、扩建的水泥工厂应充分利用现有的场地和设施，以减少新征土地面积，减少建筑物拆迁废弃，使新老厂区总平面布置更趋于紧凑合理。

6.1.4 各种工程项目设计都应作多方案技术经济比较，工厂总平面尤为重要，技术经济指标直接反映设计方案的优劣。本条所列指标内容与《工业企业总平面设计规范》GB 50187 基本一致，恢复绿地率名词术语；铁路长度改为厂内铁路长度，不计厂外铁路长度。

6.2 总平面设计

6.2.1 功能分区有关问题的规定，根据《工业企业总平面设计规范》GB 50187 第 4.1.2 条并按实际经验，增加了单个小建筑物不突出建筑红线的具体规定。

6.2.2 确定通道宽度的规定，根据《工业企业总平面设计规范》GB 50187 第 4.1.4 条并结合有关专业情况略有增减。

6.2.3 为使厂区用地合理，充分利用地形为总平面设计的重要内容。

6.2.6 本条根据《工业企业总平面设计规范》GB 50187 第 4.2 节生产设施中各条内容，结合水泥厂生产特点编制。

1 具体列出窑、磨、圆库等高大建（构）筑物对工程地质水文地质的要求，是为了保证生产安全、节省工程造价。

2 生产设施布置紧凑，工艺流程畅通，胶带机廊简捷短直，是衡量工厂总平面设计优劣的主要标准，三者是一致的、统一的。但实际工作中矛盾不少，胶带机廊过多过长，迂回折返的现象时有发生，本款作出了规定，以节省基建投资、降低经营费用。

3 本款为《工业企业总平面设计规范》GB 50187第4.2.7条的具体化，结合水泥工厂特点将建（构）筑物防火间距列表作出了规定。

4 本款根据《工业企业总平面设计规范》GB 50187第4.2.3条制定。

5 结合铁路装卸区的特点，布置要求作了规定。

6 石灰石破碎车间，如有条件尽可能布置在石灰石矿山，利用地形高差布置，节约用地，减少对厂区的污染。根据《工业企业总平面设计规范》GB 50187第4.2.5条，结合水泥工厂具体化。

6.2.7 机械化原、燃料露天堆场，简称露天堆场，为生产设施中一个重要环节，内含铁路卸车、物料倒堆、储存、转运等生产流程，是总图运输设计中内容丰富、工作量大、影响面广的工程项目，故作出本条规定。

1 对露天堆场各生产环节的要求。

2 露天堆场平面布置原则。

3 确定露天堆场长度和宽度的依据、考虑的因素，提出了储存量的要求。

4 根据习惯用法，对露天堆场中各种物料的储存期作出具体规定。

5 规定了设计储存能力应满足生产对储存期及卸车长度的要求。

6 对露天堆场中各种设备相互配合的要求、卸车设备的选型及数量的确定。一般链斗卸车机由于无清底设备，而采用人工清底对卸车速度带来很大影响，因此本条文特提出自动清底设备的要求。

7 倒堆转运设备的选型原则。

8 对露天堆场竖向设计及雨水排除布置原则的规定。

6.2.8 厂内动力、公用设施的布置原则。

1、2 总降压变电站的布置原则。

3 车间供、配、变电和电力控制等小型建筑物以及工人值班、更衣等生活用室一般均应布置在车间内部，使用既方便，外形也整齐美观，并且不会影响通道的使用，过去有的厂在通道中布置车间变电所，迫使各种工程管线绕道拐弯布置，增加难度。

4 压缩空气站的布置以靠近用户、减少风量损失及注意噪声对环境的影响为主要原则，并兼顾其他要求。

5 按《工业企业总平面设计规范》GB 50187第4.3.9条的原则，结合水泥工厂的特点制定。

6 污水处理厂及污水排除口处于厂区较低一侧的边缘地带，便于向厂外低注地排除雨水。

7 根据水泥工厂的实际情况，将锅炉房布置在厂前区边缘，既靠近主要供热点又要保持一定距离，特别要注意煤堆场、排渣场及烟囱对周围环境的影响。

6.2.9 本条提出对机修区或机修仓库区布置总的要求。水泥工厂此区一般集中布置，独立成区。

1 电气仪表修理设有精密设备、机钳修理，人员较集中，提出了环境、朝向、通风、采光等方面的要求，是工作的需要和对工作人员身体健康的关怀。

2 铆、锻、焊工段是影响附近环境的污染源，工作性质相近，产生不同程度的振动、噪声，散发烟气粉尘及明火花。厂前区人员集中，要求环境整洁、安静，二者应保持足够的距离。

3 水泥工厂汽车修理任务较小，厂区的汽车运输多为专业运输公司（或车队）承担，工厂自备车辆较少（个别老厂例外），汽车修理的规模可根据用户需要确定。

4 国内目前水泥厂很少设置建筑维修，但考虑到区域发展不平衡，作为过渡，本次修订暂予保留。

6.2.10 运输及计量设施根据实践经验规定了水泥工厂常规的6项。电机车库及信号楼、站房、扳道房、路厂联合办公室等就地布置，无特殊要求均未列出。由于蒸汽机车已停止生产，本次修订取消其相关规定，内燃机车相关内容虽然保留，但目前国内水泥厂极少设置专用内燃机车，考虑到老厂技改及过渡时期的需要，本次修订暂时仍予保留。相关设施如企业站、汽车加油站等也是同样。

生产汽车库布置在货运出入口附近，其目的是减少空车行程。

6.2.11 生产管理与生活设施组成厂前区为水泥工厂常规的做法，符合功能分区的要求，管理使用均较方便。

1、2 两款为厂前区布置总的要求和一般原则，有共通性。

3 对生产管理及辅助生产设施的布置要求。

4、5 两款为生活设施的布置原则和要求。

6 水泥工厂一般不设消防站，设置消防车的情况亦较少，大都由城市或邻近企业统一协作布设，消防车与生产管理用车合并建库的情况常有，警卫人员兼作消防人员，另设专职消防干部总揽其职，这是习惯做法。

6.3 交通运输

6.3.1 本条厂外铁路设计包括：

1 厂外铁路布置原则和要求。

2 厂外铁路附属设施的布置原则。

3 铁路线路设计的原则和要求。

6.3.2 本条为厂内铁路设计的原则。

1 厂内铁路股道数量、有效长度及装卸货位长度确定的依据。

2 厂内铁路布置原则，过去多分散布置，近来由于卸车新设备的采用，集中布置有较多的优点，特予推荐。

3 线路平面设计原则及要求。

4 线路纵断面设计要求，应符合现行国家标准《工业企业总平面设计规范》GB 50187 有关规定。铁路新规范允许纵坡 1.5‰，但装卸站装卸设备轨道施工均困难，平直为好。

近期国内水泥厂已很少设置专用铁路线，考虑到老厂改造及过渡时期的需要，本次修订对专用铁路线设计内容仍予保留。

6.3.3 本条为厂外道路的设计原则。

1 厂外道路设计的依据，采用技术指标为设计的基本条件，本款中 2 项结合水泥工厂的实际情况，根据现行国家标准《厂矿道路设计规范》GBJ 22 中的有关规定，规定了自工厂去往城镇和居住区的道路，各种辅助道路，以及各类型道路的布置原则和设计要求。

2 对山区道路的选线原则和设计要求作出规定，是设计经验的总结。

3 本款是结合水泥工厂的实际情况，依据经验编制。

6.3.4 本条为厂内道路的设计规定。

1 厂内道路类型的划分及技术标准的采用，可按功能及交通量分为主干道、次干道、支道、车间引道和人行道等类型，采用相应的技术标准。此款按现行国家标准《厂矿道路设计规范》GBJ 22 的有关规定，结合水泥工厂的实际情况编制。

2 根据《工业企业总平面设计规范》GB 50187 第 5.3.1 条制定。

3、4 道路布置原则。根据现行国家标准《工业企业总平面设计规范》GB 50187 第 5.3.1 及 5.3.3 条制定。

5 根据现行国家标准《工业企业总平面设计规范》GB 50187 第 5.3.7 条制定。

6、7 是水泥工厂厂区道路设计的经验总结，符合现行国家标准《厂矿道路设计规范》GBJ 22 的有关规定。

6.3.5 本条为工业码头的设计规定。

1 码头设计的依据及布置原则，符合现行国家标准《工业企业总平面设计规范》GB 50187 第 5.4.1 条，并明确提出工厂与码头之间的输送系统以及联络道路、公用工程、码头型式、装卸工艺等内容。

2 布置原则之二，根据现行国家标准《工业企业总平面设计规范》GB 50187 第 5.4.1 及 5.4.2 条制定。

3 码头型式选择原则。

4 码头装卸机械的选择原则。

5 码头水域布置要求，根据现行国家标准《工业企业总平面设计规范》GB 50187 第 5.4.3 条制定。

6 码头陆域布置要求，根据实际经验规定。

6.4 竖向设计

6.4.1 本条是竖向设计的原则。竖向设计是总图运输设计中一项极其重要的内容，而涉及的范围又很广，因此在设计时应全面考虑各种因素。

6.4.2 本条为新增内容。竖向设计中对大于 10m 的高边坡挖方的处理一定要慎重。根据信息反馈，由于设计挡墙或护坡缺乏相应的基础资料，设计有一定难度，造成山体滑移。为此要求提供岩土工程勘察报告作为设计依据。

6.4.4 根据现行国家标准《工业企业总平面设计规范》GB 50187 第 6.2.5 条制定。竖向设计经济合理，可以避免造成厂区土方和挡土墙等工程量加大，这方面的经验教训很多，特别是当厂外铁路、道路由外单位设计，互提资料尤应准确及时，避免脱节错位。

6.4.5 按现行国家标准《工业企业总平面设计规范》GB 50187 第 6.2.4 条制定。

6.4.6 竖向设计型式选择的条件，主要依地形复杂程度而定。当建设场地坡度在 3‰～5％、工程地质较好、边坡较稳定并以机械施工时，应作经济比较来决定采用平坡式或阶梯式。

6.4.7 台阶宽度确定的因素，台阶高度及台阶之间连接方式的规定。台阶间用挡土墙连接，是为了避免自然放坡占地。

6.4.8 按现行国家标准《工业企业总平面设计规范》GB 50187 第 6.3.3 条制定。排水坡坡度要适当，确保不积水也不冲刷。

6.4.9、6.4.10 此两条为水泥工厂常规做法，是经验总结。

6.5 土（石）方工程

6.5.1 按现行国家标准《工业企业总平面设计规范》GB 50187 第 6.5.3 条制定。设计厂区整平方案时应作经济比较，尤其是采用阶梯式需做挡土墙等支护工程时应作经济比较。

6.5.2 土方平衡不是单纯的平整场地的土方计算平衡，应周全考虑各个方面。在平整过程中经常出现的余土的处理及防护问题应引起重视。

6.5.3 按现行国家标准《工业企业总平面设计规范》GB 50187 第 6.5.1 条制定。

6.6 雨水排除

6.6.1 雨水排除为水泥工业多年习惯用词、较场地排水更为确切。本条为水泥工业经验总结，不采用厂区"地面自然排渗"和"厂区宜采用暗管排水"的规定，因自然排渗不可靠，不安全；暗管造价高，按本条的原则结合实际选定为宜。对面积大的厂区，经经济比较，采用明沟（含盖板铺砌明沟）排水不经济时，可采用暗管。

6.6.2 按现行国家标准《工业企业总平面设计规范》GB 50187 第 6.4.2 条制定。

6.6.3 按现行国家标准《工业企业总平面设计规范》GB 50187 第 6.4.3 条制定。

6.6.4 按现行国家标准《工业企业总平面设计规范》GB 50187 第 6.4.5 条制定。

6.6.5 本条为水泥工厂设计经验总结，有现实意义。

6.7 防洪工程

6.7.1 厂区临近江、河、湖水系、有被洪水淹没可能时，或靠近山坡、有被山洪冲袭可能时，需要设防洪工程。防洪工程包括防江、河、湖洪水、山洪、海潮及排除内涝。本条所称防洪工程专指防洪堤或防洪沟。

6.7.2 本条按照国家现行标准《城市防洪工程设计规范》CJJ 50 的有关规定制定。

6.7.3 规定自然排涝与机械排涝的条件。

6.7.4 本条为防山洪的防洪沟设计原则及排出口注意事项。这方面的经验教训较多，如某工程原来有小排水渠，可排入农田一侧的小水渠继续排走，可研、初步设计阶段口头联系均无意见，施工图均按此做出，进行施工时却不让排出了，只得另增 1km 多防洪沟绕道排出。柳州水泥厂扩建也有类似情况，改动多次。故如能与农田水利结合，满足灌溉要求，则应与当地主管部门协商，取得书面协议文件。

6.7.5 系经验总结，如双阳水泥厂有此情况。

6.7.6 按现行国家标准《工业企业总平面设计规范》GB 50187 第 6.4.7 条制定。

6.7.7、6.7.8 此两条为水泥工厂经常遇到的情况和设计中处理的方式，效果较好。

6.8 管线综合布置

6.8.1 本条规定管线敷设方式采用直埋集中管沟或架空敷设，应按当地条件，通过综合比较确定。

6.8.2 地下管沟的类别及能否共沟敷设的条件，系根据水泥工厂的具体情况制定。

6.8.3 管线共沟时的排列方式和顺序。

6.8.4、6.8.5 为管线综合方案设计的一般原则。第 6.8.5 条的后半部为水泥工厂常用的做法，主要解决地下管线较多的水、电两专业之间的矛盾，让管线各行其道，力求线路短捷顺直，不致相互干扰，生产使用也较方便，效果较好。

6.8.6 管线综合排列的顺序，结合水泥工厂的特点制定。生产管道（压缩空气管、水泥输送管或斜槽等）的管廊、管架多沿厂房外侧架设，有时在建筑物上做管架支撑较为方便。

6.8.7 消防水管一般与生产、生活给水管合用，因有消火栓，故规定水管与路边最大间距不大于 2m。

6.8.8 管线综合布置发生矛盾的处理原则作出规定。

6.8.9 水泥工厂厂内道路多为混凝土路面，破坏路面检修管线，施工困难，且不经济。有关内容《工业企业总平面设计规范》GB 50187 用"不宜"一词，本规范穿路面与建筑物基础、铁路路基三者同样对待，均用"不应"一词，但明确指出是"混凝土路面"，其他柔性路或路肩下面可以放宽到"可"一级。

6.9 绿化设计

6.9.1 本条是水泥工厂的特点作为绿化设计的主要依据。

6.9.3 为水泥工业的常规做法和经验总结，与水泥工厂具体情况密切结合，操作性较强，有现实意义。

6.9.5 按现行国家标准《工业企业总平面设计规范》GB 50187 第 8.2.10 条制定。

6.9.6 为水泥工厂经验总结。

7 电气及自动化

7.1 一般规定

7.1.1～7.1.3 电气及自动化设计应综合考虑，合理确定设计方案。在满足工艺要求的前提下，本着既符合国情又要体现技术先进、经济合理、管理维护方便、安全运行的原则，在确定设计方案时应考虑近、远期结合，注意工厂扩建的可能性，在可能的条件下适当留有扩建余地，做到运行可靠、操作灵活、布置紧凑、维护管理方便。

在确定设计方案及设备选型时，应充分注意环境特点，以确保设备的安全可靠运行。

电气及自动化专业设备和技术发展很快，生产厂家很多，为保证电气设备安全可靠运行，设计中所选用的产品，一定要符合现行国家或行业部门的产品标准。生产厂应具有生产许可证，以保证产品质量。设备选型应选用技术先进、性能可靠、节约能源的成套设备和定型产品。经常注意技术发展动态，以杜绝淘汰产品的使用。

7.2 供配电系统

7.2.1 供配电系统的设计应本着保障人身安全、供电可靠、电能质量合格、技术先进和经济合理的原则。根据供电容量、工程特点和地区供电条件等合理确定设计方案。

7.2.2 水泥工厂的电力负荷，根据其重要性及中断供电后，人身安全、经济上所造成的损失和影响程度分为三个等级。其中一级负荷用电容量的大小与工厂规模密切相关。本条列出了一级负荷的范围及容量。

为了保证人身及设备安全,应保证一级负荷供电的可靠性。

7.2.3 大中型厂用电负荷大,一、二级负荷占60%～70%以上,生产连续性强,中断供电将会造成较大的经济损失。我国电网已具有相当规模,对于35～110kV的供电系统,一般是相当可靠的。降低投资,是建厂的关键之一。为此,根据当前我国供电情况及尽可能降低投资的要求,采用单电源供电,在工厂附近又无其他电源的条件下,以柴油发电作为保安电源,应成为重要选择方案(国产柴油发电机技术性能和运行是可靠的)。

当条件允许时,也可争取由两个独立电源供电;当条件不允许时,则可采用其他供电方案。总之,供电电源的选择是由多种因素决定的,应在满足可靠性和尽可能减少投资的前提下,结合具体条件决定之。

7.2.4 供电电压等级,应根据工厂规模及当地电网的条件,经过技术经济比较后确定。根据目前已设计或已投产厂的情况看,日产4000t及以上规模的工厂,以110kV供电者居多,考虑到220kV电压级,企业自行管理比较困难,一般是供电部门在工厂附近建220kV区域变电站,再以35kV或110kV向水泥厂供电,故4000t/d及以上规模厂宜采用110kV电压供电。日产熟料2000t以上及4000t以下规模,以35～110kV供电为主。日产熟料2000t以下规模厂,宜采用10～35kV供电,少数变电站在厂区边缘,则可采用6～10kV供电。

7.2.5 供配电系统的设计应简单可靠,便于操作及维护。中、低压配电系统配电方式宜采用放射式为主,以保证供电的可靠性。

为了减少电压等级,节约电能,在10kV供电系统中,应推广采用10kV电动机。

7.2.6 无功功率补偿应满足供电部门的要求。补偿方式应根据高、低压负荷分布情况,经过技术经济比较后确定补偿方案。根据多年的设计经验,采用高压补偿与低压补偿、集中与就地补偿相结合的方式,使得补偿效果最佳。

7.3 35～110kV总降压站

7.3.1 35kV变电站占地面积小,适合建在厂区内部更靠近负荷中心,所以宜考虑户内布置。110kV变电站占地面积大,经常布置厂区外围,随着水泥厂的粉尘污染逐渐减少,也可考虑户外布置。GIS户外型和户内型投资差别不是很大,110kV开关设备如采用GIS可考虑采用户外布置,节省土建费用。

7.3.2 本条提出了总降压站站址的选择原则。详见本规范第3.2.5和6.2.8条的规定。

7.3.3 本条提出主变压器型式及台数的选择原则。主变压器容量的选择,主要考虑在水泥工厂中,一、二级负荷约占全厂总负荷的60%～70%,单台主变压器的额定容量,应满足全厂总计算负荷的60%～70%。当一台主变检修时,另一台主变应满足全厂主要生产工艺线运转,及重要设备的安全保护要求。

总降压站的主结线方式应根据可靠性、灵活性、安全性及经济性的原则考虑。当有两条电源进线时,通常110kV主接线采用桥形接线方式,35kV主接线通常采用单母线分段接线方式。6～10kV采用单母线分段接线方式,是我国当前水泥工厂总降压站或配电站最普遍采用的方式。水泥工厂生产连续性强,当工厂有多条生产工艺线时,为了减少故障时对生产的影响,配电回路出线应接至不同变压器的不同分段母线上,以最大限度地减少因停电事故造成的影响。

7.3.4 本条提出了对站用电源及操作电源的要求。

站用电源是供给降压站的操作、继电保护、信号、照明及其动力的电源,是保证可靠供电的重要环节,故降压站的电源,应采用双回路供电,确保可靠供电。同时还应注意节省投资,故本规范规定,在总降压站装一台站用变压器,再从附近变电所低压侧引一专用站用备用回路,作为专用的备用电源,两个电源互相切换,轮换检修。

在只有一回路电源进线,设一台主变压器时,为在主变压器停电检修时能够取得站用电源,站用电应能从保安电源来一路电源。

7.3.5 随着微机保护的发展,水泥厂高中压开关设备的保护基本上都采用了微机保护。本条文为了水泥厂的保护和控制适应电力行业的要求作出相应规定。

7.3.6 高压配电设备的安全要求逐步在提高,高压配电设备除满足本体的安全性要求外,还应满足其他的机械闭锁功能,如人去维修高压用电设备时,配电设备应有可靠的机械措施保证所维修的用电设备无法带电。高压配电室的布置,应满足便于操作、维护、检修、实验的要求,并使进出线方便。应符合有关现行国家标准及规范要求。

7.4 6～10kV配电站及车间变电所

7.4.1～7.4.5 根据水泥工厂的多年运行经验,对配电站及车间变电所的接线作了规定。即考虑了接线简单,又要保证供电的可靠性。

7.4.6、7.4.7 对配电站的站用电源和直流操作电源作了相应的规定。在设计中,站用电源和直流操作电源方案的确定,应经过技术经济比较后确定,既要保证供电的可靠性,又要节约投资,二者不可偏废。

7.4.8 对车间变电所设多台变压器时,作一般规定。

7.4.9、7.4.10 对配电站、变电所的站(所)址选择、采用何种型式及内部布置,作了相应规定。

7.5 厂区配电线路

7.5.1 原规范第8.5.1～8.5.3条合并为本条,从技术法规的角度强调技术经济指标,同时弱化设计指导书特征。

7.6 车间配电及拖动控制

7.6.1 本条规定电动机型式选择应遵循的原则。

1 由于鼠笼型电动机具有结构简单、维护方便、价格低、运行可靠等优点，在无特殊要求及起动条件允许的情况下，应优先选用鼠笼型电动机。

2 本款为原规范第8.6.1条第2和3款合并。对于容量较大、起动力矩要求高、按起动条件选用鼠笼型电动机不合理时，根据国内外目前的实践，可选用绕线型电动机。同时考虑到随着技术进步，根据电源容量、电动机及其控制设备、附属设备的价格等因素，进行综合技术经济比较后，也可选用其他的型式，故将原条款中"应选"改为"可采用"。

3 为了节能应优先考虑选择调速的高温风机。选择的方案可以有绕线型电动机串级调速、鼠笼型电动机变频调速及鼠笼型电动机液力耦合器调速等。各种调速方案均有各自的优缺点，应根据具体情况经技术经济比较后确定最佳方案。另外删去了复杂的直流电机调速。

4 水泥回转窑是一个转动惯量大，要求起动转矩大，并要求平滑调速的设备。大容量窑传动以往多采用直流电动机可控硅调速方案。随着技术进步，国内、外都有成熟的变频调速电机驱动案例。

5 删去了目前水泥生产中技术落后、能耗高或控制复杂的一些电机形式及相关的控制方案，同样在后面的修改中删去了同步电机等及相关的控制方案。

7.6.2 本条规定电动机的起动方式。

1 鼠笼型电动机直接起动时，限制起动压降的规定，主要以不影响同一母线上其他用电设备的正常工作为原则。同时，还应保证被起动电动机不因起动压降而影响生产机械所要求的起动转矩。

3、4 有调速要求的生产机械，电动机的起动方式应与调速方式一并考虑。绕线型电动机宜采用转子回路接液体变阻器方式起动。

7.6.3 本条对电动机的调速设计作了规定。

1 电动机的调速方案很多，可分为交流调速与直流调速两类。直流调速主要指直流电动机可控硅调速方式。交流调速又可分为高效和低效两种。交流高效调速主要指变极调速、变频调速及可控硅串级调速等。这种调速方式能量损耗低、效率高。交流低效调速主要有电磁调速、异步电动机调速、绕线型电动机转子串电阻调速、交流电机液力耦合器调速等。在确定调速方案，特别是确定大容量电动机的调速方案时应从调速范围、调速性能、节能效果、使用维护、投资多少等各方面进行技术经济比较后确定最佳方案。

2 液压传动是针对喂料机、选粉机、冷却机等的调速要求。

3 窑采用双传动时，设计应采取技术措施，以保持两台电动机负荷的平衡。

4 需调速的风机如窑尾高温风机等。

5 对调速设备应采取相应的措施，抑制调速设备产生的有害谐波。

7.6.4 电动机的保护，应符合国家现行有关标准规范的要求。低压交流电动机应装设短路保护、接地故障保护、过负荷保护、断相和低电压保护等。直流电动机还应装设失磁保护。对于大于2000kW的大容量交流电动机还应装设差动保护。

7.6.5 本条规定电动机的控制要求：

1 带有提刷装置的绕线型电动机，电刷提起位置应有联锁装置，防止电动机在转子短路状态下起动，以保护设备安全。

2 设备集中控制时设置起动信号，主要是为了保证人身安全。生产中联系密切岗位应设联络信号，一般采用声、光信号。通讯量大的岗位间可设对讲电话，以保证及时协调生产中出现的问题。

3 在机旁设带钥匙的停车按钮，当设备检修时，将带钥匙按钮锁住，此时在集中与机旁均不能开车，从而保证检修人员的安全。

4 斗式提升机在尾轮部位设紧急停车按钮，主要为方便检修及保证人身安全。长胶带机每隔一定距离设拉绳开关，主要是为了出现紧急事故时及时停车，以保证人身安全。

5 起吊设备及检修设备的电源回路，宜就地设保护开关及漏电保护装置，主要为了保证检修时的人身安全，防止触电事故发生。

7.6.6 本条对低压配电系统作了规定。

2 本款主要是为了确保一、二级负荷的用电。

3 本款为保证公用设备供电的可靠。

4 车间内单相负荷应尽可能均匀地分配在三相中，以防止变压器中性线电流超过规定值。

7.6.7 本条规定了电气测量仪表配置原则。

7.6.8 车间配电线路的敷设方式，要注意使用条件和环境条件及特点。导线截面较小并且比较重要的控制、测量、信号回路以及不宜使用铝导体的场所，应采用铜芯导线或电缆，主要是为了节约有色金属和保证机械强度。

1 第4）项振动很大的用电设备一般指磨机、重载物料输送装置。

4 有火灾危险及环境温度较高的场所，应采用阻燃电缆并采取保护措施，防止事故扩大。

5 交流回路中单芯电缆不应采用钢带铠装电缆或磁性材料保护管，防止因涡流效应引起发热，影响使用寿命。

6 配线用保护管的直径，在混凝土楼板内暗配时，不得小于15mm。主要考虑小直径保护管机械强度低，施工时易变形，造成穿线困难损坏绝缘。

7 穿管绝缘导线或电缆的总截面积包括外护层。

15 起重机滑触线不应与驾驶室同侧布置，防止操作工人发生触电危险。

7.6.9 本条规定爆炸及火灾危险场所的划分及对电气设计的要求。氧气瓶库、乙炔气瓶库、燃油泵房等属于火灾爆炸危险场所；煤粉制备车间、煤粉仓、煤均化库等属火灾危险场所。这些场所的电气设计应符合国家现行有关标准规范的要求。爆炸危险区域划分，应根据通风条件进行调整。

7.7 照 明

7.7.1 本条对建（构）筑物的照明设计作了一般规定。

本条明确，按现行国家标准《建筑照明设计标准》GB 50034 要求，水泥工厂实施绿色照明；要以人为本，做到技术先进、经济合理、使用安全、维护管理方便。

水泥生产工艺复杂，管道纵横，设备重，土建柱梁布置不规则，为避免灯具布置与管道、工艺设备相碰，照明光线被大梁大柱遮住，影响照明效果，照明设计应注意与各有关专业的配合联系，以满足所需照度值。

应考虑水泥工厂的环境特征和灯具擦拭次数对照度有一定影响，因此设计时应考虑这种特点，应适当计入补偿系数。为减少维护工作量，宜选择寿命较长的光源。

烧成车间熟料出口温度有时高达近千度，干法水泥工厂窑尾废气出口温度、高温风机处温度也很高，灯具或电气管线接近高温时将容易损坏，且不安全，因此规定应远离这些高温场所。

照明设计应考虑今后维护。一般用立梯或双脚梯维护，故安装高度不宜太高。对于靠墙、柱安装的灯具可以稍高。而设于厂房中间的灯具，若不是采用吊车维修，则因梯子不可能太高，故限制其最高高度不宜大于 4.5m。

照明方式、照明种类、照明附属装置安装、照明布线等与一般工厂要求相同，故本规范不再重复。

7.7.2 由于电压波动对照度影响较大，故对电压值规定，不宜高于其额定电压的 105%，不宜低于其额定电压的 95%。

附录 F 是根据现行国家标准《建筑照明设计标准》GB 50034 的规定，结合水泥工厂的情况，对视觉作业等级进行规定。补偿系数是参考现行国家标准《建筑照明设计标准》GB 50034 的维护系数进行换算的。

对于水泥工厂中有一定特殊环境的场合，提出了在设计中满足照度要求的同时，还应体现统一眩光值（UGR）及一般显色指数（Ra）的要求。这是根据现行国家标准《建筑照明设计标准》GB 50034 制定的。

本规范表中规定的最低照度，仅为正常生产巡视，未考虑晚间故障检修照度。故检修时需另接临时照明。

7.7.3 水泥工厂照明因灯具数量多，考虑节能，应采用冷光源。但因规模不同、占地面积不同、灯具密集度也不同，故宜采用混合照明。

根据现行国家标准《建筑照明设计标准》GB 50034 的规定，本规范除应急照明外，设计中应取消"荧光高压汞灯"和"白炽灯"的选择。大型车间宜选用高压钠灯、金属卤化物灯等寿命较长、耐振动的光源，一般车间或其他建筑物宜选用细管的荧光灯或新型螺口荧光灯，推广采用三基色稀土荧光灯。

7.7.4 本条对水泥工厂不同场合的灯具选型作了规定。根据对火灾危险场所灯具选型规定，本次修订增加了水泥工厂煤粉制备车间及煤预均化车间照明灯具选型中对于防护等级的要求。

7.7.5 本条规定主要按现行国家标准《建筑照明设计标准》GB 50034 的规定，提出水泥工厂内具体场所的照明电压要求。

7.7.6 本条按现行国家标准《建筑照明设计标准》GB 50034 的规定编制。重要工作场所的应急照明供电，因考虑有的厂房较大、用应急灯数量多、投资大，故提出可采用动力与照明双电源切换的方案。

三相线路中的最大负荷与最小负荷的电流差值的表述，以现行国家标准《建筑照明设计标准》GB 50034 的要求为准。

7.7.7 本条参照国家现行标准《机械工厂电力设计规范》JBJ 6 编制，提出水泥工厂应设室外照明的场所及要求。

7.7.8 本条规定无窗厂房应设应急照明。考虑库底、地坑等通常较少有人，根据无窗场所的重要性、人员流动的程度而定。除航空障碍灯的设置要求是参照国家现行标准《民用建筑电气设计规范》JGJ/T 16 制定的外，其他要求都是参照《机械工厂电力设计规范》JBJ 6 编制。

7.7.9 本条是为用电安全而规定的。同时明确提出了水泥工厂照明配电系统应采用 TN-S 系统，使全厂形成 TN-C-S 低压配电系统。

7.8 防雷保护

防雷设计应认真调查了解当地气象及雷电活动情况，做到既要保证安全，又要经济合理。本规范对各建筑物，按其生产性质、发生雷电事故的可能性及其后果，按防雷要求分为三类。各类建筑物的防雷设计应符合国家现行有关规程及规范的要求。

7.9 电气系统接地

7.9.1 接地可分为工作接地（功能性接地）、保护接地、防雷接地、防静电接地和屏蔽接地等。接地对电力系统和电气装置的安全及其可靠运行，对操作、维护、运行人员的人身安全，都起着十分重要的作用。所以，接地设计应严格遵循国家现行的有关规程、规范的要求，并增加工程建设标准强制性条文（工业建筑部分）有关接地的规定。

7.9.2 本条对水泥工厂各级电压等级的接地方式作出相应规定。自电力网受电的 35～110kV 电压级，是否需要接地，采用何种接地方式，要根据地区供电网的情况并与供电部门协商来确定。

7.9.4 厂区低压电力网接地宜采用 TN 系统，这是根据多年水泥工厂实际运行经验作出的规定。TN 系统，根据 N 线和 PE 线组合有三种型式；即 TN-S 系统，全系统的 N 线与 PE 线分开；TN-C-SC 系统，PE 线与 N 线是合在一起的，称为 PEN 线，但在某些用户端，PEN 线分成 PE 线和 N 线，一旦分开，以下线路中，不能再合并；TN-C 系统的 PE 线和 N 线一直是合一的。

三种接地系统，适用于不同的场合。对于一个工程采用何种型式，应根据工程特点、负荷性质、习惯做法、工程投资等情况和重要程度，以及国内、外及地区等条件，进行综合的技术经济比较后确定。

7.9.7 自然接地体指如水管、电缆外皮、金属结构等。

7.10　生产过程自动化

7.10.1 本条规定了新型干法生产线自动化设计原则。

1 条文中采用的"集散型计算机控制系统"（英文为 Distributed Control System）简称"DCS"，又名"分布式计算机控制系统"或"分散式控制系统"等，至今无确切定义，但均称"DCS"。从广义讲"DCS"有仪表型、PLC 型等。

集散型计算机控制系统概括起来是由集中管理部分、分散控制监测部分和通讯部分组成。它具有通用性强、系统组态灵活、控制功能完善、数据处理方便、显示操作集中、人机界面友好、安装简单规范、调试方便、运行安全、可靠等特点。从目前国内大中型厂正在运行的 DCS 表明，该系统对提高自动化水平和管理水平、提高产品质量、降低能耗、提高劳动生产率、保证生产安全等，创造了良好的经济效益和社会效益。所以对新型干法生产线均应设 DCS 进行控制。其控制范围宜从石灰石破碎及预均化堆场开始，直至水泥包装及成品。根据石灰石破碎和水泥包装成品部分的工艺特点，其管理及控制，宜采用独立的现场操作站方式，其运行信号应与 DCS 通讯，中央控制室可以监视其运行状态。本款还提出了 DCS 选择的基本原则。

根据 DCS 系统在水泥工厂多年的成功运行经验和性能价格比的提高，其监管范围应包括新型干法生产线的主工艺流程。同时考虑某些车间的工艺特点，

对本条作必要修正。

2 本款为新增内容。根据计算机技术的进步和市场的发展，增加采用计算机现场总线 FCS（Fieldbus Control System）的内容。

数据量较大的配套设备如辊式磨、原料调配秤等。

热工测控点集中的区域如烧成车间的窑尾预热器、窑头篦式冷却机等。

3 应用低压配电智能化技术，并通过标准开放网络（如 Profibus-DP 总线）与 DCS 系统通讯，实现中控室实时监控低压配电设备的运行，是水泥工厂进一步提高自动化水平的发展方向之一，在条件适宜时，应逐步推广。

4 本款规定应选用 X 射线多道光谱分析仪进行生料成分分析，并与计算机组成生料配料系统，自动控制生料率值。X 射线多道光谱分析仪的通道数，应根据原料成分和生产需要而定。取样装置应具有连续自动取样、自动缩分功能，使样品更具有代表性。当有条件时，可增加自动送样和自动制样装置，以进一步提高自动化水平。

5 本款要求采用定点式线扫描红外测温装置，用以对窑筒体表面温度和轮带间隙进行监视控制，并以三维图像的形式在 CRT 上显示。对于水泥工厂最重要设备之一的回转窑的安全可靠运行和延长使用寿命至关重要。

6 本款要求窑头和篦式冷却机应设置专用工业电视装置，是为了监视回转窑内的煅烧情况和冷却机内的工况。可采用彩色监视器以便更清楚地观察到实际工况。在预均化堆场、磨机的入料口等物料传输的关键位置设闭路工业电视装置，可采用多头少尾系统。宜采用黑白监视器，监视物料的传输情况，使中央控制室了解更多的信息，便于集中操作管理。

7 本款规定宜设置水泥工厂生产管理信息系统（简称 MIS）。其目的是为了提高大中型厂的决策、计划、协调与管理的能力，以增强企业的市场竞争力。

7.10.2 本条规定原料系统过程检测与控制。

1 对进厂原料进行计量，便于工厂进行经济核算。破碎机宜设电流及功率检测，以监视破碎机的负荷状况。有条件时宜设破碎机负荷调节回路，通过对喂料机的速度调节，调节喂料量，达到节能及保护设备安全的目的。

2 原料预均化堆场的堆、取料机应设置以 PLC 为主的控制系统。运行实践证明，该系统不仅保证安全生产、提高了自动化水平，由于具有远方遥控功能，从而改善了操作工人的工作环境。宜设工业电视监视系统。其摄像头及监视器的数量，应根据堆场形式及工厂实际情况决定。

3 原料磨采用球磨时，负荷控制一般有三种方式：①选粉机粗粉回流量加新喂料量等于常数；②电

耳及提升机负荷；③电耳、回流量及提升机负荷。

在通常情况下，原料磨的负荷，宜采用电耳及提升机负荷方式。

磨机系统温度控制是为了保证磨机良好的烘干及粉磨作业，保证成品的水分达到规定要求。对磨机成品水分的控制一般有两种方法：一种是根据原料及成品水分，通过调节系统排风机风门开度，改变入磨热负量，控制烘干作业。另一种是通过调节热负管道的冷风阀开度，调节入磨热风量，控制烘干作业。两种方法相比，后一种方法有利于保持磨机系统的生产稳定。

原料磨系统采用辊式磨时，磨机负荷控制是采用进出口气体压差来实现的。

不同厂家生产的磨机及相同磨机的不同工艺流程，其控制系统不尽相同。为保证磨机系统的正常运行，通过对国内外已投运的辊磨系统的调研，通常情况下，磨机的控制主要是控制通过磨机的风量、磨机进风管处的压力及磨机出口温度。

增湿塔出口气体温度控制，是通过调节增湿塔的喷水量来实现的。控制增湿塔出口气体温度，主要是为了保证电除尘器及磨机系统正常运行。

4 为新增内容。对目前设计中广泛应用的辊式磨（立磨），应根据辊式磨本身的控制要求，设置相应的监测及控制回路。

7.10.3 本条规定煤粉制备系统过程检测与控制。

本条明确煤粉制备车间、煤预均化库应分别按火灾危险环境22区、23区要求选择现场一次仪表，并提出防护等级的要求。

设置CO含量检测是为了防止电除尘器、袋除尘器及粉煤仓燃烧和爆炸而采取的措施。为了保证磨机对煤的研磨、烘干作业，对煤粉的细度进行控制，并保证磨机的安全运行，应对磨机系统进行温度、负荷、风量的控制。另外，当煤磨生产时，钢球与磨体碰撞时会产生火花，因而在煤磨系统应有良好的监测与报警设施。

增加了当煤磨选用辊式磨时，应根据辊式磨本身的控制要求，设置相应的检测及控制回路。

7.10.4 本条规定烧成系统过程检测与控制。

1 本款是对生料均化及生料入窑的规定。

稳定的入窑生料，是保证窑系统正常运行的重要环节。因此应设置可靠的生料喂料控制回路，另外水泥生产是一个连续运行的工艺生产线，在进行计量精度校正时不能停窑，所以本项提出宜生料入窑计量的在线校正功能。

设置仓重控制回路是为了保证喂料仓的料压稳定，从而稳定入窑生料量。

2 本款是对预热器及分解炉的规定。

1) 通过对各级预热器进、出口温度、压力检测，并结合预热器出料温度检测，可以了解生料在各级预热器内的热交换情况。

3) 在易堵料预热器的锥体部分，设差压或压力检测，可以了解预热器堵塞情况。

4) 在窑尾烟室及预热器出口设气体成分分析检测，可以判断窑内及分解炉内生料、燃料及助燃空气的供给比例，结合窑的转速对烧成系统进行有效控制，保证烧成系统运转在最佳状态。

5) 分解炉出口气体温度，表征物料在分解炉内预分解状况。设置分解炉出口气体温度控制回路，可保证物料在分解炉或预热器内预分解状态稳定。当分解炉压力一定、炉内物料量一定时，可根据出口气体温度，调节分解炉的喂煤量。

3 本款是对回转窑的规定。

1) 窑尾烟室气体温度及压力，是表征窑内热工状况的重要参数，因此应设置温度及压力检测回路。

2) 窑烧成带设置温度检测，可以了解窑内烧成带温度情况。

3) 设置回转窑托轮轴承温度检测，是为了保证窑的安全运行。

4) 设置窑头负压控制回路，是为了保证窑头的微负压。

4 本款是对冷却机及熟料输送的规定。

1) 设置冷却机篦板温度检测，主要是为了防止篦板温度过高，起到保护篦板的作用。

2) 设置各室风机风量、风压控制，是为了保证提供给窑内的二次风量、风温以保证冷却机的冷却效果。设置篦板速度控制，是为了稳定篦板上的熟料料层厚度。

7.10.5 本条规定水泥粉磨系统过程检测与控制。

1 水泥磨采用球磨时，磨机的负荷控制，宜采用磨音（电耳）、提升机功率和选粉机的粗粉回流量等参数来控制磨机负荷。

2 水泥磨采用预粉磨装置，如辊压机或辊式磨加球磨系统时，一般为了喂料稳定，工艺均设喂料仓。宜采用荷重传感器，测量仓内物料重量。设置仓重控制回路的目的，是为了保证喂料仓料压稳定，从而保证喂料稳定。

辊压机或辊式磨系统，可根据设备制造厂的要求，并结合水泥工厂设计中的控制方案，组成适合该系统的控制回路。

7.10.6 本条规定水泥储存、包装及发运系统过程检测与控制。设置中间仓料位控制回路，是为了稳定中间仓料面，同时避免发生空仓或仓满事故。对于独立设置的水泥储存、水泥包装站，可采用一套小型微机控制管理系统，作为包装系统生产线的自动控制装置，以降低工人的劳动强度，改善工作环境。

7.11 控 制 室

7.11.1 本条规定控制室的设置原则。

1 控制室的设置应根据工艺控制要求和自动化设计原则来确定。对日产熟料1000t及以上规模的生产线，应设中央控制室与相应的现场控制站。

对破碎车间、包装车间及其他辅助车间如堆场、散装、码头等离主生产车间较远或不是连续生产工作制时，宜单独设置控制室。

2 控制室是水泥生产过程控制与监测的中心，相关主体专业要像对待主体车间布置一样，将控制室纳入车间的规划布置。条文规定了确定控制室位置的基本原则。要求兼顾方便电缆管线进出和敷设，避开电磁干扰源、尘源和振源等的影响。

7.11.2 本条规定对控制室的设计要求。

1～3 规定了控制室对环境设施的基本要求。其目的是为了保证控制室内操作、维护、检修要求及仪器设备安全、可靠地运行，防止一切干扰和危害安全、可靠运行的因素发生。

4、5 规定了中央控制室的基本设施和对中央控制室的基本要求。本两款是根据目前大中型厂的实际设施统计和有关规范要求提出的。

6 对DCS和X射线分析仪等设备，应根据其要求设置空调系统。但随着科学技术的发展，电子设备对环境条件的要求越来越低，越来越重视人对工作环境的要求，所以当设备无特殊要求时，控制室的温度，宜控制在工作人员比较舒适的环境下，以提高工作效率。

7 对一般控制室应按国家有关规定和规范的要求设置消防设施。对中央控制室、X射线分析室等有精密电子设备和仪器的场所，使用水、泡沫灭火剂和干粉灭火剂容易造成计算机系统电气短路和介质污染，引起二次灾害。而二氧化碳灭火剂具有灭火效果好、效率高、毒性小、无污染等特点。根据控制室面积、设备价值和工作性质，可采用移动式、半固定式或固定式二氧化碳灭火系统。

7.12 仪表及其电源、气源

7.12.1 本条是对一次检测仪表的规定。

1 一次检测仪表是生产过程检测和自动控制的基础。所以应选择质量可靠、性能稳定、技术先进、精度能满足控制要求的仪表，严禁选用劣质或淘汰产品。

2 本款规定了变送单元的精度不应低于0.5级，其目的是为了能保证正确反映工艺过程参数，满足生产操作管理要求。

3 在安装条件允许的情况下，宜采用机电一体化仪表。因为它集机、电技术于一体，使安装、使用、维护更方便。但在安装条件不能满足的情况下（如环境温度或防爆区域等），不宜使用机电一体化仪表。

7.12.2 本条是对二次仪表的规定。

1 本款是对二次仪表的基本要求。随着科学技术的发展，仪表向智能化数字化发展。在选型时应注意其可靠性、稳定性和抗干扰能力等。

2～5 规定了指示（报警）仪表、记录仪表和积算仪表的选择原则。

6 本款对二次仪表的精度提出了要求。根据水泥工厂实际运行经验，数字仪表精度不应低于0.5级，模拟式仪表不应低于1.5级。在特殊情况下，如非接触式测温仪表其精度不宜低于2.5级。

7.12.3 本条规定仪表的电源要求。

1 电气仪表是为生产服务的，应保证仪表电源的可靠性。为了提高仪表供电的质量，仪表电源应从低压配电屏专用回路供电，不应与冲击负荷共用同一回路，以免电压波动影响仪表正常运行。

3 中央控制室操作站、X射线分析仪及现场控制站的供电电源，应有一定的富裕容量，一般可为用电量的1.2～1.5倍。此部分供电应属一级负荷，应有两个电源供电。并应设专用配电盘，不应与照明、动力混合供电，以保证电源质量。为了保证供电的可靠性，还应设在线式不间断电源（UPS）。UPS有后备式及在线式两种。在线式有良好的抗交流侧噪声干扰的能力，并且在交流电源停电时，不需要转换时间，因此本款提出应设在线式UPS电源装置。

根据实际运行需要和UPS技术的发展，计算机系统的中央控制室操作站、现场操作站、X射线仪室等需要不间断供电电源的UPS的供电延续时间均应为30min。

7.12.4 本条规定仪表的气源要求。供给仪表的气源，应满足用气设备对所需压力及质量的要求，以保证用气设备工作可靠。

7.13 电缆及抗干扰

7.13.1 本条规定电缆选型原则。

1 聚氯乙烯或聚乙烯绝缘及护套电缆具有重量轻、弯曲性能好、耐油、耐酸碱腐蚀、不易燃烧、价格便宜等优点，用作控制电缆，其性能完全可以满足要求。

2 光纤电缆有其高带宽、低衰减、重量轻、耐高温、抗电磁干扰性好、通讯容量大、速度快等优点，因而在当今计算机通讯领域，光纤电缆已逐步取代同轴电缆或双绞电缆。因此有条件时，宜采用光纤电缆。

4 电缆截面应按其允许电流、短路热稳定、允许电压降、机械强度等要求选择。作为控制电缆及信号电缆，一般工作电压为380V及以下，并且所带负荷较小。所以本款提出主要根据机械强度确定电缆截面。

5 考虑到电缆质量、施工断损等情况，应留有备用芯数。备用量不宜少于总芯数的15%。

7.13.2 本条规定电缆抗干扰的措施。

1 由于电力电缆与控制电缆敷设在一起时，会对控制电缆产生干扰，造成控制设备误动作。当电力电缆发生火灾后波及控制电缆，使控制设备不能及时做出反应，使事故进一步扩大造成巨大损失，修复困难。鉴于多年现场运行经验，同时考虑到电缆敷设及维修方便等因素，故电力电缆应与控制电缆及信号电缆分层敷设。

2 主要为了避免电场及磁场干扰而引起信号的波动和误差而采取的措施。

3 电缆群在通道中位于同侧的多层支架的配置，应执行现行国家标准《电力工程电缆设计规范》GB 50217 的要求。

多年现场运行经验表明，强电信号对不经隔离的数据通讯电缆信号有明显干扰，为消除此干扰信号，应采用金属线槽隔离。

4 为了保证线路安全，避免因周围环境影响而损坏线路。环境温度（沿超过 650℃设备表面敷设）过高及可能引起火灾的危险场所，应分别选用耐高温和阻燃电缆。

5 在电缆沟内两侧都有支架时，对 1kV 以上及以下电压的电缆敷设要求，应符合现行国家标准《电力工程电缆设计规范》GB 50217 的有关规定。

6 本款为了避免线路敷设时受到损坏，或信号受到干扰，保证正常工作所作的规定。

7 为了避免或减少电动机、发电机、变压器等具有强磁场或强电场的电气设备，对仪表线路内信号的干扰而规定。

8 本款中规定的数据均采用现行国家标准《电气装置安装工程电缆线路施工及验收规范》GB 50168 中的有关规定。

7.14 自动化系统接地

7.14.1 规定了自动化系统接地的目的。

7.14.2 自动化系统接地应根据控制设备的具体要求来确定，宜采用下列几种接地方式。

1 工作接地即对控制系统的直流"地"进行接地。直流地也称逻辑地，不同的控制系统对工作接地的要求不尽相同，要按设备说明书的要求设计。目的是使控制系统电路有一个统一的基准电位，但此基准电位并不一定就是大地的零电位，而只有一个等电位面。

2 保护接地是指在正常情况下不带电，但故障时有可能接触到危险电压的设备金属外壳，如机柜外壳、仪表外壳、面板等。其接地目的是为了保证人身安全和设备安全。

3 屏蔽接地的目的是为了防止磁场干扰。屏蔽的电缆在工作频率小于 1MHz 时，屏蔽层宜采用单端接地。当工作频率大于 1MHz 时，屏蔽层宜采用两端接地。

7.14.3 为了防止干扰，宜把工作接地和屏蔽接地连到一个共用的接地体上，并与电气的交流接地网、与防雷接地体之间均应有足够的安全距离。但在工程设计中有时很难做到，无法满足自动化系统接地体与其他接地体之间保持安全距离的要求，可能产生反击现象。而采用共用一组接地体，可以防止这种反击现象，保证人员和设备的安全。共用接地体的接地电阻，应按最小值的要求确定，并按现行国家标准《建筑物防雷设计规范》GB 50057 的要求，采取相应的措施。

7.14.4 静电防护接地是清除静电的基本措施。为保证工作人员的安全，静电防护接地可以经限流电阻与其他接地装置相连，限流电阻的阻值宜为 $1.0M\Omega$。

7.14.5 为了避免对控制系统的电磁干扰，宜采用将多种接地的接地干线分别接到母排上，由接地母排采用一根接地干线与接地体相连接。控制系统至接地母排的连接导线，宜采用多股编织铜线，接地母排应尽量靠近接地体，使各接地点处于同一等电位上。

7.14.6 本条规定了信号线的屏蔽层接地点选择的基本原则。

7.15 通信与广播系统

7.15.1 水泥工厂电话系统应包括厂、矿区电话系统及调度电话系统。水泥工厂的通信系统，是为了加强企业管理、组织和调度生产，及时处理生产中遇到的各种问题，并与外界进行通信联系的重要设施。由于工厂的规模不同、所处地区不同，对通信及广播系统的要求也不相同。

工业企业的电话站及其线路网，是当地通信网的一个组成部分。因此进行工厂通信系统设计时，应结合工厂规模及其对通信系统的要求，结合工厂发展规划，并且与当地通信部门密切联系。在满足生产要求的前提下，确定切合实际、技术先进、经济合理的设计方案。

对改建、扩建企业，还应认真了解原有通信设备的种类、程式、容量等，以便统一考虑。

在现代大中型水泥工厂，为了使生产调度人员及时了解生产情况，迅速指挥生产，解决生产中出现的问题，一般均设有调度电话系统。该系统还可以召开生产调度会议。

7.15.2 本条对厂区电话设计作了具体规定。

1 在条件允许时，工厂的电话系统，宜优先采用由市话局直配方式。并根据企业需要，应同时设置传真及计算机局域网（LAN）。

2 在工厂自备电话站设计中，交换机程式的选用，主要应根据当地市话局有关规定及各地区邮电部门允许什么型号交换机联网的文件来确定。

3 随着我国通信事业不断发展，电话用户普及率将会逐年提高。因此，在通信工程设计中，电话用户线路应留有一定的备用数量。本款结合水泥工厂特点引用了现行国家标准《工业企业通信设计规范》GBJ 42 的规定，用以确定电话站出站线路的近期容量。条文中指出留有 130%～160% 容量的选择范围。在设计时也可根据需要和建设单位要求综合考虑。

4 随着我国近年来通信事业的不断发展，在大中城市的水泥工厂电话站设计中，宜选用程控电话交换机，以适应当前通信技术发展的需要。

5 电话站属全厂通信指挥中心，故一般设在厂前区办公楼内，避开粉尘、噪声过大的车间。在电话站内不应有其他与电话站无关的管道和线路通过，确保电话站安全。

6 根据现行国家标准《工业企业通信设计规范》GBJ 42 中的规定，确定中继线数量。用户交换机具体应该配置多少条中继线，应与建设单位及当地市话局共同商定。

全自动直拨中继方式，即 DOD_1、DID 方式。

7 在一个电话网内，最好采用统一位数的用户号码制度。

8 程控式交换机用浮充稳压整流器直接供电时，对交流电电源质量应要求高一些。因为供电电源质量好坏，可直接影响程控式交换机的使用安全和寿命，故交流电源的电压波动范围超出允许值时，宜加装交流电源自动稳压器。

存储器指 RAM、ROM。

7.15.4 调度电话和会议电话是水泥工厂中组织指挥生产和企业管理的重要通信手段。为适应不同规模水泥工厂的需要，对大中型厂设置调度电话作了规定。

1 大中型厂业务量繁忙，为确保其调度功能的实现，宜单独设置调度电话系统。

2 为提高通路利用率节省投资，水泥工厂会议电话可用调度电话总机或厂区电话总机兼管，即平时作调度或厂区通信，需要时再利用其功能，作会议电话使用。

3 为适应工厂远期发展规划的需要，及考虑到总机局部元件损坏，需迅速倒换电路，以保证调度电话不间断，需留有适当备用量。

4 调度电话总机由中继线连至电话总机，是为满足调度电话总机的要求，并使某些重要用户可任选厂区电话或调度电话使用。

5 调度室及重要调度用户还应装设厂区电话的，是为了保证水泥工厂中调度电话或厂区电话中的两个系统中，其中一套系统出现故障时，仍可保证通信不间断，起到相互补偿作用。

调度电话分机选用同一种制式，有利于今后厂方维修、保养。防爆场所选用防爆型分机（装在值班室外时），是为了保证安全，以免电话分机使用时出现火花而引起爆炸。

7.15.5 本条是对水泥工厂广播系统的规定。一般工厂广播用于生产及宣传教育。在水泥工厂中为火灾自动报警系统所设置的火灾事故广播，是用于火灾时引导厂内人员迅速救火和撤离危险场所。所以火灾事故广播的控制方式、鸣响范围与一般广播不同。具体要求见现行国家标准《火灾自动报警系统设计规范》GB 50116 中的规定。

7.15.6 为了满足企业管理及职工文化教育的需要，大、中型企业应根据企业的条件、区域划分及地形情况等设计天线电视系统网络，并应与企业的发展规划及本地区的广播电视发展规划相适应。

根据需要，企业应设与地区联网的公用闭路电视系统或共用天线电视系统。其设计的传输网络或接收天线的主要性能要求等，应符合国家有关标准规范的要求。

7.15.7 通信系统的接地设施，是为了保证设备及人身安全，同时也是为了保证通信质量的要求。由于通信设备信号弱，而且灵敏度高，容易受到干扰，所以有条件时应将工作接地、保护接地及防雷接地分开单独设置。如果受条件限制不能分开时，也可以合用接地装置，但此时接地线截面、接地电阻值等一定要符合有关规程要求。

在土壤电阻率较高的地区，应采取人工降阻措施，以保证接地电阻要求。

7.16 管理信息系统

本节为新增内容。随着计算机与网络的普及和 DCS 系统在水泥厂的普遍应用，基于管理水平的提高和提高工厂经济效益的目的，工厂管理信息系统作为工厂自动化的第三层，也逐步为大部分水泥企业所接受。

7.16.1 管理信息系统目标是有助于工厂设备（生产线）尽可能长的运转时间，保证合理的维修、维护备件，提供分析数据和预测。这样就可达到优质、高产、低消耗，降低产品成本、提高企业经济效益的目的。

系统实施分硬件配置、网络施工布线和软件开发编制过程。

7.16.2 网络布线应符合现行国家标准《综合布线系统工程设计规范》GB 50311 的规定。在中控室、办公楼、化验室内部可采用交换机放射布线，各建筑物间由于距离较远采用光缆布线，与厂外各分支机构或集团总部可采用 VPN 方式租用电信网络。

7.16.3 硬件配置建议采用带有域管理功能的服务器方式。专用服务器用于用户管理、内部邮件管理与网络数据库以及病毒防护，为保证其他系统的安全运行和网络自身的安全性，需要安装网络防火墙或（和）查杀病毒工具软件。

企业资源计划系统即 ERP。

7.16.4 软件功能的编制以满足用户要求为主，但对于所列基本功能应满足。

1 软件结构：C/S结构是客户机/服务器结构；B/S结构是浏览器/服务器结构。

3 数据采集一般采用TCP/IP或OPC Server与DCS系统通讯，同时保证DCS系统安全。

4 数据流程图可显示与集散型计算机控制系统类似的实时流程图画面。用户应能观察到生产线上温度、压力、调节阀、库位、喂料量、产量等模拟量的实时变化，并应能观察到重要主机设备如窑、磨等的运转情况。根据系统报警设定，还应能观察到开关量及模拟量的报警信息等。

5 趋势历史数据对比分析应满足用户不同年份的对比分析要求，以便用于生产优化。做到既可观察曲线的实时变化趋势，又可调出曲线的历史数据，分析历史变化趋势。在分析曲线时还可将相关的曲线放在同一个显示窗口，便于用户分析其数据变化的相关性，对生产状况及故障的分析起到重要的辅助作用。

6 质量信息管理包括原材料、生料、熟料、水泥及燃料的质量信息，并对这些质量数据提供保存、维护、查询、统计及回归分析。

7 系统可自动生成企业生产管理需要的各种工艺参数报表及生产报表。生成工艺参数报表时不需要人工干预，自动按月、日、班，生产过程工艺参数报表。生产报表中的数据应能自动获取，也可通过人工干预修正。

8 水泥生产设备在企业中占了极其重要的位置，如何统筹安排设备采购、降低设备维护费用、提高设备运转率、分厂或车间之间灵活调用闲置设备等都是设备管理主要解决的问题，本系统管理生产线上所有生产设备。

8 建筑结构

8.1 一般规定

8.1.1 建筑结构设计首先应满足生产工艺需要，保证对生产设备的保护、劳动者的安全，还应根据环境保护、地区气候特点，切实考虑自然条件对建筑设计的影响，并应符合相应的国家现行标准、规范和规定。如砖混结构的设计应符合现行国家标准《砌体结构设计规范》GB 50003的有关规定等。

8.1.2 结构型式的选择应本着"技术先进、经济合理"的总原则，结合具体工程的规模、投资、所在地区施工水平、进度要求等因素综合考虑。在综合考虑的基础上，应积极采用成熟的新结构、新材料、新技术，以提高工程的科技含量，降低工程造价。

8.1.3 本条是根据现行国家标准《建筑结构可靠度设计统一标准》GB 50068的要求，对水泥工厂各建（构）筑物安全等级按其破坏后果的严重性，进行具体划分。

8.1.4 本条是根据现行国家标准《建筑工程抗震设防分类标准》GB 50223，并结合水泥工厂的特点，对水泥工厂各建（构）筑物抗震设防分类的具体划分。

8.1.5 水泥工厂的建筑防火设计，应符合现行国家标准《建筑设计防火规范》GB 50016及其他有关防火规范的规定。根据现行国家标准，结合水泥工厂的建筑特点制定附录A。

8.2 生产车间与辅助车间

8.2.3 厂房内通道宽度应根据人行、配件的搬运及车辆通行等要求确定，并应按单人行走允许最小宽度要求考虑。

8.3 辅助用室、生产管理及生活建筑

8.3.2 本条是对采暖建筑的围护结构要满足国家现行节能设计标准中传热系数的限值、窗墙比及相关的构造要求，特别关注门窗的节能。

8.4 建筑构造设计

8.4.2 推动墙体改革是我国保护耕地、节约能源、综合利用工业废料的一项重要技术政策。建筑设计在墙体改革中应发挥龙头和纽带作用，依法行事，克服各种阻力，积极推广应用新型墙体材料。框架填充墙禁用实心粘土砖并限制使用粘土墙体制品，如粘土空心砖等，提倡使用各类砌块，用粉煤灰、煤矸石及页岩等制作的烧结砖，有条件时大力推行各类新型板材。

8.4.6 调研结果显示，各厂多有高空撒落物料的现象，故栏杆底部设置高度不小于100mm的防护板是很有必要的。

8.4.7 有关湿陷性黄土、膨胀土、冻胀土地区的地面、散水、台阶、坡道做法符合国家现行标准《湿陷性黄土地区建筑规范》GB 50025、《膨胀土地区建筑技术规范》GBJ 112、《建筑地基基础设计规范》GB 50007和《冻土地区建筑地基基础设计规范》JGJ118的有关规定。

8.5 主要结构选型

8.5.1 确定基础方案是水泥工厂结构设计的重要问题之一。在一般情况下，天然地基比人工地基经济，但对筒仓等重型建（构）筑物和在某些具体条件下，天然地基不一定能满足设计要求和达到经济合理的目的，故此时应采用人工地基。

8.5.3 本条文中钢混组合结构主要指钢管混凝土结构。对于预热器塔架，宜优先采用钢结构或钢混组合结构；当有特殊需要或要求时，对中小型厂也可采用钢筋混凝土结构。

8.5.5 对于直径小于21m的筒仓，目前一般采用钢筋混凝土结构。但对于直径大于等于21m的筒仓，可以考虑采用预应力筒仓，前提是要进行技术经济等方面的比较，经比较，证实经济合理时可以采用。

8.6 结构布置

8.6.1 在满足生产工艺要求和不增加面积的原则下，结构布置应力求传力途径简单明确。

8.6.6 在大面积料压作用下，软土等地基一般会发生较大的变形，从而引起附近建筑物基础位移、轨道开裂。大面积堆料下的软土等地基宜进行必要的地基处理。

8.6.9 根据某些水泥厂投产使用后的信息反馈，那些长期处于受磨损状态下的结构构件，存在明显的磨损，有些磨损非常严重，影响到结构安全。因此，这些受磨损构件表面应设置容易更换的耐磨层，并及时检查、更换。

8.7 设计荷载

8.7.2 压型钢板等轻型屋面的屋面均布活荷载可参见国家现行标准《门式刚架轻型房屋钢结构技术规程》CECS 102 的屋面活荷载规定，在不同情况下屋面活荷载取值有所区别，取 0.5 或 0.3。

8.7.3 对于采用压型钢板等轻型屋面的钢屋盖，尤其是大跨度钢结构屋盖，积灰荷载的大小对结构用钢指标影响较大。通过对已投产水泥厂的调研发现，压型钢板等轻型屋面的积灰较少，因此，当收尘效果良好、积灰检查及清灰措施到位时，轻型屋面的积灰荷载可以取 $0.5kN/m^2$。但是，积灰是一个长期积累的过程，随着时间的推移，实际积灰荷载有可能超过设计积灰荷载，所以，在设计使用说明中应特别提醒业主要对积灰情况进行及时检查，必要时进行清灰。

8.7.4 工艺提供的荷载数值应包括动力系数。

8.8 结构计算

8.8.1 根据实践经验，高宽比大于4的框架、天桥支架的柔度较大，风振系数的影响不能忽略，应该加以考虑。

8.8.2 对预热器塔架和高宽比大于4的框架、天桥支架及转运站，在水平荷载作用下的顶点水平位移，经多年实际应用证明，规范提供的数值是适宜的。但有一点值得注意，对于高耸的转运站、支架等，在满足结构变形要求的情况下，还要控制最大水平位移数值，以免影响设备正常运行。

8.8.4 窑、磨基础允许差异沉降，现行国家标准《动力机器基础设计规范》GB 50040 中没有规定，但设计中经常会碰到这个问题。根据国内经验并参考国外对窑、磨基础沉降提出的要求，本条差异沉降定为10mm是可行的。

8.8.7 有温度变化的管磨和筒式烘干机，轴向温度伸缩力的存在是明显的。现行国家标准《动力机器基础设计规范》GB 50040 对此没有提及，故本条提出应加以考虑。

9 给水排水

9.1 一般规定

9.1.1 本条规定给水排水设计的基本原则。水是国家的重要资源，国家水法明确规定，应实行计划用水和厉行节约用水，合理利用、开发和保护水资源。国家环保和水污染防治法也明确规定，要保护自然水域，执行废水排放标准，防止废水对环境的污染。因此，应根据建厂地区水资源主管部门对水资源的总体规划，在保证用水水质的前提下，与有关方面协商对水的综合利用与协作，降低耗水指标，减少废水排放量，提高水的重复利用率。

9.2 给 水

9.2.1 本条规定水泥工厂的用水标准，包括生产用水量。工作人员生活用水量，居住区生活用水量，冲洗、化验和绿化用水量，以及未预见的用水量等。根据有关的国家规范结合多年设计生产的实际情况确定。生产用水包括全部生产和辅助生产各部位的用水，如：机械设备、电气自动化、空气调节、各种锅炉等用水，随生产规模、生产方法、设备选型、地区条件等因素而定。

关于厂区生活用水量、浇洒道路和绿化用水量，本条依据现行国家标准《建筑给水排水设计规范》GB 50015 制定。由于水泥工厂一般远离城镇，大部分车间工作人员将不可避免地接触粉尘，地面也不可避免地有粉尘污染，因此在设计中可根据实际情况取用较高值。

化验室主要是化验用水、养生槽养护试块用水、试块成型用水及清洗用水，一般根据同类规模由工艺提供用水量。修理车间主要是清洗用水和锻造工段淬火用水。该两处用水量不大，根据生产规模和装备情况确定用水量。

未预见用水量按生产、生活总用水量（新鲜水）15%～30%计算，主要对各种不可预见的用水量及系统渗漏等因素，适当留有富余，按生产规模取值。

9.2.2 水泥生产过程中，机械轴承产生的热当用水冷却时，一部分直接由水吸收，或由润滑油吸收，再以水冷却油。测定资料表明，一般要求油温不大于60℃，机械轴承冷却水给水温度宜小于32℃。同时，由于敞开式循环水系统，循环水与大气接触，水中游离及溶解 CO_2 大量散失，水温越高，CO_2 散失越严重，引起 $CaCO_3$ 沉积结垢。

水泥机械设备冷却水的水质要求，根据现行国家标准《工业循环冷却水处理设计规范》GB 50050 和其他行业标准的有关规定，结合水泥工厂设计与实践，规定碳酸盐硬度宜控制在 80～450mg/L 之间（以 $CaCO_3$ 计），见表12。

9.2.3 本条规定锅炉、化验、空调和生活等用水水质均执行相应的国家标准。对部分水质要求较高的生产用水，由生活给水系统供水时，规定碳酸盐硬度宜小于 450mg/L（以 $CaCO_3$ 计），即应符合现行国家标准《生活饮用水卫生标准》GB 5749 的规定。

9.2.4 生产用水水压差别较大。车间进口水压本条规定为：0.25～0.40MPa，为常压，可以满足大部分用水设备的水压要求，使给水系统设计合理，但对于高楼层或远距离、高台段车间的个别用水部位，可能水压不足，可用管道泵或其他加压设备局部加压。对于水质要求高、水压为中高压的喷雾用水，一般自成系统，单独加压。

9.2.5 本条规定自备水源选择的基本原则。为满足水泥工厂正常生产、生活用水的需要，水源工程设计必须保证取水安全可靠、水量充足、水质符合要求、投资运营经济、维护管理方便。

表12 水质硬度的有关标准和规定

标准名称	用水名称	水质标准		以 $CaCO_3$ 计 (mg/L)	备注
		项目	指标		
《工业循环冷却水处理设计规范》GB 50050	循环冷却水	碳酸盐硬度	30～200mg/L 以 Ca^{2+} 计	75～500	适用于敞开式系统
《冷库设计规范》GB 50072	冷库冷却水 1. 立式冷凝器 淋水式冷凝器	碳酸盐硬度	6～10me/L	300～500	
	2. 卧式冷凝器 蒸发式冷凝器	碳酸盐硬度	5～7me/L	250～350	
	3. 氨压缩机等制冷设备	碳酸盐硬度	5～7me/L	250～350	
《生活饮用水卫生标准》GB 5749	生活饮用水	总硬度	450mg/L 以 $CaCO_3$ 计	450	

9.2.6～9.2.8 取水工程中，对取用地下水应遵守地下水开采的原则，并确保采补平衡；对取用的地表水，枯水流量与水位的保证率及最高水位的确定是参照现行国家标准《室外给水设计规范》GB 50013 编制的。其中枯水位保证率的上限与《室外给水设计规范》GB 50013 和《火力发电厂设计技术规程》DL 5000 等均一致，采用 99%。

9.2.9 为了保证水泥工厂生产、生活用水的安全可靠，对输水管线的安全输水设计本条作了明确的规定。

9.2.10 水泥工厂自备水厂的规模，由生产、生活最大用水量加上消防补充水量和水厂自用水量等项确定，并根据水泥工厂的总体规划要求，确定是否留有扩建的可能。

9.2.11 本条规定生产给水系统的选择原则。在一般情况下，机械设备冷却水采用敞开式循环水系统，循环回水可结合工厂的具体布置，采用压力流和重力流。生产用水重复利用率是根据多年设计与实践经验确定的。其计算公式如下：

$$生产用水重复利用率 = \frac{生产间接循环回水量}{生产间接循环给水量 + 生产直接耗水量} \times 100\%$$

为了保持循环冷却水的水质平衡，应有保持水质稳定的措施，如：加水质稳定剂、加杀灭菌藻的措施、加旁滤改善水质浓缩、采用冷却塔降低水温等。

对水质要求较高的如增湿塔、篦式冷却机和立式磨等喷雾调温调湿用水、锅炉用水的原水、化验水和仪器仪表用水等的喷雾用水，本条规定"可"由生活给水系统供水。如有确保供水水质的措施，也可采用循环冷却水或中水回用作为备用水源。经验表明，循环水不可避免的有少量渗漏油污，含油水和杂质混合，易堵塞喷水系统。中水是污水、废水三级深度处理后的水，应有严格的管理和维护，才能确保连续的、稳定的供给符合要求的水，以维持正常生产。

9.2.12 本条参照现行国家标准《室外给水设计规范》GB 50013 结合水泥工厂的实际情况制定。

9.2.13 本条根据现行国家标准《工业企业设计卫生标准》GBZ 1 及《生活饮用水卫生标准》GB 5749 制定。

9.2.14 由于生活用水的不均匀性及消防要求贮存水量，本条规定生活和消防给水系统应设置水量调节贮存设施。在适用可靠的前提下，首先考虑利用厂区附近地形，设置高位贮水池，无高地可以利用或技术经济不合适时，可设置水塔；也可采用变频调速水泵或气压给水设备，但该产品应有当地公安消防部门的批准认证，同时当生活给水供给部分生产用水时，应有其他系统给水作备用，确保生产用水安全可靠。

9.2.15 本条规定设计用水计量的原则，根据《中华人民共和国计量法》及现行国家标准《用能单位能源计量器具配备和管理通则》GB 17167、《评价企业合理用水技术通则》GB/T 7119 制定，并参照《水泥企业计量器具配备规范》DB 37/T 813，结合水泥工厂的实际情况，提出设置用水计量的具体规定，及确保安全生产的必要措施。

9.3 排 水

9.3.1 本条对排水工程设计、排水系统划分作了规定。不可回收的生产废水，指循环冷却水的溢流水、排污水。

9.3.2 本条对生产排水量作了规定；对于生活污水量，应按现行国家规范的排水定额确定，为满足设计前期工作的需要，根据经验也可按生活用水量的80%～90%取值。

9.3.3 本条对部分车间和建筑物的污水排入排水管网之前，进行局部处理作了规定。处理设施通常设在室外，寒冷地区有的设在室内，可随建筑物项目划分为室内工程。

由于回转窑和烘干机的托轮已不要求用水，设备设计取消了水槽；老厂或小型厂这两种设备还有水槽，但可以不需要排水，水槽定期补水，积存油污由人工清除；如设有排水管，应设置隔油池（井）或其他除油设施。

9.3.4 本条规定水泥工厂的污水应根据国家和地方的排放标准确定处理方案。污水排放标准，应取得当地县以上环保主管部门的书面意见，因为地方标准与国家标准中污水排放标准一般基本相同，但也有的指标地方标准要求更高，都应执行。由于水泥工厂生产污水量较小，可与生活污水合并处理。生产废水主要是冷却水，只是水温略有升高，水质与原水相近，不含有毒有害物质，不需处理即可排放。生活污水宜集中处理后达标排放。

9.4 车间给水排水

9.4.1 本条规定室内外给水排水系统应协调一致。室内给水排水系统是按用水水质、水压的不同要求设置的，因此为满足用水要求，室内外相应的系统应一致。

9.4.2 本条规定生产设备的水压，应根据工艺和设备要求确定。由于生产规模、设备型号、制造厂家的不同，有不同的水压要求。一般分为两类：一类是低压，多数用水设备水压小于 0.4MPa；一类是中压，用于喷雾喷嘴水压约为 1.5～6.0MPa。生产工艺和设备无特殊要求时，一般可参照表13确定设备进口水压。

表13 生产用水设备进口水压

用水设备名称	进口水压（MPa）
活塞式空气压缩机	0.10～0.40
螺杆式空气压缩机	0.15～0.40
润滑油冷却器	0.10～0.40
机械轴承（水套式）	0.05～0.40
喷淋除尘喷嘴（Y型）	0.20～0.40
立式磨喷嘴	1.5
篦式冷却机直流式喷嘴	1.5
篦式冷却机回流式喷嘴	3.3
增湿塔单流体压力式喷嘴	4.0～6.0
增湿塔回流式喷嘴	3.3

9.4.3 本条是对篦式冷却机和增湿塔给水系统的设计要求。这两种设备对供水量、水质和水压要求严格，供水直接影响正常生产。双流式喷嘴的旋流片进水槽缝隙，仅为 0.7mm，过滤器的滤网为 30～60 目/cm²，当给水含有铁锈、油泥等杂质时，极易堵塞。同时，要求严格控制喷水量，所以宜采用调节水箱供水泵自灌引水。

9.4.4 由于这两项用水点通常在工厂的边远部位，生产过程需要控制用水量，对水压也有一定要求，为此，对石灰石卸车坑和石灰石破碎车间除尘喷水规定了需设计加压的措施。

9.4.5～9.4.7 根据现行国家标准《建筑给水排水设计规范》GB 50015，结合水泥工厂的设计与实践制定。

9.5 工厂消防及其用水

9.5.1 为了防止和减少火灾的危害，水泥工厂应有消防给水及消防设计。消防设计应征得当地公安消防部门的同意。消防给水系统的完善与否，直接影响到火灾的扑救效果。从一些老水泥工厂的火灾情况表明，在以下部位，如：煤粉制备车间的煤粉仓、煤粉电除尘器、煤堆场、汽车库和纸袋库等都曾发生火灾，造成了一定的损失，因此，本条规定应做好消防设计。

水泥工厂消防设计主要有关的现行国家标准如下：

《建筑设计防火规范》GB 50016；

《高层民用建筑设计防火规范》GB 50045；

《汽车库、修车库、停车场设计防火规范》GB 50067；

《石油库设计规范》GB 50074；

《汽车加油加气站设计与施工规范》GB 50156；

《低倍数泡沫灭火系统设计规范》GB 50151；

《二氧化碳灭火系统设计规范》GB 50193；

《自动喷水灭火系统设计规范》GB 50084；

《水喷雾灭火系统设计规范》GB 50219。

9.5.2 根据现行国家标准《建筑设计防火规范》GB 50016，水泥工厂基地面积等于或小于 $100×10^4 m^2$，居住区人数等于或小于1.5万人，故同一时间内的火灾次数应为一次。

9.5.3～9.5.5 根据现行国家标准《建筑设计防火规范》GB 50016 结合水泥工厂具体情况制定。通常水泥工厂消防给水系统与生活给水系统合并，也可与生产给水系统合并，采用低压给水系统。对设有储油系统的消防给水，因有特殊要求，按规定油库区采用独立的消防给水系统。室外消防管网应布置成环状，只有在建设初期或消防水量不超过 15L/s 时，可布置成枝状。

9.5.6 根据国家消防技术规范，结合水泥工厂的具体情况制定。煤预均化库消火栓可设在消防安全门附近的外墙上，并应有防冻措施。中央控制室中计算机房的消防应采用符合规范要求或消防部门认可的气体灭火设备。汽车库的消防给水应按现行国家标准《汽车库、修车库、停车场设计防火规范》GB 50067 的要求确定。

根据水泥工厂的发展变化，本条将原第 10.5.6 条第 3、4、6、9 等款内容删除。

9.5.7 根据现行国家标准《建筑设计防火规范》GB 50016，结合水泥工厂的具体情况制定。

9.5.8 本条的制定是为保证及时供应消防用水。

9.5.9 根据现行国家标准《建筑设计防火规范》GB 50016，结合水泥工厂的具体情况制定。

9.5.10 本条对设置固定灭火装置作了具体规定。

1 特殊重要设备是指设置在重要部位和场所中，发生火灾后，严重影响生产和生活的关键设备。常用的气体灭火系统有二氧化碳、惰性气体、含氢氟烃（HFC）和卤代烷。这些气体的绝缘性能好，灭火后对保护对象不产生二次损害，是扑救电气、电子设备、贵重仪器设备火灾的良好灭火剂。考虑到二氧化碳气体的毒性，在有人场所的设置时应慎重。根据《中国消防行业哈龙整体淘汰计划》，我国于 2005 年停止生产卤代烷 1211 灭火剂，2010 年停止生产卤代烷 1301 灭火剂，因此卤代烷的使用已受到严格的限制。关于七氟丙烷（HFC－227ea）灭火系统设计的国家标准也已编制，七氟丙烷作为哈龙的替代品正在得到普及和推广。

2 容量在 40MV·A 及以上的可燃油油浸电力变压器内有大量的变压器油，规定宜采用水喷雾灭火。根据现行国家标准《建筑设计防火规范》GB 50016，如有条件，室内采取密封措施，技术经济合理时，也可采用二氧化碳或其他气体灭火。油量小的变压器不作规定，可用移动式灭火设备。

3 油罐区采用低倍数空气泡沫灭火和喷水冷却等的规定，是参照现行国家标准《石油库设计规范》GB 50074 制定。

4 煤磨电除尘设置二氧化碳灭火装置，根据现行国家标准《建筑设计防火规范》GB 50016 的原则，参考生产常规做法制定。

5 本款为设置自动喷水灭火设备的规定。由于水泥工厂的招待所和多功能综合办公楼，过去很少设置大的空调系统，近年来，随着国家的发展，国民经济水平的提高，一些大型、特大型及建筑标准要求高的水泥工厂，这些建筑物设有集中的空调系统。根据现行国家标准《建筑设计防火规范》GB 50016，应在其走道、办公室、餐厅、商店、库房和无楼层服务台的客房，设自动喷水灭火设备。在条件许可时，各楼层虽设有服务台，客房亦宜设自动喷水灭火设备。

9.5.11 为保证水泥工厂重要设备、仪表不受损坏，对设置火灾检测与自动报警装置的部位作了具体规定。《建筑设计防火规范》GB 50016 的条文说明：大中型电子计算机房指"价值在 100 万元以上，运算速度在 100 万次以上，字长在 32 位以上"的电子计算机房。贵重的机器、仪器、仪表设备室主要是指性质重要、价值特高的精密机器、仪器、仪表设备室。重要的档案、资料库一般是指人事和其他绝密、秘密的档案和资料库。

9.5.13 消防控制室是建筑物内防火、灭火设施的显示控制中心，也是火灾时的扑救指挥中心，地位十分重要。本条对设有火灾自动报警装置和自动灭火装置的建筑物，要优先考虑设置消防控制室。

9.5.14 煤粉制备车间宜独立布置，当与窑头厂房合建时，其间应加设非燃烧隔墙，这是根据现行国家标准《建筑防火设计规范》GB 50016 的要求确定的。

10 供热、通风与空气调节

10.1 一般规定

10.1.1 供热、通风与空气调节设计方案，直接涉及投资、能源、环境保护与管理使用。北方厂供热投资、能耗较大；南方厂空气调节设备投资及能耗较大，因此设计方案的选择，一定要根据建厂地区综合条件，确定技术先进可行、经济合理的设计方案。

10.1.2 本条规定以现行国家标准《采暖通风与空气调节设计规范》GB 50019 作为设计水泥工厂供热、

通风与空气调节的室外空气计算参数和计算方法的依据。

10.2 供 热

10.2.1 本条是对采暖设计的规定。

1 本款中给出了集中采暖地区的气象条件及设置集中采暖的原则。

2 是否设置集中采暖,它取决于企业的财力、物力以及对卫生条件的要求。目前有些厂地处集中采暖地区,但由于资金短缺,不设集中采暖。然而有些非集中采暖地区的工厂,企业效益较好,或外资、合资企业,卫生条件要求较高,要求设置采暖设施。现在有些非集中采暖地区的工厂,托幼及浴室等生活福利设施已设有集中采暖,本款就是依据上述具体情况制定的。

3 本款主要目的是为了防止在非工作时间或中断使用的时间内(如压缩空气站、罗茨风机房、有水冷却或消防要求的车间),水管和其他用水设备发生冻结现象。

由于生产厂房比较高大,从节省投资与能源角度出发,对工艺系统有温度要求的地点设置集中采暖,其他无温度要求的空间,可用围护结构隔断。

4 本款是从节省基建投资作出的规定。

5 本款从安全方面作了强制性规定。

6 由于供暖方式不同,造成采暖房间卫生条件差异较大,有的过热,有的偏冷,因此参考有关资料,规定了不同供暖方式的采暖间歇附加值。

8 热水和蒸汽是集中采暖系统常见的两种热媒。实践证明,热水采暖比蒸汽采暖具有节能、效果好、设施寿命长等优点,因此本款规定厂前区和厂区均采用热水采暖。但在严寒地区建厂,根据高大厂房和除尘设备的保温需要,为节省采暖投资,在保证卫生条件下,规定厂区可以采用蒸汽采暖。

10.2.2 本条是对供热热源的规定。

1 当水泥工厂所在区域有集中供热规划时,从节省投资、减少管理环节与环境污染等综合考虑,应按区域供热总体规划,确定水泥工厂供热热源。

2 本款规定了新建厂及改、扩建厂锅炉房设计的基本原则。做到远近期结合,以近期为主。

3 锅炉房位置选择,直接影响到供热系统的投资、运行、环境保护、安全防火、经营管理等诸因素,因此本款作了规定。

4、5 根据现行国家标准《锅炉房设计规范》GB 50041,结合水泥工厂特点,规定了工厂供热热源、锅炉台数确定的原则。锅炉炉型分为蒸汽锅炉与热水锅炉。新建锅炉房锅炉台数不宜过多,台数太多,说明单台锅炉容量过小,影响建筑面积大,投资增加,管理复杂,需通过技术经济比较确定。一般寒冷地区采暖供热不考虑备用锅炉,允许采暖期短时间室内采暖温度适当降低。严寒地区以保障安全生产为目的,采暖供热应设置备用锅炉。由于水泥工厂一般建设在边远山区,有些地方,一年四季均需生活供汽,故应设置备用锅炉用于供应生活用汽。为节省投资,对一些既有生活用汽,又有少量采暖用热的区域,可采取设置蒸汽锅炉加换热器设计方案,保证供汽与供暖。

从发电厂抽汽,作为水泥工厂采暖、生活用汽的热源时,换热设备台数及容量选择的原则,同锅炉台数、容量选择的原则。

6 从采光、日晒等因素考虑,锅炉房控制室宜设在南向与东向,控制室面对锅炉间一侧应设通窗。对于较大的锅炉房(一般寒冷地区,大、中型厂锅炉吨位折合 12 蒸吨左右)人员较多,维修工作量较大,因此应设置必要的生产、生活辅助房间。对于严寒地区,大、中型厂的锅炉房设置生活辅助房间尤为必要。

7 为减轻工人劳动强度,锅炉房供煤与除渣,原则上均采用机械上煤、机械除渣。对于规模较大的锅炉房,供煤、除渣量大,当地处严寒地区,采暖期长、工作条件差、劳动量大,设置集中上煤、联合除渣是较适宜的。有些合资、独资企业或要求机械化程度较高的企业,为了减少劳动定员,要求锅炉房机械化程度较高时,也可采用集中上煤、联合除渣系统。

8、9 锅炉房的噪声、烟尘对环境影响较大,为减少噪声对环境影响,鼓、引风机应设置厂房,阻挡噪声传播。实际测定鼓、引风机设在厂房内可降低噪声 10~15dB(A)。鼓风机放在锅炉间是不适宜的:第一,工作环境噪声大;第二,鼓风需从室外补风,造成锅炉间温度降低。锅炉烟尘排放标准、烟囱高度及个数等应执行国家现行的标准。

10 仪表检测内容应包括:供蒸汽量、供热量、燃料消耗总量、原水消耗总量、凝结水回收量、热水系统补给水量及总耗电量等。

10.2.3 本条是对室外热力管网的规定。

1 厂区采暖热水管网采用双管闭式循环系统,主要考虑闭式循环系统可防止系统内软化水流失,补给水量小,以达到安全、经济运行的目的。目前水泥工厂采暖热水管网,均采用双管闭式循环系统。当采暖采用蒸汽管网时,一般采用开式系统。它的优点是:系统比较简单、效果好、运行管理方便。其缺点是对高压蒸汽采暖将浪费一些热能。蒸汽采暖的凝结水,从节能出发应尽量回收,回收方式可利用地形自流或设凝结水箱用水泵将其打回锅炉房。当采暖系统凝结水量太小,回收不经济时,也可就地排放。

2 本款规定了热力管网敷设的基本原则。从节省投资、减少占地及美观考虑以直埋敷设为宜。有的建设单位习惯采用地沟敷设,根据多年设计及使用实践,地沟敷设的主干沟以半通行地沟为宜,接往各采暖用户支管可用不通行地沟。因建设场地紧张或解决严寒地区水管防冻问题，也常采用联合管沟方式。

对于改、扩建工程，地下管线复杂或新建厂因场地紧张，可采用架空敷设。新建厂厂区场地允许，从节能、安全运行等方面考虑采用直埋敷设或地沟敷设为好，尤其是在严寒地区。

无论直埋敷设或地沟敷设，其采暖入口的调节阀门，宜装在室外阀门井内。室外设阀门井有利于供热系统的调节和单个建筑检修放水。为保证工厂重点采暖用户的供热效果，在入口阀门井内应装设测量温度、压力的检测管座。

热负荷较大的生产及辅助生产建筑物指如：办公楼、中央控制室、中央化验室、招待所等。

10.3 通风

10.3.1 本条为对自然通风设计的规定。

1、2 规定在水泥工厂总体布置时，对散热较大的厂房布置原则，应避免西晒，车间主要进风面应置于夏季最多风向一侧，以及采取的自然通风方式。

4 水泥工厂散热和湿度较大的车间、场所，一般是根据建厂所在地区环境状况，从建筑物布置及厂房围护结构上，考虑以自然通风方式消除湿、热；当工艺布置或工厂地处炎热地区，无法达到卫生条件时，应采用机械通风。

10.3.2 本条是对生产设备冷却通风设计的规定。

1 回转窑烧成带筒体通风冷却的目的，主要为了使窑砌衬内壁迅速有效地形成一层保护层（俗称挂窑皮），从而对窑砌衬耐火砖起到良好的保护作用，延长耐火砖的使用寿命，提高窑的运转率。同时，通风冷却还使窑筒体金属表面温度降低，减少了窑的轴向变形量，减轻金属热应力给窑的正常生产带来的影响。

2 窑筒体在受热后会产生一定的径向膨胀。而在轮带处的膨胀受限，从而在受限部位会产生较强的剪切应力，对这一部位进行通风冷却，可以大大减轻剪切应力对窑筒体金属材质的影响。

3 窑中主传动电机及各种磨机主电机的通风冷却，主要是因为电动机转子切割磁力线，做回转运行的同时，产生大量的热能。及时排除这部分热量，才能有效地保证电动机长期正常的运转。再则工厂环境中粉尘较大，为了防止粉尘沉积在转子、定子的表面，通风冷却系统应采取过滤措施。

4 窑头看火平台温度较高，设置可移动的轴流通风机，一是改善窑头看火平台工作环境，二是当窑故障停运检修时，可临时起到窑筒体冷却，便于检修的目的。

10.3.3 本条是对生产与辅助生产建筑机械通风设计的规定。

1 本款规定了机械通风的通风量计算原则，但实际上有些散热较大及产生有害气体的车间、场所，难以准确地计算出有害物质量，当缺乏必要的资料时，可按房间换气次数确定。根据水泥工厂设计与使用实践，参考现行国家标准《小型火力发电厂设计规范》GB 50049 及汽车保养有关资料，规定了水泥工厂各建筑物通风换气次数。

2 水泥工厂冷、热物料地下输送走廊和物料卸车坑较多，有的走廊长达几十米、上百米，而环境条件都较差：一是粉尘，二是湿热，本款规定了地下走廊通风设计基本原则。

3 包装车间插袋处，工人劳动强度较大又是热物料，特别是炎热地区，工人操作条件恶劣，故从以人为本的原则考虑制定本款。

4 化验室通风柜排风量，可根据标准通风柜标明的风量选取。该款规定的数据是参考《民用建筑采暖通风设计技术措施》提出的。通风柜排出的气体为含有酸、碱蒸气或潮湿气体，故应采用防腐风机及管道。

5 以往水泥工厂设计中，有的总降压变电站的配电室，设有机械过滤送风系统，室内保持正压，其目的是防止室外粉尘的侵入。当粉尘在带电体表面沉积较多，会影响电器零件正常工作，尤其是相对湿度较大的地区，潮湿粉尘的导电作用，会造成系统短路，因而配电室应根据环境状况及电器元件性能设机械过滤送风装置。

6 主要生产车间配电室由于导线及各种电器元件，在运转过程中都产生热量，尤其是炎热地区室内温度较高，不利于操作工人巡视与检修。电除尘器整流室中，整流器、整流变压器、导线及其他电器元件，运转过程中也散发出较多的热量。

8~10 生产辅助车间，在工作过程中散热及产生有害气体，如锻工工段、铆焊车间、水泵站的加氯间（散发氯气）等。为改善工作环境，保证卫生条件，需设置通风系统。凡是有腐蚀性气体产生的场所应设防腐风机，对于有害气体比重大于空气比重的，其排风口应设在房间的下部。

10.3.4 本条是对事故通风设计的规定。供配电系统的高压开关，其绝缘介质用油、加惰性气体等措施。当高压开关发生故障时，高温电弧使油燃烧，室内烟雾弥漫；或气瓶破裂，六氟化硫在电弧作用下，会产生多种有腐蚀性、刺激性和毒性物质。

在供电系统中设置电容器，其目的是为了提高其功率因数。但设置电容器会散发出大量热量；再则电容器在高压电作用下有可能被击穿，致使绝缘材料燃烧产生有害气体。

乙炔气瓶库中空气与乙炔气混合物，当乙炔含量达到爆炸浓度 2.1%~8.1%时，遇明火即可发生爆炸。

电缆隧道内电缆根数较多，导线发热量较大，当导线发生短路时，还会爆炸着火、产生氯气等有害气体。电缆隧道一般较长，通风阻力较大，故考虑设置机械排风系统。规定进、排风口高度，主要是保证进入隧道空气质量以及排风不致对人产生影响。

10.4 空气调节

10.4.1 附录J中，中央化验室的试验室内空气调节计算温、湿度要求，是根据现行国家标准《水泥胶砂强度检验方法》GB 17671 确定的。其他室内空气调节计算温、湿度要求，是根据电气自动化设备要求，以及多年设计、使用实践确定的。

10.4.2 为了保证空气调节房间的空调效果，节省投资与能耗，本条对空气调节房间的布置、朝向、围护结构等作了规定，并给出了空气调节房间围护结构的最大传热系数。

10.4.3 随着生产不断发展，工作生活条件不断改善，要求空气调节的建筑不断增加，本条规定了空气调节系统的设计原则。当所需空气调节的建筑布置比较集中时，从投资、维修管理、空气调节效果诸方面考虑，设置集中冷站的集中空气调节系统为宜。当所需空气调节的建筑布置比较分散，但空气调节面积又较大时，为节省投资与不必要的管道能耗，采用独立的集中空气调节系统为宜。

为保证空气调节效果，对有温、湿度要求的空气调节房间，应设置温、湿度自动控制装置。

为防止或减少火灾通过风管和保温材料蔓延，因此规定空气调节管道和保温材料，应采用非燃烧或难燃烧材料。

10.4.4 本条规定了空气调节设备选型基本原则。

冷水机组、风机盘管加新风机组，具有系统简单、维护管理方便、投资省、占用空间少等优点。中央控制室对湿度要求不十分严格，从生产实践看，目前不少中央控制室只设了单冷空调机组，而中央化验室湿度容易保证，因而集中冷站采用冷水机组、风机盘管加新风机组是可行的。根据生产需要，为保证中央控制室、中央化验室的室内气象条件，冷水机组不应少于两台。

为中央控制室、中央化验室设置独立空调系统时，仍以恒温、恒湿机组为宜，尤其是相对湿度较大的地区。机组应设备用，但机组最多不超过四台，台数太多说明单台容量太小，会造成资金浪费，管理不便。当中央化验室的成型室、养生室设在地下室时，因其围护结构热惰性较好，或采取某些临时措施，仍能维持所需气象条件时，机组可不设备用。

11 机械设备修理

11.1 一般规定

11.1.1 本条规定水泥工厂机修车间设计的原则和它的业务范围。由于水泥工厂是连续生产的重工业企业，如果生产维护和预防事故发生的措施不利，将会产生较大经济损失。因此，机修车间的设计，除重视修理之外，还应加强预防维护的管理内容，才能保证正常、持续运转。

我国自从改革开放以来，打破了大而全的格局，各地区的机修协作条件有了较大的改善。为了降低建设投资，应充分利用协作条件。对于大中型水泥工厂应积极创造条件，设置小修以省投资。

11.1.2 本条是为使水泥工厂机修体制更加灵活而提出两种方式。目前两种体制共存，各厂应根据管理特点而选择。

11.1.3 水泥工厂的大型备件，国内都是采用外协解决，标准零部件外购，既保证质量也能降低成本。大型备件包括轮带、磨头、托轮等。

11.1.4 本条明确了水泥工厂机修车间最低限度的组成。这些工段是修理工作配套中不可缺少的几个部分。按其工厂规模可视其协作条件而定。但机钳、铆焊锻是必不可少的。

11.1.5 本条是确定机修车间规模、装备配置的基础依据。所给出的计算公式和采用 15%～30% 的自给率，是结合多年来对机修车间调查统计资料而得出的。

11.1.6 工作班制的确定是按加工量而定。由于机钳工作量大，并提高机床利用率，机床加工按两班制，其他工段均为一班制。主要是为确定劳动定员而用。

11.2 工段组成与装备

11.2.1～11.2.3 机钳工段的组成和机床配置，是按《冶金企业机修设计参考资料》（以下简称《设计资料》）所确定的原则和计算方法初算后，结合水泥工厂修理的特点确定机床总台数，然后按机床数量对各类机床分配比例，选择各种生产规模的机床台数。同时也要注意满足加工工序配套的需要，多年实践结果，除少数由于外加工量较差有所增加外，一般情况能满足维修的需要。

11.2.4 本条是根据水泥工厂维修一些风动备件、工具、锻模和少量机床零件热处理的需要，生产部分只设置普通热处理间，不设置化学热处理、感应加热和发蓝等热处理间。水泥工厂机修热处理，只有普通热处理和辅助部分就能满足基本要求，其他热处理采用外协解决。条文规定的装备配置是按工件规格和配套的需要而选取的，多数是处于最低水平。

11.3 工段布置

11.3.1 机钳工段面积是按生产机床平均总面积乘以机床数，计算出面积指标。它包括了生产装备面积、钳工划线占用面积和工人操作面积，以及毛坯和型材的堆放面积。当有生产机床面积之后，再按比例计算钳工装配和工具与仓库面积，三项总和为机钳工段面积。设计时还应结合建厂地区和企业要求，加上办公室和生活设施的面积。

11.3.2 机床的布置原则和间距是按《设计资料》的数据选取的。这样才能满足安全、采光、吊装和检修的需要。

11.3.3 水泥工厂机修车间的铆焊和锻造都属于小型的，所以一般都合并在一个厂房，而采用隔墙分开以免相互干扰。生产面积是按《设计资料》所列的指标确定。经过实践，这些指标数据能满足实际生产操作的需要。

11.3.4 铆焊工段的设备布置，按《设计资料》所规定的数据选取的。

11.3.5 热处理工段面积的确定，是按热处理设备所占面积加上辅助面积构成工段面积。本条文规定189~216m²，即取9m跨，长为21~24m。由于水泥工厂热处理设备较少，按《设计资料》选取，其面积有所增加。

11.4 工段厂房

11.4.1 生产火灾危险性类别及建筑最低耐火等级的确定，是按现行国家标准《建筑设计防火规范》GB 50016的规定，结合水泥工厂机修车间的特点制定。

11.4.2 机钳工段的土建设计要求，是要符合建筑模数的规定，这样方能使用标准构件，方便设计与施工。

厂房各种门的尺寸，按标准规定选择，结合车间运输车辆的类型而定。

11.4.3 机钳工段的生产用水，主要是配置冷却液，或进行水压试验，如托轮轴瓦和磨机主轴的球面瓦等。用水量也包括洗手、洒地等，按最大指标计算选用1.1m³/t备件是能满足要求的。配置升压手压泵是为满足试验要求。

11.4.4 机钳工段需配置电箱、配电盘和局部照明的设施。电气专业在计算容量时，要留一定的备用量，以便将来增加机床设备时备用。

11.4.5 铆焊部分地面荷载是根据《设计资料》的规定制定。氧气瓶和乙炔气瓶库房的地和墙要求较高，是由于消防的需要。

11.4.6 对氧气瓶库和乙炔气瓶库的设计，要做到建筑物与库房在一定距离范围内，禁止用明火取暖，是由于乙炔气与空气混合，当乙炔含量达到爆炸浓度（2%~8.1%）时，一遇明火即发生爆炸。为防止乙炔气瓶库房爆炸，规定应采用防爆型照明。

11.4.7 在大型设备附近设置动力插座，是由于这些部位有可能使用电动工具。

11.4.8 本条强调了机械通风的要求，是由于生产中油槽、水槽散发出油烟和水蒸气；加热炉和加热零件表面都散发出对流热和辐射热；当燃烧不完全时，从炉壁、炉口逸出一氧化碳有害气体；在零件淬火时，产生有害物蒸气。

11.4.9、11.4.10 按《设计资料》的规定制定。不应采用木结构和最好是独立建筑物的规定，是由于热处理车间在生产过程中，散发出大量的热、水蒸气和有害气体所致。

11.4.11 水泥工厂的机修车间专用的贮库有两个就能满足生产要求，主要是贮存机修用备品备件、生产设备备件和氧气瓶、乙炔气瓶的库房。贮存量都比较少，尤其是目前供应方便，随时都能购置的情况下，库房还应适当减少。设计时，仍可在规定的范围内，视其建厂地区的情况而变化。

11.4.12 库房的起吊设备，小型厂可用3t，大中型厂可用5~10t。

11.4.13 氧气瓶库、乙炔气瓶库是按防火、防爆和耐腐蚀而要求地面防火、防腐蚀。

12 电气设备及仪表修理

12.1 一般规定

12.1.1 本条规定了水泥工厂电修车间的设计原则。为了加强对电气设备和自动化仪表的维护和巡检，并进行预防性计划检修，在水泥工厂应设电修车间和自动化仪表维修车间。电修和仪修车间应贯彻预防性检修为主，预防与修理并重的原则。

12.1.2 电修车间的规模不仅与工厂规模有关，还应充分考虑厂外协作条件。协作条件好的，电修车间的规模可适当减小。

12.1.3 为了对电气设备进行及时维修，在电气设备较多的大中型厂生产车间可设电气维修间，并配备必要的维修设备与工具。

12.1.4 本条规定了电修车间宜设在机修车间附近，以便与机修车间加强协作，如插、镗、磨、刨等机床设备，提高设备的利用率。但应远离锻造、铆焊工段，以免振动及环境污染。

12.1.5 电修车间应根据需要设置起重设备，以利于变压器吊芯、大型电动机等大件设备的检修。根据检修量的大小设电动或手动起重机。

12.2 电气设备及电气仪表修理车间规模

12.2.1 本条根据电修车间的检修内容及工厂的不同规模，将电修车间的规模分为大、中、小三种。其中电动机、变压器总台数及总装机容量，是根据现有不同规模的水泥工厂统计出来的。

12.2.2、12.2.3 电修车间的面积应考虑企业近期扩建情况，不宜盲目加大面积，条文中不同规模的电修车间的面积，是根据近年已建成的水泥工厂电修车间

12.2.4 电修车间的库房，只考虑存放电修车间检修用的材料及备品备件。存放全厂电气设备的备品备件，应与工厂仓库统一规划设计，以免重复设置加大辅助车间面积。

12.2.5 独立的电修车间，应设置必要的辅助建筑房间，为维修工人创造较好的工作环境。

12.2.6 规定厂房高度，主要考虑电修车间维修的设备有大件，有起重设备时，还应考虑起吊件有一定的高度要求。

12.3 电气设备及电气仪表修理内容与设备选择

12.3.1、12.3.2 这两条规定了电修车间的主要任务及工艺组成。

12.3.3、12.3.4 电修车间检修设备及仪表的配置，应满足各工段的需要。并应选择实用、性能可靠产品，不得选用淘汰产品。防止配备的设备及仪表种类很多，但不切实际或型号陈旧，造成积压、浪费。

12.3.5 设置移动式空气压缩机，是为了给设备除尘提供气源。

12.4 电气设备及电气仪表修理车间配置

12.4.1 电修车间各工段的位置应考虑工艺流程，尽量避免检修的倒流和交叉。

12.4.2 电修车间有主、辅跨时，应将绕线下线、浸漆干燥、外线检修、仪表修理及其他辅助建筑放在辅跨，以减少主跨面积，节省投资。

12.4.3 本条规定是为了共用起重设备。

12.4.4 本条是对建筑采光提出的要求。厂房高度及门、窗设置应满足设备检修的要求。

12.4.5 本条规定高压试验区应设醒目标志，以保障人身安全。

12.4.6 浸漆干燥间及油处理间均属火灾危险场所，建筑物应满足防火要求。

12.4.7 设生产、生活用水点，以保证生产、生活的需要。

12.4.8 本条规定为满足电子元件及对空气的温度、湿度要求。

12.4.9 油再生与处理间及变压器吊芯间的地面，应考虑耐油。

12.4.10 由于六氟化硫（SF_6）气体具有优良的绝缘性能及灭弧性能，近年来在高压断路器中已普遍采用。SF_6气体比空气重，浓度大时不易扩散，在电弧、电火花作用下产生的气体对人体有害，检修时应注意防护，并应设通风装置，以保证人身安全。

12.5 电气仪表维修

12.5.1 本条是对仪表维修及其装备的基本要求，确定了仪表维修规模及维护设备设置的基本原则。随着社会的发展和技术进步，相互协作也越来越密切。所以在设备配置上主要以满足日常维护和常规检验的需要。

根据对水泥工厂电气仪表维修的调研表明，小修水平其维修场所的建筑面积不宜大于$100m^2$。中修水平其维修场所的建筑面积不宜超过$200m^2$。

12.5.2 规定了电气仪表维修室的工作场所环境和工作条件所必需的基本要求。

12.6 自动化仪表维修

12.6.1 当前，我国水泥工厂的自动化和计算机控制已达较高水平，其系统的安全运行，直接关系到工厂能否正常生产及产品质量。因此，本条明确大中型水泥厂应设置自动化仪表维修室。

12.6.2 水泥工厂的计算机操作站（控制中心）和质量检测控制系统，集中于中央控制室，为便于检测、调校、维护的方便，维修室宜置于中央控制室内。

12.6.3 本条规定了维修室对检测、调校、维修设备仪表的基本要求，随着水泥工厂自动化水平的不断提高，其基本仪表维修也应逐步改进完善。自动化装置和计算机系统的专业化很强，因此，重要的系统检测与维修，还应由制造部门等专业厂家完成。

12.6.4 规定了维修室房间的环境条件和工作条件所必需的基本要求。

13 余热利用

13.1 一般规定

13.1.1 烧成系统多余的废气是指水泥生产系统不再利用或不影响如生料烘干、煤磨烘干用的废气。废气利用的前提是在保证水泥生产线设计指标（熟料热耗、熟料产量、熟料电耗）不变的条件下进行。即不能以提高熟料热耗、电耗、降低熟料产量为代价。"余热利用"系指对水泥生产系统不再利用的如生料烘干、煤磨烘干的废气余热的利用。

废气余热应首先用于发电，当本地区其他热（冷）负荷比较稳定且连续时也可以用于供热或热电联供。

13.1.2 根据十几年的水泥厂余热发电的设计与建设经验，生产线的设计没有考虑增加余热发电设施的可能，为后续的增加余热发电的技改工程带来极为不利的影响，例如：窑尾未留余热锅炉的位置，技改增加余热锅炉只得在现有的场地内挤，施工又不允许停产，使余热锅炉框架基础布置、施工难度极大；总平面布置上汽轮发电机房找不到靠近余热锅炉的场地，造成汽轮机房远离余热锅炉，致使主汽管道过长，造成能量损失，影响余热的有效回收。余热利用是资源综合利用、提高资源的有效利用率的主要手段，是国家《清洁生产促进法》、能源政策所提倡的。因此，为了保证在水泥生产线建成以后较合理地利用废气余热，在水泥生产线的设计中应预留相关系统接口的可能，包括工艺流程、场地、总降变电站、给水系统等，以利在以后的扩建过程中顺利进行余热利用工程建设。如果有条件，最好在水泥生产线设计时对窑头、窑尾土建地下部分一次设计、施工，以便减少以后余热利用设施建设时的难度。其他部分如给排水管网、水源、室外管网、电缆桥架（沟道）等也应一次规划、分步实施。

13.1.3 本条是指余热利用系统是在保证水泥生产正常运行的前提下进行的，不能以降低水泥生产线的技术指标为代价，即余热利用后水泥生产线的电耗、热耗等主要能耗指标不能因为余热利用而提高，水泥熟料产量不能降低。

13.1.4 余热利用的废气参数的正确确定，关系到余热利用的充分性与可靠性。生产线的烧成系统设计一般是根据原料加工性能试验推荐的方案进行热工计算与选型，但投产后随着原燃料的变化，又受管理水平、操作习惯的影响，实际运行参数与设计确有差异。故本条建议在水泥生产线建成稳定运行一段时间后进行热工标定，取得实际运行参数，再与运行记录进行对照分析后确定余热利用的废气参数与热力系统配置。这样既使余热得到充分利用，又使热力系统合理，从而不影响烧成系统的热工稳定而确保生产的正常运行。

13.1.5 在原有水泥生产线增加余热利用系统时，因原生产线设计时没有考虑余热利用的因素，因此应对相关设备（如窑尾高温风机、窑头风机等）进行核算，如核算结果原有设备能力不足时，可采取措施调整余热利用设施的相关参数进行弥补（如减少烟气阻力等措施），以适应原有设备。同时应对增加余热利用设备对原水泥生产线的影响进行分析，如对增湿塔、窑尾除尘器、窑头除尘器使用效果的分析，确保原有设备运行正常，如分析结果不能正常运行或运行效果降低时，应采取有效措施保证原设备的正常运行。

13.1.6 本条是为提高余热资源回收率的措施之一。从余热利用的角度出发，应将废气中能回收的余热全部回收。例如，烧成系统废气利用配置通常是窑尾废气用于生料磨、煤磨烘干用，其入磨废气温度要求依物料入磨水分大小而异，一般要求220～280℃，仅当煤的水分较大时煤磨用风才取自冷却机废气。通常因窑尾废气风量较大，生料烘干一般不能完全利用，为此，为了提高余热资源回收率，建议条件允许时煤磨用烘干热风尽可能取自窑尾，这其中包含创造条件（改变煤磨选型）采用窑尾废气，以提高窑尾废气余热资源回收率。此时，窑头冷却机的废气生产工艺上不利用，故在余热利用上可通过余热锅炉或换热器将废气温度尽可能降至最低，以提高窑头废气余热资源回收率。

13.1.7 从对运行的余热发电系统的标定，由于废气系统配置不同，增加余热发电系统后，对窑尾收尘系统或多或少有一定影响，而通过调整也能够达到以前的水平，但按照《水泥工业大气污染物排放标准》GB 4915规定的水泥窑排放标准（50mg/m³）的要求，原电收尘器不一定能满足其要求，因此本规定建议尽量采用布袋除尘器。

13.1.8 为了保证余热利用系统故障时不影响水泥生产的正常运行，在余热利用装置的进出烟气管道之间应设旁通管道，并在装置进口和旁通烟道分别设置风量调节阀门。

窑头废气含尘浓度虽然不大，但粉尘颗粒较大，硬度较高，为了减少对余热利用设备（装置）的磨损，设备（装置）本身应设置有效的防磨损手段。

窑尾废气含尘浓度较高，设备（装置）应采取有效的清灰设计，防止堵灰等。

13.1.9 为降低余热锅炉主汽管道的热力损失，主厂房（汽轮机房）理应靠近余热锅炉。但考虑到在技改工程中受原生产线总图布置的限制，也考虑到即使余热发电与生产线同步设计也因确保工艺流程顺畅、生产管理要求、具体的地形等因素的影响，做到主厂房应靠近余热锅炉的要求也可能有一定的困难，故本条规定为宜靠近余热锅炉。

13.1.11 余热利用的前提是确保生产线的正常运行，因此余热锅炉的进口、出口及旁通阀门（一般要求余热利用系统中烟道阀门采用电动调节阀门）的操作只能在水泥生产线中央控制室进行操控，余热电则不得随意操控，否则将影响水泥线正常生产。电站系统调节需要依据废气系统参数进行发电系统的控制，因此阀门的开关量（对应的风量、风压、风温）应反馈至电站控制系统。

电站系统的控制需要废气系统投、切余热锅炉烟道阀门或调整阀门开度时，应事先通知水泥生产线中控室进行相应操控。

13.1.12 在控制上，余热发电系统是水泥生产系统的一个分支，又有独立于水泥生产系统之外的特点。为水泥生产系统的稳定和发电系统的安全，两者之间的控制联络、数据传输应及时、准确、有效，故两者之间的控制水平应相互匹配。

13.1.14 为节省投资，避免重复建设，余热利用系统的运行维护的辅助设施等应尽量利用水泥生产线的设施，如机修、仪修等检修车间、材料库等辅助车间。

电站是工厂的一个车间。受厂级各职能机构管理，故相应的环保、职业卫生安全机构可不必另行设置。

13.2 余热发电

13.2.1 本条规定了余热发电的形式。

1 关于是否采用加补燃锅炉以稳定余热发电系统参数的方案，本规定考虑到，我国火电产业结构调整，为节能降耗关停小火电成效显著，供电煤耗2005年全国平均降到360g/(kW·h)左右，作为水泥厂带补燃炉的余热发电系统理想的供电煤耗也在370g/(kW·h)左右。在这种情况下从能源合理利用的角度出发，建设带补燃的余热发电显然是不合时宜的。国内水泥行业也建有一批补燃锅炉燃用煤矸石（$Q_d^Y \leqslant 12550 \text{kJ/kg}$）的余热电站，电站的粉煤灰及炉渣全部回用于水泥生产，做到了废渣零排放。利用煤矸石符合国家现行政策，应予提倡。但考虑到，水泥厂能得到符合要求（$Q_d^Y \leqslant 12550 \text{kJ/kg}$）、价格合适（使供电成本低于购电价），且能长期稳定供应煤矸石的可能性很小，故本规定虽仅提及余热发电宜不加补燃的纯余热方式，并不排斥符合政策要求的带补燃锅炉的烧煤矸石的余热发电系统。

2 余热发电的汽水循环方式主要有单压系统、双压（多压）系统、双压（多压）闪蒸系统。国内目前存在的系统以上三种均有，从实际运行的可靠性、稳定性、自用电指标等统计，在满足热量平衡的条件下，建议尽量首先采用单压系统，一定要用双压（多压）系统或双压（多压）闪蒸系统时，应通过技术经济比较确定。

13.2.2 本条规定了装机规模。

1 水泥生产线的废气参数随着原料配料成分、熟料产量、原料的易烧性等因素影响而变化，为提高余热资源回收率，余热电站的装机容量应以稳定的最大工况废气参数确定，以达到最大限度利用余热。

2 我国目前的汽轮发电机组额定容量划分为以下系列：（500kW）、750kW、（1000kW）、1500kW、3000kW、（4500kW）、6000kW、（7500kW）、12000kW等（带括弧的虽不是国标系列但多数厂家可以生产，此系列已约定俗成为"标准系列"）。余热电站的装机规模应尽量靠近标准系列，如选用了非标准系列的产品，生产厂家则要进行改型设计，出厂价要高出许多。设备订货时应对设备生产厂家提出利用超发能力的明确要求。

13.2.3 本条为余热电站的控制系统设计的规定。

1 利用水泥生产线废气余热发电主要由热力系统与发电系统组成。热力系统的热源是生产线废气，其热力循环是独立于生产线之外的循环系统；发电系统可以看做是水泥厂的另一"电源"，本电源即"电厂"，其运行、保护应独立于水泥生产线控制之外，故应独立设置配电和控制中心。高、低压配电设备（包括高压开关柜、低压配电屏和站用变压器等）集中分开设置或集中合并设置；考虑方便监控和操作，一般诸如电站控制屏、继电保护屏、计算机模件柜、计算机操作站等应尽量利用空间，分间隔紧凑地布置在汽轮机运转层平面的电站中央控制室内。

2 为便于对余热电站的汽、水、油等系统集中监控和操作，操作人员可直接通过DCS系统大屏幕对整个电站系统实施监控，有效地节省电站控制室占地空间。

3 随着我国电站综合自动化保护装置的发展和普及，电站继电保护装置应尽量采用综合保护装置，以取代常规电磁继电器，从而提高继电保护的准确性，减少继电器维修量。

4 根据目前国内电站的无油化设计理念，站用变压器一般选用干式变压器，站用变压器的配置一般采用暗备用方式配设。并将站用低压配电屏和站用变压器合并排列布置，充分利用空间。为使汽轮机系统安全、可靠运行，厂用低压母线段应设置保安联络电源，以保证站用电源不间断。

13.2.4 本条为余热电站接入系统的规定。

1 考虑到余热电站的供电电力能够被充分利用，余热电站接入系统并网点一般选择在总降压变电站6或10kV母线段作为并网关口。母线段指Ⅰ或Ⅱ段。

2 本款是根据纯余热电站的特点规定的，当余热电站为单台发电机组时，电站6或10kV母线宜采用单母线接线方式，联络线应采用单回电缆线路与总降压变电站6或10kV母线对应连接；当余热电站为两台或多台发电机组时，电站6或10kV母线可采用单母线分段接线方式，联络线应采用双回电缆线路与总降压变电站6或10kV母线对应连接。两台或多台发电机组也可方便地通过电站6或10kV母线联络开关进行联络，以适应电站灵活多变的运行方式。

3 根据新型干法水泥余热发电的性质和电站并网运行的要求，发电机的起动电源一般需要借助于外电网或水泥厂自备的备用电源（备用电源应满足机组厂用电起动需要）进行起动。电站起动正常后，实施同期并网操作，将发电机并入电网。

4 根据新型干法水泥生产线余热发电的特点，当总降压变电站6或10kV母线段因故障停电或外电网停电时，水泥窑系统也随之停运，相应的汽轮发电机组难以独立运行，以致停机。因此，纯低温余热电站一般难以维持小系统运行方式。所以，对于单台汽轮发电机组，同期并网点设置在发电机出口开关处即可。对于两台或多台机组，同期并网点的设置应根据工程需要和电站运行方式来确定。

5 为保证发电机组安全运行，在发电机出口开关处应设置发电机安全自动保护装置（包括：高频解列、高压解列、低频解列和低压解列装置）。

6 本条规定的目的是当电网系统发生短路故障时，迅速解列发电机，以消除发电机对系统的影响。

7 电站接入系统设计所需远动信息量（遥测量、遥信量和电度量等）的设置和信号采集方式，应根据当地电力局的要求，以当地电力设计单位出具的接入系统报告和审批意见为依据进行设置。

8 对于电站系统高压开关设备的选型和电缆截面的选择，一般在电站设计中应进行相应的短路电流计算。而系统的短路参数应以当地电业部门提供的系统短路参数为依据，并结合发电机的短路参数进行计算，最终确定开关设备的额定开断容量和配电电缆的截面。

9 电站高压系统继电保护整定计算一般由设计单位出具整定计算书。但由于电网系统继电保护整定时间级差不详，为防止越级跳闸，设计单位出具的电站高压系统继电保护整定计算应经当地电业部门确认（或由供电局重新计算，或由供电局签署确认意见）后，方可进行设定。

13.2.5 窑尾末级预热器及出口管道采取保温设计，是为了提高余热利用效率。

13.3 利用余热供热及制冷

13.3.1 我国北方地区冬季采暖期一般在100~200d，每年需要消耗大量的资金和优质燃料，采暖锅炉对空排放的废气，由于收尘效果较差，空气污染十分严重。同时，水泥窑又不断排出大量的中、低温废气，造成的能源浪费十分惊人。所以，在采暖区不设置余热发电系统的工厂应优先考虑余热供热采暖。

13.3.2 一般水泥厂烧成系统废气余热量远远大于本厂（含附近的本厂居住区）采暖供热系统的热负荷，为了避免供热能力过大或过小造成的不必要浪费和重复建设，应以工厂最终规模的热负荷为主确定余热锅炉的供热能力。

13.3.3 本条主要针对工厂原有燃煤采暖锅炉房技改后增设余热供热装置时，应合理利用原有锅炉房的循环水泵、水处理装置和室外热力管网等设施，这样作既节省了投资，技改投运后又不会破坏原系统的平衡工况。

13.3.4 供热负荷除采暖负荷外，还包括其他用途，这里指设备保温、食堂、浴室用热及夏季空调。

13.3.5 本条是考虑水泥窑冬季停窑检修时，当单一热源长时间停运，将给热用户的工作、生活带来不便，又会造成采暖设施及室外管网的冻损。

13.3.6 设置汽-水换热站是为了便于电站凝结水回收，以节省水处理费用。

随着经济建设的发展和人民生活水平的不断提高，夏季空调用电比例迅速增长，利用水泥窑余热锅炉产生的蒸汽驱动作为吸收式制冷机组的热源，可以节约大量的能源，对南方炎热地区，尤其是与生活居住区、城镇距离较近的工厂，意义十分重大。

中华人民共和国国家标准

猪屠宰与分割车间设计规范

Code for design of pig's
slaughtering and cutting rooms

GB 50317—2009

主编部门：中华人民共和国商务部
批准部门：中华人民共和国住房和城乡建设部
施行日期：２００９年１０月１日

中华人民共和国住房和城乡建设部公告

第 298 号

关于发布国家标准《猪屠宰与分割车间设计规范》的公告

现批准《猪屠宰与分割车间设计规范》为国家标准，编号为 GB 50317—2009，自 2009 年 10 月 1 日起实施。其中，第 3.1.2、3.2.2、5.2.5、5.2.6、6.1.1、6.1.2、6.1.3、6.1.8、8.2.4、8.2.10、9.0.9、9.0.10 条为强制性条文，必须严格执行。原《猪屠宰与分割车间设计规范》GB 50317—2000 同时废止。

本规范由我部标准定额研究所组织中国计划出版社出版发行。

中华人民共和国住房和城乡建设部
二〇〇九年五月四日

前 言

本规范系根据住房和城乡建设部"关于印发《2008 年工程建设标准规范制订、修订计划（第一批）》的通知"（建标［2008］102 号）的要求，由国内贸易工程设计研究院会同有关单位，在原国家标准《猪屠宰与分割车间设计规范》GB 50317—2000 基础上，进行全面修订而成。

本规范在修订过程中，查阅了国内外的有关文献资料，并组织到有关企业进行调研和资料的收集工作，广泛征求了全国有关部门和单位的意见，结合国内近年来在生猪屠宰和分割加工方面的成功经验，吸收了国外的先进技术和标准，对现行规范进行了全面修订，成稿后在全国有关省市征求了业内专业人士的意见，同相关标准规范管理组进行沟通和协调，最后经有关部门的共同审查而定稿。

修订后的规范为贯彻执行国务院提出的"食品安全及食品质量"的精神，进一步加强生猪屠宰行业的管理水平，确保猪肉的产品质量。参照《生猪屠宰操作规程》GB/T 17236、《欧盟卫生要求》和新加坡及香港食环署对肉联厂的要求，结合目前猪屠宰企业中存在的问题等，根据现有猪屠宰企业的发展需要，对猪屠宰车间小时屠宰量的分级范围进行调整；屠宰工艺中增加二氧化碳麻电、蒸汽烫毛、燎毛、刮黑、消毒等工艺要求；增加屠宰过程中的追溯环节；新增制冷工艺章节，增加猪肉的两段冷却工艺及副产品冷却工艺；增加生物无害化处理等内容。修订后的规范，厂址选择和总平面布置更加合理，使猪屠宰加工企业同国际接轨，体现了工艺先进，厂区现代、卫生、环保、节能、经济、高效。一级和二级猪屠宰和分割加工企业达到了国际上屠宰行业的先进水平。

本规范中以黑体字标志的条文为强制性条文，必须严格执行。

本规范由住房和城乡建设部负责管理和对强制性条文的解释，商务部负责日常管理，国内贸易工程设计研究院负责具体技术内容的解释。

本规范在施行过程中，如发现需要修改和补充之处，请将意见和有关资料寄送国内贸易工程设计研究院（通信地址：北京市右安门外大街 99 号，邮政编码：100069），以供今后修订时参考。

本规范主编单位、参编单位、主要起草人和主要审查人：

主 编 单 位：国内贸易工程设计研究院
参 编 单 位：中国肉类协会
中国农业大学
上海五丰上食食品有限公司
主要起草人：赵秀兰 单守良 赵彤宇 邓建平
司 彪 吕济民 陈洪吉 徐 宏
马长伟 张 琳
主要审查人：边增林 王守伟 张新玲 程玉来
戴瑞彤 李 琳 吴 英 刘金英
李文祥 贾自力

目　次

1 总则 …………………………… 7—21—5
2 术语 …………………………… 7—21—5
3 厂址选择和总平面布置 ………… 7—21—6
　3.1 厂址选择 …………………… 7—21—6
　3.2 总平面布置 ………………… 7—21—6
　3.3 环境卫生 …………………… 7—21—6
4 建筑 …………………………… 7—21—6
　4.1 一般规定 …………………… 7—21—6
　4.2 宰前建筑设施 ……………… 7—21—6
　4.3 急宰间、无害化处理间 …… 7—21—7
　4.4 屠宰车间 …………………… 7—21—7
　4.5 分割车间 …………………… 7—21—7
　4.6 职工生活设施 ……………… 7—21—7
5 屠宰与分割工艺 ………………… 7—21—8
　5.1 一般规定 …………………… 7—21—8
　5.2 致昏刺杀放血 ……………… 7—21—8
　5.3 浸烫脱毛加工 ……………… 7—21—8
　5.4 剥皮加工 …………………… 7—21—9
　5.5 胴体加工 …………………… 7—21—9

　5.6 副产品加工 ………………… 7—21—9
　5.7 分割加工 …………………… 7—21—10
6 兽医卫生检验 …………………… 7—21—10
　6.1 兽医检验 …………………… 7—21—10
　6.2 检验设施与卫生 …………… 7—21—10
7 制冷工艺 ………………………… 7—21—10
　7.1 胴体冷却 …………………… 7—21—10
　7.2 副产品冷却 ………………… 7—21—10
　7.3 产品的冻结 ………………… 7—21—11
8 给水排水 ………………………… 7—21—11
　8.1 给水及热水供应 …………… 7—21—11
　8.2 排水 ………………………… 7—21—11
9 采暖通风与空气调节 …………… 7—21—11
10 电气 …………………………… 7—21—12
本规范用词说明 …………………… 7—21—12
引用标准名录 ……………………… 7—21—12
附：条文说明 ……………………… 7—21—13

Contente

1 General provisions ·············· 7—21—5
2 Terms ························ 7—21—5
3 Site selection & general layout ······················· 7—21—6
 3.1 Site selection ················ 7—21—6
 3.2 General layout ··············· 7—21—6
 3.3 Environment & Sanitation ······ 7—21—6
4 Building ······················· 7—21—6
 4.1 General requirement ·········· 7—21—6
 4.2 Building facilities before slaughtering ················ 7—21—6
 4.3 Energency slaughtering room & inedible and waste room ······ 7—21—7
 4.4 Slaughtering room ············ 7—21—7
 4.5 Cutting room ················ 7—21—7
 4.6 Living facilities of staff ········ 7—21—7
5 Slaughtering and cutting ········ 7—21—8
 5.1 General requirement ·········· 7—21—8
 5.2 Stunning & bleeding ·········· 7—21—8
 5.3 Scalding & dehairing processing ················· 7—21—8
 5.4 Skinning processing ··········· 7—21—9
 5.5 Carcass processing ············ 7—21—9
 5.6 By-product processing ········· 7—21—9
 5.7 Cutting ····················· 7—21—10
6 Veterinarian inspection & sanitation ···················· 7—21—10
 6.1 Veterinarian inspection ········ 7—21—10
 6.2 Inspection facility & sanitation ··················· 7—21—10
7 Refrigeration ··················· 7—21—10
 7.1 Carcass chilling ·············· 7—21—10
 7.2 By-product chilling ··········· 7—21—10
 7.3 Product freezing ············· 7—21—11
8 Water/supply & drainage ········ 7—21—11
 8.1 Water/hot water supply ······· 7—21—11
 8.2 Drainage ···················· 7—21—11
9 Heating, ventilating and air conditioning ················· 7—21—11
10 Electricity ····················· 7—21—12
Explanation of wording in this code ····················· 7—21—12
List of quoted standards ·········· 7—21—12
Addition: Explanation of provisions ··················· 7—21—13

1 总 则

1.0.1 为加强生猪屠宰行业的管理水平,确保猪肉的产品质量,规范猪屠宰与分割车间的设计,制定本规范。

1.0.2 本规范适用于新建、扩建和改建猪屠宰厂工程的猪屠宰与分割车间的设计。

1.0.3 猪屠宰与分割车间应确保操作工艺、卫生、兽医卫生检验符合国家有关法律、法规和方针政策要求,并应做到技术先进、经济合理、节约能源、使用维修方便。

1.0.4 猪屠宰与分割车间应按以下规定进行等级划分:

    1 猪屠宰车间按小时屠宰量分为四级:

      Ⅰ级:300 头/h(含 300 头/h)以上;

      Ⅱ级:120 头/h(含 120 头/h)～300 头/h;

      Ⅲ级:70 头/h(含 70 头/h)～120 头/h;

      Ⅳ级:30 头/h(含 30 头/h)～70 头/h。

    2 猪分割车间按小时分割量分为三级:

      一级:200 头/h(含 200 头/h)以上;

      二级:50 头/h(含 50 头/h)～200 头/h;

      三级:30 头/h(含 30 头/h)～50 头/h。

1.0.5 出口注册厂的猪屠宰与分割车间工程设计除不应低于本规范对Ⅰ级猪屠宰车间及一级猪分割车间的要求外,尚应符合国家质量监督检验检疫总局发布的有关出口方面的要求和规定。

1.0.6 猪屠宰与分割车间的设计除应符合本规范外,尚应符合国家现行有关标准的规定。

2 术 语

2.0.1 猪屠体 pig body
猪屠宰、放血后的躯体。

2.0.2 猪胴体 pig carcass
生猪刺杀、放血后,去毛(剥皮)、头、蹄、尾、内脏的躯体。

2.0.3 二分胴体(片猪肉) half carcass
沿背脊正中线,将猪胴体劈成的两半胴体。

2.0.4 内脏 offals
猪体腔内的心、肝、肺、脾、胃、肠、肾等。

2.0.5 挑胸 breast splitting
用刀刺入放血口,沿胸部正中挑开胸骨。

2.0.6 雕圈 cutting of around anus
沿肛门外围,用刀将直肠与周围括约肌分离。

2.0.7 分割肉 cut meat
二分胴体(片猪肉)去骨后,按规格要求分割成各个部位的肉。

2.0.8 同步检验 synchronous inspection
生猪屠宰剖腹后,取出内脏放在设置的盘子上或挂钩装置上并与胴体生产线同步运行,以便兽医对照检验和综合判断的一种检验方法。

2.0.9 验收间 inspection and reception department
生猪进厂后检验接收的场所。

2.0.10 隔离间 isolating room
隔离可疑病猪,观察、检查疫病的场所。

2.0.11 待宰间 waiting pens
宰前停食、饮水、冲淋和宰前检验的场所。

2.0.12 急宰间 emergency slaughtering room
屠宰病、伤猪的场所。

2.0.13 屠宰车间 slaughtering room
自致昏刺杀放血到加工成二分胴体(片猪肉)的场所。

2.0.14 分割车间 cutting and deboning room
剔骨、分割、分部位肉的场所。

2.0.15 副产品加工间 by-products processing room
心、肝、肺、脾、胃、肠、肾及头、蹄、尾等器官加工整理的场所。

2.0.16 有条件可食用肉处理间 edible processing room
采用高温、冷冻或其他有效方法,使有条件可食肉中的寄生虫和有害微生物致死的场所。

2.0.17 无害化处理间 innocuous treatment room
对病、死猪和废弃物进行化制(无害化)处理的场所。

2.0.18 非清洁区 non-hygienic area
待宰、致昏、放血、烫毛、脱毛、剥皮和肠、胃、头、蹄、尾加工处理的场所。

2.0.19 清洁区 hygienic area
胴体加工、修整,心、肝、肺加工,暂存发货间,分级、计量、分割加工和包装等场所。

2.0.20 二氧化碳致昏机 CO_2 stunning machine
采用二氧化碳气体的方式将生猪致昏的设备。

2.0.21 低压高频电致昏机 low voltage high frequency stunning machine
采用低电压高频率的方式将生猪致昏的设备。

2.0.22 预清洗机 prewashing machine
在浸烫和剥皮前,对猪屠体进行清洗的机器。

2.0.23 隧道式蒸汽烫毛 steam scalding tunnel
猪屠体由吊链悬挂在输送机上通过蒸汽烫毛隧道。

2.0.24 连续脱毛机 continuous u-bar dehairing machine
采用两截、旋转方向为左右旋脱毛的机器。

2.0.25 预干燥机 pre-drying machine
猪屠宰脱毛后,在用火燎去残毛前先将猪屠体表面擦干的机器。

2.0.26 燎毛炉(燎毛机) flaming furnace
将猪屠体表面的残毛用火烧焦的机器。

2.0.27 抛光机 polishing machine
将燎毛后猪屠体表面的焦毛清洗去掉,使其表面光洁的机器。

2.0.28 二分胴体(片猪肉)发货间 carcass deliver goods department
二分胴体(片猪肉)发货的场所。

2.0.29 副产品发货间 by-products deliver goods department
猪副产品发货的场所。

2.0.30 包装间 packing department
猪分割肉产品的包装场所。

2.0.31 冷却间 chilling room
对产品进行冷却的房间。

2.0.32 冻结间 freezing room
对产品进行冻结工艺加工的房间。

2.0.33 快速冷却间 quick chilling room
对产品快速冷却的房间。

2.0.34 平衡间 balancing room
使二分胴体(片猪肉)表面温度与中心温度趋于平衡的房间。

3 厂址选择和总平面布置

3.1 厂址选择

3.1.1 猪屠宰与分割车间所在厂址应远离供水水源地和自来水取水口,其附近应有城市污水排放管网或允许排入的最终受纳水体。厂区应位于城市居住区夏季风向最大频率的下风侧,并应满足有关卫生防护距离要求。

3.1.2 厂址周围应有良好的环境卫生条件。厂区应远离受污染的水体,并应避开产生有害气体、烟雾、粉尘等污染源的工业企业或其他产生污染源的地区或场所。

3.1.3 屠宰与分割车间所在的厂址必须具备符合要求的水源和电源,其位置应选择在交通运输方便、货源流向合理的地方,根据节约用地和不占农田的原则,结合加工工艺要求因地制宜地确定,并应符合规划的要求。

3.2 总平面布置

3.2.1 厂区应划分为生产区和非生产区。生产区必须单独设置生猪与废弃物的出入口,产品和人员出入口需另设,且产品与生猪、废弃物在厂内不得共用一个通道。

3.2.2 生产区各车间的布局与设施必须满足生产工艺流程和卫生要求。厂内清洁区与非清洁区应严格分开。

3.2.3 屠宰清洁区与分割车间不应设置在无害化处理间、废弃物集存场所、污水处理站、锅炉房、煤场等建(构)筑物及场所的主导风向的下风侧,其间距应符合环保、食品卫生以及建筑防火等方面的要求。

3.3 环境卫生

3.3.1 屠宰与分割车间所在厂区的路面、场地应平整、无积水。主要道路及场地宜采用混凝土或沥青铺设。

3.3.2 厂区内建(构)筑物周围、道路的两侧空地均宜绿化。

3.3.3 污染物排放应符合国家有关标准的要求。

3.3.4 厂内应在远离屠宰与分割车间的非清洁区内设有畜粪、废弃物等的暂时集存场所,其地面、围墙或池壁应便于冲洗消毒。运送废弃物的车辆应密闭,并应配备清洗消毒设施及存放场所。

3.3.5 原料接收区应设有车辆清洗、消毒设施。生猪进厂的入口处应设置与门同宽、长不小于3.00m、深(0.10~0.15)m,且能排放消毒液的车轮消毒池。

4 建 筑

4.1 一般规定

4.1.1 屠宰与分割车间的建筑面积与建筑设施应与生产规模相适应。车间内各加工区应按生产工艺流程划分明确,人流、物流互不干扰,并符合工艺、卫生及检验要求。

4.1.2 地面应采用不渗水、防滑、易清洗、耐腐蚀的材料,其表面应平整无裂缝、无局部积水。排水坡度:分割车间不应小于1.0%,屠宰车间不应小于2.0%。

4.1.3 车间内墙面及墙裙应光滑平整,并应采用无毒、不渗水、耐冲洗的材料制作,颜色宜为白色或浅色。墙裙如采用不锈钢或塑料板制作时,所有板缝间及边缘连接应密闭。墙裙高度:屠宰车间不应低于3.00m,分割车间不应低于2.00m。

4.1.4 车间内地面、顶棚、墙、柱、窗口等处的阴阳角应做成弧形。

4.1.5 顶棚或吊顶表面应采用光滑、无毒、耐冲洗、不易脱落的材料。除必要的防烟设施外,应尽量减少阴角。

4.1.6 门窗应采用密闭性能好、不变形、不渗水、防锈蚀的材料制作。车间内窗台面应向下倾斜45°,或采用无窗台构造。

4.1.7 成品或半成品通过的门,应有足够宽度,避免与产品接触。通行吊轨的门洞,其宽度不应小于1.20m;通行手推车的双扇门,应采用双向自由门,其门扇上部应安装由不易破碎材料制作的通视窗。

4.1.8 车间应设有防蚊蝇、昆虫、鼠类进入的设施。

4.1.9 楼梯及扶手、栏板均应做成整体式的,面层应采用不渗水、易清洁材料制作。楼梯与电梯应便于清洗消毒。

4.1.10 车间采暖或空调房间外墙维护结构保温宜满足国家对公共建筑节能的要求。

4.2 宰前建筑设施

4.2.1 宰前建筑设施包括卸猪站台、赶猪道、验收间(包括司磅间)、待宰间(包括待宰冲淋间)、隔离间、兽医工作室与药品间等。

4.2.2 公路卸猪站台宜设置机械式协助平台或普通站台,并应高出路面(0.90~1.00)m(小型拖拉机卸猪应另设站台),且宜设在运猪车前进方向的左侧,其地面应采用混凝土铺设,并应设罩棚。赶猪道宽度应大于1.50m,坡度应小于10.0%。站台前应设回车场,其附近应有洗车台。洗车台应设有冲洗消毒及集污设施。

4.2.3 铁路卸猪站台有效长度应大于40.00m,站台面应高出轨道面1.10m。生猪由水路运来时,应设相应卸猪码头。

4.2.4 卸猪站台附近应设验收间,地磅四周必须设置围栏,磅坑内应设地漏。

4.2.5 待宰间应符合下列规定:

1 用于宰前检验的待宰间的容量宜按(1.00~1.50)倍班宰量计算(每班按7h屠宰计)。每头猪占地面积(不包括待宰间内赶猪道)宜按(0.60~0.80)m² 计算。待宰间内赶猪道宽不应小于1.50m。

2 待宰间朝向应使夏季通风良好,冬季日照充足,且应设有防雨的屋面。四周围墙的高度不应低于1.00m。寒冷地区应有防寒设施。

3 待宰间应采用混凝土地面。

4 待宰间的隔墙可采用砖墙或金属栏杆,砖墙表面应采用不渗水易清洗材料制作,金属栏杆表面应做防锈处理。待宰间内地面坡度不应小于1.5%,并坡向排水沟。

5 待宰间内应设饮水槽,饮水槽应有溢流口。

4.2.6 隔离圈宜靠近卸猪站台,并应设在待宰间内主导风向的下风侧。隔离间的面积应按当地猪源的具体情况设置,Ⅰ、Ⅱ级屠宰车间可按班宰量的0.5%~1.0%的头数计算,每头疑病猪占地面积不应小于1.50m²;Ⅲ、Ⅳ级屠宰车间隔离间的面积不应小于3.00m²。

4.2.7 从待宰间到待宰冲淋间应有赶猪道相连。赶猪道两侧应有不低于1.00m的矮墙或金属栏杆,地面应采用不渗水易清洗材料制作,其坡度不应小于1.0%,并坡向排水沟。

4.2.8 待宰冲淋间应符合下列规定:

1 待宰冲淋间的建筑面积应与屠宰量相适应。Ⅰ、Ⅱ级屠宰车间可按(0.5~1.0)h屠宰量计,Ⅲ、Ⅳ级屠宰车间按1.0h屠宰量计。

2 待宰冲淋间至少设有2个隔间,每个隔间都与赶猪道相连,其走道宽度不应小于1.20m。

4.3 急宰间、无害化处理间

4.3.1 急宰间宜设在待宰间和隔离间附近。

4.3.2 急宰间如与无害化处理间合建在一起时,中间应设隔墙。

4.3.3 急宰间、无害化处理间的地面排水坡度不应小于2.0%。

4.3.4 急宰间、无害化处理间的出入口处应设置便于手推车出入的消毒池。消毒池宽与门同宽,长不小于2.00m,深0.10m,且能排放消毒液。

4.4 屠宰车间

4.4.1 屠宰车间应包括车间内赶猪道、刺杀放血间、烫毛脱毛剥皮间、胴体加工间、副产品加工间、兽医工作室等,其建筑面积宜符合表4.4.1的规定。

表4.4.1　屠宰车间建筑面积

按1h计算的屠宰量(头)	平均每头建筑面积(m²)
300及其以上	1.20～1.00
120(含120)～300	1.50～1.20
50(含50)～120	1.80～1.50
50以下	2.00

4.4.2 冷却间、二分胴体(片猪肉)发货间、副产品发货间应与屠宰车间相连接。发货间应通风良好,并应采取冷却措施。Ⅰ、Ⅱ、Ⅲ级屠宰车间发货间应设封闭式汽车发货口。

4.4.3 屠宰车间内致昏、烫毛、脱毛、剥皮及副产品中的肠胃加工、剥离猪的头蹄加工工序属于非清洁区,而胴体加工、心肝肺加工工序及暂存发货间属于清洁区,在布置车间建筑平面时,应使两区划分分明,不得交叉。

4.4.4 屠宰车间以单层建筑为宜,单层车间宜采用较大的跨度,净高不宜低于5.00m。屠宰车间的柱距不宜小于6.00m。

4.4.5 致昏前赶猪道坡度不应大于10.0%,宽度以仅能通过一头猪为宜,侧墙高度不应低于1.00m,墙上方应设栏杆使赶猪道顶部封闭。

4.4.6 屠宰车间内与放血线路平行的墙裙,其高度不应低于放血轨道的高度。

4.4.7 放血槽应采用不渗水、耐腐蚀材料制作,表面光滑平整,便于清洗消毒。放血槽长度应按工艺要求确定,其高度应能防止血液外溢。悬挂输送机下的放血槽,其起始段(8.00～10.00)m槽底坡度不应小于5.0%,坡向血输送管道。放血槽最低处应分别设血、水输送管道。

4.4.8 集血池应符合下列规定:

1 集血池的容积最小应容纳3h屠宰量的血,每头猪的放血量按2.5L计算。集血池上应有盖板,并设置在单独的隔间内。

2 集血池应采用不渗水材料制作,表面应光滑易清洗消毒。池底应有2.0%坡度坡向集血坑,并与排血管相接。

4.4.9 烫毛生产线的烫池部位宜设天窗,且宜与烫毛生产线与剥皮生产线之间设置隔墙。

4.4.10 寄生虫检验室应设置在靠近屠宰生产线的采样处。面积应符合兽医卫生检验的需要,室内光线应充足,通风应良好。

4.4.11 Ⅰ、Ⅱ级屠宰车间的疑病猪胴体间和病猪胴体间应单独设置门直通室外。

4.4.12 副产品加工间及副产品发货间使用的台、池应采用不渗水材料制作,且表面应光滑,易清洗、消毒。

4.4.13 副产品中带毛的头、蹄、尾加工间浸烫池处宜开设天窗。

4.4.14 屠宰车间应设置滑轮、叉挡与钩子的清洗间和磨刀间。

4.4.15 屠宰车间内车辆的通道宽度:单向不应小于1.50m,双向不应小于2.50m。

4.4.16 屠宰车间按工艺要求设置燎毛炉时,应在车间内设有专用的燃料储存间。储存间应为单层建筑,应靠近车间外墙布置,并应设有直通车间外的出入口,其建筑防火要求应符合现行国家标准《建筑设计防火规范》GB 50016—2006第3.3.9条的规定。

4.5 分割车间

4.5.1 一级分割车间应包括原料二分胴体(片猪肉)冷却间、分割剔骨间、分割副产品暂存间、包装间、包装材料间、磨刀清洗间及空调设备间等。

4.5.2 二级分割车间应包括原料二分胴体(片猪肉)预冷间、分割剔骨间、产品冷却间、包装间、包装材料间、磨刀清洗间及空调设备间等。

4.5.3 分割车间内的各生产间面积应相互匹配,并宜布置在同一层平面上,其建筑面积宜符合表4.5.3的规定。

表4.5.3　分割车间建筑面积

按1h分割量(头)	平均每头建筑面积(m²)
200头(含200头)以上	1.50～1.20
50头/h(含50头/h)～200头/h	1.80～1.50
30(含30头/h)～50头/h	2.00

4.5.4 原料冷却间设置应与产能相匹配,室内墙面与地面应易于清洗。

4.5.5 原料冷却间设计温度应取(2±2)℃。

4.5.6 采用快速冷却二分胴体(片猪肉)方法时,应设置快速冷却间及冷却物平衡间。快速冷却设计温度按产品要求确定,冷却间设计温度宜取(2±2)℃。

4.5.7 分割剔骨间的室温:二分胴体(片猪肉)冷却后进入分割剔骨间时,室温应取(10±2)℃;胴体预冷后进入分割车间时,室温宜取(10±2)℃。

4.5.8 包装间的室温应取(10±2)℃。

4.5.9 分割剔骨间、包装间宜设吊顶,室内净高不应低于3.00m。

4.6 职工生活设施

4.6.1 工人更衣室、休息室、淋浴室、厕所等建筑面积,应符合国家现行有关卫生标准、规范的规定,并结合生产定员经计算后确定。

4.6.2 生产车间与生活间应紧密联系。更衣室入口宜设缓冲间和换鞋间。

4.6.3 待宰间、屠宰车间非清洁区、清洁区、分割与包装车间、急宰间、无害化处理间生产人员的更衣室、休息室、淋浴室和厕所等应分开布置。各区生产人员的流线不得相互交叉。Ⅰ级屠宰车间的副产加工生产人员的更衣室宜单独设置。

4.6.4 厕所应符合下列规定:

1 应采用水冲式厕所。屠宰与分割车间应采用非手动式洗手设备,并应配备干手设施。

2 厕所应设前室,与车间应通过走道相连。厕所门窗不得直接与生产操作场所相对。

3 厕所地面和墙裙应便于清洗。

4.6.5 更衣室与厕所、淋浴间应设有直通门相连。更衣柜(或更衣袋)应符合卫生要求,鞋靴与工作服要分别存放。更衣室应设有鞋靴清洗消毒设施。

4.6.6 Ⅰ、Ⅱ级屠宰车间清洁区与分割车间的更衣室宜设一次和二次更衣室,其间设置淋浴室。Ⅰ、Ⅱ级分割车间宜在消毒通道后,进入车间前设风淋间。

5 屠宰与分割工艺

5.1 一般规定

5.1.1 屠宰能力应根据正常货源情况、淡、旺季产销情况以及今后的发展来确定。每班屠宰时间应按7h计算。

5.1.2 屠宰工艺流程应按待宰、检验、追溯编码、冲淋、刺杀、放血、烫毛、脱毛、燎毛、刮毛(或剥皮)、胴体加工顺序设置。

5.1.3 工艺流程设置应避免迂回交叉，生产线上各环节应做到前后相协调，使生产均匀地进行。

5.1.4 从宰杀放血到胴体加工完成的时间及放血开始到取出内脏的时间均应符合现行国家标准《生猪屠宰操作规程》GB/T 17236 的规定。

5.1.5 经检验合格的二分胴体(片猪肉)应采取悬挂输送方式运至二分胴体发货间或冷却间。

5.1.6 副产品中血、毛、皮、蹄壳及废弃物的流向不得对产品和周围环境造成污染。

5.1.7 所有接触肉品的加工设备以及操作台面、工具、容器、包装及运输工具等的设计与制作应符合食品卫生要求，使用的材料应表面光滑、无毒、不渗水、耐腐蚀、不生锈，并便于清洗消毒。

屠宰、分割加工设备应采用不锈蚀金属和符合肉品卫生要求的材料制作。

5.1.8 运输肉品及副产品的容器，应采用有车轮的装置，盛装肉品的容器不应直接接触地面。

5.1.9 刀具消毒器应采用不锈蚀金属材料制作，并应使刀具刃部全部浸入热水中，刀具消毒器宜采用直供热水方式。

5.2 致昏刺杀放血

5.2.1 Ⅰ、Ⅱ级屠宰车间致昏前的生猪应设476号位置及追溯控制点。生猪在致昏前的输送中应避免受到强烈刺激。Ⅰ、Ⅱ级屠宰车间宜设双通道赶猪，双通道终端应设有活动门。Ⅲ、Ⅳ级屠宰车间可设单通道驱赶。

5.2.2 使用自动电致昏法和手工电致昏法致昏时，致昏的电压、电流和操作时间应符合现行国家标准《生猪屠宰操作规程》GB/T 17236 的规定。采用 CO_2 致昏时的操作时间，可根据产量及 CO_2 浓度确定。

5.2.3 采用 CO_2 致昏，车间内致昏机位置设与致昏机相匹配的机坑。手工电致昏应配备盐水箱，其安装位置应方便操作人员浸润电击器。

5.2.4 Ⅰ、Ⅱ级屠宰车间宜采用全自动低压高频三点式致昏或 CO_2 致昏。生猪致昏后应设有接收装置。Ⅲ、Ⅳ级屠宰车间猪的致昏应采用手工电致昏在致昏栏内进行。

猪在致昏后应提升到放血轨道上悬挂刺杀放血或采用放血输送机或平躺机械输送式刺杀放血。

5.2.5 从致昏到刺杀放血的时间应符合现行国家标准《生猪屠宰操作规程》GB/T 17236 的规定。

5.2.6 Ⅰ、Ⅱ级屠宰车间应采用悬挂输送机刺杀放血，并应符合下列要求：

 1 在放血线路上设置悬挂输送机，其线速度应按每分钟刺杀头数和挂猪间距的乘积来计算，且应考虑挂空系数。挂猪间距取0.80m。

 2 悬挂输送机轨道面距地面的高度不应小于3.50m。

 3 从刺杀放血到猪胴体浸烫(或剥皮)处，应保证放血时间不少于5min。

Ⅲ、Ⅳ级屠宰车间的刺杀放血可在手推轨道上进行。其放血轨道面距地面的高度和放血时间均应符合本条Ⅰ、Ⅱ级屠宰车间的规定。

5.2.7 采用悬挂输送机时，放血槽长度应按猪屠体运行时间不应少于3min计算。

5.2.8 Ⅰ、Ⅱ级屠宰车间猪屠体进入浸烫池(或预剥皮工序)前应设有猪屠体洗刷装置；Ⅲ级屠宰车间宜设有猪屠体洗刷装置；Ⅳ级屠宰车间可设猪屠体水喷淋清洗装置。洗刷用水的水温冬季不宜低于40℃。

5.3 浸烫脱毛加工

5.3.1 Ⅰ、Ⅱ级屠宰车间猪屠体烫毛宜采用隧道式蒸汽烫毛或运河烫毛池，Ⅲ、Ⅳ级屠宰车间宜采用运河烫池或普通浸烫池。

5.3.2 采用隧道式蒸汽烫毛或运河烫池时应符合下列要求：

 1 猪屠体浸烫应由悬挂输送机的牵引链拖动进行。

 2 采用隧道式蒸汽烫毛或浸烫池除出入口外，池体上部均应设有密封盖。

 3 池体使用不渗水材料制作时应装有不锈蚀的内衬。池壁应采取保温措施。

 4 隧道式蒸汽烫毛机体宽度宜取(0.90～1.20)m，净高度宜取(4.20～4.35)m。池体长度依拖动链条速度和浸烫时间来确定，运河浸烫池入口、出口段各取2.00m，入口、出口段应有导向装置。池体宽度宜取(0.60～0.75)m，不包括密封盖的池体净高度宜取(0.80～1.00)m。

 5 隧道式蒸汽烫毛机及浸烫池应装设温度指示装置，温度调节范围宜取(58～63)℃。

 6 运河烫池入口段应设溢流管，出口段应有补充新水装置。

 7 隧道式蒸汽烫毛机及运河浸烫池底部应有坡度，并坡向排水口。

5.3.3 使用普通浸烫池时应符合下列要求：

 1 Ⅲ、Ⅳ级屠宰车间浸烫池内宜使用摇烫设备，采用摇烫设备时，应留有大猪通道，除池体出入口外宜加密封罩。

 2 烫池侧壁应采取保温措施。

 3 使用摇烫设备的浸烫池尺寸按实际需要确定。不使用摇烫设备的浸烫池净宽不应小于1.50m，深度宜取(0.80～0.90)m，其长度应按下式计算：

$$L = L_1 + L_2 + L_3 \quad (5.3.3\text{-}1)$$

$$L_2 = \frac{ATl}{60} \quad (5.3.3\text{-}2)$$

式中：L——浸烫池长度(m)；

L_1——猪屠体降落浸烫池内所占长度，不应小于1.00m；

L_2——浸入烫池的猪屠体在烫池中所占长度(m)；

L_3——猪屠体从烫池中捞出所占长度，可按1.50m计算；

A——小时屠宰量(头)；

T——浸烫需要时间，按(3～6)min计算；

l——每头猪屠体在烫池中所占长度，按0.50m计算(m/头)；

60——单位为分钟(min)。

 4 浸烫池水温应根据猪的品种和季节进行调整，调节范围宜取(58～63)℃。浸烫池应设有水温指示装置。

 5 浸烫池应设溢流管，并应装有补充新水装置。

 6 浸烫池底部应有坡度，并坡向排水口。

5.3.4 浸烫后使用脱毛机脱毛，脱毛机应符合下列要求：

 1 脱毛机能力应与屠宰量相适应。

 2 脱毛机上部应有热水喷淋装置。

 3 脱毛机的安装应便于排水和安装集毛装置。

 4 脱毛机两侧应留有操作检修位置。

5.3.5 脱毛机送出猪屠体的一侧应设置接收工作台或平面输送机。

5.3.6 接收工作台或平面输送机在远离脱毛机的一端应设有提升装置,其附近应设有存放滑轮和叉挡的设施或有集送滑轮和叉挡的轨道。

5.3.7 Ⅰ、Ⅱ级屠宰车间在猪屠体被提升送入胴体加工生产线的起始段,应布置为猪编号及可追溯的操作位置。

5.3.8 猪屠体送入胴体加工生产线的轨道面的高度应符合下列规定:

    1 采用的加工设备为预干燥机、燎毛炉、抛光机时,轨道面距地面的高度不应小于3.30m。

    2 猪屠体采用悬挂输送机或手推轨道输送,使用人工燎毛、刮毛、清洗装置时,其轨道面距地面的高度不应小于2.50m。

5.3.9 Ⅰ、Ⅱ级屠宰车间应采用悬挂输送机传送猪屠体至胴体加工区。悬挂输送机的输送速度每分钟不得超过(6~8)头,挂猪间距宜取1.00m。Ⅲ级屠宰车间宜采用胴体加工悬挂输送机。Ⅳ级屠宰车间为手推轨道。

5.3.10 猪屠体浸烫脱毛后,可采用预干燥机、燎毛炉、抛光机等设备完成浸烫脱毛的后序加工。

5.3.11 预干燥机的机架内部应设有内壁冲洗装置。由鞭状橡胶或塑料条组成的干燥器具至少应有2组,其长度应满足干燥猪屠体的需要。

5.3.12 燎毛炉设置在预干燥机后,距干燥机的距离宜取2.00m。燎毛炉上方应装有烟囱,悬挂输送机在燎毛炉中的一段轨道应设有冷却装置。

燎毛炉使用的液体、气体燃料应放置在车间内专设的燃料储存间内。

5.3.13 抛光机设置在燎毛炉后,两机间距宜取2.00m。抛光机顶部应设有喷淋水装置,机架底部应装有不渗水材料制作的排水沟。为防止冲洗水外溢,排水沟四周应设有挡水槛。

5.3.14 在已脱毛的猪屠体被提升上轨道后,如不设置机器去除残毛,则应设置人工燎毛装置,并应在轨道两侧地面上留有足够地方设置人工刮毛踏脚台。

5.3.15 人工燎毛、刮毛后应设置猪屠体洗刷装置,洗刷处应安装挡水板,下部应有不渗水材料制作的排水沟和挡水槛。

5.3.16 在猪屠体脱掉挂脚链进入浸烫池或预剥皮处,应有挂脚链返回装置。

5.4 剥皮加工

5.4.1 猪屠体应采用落猪装置或使悬挂轨道下降的方法将其放入剥皮台或预剥输送机上,也可设置猪屠体的接收台,再转入预剥输送机上。

5.4.2 采用预剥输送机剥皮时,其传动线速度应适合人工操作,并与剥皮机速度相协调,但线速度不宜超过8.00m/min。根据剥皮机的生产能力,卧式剥皮机配用的输送机长度不宜小于16.00m,立式剥皮机配用的输送机长度宜取13.00m。

5.4.3 采用卧式剥皮机剥皮,应配备转挂台,转挂台紧靠剥皮机出胴体侧布置。转挂台宜采用不锈钢制作,其长度与剥皮机和转挂台末端提升猪屠体位置相匹配。在转挂台的末端应有存放滑轮、叉挡的设施或有集放滑轮、叉挡的轨道。

5.4.4 转挂台的末端应设有提升机,将剥皮后的猪屠体提升到轨道上。

5.4.5 立式剥皮机的预剥皮末端应设有将猪屠体转挂到轨道上的操作位置,其附近应有存放滑轮、叉挡的设施或有集放滑轮、叉挡的轨道。

5.4.6 立式剥皮机前后各约2.00m的悬挂猪屠体轨道应为手推轨道。

5.4.7 Ⅰ、Ⅱ级屠宰车间应采用预剥皮输送机和剥皮机。Ⅲ、Ⅳ级屠宰车间可使用手工剥皮台。

5.4.8 剥皮猪屠体提升上轨道后,应在生产线上设置人工修割残皮的操作位置。

5.4.9 使用剥皮机时,剥下的皮张应设有自动输送设备将其运至暂存间。手工剥下的皮张也应及时运出。

5.4.10 车间内应配备盛放头、蹄、尾的容器和运输设备,以及相应的清洗消毒设施。

5.5 胴体加工

5.5.1 胴体加工与兽医卫生检验宜按下列程序进行:

头部与体表检验后的猪屠体→雕圈→猪屠体挑胸、剖腹→割生殖器、摘膀胱等→取肠胃→寄生虫检验采样→取心肝肺→冲洗→胴体初验→合格胴体去头、尾、劈半→去肾、板油、蹄→修整→二分胴体(片猪肉)复验→过磅计量→二段冷却→成品鲜销、分割或入冷却间。

可疑病胴体转入叉道或送入疑病胴体间待处理。

5.5.2 从取肠胃开始至胴体初验,其间工序应采用胴体和内脏同步运行方法或采用统一对照编号方法进行检验。

Ⅰ、Ⅱ级屠宰车间应采用带同步检验的设备。Ⅲ、Ⅳ级屠宰车间可采用统一对照编号方法进行检验的设备。Ⅲ级屠宰车间采用悬挂输送机时,宜采用带同步检验的设备。

5.5.3 内脏同步线上的盘、钩或同步检验平面输送机上的盘子,在循环使用中应设有热水消毒装置。热水出口处应有温度指示装置。

5.5.4 同步检验输送线的长度应与取内脏、寄生虫检验、胴体初验等有关工序所需长度相对应。

5.5.5 悬挂输送内脏检验盘子的间距不应小于0.80m,盘子底部距操作人员踏脚台面的高度宜取0.80m。挂钩距踏脚台面的高度宜取1.40m。

5.5.6 劈半工具附近应设有方便使用的82℃热水消毒设施。

5.5.7 使用输送滑槽输送原料时,应配备必须的清洗消毒设施。

5.5.8 Ⅰ、Ⅱ级胴体劈半后应布置编号及可追溯的操作位置,并应在悬挂输送线上或手推轨道上安排修整工序的操作位置。

5.5.9 Ⅰ、Ⅱ级屠宰车间过磅间外应设置电子轨道秤及读码装置。Ⅲ、Ⅳ级屠宰车间可使用普通轨道秤。

5.5.10 胴体整理工序中产生的副产品及废弃物,应有专门的运输装置运送。

5.5.11 二分胴体(片猪肉)销售后返回的叉挡及运输上述副产品的车辆,应进行清洗消毒。

5.5.12 二分胴体(片猪肉)加工间应设有输送胴体至鲜销发货间的轨道,还应设置输送胴体至快速冷却或冷却间的轨道。鲜销发货间二分胴体(片猪肉)悬挂间距每米不宜超过(3~4)头,轨道面距地面高度不应小于2.50m。

5.6 副产品加工

5.6.1 副产品包括心肝肺、肠胃、头、蹄、尾等,它们的加工应分别在隔开的房间内进行。Ⅳ级屠宰车间心肝肺的分离可在胴体加工间内与胴体加工线隔开的地方进行。

5.6.2 各副产品加工间的工艺布置应做到脏净分开,产品流向一致、互不交叉。

5.6.3 Ⅰ、Ⅱ级屠宰车间的肠胃加工间应采用接收工作台和带式输送机等加工设备,胃容物应采用气力输送装置。Ⅲ、Ⅳ级屠宰车间的肠胃加工间内应设置各类工作台、池进行肠胃加工。

5.6.4 副产品加工台四周应有高于台面的折边,台面应有坡度,

5.6.5 带毛的头、蹄、尾加工间应设浸烫池、脱毛机、副产品清洗机及刮毛台、清洗池等设备。

5.6.6 加工后的副产品如进行冷却，应将其摆放在盘内送入冷却间。鲜销发货间内应设有存放副产品的台、池。

5.6.7 生化制药所需脏器应按其工艺要求安排加工及冷却，冷却间设置宜靠近副产品加工间。

5.7 分割加工

5.7.1 分割加工宜采用以下两种工艺流程：

1 原料[二分胴体（片猪肉）]快速冷却→平衡→二分胴体（片猪肉）接收分段→剔骨分割加工→包装入库。

2 原料[二分胴体（片猪肉）]预冷→二分胴体（片猪肉）接收分段→剔骨分割加工→产品冷却→包装入库。

5.7.2 采用悬挂输送机输送胴体时，其输送链条应采用无油润滑或使用含油轴承链条。

5.7.3 原料预冷间（或冷却间）内应安装悬挂胴体的轨道，每米轨道上应悬挂（3～4）头胴体，其轨道面距地面高度不应小于2.50m。轨道间距宜取0.80m。

5.7.4 原料[二分胴体（片猪肉）]先冷后分割时，原料应冷却到中心温度不高于7℃时方可进入分割剔骨、包装工序。

5.7.5 二分胴体（片猪肉）分段符合以下规定：

1 悬挂二分胴体（片猪肉）采用立式分段方法时，应设置转挂输送设备，应设置立式分段锯。

2 悬挂二分胴体（片猪肉）采用卧式分段方法时，应设置胴体接收台，还应设置卧式分段锯。

3 一级、二级分割车间应布置三段编号及可追溯的操作位置。

5.7.6 一级分割车间加工的原料和产品宜采用平面带式输送设备输送。其两侧应分别设置分割剔骨人员的操作台，输送机的末端应配备分检工作台。二级分割车间可只设置分割剔骨工作台。

排腔骨加工位置应设分割锯。

5.7.7 分割肉原料和产品的输送不得使用滑槽。

5.7.8 包装间内应根据产品需要设置各类输送机、包装机、包装工作台及捆扎机具等设施，以及设置不同的计量装置及暂时存放包装材料的台、架等。捆扎机具应设在远离产品包装的地方。

5.7.9 包装材料间内应设有存放包装材料的台、架，并设有包装材料消毒装置。

5.7.10 分割车间应设有悬挂二分胴体（片猪肉）的叉挡和不锈钢挂钩的清洗消毒设施。

5.7.11 分割剔骨间及包装间使用车辆运输时，应留有通道及回车场地。

5.7.12 分割、包装间内运输车辆只限于内部使用，必须输送出车间的骨头等副产品应设置外部车辆，在车间外接收。

6 兽医卫生检验

6.1 兽医检验

6.1.1 屠宰与分割车间的工艺布置必须符合兽医卫生检验程序和操作的要求。

6.1.2 宰后检验应按顺序设置头部、体表、内脏、寄生虫、胴体初验、二分胴体（片猪肉）复验和可疑病肉检验的操作点。各操作点的操作区域长度应按每位检验人员不小于1.50m计算，踏脚台高度应适合检验操作的需要。

6.1.3 头部检验操作点应设置在放血工序后或体表检验操作点前，检验操作点处轨道平面的高度应适合检验操作的需要。

6.1.4 体表检验操作点应设置在刮毛、清洗工序后。

6.1.5 在摘取肠胃后，应设置寄生虫采样点。

6.1.6 胴体与内脏检验应符合下列规定：

1 Ⅰ、Ⅱ级屠宰车间，应设置同步检验装置，在此区间内应设置收集修割物与废弃物的专用容器，容器上应有明显标记。

2 Ⅲ、Ⅳ级屠宰车间，可采用胴体与内脏统一编号对照方法检验，心肝肺可采用连体检验。在内脏检验点处应设检验工作台、内脏输送滑槽及清洗消毒设施。

3 检验轨道平面距地面的高度不应小于2.50m。

6.1.7 在劈半与同步检验结束后的生产线上，必须设置复验操作点。

6.1.8 胴体在复验后，必须设置兽医卫生检验盖印操作台。

6.2 检验设施与卫生

6.2.1 在待宰间附近，必须设置宰前检验的兽医工作室和消毒药品存放间。在靠近宰杀车间处，必须设置宰后检验的兽医工作室。

6.2.2 在头部检验、胴体检验和复验操作的生产线轨道上，必须设有疑病猪胴体或疑病猪胴体检验的分支轨道。分支轨道应与生产线的轨道形成一个回路，Ⅰ、Ⅱ级屠宰车间该回路应设在疑病猪胴体间内，疑病猪胴体间的轨道应与病猪胴体间轨道相连接。

6.2.3 在疑病猪胴体或疑病猪胴体检验的分支轨道处，应安装有控制生产线运行的急停报警开关装置和装卸病猪屠体或病猪胴体的装置。

6.2.4 在分支轨道上的疑病猪屠体或疑病猪胴体卸下处，必须备有不渗水的密闭专用车，车上应有明显标记。

6.2.5 本规范第6.1.2条列出的各检验操作区和头部刺杀放血、预剥皮、雕圈、剖腹取内脏等操作区，必须设置有冷热水管、刀具消毒器和洗手池。

6.2.6 Ⅰ、Ⅱ、Ⅲ级屠宰车间所在厂应设置检验室，检验室应设有专用的进出口。检验室应设理化、微生物等常规检验的工作室，并配备相应的检验设备和清洗、消毒设施。

6.2.7 屠宰车间必须在摘取内脏后附近设置寄生虫检验室，室内应配备相应的检验设备和清洗、消毒设施。

6.2.8 凡直接接触肉品的操作台面、工具、容器、包装、运输工具等，应采用不锈钢金属材质或符合食品卫生的塑料制作，符合卫生要求，并便于清洗消毒。

6.2.9 各生产加工、检验环节使用的刀具，应存放在易清洗和防腐蚀的专用柜内收藏。

7 制冷工艺

7.1 胴体冷却

7.1.1 二分胴体（片猪肉）冷却间设计温度应取（2±2）℃，出冷却间的二分胴体（片猪肉）中心温度不应高于7℃，冷却时间不应超过20h。进冷却间二分胴体（片猪肉）的温度按38℃计算。

7.1.2 采用快速冷却二分胴体方法时，宜设置快速冷却间及（冷却物）平衡间。快速冷却间内二分胴体（片猪肉）冷却时间可取90min。平衡间设计温度宜取（2±2）℃。平衡时间不应超过18h，二分胴体（片猪肉）中心温度不应高于7℃。

7.2 副产品冷却

7.2.1 Ⅰ、Ⅱ级屠宰车间副产品冷却间设计温度宜取−4℃，副产品经20h冷却后中心温度不应高于3℃。

7.2.2 Ⅲ、Ⅳ级屠宰车间副产品冷却间设计温度宜取0℃，副产品经20h冷却后中心温度不应高于7℃。

7.3 产品的冻结

7.3.1 市销分割肉冻结间的设计温度应为-23℃,冻结终了时肉的中心温度不应高于-15℃。对于出口的分割肉,分割肉冻结间的设计温度应为-35℃,冻结终了时肉的中心温度不应高于-18℃。

7.3.2 包括进出货时间在内,副产品冻结间时间不宜超过48h,中心温度不宜高于-15℃。

7.3.3 冻结产品如需更换包装,应在冻结间附近安排包装间,包装间温度不应高于0℃。

8 给水排水

8.1 给水及热水供应

8.1.1 屠宰与分割车间生产用水应符合现行国家标准《生活饮用水卫生标准》GB 5749的要求。

8.1.2 屠宰与分割车间的给水应根据工艺及设备要求保证有足够的水量、水压。屠宰与分割车间每头猪的生产用水量按(0.40~0.60)m³计算。水量小时变化系数为1.5~2.0。

8.1.3 屠宰与分割车间根据生产工艺流程的需要,在用水位置应分别设置冷、热水管。清洗用热水温度不宜低于40℃,消毒用热水温度不应低于82℃,消毒用热水管出口处宜配备温度指示计。

8.1.4 屠宰与分割车间内应配备清洗墙裙与地面用的高压冲洗设备和软管,各软管接口间距不宜大于25.00m。

8.1.5 屠宰与分割车间生产用热水应采用集中供给方式,消毒用82℃热水可就近设置小型加热装置二次加热。热交换器进水宜用防结垢装置。

8.1.6 屠宰与分割车间内洗手池应根据《肉类加工厂卫生规范》GB 12694及生产实际需要设置,洗手池水嘴应采用自动或非手动式开关,并配备有冷热水。

8.1.7 急宰间及无害化处理间应设有冷、热水管及消毒用热水管。

8.1.8 屠宰与分割车间内应设计量设备并有可靠的节水、节能措施。

8.1.9 屠宰车间待宰圈地面冲洗可采用城市杂用水或中水作为水源,其水质必须达到国家《城市杂用水水质》GB/T 18920标准。城市杂用水或中水管道应有标志,以免误饮、误用。

8.2 排 水

8.2.1 屠宰与分割车间地面不应积水,车间内排水流向宜从清洁区流向非清洁区。

8.2.2 屠宰车间与分割车间地面排水应采用明沟或浅明沟排水,分割车间地面采用地漏排水时宜采用专用除污地漏。

8.2.3 屠宰车间非清洁区各加工工序的轨道下面应设置带盖明沟。明沟宽度宜为(300~500)mm,清洁区内各加工工序的轨道下面应设置浅明沟,待宰间及回车场洗车台地面应设有收集冲洗废水的明沟。

8.2.4 屠宰车间及分割车间室内排水沟与室外排水管道连接处,应设水封装置,水封高度不应小于50mm。

8.2.5 排水明沟沟底应呈弧形。深度超过200mm的明沟,壁与沟底部的夹角宜做成弧形,上面应盖有使用防锈材料制作的算子。明沟出水口宜设金属格栅,并有防鼠、防臭的设施。

8.2.6 分割车间设置的专用除污地漏应具有拦截污物功能,水封高度不应小于50mm。每个地漏汇水面积不得大于36m²。

8.2.7 屠宰车间内副产品加工间生产废水的出口处宜设置回油脂的隔油器,隔油器应加移动的密封盖板,附近备有热水软管接口。

8.2.8 肠胃加工间翻肠池排水应采用明沟,室外宜设置截粪井或采用固液分离机处理粪便与有关固体物质。Ⅰ、Ⅱ级屠宰车间截留的粪便及污物宜采用气体输送至暂存场所。

8.2.9 屠宰与分割车间内排水管道均应按现行国家标准《建筑给水排水设计规范》GB 50015的有关规定设置伸顶通气管。

8.2.10 屠宰与分割车间内各加工设备、水箱、水池等用水设备的泄水、溢流管不得与车间排水管道直接连接,应采用间接排水方式。

8.2.11 屠宰与分割车间内生产用排水管道管径宜比经水力计算的结果大(2~3)号。Ⅰ、Ⅱ级屠宰车间排水干管管径不得小于250mm,Ⅲ、Ⅳ级屠宰车间排水干管管径不得小于200mm,输送肠胃粪便污水的排水管管径不得小于300mm。屠宰与分割车间生产用排水管道最小坡度应大于0.005。

8.2.12 Ⅰ、Ⅱ级屠宰与分割车间室外排水管干管管径不得小于500mm,Ⅲ、Ⅳ级屠宰与分割车间室外排水管干管管径不得小于300mm。室外排水如采用明沟,应设置盖板。

8.2.13 屠宰与分割车间的生产废水应集中排至厂区污水处理站进行处理,处理后的污水应达到国家及当地有关污水排放标准的要求。

8.2.14 急宰间及无害化处理间排出的污水在排入厂区污水管网之前应进行消毒处理。

9 采暖通风与空气调节

9.0.1 屠宰车间应尽量采用自然通风,自然通风达不到卫生和生产要求时,可采用机械通风或自然与机械联合通风。通风次数不宜小于6次/h。

9.0.2 屠宰车间的浸烫池上方应设有局部排气设施,必要时可设置驱雾装置。

9.0.3 分割车间夏季空气调节室内计算温度取值如下:一、二级车间应取(10±2)℃;包装间夏季空气调节室内计算温度不高于(10±2)℃;空调房间操作区风速小于0.20m/s。

9.0.4 凡在生产时常开的门,其两侧温差超过15℃时,应设置空气幕或其他阻隔装置。

9.0.5 空气调节系统的新风口(或空调机的回风口)处应装有过滤装置。

9.0.6 在采暖地区,待宰冲淋间、致昏刺杀放血间、浸烫剥皮间、胴体加工间、副产品加工间、急宰间等冬季室内计算温度宜(14~16)℃。分割剔骨间、包装间冬季室内计算温度应与夏季空气调节室内计算温度相同。

9.0.7 屠宰车间每头猪的生产用汽量应符合表9.0.7的规定:

表 9.0.7 每头猪用汽量(kg/h)

序号	等 级	用 汽 量
1	Ⅰ级	2~1.4
2	Ⅱ级	3~2
3	Ⅲ、Ⅳ级	4~3

9.0.8 屠宰车间及分割包装间的防烟、排烟设计,应按现行国家标准《建筑设计防火规范》GB 50016执行。

9.0.9 制冷机房的通风设计应符合下列要求:

　1 制冷机房日常运行时应保持通风良好,通风量应通过计算确定,且通风换气次数不应小于3次/h。当自然通风无法满足要求时应设置日常排风装置。

　2 氟制冷机房应设置事故排风装置,排风换气次数不应小于

12次/h。氨制冷机房内的事故排风口上沿距室内地坪的距离不应大于1.20m。

3 氨制冷机房应设置事故排风装置，事故排风量应按183$m^3/(m^2 \cdot h)$进行计算确定，且最小排风量不应小于34,000m^3/h。氨制冷机房内的排风口应位于侧墙高处或屋顶。

4 制冷机房的排风机必须选用防爆型。

9.0.10 制冷机房内严禁明火采暖。设置集中采暖的制冷机房，室内设计温度不应低于16℃。

10 电 气

10.0.1 屠宰与分割车间用电设备负荷等级应按以下要求进行划分：

Ⅰ、Ⅱ级屠宰与分割车间的屠宰加工设备、制冷设备及车间应急照明属于二级负荷，其余用电设备属于三级负荷。

Ⅲ、Ⅳ级屠宰与分割车间的用电设备均属于三级负荷。

10.0.2 屠宰与分割车间应由专用回路供电，Ⅰ、Ⅱ级屠宰与分割车间动力与照明宜分开供电，Ⅲ、Ⅳ级屠宰与分割车间可合一供电。

10.0.3 屠宰与分割车间配电电压应采用AC220/380V。新建工程接地型式应采用TN-S或TN-C-S系统，所有电气设备的金属外壳应与PE线可靠连接。扩建和改建工程，接地型式宜采用TN-S或TN-C-S系统。

10.0.4 屠宰与分割车间应按洁净区、非洁净区分配电装置，宜集中布置在专用电气室中。当不设专用电气室时，配电装置宜布置在通风及干燥场所。

10.0.5 当电气设备(如按钮、行程开关等)必须安装在车间内多水潮湿场所时，应采用外壳防护等级为IP55级的密封防水型电气产品。

10.0.6 手持电动工具、移动电器和安装在多水潮湿场所的电气设备及插座回路均应设漏电保护开关。

10.0.7 屠宰与分割车间照明方式宜采用分区一般照明与局部照明相结合的照明方式，各照明场所及操作台面的照明标准值不宜低于表10.0.7的规定。

表10.0.7 车间照明标准值、功率密度值

照明场所	照明种类及位置	照度(lx)	显色指数(Ra)	照明功率密度(W/m^2)
屠宰车间	加工线操作部位照明	200	80	10
	检验操作部位照明	500	80	20
分割车间、副产品加工间	操作台面照明	300	80	15
	检验操作台面照明	500	80	25
寄生虫检验室	工作台面照明	750	90	30
包装间	包装工作台面照明	200	80	10
冷却间	一般照明	50	60	4
待宰间、隔离间	一般照明	50	60	4
急宰间	一般照明	100	60	6

10.0.8 照明光源的选择应遵循节能、高效的原则，屠宰与分割车间宜采用节能型荧光灯或金属卤化物灯，照明功率密度值不应大于本规范表10.0.7的规定。

10.0.9 屠宰与分割车间应在封闭车间内及其主通道、各出口设应急照明和疏散指示灯、出口标志灯。应急电源的连续供电时间不应少于30min。

10.0.10 屠宰与分割车间照明灯具应采用外壳防护等级为IP55级带防护罩的防潮型灯具，防护罩应为非玻璃制品。待宰间可采用一般工厂灯具。

10.0.11 屠宰与分割车间动力与照明配线应采用铜芯塑料绝缘电线或电缆，移动电器应采用耐油、防水、耐腐蚀性能的铜芯软电缆。

10.0.12 屠宰车间内敷设的导线宜采用电缆托盘、电线套管敷设，电缆托盘、电线套管应采取防锈蚀措施。

10.0.13 分割车间宜采用暗配线，照明配电箱宜暗装。当有吊顶时，照明灯具宜采用嵌入式或吸顶安装。

10.0.14 屠宰与分割车间属多水作业场所，应采取等电位联接的保护措施，并在用电设备集中区采取局部等电位联接的措施。

10.0.15 屠宰与分割车间经计算需进行防雷设计时，应按三类防雷建筑物设防雷设施。

本规范用词说明

1 为便于在执行本规范条文时区别对待，对要求严格程度不同的用词说明如下：

1)表示很严格，非这样做不可的：
正面词采用"必须"，反面词采用"严禁"；

2)表示严格，在正常情况下均应这样做的：
正面词采用"应"，反面词采用"不应"或"不得"；

3)表示允许稍有选择，在条件许可时首先应这样做的：
正面词采用"宜"，反面词采用"不宜"；

4)表示有选择，在一定条件下可以这样做的，采用"可"。

2 条文中指明应按其他有关标准执行的写法为："应符合……的规定"或"应按……执行"。

引用标准名录

《建筑设计防火规范》GB 50016
《生活饮用水卫生标准》GB 5749
《建筑给水排水设计规范》GB 50015
《肉类加工工业水污染物排放标准》GB 13457
《生猪屠宰操作规程》GB/T 17236
《畜禽病害肉尸及其产品无害化处理规范》GB 16548
《肉类加工厂卫生规范》GB 12694
《畜类屠宰加工通用技术条件》GB/T 17237
《生猪屠宰产品品质检验规程》GB/T 17996
《城市杂用水水质标准》GB/T 18920

中华人民共和国国家标准

猪屠宰与分割车间设计规范

GB 50317—2009

条 文 说 明

修 订 说 明

一、修订标准的依据

本规范根据中华人民共和国建设部"关于印发《2008年工程建设标准规范制订、修订计划（第一批）》的通知"（建标〔2008〕102号）的要求，由国内贸易工程设计研究院会同有关单位在原国家标准《猪屠宰与分割车间设计规范》GB 50317—2000基础上共同修订编制而成。

二、修订标准的目的和内容

1. 目的

进入21世纪以来，随着中国经济蓬勃发展，人民收入日益提高，随着中国畜牧业，尤其是猪肉产业的长足发展，中国猪肉加工业也随之发展到一个新阶段，肉类食品安全、坚持执行猪肉加工卫生标准和产品标准更加重要，为贯彻执行国务院提出的"食品安全及食品质量"的精神，进一步加强生猪屠宰行业的管理水平，确保猪肉的产品质量。根据目前猪屠宰企业的发展状况，原标准实施8年多以来，有些条文已不符合当前猪屠宰行业的发展需要，因此，对《猪屠宰与分割车间设计规范》的修订是非常及时的。

2. 内容

（1）对猪屠宰车间小时屠宰量的分级范围进行调整或限定，分割车间按小时量分为三级；

（2）术语中增加了二氧化碳致昏和低压高频的致昏方式，增加了快速冷却间、平衡间；

（3）屠宰工艺中增加二氧化碳麻电、蒸汽烫毛、燎毛、刮黑、消毒等工艺要求；增加屠宰过程中的可追溯环节；

（4）新增制冷工艺章节，增加猪肉的两段冷却工艺及副产品冷却工艺；

（5）增加生物无害化处理等内容。

修订后的规范，厂址选择和总平面布置更加合理，一级和二级猪屠宰和分割加工企业达到了国际上屠宰行业的先进水平。

三、本规范修订过程

根据项目要求，于2008年1月组建了规范修订起草小组。由从事多年食品加工设计的专业技术人员10人组成，全部是教授级高工。"规范"编制组成立后，查阅了国内外的有关文献资料，于2008年2月提出编写大纲的要求，各专业制定出编制内容及完成计划。

2008年4月组织到河南双汇集团、上海五丰上食食品有限公司、北京顺鑫农业股份有限公司鹏程食品分公司、北京千喜鹤集团公司、香港上水屠房等加工厂调研和资料的收集工作，2008年5月底完成"规范"初稿。在设计院内听取了各专业的意见。

2008年6月底在本院各专业讨论"规范"编制初稿的基础上，修改完成"征求意见稿"。7月向有关主管部门、相关学会、设计单位、生产企业等单位及个人寄出"规范"（征求意见稿）14份，有7个单位提出了96条（其中重复条款有10条）修改意见。"规范"起草组根据返回的意见，认真地对"规范"进行了修改，形成送审稿，报送有关主管部门。2008年11月，商务部组织召开了"规范"（送审稿）审查会，并根据专家提出的意见进行了修改完善。

目　次

1 总则 …………………………… 7—21—16
2 术语 …………………………… 7—21—16
3 厂址选择和总平面布置 ………… 7—21—16
　3.1 厂址选择 …………………… 7—21—16
　3.2 总平面布置 ………………… 7—21—16
　3.3 环境卫生 …………………… 7—21—16
4 建筑 …………………………… 7—21—16
　4.1 一般规定 …………………… 7—21—16
　4.2 宰前建筑设施 ……………… 7—21—16
　4.3 急宰间、无害化处理间 …… 7—21—17
　4.4 屠宰车间 …………………… 7—21—17
　4.5 分割车间 …………………… 7—21—17
　4.6 职工生活设施 ……………… 7—21—17
5 屠宰与分割工艺 ………………… 7—21—17
　5.1 一般规定 …………………… 7—21—17
　5.2 致昏刺杀放血 ……………… 7—21—17
　5.3 浸烫脱毛加工 ……………… 7—21—18

　5.4 剥皮加工 …………………… 7—21—18
　5.5 胴体加工 …………………… 7—21—18
　5.6 副产品加工 ………………… 7—21—18
　5.7 分割加工 …………………… 7—21—18
6 兽医卫生检验 …………………… 7—21—19
　6.1 兽医检验 …………………… 7—21—19
　6.2 检验设施与卫生 …………… 7—21—19
7 制冷工艺 ……………………… 7—21—19
　7.1 胴体冷却 …………………… 7—21—19
　7.2 副产品冷却 ………………… 7—21—19
　7.3 产品的冻结 ………………… 7—21—19
8 给水排水 ……………………… 7—21—19
　8.1 给水及热水供应 …………… 7—21—19
　8.2 排水 ………………………… 7—21—19
9 采暖通风与空气调节 …………… 7—21—19
10 电气 ………………………… 7—21—20

1 总　　则

1.0.4 根据目前全国猪屠宰场加工的现状,将屠宰厂按小时屠宰量分为四级。其中Ⅰ、Ⅱ级屠宰车间所在厂多为大中型企业,按班屠宰量计为3,000头以上(按小时屠宰量计,应大于每小时120头,一班按7h计),这些企业中有的以生产熟肉制品为主,有的以生产冷却肉和分割肉产品为主,有的以销售鲜肉为主。Ⅲ、Ⅳ级屠宰车间所在厂多为小型企业,按班屠宰量计为(300～500)头,一般为县以上屠宰厂,供应品种以销售鲜肉为主。Ⅳ级以下屠宰车间宜控制。

本条采用小时屠宰量分级的原因:

1 选用的设备是根据小时屠宰量计算的。

2 一些屠宰厂往往只屠宰4h左右,小时屠宰量较大,若按班屠宰量计划与实际有出入。

3 这种计算方法与国外相一致。

4 采用小时分割量与屠宰量一致,现屠宰分割车间是按小时分割的头数计算。

1.0.5 本条是考虑到出口注册厂的特殊性制定的。

1.0.6 本条规定了本规范与其他有关规范的关系。

屠宰与分割车间工程设计,除执行《中华人民共和国食品安全法》、《中华人民共和国动物防疫法》、《中华人民共和国环境保护法》、《生猪屠宰管理条例》(中华人民共和国国务院令第525号)和本规范外,还需同时执行相关的标准、规范。目前有关屠宰与卫生方面要求的标准和规范主要有:《生猪屠宰操作规程》GB/T 17236、《畜类屠宰加工通用技术条件》GB/T 17237、《生活饮用水卫生标准》GB 5749、《肉类加工厂卫生规范》GB 12694、《肉类加工工业水污染物排放标准》GB 13457及《畜禽病害肉尸及其产品无害化处理规程》GB 16548等。

2 术　　语

2.0.27 抛光机。由于各国使用语言的差异,对这台机器有的称为抛光和最终(清洗)机,也有的就称为清洗机,为区别一般清洗机,本术语采用抛光机,以表示燎毛后该机器的作用。

2.0.34 平衡间。Ⅰ、Ⅱ级屠宰车间采用快速冷却时,第二段的冷却也称为平衡间。

3 厂址选择和总平面布置

3.1 厂址选择

3.1.1 屠宰加工厂的原料区、屠宰车间前区和副产加工区、无害化处理间及污水处理站等都散发有明显异味并严重污染空气的气体,因此厂址不得建于城市中心地带,同时应避免其对城市水源及居住区的污染。根据环保部门要求,屠宰加工厂的生产污水必须经过污水处理站处理后才能排放。厂址与厂外污水排放设施的距离不宜过远。

卫生防护距离参见《肉类联合加工厂卫生防护距离标准》GB 18078—2000。若只建设分割车间,不设屠宰、副产车间,则可不受风向、卫生防护距离限制。

3.1.2 为保证食品安全,对厂区周边卫生环境方面提出要求是必要的。本条为强制性条文。

3.2 总平面布置

3.2.1 为保证食品卫生,防止活猪、废弃物等污染肉品,强调活猪、废弃物与产品和人员出入口需单独设置,因此,厂区至少应设2个出入口。废弃物若用密闭车辆运输,可与活猪共用出入口。

3.2.2 工艺流程顺畅、洁污分区明确是保证肉品质量的必要条件,本条为强制性条文。

3.2.3 本条对屠宰、分割车间与厂内有关建(构)筑物的防护距离作了较大修改,不再规定防护距离的具体数值,仅提出了原则性的要求,理由如下:

1 原条文中防护距离的数值是参考20世纪60、70年代原苏联相关标准制定的,现已不符合我国当前经济形势发展和节省用地的要求。

2 原条文中规定的防护距离数值偏大,在许多地区都难以执行。另据调查,现在国外对肉类加工企业也无此类具体规定。

3.3 环境卫生

3.3.2 本条规定在厂区道路两侧及建筑四周空地宜进行绿化,这对提高厂区空气清洁度、改善环境卫生条件无疑是有益的。

3.3.4 由于畜类、废弃物等也是屠宰厂或肉联厂内较明显的污染源,故借此条规定。

3.3.5 为了防止运输车辆的车轮将厂外污染物带入厂内,所以规定车辆进入厂时必须经过消毒池消毒。

4 建　　筑

4.1 一般规定

4.1.1～4.1.9 这几条是为保证建筑设计能做到满足肉品卫生的要求而规定的,并与当前国外同类厂的要求与标准是基本一致的。

4.1.6 车间内的门、窗及窗台的构造要求方便清洗和维护,易保持车间的洁净。

4.2 宰前建筑设施

4.2.2 赶猪道坡度应小于10.0%的规定是综合各地赶猪道的情况,在原商业部设计院编写的《商业冷藏库设计技术规定》基础上确定的。这次修编规范时又对此作了调查和复核。因各地猪种不同,猪的爬坡能力也不一样,具体设计时可根据当地情况适当加以调整。

4.2.5 待宰间的容量按(1.00～1.50)倍班宰量计算,是根据我国屠宰有淡旺季生产的实际情况确定的。我国养猪多为农民散养,旺季日收猪量超过正常班宰量,因此待宰间的面积不能按正常一个班的班宰量计算。每头猪占地面积(不包括待宰间内赶猪道)为(0.60～0.80)m²计算,是考虑到各地区因猪种不同而给出的一个范围,便于设计时选用。本条是为了使猪在宰杀前具有良好的待宰环境,从根本上保证肉品的质量制定的。

4.2.6 隔离间的面积,根据近年实际情况看,各地差别较大,因此本条作出了具体规定。

4.2.7 赶猪道两侧墙高为1.00m,是根据对多数厂的调查后确定的。

4.2.8 为了使活猪宰前体表清洁,在进入屠宰车间前应通过冲淋,去掉污物。由于各地猪源及饲养条件的差异,所以对冲淋时间不作规定。冲淋间的大小,是以冲淋后能保证屠宰的连续性、均匀性为前提设置的。

4.3 急宰间、无害化处理间

4.3.1～4.3.3 这三条是根据原《猪屠宰与分割车间设计规范》GB 50317—2000 的规定，并考虑近年来国内部分企业在生产实践及卫生要求上所必须具备的条件修订的。为与国外接轨，对原车间名称作了个别更改，但性质内容未变。

4.4 屠宰车间

4.4.1 原本条规定屠宰车间的面积大小与原商业部设计院编制的《商业冷藏库设计技术规定》中提出的面积大小比较如下（见表1）：

表1 每头猪占地面积（m²）

班宰量（头）	2,000 及以上	1,000～2,000	500～1,000	200～500
原本条规定	1.20～1.00	1.40～1.20	1.60～1.40	1.80～1.60
《技术规定》	1.20	1.20	1.20～1.40	

从上表看出，班宰量在（500～2,000）头之间的屠宰车间每头猪增加 0.20m²。其原因是近年来根据国外兽医专家建议，检验方法由分散检验改为同步检验或对号集中检验方法，增加了同步检验线，与此同时，将旋毛虫检验室和疑病猪胴体都安排布置在生产线附近。此外，为了避免交叉污染又增加了输送设备，加宽了运输通道，因此增加了车间的使用面积。

本次修订数据系根据上表换算成 1h 的屠宰量，结合近年实践和调查制定。

4.4.2 为了提高胴体发货过程的环境卫生状况，减少对肉品的污染，保证冷链连续，特提出发货间设封闭发货口的措施。

胴体发货间及副产品发货间的面积是按发货量来确定的，但由于各地情况不一，所以本条对其面积未作具体规定。

4.4.4 国外屠宰车间多为单层建筑，在处理加工过程中产生非食用肉、内脏、废弃物时，应将清洁的原料、半成品与能引起污染的物料分开，以保证加工产品质量。因此采用单层设计时，应注意安排好非清洁物料的流向。

国外屠宰车间一般采用大跨度，车间内很少有柱子，便于工艺设计布置。本条结合国内情况，提出柱距不宜小于 6.00m（主要针对多层厂房）；单层宜采用较大跨度，层高应能满足通风、采光、设备安装、维修和生产的要求。

4.4.6 由于电击深度不够或电击后停留时间过长，部分猪在宰杀放血后会苏醒挣扎，造成血液飞溅至墙壁高处。所以，此段墙裙高度规定不应低于放血轨道的高度，目的是便于冲洗墙面血污，保持车间卫生。

4.4.10 有些厂旋毛虫检验室与旋毛虫检验采样处相距较远，采集的肉样不能及时进行检验和取得结果，待发现问题时，该胴体已与其他健康合格的胴体混在一起，易发生交叉污染。因此，本条规定检验室应靠近采样处，在对号或同步检验完成前，旋毛虫检验已出结果，这样可避免交叉污染发生。

4.4.16 燃料储存间为单层建筑、靠车间外墙布置及对外设有出入口等都是为了防火和避免发生人身安全事故制定的。燃料间防火要求按现行国家标准《建筑设计防火规范》GB 50016 有关条文执行。

4.5 分割车间

4.5.3 根据原商业部食品局组织编制的《分割肉、肉制品生产车间设计标准基本要求》和原商业部基建司编制的《关于建设分割肉车间和小包装车间技术标准的若干规定》，结合我院多年承接分割车间工程设计的实际情况调查，认为前两个文件中提出的设计技术标准和基本规定中的面积比较小，现屠宰分割车间是按小时分割头数计算，因此将原行业规范中的车间面积改成按平均每头建筑面积计算较为合理，同屠宰车间的建筑面积计算一致。

4.5.5～4.5.8 分割车间中各类需制冷房间的设计温度是根据理论与实践两方面因素并参考国外标准，以保证达到肉质要求制定的。

4.5.9 对于分割剔骨间、包装间是否应设吊顶，始终存在两种不同意见，主张设与不设其出发点都是为了保证车间内的清洁卫生。但从调查中发现，设有吊顶的车间由于受气候、环境（车间湿度）以及车间温度可能出现变化（暂时歇产、倒班）或其他原因，造成车间吊顶出现发霉或结露，反而达不到清洁的目的，因此规范修订组认为不宜吊顶。在本规范送稿审定会上，部分代表提出，随着冷分割工艺的采用，车间温度降低到（6～12）℃，因此应对围护结构做隔热处理，屋顶隔热可采用吊顶方法解决，同时还具有清洁美观的效果。随着吊顶材料的更新，防霉的问题也会得到解决，只要加强管理，使用吊顶还是利大于弊，所以本规范改为宜设吊顶。

4.6 职工生活设施

4.6.1 本条文中的规范、标准系指《肉类加工厂卫生规范》GB 12694—1990、《食品企业通用卫生规范》GB 14881—1994、2002 年 5 月 20 日实施的《出口食品生产企业卫生要求》和 2003 年 12 月 31 日实施的《出口肉类屠宰加工企业注册卫生规范》。

4.6.3 既然屠宰车间非清洁区、清洁区和分割车间的生产线路已明确划分开，因此其生产人员线路也应划分开，以防止对产品的交叉污染。

4.6.4 厕所本身的卫生条件和设施，直接关系到其所在生产企业的卫生状况，对于食品加工企业来说更是如此。因此，对厕所作出相关规定是极其必要的。

5 屠宰与分割工艺

5.1 一般规定

5.1.1 屠宰能力按全年不少于 250 个工作日计算，过去是根据我国以收购农民散养猪为主的情况确定的，农民售猪有季节性，形成了生产淡旺季。现在虽然养猪场和养猪专业户在全国已有一定的发展，正在改变收购生猪的淡旺季特点，但我国养猪业这些年来总是呈现波浪式起伏变化，均衡发展还未形成，所以规定应根据各地实际情况确定。

5.1.2 为保证肉品卫生安全设置宰前检疫及可追溯编码等。

5.1.4 活猪刺杀后体内热量不易散发，加速了脏器、特别是肠胃的腐败过程，为保证肉品质量，应尽早剖腹取出内脏，尽快结束胴体加工过程，以保证肉品的新鲜程度。欧盟对肉类加工的卫生要求也作了相应的规定。本条是根据我国实际情况并参照国外标准制定的。

5.1.5 胴体采用悬挂方式运输的目的主要是为了肉品的卫生，悬挂胴体还易于热量的散发，因此胴体的暂存和冷却都采用悬挂方式。

5.2 致昏刺杀放血

5.2.1 猪在输送过程中由于使用了不正确的方法，使其神经紧张，受到了强刺激，造成电击昏后屠宰放血不净或产生 PSE 肉（渗水白肌肉）及 DFD 肉（肉表面干燥，色深暗）。为此，对宰前猪的休息、赶猪及输送都提出了要求，同时对检验方式也提出了要求。

5.2.3 利用盐水导电性能好的特点，保证电击致昏的时间。

5.2.4 采用全自动低压高频三点式击昏或 CO_2 致昏方法可减少PSE肉,提高肉品质量,但会相应增加设备投资。

5.2.5 本条规定是为了控制猪被电击昏的程度,创造最佳放血条件制定的。本条为强制性条文。

5.2.6 猪的大量放血是在最初的(1～2)min 之内,2min 之内放出的血量约占全部出血量的 90%,以后为间断出血和滴血,5min 后滴血已经很少,所以放血时间按不少于 5min 来确定。本条为强制性条文。
1 为避免增加挂猪密度,产生交叉污染;
2 防止冲洗地面时,脏水溅到胴体上;
3 为保证产品质量而制定强制性条文。

5.2.7 猪刺杀放血 3min 后处于滴血状态,所以按 3min 放血时间确定放血槽长度。

5.2.8 本条是为猪屠体进入浸烫池或预剥皮输送机时有一个清洁的体表面,尽量减少污染环节,所以要求设置洗猪机械,这与国外先进的屠宰工艺要求一致。

5.3 浸烫脱毛加工

5.3.2 隧道式蒸汽烫毛机是目前国际上采用的先进设备,猪由吊链悬挂在输送机上通过蒸汽烫毛隧道,在烫毛过程中,加热加湿从下方向上流动在猪体上冷凝。空气由蒸汽加热到 60°并由热水加湿,蒸汽的循环由风扇和风道进行。运河烫池浸烫方法是国外 20 世纪 70 年代采用的设备,在浸烫过程中,猪屠体挂脚链不松开,被悬挂输送机拖动在浸烫池中行进,完成浸烫后再提升至脱毛机前气动落猪装置外,整个浸烫过程无需人工操作。这两种方式适用于品种相同、体重较为一致的猪屠体依次浸烫,不同品种和体重不同的猪屠体浸烫要另行调整时间和水温。国内已有厂家生产此种设备,Ⅰ、Ⅱ级屠宰车间使用较为适宜。

这两种设备是隧道和烫池上有密封盖,保温效果好、节能,同时减少生产中的雾气散发,无交叉污染。

5.3.4 脱毛机型式有多种,各地根据习惯选用设备,不作统一规定。

5.3.5 目前国内多数厂在脱毛机脱毛后使用清水池。将猪屠体浸泡在清水池中进行修刮残毛,可节省操作工体力。但由于在池中浸泡,池水对刺杀刀口附近的肉会造成污染,增加了胴体的修割量,减少了出肉率。所以在《对外注册肉联厂卫生与工艺基本要求的暂行规定》的说明中取消了清水池。但是使用刮毛输送机或把猪屠体挂在轨道上刮毛,也还存在一些问题,主要是劳动强度比在清水池中大,刮毛效果也不理想,但可避免猪屠体进一步受到污染。在权衡利弊后,本规范取消了可使用清水池的提法。

5.3.11 预干燥机是为燎去猪屠体上未脱净的猪毛而设置的前加工设备。它采用鞭状橡胶或塑料条鞭打猪屠体,使其表面脱水、干燥,从而使燎毛设备节省能源消耗。

5.3.12 燎毛炉是国外常用设备,过去由于该机国内不生产,且能源消耗大,增加了生产成本,所以都采用人工喷打燎毛刮毛。随着生产的发展,卫生要求的提高,已有国内厂家向国外订货,准备采用燎毛炉。使用燎毛炉燎毛可使猪屠体表面温度增高,起到杀菌作用,也有利于猪屠体的表面清洁,有条件的Ⅰ、Ⅱ级屠宰车间可选用此种设备。

通过燎毛炉内的一段悬挂轨道因燎毛火焰的烧烤而使温度升高,通常在采用圆管轨道时内部有冷却水流过对轨道进行冷却。

根据防火规范的要求,燎毛炉使用的燃料要有单独的存放房间。

5.3.13 抛光机与预干燥机、燎毛炉是一套去除猪屠体残毛的设备,燎毛后的猪屠体在抛光机上刷去猪屠体上的焦毛和进行表面清洗,完成体表面的最后加工。以上设备为国外先进屠宰线必备设备。

5.3.16 猪屠体挂脚链在放血至浸烫(或剥皮)工位之间使用,摘下的脚链送回是为了循环使用。

5.4 剥皮加工

5.4.2 如果线速度超过 8.00m/min 时,现有剥皮机剥皮速度将赶不上预剥皮的速度,使生产不协调,因此提出本条要求。

5.4.3 转挂台的作用有二:一是接收剥皮后的猪屠体;二是在转挂台的末端将剥皮后的猪屠体穿上叉挡,挂在提升机上,送入剥皮后的轨道。所以转挂台的长度与二者有关。如果预剥皮输送机上的猪屠体沿输送机前进方向猪臀部在后面时,转挂台还要有一个使猪屠体转向 180°的作用,以便猪屠体的提升。

5.4.6 立式剥皮机前后各留 2.00m 的手推悬挂轨道是为了剥皮的操作,靠人工预剥皮和剥完皮后推出剥皮机都需要留有手工操作位置。

5.5 胴体加工

5.5.1 本条是按现行国家标准《生猪屠宰操作规程》GB/T 17236 的要求制定的。对于出口注册厂,参照欧盟标准,采用在取心肝肺工序后立即进入胴体劈半工序,劈半后再进行兽医检验,为的是能看清脊椎处有无病变,检验一次完成。但国内许多厂使用桥式劈半电锯,它不能放入同步检验线,所以在此情况下,国内兽医检验分为初验和复验,采用先检验未劈半胴体,待劈半后再做胴体复验。

5.5.2 控制生产线上每分钟均匀通过(6～8)头猪屠体,主要是保证兽医检验人员的必要检验时间和肉品质量。这个数据的采用,既能满足检验的必要时间,又不影响生产的速度,以 7h 计算,一条生产线每班可屠宰(2,520～3,360)头猪。这个规定与欧盟规定的屠宰线上每分钟屠宰(6～8)头一致。

5.5.9 本条是根据现行国家标准《生猪屠宰操作规程》GB/T 17236 的要求而制定。

5.6 副产品加工

5.6.1 副产品中肠胃因包含内容物和粪便,必须在单独的隔间内进行加工;头、蹄、尾加工时要浸烫脱毛,也必须单独设置房间加工;而心肝肺则不同,健康猪打开胸膛时是无菌的,所以可在胴体加工间进行加工整理。为此,本条对Ⅳ级屠宰车间作了此项规定,主要考虑到生产量小,无需专门设房间加工,但为了避免交叉污染,加工位置应与胴体生产线隔开。

5.7 分割加工

5.7.1 分割加工采用原料(胴体)先经冷却再分割的加工工艺,目的是为了保证肉品质量,国外企业也规定先冷却胴体再分割。

国内多数企业过去采用原料先经预冷、再剔骨分割、最后冷却分割产品的加工工艺。

5.7.2 在分割车间内输送胴体的线路一般比较短,负荷较轻,可采用无油润滑链。本条编制目的是防止链条滴油污染肉品。

5.7.5 胴体接收分段通常有两种方法,国内过去多采用立式分段法,这时要求采用转挂线,通过立式锯分段。卧式分段法近年来采用较多,这与国外先进分割工艺一致。

5.7.6 分割剔骨加工在一级分割车间中,由于生产量大,要求使用输送机来保证生产流水线的正常运行,同时也为食品卫生创造良好的条件。二级分割车间加工量相对较小,使用不锈钢工作台也可满足需要。

5.7.7 因滑槽不能像屠宰车间那样及时清洗,为了产品卫生,特作本条规定。

6 兽医卫生检验

6.1 兽医检验

6.1.1 为保证肉制品的卫生安全而制定的强制性条文。

6.1.2、6.1.3 为满足兽医检验的要求而制定的强制性条文。

6.1.6 现在多数厂采用的是分散的检验方法,它是将猪屠体各部位由卫检人员分别检验,检验过的部位(如内脏器官)即可与猪胴体分离进入后一工序加工,一旦后序检验部位发现疾病时,已离体部位就找不到了,这就失去了从整体上综合判断的作用和控制疫病扩散的可能。

统一编号的对照检验方法是将胴体和内脏编上相同号码,内脏集中在专设检验台处检验,发现疾病时,可按编号找到相应的胴体和内脏进行综合判断处理。由此可见,把分散的检验,改为相对集中的对照检验或内脏与胴体同步检验是采用了更为先进的检验方法,它对我国屠宰厂兽医检验工作无疑将起到巨大的推动作用。

6.1.8 为满足兽医检验的要求而制定的强制性条文。

6.2 检验设施与卫生

6.2.6 根据《中华人民共和国食品卫生法》和食品卫生标准的有关规定,食品经营企业应对其生产企业的生产用水、生产加工的原料、半成品和产成品是否合格做出微生物、理化项目的法定检验。为承担其职责和任务,应设置检验室。Ⅳ级屠宰车间可将采集的样品送有关检验单位检验。

6.2.7 寄生虫检验室的设置是根据《肉品卫生检验试行规程》确定的,它是法定检验项目,检验方法以镜检法为主。近年来国外采用了一种快速简易检验寄生虫的方法,称为消化法。采用此种检验方法有先决条件,即必须有连续三年寄生虫检验检出率低于十万分之一至五十万分之一的记录地区,才可使用消化法。

我国目前市场上以销售热鲜猪肉为主,为了把住检验关,应采用镜检法来做寄生虫检验。

7 制冷工艺

7.1 胴体冷却

7.1.1 二分胴体中心温度低于7℃可抑制细菌的繁殖。

7.1.2 调查中发现,快速冷却间设计温度大多采用(−20~−25)℃,冷却时间大致采用(70~100)min。

7.2 副产品冷却

7.2.1、7.2.2 这两条规定与目前国外标准一致。

7.3 产品的冻结

7.3.1 分割肉的冻结要在24h之内完成,在−35℃冻结间内必须采用盘装包装,在冻结间内把肉冻好后,再进入包装间把盘装换成纸箱包装入库,目的是提高肉品质量。我国目前只有少数用于出口的分割肉冻结间,其间温可达到这个水平。考虑到国内实际情况,只提出冻肉的终了温度,没有对冻结时间作统一规定。

7.3.2 副产品冻结时间要求比肉冻结时间要短,冻结后温度要低,目的也是保证获得好的质量。国外先进的标准要求副产品在12h内冻到−18℃,使用平板冻结器可达到这一要求。结合我国情况,提出24h冻结达到−18℃是可行的,只是冻结间库温要到−23℃以下才行,执行起来也应无问题。

8 给水排水

8.1 给水及热水供应

8.1.1 本条是根据《中华人民共和国食品卫生法》及国家认监委《出口肉类屠宰加工企业注册卫生规范》(国认注函〔2003〕167号)对食品加工用水水质的要求制定的。

8.1.2 原规范第7.1.2条规定:屠宰车间与分割车间每头猪生产用水量按(0.50~0.70)m³计算。这次规范修订时,我们对全国屠宰加工企业实际生产用水量又进行了一次调查,从调查的资料来看,一方面,各企业实际用水量与原规范规定的数值相差不大,但是从大部分企业来看,加强节水意识和管理,用水量可大大减少。另一方面,由于国家加强定点屠宰,设计规模增大,用水标准相应减少。故这次规范将用水量标准调低一个档次,为(0.40~0.60)m³,生产用水量标准包括屠宰与分割车间的生活用水。

8.1.3 本条是根据国家认监委《出口肉类屠宰加工企业注册卫生规范》(国认注函〔2003〕167号)第7.3.4条对车间消毒要求制定的。

8.1.9 本条主要是从节能减排方面考虑制定的。冲洗待宰圈地面采用城市杂用水或中水作为水源能满足卫生要求。

8.2 排水

8.2.1、8.2.2 屠宰加工过程中污水排放比较集中,污水中含有大量的血、油脂、胃肠内容物、皮毛、粪便等杂物。为了满足车间卫生要求,地面水应尽快排出且不应堵塞。根据目前各厂实际运行情况,屠宰车间设明沟排水(或浅明沟)较好,一方面污物能及时排放,另一方面清洗卫生方便。

8.2.3 本条是根据屠宰工艺要求制定的。

8.2.4 设置水封装置是防止室外排水管道中有毒气体通过明沟窜入室内,污染车间内的环境卫生。本条为强制性条文。

8.2.6 分割车间可采用明沟(浅明沟)或专用除污地漏排水,专用除污地漏应带有网筐,首先将污物拦截于筐内,水从筐内流入下水管道,否则污物易堵塞下水管道。每个地漏排水的汇水面积参照国外有关标准确定为36.00m²。

8.2.8 屠宰加工中胃肠内容物及粪便都流入室外截粪井,每日截粪井都应出清运送,卫生条件较差,所以本条规定可采用固液分离机处理粪便及有关固体物质。并对Ⅰ、Ⅱ级屠宰车间提出宜安装气体输送装置送至暂存场所,这样可以减少对周边环境的污染。

8.2.10 间接排水指卫生设备或容器与排水管道不直接连接,以防止污浊气体进入设备或容器。本条为强制性条文。

8.2.11 本条是根据本行业屠宰污水排放比较集中、污物较多、管道宜堵塞等情况将管径放大的,从调查实际运行生产厂,车间内管道及室外排水管道堵塞情况普遍,管内结垢(油垢)严重,按计算选择管径实际使用偏小,也不便于管道内清洗,故将管径放大。

8.2.14 急宰间及无害化处理间排出的污水和粪便应先收集、沉淀和消毒处理后,才准许排入厂区内污水管网。

9 采暖通风与空气调节

9.0.1 根据我国实际情况,屠宰车间应以自然通风为主,对于散发臭味多的加工间,如副产品肠胃加工间,换气次数不宜小于6次/h,如果达不到换气要求,就应辅助以机械通风。

9.0.2 本条是根据现行国家标准《采暖通风与空气调节设计规范》GB 50019—2003第5.1.9条制定的。

9.0.3 根据国家商检局《出口畜禽肉及其制品加工企业注册卫生

规范》(国检监〔1995〕165号),分割车间夏季空气调节室内计算温度应保持在15℃以下。目前国际上普遍采用冷分割工艺,室内温度控制在10℃左右。

9.0.4 分割及包装间温度常年一般在(10~12)℃之间,车间人员及货物进出门时冷耗太大。为了节约能耗,在设计时门上应设置空气幕或其他装置。

9.0.5 为了保证食品和人员卫生安全,在食品加工车间有空调要求场合,空调系统新风吸入口及回风口应设过滤装置。

9.0.6 本条是根据现行国家标准《采暖通风与空气调节设计规范》GB 50019—2003 第3.1.1条制定。

9.0.7 本条参考了原商业部设计院编制的《冷藏设计统一技术措施》中有关用汽量指标。条文表9.0.7中数据是指以烫毛为主的屠宰车间,若以剥皮为主时,其用汽量情减少。

9.0.9 本条是对制冷机房的通风设计提出的具体要求。本条为强制性条文。

  1 制冷机房日常运行时,一方面,为了防止制冷剂的浓度过大,应保证通风良好。另一方面,在夏季良好的通风可以排除制冷机房内电机和其他电气设备散发的热量,以降低制冷机房内温度,改善操作人员的工作环境。日常通风的风量,以消除夏季制冷机房内余热,取机房内温度与夏季通风室外计算温度之差不大于10℃来计算。

  2 事故通风是保障安全生产和保障工人生命安全的必要措施。对在事故发生过程中可能突然散发有害气体的制冷机房,在设计中应设置事故通风系统。氟利冷机房事故通风的换气次数与现行国家标准《采暖通风与空气调节设计规范》GB 50019 中的规定相一致。

  3 氨制冷机房,在事故发生时如果突然散发大量的氨制冷剂,其危险性更大。国外相关资料制冷机房每平方米推荐的紧急通风量是 50.8L/s,紧急通风量最低值是 9,440L/s。9,440L/s 是基于假定某根管断裂,而使机房内氨浓度保持在4%以下的最小排风量。

9.0.10 当氨蒸气在空气中的含量达到一定比例时,就与空气构成爆炸性气体,这种混合气体遇到明火时会发生爆炸。一些氟利昂制冷剂蒸气接触明火时会分解成有毒气体——光气,对人有危害。因此规定制冷机房内严禁明火采暖。本条为强制性条文。

10 电 气

10.0.1 屠宰与分割加工生产的正常运行,是确保肉品质量和食品卫生的关键环节,如供电不能保证,一旦停电,势必造成肉品加工生产停止,肉温上升,导致肉品变质,从而造成较大的经济损失。根据猪屠宰与分割加工产品质量标准和卫生标准的要求,为提高供电的可靠性,对Ⅰ、Ⅱ级屠宰与分割车间的屠宰加工设备、制冷设备及应急照明按二级负荷供电。

10.0.2 屠宰与分割车间是肉联厂或屠宰厂主要的用电负荷,为提高其供电的可靠性并便于独立核算,应采用专用回路供电。

10.0.3 屠宰与分割车间属多湿潮湿场所,操作工人也经常带水作业,为提高用电安全,故规定此条内容。

10.0.4 根据现行国家标准《食品企业通用卫生规范》GB 14881 的有关规定及屠宰与加工车间潮湿多水的特点制定本条。

10.0.5 潮湿多水场所电气设备选型的一般要求。

10.0.6 为了提高安全用电水平的一般规定。

10.0.7 经对屠宰与分割车间照明照度的调查,根据现行国家标准《建筑照明设计标准》GB 50034 及《食品企业通用卫生规范》GB 14881 的有关规定,对屠宰与分割车间的照明标准值作出规定。考虑到设计时布灯的需要和光源功率及光通量的变化不是连续的实际情况,设计照度值与照度标准值可有-10%~+10%的偏差。

10.0.8 经对屠宰与分割车间调查收集到的资料进行分析,根据现行国家标准《建筑照明设计标准》GB 50034 的要求对屠宰与分割车间照明光源的选择原则和照明功率密度值作出规定。

10.0.9 屠宰与分割车间属人员密集的工作场所,当突然停电时,为便于工作人员进行必要的操作和安全疏散制定本条。

10.0.10 根据现行国家标准《肉类加工厂卫生规范》GB 12694 的要求及为提高用电安全制定本条。

10.0.11 屠宰与分割车间属多油脂场所,且在对设备及地面进行卫生冲洗时,会使用一些具有一定腐蚀性的物质(如碱等),因此应选择适宜的导线或电缆,以提高电气线路的使用寿命。

10.0.12 根据屠宰车间潮湿多水的特点及肉品加工卫生标准制定本条。

10.0.13 分割车间属清洁区,在电气设计中应减少影响肉品卫生及车间美观的因素。

10.0.14 当发生接地故障时,为降低操作人员间接接触电压,以防止可能发生的人身安全事故,应采取等电位联接的保护措施。

10.0.15 根据现行国家标准《建筑物防雷设计规范》GB 50057 的规定,屠宰与分割车间属三类防雷建筑物。

中华人民共和国国家标准

粮食平房仓设计规范

Code for design of grain storehouses

GB 50320—2001

主编部门：国　家　粮　食　局
批准部门：中华人民共和国建设部
施行日期：２００１年７月１日

关于发布国家标准《粮食平房仓设计规范》的通知

建标［2001］128 号

根据我部"关于印发《二〇〇〇至二〇〇一年度工程建设国家标准制订、修订计划》的通知"（建标［2001］87 号）的要求，由国家粮食局会同有关部门共同修订的《粮食平房仓设计规范》，经有关部门会审，批准为国家标准，编号为 GB 50320—2001，自 2001 年 7 月 1 日起施行。其中，4.2.4（2 款）、5.1.1、5.2.1、5.2.2、5.2.3、5.2.5、6.1.1、6.1.5、6.2.9、6.3.8、7.0.1、8.1.2、8.3.2 为强制性条文，必须执行。原行业标准《粮食房式仓库设计标准》（SBJ 03—89）同时废止。

本规范由国家粮食局负责管理，郑州工程学院负责具体解释工作，建设部标准定额研究所组织中国计划出版社出版发行。

中华人民共和国建设部

二〇〇一年六月十三日

前　言

本规范依据建设部建标［2001］87 号文编制。

本规范分 8 章与 3 个附录，包括：总则、术语和符号、工艺、建筑设计、荷载与效应组合、结构设计、消防设施、电气与粮温测控。

本规范中第 4.2.4（2 款）、5.1.1、5.2.1、5.2.2、5.2.3、5.2.5、6.1.1、6.1.5、6.2.9、6.3.8、7.0.1、8.1.2、8.3.2 条为强制性条款，正文已用黑体字给出。

为以后进一步补充、完善与提高，请各单位在执行过程中，认真总结经验，积累资料，并将有关意见及资料提供给编制组。

本规范由郑州工程学院郑州粮油食品工程建筑设计院负责解释。通信地址为郑州市嵩山南路 140 号，邮编：450052。

本规范主编单位、参编单位和主要起草人：

主 编 单 位：郑州工程学院郑州粮油食品工程建筑设计院

参 编 单 位：原国家粮食储备局郑州科学研究设计院

国贸工程设计院

原国家粮食储备局无锡科学研究设计院

北京煤炭设计研究院

长沙冶金设计研究院

主要起草人：王振清　齐志高　王录民　刘凯

弓　平　程四相　范建华　李伯仲

郝卫红　侯业茂　张义才　王广国

宋春燕　王　玲　郭金勇　张来林

张　虎　崔元瑞　归衡石

目 次

1 总则 ·· 7—22—4
2 术语、符号 ······································· 7—22—4
　2.1 术语 ··· 7—22—4
　2.2 符号 ··· 7—22—4
3 工艺 ··· 7—22—4
　3.1 一般规定 ······································· 7—22—4
　3.2 通风 ··· 7—22—5
　3.3 熏蒸 ··· 7—22—5
4 建筑设计 ·· 7—22—5
　4.1 方案设计 ······································· 7—22—5
　4.2 建筑设计及构造 ····························· 7—22—6
5 荷载与效应组合 ································ 7—22—6
　5.1 荷载代表值 ···································· 7—22—6
　5.2 荷载效应组合 ································ 7—22—7
6 结构设计 ·· 7—22—7
　6.1 基本要求 ······································· 7—22—7
　6.2 结构计算 ······································· 7—22—8
　6.3 结构构造要求 ································ 7—22—8
7 消防设施 ·· 7—22—9
8 电气与粮温测控 ································ 7—22—9
　8.1 一般规定 ······································· 7—22—9
　8.2 电力装置及管线敷设 ····················· 7—22—9
　8.3 照明 ··· 7—22—9
　8.4 防雷与接地 ···································· 7—22—9
　8.5 粮温测控系统 ································ 7—22—9
附录 A 通风系统阻力
　　　 计算公式 ·································· 7—22—10
附录 B 主要粮食的设计
　　　 用物理参数 ······························ 7—22—10
附录 C 粮食压力计算公式 ··················· 7—22—10
本规范用词说明 ···································· 7—22—11
附：条文说明 ······································· 7—22—12

1 总则

1.0.1 为在粮食平房仓设计中贯彻执行国家技术经济政策,做到符合储粮要求、作业合理、技术先进、经济适用,制定本规范。

1.0.2 本规范适用于储存各种原粮、成品粮的平房仓设计。

1.0.3 粮食平房仓分类:
    1 按装形式可分为散装仓和包装仓;
    2 按使用功能可分为收纳仓、中转仓、储备仓、成品仓等;
    3 按温度控制要求可分为常温仓、准低温仓($15℃ \leqslant t \leqslant 20℃$)、低温仓($t < 15℃$)。

1.0.4 应根据安全储粮与作业要求采取相应工艺及粮情检测设施,应采用不污染环境与粮食的科学保粮新技术和新方法。

1.0.5 应优先采用环保型及对保护生态环境有益的新型建筑材料。

1.0.6 粮食平房仓设计除应满足本规范外,尚应符合国家现行的有关规范、标准的规定。

2 术语、符号

2.1 术语

2.1.1 粮食平房仓 grain storehouse
    用于储存粮食且满足储粮功能要求的单层房式建筑物。

2.1.2 粮堆机械通风 machinery ventilation of grain pile
    利用风机产生的压力将外界低温空气送入粮堆,促使粮堆内外空气进行湿热交换,降低粮堆内的温度与水分,增进储粮稳定性的一种储粮技术。

2.1.3 粮层阻力 resistance of grain layer
    气流穿过粮层时的压力损失。

2.1.4 空气分配器 air divider
    在机械通风中用于将风道内的空气向粮堆内均匀通风的部件。

2.1.5 粮面表观风速 wind speed of grain surface
    气流穿过粮堆(粮层)表面的速度,即每秒钟内通过每平方米粮堆表面的气流量。

2.1.6 环流熏蒸 circulating fumigation
    通过强制性的气体循环,促使熏蒸气体在粮食中均匀分布,达到有效杀死粮堆中害虫的熏蒸方法。

2.1.7 粮食孔隙度 void space of grain
    粮堆内颗粒间空隙的总体积占粮堆体积的百分比。

2.1.8 粮食质量密度 mass density of grain
    单位体积粮食的质量,简称粮食密度。

2.1.9 粮食重力密度 gravity density of grain
    单位体积粮食所受的重力,简称粮食重度。

2.1.10 粮食压力 pressure of grain
    粮食作用在接触物体表面上的力。

2.1.11 排架 bent frame
    由梁(或桁架)和柱铰接而构成的单层框架。

2.1.12 刚架 rigid frame
    由梁和柱刚接而构成的单层框架。根据结构材料不同,分为钢筋混凝土结构刚架、钢结构刚架和钢梁—钢筋混凝土柱组合刚架。

2.1.13 拱板 arch slab
    上下弦均为钢筋混凝土薄板的拱架式结构。

2.2 符号

2.2.1 几何参数
    b_0——平房仓纵墙轴线之间的距离
    l_0——平房仓横墙轴线之间的距离
    h——粮食平堆高度
    h_1——粮食加堆的高度
    h_2——靠墙面的粮堆高度
    l——简支梁跨度
    s——储粮顶面至所计算截面的距离

2.2.2 计算系数
    k——粮食侧压力系数
    k_s——仓容系数
    k_b——包装仓面积利用系数
    γ_k——基础抗滑移稳定系数
    μ——基础底面对地基的摩擦系数

2.2.3 粮食散料的物理特性参数
    γ——粮食重力密度
    ϕ——粮食内摩擦角
    δ——粮食对灰砂粉刷面的外摩擦角;外摩擦系数
    β——粮食滑动楔体的滑动面与墙面的夹角
    α——加堆的斜面与水平面的夹角

2.2.4 作用及作用效应
    P_h——粮食作用于仓壁单位面积上的水平压力标准值
    P_f——粮食作用于仓壁单位面积上的竖向摩擦力标准值
    F_f——粮食对单位长度仓壁的竖向摩擦力标准值
    P_{hi}——简支梁 i 端粮食水平压力标准值
    P_{hj}——简支梁 j 端粮食水平压力标准值
    G——基础自重及其台阶上的土重
    H——上部结构传至基础底面的水平力设计值
    N——上部结构传至基础的竖向力设计值
    M_{max}——简支梁最大弯矩标准值

3 工艺

3.1 一般规定

3.1.1 工艺设计方案应根据建设规模、使用功能、粮食接收、发放条件等具体情况,经技术经济比较后确定。

3.1.2 工艺设计内容应包括:输送工艺流程、设备选用、机械通风、熏蒸系统等。

3.1.3 应根据粮食品质、种类、储存时间及气候等条件选择合理的通风、熏蒸方式和熏蒸剂。储粮时间超过6个月的平房仓内应设机械通风、熏蒸系统。

3.1.4 粮食进出仓作业宜采取防尘措施,改善作业环境。

3.1.5 选用的设备应具有安全可靠、高效低耗、破碎率低、操作方便等性能,符合环保、卫生要求。

3.1.6 散装仓宜选用移动式设备,应根据仓容量、接卸设施的作业时间等条件确定设备的生产能力。输送工艺应满足下列要求:
    1 作业线应连贯,每组设备生产能力应匹配。
    2 粮食进出仓作业应设置输送、取样、计量、清理等设备。需包装发放时应配置打包设备。
    3 粮食入仓作业过程中应减少粮食的自动分级。
    4 挡粮板应设置出粮孔,出粮孔位置应满足与之衔接设备的进料要求。

3.1.7 包装仓输送工艺应根据其功能、作业线运输距离等因素确定合理的工艺流程。应根据进出仓作业要求、时间、包装袋尺寸等条件确定设备数量。包装仓输送工艺设备可按下列要求选配:
    1 进出仓可配置移动式包粮胶带输送机、平板车、电瓶车、叉车、码垛机等设备。

2 码头中转库宜设起重机配合作业。起重机作业能力应与运输设备能力匹配。

3 粮食加工厂成品包装仓应根据打包车间位置合理设置固定设备,设备作业能力应与打包车间设备的生产能力匹配。

3.2 通 风

3.2.1 散装仓粮堆机械通风系统宜按通风降温要求设计,应通风均匀,操作管理方便。通风道应满足下列要求:

1 通风道形式可采用地槽或地上笼,风道宜对称布置、简捷,单廒间内风道型式应统一。

2 进风口应与通风机等设备对接方便,并应满足保温、气密、防腐蚀、防潮等要求。进风口盖板应拆装方便。

3 通风道应设有安全可靠的风量调节装置,风量调节装置可按空仓调节要求设计。各支风道应设有检测孔。

4 空气分配器开孔率应大于25%,孔隙尺寸以不漏粮为限。风道各接口处应采取有效措施防止粮食漏入通风道。

5 通风道的金属构件应进行防腐、防锈处理。

6 仓内通风道必须能承受设计装粮高度的粮食压力。地槽空气分配器、盖板必须能承受进出仓机械设备的最大荷载。

3.2.2 散装仓机械通风主要参数选择。

1 总通风量按下式计算:

$$Q_0 = qAh\rho \quad (3.2.2-1)$$

式中 Q_0 ——总通风量(m^3/h);
  q ——单位通风量[$m^3/(h \cdot kg)$],取值范围宜为 $6 \times 10^{-3} \sim 12 \times 10^{-3} m^3/(h \cdot kg)$;
  A ——每组风网对应的堆粮面积(m^2);
  ρ ——粮食质量密度(kg/m^3);
  h ——粮食平堆高度(m)。

2 风道风速按下式计算:

$$V_t = \frac{Q_t}{3600 F_t} \quad (3.2.2-2)$$

式中 V_t ——风道风速(m/s),主风道风速取值范围可为 $7 \sim 15 m/s$,支风道风速取值范围可为 $4 \sim 7 m/s$;
  Q_t ——通过风道的风量(m^3/h);
  F_t ——风道的横截面积(m^2)。

3 空气分配器表观风速按下式计算:

$$V_d = \frac{Q_d}{3600 F_d} \quad (3.2.2-3)$$

式中 V_d ——气流穿过空气分配器的表观风速(m/s),地上笼空气分配器的表观风速宜小于 0.15m/s,地槽空气分配器的表观风速宜小于 0.75m/s;
  Q_d ——通过分配器的风量(m^3/h);
  F_d ——分配器开孔面的表面积(m^2)。

4 支风道间距按下式计算:

$$l = 2h(K-1) \quad (3.2.2-4)$$

式中 l ——支风道间距(m),边侧通风道与侧墙间距不宜大于 $0.5l$;
  K ——通风途径比,6m堆粮高度时取值范围宜为 $1.2 \sim 1.5$;
  h ——粮食平堆高度(m)。

5 风道末端与仓壁距离宜为 $0.5 \sim 1.0m$,通风道单程长度不宜超过 25m。

3.2.3 通风系统阻力宜按下式计算:

$$H_0 = H_g + H_d + H_t \quad (3.2.3-1)$$

式中 H_0 ——风网总阻力(Pa);
  H_g ——粮层阻力(Pa);
  H_d ——空气分配器阻力(Pa);
  H_t ——风道阻力(Pa)。

注:通风系统阻力计算公式参见本规范附录A。

3.2.4 通风机的选择。

1 通风机的风量按下式计算:

$$Q_f = S_1 Q_0 \quad (3.2.4-1)$$

式中 Q_f ——通风机的风量(m^3/h);
  S_1 ——风量系数,取值宜为 $1.10 \sim 1.16$。

2 通风机的风压按下式计算:

$$H_f = S_2 H_0 \quad (3.2.4-2)$$

式中 H_f ——通风机的风压(Pa);
  S_2 ——风压系数,取值宜为 $1.10 \sim 1.20$。

3 根据风量和风压选通风机,其工作点应在通风机高效区中间段。

3.2.5 粮面上方空间换气应根据储粮要求、气候条件等合理选择作业方式。采用机械通风时,通风设备应保证粮面上方空间通风换气次数不小于每小时4次。

3.3 熏 蒸

3.3.1 平房仓的门、窗、洞孔及管线应密闭。有熏蒸要求的散装仓整仓气密应满足仓内气压从500Pa降至250Pa的压力半衰期大于40s。

3.3.2 与熏蒸剂接触的部件应耐熏蒸剂腐蚀。

3.3.3 散装仓宜采用环流熏蒸方式。环流熏蒸系统应包括环流、施药、药物浓度检测等装置。

3.3.4 环流熏蒸系统管道宜利用通风系统的网路。仓外管道接口应密闭。

4 建筑设计

4.1 方案设计

4.1.1 平房仓建筑结构选型应根据工艺要求、地形、地质、气候、施工等条件,经技术经济比较后综合确定。

4.1.2 平房仓仓容量计算应符合下列规定:

1 散装仓仓容量按下式计算:

$$Q_1 = k_s \rho l_0 b_0 h \quad (4.1.2-1)$$

式中 Q_1 ——散装仓仓容量(kg);
  k_s ——仓容系数(k_s=有效装粮容积/$l_0 b_0 h$),估算仓容时取 k_s=0.95;
  ρ ——粮食质量密度(kg/m^3),详见本规范附录B;
  l_0 ——平房仓横墙轴线之间的距离(m);
  b_0 ——平房仓纵墙轴线之间的距离(m);
  h ——粮食平堆高度(m)。

2 包装仓仓容量按下式计算:

$$Q_2 = k_b q_b l_0 b_0 n \quad (4.1.2-2)$$

式中 Q_2 ——包装仓仓容量(kg);
  k_b ——包装仓面积利用系数(k_b=有效堆包面积/$l_0 b_0$),估算仓容时 k_b=0.71;
  q_b ——单层粮包面密度(kg/m^2),详见本规范附录B;
  n ——堆包层数。

4.1.3 平房仓耐火等级不宜低于二级。当采用无防火保护层的钢承重及围护结构时,其建筑耐火等级可视为二级;占地面积及防火分区应符合表4.1.3的规定。

表4.1.3 平房仓占地面积及防火分区(m^2)

建筑物耐火等级	允许最大占地面积	
	每栋平房仓	防火墙隔间
一、二级	12000	3000
三级	3000	1000

4.1.4 确定平房仓平面尺寸及建筑高度时应符合下列规定：

1 跨度、高度、柱距及构件尺寸等应符合现行国家标准《建筑模数协调统一标准》GBJ 2 的规定；其中跨度不宜小于 18m，廒间长度不宜小于 30m。

2 散粮平堆高度不宜小于 5.0m。麻袋包不宜小于 22 层；面袋包不宜小于 24 层。

3 粮面与屋盖水平构件之间的净高不应小于 1.5m，也不应大于 2.0m；当顶棚为平顶时不宜小于 1.8m。

4 室内外高差不宜小于 300mm。

4.2 建筑设计及构造

4.2.1 保温、隔热，要符合下列要求：

1 平房仓围护结构的保温、隔热应根据所在地区的气候条件及储粮工艺提供的技术参数综合确定。

2 钢筋混凝土屋盖保温层应采用憎水型非散粒状保温材料；炎热地区钢筋混凝土屋盖宜做架空隔热层，或采用新型隔热材料；金属压型彩板屋顶应采用轻质、阻燃型保温材料。

4.2.2 密闭，要符合下列要求：

1 平房仓应满足工艺规定的气密性指标要求。

2 储备仓的门窗洞口、粮面以上风机洞口四周及散装平房仓设计装粮高度处，均应设置塑料密封槽管。塑料密封槽管应与墙体基层固定牢靠，转角应弧形过渡。

3 门、窗、风机、穿墙管线与墙体的连接缝及建筑构配件之间的连接缝等均应采取可靠的密闭措施。

4.2.3 屋面要符合下列要求：

1 屋面做法应符合现行国家标准《屋面工程技术规范》GB 50207 中的有关规定。储备仓屋面防水等级应为 Ⅱ 级，其他使用功能的平房仓屋面防水等级不应低于 Ⅲ 级。

2 屋面防水材料宜采用合成高分子、高聚物改性沥青等新型防水卷材。

3 卷材防水屋面坡度不宜大于 25%，当不能满足坡度要求时，应采取防止材料下滑的措施。

4 屋面宜采用无组织排水形式，檐口出墙不小于 600mm。南方地区可采用有组织排水形式。当采用悬山形式时挑檐出山不宜小于 500mm。压型金属彩板屋面宜采用悬山形式。

5 拱板屋盖上、下弦板面均宜做保温或隔热层。拱脚处宜采取保温措施。应有排除顶内热空气的可靠措施。

6 压型金属彩板屋面彩板与彩板长边之间应采用咬口连接，并通过配套连接件与檩条固定，上层彩板不应采用明螺钉与檩条固定；除屋脊位置以外，彩板短边不应另有搭接。

4.2.4 墙体要符合下列要求：

1 应采取措施隔绝地下潮气。砌筑墙体应在 −0.06m 标高处设置防水水泥砂浆水平防潮层，墙体水平防潮层严禁采用沥青或卷材等柔性材料。

2 外墙堆粮线以下部分应在内侧设置垂直防潮层；内墙面应平整、并具有一定的吸湿性，且不得采用对粮食有污染的材料。

3 砌体外墙面宜做砂浆粉刷，并应设置粉刷分格缝。外墙四周应做勒脚。

4.2.5 地面要符合下列要求：

1 平房仓地面应按照现行国家标准《建筑地面设计规范》GB 50037 进行设计；仓内地基应根据具体情况进行处理，回填土应分层夯实或碾压，其压实系数不应小于 0.93。

2 地面应由面层、防潮层、找平层、结构层及垫层等构造层组成。当采用混凝土面层时应设置分格缝，分格缝纵横间距不应大于 6m。地面防潮层应采用延性较好的卷材或涂膜防水材料，接头位置高于地面不小于 300mm；墙体垂直防潮层应有可靠的搭接。墙体与室内地坪交接处应设置沉降缝，并应留有防潮层的变形余量；结构层厚度应根据地基条件及荷载计算确定；不得采用对粮食有污染的面层及嵌缝材料。

3 当采用地槽通风时，防潮层遇地槽处不得断开。

4 当采用堆粮预压处理地坪时，不应采用地槽通风，并应做临时防潮地坪。

4.2.6 门、窗、挡粮板，要符合下列要求：

1 门的位置与数量应根据仓房跨度、廒间长度及进出粮作业要求合理确定。每个廒间大门的数量不应少于 2 个，且不宜布置在仓房的同一侧。门洞尺寸应满足进出粮作业要求。储备仓应采用保温密闭门，散装仓应设置挡粮板，挡粮板上应根据工艺要求设置出粮口。

2 仓门口处宜设置防鼠板及防虫沟。

3 应在散装仓每个廒间粮面以上设置一个粮情检查门，或利用大门设置门斗，并在门斗内设置通至粮面的爬梯。粮情检查门应保温、密闭，门洞宽度不应小于 0.80m，高度不宜小于 1.50m，室外应设置通向粮情检查门的斜梯和平台，室内应设活动的安全防护栏杆和低粮面下人梯。

4 窗的位置与数量应根据通风、采光及工艺作业要求合理确定。储备仓应采用保温、密闭窗，在满足使用要求的前提下，应尽量减少窗的数量。

5 散装仓应考虑利用窗口补装粮作业的要求，洞口尺寸不宜小于 0.90m×0.90m，窗扇不应采用中悬形式，并应配备开窗器及可开启的防雀网，窗台宜高于装粮线 300mm 以上。

4.2.7 散水、坡道、雨篷，要符合下列要求：

1 平房仓外墙四周应做混凝土散水，散水坡度宜为 3%～5%，宽度应根据土壤性质、气候条件、建筑高度及屋面排水形式确定，并不宜小于 0.80m。当屋面采用无组织排水时，散水宽度应宽出檐口线 0.20m 以上。混凝土散水应设置伸缩缝，间距不宜大于 12m；散水与外墙之间宜留 20～30mm 宽的缝，缝内嵌柔性防水材料。

2 坡道宜采用混凝土坡道，混凝土面层厚度及垫层材料应满足运输机械通行的强度要求。坡道坡度宜为 1:6～1:8。

3 季节性冻土、湿陷性黄土及膨胀土地区的散水及坡道应根据有关规范的规定采取相应的措施。

4 雨篷根部外墙面应做泛水；寒冷地区雨篷应采用无组织排水形式。

5 荷载与效应组合

5.1 荷载代表值

5.1.1 粮食平房仓的结构设计，应考虑下列荷载和作用：

1 永久荷载：结构自重、土压力、预应力等；

2 可变荷载：粮食荷载、屋面活荷载、输送设施吊挂荷载、风荷载、雪荷载、气密性加压检测荷载等；

3 地震作用。

5.1.2 各种荷载和作用的取值，除本规范规定者外，其余均应按现行国家标准《建筑结构荷载规范》GB 50009 的规定确定。

注：可变荷载不含其他不可预见荷载。

5.1.3 荷载代表值：

1 永久荷载应采用标准值作为代表值；

2 可变荷载应根据设计要求采用标准值、组合值、准永久值作为代表值。

5.1.4 粮食的物理参数，应采用工艺专业提供的数据；经工艺专业同意也可按本规范附录 B 取值，但应对结构产生最不利作用的储料品种的参数。

5.1.5 平堆散装粮食对仓壁的压力标准值应按下列规定计算：

1 计算深度 s 处粮食作用于仓壁单位面积上的水平压力标准值按下式计算：

$$P_h = k\gamma s \qquad (5.1.5\text{-}1)$$

2 计算深度 s 处粮食作用于单位面积上的竖向摩擦力标准值按下式计算：

$$P_f = k s \gamma \tan\delta \quad (5.1.5-2)$$

粮食侧压力系数 k 值，可按下式计算或按本规范附录 B 取值：

$$k = \frac{\cos^2\varphi}{\cos\delta\left(1+\sqrt{\frac{\sin(\varphi+\delta)\sin\varphi}{\cos\delta}}\right)^2} \quad (5.1.5-3)$$

式中 k——粮食侧压力系数；
s——储粮顶面至所计算截面的距离(m)，(如图 5.1.5 所示)；
γ——粮食重力密度(kN/m^3)；
δ——粮食对灰砂粉刷面的外摩擦角；
φ——粮食内摩擦角。

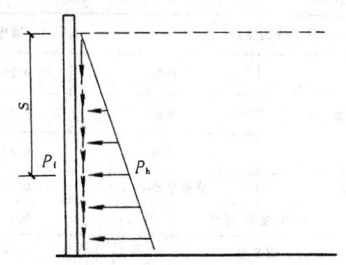

图 5.1.5 仓壁受粮食作用计算图示

注：1 按式(5.1.5-1)计算水平压力时，其 k 值计算不应考虑粮食对仓壁的外摩擦角。
2 地基承载力计算及地基变形验算时，应根据具体情况确定是否考虑粮食对仓壁的外摩擦角。
3 非平堆散装粮食对于仓壁的水平压力和竖向摩擦力计算公式见本规范附录 C。

5.1.6 平堆散装粮食对地面的垂直压力标准值可按下式计算：

$$P_v = \gamma s \quad (5.1.6)$$

5.1.7 包装粮食的每层包底面重度标准值，根据仓内储存粮种，可按本规范附录 B 取值。

5.2 荷载效应组合

5.2.1 平房仓结构设计应根据使用过程中结构上可能同时出现的荷载，按承载能力极限状态和正常使用极限状态分别进行荷载效应组合，并取各自最不利的效应组合进行设计。

散装平房仓应考虑空仓、满仓及单侧堆粮时与其他各种荷载的不利组合。

5.2.2 平房仓结构按承载能力极限状态设计时，应按荷载效应基本组合并采用下列设计表达式进行设计：

$$\gamma_0 S \leqslant R \quad (5.2.2)$$

式中 γ_0——结构重要性系数，取 1.0；
S——荷载效应组合的设计值；
R——结构构件抗力的设计值，应按现行有关设计规范的规定确定。

5.2.3 散装平房仓排架、刚架结构荷载效应基本组合的设计值 S，应按下列表达式计算：

$$S = \gamma_G S_{GK} + \gamma_{Q1} S_{Q1K} + \sum_{i=2}^{n} \gamma_{Qi}\psi_{ci} S_{QiK} \quad (5.2.3)$$

式中 γ_G——永久荷载分项系数，应按本规范 5.2.5 条采用；
γ_{Qi}——第 i 个可变荷载分项系数，γ_{Q1} 为可变荷载 Q_1 的分项系数，应按本规范 5.2.5 条采用；
S_{GK}——永久荷载标准值 G_K 的效应；
S_{QiK}——可变荷载标准值 Q_{iK} 的效应，S_{Q1K} 为诸可变荷载效应中起控制作用者；
ψ_{ci}——可变荷载 Q_i 的组合值系数，可按本规范 5.2.6 条采用；

n——参与组合的可变荷载数。

5.2.4 包装平房仓排架、刚架结构荷载效应基本组合的设计值 S，应按现行国家标准《建筑结构荷载规范》GB 50009 确定。

5.2.5 基本组合的荷载分项系数，应按下列规定采用：
 1 永久荷载的分项系数：
 1) 当其效应对结构不利时
 ——对由可变荷载效应控制的组合，取 1.2；
 ——对由永久荷载效应控制的组合，取 1.35。
 2) 当其效应对结构有利时
 ——一般情况取 1.0；
 ——对结构的滑移验算，取 0.9。
 2 可变荷载的分项系数：
 ——粮食荷载取 1.3；当有可靠的实测数据时，粮食荷载分项系数可适当调整，但荷载对结构不利时，取值不得低于 1.2；
 ——其他可变荷载，取 1.4。
 3 地震作用，取 1.3。

5.2.6 散装平房仓荷载效应基本组合的可变荷载组合值系数，应按下列规定取用：
 1 非抗震设计：
 ——风荷载取 0.6；
 ——其他可变荷载取 0.7。
 2 抗震设计：
 ——粮食荷载取 1.0；
 ——地震作用取 1.0；
 ——雪荷载取 0.5；
 ——风荷载不计。

5.2.7 平房仓按正常使用极限状态设计时的荷载效应组合，应根据不同的设计要求按现行国家标准《建筑结构荷载规范》GB 50009 确定。

6 结构设计

6.1 基本要求

6.1.1 粮食平房仓结构的设计工作寿命应为 50 年，建筑结构安全等级应为二级，地震作用和抗震措施应按丙类建筑执行。

6.1.2 结构设计应从实际出发，合理选择材料、结构方案及构造等，必须满足正常施工及使用过程中的结构强度、稳定及刚度要求，应满足正常维护下的耐久性要求。

6.1.3 结构选型宜符合下列要求：
 1 采用屋架体系屋盖时，屋架支座下宜布置钢筋混凝土柱，由钢筋混凝土柱承受屋架传来的竖向荷载和柱间连续梁传来的粮食水平压力等荷载。
 2 采用钢筋混凝土刚架、全钢刚架或钢梁—钢筋混凝土柱组合刚架时，屋盖上的竖向荷载与粮食水平压力等荷载均由刚架承受。

6.1.4 平房仓变形缝设置应符合下列要求：
 1 根据当地实际情况和结构类型设置温度伸缩缝。
 2 纵向地基土的压缩性有显著差异或分期建造的交界处设置沉降缝。
 有抗震要求时，温度伸缩缝、沉降缝应满足抗震缝要求。

6.1.5 平房仓结构应根据使用要求按承载能力极限状态和正常使用极限状态进行设计计算。

6.1.6 平房仓结构按承载能力极限状态进行设计计算时，应采用荷载设计值和材料强度设计值。

6.1.7 平房仓结构按正常使用极限状态进行设计计算时，应采用荷载标准值，并根据使用要求进行结构构件及地基变形验算。

6.1.8 湿陷性黄土、膨胀土、冻土及冻胀土地区的平房仓，其结构设计除应符合本规范外，尚应特别注意符合国家或地区现行的有关规范、标准的具体要求。

6.2 结构计算

6.2.1 屋架体系屋盖平房仓，应按平面铰接排架进行内力分析；当柱为一次变截面柱时，应按二阶变截面柱平面铰接排架考虑。

6.2.2 钢筋混凝土刚架、全钢刚架和钢梁—钢筋混凝土柱组合刚架平房仓，应根据结点构造情况，按二铰、三铰或无铰刚架进行内力分析。

6.2.3 柱的计算高度应从基础顶面算起。

6.2.4 散装仓墙体应按实际结构形式分析及计算。
当为砌体墙体且由钢筋混凝土柱及连续梁承重时，宜按下列规定进行计算：

1 粮食侧压力由连续梁间的砌体传给连续梁，再由连续梁传给柱。

2 连续梁间砌体取单位宽度竖向条带，按简支梁计算内力，如图 6.2.4 所示。

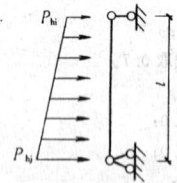

图 6.2.4 连续梁间砌体计算简图

简支梁最大弯矩和支座反力标准值分别按式(6.2.4-1)～(6.2.4-5)计算。

$$M_{max} = \frac{P_{hi}l^2}{6} \times \frac{2v^3 - u(1+u)}{(1-u)} \quad (6.2.4-1)$$

$$R_i = \frac{(2P_{hi} + P_{hj})l}{6} \quad (6.2.4-2)$$

$$R_j = \frac{(P_{hi} + 2P_{hj})l}{6} \quad (6.2.4-3)$$

$$u = \frac{P_{hi}}{P_{hj}} \quad (6.2.4-4)$$

$$v = \sqrt{\frac{u^2 + u + 1}{3}} \quad (6.2.4-5)$$

式中 M_{max}——简支梁最大弯矩标准值(kN·m)；
R_i——简支梁 i 端支座反力标准值(kN)；
R_j——简支梁 j 端支座反力标准值(kN)；
l——简支梁跨度，取上下两根连续梁的中心间距(m)；
P_{hi}——简支梁 i 端粮食水平压力标准值(kN/m²)；
P_{hj}——简支梁 j 端粮食水平压力标准值(kN/m²)；
u——压力比；
v——压力比参数。

注：计算 u、v 值，应精确至小数点后四位。

3 砌体宜按纯弯构件计算。

4 连续梁按结构布置情况取计算简图，梁的跨度取相邻柱轴线间距，梁上水平载为砌体简支梁的支座反力。

6.2.5 散装仓山墙与隔墙柱应根据实际结构构造确定计算简图。

6.2.6 标准构件屋架或拱架设计应考虑按排架计算横向内力的影响。

6.2.7 预制刚架应进行施工吊装验算；组合刚架应进行钢梁与钢筋混凝土柱连接节点验算。

6.2.8 地基与基础计算应符合现行国家标准《建筑地基基础设计规范》GBJ 7 有关规定，并满足下列要求：

1 地基承载力计算除考虑柱或墙传来的竖向力、水平剪力和弯矩作用外，也可考虑压在基础上的粮食荷载。

2 地基变形验算还应考虑由于大面积堆载对基础产生的附加沉降。

6.2.9 浅基础设计应进行基础抗滑移验算；桩基础设计应进行竖向承载力和水平承载力验算。当基础承受的水平荷载较大，而竖向荷载相对较小时，基础的抗滑移应按式 6.2.9 验算：

$$H \leqslant \frac{(N+G)\mu}{\gamma_k} \quad (6.2.9)$$

式中 H——上部结构传至基础底面的水平力设计值(kN)；
N——上部结构传至基础的竖向力设计值(kN)；
G——基础自重设计值及其上的土重标准值(kN)；
γ_k——基础抗滑移稳定系数，可取 $\gamma_k = 1.3$；
μ——基础底面对地基的摩擦系数，宜由试验确定，也可按表 6.2.9 查用。

表 6.2.9 基础底面对地基的摩擦系数 μ

土的类别		摩擦系数
粘性土	可塑	0.25～0.30
	硬塑	0.30～0.35
	坚硬	0.35～0.40
粉土	饱和度 $S \leqslant 0.5$	0.30～0.40
中砂、粗砂、砾砂		0.40～0.50
碎石土		0.40～0.60
软质岩石		0.40～0.60
表面粗糙的硬质岩石		0.65～0.75

注：1 对易风化的软质岩石和塑性指数 I_p 大于 22 的粘性土，其 μ 值应通过试验确定。
2 对碎石土，可根据其密实度、填充状况、风化程度等确定。

6.2.10 软土地基地坪还应考虑：

1 大面积堆载对地坪沉降产生的影响，宜对地坪采取加强措施，防止因地坪沉降开裂破坏防潮层。当受资金限制且工期允许时，也可采取装粮预压的方法，待地坪地基沉降稳定后再施工永久地坪。

2 当仓内地坪上的大面积堆载超过软土地基的承载力时，应考虑地基整体滑移及仓外地坪隆起问题。

注：大面积堆载：大面积粮食及填土荷载。
整体滑移：墙柱基础地基和仓内地坪地基一起滑移。

6.2.11 受地震作用的结构构件，应按现行国家标准《建筑抗震设计规范》GBJ 11 中规定的承载力抗震调整系数进行截面抗震验算。

6.3 结构构造要求

6.3.1 当屋架端头两侧有填充墙和圈梁时，可取消屋架支座处的竖向支撑和系杆。屋架支座上端宜留圈梁钢筋穿孔，其位置和数量应根据圈梁截面及配筋确定。

6.3.2 受力预埋件的材料和构造，应符合下列要求：

1 预埋板宜采用 Q235 钢；锚筋应采用Ⅰ级或Ⅱ级钢筋，不得采用冷加工钢筋。

2 锚筋预埋件的预埋板厚度应大于 0.6d（d 为锚筋直径）。

6.3.3 预埋件锚筋、抗剪钢板与预埋板的焊接连接，应符合下列要求：

1 直锚筋与预埋板应采用 T 形焊，锚筋直径不大于 16mm 时，宜采用压力埋弧焊，锚筋直径大于 16mm 时，宜采用穿孔塞焊。

2 抗剪钢板与预埋板宜采用双面贴角焊缝，焊缝高度不宜小于 0.5 倍抗剪钢板厚度。

6.3.4 屋架与支座的连接应符合下列要求：

1 7 度及 7 度以下抗震设防时，连接方式可为焊接。

2 8 度抗震设防时，连接方式宜为螺栓连接；螺栓直径应按计算确定,但不宜小于φ22,锚固长度不应小于 20 倍螺栓直径,且螺栓外侧应有箍筋;螺栓应与柱顶预埋钢板底面焊接。屋架端部预埋件应与柱顶的支承垫板焊接,螺栓拧紧后应与垫圈点焊。

6.3.5 墙体中钢筋混凝土圈梁的设置与构造,应符合下列要求:

1 墙体中下列部位应设置现浇钢筋混凝土圈梁:

1)屋架端部上弦及柱顶标高处应各设一道。

2)山墙顶沿屋面应布置钢筋混凝土卧梁,并与屋架端部上弦标高处的圈梁连接。

2 圈梁的截面宽度宜与墙厚相同,高度不应小于 180mm,其配筋不应小于 4φ14,若圈梁兼做过梁,应按计算确定配筋。

3 圈梁应与柱或屋架牢固连接,山墙卧梁应与屋面板拉结;顶部圈梁与柱连接的锚固钢筋不少于 4φ14,锚固长度应满足有关规范要求。

6.3.6 钢筋混凝土墙板与柱连接应采用焊接;墙板板缝宜采用细石混凝土浇筑。

6.3.7 钢筋混凝土柱与砌体之间应设拉结筋,拉结筋间距沿高度不应大于 500mm,伸入砌体长度不得少于 1000mm;拉结筋每 120mm 厚墙应设置一根 φ6 钢筋。

6.3.8 仓门两侧应设置钢筋混凝土门柱,门柱纵向受力钢筋应按计算确定。

6.3.9 现浇钢筋混凝土挑檐应设置伸缩缝,间距不宜超过 30m,主筋按计算确定,分布钢筋直径不应小于 6mm,间距不宜大于 200mm。

7 消防设施

7.0.1 仓内不应设消防给水设施。仓外应设消防给水设施。

7.0.2 平房仓的消防用水量,应为最大一个防火分区的室外消防用水量。

7.0.3 平房仓应按现行国家标准《建筑灭火器配置设计规范》GBJ 140 合理配置灭火器。

8 电气与粮温测控

8.1 一般规定

8.1.1 平房仓电力负荷宜为三级负荷,供电系统电压等级应为交流 220/380V。

8.1.2 严禁在仓内使用可能产生高温的电气设备。电气设备允许最高表面温度应符合表 8.1.2 的规定。

表 8.1.2 电气设备最高允许表面温度(℃)

引燃温度组别	无过负荷的设备	有过负荷的设备
T11	215	195
T12	160	145

8.1.3 机械化程度高、年周转量较大的散装粮平房仓的电气设计应按现行国家标准《粮食加工、储运系统粉尘防爆安全规程》GB 17440 和《爆炸和火灾危险环境电力装置设计规范》GB 50058 中有关规定执行。

8.1.4 本章适用于非粉尘爆炸性危险的粮食平房仓。

8.2 电力装置及管线敷设

8.2.1 仓内各用电设备、线路应有防鼠害及防人身伤害的保护措施。仓内使用的固定式电气设备均应有防粮食熏蒸腐蚀的措施。

8.2.2 每一廒间均应有独立的配电箱。配电箱应设在仓房入口处的外墙上,外壳的防护等级不应低于 IP55,并具有电源显示、短路和过载保护。

8.2.3 仓内管线敷设应符合下列要求:

1 应采用铜芯绝缘导线穿钢管敷设,导线截面积不应小于:电力线路 1.5mm²;控制线 1.0mm²。严禁使用裸导线。所使用的导线或电缆的绝缘电压不低于 500V。

2 仓内地坪不宜暗敷电气管线。

3 设在仓内的接线盒或分支盒的防护等级不应低于 IP55,并做好盒内导线接头的绝缘与密封。

8.2.4 移动式机械设备的供电电缆,应采用 5 芯 YC、YCW 型等橡套电缆。

8.3 照 明

8.3.1 仓内平均照度宜为 5～15 lx,机械化程度较高、作业频繁的平房仓内可适当提高照度标准。

8.3.2 仓内严禁使用气体放电照明器和卤钨灯。

8.3.3 仓内灯具宜均匀布置,与粮食表面净距不应小于 500mm。每单相照明支路,工作电流不宜大于 15A,灯具数量不宜多于 20 盏。照明宜集中控制。

8.3.4 照明配电箱应布置在仓门口外墙上。照明线路应采用铜芯绝缘导线穿钢管敷设,导线截面不应小于 1.5mm²。导线绝缘电压应不低于 500V。

8.4 防雷与接地

8.4.1 平房仓应按第三类防雷建筑物设计,并应符合当地有关部门的规定。

8.4.2 平房仓允许采用建筑物结构钢筋构成防雷系统。引下线及接地极应可靠连接,以构成良好的电气通路。

8.4.3 平房仓屋面宜设避雷网(带)、避雷针或由这两种混合组成。当采用避雷网(带)时,应设在屋角、屋脊、屋檐、檐角等易受雷击的部位,并应在整个屋面组成不大于 20m×20m 或 24m×16m 的网格。

8.4.4 避雷网(带)宜采用热镀锌圆钢或热镀锌扁钢,优先采用圆钢。圆钢直径不应小于 8mm。扁钢截面面积不应小于 48mm²,其厚度不应小于 4mm。

8.4.5 平房仓宜利用钢筋混凝土柱内主筋作为引下线。引下线应不少于 2 处,且间距不应大于 25m,宜沿平房仓四周均匀布置。当仅利用平房仓的柱内钢筋为引下线时,可按跨度设置,但引下线的平均间距不应大于 25m,柱内作为引下线的钢筋直径不应小于 10mm。

8.4.6 引下线明装时宜优先采用圆钢,圆钢直径不应小于 8mm。若采用扁钢时,截面面积不应小于 48mm²,其厚度不应小于 4mm。引下线应热镀锌或涂漆。

8.4.7 采用多根引下线时,宜在各引下线上距地面 0.3m 至 1.8m 之间装设断接卡。当利用柱内钢筋为引下线,同时利用基础钢筋作接地极时应在仓外适当地点设若干连接板,供测量接地电阻和接入人工接地体用。

8.4.8 平房仓宜利用基础内钢筋作为接地装置。

8.4.9 突出屋顶的金属构件应与避雷装置可靠连接。

8.4.10 平房仓防雷接地装置的冲击接地电阻不应大于 30Ω。

8.4.11 进出仓内的架空金属构件,应与接地装置实现可靠的电气连接。

8.4.12 平房仓电气系统的工作接地、保护接地、输送设备防静电接地及防雷接地等接地装置宜连接在一起,共用接地装置的接地电阻应满足其最小值。

8.5 粮温测控系统

8.5.1 根据当地自然条件,储存期在 6 个月以上的平房仓可考虑设置粮温测控系统。

8.5.2 粮温测控系统应满足以下基本功能:

1 应能实现运行参数的数据采集、处理与显示;

2 当运行参数超过规定的极限数值时,应有超限报警;

3 系统应具有中文打印,制表功能;
4 系统应具有通讯功能,以及采用多级控制和管理;
5 宜有控制通风机自动运行功能。

8.5.3 粮温测控系统的温度测量误差应不大于±1℃,测量范围应为－10～＋60℃,工作温度范围应满足－40～＋60℃。

8.5.4 系统的测温布点宜均匀适度:水平间距不应大于5m,垂直间距不应大于2m,测温点距地面、墙面及粮食表面为300～500mm。

8.5.5 测温电缆中的多芯铜导线,每根线芯截面积不应小于0.3mm²。通讯线每根线芯截面面积不应小于0.28mm²。

8.5.6 测温电缆应具有足够的抗拉强度。

8.5.7 粮温测控系统宜与工作接地、保护接地及防雷接地等共用接地装置,共用接地装置的接地电阻应满足其中最小值。

续表

类别	对灰砂粉刷面的摩擦系数 δ (外摩擦角)(°)	单层堆包荷截面重度标准值(kN/m²)	粮食侧压力系数 k ($\phi \neq 0$, $\delta \neq 0$)	粮食侧压力系数 k ($\phi \neq 0$, $\delta = 0$)
稻谷	0.50(26.57)	1.40	0.2447	0.2710
大米	0.42(22.78)	1.90	0.2962	0.3333
玉米	0.42(22.78)	1.80	0.3190	0.3610
小麦	0.40(21.80)	1.80	0.3562	0.4059
大豆	0.40(21.80)	1.60	0.3562	0.4059
面粉	0.40(21.80)	1.05	0.1992	0.2174

附录 A 通风系统阻力计算公式

A.0.1 粮层阻力可按下式计算:

$$H_g = 9.8ah\left(\frac{h\rho q}{3600}\right)^b \quad (A.0.1)$$

式中 h——粮食平堆高度(m);
q——单位通风量[m³/(h·kg)];
ρ——粮食质量密度(kg/m³);
a、b——粮种系数(按表A取值)。

表 A 粮种系数

粮 种	a	b
小麦	681.40	1.321
玉米	414.04	1.484
稻谷	484.17	1.334
大米	1014.13	1.269
大豆	287.51	1.384
大麦	534.71	1.273

A.0.2 空气分配器阻力参照有关公式计算。

A.0.3 风道阻力按下式计算:

$$H_t = \sum RL + \sum \xi \frac{\rho_a}{2} v_t^2 \quad (A.0.3)$$

式中 L——风道长度(m);
v_t——风道风速(m/s);
R——单位摩擦压损(Pa/m);
ξ——局部阻力系数;
ρ_a——空气的质量密度(kg/m³)。

附录 B 主要粮食的设计用物理参数

表 B 主要粮食的设计用物理参数

类别	质量密度 ρ(kg/m³)	单层粮包面密度 q_b(kg/m²)	重力密度 γ(kN/m³)	内摩擦角 ϕ(°)
稻谷	550	130	6.0	35
大米	790	185	8.5	30
玉米	730	170	7.8	28
小麦	750	175	8.0	25
大豆	710	165	7.5	25
面粉	600	100	7.0	40

附录 C 粮食压力计算公式

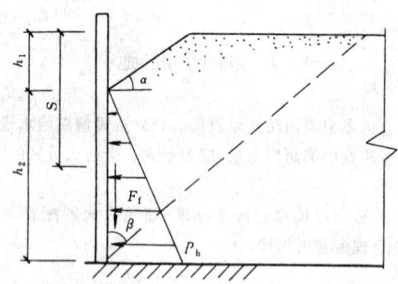

图 C 粮食压力计算模型

对如图 C 所示的堆装方式,粮食对仓壁任意位置 s 处的压力标准值为:

$$P_h = \gamma k s \cos\delta \quad (C.1)$$

$$k = \left[(1+\xi)^2 \tan\beta - \xi^2 \cot\alpha\right]\frac{\cos(\beta+\phi)}{\sin(\beta+\phi+\delta)} \quad (C.2)$$

$$\tan\beta = -\tan(\phi+\delta) \pm \sqrt{\tan^2(\phi+\delta) + \frac{\tan(\phi+\delta)}{\tan\phi} + \frac{\xi^2}{(1+\xi^2)}\cot\alpha[\tan(\phi+\delta)+\cot\phi]}$$

(C.3)

$$\xi = \frac{h_1}{h_2} \quad (C.4)$$

粮食对仓壁的竖向摩擦力:

$$F_f = \frac{1}{2}\gamma k h_2^2 \sin\delta \quad (C.5)$$

当 $h_1 = 0$ 时,$\alpha = 0$、$\xi = 0$ 则:

$$k = \tan\beta \frac{\cos(\beta+\phi)}{\sin(\beta+\phi+\delta)} \quad (C.6)$$

$$\tan\beta = -\tan(\phi+\delta) \pm \sqrt{\tan^2(\phi+\delta) + \frac{\tan(\phi+\delta)}{\tan\phi}} \quad (C.7)$$

式中 P_h——深度 s 处粮食对仓壁单位面积上的水平压力标准值(kN/m²);
s——粮食水平面与仓壁交点至计算截面的高度(m);
F_f——粮食对单位长度仓壁的竖向摩擦力标准值(kN/m);

β——粮食滑动楔体的滑动面与墙面的夹角(°),可由式(C.3)或(C.7)求出;
ϕ——粮食内摩擦角(°),见本规范附录 B;
α——加堆的斜面与水平面的夹角(°),自然堆积时与粮食的自然休止角相同;
δ——粮食对灰砂粉刷面的外摩擦角(°),见本规范附录 B;
γ——粮食重力密度(kN/m^3),见本规范附录 B;
h_1——粮食加堆的高度(m);
h_2——靠墙面的堆粮高度(m)。

本规范用词说明

1 为便于在执行本规范条文时区别对待,对于要求严格程度不同的用词说明如下:
1)表示很严格,非这样做不可的用词:
正面词采用"必须",反面词采用"严禁";
2)表示严格,在正常情况下均应这样做的用词:
正面词采用"应",反面词采用"不应"或"不得";
3)表示允许稍有选择,在条件许可时首先应这样做的用词:
正面词采用"宜",反面词采用"不宜";
表示有选择,在一定条件下可以这样做的,采用"可"。
2 规范中指明应按其他有关标准、规范执行的写法为:"应按……执行"或"应符合……要求或规定"。

中华人民共和国国家标准

粮食平房仓设计规范

GB 50320—2001

条 文 说 明

目　次

1　总则 ……………………………… 7—22—14
3　工艺 ……………………………… 7—22—14
　3.1　一般规定 …………………… 7—22—14
　3.2　通风 ………………………… 7—22—14
　3.3　熏蒸 ………………………… 7—22—15
4　建筑设计 ………………………… 7—22—15
　4.1　方案设计 …………………… 7—22—15
　4.2　建筑设计及构造 …………… 7—22—15
5　荷载与效应组合 ………………… 7—22—17
　5.1　荷载代表值 ………………… 7—22—17
　5.2　荷载效应组合 ……………… 7—22—17
6　结构设计 ………………………… 7—22—17
　6.1　基本要求 …………………… 7—22—17
　6.2　结构计算 …………………… 7—22—18
　6.3　结构构造要求 ……………… 7—22—18
7　消防设施 ………………………… 7—22—18
8　电气与粮温测控 ………………… 7—22—18
　8.1　一般规定 …………………… 7—22—18
　8.2　电力装置及管线敷设 ……… 7—22—18
　8.3　照明 ………………………… 7—22—19
　8.4　防雷与接地 ………………… 7—22—19
　8.5　粮温测控系统 ……………… 7—22—19

1 总　则

1.0.2 按现行国家标准《粮食、油料及其加工产品的名词术语》GB 8869 规定：原粮为"未经加工的粮食的统称"，本规范主要指稻谷、小麦、玉米、大豆、谷子等；成品粮为"由原粮经加工而成的符合一定标准的成品粮食的统称"，本规范中主要指大米、面粉、小米、玉米粉或玉米渣等。

1.0.3 对本条第 1、3 款说明如下：

散装仓为按散粮直接作用于墙体、地面设计的粮食仓库，仓体结构必须能承受散粮产生的压力，墙体、地面等部位的建筑做法必须满足粮食直接接触时的安全储粮要求；包装仓中粮食不直接作用于墙体，仓体结构不能承受粮食产生的侧压力。

按温度控制要求可分为常温仓、准低温仓、低温仓（15℃≤t≤20℃）、低温仓（t＜15℃）。存放成品粮的储备仓宜为准低温仓或低温仓；原粮宜存放于常温仓中，当经济条件好时也宜存放于准低温仓中。

1.0.4 设计中应注重储粮工艺与粮食专业的功能特点，不应简单地仅考虑建筑与结构。设计粮食平房仓时，应收集与建仓有关的粮食专业资料及工程勘察等有关资料。

1.0.5 为了保护生态环境、减少植被破坏、减少占用耕地，应优先采用新型建筑材料。

3 工　艺

3.1 一般规定

3.1.2 设计时应根据具体条件确定工艺方案，满足粮食接卸、输送、清理、除尘、计量、储存、打包、检化验、机械通风、粮情测控及熏蒸等作业要求。

3.1.3 长期储藏时因粮粒自身虫霉的生理代谢，在粮堆内产生积热，会使粮堆内的害虫活动加剧，粮食的品质降低。因此长期储粮的平房仓应考虑仓内通风、熏蒸系统。

3.1.4 粮食进出仓作业时产生粉尘较多的作业点宜设置排尘设施，降低作业场所的粉尘浓度，改善工人的劳动环境，利于安全生产。

3.1.5 采用使粮食易破碎的设备，会造成粮食破碎率增加，降低粮食品质等级，不利于储粮。散装仓进出仓作业时，仓内粉尘浓度较高，为保证作业安全，仓内作业设备应具备必要的防护措施。

3.1.6 散装仓输送工艺。

1 散装仓粮食进出仓作业线宜采用移动式设备组合完成，移动式设备产量一般为 50t/h。根据工艺作业要求配置一组或数组作业线。每组作业线的设备产量应匹配。

2 粮食入仓前应取样检验，根据粮食品种、等级分别入不同仓，对含杂超标的粮食要进行清理。对进出仓粮食进行计量便于贸易结算及库容管理。

3 入仓作业方式应保证不加剧粮食自动分级，利于以后粮食保管。

3.1.7 包装仓输送工艺。

1 由于作业线运输距离、粮食接收、发放条件等具体情况不同而需采用不同的作业设备。如汽车运输包装粮进出仓需配置移动式包粮胶带输送机结合人工完成作业。码头或铁路运输包装粮进出仓需配置平板车、托盘、电瓶车、叉车等设备。码头作业还应配备起重机如门机和轮胎吊机等。

2 设置在码头用于中转的包装仓，应根据包装粮进出仓作业要求、年吞吐量等条件，采用机械化程度高的设备。

3 包装成品可由打包车间经固定栈桥输送设备运至成品仓内。

3.2 通　风

3.2.1 粮食入仓前对粮食水分应严格控制。正常保管粮食时，通风系统作用是通风降温，保证有良好的通风效果。

散装仓通风道：

1 应根据各地气候条件、粮食品种及地质条件，经技术经济比较后选择通风道形式。散装仓通风道主要有地槽及地上笼两种。设计通风道时应首先选用简单对称的风道布置形式；单廒间内应均匀布置同种风道形式，不同仓内宜采用同种风道形式，以利于配备相同设备，构件更换与管理。

2 散装仓通风道宜为机械通风、环流熏蒸及谷物冷却共用。通风道进风口宜设置便于与谷物冷却器及环流熏蒸管道连接的接口。

3 复杂通风道应设风量调节装置，保证通风均匀。

4 同面积同风量情况下，空气分配器开孔率大，通风阻力小，通风效果好。因此，在保证空气分配器强度条件下，宜增大开孔率。

5 通风道兼顾谷物冷却及环流熏蒸使用，并且接触腐蚀气体和湿热气体。因此，风道的金属构件需进行防腐蚀处理。

3.2.2 机械通风主要参数选择，对第 1、4 款说明如下：

散装仓通风道的设计主要考虑为正常保管时的通风降温。散装高大平房仓仓容大、装粮高，计算时单位通风量可取较小值。根据联合国粮农组织编写的《亚热带地区粮食通风》一书推荐单位通风量，结合我国实际情况，建议单位通风量宜取值为 $6 \times 10^{-3} \sim 12 \times 10^{-3} \, m^3/(h \cdot kg)$。

散装高大平房仓粮食堆高达 6cm，控制通风途径比取值,确保仓内通风均匀。

3.2.3 通风系统阻力计算。

从机械通风工作状况来看,机械通风阻力主要由粮层阻力、空气分配器阻力和风道阻力组成,其他阻力值较小,在计算中不再考虑。

本规范附录 A 中提供的粮层阻力计算公式,仅为多种计算方式之一。设计时根据粮食水分、含杂等具体条件,也可采用其他经证明可靠的公式或实践测试的经验值。

3.2.4 选择工作点在高效区中间段的通风机,可保证通风效果,降低电耗。

3.2.5 粮食平房仓粮面空间换气目的是为了降低仓温,防止空间积热向粮层内传导,有利于粮食保管。根据目前散装平房仓设计和实际配备风机情况,置换次数不小于每小时 4 次,能满足正常储粮时的通风要求。

3.3 熏 蒸

3.3.1 根据目前平房仓建设情况,结合国外进行粮食熏蒸时对仓体结构气密的要求,依据《磷化氢环流熏蒸技术规程》(国粮仓储[1999]304)提出的熏蒸平房仓气密指标,该指标为目前符合国情的最低值。平房仓建设过程中应加强对影响气密的各个施工环节的处理,以确保实现气密要求。

3.3.2 目前较多采用磷化氢气体作为熏蒸剂。磷化氢气体对金属、特别是对铜质构件有强烈的腐蚀作用。

3.3.3 采用环流熏蒸系统可以促进粮仓内熏蒸气体均匀分布,达到熏蒸杀虫浓度要求。设计时应按照现行国家标准《粮食仓库磷化氢环流熏蒸装备》GB/T 17913 中有关规定及有关标准、规范执行。

4 建 筑 设 计

4.1 方案设计

4.1.2 为使仓容量计算在项目报批、初步设计、施工图设计等不同阶段有统一的计算方法,给出了散装及包装平房仓的仓容量计算公式(4.1.2-1)、(4.1.2-2)。式中散装平房仓仓房轴线面积仓容系数 k_s 值因仓型和单仓面积不同而变化,随面积增大而增大,通过对近几年建设跨度 18~36m、长度 36~60m 的平房仓的测算,k_s 的变化范围为 0.933~0.964,平均值为 0.95,估算仓容时可取 0.95;包装平房仓仓房轴线面积利用系数 k_b 值随单仓面积、仓内通道的宽度及布置方式等因素而变化,通过对已建包装平房仓的调查,k_b 在 0.71 上下变化,估算仓容时可取 0.71。

4.1.3 表 4.1.3 关于平房仓耐火等级、占地面积及防火分区的规定,是参照《中央直属储备粮库消防设计专家论证会会议纪要》(公消[1998]287号)有关条文的要求,其数值是依据小麦、玉米、稻谷等粮食类储物的燃烧性能、目前粮食仓库建设的现状、使用管理水平、火灾发生频率等现实情况,对照现行国家标准《建筑设计防火规范》GBJ 16 第 2.0.3 条、第 2.0.5 条及表 4.2.1 的规定,并做了适当调整后确定的。

4.1.4 在确定平房仓平面尺寸时,应综合考虑进出粮作业、安全储粮、建筑结构及总平面布置等要求。单仓尺寸过大不利于粮食的分批、分级储藏,过小则不利于机械作业,且经济技术指标偏高。就目前的技术水平而言,跨度宜控制在 18~36m,每个廒间的长度宜为 30~60m,设计时应根据具体情况合理确定。

散装平房仓装粮高度,主要受粮食侧压力控制,装粮高度过高会导致结构构件断面尺寸过大,尤其是基础,因偏心过大而不得不加大尺寸,使造价提高;而装粮高度太低,会使平房仓占地面积增大,不利于节约土地。就目前的条件而言,装粮高度 5~6m 为宜。

包装平房仓的装粮高度主要受包装袋的强度控制,粉状物料(如面粉)堆包过高会造成底层产生板结。根据调查,目前多采用胶带输送机结合人工的方式码包,麻袋包堆包层数为 24~30 包,面袋包堆包层数为 25~28 包。随着包装水平和堆包机械水平的提高,堆包层数有可能提高,故本条仅规定了最低堆包层数。

平房仓粮面与屋顶水平构件之间的净高应满足人员使用的最低要求;同时,保证一定的净空高度有利于自然通风。对于采用屋架、刚架等较大的向下突出构件的平房仓,构件下表面至粮面的净高不应小于 1.5m,其他部位的净高可保证不小于 1.8m,当顶棚为平顶时净高不宜小于 1.8m。在满足使用要求的前提下,应尽可能降低平房仓的高度。

保证有一定的室内外高差,有利于平房仓的防水和防潮,但高差过大,会给粮食进出仓运输带来不便。

4.2 建筑设计及构造

4.2.1 保温、隔热。

1 保温、隔热的目的主要是防止结露和降低仓内温度。不同使用性质的平房仓,储粮工艺要求的仓内粮温也有所不同。如低温仓、准低温仓要求仓内粮食温度分别保持在 15℃ 和 20℃ 以下,夏季一般需要机械制冷来满足粮温要求;常温仓粮食温度随气候变化而变化。我国幅员辽阔,各地气候条件差异较大。因此,保温、隔热应根据所在地区的气候条件及储粮工艺提供的技术参数综合确定。

2 保温层通常铺设在屋面防水层下面。板块状保温材料（如挤塑聚苯板、沥青珍珠岩块等）强度较高，材料本身吸水率较低，对屋面防水层影响较小；而散粒状保温材料强度低，吸水率较高，且不易蒸发，对屋面防水层有影响，故不应采用。理论及实践表明，炎热地区屋顶铺设通风良好的架空隔热层，能有效地降低太阳辐射热对仓内温度的影响，坡屋顶采用架空隔热层时应有防止其下滑的可靠措施，根据具体情况也可采用新型隔热材料；岩棉、离心玻璃棉毡等保温材料，重量轻、保温效果好，且均为不燃烧体，适合用于钢结构彩板屋顶的保温。

4.2.2 密闭。

1 对仓内粮食进行施药熏蒸杀虫，是目前平房仓长期保质储粮的必要措施之一。为防止熏蒸药物外溢，提高熏蒸杀虫效果，要求平房仓围护结构必须达到一定的气密性能。目前世界各国对气密性指标的要求不尽相同，具体采用什么气密性指标，应由工艺专业根据储粮要求确定，建筑设计应尽可能满足工艺规定的气密性指标要求。

2 仓房门窗、风机等洞口四周设置塑料密封槽管，便于整仓熏蒸时对这些气密薄弱环节用塑料薄膜嵌压密封，以达到可靠的气密效果。设计装粮高度处设置塑料密封槽管，用于膜下熏蒸时粮面满铺塑料薄膜。

根据使用情况，密封槽管当受到薄膜张拉后有脱落现象，因此本条要求槽管应与墙身基层固定牢靠，以免脱落。槽管转角应弧形过渡，以避免薄膜转角处折皱，影响嵌压密封效果。

3 根据已建平房仓的使用经验，门窗、风机、穿墙管线与墙体连接缝、墙体与屋面板、拱板下弦板等建筑构配件之间的连接缝均为影响仓房气密效果的隐患部位，设计时须重点关注，加强气密处理措施。

4.2.3 屋面。

1 现行国家标准《屋面工程技术规范》GB 50207对各种屋面做法均有明确的规定，Ⅱ级防水等级屋面防水层的耐用年限不小于15年，防水设防不少于二道。1998年建设2500万t（500亿斤）及2000年1000万t（200亿斤）国家粮库时，对储备库平房仓屋面防水等级明确规定为Ⅱ级。但二道设防屋面防水投资较大，故对其他使用性质的平房仓（如收纳仓、成品仓等）屋面防水等级可按不低于Ⅲ级设计，耐用年限在10年以上，满足一般工业与民用建筑屋面防水层使用年限的要求。

2 合成高分子、高聚物改性沥青等新型防水卷材具有较好的延性及耐久性，目前在工程建设中使用较为普遍，可优先采用。

3 现行国家标准《屋面工程技术规范》GB 50207规定，当屋面坡度大于25%时，不宜采用卷材防水屋面。否则，应采取防止卷材、保温块、屋面材料下滑的必要措施。

4 无组织排水屋面有利于雨水排放，避免了屋面积水渗漏的隐患，故一般地区宜采用。增加檐口挑出尺寸能减少自由落水屋面雨水淋湿墙现象，檐口挑出600mm为过去建仓常用的尺寸，当仓房高度较大时，可适当加大檐口挑出长度。

南方地区阴雨天气较多，如采用自由落水形式，屋面雨水易分淋湿墙面且易产生墙体渗漏。所以本条规定南方地区也可根据气候条件采用有组织排水屋面。

一般砖混结构建筑，硬山或悬山形式均能满足使用要求，设计者可根据地区习惯，经济、美观等各方面比较后自由选择。金属彩板屋顶采用悬山形式时，能有效避免女儿墙泛水板处的渗水隐患。

5 理论与实践表明，平房仓屋顶是仓外向仓内传递热量的主要途径，拱板屋盖因其具有流动的空气隔热层，较大程度地降低了太阳能辐射热通过屋面传至仓内的热量。但根据已建成的平房仓来看，当拱板屋顶不做保温处理时，仓内粮食上部空间温度可高达40℃，影响储粮安全。因此，本条特提出上、下弦板面均宜做保温、隔热处理。上弦做保温对保护上弦板结构及阻止热传递等有较好的作用。下弦板面设保温层，即使拱板闷顶内暂时积蓄一定的热量，也不至于很快传递到粮面。设置上下弦板之间空气层的机械疏导通风后，拱板闷顶内的热空气可根据室外环境温度情况，随时进行机械换气作业，减少热量向仓内传递。

6 本条对金属压型彩板屋面提出了一般性的技术要求。金属彩板屋面在我国使用已较为普遍，尤其是单层工业厂房、库房等。在粮食仓库建设中使用金属彩板屋面也取得了一定的经验。彩板长边与长边之间采用咬口连接，防水、密封效果较好，并能通过配套咬口连接件与檩条固定，避免了用螺钉固定彩板易锈蚀的隐患。平行于屋脊方向的彩板短边搭接对屋面防水极易构成威胁，特别是当屋面坡度较小时，故本条规定彩板短边除屋脊处外不应另有搭接。双层屋面彩板间的隔热材料（如岩棉）应搭接、连续，避免对接处的缝隙形成热桥。

4.2.4 墙体。

1 墙体是平房仓室内外温度传导的主要途径之一，设计时应根据工艺提供的参数进行热工计算并结合当地经验确定合理的保温、隔热措施。

为隔绝地下潮气应设置墙身水平防潮层；为保证墙体的强度和整体性，应采用水泥砂浆等刚性防潮层，严禁采用沥青、卷材等柔性材料。

2 本款为平房仓内墙面装饰的技术要求。散装平房仓外墙内侧在设计装粮高度以下应做垂直防潮处理，以防止雨水、潮气通过墙体渗入仓内，确保储粮安全。室内墙面应平整，不易积灰、生虫，便于清扫；具有一定的吸湿性，不易结露。

3 本款是对砌体结构墙体的一般性技术规定，设置外墙面粉刷分格缝，能有效地避免或减少粉刷开裂的现象，四周设置勒脚对墙体有更好地保护作用。

4.2.5 地面。

1 现行国家标准《建筑地面设计规范》GB 50037 对地面做法有各种规定，设计平房仓地面时应遵照执行。平房仓地面直接承受大面积粮食堆载，故应重视对仓内地基的处理及回填土的分层碾压或夯实。

2 面层、防潮层、找平层、结构层及垫层等是平房仓地坪的基本构造层，设计时可根据具体情况增减。季节性冻土地区尚应根据现行国家标准《建筑地面设计规范》GB 50037 的要求设置防冻胀层。面层宜采用细石混凝土整体面层，并应设置分格缝。设置地面防潮层以避免地下潮气渗入仓内，确保储粮安全；防潮层应采用延性较好的卷材或涂料，以避免地面不均匀沉降后防潮层拉裂。地面防潮层与内墙防潮层的可靠搭接，可形成连续封闭的防潮体系，消除渗漏隐患。因墙体与地面沉降量不同，故应在墙体与室内地面交接处设置沉降缝，并留有防潮层的变形余量。

3 采用地槽通风时，防潮层应从地槽下部连续贯通，不应断开，以确保地坪的防潮效果。

4 地基条件较差时，如不进行地基加固处理，很难控制地面下沉。为节省工程投资，可采用堆粮预压的办法加固地基，待地坪沉降稳定后再做防潮层及地面面层。因此当采用堆粮预压的办法加固地坪地基时，不应采用地槽通风。为满足堆粮预压期间的地面防潮要求，应采用临时的防潮地坪。

4.2.6 门、窗、挡粮板。

1 仓门为平房仓粮食进出仓的主要途径，因此本条规定门洞尺寸应满足移动机械进出仓作业要求。储备仓应采用保温密闭门，散装平房仓仓门与粮堆之间应设置挡粮板，设计时应控制挡粮板侧向变形，设计者应根据储粮品种、门洞宽度、堆粮高度等条件计算挡粮板规格尺寸。为便于粮食出仓，挡粮板上应根据工艺要求设置出粮口，并配手动闸门，减少直接拆除挡粮板出仓的劳动强度。

2 仓门口处设置防鼠板及防虫沟是粮食保管方面的基本要求，防止打开仓门时鼠、虫进入仓内。

3 散装仓仓外设置斜梯及粮情检查门，是继 2500 万 t（500 亿斤）粮库建设以来普遍采用的形式，较大程度的方便了粮库保管人员入仓检查粮情，降低了劳动强度，故应推广。粮情检查门仓内侧应设置防护栏杆和低粮面下人梯，是满足低粮面时的检查需要。

4 本款是对平房仓窗设置的一般规定。窗是平房仓保温、密闭较差的部位之一，在满足使用要求的前提下，应尽量减少数量。

5 根据 1998 年 2500 万 t（500 亿斤）及 2000 年 1000 万 t（200 亿斤）粮库建设经验，在堆粮高度较高的情况下，仅仅利用仓门入仓作业难度较大，因此本款规定散装仓应考虑利用窗口入仓作业。为满足装仓机械从窗口伸入仓内，根据调查情况，0.9m×0.9m 的窗洞尺寸可满足作业要求。中悬窗不能将窗扇全部打开，影响移动机械从窗口进粮作业，故不应采用。

4.2.7 散水、坡道、雨篷。

本条是对散水、坡道及雨篷的一般性规定。混凝土散水及坡道具有整体性好、强度高、便于库区清扫及车辆通行等优点。

5 荷载与效应组合

5.1 荷载代表值

5.1.1 根据储粮工艺要求，储备仓应具有气密性。新仓建好后宜做气密性试验，仓内充压 500Pa 降至 250Pa 的半衰期不得小于 40s。加压试验时，仓壁将受密闭加压荷载，该荷载使结构产生的内力较小，对结构设计不起控制作用，但设计门窗时应考虑该荷载的作用。

5.1.5 本条公式（5.1.5-1）中侧压力系数 k 的计算式是根据库伦理论导出的，其计算结果比朗金理论计算的结果偏小；为上部结构安全起见，条文中给出注 1；但考虑基础偏心较大，为经济起见，条文中给出注 2。

5.2 荷载效应组合

5.2.3 散装粮食平房仓一般采用排架结构或刚架结构，内力分析时粮食荷载起控制作用。若采用现行国家标准《建筑结构荷载规范》GB 50009 中框排架效应组合的简化计算公式，其计算结果将偏于不安全，故给出式（5.2.3）。

5.2.5 粮食荷载变异性较小，从经济上考虑取粮食荷载分项系数为 1.3，其他可变荷载的分项系数是按现行国家标准《建筑结构荷载规范》GB 50009 和《建筑抗震设计规范》GB 50011 的有关规定取用的。

5.2.6 散装仓进行荷载效应基本组合时，粮食荷载是效应最大的可变荷载，根据现行国家标准《建筑结构荷载规范》GB 50009 中荷载效应组合的要求，风荷载组合值系数取 0.6，其他可变荷载取 0.7。

抗震设计时，雪荷载组合值系数为 0.5，是按现行国家标准《建筑抗震设计规范》GB 50011 规定取用的。地震作用引起的粮食动载侧压力目前尚未有可靠的计算依据。为简化计算，可按空仓计算地震作用效应，按静载计算粮食作用效应，按 5.2.6 条的组合系数进行作用效应组合。

6 结构设计

6.1 基本要求

6.1.1 结构的设计工作寿命按现行国家标准《建筑

结构设计统一标准》GBJ 68 中的规定确定。

6.2 结构计算

6.2.4 当为砌体墙体且由钢筋混凝土柱及连续梁承重时的计算规定是基于以下考虑：

 1 粮食压力由水平连续梁间的砌体传递给连续梁（含地梁），再由连续梁传给排架或门式刚架柱。因此，作用在柱上的粮食压力为集中力。

 2 由于连续梁的间距（1.2～2m）远小于开间的尺寸，连续梁间砌体相当于单向板；计算时，从单向板中取出一单位宽度的竖向条带按单跨梁计算。

 粮食与墙面摩擦力对砌体截面形心的偏心力矩较小，且对墙体受力是有利的。因此，为了简化计算，可以忽略偏心力矩的影响。

6.2.5 散装平房仓山墙和隔墙中的柱，承受粮食侧压力，与普通单层厂房山墙柱不同，因此应进行计算。

6.2.8 本条是为了强调地基变形验算时，除满足现行国家标准《建筑地基基础设计规范》GBJ 7 第 5.2.4 条外，还应考虑由于大面积堆载对基础产生的附加沉降，可按《建筑地基基础设计规范》GBJ 7 第 7.5.4 条计算。

 散装仓地基承载力计算，由于偏心较大，为经济起见可考虑压在基础上的粮食荷载。

6.2.10 软土地基压缩模量小，在大面积粮食及填土荷载作用下，地坪下地基沉降较大，易引起地面开裂、隆起、凹陷。

 软土地基承载能力较小，当大面积荷载超过地坪地基的抗剪强度时，在整个地基中会出现破坏滑动面，甚至推动墙、柱基础的地基土一起滑移。

6.3 结构构造要求

6.3.2、6.3.3 预埋件是构件间相互连接的重要部件，应力、应变较为复杂，其计算、构造和设置是否合理将影响结构的正常使用和安全，必须予以重视。

6.3.5 圈梁与柱锚固钢筋的锚固长度，有抗震要求的应满足抗震要求；无抗震要求的应按一般规定确定。

 平房仓的山墙是承重墙，上端要有可靠支撑，故要求山墙及柱应与圈梁可靠连接，圈梁应与屋架可靠连接。

6.3.9 南方地区平房仓挑檐温度裂缝较多，因此本条提出宜在挑檐中每 30m 以内设置一道温度伸缩缝等构造措施。

7 消防设施

7.0.1 粮食忌水，着火时不宜用水扑救；粮食平房仓内不应设消防给水设施。粮食平房仓在规划设计时，应同时设计室外消防给水设施，满足消防需要。

7.0.2 根据本规范 7.0.1 条原因，在装粮线以上的空间有限，且仓房均做气密处理，没有太多的空气为燃烧提供条件，故不考虑室内消防用水量。本条所给出的消防用水量是按单仓或由防火墙分隔的单廒间为一个防火分区计算的室外消防用水量。对储存油料、饲料、麦麸、下脚等物料的平房仓，其消防给水设计应符合现行国家标准《建筑设计防火规范》GBJ 16 中有关条款的要求。

8 电气与粮温测控

8.1 一般规定

8.1.1 根据现行国家标准《供配电系统设计规范》GB 50052 因事故中断供电在政治上造成影响或经济上造成损失的程度，区分其对供电可靠性的要求，进行负荷分级。据几十年粮食平房仓储运的实践证明，划分为三级负荷标准是合适的。

8.1.2 仓内有可能过负荷的电气设备，应装设可靠的过负荷保护，以保证电气设备不产生高温而引起粮食过分脱水或逐渐炭化。对机械化程度高、年周转量较大的散装粮平房仓应执行表 8.1.2 的规定。

8.1.3 因散装平房仓作业时有粉尘产生，尽管截止目前为止，国内外还没有关于平房仓粉尘爆炸的实例，但还是存在粉尘爆炸的可能性；对于机械化程度高、年周转量较大、作业频繁的散装粮平房仓设计时应执行现行国家标准《粮食加工、储运系统粉尘防爆安全规程》GB 17440 及《爆炸和火灾危险环境电力装置设计规范》GB 50058 中的相关条款。

8.1.4 按现行国家标准《粮食加工、储运系统粉尘防爆安全规程》GB 17440 中的条文说明，具有较好的自然通风和排风设备、机械化程度低且作业不频繁的平房仓可以按非粉尘爆炸危险区域考虑。根据大量粮食平房仓使用情况统计，它们基本上都属于该类型，故本章的相关条款均按非粉尘爆炸性危险的平房仓考虑。

8.2 电力装置及管线敷设

8.2.1 粮食仓库内易发生鼠害，所以平房仓内各用电设备、线路应采取有效措施以防止鼠害。目前，粮食仓库内主要采用 PH_3 气体熏蒸来达到杀虫目的，但 PH_3 气体对铜具有较强的腐蚀性，为防止此类情况发生，特列出此条文。

8.2.2 平房仓内多为临时输送设备，从平房仓作业特点和安全用电出发，配电箱宜设在仓房入口处的外墙上，便于使用和管理。平房仓选用的移动式机械设备种类较多，机械所需动力变化较大，所以除该配电箱按所选最大设备的动力配置过载保护外，各移动式设备的控制装置上也应配置过载保护装置。

8.2.3 仓内电气线路,可以明敷设或暗敷设,明敷设时应采用热镀锌钢管,暗敷设时可采用非镀锌钢管。地坪内暗敷的管线在地坪变形时可能会遭到破坏,也有可能破坏地坪防潮层,设计中仓内管线宜避免采用埋地敷设,尽量沿仓壁或仓外地坪下敷设。

8.2.4 仓内移动式设备所用电缆,在使用过程中容易受到机械损伤,为此规定用 YC、YCW 型橡胶套电缆。由于皮带机运行过程中易产生静电,为防止静电聚集及电气设备事故情况下漏电伤人,规定采用 5 芯电缆。

8.3 照　　明

8.3.1 粮食平房仓主要用于散粮和包装粮的储存。根据现行国家标准《工业企业照明设计标准》GB 50034 的规定和实践经验,将平房仓作为大件贮存且作业不太频繁的场所,照度标准定为 5～15lx 是较为合理的。对于机械化程度高、作业频繁的平房仓,为保障作业人员及设备的安全,可适当提高照度标准。

8.3.2 仓内严禁使用卤钨灯等高温照明器,以防粮食表面因热辐射而升温、炭化。

8.3.3 因平房仓的作业面较大,灯具均匀布置能使仓内照度比较均匀,不易引起视疲劳;同时,仓内照明集中控制,每一单相支路所接灯具不宜太多,以便于管理。

8.4 防雷与接地

8.4.1 按照现行国家标准《建筑物防雷设计规范》GB 50057 防雷等级分类原则和实践经验,平房仓属于第三类防雷建筑物。同时,还应参照当地防雷习惯做法设置防雷系统。

8.4.2 根据规范要求及习惯做法,建筑物防雷做法主要有明装及暗装两种形式。采用暗装系统可在满足功能要求的同时,在一定程度上能减少工程投资,而且使平房仓更加整洁、美观。

8.4.9 突出屋面的金属构件易受雷击,应与接地装置可靠连接。

8.4.12 平房仓电气工程中的接地系统类型较多,且比较集中。分别设置接地系统比较困难,其间距不易保证,因此宜将各接地系统共用接地装置。

8.5 粮温测控系统

8.5.1 在粮食行业,一般认为储粮期在 6 个月以下的仓为中转仓或暂存仓,根据储粮经验,这类仓可不设粮温测控系统;对于储粮期较长的平房仓,可根据当地全年的温湿度变化及来粮情况决定是否设置测控系统。

8.5.2 本款中所列功能为基本功能,测温系统应至少满足这些功能。

8.5.3 因我国南北温差较大,测温设备应保证在本条文所列温度条件下不被破坏。

8.5.4 随着电子技术的发展,粮温测控技术日益完善。测温传感器的合理布点,更加方便、适用地进行系统安装,始终是备受关注的问题。本规范根据国内外使用经验,参照相应成果,本着实用、安全、经济、适度、先进的原则,制定了布点规则。

中华人民共和国国家标准

粮食钢板筒仓设计规范

Code for design of grain steel silos

GB 50322—2011

主编部门：国　家　粮　食　局
批准部门：中华人民共和国住房和城乡建设部
施行日期：２０１２年６月１日

中华人民共和国住房和城乡建设部
公　　告

第 1097 号

关于发布国家标准
《粮食钢板筒仓设计规范》的公告

现批准《粮食钢板筒仓设计规范》为国家标准，编号为GB 50322—2011，自2012年6月1日起实施。其中，第4.1.1、4.2.3、5.1.2、5.5.3（3）、6.4.2、8.1.2、8.6.1条（款）为强制性条文，必须严格执行。原《粮食钢板筒仓设计规范》GB 50322—2001同时废止。

本规范由我部标准定额研究所组织中国计划出版社出版发行。

中华人民共和国住房和城乡建设部
二〇一一年七月二十六日

前　　言

本规范是根据住房和城乡建设部《关于印发〈2009年工程建设标准规范制订、修订计划〉的通知》（建标〔2009〕88号）的要求，由郑州粮油食品工程建筑设计院和郑州市第一建筑工程集团有限公司会同有关单位在原《粮食钢板筒仓设计规范》GB 50322—2001的基础上修订而成的。

本规范在编制过程中，编制组经广泛调查研究，认真总结实践经验，参考有关标准，并在广泛征求意见的基础上，最后经审查定稿。

本规范共分9章和6个附录，主要技术内容包括：总则、术语和符号、基本规定、荷载与荷载效应组合、结构设计、构造、工艺设计、电气、消防。

本规范修订的主要技术内容是：增加了肋型粮食钢板筒仓、保温粮食钢板筒仓两种仓型；修订了粮食荷载与仓壁稳定计算的相关参数，完善了筒仓荷载计算方法的相关规定；增加了新材料、新构造的规定；修订了仓体工艺电气设备配置要求等内容。

本规范中以黑体字标志的条文为强制性条文，必须严格执行。

本规范由住房和城乡建设部负责管理和对强制性条文的解释，由国家粮食局负责日常管理，由郑州粮油食品工程建筑设计院负责具体技术内容的解释。本条文在执行过程中如有意见或建议，请寄送郑州粮油食品工程建筑设计院（地址：郑州高新技术产业开发区莲花街，邮政编码：450001）。

本规范主编单位、参编单位、主要起草人和主要审查人：

主 编 单 位： 郑州粮油食品工程建筑设计院
　　　　　　　郑州市第一建筑工程集团有限公司

参 编 单 位： 河南工业大学
　　　　　　　国贸工程设计院
　　　　　　　中煤国际工程集团北京华宇工程有限公司
　　　　　　　中冶长天国际工程有限责任公司
　　　　　　　江苏正昌粮机股份有限公司
　　　　　　　江苏牧羊集团有限公司
　　　　　　　哈尔滨北仓粮食仓储工程设备有限公司

主要起草人： 袁海龙　郭呈周　雷　霆
　　　　　　　李　遐　侯业茂　马志强
　　　　　　　李江华　梁彩虹　刘海燕
　　　　　　　郭金勇　吴　强　肖玉银
　　　　　　　汪红卫　郝卫红　陈华定
　　　　　　　郑　捷　光迪和　郝　波
　　　　　　　刘廷瑜　高晓青　朱贤平
　　　　　　　钱杭松　何　宇

主要审查人： 崔元瑞　张振镕　赵锡强
　　　　　　　朱同顺　刘继辉　朱文宇
　　　　　　　张义才　徐玉斌　刘勇献
　　　　　　　丁保华

目 次

1 总则 ················· 7—23—5
2 术语和符号 ············ 7—23—5
　2.1 术语 ············· 7—23—5
　2.2 符号 ············· 7—23—5
3 基本规定 ·············· 7—23—6
　3.1 布置原则 ··········· 7—23—6
　3.2 结构选型 ··········· 7—23—6
4 荷载与荷载效应组合 ······ 7—23—7
　4.1 基本规定 ··········· 7—23—7
　4.2 储粮荷载 ··········· 7—23—7
　4.3 地震作用 ··········· 7—23—8
　4.4 荷载效应组合 ········ 7—23—9
5 结构设计 ·············· 7—23—9
　5.1 基本规定 ··········· 7—23—9
　5.2 仓顶 ············· 7—23—10
　5.3 仓壁 ············· 7—23—10
　5.4 仓底 ············· 7—23—12
　5.5 支承结构与基础 ······ 7—23—13
6 构造 ················· 7—23—14
　6.1 仓顶 ············· 7—23—14
　6.2 仓壁 ············· 7—23—14
　6.3 仓底 ············· 7—23—14
　6.4 支承结构 ··········· 7—23—15
　6.5 抗震构造措施 ········ 7—23—15
7 工艺设计 ·············· 7—23—15
　7.1 一般规定 ··········· 7—23—15
7.2 粮食接收与发放 ········ 7—23—15
7.3 安全储粮 ············ 7—23—16
7.4 环境保护与安全生产 ···· 7—23—16
8 电气 ················· 7—23—17
　8.1 一般规定 ··········· 7—23—17
　8.2 配电线路 ··········· 7—23—17
　8.3 照明系统 ··········· 7—23—17
　8.4 电气控制系统 ········ 7—23—17
　8.5 粮情测控系统 ········ 7—23—17
　8.6 防雷及接地 ·········· 7—23—18
9 消防 ················· 7—23—18
附录A 筒仓沉降观测及试装粮
　　　压仓 ············· 7—23—18
附录B 焊接粮食钢板筒仓仓壁
　　　洞口应力计算 ······· 7—23—19
附录C 主要粮食散料的物理特
　　　性参数 ············ 7—23—19
附录D 储粮荷载计算系数 ···· 7—23—20
附录E 旋转壳体在对称荷载下
　　　的薄膜内力 ········· 7—23—21
附录F 照度推荐值 ·········· 7—23—23
本规范用词说明 ············ 7—23—23
引用标准名录 ·············· 7—23—23
附：条文说明 ·············· 7—23—24

Contents

1 General provisions ·············· 7—23—5
2 Terms and symbols ·············· 7—23—5
  2.1 Terms ························ 7—23—5
  2.2 Symbols ······················ 7—23—5
3 General requirement ············ 7—23—6
  3.1 Layout principle ············· 7—23—6
  3.2 Structure selection ··········· 7—23—6
4 Load and load effect
   combination ······················ 7—23—7
  4.1 Basic requirement ············ 7—23—7
  4.2 Grain loading ················ 7—23—7
  4.3 Earthquake action ············ 7—23—8
  4.4 Load effect combination ······ 7—23—9
5 Structural design ················ 7—23—9
  5.1 Basic requirement ············ 7—23—9
  5.2 Steel silo roof ··············· 7—23—10
  5.3 Steel silo wall ··············· 7—23—10
  5.4 Steel silo hopper ············· 7—23—12
  5.5 Structural support and
     foundation ··················· 7—23—13
6 Constructional detail ············ 7—23—14
  6.1 Steel silo roof ··············· 7—23—14
  6.2 Steel silo wall ··············· 7—23—14
  6.3 Steel silo hopper ············· 7—23—14
  6.4 Structural support ··········· 7—23—15
  6.5 Earthquake-proof constructional
     measure ····················· 7—23—15
7 Process flow project ············ 7—23—15
  7.1 General requirement ········· 7—23—15
  7.2 Receiver and releaser ········ 7—23—15
  7.3 Safe storage ················· 7—23—16
  7.4 Environment protection and safety
     in production ················ 7—23—16
8 Electricity ······················· 7—23—17
  8.1 General requirement ········· 7—23—17
  8.2 Distribution line ············· 7—23—17
  8.3 Lighting system ·············· 7—23—17
  8.4 Electric control system ······· 7—23—17
  8.5 Grain detection and control
     system ······················· 7—23—17
  8.6 Lightening protection and
     grounding ··················· 7—23—18
9 Fire control ······················ 7—23—18
Appendix A   Settlement observation
      of steel silo and pre-
      loaded with grain
      test ······················· 7—23—18
Appendix B   Stress calculation of
      welding grain steel
      silo wall opening ······ 7—23—19
Appendix C   Main grain granular
      physical character-
      istics ····················· 7—23—19
Appendix D   Load coefficient ······ 7—23—20
Appendix E   Film internal force
      of rotatory shell in
      symmetrical
      loading ·················· 7—23—21
Appendix F   Recommended
      illuminance
      values ··················· 7—23—23
Explanation of Wording in
   this code ······················· 7—23—23
List of quoted standards ············ 7—23—23
Addition: Explanation of
      provisions ················ 7—23—24

1 总　则

1.0.1 为总结我国粮食钢板筒仓建设经验，使粮食钢板筒仓设计做到安全可靠、技术先进、经济合理，制定本规范。

1.0.2 本规范适用于平面形状为圆形、中心装、卸料的粮食钢板筒仓的设计。

1.0.3 粮食钢板筒仓的设计使用年限不应少于25年。

1.0.4 粮食钢板筒仓结构的安全等级应为二级，抗震设防类别应为丙类，耐火等级可为二级。

1.0.5 粮食钢板筒仓应由具有相关设计资质的单位进行设计。

1.0.6 粮食钢板筒仓设计除应符合本规范外，尚应符合国家现行有关标准的规定。

2 术语和符号

2.1 术　语

2.1.1 粮食钢板筒仓　grain steel silo
　　储存粮食散料的钢结构直立容器，平面以圆形为主。主要形式有焊接钢板、螺旋卷边钢板、螺栓装配波纹钢板、螺栓装配肋型钢板、螺栓装配肋型双壁及装配钢结构框架式等。

2.1.2 粮食散料　grain granular material
　　小麦、玉米、稻谷、豆类以及物理特性参数与之相近的谷物散料。

2.1.3 仓体　bulk solids
　　钢板筒仓容纳粮食散料的部分。

2.1.4 仓顶　top of silo
　　封闭仓体顶面的结构。

2.1.5 仓上建筑　building above top of silo
　　按工艺要求建在仓顶上的建筑。

2.1.6 仓壁　wall of silo
　　与粮食散料直接接触且承受粮食散料侧压力的仓体竖壁。

2.1.7 筒壁　supporting wall
　　支撑仓体的竖壁。

2.1.8 仓下支承结构　supporting structure of silo bottom
　　基础以上、仓体以下的支承结构，包括筒壁、柱、扶壁柱等。

2.1.9 漏斗　hopper
　　筒仓下部卸出粮食散料的结构容器。

2.1.10 深仓　deep bin
　　储粮计算高度 h_n 与仓内径 d_n 比值大于或等于1.5的筒仓。

2.1.11 浅仓　shallow bin
　　储粮计算高度 h_n 与仓内径 d_n 比值小于1.5的筒仓。

2.1.12 单仓　single silo
　　不与其他建（构）筑物联成整体的单体筒仓。

2.1.13 仓群　group silos
　　多个且成组布置的筒仓群。

2.1.14 填料　filler
　　仓底构成卸料填坡的填充材料。

2.1.15 整体流动　mass flow
　　卸粮过程中，仓内粮食散料的水平截面呈平面状态向下的流动。

2.1.16 管状流动　funnel flow
　　卸粮过程中，仓内粮食散料的表面呈漏斗状向下的流动。

2.1.17 中心卸粮　concentric discharge
　　卸粮过程中，仓内粮食散料沿仓体几何中心对称向下的流动。

2.1.18 偏心卸粮　eccentric discharge
　　卸粮过程中，仓内粮食散料沿仓体几何中心不对称向下的流动。

2.1.19 工作塔　work tower
　　进行粮食输送、计量、清理等工作的场所。

2.1.20 地道　underpass
　　连接筒仓与筒仓、筒仓与工作塔之间的地下通道。

2.2 符　号

2.2.1 几何参数
　　h——地面至仓壁顶的高度；
　　h_n——储粮的计算高度；
　　h_h——漏斗顶面至计算截面的高度；
　　S——计算深度，由仓顶或储粮锥体重心至计算截面的距离；
　　d_n——筒仓内径；
　　R——筒仓半径；
　　t——筒仓仓壁厚度或仓壁计算厚度，钢板厚度；
　　e——自然对数的底；
　　α——漏斗壁与水平面的夹角。

2.2.2 计算系数
　　k——储粮侧压力系数；
　　k_p——仓壁竖向受压稳定系数；
　　ρ——筒仓水平净截面水力半径；
　　C_h——深仓储粮动态水平压力修正系数；
　　C_v——深仓储粮动态竖向压力修正系数；
　　C_f——深仓储粮动态摩擦力修正系数。

2.2.3 粮食散料的物理特性参数
　　γ——重力密度；
　　ρ_0——粮食的质量密度；

μ——储粮对仓壁的摩擦系数;
ϕ——储粮的内摩擦角。

2.2.4 钢材性能及抗力

E——钢材的弹性模量;
f——钢材抗拉、抗压强度设计值;
f_t^w——对接焊缝抗拉强度设计值;
f_c^w——对接焊缝抗压强度设计值;
f_f^w——角焊缝抗拉、抗压和抗剪强度设计值;
σ_{cr}——受压构件临界应力。

2.2.5 作用和作用效应

P_{hk}——储粮作用于仓壁单位面积上的水平压力标准值;
P_{vk}——储粮作用于单位水平面积上的竖向压力标准值;
P_{fk}——储粮作用于仓壁单位面积上的竖向摩擦力标准值;
P_{nk}——储粮作用于漏斗斜面单位面积上的法向压力标准值;
P_{tk}——储粮作用于漏斗斜面单位面积上的切向压力标准值;
M——弯矩设计值,有下标者,见应用处说明;
N——拉力或压力设计值,有下标者,见应用处说明;
σ——拉应力或压应力,有下标者,见应用处说明。

3 基本规定

3.1 布置原则

3.1.1 粮食钢板筒仓的平面及竖向布置应根据工艺、地形、工程地质及施工条件等,经技术经济比较后确定。

3.1.2 仓群宜选用单排或多排行列式平面布置(图3.1.2)。

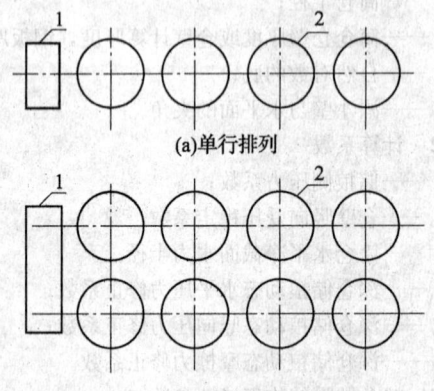

图3.1.2 仓群平面布置示意图
1—工作塔;2—筒仓

筒仓净间距应按以下原则确定:
1 不应小于500mm;
2 当采用独立基础时,还应满足基础设计的要求;
3 落地式平底仓,应根据清仓设备所需距离确定。

3.1.3 筒仓与筒仓、筒仓与工作塔之间的地道应设置沉降缝。

3.1.4 筒仓与筒仓、筒仓与工作塔之间的栈桥,应考虑相邻构筑物由于地基变形引起的相对位移。当满足本规范第5.5.3条要求时,相对水平位移值可按下式确定:

$$\Delta u \geqslant \frac{h}{400} \quad (3.1.4)$$

式中:Δu——相对水平位移值;
h——室外地面至仓壁顶的高度。

3.1.5 粮食钢板筒仓施工图设计文件中,应对首次装卸粮、沉降观测、水准基点及沉降观测点设置要求等予以说明,并应符合本规范附录A的规定。

3.2 结构选型

3.2.1 粮食钢板筒仓结构(图3.2.1)可分为仓上建筑、仓顶、仓壁、仓底、仓下支承结构及基础六个基本部分。

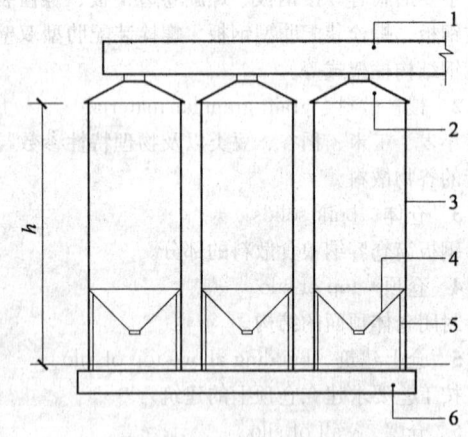

图3.2.1 钢板筒仓结构组成示意
1—仓上建筑;2—仓顶;3—仓壁;
4—仓底;5—支承结构;6—基础

3.2.2 仓上设置的工艺输送设备通道及操作检修平台宜采用敞开式钢结构。当有特殊使用要求时,也可采用封闭式。

3.2.3 粮食钢板筒仓仓顶宜采用带上、下环梁的正截锥仓顶,其结构型式应根据计算确定。

3.2.4 粮食钢板筒仓仓壁为波纹板、螺旋卷边板、肋型钢板时,应采用热镀锌或合金钢板。

3.2.5 粮食钢板筒仓可采用钢或钢筋混凝土仓底及仓下支承结构。直径12m以下时,宜采用由柱或筒壁支承的架空式仓下支承结构及漏斗仓底;直径15m

及以上时，宜采用落地式平底仓，地道式出料通道（图 3.2.5）。

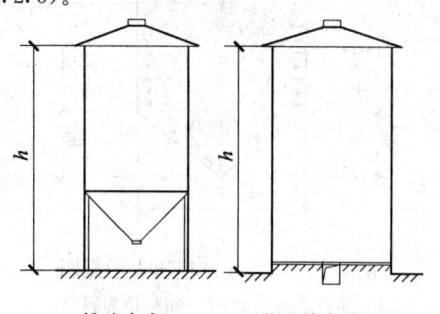

(a)锥斗仓底　　(b)落地筒仓平板仓底

图 3.2.5　钢板筒仓仓底示意

4 荷载与荷载效应组合

4.1 基本规定

4.1.1 粮食钢板筒仓的结构设计，应计算以下荷载：
  1 永久荷载：结构自重、固定设备重、仓内吊挂电缆自重等；
  2 可变荷载：仓顶及仓上建筑活荷载、雪荷载、风荷载等；
  3 储粮荷载：储粮对筒仓的作用，储粮对仓内吊挂电缆的作用等；
  4 地震作用。

4.1.2 各种荷载的取值，除本规范规定外，均应按现行国家标准《建筑结构荷载规范（2006 版）》GB 50009 的有关规定执行。

4.1.3 储粮的物理特性参数，应由工艺专业通过试验分析确定。当无试验资料时，可按本规范附录 C 所列数据确定。

4.1.4 计算储粮荷载时，应采用对结构产生最不利作用的储粮品种的参数。计算储粮对波纹钢板仓壁的摩擦作用时，应取储粮的内摩擦角。计算储粮对肋型钢板仓壁的摩擦作用时，可分段取储粮的内摩擦角和储粮对钢板的外摩擦角。

4.1.5 储粮计算高度 h_n 与水平净截面水力半径 ρ，应按下列规定确定：
  1 水力半径 ρ 按下式计算：

$$\rho = \frac{d_n}{4} \quad (4.1.5)$$

式中：h_n——储粮计算高度；
　　　ρ——筒仓净截面的水力半径；
　　　d_n——筒仓内径。

  2 储粮计算高度 h_n 按下列规定确定：
  1）上端：储粮顶面为水平时，取至储粮顶面；储粮顶面为斜面时，取至储粮锥体的重心；
  2）下端：仓底为锥形漏斗时，取至漏斗顶面；仓底为平底时，取至仓底顶面；仓底为填料填成漏斗时，取至填料表面与仓壁内表面交线的最低点。

4.1.6 粮食钢板筒仓的风载体型系数按下列规定取值：
  1 仓壁稳定计算时：取 1.0；
  2 筒仓整体计算时：对单独筒仓，取 0.8；对仓群，取 1.3。

4.2 储粮荷载

4.2.1 计算粮食对筒仓的作用时，应包括以下 4 种力：
  1 作用于筒仓仓壁的水平压力；
  2 作用于筒仓仓壁的竖向摩擦力；
  3 作用于筒仓仓底的竖向压力；
  4 作用于筒仓仓顶的吊挂电缆拉力。

4.2.2 深仓储粮静态压力（图 4.2.2）的标准值，应按下列公式计算。
  1 计算深度 S 处，储粮作用于仓壁单位面积上的水平压力标准值 P_{hk} 按下式计算：

$$P_{hk} = \frac{\gamma \cdot \rho}{\mu} (1 - e^{-\mu k S/\rho}) \quad (4.2.2-1)$$

  2 计算深度 S 处，储粮作用于单位水平面积上的竖向压力标准值 P_{vk} 按下式计算：

$$P_{vk} = \frac{\gamma \cdot \rho}{\mu \cdot k} (1 - e^{-\mu k S/\rho}) \quad (4.2.2-2)$$

  3 计算深度 S 处，储粮作用于仓壁单位面积上的竖向摩擦力标准值 P_{fk} 按下式计算：

$$P_{fk} = \mu \cdot P_{hk} \quad (4.2.2-3)$$

  4 计算深度 S 处，储粮作用于仓壁单位周长上的总竖向摩擦力标准值 q_{fk} 按下式计算：

$$q_{fk} = \rho \cdot (\gamma \cdot S - P_{vk}) \quad (4.2.2-4)$$

式中：P_{hk}——储粮作用于仓壁单位面积上的水平压力标准值；
　　　γ——储粮的重力密度；
　　　ρ——筒仓净截面的水力半径；
　　　μ——储粮对仓壁的摩擦系数；
　　　e——自然对数的底；
　　　k——储粮侧压力系数，按附录 D 表 D.1 取值；
　　　S——储粮顶面或储粮锥体重心至所计算截面的距离；
　　　P_{vk}——储粮作用于单位水平面积上的竖向压力标准值；
　　　P_{fk}——储粮作用于仓壁单位面积上的竖向摩擦力标准值；
　　　q_{fk}——储粮作用于仓壁单位周长上的总竖向摩擦力标准值。

4.2.3 在深仓卸粮过程中，储粮作用于筒仓仓壁的

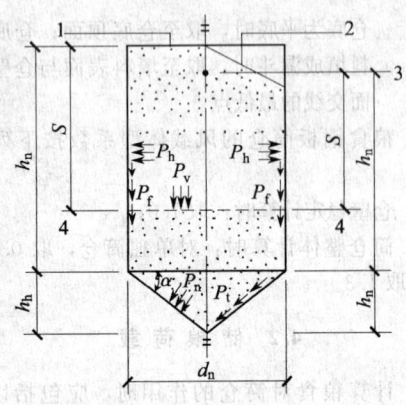

图 4.2.2 深仓储粮压力示意图
1—储料顶为平面；2—储料顶为斜面；
3—储料锥体重心；4—计算截面

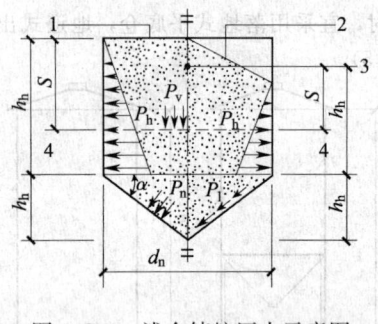

图 4.2.4 浅仓储粮压力示意图
1—储料顶为平面；2—储料顶为斜面；
3—储料锥体重心；4—计算截面

动态压力标准值，应以其静态压力标准值乘以动态压力修正系数。深仓储粮动态压力修正系数应按表4.2.3取值。

表 4.2.3 深仓储粮动态压力修正系数

深仓部位	系数名称	动态压力修正系数值	
仓壁	水平压力修正系数 C_h	$S \leq h_n/3$	$1+3 \cdot S/h_n$
		$S > h_n/3$	2.0
	摩擦压力修正系数 C_f	—	1.1
仓底	竖向压力修正系数 C_v	钢漏斗	1.3
		混凝土漏斗	1.0
		平板	1.0

注：$h_n/d_n \geq 3$ 时，表中 C_h 值应乘以 1.1。

4.2.4 浅仓储粮压力（图 4.2.4）的标准值应按下列公式计算：

1 计算深度 S 处，作用于仓壁单位面积上的水平压力标准值 P_{hk} 按式（4.2.4-1）计算，当储粮计算高度 h_n 大于或等于15m，且筒仓内径 d_n 大于或等于10m时，储粮作用于仓壁的水平压力除按上式计算外，尚应按式（4.2.2-1）计算，二者计算结果取大值。

$$P_{hk} = k \cdot \gamma \cdot S \quad (4.2.4-1)$$

2 计算深度 S 处，作用于单位水平面积上的竖向压力标准值 P_{vk} 按下式计算：

$$P_{vk} = \gamma \cdot S \quad (4.2.4-2)$$

3 计算深度 S 处，储粮作用于仓壁单位面积上的竖向摩擦力标准值 P_{fk} 按下式计算：

$$P_{fk} = \mu \cdot k \cdot \gamma \cdot S \quad (4.2.4-3)$$

4 计算深度 S 处，储粮作用于仓壁单位周长上的总竖向摩擦力标准值 q_{fk} 按下式计算：

$$q_{fk} = \frac{1}{2} \cdot k \cdot \mu \cdot \gamma \cdot S^2 \quad (4.2.4-4)$$

4.2.5 作用于圆形漏斗壁上的储粮压力标准值按下列公式计算：

1 漏斗壁单位面积上的法向压力标准值 P_{nk} 为：

深仓：$P_{nk} = C_v \cdot P_{vk} \cdot (\cos^2\alpha + k\sin^2\alpha)$ （4.2.5-1）

浅仓：$P_{nk} = P_{vk} \cdot (\cos^2\alpha + k\sin^2\alpha)$ （4.2.5-2）

2 漏斗壁单位面积上的切向压力标准值 P_{tk} 为：

深仓：$P_{tk} = C_v \cdot P_{vk} \cdot (1-k) \sin\alpha \cdot \cos\alpha$ （4.2.5-3）

浅仓：$P_{tk} = P_{vk} \cdot (1-k) \sin\alpha \cdot \cos\alpha$ （4.2.5-4）

式中：P_{vk}——储粮作用于单位水平面积上的竖向压力标准值。深仓可取漏斗顶面值，浅仓可取漏斗顶面与底面的平均值；

α——漏斗壁与水平面的夹角。

4.2.6 作用于筒仓仓顶的吊挂电缆拉力，包括电缆自重、储粮对电缆的摩擦力及电缆突出物对储粮阻滞而产生的作用力。当电缆为圆截面，且直径无变化，表面无突出物时，储粮对电缆的摩擦力标准值，应按下列公式计算：

深仓：$N_k = k_d \cdot \pi \cdot d \cdot \rho \cdot \dfrac{\mu_0}{\mu} \cdot (\gamma \cdot h_d - P_{vk})$

（4.2.6-1）

浅仓：$N_k = \dfrac{\pi}{2} \cdot k_d \cdot d \cdot \mu_0 \cdot k \cdot \gamma \cdot h_d^2$ （4.2.6-2）

式中：N_k——储粮对电缆的摩擦力标准值；

k_d——计算系数 1.5~2.0；浅仓取小值，深仓取大值；

d——电缆直径；

h_d——电缆在储粮中的长度；

μ_0——储粮对电缆表面的摩擦系数；

P_{vk}——电缆最下端处，储粮作用于单位水平面积上的竖向压力标准值。

4.3 地震作用

4.3.1 粮食钢板筒仓可按单仓计算地震作用，并应符合下列规定：

1 可不考虑粮食对于仓壁的局部作用；

2 落地式平底粮食钢板筒仓可不考虑竖向地震作用。

4.3.2 在计算粮食钢板筒仓的水平地震作用时，重力荷载代表值应取储粮总重的80%，重心应取储粮总重的重心。

4.3.3 粮食钢板筒仓的水平地震作用，可采用底部剪力法或振型分解反应谱法进行计算。

4.3.4 柱子支承的粮食钢板筒仓，采用底部剪力法计算水平地震作用时可采用单质点体系模型，并符合下列规定：

1 单质点位置可设于柱顶；
2 仓下支承结构的自重按30%采用；
3 水平地震作用的作用点，位于仓体和储料的质心处；
4 仓上建筑的水平地震作用，可按刚性地面上的单质点或多质点体系模型计算，计算结果应乘以增大系数3，但增大的地震作用效应不应向下部结构传递。

4.3.5 落地式平底粮食钢板筒仓的水平地震作用，可采用振型分解反应谱法，也可采用下述简化方法进行计算：

1 筒仓底部的水平地震作用标准值可按下式计算：

$$F_{Ek}=\alpha_{max} \cdot (G_{sk}+G_{mk}) \quad (4.3.5\text{-}1)$$

2 水平地震作用对筒仓底部产生的弯矩标准值可按下式计算：

$$M_{Ek}=\alpha_{max} \cdot (G_{sk} \cdot h_s+G_{mk} \cdot h_m)$$
$$(4.3.5\text{-}2)$$

3 沿筒仓高度第 i 质点分配的水平地震作用标准值可按下式计算：

$$F_{ik}=F_{Ek} \cdot \frac{G_{ik} \cdot h_i}{\sum_{i=1}^{n} G_{ik} \cdot h_i} \quad (4.3.5\text{-}3)$$

式中：F_{Ek}——筒仓底部的水平地震作用标准值；
α_{max}——水平地震影响系数最大值，按现行国家标准《建筑抗震设计规范》GB 50011 的有关规定进行取值；
G_{sk}——筒仓自重（包括仓上建筑）的重力荷载代表值；
G_{mk}——储粮的重力荷载代表值；
M_{Ek}——水平地震作用对筒仓底部产生的弯矩标准值；
h_s——筒仓自重（包括仓上建筑）的重心高度；
h_m——储粮总重的重心高度；
F_{ik}——沿筒仓高度第 i 质点分配的水平地震作用标准值；
G_{ik}——集中于第 i 质点的重力荷载代表值；
h_i——第 i 质点的重心高度。

4.3.6 抗震设防烈度为8度和9度时，仓下漏斗与仓壁的连接焊缝或螺栓，应进行竖向地震作用计算，竖向地震作用系数可分别采用0.1和0.2。

4.3.7 粮食钢板筒仓仓体可不进行抗震验算，但应采取抗震构造措施。

4.3.8 抗震烈度为7度及以下时，仓下支承结构与仓上建筑，可不进行抗震验算，但应满足抗震构造措施要求。

4.4 荷载效应组合

4.4.1 粮食钢板筒仓结构设计应根据使用过程中在结构上可能出现的荷载，按承载能力极限状态和正常使用极限状态分别进行荷载效应组合，并取各自的最不利组合进行设计。

4.4.2 粮食钢板筒仓按承载能力极限状态设计时，应采用荷载效应的基本组合，荷载分项系数应按下列规定取值：

1 永久荷载分项系数：对结构不利时，取1.2；对结构有利时，取1.0；筒仓抗倾覆计算，取0.9；
2 储粮荷载分项系数，取1.3；
3 地震作用分项系数，取1.3；
4 其他可变荷载分项系数，取1.4。

4.4.3 粮食钢板筒仓按正常使用极限状态设计时，应采用荷载效应短期组合，荷载分项系数均取1.0。

4.4.4 粮食钢板筒仓按承载能力极限状态设计时，荷载组合系数应按下列规定取用：

1 无风荷载参与组合时：取1.0。
2 有风荷载参与组合时：
　1）储粮荷载，取1.0；
　2）风荷载，取1.0；
　3）其他可变荷载，取0.6；
　4）地震作用不计。
3 有地震作用参与组合时：
　1）储粮荷载，取0.9；
　2）地震作用，取1.0；
　3）雪荷载，取0.5；
　4）风荷载不计；
　5）其他可变荷载：按实际情况考虑时，取1.0；按等效均布荷载时，取0.6。

5 结构设计

5.1 基本规定

5.1.1 粮食钢板筒仓结构应分别按承载能力极限状态和正常使用极限状态进行设计。

5.1.2 粮食钢板筒仓结构按承载能力极限状态进行设计时，计算内容应包括：

1 所有结构构件及连接的强度、稳定性计算；
2 筒仓整体抗倾覆计算；
3 筒仓与基础的锚固计算。

5.1.3 粮食钢板筒仓结构按正常使用极限状态进行设计时，应根据使用要求对结构构件进行变形验算。

5.1.4 粮食钢板筒仓结构及连接材料的选用及设计指标，应按现行国家标准《钢结构设计规范》GB 50017和《冷弯薄壁型钢结构技术规范》GB 50018有关规定执行。

5.2 仓 顶

5.2.1 正截锥壳钢板仓顶，可按薄壁结构进行强度及稳定计算。

5.2.2 由斜梁，上、下环梁及钢板组成的正截锥壳仓顶（图5.2.2），不计钢板的蒙皮作用，应设置支撑或采取其他措施，保证仓顶结构的空间稳定性。仓顶构件内力可按空间杆系计算。在对称竖向荷载作用下，仓顶构件内力可按下述简化方法计算：

1 斜梁按简支计算，其支座反力分别由上、下环梁承担，上、下环梁按第5.2.3条计算；

2 作用于上环梁的竖向荷载由斜梁平均承担；

3 作用于斜梁的测温电缆吊挂荷载，由直接吊挂电缆的斜梁承担。

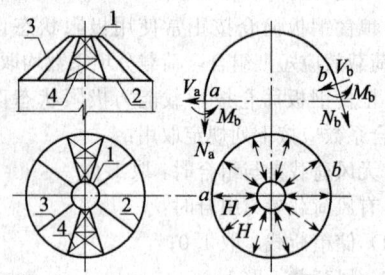

图 5.2.2 正截锥壳仓顶及环梁内力示意图
1—上环梁；2—下环梁；3—斜梁；4—支撑构件

5.2.3 正截锥壳仓顶的上、下环梁应按以下规定计算：

1 上环梁应按压、弯、扭构件进行强度和稳定计算。在径向水平推力作用下，上环梁稳定计算可按本规范5.4.4条第1款规定执行。

2 下环梁应按拉、弯、扭构件进行强度计算。

3 下环梁计算可不考虑与其相连的仓壁共同工作。

5.2.4 斜梁传给下环梁的竖向力，由下环梁均匀传给下部结构。

5.3 仓 壁

5.3.1 深仓仓壁按承载能力极限状态设计时，应计算以下荷载组合：

1 作用于仓壁单位面积上的水平压力的基本组合（设计值）：

$$P_h = 1.3 \cdot C_h \cdot P_{hk} \quad (5.3.1\text{-}1)$$

2 作用于仓壁单位周长的竖向压力的基本组合（设计值）：

无风荷载参与组合时：

$$q_v = 1.2 \cdot q_{gk} + 1.3 \cdot C_f \cdot q_{fk} + 1.4 \cdot \sum \psi_i \cdot q_{Qik} \quad (5.3.1\text{-}2)$$

有风荷载参与组合时：

$$q_v = 1.2 \cdot q_{gk} + 1.3 \cdot C_f \cdot q_{fk} + 1.4 \times 0.6 \cdot \sum (q_{wk} + q_{Qik}) \quad (5.3.1\text{-}3)$$

有地震作用参与组合时：

$$q_v = 1.2 \cdot q_{gk} + 1.3 \times 0.8 \cdot C_f \cdot q_{fk} + 1.3 \cdot q_{Ek} + 1.4 \cdot \sum \psi_i \cdot q_{Qik} \quad (5.3.1\text{-}4)$$

式中：P_h——作用于仓壁单位面积上的水平压力的基本组合（设计值）；

q_v——作用于仓壁单位周长上的竖向压力的基本组合（设计值）；

q_{gk}——仓顶及仓上建筑永久荷载作用于仓壁单位周长上的竖向压力标准值；

q_{fk}——储粮作用于仓壁单位周长上总竖向摩擦力标准值；

q_{wk}——风荷载作用于仓壁单位周长上的竖向压力标准值；

q_{Ek}——地震作用于仓壁单位周长上的竖向压力标准值；

q_{Qik}——仓顶及仓上建筑可变荷载作用于仓壁单位周长上的竖向压力标准值；

ψ_i——可变荷载的组合系数，按本规范第4.4.4条规定取值。

5.3.2 浅仓仓壁按承载能力极限状态设计时，荷载组合可按本规范第5.3.1条规定执行，C_f取1.0。

5.3.3 粮食钢板筒仓仓壁无加劲肋时，可按薄膜理论计算其内力，旋转壳体在对称荷载下的薄膜内力参见附录E；有加劲肋时，可选择下述方法之一进行计算：

1 按带肋壳体结构，采用有限元方法进行计算；

2 加劲肋间距不大于1.2m时，采用折算厚度按薄膜理论进行计算；

3 按本规范第5.3.5条规定的简化方法进行计算。

5.3.4 焊接粮食钢板筒仓、螺旋卷边粮食钢板筒仓与肋型双壁粮食钢板筒仓，不设加劲肋时，仓壁可按以下规定进行强度计算：

1 在储粮水平压力作用下，按轴心受拉构件进行计算：

$$\sigma_t = \frac{P_h \cdot d_n}{2 \cdot t} \leqslant f \quad (5.3.4\text{-}1)$$

2 在竖向压力作用下，按轴心受压构件进行计算：

$$\sigma_c = \frac{q_v}{t} \leqslant f \quad (5.3.4\text{-}2)$$

式中：σ_t——仓壁环向拉应力设计值；

σ_c——仓壁竖向压应力设计值；

t——被连接钢板的较小厚度；

f —— 钢材抗拉或抗压强度设计值。

3 在水平压力及竖向压力共同作用下,按下式进行折算应力计算:

$$\sigma_{zs} = \sqrt{\sigma_t^2 + \sigma_c^2 - \sigma_t \sigma_c} \leqslant f \quad (5.3.4\text{-}3)$$

式中:σ_{zs} —— 仓壁折算应力设计值。

σ_c 与 σ_t 取拉应力为正值,压应力为负值。

4 仓壁钢板采用对接焊缝拼接时,对接焊缝按下式进行计算:

$$\sigma = \frac{N}{L_w \cdot t} \leqslant f_t^w \text{ 或 } f_c^w \quad (5.3.4\text{-}4)$$

式中:N —— 垂直于焊缝长度方向的拉力或压力设计值;

L_w —— 对接焊缝的计算长度;

t —— 被连接仓壁的较小厚度;

f_t^w —— 对接焊缝抗拉强度设计值;

f_c^w —— 对接焊缝抗压强度设计值。

5.3.5 粮食钢板筒仓设置加劲肋时,可按下述简化方法进行强度计算:

1 仓壁或钢结构框架式筒仓的钢带水平方向抗拉强度按本规范(5.3.4-1)式计算。

2 仓壁为波纹钢板、肋型钢板和钢结构框架式筒仓的保温壁板时,不计算仓壁承担的竖向压力,全部竖向压力由加劲肋或 T 形立柱承担;仓壁为焊接平钢板或螺旋卷边钢板时,取宽为 $2b_e$ 的仓壁与加劲肋构成组合构件(图 5.3.5),承担竖向压力。

3 加劲肋或加劲肋与仓壁构成的组合构件,按下列公式进行截面强度计算:

$$N = q_v \cdot b \quad (5.3.5\text{-}1)$$

$$\sigma = \frac{N}{A_n} \pm \frac{M}{W_n} \leqslant f \quad (5.3.5\text{-}2)$$

式中:N —— 加劲肋或组合构件承担的压力设计值;

q_v —— 仓壁单位周长上的竖向压力;

b —— 加劲肋中距(弧长);

σ —— 加劲肋或组合构件截面拉、压应力设计值;

A_n —— 加劲肋或组合构件折算面积;

M —— 竖向压力 N 对加劲肋或组合构件截面形心的弯矩设计值;

W_n —— 加劲肋或组合构件折算弹性抵抗矩;

f —— 钢材抗拉、抗压强度设计值。

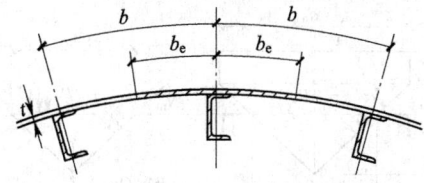

图 5.3.5 组合构件截面示意
$b_e \leqslant 15t$ 且 $b_e \leqslant b/2$

5.3.6 加劲肋与仓壁的连接,应按以下规定进行强度计算:

1 单位高度仓壁传给加劲肋的竖向力设计值按下式计算:

$$V = [1.2 \cdot P_{gk} + 1.3 \cdot C_f \cdot P_{fk} + (1.2 \cdot q_{gk} + 1.4 \cdot \sum q_{Qik})/h_i] \cdot b$$

$$(5.3.6\text{-}1)$$

式中:V —— 单位高度仓壁传给加劲肋的竖向力设计值;

P_{gk} —— 仓壁单位面积重力标准值;

q_{gk} —— 仓顶与仓上建筑永久荷载作用于仓壁单位周长上的竖向压力标准值;

h_i —— 计算区段仓壁的高度。

2 当采用角焊缝连接时,按下式计算:

$$\tau_f = \frac{V}{h_e \cdot L_w} \leqslant f_f^w \quad (5.3.6\text{-}2)$$

式中:τ_f —— 按焊缝有效截面计算,沿焊缝长度方向的平均剪应力;

h_e —— 角焊缝有效厚度;

L_w —— 仓壁单位高度内,角焊缝的计算长度;

f_f^w —— 角焊缝抗拉、抗压或抗剪强度设计值。

3 当采用普通螺栓或高强螺栓连接时,按现行国家标准《钢结构设计规范》GB 50017 的有关规定进行计算。

5.3.7 粮食钢板筒仓和肋型双壁筒仓在竖向荷载作用下,仓壁或大波纹内壁应按薄壳弹性稳定理论或下述方法进行稳定计算。

1 在竖向轴压力作用下,按下列公式计算:

$$\sigma_c \leqslant \sigma_{cr} = k_p \frac{E \cdot t}{R} \quad (5.3.7\text{-}1)$$

$$k_p = \frac{1}{2 \cdot \pi} \cdot \left(\frac{100 \cdot t}{R}\right)^{\frac{3}{8}} \quad (5.3.7\text{-}2)$$

式中:σ_c(σ) —— 仓壁压应力设计值;

σ_{cr} —— 受压仓壁的临界应力;

E —— 钢材的弹性模量,取 $2.06 \times 10^5 \text{N/mm}^2$;

t —— 仓壁的计算厚度,有加劲肋且间距不大于 1.2m 时,可取仓壁的折算厚度,其他情况取仓壁厚度;

R —— 筒仓半径;

k_p —— 仓壁竖向受压稳定系数。

2 在竖向压力及储粮水平压力共同作用下,按下列公式计算:

$$\sigma_c \leqslant \sigma_{cr} = k_p' \cdot \frac{E \cdot t}{R} \quad (5.3.7\text{-}3)$$

$$k_p' = k_p + 0.265 \cdot \frac{R}{t} \sqrt{\frac{P_{hk}}{E}} \quad (5.3.7\text{-}4)$$

式中:k_p' —— 有内压时仓壁的稳定系数,当 k_p' 大于 0.5 时,取 $k_p' = 0.5$。

3 仓壁局部承受竖向集中力时,应在集中力作用处设置加劲肋,集中力的扩散角可取 30°(图

5.3.7），并按下式验算仓壁的局部稳定：

$$\sigma_c \leqslant \sigma_{cr} = k_p \frac{E \cdot t}{R} \quad (5.3.7\text{-}5)$$

式中：σ_c——仓壁压应力设计值。

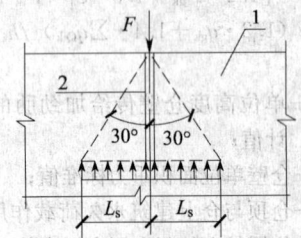

图 5.3.7 仓壁集中力示意图
1—仓壁；2—加劲肋

5.3.8 无加劲肋的仓壁或仓壁区段（图5.3.8），在水平风荷载的作用下，可按下列公式验算空仓仓壁的稳定性：

$$P_{w1} \leqslant p_{cr} = 0.368 \cdot \eta \cdot E \cdot \left(\frac{t}{R}\right)^{\frac{3}{2}} \cdot \frac{t}{h_w}$$

$$(5.3.8\text{-}1)$$

$$\eta = \frac{2 \cdot P_{w1}}{P_{w1} + P_{w2}} \quad (5.3.8\text{-}2)$$

式中：P_{w1}——所验算仓壁或仓壁区段内的最大风压设计值；

P_{w2}——所验算仓壁或仓壁区段内的最小风压设计值；

h_w——所验算仓壁或仓壁区段高度；

t——仓壁厚度，当所验算仓壁或仓壁区段范围内仓壁厚度变化时，应取最小值；

p_{cr}——筒仓临界压力值；

E——钢材的弹性模量；

η——计算系数。

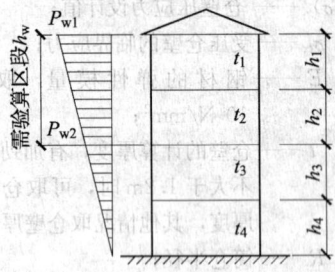

图 5.3.8 风载下仓壁稳定计算示意

注：$t_1 \sim t_4$ 为所验算仓壁或仓壁区段内仓壁厚度；$h_1 \sim h_4$ 为所验算仓壁或仓壁区段高度。

5.3.9 无加劲肋的螺旋卷边粮食钢板筒仓，仓壁弯卷（图5.3.9）处可按下式进行抗弯强度计算：

$$\sigma = 6a(q_w - q_g)/t \leqslant f \quad (5.3.9)$$

式中：q_w——水平风荷载作用于仓壁单位周长上的竖向拉力设计值；

q_g——永久荷载作用于仓壁单位周长上的竖

向压力设计值，分项系数取 1.0；

a——卷边的外伸长度；

t——仓壁厚度。

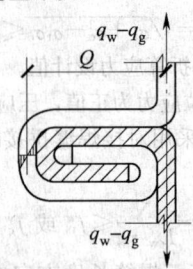

图 5.3.9 仓壁弯卷图

5.3.10 仓壁洞口应进行强度计算，洞口应力可采用有限元法计算，或按下述方法简化计算。

1 焊接粮食钢板筒仓仓壁洞口在拉、压力作用下，正方形、矩形洞口应力可参考附录B给出的数据；

2 装配式粮食钢板筒仓仓壁洞口加强框在拉、压力作用下，可简化成闭合框架进行内力分析。

5.3.11 焊接粮食钢板筒仓仓壁洞口除应计算洞口边缘的应力外还必须验算矩形洞口角点的集中应力，无特殊载荷时，集中应力可近似取洞口边缘应力的3倍～4倍。

5.4 仓 底

5.4.1 圆锥漏斗仓底可按以下规定进行强度计算（图5.4.1）。

1 计算截面Ⅰ—Ⅰ处，漏斗壁单位周长的经向拉力设计值：

$$N_m = 1.3 \cdot \left(\frac{C_v \cdot P_{vk} \cdot d_0}{4\sin\alpha} + \frac{W_{mk}}{\pi \cdot d_0 \sin\alpha}\right) + \frac{1.2 \cdot W_{gk}}{\pi \cdot d_0 \sin\alpha}$$

$$(5.4.1\text{-}1)$$

式中：P_{vk}——计算截面处储粮竖向压力标准值；

W_{mk}——计算截面以下漏斗内储粮重力标准值；

W_{gk}——计算截面以下漏斗壁重力标准值；

d_0——计算截面处，漏斗的水平直径；

α——漏斗壁与水平面的夹角；

C_v——深仓储粮动态竖向压力修正系数；

N_m——漏斗壁经向拉力设计值。

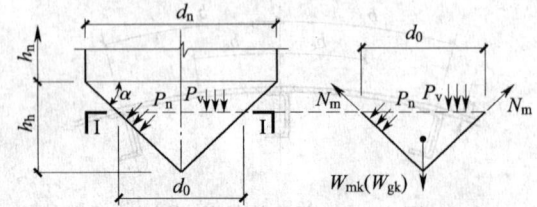

图 5.4.1 圆锥漏斗内力计算示意图

2 计算截面Ⅰ—Ⅰ处，漏斗壁单位宽度内的环向拉力设计值应按下式进行计算。

$$N_t = \frac{1.3 \cdot P_{nk} \cdot d_0}{2\sin\alpha} \quad (5.4.1-2)$$

式中：P_{nk}——储粮作用于漏斗壁单位面积上的法向压力标准值；

N_t——漏斗壁环向拉力设计值。

3 漏斗壁应按下列公式进行强度计算：

1) 单向抗拉强度：

经向 $\quad \sigma_m = \dfrac{N_m}{t} \leqslant f \quad (5.4.1-3)$

环向 $\quad \sigma_t = \dfrac{N_t}{t} \leqslant f \quad (5.4.1-4)$

2) 折算应力：

$$\sigma_{zs} = \sqrt{\sigma_t^2 + \sigma_m^2 - \sigma_t\sigma_m} \leqslant f \quad (5.4.1-5)$$

式中：σ_{zs}——折算应力；

σ_t——漏斗壁环向拉应力；

σ_m——漏斗壁经向拉应力；

t——漏斗壁钢板厚度。

5.4.2 圆锥漏斗仓底与仓壁相交处，应设置环梁（图5.4.2）。环梁与仓壁及漏斗壁的连接应符合下列规定：

1 可采用焊接或螺栓连接；

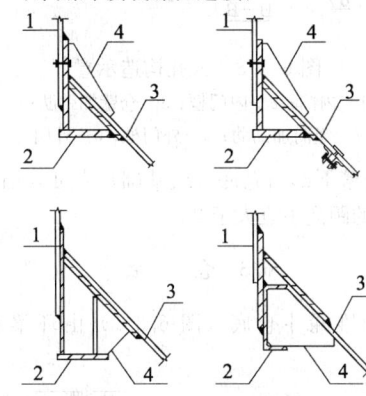

图 5.4.2 漏斗环梁示意图
1—仓壁；2—环梁；3—斗壁；4—加劲肋

2 当环梁与仓壁及漏斗壁采用螺栓连接时，环梁计算不考虑与之相连的仓壁及漏斗壁参与工作；

3 当环梁与仓壁及漏斗壁采用焊接连接时，环梁计算可考虑与之相连的部分壁板参与工作，共同工作的壁板范围按下列规定取值。

1) 共同工作的仓壁范围，取 $0.5\sqrt{r_c \cdot t_c}$，但不大于 $15t_c$；

2) 共同工作的漏斗壁范围，取 $0.5\sqrt{r_h \cdot t_h}$，但不大于 $15t_h$。

其中：t_c、r_c——分别为仓壁与环梁相连处的厚度和曲率半径；

t_h、r_h——分别为漏斗壁与环梁相连处的厚度和曲率半径。

5.4.3 环梁上的荷载（图5.4.3），可按下列规定确定：

1 由仓壁传来的竖向压力 q_v 及其偏心产生的扭矩 $q_v \cdot e_v$；

2 由漏斗壁传来的经向拉力 N_m 及其偏心产生的扭矩 $N_m \cdot e_m$（N_m 按本规范第5.4.1条确定）。N_m 可分解为水平分量 $N_m \cdot \cos\alpha$ 及垂直分量 $N_m \cdot \sin\alpha$（图5.4.3b）；

3 在环梁高度范围内作用的储粮水平压力 P_h 可忽略不计。

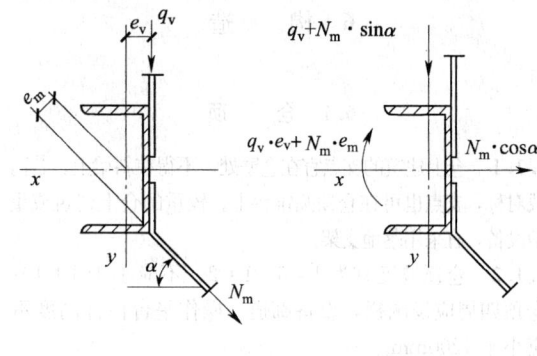

(a)环梁荷载　　　　(b)荷载简化

图 5.4.3 环梁荷载及简化图

5.4.4 环梁按承载能力极限状态设计时，可按以下规定进行计算：

1 在水平荷载 $N_m \cdot \cos\alpha$ 作用下环梁的稳定计算：

$$N_m \cdot \cos\alpha \leqslant N_{cr} \quad (5.4.4-1)$$

$$N_{cr} = 0.6\frac{E \cdot I_y}{r^3} \quad (5.4.4-2)$$

式中：I_y——环梁截面惯性矩；

r——环梁的半径；

N_{cr}——单位长度环梁的临界经向压力值；

N_m——漏斗壁单位周长的经向拉力设计值；

α——漏斗壁倾角；

E——钢材的弹性模量。

2 环梁截面的抗弯、抗扭及抗剪强度计算。

3 环梁与仓壁及漏斗壁的连接强度计算。

5.5 支承结构与基础

5.5.1 仓下支承结构为钢柱时，柱与环梁应按空间框架进行分析。

5.5.2 仓壁应锚固在下部构件上。采用锚栓锚固时，间距可取1m～2m，锚栓的拉力应按下式计算：

$$T = \frac{6M}{n \cdot d} - \frac{W}{n} \quad (5.5.2)$$

式中：T——每个锚栓的拉力设计值；

M——风荷载或地震荷载作用于下部构件顶面的弯矩设计值；

d——筒仓直径；

W——筒仓竖向永久荷载设计值，分项系数0.9；

n ——锚栓总数,不应少于6。

5.5.3 基础计算应符合下列规定:

1 仓群下的整体基础,应确定空仓、满仓的最不利组合;

2 基础边缘处的地基应力不应出现拉应力;

3 基础倾斜率不应大于0.002,平均沉降量不应大于200mm。

6 构　造

6.1 仓　顶

6.1.1 仓上建筑的支点宜在仓壁处,不得在斜梁上。若荷载对称,支点也可在仓顶圆锥台上。较重的仓上建筑或重型设备,宜采用落地支架。

6.1.2 仓顶坡度宜为1∶5～1∶2,不应小于1∶10;仓顶四周应设围栏,设备廊道、操作平台栏杆高度不应小于1200mm。

6.1.3 测温电缆应吊挂于钢梁上,不得直接吊挂于仓顶板上。仓顶吊挂设施宜对称布置。

6.1.4 仓顶出檐不得小于100mm,且应设垂直滴水,其高度不应小于50mm。仓檐处仓顶板与仓壁板间应设密封条。有台风影响地区,应采取措施防止雨水倒灌。仓顶板与檩条不得采用外露螺栓连接。

6.2 仓　壁

6.2.1 仓壁为波纹钢板、肋型钢板、焊接钢板时,相邻上下两层壁板的竖向接缝应错开布置。焊接钢板错开距离不应小于250mm。

6.2.2 波纹钢板和肋型钢板仓壁的搭接缝及连接螺栓孔,均应设密封条、密封圈。

6.2.3 筒仓仓壁设计除应满足结构计算要求外,尚应考虑外部环境对钢板的腐蚀及储粮对仓壁的磨损,并采取相应措施。

6.2.4 竖向加劲肋接头应采用等强度连接。相邻两加劲肋的接头不宜在同一水平高度上。通至仓顶的加劲肋数量不应少于总数的25%。

6.2.5 竖向加劲肋与仓壁的连接应符合下列规定:

1 波纹钢板仓和肋型钢板仓宜采用镀锌螺栓连接;

2 螺旋卷边仓宜采用高频焊接螺栓连接;

3 螺栓直径与数量应经计算确定,直径不宜小于8mm,间距不宜大于200mm;

4 焊接连接时,焊缝高度取被焊仓壁较薄钢板的厚度;螺旋卷边仓咬口上下焊缝长度均不应小于50mm。施焊仓壁外表面的焊痕必须进行防腐处理。

6.2.6 螺旋卷边仓壁的竖向加劲肋应放在仓壁内侧,其他仓壁的竖向加劲肋应放在仓壁外侧。加劲肋下部与仓底预埋件应可靠连接。

6.2.7 仓壁内不应设水平支撑、爬梯等附壁装置。

6.2.8 仓壁下部人孔(图6.2.8)宜设在同一块壁板上,洞口尺寸不宜小于600mm。人孔门应设内、外两层,分别向仓内、外开启。门框应做成整体式,截面应计算确定。门框与仓壁、门扇的连接,均应采取密封措施。

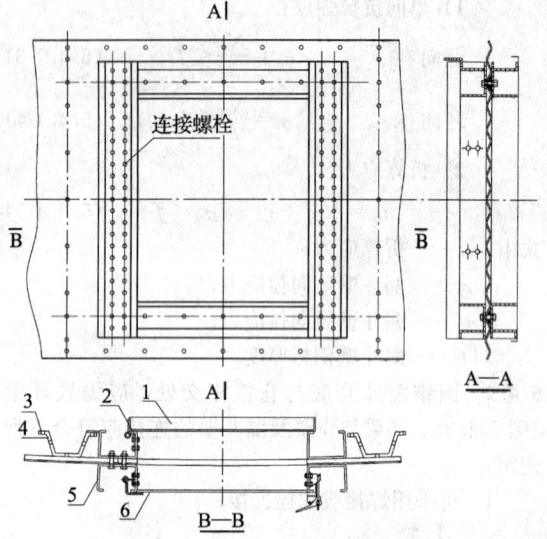

图 6.2.8　人孔构造示意
1—内门;2—内门框;3—仓壁加劲肋;
4—竖向加劲肋;5—外门框;6—外门

6.2.9 仓壁下部与仓底(或基础)应可靠锚固,锚固点之间的距离不宜大于2m。

6.3 仓　底

6.3.1 圆锥漏斗仓底(图6.3.1)由环梁和斗壁组成。

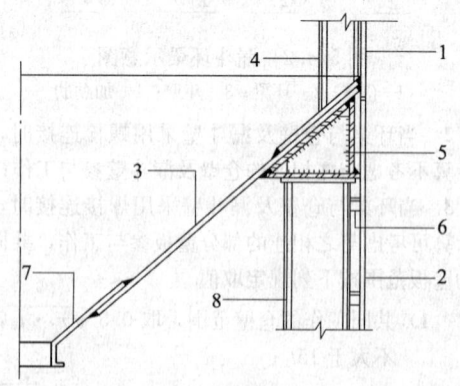

图 6.3.1　圆锥漏斗仓底示意图
1—仓壁;2—筒壁;3—斗壁;4—加劲肋;
5—环梁;6—缀板;7—斗口;8—支承柱

6.3.2 斗壁可由径向划分的梯形板块组成,每块板在漏斗上口处的长度宜为1.0m。

6.3.3 斗宜设计为焊接整体结构,其上口直径不宜大于2.0m;下口尺寸应满足工艺要求。

6.3.4 仓底在装配后内表面应光滑，不得滞留储粮。

6.3.5 当采用流化仓底出粮或选用平底仓时，其仓底应按工艺要求设计。

6.4 支承结构

6.4.1 仓下钢支柱截面及间距应由计算确定。支柱与筒壁宜采用缀板连接（图6.3.1）；缀板间距不宜大于1.0m。

6.4.2 钢支柱应设柱间支撑，每个筒仓下不应少于三道且应均匀间隔布置。当柱间支撑上下两段设置时，应设柱间水平系杆。

6.4.3 仓壁与基础顶面接触处应设泛水板或泛水坡，防止雨水进入仓内（图6.4.3）。

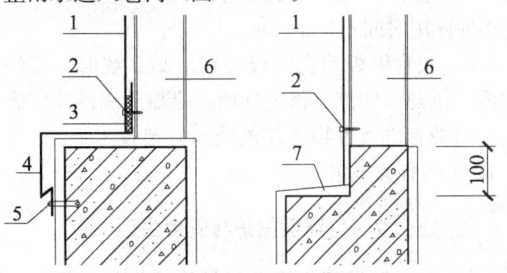

图6.4.3 泛水示意图
1—仓壁钢板；2—自攻螺钉；3—防水胶垫；4—泛水板；
5—膨胀螺栓；6—竖向加劲肋；7—砂浆抹坡

6.5 抗震构造措施

6.5.1 当粮食钢板筒仓处于抗震设防地区时，柱间支撑开间的钢柱柱脚，应设置抗剪钢板。

6.5.2 地脚螺栓宜采用有刚性锚板或锚梁的双帽螺栓，受拉、受剪螺栓锚固长度应满足现行国家标准《混凝土结构设计规范》GB 50010的有关规定。

7 工艺设计

7.1 一般规定

7.1.1 工艺设计方案应根据储存粮食的特性、使用功能、作业要求、粮食钢板筒仓总容量等条件，经技术经济比较后确定。

7.1.2 粮食钢板筒仓工艺设计内容应包括粮食接收与发放、安全储粮、环境保护与安全生产等。

7.1.3 粮食钢板筒仓数量较多且作业复杂时应设置工作塔，粮食钢板筒仓数量少且作业简单时，可不设工作塔，采用提升塔架。

7.1.4 工艺设备应具备安全适用、高效低耗、操作方便、密闭、低破碎、对粮食无污染等性能。

7.1.5 工艺设备布置应满足安装、操作及维修空间要求。

7.1.6 粮食钢板筒仓底部或仓壁宜开进人孔。

7.1.7 粮食钢板筒仓单仓容量按下式进行计算：

$$G=V\rho_0 \qquad (7.1.7)$$

式中：G——粮食钢板筒仓单仓容量；

V——单仓有效装粮体积；

ρ_0——粮食的质量密度，应按本规范附录C进行取值。

7.2 粮食接收与发放

7.2.1 粮食接收与发放工艺宜包括以下内容：

 1 粮食接收包括接卸、输送、磁选、初清、取样、计量、入仓等。

 2 粮食发放包括出仓、取样、计量、输送等。

7.2.2 主要设备应根据作业要求选择配置输送设备、防分级和降破碎设备、清仓设备、密闭设备、出仓流量控制设备等。

7.2.3 粮食钢板筒仓进出粮设备的生产能力应根据作业量、作业时间等因素计算确定。

7.2.4 设备选用宜符合额定生产能力模数，额定模数由50、100、200、300、400、600、800、1000、1200、1600、2000t/h等组成（按粮食质量密度0.75t/m³计）。

7.2.5 溜管设计应满足下列要求：

 1 溜管材料宜采用3mm～4mm钢板；

 2 溜管内壁与物料接触面宜设可拆换的耐磨衬板；

 3 每节溜管长度不宜超过2m，溜管垂直段长度超过4m时宜设缓冲装置；

 4 溜管的有效截面尺寸，应根据流量计算确定。常用溜管可按照表7.2.5选用；

表7.2.5 溜管有效截面尺寸选用表

流量/(t/h)	50	100	200	300	400	600
截面尺寸(mm×mm)	200×200	250×250	350×350	400×400	450×450	500×500

流量/(t/h)	800	1000	1200	1600	2000
截面尺寸(mm×mm)	600×600	700×700	800×800	900×900	1000×1000

注：1 截面尺寸为管内净尺寸；圆截面溜管可按相等截面积参照使用。
    2 溜管内粮食质量密度按照0.75t/m³计。

 5 溜管倾角应符合下列规定：

  1）小麦、大豆、玉米，不小于36°；

  2）稻谷，不小于45°；

  3）杂质、灰尘，不小于60°。

7.2.6 仓底出粮口设计应符合下列规定：

 1 出粮孔尺寸应根据出仓流量等因素计算确定；

 2 出粮孔采用气动或电动闸门时，同时设手动闸门。

7.2.7 平底粮食钢板筒仓应配置清仓设备。进出仓作业频繁时，清仓设备宜为固定式。

7.2.8 直径12m以下粮食钢板筒仓宜采用自流出粮方式。储粮为小麦、大豆、玉米时，仓底倾角不宜小于40°；储粮为稻谷时，仓底倾角不应小于45°。

7.3 安全储粮

7.3.1 根据使用功能，粮食钢板筒仓可设机械通风。

7.3.2 机械通风系统应包括仓顶、仓底通风机、通风口、通风道等构成。

7.3.3 机械通风系统应满足下列要求：
1 仓顶通风机宜选轴流风机，应配置防雨、防雀、防空气回流装置；
2 仓下通风机宜采用移动式通风机；
3 通风系统的排风能力不小于进风能力；
4 仓内风道应布置合理，空气途径比小于1.3；
5 空气分配器孔板开孔率宜取25%～35%。孔形状及尺寸应防止粮食颗粒漏入风道；
6 仓内通风道（空气分配器）等要能承受粮食或机械设备荷载。

7.3.4 通风系统主要技术参数可按下列要求确定：
1 单仓通风量可按下式计算：

$$Q_z = V\rho_0 q \qquad (7.3.4-1)$$

式中：Q_z——单仓通风量（m³/h）；
　　q——每小时每吨粮食的通风体积量简称单位通风量，可取 4m³/h·t～10m³/h·t；
　　V——粮堆体积；
　　ρ_0——粮堆质量密度。

2 风道风速按下式计算：

$$v_F = \frac{Q_F}{3600 F_F} \qquad (7.3.4-2)$$

式中：v_F——风道风速（m/s）；主风道风速宜为7m/s～15m/s，支风道风速宜为 4m/s～9m/s；
　　Q_F——风道通风量（m³/s）；
　　F_F——风道的横截面积（m²）。

3 空气分配器的表观风速按下式计算：

$$v_b = \frac{Q_b}{3600 F_b} \qquad (7.3.4-3)$$

式中：v_b——表观风速（m/s）；建议控制在0.2m/s～0.5m/s范围；
　　Q_b——通过空气分配器的风量（m³/h）；
　　F_b——空气分配器开孔面积的表面积（m²）。

4 通风机的风量按下式计算：

$$Q_T = K_1 \frac{Q_z}{n} \qquad (7.3.4-4)$$

式中：Q_T——通风机通风量（m³/h）；
　　K_1——风量系数，取1.10～1.16；
　　n——单个筒仓内风机数量。

5 通风机的阻力按下式计算：

$$H_F = K_2(H_1 + H_2) \qquad (7.3.4-5)$$

式中：H_F——通风系统总阻力；
　　K_2——风压系数，取1.10～1.20；
　　H_1——气流穿过粮层时的阻力；
　　H_2——除粮层阻力外，整个通风系统的其他阻力。

7.3.5 粮食钢板筒仓设置熏蒸系统时应满足下列要求：
1 熏蒸系统宜采用环流形式；
2 采用磷化氢熏蒸时，熏蒸系统应符合现行行业标准《磷化氢环流熏蒸技术规程》LS/T 1201的有关要求；
3 粮食钢板筒仓仓体、进出粮口、通风口等应采取密封措施；
4 仓体气密性满足仓内气压从500Pa降至250Pa使用时间不少于40s。

7.3.6 粮食钢板筒仓需设谷物冷却系统时，应作好保温、隔热、防潮、密闭处理。冷却系统设计应满足现行行业标准《谷物冷却机低温储粮技术规程》LS/T 1204的有关规定。

7.4 环境保护与安全生产

7.4.1 粮食钢板筒仓环境保护设计为粉尘控制、噪声控制、有害气体控制。安全生产设计为防粉尘爆炸、作业场所安全等内容。

7.4.2 粉尘控制设计应满足下列要求：
1 粉尘控制宜采用集中风网和单点除尘设备结合形式；
2 应按照使用功能、作业要求进行风网合理组合，风网应进行详细计算；
3 输送机的进料口、抛料口等易扬尘的部位均应设吸风口，需要调节风量及平衡系统压力的吸风口处应设置蝶阀；
4 吸风口风速宜取3m/s～5m/s，风管内风速宜取14m/s～18m/s；
5 较长水平风管应分段设置观察孔及清灰孔，末端装补风门，清灰孔的孔盖应易启闭；
6 风管弯头的曲率半径宜为风管直径的1倍～2倍，大管径取小值，小管径取大值；
7 风管宜采用机加工制品，风管连接处应加密封垫，直径大于200mm的风管宜采用法兰连接；
8 风网散风口应设防风雨、防雀装置；
9 粉尘控制系统应与相关设备联锁，作业设备启动前，粉尘控制系统提前5min启动；作业设备停机后，粉尘控制系统延迟10min停机；
10 清除地面、设备和管道上的集尘，可设置真空清扫系统。

7.4.3 振动及噪声较大的设备宜集中布置，并采取减震、隔音、消声措施。

7.4.4 粮食钢板筒仓安全生产设计应符合下列规定：
1 粮食接收流程前端应设置磁选设备；

2 输送设备宜设置跑偏、堵料、失速等检测报警装置；

3 全封闭设备应设置泄压口；

4 设备上外露的传动件，应加设安全防护罩；

5 粮食钢板筒仓进出粮作业时，仓顶通风口应开启，保持仓内外气压平衡；

6 粮食钢板筒仓气密试验应采用仓内正压作业模式；

7 作业场所、安全通道的设置，应符合现行行业标准《粮食仓库安全操作规程》LS 1206 的有关规定；

8 粮食钢板筒仓设计文件中，应对安全生产、技术管理等相关内容作必要说明。

8 电 气

8.1 一般规定

8.1.1 粮食钢板筒仓电力负荷宜为三级负荷。对于中转任务繁重的港口库和重要的中转库，可按二级负荷设计。

8.1.2 粮食钢板筒仓粉尘爆炸性危险区域划分、电气设备选择、配电线路防护要求均应符合现行国家标准《爆炸和火灾危险环境电力装置设计规范》GB 50058 和《粮食加工、储运系统粉尘防爆安全规程》GB 17440 的有关规定。

8.1.3 电气设备、配电线路宜在非爆炸危险区或爆炸危险性较小的环境设置和敷设，且应采取防尘、防鼠害及安全防护等措施。

8.1.4 粮食钢板筒仓设置熏蒸系统时，仓内电气设备应采取防熏蒸腐蚀措施。

8.2 配电线路

8.2.1 配电线路的选择应符合下列规定：

1 配电线路应选用铜芯绝缘导线或铜芯电缆，其额定电压不应低于线路的工作电压，且导线不应低于 0.45/0.75kV，电缆不应低于 0.6/1kV；

2 非粉尘爆炸性危险区域内配电线路最小截面：电力、照明线路不应小于 $1.5mm^2$，控制线路不应小于 $1.0mm^2$；

3 粉尘爆炸性危险区域内配电线路的选择应符合现行国家标准《爆炸和火灾危险环境电力装置设计规范》GB 50058 的有关规定；

4 采用电缆桥架敷设时宜采用阻燃电缆，移动式电气设备线路应采用 YC 或 YCW 橡套电缆。

8.2.2 配电线路的保护应符合下列规定：

1 应根据具体工程要求装设短路保护、过负荷保护、接地故障保护、过电压及欠电压保护，用于切断供电电源或发出报警信号；

2 上下级保护电器的动作应具有选择性，各级之间应能协调配合；

3 对电动机、电梯等用电设备配电线路的保护，除应符合本章要求外，尚应符合现行国家标准《通用用电设备配电设计规范》GB 50055 的规定。

8.2.3 配电线路应采用下列敷设方式：

1 电缆宜采用电缆桥架敷设；

2 穿管敷设时，保护管应采用低压流体输送用焊接钢管；

3 电气线路在穿越不同防爆或防火分区之间的墙体及楼板时，应采用非可燃性填料严密堵塞。

8.3 照明系统

8.3.1 粮食钢板筒仓的照明设计应符合现行国家标准《建筑照明设计标准》GB 50034 的有关规定。照度推荐值应符合本规范附录 F 的规定。

8.3.2 粮食钢板筒仓照明应采用高效、节能光源和高效灯具。粉尘爆炸性危险区域应采用粉尘防爆照明灯具。

8.3.3 粮食钢板筒仓应急照明的设置应符合现行国家标准《建筑设计防火规范》GB 50016 的有关规定。

8.3.4 工作塔各层、仓上、仓下等照明宜分别采用集中控制方式，并按使用条件和天然采光状况采取分区、分组控制措施。

8.4 电气控制系统

8.4.1 粮食钢板筒仓可根据需要设电气控制系统。

8.4.2 电气控制系统应满足工艺作业要求，根据作业特点确定技术方案及设备选型。

8.4.3 电气控制系统应具备以下功能：

1 对用电设备提供安全保护；

2 用电设备及生产作业线的联锁；

3 紧急停止和故障报警；

4 现场手动操作；

5 显示工艺流程状况、设备运行状态及运行参数。

8.4.4 粮食钢板筒仓应设料位传感器，工艺设备应设安全检测传感器件。

8.5 粮情测控系统

8.5.1 粮食钢板筒仓可根据储粮需要设置粮情测控系统。粮情测控系统应符合现行行业标准《粮情测控系统》LS/T 1203 的有关规定。

8.5.2 粮情测控系统应符合下列要求：

1 测温范围：－40℃～60℃；测温精度：±1℃；

2 测湿范围：10%RH～99%RH；测湿精度：±3%RH；

3 自动巡回检测、手动定仓定点检测、超限报警等，且能自动控制通风及相关设备；
   4 具备中文打印、制表功能；
   5 防水、防尘、仓内装置防磷化氢腐蚀；
   6 有效的防雷击措施。

8.5.3 测温电缆宜对称布置，测温电缆水平间距不宜大于5.0m；测温点宜垂直方向等距布置，间距宜为1.5m～3.0m；测温电缆与仓内壁间距0.3m～0.5m。

8.5.4 仓内吊装的电缆及吊挂装置应能承受出仓时粮食流动所产生的拉力。

8.6 防雷及接地

8.6.1 粮食钢板筒仓防雷设计应符合现行国家标准《建筑物防雷设计规范》GB 50057中第二类防雷建筑物的防雷要求。

8.6.2 粮食钢板筒仓宜利用仓顶金属围栏与仓上通廊作接闪器。不在接闪器保护范围内的仓顶工艺设备应设置避雷针保护，且设备外露金属部分应与仓顶防雷装置电气连接。

8.6.3 粮食钢板筒仓可采用镀锌圆钢或扁钢专设引下线。圆钢直径不应小于8mm。扁钢截面不应小于48mm²，厚度不应小于4mm。每个筒仓引下线不应少于2根，间距不应大于18m，且应对称布置。

8.6.4 粮食钢板筒仓宜利用基础钢筋作为接地装置。

8.6.5 所有进入建筑物的外来导电物应在防雷界面处做等电位连接。电气系统和电子信息系统由室外引来的电缆线路宜设置适配的电涌保护器。

8.6.6 建筑物内电气装置外露可导电部分应分别做保护接地。粉尘爆炸危险区域内设备、金属构架、管道应做防静电接地。

8.6.7 防直击雷接地宜和防雷电感应、防静电、电气设备、信息系统等接地共用接地装置，其接地电阻应满足其中最小值的要求。

9 消防

9.0.1 粮食钢板筒仓仓内、仓上栈桥、仓下地道内不宜设消防灭火设施。

9.0.2 封闭工作塔各层应设室内消火栓，消防给水宜采用临时高压给水系统，室内消防用水量可按10L/s计。

9.0.3 粮食钢板筒仓工作塔各层、筒下层应按现行国家标准《建筑灭火器配置设计规范》GB 50140的有关规定配置灭火器。

9.0.4 严寒地区的室内消防给水系统可采用干式系统，系统最高点应设自动排气装置，并应有快速启动消防设备的措施。

9.0.5 粮食钢板筒仓的消防设计除应符合本规范的规定外，尚应符合现行国家标准《建筑设计防火规范》GB 50016的有关规定。

附录A 筒仓沉降观测及试装粮压仓

A.1 沉降观测

A.1.1 粮食钢板筒仓是具有巨大可变荷载的构筑物，在施工及使用过程中，必须进行沉降观测，严格控制其沉降量。筒仓的沉降观测应按下述要求进行：

  1 设置水准基点：在筒仓周围20m以外选择地基可靠（不是回填土、不靠近树木或新建筑物、不受车辆扰动）透视良好的地点，按图A.1.1所示做水准基点。若库区内有固定的市政建设测量水准点，可只设一个水准基点，否则应设三个水准基点，自成体系，以便校核。

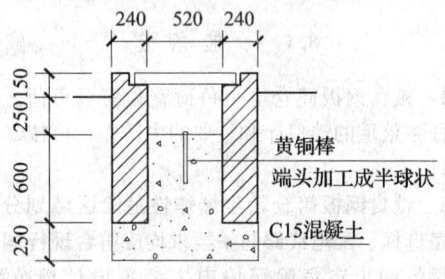

图 A.1.1 水准基点示意图

  2 设置沉降观测点：观测点可用φ16钢筋头，在勒脚部位焊接于钢柱或筒壁上，观测点的数量及平面布置，应能够全面反映筒仓的沉降情况。

A.1.2 施工阶段沉降观测：在所有沉降观测点安设牢固后，即应进行第一次沉降观测并记录，施工完成后进行第二次观测记录。所有沉降观测记录资料必须妥善保存。

A.2 试装粮

A.2.1 粮食钢板筒仓设计，应根据筒仓装粮高度及地基基础情况，提出合理的试装粮要求。筒仓的试装粮可参照下列要求进行：

  1 试装粮顺序：试装粮可分为四或三个阶段进行，每阶段应按均匀对称的原则各仓依次装粮，见图A.2.1。各仓全部装载完毕为完成一阶段装粮。

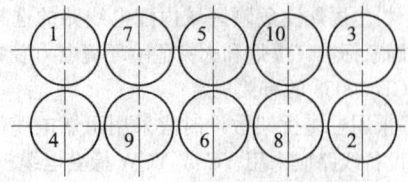

图 A.2.1 试装粮顺序示意图

  2 试装粮数量：试装粮分四个阶段装满时，各阶段装粮数量宜依次为50%、20%、20%及10%。

试装粮分三个阶段装满时，各阶段装粮数量宜依次为60%、30%及10%。

3 装粮静置时间：每阶段装粮完成后，应静置一定时间，前两个阶段装粮后静置时间不少于1个月，最后一阶段装粮后静置时间不少于2个月。

4 沉降观测：在试装粮前，首先应将各沉降观测点全部观测一次并记录。在每阶段装粮前，也应将各沉降观测点全部观测一次，装粮完成后，再观测一次。在静置期间，每5天进行一次沉降观测，当观测结果符合下列要求时，方可进行下一阶段操作。

　1）最后10d沉降量不大于3mm，否则应延长静置时间至满足要求为止。
　2）沿构筑物长、宽两个方向由于不均匀沉降所产生的倾斜度不大于2‰，否则应用控制荷载的方法加以纠正。
　3）观察筒库的敏感部位（筒上层、筒下层、门窗洞口、连接节点等）有无出现不允许的变形等异常情况，应有专人负责观测并记录。

5 试装粮装满并满足本条第3款和第4款的要求后，可进行出粮卸载，出粮应按与装粮相反步骤进行。

6 试装粮满后，应将全部观测记录资料提交给设计单位，以确认可否正式投产。

A.3 筒仓正式投产后注意事项

A.3.1 筒库正式投产后，原则上应对称、平衡，均匀装卸粮，避免长期单侧满载。在开始使用两年内，应每隔三至六个月进行一次沉降观测。

A.3.2 沉降观测记录列表格式可按表A.3.2进行填写。

表 A.3.2 沉降观测记录表

日期	观测点编号	原始标高	前期标高	本期标高	本期沉降	累计沉降	与前期相距天数	装卸粮变化记录	观测人签名

附录 B 焊接粮食钢板筒仓仓壁洞口应力计算

B.0.1 焊接粮食钢板筒仓仓壁洞口形状为正方形或矩形，正方形、矩形洞口周边在拉、压力作用下应力参数（图B.0.1）应符合表B.0.1-1～表B.0.1-3的规定。

α——作用力p与洞口中心水平轴的夹角；

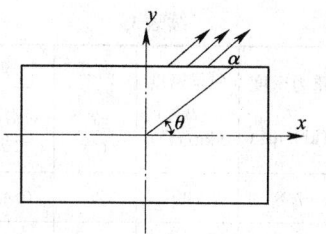

图 B.0.1 洞口应力参数示意图

θ——洞口周边各点与洞口中心水平轴的夹角；
σ_θ——与洞口周边法线正交的洞边应力。

表 B.0.1-1 当 $\alpha=\pi/2$ 时正方形洞口的 σ_θ/p 值

θ	σ_θ/p	θ	σ_θ/p
0	1.616	50	0.265
15	1.802	60	−0.702
30	1.932	75	−0.901
40	4.230	90	−0.871
45	5.763		

表 B.0.1-2 在边比 $a/b=5$ 的矩形洞口条件下 σ_θ/p 值

θ	$\alpha=0$	$\alpha=90°$	θ	$\alpha=0$	$\alpha=90°$
0	−0.768	2.420	90	1.192	−0.940
20	−0.152	8.050	140	1.558	−0.644
25	2.692	7.030	150	2.812	1.344
30	2.812	1.344	160	−0.152	8.050
40	1.558	−0.644	180	−0.768	2.420

表 B.0.1-3 在边比 $a/b\cong3.2$ 的矩形洞口条件下 σ_θ/p 值

θ	$\alpha=0$	$\alpha=90°$	θ	$\alpha=0$	$\alpha=90°$
0	−0.770	2.152	30	2.610	5.512
10	−0.807	2.520	35	3.181	
20	−0.686	4.257	40	2.892	−0.198
25		6.204	90	1.342	−0.980

注：该表适用于仓径大于15m的仓壁落地的筒仓仓壁上的洞口。

附录 C 主要粮食散料的物理特性参数

表 C 主要粮食散料的物理特性参数

散料名称	重力密度 γ (kN/m³)	质量密度 ρ_0 (kg/m³)	内摩擦角 ϕ (°)	摩擦系数 μ 对混凝土板	摩擦系数 μ 对钢板
稻谷	6.0	550	35	0.50	0.35
大米	8.5	790	30	0.42	0.30

续表 C

散料名称	重力密度 γ (kN/m³)	质量密度 ρ_0 (kg/m³)	内摩擦角 ϕ (°)	摩擦系数 μ 对混凝土板	对钢板
玉米	7.8	730	28	0.42	0.32
小麦	8.0	750	25	0.40	0.30
大豆	7.5	710	25	0.40	0.30
面粉	6.0	600	40	0.40	0.30
葵花籽	5.5	—	30	0.40	0.30
大麦	6.5	—	27	0.40	0.40
麸皮	4.0	—	40	0.30	0.30

注：质量密度用于仓容计算。

附录 D 储粮荷载计算系数

D.0.1 储粮荷载计算系数 $\zeta=\cos^2\alpha+k\sin^2\alpha$、$k=\tan^2(45°-\phi/2)$ 和 $\lambda=(1-e^{-\mu ks/\rho})$ 取值表 D.0.1-1～D.0.1-2。

表 D.0.1-1 $\zeta=\cos^2\alpha+k\sin^2\alpha$，$k=\tan^2(45°-\phi/2)$ 值表

α (°)	ϕ 值 (°)						
	20	25	30	35	40	45	50
	$k=\tan^2(45°-\phi/2)$ 的值						
	0.490	0.406	0.333	0.271	0.217	0.172	0.132
25	0.909	0.893	0.881	0.869	0.850	0.852	0.845
30	0.872	0.852	0.833	0.818	0.804	0.793	0.783
35	0.832	0.805	0.781	0.760	0.742	0.727	0.715
40	0.789	0.755	0.725	0.699	0.677	0.657	0.642
42	0.772	0.734	0.701	0.673	0.650	0.629	0.612
44	0.754	0.713	0.678	0.648	0.622	0.600	0.581
45	0.745	0.703	0.667	0.636	0.609	0.586	0.566
46	0.736	0.698	0.655	0.623	0.595	0.571	0.551
48	0.719	0.672	0.632	0.598	0.568	0.543	0.521
50	0.701	0.651	0.608	0.572	0.540	0.513	0.491
52	0.684	0.631	0.586	0.547	0.514	0.486	0.461
54	0.666	0.611	0.563	0.523	0.487	0.457	0.432
55	0.658	0.601	0.552	0.511	0.475	0.444	0.418
56	0.649	0.592	0.542	0.499	0.462	0.430	0.404
58	0.633	0.573	0.520	0.476	0.437	0.404	0.376
60	0.617	0.555	0.500	0.453	0.413	0.378	0.349
62	0.602	0.537	0.480	0.431	0.389	0.354	0.324
64	0.588	0.520	0.461	0.411	0.367	0.380	0.299
65	0.581	0.512	0.452	0.401	0.357	0.320	0.287
66	0.574	0.504	0.443	0.391	0.346	0.308	0.276
68	0.561	0.490	0.426	0.373	0.327	0.287	0.254
70	0.550	0.476	0.412	0.356	0.309	0.268	0.234

表 D.0.1-2 $\lambda=(1-e^{-\mu ks/\rho})$ 值表

$\mu ks/\rho$	λ	$\mu ks/\rho$	λ	$\mu ks/\rho$	λ	$\mu ks/\rho$	λ
0.01	0.010	0.36	0.302	0.71	0.508	1.12	0.674
0.02	0.020	0.37	0.399	0.72	0.513	1.14	0.680
0.03	0.030	0.38	0.316	0.73	0.518	1.16	0.687
0.04	0.039	0.39	0.323	0.74	0.523	1.18	0.693
0.05	0.049	0.40	0.330	0.75	0.528	1.20	0.699
0.06	0.053	0.41	0.336	0.76	0.532	1.22	0.705
0.07	0.063	0.42	0.343	0.77	0.537	1.24	0.711
0.08	0.077	0.43	0.349	0.78	0.542	1.26	0.716
0.09	0.086	0.44	0.356	0.79	0.546	1.28	0.722
0.10	0.095	0.45	0.362	0.80	0.551	1.30	0.727
0.11	0.104	0.46	0.369	0.81	0.555	1.32	0.733
0.12	0.113	0.47	0.375	0.82	0.559	1.34	0.738
0.13	0.122	0.48	0.381	0.83	0.561	1.36	0.743
0.14	0.131	0.49	0.387	0.84	0.568	1.38	0.748
0.15	0.139	0.50	0.393	0.85	0.573	1.40	0.753
0.16	0.148	0.51	0.399	0.86	0.577	1.42	0.758
0.17	0.156	0.52	0.405	0.87	0.581	1.44	0.763
0.18	0.165	0.53	0.411	0.88	0.585	1.46	0.768
0.19	0.173	0.54	0.417	0.89	0.589	1.48	0.772
0.20	0.181	0.55	0.423	0.90	0.593	1.50	0.777
0.21	0.189	0.56	0.429	0.91	0.597	1.52	0.781
0.22	0.197	0.57	0.434	0.92	0.601	1.54	0.786
0.23	0.205	0.58	0.440	0.93	0.605	1.56	0.790
0.24	0.213	0.59	0.446	0.94	0.699	1.58	0.794
0.25	0.221	0.60	0.451	0.95	0.613	1.60	0.798
0.26	0.229	0.61	0.457	0.96	0.617	1.62	0.802
0.27	0.237	0.62	0.462	0.97	0.621	1.64	0.806
0.28	0.244	0.63	0.467	0.98	0.625	1.66	0.810
0.29	0.252	0.64	0.473	0.99	0.628	1.68	0.814
0.30	0.259	0.65	0.478	1.00	0.632	1.70	0.817
0.31	0.267	0.65	0.483	1.02	0.639	1.72	0.821
0.32	0.274	0.67	0.488	1.04	0.647	1.74	0.824
0.33	0.281	0.68	0.498	1.06	0.654	1.76	0.828
0.34	0.288	0.69	0.498	1.08	0.660	1.78	0.831
0.35	0.295	0.70	0.593	1.10	0.667	1.80	0.835

续表 D.0.1-2

$\mu ks/\rho$	λ	$\mu ks/\rho$	λ	$\mu ks/\rho$	λ	$\mu ks/\rho$	λ
1.82	0.838	2.20	0.889	2.85	0.942	4.00	0.982
1.84	0.841	2.25	0.895	2.90	0.945	5.00	0.993
1.86	0.844	2.30	0.900	2.95	0.948	6.00	0.998
1.88	0.847	2.35	0.905	3.00	0.950	7.00	0.999
1.90	0.850	2.40	0.909	3.10	0.955	8.00	1.000
1.92	0.853	2.45	0.914	3.20	0.959		
1.94	0.856	2.50	0.918	3.30	0.963		
1.96	0.859	2.55	0.922	3.40	0.967		
1.98	0.862	2.60	0.926	3.50	0.970		
2.00	0.865	2.65	0.929	3.60	0.973		
2.05	0.871	2.70	0.933	3.70	0.975		
2.10	0.878	2.75	0.939	3.80	0.978		
2.15	0.884	2.80	0.942	3.90	0.980		

附录 E 旋转壳体在对称荷载下的薄膜内力

表 E 旋转壳体在对称荷载下的薄膜内力

荷载类型	环向力 N_p（受拉为正）	经向力 N_m（受拉为正）
自重	$qR\left(\dfrac{\cos\beta_0 - \cos\beta}{\sin^2\beta} - \cos\beta\right)$	$-qR\left(\dfrac{\cos\beta_0 - \cos\beta}{\sin^2\beta}\right)$
雪荷载	$\dfrac{qR}{2}\left(1 - \dfrac{\sin\beta_0}{\sin^2\beta} - 2\cos^2\beta\right)$	$-\dfrac{qR}{2}\left(1 - \dfrac{\sin\beta_0}{\sin^2\beta}\right)$
线荷载	$q\dfrac{\sin\beta_0}{\sin^2\beta}$	$-q\dfrac{\sin\beta_0}{\sin^2\beta}$
自重	$-q \cdot l \cdot \cos\alpha \operatorname{ctg}\alpha$	$-\dfrac{ql}{2\sin\alpha}\left(1 - \dfrac{l_1^2}{l^2}\right)$
雪荷载	$-q_s/\cos^2\alpha \operatorname{ctg}\alpha$	$-\dfrac{1}{2}q_s l\left(1 - \dfrac{l_1^2}{l^2}\right)\operatorname{ctg}\alpha$

续表 E

荷载类型		环向力 N_p（受拉为正）	经向力 N_m（受拉为正）
线荷载		0	$-\dfrac{ql_1}{l}$
浅仓储料荷载		$p_h R$	$-q-\gamma_c st$
深仓储料荷载		$p_h R$	$-q-p_f-\gamma_c st$
自重荷载		$ql\cos\alpha \cdot \text{ctg}\alpha$	$\dfrac{ql}{2\sin\alpha}\left(1-\dfrac{l_1^2}{l^2}\right)$
储料压力		$\dfrac{\xi \cdot \text{ctg}\alpha}{1-n}\left[(p_{v2}-p_{v1})\dfrac{l^2}{l_2}+(p_{v1}-np_{v2})l\right]$	$\dfrac{l\cdot \text{ctg}\alpha}{2}\left[\dfrac{l_2(p_{v1}-np_{v2})-l(p_{v1}-p_{v2})}{l_2-l_1}\right]+\dfrac{l\cdot \text{ctg}\alpha}{2}\cdot\dfrac{\gamma\sin\alpha}{3}\left(l-\dfrac{l_1^3}{l^2}\right)$
自重		$ql\cos\alpha \cdot \text{ctg}\alpha$	$\dfrac{ql}{2\sin\alpha}\left(1-\dfrac{l_1^2}{l^2}\right)$
储料压力		$\dfrac{\xi \cdot \text{ctg}\alpha}{1-n}\left[(p_{v2}-p_{v1})\dfrac{l^2}{l_2}+(p_{v1}-np_{v2})l\right]$	$\dfrac{\text{ctg}\alpha}{2}\left[p_{v1}\dfrac{l\cdot l_2-l^2}{(1-n)l_2}-p_{v2}\left(\dfrac{l_2^2}{l}-\dfrac{l^2-n\cdot l\cdot l_2}{(1-n)l_2}\right)\right]-\dfrac{\text{ctg}\alpha}{2}\cdot\dfrac{\gamma}{3}\cdot\left(\dfrac{l_1^2}{l}-l^2\right)\cdot\sin\alpha$

注：1 γ_c 为仓壁材料重力密度；ξ 为系数，$\xi=\cos^2\alpha+k\sin^2\alpha$；$n$ 为系数，$n=l_1/l_2$；p_{v1}、p_{v2} 分别为储粮作用与漏斗底部及顶部单位面积上的竖向压力；t 为旋转壳的厚度。

2 各项荷载均以图示方向为正。

附录 F 照度推荐值

表 F 照度推荐值

场所名称	参考平面及其高度	照度（lx）	备注
封闭式仓上建筑	地面	30～75	
开敞式仓上建筑	地面	5～15	
筒下层	地面	30～75	
工作塔	地面	30～75	
楼梯间	地面	30	
控制室	0.75m 水平面	300～500	
配电室	0.75m 水平面	200	

本规范用词说明

1 为便于在执行本规范条文时区别对待，对要求严格程度不同的用词说明如下：

　　1）表示很严格，非这样做不可的：
　　　　正面词采用"必须"，反面词采用"严禁"；
　　2）表示严格，在正常情况下均应这样做的：
　　　　正面词采用"应"，反面词采用"不应"或"不得"；
　　3）表示允许稍有选择，在条件许可时首先应这样做的：
　　　　正面词采用"宜"，反面词采用"不宜"；
　　4）表示有选择，在一定条件下可以这样做的，采用"可"。

2 条文中指明应按其他有关标准执行的写法为"应符合……规定"或"应按……执行"。

引用标准名录

《建筑结构荷载规范（2006 版）》GB 50009
《混凝土结构设计规范》GB 50010
《建筑抗震设计规范》GB 50011
《建筑设计防火规范》GB 50016
《钢结构设计规范》GB 50017
《冷弯薄壁型钢结构技术规范》GB 50018
《建筑照明设计标准》GB 50034
《通用用电设备配电设计规范》GB 50055
《建筑物防雷设计规范》GB 50057
《爆炸和火灾危险环境电力装置设计规范》GB 50058
《建筑灭火器配置设计规范》GB 50140
《粮食加工、储运系统粉尘防爆安全规程》GB 17440
《磷化氢环流熏蒸技术规程》LS/T 1201
《谷物冷却机低温储粮技术规程》LS/T 1204
《粮食仓库安全操作规程》LS 1206
《粮情测控系统》LS/T 1203

中华人民共和国国家标准

粮食钢板筒仓设计规范

GB 50322—2011

条 文 说 明

修 订 说 明

《粮食钢板筒仓设计规范》GB 50322—2011，经住房和城乡建设部 2011 年 7 月 26 日以第 1097 号公告批准发布。

为便于广大设计、施工、科研、学校等单位有关人员在使用本规范时能正确理解和执行条文规定，《粮食钢板筒仓设计规范》编制组按章、节、条顺序编制了本规范的条文说明，对条文规定的目的、依据以及执行中需要注意的有关事项进行了说明。但是，本条文说明不具备与标准正文同等的法律效力，仅供使用者作为理解和把握标准规定的参考。

目 次

1 总则 …………………………… 7—23—27
3 基本规定 ……………………… 7—23—27
　3.1 布置原则 ………………… 7—23—27
　3.2 结构选型 ………………… 7—23—28
4 荷载与荷载效应组合 ………… 7—23—28
　4.1 基本规定 ………………… 7—23—28
　4.2 储粮荷载 ………………… 7—23—28
　4.3 地震作用 ………………… 7—23—29
　4.4 荷载效应组合 …………… 7—23—29
5 结构设计 ……………………… 7—23—29
　5.1 基本规定 ………………… 7—23—29
　5.2 仓顶 ……………………… 7—23—30
　5.3 仓壁 ……………………… 7—23—30
　5.4 仓底 ……………………… 7—23—31
　5.5 支承结构与基础 ………… 7—23—32
6 构造 …………………………… 7—23—32
　6.1 仓顶 ……………………… 7—23—32
　6.2 仓壁 ……………………… 7—23—32
　6.3 仓底 ……………………… 7—23—32
　6.4 支承结构 ………………… 7—23—32
　6.5 抗震构造措施 …………… 7—23—33
7 工艺设计 ……………………… 7—23—33
　7.1 一般规定 ………………… 7—23—33
　7.2 粮食接收与发放 ………… 7—23—33
　7.3 安全储粮 ………………… 7—23—33
　7.4 环境保护与安全生产 …… 7—23—33
8 电气 …………………………… 7—23—34
　8.1 一般规定 ………………… 7—23—34
　8.2 配电线路 ………………… 7—23—34
　8.3 照明系统 ………………… 7—23—34
　8.4 电气控制系统 …………… 7—23—34
　8.5 粮情测控系统 …………… 7—23—35
　8.6 防雷及接地 ……………… 7—23—35

1 总 则

1.0.1 在我国用薄钢板装配或卷制而成的粮食钢板筒仓,是近二十多年引进、发展起来的新技术。粮食钢板筒仓具有自重轻、建设工期短、便于机械化生产等优点,在粮食、食品、饲料、轻工等行业已广泛使用。

2000年首次编制了《粮食钢板筒仓设计规范》GB 50322—2001,在使用过程中,发生过粮食钢板筒仓变形、开裂、倒塌等事故。为使粮食钢板筒仓技术健康发展,做到安全可靠、技术先进、经济合理,在总结十多年粮食钢板筒仓的建仓实践和建设经验,参考国外有关标准、规范和技术资料,在原规范基础上特修订本规范。

1.0.2 本条说明本规范的适用范围,适用于平面形状为圆形且中心装、卸料的粮食钢板筒仓设计,包括粮食钢板筒仓的建筑、结构设计、粮食进出仓工艺、储粮工艺、电气及粮情测控等相关专业的设计。

粮食钢板筒仓为薄壁结构,径厚比大,稳定性差,在工程实践中已经发生过由于偏心卸粮,在粮食流动过程中,产生偏心荷载,造成仓体失稳倒塌事故。偏心卸料对筒仓的偏心荷载,目前还没有比较成熟的计算方法。工艺要求必须设置多点进、出料口时,应特别注意对称、等流量布置,并采取措施防止有的料口畅通、有的料口堵塞,形成偏心进、出料,致使仓壁偏心受载。

1.0.3 影响粮食钢板筒仓使用寿命的因素很多。为了对粮食钢板筒仓的设计、制作和使用有一个基本质量要求,在项目可研阶段,对粮食钢板筒仓进行评估、经济分析时有所依据,本条提出的正常维护条件下,粮食钢板筒仓的工作寿命不少于25年。理由如下:①根据美国金属学会《金属手册》所提供的资料进行计算;②经过对国内不同地区的99个粮食钢板筒仓的调研;③对国外一些粮食钢板筒仓的调查资料分析统计后得出的。我国在1982年间建造的一批装配式波纹粮食钢板筒仓,从目前的使用状况分析,其使用寿命不止25年,本条提出的年限是应该达到的。

在现行国家标准《建筑结构可靠度设计统一标准》GB 50068中,对普通房屋建筑和构筑物规定结构的设计工作寿命为50年。目前我国粮食钢板筒仓使用时间最长的还不到30年,为节省一次性投资,这种薄壁钢板一般未增加防腐蚀和摩擦损耗厚度(螺旋卷边机可成型的最大钢板厚度为4mm),其工作寿命不能贸然定为50年。粮食钢板筒仓可局部拆换和补焊,因此提出粮食钢板筒仓工作寿命不少于25年,符合现行国家标准《建筑结构可靠度设计统一标准》GB 50068中"易于替换的结构构件的设计工作寿命为25年"的规定。

1.0.4 粮食钢板筒仓结构的安全等级、抗震设防类别、耐火等级是根据现行国家标准《建筑结构可靠度设计统一标准》GB 50068、《建筑工程抗震设防分类标准》GB 50223 和《建筑设计防火规范》GB 50016确定的。

1.0.5 粮食钢板筒仓虽然可在工厂制作构件,现场组装,但不同地点建设的粮食钢板筒仓具有明显个别差异特征,是构筑物,也是建设工程,不是工业产品(各产品具有统一品质特征)。目前存在一些无相关设计资质的企业既设计又制作、安装的现象,不符合我国基本建设程序规定,也为粮食钢板筒仓工程留下安全隐患。

3 基 本 规 定

3.1 布 置 原 则

3.1.2 无论哪种方法制作的粮食钢板筒仓,在施工时都需有施工机具及操作必需的工作面,因此钢板群仓的单仓之间应留有间距,一般为500mm左右,另外钢板群仓的单仓之间要满足使用过程中维修通道要求,不应小于500mm。

当筒仓采用独立基础时,间距应满足基础宽度要求。如受场地限制,基础设计也可采取措施,压缩仓间间距。

落地式平底仓,一般由中部地道自流出粮,沿地道出粮口与仓壁间积存粮食,需要用大型机械清仓设备入仓作业。清仓设备入仓时需要足够的间隙或转弯半径。地下出粮输送设备产量较大,工艺设计常采用装载机入仓进行清仓作业,此时要求沿地道方向间距7m。当场地受限,沿地道方向的两个门不能同时满足设备进仓作业时,必须保证一个门前有足够的距离。根据使用情况的调查,业主认为装载机不宜入仓作业,应选用可拆卸的旋转刮板机、绞龙或其他清仓设备。不同的设备入仓所需的距离不同,仓间净距应满足所采用的清仓设备操作要求。

3.1.3、3.1.4 粮食钢板筒仓的自重相对较轻,粮食荷载占主导地位。由于粮食的空、满仓荷载变化将引起地基变形,导致各单体构筑物的相对位移。因此设计各单体构筑物之间连接栈桥、连廊、输送地道时,应考虑因地基变形引起各单体构筑物之间的相对位移。输送地道应设置沉降缝;连接单体构筑物的架空栈桥、连廊的支承处,还应考虑相对水平位移。相对水平位移值 $\Delta\mu$ 定为不小于单体构筑物高度的四百分之一,是与基础倾斜率不大于0.002相协调的。

3.1.5 由于粮食荷载自重很大,除建在基岩上的粮食钢板筒仓外,地基都会因装、卸粮食产生变形,为避免首次装粮时地基产生过大的压缩变形,在设计文件中应根据筒仓容量和地基条件提出首次装卸粮的要求，如分次装粮，每次装粮后的允许沉降量、下次装粮条件等。控制每次地基沉降量，确保使用安全。总结筒仓首次装粮过程中所发生的事故，往往是在装粮最后阶段出现。这主要因为在最后阶段地基接近满载时，可能出现较大的变形所致。因此"筒仓沉降观测及试装粮压仓"中强调了最后阶段装粮应控制在10%；特别是软弱土质地区更应密切观察，以免发生事故。为了缩短试装粮时间，可根据筒仓装粮高度及地基基础情况，减少装粮次数，这时可增加第一次装粮数量；但是应当注意，就在这一阶段内装粮，各个筒仓也应按顺序逐步循环装粮，以免一个仓一次受载过大。

3.2 结构选型

3.2.2 粮食钢板筒仓为薄壁结构，尽可能减少仓上建筑作用于筒仓的各种荷载。仓上设备及操作检修平台应优先考虑采用敞开的轻钢结构，以减少仓上结构自重及风荷载。

3.2.3 直径不大于 6m 的筒仓仓顶，无较大荷载时，可直接采用钢板支于仓顶的上下环梁上，形成正截锥壳仓顶。直径大于 6m 的筒仓仓顶，荷载较大，若采用正截锥壳仓顶，会使钢板过厚而不经济，故宜设置斜梁支承于仓顶的上下环梁上，形成正截锥空间杆系仓顶结构。

3.2.4 筒仓仓壁为波纹钢板、螺旋卷边钢板、肋型钢板时，涂漆困难，应采用热镀锌钢板或合金钢板，以保证筒仓的工作寿命。根据目前我国粮食钢板筒仓的实际建设及钢板生产供应情况，当有可靠技术参数时，也可采用其他类型钢板。

3.2.5 直径 12m 以下的粮食钢板筒仓，采用架空的平底填坡或锥斗仓底，有利于出粮的机械化操作；直径 15m 以上的粮食钢板筒仓，采用落地式平底仓，利用地基承担大部分粮食自重，更经济合理。12m～15m 之间，可按实际情况由设计人员自行比较确定。

4 荷载与荷载效应组合

4.1 基本规定

4.1.1 粮食钢板筒仓为特种结构，使用过程中除承受永久荷载、可变荷载、地震作用等荷载作用外，还要承受储粮对筒仓的作用。储粮对筒仓的作用效果较大，作用时间长，且随时间变化，是影响筒仓结构安全度的主要因素。所以，本条为强制性条文，将粮食荷载单列以引起重视。

4.1.3 粮食散料的物理特性参数（重力密度、内摩擦角、与仓壁之间的摩擦系数等）的取值，对储料荷载的计算结果有很大影响。影响粮食散料物理特性参数的因素很多，不同的物料状态（颗粒形状、含水量）、含杂粮、装卸条件、外界温度、储存时间等都会使散料的物理特性参数发生变化，因此设计中选用各种参数时必须慎重。

粮食散料的物理特性参数一般应通过试验，并综合考虑各种变化因素。附录 C 所列粮食散料的物理特性参数，是我国粮食筒仓设计的经验数据，采用时应根据实际粮食散料的来源、品种等进行选择。

4.1.4 波纹粮食钢板筒仓卸料时，粮食与仓壁间的相对滑移面并不完全是沿波纹钢板表面，位于钢板外凸波内的粮食与仓内流动区内的粮食之间也发生相对滑移，故在考虑粮食对仓壁的摩擦作用时，偏于安全的取粮食的内摩擦角取代粮食对平钢板的外摩擦角。

4.1.5 储粮计算高度的取值，对储料压力的计算结果有很大影响。特别是对于大直径筒仓储料顶面为斜面时，确定其计算高度，应考虑储料斜面可能会超出仓壁高度形成的上部锥体或储料斜面可能会低于仓壁高度产生的无效仓容，故计算高度上端算至储料锥体的重心，否则会产生较大误差。筒仓下部为填料时，由于填料有一定的强度，能够承受储料压力，故应考虑填料的有利影响，将计算高度算至填料的表面。

4.1.6 在对筒仓仓壁进行风压下的稳定验算时，一般由局部负压稳定起控制作用，应考虑仓壁局部表面承受的最大风压值，参照现行国家标准《建筑结构荷载规范（2006 版）》GB 50009 对圆形构筑物风载体型系数的有关规定，按局部计算考虑取值为 1.0。筒仓整体计算时，对单独筒仓，风载体型系数取 0.8，对仓间距较小的群仓，近似按矩形建筑物风载体型系数，取 1.3。

4.2 储粮荷载

4.2.2 筒仓储粮对仓壁的压力，国内外都进行了长期和大量的研究，提出有不同的计算方法，但多数是以杨森（Janssen）公式作为计算筒仓储粮静态压力的基础。尽管该公式本身有一定的缺陷，但其计算结果基本能符合粮食静态压力的实际情况，误差并不大。故本规范仍采用杨森（Janssen）公式作为计算筒仓储粮静态压力的基本公式。

4.2.3 本条为强制性条文。深仓卸料时储粮的动态压力涉及因素比较多，对粮食动态压力的机理、分布及定量分析尚无较一致的认识，属尚未彻底解决的研究课题，但筒仓内储料处于流动状态时对仓壁压力增大且沿仓壁高度与水平截面圆周呈不均匀分布的事实，已被大家所公认。目前国外筒仓设计规范对储料动态压力的计算亦各不相同，有采用单一的修正系数，有按不同储料品种及筒仓的几何尺寸给出不同的计算参数，也有按卸料时不同的储料流动状态分别计算。

本规范中选用的深仓储料动压力修正系数主要依据我国多年来的筒仓设计实践并参考了国外有关国家

(德国、美国、法国、澳大利亚等)的筒仓设计规范。储料的水平与竖向动态压力修正系数 C_h、C_v 与现行国家标准《钢筋混凝土筒仓设计规范》GB 50077 取值相同,另外考虑到粮食钢板筒仓的径厚比较大,稳定性较差,粮食钢板筒仓工程事故多是由于卸料时仓壁屈曲而引起。参考国外有关国家筒仓设计规范,对储料作用于仓壁的竖向摩擦力也引入了动力修正系数 C_f。

4.2.4 浅仓储粮对仓壁的水平压力,是按库仑理论作为计算的基本公式。但对装粮高度较大的大直径浅仓,粮食对仓壁也会产生较大摩擦力,所以对 $h_n \geq 15m$ 且 $d_n \geq 10m$ 的浅仓,仍要求按深仓计算储粮对仓壁的水平压力,同时还应考虑储料摩擦荷载,以保证仓壁的安全可靠。

4.2.6 粮食对电缆的总摩擦力计算公式(4.2.6)是按杨森(Janssen)理论推导并考虑了动态压力修正系数,适用于圆截面且直径无变化的电缆等类似吊挂构件。对于深仓,动态压力修正系数为2,与实测值能较好的吻合;对于浅仓,由于卸料时仓内粮食多为漏斗状流动,此时在吊挂电缆长度范围内只有部分储粮处于流动状态,其动态压力修正系数可适当减小,但不应小于1.5。

4.3 地震作用

4.3.1 钢板群仓,由于施工、维修等操作要求,筒与筒之间需留一定间隙,故地震作用可按单仓来计算。

地震时仓内储粮并非完全作为荷载作用于仓壁,而是在一定程度上衰减地震能量并能对仓壁起一定的支承作用。但储粮与仓壁之间的相互作用机理目前还不清楚。参照现行国家标准《构筑物抗震设计规范》GB 50191 的相关规定,可不考虑地震时储粮对仓壁的局部作用。

落地式平底粮食钢板筒仓,储粮竖向压力完全由仓内地面承担,不必计算竖向地震作用。

4.3.2 由于粮食为散粒体,地震时,散体颗粒与颗粒之间的相互运动摩擦会引起地震能量的衰减,但目前还不能得出定量的分析方法。为设计使用上的方便,参考现行国家标准《钢筋混凝土筒仓设计规范》GB 50077 和《构筑物抗震设计规范》GB 50191 的有关规定,取满仓粮食总重量的80%作为其计算地震作用时的重力荷载代表值。

4.3.3 落地式平底粮食钢板筒仓,相当于下端固定于地面,沿高度质量基本均匀分布的悬臂构件。由于粮食钢板筒仓高径比一般不大,故按整体考虑时,具有较大的抗侧刚度,且筒仓装满粮食后,其实际刚度要比仅考虑筒仓壁计算的刚度大得多。因此在地震过程中可以把落地式平底粮食钢板筒仓近似看作一刚性柱体,而随地面一起振动。实际设计时,为简化计算,在采用底部剪力法计算落地式平底粮食钢板筒仓的水平地震作用时,地震影响系数偏于安全地按现行国家标准《建筑抗震设计规范》GB 50011 规定的最大值直接取用。

柱子支承或柱与筒壁共同支承的筒仓装满粮食时,仓体部分可以看作为支承于柱顶(筒壁)的刚性整体。若无仓上建筑或仓上建筑重力荷载很小,则可按单质点模型分析;若仓上建筑重力荷载较大,则应按多质点模型分析。

仓上建筑的抗侧移刚度远小于下部粮食钢板筒仓的抗侧移刚度,在地震作用下会产生较大的鞭鞘作用,参照现行国家标准《构筑物抗震设计规范》GB 50191 的有关规定,取仓上建筑的水平地震作用增大系数为3。

4.4 荷载效应组合

4.4.2 粮食钢板筒仓是以粮食荷载为主的特种结构,粮食荷载同一般的可变荷载相比,数值较大,但变异系数一般较小,特别是长期储粮时,其荷载性质更接近于永久荷载,故取其分项系数为1.3。其他可变荷载的分项系数,是按现行国家标准《建筑结构荷载规范(2006版)》GB 50009 和《建筑抗震设计规范》GB 50011 的有关规定取用。

4.4.3 根据钢材的力学性能特点,钢结构在长期荷载作用下其力学性能并不发生较大变化,并参照现行国家标准《钢结构设计规范》GB 50017 及《冷弯薄壁型钢结构技术规范》GB 50018 的有关规定,钢结构按正常使用极限状态设计时,可只考虑荷载效应的短期组合。

4.4.4 粮食钢板筒仓设计进行荷载组合时,若有风荷载参与组合,可认为粮食荷载是效应最大的一项可变荷载,根据现行国家标准《建筑结构荷载规范(2006版)》GB 50009 中荷载组合的要求,取其组合系数为1.0,其他可变荷载,按荷载组合的原则取组合系数为0.6。

当地震作用参与组合时,考虑筒仓未必满载,故取储料荷载组合系数为0.9。其他可变荷载组合系数,按现行国家标准《建筑抗震设计规范》GB 50011 规定取用。

5 结构设计

5.1 基本规定

5.1.1、5.1.2 根据现行国家标准《建筑结构可靠度设计统一标准》GB 50068 的要求,粮食钢板筒仓结构设计应采用以概率理论为基础的极限状态设计方法。

承载能力极限状态是指结构或构件发挥允许的最

大承载能力的状态。结构或构件由于塑性变形而使其几何形状发生显著改变，虽未达到最大承载能力，但已彻底不能使用，也属达到承载能力极限状态。

正常使用极限状态可理解为结构或构件达到使用功能上所允许的某个限值的状态。例如，某些构件必须控制其变形，因变形过大会影响正常使用，也会使人们的心理上产生不安全的感觉。

5.1.3 所有的结构构件及连接都必须按承载能力极限状态进行设计，包括强度、稳定、倾覆、锚固等计算。本规范中有规定的，按本规范进行计算；本规范中未规定的，按国家其他相应规范进行计算。

5.2 仓 顶

5.2.1 由上下环梁及钢板组成的正截锥壳仓顶，按薄壳结构进行分析计算时，考虑到仓顶一般是用扇形板块在现场拼装而成，不可避免会有较大缺陷，此缺陷会使锥壳的稳定性较大幅度下降，当缺陷达到超出薄壳厚度时，下降幅度可能会达到50%。

5.2.2 由斜梁、上下环梁及钢板组成的正截锥壳仓顶结构，在实际工程中很难保证斜梁与仓顶钢板（特别是薄钢板）连接的可靠传力，故设计时不考虑仓顶钢板的蒙皮效应，此时仓顶空间杆系成为一个空间瞬变体系，必须设支撑杆件或采取其他措施保证仓顶空间稳定性。

当仓顶设有可靠支撑时，本条提出的仓顶空间杆系结构，在竖向对称荷载作用下的内力简化分析方法，能够满足工程要求。

5.2.3 上环梁承受斜梁传来的径向水平压力，若与斜梁偏心连接，径向水平压力会对上环梁产生扭转作用，故应按压、弯、扭构件进行计算。下环梁承受斜梁传来的径向水平拉力，若与斜梁偏心连接，径向水平拉力会对下环梁产生扭转作用，故应按拉、弯、扭构件进行计算。与下环梁相连的仓壁一般较薄，在平面外刚度很小，故下环梁环截面计算时，不再考虑仓壁与下环梁的共同工作。

5.2.4 由于粮食钢板筒仓仓顶多为轻钢结构，故斜梁传给下环梁的竖向荷载较小，而下环梁在竖向一般具有较大的抗弯刚度，下部又与仓壁整体相连，斜梁传给下环梁的竖向力，可认为由下环梁均匀传给下部结构。

5.3 仓 壁

5.3.1 本条分别给出了深仓仓壁在水平及竖直方向上，应考虑的荷载基本组合，设计中应从中选取相应最不利的组合，进行仓壁的强度、稳定及连接的计算。

5.3.2 浅仓仓壁在水平及竖直方向上，应考虑的荷载基本组合与深仓基本一致，但组合时不再计取储粮动态压力修正系数。

5.3.3 加劲肋间距不大于1.2m的粮食钢板筒仓，将加劲肋折算成所加强方向的壳壁截面，可按"等效强度"或"等效刚度"的原则进行，折算后的壳壁厚度按下列规定取值：

1 按抗拉强度相等原则折算时：

折算厚度：$t_s = t + \dfrac{A_s}{b}$ （1）

2 按抗弯刚度相等原则折算时：

折算厚度：$t_s = \sqrt[3]{12\left(\dfrac{I_s}{b} + \dfrac{A_s t e_s^2}{bt + A_s} + \dfrac{t^3}{12}\right)^{1/3}}$ （2）

式中：t_s——折算厚度；

t——仓壁厚度；

A_s——加劲肋的横截面面积；

b——加劲肋间距（弧长）；

I_s——加劲肋截面对平行于仓壁的本身截面形心轴的惯性矩；

e_s——加劲肋截面形心距仓壁中心线的距离。

折算后的壳壁，在加劲肋加强方向上进行壳壁的抗拉、抗压强度计算时，应采用按抗拉强度相等的原则确定折算厚度；抗弯和稳定验算时，应采用按抗弯刚度相等的原则确定折算厚度。

5.3.4 计算折算应力的公式（5.3.4-3），是根据能量强度理论，保证钢材在复杂应力状态下处于弹性状态的条件。由于粮食钢板筒仓属于薄壁结构，在仓壁厚度方向上应力一般较小，故按双向应力状态进行计算。其余计算公式是根据现行国家标准《钢结构设计规范》GB 50017的有关规定。

5.3.5 有加劲肋的粮食钢板筒仓按简化方法进行强度计算时，加劲肋与仓壁的组合构件，在竖向荷载作用下截面实际受力较为复杂，且卸料时还有动载影响，宜完全按弹性进行强度计算，不允许截面有塑性开展。加劲肋为薄壁型钢时，其截面尺寸取值尚应符合现行国家标准《冷弯薄壁型钢结构技术规范》GB 50018的有关规定。

5.3.6 筒仓仓壁为波纹钢板时，仓壁的竖向荷载将全部经连接传给加劲肋；仓壁为平钢板或螺旋卷边钢板时，仓壁的竖向荷载仅有部分经连接传给加劲肋。为简化计算，在设计仓壁与加劲肋的连接时，不分仓壁钢板类型，偏于安全地按仓壁的竖向荷载全部经连接传给加劲肋来考虑。连接强度计算公式是根据现行国家标准《钢结构设计规范》GB 50017的有关规定给出的。

5.3.7 筒仓仓壁在竖向荷载作用下的稳定计算，包括空仓时仅竖向荷载作用下、满仓时竖向荷载与粮食水平压力共同作用下及局部集中荷载作用下仓壁的稳定计算：

1 按弹性稳定理论分析，理想中长圆筒壳在轴压下的稳定临界应力为 $\sigma_{cr} = 0.605E \cdot \dfrac{t}{R}$，但大量的试验证明，实际圆筒壳的临界应力比理想圆筒壳的理论计算值要少 1/2～2/3，失稳破坏时的稳定系数仅为 0.15～0.30，而不是 0.605。圆筒壳的轴压临界应力在很大程度上取决于初始形状缺陷，随着初始形状缺陷的增大，临界应力明显下降，下降幅度可能会达到 50%之多。经过对国内外有关试验资料及分析结果相比较，同时考虑设计计算的方便，采用了前苏联 B. T. 利律等提出的稳定系数表达式 $k_p = \frac{1}{\pi} \cdot \left(\frac{100t}{R}\right)^{\frac{3}{8}}$ 作为在空仓时验算仓壁的稳定系数。当仓壁半径与厚度之比 R/t 在 1500 以下时，此式计算结果和大量的试验结果能很好地相符合，当 R/t 在 2000～2500 时，按此式计算结果比试验分析结果略大（约 10%）。另考虑到粮食钢板筒仓一般为现场组装，与试验条件会有较大的差异，取初始形状缺陷影响系数 0.5，则得到空仓时验算仓壁的稳定系数计算公式 (5.3.7-2)。

筒仓在竖向荷载作用下进行稳定验算时，仓壁的竖向压应力应参照本规范第 5.3.1 条、第 5.3.2 条规定，按可能出现的最不利荷载组合进行计算。

2 粮食钢板筒仓在满仓时，仓壁受到竖向压力及内部水平压力的共同作用，内压的存在，可以减少筒壳初始缺陷的影响而使稳定临界应力有所提高。衡量内压影响的大小，参考国外有关资料，采用无量纲参数 $\overline{P} = \frac{P}{E} \cdot \left(\frac{R}{t}\right)^2$。在内压 P 作用下，筒壳稳定临界力的提高程度与参数 $\overline{P}$ 有关。经对美国、前苏联等国外有关试验结果及经验公式的对比计算，采用了前苏联 B. T. 利律等提出的算式，即：$k'_p = k_p + 0.265\sqrt{\overline{P}}$。由于在卸料时，粮食压力可能会不均匀分布，在计算参数 $\overline{P}$ 时不考虑粮食压力动力修正系数，同时因内压 P 对仓壁整体稳定起有利作用，取其分项系数为 1.0，故取粮食对仓壁的静态水平压力标准值来计算参数 $\overline{P}$。经整理即为筒仓在满仓时仓壁的稳定系数计算公式 (5.3.7-4)。

3 仓上建筑支承于筒仓顶端时，仓壁将局部承受竖向集中荷载，为防止仓壁局部应力过大而导致局部失稳，应在局部竖向集中荷载作用处设置加劲肋。假定竖向集中荷载经加劲肋向仓壁传递的扩散角为 30°，并且考虑到筒仓顶端区段内压较小，在公式 (5.3.7-3)中，仓壁临界应力的计算不再考虑内压的影响，总体来讲是偏于安全的。

5.3.8 风荷载对仓壁表面产生不均匀的经向压力，使仓壁整体弯曲而产生的竖向压应力、仓壁整体剪切而产生水平剪应力，都可能引起筒仓仓壁失稳破坏。

风荷载使仓壁整体弯曲而产生的竖向压应力，应与可能同时出现的其他荷载产生的竖向压应力进行组合，并按第 5.3.7 条进行竖向荷载下仓壁的稳定验算。在常用的筒仓高度范围（35m 以下），风荷载使仓壁整体剪切而产生水平剪应力，对仓壁稳定一般不起控制作用。

风荷载对仓壁表面产生不均匀的经向压力，假定在筒仓的整个高度上均匀分布而沿周向不均匀分布的压力，按有关理论分析研究，中长筒壳（$h \geqslant 25\sqrt{Rt}$）在筒壁失稳时的临界荷载相当于轴对称加载时的临界荷载，相应计算公式可写为 $p_{cr} = 0.92k \cdot E \cdot \left(\frac{t}{R}\right)^{\frac{3}{2}} \cdot \frac{t}{h}$。式中 k 为筒壳的初始形状缺陷影响系数，其值随 R/t 增大而减小。参考前苏联 B. T. 利律等的试验分析结果，取初始形状缺陷影响系数 $k=0.4$，则筒仓的临界荷载为：$p_{cr} = 0.368k \cdot E \cdot \left(\frac{t}{R}\right)^{\frac{3}{2}} \cdot \frac{t}{h}$。

实际风载沿筒仓高度是三角形分布，其临界荷载要高于上式计算结果，参考有关资料引入增大系数 η，即公式 (5.3.8-1)。

上述分析没有考虑仓内压力影响，故公式 (5.3.8-1) 只作为空仓时仓壁在风载下的稳定验算公式。

5.4 仓 底

5.4.1 由于在圆锥漏斗仓底与仓壁的连接处设置有环梁，漏斗壁的计算不必再考虑连接处，由于曲率的变化而引起附加内力的影响，漏斗壁的经向、环向均按轴向受力进行强度计算。

5.4.2 仓底环梁与仓壁及漏斗采用连续焊接连接时，则成为一个整体，可考虑部分壁板与环梁共同工作。

不同曲率的壳体相连处，曲率剧烈变化，由于壳壁经向力的作用将在壳体相连处产生附加环向力，能够有效的承受这种附加环向力的壳体宽度范围，按理论分析为 $k\sqrt{r \cdot t}$（r 为曲率半径）。而圆筒壳与锥壳相连，当锥壳倾角为 30°～60°时，$k=0.6$。所以本条规定与环梁共同工作的壁板有效范围采用 $0.5\sqrt{r \cdot t}$，同时考虑此范围若过大，会由于壁板中应力的不均匀而使此范围壁板不能充分发挥作用，参照现行国家标准《钢结构设计规范》GB 50017，受压板件宽厚比限值的有关规定，限制此范围亦不能大于 $15t$。

5.4.3 仓底环梁的荷载，应考虑仓壁传来的竖向力、漏斗壁传来的斜向拉力及荷载偏心引起的扭矩。在环梁高度范围内的粮食水平压力，由于数据较小且对环梁的经向受压稳定起有利作用，故偏于安全的不计其影响。

5.4.4 仓底环梁是分段制作、安装，环梁段在经向压力作用下的稳定计算可按圆弧拱进行分析，其平面内与平面外的临界荷载的计算公式均可用 $N_{cr} = k$

$\frac{E \cdot I}{r^3}$ 来表示，且随圆弧角度的增大，平面内、外的稳定系数 k 值均减小，当圆弧角度为 2π 时，稳定系数最小值 $k=0.6$，即公式（5.4.4-1）。

5.5 支承结构与基础

5.5.1 当仓下采用钢柱支撑时，由于围护筒壁较薄且与钢柱多为构造连接，不能保证可靠传力。故不再考虑钢柱与围护筒壁共同工作，柱与环梁按空间框架进行分析计算。

5.5.2 为防止在水平荷载下筒仓的倾覆，筒仓仓壁与下部构件必须有可靠锚固。在倾覆力矩 M 作用下，锚栓张力按梁理论求得为 $4M/nd$（M 为筒仓承受的倾覆力矩，n 为锚栓数量，d 为筒仓直径），考虑到锚栓同时受剪及梁理论与实际锚栓群受力的误差，如栓群转动轴可能不是筒仓中心线。故将按梁理论计算的结果乘以 1.5 系数予以修正。由于筒仓竖向永久荷载对抗倾覆起有利作用，其分项系数应为 0.9。

5.5.3 粮食钢板筒仓仓壁是薄壁结构，直接承受储粮的各种荷载。基础的倾斜变形过大，使筒仓在粮食荷载下偏心受压，会大大减低筒仓仓壁的稳定性能，同时也会使仓上建筑发生较大水平位移而影响正常使用。我国以往粮食钢板筒仓设计，多是参照现行国家标准《钢筋混凝土筒仓设计规范》GB 50077 的相应规定，基础的倾斜率控制在 0.004 以内；基础的平均沉降量控制在 400mm 内，同时规定了严格的试装粮压仓程序。考虑到试装粮压仓需要较长的时间，会影响筒仓的及时投入正式使用，不能满足现在经济建设的要求，故参考法国等国家的有关规范，本条第 3 款作为强制性条款限制筒仓基础的倾斜率不超出 0.002，同时对试装粮压仓程序也作了适当简化。

由于试装粮压仓程序简化，每阶段装粮比例增大，间隔时间缩短，可能会在前一阶段装粮后，地基沉降还未稳定即进入下一阶段装粮。群仓在各仓依次装粮时不易观察控制基础的倾斜。所以本条第 3 款作为强制性条款要求将基础平均沉降量控制在 200mm 以内。同时也防止筒仓下通廊室内地面不会下沉至室外地面以下，保证筒仓的正常使用。

6 构 造

6.1 仓 顶

6.1.1 最常见的仓上建筑为输送廊道，用于安装输送设备并有操作荷载。本条强调仓上建筑的支架要支搁在下张力环或上张力环上，使仓顶结构整体承受仓上部建筑的荷载，并应注意防止仓顶结构偏心受力。对于装有清理、计量等设备的仓上建筑，需用落地支架，独立承担仓上建筑的荷载。

6.1.2 仓顶、廊道和操作平台距地面高度较大，故取其栏杆高度不小于 1200mm，给操作人员足够的安全感。

6.1.3 仓顶板为薄钢板，难以承担吊挂荷载。测温电缆可吊挂在加强的斜梁上，或做成吊挂支架，支架固定于两相邻的斜梁上。考虑到卸料时粮食对吊挂设施的作用力对仓顶的影响比较大，因此要求仓顶吊挂设施尽量对称布置。

6.1.4 根据对粮食钢板筒仓使用情况调查，仓顶板与斜梁采用外露螺栓连接时，极易在连接处出现锈蚀和渗水而影响筒仓安全储粮。

6.2 仓 壁

6.2.4、6.2.5 卸料时，粮食与仓壁的摩擦产生的竖向压力，使仓壁承受竖向压应力，此时仓壁与竖向加劲肋共同工作。因此，竖向加劲肋的长度与仓壁的连接对仓壁稳定、安全使用至关重要。根据对一些发生事故的粮食钢板筒仓的调查分析，有些焊接连接的加劲肋与仓壁未焊实或焊缝长度不够；螺栓连接的螺栓脱落或剪断，致使筒仓破坏。因此这两条提出加劲肋与仓壁的连接必须可靠，保证仓壁与加劲肋共同受力；加劲肋接长采用等强度连接。除根据计算设置加劲肋外，其接头错开布置，以保证内力均匀传递。

6.2.7 根据试验表明，卸料流动时，突出筒仓内壁的附壁设施受到的竖向压力会成倍增长，同时，在一些工程实践中，曾经发生粮食钢板筒仓在卸料时，由于粮食流动产生的竖向力，将加劲肋间的支撑、系杆或钢爬梯拉断、脱落物堵塞出料口的事故。因此，强调粮食钢板筒仓内不应设置阻碍粮食流动的构件，保证卸料畅通。

6.2.9 仓壁下部与仓底（或基础）的可靠锚固对粮食钢板筒仓的整体稳定也起着至关重要的作用，因此，这条给出了锚固点之间的限制距离。

6.3 仓 底

粮食钢板筒仓的仓底可用不同材料制作，有不同的构造形式。为与钢板筒体用材一致，本节重规定了圆形钢锥斗和锥斗环梁的构造。其他材料建造的仓底，可参照相应的规范设计。

6.4 支承结构

仓下支承结构有钢、钢筋混凝土和砌体结构等多种形式。目前常用的有钢、钢筋混凝土支承结构。本节主要对钢结构仓下支承结构的构造提出要求，其他支承结构可按相应规范规定处理。

6.4.2 本条为强制性条文。钢柱一般断面较小，考虑到仓下支承结构体系的整体稳定，提出仓下支承钢柱应设柱间支撑。这是常规钢结构除设计计算外保证结构整体稳定的有效构造措施。

6.5 抗震构造措施

6.5.1 处于抗震设防地区时，考虑到粮食钢板筒仓的上刚下柔体系在地震荷载作用下柱底产生的较大剪力，仅仅依靠地脚螺栓来抵抗剪力不够安全；增设抗剪钢板是成熟有效的措施。

6.5.2 考虑到在风荷载及地震荷载下，钢柱下的地脚螺栓可能会处于既受拉又受剪的状态，因此，地脚螺栓的锚固长度应符合现行国家标准《混凝土结构设计规范》GB 50010 对地脚螺栓的规定。

7 工 艺 设 计

7.1 一般规定

7.1.1 工艺设计是系统设计，在整体工程设计中尤为重要。设计时，应充分了解粮食的流动特性、质量密度、使用功能、作业要求等条件，进行工艺流程、设备布置、设备选型等设计；应充分利用粮食自流，减少粮食平运及提升次数，提高工艺灵活性和设备利用率。

7.1.3 设备较少的粮食钢板筒仓，一般不设工作塔，可设置简易的钢架或罩棚。敞开式工作塔内的部分设备（如自动秤）应考虑必要的挡雨设施。对筒仓数量较少时，可采用提升机塔架，利用溜管直接入仓形式。

7.2 粮食接收与发放

7.2.1 本条仅列出粮食进出钢板筒仓工艺流程中应具有的必须工序。具体工艺流程中工序位置的设置应根据作业的接卸方式、功能要求、工艺设备布置等因素确定。

7.2.2 本条文仅列出与粮食钢板筒仓进出仓直接相连接的设备。整个工艺流程中其他设备，可根据工艺作业要求进行配置。

在粮食钢板筒仓进出仓设备选择配置时，根据使用原料特性、使用功能作业要求等进行具体配置。

7.2.3 系统设备的生产能力是根据系统全年作业量、接收发放设施的集中作业量、作业时间、仓容量及运输工具等因素确定。

单个粮食钢板筒仓进出仓设备能力还与工艺流程设计相关，一般宜采用与系统相同的设备能力。如采用多条作业线同时进或出仓时，其多条作业线的综合生产能力应大于系统的生产能力。

7.2.4 设备的额定生产能力按照粮食的质量密度（$0.75t/m^3$）标准确定，当输送其他品种粮食时按其质量密度换算。输送设备的能力宜选用模数系列。非模数设备应根据条件进行计算确定。

7.2.8 根据目前国内设计粮食钢板筒仓的使用状况，直径小于 12m 粮食钢板筒仓采用锥底技术非常普遍，故将原规范 10m 修订为 12m。

7.3 安全储粮

7.3.1 粮食钢板筒仓多用于粮食中转和粮油饲料加工原粮储存，配备通风系统，可提高粮食钢板筒仓使用的灵活性。对加工厂车间粮食钢板筒仓可不设机械通风系统。

7.3.3 通风机采用移动式投资少，工人工作量大。设计时可根据具体项目功能要求、投资等因素确定。如港口库为保证生产安全，提高作业效率，提高管理水平，减少人为影响可采用固定式；用于长期储备的内陆库可采用移动风机。

粮食钢板筒仓仓上通风口包括仓顶轴流风机和自然通风口，其排风能力大于仓底通风进风的能力，可减少通风系统的阻力，排风气流顺畅。

当仓顶通风机用于仓空间通风换气时，其通风量以不小于仓内空间体积的 3 倍考虑为宜。

7.3.5 根据储备要求，用于储备的粮食钢板筒仓，应配置熏蒸系统。由于我国地域辽阔，储备条件差异大，各地区采用熏蒸措施方法不同。可根据实际情况，配置相应的通风、熏蒸等设施。

熏蒸用的粮食钢板筒仓应进行密闭处理。熏蒸前，粮食钢板筒仓应进行气密测试。

根据国内粮食钢板筒仓使用情况，参照现行行业标准《磷化氢环流熏蒸技术规程》LS/T 1201 中第 5.3.2 条的气密指标，确定熏蒸粮食钢板筒仓气密指标中的使用时间为不少于 40s。

7.3.6 为保证谷物冷却系统使用效果，防止作业过程中粮食结露，保证储粮安全，粮食钢板筒仓应进行保温、隔热、密闭处理，并满足谷物冷却系统使用要求。

7.4 环境保护与安全生产

7.4.1 粮食钢板筒仓的有害气体控制主要指熏蒸杀虫过程产生的有害气体。其排放满足现行国家标准《大气污染物综合排放标准》GB 16297 的要求。

7.4.2 粮食钢板筒仓粉尘控制主要对接卸设施、物料输送过程的连接、作业设备内部、仓体内等产生粉尘的位置进行粉尘控制，防止灰尘外溢。

风网应按系统工艺流程路线、除尘系统灰尘处理方式、粉尘控制点布置及作业管理等相关条件进行组合设计。一般采用集中风网控制，对于独立单点或不宜组合的风尘控制点宜采用单机除尘控制。

对中转粮食钢板筒仓粉尘控制系统的粉尘一般采用回流处理。储备粮食钢板筒仓一般采用集中收集和回流处理模式。

在系统设计时，应进行系统阻力平衡计算，确定管道直径、除尘设备及除尘通风机的选择。

7.4.3 系统设计时，振动和噪声较大的通风机应进行减震、降噪处理，管道和风机的连接宜采用软连，有条件时集中布置。对空压机采用消声、隔音、减震的综合措施。空压机房设计符合现行国家标准《压缩空气站设计规范》GB 50029 的规定。

7.4.4 为保证粮食进出仓顺畅，以及粮食钢板筒仓的安全特规定本条。

8 电 气

8.1 一般规定

本章内容只涉及有关粮食钢板筒仓电气设计中主要内容。对于诸如：负荷计算、高低压配电系统、变配电所平面布置、通信等本规范没有涉及的内容，请参照国家现行有关规范执行。

8.1.1 粮食钢板筒仓仓群供电负荷等级与其重要性和使用要求有关，一般为三级。对于中转任务繁重的港口库和重要的中转库和储备库，可按二级负荷设计，以保证生产、紧急调运，以减少压船、压港时间。

8.1.2 本条为强制性条文。按现行国家标准《爆炸和火灾危险环境电力装置设计规范》GB 50058 和《粮食加工、储运系统粉尘防爆安全规程》GB 17440 的要求，除筒仓、料仓、封闭式设备内部等属 20 区外，其余均属 21 和 22 区或非危险区。配电线路的设计、电气设备选择，要根据具体情况考虑粉尘防爆要求，并按相应的施工规范施工。

8.1.3 配电箱、开关等电气设备及线路应尽量在非粉尘爆炸危险区设置和敷设，有困难时，对设置在粉尘爆炸危险区电气设备及线路应根据所在区域的危险等级来选型。粮食钢板筒仓属多尘环境，且粮食易发生鼠害。电气设备及线路应有防尘、防鼠害的保护措施。

8.1.4 目前粮食仓库主要采用磷化氢气体熏蒸来杀虫，但磷化氢气体对铜有较强的腐蚀作用，故仓内电气设备应采取防磷化氢腐蚀措施。

8.2 配电线路

8.2.1 对粉尘爆炸危险区域的电气线路来说，选用铜芯导线或电缆，在机械强度上比铝芯高，不易造成断线，减少产生火花的可能性；在电火花的点燃能力上铜芯较铝芯低。故从安全角度出发，在爆炸性粉尘环境内的电气线路采用铜芯导线或电缆是合适的。另外，从可靠方面来讲，也是必要的。

根据现行国家标准《爆炸和火灾危险环境电力装置设计规范》GB 50058、《粮食加工、储运系统粉尘防爆安全规程》GB 17440 的规定，室内铜芯导线及电缆的最小截面可为 1.5mm²，但对于粉尘爆炸危险 20 区，电缆和绝缘导线的截面不应小于 2.5mm²。

8.2.2 配电线路采用的上下级保护电器应具有选择性动作。随着我国保护电器的性能不断提高，实现保护电器的上下级动作配合已具备一定条件。

供给电动机、电梯等用电设备线路，除符合一般要求外，尚有用电设备的特殊保护要求，应符合现行国家标准《通用用电设备配电设计规范》GB 50055 的规定。

8.2.3 照明线路和动力线路敷设特别是动力线路，推荐采用电缆桥架敷设及明敷，方便施工和检修，便于管理和维护，并要求短捷、顺畅、美观，尽量减少重叠交叉。

8.3 照明系统

8.3.1 根据现行国家标准《建筑照明设计标准》GB 50034 规定，人们随着社会发展和物质条件的改善，对照度的要求相应也要提高，所以照度推荐值比以往粮库照明设计中照度值有所提高，供选择时参考。

8.3.2 常用灯具的最低效率值按照现行国家标准《建筑照明设计标准》GB 50034 确定。粉尘防爆照明灯具防护等级按照现行国家标准《粮食加工、储运系统粉尘防爆安全规程》GB 17440 确定。

8.3.3 应急照明是在正常照明因故障熄灭后，为了避免发生意外事故，而需要对人员进行安全疏散时，在出口和通道设置的指示出口位置及方向的疏散标志灯和照亮疏散通道而设置的照明。设置消防应急照明的部位应参照现行国家标准《建筑设计防火规范》GB 50016 的规定。

8.3.4 在白天自然光较强，或在深夜人员很少时，可以方便地用手动或自动方式关闭一部分或大部分照明，有利于节电。分组控制的目的，是为了将天然采光充足或不充足的场所分别开关。

8.4 电气控制系统

8.4.1、8.4.2 自动控制系统的具体组成要根据粮食钢板筒仓的使用性质、规模、投资、技术要求等因素综合考虑确定。中转量大或较大规模的粮食钢板筒仓，应设自动控制系统，自动控制系统一般由 PLC 和上位机组成。粮食钢板筒仓中转量或规模较少时，应以实用性和可靠性设计控制系统，可采用集中手动控制方式，满足主要输送设备间连锁的基本控制要求。

8.4.4 筒仓料位器设置可参考表 1，对于重要工艺设备的安全检测传感器的设置，可参考表 2 选择。

表 1 筒仓料位器设置表

名称	数量	安装位置	备注
上料位器	1	进料口附近	
下料位器	1	出料口附近	

表2 重要工艺设备安全检测传感器配置一览表

设备名称	跑偏开关	失速开关	拉绳开关	防堵开关	断链开关
斗式提升机	√	√	—	√	√
埋刮板输送机	—	—	√	√	√
气垫、带式输送机	√	√	√	√	—
备注	—	—	40m以上	出料口	—

8.5 粮情测控系统

8.5.1 粮食钢板筒仓是否设粮情测控系统，应根据其使用要求及储粮时间长短确定。

8.5.2 测温电缆长期埋在粮堆中，除有防霉的要求外，还应有防磷化氢等药物熏蒸的能力，且分支器等仓内器件也应满足密闭防腐要求。

8.5.3 粮食测温只是粮食安全保管的手段之一。由于粮食热传导性能差，所以在测温电缆的布置方面，没有一个成熟并行之有效的计算方法。根据粮食行业使用情况和多年来设计部门积累的经验，对于筒仓（含粮食钢板筒仓、钢筋混凝土筒仓、浅圆仓）测温电缆布置方式可参考表3及图1。

表3 粮食钢板筒仓测温电缆布置
数量及布置方式

粮仓直径(m)	测温电缆总数(根)	位于仓中心根数(根)	位于半径A上根数			位于半径B上根数		
			自中心矩	根数	夹角	自中心矩	根数	夹角
8	5	0	3.5	5	72°	—	—	—
10	7	1	4.5	6	60°	—	—	—
12	9	1	3.5	4	90°	5.5	4	90°
14	9	1	4	4	90°	5.5	4	90°
16	11	1	4.5	4	90°	7.5	6	90°
18	11	1	5	4	90°	8.5	6	90°

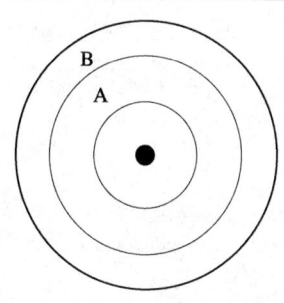

图1 测温电缆布置半径示意图

8.5.4 粮食钢板筒仓在出粮时，通过测温电缆对仓顶所产生的拉力不容忽视。为此，除测温电缆及吊挂装置必须满足拉力要求外，其下端应该用重锤或采取其他措施相对固定其应有位置，以防进粮时料流将其冲离原有位置。但下端固定不能太牢固，以免拉断电缆及仓顶受力增大。

8.6 防雷及接地

8.6.1 本条为强制性条文。粮食钢板筒仓部分区域属粉尘爆炸危险场所，根据现行国家标准《建筑物防雷设计规范》GB 50057应为第二类防雷建筑物。

8.6.2 粮食钢板筒仓顶利用金属围栏及仓上通廊作接闪器时，金属围栏及通廊金属屋面板的要求应符合现行国家标准《建筑物防雷设计规范》GB 50057的规定。斗式提升机筒、刮板机、皮带机等封闭粮输送设备内部为粉尘爆炸危险场所20区，当其露天设置高出屋顶不在接闪器保护范围之内时，其本身机架不得作为接闪器，需在仓顶局部另立避雷针保护，避雷针高度用滚球法确定。

8.6.3 粮食钢板筒仓仓壁钢板的厚度和连接方式，一般不能满足避雷引下线的要求，故要求另加镀锌扁钢作为避雷引下线；当粮食钢板筒仓的加劲肋截面及厚度不小于本条规定的扁钢参数，且加劲肋上下电气贯通并到达仓顶上环梁时，也可利用加劲肋作为避雷引下线。

8.6.4 接地装置利用基础钢筋时一般能满足其对接地电阻值的要求。基础纵横钢筋需焊接成闭合电气通路。有桩基础时，桩基础主钢筋也应与接地装置连接，以增大接地面积，减少接地电阻。上述做法如不能满足其对接地电阻值的要求，需另作人工接地极。

8.6.5 等电位连接的目的在于减小需要防雷的空间内各金属物与各系统之间的电位差。线路安装电涌保护器的性能应符合传输线路的性质和要求。

8.6.6 建筑物内每层均应预留有与引下线相连的等电位联结端子或联结箱，供工艺设备接地用。建筑物内各设备应分别与接地体或者接地母线相连，以保证能防雷。

8.6.7 粮食钢板筒仓电气工程中的接地系统类型较多，且比较集中，分别设置接地系统比较困难，其间距不易保证，因此宜将各接地系统共用接地装置。

中华人民共和国国家标准

烧结厂设计规范

Code for design of sintering plant

GB 50408—2007

主编部门：中国冶金建设协会
批准部门：中华人民共和国建设部
施行日期：２００７年７月１日

中华人民共和国建设部
公　告

第 577 号

建设部关于发布国家标准
《烧结厂设计规范》的公告

现批准《烧结厂设计规范》为国家标准，编号为 GB 50408—2007，自 2007 年 7 月 1 日起实施。其中，第 3.0.5（4）、3.0.10（4）、5.1.1（2）、5.7.1、6.0.3（2）条（款）为强制性条文，必须严格执行。

本规范由建设部标准定额研究所组织中国计划出版社出版发行。

中华人民共和国建设部
二〇〇七年二月二十七日

前　言

本规范是根据建设部建标函〔2005〕124 号"关于印发《2005 年工程建设标准规范制定、修订计划（第二批）》的通知"的要求，由主编单位中冶长天国际工程有限责任公司会同各参编单位，在各钢铁公司炼铁厂或烧结厂、中国金属学会、有关大专院校等单位的协助下编制而成。

本规范在编制过程中，全面检索、收集了国内外的有关资料；组织了调研，开展了必要的专题研究和技术研讨；借鉴了相关标准规范；广泛征求了有关生产、设计单位和大专院校的意见，对主要问题和疑难问题进行了反复的研讨和修改；最后经审查定稿。

本规范共分 11 章，主要内容有：总则、术语、基本规定，原料、熔剂、燃料及其准备，烧结工艺与设备，能源与节能，电气与自动化，计量、检验、化验与试验，设备检修及检修装备，环境保护，安全、工业卫生与消防等。

本规范中以黑体字标志的条文为强制性条文，必须严格执行。

本规范由建设部负责管理和对强制性条文的解释，由中冶长天国际工程有限责任公司负责具体技术内容的解释。本规范在执行过程中，请各单位结合工程实践，认真总结经验，积累资料，如发现需要修改或补充之处，请及时将意见和有关资料寄交中冶长天国际工程有限责任公司科技质量部（地址：湖南省长沙市劳动中路 1 号，邮编：410007），以便今后修订时参考。

本规范主编单位、参编单位和主要起草人：

主　编　单　位：中冶长天国际工程有限责任公司
　　　　　　　　（原长沙冶金设计研究总院）
参　编　单　位：鞍山钢铁（集团）公司炼铁总厂
　　　　　　　　武汉钢铁（集团）公司烧结厂
　　　　　　　　宝山钢铁股份公司炼铁厂
　　　　　　　　新余钢铁有限责任公司烧结厂
　　　　　　　　广东韶钢松山股份有限公司烧结厂
　　　　　　　　中冶北方工程技术有限公司（原鞍山冶金设计研究总院）
　　　　　　　　中冶华天工程技术有限公司（原马鞍山钢铁设计研究总院）

主要起草人：唐先觉　何国强　王根成　孙文东
　　　　　　严　幸　冯国辉　陈乙元　杨熙鹏
　　　　　　毛晓明　汪力中　许景利　王菊香
　　　　　　夏耀臻　朱雪琴　刘湘佩　谌浩渺
　　　　　　陈猛胜　朱晓春　孔令坛　王维兴
　　　　　　姜　涛　范晓慧　王赛辉　钮心洁

目　次

1　总则 …………………………………… 7—24—4
2　术语 …………………………………… 7—24—4
3　基本规定 ……………………………… 7—24—4
4　原料、熔剂、燃料及其准备 ………… 7—24—5
　4.1　原料、熔剂及燃料入厂条件 ……… 7—24—5
　4.2　原料、熔剂、固体燃料的
　　　　接受与贮存 …………………… 7—24—5
　4.3　石灰石、白云石和固体燃
　　　　料的准备 ……………………… 7—24—6
5　烧结工艺与设备 ……………………… 7—24—6
　5.1　工艺流程的确定原则 ……………… 7—24—6
　5.2　配料 ………………………………… 7—24—6
　5.3　加水、混合与制粒 ………………… 7—24—6
　5.4　布料、点火与烧结 ………………… 7—24—6
　5.5　烧结抽风与烟气净化 ……………… 7—24—7
　5.6　烧结矿冷却 ………………………… 7—24—7
　5.7　烧结矿整粒 ………………………… 7—24—7
　5.8　成品烧结矿质量、贮存及其
　　　　输出 …………………………… 7—24—8
6　能源与节能 …………………………… 7—24—8
7　电气与自动化 ………………………… 7—24—8
　7.1　电气 ………………………………… 7—24—8
　7.2　自动化 ……………………………… 7—24—9
8　计量、检验、化验与试验 …………… 7—24—9
　8.1　计量 ………………………………… 7—24—9
　8.2　检验、化验 ………………………… 7—24—9
　8.3　试验 ………………………………… 7—24—9
9　设备检修及检修装备 ………………… 7—24—9
10　环境保护 ……………………………… 7—24—9
11　安全、工业卫生与消防 ……………… 7—24—10
本规范用词说明 …………………………… 7—24—10
附：条文说明 ……………………………… 7—24—11

1 总 则

1.0.1 为在烧结厂工程设计中贯彻执行国家法律法规和有关技术经济政策,做到技术先进、经济合理、安全适用,制定本规范。

1.0.2 本规范适用于钢铁公司各种类型铁矿石烧结厂的新建、扩建和改造设计。

1.0.3 烧结厂设计除应符合本规范外,尚应符合国家现行有关标准的规定。

2 术 语

2.0.1 原料 raw materials
指含铁原料,为烧结使用的铁粉矿、铁精矿及其他含铁料的总称。

2.0.2 熔剂 flux
石灰石、白云石、生石灰、消石灰、轻烧白云石粉、菱镁石等碱性物质的总称。

2.0.3 燃料 fuel
焦粉、无烟煤、燃气的总称。焦粉、无烟煤又称固体燃料。

2.0.4 混匀料场 blending yard
原料堆积混匀和存放混匀矿的场地。

2.0.5 混匀矿 blended ores
理化性能不一的原料经配料、堆积混匀后达到预计的理化性能均一的原料。

2.0.6 烧结 sinter
含铁原料加入熔剂和固体燃料,按要求的比例配合、加水混合制粒后,平铺在烧结机台车上,经点火抽风烧结成块的过程。

2.0.7 利用系数 sintering machine productivity
单位烧结面积成品烧结矿的小时产量,以 $t/(m^2 \cdot h)$ 表示。

2.0.8 自动重量配料 automatic weight proportioning
所需的含铁原料、熔剂、固体燃料等按重量配比进行自动调节各种物料给定量的方法。

2.0.9 燃料分加 divided fuel addition
一部分固体燃料加入烧结料中,经加水混合制粒后再将另一部分固体燃料外滚的方法。

2.0.10 混合料 mixture
含铁原料、熔剂、固体燃料和添加水经过圆筒混合机混合并制粒后的产品。

2.0.11 铺底料 hearth layer
在烧结机上铺上混合料之前先铺上的一层垫底料。

2.0.12 料层厚度 bed depth
生产时,烧结机台车上的混合料与铺底料厚度之和。

2.0.13 料层透气性 permeability
铺在烧结机上的混合料,在一定的料层厚度和负压的情况下,单位烧结面积每分钟通过的风量。

2.0.14 小球烧结 minipellet sintering
将混合料制成大于 3mm 占 75% 以上的小球进行烧结的方法。

2.0.15 低温烧结 low temperature sintering
以较低的温度烧结,产生一种强度高、还原性好的针状铁酸钙为主要粘结相的烧结方法。

2.0.16 热风烧结 hot gas sintering
将冷却机的热废气引入点火保温炉后面的烧结机密封罩内,对烧结机表层物料继续加热的方法。

2.0.17 烧结饼 sinter cake
烧结完成后固结的大块物料。

2.0.18 热返矿 hot return fines
烧结饼经热矿破碎和筛分后所得的筛下物。

2.0.19 烧结矿冷却 sinter cooling
烧结饼破碎后进行强制鼓风或抽风冷却的过程。

2.0.20 机外冷却 off-strand cooling
烧结饼破碎后,在烧结机外的冷却机中进行的冷却。

2.0.21 机上冷却 on-strand cooling
烧结饼在烧结机上进行的冷却。

2.0.22 烧结矿整粒 sinter sizing
烧结矿冷却后进行筛分或兼有冷破碎设施,分出高炉要求粒度范围的成品烧结矿、烧结用的铺底料以及返矿的过程。

2.0.23 冷返矿 cold return fines
烧结矿冷却后筛分整粒所分出的返矿。

2.0.24 高碱度烧结矿 high basicity sinter
碱度(CaO/SiO_2)为 1.6 以上的烧结矿。

2.0.25 炉料结构 burden design
高炉炼铁时装入高炉的含铁炉料的构成,即块矿、烧结矿和球团矿等各种炉料的搭配组合。

2.0.26 主电气楼 main electrical building
设置变配电设备、自动控制设备的厂房。

2.0.27 主控室 main control room
对生产过程和设备进行集中操作、监控、生产组织和指挥控制的中心。

3 基本规定

3.0.1 开展烧结厂设计应有充分的设计依据和完整的设计基础资料。

3.0.2 烧结厂厂址应选择在钢铁公司内且靠近高炉与原料混匀料场,并充分考虑地形、工程地质、水文、地震、环境保护及历史上的洪水标高、气象、自然、生态和社会经济环境、工业交通、区域经济以及钢铁公司生产要求等因素。

3.0.3 烧结厂总图布置应流程顺畅、力求紧凑、利用地形、节约用地、减少土石方量、少占农田，并根据规划需要确定是否预留发展余地。

3.0.4 烧结厂规模的确定，应在原料落实的基础上，根据公司发展规划和高炉炉料结构对烧结矿的数量和质量要求而确定，并考虑少量富余能力。

3.0.5 烧结机的规模和准入应符合下列规定：
   1 大型：烧结机单机面积等于或大于 300m²。
   2 中型：烧结机单机面积等于或大于 180m² 至小于 300m²。
   3 小型：烧结机单机面积小于 180m²。
   4 烧结机市场准入的使用面积应达到 180m² 及以上。
   5 大中型烧结机应采用带式烧结机。

3.0.6 烧结试验，应符合下列规定：
   1 对常用的含铁原料只进行烧结杯试验，包括优化配矿试验等；如有类似条件的试验或生产数据，也可不进行试验。
   2 对复杂或尚无生产实践的含铁原料及特殊的工艺流程，应在烧结杯试验的基础上，再进行半工业性试验或工业性试验。

3.0.7 烧结机利用系数，应符合下列要求：
   1 以铁粉矿为主要原料时，烧结机利用系数应等于或大于 1.30t/（m²·h）。
   2 以铁精矿为主要原料时，烧结机利用系数应等于或大于 1.20t/（m²·h）。
   3 上述两种原料同时使用时，可根据两者的比例及其烧结性能确定。

3.0.8 烧结厂的工作制度应按连续工作制进行设计。

3.0.9 烧结厂日历作业率宜取 90%～94%，大型厂取中上限值，中型厂取中下限值。

3.0.10 设备选型应符合下列要求：
   1 主要设备应采用国内先进、安全可靠、节能和环保型的设备，当国产设备不能满足要求时，可考虑引进技术或设备，引进的技术或设备必须先进实用、环境友好。
   2 辅助设备的规格和性能应与烧结机匹配，并留有一定的富余。
   3 严重影响烧结机作业率的主要生产设备，可考虑设置备用机或备用系统。
   4 禁止采用国内外淘汰的二手烧结生产设备。

4 原料、熔剂、燃料及其准备

4.1 原料、熔剂及燃料入厂条件

4.1.1 原料进入烧结厂宜符合下列条件：
   1 含铁原料的粒度宜为 8～0mm，轧钢皮和钢渣的粒度应分别小于 8mm 和 5mm。特殊铁粉矿和铁精矿的粒度要求应根据试验确定。
   2 含铁原料应混匀，混匀矿铁品位波动的允许偏差宜为 ±0.5%；SiO_2 波动的允许偏差宜为 ±0.2%。
   3 磁铁精矿水分应小于 10%，赤铁精矿水分应小于 11%。

4.1.2 熔剂进入烧结厂宜符合下列条件：
   1 石灰石粒度宜为 80～0mm，CaO 含量不宜小于 52%，SiO_2 含量不宜大于 2.2%，水分宜小于 3%。
   2 生石灰粒度宜小于或等于 3mm，CaO 含量宜等于或大于 85%。
   3 消石灰粒度宜小于或等于 3mm，水分宜为 18%～20%，CaO 含量宜等于或大于 60%。
   4 白云石粒度宜为 80～0mm，水分宜小于 4%，MgO 含量宜等于或大于 19%，SiO_2 含量宜等于或大于 3%。
   5 蛇纹石粒度宜为 40～0mm，水分宜小于 5%，(CaO+MgO) 含量宜大于 35%。
   6 轻烧白云石粉粒度宜为 3～0mm，CaO 含量宜等于或大于 52%，MgO 含量宜等于或大于 32%，SiO_2 含量宜小于或等于 3.5%。

4.1.3 燃料进入烧结厂宜符合下列条件：
   1 碎焦粒度宜为 25～0mm，固定碳含量宜大于 80%，水分宜小于 12%。
   2 无烟煤粒度宜为 40～0mm，水分宜小于 10%，灰分宜小于 15%，挥发分宜小于 8%，硫宜小于 1%，固定碳宜大于 75%。
   3 烧结点火用燃料宜采用焦炉煤气、天然气、转炉煤气或高热值煤气与低热值煤气配合使用。烧结主厂房边交接管点处煤气压力不应低于 5300Pa。煤气热值宜等于或大于 5050kJ/m³，达不到要求应采取相应措施。各种煤气含尘量均应小于 10mg/m³。

4.2 原料、熔剂、固体燃料的接受与贮存

4.2.1 原料场有混匀料场时，烧结厂不宜再设原料仓。

4.2.2 混匀料场设在烧结厂时，在多雨或严重冰冻地区可考虑设室内混匀设施。

4.2.3 大中型烧结机的铁粉矿等大宗原料受料宜采用翻车机；轧钢皮等小批量受料采用受料槽，并设机械化卸料装置。

4.2.4 卸料不宜采用抓斗桥式起重机卸车方式。

4.2.5 采用汽车运输时，可设专用汽车受料槽。

4.2.6 翻车机室和受料槽的地下建筑部分应设防水、排水及通风除尘设施。

4.2.7 经料场混匀的原料由胶带输送机直接送至烧结配料槽。生石灰宜由密封罐车运至配料室并采用气动输送系统送至配料槽内。

4.2.8 石灰石、白云石和固体燃料在烧结厂加工时应设熔剂仓和燃料仓。有专用运输线时贮存时间宜为3~5d,无专用运输线宜为5~7d。

4.2.9 严重冰冻地区原料的接受和贮存系统应设有防冻、解冻设施。

4.3 石灰石、白云石和固体燃料的准备

4.3.1 石灰石、白云石和固体燃料破碎筛分车间宜设在烧结厂,将石灰石、白云石和固体燃料加工成合格产品后送往配料槽。

4.3.2 石灰石、白云石的准备应采用闭路破碎筛分流程。

4.3.3 配料的石灰石、白云石的最终粒度小于3mm的应占90%以上。

4.3.4 进入烧结厂的碎焦,应采取措施控制其粒度和水分。当碎焦粒度为25~0mm时,应采用二段开路破碎流程。粒度小于10mm,且小于3mm粒级的碎焦含量占30%以上时,可采用预先筛分、一段开路破碎流程。粒度大于25mm粒级含量约占10%以上时可采用预先筛分分出大块,再用二段开路破碎流程。

4.3.5 无烟煤破碎,可根据粒度、水分等具体条件采用二段开路破碎流程,小于3mm粒级含量占30%以上时,可在一段破碎前增加预先筛分。

4.3.6 碎焦和无烟煤加工的最终粒度小于3mm的应分别占85%以上和75%以上。

4.3.7 不同品种或理化性能相差较大的固体燃料,应分开破碎。

4.3.8 固体燃料的破碎应避免采用易于产生过粉碎的破碎设备。

4.3.9 石灰石、白云石和固体燃料破碎前应设除铁装置。

5 烧结工艺与设备

5.1 工艺流程的确定原则

5.1.1 工艺流程的确定,应符合下列规定:

1 烧结工艺流程应以生产过程稳定、产品质量优良、综合利用、节约能源、环境友好及安全生产为原则,根据规模、原燃料和熔剂条件及其运输接受方式,产品方案、内部物流及其运输方式,试验结论,设备制造情况,日常维护等确定。

2 确定工艺流程时必须采用冷烧结矿,禁止采用热烧结矿。

5.2 配 料

5.2.1 配料系统系列数的确定,应和烧结系统匹配,即按一对一设置。

5.2.2 包括冷、热返矿和高炉返矿在内,所有原料、熔剂和固体燃料都应采用自动重量配料。

5.2.3 配料槽贮存时间应为8h以上。

5.2.4 配料槽格数与配料量及配料设备能力有关;主要含铁原料不应少于3格,辅助原料一般应为每种2格,配料量最小的,也可采用1格两个下料口。

5.2.5 主要含铁原料和粘性小的物料应首先进行配料,燃料不宜放在最前配料。

5.2.6 烧结和高炉返矿宜分别配料。

5.2.7 配料中宜添加生石灰或消石灰作熔剂,以强化制粒和烧结过程;添加数量要根据原料条件、试验结论等具体情况确定,每吨成品烧结矿添加量宜为20~60kg。以烧结铁粉矿为主时取中下限值,以铁精矿为主时取中上限值。

5.2.8 生石灰消化设施的设置,应根据原料条件、试验结论、环保要求、生石灰配加量及采用的混合制粒时间确定。

5.3 加水、混合与制粒

5.3.1 以铁粉矿为主要原料时应采用二段混合。以铁精矿为主要原料时若采用小球烧结法可设三次混合进行固体燃料外滚。

5.3.2 混合与制粒设备一般采用圆筒混合机和圆筒制粒机;采用小球烧结法时,也可采用圆盘造球机制粒。在混合与制粒设备内宜采取多种措施强化混合与制粒的功能。

5.3.3 总混合制粒时间宜采用5~9min,以铁粉矿为主要原料时宜取下限值,以铁精矿为主要原料时宜取中上限值(包括固体燃料外滚的时间在内)。

5.3.4 圆筒混合机充填率,一次混合机宜为10%~16%,二次混合(制粒)机宜为9%~15%。

5.3.5 混合机配置,应符合下列规定:

1 三次圆筒混合机宜设在主厂房的高层平台上。

2 一次圆筒混合机与二次圆筒混合机宜设置在地面上。

3 圆筒混合机与给料胶带机宜为顺交方式配置。

5.3.6 混合料添加水量应采用实用可靠的自动测量与控制装置。

5.3.7 混合料铺至烧结机台车前,宜采用蒸汽、热水等加以预热。添加地点宜放在二次圆筒混合机和三次圆筒混合机及相应的矿槽内,或视具体情况而定。

5.4 布料、点火与烧结

5.4.1 大、中型带式烧结机的布料,应符合下列规定:

1 烧结原料以铁粉矿为主时,采用梭式布料机、缓冲矿槽、圆辊给料机和自动清扫的反射板或辊式布料器。

2 烧结原料以铁精矿为主采用小球烧结法时,

可用摇头皮带机或梭式布料机、宽胶带机和辊式布料器。也可采用本条第1款的方式。

5.4.2 烧结机规格应与高炉匹配并应大型化。

5.4.3 带式烧结机应采用新型结构,包括头部和尾部都采用星轮装置,尾部采用水平移动架及风箱端部采用浮动式密封装置等。

5.4.4 主厂房内烧结机台数不宜过多,一般宜设置1台,中型偏小的烧结机不应超过2台。

5.4.5 烧结机应设铺底料设施,铺底料贮存时间宜按1~2h考虑。铺至烧结机台车上的铺底料厚度宜为20~40mm。

5.4.6 大中型烧结机设计应采用厚料层烧结,其料层厚度(包括铺底料厚度)以铁精矿为主采用小球烧结法时,宜等于或大于580mm,以铁粉矿为主时宜等于或大于650mm。

5.4.7 利用冷却机的热废气无风机进行热风烧结时,应有足够的鼓风余压、抽风负压和热压差。

5.4.8 采用小球烧结法时,可在点火前设干燥段预热混合料。

5.4.9 混合料点火温度宜为1000~1200℃,特殊原料点火温度应根据试验确定。点火时间宜为1~1.5min。

大中型烧结机点火用燃料宜采用本规范第4.1.3条第3款所述的各种煤气。不宜采用煤粉、发生炉煤气和重油点火。

点火保温设备应采用新型节能点火保温炉。

5.4.10 烧结饼破碎应采用剪切式单辊破碎机。破碎后粒度应为150mm以下。

5.4.11 大中型烧结机应取消热矿筛。如混合料水分高、烧结困难或不足以将混合料预热到需要的温度时也可保留热矿筛。

5.4.12 有热返矿时,宜在烧结机尾直接参加配料,但返矿槽应有一定的容积,并宜将热矿筛偏向矿槽中心,以保证返矿配料的稳定,防止对筛子的直接热辐射。

5.4.13 主厂房或靠近并可通往主厂房的主电气楼内应设置客货两用电梯。

5.5 烧结抽风与烟气净化

5.5.1 烧结机每分钟单位烧结面积平均风量宜取90±10m³(工况),以褐铁矿、菱铁矿为主要原料时可超过100m³(工况)。

5.5.2 抽风机压力应根据原料性质、料层厚度、箅条和管道及除尘器阻力、海拔高度合理确定。目前大中型烧结机主抽风机前的负压宜为15.0~17.2kPa。

5.5.3 烧结烟气除尘应采用二段进行,第一段应为降尘管,第二段应为除尘器。大中型烧结机宜设双降尘管。

5.5.4 除尘器形式应满足排放标准的要求。宜采用卧式干法电除尘器。

5.5.5 大中型烧结机头部采用电除尘器时,降尘管应设有烟气温度自动调节装置。

5.5.6 降尘管的卸灰装置宜采用新型双层卸灰阀。

5.5.7 烟囱高度与原料条件、烟气性质和排放标准等因素有关,应通过计算并结合实际合理确定。

5.6 烧结矿冷却

5.6.1 烧结矿冷却形式选择,应符合下列规定:

1 烧结矿冷却宜选用机外冷却。对于褐(菱)铁矿,也可考虑选用机上冷却。

2 大中型烧结机应采用鼓风环式冷却机,鼓风环式冷却机布置困难时,也可采用鼓风带式冷却机。

5.6.2 冷却机的冷却面积与烧结机烧结面积之比,应符合下列规定:

1 鼓风冷却方式,冷却面积与烧结面积之比宜为0.9~1.20。

2 机上冷却方式,冷却面积与烧结面积之比宜为1.0左右,褐铁矿可酌减。

3 冷却面积应留有一定余地,以保证冷却效果并留有提高产量的可能性。

5.6.3 鼓风式冷却机内料层厚度应为1000~1500mm。

5.6.4 鼓风式冷却机需冷却的每吨物料(烧结矿)采用的风量应为2200~2500m³。冷却时间应为60min左右。

5.6.5 冷却机卸出的烧结矿平均温度应小于150℃。

5.7 烧结矿整粒

5.7.1 新建烧结机和小型烧结机改、扩建为大中型烧结机均应采用烧结矿整粒与分出铺底料工艺。

5.7.2 整粒流程应根据建设场地、烧结矿性能和高炉要求等因素确定。除个别大块较多者外,不宜采用烧结矿冷破碎设备,仅设三段冷筛分工艺,筛分设备采用振动筛。

机上冷却的整粒可按具体条件确定。

5.7.3 设置烧结矿冷破碎设备时,应采用双齿辊破碎机,并应设四次冷筛分工艺,一次筛分为固定筛,二、三、四次筛分应为振动筛。烧结矿冷破碎前应设自动除铁装置。

5.7.4 通过整粒输出的成品烧结矿粒度、铺底料粒度和返矿粒度,宜符合下列规定:

1 无冷破碎时,烧结矿粒度宜为150~5mm,有冷破碎时,烧结矿粒度宜为50~5mm。其中,粒度大于50mm的烧结矿含量宜小于或等于8%,粒度小于5mm的烧结矿含量宜小于或等于5%。

2 铺底料粒度宜为20~10mm。

3 返矿粒度宜小于5mm。

5.7.5 烧结矿整粒系统应根据条件设置备用系列,

或备用筛分设备，或设旁通系统。

5.8 成品烧结矿质量、贮存及其输出

5.8.1 高碱度烧结矿为高炉最主要的含铁原料，其质量应达到表5.8.1的要求。

表5.8.1 高炉对高碱度烧结矿的质量要求

炉容级别(m^3)	1000	2000	3000	4000	5000
铁分波动(%)	≤±0.5	≤±0.5	≤±0.5	≤±0.5	≤±0.5
碱度波动(%)	≤±0.08	≤±0.08	≤±0.08	≤±0.08	≤±0.08
铁分和碱度波动的达标率(%)	≥80	≥85	≥90	≥95	≥98
含FeO(%)	≤9.0	≤8.8	≤8.5	≤8.0	≤8.0
FeO波动(%)	≤±1.0	≤±1.0	≤±1.0	≤±1.0	≤±1.0
转鼓指数，+6.3mm(%)	≥71	≥74	≥77	≥78	≥78

5.8.2 烧结矿应设置直接送至高炉矿槽的运输系统，同时应设贮存设施。烧结矿贮存根据不同情况，可在原料场贮存，也可设成品矿仓贮存。原料场贮存烧结矿的贮存时间宜为3～7d。矿仓贮存时间宜为8～12h。

5.8.3 烧结矿产量应为烧结厂输出的成品烧结矿量。

6 能源与节能

6.0.1 烧结厂工序能耗设计指标，应以每吨成品烧结矿所消耗的千克标准煤计，并应符合下列规定：

1 大型烧结机的工序能耗宜取60.00～68.00kg标准煤/t（1760～1990MJ/t）。

2 中型烧结机宜取64.00～72.00kg标准煤/t（1870～2100MJ/t）。

3 烧结机规格大并以磁铁矿为主要原料时宜取中下限值，烧结机规格小并以赤铁矿为主要原料时宜取中上限值。

6.0.2 应采用资源和能源消耗低的新工艺、新技术、新设备，并应符合下列规定：

1 优化配矿，生产优质高碱度烧结矿。

2 在保证烧结矿质量和环保的前提下，尽量提高烧结机的利用系数和作业率。

3 烧结机应力求实现大型化。

4 固体燃料的破碎不宜用易于产生过粉碎的设备，要尽量减少过粗过细的粒级。燃料的平均粒度应达到1.2～1.5mm。

5 应采用自动重量配料，提高配料精度。

6 宜添加部分生石灰或消石灰作熔剂，添加生石灰更好，强化制粒和烧结过程。

7 宜采用蒸汽、热水预热混合料。

8 混合制粒时间包括有固体燃料外滚时间在内，宜采用5～9min，并采用高效混合制粒设备。

9 应采用新型节能点火保温炉。

10 应采用先进而又节能的烧结新工艺、新技术，包括厚料层烧结、低温烧结、小球烧结、高铁低硅烧结、热风烧结、燃料分加等。

11 应选用节能型的设备，包括新型结构、漏风量小的带式烧结机，新型节能点火保温炉，高效振动筛，高效率的主抽风机及低耗损的变压器等。

12 应控制冷、热返矿的粒度，设计应考虑定期更换冷、热筛的筛板，将返矿中等于或大于5mm的粒级纳入成品中。

13 合理选择单位烧结面积的风量和主抽风机前的负压，避免选用过大的主抽风机。

14 应采用干式高效除尘器，避免污水处理，节水节电。

15 提高烧结厂的自动化水平，采用过程自动化检测、控制，力求烧结过程在最佳的工艺状态下进行。

6.0.3 提高废热、废水、废物的综合利用水平，应符合下列要求：

1 新建和改、扩建的烧结机应设计余热利用。

2 烧结生产废水经处理后应循环使用。

3 钢铁公司内的碎焦、轧钢皮、各种含铁粉尘泥渣及烧结厂本身的含铁含碳粉尘，应处理后在烧结厂回收利用。

7 电气与自动化

7.1 电气

7.1.1 新建或改、扩建为大中型的烧结机宜设置主电气楼，主电气楼宜布置在主厂房附近并相互连通。按二级负荷供电时，宜由两回路同级电压供电10kV（6kV）；同时供电的两回路及更多回路的供配电线路中一回路中断供电时，其余线路应能满足全部二级负荷用电的要求。

7.1.2 厂内高压配电系统宜采用放射式配电形式；变电所及配电室的高压及低压母线宜采用单母线或分段单母线结线方式，分段处应装设断路器。

高压配电室向变压器配电的出线开关应采用高压真空断路器；向高压电动机配电的出线开关应采用高压真空断路器或高压真空接触器及熔断器组（F-C回路）。

厂内高压配电系统宜选用D、Yn11结线组别的三相配电变压器。

7.1.3 主抽风机宜采用同步电动机并宜采用软起动方式。

需要调速的设备宜采用交流变频调速装置。

需频繁换向的电动机控制装置，宜采用无触点开

关或交流变频器。

7.1.4 主工艺设备的控制应有系统集中控制和单机机旁操作，部分设备宜采用远程单机控制。

7.2 自 动 化

7.2.1 新建的大中型烧结厂，应具有较高自动控制水平。全厂应采用三电一体（EIC）的计算机控制系统，所有的过程检测参数和设备运转状态均应纳入计算机控制系统。主要的工艺过程应进行自动控制和调节，如配比计算及控制、混合料添加水控制、料层厚度控制、点火炉燃烧控制等。

应在电气楼设置主控室，对整个烧结主工艺系统进行操作、监视、控制、报警和管理。在其他变电所设置远程站，各远程站间应以数据通信方式传达信息。

有条件的可采用上位机管理，过程计算机控制系统应留有与上位机的通信接口。

7.2.2 烧结厂的通信设施除通常的行政电话、生产调度电话外，还宜采用指令对讲扩音通信、无线对讲通信。对火灾自动报警装置一般应采用区域型报警系统，且火灾报警系统应与主要消防设备联动。对重要的工艺过程环节，应采用工业电视系统进行监控。

8 计量、检验、化验与试验

8.1 计 量

8.1.1 进入烧结厂的各种含铁原料、熔剂、燃料及出厂的成品烧结矿均应准确计量，计量装置和计量方式可根据具体条件选定。

8.1.2 水、电、煤气、压缩空气、蒸汽、氮气等能源介质除应设置总计量装置外，在各主要使用点（厂内各变电所及容量大的设备）也应设单独计量装置。

8.2 检验、化验

8.2.1 新建和改、扩建的烧结厂宜设置自动定时采样，并设置缩分、制样等设施。

8.2.2 烧结厂的各种含铁原料、熔剂、固体燃料、返矿、混合料及成品烧结矿均应定时进行物理检验与化学分析。

8.2.3 各种含铁原料、熔剂、固体燃料、返矿、混合料的物理检验与化学分析项目应包括化学成分、粒度和水分。成品烧结矿物理检验与化学分析项目应包括化学成分、粒度与强度以及冶金性能检验（还原度和低温还原粉化率等）。上述检验、化验可在钢铁公司检化验中心完成。

8.2.4 烧结厂设计应确定测定项目、物理检验与化学分析内容、取样制度及取样地点。

8.3 试 验

8.3.1 大中型烧结厂应设烧结试验室，也可设在钢铁公司试验中心。

9 设备检修及检修装备

9.0.1 烧结厂机械设备备件（铸件、锻压件、铆焊件、机械加工件）与易耗件，以及材料、油料和备件库，应由钢铁公司统一解决。

9.0.2 烧结设备的大中小修，应由钢铁公司统一安排，宜采用定检定修制。

9.0.3 烧结厂可设机械维修车间（或检修站），承担烧结机械设备的检查维护、清洗、调整、更换易损件、修补金属构件、加油润滑以及少量配件的加工和制作等。此部分工作也可由钢铁公司统一安排。

9.0.4 烧结厂风机转子的动平衡试验，应由钢铁公司统一进行或外协解决。

9.0.5 烧结主厂房±0.00平面应设有台车修理间。

9.0.6 烧结设备检修的整体装备水平，应根据烧结厂规模和设备最大件的情况确定。

10 环 境 保 护

10.0.1 烧结厂环境保护设计应包括烟气、尘泥、污水及噪声的控制。

10.0.2 烧结烟气中有害气体（SO_x、NO_x）的控制，应符合下列规定：

1 设计应推行清洁工艺，宜选用低毒低害的优质含铁原料、熔剂和固体燃料，并采用资源和能源消耗低、有害气体发生量少的新工艺、新技术、新设备，如厚料层烧结、低温烧结、小球烧结等。

2 烟气有害气体浓度低，高空稀释后能达到标准时，宜采用高烟囱排放，并留有脱除有害气体设施的位置。

3 烟气中有害气体超过国家、行业和地方规定的排放标准，或在建设地区大气环境容量不允许的情况下，必须采取有效措施进行治理。

4 引进的技术与装置，有害气体排放标准必须是国内或严于国内的标准。

10.0.3 防尘与除尘，应符合下列规定：

1 工艺布置应尽量减少物料的转运次数并降低其落差，减少扬尘量。

2 采用粉尘发生量少的工艺、技术和设备，如铺底料、热风烧结、对辊破碎机等。

3 在生产过程中产生或散发的粉尘应采取密封和收尘措施。

4 废弃物的处理与堆存应防止风吹、雨淋、挥发、自燃等各种因素造成的二次污染与危害。

5 钢铁公司的含铁粉尘泥渣应另行处理后由烧结厂回收利用。

6 环境收尘应采用袋式除尘器、电除尘器或其他形式的高效除尘设备。条件允许时可优先采用袋式除尘器。

7 烟气和环境除尘应采用干式高效除尘器，避免污水处理。

10.0.4 污水处理，应符合下列规定：

1 烧结厂设计不宜采用全方位大面积的冲洗，局部冲洗地坪和洒水清扫的污水污泥必须集中处理后分别回收利用。

2 正常生产时无生产污水、废水排放。

10.0.5 噪声防治，应符合下列规定：

1 设计应选用低噪声工艺和低噪声设备。

2 按照工业企业厂界噪声标准，对高噪声设备应采取消声、减振或隔声等有效防治措施，确保厂界噪声达到相关厂界噪声控制标准要求。

10.0.6 烧结厂设计应同时考虑厂区绿化。

10.0.7 新建和改、扩建的烧结厂环保设施必须与主体工程同时设计、同时施工、同时投产。

11 安全、工业卫生与消防

11.0.1 烧结厂设计应包括烧结厂安全、工业卫生与消防设计。

11.0.2 烧结厂设计必须有完备的消防、防爆、防雷电、防洪设施。其中点火保温炉用煤气应有自动切断保护措施，在烧嘴上方的空气总管末端采取防爆措施；机头电除尘器应根据烟气和粉尘性质设置防爆防腐设施；运输烧结矿的胶带输送机尾部均应设喷水装置。

11.0.3 烧结厂设计必须有设备安全运转与事故防范措施。

11.0.4 烧结厂设计必须有电气安全设施及安全照明设施。

11.0.5 烧结厂设计必须有防伤害与保障人身安全设施。

11.0.6 引进的技术与装备，其安全、工业卫生与消防设施必须符合我国实际情况与要求。

11.0.7 新建和改、扩建烧结厂安全、工业卫生与消防设施必须与主体工程同时设计、同时施工、同时投产。

本规范用词说明

1 为便于在执行本规范条文时区别对待，对要求严格程度不同的用词说明如下：

1) 表示很严格，非这样做不可的用词：
  正面词采用"必须"，反面词采用"严禁"。

2) 表示严格，在正常情况下均应这样做的用词：
  正面词采用"应"，反面词采用"不应"或"不得"。

3) 表示允许稍有选择，在条件许可时首先应这样做的用词：
  正面词采用"宜"，反面词采用"不宜"；
  表示有选择，在一定条件下可以这样做的用词，采用"可"。

2 本规范中指明应按其他有关标准、规范执行的写法为"应符合……的规定"或"应按……执行"。

中华人民共和国国家标准

烧结厂设计规范

GB 50408—2007

条文说明

目 次

1 总则 ······ 7—24—13
3 基本规定 ······ 7—24—13
4 原料、熔剂、燃料及其准备 ······ 7—24—13
   4.1 原料、熔剂及燃料入厂条件 ······ 7—24—13
   4.2 原料、熔剂、固体燃料的接受与贮存 ······ 7—24—17
   4.3 石灰石、白云石和固体燃料的准备 ······ 7—24—17
5 烧结工艺与设备 ······ 7—24—17
   5.1 工艺流程的确定原则 ······ 7—24—17
   5.2 配料 ······ 7—24—17
   5.3 加水、混合与制粒 ······ 7—24—18
   5.4 布料、点火与烧结 ······ 7—24—19
   5.5 烧结抽风与烟气净化 ······ 7—24—21
   5.6 烧结矿冷却 ······ 7—24—22
   5.7 烧结矿整粒 ······ 7—24—22
   5.8 成品烧结矿质量、贮存及其输出 ······ 7—24—23
6 能源与节能 ······ 7—24—24
7 电气与自动化 ······ 7—24—24
   7.2 自动化 ······ 7—24—24
8 计量、检验、化验与试验 ······ 7—24—25
   8.1 计量 ······ 7—24—25
   8.2 检验、化验 ······ 7—24—25
   8.3 试验 ······ 7—24—26
9 设备检修及检修装备 ······ 7—24—26
10 环境保护 ······ 7—24—27
11 安全、工业卫生与消防 ······ 7—24—28

1 总 则

1.0.1 本规范是国家有关法律法规和技术经济政策在工程建设中的具体体现。国家法律法规和技术经济政策包括《中华人民共和国环境保护法》、《钢铁产业发展政策》等。对钢铁工业烧结厂的新建、扩建和改建工程，有关建设单位、设计单位均应遵照执行。开展烧结厂设计时，应从贯彻落实科学发展观出发，注意总结国内外经验，结合我国国情和工程实际，执行可持续发展和循环经济理念，积极采用先进可靠、产品优良、节能的烧结新工艺、新技术、新设备，以"减量化、再利用、再循环"为原则，以低消耗、低排放为目标，争取最好的经济效益和社会效益。

1.0.3 国家现行有关标准规范包括《工业炉窑大气污染物排放标准》GB 9078 等。

3 基本规定

3.0.1 设计依据主要有：国家有关法律法规、政策，批准的可行性研究报告，有关文件，建设项目的有关合同和协议等。

设计基础资料主要包括：各种计划、规划书，项目建议书，可行性研究报告，烧结试验报告，厂区工程地质资料，地形图，气象、水源及地质资料，建设项目外部条件的有关协议书，厂址选择报告及其周围的生态、环境资料等。

3.0.2、3.0.3 厂址选择和布置的基本原则和注意事项：

1 厂址不宜建在断层、流砂层、淤泥层、滑坡层、9度以上地震区、人工或天然孔洞或三级以上湿陷性黄土层上，且不应建于洪水水位之下。

2 应贯彻执行有关环境保护规定，厂址应布置于居民区常年最小频率风向的上风侧，并与居民区保持有关规定的卫生防护距离。

3 有较好的供水、供电及交通条件等。

4 厂址应进行多方案技术经济比较，选择最佳方案。

5 贯彻国家有关土地条例，不占良田或尽量少占良田，在可能条件下结合施工造田。

3.0.5 按照国务院办公厅国办发（2003）103号文件的规定，烧结机市场准入条件的使用面积达到180m^2及以上。

3.0.7 烧结机利用系数与原料及生产操作状况、石灰的使用量、料层厚度、单位烧结面积风量、作业率、自动化水平等诸多因素有关。国内以铁粉矿为主要原料和以铁精矿为主要原料的大中型烧结机的利用系数，2003年平均分别为1.23t/(m^2·h)和1.18t/(m^2·h)，2004年平均分别为1.31t/(m^2·h)和1.23t/(m^2·h)。采用常规工艺和一般含铁原料，设计取利用系数前者为1.30t/(m^2·h)，后者为1.2t/(m^2·h)是可行的。

3.0.9 烧结机日历作业率与工艺流程、装备水平、自动化水平、原料及生产操作状况等诸多因素有关。国内大中型烧结机日历作业率2003年和2004年的平均值分别为90.91%和91.49%。设计取90%～94%。

3.0.10 钢铁产业发展政策规定，禁止企业采用国内外淘汰的二手钢铁生产设备。

4 原料、熔剂、燃料及其准备

4.1 原料、熔剂及燃料入厂条件

4.1.1 主要含铁原料为铁粉矿和铁精矿，还有钢铁公司内的各种含铁粉尘泥渣、轧钢皮等。我国铁精矿入厂条件、国内烧结厂使用的国内铁精矿和铁粉矿物理化学性质实例、国内烧结厂使用的混匀矿物理化学性质实例、国内烧结厂使用的国外原料物理化学性质实例、烧结厂使用钢铁公司粉尘泥渣及轧钢皮物理化学性质实例见表1～表5。

表1 我国铁精矿入厂条件

化学成分	磁铁矿为主的精矿				赤铁矿为主的精矿				水分（%）
TFe（%）	≥67	≥65	≥63	≥60	≥65	≥62	≥59	≥55	磁铁矿为主的精矿： Ⅰ级≤10.00 Ⅱ级≤11.00 赤铁矿为主的精矿： Ⅰ级≤11.00 Ⅱ级≤12.00
	波动范围±0.5				波动范围±0.5				
SiO_2（%）Ⅰ类	≤3	≤4	≤5	≤7	≤12	≤12	≤12	≤12	
Ⅱ类	≤6	≤8	≤10	≤13	≤8	≤10	≤13	≤15	
S（%）	Ⅰ级≤0.10～0.19 Ⅱ级≤0.20～0.40				Ⅰ级≤0.10～0.19 Ⅱ级≤0.20～0.40				
P（%）	Ⅰ级≤0.05～0.09 Ⅱ级≤0.10～0.20				Ⅰ级≤0.08～0.19 Ⅱ级≤0.20～0.40				

续表1

化学成分	磁铁矿为主的精矿	赤铁矿为主的精矿	水分（%）
Cu（%）	≤0.10~0.20	≤0.10~0.20	磁铁矿为主的精矿： Ⅰ级≤10.00 Ⅱ级≤11.00 赤铁矿为主的精矿： Ⅰ级≤11.00 Ⅱ级≤12.00
Pb（%）	≤0.10	≤0.10	
Zn（%）	≤0.10~0.20	≤0.10~0.20	
Sn（%）	≤0.08	≤0.08	
As（%）	≤0.04~0.07	≤0.04~0.07	
K_2O+Na_2O（%）	≤0.25	≤0.25	

表2 国内烧结厂使用的国内铁精矿和铁粉矿物理化学性质实例

名称	序号	化学成分（%）									物理性质	
		TFe	FeO	SiO_2	Al_2O_3	CaO	MgO	S	P	Ig	水分（%）	粒度
铁精矿	1	68.60	—	4.50	0.47	0.69	0.65	0.020	0.035	—	—	—
	2	67.70	—	3.80	—	0.56	0.15	0.31	—	—	—	—
	3	67.50	—	3.50	—	0.01	0.45	0.013	—	0.51	9.77	—
	4	67.29	28.36	4.79	—	0.27	—	0.066	0.079	0.76	10.20	－200目71%
	5	68.10	—	5.55	0.17	0.93	0.33	0.018	0.017	—	9.00	—
	6	66.50	—	5.50	0.85	1.50	0.30	0.011	0.022	—	—	—
	7	67.44	—	3.96	0.82	1.40	0.28	0.011	0.022	—	—	—
	8	65.73	—	4.64	0.59	1.59	0.79	0.095	0.083	—	—	—
铁粉矿	1	54.18	1.92	18.56	1.77	0.41	0.33	0.250	0.038	10.80	—	—
	2	54.31	1.87	7.60	2.38	0.45	0.97	0.029	0.050	12.10	—	<10mm

表3 国内烧结厂使用的混匀矿物理化学性质实例

序号	化学成分（%）									物理性质	
	TFe	FeO	SiO_2	Al_2O_3	CaO	MgO	S	P	Ig	水分（%）	粒度（mm）
1	62.98	—	3.49	1.32	0.96	0.20	0.01	0.049	—	—	<8
2	63.28	5.93	4.51	1.89	0.67	0.116	0.114	0.048	10.10	—	<8
3	61.39	14.10	4.85	—	4.32	2.48	0.20	—	—	6.30	<8
4	60.00	—	4.25	—	3.12	1.52	0.10	—	3.50	—	<8
5	63.95	—	4.53	1.30	0.36	0.36	0.043	0.059	1.00	5.00	<8
6	61.50	—	4.50	—	2.10	1.60	0.135	0.059	5.00	—	<8
7	61.88	—	5.18	—	2.52	2.28	0.27	—	2.50	7.00	<8
8	61.67	—	4.63	—	2.00	1.289	0.171	0.084	3.28	5.89	<8

表4 国内烧结厂使用的国外原料物理化学性质实例

国别	名称	化学成分（%）										粒度 (mm)	平均粒度 (mm)
		TFe	SiO$_2$	Al$_2$O$_3$	CaO	MgO	S	P	K$_2$O	Na$_2$O	Ig		
巴西	CVRD 卡拉加斯	67.50	0.70	0.74	0.01	0.02	0.008	0.036	<0.01	<0.01	1.70	<8	2.4
	CVRD 标准烧结粉	66.00	3.65	0.70	0.03	0.03	0.005	0.026	0.008	0.005	0.80	>6.3 为 7.5%	2.62
	MBR CSF	67.00	1.50	1.25	0.12	0.06	0.007	0.044	<0.01	<0.01	1.30	>8.0 为 18.4%	4.44
澳大利亚	哈默斯利	62.92	3.35	2.10	0.067	0.04	0.011	0.063	0.017	0.025	2.56	<8	2.45
	纽曼	62.08	2.82	1.43	0.070	0.10	0.011	0.046	0.02	0.023	4.60	<8	2.20
	扬迪	58.33	4.92	1.15	0.110	0.15	0.010	0.036	0.003	0.007	9.50	>8 为 15.9%	2.58
	罗布河	56.74	2.59	1.58	0.710	0.30	0.019	0.041				<6.3	—
	麦克	62.72	2.78	1.84	0.090	0.10	0.026	0.052			5.45	<5.0	1.83
印度	果阿	62.50	4.20	2.10	0.600	0.05	0.01	0.02	0.017	—	3.80	<8	2.14
	H 矿	67.85	0.96	1.02	0.010	0.01	0.008	0.063			1.05	<8	2.99
南非	伊斯科	65.00	4.00	1.35	0.04	0.04	0.010	0.06	0.333	0.022	0.70	<6.3	2.51
加拿大	卡罗尔湖	66.80	3.76	0.13	0.390	0.25	0.04	0.004	0.002	0.002	0.20	<3	0.295

表5 烧结厂使用的钢铁公司粉尘泥渣及轧钢皮物理化学性质实例

名称	序号	化学成分（%）										物理性质	
		TFe	FeO	SiO$_2$	CaO	MgO	Al$_2$O$_3$	S	P	C	Ig	水分（%）	粒度
高炉灰	1	41.51	2.90	6.88	3.58	0.63	2.60	0.041	0.072	22.19	22.15	—	—
	2	43.66	—	8.02	4.91	1.74	1.35	0.24	0.0176		22.36	7.00	
	3	42.00	6.80	9.80	7.30	3.84					18.00		
轧钢皮	1	74.10	65.50	0.81	1.07		0.27	0.023				1.40	
	2	70.28		1.11	1.47	0.50	0.02				0.025		<5mm
	3	70.00		2.70	0.00	1.43	0.18	0.05	0.036				
转炉污泥	1	68.85	61.60	1.90	7.99	1.88	0.12	—	P$_2$O$_5$ 0.23	2.5			−30μm 为 100%
	2	48.18	18.00	4.15	10.92	5.90		0.031					−0.074mm 为 71.69%
转炉渣	1	15.87	9.33	11.55	42.56	8.78	2.46	0.081	P$_2$O$_5$ 0.31		8.46		
	2	15.04	11.12	15.87	43.12	7.40	6.10	0.264	—		4.39	6.00	<8mm

烧结含铁原料应稳定，混匀矿铁品位波动的允许偏差为±0.5%，SiO$_2$ 的允许偏差为±0.2%。达到此目标，烧结和炼铁将会取得显著的经济效益。根据 6 个厂的统计，含铁原料混匀前后的对比数字为：烧结机利用系数可提高 3%～15%，工序能耗可降低 3%～15%；高炉利用系数可提高 4%～18%，焦比可降低 5%～10%。表 6 列出了主要产钢国对烧结用混匀矿成分波动的要求，含铁原料的波动要求基本在

这一范围内。

表6 主要产钢国对烧结用混匀矿成分波动的要求

国家及厂名	TFe（%）	SiO$_2$（%）	CaO/SiO$_2$（%）	Al$_2$O$_3$（%）
日本大分	±0.2～0.5	±0.12	±0.03	±0.3
日本若松	±0.42	±0.165		
日本福山	<0.05	<0.03	<0.03	
日本千叶	—	±0.2		±0.3
日本君津	±0.167	±0.08	±0.025	
日本户畑		±0.128		
德国西马克	±0.3～0.4			
德国曼内斯曼	±0.3	±0.2	±0.05	
前苏联	±0.2		±0.03	
英国	±0.3～0.5		±0.03～0.05	
美国凯萨			±0.13	
中国宝钢	≤±0.5	≤±0.3	≤±0.03	

4.1.2 烧结熔剂有石灰石、生石灰、消石灰、白云石（或白云石化石灰石）、轻烧白云石粉、蛇纹石、菱镁石等。我国各种熔剂入厂条件、我国部分烧结厂熔剂入厂条件、国内烧结厂用熔剂物理化学性质实例见表7～表9。

表7 我国各种熔剂入厂条件

名称	化学成分（%）	粒度（mm）	水分（%）	备注
石灰石	CaO≥52，SiO$_2$<3，MgO≤3	80～0 及 40～0	<3	—
白云石	MgO≥19，SiO$_2$≤4	80～0 及 40～0	<4	—
生石灰	CaO≥85，MgO≤5，SiO$_2$≤3.5，P≤0.05，S≤0.15	≤4		生烧率+过烧率≤12%；活性度①≥210mL
消石灰	CaO≥60，SiO$_2$<3	3～0	<15	—

注：①指在40±1℃水中，50g石灰10min耗4n HCl的量。

表8 我国部分烧结厂熔剂入厂条件

熔剂品种	化学成分（%）	粒度（mm）	活性度
石灰石块	CaO≥50，SiO$_2$≤3.0，P≤0.03，S≤0.12	0～60	—
石灰石粉	CaO≥50，SiO$_2$≤3.0，P≤0.03，S≤0.12	0～3 为≥90%	
消石灰	CaO≥70，SiO$_2$≤5.0，H$_2$O 20%～26%	0～3	
生石灰	CaO≥80，SiO$_2$≤5.0	0～3	≥180
白云石粉	MgO≥19.0（波动−0.5），SiO$_2$≤2.0，CaO≥30	<3 为≥80%	
白云石	MgO≥19.0，SiO$_2$≤7.0，CaO≥32	5～45	

表9 国内烧结厂用熔剂物理化学性质实例

名称	序号	化学成分（%）						水分（%）
		CaO	MgO	SiO$_2$	Al$_2$O$_3$	S	Ig	
石灰石	1	54.43	0.40	0.69	0.26	0.006		
	2	53.07	1.60	3.70			41.42	
	3	52.38	1.40	1.27	0.96		42.49	
白云石	1	32.61	19.94	0.16			42.35	
	2	31.50	20.42	1.00			42.66	4.00
	3	29.50	19.30	3.70			44.80	4.30
蛇纹石	1	1.52	38.4	38.22	0.92	0.028		
	2	1.4	36.29	38.19	0.98		13.72	
生石灰	1	85.69	1.06		0.24	0.004		
	2	85.00	2.85	1.95		0.002	13.95	
	3	84.65	4.90	2.46			4.00	
	4	85.00	2.00	2.50			5.00	
消石灰	1	65.97	1.14	2.17	0.41		26.75	
	2	62.30	2.20	5.18			28.95	20.00

4.1.3 烧结用燃料主要有碎焦、无烟煤、煤气等。我国部分烧结厂固体燃料入厂条件、烧结厂用固体燃料实例见表10和表11。

表10 我国部分烧结厂固体燃料入厂条件

名称	序号	固定碳（%）	挥发分（%）	硫（%）	灰分（%）	水分（%）	粒度（mm）
无烟煤	1	≥75	≤10	≤0.05	≤15	<6	0～13
	2	≥75	≤10	≤0.50	≤13	≤10	≤25 为≥95%
焦粉	1	≥80	≤2.5	≤0.60	≤14	≤15	0～25
	2	≥80	—	≤0.8	≤14（波动+4）	≤18	<3 为≥80%

表11 烧结厂用固体燃料实例

名称	序号	固定碳（%）	挥发分（%）	硫（%）	灰分（%）	水分（%）	粒度（mm）
焦粉	1	85.0	—	—	13.0	8.57	8～0
	2	85.0	—	—	15.0	6.0	8～0
	3	86.32	1.2	0.47	12.01	11.0	10～0
无烟煤	1	70.73	6.10	0.35	20.79	11.0	8～0
	2	85.0	—	—	6.5	6.5	8～0
	3	76.48	2.6	0.47	20.99	9.0	10～0

4.2 原料、熔剂、固体燃料的接受与贮存

4.2.3 翻车机是一种大型卸车设备，广泛应用于大中型烧结厂，具有卸车效率高、生产能力大的特点，适用于翻卸各种散状物料。由于机械化程度高，有利于实现卸车作业自动化或半自动化。翻车机有侧翻式和转子式两种，侧翻式造价低，但有速度慢、翻转角度小、压车板、剩料多等缺点，目前使用不多。

为了保证翻卸作业，改善操作，提高翻卸能力，可配以辅助设施。这些设施主要包括重车铁牛、摘钩平台、推车器、空车铁牛、迁车台等，形成一个完整的机械化翻车卸料系统。

受料槽是一种仅用于受料而不用于贮存的设施，多用于接受钢铁公司的散状杂料和辅助原料。受料槽设计应考虑采用机械化卸车设备，最常见和采用最多的是螺旋卸车机和链斗卸车机。螺旋卸车机适应性比较广泛，对于铁粉矿、铁精矿、散状含铁料、碎焦、无烟煤、石灰石等都适用。

4.2.8 熔剂、固体燃料的贮存天数应考虑下列因素：

1 消耗少的品种或供矿点分散、运输条件差、运距远、运输方式复杂等不利因素多时，贮存天数可适当增加，但最多不超过7d，反之贮存天数可适当减少至3d。

2 当采用水运时，气候等其他因素影响较多，贮存天数可适当增加，但最多不超过7d。

4.3 石灰石、白云石和固体燃料的准备

4.3.2 石灰石、白云石破碎筛分流程有锤式破碎机闭路破碎筛分流程和反击式破碎机闭路破碎筛分流程两种。

在闭路破碎筛分流程中，可分为预先筛分和检查筛分两种。当石灰石、白云石原矿中3～0mm粒级含量较多时（一般在30%～40%以上），才增加预先筛分，否则仅采用检查筛分。

检查筛分流程筛下为产品，筛上物料返回破碎机重新破碎。烧结厂多采用这种流程。

4.3.4、4.3.5 固体燃料破碎筛分流程的选择、破碎筛分设备效率和最终产品质量，都取决于固体燃料粒度和水分。粒度大小影响破碎段数的多少，水分高低影响破碎筛分效率。

1 当碎焦粒度为25～0mm时，宜采用二段开路破碎流程，因碎焦水分高，采用闭路流程会使筛分效率降低（堵筛孔，筛分困难）。

2 大型烧结厂破碎筛分干熄焦粉时，也可采用带预先筛分和检查筛分的二段闭路破碎流程。

3 无烟煤破碎，多采用二段开路破碎流程。所采用的破碎设备，第一段为对辊破碎机，第二段为四辊破碎机。这种流程的最大特点是工艺简单，生产可靠，效率高，产品质量好。

4 预先筛分二段开路破碎流程，国内大中型烧结厂也有采用的。增加预先筛分是为了防止过粉碎和最大限度发挥破碎设备的能力，仅一段开路破碎不能保证产品最终粒度。设检查筛分因煤中的水分高而使筛分难以进行，因此用增加第二段破碎来保证最终产品粒度。这种开路流程的主要优点是生产能力大，生产安全可靠，煤、焦都能破碎。

5 烧结工艺与设备

5.1 工艺流程的确定原则

5.1.1 烧结主工艺流程包括：配料，加水、混合与制粒，布料、点火与烧结，热烧结饼破碎或兼有热矿筛分，烧结抽风与烟气净化，烧结矿冷却，烧结矿整粒，成品烧结矿质量、贮存及输出。有原料场时，原料的接受、贮存在原料场，石灰石、白云石的接受、贮存和准备也可在原料场。

5.2 配　　料

5.2.1 配料槽可分为单列式和双列式两种。当采用双系统配料时，采用双列式矿槽，采用单系统配料时，采用单列式矿槽。过去，我国烧结厂设计，烧结机多采用两台或四台机，对应的配料系统多采用单系统和双系统，每个系统向两台烧结机供料。由于烧结机大型化和自动化水平的提高，现代烧结厂设计中，主机多采用一台或两台。因此，相应的配料也是单系统或双系统，每个系统向一台烧结机供料。

5.2.2 设计中采用自动重量配料的主要依据是：随着冶炼技术的发展和高炉大型化，对入炉原料的稳定性要求提高。

5.2.3 为了减少原料、熔剂、固体燃料等对烧结生产波动和配比的影响，这些物料在配料槽内应有一定的贮存时间。贮存时间的多少与来料周期、输送设备运转、检修等因素有关。其贮存时间应为 8h 以上。

5.2.7 国内外的烧结研究与生产实践都证明，在烧结过程中加入一定量的生石灰或消石灰，特别是生石灰，可收到明显的经济效果，烧结矿产量提高、质量改善、燃耗降低。

国内外经验也表明，特别是以铁精矿为主要原料时，添加生石灰是强化烧结过程最重要的手段之一。目前，我国烧结厂都在重视提高生石灰的质量和活性度。

我国大中型烧结机 2003 年和 2004 年生石灰、消石灰的配加量平均每吨成品烧结矿分别为 42.96kg 和 50.15kg，有的达 85.00kg 以上，比日本平均配加量高很多。日本某些厂为了降低烧结矿的成本，改善环境，根本不加生石灰、消石灰。为此，确定我国每吨成品烧结矿生石灰、消石灰添加量宜为 20～60kg。

5.3 加水、混合与制粒

5.3.1 混合段数与原料性质有关。一次混合的目的是润湿及混匀，或兼有部分制粒功能，使混合料中的水分、粒度及混合料中的各组分均匀分布。二次混合除继续混匀外，主要目的是制粒，并使混合料最终达到要求的水分与润湿效果。

影响混匀与制粒效果的因素很多，主要有原料的性质、添加剂的种类、加水量、加水方式、混合制粒设备参数、设备安装状况以及操作等。

过去，国内烧结厂含铁原料以铁精矿为主时，采用两段混合，以铁粉矿为主时，有的采用一段混合。近年由于烧结技术的发展，尤其是厚料层烧结的需要，对铁粉矿进行二次混合也是非常必要的。国内一个 50m² 烧结机以烧结粉矿为主的厂，将原圆筒混合机由 $\phi 3 \times 9m$ 改为 $\phi 3.5 \times 12m$ 并增加一台 $\phi 3.5 \times 14m$ 的圆筒混合（制粒）机，对充填率等工艺参数进行了优化，混合制粒时间由 4min 延长到 9min，同时降低了混合料水分。改造前后混合料粒度发生了明显变化（见表 12）。另一个以烧结铁粉矿为主的厂也是如此（见表 13）。经过混合制粒后的混匀效率见表 14，制粒后的粒度组成见表 15。

表 12 圆筒混合机改造前后混合料粒度组成（%）

序号		混合料水分（%）	混合料粒度（mm）					
			>6.3	6.3～5.0	5.0～3.15	3.15～2.0	<1.0	<3.15
改造前	1	7.10	9.44	14.16	26.07	14.68	12.30	50.33
	2	7.00	9.86	12.48	22.25	19.08	11.79	55.41
	3	6.90	11.76	10.99	25.90	16.99	17.79	51.35
改造后	1	5.80	14.53	10.69	33.14	17.81	7.17	40.50
	2	6.00	17.43	14.25	32.88	17.40	4.88	35.44
	3	5.70	14.78	15.50	33.24	17.93	4.31	36.48

表 13 烧结混合料的制粒效果（%）

制粒效果	混合料粒度（mm）						
	>15	15～10	10～5	5～4	4～2.5	2.5～1.2	<1.2
一混前	—	7	20	7.4	23.5	13.7	22.4
一混后	1.45	6.15	18.9	4.45	20.55	15.10	33.40
二混（制粒）后	1.45	6.4	22.0	6.4	35.35	16.20	12.20

表 14 混合制粒的混匀效率

名称	代号	化学成分（%）				H_2O（%）
		TFe	CaO	SiO_2	C	
一混	η	0.895	0.87	0.764	0.78	7～9
	m	0.035	0.043	0.056	0.082	
二混（制粒）	η	0.936	0.926	0.916	0.761	5～10
	m	0.024	0.02	0.031	0.082	

注：η 为混匀效率，其值越接近 1，混合效果越好；m 为混合料均匀系数。

表15 二次混合（制粒）后的粒度组成（%）

取样编号	制粒前粒度组成（mm）				二混（制粒）后粒度组成（mm）			
	>8	8~5	5~3	3~0	>8	8~5	5~3	3~0
1	20	20	30.3	29.7	24.8	20.8	27.2	27.2
2	18.9	20	19.4	41.7	25.2	24.4	26.0	24.4
平均	19.45	20	24.9	35.7	25.0	22.6	26.6	25.8

5.3.2 混合制粒设备采用圆筒混合机和圆筒制粒机。大中型烧结机的圆筒混合机和圆筒制粒机应采用刚性支承托辊、齿轮转动形式；在主电动机与减速机之间采用限矩型液力耦合器；传动装置均应设置微动传动装置；滚圈与支承托辊和挡轮、开式齿轮副之间采用喷油润滑。当用多台小型圆筒制粒机时，也可采用胶轮传动形式。

在混合制粒设备内，宜多方面采用强化混合制粒的措施：添加生石灰，适当提高充填率，延长混合制粒时间，含铁粉尘泥渣预先制粒，混合段装设扬料板，进料端设导料板，在圆筒制粒机内及出料端安装挡圈，采用含油尼龙衬板和雾化喷水等，此外也有采用锥形逆流分级制粒的。

5.3.3 为了保证混合制粒效果，应有足够的混合制粒时间（见表16）。

表16 混合制粒时间与混合效果

混合制粒时间（min）	混合料水分（%）	粒级含量（%）	
		3~1mm	1~0mm
1.5	7.4	21.1	41.5
3.0	7.4	24.7	35.1
4.0	7.3	27.3	32.1
5.0	7.2	30.2	24.8

过去国内铁精矿烧结混合制粒时间，一般为2.5~3.0min，一次混合为1min左右，二次混合（制粒）为1.5~2.0min。多年生产实践证明，不论以铁精矿为主的混合料还是以铁粉矿为主的混合料，混合时间均显不足。现在国内外烧结厂混合制粒时间都增加到5~9min（包括固体燃料外滚的时间在内），如日本君津厂为8.1min，前釜石厂达9min。我国近年投产和设计的一次、二次（制粒）和三次混合（固体燃料外滚）机混合制粒时间基本在这一范围内。

5.3.4 国内外烧结厂混合机充填率，一次混合机为10%~16%，二次混合（制粒）机为9%~15%。日本大分厂1#烧结机一次混合机充填率为10%，二次混合机为9%。我国近年投产和设计的一次混合机和二次混合机充填率也在这一范围内。

5.4 布料、点火与烧结

5.4.2 烧结机应力求实现大型化。同样条件，建设一台大型烧结机与建设多台小型烧结机相比，具有很多明显的优点。德国鲁奇公司对西欧的一个厂进行了核算，当烧结机面积增为两倍时，每吨烧结矿的基建费大约可节省15%~20%，运转费可降低5%~10%，建一台300m²的烧结机要比建三台100m²的烧结机投资省25%。而日本报道的数字为：同等规模，当建设的烧结机面积为100m²、300m²、500m²时，相对的基建费为1.00、0.68和0.56，相对的运转费为1.0、0.865和0.84。国内曾在工程中对采用一台252m²烧结机还是采用两台130m²烧结机和对采用一台330m²烧结机还是采用两台165m²烧结机的方案进行过比较，见表17和表18。

表17 一台252m²与两台130m²烧结机比较表

序号	项目	1×252m²烧结机	2×130m²烧结机	差值
1	烧结矿产量（万t/a）	240	247	-7.0
2	基建投资（%）	100	113.1	-13.1
3	每吨成品烧结矿投资（%）	100	109.9	-9.9
4	单位烧结面积投资（%）	100	109.9	-9.9
5	运转费（%）	100	104.7	-4.7
6	劳动生产率（%）	100	90.9	+9.1
7	投资还本期（a）	5.6	6.5	-0.9

表18 一台330m²与两台165m²烧结机比较表（可比部分）

序号	项目	1×330m²烧结机	2×165m²烧结机	差值
1	烧结矿产量（%）	100	100	—
2	原料、熔剂、燃料条件	相同	相同	—
3	建设资金（%）	100	115.3	-15.3
4	设备重量（%）	100	114.3	-14.3
5	装机容量（kW）	约31040	约32500	-1460
6	土建工程量（%）	100	112.6	-12.6

续表18

序号	项目	1×330m² 烧结机	2×165m² 烧结机	差值
7	运转费（%）	100	106.0	−6.0
8	劳动生产率（%）	110	100	+10
9	焦炉煤气消耗量（kJ/a）	287.43×10⁹	294.88×10⁹	−7.55×10⁹
10	电耗量（kW·h/a）	137.2×10⁶	145.78×10⁶	−8.58×10⁶
11	生产新水耗量（m³/a）	106.33×10⁴	120.05×10⁴	−13.72×10⁴
12	工业循环水耗量（m³/a）	445.9×10⁴	514.5×10⁴	−68.6×10⁴
13	生活新水耗量（m³/a）	34.3×10⁴	44.59×10⁴	−10.29×10⁴
14	烧结矿质量	好	较好	—
15	生产管理	方便	较不方便	—
16	自动控制	容易	较不容易	—
17	环保治理	容易	较不容易	—

表17和表18说明，建大型烧结机除建设资金、设备重量、装机容量、土建工程量、运转费及焦炉煤气、电、水消耗量均少外，还有劳动生产率高、烧结矿质量好、生产管理方便、易于环保治理和实现自动控制等优点。

此外，大型烧结机的建设资金低、固定资产少，同样条件下每年的折旧费和修理费进入烧结矿成本数量少。因此，大烧结机所生产的烧结矿成本要低。烧结机大型化在国内外已成趋势。

但是，需要特别指出的是，当一台烧结机对一座高炉时，会存在生产和检修不平衡的问题，对此，国内外普遍采用料场贮存烧结矿来解决。

5.4.3 带式烧结机应采用新型结构。烧结机新型结构是指：头部和尾部都采用星轮装置，使烧结机运转平稳；头部星轮自由侧轴承座要能沿烧结机纵向移动±20mm，以实现烧结台车调偏；尾部应采用水平移动架，作为台车受热膨胀的吸收机构，并设行程限位开关，移动架的平衡重锤应司事故开关，均与主机联锁；主传动装置采用柔性传动装置，并设置定扭矩联轴器及其转差检测装置，柔性传动装置本身还应有极限过载保护措施；主传动电动机和布料传动电动机均应采用变频调速三相异步电动机，头部给料采用主闸门和辅助闸门，使混合料布料平整均匀；台车梁与箅条之间设置隔热件，保护台车车体，烧结机骨架采用装配式焊接结构；风箱宜采用双侧吸入式，保证烧结机均匀抽风；烧结机头尾风箱端部密封应采用密封性好、灵活、适用、可靠的浮动式密封装置；头尾轴承、风箱滑道采用智能集中润滑系统。

5.4.5 铺底料技术是多年来烧结技术发展的主要成果之一，不仅有保护烧结设备的良好作用，而且可以稳定操作、提高烧结矿的产量和质量，减少烧结烟气含尘量，并已在国内外烧结厂普遍采用。

铺底料槽铺底料贮存时间，基本等于烧结时间、冷却时间、整粒系统分出铺底料的时间及胶带输送时间的总和。但由于各种原因和实际配置上的困难，铺底料槽铺底料贮存时间可考虑1~2h。

5.4.6 厚料层烧结是指采用较高的料层进行烧结。厚料层烧结的自动蓄热作用可以减少燃料用量，使烧结料层的氧化气氛加强，烧结矿中FeO的含量降低，还原性变好。同时，少加燃料又能大量形成以针状铁酸钙为主要粘结相的高强度烧结矿，使烧结矿强度变好。此外，由于是厚料层烧结，难以烧好的表层烧结矿数量减少，成品率提高。国内一台烧结机改造，料层厚度由500mm提高至600mm后，每吨成品烧结矿工序能耗降低1.15kg标准煤，转鼓强度提高2.5%，烧结矿平均粒度提高2mm，成品率上升1.4%，返矿量降低23.8%，FeO降低0.58%。我国大中型烧结机2004年平均料层厚度为624.2mm，以烧结铁粉矿为主平均为644.7mm，以烧结铁精矿为主平均为572.1mm，最高为729mm。而2003年以烧结铁粉矿为主平均仅为628.2mm，以烧结铁精矿为主仅557.4mm，最高为675mm。因此，大中型烧结机的料层厚度（包括铺底料厚度），以铁精矿为主，采用小球烧结法时宜等于或大于580mm，以铁粉矿为主宜等于或大于650mm。特殊情况应通过试验或借鉴同类厂经验确定。

5.4.7 热风烧结是将冷却机的热废气引入点火保温炉后面的密封罩内，使烧结表层继续加热，可以改善烧结矿的强度，降低燃耗。目前国内一些烧结厂采用的是依靠冷却机鼓风余压、抽风负压和热压差来进行热风烧结的。有些厂用得好，不少厂不行。关键是：要有足够的鼓风余压、抽风负压和热压差，将烧结机热风烧结区密封好并及时对热风管道进行清灰。

5.4.9 烧结混合料组成不同，点火温度也各异。特殊原料的适宜点火温度，应由试验确定。我国烧结厂点火温度为1000~1200℃。实践证明，点火温度不应大于1200℃。为节省能源并达到良好的效果，点火温度在1000~1100℃为好。

点火时间的长短与点火温度和点火时的总供热量有关。点火温度过高，时间过长，会使料层表面熔化，反之又会使料层烧不好。国内外经验表明，点火温度在1000～1200℃时，点火时间以1～1.5min为宜。

目前，我国烧结厂点火最普遍用的是高热值煤气或高热值煤气与低热值煤气配合使用。煤粉、发生炉煤气点火，因其投资大、成本高以及环保等原因，不宜采用。重油点火虽然热值高，但由于存在许多缺点并且供应困难，也不宜采用。

过去，我国烧结厂普遍采用单功能的点火炉，这种点火炉能耗高，混合料表层点火质量不好。近年已逐步采用多功能的点火保温炉，由点火段和保温段组成，优点是表层烧结矿产质量改善。预热点火炉是防止点火时混合料产生爆裂的点火炉，多用于褐铁矿、锰矿烧结，也有应用于铁矿烧结的。

新型节能点火保温炉应具备如下特点：

1 点火段采用直接点火，烧嘴火焰适中，燃烧完全，高效低耗。

2 点火炉高温火焰带宽适中，温度均匀，高温持续时间能与烧结机速匹配，烧结表层点火质量好。

3 耐火材料采用耐热锚固件结构组成整体的复合耐火内衬，砌体严密，寿命长。

4 点火炉的烧嘴不易堵塞，作业率高。

5 点火炉的燃烧烟气有比较合适的含氧量，能满足烧结工艺的要求。

6 采用高热值煤气与低热值煤气配合使用时可分别进入烧嘴混合的两用型烧嘴，煤气压力波动时不影响点火炉自动控制，节约了煤气混合站的投资。

7 施工方便，操作简单安全。

5.4.10 大中型烧结机单辊破碎机辊轴轴心、辊轴轴承座应通水冷却。大型单辊破碎机的箅板可调头使用，通水与否视具体情况而定。辊齿齿冠和箅板工作部位均应堆焊高温耐磨合金焊条，冷态时表面硬度HRC≥60。单辊传动电动机与减速机之间应设置定扭矩联轴器和转差检测装置。

5.4.11 过去，烧结机尾都采用热矿筛分工艺。筛分设备为固定筛或振动筛，筛出的热返矿预热混合料。主要优点是利用了热返矿的热能，缺点是很难稳定烧结生产，环境又差。由于热矿筛，特别是热矿振动筛投资既多3.3%，又长期处于高温、多尘的环境中工作，事故多，筛子寿命短，检修工作量也大，烧结机作业率比无热矿筛要低1%～2%，而固定筛筛出的成品烧结矿又多，且大于400m²的大型烧结机又无振动筛可以匹配。基于这些原因，1973年以后日本新建的12台烧结机中就有9台取消了热矿振动筛。日本福山4#烧结机进行了取消热筛分的试验，试验结果表明，只要冷却机的风机风压提高147Pa，烧结矿的强度和烧结矿产量几乎和设有热筛分一样（见表19）。原日本若松烧结厂取消热筛分的实践也证明，只要冷却机的风机风量增加15%～20%，就可以得

到与设有热筛分相同的结果。国内一台360m²烧结机在2004年1～2月（环境温度平均为－18℃）进行了1个月的工业试验。试验表明，取消热矿筛后，烧结矿产量增加了2.49%，固体燃耗降低了1.1kg/t，煤气降低了0.006GJ/t，电耗降低了0.5kW·h/t，按年产360万吨烧结矿计算，仅节能就可降低成本260万元。此外还减少了设备维修量，每年仅备件费就可减少110万元。试验证明，东北地区取消热矿筛是可行的，但必须保证不降低混合料温度。我国近年投产和设计的大中型烧结机，以铁粉矿为主要原料的几乎都取消了热矿筛。以铁精矿为主要原料的，即使在寒冷的地区也有部分厂取消了热矿筛。

表19 有热筛与无热筛比较

指标名称	使用热筛	取消热筛
利用系数[t/(m²·h)]	1.55	1.51
返矿（kg/t）	393	365
转鼓指数（%）	65.3	65.5
抽风负压(Pa)	17748	17865
风箱温度（℃）	301	317
烧结矿温度（℃）	29	41.6
返矿温度（℃）	96	41
混合料温度（℃）	34	24
冷却风机负压（Pa）	3587	3734

取消热矿筛分工艺后，主要优点是简化了烧结工艺，消除了热矿筛和处理热返矿这两大薄弱环节，节省了投资，提高了烧结机作业率，改善了环境，烧结生产也得到了稳定。

5.5 烧结抽风与烟气净化

5.5.1、5.5.2 过去薄料层烧结时，主抽风机前的负压约为11.8kPa左右。目前采用厚料层烧结且设计的每分钟单位烧结面积平均风量有所上升，大中型烧结机主抽风机前的负压相应提高，宜取15.0～17.2kPa。我国近年投产和设计的部分大中型烧结机每分钟单位烧结面积平均风量和主抽风机前的负压几乎都在这一范围内。

5.5.3 大中型烧结机宜设双降尘管，考虑以下因素：

1 烧结烟气必须进行脱除有害气体时，应选择双降尘管，其中一根降尘管抽取脱除段的烟气。

2 目前烧结烟气有害气体浓度较低，可采用高烟囱排放；采用双降尘管，可以预留脱除设施位置，以适应含铁原料、熔剂和固体燃料的变化和我国环保要求越来越严的需要。

3 大型及中型偏大的烧结机，由于台车宽度宽，为提高烧结效果和设备运转平稳可靠，宜采用双吸风式的风箱和双降尘管。

4 双降尘管能降低烧结主厂房高度。

降尘管的流速在以烧结铁精矿为主时,取 10～15m/s,烧结铁粉矿流速可大于 15m/s,450m² 烧结机烟气流速可达 16.5m/s。

5.5.4 我国大中型烧结机机头都采用高效卧式干法电除尘器处理烟气,除尘效率高,目前能满足国家对排放标准的要求,而且稳定、维修简单、运行可靠。烧结机机头采用的电除尘器又有超高压宽极距与普通型之分。其性能比较见表 20。大型偏大的烧结机宜选用超高压宽极距电除尘器。

表 20 超高压宽极距与普通型电除尘器比较

指标名称	超高压宽极距	普通型
电压(kV)	90	50
机内速度(m/s)	1.3	1.0
可捕集粉尘粒子(μm)	>0.01	>0.1
除尘比电阻($\Omega \cdot cm$)	$10^1 \sim 10^{14}$	$10^5 \sim 10^{11}$
极线	星型	芒刺型
极板	C 型	CSV 型
间距(mm)	600	300
维修运行	维修方便,运行稳定	不方便,不稳定

5.5.5 机头电除尘器要防止烟气温度过高,过高可能会引起电除尘器燃爆。应设置自动开闭的冷风吸入阀,使烟气温度始终控制在要求的范围内,保持正常工作状况。

5.5.7 烧结烟气通过烟道和烟囱,最后排入大气。我国烟气在烟囱的出口流速为 10～25m/s(150℃)。

烟囱出口的烟气流速大小与烟气中有害气体的排放和含尘浓度有关,也与烟囱出口直径有关。流速小,烟囱出口直径大,整个烟囱投资增加。但流速过快,也会加剧烟囱磨损。

烟囱高度虽然可以通过计算得出,但确定烟囱高度应考虑的因素很多。首先要考虑烟气中含有害气体与含尘量能否达到国家允许排放标准。设计中确定烟囱高度时应注意下列因素:

1 含铁原料及固体燃料条件。

2 烟气中含尘及有害气体浓度。

3 建厂地区的环保标准。

4 建厂地区的居民区及旅游区等的状况。

5 建厂地区的气象条件。

6 烟囱塔架上是否安装环保与气象的取样及检测仪表。

7 烟气进入烟囱前是否设有脱除有害气体装置。

8 周围是否有航空、电台等特种设置。

我国大中型烧结机近年修建的烟囱高度,由于烧结技术进步和装备水平提高,烧结设备大型化以及国家环境保护的严格控制,烧结厂烟囱高度也在增加,我国有的烟囱高度已达 200m。日本烧结厂烟囱最高为 230m,德国烧结厂烟囱最高为 243m,美国烧结厂烟囱最高为 360m。

5.6 烧结矿冷却

5.6.1 烧结矿冷却有机外冷却和机上冷却两种形式。机外冷却的冷却机有抽风式和鼓风式两种方式。抽风式冷却机已逐步淘汰;鼓风式冷却机有环式冷却机、带式冷却机等。鼓风带式冷却机的优点是可以满足多台烧结机同时布置于一个主厂房内,布料均匀兼有运输烧结矿的作用;缺点是有效冷却面积利用率太小,仅约 40% 左右,设备相当贵。而鼓风环式冷却机的优点是料层高、占地少、结构简单、便于操作、易于维护、设备费便宜。故我国大中型烧结机应采用鼓风环式冷却机。但鼓风环式冷却机包括其结构还需进一步改进,漏风也需进一步治理。

鼓风环式冷却机采用与台车数量相对应的正多边形回转框架,提高回转框架刚度;采用摩擦传动,配置紧凑;台车两侧与风箱之间采用两道橡胶密封装置,提高密封和冷却效果;传动电动机与减速机之间设定扭矩联轴器,其传动电动机应采用变频调速三相异步电动机;鼓风机轴承及其电动机轴承,定子绕组均应设置测温并报警,定子绕组应设置加热器;南方地区大型鼓风机轴承应设水冷。

5.6.2 鼓风冷却的冷烧面积比,以 0.9～1.2 为宜。我国 450m² 的大型烧结机为 1.02,冷却效果良好,生产正常,设备运转稳定可靠。

机上冷却的冷烧比,国外较低,而国内较高,为 1.0 左右。具体采用时,应根据原料的不同,由试验确定。

5.7 烧结矿整粒

5.7.1 我国近年新建、改、扩建和设计的大中型烧结机都采用了冷烧结矿整粒工艺。烧结矿整粒之所以受到如此重视是基于以下原因:

1 可以获得合格的烧结机铺底料,有利于环境保护。据测定,没有采用铺底料的老烧结机,机头除尘器前的烟气含尘浓度一般高达 2～5g/m³;而有铺底料的只有 0.5～1.0g/m³ 左右。

2 采用铺底料,混合料可以充分烧透,从而提高烧结矿和返矿的质量,减少炉箅条消耗,延长主抽风机转子和主除尘系统使用寿命。

3 烧结矿整粒后,成品烧结矿粒度均匀,粉末少。国内有个厂采用整粒工艺后,出厂成品烧结矿中小于 5mm 的粉末由原先的 12.28% 降至 7.5%,而 10～25mm 的粒度提高了 5.17%,高炉焦比降低了 7.31kg/t,生铁产量增加 143.2t/d,即增加 5.5%。

5.7.2 "七五"以来,我国很多烧结机都采用烧结矿冷破碎和四次筛分的流程(见图 1),日本很多烧结机也都采用这种流程。由于我国高炉栈桥下大块烧结矿很少，有的厂把双齿辊破碎机间隙调大，使其不起作用，有的干脆拆除不用。此后，新建和改、扩建的大中型烧结机一般都不用冷破碎设备，仅设三段冷筛分工艺（见图2）。上述两种流程能够较合理地控制烧结矿上、下限粒度和铺底料粒度，成品粉末少、检修方便、布置整齐，是一个较好的流程。而很多烧结机，采用的是其改良型，即先分出小粒度的烧结矿进三筛（见图3）。

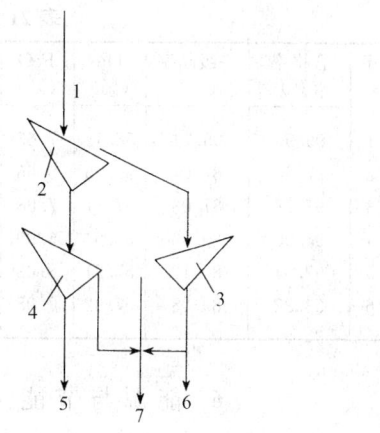

图 3 采用单层筛作三段筛分的流程图（改良型）
1—150～0mm；2——次振动筛，筛孔 10～20mm；
3—二次振动筛，筛孔 16～20mm；4—三次振动筛，
筛孔 5mm；5—返矿；6—铺底料；7—成品

近年来，烧结矿冷振动筛多采用椭圆等厚筛。椭圆等厚筛为椭圆振动，集直线振动筛和圆振动筛两者的优点，能使物料在筛面上具有不同的筛分参数，筛分过程进一步优化，筛面上的物料易于流动、分层和透筛，因而筛分效率高（可达85%）、处理量大；采用二次隔振系统，减振效果好，设备运转平稳、噪声低；采用三轴驱动，改善了筛箱侧板的受力状况，减小了单个轴承的负荷，提高了设备的可靠性和使用寿命。

5.7.5 烧结厂的整粒系统应布置为双系列。双系列有三种形式：第一种形式是每个系列的能力为总能力的50%，设置有可移动的备用振动筛作为整体更换，以保证系统的作业率。第二种形式是每个系列的能力与总生产能力相等，即一个系列生产，一个系列备用。第三种形式是每个系列能力为总生产能力的70%～75%（或50%），中间不再设置整体更换筛子，即当一个系列发生故障时，工厂只能以70%～75%的能力维持生产。由于受筛子能力的限制，大型偏大的烧结机大多采用第一种、第三种形式。而第二种形式多用在中型或大型偏小的烧结机，但一些中型偏小的烧结机也可采用一个成品整粒系列并设旁通。

5.8 成品烧结矿质量、贮存及其输出

5.8.1 国内大中型烧结机2004年成品烧结矿质量实例见表21。

5.8.2 由于炼铁和烧结工作制度和作业率有差异，设备检修及设备事故处理不协调。为了保证高炉生产，提高烧结机作业率，有必要考虑成品烧结矿贮存。

成品烧结矿贮存一般有料场贮存和成品矿仓贮存两种方式。根据生产实践经验，矿仓贮存时间宜为8～12h。大型烧结厂成品烧结矿贮存不宜设矿仓，而应设料场贮存。

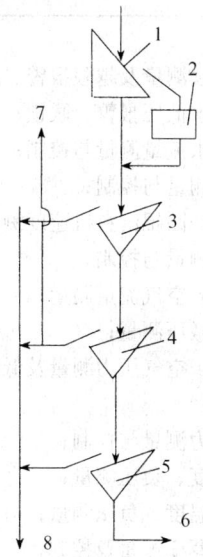

图 1 采用固定筛和单层振动
筛作四段筛分的流程图
1—固定筛，筛孔 50mm；2—双齿辊破碎机；
3——次振动筛，筛孔 18～25mm；4—二次振动
筛，筛孔 9～15mm；5—三次振动筛，筛孔 5～
6mm；6—返矿；7—铺底料；8—成品

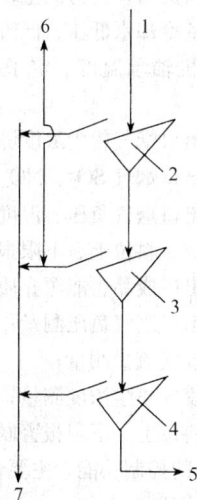

图 2 采用单层振动筛作三段筛分的流程图
1—150～0mm；2——次振动筛，筛孔 18～25mm；
3—二次振动筛，筛孔 9～15mm；4—三次振动筛，
筛孔 5～6mm；5—返矿；6—铺底料；7—成品

表 21　国内部分烧结机 2004 年烧结矿的质量

序号	合格率（%）	一级品率（%）	TFe（%）	FeO（%）	SiO$_2$（%）	CaO/SiO$_2$（倍）	CaO/SiO$_2$≤±0.08	TFe≤±0.5（%）	ISO 转鼓指数（%）	出厂含粉率＜5mm（%）
1	99.95	99.11	58.43	7.63	4.55	1.89	99.62	99.80	82.58	3.20
2	97.36	87.64	57.15	6.66	5.42	1.76	89.04	90.95	76.67	4.71
3	97.78	87.03	57.87	7.08	5.03	1.78	86.56	90.81	77.21	6.14
4	95.90	80.33	58.04	6.99	4.74	1.78	54.72	88.76	77.09	5.79
5	97.34	80.12	57.21	8.03	4.58	2.06	91.57	79.32	82.3	6.27
6	93.82	89.08	57.32	7.98	4.73	1.93	86.09	96.66	75.64	—

6 能源与节能

6.0.1 我国烧结厂的工序能耗包括：固体燃料（焦粉和无烟煤）、点火煤气、水、电、蒸汽、压缩空气、氮气等。由于近年来不断开发应用新工艺、新技术、新设备和新材料，我国烧结机的工序能耗逐年下降。2003 年，大、中型烧结机每吨成品烧结矿工序能耗平均分别为 65.9kg 标准煤和 74.25kg 标准煤。2004 年，大型烧结机工序能耗平均为 65.8kg 标准煤，固体燃料约占工序能耗的 74%，电占 21.8%；中型烧结机为 70.6kg 标准煤，固体燃料和电分别占工序能耗的 69% 和 24%。2005 年，工序能耗仍在下降。因此，采用常规工艺和一般的含铁原料时，不扣除余热回收蒸汽或电所折算的能耗，采用了本规范所定的工序能耗指标。

点火煤气取值为：采用焦炉煤气宜取 0.08GJ/t 以下，采用高热值与低热值煤气配合使用取 0.1GJ/t 以下，采用低热值煤气（高炉煤气）加上预热所需的煤气取 0.3GJ/t 左右。

6.0.3 烧结能耗的降低依赖于投入能源，包括固体燃料、煤气、电等的减少和余能余热的回收利用。目前，我国已有不少大中型烧结机利用热管、翅片管余热锅炉回收冷却机的余热，但效率较低，而回收烧结机尾的余热则属个别，应大力发展。

余热利用的设备选型要先进可靠，投资回收期应尽可能短。

7 电气与自动化

7.2 自 动 化

7.2.1 新建的大中型烧结厂，应具有较高自动控制水平，应设置完善的过程检测和控制项目，采用三电合一计算机控制系统，并应用国内先进、成熟的烧结控制软件，实现全厂生产过程自动控制。仪表检测、控制参数均纳入到计算机控制系统，通过计算机控制系统，对生产过程进行集中操作、监视、控制和管理。

1 具有完善的工艺过程参数检测，主要的检测控制项目如下：

矿槽料位连续测量及越限报警、联锁；
混合机添加水低压报警、联锁；
混合机添加水流量测量与控制；
混合料水分测量与控制；
烧结机速度、圆辊给料机速度测量及控制；
点火炉温度测量与控制；
点火炉煤气、空气流量测量；
点火炉炉内微压测量；
点火炉煤气、空气压力测量及低压报警，低低压切断煤气管煤气；
煤气总管压力测量与控制；
风箱废气温度、负压测量；
降尘管废气温度、负压测量；
烧结机料层厚度测量及控制；
环冷机速度测量及控制；
板式给矿机速度测量及控制；
铺底料槽、混合料矿槽、环冷机卸矿槽料位连续测量及控制；
环冷机烧结矿温度检测；
环冷机冷却风机出口压力测量；
主要工艺设备冷却水低压、低流量报警、联锁；
主要风机电机轴承温度、定子温度测量、极限报警；
主电除尘器出口烟气粉尘浓度测量；
主电除尘器出口烟气 SO$_2$、NO$_x$、CO 含量测量；
主电除尘器出口烟气负压、温度、流量测量；
主电除尘器灰斗料位上、下限报警联锁；
进厂原料、出厂成品、能源介质计量；
除尘器进、出口废气负压测量；
除尘器出口废气流量测量；
除尘器出口废气粉尘浓度测量；
除尘器灰斗料位上、下限报警联锁。

2 具有先进的控制功能，主要包括以下项目：
配料槽料位管理；
配比计算及控制；
混合料加水控制；
混合料槽料位控制；
料层厚度控制；

返矿槽料位控制；
铺底料槽料位控制；
环冷机卸矿槽料位控制；
点火炉燃烧控制；
烧结终点计算与控制；
烧结机、圆辊给料机、环冷机速度控制。

3 具有与生产操作要求相适应的先进的工况管理手段，主要包括以下内容：

原料和产品的理化性能、成分、质量指标分析；
生产报表的打印；
报警数据的记录；
重要工艺参数的趋势记录；
与上级管理及有关部门的数据通信网络。

8 计量、检验、化验与试验

8.1 计 量

8.1.1 固体物料的计量包括热返矿计量和冷固体物料的测量与计量。

1 热返矿计量：由于热返矿温度高，可采用冲板式流量计测量。

2 冷固体物料的测量与计量：一般采用电子皮带秤进行测量与计量。烧结厂安装电子皮带秤比较普遍，用电子秤计量主要有：

含铁原料、熔剂、燃料、辅助原料；
成品烧结矿输出；
高炉返矿；
厂内铺底料；
厂内冷返矿等。

8.1.2 气态与液态物质的计量包括水、压缩空气、蒸汽的计量，一般均采用各种流量计与孔板进行测量与计量。煤气采用孔板测量与计量。

8.2 检验、化验

8.2.1 大中型烧结机取样量大，取样项目多，精度要求高，宜采用自动定时取样。对于劳动环境不好和有危险的场合，更应采用自动定时取样。

自动取样设备有带式取样机、截取式取样机、溜槽截取式取样机、箱式取样机等。带式取样机适用于料流大的粉状物料、混合料、烧结矿等。对于取样量不太大和少量取样时，可采用溜槽式和箱式取样机。其他回转式、勺式等取样机，可根据具体情况选定。

8.2.2 原料检验内容主要是物理性能（粒度、水分等）和化学成分。烧结矿检验除物理性能、化学成分外，尚应进行冶金性能检验。检验方法，应按国家标准、行业标准以及有关规定执行。

8.2.3、8.2.4 烧结厂对原燃料熔剂及其成品的测定项目、检验分析内容、取样制度和取样地点，各厂差别不大。

取样制度与检验分析内容有关。检验分析内容不同，取样制度也不同。对生产操作影响明显的项目，取样次数应增加。

取样地点因物料运输方式、贮存设施、加工设备、料流转运状况等不同而异。

测定项目与检验分析内容，根据原料成分不同相应有所增减（如对有害元素 As、Sn、Pb、Zn 是否进行分析等）。

测定项目与检验分析内容、取样制度、取样地点见表 22。

表 22 烧结厂原料、成品取样制度与取样地点

取样对象	测定项目	检验分析内容	取样制度	取样地点
粉矿、筛下粉矿、混匀矿	粒度组成	+10mm, 10~8mm, 8~5mm, 5~3mm, 3~1mm, 1~0.5mm, 5~0.25mm, 0.25~0.125mm, 0.125~0mm	1次/d	进厂前
	成分	TFe, FeO, CaO, SiO_2, MgO, Al_2O_3, S, P, Na_2O, K_2O, 烧损	1次/d	进厂前
	水分	—	1次/班	进厂前
高炉返矿	粒度组成	+5mm, 5~3mm, 3~1mm, 1~0.5mm, 0.5~0.25mm, 0.25~0.125mm, 0.125~0mm	1次/2d	配料槽
	成分	TFe, FeO, CaO, SiO_2, MgO, Al_2O_3, MnO, S, P, C	1次/5d	配料槽
原料、烧结、高炉、转炉尘	粒度组成	+0.5mm, 0.5~0.25mm, 0.25~0.125mm, 0.125~0.074mm, 0.074~0mm	1次/10d	粉尘槽
	成分	TFe, CaO, SiO_2, MgO, Al_2O_3, MnO, TiO_2, P, S, Zn, Cu, C	1次/月	粉尘槽
高炉泥、转炉泥	水分	—	1次/5d	粉尘槽
	成分	TFe, CaO, SiO_2, MgO, Al_2O_3, P, TiO_2, S, C	1次/5d	粉尘槽
焦粉	粒度组成 破碎前	+25mm, 25~20mm, 20~15mm, 15~10mm, 10~5mm, 5~0mm	1次/d	燃料破碎室
	粒度组成 破碎后	+5mm, 5~3mm, 3~1mm, 1~0.5mm, 0.5~0.25mm, 0.25~0.125mm, 0.125~0mm	1次/8h	粉焦胶带输送机

续表 22

取样对象	测定项目	检验分析内容	取样制度	取样地点
焦粉	成分	挥发分，S，C，灰分（CaO，SiO_2，Al_2O_3，MgO）	1次/月	粉焦胶带输送机
石灰石、白云石	粒度组成 破碎前	+80mm，80～40mm，40～25mm，25～10mm，10～3mm，3～0mm	1次/班	熔剂仓
	粒度组成 破碎后	+10mm，10～5mm，5～3mm，3～1mm，1～0.5mm，0.5～0.25mm，0.25～0.125mm，0.125～0mm	1次/班	石灰石粉胶带输送机
	水分	—	1次/班	配料槽
	成分	CaO，SiO_2，MgO，Al_2O_3，烧损	1次/5d	配料槽
		TFe，CaO，SiO_2，MgO，Al_2O_3，P，S，烧损	1次/月	配料槽
生石灰	粒度组成	+3mm，3～1mm，1～0.5mm，0.5～0.25mm，0.25～0.125mm，0.125～0mm	1次/班	配料槽
	成分	SiO_2，CaO，MgO，Al_2O_3，S，活性度，残留 CO_2，烧损	1次/月	配料槽
返矿	粒度组成	+10mm，10～8mm，8～5mm，5～3mm，3～1mm，1～0.5mm，0.5～0.25mm，0.25～0.125mm，0.125～0mm	1次/d	返矿胶带输送机
	成分	TFe，CaO，SiO_2，MgO，Al_2O_3，TiO_2，MnO，S，P	1次/5d	返矿胶带输送机
		TFe，FeO，CaO，SiO_2，MgO，Al_2O_3，TiO_2，MnO，Zn，Na_2O，K_2O，Pb，S，P，C	1次/月	返矿胶带输送机
混合料	粒度组成	+10mm，10～8mm，8～5mm，5～3mm，3～1mm，1～0mm	1次/班	制粒后胶带输送机
	水分		1次/班	制粒后胶带输送机
	成分	TFe，FeO，CaO，SiO_2，MgO，Al_2O_3，TiO_2，MnO，S，P	1次/2d	制粒后胶带输送机
		TFe，FeO，CaO，SiO_2，MgO，Al_2O_3，TiO_2，MnO，Zn，Na_2O，K_2O，Pb，Cu，S，P，C	1次/月	制粒后胶带输送机
成品烧结矿	粒度组成	+40mm，40～25mm，25～10mm，10～5mm，5～0mm	1次/2h	成品胶带输送机
	转鼓强度	经标准转鼓试验后，+6.3mm 百分比含量	1次/2h	成品胶带输送机
	低温还原粉化率	按标准检验方法检验后，+3.15mm 百分比含量	1次/4h	成品胶带输送机
	还原度	按标准检验方法还原后测定还原性	1次/2d	成品胶带输送机
	成分	TFe，FeO，CaO，SiO_2，MgO，Al_2O_3，MnO，TiO_2，P，S	1次/4h	成品胶带输送机
		TFe，FeO，CaO，SiO_2，MgO，Al_2O_3，MnO，TiO_2，S，P，Zn，Na_2O，K_2O，Pb，Cu，C	1次/月	成品胶带输送机
铺底料	粒度组成	+25mm，25～20mm，20～10mm，10～5mm，5～0mm	抽查	铺底料胶带输送机

8.3 试 验

8.3.1 烧结厂设立烧结试验室（或集中在钢铁公司试验中心）的主要目的是为了探讨提高烧结矿产量和质量以及降低消耗的措施和开发新工艺。对于原料条件复杂和多变的烧结厂，通过试验找出适宜的配比和最佳的烧结制度。

试验室试验项目通常有变料试验、条件试验以及其他试验（如烧结脱硫、烧结参数确定等）。

9 设备检修及检修装备

9.0.1 烧结厂设备备件与易耗件的品种主要有铸钢件、铸铁件、锻件、铆焊件、结构件、有色金属铸造加工件等。这些备品备件数量很大，而且加工件占一半以上。国内外烧结厂均是由钢铁公司统一考虑。烧结易损易耗件见表23。

表 23 日常易损易耗件消耗参考指标

名 称	单 位	消耗指标
热筛筛板	kg/t 烧结矿	0.001～0.008
单辊破碎机齿冠	kg/t 烧结矿	0.007～0.018
四辊破碎机辊皮	kg/t 烧结矿	0.015～0.02（破碎碎焦）
冷筛筛板	kg/t 烧结矿	0.005～0.01
锤碎机锤头	kg/t 石灰石	～0.07
普通运输带	m^2/t 单层	0.02～0.05
炉箅	kg/t 烧结矿	0.02～0.06
润滑油	kg/t 烧结矿	0.01～0.04

9.0.2 根据国内外的先进经验，在烧结厂的设备检修中，整体更换（或部件或组装件）可缩短检修时间，有利于提高检修效率。整体更换的规模范围视具体条件与经济状况而定，不宜过多。由于检修条件、技术装备和检修环境等因素的限制而影响检修进度与质量时，要重点考虑。

9.0.4 烧结风机是烧结生产的关键设备，其价格昂贵，必须精心维护与使用。风机转子在下述情况下，必须进行动平衡试验：

1 风机转子在安装使用前。
2 转子磨损经过修补后等。

转子动平衡试验应由钢铁公司统一考虑或外协解决。因为转子平衡台是一种精密而又昂贵的设备，对安装、使用条件和维护管理要求很高，因此必须考虑该设备的利用率和经济效益。

9.0.6 烧结设备检修用起吊设备，应根据烧结厂的规模、设备规格、数量的多少、检修性质、检修周期和检修内容而定。转运站标高12m以上宜设置电葫芦。$1 \times 450 m^2$ 烧结机设备检修用起吊装备见表24。

表24　$1 \times 450 m^2$ 烧结机设备检修用起吊装备

设备名称	主要技术规格	台数	用途
电动桥式起重机	60/20t，跨距17.3m	1	烧结机尾及单辊检修
	20t，跨距17.3m	1	台车、烧结机头及点火炉检修
	75/20t，跨距14m	1	主抽风机检修
电动单梁起重机	15t，跨距3.8m	1	烧结主厂房±0.00平面台车修理
	15t，跨距11m	1	冷破碎及一次冷筛修理
	3t，跨距8m	1	二次成品筛修理
	3t，跨距10m	2	三次、四次成品筛修理
	7.5t，跨距13m	1	粉焦棒磨机传动装置及衬板修理
电葫芦	3t	1	混合料槽及返矿槽修理
	5t	2	单辊箅齿及环冷机台车修理
	10t	1	环冷鼓风机修理
	1t	3	粉焦缓冲仓衬板及胶带机、配料槽下胶带机、圆辊衬板反射板修理
	2t	3	粗焦筛、粉焦筛、反击式破碎机修理

10 环境保护

10.0.2 烧结烟气中的主要有害气体是S和N的氧化物以及As、F等化合物。降低烟气中这些有害气体的主要方法是宜选用优质原料、熔剂和固体燃料，采用有害气体发生量少的新工艺、新设备、新技术。国内有台 $450 m^2$ 烧结机通过配矿使原料中的含S成分降低，进而再通过增高烟囱，使烟气中的 SO_x 浓度达到国家排放标准。采用这种低S原料，经计算 SO_2 排放量为 1992kg/h。按 0.006ppm 着地浓度标准，当采用200m高烟囱稀释时，允许 SO_2 排放量为 2760kg/h，故不需采取脱硫措施。预计将来原料含S量有增高的可能性，而预留了脱除设施的位置。在工艺上也采用了双降尘管、双除尘系统的技术。

烟气脱 SO_x 技术在日本不少厂已经采用，技术上行之有效，但因烟气量大，SO_x 浓度又低，治理措施投资大，不少方法还有二次污染。目前我国大中型烧结机采用高烟囱扩散稀释的方法仍占主导地位，而另一些大中型烧结机正在设计脱 SO_x 装置。

烟气中有害气体采用一般方法达不到国家、行业和地方规定的排放标准时，必须采取有效的措施，强制脱出烟气中的有害气体。

脱硫方法有钢渣石膏法、氨硫铵法、氢氧化镁法和石灰石膏法等，脱 SO_x 率均在90%左右。烧结烟气脱 NO_x 的方法较多，如湿式吸收法、干式法、接触分解法、选择和非选择还原法等。日本川崎公司千叶 $4^\#$ 烧结机烟气脱 SO_x 脱 NO_x 同时进行，较为合理。脱 NO_x 效率在90%以上。国内烧结烟气脱F后得到的产品是炼铝工业的主要原料——冰晶石。

10.0.3 机头除尘器最后电场收下的过细灰尘，以及含As等有毒有害的散落物、粉尘及半成品等，不仅要防止二次污染产生，设计中还必须规定严加管理，不准流失。

钢铁公司的含铁粉尘泥渣湿料和干料宜分别进行处理。转炉泥等湿料经处理后送烧结圆筒混合机或加至烧结配料胶带机的料面上，也可与高炉返矿一起搅拌送烧结或原料场。干料经配料、混合、造球后送烧结，也可分别送原料场经混匀后作为烧结原料利用。

近年国内建设的大中型烧结机，环境除尘多采用袋式除尘器和电除尘器。这些除尘器效率高，经处理后排出的废气含尘浓度均能达到国家排放标准。条件允许时应优先采用除尘效率比电除尘器高的袋式除尘器。

烟气和环境除尘应采用高效干式除尘器，因为干式粉尘回收利用简单，便于管理，费用低。

10.0.5 烧结厂的噪声主要来自各种运转设备以及管道阀门等。在设备不断大型化的同时，这种噪声也越来越严重。设计中必须采取措施，防治噪声。防治的办法，目前国内外大多采用低噪声工艺和低噪声设备以及采用隔声、吸声、消声、减振、防止撞击等措施，使噪声达到国家控制标准。

10.0.6 烧结厂绿化不仅能美化环境，而且还能起到吸收有害气体、过滤灰尘、降低噪声以及防风抗旱等作用，对调节小气候，改善环境很有益。但厂区绿化与"三废"治理有密切关系，必须综合考虑。废气净化不好，实现绿化有困难，树木、花草的成活率也不高。因此，烧结厂绿化面积的多少，已成为烧结厂环境保护水平的重要标志之一。

11 安全、工业卫生与消防

11.0.2 烧结厂设计必须有完备的消防、防爆、防雷电、防洪设施，并应符合国家的有关规定。根据产生易燃物质及构成爆炸因素的危险程度不同，对建筑物应采取耐火防爆以及厂区消防供水、报警信号、通信联络等措施。

11.0.3 设备安全运转主要是指设备过载保护、高温保护、润滑及冷却装置、限位缓冲装置、检测信号装置、安全场所与安全距离等。

11.0.4 电气安全必须执行国家有关电气安全规范的规定。劳动环境恶劣场所采用封闭防爆式电气装置。电气设备要有防护和接地装置，煤粉、油罐必须有防止静电及带电作业防护装置等。

11.0.5 防伤害与保障人身安全是指必须设置安全通道、扶梯栏杆、安全标志、安全色、孔洞与沟槽的盖板、管道警告标志、保护罩、防护服等。

工业卫生方面，在设计中主要是解决好在生产过程中产生的尘毒源、放射性与噪声、振动等的危害以及采用的防暑、防寒、防冻、防湿设施和生产区的生活卫生设施，要达到国家卫生标准的要求。

中华人民共和国国家标准

印染工厂设计规范

Code for design of dyeing and printing plant

GB 50426—2007

主编部门：中国纺织工业协会
批准部门：中华人民共和国建设部
施行日期：２００７年１２月１日

中华人民共和国建设部
公 告

第 663 号

建设部关于发布国家标准
《印染工厂设计规范》的公告

现批准《印染工厂设计规范》为国家标准，编号为 GB 50426—2007，自 2007 年 12 月 1 日起实施。其中，第 5.3.3、5.4.5 (1、2、3)、7.3.2、7.7.5 条（款）为强制性条文，必须严格执行。

本规范由建设部标准定额研究所组织中国计划出版社出版发行。

中华人民共和国建设部
二〇〇七年六月二十二日

前 言

本规范是根据建设部建标函〔2005〕124 号文件《关于印发"2005 年工程建设标准规范制订、修订计划（第二批）"的通知》的要求制定的。

本规范共分 11 章和 6 个附录。主要内容包括总则、术语、工艺设计、总图运输、建筑、结构、给水排水、采暖通风、电气、动力、仓贮等。本规范还对节能、防火防爆、安全卫生作了具体规定。

本规范是根据我国印染行业发展现状，考虑到行业持续发展的需要，结合印染工厂的特点，在总结我国最近二十年来建设印染工厂的实践基础上，吸收了国内同类型工厂的设计经验，对工艺生产、储运、防火、防爆、安全卫生、环境保护、节约能源和节约资源等方面作了具体规定，以达到建设工程安全可靠、经济适用的目的。

本规范中以黑体字标志的条文为强制性条文，必须严格执行。

本规范由建设部负责管理和对强制性条文的解释，中国纺织工业协会负责日常管理，浙江省轻纺建筑设计院负责具体技术内容的解释。本规范在执行过程中，请各单位注意总结经验，积累资料，随时将有关意见和建议寄送至浙江省轻纺建筑设计院（地址：浙江省杭州市省府路 29 号，邮政编码：310007，传真：0571-85118526，电子邮箱：qfjzsjy@126.com）。

本规范主编单位、参编单位和主要起草人：

主 编 单 位：浙江省轻纺建筑设计院
参 编 单 位：山东省纺织设计院
　　　　　　 江苏省纺织工业设计研究院有限公司
　　　　　　 安徽省纺织工业设计院
主要起草人：方　跃　高学忠　陈建波　包家铺
　　　　　　 陈青佳　蒋乃炯　胡雨前　余植福
　　　　　　 连振顺　应康达　陈心耿　邓　军
　　　　　　 时　垓　吴　兵

目 次

1 总则
2 术语
3 工艺设计
　3.1 一般规定
　3.2 工艺流程
　3.3 设备选用
　3.4 机器排列
　3.5 工艺管道
　3.6 工艺对各专业的要求
　3.7 生产辅助设施
　3.8 车间运输
4 总图运输
　4.1 一般规定
　4.2 建（构）筑物布置
　4.3 道路运输
　4.4 竖向设计
　4.5 厂区管线
　4.6 厂区绿化
　4.7 主要技术经济指标
5 建筑
　5.1 一般规定
　5.2 生产厂房
　5.3 建筑防火、防爆
　5.4 生产辅助用房
　5.5 生产厂房主要建筑构造
6 结构
　6.1 一般规定
　6.2 结构选型
　6.3 结构布置
　6.4 设计荷载
　6.5 结构计算
　6.6 带排气井的单层锯齿形厂房构造要求
　6.7 抗震构造措施
　6.8 地基基础
7 给水排水
　7.1 一般规定
　7.2 用水量、水质和水压
　7.3 水源与水处理
　7.4 给水系统和管道布置
　7.5 消防给水与灭火器配置
　7.6 排水系统和管道布置
　7.7 水的重复利用及废水回用
8 采暖通风
　8.1 一般规定
　8.2 室内外设计参数
　8.3 生产车间的采暖通风
　8.4 辅助用房的采暖通风
9 电气
　9.1 一般规定
　9.2 供配电系统
　9.3 照明
　9.4 接地和防雷
　9.5 消防和火灾报警
10 动力
　10.1 一般规定
　10.2 蒸汽供热系统
　10.3 蒸汽凝结水回收和利用
　10.4 导热油供热系统
　10.5 燃气
　10.6 压缩空气
11 仓贮
　11.1 一般规定
　11.2 坯布库、成品库
　11.3 染化料库和酸、碱及漂白剂的贮存
　11.4 危险品库
　11.5 机物料库
　11.6 其他仓库
附录A 工艺流程
附录B 印染主机设备生产能力
附录C 主要印染设备参考用水量
附录D 主要印染设备参考用汽量
附录E 印染设备需要高温热源值
附录F 印染设备各轧车压缩空气用量
本规范用词说明
附：条文说明

1 总则

1.0.1 为了统一印染工厂在工程建设领域的技术要求，推进工程设计的优化和规范化，做到技术先进、经济合理、安全适用，特制定本规范。

1.0.2 本规范适用于棉、化纤及混纺织物连续和间歇式印染工厂生产设施和辅助生产设施的新建、改建和扩建工程。本规范不适用于为印染工厂服务的公用工程设施和办公、生活设施。

1.0.3 印染工厂的工程设计，应遵守国家基本建设的方针和规定，应积极采取清洁生产工艺，节约用水，减少污水排放。最大限度地提高资源、能源利用率，严格控制单位产品的资源、能源的消耗，鼓励推进生产过程的综合平衡和综合利用。

1.0.4 印染工厂的总体设计，应结合远景目标统一规划，功能分区明确，避免交叉污染。

1.0.5 印染工厂工程设计除应符合本规范外，尚应符合国家现行有关标准的规定。

2 术语

2.0.1 退浆 desizing
通过退浆剂将织物上的浆料去除的过程。

2.0.2 煮练 scouring
通过煮练剂将退浆后残留的天然杂质去除的过程。

2.0.3 漂白 bleach
通过氧化剂将织物上带有的天然色素被氧化而破坏，使纤维呈白色，还可去除残留的蜡质、含氮物质的过程。

2.0.4 丝光 mercerizing
在一定张力下，对织物经浓烧碱溶液处理的过程。

2.0.5 印花 printing
用染料或涂料在织物上形成图案的工艺过程。

3 工艺设计

3.1 一般规定

3.1.1 工艺流程和主机设备的选择应根据生产规模，产品方案，生产方法，原料、燃料性能和建厂条件等因素经技术经济比较后确定，并满足环保要求。

3.1.2 车间的工艺布置应根据工艺流程和设备选型综合确定，并满足施工、安装、操作、维修、通行、安全生产和技术改造的要求。

3.1.3 公用工程品质、容量及辅助设施应满足生产要求。

3.2 工艺流程

3.2.1 印染工厂生产加工方式、流程可按本规范附录 A 执行。

3.2.2 印染工厂应采用节水、节能、降耗新工艺及新助剂，采用低温染色工艺及助剂、新型涂料等印染技术。

3.2.3 印染工厂煮练宜采用短流程煮练酶工艺，染色宜采用湿短蒸、冷轧堆染色工艺。

3.3 设备选用

3.3.1 选用的设备应保证技术上的先进性和经济上的合理性，必须安全可靠。

3.3.2 选用的设备生产上应具有适应性和灵活性，应适应产品加工品种和批量的变化。

3.3.3 应采用新一代高质高效织物前处理、湿短蒸染色、气流染色和精密印花等节水、节能、降耗设备。

3.3.4 印染主机设备生产能力可按本规范附录 B 执行。

3.4 机器排列

3.4.1 设备布置应根据工艺流程设计对工艺设备进行合理排列，并应确定全部工艺设备的具体位置。

3.4.2 应缩短半成品的运输距离，避免往返交叉运输，并兼顾其他品种的要求。

3.4.3 同类型设备或操作上有关的设备宜布置在一起，干、湿车间宜隔开，主要生产车间应划分清楚。

3.4.4 设备间距和运输通道应满足设备本身及附属装置的占地面积、生产操作、安装维修、布车运输、架空管线、地下沟道等方面的要求，设备与设备、设备与建筑物之间的安全距离应满足操作、检修要求。机器排列间距宜符合表 3.4.4 规定。

表 3.4.4 机器排列间距

项　目	距离 (m)
在同一轴线前后排列两机台之间的距离（落布架到进布架）	6
设备的进布架（落布架）与墙之间的距离	6
设备最宽部位与墙之间的距离	0.8
设备与柱子之间的距离	0.6

3.4.5 生产辅助设施宜靠近使用机台。

3.4.6 设备的电源柜和控制箱的位置应靠近机台，对湿热车间，宜在设备旁设置单独的小间放置电源柜和开关箱，并采取防潮、防腐蚀和通风措施。

3.4.7 联合机应顺车间柱距方向排列。

3.5 工艺管道

3.5.1 印染工厂的工艺管道，宜采用明敷，沿墙敷设的管道不应妨碍门窗的开启及采光。

3.5.2 多根管道上下安装时，应符合下列原则：

热介质管道在冷介质管道之上，无腐蚀性介质管道在腐蚀性介质管道之上，气体管道在液体管道之上，金属管道在非金属管道之上，保温管道在不保温管道之上。

3.5.3 多根管道靠墙面水平安装时应将粗管道、常温管道、支管少的管道靠墙，较细管道、热管道及支管多的管道在外。

3.5.4 管道横穿通道时，其高度不应低于2.2m，热介质管道及腐蚀性介质管道不得在人行道上空设置法兰和阀门。立管上的阀件应距地面1.2～1.5m，如需安装于2m以上时，应设操作平台或用长柄、链条启闭阀门。

3.6 工艺对各专业的要求

3.6.1 工艺用水应符合下列要求：

1 工艺总用水量可按1600mm幅宽织物百米用水3.3～4m³估算。

2 给水进设备压力不宜低于0.2MPa，主要印染设备参考用水量可按本规范附录C执行。

3 印染生产用水水质应符合表3.6.1的要求。

表3.6.1 印染生产用水水质要求

水质项目	单位	指 标
混浊度	度（NTU）	<3
色度	度	<15
pH		6.5～8.5
铁	mg/L	≤0.1
锰	mg/L	≤0.1
悬浮物	mg/L	<10
硬度（以CaCO₃计）	mg/L	（1）原水硬度小于150mg/L可全部用于生产；（2）原水硬度大于150mg/L，小于325mg/L，大部分可用于生产，但溶解染料使用小于或等于17.5mg/L的软水，皂洗和碱液用水硬度最高为150mg/L

3.6.2 工艺用蒸汽应符合下列要求：

1 印染设备进蒸汽压力：热风烘燥、不锈钢烘筒为0.392MPa；喷射染色、高温蒸化为0.588MPa；其他设备为0.196MPa。

2 主要印染设备参考用汽量可按本规范附录D执行。

3.6.3 工艺用高温热源应符合下列要求：

1 印染生产加工过程中烧毛、热定形、红外线预烘、热熔染色、焙烘、常压高温蒸化、树脂整理等工序均需高温热源，可根据建设地区可供热源进行选择。

2 印染设备需要高温热源值可按本规范附录E执行。

3.6.4 工艺用压缩空气应符合下列要求：

1 进机台压缩空气压力宜在0.49～0.588MPa范围内。

2 印染设备各轧车压缩空气用量可按本规范附录F执行。

3.7 生产辅助设施

3.7.1 碱回收站应符合下列要求：

1 丝光淡碱除供退浆、印花利用外，其余应回收利用；不具备外部协助条件时，应设碱回收站。

2 碱回收站应靠近主厂房内丝光机。

3 多效蒸发装置的碱回收站厂房应独立设置，扩容蒸发装置的碱回收站可结合到主厂房内。

3.7.2 印花调浆间设计应符合下列要求：

1 印花调浆间应与印花车间隔离，应邻近主厂房内印花机。

2 印花调浆间内宜划分为原糊准备、浆料研磨、基本色贮存、色浆调制、染化料贮存、称料等几个区域。

3 印花调浆间内地沟应为带漏空盖板的明沟。

3.7.3 筛网制造间应靠近印花机台和网框仓库，修网处应有较好的通风设施。

3.7.4 有碱减量工艺的印染工厂，应在车间附房或污水回收站内设置PVA回收间。

3.8 车间运输

3.8.1 原布间运输设备应采用油泵推布车或微型电瓶叉车，宜配置2～3辆。

3.8.2 练漂、染色、印花、整装车间运输设备应采用堆布车或卷布车，数量定额可按年产每1000万m印染布配置70～80辆计算。年产量小于3000万m的工厂按定额计算后可适当多配。卷染机可采用吊轨配0.5t电动葫芦和卷布车运送布卷。车间内染化料等运输，可根据不同规模配置4～8辆平板车，也可采用电瓶车运输。

3.8.3 整装间运输采用堆布车和油泵推布车或微型电瓶叉车，油泵推布车或微型电瓶叉车宜配置2～4辆。布包的运送按不同规模配置4～6辆老虎车，也可配置电瓶车。

3.8.4 多层厂房内应设置载重2t的大轿厢电梯，数量不宜少于2台。

4 总图运输

4.1 一般规定

4.1.1 印染工厂的总图运输设计应根据工业布局和城镇总体规划的要求,在满足各项技术要求的基础上,围绕节约用地、节省投资、技术先进、环保效益等方面,优选出良好的总体设计。

4.1.2 总图设计应根据地区条件,有利于城镇或同邻近工业企业在交通运输、动力设施、综合利用和生活设施等方面的协作。

4.1.3 印染工厂的总图运输布置,应符合下列要求:

    1 总图布置必须符合生产工艺流程,生产车间宜集中组合成单层或多层联合厂房,以节约厂区用地。

    2 合理划分功能分区,各种辅助和附属设施宜邻近其服务的车间,单个小建筑物宜合并,或并入车间内部,动力供应设施宜接近负荷中心。

    3 建筑物外形宜规整,厂前区行政办公及生活设施,宜分别集中设置,并严格控制用地面积。

    4 交通运输应能达到生产流程顺畅,原料物料的运输路线短捷、方便,避免货流与人流交叉干扰。

4.1.4 印染工厂预留发展用地应符合下列要求:

    1 当设计任务书中已明确分期建设时应将近期建设项目集中布置,减少近期用地,并给后期工程建设和生产联系创造良好的条件。

    2 当设计任务书中未明确分期建设时,应根据市场对该产品的需求发展预测情况,考虑有发展的可能性。

4.2 建(构)筑物布置

4.2.1 练漂、染色、印花车间平面布置应符合下列要求:

    1 采用锯齿形厂房,宜选用锯齿朝南的方位,在夏热冬暖地区,宜选用锯齿朝北的方位。

    2 采用气楼式厂房,宜选用南北朝向。

    3 采用多层厂房,宜选用"一"字形平面,附房宜设在厂房两端。

    4 L、U形平面的厂房,开口部分宜朝向夏季主导风向,并在0°~45°之间。

4.2.2 锅炉房布置应符合下列要求:

    1 锅炉房、煤场、灰渣场应布置在厂区全年最小频率风向的上风侧,并宜接近生产车间的热负荷中心。

    2 当燃料采用重油或柴油时,总图布置应设置储罐区,储油罐与建筑物的防火间距应符合现行国家标准《建筑设计防火规范》GB 50016和纺织工业企业设计防火的有关规定。

4.2.3 变配电室宜布置在高压线进线方向的地段,并接近厂区用电负荷中心。

4.2.4 供排水建(构)筑物宜集中布置,污水处理站应布置在厂区最小频率风向的上风侧,并不影响附近居住区的卫生要求,污水处理站场地内宜绿化。

4.2.5 机修车间等各辅助设施宜集中布置,合并建筑,并宜靠近生产车间,在其周围应设置露天堆场。

4.2.6 仓库布置应符合下列要求:

    1 坯布库、成品库应分别接近生产车间的原布间和成品出口处。

    2 机物料库宜缩小与主车间、辅助车间的距离。

    3 危险品库、储油罐等应按现行国家标准《建筑设计防火规范》GB 50016和纺织工业企业设计防火的有关规定单独布置,并应设置于厂区全年最小频率风向的上风侧。

4.3 道路运输

4.3.1 厂内道路的布置应满足交通运输、安装检修、防火灭火、安全卫生、管线和绿化布置等要求,与厂外道路应有平顺简捷的连接条件。

4.3.2 厂内道路宜与主要建筑物轴线平行或垂直成环状布置。个别边缘地段作尽头式布置,应设置回车场(道),其形式及各部尺寸应按通过的车型确定。

4.3.3 汽车装卸站台的地点,应留有足够的车辆停放和调车用地。当汽车平行于站台停放时,停车场宽度不应小于3.0m;垂直于站台停放时,停车场宽度不应小于10.5m;斜列60°停放时,停车场宽度不应小于8.5m;集装箱运输车进入厂区,最小回车场地宜为30.0m×30.0m,并应设置集装箱货柜装卸平台。

4.3.4 厂区道路宜采用城市型道路,并应符合现行国家标准《厂矿道路设计规范》GBJ 22的规定。

4.3.5 厂区道路路面标高的确定,应与厂区竖向设计相协调,并满足室外场地及道路的雨水排放。

4.3.6 年产大于2000万m印染厂的工厂出入口应设置2个,并宜位于不同方位;年产小于2000万m印染厂的工厂出入口可设1个。

4.4 竖向设计

4.4.1 厂区竖向设计应符合下列要求:

    1 厂区应不受洪水、潮水及内涝水淹没。印染工厂的防洪标准应与所在城镇的防洪标准相一致,并应按工厂的等级确定,其设计频率,年产2000万m以上工厂为1/50、年产2000万m以下工厂为1/20。

    2 厂区竖向设计应根据生产工艺、建(构)筑物基础、雨水排除及土石方量平衡等因素,结合洪(潮、涝)水位、工程地质等自然条件综合确定。

4.4.2 竖向布置方式和设计标高选择应符合下列要求:

1 竖向设计宜采用平坡式，当自然地面横坡较大时，附属和辅助建（构）筑物，可采用混合式或阶梯式竖向布置。台阶的划分应与厂区功能分区一致。

2 厂区内地面标高，必须与厂外标高相适应。厂区出入口的路面标高，宜大于厂外路面标高。

3 场地标高与坡度应保证场地雨水迅速排除，并满足厂内道路横坡、纵坡的要求。

4 厂房室内地坪标高，宜大于室外地坪标高0.15～0.20m。

4.5 厂区管线

4.5.1 管线敷设方式有直埋式、集中管沟、架空敷设，设计时应根据自然条件、管内介质特征、管径、管理维护以及工艺要求等因素，经过综合考虑后选用。

4.5.2 管线（沟）应沿道路和建（构）筑物平行布置，线路宜短捷顺直，但不宜横穿车间内部，并应减少管线与道路及其他干管的交叉。

4.5.3 管线综合布置应符合现行国家标准《工业企业总平面设计规范》GB 50187规定的要求。

4.5.4 地下管线、管沟，不应布置在建（构）筑物的基础压力影响范围内，除雨水排水管外，其他管线不宜布置在车行道路下面。

4.6 厂区绿化

4.6.1 厂区绿化应根据印染工厂的特点，环境保护、工业卫生、厂容景观等要求进行设计。

4.6.2 绿化应选择种植成本低，易于成长维护，抗毒抗烟尘能力强的树种、花种。

4.6.3 厂内道路弯道及交叉口附近的绿化设计，应符合行车视距的有关规定。

4.6.4 树木与建（构）筑物及地下管线的最小间距及绿化占地面积计算方法应符合现行国家标准《工业企业总平面设计规范》GB 50187的规定。

4.7 主要技术经济指标

4.7.1 总平面设计宜列出下列主要技术经济指标，其计算方法应符合现行国家标准《工业企业总平面设计规范》GB 50187的规定：

1 厂区用地面积（m²）；
2 建筑物占地面积（m²）；
3 构筑物占地面积（m²）；
4 总建筑面积（m²）；
5 露天堆场占地面积（m²）；
6 道路及广场用地面积（m²）；
7 绿化占地面积（m²）；
8 土石方工程量（m³）；
9 建筑系数（%）；
10 绿地率（%）。

4.7.2 分期建设的印染工厂，在总图设计中除应列出本期工程的主要技术经济指标外，还应列出近期工程的主要技术经济指标。

5 建　　筑

5.1 一般规定

5.1.1 建筑设计应满足生产工艺的要求，保证生产工艺必需的操作检修面积和空间；应根据环境保护及地区气候特点，满足采光、通风、排雾、保温、隔热、防结露、防腐蚀等要求。

5.1.2 建筑物的防火设计，应符合现行国家标准《建筑设计防火规范》GB 50016和纺织工业企业设计防火的有关规定。

5.1.3 建筑设计应采用成熟的新建筑形式、新材料和新技术。

5.2 生产厂房

5.2.1 生产厂房的建筑形式，应根据建厂地区条件和其他各种因素综合确定，经技术经济比较，可选用设有排气井的单层锯齿形厂房、气楼式单层厂房、气楼带排气井厂房或设排气井多层厂房等。

5.2.2 厂房平面宜避免四周设置附房，对散发大量湿热空气的车间外墙，不宜设附房，必须设置时，可在车间和附房之间设置内天井。

5.2.3 锯齿形厂房当设备平行锯齿天窗排列时，风道大梁或现浇单梁梁底高度宜为5.0～5.5m，垂直锯齿天窗排列时宜为6.0～7.0m。气楼式厂房檐口高度不宜低于7.5m。多层厂房底层层高宜为7.0～9.0m，二层宜为6.0～8.0m，三层宜为5.0～7.0m。

5.2.4 生产厂房建筑防腐蚀设计应符合下列规定：

1 生产车间气态、液态介质对建筑材料的腐蚀性等级应按现行国家标准《工业建筑防腐蚀设计规范》GB 50046中规定选用。

2 厂房平面布置宜将有腐蚀性介质作用的设备与无腐蚀性介质作用的设备隔开，湿、干车间隔开。具有同类腐蚀性介质的设备宜集中布置。

3 有腐蚀性气体作用且相对湿度较大的室内墙面和钢筋混凝土构件表面，钢构件表面（柱、梁）应做防腐涂料。

5.2.5 工厂生产车间采光等级应符合现行国家标准《建筑采光设计标准》GB/T 50033的规定。

5.3 建筑防火、防爆

5.3.1 生产车间的火灾危险性，应按照现行国家标准《建筑设计防火规范》GB 50016和纺织工业企业设计防火的有关规定执行。原布间、白布间、印花车间、整理车间、整装车间等干燥性车间为丙类；练漂、染色、皂洗等潮湿性车间为丁类。上述两类生产车间安排在同一防火分区时，应按丙类生产确定。烧毛间属乙类，应采用防火墙与相邻车间分隔开。生产厂房建筑耐火等级应不低于二级。

5.3.2 建筑防火设计应遵守现行国家标准《建筑设计防火规范》GB 50016 和纺织工业企业设计防火的有关规定。

5.3.3 涂层车间、气相整理车间应采用防火墙分隔为独立工段，涂层车间的溶剂调配间与相邻车间应采用抗爆墙分隔，并应靠外墙布置，室内应有通风措施，对外应设有泄爆的门窗或轻型泄爆屋面。

5.4 生产辅助用房

5.4.1 生产辅助用房应包括染化液调配间、印花调浆间、空调室、汽油气化室、碱回收站、压缩空气站、化验室、物理试验室及变配电室、热力站等与生产密切相关的生产性附房。

5.4.2 染化液调配间应靠近染色间，并设通风排气装置。室内地面、墙裙应有防酸碱腐蚀的措施。易燃、有毒的溶剂严禁储存在大空间开敞式的车间内。

5.4.3 印花调浆间应靠外墙，有良好的通风排气设施，宜自然采光。地面、墙裙应防腐蚀，地面应耐洗刷、防滑并设有排水坡度。

5.4.4 空调室的位置应考虑风道的合理布置并靠近负荷中心，空调室的进风部位不宜与厕所及散发其他不良气体的房间相邻。钢筋混凝土的空调洗涤室水池周围墙壁和底部均应采取防水措施。

5.4.5 汽油气化室应符合下列要求：
1 应设置在烧毛机附近；
2 其泄压设施应采用易于泄压的门、窗，泄压面积应按纺织工业企业设计防火的有关规定计算；
3 其与相邻车间的隔墙应采用防爆墙；
4 防爆墙上不宜开设门窗，如需设内门，则可采用门斗并应在不同方位布置甲级防火门。

5.4.6 碱回收站与染整车间宜分开独立设置，若毗连车间，应布置在丝光机附近并靠外墙，蒸发器部位在南方地区宜作敞开式建筑。根据碱液浓度，对建筑物结构部位应做防腐蚀处理。

5.4.7 压缩空气站宜布置于生产车间附房内，其位置应靠近用气负荷中心，建筑应采取隔声措施，符合现行国家标准《工业企业厂界噪声标准》GB 12348 及《工业企业噪声控制设计规范》GBJ 87 的规定。

5.4.8 化验室、物理试验室根据工厂规模可附设于生产车间附房内，亦可单独设置厂级中心物理试验室、化验室。物理试验室、化验室宜建南北向布置，应有较好的通风、排气装置和排水地沟。地面应采用水磨石或耐磨地面。

5.4.9 变配电室上层不应布置有水、汽的房间。配电室应采取防止水、潮气及小动物侵入室内的措施。变配电室设计应符合现行国家标准有关变电所设计规范的规定。

5.4.10 热力站宜设置在生产车间附房内，其位置宜靠近供热负荷中心。室内应有通风设施，地面应有防止积水措施，门应向外开。

5.5 生产厂房主要建筑构造

5.5.1 生产厂房的屋面设计应符合下列要求：
1 屋面类型的选择应根据建筑结构形式、建厂地区气候条件、屋面材料和天窗采光等使用要求综合考虑。
2 锯齿屋面坡度不应小于1：2.5，锯齿天沟宜采用外排水，锯齿屋面天沟排水坡度不应小于0.5%。气楼式屋面坡度不应小于1：2.5，轻钢结构用于干燥性生产车间的屋面坡度不应小于5%。
3 厂房屋面构造必须设置隔汽层，防止内表面结露，严寒地区应采取防结露措施。
4 轻钢屋盖宜选用优质压型钢板及有相应隔汽层的玻璃棉毡等作保温层。
5 腐蚀性气体排放口周围的屋面宜选用耐腐蚀材料或采取相应的防护措施。
6 厂房高度超过6.0m时，应设置可直接到屋面的垂直爬梯，从其他部位能到达时，可不设置。垂直爬梯的高度超过6.0m时，应有护笼。

5.5.2 生产厂房的墙体应符合下列要求：
1 生产厂房墙体应满足建筑热工设计要求。
2 框架填充墙不得使用实心黏土砖，应采用非黏土类砌块或轻质板材。
3 内墙面应平整光洁，宜采用水泥砂浆抹面，无腐蚀性气体作用且相对湿度不大的室内墙面时，可采用混合砂浆或石灰砂浆。
4 有设备出入车间的门尺寸，应按设备尺寸定，大门应比通过的设备高，宽至少超出0.6m以上。

5.5.3 地面和楼面设计应符合下列要求：
1 练漂、染色、印花车间楼地面应设置坡向排水沟或地漏的坡度，排水坡度不应小于0.5%，其楼地面应有防滑措施。
2 溢水多的印染设备布置在楼层时，设备下部宜设集水盘，位于楼层上可能积水的房间，其楼面应设整体防水层。
3 有腐蚀性介质作用的楼地面和设备基础，应按现行国家标准《工业建筑防腐蚀设计规范》GB 50046 的要求进行防护。
4 整装车间楼地面宜采用水磨石或耐磨面层。

5.5.4 地沟、地坑及地下防水的设计除应符合相关规范外，尚应符合下列要求：
1 印染工厂内的地沟，在满足生产的前提下，宜减少沟道的长度、深度和交叉点，除与设备基础相结合以外，沟道宜避开设备基础，布置在设备之间的通道下面。

2 地沟不应利用建筑物的承重墙基础等兼作其底板和侧壁。

3 有液态介质腐蚀并经常用水冲洗地面的车间，电气动力配线和管道宜架空设置。

4 有腐蚀性介质作用的地沟应采取防腐蚀措施。

5 地沟底面低于地下水设防标高时，应按有压水处理，应采用防水混凝土或防水混凝土加柔性防水层的做法，地沟底面高于地下水设防标高时，可按无压水做防潮处理。

6 室内排水地沟在车间出口处应设集水坑及格栅装置。

5.5.5 采光窗及天窗设计应符合下列规定：

1 印染工厂建筑物窗宜选用塑钢窗、玻璃钢窗，不宜采用钢窗、铝合金窗。

2 窗的层数应根据地区气候条件，由热工计算确定。

3 锯齿天窗应设有部分开启方便的窗扇。如采用电动开窗器，则应有防潮、防腐蚀的措施。

4 印染工厂的天窗窗框材料，宜采用防腐蚀涂料的钢筋混凝土窗、塑钢窗及玻璃钢窗。

5 轻钢结构屋盖上的采光窗，应采用优质树脂、薄膜、玻纤复合材料组成的采光窗。

5.5.6 印染工厂的排气井构造应力求简单、施工维修方便。井筒内壁应平整光滑、耐腐蚀，并应有防止雨水侵入车间和凝结水下滴的措施。沿锯齿或气楼屋脊设置的通长排气井筒应有隔板分隔，隔板间距不宜大于3.0m。排气井材质宜采用无机不燃玻璃钢制作。

5.5.7 气楼式厂房气楼两侧挡风板宜用树脂采光板或波形石棉瓦，其连接檩条宜用预制钢筋混凝土构件。

6 结 构

6.1 一般规定

6.1.1 印染工厂的结构设计应符合现行国家标准《建筑抗震设计规范》GB 50011、《建筑设计防火规范》GB 50016、《工业建筑防腐蚀设计规范》GB 50046等的有关规定。

6.1.2 结构设计应积极、慎重地采用新材料、新技术、新结构，并进行多方案比选，优化设计。

6.1.3 本章适用于抗震设防烈度为7度和7度以下带排气井的单层钢筋混凝土锯齿形结构印染厂及8度和8度以下的其他单层排架、刚架和多层框架结构印染厂的结构设计。

6.1.4 印染工厂练漂、染色车间混凝土结构的环境类别应按二类确定；印花、整理、整装车间混凝土结构的环境类别可按一类确定；受腐蚀性介质作用的混凝土结构，其环境类别应按五类确定。

6.2 结构选型

6.2.1 印染厂房的结构选型应遵循下列基本原则：

1 满足印染生产工艺、采光、排雾气、排毒、通风要求；

2 因地制宜，适合当地气象条件，并考虑建厂地区的施工条件和材料供应。

6.2.2 印染厂中的练漂、染色车间，除北方严寒地区外，宜采用带排气井或带气楼的结构形式。

6.2.3 印染厂中的练漂、染色车间，应采用钢筋混凝土结构，印花、整理、整装车间，若采取有效的防腐蚀、防火措施后，可采用单层轻钢结构或钢筋混凝土柱与轻钢屋盖组合的结构形式。

6.2.4 印染厂的练漂、染色车间可选用单层钢筋混凝土锯齿形结构，并应符合下列要求：

1 对单层带排气井的三角架承重锯齿形排架结构，风道与承重结构相结合时，该排架结构的纵向承重结构，可采用双梁或Ⅱ型梁方案（图6.2.4-1）。

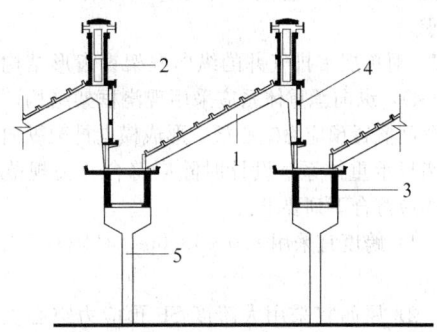

图6.2.4-1 带排气井的三角架
承重双梁锯齿形排架

1—三角架；2—钢筋混凝土排气井；3—双梁风道；
4—钢筋混凝土天窗框；5—牛腿柱

当采用悬挂风道方案或不设置风道时，可采用单梁方案（图6.2.4-2），梁上搁置三角架，三角架上搁置屋面板和排气井，形成带排气井的三角架承重锯齿形屋盖体系。三角架承重锯齿形排架结构，除应符合有关规范要求外，尚应符合下列要求：

1）锯齿排架跨度宜采用12.0～15.0m，风道大梁柱距宜采用8.0～13.5m；

2）屋面板宜采用板底平整的预应力混凝土圆孔板或倒槽板；

3）当采用双梁锯齿排架时，应采取有效措施保证厂房结构的稳定；

4）当采用单梁锯齿排架时，单梁宜与排架柱和三角架整体浇捣。

2 对单层带排气井的装配式门形架承重锯齿形排架结构（图6.2.4-3），纵向承重可采用双梁或Ⅱ型

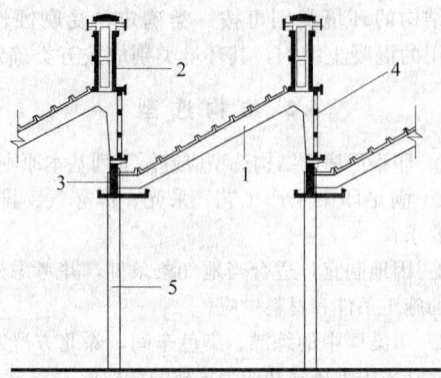

图 6.2.4-2 带排气井的三角架
承重单梁锯齿形排架

1—三角架；2—钢筋混凝土排气井；3—现浇单梁；
4—钢筋混凝土天窗框；5—现浇柱

梁方案，梁上搁置门形架，风道顶板上搁置天窗框，门形架和天窗框上搁置钢筋混凝土排气井，屋面板一端搁置在门形架上，另一端直接搁置在风道大梁上，形成带排气井的锯齿形屋盖体系，设计时除应符合有关规范要求外，尚应符合本条第 1 款中第 1）～3）项要求。

3 对单层带排气井的纵向框架锯齿形结构（图 6.2.4-4），纵向承重体系应采用现浇框架结构，纵向框架梁间搁置预应力空心板，形成横向排架纵向框架的锯齿形承重体系。设计时除应符合有关规范要求外，尚应符合下列要求：

1) 跨度宜采用 8.0～18.0m，柱距宜采用 6.0～8.0m；
2) 屋面宜采用大跨度 SP 预应力空心板，也可采用倒槽板或预应力混凝土圆孔板。

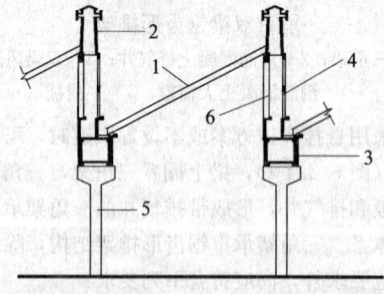

图 6.2.4-3 带排气井的装配式门形架
承重锯齿形排架结构

1—屋面板；2—钢筋混凝土排气井；3—双梁风道；
4—钢筋混凝土天窗框；5—牛腿柱；6—门形架

6.2.5 单层印染厂的练漂、染色车间，也可选用下列带气楼的单层钢筋混凝土斜梁框架结构和带排气井的单层门式刚架结构，并应符合下列要求：

1 带气楼的单层斜梁框架结构（图 6.2.5-1）应符合下列要求：

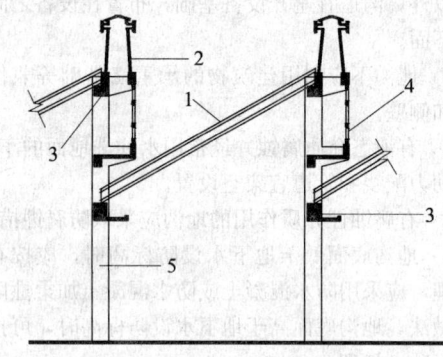

图 6.2.4-4 带排气井的纵向框架锯齿形结构

1—屋面板（SP 板）；2—钢筋混凝土排气井；
3—纵向框架梁；4—钢筋混凝土天窗框；
5—框架柱

1) 跨度宜采用 12.0～15.0m，当大于 15.0m 时，可采用预应力钢筋混凝土屋面梁，柱距宜采用 6.0～8.0m；
2) 屋面板宜采用现浇钢筋混凝土屋面板，主次梁上翻，板底平整。

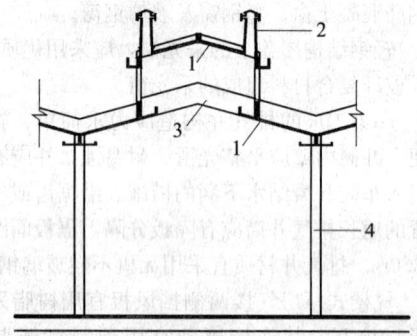

图 6.2.5-1 带气楼的单层斜梁框架结构

1—现浇屋面板；2—钢筋混凝土排气井；
3—上翻屋面梁；4—现浇框架柱

2 带排气井的单层门式刚架结构（图 6.2.5-2）除应符合有关规范要求外，尚应符合下列要求：

1) 跨度宜采用 12.0～18.0m，不宜大于 18.0m，柱距宜采用 6.0～8.0m；
2) 屋面板宜采用倒槽板。

6.2.6 单层印染厂的印花、整理、整装车间，可采用带排气功能的钢筋混凝土排架结构（图 6.2.6）。设计时除应符合有关规范要求外，尚应符合下列要求：

1 跨度宜采用 12.0～18.0m，柱距宜采用 6.0m；

2 屋面板宜采用倒槽板。

6.2.7 单层印染厂的印花、整理、整装车间，当采取有效防腐蚀、防火措施后，可采用带气楼的单层轻钢门式刚架结构（图 6.2.7-1）和带气楼的单层轻钢

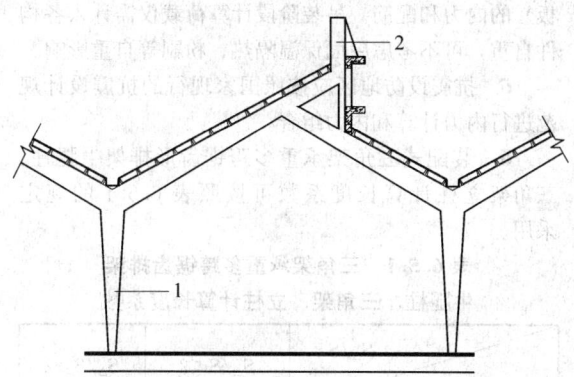

图 6.2.5-2 带排气井的单层门式刚架结构
1—装配式门架；2—排气井

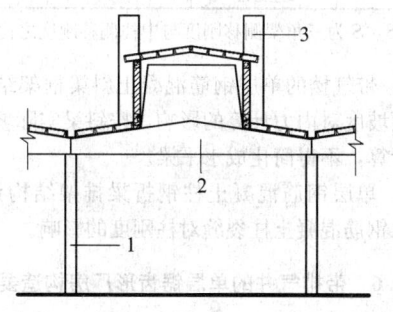

图 6.2.6 带排气功能的钢筋混凝土排架结构
1—预制柱；2—预制屋面梁；3—排气井

排架结构（图 6.2.7-2）。设计时应符合下列要求：

1 跨度宜采用 21.0～27.0m，柱距宜采用 6.0～8.0m。

2 屋面梁应采用斜坡式，屋面坡度应不小于 5%。檩条下宜采用有较好防腐蚀性能的底层镀铝锌钢板。

3 柱子宜采用钢筋混凝土柱，梁柱铰接，屋面梁梁底宜底平。

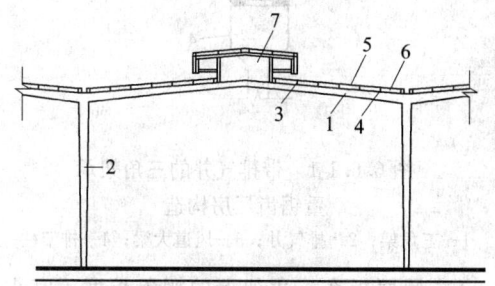

图 6.2.7-1 带气楼的单层轻钢门式刚架结构
1—门刚梁；2—门刚柱；3—檩条；4—屋面底层压型钢板；5—屋面面层压型钢板；
6—屋面保温材料；7—气楼

6.2.8 印染工厂可采用多层框架结构，设计时应符

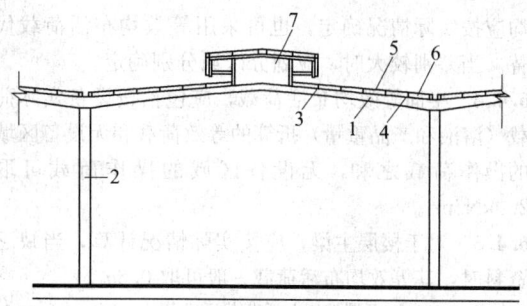

图 6.2.7-2 带气楼的单层轻钢排架
结构（梁柱铰接）
1—轻钢梁；2—钢筋混凝土柱；3—檩条；
4—屋面底层压型钢板；5—屋面面层压型钢板；
6—屋面保温材料；7—气楼

合下列要求：

1 多层框架结构宜采用全现浇钢筋混凝土结构，跨度不宜超过 3 跨，层数不宜超过 3 层，并宜设置竖向排气井。

2 在练漂、染色车间应采取防水及防腐蚀措施。

6.3 结构布置

6.3.1 厂房的柱网应整齐，符合建筑模数。

6.3.2 单层装配式锯齿形厂房跨度方向可不设置伸缩缝，柱距方向伸缩缝间距不宜超过 100m。

6.3.3 单层钢筋混凝土厂房、单层轻钢结构厂房、多层钢筋混凝土厂房和附房的伸缩缝间距应按《混凝土结构设计规范》GB 50010、《门式刚架轻型房屋钢结构技术规程》CECS 102、《砌体结构设计规范》GB 50003 中的规定进行设计。

6.3.4 单层钢筋混凝土锯齿形排架主厂房、门式刚架结构主厂房与附房宜相互脱开，其间设置伸缩缝或抗震缝。

6.3.5 多层钢筋混凝土结构主厂房与钢筋混凝土结构的附房可连成一体，但应满足钢筋混凝土结构伸缩缝间距限值的要求。当附房采用砌体结构时，主体结构与附房应脱开。

6.3.6 单层轻钢门式刚架结构与钢筋混凝土结构或砌体结构附房应脱开。

6.4 设计荷载

6.4.1 结构自重、施工或检修集中荷载、风荷载、屋面雪荷载、不上人屋面均布活荷载等应按现行国家标准《建筑结构荷载规范》GB 50009 的规定采用，悬挂荷载应按实际情况确定。

6.4.2 对轻型房屋钢结构的风荷载标准值，应按《门式刚架轻型房屋钢结构技术规程》CECS 102 的规定计算。

6.4.3 多层印染厂房的楼面在生产使用或安装检修时，由设备、管道、运输工具等产生的局部荷载，

均应按实际情况确定,也可采用等效均布活荷载代替。当差别较大时,应划分区域分别确定。

6.4.4 楼面等效均布活荷载,应包括按设备实际荷载(溶液和产品重量)折算的等效荷载和无设备区域的操作荷载之和,无设备区域的操作荷载可取 $2.0kN/m^2$。

6.4.5 对于楼层主梁,应按实际情况计算,当缺乏资料时,其等效均布活荷载一般可取 $0.8q_e$。

注:q_e 为楼面等效均布活荷载标准值。

6.4.6 设计柱、基础时采用的楼面等效均布活荷载,可取与设计主梁相同的荷载。

6.4.7 楼面等效均布活荷载的确定应按现行国家标准《建筑结构荷载规范》GB 50009 的规定计算。

6.4.8 沟道盖板上直接作用有设备荷载或有运输工具通过时,应按实际情况确定,当缺乏资料时,沟道盖板的计算活荷载标准值可取 $10kN/m^2$,准永久值系数取 0.5。

6.5 结构计算

6.5.1 装配式三角架承重多跨(5跨以上)双梁锯齿排架结构计算(图6.5.1)宜采用计算机进行内力分析,并应遵循下列计算原则:

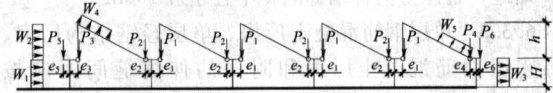

图 6.5.1 装配式三角架承重多跨双梁
锯齿排架使用阶段计算简图

注:q——屋面垂直荷载;
$W_1、W_2、W_3、W_4、W_5$——风荷载;
$P_1、P_2、P_3、P_4、P_5、P_6$——风道梁传给牛腿的集中力(包括风道大梁、天窗架、天沟板及找坡支墩、排气井、风道底板重量);
$e_1、e_2、e_3、e_4、e_5、e_6$——牛腿柱偏心矩;
h——三角架轴线高度;
H——牛腿柱高度。

1 牛腿柱高度 H 均应取基础杯口面(或基础顶面)至风道大梁顶面的高度。在计算牛腿柱侧移刚度时,可忽略风道大梁和牛腿刚度的影响,近似按无牛腿等截面柱计算。

2 三角架及柱子的侧移刚度,均应取风道大梁跨度内诸榀三角架或柱子侧移刚度之和计算。

3 图中风荷载和垂直荷载应分别计算,并应进行内力组合分析。

4 装配式三角架承重锯齿排架结构计算除应进行使用阶段内力分析外,尚应验算中柱在吊装阶段(吊装安装完毕,相邻跨仅安装风道大梁及风道顶

板)的内力和配筋。吊装阶段计算荷载仅需计入各构件自重,可不考虑屋面保温隔热、粉刷等自重影响。

5 抗震设防地区应按照国家现行的抗震设计规范进行内力计算和内力组合。

6 装配式三角架承重多跨锯齿形排架牛腿柱、三角架立柱计算长度系数可按照表6.5.1的规定采用。

表 6.5.1 三角架承重多跨锯齿排架
牛腿柱、三角架、立柱计算长度系数

柱		$S_\Delta/S<2$	$S_\Delta/S\geq2$
牛腿	中柱	1.5	1.25
	边柱	1.75	1.5
三角架立柱	中立柱	1.5	—
	边立柱	1.5	—

注:S_Δ/S 为三角架侧移刚度与中柱侧移刚度之比。

6.5.2 带气楼的单层钢筋混凝土斜梁框架结构应考虑梁面坡度对内力计算的影响,按斜梁实际坡度计算简图计算,不得简化成水平梁。

6.5.3 单层钢筋混凝土柱钢折梁排架结构计算中,应考虑钢筋混凝土柱裂缝对柱刚度的影响。

6.6 带排气井的单层锯齿形厂房构造要求

6.6.1 带排气井的三角架承重锯齿厂房构造(图6.6.1-1)应符合下列要求:

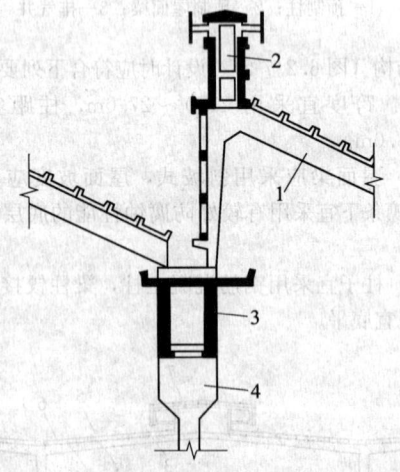

图 6.6.1-1 带排气井的三角架承
重锯齿厂房构造
1—三角架;2—排气井;3—风道大梁;4—排架柱

1 屋面板在三角架上的搁置长度不宜小于80mm,屋面板与三角架的连接应采用钢板焊接连接或预留钢筋后浇灌混凝土连接,其中预留钢筋后浇灌混凝土连接只适用于非地震区。

1)三角架横梁上、下端屋面板,屋面板上的四角预埋钢板应与三角架横梁上的钢板焊接连

接。焊接连接的屋面板必须通长布置。其余屋面板焊接不应少于3点（图6.6.1-2）。

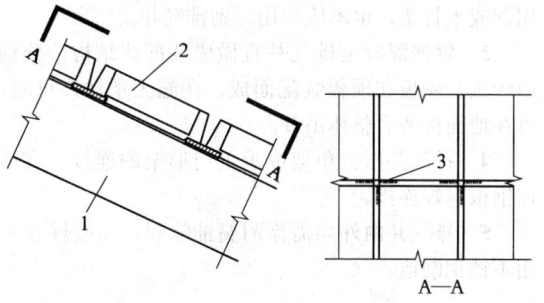

图6.6.1-2 屋面板与三角架的连接构造
1—三角架；2—屋面板；3—每块板不少于三点满焊

2) 三角架横梁上应预留插筋与屋面板内伸出钢筋绑扎，然后浇灌混凝土，连成整体（图6.6.1-3）。每块板的板缝内应增设焊接网片与三角架横梁上预留插筋绑扎，然后浇灌混凝土整体连接（图6.6.1-4）。

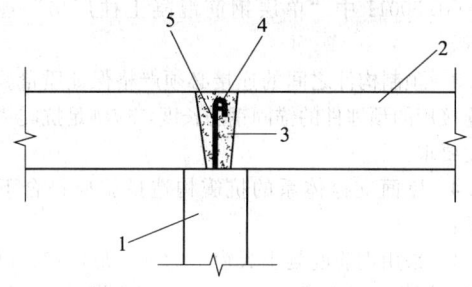

图6.6.1-3 屋面板与三角架的连接构造
1—三角架；2—屋面板；3—细石混凝土灌缝；4—通长φ8钢筋；5—三角架中预留Φ10@500插筋

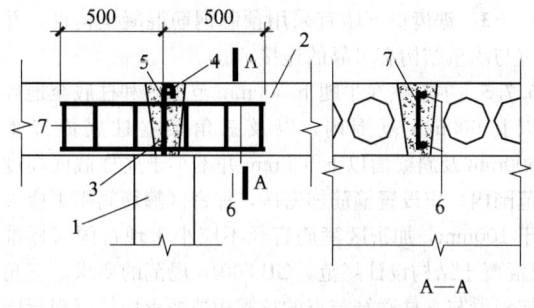

图6.6.1-4 屋面板与三角架的连接构造
1—三角架；2—屋面板；3—细石混凝土灌缝；4—通长φ8钢筋；5—三角架中预留Φ10@500插筋；6—2φ6焊接钢筋网片；7—φ6@200焊接钢筋网片

2 三角架立柱下端和斜梁下端预埋钢板，应与风道板或梁上的预埋钢板焊接连接（图6.6.1-5）。

3 风道大梁顶部搁置预制风道顶板，应通过预埋钢板与风道大梁互相连接，上面应浇捣50～80mm厚钢筋混凝土整浇层和上翻梁与风道大梁梁顶上预留钢筋浇成整体（图6.6.1-5）。

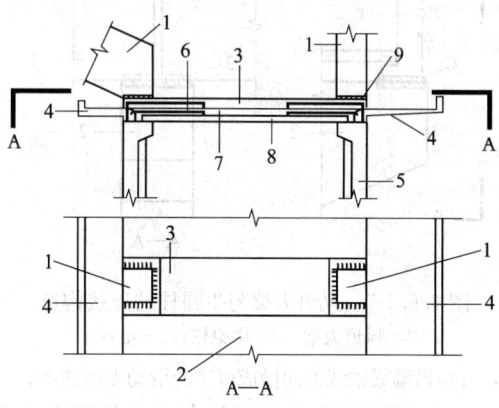

图6.6.1-5 风道板与风道大梁的连接构造
1—三角架；2—现浇风道板；3—现浇上翻梁；
4—现浇防滴沟；5—风道大梁；6—风道大梁预留钢筋；7—现浇风道顶板；8—预制风道顶板；
9—电焊

4 根据排气井的设置情况，天窗框宜直接贴在三角架外缘或通过悬臂梁搁置在三角架外侧。连接方法应采用预埋钢板焊接连接（图6.6.1-6）。

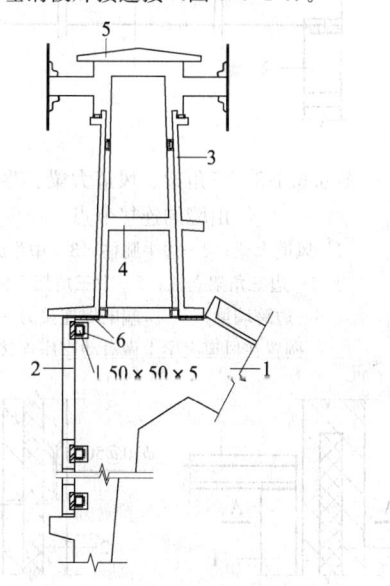

图6.6.1-6 排气井、天窗框与三角架的连接构造
1—三角架；2—天窗框；3—排气井侧板；
4—排气井隔板；5—排气井顶板；6—电焊

5 风道大梁下端预埋钢板与牛腿面预埋钢板应电焊连接，搁置长度不应小于150mm（图6.6.1-7）。

6 主结构的东西锯齿山墙宜与附房脱开，应砌筑在边柱风道大梁上的预制墙梁上。预制墙梁一端与风道大梁应通过预埋钢板电焊连接，另一端应搁置在大梁

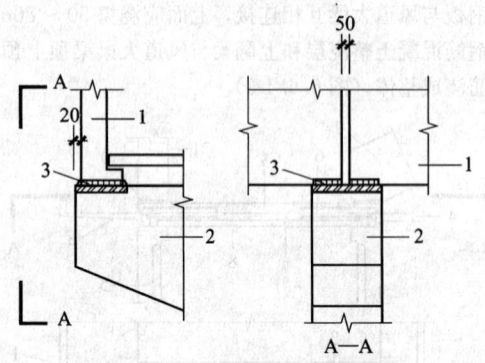

图 6.6.1-7 风道大梁与牛腿柱的连接构造
1—风道大梁；2—牛腿柱；3—电焊

上，并应沿墙梁轴线方向做成可靠的滑动支座连接。

边屋面板和三角架应预留 φ10mm 钢筋或螺栓，砌入墙内与锯齿端墙锚固拉结（图 6.6.1-8、图 6.6.1-9）。

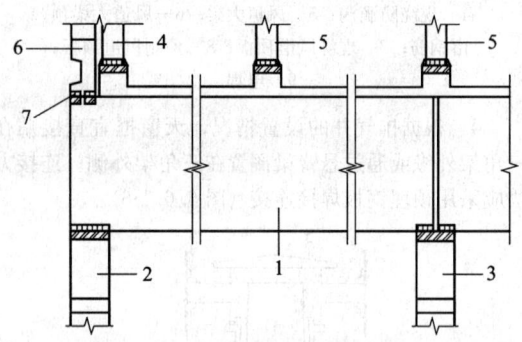

图 6.6.1-8 三角架、风道大梁、牛腿柱、山墙的连接节点
1—风道大梁；2—边牛腿柱；3—中牛腿柱；
4—边三角架立柱；5—中三角架立柱；
6—边跨墙梁；7——端电焊连接另一端
搁置在风道大梁上做滑动支座连接

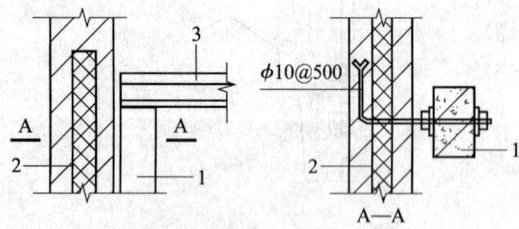

图 6.6.1-9 锯齿山墙连接构造
1—边三角架；2—山墙；3—屋面板

6.6.2 单层锯齿形厂房排气井构造应符合下列要求：

1 排气井的上、下口高度尺寸应根据当地气候条件和工艺要求通过试验或计算确定。上口宽度宜取 0.4～0.5m，下口宽度宜取 0.6～0.7m；高度宜为 1.5～1.8m，不宜超过 2.0m。排气井上口应设置遮雨顶板，两侧设置挡风板。

2 排气井宜采用装配式钢筋混凝土构件，也可采用钢筋混凝土框架作为骨架的玻璃钢结构；不宜采用钢或木骨架，也不应采用砖砌排气井。

3 钢筋混凝土排气井宜做成装配式结构，分别由侧板、隔板和顶板装配而成。在施工条件许可时，可在地面拼装后整体吊装。

4 排气井与三角架或承重门形架的连接，宜预埋钢板电焊连接。

5 排气井内外均需涂耐腐蚀涂料。连接件宜采用不锈钢制造。

6.7 抗震构造措施

6.7.1 混凝土结构的抗震设计应满足现行国家标准《混凝土结构设计规范》GB 50010 中混凝土结构的抗震等级要求，其中单层锯齿形厂房的抗震等级应按"单层厂房结构铰接排架"采用。

6.7.2 锯齿形厂房主车间与附房间应设置抗震缝，抗震缝宽度应按照现行国家标准《建筑抗震设计规范》GB 50011 中"单层钢筋混凝土柱厂房"规定执行。

6.7.3 预制构件之间的连接必须严格保证质量。构件连接用的预埋件的锚固钢筋长度，应满足抗震锚固长度要求。

6.7.4 屋面支撑体系的抗震构造措施应符合下列要求：

1 采用钢筋混凝土天窗框的锯齿形厂房，可利用天窗框作为屋面垂直支撑。此时天窗框与三角架立柱、天窗框与天窗框之间，必须通过钢板焊接或螺栓有效连接。

2 采用钢窗天窗的锯齿形厂房，东西两端和伸缩缝两侧应设置垂直支撑；中间部位每隔 30～45m 增设一道垂直支撑。

3 锯齿窗下墙宜采用预制钢筋混凝土构件，并应与承重结构有可靠的连接。

6.7.5 牛腿柱在牛腿下 500mm 范围内和柱底至地坪以上 500mm 范围内，以及三角架立柱底面以上 500mm 及斜梁面以下 500mm 并不小于立柱截面高度范围内，应设置箍筋加密区，加密区箍筋间距不应大于 100mm，加密区箍筋直径不应小于现行国家标准《混凝土结构设计规范》GB 50010 规范的要求。三角架斜梁与立柱联结节点的抗震构造要求应按照现行国家标准《混凝土结构设计规范》GB 50010 规范中顶层框架梁柱端节点的有关规定执行。牛腿柱牛腿水平箍筋的最小直径应为 φ8，最大间距应为 100mm。牛腿柱柱底至室内地坪以上 500mm 范围内宜采用矩形截面。

6.7.6 厂房东西端部应设三角架，不应采用山墙承重。

6.7.7 双梁锯齿排架的中柱牛腿宜采用不等长牛腿。

6.7.8 屋面板应与三角架焊牢，靠三角架立柱的屋面板与三角架的连接焊缝长度不宜小于80mm，且该处三角架梁顶面与屋面板焊接的预埋件的锚筋不宜少于4ϕ10。

6.7.9 风道大梁在牛腿柱上的支承端宜将腹板加厚至不少于300mm，并设暗柱配筋，暗柱竖向纵筋不宜少于4ϕ12。

6.7.10 风道大梁与牛腿柱顶的连接，宜采用焊接连接，风道大梁端部支承垫板的厚度不宜小于16mm。

6.7.11 三角架与风道大梁间应采用焊接连接。各非结构构件与结构构件间均应采用焊接连接。

6.7.12 附房宜采用框架结构或砌体结构，其抗震措施应按照现行国家标准《建筑抗震设计规范》GB 50011中相关结构的要求执行。当附房中采用砌体结构，并设有总风道时，砌体总风道抗震措施应符合现行国家标准《构筑物抗震设计规范》GB 50191中通廊廊身的有关技术要求。

6.8 地基基础

6.8.1 印染厂房内的设备基础、管沟等宜与厂房柱子基础分开，厂房柱基的埋置深度应考虑邻近建筑物基础、设备基础、地下沟道、管线的影响。

6.8.2 当地下沟道埋置深度大于建筑基础时，两者之间应保持一定的净距，其值应根据建筑荷载大小、基础形式和土质情况确定。

6.8.3 工艺设备基础不均匀差异沉降量不应大于工艺设备要求的允许值。

7 给水排水

7.1 一般规定

7.1.1 印染工厂给水排水设计应遵循国家的有关方针、政策，满足生产、生活和消防用水的要求，做到安全适用、技术先进、经济合理、保护环境。

7.1.2 水源选择、给水排水方式、设备材料的选择等应做到节约用水、节约能源、节约材料，并应进行水的重复利用及废水回用。

7.1.3 给水排水设计应在满足使用要求的同时为施工、安装、操作管理、维修检测以及安全保护等提供便利条件。

7.2 用水量、水质和水压

7.2.1 印染厂用水量应根据下列要求确定：

1 全厂给水设计的工业水总量宜根据生活用水量、工艺生产用水量、冷冻空调用水量、软化水用量、循环冷却水补充水量、公用设施用水量、绿化用水量、管网漏失量等经综合计算确定。

2 工艺用水量由工艺专业确定，小时变化系数宜按1.4～2.0计算。

3 空调用水宜按循环水量的1%～2%确定补充水量。

4 喷射冷凝器冷却水量按工艺要求确定。

5 厂区生活用水，配套的公用设施、集体宿舍、住宅区生活用水，绿化、汽车冲洗用水等应按照现行国家标准《建筑给水排水设计规范》GB 50015确定。

6 未预见水量宜按用水量的10%计算。

7 设有自备给水净化站时，应考虑水站自用水量，自用水量宜按给水量的5%～10%计算或通过计算确定。

8 印染厂应考虑管网漏失量，其比例宜按5%～10%计算。

7.2.2 印染厂用水水质应根据下列要求确定：

1 印染厂的生活及杂用水，空调、冷冻、锅炉等特殊用水均应满足相关规范的要求。印染生产用水水质应根据产品种类、染色工艺、产品质量、设备状况确定。

2 喷射冷凝器冷却水宜采用总硬度小于或等于17.5mg/L的软水。

7.2.3 印染厂给水水压应根据车间布置和生产设备及消防要求通过计算确定。单层厂房车间进口压力宜大于0.2MPa，但生产、消防用水合用则压力不宜小于0.35MPa。部分设备水压要求较高时宜局部加压解决。

7.3 水源与水处理

7.3.1 供水水源的选择首先应满足当地的水资源规划要求，并取得相关部门的许可；应在取得有关水资源资料的基础上进行全面的技术经济比较后确定。水量充沛、水质良好的地表水宜作为印染厂的工艺用水水源，当一种水源满足有困难时，可选择一种以上水源。

7.3.2 用地下水作水源时应有确切的水文地质资料，取水量不得超过允许开采量，严禁盲目开采。地下水开采后，不应引起水质恶化、地面沉降和水位持续下降。

7.3.3 当水源水质无法直接满足生产、生活需要时，应经过处理后使用。

7.4 给水系统和管道布置

7.4.1 给水系统应符合下列要求：

1 宜利用市政给水的水压直接供水。

2 厂区条件允许时宜采用生产、生活、消防合并管网的给水系统。

3 有不同压力、水质要求的供水点时宜采用分质、分区供水。

4 冷却水应采用循环方式或加以重复利用。

7.4.2 给水管道材质和布置应符合下列要求：

1 厂区消防给水管应环状布置，生产、生活给水管道宜环状布置，环状管道应分成若干独立段。

2 埋地给水管宜采用塑料给水管、有衬里的铸铁给水管、经可靠防腐处理的钢管等。

3 架空给水管宜采用塑料给水管、塑料和金属复合管、内外壁热镀锌钢管、不锈钢管、经防腐处理的钢管等。

4 软式给水管宜采用塑料给水管、塑料和金属复合管、内外壁热镀锌钢管、不锈钢管等。

5 室内给水管道宜采用明管沿内墙架空敷设。当室外架空敷设时，应采取防冻措施。给水管与蒸汽管、电缆桥架等上下平行敷设时，给水管应布置在蒸汽管、电缆桥架的下面。

6 给水管道不应穿过设备基础、结构基础，不宜穿过沉降缝、伸缩缝、变形缝，当需穿过时应采取相应的技术措施防止管道损坏。

7 给水管道不应穿越变配电房、电梯机房、电脑打样室等遇水会损毁设备和引发事故的房间，并不得布置在后整理设备的上方。

8 给水管道不应穿越风道，不应横越空调室的进风窗和回风窗。

9 非金属给水管道不宜穿过防火墙，当需穿过时应采取有效的防火隔断措施。

10 厂区总进水、车间进水口、各工段或主要用水设备应设置水量计量设施。

11 应根据现行国家标准《建筑给水排水设计规范》GB 50015 的要求设计给水管道。

7.5 消防给水与灭火器配置

7.5.1 印染车间应设室内、室外消火栓给水系统。消防体制、消防设施的设置、水量应满足纺织工业企业设计防火的有关规定。

7.5.2 印染厂应按现行国家标准《建筑灭火器配置设计规范》GB 50140 的要求配置灭火器。

7.6 排水系统和管道布置

7.6.1 印染厂排水量及废水水质应符合下列要求：

1 生产排水量应根据生产用水量计算。生产排水中应区分锅炉蒸发水、生产污水、生产废水及清洁废水、生活污水等。生产污水量的小时变化系数宜按 1.5~3.0 计算。

2 住宅、宿舍区生活污水量、车间生活排水量计算应按现行国家标准《建筑给水排水设计规范》GB 50015 的规定执行。

3 雨水排水量应根据当地降雨资料、径流等状况通过计算确定。

4 各类废水在排入纳污水体或管网前应经过处理，并达到规定的废水排放标准。

7.6.2 排水系统应符合下列要求：

1 应采用生活、生产排水与雨水分流排水系统。

2 染色排水应采用清、污分流以及浓、淡分流排水系统，废水收集方式应与污水处理工艺要求一致。

3 屋面雨水宜采用外排水系统，大型屋面宜按压力流设计。屋面雨水设计重现期宜按 2~5 年。

4 粪便污水、食堂含油污水、机修含油污水、锅炉冲渣废水等宜单独进行预处理后排入废水系统。

7.6.3 排水管道材质和布置应符合下列要求：

1 印染车间内工艺排水宜采用暗沟排放，排水沟的设备排出口、三岔口及转弯处应设置活动盖板，排放有腐蚀性废水时，暗沟应有可靠的防腐措施，排水暗沟宜每隔 3~5 跨设伸顶通气管。工艺冷却水宜采用管道排放。当实施排水热能回收时，排水管（沟）应有保温措施。

2 厂区内排水管道宜采用埋地排水塑料管、承插式混凝土管或钢筋混凝土管。排水温度大于 40℃ 时应采用耐热排水管。

3 排水具有腐蚀性时应采用耐腐蚀管材。

4 排水管道不得穿过沉降缝、伸缩缝、变形缝、烟道和风道。

5 室内排水沟与室外排水管道的连接处，应设水封装置，水封高度应大于 250mm。

6 调浆桶排水槽下的排水管管径不得小于 200mm。

7 当室内塑料排水立管处于推车、搬运车经过的位置时应采取必要的防护措施。

7.6.4 印染废水处理应按现行国家标准《纺织工业企业环境保护设计规范》GB 50425 的规定执行。

7.7 水的重复利用及废水回用

7.7.1 适合建设废水（包括雨水）回用设施的工程项目，应配套建设废水回用设施。废水回用设施必须与主体工程同时设计、同时施工、同时使用。

7.7.2 印染工厂设计时应采取循环用水、一水多用、清洁废水回用等措施，对收集排放的废水宜进行深度处理后回用。

7.7.3 回用水质应满足有关用水的水质标准。当回用于生产时其水质应满足生产工艺的要求。

7.7.4 高温热排水应实施热能回收。

7.7.5 回用水管必须采取防止误接、误用、误饮措施，严禁与生活饮用水管连接。

8 采暖通风

8.1 一般规定

8.1.1 印染工厂采暖通风设计在满足生产工艺及劳动保护要求的前提下，应采用投资少、运行费用低、技术先进、节能的设计方案,并满足便于施工、安装、操作及维护的要求。

8.1.2 印染工厂宜具有良好的自然通风条件,厂房外墙宜少设附房,附房宜避开主导风向的迎风面。

8.1.3 印染工厂的围护结构应有良好的保温措施,其屋面、外墙、天沟等的最小热阻应满足减少能耗和防止结露的要求,其值应根据车间内的温湿度及气象条件计算确定。

8.1.4 印染工厂的防排烟设计应符合纺织工业企业设计防火的有关规定。

8.2 室内外设计参数

8.2.1 室外空气计算参数应按现行国家标准《采暖通风与空气调节设计规范》GB 50019 执行。

8.2.2 室内设计参数应符合下列要求:

1 印染工厂车间内工人操作地点的温度和空气中有害物质的最高浓度应符合国家有关标准的规定;

2 印染工厂辅助用房的室内空气参数应根据工艺及设备要求确定。

8.3 生产车间的采暖通风

8.3.1 印染工厂生产车间的通风方式应根据当地的气象条件、车间建筑形式、工艺布置及工艺设备具体情况确定;应遵循自然通风为主、机械通风为辅的原则。

8.3.2 印染工厂生产车间的采暖通风设计应满足本规范第 8.2.2 条第 1 款的要求,并能将车间内的热湿空气及时排出,防止车间结露滴水。

8.3.3 印染工厂生产车间排风可分为机台局部排风及车间全面排风两部分。对散热、散湿量较大及散发有害气体的机台应采用局部排风,利用机台自然排气装置(排气罩、密闭罩)或局部机械排气设备单独排放,排风量应根据工艺设备提供的参数或罩面风速确定。印染工厂生产车间的全面排风应利用车间的建筑特点进行自然排风,采用拔气井、排气筒或避风气楼等装置进行自然排风;对严寒地区的印染车间、多层印染车间的中间层、有特殊要求的场合及不具备自然排风条件的印染车间应设置机械排风系统。对工艺设备有有害气体散发的车间,其排风量应能保持车间负压。

8.3.4 印染工厂生产车间的进风系统宜采用外墙低脚进风窗或门窗自然进风;当自然进风不能满足要求时,应设置机械送风系统;外墙低脚进风窗宜设有防虫网及风量调节装置。

8.3.5 机械送风系统夏季可直接利用室外新风或经循环水蒸发冷却处理后送入车间;冬季对严寒、寒冷及夏热冬冷地区应同时设置带空气加热装置的机械送风系统,利用室外新风及车间回风经加热装置加热提高送风温度,以满足工作点的采暖及车间防

凝消雾的要求,在散湿量大的场所宜增设局部热风加热装置。

8.3.6 印染工厂生产车间内各工段夏季的通风量可按换气次数计算确定,其换气次数可按表 8.3.6 采用。

表 8.3.6 印染工厂生产车间内各工段换气次数表

工 段	换气次数(次/h)
原 布	3~5
烧 毛	5~7
练 漂	6~10
皂 洗	6~10
卷 染	12~15
轧 染	6~10
印 花	5~8
染化料调配、树脂整理、调配	>12
整理、整装	4~6

注:1 次数按层高 4.5m 以下空间计算。
2 工段内热湿空气散发量大换气次数取上限。

8.3.7 空气调节及送风系统的风速宜按表 8.3.7 确定,局部岗位送风口距地面高度 2.0~2.2m,每个岗位送风口的送风量为 1500~2000m³/h。

表 8.3.7 空气调节及送风系统风速表 (m/s)

部 位	常用风速	最大风速
新风进风口(窗)	2.5~5	6
回风口(窗)	2~4	4
总风道	5~9	10
支风道	4~7	8
送风口	3~6	≤7

8.3.8 通风设备、风道、风管及配件等,应根据其所处的环境和输送的介质温度、腐蚀性等,采用防腐蚀材料制作或采取相应的防火措施。

8.3.9 车间的通风风管应用不燃材料制作。接触腐蚀性气体的风管及柔性接管,可采用难燃材料制作。

8.3.10 寒冷及严寒地区印染工厂的值班室及办公室应设有采暖系统;印染车间应设有值班采暖系统,值班采暖室内温度不宜小于 12℃;采暖热媒可采用热水或蒸汽。

8.4 辅助用房的采暖通风

8.4.1 印染工厂的物理实验室应设有恒温恒湿空调,其温度湿度应按工艺要求确定。

8.4.2 印染工厂的印花调浆间、染化料调配间应有良好的通风,宜设有机械通风系统,并与相邻的房间保持相对负压。

8.4.3 印染工厂中气体烧毛机的刷毛箱应设有带连

续清灰装置的除尘设施,除尘设备宜布置在单独房间内;烧毛机的气化室应为单独防爆房间,并应设有独立的机械排风装置,风机应采用防爆风机。

8.4.4 印染工厂的涂层溶剂调配间应设有机械通风系统,风机应采用防爆风机,并与相邻房间保持相对负压。

8.4.5 印染工厂的仓库宜设置通风系统,其通风量可按3~5次/h换气次数设置。

8.4.6 用于有爆炸危险房间的通风系统,应有可靠的防静电接地措施。

9 电 气

9.1 一般规定

9.1.1 电气设计必须满足生产工艺的要求,应采用符合国家现行有关标准的效率高、能耗低、性能优的电气产品。

9.2 供配电系统

9.2.1 印染工厂的用电负荷应为三级负荷。但消防设备用电负荷等级,应按现行国家标准《建筑设计防火规范》GB 50016 的规定执行。

9.2.2 供电电压等级与供电回路数应按生产规模、性质和用电量,并结合地区电网的供电条件决定。印染工厂宜采用 6~10kV 单回路供电。但规模大的企业,可采用 6~10kV 双回路供电方案,在 6~10kV 电源难于取得及容量不足时,可采用 35kV 供电。

9.2.3 低压配电系统应符合下列规定:

  1 车间变电所宜安装 2 台变压器,单母线分段运行,两段低压母线间设母联开关。当只设 1 台变压器时,可与就近的车间配电变电所设低压联络线作为应急备用。

  2 车间变电所的低压系统应与工艺生产系统相适应,平行的生产流水线或互为备用的生产机组,宜由不同的(母线)回路配电;同一生产流水线的各用电设备宜由同一(母线)回路配电。

  3 TN 系统接地形式的电网中,车间的单相负荷,宜均匀地分配在三相线路中,当单相不平衡负荷引起的中性线电流超过变压器低绕组额定电流的 25%时,应选用 D,yn11 结线组别的变压器。

  4 为控制各类非线性用电设备所产生的谐波引起的电网电压正弦波形畸变,除选用变压器低侧绕组为 D,yn11 结线组别的三相配电变压器外,可采用按谐波次数装设分流滤波器等措施。

  5 在采用电力电容器作无功补偿装置时,容量较大、负荷平稳且经常使用的用电设备的无功负荷宜采用就地补偿;补偿基本无功负荷的电力电容器组,宜在配电变电所内集中补偿。

9.2.4 印染工厂的车间负荷计算宜采用需要系数法,需要系数可按表 9.2.4 的规定采用。

表 9.2.4 印染工厂主要工艺设备需要系数表

设备名称	需要系数(K_c)	功率因数($\cos\phi$)
烧毛设备	0.7~0.8	0.75~0.8
练漂设备	0.65~0.7	0.7~0.75
染色设备	0.65~0.7	0.7~0.75
印花设备	0.7~0.8	0.7~0.75
整装设备	0.75~0.8	0.7~0.75
热定形设备	0.75~0.8	0.8~0.85
拉幅机	0.65~0.7	0.7~0.75
涂层设备	0.7~0.8	0.75~0.8

9.2.5 室内配电干线敷设方式宜采用电缆桥架明敷设,在有腐蚀和特别潮湿场所,所采用的电缆桥架,应根据腐蚀介质的不同采取相应的防腐措施;室外宜采用电缆沟或直接埋地敷设。

  有关配电线路的敷设方式与要求,应按现行国家标准《低压配电设计规范》GB 50054 和《电力工程电缆设计规范》GB 50217 的有关规定执行。

9.3 照 明

9.3.1 印染工厂车间宜采用混合照明,并应重视机台上的局部照明。

9.3.2 染色、印花等车间应根据识别颜色要求和场所特点,选用相应显色指数的光源,并宜选用节能型灯。

9.3.3 车间作业区内的一般照明照度均匀度,不应小于 0.7,而作业面邻近周围的照度均匀度不应小于 0.5。

9.3.4 混合照明中的一般照明,其照度值应按该等级混合照明照度值的 10%~15%选取,且不宜低于 75 lx;在采用高强度气体放电灯时,不应低于 75 lx。

9.3.5 生产车间的照度宜采用点光源或线光源的逐点计算法。单位指标法只适用于方案初步设计阶段。对于部分辅助建筑等可采用单位指标法。

9.3.6 带窗的生产车间和辅助生产车间的照度标准可按表 9.3.6 的规定采用。

表 9.3.6 印染工厂的车间和辅助生产车间的照度标准

名 称	0.75m 水平面上最低照度值(lx)		显色指数(R_a)
	混合照明	一般照明	
练漂车间	—	75	80
进布布面	150		80
出布布面	300	—	80
染色车间	—	75	80
进布布面	150		80
出布布面	500		80

续表 9.3.6

名 称	0.75m 水平面上最低照度值(lx)		显色指数 (R_a)
	混合照明	一般照明	
印花车间	—	150	80
印花机进布布面	150	—	80
印花机出布布面	500	—	80
手工台板印花	—	300	80
整装、整理车间	—	100	80
进布布面	150	—	80
出布布面	500	—	80
验布量布机	1000	—	80
验布台	750	—	80
浆料调配室	—	75	80
碱液回收站	—	75	40

注：在一般情况下，设计照度值与照度标准值相比较，可有±10%的偏差。

9.3.7 车间内应设供疏散用的应急照明。在安全出口、疏散通道与转角处应按现行国家标准设置疏散标志。出口标志灯和指向标志灯宜用蓄电池备用电源。安全照明的电源应和该场所的电力线路分别接自不同变压器或接自同一台变压器不同馈电线路的专用线路上。

9.3.8 车间内应根据照明场所的环境条件和使用特点，合理选用灯具。灯具的布置与安装应考虑安全与维护方便。

9.3.9 印染工厂的照明设计除符合本规范外，应执行现行国家标准《建筑照明设计标准》GB 50034 的规定。

9.4 接地和防雷

9.4.1 厂区的低压配电系统的接地形式宜采用 TN 系统。在 TN 系统中 TN-C、TN-C-S 和 TN-S 三种形式，应根据工程情况经技术经济比较后确定。由同一台变压器或同一段母线向一个建筑物供电的低压配电系统，宜采用一种形式的接地系统。建筑物以外的电气设备，宜单独接地。

9.4.2 低压系统中性点接地电阻值不宜大于 4Ω；重复接地电阻不宜大于 10Ω；防静电接地电阻不应大于 100Ω；在易燃易爆区不宜大于 30Ω；对于第一、二类防雷建筑物，每根引下线的冲击接地电阻不宜大于 10Ω；对于第三类防雷建筑物，每根引下线的冲击接地电阻不宜大于 30Ω；采用共用接地装置时，接地电阻应符合其中最小值的要求；若共用接地系统中接有防雷接地系统时，接地电阻不应大于 1Ω。电子设备接地，当采用共用接地系统时，接地电阻不应大于 1Ω；当采用单独接地体时，接地电阻不应大于 4Ω。

9.4.3 印染工厂内的建筑物、构筑物的防雷分类及防雷措施，应按现行国家标准《建筑物防雷设计规范》GB 50057 和《建筑物电子信息系统防雷技术规范》GB 50343 的有关规定执行。

9.5 消防和火灾报警

9.5.1 火灾自动报警系统应设有主电源和直流备用电源。

9.5.2 每座占地面积超过 1000m² 的坯布、成品仓库应设火灾自动报警装置。

9.5.3 在使用煤气、天然气或其他可燃气体的烧毛工段，在无贮气装置时宜设可燃气体探测器，但在贮气装置间应装设可燃气体探测器。在使用甲苯、DMF 等散发爆炸性气体的涂层工段，属 2 区环境，宜设置相应的气体浓度探测器或检漏报警装置，但在涂层调配间应设气体浓度探测器或检漏报警装置。

9.5.4 印染工厂的火灾自动报警系统和消防控制室设置，应按现行国家标准《建筑设计防火规范》GB 50016 和《火灾自动报警系统设计规范》GB 50116 的有关规定执行。

9.5.5 火灾事故照明和疏散指示标志灯可采用蓄电池作备用电源，但连续供电时间不应少于 20min。

10 动　力

10.1 一 般 规 定

10.1.1 印染工厂用热负荷包括生产工艺、空调、采暖和生活用热。

10.1.2 印染工厂所需蒸汽热源，应根据所在区域的供热规划确定。有条件的可使用城市热电厂（区）供给的蒸汽。当大型印染工厂，用热负荷较稳定，通过分析比较，可采用热电联产方式。

10.1.3 蒸汽锅炉房和油热载体加热炉房设计应以煤为燃料，当以重油、柴油、天然气或城市煤气为燃料时，应经有关主管部门批准。

10.2 蒸汽供热系统

10.2.1 印染工厂用汽部门应提出用汽参数（温度、压力）及小时平均用汽量和小时最大用汽量。宜绘制主要设备、用热车间和全厂的热负荷曲线图。应按生产、空调、采暖、生活和锅炉自用热负荷，考虑同时使用系数和管网损失后，得出最大计算热负荷。

10.2.2 依据印染工厂最大计算热负荷、用汽参数及当地供热条件，通过技术经济分析，确定采用城市（区）热电厂集中供热、自建蒸汽锅炉房、热电联产等某一供热方案，方案应技术先进、安全适用、经济合理，符合节能和保护环境的要求。

10.2.3 当采用城市（区）热电厂集中供热时，印染工厂应设置减压减温装置，经常运行的减压减温装置应有 1 套备用，确保供热蒸汽参数符合生产、生活用汽要求。

10.2.4 锅炉房设计应根据全厂最大计算热负荷及近期发展需要确定，并应符合现行国家标准《锅炉房设计规范》GB 50041 的规定。

10.2.5 印染工厂投资热电联产，应在设计之前进行可行性研究，对技术经济上的可行性做出全面的技术论证，并经相关部门批准后实施。

10.2.6 印染工厂热电站的建设应坚持"以热定电"的原则，根据热负荷的大小，结合电网对电力的需求情况，确定供热机组的类型、规格和运行方式。

10.2.7 室内外蒸汽供热管道应符合下列要求：

  1 印染工厂生产用汽在热力站集中控制。对各主要车间应单独敷设干管，并宜做到1台联合机1根支管。其他用汽少的车间或附房用汽点，可合并于附近的车间供汽系统。

  2 管道设计流量，应根据热负荷的计算确定，热负荷应包括近期发展的需要量。

  3 管道布置和敷设应符合下列原则：

    1) 厂区热力管道的布置，应根据全厂建筑物布置的方向与位置、热负荷分布，并宜同导热油管、空压管、碱管、燃气管、给排水管等其他管道综合考虑，合理设置管架及管道排列的层次。

    2) 架空热力管道可采用低、中、高支架敷设。在不妨碍交通的地段宜采用低支架敷设，通过人行道地段宜采用中支架敷设，在车辆通行地段应采用高支架敷设。

    3) 热力管道可与重油管、压缩空气管、冷凝水管敷设在同一地沟内。严禁与输送易挥发、易爆、有害、有腐蚀性介质的管道敷设在同一地沟内。

10.3 蒸汽凝结水回收和利用

10.3.1 凡是用蒸汽间接加热而产生的凝结水，除加热介质有毒或有强腐蚀性的溶液外，应加以回收。回收率应达到60%～80%。

10.3.2 生产高压和低压凝结水系统，应分别敷设。空调、采暖凝结水应与生产凝结水分别敷设。

10.3.3 蒸汽凝结水的回收，应根据不同的用汽特点和条件、管道敷设方式等全面分析后，采用闭式满管回水、重力自流回水、余压回水、开式水箱自流或机械泵回水等方式。

10.3.4 蒸汽凝结水热量应按下列原则加以利用：

  1 采用余压回水系统时，宜在凝结水管道中增设换热装置，回收热量，降低水温度，缩小管径。

  2 凝结水箱上宜设二次蒸汽冷却器，用锅炉软化水冷凝二次蒸汽，吸收热量。

10.4 导热油供热系统

10.4.1 印染工厂生产化纤及其混纺印染织物，在热定型、焙烘等工序要使用高温热源，宜采用油热载体加热炉，以导热油为载热体，利用热油泵强制导热油液相循环，将热能输送给用热设备。

10.4.2 应根据工艺设备用热参数、热负荷量及当地提供的燃料（煤、油、气），选择适合相应燃料的油热载体加热炉，且不宜少于2台。

10.4.3 燃煤油热载体加热炉房宜与燃煤蒸汽锅炉房布置在同一区域，宜合用辅助设施。

10.4.4 导热油供热系统设计，应合理选用导热油在炉管中的流速和导热油进、出口油温的温差，采取防止导热油氧化及防止油温过高的措施。

10.5 燃 气

10.5.1 印染工厂燃气管道设计应符合现行国家标准《城镇燃气设计规范》GB 50028 及《工业企业煤气安全规程》GB 6222 中的有关规定。

10.5.2 燃气管道坡向凝水缸的坡度不宜小于0.003。

10.5.3 印染工厂进车间的燃气管道应架空敷设。

10.6 压 缩 空 气

10.6.1 压缩空气站的设计容量应依据工艺提供的印染设备用气压、用气量、用气质量要求，计入同时使用系数、管道系统漏损系数后计算确定。

10.6.2 印染工厂压缩空气站的设计应符合现行国家标准《压缩空气站设计规范》GB 50029 的规定。

11 仓 贮

11.1 一 般 规 定

11.1.1 各类物资的储备应符合保证生产、加快周转、合理储备、防止损失的原则，在满足生产需要的前提下，合理确定仓库的面积。

11.1.2 仓库布置应方便生产、方便运输，宜靠近使用部门，减少搬运。

11.1.3 仓库的设计应遵循节约用地原则，设置多层仓库。

11.1.4 库内和库区货物的装卸运输，应考虑提高机械化程度。

11.2 坯布库、成品库

11.2.1 坯布库、成品库的建筑面积应满足生产、贮存的要求，坯布的贮存周期宜为9～12d，成品的贮存周期宜为10～15d。

11.2.2 仓库设备和工器具选用应符合下列要求：

  1 堆放布包的装卸设备可采用移动式堆包机或单梁悬挂式吊车；

  2 多层仓库垂直运输可采用电梯，也可采用电动葫芦、吊车等设备；

3 坯布库、成品库布包底层必须设垫木。

11.3 染化料库和酸、碱及漂白剂的贮存

11.3.1 染料贮存周期可按 6 个月计算，化工料可按 2 个月计算。

11.3.2 烧碱贮存以液碱为主，也可少量或短期使用固碱。烧碱贮存周期，当地供应可按 12d 计算，外地供应可按 18～25d 计算。液碱及固碱可贮存在碱回收站。

11.3.3 硫酸、盐酸、次氯酸钠、双氧水贮存周期，当地供应按 12d 计算，外地供应可按 25d 计算，储存于简易通风的棚内。

11.3.4 采用液氯自制次氯酸钠漂白液时，液氯钢瓶可贮存在次氯酸钠调配室内，但贮存室必须有安全设施。

11.4 危险品库

11.4.1 危险品库内应分隔成若干间，将各类物品分开堆放。

11.4.2 危险品库应防止太阳直晒，库内应干燥、阴凉、通风，并配置可靠的消防设施。

11.5 机物料库

11.5.1 机物料库内各种小件物品的贮存可采用层式货架，人工存取的货架高度不宜超过 2.5m。

11.5.2 机物料库内应隔出 60～100m² 作为橡胶辊贮存室。

11.5.3 机物料库内应设置办公室和进货临时保管室。

11.6 其他仓库

11.6.1 印染厂外销成品采用木箱或纸箱包装时，可设包装材料库，根据工厂外销成品比重及当地运输情况，储存 6～12d。年包装在 1500 万 m 以内时，面积宜为 120m² 左右。

11.6.2 润滑油库面积宜为 20～30m²。

11.6.3 运输用汽油库面积宜为 15～20m²，烧毛用汽油库面积可另增 20m²。

11.6.4 劳动保护、文具用品等物品也应有一定的贮存量，可根据工厂规模大小，在综合仓库内增设若干面积贮存。

附录 A 工艺流程

A.1 纯棉织物主要工艺流程

A.1.1 本光漂布：坯布检验→翻布打印→缝头→烧毛→退浆→煮练→漂白→轧烘→上浆加白→拉幅→轧光→检码→成品分等→装潢成件。

A.1.2 漂白府绸：坯布检验→翻布打印→缝头→烧毛→退浆→煮练→漂白→丝光→复漂→加白→拉幅→轧光→防缩→检码→成品分等→装潢成件。

注：在热拉机上做加白者，轧光后不再拉幅。

A.1.3 液体硫化染色：坯布检验→翻布打印→缝头→烧毛→退浆→煮练→漂白→丝光→轧染染色→加软拉幅→防缩→检码→成品分等→装潢成件。

A.1.4 染色：坯布检验→翻布打印→缝头→烧毛→退浆→煮练→漂白→丝光→染色→柔软处理→（轧光）→预缩→检码→成品分等→装潢成件。

注：1 在热拉机上做柔软处理的品种，轧光后不再拉幅。
2 还原染料悬浮体轧染。
3 后整理工艺可以根据品种要求进行各种整理，如：树脂焙烘、加软、三防整理、四防整理、易去污整理、三防加易去污整理、抗菌整理、涂层整理等。

A.1.5 什色卡其：坯布检验→翻布打印→缝头→烧毛→平幅退浆→煮练→漂白→丝光→染色→拉幅→预缩→检码→成品分等→装潢成件。

注：1 平幅轧卷汽蒸煮练宜下布轧碱。
2 深什色半成品可以不漂白。
3 无浆卡其可以不退浆。

A.1.6 印花布：坯布检验→翻布打印→缝头→烧毛→退浆→煮练→漂白→丝光→印花→蒸化→水洗→（上蓝加白）拉幅→（轧光）→检码→成品分等→装潢成件。

A.2 涤棉织物主要工艺流程

A.2.1 漂白涤棉布：坯布检验→翻布打印→缝头→烧毛→退浆→煮练→氧漂→丝光→涤加白定形→氧漂棉加白→烘十→上柔软剂拉幅或树脂整理→轧光→预缩→检码→成品分等→装潢成件。

A.2.2 什色涤棉布：坯布检验→翻布打印→缝头→烧毛→退浆→煮练→氧漂→丝光→定形→染色→加软拉幅或树脂整理→预缩→检码→成品分等→装潢成件。

A.2.3 印花涤棉布：坯布检验→翻布打印→缝头→烧毛→平幅退浆→煮练→氧漂→定形兼涤加白→丝光→印花→焙烘→水洗→定形→预缩→检码→成品分等→装潢成件。

A.3 化纤织物主要工艺流程

A.3.1 尼丝纺：
坯绸准备→（预定形）→精练→染色→烘燥→
　　　　　　　　　　↳印花→蒸化→水洗↗

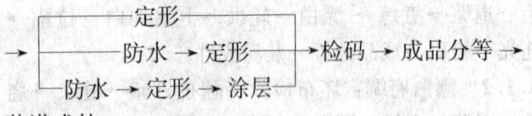
→装潢成件。

A.3.2 涤纶低弹织物：坯布准备→精练→烘燥定形→[卷染 / 喷射溢流梁色]→松式烘燥→定形→（轧纹）→检码→成品分等→装潢成件。

A.3.3 涤纶长丝织物：坯布准备→精练→烘燥→（预定形）→[喷射溢流梁色→退捻开幅 / 卷染 / 印花→蒸化→水洗]→烘燥→热定形→（轧纹）→检码→成品分等→装潢成件。

A.3.4 涤纶仿真丝绸：坯布准备→打卷→精练（起皱）→烘燥定形→碱减量→水洗→[液流染色→退捻开幅 / 烘燥→印花→蒸化→水洗]→烘燥→定形→检码→成品分等→装潢成件。

A.3.5 高细旦织物：坯布准备→打卷→精练→烘燥定形→喷射溢流染色→退捻开幅→烘燥→热定形→（印花→蒸化→水洗→）磨毛→检码→成品分等→装潢成件。

A.4 短流程工艺

A.4.1 前处理冷轧堆工艺：坯布检验→翻布打印→缝头→烧毛→轧冷堆液→堆置20h→水洗→丝光→染色→后整理→防缩→检码→成品分等→装潢成件。

A.4.2 煮练酶工艺：坯布检验→翻布打印→缝头→烧毛→煮练酶堆置→漂白→丝光→染色→后整理→防缩→检码→成品分等→装潢成件。

A.4.3 冷堆染色：坯布检验→翻布打印→缝头→烧毛→退浆→煮练→漂白→丝光→冷堆染色→水洗→后整理→防缩→检码→成品分等→装潢成件。

A.4.4 活性湿短蒸工艺：坯布检验→翻布打印→缝头→烧毛→退浆→煮练→漂白→丝光→活性湿短蒸工艺→后整理→防缩→检码→成品分等→装潢成件。

A.5 其他工艺流程

A.5.1 粘胶织物：坯布检验→翻布打印→缝头→烧毛→退浆→煮练→漂白→染色→柔软处理→（轧光）→预缩→检码→成品分等→装潢成件。

A.5.2 弹性织物：坯布检验→翻布打印→缝头→烧毛→冷轧堆（退浆→煮练→漂白）→丝光→（预定形）→染色→柔软定形→预缩→检码→成品分等→装潢成件。

A.5.3 天丝织物：坯布准备→精练→（碱处理）→烧毛→初级原纤化→酶洗→烘干拉幅→染色→二次原纤化→拉幅柔软整理→防缩整理→检码→成品分等→装潢成件。

附录 B 印染主机设备生产能力

表 B 印染主机设备生产能力

序号	设备名称		机械车速（m/min）	工艺设计车速（m/min）	设计年产量（万 m/年）	备注
1	LMH003	棉、涤棉两用气体烧毛机	40～120	90～100	3000	—
2	LMH005	纯棉织物用气体烧毛机	45～150	90～100	3000	—
3	LMH041	平幅酶退浆机	35～70	50～60	1500～1800	—
4	LMH042 LMH043	平幅碱退浆机	35～70	50～60	1500～1800	—
5	LM083	绳状练漂联合机	80～120	110×2	6000	—
6	LMA071	松式绳状练漂联合机	80～130	90～100	3000	—
7	LMH067	平幅煮练机	35～70	50～60	1500～1800	—
8	LMH071	平幅煮练机	35～70	50～60	1500～1800	—
9	LMH062	平幅氧漂机	35～70	50～60	1500～1800	—
10	LMH064	平幅氯漂机	35～70	50～60	1500～1800	—
11	LMH066	平幅氧漂机	35～70	50～60	1500～1800	—
12	LSR061 LMA045	平幅退煮漂联合机	35～70	50～60	1500～1800	—
13	LMH101	轧水烘燥机	35～70	50～60	1500～1800	—
14	LMA101	高效轧水烘燥机	35～70	50～60	1500～1800	—

续表 B

序号	设备名称		机械车速 (m/min)	工艺设计车速 (m/min)	设计年产量 (万 m/年)	备注
15	LMH131	开幅轧水烘燥机	35～70	50～60	1500～1800	—
16	ME301 ME301A-220	绳状退捻开幅脱水机	10～40	25～30	750～900	—
17	LMH201	布铗丝光机	35～73	50	1500	—
18	LMA142	高速布铗丝光联合机	100	80	2400	—
19	LMA166-280 型	直辊丝光联合机	20～80	40～50	1200	—
20	LMA125-180 型	高速直辊布铗丝光机	20～100	65～80	1900～2100	—
21	MH774	热定形机	15～100	40～60	1500	—
22	SR785D	低弹织物热定形机	10～40	30	900	—
23	M125	等速卷染机	—	660m/台·班	60	—
24	MA206	恒张力卷染机	—	660m/台·班	60	—
25	SM315C	卷染机	—	660m/台·班	60	—
26	BMA207-200 形	巨型卷染机	—	1000～3000 m/台·班	80～240	—
27	M141	高温高压卷染机	—	1000m/台·班	80	—
28	MH141	卷放轴两用机	60～70	50	1500	—
29	LMH305D	热熔染色机	30～70	45～50	1000～1200	—
30	LMH323 LMH305	连续轧染机	35～70	45～50	1500	—
31	LMH423 LMH424	热风打底机	35～70	45～50	500	—
32	LMH571A RD-V	圆网印花机	6～100	40～60	600	—
33	LMH552 LHM-5V	平网印花机	6～20	10～15	200	—
34	ZV993	转移印花机	4～20	15	200	—
35	LM442	蒸化机	10～50	30～40	1000	单头
36	LM433-280	还原蒸化机	20～70	30×2	1500	—
37	ARTOS5601	长环蒸化机	10～80	30×2	1500	—
38	LMH611	松式绳状皂洗机	35～70	50	1500	—
39	LMH641 LMH643	平幅显色皂洗机	35～70	50	1500	—
40	MH683	焙烘机	35～70	50	1500	—
41	LMH734	热风拉幅机	35～70	50～60	1500	—
42	LMH724	浸轧短环烘燥拉幅机	15～50	30～40	1000	—
43	LMH701	树脂整理机	35～70	40～50	1200～1500	—
44	LMA441	防缩整理联合机	20～80	30～40	1000～1200	—
45	M231	三辊轧花机	25～70	50	1500	—
46	MA421A	轧花机	2.5～15	10	300	—
47	LM822	验布折布联合机	—	40	800～1000	—
48	MA501	验卷联合机	—	40	800～1000	—

续表 B

序号	设备名称		机械车速(m/min)	工艺设计车速(m/min)	设计年产量(万 m/年)	备注
49	M423 MA521	对折卷板机	—	40	1200	—
50	M492	电动打包机	—	24 包/h	—	—
51	A752C	液压打包机	—	24 包/h	—	—

注：设备型号中除有注明幅宽外，其余均指 1800mm 幅宽。设计年产量按年生产天数 306d 计算。

附录 C 主要印染设备参考用水量

表 C 主要印染设备参考用水量

序号	设备名称	用水量（t/h）		
		工业水	软化水	合计
1	LMH004A 型化纤气体烧毛机 LMH005、005A 型棉织物气体烧毛机	—	3.0 3.0	3.0 3.0
2	LMH041 型平幅酶退浆机	19.5	—	19.5
3	LMH042、LMH043 型平幅碱退浆机	—	19.5	19.5
4	LM083A 型绳状练漂机	95	20	115
5	LMA071 型松式绳状练漂联合机	53	13	66
6	LMH067、067J 型平幅煮练机	—	19.5	19.5
7	LMH071 型平幅退煮机	—	33	33
8	LMH062、062A 型平幅氧漂机	12.5	0.5	13
9	LMH066、066J 型平幅氧漂机	12.5	0.5	13
10	LMH064、064J 型平幅氯漂机	18	—	18
11	LMA045 型平幅退煮漂联合机	—	46.5	46.5
12	LMH101、LMA101 型轧水烘燥机	—	1.5	1.5
13	LMH131 开幅轧水烘燥机	—	1.5	1.5
14	LMH201 型布铗丝光机	—	10.5	10.5
15	LMA142 型高速布铗丝光联合机	—	13.5	13.5
16	LMA125 型高速直辊布铗丝光机	—	13.5	13.5
17	MH774 型涤棉织物热定形机	—	1.0	1.0
18	M125 型卷染机	—	2	2
19	M141 型高温高压卷染机	—	2	2
20	MH141 型卷轴放轴两用机	—	1.5	1.5
21	LMH305 型热熔染色机	11	16.5	27.5
22	LMH323、LMH325 型连续轧染机	11	14	25
23	圆网印花机	10	—	10
24	平网印花机	8	—	8
25	LM442 型蒸化机 LM433 型还原蒸化机	—	1.0	1.0
26	LMA611、LMH611 型松式绳状皂洗机	14	10	24
27	LMH734 型热风拉幅机	—	1.0	1.0

续表 C

序号	设 备 名 称	用水量（t/h）		
		工业水	软化水	合计
28	LMH724A 型浸轧短环烘燥拉幅机	—	0.5	0.5
29	LMA441 型防缩整理联合机	—	0.5	0.5
30	LMH701 型树脂整理机	11	3	14
31	LMH703 型快速树脂整理机	—	0.5	0.5
32	碱回收站： 1 台丝光机 2～3 台丝光机 4～5 台丝光机	— — —	26 52～78 101～130	— — —
33	调浆间： 2 台印花机 3 台印花机 4 台印花机	— — —	15t/d 25t/d 40t/d	— — —

注：用水量按 1800mm 幅宽设备计算，其余幅宽设备作相应调整。

附录 D 主要印染设备参考用汽量

表 D 主要印染设备参考用汽量

序号	设 备 名 称	用汽量（kg/h）		
		直接蒸汽	间接蒸汽	合计
1	LMH003、003A、LMH003J、003AJ 型棉、涤棉两用气体烧毛机 LMH004A 型化纤及混纺用气体烧毛机 LMH005J、005AJ 型纯棉织物用气体烧毛机	150 150 150	 — 	150 150 150
2	LMH041 型平幅酶退浆机	520	—	520
3	LMH042、LMH043 型平幅碱退浆机	1300		1300
4	LMH083A 型绳状练漂联合机	2000		2000
5	LMA071 型松式绳状练漂联合机	1400		1400
6	LMH067 型平幅煮练机	1950		1950
7	LMH071 型平幅退煮机	2600		2600
8	LMH062、LMH066 型平幅氧漂机	1300		1300
9	LMH064 型平幅氯漂机	720		720
10	LMA045 型平幅退煮漂联合机	3250		3250
11	LMH101、LMA101 型轧水烘燥机	600		600
12	LMH131 型开幅轧水烘燥机	600		600
13	LMH201、201A 型布铗丝光机	1040		1040
14	LMA142、142A 型高速布铗丝光联合机	1360		1360
15	LMA125 型高速直辊布铗丝光机	1360		1360
16	M122、122B、M125A、125B、MA206 型卷染机	135	30	165
17	M141 型高温高压卷染机	200	130	330
18	MH141 型卷轴放轴两用机	60	—	60
19	LMH303、305 型热熔染色机	1020	1820	2840

续表 D

序号	设备名称	用汽量（kg/h）		
		直接蒸汽	间接蒸汽	合计
20	LMH323、LMH325 型连续轧染机	1050	1220	2270
21	圆网印花机	—	400	400
22	平网印花机	—	200	200
23	LM442 型蒸化机	800	—	800
24	LM433 型还原蒸化机	1560	—	1560
25	LMA611 型松式绳状皂洗机	1000	—	1000
26	LMH734 型热风拉幅机	—	720	720
27	LMH724A 型浸轧短环烘燥拉幅机	—	70	70
28	LMH701、701C、701D 型树脂整理机	300	1020	1320
29	LMA411 型防缩整理联合机	—	320	320
30	M231 型三辊轧光机	—	70	70
31	MA421 型轧花机	—	100	100
32	碱液回收站： 　1 台丝光机 　2～3 台丝光机 　4～5 台丝光机	770～1540 2310～3080 3850	— — —	— — —
33	调浆间： 　1 台印花机 　2 台印花机 　3 台印花机	100～150 150～200 200～250	— — —	— — —

注：用汽量按 1800mm 幅宽设备计算，其余幅宽设备作相应调整。

附录 E 印染设备需要高温热源值

表 E 印染设备需要高温热源值

序号	设备名称	需要热值 [MJ/h（10^4kcal/h）]
1	LMH003-160 气体烧毛机 LMH005-160 气体烧毛机	732（17.5）
2	LMH011A 双层气体烧毛机	1464（35.0）
3	LMH401-140 红外线打底机 LMH404-140 红外线打底机 LMH423-140 热风打底机 LMH424-140 热风打底机	1230（29.4）
	LMH401-160 红外线打底机 LMH404-160 红外线打底机 LMH423-160 热风打底机 LMH424-160 热风打底机	1556（37.2）
	LMH401-180 红外线打底机 LMH404-180 红外线打底机 LMH423-180 热风打底机 LMH424-180 热风打底机	1724（41.2）
4	MH251-220 长环蒸化机 ARTOS5621-180 长环蒸化机	920（22.0） 1046（25.0）

续表 E

序号	设备名称	需要热值 [MJ/h (10^4 kcal/h)]
5	MH682-160 焙烘机 MH683（Ⅰ）-160 焙烘机 MH683（Ⅱ）-160 焙烘机	1025（24.5） 670（16.0） 1088（26.0）
6	LMH724-180 短环烘燥拉幅机	1674（40.0）
7	LMH703-160 快速树脂整理机	1674（40.0）
8	LMH701-160 树脂整理机	2761（66.0）

附录 F 印染设备各轧车压缩空气用量

表 F 印染设备各轧车压缩空气用量

序号	设 备 名 称	用气量（m³/min）
1	均匀轧车	0.05
2	二辊立式轧车	0.06
3	二辊卧式轧车	0.08
4	三辊立式轧车	0.07
5	三辊卧式轧车	0.09
6	中小辊轧车	0.06
7	小轧车	0.04

本规范用词说明

1 为便于在执行本规范条文时区别对待，对要求严格程度不同的用词说明如下：

　　1）表示很严格，非这样做不可的用词：
　　　正面词采用"必须"，反面词采用"严禁"。
　　2）表示严格，在正常情况下均应这样做的用词：
　　　正面词采用"应"，反面词采用"不应"或"不得"。
　　3）表示允许稍有选择，在条件许可时首先应这样做的用词：
　　　正面词采用"宜"，反面词采用"不宜"；
　　　表示有选择，在一定条件下可以这样做的用词，采用"可"。

2 本规范中指明应按其他有关标准、规范执行的写法为"应符合……的规定"或"应按……执行"。

中华人民共和国国家标准

印染工厂设计规范

GB 50426—2007

条 文 说 明

目　次

1　总则 ················· 7—25—30	6.8　地基基础 ············ 7—25—35
3　工艺设计 ·············· 7—25—30	7　给水排水 ·············· 7—25—35
3.1　一般规定 ············ 7—25—30	7.1　一般规定 ············ 7—25—35
3.2　工艺流程 ············ 7—25—30	7.2　用水量、水质和水压 ····· 7—25—35
3.3　设备选用 ············ 7—25—30	7.3　水源与水处理 ·········· 7—25—35
4　总图运输 ·············· 7—25—30	7.4　给水系统和管道布置 ····· 7—25—35
4.1　一般规定 ············ 7—25—30	7.5　消防给水与灭火器配置 ··· 7—25—36
4.2　建（构）筑物布置 ······· 7—25—30	7.6　排水系统和管道布置 ····· 7—25—36
4.3　道路运输 ············ 7—25—30	7.7　水的重复利用及废水回用 ·· 7—25—36
4.4　竖向设计 ············ 7—25—31	8　采暖通风 ·············· 7—25—37
4.5　厂区管线 ············ 7—25—31	8.1　一般规定 ············ 7—25—37
4.6　厂区绿化 ············ 7—25—31	8.3　生产车间的采暖通风 ····· 7—25—37
4.7　主要技术经济指标 ······· 7—25—31	9　电气 ················· 7—25—37
5　建筑 ················· 7—25—31	9.1　一般规定 ············ 7—25—37
5.1　一般规定 ············ 7—25—31	9.2　供配电系统 ··········· 7—25—37
5.2　生产厂房 ············ 7—25—31	9.3　照明 ··············· 7—25—38
5.3　建筑防火、防爆 ········ 7—25—31	9.4　接地和防雷 ··········· 7—25—39
5.4　生产辅助用房 ·········· 7—25—31	9.5　消防和火灾报警 ········ 7—25—39
5.5　生产厂房主要建筑构造 ··· 7—25—31	10　动力 ················· 7—25—39
6　结构 ················· 7—25—32	10.1　一般规定 ············ 7—25—39
6.1　一般规定 ············ 7—25—32	10.2　蒸汽供热系统 ········· 7—25—40
6.2　结构选型 ············ 7—25—32	10.3　蒸汽凝结水回收和利用 ··· 7—25—40
6.3　结构布置 ············ 7—25—33	10.4　导热油供热系统 ········ 7—25—40
6.4　设计荷载 ············ 7—25—33	10.5　燃气 ··············· 7—25—40
6.5　结构计算 ············ 7—25—34	10.6　压缩空气 ············ 7—25—40
6.6　带排气井的单层锯齿形厂房构造 　　　要求 ················ 7—25—34	11　仓贮 ················· 7—25—41
	11.1　一般规定 ············ 7—25—41
6.7　抗震构造措施 ·········· 7—25—34	11.2　坯布库、成品库 ········ 7—25—41

1 总 则

1.0.1 本条为制定本规范的目的。

1.0.2 本条为本规范的适用范围。根据印染行业的特殊工艺分类，明确本规范适用于棉、化纤及混纺机织物连续和间歇式印染工厂设计，本规范不适用丝绸印染、针织印染、毛纺印染等工厂的设计及为印染工厂服务的公用工程设施和办公、生活设施的设计。

1.0.5 印染工厂设计涉及国家有关政策、法规和标准、规范，故本条规定在印染工厂设计中除执行本规范外，尚应符合纺织工业企业设计防火技术规定、纺织工业企业环境保护和职业安全卫生等国家现行的有关防火计量、劳动安全卫生、环境保护及各专业相关的法规、标准和规范等。

3 工艺设计

3.1 一般规定

3.1.2 不同的工艺流程，就会选择不同的设备配置，近几年印染设备技术更新发展较快，特别是节水、节能和后整理新技术，需要留有一定的场地和空间，宜留有合理发展的可能。

3.2 工艺流程

3.2.1～3.2.3 印染行业是纺织工业的加工行业，各种纺织品的使用要求不尽相同，印染加工的工艺选择性很大，如选择先进、合理、可靠的工艺流程，可以收到优质、高效、节能、低成本、少污染的效果。在工厂设计时既要符合主要品种的工艺流程，也要考虑能生产其他品种的需要，满足工厂近期生产和远景规划的要求，才能使设计的工厂取得较好的经济效益。

3.3 设备选用

3.3.1 选用的设备应与设计规模相适应，具有设备连续化和机台高效率，操作和维护保养方便，能确保产品质量，降低劳动强度，提高劳动生产率，减少设备配台，能节省基建费用，染化料、水、电、汽单耗低，能降低成本，减少环境污染，确保安全生产。在工厂设计中应尽量采用技术上成熟的，经过鉴定的国产新型印染设备。对少量必须引进的关键设备，也要考虑与国内技贸结合、合作生产的条件，以节约外汇和提高我国印染设备制造技术水平。

4 总图运输

4.1 一般规定

4.1.1 印染工厂总图运输设计过程中出现的各种矛盾应采取多种手段进行协调，加以解决，无论采用何种手段，都应方便生产并节约用地、节省投资。

4.1.2 印染工厂的设计和建设不应搞"大而全"、"小而全"，应充分考虑专业化和社会化的原则，尽量与地方协作，以节约投资，提高经济效益。

4.1.3 印染工厂的生产车间组合成联合厂房已有很多实例，单层锯齿形的练漂、染色车间与多层印花车间并建，或通过内天井连接，以达到节约土地、生产流程短捷的目的。为了严格土地管理，厂前区行政办公及生活设施用地面积占项目总用地面积百分比各省有具体规定，设计中应严格执行。

4.1.4 当设计任务书中未明确分期建设时，根据以往实践经验，大多数印染工厂均有扩（改）建的情况，因此，在总图设计中考虑发展可能性就比较主动、灵活。

4.2 建（构）筑物布置

4.2.1 本条提出了练漂、染色、印花车间平面布置的应注意事项。

 1 锯齿形厂房一般均为锯齿朝北方位，阳光不会直接射入车间，采光均匀；但练漂、染色车间部分设备蒸汽散逸，湿度大，在冬季气温较低地区的练漂、染色车间北向锯齿厂房内积雾，滴水现象严重，甚至有车间内伸手不见五指的情况。在20世纪70年代中期，部分地区采取锯齿朝南的方位，结合工艺、空调、建筑等有关措施较好地解决了冬季积雾、滴水等问题。如哈尔滨市某纺织印染厂，采用南向锯齿形结构厂房，冬季阳光能射入车间内，对减少车间内滴水及天窗结冰现象有明显效果。

 2 气楼式厂房利用侧向天然采光，气楼两侧天窗通风排气、排雾，一般情况下应选择南北朝向。

 3、4 针对染整车间产生雾气，易滴水，平面布局应布置为有利自然通风，能散发有害气体的体形。

4.2.2 本条是对印染工厂自建锅炉房布置提出要求，锅炉房位置的选择，直接影响到供热系统的投资、运行、环境保护、安全防火等诸因素。

4.2.4 污水处理站产生废气对人体有一定危害性，在选定总图位置不仅考虑本项目的合理性，还应顾及四邻周边影响，对居住区的影响更应引起重视。

4.3 道路运输

4.3.3 自改革开放以来，我国已广泛采用运输综合机械化设备，如集装箱运输，应考虑能通行集装箱运输车的道路转弯半径、停车场地等。常用集装箱货柜规格长度为6.0m和12.0m，宽度为2.4m，高度为2.5m。

4.3.6 厂区出入口由于消防要求，一般应设2个，为了保证消防车顺利通行，避免出现道路堵塞现象，因此宜开设在不同方位，确因条件限制，生产规模较小的厂区可设 1 个出入口。

4.4 竖向设计

4.4.1 本条是针对厂区竖向设计提出的要求。

1 根据现行国家标准《防洪标准》GB 50201 有关工矿企业的等级和防洪标准，按照印染工厂的生产规模，制定本规范的防洪要求。

4.4.2 本条对竖向布置方式和设计标高选择提出要求：

1 竖向设计选择的条件，主要以地形坡度及复杂程度而定。印染工厂主厂房占地面积较大，且厂区内建筑密度较高，厂内外均为水平运输方式，故宜采用平坡式。

4 厂房室内外高差根据大多数工厂实例一般均为 0.15m。

4.5 厂区管线

4.5.1 本条规定管线敷设方式应按照场地条件、生产工艺特点，经过综合比较确定，力求达到经济、合理、安全生产的目的。

4.5.4 地下管线、管沟不应布置在建（构）筑物的基础压力影响范围以内。在特殊情况下，地下管线必须紧靠基础时，也应保持管底与基础底面平。

4.6 厂区绿化

4.6.1 厂区绿化布置应根据生产特点和各地段实际需要进行，应尽量利用厂区原有自然绿化环境，不应盲目追求花园式工厂而铺张浪费。

4.7 主要技术经济指标

4.7.1 总平面布置主要技术经济指标是选定总图最佳方案的依据之一，其中建筑系数是关键性指标，指标各系数值尚应符合当地规划部门提出的要求。

4.7.2 分期建设是指可行性研究报告明确规定的印染工厂。

5 建 筑

5.1 一般规定

5.1.1 印染工厂练漂、染色、印花车间生产过程中散发大量湿热气体，并含有腐蚀性介质，因此建筑设计必须根据不同地区特点，重点解决车间内部排雾、防结露、防腐蚀等问题。

5.1.3 建筑设计应本着"技术先进、经济合理"的原则，结合具体工程的规模、投资、所在地区的施工水平等因素综合考虑。

5.2 生产厂房

5.2.1 生产车间的建筑形式近年来发展变化很大，由于传统的锯齿形厂房造价高、工期长，已逐渐被单梁锯齿形厂房、气楼式单层厂房、气楼带排气井单层厂房代替，选用中主要应围绕解决印染工厂的排雾、防结露等问题综合考虑。

5.2.2 一般小型印染工厂平面布置可以避免四周设置附房，大、中型厂则难以做到，此条提出内天井是解决通风、排气较好的方案，工程实践中已有很多实例，特别南方地区更应重视。

5.2.3 生产车间高度选定的主要依据：

1 印染设备的安装高度要求。

2 部分设备因运转、安装、检修的需要，在屋面或楼面下设置电动吊车，应满足吊装设备时有足够的空间。

3 应满足车间通风和采光的要求。

5.3 建筑防火、防爆

5.3.1 烧毛间的烧毛机属明火作业，其火灾危险性分类为乙类，厂房设计中附属于丙类生产车间内，应与相邻车间分隔开。调研中有的工厂未分隔，在烧毛间周围及上空均被油污气体沾污，对车间的防火、通风、采光均不利。

5.3.3 涂层车间的涂层调配间使用溶剂型材料，必须有防爆措施，近年来已发生多起涂层车间爆炸引起火灾，故本条直接涉及人身和国家财产安全，确定为强制性条文，在设计中应引起高度重视。

5.4 生产辅助用房

5.4.2、5.4.3 染化液调配间有各种化学品配制的溶液、染液、浆液等，调配过程中会散发有毒气体。印花调浆间主要为染料调制色浆，相应配备染化料储存室、称料室等，其调制过程中会散发有害气体及液体沾污墙面、地面，因此应对这些部位采取通风排气及耐腐蚀措施。

5.4.5 汽油汽化室在生产车间中是易引发爆炸危险的场所，条文中提出门斗方式是根据多年来设计实践经验提出的措施，本条作为强制性条文，设计中应引起高度重视。

5.4.6 碱回收站有较强的腐蚀性介质作用，与车间合建不利于环境保护，故提出宜独立设置。

5.5 生产厂房主要建筑构造

5.5.1 此条对厂房屋面设计作了规定。

1 印染工厂的屋面类型比较多，长期以来选用锯齿形结构厂房较普遍，为解决厂房排雾、防结露，南方地区发展为带排气井的锯齿形结构厂房、气楼式厂房、气楼式带排气井厂房，近年来也有气楼两侧带挡风板形式的厂房，并发展到采用轻钢结构形式。如何选择合适的屋面形式，应因地制宜而定。

2 印染工厂的屋面坡度，决定于生产车间的性质，如潮湿性生产车间坡度宜大，便于凝结水顺坡流到集水沟，否则易在中部下滴影响产品质量。根据实践经验，屋面坡度1∶2.5能使凝结水顺坡流到集水沟。干燥性生产车间屋面坡度可按正常要求选用。轻钢屋盖本规范提出屋面排水坡度不应小于5%，是根据多年来实践及已建成工厂调研核实，大跨度轻钢屋盖，当压型钢板搭接方式有可靠防水措施时，该坡度是适用的。锯齿式屋面天沟排水坡不小于0.5%，主要针对大面积厂房，天沟长度较长，又采用外排水时的补充规定。

3 本款针对多年来经验教训制定，有些建设单位片面节省投资，取消隔汽层后会带来不良后果，对严寒地区的屋面构造应有防结露措施，也是针对调研中在北方地区生产车间屋面保温做法过于简陋造成凝结水下滴，影响产品质量。

4 轻钢屋盖压型钢板材质优劣、板材厚度与使用时间长短密切相关，特别对有腐蚀性气体散发的车间，选用优质钢材更显重要。

5.5.2 生产厂房的墙体材料为了保护耕地、节约能源、推动墙体改革，应积极推广应用新型墙体材料，各省市已发布严禁使用黏土砖的文件，设计中必须贯彻执行。对于某些边远地区或无新型墙体材料等特殊情况，可不受此限制。

5.5.3 本条对印染工厂的地面、楼面设计提出要求。

1 印染工厂的湿加工车间属多水车间，常年有水、染液、化学溶液波及楼地面，平时经常需冲洗，因此保持楼地面一定的排水坡度显得十分重要。

2 当印染设备布置在楼层时，楼面排水一是做排水沟，但这种做法室内不整洁、结构处理较麻烦，排水沟过框架梁需预埋管道、排水不畅；二是在设备下部设集水盘，通过排水管排出室外，该做法室内整洁、结构简单、排水通畅。

5.5.5 采光窗及天窗设计。

印染工厂的采光窗及天窗因所处位置受腐蚀性介质作用，不宜采用钢窗及铝合金窗，调研中发现很多企业使用的钢窗已被腐蚀，不能灵活开启，铝合金窗受酸性介质腐蚀，型材已被腐蚀穿孔，因此宜采用塑钢窗。锯齿形厂房的天窗长期以来采用钢筋混凝土天窗框，但施工麻烦，自重大，可用塑钢窗或玻璃钢窗替代。

5.5.6 印染工厂排气井设计。

印染工厂广泛采用排气井，长期实践经验及调研后证实采用无机不燃玻璃钢制作，自重轻、使用耐久，效果较好。

5.5.7 本条通过调研发现有些工厂气楼两侧挡风板采用压型钢板，檩条采用角钢，几年后腐蚀程度十分严重。

6 结　　构

6.1 一般规定

6.1.1 印染工厂的结构设计首先应满足工艺生产的需要，并切实考虑建厂地区的具体条件，同时要符合现行国家有关标准、规范、规程的要求。

6.1.3 因缺乏可靠的数据和资料，本章的适用范围对带排气井的单层钢筋混凝土锯齿形结构仍保持原纺织工业部标准《印染工业企业设计技术规定》的规定，适用于抗震设防烈度为7度和7度以下地区。

6.1.4 印染工厂的练漂、染色等湿热处理车间使用的染化料和蒸汽加热，在生产过程中散发有害气体和带有酸、碱等腐蚀性介质的热雾气，车间内湿度大、温度高，生产废水中带有酸、碱性，设计时应充分考虑这些不利因素，根据生产过程中介质的腐蚀性、环境条件、管理水平、维护条件等因地制宜，区别对待，综合考虑防腐蚀措施。

6.2 结构选型

6.2.1 简述了印染厂房结构选型时应特殊考虑的基本原则。

1 印染厂的生产加工过程比较复杂，不但加工工序长，而且加工过程中既有物理性变化，又有化学性变化，车间内腐蚀性介质和有害气体多、温度高、湿度大、雾气多，生产车间均应有一定的采光、排雾气、通风的功能要求，以满足正常印染生产的需要。

2 印染厂在生产过程中产生大量雾气，极易在室内屋顶结露形成滴水现象，厂址所处地域位置不同，气象条件各异，结露的情况也有较大区别，结构形式的选用必须考虑此类因素。

6.2.2 印染厂的练漂、染色车间在生产过程中会产生大量湿热雾气，很容易在屋顶及墙面形成滴水，因此在结构选型时应选用带排气功能的结构形式以利于排除湿气。

6.2.3 印染厂中的练漂、染色车间由于在生产过程中会散发大量热量和湿气，并伴随产生大量腐蚀性介质和有害气体（如：烧毛机烧毛产生大量一氧化碳气体和粉尘，调制次绿酸钠漂白液和织物漂白时散发出氯气），均会对建筑结构有较强的腐蚀作用，钢筋混凝土结构有较强的耐腐蚀性能，而轻钢结构在湿热状态下对防腐要求较高，在练漂、染色车间近几年新建的钢结构厂房均发现主钢梁有不同程度的锈蚀现象，有些已严重影响主体结构的耐久性。而印染厂的印花、整理、整装车间由于室内比较干燥，采用轻钢结构还是可以的。

6.2.4 带排气井的钢筋混凝土锯齿形厂房，通过几十年的实际使用证明,采用该体系确实能较有效地排雾气和防滴水,具有较好的适用性。

1 带排气井的三角架承重锯齿形排架结构,经过调研后发现近几年该体系由于工程造价高,设计施工麻烦,已较少使用,但因其满足工艺要求,采光、排气、防滴水效果较好,有些地方仍在采用。

1)根据工艺要求跨度12m一般每跨可排窄幅机器两排。而宽幅机器并列两排布置一般需13~14m跨度,特宽幅机器并列两排布置一般需16~18m跨度,而对于锯齿形厂房跨度在18m以内仍可采用普通钢筋混凝土结构,风道大梁柱距主要取决于结构合理性要求和风道风量断面要求,单梁一般采用6~8m较经济,双梁一般采用8~14m较经济。

2)屋面板主要强调应采用板底平整的预制构件,既方便施工,又避免形成滴水线。

3)双梁锯齿排架中双梁是通过焊接与牛腿柱相连,很难形成刚接,属于铰连接,只有通过天沟板上后浇混凝土层采取有效构造措施保证天沟板与风道双梁形成刚接,才能使双梁和风道板形成的不是机动体系,确保整体稳定。

4)单梁若与牛腿柱焊接很难保证形成梁柱刚性节点,而梁柱整浇在一起整体性较好,符合刚性节点要求。

2 经调研,在山东省纺织设计院也有采用带排气井的装配式门形架承重锯齿形排架结构的设计。由于屋面在跨度方向直接搁置屋面板,没有三角架梁,板底平整防滴水效果和室内美观均优于三角架承重锯齿形结构。

3 该结构形式目前在山东滨州地区应用较广,在上海和杭州也有采用,其纵向承重体系采用现浇框架结构,整体抗震性能和施工方便均优于三角架承重和门形架承重锯齿形排架结构。

1)该结构跨度一般采用12~18m,主要考虑在满足工艺生产并列布置两排特宽幅机器的跨度一般为18m,而SP预应力空心板在国家标准图《SP预应力空心板》05SG408中规定最大跨度为18m。

2)采用SP预应力空心板主要考虑除了板底平整美观外,跨度最大可达18m,能满足一般工艺布置要求。SP预应力空心板是根据国家建设标准设计图集《SP预应力空心板》05SG408中规定的技术要求,采用美国SPANCRETE公司的生产设备工艺流程、专利技术和SP商标使用权在我国生产的预应力空心板。

6.2.5

1 经调研,浙江、江苏地区近几年来在印染厂中较多采用带气楼的单层钢筋混凝土斜梁框架结构,实际应用效果较好。

1)根据工艺设备布置要求,一般每跨布置二排设备,至少需要12m跨度,而布置二排特宽幅设备则需18m,而从结构合理性考虑,跨度超过18m后,采用普通钢筋混凝土结构梁太高,经济性较差,宜采用预应力屋面梁较经济。

2)屋面梁往上翻的目的是为了保持板底平整,有凝结水时能顺坡流入室内滴水沟内,同时消除梁底形成的滴水线。

2 该结构体系目前实际使用较少,但江苏地区近几年也有工程实例,而且其对印染工厂也有一定优越性和适用性。

6.2.6 印染厂的印花、整理、整装车间,生产过程中湿度、雾气均不大,相对比较干燥,实际调研了解到,采用普通排架结构也较普遍,并具有施工方便和造价低等优势,但气楼处仍应采取设置侧窗排气、排气井排气或屋顶风机排气等通风措施。

6.2.7 单层印染厂中的印花、整理、整装车间由于生产过程中湿热气体较少,相对比较干燥,经在江苏、浙江、广东地区多方调研,目前用于此类车间的轻钢结构印染车间短的使用2~3年,最长的有近8年,腐蚀情况不太严重,使用基本正常,但也发现钢结构的节点螺栓部位锈蚀相对较明显,因此强调用于此类车间应加强防腐蚀设计。同时应按国家有关规范进行防火设计。

3 印染厂生产车间由于腐蚀气体多、室内管架多以及防火要求,柱子采用钢筋混凝土柱比钢柱有一定优势,实际工程使用也较普遍。屋面梁梁底底平是为避免产生水平推力。

6.3 结构布置

6.3.2 装配式锯齿形排架因屋面采用保温隔热措施,车间内温差变化较小且该结构体系属跨变结构,故可以不设伸缩缝。

6.4 设计荷载

6.4.1 设计天沟板、风道底板、轻型房屋屋面时,除考虑均布活荷载外,还应另外验算在施工、检修时可能出现在最不利位置上,由人和工具自重形成的集中荷载。悬挂荷载应包括工艺、水、暖、电、通风、空调等系统悬挂于结构的管道和设备荷载。原《印染工业企业设计技术规定》中不上人屋面均布活荷载$0.3kN/m^2$取值较低,易发生质量事故,为进一步提高屋面结构的可靠度,应按照现行国家标准《建筑结构荷载规范》GB 50009,把不上人屋面的均布活荷载提高到$0.5kN/m^2$。

6.4.3 楼面活荷载标准值由工艺提供,或由结构设计人员根据相关专业提供的资料计算确定,印染厂主要生产设备大多是联合机,一般长度较长,局部设备高度较高、重量较大,对安放各部位的荷载不一,在多层厂房设计时要予以充分重视。

6.4.4 操作荷载对板面一般取$2kN/m^2$,当堆料较多时，按实际情况取用，操作荷载在设备所占的楼面面积内不予考虑。

6.4.6 对柱、基础采用的楼面等效均布荷载，一般不考虑按楼层的折减。

6.5 结构计算

6.5.1 该结构体系属跨变结构采用手工计算非常繁杂，精度也不高，在目前计算机使用极其普遍的情况下应采用电算。

1 由于采用电算，计算简图中尽可能反映了实际受力情况，但对屋面中间跨风荷载考虑大小相同方向相反可互相抵消。

　　1）根据研究试算采用无牛腿等截面假定，能满足工程设计要求。

　　2）由于纵向一柱距内为减少屋面板跨度有时设置多榀三角架，所以计算简图中三角架刚度均应取风道大梁内诸榀三角架刚度之和计算。

2 该结构体系属装配式结构，中柱配筋一般由施工吊装阶段控制，因此必须进行施工吊装验算。吊装阶段屋面保温隔热及粉刷均还没有施工，理应不计入。

4 计算长度系数缺乏新的研究资料，仍沿用原《印染工业企业设计技术规定》中的参数。

6.5.2 单层钢筋混凝土斜梁框架结构屋面斜梁由于坡度较大，对柱子会产生水平推力，故不能简化成水平梁，电算时梁跨中高点可增设节点处理。

6.6 带排气井的单层锯齿形厂房构造要求

6.6.1、6.6.2 三角架承重锯齿厂房已在全国各地得到广泛应用，从调研结果看厂房的使用情况良好，加之与原《中华人民共和国纺织工业部建筑标准设计试用图集》JCPJ—1系列图集对照原《印染工业企业设计技术规定》中的构造做法较为成熟，故仍基本延用原有《印染工业企业设计技术规定》中的做法。风道大梁顶部搁置预制风道顶板，通过预埋钢板与风道大梁互相连接，并在预制风道顶板上设置钢筋混凝土整浇层，是为了保证双梁风道形成整体。

6.7 抗震构造措施

6.7.1 单层锯齿形厂房其结构特性是有跨变的排架结构，牛腿柱的受力具有铰接排架柱的特性，三角架又兼有框架的特性，单层锯齿厂房的高度均不超过30m，比照现行国家标准《混凝土结构设计规范》GB 50010中高度≤30m的框架结构和铰接排架单层厂房结构在各抗震等级下构造要求是一致的，故提出本条要求。

6.7.3 本条文为确保连接的可靠性对预埋件锚筋提出要求。

6.7.4 本条要求基本沿用原《印染工业企业设计技术规定》中的做法。

6.7.5 本条文综合现行国家标准《混凝土结构设计规范》GB 50010中框架结构和铰接排架柱的要求提出。

6.7.6 在地震作用下，往往由于荷载、位移、强度的不均衡，而造成结构破坏。从唐山地震的震害中看，山墙承重的单层钢筋混凝土柱厂房有较严重的破坏，故不应采用山墙承重。东西附房和主车间边柱的抗震节点构造宜按图1。南北附房和主车间边柱的抗震节点构造宜按图2。

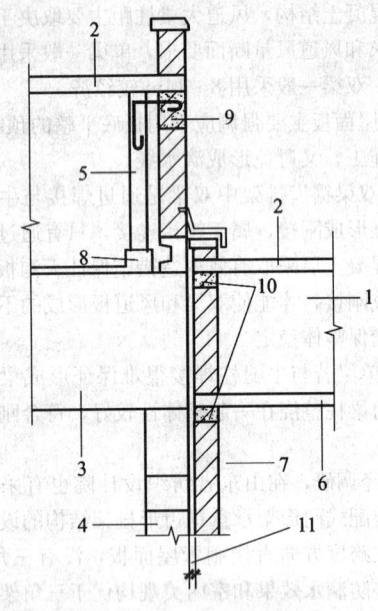

图 1　东西附房与主车间抗震缝构造
1—总风道；2—屋面板；3—风道大梁；4—牛腿柱；
5—三角架；6—总风道底板；7—附房承重墙；
8—上翻梁；9—抗震卧梁；10—抗震圈梁；
11—抗震缝宽度

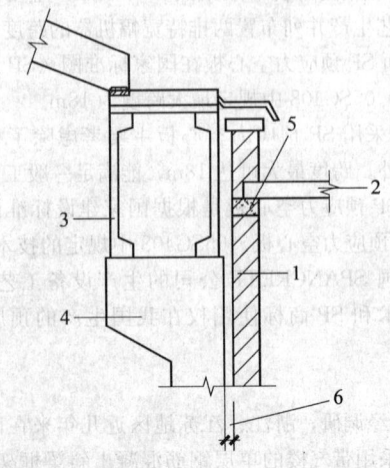

图 2　南附房与主车间抗震缝构造
1—附房承重墙；2—屋面板；3—风道大梁；
4—牛腿柱；5—抗震圈梁；6—抗震缝宽度

6.7.7 本条沿用原《印染工业企业设计技术规定》中的做法。采用不等长牛腿是为了避免或减少不平衡垂直荷载引起的柱弯矩。

6.7.8 参照国家建筑标准设计图集《建筑抗震构造详图》（钢筋混凝土柱单层厂房）中有关屋面板与屋面梁的连接构造要求提出本条。

6.7.9 风道大梁在牛腿柱上的支承端必须具有一定的抗拉弯剪能力，以确保风道大梁与牛腿柱形成刚性节点，保证结构的抗震能力。

6.7.10、6.7.11 这两条规定是为了保证各构件之间连接的强度和延性。

6.7.12 本条中所述的结构和构件的抗震要求在现行国家标准《建筑抗震设计规范》GB 50011 中已有明确规定，故本规范不再复述。

6.8 地基基础

6.8.2 当地下沟道埋置深度大于建筑基础且两者之间的净距不能满足要求时，应采取合理的施工顺序和可靠的围护措施。

6.8.3 工艺设备基础应采取合理的形式和有效措施，防止产生过大的相对沉降差以影响生产。

7 给 水 排 水

7.1 一 般 规 定

7.1.1 本条确定了给水排水设计必须遵循的基本原则，强调了水的综合利用、节约用水、保护环境以及满足施工、安装、操作管理、维修检测和安全等要求。

7.2 用水量、水质和水压

7.2.1 本条确定了用水量的标准，印染工艺总用水量由原料品种、染色设备、染色工艺、回用水平、管理水平等诸多因素决定，每个工厂的差异很大，因此主要应由工艺专业经计算确定。小时变化系数与工厂规模直接相关，工厂规模大时，小时变化系数可取小值，反之取大值。

印染工厂生活用水主要为冲厕及洗涤，其水量可参考一般工业车间设计，一般车间管理严格，上下班时间比较集中，小时变化系数较大。印染车间工人劳动强度大，如厂内设有淋浴，其用水量较大。参照现行国家标准《建筑给水排水设计规范》GB 50015，生活用水定额可采用 40L/人·班，小时变化系数可采用 3.0，用水时间则根据生产班制；食堂用水定额可采用 15 L/人·班，小时变化系数可采用 2.0；淋浴用水定额可采用 60L/人·班，淋浴延续时间为 1/h。

自备给水净化站有配药剂、反冲洗等用水时，给水量还应考虑水站自用水量，根据现行国家标准《室外给水设计规范》GB 50013 一般采用给水量的5%～10%计算。

7.2.2 根据调查的企业一般都采用了多种水源，大部分食堂、宿舍采用水质优良的生活饮用水，因此其水质应符合现行国家标准《生活饮用水卫生标准》GB 5749。印染工艺用水、冷却循环水、生活冲洗水、绿化、道路浇洒等大多数工厂采用经自备水厂处理的地表水、地下水等，其水质以满足生产工艺要求为准。部分工厂还使用了回用水用于生活杂用（生活冲洗水、绿化、道路浇洒等），水质应满足相关用水要求。印染生产用水水质要求随产品、染色工艺、质量要求、设备情况不同而异，差别很大。对质量要求高的布匹加工时一般采用软化水，质量要求低的化纤布加工有时可用经简单处理的河水、地下水，甚至可用经简单处理后回用的废水。

7.2.3 一般印染工厂多数为单层厂房，大多数设备为无压进水，车间进口压力以满足其出流水头，一般大于 0.2MPa 即可。冷却循环水、喷射设备等部分设备压力要求较高，为满足室内消防用水要求水压不宜小于 0.35MPa。部分设备水压要求较高时为节约能耗、减少阀门漏损尽可能局部加压解决。

7.3 水源与水处理

7.3.1 本条对供水水源的选择作出了规定。现行国家标准《室外给水设计规范》GB 50013 有关于水源选择前，必须进行水资源勘察的强制性要求。

7.3.2 现行国家标准《室外给水设计规范》GB 50013有关于深井水作为水源时的强制性要求。

7.3.3 对给水处理作出了规定，一般处理工艺与设备见现行国家标准《室外给水设计规范》GB 50013，软化除盐处理工艺与设备见现行国家标准《工业用水软化除盐设计规范》GB/T 50109。

7.4 给水系统和管道布置

7.4.1 给水系统应根据水源情况和用水要求予以划分。

1 利用市政给水的水压直接供水有利于节能并减少二次污染。

2 生产、生活、消防合并管网的给水系统为现行国家标准《建筑设计防火规范》GB 50016 中所提倡，管网简单，可降低管网造价，水质有所保证。

3 分质、分区供水主要目的是为了节能、节约费用。

4 印染厂冷却水水量大、水质变化小，应当采用循环方式。一些企业将升温后的冷却水用于染缸进水加以重复利用，并可节能。

7.4.2 环状布置并用阀门分成可单独检修的独立管段能提高供水的安全性。各地都在提倡使用新型管材，而且种类繁多。从调查看，塑料给水管以其具有防腐能力强、内壁光滑、质量轻、美观、安装方便而得到大量推广。车间内采用热镀锌钢管的企业也不在少数，而普通焊接钢管如没有可靠的防腐则寿命不长；一些外资企业、先进的企业、加工高档品种的企业则直接采用不锈钢管。为满足计量、考核要求各工段或主要用水设备应设置水量计量设施，以节约用水。

由于一个工厂往往存在自来水、自备水、回用水、冷却水等多种水源，有些企业对水质污染问题往往不重视。因此应根据现行国家标准《建筑给水排水设计规范》GB 50015 的要求设计给水管道，避免水质污染。

7.5 消防给水与灭火器配置

7.5.1 纺织工业企业设计防火的相关规定已对印染工厂的消防设计作了详细规定。

7.6 排水系统和管道布置

7.6.1 生产排水量一般可按生产用水量计算得到，区分锅炉蒸发用水、生产污水、生产废水及清洁废水、生活污水等，是为了便于计算污水量、可重复利用排水及考虑废水回用等。据调查印染生产排水，练漂车间的清洁废水占本车间生产排水量的50%～60%；染色车间的清洁废水占本车间生产排水量的20%～25%。

7.6.2 本条对排水系统作出要求。

1 印染生产污水主要有退浆、练漂、染色、碱减量、丝光、印花污水等。生活污水主要接纳车间、厂区生活污水。雨水排水系统，主要接纳屋面雨水和厂区地面雨水。同时还有大量清洁废水，主要包括空调废水、车间冷却废水等清洁废水。

2 染色排水采用清、污分流排放，浓、淡分流排放，有利于选择合理的污水处理工艺及考虑废水回用。

3 根据现行国家标准《建筑给水排水设计规范》GB 50015，屋面雨水宜采用外排水系统，大型屋面宜按压力流设计。

7.6.3 据调查绝大多数染色车间内工艺排水采用暗沟排放，为检修方便排水沟的设备排出口、三岔口及转弯处应设置活动盖板，设置伸顶通气管是为了减少汽雾产生。工艺冷却水一般采用循环或回用，为避免污染宜采用管道排放。埋地排水塑料管因重量轻、内壁光滑、防腐蚀、安装方便，在全国各地已得到广泛运用，但对持续水温大于40℃的排水则不合适。根据现行国家标准《建筑给水排水设计规范》GB 50015的规定，室内排水沟与室外排水管道的连接处应设水封装置。

7.7 水的重复利用及废水回用

7.7.1 现行国家标准《建筑中水及回用设计规范》GB 50336规定缺水城市和缺水地区应当建设废水回用设施。生活洗涤排水、空调循环冷却排污水、冷凝水、雨水以及清洁废水由于水中污染浓度不高均可作为回用水水源。处理合格的废水可回用于生产工艺，也可回用于冲洗厕所、地面冲洗、汽车冲洗、绿化、浇洒道路等。

7.7.2 全国有不少企业将染色废水经适当处理后回用于生产工艺，回用比例一般可达20%～80%。也有企业将高浓染色废水就地储存然后回用于下一次染色，这极大地利用了各类资源、减少了污水的排放量及污水浓度，大大节约了用水并减少了污水处理成本，应在工艺允许的情况下大力推广。例如某厂为了节约生产用水，降低生产用水量，减少废水排放量，充分利用了生产过程中的废水，进行了如下废水的回用：

1 所有机台的水洗箱前后相通，水流方向与布的运行方向相反，即出布处进水，进布处排放洗涤污水。

2 烘筒冷凝水尽可能在本机台回用，染色机、定形机冷凝水集中回收用于化料。

3 烧毛机、丝光机、溢流机、焙烘冷却辊、定形机冷却辊、预缩机冷却水集中用于丝光机组水洗箱冲淋部分和煮漂机组漂白部分水洗箱、冲淋用水。

4 漂白、丝光洗涤用水用于退浆、煮练的水箱洗涤或喷淋洗涤。

5 煮漂洗涤水部分送至锅炉水膜除尘，其余送至污水回收系统。

其回用流程图如下：

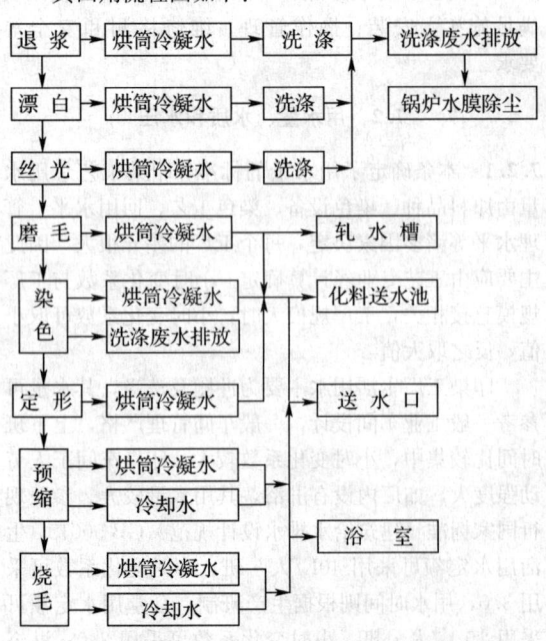

7.7.4 部分染色废水的排水温度高达50～70℃，有的企业采用就地或集中间接热交换或采用热泵技术进行热能回收，用于预热冷水进水或其他用途，其回收

的热量价值很大。

7.7.5 为防止发生水质污染问题作出本条规定。

8 采暖通风

8.1 一般规定

8.1.2 印染工厂为高温高湿生产车间，宜有良好的通风设施才能使热湿空气及时排出；而机械通风需耗能，增加企业的生产运行成本，为使企业能节省生产运行成本，在印染工厂设计时，应在建筑结构形式选用上考虑具有良好的自然通风条件。

8.1.3 本条要求印染工厂围护结构应有足够的保温性能。

印染工厂为高温高湿生产车间，当围护结构的保温不好时，冬季宜在车间围护结构的内表面结露滴水，影响产品质量和室内劳动环境，故要求其围护结构应有足够的保温性能，其最小热阻应通过计算确定，计算可参见现行国家标准《采暖通风与空气调节规范》GB 50019。

8.3 生产车间的采暖通风

8.3.1 本条从节能角度对印染工厂生产车间的通风设计提出设计原则，对原《印染工业企业设计技术规定》FJJ 103—84 中 7.3.1 条进行修改。

随着印染工艺和技术的发展及印染设备的改进，大部分散湿散热大的工艺设备均为密闭式并带有局部机械排风装置，其对生产车间的环境影响已大为减少，在非寒冷地区，利用车间的建筑结构形式考虑自然通风，基本上可满足印染工厂生产车间的通风要求，在自然通风条件较差的印染车间应采用机械排风。

8.3.2 本条说明印染工厂生产车间采暖通风设计应达到的目的，既要达到国家有关标准的要求（劳动保护要求），又要达到防止车间因冷凝结露而滴水对产品质量的影响。

8.3.3 本条说明印染工厂生产车间排风分机台局部排风和车间全面排风两种方式及其具体要求。随着印染设备的发展，许多高温、高湿机台设备在出厂时已经配置了专用箱体及排气风机，如热定型机、热风拉幅机、焙烘机等，设计时只需根据设备提供的排风参数配置排风管道进行集中独立排放。车间全面排风应首先利用车间建筑特点进行自然排风。印染车间一般多为单层厂房，利用其屋面设置避风气楼、拔气井、排气筒等进行自然排风，自然通风是利用空气热压及风压的作用，空气自外墙低位进入屋顶排出，在非寒冷地区这种自然排风形式最为常用，也最经济。严寒地区的印染车间、有特殊要求的场合及不具备自然排风条件的印染车间则应设置机械排风系统。对有害气体散发的区域或工段，应采用机械排风并保持车间负压。

8.3.4 印染车间进风系统首先宜采用自然进风，自然进风采用外墙低脚窗或门窗低位进风，低脚进风窗要求能调节开启，为使冬天能关小进风量或关闭进风窗。当车间自然进风面积小或迎风面为附房时，自然进风就不能满足要求，则应采用机械送风系统。

8.3.6 本条列出印染工厂生产车间各工段的通风设计换气次数。其数据通过大量印染工厂调研后得出。

8.3.10 本条提出对严寒地区的采暖要求。严寒地区的值班室及办公室应设置采暖系统，这是劳动保护的要求；车间设置值班采暖是为了设备能顺利开机及保证管道不被冻裂的需要。

9 电 气

9.1 一般规定

9.1.1 印染工厂电气设计中必须满足生产工艺的要求，在设计方案时，应考虑远近期结合，尽可能给今后发展留有扩建余地。电气设备产品众多，技术发展很快，为保证电气设备安全可靠运行，应采用符合现行国家或行业部门产品标准的效率高、能耗低、性能优的成套设备和定型产品，并随时注意技术发展动态，以杜绝淘汰产品的使用。

9.2 供配电系统

9.2.1 印染工厂的用电负荷，根据对供电可靠性的要求及中断供电在政治上、经济上所造成损失或影响的程度，属于三级负荷。但消防设备用电负荷等级，应按现行国家标准《建筑设计防火规范》GB 50016 的规定执行。

9.2.2 供电电压等级及供电回路数，应根据印染工厂规模及当地电网条件，经过经济技术比较后确定。根据目前印染工厂生产状况，以 6～10kV 供电居多。一般情况下可采用 6～10kV 单回路供电。在大于 4000 万 m/a 的生产规模时，宜采用 6～10kV 双回路供电方案。但在 6～10kV 电源难于取得及容量不足时，可采用 35kV 供电。生产规模在 4000 万 m/a 及以下时，可采用 6～10kV 单回路供电方案。

9.2.3 本条对低压配电系统作了规定：

1 为提高供电可靠性，减少电气故障造成的经济损失，以及根据负荷情况，有 2 条生产流水线时，车间变电所宜安装 2 台变压器，单母线分段运行，两段低压母线间设母联开关。当只有 1 条生产流水线，且负荷不大时，可设 1 台变压器。此时作为应急备用可与就近的车间配电变电所设低压联络线。

2 平行的生产流水线和互为备用的生产机组若由同一回路配电，则当此回路停止供电时，将使各条流水线都停止生产或备用机组不起备用作用。

　　同一生产流水线的备用用电设备如由不同的回路配电，则当任一母线或线路检修时，都将影响此流水线的生产。故规定同一生产流水线的备用用电设备，宜由同一回路配电。

　　3　印染工厂一般采用 TN 系统的接地形式，在低压电网中，车间的单相负荷，宜均匀地分配在三相线路中，当单相不平衡负荷引起的中性线电流超过变压器低侧绕组额定电流的 25％时，应选用 D, yn11 结线组别的变压器。

　　4　近年来印染设备由于大量采用变频调速设备，为控制各类非线性用电设备所产生的谐波引起的电网电压正弦波形畸变，除选用变压器低侧绕组为 D, yn11 结线组别的三相配电变压器外，同时可采用按谐波次数装设分流滤波器等措施。

　　5　印染设备的功率因数较低，在采用电力电容器作无功补偿装置时，容量较大、负荷平稳且经常使用的用电设备的无功负荷宜采用就地补偿；补偿基本无功负荷的电力电容器组，宜在配电变电所内集中补偿。

9.2.4　负荷计算方式及需要系数的选取。印染工厂一般采用需要系数法。本规范中需要系数在参照原《印染工业企业设计技术规定》FJJ 103—84（下述简称《原规定》）的基础上作了修订。

　　需要系数一般为实测所得，目前我国印染工业企业尚无可推荐使用的需要系数。在已投产的印染厂企业普遍反映，采用《原规定》中需要系数偏大，在实际运行中变压器负荷率偏低。同时又调查了有关设备制造厂，一般产品铭牌上所标定的额定功率比实际所需的功率要大，安全系数较高。为此本规范对主要的工艺设备需要系数作了新的修订，并列表于 9.2.4 中，设计人员应根据工程实际酌定。

9.2.5　印染工厂的室内配电干线宜采用电缆桥架明敷设，少用电缆沟配线。因为当前产品市场变化大，工艺设备选型和产品均容易变更，采用电缆桥架明敷设较适应各种产品、设备选型变更带来的配电线路的变更。另外电缆沟中易积水也不利于清洁。同时在有腐蚀和特别潮湿场所，宜采用各种类型的防腐蚀型电缆桥架，如采用热镀锌、外表面涂防腐层及采用玻璃钢材料等。室外可采用电缆沟或直接埋地敷设。

　　有关配电线路的敷设方式与要求，应按现行国家标准《低压配电设计规范》GB 50054 和《电力工程电缆设计规范》GB 50217 的有关规定执行。

9.3　照　明

9.3.1　印染工厂一般车间采用混合照明，并应重视机台上的局部照明。尤其在练漂及染色的进、出口布面处，印花机机头处及整装车间，照度要求很高，故应重视机台上的局部照明。

9.3.2　印染工厂的印染车间，尤其在印花车间，识别颜色要求高，故应选用显色指数高的光源，如采用 Ra＞80 的三基色稀土荧光灯及金属卤化物灯与白炽灯等。一般场所宜选用光效高，寿命长的光源，在满足工艺生产要求的前提下，应优先采用节能型灯。

9.3.3　车间作业面应尽可能地均匀照亮，本规范参照原《印染工业企业设计技术规定》FJJ 103—84 及国家标准和 CIE 标准规定，照度均匀度不应小于 0.7，同时增加了作业面邻近周围的照度均匀度不应小于 0.5 的规定。本条征求了有关印染工厂的意见，能满足生产要求。

9.3.4　近二十多年来我国国民经济持续发展，新光源和新灯具广泛应用。当前需要也有条件适当提高照度水平和照明质量。

　　混合照明中的一般照明，其照度值应按等级混合照明照度的 10％～15％选取，且不宜低于 75 lx。在采用高强度气体放电灯时，照度不应低于 75 lx。

　　其原因是近年来高强度气体放电灯广泛采用，这样既能改善在低照度下的视觉环境，又不需增加耗电量。现场调查结果，采用新光源和新灯具后车间照度较易达到 75 lx。

9.3.5　印染工厂生产车间的照度一般采用点光源或线光源的逐点计算法。单位指标法只在进行方案或初步设计时，近似计算起着一定作用。单位指标法，又分为单位电耗法和单位面积功率法（也称负荷密度法），但对于印染工厂的部分辅助车间及附房等，在各设计阶段均可采用单位指标法。

9.3.6　本规范印染工厂的生产车间和辅助生产车间的照度标准是参照了原《印染工业企业设计技术规定》FJJ 103—84 和现行国家标准《建筑照明设计标准》GB 50034 的标准以及实地调研印染工厂现在照度实况，经综合分析后确定。本规范表 9.3.6 中还规定了显色指数的要求，以确保照明设计的照明质量。

9.3.7　印染工厂各车间内，工艺设备较多，室内人员流动线路复杂，为便于事故情况下人员的疏散及火灾时扑救，车间内应设供人员疏散用应急照明。在安全出口、疏散通道与转角处应设置标志灯，以便疏散人员辨认通行方向，迅速撤离事故现场。

　　为保证应急照明电源可靠性，宜用蓄电池备用电源，并且照明的电源应和该场所的电力线路分别接自不同变压器或接自同一台变压器不同馈电线路的专用线路上。

9.3.8　印染工厂各车间应根据照明场所的环境条件和使用特点，合理选用灯具。如在练漂、染色车间属高温、潮湿有腐蚀性气体场所，应采用相应防护等级的防腐、防水灯具。在烧毛车间，使用可燃气体，是火灾危险场所，应采用相应防护等级的防水防尘灯具。在涂层车间，散发爆炸性气体场所，应采用相应防护等级的防爆型灯具。在拉毛、磨毛及剪毛等车间，有绒尘场所，应采用相应防护等级的防尘灯具。丙类仓库，应采用防燃型灯具。

印染工厂的生产车间，厂房高度很高时，灯具布置与安装，应考虑安全及维护方便。

9.3.9 印染工厂的照明设计，本规范中未及事项，应按现行国家标准《建筑照明设计标准》GB 50034 的规定执行。

9.4 接地和防雷

9.4.1 印染工厂厂区的低压配电系统的接地形式宜采用 TN 系统，这是根据多年来各印染厂家实际运行经验作出的规定。

TN 系统按照中性线"N"和保护线"PE"组合，有三种形式：

1 TN-C 系统，整个系统 N 线和 PE 线是合一的。

此系统只适用于三相负荷比较平衡、电路中三次谐波电流不大、并有专业人员维护管理的一般车间等场所。

此系统不适用有爆炸和火灾危险的场所、单相负荷比较集中的场所、电子和信息处理设备及各种变频设备的场所。

2 TN-C-S 系统，系统中有一部分 N 线与 PE 是合一的。

3 TN-S 系统，整个系统的 N 线和 PE 线是分开的。

TN-C-S 系统与 TN-S 系统，都适用于有爆炸和火灾危险场所，单相负荷比较集中的场所，同时也适用于计算机房，生产和使用电子设备的各种场所。

根据三种接地系统适用场合，结合工程具体情况，作综合的技术、经济比较后，确定其中一种形式。

9.4.2 接地系统接地电阻选择应符合现行国家有关规程和规范的要求。低压系统中性点接地电阻在任何季节均不宜大于 4Ω，重复接地电阻不宜大于 10Ω，防静电接地电阻不应大于 100Ω，在易燃易爆区不宜大于 30Ω。对于第一、二类防雷建筑物，每根引下线的冲击接地电阻不应大于 10Ω。对于第三类防雷建筑物，每根引下线的冲击接地电阻不宜大于 30Ω。采用共用接地装置时，接地电阻应符合其中最小值的要求。若与防雷接地系统共用接地时，接地电阻不应大于 1Ω。电子设备接地，当采用共用接地系统时，接地电阻不应大于 1Ω；当采用单独接地体时，接地电阻不应大于 4Ω。

9.4.3 印染工厂内的建筑物和构筑物的防雷与接地设计，本规范中未及事项，应按现行国家标准《建筑防雷设计规范》GB 50057 和《建筑物电子信息系统防雷技术规范》GB 50343 执行。

9.5 消防和火灾报警

9.5.1 印染工厂中丙类生产车间与仓库等，在火灾自动报警系统保护对象分级中，属二级，其消防设备用电应按二级负荷供电。为确保其供电可靠性，火灾自动报警系统应设主电源和直流备用电源。

9.5.2 根据现行国家标准《建筑设计防火规范》GB 50016，每座占地面积超过 1000m^2 的坯布、成品仓库应设火灾自动报警装置。

9.5.3 根据现行国家标准《火灾自动报警系统设计规范》GB 50116 的要求。在使用煤气、天然气或其他可燃气体的烧毛车间，当无贮气装置时宜设可燃气体探测器，在贮气装置间应装设可燃气体探测器。在涂层车间使用散发爆炸性气体，属二区环境，宜装设相应的气体浓度探测器或检漏报警装置。但当该车间中有关的工艺设备及随机的电气设备均不是防爆设备时，可不装设。在涂层调配间应设置相应的气体浓度探测器或检漏报警装置。

在调研中，目前国内各厂家在涂层车间一般不装设气体浓度探测器或检漏报警装置，仅在就地加装了通风、排风设施。因此本规范中采用"宜"，有条件时可首先这样做。

9.5.5 本条规范连续供电时间不少于 20min 的依据是：

1 印染工厂厂房大多为单层厂房，一般疏散距离短，疏散时间不长。通常 10min 内均能疏散完毕。

2 试验和火灾实例说明，火灾时在 10min 内产生的一氧化碳尚不多，但在 10~15min 之间，则一氧化碳就大大超过对人体危害的允许浓度，在这段时间内人员如没有疏散出来，窒息死亡的可能就大。

3 参照有关现行国家规范的要求，故规定 20min。

10 动　　力

10.1 一　般　规　定

10.1.1 印染工厂是用热大户，用热范围包括生产工艺、空调、采暖和生活用热。应结合企业的财力、物力等统一进行考虑，制定供热方案。

10.1.2 本条是对供热热源的规定。

印染工厂供热热源，应根据所在地区的供热规划进行考虑，能否由城市（区）热电厂、区域锅炉房供热。

对于热负荷稳定的大型印染工厂，单台锅炉蒸发量在 20t/h 及以上，热负荷年利用大于 4000h 及以上。按照国家能源政策，经过综合分析比较，可采用热电联产方式。但由于资金、场地或燃料供应等不落实，也不宜进行热电联产时，才设置锅炉房。

10.1.3 本条是对燃料选用的规定。

原《印染工业企业设计技术规定》中规定蒸汽锅炉房和油热载体加热炉房设计应以煤为燃料,但随着对外开放政策的实施,环境保护要求提高,节能工作的深入开展,燃料品种有所增加。条文中规定应落实煤的供应。若以重油、柴油或天然气、城市煤气为燃料时,应经有关主管部门批准(含项目环评报告),是基于贯彻国家发改委有关规定和使设计落实在燃料供应可靠的基础上。

10.2 蒸汽供热系统

10.2.1 本款规定了印染厂热负荷计算原则。

10.2.2 本款规定了供热热源选择的原则。

10.2.3 本条是使用区域热电厂集中供热时的规定。

1 热电厂热网供热参数一般为1MPa、280~290℃,需减压减温至0.6MPa,170~180℃才能符合印染工厂生产、生活用汽要求。

2 为确保印染工厂供热安全,在有条件时应有一套备用减压减温装置。

10.2.5 本款规定印染工厂投资热电联产必须进行可行性研究,并做全面技术论证,经相关部门批准后,才能进行。

10.2.6 本款规定印染工厂热电站,必须坚持"以热定电"的原则。

10.2.7 本条是对室内外热力管网的规定。

1 为便于车间、机台考核与控制,而采取这种布置方式。

2 本款规定在蒸汽管径计算时,应考虑近期发展因素。

3 本款为管道布置和敷设应遵循的原则。

10.3 蒸汽凝结水回收和利用

10.3.1 本条是对蒸汽凝结水回收的具体规定。

1 设计中必须切实贯彻执行国家关于节能方面的政策和法令,凝结水回收率应达到60%~80%。

2 凡是用蒸汽间接加热而产生的凝结水,除被加热介质有毒(如氧化物液体等)或有强腐蚀性的溶液外,应尽可能加以回收。对于有可能被污染的凝结水,应设置水质监督测量装置,经处理后方可回用。

10.3.2 采暖通风和生产用蒸汽凝结水,压差小于0.3MPa可以合管输送,如压差大于0.3MPa应采取措施后,才能合管输送。

10.3.4 本条规定,由于回水管道内为汽水混合两相流动,所以管径较大,投资高。对于采用余压回水系统时,宜在凝结水管道中增设换热装置,以回收热量、降低水温、缩小管径、节省投资。

10.4 导热油供热系统

10.4.1 本条是印染设备需使用高温热源时的选用规定。印染生产在热定型、焙烘等工序要使用280℃以上高温热源,在调查中大部分厂采用以导热油为载热体的机械加热炉,出油温280℃,回油温260℃,也有部分厂利用城市煤气、液化石油气、汽油、电能产生高温热源满足生产工艺高温热源要求。

10.4.2 本条是对燃料和油热载体加热炉选用的要求。

10.4.3 本条是油热载体加热炉房布置要求。在设置油热载体加热炉房布置调研中,对自建锅炉房的企业一般与蒸汽锅炉共建锅炉房,也有在印染车间附房内设置油热载体加热炉房燃用柴油或天然气。但总的布置要求,应力求靠近热负荷中心,布置上必须符合国家卫生标准、防火规定及安全规程中有关规定。

10.4.4 本条是导热油供热系统的设计要求。多年来的运行实践证明,导热油在高温状态下长期使用,由于热裂解及氧化等原因,如设计和使用不当,其物化性能及技术指标必然迅速发生变化,当导热油下列四项指标达到一定数值时,应予报废。

1 酸值(mg KOH/g)达到0.5时(按现行国家标准《石油产品酸值测定法》GB 264方法测定)。

2 黏度变化达15%时(按现行国家标准《石油产品黏度标准》GB 265方法测定)。

3 闪点变化达20%以上时(按现行国家标准《石油产品闪点与燃点测定法》GB 267方法测定)。

4 残碳达到1.5时(按现行国家标准《石油产品测定法》GB 268方法测定)。

因此,在设计中合理选用导热油,设计合理的导热油供热系统,防止导热油超温运行及氧化,对延长导热油使用寿命,保障安全生产,节省费用均有积极意义。

10.5 燃 气

10.5.1 本条是印染厂使用煤气应遵循的规定。印染厂烧毛等工序需使用煤气、天然气时,在设计时必须按现行国家标准《城镇燃气设计规范》GB 50028及《工业企业煤气安全规程》GB 6222的有关规定进行。

10.6 压缩空气

10.6.1 本条为压缩空气站容量确定的规定。印染工艺许多设备及仪表需用压缩空气,有关专业应提供用气量、用气压及气质要求,经下列计算后确定压缩空气站容量。

$$Q = \Sigma Q_{max} K(1+\phi)$$

式中 Q_{max}——各设备压缩空气最大消耗量(m^3/min);

K——同时使用系数,K按0.7~1.0选用;

ϕ——管道系统漏损系数,取$\phi=0.15$。

11 仓 贮

11.1 一 般 规 定

11.1.3 尽可能设计多层仓库,提高土地利用率。

11.2 坯布库、成品库

11.2.1 坯布库、成品库的建筑面积可按下式计算:
$$S = Q \times T / F$$
式中 S——仓库建筑面积(m^2);
Q——坯布日需量或成品日产量(t/d);
T——贮存周期(d);
F——布包堆放密度(t/m^2)。

布包堆放密度一般如下:

1 使用单梁悬挂式中车作运输工具时:

坯布库为 $0.75t/m^2$;

成品库为 $0.80t/m^2$(布包),$0.40 \sim 0.45t/m^2$(纸箱或木箱)。

2 其他情况时(人工堆垛):

坯布库为 $0.55t/m^2$;

成品库为 $0.60t/m^2$(布包),$0.35 \sim 0.40t/m^2$(纸箱或木箱)。

中华人民共和国国家标准

平板玻璃工厂设计规范

Code for design of flat glass plant

GB 50435—2007

主编部门：国家建筑材料工业标准定额总站
批准部门：中华人民共和国建设部
实施日期：２００８年５月１日

中华人民共和国建设部
公　告

第 741 号

建设部关于发布国家标准
《平板玻璃工厂设计规范》的公告

现批准《平板玻璃工厂设计规范》为国家标准，编号为GB 50435—2007，自2008年5月1日起实施。其中，第 2.1.5、3.2.3、5.2.6（8）、5.3.7、5.3.10、5.8.3（7）、6.2.5（4）、6.3.5（3、4、5）、7.2.2（3）、8.1.2、8.3.2、17.2.10 条（款）为强制性条文，必须严格执行。

本规范由建设部标准定额研究所组织中国计划出版社出版发行。

中华人民共和国建设部
二〇〇七年十月二十五日

前　言

本规范是根据建设部建标函〔2005〕124 号文《关于印发"2005 年工程建设标准规范制订、修订计划（第二批）"的通知》的要求，由蚌埠玻璃工业设计研究院会同中国建材国际工程有限公司共同编制而成。

本规范规定了采用浮法玻璃生产工艺的新建、改建、扩建的平板玻璃工厂设计必须或应遵循的设计原则和技术条件。本规范共 17 章、8 个附录，主要内容包括：总则，厂址选择及总体规划，总平面布置，原料，浮法联合车间，燃料，保护气体，电气，生产过程检测和控制，给水与排水，供热与供气，采暖、通风、除尘、空气调节，建筑与结构，其他生产设施，环境保护，节能和职业安全卫生等。

本规范中用黑体字标志的条文为强制性条文，必须严格执行。

本规范由建设部负责管理和对强制性条文的解释，由蚌埠玻璃工业设计研究院负责具体技术内容的解释。本规范在执行过程中如发现需要修改和补充之处，请将意见和有关资料寄送蚌埠玻璃工业设计研究院（地址：安徽省蚌埠市涂山路 1047 号，蚌埠玻璃工业设计研究院　技术质保部，邮政编码：233018，E-mail：jsb@ctiec.net)，以便今后修订时参考。

本规范主编单位、参编单位和主要起草人：

主 编 单 位：蚌埠玻璃工业设计研究院
参 编 单 位：中国建材国际工程有限公司
主要起草人：彭　寿　茆令文　唐　淳　房广华
　　　　　　佟适明　王殿元　陆　莹　贺宝林
　　　　　　杨义仿　王四清　汪舒生　王伊托
　　　　　　惠建秋　霍全兴　戴　强　贾维仁
　　　　　　陆少峰

目 次

1 总则 ·· 7—26—5
2 厂址选择及总体规划 ·············· 7—26—5
　2.1 厂址选择 ························· 7—26—5
　2.2 总体规划 ························· 7—26—5
3 总平面布置 ···························· 7—26—5
　3.1 一般规定 ························· 7—26—5
　3.2 生产设施 ························· 7—26—6
　3.3 运输线路及码头布置 ········· 7—26—7
　3.4 竖向设计 ························· 7—26—7
　3.5 管线综合布置 ·················· 7—26—7
4 原料 ······································· 7—26—8
　4.1 原料的选择与质量要求 ······ 7—26—8
　4.2 玻璃化学成分 ·················· 7—26—8
　4.3 工艺设备选型 ·················· 7—26—9
　4.4 工艺流程及布置 ··············· 7—26—9
5 浮法联合车间 ························· 7—26—9
　5.1 一般规定 ························· 7—26—9
　5.2 熔化系统 ························· 7—26—10
　5.3 成形系统 ························· 7—26—11
　5.4 退火系统 ························· 7—26—11
　5.5 冷端系统 ························· 7—26—11
　5.6 碎玻璃系统 ····················· 7—26—11
　5.7 成品包装与贮存 ··············· 7—26—12
　5.8 车间工艺布置 ·················· 7—26—12
6 燃料 ······································· 7—26—12
　6.1 一般规定 ························· 7—26—12
　6.2 燃油 ······························· 7—26—13
　6.3 天然气 ···························· 7—26—13
　6.4 煤气 ······························· 7—26—14
7 保护气体 ································ 7—26—14
　7.1 一般规定 ························· 7—26—14
　7.2 高纯氮气制备 ·················· 7—26—14
　7.3 高纯氢气制备 ·················· 7—26—14
8 电气 ······································· 7—26—14
　8.1 负荷分级及供配电系统 ······ 7—26—14
　8.2 变(配)电所 ······················ 7—26—15
　8.3 车间电力设备和电气配线 ··· 7—26—15
　8.4 电气照明 ························· 7—26—15
　8.5 厂区电力线路敷设 ············ 7—26—16

　8.6 厂区建筑防雷 ·················· 7—26—16
　8.7 厂内通信 ························· 7—26—16
9 生产过程检测和控制 ··············· 7—26—16
　9.1 生产过程自动化水平的确定 ··· 7—26—16
　9.2 配料称量系统的检测和控制 ··· 7—26—16
　9.3 熔化系统的检测和控制 ······ 7—26—16
　9.4 成形系统的检测和控制 ······ 7—26—17
　9.5 退火系统的检测和控制 ······ 7—26—17
　9.6 冷端系统的控制 ··············· 7—26—17
　9.7 辅助生产系统的检测和控制 ··· 7—26—17
　9.8 仪表用电源和气源 ············ 7—26—17
　9.9 控制室 ···························· 7—26—17
10 给水与排水 ··························· 7—26—18
　10.1 一般规定 ························ 7—26—18
　10.2 给水 ······························ 7—26—18
　10.3 排水 ······························ 7—26—19
11 供热与供气 ··························· 7—26—19
　11.1 一般规定 ······················· 7—26—19
　11.2 锅炉房 ·························· 7—26—19
　11.3 压缩空气站 ···················· 7—26—19
12 采暖、通风、除尘、空气调节 ··· 7—26—19
　12.1 一般规定 ······················· 7—26—19
　12.2 采暖 ······························ 7—26—20
　12.3 通风 ······························ 7—26—20
　12.4 除尘 ······························ 7—26—20
　12.5 空气调节 ······················· 7—26—21
13 建筑与结构 ··························· 7—26—21
　13.1 一般规定 ······················· 7—26—21
　13.2 主要车间 ······················· 7—26—21
　13.3 辅助车间 ······················· 7—26—22
　13.4 构筑物 ·························· 7—26—22
　13.5 特殊地基及防排水处理 ···· 7—26—23
14 其他生产设施 ······················· 7—26—23
　14.1 中心实验室 ···················· 7—26—23
　14.2 机电设备及仪表修理车间 ··· 7—26—23
　14.3 木箱制作与集装箱(架)维修 ··· 7—26—23
　14.4 耐火材料贮库与加工房 ···· 7—26—23
15 环境保护 ······························ 7—26—23
　15.1 一般规定 ······················· 7—26—23

	15.2	大气污染防治	7—26—23
	15.3	废水污染防治	7—26—24
	15.4	噪声污染防治	7—26—24
	15.5	固废污染防治	7—26—24
	15.6	环境绿化	7—26—24
	15.7	环境保护监测	7—26—24
	15.8	环境保护设施	7—26—24

16 节能 …… 7—26—24
 16.1 一般规定 …… 7—26—24
 16.2 生产产品过程节能 …… 7—26—24
 16.3 电气及自动控制节能 …… 7—26—25

17 职业安全卫生 …… 7—26—25
 17.1 一般规定 …… 7—26—25
 17.2 防火防爆 …… 7—26—25
 17.3 防电防雷 …… 7—26—25
 17.4 防机械、玻璃伤害 …… 7—26—25
 17.5 防尘、防毒和其他伤害 …… 7—26—25
 17.6 防暑降温及采暖防寒 …… 7—26—26
 17.7 噪声控制 …… 7—26—26
 17.8 辅助用室 …… 7—26—26

附录A 地下管道之间的最小水平间距 …… 7—26—26
附录B 胶带输送机通廊净空尺寸 …… 7—26—28
附录C 平板玻璃工厂采暖计算温度 …… 7—26—28
附录D 平板玻璃工厂机械通风换气次数 …… 7—26—30
附录E 生产操作区空气中生产性粉尘的最高允许浓度 …… 7—26—31
附录F 车间生产类别、耐火等级、防火分区最大允许占地面积、安全疏散距离及安全出口数目 …… 7—26—31
附录G 平板玻璃工厂主要车间楼面、地面荷载标准值 …… 7—26—32
附录H 平板玻璃工厂厂区各类地点的噪声标准 …… 7—26—33
本规范用词说明 …… 7—26—33
附：条文说明 …… 7—26—34

1 总　　则

1.0.1 为在平板玻璃工厂设计中贯彻执行国家有关法规和方针政策，规范平板玻璃工厂设计原则和主要技术指标，促进清洁生产，提高资源利用效率，做到技术先进，经济合理，安全生产，保护环境，制定本规范。

1.0.2 本规范适用于以浮法玻璃生产工艺为主的新建、改建、扩建的平板玻璃工厂设计。

1.0.3 平板玻璃工厂设计应符合工厂所在地区统一规划的要求。对于改建、扩建项目应经过多方案的综合比较，合理利用原有建筑物和适用的生产设施。

1.0.4 平板玻璃工厂设计应根据国家对工厂计量管理的要求，设计必要的计量装置。能源的计量应有工厂、车间、重点耗能设备的三级计量装置。

1.0.5 平板玻璃工厂设计，除执行本规范外，尚应符合国家现行有关标准的规定。

2 厂址选择及总体规划

2.1 厂址选择

2.1.1 厂址选择应符合工业布局和地区总体规划的要求，并应符合现行国家标准《工业企业总平面设计规范》GB 50187 的有关规定。

2.1.2 厂址选择应根据平板玻璃工厂的生产规模，对原料、燃料、主要辅助材料的来源，产品流向，水、电、气等供应，交通运输，企业协作，场地现有设施，环境保护及自然条件等因素进行调查，综合研究，并应通过对两个以上备选厂址方案进行比较后确定。

2.1.3 厂址用地应符合下列要求：
　　1 必须贯彻执行十分珍惜和合理利用土地的方针，因地制宜，合理布置，节约用地，提高土地利用率。可利用荒地、劣地的，不得占用耕地和经济效益高的土地。
　　2 厂址用地应符合国家现行的《建材工业工程项目建设用地指标》及当地规划主管部门的有关规定。场地应根据生产规模、工艺流程、生产主线长度及总平面布置的需要确定；在保证满足生产主线布置的前提下，应因地制宜，合理利用场地。
　　3 当工厂分期建设时，用地应一次规划，分期征地。

2.1.4 厂址应具有稳定、可靠的工程地质条件及满足工程建设需要的水文地质条件。在选用自然地形坡度较大的厂址时，应合理确定竖向布置。

2.1.5 厂址标高必须高于 50 年一遇的洪水位加 0.5m（山区加 0.5～1m），当不能满足时，厂区必须有可靠的防洪设施，并应在初期工程中一次建成；当厂址位于内涝地区并有可靠的排涝设施时，厂址标高必须为设计内涝水位加 0.5m；位于山区的厂址，必须按 100 年一遇的山洪设计防、排山洪的设施。

2.2 总体规划

2.2.1 当平板玻璃工厂建设规模较大，需分期建设或分期改造时，应有明确的总体规划，近期集中布置，远期预留发展。

2.2.2 平板玻璃工厂的总体规划应符合工厂所在地区或城镇建设规划的要求。

2.2.3 平板玻璃工厂的总体规划应符合下列要求：
　　1 总体规划应包括工厂远近期建设的生产线、产品深加工区、公用及动力设施、厂前区、主要环保设施、物流组织等的新建和扩建内容。
　　2 应根据工厂所在地的生产、交通、公用设施及其发展条件，进行认真研究和方案比较，对工厂生产分区、自建的生活区、厂外交通运输线路及厂外自建的其他工程设施等的位置进行统筹规划。
　　3 应在满足环境保护、消防、职业安全和卫生等要求的前提下，实现统筹考虑、远近结合、分区明确、合理用地、方便管理和运输通畅的规划目标。

3 总平面布置

3.1 一般规定

3.1.1 平板玻璃工厂总平面布置及总平面设计应符合现行国家标准《工业企业总平面设计规范》GB 50187 的有关规定，满足当地规划主管部门的要求，并应在可行性研究报告或总体规划设计的基础上，根据生产规模、工艺流程、交通运输、环境保护及安全、防火、施工及检修等要求，结合自然条件，经技术经济比较后择优确定。

3.1.2 平板玻璃工厂总平面布置，应符合下列要求：
　　1 功能分区明确，生产流程合理，管线连接短捷，建、构筑物布置紧凑，通道宽度适中，人流、货流通畅、安全。
　　2 满足生产使用、安全、卫生要求，并在较为经济的条件下，将生产联系密切、性质相近的建筑物、构筑物及生产设施，组成联合建筑或多层建筑，协调建筑群体空间景观，结合绿化设计搞好环境质量。
　　3 充分利用地形、地势、工程地质及水文地质等条件，合理布置建筑物、构筑物和竖向设计，应力求减少土石方工程量及基础工程的投资。
　　4 建筑物、构筑物之间的最小间距应符合现行国家标准《建筑设计防火规范》GB 50016 的有关规定。

3.1.3 厂区通道宽度,应满足使用功能、交通运输、管线敷设、绿化布置及安全、卫生等的要求。平板玻璃工厂的主要通道宽度宜为23～30m。

3.1.4 分期建设的工厂,应以近期为主、远近结合、统筹安排。远期用地应预留在厂区外,当前、后期工程在工艺流程及交通运输要求上不可分开时,可将后期用地预留在厂区内,但应减少预留面积。

3.1.5 改建、扩建工厂应合理利用、改造原有设施,充分利用现有场地,减少新征土地面积,并应使改、扩建后的总平面布置更趋合理,同时应减少改、扩建工程施工对生产的影响。

3.2 生产设施

3.2.1 浮法联合车间应符合下列要求:

1 应以联合车间为主体建筑,展开全厂区的布置。车间的长轴应利用地形地质和各工段生产工艺的特点,处理地形高差,当厂区自然地形坡度较大时,熔化、成形工段可位于地势较低和地基稳定地段,此时必须有可靠的地下防、排水设施。

2 当有条件时,车间的长轴方向,宜与夏季主导风向垂直或呈不小于45°的交角。

3.2.2 原料车间应符合下列要求:

1 应位于厂区全年最小频率风向的上风侧,并应减少粉尘对周围环境的污染。

2 原料车间建筑物宜组成联合建筑,并应有相配套的具有围蔽设施的堆场。

3.2.3 燃油贮罐区应符合下列要求:

1 应位于远离明火及架空供电线路的安全地段,且不得影响厂区周围地段安全。

2 当靠近江、河岸边布置时,应防止油液流入江河。

3 应满足现行国家标准《建筑设计防火规范》GB 50016及《石油库设计规范》GB 50074的有关规定。应在周围设置墙高为1.6～2m的非燃烧体的区域围墙。

3.2.4 天然气配气站应单独布置在进厂气源附近,宜靠近浮法联合车间的熔化工段。天然气配气站布置尚应符合现行国家标准《工业企业煤气安全规程》GB 6222的有关规定。

3.2.5 发生炉煤气站应符合下列要求:

1 发生炉煤气站的布置应符合现行国家标准《建筑设计防火规范》GB 50016、《发生炉煤气站设计规范》GB 50195及《工业企业煤气安全规程》GB 6222的有关规定。

2 煤气站房宜靠近用气点。

3 煤堆场(棚)应靠近煤气站布置,并宜布置在厂区全年最小频率风向的上风侧;上煤系统宜采用皮带输送。

3.2.6 氮气站、氢气站、灌氧站的布置,应根据下列条件综合确定:

1 氮气站、氢气站、灌氧站应集中组成单独的气体设施区,设置在通风条件好和明火排放源的上风侧;宜避开人流密集区及主要交通通道,气体设施区的周围应设置墙高为1.6～2m的非燃烧体的围墙。

2 气体设施区的位置宜缩短送气主管与浮法联合车间成形工段之间的距离,且管线敷设应顺畅,施工、检修方便。

3 在灌氧站房外的一侧或两侧,应设置装车作业场地。

3.2.7 压缩空气站布置,应符合现行国家标准《建筑设计防火规范》GB 50016的有关规定。压缩空气站宜与氮气站的压缩间统一布置,可靠近主要用气点并组合在联合车间辅房内。

3.2.8 其他辅助生产设施的布置,应符合下列要求:

1 应满足辅助生产设施本身的工艺需要以及与主要生产设施的工艺联系。

2 辅助生产设施与周围建筑(构筑)物的距离,应符合现行国家标准《建筑设计防火规范》GB 50016的有关规定。

3 辅助生产设施的方位,应有利于厂区的环境保护及生产安全、卫生的需要。

4 辅助生产设施的布置应因地制宜,充分利用主要生产设施之间的空地或层间的空间,满足节约和有效使用土地的要求。

3.2.9 生产管理及服务设施的布置,应符合下列要求:

1 工厂综合办公楼、职工食堂、停车场(库)等全厂性生产管理及生活设施,宜集中设置在厂前区。

　1)应布置在环境清洁、远离具有强烈噪声干扰和散发有害气体及产生粉尘的地段;

　2)宜靠近工厂主要人流出入口,面向城镇和居住区,对内便于生产管理和方便职工生活,对外经营、联系方便;

　3)宜组成联合建筑群,并宜合理配置广场及绿化美化设施。

2 工厂主要人流出入口应与工厂货运出入口分开布置。主要人流出入口应靠近厂前区,且职工上下班顺捷、安全、进出厂方便的地点;货运出入口应位于货运量较大,且与厂外道路连接方便的一侧;出入口的设置应符合当地规划的要求。

3 工厂应设置厂区围墙。围墙定位、高度、结构形式,除应满足当地规划的要求外,还应保证工厂生产安全,并与周围环境相协调。围墙至建筑物、道路、铁路和排水明沟的最小间距,应符合现行国家标准《工业企业总平面设计规范》GB 50187及《建筑设计防火规范》GB 50016的有关规定。

3.3 运输线路及码头布置

3.3.1 工厂铁路、道路及码头的布置，除执行本规范外，尚应符合现行国家标准《工业企业标准轨距铁路设计规范》GBJ 12、《厂矿道路设计规范》GBJ 22、《河港工程设计规范》GB 50192 等的有关规定。

3.3.2 厂外铁路设计应满足厂内铁路运输要求。

3.3.3 厂内铁路的布置，应符合下列要求：

1 应满足生产及近、远期运量的要求，并应便于厂内外运输作业的联系，对于规模较大的平板玻璃工厂，可采用一次规划，分期实施。

2 装卸线的长度，宜满足一次到厂的车辆停放和装卸作业的需要，并应与仓库、货场的容量相协调。

3 装卸线宜集中于同一走行干线上联接，并应满足扇形面积最小的原则。

4 在满足生产、装卸及运输作业要求的前提下，装卸线宜集中布置。

5 卸油线应为尽头式铁路，在停放油槽车的长度内，应为平直线；卸油设施可布置在铁路的一侧或两侧。

6 露天堆场内的卸车线，应设在平直道上。条件不允许时，可设在规定范围内的坡道上或曲线上。

3.3.4 厂内道路的布置，应满足生产、交通、货运、消防、环境卫生等要求，并应与厂区竖向设计和管线布置相协调。

3.3.5 沿厂区、保护气体设施区、燃油贮罐区周围，浮法联合车间、原料车间、天然气配气站厂房周围，木板堆场周围等均应设置环形道路。条件不允许时，可按现行国家标准《建筑设计防火规范》GB 50016 的要求在其两侧设置道路，并设置可供消防车作业的回车场地。

3.3.6 当进厂的大宗原、燃、材料采用汽车运输时，应设置货运专用道路，并宜避开使用厂内主要道路。

3.3.7 当浮法联合车间为二层厂房时，在底层的适当部位，宜设置横穿该车间的通道，并应与该车间周围的道路相连接；该通道净宽度不宜小于5.5m，净高度不应低于4.5m。

3.3.8 厂内主要道路宜力求减少与厂内铁路平交叉。当必须平交叉时，交角必须不小于45°。

3.3.9 厂内主要道路及货运专用道路应采用城市型，水泥混凝土路面结构，其路面宽度不应小于6m。单行车道路面宽度宜为3.5～4.0m；人行道宽度不应小于0.75m。

3.3.10 工厂码头应根据玻璃工厂的总体规划、工厂所在地的水域发展规划及码头的工艺要求进行选择。宜选定在河床稳定、水流平顺、流速适宜、堤岸牢固的河段上，并应有能满足船舶靠离作业所需的足够水深和水域面积。

3.3.11 工厂码头宜靠近厂区，装卸作业安全方便，货运短捷通畅。布置应紧凑合理，节约用地。

3.4 竖向设计

3.4.1 竖向设计应与总平面布置统一考虑，进行方案比较。根据厂区地形、地质、水文、气象等特点，因地制宜，合理确定建筑物、构筑物及场地的设计标高。并与厂区周围道路、铁路、排水管沟、山坡截洪沟和场地等的标高相适应。

3.4.2 场地平整、切坡等工程，必须采取可靠措施，防止滑坡、塌方和地下水位上升等。

3.4.3 建筑物、构筑物的室内地坪标高确定，应符合下列要求：

1 厂区建筑物、构筑物室内地坪标高，应高出室外地面标高 0.15m 以上。软土地基根据沉降量的需要，应适当增大室内外的高差。

2 玻璃成品库，原（粉）料库（仓）等有装卸运输要求的建筑物室内地坪标高，应与运输线路标高及装卸作业需要的标高相协调。

3 位于填土地段的建筑物室内地坪标高，在满足生产及使用要求的前提下，宜减少建筑物的基础埋置深度。

3.4.4 阶梯式竖向设计应符合下列要求：

1 台阶的划分及宽度，应满足建筑物、构筑物等的布置需要及生产、交通、运输、管线敷设等的要求。

2 台阶的长边，应平行等高线布置；台阶的高度，不宜高于6m。山地厂区紧接高切坡时，必须采取保证山体稳定的措施。

3 台阶的边坡坡度及建筑物、构筑物至坡顶的距离应符合现行国家标准《建筑地基基础设计规范》GB 50007 的有关规定。

3.4.5 场地排水应符合下列要求：

1 场地的平整坡度，宜采用0.3％～3％，困难地段的最大坡度不宜大于5％。

2 厂区地面水的排水设计，应符合下列要求：

   1）厂区宜采用暗管（沟）排水方式，当采用暗管（沟）排水有困难时，可采用明沟排水方式；

   2）贮煤场及石料、粉料露天堆场的地面水的排除，宜采用明沟方式，且排水沟应设有箅盖；

   3）燃油贮罐区防火堤内的地面水按本规范第10.3.4条的规定采用。

3 厂内排水明沟宜做护面处理；对厂容及环境卫生要求较高的地段，宜采用盖板明沟。

3.5 管线综合布置

3.5.1 管线综合布置必须与总平面布置、竖向设计和绿化布置统筹安排。

3.5.2 厂区给水、排水、循环水及电缆等管线，宜选用地下敷设方式；厂区易燃可燃液体、燃气、热力、压缩空气及保护气体等管线，宜选用地上管架敷设方式；地上、地下管道的布置应符合现行国家标准《工业企业总平面设计规范》GB 50187等的有关规定。

地下管线之间的最小水平间距，应符合附录A的要求。

4 原 料

4.1 原料的选择与质量要求

4.1.1 选择原料必须根据平板玻璃工厂生产规模、产品品种、产品质量的要求，考虑矿物原料的质量、物理化学性能、运输方式等因素；宜选用粉料进厂方案。

4.1.2 根据平板玻璃工厂生产的产品质量，确定硅质原料、白云石、石灰石、长石、煤粉等的主要氧化物、粒度、含水量的要求，并应符合下列规定：

1 硅质原料的质量应符合表4.1.2-1的规定。
2 白云石的质量应符合表4.1.2-2的规定。
3 石灰石的质量应符合表4.1.2-3的规定。
4 长石的质量应符合表4.1.2-4的规定。
5 纯碱（工业碳酸钠）应选用符合现行国家标准《工业碳酸钠》GB 210 Ⅰ类或Ⅱ类优等品；宜选用重碱。
6 芒硝（工业无水硫酸钠）应选用符合现行国家标准《工业无水硫酸钠》GB/T 6009一级或二级品。
7 煤粉的质量应符合表4.1.2-5的规定。
8 硝酸钠应选用符合现行国家标准《硝酸钠》GB/T 4553一类产品。

表4.1.2-1 硅质原料的质量

主要氧化物含量（%）			粒度（%）		含水量（%）	相对密度>2.9的重矿物	
SiO_2	Al_2O_3	Fe_2O_3	>0.6mm	<0.1mm		含量(mg/kg)	粒度(mm)
>97.50	<1.20	<0.120	0	<5.0	<5.0	<2.5	<0.25

表4.1.2-2 白云石的质量

主要氧化物含量（%）		粒度（%）		含水量（%）	酸不溶物含量（%）
MgO	Fe_2O_3	>2.5mm	<0.1mm		
>20.0	<0.15	<20	<1.0	<1.0	

表4.1.2-3 石灰石的质量

主要氧化物含量（%）		粒度（%）		含水量（%）	酸不溶物含量（%）
CaO	Fe_2O_3	>2.5mm	<0.1mm		
≥54	<0.20	<20	<1.0	<1.0	

表4.1.2-4 长石的质量

主要氧化物含量（%）			粒度（%）		含水量（%）
SiO_2	Al_2O_3	Fe_2O_3	>0.5mm	<0.1mm	
<70	≥16.5	<0.2	0	<50	<1.0

表4.1.2-5 煤粉的质量

化学成分（%）		粒度（%）		含水量（%）
C	灰分	>1.0mm	<0.1mm	
>70	<15	0	<20	<1.0

4.1.3 平板玻璃常用原料特性指标应符合表4.1.3的规定。

表4.1.3 平板玻璃常用原料特性指标

原料名称	比重	粉料 ≤0.75mm		中块料 20～50mm		大块料 160～300mm	
		容重(t/m³)	安息角(°)	容重(t/m³)	安息角(°)	容重(t/m³)	安息角(°)
砂岩	2.65	1.36	33	1.62	35	2.00	35
硅砂	2.65	1.50～1.60	33	—	—	—	—
石灰石	2.60	1.55	30	1.60	36	2.00	36
白云石	2.80	1.60	32	1.86	36	2.00	36
长石	2.70	1.60	32	1.70	36	2.00	36
芒硝	—	0.98	30	—	—	—	—
纯碱	—	0.61	30	—	—	—	—
重碱	—	1.15	—	—	—	—	—
煤粉	1.27	0.50	30	0.90	48	—	—
碎玻璃	2.60	—	—	0.94	30	—	—
白土	—	1.60	—	—	—	—	—
叶蜡石	—	1.60	30	1.90	35	2.20	35
配合料	—	1.15	35	—	—	—	—

4.2 玻璃化学成分

4.2.1 浮法玻璃成分应符合表4.2.1的规定。

表4.2.1 浮法玻璃成分（%）

SiO_2	Al_2O_3	Fe_2O_3	CaO	MgO	Na_2O+K_2O	SO_3
72～73	0.5～1.6	0.05～0.12	7.5～9.5	3.4～4.0	13.0～14.5	0.2～0.3

4.2.2 配料计算应符合下列要求：
1 生产优质浮法玻璃应测定原料的 COD 值。
2 芒硝含水率：应小于等于 3.5%。
3 应考虑纯碱在熔窑中的飞散量。
4 在配料计算中应考虑各种矿物原料在加工过程中带入的 Fe_2O_3 量。

4.2.3 配合料的质量应符合下列要求：
1 应保持配合料 4%～5% 的含水率和混合机出口 38～42℃ 的温度。
2 碱含量标准离差值应小于等于 0.28%。
3 配合料中不允许有团、块。
4 应避免粉尘回收影响配合料质量。

4.3 工艺设备选型

4.3.1 设备选型应符合下列要求：
1 应选用技术先进、经济合理、噪声低、耗能少、可靠耐用的设备。
2 同类设备应选用同型号、同规格的设备。
3 设备生产能力应根据检修维护的需要留有一定的富裕量。
4 在未掌握矿物原料的物理机械性能时，必须做破碎筛分工业性试验。

4.3.2 破碎筛分设备的选择应符合下列要求：
1 根据破碎比合理确定破碎段数。
2 根据破碎能力、排矿粒度、单位排矿口的生产能力和循环负荷率，正确选择破碎设备。
3 根据筛分效率、单位筛网面积生产能力，正确选择筛分设备。

4.3.3 称量、混合设备选型应符合下列要求：
1 称量设备的静态精度应为 1/2000；动态精度不应低于 1/1000。
2 称量时间必须小于集料输送时间和混合时间之和。
3 应选用设备结构简单、密封好、混合均匀度高、混合时间短、易损件寿命长、便于检修、节能的混合设备。

4.3.4 配合料输送设备选型应符合下列要求：
1 胶带输送机设计与使用中应防止漏料并避免配合料分层。
2 胶带输送机应设有排除废配合料的装置。
3 宜考虑应急供料装置。
4 胶带输送机通廊的净空尺寸，应符合附录 B 的要求。

4.3.5 溜管、溜槽及料仓应符合下列要求：
1 溜管、溜槽必须通畅无阻塞，应耐磨、密封、方便拆卸与修补。
2 缓冲料仓、粉料料库下部仓斗应采用钢结构。

4.4 工艺流程及布置

4.4.1 原料贮存、破碎筛分上料和称量混合三个系统的工艺流程应遵循流程短、环节少和避免交叉运输的原则。

4.4.2 原料的加工和运输应采用机械化、自动化和密封的工艺流程。

4.4.3 应一种原料一个破碎筛分系统，避免原料相互混掺。

4.4.4 在多段破碎筛分系统中，各段破碎设备生产能力不平衡时，应设缓冲料仓。

4.4.5 日用仓的贮存：纯碱、芒硝、硝酸钠不应少于 1.5d，其他原料不应少于 3d 的用量。

4.4.6 当原料的流动性能差并易于结拱时，粉料库必须设破拱或助流装置。

4.4.7 破碎机后必须装有除铁装置。

4.4.8 在潮湿地区纯碱宜设破碎筛分装置。其流程应先筛分后破碎。

4.4.9 在潮湿地区芒硝应设破碎筛分装置。其流程应为先破碎后筛分。

4.4.10 煤粉必须为合格粉料进厂。

4.4.11 混合机下方应设缓冲钢料仓。

4.4.12 当原料称错，必须设有排出称错料的措施。

4.4.13 配合料输送距离应短，倒运次数应少，落差应小。

4.4.14 碎玻璃严禁进入混合机。

4.4.15 应考虑设备的检修与吊装需要。

4.4.16 外露提升机头部和机身必须有防雨水进入机内的措施。

4.4.17 车间内人行通道的宽度不得小于 1.0m。

4.4.18 噪声超过附录 H 标准的生产区必须设隔离操作室。

4.4.19 严禁在纯碱、芒硝生产操作区域内用水冲洗设备、墙和地面，并不得在此区域内设除尘喷雾风扇。

4.4.20 车间内应设有除尘管理室、化验室、易损件库。

5 浮法联合车间

5.1 一般规定

5.1.1 主要工艺技术指标应根据建厂要求的产品质量、产品方案，结合实际建设条件选定。

5.1.2 工艺设备的选择应符合技术先进、运行可靠、确保重点、相互适应的要求，满足生产优质产品的需要。

5.1.3 工艺设备的设计和选型应符合行业对设备设计、制作的标准化规定。

5.1.4 工艺设备生产能力的确定应保证有较高的效率，机组利用率不应低于 98%。

5.2 熔化系统

5.2.1 供料应符合下列要求:

1 配合料质量应符合本规范第4.2.3条的规定。碎玻璃入窑前应经除铁处理。

2 窑头料仓:
  1) 宜贮存3~4h的熔窑用料量;
  2) 应设有料位检测装置;
  3) 应有除尘设施。

3 投料机选型:
  1) 投料能力必须满足熔化量的需要;
  2) 入窑料的落差应小;
  3) 应便于调整偏料和料层厚度。

5.2.2 燃烧系统应符合下列要求:

1 燃料燃烧的火焰应有一定长度和刚度,给热强度要大。

2 必须采用燃烧性能好、高效、低噪声、便于安装、调节和维修的燃油或燃气喷枪。

3 应采取措施降低能耗,充分利用熔窑余热。对燃烧系统的参数应实施监测与控制。

5.2.3 熔窑助燃风应符合下列要求:

1 助燃风量、风压必须满足熔窑在不同工况和熔窑后期增量的需要,并有备用风机。

2 应有助燃风自动调节装置。

5.2.4 熔窑燃烧换向应符合下列要求:

1 换向要求:
  1) 必须设自动、半自动和手动换向装置;
  2) 在控制室宜设换向程序显示屏。

2 根据燃料种类确定换向方式:
  1) 重油宜采用支管换向,雾化介质宜采用总管或分区换向;
  2) 天然气宜采用支管换向;
  3) 发生炉煤气宜采用钟罩式煤气交换机。

3 烟气可采用支烟道或分支烟道换向的烟气交换机。当采用分支烟道单独传动时,必须保证动作的同步。

5.2.5 熔窑冷却风应符合下列要求:

1 对熔窑吹冷却风的部位应根据不同熔窑结构要求确定。

2 冷却风要求:
  1) 熔窑自投产开始,冷却风不得中断;应有备用风机,在生产后期冷却风量要随之增加;
  2) 必须保证冷却风出口的风速和风量。

5.2.6 熔窑应符合下列要求:

1 熔窑设计:
  1) 应满足生产工艺、生产规模和玻璃液质量的要求;
  2) 适应燃料与配合料性能要求;
  3) 必须节约能源、降低能耗;
  4) 宜采用新结构、新技术的窑型;
  5) 应根据窑龄,合理配套选用优质耐火材料。

2 熔窑设计主要技术指标:
  1) 熔化量为日熔化玻璃液量(t/d),可按300、400、500、600、700、800、900等进行分级;
  2) 熔化率可根据熔化量及所用燃料按表5.2.6-1确定;
  3) 单位重量玻璃液热耗可根据熔化量及所用燃料按表5.2.6-2确定。

表5.2.6-1 熔化率

熔化量 (t/d)	熔化率 (t/m²·d)		
	重油、煤焦油、天然气	焦炉煤气	发生炉煤气
300	1.7~1.9	1.5~1.7	1.5~1.7
400	1.9~2.1	1.6~1.8	1.6~1.8
500、600	2.0~2.2	1.7~1.9	1.7~1.9
700、800、900	2.1~2.3		

注: 1 熔化面积的计算长度为算至末对小炉中心线后1.0m处。

2 发生炉煤气熔窑最大熔化量按500t/d考虑。

表5.2.6-2 单位重量玻璃液热耗(燃重油)

熔化量(t/d)	单位重量玻璃液热耗[kJ/kg(kcal/kg)]
300	≤7750(1850)
400	≤7330(1750)
500	≤6900(1650)
600	≤6700(1600)
700	≤6280(1500)
800	≤6070(1450)
900	≤5860(1400)

注: 1 上列单位重量玻璃液热耗是以重油为基础的,当用天然气或发生炉煤气时,可分别用上列数值乘以系数1.10~1.15或1.15~1.25。

2 熔窑后期热耗用上列数值乘系数1.1。

3 燃料热值包括燃料燃烧热。

3 熔窑应优化耐火材料的选用及配置,确保设计窑龄。

4 熔窑钢结构设计:
  1) 熔窑各部位钢结构设计,必须能适应窑体在升温和降温条件下的受力、变形特性及某些设定的可调性能;
  2) 处于地震区的熔窑钢结构布置和联结,应有利于在地震力作用下的窑体各部分整体稳定。

5 熔窑的保温设计:

1) 熔窑应实施全保温；
2) 保温材料应根据保温部位砌体的材质和交界面的温度选择。

6 小炉、蓄热室设计：
1) 小炉：
  a 小炉对数应根据熔化量、燃料种类、熔化率以及温度曲线等因素确定；
  b 一侧小炉口总宽度应占熔化部总长度的48%～54%。
2) 蓄热室：
  a 宜采用箱形蓄热室；
  b 宜使用异形格子砖，如筒形砖、十字形砖；
  c 格子体受热面积按每平方米熔化面积选用35～45m² 计。

7 烟道、烟囱、冷修放玻璃水设计：
1) 烟道应密封和保温；
2) 烟囱设计：
  a 应满足熔窑正常生产时的抽力需要和熔窑后期阻力增加的需要；
  b 必须满足环境保护的需要，在采用熔窑烟气湿法脱硫技术时，应对烟囱进行防酸处理；
  c 应考虑所在地区气压、气温的影响因素。
3) 冷修放玻璃水宜采用水淬法或传统水池法。

8 烧煤气熔窑的烟道，必须有煤气换向防爆措施。

5.3 成形系统

5.3.1 成形系统分流道、锡槽及密封箱三部分，其主要技术指标必须满足工艺生产的需要。

5.3.2 锡槽的结构型式和主要尺寸，必须满足玻璃液在锡槽内成形、抛光所需的工艺条件。

5.3.3 锡槽应有良好的保温措施。

5.3.4 锡槽的结构设计应严密，以减少对锡液的污染和降低锡液的消耗量。

5.3.5 应合理确定锡槽的电加热总功率与各区的分配量，应有温度自控与调节设施。

5.3.6 应优化选用及配置锡槽槽体各部位的耐火材料和电加热元件。

5.3.7 锡槽钢结构设计，必须保持槽体在升温和降温时的强度、平整度，并与锡槽前后端连接的设备协调一致。

5.3.8 宜采用先进的控制系统，对生产过程的各项参数实行监控。

5.3.9 应保证保护气体的纯度、用量、压力、氮氢比例，满足成形工艺的要求。

5.3.10 锡槽槽底必须有可靠的冷却设施。

5.3.11 应配备成形必需的配套设施。

5.4 退火系统

5.4.1 应保证玻璃带的质量，满足切裁与使用的要求。

5.4.2 退火窑宜采用密封式全钢结构。

5.4.3 宜设置 SO_2 系统。

5.4.4 退火窑宜采用电加热。

5.4.5 玻璃带在退火窑内的冷却，在不同温度区域宜采用不同的冷却方式。

5.4.6 退火窑的传动应采用无级调速，必须设置备用传动。可设置应急传动。

5.4.7 退火窑的传动速度应满足拉引不同厚度玻璃的需要。

5.4.8 应合理配置退火窑辊道的辊材。

5.5 冷端系统

5.5.1 冷端系统设计应符合下列要求：
  1 冷端系统应尽量缩短输送距离。
  2 机组的机械化、自动化程度应与总的工艺要求相适应。

5.5.2 冷端系统设计的主要技术指标应符合下列要求：
  1 拉引速度范围应满足生产不同厚度玻璃的需要。
  2 切割精度应符合现行国家标准《浮法玻璃》GB 11614 的有关规定。
  3 输送辊道的设计：
    1) 玻璃板在输送辊道上全长允许跑偏量为±20mm；
    2) 输送辊道的传动方式，宜采用分段传动；
    3) 输送辊道应有避免传送过程中玻璃碰撞、擦伤的措施。

5.5.3 冷端系统的分区及装备的设置应符合下列要求：
  1 玻璃质量检验和预处理区：
    1) 玻璃质量按现行国家标准《浮法玻璃》GB 11614 进行检验；
    2) 宜配备应力测定仪、缺陷检测仪和测厚仪等；设玻璃缺陷人工检测室；
    3) 应设紧急横切机、紧急落板装置。
  2 切割掰板区：
    1) 切割掰板区应设主线落板装置；
    2) 可设置坡度不大于9°的斜坡辊道。
  3 分片堆垛区：
    1) 分片装置、分片线、堆垛机应根据玻璃板的规格、生产工艺布置选型；
    2) 可设铺纸机或喷粉机。

5.6 碎玻璃系统

5.6.1 冷端机组产生的碎玻璃，在正常生产时应不落地，通过输送带直接进入碎玻璃仓。该仓应能贮存熔窑2～3d生产用碎玻璃量。

5.6.2 落板装置及掰边装置下面应设破碎机。经破碎后的玻璃块度应不大于50mm。

5.6.3 应设置碎玻璃堆场。

5.6.4 碎玻璃送到碎玻璃仓前应先经过除铁装置。

5.7 成品包装与贮存

5.7.1 成品玻璃的包装应符合下列要求：

1 宜选用集装箱、集装架包装。小批量、小规格的成品玻璃可采用花格或组合大箱包装。

2 宜在玻璃片之间夹纸、喷粉或喷液后再包装。

5.7.2 成品玻璃的贮存与成品库应符合下列要求：

1 成品库面积可按玻璃的贮存期15～45d计算。单位面积贮存成品玻璃定额：

　　1）集装箱：按两层码垛，每平方米不少于50重量箱；

　　2）集装架：每平方米不少于32重量箱；

　　3）木箱：每平方米不少于30重量箱。

2 成品库通道系数为：0.6～0.7。

3 成品库内应设置与堆存、外运相适应的运输、吊装设备。

5.8 车间工艺布置

5.8.1 浮法联合车间的布置，应符合下列要求：

1 应按本规范第3.2.1条确定车间在地上及地下的楼层设置。

2 车间布置应工艺流程顺畅、操作运输方便。应安全卫生、防震、空间规整及降低噪音等。

3 应合理利用厂房空间。

4 车间内的各类管道、电缆必须统筹布置，整齐顺畅。

5.8.2 熔化系统的工艺布置，应符合下列要求：

1 熔化底层布置：

　　1）空气蓄热室外壁至厂房构件的净距不宜小于3.5m。

　　2）熔窑窑底和蓄热室周围的操作净距及地面布置，必须满足设备安装、检修及消防的需要。

2 熔化二层布置：

　　1）投料池壁至车间山墙前的净距不宜小于12m。

　　2）二层楼面与室外有较大高差时，应有垂直运输设备或搭临时码道位置。

3 熔化空间高度：

　　1）底层空间高度必须满足蓄热室热修高度和设备安装高度要求；

　　2）屋架下弦高度，应由配合料输送方式与设备选型确定。

4 熔化操作楼梯设置：

　　1）熔化二层楼面必须有直接对外联系的楼梯和与底层直接联系的楼梯；

　　2）熔化二层与投料平台必须有直接联系的楼梯。

5.8.3 成形系统的工艺布置，应符合下列要求：

1 成形底层布置：

　　1）二层厂房时，锡槽冷却设施宜布置在车间底层，锡槽底应有操作平台；

　　2）单层厂房时，应设地坑（地沟）布置冷却设施。

2 成形操作楼（地）面的厂房宽度，应满足锡槽两侧拉边机、排管冷却器等的操作需要。

3 成形操作空间宜安装检修用的起重运输设备。

4 成形操作层与底层、中间操作平台之间应有直接联系楼梯与通道。

5 成形操作层宜设三大热工设备集中控制室。

6 应有专门的锡锭贮藏室。

7 保护气体配气室建筑耐火等级不应低于现行国家标准《建筑设计防火规范》GB 50016中的二级。用电要求应为防爆1区。

5.8.4 退火系统的工艺布置，应符合下列要求：

1 退火系统操作层的厂房宽度，在传动站侧宜不小于3m，在非传动站侧应考虑抽换退火窑辊道的需要。

2 退火系统操作楼（地）面标高宜与成形系统操作楼（地）面一致。

3 退火系统操作层与底层之间必须设直接联系楼梯。

5.8.5 冷端系统的工艺布置，应符合下列要求：

1 冷端厂房及地下室空间尺寸应满足碎玻璃系统布置要求。成品库、集装箱（架）堆场与贮库宜紧靠冷端系统布置。

2 冷端操作层厂房的宽度、长度及标高应根据冷端机组的工艺布置形式确定。冷端机组两侧和末端的净距必须考虑叉车、吊车的工作面积。

3 冷端操作层应设冷端控制室、玻璃质量检验室、理刀室等辅助用室。

6 燃 料

6.1 一般规定

6.1.1 燃料必须满足生产工艺要求。并应合理利用、节能高效、近地供应、利于环境保护。

6.1.2 平板玻璃工厂应采用高热值的燃料，如燃油、天然气或焦炉煤气。

当熔窑日熔化量小于500t/d时，可采用烟煤发生炉煤气做燃料。

6.1.3 熔窑用燃料应做到燃料热值和压力稳定，供应连续、可靠。

6.2 燃 油

6.2.1 玻璃熔窑宜使用牌号不大于 200 号的重油。

6.2.2 供卸油系统的工艺布置，应符合下列要求：

1 铁路、公路运输时宜采用重力自卸方式，水路运输时应采用油泵卸油。

2 卸油房的布置：
 1) 油泵房宜为独立的地上式建筑；
 2) 油泵房宜设有控制室、油泵间、生活间、工具间等。控制室与油泵间的隔墙上应设观察窗，油泵房毗邻燃油贮罐区的墙上不应设活动窗；
 3) 油泵宜单排布置。

6.2.3 供油设备的选型应符合下列要求：

1 卸油泵应不少于两台。

2 供油泵：
 1) 宜优先选用螺杆泵或齿轮泵；
 2) 应设三台供油泵，一台运行，一台热备，一台冷备。

3 泵前必须设过滤器。过滤器滤网的总流通面积与进口管断面积之比值为 20～30，过滤网孔应符合油泵要求，过滤器应便于清洗，并必须有备用。

4 宜选用蒸汽加热器，也可选用电加热器。

5 油罐总容积应根据油源供应情况，满足生产贮油需要。宜选用立式拱顶钢油罐，油罐宜不少于两座。

6.2.4 供油管道应符合下列要求：

1 供油管道应设蒸汽伴管或电热带保温。

2 供油管道应设蒸汽吹扫装置。

3 供油管道应接地。

6.2.5 浮法联合车间供油系统应符合下列要求：

1 车间油路系统方式：
 1) 车间设中间油罐及油泵时，宜采用厂区油站向中间油罐单供单回系统；不设中间油罐时宜采用厂区油站直接向车间供油的单供单回系统；供回油比可取 5：2～2：1；
 2) 向熔化部燃烧喷枪供油，可采用开式油路或燃油在管内作逆循环的闭式油路系统。

2 燃油的雾化：
 1) 熔窑燃油应采用压缩空气或蒸汽做雾化介质；
 2) 对雾化介质的要求：
  a 压缩空气宜预热；
  b 蒸汽宜过热；
  c 喷枪前压缩空气压力应比燃油压力高 0.05MPa；蒸汽压力应比燃油压力高 0.05～0.1MPa。

3 车间油路系统的设备选型：
 1) 油路系统设置中间油罐时，油罐间应供油泵和过滤器；
 2) 中间油罐容积宜为 3～5m³；
 3) 供油泵、过滤器应符合本规范第 6.2.3 条第 2 款和第 6.2.3 条第 3 款的规定；
 4) 燃油加热器可根据油质情况采用蒸汽加热器单级加热或电加热器两级加热；
 5) 燃油流量计宜采用质量流量计。

4 中间油罐内油温严禁超过 90℃，罐上应设有油温指示和报警、液面指示和报警及溢流口等。

5 车间油泵、油罐间的布置：
 1) 设备基础应高出地面；
 2) 室外应设污油池，污油严禁排入下水道；
 3) 油罐溢流管接至污油池。

6.3 天 然 气

6.3.1 使用天然气应符合下列要求：

1 应有两个供气源，一用一备，或设有其他备用燃料。

2 厂配气站与用气点之间应设直通电话。

3 天然气的硫化氢含量应小于 20mg/m³。

6.3.2 厂配气站的工艺布置，应符合下列要求：

1 厂内天然气系统宜设两级调压，厂区设一级调压配气站，用气车间内设二级调压配气室。

2 厂配气站内应设过滤、计量、调压、旁通、安全放散及泄漏报警等装置。

3 厂配气站内主要通道宽度不应小于 2m，厂配气站外应设消防通道。

4 厂配气站内应设有值班室、仪表室、工具室、生活间等。

6.3.3 厂配气站的设备选型应符合下列要求：

1 调压阀宜选用自力式调压阀。

2 计量装置宜采用阀式孔板流量计与双波纹管差压计。

3 安全阀宜选用微启式弹簧安全阀。

6.3.4 浮法联合车间的天然气系统，应符合下列要求：

1 进车间干管应设过滤器、总关闭阀和放散管等。

2 车间应设配气室和调压装置。

3 系统设备选型：
 1) 熔窑宜选用节能环保型天然气喷枪，也可选用高压天然气引射喷枪；
 2) 计量装置宜选用孔板流量计，当流量较小时，可选用转子式流量计；
 3) 调节阀应选用气开式气动薄膜调节阀。

6.3.5 调压配气室的设计，应符合下列要求：

1 调压配气室宜设在熔化工段的安全部位。

2 调压配气室应有两个出入口，门窗向外开启，应有足够的泄压面积。车间内隔墙上设大面积、固定密封式观察窗。

3 调压配气室必须设过滤、调压装置及安全切断装置。

4 调压配气室内的地面应采用不会产生火花的材料。

5 调压配气室建筑耐火等级不应低于现行国家标准《建筑设计防火规范》GB 50016 中的二级。用电要求应为防爆1区。

6.4 煤 气

6.4.1 煤气应符合下列要求：
 1 供气必须连续、稳定。
 2 煤气发热值不应低于 $5862kJ/m^3$。

6.4.2 热煤气管道应符合下列要求：
 1 热煤气管道设计应符合现行国家标准《发生炉煤气站设计规范》GB 50195 的有关规定。
 2 热煤气管道上应设人孔、吹烟灰孔、滚动支座、膨胀节等，并宜设烟灰机械清扫装置。
 3 热煤气管道中的煤气设计流速不宜大于 4m/s（标态）。

6.4.3 发生炉煤气站设计应符合现行国家标准《发生炉煤气站设计规范》GB 50195 的有关规定。

7 保护气体

7.1 一 般 规 定

7.1.1 锡槽用氮、氢混合气体作为保护气体，其用量应根据工艺要求确定。

7.1.2 出站处保护气体含氧量应不大于 3ppm。

7.1.3 出站处保护气体露点应在 $-60℃$ 以下。

7.1.4 出站处氢气中残氨含量不应大于 2ppm。

7.1.5 送至浮法车间的氮气和氢气的压力，应不小于 0.03MPa。

7.2 高纯氮气制备

7.2.1 高纯氮气制备，宜选择空气分离法。

7.2.2 空分装置应符合下列要求：
 1 应选用统一型号并设置备用机组。
 2 应选用生产气氮带少量液氮的空分装置。
 3 确定设计容量时，必须计入当地海拔高度、温度、湿度的影响。

7.2.3 液氮贮存与气化装置应符合下列要求：
 1 氮气宜以液氮贮存，贮存量宜不小于一台空分装置启动时间内所需补充的总氮气量。气化装置的气化能力应不小于一台空分装置的制氮能力。
 2 贮槽宜布置在室内分馏塔附近，也可布置在室外。
 3 废液的排放应引至室外排放坑内或其他安全排放处。

7.2.4 管道系统应符合下列要求：
 1 氮气管道的设计流速宜取 $8\sim12m/s$。
 2 高纯氮气管道上宜选用波纹管截止阀。

7.2.5 氮气站的设计应符合现行国家标准《氧气站设计规范》GB 50030 的有关规定。

7.3 高纯氢气制备

7.3.1 高纯氢气的制备，可采用水电解制氢、氨分解制氢或甲醇裂解制氢。

7.3.2 高纯氢气制备装置、气体净化装置宜设有备用机组。

7.3.3 应设有高纯氢气贮存设施。

7.3.4 氨分解制氢站的液氨应有贮存量，并应设残氨处理设施。

7.3.5 高纯氢气制备工艺的设计应符合现行国家标准《氢气站设计规范》GB 50177 的有关规定。

7.3.6 氢气管道的设计流速宜取 $4\sim12m/s$，氨气管道的设计流速宜取 $10\sim20m/s$。

8 电 气

8.1 负荷分级及供配电系统

8.1.1 平板玻璃工厂的电力负荷应分为三级：
 1 一级负荷：中断供电将造成人身伤亡或在经济上造成重大损失者。
 2 二级负荷：中断供电将在经济上造成较大损失者。
 3 三级负荷：不属于一级和二级负荷者。

8.1.2 平板玻璃工厂的供电电源不应少于两个，并应从地区电网引入，必要时，可在厂内设自备发电站。从地区电网引入的电源必须有一个为专用线路。两个供电电源应符合下列条件之一：
 1 两个电源之间无联系。
 2 两个电源之间有联系，但在发生任何一种故障时，两个电源的任何部分必须不同时受到损坏，并必须有一个电源能继续供电。

8.1.3 平板玻璃工厂的供电电源的总供电量，必须满足烤窑升温时的最大用电量需要，平时必须满足正常生产用电量。如平时供电电源为两个，两个电源宜各负担全厂负荷的50%左右，当一个电源故障中断供电时，另一个电源应满足全厂一级和二级负荷的用电量需要。

8.1.4 厂外供电电源电压应采用 35kV，也可采用 10kV。

8.1.5 厂内高压配电系统宜采用放射式。

8.1.6 配电系统设计应将一、二级负荷分接在不同的电源侧。

8.1.7 低压配电系统宜为放射式。车间内如有单相负荷应使配电系统的三相负荷分配平衡。

8.1.8 工厂电源进线的功率因数应达到地区供电主管部门的要求，应在低压侧进行无功功率补偿，并宜采用成套功率因数自动补偿装置。也可采用高压侧和低压侧结合补偿的方式。

8.2 变（配）电所

8.2.1 平板玻璃工厂必须设总变（配）电所，宜独立设置。

8.2.2 平板玻璃工厂宜在下述地方设车间变电所：
1 锡槽附近。
2 退火窑附近。
3 氮气站和氢气站。
4 其他用电负荷集中的地方。

8.2.3 车间变电所宜依附其供电的生产车间设置。几个用电区共用的车间级变电所也可独立设置，其位置应接近负荷中心。

8.2.4 总变（配）电所宜采用室内单层布置，也可采用双层布置。

8.2.5 总变（配）电所、车间变电所的主结线宜采用单母线分段结线方式，也可采用不分段单母线。

8.2.6 带有一、二级负荷的车间变电所必须由两个或两个以上电源供电，如均为高压供电，变压器应不少于两台。变压器的容量，应是当有一台变压器故障或有一个电源中断供电时，其余变压器仍应能保证一、二级负荷的供电。

8.2.7 供锡槽、退火窑用电的车间变电所的变压器总容量必须满足烤窑时的最大需要用电量。

8.2.8 车间变电所的低压配电设备宜采用成套低压配电装置。变压器出线开关，分段母线开关，配电给一、二级负荷的回路开关宜采用低压断路器。

8.2.9 总变（配）电所宜设单独的控制室，高压断路器应采用集中操作、监视。宜采用直流操作电源，并宜选用双电源、单电池组的成套硅整流电池屏。

8.2.10 变（配）电所的电气测量和继电保护设计应符合现行国家标准《电力装置的电测量仪表装置设计规范》GBJ 63 和《电力装置的继电保护和自动装置设计规范》GB 50062 的有关规定。

8.2.11 变（配）电所的过电压保护和接地的设计应符合现行国家标准《工业与民用电力装置的过电压保护设计规范》GBJ 64 和《工业与民用电力装置的接地设计规范》GBJ 65 的有关规定。

8.2.12 变（配）电所内的电力设备布置导体、电器选择以及土建、通风设计应符合国家现行有关标准的规定。

8.2.13 变（配）电所的设计应符合现行国家标准《供配电系统设计规范》GB 50052 的有关规定。

8.3 车间电力设备和电气配线

8.3.1 多尘场所的电器设备，宜设单独的隔尘房间。如电器设备需设在工作现场，其防护等级应为 IP5X 级，经常用水冲洗的地段应为 IP54 级。

储运和处理纯碱和芒硝的场所，除防尘外，电器设备和电气配线还应有防酸、碱腐蚀的措施。

8.3.2 可能出现爆炸性气体混合物环境，以及可能出现火灾危险环境，其爆炸和火灾危险区级的划分、包含范围和电力设计必须符合现行国家标准《爆炸和火灾危险环境电力装置设计规范》GB 50058 的有关规定。

8.3.3 车间内低压用电设备宜通过电力配电箱配电；配电给不同等级负荷的配电箱应分别设置；装机容量大的用电设备也可直接由车间变电所的低压侧配电。

8.3.4 一级负荷应由两路电源供电，两路电源应能自动切换；二级负荷宜由两路电源供电，两路电源可自动切换，也可手动切换。

8.3.5 电源自动切换装置宜采用抽屉式主开关。

8.3.6 交流电机宜采用全压启动方式，必要时也可采用降压启动或软启动。

8.3.7 原料制备输送系统、发生炉煤气站上煤系统、碎玻璃处理输送系统等应采用机组联锁控制方式。这些系统也应能转换到解锁方式下运行。

8.3.8 车间内的交流异步电动机应装设短路保护、过负荷保护、缺相运行保护和低电压保护；直流电动机应装设短路保护、过负荷保护和失磁保护；同步电动机应装设短路保护、过负荷保护、带时限动作的失步保护和低电压保护；电热设备应装设短路保护。

有自启动功能的交流异步电动机应装设带时限动作的失压保护。

8.3.9 车间低压配线线路多的场所宜采用电缆桥架（梯架、托盘）配线。

8.3.10 车间低压配电设备及配电线路的设计应符合现行国家标准《低压配电设计规范》GB 50054 的有关规定。

8.3.11 车间的接地安全设计应符合现行国家标准《工业与民用电力装置的接地设计规范》GBJ 65 的有关规定。

8.4 电气照明

8.4.1 电气照明应采用荧光灯、高强气体放电灯和白炽灯作光源；浮法联合车间的工作层等高大厂房宜采用高强气体放电灯及其混合照明；地坑宜采用白炽灯。

8.4.2 人工切裁玻璃的场所宜采用分区照明方式。

8.4.3 有夜班工作的重要操作区、控制室、变电所、柴油发电机房和重要通道应设应急照明。

8.4.4 有爆炸和火灾危险的场所，灯具、开关和照明配线应按环境的危险级别选型和设计。

8.4.5 特别潮湿的场所，应采用防潮或带防水灯头的灯具，照明线路应暗配，开关应置于潮湿地区以外。

8.4.6 照明供电电压应根据使用要求、工作环境的安全条件分别采用220V、24V、12V。

8.4.7 采用高强气体放电灯作光源的照明，开关和导线应考虑功率因数低、启动电流大和启动时间长的影响。

8.4.8 工厂照明设计应符合现行国家标准《建筑照明设计标准》GB 50034 的有关规定。

8.5 厂区电力线路敷设

8.5.1 厂区电力线路为放射式配电的宜采用电缆直接埋地或电缆沟内敷设。

8.5.2 厂区电力线路的走向、路径应协同总图布置统一规划。与道路和其他管道的交叉、平行间距应符合国家现行标准的有关规定。

8.5.3 厂区电力线路设计应符合现行国家标准《电力工程电缆设计规范》GB 50217 的有关规定。

8.6 厂区建筑防雷

8.6.1 氢气站、天然气配气站、发生炉煤气站主厂房、氢贮气罐应按第二类防雷建筑物设置防雷设施。

8.6.2 浮法联合车间、烟囱、水塔、原料车间的提升机房，以及年预计雷击次数 $N \geqslant 0.06$ 的其他厂房，应按第三类防雷建筑物设置防雷设施。

8.6.3 油站（包括泵房和油罐区）应按第三类防雷建筑物设置防雷设施。

油罐的壁厚不小于4mm，可不装设专门的接闪器，但应接地，冲击接地电阻不大于 30Ω。

8.6.4 户外天然气管道、燃油输送管道、热煤气管道和氢气管道，应在管道的始端、终端、分支处、转角处以及直线部分每隔 $80 \sim 100m$ 处接地。每处接地电阻不大于 30Ω。

弯头、阀门、法兰盘等管道的连接点应用金属线跨接。

8.6.5 厂区建筑物防雷设计应符合现行国家标准《建筑物防雷设计规范》GB 50057 的有关规定。

8.7 厂内通信

8.7.1 厂内应设相应的通信系统。

8.7.2 通信系统设计应符合现行国家标准《工业企业通信设计规范》GBJ 42 的有关规定。

9 生产过程检测和控制

9.1 生产过程自动化水平的确定

9.1.1 平板玻璃工厂的自控设计必须满足生产工艺要求，应采用先进的自动化技术，并考虑其经济合理性。

9.1.2 自控设计应正确处理近期建设和远期发展的关系。

9.1.3 自控设计应采用成熟的控制技术和可靠性高、性能良好的设备。

9.1.4 生产过程自动化设计应包括参数检测、报警、参数与动力设备状态显示、自动调节与控制、工况自动转换、设备联锁与自动保护和中央监控与管理等。

9.1.5 平板玻璃工厂的主要生产过程自动控制，热端应采用分布式计算机控制系统（DCS）或相同技术配置的可编程控制系统（PLC）；冷端宜采用可编程控制系统（PLC）。对重要参数的控制应设置后备手操装置。

9.1.6 热端主控制系统中主控制器、通信网络、系统电源宜采用冗余配置。DCS和PLC应可靠、先进，并应具备开放性和可扩展性、易操作性和易维护性、完整性和成套性。

9.1.7 检测元件、执行机构等应选用与主控制装置相同可靠性及技术水平的产品。

9.2 配料称量系统的检测和控制

9.2.1 配料称量系统控制装置，宜采用由多台配料控制器和可编程控制器（PLC）作为下位机，工业控制机作为上位机。计算机控制系统，应设手动、自动控制两种工作方式。

9.2.2 配合料混合过程中的各种工艺设备应设有运行及故障报警监视装置，为保证原料的干基量宜采用水分自动检测补偿装置。

9.3 熔化系统的检测和控制

9.3.1 熔窑温度、压力及玻璃液面的检测和控制，应符合下列要求：

 1 在熔窑的碹顶、胸墙、蓄热室和烟道的有关部位应设温度检测点，重要检测点的温度应有记录及高限报警。熔窑出口端的玻璃液温度应自动控制。

 2 熔化部窑压应自动控制，冷却部窑压应检测。

 3 总烟道及烟囱根应设有抽力测量。

 4 玻璃液面应自动控制。

9.3.2 燃烧系统的检测和控制，应符合下列要求：

 1 熔窑燃烧系统的检测和控制装置，应考虑节能和环保要求。

 2 熔窑燃烧系统宜设有燃料温度、压力自动控制、总燃料流量检测及累积计量。

 3 各对小炉分支燃料管或喷枪宜有燃料流量控制。

 4 雾化介质应设有压力自动控制和流量检测。

 5 助燃空气总管或分支管应有压力检测和流

量自动控制；设置总管流量自动控制时，各分支管应设有流量检测并能手动遥控调整各分支管流量；宜设置燃料流量与助燃空气流量比值控制系统。

6 宜配备检测烟气剩余含氧量的便携式分析仪表。

9.3.3 熔窑燃烧换向控制，应符合下列要求：

1 燃烧换向必须设置自动换向装置，应同时设置人工换向装置。

2 换向过程中重要设备必须有状态显示和故障报警。

3 在控制室内应设置换向主要过程显示。

9.3.4 对窑头配合料料仓、投料机、空气交换机的运行情况，以及熔窑内燃烧、熔化情况应设有工业电视监视。

9.3.5 熔窑的冷却风机、助燃风机等重要机电设备均应设运行显示和故障报警。对于重要设备的冷却水出口温度宜设有显示和超温报警。

9.3.6 窑头料仓宜设料位检测装置。

9.4 成形系统的检测和控制

9.4.1 锡槽应按纵向和横向设置若干电加热区，各区温度可控制。

9.4.2 加热元件接线设计，应考虑电加热元件发生故障时，减少对该区加热总功率的影响。供配电和控制设备的设计，应确保锡槽烤窑期间和事故处理时所需的加热效率。

9.4.3 锡槽的有关部位应设有温度、压力检测，重要检测点，并应记录。

9.4.4 保护气体系统应设有压力、流量、氧含量及露点等参数的检测，应设有混合气中氢气比例检测和报警。

9.4.5 在锡槽入口处宜设有玻璃带宽度监控装置。

9.4.6 拉边机的控制系统设计应采用同步精度和稳速精度均较高的方案。

9.4.7 成形系统的重点部位应设工业电视监视。

9.4.8 必须安装锡槽槽底和槽顶温度超限、槽底冷却风机停车、玻璃带断板的报警装置。

9.5 退火系统的检测和控制

9.5.1 退火窑应设置若干温度控制区。各温控区的加热、冷却应采用自动控制。

9.5.2 各区的温度均应显示，并有记录。

9.5.3 在入口及重要退火段的中部和边部，宜设玻璃带表面温度的检测装置。

9.5.4 退火窑主传动控制方案应满足调速范围、调速精度及备用传动自动投入等要求。

9.5.5 在锡槽控制室应设退火窑主传动速度给定装置和实际工作线速度显示。

9.5.6 退火窑的主传动、冷却风机和重要温度检测点应设事故报警。

9.6 冷端系统的控制

9.6.1 冷端的主控制系统应能与各子系统间进行通信联络及数据交换，对整条冷端生产线进行监控和管理。可采用冷端全线自动控制系统，并与热端主控系统联网通信或统一网络。

9.6.2 冷端自动控制应分切割掰板区和分片堆垛区两个子控制系统，各区的重要单机设备必须有单机控制装置，可单独运行。

9.6.3 切割掰板区应设主控装置，除控制切刀启动、横掰、加速等动作外，还分别与输送辊道控制系统及主控系统通信联络，为实现全线自动控制提供条件。

9.6.4 横切机宜采用高精度、高可靠性的随动自动控制系统。

9.6.5 紧急横切落板及主线落板应设就地单机控制和手动控制。

9.6.6 输送辊道控制宜采用稳定性高、易控制的调速传动系统；输送及分片控制装置应具有可编程和与切割掰板区主控装置及堆垛机通信的功能。

9.7 辅助生产系统的检测和控制

9.7.1 辅助生产系统应独立设置检测和控制。

9.7.2 辅助生产系统检测和控制可采用数字式仪表。工艺参数较多时，可采用计算机控制系统。

9.7.3 辅助生产系统检测和控制中的其他相关控制及检测装置，应参照主生产系统选用。

9.8 仪表用电源和气源

9.8.1 自控系统应由两回路电源供电，电源的技术参数应满足仪表及控制装置的要求；计算机监控装置应设有不停电电源；两台及两台以上盘柜拼装时，其内部控制用 220VAC 电源宜采用相同相位。

9.8.2 自控系统的仪表专用气源应采用无油压缩空气，并应经过空气净化处理。其气源品质应符合下列要求：

1 工作压力下的露点应比环境温度下限值至少低 10℃。

2 净化后的气体中含尘粒径不应大于 $3\mu m$。

3 气源中油分含量不应大于 $10mg/m^3$。

4 气源中应无有害气体或蒸汽。

5 仪表输入端的气源压力最大波动范围为 ±5%。

9.9 控 制 室

9.9.1 配料系统宜在原料车间单独设置控制室。

9.9.2 熔窑、锡槽、退火窑三大热工设备宜设置集中控制室，统一操作管理。

9.9.3 冷端系统应分别设置切割掰板区控制室和分

片堆垛区控制室。

9.9.4 控制室应位于被控设备利于操作和管理等的适中位置。控制室应避开电磁干扰源、尘源和震源等的影响。

9.9.5 控制室应有防尘、防火、防水、隔音、隔热和通风等设施。控制室面积应满足设备安装、操作和检修等要求，室内不应有无关的工艺管道通过。

9.9.6 中央控制室面向主设备的一方，应设大面积观察窗；中央控制室净空高度宜为 2.8～3.5m，应铺设防静电活动地板，地板与地面高度宜为 250～350mm；根据设备的要求设置空气调节系统，要求其室内计算温度为 26±2℃、湿度为 50%～80%；其他控制室应根据设备要求设空气调节装置。

9.9.7 控制室内盘、台前的工作场地，应满足运行监控人员运行操作的需要；盘、台后及两侧的场地应满足维护、检修、调试及通行的要求；盘、台不应跨在厂房的预留胀缝上。

9.9.8 自动化系统接地宜设单独接地装置，工作接地和屏蔽接地可共用一组接地体，接地电阻应按其中最小值确定，每种接地应设独立接地干线引至接地体。热端中央控制室应设置单独接地装置，其专用接地应避开厂区电源和防雷接地网。

9.9.9 大型控制室的出入口不应少于两个。

10 给水与排水

10.1 一般规定

10.1.1 平板玻璃工厂的水源应结合生产、生活及消防的要求综合确定。宜采用城市自来水，并应有两个以上的进口或采用多水源供水。

10.1.2 厂区给排水管网的设计，应供水可靠、管线短、便于施工、合理利用现有设施。

10.1.3 厂区排水设计应符合市政管理部门的规划和要求，并应按本规范第15.3节的规定进行污水处理。

10.2 给 水

10.2.1 生产给水应保证供水不得间断，并应满足用水设备所需的水量、水质、水压和水温的要求。

1 生产给水的水质主要指标应符合表10.2.1的规定。如用水设备有特殊要求，应采用相应的水处理措施满足需要。

表10.2.1 生产用水主要水质指标

项 目	要求指标
pH值	6.5～8.5
总硬度（以碳酸钙计）	<450mg/l
混浊度	<5.0mg/l
铁	<0.3mg/l
有机物	<25.0mg/l
油	<5.0mg/l

2 平板玻璃工厂浮法工艺生产用水应首先选择循环使用。全厂用水量及浮法联合车间主要用水点的用水量应根据生产规模和工艺设备用水资料计算确定。

3 平板玻璃工厂厂区进口处生产用水的水压不应低于0.25MPa；水压低于0.25MPa（但不得低于0.1MPa）时，进厂后应自行设计增压设施。

4 平板玻璃工厂生活用水及采用城市自来水作为生产供水水源的设计，应符合现行国家标准《建筑给水排水设计规范》GB 50015 的有关规定。

10.2.2 给水管网设计应符合下列要求：

1 给水干线应根据用水量大、要求供水可靠度高的浮法联合车间等主要用水场所确定，并应成环状管网，在不同方位用数条进水管供水。

2 给水管线上应设置必要的阀门，当关闭阀门检修局部管线时，主车间不应中断给水。

3 厂区生活用水管道严禁与自备的生产用水水源供水管道直接连接。生活给水管道单独设置时，可为枝状管网。

4 厂区消防给水管，应符合现行国家标准《建筑设计防火规范》GB 50016 的有关规定。

10.2.3 循环水系统应符合下列要求：

1 厂区工业循环水冷却设施的类型，应根据生产工艺对循环水水量、水温、水质和供水系统运行方式等的使用要求，并结合下列因素确定：

　　1）当地的水文、气象、地形和地质等自然条件；
　　2）材料、设备、电能和补给水的供应情况；
　　3）场地布置和施工条件。

2 厂区循环给水系统应满足浮法联合车间、氮气站、氢气站、压缩空气站等生产设备的冷却用水。循环给水管宜为枝状管网，设专用管道直通用水车间。

3 浮法联合车间的循环给水系统应采用多水源，确保当正常水源中断时，备用水源或备用进户管能保障供水。

4 循环水系统的补充水量可按循环水总量的3%～8%确定。

5 循环水系统的水质应满足生产设备要求，必要时应进行水处理。循环水系统宜设置全过滤水处理装置，当设置旁滤水处理装置时，旁流过滤水量可按循环水量的1%～5%确定。

6 循环水系统应设置循环水池和水塔，其总容量可按1.0～2.0h的循环水量计算。

7 循环水水塔的水柜容量宜不少于0.5h的循环水用水量，其高度应满足使用水压的要求。

8 循环水水泵应有备用。当一台工作时，应有一台相同规格型号的备用泵；当两台及两台以上同时工作时，其备用泵的容量不应小于最大一台泵的容量。备用泵宜设有水泵柴油机组。

  9 循环水泵房的布置宜靠近主车间，并宜采用地上布置。

  10 循环水给水送至主要车间进口处的压力宜为 0.3～0.4MPa。

10.3 排 水

  10.3.1 排水管网必须满足当地有关部门对工厂排放水质、排泄地点、排出口位置等的要求，并根据建厂地区的排水条件及地形等因素选择合理的排水制度，采用集中或分散的排出口，以短捷的线路排出厂外。

  10.3.2 平板玻璃工厂的生产废水、生活污水与雨水的排水系统应以批准的当地城镇（地区）总体规划和排水工程总体规划为主要依据，并宜采用分流制。当采用合流制时，必须得到当地有关部门的批准。生活粪便污水应经化粪池处理后再排入合流制排水系统。

  10.3.3 车间的生产排水，车间与堆场地坪冲洗水，应在排出口处设置沉砂池截留易沉物。

  10.3.4 油罐排水应在防火堤外设置油水分离池或油水分离装置，除油后排入厂区排水系统；在进、出油水分离池的排水管道上应设水封井；油罐区雨水管道排水应在防火堤外设置隔断装置及水封井。

  10.3.5 发生炉煤气站的含酚废水必须采用密闭循环，亏水运行，不得向外排放。

  10.3.6 化验室化验分析过程排放的废酸废碱液，必须采取中和措施，使废液的 pH 值为 6～9 时方可排放。

11 供热与供气

11.1 一般规定

  11.1.1 供热设计宜使用玻璃熔窑烟气余热。

  11.1.2 余热产生的蒸汽不能满足全厂生产和生活的需要时，可采用燃油（或燃煤）锅炉补充供热。若工厂所在地区有区域供热，则宜使用区域供热。

  11.1.3 压缩空气用量及品质应根据用户工艺要求确定。

11.2 锅 炉 房

  11.2.1 余热利用系统的热工计算参数应根据玻璃熔窑及烟道的热工条件确定，当进入锅炉的烟气温度不低于 350℃ 时，锅炉入口的烟气过量空气系数可取 2.0～2.2。

  11.2.2 余热锅炉与引风机选型应符合下列要求：

  1 熔窑烟气可全部通过，也可部分通过余热锅炉。当熔窑烟囱高度受条件限制，熔窑烟气又需全部通过时，余热锅炉和引风机必须有备用保证熔窑抽力。

  2 余热锅炉宜选用烟管式或热管式。

  3 引风机选型时，风量宜有 10%～15%、风压应有 20%～30% 以上的富裕量。

  11.2.3 工艺设备布置应符合下列要求：

  1 余热锅炉房可采用单层或双层布置。引风机宜布置在一层。

  2 余热锅炉与引风机宜一炉一机配置。

  3 应采用下列措施减少烟道系统的热损失：

  1）锅炉进口前的烟道宜布置在地下，并应有防止地下水进入烟道内的措施；

  2）锅炉进口前的烟道应加保温层，整个烟道应加强密封；

  3）炉前烟道闸板宜选用气密性好的斜闸板。

  4 当烟气为部分通过锅炉时，必须在大烟囱内设置一定高度的隔墙，其高度足以将高低温烟气加以分隔。

  5 数台引风机出口处共用一个烟道时，每台引风机出口应安装关断闸板。

  6 锅炉进出口烟道上应设清灰门，引风机进口处宜设进风箱。

  11.2.4 烟管式余热锅炉烟灰清扫宜采用过热蒸汽吹扫或用钢丝刷清除，不得用清水冲刷。

  11.2.5 余热锅炉房设计应符合现行国家标准《锅炉房设计规范》GB 50041 的有关规定。

  11.2.6 燃煤、燃油、燃气锅炉房的设计应符合现行国家标准《锅炉房设计规范》GB 50041 的有关规定。

11.3 压缩空气站

  11.3.1 对于玻璃熔窑燃料采用重油的工厂，全厂生产用压缩空气宜以燃油雾化用气为主，压缩空气站宜选用有油润滑的空压机；对于玻璃熔窑燃料采用煤气的工厂，压缩空气站宜选用无油润滑的空压机。

  11.3.2 压缩空气站的备用容量：当最大机组检修时，其余机组的排气量，应能保证供除尘设备吹扫用气以外的全厂生产用气需要。

  11.3.3 压缩空气站净化设备，在采暖地区应选用吸附干燥装置，非采暖地区应选用冷冻干燥装置。

  11.3.4 压缩空气站设计应符合现行国家标准《压缩空气站设计规范》GB 50029 的有关规定。

12 采暖、通风、除尘、空气调节

12.1 一般规定

  12.1.1 平板玻璃工厂采暖、通风、除尘、空气调节设计应符合现行国家标准《采暖、通风与空气调节设计规范》GB 50019、《工业企业设计卫生标准》GBZ 1 的有关规定；除应满足生产工艺的要求外，同时应根据环境保护、节约能源、职业安全卫生的要求进行设计。

12.1.2 采暖、通风、除尘、空气调节的设计方案应根据生产工艺要求、建筑物的功能、室内外环境、气象条件、能源状况等进行确定。

12.1.3 平板玻璃工厂主要生产场所属高温生产及含易燃易爆气体的作业区，设计应根据各专业要求综合处理，采取高效节能的通风降温措施。

12.1.4 平板玻璃工厂的硅尘散发源，设计应采用高效的综合防尘措施，使各生产岗位的空气含尘浓度和向大气排放的粉尘浓度达到国家标准的要求。

12.2 采 暖

12.2.1 平板玻璃工厂设置集中采暖的生产厂房工作地点及辅助用室，室内采暖计算温度应符合附录C的规定。

12.2.2 采暖热媒应符合下列要求：

1 平板玻璃工厂主要及辅助生产设施的采暖热媒宜用0.2MPa的高压蒸汽或95～70℃、110～70℃的热水。

2 辅助建筑的采暖热媒应用95～70℃、110～70℃的热水。

3 远离厂区热力网的小面积单体建筑物，在满足安全的前提下可用电能。

12.2.3 采暖方式应符合下列要求：

1 除熔化工段、成形工段（不包括其中的办公室和辅房）等处不需采暖外，一般生产厂房、辅助用房及可能受冻损伤的建筑物、构筑物均宜设置集中采暖。

2 在非采暖地区，根据气候条件和生产工艺要求，对需提高室温的部位宜设局部采暖。

3 集中采暖地区对排风量大且可利用循环空气的车间（如原料车间），除设置集中采暖的散热器系统外，还宜设置热风采暖系统。热风采暖系统的热媒宜用0.1～0.3MPa的高压蒸汽或不低于90℃的热水。

4 位于过渡地区和非采暖地区平板玻璃工厂的生产厂房可不设集中采暖。淋浴室、淋浴更衣室、女工卫生室、哺乳室、托儿所和医务室等可设置采暖。

5 氢气站、各种燃料供配站、燃料库、危险品库严禁采用煤气红外线辐射采暖、电热采暖及其他一切明火采暖装置。

12.2.4 散热器选型应符合下列要求：

1 原料车间、砖加工房等粉尘大或防尘要求高的部位应选用易于清扫的散热器。

2 具有腐蚀性气体或相对湿度较大的房间宜选用铸铁散热器。

12.3 通 风

12.3.1 平板玻璃工厂除建筑设计应采取合适的自然通风外，为防毒、防尘还应设机械通风。机械通风的部位和要求应符合附录D的规定。

12.3.2 生产过程中有可能突然放散大量有害气体或有爆炸危险气体的场所应设置事故排风装置。事故排风的吸风口，应设在有害气体或爆炸危险物质放散量可能最大的地点。事故排风的排风口，不应布置在人员经常停留或经常通行的地点。事故排风的风机应分别在室内外便于操作的地点设置电器开关。事故排风的部位和要求应符合附录D的规定。

12.3.3 当熔窑、锡槽、退火窑局部热修时，宜设置移动式轴流风机进行局部降温，吹风高度应能调节。

12.3.4 发生炉煤气站主厂房操作层宜设移动式轴流风机降温。

12.4 除 尘

12.4.1 平板玻璃工厂车间空气中，生产性粉尘的最高允许浓度应符合附录E的规定。

12.4.2 生产过程中产生粉尘的设备及物料溜管的设计，除密闭外尚应满足设置除尘吸风口面积的要求。

12.4.3 由于生产操作需要，不能全部封闭的倒料口，切、磨耐火材料的扬尘部位等，应采取湿法防尘或设置半封闭式的并辅有吸尘装置的罩、帘等装置。

12.4.4 位于粉尘污染区的仪表控制室，应密闭防尘。无控制室但有岗位工的染尘生产场所，应设密闭防尘的工人值班室。

12.4.5 产生粉尘的生产场所地面，应用水冲洗。在不允许用水冲洗的纯碱、芒硝系统及熔化工段投料平台等生产场所，可采用真空吸尘装置吸尘，防止二次扬尘。

12.4.6 除尘器宜布置在除尘系统的负压段，当布置在除尘系统的正压段时，应采用除尘风机。

12.4.7 散发粉尘的煤吊车库、原料吊车库中，宜选用备有密闭并配备有过滤送风装置吊车司机室的吊车。

12.4.8 设于连续生产线上的除尘系统，应与相关的工艺设备联锁。生产线启动时，应先启动除尘系统；停机时，最后关闭除尘系统。

12.4.9 厂内应设置防尘维修人员，并配备必要的装备和工作场所。

12.4.10 除尘系统的选择应符合下列要求：

1 同一生产流程、同时工作的扬尘点相距不大时宜设置集中式机械除尘系统，其他分散的扬尘点宜设置分散式机械除尘系统。

2 粉尘种类不同的扬尘点宜分别设置机械除尘系统。当工艺允许不同粉尘混合回收或粉尘无回收价值时，亦可合并设置机械除尘系统。

3 机械除尘系统宜选用袋式除尘器。当粉尘浓度较高时，宜选用旋风除尘器为一级除尘，袋式除尘器为二级除尘。

12.4.11 除尘管道设计应符合下列要求：
 1 除尘管道宜垂直或倾斜敷设。较小倾斜度或水平敷设时，应在风道的端部、侧面或异形管件附近装设风管清扫孔。
 2 除尘管道布置应减少弯管、三通管、变径管等部件。
 3 除尘管道上应在便于操作及观察的部位设置调节和检测装置。
 4 除尘系统的排风管出口应高出屋面不得小于1.5m。

12.4.12 除尘器回收粉尘的处理应符合下列要求：
 1 当收集的粉尘允许纳入到工艺流程中时，应将粉尘直接回收到工艺流程中，并应采取防止二次扬尘的措施。
 2 当收集的粉尘不允许直接纳入到工艺流程中或纳入有困难时，应设贮灰斗及相应的搬运设备。

12.5 空气调节

12.5.1 设置空气调节系统时，应根据建筑物用途、规模、使用特点、室外气象条件、负荷变化情况和参数的要求确定。

12.5.2 平板玻璃工厂原料车间、浮法联合车间及辅助生产设施的控制室宜设置空气调节，室内设计参数宜取温度26±2℃、相对湿度50%～80%，同时还应满足特殊仪表设备对空气调节及使用环境的特殊要求。

12.5.3 控制室空气调节系统宜选用整体柜式空调机组、分体式空调机组或窗式空调器。空调机组应采用节能产品。

13 建筑与结构

13.1 一般规定

13.1.1 平板玻璃工厂建筑与结构设计应结合地区和厂区特点，按照城市规划要求，考虑总体设计；通过设计方案比较，处理好建筑与环境、建筑与结构、建筑功能与美观之间的关系。

13.1.2 经济合理地采用各种新结构、新材料、新技术，采用建筑模数制和标准构配件。

13.1.3 平板玻璃工厂建筑与结构设计，应处理好车间高温、防火、设备振动、防尘、防腐蚀、地下防水及地基不均匀沉降等特殊要求。

13.1.4 建筑与结构布置和选型选材必须满足附录F的防火要求。

13.1.5 改建、扩建工程的建筑与结构设计，应查清原有的建筑结构及地下管沟、电缆等设施的现状，查清原有的设计、施工资料及结构的实际承载能力等，合理利用原有建筑物。对加固改造方案，必须注意新老结构的结合，保证拆除、加固、投入使用全过程的安全可靠，便于施工。

13.1.6 全厂各部位设计的标准荷载应按附录G选用，当有特殊要求时应按工艺设计需要决定。

13.2 主要车间

13.2.1 主要车间建筑与结构布置应符合下列要求：
 1 原料车间：
  1）原料储库、挡料墙、粉料仓、破碎房、混合房等原料车间的主要建筑物、构筑物，应视地基条件和荷载分布情况用变形缝分开，并应考虑大面积堆载对周围基础的影响；
  2）应合理选择设备支承结构的抗振刚度，使支承结构的振幅和振动加速度限制在允许范围内；对于振动较大的设备应采用与厂房脱开的独立支承，当难以脱开时应采取减振措施；
  3）原料车间设计应对有噪声源的部位进行隔离；因生产流程难以分隔的部位，应单独设操作控制室或值班室，并对其墙面和门窗采取吸声、隔声措施；
  4）原料车间必须有一个楼梯贯通车间上下。
 2 浮法联合车间：
  1）浮法联合车间厂房应按本规范第3.2.1条的规定采用适宜的布置方案；
  2）浮法联合车间各主要部分应结合工艺设备布置设置温度缝或沉降缝，当不便设置时应考虑温度变化的附加应力；
  3）熔化工段、成形工段厂房应与窑体支承结构完全脱开；
  4）熔化工段厂房柱网布置应符合下列要求：
   a 满足生产操作要求；
   b 满足熔窑冷修和热修时搬运和砌筑操作空间的需要；
   c 为熔窑冷修时的局部改造留有一定余地。
  5）熔化工段屋架下弦至窑碹顶面距离不得小于4m，屋面应设供窑体散热需要的排热天窗；
  6）成形工段应设排热天窗；
  7）当熔化工段为地下室方案时，全部地下建筑应通风干燥；
  8）熔化、成形工段的大功率风机应设风机房，并做减振处理；
  9）退火窑支承底板应结合设备布置设温度缝，并适当增加抗温度应力配筋。当采用其他不设缝措施时，针对底板的应力和变形应作特殊处理；

10) 退火、冷端工段主车间两侧布置有附房时，必须留有适当侧窗，以保证自然通风需要。

13.2.2 主要车间建筑与结构选型、选材及构造应符合下列要求：

1 原料车间：
1) 原料车间主要厂房宜采用钢筋混凝土结构，大跨度屋盖宜采用钢结构；
2) 储料库、均化库应根据工艺设备的具体要求，采取相应的构造，其中：挡料墙墙体构造应能经受吊车抓料斗的撞击；储料库内卸料坑及硅砂储库底部均应有渗排水措施；
3) 粉料库根据工艺要求可为矩形排库、塔库或圆筒仓，库壁宜采用钢筋混凝土结构，仓斗应用钢结构；当仓斗底部悬挂有振动给料装置时，应根据设备性能采取减振措施；
4) 附着在建筑物的高耸斗式提升机，其机身及所属走道、平台均应考虑风荷载的作用，应与建筑物、构筑物有可靠的联结；
5) 为减少粉尘集聚、二次扬尘，原料车间内应减少表面突出易集尘构件；楼地面、墙面应便于用水冲洗，将水排至地漏、水沟，孔洞边缘均应做泛水翻沿；对集聚碱性粉尘的楼地面及屋面应作防腐蚀处理。

2 浮法联合车间：
1) 浮法联合车间的梁柱宜用钢筋混凝土或钢的框、排架结构，屋面可用钢结构；熔化及成形工段屋面瓦材宜采用轻质、防水性能好、耐高温、耐腐蚀材料；
2) 熔化、成形工段楼面应采用钢筋混凝土结构或钢梁混凝土板组合结构，其面层应考虑熔窑安装和冷修时耐火砖材和铁件的撞击损坏；
3) 熔化工段屋架杆件表面应刷耐腐蚀涂层；
4) 为防止楼面堆料超载，根据生产操作条件应在适当部位做楼面限载标志；
5) 熔窑、锡槽底的支承结构设计应符合下列要求：
a 窑底结构设计除考虑窑体荷重外，同时应考虑窑体高温影响，做抗热结构设计；熔窑、锡槽底支承结构的基础应满足对基础沉降量的控制要求；熔窑与锡槽与退火窑连接处，可用联合基础以避免不均匀下沉；
b 窑底紧靠地下高温烟道的柱、基础，应根据地下温度的分布选用合适的材料，并应采用地下隔热、通风洞等降温措施；对基础顶部与高温烟道底板相连部位应留膨胀缝；

6) 熔化工段可能直接受窑体明火作用的结构构件，其表面应作隔热防护；对地下烟道底板及受高温直接作用的烟道闸板支架，应采用耐热混凝土等可靠的隔热措施；
7) 6度地震区的玻璃熔窑窑底支承结构的抗震设计，设防烈度按7度；设防烈度高于6度的地区抗震设计，应符合现行国家标准《建筑抗震设计规范》GB 50011 的有关规定。

13.3 辅助车间

13.3.1 平板玻璃工厂供应能源、动力、保护气体等辅助生产系统，其建筑与结构的设计标准应与主要生产车间等同。
　　一般物料库房在满足使用功能的前提下，其建筑结构标准可稍低于主要生产车间。

13.3.2 生产过程中有可能突然散发大量爆炸气体的场所应设置防爆泄压设施。

13.3.3 氮气站的压缩工段应做吸声处理，控制室应隔声，空压机基础应做振动基础设计；空分塔、氨分解制氢站的液氨罐基础和废液氨池应能抗冻。

13.3.4 厂区卸油沟、零位油罐应作耐油、耐酸、防渗及抗油温引起的温度应力构造处理。

13.3.5 余热锅炉房的引风机基础应考虑风机运转时的振动，当引风机置于楼面时必须做隔振设计。控制室值班室应做隔声处理。

13.4 构筑物

13.4.1 熔窑烟囱应符合下列要求：
1 熔窑烟囱宜选用钢筋混凝土结构。
2 烟囱内衬应到顶，并设带填料的防腐隔热层。
3 当烟囱内设分隔墙时，隔墙高度不宜超过烟囱第一节，并且不高于15m，否则应对隔墙稳定及烟囱筒壁的温度应力进行特殊设计。
4 烟囱埋入地下部分应在烟囱壁外设通风散热构造。
5 烟气采取脱硫处理时，烟囱底部应做防腐处理。
6 当熔化工段底层采用地下室方案时，竖直烟道与厂房结构之间应做隔热隔胀防护。

13.4.2 单体筒仓（如碎玻璃仓）宜采用圆形或方形，竖壁为钢筋混凝土结构，下部仓斗为钢结构。当平面尺寸不大于5m×5m，竖壁高不超过5m，仓斗不附振动设备时，可采用无肋钢仓斗。

13.4.3 玻璃水池和玻璃水沟应符合下列要求：
1 玻璃水沟顶部与厂房楼面之间应有可靠的隔热措施。
2 玻璃水池紧靠熔化部厂房时，厂房柱基础的埋置深度应考虑相邻玻璃水池深度的相应关系，并避免玻璃水池高温影响。

3 对于不设玻璃水池,采取水淬法放玻璃水时,应对紧靠玻璃水沟和水淬场附近的建筑与结构进行必要的防护处理。

13.4.4 水塔应符合下列要求:

1 水塔宜选用钢筋混凝土倒锥壳支筒式结构。

2 钢筋混凝土倒锥壳的支筒直径不宜小于2.0m;容量不小于100m³的倒锥壳的支筒直径不宜小于2.4m。

3 基础形式可采用钢筋混凝土板式基础。对不保温水塔,基础埋深不应小于2.0m;对保温水塔,基础埋深不应小于2.5m。

13.5 特殊地基及防排水处理

13.5.1 特殊地质条件下的地基基础,除应符合现行国家标准《建筑地基基础设计规范》GB 50007 的有关规定外,尚应符合相关专门设计标准的有关规定。

13.5.2 在湿陷性黄土、膨胀土、高寒地区冻胀土条件下,对于受窑底烟道高温、玻璃液高温作用的窑底支承结构、玻璃水池、循环水池等构筑物的基础均应采取隔热、防漏水、防冻胀构造措施。

13.5.3 当熔窑烟道底板、大型地坑底板处于地下水或地表滞水最高水位以下时,应采取防水措施或结合厂区排水管网布置渗排水设施。

14 其他生产设施

14.1 中心实验室

14.1.1 应根据生产规模、质量检测的需要及各生产车间在生产线上已有的检测装置确定中心实验室的设施。应能对全厂的原料、燃料、配合料和玻璃等做物理检测与化学分析。

14.1.2 仪器、仪表的选择应根据检测项目、检测方法、检测精度等要求,选择先进、可靠的仪器、仪表。

14.1.3 中心实验室应设化学分析室、物理检验室、试样加工室、药品与仪器贮藏室等。

14.2 机电设备及仪表修理车间

14.2.1 机电设备及仪表修理车间应根据工厂的生产规模、当地机电设备、仪表修理的协作条件,确定车间的规模与装备水平。应能承担全厂机电设备的中小修理及全厂仪器、仪表的小修理与维护工作。

14.2.2 车间外应设有一定面积的露天作业场所和物料堆场。

14.3 木箱制作与集装箱(架)维修

14.3.1 应设置木板堆场和木板库。

14.3.2 造木箱设备应选用操作安全、低噪声、节电、自带收尘装置、维修方便的设备。

14.3.3 平板玻璃工厂应设置集装箱(架)贮库、维修场地及相应的运输维修设备,可与机电设备及仪表修理车间统一设计。

14.4 耐火材料贮库与加工房

14.4.1 应设有各种砖材加工用的铣砖机、磨砖机、切割机等设备。

14.4.2 应设有人工打砖点及相应的除尘设施。

15 环境保护

15.1 一般规定

15.1.1 平板玻璃工厂环境保护设计必须符合现行的国家环境保护法规,应按环境影响评价结论采取有效措施防治废气、废水、固废及噪声对环境的污染;所排放的污染物应达到国家规定的排放标准,保证污染物排放总量控制在允许范围内。

15.1.2 厂址选择与总体方案设计时,应将环境保护工作作为主要内容之一,根据当地的总体规划,结合环境、水源、交通、地质等条件全面考虑。

15.1.3 应实施"清洁生产、以新代老"环境保护措施,新老厂统一规划、综合治理。

15.2 大气污染防治

15.2.1 厂址应选择在大气扩散稀释能力较强的地区,自然条件应有利于烟囱烟气的排放和扩散;在城市附近建厂时,厂址宜位于其常年最小频率风向的上风侧;生活办公区宜布置在厂区夏季主导风向的上风侧。应避免厂界紧邻现有的居民宿舍区。

15.2.2 厂区内总图布置,应将有污染的车间、堆场等布置在主导风向的下风侧,污染较大的车间应布置在距离厂界附近居民区较远的一侧,各区中间应有绿化带。

15.2.3 平板玻璃工厂熔窑排放的大气污染物,应符合国家现行的有关标准,并应符合下列要求:

1 熔窑废气污染防治措施应符合批准的《环境影响报告书(表)》的要求。

2 熔窑应通过设置脱硫设施来降低硫氧化物的排放量,宜通过改用澄清剂(芒硝)及采用低硫燃料来降低氮氧化物的排放量。

3 熔窑应通过设置脱硝装置来降低氮氧化物的排放量,新建、改建及扩建项目的熔窑宜通过纯氧燃烧、低氮燃烧器、分层燃烧等措施来降低氮氧化物的排放量。

4 熔窑烟囱高度除应满足窑炉工艺要求外,还应根据环境影响评价结果确定;厂区内有两座以上的排气筒互相靠近时，其中心连线与常年主导风向应垂直或成较大的角度。

15.2.4 设有燃煤锅炉房时，必须对烟气中的烟尘和SO_2进行处理。

15.2.5 平板玻璃工厂各车间的含尘气体应通过机械除尘净化系统处理。

15.3 废水污染防治

15.3.1 平板玻璃工厂废水污染防治设计，必须执行《中华人民共和国水污染防治法》及《水污染防治法实施细则》的有关规定，还应贯彻清污分流、分质处理、以废治废、节约用水、一水多用的原则。

15.3.2 平板玻璃工厂废水和生活污水的管网应分开布置，废水排放应经环境影响评价论证并得到当地环保部门的批准，同时应符合现行国家标准《室外排水设计规范》GB 50014 的有关规定。

15.3.3 企业的排水必须实行计量。废水排放计量装置的位置，应结合水质监测取样点确定，并设永久性标志。用水计量率应符合现行国家标准《评价企业合理用水技术通则》GB/T 7119 的有关规定。

15.3.4 排入地面水的工业废水和生活污水应符合现行国家标准《污水综合排放标准》GB 8978 的有关规定。

15.3.5 在进行平板玻璃工厂设计时，应严格控制新水用量，提高水的重复利用，循环水使用率应达到 90%以上。

15.4 噪声污染防治

15.4.1 平板玻璃工厂厂界噪声应符合现行国家标准《工业企业厂界噪声标准》GB 12348 的有关规定。

15.4.2 平板玻璃工厂噪声控制设计应符合现行国家标准《工业企业噪声控制设计规范》GBJ 87 的有关规定。噪声控制应首先控制噪声源，选用低噪声的设备；超过许可标准时，还应根据噪声性质，采取消声、建筑隔断、隔声、减振等防治措施。

15.4.3 厂区总平面布置应综合考虑声学因素，合理规划，结合功能进行分区，合理分隔吵闹区和安静区；利用建筑物阻挡噪声的传播及绿化带的吸声、隔声作用，避免或减少高噪声设备对安静区及厂界的影响。

15.5 固废污染防治

15.5.1 对有利用价值的应回收利用，对无利用价值的可采取无害化堆置处理措施。

15.5.2 碎玻璃宜全部回收利用。

15.5.3 熔窑冷热修更换的废耐火砖宜利用，不能利用的应放置规划地点，统一处理；含 Cr 的耐火砖应按危险废物进行处理处置。

15.6 环境绿化

15.6.1 平板玻璃工厂的绿化覆盖率不宜小于 20%。

15.6.2 绿化植物的选择，应以乡土植物为主。应选择有较强的抗污染能力、有较好的净化空气能力、适应性强、易栽易管、容易繁殖的植物。

15.7 环境保护监测

15.7.1 监测站（组）可布置在生产化验楼或生产办公楼内，也可单独布置。建筑面积宜为 $100\sim150m^2$，并应配备必要的监测仪器。

15.7.2 监测采样点应布置合理。应在产生烟气、废气、废水的生产设施的烟道（包括烟囱）、管道、排水渠（或管）道上，按监测目的和布点要求设置永久性的采样点。

15.8 环境保护设施

15.8.1 平板玻璃工厂环境保护设施应包括以下内容：
　　除尘设施；
　　烟气、废气净化设施；
　　各种烟囱及排气筒；
　　废水和污水处理设施；
　　原料露天堆场、固废堆场的废弃物处理设施；
　　设备减振及消声治理设施；
　　绿化设施；
　　环境监测站（组）设施及其监测仪器设备。

16 节 能

16.1 一般规定

16.1.1 平板玻璃工厂设计必须符合现行国家有关节能的法规、标准的有关规定，提高能源利用效率和经济效益。

16.1.2 在可行性研究阶段应对拟建项目的节能作出专题论证和评价。

16.1.3 编制平板玻璃工厂的初步设计文件时，应同时编制《节能篇》。

16.1.4 施工图设计阶段，应落实初步设计审批意见。经审查批准的节能设计方案，如有变动必须征得原审批部门的同意。

16.2 生产产品过程节能

16.2.1 熔化的熔窑应符合下列要求：
　　1 在满足生产工艺、生产规模的前提下，设计时采用节能型熔窑结构。
　　2 熔窑应全保温。
　　3 熔窑设计应优化耐火材料的选用及配置。

16.2.2 成形应符合下列要求：
　　1 在满足生产工艺、生产规模的前提下，应合理设计锡槽结构尺寸。
　　2 锡槽应选用优质保温材料。
　　3 锡槽冷却风系统的风机宜选用变频调速。

16.2.3 退火应符合下列要求：
　　1 在满足生产工艺、生产规模的前提下，应合理设计退火窑各区长度、电加热功率及风机参数。
　　2 应选用优质保温材料和加强退火窑的保温措施。
　　3 退火窑风系统的风机宜选用变频调速。

16.3 电气及自动控制节能

16.3.1 电气及自动控制设计中，宜选用节能产品。电机在30kW及以上的用电设备，其控制装置应采用变频控制器。电机也可选用变频控制器。

16.3.2 在热端检测和控制设计中，其控制回路设置、调节方式确定等，应考虑节能方案。熔化燃烧系统设计时，应采用燃料量和助燃风量双交叉限幅调节方式；退火窑风-电控制回路中，应采用省电控制方案等。

16.3.3 工厂照明应采用绿色节能照明。

17 职业安全卫生

17.1 一般规定

17.1.1 平板玻璃工厂设计必须符合国家现行的有关职业安全卫生的法规、标准的有关规定，必须贯彻"安全第一、预防为主"的方针；职业安全卫生的技术措施和设施，应与主体工程同时设计、同时施工、同时投产使用。

17.1.2 平板玻璃工厂设计应提高生产综合机械化和自动化程度，对生产过程中的各项职业危害因素，应遵循消除、预防、减弱、隔离、联锁、警告的原则。应采取相应的技术措施，改善劳动条件，实行安全、文明生产。职业安全卫生的要求和所采取的技术措施，应贯彻在各专业设计中。

17.2 防火防爆

17.2.1 平板玻璃工厂车间的生产类别、厂房的耐火等级、防火分区最大允许占地面积、安全疏散距离及安全出口数目应符合附录F的规定。

17.2.2 各生产车间的防火间距、易燃油品（或可燃气体）贮罐区及其附属设施的布置和防火间距，应符合现行国家标准《建筑设计防火规范》GB 50016等的有关规定。

17.2.3 发生炉煤气站的煤仓顶层，应通风良好。

17.2.4 制氢系统各建筑物的防火防爆设计，应符合现行国家标准《建筑设计防火规范》GB 50016、《氢气站设计规范》GB 50177、《氢气使用安全技术规程》GB 4962的有关规定。

17.2.5 浮法联合车间内的燃油调节室、保护气体配气室、天然气配气室等，应布置在浮法联合车间熔化工段、成形工段内紧靠外墙处，但不宜在玻璃水池一侧。

17.2.6 平板玻璃工厂的易燃易爆油、气贮罐，应根据油、气的特性，设置温度、压力、限位报警及紧急切断（或放空）装置。

17.2.7 易燃易爆油、气的贮罐及其输送管道，均应有良好的接地，应符合现行国家标准《液体石油产品静电安全规程》GB 13348、《氢气站设计规范》GB 50177等的有关规定。

17.2.8 平板玻璃工厂电力装置的防火防爆设计，应符合现行国家标准《爆炸和火灾危险环境电力装置设计规范》GB 50058的有关规定。

17.2.9 平板玻璃工厂的消防设计，应符合现行国家标准《建筑设计防火规范》GB 50016、《建筑灭火器配置设计规范》GBJ 140等的有关规定。

17.2.10 有爆炸危险性气体的场所，必须安装可爆气体的监测、报警装置。

17.2.11 压力容器压力管道设计，应符合《特种设备安全监察条例》和现行国家标准《钢制压力容器》GB 150等的有关规定。

17.3 防电防雷

17.3.1 平板玻璃工厂内的防雷和电气安全设计应符合本规范第8章的有关规定。

17.3.2 防静电设计应符合现行国家标准《防止静电事故通用导则》GB 12158的有关规定。

17.4 防机械、玻璃伤害

17.4.1 玻璃生产设备的设计和安装，应符合《工厂安全卫生规程》和现行国家标准《生产设备安全卫生设计总则》GB 5083的有关规定。

17.4.2 起重机械设置的安全装置，应符合《特种设备安全监察条例》和现行国家标准《起重机安全规程》GB 6061的有关规定。

17.4.3 电梯的制造、安装、检验等，应符合《特种设备安全监察条例》和现行国家标准《电梯制造与安装安全规范》GB 7588的有关规定。

17.4.4 机器和工作台等设备的布置，应便于工人安全操作，通道宽度不应小于1m。

17.4.5 人工切裁等工作场所甩碎玻璃的仓口，应设置防碎玻璃飞溅的安全护板及防止人员坠落的网格。

17.5 防尘、防毒和其他伤害

17.5.1 平板玻璃工厂各生产操作区空气中生产性粉尘的最高容许浓度，应符合附录E的规定；对其他有害气体或腐蚀性介质的防护措施应按国家现行有关标准、规范设计。

17.5.2 平板玻璃工厂的防尘及有害气体的治理设计，应符合本标准第12.3节及第12.4节的有关规定。

17.5.3 平板玻璃工厂具有辐射源部位的安全防护，应符合现行国家标准《电离辐射防护与辐射源安全基本标准》GB 18871的有关规定。

17.5.4 凡车间内外影响人员安全的地坑、孔洞、平台，均应设置防护栏杆、护板，其设计应符合现行国家标准《工厂安全卫生规程》、《固定式工业防护栏杆》GB 4053.3 和《固定式工业钢平台》GB 4053.4等的有关规定。栏杆底部应设高度不少于100mm的防护板。

17.5.5 高温设备和管道应进行隔热防护处理。

17.6 防暑降温及采暖防寒

17.6.1 平板玻璃工厂防暑降温应符合现行国家标准《工业企业设计卫生标准》GBZ 1的有关规定。

17.6.2 平板玻璃工厂采暖、防寒设计应符合本标准第12.2节的有关规定。

17.7 噪声控制

17.7.1 平板玻璃工厂厂区内各类地点噪声的声压级为A声级。按照地点类别的不同，不得超过附录H所列的噪声限制值。

17.7.2 原料破碎、筛分、混合等产生高噪声的生产过程应采用操作机械化、运行自动化的工艺，实现远距离操作。

17.7.3 高噪声生产场所，宜设置控制、监督、值班用的隔声室；高噪声设备宜布置在隔声的设备间内，与工人操作区隔开。

17.7.4 强烈振动设备之间应采用柔性连接；有强烈振动的管道与建筑物、构筑物、支架的连接，不应采用刚性连接。

17.7.5 块状物料输送时，为避免直接撞击钢溜管、钢料仓、碎玻璃仓口钢板，均宜采取阻尼和隔声措施。

17.7.6 产生空气动力噪声的设备，在进（或排）气口处应设置消声器。

17.8 辅助用室

17.8.1 平板玻璃工厂应根据实际需要，宜设置生产卫生用室、生活用室、妇幼卫生用室和卫生医疗机构。

17.8.2 卫生用室的设置，应符合现行国家标准《工业企业设计卫生标准》GBZ 1的有关规定。

附录 A 地下管道之间的最小水平间距

表 A 地下管道之间的最小水平间距（m）

名称	规格	给水管（mm）				排水管（mm）						热力沟管
						生产废水管与雨水管			生产与生活污水管			
名称	规格 \ 间距	<75	75~150	200~400	>400	<800	800~1500	>1500	<300	400~600	>600	
给水管（mm）	<75	—	—	—	—	0.7	0.8	1.0	0.7	0.8	1.0	0.8
	75~150	—	—	—	—	0.8	1.0	1.2	0.8	1.0	1.2	1.0
	200~400	—	—	—	—	1.0	1.2	1.5	1.0	1.2	1.5	1.2
	>400	—	—	—	—	1.0	1.2	1.5	1.2	1.2	1.5	1.5
排水管（mm）	生产废水管与雨水管	<800	0.7	0.8	1.0	1.0						1.0
		800~1500	0.8	1.0	1.2	1.2						1.2
		>1500	1.0	1.2	1.5	1.5						1.5
	生产与生活污水管	<300	0.7	0.8	1.0	1.2						1.0
		400~600	0.8	1.0	1.2	1.2						1.2
		>600	1.0	1.2	1.5	2.0						1.5
热力沟（管）		0.8	1.0	1.2	1.5	1.0	1.2	1.5	1.0	1.2	1.5	—
煤气管压力 P（MPa）	P<0.005	0.5	0.8	0.8	0.8	0.8	1.0	1.2	0.8	1.0	1.2	1.0
	0.005<P<0.2	0.8	1.0	1.0	1.2	0.8	1.0	1.2	0.8	1.0	1.2	1.2
	0.2<P<0.4	0.8	1.0	1.0	1.2	1.0	1.2	1.5	1.0	1.2	1.5	1.2
	0.4<P<0.8	1.0	1.0	1.2	1.5	1.0	1.2	1.5	1.0	1.5	1.5	1.5
	0.8<P<1.6	1.2	1.2	1.5	2.0	1.2	1.5	2.0	1.2	1.5	2.0	2.0

续表 A

名称	规格	给水管（mm）				排水管（mm）						热力沟管
						生产废水管与雨水管			生产与生活污水管			
名称	规格 \ 间距	<75	75~150	200~400	>400	>800	800~1500	>1500	<300	400~600	>600	
压缩空气管		0.8	1.0	1.2	1.5	0.8	1.0	1.2	0.8	1.0	1.2	1.0
乙炔管		0.8	1.0	1.2	1.5	0.8	1.0	1.2	0.8	1.0	1.2	1.5
氧气管		0.8	1.0	1.2	1.5	1.0	1.0	1.2	0.8	1.0	1.2	1.5
电力电缆（kV）	<1	0.6	0.6	0.8	0.8	0.6	0.8	0.8	0.6	0.8	1.2	
	1~10	0.8	0.8	1.0	1.0	0.8	1.0	1.0	0.8	1.0	1.2	
	<35	1.0	1.0	1.0	1.0	1.0	1.0	1.0	1.0	1.0	1.0	
电缆沟		1.0	1.2	1.2	1.5	1.0	1.2	1.5	1.0	1.2	1.5	2.0
通信电缆	直埋电缆	0.5	0.5	1.0	1.2	1.0	1.0	1.2	1.0	1.0	1.2	0.8
	电缆管道	0.5	0.5	1.0	1.2	0.8	1.0	1.0	0.8	1.0	1.0	0.6

名称	规格	煤气管压力 P（MPa）					压缩空气管	乙炔管	氧气管	电力电缆（kV）			电缆沟	通信电缆	
		P<0.005	0.005<P<0.2	0.2<P<0.4	0.4<P<0.8	0.8<P<1.6				<1	1~10	<35		直埋电缆	电缆管道
给水管（mm）	<75	0.8	0.8	1.0	1.0	1.2	0.8	0.8	0.8	0.6	0.8	1.0	0.8	0.5	0.5
	75~150	0.8	1.0	1.0	1.2	1.2	1.0	1.0	1.0	0.6	0.8	1.0	1.0	0.5	0.5
	200~400	1.0	1.0	1.2	1.2	1.5	1.2	1.2	1.2	0.8	1.0	1.0	1.2	1.0	1.0
	>400	1.0	1.2	1.2	1.5	1.5	1.5	1.5	1.5	0.8	1.0	1.0	1.5	1.2	1.2
排水管（mm） 生产废水管与雨水管	<800	0.8	0.8	1.0	1.2	1.2	0.8	0.8	1.0	0.6	0.8	1.0	1.0	1.0	0.8
	800~1500	0.8	1.0	1.0	1.2	1.5	1.0	1.0	1.0	0.8	1.0	1.0	1.2	1.0	1.0
	>1500	1.0	1.2	1.2	1.5	2.0	1.2	1.2	1.2	0.8	1.0	1.0	1.5	1.2	1.0
生产与生活污水管	<300	0.8	0.8	1.0	1.2	1.2	0.8	0.8	0.8	0.6	0.8	1.0	1.0	1.0	0.8
	400~600	0.8	1.0	1.0	1.2	1.5	1.0	1.0	1.0	0.8	1.0	1.0	1.2	1.0	1.0
	>600	1.0	1.2	1.2	1.5	1.5	1.2	1.2	1.2	0.8	1.0	1.0	1.5	1.0	1.0
热力沟（管）		1.0	1.2	1.2	1.5	1.5	1.5	1.5	1.0	0.8	1.0	2.0	0.8	0.6	
煤气管压力 P（MPa）	P<0.005	—	—	—	—	—	1.0	1.0	0.8	0.8	0.8	0.8	1.0		
	0.005<P<0.2	—	—	—	—	—	1.0	1.0	1.0	0.8	0.8	0.8	1.0		
	0.2<P<0.4	—	—	—	—	—	1.0	1.5	1.0	0.8	0.8	0.8	1.0		
	0.4<P<0.8	—	—	—	—	—	1.2	1.2	2.0	1.0	1.0	1.5	1.2	1.5	
	0.8<P<1.6	—	—	—	—	—	1.5	2.5	1.0	1.2	1.5	2.0	1.2	1.5	
压缩空气管		1.0	1.0	1.0	1.2	1.5	—	1.5	1.5	0.8	0.8	0.8	0.5	0.5	
乙炔管		1.0	1.0	1.5	1.2	2.0	1.5	—	1.5	0.8	0.8	0.8	0.5	0.5	
氧气管		1.0	1.2	1.0	2.0	2.5	1.5	1.5	—	0.8	0.8	0.8	0.5	1.0	
电力电缆（kV）	<1	0.8	0.8	0.8	1.0	1.2	0.8	0.8	0.8				0.5	0.5	0.5
	1~10	1.0	1.0	1.0	1.0	1.5	0.8	0.8	0.8				0.5	0.5	0.5
	<35	1.2	1.2	1.2	1.2	1.5	1.0	1.0	1.0				0.5	0.5	0.5
电缆沟		1.2	1.2	1.5	1.5	1.5	1.0	1.0	1.0	0.5	0.5	0.5	—	0.5	0.5
通信电缆	直埋电缆	0.8	0.8	0.8	1.0	1.2	0.8	0.8	1.0	0.5	0.5	0.5	0.5	—	—
	电缆管道	1.0	1.0	1.0	1.0	1.0	1.0	1.0	1.0	0.5	0.5	0.5	0.5	—	—

注：
1. 表列间距均自管壁、沟壁或防护设施的外缘或最外一根电缆算起。
2. 当热力沟（管）与电力电缆间距不能满足本表规定时，应采取隔热措施，以防电缆过热。
3. 局部地段电力电缆穿管保护或加隔板后与给水管道、排水管道、压缩空气管道的间距减少到 0.5m，与穿管道通信电缆的间距可减少到 0.1m。
4. 表列数据系按给水管在污水管上方制定的。生活饮用水给水管与污水管之间间距应按本表数据增加 50%；生产废水管与雨水沟（渠）和给水管之间的间距可减少 20%，和通信电缆、电力电缆之间的间距减少 20%，但不得小于 0.5m。
5. 当给水管与排水管共同埋设的土壤是沙土类，且给水管的材质为非金属或非合成塑料时，给水管与排水管间距不应小于 1.5m。
6. 仅供采暖用的热力沟与电力电缆、通信电缆及电缆沟之间的间距可减少 20%，但不得小于 0.5m。
7. 110kV 级的电力电缆与本表中各类管线的间距，可按 35kV 数值增加 50%。电力电缆穿管（即电力电缆管道）间距要求与电缆沟同。
8. 氧气管与同一使用目的的乙炔管道同一水平敷设时，其间距可减至 0.25m，但管道上部 0.3m 高度范围内，应用沙类土、松散土填实后再回填土。
9. 煤气管与生产废水管及雨水管的间距系指非满流管；当满流管时，可减少 10%。与盖板式排水沟（渠）的间距宜增加 10%。
10. 天然气管与本表各类管线的间距同煤气管间距。
11. 管径指公称径。
12. 表中"—"表示间距未作规定，可根据具体情况确定。

附录 B 胶带输送机通廊净空尺寸

B.0.1 一条胶带输送机的通廊净空尺寸应符合表 B.0.1 的规定。

表 B.0.1 一条胶带输送机的通廊净空尺寸（mm）

距离 \ 带宽	500	650	800
A	2500	2500	3000 (2800)
d	1000 (1150)	1050 (1150)	1250 (1300)
d_1	1500 (1350)	1450 (1350)	1750 (1500)

注：括弧内数字系采用预制构件时的尺寸。表中 A、d、d_1 见图 B.0.1。

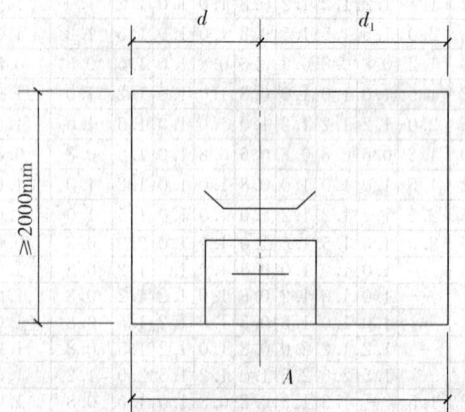

图 B.0.1 一条胶带输送机的通廊净空尺寸

B.0.2 两条胶带输送机的通廊净空尺寸应符合表 B.0.2 的规定。

表 B.0.2 两条胶带输送机的通廊净空尺寸（mm）

距离 \ 带宽	A	d	d_1	d_2
500+500	4000	1900	1050	1050
500+650	4000	1900	1000	1100
580+800	4500	2100	1100	1300
650+650	4000	1900	1050	1050
650+800	4500	2200	1100	1200
800+800	5000	2400	1300	1300

注：表中 A、d、d_1、d_2 见图 B.0.2。

B.0.3 地下通廊净空尺寸应符合表 B.0.3 的规定。

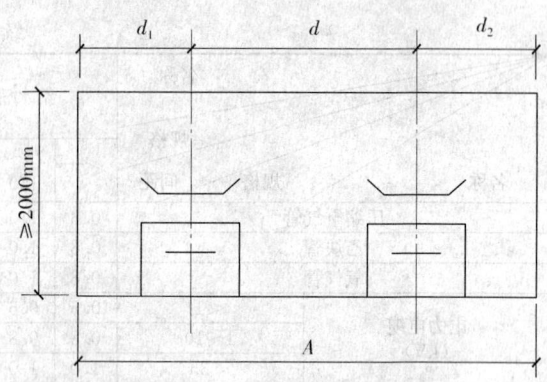

图 B.0.2 两条胶带输送机的通廊净空尺寸

表 B.0.3 地下通廊净空尺寸（mm）

距离 \ 带宽	500	650	800
A	2000	2200	2500
C	1200	1300	1500

注：表中 A、C 见图 B.0.3。

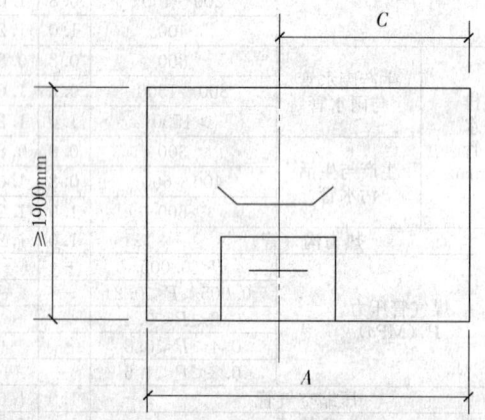

图 B.0.3 地下通廊净空尺寸

附录 C 平板玻璃工厂采暖计算温度

C.0.1 生产厂房工作地点的采暖计算温度应符合表 C.0.1 的规定。

表 C.0.1 生产厂房工作地点的采暖计算温度

车间及工作地点名称	室温（℃）
原料车间	—
原料库	—
控制室	18
受料间（粉料）	12
破碎间	5
称量间	12
筛分间	12
粉仓顶（活动溜子间）	5

续表 C.0.1

车间及工作地点名称	室温（℃）
混合机房	12
配合料胶带输送机廊	5
混合料胶带输送机廊	5
浮法联合车间	—
熔化底层	—
熔化操作层	—
成形操作层	—
退火操作层	10
锡锭储藏室	12
切裁操作层	12
分片	12
碎玻璃胶带输送机廊	5
打砖机房	—
机械磨砖	5
人工打砖	12
造箱（架）车间	
木材加工	12
木箱装钉	12
集装箱架制作	16
集装箱（架）维修	16
集装箱（架）存放	—
余热锅炉房	
锅炉间	12
风机间	5
水处理间	15
总变电所	—
变压器室	—
主控制室	18
低压配电室	16
高压配电室	5
蓄电池室	12
储酸室	5
整流器室	16
柴油发电机室（转运期15℃）	5～14
水泵房	—
机器间（水泵间）	10
油泵房	—
机器间（泵房）	10
天然气配气站	

续表 C.0.1

车间及工作地点名称	室温（℃）
配气站	10
液化石油气供配站	—
泵房	10
风机房	10
发生炉煤气站	—
主厂房底层	12
主厂房操作层	12
主厂房贮煤层	5
煤气排送机间	—
焦油泵房	12
上煤系统	—
给煤间	5
破碎间	5
筛分间	5
运煤廊	—
氢气站	—
主控室	18
储氢间	10
电解间	12
碱液间、氢分解间	16
整流间	16
化验间	16
加压间	16
净化间	16
风机房	—
压缩空气站	—
机器间	16
氮气（氮氧）站	—
加压间	16
净化间	16
分析室	18
冷冻机室	16
汽车库	
停车库	5
保养、修理间	16
油库	
易燃油库	—
机电修车间	18
机工间	18

续表 C.0.1

车间及工作地点名称	室温（℃）
钳工间	18
锻工间	16
管工间	16
铆焊间	12
起重工间	16
电修间	16
仪修间	16
机工工具间	16
化验站、环保监测站	—
物理检验室	18
氢气分析室	18
油气分析室	18
岩相分析室	18
计算机室	18
化学分析室	18
加热室	16
密度计室	18
光度计室	18
天平室	18
药品库	5

C.0.2 辅助用室的采暖计算温度应符合表 C.0.2 的规定。

表 C.0.2 辅助用室的采暖计算温度

辅助用室名称	室温（℃）
办公室	18
会议室	18
休息室	18
存衣室	18
技术资料室	18
医务室	20
厕所	14
盥洗室	14
食堂	18
厨房	14
浴室	25
更衣室	25
女工卫生室	23
哺乳室	22
托儿所、幼儿园	20
吊车司机室	16
配电室	16
控制室	18
仪表修理室	18

续表 C.0.2

辅助用室名称	室温（℃）
值班室、观察室	18
白铁工室	16
瓦斯气室	16
汽油气化室	16
储油室	5
理刀室	16
钳工室	16
电工室	16
电梯间	5
除尘设备室	5
—	—

附录 D 平板玻璃工厂机械通风换气次数

D.0.1 有害气体房间的全面通风换气次数应符合表 D.0.1 的规定。

表 D.0.1 有害气体房间的全面通风换气次数

房间名称	换气次数（次/h）	备注
蓄电池室（防酸隔爆蓄电池）	6	—
储酸室	6	—
发生炉煤气站	—	—
上煤系统给煤机地下室	8	
煤气排送机间、站房底层和二层为封闭式建筑时	8	
煤仓顶层（封闭式建筑）	3	
水泵房	5	
焦油泵房	15	定期排风
地面上	3	
地面下	10	
氮气站	—	
碱液间、净化间	≮3	
氢气站	—	—
电解间、净化间、氨分解间	≮3	
氢气压缩机间	≮3	
分析室、化验间	≮3	
湿式氢气储气柜的闸门室	≮3	
电源室、碱液室、储氨间	≮3	
易燃油库（小型）	3	—
可燃性气体可能泄漏的房间（如调压室、气化间等）	3	
高位油罐间	3	—

续表 D.0.1

房间名称	换气次数（次/h）	备注
柴油泵房	3	—
重油泵房	—	—
地面上的	3	
地面下的	10	
化验室	—	
化学分析室	7	
加热室	—	按发热量算
汽车库、停车间、保养间、修理间	4～5	

D.0.2 事故排风换气次数应符合表 D.0.2 的规定。

表 D.0.2 事故排风换气次数

房间名称	换气次数（次/h）
氢气站	—
电解间、净化间、氢压缩间、氨分解间	12
天然气及液化石油气房间	12
城市煤气的房间	12
发生炉煤气站煤气排送机间	12
储酸室	20

附录 E 生产操作区空气中生产性粉尘的最高允许浓度

表 E 生产操作区空气中生产性粉尘的最高允许浓度

粉尘名称	最高允许浓度（mg/m³）
石英砂、砂岩尘	游离二氧化硅含量80%以上为1
	游离二氧化硅含量50%～80%为1.5
长石尘	2
白云石、石灰石尘	10
纯碱、芒硝尘	10
煤尘	10
混合料粉尘	游离二氧化硅含量≥50%为1.5
	游离二氧化硅含量<50%为2
碎玻璃尘	2
耐火砖及耐火材料粉尘	2
木屑尘	10

附录 F 车间生产类别、耐火等级、防火分区最大允许占地面积、安全疏散距离及安全出口数目

表 F 车间生产类别、耐火等级、防火分区最大允许占地面积、安全疏散距离及安全出口数目

车间名称		生产类别	耐火等级下限	防火分区最大允许占地面积（m²）	安全疏散距离（m）	安全出口数目
原料车间		戊	二级	不限	不限	不少于2个
浮法联合车间	熔化工段	丁	二级	不限	不限	不少于2个
	成型工段					
	退火工段					
	切裁工段	戊	二级	不限	不限	不少于2个
	成品工段					
造箱车间		丙	一级	单层不限；多层6000	单层80	不少于2个
			二级	单层8000；多层4000	多层60	
水泵房		戊	二级	不限	不限	每层面积不超过400m²时可设1个
锅炉房		丁	二级	不限	不限	
油站	油泵房	丙	一级	不限	80	不超过250m²时可设1个
	卸油设施贮罐区	丙	二级			设防护堤台阶两处

续表F

车间名称	生产类别	耐火等级下限	防火分区最大允许占地面积（m²）	安全疏散距离（m）	安全出口数目
氢气站	甲	一级	4000	30	不少于2个
		二级	3000	—	
氮气站	乙	一级	5000	75	不少于2个
		二级	4000	—	
天然气配气站	甲	一级	4000	30	不少于2个
液化石油气供配站	甲	一级	4000	30	不少于2个
		二级	3000	—	
发生炉煤气站	乙	一级	4000	50	不少于2个
		二级	3000	—	
压缩空气站	丁	二级	不限	不限	不超过400m²时可设1个
机电仪表修理车间	戊	二级	不限	不限	不超过400m²时可设1个
煤储库 木板库 稻草库	丙	二级	每座库房6000 防火墙间1500	—	不少于2个
耐火材料加工	戊	二级	不限	不限	不超过400m²时可设1个
原料储库 碱库	戊	二级	不限	—	不少于2个
芒硝库 耐火材料库 集装箱库 成品库	戊	二级	不限	—	不少于2个
变电所	丙	二级	单层3000 多层4000	单层80 多层60	每层面积不超过250m²可设1个

附录G 平板玻璃工厂主要车间楼面、地面荷载标准值

G.0.1 原料车间楼面荷载标准值应符合表G.0.1的规定。

表 G.0.1 原料车间楼面荷载标准值

工作部位	均布荷载（kPa）	备注
筛分楼面	4.0	设备及动力荷载另计
吊车库仓顶平台	5.0	
粉料库顶楼面	3.0	
混合机楼面	6.0	设备及动力荷载另计
称量楼面	4.0	设备及动力荷载另计

G.0.2 浮法联合车间楼面荷载标准值应符合表G.0.2的规定。

表 G.0.2 浮法联合车间楼面荷载标准值

工作部位	均布荷载（kPa）	备注
熔窑周围操作楼面	20.0	设备荷载另计
投料平台	6.0	窑头料仓及胶带输送机设备荷载另计
成形部操作楼面	20.0	
成形部底层操作平台	4.0	
成形部辅助用房楼面	4.0	
退火窑操作楼面	10.0	设备荷载另计
退火窑两侧辅助用房楼面	4.0	
冷端系统操作楼面	10.0	设备荷载另计
成品库楼面（走叉车）	30.0	
胶带输送机走廊	2.0	
胶带输送机尾部平台	3.0	

G.0.3 发生炉煤气站楼面荷载标准值应符合表G.0.3的规定。

表 G.0.3 发生炉煤气站楼面荷载标准值

工作部位	均布荷载（kPa）	备注
站房二层楼面	10.0	设备荷载另计
站房三层贮煤仓顶楼面	6.0	设备荷载另计
站房各辅助用室楼面	4.0	

G.0.4 其他楼面荷载标准值：
——车间内无特殊堆料地面应按10.0kPa计；
——车间内堆料地面荷载按堆料重量计且应大于10.0kPa；
——地坑盖板荷载一般情况可按20.0kPa计，设备及动力荷载另计；
——楼面、地面当使用叉车或其他车辆输送物料时，根据使用车辆及载重计算；
——楼面集中荷载需换算成均布荷载时按现行国家标准《建筑结构荷载规范》GB 50009的有关规定换算；
——当生产工艺要求的荷载值超出本附录提供的荷载标准值时，应按实际荷载值设计计算；
——对于厂房的一般荷载计算应符合现行国家标准《建筑结构荷载规范》GB 50009的有关规定。

附录 H 平板玻璃工厂厂区各类地点的噪声标准

表 H 平板玻璃工厂厂区各类地点的噪声标准

序号	地点类别	噪声限制值（dB）
1	工人每天连续接触噪声8h的生产车间及作业场所，如人工打砖，木箱加工等	90

续表 H

序号	地点类别	噪声限制值（dB）
2	工人每天连续接触噪声4h的生产车间及作业场所	93
3	工人每天连续接触噪声2h的生产车间及作业场所，如原料车间破碎区、空压站、泵房的机械站等巡回检查不经常有人操作的生产场所	96
4	车间的控制室、仪表室、值班室、操作室、办公室、会议室、休息室	70
5	厂部所属办公室、会议室、设计室、实验室	60
6	医务室、教室、哺乳室、托儿所、工人值班宿舍	55

本规范用词说明

1 为便于在执行本规范条文时区别对待，对要求严格程度不同的用词说明如下：
  1）表示很严格，非这样做不可的用词：
    正面词采用"必须"，反面词采用"严禁"。
  2）表示严格，在正常情况下均应这样做的用词：
    正面词采用"应"，反面词采用"不应"或"不得"。
  3）表示允许稍有选择，在条件许可时首先应这样做的用词：
    正面词采用"宜"，反面词采用"不宜"；
    表示有选择，在一定条件下可以这样做的用词，采用"可"。

2 本规范中指明应按其他有关标准、规范执行的写法为"应符合……的规定"或"应按……执行"。

中华人民共和国国家标准

平板玻璃工厂设计规范

GB 50435—2007

条 文 说 明

目 次

1 总则 ········· 7—26—36
2 厂址选择及总体规划 ········· 7—26—36
  2.1 厂址选择 ········· 7—26—36
  2.2 总体规划 ········· 7—26—36
3 总平面布置 ········· 7—26—36
  3.1 一般规定 ········· 7—26—36
  3.2 生产设施 ········· 7—26—36
  3.3 运输线路及码头布置 ········· 7—26—36
4 原料 ········· 7—26—36
  4.1 原料的选择与质量要求 ········· 7—26—36
  4.2 玻璃化学成分 ········· 7—26—36
  4.3 工艺设备选型 ········· 7—26—37
  4.4 工艺流程及布置 ········· 7—26—37
5 浮法联合车间 ········· 7—26—37
  5.2 熔化系统 ········· 7—26—37
  5.3 成形系统 ········· 7—26—37
  5.4 退火系统 ········· 7—26—37
  5.5 冷端系统 ········· 7—26—37
  5.6 碎玻璃系统 ········· 7—26—37
  5.8 车间工艺布置 ········· 7—26—37
6 燃料 ········· 7—26—38
  6.1 一般规定 ········· 7—26—38
  6.2 燃油 ········· 7—26—38
  6.3 天然气 ········· 7—26—38
  6.4 煤气 ········· 7—26—38
7 保护气体 ········· 7—26—38
  7.1 一般规定 ········· 7—26—38
  7.2 高纯氮气制备 ········· 7—26—38
  7.3 高纯氢气制备 ········· 7—26—38
8 电气 ········· 7—26—38
  8.1 负荷分级及供配电系统 ········· 7—26—38
  8.2 变（配）电所 ········· 7—26—39
  8.5 厂区电力线路敷设 ········· 7—26—39
9 生产过程检测和控制 ········· 7—26—39
  9.1 生产过程自动化水平的确定 ········· 7—26—39
  9.2 配料称量系统的检测和控制 ········· 7—26—39
  9.3 熔化系统的检测和控制 ········· 7—26—39
  9.5 退火系统的检测和控制 ········· 7—26—39
  9.6 冷端系统的控制 ········· 7—26—39
  9.7 辅助生产系统的检测和控制 ········· 7—26—39
  9.8 仪表用电源和气源 ········· 7—26—39
  9.9 控制室 ········· 7—26—39
10 给水与排水 ········· 7—26—40
  10.1 一般规定 ········· 7—26—40
  10.2 给水 ········· 7—26—40
  10.3 排水 ········· 7—26—40
11 供热与供气 ········· 7—26—40
  11.2 锅炉房 ········· 7—26—40
  11.3 压缩空气站 ········· 7—26—40
12 采暖、通风、除尘、空气调节 ········· 7—26—40
  12.2 采暖 ········· 7—26—40
  12.4 除尘 ········· 7—26—40
14 其他生产设施 ········· 7—26—41
  14.1 中心实验室 ········· 7—26—41
  14.4 耐火材料贮库与加工房 ········· 7—26—41
15 环境保护 ········· 7—26—41
  15.1 一般规定 ········· 7—26—41
  15.2 大气污染防治 ········· 7—26—41
  15.6 环境绿化 ········· 7—26—41
  15.7 环境保护监测 ········· 7—26—41
  15.8 环境保护设施 ········· 7—26—41
16 节能 ········· 7—26—41
  16.1 一般规定 ········· 7—26—41
  16.3 电气及自动控制节能 ········· 7—26—41
17 职业安全卫生 ········· 7—26—41

1 总 则

1.0.1 本条是平板玻璃工厂设计时必须遵循的原则。

1.0.2 小型玻璃熔窑的单位产品能耗远高于大型玻璃熔窑,除特种玻璃外,日熔化玻璃液量为300t以下浮法玻璃熔窑不应新建。

对于其他生产工艺的平板玻璃工厂设计,可根据所采用的生产工艺特点,参照本规范执行。

1.0.3 在一定的投资条件下,在设计中尽可能为工厂的技术发展和产品更新创造有利条件。

2 厂址选择及总体规划

2.1 厂址选择

2.1.1 厂址选择除一定要遵照当地的总体规划和符合现行有关标准外,还应遵守国家法规《城市规划法》和《中华人民共和国土地管理法》等的有关规定。

2.1.2 对平板玻璃工厂,影响厂址的主要要素有原料、燃料、运输及工厂本身的建设条件,应对上述各种要素进行详细的比较后,选取性价比最大的厂址方案。

2.1.3 还应强调优先选择"条件成熟的工业园区",主要是考虑经批准的工业园区肯定是符合当地规划的,用地较易批准。工业园区的建设条件一般是由当地政府配套完成的,对项目建设的投资、进度控制及审批均比较有利。

2.1.4 对于山区地形的厂址,竖向的布置与方案比较尤为重要。实践证明,如果有条件,将联合车间的热端布置在低台段(二层),而冷端布置在高台段(一层),无论是从工艺生产还是从节约土石方工程量考虑都是比较理想的。

2.1.5 厂区标高的确定非常重要,本条是确定标高的一般原则。而对于选用工业园区的厂址,在工业园区的"控制性详细规划"中,对于竖向标高及防、排涝措施均有详细说明,可遵照实施。

2.2 总体规划

2.2.2 厂区总体规划必须要符合当地的建设规划。主要是平面布局、规划控制指标、用地控制红线、建筑形式等,必须与当地规划协调。

2.2.3 厂区规划除要满足工艺生产的合理流程要求外,还应为工厂的管理、今后的发展等创造良好的条件。

3 总平面布置

3.1 一 般 规 定

3.1.1 本条强调平面布置要按照批准的可行性研究报告或者厂区总体规划进行,同时说明了总平面布置的一般原则。总平面技术经济指标,各地方规划部门要求不尽相同,本条提出应与当地规划主管部门沟通后确定,以满足要求。

3.1.2 本条要求建筑布置上,有条件时尽量采用"联合车间"。主要是从合理与节约利用土地、缩短连接管线、方便管理、合理的建筑布局等方面考虑的。

3.1.3 厂区通道宽度的确定,要综合考虑。本条推荐的主要通道宽23~30m,是指道路宽7~10m,绿化带宽8~10m。在管网密集地带,宜取上限。

3.1.4 对于要考虑预留发展用地的布置问题,是一个较难处理的问题。本条提出在合理布局的情况下,尽量将预留地放在厂外,可减少一期工程的用地面积,但往往与城市规划的用地产生矛盾,需与地方进行协调确定。

3.1.5 对于改、扩建厂,主要是考虑最大限度利用原有设施,以减少工程投资,减少新征土地。

3.2 生 产 设 施

3.2.3 燃油贮罐区包括油泵房及卸油附属设施在内。其中第3款,在油罐区周围设区域围墙,是《建筑设计防火规范》GB 50016中增加的,应遵照执行。

3.3 运输线路及码头布置

3.3.2 厂外铁路的选线,根据分工,由铁路设计部门及铁路主管部门确定。

3.3.3 厂内铁路线的布置,应在充分考虑近、远期运输量及运输方式的基础上,提出布置要求,取得铁路主管部门同意,供铁路设计部门参考。

3.3.4 厂内道路的布置,在满足使用功能的前提下,应尽量减少占地面积。但在工厂的厂前区,可结合厂前区环境,设计得宽阔一些。

4 原 料

4.1 原料的选择与质量要求

4.1.2 参照国内现有平板玻璃工厂实际使用各种原料的质量指标、国家建材局(86)材生字109号《平板玻璃工艺管理规程》中"原料部分"、国家建材局标准《平板玻璃工厂设计节能技术规定》"第10条500吨级浮法生产工艺的原料应符合的要求",并参照国外平板玻璃工厂用原料的质量要求,在目前国内可能做到的条件下,提出各种原料的使用质量要求。

4.2 玻璃化学成分

4.2.1 根据目前收集到的国内外各种生产工艺方法的玻璃成分情况,经分析比较后提出本规范各种生产工艺的玻璃成分范围。

4.2.2 结合国内的生产条件、选用的原料质量要求、使用的玻璃成分而提出配料控制参数。

4.3 工艺设备选型

4.3.1、4.3.2 本条为工艺设备选型的原则与要求。在设计中应根据工厂的实际情况，灵活运用这些原则。在设备选型时应根据诸多因素进行设备的生产能力计算。

4.3.3 称量设备的动态精度不低于1/1000，但加小料时应适当放宽。

4.3.4、4.3.5 本条为工艺设备选型的原则与要求，在设计中应根据工厂的实际情况，灵活运用这些原则。在设备选型时应根据诸多因素进行设备的生产能力计算。

4.4 工艺流程及布置

4.4.1～4.4.18 为原料车间生产的基本要求以及工艺布置的一些基本原则。结合各厂的具体条件，在设计中灵活运用。

5 浮法联合车间

5.2 熔化系统

5.2.1 本条所列为结合国内目前的生产、装备水平提出的设计要求。

5.2.2 对燃烧系统设计的基本要求。其中第3款，为保证燃油系统的正常工作，通常监测和控制的参数有：油温、油压、油黏度、油流量。

5.2.3 熔窑助燃风通过热工计算确定其用量，通过管道阻力计算和所选用燃烧器型式确定其风压。

5.2.4 为了对熔窑均匀加热及回收和利用由烟气带走的余热，每隔一定时间进行换火一次。根据熔窑使用燃料的种类，确定换向设备的类型；根据熔窑的操作与控制水平，选择换向方式。

5.2.5 根据热工要求确定熔窑各部位冷却风的选型参数。

5.2.6 熔窑。

1 为熔窑设计所必须遵循的设计原则。

2 熔化率是熔窑设计的一个主要指标。熔化率的确定与玻璃品种、质量、燃料种类及生产操作水平有密切的关系，因此不宜单纯追求熔化率的高指标。

玻璃液热耗为结合国内熔窑的实际情况提出。

3 耐火材料的选用及配套设计直接关系到熔窑的使用寿命，具体应根据熔窑各部位热工特点及耐火材料性能按专有技术进行设计。

4 钢结构设计必须考虑到熔窑作为一个热工设备的特点。

5 为保证熔窑具有稳定的工况及减少外界的干扰，窑体必须具有良好的密封。为提高热效率、节约能源，在熔窑设计时应实施全保温。

6 小炉的设计原则及有关参数是国内设计经验的总结。

蓄热室的设计原则及有关参数是根据熔窑能耗要求和国内设计经验的总结。

7 为减少烟道的漏风量及提高余热的利用率，烟道应加强密封和保温。

8 煤气换向防爆设施是从烧煤气熔窑运行的安全性考虑。

5.3 成形系统

本节为对成形系统设计的基本要求，是根据国内现有生产厂的经验、工厂设计经验及国外考察与引进技术等几方面资料提出的。

由于工厂的实际建设条件不同，对设计的细则不作规定。

5.3.11 成形必需的配套设施有：玻璃液流量调节控制装置、密封箱、过渡辊台、拉边机、冷却风系统和冷却水系统等。

5.4 退火系统

本节为对退火系统设计的基本要求，是根据国内现有生产厂的经验、工厂设计经验及国外考察与引进技术等几方面资料提出的。

由于工厂的实际建设条件不同，对设计的细则不作规定。

5.5 冷端系统

冷端系统是浮法生产出合格成品的关键设备。其特点是产量大、速度快、成品质量要求高，因此使用的机械设备多，机械化、自动化程度高。要求设计精度高，使用性能好，适应性强，设备坚固耐用，便于排除故障，提高玻璃成品率。实际设计中应根据要求，并结合实际情况进行设计。

5.6 碎玻璃系统

本节为对碎玻璃系统设计的基本要求，有关数据均为实际经验并结合计算后得出。布置形式要根据工厂的生产规模、投资额、总图布置等情况确定。

5.8 车间工艺布置

5.8.1 浮法联合车间的划分情况如下：①熔化工段；②成形工段；③退火工段；④切裁工段；⑤成品工段。

5.8.2～5.8.5 浮法熔化、成形、退火、冷端系统厂房布置形式，结合目前国内已投产的工厂、新设计的工厂以及中外合资等项目的情况，主要有三种形式：

1 熔化、成形、退火、冷端系统为单层厂房，即窑头楼面设在±0.000平面上，这种形式的优点是运输方便，要结合当地的地形、风力、地下水位低等条件采用。

2 熔化、成形、退火、冷端系统均设在二层楼面上，这种布置形式的厂房造价较高，运输不方便，但可充分利用底层的建筑面积。

3 熔化、成形、退火为二层厂房，冷端系统通过斜坡辊道改成单层厂房，这种布置形式综合了上述两种形式的优点。

成品库的位置与厂房布置形式有直接关系，一般紧接在冷端系统的后面。

有关数据均为实际经验数据。

6 燃 料

6.1 一般规定

6.1.2 根据我国的能源现状和国家能源政策，燃料供应提倡"多用煤少用油"，因此对日熔化玻璃液量等于或低于500t的熔窑，也可用烟煤发生炉煤气作燃料。

6.2 燃 油

6.2.1 平板玻璃熔窑用燃料油为原石油工业部部颁标准（SYB1091）的油品油质指标不大于200号的重油，即100℃时的恩氏黏度不大于9.5°E，含硫量不大于3%，水分不大于2%，闪点（开口）大于130℃，凝固点小于36℃。

6.2.2 供卸油系统的工艺布置，其内容均为生产经验的总结。工艺布置设计应符合现行国家标准《建筑设计防火规范》GB 50016 的有关规定。供卸油系统的设计，应根据实际用油的品质进行。

6.2.3 供油设备的选型。在设备选型前应根据供油量、油品指标、油温、管道布置、运行工况等因素进行计算。

6.2.4 本条是供油管道设计的一般通用性要求，应按常规要求执行。

6.2.5 本条是对浮法联合车间供油系统的要求。

1 车间油路系统方式。本款是熔制车间常用的几种基本油路系统方式，结合各厂的特点还可派生出其他的油路系统方式。

2 燃油的雾化。玻璃熔窑燃油用雾化介质的目的是使油滴成雾状得以充分燃烧，增加油粒的蒸发表面，加快燃烧速度，因此要求雾化介质有一定的温度和压力。

3 车间油路系统的设备选型。车间油路系统中常用的设备还有燃油喷嘴，应选用燃烧效率高、节能和低噪声的燃油喷嘴；加热器的选用要满足油质和燃油喷嘴的需要。

5 本款为车间油泵、油罐间设计的特殊要求，其他按常规要求设计。

6.3 天 然 气

6.3.1 本条为平板玻璃工厂使用天然气必须具备的要求，其他要求按国家有关规定执行。天然气硫化氢含量小于20mg/Nm³，是根据天然气设计手册及参照《城市煤气设计规范》TJ 28—78 第12条的规定。

6.3.2 本条为厂配气站的工艺布置要求。为确保压力和熔窑温度制度的稳定，一般设有两级调压。

6.3.3 本条为厂配气站的设备选型要求。主要设备在选型前必须进行计算。

6.3.4 本条是对浮法联合车间天然气系统的要求。熔窑要求天然气的压力相当稳定，进车间干管为专用干管。熔窑如用 TY 型喷嘴烧天然气时，为增加火焰的刚度和长度（5～10m），需要用压缩空气加强火焰的刚度和长度。

6.4 煤 气

6.4.1 本条是根据平板玻璃工厂熔窑生产的特点提出的。

6.4.2 本条是根据平板玻璃工厂煤气站生产和使用的特点提出的。

7 保 护 气 体

7.1 一般规定

7.1.5 该数据是根据平板玻璃工厂的运行经验确定的。当气体压力过低时不利于气量的调节，而且输送管道直径会变大。

7.2 高纯氮气制备

7.2.3 本条是对液氮贮存与气化装置的要求。

1 平板玻璃工厂高纯氮气制备均采用空气分离法，从开机到出合格的高纯氮气一般需要 12h 以上，故液氮储量宜不小于一台空分装置启动时间所需的量，对于外购液氮方便的地区，液氮贮存量可少一些。

7.3 高纯氢气制备

7.3.4 氨分解制氢站液氨的运输通常采用氨瓶或槽车，生产线较多的平板玻璃工厂应采用槽车运输，液氨贮存容量宜为 30～100m³。

8 电 气

8.1 负荷分级及供配电系统

8.1.2 实际运行经验表明，电气故障无法限制在某个范围内部，电力部门也不能保证供电不中断。平板玻璃工厂是连续用电单位，长时间的停电将造成重大损失。因此，在确定供电电源时，应综合分析当地的电网状况和供电质量，经技术经济比较后，确定在厂内是否设自备发电站作为应急电源。

8.1.4 平板玻璃工厂负荷较大又较集中，考虑到将来的发展及扩建，如果厂区内没有10kV负荷，可优先采用35kV供电，并经35/0.4kV直降变压器对低压负荷配电。这样可以减少变电级数，从而可以节约电能和投资，并可以提高电能质量。

35kV以上电压作为工厂内直配电源，通常受到设备、线路走廊、环境条件的影响难以实现，且投资高、占地多，故不推荐。

8.2 变（配）电所

本节称仅有配电设备而无主变压器的站房为总配电所。有主变压器同时有配电设备的站房为总变电所。车间变电所一般有变压器和配电设备。

8.5 厂区电力线路敷设

8.5.1 电缆沟内和直接埋地敷设方式，一般较易实施，具有投资省的显著优点，故推荐优先采用。

9 生产过程检测和控制

9.1 生产过程自动化水平的确定

9.1.1 采用先进的自动化技术包括采用计算机控制系统、智能仪表系统、智能检测仪表和执行机构、智能调节阀门等硬件装备以及各类高级控制软件、高级控制方案。

9.1.2 自控设计应根据工程特点、规模大小和发展规划，确定其装备水平。装备水平主要指选用的各类控制装备的硬件等级。

9.1.5 现有的浮法玻璃生产线中，分布式计算机控制系统（DCS）及可编程控制器（PLC）均已普遍采用。

9.1.6 考虑热端主控制系统中主控制器、通信网络、系统电源采用冗余配置，基本能满足生产过程可靠性要求，不需要过多的硬件冗余配置。

9.1.7 考虑整个控制系统的各环节技术水平协调。

9.2 配料称量系统的检测和控制

9.2.1 配料称量系统控制装置采用多台配料控制器以及可编程控制器（PLC）作为下位机，工业控制机作为上位机计算机控制系统，已完全满足配料要求。

9.3 熔化系统的检测和控制

9.3.1 本条是对熔窑温度、压力及玻璃液面的检测和控制要求。

  1 重要检测点的温度记录包括采用记录仪或计算机控制系统的历史趋势记录。

  2 为稳定熔窑内的气氛，熔化部窑压应自动控制。

  3 为了解烟道及烟囱根抽力情况。

  4 为成形部分的工况稳定提供良好的条件。

9.3.2 本条是对燃烧系统的检测和控制要求。

  1 为熔窑燃烧系统的主要控制内容。

  2 为稳定和调节熔化燃料量。

  3 保证雾化效果从而保证燃料燃烧效果。

  4 为保证燃料的充分燃烧及油风配比控制提供手段。

  5 方便测定燃料充分燃烧情况。

9.3.3 燃烧换向过程是熔化过程最大的干扰源，必须控制调节。

9.3.4 提出工业电视监视的主要部位，有条件时也可在车间内设置其他监视部位。

9.3.5 熔窑的冷却风机、助燃风机等重要机电设备的运行情况必须了解。

9.3.6 防止料仓空仓或粘料。

9.5 退火系统的检测和控制

9.5.1 退火窑分区情况由工艺确定。

9.5.2～9.5.6 给出退火工段需要检测和控制的内容。

9.6 冷端系统的控制

9.6.1～9.6.6 给出冷端系统的主要控制内容。由于冷端系统多由各种单机设备组成，其控制装备也往往由单机设备配套，具体的设计要求也仅限于本部分内容。

9.7 辅助生产系统的检测和控制

9.7.1 辅助生产系统可包括所有非联合车间的内容。

9.7.2 控制内容较多的辅助生产系统，如锅炉房、氢气站等可采用计算机控制系统。

9.7.3 为方便全厂的控制设备维护和互换。

9.8 仪表用电源和气源

9.8.1 仪表用电源基本为弱电，错接相位会损坏仪表。

9.8.2 提出仪表专用气源的质量要求。

9.9 控 制 室

9.9.1～9.9.7 提出控制室的设计要求。

9.9.8 计算机控制系统的接地还应该针对各厂家系统的具体要求设计。

9.9.9 大型控制室往往出入人员较多，故作此要求。

10 给水与排水

10.1 一般规定

10.1.3 本条是对厂区排水设计的规定。考虑到各地经济发展状况不同，市政排水体制（分流制或合流制）或排放的水域有不同的要求，应选择符合当地市政管理部门要求的厂区合理排水体制。

10.2 给 水

10.2.1 平板玻璃工厂生产给水保证供水不得间断是玻璃生产工艺的要求，应根据各地水源供给情况，采取相应的措施；如水源不能保证连续不间断供给，应在厂内设置贮水设施，以确保平板玻璃工厂供水的安全可靠性。

　　1 生产给水的水质主要指标，是根据现行国家标准《工业循环冷却水处理设计规范》GB 50050 的规定，并结合工程实际运行情况确定。

　　2 因玻璃工艺生产的设备用水量较大，而且仅是水温升高。

　　3 考虑平板玻璃工厂内建筑物均为多层建筑，所以厂区进口处水压一般不小于 0.25MPa。

10.2.2 给水管网设计应符合下列要求：

　　3 独立设置的生活给水管道采用枝状管网可以节约投资。

10.2.3 循环水系统应符合下列要求：

　　1 平板玻璃工厂循环水冷却设施的类型选择，应因地制宜进行技术经济比较选择敞开式系统或封闭式系统。

　　2 循环给水设专用管道直通用水车间，循环供水管道不得作为消防或其他直接排放的生产设施用水。

　　3 循环水系统的补充水量是根据现行国家标准《工业循环冷却水处理设计规范》GB 50050 的规定确定。

　　5 循环水系统的水质应进行水质稳定的验算，以防循环水系统管道及设备结垢、腐蚀，缩短供水管道、工艺设备的使用年限；循环水系统在循环过程中由于受到污染，必须对系统设置全过滤水处理或分流旁滤水处理。

　　6 循环水池和水塔的总容量，是依据工程运行经验确定的。

　　7 循环水水塔的水柜容量，是考虑到循环水供给系统故障时工艺设备冷却保护时间。

　　8 工艺生产设备的安全性要求高，设有柴油机拖动水泵，以作为动力故障时循环供水使用。

10.3 排 水

10.3.1 排水体制及排出口的选择，主要考虑经济合理减少工程造价。

10.3.2 本条根据《建筑给水排水设计规范》GB 50015 的规定制定。

10.3.4 本条根据《建筑设计防火规范》GB 50016 的规定制定。

10.3.5 根据《污水综合排放标准》GB 8978 的二类污染物最大排放浓度 1mg/L（苯酚）的要求，高度含酚废水不得向外排放，可以喷入炉中燃烧即可。

11 供热与供气

11.2 锅 炉 房

11.2.1 熔窑烟气系统的烟气过量空气系数，由砌体密封情况决定。条文规定的系数是国内平板玻璃工厂实测的数据。

11.2.2、11.2.3 余热锅炉与引风机选型、工艺布置原则等均为平板玻璃工厂生产经验的总结。

11.3 压缩空气站

11.3.3 吸附干燥装置的处理气压力露点通常为 -20℃，冷冻式干燥装置的处理气压力露点通常为 2～10℃，故采暖地区应选用吸附干燥装置，非采暖地区应选用冷冻式干燥装置。

12 采暖、通风、除尘、空气调节

12.2 采 暖

12.2.1 冬季室内计算温度是参照《采暖通风与空气调节设计规范》、《工业企业设计卫生标准》的有关规定，结合平板玻璃工厂的劳动强度与每名工人占地面积情况制定的，对热车间的冬季采暖不作规定或降低采暖标准。

12.2.2 本条是对采暖热媒的要求。

　　1 平板玻璃工厂一般均设有余热锅炉房，可以作为冬季采暖所需热源。热水采暖的室内环境舒适度较好，应推荐使用。

　　2 辅助建筑多为人员长时间工作生活的场所，宜设热水采暖。

　　3 电能是高品位能源，一般不宜直接用于采暖。

12.2.3 本条是对采暖方式的要求。

　　2 在非采暖地区的平板玻璃工厂，如采板区设在非采暖的成品库中，根据需要可设局部采暖。

　　5 从安全角度考虑作此规定。

12.4 除 尘

12.4.8 除尘系统先于工艺设备启动可以造成良好的负压环境以控制粉尘外逸。

12.4.10 除尘系统的选择应符合下列要求：

1 同一生产流程、同时工作的扬尘点相距不远时，如果采用分散式机械除尘系统则单个的小除尘器太多，故作本款规定。

2 平板玻璃工厂粉尘种类较多，应回收利用，故宜分别设置机械除尘系统。

12.4.11 除尘管道设计应符合下列要求：

1 本款的规定可减少粉尘堵塞除尘管道。

4 除尘系统的排风管应尽量高，降低排风管出口高度则排放标准就要提高。

14 其他生产设施

14.1 中心实验室

为控制生产用原料、燃料、配合料以及玻璃成品的质量，应设置中心实验室。

14.4 耐火材料贮库与加工房

在生产过程中需要更换一些专用的耐火砖材，在非生产时间应预先加工和配套好熔窑需更换的耐火材料，为此设置耐火材料贮库与加工房。

15 环境保护

15.1 一般规定

15.1.1 现行的国家环境保护法规中包括（86）国环字第003号《建设项目环境保护管理办法》，设计必须认真贯彻执行。

15.1.2 以前选择厂址和总图布置重点是考虑厂址本身、水源、电源等的要求。现在还应增加是否满足环境保护要求。

15.2 大气污染防治

15.2.1 利用大气扩散和稀释能力是目前废气、烟气排放的措施之一。

15.2.3 目前，平板玻璃工厂熔窑烟气的排放执行国家标准《工业炉窑大气污染物排放标准》GB 9078。

1 平板玻璃工作环境影响评价重点是大气，其次是废气、噪声、固废，应作大气环境质量影响评价，为大气污染防治措施设计提供科学依据。防治措施应符合环境影响评价结论和要求。如可行性研究阶段设计比《环境影响报告书（表）》先完成，初步设计阶段中的大气污染防治措施应按《环境影响报告书（表）》的结论进行修正。

2 平板玻璃工厂熔窑产生的硫氧化物主要来自芒硝的分解和燃料中硫的转化。

3 目前熔窑废气中的氮氧化物主要来源与燃烧方式有关。通过改善燃烧方式减少废气中的氮氧化物产生是合理和较经济的办法。

15.2.4 烟气净化最好采用湿式方式，要考虑水处理后循环使用，防止污染转移。采用干式除尘时要计算SO_2是否超标。

15.2.5 平板玻璃工厂的原料采用合格粉料进厂，是减少污染源的措施之一。

15.6 环境绿化

15.6.1 绿化系数计算办法，参考《环保工作者实用手册》中选用。绿化系数不小于20%，是根据平板玻璃工厂的特点，参考一般工厂绿化系统而确定。

15.7 环境保护监测

15.7.1 大型平板玻璃工厂可以单独设监测站，建筑面积一般为100～150m²是参考数，如增加治理措施，面积可适当增加。仪器设置仅按常规配备，如有特殊项目应增加新仪器。

15.7.2 本条系根据《污水综合排放标准》GB 8978的第5.1条和《工业炉窑大气污染物排放标准》GB 9078的第4.6.5条规定。在污水排放口必须设置排放口标志、污水水量计量装置和污水比例采样装置。废气烟囱或排气筒应设置永久采样、监测孔和采样监测平台。

15.8 环境保护设施

15.8.1 设施内容系根据平板玻璃工厂污染源和污染物种类确定。但有些项目和职业卫生方面分不太清，如除尘、噪声治理，既为职业卫生，又为环境保护，所列项目可能有重复部分。

16 节　能

16.1 一般规定

本节是根据国家有关规定，以及实际生产和设计经验对节能的原则要求。

16.3 电气及自动控制节能

16.3.1 我国一些企业中的变负荷运行的风机、泵类加变频调速装置后，平均节电30%～50%。节约的电费可使增加的投资2～3年收回。故本条作此规定。

17 职业安全卫生

本章内容除了必须执行的国家标准和国家的有关规定外，均是根据实际生产和设计经验提出的。

中华人民共和国国家标准

医药工业洁净厂房设计规范

Code for design of pharmaceutical industry clean room

GB 50457—2008

主编部门：中 国 医 药 工 程 设 计 协 会
批准部门：中华人民共和国住房和城乡建设部
施行日期：２００９年６月１日

中华人民共和国住房和城乡建设部
公 告

第 159 号

关于发布国家标准《医药工业洁净厂房设计规范》的公告

现批准《医药工业洁净厂房设计规范》为国家标准，编号为 GB 50457—2008，自 2009 年 6 月 1 日起实施。其中，第 3.2.1、3.2.6、4.2.4、5.1.2（1、2、3）、5.1.6、5.1.7、5.1.8、5.1.14（1、2）、5.2.1（2）、5.2.2（1、2、5、7、8）、5.3.1、5.3.2、5.4.3（1、2、4）、6.1.2、6.1.4、6.1.9、6.4.1、6.4.2、6.4.3、6.4.5、7.1.1、7.1.8、7.2.2、7.2.3、7.2.5、7.2.12（1、2）、8.1.6、8.2.1、8.2.3、8.2.4、8.2.5、8.2.6、8.2.8、8.2.9、8.3.8（1、4）、9.1.3、9.1.4、9.2.5、9.2.7、9.2.8、9.2.10（3、4、5）、9.2.14、9.2.15、9.2.19、9.3.4、9.4.3、9.4.4、9.5.4、9.6.1、9.6.2、9.6.3、9.6.4、10.3.1、10.3.2、10.3.3、10.3.4（1）、10.4.1、10.4.2、10.4.3（2、3、4）、10.4.4、10.4.5、10.4.6（1）、11.2.7、11.2.8、11.3.3、11.3.4、11.3.5、11.3.6、11.4.3、11.4.4 条（款）为强制性条文，必须严格执行。

本规范由我部标准定额研究所组织中国计划出版社出版发行。

中华人民共和国住房和城乡建设部
二〇〇八年十一月十二日

前 言

本规范是根据建设部"关于印发《2005 年工程建设标准规范制订、修订计划（第二批）》的通知"（建标函〔2005〕124 号）的要求，由中国石化集团上海工程有限公司会同中国医药集团武汉医药设计院和中国医药集团重庆医药设计院编制而成的。

本规范在编制过程中，结合近年来国内外 GMP《药品生产质量管理规范》和洁净技术的发展以及工程建设的实践，广泛征求了有关单位的意见，最后经审查定稿。

本规范中以黑体字标志的条文为强制性条文，必须严格执行。

本规范由住房和城乡建设部负责管理和对强制性条文的解释，由中国石化集团上海工程有限公司负责具体技术内容的解释。在本规范执行过程中，希望各单位结合工程实践，认真总结经验，如有需要修改和补充之处，请将意见和建议寄交中国石化集团上海工程有限公司（地址：上海市浦东新区张杨路 769 号，邮编 200120），以便今后修订时参考。

本规范主编单位、参编单位和主要起草人：
主 编 单 位：中国石化集团上海工程有限公司
参 编 单 位：中国医药集团武汉医药设计院
中国医药集团重庆医药设计院
主要起草人：缪德骅　王福国　汪征飙　吴天和
刘 琳　陈宇奇　李安康　唐晓方
顾继红　俞友财　杨丽敏　陈芩晔
杨 军　杨一心　韩立新　黄金富
刘 元　吴 霞

目 次

1 总则 ·· 7—27—4
2 术语 ·· 7—27—4
3 生产区域的环境参数 ·················· 7—27—5
   3.1 一般规定 ······························ 7—27—5
   3.2 环境参数的设计要求 ············· 7—27—5
4 厂址选择和总平面布置 ················ 7—27—5
   4.1 厂址选择 ······························ 7—27—5
   4.2 总平面布置 ··························· 7—27—5
5 工艺设计 ···································· 7—27—6
   5.1 工艺布局 ······························ 7—27—6
   5.2 人员净化 ······························ 7—27—7
   5.3 物料净化 ······························ 7—27—7
   5.4 工艺用水 ······························ 7—27—8
6 工艺管道 ···································· 7—27—8
   6.1 一般规定 ······························ 7—27—8
   6.2 管道材料、阀门和附件 ·········· 7—27—8
   6.3 管道的安装、保温 ················· 7—27—9
   6.4 安全技术 ······························ 7—27—9
7 设备 ·· 7—27—9
   7.1 一般规定 ······························ 7—27—9
   7.2 设计和选用 ··························· 7—27—9
8 建筑 ·· 7—27—10
   8.1 一般规定 ······························ 7—27—10
   8.2 防火和疏散 ··························· 7—27—10
   8.3 室内装修 ······························ 7—27—10
9 空气净化 ···································· 7—27—11
9.1 一般规定 ································· 7—27—11
9.2 净化空气调节系统 ···················· 7—27—11
9.3 气流流型和送风量 ···················· 7—27—13
9.4 风管和附件 ······························ 7—27—13
9.5 监测与控制 ······························ 7—27—14
9.6 青霉素等药品生产洁净室的
    特殊要求 ································· 7—27—14
10 给水排水 ································· 7—27—14
   10.1 一般规定 ····························· 7—27—14
   10.2 给水 ···································· 7—27—14
   10.3 排水 ···································· 7—27—15
   10.4 消防设施 ····························· 7—27—15
11 电气 ·· 7—27—15
   11.1 配电 ···································· 7—27—15
   11.2 照明 ···································· 7—27—15
   11.3 通信 ···································· 7—27—16
   11.4 静电防护及接地 ··················· 7—27—16
附录 A 药品生产环境的空气洁净
       度等级举例 ······················· 7—27—16
附录 B 医药洁净室（区）的维护
       管理 ··································· 7—27—18
附录 C 医药洁净室（区）的
       验证 ··································· 7—27—18
本规范用词说明 ····························· 7—27—19
附：条文说明 ································· 7—27—20

1 总则

1.0.1 为在医药工业洁净厂房设计中贯彻执行国家有关方针政策和《药品生产质量管理规范》，做到技术先进、经济适用、安全可靠、确保质量，满足节约能源和环境保护的要求，制定本规范。

1.0.2 本规范适用于新建、扩建和改建的医药工业洁净厂房的设计。

1.0.3 医药工业洁净厂房的设计，应为施工安装、系统设施验证、维护管理、检修测试和安全运行创造必要的条件。

1.0.4 医药工业洁净厂房的设计，除应执行本规范外，尚应符合现行的国家有关标准的规定。

2 术语

2.0.1 医药洁净室（区） pharmaceutical clean room（zone）
空气悬浮粒子和微生物浓度，以及温度、湿度、压力等参数受控的房间或限定空间。

2.0.2 人员净化用室 room for cleaning human body
人员在进入洁净区之前按一定程序进行净化的房间。

2.0.3 物料净化用室 room for cleaning material
物料在进入洁净区之前按一定程序进行净化的房间。

2.0.4 悬浮粒子 airborne particles
用于空气洁净度分级的空气中悬浮粒子尺寸范围在 $0.5 \sim 5\mu m$ 的固体和液体粒子。

2.0.5 微生物 microorganisms
能够复制或传递基因物质的细菌或非细菌的微小生物实体。

2.0.6 含尘浓度 particle concentration
单位体积空气中悬浮粒子的颗数。

2.0.7 含菌浓度 microorganisms concentration
单位体积空气中微生物的数量。

2.0.8 空气洁净度 air cleanliness
以单位体积中空气某粒径粒子和微生物的数量来区分的洁净程度。

2.0.9 气流流型 air pattern
室内空气的流动形态和分布状态。

2.0.10 单向流 unidirectional airflow
沿单一方向呈平行流线并且横断面上风速一致的气流。

2.0.11 非单向流 non-unidirectional airflow
凡不符合单向流定义的气流。

2.0.12 混合流 mixed airflow
单向流和非单向流组合的气流。

2.0.13 气闸室 air lock
在洁净室（区）出入口，为了阻隔室外或邻室气流和压差控制而设置的房间。

2.0.14 传递柜 pass box
在洁净室隔墙上设置的传递物料和工器具的开口。两侧装有不能同时开启的柜门。

2.0.15 洁净工作服 clean working garment
为把工作人员产生的粒子和微生物限制在最低程度，所使用的发尘、发菌量少的洁净服装。

2.0.16 空态 as-built
设施已经建成，所有动力接通并运行，但无生产设备、材料及人员。

2.0.17 静态 at-rest
设施已经建成，生产设备已经安装，并按业主及供应商同意的状态运行，但无生产人员。

2.0.18 动态 operational
设施以规定的状态运行，有规定的人员在场，并在商定的状态下进行工作。

2.0.19 高效空气过滤器 high efficiency particulate air filter
在额定风量下，对粒径大于等于 $0.3\mu m$ 粒子的捕集效率在 99.97% 以上及气流阻力在 254Pa 以下的空气过滤器。

2.0.20 工艺用水 process water
药品生产工艺中使用的水，包括饮用水、纯化水和注射用水。

2.0.21 纯化水 purity water
蒸馏法、离子交换法、反渗透或其他适宜的方法制得的，不含任何附加剂，供药用的水。

2.0.22 注射用水 water for injection
纯化水经蒸馏制得的水。

2.0.23 专用消防口 fire-firing access
消防人员为灭火而进入建筑物的专用入口。

2.0.24 自净时间 cleanliness recovery characteristic
洁净室被污染后，净化空调系统从开始运行至恢复到稳定的规定室内洁净度等级的时间。

2.0.25 无菌洁净室 sterile clean room
用于无菌作业的洁净室。

2.0.26 浮游菌 airborne viable particles
医药洁净室（区）悬浮在空气中的菌落。

2.0.27 沉降菌 sedimental viable particles
医药洁净室（区）沉降在物体表面的菌落。

2.0.28 无菌 sterile
不存在活的微生物。

2.0.29 灭菌 sterilize
使非无菌体达到无菌状态。

2.0.30 无菌药品 sterile product
法定药品标准中列有无菌检查的制剂。

2.0.31 非无菌药品 non-sterile product

法定药品标准中未列无菌检查的制剂。

2.0.32 验证 validation

证明任何程序、生产过程、设备、物料、活动或系统确实能达到预期效果的有文件证明的一系列活动。

2.0.33 在位清洗 cleaning in place

系统或设备在原安装位置不作任何移动条件下的清洗。

2.0.34 在位灭菌 sterilization in place

系统或设备在原安装位置不作任何移动条件下的灭菌。

3 生产区域的环境参数

3.1 一般规定

3.1.1 药品生产区域应符合国家现行《药品生产质量管理规范》关于环境参数的规定。

3.1.2 医药洁净室（区）应以微粒和微生物为主要控制对象，同时还应规定医药洁净室（区）环境的温度、湿度、压差、照度、噪声等参数。

3.1.3 环境空气中不应有异味以及有碍药品质量和人体健康的气体。

3.2 环境参数的设计要求

3.2.1 医药洁净室（区）的空气洁净度等级应按表3.2.1划分。

表3.2.1 医药洁净室（区）空气洁净度等级

空气洁净度等级	悬浮粒子最大允许数（个/m³）		微生物最大允许数	
	≥0.5μm	≥5μm	浮游菌（cfu/m³）	沉降菌（cfu/皿）
100	3500	0	5	1
10000	350000	2000	100	3
100000	3500000	20000	500	10
300000	10500000	60000	—	15

注：1 在静态条件下医药洁净室（区）监测的悬浮粒子数、浮游菌数或沉降菌数必须符合规定。测试方法应符合现行国家标准《医药工业洁净室（区）悬浮粒子的测试方法》GB/T 16292、《医药工业洁净室（区）浮游菌的测试方法》GB/T 16293和《医药工业洁净室（区）沉降菌的测试方法》GB/T 16294的有关规定；

2 空气洁净度100级的医药洁净室（区），应对大于等于5μm尘粒的计数多次采样，当大于等于5μm尘粒多次出现时，可认为该测试数值是可靠的。

3.2.2 药品生产有关工序和环境区域的空气洁净度等级，应符合国家现行《药品生产质量管理规范》和附录A的要求。

3.2.3 医药洁净室（区）的温度和湿度，应符合下列规定：

1 生产工艺对温度和湿度无特殊要求时，空气洁净度100、10000级的医药洁净室（区）温度应为20～24℃，相对湿度应为45%～60%；空气洁净度100000级、300000级的医药洁净室（区）温度应为18～26℃，相对湿度应为45%～65%。

2 生产工艺对温度和湿度有特殊要求时，应根据工艺要求确定。

3 人员净化及生活用室的温度，冬季应为16～20℃，夏季应为26～30℃。

3.2.4 不同空气洁净度等级的医药洁净室（区）之间以及医药洁净室（区）与非洁净室（区）之间的空气静压差不应小于5Pa，医药洁净室（区）与室外大气的静压差不应小于10Pa。

3.2.5 医药洁净室（区）应根据生产要求提供照度，并应符合下列规定：

1 主要工作室一般照明的照度值宜为300 lx。

2 辅助工作室、走廊、气闸室、人员净化和物料净化用室的照度值不宜低于150 lx。

3 对照度有特殊要求的生产部位可设置局部照明。

3.2.6 非单向流医药洁净室（区）的噪声级（空态）不应大于60dB（A），单向流和混合流医药洁净室（区）的噪声级（空态）不应大于65dB（A）。

4 厂址选择和总平面布置

4.1 厂址选择

4.1.1 厂区位置的选择，应经技术经济方案比较后确定，并应符合下列规定：

1 应设置在大气含尘浓度、含菌浓度和含有害气体浓度低，且自然环境好的区域。

2 宜远离铁路、码头、机场、交通要道，以及散发大量粉尘和有害气体的工厂、仓储、堆场，远离严重空气污染、水质污染、振动或噪声干扰的区域；如不能远离以上区域时，则应位于其最大频率风向上风侧。

4.1.2 医药工业洁净厂房新风口与市政交通主干道近基地侧道路红线之间的距离宜大于50m。

4.2 总平面布置

4.2.1 厂区的总平面布置应符合国家有关工业企业总体设计要求，并应满足环境保护的要求，同时应防止交叉污染。

4.2.2 厂区应按生产、行政、生活和辅助等功能布局。

4.2.3 医药工业洁净厂房应布置在厂区内环境整洁,且人流和货流不穿越或少穿越的地段,并应根据药品生产特点布局。

兼有原料药和制剂生产的药厂,原料药生产区应位于制剂生产区全年最大频率风向的下风侧。三废处理、锅炉房等有严重污染的区域,应位于厂区全年最大频率风向的下风侧。

4.2.4 青霉素类等高致敏性药品的生产厂房,应位于其他生产厂房全年最大频率风向的下风侧。

4.2.5 动物房的设置,应符合现行国家标准《实验动物环境及设施》GB/T 14925等的有关规定。

4.2.6 医药工业洁净厂房周围宜设置环形消防车道,如有困难,可沿厂房的两个长边设置消防车道。

4.2.7 厂区主要道路的设置,应符合人流与货流分流的要求。医药工业洁净厂房周围道路面层,应采用整体性好、发尘少的材料。

4.2.8 医药工业洁净厂房周围应绿化。厂区内宜减少露土面积,不应种植易散发花粉或对药品生产产生不良影响的植物。

5 工艺设计

5.1 工艺布局

5.1.1 工艺布局应符合生产工艺流程及空气洁净度等级的要求,并应根据工艺设备安装和维修、管线布置、气流流型以及净化空调系统等各种技术措施的要求综合确定。

5.1.2 工艺布局应防止人流和物流之间的交叉污染,并应符合下列基本要求:

1 应分别设置人员和物料进出生产区域的出入口。对在生产过程中易造成污染的物料应设置专用出入口。

2 应分别设置人员和物料进入医药洁净室(区)前的净化用室和设施。

3 医药洁净室(区)内工艺设备和设施的设置,应符合生产工艺要求。生产和储存的区域不得用作非本区域内工作人员的通道。

4 输送人员和物料的电梯宜分开设置。电梯不应设置在医药洁净室内。需设置在医药洁净区的电梯,应采取确保医药洁净区空气洁净度等级要求的措施。

5 医药工业洁净厂房内物料传递路线宜短。

5.1.3 在符合工艺条件的前提下,医药工业洁净厂房内各种固定技术设施的布置,应根据净化空气调节系统的要求综合协调。

5.1.4 医药洁净室(区)的布置,应符合下列要求:

1 在满足生产工艺和噪声级要求的前提下,空气洁净度等级高的医药洁净室(区)宜靠近空气调节机房布置,空气洁净度等级相同的工序和医药洁净室(区)的布置宜相对集中。

2 不同空气洁净度等级医药洁净室(区)之间的人员出入和物料传送,应有防止污染措施。

5.1.5 医药工业洁净厂房内,宜靠近生产区设置与生产规模相适应的原辅物料、半成品和成品存放区域。存放区域内宜设置待验区和合格品区,也可采取控制物料待检和合格状态的措施。不合格品应设置专区存放。

5.1.6 青霉素类等高致敏性药品的生产厂房应独立设置。避孕药品、卡介苗、结核菌素的生产厂房必须与其他药品的生产厂房分开设置。

5.1.7 下列药品生产区之间,必须分开布置:

1 β—内酰胺结构类药品生产区与其他生产区。

2 中药材的前处理、提取和浓缩等生产区与其制剂生产区。

3 动物脏器、组织的洗涤或处理等生产区与其制剂生产区。

4 含不同核素的放射性药品的生产区。

5.1.8 下列生物制品的原料和成品,不得同时在同一生产区内加工和灌装:

1 生产用菌毒种与非生产用菌毒种。

2 生产用细胞与非生产用细胞。

3 强毒制品与非强毒制品。

4 死毒制品与活毒制品。

5 脱毒前制品与脱毒后制品。

6 活疫苗与灭活疫苗。

7 不同种类的人血液制品。

8 不同种类的预防制品。

5.1.9 生产辅助用室的布置和空气洁净度等级,应符合下列要求:

1 取样室宜设置在仓储区内,取样环境的空气洁净度等级应与使用被取样物料的医药洁净室(区)相同。无菌物料取样室应为无菌洁净室,取样环境的空气洁净度等级应与使用被取样物料的无菌操作环境相同,并应设置相应的物料和人员净化用室。

2 称量室宜设置在生产区内,称量室的空气洁净度等级应与使用被称量物料的医药洁净室(区)相同。

3 备料室宜靠近称量室布置,备料室的空气洁净度等级应与称量室相同。

4 设备、容器及工器具的清洗和清洗室的设置,应符合下列要求:

1)空气洁净度100级、10000级医药洁净室(区)的设备、容器及工器具宜在本区域外清洗,其清洗室的空气洁净度等级不应低于100000级。

2)如需在医药洁净区内清洗的设备、容器及工器具,其清洗室的空气洁净度等级应与该医药洁净区相同。

　　3）设备、容器及工器具洗涤后应干燥，并应在与使用该设备、容器及工器具的医药洁净室（区）相同的空气洁净度等级下存放。无菌洁净室（区）的设备、容器及工器具洗涤后应及时灭菌，灭菌后应在保持其无菌状态措施下存放。

5.1.10　医药洁净室（区）的清洁工具洗涤和存放室不宜设置在洁净区域内。如需设置在洁净区域内时，医药洁净室（区）的空气洁净度等级应与使用清洁工具的洁净室（区）相同。

　　无菌洁净区域内不应设置清洁工具洗涤和存放室。

5.1.11　洁净工作服洗涤、干燥和整理，应符合下列要求：

　　1　空气洁净度 100000 级及以上的医药洁净室（区）的洁净工作服洗涤、干燥和整理室，其空气洁净度等级不应低于 300000 级。

　　2　空气洁净度 300000 级的医药洁净室（区）的洁净工作服可在清洁环境下洗涤和干燥。

　　3　不同空气洁净度等级的医药洁净室（区）内使用的工作服，应分别清洗和整理。

　　4　无菌工作服的洗涤和干燥设备宜专用。洗涤干燥后的无菌工作服应在空气洁净度 100 级单向流下整理，并应及时灭菌。

5.1.12　无菌洁净室的设置，应根据本规范第 5.1.9、5.1.13 条和附录 A 确定。

5.1.13　质量控制实验室的布置和空气洁净度等级，应符合下列规定：

　　1　检验、中药标本、留样观察以及其他各类实验室应与药品生产区分开设置。

　　2　各类实验室的设置，应符合下列要求：

　　　1）阳性对照、无菌检查、微生物限度检查和抗生素微生物检定等实验室，以及放射性同位素检定室等应分开设置。

　　　2）无菌检查室、微生物限度检查实验室应为无菌洁净室，其空气洁净度等级不应低于 10000 级，并应设置相应的人员净化和物料净化设施。

　　　3）抗生素微生物检定实验室和放射性同位素检定室的空气洁净度等级不宜低于 100000 级。

　　3　有特殊要求的仪器应设置专门仪器室。

　　4　原料药中间产品质量检验对生产环境有影响时，其检验室不应设置在该生产区内。

5.1.14　下列情况的医药洁净室（区）应予以分隔：

　　1　生产的火灾危险性分类为甲、乙类与非甲、乙类生产区之间或有防火分隔要求时。

　　2　按药品生产工艺有分隔要求时。

　　3　生产联系少，且经常不同时使用的两个生产区域之间。

5.1.15　医药工业洁净厂房应设置防止昆虫和其他动物进入的设施。

5.2　人员净化

5.2.1　医药工业洁净厂房内人员净化用室和生活用室的设置，应符合下列要求：

　　1　人员净化用室应根据产品生产工艺和空气洁净度等级要求设置。不同空气洁净度等级的医药洁净室（区）的人员净化用室宜分别设置。空气洁净度等级相同的无菌洁净室（区）和非无菌洁净室（区），其人员净化用室应分别设置。

　　2　人员净化用室应设置换鞋、存外衣、盥洗、消毒、更换洁净工作服、气闸等设施。

　　3　厕所、淋浴室、休息室等生活用室可根据需要设置，但不得对医药洁净室（区）产生不良影响。

5.2.2　人员净化用室和生活用室的设计，应符合下列要求：

　　1　人员净化用室入口处，应设置净鞋设施。

　　2　存外衣和更换洁净工作服的设施应分别设置。

　　3　外衣存衣柜应按设计人数每人一柜设置。

　　4　人员净化用室的空气净化要求，应符合本规范第 9.2.11 条的规定。

　　5　盥洗室应设置洗手和消毒设施。

　　6　厕所和浴室不得设置在医药洁净区域内，宜设置在人员净化用室外。需设置在人员净化用室内的厕所应有前室。

　　7　医药洁净区域的入口处应设置气闸室；气闸室的出入门应采取防止同时被开启的措施。

　　8　青霉素等高致敏性药品、某些甾体药品、高活性药品及有毒害药品的人员净化用室，应采取防止有毒有害物质被人体带出人员净化用室的措施。

5.2.3　医药工业洁净厂房内人员净化用室和生活用室的面积，应根据不同空气洁净度等级和工作人员数量确定。

5.2.4　医药洁净室（区）的人员净化程序宜按图 5.2.4 布置。

换鞋 → 更外衣 → 洗手 → 更换洁净工作服 → 手消毒 → 气闸室 → 洁净室（区）

图 5.2.4　医药洁净室（区）人员净化程序

5.3　物料净化

5.3.1　医药洁净室（区）的原辅物料、包装材料和其他物品出入口，应设置物料净化用室和设施。

5.3.2　进入无菌洁净室（区）的原辅物料、包装材料和其他物品，除应满足本规范第5.3.1条的规定外，尚应在出入口设置供物料、物品灭菌用的灭菌室和灭菌设施。

5.3.3 物料清洁室或灭菌室与医药洁净室（区）之间，应设置气闸室或传递柜。

5.3.4 传递柜密闭性应好，并应易于清洁。两边的传递门应有防止同时被开启的措施。传递柜的尺寸和结构，应满足传递物品的大小和重量所需要求。传送至无菌洁净室（区）的传递柜应设置相应的净化设施。

5.3.5 生产过程中产生的废弃物出口，宜单独设置专用传递设施，不宜与物料进口合用一个气闸室或传递柜。

5.4 工艺用水

5.4.1 饮用水的制备和使用，应符合下列要求：

1 饮用水的制备方式，应保证其水质符合现行国家标准《生活饮用水卫生标准》GB 5749 的有关规定。

2 饮用水的储存和输送，应符合本规范第10.2.1 和 10.2.2 条的规定。

5.4.2 纯化水的制备、储存和分配，应符合下列要求：

1 纯化水的制备方式，应保证其水质电阻率大于 $0.5 M\Omega \cdot cm$，并应符合现行《中华人民共和国药典》的纯化水标准的规定。

2 用于纯化水储罐和输送管道、管件等的材料，应无毒、耐腐蚀、易于消毒，并宜采用内壁抛光的优质不锈钢或其他不污染纯化水的材料。储罐的通气口应安装不脱落纤维的疏水性过滤器。

3 纯化水输送管道系统应采取循环方式。设计和安装时不应出现使水滞留和不易清洁的部位。循环的干管流速宜大于1.5m/s，不循环的支管长度不应大于管径的6倍。纯化水终端净化装置的设置应靠近使用点。

4 纯化水储罐和输送系统，应有清洗和消毒措施。

5.4.3 注射用水的制备、储存和使用，应符合下列要求：

1 注射用水的制备方式，应保证其水质符合现行《中华人民共和国药典》的注射用水标准的规定。

2 用于注射用水储罐和输送管道、管件等的材料，应无毒、耐腐蚀，并应采用内壁抛光的优质低碳不锈钢管或其他不污染注射用水的材料。储罐的通气口应安装不脱落纤维的疏水性除菌器。

3 注射用水的储存可采用65℃以上保温循环的方式，也可采用80℃以上或4℃以下保温的方式。循环时干管流速宜大于 1.5 m/s。

4 注射用水输送管道系统应采取循环方式。

5 注射用水输送管道系统设计和安装时，不应出现使水滞留和不易清洁的部位。使用点不循环支管长度不应大于管径的6倍。注射用水终端净化装置的设置应靠近使用点。

6 输送注射用水的不锈钢管道，应采用内壁无斑痕的对接氩弧焊焊接。需要拆洗的不锈钢管道宜采用卡箍式、法兰等优质低碳不锈钢卫生管件连接，法兰垫片材料宜采用聚四氟乙烯。不锈钢管道焊接后宜钝化。

7 注射用水储罐和输送系统，应设置在位清洗和在位灭菌设施。

5.4.4 医药洁净室（区）内工艺用水系统的验证，应符合附录C的规定。

6 工艺管道

6.1 一般规定

6.1.1 医药洁净室（区）内应少敷设管道。工艺管道的干管，宜敷设在技术夹层或技术夹道中。需要拆洗和消毒的管道宜明敷。易燃、易爆、有毒物料管道应明敷，当需穿越技术夹层时，应采取安全密封措施。

6.1.2 管道在设计和安装时，不应出现使输送介质滞留和不易清洁的部位。

6.1.3 在满足工艺要求的前提下，工艺管道宜短。

6.1.4 工艺管道的干管系统应设置吹扫口、放净口和取样口。

6.1.5 输送纯化水的干管应符合本规范第5.4.2条的规定，输送注射用水的干管应符合本规范第5.4.3条的规定。

6.1.6 工艺管道不宜穿越与其无关的医药洁净室（区）。

6.1.7 输送有毒、易燃、有腐蚀性介质的工艺管道，应根据介质的理化性质控制物料的流速，并应符合本规范第6.4节的有关规定。

6.1.8 与药品直接接触的工业气体净化装置，应根据气源和生产工艺对气体纯度的要求选择。气体终端净化装置的设置，应靠近用气点。

6.1.9 可燃气体和氧气管道的末端或最高点应设置放散管。引至室外的放散管应高出屋面1m，并应采取防雨和防异物侵入措施。

6.2 管道材料、阀门和附件

6.2.1 管道、管件等材料和阀门应根据所输送物料的理化性质和使用工况选用。采用的材料和阀门应满足工艺要求，不应吸附和污染介质。

6.2.2 工艺物料的干管不宜采用软性管道，不得采用铸铁、陶瓷、玻璃等脆性材料。当采用塑性较差的材料时，应有加固和保护措施。

6.2.3 输送无菌介质和成品的管道材料宜采用内壁抛光的优质低碳不锈钢或其他不污染物料的材料；输送纯水的管道材料应符合本规范第5.4.2条的规定；输送注射用水的管道材料应符合本规范第5.4.3条的规定。

6.2.4 引入医药洁净室（区）的明敷管道，应采用不锈钢或其他不污染环境的材料。

6.2.5 工艺管道上的阀门、管件材质，应与连接的管道材质相适应。

6.2.6 医药洁净室（区）内采用的阀门、管件除应满足工艺要求外，尚应采用拆卸、清洗和检修方便的结构形式。

6.2.7 管道与设备宜采用金属管材连接。采用软管连接时，应采用金属软管。

6.3 管道的安装、保温

6.3.1 工艺管道的连接宜采用焊接。不锈钢管应采用内壁无斑痕的对接氩弧焊。

6.3.2 管道与阀门连接宜采用法兰、螺纹或其他密封性能优良的连接件。接触工艺物料的法兰和螺纹的密封圈应采用不易污染介质的材料。

6.3.3 穿越医药洁净室（区）墙、楼板、顶棚的管道应敷设套管，套管内的管段不应有焊缝、螺纹和法兰。管道与套管之间应有密封措施。

6.3.4 医药洁净室（区）内的管道，应排列整齐，宜减少阀门、管件和管道支架的设置。管道支架应采用不易锈蚀、表面不易脱落颗粒性物质的材料。

6.3.5 医药洁净室（区）内的管道，应根据管道的表面温度、发热或吸热量及环境的温度和湿度确定保温形式。冷保温管道的外壁温度不得低于环境的露点温度。

6.3.6 管道保温层表面应平整和光洁，不得有颗粒性物质脱落，并宜采用不锈钢或其他金属外壳保护。

6.3.7 医药洁净室（区）内的管道外壁，均应采取防锈措施。

6.3.8 医药洁净室（区）内的各类管道，均应设置指明内容物及流向的标志。

6.4 安全技术

6.4.1 存放及使用易燃、易爆、有毒介质设备的放散管应引至室外，并应设置相应的阻火装置、过滤装置和防雷保护设施。

6.4.2 输送易燃介质的管道，应设置导除静电的接地设施。

6.4.3 下列部位应设置易燃、易爆介质报警装置和事故排风装置，报警装置应与相应的事故排风装置相连锁：

　　1 甲、乙类火灾危险生产的介质入口室。

　　2 管廊、技术夹层或技术夹道内有易燃、易爆介质管道的易积聚处。

　　3 医药洁净室（区）内使用易燃、易爆介质处。

6.4.4 医药工业洁净厂房内不得使用压缩空气输送易燃、易爆介质。

6.4.5 各种气瓶应集中设置在医药洁净室（区）外。当日用气量不超过一瓶时，气瓶可设置在医药洁净室（区）内，但必须采取不积尘和易于清洁的措施。

7 设 备

7.1 一般规定

7.1.1 医药洁净室（区）内应采用防尘和防微生物污染的制药设备和设施。

7.1.2 用于制剂生产的配料、混合、灭菌等主要设备和用于原料药精制、干燥、包装的设备，其容量宜与批量相适应。

7.1.3 用于制剂包装的机械，应操作简单、不易产生差错。出现不合格、异物混入或性能故障时，应有调整或显示的功能。

7.1.4 制药设备和机械上的仪器仪表应计量准确，精确度应符合要求，调节控制应稳定。需控制计数的部位出现不合格或性能故障时，应有调整或显示功能。

7.1.5 制药设备保温层表面应平整和光洁，不得有颗粒性物质脱落。表面宜采用不锈钢或其他金属外壳保护。

7.1.6 当设备在不同空气洁净度等级的医药洁净室（区）之间安装时，应采用密封隔断装置。当确实无法密封时，应严格控制不同空气洁净度等级的医药洁净室（区）之间的压差。

7.1.7 空气洁净度10000级的医药洁净室（区）使用的传输设备不得穿越较低级别区域。

7.1.8 医药洁净室（区）内的各种设备均应选用低噪声产品。对于辐射噪声值超过洁净室容许值的设备，应设置专用隔声设施。

7.1.9 医药洁净室（区）与周围工程楼内强烈振动的设备及其管道连接时，应采取主动隔振措施。有精密设备、仪器仪表的医药洁净室（区），应根据各类振源对其影响采取被动隔振措施。

7.2 设计和选用

7.2.1 制药设备应结构简单、表面光洁和易于清洁。装有物料的制药设备应密闭。与物料直接接触的设备内壁，应光滑和平整，并应易于清洗、耐消毒和耐腐蚀。

7.2.2 与物料直接接触的制药设备内表面，应采用不与物料反应、不释放微粒、不吸附物料的材料。生产无菌药品的设备、容器、工器具等应采用优质低碳不锈钢。

7.2.3 制药设备的传动部件应密封，并应采取防止润滑油、冷却剂等泄漏的措施。

7.2.4 制药设备应经常清洗，需清洗和灭菌的零部件应易于拆装；不便移动的制药设备应设置在位清洗设施，需灭菌的制药设备应设置在位灭菌设施。

7.2.5 药液过滤不得使用吸附药物组分和释放异物的装置。

7.2.6 对生产中发尘量大的制药设备应设置捕尘装

置，排风应设置气体过滤和防止空气倒灌的装置。

7.2.7 与药物直接接触的干燥用空气、压缩空气、惰性气体等均应设置净化装置。经净化处理后，气体所含微粒和微生物应符合使用环境空气洁净度等级的要求。干燥设备出风口应有防止空气倒灌的装置。

7.2.8 有爆炸危险的设备的设计和选用，应符合现行国家标准《爆炸和火灾危险环境电力装置设计规范》GB 50058 等的有关规定。

7.2.9 医药洁净室（区）内设备的安装，不宜采用地脚螺栓。

7.2.10 制药设备应设置满足有关参数验证要求的测试点。

7.2.11 无菌洁净室（区）内的设备，除应符合本规范的规定外，尚应满足灭菌的需要。

7.2.12 特殊药品的生产设备，应符合下列规定：
  1 青霉素类等高致敏性药品、β—内酰胺结构类药品、放射性类药品、卡介苗、结核菌素、芽孢杆菌类等生物制品、血液或动物脏器、组织类制品等的生产设备必须专用。
  2 生产甾体激素类、抗肿瘤类药品制剂，当无法避免与其他药品交替使用同一设备时，应采取防护和清洁措施，并应进行设备清洁验证。
  3 难以清洁的特殊药品的生产设备宜专用。

8 建 筑

8.1 一般规定

8.1.1 建筑平面和空间布局，应具有灵活性。医药洁净室（区）的主体结构宜采用大空间或大跨度柱网，不宜采用内墙承重体系。

8.1.2 医药工业洁净厂房围护结构的材料应满足保温、隔热、防火和防潮等要求。

8.1.3 医药工业洁净厂房主体结构的耐久性，应与室内装备和装修水平相适应，并应具有防火、控制温度变形和不均匀沉陷性能。厂房变形缝不宜穿越医药洁净室（区）；当需穿越时应有保证洁净区气密性的措施。

8.1.4 医药洁净室（区）应设置技术夹层或技术夹道。穿越楼层的竖向管线需暗敷时，宜设置技术竖井。技术夹层、技术夹道和技术竖井的形式、尺寸和构造，应满足风道和管线的安装、检修和防火要求。

8.1.5 医药洁净室（区）内的通道应留有适当宽度，物流通道宜设置防撞构件。

8.1.6 医药洁净室（区）的围护结构，应具有隔声性能。

8.2 防火和疏散

8.2.1 医药工业洁净厂房的耐火等级不应低于二级。

8.2.2 医药工业洁净厂房内防火分区最大允许的建筑面积，应符合下列规定：
  1 甲、乙类医药工业洁净厂房，单层厂房宜为 3000m²，多层厂房宜为 2000m²。
  2 丙、丁类医药工业洁净厂房，应符合现行国家标准《建筑设计防火规范》GB 50016 的有关规定。

8.2.3 医药洁净室（区）的顶棚和壁板（包括夹芯材料）应采用非燃烧体，且不得采用燃烧时产生有害物质的有机复合材料。顶棚的耐火极限不应低于 0.4h，壁板的耐火极限不应低于 0.5h，疏散走道的顶棚和壁板的耐火极限不应低于 1.0h。

8.2.4 技术竖井井壁应采用非燃烧体，其耐火极限不应低于 1.0h。井壁上检查门的耐火极限不应低于 0.6h；竖井内每层或间隔一层楼板处，应采用与楼板耐火极限相同的非燃烧体作水平防火分隔；穿越水平防火分隔的管线周围空隙，应采用耐火材料紧密填堵。

8.2.5 医药工业洁净厂房每一生产层、每一防火分区或每一洁净区的安全出口数目不应少于两个，但符合下列要求的可设一个：
  1 甲、乙类生产厂房或生产区建筑面积不超过 100m²，且同一时间内的生产人数不超过 5 人。
  2 丙、丁、戊类生产厂房，应符合现行国家标准《建筑设计防火规范》GB 50016 的有关规定。

8.2.6 安全出口应分散设置，从生产地点至安全出口不应经过曲折的人员净化路线，并应设置疏散标志，安全疏散距离应符合现行国家标准《建筑设计防火规范》GB 50016 的有关规定。

8.2.7 医药洁净区与非洁净区、医药洁净区与室外相通的安全疏散门应向疏散方向开启，并应加设闭门器，门扇四周应密闭。

8.2.8 医药工业洁净厂房及医药洁净室（区）同层外墙应设置供消防人员通往厂房洁净室（区）的门窗，门窗的洞口间距大于 80m 时，应在该段外墙设置专用消防口。

专用消防口的宽度不应小于 750mm，高度不应小于 1800mm，并应设置明显标志。楼层的消防口应设置阳台，并应从二层开始向上层架设钢梯。

8.2.9 有爆炸危险的医药洁净室（区）应设置泄压设施，其泄压值应符合现行国家标准《建筑设计防火规范》GB 50016 的有关规定。

8.3 室内装修

8.3.1 医药工业洁净厂房的建筑围护结构和室内装修，应采用气密性好且在温度和湿度变化的作用下变形小的材料。

8.3.2 医药洁净室（区）内装修应符合下列要求：
  1 内表面应平整光滑、无裂缝、接口严密、无颗粒物脱落，并应耐清洗和耐消毒。

2 墙壁与地面交界处宜成弧形。踢脚不应突出墙面。

3 当采用砌体隔墙时,墙面应采用高级抹灰标准。

8.3.3 医药洁净室(区)的地面设计,应符合下列要求:

1 地面应满足生产工艺的要求。

2 地面应整体性好、平整、不开裂、耐磨、耐撞击和防潮,并应不易积聚静电且易于除尘清洗。

3 地面垫层宜配筋,潮湿地区垫层应做防潮构造。

8.3.4 医药工业洁净厂房技术夹层的墙面和顶棚应平整、光滑。需在技术夹层内更换高效空气过滤器时,其墙面和顶棚宜采用涂料饰面。

8.3.5 技术夹层采用轻质吊顶时,宜设置检修走道。

8.3.6 建筑风道和回风地沟的内表面装修,应与整个送、回风系统相适应,并应易于除尘。

8.3.7 医药洁净室(区)和人员净化用室设置外窗时,应采用气密性好的中空玻璃固定窗。

8.3.8 医药洁净室(区)内的门窗、墙壁、顶棚等的设计,应符合下列要求:

1 医药洁净室(区)内的门窗、墙壁、顶棚、地(楼)面的构造和施工缝隙,应采取密闭措施。

2 门框不宜设置门槛。

3 医药洁净区域的门、窗不宜采用木质材料。需采用时应经防腐处理,并应有严密的覆面层。

4 无菌洁净室(区)的门、窗不应采用木质材料。

8.3.9 医药洁净室(区)的门的大小应满足一般设备安装、修理和更换的要求。门宜朝空气洁净度等级较高的房间开启,并应加设闭门器。无窗洁净室的门上宜设置观察窗。

8.3.10 医药洁净室(区)的窗宜与内墙面齐平,不宜设置窗台。无菌洁净室的窗宜采用双层玻璃。

8.3.11 医药洁净室(区)内墙面与顶棚采用涂料面层时,应采用耐腐蚀、耐清洗、表面光滑和不易生霉的材料。

8.3.12 医药洁净室(区)内的色彩宜淡雅柔和。医药洁净室(区)内各表面材料的光反射系数,顶棚和墙面宜为 0.6~0.8,地面宜为 0.15~0.35。

8.3.13 医药洁净室(区)内装修材料的燃烧性能,应符合现行国家标准《建筑内部装修设计防火规范》GB 50222 的有关规定。

9 空气净化

9.1 一般规定

9.1.1 药品生产环境的空气洁净度等级的确定,除应符合本规范第 3.2.2 条的规定外,尚应符合下列要求:

1 医药洁净室(区)内有多种工序时,应根据生产工艺要求,采用相应的空气洁净度等级。

2 在满足生产工艺要求的前提下,医药洁净室的气流流型宜采用工作区局部净化或全室空气净化,也可采用工作区局部净化和全室空气净化相结合的形式。

9.1.2 医药洁净室(区)内温度、湿度、压差、噪声等环境参数的控制,应符合本规范第 3.2 节的规定。

9.1.3 医药洁净室(区)内的新鲜空气量,应取下列最大值:

1 补偿室内排风量和保持室内正压所需新鲜空气量。

2 室内每人新鲜空气量不应小于 $40m^3/h$。

9.1.4 医药洁净室(区)与周围的空间,应按工艺要求维持正压差或负压差。

9.1.5 医药洁净室(区)不应采用散热器采暖。

9.1.6 医药洁净室(区)内的空气监测和净化空调系统维护要求,应符合附录 B 的规定。

9.1.7 医药洁净室(区)内净化空调系统的验证,应符合附录 C 的规定。

9.2 净化空气调节系统

9.2.1 空气洁净度 100 级、10000 级及 100000 级的空气净化处理,应采用粗效、中效、高效空气过滤器三级过滤。空气洁净度 300000 级的空气净化处理,可采用亚高效空气过滤器。

9.2.2 空气过滤器的选用和布置方式,应符合下列要求:

1 中效空气过滤器宜集中设置在净化空气处理机组的正压段。

2 高效或亚高效空气过滤器宜设置在净化空气调节系统的末端。

3 在回风和排风系统中,高效、亚高效空气过滤器及作为预过滤的中效过滤器应设置在系统的负压段。

4 中效、高效空气过滤器应按小于或等于额定风量选用。

5 设置在同一洁净区内的高效、亚高效过滤器运行时的阻力和效率宜相近。

9.2.3 净化空气调节系统与一般空气调节系统应分开设置。

9.2.4 下列情况的净化空气调节系统宜分开设置:

1 运行班次或使用时间不同。

2 对温、湿度控制要求差别大。

9.2.5 下列情况的净化空气调节系统的空气不应循环使用:

1 生产过程散发粉尘的洁净室（区），其室内空气如经处理仍不能避免交叉污染时。
2 生产中使用有机溶媒，且因气体积聚可构成爆炸或火灾危险的工序。
3 病原体操作区。
4 放射性药品生产区。
5 生产过程中产生大量有害物质、异味或挥发性气体的生产工序。

9.2.6 生产过程中散发粉尘的医药洁净室（区）应设置除尘设施，除尘器应设置在净化空气调节系统的负压段。采用单机除尘时，除尘器应设置在靠近发尘点的机房内；如机房门向医药洁净室（区）方向开启的，机房内环境要求宜与医药洁净室（区）相同。间歇使用的除尘系统，应有防止医药洁净室（区）压差变化的措施。

9.2.7 有爆炸危险的除尘系统，应采用有泄爆和防静电装置的防爆除尘器。防爆除尘器应设置在排尘系统的负压段，并应设置在独立的机房内或室外。

9.2.8 医药洁净室（区）的排风系统，应符合下列规定：
1 应采取防止室外气体倒灌的措施。
2 排放含有易燃、易爆物质气体的局部排风系统，应采取防火、防爆措施。
3 对直接排放超过国家排放标准的气体，排放时应采取处理措施。
4 对含有水蒸气和凝结性物质的排风系统，应设置坡度及排放口。
5 生产青霉素等特殊药品的排风系统应符合本规范第9.6.4条的规定。

9.2.9 采用熏蒸消毒灭菌的医药洁净室（区），应设置消毒排风设施。

9.2.10 下列情况的排风系统，应单独设置：
1 不同净化空气调节系统。
2 散发粉尘或有害气体的区域。
3 排放介质毒性为现行国家标准《职业性接触毒物危害程度分级》GB 5044中规定的中度危害以上的区域。
4 排放介质混合后会加剧腐蚀、增加毒性、产生燃烧和爆炸危险性或发生交叉污染的区域。
5 排放易燃、易爆介质的区域。

9.2.11 人员净化用室中的更衣室、气闸室，应送入与洁净室（区）净化空调系统相同的洁净空气。人员净化用室的净化空气，应符合下列要求：
1 空气洁净度100级、10000级医药洁净室（区）的更换洁净工作服室，换气次数宜为15次/h。
2 空气洁净度100000级医药洁净室（区）的更换洁净工作服室，换气次数宜为10次/h。
3 空气洁净度300000级医药洁净室（区）的更换洁净工作服室，换气次数宜为8次/h。

4 气闸室的空气洁净度等级应与相连的医药洁净室（区）空气洁净度等级相同。
5 人员净化用室各房间的空气应由里向外流动。
6 设置在人员净化室内的换鞋、存外衣、盥洗、厕所、淋浴室等生产辅助房间，应采取通风措施。

9.2.12 送风、回风和排风的启闭应连锁。正压洁净室（区）连锁程序为先启动送风机，再启动回风机和排风机；关闭时连锁程序应相反。

9.2.13 非连续运行的医药洁净室（区），可根据生产工艺要求设置值班送风。

9.2.14 放散大量有害气体或有爆炸气体的医药洁净室（区）应设置事故排风装置，事故排风系统应设置自动和手动控制开关，手动控制开关应分别设置在洁净室（区）内和洁净室（区）外便于操作的地点。

9.2.15 医药工业洁净厂房疏散走廊应设置排烟设施。医药工业洁净厂房防排烟设计应符合现行国家标准《建筑设计防火规范》GB 50016的有关规定。

9.2.16 净化空调系统噪声超过允许值时，应采取隔声、消声、隔振等措施，消声设施不得影响洁净室净化条件。

9.2.17 医药洁净室（区）的压差应符合本规范第3.2.4条的规定。净化空调系统应采取维持系统风量和医药洁净室（区）内各房间压差的措施。

9.2.18 下列医药洁净室（区）应设置指示压差的装置：
1 不同空气洁净度等级的洁净室（区）之间。
2 无菌洁净室与非无菌洁净室之间。
3 按本规范第9.2.19条的规定，需保持相对负压的房间。
4 人员净化用室和物料净化用室的气闸室。

9.2.19 下列医药洁净室（区）应与相邻医药洁净室（区）保持相对负压：
1 生产过程中散发粉尘的医药洁净室（区）。
2 生产过程中使用有机溶媒的医药洁净室（区）。
3 生产过程中产生大量有害物质、热湿气体和异味的医药洁净室（区）。
4 青霉素等特殊药品的精制、干燥、包装室及其制剂产品的分装室。
5 病原体操作区。
6 放射性药品生产区。

9.2.20 质量控制实验室净化空调系统的设置，应符合下列要求：
1 实验室净化空调系统应与药品生产区分开。
2 无菌检查室、微生物限度检查实验室、抗生素微生物检定室和放射性同位素检定室的空气洁净度等级，应符合本规范第5.1.13条的规定。
3 阳性对照室和放射性同位素检定室等实验室不应利用回风，室内空气应经过滤后直接排至室外。

9.2.21 中药生产中要求"按医药洁净室（区）管理"的工序，其空气调节和通风，应符合下列规定：

1 应采取通风措施或设置空气调节系统。

2 进入生产区域的空气应经过粗效、中效空气过滤器两级过滤，室内应保持微正压。

3 生产过程中散发粉尘、有害物的房间应设置除尘或排风系统。

9.2.22 局部空气洁净度 100 级的单向流装置的设置，应符合下列要求：

1 应覆盖暴露非最终灭菌无菌药品、包装容器及传送设施的全部区域。

2 当单向流装置面积较大，且采用室内循环风运行时，应采取减少空气洁净度 100 级区域与室内周围环境温差的措施，空气洁净度 100 级区域内的温度不应大于室内设计温度 2℃，并不应高于 24℃。

3 空气洁净度 100 级的单向流装置，应采用侧墙下部或地面格栅回风。

4 局部空气洁净度 100 级的单向流装置外缘宜设置围帘，围帘高度宜低于操作面。

5 单向流装置的设置应便于安装、维修及更换空气过滤器。

9.2.23 净化空气调节系统的空气处理机组的设计和选用，应符合下列要求：

1 空气处理机组应有良好的气密性，箱内静压为 1000Pa 时，漏风率不得大于 1%。

2 空气处理机组内表面应光滑、耐腐蚀和易于清洁。

3 空气处理机组应有良好的绝热性能，外表面不得结露。

4 空气处理机组的送风机应按净化空气调节系统的总风量和总阻力选择，各级空气过滤器的阻力应按其初阻力的 1.5～2.0 倍计算。

5 空气处理机组的整体结构应有足够的强度，在运输、安装及运行时不得出现机组外壳变形。

9.3 气流流型和送风量

9.3.1 气流流型的设计应符合下列要求：

1 气流流型应满足空气洁净度等级的要求，空气洁净度 100 级时，气流应采用单向流流型。

2 空气洁净度 10000 级、100000 级和 300000 级时，气流应采用非单向流流型。非单向流气流流型应减少涡流区。

3 医药洁净室（区）气流分布应均匀。气流流速应满足生产工艺、空气洁净度等级和人体卫生的要求。

9.3.2 医药洁净室（区）气流的送、回风方式应符合下列要求：

1 医药洁净室（区）气流的送、回风方式应符合表 9.3.2 的规定。

表 9.3.2 医药洁净室（区）气流的送、回风方式

医药洁净室（区）空气洁净度等级	气流流型	送、回风方式
100 级	单向流	水平、垂直
10000 级	非单向流	顶送下侧回、侧送下侧回
100000 级	非单向流	顶送下侧回、侧送下侧回、顶送顶回
300000 级	非单向流	

2 散发粉尘或有害物质的医药洁净室（区），不应采用走廊回风，且不宜采用顶部回风。

9.3.3 医药洁净室（区）内各种设施的布置，应满足气流流型和空气洁净度等级的要求，并应符合下列规定：

1 单向流医药洁净室（区）内不宜布置洁净工作台；在非单向流医药洁净室（区）内设置单向流洁净工作台时，其位置宜远离回风口。

2 易产生污染的工艺设备附近应设置排风口。

3 有局部排风装置或需排风的工艺设备，宜布置在医药洁净室（区）下风侧。

4 有发热量大的设备时，应有减少热气流对气流分布影响的措施。

5 余压阀宜设置在洁净空气流的下风侧。

9.3.4 医药洁净室（区）的送风量，应取下列最大值：

1 按表 9.3.4 中有关数据计算或按室内发尘量计算。

2 根据热、湿负荷计算确定的送风量。

3 向医药洁净室（区）内供给的新鲜空气量。

表 9.3.4 空气洁净度等级和送风量（静态）

空气洁净度等级	气流流型	平均风速（m/s）	换气次数（次/h）
100	单向流	0.2～0.5	—
10000	非单向流	—	15～25
100000	非单向流	—	10～15
300000	非单向流	—	8～12

注：1 换气次数适用于层高小于 4m 的医药洁净室（区）。

2 室内人员少、发尘少、热源少时应采用下限值。

9.4 风管和附件

9.4.1 风管断面尺寸应满足对内壁清洁处理的要求，宜设置清扫口。风管应采用不易脱落颗粒物质、不易锈蚀，且耐消毒的材料。

9.4.2 净化空气调节系统应按需要设置电动密闭阀、风量调节阀、防火阀、止回阀等附件。各医药洁净室（区）的送、回风管段，应设置风量调节阀。

9.4.3 下列情况的通风、净化空气调节系统的风管，应设置防火阀：

1 风管穿越防火区的隔墙处，穿越变形缝的防火隔墙的两侧。
　　2 净化空调系统总风管穿越通风、空气调节机房的隔墙和楼板处。
　　3 垂直风管与每层水平风管交接的水平管段上。
　　4 水平风管与垂直风管处于不同的防火分区时，水平风管与垂直风管的交接处。

9.4.4 风管穿越使用易燃、易爆介质生产区的隔墙或防爆隔墙时，应设置防火阀和止回阀。

9.4.5 医药洁净室（区）净化空气调节系统的风管和调节阀，以及高效空气过滤器的保护网、孔板和扩散孔板等附件的制作材料和涂料，应根据输送空气洁净度等级及所处空气环境条件确定。

9.4.6 医药洁净室（区）内排风系统的风管、调节阀和止回阀等附件的制作材料和涂料，应根据排除气体的性质及所处空气环境条件确定。

9.4.7 用于无菌洁净室（区）的送风管、排风管、风阀及风口的制作材料和涂料，应耐受消毒剂的腐蚀。

9.4.8 在空气过滤器前后，应设置测压孔或压差计。各系统风口的高效及亚高效空气过滤器设置的压差计不宜少于两支。在新风管以及送风、回风和排风总管上，应设置风量测定孔。

9.4.9 风管、附件及辅助材料的选择，应符合现行国家标准《洁净厂房设计规范》GB 50073 的有关规定。

9.5 监测与控制

9.5.1 医药工业洁净厂房应设置净化空气调节系统自动监测与控制装置。装置应具有参数检测、参数自动调节与控制、工况自动转换、设备状态显示、连锁与保护等功能。

9.5.2 在净化空气调节系统运行中，应对医药洁净室（区）的空气洁净度、温湿度、有检测要求的室内压差、净化空调机组等静态、动态运行及有关参数进行实时显示和记录，并应对送风风量等关键参数予以超限报警。

9.5.3 净化空气调节系统的风机宜采用变频控制。总风管上宜设置风量传感器及显示器。

9.5.4 净化空气调节系统的电加热及电加湿应与送风机连锁，并应设置无风和超温断电保护。采用电加湿时应设置无水保护。加热器的金属风管应接地。

9.5.5 净化空气调节冷热源和空气调节水系统的监测和控制，应符合现行国家标准《采暖通风与空气调节设计规范》GB 50019 的有关规定。

9.6 青霉素等药品生产洁净室的特殊要求

9.6.1 下列特殊药品生产的净化空气调节系统应独立设置，其排风口应位于其他药品净化空调系统进风口全年最大频率风向的下风侧，并应高于该建筑物屋面和净化空调系统的进风口：
　　1 青霉素等高致敏性药品。
　　2 β-内酰胺结构类药品。
　　3 避孕药品。
　　4 激素类药品。
　　5 抗肿瘤类药品。
　　6 强毒微生物及芽孢菌制品。
　　7 放射性药品。
　　8 有菌（毒）操作区。

9.6.2 青霉素等特殊药品的精制、干燥、包装室及其制剂产品的分装室的室内应保持正压，与相邻房间或区域之间应保持相对负压。

9.6.3 青霉素等特殊药品的生产区，应采取防止空气扩散至其他相邻区域的措施。

9.6.4 青霉素等特殊药品生产区的空气均应经高效空气过滤器过滤后排放。二类危险度以上病原体操作区及生物安全室，应将排风系统的高效空气过滤器安装在医药洁净室（区）内的排风口处。

10 给水排水

10.1 一般规定

10.1.1 医药洁净室（区）的给排水干管，应敷设在技术夹层或技术夹道内，也可地下埋设。

10.1.2 医药洁净室（区）内应少敷设管道，与本区域无关管道不宜穿越，引入医药洁净室（区）内的支管宜暗敷。

10.1.3 医药洁净室（区）内的管道外表面应采取防结露措施。防结露外表层应光滑、易于清洗，并不得对医药洁净室（区）造成污染。

10.1.4 给排水支管穿越医药洁净室（区）顶棚、墙壁和楼板处宜设置套管，管道与套道之间应密封，无法设置套管的部位应采取密封措施。

10.2 给　　水

10.2.1 医药洁净室（区）应根据生产、生活和消防等各项用水对水质、水温、水压和水量的要求，分别设置直流、循环或重复利用的给水系统。

10.2.2 给水管材的选择，应符合下列要求：
　　1 生活给水管应选用耐腐蚀、安装连接方便管材，可采用塑料给水管、塑料和金属复合管、铜管、不锈钢管及经防腐处理的钢管。
　　2 循环冷却水管道宜采用钢管。
　　3 管道的配件宜采用与管道材料相应的材料。

10.2.3 人员净化用室的盥洗室内宜供应热水。

10.2.4 医药工业洁净厂房周围宜设置洒水设施。

10.3 排　　水

10.3.1 医药工业洁净厂房的排水系统，应根据生产排出的废水性质、浓度、水量等确定。有害废水应经废水处理，达到国家排放标准后排出。

10.3.2 医药洁净室（区）内的排水设备以及与重力回水管道相连的设备，必须在其排出口以下部位设置水封装置，水封高度不应小于50mm。排水系统应设置透气装置。

10.3.3 排水立管不应穿过空气洁净度100级、10000级的医药洁净室（区）；排水立管穿越其他医药洁净室（区）时，不应设置检查口。

10.3.4 医药洁净室（区）内地漏的设置，应符合下列要求：

1 空气洁净度100级的医药洁净室（区）内不应设置地漏。

2 空气洁净度10000级、100000级的医药洁净室（区）内，应少设置地漏；需设置时，地漏材质应不易腐蚀，内表面应光洁、易于清洗，应有密封盖，并应耐消毒灭菌。

3 空气洁净度100级、10000级的医药洁净室（区）内不宜设置排水沟。

10.3.5 医药工业洁净厂房内应采用不易积存污物并易于清扫的卫生器具、管材、管架及其附件。

10.3.6 排水管道材料的选择，应符合下列要求：

1 排水管道应选用建筑排水塑料管及管件，也可选用柔性接口机制排水铸铁管及管件。

2 当排水温度大于40℃时，应选用金属排水管或耐热塑料排水管。

10.4 消防设施

10.4.1 医药工业洁净厂房的消防设计应符合现行国家标准《建筑设计防火规范》GB 50016的有关规定。

10.4.2 医药工业洁净厂房消防设施的设置，应根据生产的火灾危险性分类、建筑耐火等级、建筑物体积以及生产特点等确定。

10.4.3 医药工业洁净厂房消火栓的设置，应符合下列要求：

1 消火栓宜设置在非洁净区域或空气洁净度等级低的区域。设置在医药洁净区域的消火栓宜嵌入安装。

2 消火栓给水系统的消防用水量不应小于10 l/s，每股水量不应小于5 l/s。

3 消火栓同时使用的水枪数不应少于两支，水枪充实水柱不应小于10m。

4 消火栓的栓口直径应为65mm，配备的水带长度不应大于25m，水枪喷嘴口径不应小于19mm。

10.4.4 医药洁净室（区）及其可通行的技术夹层和技术夹道内，应同时设置灭火设施和消防给水系统。

10.4.5 医药工业洁净厂房配置的灭火器，应满足现行国家标准《建筑灭火器配置规范》GB 50140的有关规定。

10.4.6 放置贵重设备仪器、物料的医药洁净室（区）设置固定灭火设施时，除应符合现行国家标准《建筑设计防火规范》GB 50016的有关规定外，尚应符合下列要求：

1 当设置气体灭火系统时，不应采用卤代烷以及能导致人员窒息的灭火剂。

2 当设置自动喷水灭火系统时，宜采用预作用式自动喷水装置。

10.4.7 消防给水管道材料的选择，应符合下列要求：

1 消火栓系统应采用钢管及相应的管件。

2 自动喷水灭火系统应采用内外热镀锌钢管，也可采用铜管、不锈钢管和相应的管件。

11 电　　气

11.1 配　　电

11.1.1 医药工业洁净厂房的用电负荷等级和供电要求，应根据现行国家标准《供配电系统设计规范》GB 50052和生产工艺确定。净化空气调节系统用电负荷、照明负荷宜由变电所专线供电。

11.1.2 医药工业洁净厂房的电源进线，应设置切断装置。切断装置宜设置在医药洁净区域外便于操作管理的地点。

11.1.3 医药工业洁净厂房的消防用电设备的供配电设计，应符合现行国家标准《建筑设计防火规范》GB 50016的有关规定。

11.1.4 医药洁净室（区）内的配电设备，应选择不易积尘、便于擦拭和外壳不易锈蚀的小型加盖暗装配电箱及插座箱。医药洁净室（区）内不宜设置大型落地安装的配电设备，功率较大的设备宜由配电室直接供电。

11.1.5 医药工业洁净厂房内的配电线路，宜按生产区域设置配电回路。

11.1.6 医药工业洁净厂房通风系统的配电线路，宜根据不同防火分区设置配电回路。

11.1.7 医药洁净室（区）内的电气管线宜敷设在技术夹层或技术夹道内，管材应采用非燃烧体。医药洁净室（区）内连接至设备的电线管线和接地线宜暗敷，电气线路保护管宜采用不锈钢或其他不易锈蚀的材料，接地线宜采用不锈钢材料。

11.1.8 医药洁净室（区）内的电气管线管口，以及安装于墙上的各种电器设备与墙体接缝处均应密封。

11.2 照　　明

11.2.1 医药洁净室（区）内的照明光源，宜采用高效荧光灯。生产工艺有特殊要求达不到照明设计的技术经济指标时，也可采用其他光源。

11.2.2 医药洁净室（区）内应选用外部造型简单、不易积尘、便于擦拭、易于消毒灭菌的照明灯具。

11.2.3 医药洁净室（区）内的照明灯具宜吸顶明装，灯具与顶棚接缝处应采取密封措施。需采用嵌入顶棚暗装时，安装缝隙应密封，其灯具结构应便于清扫，以及便于在顶棚下更换灯管及检修。

紫外线消毒灯的控制开关应设置在洁净室（区）外。

11.2.4 医药洁净室（区）应根据实际工作的要求提供照度。照度值应符合本规范第3.2.5条的要求。

11.2.5 医药洁净室（区）主要工作室，一般照明的照度均匀度不应小于0.7。

11.2.6 有爆炸危险的医药洁净室（区），照明灯具的选用和安装，应符合现行国家标准《爆炸和火灾危险环境电力装置设计规范》GB 50058的有关规定。

11.2.7 医药工业洁净厂房内应设置备用照明，并应满足所需场所或部位活动和操作的最低照明。

11.2.8 医药工业洁净厂房内应设置应急照明。在安全出口和疏散通道及转角处设置的疏散标志，应符合现行国家标准《建筑设计防火规范》GB 50016的有关规定。在专用消防口处应设置红色应急照明灯。

11.2.9 医药工业洁净厂房的技术夹层内宜按需要设置检修照明。

11.3 通　信

11.3.1 医药工业洁净厂房内应设置与厂房内外联系的通信装置。医药洁净室（区）内宜选用不易积尘、便于擦拭、易于消毒灭菌的洁净电话。

11.3.2 医药工业洁净厂房可根据生产管理和生产工艺的要求，设置闭路电视监视系统。

11.3.3 医药工业洁净厂房的生产区（包括技术夹层）等应设置火灾探测器。医药工业洁净厂房生产区及走廊应设置手动火灾报警按钮。

11.3.4 医药工业洁净厂房应设置消防值班室或控制室。消防值班室或控制室不应设置在医药洁净室（区）内。消防值班室或控制室应设置消防专用电话总机。

11.3.5 医药工业洁净厂房的消防控制设备及线路连接、控制设备的控制及显示功能，应符合现行国家标准《建筑设计防火规范》GB 50016、《火灾自动报警系统设计规范》GB 50116和《火灾自动报警系统施工及验收规范》GB 50166等的有关规定。医药洁净室（区）内火灾报警应进行核实。

11.3.6 医药工业洁净厂房中易燃、易爆气体的储存、使用场所、管道入口室及管道阀门等易泄漏的地方，应设置可燃气体探测器。有毒气体的储存和使用场所应设置气体检测器。报警信号应联动启动或手动启动相应的事故排风机，并应将报警信号送至控制室。

11.4 静电防护及接地

11.4.1 医药工业洁净厂房应根据工艺生产要求采取静电防护措施。

11.4.2 医药洁净室（区）内的防静电地面，其性能应符合下列要求：

1 地面的面层应具有导电性能，并应保持长时间性能稳定。

2 地面的表层应采用静电耗散性的材料，其表面电阻率应为 $1.0 \times 10^5 \sim 1.0 \times 10^{12} \Omega \cdot cm$ 或体积电阻率为 $1.0 \times 10^4 \sim 1.0 \times 10^{11} \Omega \cdot cm$。

3 地面应采取导电泄放措施和接地构造，其对地泄放电阻值应为 $1.0 \times 10^5 \sim 1.0 \times 10^9 \Omega$。

11.4.3 医药洁净室（区）的净化空气调节系统，应采取防静电接地措施。

11.4.4 医药洁净室（区）内产生静电危害的设备、流动液体、气体或粉体管道应采取防静电接地措施，其中有爆炸和火灾危险的设备和管道应符合现行国家标准《爆炸和火灾危险环境装置设计规范》GB 50058的有关规定。

11.4.5 医药工业洁净厂房内不同功能的接地系统的设计应符合等电位连接的要求。

11.4.6 接地系统宜采用综合接地方式，接地电阻值应小于或等于 1Ω；选择分散接地方式时，各种功能接地系统的接地体与防雷接地系统的接地体之间的距离应大于20m。医药工业洁净厂房的防雷接地系统设计应符合现行国家标准《建筑物防雷设计规范》GB 50057的有关规定。

附录A　药品生产环境的空气洁净度等级举例

表A　药品生产环境的空气洁净度等级举例

药品分类	工序	空气洁净度等级 举例			
		100级	10000级	100000级	300000级
无菌药品	最终灭菌药品	大容量注射剂（≥50ml）灌封（背景为10000级）	1. 注射剂、稀配、滤过 2. 小容量注射剂的灌封 3. 直接接触药品的包装材料的最终处理	注射剂浓配或采用密闭系统的稀配	

续表 A

药品分类	工序	空气洁净度等级 举例			
		100级	10000级	100000级	300000级
无菌药品	非最终灭菌药品	1. 灌装前不需除菌滤过的药液配制 2. 注射剂的灌封、分装和压塞 3. 直接接触药品的包装材料最终处理后的暴露环境（或背景为10000级）	灌装前需除菌滤过的药液配制	1. 轧盖 2. 直接接触药品的包装材料最后一次精洗	—
	其他无菌药品	—	供角膜创伤或手术用滴眼剂的配制和灌装	—	—
	非无菌药品	—	—	1. 非最终灭菌口服液体药品的暴露工序 2. 深部组织创伤外用药品 3. 眼用药品的暴露工序 4. 除直肠用药外的腔道用药的暴露工序 5. 直接接触以上药品的包装材料最终处理的暴露工序	1. 最终灭菌口服液体药品的暴露工序 2. 口服固体药品的暴露工序 3. 表皮外用药品的暴露工序 4. 直肠用药的暴露工序 5. 直接接触以上药品的包装材料最终处理的暴露工序
原料药	无菌原料药	精制、干燥、包装的暴露环境（背景为10000级）	—	—	—
	非无菌原料药	—	—	—	精制、干燥、包装的暴露环境
生物制品	灌装前不经除菌过滤的制品	配制、合并、灌封、冻干、加塞、添加稳定剂、佐剂、灭活剂等	—	—	—
	灌装前经除菌过滤的制品	灌封	配制、合并、精制、添加稳定剂、佐剂、灭活剂、除药过滤、超滤等	—	—
		—	—	1. 原料血浆的合并 2. 非低温提取 3. 分装前巴氏消毒 4. 轧盖 5. 最终容器精洗等	—
	口服制剂	—	—	发酵、培养密闭系统（暴露部分需无菌操作）	—
	酶联免疫吸附试剂	—	—	包装、配液、分装、干燥	—
	体外免疫试剂	—	—	生产环境	—
	深部组织和大面积体表创伤用制品	—	—	配制、灌装	—
放射性药品	无菌药品	同无菌药品相关要求			—
	非无菌药品			同非无菌药品相关要求	
	无菌原料药	同无菌原料药			—
	非无菌原料药	—	—	同非无菌原料药	
	放射性免疫分析盒各组分				制备

续表 A

空气洁净度等级 工序 药品分类	举例			
	100级	10000级	100000级	300000级
中药 — 非创面外用制剂	—	—	—	制备
中药 — 直接入药的净药材、干膏	—	—	—	配料、粉碎、混合、过筛
中药 — 无菌药品	同无菌药品相关要求			—
—	—	—	同非无菌药品相关要求	

注：表中粗线框内工序的操作室为无菌洁净室。

附录 B 医药洁净室（区）的维护管理

B.0.1 医药洁净室（区）的使用，应符合下列规定：
　　1 人员应按本规范第 5.2.4 条的净化程序出入医药洁净室（区），限制非本洁净室（区）人员进入医药洁净室（区）。
　　2 物料、工器具、设备等进入医药洁净室（区）前必须净化，进入无菌洁净室（区）前还须消毒灭菌。物料、工器具、设备等净化和消毒灭菌后，应经传递窗或气闸室进入医药洁净室（区）。
　　3 空气洁净度 100 级、10000 级的净化空气调节系统宜连续运行。非连续运行的医药洁净室（区），在非生产班次时，净化空气调节系统应有保持室内正压、防止室内结露的措施。
　　4 当医药洁净室（区）采用高度真空吸尘器进行清扫时，必须定期检查吸尘器排气口的含尘浓度。

B.0.2 医药洁净室（区）的空气监测，应符合下列要求：
　　1 应对医药洁净室（区）空气定期监测。监测项目和频次应符合表 B.0.2 的规定。特殊要求的医药洁净室（区）另行规定。

表 B.0.2 医药洁净室（区）空气监测项目和频次

监测项目	监测频次			
	100级	10000级	100000级	300000级
温度、湿度	2次/班	2次/班	2次/班	2次/班
风量、风速	1次/周	1次/月	1次/月	1次/月
压差值	1次/周	1次/月	1次/月	1次/月
尘埃粒子	1次/周	1次/季	1次/半年	1次/半年
沉降菌	1次/班	1次/d	1~2次/月	1次/半年
浮游菌	1次/周	1次/季	1次/半年	1次/半年

　　2 下列情况应更换高效过滤器：
　　　　1）气流速度降低，即使更换初效、中效空气过滤器后，气流速度仍不能增大时；
　　　　2）高效空气过滤器的阻力达到初阻力的 1.5～2 倍时；
　　　　3）高效空气过滤器出现无法修补的渗漏时。

B.0.3 医药洁净室（区）的维护，应符合下列要求：
　　1 医药洁净室（区）的维护管理，应包括对净化空气调节系统、生产设备、设施和操作人员的管理；应建立相应的管理制度和记录。
　　2 使用具有腐蚀、易燃、易爆等有毒有害物品的医药洁净室（区），应有相应的安全措施。
　　3 应建立医药洁净室（区）计划检修制度，对净化空气调节系统实行定期检修、保养制度。检修、保养记录应存档。

附录 C 医药洁净室（区）的验证

C.0.1 医药洁净室（区）的验证，应包括下列内容：
　　1 医药洁净室（区）的验证，应包括室内系统及设施，如净化空气、工艺用水等系统及设施的安装确认、运行确认和性能确认。
　　2 系统及设施的安装确认，应包括各分部工程的外观检查和单机试运转。
　　3 系统及设施的运行确认，应在安装确认合格后进行。内容应包括带冷（热）源的系统联合试运转，并不应少于 8h。
　　4 医药洁净室（区）的综合性能确认，应包括表 C.0.1 项目的检测和评价。

表 C.0.1 医药洁净室（区）综合性能评定检测项目

序号	检测项目	单向流	非单向流
1	系统送风、新风、排风量	检测	检测
	室内送风、回风、排风量	检测	检测
2	静压值	检测	检测
3	截面平均风速	检测	不测
4	空气洁净度等级	检测	检测
5	浮游菌、沉降菌	检测	检测

续表 C.0.1

序号	检测项目	单向流	非单向流
6	室内温度、相对湿度	检测	
7	室内噪声级	检测	
8	室内照度和均匀度	检测	
9	流线平行性	必要时检测	
10	自净时间	必要时检测	

C.0.2 医药洁净室（区）的验证，应符合下列规定：

1 国家现行标准《洁净室施工及验收规范》JGJ 71。

2 现行国家标准《医药工业洁净室（区）悬浮粒子的测试方法》GB/T 16292。

3 现行国家标准《医药工业洁净室（区）浮悬菌的测试方法》GB/T 16293。

4 现行国家标准《医药工业洁净室（区）沉降菌的测试方法》GB/T 16294。

5 国家现行《药品生产质量管理规范》。

6 现行《中华人民共和国药典》。

C.0.3 医药洁净室（区）的验证，应包括下列文件：

1 医药洁净室（区）主要设计文件和竣工图。

2 主要设备的出厂合格证书、检验文件。

3 设备开箱检查记录、管道压力试验记录、管道系统吹洗脱脂记录、风管漏风记录、竣工验收记录。

4 单机试运转、系统联合试运转和医药洁净室（区）性能测试记录。

本规范用词说明

1 为便于在执行本规范条文时区别对待，对要求严格程度不同的用词说明如下：

1) 表示很严格，非这样做不可的用词：
正面词采用"必须"，反面词采用"严禁"。

2) 表示严格，在正常情况下均应这样做的用词：
正面词采用"应"，反面词采用"不应"或"不得"。

3) 表示允许稍有选择，在条件许可时首先应这样做的用词：
正面词采用"宜"，反面词采用"不宜"；
表示有选择，在一定条件下可以这样做的用词，采用"可"。

2 本规范中指明应按其他有关标准、规范执行的写法为"应符合……的规定"或"应按……执行"。

中华人民共和国国家标准

医药工业洁净厂房设计规范

GB 50457—2008

条 文 说 明

目 次

1 总则 ················· 7—27—22
3 生产区域的环境参数 ········ 7—27—22
   3.1 一般规定 ············ 7—27—22
   3.2 环境参数的设计要求 ······ 7—27—22
4 厂址选择和总平面布置 ······ 7—27—23
   4.1 厂址选择 ············ 7—27—23
   4.2 总平面布置 ··········· 7—27—24
5 工艺设计 ·············· 7—27—24
   5.1 工艺布局 ············ 7—27—24
   5.2 人员净化 ············ 7—27—27
   5.3 物料净化 ············ 7—27—29
   5.4 工艺用水 ············ 7—27—29
6 工艺管道 ·············· 7—27—31
   6.1 一般规定 ············ 7—27—31
   6.2 管道材料、阀门和附件 ····· 7—27—31
   6.3 管道的安装、保温 ······· 7—27—32
   6.4 安全技术 ············ 7—27—32
7 设备 ················· 7—27—32
   7.1 一般规定 ············ 7—27—32
   7.2 设计和选用 ··········· 7—27—33
8 建筑 ················· 7—27—34
   8.1 一般规定 ············ 7—27—34
   8.2 防火和疏散 ··········· 7—27—34
   8.3 室内装修 ············ 7—27—35
9 空气净化 ·············· 7—27—36
   9.1 一般规定 ············ 7—27—36
   9.2 净化空气调节系统 ······· 7—27—37
   9.3 气流流型和送风量 ······· 7—27—40
   9.4 风管和附件 ··········· 7—27—41
   9.5 监测与控制 ··········· 7—27—41
   9.6 青霉素等药品生产洁净室的
       特殊要求 ············ 7—27—42
10 给水排水 ············· 7—27—42
   10.1 一般规定 ··········· 7—27—42
   10.2 给水 ·············· 7—27—42
   10.3 排水 ·············· 7—27—43
   10.4 消防设施 ··········· 7—27—43
11 电气 ················ 7—27—44
   11.1 配电 ·············· 7—27—44
   11.2 照明 ·············· 7—27—44
   11.3 通信 ·············· 7—27—45
   11.4 静电防护及接地 ········ 7—27—46

1 总 则

1.0.1、1.0.2 本规范为全国通用的医药工业洁净厂房设计的国家标准。适用于新建、扩建和改建医药工业洁净厂房的设计。医药工业洁净厂房是指药品制剂、原料药、生物制品、放射性药品、药用辅料、直接接触药品的药用包装材料等生产中有空气洁净度等级要求的厂房。对于含有药用成分的非医药产品、非人用药品、无菌医疗器具、医院制剂等生产中有空气洁净度等级要求厂房的设计,可参照本规范执行。

药品分类复杂,制剂剂型多,产品生产工艺对生产环境控制各不相同,加之国内外 GMP 的进展,都会给设计提出新的要求。为了更好地体现国家标准的原则性和通用性,使其条款相对稳定而不必随着工艺技术的进步而频繁修改。因此,本规范所列各项规定均为医药工业洁净厂房设计的基本要求,使用时应首先准确、完整地执行本规范。

3 生产区域的环境参数

3.1 一般规定

3.1.2 空气中影响药品质量的污染物质不只是微粒,另一个重要的污染物质是微生物。虽然大多数微生物对人无害,致病菌只是其中少数,但微生物的生存特点使得它对药品的危害性比微粒更甚。微生物多指细菌和真菌,在空气中常黏附于微粒或以菌团形式存在。

药品受微粒和微生物污染后会变质,一旦进入人体将直接影响人体健康,甚至危及人的生命安全。因此,与其他工业洁净厂房不同,医药洁净室(区)必须以微粒和微生物为环境控制的主要对象。

3.2 环境参数的设计要求

3.2.1 GMP 是国际通行的药品生产和质量管理的基本准则,是 Good Manufacturing Practice 的英文缩写。《药品生产和质量管理规范》是 GMP 的中文译名。世界上主要发达国家和国际组织都制定了 GMP。我国于 1988 年颁布了国家 GMP。现行版为 1998 年修订版,简称 GMP(1998)。

医药洁净室(区)的空气洁净度等级标准直接引用了我国 GMP(1998)的规定。本规范制订过程中也曾考虑等效采用国际标准 ISO 14644-1—"洁净室及相关被控环境——(一)空气洁净度的分级",以便与国际接轨。然而,由于以下原因而放弃:

1 该标准的空气洁净度仅以空气中的悬浮粒子浓度进行分级,没有相应的微生物允许值。

2 该标准的空气洁净度等级所规定的各种粒径悬浮粒子最大浓度限值(表1)与我国 GMP(1998)的洁净室(区)空气洁净度级别表中悬浮粒子最大允许值(表2)不尽相同,其中 5μm 粒子的控制要求相差更大。

表1 ISO 14644-1 洁净室及洁净区空气中悬浮粒子洁净度等级

ISO 等级序数(N)	大于或等于表中粒径的最大浓度限值(pc/m³)					
	0.1μm	0.2μm	0.3μm	0.5μm	1μm	5μm
ISO Class 1	10	2	—	—	—	—
ISO Class 2	100	24	10	4	—	—
ISO Class 3	1000	237	102	35	8	—
ISO Class 4	10000	2370	1020	352	83	—
ISO Class 5	100000	23700	10200	3520	832	29
ISO Class 6	1000000	237000	102000	35200	8320	293
ISO Class 7	—	—	—	352000	83200	2930
ISO Class 8	—	—	—	3520000	832000	29300
ISO Class 9	—	—	—	35200000	8320000	29000

表2 GMP(1998)洁净室(区)空气洁净度等级

空气洁净度等级	悬浮粒子最大允许数(个/m³)		微生物最大允许数	
	≥0.5μm	≥5μm	浮游菌(cfu/m³)	沉降菌(cfu/皿)
100	3500	0	5	1
10000	350000	2000	100	3
100000	3500000	20000	500	10
300000	10500000	60000	—	15

3 该标准空气中悬浮粒子洁净度以等级序数"ISO ClassN"级表示,而我国 GMP(1998)的洁净室(区)空气洁净度级别表中的 300000 级,其悬浮粒子最大允许值无法在 ISO ClassN 级之间内插至相应级别。

同时,考虑到世界上主要发达国家和国际组织的 GMP 至今都没有等效采用 ISO 14644-1 标准,因此本规范中医药洁净室(区)空气洁净度等级标准未采用 ISO 14644-1 标准。

3.2.2 《药品生产和质量管理规范》(GMP)对药品生产主要工序环境的空气洁净度等级提出了明确的要求,是医药工业洁净厂房设计的主要依据。附录A 系根据我国 GMP(1998)附录二"无菌药品"、附录三"非无菌药品"、附录四"原料药"、附录五"生物制品"、附录六"放射性药品"中有关规定整理。与附录A 所列主要工序配套的其他工序,其空气洁净度等级可参照附录A 相关内容确定。

3.2.3 我国 GMP(1998)第 17 条规定"无特殊要求时,洁净室(区)的温度应控制在 18～26℃,相对湿度控制在 45%～65%"。由于药品生产环境中，空气洁净度 100 级、10000 级多用于无菌药品生产的主要工序或对环境要求较高的场所，100000 级、300000 级则常用于非无菌药品生产或与无菌药品生产配套的辅助生产工序。两者相比，前者对环境控制要求更严。为此，本规范把 100 级、10000 级医药洁净室（区）的温度控制范围定在 20～24℃，相对湿度控制范围定在 45%～60%。100000 级、300000 级医药洁净室（区）温度控制范围仍为 18～26℃，相对湿度控制范围为 45%～65%。

我国 GMP（1998）第 17 条同时规定"洁净室（区）的温度和相对湿度应与药品生产工艺要求相适应"。因此本规范规定，生产工艺对温度和湿度有特殊要求时，应根据工艺要求确定。比如某些抗生素的无菌粉针剂、口服片及泡腾片等极易吸湿，而且吸湿后会降低效价，甚至失效，生产区必须根据工艺要求确定相对湿度；再如大多数生物制品，不能采用最终灭菌的方法，必须通过生产过程的无菌操作来确保产品无菌，并用低温、低湿方式抑制微生物的繁殖。因为微生物的代谢可能导致产品中细菌内毒素的增加，受细菌内毒素污染的药品一旦注入人体后会产生热原反应，严重的会危及生命。因此需要将空气洁净度等级要求高的医药洁净室（区）环境温湿度控制在较低的范围。

3.2.4 为了保证医药洁净室（区）在正常工作或空气平衡暂时受到破坏时，气流都能从空气洁净度高的区域流向空气洁净度低的区域，使医药洁净室（区）的空气洁净度不会受到污染空气的干扰，所以医药洁净室（区）之间必须保持一定的压差。

压差值的大小应选择适当。压差值选择过小，洁净室（区）的压差很容易被破坏，空气洁净度就会受到影响。压差值选择过大，会使净化空调系统的新风量增大，空调负荷增加，同时使中效、高效空气过滤器使用寿命缩短，故很不经济。因此，医药洁净室（区）压差值的大小应根据我国现有洁净室的建设经验，参照国内外有关标准和试验研究的结果合理地确定。

对此，国际标准 ISO 14644-1、美国联邦标准 FS 209E、日本工业标准 JIS 9920、俄罗斯国家标准 ГОСТР 50766-95 等现行的有关洁净室标准中都有明确规定，虽然各个国家规定不同等级的洁净室之间、洁净室与相邻的无洁净度级别的房间之间的最小压差值不尽相同，但最小压差值都在 5Pa 以上。

关于洁净室与室外的最小压差，据《洁净厂房设计规范》GB 50073 编制组研究结果，当室外风速大于 3m/s 时，产生的风压力接近 5Pa，若洁净室内压差值为 5Pa 时，室外的污染空气就可能渗漏到室内。由《采暖通风和空气调节设计规范》GB 50019 编制组提供的全国气象资料统计，全国 203 个城市中有 74 个城市的冬夏平均风速大于 3m/s，占总数的 36.4%。因此，洁净室与室外的最小压差值必须大于 5Pa，才能抵御室外污染空气的渗透。本规范参照现行国家标准《洁净厂房设计规范》GB 50073，将医药洁净室（区）与室外的最小压差值定为 10Pa。

3.2.5 国际照明委员会（CIE）《室内照明指南》规定，无窗厂房的照度最低不能小于 500 lx。根据我国现有的电力水平，应以满足对照明的基本要求为依据，最低照度为 150 lx 时基本上能满足工人生理、心理上的要求。为提高生产效率，本规范采用我国 GMP（1998）第 14 条规定"主要工作室的照度宜为 300 lx；对照度有特殊要求的生产部位可设置局部照明"。至于辅助工作室、走廊、气闸室、人员净化和物料净化用室，考虑到与生产车间的明暗适应问题，规定其照度值不宜低于 150lx。

3.2.6 ISO/DIS 14644-4 标准中规定："应依据洁净室内人的舒适和安全要求及环境（如其他设备）的背景声压级来选择适宜的声压级。洁净室的声压级范围为 40～65dB（A）"。洁净室环境下的噪声控制主要在于保障正常操作运行，满足必要的谈话联系，提供舒适的工作环境。绝大多数国内外标准给出的允许值范围在 65～70dB（A）。

根据"洁净厂房噪声评价与标准的研究"成果，以 65dB（A）作为洁净室噪声允许值标准，感到高烦恼的工人低于 30%，对集中精神感到有较高影响的工人不到 10%，而对工作速度、动作准确性的影响则可忽略。从国内几个行业对不同气流流型洁净室的静态和动态噪声所进行的分析表明，不同气流流型的静态噪声有较大差异。非单向流洁净室的静态噪声实测值在 41～64dB（A）范围内，平均为 54dB（A）；单向流、混合流洁净室的静态噪声实测值在 51～75dB（A）范围内，平均为 65dB（A）。

4 厂址选择和总平面布置

4.1 厂址选择

4.1.1 洁净厂房与其他工业厂房的区别在于洁净厂房内的生产工艺有空气洁净度要求；医药工业洁净厂房与其他工业洁净厂房相比，空气洁净度标准又有微生物的控制要求。其中，无菌药品对生产环境的微生物量控制更为严格。然而，室外大气中含有大量尘粒和细菌，据有关资料表明，不同区域环境的大气含尘、含菌浓度有很大差异（表 3）。

表 3 国内室外大气含尘、含菌浓度

	含尘浓度 ≥0.5μm（个/m³）	含菌浓度 微生物（cfu/m³）
工业区	(15～35)×10⁷	(2.5～5)×10⁴
市郊	(8～20)×10⁷	(0.1～0.7)×10⁴
农村	(4～8)×10⁷	<0.1×10⁴

新建、迁建或改建时，将厂址选择在大气含尘、含菌浓度较低的地区，如农村、城市远郊等环境良好，周围无严重污染源的地方，这是建设医药工业洁净厂房的必要前提。因此，厂址不宜选择在有严重空气污染的城市工业区，应远离车站、码头、交通要道、远离散发大量粉尘、烟气和有害气体的工厂、仓储、堆场，远离严重空气污染、水质污染、振动或噪声干扰的区域。当不能远离时，也应选择位于严重空气污染源的最大频率风向上风侧。

4.1.2 根据现行国家标准《洁净厂房设计规范》GB 50073中的"环境尘源影响范围研究报告"，交通主干道全年最大频率风向下风侧 50m 内为严重污染区，100m 外为轻污染区。因此，在确定洁净厂房与交通主干道之间距离时，要综合考虑如下因素：（1）洁净厂房与交通主干道之间的上下风向关系；（2）交通主干道的实际车流量（"环境尘源影响范围研究报告"测试时，车流量约为 800 辆/h）；（3）交通主干道与洁净厂房之间的绿化状况和其他阻尘措施；（4）交通主干道与洁净厂房间距的计算标准。

考虑到市政交通主干道对洁净厂房的污染主要由厂房的新风口传入，为避开交通主干道的严重污染区，因此规定医药工业洁净厂房新风口与市政交通主干道近基地侧道路红线之间距离宜大于 50m。当洁净厂房处于交通主干道全年最大频率风向上风侧，或与交通主干道之间设有城市绿化带等阻尘措施时，可适当减小。

4.2 总平面布置

4.2.2 我国 GMP（1998）第 8 条要求"生产、行政、生活和辅助区的总体布局应合理"，主要是指生产、行政、生活和辅助的功能各不相同，如在布置上不合理、不相对集中，势必互相带来干扰和妨碍，甚至产生污染，最终将影响药品生产。这条规定同样适用于这些功能同时存在于同一建筑物内的情况。

4.2.3 同样是药品生产，制剂和原料药的生产方式浑然不同。制剂生产是物理加工，全过程需要在医药工业洁净厂房内完成；而原料药生产的前工序大多属化工生产或生物合成等，三废多，污染严重，只是成品的粗品精制、干燥和包装工序才有洁净要求。因此，兼有原料药和制剂生产的药厂，应将污染相对严重的原料药生产区置于制剂生产区全年最大频率风向的下风侧，以减少对制剂生产的影响。

由于药品生产的各自特点，生产中产生的污染程度、对环境的洁净要求不尽相同，它们的相对位置也应予以合理安排。如生产青霉素类药品（详见第 4.2.4 条说明）、某些甾体药品、高活性、有毒害等药品的厂房应位于其他医药工业洁净厂房全年最大频率风向的下风侧；中药前处理、提取厂房也应置于制剂厂房的下风侧，以防产品之间的交叉污染。

厂址确定后，妥善处理厂区内医药工业洁净厂房与非洁净厂房，以及与其他严重污染源之间的相对位置显得十分重要。三废处理、锅炉房等是厂区内较为严重的污染区域，将它们相对集中，并置于厂区全年最大频率风向的下风侧，是确保洁净厂房少受污染的必要措施。在三废处理方面，还应合理安排废渣运输路线，不使运输过程污染环境，污染路面。

4.2.4 青霉素类药品是非常特殊的药品，它疗效确切但致敏性极高已众所周知，甚至使用者在皮试时就休克的也不乏其例。为此，国内外 GMP 对它的生产、管理都有严格规定。为了使青霉素类等高致敏性药品生产对其他药品生产所引起的污染危险性减少到最低程度，青霉素类等高致敏性药品生产厂房应置于其他洁净厂房全年最大频率风向的下风侧。

4.2.7 药品生产所需的原辅物料、包装材料品种多、数量大，原料药生产还需要大量的化工原料，有些原料易燃、易爆、毒性大、腐蚀性强。因此，厂区主要道路应将人流与货流分开，这不仅是为了减少运输过程尘土飞扬，避免凭借人流带入医药工业洁净厂房，而且也能确保厂区安全。为实施主要道路的人流与货流分流，厂区应分别设置人流、货物的出入口。

4.2.8 医药工业洁净厂房周围绿化有利于降低大气中的含尘、含菌量。场地绿化应以种植草坪为主，小灌木为辅。厂区的露土宜覆盖，厂区内不应种植观赏花卉及高大乔木。因为花朵开放时产生大量花粉，1朵花的花粉颗粒有数千至上百万个，花粉粒径因花而异，小的 $10 \sim 40 \mu m$，大的 $100 \sim 150 \mu m$。同时花的开放还会招惹昆虫。观赏花卉多为一年生植物，需经常翻土、播种、移植，从而破坏植被，使尘土飞扬。而高大乔木树冠覆盖面积大，其下部难以植被，增加厂区周围露土面积。不少乔木的落叶或花絮飞舞，都会增加大气中的悬浮颗粒。

5 工艺设计

5.1 工艺布局

5.1.1 医药工业洁净厂房内常有多种物料管道，如化工医药原料、药液、工艺用水、纯蒸汽、压缩空气和公用工程管道等，以及电气管线、净化空调系统的送回风管和局部排风管等，管线错综复杂。因此，进行管线综合布置时，必须在平面和标高上密切配合，综合考虑，才能做到安装、调试、清扫、使用和维修的方便及整齐美观。

为布置各种管道、桥架和高效空气过滤器等，厂房内一般均设置技术夹层或技术夹道，大多使用效果良好。进行管线综合布置设计和确定技术夹层层高时，应充分考虑技术夹层或夹道中净化空调系统的风管及配管、公用工程管道、工艺管道、电缆桥架检修通道等的合理安排，要有利于安装、检修。同时，必须严格遵守现行国家标准《建筑设计防火规范》GB 50016等的规定。还应对各种技术措施进行技术经济比较，做到技术可靠，经济合理，使用安全。

在工艺布局合理、紧凑及符合空气洁净度等级要求的前提下，布置时还应考虑大型设备在搬运、安装、维修等方面的便利，以及立体空间中各设计专业的合理协调。

5.1.2 影响药品生产质量的原因是多方面的，其中最主要的是生产过程对药品的污染和交叉污染，以及原因众多的人为差错。因此，最大限度地降低对药品的污染和交叉污染，克服人为差错是GMP的基本要素。这是实施GMP的重点，也是医药工业洁净厂房设计的重点。

在工艺布局中合理安排人流、物流，是防止生产过程中人流、物流之间交叉污染的有效措施。然而，根据药品生产的特点，要在工艺布局中将人流、物流决然分开或者设置专用通道都是不现实的。我国GMP（1998）第9条也是从原则上要求"厂房应按生产工艺流程及所要求的空气洁净级别进行合理布局"。

为防止人流、物流交叉污染，本条对工艺布局提出5项基本要求。

1 人员和物料进出生产区域的通道的出入口，使人流、物流分门而入，是为了避免人员和物料在出入口的频繁接触而发生交叉污染；对极易造成污染的原辅物料如活性炭等，生产过程中产生的废弃物如碎玻璃瓶、生物制品生产中排出的污物等，宜就近设置专用出入口。

2 人员和物料进入医药洁净室（区）前，分别在各自的净化用室中进行净化处理，有利于防止人员和物料的交叉污染。人员净化用室设置要求见本规范第5.2.3条、第5.2.4条，物料净化用室设置要求见本规范第5.3.1条、第5.3.2条。

3 医药洁净室（区）内应只设置必要的工艺设备和设施，是为减少无关人员和不必要的设备、设施对药品的污染，确保室内空气洁净度等级；工艺布局中要防止生产、储存的区域，如制剂生产区设置的半封闭式中间库，被非本区域工作人员当作通道，使药品受到污染。

4 由于电梯及其通行井道无法达到洁净要求，因此多层厂房中的电梯不应设在医药洁净室内。需设置在医药洁净区的电梯，应有确保医药洁净区空气洁净度等级的措施，如在电梯前设置气闸室，防止电梯运行和开启时未经净化的空气直接进入医药洁净区；也可采取其他效果确切的措施。

5 医药工业洁净厂房内物料传递路线要短捷，不宜弯绕曲折，以免传输过程物料受到污染和交叉污染。

5.1.3 净化空气调节系统是确保医药洁净室（区）空气洁净度等级的主要措施，其送风口及排风口的布置应首先满足生产工艺需要，由于风口面积较大，因此在布置时应优先考虑，并与照明器材以及其他管线等设施合理协调。

5.1.4 我国GMP（1998）第19条要求"不同空气洁净级别的洁净室（区）之间的人员及物料出入，应有防止交叉污染的措施"，这种措施在设计上一般采取设置气闸室或传递柜等设施。

5.1.5 药品生产品种、规格多，需要使用的原辅物料、包装材料也多，加之生产中的半成品和成品，每天都有大量的物料需要存放。如果没有足够的储存面积和合理的存放区域，就会造成人为差错和物料之间的交叉污染。我国GMP（1998）第12条要求"储存区应与生产规模相适应……存放物料、中间产品、待验品和成品，应最大限度地减少差错和交叉污染"。

为减少物料从厂区仓库到洁净厂房在运输途中的污染，医药工业洁净厂房内宜设置物料储存区。物料应按规定的使用期限储存，无规定使用期限的，其储存一般不超过3年。储存面积应根据生产规模、存放周期计算。储存区内物料按待验、合格和不合格物料分区管理或采取能控制物料状态的其他措施，其中不合格的物料应设置专区存放，并有易于识别的明显标志。对有温湿度或其他特殊要求的物料应按规定条件储存。储存区宜靠近生产区域，短捷的运输路线有利于防止物料在传输过程中的混杂和污染。

因生产需要在生产区域内设置的物料存放区，主要用于存放半成品、中间体和待验品。物料存放周期不宜太长，以免物料堆积过多，占地面积太大。检验周期长的待验品，从管理上可办理手续暂存医药工业洁净厂房储存区。存放区位置的确定以满足生产为主，宜减少在走廊上的运输路线。存放区可采用集中或分散的方式，视各生产企业管理模式而定。对于集中存放区（又称中间站）从布局上应避免成为无关人员的通道。

5.1.6 有关青霉素等高致敏性药品的特殊性已在本规范第4.2.4条说明中有所解释。为此，国内外GMP对它的生产、管理都有严格规定。美国CGMP要求"有关制造、处理及包装青霉素的操作均应在与其他人用药物产品隔离的设施中进行"；欧盟GMP（1997）提出"为使由于交叉污染引起的严重药品事故的危险性减至最低限度，一些特殊药品如致敏性物质（如青霉素类）、生物制品（如活微生物制品）的生产应采用专用的独立设施"；我国GMP（1998）第20条规定"生产青霉素类高致敏性药品必须使用独立的厂房与设施"，这是我国GMP对药品生产厂房设施最为严格的条款。

避孕药品、卡介苗、结核菌素等特殊药品的生产，对操作人员和生产环境也存在一定风险。我国

GMP（1998）第 21 条、附录五"生物制品"中规定，这些特殊药品的生产厂房应与其他生产厂房严格分开。与青霉素等高致敏性药品生产厂房不同，这些药品的生产厂房并不强调必须是独立的建筑物。因此，设计时这些药品的生产可在同一个建筑物内与其他医药生产厂房以实墙分割成互不关联的生产厂房，其人员、物料出入，所有生产设施如净化空调系统、工艺用水系统，以及其他公用工程系统，均与其他医药生产厂房严格分开。当然，也可以安排在各自独立的建筑物内，在总图布置上与其他医药生产厂房分开。

5.1.7 本条主要是对同一建筑物内，某些药品生产区与其他药品生产区，或同一药品生产的前后工序生产区之间的布置要求。

β-内酰胺结构类药品是抗生素中重要一族，由于它的性能特点，临床使用时也有许多限制规定，因此它的生产主要与其他药品生产区域严格分开。根据国家食品药品监督管理局（SFDA）2006 年 3 月 16 日"关于加强 β-内酰胺类药品生产质量管理的通知"：(1) β-内酰胺类药品中的单环、β-内酰胺类药品按普通药品管理；(2) 头孢霉素类、氧头孢烯类产品按头孢菌素类产品管理；(3) 半合成碳青霉烯类原料药及其制剂，均必须使用专用设备和独立的净化空气系统。

中药生产的原料是中药材，生物制品生产的原料是动物脏器或组织，它们都必须经过一系列加工才能成为制剂的原料。由于中药材的前处理、提取、浓缩，以及动物脏器、组织的洗涤或处理，要使用大量的有机溶媒、酸、碱，而且会产生大量的废气、废渣和异味，对制剂生产带来严重影响，因此要把前后两种决然不同的生产方式严格分开，以免污染成品质量；含不同核素的放射性药品有着不同的性能和作用，生产过程不得互相干扰，它们的生产区也应各自分开。

本条要求在生产区域上的严格分开，是指要有各自独立的生产区，相应的人员净化用室、物料净化用室，以及生产区域独立的净化空调系统。但进入同一建筑物的人员总更衣区、物料仓储区以及生产区域外的人员、物料走廊等仍可合用。

5.1.8 本条系根据我国 GMP（1998）第 22 条要求编制。设计时应根据生产企业的具体情况而定。如本条规定的这些生物制品的原料和成品需要同时加工或灌装时，生产区应分别设置；如采用交替生产的，则应在生产管理上进行合理安排，并应采取有效的防护措施和必要的验证。

5.1.9 本条是对生产辅助用室布置及室内的空气洁净度等级要求所作的规定：

1 取样室。为便于质检部门对购入的原辅材料进行检查，取样室一般宜设置在仓储区内。以往设计中，仓储区设取样室，为考虑人员、物料净化，要设置缓冲间、传递窗、换鞋、更衣室、气闸室等，造成辅助用房比取样室面积大得多的不合理现象。取样操作不同于生产，每次多则几十分钟，少的仅几分钟，而与其配套的净化空调系统则需要全天开启，造成面积、能源的很大浪费。我国 GMP（1998）第 26 条要求"取样环境的空气洁净度级别应与生产要求一致"，是因为取样操作有一定范围，对环境大小的理解应根据生产要求确定，但取样环境并不等同于取样室。由于药品生产全过程对空气洁净度等级的要求并不相同，本条明确取样环境应与使用该物料的生产环境一致。如使用该物料的生产环境空气洁净度等级为 100000 级、300000 级的，只要在取样局部区域设置一个与生产区空气洁净度等级相适应的净化环境或局部单向流装置，使得取样时原料暴露的环境符合相应要求即可，而取样室只要配置一般空调装置以保持室内清洁环境。这样可省去一大套人、物流净化程序及用房面积，既符合规范要求又比较合理；如使用该物料的生产环境空气洁净度等级为 10000 级的，取样操作可在 100000 级环境下的 100 级单向流罩下进行。考虑到非最终灭菌的无菌产品生产的特殊要求，无菌药品的取样应在无菌洁净室内进行，除了取样环境与生产操作的空气洁净度等级相一致外，还应设置相应的物料及人员净化用室。

2 称量室。世界卫生组织（WHO）GMP 提出"……起始物料的称量区可以是仓储区或生产区的一部分"。本规范把原辅料的称量室设置在生产区内，避免了为称量室再设物料和人员净化用室。称量工序的管理由生产企业管理体制而定，称量后的剩余物料应有专门存放区，以免差错和污染。由于称量操作时物料暴露于所在环境中，因此称量室的空气洁净度等级应与使用该物料的医药洁净室（区）一致。

3 备料室。备料室是从仓储区领来待称量物料存放的房间，宜靠近称量室。根据我国 GMP（1998）第 27 条要求"根据药品生产工艺要求，医药洁净室（区）设置的称量室和备料室，空气洁净度级别应与生产要求一致，并有捕尘和防止交叉污染的措施"，因此备料室的空气洁净度等级应与称量室相同。

4 设备、容器及工器具清洗室。设备、容器及工器具在清洗时会产生污染，如果为便于清洗而设置在生产区内的清洗室，其空气洁净度等级应与使用该设备、容器及工器具的洁净室（区）相同。

为避免洗涤后的设备、容器及工器具再次污染和微生物的繁殖，确保下次使用前的清洁，设备、容器及工器具洗涤后均应干燥，并应在与使用该设备、容器及工器具的洁净室（区）相同的空气洁净度等级下存放。

对于非最终灭菌的无菌产品的设备、容器、工器具以及从不可移动设备上拆卸的零部件，在 100000 级清洗室清洗及最终处理（如用注射用水淋洗等）

后，应及时灭菌。对灭菌后的设备、容器、工器具以及从不可移动设备上拆卸的零部件，应采取保持其无菌状态的措施，如密闭储存或在100级单向流保护下存放等。如采用双扉灭菌柜的，可在100级单向流保护下直接进入无菌区。

5.1.10 清洁工具的洗涤、存放地是重要污染源，不宜放在医药洁净区内，以免污染洁净区域环境。如果需要设在医药洁净区内，清洁工具洗涤、存放室的空气洁净度等级应与本区域相同。然而，有空气洁净度等级的存放室只是为清洁工具洗涤、存放提供洁净环境，至于要将含尘、含菌量高的抹布、拖把、吸尘器等工具清洗到符合规定要求，必须在清除、洗涤、消毒、干燥等方面另行采取措施。为避免对无菌洁净室（区）生产环境的污染，用于无菌洁净室（区）的清洁工具，使用后必须拿出无菌室（区）。无菌洁净区域内不应设置清洁工具洗涤、存放室。

5.1.11 本条对洁净工作服的洗涤、干燥和整理提出了要求。

1 我国GMP（1998）附录一"总则"规定"100000级以上区域的洁净工作服应在洁净室（区）内洗涤、干燥和整理，必要时应按要求灭菌"。我国GMP（1998）只规定了洗衣房应设置的位置，并未规定相应的空气洁净度控制标准。洗衣房设置在洁净区域内只是为洗衣提供净化环境，但并非洗衣质量的关键。工作服的洗涤质量取决于洗涤措施和过程。因此本规范规定100级、10000级、100000级医药洁净室（区）使用的洁净工作服，其洗涤、干燥、整理房间的空气洁净度等级不应低于300000级。

2 我国GMP（1998）第52条要求"不同空气洁净度等级使用的工作服应分别清洗、整理"。对"分别清洗、整理"的理解，应视生产企业的具体情况。必须注意的是，不能把不同空气洁净度等级房间使用的工作服混放在同一台洗衣机里清洗。

3 为避免与非无菌工作服的交叉污染，无菌工作服不宜与其他工作服合用洗衣、干燥机，它的洗涤、干燥设备宜专用。无菌工作服干燥后应在100级单向流下整理、包扎，并及时灭菌。灭菌后应存放在与使用无菌工作服的无菌洁净室（区）相同空气洁净度等级的存放区待用。

5.1.12 无菌洁净室（区）是药品生产中专门用于无菌作业的洁净室（区）。在无菌洁净室（区）里，药品生产过程直接暴露于所在环境中，由于这些药品大多没有合适的灭菌方法，要确保产品无菌，必须对生产全过程进行无菌控制，因此它与一般的10000级医药洁净室（区）不同，对进入无菌洁净室（区）的人员、物料、设备、容器、工器具等都应经过无菌处理。本规范第5.1.9、5.1.10、5.1.11、5.1.13、5.2.4、5.3.2、6.2.3、7.2.4、7.2.11、8.3.8、8.3.10、9.2.18、9.2.20和9.4.7条等对此都有明确规定，设计时应遵照执行。

5.1.13 为确保药品检验质量，防止不同检品之间交叉污染，国内外GMP对质量控制实验室都有严格要求。世界卫生组织（WHO）对质量控制实验室的设计提出"……实验室与生产区的空气供应系统应分开。用于生物、微生物和放射性同位素分析的实验室应有独立的空气处理系统和其他必要的辅助设施"。欧盟GMP要求"质量控制实验室应与生产区分开"。我国GMP（1998）第28条规定"质量管理部门根据需要设置的检验、中药标本、留样观察以及其他各类实验室应与药品生产区分开。生物检定、微生物限度检定和放射性同位素检定要分室进行"。

本条规定系根据国内外GMP要求，并参照2000年9月国家药品监督管理局颁发的《药品检验所实验室质量管理规范（试行）》的规定确定。药品生产企业的质量控制实验室不同于药品检验所，检品和检验人员都较少，所以除作为无菌洁净室的无菌检查室、微生物限度检查实验室，应设置相应的人员净化和物料净化设施外，其他实验室的人员和物料的净化设施可视具体情况而定。

5.1.14 根据药品生产特点和生产技术的发展，近年来医药工业洁净厂房建设中大多采用大体量厂房。但药品生产品种规格多，工艺复杂，流程长，生产工序要求不一，从生产安全和工艺要求方面考虑，厂房内应予以分隔的情况较多，如使用与不使用易燃易爆介质的生产区域之间、洁净区域与非洁净区域之间、不同空气洁净度等级的洁净室（区）之间，以及相同空气洁净度等级洁净区域中容易造成污染和交叉污染的生产工序或生产装备之间等，均应予以分隔。

5.1.15 由于新建医药工业洁净厂房大多选择在市郊、农村，厂房外昆虫、鼠类等动物对洁净厂房容易构成威胁，为此厂房应因地制宜采取防止昆虫和其他动物进入的措施。

5.2 人员净化

5.2.1 在洁净厂房众多污染源中，人是洁净室中最大的污染源。一是人在新陈代谢过程中会释放或分泌污染物；二是人体表面、衣服能沾染、黏附和携带污染物；三是人在洁净室内的各种动作会产生大量微粒和微生物。要确保生产环境所需要的空气洁净度等级，对进入医药洁净室（区）的人员进行净化，限制人员携带和产生微粒和微生物是十分必要的。

本条对医药工业洁净厂房的人员净化用室和生活用室的设置作了规定。

1 为避免人员之间的污染和交叉污染，本规范要求不同空气洁净度等级医药洁净室（区）的人员净化用室宜分别设置；空气洁净度等级相同的无菌洁净室（区）和非无菌洁净室（区）的人员净化用室应分别设置。以非最终灭菌无菌冻干粉注射剂为例，在生产工序中，玻瓶的洗涤、干燥、灭菌，胶塞的前处理等环境空气洁净度等级为 100000 级，药物除菌过滤前的称量、药液配制等环境空气洁净度等级为 10000 级（室内为非无菌），除菌药液的接收、灌装、半加塞、冻干等操作室为无菌洁净室，环境空气洁净度等级也是 10000 级。对该产品的生产区应分别设置出入 100000 级洁净室（区）、非无菌 10000 洁净室（区）和无菌洁净室（10000 级）等三套人员净化用室，才能满足不同环境工作人员的净化要求。

2 换鞋、存外衣、更洁净工作服是人员净化的基本程序。通过换鞋、脱外衣、洗手消毒、更换洁净工作服，以去除人体、外衣表面沾染、黏附和携带的污染物。更衣后人员经气闸室进入医药洁净室（区）。气闸室是控制人员出入医药洁净室（区）时气流和压差的设施。

3 厕所、浴室、休息室等生活用室应视车间所在地区的自然条件、车间规模及工艺特征等具体情况，根据实际需要设置。例如：车间规模较大、人员集中或操作强度大的医药洁净室（区）宜设休息室。关于厕所、浴室的设置要求参见本规范第 5.2.2 条的规定。

5.2.2 对人员净化用室和生活用室的设计要求说明如下：

1 进入人员净化用室前净鞋的目的是为了保持入口处的清洁，不致受到外出鞋的严重污染。净鞋的方法很多，有擦鞋、水洗净鞋、粘鞋垫、换鞋、套鞋等。

为了保护人员净化用室的清洁，最彻底的办法是在更衣前将外出鞋脱去，换上清洁鞋或鞋套。最常用的有跨越鞋柜式换鞋，清洁平台上换鞋等，都有很好的效果。

2 外出服在家庭生活及户外活动中积有大量微尘和细菌，服装本身也会散发纤维屑，将外出服及随身携带的其他物品存放于更衣室专用的存衣柜内，避免外出服污染洁净工作服。

3 关于存衣柜的数量，考虑到国内洁净厂房的管理方式和习惯，外出服一般由个人闭锁使用，所以按在册人数每人一柜是必要的。洁净工作服柜一般也可按每人一柜设计，或集中将洁净工作服存放于设有流通洁净空气的洁净柜中，这样对保持洁净工作服的洁净效果更好。

4 人员净化用室的空气净化要求见本规范第 9.2.11 条及其说明。

5 手是交叉污染的媒介，人员在接触工作服之前洗手十分必要。操作中直接用手接触药物或药用原辅物料的人员可以戴洁净手套或在医药洁净室内洗手。

洗净的手不可用普通毛巾擦抹，因为普通毛巾易产生纤维尘，最好的办法是热风吹干，电热自动烘手器就是一种较好的选择。

6 洁净区内设置厕所和浴室不仅容易使洁净室受到污染，还会影响洁净区的压差控制。本规范规定医药洁净区内不得设厕所和浴室。

需要设在人员净化用室内的厕所应有前室缓冲，放置供人员入厕穿用的鞋套、外套。

7 人员更换洁净工作服室与洁净区域入口处之间设置气闸室，是为了保持洁净区域的空气洁净度等级和正压。气闸室的出入门应有防止同时被开启的措施，洁净室（区）空气洁净度等级高的，气闸室的出入门应采取连锁。

8 青霉素等高致敏性药品、某些甾体药品、高活性药品、有毒害药品等特殊药品的生产过程中，操作人员的洁净工作服上会不同程度沾染、吸附这些药品的微粒，为防止有毒害微粒通过更衣程序被人体携带外出，以上药品生产区人员在退出人员净化用室前，根据药品特点应分别采取阻止有毒害微粒外带措施。

5.2.3 关于人员净化用室建筑面积控制指标，参考现行国家标准《洁净厂房设计规范》GB 50073 按每人 $2\sim 4m^2$ 考虑。当人员较多时，面积指标采用下限；人员较少时，面积指标采用上限。也可根据生产企业实际需要确定。

5.2.4 目前，国内新建或改建的医药工业洁净厂房，人员净化程序一般分为两部分，即总更衣和净化更衣。人员进入工厂，先在总更衣区脱下户外穿着的鞋子或套以鞋套，通过换鞋凳进入更衣区，将换下的外出服及携带的物品存入更衣箱，换上工厂统一工作服及工作鞋、帽进入一般生产区。需要进入医药洁净区的人员再通过不同空气洁净度等级洁净区的人员净化用室，更换相应的洁净工作服。总更衣区可设置厕所、浴室及休息室等。

人员进入医药洁净室（区）前按规定程序更衣的目的是为了防止由于人的因素使室内空气含尘、含菌量增加，因此最大限度地阻留人体脱落物是更衣的关键。实践证明，阻留效果的关键是：（1）工作服的材质，是否起尘、吸尘；（2）工作服的式样，是否配置齐全、包盖全面；（3）工作服的穿戴方式，是否穿戴完整、穿戴程序合理等。我国 GMP（1998）第 52 条明确规定"工作服的选材、式样及穿戴方式应与生产操作和空气洁净度级别要求相适应，并不得混用。洁净工作服的质地应光滑、不产生静电、不脱落纤维和颗粒性物质。无菌工作服必须包盖全部头发、胡须及脚部，并能阻留人体脱落物"。

为此，本规范结合近年来国内外医药工业洁净厂房人员净化程序的工程实践，在确保更衣实际效果的前提下，简化了人员更衣程序。把原先按非无菌洁净室（区）和无菌洁净室（区）设置的两个人员净化程序统一为一个程序。因为进入无菌或非无菌洁净室

（区），都经过换鞋、更外衣、洗手、更洁净工作服、手消毒、气闸室等同样程序，只是更换的洁净工作服和洗手消毒要求不同。至于洁净工作服的性质（是无菌还是非无菌）、式样（对人体的包盖程度）和穿戴方式（配置要求、穿戴程序）应根据产品生产工艺（无菌或非无菌）和洁净室（区）空气洁净度等级确定。

在具体实施方面，有总更衣要求的药品生产企业，人员在总更衣室更换厂统一工作服、鞋帽。进入非无菌洁净室（区）时，其更换外衣（脱厂统一工作服）、洗手与更换洁净工作服、手消毒可在同一室内进行，外衣柜数量以最大班人数来定或采用挂衣钩即可；无总更衣要求的药品生产企业，人员进入非无菌洁净室（区）时，则更换外衣（脱外出服）、洗手与穿洁净工作服、手消毒应分两个房间进行，并且外衣柜的设置应按设计人数每人1柜。

进入无菌洁净室（区），无论企业是否有总更衣要求，人员都必须在更换外衣室脱外衣（厂统一工作服或外出服）、鞋（厂工作鞋或外出鞋），经洗手进入更换洁净工作服室，穿无菌洁净工作服。无菌服一般分内外两套，内衣为长袖上衣、长裤，手消毒后穿上带帽的连体无菌服及无菌鞋，再经手消毒后带上无菌手套，以最大限度地阻断人体代谢及携带的污染物。

当医药工业洁净厂房中有不同空气洁净度等级的洁净室（区）时，以往有些设计按进入洁净室（区）空气洁净度等级高低，采用递进式更衣程序，以适应不同空气洁净度等级洁净室（区）人员更衣需要。这样不但要求高洁净度洁净室（区）的人员多次脱衣、穿衣，使更衣流于形式，而且还要穿越与他们无关的低洁净度洁净室（区）的更衣区，容易造成对该区域的污染和交叉污染。

对不同空气洁净度等级医药洁净室（区）的人员净化设施提出"宜"分别设置，是考虑到工程设计中可能存在的困难，但并不意味着"递进式更衣程序"是不同空气洁净度等级洁净室人员净化程序的合理模式。

5.3 物料净化

5.3.1 为减少物料外包装上污染物质对医药洁净室（区）的污染，进入医药洁净室（区）的原辅物料、包装材料及其他物品等，必须在物料净化用室进行外表面清理或剥去外层的包装材料，经传递柜或放置在清洁托板上经气闸室进入医药洁净室（区）。

5.3.2 无菌洁净室是进行无菌操作的洁净室，要求进入无菌洁净室的所有物料和物品都必须保持无菌状态，因此要有确保进入物料和物品无菌的措施。

5.3.3 为阻隔医药洁净室（区）与物料清洁室或灭菌室的气流，保持医药洁净室（区）的压差，所以它们之间的物料传递应通过气闸室或传递柜。如使用双扉灭菌柜，由于灭菌柜可起到气闸作用，则可不另设气闸室。

5.3.4 防止传递柜两边传递门同时被开启的措施，可根据医药洁净室（区）空气洁净度等级要求，采用连锁装置、灯光指示等方法。传送至无菌洁净室的传递柜，除上述要求外，还需设置交货装置、柜内净化消毒装置如高效空气过滤器、紫外灯等。

5.3.5 是否需要设置独立的废弃物出口，应根据废弃物的性质、数量、污染及危害程度等多种因素考虑。

5.4 工艺用水

5.4.1 饮用水、纯化水和注射用水都是药品生产的工艺用水，各用于药品生产的不同场合。饮用水还是制备纯化水的水源。

5.4.2 纯化水可直接用于部分药品生产，也是制备注射用水的水源。

1 纯化水的制备方法很多，有蒸馏法、离子交换法、反渗透法或其他组合方法等。在制备纯化水生产工艺流程时，应根据药品生产工艺要求，结合当地的水质、能源供应、三废处理要求，以及投资控制等因素优化选择，使纯化水质量符合现行《中华人民共和国药典》各项检查指标。控制纯化水的电阻率或电导率，是为了控制纯化水中的无机杂质总量，本规范规定纯化水的电阻率应大于0.5MΩ·cm，与我国药典要求的氯化物、硫酸盐、盐、硝酸盐、亚硝酸盐的控制量是一致的。

关于纯化水、注射用水的标准，我国药典与美国、欧盟药典在电导率（无机杂质控制指标）、总有机碳（有机杂质控制指标）、细菌内毒素、微生物等指标的限度控制方面不尽相同（参见表4），对水质和药品质量存在一定影响。为控制水中各种杂质和微生物量，本规范在管网设计，管路的材质、加工、安装、维护等方面作了较多规定。

表4 工艺用水标准（部分指标）比较

分类	纯化水			注射用水		
项目	中国药典	美国药典	欧盟药典	中国药典	美国药典	欧盟药典
电导率	—	符合规定	<1.3μs/cm	—	符合规定	<1.1μs/cm
总有机碳	—	<0.5mg/l	<0.5mg/l	—	<0.5mg/l	<0.5mg/l
内毒素	—	—	<0.25 EU/ml	<0.25 EU/ml	<0.25 EU/ml	<0.25 EU/ml
微生物	<100 cfu/ml	<100 cfu/ml	<100 cfu/ml	<10cfu /100ml	<10cfu /100ml	<10cfu /100ml

2 我国药典对纯化水有"微生物限度"规定，每1ml纯化水细菌、霉菌和酵母菌总数不得超过100cfu。水系统设备、管道选材不当是造成水污染的主要原因。水系统的微生物污染还会导致纯化水中"细菌内毒素"增加。细菌内毒素又称"热原"，注射

后会使患者产生热原反应，严重的会危及生命。细菌内毒素耐热性强，如各种革兰氏阴性菌分离出来的热原，常规灭菌（121℃灭菌30min）对它并无影响，必须加热至180℃、4h才能将它杀灭。因此纯化水储罐和输送管道所用材料应为无毒、耐腐蚀及经得起消毒的材料。

纯化水输送管道的管材选择和管网设计是保证使用点水质的关键。

在纯化水管材选择方面，应考虑以下因素：

1) 材料的化学稳定性：纯化水是一种极好的溶剂，为了保证在输送过程中纯化水水质下降最小，必须选择化学稳定性极好的管材，也就是在所要求的纯化水中的溶出物最少。
2) 管道内壁的光洁度：管道内壁粗糙，即使微小的凹凸都会造成微粒的沉积和微生物的繁殖，导致微粒和细菌两项指标均不合格。
3) 管道及管件的接头处的平整度：接头处不平整或垫片尺寸不匹配，会产生水涡流和水滞留，造成微粒的沉积和微生物的繁殖。

如果水系统使用了不适当的材料如PVC，运行后PVC中微量增塑剂会被浸出到水中。采用不锈钢时，要选用焊接良好、内壁抛光的优质不锈钢。因为焊接缺陷、内壁粗糙会造成水系统污染。内壁抛光后表面光亮，水分不易被吸附、滞留在管道表面，而且极易被吹除干燥。受机械抛光的局限，国外已实施电抛光。

不锈钢管内壁光洁程度应据实而定。一般表面粗糙度为0.5μm时可视为光滑，粗糙度为0.25μm时可视为镜面程度。

纯化水储罐的通气口是外界含尘、含菌空气侵入水系统的主要途径，因此必须安装效果确切的疏水性呼吸过滤器以防大气中的尘粒、细菌倒灌。

3 为防止纯化水在输送过程或静止状态受微生物污染，纯化水的输送应采用循环供水管道系统，并需保持一定的流速，使水流呈湍流状态，以防止管壁形成微生物生物膜。生物膜是某些微生物应变的结果，它能保护微生物，一般的消毒剂很难将它杀灭，它的脱落便成了新的菌落。

管路设计安装时要保持坡度，以利放净剩水。还应避免出现使水滞留和不易清洗的部位。管道的某些部位流量过低，微生物在这些管道表面、阀门和其他区域容易形成生物膜，成为持久性的污染源。生物膜很难消除，最好是防止它的生成。

4 纯化水储罐和输水系统的定期清洗是保证纯化水水质的重要手段，防止长期运行后，储罐和管道内壁产生沉积物及微生物积聚，使水质下降。由于纯化水储罐要经常消毒，而最可靠的消毒方法是使用饱和蒸汽，因此储罐要选用可耐压的容器，不要使用不耐压的平底罐。

5.4.3 注射用水常用于无菌制剂的配料，也是药品生产的常用原料。

1 一般来说，注射用水的制备可采用蒸馏法、反渗透法和超滤法。由于反渗透法、超滤法均存在一定的缺陷，因此蒸馏法是中国药典确认的唯一制备方式。蒸馏法以纯化水作为原料，通过蒸发、汽液分离、冷凝等过程，去除水中的化学物质、微生物及细菌内毒素，以达到现行《中华人民共和国药典》注射用水的标准。

2 为保证注射用水在储存、输送的过程中不再受到二次污染，因此对储罐、输送管道及管件的材质有特殊的要求，必须使用无毒、耐腐蚀、可消毒灭菌，内壁抛光的优质低碳不锈钢（如316L钢）或其他不污染注射用水的材料。使用不锈钢材料时，除了要求焊接良好、内壁抛光外，焊接后宜进行钝化处理。因为不锈钢焊接后焊缝表面金相组织发生变化，导致比未焊接时更易受到腐蚀。焊接还会使不锈钢表面粗糙，对清洗和灭菌不利。对不锈钢材料进行钝化处理，可以在不锈钢表面形成钝化层，使它在常温下具有抗氧化和耐腐蚀的能力。

注射用水储罐的通气口是外界含尘、含菌空气侵入注射用水系统的主要途径。因此，储罐的通气口必须安装0.22μm疏水性呼吸过滤器，杜绝微粒和微生物的侵入。

3 为防止储存的注射用水受微生物污染，注射用水应采用80℃以上或4℃以下保温储存，或者65℃以上的保温循环。

4 为防止注射用水在输送或静止状态受微生物污染，注射用水输送系统（包括接至用水设备的支管）应为循环供水系统（使用点不循环支管长度不应大于管径的6倍）。循环干管应保持一定的流速以免微生物的再生和细菌内毒素的形成。设计及安装时要严格保持坡度，避免出现水滞留及不易清洗的盲管，要求在水系统灭菌前能将管道中的剩水放尽，确保灭菌效果。

7 长期使用后的注射用水储罐和输送系统容易造成污染，要定期进行清洗、灭菌。为确保清洗、灭菌效果，对不能移动、不可拆洗的储罐和输送管路、管件，应设置在位清洗（CIP）和在位灭菌设施（SIP）。这些设施应包括设置在被清洗、灭菌对象内的相应装置、制备、配置清洗液、纯蒸汽的装置及循环输送管路等。

5.4.4 工艺用水系统的验证，是对药品生产中所使用的工艺用水及其系统，在设计、选型、安装和运行上的正确性的测试和评估，证实该系统确实能达到设计要求。工艺用水系统的验证分为DQ（设计确认或预确认）、IQ（安装确认）、OQ（运行确认）、PQ

（性能确认）等阶段。工艺用水系统验证的主要内容参见表5。

表5 工艺用水系统的验证

程序	所需文件	确认内容
安装确认	1. 系统流程图、描述及设计参数 2. 水处理设备及管路安装调试记录 3. 仪器、仪表的校验记录 4. 设备操作手册及操作SOP（Standard Operating Procedure）及维修SOP； 5. 设计图纸及供应商提供的技术资料	1. 制水装置的安装以及电气、管道、蒸汽、压缩空气、仪表、供水、过滤器等的安装、连接情况检查 2. 管道分配系统的安装，包括材质、连接、试压、清洗、钝化、消毒等 3. 仪器仪表校正 4. 操作手册SOP
运行确认	1. 水质检验标准及检验操作规程 2. 工艺用水系统运行SOP 3. 工艺用水系统清洁SOP	1. 工艺用水系统操作参数的检测（包括过滤器、软水器、混合床、蒸馏水机等的运行并检查电压、电流、压缩空气、锅炉蒸汽、供水压力等以及设备、管路、阀门、水泵、储水容器等使用情况） 2. 水质的预先测试
性能确认	1. 取样SOP及重新取样规定 2. 工艺用水系统运行SOP 3. 工艺用水系统清洁、消毒灭菌SOP 4. 人员岗位培训SOP	1. 记录日常操作参数（混合床再生频率、储水罐、用水点的使用时间、温度、电阻率等） 2. 取样监测，持续三周。取样频率：储水罐、总送水口、总回水口每天取样；各使用点，注射用水为每天取样，纯化水可每周一次；各使用点均应定期取样

6 工艺管道

6.1 一般规定

6.1.1 为确保医药洁净室（区）的空气洁净度等级，减少清洁、维修工作量，洁净室（区）应少敷设各类管道。工艺管道的干管宜敷设在技术夹层或技术夹道内；垂直的干管也可用管道井的方式将其密闭。由于技术夹层中除工艺干管外，还有空调、通风管道、空调配管、公用工程管道以及电缆桥架等，因此设计时必须合理安排，优化布置，在方便维修的前提下，宜降低技术夹层的层高。为确保安全，技术夹层内不应敷设易燃、易爆、有毒的物料管道。如有必须穿越技术夹层的易燃、易爆、有毒的物料管道时，管道应敷设套管，套管内的管段不应有焊缝、螺纹和法兰。管

道与套管之间应有可靠的密封措施。

6.1.2 为了防止水平管道中出现输送介质在管道内滞留，除了设计和安装时应使水平管道保持一定坡度外，管径变化时应采用底平偏心异径管连接。还应避免管道产生气袋、液袋及盲肠，造成清洁、消毒和灭菌的困难。

6.1.4 为方便各种物料、介质管路系统的清扫、清洗、消毒、验证清洗、消毒效果，干管系统应设置必要的吹扫口、放净口和取样口。

6.1.8 将气体终端净化装置设在靠近用气点附近，可以避免输气管道污染，保证与药品直接接触的气体符合药用洁净要求。

6.1.9 可燃气体和氧气管道系统发生事故或气体纯度不符合要求时，需吹除置换，这些吹除的气体不能排在室内，所以在管道末端或最高点应设放散管，以便将气体排入大气。放散管的排放口应高出屋面1m，防止由于风向的影响使排放的气体倒灌回室内。

6.2 管道材料、阀门和附件

6.2.1 药品生产品种多、工艺复杂，需要输送的物料品种、名目繁多，性质各异。选用管道和阀门时，必须根据情况区别对待。原料药在制成粗品前，大多是化工生产或生物合成等，使用较多的是化工原料，酸碱性强、腐蚀性大；制剂生产时，物料管道输送的多为药液、工艺用水等，即使都是药液，由于药品性质不一，对管道和阀门要求也不尽相同。选用的管道材质及内壁粗糙度、阀门形式及材质，均应满足工艺要求，不应吸附和污染输送介质，同时也要给施工、维修提供方便。

制剂生产的物料管道宜采用优质不锈钢材料。常用的优质不锈钢有304、316和优质低碳不锈钢304L、306L等。304、304L、306钢常用于输送酸性介质、口服液生产中的药液和纯化水等管路。

为确保无菌产品生产工艺要求，对于输送无菌介质、注射用水、非最终灭菌无菌制剂药液的管路，宜采用优质低碳不锈钢材料（如306L钢），而且要求内壁抛光，有条件的要电抛光、钝化处理（参见第5.4.2条、第5.4.3条及其说明）。

阀门形式和材质的选用同样如此。制剂生产中使用的阀门与化工生产大不相同，它要求严格控制阀门对药品的污染，要求阀体不应成为污染物质积聚的死角。如不锈钢隔膜阀，除严密性好外，还具有阀件不直接接触药液、阀体死角体积小等优点，非常适用于注射用水、非最终灭菌无菌制剂药液的输送，也有利于消毒灭菌。

由于不同的管道、阀门价格相差很大，如304L、306L钢明显高于304、306钢；同一材质内壁处理后的表面粗糙度不同，价格相差也达1.3～1.6倍；隔膜阀价格比球阀约高2倍。因此，管道和阀门的选用

要根据具体情况区别对待，这样才能既满足生产工艺要求又经济合理。

6.2.2 软性管道虽然具有连接方便、长度随意、管道柔软等特点，但它只适用于不固定使用场合，作为工艺物料干管不合适，尤其是非金属软管吸附性强，有一定的渗透性，无法固定安装，不利于清洁，而且易老化变形，造成管道介质渗漏。同样，工艺物料干管也不能使用脆性材料，它易碎、易破损，既不安全，也容易造成环境污染。

6.2.3 本条条文说明同第 6.2.1 条。

6.2.6 为防止不同品种、规格，以及同一品种、规格的不同批号药品之间的交叉污染，我国 GMP (1998) 第 70 条要求"每次生产前要确认无上次生产的遗留物"。为此，每次生产结束后要对设备、管道等进行清洗、清场。要求管道、阀门尽量做到可拆卸，管道接口、管道与阀门的连接宜采用快开式结构，如卡箍式连接。

6.3 管道的安装、保温

6.3.1、6.3.2 医药工业洁净厂房内的管道连接，要根据不同药品要求加以选择。为确保管道连接的严密性，一般采用焊接方式。需要拆卸的管道以及管道与阀门的连接，宜采用法兰、螺纹连接。由于普通的法兰、螺纹连接方式容易在连接处积液，孳生污染物。因此，这种方式不适用于输送过滤后药液、无菌药液和注射用水的管路。对此，宜采用优质低碳不锈钢（如 316L）的卫生配管、管件和阀门的卡箍式连接。

不锈钢管采用对接氩弧焊接时不施加不锈钢焊丝，它利用焊件本身熔化填满焊缝，从而保证内壁无焊缝、光滑，不存在死角。

接触物料的法兰、螺纹的密封垫圈，要使用不易污染介质的材料（如聚四氟乙烯）外，还要求其内径与管道内径大小一致、边缘光滑，以免积液，成为污染源。

6.3.3 为了防止因振动、热胀冷缩而影响墙、楼板和顶棚的整体性，所以穿越医药洁净室（区）墙、楼板和顶棚的管道要敷设套管。套管内的管段不应有焊缝，保证不会发生因有焊缝而出现的泄漏。管道与套管之间应用柔性、无毒的密封材料填堵，常用的有硅橡胶等。在墙面或顶棚管道穿出处宜加垫片压盖，以防填充物脱落。

6.3.4 医药洁净室（区）内明敷管道的管架及紧固件材料，应选择不锈钢或其他不易锈蚀的材料，不得采用钢涂漆，以免因油漆剥落而引起的污染。

6.3.6 为方便清洁沉降在管道表面的微粒和微生物，医药洁净室（区）内明敷管道保护层的外壳宜采用不锈钢材料。

6.3.8 由于医药洁净室（区）内物料、公用工程等各类管道很多，对明敷管道及连接设备的主要固定管道除了要求排列整齐，为方便操作、避免差错，我国 GMP (1998) 第 33 条要求"应标明物料名称、流向"。

6.4 安全技术

6.4.1 为了管道系统安全运行，使用易燃、易爆、有毒害介质的设备必须设置放散管，并必须引至室外。阻火器应装在室外，过滤装置起防止倒灌的作用，宜装在近设备处。

6.4.2 输送易燃介质的管道，应设置导除静电的接地设施以防止由于静电产生的火花而发生燃烧事故。管道接地可与车间接地网相连接。在有钢支架或钢筋混凝土支架时，也可利用软金属线将管道与钢支架或钢筋混凝土支架的钢筋连通，作接地装置，但接地电阻应符合有关规定。

6.4.3 易燃易爆介质危险性大，容易发生燃烧爆炸事故，波及面广，危害性大，造成的损失严重。为此本条规定对可能发生易燃、易爆介质泄漏的管道或使用的部位应设置报警探头，一旦出现易燃、易爆介质泄漏达到报警浓度时，便能及时发出报警信号并自动开启事故排风系统，将易燃、易爆介质排除，降低其浓度不至于达到爆炸极限，防止燃烧、爆炸事故的发生，避免财产损失和人员伤亡。

6.4.5 各类气瓶均有产生爆炸的危险。医药工业洁净厂房大部分是密闭厂房，人员集中，精密设备和仪器多，为了确保安全，气瓶应集中设置在医药工业洁净厂房外，但考虑到有些医药洁净室（区）内用气量很少，为方便使用，故规定日用气量不超过一瓶时可设置在医药洁净室（区）内。但为保持医药洁净室（区）内的空气洁净度等级，设在医药洁净室内的钢瓶必须采取不易积尘和易于清洁的措施。

7 设 备

7.1 一般规定

7.1.1 制药设备直接接触药品，它的材料、结构、性能，与药品生产质量关系密切。因此，医药洁净室（区）应采用防尘、防微生物污染的设备和设施。国内外 GMP 都有专门章节对制药设备的选用、设计和维护作出明确规定。这些要求可归纳为：(1) 应满足生产工艺和质量控制要求；(2) 应不污染药品和生产环境；(3) 应有利于清洗、消毒和灭菌；(4) 应适应验证需要。

7.1.2 药品生产有"批号"概念。药品检验时按批取样，批号多，则取样量多，工作量大。不同药品生产的批号划分方法也不一样，如最终灭菌注射剂以同一配液罐一次所配量为一个批号，固体制剂以成形或分装前使用的同一台混合机为一个批号。因此，批号大小与设备有密切关系。用于制剂生产的配料、混合、灭菌等主要设备和用于原料药精制、干燥、包装的设备，其容量宜与批量相适应，以满足生产能力及其他技术、质量控制方面的要求，并能做到经济合理。

7.1.3 包装是药品生产的最后工序，也是产生人为差错和药品污染的多发区域。对于包装时常见的装量误差、异物混入等不合格现象，包装机械应有调整或显示功能，杜绝不合格产品出厂。

7.1.4 设备或机械上仪器仪表计量装置是否准确，精确度是否符合要求，是防止药品生产过程产生人为差错的重要措施，也是实施GMP的重点。

7.1.5 为防止设备表面的颗粒性物质落入设备内污染药品，设备表面应光洁。保温层表面宜用光洁、不易锈蚀、易清洁的金属外壳如不锈钢材料保护。

7.1.6 根据药品生产特点，不同空气洁净度等级要求的连续生产线必须在不同空气洁净度等级的洁净室（区）安装时，如液体制剂的洗灌封联动线，在玻瓶洗涤、干燥灭菌设备（位于100000级房间）与药液灌封设备（位于10000级房间）之间的隔墙应有可靠的密封。有些连续生产线需要穿越不同空气洁净度等级的洁净室（区），而穿越的墙洞又无法密封时，为防止不同空气洁净度等级的洁净室（区）之间空气污染，此时连续生产线穿墙处应采取措施（如空气洁净度等级高的房间气压高于空气洁净度等级低的房间），防止空气洁净度等级低的空气流向空气洁净度等级高的房间。

7.1.7 我国GMP（1998）附录一"总则"规定"10000级洁净室（区）使用的传输设备不得穿越较低级别区域"，为此应根据具体情况采取措施。有些连续生产线，如无菌分装注射剂的分装、加塞和轧盖，因传送带往返于不同空气洁净度等级的房间，为防止交叉污染必须将传送带分段设置。

7.1.8 控制设备噪声首先应从声源上着手。设计时应选用低噪声设备。在某些情况下，由于技术或经济上的原因而难于做到时，则应从噪声传播途径上采取降噪措施。

7.1.9 医药工业洁净厂房中使用的精密仪器和设备，如药品检验用的分析仪器，有精确度控制要求的设备和机械等，都有微振控制要求，厂房设计应首先对强振源采取隔振措施，以减小强振源对精密设备、仪器仪表的振动影响，在此基础上，精密设备、仪器仪表再根据各自的容许振动值采取被动隔振措施，就比较能够达到预定目的。

7.2 设计和选用

7.2.1 为防止生产物料在设备内的积聚，不易清洗，造成药品之间的污染和交叉污染，设备结构应简单。设备加工必须以正确的焊接、抛光、钝化工艺，否则会污染药物。焊缝和设备内壁应按规定要求抛光，抛光的目的在于使表面光洁，减少微生物在容器和管路内壁生成生物膜而污染药品，同时也有利于清洗、消毒或灭菌。内壁表面越光洁，达到同样清洗效果时所用的清洗时间就越少，达到同样消毒或灭菌效果时所用的杀灭时间也越少。接触纯化水、注射用水的设备、储罐和管路还需酸洗钝化，使其在表面形成抗氧化和抗腐蚀的氧化铬保护膜。医药洁净室（区）的设备还应密闭、避免敞口，以免混入异物污染药品，同时也可避免药品生产污染环境。

7.2.2 药品质量关系生命安全。设备、容器与药品直接接触，内表面材料与药品起反应、释放的微粒混入药品都会影响生产的药品安全、有效。对于不锈钢材料的选用，要根据介质产生腐蚀的情况、材料加工性能、药品工艺要求等因素综合考虑。生产无菌药品的设备、容器和工器具应选用含碳量低的316L不锈钢，包括：（1）注射用水及纯蒸汽系统的储罐和管路；（2）无菌制剂生产中接触药液、注射用水的设备、容器和管路；（3）需要蒸汽灭菌的设备、储罐和管路；（4）蒸汽加热干燥箱、带单向流的干燥箱等。

7.2.3 药品生产使用的发酵罐、反应罐中传动部位，因密封不良常发生润滑油、冷却剂泄漏现象，对药品生产造成污染，必须对密封方式加以改进，防止润滑油、冷却剂泄漏。有些制剂包装机械的传动机构与包装作业机构混在一起，对药品直接构成污染风险，因此要把机械传动与操作部位作有效隔离。

7.2.4 积聚在设备、装置和系统中的污染物，每批完成后要及时清洗，定期消毒灭菌，这是防止药品污染和交叉污染的有效措施。对于不可移动或拆卸的设备是否具备CIP（在位清洗）和SIP（在位灭菌）装置，是鉴别该设备是否符合GMP的重要标志。

7.2.5 药液过滤是去除杂质，纯化药物品质的重要措施，过滤介质的材质选择不当将直接影响药品质量。如过滤介质吸附药物组分就会降低药物有效成分，过滤介质释放异物则会污染药物，从而严重影响药品的有效性和安全性。

7.2.6 为防止因生产设备发尘污染洁净室（区）环境，降低室内空气洁净度等级，对设备发尘量大的部位应采取局部捕尘、除尘措施；室内排风口应设气体过滤装置，以防含有药物成分的颗粒污染室外大气，同时也应防止室外未经过滤的含尘、含菌空气通过排风口倒灌至室内。

7.2.7 药品生产过程经常使用直接与药物接触的热空气、压缩空气、惰性气体等，若不采取净化措施将会对药物产生污染。这些气体的净化应符合使用环境的空气洁净度等级要求。使用环境是指气体与药物直接接触的环境。如该环境在100级单向流保护下，则净化后气体所含微粒和微生物量应符合100级标准。

7.2.8 药品生产使用有机溶媒或生产工艺需要高温

高压的设备都有防爆要求,国家对压力容器、防爆设备的设计、生产都有严格要求,用于医药洁净室(区)有防爆要求的设备,设计和选用时应予以严格执行。

7.2.9 医药洁净室(区)需要经常进行清扫、清洗、消毒或灭菌,为便于需要时设备移位,一般不宜采取固定安装方式。

7.2.10 制药设备验证,是对药品生产和质量控制中所使用的制药设备及其系统,在设计、选型、安装和运行上的正确性以及工艺适应性的测试和评估,证实该设备确实能达到设计要求和规定的技术指标。制药设备的验证分为DQ(设计确认或预确认)、IQ(安装确认)、OQ(运行确认)、PQ(性能确认)等阶段。为确认制药设备在运行和性能方面确实有效,验证工作不是简单地重复常规操作,要考察它在运行中参数的波动性、性能的稳定性、所用仪表的可靠性、所提供SOP的适用性等。为此,在OQ、PQ阶段需要增加一些非常规操作的检测项目和检测手段,设备本体上要根据需要设有可供参数验证的测试孔、测试位置。

7.2.11 因为组成细菌的蛋白质分子只有在高温下才能被杀死,达到灭菌效果,所以无菌洁净室(区)的设备大多采用纯蒸汽灭菌。由于饱和蒸汽温度高(121℃),有一定压力(0.103MPa),因此,设备应耐高温、耐压力。不能耐受蒸汽灭菌的设备不能用于无菌药品生产。

7.2.12 我国GMP(1998)对高致敏性、高生物活性、高毒性、高污染性等特殊药品的生产设备和设施有专门要求。本条系根据我国GMP(1998)第20条、第21条、附录五等章节制定。

8 建 筑

8.1 一般规定

8.1.1 医药工业洁净厂房必须按照生产工艺流程和生产设备状况进行合理布局。由于医药工业洁净厂房内房间多、人流物流复杂,所以主体结构采用具有适当的灵活性的大跨度柱网,有利于合理布局、布置紧凑。考虑到药品品种规格变化会引起工艺流程的变动、设备设施的更新,所以不宜采用内墙承重体系。

8.1.2 由于我国地域广阔,有的地区年温差大、日温差也大,所以对医药工业洁净厂房围护结构的选材要特别慎重,应选择能适应当地气候条件,满足保温、隔热、防火、防潮等要求的材料,而且在构造上也应引起重视。

8.1.3 建筑设计对建筑装修耐久性有使用年限要求。同样,建筑物的主体结构要具备同建筑处理及其室内装备和装修水平相适应的等级水平。主体结构耐久性也应有使用年限要求,两者应协调。此外,温度或沉陷不但可影响安全,而且还会破坏建筑装修的完整性及围护结构的气密性,故须对主体结构采取相应措施。

厂房变形缝应避免穿过医药洁净室(区),当单层厂房的变形缝无法避开穿过洁净室(区)时应有相应措施。多层厂房的变形缝不得穿过医药洁净室(区),因为穿过洁净室(区)的楼板的变形缝无法处理,而地面的开裂将影响洁净室(区)的洁净要求。

8.1.4 技术夹道若有检修门,宜开向非医药洁净区。当必须开向医药洁净区时,技术夹道内应设吊顶,且技术夹道内部装修标准应按所在医药洁净区要求。

8.1.5 医药洁净室(区)内通道应有适当宽度,不宜太窄。通道的宽度应考虑到设备安装检修的搬运、运输车的尺寸、运输量的大小及洁净室门朝走廊开启时占的空间。

8.1.6 控制医药洁净室(区)的噪声,主要在于保障正常操作运行,满足必要的谈话联系,提供舒适的工作环境。医药洁净室(区)内生产设备多,操作时容易产生噪声,为有效控制噪声传播,医药洁净室(区)的围护结构应隔声性能良好。

8.2 防火和疏散

医药工业洁净厂房在防火和疏散方面应注意下列特点:

1 由于空间密闭,火灾发生后,烟量特别大,热量无处散发,室内迅速升温,大大缩短全室各部位材料达到燃点的时间,对于疏散和扑救极为不利。当厂房外墙无窗时,室内发生的火灾往往一时不容易被外界发现,即使发现也不容易选定扑救突破口。

2 平面布置复杂、分隔多,增加了疏散路线上的障碍,延长了安全疏散的距离和时间。

3 不少医药洁净室通过风管彼此串通,当火灾发生,特别是火势初起未被发现而又继续送风的情况下,风管成为烟、火迅速外窜的重要通道,殃及其他房间。

4 某些药品生产使用易燃易爆物质,火灾危险性高。

此外,医药工业洁净厂房内往往有不少精密、贵重的设备、仪器,建设投资十分昂贵,一旦失火,损失极大。

鉴于以上特点,为了保障生命、财产的安全,减少火灾损失,本规范从防止起火与燃烧,便利疏散与抢救等方面考虑,对医药工业洁净厂房的建筑耐火等级与防火分隔,防火分区面积与疏散路线等提出较严格的要求。

8.2.1 对于医药工业洁净厂房,严格控制建筑物的耐火等级十分必要。本规定将医药工业洁净厂房耐火等级定为二级及二级以上,使建筑构配件耐火性能与生产相适应，从而减少成灾的可能性。

8.2.3 根据上述特点，为避免因一处发生火灾而迅速蔓延，所以对洁净室的顶棚和壁板规定其燃烧性能应为非燃烧体。据了解目前国内不少洁净室用的金属壁板内夹芯材料为有机复合材料，因为这种材料燃烧时会产生窒息性气体、有害气体，不利于人员疏散，所以本条文规定不得采用有机复合材料。

由于考虑到医药工业洁净厂房的平面布置复杂、分隔多，增加了安全疏散的时间，为此对室内顶棚和壁板，以及疏散走道顶棚和壁板的耐火极限进行了规定。

8.2.4 本条规定了技术竖井井壁的防火构造要求。

为防止火灾时技术竖井的完整性受到破坏，要求技术井壁采用非燃烧体，耐火极限不小于1.0小时，井壁上的门应采用丙级防火门。

技术竖井是烟火竖向蔓延的通道，必须采取层间防火分隔措施；同样，当管道水平穿越防火分隔墙时，其四周间隙也应采取防火封堵措施。

8.2.5 因为制药设备体积相对较大，所以医药工业洁净厂房每一生产层、每一防火分区或每一洁净区的安全出入口，对甲、乙类生产厂房，生产区面积不超过100 m²，且同一时间内生产人数不超过5人时，设置一个安全出入口比较合适。

8.2.6 由于人员净化用室隔间多，路线迂回曲折，而且一个洁净区人员净化用室通道出入口只有一个，加上有些人员净化通道上的气闸室采用连锁装置，增加了人员疏散的难度，所以从生产地点至安全出口不应经过人员净化路线。

8.2.8 医药工业洁净厂房同层外墙设置通往洁净区的门窗或专用消防口，可方便消防人员的进入扑救。

8.2.9 有防爆要求的医药洁净室（区）应有泄压设施。可采取的泄压设施，如利用外墙泄压，当车间面积较大，或因工艺流程需要，无法将有防爆要求的洁净室布置在靠外墙时，可采用屋面泄压。

8.3 室内装修

8.3.1 医药洁净室（区）的气密性对保证室内洁净环境是很重要的条件。而材料在温、湿度变化时易变形而产生缝隙导致泄漏或发尘，所以医药工业洁净厂房的建筑围护材料和室内装修，应选用气密性良好，且在温、湿度变化的作用下变形小的材料。此条应与本规范第8.1.3条对主体结构应具有控制温度变形和不均匀沉陷性能的要求统一考虑。另外，要重视洁净室顶棚和墙体材料不同时，因不同材料的温度膨胀系数差异而导致交接处产生缝隙。

8.3.2 为了减少医药洁净室（区）建筑内表面积尘，防止在室内气流作用下引起积尘的二次飞扬，为了有利于室内清洁，便于除尘，所以，本规范对室内装修提出这些要求。室内顶棚与墙壁交界处、墙壁与墙壁交界处，不强调做成弧形，若采用附加的弧形件，特别要保证连接处的密闭措施。

8.3.3 医药洁净室（区）地面要结合生产工艺要求考虑。有些药品生产要求地面耐腐蚀、防潮或耐磨等，因此首先应满足生产工艺要求。本条中提到地面垫层宜配筋，因为潮湿会破坏地面装饰层，潮湿地区垫层应做防潮构造，以保障地面的整体性和装饰面的耐久性。

8.3.4 为确保高效空气过滤器在安装时不受污染，对安装环境有一定要求。需要在技术夹层内更换高效空气过滤器的，技术夹层除了内表面应平整外，还要增刷涂料。

8.3.5 为方便维修人员在轻质吊顶的技术夹层内行走，技术夹层内宜设置检修走道，检修走道的吊点应与轻质吊顶的吊点分开。

8.3.7 医药洁净室（区）外窗采用中空玻璃固定窗时，特别强调应有良好的气密性，否则极易在夹层内渗入灰尘或造成结露，在严寒地区或寒冷地区可考虑采用热断桥型窗料，配以中空玻璃。

8.3.8 本条对医药洁净室（区）的门窗、墙壁、顶棚等的设计提出要求：

1 为确保医药洁净室（区）的空气洁净度等级，医药洁净室（区）内的门窗、墙壁、顶棚、地（楼）面的构造和施工缝隙应采取密闭措施。本条所指的密闭措施包括：密封胶嵌缝、压缝条压缝、纤维布条粘贴压缝和加穿墙套管等。

2 为避免室内灰尘在地面缝隙积聚，也为了便于生产运输车辆的出入，洁净室的门框不应设置门槛，但没有门槛也会造成室内外空气通过门框缝隙而对流，因此本条提出不宜设置门槛，以便据实而定。

3 木质材料的门窗易受药品生产时水汽、化学品、消毒剂等腐蚀而产生大量微粒，影响医药洁净室（区）的空气洁净度等级，一般不宜使用。需要使用时应采取防腐措施。

4 无菌洁净室是无菌作业的洁净室，对门窗等都有无菌要求，室内经常要进行灭菌处理，因此不应采用木质材料。

8.3.9 医药洁净室（区）的门宜朝空气洁净度等级较高的房间开启，目的是高洁净度房间相对于低洁净度房间有一定压差值，使门扇能关闭紧密。条文中用"宜"是从生产操作方面考虑，有的生产工艺存在火灾危险，要便于安全疏散，所以不作强制性要求，但应加装闭门器，以使门扇保持紧闭状态。

医药洁净室（区）的门、窗框与墙壁的交界处应采取可靠的密闭措施，因为该处最易出现缝隙，尤其门扇启闭时造成门框的变形和振动，使门框与墙壁间产生裂缝，密闭措施可以采用密封嵌缝胶。

8.3.10 本条的目的是尽可能减少积尘面。当采用单层玻璃窗时，窗玻璃宜与产尘高的一侧或相对空气洁净度等级高的一侧墙面平，另一侧做成斜窗台。无菌生产区的窗户宜为双层玻璃，二侧窗玻璃都与墙面平，采用双层玻璃窗时，要尽可能密闭。

8.3.12 医药洁净室（区）采光多需借助人工照明，再加上室内空气循环使用，因此，从人体卫生角度分析，其环境条件是较差的。为了改善环境，减少室内员工疲劳，故应特别注意室内建筑装修的色彩。考虑到医药工业洁净厂房一般工作精度较高，为减少视觉疲劳，改善室内的光照环境，需要有一个明亮的室内空间。为此，医药洁净室的墙面与顶棚需采用较高的光反射系数。

9 空气净化

9.1 一般规定

9.1.1 我国GMP（1998）对药品生产主要工序环境的空气洁净度等级提出了明确的要求，是医药工业洁净厂房设计的主要依据。由于药品生产工艺复杂，同一产品各生产工序的空气洁净度等级要求有时并不相同，因此根据生产工艺要求，在洁净区域内对不同工序的生产环境应分别采用相应的空气洁净度等级。

在满足生产工艺要求的前提下，宜减少洁净区域的面积，尤其是空气洁净度等级高的洁净区域的面积。如非最终灭菌无菌注射剂的分装间，可采用在10000级背景下设置局部100级单向流区域，改变了以往全室单向流的做法，节省了投资和运行费用。

9.1.3 医药洁净室（区）的新鲜空气量应根据以下两部分风量之和，与室内人员所需的最少新鲜空气量相比较，取两项中的最大值。

室内所需新风量，为以下两部分风量之和：

1 室内的排风量。

2 保证室内压力所需压差风量（如对邻室为相对负压时，此风量为负值），压差风量宜采用缝隙法或换气次数法确定。

此外，医药洁净室（区）内必须保证每人新鲜空气量不小于40m³/h。以上计算的新风量低于人均40m³/h时，应取此值。

系统的新风比不应简单地按照系统内所需人员的新风量与总风量之比，而应根据医药洁净区内人员密度最高房间所需新风量的新风比确定。

9.1.4 为了保证医药洁净室（区）在正常工作或空气平衡暂时受到破坏时，气流都能从空气洁净度等级高的区域流向空气洁净度等级低的区域，使医药洁净室（区）的洁净度不会受到污染空气的干扰，所以医药洁净室（区）必须保持一定的压差。

9.1.5 医药洁净室（区）内不应使用散热器采暖，是因为散热器及周围不易做清洁，易积灰，易对药品生产造成污染。

9.1.7 附录C中关于医药洁净室（区）的综合性能确认，应包括表C.0.1项目的检测和评价。

1 表中所列的检测项目不是每次都要测全。

2 表中规定的"检测"项目，是指不论何种检测都必须有此项检测结果，规定"必要时检测"的项目，是指有设计要求或业主要求，或者因评定、仲裁需要时检测的项目。

3 检测时按表C.0.1排定的顺序和内容进行。"风量"是所测项目的前提，风量不符合设计要求，其他项目达到要求也无意义。"风速"应在静压调整好后测定。至于"流线平行性"和"自净时间"，检测时要放烟，对空气洁净度、浮游菌和沉降菌、照度、温湿度等检测会有影响，应放在最后测。

附录C中关于净化空气调节系统验证主要内容参见表6。

表6 净化空气调节系统验证主要内容

程序	所需文件	确认内容
安装确认	1. 医药洁净室（区）平面布置及空气流向图（包括洁净度、气流、压差、温湿度、人物流向等）、空气流程图 2. 医药洁净室（区）净化空调系统描述及设计说明 3. 仪器、仪表、高效空气过滤器的检定记录，净化空调设备及风管的清洗记录 4. 净化空调系统操作规程及控制标准	1. 净化空调器、除湿机、风管的安装检查 2. 风管、净化空调设备的清洗及检查、运行调试 3. 中效空气过滤器的安装 4. 高效空气过滤器的安装 5. 高效空气过滤器的检漏
运行确认	1. 净化空调设备的运行调试报告 2. 医药洁净室（区）温湿度、压力、室内噪声级记录 3. 高效空气过滤器检漏记录、风速及气流流型报告 4. 净化空调调试及空气平衡报告 5. 悬浮粒子和微生物预检 6. 安装确认有关记录及报告	1. 净化空调设备的系统运行 2. 高效空气过滤器风速及房间气流流型 3. 室内温湿度、压力（或空气流向）等净化空调调试及空气平衡
性能确认	1.《医药工业洁净室（区）悬浮粒子的测试方法》GB/T 16292 2.《医药工业洁净室（区）浮游菌的测试方法》GB/T 16293 3.《医药工业洁净室（区）沉降菌的测试方法》GB/T 16294	1. 悬浮粒子测定 2. 浮游菌测定 3. 沉降菌测定

医药洁净室（区）空气净化系统的验证，是对药品生产中所使用的空气净化系统，在设计、选型、安装和运行上的正确性的测试和评估，证实该系统确实能达到设计要求。

9.2 净化空气调节系统

9.2.1 各种空气洁净度等级洁净室（区）的空气净化处理均应采用初效、中效、高效空气过滤器三级过滤。对于 300000 级洁净室的空气净化处理，由于空气洁净度等级较低，可采用亚高效空气过滤器作为末端过滤。亚高效空气过滤器的价格与高效空气过滤器相差不多，但由于亚高效空气过滤器的运行终阻力较高效空气过滤器低 150Pa 左右，可以节省经常运行费用。

9.2.2 中效空气过滤器宜集中设置在净化空气处理机组的正压段，因为考虑到负压段易漏风，会造成未经中效空气过滤器过滤的污染空气进入系统，降低中效过滤的效果，增加了空气中的含尘浓度，加大下游高效空气过滤器的过滤负担，缩短其使用年限。

在回风、排风系统中，由于空气中往往带有粉尘等有害物质，为防止未经过滤处理的空气泄漏，污染周围环境，因此应将过滤器设置在回风、排风机的负压吸入端，既起到保护环境的作用，又起到保护风机的作用。

空气过滤器的额定风量是在一定滤速下，其过滤效率和阻力最合理时的风量，因此空气过滤器一般按额定风量选用；但在设计中为了降低净化空调系统的系统总阻力，以及在选择高效空气过滤器送风口时，由于房间的风量根据过滤器额定风量选择不到合适的过滤器时，允许按小于额定风量选用。

9.2.3 净化空调系统不能与一般空调系统合并，因为净化空调系统末端风口上往往装有高效空气过滤器，而一般空调系统风口上无过滤器，高效空气过滤器风口在运行过程中阻力会增加，而一般空调系统的风口运行中的阻力不变，所以随着运行时间的增加，可能出现医药洁净室（区）风量越来越小，并使医药洁净室（区）的房间或区域的空气压力发生变化。同时还考虑到医药洁净室（区）需要良好的密闭性，也不允许通过风道使医药洁净室（区）与一般空调房间相连通。

9.2.4 由于一个净化空调系统只能有一个送风参数，若温湿度控制要求差别大的医药洁净室（区）合并为一个空调系统，送风参数势必要按照温湿度要求高的确定，才能同时满足要求低的区域（除非在送风支管上另设二次空气处理设备），这样会造成不必要的能量耗费，所以对温湿度要求差别大的区域宜设置不同的净化空调系统，以提供不同要求的送风参数。而有时系统区域较小，分开设置可能因空调系统过多而增加造价，在经过技术经济比较后也可合并设置。

9.2.5 净化空气调节系统应合理利用回风。但在药品生产过程中，如固体物料的粉碎、称量、配料、混合、制粒、压片、包衣、灌装等生产工序或房间，常会散发各种粉尘、有害物质等，为了防止通过空气循环造成药物的交叉污染，送入房间的空气应全部排出。在固体物料的生产中，因大部分生产工序均有粉尘散发，所以净化空调系统需要较大新风比，甚至高达 60%～70%，能耗很大。若能对空调回风中的粉尘等物质进行充分和有效的处理，使之不再因此而造成交叉污染，利用回风也就成为可能。图1、图2为某固体制剂车间对回风中粉尘处理后利用的示例，由于减少了净化空调的新风比，明显降低了经常运行费，也降低了初步投资费用。

在图1和图2所示回风经处理后利用的方案中，由于回风系统增加了中、高效空气过滤器（亚高效空气过滤器），运行中虽节省了冷、热负荷，但增加了更换过滤器的费用，也增加了系统的阻力，是否经济合理，应作技术经济比较而定。如工艺设备状况差，操作中粉尘散发大，则空气过滤器寿命很短，所增加的费用可能会超过直排风的运行费，所以要对工艺及设备的操作和运行情况进行综合考虑，以确定采用回风利用方案是否经济合理。

本条文中第2～5款，不涉及回风处理后再利用的问题，因此，这些生产环境的空气均不应循环

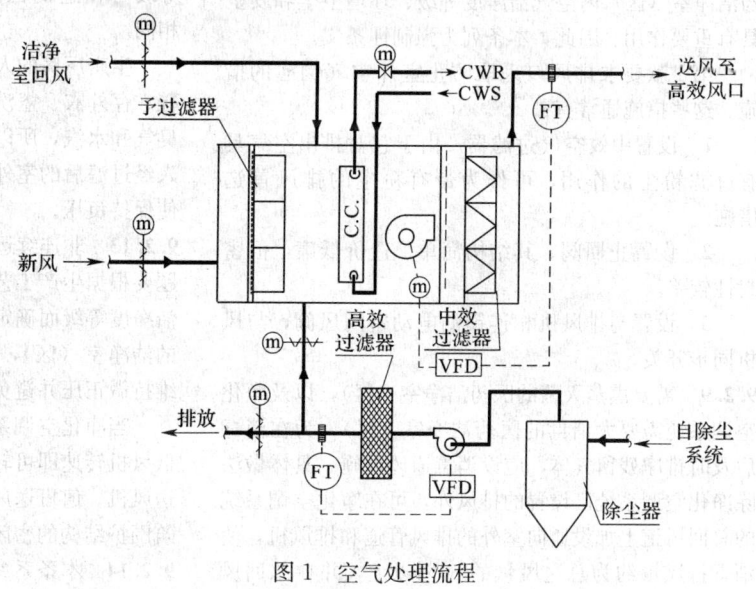

图1 空气处理流程

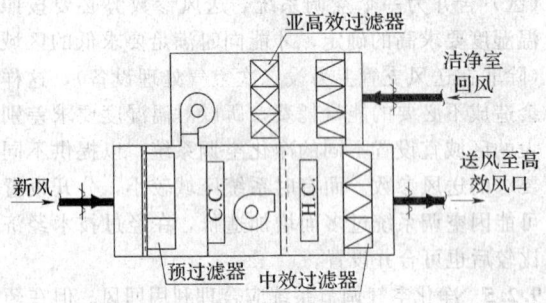

图 2 空气处理流程

利用。

9.2.6 若将除尘器直接设在生产房间内,可能出现的问题是:

1 噪声大,对操作人员造成影响。

2 进入除尘器的空气在室内循环时,若滤袋有泄漏,上一批物料可能随空气回至室内而造成混药。

3 除尘器清灰时易污染房间地面及环境。

所以单机除尘器宜设置在靠近需除尘房间的单独小机房内,并将除尘器排风接出,由于除尘器的启闭将影响房间的风量、压力平衡。因此,在工程设计上还要考虑当除尘器间歇工作时,为恒定生产房间压差采取的措施。

当采用集中式除尘系统时,机房应靠近需除尘房间的中心,以尽可能地缩短管线。

当机房门开向医药洁净室(区)时,由于除尘器操作人员的进出要通过医药洁净室(区),应向机房送入净化空气,风量可按相应空气洁净度等级换气次数的低限考虑,温湿度无严格要求。

9.2.7 对除尘系统的防火防爆要求系根据现行国家标准《建筑设计防火规范》GB 50016,并结合药品生产的具体情况而制定的。

9.2.8 医药洁净室(区)的排风系统,对于确保医药洁净室(区)内空气洁净度等级、环境卫生和安全具有重要作用。因此,本条列为强制性条文。

第 1 款要求排风口采取防止室外空气倒灌的措施。这些措施通常有:

1 设置中效空气过滤器。由于它对排出空气具有过滤粉尘的作用,可作为带有粉尘的排风首选措施。

2 设置止回阀。其结构简单、造价低廉,但密封性较差。

3 设置与排风机相连锁的电动密闭风阀,与风机同步开关。

9.2.9 需要熏蒸灭菌的医药洁净室(区),以及净化空调系统需要大消毒的医药洁净室(区),为在消毒后及时排净残留气体,应设消毒通风设施。具体做法除净化空调系统已设置的排风外,可在净化空调系统的总回风道上加设通向室外的排风管道和排风机,使消毒排风量约为总送风量的 50%以上,并在总回风

和排风管上设消毒排风切换用风阀。如果在空调系统中已有较大风量的排风系统,可不必再另设。

9.2.10 为便于对各系统、各医药洁净室(区)进行风量平衡和压差调整,不同系统的排风应分开设置。

由于散发粉尘和有害气体区域的排风与一般排风的处置方式不同,同时又为了避免产生粉尘和有害气体区域与一般区域相串通,故两者的排风系统应分开设置。

本条文 3~5 款规定系参照现行国家标准《采暖通风与空气调节设计规范》GB 50019 制定。

9.2.11 我国 GMP(1998)第 51 条规定"更衣室、浴室及厕所的设置不得对洁净室(区)产生不良影响"。规定对更衣室的空气洁净度等级未提出具体要求。现行国家标准《洁净厂房设计规范》GB 50073 规定洁净工作服更衣室"宜按低于相邻洁净区空气洁净度等级 1~2 级设置"。由此可知,向更衣室送洁净空气只是为人员更衣提供良好的洁净环境,而阻留人员携带微粒和微生物的关键在于洁净工作服的式样、材质和穿戴方式,对此第 5.2.4 条说明已作了阐述。综合上述,本规范规定空气洁净度 10000 级以上洁净室的更换洁净工作服室换气次数宜为 15 次/h,100000 级洁净室的更换洁净工作服室换气次数宜为 10 次/h,300000 级洁净室的更换洁净工作服室换气次数宜为 8 次/h。上述换气次数均为所服务医药洁净室(区)换气次数的低限。人员净化用室入口处单独设置的换鞋室可取更低的换气次数,或利用上游更衣室的压出空气。本规范明确规定除进入医药洁净室(区)的气闸室空气洁净度等级与相连的医药洁净室(区)空气洁净度等级相同外,其他人员净化用室中各个房间均不列级,用送入洁净空气的风量来控制其洁净要求。

物料出入医药洁净室(区)的气闸室空气洁净度等级与相连的医药洁净室(区)空气洁净度等级相同。

生产厂房的人员总更衣区不属洁净区,其中的换鞋、存外衣、盥洗、厕所、淋浴等房间会产生灰尘、臭气和水汽,所以应设置通风措施。具体的做法可送入经过滤后的室外空气;厕所、浴室单独设置排风并使保持负压。

9.2.13 非连续运行的洁净室是否设置值班送风的问题要根据生产工艺的要求和医药洁净室(区)的空气洁净度等级而确定,如对于灭菌要求严格或湿热地区的洁净室(区),应设置值班送风,使洁净室(区)维持微正压并避免洁净室(区)内表面结露。

当净化空调系统采用变频调速风机时,只需要降低风机转速即可转为值班送风状态,不需再另设值班送风机。值班送风量应视净化空调系统具体情况及建筑围护结构的密闭情况计算确定。

9.2.14 本条系参照现行国家标准《采暖通风与空气

调节设计规范》GB 50019制定，有关事故通风量、排风口设置位置等要求应根据该规范的相关规定执行。

9.2.15 现行国家标准《建筑设计防火规范》GB 50016中关于防烟和排烟的规定，除适用于民用建筑和公共建筑外，也适用于工业厂房。因此，医药工业洁净厂房的防排烟设计应符合其规定。

9.2.16 为了对医药洁净室（区）进行噪声控制，需对医药洁净室（区）通风和空调系统进行噪声控制计算和减噪设计。当医药洁净室（区）空态噪声超标时，应采取消声等措施。当设置消声器时，应采用不易产尘的消声器，如微穿孔板消声器等。

为减小通风及空调系统噪声，设计中需注意：

1 选用高效率、低噪声设备。

2 风管内风速宜按下列规定选用：总风管为6～10m/s；无送回风口的支风管为4～6m/s；有送回风口的支风管为2～5m/s。

3 通风及空调设备应带有减振、隔振装置，必要时需设隔振器和减振基础，设备与风管和配管的连接应设有柔性接管。

4 风道及阀门等通风构件要有足够的强度，以避免或减低所引起的气流噪声和振动。

5 风机和设备进出风口处的风管不宜急剧转弯、变径；必要时弯头等处应设导流叶片。

6 尽可能降低系统总阻力。

9.2.17 为保证医药洁净室（区）的空气洁净度等级，不同空气洁净度等级洁净室（区）之间、洁净室（区）与一般区、洁净室（区）与室外均应保持一定的压差，本规范第3.2.4条规定了最小压差值。

由于房间的压差取决于房间的送风与回风、排风量之差，要使房间的压差保持稳定，首先要使送入和排出房间的风量保持恒定，具体做法较多，如在总风管上设微差压传感器，当风量发生变化时，即可通过变频器改变风机转速，使总风量保持不变；又如在进出房间的风管上设定风量阀（CAV阀），使进出房间的风量恒定不变；也可采用在洁净室内设差压传感器，当房间差压值偏高时，自动调节设在排风管上的变风量阀（VAV阀），以使室内压力保持稳定。

同时，应在工程中避免影响或改变房间压差的做法：如在同一净化空调系统中，对个别房间进行排风、回风的切换，间歇性使用医药洁净室（区）排风系统，而不采用任何措施进行房间压力保护等。因为这些做法都会破坏房间的空气平衡而使房间压力发生变化。

9.2.19 本条所列的生产场所，在作业时均会产生粉尘、易燃易爆气体、有害物质或大量热湿气体和异味，这些房间相对于邻室、走廊或前室应保持不低于5Pa的负压，使室内气体不至逸出扩散，并应安装现场微差压计，以监测这些房间或生产区的压力保持情况。

9.2.20 质量控制实验室要对所有药品生产原料和成品进行检定和检验，为避免通过净化空调系统与药品生产区发生交叉污染，所以质量控制实验室净化空调系统应与生产区应严格分开。

由于阳性对照室、无菌检查室、放射性同位素检定室、抗生素微生物检定室和放射性同位素检定室等实验室之间不得互相干扰，为防止各室之间交叉污染，根据生产具体要求，各实验室可单独设置或几个实验室共用一个净化空调系统。对于有全排风要求的实验室，室内应保持相对负压，并设压力监测装置。

9.2.21 我国GMP（1998）附录七"中药制剂"中要求下列生产厂房按"洁净室管理"：

1 非创伤面外用药制剂及其他特殊的中药制剂生产。

2 用于直接入药的净药材和干膏的配料、粉碎、混合、过筛等厂房。

对于上述厂房的生产环境并无空气洁净度等级要求，但要求人员、物料的进出及生产操作应参照医药洁净室（区）管理。在厂房设施上，为防止污染和交叉污染，厂房门窗应能密闭，要有良好的通风、除尘、降噪等设施。本条文中的三条措施就是根据这些要求制定的。由于要求厂房密闭，因此厂房内的通风装置是必不可少的。至于是否设置空调或降温装置，要视当地气象条件及作业场所发热发湿情况而定。为满足生产环境的清洁要求，送风系统宜经粗、中二级过滤并使室内维持微正压。

9.2.22 局部100级单向流装置的设置要求：

1 我国GMP（1998）附录二"无菌药品"规定，最终灭菌大容量注射剂的灌封，非最终灭菌无菌注射剂的灌装、分装和压塞，以及直接接触药品的包装材料最终处理后的暴露环境等应在空气洁净度10000级背景下的局部100级环境下生产。然而，由于种种原因，有些药品生产企业没有将上述生产过程尤其是包装容器或半成品传送和短时存放等开口工序置于100级单向流的保护下。针对这一情况，本条强调非最终灭菌的无菌药品生产中全部暴露区域（而不是部分区域）均应处于空气洁净度100级单向流装置的保护下。

2 在以空气洁净度10000级为背景的100级单向流区域的设计中，有时采用单元式单向流装置拼装组合方式，用内置或外置风机作全循环运行。当单向流装置面积较大时，或单向流装置的循环空气又无法与10000级区的空气进行充分的交换时，100级区内将会引起空气在不断循环过程中的热量积聚，造成100级区域内温度高于室温的现象，甚至超过工艺生产要求的环境温度。所以本条规定空气洁净度100级区域内的温度不应超过室内设计温度2℃，最高不应高于24℃；如超过时，就需要采取在单向流装置或循环风系统中引入净化空调系统送风或增设干式冷却盘管等措施。

3 由于局部100级区域的外部为10000级区域，为使10000级区域保持上送下回合理的气流组织形式，作为单向流装置回风口的位置应布置在房间的下部。

单向流装置回风口通常均设在箱体的上部，对此应通过风道将回风口引至房间的下部。

有些场合下，设有单向流装置的室内环境并无10000级（如洗衣房内无菌工作服整理台、10000级以下的取样室、抗生素微生物检定实验室等小范围100级单向流区），可以不受下部回风的限制。

4 为保证空气洁净度100级区域内，尤其是与10000级相邻边缘区域单向流的空气流型不受干扰或破坏，在单向流装置的外边缘设置围帘十分有效。通常可采用PVC透明膜，高度宜低于操作面。根据有关试验结果，为确保工作面高度的空气洁净度等级，围帘离地面高度不宜大于0.5m。

9.2.23 由于净化空气调节系统的特性，服务于净化空调系统的空调设备不同于服务于一般舒适性空调系统的空调设备。本条提出了净化空调设备设计和选用要求。

1 净化空调系统中风机的全压远高于一般空调，因此对空调处理设备的强度和气密性有着较高的要求，当空调箱内静压为1000Pa时，漏风率不得大于1%；设备整体结构需有足够强度，在运输、安装、运行中不得出现任何变形。

本条文对净化空调设备的漏风率规定较原《洁净室施工及验收规范》JGJ 71略有提高，这是由于考虑到：(1) 医药洁净室对控制外部污染物的特殊要求；(2) 有利于节能；(3) 原规范系于1990年制定，十多年来空调设备制造工艺已有较大提高，本条文规定漏风率小于等于1%的要求，对大部分制造商在技术上是能做到的。

2 通常情况下，净化空调系统夏季空气处理露点温度较低，例如：为保持室内干球温度22℃，相对湿度50%，空调处理设备应将空气处理至10～12℃；而一般舒适性空调处理设备只需将空气处理至18～22℃，由于两者温差不同，若将一般空调设备保温板壁厚度用于净化空调设备，则有可能在板壁表面出现明显的结露现象，不但耗能，又使设备易受腐蚀。所以对于净化空调设备要求有更良好的绝热性能。

9.3 气流流型和送风量

9.3.1 对于空气洁净度等级要求不同的医药洁净室（区），所采用的气流流型也应不同，本条规定了各种空气洁净度等级应采用的气流流型。

为有利于迅速有效地排除尘粒，空气洁净度100级洁净室的气流流型大多采用单向流，我国也有采用非单向流100级的工程实例。本规范要求空气洁净度100级应采用单向流，与我国GMP（1998）的规定有关。

我国GMP（1998）规定药品生产洁净室（区）的空气洁净度分为100、10000、100000和300000四个等级（见表2），而世界主要发达国家和国际组织的GMP大多采用A（单向流100级）、B（非单向流100级）、C（10000级）、D（100000级）四个等级。表7和表8为欧盟无菌药品GMP的空气洁净度分级表。以无菌药品为例，主要发达国家和国际组织的GMP规定，A级区为高风险作业局部区域（如灌装区、各种无菌连接区域），用单向流来保护作业区的环境状态，作业区的单向流应均匀送风，空气中粒子应进行连续测定；B级区为无菌配制和A级区所处的背景环境，建议B级区空气中粒子也连续测定；C、D级区为无菌药品生产中其他相关工序的洁净区。规定非最终灭菌无菌药品的关键操作，必须在B级环境内的局部A级保护下进行。由于我国GMP（1998）没有国际上惯用的B级，高风险作业局部区域通常用10000级背景区域的局部100级来替代国外的B+A级。我国GMP中的100级虽然没有规定它的气流流型，但从它的适用范围来看，相当于国外A级。因此，医药工业洁净厂房中100级的气流流型应为单向流。国内有些工程采用全室非单向流100级来替代局部单向流100级，这样做只相当于国外的B级洁净室，并不能用于无菌药品的高风险作业。

表7 欧盟无菌药品GMP（2003）洁净区空气洁净度（悬浮粒子）分级

级别	静态		动态	
	最大允许悬浮粒子数/m³		最大允许悬浮粒子数/m³	
	0.5～5.0μm	>5.0μm	0.5～5.0μm	>5.0μm
A	3500	1	3500	1
B	3500	1	350000	2000
C	350000	2000	3500000	20000
D	3500000	20000	不作规定	不作规定

注：表中A级区气流速度：垂直单向流0.3m/s，水平单向流0.45m/s。表中数值为1的区域>5.0μm粒子应为0，因无法从统计意义上证明它不存在，故设为1。表中"不作规定"的区域，应根据生产操作性质来决定其限度。

表8 欧盟无菌药品GMP（2003）洁净区微生物控制分级

级别	浮游菌 cfu/m³	沉降菌（φ90mm碟）cfu/4h	接触菌（φ55m碟）cfu/碟	5指手套 cfu/手套
A	<1	<1	<1	<1
B	10	5	5	5
C	100	50	25	—
D	200	100	50	—

注：表中A级区微生物小于1的要求为不检出微生物，即事实上的无菌。

9.3.2 医药洁净室（区）的气流流型与送、回风形式密切相关。对于空气洁净度 10000 级、100000 级、300000 级洁净室（区）应优先采用顶送下侧回的送、回风形式。从空气净化的原理而言，顶送下侧回优于侧送下侧回、顶送顶回风等形式。采用顶送下侧回的送、回风形式，达到同样的空气洁净度等级所需要的风量可低于其他几种形式。而顶送顶回风形式的最大优点是工程简单、造价低，但此种气流流型空气中尘粒沉降方向与回风的上升气流相逆，影响到空气中尘粒尤其是大颗粒尘埃的及时排出，所以它不适用于空气洁净度等级高的医药洁净室（区）。对于生产中有粉尘散发或存在重度大于空气的有害物质的房间，即使空气洁净度等级不高，也不能采用顶送顶回风形式。

气流的送、回风形式除满足医药洁净室（区）的净化要求外，还需根据工艺生产情况确定，如空气洁净度 10000 级医药洁净室（区）室内散发溶媒气体或水蒸气时，宜采用上下排风方式，以免上述气体在房间上部积聚。

散发粉尘和有害物的医药洁净室（区）若采用走廊回风，走廊必将成为尘埃沉降和有害物集中的空间，随着人流、物流的流动，对与走廊相连的各个房间很容易造成交叉污染，不能符合 GMP 的要求。对于易产生污染的工艺设备，应在其附近设置排风（排尘）口，并在不影响操作的情况下，使排风口尽可能靠近污染源，以使污染物尽快排走。

9.3.4 为保证空气洁净度等级所需的最低换气次数，本规范表 9.3.4 系根据现行国家标准《洁净厂房设计规范》GB 50073 制定。空气洁净度等级按静态测试，如设计时业主提出需按动态进行验收，则另行处理。

需要提出的是，医药洁净室（区）的换气次数并不能成为医药工业洁净厂房的验收标准，它只是洁净室（区）净化空气的一种手段，最终需根据洁净室（区）的检测作出评价。设计中换气次数尚需根据室内生产操作情况、人员、房间层高等具体情况确定。

由于医药洁净室（区）的送风量除要达到要求的空气洁净度等级外，还有温湿度和室内风量平衡（包括补偿室内排风量和为保持正压所需风量）等要求，所以应将这三种情况所需的送风量予以比较，并取其最大值作为医药洁净室（区）的送风量。

9.4 风管和附件

9.4.2 风道系统应根据需要设置通风附件，例如，新、回总管上的风阀用于调节新风比；新风管上设电动密闭阀用于防倒灌或冬季防冻；排风管上的止回阀或电动密闭阀是为了用于防室外空气倒灌等。

送风支管上的风阀常用于调节洁净室（区）送风量，排出支管上的调节阀常用于调节洁净室（区）压差值。为便于分别调节各房间的风量和压差，各房间的支管和风阀应单独设置，不应几个房间共用支管和调节风阀。

9.4.3、9.4.4 系参照现行国家标准《建筑设计防火规范》GB 50016 有关条文编写。风管穿过变形缝有三种情况：一是变形缝两侧有防火隔断墙；二是变形缝一侧有防火隔断墙；三是变形缝两侧没有防火隔断墙。规范条文是按第一种情况两侧设置防火阀。

9.4.5 从不影响空气净化效果及经济两个方面考虑，净化空调系统风管与附件的制作材料是随着输送空气净化程度的高低而定。洁净度高选用不易产尘的材料，洁净度低选用产尘少的材料。

9.4.6 排风系统风管与附件的制作材料应根据输送气体腐蚀性程度的强弱而定。

9.4.7 因无菌洁净室需要经常消毒灭菌，如灭菌措施通过净化空调系统实施，则送风管、排风管、风阀及风口的制作材料和涂料，应耐受消毒灭菌剂的腐蚀；如消毒灭菌剂不通过送风系统送入，则系统排风系统的制作材料和涂料仍应考虑耐受消毒灭菌剂的腐蚀。

9.4.8 各级空气过滤器前后设测压孔或压差计是为了便于运行中监测过滤器的阻力变化情况，以便及时清洗或更换。而各系统的风口高效（亚高效）空气过滤器因数量较多，没有必要全部都设压差计，但不宜少于两支。

9.4.9 由于通风管是火灾蔓延的通路之一，风管及附件应采用不燃材料，如各种金属板材等；对于用以排除腐蚀气体的风管，可采用耐腐蚀的难燃材料。风管保温和消声的不燃材料可采用如超细玻璃棉、岩棉等。难燃材料是指氧指数大于等于 32，燃烧性能符合 B1 级的材料，如难燃型玻璃钢、橡胶海绵等。

9.5 监测与控制

9.5.1 为确保洁净室的环境参数，保障系统的正常运行并有利于节能，医药工业洁净厂房的净化空调系统应设置自动监测与控制设施。自动监测与控制设施应包括以下功能：

参数检测：包括参数的在位检测和遥控检测。

自动调节：使某些运行参数自动保持规定值和按预定的规律变动。

自动控制：使系统中的设备及元件按规定的程序启停。

工况自动转换：指在多工况运行系统中，根据参数运行要求实时从某一运行工况转到另一运行工况。

参数和设备状态显示：通过集中监控系统中主机系统的显示或打印，以及在控制系统的器件显示某参数值（是否达到规定值或超差），或某设备的运行状态。

设备连锁：使相关设备按某一指定程序启停。

自动保护：指设备运行状态异常或某参数超过允许值时，发出报警信号或使系统中某些设备元件自动停止工作。

9.5.2 净化空调系统中设置的监测点，在设计时应根据系统情况加以确定。并根据需要对以下设备运行状态及有关参数进行实时显示和记录或超限报警。

1 室内洁净度的监测（主要监测空气中的悬浮粒子，因为微生物测定需要培养时间，不能实时显示）。

2 室内外温湿度。

3 空调机组送风和回风总管温湿度。

4 空气冷却器进出口的冷水温度。

5 加热器进出口的热媒温度和压力。

6 风机、水泵、转轮热交换、加湿器等设备启停状态。

7 各级空气过滤器及房间压差检测，应符合本规范第9.2.17条、第9.4.8条的规定。

8 送风风量超限报警。

9.5.3 由于净化空调系统中的阻力变化会影响风量，因此风机宜采用变频调速装置作恒定风量或定压控制。通常由总风道上的微差压传感器将信号送到调频控制装置。变频调速装置可对系统作定风量控制，以使房间压差保持稳定；也可根据需要对系统内的总压进行恒定控制。变频调速装置的使用，可得到明显的节能效果，并可兼作系统值班送风用，所以在净化空调系统中已得到日益广泛的应用。

9.5.4 为防止净化空调系统因停转而无风或超温，以及电加湿设备因断水而引起烧干时，造成设备损毁甚至引起火灾，本条文规定了电加热、电加湿应与风机连锁，并设超温断电保护，电加湿还应设无水保护。本条文因涉及防火安全，所以列为强制条文。

9.6 青霉素等药品生产洁净室的特殊要求

9.6.1 本条所列药品都是致敏性高、生理活性强、毒理作用大的特殊药品，它们的共同特点是产品对操作人员和室内外环境有害。为了避免药物粉尘通过空气系统造成污染或交叉污染，本条规定了青霉素等特殊药品的净化空调系统和排风系统应单独设置，以避免对其他药品的污染；同样，也应避免排风对净化空调系统在引入新风时的污染。上述特殊药品的排风口应远离净化空调系统的进风口，并使进风口处于上风向，排风口应设在屋面等建筑物的高处，并高于进风口，与进风口保持垂直高差。

9.6.2 按本规范9.6.1条所列的青霉素等特殊药品，它们的精制、干燥和包装室及其制剂产品的分装室，是生产中药物粉尘容易暴露在空间的场所，它既要防止室外未经过滤的空气对药品生产的污染，又要防止室内特殊药品粉尘对邻室的污染，所以室内应保持正压，与邻室之间应保持相对负压。

9.6.3 为防止青霉素等特殊药品生产区域内药品粉尘和气溶胶向周围其他区域扩散，还应有防止空气扩散至其他相邻区域的措施。如在人员净化通道和物料净化通道中设置正压气闸室，使气闸室气压高于生产区，对生产区的空气流出起到隔断作用。

9.6.4 按本规范9.6.1条所列的青霉素等特殊药品，其生产区排出的空气中含有特殊药物的微粒，散发到室外大气会对环境造成污染，甚至影响人的生命安全，为此均应经高效空气过滤器过滤后排放。排放标准应根据特殊药品不同要求确定。

10 给水排水

10.1 一般规定

10.1.1、10.1.2 医药工业洁净厂房内给水排水管道的敷设方式直接影响医药洁净室（区）的空气洁净度。为最大限度地减少洁净室内给水排水管道，目前，医药工业洁净厂房的给水排水管道布置主要有以下形式：

1 各种干管应布置在技术夹层、技术夹道、技术竖井内。有上下夹层的洁净厂房，给水排水干管大都设在下夹层内。

2 暗装立管可布置在墙板、异型砖、管槽或技术夹道内。

3 支管由干管或立管引入医药洁净室（区），最好从上、下夹层引入 20～30cm 与设备二次接管相连。

4 安装在技术夹道内的管道及阀件，可明装也可暗装在壁柜内。壁柜上适当加设活动板，便于检修。

10.1.3 医药洁净室（区）内均为恒温恒压，而管道内的水与周围环境有温差，使管道外壁结露，从而影响医药洁净室（区）内的温度和湿度，故要求对有可能结露的管道采取防结露的措施。

对于防结露层的外表面，可以采用薄钢板或薄铝板作外壳，便于清洗而且不易产生灰尘。

10.1.4 管道穿越处的孔隙将直接影响医药洁净室（区）内的空气洁净度等级，本条要求主要是防止医药洁净室（区）外未净化空气从孔隙处渗入室内，影响室内的空气洁净度等级；此外，洁净室（区）内的洁净空气向外渗漏，既会造成能量的浪费，也会影响室（区）内的空气洁净度等级。采用套管方式效果是明显的。无法设置套管的部位应采取严格的密封措施，如选用微孔海绵、有机硅橡胶、橡胶圈及环氧树脂冷胶等材料加以密封。

10.2 给 水

10.2.1 医药工业洁净厂房中生产、生活和消防等各项用水对水质、水温、水压和水量会有较大的不同要求，分别设置将有利于各用水系统的管理和节约运行成本。

10.2.2 管材的选用应从它的耐腐蚀性能、连接的方便可靠，接口的耐久不渗漏，材料的温度变型、抗老化性能等因数综合确定。各种新型的给水管材，大多编制有推荐性的技术规程，可为设计、施工安装和验收提供依据。

10.2.4 医药工业洁净厂房周围设置洒水设施，是为了便于保持洁净厂房周围的环境卫生，方便绿化管理。

10.3 排　水

10.3.1 医药工业洁净厂房的排水较为复杂：极少数的排水可经直流水隔套冷却后单独排至厂房外的雨水系统；大多数的排水因含有污染物，需经处理后才可排放；有些排水的温度高达 90℃（从灭菌柜排出的废水），应单独排至（管道需考虑耐高温）厂房外的降温池，降温后才可进入污水总管；而有些废水则可直接排入厂房外的污水总管。因此，应根据具体情况确定排水系统。医药工业洁净厂房排出的含有污染物废水，均需厂内废水处理站处理达标后，方可排出厂外。

10.3.2、10.3.4 医药洁净室（区）内重力排水系统的水封和透气对于维护洁净室（区）内各项指标是极其重要的。除了对于一般厂房防止臭气逸入外，对于洁净室（区）若不能保持水封，会产生室内外的空气对流，影响医药洁净室（区）的空气洁净度等级和温湿度，并消耗洁净室（区）的能量。

对于不经常从地面排水的，应不设置或少设置地漏，避免由于地漏的水封干枯造成污染。我国 GMP（1998）附录一"总则"规定，100 级医药洁净室（区）不得设置地漏。目前我国药品生产 100 级洁净室并不多见，大多采用 10000 级洁净室中局部 100 级方式，因此应严格执行 100 级区域内不设置地漏。

排水沟不易清洁，故空气洁净度 100 级、10000 级医药洁净室（区）内不宜设置排水沟。

10.3.3 此条文主要是为了确保洁净室（区）的空气洁净度等级。

10.3.5 为防止污染物质在卫生器具内积聚，影响医药洁净室（区）的环境卫生，医药工业洁净厂房内应采用不易积存污物、易于清扫的卫生器具、管材、管架及其附件。比如可采用白陶瓷或不锈钢卫生器具，选用优质的镀铬或工程塑料制造的，表面光滑、易于清洗的卫生器具配件、管材、管架及其附件。

10.3.6 厂房内应优先采用塑料排水管。建筑硬聚氯乙烯排水管具有质轻、便于安装、节能、不结垢和不锈蚀等特点。目前常用的橡胶接口机制的排水铸铁管，应根据建筑物性质、建筑标准、建筑高度和抗震要求选用。

排水温度大于 40℃时，如加热器、开水器的排水管道如采用普通塑料管，则会使其寿命大大缩短，甚至会软化损坏。

10.4 消防设施

10.4.1 根据工业建筑物对消防要求的不断提高和消防技术的进步，现行国家标准《建筑设计防火规范》GB 50016 及其相应的消防设计规范正不断修订完善，所以医药工业洁净厂房的消防设计应首先符合这些最基本的消防规范。

10.4.2 本条文是医药工业厂房消防设计的原则。消防设施是医药工业洁净厂房的一个重要组成部分，因为医药工业洁净厂房是一个相对密闭的建筑物，室内房间分隔多，通道狭窄而曲折，使人员的疏散和救火都比较困难。为了确保人员生命财产的安全，设计中应贯彻"以防为主，防消结合"的消防工作方针，除了采取有效的防火措施外，还必须设置必要的灭火设施及消防水排除系统。

医药工业洁净厂房消防系统的设置，应根据药品生产的工艺特点、对空气洁净度等级的不同要求，以及生产的火灾危险性分类、建筑耐火等级、建筑物体积、当地经济技术条件等因素确定。除了水消防外还应设置必要的灭火设备。

10.4.3 为正确、合理设置医药工业洁净厂房内的消火栓，本条对此作了规定。

尽管设在医药洁净区的消火栓采用嵌入式安装，但对医药洁净室（区）的洁净毕竟会有影响，为此，消火栓尽可能设置在非洁净区域。

现行国家标准《建筑设计防火规范》GB 50016 关于厂房室内消火栓用水量规定，当高度小于等于 24m 及体积小于等于 10000m³ 时，其消火栓消防用水量 5 l/s。但根据药品生产特点此值偏小，故本条文制定了医药工业洁净厂房室内消火栓消防用水的最低限制参数。

10.4.4 医药工业洁净厂房技术夹层和技术夹道内，物料管道多，易燃易爆介质多，物料管道与风管、电缆桥架等错综复杂。为确保可通行技术夹层和技术夹道的安全，按生产火灾危险性分类设置灭火设施和消防给水系统是完全必要的。

10.4.5 设置灭火器是扑救初期火灾最有效的手段，据统计，60%～80%的建筑初期火灾，在消防队到达之前是靠灭火器扑火。所以医药工业洁净厂房各层、各场所均应按照现行国家标准《建筑灭火器配置设计规范》GBJ 140 的规定，配置灭火器。

10.4.6 当存放贵重设备仪器、物料的医药洁净室（区）设置自动喷水灭火系统时，采用预作用系统可防止管道泄漏或误喷造成水渍损失，而且消除了干式系统滞后喷水的现象。

医药工业洁净厂房造价高，设备仪器贵重，药品附加值高，但是生产中经常使用多种有火灾危险的物料，由于厂房密闭性强，室内通道狭窄而曲折，人员的疏散比较困难，一旦失火，不但经济损失惨重，而且人员疏散和扑救都较困难。

而卤代烷等气体灭火剂会导致人员窒息死亡，还会破坏大气臭氧层，影响人类生态环境，不应采用。

基于上述，洁净厂房除了必须设置消防给水系统及灭火器外，还应根据现行国家标准《建筑设计防火规范》GB 50016的规定设置固定灭火装置，特别是设有贵重设备、仪器、物料的房间更需认真确定。

10.4.7 消火栓系统可采用普通钢管，而自动喷水灭火系统为保证配水管道的质量，避免不必要的检修，故要求在报警阀后的管道应采用内外热镀锌钢管，以及铜管、不锈钢管和相应的管件等。

11 电　气

11.1 配　电

11.1.1 医药工业洁净厂房中工艺设备用电负荷等级应由其对供电可靠性的要求确定。此外，厂房净化空调系统的正常运行与药品生产密切相关，医药洁净室（区）空气洁净度对药品质量影响很大。对这些用电设备的可靠供电是保证生产的前提。医药工业洁净厂房一旦停电，室内空气会很快污染，严重影响药品质量。同时，医药工业洁净厂房是密闭厂房，由于停电造成送风中断，室内新鲜空气得不到补充，有害气体不能排出，对人员健康不利。因此，必须保持医药工业洁净厂房净化空调系统的正常运行。

医药工业洁净厂房需要高照度高质量照明。为获得良好和稳定的照明条件，除了合理设计照明形式、光源、照度等问题外，最重要的是保证供电电源的可靠性和稳定性。

医药工业洁净厂房照明电源直接由变电所低压照明盘专线供电，把它与动力供电线分开，避免引起照明电源电压频繁的和较大的波动，同时增加供电的可靠性。

如医药工业洁净厂房规模较大，厂房内设有变电所，就可满足本条文的要求。考虑到一些规模较小的洁净厂房，一般由外部变电所提供一至二回路低压电源进入厂房配电室，此时只要保证净化空调系统和照明系统为单独配电回路，也能满足安全可靠的运行要求，并可节约厂区电缆及开关设备的投资，给设计人员留有一定的选择余地。故本条文对由变电所专线供电的要求为"宜"。

11.1.2 从洁净厂房发生过火灾事故中了解，电气原因引起的火灾事故占很大比例。为了防止医药工业洁净厂房在节假日停止工作或无人值班时的电气火灾，以及当火灾发生时便于可靠地切断电源，所以，电源进线（不包括消防用电）应设置切断装置。为了方便管理，切断装置宜设在非医药洁净区便于操作管理的地点。

11.1.3 消防用电设备供配电设计有严格要求，并在现行国家标准《建筑设计防火规范》GB 50016中作了明确规定。医药工业洁净厂房从工程投资规模和厂房的密封性等方面考虑，防火设计更显重要，故把消防用电设备的供配电设计作为单独一条提出。

11.1.4 医药洁净室（区）内的配电设备暗装主要是为了防止积尘，便于清扫。另外，医药洁净室（区）建筑装修要求较高，配电箱应与室内墙体颜色、美观整齐相协调。对于大型配电设备，如落地式动力配电箱，暗装比较困难，为了减少积尘，宜放在非洁净区，如技术夹层或技术夹道等。

11.1.5 医药工业洁净厂房内通常根据产品类别划为不同的生产区域，据此设置配电回路，能满足计量及管理方面的要求。

11.1.6 由于药品生产剂型多，品种多，产品规模大小不一，致使通风系统的设备并不一定完全按照不同防火分区独立设置，故本条文对按防火分区分别设置配电线路的要求为"宜"。

11.1.7、11.1.8 由于医药洁净室（区）需要经常清洗，有些医药洁净室（区）的墙面、地面还有防腐要求，所以电气管线宜敷设在技术夹层、技术夹道内。考虑防火要求，管材应采用非燃烧体。出于同样原因，连接至设备的电线管线和接地线宜暗敷，并根据情况，电气线路保护管宜采用不锈钢或其他不易锈蚀的材料，接地线宜采用不锈钢材料。

当净化空调系统停止运行，该系统又未设值班送风时，为防止由于压差而使尘粒通过电线管线空隙渗入医药洁净室（区），所以，医药洁净室（区）与非洁净室（区）之间或不同空气洁净度等级医药洁净室（区）之间的电气管线口应作密封处理。

11.2 照　明

11.2.1 医药洁净室（区）的照明一般要求照度高。但灯具安装的数量受到送风风口数量和位置等条件的限制，这就要求在达到同一照度值情况下，安装灯具的个数最少。荧光灯的发光效率一般是白炽灯的3~4倍，而且发热量小，有利于空调节能。此外，医药洁净室（区）天然采光少，在选用光源时还需考虑其光谱分布宜接近于自然光，荧光灯基本能满足这一要求。因此，目前国内外医药洁净室一般均采用荧光灯作为照明光源。当有些医药洁净室（区）层高较高，采用一般荧光灯照明很难达到设计照度值时，可采用其他光色好、光效更高的光源。由于某些生产工艺对光源光色有特殊要求，或荧光灯对生产工艺和测试设备有干扰时，也可采用其他形式光源。

11.2.2、11.2.3 虽然照明灯具并不是医药洁净室（区）的主要尘源，但如果安装不妥，将会通过灯具缝隙渗入尘粒。由于医药洁净室（区）内与顶棚上的环境不同，为了减少医药洁净室（区）受到来自顶棚的污染，宜减少在顶棚上开孔。灯具嵌入顶棚暗装，在施工中往往造成密封不严，不能达到预期效果，而且投资大，发光效率低。实践证明，在非单向流洁净室中，选择照明灯具明装并不会使空气洁净度等级有所下降。

鉴于上述，医药洁净室（区）的灯具安装宜吸顶明装为好。但不应选用外部造型复杂、易积尘、不易擦拭、不易消毒灭菌的照明灯具。如灯具安装受到层高限制及工艺特殊要求必须暗装时，开孔的尺寸宜准确，一定要做好密封处理，以防尘粒渗入洁净室，灯具结构要便于清洁，便于更换灯管。

由于紫外线对人体皮肤有伤害，需要设置紫外消毒灯的房间，为便于操作，紫外灯的控制开关应设在医药洁净室（区）外。

11.2.4 照度与药品生产的关系见第3.2.5条说明。医药洁净室（区）照度值执行本规范第3.2.5条的规定。

11.2.5 根据调查，现有洁净厂房的照度均匀度一般都能达到0.7。使用者认为此值能满足要求。

11.2.6 有防爆要求的医药洁净室（区），其照明器具的选择和安装，根据国家有关规定应首先满足防爆要求，同时再考虑满足洁净要求。

11.2.7 医药工业洁净厂房的正常照明如因电源故障停电，将会造成有些药品生产报废，有的还会引发火灾、爆炸和中毒等事故，无论对人身安全、财产都会带来危险和损失，本条规定应设置备用照明，就是为了防止上述事故和情况发生。

备用照明应满足所需要的场所或部位进行各项活动和工作所需的最低照度值。一般场所备用照明的照度不应低于正常照明照度标准的1/10。消防控制室、应急发电机室、配电室及电话机房等房间的主要工作面上，备用照明的照度不宜低于正常照明的照度值。为减少灯具重复设置，节省投资，备用照明可作为正常照明的一部分。

11.2.8 医药工业洁净厂房是密闭厂房，内部分隔多，室内人员流动路线复杂，出入通道迂回，为便于事故情况下人员的疏散，及火灾时能救灾灭火，所以洁净厂房应设置供人员疏散用的应急照明。

在安全出口、疏散口和疏散通道转角处设置标志灯以便于疏散人员辨认通行方向，迅速撤离事故现场。在专用消防口设红色应急灯，以便于消防人员及时进入厂房进行灭火。

应急照明系统一般推荐采用内带蓄电池储能的灯具，每个区域按灯具总数的25%～30%均匀分散安装，灯具外形一致，平时作为正常照明的一部分，当突发停电时，自动转入蓄电池供电状态，供操作人员作离开前的善后处理。也可采用部分灯具另设专用照明线路由EPS或柴油发电机组集中供电的形式，可视工程具体情况而定。

11.3 通 信

11.3.1 医药洁净室（区）设置与内外部联系的通信装置如电话、对讲电话等，主要用于：（1）正常的工作联系；（2）发生火灾时可与外部联系，及时采取有效的灭火措施；（3）减少非必须人员进入洁净室（区）内所产生的尘粒和微生物。

由于医药洁净室（区）有空气洁净度要求，药品生产需要定期消毒灭菌，因此医药洁净室（区）要选用表面光滑，不易积尘，便于擦拭并可消毒灭菌的电话。

11.3.2 为确保医药洁净室（区）的空气洁净度等级，宜减少室内人员人数。设置闭路电视监视系统可以减少非必须人员进入医药洁净室（区），同时对保障医药洁净室（区）的安全，比如及早发现火灾、防盗等也起到重要作用。

11.3.3 大多数医药洁净室（区）设有生产用的贵重设备、仪器和价值昂贵的物料和药品，一旦着火损失巨大。同时医药洁净室（区）内人员进出迂回曲折，人员疏散比较困难，火情不易被外部发现，消防人员难以接近，防火有一定困难，因此设置火灾自动报警装置十分重要。

目前我国生产的火灾报警探测器的种类较多，常用的有感烟式、紫外线感光式、红外线感光式、定温或差温式、烟温复合式和线性火灾探测器等。可以根据不同火灾形成的特征选择适当的火灾自动探测器。但由于自动探测器不同程度的存在误报的可能性，手动火灾报警按钮作为一种人工报警措施可以起到确认火灾的作用，也是必不可少的。

11.3.4 医药工业洁净厂房应设置火灾集中报警系统。为加强管理，保证系统可靠运行，集中报警控制器应设在专用的消防控制室或消防值班室内；消防专用电话线路的可靠性关系到火灾时消防通信指挥系统是否灵活畅通，故本条规定消防专用电话网络应独立布线，设置独立的消防通信系统，不能利用一般电话线路代替消防专用电话线路。

11.3.5 本条规定探测器报警后，强调人工核实和控制，当确认真正发生火灾后，按规定设置的联动控制设备进行操作并反馈信号，目的是减少损失。因为医药洁净室（区）内的生产要求与普通环境不同，对于空气洁净度等级高的医药洁净室（区），一旦关闭净化空调系统即使再恢复也会影响洁净度，甚至因达不到工艺生产要求而造成损失。

医药洁净室（区）内火灾报警核实后，消防联动控制设备可按以下程序操作：

1 启动室内消防水泵，接收其反馈信号。除自动控制外，还应在消防控制室设置手动直接控制装置。

2 关闭有关部位的电动防火阀，停止相应的空调循环风机、排风机及新风机。并接收其反馈信号。

3 关闭有关部位的电动防火门、防火卷帘门。

4 控制备用应急照明灯和疏散标志灯燃亮。

5 在消防控制室或低压配电室，应手动切断有关部位的非消防电源。

6 启动火灾应急扩音机，进行人工或自动播音。

7 控制电梯降至首层，并接收其反馈信号。

8 启动有关部位的防烟和排烟风机、排烟阀等，并接收反馈信号。

11.3.6 医药工业洁净厂房中，有不少使用和储存易燃、易爆气体的生产场所，为防止因气体泄漏而引起的火灾爆炸事故，在这些场所设置可燃气体探测器，是十分必要的措施；医药工业洁净厂房中，还有不少生产场所使用和储存有毒气体，在这些场所设置有毒气体检测器，并将报警信号与事故排风机相连，是保障人身安全的重要措施。

11.4 静电防护及接地

11.4.1 医药工业洁净厂房的室内环境中，许多场合存在着静电危害，从而导致：(1) 电子器件、电子仪器和电子设备的损坏、性能下降；(2) 人体遭受电击伤害；(3) 引燃引爆易燃易爆物质；(4) 因尘埃吸附影响环境空气洁净度。因此，医药工业洁净厂房工程设计中要十分重视防静电环境设计。

11.4.2 防静电地面采用具有导静电性能的材料，是防静电环境设计的基本要求。目前国内生产的防静电材料及制品有长效型、中效型和短效型。长效型必须是长时间保持静电耗散性能，时间为10年以上；短效型能维持静电耗散性能3年以内；中效型为3～10年的。医药工业洁净厂房一般为永久性建筑，因此条文规定防静电地面应选用具有长效性静电耗散性能的材料。

本条第2、3款中规定的防静电地面的表面电阻率、体积电阻率和地面对地泄放电阻值，是参照电子行业标准《电子产品制造与应用系统防静电系统检测通用规范》SJ/T 10694制定的。

11.4.3 净化空调系统的送回风口、风管和排风系统的排风管是易于产生静电的部位，因而规定了风口、风管的防静电接地的要求。

11.4.4 医药工业洁净厂房内可能产生静电的生产设备（包括防静电安全工作台）和容易产生静电的流动液体、气体或粉体的管道，应采取防静电接地措施，将静电导除。当这些设备与管道处在爆炸和火灾危险环境中时，设备和管道的连接安装要求更加严格，以防发生严重灾害。因此，强调执行现行国家标准《爆炸和火灾危险环境电力装置设计规范》GB 50058的规定。

11.4.6 为了解决好各个接地系统之间的相互关系，接地系统设计时，必须以防雷接地系统设计为基础。

除有特殊要求的设备外，大多数情况下各种功能接地系统首先推荐采用综合接地方式，即各类不同功能的接地共用一个户外接地系统。因分散接地对接地体之间的间距要求，在许多工程中因受场地限制而无法实现。当条件允许并且工程有要求时，也可采用分散接地。

中华人民共和国国家标准

石油化工全厂性仓库及堆场设计规范

Code for design of general warehouse and lay down
area of petrochemical industry

GB 50475—2008

主编部门：中国石油化工集团公司
批准部门：中华人民共和国住房和城乡建设部
施行日期：２００９年７月１日

中华人民共和国住房和城乡建设部公告

第 167 号

关于发布国家标准《石油化工全厂性仓库及堆场设计规范》的公告

现批准《石油化工全厂性仓库及堆场设计规范》为国家标准，编号为 GB 50475—2008，自 2009 年 7 月 1 日起实施。其中，第 7.1.4 (2)、7.2.11、7.4.2 (3、4、5)、8.2.4 (1)、8.3.5、10.1.2、11.2.1 条（款）为强制性条文，必须严格执行。

本规范由我部标准定额研究所组织中国计划出版社出版发行。

中华人民共和国住房和城乡建设部
二〇〇八年十一月二十七日

前　言

本规范是根据建设部文件"关于印发《2005 年工程建设标准规范制订、修订计划（第二批）》的通知"（建标〔2005〕124 号）的要求，由中国石油化工集团公司组织镇海石化工程有限责任公司会同有关单位编制而成的。

本规范在编制过程中，编制组进行了广泛的调查研究，总结了我国石油化工仓库几十年来有关设计、建设、管理经验，适应石化行业工厂设计模式改革以及大规模生产的要求，广泛征求了设计、施工、管理人员的意见，对其中的主要问题进行了多次讨论，最后经审查定稿。

本规范共分 11 章和 7 个附录，主要内容包括总则、术语、仓库及堆场类型、总平面及竖向布置、仓储工艺、储存天数、建筑设计、堆场、控制与管理、仓储机械、安全与环保等。

本规范中以黑体字标志的条文为强制性条文，必须严格执行。

本规范由住房和城乡建设部负责管理和对强制性条文的解释，由中国石油化工集团公司负责日常管理，由镇海石化工程有限责任公司负责具体技术内容的解释。本规范在执行过程中，请各有关单位结合工程实践，认真总结经验，注意积累资料，并将意见和建议及有关资料寄至镇海石化工程有限责任公司（地址：宁波市镇海区蛟川街道，邮政编码：315207），以供今后修订时参考。

本规范主编单位、参编单位和主要起草人：

主编单位：镇海石化工程有限责任公司
参编单位：中国石化集团上海工程有限公司
中国石化集团宁波工程有限公司
中国石化集团洛阳石油化工工程公司

主要起草人：蒋明火　陈一峰　蔡才欣　周　蓉
王　伟　赵立渭　周家祥　吴绍平
叶宏跃　范其海　江水木　范晓梅
王建锋　胡镇仕　赵常武　姚　琦
陆凤丽　赵凯烽

目 次

1 总则 ································· 7—28—4
2 术语 ································· 7—28—4
3 仓库及堆场类型 ················· 7—28—4
4 总平面及竖向布置 ·············· 7—28—4
 4.1 一般规定 ······················· 7—28—4
 4.2 总平面布置 ···················· 7—28—5
 4.3 道路 ···························· 7—28—7
 4.4 铁路 ···························· 7—28—8
 4.5 码头 ···························· 7—28—8
 4.6 带式输送机 ···················· 7—28—8
 4.7 围墙及其出入口 ············· 7—28—8
 4.8 绿化 ···························· 7—28—8
 4.9 竖向布置 ······················· 7—28—8
5 仓储工艺 ···························· 7—28—9
 5.1 桶装、袋装仓库 ············· 7—28—9
 5.2 金属材料、备品备件仓库 ···· 7—28—10
 5.3 散料仓库 ······················· 7—28—11
 5.4 钢筋混凝土筒仓 ············· 7—28—12
 5.5 操作班次 ······················· 7—28—12
6 储存天数 ···························· 7—28—12
 6.1 一般规定 ······················· 7—28—12
 6.2 成品、原（燃）料 ·········· 7—28—13
 6.3 化学品、危险品 ············· 7—28—13
 6.4 金属材料、备品备件 ······· 7—28—13
7 建筑设计 ···························· 7—28—13
 7.1 一般规定 ······················· 7—28—13
 7.2 门窗 ···························· 7—28—13
 7.3 地面 ···························· 7—28—14
 7.4 采暖通风 ······················· 7—28—14
8 堆场 ································· 7—28—15
 8.1 一般规定 ······················· 7—28—15
 8.2 堆场面积计算 ················· 7—28—15
 8.3 抓斗门式起重机堆场 ······· 7—28—15
 8.4 抓斗桥式起重机堆场 ······· 7—28—16
 8.5 斗轮式堆取料机堆场 ······· 7—28—16
9 控制与管理 ······················· 7—28—16
 9.1 一般规定 ······················· 7—28—16
 9.2 控制 ···························· 7—28—16
 9.3 管理 ···························· 7—28—16
10 仓储机械 ························ 7—28—16
 10.1 一般规定 ······················· 7—28—16
 10.2 主要仓储机械的选用 ······ 7—28—17
11 安全与环保 ······················· 7—28—17
 11.1 消防 ···························· 7—28—17
 11.2 安全 ···························· 7—28—18
 11.3 职业卫生 ······················· 7—28—18
 11.4 环境保护 ······················· 7—28—18
 11.5 应急救援 ······················· 7—28—18
附录A 计算间距起讫点 ············· 7—28—18
附录B 仓库面积计算法 ············· 7—28—19
附录C 叉车通道宽度计算 ········· 7—28—19
附录D 散料仓库储存量及面积
   计算 ··························· 7—28—20
附录E 物料储存天数 ················ 7—28—20
附录F 散料堆场储存量及面积
   计算 ··························· 7—28—21
附录G 装卸机械数量 ················ 7—28—22
本规范用词说明 ······················· 7—28—23
附：条文说明 ··························· 7—28—24

1 总则

1.0.1 为在石油化工全厂性仓库及堆场设计中贯彻执行国家有关方针政策，统一技术要求，做到安全可靠、技术先进、经济合理，制定本规范。

1.0.2 本规范适用于石油化工企业固体物料、桶装（瓶装）液体物料和气体物料的全厂性仓库及堆场的新建、扩建和改建工程的设计。

本规范也适用于依托社会的仓库及堆场的设计。

1.0.3 石油化工全厂性仓库及堆场的设计除应符合本规范外，尚应符合国家现行有关标准的规定。

2 术语

2.0.1 全厂性仓库 general warehouse

为全厂生产、经营、维修服务的各类仓库，以及大宗的原（燃）料和成品、半成品仓库。

2.0.2 全厂性堆场 general lay down area

为全厂生产、经营、维修服务的各类堆放场地，以及大宗的原（燃）料和成品、半成品露天堆放的区域。

2.0.3 仓库区 warehouse area

由仓库、堆场、辅助生产设施、行政管理设施、辅助用房（包括厕所，浴室）等部分或全部组成的区域。

2.0.4 桶装仓库 barrelled material warehouse

外包装采用刚性材料制作的钢桶、木桶、塑料桶等集装桶储存的物料仓库。

2.0.5 袋装仓库 bagged material warehouse

外包装采用塑料薄膜、牛皮纸或复合材料（柔性材料）储存的物料仓库。

2.0.6 危险品仓库 hazardous material warehouse

石油化工企业中除大宗原（燃）料和成品、半成品外，必须单独设置的，储存具有易燃、易爆、毒害、腐蚀、助燃或带放射性等危险性质的物料仓库。

2.0.7 化学品仓库 chemical material warehouse

石油化工企业中除大宗原（燃）料、成品和半成品外，单独设置的，储存不属于危险品的化学试剂、催化剂、添加剂等的物料仓库。

2.0.8 泄压面积 releasing pressure area

当仓库内危险物料发生爆炸，空气压力骤然增大时，能在瞬间释放仓库内空气压力的面积。

2.0.9 码垛 palletize

通过人工或机械将桶装、袋装物料按一定规则堆垛在托盘或网格上成为集装成组的单元。

2.0.10 驶入式货架 drive-in racking

一种不以通道分割的、连续整栋式货架。也称为通廊式货架。

2.0.11 盛行风向 prevailing wind direction

某地区频率较大的风向。

2.0.12 最小频率风向 minimum frequence wind direction

某地区频率最小的风向。

3 仓库及堆场类型

3.0.1 仓库的分类应符合下列规定：

1 按功能分为生产仓库和辅助仓库。生产仓库应包括原材料库、半成品库、成品库、燃料库、化学品库、危险品库等；辅助仓库应包括备品备件库、工具库、金属材料库、劳保用品库等。

2 按储存物料的性质分为固体物料库、液体物料库、气体物料库。固体物料库应包括散料库和袋装库；液体物料库应包括瓶装库、桶装库、罐装库；气体物料库应包括瓶（钢瓶）装库、罐装库。

3.0.2 堆场的分类应符合下列规定：

1 按储存物料的功能分为原（燃）料堆场、半成品堆场、成品堆场、废渣堆场、金属材料堆场、大件设备堆场等。

2 按储存物料的包装形式分为散料堆场、桶装堆场、袋装堆场、瓶装堆场、集装箱堆场等。

3 按装卸机械分为抓斗门式起重机（装卸桥）堆场、抓斗桥式起重机堆场、斗轮式堆取料机堆场等。

3.0.3 储存物料的火灾危险性分类应符合现行国家标准《石油化工企业设计防火规范》GB 50160 的有关规定。

4 总平面及竖向布置

4.1 一般规定

4.1.1 仓库区总平面布置应符合城镇及本企业的总体规划，并应符合安全、消防、环保、职业卫生的要求。

4.1.2 仓库区总平面布置应兼顾今后的外延发展，并应留有发展端。

4.1.3 仓库区总平面布置应合理用地、减少街区、缩短物流距离。

4.1.4 仓库及堆场宜相对集中布置或靠近主要用户布置。管理用房及辅助用房宜集中布置。

4.1.5 酸、碱和易燃液体类物料库及其装卸设施宜布置在仓库区的边缘且地势较低处。

4.1.6 仓库建筑宜有良好的自然通风和采光条件。在炎热地区，仓库建筑的朝向宜与夏季盛行风向成 30°～60°夹角。管理用房宜避免西晒，在寒冷地区，应避免寒风袭击的朝向。

4.1.7 仓库区应合理确定绿化面积。产生高噪声或粉尘污染的建（构）筑物周围应进行绿化。

4.1.8 运输线路布置应使物料流程顺畅、短捷，并应避免和减少折返。人流不宜与有较大物流的铁路和道路交叉。

4.1.9 危险品仓库应集中布置，并应单独设置封闭式实体围墙，围墙内不应设置管理用房。

4.1.10 有爆炸危险的火灾危险性为甲、乙类的物料仓库或堆场，应满足下列规定：

  1 应布置在仓库区边缘，不应布置在人流集散处或运输繁忙的运输线路附近。

  2 泄压面积部分不应面对人员集中的场所或交通要道。

  3 散发可燃气体的物料仓库宜布置在散发火花地点的全年最小频率风向的上风侧。

4.1.11 位于码头陆域的仓库区平面，应根据企业的总体布置、水路运输发展规划、码头生产工艺要求和自然条件进行布置。

4.1.12 仓库及堆场应位于不受洪水、潮水、内涝威胁的地带；当不可避免时，应采取可靠的防洪（潮）和排涝措施。

4.1.13 仓库及堆场不宜布置在不良地质地段；当不可避免时，应采取加固措施。

4.1.14 沿山坡布置的建（构）筑物，应利用地形条件布置，并应采取防止边坡坍塌或滑动的措施。体形较大的建（构）筑物，宜布置在土质均匀、地基承载力较高，且地下水位较低的地段。

4.2 总平面布置

4.2.1 独立设置的仓库区与相邻居住区、工厂、交通线等的防火间距，不应小于表 4.2.1 的规定。间距起讫点应符合本规范附录 A 的规定。

4.2.2 仓库区与所属石油化工企业厂区内部各设施的防火间距，不应小于表 4.2.2 的规定。

表 4.2.1 独立设置的仓库区与相邻居住区、工厂、交通线等的防火间距（m）

项 目		火灾危险性为甲类的物料仓库、堆场	火灾危险性为乙类的物料仓库、堆场	火灾危险性为丙类的物料仓库、堆场	备注
居住区及公共福利设施		100.0	75.0	50.0	—
重要公共建筑		50.0	37.5	25.0	—
相邻工厂		30.0	22.5	15.0	—
厂外铁路	国家铁路线	35.0	26.5	17.5	
	厂外企业铁路线	30.0	22.5	15.0	
国家或工业区铁路编组站		35.0	26.5	17.5	
公路	高速公路、一级公路	30.0	22.5	15.0	
	其他公路	20.0	15.0	15.0	
Ⅰ、Ⅱ级国家架空通信线路		40.0	30.0	20.0	—
架空电力线路		1.5 倍塔杆高度	1.5 倍塔杆高度	1.5 倍塔杆高度	—
通航的海、江、河岸边		20.0	15.0	10.0	
爆破作业场地		300.0	300.0	300.0	

表 4.2.2 仓库区与所属石油化工企业厂区内部各设施的防火间距（m）

项 目		火灾危险性为甲类的物料仓库及堆场	火灾危险性为乙类、丙类（液体、气体）的物料仓库及堆场	火灾危险性为丙类（固体）的物料仓库及堆场	备 注
火灾危险性为甲类的工艺装置或厂房		30.0	22.5	15.0	—
火灾危险性为乙类的工艺装置或厂房		25.0	19.0	12.5	—
火灾危险性为丙类的工艺装置或厂房		20.0	15.0	10.0	—
全厂性重要设施	第一类	45.0	33.8	22.5	区域性重要设施可减少 25%
	第二类	35.0	26.5	17.5	

续表 4.2.2

项 目		火灾危险性为甲类的物料仓库及堆场	火灾危险性为乙类、丙类（液体、气体）的物料仓库及堆场	火灾危险性为丙类（固体）的物料仓库及堆场	备 注
明火地点		30.0	22.5	15.0	—
散发火花地点		15.0	11.5	7.5	—
液化烃储罐（全压力式或半冷冻式储存）	>1000m³	60.0	45.0	30.0	
	100m³（不含）~1000m³（含）	50.0	37.5	25.0	
	≤100m³	40.0	30.0	20.0	
液化烃储罐（全冷冻式储存）	>10000m³	70.0	52.5	35.0	
	≤10000m³	60.0	45.0	30.0	
沸点低于45℃的火灾危险性为甲B类的液体全压力式储存的储罐		30.0	22.5	15.0	—
可燃气体储罐	>50000m³	25.0	19.0	12.5	
	1000m³（不含）~50000m³（含）	20.0	15.0	10.0	
	≤1000m³	15.0	11.5	7.5	
地上火灾危险性为甲B、乙类可燃液体固定顶储罐	>5000m³	35.0	26.5	17.5	
	1000m³（不含）~5000m³（含）	30.0	22.5	15.0	
	500m³（不含）~1000m³（含）	25.0	19.0	12.5	
	≤500m³或卧式罐	20.0	15.0	10.0	
地上可燃液体浮顶、内浮顶储罐或火灾危险性为丙A类固定顶储罐	>20000m³	30.0	22.5	15.0	火灾危险性为丙B类的固定顶储罐与仓库及堆场的间距可折减25%
	5000m³（不含）~20000m³（含）	25.0	19.0	12.5	
	1000m³（不含）~5000m³（含）	20.0	15.0	10.0	
	500m³（不含）~1000m³（含）	15.0	12.0	7.5	
	≤500m³或卧式罐	10.0	7.5	6.0	
罐区火灾危险性为甲、乙类泵（房）、全冷冻式液化烃储存的压缩机（包括添加剂设施及其专用变配电室、控制室）		20.0	15.0	10.0	火灾危险性为丙类的泵（房）可减少25%
灌装站	液化烃	30.0	22.5	15.0	—
	火灾危险性为甲B、乙类的可燃液体及可燃、助燃气体	25.0	19.0	12.5	
	火灾危险性为丙类的液体	19.0	14.5	9.5	
液化烃及火灾危险性为甲B、乙类的液体	码头装卸区	35.0	26.5	17.5	火灾危险性为甲B、乙类的液体铁路装卸采用全密封装卸时，间距可减少25%
	铁路装卸设施、槽车洗罐站	30.0	22.5	15.0	
	汽车装卸站	25.0	19.0	12.5	

续表 4.2.2

项 目		火灾危险性为甲类的物料仓库及堆场	火灾危险性为乙类、丙类（液体、气体）的物料仓库及堆场	火灾危险性为丙类（固体）的物料仓库及堆场	备 注
火灾危险性为丙类的液体	码头装卸区	26.5	20.0	13.5	—
	铁路装卸设施、槽车洗罐站	22.5	17.0	11.5	
	汽车装卸站	19.0	14.5	9.5	
铁路走行线、厂内主要道路		10.0	10.0	10.0	次要道路为5.0m
污水处理场（隔油池、污油罐）		25.0	19.0	12.5	污油泵可减少25%

注：1 厂内铁路装卸线与设有铁路装卸站台的仓库的防火间距，可不受本表限制。
2 全厂性重要设施指发生火灾时影响全厂生产或可能造成重大人身伤亡的设施。第一类全厂性重要设施指发生火灾时可能造成重大人身伤亡的设施；第二类全厂性重要设施指发生火灾时，影响全厂生产的设施。
3 区域性重要设施指发生火灾时，影响部分装置生产或可能造成局部区域人身伤亡的设施。

4.2.3 仓库区内相邻建筑物之间的防火间距，应按现行国家标准《建筑设计防火规范》GB 50016 的有关规定执行。

4.2.4 仓库区内相邻建（构）筑物的间距，除应满足现行国家标准《建筑设计防火规范》GB 50016 的规定外，还应符合下列规定：
 1 采用带式输送机的两建（构）筑物之间的间距应满足带式输送机布置的要求。
 2 采用铁路运输的两建（构）筑物之间的间距应满足铁路线路的技术要求。
 3 采用公路运输的两建（构）筑物之间的间距应满足汽车行驶所需的间距要求。

4.3 道 路

4.3.1 仓库区内道路运输设计，应符合下列规定：
 1 道路通行能力应与运输车辆、装卸和运输能力相适应。
 2 装卸点货位及其内部通道，应满足汽车装卸及通行的要求，不应占用道路作为装卸场地。
 3 应便于功能分区，并应与已有道路或所属企业的厂区总平面及竖向布置相协调。
 4 道路结构形式宜与所属企业的厂区道路一致。对沥青有侵蚀或溶解的区域，不应选用沥青类路面。

4.3.2 仓库区道路可分为主要道路、次要道路和支道。主要道路的路面宽度应为7.0~9.0m，次要道路的路面宽度应为6.0~7.0m，支道的路面宽度应为4.0~6.0m。当仓库区占地面积较小，且道路交通流量不大时，主要道路和次要道路宜合并。

4.3.3 道路交叉口处路面内缘最小圆曲线半径应根据通行的最大车辆要求确定，宜按3m的模数选用。

4.3.4 仓库区内消防道路的设置，应符合下列规定：
 1 火灾危险性为甲、乙类的物料仓库及堆场、危险品仓库分类成组布置时，四周应设置环形消防道路，环形消防道路应有两处与其他道路连通。当受地形条件限制时，可设有回车场的尽头式消防道路。消防道路的路面宽度不应小于6.0m。
 2 火灾危险性为丙类的物料仓库及堆场可沿两个长边设置消防道路。通往单独的火灾危险性为丙类的物料仓库及堆场的消防道路可为尽头式，但应设回车场。消防道路宽度不应小于4.0m。
 3 两条消防道路中心线间距不应超过200.0m，当仅一侧有消防道路时，道路中心线至仓库或堆场最远处的距离不应大于100.0m。
 4 消防道路不宜与铁路平交叉，如需平交叉，应设置备用道路，两道路之间的间距不应小于最长一列火车的长度。
 5 消防道路交叉口处路面内缘最小圆曲线半径不宜小于12.0m，路面以上净空高度不应低于5.0m。

4.3.5 仓库区内部道路边缘至相邻建（构）筑物的最小间距应符合表4.3.5规定。

表 4.3.5 道路边缘至相邻建（构）筑物的最小间距

相邻建（构）筑物		最小净距（m）	备注
建筑物	面向道路一侧无出入口时	1.5	当汽车要求的转弯半径大于6.0m时，该数值应重新计算
	面向道路一侧有出入口，但不通行汽车时	3.0	
	面向道路一侧有出入口，且通行汽车时	6.0	
管线支架		1.0	—
标准轨距铁路		3.75	

4.3.6 汽车衡应符合下列要求：
 1 汽车衡的最大称量值不应小于实际最大称量汽车总质量的1.2倍。
 2 汽车衡宜设置在汽车运输货物主要出入口附

近道路边，汽车衡位置应满足建筑限界的要求。

  3 汽车衡两端引道直线段长度不应小于设计的最长一辆车长。

4.4　铁　　路

  4.4.1 火灾危险性为甲、乙类的物料仓库内不应布置铁路线。

  4.4.2 区间线、联络线、机车走行线、连接线的曲线半径均不应小于300m，受限区域不应小于180m；仓库引入线的最小曲线半径不应小于150m。

  4.4.3 装卸线应按直线布置，受限区域可按半径不小于600m的曲线布置。

  4.4.4 尽头式铁路装卸线的车挡至最后车位的距离，应根据运输物料的性质确定，火灾危险性为甲、乙类的物料不应小于20m，丙类物料不应小于15m。

  4.4.5 铁路与道路平面交叉口处应设置道口，道口铺砌应平整。道口应设置在瞭望条件良好的直线地段。在距道口外50m范围内，道路机动车辆司机视距，以及火车司机视距不宜小于表4.4.5的规定。

表4.4.5　铁路与道路平交道口视距（m）

火车速度（km/h）	道路机动车辆司机视距	火车司机视距
40	180	400
30	150	300
20	100	150

  4.4.6 在下列情况下，如无法采取安全技术措施时，应设置有人看守的道口：

  1 仓库区内道路交通流量很大的主干道与铁路线路平面交叉时；

  2 道路机动车辆司机视距或火车司机视距不能满足表4.4.5规定的视距要求时。

  4.4.7 轨道衡的型号和设置位置，应根据产品计量及工艺要求确定。轨道衡线应为专用的贯通线，不得兼作走行线。轨道衡最近的两端应设置平直线，平直线长度不应小于25.0m，当采用连续称量时，平直线长度不应小于50.0m。

4.5　码　　头

  4.5.1 位于码头陆域仓库区的主要生产设施应靠近陆域前方布置，辅助生产设施、行政管理和生活设施可因地制宜布置。

4.6　带式输送机

  4.6.1 带式输送机线路，宜沿道路或平行于主要建筑物轴线顺直布置，并应避免横穿场地。带式输送机进入建（构）筑物时宜正交，困难时，与建（构）筑物轴线的夹角宜大于75°。

  4.6.2 带式输送机应减少与铁路、道路、管架等的交叉；如需交叉，宜正交，且应满足净空高度的要求。

  4.6.3 带式输送机栈桥支架的间距宜均匀，并应避开地下管道。与铁路、道路的间距应满足相应的限界要求。

4.7　围墙及其出入口

  4.7.1 独立设置的仓库区周围应设置围墙。围墙宜采用实体围墙，高度不宜低于2.40m。仓库区内部各单元之间或单元内部除有特殊要求外，不应另外设置围墙。分散布置在所属企业生产区内的仓库或堆场宜与生产区的围墙相结合。

  4.7.2 围墙与建（构）筑物之间的最小间距应符合表4.7.2的规定。

表4.7.2　围墙与各建（构）筑物的最小间距（m）

建（构）筑物	最小间距
火灾危险性为甲类的物料仓库及堆场	15.0
火灾危险性为乙、丙类的物料仓库及堆场	11.5
道路路面	1.5
标准轨距铁路	5.0

  4.7.3 除通行火车的出入口外，围墙出入口数量不应少于2个，并应直接与仓库区外道路顺畅连接。出入口宜位于不同方向。当在同一方向设置出入口时，间距不应小于30.0m。通行火车的出入口净宽不应小于6.4m，通行汽车的出入口净宽不应小于4.0m。

  4.7.4 主要人流出入口与主要货物出入口宜分开设置。通行火车的出入口不应兼作人流出入口。

  4.7.5 主要出入口附近应设置值班门卫。

  4.7.6 主要汽车货物出入口附近宜设置货车停车场，停车场规模应与汽车数量相匹配。

4.8　绿　　化

  4.8.1 独立设置的仓库区内绿化用地率不应小于12%，当地规划部门有具体规定时应执行当地规划部门的规定。

  4.8.2 仓库管理区附近宜重点绿化和美化。

  4.8.3 有防火要求的仓库及堆场附近，应选择水分大、树脂少，且有阻挡火灾蔓延作用的树种。

  4.8.4 散发有害气体的仓库及堆场附近，应选择抗性和耐性强的树种或草皮。

  4.8.5 在有灰尘散发的仓库及堆场附近，应选择滞尘力强的树种或草皮。

4.9　竖向布置

  4.9.1 靠近海、江、河、湖泊布置的仓库区，当无满足要求的堤防保护时，场地设计标高应高于计算水位0.50m。当有防止仓库区受淹的措施时，设计标高可低于计算水位。

4.9.2 位于码头陆域仓库区的场地设计标高，应与码头前沿的高程相适应，地面坡度应根据地形条件、装卸工艺要求并结合场地设计高程确定。

4.9.3 堆场地面标高宜高出周围地面或道路标高0.20～0.30m；沉降量较大的地区宜加大。

4.9.4 位于山坡地带的仓库，在满足生产、运输等要求下，应采用阶梯式布置。

4.9.5 阶梯式布置有下列情况之一时，应设置挡土墙：
　　1 陡坡或工程地质不良地段。
　　2 建筑物密集或用地紧张的区域。
　　3 易受水流冲刷而坍塌或滑动的边坡，且采取一般铺砌护坡不能满足防护要求的地段。

4.9.6 挡土墙或护坡高度超过2.00m且附近有人员出入时，应在墙顶或坡顶设置高度1.10m的防护栏杆。附近有车辆行驶的，应在挡土墙或护坡附近设置防护隔离墩。

4.9.7 场地排雨水方式的选用宜符合下列要求：
　　1 雨量少、土壤渗水性强且易于地面排水的地段，宜采用无组织排水。场地排水坡度宜采用0.5%～2.0%。
　　2 场地平坦，建筑密度较高，城市型道路，运输条件复杂，对卫生、美观有较高要求的地区，宜采用有组织排水。
　　3 散料露天堆场排雨水宜采用明沟排水系统，排水明沟或雨水口应设置在堆场四周，不应布置在堆场范围之内。场地排水坡度宜采用0.5%～2.0%。

5 仓储工艺

5.1 桶装、袋装仓库

5.1.1 桶装、袋装仓库的设计应符合下列规定：
　　1 火灾危险性为甲类的物料仓库应采用单层仓库。其他物料仓库可采用多层仓库。
　　2 成品仓库宜靠近包装厂房，也可与包装、搬运、储存、装车组成为机械化储运的联合装置。
　　3 宜设置一定储量的空桶、空袋堆场或敞开式仓库。
　　4 相互接触会产生化学反应、爆炸危险的物料，以及腐蚀性物料和易燃物料储存在同一仓库时，应用实体墙隔开，并各自设置出入口。
　　5 火灾危险性为甲、乙类的物料桶装、袋装仓库储存，应符合现行国家标准《常用化学危险品贮存通则》GB 15603的有关规定。

5.1.2 仓库面积组成应包括储存物料的储存面积，搬运设备占用面积，通道及过道占用面积等。

5.1.3 仓库面积可采用荷重法计算，可按本规范附录B确定。

5.1.4 采用托盘成组码垛储存的成品仓库，不宜另外设置空托盘库，可留出空托盘存放面积。

5.1.5 仓库面积利用系数不宜低于0.50。不同储存方式时面积利用系数宜按表5.1.5确定。

表5.1.5 仓库面积利用系数

包装形式	储存、搬运方式	面积利用系数	备注
袋装	人工堆包，手推车或液压搬运车搬运	0.60～0.80	—
袋装	桥式堆包机，人工卸包码堆	0.55～0.70	码堆高宜为8～12层，手推车或液压搬运车搬运取上限，叉车搬运时取下限
袋装	人工或码垛机托盘码垛，叉车搬运	0.50～0.60	每托盘码垛1.0～1.5t 堆高1～3托盘
桶装	人工或码垛机托盘码垛，叉车搬运	0.65	—
桶装或袋装	码垛机托盘码垛，驶入式货架叉车搬运	0.50～0.60	—

注：仓库面积利用系数指仓库中储存物料所占有效面积与总有效面积之比。

5.1.6 仓库的通道及过道宽度，应保证进出货物能顺利安全通过，且宜符合下列要求：
　　1 叉车运输主通道宽度不宜小于5.00m；最小通道可按本规范附录C确定。
　　2 辅助过道用于叉车搬运时不宜小于2.00m，用于人工搬运时不宜小于1.50m。

5.1.7 仓库高度应符合下列规定：
　　1 不设置起重机时，单层仓库净空高度不宜小于4.00m。
　　2 采用桥式起重机时，单层仓库净空高度不宜小于6.50m，并应根据采用的起重机型号及物料堆放高度或货架高度进行核算。
　　3 采用码垛机、托盘成组并配叉车时，净空高度不宜小于4.50m。
　　4 采用桥式联合堆包机时，净空高度不宜小于8.00m。
　　5 多层仓库第一层净空高度不应小于4.50m；第二层及以上各层净空高度不宜小于3.50m。

5.1.8 仓库站台应符合下列规定：
　　1 仓库装卸站台宜与仓库紧邻且平行于仓库长度方向轴线。站台高度应根据运输车辆确定，铁路运输站台应高出轨顶1.00～1.10m，汽车运输站台应高出地面 0.80～1.55m。

　　2 站台宽度应根据搬运作业和堆放物料的需要确定。当采用人工搬运时，站台宽度不应小于 2.50m；当采用叉车搬运时，站台宽度不应小于 5.00m；当采用移动式输送机或移动式悬挂装车机时，站台宽度不应小于 4.50m。

　　3 装卸站台宜设置防雨棚。汽车装卸站台的防雨棚宽度宜超出站台边 3.00m；铁路装卸站台的防雨棚宽度宜超出车厢外侧。

5.1.9 储存和搬运方式宜符合下列规定：

　　1 小型仓库可采用人工搬运或码垛；人工装车的仓库，也可采用叉车搬运堆垛储存和装车。

　　2 大、中型仓库宜采用机械化搬运、储存和装车。

　　3 每次搬运起重量较小时，可选用悬挂式桥式堆垛机。堆垛高度在 4.00m 以下时，可采用地面控制；地面控制时，悬挂式桥式堆垛机大车行走速度宜小于 40m/min。

　　4 堆垛高度在 4.00m 以上，且储存及出入库量较大的仓库，宜选用桥式堆垛机，并应采用驾驶室控制。桥式堆包机轨顶高度不宜大于 12.00m，跨度不宜小于 18.00m。

　　5 采用半自动或自动码垛机码垛时，宜采用叉车搬运堆垛，堆垛高度宜为 1～3 托盘，并应配备相应吨位和起升高度的叉车。

　　6 露天桶装堆垛、码垛成组袋装堆场或经塑料薄膜包裹的袋装堆场，宜采用叉车或专用起重机堆垛和装运。

　　7 仓库内储存易燃、易爆物料时，不宜选用悬挂式桥式堆包机。当选用桥式堆包机时，桥式堆包机应具备防爆功能，且宜选用地面控制。

　　8 当采用网络成组无托盘搬运或大袋包装时，应配备带起重臂的叉车或吊钩桥式起重机。

　　9 二层及以上仓库的垂直运输设备应采用电梯或升降机，不应采用手动或电动葫芦、桥式起重机等起重设备跃层操作。

　　10 当仓库采用叉车搬运时，应配置通用托盘。

5.2 金属材料、备品备件仓库

5.2.1 金属材料和备品备件仓库的设计应符合下列规定：

　　1 金属材料、备品备件、劳保用品等可根据工厂规模单独设仓库，也可合并为综合仓库。

　　2 贵金属材料和精密仪器仪表应根据其储存要求单独储存。

　　3 一般金属材料可采用露天堆场储存。当采用室内储存时应设计为单层仓库，仓库跨度不宜小于 15.00m，净空高度不宜小于 6.50m。地面设计荷载不宜小于 40kN/m²。室外或室内储存时均应配备起重及搬运设备。

　　4 大件备品备件室内储存时宜设计为单层仓库，并应配备起重及搬运设备。地面设计荷载和净空高度应符合本条第 3 款的规定。小件备品备件宜采用人工操作的搁板式或横梁式货架储存、手动或电动移动式货架并配备叉车搬运储存，也可采用装入小型箱柜储存在货架上。

　　5 金属材料仓库采用货架储存时，宜采用悬臂式货架。

　　6 当金属材料仓库与其他物料合并为综合仓库时，宜设计为多层仓库，二层及以上的综合仓库应符合下列要求：

　　　1）多层综合仓库底层储存的金属材料和较大件的备品备件宜就地存放，两层及以上各层储存小件物料，可采用货架储存。

　　　2）底层可配备起重及搬运设备，底层以上各层可配备手动或电动葫芦起重设备。当底层配备悬挂式或桥式起重机时，底层净空高度不应小于 6.50m，底层以上各层层高不宜大于 4.50m，跨度不宜大于 9.00m。

　　　3）底层地面荷载应根据存放物料确定。二层的楼面荷载不宜大于 15kN/m²，两层及以上各层的楼面荷载不宜大于 10kN/m²。

　　　4）上下层间垂直运输设备应按本规范第 5.1.9 条第 9 款的规定采用。

5.2.2 金属材料仓库通道宽度，应根据搬运的方式和运输设备的规格型号确定。采用桥式起重机或配备叉车作辅助搬运时，主通道宽度不宜小于 5.00m，前移式叉车通道宽度不宜小于 2.80m，辅助通道宽度不宜小于 2.00m。备品备件或劳保用品采用搁板式货架储存人工操作手推车搬运时，主通道宽度不应小于 2.00m，货架间上架的取货过道宽度宜为 1.00～1.50m。

5.2.3 金属材料仓库和备品备件仓库面积可按本规范附录 B 计算。仓库应设置切割断料设备所占用的面积。金属材料仓库和备品备件仓库面积利用系数宜按表 5.2.3 确定。

表 5.2.3 金属材料仓库和备品备件仓库面积利用系数

仓库名称	储存、搬运方式	面积利用系数
金属材料仓库	就地堆放 叉车或起重机械搬运	0.60～0.70
	悬臂式货架储存 叉车或起重机械搬运	0.50～0.60
小件备品备件、劳保用品或综合仓库	搁板式或横梁式货架储存 人工手推车搬运	0.40～0.50
	手动或电动移动式 货架叉车搬运	0.70～0.80
大件备品备件	就地堆放 叉车或起重机械搬运	0.50～0.60

5.3 散料仓库

5.3.1 散料仓库的设计应符合下列规定：

1 不易受潮的散料仓库宜设计为敞开式或半敞开式；易受潮的散料仓库应设计为全封闭式；需防潮的散料，仓库内应有除湿设施。

2 仓库内可做成地坑式，地坑深度不宜超过2.50m。

3 设有挡料墙的敞开式仓库，挡料墙宜设在盛行风向的上风侧。仓库挡料墙应高出室内地面1.00m以上，且应低于物料允许堆放高度0.50m。

4 仓库地面应根据具体的地质情况采取地基处理措施。仓库内地面应采取排水措施，在易积水的地面安装设备或钢支架时，设备基础及钢支架支腿应设混凝土基础，基础顶面宜高出附近地面0.10~0.20m。

5 仓库室内地下储斗、地槽、溜槽的顶面宜高出地面0.30m以上。

6 仓库内粉尘易飞扬的部位，应采取密闭措施，并应设置通风除尘设施。

7 各种形式的储料仓、料斗、地槽均宜采取防止堵料和起拱的措施，寒冷地区还应采取防冻措施。

8 散料仓库的面积利用系数宜取0.70~0.80，储存量及面积计算应符合本规范附录D的规定。

5.3.2 耙料机库应符合下列规定：

1 门式耙料机库应符合下列规定：

  1）仓库内料堆两端应设置承重挡料墙，中间可设置低于两端挡料墙的隔墙。

  2）耙料机轨道应安装在±0.00平面，地面带式输送机一侧耙料机地面应按耙料机规格要求确定，宜高出±0.00平面1.60~2.00m。

  3）配合耙料机工作的出库带式输送机带面标高宜为0.80~1.00m，在仓库内应水平布置。

  4）仓库控制室宜设置在散料仓库中部靠近出库带式输送机一侧的外侧面，控制室地面宜高出散料仓库地面2.00~3.00m。

  5）仓库内堆料区以外应留有检修场地。

2 回转耙料机（圆形）库应符合下列规定：

  1）进库应采用架空带式输送机，应在仓库中心下料，并应与回转耙料机配合堆料。出料应采用地下带式输送机。

  2）圆形仓库内应采用相应的回转耙料机堆取料，进料与出料应采用带式输送机。回转耙料机中部基础处地面应提高。圆锥形库底与水平夹角宜采用6°00′~7°12′。

5.3.3 抓斗桥式起重机仓库应符合下列规定：

1 仓库跨度不宜小于24.00m。柱距宜选用6.00~9.00m。仓库长度不宜小于跨度的2倍，并应在长度方向的端部留出检修或更换抓斗的空地。

2 当同一轨道上设置两台及以上抓斗桥式起重机时，每台起重机作业长度不宜小于40.00m，每台起重机应能单独切断电源。土建设计荷载应按两台起重机在同一柱内靠近作业时的最大轮压计算。

3 起重机电源主滑线应设置在司机室对侧。

4 起重机轨道外侧应设置走道，外侧有柱时，走道在柱子外的净宽不应小于0.60m，净空高度不应低于2.20m。走道外无挡墙时应设置栏杆，栏杆有效高度应为1.10m；每台起重机均应设置运行人员从地面进入司机操作室的楼梯。

5 当有机车进入仓库时，仓库跨度不宜小于24.00m，起重机轨顶标高与铁路轨顶标高的垂直高差不应小于8.00m。抓斗最大运行高度应低于极限高度0.30~0.50m，抓斗下限（张开状态）与料斗面、料堆顶面的距离不应小于0.50m。起重量5.0t的起重机，其轨面应高于料堆表面5.00m以上，并应高于仓库地面12.00~15.00m。

6 同一仓库内宜堆放储存单一物料；如需在同一仓库内堆放储存两种及以上不同品种、不同规格物料时，宜采用隔墙分开。

7 易自燃物料的堆高不应大于3.50m，且不宜采用低地面；非自燃物料，可增加堆放高度。

8 散料出库当采用高位受料斗形式时，受料斗顶面标高不宜高于6.00m。设置在上口的型钢箅子板应能承受抓斗的撞击。料斗中心线应在抓斗运行水平极限位置以内不小于0.50m处。同一仓库内若设置2个受料斗时，受料斗间距宜取25.00~50.00m。

9 起重机跨度范围内设置铁路卸车站台时，铁路中心至柱子边最近间距不应小于2.50m（车辆为单侧卸料）。起重机司机室宜布置在靠近铁路站台一侧。

10 有推土机或装载机作业的仓库，柱距不应小于7.20m，并应设置推土机或装载机进出的通道。

11 桥式抓斗起重机跨度内不宜设置沿铁路站台的地面带式输送机。当设置沿铁路站台的地面带式输送机时，移动式受料斗高度不宜超过铁路敞车上缘。受料斗上口尺寸应与抓斗张开后的尺寸相适应，并应设置箅子板。箅子孔的尺寸应符合料斗下部给料机的工作要求。

5.3.4 不设置起重机的仓库应符合下列要求：

1 仓库内宜配备推土机、装载机、叉车、移动式带式输送机或手推车等搬运机械。

2 用于堆取料作业的推土机，其台数可根据作业量及推土机性能等因素计算确定，备用台数不宜少于计算台数的50%。当推土机仅用于平整、压实和倒运时，推土机的总数不宜少于2台。履带式推土机运距不宜大于50m。可根据倒运作业的需要配备1台轮式装载机。

3 当有推土机作业时，应在仓库附近设置推土机库，并宜设置冲洗台和储油间。

5.4 钢筋混凝土筒仓

5.4.1 筒仓的平面布置，应根据工艺、地形、工程地质和施工等条件，经技术经济比较后确定。群仓可选用单排或双排布置。

5.4.2 筒仓的平面形状宜选用圆形。小型圆形群仓宜选用仓壁外圆相切的连接方式。当筒仓直径等于或大于 18.00m 时，宜采用单仓独立布置形式。

5.4.3 直径大于 10.00m 的圆形筒仓，仓顶上不宜设置有振动的设备。

5.4.4 筒仓仓壁上开设的洞口，其宽度和高度均不宜大于 1.00m。

5.4.5 筒仓进料宜采用仓顶带式输送机，卸料设备宜采用固定带式输送机配电动犁式卸料器；进仓输送设备应设置除铁装置；仓顶物料进口应设置算栅，算栅孔最小边尺寸应大于进仓物料最大粒径的 1.2 倍。

5.4.6 筒仓排料口形式、数量、尺寸、漏斗壁倾角及高径比等参数，应根据物料的颗粒组成、流动性、设计的流动形式以及地基和工艺条件确定。筒仓下部排料应顺畅。

5.4.7 直径等于或大于 15.00m 的筒仓，下部宜采用槽形漏斗，并应采用叶轮给料机排料。直径大于 18.00m 的筒仓，可采用环形漏斗及相应的排料设备。直径小于 15.00m 且下部采用 2~4 个圆锥形漏斗的筒仓，漏斗部分应光滑耐磨，可装设助流装置或预留装设助流装置的条件。

5.4.8 筒仓内存放易燃易爆物料时，应采取防火防爆措施。仓内应设置可燃气体浓度报警仪，仓面应设置通风机，仓顶沿仓壁周围应设置瓦斯排放孔，仓顶结构应采取泄爆措施；筒仓内存放自燃、发热、散湿及易散发有害气体的散料时，筒仓上方应设置相应的通风排气管口。

5.4.9 筒仓应设置安全保护及监测装置，其监测仪表以及防火防爆装置的显示、控制装置，应集中安装在输送系统集中控制室或筒仓控制室内。筒仓集中控制室应设置在筒仓以外。

5.4.10 筒仓应设置料位信号、料位指示设施和避雷设施。

5.4.11 筒仓应根据储存物料的特性设置防尘、防自燃和排风的设施。储存物料易产生粉尘的筒仓顶部和筒仓卸料处应设置相应的密封除尘装置。

5.4.12 筒仓下部应设置事故排料口，且应采取将排料口排出的物料返回系统的措施。

5.4.13 当储存的物料不允许破碎时，宜在筒仓（深仓）内设置中间螺旋溜槽或采用浅仓。

5.4.14 除引入仓顶的带式输送机通廊外，仓顶面建筑物还应另外设置 1 个出入口。

5.4.15 筒仓建造在严寒地区时，应采取防冻措施。

5.4.16 圆形筒仓底部可分为平底和锥底。锥体内壁对水平面的倾角应根据物料静堆积角确定。

5.4.17 筒仓的锥部形状，应根据工艺需要，经技术经济比较后确定。应采用双列缝隙式或锥体四口出料，对于小直径的筒仓，可采用双曲线单口出料。

5.4.18 筒仓顶部应设置防雨棚，仓顶部入口四周应有宽度不小于 0.80m 的人行走道。

5.4.19 筒仓底部卸料装汽车时，仓底下地面净空高度不应小于汽车载货时的最大高度加 0.30m。

5.4.20 筒仓底部卸料装火车时，仓底有关部位尺寸应符合现行国家标准《工业企业标准轨距铁路设计规范》GBJ 12 的有关规定。

5.4.21 储存磨损性物料的筒仓应在仓底锥体部位设置耐磨层。

5.4.22 筒仓的设计应满足下列要求：

1 仓顶建筑物内应设起重设备，起重梁应伸出仓体。

2 总容量超过 25000t 的大型筒仓，可设置客货两用电梯。

3 叶轮给料机排料的筒仓，叶轮给料机运转层两端应留有叶轮给料机检修场地，并应配备起重设备。

4 筒仓下部为锥形漏斗时，排料口应设置能截断料流的闸门。

5 仓顶应设置检修人孔，尺寸不应小于 0.60m×0.70m，并应加盖板。

5.5 操作班次

5.5.1 原料入库和成品出库的操作班次，应根据原料、成品运输方式及运输部门的有关要求确定。业主若无规定时，铁路运输宜为二班制，水路和公路宜为一班制或二班制。

5.5.2 当成品包装为三班制，包装区有缓冲储存区时，桶装、袋装成品入库储存班制为一班制；当包装区无缓冲储存区时，成品入库储存班制应与包装操作班制一致。

5.5.3 化学品、危险品、金属材料、备品备件等库的操作班次宜为一班制。

6 储存天数

6.1 一般规定

6.1.1 物料的储存天数应根据生产规模、运输方式、运输距离、仓库区地理位置、气象条件、市场条件等因素确定，并应符合下列规定：

1 生产规模大时，储存天数可减少；生产规模小时，储存天数可增加。

　　2 运输距离远时，储存天数可增加；运输距离近时，储存天数可减少。

　　3 采用铁路运输时，储存天数可减少。

　　4 采用水路运输，水、陆联运，特别是海、河联运时，储存天数可增加。

　　5 以公路运输为主，且运距较短时，储存天数较其他运输方式可减少。

　　6 地处冰冻期较长的寒冷地区或多雨地区，对运输、装卸有影响时，储存天数可增加。

　　7 原料能保证定点供应时，储存天数可减少；原料不能保证定点供应时，储存天数可增加。

　　8 需特殊处理的物料的储存天数可相应增加。

　　9 市场来源特殊的物料的储存天数应按实际需要确定。

6.1.2 易燃、易爆物料的储存天数及其相应的储存量应符合现行国家标准《常用化学危险品贮存通则》GB 15603 的规定。

6.2 成品、原（燃）料

6.2.1 散装原（燃）料储存天数，可按本规范附录 E 确定，本规范附录 E 未规定的其他散料的储存天数可按本规范附录 E 同类物料确定。

6.2.2 桶装、袋装物料的储存天数，可按本规范附录 E 确定。

6.3 化学品、危险品

6.3.1 化学品、危险品的储存天数，当国内供应时应取 20~30d，当国外进口时应取 30~90d。

6.3.2 特殊化学品、危险品的储存天数不应大于其物料性能的有效期。

6.4 金属材料、备品备件

6.4.1 金属材料的储存天数宜为 90d；特殊紧缺材料、进口材料宜为 180d。

6.4.2 通用常规的备品备件储存天数宜为 90d。

6.4.3 国内供应的关键设备的备品备件储存天数宜为 120~180d。

6.4.4 引进装置随机提供的备品备件应按合同规定提供的备品备件量储存。

7 建筑设计

7.1 一般规定

7.1.1 独立设置的仓库区，其单座仓库的面积、耐火等级、防火间距及疏散要求应符合现行国家标准《建筑设计防火规范》GB 50016 的有关规定；位于所属石油化工企业厂区内的仓库区，且消防水系统依托所属企业时，其单座仓库的面积、耐火等级、防火间距及疏散要求应符合现行国家标准《石油化工企业设计防火规范》GB 50160 的有关规定。

7.1.2 合成纤维、合成橡胶、合成树脂及塑料等仓库的要求，应符合现行国家标准《石油化工企业设计防火规范》的规定。

7.1.3 单座占地面积超过 12000m² 的包装物料仓库，其内部主通道的宽度不宜小于 5.0m，与堆垛的最小间距不宜小于 1.0m，并应与库外车行道路顺畅连接。

7.1.4 危险品仓库应符合下列规定：

　　1 大型化工装置中的火灾危险性为甲、乙类的危险品仓库宜单独设置，如不能分幢设置时应设置防火墙进行分隔，其分隔面积不应超过现行国家标准《建筑设计防火规范》GB 50016 的有关规定，每个隔间应有独立的外墙及出入口。

　　2 危险品仓库严禁布置在建筑物的地下室或半地下室内。

　　3 仓库净空高度不宜小于 3.50m。

　　4 放射性物质、剧毒性物料仓库的建筑设计应符合现行国家标准《常用化学危险品贮存通则》GB 15603的有关规定。

7.1.5 仓库屋面防水等级不应低于Ⅲ级；危险品仓库屋面防水等级不应低于Ⅱ级。

7.1.6 仓库室内外地面高差不应小于 0.15m，并应符合下列规定：

　　1 储存比空气重的气体时，仓库室内外地面高差不应小于 0.30m，且应在接近地面处开通风窗。

　　2 当室内地面需架空时，仓库室内外地面高差不应小于 0.60m。

7.1.7 当储存物料对建筑物产生腐蚀时，应根据腐蚀介质特性对建筑构件采取防腐蚀措施，并应符合下列规定：

　　1 产生气相腐蚀的物料仓库，其内部的墙面、屋面、梁、柱均应采取防腐蚀措施。

　　2 储存酸、碱类物料的钢结构仓库，其构件应同时满足防火及防腐蚀的要求。

　　3 储存有腐蚀性的火灾危险性为甲、乙类物料仓库，当构件设置有保温构造时，其保温材料的燃烧等级不得低于 B1 级，在构造设计时应采取防腐蚀措施。

7.1.8 仓库设计使用年限应为 50 年，临时建筑设计使用年限应为 5 年。

7.1.9 仓库墙体下部宜设置高度不小于 1.00m 的防撞实体墙。

7.2 门 窗

7.2.1 仓库外窗设计应符合下列要求：

1 窗台高度不宜小于 1.80m，且应高于物料的堆放高度。

2 可开启的外墙窗扇应向外开启，天窗的开启与关闭应灵活、便利。窗的密闭性能应符合现行国家标准《建筑外窗抗风压性能分级及检测方法》GB/T 7106 的有关规定。作为泄爆面积的窗，应采用安全玻璃。

3 对有特殊要求的外窗应设置遮阳构造。

7.2.2 建筑面积大于 1000m² 的火灾危险性为丙类的物料仓库，应设置排烟系统；排烟系统设计应采用排烟窗自然排烟，当不能满足要求时，应设置机械排烟系统。

7.2.3 排烟窗可分为侧窗和天窗，或采用易熔材料制作的天窗采光带，也可混合使用。

7.2.4 采用侧窗和天窗进行排烟设计时，应符合以下要求：

1 侧窗高度在室内高度 1/2 以上的面积可作为排烟面积。

2 排烟窗应采用手动或电动的开窗机进行控制。当采用电动开窗机时，开窗机的启动装置应设置在明显和便于操作的部位，距地面高度宜为 1.20~1.50m，排烟窗面积应为排烟区域面积的 4%；当采用手动开窗机时，排烟窗面积应为排烟区域面积的 6%。

3 当仓库内设置有自动喷水灭火系统时，排烟窗面积可减半。

4 室内净高度超过 6m 时，净高度每增加 1m，排烟窗面积可减少 10%，但最大减少量不应超过 50%。

7.2.5 采用易熔材料制作的天窗采光带进行排烟设计时，应符合下列要求：

1 排烟窗的材料熔点不应大于 80℃，且在高温条件下自行熔化时不应产生熔滴。

2 固定的天窗采光带面积应为可开启外窗排烟面积的 2.5 倍。当仓库同时设置可开启外窗和固定采光带时，可开启外窗面积与 40% 的固定采光带面积之和应达到排烟区域所需的排烟窗面积。

7.2.6 排烟侧窗应沿建筑物的二条对边均匀布置。天窗应在屋面均匀布置，当屋面坡度不大于 12°时，每 200m² 的建筑面积应安装 1 组排烟天窗；当屋面坡度大于 12°时，每 400m² 的建筑面积应安装 1 组排烟天窗。

7.2.7 固定采光带、采光窗应在屋面均匀布置，每 400m² 的建筑面积应安装 1 组固定采光带或采光窗。

7.2.8 设有天窗或采光带且檐高大于 10m 的仓库，宜设置不少于 2 座上屋顶的检修用梯。

7.2.9 仓库大门的设计，应符合下列要求：

1 应满足保温和防腐的要求。

2 应向外开启。当选用推拉门时，应设置向外开启的小门；人员集中或主要出入的门应带玻璃亮子，也可在门扇上设置玻璃窗，并应采用安全玻璃。

3 外门应设置雨篷。

4 洞口尺寸应根据储存物料包装的规格及搬运工具的类型确定，最小宽度应为运输工具的最大宽度加上 0.60m；最小高度应为运输工具载货时的最大高度加 0.30m。

5 通行汽车的大门洞口宽度不应小于 3.60m，高度不应小于 4.00m。

6 通行火车的大门洞口尺寸，如无超限车进入时宽度不应小于 4.00m，高度不应小于 5.00m；如有超限车进入时宽度不应小于 4.90m，高度不应小于 5.50m。

7 通行其他无轨道运输工具的大门洞口宽度不应小于 2.10m，高度不应小于 2.40m。

7.2.10 储存火灾危险性为甲、乙类物料仓库宜采用金属门窗，不应采用硬聚氯乙烯门窗。

7.2.11 储存火灾危险性为甲、乙类物料仓库的金属门窗，应采取静电接地及防止产生火花的构造措施。

7.3 地 面

7.3.1 仓库地面及车行坡道的地基和结构垫层的设计，应符合现行国家标准《建筑地面设计规范》GB 50037 的有关规定。

7.3.2 地下水位与设计地面高差小于 0.50m 时，地面构造应采取防水措施；地下水位与设计地面高差大于 0.50m 时，地面构造应采取防潮措施。

7.3.3 湿陷性黄土地基或天然地基承载力小于 60kN/m² 时，地面的地基宜采取加固措施。

7.3.4 仓库地面面层的设计应根据使用要求确定，并应满足洁净、防腐蚀、防滑、防爆、耐磨、抗静电等特殊要求。

7.3.5 仓库地面排水应符合工艺排放要求。

7.3.6 仓库出入口宜采用坡道与库外道路连接，宽度宜为门洞口宽度加 1.00m；坡度的设置应符合下列规定：

1 室内外高差不大于 0.30m 时可采用 1:6；

2 室内外高差大于 0.30m 时可采用 1:8。

7.3.7 寒冷地区坡道面层应采取防滑措施。

7.4 采暖通风

7.4.1 仓库内物料散发的有害物质应通风排除，仓库通风换气次数不应少于表 7.4.1 的规定：

表 7.4.1 仓库通风换气次数

名　称	通风换气次数（次/h）
桶（瓶）装易燃油库	3
氧气瓶库	1.5
乙炔瓶库	3

续表 7.4.1

名　称	通风换气次数（次/h）
电石库	3
桶（瓶）装润滑油库	1.5
酸类储存间	3
化学品库	2

注：氰化钾、氰化钠等剧毒物质，应放在密闭柜内，并应进行机械通风，排风量宜按 1500m³/h 设计。

7.4.2 机械排烟及通风的设计，应符合下列要求：

1 应符合现行国家标准《采暖通风与空气调节设计规范》GB 50019 的有关规定。

2 每个防烟区的面积不宜超过 500m²，且防烟区不应跨越防火分区。

3 存放散发剧毒物质的仓库，严禁采用自然通风。

4 含有爆炸危险性物质的排烟及通风系统的设备和管道，均应采取静电接地措施，并不应采用易积聚静电的绝缘材料制作。

5 存放易燃易爆危险物质的仓库，其送风、排风系统应采用防爆型的通风设备。

7.4.3 有采暖防冻要求的物料储存应满足工艺要求，如工艺无特殊要求时应符合下列要求：

1 应根据储存物料的性质选取采暖方式，仓库采暖温度应符合表 7.4.3 的规定。

表 7.4.3 仓库采暖温度

名　称	采暖温度（℃）
金属材料库	不采暖
桶（瓶）装易燃油库	不采暖
气瓶库	不采暖
润滑油库	5℃
化学品库	5℃
有防冻要求的仓库	5℃

2 位于寒冷地区的仓库大门应设置门斗。

3 位于寒冷地区的装卸区宜配备汽车热启动设备。

8 堆　场

8.1 一般规定

8.1.1 不同散料应分类储存，料堆底间距不宜小于 5.0m；当有作业机械通过时，不宜小于 8.0m。

8.1.2 当散料堆场采用地面轨道式机械时，料堆底与堆取设备钢轨中心的距离不应小于 2.0m；当采用门式抓斗起重机卸车，且在门架内堆放物料时，料堆底距卸车机行车轨道内侧不应少于 1.0m，并应采取防止料堆塌陷埋没轨道的措施。

8.1.3 在火车装卸线一侧设置堆场时，料堆底与铁路钢轨中心的距离不应小于 2.0m。

8.1.4 堆放可自燃物料时，应采取防止自燃的措施。

8.1.5 有粉尘飞扬的散料堆场应采取防尘措施。

8.1.6 可燃物料堆场地下不应敷设电缆、采暖管道、可燃液体管道及气体管道。

8.1.7 堆场地面应平坦坚实干燥，无特殊要求时，面层宜采用混凝土或碎石压实面层。煤堆场地面可采用劣质煤压实，矿石堆场地面可采用同类矿石压实。

8.1.8 袋装物料堆场应采取防排雨水的措施。

8.2 堆场面积计算

8.2.1 堆场储存量和堆场面积应根据储存物料的特性数据和堆放形式计算。物料的特性数据应由工程建设单位提供或试验测定。散料堆场储存量及面积计算应符合本规范附录 F 的规定。

8.2.2 料堆高度和宽度应根据物料性质、堆场设备和场地条件确定。散料堆场堆料高度宜为 3~8m，采用堆取料机的大型堆场宜为 8~12m。

8.2.3 堆场面积利用系数应符合下列规定：

1 袋装堆场宜采用手推车堆包，每垛堆高不宜大于 10 袋，堆场面积利用系数宜为 0.70~0.80；当采用托盘人工码垛、叉车堆存时，每托盘堆置宜为 25~60 袋，堆高宜为 1~3 托盘，堆场面积利用系数宜为 0.60~0.75。

2 散料堆场面积利用系数宜为 0.70~0.80。

3 桶装物料宜采用托盘码垛和叉车运输堆放，堆场面积利用系数宜为 0.50~0.65。

8.2.4 桶装堆场应符合下列规定：

1 储存易燃易爆等危险品的大包装桶应单层堆放。

2 桶装堆场应有空桶堆放面积。

8.2.5 储存易自燃的物料堆场，应有堆场总计算面积 10% 的空地作为处理事故场地。

8.3 抓斗门式起重机堆场

8.3.1 兼作卸车作业用的抓斗门式起重机的抓斗容积不宜大于 3.0m³，抓斗开启方向应与运输车辆的长度方向一致，并应设置抗风移动锁定装置。

8.3.2 散料斗宜设置在门式起重机刚性支腿一侧，同时应配备受料地槽或带式输送机。带式输送机基础应高于附近平整地面，输送通道边缘至卸车线中心不小于 5.00m。

8.3.3 门式起重机轨道宜敷设在钢筋混凝土的长条形基础上，轨道两端伸出堆场端部不应小于 10.00m。不设置挡料墙时，轨顶宜高出地面 0.50~1.00m。轨道两端应设置限位器和阻进器，限位器和阻进器的位置应保证大车有不小于 1.00m 的滑行距离。

8.3.4 堆料高度应低于抓斗在最高位置时的底部1.00m,并应低于司机操作室底部0.50m。

8.3.5 当门式起重机采用裸滑线供电时,裸滑线应布置在司机操作室的对侧,距地面高度不应低于3.50m。

8.3.6 门式起重机轨道端部靠司机室一侧应设置检修平台。

8.3.7 堆场应配备辅助供料设施。

8.4 抓斗桥式起重机堆场

8.4.1 抓斗桥式起重机兼作卸车机时,抓斗容积不宜大于3.0m³,抓斗开启方向应与车辆长度方向一致。

8.4.2 抓斗的提升高度以及抓斗完全张开后的下限与受料斗顶面或堆场料面的距离,应符合本规范第5.3.3条的规定。

8.4.3 抓斗桥式起重机大车运行安全极限应为1.00m,小车运行安全极限应为0.50m。大车轨道两端应设置限位器和阻进器。

8.4.4 抓斗桥式起重机跨度范围内设置铁路卸车站台时,铁路中心线至柱子边最近间距应符合本规范第5.3.3条的规定。

8.4.5 堆场宜配备推土机或装载机,并应符合本规范第5.3.3条的规定。

8.5 斗轮式堆取料机堆场

8.5.1 轨道式斗轮堆取料机轨道基础宜采用钢筋混凝土整体条形基础,轨顶面应高于堆场地面0.50～2.00m,轨道两端应设置限位器和阻进器。

8.5.2 当两台悬臂式堆取料机并列布置时,轨道中心线之间的距离宜取堆取料机悬臂长的2倍。两侧料堆外边线距轨道中心线的距离不应大于堆取料臂长与料堆高度之和。

8.5.3 堆取料机轨道端部应留有堆取料机检修的场地。

8.5.4 当推土机与堆取料机配合作业时,应设置推土机出入堆场的通道,通道的净空高度不应小于4.00m。

9 控制与管理

9.1 一般规定

9.1.1 在仓库及堆场的设计中,应根据建设项目具体条件选择和确定管理控制方案,并应与整个石油化工企业生产装置的控制水平和操作管理要求相适应。

9.1.2 仓库及堆场的控制应符合下列规定:
  1 品种多、工厂控制水平要求高的仓库及堆场,宜采用集中自动化控制。
  2 品种少、工厂控制水平要求不高的仓库及堆场,宜采用半自动化控制或普通人工控制。
  3 堆场宜采用机旁手动操作控制。

9.2 控 制

9.2.1 仓储人工控制宜设置就地控制或简易操作控制台。

9.2.2 设备多、控制过程复杂的仓库机械化运输系统,宜设置可编程逻辑控制器系统控制,并宜设置控制室。岗位操作人员可根据需要就地解除或接通连锁的控制开关。

9.2.3 仓库内测量、计量、测温、控制反应物料流量的宜进入集散控制系统控制,仓库的外部进料或入库装置应设置连锁控制,并应在控制室集中监控。

9.2.4 当采用工业电视监控时,在仓库的通道、交叉口或操作人员不宜进入以及关键生产岗位的地方,应设置监控探头。

9.2.5 系统中移动设备的走行机构不应进入连锁,应事先单独启动或停车。

9.2.6 在控制室应设置扩音对讲装置和交换机。

9.2.7 仓库储运系统中设置有计量计数测试时,应设置测试报警装置。

9.3 管 理

9.3.1 仓库的操作管理应执行同一物料先入库物料先出库,后入库物料后出库的管理原则。

9.3.2 化学品、危险品、金属材料、备品备件、劳保用品等仓库或综合仓库,可采用人工输入计算机管理的半自动化管理,也可采用仓库管理系统的自动化管理。

9.3.3 两套及以上装置产品合并在同一包装仓库中时,宜设计为自动化控制仓库,可采用仓库管理系统。

9.3.4 仓库管理系统的基本组成应包括下列内容:
  1 条码打印。
  2 条码扫描。
  3 手持RF(无线终端)。
  4 车载RF(无线终端)。
  5 工作站。
  6 外部互联网。
  7 数据库服务器及应用服务器。

10 仓储机械

10.1 一般规定

10.1.1 选用仓储机械设备时,应减少机械类型、品种、规格,同时应兼顾技术方案、长期运行、扩建发展的经济性。

10.1.2 用于爆炸危险区域内的机械设备应选用防

爆型。

10.1.3 对人体有害的工作环境，应选用控制水平较高的机械设备。

10.2 主要仓储机械的选用

10.2.1 仓库堆场装卸机械数量应按本规范附录G计算。

10.2.2 仓库内无堆高要求，且载重量在2.0t以下时，可选用电动液压托盘搬运车或全电动托盘搬运车。

10.2.3 叉车及其属具配套应符合下列要求：

1 仓库内物料为集装单元时可选用各类叉车，并应配置相应属具。

2 金属材料仓库、备品备件仓库宜配备载重量3.0t以上的叉车。

3 桶装或袋装为集装单元时宜配备载重量1.0~3.0t的叉车，起升高度宜大于3.00m。当货物堆垛高度较高时，宜采用高位叉车。

4 当驶入式货架、手动或电动移动式货架高度不大于7.00m时，宜选用前移式蓄电池叉车、起重量1.5t以下的平衡重式蓄电池叉车或液化石油气叉车；当货架高度超过7.00m时，应选用适用于高层货架的高位叉车。

5 封闭的仓库内，宜选用蓄电池或液化石油气叉车；敞开或半敞开的仓库内，可选用内燃机叉车。

10.2.4 门式耙料机可用于长条形散料仓库；回转式耙料机可用于圆形仓库。

10.2.5 斗轮式堆取料机可用于大型散料堆场取料，并宜与带式输送机配套使用。

10.2.6 推土机或装载机可用于小型散料堆场或散料仓库的堆料、倒运、清场等作业。推土机兼作压实时宜选用轮式。

10.2.7 起重机械的选用应符合下列规定：

1 当起重量不大于5.0t，且跨度不大于16.00m时，可选用悬挂式桥式起重机；在多层综合仓库底层使用时，可地面操作。

2 当起重量不大于10.0t，且跨度不大于22.50m时，可选用单梁电动桥式起重机。

3 当起重量大于10.0t，且跨度大于22.50m时，应选用双梁电动桥式起重机。

4 桥式堆垛机可用于袋装仓库的出入库操作。入库时宜与包装线输出的带式输送机配套使用。桥式堆垛机起升高度宜为5.40~8.00m，跨度宜为8.00~25.50m。

5 门式起重机可用于金属材料堆场、大件设备堆场或集装箱堆场。

6 抓斗门式起重机或装卸桥可用于散料仓库。当兼作卸车时，抓斗容积宜为2.5~3.0m³。

10.2.8 托盘的选用应符合下列规定：

1 集装单元托盘规格宜选用国家标准或国际标准尺寸，标准尺寸不能适用时，塑料托盘应选用制造厂现有规格，其他材质托盘可根据需要尺寸自行设计。

2 采用驶入式货架塑料托盘储存时，宜选用注塑塑料托盘。

3 使用于有爆炸危险的物料时，应采用塑料或木制托盘。

4 物料包装外形齐整的产品可选用箱式托盘，箱式托盘宜选用可拆式或折叠式。

5 当托盘不出厂时，其数量应根据仓库储存量确定，并应另外加5%~10%的余量；当托盘出厂时，其数量应按根据托盘回收周期确定余量。

10.2.9 货架的选用应符合下列规定：

1 板式货架可用于储存备品备件、劳保用品和小型箱装、桶装物料。当采用人工存取时，宜为3~5层，货架高度不宜大于2.00m。每层荷载为3.00~5.00kN时，宜选用轻型或中型货架；每层荷载为5.00~8.00kN时，应选用重型货架。

2 悬臂式货架可用于金属材料库，除金属板材以外的金属型材，宜配备叉车或起重机械存取。每层荷载小于1.50kN时，宜选用轻型悬臂式货架；每层荷载为1.50~5.00kN时，宜选用中型悬臂式货架；每层荷载大于5.00kN时，应选用重型悬臂式货架。

3 驶入式货架可用于储存托盘码垛集装的袋装、箱装物料，并宜配备叉车存取。每个货格的荷载不宜大于10kN。当采用纵向深度、单向通道操作时，货格数量不宜超过4格，当采用双向通道操作时，货格数量不宜超过8格。

4 手动或电动移动式货架可用于储存托盘码垛集装的备品备件和小型箱装、桶装物料以及半自动或自动化控制的仓库。

11 安全与环保

11.1 消 防

11.1.1 当仓库区独立布置，消防水系统不能依托所属石油化工企业时，仓库区的消防设计应符合现行国家标准《建筑设计防火规范》GB 50016的有关规定；当仓库区位于石油化工企业内，消防系统依托所属石油化工企业时，消防设计应符合现行国家标准《石油化工企业设计防火规范》GB 50160的有关规定。

11.1.2 仓库内应设消火栓，消火栓的间距应由计算确定，且不应大于50m。

11.1.3 仓库区灭火器的配置应符合现行国家标准《建筑灭火器配置设计规范》GB 50140的有关规定。

11.1.4 存放具有易燃、易爆、助燃等危险性物料仓库，应设置火灾报警装置和可燃气体浓度报警仪。

11.2 安 全

11.2.1 进入有爆炸或火灾危险场所的人员必须穿戴不产生静电的劳保用品；进入有放射线危险场所的人员必须穿戴防辐射的劳保用品；进入有毒场所的人员必须佩戴防毒面具等劳保用品。

11.2.2 有毒或放射性场所的附近应设置警示标志，并应标明有毒或放射性物质的性质、造成的危害以及应采取的防护措施等。

11.2.3 存放具有易燃、易爆、助燃等危险性物料仓库的附近，应设置人员疏散指示标志。

11.2.4 高度超过2.00m的作业场所应采取安全措施；在有物料坠落的场所附近应设置警告标志。

11.2.5 应在道路附近设置交通标志。

11.2.6 与仓库区无关的酸、碱管线，以及火灾危险性为甲、乙类气体或液体的管线不应穿越仓库区。仓库区地下管线上部应设置标志桩，并应表明介质名称或代号、管径、压力等级、走向等。地上管线应采取避免受撞击的措施。

11.2.7 火灾危险性为甲、乙类物料或危险品进出库，宜设置专用的出入口；车辆运输频繁，且出库后穿越所属企业的厂区时宜设置专用的运输道路。

11.2.8 消防用电设备的负荷等级，以及易燃、易爆、助燃等物料仓库的电气设备和电气装置的选择，应符合现行国家标准《供配电系统设计规范》GB 50052和《爆炸和火灾危险环境电力装置设计规范》GB 50058的有关规定。

11.3 职业卫生

11.3.1 仓库及堆场的职业卫生除应符合本规范规定外，尚应符合国家现行标准《工业企业设计卫生标准》GBZ 1的有关规定。

11.3.2 仓库区应根据实际需要和使用方便的原则设置辅助用房，辅助用房应避开有害物质、高温等因素的影响。

11.3.3 仓库及堆场内存在易被皮肤吸收、高毒的物质以及对皮肤有刺激的粉尘时，应在仓库区内设浴室。浴室内不宜设浴池。淋浴器数量宜按5~8人/台设置。浴室不宜直接设在办公室的上层或下层。

11.3.4 仓库区内宜设置休息室和清洁饮水设施。女工较多时，应在清洁安静处设置孕妇休息室。

11.3.5 产生粉尘、毒物的仓库及堆场应采用机械化或自动化作业，并应采取通风措施。散发粉尘的生产过程，应采用湿式作业。

11.3.6 产生粉尘、毒物或酸、碱等强腐蚀性物质的工作场所，应设置冲洗地面和墙壁的设施。产生剧毒物质的工作场所，其墙壁、顶棚和地面等内部结构和表面，应采用不吸收、不吸附毒物的材料，并应加设保护层。仓库地面应平整防滑和易于清扫。

11.3.7 具有生产性噪声的设施应远离管理区和辅助用房布置。

11.3.8 工作场所操作人员每天连续接触噪声8h时，噪声声级卫生限值应为85dB（A）；不足8h时，应按连续接触时间减半，噪声声级卫生限值应增加3dB（A），但最高限值不应超过115dB（A）。

11.3.9 工作地点生产性噪声声级超过卫生限值，采用工程技术治理手段仍无法达到卫生限值时，应采取个人防护措施。

11.3.10 管理用房和辅助用房的噪声声级卫生限值不应超过60dB（A）。

11.3.11 在可能使眼睛受损害的场所附近应设置洗眼器。

11.3.12 在不同的作业场所应穿戴相应的劳保用品。

11.4 环境保护

11.4.1 仓库区排水应采用分流制排放。污水宜采用管道排放，并宜接入本企业厂区或市政生产污水管网。当仓库区污水不能满足市政生产污水管网接入水质要求时，应采取预处理措施。未受污染的地面雨水可采用明沟（渠）排放。

11.4.2 对于间断排放的污水，宜设置污水调节池。

11.4.3 在污水排放处，宜设置取样点或检测水质和水量的设施。

11.4.4 产生粉尘、毒物或酸、碱等强腐蚀性物质的仓库及堆场，其地面或墙壁的冲洗水，应进入污水系统。仓库内有积液的地面不应透水，产生的废水应进入污水系统。

11.4.5 废渣堆场和散料堆场应远离生活区或人员集中区域，并应位于生活区或人员集中区域的全年最小频率风向的上风侧。堆场内的地表水和地下水应收集并经处理后再合格排放。堆场四周宜设置绿化隔离带。

11.4.6 仓库区应设置储存或处理消防废水的设施。

11.5 应急救援

11.5.1 储存危险物料的仓库区，应编制事故状态时的应急预案。

11.5.2 仓库区内不宜单独设置救援站或有毒气体防护站，救援站或有毒气体防护站应依托本企业或当地社会。

附录A 计算间距起讫点

A.0.1 防火间距计算起讫点应符合下列规定：

1 相邻工厂——围墙中心。

2 仓库、厂房——外墙轴线。

3 堆场——料堆底边线或堆场装卸设备的外

边缘。

4 铁路——中心线。

5 道路——城市型道路为路面边缘，公路型道路为路肩边缘。

6 码头——装油臂中心及泊位。

7 铁路、汽车装卸鹤管——鹤管中心。

8 储罐——罐外壁。

9 架空通信、电力——线路中心线。

10 工艺装置——最外侧设备外缘或建筑物、构筑物的最外轴线。

附录B 仓库面积计算法

B.0.1 仓库面积可采用荷重法按下式计算：

$$S=\frac{Q \cdot t}{T \cdot q \cdot K} \quad (B.0.1)$$

式中 S——仓库计算面积（m²）；

Q——仓库内物料年入库总质量（t）；

t——物料的库存天数（d），可按本规范第6章的有关规定取值；

T——装置或工厂年理论操作小时折合天数（d）；

q——仓库单位面积储存的物料质量（t/m²）：以集装单元进行储存的物料，应为以每集装单元储存的物料质量与所占面积之比；就地堆放的桶装、袋装物料，应为单位面积上储存的物料质量；不规则金属材料及其他物料，可按表B.0.1-1选取；

K——仓库面积利用系数，散料储存可按表B.0.1-2选取，其他物料可按本规范第5章的有关规定选取。

表B.0.1-1 不规则金属材料及其他物料的仓库单位面积储存的物料质量

序号	材料名称	包装方式	堆积方法	储存方式	堆积高（m）	仓库单位面积储存的物料质量（t/m²）
1	型钢	无包装	堆垛、货架	露天	1.0～1.2	2.0～3.2
2	钢轨	无包装	堆垛	露天	1.0	1.5～2.0
3	薄钢板	卷、包	堆垛、货架	室内	1.0～2.2	2.0～4.5
4	厚钢板	无包装	堆垛	露天	2.0	4.1～4.5
5	圆钢盘条	卷	堆垛	棚、室内	1.0～1.5	1.3～1.5
6	大直径钢管	无包装	堆垛	露天、棚	1.0	0.5～0.6
7	小直径钢管	无包装	棚架	室内	1.2～1.5	1.5～1.7

续表 B.0.1-1

序号	材料名称	包装方式	堆积方法	储存方式	堆积高（m）	仓库单位面积储存的物料质量（t/m²）
8	有色金属型材	无包装	堆垛、货架	室内	1.0～2.5	1.5～2.0
9	备品备件	无包装	层格架	室内	2.0～2.5	0.5～0.6
10	油漆	桶、罐	堆垛	室内	1.2～1.5	0.6～0.8
11	各种电气设备	各种包装	堆垛、货架	室内	0.5～2.5	0.8～1.2
12	电气材料与制品	各种包装	堆垛、货架	室内	2.0～2.5	0.3～0.4
13	橡胶皮革制品	各种包装	堆垛、层架	室内	1.0～2.5	0.3～0.4
14	办公用品	各种包装	层格架	室内	2.0～2.5	0.2～0.4
15	工作服及纺织品		堆垛	室内	2.0～2.5	0.3～0.4
16	日常生活用品	无包装	堆垛	室内	1.5～2.5	0.3～0.5

表B.0.1-2 散料储存的仓库面积利用系数

仓库设计情况	仓库面积利用系数
采用斗轮堆取料机的散料库	≥0.70
采用桥式抓斗机、单一物料库	0.75～0.80
采用桥式抓斗机、单一物料库、设地坑	0.80～0.85
采用装载机、推土机（无桥式抓斗机）	0.65～0.75
列车入库卸料	≤0.60

附录C 叉车通道宽度计算

C.0.1 叉车通道宽度可按下式计算，叉车主通道宽度不应小于工作通道宽度的2倍：

$$A_{st}=L_2+b+a \text{ 且 } L_2=W_a+X \quad (C.0.1)$$

式中 A_{st}——工作通道宽度（mm）；

a——安全间隙，取400mm；

b——托盘宽度（mm）；

L_2——叉车长度（mm）；

X——荷载距离（前轴中心到货叉背面）（mm）；

W_a——转弯半径（mm）。

A_{st}、a、b、d、L_2、X、W_a 见图C.0.1-1、图C.0.1-2和图C.0.1-3。

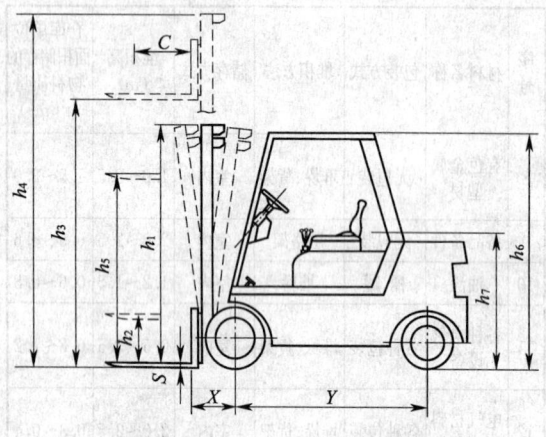

图 C.0.1-1 叉车立面

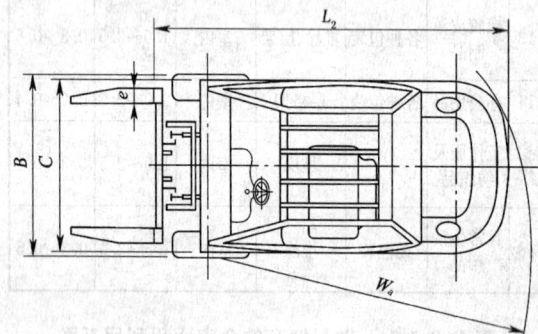

图 C.0.1-2 叉车平面

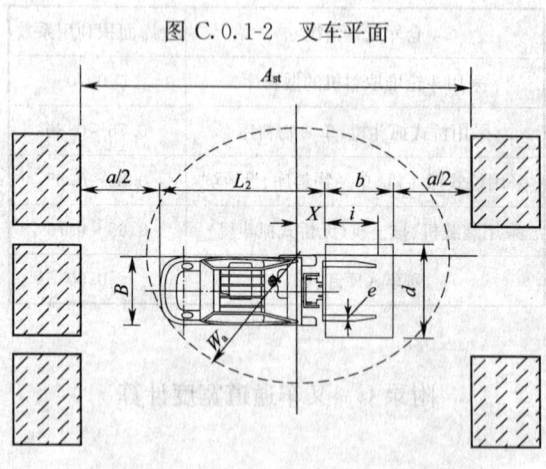

图 C.0.1-3 叉车平面位置

附录 D 散料仓库储存量及面积计算

D.0.1 仓库内料堆的横断面面积可按下式计算：

$$F=B_1 \cdot (H_1+H_2)+B_2 \cdot H_0-\frac{H_0^2}{\tan\rho} \quad (D.0.1)$$

式中 F——横断面面积（m²）；
ρ——物料静堆积角（°）；
H_0,H_1,H_2,B_1,B_2——见图 D.0.1（m），仓库内若不设地坑时，$H_0=0$。

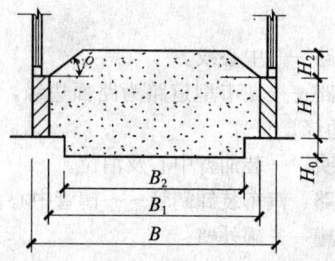

图 D.0.1 仓库内料堆的横断面

D.0.2 料堆容积可按下式计算：

$$V=F\cdot\left[L-\frac{2(H_1+H_2)}{\tan\rho}\right]+B_1\cdot\frac{(H_1+H_2)^2}{\tan\rho}$$
$$-\frac{2}{3}\cdot\frac{(H_1+H_2)^2\cdot H_2}{\tan^2\rho} \quad (D.0.2)$$

式中 L——料堆底部长度（m）。

D.0.3 料堆实际储存量可按下式计算：

$$Q=V\cdot\phi\cdot\gamma_0 \quad (D.0.3)$$

式中 Q——储存量（t）；
ϕ——操作体积系数，宜取 0.75～0.85；有混匀要求的物料，一堆在堆，另外一堆在取，宜取 0.5；
γ_0——料堆容重（t/m³）。

D.0.4 有地坑时，地坑的端部边缘距离仓库端部轴线不宜小于 3.00m。

D 0.5 应根据物料的日消耗量和储存天数计算实际储存量，再计算仓库堆存容积和料堆横断面面积，然后计算料堆底部长度，最后计算储存物料所占有效面积。料堆高度和宽度应由设计的堆取设备以及物料的静堆积角确定。

附录 E 物料储存天数

E.0.1 散装原（燃）料储存天数可按表 E.0.1 确定。

表 E.0.1 散装原（燃）料储存天数（d）

序号	物料名称	储存天数
1	食盐	20～30
2	磷矿石（粉）	10～15
3	硫铁精矿	15～20
4	原（燃）料煤	10～15
5	原（燃）料焦	10～15
6	石灰石	8～12

E.0.2 袋装物料储存天数可按表 E.0.2 确定。

表 E.0.2 袋装物料储存天数 (d)

序号	成品或原料名称	储存天数
1	尿素	7～12
2	磷肥	7～15
2	磷铵	5～10
3	纯碱	4～8
4	固体烧碱	4～8
5	炭黑	7～15
6	聚丙烯、聚乙烯等聚烯烃成品	7～15
7	合成橡胶	7～15
8	三聚氰胺	5～10
9	硝酸磷肥	2～4
10	复合肥	5～10
11	硝铵	2～4
12	硫黄	15～30
13	涤纶聚酯切片	7～15
14	腈纶丝，腈纶毛条	7～15
15	涤纶丝	7～15
16	精对苯二甲酸	7～15
17	其他袋装原料	20～30

E.0.3 桶装物料储存天数可按表 E.0.3 确定。

表 E.0.3 桶装物料储存天数 (d)

序号	化工原料	储存天数
1	粉体颜料	30～45
2	氰化钠	10～20
3	触媒	30～45
4	甲苯	10～20
5	天然橡胶	30～45
6	丙烯腈	10～20
7	汽油	10～20
8	柴油	10～20
9	香蕉水	10～20
10	油漆	10～20
11	凡士林脂（油）	10～20
12	丙酮	10～20
13	丙醛	10～20
14	异丙醇	10～20
15	丁醇	10～20
16	烃脂（油）	10～20
17	石蜡油	10～20
18	正己烷	10～20
19	三乙基铝	20～30

附录 F 散料堆场储存量及面积计算

F.0.1 三角形断面的条形堆场的料堆容积可按下式计算：

$$V = \frac{BHL}{2} + \frac{\pi B^2 H}{12}$$
$$= B \cdot H \cdot \left(\frac{6L + \pi B}{12}\right) \quad (F.0.1)$$

式中 V——容积（m^3）；
B, H, L——见图 F.0.1（m）。

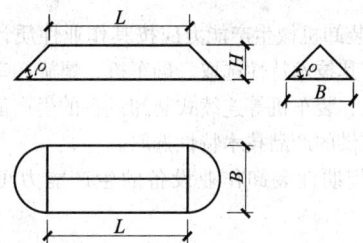

图 F.0.1 三角形断面的条形堆场平立面

F.0.2 梯形断面的矩形堆场的料堆容积可按下式计算：

$$V = V_1 + V_2 + V_3$$
$$= \frac{\pi}{3} H^3 \cdot \cot^2\rho + H^2 \cdot (l+b) \cdot \cot\rho$$
$$+ l \cdot b \cdot H \quad (F.0.2)$$

式中 V——料堆容积（m^3）；
V_1——四角部分容积；
V_2——四边部分容积；
V_3——中间部分容积；
ρ——物料静堆积角（°）；
l, L, b, H——见图 F.0.2（m）；
V_1, V_2, V_3——见图 F.0.2（m^3）。

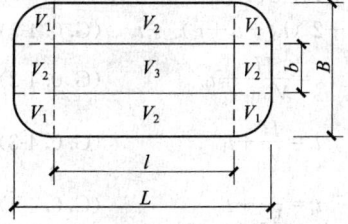

图 F.0.2 梯形断面的矩形堆场平立面

F.0.3 料堆实际储存量可按下式计算：

$$Q = V \cdot \phi \cdot \gamma_0 \quad (F.0.3)$$

式中 Q——储存量（t）；

ϕ——操作体积系数，宜取 0.75～0.85；有混匀要求的物料，一堆在堆，另外一堆在取，宜取 0.5；

γ_0——料堆容重（t/m³）。

F.0.4 应根据物料的日消耗量和储存天数计算实际储存量，再计算堆场容积。在确定料堆横断面形式后，再计算料堆底部长度，最后计算料堆所占有效面积。料堆高度和宽度应由设计的堆取设备确定。

附录 G 装卸机械数量

G.0.1 装卸机械生产能力应按其作业性质计算确定或直接按其技术特性选取。翻车机、螺旋卸车机、链斗卸车机、装车机等连续式装卸设备的生产能力，可按厂家提供的产品技术特性选取。

G.0.2 周期性装卸作业设备的生产能力可按下式计算：

$$Q_g = \frac{60G_q}{T} \quad (G.0.2)$$

式中 Q_g——起重机械连续运转的生产能力（t/h）；

G_q——起重机械平均每次装卸量（t），可按本规范第 G.0.3 条的规定确定；

T——一次作业循环时间（min），可按本规范第 G.0.4 和 G.0.5 条的规定计算。

G.0.3 起重机械平均每次装卸量，对成件货物应按每次平均起吊量选取，对散料应按下式计算：

$$G_q = V_{2h} \cdot \gamma_h \cdot K_x \cdot K_{ch} \quad (G.0.3)$$

式中 V_{2h}——抓斗容积（m³）；

γ_h——货物堆积容重（t/m³）；

K_x——因抓取时压实物料引起的堆积容重修正系数，对块状物料可取 1.0，粉状、粒状物料可取 1.1～1.5；

K_{ch}——抓斗充满系数，对粉粒状物料可取 0.8～0.9，块状物料可取 0.6～0.8，煤取 1.0。

G.0.4 桥式、门式、装卸桥等轨道起重机的一次作业循环时间，应按下列公式计算：

$$T = t_q + 2(t_{sh} + t_r + t_j) + t_s \quad (G.0.4-1)$$

$$t_{sh} = \frac{H}{V_{sh(j)}} + t_{bi} \quad (G.0.4-2)$$

$$t_j = \frac{H}{V_j} + t_{b1} \quad (G.0.4-3)$$

$$t_r = \frac{L}{V_x} + t_{b2} \quad (G.0.4-4)$$

式中 t_q——抓取货物时间（min），可取 0.5～1.0；

t_{sh}——货物起升或下降时间（min）；

t_r——货物从车、船移至货位或由货位移至车、船的时间（min）；

t_j——货物下降时间（min）；

t_s——货物解索、脱钩或松抓时间（min），对成件货物可取 0.1；

H——货物的起升或下降高度（m），站台装卸时可取 2.5；地面装卸、船舶装卸及在料堆上作业时，应按实际运行高度选取；

V_{sh}, V_j——货物提升或下降速度（m/min），应根据设备技术参数选取，可设 $V_{sh} \approx V_j$；

t_{b1}——机械变速时间（min）；

t_{b2}——变速时间（min），可取 0.04；

L——货物从车、船移至货位或由货位移至车、船的距离（m），应根据工艺布置选取；

V_x——起重机大车或小车的运行速度（m/min）。

G.0.5 固定旋转起重机、门座式起重机、移动式轮胎起重机等旋转式起重机的一次作业循环时间，应按下列公式计算：

$$T = t_q + 2(t_{sh} + t_r + t_j) + t_x + t_s + 4t_b \quad (G.0.5-1)$$

$$t_x = \frac{1}{V_{2h}} + t_b \quad (G.0.5-2)$$

式中 t_x——起重机的回转时间（min）；

V_{2h}——起重机的回转速度（转/min），可按起重机的技术特性选取。

G.0.6 周期性工作水平搬运机械的生产能力，应按下列公式计算：

$$Q_y = \frac{60G_y}{T} \quad (G.0.6-1)$$

$$T = t_q + 3t_{2h} + 2t_x + t_s + t_j + t_f \quad (G.0.6-2)$$

$$t_x = \frac{0.06S}{V_x} \quad (G.0.6-3)$$

$$t_s = \frac{H_s}{V_s} \quad (G.0.6-4)$$

$$t_j = \frac{H_j}{V_j} \quad (G.0.6-5)$$

式中 Q_y——搬运装卸机械生产能力（t/h）；

G_y——设备平均装载量（t），对叉车可按成组货物每次叉取量选取；对装载机可按本规范第 G.0.7 条的规定计算；

T——一次作业循环时间（min）；

t_q——抓取货物时间（min），对叉车当连托盘直接送达时，可取 0.2，托盘周转使用时可取 0.5～0.6，对装载机可取 0.2；

t_{2h}——转向时间（min），可取 0.10～0.15；

t_x——叉车或装载机行走时间（min）；

t_s, t_j——货物提升，下降时间（min），通常因铲斗提升和下降与其他作业步骤平行进行，可忽略不计；

t_f——放下货物时间（min），叉车可取 0.05

~0.10，装载机可取 0.10；

H_s、H_j——货物起升、下降高度（m），对叉车平均可取 1.5；

V_x——叉车或装载机的平均行驶速度（km/h），仓库内叉车行驶速度小于或等于 10km/h。

G.0.7 装载机的平均装载量应按下式计算：

$$G_y = C \cdot K_m \cdot \gamma_h \quad (G.0.7)$$

式中 C——铲斗容积（m³）；

K_m——铲斗充满系数，对易装载物料取 1.00~1.25，较易装载物料取 0.75~1.00，对难装载物料取 0.45~0.75。

G.0.8 装卸机械数量可按下式计算：

$$N = \frac{Q_0}{Q_{1(g \cdot y)} \cdot K_1 \cdot K_2 \cdot t_t} \quad (G.0.8)$$

式中 Q_0——一次来车最大装卸量（t）；

$Q_{1(g \cdot y)}$——连续性、周期性装卸式搬运机械的生产能力，可按本规范第 G.0.2 和 G.0.3 条确定；

K_1——设备完好率的系数，对连续式周期性装卸机械可取 0.90，对搬运机械可取 0.75~0.80；

K_2——考虑实际有效装车时间的系数，可取 0.85~0.90。无调车作业时取高值，有调车作业时取低值；

t_t——一次来车允许停留时间（h），可按铁路交通运输有关要求确定。

本规范用词说明

1 为便于在执行本规范条文时区别对待，对要求严格程度不同的用词说明如下：

1）表示很严格，非这样做不可的用词：
正面词采用"必须"，反面词采用"严禁"。

2）表示严格，在正常情况下均应这样做的用词：
正面词采用"应"，反面词采用"不应"或"不得"。

3）表示允许稍有选择，在条件许可时首先应这样做的用词：
正面词采用"宜"，反面词采用"不宜"。

表示有选择，在一定条件下可以这样做的词，采用"可"。

2 本规范中指明应按其他有关标准、规范执行的写法为"应符合……的规定"或"应按……执行"。

中华人民共和国国家标准

石油化工全厂性仓库及堆场设计规范

GB 50475—2008

条 文 说 明

目 次

1 总则 ················ 7—28—26
2 术语 ················ 7—28—26
3 仓库及堆场类型 ········ 7—28—26
4 总平面及竖向布置 ······ 7—28—26
   4.1 一般规定 ·········· 7—28—26
   4.2 总平面布置 ········ 7—28—27
   4.3 道路 ············ 7—28—27
   4.4 铁路 ············ 7—28—28
   4.5 码头 ············ 7—28—28
   4.6 带式输送机 ········ 7—28—28
   4.7 围墙及其出入口 ······ 7—28—28
   4.8 绿化 ············ 7—28—29
   4.9 竖向布置 ·········· 7—28—29
5 仓储工艺 ············ 7—28—29
   5.1 桶装、袋装仓库 ······ 7—28—29
   5.3 散料仓库 ·········· 7—28—30
   5.4 钢筋混凝土筒仓 ······ 7—28—30
   5.5 操作班次 ·········· 7—28—30
6 储存天数 ············ 7—28—30

7 建筑设计 ············ 7—28—31
   7.1 一般规定 ·········· 7—28—31
   7.2 门窗 ············ 7—28—31
   7.3 地面 ············ 7—28—31
   7.4 采暖通风 ·········· 7—28—31
8 堆场 ················ 7—28—32
   8.1 一般规定 ·········· 7—28—32
   8.2 堆场面积计算 ······ 7—28—32
9 控制与管理 ·········· 7—28—32
   9.1 一般规定 ·········· 7—28—32
   9.3 管理 ············ 7—28—32
10 仓储机械 ············ 7—28—32
   10.2 主要仓储机械的选用 ···· 7—28—32
11 安全与环保 ·········· 7—28—33
   11.1 消防 ············ 7—28—33
   11.2 安全 ············ 7—28—33
   11.3 职业卫生 ·········· 7—28—33
   11.4 环境保护 ·········· 7—28—33
   11.5 应急救援 ·········· 7—28—33

1 总 则

1.0.1 本条规定了石油化工仓库及堆场的原则要求。

石化产品数量大，种类多，火灾危险性大，设计时首先要考虑安全可靠，技术先进，但同时兼顾经济和社会效益。

1.0.2 本条规定了本规范的适用范围。

经调查，高层立体仓库在石化企业中使用很少，其次，石化企业产品亦大部分不适用于立体仓库，故本规范未列入条文中。

随着国家经济体制改革，石化企业中辅助设施要逐步推向社会，今后依托社会的仓库及堆场将越来越多，在设计时亦应执行本规范的规定。

1.0.3 本规范涉及的专业较多，但条文重点在总图、仓储工艺、建筑，涉及其他专业性较强的条文，在设计时，尚应执行国家现行的有关标准的规定。

2 术 语

2.0.1 本条明确了全厂性仓库的范围。液体及气体储罐、基建仓库、车间内部的工具间均不在其中。

2.0.2 本条明确了全厂性堆场的范围。基建物资堆场不在其中。

2.0.6、2.0.7 区别于广义的危险品仓库概念，把危险品仓库和化学品仓库并列，且均不含大宗原（燃）料和成品、半成品，避免内延有交叉的两种物料仓库并列使用，造成混乱。

2.0.10 驶入式货架可用于托盘码垛集装单元物料的储存，托盘存放在货架立柱的牛腿梁上，叉车从货架正面货架立柱之间形成的通道驶入，存取托盘。

3 仓库及堆场类型

3.0.1 石化行业中的仓库类型很多，仓库的分类方法很多，但要完全分清楚很难。综合各方面的意见，按功能和物料的性质两种方式对仓库进行了分类，把基建仓库排除在外。

3.0.2 堆场分类的方法很多，很难完全分清楚，仅按照物料的功能、物料的包装形式以及装卸机械三个方面来分。

3.0.3 考虑到石化行业的特点，储存物料的火灾危险性分类按照《石油化工企业设计防火规范》GB 50160中的规定执行。

4 总平面及竖向布置

4.1 一般规定

4.1.1 当仓库及堆场建设在城镇或靠近城镇时，其总体规划应以城镇规划为依据，并符合其规划要求。不在城镇附近的亦应与当地的地区规划相协调。

随着我国社会经济的快速发展，国家对安全、消防、环保、职业卫生越来越重视。有必要在本规范中体现，为打造和谐社会创造物质基础。

4.1.2 石化企业发展很快，产品变化也快，仓库及堆场留有一定的发展余地很有必要。

4.1.3 本条强调合理利用土地，减少运输距离，最终达到节约用地和降低运营成本的目的。

4.1.4 仓库及堆场相对集中，可以方便管理。靠近主要用户布置，可以节约运营成本。

管理及辅助用房对卫生、防火的要求与仓库及堆场的要求不同。集中布置可以提高土地利用率，改善管理及辅助用房的周围环境。

4.1.5 酸、碱及易燃液体类危险品一旦泄漏，容易流淌，布置在厂区边缘地势较低处，可以减少对其他设施的影响。

4.1.6 建筑物有好的朝向，可以节约能源。

4.1.7 绿化有降低噪声，吸附粉尘，吸收有害物质，调节空气湿度，减少水土流失，减少二次污染等功效。仓库区应进行绿化，但绿化面积太大会造成土地浪费，需经权衡确定。

4.1.8 运输线路布置的好坏直接影响物料的运营成本，线路是否有折返是评判布置是否合理的主要因素。

人流应避免与有较大物流的铁路、道路交叉，可以有效保证人员出行安全，也能保障物流的畅通。

4.1.9 本条目的是便于危险品仓库管理，尽可能地减少事故发生几率，保护人身安全。

4.1.10 本条目的是尽可能地减少事故的范围，降低事故损失，避免人员伤亡。有爆炸危险的火灾危险性为甲、乙类散发可燃气体的物料仓库位于散发火花地点的最小频率风向的上风侧，可以最大限度地减少可燃气体漂移至散发火花地点，降低引发事故的几率。

4.1.11 仓库区对外运输方式主要有水路、铁路、公路、管道等运输方式，水路运输存在运量大，运费低等优点，有条件的地区应充分利用和重视水运，合理布置陆域仓库区的各种设施，减少运输费用。

4.1.12 位于海（江、河）或山区、丘陵地带的仓库及堆场，直接受到海潮、内涝、山洪的威胁，造成的直接经济损失会相当大，而且对附近的环境也会造成一定的危害。需采取诸如抬高场地设计标高、修筑堤坝、设置排水泵站等措施来避免损失，以减少对环境的危害。防洪排涝采取的办法很多，费用也各不相同，应根据仓储的规模，物料性质，服务年限等因素来慎重确定防洪的标准和采取防洪的措施。

4.1.13 不良地质地段是指泥石流、滑坡、流沙、溶洞、活断层等地段。仓库或堆场布置在上述地段时，势必增加风险，增加基础处理的费用。当不可避免时，应采取加固措施。

4.1.14 仓库区选址建在山区、丘陵地带的为数不少，平行等高线布置，可以减少土方工程量，减少边坡支护费用。雨水是边坡失稳的主要因素，边坡形成前，雨水排放设施必须跟上，以保证边坡稳定。

位于山坡地段建设的仓库及堆场，整体滑移，不均匀沉降是主要地质危害，平行等高线布置可以减少填挖方量，减少上述地质危害的发生。

4.2 总平面布置

4.2.1 为避免与《石油化工企业设计防火规范》GB 50160的有关规定相冲突，本条的间距规定仅限于独立布置的仓库区。按照仓库、堆场储存物料火灾危险性等级分甲、乙、丙三类分开描述，先规定甲类物料仓库及堆场与相邻居住区、工厂、交通线等的防火间距，乙类、丙类的防火间距按分别折减25%、50%的原则确定。

相对于重要公共建筑，居住区及公共福利设施内有行动不便的老人、儿童、残疾人员等，事故状态下需要借助外力，并需要较长时间撤离，因此规定的间距较大，体现以人为本的思想。

相邻工厂内具有不可预见的潜在危险，对甲、乙类物料仓库及堆场来说，明火是极具危险的一种。根据《石油化工企业设计防火规范》GB 50160，甲类物料仓库或堆场与明火地点的防火间距为30m，以此来确定与相邻工厂的间距。如果相邻工厂内有其他危险性更大的设施存在，其与自身的围墙还要保持相应的间距，实际两者间距最小达到40m，可以有效地控制事故的蔓延。

在本规范修订讨论中，许多专家对原规定的甲类物料仓库或堆场与相邻工厂（围墙）的50m间距争议很大，普遍认为间距太大，主要理由是根据《建筑防火设计规范》GB 50016的规定，两座甲类仓库的间距只要20m。在土地资源越来越宝贵的今天，实际操作中确实很难做到上述间距，也不利于节约土地，应该鼓励采取技术措施或加强管理来控制和防止火灾等事故的发生，而不是单纯、被动地靠增大间距来减少事故的损失。

高压线路指的是电压等于或大于6kV的线路。低压架空线路与仓库及堆场的间距在保证安全的情况下可适当缩小。

与石油化工企业其他设施布置在一起的仓库区与相邻工厂或设施的防火间距应按照《石油化工企业设计防火规范》GB 50160的规定确定。

4.2.2 表4.2.2是根据《石油化工企业设计防火规范》GB 50160的有关规定，保持甲类物料仓库或堆场与各设施的间距不变，乙类、丙类（液体、气体）防火间距按照在甲类基础上折减25%，丙类（固体）防火间距按照在甲类基础上折减50%的原则确定，

最小间距按6.0m考虑。

4.2.3 仓库区内部各设施的防火间距，《建筑设计防火规范》GB 50016均有明确的规定，为保持与《建筑设计防火规范》的协调性，本规范不作细述。

4.2.4 仓库区内相邻建（构）筑物的间距，通常按照防火间距确定。由于进出仓库采用不同的运输方式，每种运输方式都有自身的技术要求，需要一定的间距布置这些运输设施。如果仅仅考虑防火间距，有可能出现运输设施布置不下或运输车辆不能进出的情况，需要引起重视。

4.3 道 路

4.3.1 本条规定了道路设计的一般原则。

1 仓库区内除仓库及堆场外，占地面积最大的就是道路。道路宽度过小，不利于运输车辆的行驶；道路宽度过大，势必增加土地面积和工程投资。应根据实际仓库区道路运输量，运输车辆的规格以及装卸能力来确定道路的宽度及其他技术要求（如转弯半径，纵坡度等），以保证道路运输的正常进行。

2 利用道路作为装卸场地的情况在各个企业里都有不同程度地存在。由于许多道路是与消防道路合用的，占用道路作为装卸场地，势必影响消防车辆的通行，应予以避免。

4 仓库区一般布置在所属企业的厂区附近，道路结构形式宜与厂区道路统一。个别区域有侵蚀或溶解沥青的物料，应避免使用沥青类路面。

4.3.2 主要道路和次要道路的宽度是根据双车道再加上行人需要的宽度来确定的，行人多的取上限，行人少的取下限。支道一般作为连接道路和消防道路使用，正常情况下，运输车辆和行人均较少，故可以按照单车道设计。

4.3.3 汽车运输车辆越来越大型化，14～18m长的车辆越来越常见，必须采用相应的圆曲线半径来保证车辆以设计的速度顺利通过交叉口。

国内大部分行业如冶金、机械等均采用3m作为圆曲线半径模数。

4.3.4 本条规定了仓库区设置室外消防道路的要求。

1 甲、乙类物料仓库及堆场和危险品库，特别是装卸场地，泄露点较多，火灾几率较大，造成的危害和影响也很大，设置双车道的环形消防道路，且有两处与其他道路连通，目的是为了消防车可以快速接近火场，也便于在紧急情况下消防人员的撤离。

2 相对于甲、乙类物料仓库及堆场，丙类仓库及堆场的火灾危险性小很多，规定可以不设环行消防道路，仅在平行仓库及堆场的两个长边设置单车道的消防道路。为节约投资，通往单独的丙类仓库及堆场可设有回车场的尽头式消防道路。

3 根据水带连接长度，水带铺设系数和消防人员的使用经验确定。

4 铁路线与消防道路发生交叉的几率较大，一般采用费用较低的平交叉，为防止消防车被火车阻挡，应设置备用道路，保证在事故状态下，消防车可以正常通过。最长列车长度是根据走行线在该区间的牵引定数或调车线（或装卸线）上允许的最大装卸车的数量确定的。

5 目前消防车越来越大型化，仓库区内道路宽度一般为 6～9m，交叉口处路面内缘圆曲线半径过小，消防车转弯时需减速，且离心现象明显，影响消防车快速通过。调查中多支消防队提出路面内缘最小圆曲线半径定大于 12m 比较合适。

供汽车通行的道路净空高度一般为 4.5m，提高到 5.0m，理由有二：一是汽车大型化的要求，二是消防车通过管架时可以不用减速，与现行的《石油化工企业设计防火规范》的规定是一致的。

4.3.5 道路边缘至相邻建（构）筑物最小净距，主要考虑建（构）筑物窗外开后与车辆的安全间距，以及人员及汽车出入仓库时视距、汽车转弯的要求。与铁路的最小净距，根据标准轨距的车辆限界要求确定。

4.3.6 本条规定了汽车衡的基本要求。

1 正常情况下称量汽车进入汽车衡台面时，都要刹车，对汽车衡产生振动和水平推力。为保护衡器，用于称量的汽车衡的最大称量值应该留有余量，规定不少于 20%。实际选用时还要根据衡器制造厂商产品系列来确定。

2 汽车衡的台面宽度一般为 3.2～3.6m，两端设置一定长度的直线段可以保证称量汽车正确、安全就位。根据实际调查和有关专业人员的反映，综合考虑节约土地等因素，规定直线段长度为最长一辆车长是合适的。

4.4 铁 路

4.4.1 列车在启动、走行或刹车时，车轮与钢轨摩擦或闸瓦处容易发生火花，在甲、乙类物料仓库内极易引发火灾等事故。

4.4.2 在曲线半径过小的线路上，列车启动阻力大，且自动挂钩、脱钩也很困难。

4.4.3 列车在按直线布置的钢轨上启动的阻力最小。受场地条件限制，个别地方装卸线按直线布置有困难，为减少投资，规定可设在半径不小于 600m 的曲线上。

4.4.4 为保证装卸车辆准确安全就位，避免车辆冲击或冲出车挡，有必要设置一定的安全间距。由于甲、乙类物料出事故的影响大，故适当加长。

4.4.5 铁路与道路平面交叉口处设置道口，可以保证道路和铁路行车平顺。道口铺砌材料过去常用混凝土预制块，在实际使用中，很多地方出现高低不平，对通过的车辆产生不良影响，可采用整体性和平整度好的橡胶道口板。

道口设在瞭望条件良好的直线地段，可以满足驾驶员或行人的视距要求，保证车辆或行人安全通过道口。

4.4.6 主干道上运输车辆相对较多，火车过道路，汽车或行人过铁路都需要有一定的视距来保证相互安全。受场地形状或附近建（构）筑物的影响，许多道口的视距不能满足要求，如果没有采取可靠的安全措施，则应设置有人看守的道口来保证安全。

4.4.7 轨道衡线路设计为通过式，以便于流水作业。轨道衡线长度应根据线路配置方式，轨道衡类型（动态、静态）等条件来确定。在轨道衡前后应设置一定长度的水平和顺直线路，可以减少车辆振动和冲击，确保称量的准确。

4.5 码 头

4.5.1 位于码头陆域仓库区的总平面布置受装卸工艺流程和自然条件的影响较大，为避免二次倒运，缩短物料流程，应结合运输方式来确定仓库区平面布置，主要生产设施尽量靠近前方布置。

4.6 带式输送机

4.6.1 带式输送机线路转弯越多，转运站就越多，工程费用就高，生产管理也不方便，故应尽量顺直，尽可能地减少转运站数量。带式输送机进入建（构）筑物时，夹角太小，对建筑物的结构处理，装卸点的设备布置，场地的经济合理利用等都带来一定困难。

4.6.2 带式输送机与道路、铁路、管架正交时，跨越段最短，设计简单，施工方便，工程费用最低，景观也好。

4.6.3 带式输送机栈桥支架的间距均匀，可以减少设计工作量，降低施工难度，提高施工进度。在石化企业里，地下管线、管沟、阀门井等较多，给栈桥支架基础的布置带来一定困难，特别是在改扩建时，应特别注意要避开各种构筑物，特别是地下管线。

4.7 围墙及其出入口

4.7.1 本条强调独立设置的仓库区周围应设置围墙。围墙主要有两个作用，一是地界的标志，二是可以阻止无关人员进出，防止物料失窃或人为事故的发生。尽管单纯利用围墙防盗的作用不明显，但在目前的社会环境下，独立的仓库区周围修建围墙还是必需的。在没有景观等特殊要求下，一般采用防盗效果较好的实体围墙。但围墙也并不是越多越好，除了需要工程费用支出外，还会妨碍消防作业，故规定在所属企业生产区内的仓库及堆场，应充分利用已有的厂区围墙。

单纯从防盗角度看，围墙是越高越好，但还要考虑节约费用。2.40m 高的围墙，一般不借助工具的人翻越比较困难，重的物料也不容易抛掷出来。

4.7.2 围墙与建（构）筑物之间的间距既要保证交通工具的安全行驶，还要有消防作业空间。另外，围墙外还具有不可预见的其他设施存在，有必要保持一定的间距。

4.7.3 在不同方向设出入口，个数不应少于2个（不包括铁路出入口），一是方便车辆和人员进出，二是在事故状态下有利于人员的疏散和消防车的进出。个别地区存在不同方向设置出入口有困难的情况，故规定在同一方向的两个出入口应保持一定的间距。30m间距可以确保一个出入口受火灾影响受阻时，不至于影响另外一个出入口的正常、安全使用。

铁路出入口的宽度参照现行的规范确定。汽车的出入口的宽度要保证最宽汽车以一定的速度通行，除特种车辆外，目前石化行业在使用的汽车宽度最大的为2.85m左右，在两侧各留有0.50m以上的余量可以确保车辆安全通过。

4.7.4 人流出入口与主要货物出入口分开设置，可以有效保证人身安全，也能确保货流的畅通，减少事故发生几率。

4.7.5 主要出入口附近设置值班门卫，一是阻止无关人员入内，二是验收出库单的需要。

4.7.6 受汽车来车的不均匀和装卸能力等的限制，以公路运输为主的仓库及堆场，如果不设停车场，势必要占用道路来停车，影响正常交通。浙江某公司原来未设停车场时，运输沥青、焦炭、聚丙烯等的车辆均利用厂外运道路一侧甚至两侧停车，高峰时停车长度超过1km，严重影响该路段的正常使用。

4.8 绿　化

4.8.1 仓库区作为石油化工企业中一部分，绿化面积应与整个厂区统一考虑，没有必要单独规定绿化用地率。但单独设置的仓库区，应根据当地规划部门的要求设置一定绿化用地。当地规划部门没有具体规定时，参照中国石化集团公司的规定执行，12%的绿化用地率一般都能做到。据调查，石化企业的绿化用地率一般在15%～35%，最小的东北某厂亦达到13%。

4.8.2 管理区人员相对集中，一般临街布置，重点绿化和美化，可以改善小环境质量。

4.8.3 绿化树种选择不当，如选择含脂量高的树种，会导致火灾的蔓延，扩大事故范围。在有防火要求的区域应慎重选择树种。

4.8.4 某些树种或草皮对有害气体没有抗性，种植在散发该气体的地方很难存活，应根据散发的不同气体，有针对性地选择树种。

4.8.5 滞尘力强的树种或草皮可以有效降低空气中灰尘的数量，改善空气质量。

4.9 竖向布置

4.9.1 计算水位指的是根据潮（洪）水的重现期确定的水位。石油化工仓库区内涝水位一般取20年一遇，（洪）潮水位一般取50年一遇。由于石油化工的仓库储存有毒、有害、易燃、易爆等危险物料，有的储存物料数量很大，一旦受淹，势必造成重大的财产损失和可能的严重环境污染。场地设计标高比计算水位高0.50m可以确保储存物料的安全。几十年的实践证明是可行的。

选址在沿海（沿江）地势较低地区的仓库区，如果按照上述要求，需大面积回填土方，势必增加土石方的工程量，从技术经济角度看可能不合理。中国石化镇海炼化的仓库区，其设计地面为3.60m（吴淞高程系统，下同）左右，低于20年一遇的内涝水位4.26m，也低于50年一遇的潮水位4.93m，由于有可靠的防洪排涝设施，30年内经历多次强台风的正面袭击以及大潮的冲击，均未受损。

4.9.3 堆场地面高出周围地面或道路标高，可以防止堆场内积水，减少物料损失。

4.9.4 山区自然坡度较大，采用阶梯式布置可以减少土石方工程量。

4.9.5 由于一般铺砌护坡占地面积大，因此在建筑物密集或用地紧张的区域，规定采用挡土墙支护，以节约用地。易坍塌或滑动的边坡规定采用挡土墙支护，以确保使用安全。

4.9.6 根据中国石化集团公司的规定，高度超过2.00m属于存在危险的高空。为保证作业人员的安全，在高度超过2.00m的护坡（挡墙）顶均应设防护栏杆。当护坡（挡墙）顶附近布置有道路时，应设置防护隔离墩，以确保行车安全。

4.9.7 场地排水分有组织排水、无组织排水和混合排水方式，每种方式各有利弊，应根据仓库（或堆场）的性质以及场地的特点合理选用排雨水方式。

场地排水坡度采用0.5%～2.0%比较合适，坡度过小不利于场地雨水顺利排除，过大则容易造成散料或土壤流失。

散料露天堆场采用明沟排雨水，便于疏浚。排水沟设在堆场外，可有效减少排水沟堵塞，且便于清理。

5 仓储工艺

5.1 桶装、袋装仓库

5.1.5 仓库面积利用系数一般不应低于0.50。实际操作表明，仓库有效面积中入库出库主、次要通道；货堆与墙边的安全间距；相邻货堆间通道；每个货堆垛堆间的间隙所占去的面积，在仓库跨度小于等于30m时，占仓库有效面积的50%是足够的。仓库跨度愈大，以上通道及安全间距间隙所占去仓库有效面积的比例就愈低，故本规定将仓库面积利用系数定为 0.50。

驶入式货架储存托盘码垛的桶装袋装物料时，根据货架制造商提供的仓库面积利用系数为 0.50～0.60。在某工程化学品仓库设计中，其仓库面积 3960m²，仓库面积利用系数按 0.60 设计，满足了 1.5t 叉车的作业要求。故本规范驶入式货架储存托盘码垛的仓库，仓库面积利用系数定为 0.50～0.60。

5.1.6 当仓库采用载重量 2～3t 叉车入库、出库操作时，其主通道宽度按双向行驶与一叉车在入库堆垛或出库取货、一叉车在其尾部行驶，即主通道宽度应为一台叉车的最大长度和另外一台叉车的最大宽度加上安全间距。根据调研，叉车运输主通道宽度不应小于 5m。

叉车最小通道系根据国内外著名叉车厂商提供的方法计算（详见规范附录 C）。本规范将叉车制造商提供的安全间隙 $a=200mm$ 改为 $a=400mm$，这是因为当 $a=200mm$ 时两端的安全间隙仅为 100mm，在实际操作中对叉车驾驶员要求太高，难以保证安全。

5.1.8 仓库的铁路运输站台通常应高于轨顶 1.10m。实际装卸过程当中当站台边至铁路中心线的间距为 1750mm、站台高 1.10m 时，车厢门无法打开。站台边至铁路中心线 1875mm、站台高为 1.10m，站台边至铁路中心线的间距为 1750mm、站台高为 1.00m 时才能使车门打开。

5.3 散料仓库

5.3.1 易受潮的散料如尿素类产品，吸潮后易结块，会影响产品质量和包装计量精度，故仓库内应采取除湿措施。

大部分原（燃）料仓库采用敞开式或半敞开式仓库，如煤、焦炭、石灰石、硫铁矿、磷铁矿等，主要考虑如何增加库容，如设地坑或加挡墙等。

随着社会化大生产的发展，石化行业生产规模越来越大，如华东某厂尿素的日产量近 2000t，仓库的跨度也越来越大，仓库的地面也需采取必要的措施以满足使用要求。

5.3.2 耙料机库以前国内主要用于储存颗粒尿素，仓库跨度也只有 54m 和 60m 两种（对应的耙料机跨度分别为 42m 和 48m）。目前推广使用到粮库、煤库等建筑，跨度也相应增加。

散料仓库中间设低于两端挡料墙的隔墙，是根据国内已建成的大型化肥厂的运行经验，便于仓库内物料分区储存、转运及清理。

控制室地面标高抬高，目的是为了便于观察和操作。由于耙料机和地面带式输送机均高出±0.00 地面安装，所以控制室地面宜高出仓库地面为好，至于抬高多少宜根据机械形式和操作习惯确定。

5.3.3 电源主滑线一般均设在司机室对侧，这是安全作业的需要。

起重机轨道外侧设走道，主要是考虑起重机和轨道的维护和检修的需要。走道宽度、净空高度以及栏杆高度的规定是为了满足安全使用的要求，与《建筑设计防火规范》的规定是一致的。

对于能自燃的物料所作的规定，主要是为了便于灭火。为预防自燃，经常要翻料或压料，采用低地面时机械作业不便。

对于非自燃物料只要能满足本条各款的规定，堆放高度可以适当增加。

散料库一般配备推土机或装载机，应考虑进出通道和作业场地以及相应的配套设施。

5.3.4 用于堆取料作业的推土机台数，根据国内电厂运行经验，一般 1 台运行时，设 1 台备用，3 台以上运行时，设 2 台备用。

推土机库应包括停机库、检修库、检修间、工具间、备品间、休息室和卫生间。停机库台位数应与推土机设计台数一致。

5.4 钢筋混凝土筒仓

5.4.2 筒仓适用于储存散料，其平面形状有圆形、正方形及矩形，储存的物料种类很多，结构形式也很多，应用较多的有钢筋混凝土仓、钢仓、塑料仓等。本规定侧重钢筋混凝土结构筒仓，储存物料以煤为主。

5.4.5 设置除铁装置的目的是为了防止进入筒仓的物料夹带金属杂质而带来不良影响。

5.4.7 助流装置有漏斗斜壁加振动器、风力破拱装置、水力破拱装置、机械环链人工卸料等。破拱装置应优先采用空气泡，也可设置导流锥防止起拱。

5.4.14 在仓顶面建筑物设置出入口，可以满足操作人员进出的需要。

5.4.17 仓底锥形部位结构形式的选用除考虑工艺需要外，还应满足顺利排料的要求。双裂缝隙式、锥体四口出料的结构形式，可以满足顺利排料的要求，但结构形式相对复杂。对于小直径（12m 以下）的筒仓，可以采取较为简单的双曲线单口出料的结构形式。

5.5 操作班次

5.5.1～5.5.3 这几条规定是根据目前中国石油化工企业普遍采用的操作班制而制定的。

6 储存天数

6.2.1～6.4.4 本规范规定的成品、原料、化学品、危险品、金属材料、备品备件的储存天数，是基于物资供应渠道愈来愈畅通、铁路和公路运输交通愈来愈便捷，供应间隔天数大为缩短的实际情况制定的。调研表明，20 世纪 80 年代后期设计的某 PP 装置所需的三乙基铝催化剂需国外进口，储存周期按 180d 考虑；目前即使进口，通过国内代理商，从订单发出，1 个月内即可到厂。金属材料的储存天数，仅仅是考虑日常维修，不考虑大修。

7 建 筑 设 计

7.1 一 般 规 定

7.1.1 本条明确了执行《建筑设计防火规范》GB 50016 和《石油化工企业设计防火规范》GB 50160 的条件。

7.1.2 石油化工装置规模的大型化，使合成纤维、合成橡胶、合成树脂及塑料类产品的仓库面积大幅增加，当丙类的上述固体产品单座仓库的占地面积超过《建筑设计防火规范》的要求时，可按《石油化工企业设计防火规范》对仓库的占地面积及防火分区面积的规定执行。

7.1.3 合成纤维、合成橡胶、合成树脂、塑料，还有尿素等为石油化工行业的基本产品，年产量越来越大，仓库的占地面积也随着机械化包装、运输和堆垛的需要而增大，为方便使用和检修，规定单座占地面积超过 12000m² 的大型仓库，应设置运输主通道，并与库外道路连通。

7.1.4 从广义上讲，石油化工企业生产的甲、乙类产品均属于危险品，但本条文中的危险品是狭义范围的危险品，特指石油化工企业在生产过程中必须的，而且数量相对较少的如添加剂、催化剂之类，或者是化学试剂和特殊的气体，放射性和剧毒的物料，宜单独存放，严格保管。

   1 每个隔间应有独立对外墙体的目的是使每个隔间能有足够的对外泄压面积，以及能够设置直接对室外连通的出入大门。

   2 地下室、半地下室一般开窗面积小，通风差，泄漏的气体或粉尘易积聚，极易引起爆炸。故有爆炸危险的所有甲、乙类物料均不应放置在地下室、半地下室。

   3 仓库净高过低对仓库内的通风、泄压、泄爆、排烟等的设计均不利，故作此规定。

7.1.6 有篷站台可与室内地面平接，但篷下地面应以 1% 的坡度坡向站台外缘。

7.1.7 建筑防腐蚀设计可参照执行《工业建筑防腐蚀设计规范》GB 50046 的有关规定，同时应结合防火及保温要求，在材料选择、构造设计中应统筹考虑。一般情况下，防腐蚀材料为最外层，防火材料为第二层，保温材料为最里层。

7.1.9 仓库内运输机械较多，容易与墙体发生碰撞，因此需在墙体下部设置实体墙体，包括独立柱及墙体阳角亦应采取防撞措施。

7.2 门 窗

7.2.1 安全玻璃是指符合国家标准的夹层玻璃、钢化玻璃，以及用它们加工制成的中空玻璃，这其中尤以夹层玻璃以及用夹层玻璃制成的中空玻璃的综合性能为最佳。

7.2.2~7.2.4 本条文主要写仓库的防火设计要求，窗户的泄爆、泄压、排烟和开窗机的设置。仓库一般层高较高，开窗面积大部分能满足采光、通风的要求，对排烟的开窗面积要求亦可达到，但由于均是高窗，人工开启很困难，而设计人员往往忽略选用开窗机，业主单位不习惯使用而不设置。由于高窗平时常处于关闭状态，一旦火灾时难以起到排烟作用。

宁波余姚某仓库，堆放化纤成品，火灾时高窗全关着，屋顶又未设带易熔材料的采光带，根本无法排烟，消防水又喷不进去，最后整个屋顶坍塌，造成很大的损失。

7.2.5 易熔材料的熔点温度各地规定不太统一，解释也不太一致，有些规定在 130℃ 以下。各地在选用材料时，若熔点较高，排烟面积应适当放大。

7.2.8 主要是便于上人对易熔材料做的排烟窗或玻璃窗进行维修。

7.2.9 本条文是规定通行各种运输工具的最小的大门尺寸。目前各种运输车辆的载重量越来越大，石油化工设备的规格也越做越大，大门的大小应根据石油化工的特殊性，进出车辆的大小，库门外道路的转弯半径等来确定。

推拉门不利于人员的疏散，故在火灾危险性较大、人员又相对集中的主要出入口，采用推拉门时应在门扇上设置用于人员疏散用的向外开启的小门，外开小门门扇上应配置逃生门锁，人员由室内向外疏散时应能无条件开启。

7.2.11 由于门窗开启而产生的静电，或推拉门和金属卷帘门开启时，均可能构成火灾的隐患，设计中应采取必要的预防措施。

7.3 地 面

7.3.1 由于仓库内地面荷载较大，故其承重构造应通过计算确定。如某厂水泥库，因与铁路站台拉平，地面需要抬高 1m，设计时凭经验回填了 1m 高的矿渣，结果 10 年后，地面呈锅底状。另外一化学品仓库，地面基层仅作一般处理，未考虑当地地质情况，使用不到 3 年，地面不均匀下沉，最大沉降量达 220mm。

7.3.2 南方地区梅雨季节地面容易返潮，除地面采取防水防潮措施外，还应采取其他辅助措施，如架空通风等。

7.4 采暖通风

7.4.2 存放有剧毒物质的仓库，极易对作业人员造成伤害,故规定严禁采用自然通风。由排风系统排出的含有极毒物质的空气,应经过技术经济论证,确定采取净化处理或高排气筒排放。

8 堆 场

8.1 一般规定

8.1.1 为避免散料坍塌造成混料,规定不同散料堆场之间需保持一定的间距,定为 5.0m,当有作业机械通过时,还需另外增加间距,以满足通行需要。

8.1.2、8.1.3 为避免散料坍塌影响钢轨正常运行而作此规定。堆场距走行线或调车线的间距还得在此基础上适当加大。

8.1.8 袋装物料受销售、季节、气象、交通等原因临时露天堆放,一般储存天数短,周转快,主要考虑便于搬运。为保证物料免受雨水的侵蚀而影响质量,需采取必要的防排雨措施。

8.2 堆场面积计算

8.2.1 主要考虑散料堆场的面积计算,袋装和桶装等的面积计算参见本规范附录 B。储存量计算需要有物料静堆积角、料堆容重等特性数据,还要有操作体积系数,这些数据有的建设单位能够提供,有的需做试验测定。

8.2.3 本条规定了各种堆场的面积利用系数,但不包括厂外废渣堆场的面积利用系数,厂外废渣堆场的面积利用系数达不到本条的规定。

1 袋装堆场当采用手推车堆时,通道宽度较小,堆场面积利用系数较大。采用叉车堆存时,通道宽度较大,堆场面积利用系数略有降低。

2 散料堆场面积利用系数考虑了通道宽度、作业机械所需宽度等因数确定。

3 桶装堆场由于受包装外形的影响,堆放面积利用系数相对较小,但瓶装、塑料桶装分装在纸盒内、竹木筐内可用托盘码垛时,堆放系数可相应增大。

8.2.4 一般桶装单体容积大于 200L 者,称为大包装桶,100~200L 为中包装桶,100L 以下为小包装桶。储存有易燃、易爆等危险物料的大包装桶若多层堆放,存在安全隐患,故作出单层堆放的规定。中包装桶、小包装桶为合理利用空间,减少仓库面积,可根据实际情况多层布置。

8.2.5 一般自燃煤的预留空地规定为 5%~10%。本条文涵盖了煤在内的容易氧化自燃的物料。煤场占地面积大,用量大,自燃后能得到较好处理,引起火灾的几率少,相对而言,其他物料自燃引起的危害性比较大,故取上限。

8.2.7 配备辅助供料设施的目的是保证在起重机因故障或遇大风停止工作时还能正常供料。

9 控制与管理

9.1 一般规定

9.1.1 比起化工企业生产区来,仓库区的重要性要相对低一些,其控制水平没有必要太先进,与生产装置基本保持一致或略低一些。

9.1.2 根据不同的情况应采取不同的控制水平,避免一刀切。

9.3 管 理

9.3.4 仓库管理系统(WMS)是应用计算机和无线系统对仓库进行自动化管理的一种手段。国外物流公司仓库已较多采用,国内近年来也有不少应用实例,如上海外高桥保税区某大型仓库、上海市化工区某厂的聚烯烃产品大型仓库都采用了仓库管理系统。本条规定借鉴了国内外大型仓库的成熟使用经验。

仓库管理系统一般包括以下功能:

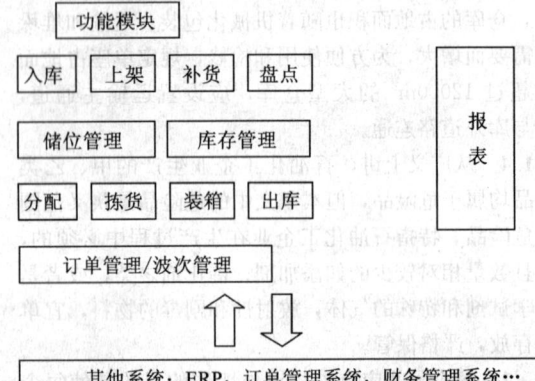

以上功能可根据仓库规模、品种和整个工厂的操作管理要求及控制水平取舍。

10 仓储机械

10.2 主要仓储机械的选用

10.2.3 本条第 4 款规定驶入式货架宜选用前移式蓄电池叉车,也可选用起重量 1.5t 以下的平衡重式蓄电池叉车或液化石油气(LPG)叉车。这是根据驶入式货架叉车操作时,叉车在货架主柱之间形成的通道内行驶的特点。叉车有尾气排放时,不易扩散,而蓄电池叉车无尾气排放,液化石油气叉车尾气排放的有害物、烟尘都远较柴油叉车低,故作此规定。当采用液化石油气叉车时,企业本身或附近需有液化石油气罐装站。

10.2.8 采用驶入式货架塑料托盘储存时,调研和试验结果表明,中空吹塑托盘承载后的挠度,超过了

《塑料平托盘》GB/T 15234 规定的数值，而注塑塑料托盘由于刚性好，承载后的挠度小，故作出宜选用注塑塑料托盘的规定。

11 安全与环保

11.1 消 防

11.1.1 本条规定了仓库区消防执行《建筑设计防火规范》GB 50016 和《石油化工企业设计防火规范》GB 50160 的适用条件。

11.1.2 常用的消防水带的长度为 25m，为方便消防作业，对消火栓的间距作出 50m 的限制。

11.1.4 易燃、易爆、助燃等物料，发生火灾时产生的危害大，且不易扑灭，设置火灾报警装置和可燃气体浓度报警仪，可以起到预防作用，把事故消灭在萌芽状态。

11.2 安 全

11.2.1 在有爆炸和火灾危险的区域，静电极易导致爆炸和火灾的发生，故作此规定。

11.2.4 根据中国石化集团公司的规定，高度超过 2m 是存在安全隐患的高空，需采取必要的安全措施，如佩戴安全带，增加防护栏杆等。

11.2.7 设立专用出入口，可以最大限度地避免由于交通引发的事故。

11.3 职业卫生

11.3.2 辅助用房最基本的包括办公室、休息室、厕所等。其他如浴室、盥洗室、洗衣房等视仓库的物料性质、生产过程等因素决定是否设置。

辅助用房人员相对集中，为保证人身健康，应该避开有害物质、避免受到高温等因素的影响。

11.3.3 本条规定了设置浴室的前提条件。一般不采用易交叉感染的池浴，采用相对卫生的淋浴，淋浴器数量按照二类卫生标准设置。

11.3.4 保护妇女特别是孕妇的健康是国家的一项基本政策，应该在仓库设计中得到具体体现，故作此规定。

11.3.5 粉尘污染、毒物污染都属于比较严重的污染，应尽量减少与人体的接触。

11.3.6 为避免粉尘、毒物、酸、碱等强腐蚀性物质的积聚，应经常冲洗工作场所的各个部位，包括地面和墙壁。

11.3.7 辅助用房人员相对集中，对噪声的要求高，应尽量远离噪声源。

11.3.8、11.3.9 为保护职工的听力，规定了工作场所的噪声卫生限值。根据不同的接触时间规定不同的卫生限值。当达不到要求时应采取必要的防护措施。

11.3.10 管理用房，辅助用房对噪声的要求高，60dB（A）基本对开会、正常交谈不产生明显的影响。

11.3.11 这是保护眼睛的一项具体措施。眼睛受伤害后，及时得到有效的处治，可以最大限度地避免眼睛受进一步的伤害，配备洗眼器是其中比较行之有效的做法。

11.3.12 本条所指的劳保用品为泛指，指常用的劳保用品，不含放射性防护用品和防毒面具等特殊劳保用品。

11.4 环境保护

11.4.1 规定了仓库区应该清污分流，做到合格排放。

11.4.5 废渣堆场（包括生活垃圾和建筑垃圾填埋场）污染相对比较重，合理布置可以减少对人身健康的损害。

该类型堆场内的地表水和地下水过去不重视，随着环保意识的提高和环保管理的加强，该部分污水也应合格排放。

设置绿化隔离带可以减少污染扩散范围，同时也可以改善小环境的空气质量。有条件的地方可设绿化带。

11.4.6 2005 年 11 月，吉林某公司操作人员违反操作规程，引发爆炸事故，造成 8 人死亡。事故发生后，由于对生产安全事故引发环境污染事件的严重性认识不足，致使事故现场地面水进入"清净下水"排水系统，流入松花江，造成松花江水体严重污染。因此，必备的防污设施和措施对防范危险化学品事故引发环境污染事件至关重要。

11.5 应急救援

11.5.1 事故在刚发生时，如果能得到及时有效的处置，就可以控制事故的扩大，最大限度地减少人员和财产的损失，减少对环境的污染。吸取事故教训，对储存有危险品或甲、乙类物料的仓库区规定应编制事故状态下的应急预案。

11.5.2 仓库区单独设置救援站或有毒气体防护站很难办到，应依托所属企业或当地社会。

中华人民共和国国家标准

纺织工业企业职业安全卫生设计规范

Code of design of occupational safety and health for textile industry enterprises

GB 50477—2009

主编部门：中 国 纺 织 工 业 协 会
批准部门：中华人民共和国住房和城乡建设部
施行日期：２００９年１１月１日

中华人民共和国住房和城乡建设部
公　　告

第 307 号

关于发布国家标准
《纺织工业企业职业安全卫生设计规范》的公告

现批准《纺织工业企业职业安全卫生设计规范》为国家标准，编号为 GB 50477-2009，自 2009 年 11 月 1 日起实施。其中，第 6.1.7、7.5.4、7.5.5、7.5.6 条为强制性条文，必须严格执行。

本规范由我部标准定额研究所组织中国计划出版社出版发行。

中华人民共和国住房和城乡建设部
二〇〇九年五月十三日

前　　言

本规范是根据原建设部"关于印发《2005 年工程建设标准规范制定、修订计划（第二批）》的通知"（建标函〔2005〕124 号）的要求，由北京维拓时代建筑设计有限公司会同有关单位共同编制完成的。

本规范共分 8 章，主要内容包括：总则、术语、厂址选择、总图运输、车间布置及设备选型、职业安全、职业卫生、安全卫生机构设置等。

本规范是针对纺织行业存在的职业安全卫生的主要共性有害因素，规定工程设计或其结果的相关要求，以消除、限制或预防工作场所的有害因素，确保工程在建成投入使用后符合职业安全卫生要求。

本规范中以黑体字标志的条文为强制性条文，必须严格执行。

本规范由住房和城乡建设部负责管理和对强制性条文的解释，由中国纺织工业协会负责日常管理工作，由北京维拓时代建筑设计有限公司负责具体技术内容的解释。本规范在执行过程中，请各单位注意积累资料，总结经验，如发现需要补充和修改之处，请将意见和资料寄送至北京维拓时代建筑设计有限公司（地址：北京市朝阳区道家村 1 号，邮政编码：100025），以便今后修订时参考。

本规范主编单位、参编单位和主要起草人：

主　编　单　位：北京维拓时代建筑设计有限公司
参　编　单　位：中国纺织工业设计院
　　　　　　　　北京中丽制机化纤工程技术有限公司
　　　　　　　　黑龙江省纺织工业设计院
　　　　　　　　山东海龙工程设计有限责任公司
主要起草人：刘承彬　徐米甘　王芳春　徐皥东
　　　　　　耿德玉　罗伟国　沈玮　姜军
　　　　　　张福义　周维　胡伟红　李保强

目　次

1　总则 …………………………… 7—29—4
2　术语 …………………………… 7—29—4
3　厂址选择 ……………………… 7—29—4
4　总图运输 ……………………… 7—29—4
5　车间布置及设备选型 ………… 7—29—4
6　职业安全 ……………………… 7—29—5
　6.1　防火、防爆 ………………… 7—29—5
　6.2　防雷、电气安全 …………… 7—29—6
　6.3　压力容器、压力管道 ……… 7—29—6
　6.4　防烫 ………………………… 7—29—6
　6.5　走道、梯子、平台、栏杆、
　　　 地坑等防护 ………………… 7—29—6
　6.6　安全色、安全标志 ………… 7—29—6
7　职业卫生 ……………………… 7—29—6
　7.1　防尘 ………………………… 7—29—6
　7.2　防毒、防腐、防辐射 ……… 7—29—6
　7.3　噪声防护、防振动 ………… 7—29—7
　7.4　防暑、防寒、防湿 ………… 7—29—7
　7.5　采光、照明 ………………… 7—29—7
　7.6　生活用水卫生 ……………… 7—29—7
8　安全卫生机构设置 …………… 7—29—7
本规范用词说明 …………………… 7—29—8
附：条文说明 ……………………… 7—29—9

1 总　则

1.0.1 为保障纺织工业企业劳动者在工作场所的安全和卫生，根据国家有关法律法规，制定本规范。

1.0.2 本规范适用于纺织工业企业的新建、改建、扩建及技术改造项目的职业安全卫生设计。

1.0.3 纺织工业企业工程建设项目的设计应贯彻"安全第一，预防为主"的安全生产方针和"预防为主，防治结合"的职业病防治原则，各项技术措施应做到技术先进、安全可靠、经济合理、协调一致，并应符合环保和节能的有关规定。

1.0.4 纺织工业企业职业安全与卫生设计，除应执行本规范外，尚应符合国家现行有关标准的规定。

2 术　语

2.0.1 有害因素　harmful factors
能影响人的身心健康、导致疾病（含职业病）或对物造成慢性损坏的因素。

2.0.2 工作场所　workplace
劳动者从事职业活动的地点和空间。

2.0.3 纺织厂　textile factory
棉、化纤纺织及印染精整加工，毛纺织和染整精加工，麻纺织、丝绢纺织及精加工，针织品、编织品及其制品制造，非织造布等工业企业。

2.0.4 服装厂　apparel factory
纺织服装制造的工业企业。

2.0.5 化学纤维制造业的工业企业（化纤厂）　industry enterprises of manufacture chemical fabre（chemical fibre factory）
包括纤维素原料及纤维制造，锦纶、涤纶、腈纶、其他合成纤维制造等工业企业。

2.0.6 纺织工业企业　textile industry enterprises
包括棉、化纤纺织及印染精加工，毛纺织和染整精加工，麻纺织、丝绢纺织及精加工，针织品、编织品及其制品制造，非织造布；纺织服装制造的工业企业；化学纤维制造业的工业企业和部分合成纤维原料制造业（聚合部分）等工业企业。

3 厂址选择

3.0.1 厂址选择应符合国家产业政策和当地的规划要求，并应取得有关部门的批准，宜选择现有设施齐全的地区。

3.0.2 厂址选择应预防洪水（山洪、泥石流）、暴雨、雷电、台风、地震等自然灾害因素。厂址标高的选择应高于洪水水位，不能满足时，应采取防洪、排涝措施。

3.0.3 建设工程应有充分可靠的设计依据和原始资料。凡涉及不良的工程地质、水文地质、气候条件和厂址的四邻情况，原、辅材料中对人体有害的因素，应经核实后作为设计的依据。

3.0.4 居住区、饮用水水源、渣物堆（埋）用地和工业废水的排放点等设施的位置，应与厂址同时选择。取水点严禁设在污染源或地方病常发的地区。以地表水为水源时，取水点应设在城镇和工业企业的上游。

3.0.5 设计采用天然水源作为消防给水水源时，应保证常年有足够的水量。

3.0.6 产生有害、有毒气体和粉尘的项目，应布置在城镇的夏季最小频率风向被保护对象的上风侧。产生有害、有毒气体和粉尘的项目与居民点、文教区、水源保护区、名胜古迹、风景游览区和自然保护区，应保持足够宽度的卫生防护距离，可按国家有关工业企业设计卫生标准的相关规定执行。

3.0.7 不同卫生特征的工业企业布置在同一工业区域内时，应避免不同职业危险和有害因素产生交叉污染。

4 总图运输

4.0.1 建设项目的生产区、动力区、仓储区、居住区、废渣堆放场、饮水水源、工业废水及生活污水的排放点等，应统一规划、合理布局。各建筑物的防火间距应符合现行国家标准《建筑设计防火规范》GB 50016 和纺织工业企业有关防火标准的规定。

4.0.2 总图布置应有合理的分区，辅助设施宜靠近其服务的车间。有污染的生产设施宜远离居住区，并宜布置在厂区全年最小频率风向的上风侧。

4.0.3 厂区建筑物的平面与空间布置应有良好的自然采光和自然通风条件。

4.0.4 厂区运输道路和跨越道路的管线设计，除应满足工艺生产要求和消防车的畅通外，还应符合现行国家标准《工业企业厂区运输安全规程》GB 4387 的有关规定。宜避免运输的交叉与倒运，厂区的出入口不应少于两个，并应设在两个不同的方向，同时应做到人流、货流分开。

4.0.5 厂区内采用内燃机车辆运输时，在防爆区域内应采取必要的安全及防火措施。

4.0.6 改、扩建工程应解决厂区内建筑物的过分拥挤和易燃物品的堆放位置。原料、成品、化学品、包装材料库等宜做到分类集中布置。

4.0.7 总图布置宜将噪声较高的生产装置远离低噪声区。

4.0.8 生活设施及辅助用房应符合国家有关工业企业设计卫生标准的相关规定，相应的生产卫生用房、生活卫生用房及医疗卫生机构的设置可按国家现行标准《纺织工业企业厂区行政管理及生活设施建筑设计规定》FJJ 107 的有关规定执行。

4.0.9 生产、生活辅助用房的位置，应避免有害物质、病原体、噪声、高温、高湿等有害因素的影响。

4.0.10 厂区绿化设计应按《中华人民共和国环境保护法》和现行国家标准《工业企业总平面设计规范》GB 50187 的有关规定执行。

5 车间布置及设备选型

5.0.1 车间内原料、半成品、成品、废丝、废料应分类堆放，设计中应留有满足生产要求的场所，不得占用运输及人员疏散通道。

5.0.2 车间内凡产生有害气体、烟尘、噪声及使用易燃、易爆物料的设备宜相互分开，有害与无害作业应分开。

5.0.3 车间内有关生产、生活卫生辅房的设置应符合国家有关工业企业设计卫生标准的卫生特征分级规定，并应布置在其服务车间的周围。纺织工业企业生产车间的卫生特征分级应符合表5.0.3的规定。

表5.0.3 生产车间的卫生特征分级

生产车间	卫生特征
毛纺织厂的选毛车间、洗毛车间(打土间)	1级
粘胶纤维厂原液、纺练、酸站和后处理车间,浆粕厂漂白工段,腈纶厂(除毛条车间外)	2级
棉纺厂、印染厂、丝绸厂、亚麻、苎麻、黄麻纺织厂、针织厂、非织造布车间、毛条车间,毛纺织厂纺、织、染整车间,粘胶纤维厂其他车间,浆粕厂的其他车间	3级
服装厂各车间	4级

5.0.4 车间内门与通道的位置、数量、尺寸,应与设备布置、运输方式、操作路线相适应,并应满足操作、检修和安全的需要。设备之间和设备与建筑物之间的距离,应满足操作、检修和安全的要求。对有传动或高温的设备之间的距离,应适当加大。

5.0.5 车间内疏散通道、安全出入口、疏散梯的设计,应符合现行国家标准《建筑设计防火规范》GB 50016和纺织工业企业有关防火标准的规定。

5.0.6 设计应采用不产生或少产生危险和有害因素的新技术、新工艺、新设备、新材料。

5.0.7 生产工艺设备(包括非标准设备)的选用和设计,应根据生产工艺的需要确定,并应符合现行国家标准《生产设备安全卫生设计总则》GB 5083和《电气设备安全设计导则》GB 4064的有关规定,同时应选用具有生产许可证的制造厂生产的设备。

5.0.8 企业自行设计、制造、安装的设备和利用原有设备,均应经有关部门进行安全技术检验或鉴定后采用。

5.0.9 引进技术和设备所配置的职业安全卫生措施,不应低于国家有关工业企业设计卫生标准和本规范的规定,达不到要求的,设计时应予以配套和完善。

5.0.10 使用液压或气压的生产设备,应采取泄压或其他安全防范的措施,并应与能源装置隔离。

5.0.11 运输吊轨的设计应符合现行国家标准《起重机设计规范》GB 3811和《起重机械安全规程》GB 6067的有关规定。

6 职业安全

6.1 防火、防爆

6.1.1 纺织工业企业工程的防火、防爆设计,应符合《中华人民共和国消防法》和现行国家标准《建筑设计防火规范》GB 50016、《爆炸和火灾危险环境电力装置设计规范》GB 50058和纺织工业企业有关防火标准的规定。

6.1.2 纺织工业企业车间的火灾危险性分类应符合表6.1.2的规定。

表6.1.2 纺织工业企业车间的火灾危险性分类

生产车间	火灾危险性类别
腈纶厂单体储存、聚合、回收,甲醛、浆粕并棉间,粘胶纤维工厂二硫化碳储存、黄化工段,印染工厂存放危险品的仓房,丝绸厂存放危险品库等	甲类
麻纺织厂的滤尘室,腈纶工厂采用二甲基酰胺为溶剂的干法溶剂回收工段、二甲基乙酰胺法湿纺氢纶厂的聚合工段,化纤厂罐区、组件清洗、部分化学品库	乙类
棉纺织厂前纺、后纺、织整、整装、织布厂原料间、白布间、成品库,整理车间内,毛纺织厂干车间、麻纺厂干车间,丝绸厂原料间、印染厂、成品库,非织造布工厂,针织工厂(除整理车间外)的车间,粘胶纤维厂、涤纶、丙纶丝工厂,氢纶工厂除乙类外的其他车间,服装工厂各车间等	丙类

续表

生产车间	火灾危险性类别
印染工厂漂练、染色车间,毛纺织厂湿车间、亚麻纺织厂湿纺车间,丝绸厂煮茧、缫丝印染车间,针织工厂染整车间等	丁类
棉纺织厂浆纱车间,棉浆粕厂蒸煮、漂打,粘胶纤维厂酸站、碱站等	戊类

6.1.3 厂区总平面布置应保证消防通道畅通、消防水管网的合理布置和消防用水的水量、水压的要求。车间内外消火栓的设置、给水设施和固定灭火装置等设计,均应符合现行国家标准《建筑设计防火规范》GB 50016和纺织工业企业有关防火标准的规定。

6.1.4 在易燃易爆的罐区、车间、作业区和储存库,应设置专用的灭火设施及室内外消火栓。

6.1.5 厂房面积或相邻两个车间的面积(包括仓库)超过现行国家标准《建筑设计防火规范》GB 50016和纺织工业企业有关防火标准规定的防火分区最大允许面积时,应设防火墙。因生产需要不能设防火墙时,可采取防火分隔水幕、特级防火卷帘或其他措施。

6.1.6 原材料和生产成品应存放在堆场或仓库内。原料、成品仓库或堆场与烟囱、明火作业场所的距离不得小于30m;烟囱高度超过30m,其间距离按烟囱高度计算。

6.1.7 麻纺织工厂严禁设地下库房。

6.1.8 易燃、易爆、有毒物品应贮存在危险品库内,危险品库应布置在厂区内人员稀少、偏僻的场所,危险品库的安全防护距离及房屋的设计应符合现行国家标准《建筑设计防火规范》GB 50016的有关规定。

6.1.9 通风管道不宜穿过防火墙和非燃烧体楼板等防火分隔物,必须穿过时,应在穿过处设防火阀。穿过防火墙两侧各2m范围内的风管保温材料应采用非燃烧材料,穿过处的空隙应采用非燃烧材料填塞。

6.1.10 在有爆炸危险的厂房内,应采用防爆型设备通风,风道宜按楼层分别设置;不同火灾危险类别的生产厂房送排风设备不应设在同一机房内。

6.1.11 无窗厂房的防火设计应符合现行国家标准《建筑设计防火规范》GB 50016和纺织工业企业有关防火标准的规定,厂房应设置排烟措施、应急照明和火灾报警系统。

6.1.12 排出容易引起火灾或爆炸危险的可燃气体、可燃粉尘的场所,应避免直接采用排风机排出,宜采用带有喷淋装置的通风设备。

6.1.13 车间的控制室宜布置在安全区,当必需布置在防爆区域内时,应通风良好,室内应保持正压;设备、管道密封性良好,不应有泄漏。

6.1.14 滤尘系统的设计应符合下列规定:

1 滤尘室宜布置在独立建筑物内或有直接对外开门窗的附房内,不得设在地下室或半地下室。滤尘室上面不宜布置生产或辅助用房,相邻房间不宜设置变配电室。

2 滤尘室的建筑宜采用框架结构,严禁用木结构。滤尘室与相邻房间的隔离应为防火墙,滤尘室地面应采用不产生火花的地面。滤尘室应有足够的泄压面积,泄压比值应按现行国家标准《建筑设计防火规范》GB 50016的有关规定执行。

3 生产车间的滤尘设备不得与送排风和空调装置布置在一个公用空间内,滤尘室应专用。不同车间的滤尘设备应分别设置。滤尘设备的安装位置与四周墙壁之间宜保持1m以上的距离(挂墙式纤维分离器除外)。一切无关的管线严禁穿过滤尘室。

4 室外空气进风口不应布置在有火花落入或产生火花的地方,并应布置在排风口的上风向。

5 设计应保证滤尘系统的密封性,系统的漏风量不应超过5%。

6 工艺设备与所属滤尘系统应设电气联锁装置,应设置车间与滤尘室的相互报警装置。

7 系统应采用预除尘器等装置,并应防止火源进入滤尘系统。

8 吸尘装置应加设金属网或采取防止金属杂物进入滤尘系统的措施。

9 干式除尘器应布置在滤尘系统的负压段。

10 风道设施宜短捷,并应少用支管、弯管、渐缩管。滤尘系统设计应采用适当的风速。滤尘风管应设计成圆形,管道上应留有适量的检查口,风管宜架空明设。

11 滤尘系统的金属件均应防静电接地,被绝缘体相隔的金属件应用导线相连接地。

6.2 防雷、电气安全

6.2.1 纺织工业企业建(构)筑物的防雷设计,应符合现行国家标准《建筑物防雷设计规范》GB 50057 的有关规定。

6.2.2 纺织厂及化纤厂的原料、成品库应按库房规模及当地气象、地形、地质及周围环境等因素确定防雷设防类别,宜按第三类防雷设防。干法和湿法氨纶工厂的主车间,聚酯生产装置的建筑物应按第二类防雷设防。

6.2.3 纺织厂、服装厂的用电负荷宜为三级负荷。化纤厂的用电负荷宜为一级或二级用电负荷,宜采用两路电源供电。

6.2.4 工作接地、保护接地、防雷接地以及防静电的接地装置,其接地电阻值应符合现行国家标准《工业与民用电力装置的接地设计规范》GBJ 65 的有关规定。

6.2.5 纺织工业企业生产车间和辅助用房中的有火灾和爆炸危险场所的电气设备、装置和线路的设计,必须符合现行国家标准《爆炸和火灾危险环境电力装置设计规范》GB 50058 的有关规定。电气防爆、防火的安全技术措施应按爆炸和火灾危险场所的等级划分以及其危险程度及物质状态的不同确定。

6.3 压力容器、压力管道

6.3.1 压力容器的设计、制造、安装、使用和检修,应符合现行国家标准《钢制压力容器》GB 150 等的有关规定。

6.3.2 压力管道的设计、制造、安装、使用和检修,应符合现行国家标准《工业金属管道设计规范》GB 50316 和《工业金属管道施工及验收规范》GB 50235 等的有关规定。

6.4 防烫

6.4.1 高温设备和管道应隔热,保温后表面温度应小于 60℃。当工艺需裸露,表面温度高于 60℃ 时,在基准面上 2.1m 以内,距平台 0.75m 范围内应采取操作人员的防烫保护,并应按现行国家标准《安全标志》GB 2894 的有关规定设置警示标识。

6.4.2 熔融纺丝工艺宜使用真空清洗炉,吊装过程中应注意防止烫伤,并应按现行国家标准《安全标志》GB 2894 的有关规定设置警示标识。

6.5 走道、梯子、平台、栏杆、地坑等防护

6.5.1 生产车间内应设安全走道,宽度应大于 1m,两侧宜用宽为 0.08m 黄色铅油线条标明。

6.5.2 架空走道与平台的净高,不宜低于 2.2m。架空走道应采取栏杆及防滑等防护措施。

6.5.3 钢梯、工作钢平台、防护栏杆的设计应符合现行国家标准《固定式钢直梯安全技术条件》GB 4053.1、《固定式钢斜梯安全技术条件》GB 4053.2、《固定式工业防护栏杆安全技术条件》GB 4053.3、《固定式工业钢平台》GB 4053.4 及各专业设计规范的有关规定。

6.5.4 平台、楼梯、架空人行通道、坑池边、升降机口和安装孔等,应设置栏杆、围栏或盖板。

6.5.5 有上人要求的吊顶建筑物,吊顶内宜设置检修通道。通道和栏杆要求应与安全通道相同。检修通道高差变化处应采取保护措施,并应保证通道上部的净空高度。

6.5.6 在操作面设置的地沟或管沟,应设有牢固、平稳的盖板。

6.5.7 车间潮湿地面应采取防滑措施。

6.6 安全色、安全标志

6.6.1 易发生事故与危及安全的设备、管道及地点,均应按现行国家标准《安全色》GB 2893 和《安全标志及其使用导则》GB 2894 的有关规定涂安全色和设置安全标志。

6.6.2 严禁开启和关闭的阀门应加锁,并应挂以明显的标志牌。

6.6.3 各种管道的刷色和符号应按现行国家标准《工业管道的基本识别色、识别符号和安全标识》GB 7231 的有关规定执行。

6.6.4 传动设备除应设置防护罩外,尚应设置安全标志牌。

6.6.5 包装、卷装较大与较重的原材料、产成品,在搬运、储存、装卸过程中应设置警示标识。

7 职业卫生

7.1 防尘

7.1.1 防尘设计应符合国家有关工业企业设计卫生标准的相关规定。工作场所粉尘浓度应达到国家有关工作场所有害因素职业接触限值的相关规定。

7.1.2 有防尘要求的车间地面、墙面,宜做成水磨石地面、树脂耐磨地面或油漆地面、墙裙。地面、建筑构件和设备等表面积尘的清扫,不应采用压缩空气吹扫,宜采用真空吸尘装置。

7.1.3 产生粉尘的作业场所,在工艺生产允许时应采取加湿降尘措施。当作业场所粉尘、烟尘或有害气体浓度较大且不易处理时,应设置单独操作室,并应设置机械通风。

7.1.4 滤尘系统应连续过滤、连续排尘、能处理长纤维分离,并应运行稳定可靠。采用间歇吸尘系统时,应防止尘杂瞬时浓度超限。

7.1.5 滤尘设备不宜直接放在车间内。

7.1.6 纺织工业企业应采用不产生或少产生粉尘的工艺和设备。产生粉尘的生产过程和设备宜机械化、自动化或密闭隔离操作,并应配有吸入、净化和排放装置。

7.2 防毒、防腐、防辐射

7.2.1 防毒设计应符合国家有关工业企业设计卫生标准的相关规定。工作场所空气中有毒物质浓度应符合国家有关工作场所有害因素职业接触限值的相关规定。

7.2.2 产生有害、有毒气体的车间设计应积极改革工艺流程,并应降低有害、有毒气体量,同时应保证车间有足够的换气次数。对散发有害、有毒气体的设备,应设局部排风,并应采取保持车间内的负压的措施。

7.2.3 生产排出的有害、有毒的废弃物,应采取妥善的处理措施,不得造成二次污染。

7.2.4 化验室内应设置通风柜,并应保证一定的通风量,凡有毒气产生的化验项目,应在通风柜中进行。

7.2.5 生产中使用酸、碱或产生腐蚀性的化学品液体、气体场所的建(构)筑物,应按现行国家标准《工业建筑防腐蚀设计规范》GB 50046 的有关规定进行防腐处理。

7.2.6 凡接触酸、碱等腐蚀性、危险性物品,或因事故发生化学性灼伤,以及经皮肤吸收引起急性中毒的工作场所,应配置现场急救

用品,并应设置盥洗、冲洗眼睛、紧急事故淋浴设施,同时应设置不断水的供水设备、报警装置和应急通道。

7.2.7 放射性工作场所的设计应符合现行国家标准《放射卫生防护基本标准》GB 4792 的有关规定。对放射性源和盛放放射性废物的容器应设明显的标记,并应单独存放。与工作场所应有防护距离,并应采取屏蔽、遥控、除污保洁等措施。

7.2.8 产生非电离辐射的设备应有良好的屏蔽措施。工作场所的非电离辐射职业接触限值应符合国家有关工作场所有害因素职业接触限值的相关规定。

7.3 噪声防护、防振动

7.3.1 设计应选用低噪声设备,并应合理布置。

7.3.2 产生噪声的设备应采取消音减振、隔振吸声及综合控制措施。工作场所应采取各种降噪技术措施,噪声值应符合国家有关工作场所有害因素职业接触限值的相关规定。

7.3.3 对防振有要求的场所,应采取减振器、减振垫、防振沟或有柔性连接的防振措施。对震动设备的基础应进行合理设计。工作场所的振动强度应符合国家有关工业企业卫生设计标准的相关规定。

7.3.4 织机宜安装在厂房底层,织机布置在楼层时,厂房结构应采取防振措施。其他有强烈振动的设备不宜布置在楼板或平台上。工艺需要在楼板或平台上设置有振动的设备时,应采取减振措施。

7.3.5 振动较大的电气设备及部件应采取防振和减振措施。

7.4 防暑、防寒、防湿

7.4.1 防暑降温、防寒设计应符合国家有关工业企业设计卫生标准的相关规定。

7.4.2 不设空调的生产车间,应具有良好的自然通风条件,也可设局部送风。

7.4.3 有温湿度要求的车间空调设计应满足工艺和职业安全卫生的要求,建筑设计应符合当地相关的节能设计标准。

7.4.4 高温车间的热源应分布合理,并应易于热量发散。热源可布置在常年最小频率风向上风侧或单独的车间内。高温操作区应设置局部送风降温设施,并应加强通风换气。

7.4.5 凡具有敞口液面并产生大量水汽或异味气体的设备及产生大量水蒸气的间歇性生产设备,宜集中或相对集中排列,并应设排汽罩和机械排风装置。冬季应送暖风。

7.4.6 高温作业车间应设工间休息室,夏季休息室室内气温不应高于室外温度;设有空调的休息室室内气温应保持在 25℃～27℃。

7.4.7 车间空调室可适当利用回风,回风点应远离散发有害气体的设备,并应组织好气流。车间内如有散发有害气体的设备,应单独隔离、单独排风。

7.4.8 寒冷地区应设置防冻设施,气温出现过 0℃以下并持续一段时间的其他地区,应根据生产需要采取防冻措施。

7.4.9 冬季采暖室外计算温度为 −20℃ 及以下的地区,应根据具体情况设置门斗、外室或热风空气幕等。

7.5 采光、照明

7.5.1 厂房应综合工艺、建筑、空调、通风的要求进行采光设计,应充分利用自然采光,并应符合现行国家标准《建筑采光设计标准》GB/T 50033 的有关规定。

7.5.2 纺织厂、服装厂的天然采光应采取防止眩光或遮阳措施。

7.5.3 工厂的照明设计应符合现行国家标准《建筑照明设计标准》GB 50034 的有关规定,应采取对直接眩光、反射眩光产生的危害加以限制的措施。当大面积采用荧光灯照明时,还应采取抑制频闪效应的措施。

7.5.4 固定式照明灯具距地面或工作基准面为 2.4m 及以下时,灯具可接近的裸露部分必须可靠接地或接零,其供电线路应装设剩余电流动作保护,动作电流不应大于 30mA,在下列场所时,应采用不大于 50V 的安全电压供电:
　1 特别潮湿的场所;
　2 高温场所;
　3 具有导电性粉尘的场所;
　4 具有导电地面的场所。

7.5.5 手提式照明灯应采用不超过 24V 的安全电压供电。

7.5.6 纺织工业企业下列车间或场所应设置应急照明:
　1 工作照明中断,由于误操作会引起爆炸、火灾的场所和引起人身伤亡事故的场所,应设置安全照明,其照度不应低于该场所一般照明照度的 5%。
　2 自备电站、变电所、工艺控制室、消防控制室、消防泵间、电话机房、总值班室等场所,其照度不应低于该场所一般照明照度的 10%。
　3 在车间主要疏散通道处应设疏散照明,其照度不应低于 0.5 lx。当为高层厂房时,还应符合现行国家标准《高层民用建筑设计防火规范》GB 50045 的有关规定。

7.6 生活用水卫生

7.6.1 工厂生活饮用水水质必须符合现行国家标准《生活饮用水卫生标准》GB 5749 的有关规定。

7.6.2 当工厂自备生活饮用水系统需用城镇供水系统作为后备用水时,应采用补入清水池的方法进行补充。工厂自备生活饮用水系统严禁与城镇供水系统直接连接。

7.6.3 生活饮用水管道通过有毒物污染及有腐蚀性地区时,应采取防护措施;当与排水管道平行或交叉时,应符合现行国家标准《室外给水设计规范》GB 50013 和《室外排水设计规范》GB 50014 的有关规定。

7.6.4 生活饮用水管道不得与非饮用水管道连接。在特殊情况下,必须以生活饮用水作生产用水水源时,由城市给水管直接向生产设备供水的给水管上应设管道倒流防止器或其他防止污染的装置。

8 安全卫生机构设置

8.0.1 纺织工业企业应根据具体情况设置职业安全卫生专职机构及配备专职或兼职人员。

8.0.2 专职机构和人员应负责安全生产、教育、劳动保护、环境监测、消防救护、职业病防治、事故调查处理等工作。

8.0.3 中型以上规模的企业可适当配备广播、电视、录放设备。

8.0.4 小型测试仪器可由中心化验室配备,并应设专人管理,同时应由安全卫生机构(人员)委托测试。大型测试仪器可委托专业测试单位定期检测。

8.0.5 企业的医疗卫生机构应配置相关的急救设施和药品。

8.0.6 机构设施的设置应符合国家有关工业企业设计卫生标准的相关规定。

本规范用词说明

1 为便于在执行本规范条文时区别对待,对要求严格程度不同的用词说明如下:

1)表示很严格,非这样做不可的用词:
正面词采用"必须",反面词采用"严禁"。

2)表示严格,在正常情况下均应这样做的用词:
正面词采用"应",反面词采用"不应"或"不得"。

3)表示允许稍有选择,在条件许可时首先应这样做的用词:
正面词采用"宜",反面词采用"不宜"。
表示有选择,在一定条件下可以这样做的用词,采用"可"。

2 本规范中指明应按其他有关标准、规范执行的写法为"应符合……的规定"或"应按……执行"。

中华人民共和国国家标准

纺织工业企业职业安全卫生设计规范

GB 50477—2009

条 文 说 明

目　次

1　总则 …………………………… 7—29—11
3　厂址选择 ………………………… 7—29—11
4　总图运输 ………………………… 7—29—11
5　车间布置及设备选型 …………… 7—29—11
6　职业安全 ………………………… 7—29—11
　6.1　防火、防爆 ………………… 7—29—11
　6.2　防雷、电气安全 …………… 7—29—11
　6.4　防烫 ………………………… 7—29—11
　6.5　走道、梯子、平台、栏杆、
　　　地坑等防护 ………………… 7—29—11
7　职业卫生 ………………………… 7—29—12
　7.1　防尘 ………………………… 7—29—12
　7.2　防毒、防腐、防辐射 ……… 7—29—12
　7.3　噪声防护、防振动 ………… 7—29—12
　7.5　采光、照明 ………………… 7—29—12
　7.6　生活用水卫生 ……………… 7—29—13

1 总 则

1.0.1 本规范适用的纺织工业企业的范围是依据国家标准《国民经济行业分类与代码》GB/T 4754—2002 的规定,即为 C 门类制造业中的 17 大类纺织业 171 中类的棉、化纤纺织及印染加工,172 中类的毛纺织和染整精加工,173 中类的麻纺织,174 中类的丝绢纺织及精加工,175 中类的 1757 小类无纺布制造,176 中类的针织品、编织品及其制品制造,18 大类纺织服装、鞋、帽制造业中 181 中类的纺织服装制造;28 大类化学纤维制造业 281 中类纤维素纤维原料及纤维制造,282 中类合成纤维制造等。涵盖了现行的纺织工业绝大部分的工业企业类型,不包括维尼纶工厂、特种合成纤维制造工厂。

1.0.2 本规范根据纺织工业企业中的主要生产车间职业安全卫生的特征编制的。对建筑物(包括钢结构)、辅助生产车间(例如机械工艺的机修车间),配套的公用工程站房和除了原料、成品外的一般仓库、办公、生活设施等职业安全卫生的设计,应符合相关专业的规范规定。

1.0.3 劳动保护(职业安全卫生)与环境保护、节约资源一样是我国的一项基本国策。工程设计中劳动保护和环境保护、节约能源必须协调一致。本规范要求各专业采取技术先进、切合实际、经济合理;利于环保和节能的安全卫生措施,为工厂创造安全、文明生产的必要条件。同时纺织行业的市场依存度高,工程设计要为企业提高竞争能力创造条件。

3 厂址选择

3.0.1 厂址选择是政策性很强和综合性要求很高的工作。要做到统筹兼顾、合理布局,为工厂职业安全卫生形成良好条件。厂址选择在现有设施齐全的地区,如在城镇或工业开发区内,有助于安全卫生设施的综合利用或与邻近企业进行协作。

3.0.4~3.0.7 参照国家有关工业企业设计卫生标准编写。

4 总图运输

4.0.8 关于生活设施及辅助用房的设置,根据纺织、服装、化纤工厂工人数量多,女工比例高的特点,设置有全厂性的更衣室、浴室、厕所、职工食堂、冷饮制备间、卫生所和乳儿托儿所等,为职工创造良好的生活卫生环境。车间内的生产、生活卫生辅房的设置应按国家有关工业企业设计卫生标准中卫生特征分级要求执行。全厂性和各车间的生活卫生辅房应统筹规划,不要漏掉或重复。

5 车间布置及设备选型

5.0.3 车间内的生产、生活卫生辅房的设置应国家有关工业企业设计卫生标准的卫生特征分级要求执行。全厂性的(参见本规范 4.0.8 条说明)和各车间的卫生设置应统筹规划,不要遗漏或重复。

表 5.0.3 并没有涵盖纺织工业的全部生产车间类型,各类工厂设计中生产卫生设置应按照各专业标准的规定执行。

5.0.8 企业自行设计、制造、安装的设备也要符合现行国家标准《生产设备安全卫生设计总则》GB 5083 和《电气设备安全设计导则》GB 4064 的规定。要慎重选用原有设备,其安全卫生性能应符合规定。上述两类设备的选用应经有关部门进行安全技术检验或鉴定。

6 职业安全

6.1 防火、防爆

6.1.5 当设计中采用防火分隔水幕时,按现行国家标准《建筑设计防火规范》GB 50016 规定,不宜用于尺寸超过 15m(宽)×8m(高)的开口。

6.1.6 纺织工业企业的原料和成品基本是可燃材料,储存数量大、价值高。原料、成品仓库是防火的重点单位。防火设施必须符合现行国家标准《建筑设计防火规范》GB 50016 和相关规范的规定。《建筑设计防火规范》、《石油化工企业设计防火规范》和《纺织工业企业设计防火规范》等规范都同时在修订和编制。本条文根据原纺织工业部〔82〕纺生字第 052 号文中第十八条的规定。

6.1.7 麻库设在地下,无法解决泄爆问题。

6.1.14 纺织纤维加工厂存在火灾、火情、爆炸的危险。在棉、毛、麻纺织厂等程度较小的粉尘爆炸常有发生。重大的和具影响的是 1987 年 3 月 15 日哈尔滨亚麻厂的粉尘爆炸,这次事故造成了巨大的损失:职工伤亡 235 人,其中死亡 58 人,重伤 65 人,轻伤 112 人,1.3 万平方米的厂房遭破坏,直接经济损失价值 881.9 万元。这次特大恶性事故给出的教训主要是,纺织厂不但要重视防火,还要重视防爆。粉尘的爆炸具有突发性,几秒钟的连续爆炸,可以导致严重后果。一般情况下,爆炸的火源是静电,首爆器是除尘器。因此,滤尘系统的设计规定是纺织工业企业安全措施的重点。

6.2 防雷、电气安全

6.2.2 纺织厂、化纤厂的仓库多为单层建筑物,但一般均为 23 区火灾危险场所,按《建筑物防雷设计规范》GB 50057—94 的防雷分类标准,宜划为三类防雷建筑物。

6.2.3 化纤厂在生产过程中断电时,会造成重大的经济损失,而且恢复生产时间较长,所以化纤厂的用电负荷一般应为一级或二级负荷,且应采用双回路电源供电。

6.4 防烫

6.4.1 防烫主要针对在聚酯工厂、熔融纺合成纤维工厂和印染厂等高温热源中的高温设备和高温介质输送管道,此类介质(如热媒温度为 260~330℃)应该采取隔热、防烫措施。

6.5 走道、梯子、平台、栏杆、地坑等防护

6.5.2 架空走道的栏杆的高度应符合现行国家标准《固定式工业防护栏杆安全技术条件》GB 4053.3 的规定。

6.5.3 在专业规范中,对操作平台宽度、护栏高度、出入口等另有详细规定时,应按照各专业规范执行。

6.5.4 在平台、楼梯、人行通道(指平台上人行通道)、坑池边、升降机口和安装孔等位置上,应设置栏杆、围栏和盖板。栏杆和围栏的设计按本规范第 6.5.3 条规定执行。

6.5.5 有上人要求的吊顶建筑物,既要保证便于安装和检修,又要保证安全。一般情况下,吊顶内走道不通行,当必须有人通行时,通行人数也很少。因此,走道和吊顶净空高度的设计可因地制宜。

7 职业卫生

7.1 防尘

7.1.5 本条文中的滤尘设备是指通排风系统中的滤尘设备,而一些工艺要求的随主机相连接的滤尘设备可放在车间内,如和毛机的滤尘设备。

7.2 防毒、防腐、防辐射

7.2.5 纺织、化纤工业企业常用的腐蚀介质参照表1。

表1 纺织工业中常用的腐蚀介质

序号	名称	化学式	用途及作用
1	硫酸	H_2SO_4	粘胶纤维凝固液、印染酸洗液、显色液及毛纺炭化液、苎麻脱胶浸酸液等
2	硝酸	HNO_3	腈纶溶剂、锦纶66氧化剂、腈纶组件及喷丝板的清洗剂、印染筒腐蚀剂等
3	盐酸	HCl	涤纶长丝牵伸机导丝钩酸洗剂、冰染料、苯胺黑染料的调制剂等
4	磷酸	H_3PO_4	锦纶催化剂、废水处理剂
5	氢氰酸	HCN	腈纶生产副产物
6	铬酸	$HCrO_3$	锦纶催化剂、镀铬液等
7	甲酸	CH_2O_2	涤纶生产中的杂质,印染分散重氮黑后处理液
8	醋酸	$C_2H_4O_2$	涤纶溶剂、锦纶稳定剂、腈纶及印染pH值调节剂等
9	乙二酸	$C_2H_2O_4 \cdot 2H_2O$	印染漂白剂、除锈剂
10	己二酸	$C_6H_{10}O_4$	锦纶66原料、锦纶6稳定剂
11	间苯二酸	$C_6H_6O_2$	锦纶帘子布浸胶液
12	氢氧化钠	$NaOH$	粘胶浸渍液、棉浆料、印染退浆、煮练、丝光液及印染、冰染料碱液、苎麻煮练碱液等
13	氢氧化铵	NH_4OH	锦纶6帘子线用剂、酞菁染料调制剂
14	氢氧化钙	$Ca(OH)_2$	软水剂
15	硫酸铵	$(NH_4)_2SO_4$	锦纶6肟化剂、亚硫酸钠漂白工艺的湿润剂、羊毛洗涤液助剂
16	硫酸钠	$Na_2SO_4 \cdot 10H_2O$	粘胶凝固时生成物,以及凝固浴,印染还原、涤染、活性染料的促进剂
17	硝酸钠	$NaNO_3$	用于锦纶、涤纶、丙纶等纺丝组件及计量泵的清洗盐剂
18	磷酸三钠	Na_3PO_4	软水剂、活性染料碱剂
19	碳酸钠	Na_2CO_3	软水剂、亚硫酸钠漂白工艺的脱碱剂、印染皂煮液碱剂、羊毛洗涤液助剂、散毛炭化中和剂
20	氯酸钠	$NaClO_3$	可溶性还原染料印花后蒸化显色剂、苯胺黑染色氧化剂
21	亚氯酸钠	$NaClO_2$	棉及涤棉织物漂白剂
22	次氯酸钠	$NaClO$	棉及维棉织物漂白剂
23	氯化钠	$NaCl$	印染的还原、涤染、活性染料的促进剂,或由化纤生产时碱液带入
24	硫化钠	Na_2S	硫化染料染剂
25	亚硫酸钠	$Na_2SO_3 \cdot 7H_2O$	锦纶6原料、给水除氧剂、印染布为X型活性染料色浆还原剂
26	亚硝酸钠	$NaNO_2$	涤纶、丙纶等纺丝组件及计量泵的清洗盐剂、印染染料色基重氮化及可溶性还原染料显色剂
27	碳酸氢钠	$NaHCO_3$	活性染料固色剂等

续表1

序号	名称	化学式	用途及作用
28	聚偏磷酸钠	$(NaPO_3)_x$	软水剂、色浆调制络合剂
29	硫氰酸钠	$NaSCN$	腈纶溶剂、凝固浴以及回收设备接触的介质
30	硅酸钠	Na_2SiO_3	煮练助剂、双氧水漂白稳定剂
31	过硼酸钠	$NaBO_3 \cdot 4H_2O$	织物漂白剂、清净剂、还原染料氧化剂
32	醋酸钠	$C_2H_3NaO_2 \cdot 3H_2O$	媒染剂、冰染料色基络液中和剂
33	甲醛合次硫酸氢钠	$CH_3NaO_3S \cdot 2H_2O$	还原染料拔白印花还原剂
34	碳酸钾	K_2CO_3	还原染料印花色浆碱剂
35	氯化钙	$CaCl_2 \cdot 6H_2O$	软水剂、上浆剂
36	次氯酸钙	$Ca(OCl)_2$	漂白剂
37	三氯化铁	$FeCl_3 \cdot 6H_2O$	印染花筒腐蚀剂
38	硫酸锌	$ZnSO_4$	粘胶凝固液、印染的媒染剂、色盐抗碱剂和浆料防腐剂等
39	氯化锌	$ZnCl_2$	防白印浆
40	硫酸铜	$CuSO_4 \cdot 5H_2O$	直接染料固定剂
41	氯	Cl_2	棉绒浆原料、次氯酸钠用剂
42	过氧化氢	H_2O_2	棉织物、涤纶漂白液
43	硫化氢	H_2S	粘胶纤维生产中的副产品
44	二硫化碳	CS_2	粘胶纤维黄化剂、羊毛去脂剂
45	氧化锌	ZnO	防染印花还原剂、粘胶凝固浴的硫酸锌代用品
46	甲醇	CH_4O	甲醇石墨混合涂料用于防止涤纶螺栓热焊合
47	丙三醇	$C_3H_8O_3$	配制化纤生产油剂
48	甲醛溶液	CH_2O	锦纶帘子线浸胶剂组成
49	苯	C_6H_6	涤纶、锦纶66原料
50	三氯乙烯	C_2HCl_3	锦纶6萃取液、熔融纺丝组件和计量泵清洗剂
51	己内酰胺	$C_6H_{11}NO$	锦纶6原料
52	醋酸乙烯酯	$C_4H_6O_2$	用于非织造布生产
53	丙烯腈	C_3H_3N	腈纶原料
54	乙腈	C_2H_3N	腈纶生产副产物
55	联苯-联苯醚混合物	$C_{12}H_{10} - C_{12}H_{10}O$	涤纶、锦纶、丙纶等熔融法纺丝设备的保温热载体

7.3 噪声防护、防振动

7.3.2 纺织化纤工厂产生高噪声的设备种类较多,一般织机、高速卷绕头的噪声都比较高,有的超过85dB(A)。在自动化程度高的化纤厂,操作工可以在与高噪声设备隔离的控制室里。织布车间的操作工应使用防护用品。完全采用工程措施降噪,达到85dB(A)以下,存在着经济上不合理的问题。

7.3.4 各类织机工作时既有垂直振动,又有水平振动,若织机安装在楼层时,必须保证厂房的安全性。

7.5 采光、照明

7.5.3 国家标准《建筑照明设计标准》GB 50034—2004,自2004年12月1日起实施。原《工业企业照明设计标准》GB 50034—92和《民用建筑照明设计标准》GBJ 133—90同时废止。新标准与两项老标准有三个大的变化。第一,照度水平有较大的提高。第二,照明质量标准有较大提高和改变,基本上是向国际标准靠拢。第三,增加了七类建筑(包括工业)108种常用房间或场所的最大允许照明功率密度值。工业建筑的照明功率密度限值属强制性条文,必须严格执行。新标准对一些主要房间或场所规定的一般照明照度标准值提高50%～200%,是现实需要的合理反映。

纺织工业企业的车间或机台的照度标准首先是工艺生产的要求,同时也是工作场所职业卫生的要求。如纺织厂的挡车工,印染厂的挡车工和服装厂的缝纫工,长时间用眼。照度设计不当将损害操作人员的视力。因此,在满足工艺操作条件下,参照原工艺设计的技术规定中的照度时应作适当的调整。如果各类工厂的工艺设计规范修订后,对照度有新的规定,应按新规范执行。如果原工艺设计规范近期内未作修订,本规范建议应按国家标准《建筑设计照明标准》GB 50034—2004 规定的原则执行。

7.5.4 本文既考虑了触电的可能性,也考虑了触电的危险性。人站立时伸臂一般高度可达 2.4m,所以距地面或工作基准面 2.4m 以下的灯具易被触及,存在触电的可能性,所以要求固定安装的灯具高度低于 2.4m 时应采取相应的防护措施。人处在上述各种场所时,由于人身体电阻较小,或因地面电阻较小,触电时有更大的危险性,所以要求采用不大于 50V 的安全电压供电。

7.5.5 手提式照明灯常在地沟内或其他非正常工作场所内使用,触电的危险性较大。24V 是国际电工委员会标准 IEC 364—4 规定的不需防直接电击的安全电压。

7.5.6 本条款参照国家标准《建筑照明设计标准》GB 50034—2004 和现行国家标准《建筑设计防火规范》GB 50016 制定。

7.6 生活用水卫生

7.6.1 工厂生活饮用水当采取自备系统时,必须符合现行国家标准《生活饮用水卫生标准》GB 5749 的规定,其中检测项目达到 106 项。因各地水源地水质差别大,自备生活饮用水水质标准不能低于上述国家标准的规定。

中华人民共和国国家标准

棉纺织工厂设计规范

Code for design of cotton spinning and weaving factory

GB 50481—2009

主编部门：中 国 纺 织 工 业 协 会
批准部门：中华人民共和国住房和城乡建设部
施行日期：２ ０ ０ ９ 年 １ ２ 月 １ 日

中华人民共和国住房和城乡建设部
公 告

第 311 号

关于发布国家标准《棉纺织工厂设计规范》的公告

现批准《棉纺织工厂设计规范》为国家标准,编号为 GB 50481—2009,自 2009 年 12 月 1 日起实施。其中,第 5.1.3、5.1.4、6.1.5(3、4)、8.5.5、10.5.3、11.5.4 条(款)为强制性条文,必须严格执行。

本规范由我部标准定额研究所组织中国计划出版社出版发行。

中华人民共和国住房和城乡建设部
二〇〇九年五月十三日

前 言

本规范是根据原建设部"关于印发《2006 年工程建设标准规范制定、修订计划(第二批)》的通知"(建标〔2006〕136 号)的要求,由河南省纺织建筑设计院有限公司会同有关单位共同编制而成。

本规范在编制过程中,进行了广泛调查研究,认真总结实践经验,吸收国内外棉纺织科学技术发展的新成果,并广泛征求全国相关单位意见,最后经审查定稿。

本规范共分 12 章和 9 个附录。主要内容包括:总则,术语,总图布置,工艺设计,工艺设备,生产辅助设施,控制,电气,建筑,结构,给水排水,采暖通风与空调滤尘,动力等。

本规范中以黑体字标志的条文为强制性条文,必须严格执行。

本规范由住房和城乡建设部负责管理和对强制性条文的解释,中国纺织工业协会负责日常管理,河南省纺织建筑设计院有限公司负责具体技术内容的解释。本规范在执行过程中,如发现有需要修改和补充之处,请将意见和资料寄送给河南省纺织建筑设计院有限公司(地址:河南省郑州市市场街 69 号;邮政编码:450007;传真:0371—67634125;E-mail:hn-fjsj@126.com),以便供今后修订时参考。

本规范主编单位、参编单位、主要起草人和主要审查人员:

主编单位: 河南省纺织建筑设计院有限公司
参编单位: 中国纺织工业设计院
天津市中天建筑设计院
新疆广维现代建筑设计研究院有限责任公司
上海纺织建筑设计研究院
江苏省纺织工业设计研究院有限公司
安徽省纺织工业设计院
主要起草人: 朱明达 孙 林 刘晓玉 瞿雪根
徐福官 于荣谦 张锡余 林光华
厚炳煦 许 俊
主要审查人: 黄承平 刘承彬 孙今权 张福义
杨 茵 邓 军 陈心耿 李 惠
毛良成 王耀荣 王 祯 赵宏润
吴振刚 李瑞霞 任兰英

目 次

1 总则 ... 7—30—6
2 术语 ... 7—30—6
3 总图布置 ... 7—30—6
  3.1 一般规定 ... 7—30—6
  3.2 总平面布置 ... 7—30—6
  3.3 竖向设计 ... 7—30—7
  3.4 厂区管线 ... 7—30—7
  3.5 厂区道路 ... 7—30—7
  3.6 绿化 ... 7—30—7
  3.7 总图技术经济指标 ... 7—30—7
4 工艺设计 ... 7—30—7
  4.1 一般规定 ... 7—30—7
  4.2 工艺流程 ... 7—30—7
  4.3 工艺计算 ... 7—30—7
  4.4 车间运输 ... 7—30—8
5 工艺设备 ... 7—30—8
  5.1 一般规定 ... 7—30—8
  5.2 设备与配台 ... 7—30—8
  5.3 柱网与设备布置 ... 7—30—8
6 生产辅助设施 ... 7—30—8
  6.1 生产辅助设施 ... 7—30—8
  6.2 仓储 ... 7—30—9
7 控制 ... 7—30—9
8 电气 ... 7—30—9
  8.1 一般规定 ... 7—30—9
  8.2 负荷分级 ... 7—30—9
  8.3 供配电 ... 7—30—9
  8.4 照明 ... 7—30—9
  8.5 防雷与接地 ... 7—30—10
  8.6 无功补偿与谐波治理 ... 7—30—10
  8.7 火灾报警 ... 7—30—10
9 建筑、结构 ... 7—30—10
  9.1 一般规定 ... 7—30—10
  9.2 生产厂房 ... 7—30—10
  9.3 辅助用房 ... 7—30—10
  9.4 建筑防火、防腐 ... 7—30—10
  9.5 结构形式和构造 ... 7—30—10
10 给水排水 ... 7—30—12
  10.1 一般规定 ... 7—30—12
  10.2 水源与水处理 ... 7—30—12
  10.3 水量、水质、水压 ... 7—30—12
  10.4 给水系统和管道敷设 ... 7—30—12
  10.5 消防给水系统 ... 7—30—12
  10.6 排水系统和管道敷设 ... 7—30—13
  10.7 污水处理与废水回用 ... 7—30—13
11 采暖通风与空调滤尘 ... 7—30—13
  11.1 一般规定 ... 7—30—13
  11.2 采暖 ... 7—30—13
  11.3 通风 ... 7—30—13
  11.4 空调 ... 7—30—13
  11.5 滤尘 ... 7—30—14
12 动力 ... 7—30—14
  12.1 空压 ... 7—30—14
  12.2 制冷 ... 7—30—14
  12.3 供热 ... 7—30—14
附录A 厂区道路技术指标及与相邻建（构）筑物的最小间距 ... 7—30—15
附录B 棉纺织主要工艺流程 ... 7—30—15
附录C 棉纺织主要工艺参数 ... 7—30—16
附录D 半制品、成品运输工具及数量 ... 7—30—17
附录E 主要设备排列间距 ... 7—30—17
附录F 主要生产辅助设施及面积 ... 7—30—18
附录G 检验检测仪器及辅机设备 ... 7—30—18
附录H 单位面积储存能力和机物料仓库面积 ... 7—30—19
附录J 车间温湿度参数 ... 7—30—19
本规范用词说明 ... 7—30—19
引用标准名录 ... 7—30—20
附：条文说明 ... 7—30—21

Contents

1 General provisions ·················· 7—30—6
2 Terms ······························ 7—30—6
3 General layout plan ················ 7—30—6
   3.1 General requirement ·············· 7—30—6
   3.2 Design of general plan ············ 7—30—6
   3.3 Elevation planning ················ 7—30—7
   3.4 Pipelines of mill site ·············· 7—30—7
   3.5 Roads inside mill site ············· 7—30—7
   3.6 Greening ······················· 7—30—7
   3.7 Technical and economical indices of general layout plan ··········· 7—30—7
4 Process design ···················· 7—30—7
   4.1 General requirement ·············· 7—30—7
   4.2 Process flow ···················· 7—30—7
   4.3 Process calculation ··············· 7—30—7
   4.4 Material handling equipment ······ 7—30—8
5 Process equipment ················ 7—30—8
   5.1 General requirement ·············· 7—30—8
   5.2 Machines and machine quantifying ····················· 7—30—8
   5.3 Dimensions of column grid and machinery layout ················ 7—30—8
6 Auxiliary production facility ··························· 7—30—8
   6.1 Auxiliary production facility ······ 7—30—8
   6.2 Storage ························· 7—30—9
7 Control ··························· 7—30—9
8 Electricity ························ 7—30—9
   8.1 General requirement ·············· 7—30—9
   8.2 Load classification ··············· 7—30—9
   8.3 Power supply and distribution ····· 7—30—9
   8.4 Lighting ························ 7—30—9
   8.5 Lightning protection and earthing ························ 7—30—10
   8.6 Reactive-load compensation and harmonic wave treatment ··· 7—30—10
   8.7 Fire alarm ······················ 7—30—10
9 Building and structures ············ 7—30—10
   9.1 General requirement ·············· 7—30—10
   9.2 Production building ··············· 7—30—10
   9.3 Auxiliary rooms ················· 7—30—10
   9.4 Fire protection and corrosion prevention of building ············· 7—30—10
   9.5 Structure and conformation ······ 7—30—10
10 Water supply and drainage ······ 7—30—12
   10.1 General requirement ············ 7—30—12
   10.2 Water source and treatment ····· 7—30—12
   10.3 Water amount, water quality and water pressure ·············· 7—30—12
   10.4 Water supply and pipeline laying ··························· 7—30—12
   10.5 Fire water supply system ········ 7—30—12
   10.6 Drainage system and pipeline laying ··························· 7—30—13
   10.7 Wastewater treatment and reuse ·························· 7—30—13
11 Heating, ventilation, air conditioning and filtering ························ 7—30—13
   11.1 General requirement ············ 7—30—13
   11.2 Heating ······················· 7—30—13
   11.3 Ventilation ···················· 7—30—13
   11.4 Air conditioning ··············· 7—30—13
   11.5 Dust filtering ·················· 7—30—14
12 Compressed air, refrigeration and heat supply ················ 7—30—14
   12.1 Compressed air ················ 7—30—14
   12.2 Refrigeration ·················· 7—30—14
   12.3 Heat supply ··················· 7—30—14
Appendix A Technical indices of roads inside a mill site and separation distance between a road and an adjacent building ······ 7—30—15
Appendix B Cotton textile process flow ···················· 7—30—15
Appendix C Cotton textile process

	ing parameters .... 7—30—16
Appendix D	Quantity of Handling equipment for semi-products and products .... 7—30—17
Appendix E	Separation distance between machines ··· 7—30—17
Appendix F	Area of auxiliary production facility ··· 7—30—18
Appendix G	Laboratory equipment and auxiliary machinery ················ 7—30—18
Appendix H	Unit store capacity and area of storages ······ 7—30—19
Appendix J	Temperature and humidity in workshops ················ 7—30—19

Explanation of wording in this code ·· 7—30—19

List of quoted standards ················ 7—30—20

Addition: Explanation of provisions ······················ 7—30—21

1 总 则

1.0.1 为了统一棉纺织工厂建设工程设计的技术要求,促进设计工作规范化,达到技术先进、经济合理、安全适用的目的,依据国家现行法律法规、生产建设经验和纺织科学技术发展的新成果,制定本规范。

1.0.2 本规范适用于纯棉、化纤及与其他短纤维混纺的纺纱、织布(包括家用纺织品织物、长丝织物)工厂的新建、扩建和改建工程的设计。

1.0.3 棉纺织工厂设计应贯彻国家有关工程建设的方针政策和纺织行业技术政策。

1.0.4 棉纺织工厂设计应符合因地制宜的原则,认真调查研究、收集资料,确定工程设计方案。

1.0.5 棉纺织工厂设计应采用清洁生产工艺和节能、环保、安全生产等技术措施,提高能源利用率和资源的综合利用,并应符合节能、环境影响、安全卫生等评估报告的要求。

1.0.6 棉纺织工厂设计应采用经国家有关部门核准推广的新技术、新工艺、新设备和新材料。

1.0.7 分期建设的棉纺织工厂应根据建设规模和发展规划,贯彻统筹兼顾、远近期结合、以近期为主的原则。

1.0.8 棉纺织工厂设计除应符合本规范外,尚应符合国家现行有关标准的规定。

2 术 语

2.0.1 线密度 linear density
表示纱线的粗细程度,国家法定单位用特(tex)表示。

2.0.2 回潮率 moisture regain
在规定条件下测得的纺织材料、纺织品的含湿量称回潮率,以试样的湿重与干重的差数对干重的百分率表示。

2.0.3 公定回潮率 conventional moisture regain
为了检验和贸易等需要,而对纺织材料、纺织品规定的回潮率称公定回潮率。

2.0.4 清洁生产 cleaner production
指不断采取改进设计、使用清洁的能源和原料、采用先进的工艺技术与设备、改善管理、综合利用等措施,从源头削减污染,提高资源利用效率,减少或者避免生产、服务和产品使用过程中污染物的产生和排放,以减轻或者消除对人类健康和环境的危害。

2.0.5 环锭纺 ring spinning
以罗拉、锭子、钢领和钢丝圈作为纺纱部件对罗拉输出的纤维须条进行连续牵伸、加捻和卷绕的纺纱方法。

2.0.6 转杯纺 rotor spinning
以纺纱杯内的负压气流开松输送纤维,利用纺纱杯的高速回转凝聚纤维并加捻成纱的纺纱方法,是自由端纺纱的一种,俗称"气流纺"。

2.0.7 前纺 fore-spinning
棉纺织工厂环锭纺纱机或转杯纺纱机之前的工序,包括开清棉、梳棉、精梳、并条和粗纱等。

2.0.8 织前准备 preparatory weaving
棉纺织工厂织布机之前的经纱准备和纬纱准备工序,包括络筒、整经、浆纱、穿筘、卷纬和定捻等。

3 总图布置

3.1 一般规定

3.1.1 总图布置应贯彻国家节约集约用地、保护环境、安全卫生和防火的有关规定,并应符合工厂所在地的城乡规划要求。

3.1.2 总图布置应依据可靠的设计基础资料进行,在满足总图各项技术经济指标的条件下确定总图方案。

3.1.3 厂外配套设施,给水排水、供电、供热、道路、环境保护等工程,应结合建厂地区条件,与相关部门协调后确定方案。

3.2 总平面布置

3.2.1 总平面布置应符合下列规定:
1 总平面布置应在规划基础上根据生产要求和自然地理条件,经济合理确定厂区建(构)筑物、堆场、道路运输、工程管线、绿化等设施的平面及竖向关系。
2 总平面布置宜进行合理的功能分区,可按功能模块进行布置。产生污染源的车间或场所应位于厂区、生活区常年最小频率风向的上风侧。
3 总平面布置应满足生产要求,各辅助和附属设施应靠近所服务的部门或车间。
4 厂区建(构)筑物宜合并,组合成联合厂房。
5 预留发展用地应合理规划。近期建设项目应集中布置,并应给后期工程和生产联系创造良好条件。

3.2.2 厂房布置应符合下列规定:
1 厂房布置在地势平坦、地质均匀的地段,并应综合与其他建(构)筑物的防火间距、交通运输和工程管线敷设等因素确定。
2 单层锯齿厂房宜选择北偏东的天窗朝向。
3 单层无窗、多层厂房宜选择矩形,受场地限制时,也可采用其他形式。

3.2.3 仓储建筑物布置应符合下列规定:
1 原棉、废棉仓库宜靠近纺部车间分级室,成品库宜靠近车间成品出口处。根据工厂规模,原棉仓库、成品仓库可合建。原棉库附近宜有固定堆场。
2 机物料仓库宜靠近主厂房,也可和车间的机物料库合建。
3 仓储区应与厂内外道路运输相协调,并应避开人流集中地段。
4 仓储区宜设专供货物运输的出入口。

3.2.4 动力设施和辅助建(构)筑物布置应符合下列规定:
1 锅炉房(煤库、灰场)应布置在厂区边缘,并应处在厂区常年最小频率风向的上风侧。采用燃油、燃气锅炉的储罐区布置,应符合现行国家标准《建筑设计防火规范》GB 50016 的规定。
2 热力站宜靠近负荷中心,可建在车间附房内。
3 高压配电站宜结合进线方向在厂区独立设置,也可建在车间附房内。多层厂房宜布置在底层。
4 空压站、制冷站宜靠近负荷中心,布置在散发烟尘场所的全年最小频率风向下风侧,并应与有防噪、防震要求的场所保持防护距离。空压站、制冷站房应满足通风和采光的要求。
5 给水建(构)筑物应集中布置,并应位于总管短捷和与用户支管连接较短的地段。
6 机修、电修辅助生产部门可集中布置,附近宜有堆场。
7 汽车库、停车场的布置应符合现行国家标准《汽车库、修车库、停车场设计防火规范》GB 50067 的规定。

3.2.5 行政管理建筑物应布置在厂前区。厂前区布置应与城镇规划、周围建筑、城镇干道和厂区道路相协调。

3.2.6 生活区应单独布置。集体宿舍和行政管理布置在同一区域时,应相对独立。生活区宜有员工活动场地和生活服务配套设施。

3.3 竖向设计

3.3.1 竖向设计应根据厂址自然地形条件、工程地质、生产工艺、运输方式、雨水排除及土石方量平衡等因素,确定各建(构)筑物场地标高。

3.3.2 棉纺织工厂的竖向设计宜采用平坡式。地形复杂地段也可采用台阶式,台阶的划分宜与功能分区一致。

3.3.3 厂区标高应与厂外建筑设施和道路标高协调一致,并应高于厂址的常年洪(潮、涝)水水位。

3.3.4 主厂房和主要辅助建筑物的室内地坪标高,应高出室外场地设计标高 0.15m~0.30m。

3.4 厂区管线

3.4.1 厂区管线布置应满足生产、施工、检修和安全生产要求。

3.4.2 管线应平行或垂直于建筑物、道路中心线布置。干管(线)应布置在靠近负荷中心及连接支管(线)较多一侧。

3.4.3 厂区主要道路地下不宜布置管线。主要道路上方净空高度4.5m以内,不应有架空管线。

3.4.4 管线敷设方式应根据管线性质、自然条件、管理维护及工艺要求确定采用直埋、管沟和架空方式。

3.4.5 厂区管线布置除应符合本规范外,尚应符合现行国家标准《工业企业总平面设计规范》GB 50187 的规定。

3.5 厂区道路

3.5.1 厂区道路布置应满足生产、交通运输、消防、管线和绿化布置等要求。人行道应结合人流路线和厂区道路统一进行布置。

3.5.2 厂区道路宜采用正交和环行布置,干道宜与主要建筑物平行,主厂房周围宜设环行道路。

3.5.3 装卸区和厂区边缘尽头路,应根据通过的最大车型设回车场。

3.5.4 道路标高和坡度应满足运输要求,并应与厂区土石方工程量、竖向设计相协调。

3.5.5 道路等级及其技术指标应综合工厂规模、道路类别、使用要求和交通流量等因素确定。厂区道路主要技术指标及距建(构)筑物最小间距,可按本规范附录A的规定进行取值。

3.5.6 厂区道路设计除应符合本规范外,尚应符合现行国家标准《厂矿道路设计规范》GBJ 22 的规定。

3.6 绿化

3.6.1 厂区绿化布置应满足工厂所在地的规划要求,并应符合现行国家标准《工业企业总平面设计规范》GB 50187、《纺织工业企业环境保护设计规范》GB 50425 的规定。

3.7 总图技术经济指标

3.7.1 总图设计宜采用下列技术经济指标:
1 厂区占地面积(m^2);
2 建筑物、构筑物占地面积(m^2);
3 固定堆场占地面积(m^2);
4 总建筑面积(m^2);
5 厂区道路占地面积(m^2);
6 绿化占地面积(m^2);
7 土石方工程量(m^3);
8 建筑系数(%);
9 绿地率(%)。

3.7.2 总图技术经济指标计算方法,应按现行国家标准《工业企业总平面设计规范》GB 50187、《建筑工程建筑面积计算规范》GB/T 50353 的规定执行。

4 工艺设计

4.1 一般规定

4.1.1 棉纺织工厂的工艺设计应包括纺部、加工部和织部,以及生产辅助设施的设计。

4.1.2 工艺设计应采用先进的工艺技术,并应符合"技术先进、经济合理、成熟可靠、安全适用"的原则。

4.1.3 工艺设计应根据产品方案确定的原料性能和产品用途,采用技术路线和生产工艺流程。

4.1.4 工艺设计应有利于提高产品产量、质量和降低消耗,有利于提高劳动生产率和资源的综合利用。

4.2 工艺流程

4.2.1 工艺流程应满足产品的生产要求,并应适应市场需要。

4.2.2 工艺流程宜选择优质高效、短捷、连续化和自动化的工艺技术。

4.2.3 环锭纺纱工艺流程可按本规范附录B的规定确定,也可根据采用的生产技术进行调整。

4.2.4 转杯纺纱工艺流程可按本规范附录B的规定确定,也可根据采用的生产技术进行调整。

4.2.5 开清棉机组应有开松、除杂、均匀混合和少伤纤维的作用。

4.2.6 加工部工艺流程可按本规范附录B的规定确定,也可根据采用的生产技术进行调整。

4.2.7 织造工艺流程可按本规范附录B的规定确定,也可根据采用的生产技术进行调整。

4.2.8 涤棉混纺纬纱、中长纤维纬纱、同向加捻股线纬纱和高捻度纬纱,应增加直接纬纱、间接纬纱的定捻工序。纱线定捻可采用蒸纱锅、人工给湿或自然吸湿定捻。

4.2.9 经纱采用同种原料不同线密度或不同捻向的纱线,以及两种或两种以上原料经纱的织物,可采用分条整经。

4.2.10 织机筘幅超过280cm时,在浆纱工序后可采用并轴工序或直接在织布机上采用两个以上的织轴并轴制织。

4.2.11 结经机宜部分代替穿筘机。结经机的生产能力不宜超过穿筘设备总能力的60%。

4.2.12 制织高密织物可在浆纱工序后采用并轴和分绞工序。

4.2.13 刷布工序可根据产品需要配置。建厂地区潮湿,坯布回潮率达不到要求时,宜配置烘布工序。

4.2.14 无梭织机可采用大卷装(联匹)布轴,以及布卷收机(机外大卷取装置)和布卷验卷机,分等整理后可直接入库。

4.3 工艺计算

4.3.1 工艺计算应根据纱线及织物的种类、采用原料、产品规格、质量要求、技术条件及设备性能等进行计算。工艺计算参数可按本规范附录C的规定选用。

4.3.2 工艺设计应计算下列主要技术经济指标:
1 年产量;
2 年原材料消耗量;
3 纱线平均线密度;
4 织物平均纬密。

4.3.3 平均线密度可采用下式计算:

$$\bar{T} = \frac{\sum_{i=1}^{n} G_i}{\sum_{i=1}^{n} \frac{G_i}{T_i}} \quad (4.3.3)$$

式中：$\bar{T}$——平均线密度（tex）；
T_i——某种纱线的线密度（tex）；
G_i——某种纱线的产量（kg）；
n——纱线品种个数。

4.3.4 平均纬密可采用下式计算：

$$\bar{P} = \frac{\sum_{i=1}^{n}(P_i \times L_i)}{\sum_{i=1}^{n} L_i} \quad (4.3.4)$$

式中：$\bar{P}$——平均纬密（根/10cm）；
P_i——某种织物的纬密（根/10cm）；
L_i——某种织物的产量（m）；
n——织物品种个数。

4.3.5 计算年设计生产能力和消耗的设备有效运转时间，可按下列规定进行计算：
    1 三班三运转工作制，可按年 306d、6885h 计算。
    2 四班三运转工作制，可按年 350d、7875h 计算。

4.4 车间运输

4.4.1 车间运输宜采用机械化、半机械化的运输工具。
4.4.2 车间运输工具应符合下列规定：
    1 车辆应安全适用、结构紧凑、灵活轻便和刹车可靠。
    2 车辆轮缘宜采用橡胶、塑料和尼龙等材料，不应使用钢铁硬质材料。
    3 电动运输设备易产生火花的部位应封闭。
    4 多层厂房采用垂直运输的电梯轿厢规格应与车间运输工具相适应。
4.4.3 车间运输工具种类和数量宜根据生产设备和规模确定，也可按本规范附录 D 的规定确定。
4.4.4 车间吊轨运应符合下列规定：
    1 吊轨运输的轨道布置应满足生产和安全要求。
    2 轨道端点应加装阻止器。
    3 装载装置应安全可靠，润滑部分应密封。
    4 车间吊轨运输除应符合本规范外，尚应符合现行国家标准《起重机设计规范》GB/T 3811、《起重机械安全规程》GB 6067 的规定。

5 工艺设备

5.1 一般规定

5.1.1 工艺设计不应采用国家明令淘汰的设备，不应采用不符合国家技术标准的工艺主、辅机设备和装置。
5.1.2 设备选择应满足生产要求，并应符合技术先进、性能可靠、操作简单和维修方便的原则。
5.1.3 清棉车间的首道开松抓棉设备与其后连接的混、开棉机之间的输棉管道中必须安装火星探除器。
5.1.4 清梳联的输棉风机与梳棉机喂棉箱之间的输棉管道中必须安装火星探除器。

5.2 设备与配台

5.2.1 设备选型宜采用机电一体化、大成形、大卷装和定长卷绕的工艺及辅助设备。
5.2.2 各工序的工艺设备配台，应保证连续生产、产量平衡和品种调整。前纺产能宜大于环锭细纱机或转杯纺纱机产能，织前准备产能宜大于织机产能，但不宜超过 15%。
5.2.3 工艺设备配台数应根据生产要求，综合工艺条件和参数，以及设备运转效率和停台率，通过计算确定。主要工艺参数可按本规范附录 C 的规定选用，也可根据产品和采用的技术设备进行调整。

5.3 柱网与设备布置

5.3.1 常用生产厂房的柱网尺寸，可按表 5.3.1 的规定采用。

表 5.3.1 常用生产厂房柱网尺寸

厂房形式	锯齿或 A 方向（m）	大梁或 B 方向（m）
锯齿厂房或单层钢筋混凝土无窗厂房	7.2、8.4~9.0	9.9、13.5~13.8、15.0、18.0
单层钢结构无窗厂房	7.5~9.0	18.0、22.5、24.0、27.0；30.0、34.0、36.0
多层厂房	6.0、6.6、7.2、7.5、8.4	9.0、9.9、12.0、15.0

注：多层厂房采用预应力结构时，B 方向柱距可选用 18.0m、20.0m。

5.3.2 厂房柱网应符合下列规定：
    1 厂房柱网应根据采用的工艺设备和厂房的结构形式确定，并应满足工艺设备布置、挡车操作、设备维修、车间运输和节约厂房面积的要求。
    2 厂房柱网规格宜采用符合建筑构件模数的柱网尺寸。
    3 柱网规格应有利于采用新工艺、新技术、新设备。
    4 柱网规格应有利于空调送（回）风道、滤尘管道及其他管线的布置。
5.3.3 厂房高度应根据工艺设备、输棉管道、车间通风和采光等要求确定。单层锯齿厂房的梁底高度可为 3.8m~4.2m，单层无窗和多层厂房高度（地坪到吊顶或到主梁底）可为 4.0m~4.5m。单层锯齿厂房的清棉、浆纱车间的梁底高度可为 4.5m，单层无窗和多层厂房的清棉、浆纱车间的高度（地坪到吊顶或到主梁底）可为 4.5m~5.0m。
5.3.4 设备布置应符合下列规定：
    1 设备布置应符合工艺流程，生产过程衔接应紧凑顺畅。
    2 设备排列间距应满足挡车、维修及车间运输要求，并留有存放半制品或成品的临时堆放空间。
    3 采用多层厂房时，织布机宜布置在底层，细纱、络并捻、整经等设备，可布置在楼上。
5.3.5 设备排列间距可按本规范附录 E 的规定确定，也可根据采用的设备进行调整。

6 生产辅助设施

6.1 生产辅助设施

6.1.1 纺部、加工部、织部的生产辅助设施设置及建筑面积，可按本规范附录 F 的规定确定，也可根据生产类型、规模及生产组织形式调整。
6.1.2 纤维检验室、纺部试验室、织部试验室、包磨针室、皮辊室、综筘室、车间浆料室和保全保养室宜靠近所服务的部门，其他生产辅助设施可设在厂区内。
6.1.3 检验检测仪器和辅机设备可按本规范附录 G 的规定确定，也可根据生产需要进行调整。
6.1.4 经轴室存放经轴宜采用经轴架和经轴搬运吊轨设施。经轴单层存放在地坪上时的经轴室面积，可按下式计算：

$$S=\frac{N \cdot n \cdot S_z}{f} \qquad (6.1.4)$$

式中：S——经轴室面积(m^2)；
$\quad\quad N$——浆纱机台数；
$\quad\quad n$——每台浆纱机每批经轴数；
$\quad\quad S_z$——每只经轴的占地面积(m^2)；
$\quad\quad f$——面积利用系数(宜取 0.5)。

6.1.5 废棉处理车间应符合下列规定：
  1 纺部宜设废棉处理车间。
  2 废棉处理车间应单独设置，并应设滤尘系统。
  3 采用自动喂入废棉处理工艺流程时，在抓棉机与该机后设备的输棉管道中必须安装火星探除器。
  4 采用手工喂入废棉处理工艺流程时，在进入处理设备前的输棉管道中必须安装火星探除器。

6.2 仓 储

6.2.1 仓储建筑物应满足各类生产物资的储备要求，并应符合保证生产、加快周转、合理储备的原则。
6.2.2 仓库宜采用多层或单层建筑结构形式。单层原料库、成品库的梁底高度可为 6.0m。机物料仓库宜采用货架式，梁底高度可为 3.5m～4.0m。原料堆放可采用固定堆场。
6.2.3 原材料和成品的储存周期宜符合下列规定：
  1 原棉的储存周期宜按 90d 计算，化纤原料可按 60d 计算。
  2 包装及辅助材料储存周期宜按 30d 计算。
  3 成品及废棉的储存周期宜按 15d 计算。
6.2.4 荷重法计算仓库面积时，可按下式计算：

$$S=\frac{Q \cdot T}{q \cdot f} \qquad (6.2.4)$$

式中：S——仓库面积(m^2)；
$\quad\quad Q$——日存储量(kg)；
$\quad\quad T$——储存周期(d)；
$\quad\quad q$——单位面积储存能力(kg/m^2)；
$\quad\quad f$——面积利用系数(取 0.5)。

6.2.5 单位面积储存能力，可按附录 H 的规定采用。
6.2.6 仓库装卸工具宜采用堆包机、装卸板等设施。
6.2.7 机物料仓库面积宜根据企业规模和易损件、纺专器材的消耗定额确定，也可按本规范附录 H 的规定确定。

7 控 制

7.0.1 控制系统设计宜根据工厂的信息化建设、生产控制要求及工艺设备选型进行。
7.0.2 控制系统选择应符合技术先进、结构简捷和经济实用的原则，并应有开放性、可互操作性、可维护性、可集中性的特点。
7.0.3 棉纺织工厂的控制方案可采用基于现场总线技术的生产控制系统。
7.0.4 现场总线控制系统可采用下列结构配置：
  1 现场总线控制层；
  2 现场总线监控层；
  3 现场总线管理层；
  4 现场总线信息层。
7.0.5 现场总线技术的生产控制系统应配备 UPS 或 EPS 应急电源。

8 电 气

8.1 一般规定

8.1.1 供配电系统设计应满足生产要求，并应符合安全可靠、技术先进、操作方便和经济合理的原则。
8.1.2 供配电设计应采用技术先进、性能可靠和节能环保的电气设备和材料。

8.2 负荷分级

8.2.1 棉纺织工厂的下列场所用电负荷应为二级负荷：
  1 室外消防用水量大于 30L/s 的厂房、仓库的消防用电负荷。
  2 消防用水量大于 35L/s 的原棉堆场的消防用电负荷。
  3 工厂的数据处理中心。
  4 厂房的应急照明。
  5 消防泵房、应急电源机房和变配电所的备用照明。
8.2.2 除本规范第 8.2.1 条规定以外的用电负荷应为三级负荷。
8.2.3 棉纺织工厂的二级负荷宜采用双回路供电或自备应急电源。

8.3 供配电

8.3.1 电源电压等级与供电回路数应根据工厂建设规模、用电容量和供电条件确定。
8.3.2 棉纺织工厂宜采用 10kV 供电，低压配电宜采用 220V/380V。35kV 电源可采用 35kV/0.4kV 直变方式进行供配电设计。
8.3.3 棉纺织工厂的用电负荷计算应采用需要系数法，消防负荷不应计入总负荷。
8.3.4 棉纺织工厂应设高压配电室，10kV 供电的高压配电室可建在车间附房内。
8.3.5 车间变电所应符合下列规定：
  1 车间变电所应根据建设规模和负荷分布设置变电所。
  2 车间变电所宜靠近负荷中心，可建在车间附房内。
  3 相邻两个车间变电所之间，宜设低压联络线。
8.3.6 变压器选择和布置应符合下列规定：
  1 变压器的总容量、单台容量和台数应根据计算负荷及经济合理运行的原则确定。
  2 变压器应选择 D，yn11 结线组别的三相变压器。
  3 无防护外壳的干式变压器应安装在单独的变压器室。
  4 有防护外罩的干式变压器可与不带可燃油的高低压配电装置安装在同一房间内，也可多台安装在同一房间。
  5 油浸变压器应安装在单独的变压器室，并应符合现行国家标准《10kV 及以下变电所设计规范》GB 50053 的规定。
  6 车间变电所与高压配电室不在同一处时，变压器的一次侧应隔离电器。
8.3.7 低压配电系统设计除应符合本规范外，尚应符合现行国家标准《低压配电设计规范》GB 50054 的规定。

8.4 照 明

8.4.1 棉纺织工厂的车间照明宜采用一般照明，穿筘、验布和修布工序可采用混合照明。车间一般照明应采用节能荧光灯，混合照明可根据用途及工作环境采用适用的光源。
8.4.2 灯具布置应根据建筑结构、灯具形式和生产要求确定。
8.4.3 生产车间及辅助部门的照度不应低于表 8.4.3 的规定。

表 8.4.3 生产车间及辅助部门的照度

车间或部门	工作面高度(m)	照度(lx)	统一眩光值	一般显色指数	备注
分级室、回花室	—	50	22	80	
清棉车间	0.75	75	22	80	
梳并粗车间	0.75	100	22	80	
细纱车间	1.00	150	22	80	
加工车间	0.90	150	22	80	
准备车间	0.90	150	22	80	
穿筘	0.80	—	22	80	混合照明 750 lx
织布车间	0.80	150	22	80	
整理车间	0.80	75	22	80	验布、修布混合照明 500 lx
废棉处理车间	0.75	75	22	80	
经轴室、综筘室	—	75	22	80	修筘混合照明 500 lx
试验室、棉检室	0.80	150	22	80	
包磨针、筒管室	0.80	75	22	80	
皮辊室、齿轮室	0.80	75	22	80	
保全、保养室	0.80	75	22	80	包括纺部、加工部和织部
仓库	—	30	—	60	原棉废棉仓库不设照明
滤尘室	—	50	—	60	

注:1 统一眩光值是度量处于视觉环境中的照明装置发出的光对人眼引起不舒适感主观反应的心理参数。
   2 一般显色指数,8个一组色试样的CIE1974特殊显色指数平均值。

8.4.4 车间一般照明的照度均匀度不应小于0.7,照明功率因数不应低于0.9。

8.4.5 生产厂房应设应急照明和灯光疏散指示标志,并应符合现行国家标准《建筑设计防火规范》GB 50016的规定。

8.4.6 照明配电系统应采用三相四线制,并应采取防频闪措施。车间照明应按工序、工段或操作工车位设照明配电箱。

8.5 防雷与接地

8.5.1 棉纺织工厂的厂房、仓库和原棉堆场,应按第三类防雷建筑物采取防雷措施。

8.5.2 建筑物的防雷设施宜利用钢结构或钢筋混凝土结构厂房的结构主钢筋、钢柱和建筑基础钢筋做防雷装置的组成部分。

8.5.3 棉纺织工厂的低压配电接地形式宜采用TN系统,接地电阻值不应大于4Ω。不同接地系统共用接地装置时,接地电阻应按最小值要求。

8.5.4 接地保护的设备应采用单独的保护线与保护干线直接连接,不应采用将需接地保护的设备相互串联后与保护干线连接的方法。

8.5.5 易产生静电危害的设备和管道应做防静电接地,滤尘设备系统必须做防静电接地。

8.5.6 防雷与接地保护除应符合本规范外,尚应符合现行国家标准《建筑物防雷设计规范》GB 50057、《系统接地的型式及安全技术要求》GB 14050的规定。

8.6 无功补偿与谐波治理

8.6.1 棉纺织工厂的供电系统应设无功功率集中补偿装置,补偿后的功率因数不应低于0.9。供电部门另有要求时,应符合供电部门的有关规定。

8.6.2 谐波治理宜根据建设项目的实际情况和供电部门的要求采取治理措施。

8.7 火灾报警

8.7.1 棉纺织工厂应根据工厂类型、规模和场所,设置火灾报警系统。

8.7.2 火灾报警系统设计应符合现行国家标准《建筑设计防火规范》GB 50016、《火灾自动报警系统设计规范》GB 50116,以及有关纺织工业企业防火标准的规定。

9 建筑、结构

9.1 一般规定

9.1.1 建筑、结构设计应满足生产要求,并应符合国家现行有关建筑、结构、防火安全、节能环保等标准的规定。

9.1.2 建筑、结构设计应采用成熟、可靠的建筑结构形式、新材料和新技术。

9.1.3 地震区的建筑结构设计应符合现行国家标准《建筑抗震设计规范》GB 50011的规定,不应采用体形不规则的设计方案。

9.2 生产厂房

9.2.1 厂房的建筑结构形式应综合建厂地区的建设条件、地形、地质、气象、地震设防和采用的工艺技术和设备等因素,经技术经济比较后确定,可采用单层、多层、无窗或其他形式的厂房。

9.2.2 厂房建筑平面和内部空间应满足生产工艺要求,并应流程合理、方便操作、有利设备安装和空调布置。

9.2.3 厂房围护结构应符合建筑热工设计要求,并应符合本规范第11.2.1条和第11.4.1条的规定。

9.2.4 厂房地面或楼面应采用耐磨和不起尘砂的面层。

9.2.5 厂房主风道宜与承重结构相结合。有地下水影响的地下风道应采取防水措施,吸棉、排风沟道内壁应光滑、干燥。

9.3 辅助用房

9.3.1 棉纺织工厂的生产附房宜与厂房结合,可布置在厂房两侧或四周。附房可采用钢筋混凝土框架、砌体结构或轻钢结构。

9.3.2 空调室宜采用钢筋混凝土结构或砌体结构,并应满足设备安装和检修要求。空调洗涤水池周围墙壁和水池底部应采取防水措施。

9.3.3 仓库可采用钢筋混凝土单层排架、门式刚架轻钢结构或砌体结构,也可采用多层钢筋混凝土框架结构。仓库应采取通风、防潮和隔热等措施。

9.4 建筑防火、防腐

9.4.1 生产厂房、原料库和成品库的建筑耐火等级不应低于二级。

9.4.2 原棉分级室、回花室和开清棉车间应采用耐火极限不低于2.50h的墙体同其他车间分隔。

9.4.3 建筑防火设计应符合现行国家标准《建筑设计防火规范》GB 50016以及有关纺织工业企业防火标准的规定。建筑防腐设计应符合现行国家标准《工业建筑防腐蚀设计规范》GB 50046的规定。

9.5 结构形式和构造

9.5.1 厂房的跨度、柱距和高度可按本规范第5.3.1条和第5.3.3条的规定确定,也可根据工艺要求和建设条件调整。

9.5.2 棉纺织工厂的厂房结构形式可采用锯齿形结构、单层门式刚架结构和单层或多层钢筋混凝土框架结构。

9.5.3 单层钢筋混凝土锯齿形结构厂房应符合下列规定:
   1 单层钢筋混凝土锯齿形结构厂房应适用于抗震设防烈度为7度及以下地区。

2 单层钢筋混凝土锯齿形结构厂房可采用三角架承重双梁锯齿排架结构或钢筋混凝土天窗架承重双梁锯齿排架结构。

3 三角架承重双梁锯齿排架结构厂房,可采用 T 形柱上平行搁置两根风道大梁,梁与梁之间应铺浇天沟板和铺设风道底板;梁上应搁置三角架,三角架应支撑屋面板(图 9.5.3-1)。

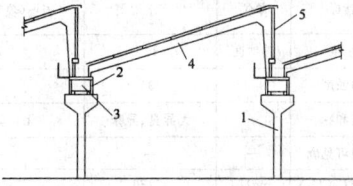

图 9.5.3-1 三角架承重双梁锯齿排架结构厂房
1—T 形柱;2—双梁;3—支风道;4—三角架;5—天窗架

4 天窗架承重双梁锯齿排架结构厂房,可采用 T 形柱上平行搁置两根风道大梁,梁与梁之间应铺浇天沟板和铺设风道底板;梁上应搁置天窗架,预制屋面板一端应搁在天窗架上沿,另一端应搁在大梁上(图 9.5.3-2)。

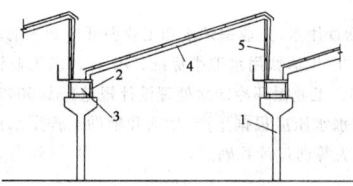

图 9.5.3-2 天窗架承重双梁锯齿排架结构厂房
1—T 形柱;2—双梁;3—支风道;4—屋面板;5—承重天窗架

5 风道大梁与天沟板之间应采取构造措施成为刚性整体。

6 单层钢筋混凝土锯齿形结构厂房的附房,宜与厂房主结构脱开,其间应设伸缩缝或沉降缝、防震缝。

9.5.4 单层门式刚架钢结构厂房应符合下列规定:

1 单层门式刚架钢结构厂房宜采用多跨刚架、双坡屋面,多跨刚架中间柱与钢梁的连接应采用铰接,柱脚应采用铰接支承(图 9.5.4)。

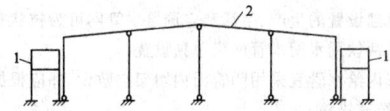

图 9.5.4 单层门式刚架钢结构厂房
1—附房;2—多跨刚架(主车间)

2 风道可采用吊风道。

3 单层门式刚架钢结构厂房的附房,可与厂房主结构脱开,其间应设伸缩缝或沉降缝、防震缝。

9.5.5 单层钢筋混凝土框架结构厂房应符合下列规定:

1 单层钢筋混凝土框架结构厂房可采用普通钢筋混凝土框架结构或预应力大跨度钢筋混凝土框架结构。

2 普通钢筋混凝土框架结构厂房,宜采用现浇钢筋混凝土梁和柱,风道可采用吊风道(图 9.5.5-1)。

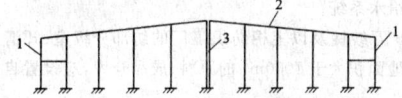

图 9.5.5-1 普通钢筋混凝土框架结构厂房
1—附房;2—钢筋混凝土框架(主车间);3—伸缩缝

3 预应力大跨度钢筋混凝土框架结构厂房,宜采用现浇钢筋混凝土柱和大跨度后张法部分预应力梁,风道可利用梁高采用梁侧风道或吊风道(图 9.5.5-2)。

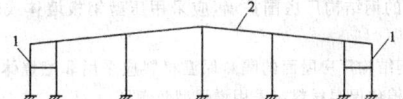

图 9.5.5-2 预应力大跨度钢筋混凝土框架结构厂房
1—附房;2—预应力大跨度钢筋混凝土框架(主车间)

4 单层钢筋混凝土框架结构厂房的附房,可采用钢筋混凝土框架结构与厂房主结构联成一体。

9.5.6 多层钢筋混凝土框架结构厂房应符合下列规定:

1 多层钢筋混凝土框架结构厂房可采用钢筋混凝土全框架结构或下层钢筋混凝土框架结构、顶层钢结构。

2 钢筋混凝土全框架结构厂房,可采用现浇钢筋混凝土的梁和柱,梁宜采用大跨度后张法部分预应力梁。风道可利用梁高采用梁侧风道或吊风道(图 9.5.6-1)。

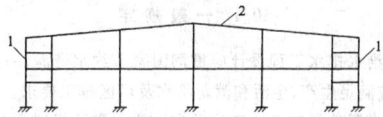

图 9.5.6-1 多层钢筋混凝土全框架结构厂房
1—附房;2—预应力大跨度钢筋混凝土框架(主车间)

3 下层钢筋混凝土框架结构、顶层钢结构厂房,可采用下层现浇钢筋混凝土梁、柱和顶层采用钢结构。风道可利用梁高采用梁侧风道或吊风道(图 9.5.6-2)。

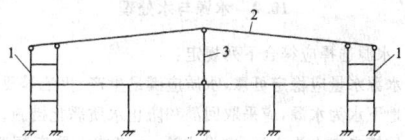

图 9.5.6-2 下层钢筋混凝土框架结构、顶层钢结构厂房
1—附房;2—钢架(主车间);3—钢柱

4 多层钢筋混凝土框架结构厂房的附房,可采用钢筋混凝土框架结构与厂房主结构联成一体。

9.5.7 荷载设计应符合下列规定:

1 结构自重、施工和检修集中荷载、风荷载、屋面雪荷载和屋面活荷载应符合现行国家标准《建筑结构荷载规范》GB 50009 的规定。

2 吊挂风道及平顶时的荷载应按采用材料的实际重量确定,并应为活荷载。

3 吊挂镀锌钢板风道及平顶的吊挂荷载可取不低于 0.8kN/m²,只吊挂镀锌钢板风道的吊挂荷载可取不低于 0.4kN/m²。

4 总风道底板活荷载宜为 1.5kN/m²。

5 沟道盖板的计算活荷载,可按表 9.5.7 的规定确定。当沟道盖板上直接作用有设备荷载或有运输工具通过时,应按实际荷载经计算确定。

表 9.5.7 沟道盖板的计算活荷载

车间名称	沟道盖板的计算活荷载(kN/m²)
浆纱	10
梳棉、细纱	5
其他	5

6 楼层活荷载应按工艺要求经计算确定,但不得小于现行国家标准《建筑结构荷载规范》GB 50009 的规定。

9.5.8 构造设计应符合下列规定:

1 钢筋混凝土结构和钢结构的非承重墙体,宜采用轻质墙体材料。

2 抗震设防烈度不大于 7 度的钢结构厂房围护墙,可采用轻型钢墙板,也可采用与柱柔性连接的砌体;抗震设防烈度为 8

度及以上的钢结构厂房围护墙，应采用压型钢板墙体或轻质墙板。

3 钢结构厂房屋面的隔热保温材料应采用非燃烧体。玻璃纤维或矿棉毡保温材料应采用增强型防潮层。

4 钢结构厂房的檩条等结点部位应采取防止冷桥的构造措施。

5 车间变电所房屋顶部有通风夹层时，应采取防凝结水措施。

9.5.9 基础处理应综合场地工程地质、水文地质、冻土深度、地下沟道管线、相邻建构筑物影响和基础荷重等因素确定。

10 给水排水

10.1 一般规定

10.1.1 给水排水工程设计应贯彻国家节约水资源、一水多用的原则，并应满足生产、生活和消防给水及厂区排水要求。

10.1.2 水源选择应符合工厂所在地的水资源规划要求，并应经当地有关部门批准。

10.1.3 给水工程设计宜结合工厂所在地的水源状况，采取分水质给水，雨水收集和废水处理回用措施。

10.1.4 厂区总进水口、车间进水口和主要用水点应设计量装置。

10.2 水源与水处理

10.2.1 水源选择应符合下列规定：

1 水源水量应稳定可靠，水质应满足生产、生活等要求。

2 地下水为水源，应采取回灌和防止水质恶化措施。

3 城镇自来水为水源，应设水池、水塔或采取变频调速供水调节设施。

4 以地表水为水源的枯水流量保证率不应低于97%。

10.2.2 水源水质达不到生产、生活要求时，应采取水处理措施。水处理设施和工艺应能满足用水量和水质要求。

10.3 水量、水质、水压

10.3.1 用水量应符合下列规定：

1 生产用水量可按下列规定进行计算：

 1）浆纱机用水量，可按每台 0.6m³/h～1.2m³/h 计算。

 2）磨钢领用水量，可按每锭 0.03m³/h 计算。

 3）皮辊室用水量，可按每锭 0.06m³/h 计算。

2 辅助工程用水量可按下列规定进行计算：

 1）喷淋式空调的补充水率，宜按系统循环水量的 0.5%～1% 计算。

 2）空压机、制冷机的冷却水量应经计算确定。采用开式机械通风冷却塔循环冷却水的补充水率，宜按冷却水量的 1%～2% 计算。

 3）锅炉用水量应根据工艺用汽量及采暖用汽量经计算确定。

3 厂区生活用水量宜符合下列规定：

 1）生活用水量，可按每人每班 40L 计算，小时变化系数 1.5～2.5。

 2）食堂用水量，可按每人每班 20L～25L 计算，小时变化系数 1.2～1.5。

 3）淋浴用水量，可按每人每班 40L 计算，延续供水时间为 1h。

4 生活区、公用服务设施用水定额、未预见水量和管网漏失量，应符合现行国家标准《室外给水设计规范》GB 50013 的规定。

5 消防用水量、水压、延续时间应符合现行《建筑设计防火规范》GB 50016 的规定。

10.3.2 生产、生活及辅助工程用水水质应符合下列规定：

1 生产和喷淋（喷雾）空调水水质应符合表 10.3.2 的规定。

表 10.3.2 生产、喷淋（喷雾）水质标准

序号	指标	单位	生产水限值	喷淋（喷雾）水限值
1	色度	铂钴度	15	15
2	浑浊度	NTU	3	3
3	臭和味	—	无异臭、异味	无异臭、异味
4	肉眼可见物	—	—	—
5	硬度（CaCO₃）	mg/L	<180	<450
6	pH 值	—	6.5～8.5	6.5～8.5
7	铁	mg/L	<0.3	<0.3
8	菌落总数	CFU/mL	—	<100
9	毒性指标	mg/L	符合现行国家标准《生活饮用水卫生标准》GB 5749 的有关规定	
10	放射性指标	Bq/L		

注：直接蒸发冷却空调水水质同喷淋（喷雾）水质要求。

2 生活饮用水、工业锅炉水和工业循环冷却水的水质应符合现行国家标准《生活饮用水卫生标准》GB 5749、《工业锅炉水质标准》GB 1576、《工业循环冷却水处理设计规范》GB 50050 的规定。

10.3.3 给水水压应根据生产、生活和辅助工程用水压力及厂区管网压力损失等通过计算确定。

10.4 给水系统和管道敷设

10.4.1 给水系统应符合下列规定：

1 给水系统设置应综合水源及生产、生活、空调和消防用水量及其水质和水压等要求确定。

2 城镇自来水为水源，可采用生产、生活和消防合并管网。

3 多种水源可选择，宜采用分水质给水系统。

4 热水供水系统宜根据热源情况单独设置。

10.4.2 给水管网敷设应符合下列规定：

1 厂区给水与消防水合设的给水管网应呈环状布置，并用阀门分成若干独立段，向环状管网输水的干管不应少于两条。

2 单独设置的生产、生活和空调给水管网可为枝状布置。

3 生活饮用水配水管网应单独设置。

4 室内给水管宜采用明管沿内墙架空敷设，并应根据气象条件采取防结露措施。

5 沿外墙架空敷设的给水管应根据气象条件采取防冻措施。

6 给水管穿越防火墙、变形缝等部位时，应采取防护措施。

10.4.3 地埋给水管可采用塑料给水管、带衬里的铸铁给水或内外涂塑复合钢管；生产、空调、消防给水管可采用经防腐处理的焊接钢管、热镀锌钢管或内涂塑钢管。

10.4.4 室内生活给水管应采用钢型复合管。

10.5 消防给水系统

10.5.1 消防给水系统应根据企业规模、水源和公用消防设施等因素确定。公用消防设施能保证消防用水的水压、水量时，可采用临时高压给水系统。

10.5.2 5 万纱锭及以上棉纺织工厂的纺部分级室、开清棉车间和每座占地面积大于 1000m² 的原料、成品仓库，应设置自动喷水灭火系统。

10.5.3 生产、生活和消防共用蓄水池，必须采取保证消防用水量不被挪用的措施。

10.5.4 消防给水系统除应符合本规范外，尚应符合现行国家标准《建筑设计防火规范》GB 50016、《自动喷水灭火系统设计规范》GB 50084，以及有关纺织工业企业防火标准的规定。

10.6 排水系统和管道敷设

10.6.1 排水系统应符合下列规定：
 1 排水系统应按"清污分流、分别排放"的原则设置，应分系统就近排入城镇管网或回用。
 2 生产生活排水量可按生产、生活用水量的90%计算。
 3 厂区雨水排水量应根据工厂所在地气象资料通过计算确定。

10.6.2 排水管道敷设应符合下列规定：
 1 污水（废水）室外排水管宜采用塑料管、混凝土管或钢筋混凝土管，可采用地埋方式敷设。
 2 浆纱机浆槽、调浆桶排水槽下的排水沟宽度不应小于200mm。
 3 室内排水管（沟）与室外排水管的连接处应设水封装置，水封高度不应小于250mm。

10.7 污水处理与废水回用

10.7.1 空调水和空压、制冷机冷却水应循环使用。清洁废水应采取收集、再利用的措施。

10.7.2 棉纺织工厂的污水处理与废水回用，应符合现行国家标准《纺织工业企业环境保护设计规范》GB 50425的规定。

11 采暖通风与空调滤尘

11.1 一般规定

11.1.1 采暖通风与空调滤尘设计应满足生产和安全卫生要求，并应符合技术先进、经济合理、节能降耗、保护环境和改善提高劳动条件的原则。

11.1.2 室外空气的设计计算参数，应采用工厂所在地气象部门提供的相关资料或按现行国家标准《采暖通风与空气调节设计规范》GB 50019的有关规定确定。

11.1.3 车间空气温湿度计算参数应根据生产工艺要求确定。生产工艺无特殊要求时，可按本规范附录J中的规定采用。

11.1.4 车间试验室温湿度参数应按工艺要求确定。

11.1.5 工厂中心试验室温湿度标准，温带地区宜采用温度(20±2)℃，相对湿度(65±3)%，热带和亚热带地区宜采用(27±2)℃，相对湿度(65±3)%。

11.1.6 空调滤尘系统防火除应符合本规范外，尚应符合现行国家标准《建筑设计防火规范》GB 50016，以及有关纺织工业企业防火标准的规定。

11.2 采 暖

11.2.1 采暖建筑物热负荷计算应符合下列规定：
 1 全面采暖建筑物的围护结构传热阻应经技术经济比较确定，并应符合现行国家标准《公共建筑节能设计标准》GB 50189的规定。
 2 建筑围护结构的最小传热阻应根据计算确定，并应保证建筑物内表面不结露。
 3 采暖系统热负荷应根据建筑物散失和获得的热量确定。
 4 工艺设备散热量宜按不低于80%生产负荷计算。

11.2.2 采暖系统和管道设计应符合下列规定：
 1 生产车间宜采用空调系统集中采暖。
 2 生产附房宜采用热水采暖系统。
 3 生产、空调、采暖和生活用汽，应采用各自独立的系统。
 4 采暖管道材质、管道敷设方式和热媒的流速应符合现行国家标准《采暖通风与空气调节设计规范》GB 50019的规定。

11.3 通 风

11.3.1 生产车间通风宜采用空调系统机械通风，厂区辅助部门通风可采用自然通风或机械通风。

11.3.2 车间通风区域的通风量应满足工艺和卫生要求，并应进行风量平衡计算，车间应保持微正压。

11.3.3 天窗通风的浆纱车间、调浆间，应采取预防冬季天窗结露滴水的措施。

11.3.4 送风机的设计工况效率不应低于风机最高效率的90%。

11.3.5 不同型号、不同性能的风机不宜串联或并联使用。

11.3.6 通风管道内的设计风速，可按表11.3.6的规定确定。

表11.3.6 通风管道内的设计风速

风管类别	钢板及非金属风管(m/s)	砖及混凝土风道(m/s)
干管	6~14	4~12
支管	2~8	2~6

11.4 空 调

11.4.1 空调负荷计算应符合下列规定：
 1 空调区域以工艺设备发热量为主时，计算围护结构的传热量可采用逐时计算法，并应取计算综合最大值。
 2 机器发热量可按下式计算：

$$Q = N \cdot n \cdot k_1 \cdot k_2 \cdot k_3 \cdot \alpha \qquad (11.4.1)$$

式中：Q——机器发热量(kW/h)；
 　　N——电动设备的安装功率(kW)；
 　　n——机器台数(台)；
 　　k_1——安装系数(利用系数)，为电动机最大实耗功率与安装功率之比；
 　　k_2——同期使用系数；
 　　k_3——电动机负荷系数，为每小时平均实耗功率与设计最大实耗功率之比；
 　　α——热迁移系数(宜采用实测资料)。
 3 厂房围护结构传热系数(k)应根据车间温湿度要求和室外气象条件确定。在减少能耗和防止结露的条件下，应根据不同地区的气象条件采用表11.4.1规定的数值。

表11.4.1 围护结构传热系数$k[W/(m^2 \cdot K)]$

屋 面	总风道顶板、天沟	内 墙	外 墙
≤(0.35~0.90)	≤(0.40~0.60)	≤(0.90~1.20)	≤(0.45~1.50)

 4 生产车间和附房容易结露和产生冷桥的部位，应做防止结露验算。

11.4.2 空调系统的设置应符合下列规定：
 1 车间空调系统宜按空调区域要求和防火分区设置。
 2 空调系统宜采用双风机，可分别设置送风机和回风机。

11.4.3 空调设备的选择应符合下列规定：
 1 棉纺织工厂空调宜采用喷淋洗涤室处理空气方式。喷淋洗涤室的喷淋排数、喷嘴口径和分布密度应根据喷淋室的热工计算确定。
 2 夏季以降温去湿为主的空调室，宜采用吸入式空调室。常年以加湿为主的空调室，宜采用以喷雾风机为主的压入式空调室。
 3 风机的风量和风压，宜分别大于计算值的5%~10%和10%~15%。
 4 水泵水量及扬程应满足喷淋室的热工计算要求。
 5 喷淋循环水系统宜采用自动水过滤器。
 6 喷淋挡水板应选择空气流动阻力小、过水量少、便于清洗和维修的结构形式。挡水板的材质应有较高的耐腐蚀性。
 7 空气加热器宜采用光管加热器。
 8 空调室宜选用对开式多叶调节窗。手动控制调节窗应设在便于操作和维修的位置。
    9 空调系统配置的加湿器,宜采用干蒸汽加湿器。
    10 空调新风过滤装置应根据产品质量要求和环境条件确定。
11.4.4 空调室布置应符合下列规定:
    1 空调室应与工艺设备布置和厂房建筑结构相适应,并应符合经济合理的原则。
    2 空调室的面积和层高应根据空调设备、风道及其他附属设备的布置确定,并应满足设备安装、操作和维修的要求。
    3 空调室应设补充水和清洗水水源。空调室排水应采用独立系统,室内排水管与室外排水管相接的管段上应有水封装置。
    4 建筑外墙设置调节窗时,调节窗底面与室外地面的高差不宜小于0.8m。车间回风调节窗底面与车间地坪的高差不宜小于0.5m。
11.4.5 空调送、回风管道布置应符合下列规定:
    1 总风道可采用等截面土建风道,净高不宜小于1m。总风道应做内保温及风道底板防水处理。与总风道紧邻的房间应做防止结露验算。
    2 锯齿形厂房的支风道宜采用等截面大梁风道,送风长度不宜超过70m。
    3 支风道(管)与总风道的连接处,应采用不易挂花的风量调节装置。
    4 风管设置应结合建筑结构形式确定,可安装在吊顶内或技术夹层内。
    5 吊装风管宜采用镀锌薄钢板或其他轻质、不燃、抗腐蚀和耐老化材料。
    6 地沟排(回)风道的内壁应光滑、防潮和不漏风,并应设置检查孔和集水井。
    7 地沟回风口宜采用矩形,并宜安装调节风板。
    8 细纱机电机散热和断头吸棉排风应排入空调室,不应直接排到车间内。
11.4.6 送、回风系统设计应符合下列规定:
    1 空调区域应保证每人每小时有不少于30m³的新鲜空气量。
    2 空调系统在夏季、冬季的设计回风使用量,不应低于送风量的80%~90%。
    3 空气调节系统的控制风速可按表11.4.6的规定确定。

表11.4.6 空气调节系统的控制风速

部 位	常用风速(m/s)	最大风速(m/s)
新风进风口	2.5~5.0	<6.0
回风窗	2.0~3.0	<4.0
总风道	5.0~8.0	<10.0
风道	4.0~6.0	<7.0
车间送风口	3.0~4.0	<5.0
排风口	2.5~4.0	<5.0

    4 条缝型送风口宜布置在机器车弄的上方。送风口应可调节,缝口宽度不宜大于100mm。
    5 浆纱车间宜采用岗位局部送风。
11.4.7 织布车间空调宜采用独立的"大小环境"分区送风系统,回风可采用布机下方地沟回风。
11.4.8 棉纺织工厂的空调系统宜采用自动控制。自控仪表和执行机构应简单可靠、经济耐用。

11.5 滤 尘

11.5.1 滤尘系统设计应满足生产工艺和安全卫生要求。
11.5.2 清花、络筒和废棉处理车间的空气含尘浓度不应大于3mg/m³。
11.5.3 滤尘器应根据尘杂种类、滤尘风量和滤尘量进行型号选择滤料。
11.5.4 滤尘器应采用不产生火花,连续过滤、集尘、压实和排除的组合式滤尘设备,严禁采用沉降室除尘。
11.5.5 滤尘器宜按生产线设置。滤尘机房宜与空调室相邻布置。
11.5.6 滤尘管道的经济风速可为10m/s~14m/s。

12 动 力

12.1 空 压

12.1.1 空压站应根据生产工艺对压缩空气的品质、压力及负荷要求,经技术经济比较确定空气压缩机选型、单台供气量、台数和供配气系统。
12.1.2 空压机供气总量不宜小于工艺设备耗气量的120%。
12.1.3 压缩空气管网布置应符合下列规定:
    1 喷气织机供气管网宜呈环状布置,可采用地下管沟敷设。其他用气管网可枝状布置。
    2 主配气管道应向凝结水排水口倾斜,坡度可为5‰。
    3 配气管路应设管道缩胀补偿装置。
    4 主配气管道安装过滤器、空气干燥器和减压阀时,应设置旁通配管。
    5 配气管宜采用内外镀锌防腐钢管或不锈钢管,管径应通过计算确定。
    6 车间内供气管网应设压力表。
12.1.4 空压站设计除应符合本规范外,尚应符合现行国家标准《压缩空气站设计规范》GB 50029的规定。

12.2 制 冷

12.2.1 制冷站宜建在车间附房内。
12.2.2 制冷机选择应综合工厂建设规模、使用特征、空气调节冷负荷量,以及工厂所在地的能源结构、政策、价格和环境保护等因素确定。
12.2.3 制冷设备选型、单台容量及台数,应能满足全年空气调节负荷变化需要和节能要求。
12.2.4 空调冷冻水系统宜采用压力供水和重力回水。冷冻水供水管径和流速,可按表12.2.4的规定采用,重力回水管径应经计算确定。

表12.2.4 冷冻水供水管径和流速

公称直径 DN(mm)	≤65	80~125	150~200	≥250
水泵吸入管(m/s)	0.6~0.8	0.8~1.2	1.0~1.2	1.2~1.6
干管(m/s)	0.6~1.0	1.0~1.5	1.5~2.0	2.0~2.5

12.2.5 冷冻水和冷却水系统均应设置水过滤器和水质控制装置。
12.2.6 制冷系统管道应做保冷处理。采用的保冷材料、厚度和结构应符合有关节能要求。
12.2.7 制冷站设计除应符合本规范外,尚应符合现行国家标准《采暖通风与空气调节设计规范》GB 50019的规定。

12.3 供 热

12.3.1 热源宜采用城市、区域供热或利用工厂余热。不具备集中供热条件时,可采用自备锅炉供热。
12.3.2 热负荷应根据生产、空调、采暖及生活所需最大热负荷、管网损失和同时使用系数等因素经计算确定。
12.3.3 饱和蒸汽参数应符合生产、生活要求,蒸汽凝结水应回收利用。

12.3.4 供热系统宜建热力站集中控制。供热系统管道应做保温，采用的保温材料、厚度和结构应符合有关节能要求。

12.3.5 供热系统设计除应符合本规范外，尚应符合现行国家标准《锅炉房设计规范》GB 50041 和国家现行标准《城市热力管网设计规范》CJJ 34 的规定。

附录 A 厂区道路技术指标及与相邻建(构)筑物的最小间距

A.0.1 厂区道路主要技术指标应符合表 A.0.1 的规定。

表 A.0.1 厂区道路主要技术指标

项目		数值	备注
道路名称	主干道路面宽度(m)	6.0~9.0	公路型可为 5.5
	次干道路面宽度(m)	3.5~6.0	—
	车间引道路面宽度(m)	不小于门宽加 0.5	—
	电瓶车道路面宽度(m)	2.0~3.5	单车道 2.0；双车道 3.5
	人行道路面宽度(m)	双人 1.5	超过 1.5，宜按 0.5 倍数增加
路面内边最小转弯半径	单辆汽车(m)	9.0	
	集装箱(加挂)汽车(m)	12.0~15.0	
	电瓶车(m)	4.0	
道路纵坡	一般情况(%)	2.0	
	最大(%)	6.0	
	行驶电瓶车时最大(%)	4.0	
路面横坡	水泥混凝土路面(%)	1.0~1.5	
	沥青混凝土路面(%)	1.5~2.0	
	沥青表面处理路面(%)	1.5~2.5	

A.0.2 厂区道路边缘与相邻建(构)筑物的最小间距应符合表 A.0.2 的规定。

表 A.0.2 厂区道路边缘与相邻建(构)筑物的最小间距

类别	最小间距(m)
建(构)筑物面向道路一侧无人出入口	1.5
建(构)筑物面向道路一侧有人出入口	3.0
建(构)筑物面向道路一侧有电瓶车出入口	6.0
建(构)筑物面向道路一侧有汽车引道	8.0
各类管线支架	1.0
土明沟	0.5~1.0
围墙	1.0

附录 B 棉纺织主要工艺流程

B.0.1 环锭纺工艺流程应符合表 B.0.1 的规定。

表 B.0.1 环锭纺工艺流程

工序	纯棉		棉与化纤混纺				中长化纤混纺
	普梳	精梳	普梳		精梳		
			棉	化纤	棉	化纤	
开清棉	○	○	○	○	○	○	○
清梳联	●	●	●	●	●	●	●
梳棉	○	○	○	○	○	○	○
预并条	—	●	—	—	●	●	—

续表 B.0.1

工序	纯棉		棉与化纤混纺				中长化纤混纺
	普梳	精梳	普梳		精梳		
			棉	化纤	棉	化纤	
条卷	—	○	—	—	○	○	—
并卷	—	○	—	—	○	○	—
条并卷	—	●	—	—	●	●	—
精梳	—	●	—	—	●	●	—
头道并条	●	●	●	●	●	●	●
二道并条	●	●	●	●	●	●	●
三道并条	○	○	○	○	○	○	○
粗纱	●	●	●	●	●	●	●
粗细联	○	○	○	○	○	○	○
细纱	●	●	●	●	●	●	●
细络联	○	○	○	○	○	○	○

注：1 "●"者为推荐采用，"○"者为选择采用。
　　2 精梳准备可根据需要，也可采用条卷-并卷或预并-条卷工艺。
　　3 精梳后的并条机配有自调匀整装置时，精梳后可采用一道并条。

B.0.2 转杯纺工艺流程应符合表 B.0.2 的规定。

表 B.0.2 转杯纺工艺流程

工序	纯棉		棉与化纤混纺				纯化纤
	普梳	精梳	普梳		精梳		
			棉	化纤	棉	化纤	
开清棉	○	○	○	○	○	○	○
清梳联	●	●	●	●	●	●	●
梳棉	○	○	○	○	○	○	○
预并条	—	●	—	—	●	●	—
条卷	—	○	—	—	○	○	—
并卷	—	○	—	—	○	○	—
条并卷	—	●	—	—	●	●	—
精梳	—	●	—	—	●	●	—
头道并条	●	●	●	●	●	●	●
二道并条	●	●	●	●	●	●	●
转杯纺	●	●	●	●	●	●	●

注：1 "●"者为推荐采用，"○"者为选择采用。
　　2 精梳后的并条机配有自调匀整装置时，可采用一道并条。

B.0.3 加工部工艺流程应符合表 B.0.3 的规定。

表 B.0.3 加工部工艺流程

工序	纱		线	
	筒子纱	绞纱	筒子纱	绞线
络筒	—	—	●	●
并纱	—	—	●	●
捻线	—	—	○	○
倍捻	—	—	●	●
络筒	●	●	—	—
定捻	○	○	—	—
摇纱	—	●	—	●
小包	—	●	—	●
中包	—	●	—	●

注：1 "●"者为推荐采用，"○"者为选择采用。
　　2 采用普通捻线工艺时，捻线的后道工序宜采用络筒工序。

B.0.4 织部工艺流程应符合表 B.0.4 的规定。

表 B.0.4 织部工艺流程

工序	有梭织机			无梭织机	
	经纱	纬纱		经纱	纬纱
		直接纬纱	间接纬纱		
络筒	○	—	●	●	●
定捻	—	—	—	—	—
卷纬	—	—	●	—	—
分批整经	●	—	—	●	—

续表 B.0.4

工序	有梭织机			无梭织机	
	经纱	纬纱		经纱	纬纱
		直接纬纱	间接纬纱		
分条整经	○	—	—	○	—
浆纱	●	—	—	●	—
经浆联合机	○	—	—	○	—
并轴	—	—	—	○	—
分绞	○	—	—	○	—
穿综筘	●	—	—	●	—
织布		●			●
布卷收卷机		—			○
验布		●			●
折布		●			●
布卷验卷机		●			●
分等、整理		●			●
打包、包装		●			●

注：1 "●"者为推荐采用，"○"者为选择采用。
 2 络筒工序宜安排在织部，也可安排在纺部。

附录 C 棉纺织主要工艺参数

C.0.1 各工序半制品特数应符合表 C.0.1 的规定。

表 C.0.1 各工序半制品特数

	细纱特数（英支）	7～9（80～61）	10～11（60～50）	12～20（49～29）	21～31（28～19）	32～97（18～6）
各工序半制品特数	清棉	(32～46)×10⁴	(35～48)×10⁴	(38～50)×10⁴	(38～56)×10⁴	(43～58)×10⁴
	梳棉	3000～4600	3200～4800	3200～5000	3800～5800	4400～6400
	预并	2600～4000	2800～4200	3000～4400	3300～5000	—
	条并卷	(40～60)×10³	(41～65)×10³	(42～68)×10³	(48～78)×10³	—
	精梳	2400～3800	2800～4100	3100～4800	3600～5300	—
	末并	2300～3600	2500～4000	3000～4400	3400～5200	4200～6200
	粗纱	240～430	300～460	330～720	500～900	670～1200

C.0.2 纺部、加工部各主机设备工艺参数应符合表 C.0.2 的规定。

表 C.0.2 纺部、加工部各主机设备工艺参数

机器名称	机械速度		工艺设计速度		效率（%）	停台率（%）
	r/min	m/min	r/min	m/min		
清棉机	—	450～900(kg/h)	—	450～600(kg/h)	—	7～12
单打手成卷机	10～13	—	11～12	—	82～87	10～12
梳棉机	—	20～350	—	50～260	85～90	5～7
并条机（单眼）	—	200～1100	—	500～800	75～82	4～6
并条机（双眼）	—	100～800	—	300～500	75～82	4～6
条卷机	—	50～75	—	50～60	75～80	3～5
并卷机	—	50～75	—	50～60	75～80	3～5
条并卷机	—	48～150	—	60～100	70～80	3～5
精梳机	145～450	—	160～350	—	85～90	5～7
粗纱机	500～1800	—	500～1600	—	70～75	4～6
细纱机	8000～25000	—	8000～18000	—	90～98	3～4
转杯纺纱机	30000～150000	—	30000～110000	—	92～97	3～4
络筒机	—	300～720	—	300～645	65～75	4～6
自动络筒机	—	300～2200	—	300～1800	80～90	4～6
并纱机	—	200～900	—	200～800	85～95	4～6

续表 C.0.2

机器名称	机械速度		工艺设计速度		效率（%）	停台率（%）
	r/min	m/min	r/min	m/min		
捻线机	6500～13700	—	6500～12000	—	92～98	3～4
倍捻机	3000～15000	—	3000～13000	—	92～98	3～4
摇纱机	260～365	—	260～365	—	40～60	1～2
小打包机	—	—	220～250(kg/h)	—	—	—
中打包机	—	—	1000～1200(kg/h)	—	—	—

C.0.3 织部各主机设备工艺参数应符合表 C.0.3 规定。

表 C.0.3 织部各主机设备工艺参数

机器名称	机械速度		工艺设计速度		效率（%）	停台率（%）
	r/min	m/min	r/min	m/min		
整经机	—	200～400	—	200～350	55～65	4～6
高速整经机	—	10～1200	—	400～800	55～65	4～6
浆纱机	—	2～60	—	20～45	65～75	6～8
高速浆纱机	—	1～100	—	50～80	65～75	6～8
经浆联合机	—	2～100	—	40～80	55～65	6～8
并轴机	—	80～150	—	60～120	75～85	4～6
分绞机	70～300(根/h)	—	100～240(根/h)	—	—	—
穿筘机	—	—	800～1200(根/h)	—	—	—
结经机	60～600(结/min)	—	200～500(结/min)	—	30～45	—
卧式卷纬机	520～7000	—	520～6000	—	80～90	5～6
立式卷纬机	1300～4000	—	1300～3500	—	85～92	4～6
135cm,150cm 自动换梭织机	155～185	—	155～185	—	85～92	1～3
160cm,180cm 自动换梭织机	145～170	—	145～170	—	85～92	1～3
230cm,250cm 自动换梭织机	130～145	—	130～145	—	85～92	1～3
280cm 自动换梭织机	120～135	—	120～135	—	85～92	1～3
135cm,150cm 剑杆织机	180～800	—	180～700	—	86～93	1～3
170cm,180cm 剑杆织机	170～730	—	170～650	—	86～93	1～3
190cm,210cm 剑杆织机	150～660	—	150～600	—	86～93	1～3
230cm,250cm 剑杆织机	140～520	—	140～470	—	86～93	1～3
280cm,330cm 剑杆织机	130～420	—	130～380	—	86～93	1～3
340cm,360cm 剑杆织机	120～350	—	120～310	—	86～93	1～3
150cm,170cm 喷气织机	500～1250	—	500～1100	—	87～94	1～3
190cm,210cm 喷气织机	400～1000	—	400～900	—	87～94	1～3
230cm,250cm 喷气织机	330～820	—	330～750	—	87～94	1～3
280cm,330cm 喷气织机	260～670	—	260～610	—	87～94	1～3
340cm,360cm 喷气织机	220～550	—	220～500	—	87～94	1～3
190cm,220cm 片梭织机	580～680	—	580～620	—	88～95	1～3
280cm,330cm 片梭织机	380～450	—	380～400	—	88～95	1～3
360cm,390cm 片梭织机	320～360	—	320～330	—	88～95	1～3
430cm,460cm 片梭织机	250～275	—	250～260	—	88～95	1～3
540cm 片梭织机	200～220	—	200～210	—	88～95	1～3
验布机	—	17～25	—	17～25	25～40	1～3

续表 C.0.3

机器名称	机械速度 r/min	机械速度 m/min	工艺设计速度 r/min	工艺设计速度 m/min	效率 (%)	停台率 (%)
验卷机	—	5~95	—	20~60	25~40	1~3
110cm~200cm 折布机	—	80	—	75	35~45	1~3
250cm~400cm 折布机	—	40	—	40	35~45	1~3
卷布机	—	20~120	—	20~100	60~70	1~3
宽幅对折卷筒机	—	5~40	—	25~40	60~70	1~3
刷布机	—	45~54	—	45~54	60~70	—
烘布机	—	54	—	54		
打包机	—	—	—	3000~7200 (m/h)	—	—

注：1 设备技术参数以现行国产设备为准。
 2 穿筘机可部分用结经机代替，1台结经机相当于4台~6台穿筘机。100台无梭织机，宜配1台~2台结经机。

附录 D 半制品、成品运输工具及数量

表 D 半制品、成品运输工具及数量

半制品名称	运输工具	数量N
棉包	电瓶车、老虎车	—
棉卷	地推棉卷车	N=0.6M+1
粗纱	地推粗纱车	N=1.1M+1
粗纱空管	手推车	N=0.4M+1
细纱	手推车	N=M+1
细纱空管	手推车	N=0.6M+1
筒子纱	箱型手推车	N=1.5M
绞纱、小包纱	手推车	—
中包纱	电瓶车、老虎车	—
经轴	经轴运输车	—
织轴	上轴车	N=0.16×布机台数
纬纱	装纬车	N=摆梭工人数+1
布轴	落布车	N=验布机台数×2+班落布工数
布包	电瓶车、老虎车	—

注：1 M代表规模（以万锭为单位）。
 2 车间运输工具宜结合选择设备情况增减。

附录 E 主要设备排列间距

表 E 主要设备排列间距

机器名称	两机间距(m) 机前弄	两机间距(m) 机后弄	两机间距(m) 机侧弄	机器与墙边间距(m) 机头	机器与墙边间距(m) 机尾	机器与墙边间距(m) 机身	其他间距(m)
往复抓棉机	—	—	2.50~3.50	—	—	2.50~3.00	运包弄 2.00~2.50
圆盘抓棉机	—	—	1.50~2.00	—	—	1.50~2.50	运包弄 2.00~2.50
单打手成卷	6.00~7.00	—	0.80~2.00	6.00~7.00	—	1.50~2.50	两机之间中心距 3.50~4.20
梳棉机	1.60~2.60	1.40~2.00	0.65~1.20	2.50~3.50	2.50~3.50	3.00~3.50	
并条机	1.60~2.60	1.50~2.50	1.20~2.00	2.50~3.50	2.50~3.50	3.00~3.50	距梳棉机 3.50~4.50
条并卷机	1.60~2.00	—	2.00~3.00	2.00~3.00	—	3.00~3.50	距并条机 1.80~2.50

续表 E

机器名称	两机间距(m) 机前弄	两机间距(m) 机后弄	两机间距(m) 机侧弄	机器与墙边间距(m) 机头	机器与墙边间距(m) 机尾	机器与墙边间距(m) 机身	其他间距(m)
精梳机	1.00~1.20	1.00~1.20	1.50~2.00	2.00~2.50	2.00~2.50	2.00~2.50	距并卷机 1.50~2.50；距条并卷机 1.50~2.50；两排中间通道 2.00~3.50
粗纱机	0.90~1.40	1.40~2.00	2.50~3.00	2.50~3.00	2.50~3.00	2.50~3.00	距并条机 2.50~3.00；两排中间通道 3.00~3.50
细纱机	—	—	0.80~0.90	2.50~3.50	2.50~3.50	2.50~3.50	两排中间通道 3.00~3.50
转杯纺纱机	—	—	1.20~1.50	3.00~4.50	3.00~4.50	2.50~4.50	距条子机 3.50~4.50
络筒机	—	—	1.50~2.00	2.50~3.00	2.50~3.00	3.00	两机中心距 2.60~3.60；两排机头距 2.00~2.50；两排机尾距 3.00~3.50
自动络筒机	1.30~1.70	0.80~1.50	—	2.00~3.00	2.00~3.00	—	两机机头/机尾络纱弄间距 3.00~3.50；两排机头/机尾非络纱弄间距 2.00~2.50
并纱机	—	—	1.40~1.80	1.50~2.50	2.50	3.00	距络筒机 2.50~3.00
捻线机	—	—	0.80~1.20	2.50	2.50	3.00	距纱机 2.00~3.00
倍捻机	—	—	0.90~1.20	2.50	2.50	3.00	距络筒机 2.50~3.00；距纱机 2.50~3.00
摇纱机	—	—	0.80~1.20	1.20	—	—	两排机头距 0.80~1.20；两排机尾距 2.50~3.00
整经机	3.50~4.50	1.50~2.50	1.00~1.50	4.50	1.50~2.50	—	距络筒机头(尾) 3.00~4.00；距络筒机身 2.00~3.00
分条整经机	—	1.50~2.50	1.00~1.50	2.00~2.50	1.50~2.50	—	距络筒机头(尾) 3.00~4.00；距络筒机身 2.00~3.00；上络经轴弄 3.00~4.00
浆纱机	3.00~5.00	2.50~5.00	1.40~2.00	3.50~5.00	3.50~5.00	2.00~3.00	
并轴机	3.00~5.00	3.00~4.50	1.50~2.50	3.50~5.00	2.50~5.00	2.00~3.00	—
分绞机	1.50~2.00	1.50~2.50	1.20~2.00	—	—	1.50~3.50	两排中间通道 1.50~3.50
穿筘机	1.30~1.50	1.30~2.00	0.40~0.80	—	—	1.50~2.50	两排中间通道 1.50~3.50
结经机	1.50~2.00	1.50~2.00	1.00~2.00	—	—	1.50~3.50	两排中间通道 1.50~3.50
卧式卷纬机	1.60~2.50	1.20~2.00	0.60~0.80	1.50~2.50	1.50~2.50	—	
立式卷纬机	—	—	0.90~1.20	1.80~3.00	—	—	两排中间通道 1.60~2.50
有梭织机	0.50~0.55	0.60~1.20	0.25~0.30	—	—	1.80~3.00	换梭弄 1.20~1.80；机侧上轴车弄 2.00~3.50
无梭织机	0.70~1.00	1.30~2.50	0.50~0.80	—	—	1.80~3.00	机侧通道 1.50~2.50；190cm机侧上轴车弄 3.50~4.20；280cm及以上宽机侧上轴车弄 4.50~5.80
布卷收卷机	1.20~2.40	—	—	—	—	—	与无梭织机合并排列，改变无梭织机机前弄
验布机	—	—	0.40~0.80	4.00~5.00	1.50~2.50	—	机侧通道 1.50~3.50
布卷验卷机	—	—	0.60~1.00	2.50~5.00	1.50~2.50	—	机侧通道 1.50~3.50

续表 E

机器名称	两机间距(m) 机前弄	两机间距(m) 机后弄	两机间距(m) 机侧弄	机器与墙边间距(m) 机头	机器与墙边间距(m) 机尾	机器与墙边间距(m) 机身	其他间距(m)
折布机	—	—	1.50~3.50	—	—	1.50~3.00	距验布机 3.00~4.00；落布 4.00~6.00
打包机	—	—	2.00~4.00	—	—	2.00~3.00	上落包通道 3.00~5.00

注：1 采用清梳联、粗细联、络经联、经浆联合机等设备组合时，应根据设备的整体情况和传动、运输方式具体排列。
  2 采用布卷收卷机（机外大卷取装置）的无梭织机，可根据布卷卷取直径和落布轴车的相关尺寸具体排列。
  3 如遇厂房柱子时，应在表中数据基础上适当放大。

附录 F 主要生产辅助设施及面积

F.0.1 纺部、加工部主要生产辅助设施及面积应符合表 F.0.1 的规定。

表 F.0.1 纺部、加工部主要生产辅助设施及面积

设施名称 \ 规模	5 万锭(m²)	10 万锭(m²)
清棉保全保养室	40~60	60~70
梳并粗保全保养室	50~70	80~100
精梳保全保养室	30~40	30~40
包磨针室	120~140	140~160
皮辊室	150~180	180~200
细纱保全保养室	50~70	70~90
磨钢领室	40~50	50~60
管理室	70~90	90~110
筒并捻保全保养室	50~70	70~90
纤检、纺部试验室	140~160	200~220
纺部齿轮室	40~60	50~70
纺部机物料室	50~70	70~90
包装材料室	30~40	40~50
纺部办公室	40~60	50~70
废棉处理	依据设备配置	依据设备配置

注：纺部、加工部的主要生产辅助设施面积宜根据企业规模进行调整或合并。

F.0.2 织部主要生产辅助设施及面积应符合表 F.0.2 的规定。

表 F.0.2 织部主要生产辅助设施及面积

设施名称 \ 规模	有梭织机 800 台(m²)	有梭织机 1800 台(m²)	无梭织机 200 台(m²)	无梭织机 500 台(m²)
准备保全、保养室	40~60	60~80	30~50	50~70
布机保全、保养室	70~90	110~130	40~60	70~90
布机加油、扫车室	20~40	30~50	20~30	30~40
车间浆料室	10~20	20~30	10~20	20~30
梭子修配室	80~100	120~140	—	—
皮结、ु圈、打梭棒室	40~60	60~80	—	—
布机木工室	80~100	120~140	—	—
综筘室	80~100	100~120	50~70	70~90
整理保全、保养室	20~40	30~50	20~30	30~50
织部试验室	60~90	80~100	60~90	80~100
织部齿轮室	30~40	40~60	30~40	40~60
织部机物料室	60~80	70~90	50~70	60~80
打包材料室	30~40	40~50	30~40	40~50
布机、整理办公室	40~60	40~60	40~60	50~70

注：织部的主要生产辅助设施面积宜根据企业规模进行调整或合并。

附录 G 检验检测仪器及辅机设备

G.0.1 棉纺织工厂常用检验检测仪器配备应符合表 G.0.1 的规定。

表 G.0.1 棉纺织常用检验检测仪器配备

部门	检验仪器名称	规模Ⅰ(台)	规模Ⅱ(台)	规模Ⅲ(台)	备注
棉检	原棉杂质分析仪	1	2	3	—
棉检	纤维长度分析仪	1	2	2	—
棉检	纤维细度仪	1	1	1	—
棉检	马克隆值测定仪	1	1	1	—
棉检	纤维切断器	1	1	1	—
棉检	单纤强力仪	1	1	1	—
棉检	束纤强力仪	1	1	1	—
棉检	纤维伸长度仪	1	1	1	—
棉检	纤维卷曲弹性仪	1	1	1	纯棉产品可不配
棉检	比电阻仪	1	1	1	纯棉产品可不配
棉检	纤维摩擦系数测定仪	1	1	1	
棉检	原棉水分测定仪	1	1	1	
棉检	棉花色度仪	1	1	1	
棉检	棉结杂质测试仪	1	1	1	
棉检	棉花分级室照明装置	1	1	1	按需要配
棉检	恒温烘箱	1	1~2	2	
棉检	分析天平	2	3	4	
纺试	棉卷均匀度仪	1	1	1	
纺试	条粗测长仪	1	1~2	2	
纺试	条粗均匀度仪	1	1~2	2	
纺试	绕纱测长仪	1	2	2	
纺试	恒温烘箱	1~2	2~3	3~4	
纺试	分析天平	2	3~4	4~5	
纺试	摇黑板仪	1	1~2	2	
纺试	单纱强力仪	1	1	1	
纺试	纱线捻度仪	1	1	1	
纺试	粗纱强力仪	1	1	1	
纺试	条干均匀度仪	1	1	1	
纺试	纱疵分级仪	1	1	1	
纺试	毛羽仪	1	1	1	
纺试	测速仪	1	2	2~3	
纺试	纱线测湿仪	1	2	2~3	
纺试	生条棉结杂质检验仪	1	1	1	
织试	织物强力试验机	1	1~2	2	
织试	单纱强力仪	1	1~2	2	
织试	纱线测湿仪	1	2	2~3	
织试	织物密度镜	4	6	8	
织试	pH 值酸度计	1	1	1	
织试	黏度计	2	3	4	
织试	比重计	1	1	1	
织试	恒温水浴锅	1	1	1	
织试	精密温度计	1	1	1	
织试	烘箱	1	1	2~3	根据品种多少增减
织试	天平	2	3	4	

注：1 规模Ⅰ是指单纺 5 万锭以下或 3 万锭以下加 300 台有梭织机（或 80 台无梭织机）企业；规模Ⅱ是指单纺 5 万锭以上 10 万锭以下或 3 万锭~8 万锭加 600 台~1000 台有梭织机（或 160 台~240 台无梭织机）企业；规模Ⅲ是指单纺 10 万锭以上或 8 万锭加 1000 台有梭织机（或 240 台无梭织机）以上企业。
  2 检验检测仪器配备，可根据企业检测项目增减或合并。

G.0.2 棉纺织工厂主要辅机设备应符合表G.0.2的规定。

表G.0.2 棉纺织主要辅机设备

部门	设备名称	备注
清花	开松机	粗纱头开松
	纤维杂质分离机	与废棉处理机配套
	废棉处理机	—
	废棉打包机	—
	纤维挤压分离器	与打包机配套
梳棉	铁胎磨光机	
	金属针布包覆机	
	金属针布焊接机	
	金属针布磨辊	
	金属针布钢丝抄辊	
	金属针布倒料机	
	刺辊包磨机	
	包盖板针布机	
	磨盖板针布机	
	清刷盖板针布机	
	盖板踵趾面修理机	
	拆盖板机	
细纱	电动络纱机	
	巡回吹吸清洁器	
	胶辊表面擦拭机	
	锭子清洗加油机	
	胶辊加油机	
	磨胶辊机	
	套胶辊机	
织布	刷综筘机	
	上落轴车	
	调浆桶(输浆泵)	

注：辅机设备宜根据企业规模和选择设备等情况可增减。

附录H 单位面积储存能力和机物料仓库面积

H.0.1 单位面积储存能力应符合表H.0.1的规定。

表H.0.1 单位面积储存能力

名 称	储存能力(kg/m²)
棉包	800
化纤包	750
纱包	700
筒子纱包	280
布包	4800(m²/m²)
废棉包	260(松包)

H.0.2 机物料仓库面积应符合表H.0.2的规定。

表H.0.2 机物料仓库面积

规 模	面 积(m²)
5万锭单纺厂	600~800
10万锭单纺厂	800~1200
800台织机单织厂	500~700
5万锭、800台织机(200台无梭)纺织厂	800~1200
10万锭、1800台织机(500台无梭)纺织厂	1200~1800

注：机物料仓库采用货架式，面积根据企业规模、消耗定额和存储周期可增减。

附录J 车间温湿度参数

J.0.1 纯棉纺织车间温湿度参数应符合表J.0.1的规定。

表J.0.1 纯棉纺织车间温湿度

车 间	冬 季		夏 季	
	温度(℃)	相对湿度(%)	温度(℃)	相对湿度(%)
清棉	18~22	55~65	30~32	55~65
梳棉	22~24	55~65	30~32	55~60
精梳	22~24	55~60	28~30	55~60
并粗	22~24	60~70	30~32	60~70
细纱	22~26	55~60	30~32	55~60
捻线	20~22	65~70	30~32	65~70
络整穿经	20~22	65~70	30~32	65~70
浆纱	>20	—	<33	—
织布	22~25	70~75	29~31	70~75
整理	18~20	60~65	30~32	60~65

J.0.2 涤棉混纺织车间温湿度参数应符合表J.0.2的规定。

表J.0.2 涤棉混纺织车间温湿度

车 间	冬 季		夏 季	
	温度(℃)	相对湿度(%)	温度(℃)	相对湿度(%)
清棉	20~22	60~70	30~32	60~70
梳棉	22~24	55~65	30~32	55~65
精梳	22~24	55~60	28~30	55~60
并粗	22~24	55~60	30~32	55~60
细纱	22~26	50~55	30~32	50~55
捻线	20~22	60~70	30~32	60~70
络整穿经	20~22	60~70	30~32	60~70
浆纱	>20	—	<33	—
织布	22~25	65~75	28~30	65~75
整理	18~20	60~65	30~32	60~65

注：1 表中所列的温度和相对湿度的范围不是控制精度，可以根据产品生产要求进行调整。
2 涤粘、涤腈混纺可参照涤棉混纺车间的温湿度值，但相对湿度应取高值。维棉混纺夏季温度宜较涤棉混纺低0.5℃~1℃，相对湿度宜较涤棉混纺高3%~5%。
3 新型纤维纱及织造的温湿度控制范围应经试生产后确定。
4 浆纱车间温度指操作地点温度。

本规范用词说明

1 为便于在执行本规范条文时区别对待，对要求严格程度不同的用词说明如下：
　1）表示很严格，非这样做不可的：
　　　正面词采用"必须"，反面词采用"严禁"；
　2）表示严格，在正常情况下均应这样做的：
　　　正面词采用"应"，反面词采用"不应"或"不得"；
　3）表示允许稍有选择，在条件许可时首先应这样做的：
　　　正面词采用"宜"，反面词采用"不宜"；
　4）表示有选择，在一定条件下可以这样做的，采用"可"。

2 条文中指明应按其他有关标准执行的写法为"应符合……的规定"或"应按……执行"。

引用标准名录

《建筑结构荷载规范》GB 50009
《建筑抗震设计规范》GB 50011
《室外给水设计规范》GB 50013
《建筑设计防火规范》GB 50016
《采暖通风与空气调节设计规范》GB 50019
《厂矿道路设计规范》GBJ 22
《压缩空气站设计规范》GB 50029
《锅炉房设计规范》GB 50041
《工业建筑防腐蚀设计规范》GB 50046
《工业循环冷却水处理设计规范》GB 50050
《10kV及以下变电所设计规范》GB 50053
《低压配电设计规范》GB 50054
《建筑物防雷设计规范》GB 50057
《汽车库、修车库、停车场设计防火规范》GB 50067
《自动喷水灭火系统设计规范》GB 50084
《火灾自动报警系统设计规范》GB 50116
《工业企业总平面设计规范》GB 50187
《公共建筑节能设计标准》GB 50189
《建筑工程建筑面积计算规范》GB/T 50353
《纺织工业企业环境保护设计规范》GB 50425
《系统接地的型式及安全技术要求》GB 14050
《工业锅炉水质标准》GB 1576
《起重机设计规范》GB/T 3811
《生活饮用水卫生标准》GB 5749
《起重机械安全规程》GB 6067
《城市热力管网设计规范》CJJ 34

中华人民共和国国家标准

棉纺织工厂设计规范

GB 50481—2009

条 文 说 明

制 订 说 明

一、编制原则

为贯彻国家有关工程建设方针政策和纺织行业产业技术政策，推进工程建设企业标准化，经总结棉纺织工厂设计经验，吸收国内外工程建设和纺织技术的发展新成果，按照技术先进、经济合理、安全适用的原则，广泛征求有关单位意见，依据国家现行法律、法规和相关标准，制定本规范。

二、编制工作概况

本规范是根据原建设部《关于印发〈2006年工程建设标准规范制订、修订计划（第二批）〉的通知》的要求，由河南省纺织建筑设计院有限公司、中国纺织工业设计院、天津市中天建筑设计院、新疆广维现代建筑设计研究院有限责任公司、上海纺织建筑设计研究院、江苏省纺织工业设计研究院有限公司、安徽省纺织工业设计院共同制定完成。

编制单位按照工程建设标准制定原则和规定程序，在住房和城乡建设部、中国纺织工业协会、中国纺织勘察设计协会的指导下，通过专题调研、收集资料，认真总结执行原行业标准《棉纺织工业企业设计技术规定（试行）》FJJ 102—84 以来的实践经验，并吸收近年来棉纺织科技进步和科研成果，编写完成《棉纺织工厂设计规范》征求意见稿。然后将"征求意见稿"寄发给全国 20 个相关单位（专家），以及通过住房和城乡建设部网站上网广泛征求意见。根据反馈意见，编制单位经反复讨论修改后完成"送审稿"。2008 年 3 月，中国纺织工业协会受住房和城乡建设部委托，在郑州召开《棉纺织工厂设计规范》送审稿审查会议。审查单位有中国纺织工业协会、中国纺织勘察设计协会、中国纺织工业设计院、黑龙江省纺织工业设计院、上海纺织建筑设计研究院、江苏省纺织工业设计研究院有限公司、山东省纺织设计院、河北纺织设计院、湖南省轻工纺织设计院、四川省纺织工业设计院、甘肃省轻纺工业设计院、贵州省轻纺工业设计院、郑州宏业纺织股份有限公司、郑州纺织机械股份有限公司、经纬纺机股份有限公司榆次分公司。会议代表按照"先进性、科学性、协调性和可操作性"的原则，对"送审稿"逐条进行了认真讨论和达成统一意见，并形成审查会议纪要。根据会议纪要意见，经修改完善，最终完成本规范。

三、问题说明

1. 关于用电负荷计算的"需要系数"，设计单位普遍反映由于技术进步和管理水平提高，原行业推荐使用的"需要系数"已不适用，建议重新修订。编制单位认为制订准确的"需要系数"需要大量统计资料，目前条件不成熟，需要继续积累资料，在条件成熟时修订。为了便于设计人员使用本规范，将原推荐"经验需要系数"编入条文说明，供设计人员参考。

2. 棉纺织厂车间空气含尘量，由于受到目前滤尘设备、过滤材料和能源消耗等条件限制，纺部个别车间尚不能达到有关国家现行卫生标准的要求。本规范采纳了大家意见，将清花、络筒、废棉处理车间的空气含尘量规定为不超过 $3mg/m^3$，其余车间空气含尘量应符合有关国家现行卫生标准规定。

3. 计算机器发热量的参数，在本规范条文中没有给出各参数的数值，目的是让设计人员采用实测的办法确定。近年来纺织技术和设备发展比较快，原来计算采用的参数已经不适用。通过实测和不断总结积累经验，取得准确数据，以供修订本规范时采用。

本规范为新制定规范，难免有遗漏之处，请使用单位提出宝贵意见，以便修订时采纳。

目 次

1 总则 ················ 7—30—24
3 总图布置 ············ 7—30—24
　3.1 一般规定 ········ 7—30—24
　3.2 总平面布置 ······ 7—30—24
　3.3 竖向设计 ········ 7—30—24
　3.4 厂区管线 ········ 7—30—25
　3.5 厂区道路 ········ 7—30—25
　3.6 绿化 ············ 7—30—25
　3.7 总图技术经济指标 · 7—30—25
4 工艺设计 ············ 7—30—25
　4.1 一般规定 ········ 7—30—25
　4.2 工艺流程 ········ 7—30—25
　4.3 工艺计算 ········ 7—30—25
　4.4 车间运输 ········ 7—30—26
5 工艺设备 ············ 7—30—26
　5.1 一般规定 ········ 7—30—26
　5.2 设备与配台 ······ 7—30—26
　5.3 柱网与设备布置 ·· 7—30—26
6 生产辅助设施 ········ 7—30—26
　6.1 生产辅助设施 ···· 7—30—26
　6.2 仓储 ············ 7—30—26
7 控制 ················ 7—30—27
8 电气 ················ 7—30—28
　8.1 一般规定 ········ 7—30—28
　8.2 负荷分级 ········ 7—30—28
　8.3 供配电 ·········· 7—30—28
　8.4 照明 ············ 7—30—28
　8.5 防雷与接地 ······ 7—30—29
　8.6 无功补偿与谐波治理 · 7—30—29
　8.7 火灾报警 ········ 7—30—29
9 建筑、结构 ·········· 7—30—29
　9.2 生产厂房 ········ 7—30—29
　9.3 辅助用房 ········ 7—30—29
　9.4 建筑防火、防腐 ·· 7—30—30
　9.5 结构形式和构造 ·· 7—30—30
10 给水排水 ··········· 7—30—30
　10.1 一般规定 ······· 7—30—30
　10.2 水源与水处理 ··· 7—30—31
　10.3 水量、水质、水压 · 7—30—31
　10.4 给水系统和管道敷设 · 7—30—31
　10.5 消防给水系统 ··· 7—30—31
　10.6 排水系统和管道敷设 · 7—30—31
　10.7 污水处理与废水回用 · 7—30—31
11 采暖通风与空调滤尘 · 7—30—31
　11.1 一般规定 ······· 7—30—31
　11.2 采暖 ··········· 7—30—32
　11.4 空调 ··········· 7—30—32
　11.5 滤尘 ··········· 7—30—33
12 动力 ··············· 7—30—33
　12.1 空压 ··········· 7—30—33
　12.2 制冷 ··········· 7—30—33
　12.3 供热 ··········· 7—30—34

1 总 则

1.0.1 本条说明了制定本规范的目的和原则。制定目的是推进棉纺织工厂工程设计工作的标准化和规范化;制定原则是依据国家现行法律法规、生产建设经验和科学技术发展的新成果。

1.0.2 本规范的适用范围是根据《工程建设标准体系(纺织工程部分)》制定的。在《工程建设标准体系(纺织工程部分)》中规定《棉纺织工厂设计规范》"适用于纯棉、化纤及与其他短纤维混纺的纺纱、织布(包括家用纺织品织物、长丝织物)工厂的新建、扩建和改造工程设计"。棉纺织工厂生产长丝织物一般为纬长丝织物。本规范不包括公共工程及附属设施,建筑结构、水、电、燃气、供热、制冷、空调和压缩空气等。因公共工程及附属设施已有相应的国家现行标准规范,本规范涉及其内容,均属引用相关规范和标准或与棉纺织工厂设计有关标准规定的细化。

1.0.3～1.0.7 规定了棉纺织工厂设计的共性要求。强调棉纺织工厂设计应贯彻国家工程建设的方针政策和棉纺织产业技术政策;设计时应进行多方案技术经济比较,择优确定工程设计方案;贯彻清洁生产、节能降耗和资源得到综合利用的科学发展原则。棉纺织工厂具有可燃和含尘的特点,在设计中应加强防火、安全生产和劳动保护措施,并应符合节能、环境保护和安全卫生评估报告的要求;推广采用成熟可靠的新技术、新工艺、新设备、新材料,不断创新设计,促进结构调整和产业升级;分期建设项目应贯彻以近期为主的原则,节约集约用地。

1.0.8 棉纺织工厂设计是一个系统工程。除本规范的规定外,还涉及国家现行的法律、法规、政府部门规章的有关规定。棉纺织工厂设计除应符合本规范外,尚应符合国家现行的法律、法规、标准和规范的有关规定。

3 总图布置

3.1 一般规定

3.1.1 总图布置方案应符合国家有关节约土地、保护环境、安全卫生和防火等有关规定和工厂所在地规划部门的控制性详细规划要求。关于节约用地,国家有关部门发布的《工业项目建设用地控制指标》,其中对投资强度、容积率、建筑系数、行政办公及生活服务设施用地所占比重、绿地率等均有控制指标要求,应严格执行。另外,工厂设计一般都要依据规划部门的"控制性详细规划"要求进行设计,在规划部门的控制性详细规划中,规定了工程强制性指标、规定性指标和引导性指标等,其中强制性指标(建筑密度、建筑高度、容积率、绿地率、配套设施等)是必须满足的控制指标。再如防火间距、环保、卫生、安全、防地质灾害等也都有国家强制性标准规定,也应必须严格执行。

3.1.2 总图布置方案设计是一个复杂系统,受多方面因素影响和制约,如,城市(区域经济)规划、环境保护、交通运输、管线入口、雨水排放、生产流程、生活服务设施、自然地质条件、安全、土地利用等。总图设计应详细了解和搜集相关资料,依据可靠的建厂基础资料设计总图方案,并应进行多方案的技术经济比较,在满足总图经济指标要求的条件下,择优确定总图方案。

3.1.3 厂外配套设施工程的设计,常常受到建厂地区条件和相关管理部门的制约,厂外工程应结合建厂地区条件,注意与有关部门协商,取得一致意见后确定设计方案。

3.2 总平面布置

3.2.1 工厂总平面布置应在规划基础上以生产工艺要求为中心,因地制宜地进行设计,做到流程合理、布局紧凑、用地节约、投资节省和管理方便,满足工厂整个生产系统安全有效地运行,并为职工创造良好的生产生活条件。

总平面布置宜进行合理的功能分区,包括生产系统、辅助生产系统和非生产系统,根据功能区的相互关系进行布置。主厂房确定后,各种辅助和附属设施应靠近所服务的部门和车间,动力供应部门应接近负荷中心,以缩短管线、节约资源、降低能源损失。产生污染源的部门和车间应位于厂区和生活区常年主导风向的下风侧,以减少污染物对厂区和生活区的影响。改、扩建项目还要注意新建设工程应同现有的功能分区相协调和适应。

厂区建(构)筑物在满足安全、卫生、防火以及厂区工程管线敷设的要求的条件下,应尽可能合并,体现"集中、联合、多层"布置原则,减少建(构)筑物间距占地面积,达到工厂外形简单,合理利用和节约集约用地目的。

总平面布置应尽量满足企业发展的要求。一方面是企业有远期发展规划要求,另一方面是企业根据市场变化带来的产品产量和品种的增加,以及综合利用水平的提高等而引起的工厂扩建要求,总图布置方案应充分考虑到企业的这种发展要求;分期建设项目,应合理布置预留发展用地,近期建设项目应尽量集中布置,同时应充分考虑后期工程的衔接和生产联系。

3.2.2 棉纺织厂的生产厂房一般体量都较大,并多采用联合厂房,所以应将厂房布置在地势平坦、地质均匀的条件较好地段。棉纺织厂的厂房一般选择为矩形,受到建厂地区场地条件限制时也可选择其他形式。

布置锯齿型厂房时应注意天窗采光朝向,为防止产生眩光和强烈日光直射车间影响生产,地处北纬地区的锯齿型厂房宜选择北偏东的天窗朝向。偏转角度与厂址地理纬度有关,可按表1确定。

表1 厂址纬度和锯齿型厂房天窗朝向的关系

北纬(°)	天窗朝向北偏东角度(°)
15～20	18～15
20～25	15～12
25～30	12～10
30～35	10～5
35～40	5～0

3.2.3 棉纺织厂的原棉库附近宜安排固定堆场,以利原料储存和周转。布置堆场时需注意堆垛与动力线的防火间距,易被忽视,应符合防火规范要求。机物料仓库应按机物料消耗定额合理设置,可以和车间机物料库合建。

仓储区与工厂运输方案联系密切。布置仓储设施时应与厂内外运输统一考虑,使之协调、方便、快捷,并尽可能避开人流集中地段,以保证交通运输安全。一般大、中型棉纺织工厂在仓储区宜专设供货物运输的出入口,将工厂内部区域的物流和人流分开,应避免交叉,以保证厂区道路运输安全和便于管理。

3.2.5、3.2.6 行政管理和生活服务设施的布置,应体现集中布置原则,严格控制占地指标,避免过多占用土地。行政管理建筑一般布置在厂前区,应注意同周围建筑和道路相协调,起到美化城镇环境的作用。目前设计集体宿舍和行政办公布置在同一区域较多,应将其适当分割,相对独立,避免相互干扰。

3.3 竖向设计

3.3.1 总图竖向设计的主要内容和任务是根据厂址自然地形条件、工程地质、生产工艺、运输方式、雨水排除及土石方量平衡等因素,综合确定场地各建(构)筑物、道路、广场等的标高关系,确定竖向布置系统的方式,确定场地平整方案和合理组织场地排水。

3.3.2 竖向布置系统有平坡式和台阶式两类,布置方式有连续、重点、混合式三种。棉纺织厂为连续化生产及考虑到车间运输的需要，竖向设计宜采用平坡式连续竖向布置。在个别地形复杂地段，对附属和辅助建（构）筑物也可采用阶梯式、重点式或混合式竖向布置。台阶的划分应尽可能与功能分区一致。

3.3.3 厂区标高设定应注意与厂外周围建筑和道路标高相协调一致，并应有利于厂区排水。厂区标高要求是应高于50年一遇的洪水水位，而棉纺织厂一般都建在城镇附近，实际设计标高不可能一定能满足达到50年一遇洪水水位的要求，实际设计标高应与城镇标高协调一致，避免施工时土石方工程量过大。

3.4 厂区管线

3.4.1、3.4.2、3.4.5 厂区管线是总平面设计的重要组成部分，布置时应注意使厂区管线之间，以及管线与建（构）筑物、道路、绿化设施之间在平面和竖向上相协调，既要满足生产、施工、检修、安全等要求，又要贯彻节约用地的原则。厂区各种管线的排列次序和布置间距等要求，应符合现行国家标准《工业企业总平面设计规范》GB 50187的规定。

3.4.3 厂区主要道路上方架空管线的净空高度确定为4.5m，主要考虑现代大型运输车辆的通行及和我国目前主要道路净空高度要求保持一致。

3.5 厂区道路

3.5.5 厂区主次干道路设计，一般都采用城市型道路，很少采用公路型道路设计。城市型道路的横向有单、双面坡、立道牙，雨水井排水。一般路面宽度大于或等于6m时，采用双坡路面、立道牙的城市型道路。路面宽度小于或等于4.5m时，采用单坡路面、立道牙的城市型道路。道路设计应考虑现代集装箱运输需要。纺织厂常用集装箱货柜长度有6m和12m两种，其宽度为2.4m，高度为2.5m。

3.6 绿 化

3.6.1 厂区绿化是保护环境的重要措施之一。厂区绿地率由于各地区建厂条件不同，地方规划部门的要求也不尽相同。绿化布置应贯彻因地制宜、有利生产、保障安全、美化环境、节约用地、经济合理的原则，不应盲目追求花园式工厂设计，而造成土地浪费。

3.7 总图技术经济指标

3.7.1 总图布置主要技术经济指标，本规范给出9项指标，没有采用容积率指标。关于容积率指标，现各地对工厂设计的要求不尽统一，有些地方的规划部门要求列出，设计时可以按各地规划部门的要求采用容积率指标。

4 工艺设计

4.1 一般规定

4.1.1 棉纺织厂的工艺设计应依据批准的可行性研究报告确定的产品方案进行，包括纺部、加工部、织部的生产设施和生产辅助设施的设计。主要内容为选择原材料、工艺技术路线、生产流程、主辅机设备选择和生产、辅助设施的设计。

4.1.2 工艺设计的核心是合理选择技术方案、组织工艺流程和选择设备。选择的工艺技术和设备应符合棉纺织工艺技术的发展趋势，做到"技术先进、经济合理、成熟可靠和安全适用"。工艺设计应以科技进步和科技成果产业化为支撑，积极采用国内外先进、成熟和可靠的工艺技术。棉纺织新技术主要包括：纤维测试系统、自动打包、计算机配棉、清梳联、开清棉异纤挑出、高速梳棉、自动换筒、自调匀整技术、积聚环锭纺纱（紧密纺）、喷气纺纱、转杯纺纱、粗细络联合、细纱集体络纱、倍捻、自动络筒、空气捻接、电子清纱、浆纱高压上浆、高速无梭织造、织造监控、计算机辅助设计、在线质量监测、自动导向运输、数字化控制系统、电子数据交换系统等。

4.1.4 工艺设计应贯彻发展循环经济的科学发展观，坚持"减量化、再利用、资源化"原则，节约资源能源、减少废弃物产生和对环境的影响。棉纺织行业是一个资源依赖型行业，资源消耗较大，近年来原料消耗增长较快。棉花等天然纤维尽管属于可再生资源，由于要占用耕地，不可能无限发展。化纤原料主要来自石油、天然气和煤炭，属于不可再生资源。工艺设计应采用新技术，努力提高劳动生产率、降低生产成本、降低资源和能源消耗及综合利用。

4.2 工艺流程

4.2.1 棉纺织厂设计选择的工艺流程和设备，在一定范围内应具有调整产品品种的灵活性和适应性。这有利于企业发展和最大限度地满足市场需要。棉纺织厂生产已由单一纯棉原料发展到广泛应用各种天然纤维和化学纤维原料。实际生产中往往采用纯纺、混纺和交织等各种方式和手段应对多变的市场。选择工艺流程时，宜考虑工艺流程和设备对市场需求的适应性，对原料和生产的品种应具有一定的灵活调整和应变能力。

4.2.2 本条规定的宗旨是力求做到优化设计，提倡采用高效、短流程工艺，减少设备配置，减少占地面积，节约投资，降低消耗和生产成本。

4.2.5 开清棉工艺流程的选择宜结合单机的特性、纺织品种和质量要求，以及原棉的含杂量、纤维长度、成熟度和线密度等综合因素考虑。选定的流程应具有一定的灵活性和较强的适应性，应能加工不同品质的原棉和化纤，做到一机多用。目前在棉纺织工厂设计中，已普遍采用清梳联合机。清梳联的开清棉一般采用自动抓棉、轴流开棉、多仓混棉、锯齿滚筒开棉等作为基本流程组合。为使混合均匀，大多采用多仓混棉，同时应根据原棉及化纤原料的品质配置适当的凝棉器和除微尘机，这将有利于排除短绒和尘屑，改善成纱质量和减少车间空气含尘量。

4.2.11 结经机效率比较高，但是不可能全部代替穿筘机。因为纺织品市场产品品种变化比较快，生产企业翻改织物品种不可避免，所以织造工艺在采用结经机的同时，还需要配一定数量的穿筘机。配备结经机的生产能力最好不超过穿筘设备总能力的60%，以免造成投资过大和浪费。

4.3 工艺计算

4.3.1 工艺计算应根据工艺流程、产品方案、产品的技术条件（产品规格、质量要求等）和设备性能进行计算。确定工艺参数是关键，纺部工艺参数包括特数、并合数、牵伸倍数、捻系数（捻度）、设备速度等，然后结合设备效率、停台率计算纺部产量、消耗和经济技术指标；加工部工艺参数包括特数、并合数、股数、捻向、捻系数（捻度）、设备速度、成包规格等，然后结合设备效率、停台率计算加工部产量、消耗和经济技术指标；织部工艺参数包括筒子纱、经轴、织轴的卷装尺寸、纱线特数、经纬密度、坯布宽度、匹长、织缩率、浆料选择、上浆率、坯布卷装规格、设备速度等，然后根据织部设备的工艺速度计算经纬纱用量、回丝率、浆料用量、织部产量、消耗和经济技术指标。

本规范附录C中表C.0.2、表C.0.3中采用的主机计算工艺参数是根据国产棉纺织设备的现状确定的。目前同一类设备的生产单位有许多厂家，设备的型号、性能、参数差异也较大，表中的部分数据包括了同类设备高、中、低几种型号的综合性能参数指标。设计时应对选用设备的具体设计参数进行认真确认。新型设备及引进设备的相关参数，则应按设备生产厂商提供的有关资料确定。

4.3.5 棉纺织厂的设计生产能力，在计算过程中涉及设备全年有效工作时间,有效工作时间又与采用的工作制度有关。为便于计算棉纺织厂的设计生产能力,规定了采用三班三运转工作制的企业,设备全年有效运转最长时间为6885h,即按每班7.5h、每天三班、全年运转306d计算;采用四班三运转工作制企业,设备全年有效运转最长时间为7875h,即按每班7.5h、每天三班、全年运转350d计算。本规定是为了统一计算方法制定的,不涉及具体工作制度的实施。

4.4 车间运输

4.4.1~4.4.4 棉纺织工厂设计应随着技术进步和产业升级积极采用自动化、连续化生产设备,尽量减少车间运输车辆。采用运输车辆时,宜采用专业化、机械化和半机械化运输车辆,以减轻工人劳动强度。电动运输车辆宜采用电瓶驱动,并注意封闭容易产生火花部位,以防止发生火灾事故。设计车间采用吊轨运输时,在满足生产要求的同时应注意生产安全。吊轨设计应按现行国家标准《起重机设计规范》GB/T 3811、《起重机械安全规程》GB 6067的有关规定执行。

5 工艺设备

5.1 一般规定

5.1.1 棉纺织工厂设计应严格遵守国家现行的《工商领域制止重复建设目录》、《淘汰落后生产能力、工艺和产品目录》、《产业结构指导调整目录》等有关规定,以及与之相关被淘汰的落后工艺、产品和技术,如被淘汰的机电设备等。

5.1.2 设备选择是工艺设计的主要工作之一。设备选择首先满足产品生产要求,并要求技术先进、性能可靠、操作维修方便。我国纺织机械的制造技术和整体装备水平已经有了长足的进步,大部分主机设备已经达到了国际同类产品先进水平。棉纺织设备更新换代的周期日趋缩短,在工厂设计中可选择的新型技术和设备范围也越来越广,因此大力推进技术进步和产业升级,淘汰落后设备,积极推广使用国内先进设备,是棉纺织工厂设计的重要内容。

5.1.3、5.1.4 这两条规定为强制性条文。主要考虑到棉纺织生产用的纺棉、化纤等纤维材料属于固体易燃品,棉纤维的点燃温度较低,约为400℃,生产过程有可能发生火灾危险。棉纺织厂的火灾危险往往来自工艺设备,尤其是清梳设备中的金属件、杂物,经撞击后易引起火种而发生火灾。经实践证明,在输棉管道内加装红外线火星探除器,能有效地检测并排除纺织纤维中含有的火星,可以有效地避免火灾发生。这是棉纺织生产过程中行之有效的防火设施,本规范要求必须采用。

5.2 设备与配台

5.2.1 选择机电一体化、大成形、大卷装、定长卷绕的主辅机设备,有利于提高产品质量、降低消耗、减轻劳动强度和提高劳动生产率。"大成形、大卷装、自动化、连续化"通过减少接头纱疵、减少络纱次数、减少回丝、减少落布次数、减少周转搬运次数,达到提高生产效率和产品质量目的,是现代纺织生产技术的发展方向。

5.2.2 前纺和织前准备的设备产能,是制约纺部、织部生产的关键工序。适当加大前纺和织前准备的设备产能,可以避免发生半制品脱节现象,也有利于工厂投产后适应市场变化调整品种,对小批量、多品种的生产更为重要。但是,应注意掌握适度为宜,避免盲目过于增大,导致增加不必要的固定资产投资和投产后的生产运行费用。前纺、织前准备的产能冗余率,一般掌握不超过15%为宜。

5.2.3 棉纺织厂的设备配台计算,首先以织物规格及布机的实际产量和台数为依据,然后推算加工部、纺部实际产量和需设备台数。其中应注意主机设备的工艺速度选择,不同的产品品种工艺速度会有差异,其次再选择半制品、各工序消耗定额、停台率、生产效率等参数,合理确定以上参数后进行设备配台计算。半制品和设备参数,可以参照附录C棉纺织主要工艺参数选用。

5.3 柱网与设备布置

5.3.1 本条表5.3.1列出的厂房柱网尺寸是经常采用的柱网。近年来纺织设备更新速度加快,纺机外形尺寸会发生一些变化,所以选择柱网时应注意根据所采用的工艺设备和厂房结构形式确定。为适应企业发展需要,宜采用大跨度厂房。大跨度厂房有利设备布置,也有利于企业设备的更新改造。

5.3.3 棉纺织厂的厂房高度一般指车间地坪到大梁底的高度,这主要取决于设备和输棉风管、吸棉(尘)风管的高度,以及人对车间空间的感受。厂房高度应尽量统一,使承重构件受力统一,提高厂房的抗震性。

5.3.5 附录E主要设备排列间距,供设计人员使用。纺机装备在不断发展,外形尺寸可能发生变化,如设备增加罩壳,为了罩壳开启方便也可能影响设备排列间距,附录E表中的排列间距可以依据采用的设备进行调整。

6 生产辅助设施

6.1 生产辅助设施

6.1.1 生产辅助设施和建筑面积应根据企业规模及生产组织形式等条件确定,由于企业类型、规模各异,在此不便统一规定。设计时可按附录F中表F.0.1、表F.0.2进行设置和调整,也可以结合企业实际需要进行增减、合并,可灵活掌握。

6.1.3 目前各厂组织管理形式和协作程度不同,试验仪器和辅机设备的配置可以根据生产实际需要进行调整。附录G中表G.0.1表注的企业规模分类,是设计规模意义上的参考,为便于配台,不涉及管理部门制定的大中小型企业标准。

6.1.5 本条第3款和第4款规定为强制性条款。废棉处理系统设置火星探除器,可以有效地防止因设备引起的火灾,实践证明是重要而行之有效的安全措施。废棉中容易混入硬质和金属等杂物,在与设备打手等部位的碰撞过程中易产生火花,火星探除器可以有效地发现和去除火星,防止火灾发生,所以规定在废棉处理流程装置中必须安装火星探除器。

6.2 仓 储

6.2.3、6.2.4 仓库面积取决于原材料和产品的存储量和周期,存储周期又因建厂地区原材料来源不同而存在较大差异。本规范规定的周期为一般采用的周期,设计时如果没有特殊要求,宜采用此周期和计算方法确定仓库面积。

国家已经制定了新的"棉包"标准,计算原棉仓库面积时应采用新标准。新规定棉包尺寸为1400mm×700mm×530mm,包重(227±10)kg;一般布包尺寸为930mm×700mm×350mm,有时布包会因品种不同存在较大差异。

6.2.7 机物料仓库面积一般应根据易损件和纺专器材的消耗定额确定,做到合理储备保证供应。没有特殊要求时,可以按附录H中表H.0.2的规定确定。

另外,棉纺织厂还应有其他仓库,如少量的润滑油和维修清洗汽油、煤油等储备,浆纱用浆料、化工料仓库等。此类仓库宜灵活掌握,一般润滑油料库面积可为20m²~30m²,汽油库可为15m²

~20m²，浆料化工库面积可为 150m²~200m²。设计油料、化工库时，应符合国家现行有关安全防火规范的规定。

7 控 制

7.0.1~7.0.3 棉纺织工厂的生产控制系统，随着现代信息技术的快速发展，已得到普遍重视和采用。控制系统设计应结合工厂的信息化建设规划进行。棉纺织厂生产控制系统的发展目标应立足于现场总线控制系统（FCS）的建立和完善，总体规划分期实施。实施初期，宜采用集散控制系统（DCS）、可编程序控制器（PLC），满足近期自动控制需要，然后升级为网络系统。实施初期应注意在工艺设备、公共配套设施及自动化仪表设计选型等方面，与生产控制系统发展规划目标相匹配，避免将来因选型失误而造成不必要的浪费。

棉纺织厂的控制系统可采用现场总线控制系统。根据国际电工委员会 IEC（International Electro technical Commission）标准和现场总线基金会 FF（Field bus Foundation）的定义，现场总线控制系统是连接智能现场设备和自动化系统的数字式、双向传输、多分支结构的通信网络。现场总线技术将专用微处理器置入传统的测量控制仪表，使其具有数字计算和数字通信能力，成为能独立承担某些检测、控制和通信任务的网络节点，通过普通双绞线将多个测量控制仪表、计算机等节点连接成的网络系统。使用公开、规范的通信协议，在位于生产控制现场的多个微机化测控设备之间，以及现场仪表与用作监控、管理的远程计算机之间，实现数据传输与信息共享，形成各种适应实际需要的自动控制系统。

现场总线控制系统（FCS）具有系统结构简捷、经济实用、开放式、可互操作性、可维护性、可集中性的特点。它是继基地式仪表控制系统、电动单元组合式模拟仪表控制系统、集中式数字控制系统、集散控制系统（DCS）之后的新一代控制系统。由于它适应了工业控制系统向分散化、网络化、智能化发展的方向，给用户带来更大的实惠和更多的方便，并促使目前的自动化仪表、集散控制系统（DCS）、可编程序控制器（PLC）等产品，面临体系结构、功能等方面的重大变革，导致工业自动化产品的升级换代革命，是 21 世纪的先进自控技术。

20 世纪 80 年代以来，国际上的知名大公司先后推出了几种工业现场总线和现场通信协议。目前流行的主要有 FF（Field bus Foundation 基金会现场总线）、Prefabs（Process Field bus）、CAN（Controller Area Network 控制器局域网）、Lon Works（Local Operation Network 局部操作网）、World（Factory Instrumentation Protocol 世界工厂仪表协议）等。其主要技术差异及适用场合如下：

1 FF 基金会现场总线是以 ISO/OSI 开放系统互联模型为基础，取其物理层、数据链路层、应用层为 FF 通信模型的相应层次，并在应用层上增加了用户层。FF 分低速 H1 和高速 H2 两种通信速率。H1 的传输速率为 1.25kbit/s，通信距离可达 1900m（可加中继器延长），可支持总线供电，支持本质安全防爆环境。H2 的传输速率为 1M 和 2.5kbit/s 两种，其通信距离分别为 750m 和 500m。物理传输介质可支持双绞线、光缆和无线发射，协议符合 IEC11582 标准，物理媒介的传输信号采用曼彻斯特编码。主要应用在过程自动化领域，如：化工、电力、油田和废水处理等。

2 Prefabs 现场总线系列是由 Prefabs-DP、Prefabs-FMS 和 Prefabs-PA 等三个兼容型组成。Prefabs 采用了 OSI 模型的物理层、数据链路层，由这两部分形成了其标准第一部分的子集。Prefabs 的传输速率为 9.6kbit/s~12Mbit/s。最大传输距离在 12Mbit 时，为 100m，1.5Mbit 时，为 400m，可用中继器延长至 10km。其传输介质可以是双绞线和光缆。主要应用领域：DP 型适合于加工自动化领域的应用，如制药、水泥、食品、电力、发电、输配电；FMS 型适用于纺织、楼宇自动化、可编程控制器、低压开关等一般自动化制造业自动化；PA 型则是用于过程自动化的总线类型。

3 CAN 现场总线的网络设计采用了符合 ISO/OSI 网络标准模型的三层结构模型，即物理层、数据链路层和应用层。网络的物理层和链路层的功能由 CAN 接口器件完成，而应用层的功能由处理器来完成。通信具有突出的可靠性、实时性和灵活性。其采用短帧结构，传输时间短，抗干扰，节点分不同优先级，可满足不同的实时性要求。其传输介质可以用双绞线、同轴电缆或光纤等，通信速率最高可达 1Mbit/s(40m)，直接传输距离最远可达 10km（5kbit/s）。主要应用领域：汽车制造、机器人、液压系统、分散性 I/O、工具机床、医疗器械等。

4 Lon works 现场总线采用了与 OSI 参考模型相似的 7 层协议结构。Lon Works 的核心技术是具备通信和控制功能的 Neuron 芯片。Neuron 芯片实现完整的 Lon Works 和 Lon Talk 通信协议，节点间可以对等通信。Lon Works 通信速率为 78kbit/s~1.25Mbit/s，支持多种物理介质，有双绞线、光纤、同轴电缆、电力线载波及无线通信等，并支持多种拓扑结构，组网灵活。主要应用领域：工业控制、楼宇自动化、数据采集、SCADA 系统等，在组建分布式监控网络方面有优越的性能。

5 World 现场总线的总线体系结构分为过程级、控制级和监控级等三级，其协议由物理层、数据链路层和应用层组成。通信速率有 31.25kbit/s、1Mbit/s、2.5Mbit/s、25Mbit/s，传输介质采用屏蔽双绞线和光纤。它能满足用户的各种需要，适合于集中型、分散型和主站/从站型等多种类型的应用结构。用单一的 World 总线可满足过程控制、工厂制造加工和各种驱动系统的需要。主要应用领域有：电力工业、铁路、交通、工业控制、楼宇等。

我国自 1993 年开始对现场总线进行研究，并于 1996 年正式将现场总线技术研究和产品开发列为"九五"国家重点科技攻关项目，同时有一些企业自筹资金开发现场总线。国内著名纺织机械制造企业和配套生产企业，不失时机地积极开发引进先进的现场总线技术，结合各类纺织机械的功能特点和纺织工艺生产特点，在现场总线产品的系统集成上进行了重点研究，以简化生产系统，形成柔性化生产体系。已有一批国内自己开发的现场总线产品开始投入市场。目前我国自主开发应用的现场总线的控制系统，已经达到了国际同类产品的先进水平。

7.0.4 现场总线技术系统的结构设置，一般可分为四层：

1 现场总线控制层是各种生产信息的来源。各种棉纺、织造机械、公共配套设备的控制器应具有现场总线通信接口，通过适当的编程将设备的运行数据实时传送到监控系统。

2 现场总线监控层是完成车间级设备检测和控制。应用组态软件编程和现场总线网络整合车间内各类单台设备控制系统，以清晰友好的人机界面实现全车间设备的生产状态、产量、效率的监视。同时还可以对设备的工艺参数进行统一设置、故障报警、参数记录、显示历史趋势和实时曲线，生成和打印各种生产报表。

3 现场总线管理层是工厂级的信息管理系统。控制系统可以按照用户的需求，通过多种总线、工业网络建立数据库，对数据进行处理，并分类送到各个管理部门，实现数据的查询、统计、分析和数据报表。

4 现场总线信息层是将控制过程、信息管理、通信网络融为一体，实现数据共享。有关人员登陆到 Web 服务器，就可以根据各自的权限监控到生产现场设备的运行情况。

7.0.5 生产控制系统应根据负载需要，配备 UPS 或 EPS 应急电源，以保证系统数据的记录、分析处理和存储过程不受外部停电的影响。

8 电 气

8.1 一般规定

8.1.1、8.1.2 棉纺织厂的供配电系统设计，除应满足生产要求外，还应满足安全可靠、技术先进、操作方便、经济合理和节能降耗要求。经济合理和节能降耗涉及方方面面，如变配电系统选择节能设备，正确选择装机容量，减少设备本身能耗，提高系统功率因数，治理谐波和提高供电质量等。供配电系统设计应将传统技术与新技术有机结合起来，实现节能目标。

8.2 负荷分级

8.2.1、8.2.2 条文明确了棉纺织厂负荷分级的具体内容。其中规定室外消防用水量大于30L/s的厂房、仓库的消防用电负荷和消防用水量大于35L/s的原棉堆场的消防用电负荷，属于二级负荷。当消防用水量不超过上述要求时，消防用电可按三级负荷。其他不属于第8.2.1条规定的用电负荷为三级负荷。

8.2.3 棉纺织厂的消防负荷一般都不大，要从供电部门就近获得独立的第二电源可能性较小，即使能提供第二电源，投资也很大。因此，采用自备应急电源，较为经济可靠。自备应急电源可以采用柴油发电机组，也可采用EPS或UPS。根据项目的具体情况，遵循经济合理、安全可靠的原则，选择自备应急电源。

8.3 供 配 电

8.3.2 棉纺织厂一般采用10kV供电，但有时遇到供电部门只能提供35kV电源，为了节约能源和简化设计，近年来很多设计单位已经采用了35kV/0.4kV直变方式进行供配电设计。这样设计可以减少一级变配电，节约投资和减少能耗；例如江苏张家港、江苏启东、山东青岛、安徽滁州、云南大理等棉纺织工厂，都采用了35kV/0.4kV直变方式设计，经设计回访，各地棉纺织企业反映运行状况很好。

8.3.3 棉纺织厂的负荷计算，在调研中发现有的设计人员在计算总负荷时计入了消防负荷，这无疑扩大了总负荷，增加了变压器容量。棉纺织厂的消防泵、喷淋泵、排烟风机等消防负荷，仅在火灾发生时启动，而在火灾发生时火灾区的设备将停止运行，停止运行的负荷远大于消防负荷，消防负荷不应计入总负荷。

关于棉纺织工艺设备的需要系数，随着设备的更新换代和制造工艺的提高，工艺设备的需要系数和功率因数已发生变化，所以本规范没有将《棉纺织工业企业设计技术规定（试行）》FJJ102—84的需要系数表列到条文正文中，而是将它放到了条文说明中，供设计人员参考。

一般情况，需要系数与用电设备的工作性质、设备台数、设备效率、负荷系数和供电系统的损耗等因素有关，而且与工厂的产品、工人的技能素质和管理等因素也有关。要想得到较准确的需要系数，需要现场测试和不断积累经验才能确定。建议设计人员应从设备供应商获得有关数据或经现场实测采集有关数据，再参照已有经验数据确定。附后的表2、表3经验需要系数是目前设计采用的需要系数，有关单位反映意见"计算结果偏大"，仅供设计人员参考。

如果已知轴功率，单台设备的需要系数可按公式1计算求得：

$$K_x = \frac{K_f \cdot K_0}{\eta_d \cdot \eta_c} \quad (1)$$

式中：K_x——需要系数；
　　　K_0——同时使用系数（一般取0.9，由于目前有的设备自动化程度提高，电机增多，同时使用系数也可低于0.9）；
　　　K_f——负荷系数；
　　　η_d——电动机效率（查电机样本）；
　　　η_c——线路效率（可取0.97）。

$$K_f = \frac{P_t}{P_e} \quad (2)$$

式中：P_t——设备需用轴功率（kW）；
　　　P_e——设备额定功率（kW）。

一般情况，设备轴功率为已知，用电设备的功率因数可根据电动机的负荷率在电动机样本中查出。

表2 经验需要系数

设备名称	需要系数（k_x）	功率因数（$\cos\theta$）
开清棉联合机	0.55	0.75
梳棉机	0.63	0.80
并条机	0.66	0.64
条卷机	0.55	0.64
精梳机	0.41	0.45
粗纱机	0.80	0.70
细纱机	0.84	0.84
络筒机	0.60	0.70
并纱机	0.50	0.70
捻线机	0.80	0.84
卷纬机	0.50	0.70
整经机	0.82	0.70
浆纱机	0.80	0.80
织布机—160cm	0.80	0.65
打包机	0.50	0.70
风机、水泵、锅炉	0.80	0.80
制冷机、空压机	1.00	0.80

表3 照明经验需要系数

部门名称	需要系数（k_x）	功率因数（$\cos\theta$）
生产车间（无窗）	1	0.9
生产车间（有窗）	0.8~0.9	0.9
办公室	0.6~0.8	0.9
生产附房	0.7~0.8	0.9
生活	0.5~0.7	0.9
厂区工程	0.9	0.9

8.3.5 棉纺织厂一般按负荷分布设车间变电所，通常会有数个变电所。本条文规定相邻两个车间变电所之间宜设低压联络线，目的是为了检修用电需要规定的。根据经验，联络用电容量一般不宜超过120kW。根据现行国家标准《建筑设计防火规范》GB 50016的规定，棉纺织厂的生产、原料和成品的火灾危险性为丙类，厂房的耐火等级为不低于二级。不设自动灭火设施时，单层厂房最大防火分区可为12000m²。按最大防火分区估算，照明功率密度一般不大于11W/m²，检修照明按一半估算，这时的照明负荷约为66kW，还剩余54kW可作检修用电，已比较富裕。

8.3.6 D,yn11接线组别的三相变压器，其高压绕组为三角形、低压绕组为星形且有中性点和"11"的接线组别，可以有效地抑制各类非线性用电设备所产生的谐波引起的电网电压正弦波形畸变率。D,yn11接线组别变压器的原边应为△形接线，这就为3n次谐波提供了通路，并产生反向谐波电流和磁通。D,yn11接线在绕组中感应的3n次谐波反电势，比Y,yn0接线方式高，能有效削弱由于电网污染而形成的3n次谐波对设备的危害，提高系统的抗干扰能力，降低零序阻抗，提高单相短路电流值，对提高断路器单相短路电流动作灵敏度有较大的作用。另外，D,yn11接线组变压器的单相短路电流值可以是Y,yn0接线组别变压器单相短路电流的3倍，这也有利于调整变压器低压侧总开关动作电流值。

8.4 照 明

8.4.1 棉纺织厂的厂房吊顶高度一般不超过4.5m，适宜采用荧光灯具作为厂房一般照明。一般照明可采用敞开式直接配光型灯具，其射出的光通量能最大限度地落到工作面上，有较高的利用系数，节能效果明显。同时在照明线路中设置节电装置，可以提高照明线路功率因数，有平衡电压、削减负载过剩电压等节电效果。还可有效地削减电子镇流器产生的三次谐波。

目前国家推广使用T5型、直管稀土三基色细管径节能荧光灯。T5型比T8型荧光灯可以节电20%以上。

8.4.3 根据调研,棉纺织厂车间一般照明采用现行国家标准《建筑照明设计标准》GB 50034 规定的照度值,各单位意见反映偏高,不符合工厂生产实际和国家节能要求,也增加了工程建设投资和产品生产成本。在制定本条规定时,采纳了有关单位意见。规定车间一般照明的设计照度不应低于表 8.4.3 的数值。

8.5 防雷与接地

8.5.1、8.5.2 根据现行国家标准《建筑物防雷设计规范》GB 50057 的规定,棉纺织厂的建筑物应按第三类防雷建筑物设防雷设施。棉纺织厂大多采用钢筋混凝土结构和轻钢结构厂房,有条件利用建筑结构钢筋简化防雷设计,降低工程投资。在设计阶段需加强各专业之间的沟通和联系,以保证设计质量。

8.5.3 本条规定棉纺织厂的低压配电系统接地形式宜采用 TN 系统。设计采用 TN-C 还是 TN-S 或 TN-C-S 接地系统,设计人员可结合项目的具体情况和采用设备的技术要求,选择接地形式。

8.5.4 接地保护的用电设备不能采用相互串联后再与保护干线连接的方法,因为这种做法不能保证安全。为了增加用电的安全性,可以采用总等电位连接方法。有 2 个以上变电所的棉纺织厂,为了保证厂房内对地电位一致,首先各变电所各自做等电位连接,然后再利用厂房内的环形 PE 线相互连通,形成厂房内的总等电位连接。

8.5.5 本条为强制性条文。规定易产生静电危害的设备和管道必须设防静电接地。主要原因是静电会影响正常生产,如棉网漂移、缠绕皮辊罗拉等。其次静电积累到一定程度后有可能自行放电产生电弧而引起火灾。棉纺织工厂易产生静电的设备和管道主要在纺部及滤尘系统,为防止可能发生的火灾必须将其可靠接地消除静电。

8.6 无功补偿与谐波治理

8.6.2 棉纺织厂由于大量使用变频调速设备和照明荧光灯采用电子镇流器等非线性用电设备,使得在设计中注意谐波危害和加强谐波防治措施,显得越来越重要。谐波的主要危害表现为对电动机的转子造成明显局部发热,缩短其使用寿命或被迫降容运行;对变压器产生附加损耗,从而引起过热,使绝缘介质老化加剧导致绝缘损坏,同时产生噪声;对并联补偿电容器,会使其吸收谐波电流而引发过载发热,严重时可引起谐波谐振,加剧电容器的老化和损坏;对断路器,会使其开断能力降低,严重时某些断路器的磁吹线圈不能正常工作;对设备中的电子设备、继电保护、通信线路都可能造成影响。近几年来,有的棉纺织厂大量采用了变频技术和数字控制设备,由于未重视谐波治理,经常发生损毁电力电容器,甚至使工艺设备无法正常运行,给企业造成较大经济损失。棉纺织厂的谐波治理应根据谐波源采取应对措施,一般可以有以下防治措施:

    1 增加系统承受谐波能力。如在设计中采用 35kV 电网供电,选用单台容量大的供电变压器供电等。

    2 选用 D,yn11 结线组别的三相配电变压器。

    3 改变电容器组串联电抗器参数,或将电容器组的某些支路改为滤波器,或限制电容器组的投入容量,避免电力电容器组对谐波的放大等。

    4 加装静止无功补偿装置(或动态无功补偿装置)。采用 TCR、TCT 或 SR 静补装置时,其容性部分设计成滤波器。

    5 改变变频器性能,实现谐波源互补配置。

    6 厂房照明荧光灯采用中功率因数的电感式镇流器。

    7 不需随机调速的电动机不加装变频器。

    8 采用无源或有源滤波器等其他新型抑制谐波的措施。

另外,工程中常采用无功功率补偿和谐波电流滤波组合在一起,组成 LC 电路,按计算无功功率和供电部门对功率因数的要求进行无功功率补偿。电抗器的额定值通常为 50Hz 时,电容器的额定无功功率用百分比来表示,常用值 7%。这也是经济可行的组合式补偿和滤除谐波的方案之一。

8.7 火灾报警

8.7.1 本条只规定了棉纺织工厂应根据工厂类型、规模和场所设火灾报警系统。至于设区域、集中或控制中心报警系统没有明确规定,宜结合项目具体情况确定。按照现行国家标准《火灾自动报警系统设计规范》GB 50116 规定保护对象分级标准,棉纺织工厂的主厂房属于二级保护,不超过 1000m² 的丙类物品仓库属于二级,超过 1000m² 时属于一级。棉纺织工厂依据保护级别规定,一般可设置区域火灾报警系统。在车间附房设置一台区域消防控制器,各防火分区设手动报警按钮,消火栓报警按钮直接启动消防水泵,并通过报警总线联动,切断非消防电源、关闭防火卷帘门等。大于 1000m² 的原料和成品仓库属一级保护,应设自动报警系统。自动报警系统宜采用感烟探测器实现自动报警,并联动消防水泵、启动自动喷淋灭火。

棉纺织厂的火源主要来自工艺设备,尤其是清梳设备中的金属件、混入棉花中的硬质杂物,通过相互撞击或摩擦后引起火种发生火险,为此原料输送管道上、滤尘器入口都装有红外线火星探除器或金属火星探除器,火星探除器具有较高灵敏度,可以在 0.5m 以内探测直径 1mm 火星,并报警同时切断设备电源,用以防护设备免受火灾。

目前我国棉纺织行业依然是劳动密集型产业,国内棉纺织厂全部自动化生产、现场"无操作工"的企业还没有。棉纺织工厂生产组织是挡车工、保养工按车位、责任区现场巡回操作,对生产现场的疏散路线和消防设施非常熟悉,生产区一旦发生火情,现场操作工、保养工可以通过手动报警按钮完成报警和启动消防泵、手动紧急切断火灾区域空调风机和除尘风机的方式是有效的。

基于以上情况分析,棉纺织厂火灾报警系统宜结合企业不同情况,如企业规模、设备自动化程度、不同车间(纺部、加工部、织部)、仓库类别等确定火灾报警形式。

9 建筑、结构

9.2 生产厂房

9.2.1 棉纺织厂的生产厂房,近年来发生了很大变化。按层次分,有单层和多层;按建筑结构的采光特征分,分有窗和无窗;按结构材料特征分,有钢筋混凝土结构和钢结构。具体采用哪种形式应根据建厂地区条件,如施工能力、场地面积、地质条件等确定。现在棉纺织厂房的主要建筑形式有单层锯齿厂房、单层无窗厂房和多层厂房。单层锯齿厂房近年来已较少采用,现在采用较多的是单层无窗厂房。单层无窗厂房的朝向不受限制,车间温湿度基本不受外部环境影响,并且可以采用大跨度,机台排列合理、占地面积较少。多层厂房占地面积较少,但是由于楼层荷载较大,设计和施工较复杂,厂房造价也较高,主要用在土地比较紧张的地区和老厂改造。

9.2.3 关于建筑节能国家已经制定了一系列相关政策和标准,生产厂房设计应积极贯彻执行。厂房建筑围护结构热工设计应结合不同地区的气象条件,合理选择节能技术,并与工厂所在地区的气候相适应。防止车间由于维护结构设计不合理,产生过热和结露。应保证设计质量,使厂房设计既符合生产工艺要求,也要满足建筑节能要求。

9.3 辅助用房

9.3.1 棉纺织厂的生产附房,一般布置空调、滤尘、变配电、热力站和其他生产辅助设施。所以生产附房大多采用与生产厂房结合的形式,布置在厂房两侧或四周。这有利于生产辅助部门直接为生产服务。附房的建筑结构形式,可结合厂房结构和建厂地区的建设条件,采用钢筋混凝土框架、砌体结构或轻钢结构。

9.4 建筑防火、防腐

9.4.1、9.4.3 棉纺织厂生产使用的原料及其制品具有可燃性,存在火灾危险。按现行国家标准《建筑设计防火规范》GB 50016 的规定,棉纺织厂生产的火灾危险性和原棉库、成品库储存物品的火灾危险性属于丙类,建筑耐火等级要求不应低于二级。棉纺织厂房一般采用钢筋混凝结构或钢结构的厂房,建筑物的耐火等级一般不低于二级。在二级耐火条件下要求吊顶可用难燃体外,其他构件均应为不燃烧体,其耐火极限不应低于现行国家标准《建筑设计防火规范》GB 50016 的规定。

无窗厂房的防火要求更严格。一般要求内装修应采用不燃烧体或难燃体材料构件,不得使用可燃及发烟材料。并且,厂房内要求根据工厂规模、建筑面积等,按现行国家标准《建筑设计防火规范》GB 50016、《火灾自动报警系统设计规范》GB 50116,以及有关纺织工业企业防火标准的规定,设排烟设施、应急事故照明和火灾报警系统等。

9.5 结构形式和构造

9.5.2 本条给出的厂房结构形式是棉纺织厂常用的厂房结构形式。棉纺织厂结构近年来发展趋势,倾向采用大跨度厂房,有利于现代纺织设备的布置与安装。单层门式刚架钢结构厂房,近年来采用较多。由于钢结构厂房的构件在钢结构厂加工,现场安装,施工较简单,建设进度快,并可以采用大跨度,目前棉纺织厂的厂房最大跨度可以做到 36m,被普遍采用。

单层混凝土锯齿厂房近年来较少采用,但由于其采光均匀,空调和排水及日常维护较方便,造价相对较低等,中、小型棉纺织厂仍有采用。大型棉纺织厂很少采用的主要原因是锯齿形厂房只能采用中、小柱网,不利于现代大型棉纺织设备布置,厂房占地面积较大,以及车间温湿度容易受室外环境影响,车间温湿度不好控制,能源消耗大等。另外,如果单层混凝土锯齿厂房采用大柱网,厂房构件增大,自重也增大,抗震设计复杂,在经济上不合理,不如采用钢筋混凝土预应力大跨度厂房或大跨度钢结构厂房经济。

9.5.3 单层锯齿厂房有钢筋混凝土结构和钢结构的,以往织厂大多采用的是钢筋混凝土结构。钢筋混凝土结构的锯齿厂房根据屋面承重构件不同,又分为三角架承重和天窗架承重两种形式。三角架承重双梁结构的锯齿型厂房,是在T形柱的上方平行放置两根大梁,梁与之间的上方铺浇一条天沟底板,大梁内侧下端铺设风道底板,由这些构件组成的长方形通道即为空调支风道。这种结构的厂房大梁上方每隔一定的距离放置一个三角架,三角架的支撑面分别跨在T形柱上方的大梁上,以支撑预制屋面板。两三角架立柱之间有窗下墙,墙上架装天窗架。屋面板上方有保温层、防水层和波形石棉瓦;天窗架承重双梁结构的锯齿形厂房,这种厂房的预制屋面板不用三角架支撑,屋面板的一端搁在大梁上,另一端搁在对侧大梁上的天窗架顶端,屋面板头端露出的钢筋与天窗架上方伸出的钢筋用电焊加固。棉纺织厂一般采用钢筋混凝土三角架承重锯齿形厂房结构,较少采用天窗架承重锯齿形厂房结构。

单层钢筋混凝土三角架承重锯齿形厂房结构计算,应采用计算机进行,并遵循以下计算原则:

1 三角架承重多跨(五跨以上)双梁锯齿排架使用阶段的计算简图(图1)。

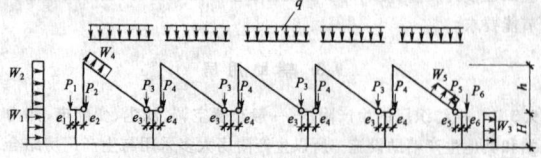

图1 三角架承重双梁锯齿排架使用阶段计算简图

图中: q ——屋面垂直荷载;
$W_1、W_2、W_3、W_4、W_5$ ——风荷载;
$P_1、P_2、P_3、P_4、P_5、P_6$ ——风道传给牛腿的集中力(包括风道大梁、天窗架、天沟板及找坡支架、风道底板重量等);
$e_1、e_2、e_3、e_4、e_5、e_6$ ——牛腿柱偏心矩;
h ——三角架轴线高度;
H ——牛腿柱高度。

2 牛腿柱高度(H)取基础杯口面或基础顶面至风道大梁顶面的高度。在计算牛腿柱侧移刚度时,一般可忽略风道大梁和牛腿刚度的影响,近似按无牛腿等截面柱计算。

3 三角架及边柱的侧移刚度,应取风道大梁跨度内相关诸榀三角架或柱子侧移刚度之和计算。

4 风荷载和垂直荷载应分别计算,并应进行内力组合分析。

5 三角架承重锯齿排架各柱,除应按图1进行使用阶段内力计算外,尚应验算中柱在吊装阶段(吊装跨安装完毕,相邻跨仅安装风道大梁及风道顶板)的内力和配筋。吊装阶段设计荷载仅需计入各构件自重,可不考虑屋面保温隔热等自重影响。

6 抗震设防地区应按国家现行的抗震设计规范进行内力计算和内力组合。

7 三角架承重锯齿排架牛腿柱、三角架立柱计算长度系数,可按表4采用。

表4 三角架承重锯齿排架牛腿柱、三角架立柱计算长度系数

柱		$S_\triangle/S$<2	$S_\triangle/S$≥2
牛腿柱	中柱	1.5	1.25
	边柱	1.75	1.5
三角架立柱	中柱	1.5	
	边柱		

注:表中 $S_\triangle/S$ 为三角架侧移刚度与中柱侧移刚度之比。

9.5.7 本条文中推荐的荷载是目前设计经常采用材料的荷载,如果采用其他材料应经计算确定。建筑结构荷载应符合现行国家标准《建筑结构荷载规范》GB 50009 的有关规定。

9.5.8 本条第3、4款,棉纺织厂钢结构厂房的屋面保温结构,一般采用防潮层、保温层、压型钢板三层结构。对防潮层的选择至关重要,防潮层的作用是防止水气的扩散和渗透,保护建筑物构件和工作环境,应选择水气渗透率小、强度高、耐老化、尺寸稳定的防潮层;保温层一般选择玻璃棉或矿棉毡,此时防潮层应采用增强型防潮层,以增加结构强度。一般保温层的厚度应经热工计算确定,并对露点温度进行验算;面板通常采用压型钢板。

钢结构厂房的檩条等结点部位应采取防止冷桥的构造措施和规范施工要求,避免屋面产生冷桥结露和屋面雨。

10 给水排水

10.1 一般规定

10.1.1 "节约水资源、水多用"是落实科学发展观的一项基本国策。棉纺织工厂设计在满足生产要求的条件下,必须落实节水措施,降低水资源消耗和污水排放量,提高水的重复利用率。

10.1.2 国家水资源实行"总量控制定额管理"的办法,对各地用水量都有严格的控制计划要求,所以水源选择和利用应符合项目所在地的水资源规划,工厂用水量必须经地方有关部门批准。

10.1.3 为了达到综合利用水资源的目的,本规范规定有多种水源可利用的地区,给水工程设计应在可能和经济合理的条件下,

采取分水质给水方案,提高水的综合利用率,并且清洁废水应回收再利用。水资源缺乏地区,应考虑中水回用和雨水收集利用措施。

10.1.4 设置水计量装置的目的是便于企业加强水的定额管理,严格控制消耗、减少浪费、节约水资源。

10.2 水源与水处理

10.2.1 有的建厂地区可以采用地下水。采用地下水为水源时应注意不得盲目开采,防止地面沉降而发生地质灾害,同时应按要求采取回灌和防止水质恶化措施。现在回灌已有比较成熟的技术,一般可采用自流回灌、真空回灌和压力回灌。底水位和渗透性好的含水层,可采用自流回灌、真空回灌;高水位和渗透性不好的含水层可采用压力回灌。为防止地下水质恶化,回灌水应净化处理,达到回灌水质标准后才能回灌。

变频调速供水是一项供水节能措施,适用于水量、水压经常变化的场所。采用水泵变频供水,可实现恒压稳定供水,不致因水压过大而造成水资源的浪费。

采用地表水为水源时,应考虑消防用水量的保证率,根据现行国家标准《建筑设计防火规范》GB 50016 的规定,地表水的枯水流量保证率不应低于 97%。

10.3 水量、水质、水压

10.3.2 棉纺织厂的生产用水水质主要是浆纱有较严格要求。要求生产用水清洁透明,不含悬浮物,否则宜在纤维上产生沉淀,造成斑点。水质的硬度应控制在 180mg/L 以下。当浆纱用水硬度较大时,其中的钙盐和镁盐将与浆料中的油脂生成难溶于水的硬脂酸盐,这种盐类与杂质微粒同时附于纤维上,使浆线与织物经染色后的色泽不匀,色调暗淡。纤维对铁盐的吸附力很强,水中的铁盐含量不宜超过 0.3mg/L,否则,将使纺织品产生棕色斑点,长期存放会使织物局部损坏。标准中 pH 值控制范围是按浆料要求确定的,目前棉纺织厂使用的各种浆料的 pH 值均在 6.5~8.5 的范围内。

喷淋(喷雾)、直接蒸发冷却空调水质要求参照了生活饮用水标准,纺织厂空调水质应符合卫生标准要求。棉纺织厂一般采用开放式喷淋(喷雾)或直接蒸发冷却空调,空调水随着送风系统进入车间,会被工人吸入身体。如果空调水不符合卫生标准,将对工人身体健康造成危害。

生活饮用水、辅助工程等水质都有相关标准规定,如生活水应符合现行国家标准《生活饮用水卫生标准》GB 5749 的规定,工业循环冷却水应符合现行国家标准《工业循环冷却水处理设计规范》GB 50050 的规定,锅炉用水应符合现行国家标准《工业锅炉水质标准》GB 1576 的规定,污水处理再利用杂用水水质应符合现行国家标准《城市污水再利用城市杂用水水质标准》GB/T 18920 的规定等。消防用水水质没有特殊要求。

10.4 给水系统和管道敷设

10.4.2 给水管网敷设应符合下列规定:

1 根据现行国家标准《建筑设计防火规范》GB 50016 的规定,室外消防给水管网应呈环状布置,但室外消防用水量小于或等于 15L/s 时,可布置成枝状。棉纺织工厂的实际消防用水量一般都大于 15L/s,厂区给水和消防给水合并管网设置时,均应呈环状布置。

2 单独布置的生产、生活、空调和冷却水配水管网,只要不与消防水管合并,可以采用树枝状布置。

3 现行国家标准《生活饮用水卫生标准》GB 5749—2006,于 2007 年 7 月 1 日开始施行。新的水质指标,由过去的 35 项增加到 106 项,达到了直接饮用水要求。为防止饮用水污染,保证饮用安全,生活饮用水系统管网应单独立,不得与其他水联网。

6 给水管布置应尽量避免穿越防火墙和建筑结构的变形缝。如果穿越防火墙,必须要有安全保护措施,应采用保护套管;穿越建筑结构的变形缝时,应设置补偿管道伸缩和剪切变形装置。穿越基础时应留有洞口,管口上部净空高度不小于建筑的沉降量(不宜小于 0.1m),并填充不透水的弹性材料。

10.5 消防给水系统

10.5.1 棉纺织厂消防给水系统,一般采用设消防水池的临时高压消防给水系统。喷淋灭火系统采用高位水箱或消防水泵供水,消火栓采用消防水泵供水。

10.5.3 本条为强制性条文。棉纺织厂为了稳定供水和满足消防应急用水,往往都需要建蓄水池。有时为了简化供水系统设计,存在生产、生活、消防共用蓄水池的情况。根据防火规范的规定,要求必须采取消防用水量不被挪用的措施。蓄水池容量应按生产、生活、消防合用水量设计,并且生产、生活出水管口必须设在消防储水水位以上,以此保证消防用水不被挪用。

10.6 排水系统和管道敷设

10.6.1 棉纺织厂的排水系统应按"清污分流、分别排放"的原则进行设置。一般可分为生产、生活污水排水系统,清洁废水排水系统和雨水排水系统。清洁废水宜收集,经处理后作其他杂用水使用,以节约用水。

10.7 污水处理与废水回用

10.7.1 棉纺织厂大多采用开放式喷淋水空调系统,经喷淋后的空调水仅含有少量棉短绒和杂质。为节约水资源,空调废水应经过滤后,可循环使用。空压、制冷机的冷却水同样应循环使用,不应随意排放,以节约资源和减少对环境污染。

10.7.2 目前棉纺织工厂正在大力推广清洁生产工艺,采用绿色环保型纺织浆料(如无机纳米浆料、阳离子淀粉浆料、天然植物胶类浆料、CMC-羧甲基纤维素钠、水溶性聚酯浆料、接枝淀粉浆料等)和推广使用免处理皮辊等,以降低对环境影响。所以棉纺织工厂如果采用了清洁生产工艺,那么就没有生产污水。一般性生产污水(冲洗水)和生活污水可以合并管网经化粪池处理后排入城市污水管网或根据环境要求确定污水处理方案。

11 采暖通风与空调滤尘

11.1 一般规定

11.1.2 室外空气设计参数是空调设计的基础,参数选择不当将影响工程投资、能源消耗、生产环境和运行成本。为了便于设计,本规范规定室外空气的设计参数应依据工厂所在地方气象部门提供的相关数据为基础,或采用现行国家标准《采暖通风与空气调节设计规范》GB 50019 规定的计算办法确定。国家有新的规定时按国家新规执行。

11.1.3 本规范附录 J 车间温湿度参数,主要用在以棉和涤纶化纤为原料的棉纺织工厂。近年来新型纺织材料不断出现,如大豆蛋白纤维、竹纤维、玉米纤维等新纤维,采用新纤维的温湿度条件应采用试验办法确定参数。

11.1.5 本条文中的中心试验室是指目前一些大型或特大型棉纺织企业,为加强质量管理和质量控制,而单独建立的试验中心。为了适应企业发展需要,才规定了中心试验室的空气参数。它有别于车间试验室,其室内空气参数的控制精度要求较高。

试验用大气条件对纺织品检验结果的准确性和可比性会造成不利影响。纺织品试验用大气条件主要规定了温度、相对湿度和大气压力三个参数。棉纺织厂使用的棉花、粘胶纤维等纺织材料、纱线和织物等,具有高度吸湿性。它们的物理和机械性能会随着温度和含水率的多少而发生变化。试验环境的温度和相对湿度变化,可影响以下测试结果:纤维的重量,纤维和纱线的直径,织物的长宽尺寸和厚度,纤维、纱线和织物的强力、伸长率以及纺织品静电现象等。为了克服大气条件变化对纺织品检验结果的不利影响,使得在不同时间、不同地点的检验结果具有可比性和统一性,现行国家标准《纺织品的调湿和试验用标准大气》GB 6529—86 对纺织品检验用的大气条件作出了统一规定,如表5。

表5 纺织品的调湿和试验用标准大气

项目	标准级别	标准温度(℃)	允差(℃)	标准相对湿度(%)	允差(%)
温带标准大气	一级	20	±2	65	±2
	二级	20	±2	65	±3
	三级	20	±2	65	±5
热带标准大气	一级	27	±2	65	±2
	二级	27	±2	65	±3
	三级	27	±2	65	±5

本规范选择了其中温带和热带标准大气的国家二级标准,作为棉纺织工厂中心试验室采用恒温恒湿设备控制试验温湿度的参数。二级标准主要用于常规检测,三级标准则用于一般性的检测。对于仲裁性的检验则应采用温带标准大气的一级标准。

棉纺织工厂中心试验室的温度和相对湿度的控制参数应根据厂址所处区域的不同,所处气候条件的情况,以及检测任务要求和相关工艺条件确定。我国有四分之一的国土面积位于亚热带地区(北纬22°～34°,东经98°以东),位于秦岭、淮河以南,雷州半岛以北,横断山脉以东的南方广大区域,涉及16个省市(包括台湾省),面积约2.4km×106km。在亚热带地区的夏季,中心试验室的温湿控制参数可按热带标准大气的二级标准掌握,即把试验室温度调控在27℃±2℃,相对湿度控制在65%±3%。我国在北回归线以南的海南省以及广东、广西、云南、台湾等省的南部、港澳地区等均位于热带地区,用于常规检测可选用热带标准大气的二级标准参数。

我国规定的标准大气压为101.325kPa,它相当于在重力加速度为9.80665m/s²,温度为0℃时,760mm 垂直水银柱高的压力。对于非温带标准大气条件下,以及温度、相对湿度偏离标准大气条件下检测到的各项试验数据,应按相关的纺织品检测试验方法的规定进行数据修正。

中心试验室应根据工厂规模和检测任务等情况决定是否单独设置。

11.2 采　暖

11.2.1 冬季采暖热负荷应根据车间散热和获得的热量经计算后确定。按现行国家标准《采暖通风与空气调节设计规范》GB 50019 的规定:"最小负荷班的工艺设备散热量"计算从设备得热。棉纺织厂为连续生产,正常情况下不存在最小负荷班的问题。为了统一计算方法,参考纺织设备的同时使用系数0.9和行业平均90%的生产负荷率测算,规定采暖季的计算设备发热量按不低于80%负荷率计算。

11.4 空　调

11.4.1 本条第2款,机器发热量的计算参数,在本规范条文中没有给出各参数的数值,目的是让设计人员采用实测的办法确定。参编和审核人员认为,近年来纺织技术和设备发展比较快,原来计算采用的系数已经不适用,应通过实测和不断总结积累经验,以供修订本规范时采用。以下将原来采用的参数作如下说明,仅供参考。

k_1——安装系数,为电动机最大实耗功率与安装功率之比(可取0.7～0.9);

k_2——同期使用系数(可取0.9,由于目前有的设备自动化程度提高,电机增多,同时使用系数也可低于0.9);

k_3——电动机负荷系数,宜采用实测数据;

α——热迁移系数,清棉滤尘设备集中外排可取0.9;细纱电动机排热可取0.9;细纱断头吸棉,集中外排可取0.9,其他设备可取1.0。

本条第3款表11.4.1,围护结构传热系数是参照《全国民用建筑工程设计技术措施-节能专篇》的《建筑》分册(建设部2006年11月9日,"建质〔2006〕277号文"发布)附录A,不同地区公共建筑各部围护结构传热系数限值确定的,见表6,设计时可以根据我国气候分区,采用相应的围护结构传热系数。

表6　围护结构传热系数限值(体形系数≤0.3)

气候分区	屋面 $k[W/(m^2 \cdot K)]$	外墙 $k[W/(m^2 \cdot K)]$
严寒地区A区	≤0.35	≤0.45
严寒地区B区	≤0.45	≤0.50
寒冷地区	≤0.55	≤0.60
夏热冬冷地区	≤0.70	≤1.0
热冬暖地区	≤0.90	≤1.5

11.4.7 棉纺织厂织布车间的工艺相对湿度要求较高,一般要求控制在70%～75%左右。此相对湿度对照现行国家标准《工业企业设计卫生标准》GBZ 1—2002 第5.2.1.14条规定的卫生标准温度要求,是不应高于28℃～27.5℃。这个卫生标准在夏季空调季,我国大部分地区都很难达到。如果要达到标准要求,将消耗大量能源,不利于节能。为解决这个问题,所以提出了环境区域送风和工艺区域送风分开的设计构想。在织布机的生产区域(布机经纱小区域)保持较高的相对湿度送风,满足工艺要求,即所谓的小环境送风;车间大环境送风,则控制较低的相对湿度和舒适的温度,即所谓的大环境送风。这样设计既保证布机生产的工艺要求,又可使车间操作人员的工作环境得以改善,达到节约能源和降低消耗的目的。目前系统设计大多采用独立的(大小环境)分区上送风和布机下地沟回风的设计。

11.4.8 棉纺织厂的空调能耗约占全厂总能耗的15%～25%。采用空调自动控制系统,可以节约能源,避免人员操作失误,提高温湿度控制精度。

空调自动控制系统包括参数检测与显示、自动调节与控制、工况自动转换、设备联锁与保护、中央监控与管理等。车间温湿度检测元件的装设地点,应选择有代表性的空调区域布置。一般系统需要设置的检测仪表、系统参数及联锁和显示设置如下,供参考。

1 以下参数测定应设置检测仪表:

1)采暖系统的供水回水干管的流量、温度和压力;热媒系统的流量、温度和压力。

2)热风采暖系统的室内温度、送风温度和热媒参数。

3)通风系统的室内温度、送风温度和排风温度。

4)兼作热风采暖的送风系统的室内温度、送风温度和热媒参数。

5)滤尘系统的滤尘器进出口压差。

2 空气调节系统应设定的主要参数:

1)室内外温湿度。

2)送回风温湿度。

3)混风室混合风温湿度。

4)喷淋室或表面冷却器出口空气的温度和相对湿度。

5)加热器出口空气温度。

6)加热器进出口热媒温度和压力。

7)喷淋室或表面冷却器用的水泵进出口的温度和压力。

8)喷淋室或表面冷却器进出口的水温和压力。

9)空气过滤器进出口的压差。

3 联锁与信号显示设置:

1)空调系统的防火阀应与送风机、回风机联锁。

2)通风和滤尘系统的送风装置,应与相关的工艺设备联锁。

3)采暖、通风和空调滤尘系统的通风机、水泵和电加热器等,应工作状态显示。

4)与生产工艺设备联锁的局部排风系统,应在工作地点设置通风机运行状态显示。

5)空调系统的加热器与送风机、回风机的启停,应设置时差启停控制和送、回风的温度控制。

自控仪表和执行机构的选择应结合纺织厂特点,力求简单可靠,经济耐用。在满足控制功能和指标要求的条件下,应尽量简化自动控制系统的控制环节。采用自动控制的采暖、通风和空调滤尘系统,宜根据使用条件及要求,分别采用电动式、气动式或电动气动混合式控制机构,并应同时具有手动控制功能。

11.5 滤 尘

11.5.4 本条为强制性条文。规定了棉纺织工厂选用滤尘器的原则,应选用不产生火花,连续过滤、集尘、压实和排除的组合式滤尘设备,严禁采用沉降室除尘。由于棉尘中含有大量的棉杂和纤维,具有可燃性。为了防止火灾发生,则采用现代连续滤尘、集尘、压实和排除尘杂的滤尘设备,完全避免了"沉降室"形成的大量松散纤维、棉尘积沉和有可能形成高浓尘的弊病。同时在滤尘管道内、滤尘器入口处,加装火星探除器,切断火种进入滤尘设备,可以有效地防止火灾的发生。

20世纪80年代后期,可连续过滤、连续排杂的复合干式滤尘器,开始广泛用于棉纺织工厂生产,并不断完善和提高。目前国内新建织工厂普遍采用复合式滤尘器,第一级为圆盘,第二级为多简或圆笼,可连续过滤、连续排杂。在该类滤尘器内部,粉尘浓度高的区域小,积尘量很少,具有较高的安全性。

11.5.5 滤尘机房与空调室相邻布置,目的是滤尘设备的工艺排风可以很方便地进入空调机房的混风室,以便回用或排出室外。

11.5.6 滤尘管道风速设计的要求是不积尘、保证各排尘点的排风量和压力差在允许的范围内,同时要求尽减小阻力、降低能耗和便于维修。纯棉纺滤尘管道经济风速为10m/s～14m/s,具体的排尘部位、尘杂种类和管道风速可参考表7。废棉纺的管道风速宜在表7风速基础上提高20%～25%。

表7 纯棉滤尘管道经济风速

排尘杂部位	尘杂种类	尘杂状态		管道风速(m/s)
		松散纤维密度(kg/m³)	含纤维量(%)	
开清棉各排尘风管	地弄花	20～30	6～75	11～13
开清棉落棉	破籽花	55～60	30～40	13～16
梳棉机吸尘落棉	车肚花	15～20	45～60	7～14
梳棉机盖板	盖板花	10～15	80～90	6～14
精梳落棉	精落棉	10～15	85～95	7～14

12 动 力

12.1 空 压

12.1.1 棉纺织厂用压缩空气主要分为两类:一类是工艺设备在生产过程中起传动、控制等用途,其用气量不大,压力一般在0.6MPa左右,对压缩空气的品质要求也不高;二是喷气织机在生产过程中引纬用压缩空气,其用气量较大,压力在0.7MPa～0.8MPa左右,并对压缩空气的品质要求也较高。空压站设计应根据棉纺织厂生产工艺对压缩空气的要求,选择空气压缩机的型号、台数和供气系统。设计时需要注意,若单纯为简化供气系统而采用减压方式供应耗气量较大的低压压缩空气用户是不经济的,同时压力系统的增加又会引起建筑面积、设备和管道的增加。正确的设计应通过多方案经济比较后确定压力系统。压缩空气站的设计应考虑下列因素:

1 压缩空气站是全厂用电、用水负荷较大的部门之一。设计时应考虑供电、供水的合理性。

2 由于技术改造和新工艺、新技术广泛使用压缩空气等因素,扩建压缩空气站较为普遍。在确定站房的位置时,宜考虑扩建的可能性。

3 为确保空气压缩机吸入气体的质量,压缩空气站应与散发粉尘等有害物的场所有一定距离。将空压站房置于有害物散发源的当地全年最小频率风向的下风侧,使空压站房受有害物的影响为最少。

4 空气压缩机运转时会发出较大的噪声,活塞空气压缩机为80dB(A)～110dB(A),螺杆空气压缩机为65dB(A)～85dB(A),离心空气压缩机为80dB(A)～130dB(A)。故应根据各种场所的噪声允许标准、压缩空气站的噪声级、传播途中的隔音屏障(建筑物、构筑物和林带等)等条件综合考虑其防护距离,并符合国家现行标准规范的有关规定。

活塞空气压缩机在运转中的振动较大,螺杆和离心空气压缩机的振动要小一些。空气压缩机在运转中的振动,会影响精密仪器和高性能设备的正常工作。防振间距应符合现行国家标准《工业企业总平面设计规范》GB 50187的有关规定。

12.1.3 供气管网布置可以采用吊顶或地下布置形式。地下布置也可以采用埋地或管沟方式,本规范推荐采用地下管沟敷设,主要考虑便于检修。

为减少压力损失和保持管网压力均衡,建议喷气织机用气管网采用环状布置,其他设备用气管网可采用枝状布置,并应注意尽量使管路短捷、少截流和弯曲。主配气管道应向凝结水排水口方向倾斜,以便于凝结水排除。

当供气规模较大,有时会在供气主配气管道上设计安装过滤器、空气干燥器、减压阀等装置,这时应考虑设置旁通配管,以便于检修和发生故障时用。

12.2 制 冷

12.2.1 目前有些棉纺织厂的设计已将制冷站建在车间附房,并靠近细纱车间,达到了较好的节能效果。大、中型棉纺织企业在厂区建制冷站,一般送、回水管线长度可达500m～800m,沿途冷量损失较多,浪费能源严重。如将制冷站建于车间附房,管线长度可以缩短至100m左右。既节约投资,又可达到节约能源的目的。

12.2.2 制冷机选择首先应根据工厂建设规模、使用特征、空气调节冷负荷,同时结合工厂所在地供电、供热、能源价格、地下水源情况和环境保护要求等,综合以上因素,经技术经济比较后确定冷源和选择冷水机组的型号和台数。地下水资源充足的地区,宜选用地下水作冷源。地下水源不足的地区,应在充分利用现有地下水资源基础上,再以人工制冷补充天然冷源的不足部分。没有地下水资源的地区,应选用人工制冷。

12.2.3 机组台数应按工程大小、负荷运行规律而定。当空调冷负荷大于528kW时不宜少于2台。为保证运转的安全可靠性,小型工程选用一台机组时应选择多台压缩机分路联控的机组,即多机头联控型机组。

冷水机组选型,不仅要考虑满负荷的COP值,还应考虑部分负荷的COP值来衡量全年综合效益。实践证明,纺织厂冷水机组满负荷运行率极少,大部分时间是在部分负荷下运行,因此在选型时考虑部分负荷时的性能系数更能体现机组的性能优势。

12.2.4 管道设计时的重力回水管径和流速应经计算确定,根据设计经验可以采用以下数据:公称直径小于或等于500mm,流速小于或等于0.7m/s。

12.2.5 棉纺织厂人工制冷的冷水系统和冷却水系统均为开放式,在运行过程中容易产生和积累大量水垢、污垢和微生物等,造成水质不稳定和水质恶化,对设备和管道易造成腐蚀,降低设备的传热效率,增加系统阻力,甚至还会影响环境卫生。为了稳定水质,应在系统中设水过滤、加药处理和水质监控装置。

12.3 供 热

12.3.1 热源应优先采用城市、区域集中供热或工厂余热,这是国家能源政策,也是节能的指导方针。本条规定的目的是减少重复建设、节约一次能源。在不具备上述热源的地方,可以采用自备锅炉,但应根据工厂所在地的能源状况、能源政策及环境保护等要求,经过多方案经济比较后确定采用燃煤、燃油或燃气锅炉供热。采用燃煤锅炉应注意减轻对环境的污染,增加除尘和脱硫装置,污染物排放应满足环境保护规定要求。

中华人民共和国国家标准

钢铁厂工业炉设计规范

Code for design of industrial furnaces
in iron & steel works

GB 50486—2009

主编部门：中国冶金建设协会
批准部门：中华人民共和国住房和城乡建设部
施行日期：２００９年９月１日

中华人民共和国住房和城乡建设部
公 告

第 251 号

关于发布国家标准 《钢铁厂工业炉设计规范》的公告

现批准《钢铁厂工业炉设计规范》为国家标准，编号为 GB 50486—2009，自 2009 年 9 月 1 日起实施。其中，第 6.0.1 (3)、7.1.1、8.1.2 (3、4)、8.1.6、8.2.2 条（款）为强制性条文，必须严格执行。

本规范由我部标准定额研究所组织中国计划出版社出版发行。

中华人民共和国住房和城乡建设部
二〇〇九年二月二十三日

前 言

本规范是根据原建设部"关于印发《2005年工程建设标准规范制订、修订计划（第二批）》的通知"（建标函〔2005〕124 号）的要求，由中冶华天工程技术有限公司会同有关单位共同编制完成的。

在编制过程中，本规范编制组认真总结了我国 50 多年来，特别是近 20 年来工业炉设计和生产使用方面的经验，经广泛征求意见和多次讨论修改，最后经审查定稿。

本规范共分 8 章，包括总则、术语、轧钢加热炉、轧钢热处理炉、金属制品热处理炉、工业炉燃料及燃烧设备、工业炉烟气余热回收及其装置、安全卫生与环境保护等。

本规范中以黑体字标志的条文为强制性条文，必须严格执行。

本规范由住房和城乡建设部负责管理和对强制性条文的解释，中冶华天工程技术有限公司负责具体技术内容的解释。在执行过程中，如发现需要修改和补充之处，请将意见或建议寄往中冶华天工程技术有限公司《钢铁厂工业炉设计规范》管理组（地址：安徽省马鞍山市湖南路 25 号，邮政编码：243005，E-mail：gyl@htzy.cn），以供今后修订时参考。

本规范主编单位、参编单位和主要起草人：

主 编 单 位：中冶华天工程技术有限公司
参 编 单 位：中冶赛迪工程技术股份有限公司
　　　　　　中冶南方工程技术有限公司
　　　　　　中冶京诚工程技术有限公司
　　　　　　中冶东方工程技术有限公司
　　　　　　上海宝钢工程技术有限公司
主要起草人：曹 强　薛秀章　段四问　杨骥廷
　　　　　　戎宗义　徐文利　王福凯　朱宗铭
　　　　　　潘爵芬　张阿福　张胜英　盛浩锡
　　　　　　郭玉光　吕晓琦　梁春魁　程淑明
　　　　　　罗建明　蒋安家

目 次

1 总则 …………………………………… 7—31—4
2 术语 …………………………………… 7—31—4
3 轧钢加热炉 …………………………… 7—31—4
　3.1 一般规定 ………………………… 7—31—4
　3.2 型钢、棒线材钢坯加热炉 ……… 7—31—4
　3.3 热轧板带板坯加热炉 …………… 7—31—5
　3.4 不锈钢和硅钢板坯加热炉 ……… 7—31—6
　3.5 薄板坯连铸连轧加热炉 ………… 7—31—6
　3.6 无缝钢管机组加热炉 …………… 7—31—7
　3.7 炉用冷却部件 …………………… 7—31—8
　3.8 自动化控制 ……………………… 7—31—9
4 轧钢热处理炉 ………………………… 7—31—9
　4.1 一般规定 ………………………… 7—31—9
　4.2 冷轧宽带钢热处理作业线 ……… 7—31—9
　4.3 硅钢带卧式退火炉 ……………… 7—31—11
　4.4 不锈带钢热处理作业线 ………… 7—31—12
　4.5 带钢连续镀锌、镀锡作业线热处
　　　理炉 ……………………………… 7—31—13
　4.6 无缝钢管热处理炉 ……………… 7—31—13
5 金属制品热处理炉 …………………… 7—31—14
　5.1 一般规定 ………………………… 7—31—14
　5.2 马弗炉 …………………………… 7—31—15
　5.3 明火加热炉 ……………………… 7—31—15
　5.4 电直接加热炉 …………………… 7—31—15
　5.5 铅淬火炉（铅锅） ……………… 7—31—15
　5.6 镀锌炉 …………………………… 7—31—15
　5.7 干燥炉 …………………………… 7—31—15
6 工业炉燃料及燃烧设备 ……………… 7—31—16
7 工业炉烟气余热回收及其
　装置 …………………………………… 7—31—16
　7.1 一般规定 ………………………… 7—31—16
　7.2 烟气余热回收装置 ……………… 7—31—16
8 安全卫生与环境保护 ………………… 7—31—16
　8.1 安全卫生 ………………………… 7—31—16
　8.2 环境保护 ………………………… 7—31—17
本规范用词说明 ………………………… 7—31—17
附：条文说明 …………………………… 7—31—18

1 总则

1.0.1 为在钢铁厂工业炉工程设计中贯彻执行国家法律法规和相关技术经济政策,实现技术先进、经济合理、安全适用,制定本规范。

1.0.2 本规范适用于新建、改建和扩建的大中型钢铁企业加热炉、热处理炉和金属制品用炉的设计。本规范不适用于熔炼炉的设计。

1.0.3 钢铁厂工业炉设计,应积极采用国内外成熟可靠的新技术,并应大力研发具有自主知识产权和核心竞争力的工艺和设备,同时应符合节约资源、保护环境的要求。

1.0.4 钢铁厂工业炉设计,除应符合本规范外,尚应符合国家现行有关标准的规定。

2 术语

2.0.1 热负荷 thermal load of furnace
单位时间内供入炉内的燃料或电能所产生的热量,以 kW 计。

2.0.2 标准坯 reference slab
用于冷热态试验考核加热炉性能的坯料,其钢种、规格等条件由买卖双方的协议(或合同)规定。

2.0.3 额定产量 nominal production
标准坯按规定的条件装炉、加热,达到规定的出炉条件,供给轧机连续生产 6.0h,取其连续最高的 4.0h 产量平均值,以 t/h 计。

2.0.4 额定单耗 nominal specific consumption
额定产量下向燃料炉内供入的燃料化学能或向电阻炉供入的电能,以 GJ/t(坯)计。

2.0.5 热效率 thermal efficiency
工件获得的能量占供给工业炉的能量的百分比。

2.0.6 烧损率 scale loss rate
工件加热过程中在炉内因氧化而减少的质量占加热前质量的百分比。

2.0.7 炉底强度 furnace hearth intensity
单位过钢炉底面积在单位时间内的加热能力,以 kg/(m²·h)计。

2.0.8 管底比 skid hearth rate
炉内支撑坯料的水冷部件外表总面积占炉底面积的百分比。

2.0.9 标准状态 nominal state
气体在温度为 273.15K,压力为 101.325kPa 时的状态。

3 轧钢加热炉

3.1 一般规定

3.1.1 本章适用于新建的、连续生产的大中型轧钢车间和锻钢车间加热炉设计。

3.1.2 炉型选择和技术装备水平应与车间生产规模及轧线工艺设备装备水平相适应。选用的结构、材料和炉用设备应满足运输、建筑安装、维修更换的要求。

3.1.3 加热炉数量和每座能力的确定,应从提高炉子热效率出发,不宜留有供轮流检修用的备用炉。但应为轧机进一步发挥能力留有发展余地。

3.1.4 新建的燃煤气和燃油轧钢加热炉,其设计额定单耗应达到表 3.1.4 中的"先进指标";改建或扩建的燃煤气和燃油轧钢加热炉,其设计额定单耗应达到表 3.1.4 中的"平均先进指标"。

表 3.1.4 轧钢加热炉设计额定单耗

轧机类型	设定出钢温度(℃)	额定单耗(GJ/t)	
		平均先进指标	先进指标
大型	1200	≤1.44	≤1.34
中型	1150	≤1.35	≤1.26
小型	1150	≤1.32	≤1.23
高速线材	1100	≤1.24	≤1.17
中厚板	1250	≤1.47	≤1.41
热轧带钢	1200	≤1.45	≤1.36
无缝环形炉	1250	≤1.46	≤1.33

注:1 表中额定单耗是指冷装(20℃)的碳素结构钢标准坯,加热到设定出钢温度、炉内水(汽)冷构件绝热层完好、加热炉达到设计额定产量的单位燃料消耗。
2 表中额定单耗适用于本规范表 3.2.3 对应的步进梁式和推钢式加热炉。

3.1.5 加热炉炉内水管冷却系统宜采用汽化冷却,产生的蒸汽应与本厂动力管网并网运行。

3.1.6 加热炉砌体外表面设计计算的最高温度应符合现行国家标准《工业炉窑保温技术通则》GB/T 16618 的有关规定。

3.1.7 在总体设计时应充分利用上道工序坯料的余热。

3.1.8 在加热炉平面布置图设计文件中,应标明炉区相关构筑物和设备名称、定位尺寸和各种能源介质接点位置。

3.2 型钢、棒线材钢坯加热炉

3.2.1 炉型选择和主要结构的设计应符合下列规定:

1 大中型型钢轧机钢坯加热宜选用上下加热的步进梁式加热炉。

2 厚度小于等于 130mm 的小规格钢坯加热宜采用步进底式加热炉,厚度大于 130mm 的大规格钢坯加热宜采用上下加热的步进梁式炉。

3 中小型型钢轧机钢坯加热炉,用于普通碳素结构钢加热时,可采用推钢式加热炉,用于优质钢加热时宜采用步进梁式炉。

4 不锈钢和易脱碳钢加热应选用步进梁式加热炉。

5 棒线材步进梁式加热炉宜采用炉内悬臂辊道侧装料和侧出料方式,装料侧可设置液压推钢机。

6 棒线材步进底式加热炉加热冷装钢坯时,应采取防止入炉后钢坯受热弯曲的措施。

7 新建棒线材推钢式钢坯加热炉,宜采用带较短出钢区、由出钢机侧向推出的出钢方式,可不设置水冷出钢槽。

8 型钢步进梁式加热炉加热大型坯时,宜采用端装料和端出料方式,装料可用推钢机或托入机,出料可用托出机。

3.2.2 一个车间宜设置一座用于高速线材轧机或连续小型轧机的加热炉。

3.2.3 炉底强度应经济合理,新设计加热炉炉底强度应符合表 3.2.3 的规定。

表 3.2.3 加热炉炉底强度设计值

炉型及结构特点		原料断面(mm)	炉底强度〔kg/(m²·h)〕
推钢式加热炉	单面加热	75～120	300～400
	部分下加热	≤130	400～550
	全部上下加热	>130	500～650
		锭 8～10″	450～600
步进式加热炉	步进底式	≤130	350～450
	步进梁式	>130	500～650

注：1 表中炉底强度指标适用于燃煤气加热炉，加热普通碳素钢，冷装，出钢温度为1200℃。
　　2 本表规定的炉底强度指标不适用于全热装和采用蓄热式燃烧的加热炉。

3.2.4 加热炉的热负荷配备应符合下列要求：

1 全热装或热装率大于90%的加热炉，应根据温度较低的热装标准坯加热所需供热量，配备单座加热炉的供热能力。

2 多炉同时工作时，应根据同时利用系数确定车间能源介质（燃料等）的流量。

3 多段加热炉的热负荷，可按额定供热能力的1.2～1.3倍设计。

3.2.5 燃烧装置的选择应符合下列要求：

1 应根据加热炉型式和结构尺寸、加热工艺、燃料种类、热负荷大小及环保要求，选择合适规格的燃烧装置。

2 坯料长度大于10.0m的大型燃气加热炉，当采用侧部烧嘴时，宜采用可调焰烧嘴或脉冲燃烧方式。

3.2.6 炉用机械设备应符合下列要求：

1 轧钢加热炉装料和出料以及钢坯在炉内运行，应有相应的操作设备，并实现联锁操作。

2 型钢、棒线材步进式加热炉宜采用液压驱动、二层框架和两层辊轮结构的步进机械，并有定心装置。

3 步进式加热炉装料端，应设置入炉钢坯定位装置。

3.2.7 炉衬设计应符合下列规定：

1 在满足砌筑部位温度、承受载重等使用性能的前提下，应根据绝热效果、使用寿命和经济合理性，选用炉衬材料。

2 各部位的砌体必须采取有效的绝热措施，并按不同接触面温度使用不同材料的复合炉衬。

3 用耐火浇注料和可塑料整体砌筑炉顶以及炉墙时，应设置锚固砖。炉顶锚固砖的间距宜为300～400mm，炉墙锚固砖上下、左右的间距宜为450～600mm。

4 耐火可塑料或浇注料砌筑的倾斜炉顶，当推力较大时，应在斜顶部位设置耐热托板，下加热高度大于3.0m的直墙也可设置耐热托板。

5 侧出料加热炉的出钢槽或出钢区部位，宜用电熔或烧结砖等高温、耐磨、抗渣和耐急冷急热性能的材料铺砌。

6 耐火砖砌体的长度与宽度应为116mm的倍数，高度应为68mm的倍数；烧结普通砖砌体的长度和宽度应为120mm的倍数，高度为60mm的倍数。

3.3 热轧板带板坯加热炉

3.3.1 新建宽带钢、中厚板、炉卷轧钢车间宜采用步进梁式加热炉。

3.3.2 板坯步进梁式加热炉的小时产量应符合下列规定：

1 一座板坯加热炉的小时产量可按下式计算：
$$P \geq Q/(h \times \eta) \quad (3.3.2)$$

式中 P——加热炉小时产量(t/h)；
　　 Q——轧机额定年产量(t/a)；
　　 h——加热炉年工作时间(h/a)；
　　 η——加热炉利用系数。

2 加热炉年工作时间宜取6000～6500h；加热炉利用系数宜取0.65～0.80，可根据企业的管理水平和加热炉座数综合因素确定。确定加热炉产量时还应计入热装率和热装温度因素。

3 加热炉的小时产量不应低于轧机生产主要产品的小时产量，或轧机生产某些产品小时产量的最大值。

4 初步确定加热炉的小时产量后，尚应核实加热炉在配合轧机生产其他产品所需的年工作时间。

5 加热炉的设计年产量不得小于轧机年产量。

3.3.3 板坯步进梁式加热炉的结构设计应符合下列规定：

1 采用装料机装料、车间跨度允许的前提下，装料端与装料辊道间可设置装料前室，其宽度宜与炉衬内宽相同，长度应能存放两块板坯。加热炉有效长度可按下式计算：

$$L = P/(P_0 \cdot l \cdot n) \quad (3.3.3-1)$$

式中 L——加热炉有效炉长(m)；
　　 P——额定产量(kg/h)；
　　 P_0——炉底强度〔kg/(m²·h)〕；
　　 l——标准坯长度(m)；
　　 n——标准坯列数。

2 炉底宽度应按板坯列数和板坯长度确定。

3 设计炉内布料图，确定炉底纵梁的配置应符合下列要求：

　1) 炉内板坯布料位置可按一侧取齐或按两侧取齐并错开布置，也可按加热炉的步进机械中心线对称布置。
　2) 相邻两条纵梁最小中心距不宜小于600mm。
　3) 板坯对纵梁中心线的悬臂长度，与相邻纵梁中心线的净空距离不宜小于150mm。
　4) 板坯最大悬臂长度应按板坯厚度、加热温度、高温下停留时间等因素确定，也可按式(3.3.3-2)估算。活动梁或固定梁的最大中心距可按式(3.3.3-3)估算。

$$L_1 = 4.2\sqrt{S} \quad (3.3.3-2)$$
$$L_2 = 6.3\sqrt{S} \quad (3.3.3-3)$$

式中 L_1——最大悬臂长度(m)；
　　 L_2——活动梁或固定梁的最大中心距(m)；
　　 S——板坯厚度(m)。

　5) 布料图中还应兼顾装、出钢机托杆的位置。
　6) 纵梁应经强度计算，有端部预热下加热段的板坯加热炉烧嘴通道处的活动梁挠度不得大于1/800。

4 下加热各段烧嘴的布置，应避免燃烧火焰冲击各纵梁的立柱。

5 各纵梁上的耐热垫块材质和高度，应根据垫块在炉内环境选定。

6 加热炉钢结构宜按分块预制件进行设计。

7 装出料炉门、两侧窥视孔、操作炉门及检修炉门，应开启灵活、关闭严密。

3.3.4 板坯步进梁式加热炉的供热应符合下列规定：

1 应根据板坯规格、加热炉产量和加热质量要求，选用供热方式和供热设备。

2 加热炉的额定单耗应按本规范表3.1.4的规定取值。

3 各段燃料的分配和烧嘴能力的配备应满足冷装料时加热的需要，并满足热装料加热供热能力变化大时仍可稳定燃烧且火焰长度变化不大的要求。

3.3.5 板坯步进梁式加热炉的节能应符合下列要求：

1 在车间布置许可的条件下可合理延长炉长，宜配置不供热的热回收段。

2 炉型结构与供热方式应为提高热装率和热装温度创造条件。

3 加热炉的烟气余热可只预热空气，也可同时预热空气和煤气。

4 炉内纵梁及其立柱应合理配置,并对冷却构件采用双层绝热包扎结构。
   5 步进机构宜采用节能型的液压系统。
3.3.6 板坯步进梁式加热炉的三电控制应符合下列要求:
   1 板坯在装料辊道上的定位、装料炉门、装钢机、出料炉门、出钢机及步进梁运动间的逻辑定序、定时、联锁、计数等功能应由炉区可编程序逻辑控制器完成。
   板坯在装料辊道上的定位、装料炉门、装钢机、出料炉门、出钢机及步进梁运动间的逻辑定序、定时、联锁、计数等动作的操作,应分别在炉区装、出料操作台上进行,并应在炉子地坑内设机旁手动操作台。
   2 加热炉应配备完善的热工自动化控制系统。有条件的加热炉应逐步推广使用计算机根据加热模型对各段温度进行最佳控制。

3.4 不锈钢和硅钢板坯加热炉

3.4.1 炉型选择应符合下列要求:
   1 不锈钢和硅钢板坯加热应采用上、下供热的步进梁式加热炉。
   2 加热高温取向硅钢的板坯加热炉,下部加热宜采用侧供热,上部加热宜采用全炉顶平焰烧嘴供热;也可在均热段采用平焰烧嘴供热其余各段采用侧供热或端部烧嘴轴向供热。
   3 既加热碳钢又加热高温取向硅钢和不锈钢的同一加热炉,宜采用6段以上的多段供热和自动控制系统。
3.4.2 加热炉能力和座数应符合下列要求:
   1 加热炉总生产能力的确定,应以轧钢工艺的年产量和工艺要求为依据,并为轧机发挥能力留有发展余地。
   2 一座加热炉能力和加热炉座数,应根据加热炉热效率、生产维护、均衡生产和加热炉利用率等因素确定。
   3 不锈钢和硅钢板坯加热炉炉底强度可按表3.4.2的规定确定。

表 3.4.2 不锈钢和硅钢板坯加热炉炉底强度

加热钢种	炉底强度(kg/(m²·h))	备 注
奥氏体不锈钢	480~500	300系列
铁素体和马氏体不锈钢	500~550	400系列
高温取向硅钢	400~450	—
碳素钢	600~650	—

注:加热炉炉料为气体燃料,且燃料发热量为7500~12500kJ/m³时取下限值,燃料发热量大于12500kJ/m³时取上限值。

3.4.3 燃料选择应符合下列规定:
   1 加热炉采用液体燃料作为主要燃料时,应配备一定数量的气体燃料,该气体燃料可用作均热段供热。
   2 加热奥氏体不锈钢时,燃料油中含硫量应小于0.8%,混合煤气中硫化氢含量应小于200mg/m³。
   3 加热高温取向硅钢时,高焦混合煤气的发热量应大于10000kJ/m³,采用液态出渣的硅钢加热炉应配备发热量不低于11700kJ/m³的燃料,该燃料可用作炉底化渣和出渣口火封;当主烧嘴所用气体燃料发热量大于等于17300kJ/m³时,可不设置炉底化渣烧嘴。
   4 煤气发热量应稳定,其允许波动范围为5%~8%,可设置热量仪修正空燃比。
   5 煤气中焦油含量不宜大于10mg/m³,混合煤气含尘量不宜大于10mg/m³。
   6 应采取措施稳定供气压力,其波动值范围应控制在±5%。
3.4.4 炉底纵梁的布置应符合下列规定:
   1 在满足生产工艺的条件下,加热炉宜减少纵梁数量,出料端纵梁应移位错开布置。
   2 加热碳钢和高温取向硅钢时,高温段相邻纵梁之间的间距应小于900mm,其端部的悬臂量应为150~350mm。
   3 加热高温取向硅钢时,其纵梁上部支撑板坯的耐热垫块上表面压应为碳素钢的50%或更小。
   4 加热铁素体和马氏体不锈钢时,炉底纵梁之间的间距相对于加热碳素钢加热纵梁之间的间距也应适当减小。
   5 支撑纵梁的立柱及其平行框架应确保足够的强度和刚度。
   6 纵梁和立柱无缝管的材质应按本规范第3.7.4条第6款的规定采用。
3.4.5 炉底步进机械的设计应符合下列要求:
   1 大型板坯步进梁式加热炉,宜采用滚轮斜台面液压驱动的步进机械,也可采用滚轮曲柄连杆式或电动偏心轮式的步进机械。
   2 加热普碳钢和不锈钢可按500~600mm固定步距,加热高温取向硅钢可按400~600mm可调步距作为平移行程;以固定梁为基准,可按上升100mm,下降100mm作为升降行程。
   3 加热普碳钢和不锈钢步进周期可为45~55s;加热高温取向硅钢步进周期可为70s。
   4 加热高温取向硅钢,且板坯最端边的梁为活动梁时,步进梁应具备停中位的功能。
   5 液压站应设置通风、消防和火灾自动报警系统。
3.4.6 炉衬砌筑采用的组合材料应符合下列规定:
   1 高温取向硅钢加热炉的低温段(预热段)和烟道等部位砌筑炉衬,其结构和材料材质可与一般加热炉相同。
   2 采用液态出渣的高温取向硅钢加热炉的高温段(加热段),其液态出渣处的炉衬耐火层最高使用温度应大于1650℃,并应具有良好的抗液态渣侵蚀的能力。
   3 硅钢加热炉采用干出渣时,炉底砌体上表面应为水平面,活动立柱围堤宜高出炉底砌体上表面400~500mm;固定立柱周围砌体宜高出炉底砌体上表面150~200mm。
   硅钢加热炉采用液态出渣时,炉底砌体上表面宜以炉子中心线为基准往炉子两侧倾斜4.7°;活动立柱围堤和固定立柱围堤均宜高出炉子中心线上最高点280~300mm。
3.4.7 燃烧设备应符合下列要求:
   1 均热段上部采用炉顶平焰烧嘴供热时,其供热能力配备应留有较大富裕量。
   2 其他各段为侧向或纵向供热时,应采用低氧化氮可调焰烧嘴。
   3 供燃料燃烧用的空气预热温度不宜低于550℃。
3.4.8 加热炉除渣应符合下列要求:
   1 不锈钢加热炉的炉底除渣,宜每隔半年或一年定期进行停炉干除渣。
   2 采用液体出渣时,液态渣应粒化处理。粒化渣用水应采用过滤处理的浊环水,总硬度不宜大于150mg/L(以碳酸钙计),悬浮物不宜大于20mg/L,粒化渣用水量可为1.2t/t(坯)。

3.5 薄板坯连铸连轧加热炉

3.5.1 工艺及结构设计应符合下列要求:
   1 炉型宜选用直通辊底式加热炉。
   2 应将连铸机和轧机有效地连接起来,加热炉应有足够的缓冲空间。薄板坯在加热炉内缓冲时间不得小于10min。
   3 薄板坯在加热炉内缓冲时间不得小于10min。
   4 连铸坯在炉内缓冲时,应以低速向前、向后做摆动运动。
   5 应具备对炉内连铸坯位置进行实时跟踪功能。
   6 连铸坯应以铸速连续进入加热炉,以第一架轧机咬入速度离开加热炉。
   7 小时产量应与连铸机的小时产量相匹配。
   8 钢结构应按照模块方式设计。
   9 炉顶宜设计成可移动式。
   10 炉顶和上部炉墙内衬应采用高温陶瓷纤维模块轻型结构

设计,渣斗和下部炉墙耐火材料内衬应采用耐火浇注料、轻质砖和隔热板组成的复合结构设计。

3.5.2 供热系统设计应符合下列规定:

1 供热系统宜分2~3个子系统,每个供热子系统应有独立的燃烧和排烟系统。

2 燃烧系统宜配置上加热。

3 燃烧设备宜选用亚高速烧嘴,并采用脉冲控制。

4 额定单耗应根据不同的铸速、不同的板坯厚度和宽度计算确定。

5 加热炉沿物料运行方向可分为加热段、传输段、摆渡段和保温段。在热负荷的配置上,加热段宜占总供热量的50%。

3.5.3 炉辊设计应符合下列规定:

1 炉辊结构设计,应以减少炉辊表面结瘤和提高板坯质量为原则,选择非水冷辊子(干辊)或水冷辊子(湿辊)。

2 炉辊更换方式,可设计为人工操作C型钩换辊,也可采用机械小车换辊。

3 炉辊应为单独传动、变频调速,炉内辊道设计速度范围宜为2~90m/min。

3.5.4 炉用主要机械设备的设计应符合下列规定:

1 薄板坯连铸连轧加热炉的炉门应为升降炉门,炉门动作可采用电动控制或气动控制。

2 加热炉的下部,应设多处漏渣斗。每个漏渣斗的出口,应设一套气动控制的内衬耐火绝热材料的渣门。可定期打开渣门,炉内积渣应落入废料箱中。

3 薄板坯连铸连轧加热炉宜配套建炉辊修理间。

3.5.5 自动化控制系统应采用两级计算机自动控制。一级控制应包括热工仪表控制和机械设备的传动控制,二级计算机应为加热炉最佳化控制系统。

3.5.6 平面布置应符合下列规定:

1 年产量约100万吨生产线宜配置一座加热炉,年产量约200万吨生产线应配置两座加热炉。

2 薄板坯连铸连轧生产车间布置两座加热炉时,可分为横移摆渡或旋转摆渡(图3.5.6-1和图3.5.6-2)。

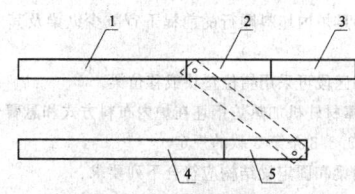

图 3.5.6-1 旋转摆渡示意
1—A炉加热传输段;2—A炉旋转摆渡段;3—A炉保温段;
4—B炉加热传输段;5—B炉旋转摆渡段

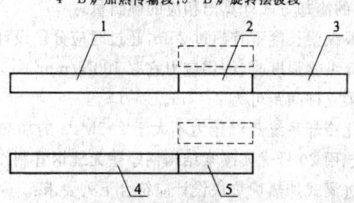

图 3.5.6-2 横移摆渡示意
1—A炉加热传输段;2—A炉横移摆渡段;3—A炉保温段;
4—B炉加热传输段;5—B炉横移摆渡段

3.6 无缝钢管机组加热炉

3.6.1 无缝钢管机组加热炉的设计应符合下列规定:

1 无缝钢管机组加热炉燃料应选用煤气或燃料油。除采用蓄热式烧嘴外,煤气发热量应大于7500kJ/m³。芯棒预热炉可采用本车间其他工业炉排出的烟气余热。

2 管坯轧前加热宜选用环形炉。钢管定、减径前再加热炉宜选用钢梁步进式炉。

3 管坯轧前加热炉、定减径前再加热炉和芯棒预热炉必须配置自动化控制与热工测量项目。

3.6.2 环形炉炉体设计应符合下列要求:

1 环形炉的公称应以"炉膛中心直径×炉膛内宽"标注。

2 环形炉内管坯加热速度可按表3.6.2的规定确定,管坯加热时间应与管坯在炉内排列、炉子供热分配和燃料种类有关,燃料发热量低时加热速度可选上限,合金钢管坯不应在此加热速度范围内。

表 3.6.2 环形炉内管坯加热速度

钢坯尺寸(mm)	加热速度(min/cm)
φ100 以下	5.5 以下
φ200	5.5~5.8
φ300	5.8~7.0
φ400	7.0~8.5

注:表中参数是管坯单位直径的加热时间。

3 管坯在环形炉内布料方法应符合下列要求:

　1)管坯直径变化不大的小型轧管机,布料角固定,管坯尺寸变化时布料角不变;

　2)管坯规格多,产量变化大的轧管机,布料角可变。

4 管坯在炉内布料排数可为单排、双排和三排。两管坯的间隙可为100~300mm。

5 环形炉热负荷应按炉子热平衡计算确定,其设计额定单耗应按本规范表3.1.4的规定取值,燃烧设备的配置应有适当富裕。

6 环形炉应配置必要的机械联锁。

7 炉膛内应设几道隔墙。装料炉门之间可设1~2个隔墙;设2个隔墙时,2个隔墙之间可用于清理炉底。装料口与排烟口之间应设1个隔墙。出料口与均热段之间应设1个隔墙。小直径环形炉可只设1个隔墙。

8 环形炉内外墙与炉底之间应设有环缝,炉墙在环缝处宜适当凸出,环缝上下宜稍有曲折。

9 环缝下部必须设置水封槽和水封刀,水封槽应有清渣设施,应允许不停炉清渣。水封刀圆周平面和水封槽圆周平面的不平行度应控制在±5mm。

10 环形炉钢结构应能承担炉体(不包括活动炉底)及其附件的全部重量和内外炉墙的膨胀力。环形炉钢结构应设圈梁,圈梁应设在温度较低的位置。

3.6.3 环形炉炉底机械的设计应符合下列规定:

1 炉底机械的设计应满足炉底受力状态要求,包括炉底承受所有的重力,炉底耐火材料在宽度方向和长度方向的膨胀力,炉底上下钢架温度不同产生的膨胀力和温度应力,炉底转动、制动和炉底定心需要的力等。

2 直径较大的环形炉底框架应分层设置,上层框架应设置膨胀缝,上层框架的膨胀不得影响框架直径。

3 炉底机械应有定心装置,可调整炉底转动中心位置和椭圆度。

4 大型炉炉底转动可设3~4个驱动点,应沿圆周均匀布置;小型炉炉底转动可只设1个驱动点。

5 炉底转动速度应满足装出料节奏要求。

6 炉底停位的准确度应满足装出料机夹钳最大开口度要求,误差应小于10mm。

7 炉底倾斜程度应能调整,冷态下炉底作连续旋转时其钢结构顶面外缘应在同一水平面内,产生的端面跳动允许误差为±5mm。

3.6.4 钢管再加热炉炉体设计应符合下列规定:

1 装出料方式和周期应能满足轧机的生产能力。

2 装料端炉温不得与钢管进料温度相差太大,应避免钢管入炉产生弯曲。

3 再加热炉钢管加热速度应按表3.6.4的规定确定。

表3.6.4 再加热炉钢管加热速度

钢管入炉温度	加热速度(min/mm)
常温	<2.4
350～550℃	1.8～2.0
550～750℃	1.5～1.7
750～850℃	0.9～1.4

注：表中参数是钢管单位壁厚的加热时间。

4 再加热炉供热应采用低氧化氮烧嘴。

5 再加热炉供热量应由热平衡计算确定或按经验数据选用。

6 再加热炉在宽度方向应设若干供热段。检测或控制项目应符合本规范第3.6.1条第3款的规定。

7 炉内应设耐热钢步进梁和固定梁，梁上部应有锯齿形槽，每根钢管应占一槽，管间净空间距可为60～150mm，净空间距应大于管子的弯曲度。步进梁槽距、固定梁槽距和步进行程的设计应使钢管在步进过程中能够翻转。

8 炉内步进梁间距可为1800～3000mm，固定梁间距可为1800～2200mm。

9 侧装料炉子进料端可设定位挡板或钢管测长定位装置。

3.6.5 再加热炉子的步进机械设计应符合下列要求：

1 步进机械升降行程的下段应大于钢管在固定梁上产生的下挠加齿高，上程可小于下程。平移行程不应等于齿距，平移行程与齿距之差应为钢管的滚动距离，可设计成向前滚动或向后滚动。

2 步进周期内各机械衔接运行时间应小于钢管最小出钢节奏。

3 步进机械可采用曲柄加连杆形式，可用液压驱动，炉子宽度方向应每5～6m设一个升降曲柄，每8～12m设一个平移曲柄，升降曲柄和平移机械在炉子宽度方向不得少于两个。步进机械也可采用其他形式。

4 装出料辊道、钢管定位、步进梁运行和装出料炉门等动作应由程序控制，手动干预时应有联锁功能。

5 再加热炉步进钢梁的立柱与炉体之间可采用拖板密封，也可采用其他形式密封。

3.6.6 再加热炉装出料辊道设计应符合下列规定：

1 采用侧进料多根钢管同时进炉时，装料辊道上的凹槽数量应等于进炉钢管的数量。

2 装出料辊道速度可调，宜采用直流电机或变频电机调速，装料辊道速度可为1.5～2.0m/s，出料辊道速度可为1.5～5.0m/s。

3 炉内悬臂辊道应采用耐热钢制作，辊子中间应配水冷轴。

4 多槽装料辊道应配有多槽钢管定位设施。

5 出料辊道结构应与装料辊道相同，但辊道上只有一个凹槽。

3.6.7 芯棒预热炉的设计应符合下列要求：

1 必须满足对芯棒进行预热、脱氢和退火处理的要求。

2 芯棒应分组处理，每组应为6根，并应间断生产，芯棒预热炉的装、出料设施应满足芯棒装、出炉快捷且平稳可靠的要求。

3 燃烧装置及其控制系统应满足炉温均匀、调节灵活可靠、适合低负荷、低温加热的要求。

3.6.8 炉型可选用车底式炉、辊底式炉或掀盖式保温罩等。

3.6.9 明火燃料燃烧供热的芯棒预热炉，宜选用亚高速或高速烧嘴，并配之以脉冲燃烧控制系统。

3.6.10 预热炉内衬宜采用轻质保温材料。

3.6.11 芯棒预热炉应根据选用的不同热源，配备相应的热工控制仪表。

3.7 炉用冷却部件

3.7.1 炉用冷却部件的设计应符合下列要求：

1 应减少或避免炉内水冷部件，必须采用水冷部件时，不应将水冷部件表面直接暴露于炉内。

2 水冷部件的设计应满足水量调节、操作、检修和拆卸方便、运行安全的要求。

3 水冷部件的结构设计必须保证冷却水能够充满构件，排水管必须有一处高于冷却件。

4 开路水冷部件应在供水管上安装水量调节阀门，排水管上不宜设阀门，或将排水阀阀芯钻孔后安装。

5 步进梁式加热炉的活动梁或其上的附件与固定结构之间安全距离不宜小于50mm。

6 水冷部件和管路系统的最低处应设置泄水点。

7 冷却水应从水冷部件的下部进入、上部排出，在水压、水温和操作条件允许的情况下，同类水冷部件的水冷系统可采用串联。

8 水冷系统供水总管接点压力，应根据水冷系统阻力和车间供水情况确定。加热炉接点供水压力不宜低于0.2MPa。当采用闭路循环时，应根据压力回水需要提高供水压力。

9 炉内水管和水冷部件必须采用工业净循环水，冷却水的总硬度宜低于150mg/L(以碳酸钙计)；进水温度宜低于35℃；排水温度计算值宜低于50℃，汽化冷却应采用软水。

10 炉内水冷部件表面必须采取绝热措施，加热炉底管(或水梁)必须包扎，宜采用带锚固钩的双层绝热结构。

3.7.2 推钢式加热炉底管设计应符合下列要求：

1 炉底管应进行优化设计，可采用合理的纵横管间距、T形管支柱或横管两端加反力矩等有效措施。

2 炉底管的管柱比，小型加热炉应控制为0.20～0.30，中型加热炉应控制为0.30～0.45，钢锭加热炉应控制为0.55以下。

3 计算炉底管时，其抗拉强度可选用下列数值：

  1) 水冷时，小于等于140N/mm²；
  2) 汽化冷却时，小于等于120N/mm²。

注：验算支点间距的挠度不宜大于1/500。

4 炉底管采用壁厚不小于10mm的热轧锅炉钢管制作，材料为20号优质碳素结构钢。

5 横水管必须用整根管制作，纵水管也应减少焊接接口。

3.7.3 步进梁式加热炉纵梁布置应符合下列要求：

1 在满足炉内坯料顺行的前提下宜减少纵梁及其立柱的数目。

2 出钢区段可采用错位垫块或移位梁。

3 线、棒材轧机加热炉坯在炉内布料方式和悬臂长度应符合本规范第3.3.3条第3款的规定。

3.7.4 活动梁和固定梁结构应符合下列要求：

1 步进梁式加热炉纵梁设计宜采用双圆管结构。

2 当纵梁单体长度超过12m时，立柱应设计为预倾斜结构，应根据不同的冷却方式计算出相应的倾斜量。

3 单根纵梁长度不宜超过25m，超过时应分段设计。

4 计算纵梁强度时，许用应力宜取100N/mm²。

5 定梁立柱间距可为2～4m。

6 汽化冷却系统蒸汽压力不大于2.5MPa的加热炉内纵梁和立柱，可选用20号优质碳素结构钢厚壁无缝钢管制作。

3.7.5 步进梁式加热炉垫块设计应符合下列要求：

1 垫块形状及其与纵梁的连接方式应根据炉型、坯料的形状和尺寸、对坯料加热"黑印"的要求，以及垫块材质及其价格等因素确定。

2 条形焊接垫块长度可为150～250mm，宽度可为25～50mm，高度可为60～120mm；条形骑式垫块长度可为100～120mm，宽度可为40～100mm，高度可为60～150mm。

3 固定梁或活动梁垫块上表面平均承受(钢)板坯压力，加热普碳钢可按1.0～2.0MPa选取。

4 低温区垫块可选用直接焊接的半热滑轨，高温区宜采用骑卡式全热滑轨，垫块材质应根据炉温选用合适的高温合金。

3.7.6 步进梁式加热炉的纵梁焊接应符合下列要求：

1 纵梁元件出厂长度宜为8～12m，并应运至现场再行组焊；各部位焊缝形式和焊接要求必须标注清楚。

2 纵梁用厚壁管管口焊接宜采用U形封底焊，并用氩弧焊打底。焊后应按现行国家标准《金属融化焊焊接接头射线照相》GB/T 3323的有关规定，用X射线拍片检查，每条焊缝拍片数量不得少于两个，Ⅰ级焊缝应占30%，其余应为Ⅱ级。

3.8 自动化控制

3.8.1 推钢式加热炉应设置仪控系统，步进梁式加热炉应设有顺控和仪控组成的基础自动化控制系统（L1级）。

3.8.2 步进梁式加热炉的设备动作顺序控制，应符合本规范第3.3.6条第1款的规定。

采用炉内悬臂辊侧装料的步进炉，坯料入炉前宜设置测长和定位装置，炉内辊道宜采用变频调速。

3.8.3 燃煤气和大型燃油加热炉仪控系统，最低应达到一级基础自动化控制水平，其控制和检测内容应符合下列规定：

1 主要的热工控制项目应包括下列内容：
　1) 供热段炉温自动控制；
　2) 供热段空气、燃料自动比例调节；
　3) 炉压自动控制；
　4) 热风总管压力调节；
　5) 预热器保护控制；
　6) 大型燃油加热炉燃油温度调节或黏度调节；
　7) 助燃风机防喘震控制，即风机风门调节控制。

2 主要的热工检测项目应包括下列内容：
　1) 各段空气和燃料小时流量（指示、记录）；
　2) 全炉燃料流量累计；
　3) 空气、燃料及烟气的温度、压力参数；
　4) 空气、燃料低压信号和自动切断；低压信号和自动切断装置应保证在突然停电时仍能可靠地动作；
　5) 冷却水、压缩空气、蒸汽等动力介质，应根据工艺要求设流量、温度、压力等测量仪表。

3.8.4 在炉子的进料端和出料端或炉内其他部位，可根据炉型和工艺要求分别设置摄像头。

3.8.5 燃气和燃油加热炉，应设置加热炉仪表室。可通过计算机显示炉况画面和修改设定数据，并打印生产数据报表等。

4 轧钢热处理炉

4.1 一般规定

4.1.1 本章适用于冷轧宽带钢带、硅钢带、不锈带钢、带钢连续镀锌镀锡和无缝钢管等热处理作业线热处理炉的设计，不包括热处理工艺设计。

4.1.2 热处理炉应配备必要的检测仪表和自动控制装置。应逐步扩大计算机在热处理炉上的应用范围。

4.1.3 燃煤气的热处理炉应加强炉衬的严密性，并应配合热处理工艺选用相应的燃烧装置，燃烧装置应配备自动点火和火焰监测装置。

4.1.4 炉衬材料应采用陶瓷纤维制品及各种轻质耐火材料，炉墙外表温度应符合现行国家标准《工业炉窑保温技术通则》GB/T 16618的有关规定。

4.2 冷轧宽带钢热处理作业线

4.2.1 单垛紧卷罩式退火炉可用于产量波动大，产品种类多，规格变化大，带钢宽度不小于600mm，厚度为0.2～3.5mm的冷轧薄带钢退火。

单垛紧卷罩式退火炉的设计应符合下列要求：

1 热处理钢种可包括冲压用钢、碳素结构钢、强度不大于590MPa高强钢，最高退火温度应为750℃。

2 钢卷尺寸、外形要求应符合表4.2.1-1的规定。

表4.2.1-1　钢卷尺寸、外形要求

项目	钢卷内径	钢卷外径	钢卷塔形、错边
尺寸（mm）	φ450、φ508（或510）、φ610	≥1000	<5
外形要求	内径不允许塌陷，外径捆带包扎牢固可靠，不允许散卷		

3 罩式退火炉的供热宜选用气体燃料，电力资源丰富地区可采用电能，不宜采用液体燃料。气体燃料技术指标应符合表4.2.1-2的规定。

表4.2.1-2　罩式退火炉气体燃料技术指标

项目	发热量（kJ/m³）	压力（kPa）	杂质含量（mg/m³）		
			H_2S	焦油	萘
技术指标	≥6700（允许波动±5%）	12～15	≤15	≤10	≤100

4 罩式退火炉内的可控气氛种类可根据气源条件确定，可控气氛种类和氢（氮）气技术指标应符合表4.2.1-3和表4.2.1-4的规定。

表4.2.1-3　可控气氛种类

可控气氛种类	氢氮混合气	全氢	氨分解
H_2含量（%）	3～5	100	75
N_2含量（%）	97～95	—	25

表4.2.1-4　氢（氮）气技术指标

项目	纯度（%）	含氧量	露点（℃）	车间接点压力（kPa）
技术指标	≥99.999	<10×10⁻⁶	−40～−60	≥10.0

注：氢气必须连续供应，并设置紧急事故氮气供应系统。

5 用于炉台密封冷却、工艺喷淋冷却或分流冷却的冷却水必须循环使用。炉台密封冷却应配备事故状态供水系统。用水量宜为1～2t/h。

6 炉台数量的确定应符合下列规定：
　1) 年工作小时可按8000h计；
　2) 装料量应按装料高度为钢卷最大直径的2.0～2.6倍计算；
　3) 不同退火工艺制度、不同内径的钢卷不应混装；
　4) 炉台数和加热罩数应根据产品大纲和热处理制度计算各品种、各规格带钢占用炉台时间与占用加热时间确定。

7 罩式退火炉单位燃料消耗指标，应与退火处理品种、退火温度、带钢宽度及炉子大小等因素有关，可控制在600～800MJ/t。

4.2.2 罩式退火炉主要设备应包括炉台、加热罩、内罩、冷却罩、阀架、中间对流板、顶部对流板、供热系统、排烟系统、可控气氛供排系统、炉内气氛循环系统、冷却水供排系统、分流或喷流冷却系统、供电系统、检测与自动控制系统、工艺控制与管理系统。

在同一车间内相同规格的炉台与其配套的加热罩、冷却罩、内罩之间应具有良好互换性。

4.2.3 炉台应由支撑座、底部壳体钢结构和耐热钢制成的底部导流板、循环风机、压紧装置、炉台密封冷却水箱和炉台隔热材料组成。炉台设计应符合下列要求：

1 底部导流板应耐热钢铸造或耐热钢构件制成，炉台平面度形状公差应小于0.5mm；炉台中心线允许误差为±2.0mm。

2 炉台与内罩间应采用水冷硅橡胶密封，并采用手动压紧、气动压紧或液压压紧方式压紧。

3 压紧装置应在炉台周围均匀布置。气动压紧气源工作压力应大于0.6MPa，液压压紧工作压力应为12～14MPa。

4 循环风机应安装在炉台底部中心，应由叶轮与异步、双速或变频电动机组成，轴承应采用水冷套冷却，并用干油或油雾润滑,轴承与轴之间应允许轴向滑动,循环风机工作压力应为4.0~5.0kPa。

5 在退火车间内罩式炉数量较多时,炉台周围煤气接管,燃烧废气接管,电气插座,供、排水接管,加热罩支撑座,导向柱等必须用同一个安装模具安装。

6 在炉台周围互成90°的加热罩4个支撑座,顶面标高必须一致,允许误差应小于1.0mm。

7 在炉台外周互成180°的两根一高一低的导向柱,其高差可为200~300mm,导向柱垂直度偏差应小于5.0mm。

8 炉台壳体内钢结构之间应填充陶瓷纤维。

9 罩式炉车间应设有供新工艺试验、研发的试验炉台。

4.2.4 圆筒形加热罩应由加热装置(烧嘴)、空燃比和温度控制系统、助燃风机、空气预热器、排气管线、内衬、顶部吊环、空气和燃气管道等组成。加热罩的设计应符合下列规定:

1 采用气体燃料时烧嘴设计应符合下列规定:
  1)烧嘴中心线应在加热罩的假想圆切线方向分排均匀布置;
  2)每个烧嘴的能力宜小不宜大,火焰长度宜长不宜短,助燃空气必须预热;
  3)助燃风机应安装在加热罩上,空气应经预热器后供到每个烧嘴;
  4)烧嘴应设点火装置及火焰监测装置;
  5)全氢罩式退火炉应设废氢气燃烧装置。

2 采用气体燃料的罩式退火炉可采用车间内自然排烟,也可采用排烟机和烟囱集中排烟。可控气氛排放应采用独立排气系统。

3 加热罩的煤气接管、排烟管接管、电源、控制系统接线可采用自动对接或手动联接。

4 加热罩钢结构应由厚度为5.0mm钢板焊接制成,顶部吊环位置应在加热罩所有附件安装定位后固定,吊环位置必须保证外罩平衡。

5 采用电能时,使用温度为950℃的Ni-Cr质电阻带状布置在加热罩下部的内壁上。电热体应采用异型高铝砖串挂。

4.2.5 罩式退火炉内罩应由圆筒形的筒体、滚压成形的圆顶和底部法兰组成,内罩设计应符合下列要求:

1 内罩筒体材质可采用1Cr20Ni14Si2耐热钢板气密焊接制成,底部法兰材质可采用Q235-B制作。

2 内罩数量应与炉台数量一致。

3 内罩可为横向波纹圆筒或平板圆筒。

4 内罩结构下部应采用厚度为6.0mm钢板制作,上部可用厚度为5.0mm钢板制作;直径公差应为D_0^{+5}mm。

5 采用连续气密焊接时,两环板的垂直焊缝必须错开,不应贯通。

6 底部法兰应采用50.0mm厚钢板制作,必须经过机加工,底面平面度公差应为0.5mm,直径公差应为D_0^{+2}mm。

7 内罩与加热罩之间,应采用经清洗过的干燥石英砂或环形陶瓷纤维制品密封。

8 顶部应为滚压成型或模压成型的球面圆顶。

4.2.6 罩式退火炉冷却罩应由圆形筒体、冷却风机、水冷喷管等组成,冷却罩的设计应符合下列要求:

1 冷却罩数量应与热处理工艺时间计算确定。

2 圆形筒体应由4.0~5.0mm耐热板或普碳钢板制作,直径公差应为D_0^{+2}mm。

3 冷却风机采用1台轴流风机时,应装在圆筒顶部,冷风应从下部吸入;采用两台以上离心风机冷却时,应均匀布置。水冷喷管应装在圆筒的顶部。

4.2.7 退火钢卷垛的两层钢卷之间必须放一块中间对流板,顶部应放一块顶部对流板,一个炉台应配备3~4块中间对流板。对流板材质宜采用Q345,导流片必须用同一块钢板制成,平面度形状公差应小于0.5mm。

4.2.8 罩式退火炉退火过程的检测和控制应自动进行,中间可进行人工干预,自动检测控制系统应符合下列要求:

1 退火过程应对炉温、可控气氛的压力、流量、露点和含氧量,介质(燃气、水)温度、压力和流量等参数进行检测、控制、指示、记录和报警。

2 当退火工艺选定后,控制系统必须对退火周期进行自动控制,应具有退火工艺设定、输出、记录、统计和存档功能,并设置与上位机数据交换接口。

3 系统必须设有完善的自动安全诊断及故障处理功能。

4 应设区域防火、防爆的监控、报警系统。

4.2.9 最终冷却台数量可按炉台数的0.5~0.6倍确定。最终冷却台应包括风机及消声器、底板、中间对流板和顶部对流板。冷却台可设置在地下,也可设置在地面上。风机风压为0.9~1.3kPa。

4.2.10 立式连续退火炉可用于产量大、机组速度高,带钢宽度不小于600mm,且厚度不大于2.50mm的冷轧薄带卷连续退火。立式连续退火炉设计应符合下列要求:

1 热处理方式应为带钢连续退火。

2 热处理钢种应为冲压用钢、碳素结构钢、高强钢。

3 钢卷规格应符合表4.2.10的规定。

表 4.2.10 钢卷规格

项目	钢卷内径	钢卷外径	带钢厚度	带钢宽度
尺寸(mm)	φ450、φ508(或φ510)、φ610	φ900~φ2400	0.15~2.50	600~2100

注:最大卷重为45t。

4 应按工艺提出的热处理曲线制定热处理制度。

5 退火炉工作温度应为920℃,带钢最高处理温度应为890℃。

6 连续退火炉单位燃料消耗量应根据退火材料级别、退火温度、小时产量、带钢速度等因素确定,不同品种单耗波动应为740~1300MJ/t。

4.2.11 立式退火炉应由进口密封装置、预热段、辐射管加热段、均热段、缓冷段、快冷段、时效段、最终冷却段、出口密封装置、水淬装置、挤干与干燥等主要炉段和带钢传输系统组成。

普通冷轧板及汽车板退火速度宜为250~450m/min;镀锡板退火速度宜为500~880m/min;可控气氛宜采用氮氢混合气。

4.2.12 进口密封装置应满足防止炉内气体外溢、阻止外部空气进入炉内的要求,主要设施应由进口密封箱、一对密封辊、密封辊开关汽缸、两个密封挡板、氮气密封管等组成。

4.2.13 预热段应采用加热段辐射管排出的烟气经预热器加热的可控气氛预热带钢,预热段主要设备应包括可控气氛喷箱、预热器、循环风机及管道。

4.2.14 辐射管加热段及均热段设计应符合下列规定:

1 带钢应预热之后进入辐射管加热段,并加热到工艺所要求的温度,并应在均热段保持一定时间。

2 加热段和均热段应为两个独立炉室,均可采用燃气燃烧的辐射管供热,均热段也可采用电加热。采用燃气辐射管供热的加热段或均热段的设计应符合下列规定:
  1)应采用"抽一鼓"型辐射管,内置式空气预热器,辐射管外形宜采用W、U、P形;
  2)燃烧废气应由排烟机抽出经预热器、烟道及烟囱排出;
  3)烧嘴应采用电火花点火和火焰监测装置;
  4)沿带钢行程分成若干温度控制段,应按退火工艺要求控制温度;
  5)在加热段的前几个顶辊下面和底辊上面应设有防辐射板;

6）在炉壳的顶部和底板应设有供检修、穿带用的盖板和穿带孔；

7）采用钢烟囱时，钢烟囱可自立设置或在相邻厂房柱列线之间设置。烟囱附近应采取保护措施。烟囱底部应设有排水管，并应定期排放积水。烟囱应设防雷接地装置。

4.2.15 缓冷段设计应符合下列要求：

1 喷吹冷却装置应布置在带钢两侧。

2 喷吹冷却装置应由耐热钢构成，喷嘴形式与结构应有利于组织气体喷吹方向及带钢均匀冷却。

3 翅片管状热交换器的数量和能力应与冷却装置布置相匹配。

4 循环风机本体应由耐热钢制成，风机应配调速电机。

5 在缓冷段和顶辊室、底辊室应设有可调控电阻带或电辐射管加热。

4.2.16 可控气氛高速喷吹冷却的快冷段设计应符合下列规定：

1 快冷段应由可控气氛喷吹冷却装置、循环风机、可控气氛和水热交换器等组成。

2 喷吹冷却装置可分成几组，由耐热钢制成的喷箱和喷嘴应沿带钢两侧均匀布置，喷嘴与带钢间距应由变速齿轮马达调节。每组喷箱和喷嘴应由独立的循环风机、热交换器和循环管道供应可控气氛，喷嘴应沿带宽均匀高速喷吹冷却。

3 在快冷段进出口应设密封装置，顶辊室宜设一台可控气氛排放风机。

4 循环风机应由调速电机驱动，风压宜为10～15kPa，风量可根据热交换量确定。

5 可控气氛和水热交换器可采用铝翅片耐热钢管或传热效率高的材质制作，热交换量应按产量、带钢规格、运行速度、在冷却段停留时间、冷却速率等数据计算确定。

6 在快冷段的带钢进口、出口和两组喷箱之间应设稳定辊。稳定辊转动线速度应与带钢同步，齿轮马达驱动，每个稳定辊应由两个气缸移动。

7 在快冷段的入口前通道和出口后通道，均应设电阻带加热或电辐射管加热。

4.2.17 时效段设计应符合下列规定：

1 带钢在时效段保持一定温度或稍有下降时，应达到规定的金相组织和物理性能要求。

2 时效段结构应符合下列规定：

1）时效段可由两个独立的炉室构成，每个炉室同时设有电阻带（或电辐射管）及喷吹冷却管，可用于调整炉内温度及启动时使用；

2）两个时效段结构相似时，两者之间应设置膨胀补偿器；

3）在时效段的内侧面和顶面内衬陶瓷纤维制品隔热，应用耐热钢锚固钉固定，底面应采用轻质隔热砖，内表面应用耐热钢板保护。

4.2.18 最终冷却段设计应满足下列要求：

1 带钢在最终冷却段应从时效温度冷却到150℃以下。

2 最终冷却段应由若干可控冷却段组成，应以一个行程或一个行程为一个可控冷却段，并形成独立的可控气氛循环系统。可控气氛循环系统应包括循环风机、风盖喷冷器、冷却器及管道。最终冷却段与时效段之间应设有膨胀补偿器。

4.2.19 出口密封装置设计应符合下列规定：

1 密封装置应能阻止炉内气氛外溢和炉外气体进入炉内。

2 主要设备应包括两对密封辊，每个密封辊应配有两个开关的气缸、水套、N_2 密封系统及废气排出系统。

3 密封辊应用Ni-Cr钢制作，两对密封辊之间应设排气风机和管道。

4.2.20 水淬装置的设计应符合下列规定：

1 带钢从150℃经水淬应冷却到40～45℃。

2 主要设备应包括脱盐水喷淋装置、水淬箱、沉没辊、循环水系统、脱盐水和冷却水热交换器，在喷淋装置顶部应设排雾风机。

4.2.21 挤干和烘干装置设计应符合下列要求：

1 挤干和烘干装置应能清除带钢表面残留水分。

2 主要设备应包括两三对挤干辊、烘干设施、空气和过热水（或蒸汽）热交换器。

4.2.22 带钢传输系统应根据炉辊在炉内的不同炉段所处的工作环境和功能，采用不同的辊型。按自动控制系统检测到的带钢运行参数，应由计算机调整和控制炉内带钢张力和纠偏。带钢传输系统的设计应符合下列规定：

1 炉辊应用耐热钢离心铸造，表面应进行喷涂处理。

2 带钢张力测量装置应设在相关炉段，轴承应采用可靠的润滑系统。

3 纠偏辊应设在炉室顶部。轴承、电动机和齿轮箱应由炉体钢结构支撑。

4 炉辊材质应根据各段工作温度确定。

5 辊面长度应大于最大带钢宽度200mm，辊径可根据产品品种、规格、所在炉段及功能确定。

6 炉辊应由交流调速电机单独传动。

4.2.23 炉壳与钢结构的设计应符合下列规定：

1 炉壳应由钢板气密焊接制成，各炉段之间应设有波纹膨胀补偿器，钢结构应能支撑炉体、平台、走梯、扶手及各种管线。

2 炉子传动侧与厂房柱的距离应允许车间吊车采用吊具拆装辐射管和炉辊，平台负荷可设计为2000～2500N/m²。

4.2.24 立式退火炉自动控制系统设计应符合下列规定：

1 测量与调节的主要项目应包括燃气、各种水、电、氢、氮、蒸汽、压缩空气等公用介质的流量、温度、压力，以及炉内气氛控制调节。

2 自动控制项目应包括各段的炉温检测与控制、辐射管温度检测与控制、带钢温度检测与控制、排烟系统的废气温度检测与控制、燃烧调节与控制、火焰监视，冷却系统冷却速率调节与控制、水淬系统流量、温度控制，挤干及烘干系统流量和温度控制。

3 带钢张力检测、调节控制。

4 带钢对中纠偏控制。

5 安全控制系统必须设有防止炉温过高、辐射管过热、气氛检测、燃气低压、火焰熄灭等监控设施。

4.2.25 立式连续退火炉应配备顶盖吊装机具，底盖装卸机具，顶辊、底辊、密封辊和稳定辊装卸机具，辐射管装卸机具，穿带机具等辅助工具。

4.2.26 公用介质接点供应条件应符合下列要求：

1 立式连续退火炉气体燃料指标应按本规范表4.2.1-2的规定取值。

2 立式连续退火炉的可控气氛指标应符合表4.2.26-1和表4.2.26-2的规定。

表4.2.26-1 立式连续退火炉用氢气技术指标

项目	纯度（%）	含氧量	露点（℃）	车间接点压力（MPa）
技术指标	≥99.999	<10×10⁻⁶	－60	0.5～0.7

表4.2.26-2 立式连续退火炉用氮气技术指标

项目	纯度（%）	含氧量	露点（℃）	车间接点压力（MPa）
技术指标	≥99.999	<10×10⁻⁶	－60	0.4～0.6

3 冷却水压力不应小于0.4MPa，总硬度不应大于150mg/L（以碳酸钙计），pH值应控制在7～8。

4.3 硅钢带卧式退火炉

4.3.1 炉型及热源选择应符合下列规定：

1 取向硅钢带和无取向硅钢带的脱碳退火，宜在卧式辊底式炉中进行连续处理。

2 硅钢带卧式退火炉宜采用煤气辐射管加热作为加热段的热源,电加热应作为均热段的热源。

4.3.2 公用介质接点参数应符合下列要求:

1 硅钢带卧式退火炉加热用焦炉煤气技术参数应符合表4.3.2的规定。

表 4.3.2 硅钢带卧式退火炉用焦炉煤气技术参数

项目	低发热量(kJ/m³)	压力(kPa)	杂质含量 (mg/m³)		
			H_2S	焦油	萘
指标	≥16700(允许波动5%)	≥15	≤15	≤10	≤100

2 硅钢带卧式退火炉用可控气氛技术指标应按本规范表4.2.1-4 的规定取值。

3 循环水技术要求应符合本规范第 4.2.26 条第 3 款的规定。

4.3.3 带有无氧化加热段的硅钢带退火炉,无氧化加热段应使用发热量稳定的燃气,不得使用发热量很不稳定的煤气。

4.3.4 辐射管烧嘴应选用低氧化氮、火焰轴向温度分布均匀的长火焰烧嘴。在含氢可控气氛退火炉上采用的辐射管,管内应为负压。辐射管内带热器,应自身预热助燃空气。

4.3.5 退火炉炉衬除个别部位外,宜采用轻质耐火隔热材料,炉衬材料的化学成分中氧化铁含量不得大于1%。

4.3.6 带钢进口密封装置可由挡板、氮气封和密封辊组成,也可由任意两部分组成。

4.3.7 带钢出口处设出口密封室,密封装置应由挡板、氮气封和密封辊组成。

4.3.8 在均热段和冷却段之间必须设置炉喉。

4.3.9 炉辊间距不宜过大,宜为1.5~3.0m。

4.3.10 冷却段宜采用循环气体喷吹冷却装置,带钢速度大于150m/min 时,可在低温冷却段采用水淬冷却装置。

4.3.11 退火炉必须有足够大的事故用氮气贮罐。

4.3.12 炉底辊辊颈与炉体之间可采用机械密封,密封要求严格的冷却段应采用机械密封和氮气封的复合密封。循环风机轴颈也应采用机械密封和氮气封的复合密封。

4.3.13 出口密封室应设置辉光加热器等引燃设备。出口密封室必须设置泄压装置,万一发生爆炸时可定向泄压。

4.3.14 冷却段应设置泄压装置,并宜设置辉光加热器。

4.3.15 全辐射管加热或电加热退火炉,在进口密封室处宜设置可控气氛放散阀,炉内可控气氛中氢气含量大于10%时,应在放散阀出口处设置点火烧嘴。

4.4 不锈带钢热处理作业线

4.4.1 不锈钢热处理作业线可分退火—酸洗作业线和光亮退火线,退火—酸洗作业线可采用卧式炉(包括悬索式炉和气垫式炉)和立式退火炉,光亮退火线可采用光亮立式退火炉。

4.4.2 悬索式炉支承带钢的炉辊可分为敞露方式和内置方式,新建时应采用内置方式。悬索式炉应包括不供燃料的预热段、供燃料的加热段和冷却段,同时宜配置干燥段以及余热利用设施。炉内应设置穿带设施。

4.4.3 在悬索式炉进料口和出料口处,应设置专用的密封设施。

4.4.4 炉墙和炉顶宜采用陶瓷纤维制品作为主要材料。炉衬内表面也可涂布高辐射率的涂层,炉底宜采用轻质耐火隔热材料。

4.4.5 在同一水平面上的支承辊间的水平距离与带钢的垂度和张力,可按下列公式计算:

$$L = \frac{2T_0}{q}\cosh^{-1}\left(\frac{qf}{T_0}+1\right) \quad (4.4.5\text{-}1)$$

$$T = T_0 + qf \quad (4.4.5\text{-}2)$$

$$S = \frac{2T_0}{q}\left[\sin h\left(\frac{q}{T_0}\times\frac{L}{2}\right)\right] \quad (4.4.5\text{-}3)$$

式中 L——跨度(m);
f——悬挂点与带钢最低点的垂直距离(m);
T_0——最低点水平方向的拉力(N);
T——悬挂点水平方向的拉力(N);
S——悬索的长度(m);
q——带钢自重,均布荷载(kN/m)。

在设计温度下,不锈带钢的许用拉伸应力不宜超过 3.5 N/mm²。

4.4.6 悬索式炉冷却段的设计应符合下列规定:

1 应按带钢厚度、材质选择空气中自然冷却(空冷)、空气喷吹冷却、喷水雾冷却和喷水冷却等不同方式中的一种或数种,同时合理选定冷却段结构和喷吹介质、喷出速度、喷口配置等设计参数。

2 宽带钢可将带宽方向上的喷出口分左中右三组控制,进入冷却段的带钢温度为 600~700℃时,可利用预热器后的烟气作为喷吹介质冷却带钢,带钢的余热应用再循环回路中配置的冷却器带走。

3 产品规格范围大时,冷却水宜按流量大小分档次配置。

4.4.7 悬索式炉支承辊的设计应符合下列规定:

1 带钢线速度较低时高温段应使用陶瓷纤维辊,低温段可使用石墨辊或钢辊。

2 内置方式的供热段炉辊的中心距离宜为10.0~20.0m;强制对流式预热段、冷却段带钢的垂度受限制时,炉辊的中心距离宜为5.0~6.0m。敞露方式的供热段炉辊的中心距离可达20.0m。

3 预热段和加热段支承辊宜两个为一组,并能在不停炉的前提下迅速交替使用;冷却段可用一个钢辊。

4.4.8 光亮立式退火炉主要应由进口密封装置、加热段、辐射冷却段、对流冷却段和出口密封装置等部件组成。

4.4.9 上行式立式退火炉的炉顶转向辊,应位于对流冷却段的上方,下行式的炉顶转向辊应位于加热段的上方(前方)。立式退火炉各段应按倒 U 形配置,但退火—酸洗作业线的立式退火炉可将冷却段水平布置并采用气垫方式输送带钢。

4.4.10 带马弗光亮立式炉加热段,可使用煤气或电热作热源,无马弗光亮立式炉必须使用电热。

4.4.11 煤气烧嘴宜分层配置,宜每层两个,火焰方向与带钢面平行并互相错开。从进口算起,应在 40% 的炉高配置 50% 的供热能力,其余 40% 的炉高配置 38% 的供热能力,最后 20% 的炉高配置 12% 的供热能力。各区可分别排烟。采用电热时,电热元件也应分区分段布置和控制。

4.4.12 炉衬的主要材料宜采用陶瓷纤维制品。炉衬内表面可敷设 0.5mm 不锈钢板或其他致密性陶瓷材料作保护层。陶瓷纤维层应配置相应的锚固件。

4.4.13 光亮立式退火炉的进出口密封应严密,且不得影响带钢张力调节的灵敏度。

4.4.14 马弗管应能在 1000℃以上的高温下长期使用。其结构应采用悬挂方式,并应只在顶部固定,管壁厚度应自上而下地依次减薄。马弗管下端可设置带重的机构以平衡其自重。

马弗应预留装卸的可能,并在炉子附近预留出马弗安装和吊出所需的空间。

4.4.15 辐射冷却段的冷却速度应能调节。

4.4.16 双喷吹系统的对流冷却段,应采用气体喷吹冷却。带钢入口宜采用气体喷吹冲洗。

喷吹系统应包括喷吹冷却器、循环通风机和水冷热交换器。对流冷却段喷吹冷却器的喷吹气体流量在带宽方向上应能分区调整,并可采用带钢稳定装置。

4.4.17 炉顶转向辊的辊子直径,应按带钢的最大厚度设计。辊身应能在水平面上自由摆动一定角度。转向辊上方应设置穿带设施。

4.4.18 立式炉必须设置张力调节装置,可按带厚、带宽、炉长和处理温度调整张力。设计温度下不锈钢带的许用拉伸应力可控制在 $2.0\sim3.5\ N/mm^2$。

4.4.19 不锈带钢热处理作业线应配备先进的自动化控制及检测系统,同时采用防爆措施。

4.4.20 可控气氛应采用氢或氮氢混合气体。可控气氛露点应低于$-50℃$,含氧量应在10×10^{-6}以下。带厚在 0.1mm 以下时,必须大幅度降低气流喷出速度。

4.5 带钢连续镀锌、镀锡作业线热处理炉

4.5.1 热轧带钢连续镀锌作业线热处理炉宜采用卧式炉。年产量3×10^5t 以上的冷轧带钢连续镀锌作业线热处理炉应采用立式炉,年产量 2.5×10^5t 以下应采用卧式炉。

立式炉应包括入口密封装置、预热段、加热段、均热段、冷却段、均衡段、热张紧辊段和出口炉鼻子。

卧式炉应包括入口密封装置、预热段、加热段、均热段、冷却段、热张紧辊段和出口炉鼻子。

4.5.2 连续镀锌作业线热处理炉供热应符合下列要求:

1 带钢连续镀锌作业线热处理炉可使用的燃料,应包括煤气、柴油、石化副产燃料和电能。

2 燃料的选择,应满足连续镀锌作业线热处理炉炉型的需要。

3 热张紧辊室内应设置加热器,并应满足热张紧辊室启动时升温、作业时维持带钢进入锌锅温度。

4.5.3 燃烧装置应符合下列要求:

1 带钢连续镀锌作业线热处理炉燃烧装置的选择与配置,必须满足热风燃烧、炉温均匀、控制准确、调节范围大、便于操作及环保节能等要求。

2 带钢连续镀锌作业线热处理炉,应采用无氧化烧嘴、辐射管烧嘴装置。

3 热处理炉采用无氧化烧嘴时,宜选用发热量大于 15000 kJ/m^3 的高热值燃料,空气过剩系数宜为 $0.95\sim0.98$,炉内应呈弱还原性气氛。可采用后燃烧烧嘴。

热处理炉采用辐射管烧嘴时,宜采用"抽—鼓"式燃烧方式。

4.5.4 炉衬材料应符合下列要求:

1 热处理炉除烧嘴砖、炉底及易受到气流冲刷和机械冲击的部位外,均应采用陶瓷纤维制品炉衬。

2 陶瓷纤维制品炉衬应用锚固钉固定,在无氧化烧嘴热处理炉内的锚固钉不得露出炉衬之外,陶瓷纤维叠砌时宜采用 Z 型模块结构。

3 通可控气氛的热处理炉,应在陶瓷纤维制品炉衬内侧覆盖层 0.5~1.0mm 不锈钢内衬板,并由锚固钉固定。

4.5.5 可控气氛的选择和设计应符合下列规定:

1 带钢连续镀锌、镀锡作业线热处理炉可利用钢铁厂空分制氧副产氮气,添加适量氢气,制取的氮基气氛可作为控制气氛。

2 企业无副产氮气且可控气氛用量超过$100m^3/h$时,可采用高纯氮制取装置。用量不足$50m^3/h$时,可采用氨分解气体。

3 可燃成分较高的可控气氛,排放到大气前,宜经过水封后燃烧掉。

4 采用有爆炸可能的可控气氛时,应使用氮气进行吹扫放散。放散量应为可控气氛在炉内充满净空容积的 5 倍,放散用氮气中的残氧量小于 0.5%。

5 可控气氛的纯度、压力和露点等指标,应按本规范表 4.2.26-1 和 4.2.26-2 的规定取值。

4.5.6 连续镀锌作业线热处理炉应配备炉辊吊装工具、辐射管吊装工具、穿带工具和上、下揭盖机等辅助工具。

4.5.7 连续镀锌作业线热处理炉三电控制系统的设计,应符合下列规定:

1 带钢连续镀锌作业线热处理炉热工检测和自动控制项目应包括下列内容:

1)炉温自动控制或 ON/OFF 控制;
2)空燃比自动控制;
3)炉压自动控制;
4)空气、煤气低压时自动切断;
5)空气流量记录,煤气流量记录并累计;
6)空气、煤气等能源介质,以及预热器前后烟气的温度、压力等热工参数的检测;
7)易爆性可控气氛的低压报警与自动增压;
8)炉气残氧控制;
9)带钢温度的测量与控制;
10)计算机程序控制的热处理曲线;
11)预热器自动掺冷风、热风放散的控制;
12)可控气氛的流量、压力、露点、成分组成显示;
13)冷却水出口温度显示;
14)带钢张力控制;
15)带钢纠偏控制。

2 带钢连续镀锌作业线热处理炉可设一点或多点工业电视。

4.5.8 冷轧带钢连续镀锡作业线热处理炉的设计,应符合下列要求:

1 镀锡或原(基)板钢类型应为 MR、L、D。

2 产品类别应为 T2.5、T3、T4、T5 等。

3 钢带厚度应为 $0.15\sim0.55mm$,宽度应为 $700\sim1280mm$。

4.5.9 冷轧带钢连续镀锡作业线热处理炉应采用辐射管加热的立式炉。立式炉应由入口密封装置、预热段、辐射管加热段和均热段、缓冷段、快冷段、时效段、最终冷却段、出口密封装置、水淬装置、烘干等主要炉段和带钢传输系统组成。各炉段组成应符合本规范第 4.2.12~4.2.25 条的规定。

4.5.10 可控气氛的选择和设计,应符合本规范第 4.5.5 条的规定。

4.5.11 连续镀锡作业线热处理炉三电控制系统的设计,应符合本规范第 4.5.7 条的规定。

4.6 无缝钢管热处理炉

4.6.1 无缝钢管中的油井管和管线管的热处理宜选用步进式热处理炉。小批量的高压锅炉管及不锈钢管的热处理宜选用辊底式热处理炉。大规格顶管机组生产的大口径、厚壁和单根重量大的钢管热处理宜选用车底式热处理炉。钻杆对焊后热处理宜采用感应式热处理炉。

大管径、规格波动小的无缝钢管热处理,可采用分室式快速炉。

网带式炉可用于特殊用途的细钢管的热处理。

4.6.2 无缝钢管热处理炉的控制系统应符合下列要求:

1 烧嘴应采用自动点火和火焰监测装置,空气、燃气应自动比例调节,炉膛压力应自动控制,计算机应自动跟踪热处理曲线。

2 自动控制系统应通过仪表和计算机显示,并自动记录炉膛温度、炉膛压力、燃烧空气系数、燃料和空气的压力及流量、排烟温度等,应自动调节热处理炉相应参数。

4.6.3 无缝钢管热处理炉必须保证钢管在长度和横截面上温度均匀,经热处理后的管子应达到平直度高的要求。

4.6.4 油井管热处理作业线包括淬火和回火,均宜选用步进式炉。具体炉型结构选择应符合下列要求:

1 常用的油井管淬火炉型结构可按表 4.6.4-1 的规定确定。

表 4.6.4-1 常用的油井管淬火炉型结构

项 目	炉型 1	炉型 2	炉型 3	炉型 4
简图				

7—31—13

续表 4.6.4-1

项 目	炉型1	炉型2	炉型3	炉型4
炉温均匀性	最差	较好	最好	较好
额定单耗(kJ/kg)	1670	1880	1420	1550
最大供热能力配置(kJ/kg)	1900	2140	1620	1760
维修	最简单	简单	复杂	最简单
投资	最低	较高	最高	低

注:1 炉型3适用的管壁厚度范围宽(厚度可达120mm),在炉时间长,适用于间断性生产,采用炉型3时,顶部烧嘴应采用平焰烧嘴。
   2 对于管壁薄、壁厚范围窄的钢管,属于连续生产,在炉时间短,可采用其他三种炉型。

2 常用的油井管回火炉炉型结构可按表4.6.4-2的规定确定。

表4.6.4-2 常用的油井管回火炉炉型结构

项 目	炉型1	炉型2	炉型3
简图			
炉温均匀性	一般	较好	最好
额定单耗(kJ/kg)	1460~1590	2300	840
最大供热能力配置(kJ/kg)	1660~1810	2620	950
维修	简单	复杂	复杂
投资	较低	最高	高

注:1 回火炉炉长较短时,宜采用炉型1。
   2 回火炉炉长较长时,应采用炉型3。烧嘴不能布置在炉顶上,应采用循环风机。

3 油井管热处理线的淬火炉和回火炉的有效长度比可为1:2。

4 钢管热处理步进梁式炉的齿距应为工件外径的1.3~2.0倍,步距比齿距小20~50mm。升降行程约200mm时,步进周期时间应为15~30s。

4.6.5 热轧和冷轧、冷拔结构无缝钢管的退火宜选用辊底式退火炉,需要光亮处理的高压锅炉管、合金钢管和一般结构无缝钢管,应选用可控气氛的辊底式炉。微氧化退火炉的技术参数可按表4.6.5-1的规定确定。高压锅炉管热处理温度和时间技术参数、高压锅炉管热处理用辊底炉的技术参数可按表4.6.5-2和表4.6.5-3的规定确定。

表4.6.5-1 微氧化退火炉的技术参数

规格(钢号)	φ38×4 (12Cr1MoV)	φ88.9×6.3 (12Cr1MoV)	φ51×5 (12Cr1MoV)	φ70×5.6 (12Cr1MoV)
退火温度(℃)	950	720	1020	760
保温时间(min)	15	30	30	60
额定单耗(kJ/kg)	1335	790	1535	1005
工件出炉(室)温度(℃)	350	350	350	350

表4.6.5-2 高压锅炉管热处理温度和时间技术参数

钢 号	热处理制度			
	正火		回火	
	正火温度(℃)	保温时间(min)	回火温度(℃)	保温时间(min)
12Cr1MoV	980~1020	30	720~760	60
12Cr2MoWVTiB	1000~1050	30	760~790	180
10Cr9Mo1VNb	1040~1080	30	770~790	180

表4.6.5-3 高压锅炉管热处理用辊底炉的技术参数

项目	热处理制度				
	退火	正火		回火	
典型管径(mm) 钢号	φ51×6.3 T91(10Cr9Mo1VNb)	φ42×5 12Cr1MoV	φ60×5 12Cr1MoV	φ42×5 12Cr1MoV	φ60×5 12Cr1MoV
退火温度(℃)	1080	(980~1020)±5	(980~1020)±5	(740~760)±5	(740~760)±5
保温时间(min)	30	30	30	60	60
产量(t/h)	5.0	5.8	5.7	4.2	4.25
额定单耗(kJ/kg)	1080	1010	1010	790	790
可控气氛消耗(m³/h)	200	200	200	200	200

注:1 可控气体用3%~5%氢气,97%~95%氮气。
   2 辊底式炉宜采用气体燃料辐射管加热。

4.6.6 钻杆对焊后感应热处理装置可分为固定式和移动式。感应线圈应根据加热部位不同选用内面加热、外面加热或平面加热。

4.6.7 大口径、厚壁和单根重量大的钢管热处理宜选用车底式炉。炉膛宽度小于1.5m的车底式炉,应在一侧炉墙上布置烧嘴。炉底面积小于或等于20m²的车底式热处理炉,宜在单侧或双侧炉墙的下部布置一排烧嘴。炉底面积大于20m²的车底式热处理炉,除在双侧炉墙上布置下排烧嘴外,宜在炉口及炉后各布置一对上排烧嘴。燃煤气的车底式炉应采用高速、亚高速、自身预热烧嘴或平焰烧嘴。车底式热处理炉的供热分配应符合表4.6.7的规定。

表4.6.7 车底式热处理炉的供热分配

车底式炉规格	供热量分配(%)	
	上排	下排
≤20m²	0~10	100~90
>20m²	10~20	90~80

4.6.8 车底式热处理炉应减少下部烟道埋入地下的深度,可采用炉内下排烟、炉外上排烟结构。排烟口宜降到台车面以下。

4.6.9 台车四周应设置密封装置,并宜采用柔性密封。

5 金属制品热处理炉

5.1 一般规定

5.1.1 金属制品用炉的热源可根据工程条件,按煤气、燃料油和电的顺序选用。

5.1.2 以煤气或燃料油为燃料的金属制品热处理炉,宜采用微氧化或无氧化热处理技术,不宜采用传统的耐火材料马弗炉热处理炉。

5.1.3 直径小于φ2.6mm的钢丝,宜采用电直接加热的钢丝热处理炉。

5.1.4 钢丝的酸洗、干燥,宜利用烟气余热作为热源。

5.1.5 钢丝热处理炉炉墙外表温度应符合现行国家标准《工业炉窑保温技术通则》GB/T 16618的有关规定。

5.1.6 新建和改建的金属制品用炉,其设计额定单耗应符合表5.1.6的规定。

表5.1.6 金属制品用炉设计额定单耗

热处理炉类型	处理钢丝直径(mm)	额定单耗(MJ/t)	
		燃料为煤气或油	电加热
连续热处理炉 (马弗炉)	φ0.4~φ2.4	≤2510	—
	φ2.4~φ4.4	≤2300	—
	φ4.4~φ6.5	≤2100	—
连续热处理炉 (电炉)	φ0.4~φ1.0	—	≤1260
	φ1.0~φ2.0	—	≤920
	>φ2.0	—	≤840
周期作业热处理炉	低碳钢丝	≤2100	
	特殊钢丝	≤3500	
钢丝热镀锌	—	≤840	≤420

5.2 马弗炉

5.2.1 带小孔马弗砖的马弗炉长度与钢丝直径的关系应按表5.2.1的规定确定。

表5.2.1 马弗炉长度与钢丝直径的关系

钢丝直径(mm)	<φ2.4	φ2.4~φ5.0	>φ5.0
马弗炉长度(m)	<11	11~15	>15

5.2.2 用煤气或油作燃料时，烧嘴可布置在马弗砖以上的炉子两侧墙上，或布置在进料端上部端墙上。

5.2.3 马弗炉内钢丝加热时间应符合表5.2.3的规定，并应与钢丝在铅锅中等温转变时间相适应。

表5.2.3 马弗炉内钢丝加热时间

项 目	数 值		
钢丝直径(mm)	φ0.8~φ2.8	φ2.8~φ3.8	φ3.8~φ9
单位加热时间(min/mm)	0.4~0.5	0.5~0.8	0.8~1.1
$D \cdot V$ 特性值(mm·m/min)	35~15		

5.2.4 细钢丝光亮热处理的马弗管内应通可控气氛。必要时可用电加热。

5.2.5 马弗炉应配备炉温自动控制、空燃比自动控制、炉压自动控制和热工测量项目。

5.2.6 供热能力，应按炉子处理各种直径钢丝中产量最大者配备，宜采用多个小烧嘴。

5.2.7 马弗孔之间间距宜为50~75mm，细线宜为30~50mm。马弗孔的数量宜设计为24~32孔。

5.3 明火加热炉

5.3.1 粗钢丝热处理明火加热炉可采用发热量较低的气体燃料，空气过剩系数可为0.9~1.1。

5.3.2 细钢丝热处理少氧化明火加热炉，燃料发热量应大于8500kJ/m³，发热量的波动范围小于5%，空气预热温度应大于500℃，空气过剩系数宜小于0.9。在加热结构和操作控制上应保证不完全燃烧气氛不外泄，燃烧系统应保证炉气在出炉前完全燃烧。

5.3.3 无氧化明火加热炉钢丝氧化量应控制在0.1%~0.3%，应采用发热量不小于8500 kJ/m³的煤气，发热量的波动应小于5%，空气预热温度应为550~600℃，空气过剩系数宜为0.4~0.6。钢丝温度在500℃以上的炉段，炉气应为还原性气氛。应保证不完全燃烧气氛不外泄，炉气在出炉前完全燃烧。

5.3.4 热源应采用煤气、油或电。

5.3.5 炉体应有足够密封性，对于无氧化或少氧化加热炉，还应在钢丝的进出料口采取实现可靠密封的措施。

5.3.6 炉长宜小于20.0m。

5.3.7 配备的热工仪表应符合下列要求：
1 炉温自动控制。
2 空燃比自动控制。
3 炉压自动控制。
4 炉气成分测定或监控。
5 各项能源介质消耗的测定。
6 车间应配备热值仪。

5.3.8 处理的钢丝直径宜大于φ1.2mm。$D \cdot V$ 特性值宜大于50，明火加热炉内钢丝加热时间可按表5.3.8的规定确定。

表5.3.8 明火加热炉内钢丝加热时间

项 目	数 值	
钢丝直径(mm)	φ1.2~φ3.5	φ3.5~φ9.0
单位直径加热时间(min/mm)	0.20	0.20~0.35
$D \cdot V$ 特性值(mm·m/min)	50~60	

5.4 电直接加热炉

5.4.1 电直接加热炉应设置接触槽、加热段和淬火槽。接触槽和淬火槽之间应为加热段。加热段的长度应按钢丝的加热时间和加热温度计算确定。

5.4.2 供电电源应与车间电网隔离。电压控制宜采用可控硅调节。

5.4.3 接触槽宜用电加热。处理的钢丝直径变化较小时，宜采用固定式接触槽。

5.4.4 淬火槽设计应符合本规范第5.5节的规定。

5.4.5 钢丝运行速度不宜大于20m/min，工作电压宜为30~65V，加热段长度宜为1.5~2.5m。加热段区钢丝应置于槽形砖内，槽中应铺木炭屑。

5.4.6 接触槽和淬火槽之间应可靠绝缘。操作区应铺绝缘地坪，并应保持干燥。

5.4.7 加热钢丝的电流和电压应作详细计算。电压应在安全电压范围内。

5.5 铅淬火炉(铅锅)

5.5.1 马弗炉后的铅锅长度可为炉长的1/3，明火炉后的铅锅长度可为炉长的1/2。

5.5.2 铅锅内淬火介质可用沸肥皂水、沸石蜡皂水或沸盐水代替铅。

5.5.3 淬火炉产量较大时，铅锅必须增加冷却设施和铅循环泵，可分为风冷或敞口水槽冷却方式。铅循环泵的循环量和循环压力必须计算确定。

5.5.4 铅锅内铅液温度宜为460~540℃。在铅时间与钢丝直径的关系应符合表5.5.4的规定。

表5.5.4 在铅时间与钢丝直径的关系

钢丝直径(mm)	φ0.2~φ3	φ3~φ3.8	φ3.8~φ9
在铅时间(min)	0.2~0.4	0.4~0.7	0.7~2.3

5.5.5 铅锅的供热能力应能在16.0~24.0h内将铅熔化。

5.5.6 设计铅锅时必须有相应的铅蒸气防护措施，可采用非铅介质淬火设施。

5.6 镀 锌 炉

5.6.1 侧面和底部供热式镀锌炉，锌锅宜用08F或05F钢板焊制；液面供热式镀锌炉锌锅宜用钢板锅内衬耐火材料制作。

5.6.2 上热式锌锅应使用气体或液体燃料。燃烧室应设置在锌锅的一侧、两侧或中间。

5.6.3 锌锅内锌液温度应为450~470℃。锌液深度应满足压辊下部大于300mm、上部大于150mm的要求。燃烧装置供热能力设计应能在16.0~24.0h将冷锌全部熔化。

5.6.4 设计额定单耗应按本规范表5.1.6的规定取值。

5.6.5 镀锌炉前端(钢丝入口端)必须设置干燥台，干燥台热源应利用镀锌炉燃烧室炉顶散热或排出的烟气余热。

5.6.6 镀锌炉锌液表面应有保温设施。

5.6.7 钢丝浸锌时间应为每毫米直径2.5~3.0s。可根据钢丝直径和运行速度计算锌锅的有效长度。

5.7 干 燥 炉

5.7.1 在线干燥炉的热源，宜利用热处理炉的烟气余热或热风作为传热介质。

5.7.2 采用电能的离线干燥炉，应避免伸出的钢丝端头接触电热体。

5.7.3 隧道式离线干燥炉，炉长宜为10.0~12.0m，干燥炉出口处应保持一定炉温。箱式干燥炉应采用热风循环方式，应用热风喷吹进行干燥。

6 工业炉燃料及燃烧设备

6.0.1 燃料选择应符合下列规定：

1 本企业的副产煤气应首先供应工业炉使用。工业炉用混合煤气的发热量应经济合理。

2 没有副产煤气或副产煤气供应不足时，可根据条件用天然气或燃料油作为工业炉的燃料。

3 **轧钢加热炉严禁直接用煤或煤粉作燃料。**

6.0.2 燃料质量应符合下列规定：

1 气体燃料应符合下列规定：
  1）燃气发热量应稳定，生产中允许波动范围应为±5%；燃气压力应稳定，车间燃气接点压力允许波动范围应为±5%；
  2）混合煤气平均含尘量应低于 20mg/m³；加热炉用单一高炉煤气或转炉煤气时，特殊情况下含尘量不得高于 50mg/m³；
  3）焦炉煤气焦油含量应低于 20mg/m³。

2 液体燃料应符合下列规定：
  1）工业炉采用的重油质量应符合国家现行标准《燃料油》SH/T 0356 的有关规定；
  2）油压应符合所选用喷嘴的要求，接点压力波动值不应超过±5%；
  3）供油系统应满足油喷嘴雾化燃烧所要求的油黏度和洁净度，并应保持稳定的油温。喷嘴前的黏度宜为(20～50)×10^{-6} m²/s(3°E～7°E)；
  4）采用渣油作燃料时，预热装置应具备使油温加热至 150℃的能力；
  5）燃油喷嘴前（包括过滤器和稳压阀）均应安装蒸汽吹扫残油的装置。

3 对有特殊要求的加热炉和热处理炉的燃料质量，应按本规范的有关规定执行。

6.0.3 按最大热负荷配备燃烧装置时，不应再留富裕能力。

6.0.4 使用单一高炉煤气作为加热炉燃料时，应采用双蓄热燃烧系统。

6.0.5 燃油加热炉在设计中应选用全热风燃油喷嘴，助燃空气应全部用强制送风的方式输入。

7 工业炉烟气余热回收及其装置

7.1 一般规定

7.1.1 燃油或燃煤气的轧钢连续加热炉，必须设置预热器回收和利用烟气余热，并应用于预热助燃空气或煤气。

7.1.2 年工作时间超过 2000h、烟气量大于 20000m³/h、排烟温度高于 550℃连续或间断生产的工业炉，均应设置烟气余热回收装置。

7.1.3 烟气余热回收装置宜靠近工业炉的排烟口。烟道应有良好的保温和密封性能，并有可靠的防水、排水措施。

7.2 烟气余热回收装置

7.2.1 余热回收装置的形式应由工业炉的工艺特点和作业方式确定，应做到安全可靠、经济合理。

7.2.2 工业炉用预热器的设计参数，应根据预热器形式和进入预热器时的烟气参数，以及排烟方式等多种因素合理选用。对于轧钢加热炉，当烟气温度在 500～850℃时，预热温度可为 250～650℃。自然排烟时，预热器后的排烟温度应控制在 350～450℃；机械排烟时，预热器后的排烟温度应控制在 200～350℃。当烟气温度高于 1000℃时，宜用蓄热室或辐射预热器回收烟气余热。

7.2.3 新设计的预热器连续使用寿命不应低于 3 年，简单的成本静态回收期不应超过 2 年。

7.2.4 预热器的材质应按进入预热器的最高烟气温度、烟气中腐蚀介质的含量和炉况波动时的不利因素选用。

7.2.5 预热器的寿命不应采用旁通烟道和旁通冷风管道系统延长。

7.2.6 预热器前后烟道均应设人孔。

7.2.7 焊接结构金属预热器安装前，对预热器各处焊缝经检查合格后，均应进行气密性试验。试验前不得涂漆和保温。气密性试验后，风箱不得发生变形。预热器整体气密性试验应符合下列规定：

1 煤气预热器气密性试验应符合下列规定：
  1）试验压力：炉区接点压力加 15kPa，但不低于 30kPa；
  2）试验时间：2.0h；
  3）总的最大压降率应小于 1%。

2 空气预热器气密性试验应符合下列规定：
  1）试验压力：助燃风机压力（或炉前接点压力）加 5.0kPa，但不低于 20kPa；
  2）试验时间：2.0h；
  3）总的最大压降率应小于 2%。

8 安全卫生与环境保护

8.1 安全卫生

8.1.1 工业炉设计应符合现行国家标准《建筑设计防火规范》GB 50016 和《钢铁冶金企业设计防火规范》GB 50414 的有关规定。

8.1.2 工业炉的防爆应符合下列要求：

1 燃煤气的工业炉设计必须符合现行国家标准《工业企业煤气安全规程》GB 6222 的有关规定。

2 燃煤气的工业炉，空气管道上应设防爆阀，煤气管道上也可设防爆阀。

3 空气、煤气双蓄热式工业炉必须设置双烟囱排烟系统。

4 炉内气氛与空气达到一定混合比后，在一定温度下有爆炸可能的工业炉，在炉体的相应部位必须设有防爆装置。

8.1.3 气温出现在 0℃以下并持续一段时间的地区，有可能冻结的工业管道应设防冻措施。

8.1.4 尘毒治理和防护必须符合下列规定：

1 炉区煤气平台和作业场所，应安装一氧化碳检测和自动报警装置，煤气平台和作业场所空气中一氧化碳最高容许浓度应为 30mg/m³。

2 使用氮气的工业炉，其通风不良的操作地坑应防止氮气泄漏积聚。

8.1.5 工业炉及其所在厂房的抗震设计应按现行国家标准《建筑抗震设计规范》GB 50011 和《冶金工业抗震鉴定标准》的有关规定

执行。

8.1.6 混凝土烟囱必须设置避雷针。金属烟囱必须作接地处理,接地电阻应小于10Ω。

8.1.7 以工业炉为主体专业设计的工厂厂界噪声限制值应按现行国家标准《工业企业厂界噪声标准》GB 12348 的有关规定执行。连续生产的工业炉,作业场所的噪声不得超过85dB(A)。

8.1.8 工业炉砌体和热介质管道应采取绝热措施。炉内钢坯定位宜采用激光检测装置。

8.1.9 工业炉梯子、防护栏杆、安全操作平台设计应符合现行国家标准《固定式钢直梯安全技术条件》GB 4053.1、《固定式钢斜梯安全技术条件》GB 4053.2 和《固定式工业防护栏杆安全技术条件》GB 4053.3 的有关规定。

8.1.10 各种管道的颜色和符号,应按现行国家标准《工业管道的基本识别色、识别符号和安全标识》GB 7231 的有关规定执行。

安全标志应按现行国家标准《安全标志》GB 2894 的有关规定执行。

8.1.11 工业炉设计应符合现行国家有关机械安全和人类工效学标准的规定。

8.1.12 采用水冷却的工业炉部件或设备,供水安全等级应按表 8.1.12 的规定确定。

表 8.1.12 供水安全等级

安全等级	水源要求	用户举例	备注
1	连续供水	步进梁,炉内悬臂辊,大、中型推钢式炉炉底管,辊底式炉炉辊等	短时停水会造成水冷构件的严重损坏
2	停水不超过10min	水冷隔墙,水冷炉门和炉门框,步进底式炉内水冷构件等	10min内,虽产生汽化,但不致造成设备损坏
3	允许短期停水	短期停水不致产生汽化的水冷件	短期停水不损坏设备,又不造成较大的生产损失

8.1.13 炉用设备供电安全等级应按表 8.1.13 的规定确定。电热设备的用电安全应符合现行国家标准《电热设备安全通用要求及各类设备特殊要求》GB 5959.1 的有关规定。

表 8.1.13 供电安全等级

安全等级	供电要求	安全措施	用户举例	备注
1	连续供电	两路电源,或设柴油发电机	步进梁式加热炉汽化冷却系统,供水泵,液压机械装置,辊底式炉辊,助燃风机等	短期停电足以造成炉内设备的严重损坏
2	停电不超过10min	两路电源	大型加热炉的装、出钢机,燃油加热炉区油泵等	停电不超过10min,不致损坏设备
3	允许短期停电	无特殊措施	小型或间断式炉的炉内机械	短期停电不损坏设备且影响生产较小

8.1.14 热处理炉的安全卫生除应符合本规范的规定外,尚应符合现行国家标准《金属热处理生产过程安全卫生要求》GB 15735 的有关规定。

8.2 环境保护

8.2.1 工业炉窑污染物排放应符合现行国家标准《工业炉窑大气污染物排放标准》GB 9078 和企业所在地的有关规定。

8.2.2 工业炉窑烟囱设计必须符合下列规定:

1 工业炉窑烟囱或排气筒应设置永久采样、监测孔和采样平台。

2 蓄热式燃烧的炉窑烟囱高度不应低于 15m。

3 在烟囱周围半径 200m 的距离内有建筑物时,烟囱高出建筑物的高度不得小于 3m。

8.2.3 含有害物质的废水,在车间或车间处理设备排出口排出时,应符合现行国家标准《钢铁工业水污染物排放标准》GB 13456 的有关规定。

本规范用词说明

1 为便于在执行本规范条文时区别对待,对要求严格程度不同的用词说明如下:

1)表示很严格,非这样做不可的用词:
正面词采用"必须",反面词采用"严禁"。

2)表示严格,在正常情况下均应这样做的用词:
正面词采用"应",反面词采用"不应"或"不得"。

3)表示允许稍有选择,在条件许可时首先应这样做的用词:
正面词采用"宜",反面词采用"不宜";
表示有选择,在一定条件下可以这样做的用词,采用"可"。

2 本规范中指明应按其他有关标准、规范执行的写法为"应符合……的规定"或"应按……执行"。

中华人民共和国国家标准

钢铁厂工业炉设计规范

GB 50486—2009

条 文 说 明

目 次

1 总则 ………………………………… 7—31—20
2 术语 ………………………………… 7—31—20
3 轧钢加热炉 ………………………… 7—31—20
 3.1 一般规定 ……………………… 7—31—20
 3.2 型钢、棒线材钢坯加热炉 …… 7—31—20
 3.3 热轧板带板坯加热炉 ………… 7—31—21
 3.4 不锈钢和硅钢板坯加热炉 …… 7—31—22
 3.5 薄板坯连铸连轧加热炉 ……… 7—31—22
 3.6 无缝钢管机组加热炉 ………… 7—31—24
 3.7 炉用冷却部件 ………………… 7—31—24
 3.8 自动化控制 …………………… 7—31—25
4 轧钢热处理炉 ……………………… 7—31—25
 4.1 一般规定 ……………………… 7—31—25
 4.2 冷轧宽带钢热处理作业线 …… 7—31—25
 4.3 硅钢带卧式退火炉 …………… 7—31—28
 4.4 不锈带钢热处理作业线 ……… 7—31—28
 4.5 带钢连续镀锌、镀锡作业线热处
    理炉 …………………………… 7—31—29
 4.6 无缝钢管热处理炉 …………… 7—31—29
5 金属制品热处理炉 ………………… 7—31—30
 5.1 一般规定 ……………………… 7—31—30
 5.2 马弗炉 ………………………… 7—31—30
 5.3 明火加热炉 …………………… 7—31—30
 5.4 电直接加热炉 ………………… 7—31—30
 5.5 铅淬火炉（铅锅） …………… 7—31—30
6 工业炉燃料及燃烧设备 …………… 7—31—30
7 工业炉烟气余热回收及
 其装置 ……………………………… 7—31—31
 7.1 一般规定 ……………………… 7—31—31
 7.2 烟气余热回收装置 …………… 7—31—31
8 安全卫生与环境保护 ……………… 7—31—31
 8.1 安全卫生 ……………………… 7—31—31
 8.2 环境保护 ……………………… 7—31—31

1 总 则

1.0.1 本条阐述制定本规范的目的。

1.0.2 本规范在国内是首次编写,它的使用范围不可能包括遍布各行各业、数以万计的工业炉,根据我国行业习惯和目前的专业分工,通常把非熔炼炉统称为工业炉,而熔炼炉则另有设计规范。

1.0.3 工业炉设计不能因循守旧,鼓励技术创新。强化节能减排,是实践科学发展观、建设资源节约型、环境友好型社会的时代要求。

1.0.4 工业炉是热工设备,其工程设计牵涉面广、政策性强,与其有关的部分综合性标准或行业标准也正在制定或修订中。因此,工业炉设计除执行本规范外,尚应符合国家颁布的现行有关安全卫生、环境保护、节约能源等标准的规定。

2 术 语

2.0.1 工业炉热负荷的国际单位制(SI)导出单位为 kW,但在现行国家标准《工业燃料炉热平衡测定与计算基本规则》GB/T 13338 的热平衡表中,热收支项的计量单位为 GJ/h 表示。

2.0.2~2.0.4 所列术语定义是参考德国《燃料加热炉和热处理炉订货和验收规范》VDEH 545 编写的。

2.0.5 供给工业炉的能量是指供入燃料炉的化学能或电阻炉的电能。

2.0.8 管底比仅适用于本规范。

2.0.9 本规范中涉及的气体体积(m^3),除特殊指明者外,均指温度为 273.15K、压力为 101.325kPa 状态下的体积。

3 轧钢加热炉

3.1 一般规定

本章规定不适用于初轧车间均热炉和锻钢车间的间断式炉,以及与国家明令不准再新建的轧机(如迭轧薄板轧机等)相配套的加热炉设计。

3.1.2 轧钢工艺和工厂(或车间)规模,以及轧线设备装备水平是决定炉型选择和加热炉技术装备水平的主要依据。

当工厂或车间规模较小时,加热炉的装备水平可以低一些。反之,装备水平应高一些。

当轧线工艺设备装备水平以及控制要求较高时,选择的炉型装备和控制水平也应该高一些。

在决定炉型和炉子技术装备水平时,还要考虑到建设单位的燃料条件和资金来源情况,以及建设单位的管理操作水平等。

3.1.3 炉子热效率是衡量炉子设计和使用是否节能的重要指标之一,工业炉设计应采取行之有效的节能措施,提高炉子热效率,降低燃料消耗。

3.1.4 额定单耗是在额定产量条件下,投入的燃料燃烧化学热与炉子小时产量的比值。额定单耗一般是以冷装为前提的。额定单耗同轧机类型和炉型、燃料种类等诸多因素也有关系。条文中表 3.1.4 中加热炉"平均先进指标"的热效率在 55%~60% 范围内,"先进指标"的热效率在 60%~65% 范围内。

工业炉的能源消耗除了燃料之外,还有电力、冷却水、蒸汽、压缩空气等项,特别是其中的电力占有相当的比重。因此,今后应进一步建立和考核"综合能耗"指标。

3.1.5 为了节约用水、回收余热和减少钢坯的水管黑印,推钢式加热炉炉底管和炉内某些冷却部件,不应再采用水冷却,而应采用汽化冷却。可采用低汽包、自启动、自然循环的汽化冷却系统。

步进梁式加热炉纵梁和立柱采用的汽化冷却系统,在国内技术上已经成熟,关键设备也已国产化。当企业需要蒸汽时,宜采用汽化冷却系统。

3.1.7 短流程生产线为加热炉热装、热送创造了条件,炉型、结构和加热炉的控制系统设计时应尽量满足热装要求,提高热装温度和热装率。

3.1.8 在平面布置图的设计文件中标明工艺流程、主要设备在车间内的相对位置和能源介质的接点,保证设计文件的严谨性和完整性。

3.2 型钢、棒线材钢坯加热炉

3.2.1 炉型选择和主要结构是工业炉设计的基本内容,可采用类比法和多方案比较确定。

1 步进梁式加热炉加热钢坯质量好,操作灵活,能够适应热送装、小批量、多品种、炉温制度变化大的操作特点,因而逐渐取代推钢式加热炉,成为轧钢加热炉的主要炉型。

步进梁式加热炉除具有加热功能外,还可以完成生产中连铸坯的储存和缓冲。尤其有利于热装,特别是直接热装操作。

2 钢坯在步进底式炉内基本上是三面加热,底面还可以吸收一部分炉底的热量,因此厚度小于等于 130mm 小规格钢坯加热采用步进底式加热炉,可以取得燃耗低、省水等方面的好处。对于厚度大于 130mm 的较大规格钢坯,透热深度较大,要求炉温较高,加热时间也较长,如用步进底式炉,则易发生炉底average渣引起操作上的困难,而且炉子长度大,会造成设备庞大以及平面布置上的困难,因此宜采用上下加热的步进梁式加热炉。

3 现代化连续小型和高线轧机的钢坯加热,宜采用步进梁式加热炉。当加热普通碳素结构钢钢坯而且轧线装备水平不高时,或因建设单位的要求等方面的原因,也不排除采用推钢式炉,但应通过方案比较决定。

4 不锈钢和易脱碳钢因为加热工艺比较特殊,要求有较大的操作灵活性,而且这些特种钢的价格高,因此应选用装备水平较高的步进梁式加热炉。

5 步进梁式炉加热长钢坯时,如采用端部装料或端部出料,长的装出炉口会造成大量热损失,降低炉子热效率,而且加热好的钢坯因炉口吸冷风会引起温降。此外给炉压控制造成困难,恶化炉尾装料区操作等。因此,宜采用炉内悬臂辊道侧装料和侧出料方式。装料侧设置液压推钢机,可以使入炉钢坯摆正在同一起点线上,而且可调整步距。

从加热炉节能和炉压控制等方面考虑,无论是加热方坯、圆坯及管坯,乃至宽度不大于 400mm 的钢坯,采用侧装料、侧出料的方式都有较多的优点。

6 步进底式加热炉加热冷装长钢坯时,入炉冷钢坯因上下表面温差大,会产生瓢曲,严重时造成操作事故。因此,入炉段应采取一定的预防措施,以减少入炉钢坯弯曲,保证炉子的正常操作。

7 推钢式加热炉采用滑进出钢方式时,由于敞开的出料口斜坡会造成吸冷风及热辐射损失等,给加热操作带来很多恶果,这种结构在新设计的加热炉上已不再使用。也有一些原来采用滑进出料的炉子，改造为端部托出料的例子。因此，可以采用带较短出钢区、由出钢侧侧向推出的出钢方式。单排装料时，可不设置出钢槽。

8 型钢步进梁式炉加热大型坯时，由于坯料尺寸大，质量重，如果采用炉内悬臂辊侧装料或侧出料，会因为悬臂辊悬臂大、负荷重，出现设备笨重、布置困难和维修频繁等问题，因此宜采用端装料和端出料方式。

3.2.2 高速线材轧机、连续小型轧机用的原料为断面较小的长形坯料，一座加热炉可以增加有效炉长以保持合适的长宽比，并采用侧装料、侧出料方式以提高加热炉的热效率。对于侧装料和侧出料的炉型，轧线上要布置两座或多座加热炉是不合适的。

3.2.3 炉底强度是一种经验值，一般以此作为计算加热炉有效炉长的依据。设计选用的炉底强度主要与下列因素有关：
—— 炉型和上下加热段所占的比例；
—— 被加热钢坯的钢种及断面尺寸；
—— 入炉坯料温度；
—— 要求的出钢温度和温差；
—— 加热炉各供热段热量分配和相应的炉温制度。

3.2.4 加热炉额定热负荷是新砌筑的加热炉，在额定产量下的供热量。加热炉最大热负荷是炉役后期，炉内水冷部件的隔热包扎层脱落到规定程度时，最大产量下需要的最大燃料消耗，是加热炉在各种工况下出现的最高供热量。

加热炉最大热负荷规定为额定热负荷的1.2～1.3倍，依此决定加热炉接点燃料流量和烧嘴装备能力。

本规范中的热负荷只计算燃料的化学热量。

3.2.5 燃烧装置的选型要考虑很多因素，设计时宜在现有类似加热炉实际使用的燃烧设备中择优选用。

侧部供热有炉子结构简单、操作方便、供热控制方便等优点，但对于坯料长度大于10.0m的大型燃气加热炉，容易造成炉宽方向温度不均匀。因此，要求侧烧嘴有足够长的火焰长度。对于出炉温度精度要求高的超长钢坯加热，当侧部供热无法满足加热均匀性要求时，可在均热段采用端部供热或炉顶平焰烧嘴供热。

3.2.6 炉用机械设备要求：

1 轧钢加热炉装料和出料，以及钢坯在炉内运行，目前均已实现机械化和联锁操作，甚至实现了自动化操作。因为钢坯笨重，操作环境恶劣，即使是小型钢坯或圆坯加热，均不允许采用人工操作。

2 步进炉采用液压传动，两层框架和两层辊轮并有防止跑偏装置的炉底机械，是目前国内步进炉传动机构典型设计。

3 当坯料长度规格较多时，入炉坯料定位装置是保证钢坯顺利装料、出料和炉内顺行的必要条件。

3.2.7 炉衬设计要求：

1 应按照砌体散热和各层交界面的计算温度、材料价格、施工费和实际使用效果，合理选用炉衬材料。高温段炉体寿命应达到5年以上。

2 工业炉的炉衬是由工作层和保温层组成的。轧钢加热炉只有采用复合炉衬才能达到现行国家标准《工业炉窑保温技术通则》GB/T 16618的要求。

3 耐火可塑料或浇注料砌体内锚固砖间距，是经过实践验证的常用值，可根据炉顶厚度和炉墙高度，在此范围内选用。

4 耐火可塑料或浇注料砌筑的倾斜炉顶部位，会产生向下的横向推力，对相邻砌体产生挤压或使膨胀缝失效，当推力较大时，在斜顶部设置耐热托板，以预防炉顶挤压造成损坏。下加热高度大的直墙设置耐热托板以防止炉墙倾斜倒塌。

5 实践证明，加热钢坯的侧出料加热炉用电熔砖或烧结砖代替水冷出钢槽是成功的。但对于钢锭，由于荷重大、熔渣多，出钢前有的要求翻钢，故采用水冷出钢槽。

6 根据现行国家标准《通用耐火砖形状尺寸》GB/T 2992，直形耐火砖砖号T-3的尺寸为230mm×114mm×65mm，等效于《耐火砖-尺寸-第一部分-直形砖》ISO 5019—1标准。根据现行国家标准《烧结普通砖》GB 5101，烧结普通砖（即红砖）的尺寸为240mm×115mm×53mm。考虑适当的砖缝后作出统一的砌砖尺寸规定。砌筑耐火黏土砖时，为保证要求的砖缝，可通过搭配其他砖号来解决。

3.3 热轧板带板坯加热炉

3.3.2 按规范中公式3.3.2推算，B厂2050热连轧板坯加热炉的利用系数是：

4200000t/a/[(6000h/a×350t/h×3)]=0.667

同时预留的4#炉1997年业已建成。

W厂1700热连轧板坯加热炉的利用系数是：

3186000t/a/[(6000h/a×270t/h×3)]=0.656

或 3186000t/a/[(6500h/a×270t/h×3)]=0.605

工程设计中必须因地制宜，并与轧钢工艺的设计人员充分协商后再确定各参数。加热炉的额定产量比客观需要量高出太多，将使燃烧设备长期在非最佳工况下使用，空气预热温度偏高，助燃风机及其电机以低效率运行，并不合理。反之，额定产量如偏低，加热炉投产不久就限制了轧机能力的进一步提高，也不合理。

3.3.3 步进梁式加热炉结构要求：

1 从装料端砌砖线到出钢侧定位检测点的距离为加热炉的有效长度。本规范表3.2.3中步进梁式加热厚度大于130mm方坯时，炉底强度是500～650kg/(m²·h)。通常方坯间存在着较大空隙，以炉长覆盖率为0.67计，单位炉底压保面积产量达750～1050kg/(m²·h)。此时坯料宽度对产量的影响不大。加热板坯时空隙一般为50mm，受热面积相对减少，坯料宽度对产量的影响加大。按前式求出有效炉长后必要时再加上一块板坯的宽度，以保证待出炉的整块板坯都加热到出钢温度。600～650kg/(m²·h)的炉底强度适用于加热普碳钢和低合金钢，中合金钢要乘以0.9，高合金钢乘以0.77，不锈钢乘以2/3的系数。

3 相邻步进梁和固定梁的中心距有400mm和500mm的特例，板坯对纵梁中心线的悬臂长度有100mm的特例。

板坯的最大悬臂长度和纵梁最大中心距与板坯厚度、加热温度、高温下停留时间、冷坯的原始形状有关。条文中推荐的系数4.2和6.3是根据弹性变形的悬臂梁计算式和简支梁计算式，参照板坯在实际生产中的下垂量确定的，还需要在实践中不断地探索其变形规律，以免投产后影响正常生产。也可参照长期正常生产的实例来确定这两个参数。

5 纵梁垫块。例如：A厂的厚板步进梁式加热炉，预热段垫块采用焊接，其余为骑卡件。预热段和加热段垫块高70mm，均热段步进梁上高150mm，均热段固定梁上高120～160mm。B厂的热轧步进梁式炉，预热段和第一加热段垫块高90mm，第二加热段垫块高120mm，均热段步进梁上高120mm，均热段固定梁上高170mm。C厂的热轧步进梁式加热炉，将高度120mm的钴基合金垫块改成高度200mm的陶瓷垫块，垫块顶面温度比以前提高80℃，水管黑印温度差大致降低一半，使用一年后变形量仅3mm。

3.3.4 加热炉有三种供热方式（端烧嘴端部供热、平焰烧嘴的炉顶供热、侧烧嘴的侧向供热），根据板坯规格、加热炉产量和加热质量要求，选用单一的供热方式或若干种的组合。

3.3.5 步进梁式加热炉的节能要求：

3 以热值7.55～8.40MJ/m³的混合煤气为例，一种只预热空气，预热温度600～650℃，另一种同时预热空气和煤气，预热温度分别为450～500℃和250～300℃。前者可能要用四行程管状预热器，空气阻力较大，高温区管组材质要好。同时，预热温度超过500℃，空气管道、烧嘴要采用内绝热，调节阀等热工仪表也需用耐热材料。双预热对高温区管组材质的要求可低些，但要考虑煤气预热器的露点腐蚀。因此取舍和确定介质预热温度时必须做方案比较。

4 从强度计算出发,载荷相同时随着立柱间距的增大,步进梁的表面积逐步增加,每列立柱的全部表面积逐步减少。过去立柱间距采用1.7～2.2m较多,现在常用3.0～4.0m,主要是在冷却面积增加不大的前提下增加炉下的操作空间,改善操作环境。以步进梁总长度为30.56m;立柱高度4.00m;步进梁的计算载荷为47.50kN/m为例,步进梁允许应力定为130N/mm²;立柱的允许应力定为100N/mm²;步进梁的刚度1000:1。根据上述条件作强度计算,选取最接近的钢管规格,立柱数量未圆整为整数,也未考虑套管结构时,立柱间距与步进梁的表面积关系见表1和图1。

表1 立柱间距与步进梁的表面积关系

立柱间距(m)	1.75	2.0	2.5	3.0	3.5	4.0	4.5
单根钢管制成的立柱根数	18.46	16.28	13.22	11.19	9.73	8.64	7.79
双根钢管步进梁的表面积(m²)	13.44	13.44	15.94	17.09	20.74	21.89	28.03
每列立柱的全部表面积(m²)	22.04	19.44	16.95	14.34	13.21	12.38	11.85
步进梁和立柱的全部表面积(m²)	35.48	32.88	32.89	31.43	33.95	34.27	39.88
双根等径钢管步进梁重量(kg)	1461.56	1461.56	1876.07	2331.28	2664.40	3264.31	3300.49
每列立柱的全部重量(kg)	1642.80	1670.20	1475.38	1557.07	1586.82	1800.06	1909.11
步进梁和立柱的全部重量(kg)	3104.36	3131.76	3351.45	3888.35	4251.22	5064.37	5209.60

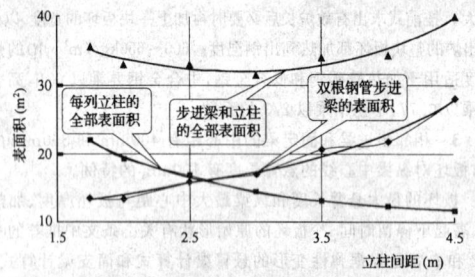

图1 立柱间距与步进梁的表面积关系

5 此系统由比例阀以及带压力传感器的变量泵组成,并在进退回路中设置若干蓄能器,与配套的行程检测与控制装置一起,保证在步进梁升、降、进、退及步进梁接近板坯(提升阶段)和板坯接近固定梁(下降阶段)前自动减速和低速运行,实现"慢起慢停"、"轻托轻放"以减少氧化铁皮脱落和避免由于撞击而使纵梁的绝热层遭受破坏。可降低装机容量,节约电能,也可降低加热炉的燃料消耗。

3.4 不锈钢和硅钢板坯加热炉

3.4.1
不锈钢和硅钢板坯加热时,要求加热温度更加均匀(包括板坯厚度和长度方向);加热时间较长(有固溶化要求);硅钢加热时氧化烧损量大(可达4%)。

由于板坯厚度和长度方向加热温度均匀性要求严格,所以上部加热多采用炉顶平焰烧嘴和轴向烧嘴。因加热时氧化烧损量大和加热时间较长,要求炉底具备一定的积渣空间,便于清除积渣。因此,炉子下加热一般采用侧供热。

加热炉的宽度取决于坯料的长度,加热炉的长度取决于加热炉产量。

3.4.2
不锈钢和硅钢加热炉(特别是后者),要求能同时加热普碳钢,没有单纯加热硅钢的。在加热硅钢之前,要先加热普碳钢调控炉况和轧线设备,使其满足生产硅钢的要求。加热能力要综合普碳钢和硅钢产量的要求来确定,一般首先确定炉子的普碳钢生产能力,然后,根据加热时间的不同确定炉子的硅钢生产能力。

设计的加热炉座数应能满足产品大纲中多数产品的生产能力。预留的炉子(一般为一座)主要满足最大产量和停炉检修时不影响生产的要求。

3.4.3
燃料选择要满足坯料的加热温度及其对炉温均匀性和炉温波动性的要求。加热高温取向硅钢时,由于加热温度高达1340～1420℃(炉顶超过1430℃),要求炉温均匀性好和炉温波动性小,因此,不宜采用蓄热式燃烧供热,一般采用传统烧嘴供热;在空气预热550℃的情况下,燃料的低发热量要求大于10000kJ/m³。

3.4.4
由于不锈钢和硅钢的板坯加热温度较高(尤其是硅钢),为防止加热过程中形变过大,加热炉炉底纵梁的布置应满足在短时间待轧的情况下,板坯在高温下挠曲变形不大于30mm,据此来确定板坯的悬臂量和纵梁间距。出钢机托杆的根数也要增加。

3.4.5
炉底步进机械有滚轮斜台面、电动偏心轮和滚轮曲柄连杆等三种结构形式,这三种形式的步进机械在不锈钢和硅钢加热炉上都可以使用。炉底步进机械必须具备停中位和踏步的功能。

3.4.6
不锈钢和硅钢加热炉(特别是后者),由于其加热温度要求高,炉衬砌筑材料要求具备高品质和高质量,并要求具有良好的抗液态渣侵蚀的能力(尤其是采用液态出渣时)。

炉衬砌筑中要把握保温材料的选用和施工,以减少炉壁的热损失和改善炉区的操作环境。

3.4.7
按照炉型和加热工艺要求,不锈钢和硅钢加热炉(特别是后者)的炉温和燃烧控制系统应该是最完备的。有条件的加热炉应尽可能实现计算机数学模型控制,以改善加热炉的各项技术经济指标。

3.4.8
高温取向硅钢加热炉,由于炉温高达1400℃,板坯在炉时间长,钢料氧化烧损量高达4%,为一般加热炉氧化烧损量的4～6倍。掉落炉底的渣呈熔化或半熔化状态。高温取向硅钢加热炉的除渣,分为干出渣和液态除渣两种方式。

1 干出渣:炉子陆续生产硅钢达4500～6000t后,停炉33个工作班,进行人工清渣。

2 液态除渣:加热炉设置化渣烧嘴、流渣孔和粒化渣及水冲渣系统。呈熔化或半熔化状态的炉渣,通过化渣烧嘴加热熔化,从炉子预留的出渣孔流出,经粒化成小颗粒,掉入水槽中,由水冲渣系统排出。

液态除渣可排出炉子产生的40%～60%渣量,加热炉陆续生产硅钢达12000～15000t后才停炉清渣。

不锈钢和硅钢加热炉的除渣方式直接影响炉子的产量和操作条件。硅钢加热炉应尽量采用液态出渣方式,以提高炉子利用率。

3.5 薄板坯连铸连轧加热炉

3.5.1 薄板坯连铸连轧加热炉工艺及结构要求:

1 目前薄板坯连铸连轧技术有德国西马克(SMS)的CSP、德马克(DEMAG)的ISP、日本住友的QSP、意大利达涅利(DANILI)的FTSC和奥钢联(VAI)的CONROLL共5种类型。其中QSP和CONROLL工艺生产线配置步进梁式加热炉,其余工艺生产线均配有辊底式加热炉。

由于加热的连铸坯厚度薄、长度长、入炉温度高和加热时间短的这些特点,同时加热又需要很好地与连铸机和轧机的生产节奏相匹配,因此,薄板坯连铸连轧加热炉的炉型宜选用直通辊底式加热炉。

2 薄板坯连铸连轧工艺要求加热炉不仅具有加热板坯的功能,而且还必须具备缓冲板坯的功能。当轧机更换轧辊或事故停轧时,连铸机不能停止浇注,此时后续的连铸坯连续进入炉子,直至炉子被连铸坯全部装满,因此,炉子设计应具有足够长的缓冲段。当加热炉不能接纳铸坯时,连铸坯由摆剪在炉外碎断并移走。

3 在所有的原始条件不变的情况下,加热炉长度越长,其缓冲时间越长,轧机换辊或处理故障时间越宽裕。可是,加热炉长度越长,其设备和厂房长度增加,投资增大。通常热连轧机更换轧辊的时间为8~10min。因此,加热炉长度设计应按照缓冲时间不小于10min设计。

4 为了不损坏炉辊,炉辊需作正反转运动。

5 连铸坯在炉内传输过程中,需要精确计算在炉内的缓冲时间。因此,需要对炉内的板坯实行跟踪。

6 连铸坯由加热炉上游的摆剪切成定尺长度后,以铸速连续进入加热炉。首先进入加热段,当连铸坯的尾部完全通过加热段后(此时连铸坯的温度和温差要求达到了轧机所要求的数值,板坯加热好了),板坯开始加速,并以传输速度向前运行进入保温段。当轧机要求连铸坯轧制时,板坯以第一架轧机咬入速度离开炉子去轧制。

7 加热炉的产量受连铸机生产影响,加热炉的小时产量等于连铸机的小时产量。随着连铸坯的规格和铸速不同,加热炉的小时产量是变化的。

8 炉体钢结构按照模块设计,模块长度为5~12m。钢结构的热膨胀是结构设计的重要问题之一,钢结构采用多个模块装配的形式,每个模块中部设一固定点,向两端自由膨胀,并在每个模块内解决本模块膨胀补偿。相邻两个模块之间,在侧墙和底部有密封钢板(密封钢板一端与一个模块炉壳钢结构相焊接,另一端与另一个模块炉壳钢结构相搭接)。在顶部有一段固定的炉顶钢结构(过桥)。

9 对于炉膛高度不大的炉子,可移动炉顶结构可以代替检修人孔,同时在事故时可以处理炉内的板坯。

10 根据薄板坯连铸连轧工艺的特点,要求加热炉内衬耐火材料应具有隔热性能好、蓄热量低、允许温度快速变化的特性。炉顶和上部炉墙耐火材料内衬采用陶瓷纤维模块轻型结构,陶瓷纤维模块厚度小于300mm。

3.5.2 薄板坯连铸连轧加热炉的供热系统要求:

1 由于薄板坯连铸连轧加热炉的长度太长,加热炉的供热系统通常分2~3个子系统,每个供热子系统都相当于一个单独的小炉子,它有自己独立的燃烧和排烟系统。燃烧系统主要包括送煤气管道、阀门、助燃风机、预热器和燃烧设备。排烟系统主要包括烟道、烟气掺冷风装置、烟道闸板和烟囱。

2 由于连铸板坯厚度比较薄,入炉温度比较高,因此在供热上只配备上加热,即在连铸板坯上部的两侧炉墙上配置侧烧嘴。这样做的优点是:简化了加热炉结构和燃烧系统,降低了炉辊受到的辐射热强度,相对延长了炉辊的寿命。

3 薄板坯连铸连轧加热炉选用的亚高速烧嘴,在烧嘴腔体内有一部分燃料与助燃空气预先混合并产生燃烧,烧嘴喷口处混合气体的喷出速度高,高速喷出的燃烧产物能有效地搅动炉气,这种搅动不仅使炉膛温度更均匀,而且使炉气与板坯之间换热效率更高。

烧嘴通常是由壳体、陶瓷烧嘴芯和燃气枪三个独立部分组成,烧嘴前燃气压力为3~4kPa,空气压力为3~4kPa。

由于薄板坯连铸连轧的加热炉比较长,为了得到均匀的炉温并使板坯得到快速而均匀的加热,所有的烧嘴均应采用脉冲循环燃烧控制(ON/OFF控制),每个烧嘴前均配置有空、煤气电磁阀、切断阀、火焰监测装置和点火电极。

4 由于入炉板坯的温度比较高,排烟温度约1000℃。因此,这种类型的加热炉热效率比较低,但是由于入炉连铸坯的热焓非常高,所以与相同产量的其他类型的加热炉相比,薄板坯连铸连轧加热炉的单耗还是比较低的。根据不同的铸速、不同的板坯厚度和宽度,加热炉的单位热耗范围在300~1200kJ/kg。表2以厚度52mm板坯为例,在出炉温度1150℃的情况下,给出不同的铸速、不同宽度板坯所对应的单耗值范围。

表2 厚度52mm不同宽度板坯对应的额定单耗

铸速 m/min	板坯入口温度 ℃	不同宽度(mm)板坯对应的单耗值(kJ/kg)							
		850mm	1000mm	1100mm	1200mm	1300mm	1400mm	1500mm	1600mm
4	890	1054~1200	940~1130	881~1058	832~998	790~947	754~904	723~866	696~833
5	950	854~1004	761~892	714~834	674~786	640~745	611~711	586~680	564~654
6	995	711~828	633~735	593~687	559~646	531~613	507~584	486~558	467~536
7	1030	602~687	535~608	500~566	471~532	447~503	426~478	407~457	390~438

5 薄板坯连铸连轧工艺要求板坯的加热在加热段完成,其他各段只是起均热保温作用。因此,在热负荷的配置上加热段约占总供热量的50%。

3.5.3 炉辊设计要求:

1 炉辊在实际生产中可能遇到的情况主要有下面几种:

——热震稳定性。在正常生产中,更换炉辊是不可避免的,在几秒钟内炉辊从室温迅速上升到炉膛温度,材料在短时间内温度发生迅速变化。

——变形的板坯对炉辊的剐蹭。由于浇注或切割的原因,板坯的尾部有时会发生严重变形,结果炉辊在接受坯料和输送坯料的过程中都会受到坯料的剐蹭和冲击。

——高温工作区。烧嘴附近的炉温肯定高于其他区域的炉温,靠近烧嘴附近的炉辊工作环境温度高,炉辊材质的理化指标要能够承受此高温。

为了确保最终成品的质量,炉辊设计应尽量减少对板坯表面损伤,即减少渣点和黑印。为了避免发生结瘤,设计中多采用水冷炉辊。为了减轻黑印现象,相邻炉辊的辊环应交错布置。

2 炉辊的耐火绝热材料在工作中容易损坏,经常需要将耐火绝热材料破损的炉辊从炉内取出来,送到炉辊维修间进行修补。炉辊更换方式可以是人工操作C型钩换辊,也可以采用换辊小车换辊。

3 从加热炉入口到加热段尾部的区间内,炉辊转动速度与铸速同步,即2.5~8.0m/min;从加热段尾部到传输段尾部的区间内,炉辊转动速度为传输速度(60~65m/min);在炉子出口处,炉辊转动速度为第一架轧机咬入速度(18~30m/min)。板坯在炉内缓冲时,炉辊正反转动的速度为4.0~6.0m/min。

3.5.4 炉用主要机械设备规定:

1 在加热炉入口和出口处各设一套装、出料炉门,也有的加热炉不设装料炉门,在加热炉的端墙上留一装料口。炉子入口3m之内为不供热段,此段内不设烧嘴。在摆段与固定段接口处各设中间炉门,中间炉门只有在两流加热炉摆渡操作时关闭。所有的炉门通过PLC来实现自动控制。

2 炉膛的下部设漏斗形状的渣斗,便于炉内氧化铁皮漏出,每个渣斗出口备有一套气动控制渣门,渣门间距为2.2~2.6m。加热炉采用定期排渣,工人通过手动操作按钮,来控制渣门启闭。渣门控制按钮位于渣廊墙壁上的控制盒内,PLC监视每个渣门的启闭,并在计算机画面上显示出来。打开渣门后,炉内氧化铁皮落到废料箱中,叉车将废料箱收集到一个固定的地方,定期运出厂房外。

3 炉辊外包扎的耐火绝热材料在生产一段时间后出现有剥落、裂纹、破损,需要在炉辊维修间重新修理之后才能继续工作。首先将破损的耐火材料用工具清理干净,然后通过喷涂或浇筑的方法将新的耐火材料缠裹在炉辊上,由于炉辊耐火绝热材料不同,修理后的炉辊有的需要烘干后才能使用,有的则不需要干燥,阴干后直接使用。如果修补后的炉辊需要干燥,那么必须在炉辊修理间内设一座干燥炉。

干燥炉用的燃料与加热炉相同,为了使炉温均匀,干燥炉通常配有废气循环风机,干燥温度为200~250℃。

3.5.5 炉子采用两级计算机自动控制。一级控制包括热工仪表控制和机械设备的传动控制,二级计算机为炉子最佳化控制系统。
—— 热工仪表控制系统的功能
- 炉温自动控制和 ON/OFF 控制;
- 燃烧的空煤气比例控制;
- 炉压自动调节;
- 助燃空气压力控制;
- 预热器保护控制。
—— 机械设备传动控制系统的功能
- 炉辊速度的控制;
- 炉内板坯位置的跟踪;
- 装出料炉门的控制;
- 炉内板坯横向跑偏的监视及报警;
- 助燃风机、掺冷风机和渣门启停控制;
- 摆渡段摆渡控制。
—— 二级计算机的控制功能
- 板坯加热的最佳化控制;
- 为热工控制系统提供各炉温控制区的炉温设定值;
- 为机械设备传动控制系统提供板坯在炉内加速点的设定值;
- 炉内板坯温度的历史趋势。

3.5.6 平面布置要求:

1 薄板坯连铸连轧加热炉数量是根据其生产规模配置的,年产量约 100 万吨生产线配置一座加热炉,年产量约 200 万吨生产线配置两座加热炉。

2 加热炉入口总是对着连铸机的出口,在一座加热炉的情况下,加热炉的出口对着轧机的入口。在两座加热炉的情况下,只有一座加热炉出口对着轧机的入口,另一座加热炉就需把板坯输送到出口对着轧机的加热炉内。根据输送板坯的方式不同又分为横移摆渡和旋转摆渡。

这两种摆渡方式各有利弊:横移摆渡式炉内烟气直接排放到车间内,摆渡段的烟气余热无法回收,燃料和各种介质通过专门设计的托链供给,但是摆渡车铺轨比较简单,板坯传送只有一个方向,跟踪比较容易。旋转摆渡式烟气通过烟道和烟囱排放到车间外,该段烟气的余热经空气预热器回收,燃料和各种介质供给简单,但是摆渡车铺弧形轨,板坯跟踪比较复杂。从车间平面布置来看,横移摆渡必须要增加厂房两侧用于摆渡车停放位置的偏跨建筑物,而旋转摆渡则不需要。

3.6 无缝钢管机组加热炉

3.6.1 无缝钢管机组加热炉一般规定:

1 当空气预热温度 500℃ 时,使用发热量 6700kJ/m³ 的高焦混合煤气仍可达到炉温要求。但考虑到煤气热量的波动,在加热炉低负荷时达不到规定的空气预热温度等因素,因此煤气发热量仍定为 7500 kJ/m³。

2 很少采用小于 φ60mm 的轧管机,如采用,属于特殊需要,钢种也会很特殊。因此,炉型也就不会限制在环形炉。

3.6.2 环形炉的装出料机夹钳伸出入炉内动作时,炉底不能转动。反之,炉底转动时,装、出料机夹钳不能入炉动作。
水封门上可以设置刮渣板。

3.6.4 钢管再加热步进炉加热的钢管一般长 20~30m,步进炉的装出料周期必须满足轧机作业线要求。

3.6.9 芯棒预热炉采用高温炉烟气作热源时,在烟气管路和控制上都比较麻烦,芯棒预热炉所需热量又不太大。因此,企业往往不愿意用高温炉烟气作热源。但为了节约能源仍作此规定。

3.7 炉用冷却部件

3.7.1 炉用冷却部件的设计要求:

1 炉内水冷部件的表面积大小,对加热炉热效率有很大影响。全架空推钢式炉和步进梁式加热炉,当炉内水管(水梁)不绝热时,冷却水带走的热量占总供热量的 25%~30%。因此,应少用或不用炉内水冷部件。小型钢坯加热,可采用步进底式炉、无水冷滑轨推钢式炉等。需要采用水冷构件时,除出钢槽、炉内悬臂辊等设备之外,都应该采取相应的绝热措施。

2 除推钢式加热炉底管或步进梁式加热炉纵梁、立柱之外,加热炉各类冷却部件应独立地成为单一冷却回路,例如炉门、横梁、导板、烟道闸门等,从进水总管或分管上独立引出进水支管,同时相应引出回水支管,能方便进行水量调节、操作、检修和拆卸。

3 排水管有一处高于冷却件,在一旦停水时,使充满构件内的余水继续起到冷却作用,以采取紧急措施提供时间(步进炉情况特殊,本条文不适用)。

4 当采用开路冷却水时,在排水管上设置阀门有可能引起误操作,形成密闭系统发生爆炸事故(步进炉情况特殊,本条文不适用)。

5 由于安装误差、活动结构抖动等方面的原因,规定步进梁式加热炉活动梁或其上的附件与固定结构之间安全距离不小于 50mm。

6 在水冷却部件的最低点设置放â孔,以便定期排除水冷却部件内的污垢,以及必要时可以放净存水,防止冬季停炉后水管冻结。

7 在水压、水温和操作条件允许的情况下,同类冷却部件水冷系统采用串联,可以提高冷却效果和减少水中杂质的沉积。

8 加热炉开路水水压要求为 0.2~0.3MPa。闭路循环水因压力回水要求,为 0.3~0.4MPa,过高的压力会造成接头浪费和系统漏水事故增加。

9 步进梁式加热炉水梁冷却用工业净循环水的水质要求:
1) 悬浮物含量　≤15mg/L
2) pH 值　　　　7~8.5
3) 总硬度　　　≤150mg/L(以碳酸钙计,1dH=17.85mg/L)
4) 油　　　　　≤5mg/L

进水温度过高会增加冷却水量,排水温度过高则会引起结污堵塞。

10 步进梁式加热炉纵梁和立柱采用双层绝热,比单层绝热约可减少热损失 1/2~2/3,国内外已经成功应用双层绝热。

目前,国内推钢式加热炉底管有的采用绝热预制块焊接结构,使用寿命不长。改用与步进梁式加热炉类似的浇注或捣制的双层绝热结构,取得了很好的效果。

3.7.2 推钢式加热炉底管设计要求:

1 推钢炉底纵水管强度按简支梁计算,计算方法比较简单,安全系数较大。如按照连续梁计算,能够比较接近纵水管的实际受力情况,但计算方法比较复杂,如用手工计算则费时费力,难于进行优化选择。因此,应该用计算机进行优化设计计算,条文中减少炉底管的具体措施,可以根据工程情况选择。

2 炉内水管总表面积是指空炉底管未包扎前的外表面积,包括纵水管、横水管和支柱。如果采用组合结构,为简化计算起见,不考虑水管连接板、滑块和锚固件的面积,只计水管和支柱表面积,包括为连接板所遮蔽的水管面积在内。

3 正常情况下炉底管的温度都不超过 250℃,在此温度下材料的强度不会下降。按静不定梁计算水管挠度,在确保挠度小于等于 1/500 时,强度往往很低。

3.7.3 步进梁式加热炉纵梁布置要求:

1 本规范中的纵梁指步进梁式加热炉水冷或汽化冷却的活动梁和固定梁。减少纵梁和立柱的表面积是减少冷却介质热损失的根本措施,同时扩大了下部供热区的燃烧空间,减少了管材和隔热材料的自重,减轻了步进框架和步进机械的负荷,降低了投资。

2 错位垫块或移位梁设计是为了降低钢坯黑印。

3 坯料长度变化较大的情况下,对入炉坯料在梁上的定位误差提出较高的要求。

为完成炉内坯料定位,先对入炉的坯料长度进行测长,对于超长或超短的坯料剔除,同时对入炉坯料的弯曲度也必须加以限制,在完成上述工作之后,才可以进行坯料的入炉操作。

3.7.4 中压锅炉出口压力有3.9MPa。根据现行国家标准《低中压锅炉用无缝钢管》GB 3087的规定,汽化冷却系统蒸汽压力不大于2.5MPa的加热炉,纵梁和立柱可选用20号优质碳素结构钢厚壁无缝钢管制作。

3.7.5 金属垫块形状主要有长条形和圆柱形两类。圆柱形金属垫块直接焊在纵梁上。长条形金属垫块有的直接焊在纵梁上,有的则骑卡在纵梁上,用焊在纵梁上的耐热钢爪将垫块卡住。

垫块在纵梁上的布置方式有两种,一种是布置在纵梁中心线上,一种是交错布置。

当坯料出炉时,垫块顶面温度接近钢温度,并受步进梁抬起和放下钢坯的冲击,对垫块材质的高温性能有一定的要求:高温区垫块应能长时期承受1200～1300℃的高温,而且高温耐压强度好、耐冲击、耐磨损、抗氧化和氧化铁皮侵蚀,金相组织长期稳定等。

计算垫块的承压面积时,高度120～150mm的金属垫块,压力按1.0～1.5MPa、陶瓷垫块压力按2.0MPa计算,加热不锈钢坯料时压力不宜超过0.6MPa,以免在坯料上留下不易消除的凹痕。

3.8 自动化控制

3.8.1 热工测量和自动控制项目与水平,应根据炉型特点、产量、燃料种类、节能效果、环保和安全操作条件,结合轧线装备水平综合考虑,选择经济实用、互相协调的电气、仪表、计算机系统。

加热炉自动化系统可分成两级:

L1级:基础自动化,即电气传动和仪控系统自动化,主要完成加热炉板坯定位控制、装炉机和出炉机控制、步进梁控制等顺序控制,以及加热炉燃烧控制、各种能源介质的测量和控制等。

L2级:过程自动化,即加热炉计算机与连铸和轧线上位计算机联网,有完善的钢坯加热计算和优化操作数学模型,主要完成钢坯跟踪、燃烧设定值计算和优化加热操作,以及冷、热装作业的处理和数据处理,实现在线全自动化操作。

4 轧钢热处理炉

4.1 一般规定

4.1.1 阐述本章规定的适用范围。

4.1.2 热工检测和自动控制系统是热处理炉的重要组成部分,直接关系到产品质量和能源介质的消耗。

4.1.3 燃烧装置主要是根据炉内气氛要求而选择的。

4.1.4 热处理炉上采用陶瓷纤维制品及各种轻质耐火材料作为炉衬材料,这类材料兼有耐火和隔热性能,具有热导率、比热容小、热稳定性好等优点,能显著加快炉子升温速度和提高炉温均匀性,节能效果也非常明显。

4.2 冷轧宽带钢热处理作业线

4.2.1 罩式退火炉设计基本规定:

1 分批热处理罩式退火炉有单垛和多垛之分,本规范仅适用于单垛分批热处理罩式退火炉的设计。罩式炉从装料、加热、保温、冷却到出炉,完成一个热处理工艺过程,周而复始,不同于其他工业炉。

紧卷退火是目前冷轧带钢热处理采用比较普遍的一种退火方式,松卷退火目前很少采用,不在本规范之内。

根据不同的炉子、钢种、带宽、装炉量制定不同的退火工艺;同一钢种带钢退火,装炉量相同,宽度越宽退火时间越长;同一钢种,宽度相同,装炉量不同,装炉量越大的退火时间越长。

2 钢卷尺寸:带宽不小于600mm,钢卷外径大于等于1000mm是目前国内大中型冷轧厂普遍采用的宽带钢规格,小于以上规格不属于宽带钢范围。要求钢卷塔形小于5.0mm,主要防止在退火过程中产生压伤痕与粘连。

3 燃料品种选用主要考虑罩式炉的燃烧空间较小,气体燃料火焰对内罩的使用寿命影响小一些,煤气热值不低于6700kJ/m³(1600kcal/m³)即可。热值高的天然气或液化石油气,应该选用火焰较长的烧嘴。液体燃料主要是轻柴油,由于火焰高温区很集中不利于内罩的使用,因此尽量避免使用。硫化氢(H_2S)含量不大于15mg/m³,减轻硫对内罩的腐蚀。

4 国内大中型冷轧厂早期建设的罩式炉多采用氢氮混合气,小型冷轧厂罩式炉多采用氨分解气氛。随着技术的发展,新建罩式炉宜采用全氢气氛技术,已建老厂也可改造成全氢罩式退火炉。

可控气氛的露点、含氧量和纯度要求,都是保证生产合格产品和生产安全所必须的条件。

为了保证罩式炉设备的安全与生产,全氢、高氢必须备有足够量的事故氮储量,在事故状态下将炉内氢气全部排放;氢氮炉在可控气体停止供给后,在不加热状态下,配备30min事故氮的供应储量。

5 安全供水条件:进口压力不小于0.4MPa,出口压力不小于0.2MPa;进口温度不大于35℃,出口温度不大于50℃。pH值7～8。

6 确定炉台数量时按理想条件下的退火制度进行计算,即不同规格、不同品种的钢卷、不同的退火制度不能混装。

台罩比根据退火制度中占用炉台时间,与占用加热罩时间之比确定,炉台数量、加热罩数量取整数。

7 罩式退火炉燃料单耗,不同退火级别带钢均有差别,表3是以1250mm×0.8mm带钢为例的罩式退火炉额定单耗参考值。

表3 带钢罩式退火炉额定单耗参考值

级别代号	退火温度(℃)	额定单耗(MJ/t)
CQ	710/620	600～700
DQ	710/650	610～730
DDQ	710/680	650～750

4.2.2 炉台、加热罩、内罩、冷却罩等设备的数量是根据产量计算确定的;同一车间内一般选用同一种规格罩式退火炉,对于大型冷轧厂由于钢卷规格不同,有时也选用两种规格的罩式炉。

4.2.3 炉台设计要求:

1 底部导流板也可由耐热钢板焊接制成。

2 炉台与内罩采用耐热橡胶圈密封,橡胶密封圈装在炉台密封槽内,橡胶圈高出炉台平面5～8mm。

3 内罩与炉台间采用的压紧装置带有自锁功能,视炉台大小压紧装置有6～8个,在炉台周围均匀布置。

4 循环风机叶轮由耐热钢制成,配套电机为气密三相异步、双速或变频电机,运行必须安全可靠。风机流量视退火炉大小而异,可参考经验数据:即风机秒流量为内罩实际容积的1.0～1.5倍。

5 加热罩、冷却罩、内罩与炉台具有良好的互换性,采用同一个专用安装模具,速度快、准确性高。

6 加热罩支撑座必须坐落在支撑梁上,保证支撑座的顶面标高一致。

7 两根导向柱高差主要考虑吊车司机吊装时操作方便,高差取决于罩式炉的高度。所有炉台较高的导向柱都在一相对位置。

8 炉台壳体内填充的陶瓷纤维耐火等级1260℃。

9 试验炉台应配备检测设施和仪表。

4.2.4 加热罩设计要求：

1 加热罩下部假想圆是加热罩内径和内罩外径间的平均直径所构成的圆，烧嘴中心线按假想圆切线方向布置。加热罩下排烧嘴必须设有点火装置和火焰监测装置。

选择烧嘴特性时火焰长度尤为主要，罩式炉由于燃烧空间有限，长火焰更有利一些。

助燃风机压力 6～10kPa，风量根据烧嘴型式和退火炉大小而定。预热器布置在加热罩上，可集中布置或分散布置，空气预热温度350～400℃。

2 加热罩内衬在使用气体燃料时，烧嘴周围采用轻质高铝砖或成型纤维模块，烧嘴以上部位宜采用层铺式陶瓷纤维毡，Cr-Ni钢锚固钉固定。

采用集中排烟时，烟管可布置在地下，排烟机和烟囱布置在柱列间或厂房外；可控气氛采用专用排气风机和排气管。采用全氢（100%H₂）的罩式炉，在加热罩上有的设置一个燃烧由内罩排出的废氢（H₂）烧嘴。

3 现代化罩式炉加热罩上的煤气接管、排烟管采用自动对接，在炉台上的插座和加热罩、冷却罩上的接管应保证安装准确。

4 加热罩为钢板焊接的圆形结构，燃烧设备、供风系统、排烟系统、换热器、控制系统设备及管线、耐火隔热材料、顶部吊挂横梁钢结构等都固定在加热罩钢结构上。

5 应进行技术经济比较择优选用供热能源。

4.2.5 内罩设计要求：

1 内罩筒体材质推荐为 1Cr20Ni14Si2 或 1Cr25Ni20Si2。

2 内罩的使用寿命和维修周期基本与炉台一致，不需要备用。

3 如采用波纹内罩宜采用横向波纹。

4 筒体采用相同规格 6.0mm 钢板或上部 5.0mm 和下部 6.0mm 两种规格钢板制造；半圆球顶采用 6.0mm 或 8.0mm 钢板制造；球顶材料推荐为 1Cr25Ni20Si2 或 1Cr20Ni14Si2；内罩法兰盘、水冷槽材质采用 Q235B。

5 内罩的钢板焊缝必须坡口焊接。

6 内罩底部应设有防止法兰受损措施，底面设有垫片或支脚。

7 内罩与加热罩之间的密封采用沙封或陶瓷纤维制品密封。

8 筒体和封顶焊缝须 100%X 射线检查，达到现行国家标准《金属融化焊焊接接头射线照相》GB/T 3323—Ⅱ级要求。

4.2.6 冷却罩设计要求：

1 为了保证冷却风机的正常工作，冷却罩风机宜采用电源自动联接，冷却罩就位后风机自动启动。冷却罩数量应根据钢卷退火周期中冷却时间占总退火时间的比例来确定，也可根据经验数据（0.45～0.46）倍炉台数选定，取整数。

2 冷却罩筒体采用材质 Q235B 或 1Cr18Ni9；采用水喷淋技术时必须采用 1Cr18Ni9 或相当材质制作冷却罩。

3 冷却风机宜采用 1～3 台。水喷淋冷却的喷淋系统水管采用快速接头，喷淋管均采用耐热材质。

4.2.7 制造对流板的导流片材料在同一板材下料，保证表面平整，满足制造公差要求；不使用的对流板一定要放平储存，避免变形。

4.2.8 自动控制检测系统要求：

1 自动检测控制的内容有：

燃气供应系统：燃气压力检测、指示、低压报警，燃气流量指示、记录和累计。

燃烧系统：空气/燃气比例控制和 ON/OFF 控制，空气或燃气低压切断系统，每个烧嘴点火及火焰监视、点火失败报警与控制。

温度控制系统对炉台底部温度或炉内气氛温度和加热罩温度的自动检测，实现退火过程的温度闭环控制；在开发新产品退火工艺时，应增加钢卷垛各部位温度检测点。

罩式退火炉应设置炉内温度分布测量的试验炉台。

炉内气氛控制系统：氮气和氢气流量、压力、调压控制设施、炉内密封检测、氧浓度检测。

液压控制系统：液压压力、温度、故障报警与控制。

冷却水供排系统：流量、压力检测、记录、低压报警。

炉内压力控制系统。

烟气、可控气氛排放系统控制。

2 每个炉台的退火工艺过程控制，热工检测数据由计算机控制，有条件的工厂罩式炉生产组织调度由过程计算机统一管理。

3 安全设施包括：燃气或空气低压报警并切断；炉内压力异常，事故氮使用；供电事故、冷却水事故报警；紧急状态安全设施自动投入；烧嘴点火失败、燃烧失败报警；各种风机等设备运行监控。

4.2.9 最终冷却台宜地下布置，通过在车间内的地下供风通道从车间外吸入冷风，对出炉钢卷进行最终冷却；如地面上设置，风机安装在钢结构支架上，风机从车间内吸入冷风。

冷却台数量根据气候条件不同，厂房通风条件好坏，都会影响钢卷冷却速度，冷却台数量一般可按炉台数的 0.5～0.6 倍设置。

每两层钢卷之间必须放一块中间对流板；中间对流板按冷却台数量的三倍配置。

4.2.10 立式连续退火机组适合大型现代化冷轧厂，具有产量大、自动化水平高、产品质量好、生产成本低等特点。为了消除冷轧宽带钢的加工硬化应力，软化组织，满足用户的机械性能和物理指标的要求，带钢应在控制气氛中进行退火处理。

1 连续退火炉有卧式与立式之分，大型冷轧厂一般都采用立式连续退火炉。

2 条文中所含钢种已包括目前国内在连续退火机组中能够生产的所有品种。

3 带钢规格中厚度和宽度范围，基本包括了国内现有和在建连续退火机组的产品范围。钢卷规格内径，主要是考虑多数冷轧卷取机的通用卷筒规格而确定，外径一般可不限，但最大卷重不大于 45t。

4 热处理制度根据工艺要求进行，退火炉温度制度调整、冷却速率应满足退火工艺要求。

5 退火炉正常工作温度为 920℃，报警温度为 930℃，若 15min 之内温度不降，将自动切断系统；紧急报警温度为 950℃，立即切断系统。

6 连续退火炉处理不同级别带钢单位燃料消耗变化较大，表 4 提供了一些不同品种带钢热处理燃料消耗指标，供参考。

表4　不同品种带钢热处理燃料消耗指标

级别代号	处理温度(℃)	额定单耗(MJ/t)
CQ	760	740～870
DQ	830	950～1230
DQ	800	800～950
DDQ	820	910～1100
EDDQ	840	1000～1250
DP-590	820	950～1200
TRIP-590	820	950～1200

4.2.11 根据我国目前情况，普通冷轧带钢在退火炉内最高速度暂定 450m/min，国外有些机组高于这个速度。

在加热段、均热段和时效段的可控气氛为 5%的氢，在快冷段为满足冷却速率的要求，可以采用更高氢含量的控制气氛（最高可达 75%的 H₂）。

快冷段与时效段之间有时设有二次加热段，这时快冷后的带钢温度要低于时效段的开始温度；然后由感应加热装置再加热到时效开始温度。

4.2.12 进口密封装置密封效果的好坏关系到产品质量、可控气氮消耗指标、设备安全等重要问题，因此进口密封要特别关注。密封箱外面采用50mm纤维毡保温，表面采用0.5mm镀锌板保护，纤维毡用φ5.0mm锚固钉固定；密封辊转动线速度与带钢同步，避免划伤带钢表面，辊径200~250mm，材质为Ni-Cr钢；穿带时密封辊由两个气缸打开；密封的轴承与密封箱壳体间采用机械密封和氮气密封；可以单辊开启或双辊开启，每根密封辊配置两个气缸；保持进口密封室入口压力大于70Pa，氮气耗量视炉子大小而异；停炉时氮气管道阀门自动打开。

4.2.13 预热段可控气体由循环风机抽出后经过预热器，由加热段和均热段辐射管排出的烟气预热；可控气体经过喷箱喷嘴喷向带钢，尽量提高带钢的预热温度。

4.2.14 加热段和均热段采用辐射管加热，两段辐射管的结构型式是相同的，规格不一定相同，因为不同材质、不同的使用温度辐射管的表面功率各不相同，确定辐射管的供热能力时必须根据选用材质和使用温度进行选取。均热段也可以采用电阻带加热。

　　1 在炉内的带钢长度（行程数）取决于生产大纲中产量、规格、处理温度、加热能力、通板速度等因素。

　　2 加热段和均热段为两个独立炉室（很少连在一起），分别为独立的温度控制段。采用燃气辐射管供热时，设计应符合下列要求：

　　1)"抽一鼓"型辐射管外形多采用W、U、P形，辐射管内保持负压。辐射管采用离心铸造管体、模铸弯头焊接制成，辐射管外径200~220mm，端头设有支撑和吊挂点，支撑点为滑动支撑，吊挂点为绞接，必须允许管体自由膨胀，辐射管壁厚7~8mm；

　　2)辐射管燃气烧嘴直接燃烧，空燃比例控制，或ON/OFF控制。燃烧废气由排烟机抽到集气箱，有利于稳定辐射管内的压力，保持稳定燃烧；燃烧废气中NOx排放浓度和排放速率应合现行国家标准《大气污染物综合排放标准》GB 20426的要求；

　　3)电火花点火和火焰监测，除了监视火焰正常工作功能之外，还应具有点火失败控制功能，即三次点火失败自动关闭系统；

　　4)温度控制段的划分：沿带钢行程分段控制温度，一个行程为一个控制段，这样做温度控制比较准确，如果加热段几个行程为一个控制段，共分成12~14个控制段，均热段分成两个控制段也是可行的；

　　5)在加热段的前几个顶辊下面和底辊上面设有耐热钢板和陶瓷纤维制品组成的防辐射板，防止高温对炉辊的影响；

　　6)盖板和穿带孔由陶瓷纤维和耐热钢板构成，与炉壳间采用陶瓷纤维和硅橡胶双层密封。

4.2.15 缓冷段设计要求：

　　1 若干个喷吹冷却装置布置在带钢两侧，将经过热交换器冷却的可控气氛均匀喷吹入炉，可把带钢冷却到650~700℃。冷却速率根据产品工艺要求确定。

　　2 喷嘴形式与结构应有利于组织气体喷吹方向及带钢冷却，喷嘴与带钢间距120~180mm。

　　3 热交换器由铝翅片耐热钢管制成。

　　4 循环风机工作温度200~300℃，压力2.5~3.0 kPa，流量应与热交换器和喷冷装置需要的冷却能力相匹配，冷却水的出口温度应根据当地供水水质条件而异，最高不得高于50℃。

　　5 在缓冷段炉室和顶辊、底辊室考虑带钢低速运行及炉子启动时的需要，应设有可调控电阻带或电辐射管加热。

4.2.16 带钢缓冷之后经底辊室进入快冷段，带钢在快冷段根据不同产品的工艺要求，以30~120℃/s冷却速率冷却到250~400℃。

　　1 对于生产个别品种，为了达到高的冷却速率有时采用氢气含量50%以上可控气氛，但应注意使用的技术条件和安全措施。

　　2 每组喷箱沿带钢宽度分成5个风道向喷嘴供风，由挡板分别调节各风道的风量，达到沿带宽均匀冷却的目的。

　　喷嘴最高喷吹速度可达110~120m/s，喷嘴与带钢间距为50~200mm，由变速齿轮马达和螺旋千斤顶调节；为了保护喷嘴在断带时不被损坏，应设有喷嘴防护设施。

　　3 快冷段的进、出口设有密封装置，防止高氢气体向前后炉段扩散。

　　6 在快冷段的带钢进口、出口和两对喷箱之间设有稳定辊，辊径300mm、材质0Cr25Ni20。稳定辊与带钢压紧度为30~50mm，以防带钢抖动。

4.2.17 时效段设计要求：

　　带钢快冷之后根据工艺要求在时效段经过时间为120~200s，炉内带钢长度大约有900~1000m、30~40行程，分成1号时效段和2号时效段，结构相同，便于炉体结构设计。

　　喷吹冷却管由表面设有喷口的耐热钢管制成，布置在带钢两侧，循环风机将炉内控制气氛抽出经冷却器冷却后喷冷带钢。电辐射管单管加热功率一般为25~32kW。总供热能力（两个炉室）根据炉室大小和产量确定。

　　顶部和底部设有活动盖板，便于检修和穿带，盖板采用耐热钢板和陶瓷板构成，盖板与炉壳间采用陶瓷纤维和硅橡胶双层密封。根据时效段出口热电偶或扫描温度计测得带钢温度，调整炉段内供热和冷却能力。

4.2.18 最终冷却段设计要求：

　　1 带钢从时效温度经过8~10个行程冷却到150℃。

　　2 每个控制段各自形成独立的循环体系，可控气氛冷却器数量与冷却控制段数量一致。

　　可控气氛温度：进口90~130℃，出口50~80℃。

　　冷却水进口温度：根据供水条件而异；出口温度最高50℃。

4.2.19 出口密封装置的密封辊直径φ250mm，Ni-Cr钢制成，齿轮马达单独传动与带钢同步，密封室通入氮气保持正压，压力大于70Pa。

　　第一对密封辊密封炉子出口，阻止炉内气体外溢，第二对密封辊防止水淬蒸汽进入炉内，在两对密封辊之间通道内设有排气风机和管道，密封辊由气缸开关，最大开口度为100mm。

4.2.20 水喷淋装置由多组喷管组成，布置在带钢进水淬箱前和出水淬箱后的带钢两侧。

　　水淬箱由耐热钢板焊接制成，喷淋和水淬箱采用脱盐水、水淬箱的水位不高过沉没辊中心线。水泵4台（两用两备，分别供上行带钢喷淋和下行带钢喷淋）。

　　热交换器形式：板式换热器，耐热钢制成，脱盐水、冷却水热交换器，热交换能力根据带钢小时产量、温降数值计算确定。

　　在喷淋装置的顶部设有水雾排出系统，将水雾排到厂房外。

　　沉没辊由耐热钢制成，表面设有沟槽，辊径1300~1700mm。

4.2.21 挤干辊由碳钢制成，表面衬胶，辊径250mm，齿轮马达单独传动，每个挤干辊由两个气缸开关。

　　烘干装置由8~10个V形喷管布置在水淬后带钢两侧，喷管上装有喷嘴，将经过加热的空气喷向带钢。

4.2.22 炉内带钢张力在不同炉段是不同的，温度高的炉段单位张力低，温度低的单位张力高，根据炉温状况分段调节。

　　1 炉辊表面进行喷涂处理，提高耐磨性。

　　2 带钢张力测量装置设在辐射管加热段、均热段、1#缓冷段、快冷段、1#时效段、2#时效段和2#最终冷却段；在辐射管加热段和均热段、缓冷段顶辊室的炉辊轴承采用水冷。轴承采用中心润滑站自动润滑或其他润滑方式。

　　3 纠偏辊调整炉内带钢中心保持与作业线中心一致（CPC）控制，关键部位采用两辊纠偏。

　　4 炉辊材质根据工作温度不同而异，表5为带钢传输系统各段炉辊推荐材质。

表5 带钢传输系统各段炉辊推荐材质

位置	辊面材质	辊颈材质	辊面涂层种类
进口密封	0Cr18Ni9	Q255-B	LC1C, CrC1, LC106
预热段	0Cr18Ni9	35#	LC106
	0Cr25Ni20	0Cr18Ni9	
加热段	0Cr25Ni20	0Cr18Ni9	LC056, LC017
缓冷段	0Cr25Ni20	0Cr18Ni9	LC056, LC017
快冷段	0Cr25Ni20	0Cr18Ni9	LC106
时效段-出口密封	0Cr18Ni9	Q255-B	LC-1C LC106
水淬沉没辊	0Cr18Ni9	0Cr18Ni9	镀Cr
挤干辊	Q235-B	Q235-B	橡胶

稳定辊材质与所在炉段转向辊材质相同。

5 炉辊辊径是根据产品品种、规格、所在炉段及功能要求确定的。

4.2.23 炉壳、耐火材料及各种附件坐落在钢结构平台上,在各炉室之间设有波纹膨胀补偿器,炉辊由钢结构支撑,与炉壳之间采用软连接。

为操作和维修的方便设有电梯1台,载重量600～800kg。

4.2.24 炉子热工控制系统的各炉段、各种介质及各种工艺控制参数由计算机管理。

4.2.26 允许最长停水时间与炉温的关系见表6。

表6 允许最长停水时间与炉温的关系

炉温范围(℃)	300	301～500	501～700	701～800	>800
允许最长停水时间(min)	15	10	7	5	4

4.3 硅钢带卧式退火炉

4.3.1 炉型及热源选择要求。

1 硅钢带脱碳退火大部分在卧式炉中进行,只有少部分不需脱碳的低牌号无取向硅钢带在立式连续退火炉中进行退火。对于取向硅钢高温退火,一般在罩式高温退火炉中进行。它的缺点是产量低,占地面积大,作业分散等。为了克服罩式高温退火炉的缺点,将装有钢卷的炉台放在可移动的台车上,发展成为燃气加热的环形炉和电加热的隧道炉,大大减少占地面积,提高处理质量。

2 关于热源选择,硅钢是在可控气氛中进行热处理的(酸洗机组常化退火热处理除外),高温状态下不能用火焰直接加热,需用煤气辐射管间接加热、电阻辐射加热或电感应加热。尽量采用燃气辐射管间接加热,降低加热成本。带钢低温预热时,可以用无氧化明火快速加热,但是,一定要用热量稳定的煤气,例如天然气、焦炉煤气等。

4.3.2 制作辐射管的耐热钢中含有较多的镍元素,易被硫元素侵蚀,如果煤气中的硫化氢含量高,会降低辐射管使用寿命。冬季气温低,萘易结成固体,堵塞仪表,因此,要限制煤气中的萘含量,尤其在北方地区。

4.3.3 带有无氧化加热段的硅钢带退火炉,无氧化加热段为贫氧燃烧明火加热,空气系数一般为0.90～0.95,如果燃气发热量不稳定,那么,燃气发热量变化时,单位燃气需要空气量变化,引起空气与燃气比例失调,酿成带钢氧化或燃气浪费等弊端,应使用发热量稳定的燃气。

4.3.4 长火焰烧嘴的火焰温度逐渐降低,所以辐射管前半段选用较高级耐热材料制作,辐射管后半段使用较低级耐热材料制作,火焰轴向温度差一般控制在50～100℃。对于炉内含氢可控气氛的炉子,辐射管内应为负压,一旦辐射管破损,烟气不会溢出辐射管,污染炉内气氛。

4.3.5 轻型炉衬热惰性小,变换钢种时,退火炉升降温速度快。对于处理钢带表面质量要求高的退火炉,在陶瓷纤维毡表面可覆盖一层厚度为0.5～1.0mm的不锈钢板。炉温高于1000℃的直火焰(明火)无氧化炉,炉衬宜采用轻质高铝砖或陶瓷纤维折叠块。

4.3.6 全辐射管或电阻带加热的退火炉,进口密封一般设置双挡板和密封辊,在双挡板和密封辊之间用喷嘴吹氮气,形成高压舱,使进口密封室炉压稳定,还能防止炉气外溢,阻止环境空气进入炉内。前置无氧化加热段的退火炉,进口密封一般不设双挡板,只用喷嘴吹氮气和进口密封辊加以密封。

4.3.7 由于出口处易引起爆炸,为了安全和保持出口密封室的炉压,要求出口密封装置具有多重机械密封和氮气密封,出口密封辊的辊缝设计成可调节的方式。

4.3.8 在均热段和冷却段之间设置炉喉,作为带钢冷却降温的开始点。炉喉将前后炉段分成两个温度区,减少相互间的辐射干扰。炉喉不供热,也不设冷却装置。

4.3.9 在确保安全、有效传输钢带的前提下,炉辊越少越好,可以减少投资,对钢带表面损伤也小。炉辊间距主要取决于允许的穿带棒的长度,炉辊间距应不大于穿带棒的0.4倍。

4.3.10 冷却段采用循环喷吹气体冷却装置,这是一种很好的冷却方式,钢带冷却温度均匀,冷却速度调节手段灵活,能够达到高的冷却速度,但是投资大,运行费用高。采用水套冷却装置,钢带冷却温度均匀性差,边部冷却速度快,易产生边浪,使钢带不平整。炉管冷却(管内是负压空气),冷却速度低,一般用于处理板温较高的冷却段。低温钢带由于钢带与冷却气体之间温差小,冷却速度慢,需要冷却设备多,所以,钢带运行速度高的退火炉在低温区可以合理采用水淬冷却装置。水淬冷却装置的冷却速度快,运行费用低。

4.3.11 氮气贮罐的大小与炉腔容积和炉内可控气氛中氢气含量两个因素有关。在事故状态下,将氮气通入炉腔内,吹扫炉内含氢可控气氛,降低可控气氛中氢气含量,一般以氢气含量不大于1%视为安全浓度。

4.3.12 炉底辊辊颈与炉体之间一般有较严密的机械密封,可以防止炉内外气氛相互窜动,在炉压要求较严格的冷却段,应采用机械密封和氮气密封的复合密封。装有循环风机的冷却炉室,炉压波动大,当炉压大时,炉内气氛外溢,增大可控气氛消耗量;当炉压小时,车间内空气易被吸入炉内,造成钢带氧化,甚至引起退火炉爆炸。所以,循环风机轴颈必须同时具有机械密封和氮气密封,否则存在安全隐患。

4.3.13 出口密封室视炉子宽度大小,设置1～3个辉光加热器,将可能吸入室内的氧气与氢气点燃,避免吸入的空气进入炉内深处。辉光加热器表面温度必须高于该处气氛的点火温度。出口密封室的泄压装置要有足够大的泄压面积,一般在炉顶设活动盖板,盖板下面用沙子、陶瓷纤维等密封。

4.3.14 冷却段炉内温度低于该处气氛的点火温度,一旦侵入空气,易引起爆炸,因此,必需设置泄压装置,作为防爆措施。必要时设置辉光加热器,更加安全。泄压装置的泄压面积根据炉容大小决定。

4.3.15 可控气氛排出炉外的处理方法:全辐射管加热或电加热退火炉,炉内气氛由炉尾向炉头流动(与钢带逆向),在进口密封室炉子顶部用导管将气氛引出,并在导管上设置蝶阀,控制炉压。如果气氛中氢气含量较高,需要在放散气氛出口处设置点火烧嘴,点燃氢气。为了降低放散气氛温度,延长蝶阀使用寿命,可以在蝶阀前安装水冷换热器。也可以让炉内气氛从进口密封辊缝排出并点燃。

多段式退火炉(TAL)在可控气氛排出口设置长明火将排出的 H_2 点燃。

对于设置无氧化预热段的退火炉,可控气氛中的 H_2 由预热炉的补燃烧嘴燃烧掉。

4.4 不锈带钢热处理作业线

4.4.1 根据不锈带钢热处理的工艺要求、产品规格、生产规模、投资能力等因素合理选择炉型。

4.4.5 本条的计算式,来自《理论力学》教科书。例如同济大学理论力学教研组编写、高等教育出版社出版的教科书,§4-4 悬索。

f 值可使用 Excel 求解。将(4.4.5-1)式置于 B1 单元格,f 值置于 B2 单元格,T_0 值置于 B3 单元格,(4.4.5-2)式置于 B4 单元格,(4.4.5-3)式置于 B5 单元格。表 7 为垂度单变量求解示例。

表 7 垂度单变量求解

	A	B	C	D	E	F
1	L=	20	m	=2*B3/B6*ACOSH(B6*B2/B3+1)		
2	f=	1.164	m			
3	T₀=	13630	N			
4	T=	13998	N	=B3+B6*B2		
5	S=	20.18	m	=2*B3/B6*(SINH(B6*B1/B3/2))		
6	q=	316	kN/m			

打开"工具"菜单的"单变量求解"命令,出现对话框。"目标单元格(E)"后面的框内键入 B1,在"目标值(V)"处击鼠标,并输入 20,在"可变单元格(C)"处单击鼠标,选 B2 单元格,即希望 Excel 改变 B2 单元格内的数值,求出垂度应为多少跨度才是 20m。按"确定"键,出现"单变量求解状态"对话框,B2 单元格内数值 f 已成为 1.164m,跨度 L 正好是 20m。再按"确定"键,对计算结果予以肯定。这里将 T_0 值和 q 值都作为已知值。算出这一段钢带的长度 S 是 20.18m。

悬链线悬索按抛物线悬索计算,当比值 $f/L=1:20$ 时,对 T_0 而言误差仅 0.3%;$f/L=1:10$ 时,误差为 1.3%。

据 1954 年前苏联冶金出版社的《钢的高温强度》一书介绍,表 8 为高温下耐热钢的强度极限。

表 8 钢的高温强度 (kgf/mm²)

钢号	800℃	900℃	1000℃	1100℃	1200℃	1300℃
1Cr13	3.6~6.3	2.7~4.9	3.7~2.7	2.2~1.9	1.2	
Cr17	4.1	2.2	2.1	1.4	0.8	0.6
Cr28	2.6	1.9	1.1	0.8	0.8	
1Cr18Ni9	12.2	6.9	3.9	2.1	1.6	
1Cr18Ni9Ti	18.5~16.3	9.1~8.4	5.5~4.4	3.8~2.9	2.9~1.9	1.8

表 8 中 1kgf=9.8N。

可据此乘以安全系数,定出 T_0 值。为简化起见,按荷载 q (kN/m)沿水平线均匀分布的抛物线悬索,则悬索的长度 S 可按下列公式计算:

$$T_0 = \frac{1}{8} \cdot \frac{qL^2}{f} \quad (1)$$

$$T = \sqrt{T_0^2 + \left(q\frac{L}{2}\right)^2} \quad (2)$$

$$S \approx L + \frac{8}{3} \cdot \frac{f^2}{L} = \frac{L}{2}\sqrt{1+\left(\frac{4f}{L}\right)^2} + \frac{1}{2}\left(\frac{L}{4f}\right)^2 \times \frac{1}{f} \times \ln\left[\frac{4f}{L}+\sqrt{1+\left(\frac{4f}{L}\right)^2}\right] \quad (3)$$

4.4.6 为了缩短工件的冷却时间,往往采用喷吹冷却,关于对流给热系数的计算可参见有关"传热学"或"对流传热"的专门著作。

4.4.9 按带钢通过退火炉进行热处理的方向,不锈带钢光亮立式退火炉分为上行式(带钢从下部经过加热段上行再进入冷却段)和下行式两类,或按有无马弗分为带马弗立式炉和无马弗立式炉两类。下行式立式退火炉是带钢经炉下转向辊上行进入清扫段,用可控气氛吹扫带钢表面残存的空气,再经炉顶转向辊下行经过加热段和冷却段。"下行式"的主要优点是带钢经可控气氛吹扫后有利于炉内气氛的成分稳定。进出口密封装置都在低温区域,便于密封结构的设计。缺点是处在高温部位的带钢受张力最大,炉高越大矛盾就越突出;经过炉顶转向辊的是未经退火的硬带钢,转向辊辊径较大。冷却段和出口密封装置很接近,一旦渗入空气就容易影响带钢光泽。"上行式"的优缺点是正好与此相反,冷却段位于加热段和出口侧导管之间,即使密性出现问题炉压仍然稳定,不会产生氧化。

4.4.10 带马弗光亮立式退火炉的热源选择,需根据所在地具体条件决定。

4.4.15 例如 18-8 型不锈钢在 1100~900℃ 的温度范围内冷却速度为 30~60℃/s,可按带厚和带宽调整。

4.4.19 例如炉压控制、自动充氮系统、防火、超温保护等。

4.5 带钢连续镀锌、镀锡作业线热处理炉

4.5.1 通常带钢连续镀锌作业线热处理炉包括热轧带钢连续镀锌作业线热处理炉、冷轧带钢连续镀锌作业线热处理炉两部分。立式炉和卧式炉是目前带钢连续镀锌作业线普遍采用的炉型。

4.5.3 为了节能和环保,提倡采用热风、低氧化氮(NO_X)烧嘴。选用无氧化烧嘴时,采用发热量大于 15000 kJ/m³ 的高热值燃料,空气过剩系数 0.95~0.98,才能达到理论燃烧温度。

4.5.8 镀锡原(基)板钢类型见表 9。

表 9 镀锡原(基)板钢类型

原(基)板钢类型	特 性
MR	非金属夹杂物含量与 L 类钢相近,残余元素的限制没有 L 类钢严格,具有良好的耐蚀性,适用于大多数用途
L	非金属夹杂物以及 Cu、Ni、Cr、Mo 等残余元素含量低,用于对耐蚀性有较高要求的用途
D	用于深冲压或限制滑移线产生的用途

镀锡产品分类代号见表 10。表中调质度代号对应的硬度与 JIS G3303、DIN EN10203 和 ASTM A623M 的一致性程度为非等效。

表 10 镀锡产品分类代号

调质度代号	硬度(HR30Tm)	
	目标值	允许范围
T-1	49	49±3
T-2	53	53±3
T-2.5	55	55±3
T-3	57	57±3
T-3.5	59	59±3
T-4	61	61±3
T-5	65	65±3

4.5.9 由于产量大及带钢运行速度高的原因,立式炉是目前带钢连续镀锡作业线普遍采用的炉型。立式炉结构型式与本规范第 4.2 节冷轧宽带钢热处理作业线中的立式连续退火炉相同。

某机组带钢连续镀锡作业线热处理炉技术参数见表 11。

表 11 带钢连续镀锡作业线热处理炉技术参数

机组序号	处理能力(t/a)	带钢速度(m/min)	带钢厚度(mm)	带钢宽度(mm)	炉型
1	480000	max 880	0.15~0.40	max 1270	立式
2	429750	max 880	0.18~0.55	max 1230	立式

图 2 为某机组带钢连续镀锡立式炉加热曲线。

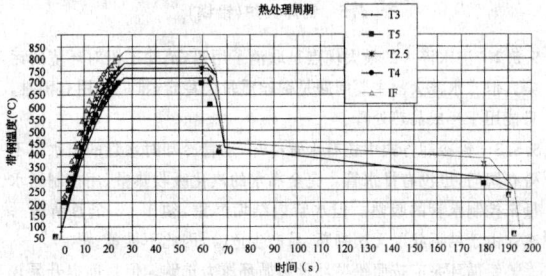

图 2 连续镀锡立式炉加热曲线

4.6 无缝钢管热处理炉

4.6.1 通常无缝钢管热处理线包括油井管、管线管、高压锅炉管、不锈钢管、管端加厚管等钢管热处理。条文中列出了无缝钢管热处理常用炉型。

4.6.2 本条只对一般热处理炉的控制水平要求作了规范,每座热处理炉的控制水平还应随工艺要求、装备水平及投资等因素综合考虑。

4.6.4 油井管热处理作业线热处理炉有淬火炉和回火炉。
淬火炉和回火炉引用的数据是国内先进钢厂的技术性能。

4.6.5 辊底式炉引用的数据依据国内先进钢厂的技术性能和国外类似公司的技术性能。

4.6.6 感应热处理炉的加热电源装置是关键设备,这部分属于电气范围,故未详细列入。

4.6.7 大口径、厚壁管车底式热处理炉的部分数据引自原机械工业部设计研究院主编的《工业炉设计手册》。

5 金属制品热处理炉

5.1 一般规定

5.1.1 金属制品用炉燃料选择的顺序是按用户条件进行排列的。

5.1.5 当大气温度20℃时,用150~200mm耐火纤维毡绝热可使炉墙外表面温度降到75℃以下。

5.2 马弗炉

5.2.1 带小孔马弗砖的炉型结构,由于传热慢,炉长一般小于20m。有带槽马弗炉和大孔马弗炉,这些马弗炉的长度有超过25m的。

5.2.3 表5.2.3中 $D \cdot V$ 值是钢丝行业对热处理炉热工特性的惯用参数,钢丝直径 D 单位为mm,钢丝运行速度 V 为m/min。

5.3 明火加热炉

5.3.3 钢丝氧化量指钢丝烧损量占原钢丝质量的百分数。这种计算氧化量的方法比较直观,但无可比性。以钢丝单位表面积的氧化量表述比较科学。

5.4 电直接加热炉

5.4.5 加热段长度与钢丝直径有关,钢丝越细,加热段越短。

5.5 铅淬火炉(铅锅)

5.5.2 沸水淬火的最大优点是取消了用铅,消除了铅对环境的污染。但沸水淬火的主要问题是钢丝质量欠稳定,推广使用有困难,只能用于半成品热处理。

5.5.3 铅冷却方式中还有水管冷却,水管冷却水管的出水口不得有阀门,也没有排水管。完全靠水的汽化吸热量,用控制通水量来控制水管的吸热。但水管内结垢严重,须1~3个月清洗一次。由于结垢状况无法判断,易产生危险,因此不推荐。

铅循环应按照铅循环量和循环压力选购。但目前提升泵较多,提升泵的流量小而压力大,铅循环的要求是流量大而压力低。例如有一个厂用提升泵代替循环泵,由于电动机超负荷,更换了很大的电动机仍不能满足要求。

5.5.6 防止铅锅表面铅蒸汽污染环境,迄今国内外尚无有效的办法。目前国内有采用覆盖剂的,由于使用期短(两个月左右)、价格贵,厂家多不愿接受。当前采用最多的办法还是遮盖铅锅表面。

6 工业炉燃料及燃烧设备

6.0.1 燃料选择要求:

1 气体燃料燃烧过程易于控制,燃烧设备简单,操作维修方便,又不会造成大的环境污染,是工业炉的理想燃料。

加热用混合煤气发热量的下限值,主要取决于各轧钢车间要求的开轧温度,以及空气和煤气预热温度,不同出钢温度要求的混合煤气的理论燃烧温度。当空气为常温和预热温度分别为200℃、400℃时,不同出钢温度要求的混合煤气发热量下限值见表12。表12中计算条件:空气系数为1.1,高温系数为0.75,入炉钢坯温度20℃。

表12 不同出钢温度要求的混合煤气发热量下限值

项目	出钢温度(℃)														
	1000			1100			1150			1200			1250		
加热炉最高炉温(℃)	1100~1170			1200~1280			1250~1320			1300~1320			1320~1350		
要求的理论燃烧温度(℃)	1570			1710			1785			1860			1890		
空气预热温度(℃)	常温	200	400	常温	200	400	常温	200	400	常温	200	400	常温	200	400
要求煤气发热量的下限值(kJ/m³)	5864	4558	4115	6189	5532	4934	6854	6130	5432	7724	6808	5988	8083	7100	6230

混合煤气发热量的下限值,一般可按照助燃空气单一预热温度为200℃时,能够保证各轧钢车间的最高出钢温度为条件进行计算。但考虑到操作调控的需要,煤气发热量的下限不宜低于6000kJ/m³。

当加热炉使用低热值混合煤气时,加热应设置工作可靠的空气和煤气预热器,并适当提高介质的预热温度,以保证生产操作稳妥可靠。

3 直接烧煤,包括人工加煤、机械加煤和烧粉煤,难以满足加热炉加热质量要求和环保标准,不应再采用。煤水浆技术正在试验中,尚未成熟。因此,轧钢加热炉都不应采用煤、粉煤或煤水浆作燃料。

6.0.2 燃料质量的要求:

1 气体燃料:

1)稳定的煤气发热量和接点压力,是保证工业炉仪表正常工作和实现空燃比例调节的必要条件,一般应在煤气混合站设置热值仪和稳压装置,并将发热量和压力测量值接入加热炉计算机,特殊情况下也可在车间接点处设置热值仪和稳压装置。

2)煤气含尘量低于20mg/m³,才可保证预热器、孔板、阀门等不致因经常堵塞而影响正常生产。

3)根据现行炼焦煤气回收工艺,净煤气、非精制煤气中的焦油含量可控制在10~20mg/m³范围内。

2 液体燃料:

1)含硫烟气会使被加热金属的烧损率增加,排入大气则造成环境污染。加热含镍钢时,对硫化物特别敏感,会引起加热质量事故,一般应按钢中镍含量限制燃料中的含硫量。

2)根据国家现行标准《燃料油》SH/T 0356规定,当需要低硫燃料油的情况下,可根据供需双方商定,供给黏度小的燃料油;

3)目前我国供应各轧钢加热炉的燃料油,几乎都是没有牌号的常压渣油或减压渣油,黏度高,含水量大,杂质多,油质极不稳定,给加热炉燃烧造成极大困难。提高渣油预热温度是目前改善渣油燃烧质量的有效办法;但过高的预热温度会造成燃油裂解析碳，从安全考虑，燃料油的预热温度应低于闪点7~10℃。渣油混入轻油后的闪点，远远低于按两者混合比所求得的温度，对此必须注意。

6.0.3 烧嘴装备能力考虑到工业炉的最大产量、炉役后期燃料消耗增加，以及各供热段调节的需要，一般在额定热负荷的基础上加大到1.2~1.3倍。

本规范中的热负荷只计算燃料的化学热量。

6.0.4 蓄热燃烧技术作为节能与减少氧化氮（NOx）排放的创新技术，已经在我国得到普遍应用，并取得了很大成效。但通过这几年的实践表明，这一技术在应用中有一定的限制条件，而且在炉型结构、燃烧系统和燃烧装置、换向设备、自动化控制精度，以及安全操作等方面还有一些问题，有待进一步完善。要采取措施可靠地控制炉膛压力和炉内气氛。

燃高炉煤气的加热炉采用蓄热燃烧技术，能够最充分发挥该技术的优点。因此，凡是有高炉煤气的企业，无论新建或改建加热炉，都优先选用双蓄热燃烧技术。

6.0.5 燃油加热炉必须采用全热风喷嘴，并按照送入空气的温度和压力选定合适规格的喷嘴，保证余热回收装置能够收到实效。

目前国内尚有一些单位使用低压燃油喷嘴。由于喷嘴维护的需要，采用敞口式安装，喷嘴通过敞口吸入冷风，以及敞口处的散热损失，会使工业炉热效率降低。今后设计中，应该选用能够密闭安装又便于维护的燃油喷嘴。

7 工业炉烟气余热回收及其装置

7.1 一般规定

7.1.1 燃油或燃煤气的轧钢连续加热炉必须设置助燃空气预热器。在设置助燃空气预热器后如果烟温在500℃以上，可以考虑增设煤气预热器。但对于发热量高于8360kJ/m³的混合煤气，以及含有较多焦油或腐蚀性气体的煤气，不宜采用煤气预热器。

7.1.2 余热回收利用的目的在于降低工业炉燃料消耗、提高工业炉热效率，以及减少温室气体排放。条文中工业炉年运行时间、出炉烟气温度界限是根据现行国家标准《评价企业合理用热技术导则》GB/T 3486的有关条文，将其具体化并适当提高要求而制定的。例如，配置辐射管的连续式热处理炉，辐射管外要装备空气预热器。

7.2 烟气余热回收装置

7.2.1 工业炉用预热器的选型主要取决于炉型和进入预热器时的烟气参数（烟气温度、烟气量、烟气中灰尘和腐蚀性气体含量等），目前轧钢加热炉常用的空气或煤气预热器为钢管对流预热器。

钢管对流预热器有结构简单、布置紧凑、安装方便、热效率高和使用寿命长等优点，是目前轧钢加热炉常用的预热器。

7.2.2 工业炉用预热器的设计参数受多种因素影响，决定预热器的设计参数的主要因素有：
——进入预热器的烟气温度和烟气流量；
——预热器的型式、结构和材质；
——燃料种类、成分、含量和燃烧器的性能；
——排烟方式和要求。

对于轧钢加热炉，由于目前排烟温度大多在650~850℃，预热温度应控制在650℃之内，过高的预热温度则会造成预热器的传热面积过大、造价太高，甚至选材困难和使用寿命短。预热器的预热温度过低，则烟气余热回收不充分，也不合理。

在自然排烟时，加热炉预热器的排烟温度应控制在350~450℃，排烟温度过高烟气余热回收不充分，过低则会造成烟囱高度太高不合理。在机械排烟时，预热器的排烟温度控制在200~350℃，过高会造成掺冷风过多，过低会造成烟气结露，引起设备腐蚀。

7.2.3 如果预热器寿命不能保证3年以上，投资回收会有困难。如果材质选用过高，投资增大，回收期太长，也不经济。

采用下列措施可以提高钢管预热器的使用寿命：

1 预热器前列管因受外部辐射、不均匀膨胀和气流冲刷，是影响预热器寿命的关键部位。提高前列管的材质或表面渗铝处理，可延长预热器使用寿命。

2 烟温超过700℃、管长大于1.5m的列管预热器，以及其他有热应力膨胀变形的预热器，应有热膨胀补偿措施。

垂直放置的列管式预热器（管长不宜超过3.5m）、大型或高温辐射式预热器均应采用上部支承、悬挂式安装结构，保证下部可自由膨胀。

3 热风温度超温报警和热风放散是预热器设计时必要的一项保护措施，而且要求放散阀对放散量有一定的调节功能。当烟气温度高、烟温波动大时，也可以增设向烟气中掺冷风的保护措施。

4 增设保护管组。

8 安全卫生与环境保护

8.1 安全卫生

8.1.1、8.1.2 大、中型钢铁企业工业炉的燃料一般多为气体燃料或液体燃料，属于易燃易爆品，设计上必须严格遵守本规范及与防火、防爆有关的现行国家标准和行业标准。空煤气双蓄热燃烧的工业炉，设计双烟囱是为了将空、煤气的回路分开，防止混合爆炸。

8.1.3 根据《宝钢二期设计统一技术规定》，提出了气温出现0℃以下并持续一段时间的地区，应视生产需要对可能冻坏的工业管道设置防冻措施。

8.1.4 一氧化碳为二级高度危害毒物，在国家现行标准《热处理车间空气中有害物质的最高允许浓度》JB/T 5073及现行国家标准《工业企业煤气安全规程》GB 6222中，规定作业环境一氧化碳最高允许浓度为30mg/m³。在现行国家标准《工作场所有害因素职业接触限值》GBZ 2中，规定一氧化碳短时间（不得超过15min）接触允许浓度为30mg/m³。氮气是窒息性气体。

8.1.6 接地电阻小于10Ω为安全电阻。

8.1.7 炉区作业场所噪声分级的卫生限值，是按现行国家标准《工业企业设计卫生标准》GBZ 1表5工作地点噪声分级的卫生限值规定编写的，与ISO标准基本一致。

8.1.11 工业炉涉及"机械安全"和"人类工效学"方面的标准均为强制性标准。

8.1.12 供水安全等级分为三级，按等级要求委托给排水专业设计。

8.1.13 供电安全等级与电力专业一致，具体委托供电专业设计。表中两路电源应为分别从两个变电所引入的电源。

8.2 环境保护

8.2.1 国家在控制大气污染物排放方面，除现行国家标准《大气污染物综合排放标准》GB 20426外，还有若干行业性排放标准共同存在，不宜交叉引用。本规范执行国家现行标准《工业炉窑大气污染物排放标准》GB 9087。如企业所在地有更严格的地方标准则应执行有关地方标准。

8.2.2 工业炉烟囱高度除满足对抽力要求外，还应考虑对周围环境的影响，因此规定了烟囱的最低高度。

中华人民共和国国家标准

腈纶工厂设计规范

Code for design of acrylic fibres plant

GB 50488—2009

主编部门：中 国 纺 织 工 业 协 会
批准部门：中华人民共和国住房和城乡建设部
施行日期：2 0 0 9 年 1 1 月 1 日

中华人民共和国住房和城乡建设部
公　告

第 261 号

关于发布国家标准
《腈纶工厂设计规范》的公告

现批准《腈纶工厂设计规范》为国家标准，编号为 GB 50488—2009，自 2009 年 11 月 1 日起实施。其中，第 3.3.4、3.3.8、4.3.8、4.4.6（3、6、7）、5.2.6（2）、5.7.2（3、4）、6.3.2（3）、8.3.9、8.4.8、9.2.5、9.3.3、9.5.1、9.5.7、9.5.9、10.3.8、10.4.4 条（款）为强制性条文，必须严格执行。

本规范由我部标准定额研究所组织中国计划出版社出版发行。

中华人民共和国住房和城乡建设部
二〇〇九年三月十九日

前　言

本规范是根据原建设部《关于印发〈2005 年工程建设标准规范制订、修订计划（第二批）〉的通知》（建标函〔2005〕124 号）的要求，由上海纺织建筑设计研究院会同中国纺织工业设计院共同编制完成的。

本规范在编制过程中根据我国化纤行业发展现状，考虑到行业持续发展的需要，结合腈纶工厂设计的特点，在总结我国最近三十年来建设腈纶工厂的实践基础上，吸收了国外同类型工厂的设计经验，对工艺生产、储运、防火、防爆、安全卫生、环境保护、节约能源和节约资源等方面作了具体规定，并广泛征求了有关单位和专家的意见，最后经审查定稿。

本规范共分 11 章，主要内容包括：总则，术语、代号，工艺设计，工艺设备布置和管道设计，自动控制，电气，总平面布置，建筑结构，采暖、通风和空气调节，给排水，动力等。

本规范中以黑体字标志的条文为强制性条文，必须严格执行。

本规范由住房和城乡建设部负责管理和对强制性条文的解释，由中国纺织工业协会负责日常管理工作，由上海纺织建筑设计研究院负责具体技术内容的解释。本规范在执行过程中，请各单位不断积累资料，总结经验，如发现需要修改和补充之处，请将意见和建议寄送上海纺织建筑设计研究院总师室（地址：上海市长寿路 130 号；邮政编码：200060；E-mail：stadri@online.sh.cn），以便今后修订时参考。

本规范主编单位、参编单位和主要起草人：

主　编　单　位：上海纺织建筑设计研究院
参　编　单　位：中国纺织工业设计院
主要起草人：杨钰英　荣季明　邹懿茂　蒋东昇
　　　　　　史晓东　董志远　曹正定　蔡维琴
　　　　　　钱建勇　邱建勋　黎延霞　张震东
　　　　　　茅建民　李百巧　翟华昆　刘　强
　　　　　　丁贵智　黄彭年　李明敬　郭　斌

目 次

1 总则 ················· 7—32—4
2 术语、代号 ············ 7—32—4
　2.1 术语 ·············· 7—32—4
　2.2 代号 ·············· 7—32—4
3 工艺设计 ············· 7—32—4
　3.1 一般规定 ··········· 7—32—4
　3.2 工艺流程选用 ········ 7—32—4
　3.3 工艺设备配置 ········ 7—32—5
　3.4 主要设备生产能力的计算 · 7—32—5
　3.5 工艺辅助设施 ········ 7—32—5
　3.6 节能 ·············· 7—32—6
　3.7 仓储和运输 ·········· 7—32—6
4 工艺设备布置和管道设计 · 7—32—6
　4.1 一般规定 ··········· 7—32—6
　4.2 工艺设备布置 ········ 7—32—6
　4.3 工艺管道设计 ········ 7—32—7
　4.4 工艺管道布置 ········ 7—32—8
5 自动控制 ············· 7—32—8
　5.1 一般规定 ··········· 7—32—8
　5.2 仪表选型 ··········· 7—32—8
　5.3 控制系统 ··········· 7—32—9
　5.4 控制室 ············ 7—32—10
　5.5 供电和接地 ·········· 7—32—10
　5.6 供气 ·············· 7—32—10
　5.7 配管配线 ··········· 7—32—10
　5.8 伴热保温 ··········· 7—32—10
6 电气 ················· 7—32—10
　6.1 一般规定 ··········· 7—32—10
　6.2 供电方案 ··········· 7—32—11
　6.3 供配电 ············ 7—32—11
　6.4 电气防爆 ··········· 7—32—11
　6.5 消防电源 ··········· 7—32—11
　6.6 防雷、接地 ·········· 7—32—11
　6.7 照明 ·············· 7—32—11
7 总平面布置 ··········· 7—32—12
　7.1 一般规定 ··········· 7—32—12
　7.2 总平面布置 ·········· 7—32—12
8 建筑结构 ············· 7—32—12
　8.1 一般规定 ··········· 7—32—12
　8.2 生产厂房和辅助用房 ··· 7—32—12
　8.3 建筑防火、防爆、防腐蚀 · 7—32—13
　8.4 结构型式和构造 ······· 7—32—13
9 采暖、通风和空气调节 ·· 7—32—13
　9.1 一般规定 ··········· 7—32—13
　9.2 采暖 ·············· 7—32—14
　9.3 通风 ·············· 7—32—14
　9.4 空气调节 ··········· 7—32—14
　9.5 设备、风管和其他 ····· 7—32—14
　9.6 制冷 ·············· 7—32—15
10 给排水 ············· 7—32—15
　10.1 一般规定 ·········· 7—32—15
　10.2 给水 ············· 7—32—15
　10.3 排水 ············· 7—32—15
　10.4 消防 ············· 7—32—16
11 动力 ··············· 7—32—16
　11.1 蒸气 ············· 7—32—16
　11.2 压缩空气 ·········· 7—32—16
　11.3 氮气 ············· 7—32—16
本规范用词说明 ········· 7—32—16
附：条文说明 ··········· 7—32—17

1 总 则

1.0.1 为统一腈纶工厂在工程建设领域的技术要求,总结行之有效的生产建设经验和科学成果,推进工程设计工作的规范化,使工程设计符合国家有关法律法规的规定,达到技术先进、经济合理、安全适用的目的,制定本规范。

1.0.2 本规范适用于以丙烯腈为主要原料的腈纶纤维制造工厂的工程设计,包括腈纶生产车间、辅助生产装置、仓储和罐区的新建、扩建和改建工程。

1.0.3 腈纶工厂的工程设计,应遵守国家基本建设的方针政策和规定,积极采用清洁生产工艺技术,最大限度地提高资源、能源利用率,严格控制单位产品的资源、能源的消耗,鼓励推进生产过程的综合平衡和综合利用。腈纶工厂的总体设计,应结合远景目标统一规划,力求功能分区明确,避免交错污染。

1.0.4 腈纶工厂的工程设计,除应执行本规范外,尚应符合国家现行有关标准的规定。

2 术语、代号

2.1 术 语

2.1.1 腈纶 acrylic fibre 或 polyacrylic fibre
纤维结构的大分子中至少含有85%以上丙烯腈链节形成的线状共聚物,也称聚丙烯腈纤维。

2.1.2 腈纶一步法工艺 one-step process of acrylic fibre
一种腈纶制取方法。在腈纶生产中丙烯腈和共聚单体在溶剂中反应聚合,聚合后聚合体不经分离,直接制成原液进行纺丝的工艺生产方法。

2.1.3 腈纶二步法工艺 two-step process of acrylic fibre
一种腈纶制取方法。将聚合和原液制备分成二步进行的工艺方法简称。单体经水相悬浮聚合反应后,所含有单体及聚合物的淤浆,经脱单、水洗、脱水、干燥等工序处理后,将聚合物再溶解于某种有机或无机溶剂中,经混合、过滤、脱泡等工序制成原液后,送纺丝成形。

2.1.4 腈纶干法纺丝 dry spinning of acrylic fibre
由丙烯腈共聚物溶解于二甲基甲酰胺或丙酮等挥发性溶剂后,制成的纺丝原液,经喷丝头挤出后,在垂直的纺丝甬道内,与热气流接触使溶剂气化而固化成丝条的一种生产方法,简称干纺。

2.1.5 腈纶湿法纺丝 wet spinning of acrylic fibre
由丙烯腈共聚物组成的纺丝原液经喷丝头挤入纺丝凝固浴中,经双扩散固化成丝条的一种生产方法,简称湿纺。

2.1.6 单体 monomer
通过自聚或共聚反应能构成聚合物链段的低分子物质,包括具有聚合性能的低聚物。

2.1.7 聚合 polymerization
由低分子化合物(单体)生成高分子物(高聚物)的化学反应过程。

2.1.8 聚合物 polymer
通过聚合反应所形成的产物。

2.1.9 原液 dope
溶解于溶剂中的聚合物经过进一步的处理后,得到适宜于纺丝的聚合物溶液。

2.1.10 脱单 demonomer
聚合反应后溶液或淤浆中未反应的单体,在生产过程中被脱除的过程简称。

2.1.11 纺丝 spinning
高聚物溶液(原液)经干法或湿法将溶解的聚合物固化成丝条的过程。

2.1.12 回收 recovery
将使用后的纺丝凝固浴稀溶剂或车间内有回收价值的溶剂进行回收,经过滤,浓缩,去除杂质,调整浓度、酸碱度和温度后,在系统中循环使用的生产过程。

2.1.13 A_2 类流体 category A_2 fluid
指有毒流体,接触此类流体后会有不同程度的中毒,但脱离接触后可以治愈。

2.2 代 号

2.2.1 主要物料代号:
AN——丙烯腈 acrylie nitrile
DMA——二甲胺 dimethyl amine
DMAc——二甲基乙酰胺 dimethyl acetamide
DMF——二甲基甲酰胺 dimethyl fomamide
HAc——醋酸 acetic acid
MA——丙烯酸甲酯 methyl acrylate
NaSCN——硫氰酸钠 sodium thiocyanate
VA——醋酸乙烯 vinyl acetate

3 工艺设计

3.1 一般规定

3.1.1 工艺设计范围应包括罐区、聚合、原液、纺丝、回收等生产车间或单元,以及相应的工艺辅助设施。

3.1.2 工艺设计中应加强安全及劳动防护措施,并应符合国家相关的安全和卫生规范规定的要求。

3.1.3 腈纶工厂的年运行时间宜为8000h。

3.2 工艺流程选用

3.2.1 腈纶生产工艺路线应对下列内容综合比较后确定:
1 生产技术先进、成熟、可靠;
2 差别化纤维品种多;
3 产品质量稳定;
4 原料及能源消耗较低;
5 经济效益好;
6 三废排放量少,处理方法成熟。

3.2.2 新建厂宜采用湿纺二步法工艺路线,应根据产品品种制定具体流程,扩建工厂宜结合老厂的工艺路线进行综合选择。

3.2.3 工艺流程的制订应符合下列要求:
1 应满足正常生产、开停车、安全和事故处理的要求,并应有一定的操作灵活性;
2 常规腈纶纤维质量指标,应符合现行国家标准《腈纶短纤维》GB/T 16602的有关规定;
3 物料平衡和热量平衡的计算应根据选定的工艺流程进行,应能满足工艺设计所需的基本要求。

3.2.4 腈纶生产的主要物料的毒性及生产火灾危险性类别应符合表3.2.4规定。

表3.2.4 主要物料毒性及生产火灾危险性类别

物料名称	毒性	生产火灾危险性类别	用途
AN	高度	甲$_B$	第一单体
MA	轻度	甲$_B$	第二单体
VA	中度	甲$_B$	第二单体
DMAc	中度	丙$_A$	溶剂
DMF	中度	乙$_B$	溶剂
NaSCN	轻度	—	溶剂
DMA	中度	甲$_A$	制造DMAc原料
HAc	中度	乙$_A$	制造DMAc原料

3.3 工艺设备配置

3.3.1 工艺设备的配置应符合优质、高效、低噪音、性能稳定、安全适用的要求。

3.3.2 腈纶工厂的聚合、原液、纺丝和回收等生产车间,设备能力的配置应根据不同设备的运转效率及不同的产品或中间品的需求进行综合平衡。

3.3.3 采用NaSCN为溶剂的工艺,凡接触溶剂部分的金属材料应采用含钼不锈钢。

3.3.4 爆炸危险场所的电气仪表设备,应选用防爆型。

3.3.5 主机设备配置应符合下列要求:
  1 聚合系列应符合下列要求:
    1)聚合釜系连续运行设备,应防爆和耐腐蚀,并应保证有一定的腐蚀裕度和良好的机械加工工艺;
    2)聚合物干燥机应根据工艺要求采取安全防护措施。
  2 纺丝生产线系列应符合下列要求:
    1)常年连续运行的纺丝设备,应选用运转效率高、运行稳定、维修方便、节能的设备;
    2)设备和管道的材质应根据介质性质合理选取;
    3)纤维干燥机应根据工艺要求采取安全防护措施。
  3 回收系列中蒸发设备和回收单元的生产能力应与聚合、纺丝设备能力相匹配。

3.3.6 通用设备配置应符合下列要求:
  1 通用设备应选用效率高、噪声小、运行性能稳定、故障率低、维修方便的产品;
  2 通用设备中,泵、过滤器等连续运转和需经常拆洗的设备,宜设置备台;
  3 输送易燃易爆、有毒、腐蚀性物料的设备应具有防泄漏性能。

3.3.7 腈纶生产工艺中使用有毒性的化工物料的场所,应采取相应的防尘、防毒措施,工作场所有害物质浓度应符合现行国家标准《工作场所有害因素职业接触限值》GBZ 2的有关规定。

3.3.8 安全卫生措施应符合下列要求:
  1 应选用密封性好的设备、管道和阀件;
  2 有易燃易爆有毒物料散发并易积聚的室内场合,应设置送排风和局部排风;
  3 干法纺丝和干、湿法纺丝的水洗、牵伸、干燥等部位应设置送排风;
  4 工艺设备运转部位必须设置防护罩和防护屏;纺丝线现场应设置紧急停车装置;
  5 贮存、使用AN、VA、DMA等物料的贮罐区和作业区必须设置相应的安全和消防设施;
  6 易燃易爆物料贮罐必须设置阻火器和呼吸阀,并应设置氮封。炎热的夏季应采取防止物料温度上升的措施;
  7 在贮罐区、聚合车间及其他有毒有害作业区应设置紧急淋洗设施。

3.3.9 有毒有害气体不应直接对外排放,应采取措施达到现行国家标准《大气污染物综合排放标准》GB 16297中规定限值后才能对外排放。

3.3.10 下列工段或设备排出的尾气,应采取下列措施:
  1 AN、VA、MA储罐的排空气体应经水淋洗吸收或其他有效方法处理后排放;
  2 聚合釜排出气体、DMF为溶剂的废丝溶解系统的排出气体、苯乙烯磺酸钠调配槽的排出气体,应经淋洗吸收后排放;
  3 回收装置粗DMAc槽排出的气体应经冷却后回用;
  4 二氧化硫罐组的安全阀出口管线应引至排气筒,高点应集中排放;
  5 对含DMF浓度较高的纤维干燥机、短纤维干燥机、纺丝及原液压滤机区域的废气,宜经淋洗设施处理后排放或设置较高的排气筒排放;
  6 干纺工艺中的原液混合槽、原液贮罐、废丝溶解槽、废原液贮槽、焦油塔顶等排放气体,均应经冷凝器冷凝或吸收后排放。

3.3.11 生产区域雨水和废水应分流排放。生产废水经汇集后排入污水处理站,并应符合现行国家标准《纺织工业企业环境保护设计规范》GB 50425的有关规定。

3.3.12 工作场所的噪声值应符合现行国家标准《工业企业卫生设计标准》GBZ 1的有关规定,对产生超过卫生标准的噪声的设备,应采取消声减振、隔振吸声的综合控制措施。

3.3.13 腈纶生产中产生的废渣,可根据不同情况分别处理。聚合体粉末可采用深埋处理;废胶块、废滤布应浸渍萃取溶剂后再深埋或焚烧处理;纺丝牵伸前废丝可经废丝溶解后重新利用;纺丝牵伸后的废丝可外卖或深埋或焚烧处理。

3.4 主要设备生产能力的计算

3.4.1 聚合釜的生产能力应按下式计算:

$$P = \frac{V_m \cdot d \cdot C \cdot i \cdot H}{C_m \cdot t} \qquad (3.4.1)$$

式中:P——年产纤维能力(t/a);
  V_m——聚合釜有效容积(m^3);
  t——停留时间(h);
  i——转化率(%);
  C——总单浓度(%);
  d——物料密度(t/m^3);
  C_m——聚合体耗量(t/t成品纤维);
  H——年生产时间(h/a)。

3.4.2 纺丝线单线生产能力应按下式计算:

$$P = \frac{60 V \cdot H \cdot N \cdot n \cdot D \cdot R \cdot \eta \cdot (1-K)}{10^{10}} \qquad (3.4.2)$$

式中:P——年产纤维能力(t/a);
  V——纺丝牵伸出口速度(m/min);
  H——年生产时间(h/a);
  n——喷丝头孔数(孔);
  N——纺丝位数(位);
  D——单丝纤度(dtex);
  R——成品率(%);
  η——设备运转率(%);
  K——丝束总收缩率(%)。

3.5 工艺辅助设施

3.5.1 化验室布置应符合下列要求:
  1 化验室应包括各类化工原料、中间品、油剂、水等的化学分析,以及各装置排放的三废的分析;
  2 化验室不应与甲、乙类的房间布置在同一个防火分区内,可独立设置或布置在车间附房内,化验室的门应向室外开启;

3 化验室的布置应接近生产取样点。

3.5.2 物试室布置应符合下列要求：

1 物试室应包括原料、纤维中间品、纤维成品的物理分析和物理性能测试；

2 物试室应设置恒温恒湿空调及防尘设施；

3 物试室的布置应接近生产取样点，并应远离打包机及其他振动大、噪声大的区域。

3.5.3 纺丝组件清洗布置应符合下列要求：

1 组件清洗室应包括纺丝组件的分解、清洗、检验、组装；

2 清洗区域应设置排风装置；

3 组件清洗宜布置在纺丝机附近的附房内，但以硝酸溶液清洗组件及喷丝板的组件清洗室不宜布置在腈纶生产车间的附房中，宜单独设置。

3.5.4 油剂调配宜就近布置在纺丝车间附房内。

3.6 节 能

3.6.1 设计应采用先进的生产工艺，并应选择高效节能设备。

3.6.2 装置和设备应合理布置，并最大限度地避免流程的重复往返，应充分利用装置竖向布置和设备的位差，减少输送能耗。

3.6.3 在满足输送要求和安全防火、防爆间距的前提下，应优化工艺流程缩短管线距离。

3.6.4 在工艺流程的重要环节，宜设置计量和检测仪表，并设置调节装置控制。

3.6.5 工艺流程设计应充分利用生产装置和工艺设备排放的余热，洁净废水应采取回收和再利用措施。

3.6.6 各装置应按节能管理要求，设置独立的公用工程计量仪表。

3.6.7 保温、保冷的设备和管道宜选用保温性能良好的绝热材料。

3.6.8 生产车间宜设置废胶废丝回收设施和洁净冷凝水回收系统设施。

3.6.9 常规品种产品的单体总量消耗不应超过 1005kg/t 成品纤维。

3.7 仓储和运输

3.7.1 罐区应符合下列规定：

1 罐区的位置应满足工艺生产、贮运装卸、风向和安全防护要求，并应留有必要的发展用地；

2 在保证连续生产的前提下，主要原料及溶剂的贮存量可根据原料供应点的远近、转送条件和厂区的地理环境确定。

3.7.2 火灾危险类别为甲、乙、丙类的物品库房应符合下列规定：

1 甲类物品应独立设置库房，贮量不应超过 30t，当贮量小于 3t 时，可与乙、丙类物品库房共用一栋库房，但应设置独立防火分区；

2 乙、丙类物品的贮量，可按装置 2d～15d 产量计算确定；

3 物品应按其化学物理特性分类贮存，当物料性质不允许同库贮存时，应采用实体墙隔开，并应设出入口；

4 库房应保持良好通风。

3.7.3 易燃、易爆、有毒的丙烯腈、醋酸乙烯等原料通过铁路或汽车装运到工厂罐区时，装卸站应符合现行国家标准《石油化工企业设计防火规范》GB 50160 的有关规定。

4 工艺设备布置和管道设计

4.1 一般规定

4.1.1 工艺管道设计应根据工艺流程图、管道仪表流程图、设备平立面布置图、建筑物平立面布置图确定。工艺管道设计除应执行本规范外，尚应符合现行国家标准《工业金属管道设计规范》GB 50316 的有关规定。

4.1.2 车间布置应保证生产过程的连续性和流程的合理性，联系密切的车间应相对集中。

4.1.3 易燃、易爆和有毒物料的设备宜集中布置。

4.1.4 生产车间的设备布置，应设置合理的通道和检修场地。

4.1.5 工艺管道布置时应根据流程，结合工艺管道和电气、仪表管线桥架、风管、公用工程管线等走向进行统筹规划，并应合理布置排列及标高。

4.1.6 车间内部管道布置宜紧凑，在条件允许的情况下，可集中设置管廊；管廊的设置不宜通过电仪柜的上空。

4.1.7 管道设计应保证安全可靠、操作便利、整齐美观，除应满足正常生产需要外，还应满足开停车、事故处理时的需要。

4.2 工艺设备布置

4.2.1 生产车间的工艺设备的布置，可根据当地气温、降水量、风沙等自然条件，结合工艺设备的具体情况确定，可采用室内、全敞开或半敞开形式。

4.2.2 易燃易爆物料的罐区应独立设置，并应远离装置的其他部门，AN、VA 等危险品贮罐应设置防火堤隔离；设备应可靠接地。

4.2.3 氧化剂、还原剂的调配系统应分开布置；酸、碱调配系统在条件许可时宜分开布置。

4.2.4 生产控制中心不应布置在防爆区内。

4.2.5 车间柱距应合理设置，单机设备布置不应骑跨在土建伸缩缝上。

4.2.6 多层厂房宜设置大设备检修所需的吊装孔，位置可设在车间出入口附近或易于搬运的场所。

4.2.7 易散发烟雾、粉尘、有害气体的设备，宜布置在靠外墙的位置。

4.2.8 使用易燃易爆物料的生产区域，应根据释放源确定防爆分区范围。干燥后的聚合物应采取粉尘防爆措施。

4.2.9 设备布置除应满足生产工艺和防火、防爆的要求外，还应满足下列要求：

1 应满足操作、检修、装卸、吊装所需的场地和通道的要求；

2 带搅拌器设备的上方，应增加吊点和搅拌器吊装所需的空间；

3 平台、梯子等构筑物的布置位置，应满足生产操作、管理、维修等综合要求；

4 底层设备布置时应与柱子基础、地下埋设管道、管沟、电缆沟和排水井等统一安排，较深的设备地坑应避免靠墙、靠柱。

4.2.10 泵的布置应符合下列要求：

1 成排布置的泵应按防火要求、操作条件和物料特性分组布置；宜将泵端基础边线对齐，也可将泵端出入口中心线对齐；中间应留出检修通道。

2 室内布置的泵，两排泵中心距不宜小于 1.5m，泵端或泵侧与墙之间的净距应满足检修要求，不宜小于 1m；除安装在联合基础上的小型泵外，两台泵之间的净距不宜小于 0.8m。

4.2.11 换热器布置应符合下列要求：

1 管箱侧应按换热器管束抽出方式所需的空间朝向预留通道，并应留有足够的检修和安装仪表等操作通道。

2 成组布置时，换热器应排列整齐，换热器管箱接管中心宜在一条直线上，并应避免中心线正对框架柱子；

3 除工艺有特殊要求外，壳体直径大于或等于 1.2m 的换热器，应避免将两台重叠在一起。

4.2.12 塔的布置应符合下列要求：

1 宜采用单排形式，按流程顺序沿管廊或框架一侧的中心线对齐，直径较小而本体较高的塔，可采用双排布置，应利用平台或

框架将塔联系在一起;
    2 塔与管廊立柱之间的布置间距,应符合下列规定:
        1)无泵布置时,塔的外壁与管廊立柱之间净空间距离宜为3m～5m;
        2)有泵布置时,按泵的操作、检修和配管具体要求确定,不宜小于2.5m。
4.2.13 容器的布置应符合下列要求:
    1 立式容器安装在地面、楼板或平台上时,可穿越楼板或平台,并应采用支耳支撑,应避免液位计和液位控制器穿越楼板或平台;
    2 大型立式容器宜利用地面支撑,顶部有加料口的容器,加料点的高度不宜高出楼板或平台1.0m;
    3 成组布置的卧式容器宜按支座基础中心线取齐,或按封头切线对齐;容器之间当有阀门或仪表时,操作通道净空不应小于1.0m;
    4 容器的安装高度应满足物料重力流或泵吸入高度的要求;
    5 容器布置在地下坑内,应处理坑内的积水和有毒、易爆、可燃介质的积聚,坑内的尺寸应满足容器的操作和检修要求。

4.3 工艺管道设计

4.3.1 管道设计应根据压力、温度、流体特性等工艺条件,并结合环境和各种荷载等条件确定。
4.3.2 管道及其每个组成件的设计压力,不应小于运行中的内压或外压与温度耦合时最不利条件下的压力。
4.3.3 管道的设计温度,应按管道运行时的压力和温度相耦合时最不利条件下的温度确定。
4.3.4 管道设计应满足工艺要求,其流量应按正常生产条件下介质的最大流量确定;工艺管道的管径可根据物料特性、物料的流量、物料的流速及管道的压力损失确定。主要物料流速宜符合表4.3.4的规定。

表4.3.4 主要物料流速

介质名称	流速(m/s)
AN	0.8～1.2
VA	0.8～1.2
MA	0.8～1.2
DMF	0.8～1.2
DMAc	0.8～1.2
NaSCN	1.0～1.5
聚合物淤浆	0.6～1.0
原液	0.4～0.6

4.3.5 管道设计流体类别应符合下列要求:
    1 腈纶管道设计中,有毒介质的管道分类,应按现行国家标准《工业金属管道设计规范》GB 50316的有关规定执行。AN、VA、DMA、DMF、DMAc的管道分类应属A2类流体;
    2 输送混合介质的管道,管道分类应根据危害性高的介质确定。
4.3.6 工艺管道的管材选择应符合下列规定:
    1 管道材料的选用应根据管道的使用条件(设计压力、设计温度)和流体性质综合确定,管道材料规格与性能应符合现行国家标准《压力管道规范 工业管道 第2部分:材料》GB/T 20801.2的有关规定;
    2 主要物料管道的材质,不应低于表4.3.6的规定。

表4.3.6 主要物料管道材质

物料名称	常用管道材料	备 注
AN	20优质碳素钢、00Cr19Ni10、0Cr18Ni9	00Cr19Ni10用于过滤后进聚合的管道
MA	0Cr18Ni9	—
VA	00Cr19Ni10	—
NaSCN	00Cr17Ni14Mo2	—
DMF	0Cr18Ni9	—
DMAc	00Cr19Ni10、0Cr18Ni9	—
苯乙烯磺酸钠	0Cr18Ni9	—
二氧化硫	0Cr18Ni9	—
混合单体	00Cr19Ni10、0Cr18Ni9	—
聚合体淤浆	00Cr17Ni14Mo2、碳钢衬聚四氟乙烯、00Cr17Ni14Mo2、0Cr18Ni9	NaSCN工艺(接触NaSCN介质)、DMAc工艺(脱单前)、DMAc工艺(脱单后)、DMF工艺
原液	00Cr17Ni14Mo2、00Cr19Ni10、0Cr18Ni9	NaSCN工艺、DMAc工艺、DMF工艺

4.3.7 工艺管道中AN、DMA、混合单体等易燃、有毒介质管道设计,应符合现行国家标准《工业金属管道设计规范》GB 50316中A2类流体的有关规定。
4.3.8 管道防静电设计应符合下列要求:
    1 聚合物物料输送管道系统,应采取防静电接地措施;
    2 输送AN、VA、MA、回收单体、混合单体、DMA溶液、DMA蒸气的管道,必须静电接地,管线所有法兰均应跨接,并应符合现行国家标准《工业金属管道工程施工及验收规范》GB 50235的有关规定。
4.3.9 下列管道设计时应进行应力分析:
    1 干纺工艺的汽轮机管道;
    2 干纺工艺中纺丝的氮气循环管道;
    3 两相流、易振动管道。
4.3.10 二氧化硫贮存系统设置的安全阀前应设置防爆膜。
4.3.11 干燥机蒸汽冷凝水系统宜选用机械型疏水器。
4.3.12 脱单前聚合物淤浆、单体排气、二氧化钛水溶液管线,宜在适当位置设置拆装法兰。
4.3.13 原液管道宜减少弯头。纺前管道应在最高点设置排气阀,最低点设置排放阀。
4.3.14 溶液浓度大于或等于50%的NaSCN管道、室外的HAc管道、干纺工艺的原液管道应设置伴热。
4.3.15 AN、VA、回收单体、混合单体、DMA等易燃、易爆介质管道除必要处采用法兰连接外,均应采用焊接连接。
4.3.16 AN、VA、回收单体、混合单体、DMA等易燃、易爆介质管道穿越防火围堰、防火墙的空隙,应采用不燃填塞物封堵。
4.3.17 聚合粉末输送管道的弯头的曲率半径,应大于或等于管道公称直径的5倍。
4.3.18 阀门应根据物料特性进行选择,原液和聚合体淤浆管道应采用球阀或闸阀。
4.3.19 AN、DMF贮槽的出料口宜设置串联双阀。
4.3.20 AN、VA、浓DMAc和原液等管道系统,在安装试压检查合格并经水冲洗后必须用压缩空气吹干。
4.3.21 管道安装完毕后,应根据设计条件,按现行国家标准《工业金属管道工程施工及验收规范》GB 50235的有关规定进行管道的压力试验和泄漏性试验。
4.3.22 绝热材料的选用应符合现行国家标准《工业设备及管道绝热工程设计规范》GB 50264的有关规定。

4.4 工艺管道布置

4.4.1 管道布置应满足管道仪表流程图要求,达到便利操作、安装及维修的要求。

4.4.2 物料管道应采用架空敷设,当架空敷设不合适时,可采用地面敷设或管沟敷设。

4.4.3 物料管道的架空布置应符合下列规定:
 1 大口径管道宜靠近管廊柱子或支架内侧布置;工艺管线宜布置在相连设备的一侧;
 2 物料管道、公用工程管道、仪表电气管线共架敷设时,介质温度高于200℃的管道应布置在外侧;气体管道、公用工程管道、仪表和电气电缆槽架等宜布置在上层;一般工艺管道、腐蚀性介质管道、低温管道等宜布置在下层。

4.4.4 管沟中管道的排列及阀门的设置应便于安装和检修,并应采取防止气、液在管沟内积聚的措施。

4.4.5 与设备连接的管道布置应符合下列规定:
 1 与泵类连接时,泵的吸入管道应短捷、少用弯头,并应避免出现"袋形";
 2 连接热交换器的工艺管道应按冷热物料的流向进行布置,冷流宜自下而上,热流宜自上而下,并应设置高点放空、低点放尽;
 3 与反应器连接的工艺管道,在反应器顶部需经常拆卸的封头,其连接管道应设计为可拆卸式;阀门应布置在可拆卸区的外侧,并不应影响搅拌器的安装和设备维修;
 4 与塔类设备连接的管道应符合下列规定:
  1)塔顶放空管道应安装在塔顶气相管道最高处的水平管道顶部;塔顶气相管道宜短捷,并应有一定的柔性,但不应出现"袋形";
  2)每一根沿塔管道,应在上部设承重支架,并应在适当位置设导向支架。
 5 与过滤器类设备连接的管道应符合下列规定:
  1)滤浆管道宜少用弯头;
  2)滤浆管道易堵处,宜采用法兰连接。

4.4.6 AN、VA、DMA等可燃液体管道布置应符合下列规定:
 1 管道不得穿越与其无关的建筑物;
 2 装置内管道应架空敷设或沿地面敷设;
 3 A2类流体的管道不应布置在可通行沟内。当采用管沟敷设时,应采取防止气体或液体在管沟内积聚的措施,并应在进、出装置厂房处密封隔断;管沟内的污水,应经水封井后排入生产污水管道;
 4 金属管道应采用焊接连接,特殊情况时可采用法兰连接;
 5 除耐腐蚀要求外,宜采用钢制阀体的阀门;
 6 玻璃液位计、视镜等应采取安全防护措施;
 7 气体排放点应符合环保的要求,液体废液排放不应直接排入下水道;
 8 AN管道不宜采用平焊(平板式)法兰;采用软垫片时,应采用凹凸面或榫槽面的法兰;
 9 AN管道法兰公称压力的选用宜留有大于或等于25%的裕量,且不应低于公称压力2.0MPa;
 10 管道施工的无损检测应符合现行国家标准《工业金属管道设计规范》GB 50316和《现场设备、工业管道焊接工程施工及验收规范》GB 50236的有关规定。

4.4.7 其他管道应符合下列规定:
 1 蒸气外伴热管道布置应符合下列要求:
  1)伴热管应从蒸气管或蒸气分配管顶部引出,并应靠近引出处设置切断阀;
  2)每根伴热管伴热长度应按蒸气温度和压力计算,不宜超过60m;应沿工艺管道由高向低敷设,并在最低点放凝,同时宜减少"液袋"。

 2 取样管的布置应符合下列要求:
  1)取样管设置应满足工艺要求,并应避免死角或"袋形",取样阀应布置在便于操作的位置,设备或管道与取样阀之间的管段宜缩短;
  2)垂直管道内液体自下而上流动时,取样管可设置在管道的任意侧。液体自上而下流动且充满取样管时,取样管可设在管道的任意侧,但未充满取样管时不宜设取样点;
  3)水平管道内液体在压力输送的条件下,取样管可设置在任意部位;但液体中含有固体颗粒时,取样管宜设置在水平管的两侧;在自流的水平管道上取样时,取样管宜设置在管道的底部。

4.4.8 有毒、有腐蚀性介质的管道不得穿过生活室及人员密集的场所;有毒、有腐蚀性介质的管道与热力管道和电缆平行或交叉敷设时,管道应在热力管道和电缆的下方通过。

5 自动控制

5.1 一般规定

5.1.1 仪表选型应符合生产过程控制要求,其型号宜统一。

5.1.2 仪表标度(刻度)应使用法定的计量单位。

5.1.3 大、中型腈纶工厂的工艺全过程宜采用集中分散控制系统进行控制。集中分散控制系统的硬件、软件配置应与腈纶生产过程的规模和控制要求相适应。

5.2 仪表选型

5.2.1 仪表选型应符合下列规定:
 1 仪表接触工艺介质部分的材质等级应等于或高于工艺要求材质的等级;
 2 用于爆炸性危险场所的仪表应根据所确定的危险场所类别以及被测介质的危险程度,选择防爆结构形式或采取防爆措施;
 3 用于腐蚀性气体场所的仪表,应根据使用环境条件,选择外壳材质及防护等级。

5.2.2 温度仪表选型应符合下列规定:
 1 就地显示温度仪表宜选用双金属温度计,宜采用万向式结构,也可根据需要选用轴向式或径向式;
 2 远传温度仪表宜选用Pt100分度的热电阻。聚合反应釜内反应物温度测量,宜选用双支热电阻;
 3 DMF干纺工艺中,氮气循环加热器的测温应选用热电偶。

5.2.3 压力仪表选型应符合下列规定:
 1 稀硫酸、聚合物浆料和纺丝原液等强腐蚀性介质或高黏度物料,宜选用法兰式隔膜压力表或法兰式隔膜压力变送器;
 2 采用隔膜式压力表或隔膜式压力变送器时,不宜设置根部取压阀。

5.2.4 流量仪表选型应符合下列规定:
 1 差压式流量计应符合下列规定:
  1)蒸气、空气、洁净液体可选用标准节流装置(孔板)或一体化节流式流量计;
  2)节流装置取压方式宜采用角接取压或法兰式取压,整个工程宜采用统一的取压方式。
 2 转子流量计应符合下列规定:
  1)可用于要求精度不优于±1.50%、量程比不大于10∶1的场合;

2) 应垂直安装,流体方向应自下而上,倾斜度不应大于5°;对脏污介质,应在流量计的进口处加装过滤器。

3 旋涡流量计或涡街流量计应符合下列规定:
1) 可用于洁净气体、蒸汽和液体的大、中流量测量,但不可用于低流速或黏度大的物料、管道振动或泵出口处选用;
2) 直管段的上游应为 15D～50D,下游应至少为 5D。可根据配管情况确定。

4 质量流量计应符合下列规定:
1) 可用于精确测量液体或浆料的质量流量,单体混合及进入聚合釜参与反应的各类物料宜选用质量流量计;
2) 可在任何方位安装,不需直管段。被测液体应充满测量管件。

5 电磁流量计应符合下列规定:
1) 可用于测量导电的液体或均匀的液固两相介质流量,酸液、碱液、溶剂和一般物料宜选用电磁流量计;
2) 垂直安装时,液体应自下而上,流速宜为 0.3m/s～10m/s;
3) 水平安装时,液体应充满管道,直管段长度上游不应小于 5D,下游不应小于 3D。

6 容积式流量计应符合下列规定:
1) 洁净的、黏度较高的液体,当量程比小于 10:1 时,可选用椭圆齿轮流量计;
2) 应安装在水平管道上,上下游应设置切断阀,上游应设置过滤器。

7 涡轮流量计应符合下列规定:
1) 洁净的、黏度不高的液体,当量程比不大于 10:1 时,可选用涡轮流量计;
2) 应安装在水平管道上,液体应充满管道。上游应设置过滤器,下游应设置排放阀;直管段长度上游不应小于 20D,下游不应小于 5D。

8 对大管径工艺管线,压损对能耗有影响时,可选用阿牛巴流量计、插入式旋涡流量计、电磁流量计或超声波流量计。

5.2.5 物位仪表的选型应符合下列规定:
1 差压式测量仪表应符合下列规定:
1) 易结晶、易结胶、黏度较高易沉淀的液体宜选用插入式法兰差压变送器;
2) 气相有大量冷凝物、沉淀物析出,或需将高温液体与变送器隔离时,可选用双法兰式差压变送器。

2 超声波、雷达波测量仪表应符合下列规定:
1) 对高黏度液体或固体介质的物位测量可采用超声波式仪表,但应用于可反射和传播声波的容器,不得用于真空容器,不宜用于含气泡、含固体颗粒物或温度较高的液体;
2) 高黏度、高温或含气泡的液体及含固体介质的物位测量,可选用雷达式仪表。

3 物料贮槽的位式测量可采用电容式液位开关,对黏稠性较大的液体,宜采用射频导纳式液位开关。

5.2.6 过程分析仪表选型应符合下列规定:
1 生产过程中必须控制的溶液浓度、黏度、酸碱度、电导率等指标,应根据工艺生产要求选择测量手段;
2 丙烯腈贮罐区、丙烯腈泵房、聚合反应釜等易泄漏丙烯腈气体的场所,必须设置有毒气体探测器;
3 有害物质的检测应符合下列规定:
1) 有毒气体探测器可选用电化学式,当室外温度低于 -25℃ 时,宜选用半导体式;
2) 探测器与释放源的距离,室外不宜大于 2m,室内不宜大于 1m;
3) 比空气重的气体,其探测器安装高度应距地坪或楼地板 0.3m～0.6m;
4) 设置专用的有毒气体指示报警器,检测报警系统不宜与集中分散控制系统混用。报警器应安装在中心控制室内。在工艺装置设有其他控制室或操作室时,报警器可安装在该控制室或操作室内;
5) 测量报警系统的设计安装应符合国家现行标准《石油化工企业可燃气体和有毒气体检测报警设计规范》SH 3063 的有关规定。

5.2.7 控制阀选型应符合下列规定:
1 控制阀形式应根据工艺参数、流体特性、控制系统的要求以及控制阀管道连接形式综合选择;
2 AN、VA、回收单体、DMF、二氧化硫的控制宜选用波纹管密封阀;
3 稀硫酸和原液浆料的控制宜选用隔膜阀;
4 浓 NaSCN 溶剂的控制宜选用"V"形球阀;
5 中、高压蒸气控制宜选用套筒阀;
6 当仪表气源供应困难时,公用工程站房可选用电子式调节阀。

5.2.8 闭路电视系统应符合下列规定:
1 DMAc 湿纺及 DMF 干纺工艺流程中,聚合物干燥机入口处应设置摄像头,监视器应安装在中心控制室内;
2 NaSCN 湿纺工艺流程中,纺丝线干燥机的丝束出口处应设置摄像头,监视器应安装在现场。

5.3 控制系统

5.3.1 集中分散控制系统应符合下列规定:
1 应按工艺操作区域配置操作站,大、中型规模的集中分散控制系统应配备工程师站;
2 中央处理器及电源均应 1:1 冗余配置;中央处理器的负荷不宜小于 50%,最高不应超过 70%;
3 距中心控制室较远的工艺装置检测,宜采用远程 I/O 单元;
4 重要控制回路的 I/O 卡应冗余配置,I/O 的备用点数宜为实际设计点数的 15%～20%;
5 大、中型集中分散控制系统的通信总线(包括接口设备和电缆)应 1:1 冗余配置;通信距离应满足工艺装置的实际要求;
6 大、中型集中分散控制系统应能支持多种现场总线和标准的通讯协议;在需要时应能与工厂管理网相连接,其通信网络应符合 ISO/IEEE 的通信标准;
7 大型工厂管理网,可根据工厂管理的需要设置,并应配置相应的网络接口。

5.3.2 逻辑程序控制系统应符合下列规定:
1 对过程控制参数多为数字量,且控制系统以程序控制、逻辑控制或电气控制为主的生产装置,宜采用逻辑程序控制系统;逻辑程序控制可设置在生产装置现场,也可根据需要设置在现场操作室内;
2 逻辑程序控制系统可通过通讯总线与中心控制室内的集中分散控制系统相连;
3 腈纶生产中下列场所可选用逻辑程序控制系统控制:
1) NaSCN 湿纺工艺中,溶剂除杂净化系统的程序控制;
2) DMAc 湿纺工艺中,聚合物风送系统的程序控制;
3) DMF 干纺工艺中,氮气循环系统的程序控制;
4) 纺丝生产中,纺丝水洗、干燥、卷曲、定型工序的程序控制。

5.3.3 安全联锁的设置应符合下列规定:
1 程序联锁应符合下列规定:

1）当过程参数越限、机械设备故障、系统自身故障或电源中断时，应根据工艺要求设置程序联锁。联锁发生时，相关的通-断阀及调节阀置于安全位置，搅拌器应停止工作，相关的工艺泵应按工艺要求启动或停止；

2）程序联锁宜由集中分散控制系统实现。

2 紧急停车系统应符合下列规定：

1）腈纶生产车间应根据工艺要求设置紧急停车系统；紧急停车系统应独立于集中分散控制系统单独设置；宜采用已经认证的可编程控制器或通过继电器联锁回路实现；紧急停车系统可采用串行通讯或硬接线方式向集中分散控制系统传送信号，其报警、联锁信号可同时显示；

2）DMAc 湿纺及 DMF 干纺工艺中，聚合物干燥、储存及输送系统应设置紧急停车系统；当聚合物干燥温度过高时，应报警并联锁启动消防水喷淋；

3）聚合反应釜可设置程序联锁。当聚合釜反应温度到达上限值时应中断反应；程序联锁宜由集中分散控制系统实现，也可与紧急停车系统共同实施；

4）DMF 干纺工艺中，自聚合釜至纺丝通道的工艺过程，应设置含氧量监测与联锁。

5.3.4 公用工程系统设计应符合下列规定：

1 热力站、制冷站、污水处理站等公用工程站房，宜采用盘装式智能型显示控制仪表监控或采用小型逻辑程序控制系统控制；

2 需与集中分散控制系统联网的仪表应设置通讯功能。

5.4 控 制 室

5.4.1 腈纶工厂宜设置中心控制室，也可根据需要另设分控制室。

5.4.2 控制室应选择在非爆炸危险的安全区域内。控制室位置的设置应符合现行国家标准《石油化工企业设计防火规范》GB 50160 的有关规定。

5.4.3 控制室建筑耐火等级不应低于现行国家标准《建筑设计防火规范》GB 50016 规定的二级。中心控制室应设置相应的消防措施。

5.4.4 控制室应远离噪声源、振动源和具有电磁干扰的场所，室内噪声不应大于 55dB(A)；地面振动的幅度和频率及室内的电磁场条件应满足集中分散控制系统制造厂的要求。

5.4.5 中心控制室宜设置操作室、工程师室及机柜室；操作室与机柜室、工程师室应相邻设置，并应有门直接相通。

5.4.6 长度超过 15m 的大型控制室应设置 2 个向外开启的门，并宜设置门斗。

5.4.7 控制室宜采用防静电活动地板，宜设置吊顶。活动地板下的基础地面宜采用防尘地面，活动地板与基础地面高度宜为 300mm～800mm；吊顶距地面的净高宜为 2.8m～3.3m。

5.4.8 控制室应设置应急照明系统。

5.4.9 中央控制室应设置空气调节。

5.5 供电和接地

5.5.1 腈纶生产界区内仪表、集中分散控制系统及逻辑程序控制系统的供电应采用不间断电源。

公用工程站房中，采用常规仪表控制时可选用普通电源；采用小型 PLC 控制时可选用不间断电源。

5.5.2 电源应符合下列要求：

1 普通电源应符合下列要求：

1）交流 220V±10%，(50±0.5)Hz；

2）直流(24±1)V。

2 不间断电源应符合下列要求：

1）交流 220V±5%，(50±0.5)Hz；

2）直流(24±0.3)V。

5.5.3 用电仪表的外壳、仪表盘、柜、箱、盒和电缆槽、保护管、支架、底座等正常不带电的金属部分，若绝缘破坏而导致带电危险者，均应做保护接地。

5.5.4 集中分散控制系统、逻辑程序控制系统和仪表接地应符合国家现行标准《石油化工仪表接地设计规范》SH/T 3081 的有关规定。

5.6 供 气

5.6.1 仪表气源应采用洁净、干燥、无油的压缩空气。

5.6.2 仪表气源应符合下列要求：

1 仪表气源操作(在线)压力下的露点，应低于工作环境或历史上当地年极端最低温度 5℃～10℃；

2 仪表气源应进行净化处理，仪表空气含尘粒径不应大于 $3\mu m$，含尘量应小于 $1mg/m^3$；

3 仪表气源油污含量应小于 $10mg/m^3$；

4 仪表气源压力应为 0.4MPa(G)～0.6MPa(G)。

5.6.3 仪表供气设计应符合国家现行标准《石油化工企业仪表供气设计规范》SH 3020 的有关规定。

5.7 配管配线

5.7.1 电缆选择应符合下列规定：

1 信号电缆宜选用对绞式屏蔽电缆或计算机电缆；

2 爆炸危险场所，采用本安型仪表时，应选用本安型电缆，所用电缆的分布电容、电感必须符合本安电路的要求。

5.7.2 电缆敷设应符合下列要求：

1 对于气相腐蚀较大的场所，宜采用铝合金材质的保护管、电缆桥架；

2 通信总线应单独敷设，并应采取保护措施；

3 在同一电缆桥架内，交流电源线路、安全联锁线路与信号线路间、本安线路与非本安线路间应采用金属隔板隔开敷设，或采用不同电缆桥架；

4 爆炸危险区域的电缆敷设应符合下列要求：

1）电缆桥架通过不同等级的爆炸危险区域的分隔间壁时，在分隔间壁处必须采取充填封堵措施；

2）电缆保护管穿过防爆与非防爆区域或不同等级爆炸危险区域的分隔间壁时，分界处必须采用防爆阻火器件和密封组件隔离，并应填充密封；

3）电缆保护管与仪表、检测元件、电气设备、接线箱、拉线盒连接，或进入仪表盘、柜箱时，应安装防爆密封管件，并应充填密封。全部保护管系统必须密封。

5.8 伴热保温

5.8.1 环境温度下易发生冻结、冷凝、结晶、析出等现象的物料测量管线、检测仪表及不能满足最低环境温度要求的仪表，均应采取伴热措施。

5.8.2 热流体及冷流体的仪表测量管线均应采取绝热保温措施。

5.8.3 与常温下易汽化的工艺介质直接接触的仪表及测量管路，应采取伴冷绝热措施。

6 电 气

6.1 一般规定

6.1.1 电气设计应保障人身和国家财产安全，并应保证供电可靠、操作维护方便、经济实用。

6.1.2 电气设计应根据工程规模和发展规划，做到远近期结合，以近期为主，适当留有余地。

6.1.3 布局和设计方案应按负荷性质、用电容量和环境条件合理确定。

6.1.4 电气设计应采用效率高、能耗低、性能先进的电气产品。

6.2 供电方案

6.2.1 供电方案宜提出2个及以上供电方案进行技术经济综合比较，并应择优推荐。

6.2.2 供电方案应符合下列基本要求：

    1 供电主结线简单可靠、运行安全、操作灵活和维修方便；

    2 经济合理、运行费用低、节省电能、节约用地；

    3 合理选用技术先进、运行可靠、性价比好的电气产品。

6.3 供配电

6.3.1 工艺生产及与其密切联系的公用工程用电负荷大部分应为二级负荷。辅助生产设施(包括维修、保全等)以及生活设施应为三级负荷。

聚合釜的搅拌电机、夹套冷却水泵等部分用电设备，工艺有特殊要求的电动阀门，仪表控制联锁电源及消防电源应为一级负荷；原液淤浆槽搅拌电机宜作为特别重要的负荷。

6.3.2 供电应符合下列要求：

    1 供电系统宜由两回线路供电；同时供电的两回及以上供配电中一回路中断供电时，其余线路应能满足全部一级负荷及二级负荷；供电主结线宜采用单母线分段，母联应设置自投装置；

    2 工厂中特别重要的负荷除应由2个电源供电外，尚应设置自备应急电源；

    3 工厂的仪表控制联锁电源应采用不间断电源装置供电。

6.3.3 电压选择和电能质量应符合下列要求：

    1 供电电源电压应根据当地供电条件，并结合工程的用电容量、用电设备特性、供电距离、供电回路数、发展规划以及经济合理等综合因素，进行多方案比较后确定；

    2 在新建的生产装置内中压配电宜采用10 kV；但在扩建、改建工程中，也可维持6 kV电压等级。低压配电电压应采用380V/220V；

    3 单台用电功率大于200kW的电动机宜采用中压电机，具体应用时应进行经济比较；

    4 工厂非线性用电设备，宜采取消除谐波对公共电网和其他系统的危害的措施，并应符合下列规定：

      1)对有谐波源的电气装置应采取抑制谐波的措施；

      2)应选用D,yn11接线组别的三相配电变压器；

      3)220V或380V单相用电设备接入220V或380V三相系统时，宜使三相平衡。

6.3.4 无功补偿应符合下列规定：

    1 全厂电源进线侧的功率因数应根据电力部门要求进行补偿，不应低于0.9。当自然功率因数不能满足上述要求时，应装设无功率补偿装置进行人工补偿，补偿方式应采用高、低压二级补偿；

    2 应正确配置配电和用电设备的容量。恒负载连续运行，功率大于或等于250kW时，宜采用同步电动机。

6.3.5 腈纶工厂主生产装置电动机应采用马达控制中心方式供电，有调速要求的电动机应采用变频马达控制中心方式供电。马达控制中心的控制电源宜由隔离变压器供电，变频马达控制中心的控制电源宜由不间断电源供电。

6.4 电气防爆

6.4.1 气体或蒸汽爆炸性混合物以及爆炸性粉尘防爆区域划分，应符合现行国家标准《爆炸和火灾危险环境电力装置设计规范》GB 50058的有关规定。

6.4.2 爆炸和火灾危险环境电气线路的选择和电气装置要求，应符合现行国家标准《爆炸和火灾危险环境电力装置设计规范》GB 50058和《电气装置安装工程爆炸和火灾危险环境电气装置施工及验收规范》GB 50257的有关规定。

6.5 消防电源

6.5.1 消防用电设备的电源，应符合现行国家标准《供配电系统设计规范》GB 50052规定的一级负荷供电要求。

6.5.2 应急电源可采用两路电源自动切换或蓄电池作为备用电源，当采用蓄电池作为备用电源时，其连续供电时间不应少于30min。

6.5.3 消防用电设备的供电，应在终端配电装置或配电箱处实现两路电源自动切换。其配电线路宜采用耐火电缆。

6.6 防雷、接地

6.6.1 腈纶工厂内建(构)筑物的防雷分类及防雷措施，应按现行国家标准《建筑物防雷设计规范》GB 50057和《建筑物电子信息系统防雷技术规范》GB 50343的有关规定执行。

6.6.2 腈纶工厂内露天布置的塔、容器等，当其壁厚不小于4mm时，可不设避雷针保护，但应设置防雷接地，且接地点不应少于2处，两接地点之间距离不宜大于30m，冲击接地电阻不大于30Ω。

6.6.3 腈纶工厂内可燃液体的钢罐，应设置防雷接地，并应符合下列规定：

    1 避雷针、线的保护范围，应包括整个储罐，设阻火器同时满足壁厚不小于4mm时，可不设避雷针、线保护；

    2 丙类液体储罐，可不设避雷针、线，但应防雷电感应的接地措施；

    3 压力储罐可不设避雷针、线，但应接地。

6.6.4 对爆炸、火灾危险场所内可能产生静电危险的设备和管道，均应采取防静电接地措施。

6.6.5 下列部位的可燃气体、可燃液体、可燃固体的管道，应设防静电接地措施：

    1 进出装置或设施处；

    2 爆炸危险场所的边界；

    3 管道泵及其过滤器、缓冲器等连接管件处。

6.6.6 装载易燃易爆生产原料的汽车和火车的卸料栈台，应设置静电接地干线和接地体，卸料站台内所有管道、设备、建(构)筑物的金属构件和铁路钢轨等(作阴极保护者除外)，均应连接成电气通路并进行接地。

6.6.7 汽车罐车、铁路罐车和装卸栈台，应设置防静电专用接地线。

6.6.8 不间断电源接地制式可采用IT系统与同一车间内的TN-S系统兼容。

6.6.9 当采用Ⅰ类灯具和电气设备时，其外露导体应可靠接地。

6.7 照明

6.7.1 腈纶工厂电气照明设计，应按现行国家标准《建筑照明设计标准》GB 50034的有关规定执行。

6.7.2 爆炸和火灾危险环境内的电气照明设计，应按现行国家标准《爆炸和火灾危险环境电力装置设计规范》GB 50058的有关规定执行。

7 总平面布置

7.1 一般规定

7.1.1 总平面布置除应执行本规范外，还应符合国家现行的防火、安全、卫生、抗震等规范规定，以及该地区的相关要求。

7.1.2 工厂的总体布置应与区域规划相协调，宜利用城市或地区已有的水、电、汽、消防、污水处理等公用设施。

7.2 总平面布置

7.2.1 总平面设计应满足生产要求，并根据场地条件因地制宜。应将生产、生活及公用工程的（建）构筑物、堆场、运输路线、工程管线、绿化设施等进行综合布置。

7.2.2 生产车间布置应符合下列规定：

    1 聚合、原液、纺丝等主生产车间应布置在厂内主要地块，并应靠近厂区内部的主要通道，保持生产流程的顺畅和运输便捷；

    2 回收车间应接近或紧靠原液和纺丝车间；

    3 腈纶工厂贮罐区，生产、辅助车间的防火间距应符合国家有关纺织工业防火标准的规定；

    4 生产车间四周应设置消防车道，并应兼作运输交通道路，宽度不宜小于6m。

7.2.3 贮罐区布置应符合下列规定：

    1 罐区应按物料性质分类布置，罐区位置应满足生产、储运装卸和安全防护要求，同时应留有发展用地，不宜紧靠排洪沟布置；罐区内AN、VA、DMF等有毒、可燃性液组，应设置防火堤隔离；同一罐组内，宜布置火灾危险性类别相近或相同的贮罐；

    2 生产原料中易燃易爆有毒物质，应避免往返运输和作业线交叉。与罐区无关的管线，输电线不应穿越罐区；

    3 AN罐区应接近上游原料供应点，或靠近码头或铁路装卸点，应布置在全年最小频率风向的上风侧，不得布置在人流集中地段；

    4 酸碱罐及二氧化硫罐，应布置在全年最小频率风向的上风侧，且应防止对地下水产生不良影响；

    5 贮罐区与厂外居住点和本厂的办公生活设施之间应保持足够的防护距离，并应符合现行国家标准《工业企业设计卫生标准》GBZ 1的有关规定；

    6 罐区围堰内地坪应采用不发生火花的地面，并应采取隔渗措施；

    7 罐区应设置消防道路，最小宽度宜为6m。

7.2.4 仓库应符合下列规定：

    1 全厂性的公用仓库，应按储存物品的性质分类储存，建筑体宜合并，并应集中布置在运输便捷地段；

    2 成品中间库及成品库应接近纺丝车间打包间，设置专用货运出入口，并应与人流分开。

7.2.5 公用工程设施应符合下列规定：

    1 公用动力设施，宜位于负荷中心和接近服务对象，管道宜短捷，并宜结合地形利用重力回流；

    2 总变电所应避免布置在易泄漏散发腐蚀性气体和粉尘的场所；

    3 循环水站宜布置在通风良好的场所，应远离有散发粉尘或可溶性化学物质的地段；

    4 污水处理站应布置在厂全年最小频率风向的上风侧，且应远离居民区，并应符合安全卫生要求。

7.2.6 厂区设计应符合下列规定：

    1 厂区应至少设2个出入口，并宜位于不同方位；有铁路专用线的工厂应设铁路专用大门，应避免与厂内主要道路平交；厂内外运输应避免人流和货流交叉；

    2 汽车槽车装卸站宜布置在厂区边缘便于车辆进出的位置。装卸站进出口应分开布置，并应配置停车场地。装车台并排布置数个鹤管时，装车台前应有足够的回车场地。

    3 铁路槽车装卸站宜布置在厂区边缘地带，并应与铁路进线方位、站台的位置和厂区道路相适应，应避免铁路与道路平面交叉；

    4 进入防爆区域的厂区运输工具应采用防爆电瓶叉车；

    5 生产行政管理设施应包括厂部办公楼、就餐室、警卫室等组成的厂前区，宜布置在厂全年最小频率风向的下风侧比较明显位置，并应结合城市规划要求，与工厂主要出入口、厂区主道、城市干道等统筹安排。

8 建筑结构

8.1 一般规定

8.1.1 腈纶工厂的厂房层数、层高及柱网应根据工艺设备布置方案和生产操作要求，通过经济技术指标比较后确定。

8.1.2 厂房内平面布置应满足工艺生产要求，存衣、盥洗等生活辅助用房的设置，应按现行国家标准《工业企业设计卫生标准》GBZ 1的有关规定执行。

8.1.3 厂房结构应满足工艺生产、通风、采光、消防和安全生产的要求。

8.1.4 厂房结构的平、立面布置宜整齐、规则。沿竖向的质量和刚度分布宜均匀。在外力作用下结构的受力宜明确、简捷。

8.1.5 突出于厂房屋面的建筑物，不宜采用与主结构承重型式不同的砌体墙承重方式。

8.1.6 结构设计应结合设备安装要求，在设备安装及搬运过程中可能出现局部超荷影响时，应对该部位结构进行核算。

8.1.7 在满足使用功能和安全可靠的要求下，宜采用地方材料，并应结合当地施工技术条件积极采用新结构、新技术和新材料。

8.1.8 建（构）筑物的构件应采用非燃烧材料，其耐火极限应符合现行国家标准《建筑设计防火规范》GB 50016 的有关规定。

8.1.9 抗震设防区域的厂房结构设计，应符合现行国家标准《建筑抗震设计规范》GB 50011 和《构筑物抗震设计规范》GB 50191 的有关规定。

8.2 生产厂房和辅助用房

8.2.1 腈纶工厂的主要生产车间应包括聚合、原液、纺丝和回收车间。其中干法纺丝的聚合、原液、纺丝和湿法纺丝的原液、纺丝宜为联合厂房。工艺及环境条件允许时，聚合及回收车间可采用敞开或半敞开式建筑。

8.2.2 腈纶工厂中的原料罐区、中间罐区、泵房、总配电室、热力站、制冷站等辅助设施，宜单独设置。

8.2.3 厂区中的库房设置应符合国家有关纺织工业防火标准的规定。

8.2.4 生产车间内辅助用房控制室、变配电室、化验室的布置，应符合国家有关纺织工业防火标准的规定。

8.2.5 干法纺丝的组件清洗间中，硝酸清洗装置应单独设置。

8.2.6 丝束烘干机下的楼地面面层，应根据机器与楼地面相贴部分的温度采取隔热措施。

8.2.7 各生产车间内地面有冲洗要求的楼地面应平整光滑、不起灰，并应坡向地沟或地漏，同时做好楼地面防水及洞口翻边。

8.2.8 楼面的设备吊装孔应翻边，并应安装总高度不小于1050mm的安全栏杆。穿越楼面的设备安装孔，待设备安装完毕后空隙部分应采用非燃烧体材料进行封堵。

8.2.9 罐区内地坪、地沟应采取防渗漏措施。

8.3 建筑防火、防爆、防腐蚀

8.3.1 腈纶工厂主要生产车间的火灾危险性类别应根据生产工艺性质特征分类确定，并应符合下列规定：

1 DMF 干法纺丝工艺：聚合应为甲类，原液为乙类，纺丝应为丙类，后处理及打包中间库应为丙类，回收应为乙类；

2 NaSCN 湿法纺丝工艺：聚合应为甲类，原液应为丁类，纺丝、后处理(湿纤维)应为丁类，回收应为丁类，其中萃取单元为甲类；

3 DMAc 湿法纺丝工艺：聚合应为甲类，原液应为丙类，纺丝应为丁类，后处理应为丙类，回收(溶剂回收)应为乙类，DMAc溶剂制备应为甲类。

8.3.2 生产厂房应采用不低于二级耐火等级的建筑物，厂房的耐火等级、层数与安全疏散应符合现行国家标准《建筑设计防火规范》GB 50016 的规定。

8.3.3 联合厂房内各不同火灾危险性类别的生产车间应用防火墙隔开，防爆区域内用于分隔防火分区的防火墙，应同时起防爆作用的防护墙。

8.3.4 无爆炸危险的生产车间(含附房)与有爆炸危险的生产车间贴邻布置时，应采用耐火极限不低于3h 的非燃烧体防护墙隔开，并应设置直通室外的疏散楼梯或安全出口。防护墙上不宜设置门，当防护墙上确需设门时，应在防护墙一侧设置设有甲级防火门的门斗，门斗上两门不应相对设置。

8.3.5 防爆车间的外围护结构应有足够的泄压面积，泄压面积应符合国家有关纺织工业防火标准的规定，经计算确定。泄压面宜靠近室内易发生爆炸的部位，但应避开室外主要交通道路及人员集中场所。

8.3.6 有爆炸危险的车间地面应采用不发生火花的面层。

8.3.7 化验室使用的气体钢瓶，应置于室外专用防晒棚存放，并应做好固定的瓶架。

8.3.8 管道穿越防火墙时，应在穿墙处用非燃烧体材料填嵌密实。

8.3.9 甲、乙类火灾危险性类别的车间内，地沟的凹坑处应采取防止可燃物体积聚的措施，但深度小于或等于0.4m 的排水沟除外。

8.3.10 生产车间及罐区的防腐蚀应符合现行国家标准《工业建筑防腐蚀设计规范》GB 50046 的有关规定。

8.3.11 干法纺丝的组件清洗间，其酸洗间内(包括门、窗)均应采取防酸酸和其蒸汽腐蚀的措施。屋顶上的风机棚和排风管下的屋面与雨水管均应采取防腐蚀处理措施。组件分解间、DMF 清洗间的楼地面宜采取防腐处理措施。

8.3.12 湿法纺丝工艺中的聚合釜和调配部分的地坑及围堰内、纺丝车间的纺丝部位地面、地坑及地沟内以及回收车间的地沟、围堰内，应采取相应的防腐处理措施。

8.4 结构型式和构造

8.4.1 腈纶工厂主要生产车间的结构选型宜为钢筋混凝土框架结构。有爆炸危险及防爆要求的厂房结构，宜采用由钢筋混凝土柱、梁、板组成的现浇式钢筋混凝土框架结构。

8.4.2 DMF 干法纺丝工艺的聚合、原液和纺丝车间的联合厂房，结构选型宜为多层局部单层钢筋混凝土框架结构。

8.4.3 NaSCN 湿法纺丝工艺的聚合、原液、回收和纺丝车间的结构选型宜为多层钢筋混凝土框架结构。

8.4.4 DMAc 湿法纺丝工艺的聚合、原液车间，结构选型宜为多层钢筋混凝土框架结构；回收、纺丝车间结构选型宜为单层钢筋混凝土框架结构。当纺丝生产车间的柱跨度较大时，也可选择由钢筋混凝土柱与实腹式钢梁组成的排架结构。

8.4.5 用于支撑聚合物料仓的构筑物，结构选型宜为钢框架结构或钢筋混凝土与钢组合的框架结构。

8.4.6 聚合物料仓的构筑物，宜单独布置。贮罐区及回收装置中的贮罐、塔类设备基础，可按国家现行标准《石油化工企业塔型设备基础设计规范》SH 3030 和《石油化工企业钢储罐地基与基础设计规范》SH 3068 的有关规定执行。

8.4.7 泵房、总配电室、热力站、冷冻站等辅助生产车间，结构选型宜为单层、多层钢筋混凝土框架或钢筋混凝土框排架结构，也可选用钢结构或其他类型的结构。

8.4.8 有爆炸危险性生产车间的屋面，采用轻质屋盖泄爆时，轻质屋盖材料底下应设置保护性钢筋网片，保护性钢筋网片应与厂房主体结构可靠连接。

8.4.9 联合厂房内，具有爆炸危险性的生产车间与相邻生产车间之间，宜设置结构缝分区隔开，并应设置分区防护墙。

8.4.10 联合厂房中的聚合生产车间与相邻生产车间之间的结构分区防护墙，宜采用轻骨料钢筋混凝土墙。

8.4.11 有爆炸危险性生产车间的分区防护墙采用砌体墙时，墙内设置的构造柱和圈梁，应与墙和厂房的钢筋混凝土柱加强连接。防护墙体的顶部与楼层梁应采取拉结措施。

8.4.12 有爆炸危险性生产车间的砌体围护墙，宜与主体结构的钢筋混凝土柱加强拉结。泄爆窗洞口的过梁宜采用通长的现浇钢筋混凝土梁，并应与主体结构可靠锚固连接。

8.4.13 DMF 干法纺丝工艺的酸洗间及回收车间的结构保护层厚度宜适量加厚。

8.4.14 纺丝线位居于楼层时，宜根据设备运转的振动情况和高温对结构的不利因素，采取相应的技术构造措施。

8.4.15 对在生产运转中会受到腐蚀性介质侵蚀的结构，应采取防腐蚀处理和相应的构造措施。

9 采暖、通风和空气调节

9.1 一般规定

9.1.1 腈纶工厂生产车间室内空气参数，应按下列要求确定：

1 应根据生产工艺要求确定；

2 工艺无特殊要求时，可按表 9.1.1-1 选用；

3 夏季采取劳动保护的车间，操作岗位的温度，应根据夏季通风室外计算温度及工作地点的允许温差确定，但不得超过表 9.1.1-2 的规定。

表 9.1.1-1 腈纶工厂生产车间室内空气参数

序号	操作区域或车间名称	夏季		冬季		备注
		温度(℃)	相对湿度(%)	温度(℃)	相对湿度(%)	
1	聚合车间	劳动保护	—	—	≥16	操作区
2	原液车间	劳动保护	—	—	≥18	操作区
3	纺丝车间	劳动保护	—	—	≥18	操作区
4	回收车间	劳动保护	—	—	≥18	操作区
5	物试室	20±2	65±3	20±2	65±3	—
6	中央控制室	26±2	50±10	26±2	50±10	—
7	变频器室	≤30	<70			

表 9.1.1-2 夏季操作岗位温度

夏季通风室外计算温度（℃）	≤22	23	24	25	26	27	28	29～32	≥33
允许温差（℃）	10	9	8	7	6	5	4	3	2
操作点温度（℃）	≤32			32				32～35	35

9.1.2 腈纶工厂工作点空气中有害物质最高允许浓度，应符合现行国家标准《工作场所有害因素职业接触限值》GBZ 2 的有关规定，腈纶工厂主要有害物质最高允许浓度应符合表 9.1.2 的规定。

表 9.1.2 腈纶工厂主要有害物质最高允许浓度

序号	有害物名称	时间加权平均允许浓度（mg/m³）	短时间接触允许浓度（mg/m³）
1	AN	1.00	2.00
2	VA	10.00	15.00
3	MA	20.00	40.00
4	DMA	5.00	10.00
5	HAc	—	—
6	DMAc	20.00	40.00
7	DMF	20.00	40.00
8	聚丙烯腈粉尘	1.50	3.75

9.2 采 暖

9.2.1 腈纶工厂建于累年日平均温度低于或等于 5℃，且天数大于或等于 90d 的地区时，应设计集中采暖。

生产过程中发散大量热量的生产车间及工艺附房宜设值班采暖，但室内温度应保证非工作时间工艺所需的室内温度，且不得低于 5℃。

9.2.2 采暖方式的选择，应根据所在地区气象条件、建筑规模、厂区供热情况，通过技术经济比较确定，宜利用生产余热，并宜采用热水作热媒。当厂区供热以生产用蒸汽为主，且不违反卫生、技术和节能要求时，可采用蒸汽作热媒。

散发可燃气体、蒸汽或粉尘的生产厂房，散热器采暖的热媒温度，应至少比散发物质的自燃点（℃）低 20%。散发可燃粉尘、纤维的厂房内，热水采暖不应超过 130℃，蒸汽采暖不应超过 110℃。

9.2.3 散发腐蚀性气体或空气相对湿度较大的生产车间及工艺附房，散热器及管道表面应采取防腐措施。

9.2.4 大空间厂房除应设置一般采暖系统外，宜采用暖风机热风采暖作为工艺设备局部供暖，并应符合下列规定：

　　1 暖风机台数及位置应根据厂房内部的几何形状、需供暖的工艺设备布置情况，以及气流作用范围等因素设计；

　　2 热媒为蒸汽时，每台暖风机应单独设置阀门和疏水装置。

9.2.5 采暖管道必须计算管道的热膨胀。当利用管段的自然补偿不能满足要求时，应设置补偿器。

9.3 通 风

9.3.1 生产车间内通风设计应首先采用自然通风，当自然通风不能满足室内卫生要求时，应采用自然与机械联合通风或机械通风。

9.3.2 生产车间或工艺附房内散发热、蒸气、有害物质或有爆炸危险气体的区域和设备，应设局部排风。当局部排风达不到卫生要求时，应采用或辅以全面排风。

9.3.3 凡属下列情况之一时，应单独设置局部排风系统，且局部排风不应接入车间全面排风系统：

　　1 2 种或 2 种以上的有害物质混合后能引起燃烧或爆炸时；

　　2 2 种或 2 种以上的有害物质混合后能形成毒害更大或腐蚀性的混合物、化合物时；

　　3 散发剧毒物质的房间和设备；

　　4 建筑物内设有贮存易燃、易爆物质的单独房间或有防火防爆要求的单独房间。

9.3.4 设置局部排风或全面排风的生产车间及工艺附房，应采取补风措施。条件允许时，宜采用自然进风；不具备自然进风或自然进风不能满足要求时，应设置机械送风，并应使排风区域与周围空间保持相对负压。

9.3.5 生产车间及工艺附房内有散发有害物质或有爆炸危险的气体时，其室内空气不应循环使用。

9.3.6 车间空气中的有害物质含量和向大气排放的空气中的有害物质含量，应符合现行国家标准《工业企业设计卫生标准》GBZ 1 和《大气污染物综合排放标准》GB 16297 的有关规定。达不到要求时，应采取净化措施。

9.3.7 采用全面排风消除余热、余湿或其他有害物质时，应分别从厂房内温度最高、含湿量或有害物质浓度最大的区域排风。排风口布置应符合下列要求：

　　1 生产车间以放散热湿气体为主时，排风口应布置在车间上部；

　　2 车间内可能放散丙烯腈等密度比空气重的气体时，排风口宜上下布置。

9.3.8 可能突然放散大量有害气体或有爆炸危险气体的房间，应设置事故通风装置。事故通风装置的设置应符合现行国家标准《采暖通风与空气调节设计规范》GB 50019 的有关规定。

9.4 空气调节

9.4.1 生产车间内有放散热、蒸气等高温生产设备的工作点或操作区域，应设置岗位送风或全面送风。

9.4.2 送风量应根据消除车间内余热、余湿和稀释有害物质所需风量的最大量，与车间排风量平衡后确定。车间内应与周围空间及相邻车间保持相对负压。

9.4.3 送风系统的空气处理应根据室外空气计算参数确定，可采取冷却或加热等处理方式。夏季空气处理宜采用蒸发冷却方式。

9.4.4 物试室、控制室和变频器室等布置分散的房间，宜采用整体式或分体式空气调节器。

9.5 设备、风管和其他

9.5.1 采暖、通风和空气调节设备在下列情况下，应采用防爆型设备：

　　1 直接布置在有甲、乙类物质场所中危险区的设备；

　　2 排除甲、乙类物质的通风设备；

　　3 排除含有燃烧或爆炸危险的粉尘、纤维等丙类物质，其含尘浓度高于或等于其爆炸下限的 25% 时的设备。

9.5.2 空气中含有易燃、易爆危险物质的厂房的送、排风系统，当送风机设置在单独的通风机室内且送风干管上设置止回阀门时，可采用非防爆型通风设备。

9.5.3 用于防爆型采暖、通风和空气调节设备的电气设备，应符合现行国家标准《爆炸和火灾危险环境电力装置设计规范》GB 50058 的有关规定。

9.5.4 甲、乙类生产厂房内的通风系统和排除空气中含有爆炸危险物质的局部排风系统的活动部件及阀件，应采取防爆措施。

9.5.5 输送、排除易燃、易爆危险物质的通风设备和风管，应采取防静电接地措施。不应采用容易积聚静电的绝缘材料制作。

9.5.6 用于腈纶工厂的通风机应根据所输送介质的特性按下列要求选用：

　　1 输送介质温度高于 80℃ 时，应选用耐高温风机；

　　2 输送含有腐蚀性物质时，应选用防腐型通风机。

9.5.7 甲、乙类生产厂房的送风设备，不应与排风设备布置在同一通风机室内。用于排除甲、乙类物质的排风设备,不应与其他系统的通风设备布置在同一通风机室内。

9.5.8 甲、乙类生产厂房的送风系统,共用同一进风口时,应与丙、丁、戊类生产厂房和辅助建筑及其他通风系统的进风口分别设置。

9.5.9 凡属下列情况之一时,不应采用循环空气:
1 甲、乙类生产厂房,以及含有甲、乙类物质的其他厂房;
2 丙类生产厂房,空气中含有燃烧或爆炸危险的粉尘、纤维,含尘浓度大于或等于其爆炸下限的 25%。

9.5.10 通风、空气调节系统的风管,应采用不燃材料制作。接触腐蚀性气体的风管及柔性接头,可采用难燃材料制作。

9.5.11 风管及配件,应根据其所输送的介质和所处环境,采取相应的防腐蚀措施。

9.5.12 空气中含有较多水蒸气的排风系统,管道应设置不小于 0.005 的坡度,并应在管道的最低点和通风机的底部设置排水装置。

9.5.13 送、排风系统的风管有下列情况之一时,应设置防火阀:
1 送、排风系统的风管穿过机房隔墙和楼板处;
2 多层车间每层送、排风水平风管与垂直总管的交接处的水平管段上。

9.5.14 送、排风系统的风管不宜穿过防火墙和非燃烧体楼板等防火分隔物。必须穿过时,应在穿过处设防火阀。穿过防火墙两侧各 2m 范围内的风管保温材料,应采用非燃烧材料,穿过处的空隙应用非燃烧材料填塞。

9.5.15 有爆炸危险厂房的排风管,以及排除有爆炸危险物质的风管,不应穿过防火墙和防火分隔物。排除有爆炸危险物质和含有剧毒物质的排风系统,其正压段不得穿过其他房间。

9.6 制 冷

9.6.1 腈纶工厂冷源宜采用集中设置制冷站。制冷机组机型的选择应根据生产装置所需冷负荷、所在地区能源结构、价格及环保规定等情况,经技术经济比较后确定。

9.6.2 选择电动压缩式制冷机组时,其制冷剂应符合有关环保要求。采用过渡制冷剂时,其使用年限不得超过国家禁用时间表的规定。

9.6.3 选择溴化锂吸收式机组时,应结合机组水侧污垢及腐蚀等因素,对供冷量进行修正。

9.6.4 向生产装置提供冷源的制冷机组宜设置备台。制冷系统规模大、设备台数多时,宜采用集中监控系统。

9.6.5 制冷机房应有良好的通风措施。采用 R-123 工质的压缩式制冷机房,应设置事故排风装置。排风量可按下式计算:

$$L = 247.8(G)^{0.5} \quad (9.6.5)$$

式中:L——排风量(m^3/h);
G——制冷机房中最大制冷系统灌注的制冷工质的量(kg)。

9.6.6 设置集中供暖的制冷机房,机房室内温度不应低于 15℃,在停止运转期间不得小于 5℃。

9.6.7 设备和管道采用的保冷、保温材料,应符合下列要求:
1 保冷、保温材料的主要技术性能应按现行国家标准《设备及管道保冷设计导则》GB/T 15586 和《设备及管道保温设计导则》GB 8175 的有关规定执行;
2 应采用导热系数小、湿阻因子大、吸水率低、密度小、综合经济效益高的材料;
3 保冷、保温材料应为不燃或难燃材料。

9.6.8 设备和管道的保冷及保温层厚度,应按介质温度计算确定。

10 给 排 水

10.1 一般规定

10.1.1 给水排水设计应满足工厂生产、生活和消防的要求,并应做到技术先进、经济合理、安全可靠和保护环境。

10.1.2 给水排水管道的平面布置与埋深应根据工厂地形、总平面布置、给排水负荷、冰冻深度、工程地质、管道材料、施工条件等因素确定。厂区内主干管,宜靠近用水负荷大的车间敷设。

10.1.3 车间(装置)给水排水管道的进、出口方位,应结合全厂性给水排水管道的布置确定,并应减少进、出口管接口的数量。

10.1.4 给水排水管道不得穿过设备基础和柱基础。不宜穿过建筑物的伸缩缝和沉降缝,如必须穿过时,应采取防止管道损坏的措施。

10.1.5 管道穿过承重墙、建筑物基础时,应预留孔洞或设置套管,管顶上部净空不应小于建筑物的沉降量,且不应小于 0.1m。

10.1.6 管道不宜穿过防火墙。如必须穿过时,应设套管,且穿墙管道及其套管应采用非燃烧材料,管道与套管之间应采用非燃烧材料填塞密实。

10.1.7 室内给水排水管道不应从配电室、控制室等室内通过。

10.1.8 腈纶工厂的生产废水应经汇集后排入废水处理站,并应符合现行国家标准《纺织工业企业环境保护设计规范》GB 50425 的有关规定。

10.2 给 水

10.2.1 工厂的给水系统应根据生活、生产和消防等各项用水对水质、水温、水压和水量的要求,分别设置直流、循环或重复使用的给水系统及相应的给水处理设施。

10.2.2 生产所需工业水、除盐水和循环冷却水的水质、水压和水量要求应根据生产工艺确定。全厂给水设计的新鲜水总水量,宜根据生活用水量、生产所需工业水、除盐水及自用水、循环冷却水补充水量和公用设施用水量等综合计算后确定。

10.2.3 进入生产主车间的工业水、除盐水、循环冷却水管道宜设置计量仪表。

10.2.4 室内生活、生产和消防给水管道宜明敷。生产给水管道宜与工艺系统管道统一布置。

10.2.5 车间内设置的安全洗眼器和安全淋浴器,与其相连接的生活给水管道应单独设置,并应在管道上安装过滤器。

10.2.6 室外架空敷设的除盐水管宜采用不锈钢管;室内除盐水管可采用不锈钢管或非金属管。

10.2.7 循环冷却水管宜采用焊接钢管。经水质稳定处理的循环冷却水管道,可不做内腐处理。

10.2.8 消防给水管道的敷设,应符合现行国家标准《建筑设计防火规范》GB 50016 和《石油化工企业设计防火规范》GB 50160 的有关规定。

10.3 排 水

10.3.1 工厂的排水系统,应根据生产、生活排出的废水性质、浓度、水量等特点,按质分类、清浊分流、合理划分。

10.3.2 排水设备及与重力流管道相连接的设备,应在其排出口以下部位设置水封装置,水封高度不得小于 50mm。

10.3.3 聚合车间排出的含有聚合物的生产废水,宜在室外设置沉淀池截留聚合物后,再排入厂区生产废水管道。

10.3.4 其他车间排出的生产废水,以及用于截留废水中聚合物的沉淀池出水,应在排出口设置水封井,水封高度不得小于250mm。水封井应设排气管,排气管管径不宜小于100mm,排气管出口应高出地面2.5m以上。

10.3.5 生产废水排水管道,宜采用铸铁管或非金属管；含硫氰酸钠废水的排水管应采用耐60℃高温的非金属管。

10.3.6 生产废水管道的检查井、水封井、跌水井,应采用混凝土井或钢筋混凝土井,管道穿井壁处宜设防水套管。

10.3.7 输送腐蚀性废水的检查井,井内壁应根据废水性质进行耐腐蚀处理,井内可不设爬梯。采用铸铁井座井盖时,井座井盖内侧均应采取防腐蚀处理措施。

10.3.8 雨水排水应设置独立管道系统,罐区的初期雨水应排入生产废水管道,并应在防火堤外的排水管道上设置易于启闭的隔断阀。

10.3.9 各车间排出的生产废水的计量仪表可结合废水处理站设计筹设置。

10.3.10 工厂发生事故或火灾时,产生的污染废水不得直接排入水体或城市雨水管道。

10.4 消 防

10.4.1 消火栓给水系统、自动喷水灭火系统以及其他灭火设施,应根据工厂生产和储存物品的火灾危险性分类和建筑物的耐火等级等因素设置。

10.4.2 各装置的室内、外消火栓设置及用水量应符合国家有关纺织工业防火标准的规定。

10.4.3 聚合、原液、纺丝、回收车间以及可燃液体储罐区的室内、外消防给水,宜采用独立的稳高压消防给水系统。稳高压消防给水系统的运行压力可经计算确定,应保持为0.7MPa～1.3MPa。

10.4.4 稳高压消防水管道上严禁接非消防用水管道。

10.4.5 原料库、中间库、成品库宜设置自动喷水灭火系统,系统设计的危险性等级应为仓库危险级Ⅱ级。

10.4.6 聚合物干燥机、纤维干燥机和废丝干燥机内应设置自动或手动雨淋灭火设施。

10.4.7 甲、乙、丙类液体储罐区,以及装卸、储存和使用甲、乙、丙类液体场所,均应设置固定或移动式低倍数泡沫灭火系统以及固定或移动式消防冷却水供水系统。

10.4.8 工厂各建筑物室内手提式干粉或二氧化碳灭火器的配置,应按现行国家标准《建筑灭火器配置设计规范》GB 50140 的有关要求执行。

11 动 力

11.1 蒸 气

11.1.1 蒸气由热电站供给时,应经减压减温装置并按参数要求接送至各用气部门,减压减温装置应设置备台。

11.1.2 热力站宜设在用气设备集中且大用量的位置附近。

11.1.3 厂区管网设计应满足下列要求:
   1 管线布置宜短捷,主干线应通过主要的负荷中心区,宜靠近支管较多的一侧;
   2 厂区的热力管道主干线应平行于道路中心线,并宜敷设于车行道以外易于检修的区域;
   3 热力管道的设计应经应力计算确定;
   4 厂区热力管道架空敷设时,宜采用枝状形式布置。

11.1.4 管道的热补偿设计,宜利用自然地形采用自然弯曲来补偿管道热伸长。

11.2 压缩空气

11.2.1 压缩空气站设计应符合现行国家标准《压缩空气站设计规范》GB 50029 的有关规定。

11.2.2 压缩空气站宜独立设置在靠近用气点集中的位置。

11.2.3 压缩空气站房耗气量设计应包含各用户用气、自身用气、管网损耗及制氮用气的总用量。

11.2.4 供气管路宜架空敷设。管路敷设时,应避开腐蚀区域及工艺设备、管线的物料排放口等各种不安全环境。

11.3 氮 气

11.3.1 腈纶工厂制氮站可设置在压缩空气站内,或靠近压缩空气站设置。

11.3.2 氮气品质应满足下列规定:
   1 压力应为 0.4MPa(G)～0.7MPa(G);
   2 湿纺工艺氮气纯度应大于或等于 98.5%;
   3 干纺工艺氮气纯度应大于或等于 99.9%。

11.3.3 氮气干管应设置计量仪表、压力表及露点测试仪。

本规范用词说明

1 为便于在执行本规范条文时区别对待,对要求严格程度不同的用词说明如下:
　1)表示很严格,非这样做不可的:
　　正面词采用"必须",反面词采用"严禁";
　2)表示严格,在正常情况下均应这样做的:
　　正面词采用"应",反面词采用"不应"或"不得";
　3)表示允许稍有选择,在条件许可时首先应这样做的:
　　正面词采用"宜",反面词采用"不宜";
　4)表示有选择,在一定条件下可以这样做的,采用"可"。

2 条文中指明应按其他有关标准执行的写法为:"应符合……的规定"或"应按……执行"。

中华人民共和国国家标准

腈纶工厂设计规范

GB 50488—2009

条 文 说 明

目 次

3 工艺设计 ································ 7—32—19
  3.1 一般规定 ························ 7—32—19
  3.2 工艺流程选用 ···················· 7—32—19
  3.3 工艺设备配置 ···················· 7—32—20
  3.4 主要设备生产能力的计算 ·········· 7—32—20
  3.6 节能 ····························· 7—32—20
  3.7 仓储和运输 ······················ 7—32—20
4 工艺设备布置和管道设计 ·············· 7—32—20
  4.1 一般规定 ························ 7—32—20
  4.2 工艺设备布置 ···················· 7—32—21
  4.3 工艺管道设计 ···················· 7—32—21
  4.4 工艺管道布置 ···················· 7—32—21
5 自动控制 ······························ 7—32—21
  5.2 仪表选型 ························ 7—32—21
  5.7 配管配线 ························ 7—32—21
6 电气 ·································· 7—32—21
  6.3 供配电 ·························· 7—32—21
  6.4 电气防爆 ························ 7—32—22
  6.5 消防电源 ························ 7—32—22
7 总平面布置 ···························· 7—32—22

7.2 总平面布置 ······················ 7—32—22
8 建筑结构 ······························ 7—32—22
  8.1 一般规定 ························ 7—32—22
  8.2 生产厂房和辅助用房 ·············· 7—32—22
  8.3 建筑防火、防爆、防腐蚀 ·········· 7—32—22
  8.4 结构型式和构造 ·················· 7—32—22
9 采暖、通风和空气调节 ················ 7—32—23
  9.1 一般规定 ························ 7—32—23
  9.2 采暖 ····························· 7—32—23
  9.3 通风 ····························· 7—32—23
  9.5 设备、风管和其他 ················ 7—32—23
  9.6 制冷 ····························· 7—32—23
10 给排水 ······························ 7—32—24
  10.2 给水 ··························· 7—32—24
  10.3 排水 ··························· 7—32—24
  10.4 消防 ··························· 7—32—24
11 动力 ································ 7—32—24
  11.1 蒸气 ··························· 7—32—24
  11.2 压缩空气 ······················· 7—32—24

3 工艺设计

3.1 一般规定

3.1.2 腈纶生产具有易燃、易爆、有毒、高温高湿等特点,兼有化工生产的特征。因此本条规定"应加强安全及劳动保护措施,并应符合国家相关的安全和卫生规范规定要求"。

3.2 工艺流程选用

3.2.1 从可持续发展角度来看,高污染、高能耗的装置随着社会的发展将会逐步淘汰。此外,对于新的生产工艺,在考虑产品市场的同时,还应充分考虑生产的稳定性及其生产的技术支持,不宜盲目采用和上马。

3.2.2 生产腈纶的工艺路线较多,国内生产工艺是以 NaSCN 为溶剂的二步法湿纺工艺和 DMAc 为溶剂的二步法湿纺工艺为主流,部分为以 DMF 为溶剂的二步法干纺工艺。

国际上腈纶生产工艺路线的概况见图1。

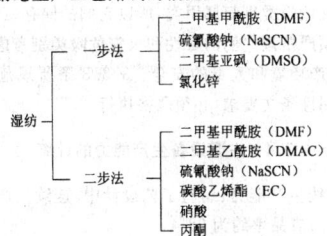

图1 国际上腈纶生产工艺路线的概况

国内目前三种主要工艺路线说明如下:

1 以 NaSCN 为溶剂的二步法湿法生产工艺:

原料 AN 和第二、第三单体(可选)及化工料、催化剂,采用水相悬浮聚合制得聚合物。

脱单体后的淤浆经过滤洗涤、脱水,制得湿的聚合物滤饼,然后与溶剂混合形成淤浆。溶胀的淤浆经溶解过滤制成原液,送纺丝。

原液通过喷丝头进入溶剂水溶液并凝固成丝条,然后被洗涤、牵伸、烘干、定型、上油、卷曲和后干燥。制成腈纶丝束或经切断成短纤打包出厂。

2 以 DMAc 为溶剂的二步法湿法生产工艺:

原料 AN 和第二、第三单体(可选)及化工原料、催化剂和纯水,采用水相悬浮聚合制得聚合物。

脱单体后的淤浆经再经过滤洗涤、脱水,制得湿的聚合物,然后进行干燥。干燥后的聚合物,再与溶剂混合制成原液,送纺丝。

原液通过喷丝头进入溶剂水溶液并凝固成丝条,然后被洗涤、牵伸、上油、烘干、卷曲。卷曲后的丝束经定型后制成腈纶丝束或经切断成短纤打包出厂。

3 以 DMF 为溶剂的二步法干法腈纶生产工艺:

以 AN、MA、苯乙烯磺酸钠为原料,采用水相悬浮聚合制成聚合体。在真空转鼓中固液分离,湿滤饼经挤压造粒、干燥,送至料仓。

聚合物经粉碎、计量与溶剂 DMF 均匀混合溶解制成原液,原液经过滤、加压通过喷丝板喷丝,在热氮气中蒸出溶剂,原丝固化。然后经洗涤、牵伸、定型干燥、卷曲、干燥制成腈纶丝束或经切断成短纤打包出厂。

3.2.4 腈纶生产需要的主要原料基本特性如下:

1 丙烯腈

1)物化性质应符合下列规定:

(1)分子式为 CH_2CHCN;

(2)外观应为具刺激性气味的无色液体;

(3)比重应为 0.8060($d_4^{20℃}$);

(4)沸点应为 77.5℃;

(5)闪点应为 -1℃;

(6)自燃点应为 481℃;

(7)20℃时蒸汽压为 16.6kPa;

(8)空气中爆炸极限应为 3%~17%(Vol%)。

丙烯腈易自聚,在氧化剂(如氧)的存在下,或暴露于常温光照下,丙烯腈都会迅速地聚合。其火灾危险性类别为甲_B类。

2)毒性属于高毒类,丙烯腈蒸气可经呼吸道侵入人体造成急性中毒。接触高浓度丙烯腈蒸气抢救不及时者可造成死亡。丙烯腈蒸气一旦发生沾染,应立即用大量水冲洗,眼睛沾染还应用硼酸冲洗。

3)贮存和运输应符合下列规定:

(1)贮罐应设阻火器和呼吸阀,应配备泡沫消防设施,一旦发生火情,泡沫自动加入贮罐内。不可与苛性钠、氨、胺类及氧化剂一起存放。贮罐区应设有防火堤并杜绝火种。

(2)装卸使用的管道、泵、车体等接地。

2 醋酸乙烯

1)物化性质应符合下列规定:

(1)分子式为 $CH_3COOCHCH_2$;

(2)外观应为清晰无色液体,有甜的醚香,少量有甜气味;

(3)比重应为 0.9345($d_4^{20℃}$);

(4)沸点应为 72.7℃;

(5)闪点应为 -1.1℃;

(6)自燃点应为 427℃;

(7)空气中的爆炸极限为 2.6%~13.4%(Vol%);

(8)生产的火灾危险性类别应为甲_B类。

2)毒性应属于中毒类,对人的眼睛、皮肤、呼吸等有刺激,高浓度空气中可致呼吸道损害。

3)贮存和运输应符合下列规定:

(1)贮槽应设阻火器和呼吸阀,应配备泡沫消防装置,一旦发生火情,泡沫应自动进入槽内。

(2)装卸使用的泵、管道、车体应接地。

3 丙烯酸甲酯

1)物化性质应符合下列规定:

(1)分子式为 $CH_2CHCOOCH_3$;

(2)外观应为无色透明液体,易挥发;

(3)比重应为 0.9535($d_4^{20℃}$);

(4)沸点应为 80.5℃;

(5)闪点应为 -2.8℃;

(6)自燃点应为 468℃;

(7)空气中的爆炸极限为 2.8%~25%(Vol%);

(8)生产的火灾危险性类别应为甲_B类。

2)毒性应属于低毒类,能刺激眼、皮肤和黏膜,经皮肤吸收可中毒;触及皮肤后,应用大量水冲洗。

3)应按易燃、易爆、有毒物品规定贮运。贮运中应加阻聚剂。

4 二甲基乙酰胺

1)物化性质应符合下列规定:

(1)分子式为 $CH_3CON(CH_3)_2$;

(2)外观应为无色透明液体;

(3)比重应为 0.9366($d_4^{25℃}$);

(4)沸点应为 166.1℃;

(5)闪点应为 77℃;

(6)自燃点应为420℃；
(7)空气中的爆炸极限为2.3%～12.7%(Vol%)；
(8)生产的火灾危险性类别应为丙$_A$类。
2)毒性应属中毒类，会强烈刺激眼、皮肤和黏膜，触及皮肤后，应用大量水冲洗。
3)贮存和运输应按有毒物品规定贮运。

5 二甲基甲酰胺
1)物化性质应符合下列规定：
(1)分子式为HCON(CH$_3$)$_2$；
(2)外观为无色透明液体，易燃；
(3)比重为0.9445(d$_4^{25℃}$)；
(4)沸点为152.8℃；
(5)闪点为57.7℃；
(6)自燃点应为445℃；
(7)在空气中爆炸极限为2.2%～15.2%(Vol%)；
(8)生产的火灾危险性类别为乙$_A$类。
2)毒性属中毒类，可经皮肤吸收，强烈刺激眼、皮肤和黏膜。当触及皮肤后，应用大量水冲洗。
3)贮存和运输应按易燃、易爆、有毒物品规定贮运。

6 二甲胺
1)物化性质应符合下列规定：
(1)分子式应为(CH$_3$)$_2$NH；
(2)外观常温下为无色气体；
(3)比重为0.6560(20℃)；
(4)沸点为7℃；
(5)闪点为－17.8℃；
(6)自燃点应为402℃；
(7)在空气中爆炸极限为2.8%～14.4%(Vol%)；
(8)具有氨气味，易溶于水，有毒，可燃，与空气混合形成爆炸性混合物；
(9)生产的火灾危险性类别应为甲$_A$类。
2)毒性属中毒类，能刺激皮肤和黏膜，特别是对眼睛、呼吸器官作用更强。当皮肤接触本品后可用大量水冲洗。
3)贮存和运输：本品易燃，易与空气形成爆炸性混合物，运输时严防倒放。
贮运按易燃、易爆、有毒物品规定贮运。

7 硫氰酸钠
1)物化性质应符合下列规定：
(1)分子式为NaSCN；
(2)外观为白色斜方晶系结晶或粉末；
(3)比重为1.625；
(4)熔点为287℃。
2)毒性应属低毒类，职业中毒较少。
3)贮存和运输应以内衬塑料袋的塑料桶或胶纸板桶包装，本品在空气中易潮解，应贮存于室内干燥处。

8 醋酸
1)物化性质应符合下列规定：
(1)分子式为CH$_3$COOH；
(2)外观应为无色透明液体，有刺激气味；
(3)比重为1.0492(d$_4^{25℃}$)；
(4)闪点应为43.5℃；
(5)沸点为118℃；
(6)自燃点为427℃；
(7)生产的火灾危险性类别应属乙$_A$类。
2)毒性应属中毒类，本品是具有强烈腐蚀性液体，粘附在皮肤上后，需立即用清水冲洗。
3)贮存和运输常用铝桶、塑料桶或陶土坛包装，贮存时应远离氧化剂和易燃物，保持干燥。

3.3 工艺设备配置

3.3.2 由于不同车间的设备运转效率不同，产品或中间品的需求量可能存在的不同，这些因素在设备能力总体平衡中应予以充分考虑，例如聚合釜由于存在清疤周期导致生产暂停；纺丝设备运转率虽高，但在切换品种或处理纺丝断头也会使生产暂停，为平衡生产，要求聚合单位时间的生产率要高于纺丝。一般聚合的设备设计能力约为产量的1.15～1.20倍，原液、纺丝的设备设计能力约为产量的1.10倍。由于回收的蒸发器或蒸馏器也存在清洗周期导致生产暂停，故回收设备的设计能力一般约为产量的1.15～1.20倍。

3.3.4 罐区、聚合、溶剂回收等不同的场合，对具体设备的防爆要求也不同，因此，应根据具体工艺的实际条件确定防爆等级和要求。爆炸危险场所的电气仪表设备要选用防爆型，本条作为强制性条文要求。

3.3.5 本条第1款第1)项，由于聚合用的单体AN、VA以及引发剂等都具有易燃、易爆等特性，必须按防爆要求考虑。

3.3.6 用于一般介质的通用设备，如泵等通常允许有微量泄漏，但对于输送易燃、易爆、有毒、腐蚀性物料的设备应考虑其防泄漏性能，正确的选型，保证设备运行的安全性，如选用屏蔽泵、磁力泵等密封性较强的设备。

3.3.7、3.3.8 因为AN、DMA、VA等主要化工原料的毒性都属高、中度，火灾危险类别都属甲类，所以它们的储存、运输和生产使用场合都必须严格按它们的毒性和火灾危险类别考虑相应的安全措施，保证生产环境和人身的安全。3.3.8条所规范的安全卫生措施作为强制性条文要求，必须严格执行。

3.4 主要设备生产能力的计算

3.4.2 纺丝线生产能力：纺丝工艺设计中，连续生产的年生产时间按8000h计；成品率约为98%。

3.6 节 能

3.6.2、3.6.3、3.6.5、3.6.8 经济的发展必然要求企业最大限度地降低生产成本，提高经济效益，这是市场竞争的需要，是企业可持续发展的需要。影响生产成本的因素很多，而降低能耗是降低成本的关键。因此在设计和生产中要科学合理利用能源，认真贯彻国家能源政策，使企业在最少的能耗下获得较大的经济效益。例如，纺丝生产线的洗涤水系统利用回收的蒸发冷凝水作为纺丝洗涤水，采用从高温区流向低温区，与丝束方向逆向流动方式，逐级多机台热交换等措施，以提高节能效果。

3.6.6 设置独立的公用工程计量仪表，便于进行成本核算，及时了解能耗的变化和显示节能效果。

3.6.9 常规品种单体总耗量不超过1005kg/t成品纤维，是基于纤维成品回潮率为2%基础上折算的。

3.7 仓储和运输

3.7.2 根据现行国家标准《石油化工企业设计防火规范》GB 50160的规定和纺织行业相关的工程设计标准，合成纤维产品的库房，其耐火等级不应低于二级。

4 工艺设备布置和管道设计

4.1 一般规定

4.1.3 本条规定是为了尽可能避免因风向而引起的火灾和尽量

减少因风向而造成的污染，缩小防灾区域。

4.2 工艺设备布置

4.2.1 根据我国现行实际情况，生产车间的设置大致采用下列形式：

1 以NaSCN为溶剂的二步法湿纺腈纶生产工艺：

可按罐区、聚合、原液、纺丝、回收单元而进行平面布置。其中罐区可以全敞开式布置；聚合车间在黄河以南地区可以采取半敞开式布置；原液、纺丝宜建联合厂房，可采用室内布置；回收单元宜室内布置。

组件清洗、油剂调配等工艺辅助设备可布置在联合厂房相邻的附房内。

2 以DMAc为溶剂的二步法湿纺腈纶生产工艺：

可按罐区、聚合、原液、纺丝、回收单元而进行平面布置。其中罐区、回收车间可以全敞开式布置；聚合单元可视建厂地区气候严寒程度而定，黄河以北地区宜采用室内布置；原液、纺丝单元可建联合厂房，宜室内布置或部分半敞开式布置。

组件清洗、油剂调配等工艺辅助设备可布置在联合厂房相邻的附房内。

3 以DMF为溶剂的二步法干纺腈纶生产工艺：

可按聚合、原液、纺丝的联合厂房而进行平面布置。其中罐区、回收单元可以全敞开式布置；聚合单元可视建厂地区气候严寒程度而定，黄河以北地区宜采用室内布置；纺丝单元也宜室内布置。

组件清洗、油剂调配等工艺辅助设备可布置在纺丝厂房相邻的附房内。

组件清洗流程中的硝酸清洗应单独设置。

4.2.2、4.2.3 聚合为防爆设计，与非防爆的物料调配设备可分开布置在2个不同防爆要求的区域内。

以硫氰酸钠为溶剂的二步法湿法生产工艺中，氧化剂氯酸钠和还原剂焦亚硫酸钠应分别存放；二甲基乙酰胺为溶剂的二步法湿法生产工艺中氧化剂过硫酸铵、还原剂硫酸亚铁应分别存放，以防止氧化剂和还原剂相互发生反应以引发危险。

4.2.4 生产控制中心通常可安置在纺丝区域。

4.2.5 由于腈纶的纺丝生产线较长，因此在确定车间柱网布置时应首先结合设备布置考虑伸缩缝的设置，应避免联合机组中的长设备或单机设备在伸缩缝上骑跨现象。

4.2.7 以有机溶剂为溶剂的纺丝装置，其组件清洗，宜靠外墙设置，便于溶剂挥发物的排放。

4.2.9

1 需要留有吊装空间的设备如聚合釜、淤浆槽等带搅拌器的设备，应便于搅拌器等设备的吊装检修。

4.3 工艺管道设计

4.3.2 最不利条件应为强度计算中管道组成件需要的最大厚度及最高公称压力时的参数。但设计压力不应包括非经常性压力变动值。

4.3.7 按照各地区、各行业的具体情况，在执行现行国家标准《工业金属管道设计规范》GB 50316的同时，可参照执行国家现行标准《石油化工管道设计器材选用通则》SH 3059。

4.3.8 AN、VA、DMA等火灾危险性属甲、乙类的物料，按照现行国家标准《爆炸和火灾危险环境电力装置设计规范》GB 50058和《工业与民用电力装置的接地设计规范》GBJ 6483中的相关规定，对存在爆炸和火灾危险的环境下可能产生静电危害的物体，必须采取工业静电接地措施以保证安全。本条作为强制性条文执行。

4.3.14 干纺工艺的原液管道应采用热水伴热。

4.3.22 绝热材料制品应具备安全使用温度和耐燃烧性能（不燃性、难燃性、可燃性）的试验证明，以保证其安全性。

4.4 工艺管道布置

4.4.6 AN、VA、DMA等流体在管道布置时，应符合现行国家标准《工业金属管道设计规范》GB 50316中"关于A_2类流体管道的补充规定"的规定，不应在可通行沟内布置A_2类流体管道及气体排放口。根据环境保护要求，该类管道的地下管沟内的污水不应直接排入下水道，应采取必要的措施后排入工厂生产污水管道系统。本条第3.6.7款相应规定作为强制性条文执行。

5 自动控制

5.2 仪表选型

5.2.1 本规定中所选用的各类仪表为腈纶生产中常用的仪表类型，设计中根据不同工艺路线及工况条件，可选择本规定未列出的适用的其他型式仪表。

5.2.6 在工艺装置设有其他控制室或操作室时，报警器可安装在该控制室或操作室内。

本条第2款，因丙烯腈属高毒类化学物质，它的蒸气对人的眼睛有轻度刺激作用，经呼吸道侵入人体后会造成急性中毒，高浓度蒸气接触后如抢救不及时可造成死亡，因此在易泄漏气体的场所必须设置探测器的规定作为强制条文执行。

5.2.7 腈纶工厂常用控制阀型式如下：

1 直通单座阀：适用于工艺要求泄漏量小、流量小、阀前后压差较小的场合；不适用于高黏度或含悬浮颗粒流体的场合；

2 直通双座阀：适用于对泄漏量要求不严、流量大、阀前后压差较大的场合；不适用于高黏度或含悬浮颗粒流体的场合；

3 套筒阀：适用于流体洁净、不含固体颗粒的场合；阀前后压差大和液体可能出现闪蒸或空化的场合；

4 隔膜阀：适用于强腐蚀、高黏度或含悬浮颗粒的场合；

5 波纹管密封阀：适用于流体为毒性、易挥发的场合；

6 蝶阀：适用于大口径、大流量和低压差的场合；

7 球阀：一般作为二位式开关阀使用；"V"形球阀适用于高黏度、含纤维、颗粒状的场合；

8 自力式减压阀：适用流量变化小，控制精度要求不高的场合。

5.7 配管配线

5.7.2 NaSCN湿纺工艺中，溶剂回收、纺丝区域及DMAc湿纺工艺中，溶剂制备、回收区域的电缆保护管、电缆桥架均宜采用铝合金材质。本条第3、4款的规定作为强制性条文执行。

6 电 气

6.3 供配电

6.3.1 腈纶生产按工艺要求属三班连续性生产，如果中断供电将会造成较大经济损失。有机溶剂的原液淤浆槽搅拌电机用电设备停电时，原液会凝固且不能融化，造成阻塞，恢复生产时间较长，中断供电时会给企业造成重大经济损失。

6.3.2

2 主要指原液淤浆槽搅拌电机等用电设备,应设置自备应急电源。

3 由于腈纶生产工艺路线复杂,生产装置中有大量控制联锁信号。一旦电源出现故障,不仅会影响正常生产而且会造成严重后果。因此,本款作为强制性条文执行。

6.3.3

3 根据现行国家标准《三相异步电动机经济运行》GB 12497 要求,容量在 200kW 以上应优先选用高压电动机。腈纶工厂大于 200kW 的电动机较多,主要如冷冻机组、冷却循环水泵、蒸馏塔底液泵等,采用中压供电可降低投资和日常运行成本,是节约能源的重要措施。节能是我国的基本国策,目前各方条件都已具备,应大力推广,由于各地方低压用户装置规程对电动机采用中压电机的要求略有不同,故本规范要求与国际标准靠拢,单台用电功率大于 200kW 的电动机宜优先采用中压电机。

6.4 电气防爆

6.4.1

1 爆炸性气体环境危险区域划分:

腈纶纤维生产过程中,聚合、原液制备、中间罐区、回收及泵房等场所,有丙烯腈、丙烯酸甲酯、二甲基甲酰胺爆炸性气体混合物逸散。

按照现行国家标准《爆炸和火灾危险环境电力装置设计规范》GB 50058 有关规定,聚合、原液制备、回收、泵房及中间罐区大部分在正常运行时不可能出现爆炸性气体混合物环境,或即使出现也是仅在短时存在的爆炸性气体混合物环境,划为 2 区爆炸性气体混合物的环境。

罐区的局部(丙烯腈、丙烯酸甲酯、二甲基甲酰胺罐顶呼吸阀处)为预计正常运行时周期或偶尔释放的释放源。以放空口为中心,半径 1.5m 空间,出现的爆炸性气体混合物的环境及地坑、地沟,划为 1 区爆炸性气体混合物环境。

上述爆炸性气体混合物分级、分组见现行国家标准《爆炸和火灾危险环境电力装置设计规范》GB 50058。

2 爆炸性粉尘环境危险区域划分:

聚合物干燥机、聚合物输送及储存区,有时会将积留下的粉尘扬起来而偶然出现爆炸性粉尘混合物的环境,划为 11 区,其引燃温度分组为 T11。

6.5 消防电源

6.5.1 由于腈纶工厂内主装置区有大量爆炸危险场所,一旦发生火灾会造成人身伤亡事故和财产的巨大损失,也会引起周边环境的污染,故规定了消防用电设备的电源要求。消防用电设备主要包括消防水泵、消防电梯、防烟排烟设施、火灾报警装置、自动灭火装置、消防应急照明、疏散指示标志、消防控制室照明和电动的防火门窗、卷帘、阀门等。

7 总平面布置

7.2 总平面布置

7.2.2

3 可参照现行国家标准《石油化工企业设计防火规范》GB 50160 的有关规定。

4 腈纶工厂消防车道的宽度要考虑消防车辆停车、错车、操作等要求,易燃、易爆物料的厂区单车道是不够的,宽度不宜小于 6m。

7.2.6

2 汽车槽车装卸站:装卸车鹤位之间的距离一般不小于 4m;装卸鹤位与缓冲罐之间的距离一般不小于 5m;装卸车场应采用现浇混凝土地面;甲$_B$、乙$_A$ 类液体装卸车,应采用液下装卸鹤管。

3 铁路槽车装卸站:装卸泵房与罐车装卸线的距离,一般不小于 8m;顶部敞开装车的甲$_B$、乙、丙$_A$ 类液体,应采用液下装车鹤管。

4 腈纶工厂中有些设备外形高大(如聚合反应器、回收的蒸发器、蒸馏塔等),管道又比较多,管架的高度净空要满足大型设备和集装箱的运输。为防止非防爆型运输车进入防爆区,因此进入防爆区域运输工具应采用防爆电瓶叉车。

8 建筑结构

8.1 一般规定

8.1.2 厂房内一侧或两侧布置车间附房(生产用房与生活用房),需与泄爆面统筹安排。

8.1.6 腈纶工厂的设备荷重大,为了防止在搬运设备过程中设备超重对结构的损坏,结构设计应了解设备的安装方案及搬运设备的走向等,并统筹考虑。对由于安装需要,局部已采用了装配式构件和已设置了必要的吊钩、埋件的结构,应进行验算。

8.2 生产厂房和辅助用房

8.2.1 根据实践,干纺腈纶厂房的聚合、原液、纺丝三个车间宜设计为联合厂房。湿纺腈纶厂房的原液、纺丝两个车间宜设计为联合厂房。由于聚合、回收车间为有爆炸危险的车间,且车间内操作人员少,因此如采用敞开式或半敞开式建筑,可避免可燃气体积聚,有利防爆。

8.2.2 辅助设施的单独设置,是为了减少可能发生事故的范围。

8.2.3、8.2.4 可参照现行国家标准《石油化工企业设计防火规范》GB 50160 的规定。

8.2.8 穿越楼面的设备安装孔,待设备安装完毕后,视安装孔的实际情况,应对孔隙进行封堵或设置安全保护措施。

8.3 建筑防火、防爆、防腐蚀

8.3.1 厂房面积较大时,将不同生产工段按需要用防火墙进行分隔。各工段生产的火灾危险性类别可按实际情况确定。如硫氰酸钠工艺的纺丝车间,湿润部位可属丁类,干燥至成品部位属丙类。

8.3.3 防护墙的做法宜按现行国家标准《建筑设计防火规范》GB 50016 有关规定执行。

8.3.4 与爆炸危险车间相贴邻的房间,设门斗是为了减少车间内有害气体窜通,同时在爆炸时也可减少冲击波对另一房间的危害。

8.3.5 腈纶厂房有爆炸危险厂房的体积一般均超过 1000m³,泄压面积与厂房体积的比值(m²/m³)不宜小于 0.03,若体积小于 1000m³ 时,可采用 0.05~0.22。

8.3.9 火灾危险类别属甲、乙类性质的车间内,地沟内的凹坑处应采取防止可燃物质积聚的有效措施,以符合现行国家标准《建筑设计防火规范》GB 50016 有关规定,防止可燃气体、纤维残留物等积聚而产生火灾危险。本条作为强制性条文执行。

8.4 结构型式和构造

8.4.1 现浇式钢筋混凝土框架结构,由于其空间整体性的优点,抵抗爆炸冲击波的能力较强。当生产厂房发生局部性的爆炸时,涉及厂房的整体毁坏和瞬间倒塌的可能性较小。因此,在本条中,为考虑现场操作人员的事故逃生和争取消防救援的空间和时间，对在生产操作中有爆炸危险的厂房，建议优先选择现浇式钢筋混凝土框架结构。

8.4.2~8.4.4 腈纶工厂对结构使用的耐久性和防腐蚀性有一定要求。通过对国内已建腈纶工厂的调研实例，并考虑到钢筋混凝土结构在经济性和实用性方面的特点，腈纶工厂的主要生产车间均宜采用钢筋混凝土结构。

8.4.8 屋面有泄压要求的爆炸危险性厂房。一旦发生事故，大量的轻质泄压屋面材料便会被爆炸造成的空气冲击波掀起。如果不设保护性钢筋网片，则泄压散落的屋面材料，会对底下的人员构成安全危险。故对泄压屋面，应加设保护性的钢筋网片，并与厂房主体结构可靠连接。本条作为强制性条文执行。

8.4.9 采用联合厂房时，在有爆炸危险性的生产车间与相邻车间之间结构设缝并设防护墙，主要是考虑到：当结构采用了联合厂房型式时，如果在不设缝的情况下，生产车间发生爆炸，对结构的损伤主要由以下两部分组成：

1 爆炸产生的空气冲击波对结构的直接损伤；

2 由于受爆炸作用力变位产生的次内力对结构的间接损伤。

由此可见，在有爆炸危险性的生产车间与相邻车间之间结构设缝，旨在采取结构措施，达到减少和消除第二种破坏力对结构影响的目的。

8.4.10 聚合生产车间的火灾危险性类别为甲级。条文中建议聚合生产车间的防护墙宜为轻骨料钢筋混凝土墙，主要考虑到在聚合生产车间发生爆炸时，轻骨料钢筋混凝土墙较砌体防爆墙的抗爆炸能力大，能较好地对相邻车间起到保护作用。同时，轻骨料钢筋混凝土墙的施工方便和经济性指标的优点，也较易在工程中应用。

9 采暖、通风和空气调节

9.1 一般规定

9.1.1 表9.1.1-1所列出的冬季室温，为车间正常工作时所需要的室内温度。由于部分腈纶生产设备在生产过程中放散大量的热量，因此在热负荷计算时应考虑该部分热量，适当选择室内采暖计算温度。

9.2 采暖

9.2.5 采暖管道由于热媒温度变化而引起膨胀，可利用管道的自然弯曲补偿。如自然补偿不能满足要求，则应设置补偿器。本条作为强制性条文执行。

9.3 通风

9.3.3 排风系统的划分原则如下：

1 必须防止不同种类和性质的有害物质混合后引起燃烧或爆炸产生事故。

2 应避免形成毒性更大的混合物或化合物，造成对人体的危害或腐蚀设备及管道。

3 应避免有毒物质通过排风管道及风口窜入其他房间。

4 根据现行国家标准《建筑设计防火规范》GB 50016和《高层民用建筑设计防火规范》GB 50045的规定，建筑中存有容易引起火灾或具有爆炸危险的物资的房间，所设置的排风装置应是独立的系统，以免使其中容易引起火灾或爆炸的物质窜入其他房间，防止造成火灾蔓延，招致严重后果。

根据上述原则，本条要求四种情况应单独设置局部排风系统，

且局部排风不应接入车间全面排风系统，作为强制性条文执行。

9.5 设备、风管和其他

9.5.1、9.5.7 此两条为强制性条文，都是从保证安全的角度制定的。

1 直接布置在有甲、乙类物质产生的场所中的采暖、通风和空调设备，用于排除含甲、乙类物质的通风设备以及排除含有燃烧或爆炸危险的粉尘、纤维等丙类物质，其含尘浓度高于或等于其爆炸下限的25%时的设备，由于设备内外的空气中均含有燃烧或爆炸危险性物质，遇火花时即可能引起燃烧或爆炸事故。为此，本规范规定，其通风机和电动机及调节装置等均应采用防爆型。当上述设备露天布置时，通风机应采用防爆型，电动机可采用密闭型。

2 空气中含有易燃、易爆炸危险物质的车间的送风设备，当布置在专用的送风机室内时，由于所输送的空气比较清洁，如果在送风干管上设有止回阀门，可避免易燃烧或爆炸危险物质回窜入送风机室，一般可采用普通型送风设备。

3 排除废气中含有甲、乙类物质的排风系统，有可能在风机室内泄漏，如果将送风设备同排风设备布置在一起，就有可能将排风设备和风管的漏风吸入送风系统，再次被送入车间，因此，本规范规定，用于甲、乙类生产厂房的送风设备、排风设备不应布置在同一通风机室内。

用于排除含甲、乙类物质的排风设备，不应与其他系统的通风设备布置在同一通风机室内，但可与排除含有甲、乙类物质的局部排风的设备布置在同一通风机室内，因为排出的气体混合物均具有易燃烧或具有爆炸危险性质，只是浓度不同而已，所以排风设备可布置在一起。

9.5.8 为了防止互相干扰，特别是当甲、乙类车间送风系统停运时，避免其他类车间的送风系统把甲、乙类车间的易燃、易爆物质吸入并送入车间，所以要对进风口的布置作出规定，防止干扰和相互影响。

9.5.9 甲、乙类物质易挥发出可燃蒸气（气体），这类可燃气体泄漏后，会形成具有爆炸危险的气体混合物，随着量的增加，火灾危险性也越来越大，含甲、乙类物质的空气如果循环使用，不仅卫生上不许可，而且火灾危险性增大。含丙类物质的车间内的空气以及含有害物质、易燃或易爆物质的粉尘、纤维的车间的空气，应在风机前设过滤器，对空气进行净化，使空气中的粉尘、纤维含量低于其爆炸下限的25%，不再有燃烧和爆炸的危险，并符合卫生条件后才能循环使用。本条作为强制性条文执行。

9.6 制冷

9.6.1 制冷机组的选型，名义工况制冷性能系数（COP）应满足表1和表2的规定。

表1 蒸气压缩循环冷水机组的性能系数

压缩机类型		机组制冷量（kW）	制冷性能系数（COP）（W/W）
风冷式蒸发冷却式	活塞式涡旋式	≤50 >50	2.40 2.60
	螺杆式	≤50 >50	2.60 2.80
水冷	活塞式涡旋式	<528 528~1163 >1163	3.80 4.00 4.20
	螺杆式	<528 528~1163 >1163	4.10 4.30 4.60
	离心式	<528 528~1163 >1163	4.40 4.70 5.10

表2 溴化锂吸收式机组的性能系数

机型	冷(温)水进/出口温度(℃)	冷却水进/出口温度(℃)	蒸气压力(MPa)	单位制冷量蒸气耗量(kg/kW·h)	性能系数(W/W) 制冷	性能系数(W/W) 供热
蒸气双效	18/13	30/35	0.25	≤1.40	—	—
	12/7		0.40		—	—
			0.60	≤1.31	—	—
			0.80	≤1.28	—	—
直燃	供冷 12/7	30/35	—	—	≥1.10	—
	供热出口 60		—	—	—	≥0.90

注：直燃机的性能系数为：制冷量(供热量)/[加热源消耗量(以低位热值计)+电力消耗量(折算成一次能)]。

10 给排水

10.2 给 水

10.2.2
1 消防用水量仅用于校核管网计算，可不属于正常用水量。
2 全厂用水小时变化系数 K_h 值宜采用 2.5～2.0。

10.3 排 水

10.3.5 硫氰酸钠废水对铁质材料有很强的腐蚀能力。
10.3.8 罐区的初期雨水可能存在地面上或容器周围被贮存物料污染的残留物，故初期(10min)雨水应排入生产废水管道。防火堤外的排水管道上设置易于启闭的隔断阀，其目的主要是为了防止贮罐一旦出现大量泄漏时，可以迅速关闭阀门将化学液体阻隔在防火堤内，防止液体外泄污染环境或易燃液体沿排水管流出，扩大防火范围。本条作为强制性条文执行。

10.4 消 防

10.4.3 硫氰酸钠属无机盐类，采用硫氰酸钠工艺的纺丝和回收车间室内、外消防给水仍可以采用低压和临时高压消防给水系统。
10.4.4 稳高压消防给水管是一个独立的消防给水系统，一般在配管设计时不能计入其他水量，以确保消防用水的安全性，故规定在消防水管上严禁接非消防用水管道。本条作为强制性条文执行。
10.4.6 干燥机内自动或手动雨淋灭火设置应由设备厂配套。

11 动 力

11.1 蒸 气

11.1.1 蒸气参数根据工艺而定，蒸气压力范围：
干纺工艺：0.3MPa～3.4MPa
湿纺工艺：0.3MPa～2.4MPa

11.2 压缩空气

11.2.2 气体品质分为工业用气和仪表用气两种。
工业用气压力范围：0.4MPa(G)～0.6MPa(G)
仪表用气应符合仪表气源要求。

中华人民共和国国家标准

聚酯工厂设计规范

Code for design of PET plant

GB 50492—2009

主编部门：中 国 纺 织 工 业 协 会
批准部门：中华人民共和国住房和城乡建设部
施行日期：２００９年１１月１日

中华人民共和国住房和城乡建设部
公　告

第 256 号

关于发布国家标准
《聚酯工厂设计规范》的公告

现批准《聚酯工厂设计规范》为国家标准，编号为 GB 50492—2009，自 2009 年 11 月 1 日起实施。其中，第 3.2.12（4、6）、3.2.13（2）、7.4.11、7.4.16、8.2.5、8.2.6、9.1.3、9.2.1、9.4.1 条（款）为强制性条文，必须严格执行。

本规范由我部标准定额研究所组织中国计划出版社出版发行。

中华人民共和国住房和城乡建设部
二〇〇九年三月十九日

前　言

本规范是根据原建设部"关于印发《2005 年工程建设标准规范制订、修订计划（第二批）》的通知"（建标函〔2005〕124 号）的要求，由中国纺织工业设计院会同有关单位共同编制的。

在编制过程中，规范编制组进行了广泛的调查研究，总结了我国近三十年来聚酯工厂建设的经验，特别是近年建设国产化装置聚酯工厂在设计、施工、生产方面的经验和教训，并广泛征求了生产、设计、施工方面专家的意见，最后经审查定稿。

本规范共 13 章和 2 个附录。主要内容包括：总则，术语，工艺设计，工艺设备，工艺设备布置，管道设计，辅助生产设施，自动控制和仪表，电气和电信，总平面布置，土建，给水排水，暖通和空调等。本规范侧重于工艺、设备和自控专业内容的规定，其他各专业仅针对聚酯工厂特点作相应规定。

本规范中以黑体字标志的条文为强制性条文，必须严格执行。本规范由住房和城乡建设部负责管理和对强制性条文的解释，由中国纺织工业协会负责日常管理，由中国纺织工业设计院负责具体技术内容的解释。在执行本规范过程中，请各单位结合工程实践认真总结经验，并将意见和有关资料寄送中国纺织工业设计院（地址：北京市海淀区增光路 21 号，邮政编码：100037，传真：010—68395215），以便今后修订时参考。

本规范主编单位、参编单位和主要起草人：

主　编　单　位：中国纺织工业设计院

参　编　单　位：上海纺织建筑设计研究院
　　　　　　　　四川省纺织工业设计院
　　　　　　　　天津辰鑫石化工程设计有限公司

主要起草人：徐　炽　黄志恭　孙今权　杨晨昶
　　　　　　李　娜　茅建民　邱华云　李道本
　　　　　　秦永安　黄志刚　周良才　胡施利
　　　　　　丁贵智　胡连江　刘　强　卢美胜
　　　　　　毛超英　李晓红
（按编写的章节顺序排列）

目 次

1 总则 ·· 7—33—4
2 术语 ·· 7—33—4
3 工艺设计 ···································· 7—33—4
   3.1 设计原则 ······························ 7—33—4
   3.2 一般规定 ······························ 7—33—4
   3.3 工艺计算 ······························ 7—33—5
   3.4 主要污染源和主要污染物 ············· 7—33—5
   3.5 危险、危害因素 ······················· 7—33—5
4 工艺设备 ···································· 7—33—6
   4.1 工艺设备选择 ·························· 7—33—6
   4.2 工艺设备配台 ·························· 7—33—6
   4.3 设计参数选取 ·························· 7—33—6
   4.4 反应器制造和检验 ····················· 7—33—6
5 工艺设备布置 ······························· 7—33—7
   5.1 布置原则 ······························ 7—33—7
   5.2 布置规定 ······························ 7—33—7
6 管道设计 ···································· 7—33—7
   6.1 工艺管道 ······························ 7—33—7
   6.2 给排水管道 ···························· 7—33—8
   6.3 管材选用 ······························ 7—33—8
   6.4 管道柔性设计 ·························· 7—33—8
   6.5 管道加工 ······························ 7—33—8
   6.6 管道检验 ······························ 7—33—8
   6.7 管道压力试验 ·························· 7—33—9
   6.8 其他规定 ······························ 7—33—9
7 辅助生产设施 ······························· 7—33—9
   7.1 化验 ··································· 7—33—9
   7.2 熔体过滤器清洗 ······················· 7—33—9
   7.3 热媒站 ································ 7—33—9
   7.4 罐区 ··································· 7—33—9
   7.5 原料和成品库房 ······················· 7—33—9
   7.6 维修 ··································· 7—33—9
8 自动控制和仪表 ···························· 7—33—10
   8.1 控制水平 ······························ 7—33—10
   8.2 主要控制方案 ·························· 7—33—10
   8.3 特殊仪表选型 ·························· 7—33—10
   8.4 控制系统配置 ·························· 7—33—10
   8.5 控制室 ································ 7—33—10
   8.6 安全联锁 ······························ 7—33—10
   8.7 仪表安全措施 ·························· 7—33—10
9 电气和电信 ································· 7—33—11
   9.1 供配电 ································ 7—33—11
   9.2 照明 ··································· 7—33—11
   9.3 防雷 ··································· 7—33—11
   9.4 静电接地 ······························ 7—33—11
   9.5 电信 ··································· 7—33—11
10 总平面布置 ································ 7—33—11
11 土建 ······································· 7—33—11
   11.1 一般规定 ····························· 7—33—11
   11.2 建筑、结构设计 ······················ 7—33—12
12 给水排水 ··································· 7—33—12
   12.1 给水 ································· 7—33—12
   12.2 排水 ································· 7—33—12
   12.3 消防设施 ····························· 7—33—12
13 暖通和空气调节 ··························· 7—33—13
   13.1 一般规定 ····························· 7—33—13
   13.2 通风与采暖 ··························· 7—33—13
   13.3 空气调节 ····························· 7—33—13
附录 A 半消光纤维级聚酯切片质量
       的设计指标 ························· 7—33—13
附录 B 聚酯工厂爆炸危险区域范围
       划分举例 ···························· 7—33—13
本规范用词说明 ······························· 7—33—15
附：条文说明 ·································· 7—33—16

1 总 则

1.0.1 为统一聚酯工厂设计的技术要求，提高聚酯工厂设计水平，做到技术先进、经济合理、安全适用，制定本规范。

1.0.2 本规范适用于聚酯工厂生产装置和辅助生产设施的新建、扩建和改建工程的设计，不包括为聚酯生产装置服务的公用工程设施和办公生活设施。

1.0.3 聚酯工厂设计除应执行本规范外，尚应符合国家现行有关标准的规定。

2 术 语

2.0.1 聚酯工厂 plant for production of polyethylene terephthalate

指以对苯二甲酸（或对苯二甲酸二甲酯）和乙二醇为原料，生产对苯二甲酸乙二醇酯（聚酯）的工厂。它的生产装置包括原料对苯二甲酸的卸料和输送（或对苯二甲酸二甲酯的储存和输送）、浆料调配、添加剂调配、酯化（或酯交换）、缩聚、切片生产以及与后续直接纺丝装置衔接的聚合物熔体管道。它的辅助生产设施包括化验、熔体过滤器清洗、热媒站、罐区、原料和成品的仓库、维修。

2.0.2 间歇生产 batch process

采用分批投料、分批出料方式的生产。

2.0.3 直接酯化缩聚工艺 direct esterification polycondensation process

由对苯二甲酸与乙二醇直接进行酯化反应，并同时开始缩聚反应的工艺。

2.0.4 纤维级聚酯 fiber grade PET

用于生产纺织纤维（包括短纤维、长丝）的聚酯。

2.0.5 液相热媒 liquid heat transfer medium

指液态的导热油，它传递的是液态导热油的显热。

2.0.6 气相热媒 gaseous heat transfer medium

指气态的导热油，它传递的是气态导热油的潜热。

2.0.7 单位产品综合能耗 total energy consumption for per ton product

指生产每吨产品消耗的燃料以及消耗的水、电、蒸汽等公用工程介质折算成用标准油（或标准煤）表示的能耗。

2.0.8 工艺尾气 process off gas

在酯化、缩聚过程中产生，它包括乙二醇分离塔塔顶冷凝器的尾气、缩聚反应器真空系统的尾气以及缩聚系统液封槽、浆料调配槽的尾气，其中含污染物乙醛。

2.0.9 酯化 esterification

指对苯二甲酸与乙二醇反应生成酯和水的过程。

2.0.10 缩聚 polycondensation

指通过单体、聚合物的端羟基之间的反应增大聚合物分子链的过程。

2.0.11 熔体直接纺丝 polymer melt direct spinning

用泵把聚酯工厂生产的熔体直接送到纺丝箱体的纺丝。

2.0.12 酯化水 water produced in esterification reaction

酯化反应生成的水，其中含乙醛和乙二醇。

2.0.13 反应器热态试验 test in heating condition for a reactor

在反应器升温、降温、再升温的过程中，通过目测和气密性试验，确认反应器内、外壁及盘管（或列管、加热隔板）有无热媒泄漏，内部构件有无超过允许范围的变形。

2.0.14 反应器真空泄漏试验 leak test in a reactor under vacuum

在真空条件下，检测反应器在常温和操作温度下的泄漏率是否符合设计要求。

3 工艺设计

3.1 设计原则

3.1.1 生产大批量、常规品种产品，应采用连续生产技术；生产批量不大的产品或经常变换品种的产品，宜采用间歇生产技术。

3.1.2 除生产特殊用途产品以外，应采用以对苯二甲酸为原料的直接酯化缩聚工艺路线。

3.1.3 生产装置的工艺设计，应以其物料衡算和热量衡算数据为基本依据。

3.1.4 对于设计中采用的新工艺、新技术，应先开展相关试验。技术开发的成果，应先经过科学论证，确认试验是充分的、数据是可靠的，用于工业化设计是可行的。

3.2 一般规定

3.2.1 聚酯工厂的设计年生产天数宜为350d。

3.2.2 聚酯工厂公称生产能力的单位宜用"t/d"表示；设计的生产能力操作弹性宜为公称能力的50%～110%。

3.2.3 以纤维级聚酯为产品的工艺设计，应能满足使用一定比例中纯度对苯二甲酸的要求。

3.2.4 采用液相热媒作为热载体，工艺设计应符合下列规定：

1 应设置一个热媒膨胀槽和一个热媒排放接受槽。
2 宜用氮气覆盖热媒膨胀槽。
3 应在每个热媒回路中设置排除低沸点物和不凝气的阀门。
4 应在每个热媒回路设置热媒排放阀。
5 宜设置用于热媒泵暖泵的管道。

3.2.5 采用气相热媒作为热载体，工艺设计应符合下列规定：

1 应设注入热媒的系统。
2 对每个气相热媒回路，应采取排除系统中低沸点物和不凝气的措施。
3 应设一个排液接收槽。

3.2.6 生产装置上应设置必要的取样口。

3.2.7 反应器管道系统的设计应满足对反应器进行清洗的需要。

3.2.8 在装置中宜设置一个乙二醇收集槽。

3.2.9 对进入生产装置厂房的乙二醇及水、蒸汽、气等公用工程介质，应设置计量仪表。

3.2.10 采用连续的直接酯化缩聚工艺生产纤维级聚酯产品时，宜采用乙二醇在装置中全回用的工艺流程。

3.2.11 在乙二醇喷淋液循环系统中宜设置乙二醇过滤器。

3.2.12 工艺设计中应采取下列劳动安全措施：

1 对苯二甲酸的卸料采用人工开包方式时，应对接收料仓采取抽气除尘措施。
2 进、出生产装置厂房的乙二醇、热媒管道，应在厂房的分界处设置隔断用阀门和"8"字盲板，在隔断阀的位置，应设操作平台。
3 进入生产装置厂房架空敷设的公用工程管道，宜在厂房的边界处设置隔断用阀门,在隔断阀的位置应设操作平台。

4 工艺设计中应采取能把生产装置设备和管道内的乙二醇、热媒紧急排放的措施。

5 酯化反应器、热媒蒸发器以及在不正常条件下顶部操作压力可能超过 0.1MPa 的其他设备,应设安全阀或爆破片。安全阀或爆破片出口的泄放管应接入储槽,不得就地排放。

6 在缩聚反应器与外界相通的气相管道上,应至少设 1 个零泄漏的止回阀。

7 在工艺尾气到热媒炉的管道上应设置阻火器,酯化水储罐的通气管管道上应设置阻火器。

8 甲醇的搅拌器应采用带密封罐的双机械密封,输送甲醇应采用无泄漏泵。

9 应对酯化反应器和乙二醇分离塔上的视镜采取防止其破裂的安全措施。

10 爆炸性气体危险区域的类型和范围应结合通风条件确定。

11 应绘制爆炸危险区域划分图(包括平面、剖面图),并应在图中标示出释放源的位置和危险区域的类型、范围。

12 工厂的职业安全卫生设计,除应符合本规范的规定外,还应符合国家现行相关标准的规定。

3.2.13 工艺设计中应采取下列环保措施:

1 应减少酯化、缩聚过程乙醛的生成。

2 对工艺尾气应进行有效处理,不得把工艺尾气直接排放到大气中。

3 不得无组织排放含颗粒物的废气。

4 聚酯工厂废气的排放,除应符合相关的国家法规、标准的规定以外,还应符合聚酯工厂所在地的排放标准。

5 排气筒采样口的设计,应符合国家现行标准《石油化工企业排气筒(管)采样口设计规范》SH 3056 的有关规定。

6 在乙二醇分离塔塔顶冷凝器的冷凝液中,乙二醇含量的设计指标应小于 0.5%(质量百分比)。

7 对酯化水,宜做汽(气)提处理。

8 应设置接收从设备和管道排放乙二醇的储槽。

9 采用三甘醇清洗熔体过滤器或缩聚反应器时,应采取回收废三甘醇的措施。

3.2.14 对乙二醇分离塔塔顶蒸气余热,应采取回收利用措施。

3.2.15 生产常规纤维级聚酯熔体的单位产品综合能耗的设计指标,应小于 110kg 标准油。

3.2.16 采用直接酯化缩聚工艺、生产 1000kg 纤维级聚酯熔体的原料消耗设计指标(以消光剂二氧化钛含量 0.3%,二甘醇含量 1.0%为基准),对苯二甲酸不宜超过 858kg,乙二醇(包括加入的二甘醇)不宜超过 335kg。

3.2.17 半消光纤维级聚酯切片质量的设计指标,应符合本规范附录 A 的规定。

3.3 工艺计算

3.3.1 对生产装置中每个设备进、出口的物流数据应进行计算。

3.3.2 对生产装置中每个用热媒加热的设备、管道系统的热媒流量,应进行计算。

3.3.3 对生产装置中每个设备消耗的各种公用工程用量,应进行计算。

3.3.4 对管道的管径和阻力降,应通过计算确定,宜按国家现行标准《石油化工工艺装置管径选择导则》SH/T 3035 的有关规定进行计算。

3.3.5 熔体输送泵的熔体管道管径、管道压力降和熔体的停留时间,应通过计算确定。

3.3.6 对安全阀、爆破片、呼吸阀、阻火器、疏水器的选型,应进行计算。

3.4 主要污染源和主要污染物

3.4.1 生产装置和辅助生产设施中,各个废水排放点的排放量、排放规律、排放去向和废水中主要污染物含量及它的 COD_{cr}、BOD 值,应列出。

3.4.2 生产装置和辅助生产设施中,各个废气排放点的污染物、排放速率、排放浓度、排放规律和排放条件,应列出。

3.4.3 生产装置中固体废物的排放点、排放物名称及数量、排放规律和排放去向,应列出。

3.4.4 超过噪声标准的设备及其噪声级,应列出。

3.5 危险、危害因素

3.5.1 聚酯工厂主要物料的火灾危险性的划分,应符合下列规定:

1 对苯二甲酸、间苯二甲酸、对苯二甲酸二甲酯,应划为可燃性非导电粉尘。

2 操作温度高于或等于 111℃的乙二醇,应划为乙类 A 项可燃液体;操作温度低于 111℃的乙二醇,应划为丙类 A 项可燃液体。

3 操作温度下的联苯和联苯醚混合物,应划为乙类 B 项可燃液体。

4 操作温度下的氢化三联苯、二芳基烷,应划为乙类 B 项可燃液体。

5 聚酯应划为丙类可燃固体。

6 操作温度低于其闪点的燃料油,应划为丙类可燃液体;操作温度高于其闪点的燃料油,应划为乙类可燃液体。

7 天然气应划为甲类可燃性气体。

8 乙醛含量超过其爆炸下限的工艺尾气,应划为甲类 B 项可燃气体。

9 甲醇应划为甲类 B 项可燃液体。

10 操作温度高于或等于 177℃的三甘醇,应划为乙类 B 项可燃液体。

11 异丙醇应划为甲类 B 项可燃液体。

12 二甘醇应划为丙类 B 项可燃液体。

3.5.2 对可燃性气体或蒸气的释放源及其等级的划分,除应符合现行国家标准《爆炸性气体环境用电气设备 第 14 部分:危险场所分类》GB 3836.14 的有关规定外,还应符合下列规定:

1 采用填料密封或机械密封输送本规范第 3.5.1 所列甲、乙类可燃液体的离心泵密封处,应为 1 级释放源。

2 采用填料密封或机械密封用于本规范第 3.5.1 所列甲、乙类可燃液体的搅拌器密封处,应为 1 级释放源。

3 本规范第 3.5.1 条所列甲、乙类可燃流体设备上和管道上的阀门(包括取样阀),应划为 1 级释放源。

4 本规范第 3.5.1 条所列甲、乙类可燃流体设备上和管道上的法兰,应划为 2 级释放源。

5 酯化水储罐的通气管管口应划为 1 级释放源。

6 异丙醇液槽应划为 1 级释放源。

7 事故下乙二醇蒸气、联苯和联苯醚的排放口,应划为 2 级释放源。

8 三甘醇清洗炉的炉盖密封处,应划为 2 级释放源。

9 当工艺尾气中的乙醛含量超过爆炸下限时,其输送风机密封处,应划为 1 级释放源。

3.5.3 对可燃性粉尘释放源及其等级的划分,除应符合现行国家标准《可燃性粉尘环境用电气设备 第 3 部分:存在或可能存在可燃性粉尘的场所分类》GB 12476.3 的有关规定外,还应符合下列规定:

1 对苯二甲酸(间苯二甲酸)料仓和人工开包方式卸料的卸

料斗内,应划为有连续存在粉尘云的场所。

 2 采用人工开包方式卸料,当对苯二甲酸(间苯二甲酸)的接收槽未设抽气除尘设施时,其卸料口应划为1级释放;当对苯二甲酸(间苯二甲酸)的接收槽设有抽气除尘设施时,其卸料口应划为2级释放。

 3 袋装对苯二甲酸(间苯二甲酸)的仓库、堆放对苯二甲酸(间苯二甲酸)包装袋的位置、采用气力输送对苯二甲酸时的输送站和卸料站的位置、对苯二甲酸(间苯二甲酸)称量设备的位置,应划为2级释放。

3.5.4 爆炸危险区域范围的划分应符合本规范附录B的规定。

3.5.5 主要物料的毒性分级应符合表3.5.5的规定。

表3.5.5 主要物料的毒性分级

序号	物料名称	毒性分级
1	对苯二甲酸	Ⅳ级
2	乙二醇	Ⅳ级
3	氢化三联苯、联苯和联苯醚、二芳基烷	Ⅲ级
4	醋酸锑	Ⅲ级
5	三氧化二锑	Ⅳ级
6	二氧化钛	Ⅲ级
7	乙醛	Ⅲ级
8	甲醇	Ⅳ级
9	三甘醇	Ⅳ级
10	异丙醇	Ⅳ级
11	聚酯	非毒物

3.5.6 中纯度的对苯二甲酸应划为对0Cr18Ni9不锈钢有腐蚀性。

3.5.7 切粒机、切片干燥器用风机、振动分离筛、输送工艺尾气的风机、空冷器用风机、热媒炉的鼓风机,应划为噪声源。

3.5.8 反应器中的放射性料位计应划为放射性危害源。

4 工艺设备

4.1 工艺设备选择

4.1.1 对苯二甲酸宜采用管链式输送机输送,长距离输送时宜采用密相栓流的气力输送。

4.1.2 对苯二甲酸的连续称量设施,应带有可分离粉料中夹带杂物的振动筛。

4.1.3 对苯二甲酸和乙二醇浆料以及二氧化钛悬浮液浆料的输送,宜选用螺杆泵或离心泵。

4.1.4 氢化三联苯、二芳基烷、联苯和联苯醚的输送,宜选用屏蔽泵,也可选用密封性能良好的离心泵。

4.1.5 乙二醇、除盐水的输送,宜选用离心泵。

4.1.6 脱除酯化水中乙醛的汽(气)提塔,宜采用填料形式。

4.1.7 缩聚反应器系统的喷淋冷凝器,宜采用能有效清除反应器气相管道与喷淋冷凝器接口处集聚物的结构形式。

4.1.8 缩聚反应器真空系统,宜采用乙二醇蒸气喷射或利用工艺蒸汽喷射的方式。

4.1.9 清洁流体系统的换热,宜采用板式换热器;夹带物含量较多流体系统的换热,宜采用列管式换热器。

4.1.10 乙二醇分离塔的塔顶冷凝器,宜采用空冷器形式。

4.1.11 气力输送聚酯切片,宜采用脉冲输送方式。

4.1.12 用于含甲醇设备的搅拌器,应采用带密封罐的密封形式。

4.1.13 对离心泵、螺杆泵,宜按物料衡算数据中最大流量增加5%、计算的管道系统压力降增加10%,作为选泵的参数。

4.1.14 对苯二甲酸的料仓容量,宜按不小于生产装置4h用量、装料的安息角45°确定。

4.1.15 对苯二甲酸与乙二醇的浆料调配槽容量,宜按不小于2h的生产量、装料系数为0.80~0.85确定。

4.1.16 对首次采用的新结构形式反应器或其他关键设备,应先开展相关试验,技术开发的成果应经过科学论证,确认试验是充分的、数据是可靠的、用于工业化设计是可行的。

4.2 工艺设备配台

4.2.1 生产装置中连续运转的泵,应设备台。

4.2.2 后缩聚反应器的出料泵和浆料输送泵,宜设两台。

4.2.3 板式换热器宜按一台运转一台备用配置。

4.2.4 乙二醇蒸气喷射泵不宜设备台,水蒸气喷射泵宜设备台。

4.3 设计参数选取

4.3.1 设计压力、设计温度的选取应符合下列规定:

 1 当国家压力容器安全监察部门和设计规范对容器的设计压力、设计温度有专门规定时,应按其规定执行。

 2 当工程设计采用的专有技术对容器的设计压力、设计温度有专门规定时,应按其规定执行,但不得低于本条第1款要求。

4.3.2 材料的腐蚀裕量应符合下列规定:

 1 对有腐蚀或磨损的元件,腐蚀裕量应根据容器的设计寿命和介质对该材料的腐蚀速率确定。

 2 介质为空气、水蒸气或水,使用碳素钢或低合金钢制的容器,其腐蚀裕量不宜小于1.0mm。

 3 无腐蚀性的介质,使用奥氏体不锈钢制的容器,其腐蚀裕量可为0。

4.4 反应器制造和检验

4.4.1 反应器制造、检验和验收应符合国家现行标准《钢制压力容器》GB 150和《钢制压力容器焊接规程》JB/T 4709的有关规定,同时还应符合本规范以及设计文件的规定。

4.4.2 不锈钢复合钢板级别的选择,宜为国家现行标准《压力容器用爆炸不锈钢复合钢板》JB 4733中的B1级,不得低于B2级,应逐张进行100%超声波探伤复验,并应结合剪切强度及表面状况做复验,且应在检查合格后使用。

4.4.3 制造反应器主要零件的锻件级别不得低于国家现行标准《压力容器用碳素钢和低合金钢锻件》JB 4726和《压力容器用不锈钢锻件》JB 4728中规定的Ⅲ级,主体锻件级别不得低于国家现行标准《水压机上自由锻件通用技术条件》JB/T 9178.1中的Ⅰ级、《锤上自由锻件》JB/T 4385.1中的Ⅰ级。

4.4.4 反应器筒体焊后,应对A、B类焊缝进行100%无损探伤检查,射线探伤Ⅱ级合格,C、D类焊缝应做100%无损探伤检查,渗透或磁粉探伤Ⅰ级合格。合格标准应符合国家现行标准《承压设备无损检测》JB/T 4730的有关规定。

4.4.5 对反应器筒体内壁、内件表面,应做抛光处理,粗糙度级别不得低于现行国家标准《表面粗糙度参数及数值》GB/T 1031中的Ra6.3。

4.4.6 筒体和夹套在制作完成后,应要求做压力试验和气密性试验,对夹套还应按国家现行标准《钢制化工容器制造技术要求》HG 20584—1998附录A的B法做氨检漏试验。需要时,对筒体和夹套可进行氦检漏试验,试验压力不得低于 0.05MPa。

4.4.7 反应器内的加热管,应符合现行国家标准《锅炉、热交换器用不锈钢无缝钢管》GB 13296 的有关规定,并应逐根做液压试验。反应器制造厂应进行复验,复验率不得少于 5%。盘管的对接焊缝应做 100%射线探伤,在盘制盘管后,再做 100%渗透探伤检查。盘管制作完成后,应做气压试验和氦检漏,需时可做浸水试验或氦检漏。对列管式加热管设计制造应符合现行国家标准《管壳式换热器》GB 151 的有关规定。

4.4.8 反应器在出厂前或使用前,应在夹套等加热腔和盘管中充入热媒(液相或气相),并应按设计文件的要求做热态试验。热态试验后应对反应器内、外表面进行检查,如发现或怀疑有热媒泄漏,在做气密性试验时,应对疑点做详细检查并修复,修复后应再重复做气密性试验。气密性试验后,宜再进行氦检漏。

4.4.9 真空操作的反应器在出厂前或使用前,应先后做冷态、热态真空泄漏试验。热态真空泄漏试验在冷态真空泄漏试验合格后进行。达到所要求的真空度后的试验持续时间,冷态下为 12h,热态下不应为 8h。真空泄漏试验的泄漏率应达到专有技术的要求值,达不到要求时,宜采用氦检漏查找泄漏点,并做处理后再重复试验直至达标。真空泄漏率应按下式计算:

$$L_r = \frac{\Delta P \cdot V}{\Delta T} \quad (4.4.9)$$

式中:L_r——泄漏率(Pa·L/s);
　　　ΔP——试验初始和终了的压力差(Pa);
　　　V——反应器的净容积(L);
　　　ΔT——试验持续时间(s)。

4.4.10 反应器制造完毕,应清理干净其内部。碳钢外表面在喷砂除锈后,应涂耐热在 350℃ 以上的高温漆,不锈钢表面应做酸洗钝化处理。

4.4.11 容器的压力试验、致密性试验的种类要求、方法、压力值,应符合国家现行标准《钢制压力容器》GB 150 和《钢制焊接常压容器》JB/T 4735 的有关规定。

5 工艺设备布置

5.1 布置原则

5.1.1 生产装置的设备宜按浆料调配、酯化(酯交换)、缩聚、熔体输送(切片生产)的顺序布置,并宜以缩短后缩聚反应器与后续直接纺丝装置之间熔体管道长度为原则,确定设备的相对位置。

5.1.2 添加剂调配的相关设备应分类、集中布置。

5.1.3 对苯二甲酸的人工卸料、添加剂的加料、切片生产等设备应布置在室内;在允许条件下,其他工艺设备宜敞开或半敞开布置,也可根据工厂所在地的自然条件采取露天布置。

5.1.4 当工艺尾气中的乙醛含量超过其爆炸下限时,存在这部分工艺尾气的设备和管道应露天布置。

5.1.5 当含甲类可燃物的设备、管道放置在生产装置厂房时,应露天或敞开布置。

5.2 布置规定

5.2.1 反应器的布置应符合下列规定:
　1 反应器与采用气相热媒加热的蒸发器之间的净距离,宜缩短。
　2 对于内部装有搅拌或转子的反应器,应在顶部或端部留出搅拌、转子的轴和电机拆卸、起吊及检修所需的空间和场地。
　3 反应器的裙座或支耳应有足够高度,并采取相应的隔热措施,裙座或支耳与混凝土接触处的温度不应超过钢筋混凝土结构的允许受热温度。

5.2.2 缩聚反应器与其喷淋冷凝器应靠近布置。

5.2.3 喷淋冷凝器和蒸气喷射泵的安装高度应满足降液的要求。降液管宜垂直伸入液封槽中,当条件不允许时,起始管段应至少有 3m 的垂直长度,且斜管与垂线的夹角宜小于 30°。

5.2.4 乙二醇分离塔与塔顶冷凝器、回流罐、塔釜出料泵宜按工艺流程顺序靠近布置。

5.2.5 乙二醇分离塔的空冷器应布置在厂房屋顶,并应采取防震措施。

5.2.6 蒸气发生设备应布置在所服务设备的下方,气相热媒的凝液应能自流返回蒸气发生设备。

5.2.7 乙二醇收集槽和热媒收集槽应布置在低于使用设备点的位置。

5.2.8 热媒输送泵宜集中、敞开或半敞开布置。

5.2.9 切粒机的布置应留出排废通道和堆积排废物的场地。

5.2.10 带有搅拌器的容器、列管式加热器应留出足够的维修空间。

5.2.11 在设备需要进行操作、维修的位置,应设置操作平台和梯子。

5.2.12 在可能有少量可燃液体泄漏的设备周围,应设置高度不低于 150mm 的围堰。

5.2.13 工艺设备的布置除应符合本章规定以外,还应符合国家现行标准《石油化工企业设计防火规范》GB 50160 和《石油化工工艺装置布置设计通则》SH 3011 的有关规定。

6 管道设计

6.1 工艺管道

6.1.1 本规范第 3.5.1 条所列甲、乙类可燃流体的管道设计,应符合下列规定:
　1 不得穿过与其无关的建筑物。
　2 除需要而采用法兰连接外,均应采用焊接连接。
　3 氢化三联苯、联苯、联苯醚管道宜采用波纹管密封阀门。
　4 应对玻璃液位计、视镜等采取安全防护措施。
　5 本条所列管道与仪表及电气的电缆相邻敷设时,平行净距不宜小于 1m。电缆在下方敷设时,交叉净距不应小于 0.5m。当管道采用焊接连接结构且无阀门时,其净距可分别取平行、交叉净距的 50%。

6.1.2 液相热媒的供管应布置在所服务设备、夹套管的下方,回管应布置在所服务设备、夹套管的上方。

6.1.3 气相热媒管道的布置应符合下列规定:
　1 水平管段应有逆流坡度,宜每 10m 设置一个凝液排放接管。
　2 在水平管段向上的垂直拐角处,应设凝液排放接管。

6.1.4 气相热媒凝液管道的布置应符合下列规定:
　1 凝液管道宜从使用设备的竖直方向接出,当不具备从竖直方向接出的条件时,应至少有 1m 长度的竖直管段。
　2 水平的凝液管段,宜大于 1% 的顺流坡度。
　3 气液分离器凝液排放的水平管段,宜大于 5% 的顺流坡度。

6.1.5 热媒系统排气管道的布置应符合下列规定:

1 在液相、气相热媒管道系统的每个最高位置，应设排气管道。

2 排气管道向上与垂直线的夹角，宜小于30°，宜在排气管和汇总管间设孔板。

3 排气汇总管宜有1%的顺流坡度。

6.1.6 夹套管的设计应符合下列规定：

1 确定套管的公称管径，应符合下列规定：

1）液相热媒套管的公称直径宜按表6.1.6-1确定。

表6.1.6-1 液相热媒套管公称直径

主管设计压力(MPa)	1.6≤P<16				16≤P≤25			
主管公称直径(mm)	50	80	100	150	50	80	100	150
套管公称直径(mm)	80	125	150	200	80	125	250	300

2）气相热媒套管的公称直径宜按表6.1.6-2确定。

表6.1.6-2 气相热媒加热的套管公称直径

主管公称直径(mm)	200	250	300	350	400	500	600	700	800
套管公称直径(mm)	300	350	400	450	500	600	700	800	900

3）主管宜选用2.5D的弯头，套管弯头尺寸应能满足主管、套管的配合。

2 在夹套管的支、吊架处和水平管段上应设置定位板，并应在管段图上作标示。定位板的材质应与主管材质一致。

3 管中介质为酯化物、聚合物，采用液相热媒加热的夹套管，宜在主管的外壁上设导流板，导流板的材质应与主管材质一致。

4 应在夹套管管段图的每个方向设有调节段，调节余量宜为50mm～100mm。

5 应根据管道的焊接要求，在夹套管的管段图上设置、标示半壳管件。

6.1.7 浆料和消光剂悬浮液管道的设计，应符合下列规定：

1 应设置乙二醇冲洗管道。

2 输送对苯二甲酸浆料悬浮液，应设置返回浆料调配槽的循环管道。

3 悬浮液管道应有坡度，对苯二甲酸浆料管道的坡度不应小于5%。

6.1.8 真空管道的长度应缩短，并应减少弯头。

6.1.9 管道布置除应符合本章规定外，还应符合国家现行标准《工业金属管道设计规范》GB 50316和《石油化工管道布置设计通则》SH 3012的有关规定。

6.2 给排水管道

6.2.1 给排水管道的平面布置与埋深，应根据工厂地形、工程地质、总平面布置、冰冻深度、管道材料、施工条件等因素综合确定。

6.2.2 各车间给排水管道的进、出口方位，应按生产工艺要求和结合全厂性给水排水管道的布置确定，并减少进、出口接管的数量。

6.2.3 给排水管道不得穿过设备基础，不宜穿过建筑物的伸缩缝和沉降缝。当确需穿过时，应采取防止管道被损坏的措施。

6.2.4 给排水管道穿过承重墙或建筑物基础时，应预留孔洞或设置套管。管道上部的净空不应小于建筑物的沉降量，且不应小于0.1m。

6.2.5 室内给排水管道不得穿过配电室、控制室。

6.2.6 室内生活、生产和消防给水管道宜明敷。生产给水管道宜与工艺管道共架布置。消防给水管道宜单独敷设，并应符合国家现行有关纺织工业企业防火标准的规定。

6.2.7 埋地或架空敷设的焊接钢管应进行外防腐处理。

6.3 管材选用

6.3.1 设计压力不小于5.0MPa的夹套主管应选用无缝钢管。

6.3.2 输送乙二醇及与物料有接触的介质，设计压力不大于5.0MPa、设计温度小于400℃的管道，以及热媒加热的夹套套管，宜选用国家现行标准《化工装置用奥氏体不锈钢焊接钢管技术要求》HG 20537.3和《化工装置用奥氏体不锈钢大口径焊接钢管技术要求》HG 20537.4中材质为0Cr18Ni9的焊接钢管。在使用焊接钢管作夹套主管时，对钢管的纵向焊缝必须做100%射线照相检验。输送除盐水的管道，也可选用内衬(涂)塑料钢管。

6.3.3 输送热媒的管道以及与本规范第6.3.1条中材质20号钢的夹套主管相配合的夹套套管，应选用现行国家标准《输送流体用无缝钢管》GB/T 8163中20号钢的无缝钢管。

6.3.4 输送公用工程流体、设计压力不大于1.6MPa、设计温度在0～200℃的管道，宜选用现行国家标准《低压流体输送用焊接钢管》GB/T 3091中材质为Q235的焊接钢管。

6.3.5 热媒站热媒管道的选材，应根据对热媒炉安全监察的具体要求确定。

6.3.6 室内重力流管道宜采用金属管或耐热排水塑料管。生活间内的生活污水管道宜采用建筑排水塑料管。

6.4 管道柔性设计

6.4.1 下列管道宜进行详细柔性设计：

1 公称直径不小于100mm、设计温度大于250℃的热媒管道。

2 进、出反应器、热媒蒸发器、热媒闪蒸罐以及设计温度大于250℃的管道。

6.4.2 下列管道可不进行详细柔性设计：

1 与运行良好的管道柔性相同或基本相当的管道。

2 与已进行柔性分析的管道比较，确认有足够柔性的管道。

6.4.3 对热媒输送泵、熔体输送泵、反应器、乙二醇分离塔接管法兰的受力，应进行核算。

6.4.4 管道柔性设计内容及合格标准应符合下列规定：

1 管道柔性计算结果应包括：输入数据，各节点的位移和转角，各约束点的力和力矩，各节点的应力，二次应力最大值的节点号、应力值和许用应力范围值，弹簧参数表。

2 管道柔性设计的合格标准应符合下列要求：

1）管道上的各点二次应力值，应小于许用应力范围。

2）管道对设备管口的推力和力矩应在允许范围内。

3）管道的最大位移应能满足管道布置的要求。

6.4.5 采用不同材质主、套管的夹套管，应进行应力校核。

6.5 管道加工

6.5.1 夹套管的预制工作宜在清洁、避风、环境温度高于0℃的专用场所进行。

6.5.2 主管封入套管之前，应完成主管焊缝的射线照相检验和进行裸露压力试验。

6.5.3 输送酯化物、聚合物熔体的夹套内管，其焊缝的底层应采用氩弧焊。

6.5.4 热媒管道及用热媒加热的夹套套管，其焊缝的底层宜采用惰性气体保护焊。

6.6 管道检验

6.6.1 对管道焊缝的质量检验应包括外观检验和射线照相检验。

6.6.2 管道焊缝射线照相的检验比例和质量等级不得低于表6.6.2的规定。

表6.6.2 管道焊缝射线照相的检验比例和质量等级要求

管道类别	设计压力(MPa)	设计温度(℃)	检验比例(%)	质量等级
夹套主管	≥10	−29～400	100	Ⅱ
	0.1<P<10	−29～400	20	Ⅱ
	真空	−29～400	20	Ⅱ

续表 6.6.2

管道类别	设计压力（MPa）	设计温度（℃）	检验比例（%）	质量等级
热媒管道	≤2.5	−29～400	10	Ⅱ
乙二醇管道	≤1.6	≥111	10	Ⅱ
乙二醇管道	≤1.6	<111	5	Ⅲ
甲醇管道	≤1.6	−29～400	10	Ⅱ
燃料油管道	≤1.6	−29～400	5	Ⅲ
天然气管道	≤1.6	常温	10	Ⅱ

注：1 表中质量合格等级Ⅱ和Ⅲ的具体要求应符合现行国家标准《钢熔化焊接头射线照相和质量分级》GB/T 3323 的有关规定。
2 表中"热媒管道"包括介质为热媒的夹套套管。

6.6.3 焊缝的外观质量的检验等级要求，应根据对焊缝射线照相的检验比例确定，并应符合表 6.6.3 的规定。

表 6.6.3 焊缝的外观质量检验等级要求

焊缝射线照相检验比例	全部	局部	不要求
焊缝外观质量等级	Ⅱ级	Ⅲ级	Ⅳ级

注：焊缝外观质量等级的分级要求应符合现行国家标准《现场设备、工业管道焊接工程施工及验收规范》GB 50236 的有关规定。

6.7 管道压力试验

6.7.1 管道安装完毕，无损检验合格后，应进行压力试验。

6.7.2 热媒管道及热媒加热的夹套套管，宜进行气压试验。液相热媒的管道，可用液相热媒作为试验介质进行液压试验，不应以水为介质进行压力试验。

6.7.3 对于不便于进行压力试验的管道，经建设单位同意，可同时采用下列方法代替：
1 对所有焊缝用液体渗透法或磁粉法进行检验。
2 对所有对接焊缝进行100%射线照相检验。

6.7.4 热媒管道及热媒加热的夹套套管、设计温度大于111℃的乙二醇管道、天然气管道、甲醇管道，必须进行泄漏性试验，实验压力应为设计压力。

6.7.5 真空管道系统在压力试验合格后，应在热态下进行泄漏性试验。当设计方认为需要时，可规定用氦气进行泄漏性试验。

6.7.6 对管道压力试验、泄漏性试验、真空度试验的其他具体要求，应符合国家现行标准《工业金属管道工程施工及验收规范》GB 50235、《石油化工剧毒、可燃介质管道工程施工及验收规范》SH 3501 和《工业金属管道设计规范》GB 50316 的有关规定。

6.8 其他规定

6.8.1 承受内压、外压的直管管壁厚确定，钢管尺寸系列选定，管道支吊架设置，管道绝热设计，管道涂漆要求，管道防静电接地要求，阀门检验要求等，应根据国家现行有关标准，在设计文件中作具体明确规定。

7 辅助生产设施

7.1 化验

7.1.1 化验室应负责生产装置、辅助生产设施生产过程中间产品的质量控制以及对原料、产品的质量检验。

7.1.2 聚酯工厂的职业安全卫生和环境监测的测试分析任务，应由化验室承担。

7.2 熔体过滤器清洗

7.2.1 清洗熔体过滤器滤芯宜采用高温水解工艺，也可采用三甘醇清洗工艺。

7.2.2 当采用异丙醇检验滤芯时，应为异丙醇液槽设置专用局部排风。

7.3 热媒站

7.3.1 热媒炉的选择和配台数宜根据生产装置的热负荷，并结合热媒炉最佳效率下的负荷确定。

7.3.2 热媒接槽容量应能容纳生产装置和热媒炉排放的热媒。

7.3.3 对热媒炉的燃料用量应设置计量仪表。

7.3.4 热媒炉的燃料宜选用天然气或低含硫量的燃料油。

7.3.5 热媒炉的烟气排放应达到国家以及聚酯工厂所在地的烟尘排放指标。

7.3.6 热媒炉的烟囱高度应符合现行国家标准《锅炉大气污染物排放标准》GB 13271 的有关规定。

7.3.7 在热媒炉的烟囱上应设采样口，采样口的设计应符合国家现行标准《石油化工企业排气筒（管）采样口设计规范》SH 3056 的有关规定。

7.4 罐区

7.4.1 储罐应采用钢罐。

7.4.2 乙二醇储罐可选用内浮顶罐或固定顶罐。

7.4.3 燃料油罐应选用固定顶罐。

7.4.4 乙二醇的储存天数，当采用公路或管道运输时，宜为7d～10d；当采用铁路或内河及近海运输时，宜为10d～20d。

7.4.5 燃料油的储存天数，当采用公路运输时，宜为5d～7d；采用管道输送时，宜为5d～10d；当采用铁路运输时，宜为10d～20d；当采用内河及近海运输时，宜为15d～20d。

7.4.6 乙二醇和燃料油储罐的装量系数，当储罐容积不小于1000m³时，应取0.90；当储罐容积小于1000m³时，应取0.85。

7.4.7 乙二醇储罐宜设1～2个，燃料油储罐宜设2个。

7.4.8 燃料油储罐和固定顶罐的乙二醇储罐，应设通气管。

7.4.9 乙二醇和燃料油储罐的其他附件和仪表的选用，应符合国家现行标准《石油化工储运系统罐区设计规范》SH 3007 的有关规定。

7.4.10 乙二醇和燃料油储罐的进料管应从罐体下部接入。当确需从上部接入时，进料管应延伸至距罐底200mm处。

7.4.11 设有蒸汽加热器的燃料油储罐，应采取防止燃料油超温的措施。

7.4.12 输送乙二醇和燃料油的泵站可采用泵房或泵棚，亦可采用露天布置方式。

7.4.13 输送燃料油宜选用螺杆泵。

7.4.14 输送同种物料，同时运转的泵不多于3台时，可设1个备台；同时运转的泵多于3台时，应至少设2个备台。

7.4.15 乙二醇和燃料油的卸料或进料，应设计量设施。

7.4.16 在输送燃料油的螺杆泵出口处管道上应设安全阀。

7.4.17 储罐的主要进出口管道宜采用挠性或柔性连接方式。

7.5 原料和成品库房

7.5.1 原料对苯二甲酸和成品聚酯的库房储量，宜分别按生产装置2d～15d的用量和产量确定。

7.6 维修

7.6.1 聚酯工厂的维修宜只承担生产装置、辅助生产设施的日常维修任务。

8 自动控制和仪表

8.1 控制水平

8.1.1 聚酯生产装置生产过程控制，应采用分散型控制系统进行集中监视、操作和控制。

8.1.2 热媒站的工艺参数宜采用以可编程序控制器为控制站的监控系统进行监控。

8.1.3 罐区的工艺参数宜输入分散型控制系统或可编程序控制器系统，也可采用数显仪表进行监控。

8.1.4 对苯二甲酸输送、对苯二甲酸称量装置、二氧化钛离心机、二氧化钛研磨机、切片输送等成套设备，宜随机配带控制系统和仪表，其主要信号应传输到分散型控制系统进行显示和报警。信号传输可采用硬接线或通信总线。

8.1.5 转动设备和旋转机械的运行状态、故障报警信号应输入分散型控制系统进行显示和报警，并可在分散型控制系统上进行操作控制。

8.2 主要控制方案

8.2.1 对苯二甲酸浆料配制的摩尔比浓度控制，宜以对苯二甲酸的质量流量为基础，经摩尔比控制器分别计算出乙二醇和添加剂的进料量，组成闭环比值控制系统。

8.2.2 对于聚合物熔体进行直接纺丝的工艺过程，从浆料调配槽到后缩聚反应器各主流程设备的液位，宜采用逆向控制。

8.2.3 对于温度控制精度要求高，且采用二次热媒加热时，各反应器物料温度宜采用以物料温度为主环、热媒温度为副环的串级控制系统。

8.2.4 在其他工艺参数确定的条件下，后缩聚反应器出口熔体粘度宜通过调节后缩聚反应器的真空度来控制。

8.2.5 搅拌槽必须设置液位低限停止搅拌器的联锁。

8.2.6 容积式输送泵的出口必须设置压力高限停泵的联锁。

8.2.7 在气力输送对苯二甲酸的系统中，应安装在线氧含量分析仪表。

8.3 特殊仪表选型

8.3.1 熔体管道中熔体温度测量应采用特殊的三线制 Pt100 铂热电阻温度计，其接触熔体部分的长度应根据熔体管管径确定，宜为 5mm～25mm。

8.3.2 容积式输送泵出口用于保护设备的压力高限报警开关宜选用电接点压力表，接点形式应为接近感应式；对苯二甲酸浆料、二氧化钛悬浮液管道上应采用膜片密封式压力表；聚合物熔体管道上应采用高温膜片密封式压力表。

8.3.3 对苯二甲酸粉料计量宜采用应力式固体测量质量流量计。

8.3.4 对苯二甲酸浆料调配用的乙二醇、催化剂溶液、对苯二甲酸浆料的流量及密度、二氧化钛悬浮液及其他添加剂的流量测量，宜采用质量流量计。

8.3.5 对苯二甲酸料仓的料位开关，宜采用振动棒式；切片料仓的料位开关，宜采用音叉式。

8.3.6 酯化反应器、预缩聚反应器、后缩聚反应器的液位，宜采用两个非放射性液位计或单个放射性液位计。

8.3.7 在线粘度计宜采用振动扭矩式，也可采用毛细管式。

8.3.8 热媒介质和真空系统控制阀宜选用波纹管密封气动薄膜调节阀，其连接方式宜采用对焊。热媒介质系统控制阀也可选用偏心旋转阀，真空系统也可选用气动薄膜蝶阀。

8.3.9 用于酯化物或聚合物熔体介质的控制阀，宜选用流通无死角的特殊夹套调节阀，也可选用带夹套偏心旋转阀与 V 形球阀。

8.3.10 仪表与工艺介质接触部分的材质不应低于设备或管道的材质。

8.3.11 现场的主要变送器宜选用带可寻址远程传感器高速通道通信功能。

8.4 控制系统配置

8.4.1 分散型控制系统操作站的数量应根据控制回路数量配置。当操作站不具备组态、编程功能时，则还应配一台工程师站。控制站应根据 I/O 点数配置。

8.4.2 控制站的中央处理单元、电源模块、通信系统、重要模拟控制回路的 I/O 卡，应按 1:1 冗余配置。

8.4.3 I/O 通道宜留有实际使用点数的 10%～15% 备用，各种机柜(架)宜留有 10%～15% 的备用空间。系统的电源、通信、容量应能满足备用要求。

8.4.4 控制站的负荷应低于额定能力的 75%，系统通信负荷应低于额定能力的 60%。

8.4.5 1min 采样周期的历史数据贮存时间不应少于 7d。

8.4.6 最短的系统实时数据采样周期不应大于 0.5s。

8.5 控制室

8.5.1 生产装置控制室应包括操作室和机柜室，热媒站控制室可不分操作室和机柜室。

8.5.2 控制室应设置在安全区。

8.5.3 操作站的显示屏应避免室外光线直接照射，操作台与墙的距离应大于 1500mm。

8.5.4 背开门的机柜与墙的净距离应大于 1500mm，两列前后开门的机柜间的净距离应大于 2000mm。机柜布置时，应保证机柜间电缆交叉最少、电缆走向合理且距离最短。

8.5.5 控制室应设抗静电架空地板，架空高度宜为 500mm～800mm；操作室可采用水磨石地面。

8.5.6 控制室的架空地板下宜设置不带盖板的电缆托盘。

8.6 安全联锁

8.6.1 聚酯装置的联锁功能宜通过分散型控制系统来实现。

8.6.2 各种现场仪表开关、报警接点、故障接点应为故障安全型。

8.6.3 联锁电磁阀应满足正常时通电、联锁时断电的要求。

8.6.4 重要的安全联锁应采用硬接线联锁。

8.7 仪表安全措施

8.7.1 在爆炸危险区域范围内使用的电动仪表，应选用满足使用场所类型要求的防爆型仪表。

8.7.2 对苯二甲酸浆料质量流量计、二氧化钛悬浮液质量流量计的安装方向，宜为液体自下而上的方向。

8.7.3 本安回路仪表信号电缆与非本安回路仪表信号电缆应分开敷设；仪表信号电缆与电压 48V～220V 的电源电缆应分开敷设；当在同一电缆槽中敷设时，应采用金属隔板隔开。

8.7.4 模拟信号电缆应采用屏蔽电缆，开关接点信号电缆宜采用非屏蔽电缆。

8.7.5 线芯的截面积应满足检测、控制回路对线路阻抗以及线缆的机械强度要求。对于三芯及以下电缆，每芯截面积宜为 1.0mm²～1.5mm²。四至八芯电缆，每芯最小截面积宜为 1.0mm²。九芯及以上电缆，每芯最小截面积可采用 0.75mm²。对于 24VDC 电源电缆，每芯截面积不应小于 2.5mm²。

8.7.6 仪表信号电缆与动力电缆的敷设间距应符合国家现行有关标准的规定。

8.7.7 控制系统冗余的通信电缆敷设时，应采用不同的敷设路径。

8.7.8 本安回路仪表信号电缆应采用本安电缆。

8.7.9 放射性仪表的设计、安装应符合国家现行有关放射防护标准的规定。

8.7.10 仪表及控制系统的接地应符合国家现行有关接地标准的规定。

9 电气和电信

9.1 供配电

9.1.1 聚酯工厂生产装置和主要辅助生产设施的生产用电负荷应为二级负荷,消防用电负荷应为二级负荷,其他用电负荷应为三级负荷。

9.1.2 聚酯工厂的两回路电源宜由电力系统不同母线段提供,每回路应能满足工厂中连续性生产的负荷用电。

9.1.3 聚酯工厂的配变电所、电动机控制中心、不间断电源应设置在安全区。

9.1.4 聚酯工厂的配变电所宜采用分段单母线接线。

9.1.5 变电所应装设两台及以上配电变压器。当其中一台变压器断开时,其余变压器的容量应能满足工厂中连续性生产的用电。

9.1.6 聚酯工厂爆炸危险环境的电气设计,应符合下列规定:

    1 聚酯工厂中主要的可燃性气体分级、分组,可按下列规定采用:

    1)乙二醇的分级、分组为ⅡAT2。
    2)联苯、联苯醚的分级、分组为ⅡAT1。
    3)乙醛的分级、分组为ⅡAT4。
    4)三甘醇的分级、分组为ⅡAT2。
    5)异丙醇的分级、分组为ⅡAT2。
    6)甲醇的分级、分组为ⅡAT1。
    7)对苯二甲酸的引燃温度组别为T11。

    2 爆炸危险环境电气装置的设计,应符合现行国家标准《爆炸和火灾危险环境电力装置设计规范》GB 50058 的有关规定。

9.2 照明

9.2.1 聚酯工厂的疏散照明、安全照明、备用照明等应急照明系统,应由专用的馈电线路供电。

9.2.2 聚酯工厂应急照明系统可选用蓄电池作为备用电源。

9.2.3 聚酯工厂的照明设计应符合现行国家标准《建筑照明设计标准》GB 50034 的有关规定。

9.2.4 聚酯工厂爆炸危险环境的照明设计还应符合现行国家标准《爆炸和火灾危险环境电力装置设计规范》GB 50058 的有关规定。

9.3 防雷

9.3.1 聚酯生产装置厂房,应为第二类防雷建筑物。

9.3.2 对苯二甲酸仓库、聚酯切片库、对苯二甲酸料仓,应为第二类防雷建筑物。

9.3.3 聚酯工厂的热媒站,当使用氢化三联苯或二芳基烷作为热媒介质时,应为第三类防雷建筑物;当使用联苯、苯醚作为热媒介质时,应为第二类防雷建筑物。

9.3.4 聚酯工厂配变电所电力变压器高低压侧,应设置避雷器或电涌保护器。

9.3.5 燃料油储罐的防雷设计应符合现行国家标准《石油库设计规范》GB 50074 的有关规定。

9.3.6 聚酯工厂建筑物、构筑物的防雷设计应符合现行国家标准《建筑物防雷设计规范》GB 50057 的有关规定。

9.4 静电接地

9.4.1 聚酯工厂的爆炸危险环境,应采取静电防护措施。

9.4.2 静电防护措施应符合现行国家标准《防止静电事故通用导则》GB 12158 的有关规定。

9.5 电信

9.5.1 火灾自动报警与联动系统的设置应符合现行国家标准《火灾自动报警系统设计规范》GB 50116 和纺织工业企业有关防火标准的规定。

    大型聚酯工厂火灾自动报警宜选择集中报警系统,中小型聚酯工厂宜选择区域报警系统。消防值班室可设在生产装置的控制室。

9.5.2 聚酯工厂爆炸危险环境的电信系统,应符合国家现行标准《爆炸和火灾危险环境电力装置设计规范》GB 50058、《建筑物电气装置第 4 部分:安全防护 第 42 章:热效应保护》GB 16895.2 以及纺织工业企业有关防火标准的规定。

10 总平面布置

10.0.1 聚酯工厂的厂址应符合区域规划或地区总体规划的要求。厂址与居住区的距离应满足有关安全卫生标准,并宜布置在居住区全年最小频率风向的上风侧。

10.0.2 总平面布置应符合现行国家标准《工业企业总平面设计规范》GB 50187 和纺织工业企业有关防火标准的规定。

10.0.3 热媒站、罐区、对苯二甲酸库房及聚酯切片库房等辅助生产设施,宜靠近生产装置厂房布置。热媒站宜位于生产装置全年最小频率风向的上风侧。

10.0.4 当生产装置的后续装置为熔体直接纺丝时,两个装置之间输送熔体管道的长度宜短。

10.0.5 生产装置厂房与辅助生产设施之间除应满足防火间距、消防通道、生产运输、地上与地下综合管线布置及厂区绿化等要求外,尚应布置紧凑。

10.0.6 生产装置厂房旁应设置大型设备运输通道及吊装场地。

10.0.7 厂内道路应环状布置,消防车道应符合纺织工业企业有关防火标准的规定。

10.0.8 厂区总平面布置宜根据工厂远期发展规划的需要,适当留有发展余地。

10.0.9 厂区竖向布置宜采用平坡式。在山区建厂或困难情况时,也可采用台阶式布置。

10.0.10 厂区系统管线的管架宜采用纵梁式管架,也可采用独立式管架。

11 土建

11.1 一般规定

11.1.1 生产装置厂房和辅助生产设施的建筑、结构设计,应符合现行国家标准《建筑抗震设计规范》GB 50011 的有关规定。厂房在湿陷性黄土、膨胀土、多年冻土等地区建设,应符合国家现行有关标准的规定。

11.1.2 建筑设计在满足生产要求的基础上,应符合纺织工业企业有关防火标准的规定。

11.1.3 建筑、结构设计应根据需要和可能采用成熟可靠的新材料、新技术,合理利用地方材料和工业废料,并应满足所在地区建设及节能等方面的要求。

11.2 建筑、结构设计

11.2.1 生产装置厂房的建筑结构形式应根据工艺要求确定，宜采用现浇钢筋混凝土框架结构。厂房建筑结构的安全等级应为二级，建筑抗震设防类别宜为标准设防类。地基基础设计等级宜为乙级。屋面防水等级不应低于Ⅱ级。

11.2.2 生产装置厂房的设备荷载应按设备条件确定，并应依据动荷载的影响进行计算。楼面安装、维修荷载的数值和范围应与重型设备的运输路线相适应。计算非设备区楼面等效均布活荷载时，主梁可按 5.0kN/m² 计算，板及次梁可按 8.0kN/m² 计算。

11.2.3 条件允许时，生产装置厂房宜采用开敞式或半开敞式建筑。

11.2.4 生产装置厂房生产火灾危险性应为丙类，当生产中产生甲醇时，存在甲醇部分生产的火灾危险性应为甲类。

11.2.5 火灾危险性为甲类的生产设施宜独立设置。当不能独立建造时，与其他生产厂房之间应采用防爆墙分隔，其外侧应开敞，地面应采用不发火花的材料。

11.2.6 生产厂房的防火分区及安全疏散应符合纺织工业企业有关防火标准的规定。

11.2.7 管道、风道及电缆桥架等不宜穿过防火墙，当需穿过时，应在防火墙两侧采取阻火措施，并应用非燃烧材料将缝隙做有效防火封堵。

11.2.8 生产装置厂房内的沟道不应和相邻房间的沟道相通。采用管链式输送机输送对苯二甲酸时，连接生产装置厂房与对苯二甲酸库房的管链输送沟道内，应设防火分隔设施。

11.2.9 化验室宜靠厂房的外墙布置，化验室的外窗不应采用有色玻璃。控制室、配电室及电动机控制中心应设在安全区，并应在其两端各设 1 个出口。当控制室、配电室及电动机控制中心的长度小于 7.0m 时，可设 1 个出口。

11.2.10 袋装对苯二甲酸投料间宜设置外窗，其楼面应采用不发火花的材料。

11.2.11 生产装置厂房内的地坑面层，应采用不发火花的材料。

11.2.12 采用高压水和超声波清洗过滤器时，过滤器清洗间宜靠外墙布置。三甘醇清洗炉和异丙醇液槽所在的房间应靠外墙布置。

11.2.13 生产装置厂房中设置电梯时，电梯间宜设置前室，前室与生产装置厂房其他部分之间，宜采用耐火极限不低于 2.50h 的不燃烧体隔墙分隔，隔墙上的门应为乙级防火门。

11.2.14 热媒站应单独设于生产装置厂房外。燃油（燃气）热媒炉宜露天布置。燃煤热媒炉可采用开敞式现浇钢筋混凝土框架结构或钢结构。热媒站控制室宜采用单层现浇钢筋混凝土框架结构。

11.2.15 罐区宜邻近生产装置厂房设置。罐区应设防火堤，乙二醇储罐与燃料油储罐间应设防火隔堤。储罐间距、防火堤高度及防火堤内有效容积等均应符合纺织工业企业有关防火标准的规定。罐区地坪应做防渗漏处理。

11.2.16 成品仓库和原料仓库可采用轻型钢结构库房。库房应满足运输车辆的使用要求，地面应采用耐磨、耐腐及易于清洁的材料。库房的建筑设计除应满足工艺生产要求外，还应符合纺织工业企业有关防火标准的规定。

11.2.17 存放袋装对苯二甲酸的原料仓库的地面，应采用不发火花的材料。当链管输送机投料间设置在原料仓库内时，投料间与库房之间应设隔墙分隔。投料间地面和链管输送机地坑内均应采用不发火花的材料。

11.2.18 气力输送对苯二甲酸的输送站和卸料站宜独立设置，并宜采用露天或开敞式建筑。在气力输送对苯二甲酸的输送站和卸料站以及对苯二甲酸称量设备周围地面应采用不发火花的材料。

12 给水排水

12.1 给 水

12.1.1 聚酯工厂应根据生产、生活和消防等各项用水对水质、水温、水压和水量的要求，分别设置直流、循环或重复利用的给水系统。

12.1.2 聚酯生产所需的生产水、除盐水、循环冷却水的水质、水温、水压和水量，应根据生产工艺的要求确定。全厂新鲜水的总用水量，应根据生活用水量、生产用水量、除盐水制备水量、循环冷却水和冷冻水的补充水量、公用设施用水量之和，并增加未预见用水量 10%～15% 计算。

12.1.3 聚酯工厂给水的重复利用率不应小于 95%。

12.1.4 各给水系统的管道设计流量应按最高日最大小时用水量确定。管道设计压力应按设计流量及最不利点所需压力，并结合管网布置，经计算确定。当采用生产、消防合用给水系统时，尚应按消防时的流量、压力进行复核。

12.1.5 切粒机用除盐水应经过滤处理后循环使用。

12.2 排 水

12.2.1 聚酯工厂排水系统应根据生产、生活排水的污水性质、浓度、水量等特点合理划分。

12.2.2 排水量的计算应符合下列规定：

1 生产污水系统的设计排水量，应为连续排水量和同时发生的最大小时的间断排水量与未预见排水量之和。未预见排水量，应按连续排水量和同时发生的最大小时间断排水量之和的 10%～20% 计。当采用清净废水与雨水合流排水系统时，其设计流量应为清净废水设计平均小时流量与设计雨水量之和。

2 罐区的初期污染雨水量，宜按污染区面积与 15mm～30mm 降水深度的乘积计算。

3 生活污水系统的设计排水量，宜按生活用水的设计小时用水量的 90% 计。

12.2.3 排水设备及与重力流管道相连接的设备，应在其排出口以下部位设置水封装置，水封高度不得小于 50mm。

12.2.4 输送腐蚀性生产污水的检查井，其井内壁应根据生产污水性质进行防腐蚀处理，井内可不设爬梯。当采用铸铁井盖时，其井座、井盖内侧均应做防腐蚀处理。

12.2.5 水封井的设置应符合纺织工业企业有关防火标准的规定。

12.2.6 储罐区的初期污染雨水应排入生产污水管道，并应在防火堤外设置水封井，在防火堤与水封井之间的排水管道上设置易于启闭的隔断阀。

12.2.7 聚酯工厂的厂区排水管线应采取防止受污染的消防事故排水直接排出厂区的应急措施。消防事故排水应处理后排放。

12.3 消防设施

12.3.1 消火栓给水系统、自动喷水灭火系统、泡沫灭火系统以及其他灭火设施，应根据聚酯工厂生产和储存物品的火灾危险性分类和建筑物的耐火等级等因素设置。

12.3.2 室内消火栓给水系统、自动喷水灭火给水系统、储罐区的泡沫消防给水系统和消防冷却水给水系统，可采用临时高压制或稳高压制。采用临时高压制时，应在生产装置厂屋顶上设置消防水箱。

12.3.3 室内消火栓设置及用水量应符合纺织工业企业有关防火标准的规定。

12.3.4 乙二醇和燃料油储罐区，应根据罐区内各储罐的容积设置固定式或移动式的低倍数泡沫灭火系统和消防冷却水给水系统。低倍数泡沫灭火系统的设计应符合现行国家标准《低倍数泡沫灭火系统设计规范》GB 50151 的有关规定,消防冷却水给水系统的设计应符合纺织工业企业有关防火标准的规定。

12.3.5 聚酯工厂各建筑物室内,手提式干粉或二氧化碳灭火器的配置应符合现行国家标准《建筑灭火器配置设计规范》GB 50140 的有关规定;热媒站内应配置推车式干粉灭火器。

13 暖通和空气调节

13.1 一般规定

13.1.1 采暖通风和空气调节设计除应执行本规范的规定外,尚应符合现行国家标准《采暖通风与空气调节设计规范》GB 50019 和纺织工业企业有关防火标准的规定。

13.1.2 防烟排烟设计应符合纺织工业企业有关防火标准的规定。

13.2 通风与采暖

13.2.1 生产装置厂房通风应符合下列规定:
  1 应充分利用自然通风。当自然通风条件不良时,可采用机械通风。
  2 当厂房内存在爆炸性气体的释放源,利用自然通风不能满足爆炸性气体危险区域划分所需的通风条件时,应采用机械通风,宜在爆炸性气体的释放源处设置局部排风。局部排风系统应采取防爆安全措施,并应符合纺织工业企业有关防火标准的规定。
  3 严寒或寒冷地区的封闭式厂房宜设置机械排风。当利用外门、外窗分散补风不能满足防冻要求时,应设置机械送风,并应配置空气加热器。
  4 应设置用于突发事故的通风设施。用于突发事故的通风设备和风管系统应采取防爆安全措施,并应符合纺织工业企业有关防火标准的规定。
  5 切片干燥器应设置局部排风。
  6 袋装对苯二甲酸的卸料间采用机械排风时,应避免扬起积尘,排风系统应采取防爆安全措施,并应符合纺织工业企业有关防火标准的规定。

13.2.2 辅助生产设施通风应符合下列规定:
  1 熔体过滤器清洗间应设置机械排风,严寒或寒冷地区尚应设置机械送风,并应配置空气加热器。当自然通风条件不良时,高压水清洗间和超声波清洗间宜设置机械通风。
  采用三甘醇清洗熔体过滤器时,排风系统和送风系统应采取防爆安全措施,并应符合纺织工业企业及国家现行有关防火标准的规定。
  采用异丙醇检验滤芯时,异丙醇液槽的上方应设置局部排风。局部排风系统应采取防爆安全措施,防爆安全措施应符合纺织工业企业有关防火标准的规定。
  2 化验室通风柜应设置机械排风,排风系统宜采取防腐措施。

13.2.3 在严寒或寒冷地区,生产装置的厂房设置送风系统并配置空气加热器时,可不设置集中采暖系统。

13.3 空气调节

13.3.1 控制室、电动机控制中心及化验室等附属房间应设置空气调节。室内设计参数应满足控制系统、电气设备和工艺对环境的要求。

13.3.2 空气调节机布置在空调房间内且不接风管时,其摆放位置应保证房间各处冷、热均匀。

13.3.3 控制室的空气调节系统宜采取消声、减振措施。

附录 A 半消光纤维级聚酯切片质量的设计指标

表 A 半消光纤维级聚酯切片质量的设计指标

序号	项目	单位	指标
1	特性粘度	dl/g	$M_1 \pm 0.008$
2	熔点	℃	≥260
3	羧基含量	mol/t	≤35
4	色度 L 值	—	≥80
	b 值	—	4±2
5	凝集粒子(≥10μm)	个/mg	≤0.4
	二氧化钛凝聚粒子(≥10μm)	个/mg	≤0.4
6	水分	%	≤0.4
7	异状切片	%	≤0.3
8	粉末	%	≤0.1
9	二氧化钛含量	%	$M_2 \pm 0.03$
10	灰分	%	≤0.05
11	铁分	%	≤0.0003
12	二甘醇含量	%	$M_3 \pm 0.1$

注:1 切片的分析方法应按现行国家标准《纤维级聚酯切片分析方法》GB/T 14190 执行。
  2 根据产品的要求确定中心值 M_1、M_2、M_3。

附录 B 聚酯工厂爆炸危险区域范围划分举例

B.0.1 聚酯工厂爆炸危险区域范围的划分应符合现行国家标准《爆炸性气体环境用电气设备 第 14 部分:危险场所分类》GB 3836.14 和《可燃性粉尘环境用电气设备 第 3 部分:存在或可能存在可燃性粉尘的场所分类》GB 12476.3 的有关规定。

B.0.2 安装在室内采用填料密封或机械密封输送甲、乙类可燃液体的离心泵,在通风等级为中级、有效性为一般的条件下,以泵的密封处为中心,其爆炸危险区域的范围应符合下列规定(图 B.0.2):
  1 半径 2m,地坪上的高度 1m 范围内的区域,应划为 1 区。
  2 半径 3m,地坪上的高度 1m,且在 1 区以外的区域,应划为 2 区。

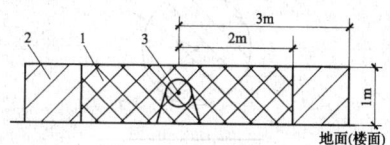

图 B.0.2 室内采用填料或机械密封输送甲、乙类可燃液体离心泵的爆炸危险区域划分
1—1 区;2—2 区;3—释放源(泵密封)

B.0.3 安装在室外采用填料密封或机械密封输送甲、乙类可燃液体的离心泵,在通风类型为自然、等级为中级有效性为一般的

条件下,以泵密封处为中心,半径3m、地坪上的高度1m范围内的区域,应划为爆炸危险区域2区(图B.0.3)。

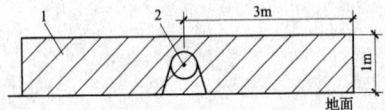

图 B.0.3 室外采用填料或机械密封输送甲、乙类
可燃液体离心泵的爆炸危险区域范围
1—2区;2—释放源(泵密封)

B.0.4 采用填料密封或机械密封用于甲、乙类可燃液体的搅拌器,在通风等级为中级、有效性为一般的条件下,其爆炸危险区域的范围应符合下列规定(图B.0.4):

1 水平方向距搅拌槽外沿1m,从释放源上方1m到地面,地面上方1m且水平方向距搅拌槽外沿2m范围内的区域,应划为1区。

2 地面上方1m且水平方向距搅拌槽外沿4m范围内并在1区以外的区域,应划为2区。

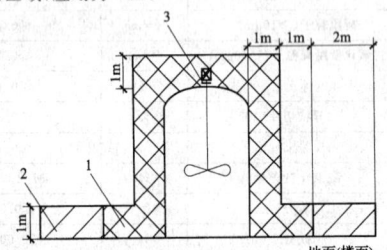

图 B.0.4 采用填料或机械密封用于甲、乙类可燃液体
搅拌器的爆炸危险区域范围
1—1区;2—2区;3—释放源(轴密封)

B.0.5 甲类可燃流体设备、管道上的阀门,在通风等级为中级、有效性为一般的条件下,以阀门密封处为中心,其爆炸危险区域的范围应符合下列规定(图B.0.5):

1 半径1m空间范围内的区域,应划为1区。

2 半径1.5m,且在1区以外的区域,应划为2区。

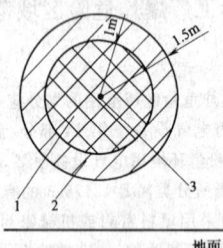

图 B.0.5 甲类可燃流体阀门的爆炸危险区域范围划分
1—1区;2—2区;3—释放源(阀门)

B.0.6 甲类可燃流体设备、管道上的法兰,在通风等级为中级、有效性为一般的条件下,以法兰密封处为中心,半径1m空间范围内的区域,宜划为爆炸危险区域2区(图B.0.6)。

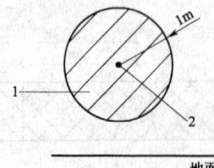

图 B.0.6 甲类可燃流体设备、管道上法兰的爆炸危险区域范围划分
1—2区;2—释放源(法兰)

B.0.7 当厂房中的地坑不具备机械通风条件时,其爆炸危险区域的范围应符合下列规定:

1 非防爆区中的地坑,宜划为2区。

2 2区范围内的地坑,应划为1区。

B.0.8 乙类可燃流体的事故排放口,在通风类型为自然、等级为中级、有效性为一般的条件下,以排放口为中心,半径5m的空间范围内的空间,应划为爆炸危险区域2区。

B.0.9 酯化水储罐通气管排放口,在通风类型为自然、等级为中级、有效性为一般的条件下,以排放口为中心,其爆炸危险区域的范围应符合下列规定(图B.0.9):

1 半径3m的空间范围内的空间,应划为1区。

2 半径5m的空间,且在1区以外的区域,应划为2区。

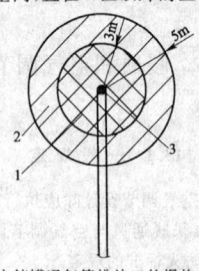

图 B.0.9 酯化水储罐通气管排放口的爆炸危险区域范围划分
1—1区;2—2区;3—释放源(排放口)

B.0.10 异丙醇液槽,在通风类型为人工、等级为中级、有效性为良好的条件下,距异丙醇液槽外沿2m范围内、从地面到液槽上方排风设施之间的区域,应划为爆炸危险区域1区(图B.0.10)。

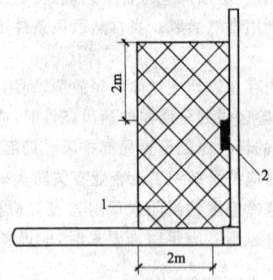

图 B.0.10 异丙醇液槽爆炸危险区域范围划分
1—1区;2—释放源(异丙醇液槽)

B.0.11 三甘醇清洗炉,在通风等级为中级、有效性为一般的条件下,水平方向距清洗炉外沿2m,从释放源上方1m到楼面范围内的区域,应划为爆炸危险区域2区(图B.0.11)。

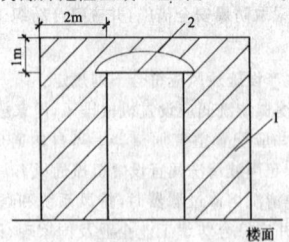

图 B.0.11 三甘醇清洗炉的爆炸危险区域范围划分
1—2区;2—释放源(顶盖密封)

B.0.12 当袋装对苯二甲酸或间苯二甲酸用人工开包方式卸料时,其爆炸危险区域的范围应符合下列规定:

1 卸料口和接收槽的内部,应划为20区。

2 当接收槽设有抽气除尘设施时,水平方向的整个卸料间(包括地坑),垂直方向从楼面(地面)到开包位置以上2m的范围内,应划为22区。

3 当接收槽未设抽气除尘设施时,卸料口周边1m距离的范围内向下延伸到楼面(地面并包括地坑),应划为21区;水平方向从卸料口周边1m以外延伸到整个卸料间(包括地坑),垂直方向整个卸料间高度范围内,应划为22区。

B.0.13 袋装对苯二甲酸(间苯二甲酸)的仓库,水平方向整个仓库,垂直方向从地面到最高的堆包高度以上 2m 范围内,应划为爆炸危险区域 22 区。

B.0.14 当采用气力输送对苯二甲酸时,输送站、卸料站周围 1m 范围内,应划为爆炸危险区域 22 区。

B.0.15 对苯二甲酸(间苯二甲酸)称量设备,设备周围 1m 范围内,应划为爆炸危险区域 22 区。

B.0.16 当释放源、释放源等级、通风条件与本规范第 B.0.1～B.0.15 条有差异时,其爆炸危险区域范围的划分应根据现行国家标准《爆炸性气体环境用电气设备 第 14 部分:危险场所分类》GB 3836.14 和《可燃性粉尘环境用电气设备 第 3 部分:存在或可能存在可燃性粉尘的场所分类》GB 12476.3 的有关规定做相应调整。

本规范用词说明

1 为便于在执行本规范条文时区别对待,对要求严格程度不同的用词说明如下:
  1) 表示很严格,非这样做不可的:
     正面词采用"必须",反面词采用"严禁";
  2) 表示严格,在正常情况下均应这样做的:
     正面词采用"应",反面词采用"不应"或"不得";
  3) 表示允许稍有选择,在条件许可时首先应这样做的:
     正面词采用"宜",反面词采用"不宜";
  4) 表示有选择,在一定条件下可以这样做的,采用"可"。

2 条文中指明应按其他有关标准执行的写法为:"应符合……的规定"或"应按……执行"。

中华人民共和国国家标准

聚酯工厂设计规范

GB 50492—2009

条 文 说 明

目 次

1 总则 ······················· 7—33—18
3 工艺设计 ··················· 7—33—18
   3.1 设计原则 ··············· 7—33—18
   3.2 一般规定 ··············· 7—33—18
   3.3 工艺计算 ··············· 7—33—20
   3.4 主要污染源和主要污染物 ····· 7—33—21
   3.5 危险、危害因素 ··········· 7—33—21
4 工艺设备 ··················· 7—33—23
   4.1 工艺设备选择 ············ 7—33—23
   4.2 工艺设备配台 ············ 7—33—23
   4.4 反应器制造和检验 ········· 7—33—23
5 工艺设备布置 ················ 7—33—24
   5.1 布置原则 ··············· 7—33—24
   5.2 布置规定 ··············· 7—33—24
6 管道设计 ··················· 7—33—24
   6.1 工艺管道 ··············· 7—33—24
   6.3 管材选用 ··············· 7—33—24
   6.5 管道加工 ··············· 7—33—25
   6.6 管道检验 ··············· 7—33—25
   6.7 管道压力试验 ············ 7—33—25
7 辅助生产设施 ················ 7—33—25
   7.1 化验 ·················· 7—33—25
   7.2 熔体过滤器清洗 ··········· 7—33—25
   7.3 热媒站 ················ 7—33—25
   7.4 罐区 ·················· 7—33—25
   7.5 原料和成品库房 ··········· 7—33—25
   7.6 维修 ·················· 7—33—25
8 自动控制和仪表 ·············· 7—33—26
   8.1 控制水平 ··············· 7—33—26
   8.2 主要控制方案 ············ 7—33—26
   8.3 特殊仪表选型 ············ 7—33—26
   8.4 控制系统配置 ············ 7—33—26
   8.5 控制室 ················ 7—33—26
   8.6 安全联锁 ··············· 7—33—26
   8.7 仪表安全措施 ············ 7—33—26
9 电气和电信 ················· 7—33—26
   9.1 供配电 ················ 7—33—26
   9.2 照明 ·················· 7—33—26
   9.3 防雷 ·················· 7—33—26
   9.4 静电接地 ··············· 7—33—26
   9.5 电信 ·················· 7—33—27
10 总平面布置 ················ 7—33—27
11 土建 ····················· 7—33—27
   11.1 一般规定 ·············· 7—33—27
   11.2 建筑、结构设计 ········· 7—33—27
12 给水排水 ·················· 7—33—27
   12.1 给水 ················· 7—33—27
   12.2 排水 ················· 7—33—28
13 暖通和空气调节 ············· 7—33—28
   13.2 通风与采暖 ············ 7—33—28
   13.3 空气调节 ·············· 7—33—28

1 总 则

1.0.1 本条规定了聚酯工厂设计应遵循的原则要求。

1.0.2 本条规定了本规范的适用范围。本规范不涉及聚酯专有工艺技术内容。

1.0.3 本条说明本规范与国家现行有关标准的关系。对于本规范未作规定者，还应执行国家现行的有关标准。

在本规范的多个章节中都表述有"纺织工业企业有关防火标准"，指的是《纺织工程设计防火规范》，该规范正在报批过程中。

聚酯工厂设计涉及各个专业，本规范侧重于工艺、设备和自控专业内容的规定，其他专业仅针对聚酯工厂的特点作简要规定。

3 工艺设计

3.1 设计原则

3.1.1 间歇生产工艺的特点是分批投料，分批出料。与连续生产工艺比较，它的产品质量均匀性较差，能耗较高，环保效果较差，因此对于能力 30t/d 以上的装置，一般不宜采用间歇生产。但是，间歇生产工艺具有易于更换产品品种的特点，所以还是有需求的。

3.1.2 聚酯生产有两种基本工艺路线，一种是酯交换工艺，另一种是直接酯化缩聚工艺。自20世纪70年代直接酯化缩聚工艺实现工业化以来，世界上各地建设的聚酯装置，绝大多数采用直接酯化缩聚工艺路线。我国在上世纪70年代从国外引进的几个酯交换法的聚酯装置，近年已先后停产。有资料介绍，生产膜用聚酯，有的国外公司采用酯交换工艺。

3.1.3 生产装置的物料衡算和热量衡算数据是反应器工艺设计、专用设备设计（包括乙二醇分离塔、缩聚系统喷淋冷凝器等设备）、通用设备选型（包括泵、换热器等）、辅助生产设施设计（包括热媒站、罐区等）的基础数据。

3.1.4 本条中"新工艺"、"新技术"是指此前国内、外的聚酯工厂中都未曾采用过的工艺、技术。原国家计委的计计〔1978〕234号文附件—"关于加强基本建设管理的几项规定"中第四节"认真做好勘察设计工作"曾规定，采用的"新工艺"、"新技术"必须经过"中型试验"作验证。鉴于聚酯生产工艺实现工业化已经几十年，故在本规范中没有沿用这条规定。但是，在采用"新工艺"、"新技术"之前，需要经过相关专家充分的论证，这仍然是必要的。

3.2 一般规定

3.2.1 目前多数厂家生产装置的连续运转周期超过2年。每次停产进行大检修的时间，一般在20d左右。

3.2.2 由于不同工厂在生产管理上有差异，每个工厂的年开工天数各不相同，用"t/d"作为表征装置能力的单位较用"t/a"科学。本规范中所列的产品质量、原料消耗的设计值都是指在其公称生产能力下的指标，当装置在公称能力50%或110%负荷下生产时，上述指标与设计值有差异。

3.2.3 目前国内有不少厂家为降低生产成本，加入一定比例的中纯度对苯二甲酸与精对苯二甲酸混合使用，加入的比例从10%到100%不等。通过调节酯化过程的工艺参数，使用一定比例的中纯度对苯二甲酸作为原料，仍然能够生产出优级产品。但是生产膜级产品时，目前多数厂家仍采用精对苯二甲酸为原料。

3.2.4 本条针对采用液相热媒作为热载体的加热系统。

1 热媒膨胀槽用于吸收一次热媒在升温过程中产生的膨胀量和接收从系统排放的不凝气等物质。热媒排放接收槽用于接收系统排放的热媒。

2 用氮气覆盖导热油的目的是避免其被氧化。

3 各种导热油在一定温度下随时间延长都会产生裂解，如果不把低沸点蒸发物从系统中排除，会影响它的加热效果。

4 聚酯工厂生产上使用的液相热媒属于可燃液体。在生产过程出现紧急事故时（如发生火灾），需要把每个热媒回路中的热媒迅速排放到厂房外的储罐。另外，在装置停车时，也需要依次把每个热媒回路中的热媒排放。

5 "暖泵"是指用少量高温热媒流经备用的热媒循环泵，起预热作用，以便在需要启动备用泵时，能立即投入使用。

3.2.5 本条针对采用气相热媒作为热载体的加热系统。

1 注入系统有三方面作用：一是初次注入热媒，二是在运转过程期间补充加入热媒，三是为系统存储一定量的热媒。

2 热媒系统初次启动时，需要去除管道中的空气。系统运转过程中，需要排除产生的低沸点物和不凝气。

3 在进行检修和装置停车时，都需要把回路中的热媒排净。另外，这个收集槽还可以用于接收运转过程中定期排放的低沸点物和不凝气。

3.2.6 设置取样口，用于生产过程的工艺控制和质量分析。

3.2.7 生产装置停产后，需要对反应器特别是缩聚反应器进行清洗。

3.2.8 生产装置停产后，缩聚反应器系统的液封槽需要清洗，为此需要接受从液封槽排放的乙二醇。

3.2.9 为了对生产装置的原料消耗和单位产品综合能耗指标进行考核，需要对原料和各种公用工程介质的用量作计量。

3.2.10 乙二醇全回用流程是利用乙二醇分离塔把缩聚系统生成的乙二醇凝液中水分脱除，用于浆料调配，而把新鲜乙二醇加入到缩聚系统设备，让乙二醇在装置中循环使用。采用乙二醇全回用流程，无需设置专用的乙二醇精制设备，可降低设备投资和节省运转费用。

3.2.11 除去乙二醇循环液中的夹带物，有利于延长换热器以及喷淋冷凝器喷嘴的使用周期。

3.2.12 对工艺设计中应采取的劳动安全措施说明如下：

1 接料仓在负压下可以减少开包卸料过程粉尘的飞扬，降低可燃性粉尘释放源的等级和减少物料损失。

2 一旦生产装置厂房出现火灾，应切断进入厂房的可燃液体。

3 基于安全生产的需要，也是为了能单独把聚酯生产线停下来进行检修。当设置用于操作乙二醇、热媒管道和各种公用工程管道隔断阀的联合平台时，其长度等于或大于8m，应在两个方向设爬梯。

4 乙二醇和导热油（热媒）都是可燃液体，一旦生产装置内出现火灾，应把厂房中设备、管道中的可燃液体排放，否则它们被引燃后将加剧火灾的危害性。这类事故曾经在聚酯工厂出现过。

5 保护设备、保护人身安全。

6 缩聚反应器是在负压状态下操作。如果在反应器与外界相通的气相管道系统中不设止回阀，当反应器中的真空被破坏后，外界空气就有可能进入反应器。空气与反应器中的高温乙二醇、乙醛接触，会产生爆炸。国内某个装置的预缩聚反应器在生产过程中发生过爆炸，事后分析原因，是由于上述管道上的止回阀失灵，空气进入反应器造成的。

7 工艺尾气中含乙醛。如果热媒炉回火窜入工艺尾气管道，有可能引起爆炸。酯化水储罐排气中的乙醛含量有可能超过其爆炸下限,在其通气管道上设置阻火器的目的是防止外界雷电的火花进入储罐。

8 采用本款所要求结构的设备,其搅拌器和泵的密封不成为甲醇的释放源。屏蔽泵、磁力泵属于无泄漏的泵。

9 酯化反应器和乙二醇分离塔的视镜,应采用能承受设计温度、压力的材料。另外,在设备升温过程对视镜法兰热态下把紧螺栓时,应避免出现由于螺栓受力不均而造成视镜的破裂。因为一旦出现视镜的破裂,会造成大量乙二醇蒸气的外泄,在个别聚酯工厂曾经发生过此类事故。

10 爆炸性气体危险区域的类型除了决定于释放源等级之外,还决定于通风条件。通风条件指它的类型(自然通风、人工通风)、等级(高级、中级、低级)、有效性(良好、一般、差),详见《爆炸性气体环境用电气设备 第14部分:危险场所分类》GB 3836.14—2000。需综合考虑通风等级和有效性,才能判定一个释放源周围危险区域的类型(参见该规范的表B1)。

判定通风的等级要根据释放源周围爆炸性环境"假想体积"的大小,判断释放源的等级要根据爆炸性气体释放扩散的"持续时间"。"假想体积"和"持续时间"的概念及计算方法,参见《爆炸性气体环境用电气设备 第14部分:危险场所分类》GB 3836.14—2000的附录B。在计算爆炸性气体环境的"假想体积"时,需要掌握释放源的最大释放速率数据。虽然目前我们缺少在聚酯工厂实测的释放源释放速率数据,但可以根据聚酯生产的操作工况,参考美国环境保护局在选定的炼油厂和化工厂现场测定的泵和阀门泄漏数据(参见化学工业出版社1993年出版的《化工安全技术手册》)中的表1-19～表1-24,对聚酯工厂不同释放源的释放系数取值(见表1)。采用表1所列释放系数,可计算在不同换气次数下,聚酯工厂各种释放源周围的"假想体积"和爆炸性气体扩散的"持续时间",计算结果分别列于表2、表3中。

表1 对聚酯工厂各种释放源释放系数的取值(kg/h)

介质	泵/风机的密封	搅拌器的密封	阀门	法兰
乙二醇	0.03	0.07	0.005	0.00012
联苯和联苯醚	0.05	—	0.011	0.00024
三甘醇	—	—	0.005	0.03
天然气	—	—	0.011	0.00024
甲醇	0.03	—	0.005	0.00012

注:三甘醇对应的"法兰"指三甘醇清洗炉的法兰盖。

表2 不同换气次数下不同介质的1级释放源的假想体积(m^3)

换气次数 C(次/h)		1	3	6	108
通风效率 f		5	5	4	3
乙二醇	泵	7.2	2.4	1.0	—
	搅拌器	16.9	5.6	2.2	—
联苯和联苯醚	泵	28.5	9.5	3.0	0.2
	阀门	6.3	2.1	0.7	0.03
三甘醇	阀门	1.8	0.6	—	—
	大法兰盖	10.0	2.5	1.5	—
天然气	阀门	6.3	2.1	0.7	0.03
	法兰	0.1	0.05	0.02	0.007
甲醇	泵	8.2	2.7	1.4	—
	搅拌器	27.8	9.6	4.8	—
	阀门	1.5	0.5	0.2	—
	法兰	0.03	0.01	—	—

注:1 换气次数108次/h对应自然通风(参见《爆炸性气体环境用电气设备 第14部分:危险场所分类》GB 3836.14—2000的附录B)。
2 表2中通风效率 f 的取值参照了《爆炸性气体环境用电气设备 第14部分:危险场所分类》GB 3836.14—2000的B7的计算示例。因为没有氢化三联苯的爆炸下限数据,故没有计算其释放假想体积。

表3 不同换气次数下不同介质的1级释放源释放扩散的持续时间(h)

换气次数 C(次/h)	3	6	12	15	108
通风效率 f	5	4	2	1	3
乙二醇液/蒸气	8.1	3.2	0.8	0.3	—
乙二醇混合蒸气	6.0	2.4	0.6	0.2	—
联苯、联苯醚	11.1	4.5	1.1	0.4	—
三甘醇	10.2	4.1	1.0	0.4	—
异丙醇	8.8	3.5	0.9	0.4	—
天然气	7.2	2.9	0.7	0.3	0.12
甲醇	7.2	2.9	0.7	0.3	0.12

从表2数据可以看出,对于聚酯工厂中可燃液体的释放源,包括泵、搅拌器、阀门的密封以及法兰,3次/h的换气次数能满足通风等级中级的要求。但是,在3次/h的换气次数条件下,爆炸性气体扩散的"持续时间"(即存在爆炸危险的时间)长达数个小时(见表3)。鉴于高温乙二醇等乙、丙类可燃液体的闪点远远高于环境温度,微量上述液体释放到外界后,瞬间内温度下降到环境温度,所以它们的"持续时间"并非存在爆炸危险的时间。而甲类可燃气体、液体(分别指天然气、甲醇)扩散的"持续时间"就是存在爆炸危险的时间,因为它们闪点低于环境温度。只有增加对这些释放源周围区域的通风次数,才能降低存在爆炸危险的时间。对于甲醇,通风次数增加到12次/h以上,释放源所在区域才能符合2区的定义。

应说明,上述换气次数是针对划定的释放源周围危险区域范围,并不是对释放源所处的整个场所范围而言。

11 《爆炸性气体环境用电气设备 第14部分:危险场所分类》GB 3836.14—2000及《爆炸和火灾危险环境电力装置设计规范》GB 50058—92均对此有明确要求。

3.2.13 对工艺设计中应采取的环保措施说明如下:

1 环保设计的原则之一是首先减少生产过程中污染物的生成,而乙醛属于应严格控制的向大气排放的污染物。在聚酯工厂取样测试数据表明,采用较低的酯化、缩聚温度有利于减少乙醛的生成量。

2 在几个聚酯工厂取样测试结果表明,工艺尾气中乙醛含量远远超过了《大气污染物综合排放标准》GB 16297—1996中的限定值,所以不得把工艺尾气直接排放到大气中。有些工厂设置淋洗塔吸收工艺尾气中的乙醛,但是淋洗塔塔顶尾气中乙醛的含量仍然超过国家标准的限定值,所以这种处理方式不属于"有效处理"。目前已有工厂把聚酯工厂中各个部位产生的工艺尾气引入热力炉焚烧,这种处理方式彻底解决了尾气直接排放而带来的对大气污染的问题,是一种有效的处理方式。生产实践证明,采取相应措施后,这种处理方法在安全上是有保证的。

3 聚酯工厂排放的含颗粒物的废气包括切片干燥器的排气、切片料仓的排气、对苯二甲酸料仓的排气。鉴于上述排放的废气中颗粒物的浓度远远低于《大气污染物综合排放标准》GB 16297—1996中的限定,所以没有对它的排气筒高度提出具体要求。

4 鉴于国家规定的污染物排放标准与地方政府根据各自地区特点制定的排放标准可能存在差异,因此要求聚酯工厂的废气排放应同时符合国家和地方规定的排放标准。

5 设置采样口以便对排气随时进行监测。

6 乙二醇分离塔的分离效果越好,乙二醇的流失越少,对环境的污染越小。

7 酯化水是聚酯工厂工艺废水的主要来源。从聚酯工厂取样测试结果表明,酯化水中达到"mg/L"数量级的有机物只有乙醛和乙二醇。乙醛对废水生化处理使用的微生物有抑止作用。通过对酯化水进行汽(气)提,可以把其中的乙醛基本除净,大大减轻对废水做进一步处理的负荷。

8 储槽用于接收清洗换热器、管道过滤器时从设备、管道中排放的残存乙二醇，以避免直接就地排放而造成的环境污染和乙二醇的损失。本储槽可与本规范第3.2.8所述收集槽共用。

9 如果使用过的三甘醇直接排放，会对环境造成污染。

3.2.14 乙二醇分离塔塔顶蒸气量约为0.4t/吨产品，这部分蒸气冷凝放出的热量折合标准油21kg，采取措施回收上述低温蒸气的能量可以有效降低生产能耗。目前，有的厂把这部分蒸气用于制冷，有的厂把它作为喷射介质产生真空为缩聚系统服务，但多数工厂还未采取措施利用这部分能量。

3.2.15 本条所指的单位产品综合能耗包括生产装置和辅助生产设施的所有能耗，而不包括各个公用工程站本身的能耗。由于不同厂采用的工艺技术不同，工厂所处的地理位置不同，以及生产装置的能力不同，单位产品的综合能耗会有差异。在编制本规范过程中，对江浙一带若干个采用不同国内、外公司技术的厂家作了调研。在这些企业中，生产1000kg常规纤维级聚酯熔体的综合能耗，最低在90kg标准油左右，多数厂家低于110kg标准油。在上述折算中，各种能耗对标准油的折算值参见表4。

表4 单位产品综合能耗中各种能耗对标准油的折算值

序号	类别	单位	折合标准油(kg)
1	电	1kW·h	0.26
2	新鲜水	1t	0.17
3	循环水	1t	0.10
4	软化水	1t	0.25
5	除盐水	1t	2.30
6	燃料油	1t	1000
7	工业焦炭	1t	800
8	天然气	1t	930
9	1.0MPa级蒸汽	1t	76
10	0.3MPa级蒸汽	1t	66
11	压缩空气	1m³	0.03
12	仪表风	1m³	0.04
13	冷冻水(循环)	1t	0.37
14	氮气	1m³	0.15

3.2.16 采用不同的方法，统计的原料消耗会有差异，为此推荐下述方法：

$$A = \frac{B}{E} \quad (1)$$

$$PTA = \frac{B}{A-D} \times 1000 \quad (2)$$

$$EG = \frac{C}{A-D} \times 1000 \quad (3)$$

式中：A——生产的熔体量(t)；
B——对苯二甲酸的消耗量(t)；
C——乙二醇的消耗量(t)(包括加入的二甘醇量)；
D——生产中的排废量(t)(包括液封槽排渣、熔体过滤器和铸带排废等)；
E——在不计排废下，生产每吨熔体消耗的对苯二甲酸量(t)(取0.857)；
PTA——生产每吨熔体的对苯二甲酸的单耗(kg)；
EG——生产每吨熔体的乙二醇的单耗(kg)。

在编制本规范过程中通过调研了解，生产每吨半消光纤维级聚酯熔体，多数厂家的对苯二甲酸单耗在857kg～861kg，乙二醇单耗在333kg～336kg。

3.2.17 现行国家标准《纤维级聚酯切片》GB/T 14189—1993是在20世纪80年代引进装置水平基础上制定的。以目前的技术水平衡量，该标准中有些指标偏低，且有缺项。本规范规定的设计指标，作了以下调整和补充：特性粘度偏差减小到±0.008；二氧化钛含量偏差减小到±0.03；色度中增加了L值指标(要正确表述切片的色度，仅仅给出b值是不够的，必须同时用L值、b值和a值来描述。由于目前多数厂家未测试a值，所以没有列出对a值的要求指标)；增加了对二氧化钛凝聚粒子的指标要求；把粉末和异状切片作为两个单项指标；增加了对二甘醇含量偏差的要求。经调研，国内多数厂家纤维级切片的羧基含量小于或等于30mol/t，但也有厂家切片的羧基含量在30mol/t～35mol/t，而它们都能满足纺丝的质量要求。经分析，采用不同的聚酯工艺技术，切片中羧基含量有差异。鉴于此，把切片中羧基含量的指标定为小于或等于35mol/t。

3.3 工艺计算

本规范不涉及聚酯专有工艺技术的内容，所以本节内容并不包括与专有技术相关的工艺计算，如工艺参数的优选、反应器的工艺计算等方面的内容。

3.3.1 物流数据包括物料数据、物性数据（密度、比热、粘度）、工艺数据（温度、压力）、物料的焓值和热流量数据。应把物流数据反映在基础设计文件的工艺流程图上(PFD)。根据工艺数据（工艺参数），可计算在生产装置设计负荷下每个设备进、出口的物料量。物料数据包括物料的总流量及其组分流量。以第一酯化反应器为例，反应器浆料进口的物流数据应包括：浆料的总流量和对苯二甲酸、乙二醇的组分流量，浆料的密度、比热、粘度、温度、压力、焓值和热流量数据。乙二醇回流液的物流数据应包括：总流量和乙二醇、水的组分流量，回流液的密度、比热和粘度、温度、压力、焓值和热流量数据。反应器出口酯化物的物流数据应包括：酯化物的总流量和聚对苯二甲酸乙二酯、对苯二甲酸双羟乙酯、二甘醇、未反应的对苯二甲酸、游离的乙二醇和水、催化剂的组分流量，酯化物的密度、比热和粘度、温度、压力、焓值和热流量数据。混合蒸气的物流数据应包括：蒸气总流量和乙二醇、水、乙醛的组分流量，蒸气的密度、比热和粘度、温度、压力、焓值和热流量数据。

3.3.2 热媒流量是指每个用热媒加热、保温的设备和管道系统回路中液相和气相热媒的循环量。在设备进、出口焓数据基础上，根据工艺参数所确定的热媒回路的温度，可计算每个热媒回路中的热媒流量。

3.3.3 在第3.3.1条计算的物料数据基础上，根据公用工程介质的参数，计算装置中相关设备的各种公用工程的用量。各种公用工程用量数据应包括正常连续量、最大瞬时量。应把热媒流量和公用工程量数据反映在基础设计文件的各种公用工程介质的流程图(UFD)上。

3.3.4 本条强调应通过计算而不是估算确定管道的管径和阻力降。建议参照国家现行标准《石油化工工艺装置管径选择导则》SH/T 3035—2007，把聚酯装置中工艺管道和公用工程介质管道分为三种类型进行计算：

1 对阻力降的限制没有严格要求的管道。

包括液相热媒管道、乙二醇管道、除盐水管道、循环冷却水管道、压缩空气管道、气相热媒管道、乙二醇蒸气管道、蒸汽管道、酯化反应器的气相管道、反应器之间自流的物料管道。对上述管道，宜根据既考虑管材费用又考虑运转节能而控制的每百米管长最大阻力降(参见表5数据)，按下式计算确定管径：

$$di = 0.018 \rho^{0.207} v^{0.033} q_v^{0.38} \Delta P_{f100}^{-0.207} \quad (4)$$

式中：di——管道内径(m)；
ρ——流体密度(kg/m^3)；
v——流体运动粘度(m^2/s)；
q_v——流体体积流量(m^3/h)；
ΔP_{f100}——每百米管长最大阻力降(kPa)，其取值参见表5。

根据式(4)的计算结果选取标准规格的管道，再用这个管道的内径根据下式计算确定管道总阻力降：

$$\Delta P_f = 3.5689 \times 10^{-11} l \, di^{-4.84} v^{0.16} \rho q_v^{1.84} \quad (5)$$

式中：di——选取的标准规格管道的内径；
　　　l——管道的计算长度(m)；它是直管长度与阀门、管件、流量计等的当量长度之和。

对于酯化反应器的气相管道、反应器之间自流的物料管道，如果计算的管道总阻力大于工艺允许的压力降，则应把管径放大一级，再做管道总阻力降的校核，直至满足要求。

表5　不同管道的每百米长最大阻力降 ΔP_{f100} 的取值

序号	管道种类	ΔP_{f100} (kPa)
1	液相热媒、乙二醇、除盐水的泵出口管道	45
2	液相热媒、乙二醇、除盐水的泵吸入管道	10
3	循环冷却水管道	30
4	压缩空气管道	压力的0.01
5	气相热媒、乙二醇蒸气管道	10
6	水蒸气管道，其压力 $P \leq 0.3$MPa	10
	0.3MPa$< P \leq 0.6$MPa	15
	$P > 0.6$MPa	20
7	酯化反应器的气相管道	10
8	反应器之间自流的物料管道	5

管道上的阀门、管件、流量计等的当量长度，可按《石油化工工艺装置管径选择导则》SH/T 3035—2007 的表1取值。

如果管道系统中有调节阀，调节阀的阻力降宜取管道系统阻力降 ΔP_f 的30%，即管道总阻力降为 $1.3\Delta P_f$。

2　悬浮固体颗粒的液体管道。

包括对苯二甲酸和乙二醇的浆料管道、二氧化钛悬浮液管道。输送悬浮固体颗粒的流体管道，如果流速过低，会使固体颗粒沉积，导致堵塞，如果流速过高，会使管壁遭到严重磨损。因此，宜在 0.9m/s $< u < 2.5$m/s 范围内，选取一个流速(u)来计算管径，根据选定的标准规格管道内径用式(5)计算管道总阻力降。

3　负压下的蒸气管道。

指缩聚系统的气相管道。应根据最大流速计算管径，用选定的标准管径按下式计算管道总阻力降 ΔP_f：

$$\Delta P_f = \Delta P_{ft} + \Delta P_{ff} \qquad (6)$$

式中：ΔP_{ft}——直管阻力降；
　　　ΔP_{ff}——阀门、管件的局部阻力降。

直管阻力降按下式计算：

$$\Delta P_{ft} = \lambda \cdot \frac{L}{di} \cdot \frac{\rho u^2}{2} \times 10^{-3} \qquad (7)$$

式中：λ——直管的阻力系数，可根据管壁粗糙度（无缝钢管为0.2mm）和流体雷诺数，按《石油化工工艺装置管径选择导则》SH/T 3035—2007 的图1取值。
　　　u——蒸气最大流速，按表6取值。

表6　负压蒸气的最大流速

序号	绝对压力(kPa)	最大流速(m/s)
1	$50 < P \leq 100$	40
2	$20 < P \leq 50$	60
3	$5 < P \leq 20$	75

阀门、管件的局部阻力降 ΔP_{ff} 可按当量长度法用下式计算：

$$\Delta P_{ff} = \lambda \frac{\sum L_e}{di} \frac{\rho u^2}{2} \times 10^{-3} \qquad (8)$$

式中：$\sum L_e$——当量长度之和，管道上的阀门、管件、流量计等的当量长度，可按《石油化工工艺装置管径选择导则》SH/T 3035—2007 表1的值计算。如果总阻力降超过工艺允许值，应修正最大流速重新计算管径，然后再计算管道总阻力降，直至满足工艺要求。

3.3.5　在满足熔体输送泵可承受的压力条件下，使熔体在管道中停留时间尽可能短，熔体管道管径尽可能小，以达到保证熔体质量、降低设备投资的优化目标。

3.3.6　本条所述的计算指设计单位的计算以及生产厂家根据设计单位提出条件所做的计算。

3.4　主要污染源和主要污染物

3.4.1　聚酯工厂的废水排放点：直接排放的酯化水、对酯化水做预处理的气提塔塔釜排液、水蒸气喷射泵排液、清洗熔体过滤器的排液、清洗乙二醇换热器的排液、化验室排液、生产装置厂房地面冲洗排液，等等。排放规律指的是连续排放或间歇排放。从生产装置取样测试结果表明，酯化水中含量达到"mg/L"数量级的污染物只有乙醛和乙二醇。如果使用醋酸锑作为催化剂，则还有醋酸。为准确掌握废水中的污染物含量，应从生产装置取样，通过测试获得可靠的数据。

3.4.2　聚酯工厂的废气排放点：对苯二甲酸（间苯二甲酸）、切片料仓的排气、切片干燥器的排气、工艺尾气的排放以及热媒炉烟囱的排气。料仓和切片干燥器排气中的污染物为固体颗粒，工艺尾气中的污染物为乙醛，热媒炉烟囱排气中的主要污染物为烟尘和二氧化硫等。废气的"排放浓度"(mg/m³)、"排放速率"(kg/h)应符合《大气污染物综合排放标准》GB 16297—1996 中的规定。"排放条件"指是否通过排气筒有组织地排放。

3.4.3　固体废物的排放点：对苯二甲酸的卸料位、熔体过滤器、缩聚系统的液封槽、乙二醇过滤器、铸带头、切粒机、切片干燥器、切片的震动分离筛，等等。固体废物的排放去向是指对它的后续处理措施。

3.4.4　聚酯工厂中产生噪声的设备：切粒机、切片干燥器、振动分离筛、输送工艺尾气的风机、空冷器用风机，等等。

3.5　危险、危害因素

3.5.1　本条对物质火灾危险性的划分依据的是《纺织工程设计防火规范》(报批稿)的相关规定和物料的理化和燃烧、爆炸数据。

《纺织工程设计防火规范》(报批稿)对火灾危险性的划分参见表7。其相关的规定还有：操作温度超过其闪点的乙类液体，应视为甲类B项火灾危险；操作温度超过其闪点的丙类A项液体，应视为乙类A项火灾危险；操作温度超过其闪点的丙类B项液体，应视为乙类B项火灾危险。

表7　纺织工业生产中物质的火灾危险性类项

类	项	物质特征
甲	A	爆炸下限<10%(体积)的气体
	B	闪点<28℃的液体
	C	遇酸、受热、撞击、摩擦、催化以及遇有机物或硫磺等易燃的无机物，极易引起燃烧或爆炸的强氧化剂
乙	A	28℃≤闪点≤45℃的液体
	B	45℃<闪点<60℃的液体
	C	爆炸下限≥10%(体积)的气体
	D	不属于甲类的氧化剂
	E	可燃性粉尘
丙	A	60℃≤闪点≤120℃的液体
	B	闪点>120℃的液体
	C	可燃固体
丁		难燃烧物
戊		不燃烧物

在《纺织工程设计防火规范》(报批稿)征求意见过程中，有关主审单位认为，各个行业都应该采用与现行国家标准《建筑设计防火规范》GB 50016—2006 相一致的规定，即在分类中不分项，且无需根据操作温度高低改变对物质火灾危险性类别的划分。《纺织工程设计防火规范》拟采纳上述意见。但目前该规范仍在报批过程中，故本规范仍以其报批稿为依据。

依据《纺织工程设计防火规范》(报批稿)及表8中物料的理化和燃烧、爆炸数据，规定了主要物料的火灾危险性。这些规定也反映在本规范附录B中，该附录中的乙类可燃液体，指的是在操作温度下从丙类上升到乙类的可燃液体，包括操作温度高于111℃的乙二醇、操作温度高于177℃的三甘醇、操作温度下的联苯和联苯醚混合物、氢化三联苯、二芳基烷。

表8 主要物料的理化和燃烧、爆炸数据

序号	介质名称	理化性质				燃、爆数据	
		熔点(℃)	沸点(℃)	闪点(℃)	相对空气密度	引燃温度(℃)	爆炸下限(V%)
1	对苯二甲酸	>384	—	—	—	678	0.05g/L
2	乙二醇	−16	197	111	2.14	432	3.2
3	联苯、联苯醚	—	257	124	7.98	612	0.5/0.8
4	氢化三联苯	—	359	184	—	374	—
5	二芳基烷	—	353	194	—	385	—
6	乙醛	−123	20	−39	1.52	175	4.0
7	甲醇	−98	65	11	—	464	—
8	聚酯	255~265	—	—	—	—	—
9	燃料油	—	—	>55	—	220~300	0.7
10	天然气	—	−161	−190	0.6	537	5.0
11	异丙醇	−88	82	12	2.07	425	2.0
12	三甘醇	−4	291	177	5.18	370	0.9
13	间苯二甲酸	330	—	—	—	700	0.035g/L
14	二甘醇	—	—	245	123.9	225	2.0

注：联苯、联苯醚和氢化三联苯数据是首诺公司提供。其中联苯、联苯醚的爆炸下限0.5%、0.8%是该公司的测试数据，分别对应的测试温度为260℃、149℃。该公司告知，不掌握氢化三联苯的爆炸下限数据。二芳基烷数据是陶氏化学公司提供，该公司告知，不掌握其爆炸下限数据。天然气的主要组分是甲烷，表中数据指甲烷的数据。

3.5.2 对可燃性气体或蒸气的释放源及等级规定说明如下：

1、2 转动设备(如泵、风机、搅拌器等)的泄漏部位发生在轴封处。生产实践表明，采用机械密封治理泄漏的效果并不比填料密封好，只是从不漏到开始出现泄漏的时间间隔较长。所以应把采用上述密封输送可燃物的离心泵、搅拌器的密封处划为1级释放源。

3 阀门的密封处有经常性的泄漏，所以应把可燃物的阀门密封处划为1级释放源。

4 在《爆炸性气体环境用电气设备 第14部分：危险场所分类》GB 3836.14—2000和《爆炸和火灾危险环境电力装置设计规范》GB 50058—92中，都把法兰列为2级释放源的示例中，而没有出现在1级释放源的示例中。

5 酯化水储槽气相中的乙醛含量有可能超过其爆炸下限，它的排气口为1级释放源。

6 检验熔体过滤器滤芯是间歇操作，所以把异丙醇液槽划为1级释放源。

7 在正常生产运行时，不会出现乙二醇蒸气的泄放，所以把它们的排放口划为2级释放源。

8 使用三甘醇清洗熔体过滤器，每次操作都需要打开炉盖。当旋紧炉盖法兰用力不均时，可能偶尔会在法兰处有微量三甘醇逸出，所以把法兰盖划为2级释放源。

补充说明：缩聚系统液封槽尾气中含乙醛，在捞渣操作开启盖子时，有尾气逸出。在几个聚酯工厂取样测试上述尾气中乙醛含量的结果表明，它远远低于乙醛的爆炸下限，因此没有把缩聚系统液封槽划为可燃气体的释放源。另外，乙二醇储罐中乙二醇的温度远远低于其闪点，燃料油储罐设置了温度控制，使燃料油的温度控制低于它的闪点，所以没有把乙二醇和燃料油储罐划为可燃气体的释放源。

3.5.3 《可燃性粉尘环境用电气设备 第3部分：存在或可能存在可燃性粉尘的场所分类》GB 12476.3—2007等同采用国际电工委员会标准 IEC 61241—10:2004。

当袋装对苯二甲酸接受设施未设置抽气除尘设施时，开包卸料过程中，会出现粉尘在卸料口周围的飞扬，所以把它的卸料口划为1级释放。当接受槽设置了抽气除尘设施时，接收槽内形成负压，可大大减少粉尘向内外的飞扬，所以把它的卸料口划为2级释放。

在袋装对苯二甲酸的仓库、堆放对苯二甲酸包装袋的位置、采用气力输送对苯二甲酸的输送站和卸料站、对苯二甲酸称量设备处，存在散落的对苯二甲酸粉尘。在正常运行时，预计不可能形成可燃性粉尘云，如果形成，也仅是不经常并且是短时间的，所以划为2级释放。

3.5.4 对本规范附录B中的有关规定说明如下：

1 爆炸性气体环境危险区域的尺寸范围，是参照《爆炸性气体环境用电气设备 第14部分：危险场所分类》GB 3836.14—2000附录C危险场所划分举例中的示例，并结合每个释放源的爆炸性气体环境"假想体积"数据确定的(参见表2所列)。

2 阀门密封和法兰的释放系数很小，而乙二醇、氢化三联苯、联苯和联苯醚、三甘醇、二甘醇闪点都远远高于生产厂房的环境温度，它们泄漏到外界时，其温度很快就降低到环境温度，也就不会产生爆炸，所以在附录B中没有划分上述可燃液体阀门、法兰周围的爆炸危险区域范围。

3 对于聚酯工厂的甲类可燃液体释放源(如甲醇)，虽然3次/h的通风次数满足通风等级中级的要求，但是从释放源泄漏的爆炸性气体扩散的"持续时间"很长(参见表3数据)，所以必须提高通风次数才能满足释放源所在区域类型的定义。

4 缩聚系统的液封槽布置在生产厂房的底层，生产中需要把滤篮中的残渣捞出，而在这个操作过程中液封槽处于开敞状态，因此会有尾气逸出。虽然尾气中乙醛的含量很低，当没有为地坑设置机械通风时，天长日久有可能形成乙醛在地坑中的积聚。为提高安全性，把地坑划为爆炸性气体的2区。

5 熔体过滤器的滤芯检测是间歇进行的，其专用的排风设施应能满足通风有效性良好的要求。1级释放源在中级通风、有效性良好条件下，危险区域类型为1区。

6 在《可燃性粉尘环境用电气设备 第3部分：存在或存在可燃性粉尘的场所分类》GB 12476.3—2007中规定，1级释放周围区域类型为21区，2级释放周围区域类型为22区。我们根据上述原则来划定有、无抽气除尘设施的卸料口周围危险区域的类型。

7 《可燃性粉尘环境用电气设备 第3部分：存在或可能存在可燃性粉尘的场所分类》GB 12476.3—2007中规定，对于可燃性粉尘环境区域范围，"通常，释放源周围1m的距离就已足够(垂直向下延至地面或楼板水平面)"，附录B第B.0.12条、第B.0.14条和第B.0.15条的危险区域范围就是据此划分的。

8 在接受槽未设除尘设施时，开包卸料过程中会出现粉尘从开包位置向外的飞扬，所以把卸料口之上的空间划为爆炸性粉尘环境的22区。

9 在卸料间，地面上存在袋装对苯二甲酸的开包卸料过程撒落的粉料。在袋装对苯二甲酸仓库，地面上也有微量散落的粉料。所以把卸料间和仓库的整个水平方向划分为可燃性粉尘环境的22区(卸料间按附录B第B.0.12条应划为21区的范围除外)。

10 在袋装对苯二甲酸仓库，包装袋外表面难免会粘附有微量粉尘，因此在搬运对苯二甲酸包时可能会出现粉尘的下落(对苯二甲酸粉料比空气重)，所以把从仓库地面到最高堆包高度之上2m的空间划为爆炸性粉尘环境的22区。

还需说明,本规范是依据《爆炸性气体环境用电气设备 第14部分:危险场所分类》GB 3836.14—2000、《可燃性粉尘环境用电气设备 第3部分:存在或可能存在可燃性粉尘的场所分类》GB 12476.3—2007 的相关规定对聚酯工厂的爆炸危险区域进行划分的(上述两个标准等同国际电工协会标准)。除了上述两个规范外,还有一个通用规范是:《爆炸和火灾危险环境电力装置设计规范》GB 50058—92。这三个规范在"防爆"的概念、原则上是基本一致的(但在可燃性粉尘爆炸危险场所划分上有区别,下述),但是在确定爆炸性气体环境的通风条件方面,《爆炸性气体环境用电气设备 第14部分:危险场所分类》GB 3836.14—2000 提供了通过计算"假想体积"确定通风等级和计算"持续时间"判定爆炸性气体扩散的持续时间的方法。《爆炸和火灾危险环境电力装置设计规范》GB 50058—92 中有"通风良好"的定义,但没有明确通风次数与通风良好之间的关系,所以难于根据不同工况提出对通风次数的具体要求,而《爆炸性气体环境用电气设备 第14部分:危险场所分类》GB 3836.14—2000 的可操作性较强。《爆炸和火灾危险环境电力装置设计规范》GB 50058—92 正在修订过程中,而且这次修订在内容上的改动比较大,如原来把可燃性粉尘爆炸危险场所划分为 10 区、11 区,这次修订改为 20 区、21 区、22 区,即与《可燃性粉尘环境用电气设备 第3部分:存在或可能存在可燃性粉尘的场所分类》GB 12476.3—2007 的规定一致。

3.5.5 本条对聚酯工厂中的主要物料的毒性分级,是参照表 9 所列数据,依据现行国家标准《职业性接触毒物危害程度分级》GB 5044 而确定的。该条表中所列毒性分级中,Ⅳ级为轻度危害,Ⅲ级为中度危害。

3.5.6 中纯度对苯二甲酸含有醋酸,因此对普通不锈钢有腐蚀性,腐蚀速率主要决定于其中的醋酸含量。

表 9 主要物料毒性数据

序号	名 称	吸入 LC$_{50}$ (mg/kg)	经皮 LD$_{50}$ (mg/kg)	经口 LD$_{50}$ (mg/kg)	时间加权平均容许浓度 (mg/m³)
1	对苯二甲酸	—	—	6400	8
2	对苯二甲酸二甲酯	—	—	—	—
3	乙二醇	—	5900	—	20
4	氢化三联苯	—	2000	10000	4.9
5	联苯、联苯醚	2660	5010	2050	1.0/7
6	二芳基烷	2000	2000	—	—
7	醋酸锑	5620	2000	2500	—
8	三氧化二锑	—	—	34600	—
9	二氧化钛	6800	—	10000	8
10	聚酯	—	—	—	—
11	乙醛	37000	—	1930	—
12	甲醇	—	—	13000	25
13	异丙醇	—	—	5840	350
14	三甘醇	—	9739	20413	—

注:氢化三联苯和联苯、联苯醚的数据是首诺公司提供的。二芳基烷的数据是陶氏化学公司提供的。二氧化钛、醋酸锑、三氧化二锑的数据是生产厂家提供的。由于目前国内厂家不掌握乙二醇锑的毒性数据,因此在表中未能相应列出。乙醛的最高容许浓度为 45mg/m³,未查到它的时间加权平均浓度。

4 工艺设备

4.1 工艺设备选择

4.1.1 在聚酯工厂内输送对苯二甲酸,目前主要采用三种方式:气力输送、管链式输送机输送、叉车运输与电梯升降和电动葫芦平移的联合输送。采用管链式输送机输送,可以把对苯二甲酸从卸料位置直接送到料仓。但如果输送距离过长,比如超过了 100m,输送机的设备费用较高,在这种情况下,宜采用气力输送方式。如果聚酯工厂与对苯二甲酸生产厂相邻,宜采用气力输送方式。上述第三种方式存在以下弊端:叉车在仓库和聚酯厂房之间频繁穿越厂区通道,且电梯频繁升降而造成的故障率也较高,故不推荐采用。

4.1.2 振动筛的作用是去除物料中难免夹带的包装材料等异物。

4.1.3 高摩尔比的浆料,宜采用离心泵输送。较低摩尔比的浆料和消光剂悬浮液,宜采用螺杆泵输送。

4.1.4 屏蔽泵是无泄漏的,不应视为可燃物的释放源。

4.1.6 填料塔提供较大的气液接触面积,且造价较低。

4.1.7 刮除集聚物的设备结构形式,决定了刮除效果的好坏。

4.1.8 乙二醇蒸气喷射与水蒸气喷射比较,它的节能效果和环保效应较好。工艺蒸汽是指乙二醇分离塔的塔顶蒸汽。利用工艺蒸汽为缩聚反应器产生真空,是一种节能的有效方式。

4.1.9 与列管式换热器比较,板式换热器具有传热效率高、占地面积小、设备费用低的优势。但是,板式换热器用于含夹带物较多的流体系统,设备的清洗过于频繁。

4.1.10 虽然空冷器的造价高于用水冷却的换热器,但是它的运转费用较低,而且有利于减少水的消耗量。综合比较,使用空冷器的经济效益和社会效益较好。

4.1.12 甲醇为甲类可燃液体,出现泄漏极易引起爆炸。带密封罐的密封形式,不会产生甲醇的外泄。

4.1.13 本条中的"最大流量"是指装置在设计能力 110% 负荷下的流量。在基础设计阶段,管路系统和设备的压力降计算尚不准确,建议应尽可能参考压力降的现场数据。

4.1.14、4.1.15 在满足生产要求前提下,减小料仓和调配槽的容量,可降低设备投资和节省运转费用。

4.1.16 此条中"新结构形式反应器或其他关键设备"是指在此前国内外的聚酯装置上都未曾采用过这种结构形式的反应器或其他设备。

4.2 工艺设备配台

4.2.1 生产装置中连续运转的泵,包括热媒泵、乙二醇泵、除盐水泵、液环泵。生产装置常年连续运转,上述任何一台泵出现故障,都会影响整条生产线的正常运行,因此应设备台。

4.2.2 聚酯工厂生产装置连续运转周期多在 2 年以上。如果在连续运转过程中后缩聚反应器的出料泵出现故障,即便备有泵头,在排除故障期间,也会造成物料在反应器中的"闷料"而带来生产损失。装置的生产能力越大,带来的损失越大。尽管这台泵的设备费用较高,权衡利弊,还是"宜设"两台泵,但并不要求单台泵的能力可以承担装置 100% 负荷。

4.2.3 板式换热器需要定期做清洗。

4.2.4 水蒸气喷射泵的喷嘴,需要定期清洗。

4.4 反应器制造和检验

4.4.1 聚酯反应器的制造和检验应遵循国家相应的规范。因为聚酯反应器有它本身的技术特点,所以还要符合专有技术所有方的规定。聚酯反应器属于国家安全监督部门监察的压力容器,因此还要遵循国家行政技术法规《固定式压力容器安全技术监察规程》。

4.4.2 对不锈钢复合钢板，宜按《压力容器用爆炸不锈钢复合钢板》JB 4733—1996 中 B1 级标准，对正压操作的反应器，B2 级也是可用的。

4.4.3 主轴锻件不属于压力容器的受压元件范畴，因此不宜按压力容器锻件标准来要求，应按机械行业锻件标准《水压机上自由锻件通用技术条件》JB/T 9178.1、《锤上自由锻件》JB/T 4385.1 来要求。大型主轴锻件需水压机锻造，小型主轴锻件不必用成本大的水压机锻造，用成本低的锤上锻造即可，因此所用锻件标准两种都列出。

4.4.4 在《钢制压力容器》GB 150 中对 A、B、C、D 类焊缝有规定。

4.4.5 聚酯反应器的内壁和内件表面应抛光，以防止物料粘挂。

4.4.6 反应器夹套中充满渗透性较强的热媒，所以要求做氦检漏。一般是在夹套中充氦气，检查夹套和筒体表面有无泄漏点，氦检漏比较方便、经济，灵敏度也适合。在怀疑有漏点而用氦检漏无法发现时，可用灵敏度更高的氦检漏，上述检查主要是检查焊缝处。

4.4.7 反应器内的加热件有盘管、列管或加热隔板。由于加热件内充满热媒，生产过程中加热一旦有泄漏，很难处理，因此对管材要严格检查。除检查焊缝外，管材本身也可能在加工后出现裂纹等缺陷。采用把盘管浸入水中通气检查，简便易行。

4.4.8 一般的压力容器并不要求做热态试验（俗称热冲击）。由于聚酯反应器的夹套和内加热件的焊缝多，又不能做退火处理，极易出现焊缝裂纹。反应器的工作温度较高，夹套和加热件中充满渗透性强、易燃的热媒，一旦出现泄漏，对正常生产影响大，且有危险性。采用模拟生产条件下的热态试验，可以提前发现问题，进行处理。有的制造厂没有热态试验装置或有其他原因，在用户同意的情况下，也可在生产现场对反应器做热态试验。

4.4.9 真空泄漏试验主要是检查轴封、法兰连接面和主要焊缝的密封性。真空泄漏率要求应由专有技术所有方提出，不宜做统一规定。考虑到制造厂真空泵能力和试验条件的限制及制造周期、成本等综合因素，在专有技术所有方允许的基础上，宜协商确定真空泄漏率的指标。

4.4.10 在高真空和热试条件下，反应器内的杂质和油迹等将挥发，影响真空试验的数值和延长测试时间，所以在对反应器进行检验之前，应对反应器内部进行清理。

5 工艺设备布置

5.1 布置原则

5.1.4 工艺尾气中含有乙醛，当乙醛含量超过其爆炸下限时，工艺尾气具有甲类火灾危险，应采取相应的防范措施，因此作本条规定。

5.1.5 本条所述甲类可燃物质指甲醇、乙醛含量超过其爆炸下限的工艺尾气、天然气等。以甲醇为例（在制备阳离子可染聚酯用第三单体，即以间苯二甲酸二甲酯磺酸钠为原料制备间苯二甲酸二乙酯磺酸钠的过程中，有甲醇生成），在自然通风条件下，它的 1 级释放源释放物扩散的"持续时间"很短（0.12h），释放源所在场所满足 2 区的定义。当布置在厂房内时，必须采用人工通风，在 12 次/h 的通风次数下，其"持续时间"（0.7h）仍然超过上述自然通风条件下的数据。所以，含甲类可燃物质的设备、管道应露天或敞开布置，当只能布置在厂房内时，应集中布置以可能减小甲类

设备的面积，并应符合本规范第 11.2.5 条及纺织工业企业有关防火标准的规定。

5.2 布置规定

5.2.1 本条作为反应器布置的规定：

1 为减少热损失和造成蒸气的冷凝。

3 聚酯工厂反应器内壁的温度在 260℃以上，需要采取隔热措施，以防止裙座或支耳把热传到支承它的钢筋混凝土构件而使其受损。

5.2.3 本条规定是为使降液畅通。

5.2.6 蒸汽发生设备指汽相热媒蒸发器、热媒脱过热器、乙二醇蒸发器等。

5.2.9 生产装置开车初期有一定量的切片排废，为此需要留有临时堆放排废带条的场地。

5.2.11 "在设备需要进行操作、维修的位置"是指喷淋冷凝器的液封槽、浆料调配槽、熔体过滤器、乙二醇分离塔的人孔位置、需要进行操作的反应器进料和出料阀门的位置等。

5.2.12 "可能有少量可燃液体泄漏的设备"包括热媒膨胀槽、热媒输送泵、乙二醇蒸发器等设备。

6 管道设计

6.1 工艺管道

6.1.1 本条所列介质都属于甲、乙类可燃流体。

1 与现行国家标准《石油化工企业设计防火规范》GB 50160—2008 的第 7.2.2 条规定一致。

2 法兰是可燃流体的 2 级释放源，甲类可燃物的法兰周围属于爆炸危险区域。

3 氢化三联苯、联苯、联苯醚的渗透性强，采用波纹管密封阀门有利于减少它的释放条数。

4 在聚酯工厂曾出现过由于酯化反应器上的视镜破裂而造成大量乙二醇蒸气逸出，故应采取相应的预防措施，如对视镜的材料严格把关。

5 参照《工业金属管道设计规范》GB 50316—2000 第 8.1.27 条作此规定。

6.1.2～6.1.5 这几条规定是基于聚酯工厂工程设计经验的总结。

6.1.6 本条所列的管径为示例，而没有包括整个管径系列。

4 管道的实际安装位置尺寸与设计图纸要求总会出现偏差，所以要求夹套管的管段图，在每个方向设置调节段，以便施工时根据现场的安装尺寸进行调节。

5 半壳零件指半壳管、半壳弯头、半壳异径接头、半壳三通。

6.1.7、6.1.8 这两条是基于聚酯工厂工程设计经验的总结。

6.3 管材选用

6.3.1 本条没有对夹套主管必须采用不锈钢材质作规定。虽然目前多数厂家熔体管道主管的材质为不锈钢，但也有使用碳钢的，而生产实践表明，用无缝碳钢管道输送熔体并未影响产品质量。

6.3.2 奥氏体不锈钢焊接钢管（参见《奥氏体不锈钢焊接钢管选用规定》HG 20537.1—92）满足设计温度−196℃～400℃、设计压力小于 5.0MPa 的使用场合。在多个聚酯工厂已经使用了上述焊接钢管作夹套主管，证明是可行的。相同公称直径、相同壁厚的奥氏体不锈钢焊接钢管与无缝不锈钢管比较，有约 20%以上的价格优势。因此，在焊接钢管适用的场合，宜优选焊接钢管。

6.3.5 在热媒站投入使用之前，需要通过"锅检所"的安全检查

热媒管道的选材属于检查内容之一。现行国家标准《有机热载体炉》GB/T 17410—2008 规定，锅炉钢管应选用现行国家标准《低中压锅炉用无缝钢管》GB 3087 中规定的。但是，该规范中并没有明确规定属于"锅炉钢管"的管道范围，而不同地区安全技术监察的单位对"锅炉钢管"范围的理解也不相同。目前在多数聚酯工厂，把从热媒输送泵出口到热媒炉热媒进口以及热媒炉热媒出口到热媒送出管道上的第一个阀门之间的管道划为锅炉钢管，选用符合现行国家标准《低中压锅炉用无缝钢管》GB 3087 的管材，而把热媒站的其他热媒管道划为压力管道，选用符合现行国家标准《输送流体用无缝钢管》GB/T 8163 的管材。但是有的检查单位要求，热媒站所有热媒管道都应选用符合现行国家标准《低中压锅炉用无缝钢管》GB 3087 的管材。为避免在检查后造成返工，应在开展设计之前与热媒炉的检查单位进行沟通，确定对热媒站热媒管道选材的原则。

6.5 管道加工

6.5.2 本条规定的目的是保证主管的加工质量，以免造成夹套管制作的返工。

6.6 管道检验

6.6.2 应根据物料的毒性和它的火灾危险性，结合聚酯工厂的生产特点，确定对焊缝进行射线照相的检验比例。本条的要点是要求对焊缝的检验比例不得低于表 6.6.2 中的规定。鉴于夹套主管的焊接质量一旦出现问题，在封入套管后不易被检查发现，设计方可根据工程具体情况，提出高于表 6.6.2 要求的规定，比如要求所有的夹套主管焊缝做 100% 射线照相检验。在近年的不少工程中，已按此要求实施。另外，甲醇、天然气以及设计温度超过 111℃ 的乙二醇，属于乙类 A 项可燃液体和甲类可燃流体，所以对上述介质管道焊缝的抽检比例和达到质量等级的要求，应高于对常温乙二醇的管道。

6.7 管道压力试验

6.7.2 以水为介质做压力试验后，很难把管道中残余的水分除净。在热媒升温过程中，残余的水蒸发而使管道中压力急剧上升，不安全。如果现场不具备提供气压试验所要求压力的设备，可用液相热媒作为试验介质，进行液压试验。

6.7.3 当现场不具备进行压力试验的条件，可采用本条所述的替代方法。请注意，本条要求"同时"采用所述的两种方法。

6.7.4 本条根据现行国家标准《工业金属管道工程施工及验收规范》GB 50235—97 第 7.5.5 条，结合聚酯工厂情况作了规定。对泄漏试验的要求参见现行国家标准《工业金属管道工程施工及验收规范》GB 50235—97 和《石油化工剧毒、可燃介质管道工程施工及验收规范》SH 3501—2002 中的相关规定。

6.7.5 "热态"是指设备的温度接近或达到它的操作温度。在热态下进行泄漏性试验，有利于发现漏点。对缩聚反应器包括相接的管道系统用氦气进行泄漏性试验，是寻找、发现漏点的有效手段。

7 辅助生产设施

7.1 化 验

7.1.1 本条规定了化验室的工作任务。

7.1.2 由化验室承担职业安全卫生和环境监测的分析化验任务，有利于充分发挥设备、仪器的作用，减少操作人员。

7.2 熔体过滤器清洗

7.2.1 高温水解清洗工艺在近年逐步得到推广使用。生产实践表明，它的清洗效果能满足生产要求，而在环保效应和安全性方面，该工艺要比使用三甘醇清洗好得多。

7.2.2 常温下异丙醇气体会挥发，而它的闪点低于环境温度，为此应要求设置其专用的排风系统。需要强调的是，在完成滤芯检测后，应把异丙醇液槽排空，并在排空后一段时间后可停止排风，这样才能保证安全。

7.3 热 媒 站

7.3.1 宜以生产装置设计能力 115% 下的热负荷作为最大热负荷，结合热媒炉在最佳热效率（一般在 80%～90%）下的能力，选择热媒炉的能力和确定它的配台，这样最为经济合理。

7.3.2 在生产装置停车后，以及聚酯厂房出现火灾时，都需要把装置中有关设备和管道中的热媒排空。

7.3.4 当不具备本条要求而采用燃煤的热媒炉时，必须设置除尘、除硫的设施，才可能使热媒炉的烟气排放达到国家标准的规定。

7.3.5 当使用燃油热媒炉，只有燃料油的含硫小于 0.8%（重量百分比）时，烟气中的二氧化硫含量才能达到国家规定的排放标准。当使用燃煤热媒炉时，必须设除尘、除硫的设施，才能使烟气排放达到国家和工厂所在地区政府规定的烟尘排放指标。

7.3.6 不排除在一根烟囱中有几根排气筒。

7.3.7 设采样口，以便对排放烟气中的污染物随时进行监测。

7.4 罐 区

本节的罐区指原料罐区，而不是中间罐区。

7.4.1 钢制储罐与非金属储罐比较，具有造价低、施工快、防渗防漏性好、易检修、占地面积小等优点。

7.4.2～7.4.7 参照《石油化工储运系统罐区设计规范》SH 3007—1999 的相关条款，对聚酯工厂乙二醇、燃料油储罐的容量、选型作了规定。

7.4.8 参照《石油化工储运系统罐区设计规范》SH 3007—1999 的第 3.1.2 条作了规定。

7.4.10 为了安全和减少物料损耗。

7.4.11 若加热温度超过燃料油的闪点或 100℃ 时，便会有火灾危险和发生冒罐事故。国内已有厂家发生过类似事故。

7.4.16 当泵出口管道堵塞或在操作时没有打开泵出口管道上的阀门，泵的出口压力超过泵体或管道所能承受的压力时，泵体或管道损坏喷出的油，遇明火会引起火灾、爆炸事故。国内厂家已经有过这方面的惨痛教训。

7.4.17 目的是增加储罐配管的柔性，以消除万一储罐基础发生沉降而产生相对位移所带来的影响。

7.5 原料和成品库房

7.5.1 对苯二甲酸和聚酯属于丙类火灾危险性固体。

7.6 维 修

7.6.1 聚酯工厂生产装置的连续运转时间大多超过 2 年，每次停产检修时间在 2 至 3 周。如果按完成停产检修任务配备聚酯工厂的维修力量，既不经济也不合理。

8 自动控制和仪表

8.1 控制水平

8.1.4 随机控制装置的主要信号是指运行、停止、故障、公共报警、转速、马达电流、操作控制等信号。信号数量较少或关键信号宜采用硬接线连接,数量较多的非关键信号宜采用通信方式。

8.1.5 转动设备和旋转机械主要是指各类物料输送泵、搅拌器等由电机驱动的设备。

8.2 主要控制方案

8.2.2 对于聚合熔体直接纺丝的工艺过程,主流程各设备的液位采用逆向控制比顺向控制更稳定、可控性更好。如果把全部聚合熔体生产切片,则宜采用顺向控制。

8.2.4 由于后缩聚反应器结构复杂、设备容量大,粘度测量滞后时间长,所以熔体粘度控制比较复杂。理想的控制方案是采集后缩聚反应器的液位、温度、搅拌器马达驱动电流,以及熔体粘度等信号,综合计算出真空度控制回路的最佳设定值来保证熔体粘度的稳定。

8.2.5 液位低限停止搅拌器的联锁是为了保护设备的安全。

8.2.6 由于容积式输送泵的出口压力决定于出口管道的阻力,在转速一定的情况下,阻力增大泵的出口压力增大。为了保证设备和管道的安全,必须设置压力高限联锁停泵。

8.3 特殊仪表选型

8.3.7 振动扭矩式粘度计安装简单,维护工作量少,传感器可以做到免维护,测量精度高,反应灵敏,建议优先用。毛细管式粘度计稳定性较好,但反应较迟钝,而且维护的工作量大。

8.3.8 对于热媒和真空系统的控制阀,其管道连接方式宜采用对焊,目的是减少泄漏。

8.4 控制系统配置

8.4.1~8.4.4 分散型控制系统的配置可参照《石油化工分散控制系统设计规范》SH/T 3092 执行。

8.5 控制室

8.5.2 控制室的位置应选择在非爆炸、无火灾危险的区域内。

8.5.5 如果操作室电缆不多,而且具备设置电缆沟的条件时,操作室可采用水磨石或其他易清洁地面。

8.5.6 架空地板下设电缆托盘主要目的是敷设电缆时可以分类进行,减少干扰产生。

8.6 安全联锁

8.6.1 由于关键的联锁信号由现场仪表直接送给电气去联锁有关的设备,另外个别重要的联锁采用硬接线方式,所以聚酯生产装置的联锁宜通过 DCS 来实施。

8.6.2 故障安全型,即正常生产时接点闭合,故障或报警时接点断开。

8.6.4 重要的联锁是指容积式输送泵的出口压力高限联锁,热媒膨胀槽低液位联锁等。

8.7 仪表安全措施

8.7.1 选用的防爆型仪表必须是已取得有关授权部门检验认证合格的产品。防爆型仪表有多种形式,选用时应考虑可靠性、经济性及实用性。

8.7.7 冗余的通信电缆采用不同的敷设路径,其主要目的是为了减少机械损坏造成通信中断。

8.7.8 本安电缆的分布电容、电感等电气参数一般比一般电缆要小,因此本安回路仪表信号电缆应采用本安电缆。

8.7.9 放射性仪表的设计、安装应执行国家现行的有关标准或规定,本规范不另作规定。

8.7.10 仪表及控制系统的接地设计应执行国家或行业现行的有关标准或规定,本规范不另作规定。

9 电气和电信

9.1 供配电

9.1.1 根据聚酯工厂的用电负荷特点,其连续性生产的用电为二级负荷,且容量在聚酯工厂中占的比例较大,所以聚酯工厂的供电电源按二级负荷提供。鉴于聚酯工厂消防用水量一般超过 30L/s,因而聚酯工厂的消防用电规定为二级负荷。

9.1.2 聚酯工厂按二级负荷供电。《供配电系统设计规范》GB 50052 规定:"二级负荷的供电系统,宜由两回路供电。在负荷较小或地区供电条件困难时,二级负荷可由一回 6kV 及以上专用的架空线路或电缆供电"。目前聚酯工厂用电负荷较大,以生产能力 500t/d 的聚酯工厂为例,配电变压器的装机容量约 8000kV·A,其供电电源一般从同一区域变电站引来,为了确保生产的连续性和供电可靠性,规定两回路电源宜由电力系统不同母线段提供,每回路应能满足全部连续性生产线的负荷用电。

9.1.3 聚酯工厂的配变电所、电动机控制中心、不间断电源 UPS 电源间,若设在爆炸危险场所,需要采用正压通风等措施,加大了一次投资和运行维护费用,所以规定了应设置在安全区。

9.1.4 规定聚酯工厂的配变电所宜采用分段单母线接线是考虑到变压器和线路故障,以便提高系统的供电可靠性。

9.2 照 明

9.2.1 聚酯工厂按纺织工业企业有关防火标准规定的要求,应在封闭楼梯、防烟楼梯间及其前室、消防电梯间的前室、消防水泵房、配电室、防烟与排烟机房等在发生火灾时仍需正常工作的场所设应急照明;需沿疏散走道和安全出口、疏散门的上方设疏散指示标志等疏散照明。为了确保紧急停车及操作需有可靠的备用照明和安全照明。

应急照明是供正常照明失效时而采用的照明。安全照明和备用照明及疏散照明属于应急照明一类,安全照明是为保证人们防止陷入潜在危险境地的照明,备用照明是用于保证正常活动能继续不被中断的照明,疏散照明是用于确保疏散通道被有效地辨认和使用的照明。鉴于应急照明关系到生产和人身的安全,为避免非安全用电负荷的影响,确保疏散照明、安全照明、备用照明等应急照明系统的供电可靠性,规定了"应由专用的馈电线路供电"的要求。

9.3 防 雷

9.3.3 氢化三联苯以及二芳基烷的供货厂商没能提供上述介质的爆炸下限数据,而提供了联苯、联苯醚的爆炸下限数据。依据《建筑物防雷设计规范》GB 50057 中关于建筑物防雷分类的规定,介质为非爆炸性时,则不应划为二类,所以作本条规定。

9.4 静电接地

9.4.1 聚酯装置在生产、物料输送等过程中产生工业静电,由于乙二醇、联苯、联苯醚、乙醛、三甘醇、异丙醇、甲醇等可燃性气体或蒸气与空气的混合物可形成爆炸性气体环境,聚酯工厂依据其释放散源和通风条件在生产区中划定有爆炸性气体环境中的危险区域；聚酯生产原料中的对苯二甲酸是可燃性粉尘，在空气中可形成爆炸性粉尘混合物环境，根据爆炸性粉尘混合物出现的频繁程度和持续时间划出危险区域。静电对地放电产生的电弧是引发爆炸的重要诱因之一，为防止静电堆积，本条款要求"应采取静电防护措施"。

9.5 电　信

9.5.1、9.5.2 聚酯工厂的电信系统包括扩音对讲系统、工业电视。

10 总平面布置

10.0.3 本条规定是为了使管线的衔接短捷顺畅，并减少热媒站对生产装置厂房可能产生的影响。

10.0.4 尽可能缩短熔体管道的长度，可以减少聚酯熔体在高温下的停留时间，有利于避免聚合物的热降解。

10.0.9 聚酯工厂地上及地下综合管线较多，原料及成品运输较频繁，故作此规定。

11 土　建

11.1 一般规定

11.1.3 目前住房和建设部与各省均有新产品、新技术的推广以及对节能等方面的要求，本条作出原则性规定，各建设项目可根据各地具体规定执行。

11.2 建筑、结构设计

11.2.1 目前我国现浇钢筋混凝土框架结构工业厂房在聚酯工厂建设中广泛应用，从规范到实践都很成熟，故本规范推荐这一建筑结构形式。在国外钢结构发展比较成熟的国家和地区，有许多成功利用钢结构建设聚酯生产装置厂房的实例。我国聚酯工厂项目在建设时，根据项目具体情况，有条件的也可采用钢结构。

将厂房建筑抗震设防类别定为"标准设防类"，是依据 2008 年我国汶川地震后修订的《建筑工程抗震设防分类标准》GB 50223—2008。

11.2.3 采用开敞式厂房，可以利用自然通风降低可燃气体浓度，有利于安全生产，并减少机械通风的能耗。

11.2.4 纺织工业企业有关防火标准和《石油化工企业设计防火规范》GB 50160—2008 均把聚酯装置（PTA 法）生产火灾危险性确定为丙类。因此，聚酯工厂的建筑设计应满足纺织工业企业有关防火标准的规定对丙类生产火灾危险性的各项要求。上述规范对有爆炸危险的甲、乙类厂房作出了具体规定，而对丙类生产厂房未规定防爆要求。所以本规范对聚酯生产装置厂房建筑设计不提出防爆要求，仅对某些部位的楼地面要求采用不发生火花的材料。

11.2.5 有条件时，含有甲类可燃物质的生产设施宜独立设置，这样对安全生产有利。当含有甲类可燃物质的生产设施与聚酯生产装置厂房贴邻建造时，则应用防爆墙分隔，并满足其他防爆要求。

11.2.8 常温的乙二醇为丙 A 类液体，对苯二甲酸可燃性粉尘，根据纺织工业企业有关防火标准的规定，沟道不应与相邻厂房的沟道相通。

11.2.10 对苯二甲酸料仓和投料斗内部视为有粉尘云连续存在，其投料口应视为 1 级或 2 级释放，对苯二甲酸投料间为爆炸性粉尘环境的 22 区，故本条作此规定。

11.2.11 地坑内通风不畅，易聚积较空气重的可燃气体，其面层应采用不发生火花的材料。

11.2.12 过滤器清洗间一般装有排风设施，靠外墙布置为宜。当采用三甘醇清洗及采用异丙醇检验滤芯时，三甘醇清洗炉及异丙醇槽周围一定范围内为危险区，此处均装有排风设施，其所在房间应靠外墙布置。在操作中，须待三甘醇的温度降低后才允许打开清洗炉的炉盖。因此，对过滤器清洗间的建筑设计未规定防爆要求。

11.2.15 罐区地坪做防渗漏处理是为防止对地下水产生污染。

11.2.17 存放袋装对苯二甲酸的原料仓库及投料间为爆炸性粉尘环境的 22 区，其地面及地坑内应采用不发生火花的材料。通过定期清扫等管理措施，不应出现粉尘云。因此，对苯二甲酸库房及投料间的建筑设计不规定泄爆的要求。投料间设置在原料仓库内时，投料间一般设有机械排风设施，故建议投料间与库房之间宜设隔墙。由于两者火灾危险性相同，故不要求两者之间设防火墙分隔。

11.2.18 气力输送对苯二甲酸的输送站和卸料站，通常设置在室外。在通风良好条件下，22 区的范围可以减小。为使规定具有可操作性，本条未规定采用不发生火花地面的具体范围。设计时可根据工程实际情况，灵活掌握。

12 给水排水

12.1 给　水

12.1.1 聚酯工厂的给水系统主要包括生活给水、生产给水、消防给水、除盐水、循环冷却水和冷冻水系统等，由于各给水系统对水质、水温、水压和水量的要求不同，所以给水系统的划分应经过综合比较后确定，其中循环冷却水和冷冻水应为重复使用系统。

12.1.2 聚酯生产所需的生产水、除盐水、循环冷却水的水质、水温、水压和水量，应由工艺和相关专业确定并提供设计条件。聚酯生产所需的总用水量包括新鲜水和重复使用水量。其中新鲜水用水量包括生活用水量、生产用水量、除盐水制备水量、循环冷却水和冷冻水的补充水量、公用设施用水量和未预见用水量，其中未预见用水量按生活用水、生产用水、除盐水制备用水、循环冷却水和冷冻水的补充水、公用设施用水之和的 10%～15%计算。重复使用水量包括循环冷却水量和冷冻水量。

12.1.3 根据近年来我国提倡建设节约型社会的有关要求，结合近几年聚酯工厂的设计实践，聚酯工厂的给水重复使用率均能达到 95%以上，故确定本条文作为聚酯工厂设计应达到的基本要求。给水重复使用率的计算为重复使用水量与重复使用水量和新鲜水用水量总和的比值。

12.1.4 在聚酯生产过程中，由于各给水系统用水量的大小存在不确定性，所以本条强调各给水系统的管道设计流量应按最高日最高时用水量确定。而管道设计的沿程水头损失可按《建筑给水排水设计规范》GB 50015—2003 提供的计算公式进行计算：

$$i = 105 C_h^{-1.85} d_j^{-4.87} q_g^{1.85} \qquad (9)$$

式中：i——管道单位长度水头损失(kPa/m)；

d_j——管道计算内径(m)；

q_g——给水设计流量(m³/s)；

C_h——海澄-威廉系数。各种塑料管、内衬（涂）塑管 $C_h = 140$，铜管、不锈钢管 $C_h = 130$，衬水泥管、树脂的铸铁管 $C_h = 130$，普通钢管、铸铁管 $C_h = 100$。

由于国有大型石油化工企业已按《石油化工企业设计防火规范》GB 50160—2008 的要求将生产和消防给水系统分为各自独立系统,各系统的管道压力可按各自系统进行计算。而对于小型企业,采用生产、消防合用给水系统时尚应按消防时的流量、压力进行复核。

12.2 排 水

12.2.1 聚酯工厂的排水系统主要包括生活污水、生产污水、清净废水和雨水系统。生产污水主要指乙二醇分离塔或汽提塔排出的含有高浓度污染物的污水和聚酯主车间排出的过滤器清洗、化验和冲洗地面等含有低浓度污染物的污水。高浓度生产污水宜采用单独管道直接排至污水处理场,而低浓度生产污水宜与其他装置的生产污水合流后直接排至污水处理场,以便于进行后续的污水处理。

12.2.6 聚酯工厂的乙二醇和燃料油储罐区内的初期污染雨水,按污染区面积与 15mm～30mm 降水深度的乘积计算,并按《石油化工企业设计防火规范》GB 50160—2008 第 7.3.6 条的有关规定,在防火堤外设置水封井,并在防火堤与水封井之间的排水管道上设置易于启闭的隔断阀,隔断阀宜采用直流通道的蝶阀或球阀,可手动或遥控电动启闭。

12.2.7 根据中国石油化工集团公司颁布的《水体污染防控紧急措施设计导则》,在聚酯工厂设计时,应考虑聚酯工厂发生事故或事故处理过程中产生的物料泄漏和消防污水对周边水体环境的污染及危害,并采取有效措施预防。例如可设置能够储存事故排水的储存设施,包括事故池、事故罐、利用防火堤内或围堰内区域储存等。应根据事故时产生的不同的环境危害物质,制订合理的后处理措施。

13 暖通和空气调节

13.2 通风与采暖

13.2.1 聚酯生产过程中散发余热,或散发有毒与可燃气体或蒸气,需要及时排除。

1 聚酯生产工艺对室内温度没有严格要求,且厂房内不设固定的操作岗位,正常生产中有毒与可燃气体或蒸气的散发量较少,且爆炸危险性较小,毒性较低(除氢化三联苯、联苯和联苯醚、催化剂醋酸锑、反应生成物乙醛为中度危害外,均为轻度危害)。采用自然通风,可以节省投资,降低运行费用。近十年来,我国黄河流域及其以南地区新建聚酯工厂的生产装置均采用开敞式或半开敞式厂房。但在北方地区,聚酯工厂的生产装置迄今尚无采用开敞式或半开敞式厂房的实践。

2 划分爆炸性气体危险区域范围是以相应的通风等级和通风有效性为前提,详见本规范附录 B。

采用自然通风的厂房内,当爆炸性气体的释放源位于自然通风条件不良处时,或利用过堂风进行自然通风的厂房,室外处于静风时,均不利于爆炸性气体的稀释。

当采用自然通风不能满足爆炸性气体危险区域划分所需的通风条件时,应采用机械通风。而当厂房内爆炸性气体的释放源较少且分散时,相对于全面通风,局部排风对于限制爆炸性气体扩散范围更为经济有效。故作本款规定。

3 严寒或寒冷地区,冬季冷空气大量无组织进入厂房,厂房内易形成不定的低温区域,其间设备或管道内可能产生冻结。本款规定旨在控制冷空气的进入,限制厂房中的低温区域范围,从而防止因通风导致冻结事故。

4 聚酯生产相对安全,但不能排除其突发泄漏事故的可能性。国内某聚酯工厂,乙二醇分离塔的视镜曾在生产期间突然破裂,短时间内大量高温乙二醇外泄,厂房内白雾弥漫。还有一些聚酯工厂,在投料试运转期间,由于各种原因,在厂房不同部位发生过物料泄漏事故。

为维持必要的处置条件,恢复生产,发生泄漏事故时,厂房内的通风条件应优于正常生产时。国内有的聚酯工厂在生产车间设置了移动风机;有的设有机械通风的聚酯工厂,其通风系统考虑了突发泄漏事故时的要求。工程设计中用于突发事故的通风设施可根据具体的工艺要求确定。

聚酯生产使用乙二醇等可燃液体,发生泄漏时室内空气中可燃气体或蒸气的浓度可能较高,为了安全起见,用于泄漏事故时的通风设备和风管系统应采取防爆措施。

5 切片干燥器以空气为介质干燥聚酯切片,其排风的含湿量很高,需排至室外。故应设置局部排风。

6 袋装对苯二甲酸的卸料间生产过程中有可燃粉尘散落,房间内多有积尘,可燃粉尘一旦扬起形成粉尘云,易引发爆炸。故作本款规定。

13.2.2 辅助生产设施的通风。

1 熔体过滤器清洗间及其高压水清洗间和超声波清洗间,清洗过程中散发余热、余湿,需借通风改善操作条件。

清洗熔体过滤器可采用高温水解法或三甘醇清洗法。三甘醇系丙类火灾危险性液体,在清洗过程中操作温度超过其闪点,为乙类火灾危险。本规范中,把三甘醇清洗炉的法兰盖视为爆炸性气体 2 级释放源,故其通风系统应采取防爆措施。

检验熔体过滤器的滤芯可采用丙醇或乙二醇。异丙醇系甲类火灾危险性液体,其闪点(12℃)低于环境温度,而检验滤芯的异丙醇液槽在检验过程中是开敞的。本规范中,把异丙醇液槽视为爆炸性气体的 1 级释放源,故其上方应设置局部排风,该局部排风系统应采取防爆安全措施。

2 根据对已建聚酯工厂的调研,化验室的通风柜在操作中,存在酸性气体,故排风系统宜采取防腐措施。

13.2.3 聚酯工厂生产过程中散发余热,正常生产中不需向厂房送热。聚酯工厂常年连续生产,检修期一般安排在夏季。在严寒或寒冷地区,临时性的值班采暖需求,可由送风系统承担。

13.3 空气调节

13.3.1 过高的空调要求势必导致投资和运行费用的浪费,因此本规范强调室内空气设计参数应满足工艺、控制系统和电气设备要求。在人员经常停留的房间,可兼顾舒适性的要求。

13.3.3 控制室内常年有人员值班,为改善工作条件,故作本条规定。

中华人民共和国国家标准

麻纺织工厂设计规范

Code for design of bast textile mill

GB 50499—2009

主编部门：中 国 纺 织 工 业 协 会
批准部门：中华人民共和国住房和城乡建设部
施行日期：２００９年１０月１日

中华人民共和国住房和城乡建设部
公 告

第 309 号

关于发布国家标准《麻纺织工厂设计规范》的公告

现批准《麻纺织工厂设计规范》为国家标准，编号为 GB 50499—2009，自 2009 年 10 月 1 日起实施。其中，第 7.3.5、7.4.4（2、4）、8.3.2、8.7.5、9.6.3、9.6.6 条（款）为强制性条文，必须严格执行。

本规范由我部标准定额研究所组织中国计划出版社出版发行。

中华人民共和国住房和城乡建设部
二〇〇九年五月十三日

前 言

本规范是根据原建设部"关于印发《2006 年工程建设标准规范制订、修订计划（第二批）》的通知"（建标函〔2006〕136 号）要求，由黑龙江省纺织工业设计院会同有关单位共同编制。

本规范根据我国麻纺织行业现状，考虑到行业持续发展的需要，结合麻纺织工厂的特点，在总结我国最近二十年来建设麻纺织工厂的实践基础上，吸收了国内同类型工厂的设计经验，以达到建设工程技术先进、安全可靠、经济适用的目的。

本规范共分 12 章和 9 个附录，主要内容包括总则、术语、亚麻纺织工艺设计、苎麻纺织工艺设计、黄麻纺织工艺设计、总图运输、建筑、结构、给水排水、采暖、通风、空调、滤尘、电气、动力和仓储等。

本规范中以黑体字标志的条文为强制性条文，必须严格执行。

本规范由住房和城乡建设部负责管理和对强制性条文的解释，由中国纺织工业协会负责具体管理工作，由黑龙江省纺织工业设计院负责具体技术内容的解释。本规范在执行过程中，请各单位注意总结经验，积累资料，随时将有关意见和建议寄送至黑龙江省纺织工业设计院（地址：黑龙江省哈尔滨市南岗区永和街 39 号，邮政编码：150001，传真：0451-82621281，E-mail：hljfsy@163.com）。

本规范主编单位、参编单位、主要起草人和主要审查人员名单：

主 编 单 位：黑龙江省纺织工业设计院
参 编 单 位：湖南省轻工纺织设计院
四川省纺织工业设计院
主要起草人：张福义 周 维 李景春
王福华 齐丽萍 王 力
王志坚 吴 新 毛良成
杜家林 吴建武 程 敏
黄 飚 李晓红 胡施利
主要审查人员：邢伯龙 李熊兆 王 祯
蒋震华 许 俊 陈素平

目　次

1 总则 ·· 7—34—7
2 术语 ·· 7—34—7
3 亚麻纺织工艺设计 ···································· 7—34—7
　3.1 一般规定 ·· 7—34—7
　3.2 工艺流程 ·· 7—34—7
　3.3 设备选择与配合 ··································· 7—34—7
　3.4 柱网与设备布置 ··································· 7—34—7
　3.5 工艺管道 ·· 7—34—8
　3.6 车间运输 ·· 7—34—8
4 苎麻纺织工艺设计 ···································· 7—34—8
　4.1 工艺流程 ·· 7—34—8
　4.2 设备选择与配台 ··································· 7—34—8
　4.3 柱网与设备布置 ··································· 7—34—8
5 黄麻纺织工艺设计 ···································· 7—34—8
　5.1 工艺流程 ·· 7—34—8
　5.2 设备选择与配台 ··································· 7—34—9
　5.3 柱网与设备布置 ··································· 7—34—9
6 总图运输 ·· 7—34—9
　6.1 一般规定 ·· 7—34—9
　6.2 总平面布置 ··· 7—34—9
　6.3 竖向设计 ·· 7—34—9
　6.4 厂区管线 ·· 7—34—9
　6.5 厂区道路 ·· 7—34—9
　6.6 厂区绿化 ·· 7—34—10
　6.7 主要技术经济指标 ································ 7—34—10
7 建筑、结构 ··· 7—34—10
　7.1 一般规定 ·· 7—34—10
　7.2 生产厂房 ·· 7—34—10
　7.3 建筑防火、防爆 ··································· 7—34—10
　7.4 生产辅助用房 ······································ 7—34—10
　7.5 生产厂房主要建筑构造 ·························· 7—34—11
　7.6 结构选型 ·· 7—34—11
　7.7 结构布置 ·· 7—34—11
　7.8 设计荷载 ·· 7—34—12
　7.9 地基基础 ·· 7—34—12
8 给水排水 ·· 7—34—12
　8.1 一般规定 ·· 7—34—12
　8.2 用水量、水质、水压 ···························· 7—34—12
　8.3 水源与水处理 ······································ 7—34—12
　8.4 给水系统与管道布置 ···························· 7—34—12
　8.5 消防给水与灭火器配置 ························· 7—34—12
　8.6 排水系统和管道布置 ···························· 7—34—13
　8.7 水的重复利用及废水回用 ······················ 7—34—13
9 采暖、通风、空调、滤尘 ·························· 7—34—13
　9.1 一般规定 ·· 7—34—13
　9.2 室内外设计参数 ··································· 7—34—13
　9.3 采暖 ··· 7—34—13
　9.4 通风 ··· 7—34—13
　9.5 空调 ··· 7—34—14
　9.6 滤尘 ··· 7—34—14
10 电气 ··· 7—34—14
　10.1 供配电系统 ·· 7—34—14
　10.2 照明 ··· 7—34—15
　10.3 接地和防雷 ·· 7—34—15
　10.4 消防和火灾报警 ·································· 7—34—15
11 动力 ··· 7—34—15
　11.1 一般规定 ··· 7—34—15
　11.2 蒸汽供热系统 ····································· 7—34—15
　11.3 蒸汽凝结水回收和利用 ························ 7—34—15
　11.4 导热油供热系统 ·································· 7—34—15
　11.5 燃气 ··· 7—34—16
　11.6 压缩空气 ··· 7—34—16
　11.7 制冷 ··· 7—34—16
12 仓储 ··· 7—34—16
　12.1 一般规定 ··· 7—34—16
　12.2 原料库 ·· 7—34—16
　12.3 坯布库、成品库 ·································· 7—34—16
　12.4 染化料库和酸、碱及漂白剂
　　　的储存 ·· 7—34—16
　12.5 机物料库 ··· 7—34—16
　12.6 其他仓库 ··· 7—34—16
附录A　工艺流程 ·· 7—34—16
附录B　麻纺织主要工艺参数 ························ 7—34—18
附录C　主要设备排列间距 ··························· 7—34—20
附录D　车间温湿度 ···································· 7—34—21
附录E　生产用水水质 ································· 7—34—22
附录F　生产废水参考水质 ··························· 7—34—22
附录G　车间照度 ······································· 7—34—22

附录 H 主要仓库面积 …………… 7—34—23
附录 J 主要生产附房面积 ………… 7—34—24
本规范用词说明 ………………………… 7—34—24
引用标准名录 ……………………………… 7—34—25
附：条文说明 ……………………………… 7—34—26

Contents

1 General provisions ·············· 7—34—7
2 Terms ························· 7—34—7
3 Flax spinning & weaving process design ··············· 7—34—7
  3.1 General requirement ········· 7—34—7
  3.2 Technological process ········ 7—34—7
  3.3 Selection & quantity of equipment ················· 7—34—7
  3.4 Column grid plan & equipment arrangement ··············· 7—34—7
  3.5 Process pipeline ············· 7—34—8
  3.6 Intra-workshop transportation ······ 7—34—8
4 Ramie spinning & weaving process design ··············· 7—34—8
  4.1 Technological process ········ 7—34—8
  4.2 Selection & quantity of equipment ················· 7—34—8
  4.3 Column grid plan & equipment arrangement ··············· 7—34—8
5 Jute spinning & weaving process design ··············· 7—34—8
  5.1 Technological process ········ 7—34—8
  5.2 Selection & quantity of equipment ················· 7—34—9
  5.3 Column grid plan & equipment arrangement ··············· 7—34—9
6 General plan & transport ······· 7—34—9
  6.1 General requirement ········· 7—34—9
  6.2 General layout ·············· 7—34—9
  6.3 Vertical design ·············· 7—34—9
  6.4 Pipeline ···················· 7—34—9
  6.5 Road ······················ 7—34—9
  6.6 Greening ··················· 7—34—10
  6.7 Major technological & economic index ············ 7—34—10
7 Architecture & structure ······· 7—34—10
  7.1 General requirement ········· 7—34—10
  7.2 Production building ·········· 7—34—10
  7.3 Building fire & explosion prevention ················· 7—34—10
  7.4 Auxiliary production building ··· 7—34—10
  7.5 Main architectural structures of Production Building ········· 7—34—11
  7.6 Structure type selection ······ 7—34—11
  7.7 Structure arrangement ······· 7—34—11
  7.8 Design load ················ 7—34—12
  7.9 Ground foundation ·········· 7—34—12
8 Water supply & sewerage ······ 7—34—12
  8.1 General requirement ········· 7—34—12
  8.2 Water consumption, quality & pressure ·········· 7—34—12
  8.3 Water source & treatment ····· 7—34—12
  8.4 Water supply system & pipeline arrangement ··············· 7—34—12
  8.5 Fire supply & fire extinguisher configuration ··············· 7—34—12
  8.6 Sewerage system & pipeline arrangement ··············· 7—34—13
  8.7 Water recycling & wastewater reuse ····················· 7—34—13
9 Heating, ventilation, air conditioning & dust removal ················ 7—34—13
  9.1 General requirement ········· 7—34—13
  9.2 Design parameters ··········· 7—34—13
  9.3 Heating ···················· 7—34—13
  9.4 Ventilation ················· 7—34—13
  9.5 Air conditioning ············· 7—34—14
  9.6 Dust filtration ·············· 7—34—14
10 Electricity ···················· 7—34—14
  10.1 Power supply & distribution system ···················· 7—34—14
  10.2 Lighting ··················· 7—34—15
  10.3 Earthing & lightning protection ················· 7—34—15
  10.4 Fire fighting & alarming ······ 7—34—15
11 Power ······················· 7—34—15
  11.1 General requirement ········· 7—34—15
  11.2 Steam-heating system ········ 7—34—15

- 11.3 Recovery & Utilization of Condensation water .... 7—34—15
- 11.4 Heat-conducting oil heating system .... 7—34—15
- 11.5 Gas .... 7—34—16
- 11.6 Compressed air .... 7—34—16
- 11.7 Refrigeration .... 7—34—16
- 12 Warehousing .... 7—34—16
  - 12.1 General requirement .... 7—34—16
  - 12.2 Warehouse for raw materials .... 7—34—16
  - 12.3 Warehouses for grey cloty & final products .... 7—34—16
  - 12.4 Warehouse for dyes & chemicals, storage of acid, alkali & bleach .... 7—34—16
  - 12.5 Warehouse for spare parts .... 7—34—16
  - 12.6 Warehouses for other goods .... 7—34—16
- Appendix A Technological Process .... 7—34—16
- Appendix B Main Technological parameters for bast spinning & weaving .... 7—34—18
- Appendix C Arrangement spacing of main equipment .... 7—34—20
- Appendix D Temperature & humidity in workshop .... 7—34—21
- Appendix E Quality of production water supply .... 7—34—22
- Appendix F Referible quality of non-polluted industrial wastewater .... 7—34—22
- Appendix G Luminance .... 7—34—22
- Appendix H Area of main warehouses .... 7—34—23
- Appendix J Area of major attached buildings .... 7—34—24
- Explanation of wording in this code .... 7—34—24
- List of quoted standards .... 7—34—25
- Addition: Explanation of provisions .... 7—34—26

1 总则

1.0.1 为统一麻纺织工厂在工程建设领域的技术要求，推进工程设计的优化和规范化，依据国家有关法规，以及行之有效的生产建设经验和科学技术综合成果，达到技术先进、经济合理、安全适用的目的，制定本规范。

1.0.2 本规范适用于麻纺织工厂生产设施和辅助生产设施的新建、改建和扩建工程。

1.0.3 本规范不适用于为麻纺织工厂服务的公用工程设施和办公、生活设施建筑工程。

1.0.4 麻纺织工厂工程设计应积极采用经国家有关部门核准推广的新技术、新工艺、新设备、新材料。

1.0.5 麻纺织工厂工程设计，应遵守国家基本建设的方针政策和规定，积极采取清洁生产工艺，节约用水，减少废水排放，最大限度地提高资源、能源利用率，严格控制单位产品的资源、能源的消耗，推进生产过程的综合平衡和综合利用。

1.0.6 麻纺织工厂的总体设计，应结合远景目标统一规划，力求功能分区明确，避免交叉污染。

1.0.7 麻纺织工厂设计除应符合本规范外，尚应符合国家现行有关标准的规定。

2 术语

2.0.1 亚麻　flax
亚麻科亚麻属亚麻植物、韧皮、纤维的统称（包括油用亚麻）。

2.0.2 亚麻原茎　flax straw
收获晒干后除去种子，未经浸渍脱胶的亚麻茎。

2.0.3 亚麻干茎　retted flax straw
经浸渍脱胶干燥工序后的亚麻茎。

2.0.4 亚麻打成麻　scutched flax
亚麻干茎经碎茎打麻后取得的长纤维。

2.0.5 梳成麻　line
打成麻经梳理后的长纤维。

2.0.6 梳成短麻　tow
经栉梳机梳理加工的机下落麻。

2.0.7 亚麻长麻纱　line yarn
由梳成麻纺成的纱。

2.0.8 亚麻短麻纱　tow yarn
由梳成短麻纺成的纱。

2.0.9 亚麻湿纺纱　wet-spun flax yarn
亚麻粗纱通过细纱机水槽，湿态牵伸纺成的纱。

2.0.10 开松切短麻　opened cut staple
为取得短麻纺的原料，将精干麻经过切断、开松处理的短麻。

2.0.11 苎麻　ramie
荨麻科苎麻属苎麻植物、韧皮、纤维的统称。

2.0.12 生苎麻（原麻）　raw ramie
从苎麻茎上剥下，并经刮制的韧皮。

2.0.13 精干麻　degummed ramie
生苎麻经过脱胶处理后得到的纤维。

2.0.14 堆仓麻　batched ramie
经软麻、给湿和堆仓处理的精干麻。

2.0.15 苎麻麻球　ramie top
卷绕成球状的苎麻条。

2.0.16 落麻　noil
在开松、梳理长麻过程中分离出来的短麻纤维。

2.0.17 苎麻长麻纱　ramie line yarn
苎麻长纤维纺成的纱。

2.0.18 苎麻短麻纱　ramie noil yarn
开松切短麻或落麻纺成的纱。

2.0.19 黄麻　jute
椴树科黄麻属黄麻（圆果种）植物和长蒴黄麻（长果种）植物、韧皮、纤维的统称。

2.0.20 洋麻　mesta
也称槿麻，锦葵科木槿属洋麻植物、韧皮、纤维的统称，分为南方型洋麻和北方型洋麻。

2.0.21 黄麻纱　jute yarn
黄麻纤维纺成的纱。

2.0.22 麻线　thread
两根及以上的麻纱捻制成的线。

2.0.23 麻袋　gunny
由黄麻、洋麻布缝制成的包装袋。

3 亚麻纺织工艺设计

3.1 一般规定

3.1.1 工艺流程和主机设备的选择应根据产品方案、生产方法、生产规模、原料、燃料性能和建厂条件等因素经技术经济比较后确定，并满足环保要求。

3.1.2 车间的工艺布置应根据工艺流程和设备选型综合确定，并满足生产、施工、安装和技术改造的要求。

3.1.3 公用工程品质、容量及辅助设施应满足工艺生产要求。

3.2 工艺流程

3.2.1 工艺流程应选择优质高效、短流程、连续化、自动化的工艺技术，并应采用节水、节能、降耗的新工艺。

3.2.2 亚麻原料厂制麻工艺流程可按本规范第 A.1.1 条执行。

3.2.3 亚麻纺纱厂工艺流程可按本规范第 A.1.2 条执行。

3.2.4 亚麻织造厂工艺流程可按本规范第 A.1.3 条执行。

3.2.5 亚麻漂染厂工艺流程可按本规范第 A.1.4 条执行。

3.3 设备选择与配台

3.3.1 选用的设备应保证技术先进、经济合理和安全可靠。

3.3.2 选用的设备应适应产品加工品种和批量的变化。

3.3.3 设备配台应有利于保证连续生产、产量平衡和品种调整。前纺设备的产能宜大于后纺设备产能的 10%～15%；织造准备设备的产能宜大于织布设备产能的 10%～15%。

3.3.4 设备配台应根据产品生产要求，综合设备运转效率、停台率等因素通过计算确定，计算参数可按本规范第 B.0.1 条～第 B.0.5 条确定。

3.4 柱网与设备布置

3.4.1 厂房柱网尺寸应根据采用的工艺设备及厂房结构形式确定，可按表 3.4.1-1～表 3.4.1-3 选用。

表 3.4.1-1 亚麻原料生产厂房常用柱网尺寸(m)

厂房形式	跨度	柱距
锯齿厂房或单层钢筋混凝土无窗厂房	6.0~7.5	6.0;8.1~9.0
单层钢结构无窗厂房	6.0~7.5;12.0~15.0	6.0;8.1~9.0

表 3.4.1-2 亚麻纺织生产厂房常用柱网尺寸(m)

厂房形式	跨度	柱距
锯齿厂房或单层钢筋混凝土无窗厂房	8.4;9.0;10.8	9.0;10.8;12.0;13.5;18.0
单层钢结构无窗厂房	15.0;18.0;21.0;24.0;27.0;30.0;34.0;36.0	6.0;7.5~9.0

表 3.4.1-3 亚麻漂染生产厂房常用柱网尺寸(m)

厂房形式	跨度	柱距	备注
锯齿厂房或单层钢筋混凝土无窗厂房	12.6(14.5)	7.5;9.0;12.0;15.0	配置 2 台 1400mm 或 1800mm 幅宽设备

注:表中括号内尺寸用于 1800mm 幅宽设备。

3.4.2 厂房柱网选择应符合下列规定:
1 厂房柱网应满足设备合理布置要求,并有利于操作、维修、运输和节约厂房面积。
2 厂房柱网尺寸宜符合建筑模数。
3 柱网选择应有利于采用新工艺、新技术及机械化、自动化运输。
4 柱网选择应有利于空调送(回)风道、滤尘风道及各种管线的布置。

3.4.3 设备布置应符合下列规定:
1 设备布置应符合工艺流程,并应衔接紧凑顺畅。
2 设备排列间距应满足生产操作、维修及车间运输要求,并留有存放半制品和成品的临时堆放空间。

3.4.4 车间麻仓及麻养生位置应靠近相应机台和工序,并应分品种、分班使用。

3.4.5 设备排列间距可按本规范第 C.0.1 条~第 C.0.3 条确定。

3.5 工艺管道

3.5.1 工艺管道宜采用明敷设,沿墙敷设的管道不应妨碍门窗的开启及采光。

3.5.2 多根管道上下安装时,应符合下列规定:
1 热介质管道应在冷介质管道之上。
2 无腐蚀介质管道应在腐蚀性管道介质之上。
3 气体管道应在液体管道之上。
4 金属管道应在非金属管道之上。
5 保温管道应在不保温管道之上。

3.5.3 多根管道靠墙面水平安装时,口径大的管道、常温管道、支管少的管道应靠墙布置,口径小的管道、热管道及支管多的管道应布置在外。

3.5.4 管道横穿通道时,其高度不应低于 2.2m,热介质管道及腐蚀性介质管道不应在人行道上空设置法兰和阀门。立管上的阀门宜距地面 1.2m~1.5m,高于 2m 以上时,可设操作平台或用长柄、链条启闭阀门。

3.6 车间运输

3.6.1 车间运输宜采用机械化、半机械化的运输工具。

3.6.2 车间运输设备应符合下列规定:
1 运输车辆应结构紧凑、灵活轻便、刹车可靠。
2 车轮轮缘应采用橡胶、塑料、尼龙等材料,不得使用钢铁硬质材料。

3 电动运输设备易产生火花的部位应封闭。

3.6.3 采用吊轨车运输时应符合下列规定:
1 轨道布置应满足生产要求,并宜与人行道分开。
2 轨道端点应加装阻止器。
3 装载装置应安全可靠,润滑部分应密封。

4 苎麻纺织工艺设计

4.1 工艺流程

4.1.1 苎麻脱胶工艺流程可按本规范第 A.2.1 条执行。

4.1.2 苎麻长麻纺纱工艺流程可按本规范第 A.2.2 条执行。

4.1.3 苎麻短麻(混纺)纺纱工艺流程,应根据精干麻和落麻两种原料确定不同工艺流程。采用精干麻作为原料时,应进行开松切短麻预处理。开松切短麻工艺流程,可按本规范第 A.2.3 条执行。

4.1.4 苎麻落麻或开松切短麻与棉、毛、绢及化纤混纺生产流程,可按本规范第 A.2.4 条执行。

4.1.5 苎麻后纺工艺流程可按本规范第 A.2.5 条执行。

4.1.6 苎麻织造工艺流程可按本规范第 A.2.6 条执行。

4.2 设备选择与配台

4.2.1 苎麻纺织工艺设备选择与配台应符合本规范第 3.3.1 条~第 3.3.3 条的规定。

4.2.2 苎麻纺织工艺设备配台计算参数可按本规范第 B.0.6 条~第 B.0.8 条确定。

4.3 柱网与设备布置

4.3.1 厂房柱网尺寸可按表 4.3.1-1 和表 4.3.1-2 选用。

表 4.3.1-1 苎麻脱胶生产厂房常用柱网尺寸(m)

厂房形式	跨度	柱距
单层钢筋混凝土厂房	18;21;24	6.0
单层钢结构厂房	18;21;24	6.0

表 4.3.1-2 苎麻纺织生产厂房常用柱网尺寸(m)

厂房形式	跨度	柱距
锯齿厂房或单层钢筋混凝土窗厂房	7.8~9.0	9.0;18.0
多层厂房底层	6.2~7.8	9.0;18.0

4.3.2 厂房柱网选择应符合本规范第 3.4.2 条的规定。

4.3.3 设备布置应符合本规范第 3.4.3 条的规定。

4.3.4 设备排列间距可按本规范第 C.0.4 条和第 C.0.5 条确定。

5 黄麻纺织工艺设计

5.1 工艺流程

5.1.1 黄麻脱胶工艺流程可按本规范第 A.3.1 条执行。

5.1.2 黄麻纺纱工艺流程可按本规范第 A.3.2 条执行。

5.1.3 黄麻织造工艺流程可按本规范第 A.3.3 条执行。

5.2 设备选择与配台

5.2.1 黄麻纺织工艺设备选择与配台应符合本规范第 3.3.1 条~第 3.3.3 条的规定。

5.2.2 黄麻纺织工艺设备配台计算参数可按本规范第 B.0.9 条确定。

5.3 柱网与设备布置

5.3.1 厂房柱网尺寸可按表 5.3.1 选用。

表 5.3.1 黄麻纺织生产厂房常用柱网尺寸(m)

厂房形式	跨度	柱距
锯齿厂房	7.2;8.3~9.0	9.0;13.5~13.8;15.0;18.0
单层钢筋混凝土无窗厂房		
单层钢结构无窗厂房	18.0;22.5;24.0;27.0;30.0;34.0;36.0	7.5~9.0

5.3.2 厂房柱网选择应符合本规范第 3.4.2 条的规定。

5.3.3 设备布置应符合本规范第 3.4.3 条的规定。

5.3.4 设备排列间距可按本规范第 C.0.6 条确定。

6 总图运输

6.1 一般规定

6.1.1 麻纺织工厂的总图运输设计应根据工业布局和城镇总体规划,围绕节约用地、节省投资、技术先进、环境保护等,合理布置。

6.1.2 总图运输设计应根据地区条件,有利于城镇或同邻近工业企业在交通运输、动力设施、综合利用和生活设施等方面的协作。

6.1.3 总图运输设计应符合下列要求:

　　1 总图布置应符合生产工艺流程,生产车间宜集中组合成联合厂房。

　　2 在满足安全、卫生、防火及厂区工程管线敷设条件下,厂区建(构)筑物宜合并。

　　3 应合理规划功能分区,各种辅助和附属设施宜邻近其服务的车间,动力供应设施宜接近负荷中心。

　　4 交通运输应能达到生产流程顺畅,原料物料的运输路线应短捷、方便。

6.2 总平面布置

6.2.1 主厂房布置应符合下列要求:

　　1 应布置在厂区地形、地质条件相对较好的地段,并应满足与其他建(构)筑物的防火间距、交通运输、工程管线布置等要求。

　　2 采用单层锯齿厂房时,锯齿采光面的朝向宜为北偏东。

　　3 单层无窗、多层厂房宜选择矩形布置,受到场地限制时,也可采用其他形式。

　　4 漂染车间采用锯齿型厂房时,宜采用锯齿朝南的方位;在夏热冬暖地区,宜采用锯齿朝北的方位。

　　5 气楼式厂房宜采用南北朝向。

6.2.2 仓库布置应符合下列要求:

　　1 原料库、落麻和废麻库应靠近主厂房的原料养生储存间。原料库附近可适当留有堆场。

　　2 坯布库、成品库应分别接近生产车间的原布间和成品出口处。

　　3 储油库等应单独布置,并应符合现行国家标准《建筑设计防火规范》GB 50016 和纺织工业有关防火标准的规定。

6.2.3 锅炉房布置应符合下列要求:

　　1 锅炉房、煤场、灰场应布置在厂区全年最小频率风向的上风侧。

　　2 当燃料采用重油或柴油时,总图布置应设置储罐区。储油罐与建筑物的防火间距应符合现行国家标准《建筑设计防火规范》GB 50016 和纺织工业有关防火标准的规定。

6.2.4 变配电室宜布置在高压线进线方向的地段,并宜接近厂区用电负荷中心。

6.2.5 热力站应靠近负荷中心,也可建在车间附房内。

6.2.6 空压站、制冷站宜靠近负荷中心,并宜布置在散发烟尘建筑物的上风侧,同时应与有防噪、防振要求的场所保持防距离。

6.2.7 给水建(构)筑物应集中布置,并应位于厂区边缘、环境洁净、总管短捷,与用户支管连接较短的地段。

6.2.8 机修、电修辅助部门宜集中布置,附近宜有露天堆场。

6.2.9 汽车库、停车场的布置应符合现行国家标准《汽车库、修车库、停车场设计防火规范》GB 50067 的有关规定。

6.2.10 行政管理建筑物应布置在厂前区。厂前区布置应与城市规划、周围建筑、城镇干道和厂区干道相协调。

6.2.11 生活区宜单独布置。

6.2.12 污水处理站应布置在厂区全年最小频率风向的上风侧,并不应影响附近居住区的卫生要求。

6.3 竖向设计

6.3.1 厂区竖向设计应符合下列要求:

　　1 厂址应位于不受洪水、潮水及内涝威胁的地带。当不可避免时,必须具有可靠的防洪排涝措施,且符合现行国家标准《防洪标准》GB 50201 的有关规定。

　　2 厂区竖向设计应根据生产工艺、建(构)筑物基础、雨水排除及土石方量平衡等因素,结合洪(潮、涝)水位,工程地质等自然条件综合确定。

6.3.2 竖向布置方式和设计标高选择应符合下列要求:

　　1 竖向设计宜采用平坡式。当自然地面横坡较大时,附属和辅助建(构)筑物可采用混合式或阶梯式竖向布置。台阶的划分应与厂区功能分区一致。

　　2 厂区内地面标高必须与厂外地面标高相适应。厂区出入口的路面标高宜高于厂外路面标高。

　　3 场地标高与坡度应保证场地雨水迅速排除,并满足厂区道路横坡、纵坡的要求。

　　4 厂房和主要辅助建筑物的室内地坪标高,宜高于室外地坪标高 0.15m~0.30m。

6.4 厂区管线

6.4.1 管线敷设方式可分为直埋式、集中管沟、架空敷设,设计时应根据自然条件、管内介质特征、管径、管理维护及工艺要求等因素确定。

6.4.2 管线(沟)应沿道路和建(构)筑物平行布置,线路宜短捷顺直,但不宜横穿车间内部,并应减少管线与道路及其他干线的交叉。

6.4.3 管线综合布置应符合现行国家标准《工业企业总平面设计规范》GB 50187 的有关规定。

6.4.4 地下管线、管沟,不应布置在建(构)筑物的基础压力影响范围内,除雨水排水管外,其他管线不宜布置在车行道路下面。

6.5 厂区道路

6.5.1 厂区道路布置应满足交通运输、安装检修、消防、安全卫生、管线和绿化布置等要求,与厂外道路应有平顺简捷的连接条件。

6.5.2 厂区道路宜与主要建筑物轴线平行或垂直成环状布置。个别边缘地段作尽头式布置时,应设置回车场(道),其形式及各部尺寸应按通过的车型确定,并应符合现行国家标准《建筑设计防火规范》GB 50016 的有关规定。

6.5.3 汽车装卸站台的地点,应留有足够的车辆停放和调车用地。当汽车平行于站台停放时,停车场宽度不小于 3.0m;垂直于站台停放时,停车场宽度不应小于 10.5m;斜列 60°停放时,停车场宽度不应小于 8.5m;集装箱运输车进入厂区,最小回车场地宜为 30.0m×30.0m,并应设置集装箱货柜装卸平台。

6.5.4 厂区道路宜采用城市型道路,并应符合现行国家标准《厂矿道路设计规范》GBJ 22 的有关规定。

6.5.5 厂区道路路面标高的确定,应与厂区竖向设计相协调,并应满足室外场地及道路的雨水排放。

6.6 厂区绿化

6.6.1 厂区绿化应根据工厂的特点,以及环境保护、工业卫生、厂容景观等要求进行设计。

6.6.2 绿化应选择种植成本低、易于成长维护、抗菌抗烟尘能力强的树种、花种。

6.6.3 厂内道路弯道及交叉口附近的绿化设计,应符合行车视距的有关规定。

6.6.4 树木与建(构)筑物及地下管线的最小间距及绿化占地面积计算方法,应符合现行国家标准《工业企业总平面设计规范》GB 50187的有关规定。

6.7 主要技术经济指标

6.7.1 总平面设计宜列出下列主要技术经济指标,其计算方法应符合国家现行标准《工业企业总平面设计规范》GB 50187的有关规定:

 1 厂区占地面积(m^2);
 2 建(构)筑物占地面积(m^2);
 3 总建筑面积(m^2);
 4 露天堆场占地面积(m^2);
 5 道路及广场用地面积(m^2);
 6 绿化占地面积(m^2);
 7 土石方工程量(m^3);
 8 建筑系数(%);
 9 绿地率(%)。

6.7.2 分期建设的工厂,在总图设计中除列出本期工程的主要技术经济指标外,还应列出近期工程的主要技术经济指标。

7 建筑、结构

7.1 一般规定

7.1.1 建筑设计应满足生产工艺的要求,应根据环境保护及地区气候特点,满足采光、通风、排雾、保温、隔热、防结露、防腐蚀等要求。

7.1.2 麻纺织工厂设计应符合现行国家标准《建筑设计防火规范》GB 50016、《建筑抗震设计规范》GB 50011、《工业建筑防腐蚀设计规范》GB 50046和纺织工业有关防火标准的规定。

7.1.3 建筑设计应采用成熟的新型建筑结构形式,并应积极采用新材料、新技术。

7.2 生产厂房

7.2.1 生产厂房的建筑形式,应根据建厂地区条件和其他各种因素综合确定,经技术经济比较,可选用单层锯齿型厂房、无窗厂房、大跨度轻型钢结构厂房等。漂染车间可选用设有排气井的单层锯齿型厂房、气楼式单层厂房、气楼带排气井厂房等。

7.2.2 漂染、脱胶厂房不宜四周设置附房。

7.2.3 厂房围护结构应符合建筑热工设计要求,并应根据建厂地区的气象条件满足节能要求。

7.2.4 纺织车间单层锯齿厂房梁底高度可为 4.0m～4.2m,单层锯齿厂房的浆纱间梁底高度可为 4.5m。单层无窗厂房室内净高可为 4.2m～4.5m,大跨度轻型钢结构梁底不应小于 6.0m。

7.2.5 漂染车间锯齿型厂房当设备平行锯齿天窗排列时,风道大梁或现浇单梁梁底高度宜为 5.0m～5.5m,垂直锯齿天窗排列时宜为 6.0m～7.0m。气楼式厂房檐口高度不宜低于 7.5m。

7.2.6 生产厂房建筑防腐蚀设计应符合下列规定:

 1 生产车间气态、液态介质对建筑材料的腐蚀性等级应按现行国家标准《工业建筑防腐蚀设计规范》GB 50046 的有关规定选用。

 2 厂房平面布置宜将有腐蚀介质作用的设备与无腐蚀介质作用的设备隔开,湿、干车间应隔开。具有同类腐蚀性介质的设备宜集中布置。

 3 有腐蚀性气体作用且相对湿度较大的室内墙面和钢筋混凝土构件表面,钢构件表面(柱、梁)应刷防腐涂料。

7.2.7 工厂生产车间采光等级应符合现行国家标准《建筑采光设计标准》GB/T 50033 的有关规定。

7.3 建筑防火、防爆

7.3.1 生产车间的火灾危险性,应按现行国家标准《建筑设计防火规范》GB 50016 和纺织工业有关防火标准的规定执行。

7.3.2 麻纺织厂生产的火灾危险性应为丙类,滤尘室应按乙类防火要求设计。

7.3.3 漂染车间原布间、白布间、整理车间、整装车间等干燥性车间生产的火灾危险性应为丙类;练漂、染色、皂洗等潮湿性车间生产的火灾危险性应为丁类。当丙类、丁类生产车间安排在同一防火分区时,应按丙类生产确定。

烧毛间应采用耐火极限不低于 2.5h 的不燃烧实体墙与相邻车间隔开。生产厂房建筑耐火等级不应低于二级。

7.3.4 亚麻原料厂和亚麻纺织厂的梳麻、前纺车间与其他车间之间,应采用耐火极限不低于 2.5h 的不燃烧实体墙隔开。

7.3.5 麻库不应设置在地下。

7.3.6 滤尘室应布置在直接对外开门的附房内或独立建筑物内。滤尘室不得兼作他用,其上部严禁布置生产车间、辅助车间或生活间。

7.4 生产辅助用房

7.4.1 生产附房宜与厂房结合,并宜布置在厂房两侧或四周,可采用钢筋混凝土框架、砌体结构或轻型结构。

7.4.2 空调室的位置应满足风道的合理布局要求,并靠近负荷中心。空调室的进风部位不宜与厕所及散发其他不良气体和散发粉尘较多的房间相邻。钢筋混凝土的空调洗涤水池四周墙壁和底部应采取防水措施。寒冷地区对总风道上部屋面及外围护墙体必须按热工要求设计,采取防水汽渗透及保温措施。空调室应满足风机等设备的安装和检修要求,并应预留安装孔。

7.4.3 染化液调配间应靠近染色间,并设通风排气装置。室内地面、墙裙应采取防酸碱腐蚀的措施。易燃、有毒的溶剂严禁储存在大空间开敞式的车间内。地面应耐洗刷、防滑,并设有排水坡度。

7.4.4 汽油气化室应符合下列要求:

 1 应设置在烧毛机附近。
 2 泄压设施应采用易于泄压的门、窗。
 3 泄压面积应按纺织工业企业有关防火标准的规定计算。
 4 与汽油气化室相邻车间的隔墙应采用防爆墙。
 5 防爆墙上不应开设门窗,需设门时,可采用门斗,并应在不施的设置、水量和水压应符合现行国家标准《建筑设计防火规范》GB 50016 和纺织工业有关防火标准的规定。

8.5.2 麻纺织厂应按现行国家标准《建筑灭火器配置设计规范》GB 50140 的有关规定配置灭火器。

8.6 排水系统和管道布置

8.6.1 排水量及废水水质应符合下列要求：

1 生产排水量应根据生产用水量计算。生产排水中应区分锅炉蒸发用水、生产污水、生产废水及清洁废水、生活污水等。生产污水量的小时变化系数宜按 1.5～3.0 计算。

2 生活污水量、车间生活排水量计算应按现行国家标准《建筑给水排水设计规范》GB 50015 的有关规定执行。

3 雨水排水量应根据当地降雨资料、径流等状况通过计算确定。

4 当各类废（污）水排入纳污水体管网时，应符合现行国家标准《纺织染整工业水污染物排放标准》GB 4287 的有关规定。

8.6.2 排水系统应符合下列要求：

1 应采用生活、生产排水与雨水分流排水系统。

2 麻纺织厂排水应采用清、污分流以及浓、淡分流排水系统，废水收集方式应与废水处理工艺要求一致。

3 屋面雨水宜采用外排水系统，大型屋面宜按压力流设计。屋面雨水设计重现期宜为 2 年～5 年。

4 粪便污水、食堂含油污水、机修含油污水、锅炉冲渣废水等，宜单独进行预处理后排入废水系统。

8.6.3 排水管道材质和布置应符合下列要求：

1 车间内工艺排水宜采用暗沟排放，排水沟的设备排出口、三岔口及转弯处应设置活动盖板，排放有腐蚀性废水时，暗沟应有可靠的防腐措施，排水暗沟宜每隔 3 跨～5 跨设伸顶通气管。工艺冷却水宜采用管道排放。当实施排水热能回收时，排水管（沟）应有保温及耐高温措施。

2 厂区内排水管道宜采用埋地排水塑料管、承插式混凝土管或钢筋混凝土管。排水温度大于 40℃ 时，应采用耐热排水管。

3 排放具有腐蚀性废水时，应采用耐腐蚀管材。

4 排水管道不得穿越建筑变形缝、烟道和风道。

5 室内排水沟与室外排水管道的连接处，应设水封装置，水封高度应大于 250mm。

6 调浆桶排水管槽下的排水管管径不得小于 200mm。

7 当室内塑料排水管处于推车、搬运车经过的位置时，应采取必要的防护措施。

8.6.4 废水处理应按现行国家标准《纺织工业企业环境保护设计规范》GB 50425 的有关规定执行。

8.6.5 生产废水水质应根据产品品种及生产工艺确定，在缺少实际水质资料时，可按本规范第 F.0.1 条、第 F.0.2 条确定。

8.7 水的重复利用及废水回用

8.7.1 适合建设废水（包括雨水）回用设施的工程项目，应配套建设废水回用设施。废水回用设施必须与主体工程同时设计、同时施工、同时使用。

8.7.2 工厂设计时宜采用循环用水、一水多用、清洁废水回用等措施，对收集排放的废水宜进行深度处理后回用。

8.7.3 回用水质应满足国家现行有关用水的水质标准。当回用水用于生产时其水质应满足生产工艺用水水质的要求。

8.7.4 高温热排水应实施热能回收。

8.7.5 回用水管必须采取防止误接、误用、误饮措施，严禁与生活饮用水管连接。

9 采暖、通风、空调、滤尘

9.1 一般规定

9.1.1 麻纺织工厂采暖、通风、空调、滤尘设计，在满足生产工艺及劳动保护要求的前提下，应采用投资少、运行费用低、技术先进、节能的设计方案，并满足便于施工、安装、操作及维护的要求。

9.1.2 漂染生产厂房宜具有良好的自然通风条件，厂房外墙宜少设附房，附房宜避开主导风向的迎风面。

9.1.3 麻纺织工厂的围护结构应有良好的保温措施，其屋面、外墙、天沟等的最小热阻应满足减少能耗和防止结露的要求，其值应根据车间内的温湿度及气象条件计算确定。

9.1.4 麻纺织工厂的防排烟设计应符合纺织工业有关防火标准的规定。

9.1.5 空调系统防火措施应符合现行国家标准《建筑设计防火规范》GB 50016 和纺织工业有关防火标准的规定。

9.2 室内外设计参数

9.2.1 室外空气计算参数应按现行国家标准《采暖通风与空气调节设计规范》GB 50019 的有关规定执行。

9.2.2 室内设计参数应符合下列要求：

1 麻纺织工厂车间内工人作业场所温度和空气中有害物质的浓度，应符合国家有关工业企业设计卫生标准和工作场所有害因素职业接触限值规定。

2 麻纺织工厂辅助用房的室内空气参数应根据工艺及设备要求确定。

9.3 采 暖

9.3.1 麻纺织工厂车间的采暖通风设计应满足本规范第 9.2.2 条第 1 款的要求，并应将车间内的热湿空气及时排出。

9.3.2 寒冷及严寒地区工厂的值班室及办公室应设采暖系统；车间应设采暖系统，值班采暖室内温度不宜低于 10℃。

9.3.3 建筑物采暖系统热负荷应根据建筑物散失和获得的热量确定。

9.3.4 采暖系统和管道设计应符合下列要求：

1 冬季缺热或需值班采暖的车间宜采用空调集中采暖。

2 生产附房宜采用热水采暖系统。

3 生产、空调、采暖和生活用汽应自成系统。

4 采暖管道材质、管道敷设方式、热媒的流速等应符合现行国家标准《采暖通风与空气调节设计规范》GB 50019 的有关规定。

9.4 通 风

9.4.1 麻纺织工厂生产车间的通风方式，应根据当地的气象条件、车间建筑形式、工艺布置及工艺设备具体情况确定。

9.4.2 麻纺织生产车间通风宜采用机械通风，通风量应满足工艺要求。

9.4.3 麻库应保持良好通风。

9.4.4 通风区域应进行风量平衡计算，并使车间保持正压。

9.4.5 浆纱车间、调浆间采用天窗排风时，应采取预防冬季结露滴水的措施。

9.4.6 风机的设计工况效率不应低于风机最高效率的 90%。

9.4.7 通风管道内的设计风速，可采用表 9.4.7 的规定。

表 9.4.7 通风管道内的设计风速

风管类别	钢板及非金属风管(m/s)	砖及混凝土风道(m/s)
干管	6～14	4～12
支管	2～8	2～6

9.4.8 漂染生产车间应符合自然通风为主、机械通风为辅的原则。

9.4.9 漂染生产车间排风可分为机台局部排风和车间全面排风。对散热、散湿较大及散发有害气体的机台应采用局部排风。车间的全面排风应利用车间的建筑特点，采用拔风井、排气筒或避风气楼等装置进行自然排风。对严寒地区的印染车间及不具备自然排风条件的印染车间，应设置机械排风系统。对工艺设备散发有害气体的车间，其排风量应能保持车间负压。

9.4.10 通风设备、风道、风管及配件等，应根据其所处的环境和输送的介质温度、腐蚀性等，采用防腐蚀材料制作或采取相应的防火措施。

9.4.11 车间的通风管道应采用不燃材料制作。接触腐蚀性气体的风管及柔性接管，可采用难燃材料制作。

9.5 空 调

9.5.1 空调系统的设置应符合下列要求：
 1 车间空调系统的设置宜按防火分区设置。
 2 空调系统宜分别设置送风机和回风机。

9.5.2 空调设备的选择应符合下列规定：
 1 麻纺织工厂空调应采用喷淋洗涤室处理空气方式。喷淋室内喷淋排数及喷嘴密度应根据喷淋室的热工计算确定。
 2 夏季以降温去湿为主的空调室宜采用吸入式空调室，常年以加湿为主的空调室宜采用以喷雾风机为主的压入式空调室。
 3 风机的风量和风压宜分别大于计算值的 5%～10% 和 10%～15%。
 4 水泵的水量及扬程应满足喷淋室的工况计算要求。
 5 喷淋循环水系宜采用自动水过滤器。
 6 喷淋挡水板应选择空气流动阻力小、过水量少、便于清洗和维修的结构形式，挡水板的材质应有较高的耐腐蚀性。
 7 空调室加热器宜采用光管加热器。
 8 空调室宜选用对开式多叶调节窗，也可采用其他形式的调节窗。手动控制的调节窗设置在便于操作和维修的位置。
 9 空调系统配置加湿器时宜采用干蒸汽加湿器。
 10 空调新风过滤装置应根据产品品种、质量要求和周围环境条件确定。

9.5.3 空调室的布置应符合下列规定：
 1 空调室的布置应与工艺设备布置、厂房建筑相协调，并应符合占地面积小、系统布置经济合理的要求。
 2 空调室的面积和层高应按空调设备、风道及其他附属设备布置情况而定，并满足设备安装、操作、测试和维修的要求。
 3 建筑外墙设置调节窗时，调节窗底面与室外地坪的高差不宜小于 0.8m。车间回风调节窗底面与车间地坪的高差不宜小于 0.5m。

9.5.4 空调送回风管道布置应符合下列规定：
 1 总风道采用等截面土建风道时，总风道净高宜大于 1m，并作内保温及底板防水处理。与总送风道紧邻的房间应防止结露验算。
 2 锯齿形厂房的支风道采用等截面大梁风道，送风长度不宜超过 70m。
 3 支风管与总风道连接处应安装不易挂纤维的风量调节装置。
 4 风管应结合建筑结构形式安装，宜安装在吊顶内或技术夹层内。
 5 吊装风管宜采用轻质、不燃、耐腐蚀、耐老化材料。
 6 地沟排（回）风道，应符合内壁光滑、防潮、不漏风的要求，并应设置检查孔和集水井。
 7 地沟回风口宜设计成矩形，并宜安装调节风板。

9.5.5 送回风系统的设计应符合下列规定：
 1 生产车间及生产用房的空调区域宜按车间人员密度和车间空气新鲜度指标计算确定。
 2 空调系统在夏季、冬季的设计回风使用量不应低于送风量的 80%。
 3 空气调节系统风速可按表 9.5.5 的规定确定。

表 9.5.5 空气调节系统风速

部 位	常用风速 (m/s)	最大风速 (m/s)
新风进风口	2.5～5	<6
回风窗	2～3	<4
总风道	5～8	<10
支风道	4～6	<7
送风口	1.5～2.5	<3.5
排风口	2.5～4	<5

 4 采用条缝型送风口时，宜布置在机器车弄上方，条缝口宽度宜小于 100mm，并可调节。
 5 浆纱车间送风宜采用岗位局部送风。

9.5.6 空调系统宜采用自动控制，自控仪表和执行机构应简单可靠、经济适用。

9.5.7 麻纺织工厂各车间温湿度可按本规范第 D.0.1 条～第 D.0.3 条的规定确定。

9.6 滤 尘

9.6.1 滤尘系统设计应满足生产工艺和安全卫生要求。

9.6.2 滤尘器应根据除尘风量与除尘量进行选型和选择合适的滤料。

9.6.3 滤尘器应采用不产生火花、连续过滤、集尘和排除的组合除尘设备，严禁采用沉降室除尘。

9.6.4 滤尘器宜按生产线设置，除尘机房宜与空调室相邻布置。

9.6.5 滤尘管道的经济风速宜为 13m/s～16m/s。

9.6.6 滤尘设备不应布置在地下室或半地下室内。

10 电 气

10.1 供配电系统

10.1.1 麻纺织工厂生产的用电负荷应为三级负荷。消防设备用电负荷等级，应按现行国家标准《建筑设计防火规范》GB 50016 的有关规定执行。

10.1.2 供电电压等级与供电回路数应按生产规模、性质和用电量，并结合地区电网的供电条件确定。麻纺织工厂宜采用 10kV 供电。在 10kV 电源难于取得及容量较小时，可采用 35kV 供电。

10.1.3 低压配电系统应符合下列规定：
 1 车间变电所宜安装两台变压器，宜采用单母线分段接线，两段低压母线间可设母联开关。当只设 1 台变压器时，可与就近的车间变电所设低压联络线作为应急备用。
 2 车间变电所的低压系统应与工艺生产系统相适应，平行的生产流水线或互为备用的生产机组，宜由不同的（母线）回路供电；同一生产线的各用电设备宜由同一（母线）回路供电。
 3 TN 系统接地形式的配电系统中，车间的单相负荷，应均匀地分配在三相线路中，当单相不平衡负荷引起的中性线电流超过变压器低压侧绕组额定电流的 25% 时，应选用 D,yn11 接线组别的变压器。
 4 为控制各类非线性用电设备所产生的谐波引起的电网

压正弦波形畸变,除应选用变压器低侧绕组为 D,ynll 接线组别的三相配电变压器外,可采取按谐波次数装设分流滤波器等措施。

5 在采用电力电容器作无功补偿装置时,容量较大、负荷平稳且经常使用的用电设备的无功负荷宜采用就地补偿;补偿基本无功负荷的电力电容器组,宜在变配电所内集中补偿。

10.1.4 室内配电干线敷设方式宜采用电缆桥架敷设,在有腐蚀和特别潮湿场所,所采用的电缆桥架,应根据腐蚀介质的不同采取相应的防腐措施;室外宜采用电缆沟或直接埋地敷设。

有关配电线路的敷设方式与要求,应按现行国家标准《低压配电设计规范》GB 50054 和《电力工程电缆设计规范》GB 50217 的有关规定执行。

10.2 照 明

10.2.1 麻纺织工厂车间的照明方式宜采用一般照明,穿筘、验布和修布宜采用混合照明。一般照明应采用节能荧光灯,局部照明可根据用途及环境采用不同的光源。漂染车间宜采用混合照明。

10.2.2 车间作业区内的一般照明照度均匀度不应小于 0.7,作业面邻近周围的照度均匀度不应小于 0.5。

10.2.3 照明配电应采取防频闪措施;车间照明应按工序分区设照明配电箱。

10.2.4 车间内应设供疏散用的应急照明。在安全出口、疏散通道与转角处应设置疏散标志。出口标志灯和指向标志灯宜用蓄电池作备用电源。

10.2.5 安全照明的电源应和该场所的电力线路分别接自不同变压器或接自同一变压器不同馈电线路的专用线路上。

10.2.6 车间内应根据照明场所的环境条件和使用特点,合理选用灯具。灯具的布置与安装应安全及维护方便。

10.2.7 麻纺织工厂照明设计,应符合现行国家标准《建筑照明设计标准》GB 50034 的有关规定。

10.2.8 麻纺织工厂各生产车间照度可按本规范第 G.0.1 条~第 G.0.5 条的规定确定。

10.3 接地和防雷

10.3.1 厂区的低压配电系统的接地形式宜采用 TN 系统。由同一台变压器或同一母线向一个建筑物供电的低压配电系统,宜用一种形式的接地系统。

10.3.2 低压系统中性点接地电阻不应大于 4Ω;重复接地电阻不应大于 10Ω;防雷电接地电阻不应大于 100Ω;在易燃易爆区接地电阻不宜大于 30Ω。第一、二类防雷建筑物,每根引下线的冲击接地电阻不应大于 10Ω;第三类防雷建筑物,每根引下线的冲击接地电阻不应大于 30Ω;采用共用接地装置时,接地电阻应符合其最小值的要求。

10.3.3 厂区内的建筑物、构筑物的防雷分类及防雷措施,应按现行国家标准《建筑物防雷设计规范》GB 50057 和《建筑物电子信息系统防雷技术规范》GB 50343 的有关规定执行。

10.4 消防和火灾报警

10.4.1 火灾自动报警系统和消防控制室设置,应按现行国家标准《建筑设计防火规范》GB 50016、《火灾自动报警系统设计规范》GB 50116 及纺织工业有关防火标准的规定执行。

10.4.2 火灾自动报警系统应设有主电源和直流备用电源。

11 动 力

11.1 一般规定

11.1.1 麻纺织工厂用热负荷应包括工艺生产、空调、采暖及生活热水热负荷。

11.1.2 麻纺织工厂所需蒸汽热源,应根据所在区域的供热规划确定。有条件的可使用城市集中供热(热电厂)供给的蒸汽。

11.2 蒸汽供热系统

11.2.1 麻纺织工厂用汽部门应提出用汽参数(温度、压力)及小时平均用汽量和小时最大用汽量。最大热负荷应按生产、空调、采暖、生活和锅炉自用负荷之和乘以同时使用系数,并计入管网散热损失确定。

11.2.2 城市集中供热、自建蒸汽锅炉房、热电联产等供热方案,应根据麻纺织工厂最大计算热负荷、用汽参数及当地供热条件,通过技术经济分析确定,并应符合技术先进、安全适用、经济合理、节能和环保的要求。

11.2.3 当采用城市(区)热电厂集中供热时,厂区应设置减压减温装置,经常运行的减压减温装置应有 1 套备用,并应确保供热蒸汽参数符合生产、生活用汽要求。

11.2.4 锅炉房设计应根据全厂计算最大热负荷及近期发展需要确定,并应符合现行国家标准《锅炉房设计规范》GB 50041 的有关规定。

11.2.5 室内外蒸汽供热管道应符合下列要求:

1 生产用汽宜在热力站集中控制。对各主要车间应单独敷设干管,并宜做到 1 台联合机 1 根支管。其他用汽少的车间或附房用汽点,可合并于附近的车间供汽系统。

2 管道设计流量,根据热负荷计算确定,热负荷应包括近期发展的需要量。

3 管道布置和敷设应符合下列要求:

　1)厂区热力管道的布置,应根据厂区建筑物布置的方向与位置、热负荷分布,并宜同导热油管、空压管、碱管、燃气管、给排水管等管道综合布置,合理设置管架及管道排列的层次。

　2)架空热力管道可采用低、中、高支架敷设。在不妨碍交通的地段宜采用低支架敷设,通过人行道地段宜采用中支架敷设,在车辆通行地段应采用高支架敷设。

　3)热力管道可与重油管、压缩空气管、冷凝水管敷设在同一地沟内,严禁与输送易挥发、易爆、有害、有腐蚀性介质的管道敷设在同一地沟内。

11.3 蒸汽凝结水回收和利用

11.3.1 蒸汽间接加热而产生的凝结水,应加以回收。回收率应达到 60%~80%。

11.3.2 生产用水的高压和低压凝结水系统,应分别敷设。空调、采暖凝结水应与生产凝结水分别敷设。

11.3.3 蒸汽凝结水的回收,应对不同的用汽特点和条件、管道敷设方式等进行全面分析,确定采用低压自流回水、余压回水、动力满管流回水、闭式余压、闭式满管、加压回水等方式。

11.3.4 蒸汽凝结水热量应按下列原则加以利用:

1 采用余压回水系统时,宜在凝结水管道中增设换热装置。

2 凝结水箱上宜设二次蒸汽冷却器。

11.4 导热油供热系统

11.4.1 漂染车间生产混纺印染织物,在需要高温热源时,宜采用油热载体加热炉。

11.4.2 油热载体加热炉应根据工艺设备用热参数、热负荷及当地提供的燃料(煤、油、气)选择,同时应设置备用加热炉。

11.4.3 燃煤油热载体加热炉宜与蒸汽锅炉房布置在同一区域,宜合用辅助设施。

11.4.4 导热油供热系统设计,应合理选用导热油在炉管中的流速和导热油炉进出油温的温差,并应采取防止导热油氧化及防止油温过高的措施。

11.5 燃 气

11.5.1 漂染车间燃气管道设计应符合现行国家标准《城市燃气设计规范》GB 50028 和《工业企业煤气安全规程》GB 6222 的有关规定。

11.5.2 燃气管道坡向凝水缸的坡度不宜小于 0.003。

11.5.3 进车间的燃气管道应架空敷设。

11.6 压缩空气

11.6.1 压缩空气站的设计容量应依据工艺提供的设备用气压力、用气量、用气质量要求,并计入同时使用系数、管道系统漏损系数后计算确定。

11.6.2 压缩空气站的设计应符合现行国家标准《压缩空气站设计规范》GB 50029 的有关规定。

11.7 制 冷

11.7.1 制冷站宜靠近负荷中心。

11.7.2 制冷机选择应综合工厂规模、使用特征、空气调节冷负荷、当地能源结构、政策价格和环境保护等因素确定。

11.7.3 制冷设备的单台容量及台数选择,应能适应空气调节负荷全年变化,并应满足部分负荷要求。

11.7.4 空调冷冻水系统应采用闭式循环方式。冷冻水供水管径和经济流速,可按表 11.7.4 采用,重力回水管径应计算确定。

表 11.7.4 冷冻水供水管径和经济流速

公称直径 DN(mm)	≤65	80~125	150~200	≥250
水泵吸入管 (m/s)	0.6~0.8	0.8~1.2	1.0~1.2	1.2~1.6
干管 (m/s)	0.6~1.0	1.0~1.5	1.5~2.0	2.0~2.5

11.7.5 冷冻水和冷却水系统应设置水过滤和水质控制装置。

11.7.6 制冷系统管道应作保冷处理,保冷材料、厚度和结构应符合有关节能要求。

11.7.7 制冷站设计应符合现行国家标准《采暖通风与空气调节设计规范》GB 50019 的有关规定。

12 仓 储

12.1 一般规定

12.1.1 各类物资的储备应符合保证生产、加快周转、合理储备、防止损失的要求。在满足生产需要的前提下,应合理确定仓库的面积。

12.1.2 仓库布置应方便生产、方便运输,宜靠近使用部门。

12.1.3 仓库的设计应遵循节约用地原则,仓库可采用多层、单层建筑形式。采用单层仓库时,原料库、成品库的梁底高度可为 6.0m;机物料库采用货架时,梁底高度可为 3.5m~4.5m。原料堆场可采用固定露天堆场。

12.1.4 库内和库区货物的装卸运输,应提高机械化程度。

12.1.5 主要仓库储存周期和库房面积可按本规范附录 H 的规定执行。

12.2 原 料 库

12.2.1 原麻的储存周期可根据原料供应地域及原料来源确定,国外供应原料,可适当延长储存周期。

12.2.2 原料库可采用荷重法计算建筑面积。

12.3 坯布库、成品库

12.3.1 坯布库、成品库的建筑面积应满足生产、储存的要求。

12.3.2 仓库设备和工器具选用应符合下列要求:
　　1 堆放布包的装卸设备可采用移动式堆包机或单梁悬挂式吊车。
　　2 多层仓库垂直运输可采用电梯。
　　3 坯布库、成品库布包底层必须设垫木。

12.4 染化料库和酸、碱及漂白剂的储存

12.4.1 烧碱储存应以液碱为主,也可少量或短期使用固碱。碱液及固碱可储存在碱回收站。

12.4.2 硫酸、盐酸、次氯酸钠、双氧水等应储存在简易通风的棚内。

12.4.3 采用液氯自制次氯酸钠漂白剂时,液氯钢瓶可储存在次氯酸钠调配室内,但储存室必须有安全设施。

12.5 机物料库

12.5.1 机物料库内各种小件物品可采用层式货架,人工存取的货架高度不宜超过 2.5m。

12.5.2 机物料库内应隔出 60m²~100m² 作为橡胶辊储存室。

12.5.3 机物料库内应设置办公室和进货临时保管室。

12.6 其他仓库

12.6.1 外销成品采用木箱或纸箱包装时,可设包装材料库。可根据工厂外销成品比重及当地运输情况确定储存周期。年包装在 1500 万米布以上时,面积宜为 120m²。

12.6.2 润滑油库宜为 20m²~30m²。

12.6.3 运输用汽油库面积宜为 15m²~20m²,烧毛用汽油库面积可另增加 20m²。

12.6.4 劳动保护、文具用品等物品应有一定的储备,可根据工厂规模大小,在综合仓库内增设若干面积储存。

附录 A 工艺流程

A.1 亚麻纺织主要工艺流程

A.1.1 亚麻原料厂制麻工艺流程应为

原茎→┬→雨露沤麻─┐
　　　└→温水沤麻─┴→晾晒→干茎→干茎养生→干茎铺放→

揉麻打麻→含高杂短麻→短麻除杂→短麻(二粗)→入库→打包

　　　　　　　┌→打成麻→复制麻→手轮复制→梳麻→分号→打成麻养生→打包→入库

A.1.2 亚麻纺纱厂工艺流程,应符合下列要求:
　　1 原料准备工艺流程应为

打成麻→加湿养生→手工分束→栉梳→┬→梳成长麻
　　　　　　　　　　　　　　　　　└→短麻→打包→入库

2 长麻湿纺纱工艺流程应为

梳成长麻→加湿养生→成条→并条(五道)→长麻粗纱→粗纱煮漂→湿纺细纱→细纱干燥→干纱养生→络筒→打包→入库

3 短麻湿纺纱工艺流程应为

短麻→养生→混麻加湿→麻卷养生→联梳→针梳→(再割)→针梳→精梳→(针梳精梳)→针梳(四道)→短麻粗纱→粗纱煮漂→湿纺细纱→细纱干燥→干纱养生→络筒→打包→入库

4 涤麻混纺纱工艺流程,应符合下列要求:

1) 梳成长麻→加湿养生→(麻)成条→
   涤纶短纤维→(涤)成条→并条(五道)→粗纱→粗纱煮漂→湿纺细纱→细纱干燥→干纱养生→络筒→打包→入库

2) 涤纶短纤维→成条→
   短麻→加湿养生→联梳→针梳→(再割)→针梳→精梳→(针梳精梳)→针梳(四道)→粗纱→粗纱煮漂→湿纺细纱→细纱干燥→干纱养生→络筒→打包→入库

A.1.3 亚麻织造厂工艺流程应为

经纱→络筒→整经→浆纱→穿经→
                      卷纬→织布→验布→修布→折布→打包→入库
纬纱→络筒→

注:对于色织物、提花织物等的织造工艺流程要相应调整。

A.1.4 亚麻漂染厂工艺流程,应符合下列要求:

1 亚麻原色水洗布工艺流程应为

原色布坯布检验(抽验)→翻布→缝头→打印→烧毛→水洗→拉幅烘干→柔软整理→预缩整理→检验→打卷→打包→成品入库

2 亚麻色织水洗布工艺流程应为

色织坯布检验(抽验)→翻布→缝头→打印→烧毛→水洗→拉幅烘干→柔软整理→预缩整理→检验→打卷→打包→成品入库

3 亚麻凉席、床单工艺流程应为

坯布检验(抽验)→翻布→缝头→打印→烧毛→水洗→拉幅烘干(柔软整理)→预缩整理→检验→打卷→打包→成品入库
→折布→开剪→(印花)→烫平→缝纫→打包→成品入库

4 亚麻半漂布工艺流程应为

坯布检验(抽验)→翻布→缝头→打印→烧毛→煮练→水洗→酸洗→水洗→次氯酸钠漂白→水洗→双氧水漂白→汽蒸→水洗→拉幅烘干→检验→打卷→打包→成品入库

5 亚麻全漂布(白色)工艺流程应为

坯布检验(抽验)→翻布→缝头→打印→烧毛→煮练→水洗→酸洗→水洗→次氯酸钠漂白→水洗→双氧水漂白→汽蒸→水洗→拉幅烘干→染白色(或在拉幅机直接上增白硬挺浆)→检验→打卷→打包→成品入库

6 亚麻染色布工艺流程应为

坯布检验(抽验)→翻布→缝头→打印→烧毛→煮练→水洗→酸洗→水洗→次氯酸钠漂白→水洗→双氧水漂白→汽蒸→水洗→拉幅烘干→丝光→水洗→复漂→拉幅染色→水洗→拉幅柔软→预缩整理→检验→打卷→打包→成品入库

7 粘交织布前处理流程应为

坯布检验(抽验)→翻布→缝头→打印→烧毛(十落布)→煮练→水洗→酸洗→水洗→次氯酸钠漂白→水洗→双氧水漂白→水洗→拉幅烘干→后整理

8 麻棉半漂布工艺流程应为

坯布检验(抽验)→翻布→缝头→打印→烧毛→煮练→水洗→酸洗→水洗→次氯酸钠漂白→水洗→双氧水漂白→汽蒸→水洗→拉幅烘干→检验→打卷→打包→成品入库

A.2 苎麻纺织主要工艺流程

A.2.1 苎麻脱胶工艺流程应符合表A.2.1的规定。

表A.2.1 苎麻脱胶工艺流程

类别	化学脱胶工艺流程				生物脱胶工艺流程
工序	一煮法	二煮法	二煮一练法	二煮一练一漂法	
原麻	△	△	△	△	△
分级扎把	△	△	△	△	△
装笼	△	△	△	△	△
浸酸	△	△	△	△	—

续表A.2.1

类别	化学脱胶工艺流程				生物脱胶工艺流程
工序	一煮法	二煮法	二煮一练法	二煮一练一漂法	
水洗	△	△	△	△	—
接种	—	—	—	—	△
生物酶发酵	—	—	—	—	△
一次煮练	△	△	△	△	—
水洗	△	△	△	△	—
二次煮练	—	△	△	△	—
洗涤、升温灭活	—	—	—	—	△
拷麻及水洗	△	△	△	△	—
漂白	—	—	—	△	—
酸洗	△	△	△	△	—
水洗	△	△	△	△	—
脱水、抖麻	△	△	△	△	—
精炼	—	—	△	△	—
水洗	—	—	△	△	—
脱水、抖麻	—	—	△	△	—
给油	△	△	△	△	△
脱水、抖麻	△	△	△	△	△
烘干拣麻	△	△	△	△	△
入库	△	△	△	△	△
特点及使用说明	工艺简单,精干麻质量较差,适宜纺制低支纱、特种纱	工艺较简单,精干麻质量稍差,适宜纺制中低支纱、特种纱	工艺较复杂,精干麻质量较好,适宜纺制中高支纱、特种纱	工艺复杂,精干麻质量较好,适宜纺制高支纱、特种纱	工艺流程短,精干麻质量较好,适宜纺制中高支纱、特种纱;对原麻品质、刮制质量要求很高,要掌握生物酶配制工艺技术;节能降耗,污染很小

注:△为选择工序。

A.2.2 苎麻长麻纺工艺流程应符合表A.2.2的规定。

表A.2.2 苎麻长麻纺工艺流程

品种	涤麻混纺纱		纯麻中、高支纱特种纱	纯麻低支纱特种纱
工序	涤	麻		
软麻		△	△	△
分磅、给湿、堆仓		△	△	△
扯麻、开松		△	△	△
梳麻		△	△	△
牵伸并条		△	△	△
预并条		△	△	△
精梳		△	△	△
麻抽并		△	△	△
涤预并条	△			
一道并条	△	△	△	△
二道并条	△	△	△	△
三道并条	△	△	△	△
四道并条	△	△	△	—
一道粗纱	△	△	△	△
二道粗纱	△	△	△	—
细纱	△	△	△	△
络筒	△	△	△	△

注:△为选择工序。

A.2.3 开松切短麻工艺流程应为

精干麻→软麻→分磅、给湿、堆仓→扯麻、切断→开松→切短麻供纺部。

A.2.4 苎麻落麻或开松切短麻与棉、毛、绢及化纤混纺生产流程,应符合下列规定:

1 环锭纺应为

原料→清花→梳理→一道并条→二道并条→粗纱→细纱→后纺或织造

2 气流纺应为

原料→清花→梳理→一道并条→二道并条→细纱→后纺或织造

A.2.5 苎麻后纺工艺流程应为

细纱管纱→络筒→(并纱或并捻联合)→(捻线)→(络筒)→装箱或装包
        └→摇纱→小包→中包

A.2.6 苎麻织造工艺流程应为

经纱→络筒→整经→浆纱→穿经
                    卷纬
纬纱→络筒   └→织布→验布→折布→修布→打包→入库

注：对于色织物、提花织物等的织造工艺流程要相应调整。

A.3 黄麻纺织主要工艺流程

A.3.1 黄麻脱胶工艺流程应为

原麻→剥皮→选麻与扎把→浸麻→洗麻→晒麻与收麻→整理与分级→打包

A.3.2 黄麻纺纱工艺流程应符合下列要求：

1 经纱应为

原麻→拣麻→软麻→堆仓→头梳→二梳→头并→二并→三并→细纱→络经→捻线

2 纬纱应为

原麻→拣麻→软麻→堆仓→头梳→二梳→头并→二并→细纱→络纬
        └→回梳→回麻→清纤→洛麻

注：麻线纱的生产工艺则需在经纱捻线后，增加络筒、摇纱、成包工序。

A.3.3 黄麻织造工艺流程应为

经纱→整经→穿经
            └→织造→量检→轧光→折布→麻布→打包
纬纱   └→折切→缝边→缝口→检袋→麻袋→打包

附录 B 麻纺织主要工艺参数

B.0.1 亚麻原料厂设备配备的主要参数可按表 B.0.1 确定。

表 B.0.1 亚麻原料厂设备配备的主要参数

序号	设备名称	设计速度 (转/min)	效率 (%)	停台率 (%)	喂入量 (kg/h)	备注
1	长麻打麻联合机	90~180	80~90	8~10	900~1,000	三等干茎
2	短麻打麻联合机	300~500	80~90	8~10	900~1,000	三等下脚料
3	手轮复制机	180~190	—	—	—	—

注：以现行国产设备为准。

B.0.2 亚麻长麻纺纱设备配备的主要参数可按表 B.0.2 确定。

表 B.0.2 亚麻长麻纺纱设备配备的主要参数

序号	设备名称	出条重量 (g/m)	设计速度 (m/min)	效率 (%)	停台率 (%)	备注
1	栉梳机	—	8次/min~10次/min	70~80	6~8	—
2	成条机	30.3~62.5	18.8~30.4	80~85	5~7	—
3	长麻零道并条机	17(最小)	16~24	75~85	5~7	—
4	长麻头道并条机	11(最小)	17~25	75~85	5~7	—
5	长麻二道并条机	7.3(最小)	17~25	75~85	5~7	—
6	长麻三道并条机	4.9或2.5(最小)	19~26	75~85	5~7	—
7	长麻四道并条机	1.6或0.8(最小)	17~29	75~85	5~7	—
8	长麻粗纱机	625 Tex~417 Tex	667r/min~887r/min	70~80	5~7	—
9	粗纱煮漂机	—	—	—	—	500公斤/班~1500公斤/班

续表 B.0.2

序号	设备名称	出条重量 (g/m)	设计速度 (m/min)	效率 (%)	停台率 (%)	备注
10	湿纺细纱机	32Tex~68Tex	500r/min~8000r/min	80~90	4~6	—
11	射频烘干机	—	2.5m/h~110m/h	—	—	1.2 kg水/kW(射频)·h~1.3kg水/kW(射频)·h
12	隧道式管纱干燥机	—	—	—	—	蒸发能力 140 kg/h~200 kg/h
13	槽筒式络筒机	—	400~600	65~75	4~6	—
14	自动络筒机	5.9Tex~333Tex	800~900	65~75	4~6	—

注：以现行国产设备为准。

B.0.3 亚麻短麻纺纱设备配备的主要参数可按表 B.0.3 确定。

表 B.0.3 亚麻短麻纺纱设备配备的主要参数

序号	设备名称	出条重量 (g/m)	设计速度 (m/min)	效率 (%)	停台率 (%)	备注
1	混合加湿机	120~200	40~60	75~80	8~10	—
2	高产联梳机	18~35	110	75~80	6~8	—
3	联合梳麻机	5~22.2	8.25~97.5	75~80	6~8	—
4	针梳机	—	120~150	75~85	5~7	—
5	精梳机	—	—	75~85	5~7	—
6	短麻粗纱机	1000Tex~400Tex	500r/min~700r/min	70~80	5~7	—
7	粗纱煮漂机	—	—	—	—	500 公斤/班~1,500 公斤/班
8	湿纺细纱机	32Tex~68Tex	5000r/min~8000r/min	80~90	4~6	—
9	射频烘干机	—	2.5m/h~110m/h	—	—	1.2 kg水/kW(射频)·h~1.3kg水/kW(射频)·h
10	隧道式管纱干燥机	—	—	—	—	蒸发能力 140kg/h~200 kg/h
11	槽筒式络筒机	—	400~600	65~75	4~6	—
12	自动络筒机	5.9Tex~333Tex	800~900	65~75	4~6	—

注：以现行国产设备为准。

B.0.4 亚麻织造设备配备的主要参数可按表 B.0.4 确定。

表 B.0.4 亚麻织造设备配备的主要参数

序号	设备名称	设计速度 (m/min)	效率 (%)	停台率 (%)
1	槽筒式络筒机	400~600	65~75	4~6
2	自动络筒机	800~900	65~75	4~6
3	卷纬机	890~3310	70~80	5~6
4	高速分批整经机	800	50~60	4~6
5	平行加压整经机	400	50~60	4~6
6	浆纱机	2~80	50~60	4~6
7	穿筘机	1200 根/h	—	—
8	织布机(剑杆)	200r/min~300r/min	70~80	5~7
9	织布机(有梭)	150r/min~220r/min	70~80	3~5
10	验布机	17m/min~25m/min	25~40	1
11	折布机	80折/min	25~40	1
12	打包机	3000m/h~7200m/h	—	—

注：以现行国产设备为准。

B.0.5 亚麻布漂染设备配备的主要参数可按表 B.0.5 确定。

表 B.0.5 亚麻布漂染设备配备的主要参数

序号	设备名称	机械速度 (m/min)	设计速度 (m/min)	设计年产量 (万米/年)
1	两用气体烧毛机	40~120	90~100	3000
2	气体烧毛机	45~150	90~100	3000
3	平幅酶退浆机	35~70	50~60	1500~1800
4	平幅碱退浆机	35~70	50~60	1500~1800
5	平幅煮练机	35~70	50~60	1500~1800
6	平幅氯漂机	35~70	50~60	1500~1800
7	平幅氧漂机	35~70	50~60	1500~1800
8	平幅退煮漂联合机	35~70	50~60	1500~1800
9	轧水烘燥机	35~70	50~60	1500~1800
10	开幅轧水烘燥机	35~70	50~60	1500~1800
11	布铁丝光机	35~70	50	1500
12	高速布铁丝光联合机	100	80	2400
13	直辊丝光联合机	20~80	40~50	1200
14	高速直辊丝光机	20~100	60~80	1900~2100
15	卷染机	—	660m/台·班	60
16	等速卷染机		660m/台·班	60
17	高温高压卷染机		1000m/台·班	80
18	连续轧染机	35~70	45~50	1500
19	红外线打底机	35~70	45~50	1500
20	热风打底机	35~70	45~50	1500
21	平幅显色皂洗机	35~70	50	1500
22	焙烘机	35~70	50~60	1500
23	热风拉幅机	35~70	50~60	1600
24	树脂整理机	45~50	40~50	1200~1500
25	预缩整理联合机	20~80	30~40	1000~1200
26	验布折布联合机		40	800~1000
27	验卷联合机		40	800~1000
28	电动打包机		24包/h	—
29	液压打包机		24包/h	—

注:以现行国产设备为准。设备均指1800mm幅宽。设计年产量按年生产天数306d计算。

B.0.6 苎麻脱胶设备配备的主要参数可按表 B.0.6 确定。

表 B.0.6 苎麻脱胶设备配备的主要参数

序号	设备名称	每次操作时间 (h)	每次操作喂入量 (kg)	时间效率 (%)	计划停台率 (%)
1	浸酸锅	1~3	500	80	2.5
2	煮炼锅	5~8	500	90	2.5
3	接种锅	0.25~0.35 (浴比1:12)	500	90	2.5
4	发酵锅	5~7(温度35℃~40℃)	500	90	2.5
5	洗涤、升温灭活锅	0.5(温度70℃~90℃)	500	90	2.5
6	打(拷)麻机	4min~10min	7.15~8.55	75~85	4.5
7	漂酸洗联合机	10m/min	—	75~85	5.5
8	脱水机	10min~15min	50	85~90	2.5
9	抖麻机	140次/min		85~90	1.0
10	给油机	600 kg/h		85~90	3.0
11	烘燥机	0.136m/min~0.93m/min		85~95	6.0

注:以现行国产设备为准。生物脱胶不采用发酵锅,而采用发酵室,发酵室的设置根据生产规模和提供的参数确定。

B.0.7 苎麻梳纺设备配备的主要参数可按表 B.0.7 确定。

表 B.0.7 苎麻梳纺设备配备的主要参数

序号	设备名称	喂入定量 (g/m)	输出定量 (g/m)	设计速度 (m/min)	时间效率 (%)	计划停台率 (%)
1	软麻机	900~1000	900~1000		85~90	8~10
2	开松机	820~960	70~85	C111B(50~55) FZ001(38~42)	80~85	8~10
3	梳麻机	455~560		15r/min~20r/min	80~90	6~8

续表 B.0.7

序号	设备名称	喂入定量 (g/m)	输出定量 (g/m)	设计速度 (m/min)	时间效率 (%)	计划停台率 (%)
4	头道预并条机	48~61	6.5~12	110~130	80~90	4~6
5	二道并条机	83~90	6.75~7.5	110~130	80~90	4~6
6	精梳机	150~170	8~10	100r/min~110r/min	80~85	4~6
7	高速针梳机	100~130	单头出条4~12, 双头出条4~6	40~74	80~85	4~6
8	头道粗纱机	6~11	0.5~1.5	锭速200r/min~400r/min	75~85	4~6
9	二道粗纱机	1.0~3.0	0.3~0.5	锭速200r/min~500r/min	75~85	4~6
10	单程粗纱机	4~9	0.3~0.5	锭速500r/min~800r/min	75~85	4~6
11	细纱机	—		锭速4000~10000	90~95	4~6

注:以现行国产设备为准。

B.0.8 苎麻织造设备配备的主要参数可按表 B.0.8 确定。

表 B.0.8 苎麻织造设备配备的主要参数

序号	设备名称	设计速度 (m/min)	效率 (%)	停台率 (%)
1	槽筒式络筒机	350~600	65~75	4~6
2	自动络筒机	500~1200	80~90	4~6
3	卧式卷纬机	2000r/min~2500r/min	75~85	5~6
4	立式卷纬机	1500r/min~3000r/min	80~90	5~6
5	高速整经机	350~800	50~60	4~6
6	浆纱机	30~80	50~60	6~8
7	穿筘机	1200根/h		
8	结经机	120结/min~550结/min	—	—
9	织布机(剑杆)	250r/min~700r/min	70~85	5~7
10	织布机(有梭)	150r/min~180r/min	70~85	3~5
11	验布机	17m/min~25m/min	25~40	1
12	折布机	80折/min	25~40	1
13	打包机	3000h/h~7200h/h		

注:以上参数以现行国产设备为准。

B.0.9 黄麻纺织设备配备的主要参数可按表 B.0.9 确定。

表 B.0.9 黄麻纺织设备配备的主要参数

序号	设备名称	机械速度 r/min	机械速度 m/min	工艺速度 r/min	工艺速度 m/min	效率(%)	运转率(%)
1	软麻机	1200kg/h~1800kg/h		1200kg/h~1800kg/h		88~90	90~92
2	头道梳麻机	180~220	61	180~200	61	93~96	90~92
3	二道梳麻机	164~207	61	164~207	61	95.5~97.5	90~92
4	头道并条机	—	48~51		36~41	93~96	92~94
5	经二道并条机		20~70		22~50	93~96	92.5~93.5
6	经三道并条机		39~90		44~75	87~90	92~94
7	纬二道并条机		20~77		22~65	87~90	92~94
8	细支精纺机	3000~4500	18~26	3500~3800	18~26	90~95	97~98
9	粗支精纺机	2800~3100	25~34	2500~2800	25~34	94~95	97~98
10	络经机	1800~2200	433~530	1800~2200	450~480	78~84	95~97
11	络纬机	800~1040	73~95		73~95	60~66	95~97

续表 B.0.9

序号	设备名称	机械速度		工艺速度		效率(%)	运转率(%)
		r/min	m/min	r/min	m/min		
12	整经机	—	22~45	—	22~45	45~60	95~97
13	90cm 织机	160~180	—	160~170	—	88~94	95~96
	130cm 织机	140~160	—	140~160	—	88~94	95~96
	145cm 织机	140~150	—	140~150	—	88~94	95~96
	450cm 织机	74~78	—	74~78	—	88~94	95~96
14	捻线机	75~200	—	110~140	—	90~96	95~97
15	验布机	—	25~30	—	20~28	62~68	70~80
16	压光机	—	25~38	—	25~32	92~98	80~90
17	折切机	20次/min~22次/min	—	20次/min~22次/min	—	40~45	65~75
18	缝边机	500~600	—	500~600	—	50~65	88~92
19	缝口机	900~1400	—	900~1100	—	33~70	86~90
20	打包机	76~95	—	76~95	—	—	—

注：以现行国产设备为准。

附录 C 主要设备排列间距

C.0.1 亚麻原料厂主要设备排列间距可按表 C.0.1 确定。

表 C.0.1 亚麻原料厂主要设备排列间距(m)

序号	机器名称	机器间距			机器与墙间距		
		机头	机尾	机身	机头	机尾	机身
1	长麻打麻联合机	—	—	2.3~2.5	2.5~3.0	5.0~7.0	2.5~3.0
2	短麻打麻联合机	—	—	1.2~1.5	3.0~4.0	2.0~2.5	2.5~3.0
3	打包机	—	—	—	1.3~1.5	2.0~2.5	—

C.0.2 亚麻纺织厂主要设备排列间距可按表 C.0.2 确定。

表 C.0.2 亚麻纺织厂主要设备排列间距(m)

序号	机器名称	机器间距			机器与墙间距			其他间距
		机头	机尾	机身	机头	机尾	机身	
1	栉梳机	4.50~5.00	—	1.50~2.00	2.00~2.50	3.00~3.50	—	—
2	混麻加湿机	—	—	4.00~4.50	4.00~4.50	2.50~3.50	—	—
3	联梳机	—	—	—	—	—	2.00~2.50	进麻及出条筒一侧距墙 3.00~3.50
4	成条机	2.50~3.00	2.50~3.00	1.30~1.80	2.00~3.00	1.50~3.50	2.50~3.00	—
5	并条机	2.00~2.50	2.00~2.50	1.50~2.00	2.00~3.00	1.50~3.50	2.50~3.00	—
6	针梳机	2.00~2.50	2.00~2.50	1.50~2.00	2.00~3.00	1.50~3.50	2.50~3.00	—
7	再割机	2.00~2.50	2.00~2.50	1.50~2.00	2.00~3.00	1.50~3.50	2.50~3.00	—
8	精梳机	2.00~2.50	2.00~2.50	1.50~2.00	2.00~3.00	1.50~3.50	2.50~3.00	—
9	粗纱机	1.80~2.00	2.00~2.50	1.50~2.00	2.00~3.00	1.50~3.50	2.50~3.00	—
10	煮纱锅	—	—	1.00~1.50	—	—	—	机后距墙 1.50~2.00
11	细纱干燥机	—	—	2.50~3.00	3.50~4.50	3.50~4.50	1.50~3.00	—
12	湿纺细纱机	0.90~1.00	—	2.00~3.00	2.50~3.00	2.50~3.00	2.50~3.00	—
13	槽筒络筒机	—	—	1.50~1.80	—	—	—	—
14	自动络筒机	1.60~2.20	1.10~1.30	—	3.00	3.00	3.00	—

续表 C.0.2

序号	机器名称	机器间距			机器与墙间距			其他间距
		机头	机尾	机身	机头	机尾	机身	
15	整经机	3.00~4.00	—	1.00~1.50	3.50~4.50	2.00~3.00	1.50~2.50	—
16	浆纱机	3.50~4.50	1.60~1.80	—	3.50~4.50	2.50~3.50	2.00~3.00	—
17	卷纬机	0.90~1.20	—	—	1.50~2.50	2.00~3.00	—	—
18	结经机	1.50~2.00	1.50~2.00	1.60~2.50	—	—	1.50~2.50	—
19	有梭织机（75"）	0.48~0.55	0.65~0.85	1.50~1.80	—	—	2.50~3.00	马达弄 0.25~0.30
20	无梭织机	0.70~0.80	1.20~1.60	1.50~2.00	—	—	3.00~4.00	机器侧向人行通道 0.50~0.60
21	验布机	—	0.50~0.70	—	4.00~4.50	2.50~3.00	—	—
22	折布机	—	—	—	—	—	—	距验布机 4.00~4.50

C.0.3 亚麻漂染车间设备排列间距可按表 C.0.3 确定。

表 C.0.3 亚麻漂染车间设备排列间距(m)

项 目	间 距
在同一轴线前后排列两列机台之间的距离（落布架、进布架）	6.0
设备的进布架（落布架）与墙之间的距离	6.0
设备最宽部位与墙之间的距离	0.8
设备与柱子之间的距离	0.6

C.0.4 苎麻纺织厂主要设备排列间距可按表 C.0.4 确定。

表 C.0.4 苎麻纺织厂主要设备排列间距(m)

机器名称	两机间距			与墙间距			其他间距
	机头	机尾	机身	机头	机尾	机身	
扎把台	—	—	3.00~4.00	1.20~1.50	—	2.50~3.00	—
浸酸锅	—	—	3.50~4.00 中心	—	—	≥5.00	—
煮炼、接种、发酵锅	—	—	3.50~4.00 中心	—	—	3.50~4.00	—
打麻机	—	—	4.50~5.50 中心	—	—	4.50~5.50	两列中间通道中心 7.00~9.00；与煮炼锅净空距离 5.00~7.00
漂酸洗联合机给油机	—	—	1.80~2.50	—	—	—	联合机与打麻机、脱水机净空距离 3.00~4.00
脱水机	—	—	2.00 中心	—	—	—	两种设备中心距 2.50~3.00
抖麻机	—	—	2.00 中心	—	—	—	—
烘燥机	—	—	2.00	—	—	2.00	与抖麻机的距离 2.00~2.50；机器输出端至车间隔墙 8.00
软麻机	—	—	1.50	2.50	4.00	2.50	—
开松机	—	—	2.50	3.50	4.50	2.50	—
梳麻机	1.80	3.20	0.85	2.20	2.50	2.50	距开松机 4.50
头道并条机	—	—	1.80	—	—	2.80	距针梳机 2.40
苎麻针梳机	—	—	1.80	—	—	2.80	距精梳机 2.80
精梳机	1.60	2.00	—	2.20	—	2.80	距针梳机 2.80
末道苎麻针梳机	—	—	1.50	—	—	2.80	距粗纱机 2.80
苎麻头道粗纱机	1.00	1.80	—	2.80	—	2.80	机侧弄为主通道时 2.20
苎麻二道粗纱机	1.00	1.60	—	2.80	—	2.80	机侧弄为主通道时 2.20
苎麻细纱机	—	—	1.50	—	—	2.80	中间通道 3.00

续表 C.0.4

机器名称	两机间距 机头	两机间距 机尾	两机间距 机身	与墙间距 机头	与墙间距 机尾	与墙间距 机身	其他间距
槽筒络筒机	—	—	1.50~1.80	2.50~3.00	2.50~3.00	2.50~3.00	两排机头中间距 2.00~2.50；两排机尾中间距 3.00~3.50
自动络筒机	1.60~2.20	1.10~1.50	—	2.50~3.00	2.50~3.00	—	两排机头/机尾非落纱间距 2.00~2.50；两排机头/机尾非落纱间距 3.00~3.50
整经机	3.00~4.00	—	1.00~1.50	3.50~4.50	2.00~2.50	1.50~2.50	—
浆纱机	3.50~4.50	1.60~1.80	—	3.50~4.50	3.50~4.50	—	—
卷纬机	0.90~1.20	—	—	1.50~2.50	1.50~2.50	—	—
结经机	1.50~2.00	1.50~1.80	1.60~2.50	—	—	1.50~2.50	—
有梭织机（75″）	0.48~0.55	0.65~0.85	1.30~1.80	—	—	2.50~3.00	马达弄 0.25~0.30
无梭织机	0.70~0.80	1.20~1.60	—	—	—	3.00~4.00	机器侧向人行通道 0.50~0.60
验布机	—	—	0.50~0.70	4.00~4.50	2.50~3.00	—	—
折布机	—	—	—	—	—	—	距验布机 4.00~4.50

C.0.5 苎麻短纺主要设备排列间距可按表 C.0.5 确定。

表 C.0.5 苎麻短纺主要设备排列间距（m）

机器名称	两机间距 机前弄	两机间距 机后弄	与墙间距 机头	与墙间距 机尾	与墙间距 机身	其他间距
往复抓棉机	2.5~3.5	—	—	—	2.5~3.5	运包弄 2.0~2.5
圆盘抓棉机	1.5~2.5	—	—	—	1.5~2.5	运包弄 2.0~2.5
单打手成卷机	—	—	6.0~7.0	—	—	两机中心距 3.4~3.8
梳棉机	1.6~2.0	1.4~1.6	2.5~3.5	2.5~3.5	3.0~4.0	两机侧距 0.6~0.8
并条机	1.2~1.6	—	—	—	—	距梳棉机 4.0~5.0
条并卷机	1.6~2.0	—	2.0~3.0	3.0~3.5	2.5~3.0	距并条机 2.5；两机侧间距 1.5~2.5
精梳	1.0~1.2	1.0~1.2	2.5~3.5	2.5~3.5	2.5~3.5	距并卷机 1.5~2.5；两排中间通道 2.0~3.5
粗纱机	0.9~1.4	1.4~2.0	2.5~3.5	2.5~3.5	2.5~3.5	距并条机 2.5~3.0；两机侧距 3.0~3.5
细纱机	0.8~1.0	0.8~1.0	3.0~3.5	3.0~3.5	2.5~3.5	两排中间通道 3.0~3.5
转杯纺纱机	1.1~1.5	—	3.0~4.5	3.0~4.5	2.5~3.5	距并条机 3.5~4.5
槽筒络筒机	1.5~1.8	1.5~1.8	2.5~3.5	2.5~3.5	—	两排机头中间距 2.0~2.5；两排机尾中间距 3.0~3.5
自动络筒机	1.6~2.2	1.1~1.5	2.5~3.5	2.5~3.5	—	两排机头/机尾非落纱间距 2.0~2.5；两排机头/机尾非落纱间距 3.0~3.5
并纱机	1.4~1.8	—	—	—	—	距筒络机 2.5~3.0
捻线机	0.8~1.2	—	—	—	—	距并纱机 2.0~3.0
摇纱机	0.8~1.2	—	—	—	—	两排机头弄间距 0.8~1.0；两排机尾间距 2.5~3.0
小包机	1.0~1.5	1.0~1.5	3.0~3.5	3.0~3.5	3.0~3.5	—
中包机	—	—	1.3~1.5	2.0~2.5	—	机器中心距墙 4.0~4.5

C.0.6 黄麻纺织厂主要设备排列间距可按表 C.0.6 确定。

表 C.0.6 黄麻纺织厂主要设备排列间距（m）

设备名称	两机间距 机前弄	两机间距 机后弄	与墙间距 机身	与墙间距 机头	与墙间距 机尾	其他间距
软麻机	—	—	5.0~6.0	4.0~5.0	4.0~5.0	两机间距 1.5~2.0
头道梳麻机	—	—	—	4.5~6.0	2.0~3.0	两机间距 1.5~2.0；离二梳 3.0~4.0
二道梳麻机	2.5~3.0	—	—	1.5~2.0	2~3.0	两机间距 1.5~2.0；离二梳 3.0~4.0
头道并条机	2.5~3.0	2.5~3.0	—	—	1.5~2.0	机侧弄 1.8~3.0
经二道并条机	2.5~3.0	2.5~3.0	—	—	1.5~2.0	机侧弄 1.4~1.8
经三道并条机	2.5~3.0	2.5~3.0	—	—	1.5~2.0	机侧弄 1.8~2.0
纬二道并条机	2.5~3.0	2.5~3.0	—	—	1.5~2.0	机侧弄 1.8~2.0
细支精纺机	1.1~1.2	2.0~2.5	3.0~3.5	4.0~4.5	2.0~2.5	两机间距 1.5~2.0；二排中间通道 3.0~4.0
粗支精纺机	1.2~1.4	1.5~2.0	3.0~3.5	4.0~4.5	2.5~2.5	
络经机	2.0~2.5	1.5~2.0	1.5~2.0	1.5~2.0	—	两机间距 2.0~2.5
络纬机	2.0~2.5	—	2.0~3.0	3.0	—	
整经机	—	3.0~3.5	3.0~3.5	3.0~3.5	—	两机间距 1.0~1.5
织布机	0.9~1.1	1.2~1.5	—	—	2.0~3.0	机侧弄 1.5~1.8；马达弄 0.4~0.5
捻线机	0.9~1.2	2.0~2.5	1.5~2.0	3.0	—	
验布机	—	—	2.0~2.5	2.0~2.5	—	两机间距 0.8~1.0
压光机	—	—	—	—	—	距验布机 6.0~8.0
折切机	—	—	—	—	—	距压光机 5.0~6.0
缝边机	—	—	—	—	—	两机间距 1.2~1.5
缝口机	—	—	—	—	—	两机间距 1.2~1.5
打包机	—	—	2.0~3.0	—	—	

注：若采用无梭织机，应根据布卷取直径和落布轴车的相关尺寸具体排列。

附录 D 车间温湿度

D.0.1 亚麻纺织车间温湿度可按表 D.0.1 确定。

表 D.0.1 亚麻纺织车间温湿度

车间	冬季 温度（℃）	冬季 相对湿度（%）	夏季 温度（℃）	夏季 相对湿度（%）
梳麻	20~22	65~70	<32	65~70
前纺	20~22	70~75	<32	70~75
煮漂	22~24	—	<30	—
湿纺细纱	22~24	—	<30	—
络筒	20~22	65~70	<32	60~70
细纱干燥	22~24	—	<30	—
养生间	22~24	75~80	<32	75~80
整经、络筒	20~22	65~70	<32	60~70
穿筘、卷纬	20~22	65~70	<32	60~70
纬纱库	20~22	70~75	<32	70~75
浆纱	22~26	—	<33	—
织布	22~24	75~80	<31	75~85
整理	20~22	60~65	<32	60~65

D.0.2 苎麻纺织车间温湿度可按表 D.0.2 确定。

表 D.0.2 苎麻纺织车间温湿度

车间	冬季 温度（℃）	冬季 相对湿度（%）	夏季 温度（℃）	夏季 相对湿度（%）
分级扎把	≥20	—	≤33	—
烘干	≥20	—	≤33	—

续表 D.0.2

车间	冬季		夏季	
	温度(℃)	相对湿度(%)	温度(℃)	相对湿度(%)
开松梳麻	22~24	65~70	29~31	65~70
精梳	22~24	65~70	28~30	65~70
并粗	22~24	65~70	29~31	65~70
细纱	22~26	60~65	30~31	60~65
并捻	22~24	65~70	29~31	65~70
络筒整经	22~24	65~70	29~31	65~70
浆纱	≥20	—	≤33	—
织布	23~25	80~85	30~31	80~85
整理	20~22	65~70	29~31	65~70

D.0.3 黄麻纺织车间温湿度可按表 D.0.3 确定。

表 D.0.3 黄麻纺织车间温湿度

车间	冬季		夏季	
	温度(℃)	相对湿度(%)	温度(℃)	相对湿度(%)
软麻	>20	65~70	30~32	65~70
梳并	>20	70~75	30~32	70~75
细纱	>22	75~80	30~32	75~80
准备	>20	70~75	30~32	70~75
织布	>22	75~80	30	75~80
整理	>20	65~70	30	65~70

附录 E 生产用水水质

E.0.1 亚麻纺织厂生产用水水质可按表 E.0.1 确定。

表 E.0.1 亚麻纺织厂生产用水水质

水质项目	单位	指标
浑浊度	度(NTU)	<3
色度	度	<15
pH	—	6.5~8.5
铁	mg/L	≤0.1
锰	mg/L	≤0.1
悬浮物	mg/L	<10
硬度(以 CaCO₃ 计)	mg/L	(1)原水硬度小于150mg/L可全部用于生产;(2)原水硬度大于150mg/L,小于325mg/L,大部分可用于生产,但溶解染料应使用小于或等于17.5mg/L的软水,皂洗和碱液用水硬度最高为150mg/L

E.0.2 苎麻纺织厂生产用水水质可按表 E.0.2 确定。

表 E.0.2 苎麻纺织厂生产用水水质

水质项目	单位	苎麻脱胶	苎麻纺织
浑浊度	度(NTU)	3~20	<3
色度	铂钴色度	<15	<15
pH	—	6.5~8.5	6.5~8.5
臭和味	—	无	无
大肠菌群	mg/L	不得检出	不得检出
铁	mg/L	<0.3	<0.3
硬度(以 CaCO₃ 计)	mg/L	60~100	60~100

E.0.3 黄麻纺织厂生产用水水质可按表 E.0.3 确定。

表 E.0.3 黄麻纺织厂生产用水水质

水质项目	单位	指标
浑浊度	度(NTU)	<3
色度	铂钴色度	≤15
pH	—	6.5~8.5
铁	mg/L	≤0.3
锰	mg/L	≤0.1
悬浮物	mg/L	<10
硬度(以 CaCO₃ 计)	mg/L	<450

附录 F 生产废水参考水质

F.0.1 亚麻粗纱煮漂及综合废水参考水质可按表 F.0.1 确定。

表 F.0.1 亚麻粗纱煮漂及综合废水参考水质

指标	单位	煮漂废水	煮漂、细纱综合废水
pH	—	7~8	7~8
CODcr	mg/L	1200~1800	800~1000
BOD₅	mg/L	350~600	300~450
SS	mg/L	600~800	
色度	稀释倍数	150~250	
木质素	mg/L	70~100	

F.0.2 亚麻粗纱煮漂及综合废水参考水质可按表 F.0.2 确定。

表 F.0.2 苎麻脱胶生产废水参考水质

指标	单位	化学脱胶					生物脱胶综合废水
		浸酸废水	煮练废水	洗washing废水	给油废水	其他(中段)废水	
pH	—	2.0~4.0	12.0~14.0	11.0~13.0	5.0~7.5	5.0~7.0	8.0~11.0
CODcr	mg/L	900~1300	11000~15000	1000~1500	2000~4000	30~60	850~1200
BOD₅	mg/L	350~500	4000~6000	400~600	1200~1800	4~11	300~400
SS	mg/L	10~40	200~1600	1500~2000	600~1000	30~45	300~400
色度	稀释倍数	50~60	3000~4000	200~250	800~1000		300~350
氨氮	mg/L	0.5~1.0	13.0~16.0	—	0.1~0.2	0.1~0.3	≤30.0

附录 G 车间照度

G.0.1 亚麻原料厂生产车间照度可按表 G.0.1 确定。

表 G.0.1 亚麻原料厂生产车间照度

名称	工作面高度(m)	工作面最低照度(lx)
长麻机室、短麻机室、分号室	0.8	100
手轮复制室	0.8	100
打包、滤尘室	—	100

G.0.2 亚麻纺织厂生产车间照度可按表 G.0.2 确定。

表 G.0.2 亚麻纺织厂生产车间照度

名 称		工作面高度(m)	工作面最低照度(lx)
梳麻车间	手工分束	0.8	100
	栉梳	2.0	100
	混合加湿	1.0	100
	联梳	1.0	100
	短打包	1.0	75
	加湿液调配	—	75
前纺车间	成条	1.0	150
	并条	1.2	150
	针梳、再割	0.9	150
	精梳	1.2	150
	粗纱	1.0	150
	粗纱煮漂间	—	100
	细纱	1.0	150～200
筒捻车间	络筒	0.9	150～200
	并捻	1.0	150～200
准备车间	整经、浆纱	0.8	150
	穿筘	0.8	750
	经轴室、综筘室	—	100
	织布	0.8	150～200
整理车间	验布	1.2	400～500
	折布	—	100
	打包	—	100

G.0.3 亚麻漂染厂生产车间照度可按表 G.0.3 确定。

表 G.0.3 亚麻漂染厂生产车间照度

名 称	0.75m水平面上最低照度值(lx)	
	混合照明	一般照明
练漂车间	—	75
进布面	150	—
出布面	300	—
染色车间	—	75
进布面	150	—
出布面	300	—
整装、整理车间		100
进布面	150	—
出布面	500	—
验布量布机	1000	—
验布台	750	—
碱液回收站		75

G.0.4 苎麻纺织厂生产车间照度可按表 G.0.4 确定。

表 G.0.4 苎麻纺织厂生产车间照度

名 称	工作面最低照度(lx)	备 注
脱胶	100	打麻、烘燥 150lx
梳纺	100～120	软麻 100lx
粗纱	150	
细纱、络筒	150～200	
准备	150	穿筘 750lx
织布	150～200	
整理	75～100	验布、修布 300lx～400lx

G.0.5 黄麻纺织厂生产车间照度可按表 G.0.5 确定。

表 G.0.5 黄麻纺织厂生产车间照度

名称	工作面高度(m)	照度标准值(lx)	UGR	Ra	备注
软麻	1.00	100	22	80	—
梳井	1.00	150	22	80	—
细纱	1.00	150～200	22	80	—
筒捻	1.00	150～200	22	80	—
整经	0.75	150	22	80	—
穿筘	0.75	750	22	80	—
织布	0.75	150～200	22	80	—
量检	1.20	300～400	22	80	—
轧光		150	22	80	—
折切	1.00	150	22	80	—
缝纫	0.75	250～300	22	80	可另加局部照明
折布	0.80	100	22	80	—
打包	—	100	22	80	—
乳化液	0.75	100	22	80	—

附录 H 主要仓库面积

H.0.1 亚麻原料厂、纺织厂主要仓库参考面积可按表 H.0.1 确定。

表 H.0.1 亚麻原料厂、纺织厂主要仓库参考面积(m²)

仓库名称	储存周期	500t/a 原料厂	1000t/a 原料厂	5000锭纺纱厂	10000锭纺织厂	包装方式	储存方式
原料堆场	1年	8000～8500	16000～17000	—	—	麻梱	露天防雨
打成麻库	3月	450～600	800～1100	—	—	麻包	堆码
原料库	6月	—	—	1500～2000	2500～3500	麻包	堆码
坯布库	1月	—	—	150～200	250～300	布包	堆码
纱线库	1月	—	—	350～400	700～800	袋装、箱装	堆码
成品布库	1月	—	—	350～400	700～800	布包	堆码
机物料库	6月	—	—	500	800～1000	杂装	小件架存 大件堆放
落麻库	4月	—	—	250	400	麻包	堆码
麻屑库	1月	500	1000			散堆	散堆
化工料库	2月	—	—	200	300	桶装	小件架存 大件堆放
油料库		—	—	150	200	桶装	堆码

注：原料库、成品库面积可根据季节性采购及销售情况定。

H.0.2 苎麻纺织厂主要仓库参考面积可按表 H.0.2 确定。

表 H.0.2 苎麻纺织厂主要仓库的参考面积

仓库名称		储存周期	参考面积(m²)		包装方式	储存方式
			中型厂	大型厂		
原麻库		6月	1000～1500	1500～2000	麻包	堆码
化纤库		4月	按混纺需要量		化纤包	堆码
精干麻库	无脱胶车间	6月	800～1200	1200～1800	麻包	堆码
	有脱胶车间	1天	150～200	200～300	车装	就地摆放
成品库	坯布	1月	200～300	300～400	布包	堆码
	纱线	1月	150～200	250～300	袋装、箱装	堆码

续表

仓库名称	储存周期	参考面积(m²)		包装方式	储存方式
		中型厂	大型厂		
落麻库	4月	300~400	600~800	布包	堆码
化工料库	3月	600~800	800~1000	桶装	小件架存大件堆放
机物料库	6月	1000~1500	1500~2000	杂装	小件架存大件堆放
废品库	1月	80~100	100~150	散装	堆放
油库	3月	40~80	50~100	桶装	堆码
危险品库	3月	40~80	50~100	桶装瓶装	堆码

H.0.3 黄麻纺织厂主要仓库参考面积可按表 H.0.3 确定。

表 H.0.3 黄麻纺织厂主要仓库的参考面积

仓库名称	储存周期(d)	仓库面积(m²)		包装方式	储存方式
		52台织机厂	104台织机厂		
原麻库	90	1560	3120	捆	堆垛
成品库	20	430	950	包	堆垛
废品库	30	100	150	杂装	—
机物料库	180	400	600	杂装	—
油库	90	100	150		油罐
落麻库	90	110	150	包	堆垛
化工料库	30	150	280	桶	小件存放大件堆放

附录 J 主要生产附房面积

J.0.1 亚麻纺织厂主要生产附房面积可按表 J.0.1 确定。

表 J.0.1 亚麻纺织厂主要生产附房面积(m²)

	名 称	10000锭亚麻湿纺	200台宽幅布机
纺部	梳麻保全	30~40	—
	梳麻保养	20~30	—
	前纺保全	40~50	—
	前纺保养	25~35	—
	后纺保全	40~50	—
	后纺保养	25~35	—
	加湿调配室	30~40	—
	针排室	60~90	—
	罗拉室	60~80	—
	化工料调配	50~70	—
	小件室	45~60	—
	纤维检验室	60~90	—
	化验室	20~30	—
	纺部试验室	90~120	—
	纺部齿轮室	20~30	—
织部	准备保全室		40~50
	准备保养室		25~35
	布机保全室		50~70
	布机保养室		25~35
	综筘修理室		40~50
	整理保全保养室		40~50
	调浆室		30~40
	织部试验室		50~70
	织部齿轮室		20~30

J.0.2 苎麻纺织厂主要生产附房面积可按表 J.0.2 确定。

表 J.0.2 苎麻纺织厂主要生产附房面积(m²)

	名 称	年产≤3000吨精干麻	年产≥5000吨精干麻
脱胶车间	煮练液配置间(生物制剂)	70~100	110~150
	漂洗、酸洗液调配间	50~60	60~70
	化工料(酶、菌液)存放间	20~40	40~60
	发酵室(采用生物发酵室设置)	60~120	250~400
	给油液调配室	30~40	30~40
	维修间	30~40	30~40
	化验室	40~70	50~70
	废麻间	50~60	60~80
	精干麻库	300~500	400~600
	菌种营养料库(采用生物发酵室设置)	150~300	300~500

注:梳纺、织布可以与亚麻附房设置相同。

J.0.3 黄麻纺织厂主要生产附房面积可按表 J.0.3 确定。

表 J.0.3 黄麻纺织厂主要生产附房面积(m²)

	名 称	参考面积	
		52台织机厂	104台织机厂
纺部	麻仓	350~400	450~600
	乳化液调配室	50~60	60~80
	软、梳、并保全室	24~36	36~42
	软、梳、并保养室	18~24	24~30
	植针室	18~24	24~30
	细纱保全室	24~30	24~36
	细纱保养室	18~24	24~30
	皮辊室	30~40	40~50
	试验室	36~42	42~48
	齿轮室	18~24	20~30
	梳并运转办公室	18~24	20~30
	纺纱运转办公室	18~24	20~30
织部	准备保全室	24~36	30~40
	准备保养室	18~24	20~30
	布机保全室	36~54	54~60
	布机保养室	20~30	40~46
	木工修校室	30~40	40~48
	综筘修理室	20~30	30~36
	织布运转办公室	18~24	20~30
	整理运转办公室	18~24	20~30
	整理保全保养室	30~40	40~50

本规范用词说明

1 为便于在执行本规范条文时区别对待,对要求严格程度不同的用词说明如下:

　　1) 表示很严格,非这样做不可的:
　　　　正面词采用"必须",反面词采用"严禁";
　　2) 表示严格,在正常情况下均应这样做的:
　　　　正面词采用"应",反面词采用"不应"或"不得";
　　3) 表示允许稍有选择,在条件许可时首先应这样做的:
　　　　正面词采用"宜",反面词采用"不宜";
　　4) 表示有选择,在一定条件下可以这样做的,采用"可"。

2 条文中指明应按其他有关标准执行的写法为:"应符合……的规定"或"应按……执行"。

引用标准名录

《建筑设计防火规范》GB 50016
《汽车库、修车库、停车场设计防火规范》GB 50067
《防洪标准》GB 50201
《工业企业总平面设计规范》GB 50187
《厂矿道路设计规范》GBJ 22
《建筑抗震设计规范》GB 50011
《工业建筑防腐蚀设计规范》GB 50046
《建筑采光设计标准》GB/T 50033
《工业企业厂界噪声标准》GB 12348
《工业企业噪声控制设计规范》GBJ 87
《印染工厂设计规范》GB 50426
《混凝土结构设计规范》GB 50010
《砌体结构设计规范》GB 50003
《建筑结构荷载规范》GB 50009
《建筑给水排水设计规范》GB 50015
《建筑灭火器配置设计规范》GB 50140
《纺织染整工业水污染物排放标准》GB 4287
《纺织工业企业环境保护设计规范》GB 50425
《采暖通风与空气调节设计规范》GB 50019
《低压配电设计规范》GB 50054
《电力工程电缆设计规范》GB 50217
《建筑照明设计标准》GB 50034
《建筑物防雷设计规范》GB 50057
《建筑物电子信息系统防雷技术规范》GB 50343
《火灾自动报警系统设计规范》GB 50116
《锅炉房设计规范》GB 50041
《城市燃气设计规范》GB 50028
《工业企业燃气安全规程》GB 6222
《压缩空气站设计规范》GB 50029

中华人民共和国国家标准

麻纺织工厂设计规范

GB 50499—2009

条 文 说 明

制 订 说 明

为了统一麻纺织工厂在工程建设领域的技术要求，制定时遵循科学、合理、注重实效的原则，依据国家现行法律法规，总结我国最近二十年来建设麻纺织工厂的实践，吸收国内同类工厂的设计经验，采用经国家有关部门核准推广的新技术、新工艺、新设备、新材料，在进行广泛的调查研究和征求意见基础上，制定本规范，做到技术先进、经济合理、安全适用。

本规范编制过程中，规范编制组查阅了大量现行有效的国家标准，整理了以往的设计资料，调查了包括哈尔滨亚麻纺织有限公司、肇融亚麻纺织有限公司、温州汇浩亚麻纺织有限公司、东嘉麻棉（常州）有限公司、江苏宜兴市舜昌亚麻纺织厂、湖南华升雪松有限公司、广源麻业有限公司、明星麻业有限公司、浙江杭州双绿纺织品有限公司、海宁市正利时麻纺织有限公司、四川省川南麻纺厂等国内较具有代表性的麻纺织生产企业，了解了我国麻纺织工厂的生产现状和工艺技术水平。通过对包括中国纺织工业设计院、上海纺织建筑设计研究院、湖北纺织工业设计院、吉林省纺织工业设计研究院、甘肃轻纺工业设计院、哈尔滨亚麻纺织有限公司、温州汇浩亚麻纺织有限公司、湖南华升雪松有限公司、四川省川南麻纺织厂等二十多家有关的设计单位和生产企业进行征求意见，组织召开了由住房和城乡建设部、中国纺织工业协会、中国纺织勘察设计协会等有关部门的领导和中国纺织工业设计院、上海纺织建筑设计研究院、甘肃省轻纺工业设计院、安徽省纺织工业设计院、哈尔滨亚麻纺织有限公司、浙江金鹰股份有限公司、湖南华升洞庭麻业有限公司等企事业单位的专家组成的审查会议，并审查定稿。

本规范苎麻脱胶工艺流程中，列举了生物脱胶工艺流程。此流程虽然目前尚未普遍采用，但是已经过批量生产和省级鉴定，有部分苎麻生产企业已全部采用了生物脱胶工艺流程。由于本流程具有节能降耗、实现清洁生产，保护环境特点，是今后苎麻脱胶的发展方向，应积极推广采用。

为了准确理解本规范的技术规定，按照《工程建设标准编写规定》的要求，编制组编写了《麻纺织工厂设计规范》条文说明。本条文说明的内容均为解释性内容，不应作为标准规定使用。

目 次

1 总则 ……………………………… 7—34—29
3 亚麻纺织工艺设计 ……………… 7—34—29
　3.1 一般规定 …………………… 7—34—29
　3.2 工艺流程 …………………… 7—34—29
　3.3 设备选择与配合 …………… 7—34—29
4 苎麻纺织工艺设计 ……………… 7—34—29
　4.1 工艺流程 …………………… 7—34—29
　4.2 设备选择与配台 …………… 7—34—29
5 黄麻纺织工艺设计 ……………… 7—34—29
　5.1 工艺流程 …………………… 7—34—29
　5.2 设备选择与配台 …………… 7—34—29
6 总图运输 ………………………… 7—34—29
　6.1 一般规定 …………………… 7—34—29
　6.2 总平面布置 ………………… 7—34—29
　6.3 竖向设计 …………………… 7—34—30
　6.5 厂区道路 …………………… 7—34—30
　6.7 主要技术经济指标 ………… 7—34—30
7 建筑、结构 ……………………… 7—34—30
　7.1 一般规定 …………………… 7—34—30
　7.2 生产厂房 …………………… 7—34—30
　7.3 建筑防火、防爆 …………… 7—34—30
　7.4 生产辅助用房 ……………… 7—34—30
　7.5 生产厂房主要建筑构造 …… 7—34—30
　7.6 结构选型 …………………… 7—34—30
　7.8 设计荷载 …………………… 7—34—30
　7.9 地基基础 …………………… 7—34—30
8 给水排水 ………………………… 7—34—30
　8.2 用水量、水质、水压 ……… 7—34—30
　8.3 水源与水处理 ……………… 7—34—31
　8.4 给水系统与管道布置 ……… 7—34—31
　8.6 排水系统和管道布置 ……… 7—34—31
　8.7 水的重复利用及废水回用 … 7—34—31
9 采暖、通风、空调、滤尘 ……… 7—34—31
　9.1 一般规定 …………………… 7—34—31
　9.3 采暖 ………………………… 7—34—31
　9.6 滤尘 ………………………… 7—34—31
10 电气 …………………………… 7—34—31
　10.1 供配电系统 ……………… 7—34—31
　10.2 照明 ……………………… 7—34—32
　10.3 接地和防雷 ……………… 7—34—32
　10.4 消防和火灾报警 ………… 7—34—32
11 动力 …………………………… 7—34—32
　11.2 蒸汽供热系统 …………… 7—34—32
　11.3 蒸汽凝结水回收和利用 … 7—34—32
　11.4 导热油供热系统 ………… 7—34—32
　11.6 压缩空气 ………………… 7—34—32
12 仓储 …………………………… 7—34—32
　12.1 一般规定 ………………… 7—34—32
　12.2 原料库 …………………… 7—34—32
　12.3 坯布库、成品库 ………… 7—34—32

1 总 则

1.0.1 本条为制定本规范的目的。

1.0.2 本条为本规范的适用范围。麻纺织工厂包括亚麻、苎麻、黄麻纺纱、织造及亚麻织物的漂染;亚麻纺织工厂包括亚麻纤维处理、纺纱、织造及亚麻织物的漂染;苎麻纺织工厂包括苎麻脱胶、开松切短麻、纺纱、织造;黄麻纺织工厂包括黄麻脱胶、纺纱、织造。

3 亚麻纺织工艺设计

3.1 一般规定

3.1.2 不同的工艺流程、不同的生产方法,就会选择不同的设备配置。麻纺织及印染设备技术更新发展较快,特别是节水、节能和织物后整理新技术,车间布置宜留有发展的可能。

3.2 工艺流程

3.2.1 麻纺织工厂选择先进、合理、可靠的工艺流程,可以收到优质、高效、节能、低成本、少污染的效果。在工厂设计时既要符合主要品种的工艺流程的需要,也要考虑能生产其他品种的需要,满足工厂近期生产和远期规划的要求,考虑产品对市场要求的适应性。

3.3 设备选择与配台

3.3.1 采用技术上先进,并经过鉴定的设备,可提高产品质量,降低劳动强度,提高劳动生产率,节省基建费用,降低水、电、汽消耗,减少环境污染,确保安全生产。

3.3.3 前纺设备和织前准备设备的产能是制约整个纺部、织布生产的关键。适当加大这两部分设备的产能,以便在生产中不发生半制品脱节现象,有利于适应市场变化要求,具有更改产品的灵活性。设计中设备产能控制适度为宜,避免过于增大,增加建设投资。

3.3.4 主机设备生产能力、设备配备的主要参数指目前广泛使用的,水平较先进设备参数。该参数可根据实际选用的设备进行调整。

4 苎麻纺织工艺设计

4.1 工艺流程

4.1.1 设计中可供采用的脱胶工艺流程,列举了生物脱胶工艺流程。此流程虽然目前尚未普遍采用,但是已经过批量生产和省级鉴定,有部分苎麻生产企业已全部采用了生物脱胶工艺流程。由于本流程具有节能降耗、实现清洁生产,保护环境特点,是今后苎麻脱胶的发展方向,应积极推广采用。对存在的问题,采取相应措施是可以解决和完善的。

目前苎麻生产企业积极探索新的脱胶工艺,即快速脱胶工艺(生化脱胶工艺),采用新型快速脱胶剂,替代化学脱胶,一煮替代二煮。快速脱胶工艺在节能、清洁生产,保护环境方面有很大改进,是今后苎麻脱胶发展的新途径。但目前此流程还在试验和试生产阶段。本规范尚未列出其工艺流程,待工艺成熟后,应积极推广采用。

4.1.2、4.1.3 本规范所列举的长麻纺、短麻(混纺)纺、后纺工艺流程,是目前国内常用的典型工艺流程。为了鼓励技术进步和创新,根据生产的产品及需要,可对工艺流程进行改进,但是要通过试生产及鉴定,才能在设计中使用。

4.2 设备选择与配台

4.2.2 本规范所列举的长麻纺织工艺设备配台计算参数,是目前常见生产品种,新产品的研制和生产,可根据需要调整计算参数。苎麻短麻(混纺)工艺设备配台计算参数,由于目前全部采用棉纺设备,可按棉纺工艺设备配台计算参数。

5 黄麻纺织工艺设计

5.1 工艺流程

5.1.1 黄麻脱胶工艺通常不纳入黄麻纺织工厂生产流程。本规范根据现有状况列举了常规的天然细菌脱胶工艺流程。

黄麻新型酶脱胶工艺具有节能、清洁生产,保护环境的特点,是今后黄麻脱胶的发展方向。但目前此流程尚未大规模采用,还在试验阶段。本规范尚未列出其工艺流程,待工艺成熟后,应积极推广采用。

5.2 设备选择与配台

5.2.2 本规范所列举的黄麻纺织工艺主机设备工艺参数主要针对国内目前常规的黄麻纺织机械设备。为了鼓励技术进步和创新,根据生产的产品及需要,可对工艺流程进行改进,但是应通过试生产及鉴定,才能在设计中使用。

6 总图运输

6.1 一般规定

6.1.2 麻纺织工厂设计和建设不应搞"大而全"、"小而全",应充分考虑专业化和社会化的原则,尽量与地方协作,以节约投资,提高经济效益。

6.2 总平面布置

6.2.1 本条对主厂房布置设计提出要求:

1 主厂房体量和荷载较大,布置在厂区地形、地质条件最好的地段,可节省工程费用,保证工程质量。

2、4、5 麻纺织工厂采用单层锯齿厂房时,一般均为锯齿天窗朝北方位,阳光不会直接射入车间,采光均匀,工厂纬度和锯齿厂房天窗朝向关系参见表1。但练漂、染色车间部分生产设备蒸汽散逸,湿度大,在冬季气温较低地区车间北向锯齿厂房内积雾,滴水现象严重;采用南向锯齿形结构厂房,冬季阳光能射入车间内,对减少车间内滴水及天窗结冰现象有明显效果。气楼式厂房利用侧向天然采光,气楼两侧大窗通风排气、排雾,一般情况下应选择南北朝向。

表1 厂址纬度和锯齿厂房天窗朝向关系

北纬(度)	锯齿天窗朝向北偏东角度(度)
15～20	18～15
25～30	12～10
30～35	10～5
35～40	5～0

6.2.3 本条对锅炉房布置设计提出要求：

　　1 对自建锅炉房布置提出要求。锅炉房位置的选择，直接影响到供热系统的投资、运行、环境保护、安全防火诸因素。

6.3 竖向设计

6.3.1 本条对厂区竖向设计提出要求：

　　1 对厂区竖向设计提出要求。根据国家现行标准《防洪标准》GB 50201 有关工矿企业的等级和防洪标准，制订本规范的防洪要求。

6.3.2 竖向设计选择的条件，主要以地形坡度及复杂程度而定。主厂房占地面积较大，且厂区内建筑密度较高，厂内外一般为水平运输方式，故宜采用平坡式。

6.5 厂区道路

6.5.3 我国已广泛采用运输综合机械化设备，如集装箱运输，应考虑能通行集装箱运输车的道路转弯半径，停车场地等。常用集装箱货柜规格长度 6.0m 或 12.0m，宽度 2.4m，高度 2.5m。

6.7 主要技术经济指标

6.7.1 总平面布置主要技术经济指标是选定总图最佳方案的依据之一，其中建筑系数是关键性指标，指标各系数值尚应符合当地规划部门提出的要求。

7 建筑、结构

7.1 一般规定

7.1.1 麻纺织工厂部分车间生产过程中散发较大量湿热气体，并含有腐蚀性介质，因此建筑设计必须根据不同地区特点，重点解决车间内部排雾、防结露、防腐蚀等问题。

7.1.3 建筑设计应本着"技术先进、经济合理"的原则，结合具体工程的规模、投资、所在地区的施工水平等因素综合考虑。

7.2 生产厂房

7.2.1 生产车间的建筑形式近年来发展变化很大，由于传统的锯齿形厂房造价高、工期长，已逐渐被单梁锯齿形厂房，无窗厂房、大跨度轻型钢结构厂房、气楼式单层厂房、气楼带排气井单层厂房等代替。选用中主要应围绕解决工厂的排雾、防结露等问题综合考虑。

7.3 建筑防火、防爆

7.3.1 麻纺织厂如发生火灾或爆炸，有可能造成重大人员伤亡和财产损失，因此建筑防火、防爆设计应严格按照现行国家标准《建筑设计防火规范》GB 50016 和纺织工业企业设计防火的有关规定执行。

7.3.5 本条为强制性条文。麻纤维在加湿养生过程中，如果通风不良，容易发热，并易产生易燃、易爆气体。本条规定的目的在于减少爆炸的危害。本条也是采取安全防护措施的主要内容，设计时必须给予高度的重视。

7.3.6 亚麻原料加工及麻纺生产过程中梳麻、前纺车间工艺设备将散发出一定量的麻尘、麻纤维和麻绒。麻尘如不及时清除，在空气中悬浮，达到一定浓度，将形成具有爆炸危险的混合物，遇到明火将引起粉尘爆炸。爆炸过程可通过滤尘管道蔓延到滤尘室，可能造成滤尘室爆爆。考虑到滤尘室的防爆、卸爆的需要，滤尘室应布置在直接对外开门的附房内或独立建筑物内。

7.4 生产辅助用房

7.4.4 汽油气化室在生产车间中是易引发爆炸的场所，本条作为强制性条文，设计中应引起高度重视。

7.5 生产厂房主要建筑构造

7.5.1 本条对厂房屋面设计作了规定。

　　2 生产主厂房的屋面坡度，决定于生产车间的性质，如潮湿性生产车间坡度宜大，便于凝结水顺坡到集水沟，否则易在中部下滴影响产品质量。根据实践经验，屋面坡度 1:2.5 能使凝结水顺流到集水沟。干燥性生产车间屋面坡度可按正常要求选用。本规范提出轻钢结构屋面排水坡度不应小于 5%，根据实践证实该坡度是适用的。

7.5.2 本条对厂房墙体设计作了规定。

　　2 为了保护耕地、节约能源、推动墙体改革，应积极推广应用新型墙体材料做生产厂房的墙体材料。各省市已发布严禁使用黏土砖的文件，设计中必须贯彻执行。

7.5.4 本条对厂房地面设计提出要求。

　　1 湿加工车间属多水车间，常年有水或有染液、化学溶液波及楼地面，平时经常需冲洗，因此保持楼地面一定的排水坡度显得十分重要。

7.5.6 实践证明塑钢窗或玻璃钢窗耐腐蚀，方便适用。

7.6 结构选型

7.6.1 漂染厂在生产过程中产生大量雾气，极易在室内屋顶结露形成滴水现象，厂址所处地域位置不同，气象条件各异，结露的情况也有较大的区别，结构体系的选用必须考虑此类因素。

7.8 设计荷载

7.8.1 设计天沟板、风道底板、轻型厂房屋面时，除考虑均布活载外，还应另外验算在施工、检修时可能出现在最不利位置上，由人和工具自重形成的集中荷载。悬挂荷载应包括工艺、水、暖、电、通风、空调、滤尘等系统悬挂于结构构件上的管道和设备荷载。

7.9 地基基础

7.9.2 当地下沟道埋置深度大于建筑物基础且两者之间的净距不能满足要求时，应采取合理的施工顺序和可靠的围护措施。

7.9.3 工艺设备基础应采取合理的形式和有效措施，防止产生过大的相对沉降差以影响生产。

8 给水排水

8.2 用水量、水质、水压

8.2.1

　　2 工艺用水量小时变化系数与工厂规模直接相关，工厂规模大时小时变化系数可取小值，反之取大值。

8.2.2 生活用水水质应符合现行国家标准《生活饮用水卫生标准》GB 5749。生产用水水质以满足生产工艺要求为准，水质应满足相关用水要求。

8.2.3 一般麻纺织工厂多数为单层厂房,大多数设备为无压进水,车间进口压力以满足其出水水头,一般大于0.2MPa即可。冷却循环水、喷射设备等部分设备压力要求较高,为满足室内消防用水要求水压不宜小于0.35MPa。部分设备水压要求较高时,为节约能耗、减少阀门漏损尽可能局部加压解决。

8.3 水源与水处理

8.3.1 本条对供水水源的选择作出了规定。现行国家标准《室外给水设计规范》GB 50013有关于水源选择前,必须进行水资源勘察的强制性要求。

8.3.2 现行国家标准《室外给水设计规范》GB 50013有关于深井水作为水源时的强制性要求。

8.3.3 对给水处理作出了规定,一般处理工艺、设备见现行国家标准《室外给水设计规范》GB 50013,软化除盐处理工艺与设备见现行国家标准《工业用水软化除盐设计规范》GB/T 50109。

8.4 给水系统与管道布置

8.4.1 给水系统应根据水源情况和用水要求予以划分。
1 利用市政给水的水压直接供水有利于节能并减少二次污染。
2 生产、生活、消防合并管网的给水系统为现行国家标准《建筑设计防火规范》GB 50016规定中所提倡,管网简单,可降低管网造价,水质有保证。
3 分质、分区供水主要目的是为了节能、节省费用。
4 当冷却水水量大、水质变化小,应当采用循环方式,加以重复利用,可节能、节水。

8.4.2 环状布置并用阀门分成可单独检修的独立管段能提高供水的安全性。实践证明塑料给水管以其具有防腐能力强、内壁光滑、质量轻、美观、安装方便而得到大量推广。有些企业在车间内采用热镀锌钢管、不锈钢管。为满足计量、考核要求,各工段或主要用水设备应设置水量计量设施,以节约用水。

由于一个工厂往往存在自来水、自备水、回用水、冷却水等多种水源,有些企业对水质污染问题不够重视。因此,应根据现行国家标准《建筑给水排水设计规范》GB 50015的要求设计给水管道,避免水质污染。

8.6 排水系统和管道布置

8.6.1
1 生产排水量一般可按生产用水量计算得到,区分锅炉蒸发用水、生产污水、生产废水和清洁废水、生活污水等,是为了便于计算污水量、可重复利用排水及考虑废水回用等。

8.6.2 本条对排水系统作了规定。
1 麻纺织工厂生产污水主要有纤维脱胶、亚麻粗纱煮漂污水,印染车间退浆、练漂、染色、碱减量、丝光、印花污水。生活污水主要接纳车间、厂区生活污水。雨水排水系统,主要接纳屋面雨水和厂区地面雨水。同时还有大量清洁废水,主要包括空调废水、车间冷却废水等清洁废水。
2 排水采用清、污分流排放,浓、淡分流排放,有利于选择合理的污水处理工艺及考虑废水回用。
3 根据现行国家标准《建筑给水排水设计规范》GB 50015,屋面雨水宜采用外排水系统,大型屋面宜按压力流设计。

8.6.3 生产车间内工艺排水多采用暗沟排放。为检修方便,排水沟的设备排出口、三岔口及转弯处应设置活动盖板,设伸顶通气管是为了减少水雾产生。工艺冷却水一般采用循环或回用,为避免污染宜采用管道排放。埋地排水塑料管对持续水温大于40℃的排水则不合适。根据现行国家标准《建筑给水排水设计规范》GB 50015的规定,室内排水沟与室外排水管道的连接处应设水封装置。厂区雨水管(沟)设计重现期、地面集流时间可按常规考虑。

8.7 水的重复利用及废水回用

8.7.1 现行国家标准《建筑中水及回用设计规范》GB 50336规定,缺水城市和缺水地区应当建设废水回用设施。生活洗涤排水、空调循环冷却排污水、冷凝水、雨水以及清洁废水由于水中污染浓度不高,均可作为回用水水源。处理合格的废水可回用于生产工艺,也可回用于冲厕所、地面冲洗、汽车冲洗、绿化、浇洒道路等。

8.7.5 为防止发生水质污染问题作出本条规定。

9 采暖、通风、空调、滤尘

9.1 一般规定

9.1.2 漂染生产厂房为高温高湿生产车间,为使热湿空气及时排出,宜有良好的通风设施;而机械通风需耗能、增加企业的生产运行成本;为使企业能节省生产运行成本,在印染工厂设计时,应在建筑结构形式选用上考虑具有良好的自然通风条件。

9.1.3 本条要求生产厂房围护结构应有足够的保温性能。当围护结构的保温不好时,冬季易在车间围护结构的内表面结露滴水,影响产品质量和室内劳动环境。围护结构最小热阻应通过计算确定,计算可参见现行国家标准《采暖通风与空气调节设计规范》GB 50019。

9.3 采 暖

9.3.2 严寒地区的值班室及办公室应设置采暖系统是劳动保护的要求。车间设置值班采暖是为了设备能顺利开机及保证管道不被冻裂的需要。

9.6 滤 尘

9.6.3 为防止因摩擦打出火花,故对滤尘提出预防引发爆炸的措施要求。车间的含尘空气经吸尘管道进入到滤尘机组进行处理,其处理过程要求连续及时将麻尘、麻屑等收集、排出,防止麻尘积聚、沉降,如不及时处理,含尘空气在一定浓度下,遇到明火将引起爆炸,故规定此强制条款。

9.6.6 本条为强制性条文。现行国家标准《建筑设计防火规范》GB 50016中第3.6.7条规定"有爆炸危险的设备宜避开厂房的梁、柱等主要承重构件布置"。本条也是采取安全防护措施的主要内容,设计时必须给予高度的重视。

10 电 气

10.1 供配电系统

10.1.3 本条对低压配电系统作了规定。
2 平行的生产流水线和互为备用的生产机组若由同一(母线)回路供电,则当此回路停止供电时,将使各流水线都停止生产或备用机组不起备用作用。

同一生产流水线的各用电设备如由不同的(母线)回路配电,则当任一(母线)回路停电时,都将影响此生产线的生产。

3 漂染车间一般采用 TN 系统的接地形式，在低压电网中，车间的单相负荷宜均匀地分配在三相线路中，当不平衡负荷引起的中性线电流超过变压器低侧绕组额定电流的 25％时，应选用 D,ynll 接线组别的变压器。

10.1.4 采用电缆桥架敷设较适应设备选型变更带来的配电线路的变更。另外，电缆沟中易积水也不利于清洁。同时在有腐蚀和特别潮湿场所，宜采用各种类型的防腐蚀型电缆桥架，如采用热镀锌、外表面涂防腐层及采用玻璃钢材料等。室外可采用电缆沟或直接埋地敷设。

10.2 照 明

10.2.8 麻纺织工厂各生产车间照度表是根据目前企业的实际情况，并适当提高了照度值，同时考虑节能的要求，不过于加大照度。

10.3 接地和防雷

10.3.1 TN 系统按照中性线"N"和保护线"PE"组合，有三种形式：

1 TN-C 系统，整个系统 N 线和 PE 线是合一的。

此系统只适用于三相负荷比较平衡，电路中三次谐波电流不大，并有专业人员维护管理的一般车间等场所。

此系统不适用有爆炸和火灾危险的场所，单相负荷比较集中的场所，电子、信息处理设备及各种变频设备的场所。

2 TN-C-S 系统，系统中有一部分 N 线与 PE 是合一的。

3 TN-S 系统，整个系统的 N 线和 PE 线是分开的。

TN-C-S 系统与 TN-S 系统，都适用于有爆炸和火灾危险场所，单相负荷比较集中的场所，同时也适用于计算机房，生产和使用电子设备的各种场所。

根据三种接地系统适用场合，结合工程具体情况，作综合的技术经济比较后，确定其中一种形式。

10.4 消防和火灾报警

10.4.2 麻纺织工厂中丙类生产车间与仓库等，在火灾自动报警系统保护对象分级中属二级，其消防设备用电应按二级负荷供电。为确保其供电可靠性，火灾自动报警系统应设主电源和直流备用电源。

11 动 力

11.2 蒸汽供热系统

11.2.5 本条是对室内外热力管网的规定。

1 为便于车间、机台考核与控制，而采取这种布置方式。

2 本款规定在蒸汽管径计算时，应考虑近期发展因素。

3 本款为管道布置和敷设应遵循的原则。

11.3 蒸汽凝结水回收和利用

11.3.1 本条是对蒸汽凝结水回收的具体规定。

设计中必须确实贯彻执行国家关于节能方面的政策和法令，凝结水回收率应达到 60％～80％。

凡是用蒸汽间接加热而产生的凝结水，除被加热介质有毒或有强腐蚀性的溶液外，应尽可能加以回收。对于可能被污染的凝结水，应设置水质监督测量装置，经处理方可利用。

11.3.2 采暖通风和生产用蒸汽凝结水，压差小于 0.3MPa 可以合管输送。如压差大于 0.3MPa 应采取措施后，才能合管输送。

11.3.4 由于回水管道内汽水混合两相流动，所以管径较大，投资高。采用余压回水系统时，宜在凝结水管道增设换热装置，以回收热量、降低水温、缩小管径、节省投资。

11.4 导热油供热系统

11.4.1 本条是对漂染设备需使用高温热源时对加热炉的选用规定。漂染生产在热定型、焙烘等工序要使用 280℃以上高温热源，大部分厂采用以导热油为载体的机械加热炉，出油温 280℃，回油温 260℃，也有部分厂利用城市煤气、液化石油气、汽油、电能产生高温热源满足生产工艺高温热源的要求。

11.4.4 本条是导热油供热系统的设计要求。多年来的运行实践证明，导热油在高温状态下长期使用，由于热裂解及氧化等原因，如设计和使用不当，其物化性能及技术指标必然迅速发生变化，当导热油下列四项指标达到一定数值时，应予报废。

1 酸值（mg KOH/g）达到 0.5 时（按现行国家标准《石油产品酸值测定法》GB 264 方法测定）。

2 黏度变化达 15％时（按现行国家标准《石油产品黏度标准》GB 265 方法测定）。

3 闪点变化达 20％以上时（按现行国家标准《石油产品闪点与燃点测定法》GB 267 方法测定）。

4 残碳达到 1.5 时（按现行国家标准《石油产品测定法》GB 268方法测定）。

因此，在设计中合理选用导热油，设计合理的导热油供热系统，防止导热油超温运行及氧化，对延长导热油使用寿命，保障安全生产，节省费用均有积极意义。

11.6 压缩空气

11.6.1 本条是对压缩空气站容量确定的规定。印染工艺许多设备及仪表需用压缩空气，有关专业应提供用气量、用气压力及气质要求，经下式计算后确定压缩空气站容量。

$$Q = \sum Q_{max} K(1+\phi) \quad (1)$$

式中：Q_{max}——各设备压缩空气最大消耗量（m³/min）；

K——同时使用系数，按 0.7～1.0 选用；

ϕ——管道系数漏损系数，取 0.15。

12 仓 储

12.1 一般规定

12.1.3 尽可能设计多层仓库，提高土地利用率。

12.2 原料库

12.2.2 采用荷重法计算建筑面积时，可按下式计算：

$$S = Q \times T / q \times f \quad (2)$$

式中：S——仓库建筑面积（m²）；

Q——日需要量（t/d）；

T——储存周期（d）；

q——单位面积储存能力（t/m²）；

f——面积利用系数，取 0.5。

12.3 坯布库、成品库

12.3.1 坯布库、成品库的建筑面积可按下式计算：

$$S = Q \times T / F \quad (3)$$

式中：S——仓库建筑面积（m^2）；
  Q——坯布日需要量或日产量（t/d）；
  T——储存周期（d）；
  F——布包堆放密度（t/m^2）。
布包堆放密度一般如下：

1 使用单梁悬挂式吊车作运输工具时：

坯布库为 0.75 t/m^2；

成品库为 0.80 t/m^2（布包），0.40 t/m^2～0.45 t/m^2（纸箱或木箱）。

2 其他情况时（人工堆垛）：

坯布库为 0.55 t/m^2；

成品库为 0.60 t/m^2（布包），0.35 t/m^2～0.40 t/m^2（纸箱或木箱）。

中华人民共和国国家标准

涤纶工厂设计规范

Code for design of polyester fiber plant

GB 50508—2010

主编部门：中　国　纺　织　工　业　协　会
批准部门：中华人民共和国住房和城乡建设部
施行日期：２０１０年１２月１日

中华人民共和国住房和城乡建设部
公 告

第 605 号

关于发布国家标准《涤纶工厂设计规范》的公告

现批准《涤纶工厂设计规范》为国家标准，编号为 GB 50508—2010，自 2010 年 12 月 1 日起实施。其中，第 3.6.4、3.6.7(1)、7.3.3 条（款）为强制性条文，必须严格执行。

本规范由我部标准定额研究所组织中国计划出版社出版发行。

中华人民共和国住房和城乡建设部
二〇一〇年五月三十一日

前 言

本规范是根据原建设部《关于印发〈2006 年工程建设标准规范制订、修订计划（第二批）〉的通知》（建标函[2006]136 号）的要求，由中国纺织工业设计院会同有关单位共同编制完成的。

本规范在编制过程中，规范编制组进行了广泛的调查研究，认真总结我国涤纶工厂的设计和建设经验，特别是近年在节能、降耗、节约水资源、减少占地以及环境保护方面的经验和教训，吸收国内外涤纶生产技术的科技成果，并广泛征求了有关涤纶工厂生产、设计、施工方面专家的意见，最后经审查定稿。

本规范共分 12 章和 1 个附录，主要内容包括：总则，术语和代号，工艺设计，工艺设备及布置，工艺管道设计，辅助生产设施，自动控制和仪表，电气，总平面布置，建筑，结构，给水排水，采暖、通风和空气调节。

本规范中以黑体字标志的条文为强制性条文，必须严格执行。

本规范由住房和城乡建设部负责管理和对强制性条文的解释，中国纺织工业协会负责日常管理，中国纺织工业设计院负责具体技术内容的解释。本规范在实施过程中，如发现需要修订和补充之处，请将意见和有关资料寄给中国纺织工业设计院（地址：北京市海淀区增光路 21 号，邮政编码：100037，传真 010-68395215），以便在今后修订时参考。

本规范主编单位、参编单位、主要起草人和主要审查人：

主 编 单 位：中国纺织工业设计院
参 编 单 位：大连合成纤维研究所有限公司
　　　　　　　北京中丽制机化纤工程技术有限公司
主要起草人：罗伟国　孙今权　崇　杰　刘　强
　　　　　　秦永安　李学志　李道本　刘　凤
　　　　　　黄志刚　陈　钢　姜　军　范景昌
　　　　　　付　刚　武红艳　马英杰　武跃英
　　　　　　杨述英　张明成
主要审查人：黄承平　刘承彬　荣季明　郑大中
　　　　　　王鸣义　许其军　姜金娣

目 次

1 总则 ·· 7—35—5
2 术语和代号 ······························ 7—35—5
　2.1 术语 ···································· 7—35—5
　2.2 代号 ···································· 7—35—6
3 工艺设计 ··································· 7—35—6
　3.1 一般规定 ······························ 7—35—6
　3.2 设计原则 ······························ 7—35—6
　3.3 流程选择 ······························ 7—35—7
　3.4 工艺计算 ······························ 7—35—7
　3.5 节能降耗 ······························ 7—35—7
　3.6 其他规定 ······························ 7—35—8
4 工艺设备及布置 ························ 7—35—9
　4.1 一般规定 ······························ 7—35—9
　4.2 设备选型 ······························ 7—35—9
　4.3 设备配置 ······························ 7—35—9
　4.4 设备布置 ······························ 7—35—9
5 工艺管道设计 ··························· 7—35—10
　5.1 一般规定 ······························ 7—35—10
　5.2 管道布置 ······························ 7—35—10
　5.3 管道材质选择 ······················· 7—35—10
　5.4 特殊管道设计 ······················· 7—35—11
　5.5 管道安装及检验要求 ············· 7—35—11
6 辅助生产设施 ··························· 7—35—11
　6.1 化验室 ································ 7—35—11
　6.2 物检室 ································ 7—35—12
　6.3 纺丝油剂调配间 ···················· 7—35—12
　6.4 纺丝组件清洗间 ···················· 7—35—12
　6.5 热媒间（站） ······················· 7—35—12
　6.6 原料库和成品库 ···················· 7—35—12
　6.7 维修间 ································ 7—35—13
7 自动控制和仪表 ························ 7—35—13
　7.1 一般规定 ······························ 7—35—13
　7.2 控制水平 ······························ 7—35—13
　7.3 主要控制方案 ······················· 7—35—13
　7.4 特殊仪表选型 ······················· 7—35—13
　7.5 控制系统配置 ······················· 7—35—13
　7.6 控制室 ································ 7—35—14

　7.7 仪表安全措施 ······················· 7—35—14
8 电气 ·· 7—35—14
　8.1 一般规定 ······························ 7—35—14
　8.2 供配电 ································ 7—35—14
　8.3 照明 ···································· 7—35—15
　8.4 防雷 ···································· 7—35—15
　8.5 接地 ···································· 7—35—15
　8.6 火灾自动报警 ······················· 7—35—15
9 总平面布置 ······························· 7—35—15
　9.1 一般规定 ······························ 7—35—15
　9.2 总平面布置 ··························· 7—35—15
　9.3 竖向布置 ······························ 7—35—16
10 建筑、结构 ····························· 7—35—16
　10.1 一般规定 ····························· 7—35—16
　10.2 生产厂房 ····························· 7—35—16
　10.3 生产厂房附房 ······················ 7—35—17
　10.4 厂区工程 ····························· 7—35—17
　10.5 建筑防火、防爆、防腐蚀 ······ 7—35—17
11 给水排水 ································· 7—35—18
　11.1 一般规定 ····························· 7—35—18
　11.2 给水 ··································· 7—35—18
　11.3 排水 ··································· 7—35—18
　11.4 污水处理 ····························· 7—35—19
　11.5 消防设施 ····························· 7—35—19
12 采暖、通风和空气调节 ·············· 7—35—19
　12.1 一般规定 ····························· 7—35—19
　12.2 采暖 ··································· 7—35—20
　12.3 通风 ··································· 7—35—21
　12.4 空气调节 ····························· 7—35—21
　12.5 设备、风管及其他 ················ 7—35—22
附录 A 涤纶工厂可燃、可爆、
　　　有毒物质数据 ······················· 7—35—22
本规范用词说明 ······························· 7—35—22
引用标准名录 ·································· 7—35—23
附：条文说明 ·································· 7—35—24

Contents

1 General provisions ·················· 7—35—5
2 Terms and symbols ················ 7—35—5
  2.1 Terms ································ 7—35—5
  2.2 Symbols ····························· 7—35—6
3 Process design ······················· 7—35—6
  3.1 General requirement ············· 7—35—6
  3.2 Design principles ·················· 7—35—6
  3.3 Process flow selection ··········· 7—35—7
  3.4 Process calculation ················ 7—35—7
  3.5 Energy saving and conservation ······ 7—35—7
  3.6 Other requirement ················ 7—35—8
4 Process equipment and arrangement ······················· 7—35—9
  4.1 General requirement ············· 7—35—9
  4.2 Principles of selecting equipment ······ 7—35—9
  4.3 Equipment configuration ········· 7—35—9
  4.4 Principles of equipment arrangement ···················· 7—35—9
5 Process piping design ············· 7—35—10
  5.1 General requirement ············ 7—35—10
  5.2 Principles of piping arrangement ··· 7—35—10
  5.3 Selection of pipe materials ······ 7—35—10
  5.4 Design of special pipes ·········· 7—35—11
  5.5 Piping installation and inspection requirement ······················· 7—35—11
6 Auxiliary production facilities ······ 7—35—11
  6.1 Chemic laboratory ··············· 7—35—11
  6.2 Physical laboratory ··············· 7—35—12
  6.3 Spinning finish preparation ······ 7—35—12
  6.4 Spin pack cleaning room ········ 7—35—12
  6.5 HTM station ······················· 7—35—12
  6.6 Storehouse ·························· 7—35—12
  6.7 Maintenance room ················ 7—35—13
7 Automatic control and instrument ·························· 7—35—13
  7.1 General requirement ············ 7—35—13
  7.2 Control level ······················ 7—35—13
  7.3 Main control scheme ············ 7—35—13
  7.4 Special instrument selection ···· 7—35—13
  7.5 Control system configuration ··· 7—35—13
  7.6 Control room ······················ 7—35—14
  7.7 Instrument safty policy ········· 7—35—14
8 Electrical ······························· 7—35—14
  8.1 General requirement ············ 7—35—14
  8.2 Electric power supply ··········· 7—35—14
  8.3 Lighting ····························· 7—35—15
  8.4 Lightning protection ············· 7—35—15
  8.5 Grounded ···························· 7—35—15
  8.6 Automatic fire alarm system ······ 7—35—15
9 General layout ······················· 7—35—15
  9.1 General requirement ············ 7—35—15
  9.2 General layout ···················· 7—35—15
  9.3 Vertical layout ···················· 7—35—16
10 Buildings and Structure ········· 7—35—16
  10.1 General requirement ··········· 7—35—16
  10.2 Production buildings ············ 7—35—16
  10.3 Side rooms of production building ··························· 7—35—17
  10.4 Factory area project ············ 7—35—17
  10.5 Fire protection, explosion, anti-corrosion of building ······ 7—35—17
11 Water supply and drainage ······ 7—35—18
  11.1 General requirement ··········· 7—35—18
  11.2 Water supply ····················· 7—35—18
  11.3 Drainage ··························· 7—35—18
  11.4 Wastewater disposal ············ 7—35—19
  11.5 Fire-protection service ········· 7—35—19
12 Heating, ventilation and air-conditioning ····················· 7—35—19
  12.1 General requirement ··········· 7—35—19
  12.2 Heating ····························· 7—35—20
  12.3 Ventilation ························· 7—35—21
  12.4 Air-conditioning ·················· 7—35—21
  12.5 Equipment, air duct and others ··· 7—35—22
Appendix A Data of combustible, explosible and toxic material in polyester fiber plant ················ 7—35—22
Explanation of wording in this code ································ 7—35—22
List of quoted standards ············ 7—35—23
Addition: Explanation of provisions ························· 7—35—24

1 总 则

1.0.1 为规范涤纶工厂设计，做到技术先进、经济合理、安全节能，依据国家现行有关法律、法规，制定本规范。

1.0.2 本规范适用于以聚酯熔体、聚酯切片、回收聚酯瓶片，以及再造粒聚酯切片为原料的涤纶长丝工厂（含复合长丝、单丝）、涤纶短纤维工厂（含毛条）、涤纶工业丝工厂生产装置及辅助生产设施的新建、改建和扩建工程的设计。本规范不适用于涤纶工厂内的聚酯装置设计、固相缩聚装置设计和以聚酯或涤纶为原料的非织造布工厂设计。

1.0.3 涤纶工厂设计应贯彻国家有关方针、政策和纺织行业技术政策，积极采用清洁生产技术，提高资源、能源利用率，严格控制消耗，加强资源综合利用，注重保护环境。

1.0.4 涤纶工厂设计应符合项目环境影响评估报告、职业安全卫生评估报告等有关要求。

1.0.5 涤纶工厂设计应因地制宜、认真调查研究、收集资料，积极采用经国家有关部门核准推广的新技术、新工艺、新设备、新材料，进行多方案技术经济比较，择优确定工程设计方案。

1.0.6 涤纶工厂设计除应执行本规范外，尚应符合国家现行有关标准的规定。

2 术语和代号

2.1 术 语

2.1.1 涤纶工厂 polyester fiber plant

指以聚酯熔体或切片为原料，通过熔融纺丝而生产涤纶长丝、短纤维、工业丝、单丝的工厂；也包括以回收聚酯瓶片或再生聚酯切片为原料，通过熔融纺丝而生产再生涤纶纤维的工厂，和以聚酯为主要原料生产复合纤维的工厂。

2.1.2 纺丝 spinning

指熔体纺丝。即聚酯熔体通过纺丝泵（或计量泵）连续、定量、均匀地从喷丝板（或喷丝头）的毛细孔中挤出而成液态细流，经冷却风冷却固化成形后，再经上油、牵伸、卷绕、络筒（落桶）制成丝筒或丝条的工艺过程。

2.1.3 后加工 after treatment

指纺丝生产的初生纤维，再经过拉伸、变形、卷曲、热定型等物理处理，以增加纤维的纺织加工性能的过程。

2.1.4 加弹 texturing

指长丝的变形加工。即利用纤维的热塑性，将纤维经过变形和热定型处理，使其弹性和蓬松性增加的加工过程。

2.1.5 捻织 twisting and weaving

指涤纶工业丝的后处理工序：捻线和织布。

2.1.6 浸胶 dipping

指在涤纶帘子布或帆布表面覆盖和渗透一层胶乳，提高其与橡胶的黏着力的加工过程。

2.1.7 切片 chips

高聚物熔体经挤出、固化、切粒、干燥后，形成一定尺寸的粒状料。

2.1.8 固相缩聚 solid-state polycondensation

指固体状态聚酯切片经结晶干燥后，在高温热氮气中靠温度引发聚酯分子两端可活化的官能团，使分子链间继续进行缩聚反应并形成高分子量、高黏度的聚酯切片的过程。

2.1.9 涤纶长丝 polyester filament

长度达千米以上的单根或多根连续涤纶丝条。

2.1.10 涤纶短纤维 polyester staple fiber

涤纶长丝束经切断而成的，具有一定长度规格的纤维。

2.1.11 涤纶工业丝 polyester filament for industry；polyester industry yarn

用于工业领域，纤维线密度为222dtex～6667dtex，断裂强度大于或等于 6.3cN/dtex 的连续涤纶长丝。

2.1.12 涤纶复合纤维 polyester composite fiber

由两种或两种以上聚合物，或具有不同性质的同类聚合物经复合纺丝法纺制成的纤维，包括长丝和短纤维。

2.1.13 涤纶丝束 polyester tow

用于切断成短纤维或经牵切法制成毛条的数万根连续长丝集合而成的基本无捻的长条状纤维束。

2.1.14 单丝 monofilament

指采用单孔喷丝头纺成的一根连续长丝卷绕成的无捻丝。实际生产中也包含由3孔～15孔喷丝头纺成的，可通过分丝机分成3根～15根单丝的少孔丝。

2.1.15 再生涤纶纤维 regenerated polyester fiber

指以回收的聚酯瓶片或涤纶废丝、废胶重新造粒的再生切片为原料，通过熔融纺丝而生产的涤纶纤维。

2.1.16 熔体直接纺丝工艺 melt direct spinning process

以聚酯熔体为原料，通过熔体泵把聚酯熔体直接送到纺丝箱体的纺丝工艺。

2.1.17 切片纺丝工艺 chips spinning process

以聚酯切片为原料，通过将聚酯切片结晶干燥并在螺杆挤压机内加热熔融，然后将熔体送到纺丝箱体的纺丝工艺。

2.1.18 热媒 heat transfer media（HTM）

指导热油，对涤纶工厂是指联苯-联苯醚、氢化三联苯或二芳基烷。

2.1.19 液相热媒 liquid heating medium

指液态的导热油，它传递的是液态导热油的显热。

2.1.20 气相热媒 gaseous heating medium
指气态的导热油，它传递的是气态导热油的潜热。

2.1.21 一次热媒 primary heating medium
经热媒炉直接加热的热媒。

2.1.22 二次热媒 second heating medium
用一次热媒加热、在独立的热媒回路中循环使用的热媒。

2.2 代 号

ATY——空气变形丝（air texturing yarn）
CO-PET——共聚酯（copolyester）
DT——牵伸加捻（draw twist）
DTY——牵伸变形丝（draw textured yarn）
DY——牵伸丝（draw yarn）
FDY——全牵伸丝（fully drawn yarn）
HART——可寻址远程传感器高速通道（Highway Addressable Remote Transducer）
HOY——高取向丝（high oriented yarn）
HTM——热媒（heat transfer media）
PBT——聚对苯二甲酸丁二醇酯（polybutylene terephthalate）
PET——聚酯（polyerster）
POY——预取向丝，部分取向丝（partially oriented yarn, preoriented yarn）
PTT——聚对苯二甲酸丙二醇酯（polytrimethylene terephthalate）
SSP——固相缩聚（solid-state polycondensation）
TEG——三甘醇（triethylene glycol）
UDY——未牵伸丝（undraw yarn）

3 工艺设计

3.1 一般规定

3.1.1 涤纶工厂的工艺设计范围应符合下列规定：

1 采用切片纺丝工艺的涤纶长丝工厂从聚酯切片卸料开始，应经输送、预结晶、干燥、熔融、（过滤）、纺丝、冷却、上油、牵伸、卷绕，到 POY 或 FDY、HOY 等的包装；后加工产品应到 DTY、ATY、DT 等的包装；

2 采用切片纺丝工艺的涤纶短纤维工厂从聚酯切片卸料开始，应经输送、预结晶、干燥、熔融、（过滤）、纺丝、冷却、上油、落桶、集束、上油、多道牵伸、热定型、卷曲、松弛热定型或干燥、切断，到短纤维打包；

涤纶丝束生产应从松弛热定型或干燥后进入长丝束打包；

涤纶毛条生产应从松弛热定型后经丝束落桶、集束、牵切、梳理、成条，到毛条包装；

3 采用熔体直接纺丝工艺的涤纶工厂，应从熔体增压泵开始。纺丝以后各后道工序应分别同切片纺长丝和短纤维工艺；

4 涤纶工业丝工厂从增粘切片来料喂入料斗开始，应经熔融、纺丝、上油、牵伸、卷绕，到工业丝包装；配套有帘子布和帆布生产的工厂，还应包括捻线、织布、浸胶，到包装。

3.1.2 涤纶工厂的设计生产能力，应以产品方案中各典型产品的平均纤度为计算依据，并应以"t/a"作为单位表示。

配套建设有帘子布或帆布生产的涤纶工业丝工厂，其设计生产能力应以产品方案中帘子布或帆布各典型产品的平均每平方米克重为计算依据，并应以"t/a"作为单位表示。

3.1.3 涤纶工厂的设计年生产天数宜按 350d 计。

3.1.4 纺丝箱体及熔体分配管道夹套宜采用气相热媒作为伴热载体；熔体直接纺丝的熔体输送管道夹套可采用液相热媒或气相热媒作为伴热载体。

3.1.5 纺丝热媒系统内蒸发器应设超温报警断电联锁和超压泄放及热媒接收装置；热媒接收槽的排气管线上应设冷却器和阻火器。热媒蒸发器应符合现行国家标准《有机热载体炉》GB/T 17410 的有关规定。

3.1.6 辅助工艺设施，宜布置在有外墙的车间附房内，并应靠近所服务的主工艺装置。

3.1.7 有多套生产装置的企业，宜集中设中心化验室；与聚酯工厂合建的熔体直纺涤纶长丝、涤纶短纤维装置，化验室可与聚酯工厂合并建一个。但物检室应设在纺丝车间内。

3.1.8 气相热媒应采用联苯-联苯醚混合物，液相热媒宜采用氢化三联苯或二芳基烷。

3.1.9 涤纶生产工厂可配置色母粒或其他添加剂的干燥、熔融、喂入、计量等设备。

3.1.10 切片纺丝工艺装置的切片干燥宜采用除湿压缩空气。

3.1.11 切片纺涤纶工厂的聚酯切片运送，可根据与聚酯工厂距离远近，采用密相气流输送、槽车运送或吨包装袋运送。

3.1.12 固相缩聚后的聚酯切片应采用高纯度氮气输送和保护。

3.1.13 进入主生产车间的各种公用工程介质管道应设置切断阀和计量仪表。

3.1.14 物检室、化验室、仪表控制室、变配电室的上一层对应位置房间及所在层相邻的房间应避免布置潮湿、有水、灰尘较大、有振动的附房或设备。

3.2 设计原则

3.2.1 涤纶工厂工艺设计应满足先进、可靠、安全、环保、节能、节水、经济实用的要求。

3.2.2 涤纶工厂工艺设计中首次采用的新工艺、新技术、新设备必须是通过工业化试验并鉴定通过，或经过实际生产检验是先进、可靠的。

3.2.3 涤纶工厂工艺设备应按流程顺序布置，应避免往返交叉。

3.2.4 热媒存放、涤纶工业丝浸胶用化学品库、胶料调配间等有可燃、可爆、有毒、腐蚀性介质的储存和使用场所，应严格按照国家相关的规范要求设计，并在设计中应采取可靠的防范措施。

3.2.5 下列设备宜布置在不直接受大气环境干扰的厂房内：
 1 涤纶长丝的纺丝冷却、牵伸、卷绕设备；
 2 涤纶短纤维的纺丝冷却设备；
 3 涤纶毛条生产设备。

3.2.6 涤纶工业丝装置宜与 SSP 装置建在厂区同一区域内；采用熔体增粘直接纺丝工艺的涤纶工业丝装置，熔体增粘釜应设在纺丝车间。

3.2.7 采用 POY-DTY 工艺路线的涤纶长丝工厂和配置有捻织浸胶的涤纶工业丝工厂，在纺丝车间与后加工车间之间应设平衡间。

3.2.8 涤纶复合纤维工厂设计应满足非聚酯组分对工艺及设备的要求。

3.2.9 常规涤纶短纤维生产线宜选用现行经济规模的装置。

3.2.10 涤纶工厂设计应根据企业的发展规划，科学合理地预留纺丝线位置和后加工区面积。

3.3 流程选择

3.3.1 工艺流程应根据生产规模、产品方案、产品质量要求确定。

3.3.2 单线生产能力超过 15kt/a 的常规品种涤纶短纤维和单线生产能力超过 10kt/a 的常规品种民用涤纶长丝，应采用熔体直接纺丝工艺流程；生产小批量、多品种和差别化涤纶产品，宜采用切片纺丝工艺流程。

3.3.3 除单丝外，新建涤纶工厂的常规涤纶产品不应采用低速纺丝工艺流程。

3.3.4 涤纶工业丝生产应采用纺丝-牵伸-卷绕一步法工艺流程。

3.3.5 涤纶复合纤维和单丝生产宜采用切片纺丝工艺流程。

3.3.6 熔体直接纺丝工艺的熔体管道上应设熔体冷却器。

3.3.7 切片纺涤纶工厂的切片输送宜采用密相气流输送流程。

3.3.8 再生涤纶纤维工厂内的瓶片或再造粒切片输送，宜采用下列方式：
 1 采用连续结晶干燥工艺流程时，宜采用密相气流输送流程；
 2 采用真空转鼓结晶干燥工艺流程时，宜采用电动葫芦吊运并直接投料方式。

3.3.9 再生涤纶长丝工厂的熔体过滤应采用两道过滤；再生涤纶短纤维工厂的熔体过滤可采用一道过滤或两道过滤。

3.3.10 熔体直接纺丝工艺的熔体输送距离较长，且熔体停留时间或压力降不能满足纺丝要求时，可采用两台熔体增压泵串联的输送方式。

3.3.11 涤纶工业丝的浸胶工艺可采用二浴流程或一浴流程。

3.3.12 生产 11dtex～56dtex 单丝宜采用风冷立式纺丝工艺；生产 56dtex～555dtex 单丝应采用水冷卧式纺丝工艺。

3.4 工艺计算

3.4.1 熔体输送、切片输送、结晶、干燥、纺丝及后加工工艺设备配置，应以单台（套）设备的生产能力为基本依据，并应结合产品方案的产量、设备运转效率，计算所需台（套）数。

3.4.2 纺丝和熔体输送设备及熔体夹套管应进行热量衡算。

3.4.3 组件清洗设备配置，应根据设备清洗能力和清洗周期，以及需清洗的纺丝组件、计量泵、过滤芯的数量，计算所需台（套）数。

3.4.4 纺丝熔体管道应进行下列计算：
 1 应通过计算保证所选熔体管道的管径分配和长度，满足到达生产相同产品的每个纺丝箱体的熔体输送管道内的熔体压力降和熔体停留时间相等，且熔体黏度在纺丝允许范围内；
 2 纺丝熔体管道设计应进行管道系统的热应力分析计算，在满足安全性的前提下，力求管道长度最短；
 3 纺丝熔体管道设计应进行管道系统熔体压力降、熔体停留时间和黏度降计算，求得优化的熔体管道内径和长度。

3.4.5 熔体直接纺丝工艺应根据熔体增压泵出口熔体温度和生产能力，计算熔体冷却器的热负荷及换热面积。

3.4.6 热媒空冷器的换热面积应根据热负荷计算确定。

3.4.7 每条纺丝生产线的热媒加热设备的能力及热媒循环量，应根据工艺参数和装置生产能力计算。

3.4.8 纺丝机丝束冷却风的风量和风速应根据产品方案计算。

3.4.9 油剂调配系统的能力及配置应根据产品方案计算。

3.5 节能降耗

3.5.1 全厂总图布置应合理，并应减少物料的运输或输送距离。

3.5.2 工艺设备应按流程合理布置,并应充分利用物料位差和避免物料的往返。

3.5.3 工艺参数应优化,应降低能量消耗。

3.5.4 温度和湿度要求严格的房间,宜采用不直接受大气环境干扰的厂房。

3.5.5 设有浸胶车间的涤纶工业丝工厂,蒸汽锅炉的给水或其他需预热的介质宜利用烘干机的排烟余热。

3.5.6 浸胶车间的烘干机宜采用直接加热的方式。

3.5.7 工艺设备应选用节能产品,所配电机应选用高效电机。

3.5.8 蒸汽凝结水应集中回收,应减少软化水或除盐水的用量。

3.5.9 高温和低温的设备及管道,应采取保温、保冷措施。

3.5.10 常规涤纶POY的聚酯原料消耗应符合下列要求:
  1 直接纺丝工艺不应超过1013kg/t POY 产品;
  2 切片纺丝工艺不应超过1018kg/t POY 产品。

3.5.11 常规涤纶DTY产品对原料POY的消耗不应超过999kg/t DTY 产品。

3.5.12 常规涤纶FDY产品的聚酯原料消耗应符合下列规定:
  1 直接纺丝工艺不应超过1020kg/t 产品;
  2 切片纺丝工艺不应超过1025kg/t 产品。

3.5.13 常规涤纶短纤维的聚酯原料消耗应符合下列规定:
  1 直接纺丝工艺不应超过1008kg/t 产品;
  2 切片纺丝工艺不应超过1020kg/t 产品。

3.5.14 常规涤纶工业丝的聚酯原料消耗不应超过1035kg/t 产品;高模低缩涤纶工业丝的聚酯切片消耗不应超过1050kg/t 产品。

3.5.15 生产过程中产生的废聚酯、废丝以及不合格产品,应进行回收利用。

3.5.16 工艺压缩空气规格应符合现行国家标准《一般用压缩空气质量等级》GB/T 13277的有关规定。

3.5.17 纺丝和后加工应采用新型网络喷嘴。

3.5.18 采用蒸汽作为加热源的生产工艺,应采用串级式蒸汽系统和凝结水回收。

3.6 其他规定

3.6.1 连续高噪声岗位应采取降低噪声的措施或减少操作人员日接触噪声时间,并应符合国家有关工业企业设计卫生标准和工作场所有害因素职业接触限值(物理因素)的规定。

3.6.2 涤纶生产车间空气中的联苯-苯醚混合物的最高容许浓度不应大于7mg/m³。

3.6.3 牵伸卷绕机的操作钢平台应做防滑处理。其他安全措施应符合现行国家标准《纺织工业企业职业安全卫生设计规范》GB 50477的有关规定。

3.6.4 热媒蒸发器超压泄放气体严禁通过管道直接引向大气排放。

3.6.5 生产工艺无温度和湿度要求的操作间,室内温度应符合国家有关工业企业设计卫生标准的规定。

3.6.6 涤纶短纤维工厂盛丝桶搬运车的电瓶充电场所,应通风良好,并应符合现行国家标准《通用用电设备配电设计规范》GB 50055的有关规定。

3.6.7 配套建设有帘子布或帆布生产的涤纶工业丝工厂,其浸胶车间及相关设施设计应符合下列规定:
  1 胶料调配间和甲醛水溶液储存间应设机械排风设施;
  2 胶料调配间和甲醛水溶液储存间的操作区内,空气中各种有害物质的浓度不得超过国家有关工作场所有害因素职业接触限值(化学有害因素)标准的规定;
  3 甲醛水溶液储存间应保证通风良好;以储罐形式存放甲醛水溶液的甲醛水溶液储存间,其操作区应设排风罩,并应保证操作人员进入房间前能开启风机;排风管应引向车间屋顶3.5m以上放空;
  4 胶料调配间临时存放的化工原料,应保证置于通风、阴凉、干燥处;
  5 为浸胶车间服务的化学品库、甲醛水溶液储存和胶料调配间附近应设事故淋浴及洗眼器;
  6 甲醛水溶液储存间环境应为爆炸性气体环境2区;
  7 浸胶车间的胶料调配间,其爆炸性气体危险区域范围应符合下列规定:
    1)以间-甲树脂反应槽的投料口为释放源,当机械通风等级为中级、有效性为一般时,在水平方向距间-甲树脂反应槽外壁1m,从释放源上方1m到操作地面范围内,并延伸到水平方向距间-甲树脂反应槽外壁2m,操作地面上高度1m的区域,应划为爆炸性气体环境1区;
    2)水平方向距间-甲树脂反应槽外壁4m,操作地面上高度1m的非1区范围的区域,应划为爆炸性气体环境2区(图3.6.7)。

3.6.8 热媒系统空气冷却器四周应设隔离栏杆或警示牌。

3.6.9 涤纶短纤维工厂后处理车间散发湿热较大的设备上方应设置排除湿热蒸汽的设施。

3.6.10 生产车间应设置合理的疏散通道及疏散标志。

3.6.11 工厂噪声控制设计应符合现行国家标准《工业企业噪声控制设计规范》GBJ 87的有关规定,工作地点噪声声级的卫生限值应符合国家有关工作场所有害因素职业接触限值(物理因素)和工业企业设计

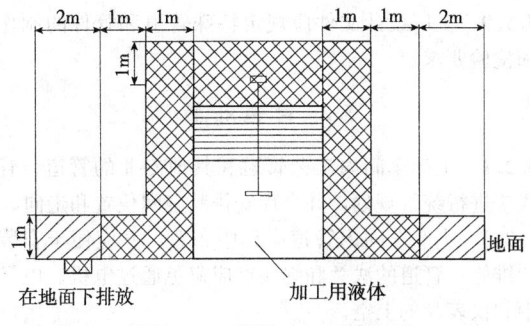

图 3.6.7 危险区域范围

卫生标准的规定。

3.6.12 涤纶工厂可燃、可爆和有毒物质参数可采用本规范附录 A 的数据。

4 工艺设备及布置

4.1 一般规定

4.1.1 工艺设备及布置应满足生产工艺和产品方案的要求。

4.1.2 与纺丝熔体直接接触的设备应采用不锈钢材质。

4.1.3 纺丝熔体经过的设备流道不得有死角，流道应进行抛光处理，粗糙度级别不应低于现行国家标准《表面粗糙度参数及数值》GB/T 1031 中的 Ra3.2。

4.1.4 纺丝箱体和配套的热媒系统安装后应进行正压和负压试验。

4.1.5 纺丝箱体控温精度的允许偏差应为±1℃。

4.1.6 螺杆挤出机各区加热控温精度的允许偏差应为±1.5℃；螺杆挤压机熔体压力波动的允许偏差应为±0.5MPa。

4.1.7 纺丝的丝束冷却风装置应吹风均匀、风速稳定；长丝的侧吹风装置横向吹风速度级差应小于10%。

4.1.8 牵伸辊、热辊和卷绕机安装前应经动平衡试验合格。

4.1.9 与生产设备（部件）检维修相关的工作间宜就近布置，并应配置动力电源和公用工程管线接口，以及拆卸、组装、搬运和吊运工具。

4.2 设备选型

4.2.1 工艺主机设备和辅助设备应选用经过鉴定的定型产品，或经过生产实践证明是先进、可靠的设备。

4.2.2 通用型设备应选择性能良好的节能型产品，不得选用已淘汰的、能耗大的产品。

4.2.3 涤纶工业丝宜采用纺丝-牵伸-卷绕联合机。

4.2.4 长丝卷绕机宜选用与变频器一体的机型。纺速在 4000m/min 以下，卷绕头数在 10 头及以下，宜选择兔子头式自动切换高速卷绕头；纺速在 4000m/min 以上，宜选择拨叉式自动切换高速卷绕头。

4.2.5 帘子布捻线宜采用直捻机；帆布捻线宜采用环锭加捻机。

4.2.6 帘子布织布宜采用喷气织机；帆布织布宜采用剑杆织机或片梭织机。

4.2.7 帘子布或帆布浸胶烘干机宜采用直接加热型设备。

4.2.8 以聚酯瓶片为原料的再生涤纶纤维工厂的瓶片干燥装置可采用真空转鼓式干燥设备，或连续结晶干燥设备。

4.2.9 采用切片纺丝工艺的涤纶纤维工厂，切片的干燥宜采用连续结晶干燥设备。

4.2.10 采用熔体直接纺丝的熔体冷却器及其夹套热媒宜采用带翅片的空气冷却器冷却。

4.2.11 热媒输送泵宜采用屏蔽泵或磁力泵，也可采用密封性能良好的离心泵。

4.2.12 工业丝浸胶的胶料输送宜采用隔膜泵；甲醛输送和卸料泵宜采用屏蔽泵或磁力泵。

4.3 设备配置

4.3.1 工艺设备配置应符合涤纶工厂的设计公称能力、产品方案和工艺流程的要求。

4.3.2 主工艺设备和辅助工艺设备配置，应按产品方案、单台（套）设备生产能力及效率、设备使用频率及周期，经过计算确定。

4.3.3 生产差别化和多品种的涤纶生产线应配置相应的辅助设备。

4.3.4 连续运行的热媒泵应采用在线一用一备或多用一备的形式。

4.3.5 日产 100t 以上涤纶短纤维生产线的卷曲机应在线备一套卷曲头。

4.3.6 切片纺涤纶生产线的连续结晶干燥装置，宜采用多条纺丝线共用形式。

4.3.7 涤纶生产的纺丝计量泵、喷丝板、纺丝组件、牵伸辊、长丝卷绕机、熔体滤芯等，应根据不同规格型号，分别配置备台、备件。

4.3.8 涤纶长丝工厂宜根据生产规模，设一台或多台动平衡试验机。

4.3.9 大型涤纶工厂宜配置计量泵校验设备。

4.4 设备布置

4.4.1 设备布置应遵循适当集中、合理层高、减少能耗、方便操作、易于安装维护的原则。工艺设备布置还应兼顾其他专业设备对车间布置的要求。

4.4.2 工艺设备布置应保证生产过程在垂直方向和水平方向的连续性和最佳路径，应避免交叉运输。竖向布置应充分利用物料的重力和位差。

4.4.3 设备布置应保证设备之间、设备与建筑物之间的间距和净空高度满足设备的操作、安装、拆卸、检修的要求，并应为工艺管道、运输吊轨及空调的送、回风管道和电气、仪表的线缆槽架留出合理的安装空间。

4.4.4 纺丝设备应按系列平行布置，操作面应采用面对面方式。

4.4.5 熔体直接纺丝的大型涤纶长丝工厂的纺丝线布置，多种品种同时生产时，生产细旦产品的纺丝生产线宜布置在靠近熔体分配阀处，生产粗旦产品的纺丝生产线可布置在距离熔体分配阀较远处。

4.4.6 设备不得布置在土建变形缝上。

4.4.7 切片纺复合纤维的螺杆挤压机宜对称布置。

4.4.8 纺丝用热媒蒸发器应布置在纺丝箱体下方，气相热媒的凝液应能自流回热媒蒸发器。

4.4.9 设备布置应满足生产预留及发展的需要。

4.4.10 涤纶工业丝的浸胶设备及调配系统应布置在厂区全年最小频率风的上风侧。

4.4.11 车间内设备平面布置应有合理的工艺车辆存放区和运输通道。

5 工艺管道设计

5.1 一般规定

5.1.1 管道设计应符合工艺管道和仪表流程图以及管道规格书的要求。

5.1.2 管道设计应符合国家现行标准《工业金属管道设计规范》GB 50316 和《石油化工管道设计器材选用通则》SH 3059 的有关规定。

5.1.3 高温管道的柔性设计应符合现行行业标准《石油化工管道柔性设计规范》SH/T 3041 的有关规定。

5.1.4 金属内压直管的壁厚应符合现行行业标准《石油化工管道设计器材选用通则》SH 3059 的有关规定。

5.1.5 在液相、气相热媒管道系统的每个最高点应设排气管道；最低点应设排净管道。

5.1.6 工艺管道坡度宜按下列要求设计：
   1 熔体夹套管的顺坡坡度不宜小于 1.5%；
   2 气相热媒管道的逆坡坡度不宜小于 3%；
   3 液相热媒低排管道的顺坡坡度不宜小于 1%；
   4 油剂输送管道的顺坡坡度不宜小于 0.3%；
   5 废水管道顺坡坡度不宜小于 0.5%；
   6 蒸汽冷凝水管道的逆坡坡度不宜小于 0.5%。

5.1.7 高温或低温管道应采取绝热措施，并应符合现行国家标准《工业设备及管道绝热工程设计规范》GB 50264 的有关规定。

5.1.8 采用熔体直接纺丝工艺的涤纶工厂，其一次热媒和二次热媒管道的设计应符合现行国家标准《聚酯工厂设计规范》GB 50492 的有关规定。

5.1.9 工厂设计文件应规定特殊管道和管件的制作和检验要求。

5.2 管道布置

5.2.1 生产车间内工艺管道和其他专业的管道、管线应进行统筹规划，并合理安排其空间位置和走向。

5.2.2 生产车间内管道应集中布置，并应便于安装和维修；管道的法兰和焊接点应避免通过电机、电气柜和仪表盘的上空。

5.2.3 高温热媒管道应避免与仪表及电气的电缆线槽相邻敷设。相邻敷设时，其平行净距离不宜小于 1m；当管道采用焊接且无阀门时，其平行净距离不宜小于 0.5m；其交叉净距离不应小于 0.5m。

5.2.4 进入生产车间管道上设置的计量仪表和阀门，安装位置应相对集中，且应便于操作、维护。

5.2.5 管道布置除应满足正常生产外，还应满足安装、吹扫、试压和开车、停车、事故处理以及分区检修时的要求。管道布置应做到整齐、美观，管道支吊架设计应牢固、合理。

5.2.6 高温热媒管道的布置，应使管道系统具有必要的柔性。

5.2.7 管道布置应避免出现垂直方向的 U 形弯曲。

5.2.8 管道布置不得妨碍设备、机泵以及电气、仪表的安装和检修。

5.2.9 室内管道除排水管道外，应采用架空或地上布置。

5.2.10 室内布置的管道不得穿过配电室、控制室。

5.2.11 厂区管线设计应结合公用工程设施的位置合理布置。

5.3 管道材质选择

5.3.1 熔体夹套管内管材质宜选用 0Cr18Ni9 的无缝不锈钢管；外管材质宜选用现行行业标准《化工装置用奥氏体不锈钢焊接钢管技术要求》HG 20537.3 和《化工装置用奥氏体不锈钢大口径焊接钢管技术要求》HG 20537.4 中材质为 0Cr18Ni9 的焊接不锈钢管。

5.3.2 热媒输送管道材质应选用 20# 无缝钢管。

5.3.3 输送设计压力小于或等于 1.6MPa，且设计温度在 0℃～200℃ 的循环冷却水、工艺压缩空气、仪表压缩空气（车间干管）、氮气、蒸汽的管道，宜选用材质为 Q235 的焊接钢管。

5.3.4 输送设计压力大于 1.6MPa，且设计温度大于 200℃ 的蒸汽管道，应选用材质为 20# 的无缝钢管。

5.3.5 车间内的仪表压缩空气管道可选用材质为 Q235 的热镀锌焊接钢管，也可选用现行国家标准《流体输送用不锈钢焊接钢管》GB/T 12771 中材质为 0Cr18Ni9 的焊接不锈钢管。

5.3.6 输送软化水、除盐水、纺丝油剂和工艺废水的管道，可选用现行国家标准《流体输送用不锈钢焊接钢管》GB/T 12771 中材质为 0Cr18Ni9 的焊接不锈钢管。

5.3.7 输送聚酯切片的管道，应选用材质为 0Cr18Ni9 的无缝不锈钢管。

5.3.8 熔体夹套管外管上与热媒连接的短管，宜选用与外管相同的材质。

5.3.9 涤纶工业丝工厂浸胶车间的化学品流体输送，应选用材质为 0Cr18Ni9 的无缝不锈钢管。

5.4 特殊管道设计

5.4.1 熔体夹套管设计必须符合现行行业标准《夹套管施工及验收规范》FJJ 211 的有关规定。

5.4.2 纺丝熔体经过的管道和管件必须无死角；内壁宜进行抛光处理，粗糙度级别不应低于现行国家标准《表面粗糙度参数及数值》GB/T 1031 中的 Ra3.2。

5.4.3 熔体夹套管内管弯头曲率半径宜选用管径的 2.0 倍～3.0 倍。

5.4.4 内管公称直径大于或等于 DN80 的熔体夹套管，其内管外壁上宜焊热媒导流线或导流板。

5.4.5 纺丝熔体管道分支应采用熔体多通阀或熔体一进多出分配器；纺丝熔体管道的分支点前、后宜设静态混合器。

5.4.6 切片纺丝工艺生产长丝和复合长丝的熔体管道上应设置熔体过滤器；熔体直接纺丝工艺的熔体管道上，聚酯车间设有熔体最终过滤器时，纺丝车间的熔体管道上可不再设熔体过滤器；聚酯车间没有设熔体最终过滤器时，纺丝车间的熔体管道上应设熔体过滤器。

5.4.7 纺丝熔体管道设计在满足管道柔性的前提下应短捷。

5.4.8 生产相同产品的纺丝生产线，纺丝熔体管道设计宜对称等长布置。

5.4.9 聚酯切片输送管道和涤纶短纤维、废丝输送管道及其容器应采取防静电的接地措施，法兰间应采取铜线跨接，其管道弯头的曲率半径不应小于管径的 5 倍。

5.4.10 切片纺丝工艺靠自重下料的聚酯切片管道，其与垂直方向的夹角不应大于 45°。

5.4.11 温度大于 100℃ 的热媒管道宜采用波纹管密封阀门。

5.4.12 热媒管道除必须设置法兰处外，应采用焊接方式连接，在穿过通道和设备等上空时，不得有焊点。

5.4.13 与热媒循环泵连接、温度大于或等于 200℃、管径大于或等于 DN65 的热媒管道应进行应力计算，并应充分利用管道走向的自然补偿。

5.4.14 气相热媒管道的水平管段应有逆流坡度。

5.4.15 对于特殊管件的制作和安装，应满足设计要求。

5.4.16 夹套管中的定位板、导流板、隔板的材质应与主管材质一致。

5.4.17 直接纺丝的熔体夹套管道和熔体冷却器的热媒循环系统，其一次热媒进、出管道在热媒循环管道上的管口中心距离不宜小于 2m，且一次热媒进入管道应在返回管道的下游。

5.4.18 熔体夹套管的每个直管段上必须设置至少一组定位板；熔体夹套管的每个管架处应设置定位板。水平管道上的定位板，应保证其中一块定位板垂直安装。

5.5 管道安装及检验要求

5.5.1 熔体夹套管道的安装及检验应符合现行行业标准《夹套管施工及验收规范》FJJ 211 的有关规定。

5.5.2 非夹套金属管道的安装及检验应符合国家现行标准《工业金属管道工程施工及验收规范》GB 50235、《现场设备、工业管道焊接工程施工及验收规范》GB 50236 和《石油化工设备和管道涂料防腐蚀技术规范》SH 3022 的有关规定。

5.5.3 涤纶工厂的管道探伤应符合下列规定：

1 所有纺丝熔体夹套管的内管焊缝应进行 100% 的射线探伤检验，Ⅰ 级合格；

2 所有夹套管内管的角焊缝和法兰焊缝应进行 100% 的着色检验，Ⅰ 级合格；

3 所有夹套管的外管焊缝应进行不低于 20% 的射线探伤检验，Ⅱ 级合格；

4 所有热媒管道的焊缝应进行不低于 10% 的射线探伤检验，Ⅱ 级合格。

5.5.4 管道的射线探伤检验应符合现行国家标准《金属熔化焊焊接接头射线照相》GB 3323 的有关规定。

5.5.5 管道的着色检验应符合现行行业标准《承压设备无损检测》JB/T 4730 的有关规定。

5.5.6 管道安装前应对管道、管件、阀门按规定进行检验，并应在合格后再安装。

5.5.7 热媒管道不应以水作为介质进行压力试验。

5.5.8 熔体夹套管的内管必须经焊缝的射线探伤检验和着色检验合格后，再封入外套管中。熔体夹套管道安装和试压完成后，应进行热媒的热冲击试验。

5.5.9 熔体夹套管道和热媒管道必须进行泄漏性试验。

5.5.10 热媒管道焊接除应符合国家标准《工业金属管道工程施工及验收规范》GB 50235 的有关规定外，宜先用氩弧焊打底。

6 辅助生产设施

6.1 化 验 室

6.1.1 车间化验室宜设在有外墙并避免阳光直接照

射的车间附房内，并应远离空调间、变电所、热力站等设施。

6.1.2 化验室应进行功能分区：天平室和烘箱间宜分别单独设在不同房间；化验台宜采用中央岛式化验台，并应与有窗外墙垂直布置。

6.1.3 天平室宜布置在不受外界气流干扰的房间内。

6.1.4 每个化验室应设置通风柜，并布置在靠墙或房间拐角处。

6.2 物检室

6.2.1 物检室应布置在主生产车间附房内，并靠近产品待检区。

6.2.2 物检室应远离振动和噪声较大的区域。

6.2.3 涤纶短纤维工厂可在全厂设一个物检室。

6.2.4 涤纶长丝工厂和涤纶工业丝工厂的纺丝车间应设物检室；涤纶长丝工厂也可在纺丝车间和加弹车间分别设物检室。

6.2.5 物检室应根据功能分区。染色和干燥区应靠外墙单独设一房间，并应设排风和排水设施；判色间应与染色间相邻；烘箱间、含油分析间、天平间宜分别单独布置；仪器检测间宜布置在物检室的中心区域，并应控制温度和相对湿度。

6.3 纺丝油剂调配间

6.3.1 纺丝油剂调配间宜设在纺丝车间一层附房内，并宜布置在厂房无阳光直接照射一侧。

6.3.2 纺丝油剂调配间内应设暖房或加热设施。

6.3.3 油剂调配设备宜布置在同一附房内。油剂高位槽应放在纺丝层。

6.3.4 纺丝油剂调配间宜合理规划桶装油剂的储存区和进、出路线。

6.4 纺丝组件清洗间

6.4.1 纺丝组件清洗间应布置在纺丝车间有外墙的附房内。上装式纺丝组件，宜设在熔体管道分配间或螺杆挤压机间附近的附房内；下装式纺丝组件，宜设在纺丝所在楼层附近的附房内。

6.4.2 喷丝板和纺丝计量泵清洗宜采用真空煅烧炉或三甘醇清洗炉；复合纤维喷丝板和分配板，宜采用三甘醇清洗炉清洗；组件外壳清洗可采用煅烧炉。

6.4.3 熔体过滤芯清洗宜采用水解炉或三甘醇清洗炉。

6.4.4 涤纶工厂的纺丝组件清洗不应采用三氧化二铝流化床和盐浴炉。

6.4.5 采用三甘醇清洗炉清洗纺丝组件，三甘醇废液应回收处理，不得直接排放。

6.4.6 采用真空煅烧炉清洗纺丝组件，其排气系统应过滤或洗涤设施；采用三甘醇清洗炉清洗纺丝组件，其排气系统应设冷却器和阻火器。

6.4.7 三甘醇清洗炉的房间，以三甘醇清洗炉的炉盖法兰为释放源，当机械通风等级为中级、有效性为一般时，在水平方向距三甘醇清洗炉上盖法兰外沿2m、从释放源上方1m到楼面范围内的区域，应划为爆炸性气体环境2区。

6.4.8 纺丝组件清洗间的吊装用电动葫芦应符合下列规定：

    1 真空煅烧炉宜采用电动葫芦；

    2 当三甘醇清洗炉房间达不到机械通风等级为中级、有效性为一般的要求时，应采用防爆型电动葫芦，也可采用气动或手动葫芦。

6.4.9 纺丝组件清洗间应具备通风条件。

6.4.10 超声波清洗设备宜设在与组件清洗设备相邻的单独房间内。

6.4.11 喷丝板镜检室宜设在纺丝组件清洗间内无阳光直接照射的单独房间里。

6.4.12 涤纶工厂的熔体过滤芯异丙醇检验设施应靠外墙并单独布置。当机械通风等级为中级、有效性为良好时，在距异丙醇液槽外沿2m范围内、从地面到液槽上方排风设备之间的区域，应划为爆炸性气体环境1区。异丙醇检测槽上方应设局部排风系统。

6.4.13 组件清洗间应配置碱洗槽、水洗槽，并宜配置高压水冲洗设备。

6.5 热媒间（站）

6.5.1 纺丝车间应设热媒收集间，热媒接收槽容积应大于或等于车间热媒蒸发器总容积的30%；热媒收集间宜布置在纺丝生产车间一层的附房内，并应有对外的通风条件。

6.5.2 采用熔体直接纺丝工艺的涤纶工厂，热媒站应与聚酯装置合用，不应单独设置。

6.5.3 涤纶工业丝工厂浸胶车间的热媒站，宜布置在浸胶帘子布（帆布）干燥机附近。

6.5.4 燃煤和燃油热媒炉的烟气应达到国家以及工厂所在地政府规定的烟尘排放指标的要求后再排放。

6.6 原料库和成品库

6.6.1 涤纶工厂应设原料库、成品库、备品备件库等。

6.6.2 仓库应靠近主生产装置，且运输方便的位置。

6.6.3 涤纶工厂仓库设计应符合现行国家标准《纺织工程设计防火规范》GB 50565的规定。

6.6.4 设置有浸胶车间的涤纶工业丝工厂应设计独立的化学品库。化学品库应设防冻和降温设施，并应保证干燥、通风，避免阳光直晒化学品。

6.6.5 涤纶工业丝工厂浸胶使用的甲醛，其贮存间宜设在浸胶车间一层有外墙并避免阳光直接照射的附房内。

6.6.6 涤纶短纤维生产在打包机后宜设产品中间库。
6.6.7 涤纶工业丝工厂的捻织车间内应设纬纱贮存间（区）。

6.7 维 修 间

6.7.1 涤纶工厂应设维修设施。
6.7.2 涤纶工厂的机修、仪修和电修可按中、小修配置人员和设备。
6.7.3 涤纶装置与聚酯装置合建在一起的企业，机修、仪修和电修人员和设备应统一配置。
6.7.4 涤纶工厂的纺丝车间和后加工车间应设保全维修间。长丝的卷绕保全间应靠近卷绕机室布置。

7 自动控制和仪表

7.1 一 般 规 定

7.1.1 自控设计应符合安全可靠、经济合理、技术先进、操作维护方便的原则。
7.1.2 现场仪表及控制系统选型应根据工艺装置的规模、流程特点、操作控制要求等因素确定。
7.1.3 仪表选型应减少仪表的品种、规格。
7.1.4 爆炸和火灾危险场所的自控设计应符合现行国家标准《爆炸和火灾危险环境电力装置设计规范》GB 50058 的有关规定。

7.2 控 制 水 平

7.2.1 涤纶工厂的主生产装置宜采用过程控制系统进行集中监视、控制和管理。
7.2.2 生产线的单机、整装单元设备宜随机配带控制单元，并应根据需要将主要信号传送到过程控制系统进行显示和报警。信号传输可采用硬接线或通讯总线。
7.2.3 转动设备的运行状态、故障报警应根据工艺要求引入过程控制系统显示、报警和控制。
7.2.4 丝束冷却风宜采用可编程序控制器、专用工控机或主生产装置的过程控制系统进行监控。
7.2.5 油剂调配、组件清洗、胶液调配，宜设置就地控制柜，可采用可编程序控制器或数显仪表对工艺过程进行就地手动/自动控制和监视。
7.2.6 环境空调宜单独设置控制系统，可采用可编程序控制器、专用工控机或数显仪表进行集中或就地监控。

7.3 主要控制方案

7.3.1 熔体直接纺丝工艺中的压力控制应通过控制熔体增压泵的转速实现；切片纺丝工艺中的压力控制应通过控制螺杆挤压机的转速实现。
7.3.2 熔体管道中熔体温度控制应通过控制熔体管道夹套中热媒的温度实现。
7.3.3 容积式输送泵的出口必须设置压力高限联锁停泵控制系统。

7.4 特殊仪表选型

7.4.1 熔体管道中熔体温度测量应采用特殊结构的三线制 Pt100 铂热温度计，其接触熔体部分的长度，宜根据管径大小确定为 5mm～25mm。
7.4.2 熔体管道中熔体压力测量应采用高温膜片压力变送器，其测量膜片应与管道内表面平齐。
7.4.3 容积式输送泵出口用于保护设备的压力高限报警开关宜选用电接点压力表，接点形式应为接近感应式。对于熔体应采用高温膜片密封压力表。
7.4.4 切片料仓的料位宜采用音叉式或振动棒式料位开关。
7.4.5 热媒介质的控制阀宜选用波纹管密封气动薄膜调节阀。
7.4.6 仪表与工艺介质接触部分的材质，不应低于设备和管道的材质。
7.4.7 主要的现场仪表变送器宜选用带有 HART 通讯协议。
7.4.8 直接安装在机械设备上的一次仪表宜随机械设备配带。

7.5 控制系统配置

7.5.1 操作站的配置应符合下列要求：
 1 应按操作区域、生产线、操作单元的划分配置操作站；
 2 应按过程检测、控制点数及其复杂程度配置操作站；
 3 操作站的显示器宜采用 19″～22″液晶显示器；
 4 操作站应配置操作员键盘、硬盘、光盘驱动器、鼠标或球标。
7.5.2 操作站不具备组态、编程功能时，控制系统应配备一台工程师站。
7.5.3 控制站应根据输入/输出点数进行配置，并可根据检测控制点的数量和分布情况选择控制室集中或现场分散的数据采集模式。
7.5.4 控制站的中央处理单元、电源模块、通讯系统、重要模拟控制回路的输入/输出卡应 1:1 冗余配置。
7.5.5 控制系统的输入/输出通道宜留有实际使用点 10%～15% 的备用通道，各种机柜（架）宜留有 10%～15% 的备用空间。
7.5.6 控制站的负荷应低于额定能力的 70%，系统的通讯负荷应低于额定能力的 60%。
7.5.7 操作站宜配置报警打印机和报表打印机各 1 台。
7.5.8 1min 采样周期的历史数据贮存时间不应少

于7d。

7.5.9 系统实时数据采集和处理周期应满足工艺要求。

7.5.10 主生产装置的过程控制系统应采用不间断电源供电。

7.6 控 制 室

7.6.1 控制室的设置应符合操作、管理方便,电缆敷设合理的原则。涤纶长丝装置宜设置一个控制室,涤纶短纤维装置宜设置纺丝和后处理两个控制室,涤纶工业丝装置纺丝、捻织和浸胶宜分开设置控制室。

7.6.2 主生产装置控制室应包括操作室和机柜室。装置规模较小时,操作室和机柜室或操作室和值班室可合用。

7.6.3 控制室应设置在安全和管理方便的区域。

7.6.4 纺丝、卷绕、后处理、浸胶的机柜室宜单独设置,控制室可共用。

7.6.5 操作室的面积应根据操作站的数量确定,两个操作站的操作室面积宜为 40m²~50m²,每增加一个操作站应增加 6m²~10m²。

7.6.6 操作站的显示屏应避免室外光线直接照射,操作台距墙应大于 1.5m。

7.6.7 机柜室面积应根据机柜的尺寸和数量确定。背面开门的机柜距墙应大于 1.5m,两列前后开门的机柜间净距离不应小于 2.0m。机柜布置时,应使柜间电缆走向合理、交叉最少、距离最短。

7.6.8 控制室应采取静电防护措施,采用抗静电架空地板时,地板的架空高度宜为 300mm~600mm。

7.6.9 控制室架空地板下宜设置电缆托盘,并应将电缆按种类分开敷设。

7.7 仪表安全措施

7.7.1 在有爆炸性危险环境内使用的电动仪表必须选用满足使用场所要求的防爆型仪表。

7.7.2 各种现场仪表开关、报警接点应为正常生产时闭合、故障或报警时断开。

7.7.3 联锁电磁阀应正常时得电、联锁时失电。

7.7.4 重要的安全联锁应采用硬接线联锁。

7.7.5 控制系统冗余的通讯电缆敷设时,应采用不同的敷设路径。

7.7.6 电缆应按信号种类分开敷设,在同一电缆槽中敷设时,应采用金属隔板分开。

7.7.7 仪表信号电缆与电力电缆的敷设间距应按国家现行的有关标准执行。

7.7.8 模拟信号电缆应采用屏蔽对绞电缆,开关接点信号电缆可采用总屏蔽电缆。

7.7.9 检测、控制回路的线芯截面应满足线路阻抗和线缆机械强度的要求。

7.7.10 仪表和控制系统的接地应符合现行行业标准《石油化工仪表接地设计规范》SH/T 3081 和《仪表系统接地设计规定》HG/T 20513 的有关规定。

7.7.11 热媒站、热媒炉的自控设计应符合国家现行标准的有关安全规定。

8 电 气

8.1 一般规定

8.1.1 电气设计应符合安全可靠、经济合理、技术先进、维护方便的要求。

8.1.2 电气设计应合理确定设计方案和变配电装置的布局,应采用成熟、有效的节能措施,推广节能技术和节能产品,降低电能损耗。

8.2 供 配 电

8.2.1 涤纶工厂纺丝连续生产装置和纺丝冷却风等生产用电负荷应为二级负荷;气体爆炸场所用于稀释爆炸介质浓度的通风机应为二级负荷;消防用电负荷应为二级负荷;其他用电负荷可为三级负荷。

8.2.2 涤纶工厂的两回路电源宜由电力系统不同母线段提供,每回路应能满足工厂连续性生产负荷和其他重要负荷的用电。

8.2.3 涤纶工厂的配变电所宜采用分段单母线接线。

8.2.4 变电所应装设两台及以上配电变压器。当其中一台变压器断开时,其余变压器的容量应能满足工厂全部二级负荷的用电。

8.2.5 涤纶工厂爆炸危险环境的电气设计,应符合下列规定:

　　1 三甘醇清洗炉、甲醛贮存间、胶料调配间调配槽、过滤器滤芯检验用异丙醇槽、短纤维电瓶车充电间(区)的爆炸危险环境区域,应按现行国家标准《爆炸和火灾危险环境电力装置设计规范》GB 50058 和《爆炸性气体环境用电设备 第 14 部分:危险场所分类》GB 3836.14 的有关规定划分,并应符合本规范第 3.6 节和第 6.4 节的有关规定;

　　2 涤纶工厂中主要可燃性气体的分级、分组,应符合下列规定:

　　　1) 三甘醇的分级、分组:ⅡAT2;
　　　2) 氢气的分级、分组:ⅡCT1;
　　　3) 联苯、联苯醚的分级、分组:ⅡAT1;
　　　4) 燃料油的分级、分组:ⅡAT3;
　　　5) 异丙醇的分级、分组:ⅡAT2;
　　　6) 甲醛的分级、分组:ⅡBT2。

　　3 爆炸危险环境电气装置的设计,应符合现行国家标准《爆炸和火灾危险环境电力装置设计规范》GB 50058 的有关规定。

8.2.6 配电设备的防护等级应适合使用场所,并不应低于 IP4X。

8.2.7 涤纶工厂设计应采取下列主要节能措施：
　　1 涤纶工厂设计应根据用电性质、用电容量，选择合理供电电压和供电方式；
　　2 变电所的位置应接近负荷中心、缩短供电半径，并应减少变压器级数；
　　3 用电设备的供电电压偏移值不应超过额定电压±5%；
　　4 单相用电设备应均匀地接在三相网络上，供电网络的电压不平衡度应小于2%；
　　5 功率因数应满足供电部门的规定。在提高自然功率因数的基础上，应合理设置集中与就地无功补偿设备；
　　6 配变电所内的配电、变电设备应配置相应的测量和计量仪表；
　　7 涤纶工厂电网接入处的谐波应符合现行国家标准《电能质量公用电网谐波》GB/T 14549的有关规定。

8.3 照　　明

8.3.1 涤纶工厂的疏散照明、安全照明、备用照明等应急照明系统，应由专用的馈电线路供电。
8.3.2 涤纶工厂应急照明系统可选用蓄电池作为备用电源。
8.3.3 涤纶工厂的照明及照明节能设计应符合现行国家标准《建筑照明设计标准》GB 50034的有关规定。
8.3.4 涤纶工厂爆炸危险环境的照明设计应符合现行国家标准《爆炸和火灾危险环境电力装置设计规范》GB 50058的有关规定。

8.4 防　　雷

8.4.1 涤纶工厂的防雷设计应符合下列规定：
　　1 涤纶生产装置厂房应为第三类防雷建筑物；
　　2 公用工程厂房应为第三类防雷建筑物；
　　3 使用氢化三联苯或二芳基烷作为热媒的热媒站应为第三类防雷建筑物；使用联苯、联苯醚作为热媒介质的热媒站，应为第二类防雷建筑物。
8.4.2 涤纶工厂配变电所电力变压器高、低压侧，应设置避雷器或电涌保护器。
8.4.3 燃料油储罐的防雷设计应按现行国家标准《石油库设计规范》GB 50074的有关规定执行。
8.4.4 涤纶工厂建（构）筑物的防雷设计应符合现行国家标准《建筑物防雷设计规范》GB 50057和《建筑物电子信息系统防雷技术规范》GB 50343的有关规定。

8.5 接　　地

8.5.1 涤纶工厂的功能性接地、保护性接地、防静电接地、防雷接地、等电位联结接地等，宜共用同一接地装置。接地装置的接地电阻，应符合其中最小值的要求。
8.5.2 涤纶工厂的爆炸危险环境应采取静电防护措施。
8.5.3 静电防护措施应符合现行国家标准《防止静电事故通用导则》GB 12158的有关规定。

8.6 火灾自动报警

8.6.1 涤纶长丝生产装置、涤纶工业丝生产装置、涤纶短纤维生产装置火灾自动报警系统，应按现行国家标准《建筑设计防火规范》GB 50016和《纺织工程设计防火规范》GB 50565的规定设置。
8.6.2 保护对象应按现行国家标准《火灾自动报警系统设计规范》GB 50116的有关规定进行分级和设计火灾自动报警系统。
8.6.3 火灾自动报警与联动系统的设计，应符合现行国家标准《建筑设计防火规范》GB 50016和《火灾自动报警系统设计规范》GB 50116的有关规定。
8.6.4 爆炸危险环境的火灾报警系统设计，应符合现行国家标准《爆炸和火灾危险环境电力装置设计规范》GB 50058的有关规定。

9 总平面布置

9.1 一般规定

9.1.1 涤纶工厂总平面布置应符合现行国家标准《工业企业总平面设计规范》GB 50187的有关规定，并应满足现行国家标准《纺织工程设计防火规范》GB 50565和国家现行有关安全、卫生防护、环境保护以及防洪等标准的要求。
9.1.2 涤纶工厂的厂址应符合区域规划或地区总体规划的要求。厂址与居住区的卫生防护距离应满足有关安全、卫生标准，并宜布置在居住区全年最小频率风向的上风侧。
9.1.3 厂区总平面布置应贯彻执行节约用地的方针，因地制宜，合理布置。
9.1.4 厂区总平面布置的建筑系数、容积率、绿地率等有关技术经济指标应符合国家及地方有关行政主管部门的规定。
9.1.5 厂区总平面布置应满足生产工艺流程的要求，功能分区应明确、合理，并按功能分区合理确定通道宽度。功能相近的建筑物和构筑物宜采用联合、多层布置。
9.1.6 厂区总平面布置宜根据工厂远期发展规划的需要，适当留有发展余地。

9.2 总平面布置

9.2.1 生产厂房宜布置在厂区中部，辅助生产设施及公用工程设施宜靠近生产厂房或负荷中心布置。

9.2.2 采用切片纺丝工艺时，切片库宜靠近生产厂房的干燥、纺丝车间。采用熔体直接纺丝时，纺丝车间应靠近聚酯车间布置。

9.2.3 涤纶长丝、涤纶工业丝及涤纶复合长丝工厂的成品库，宜靠近生产厂房的分级包装间布置，涤纶短纤维工厂的成品库宜靠近生产厂房的打包间布置，且宜靠近厂区主要货流出入口。

9.2.4 热媒站及污水（预）处理站宜布置在厂区全年最小频率风向的上风侧，污水（预）处理站尚宜靠近厂区排水出口位置。厂区变电站（降压站）应布置在进线方向的厂区边缘处。

9.2.5 厂区总平面布置应合理组织人流与货流。厂区出入口不应少于2个，并宜人、货分流。大中型涤纶工厂的出入口宜位于厂区的不同方位。

9.2.6 厂区通道宽度应根据建（构）筑物防火间距、消防车道、货物运输与装卸、地上与地下工程管线、大型设备吊装与检修、挡土墙与护坡以及厂区绿化等要求合理确定，并宜紧凑布置。

9.2.7 厂区道路宜为城市型、环状布置，消防车道应符合现行国家标准《纺织工程设计防火规范》GB 50565的有关规定。道路的路面结构、道路宽度、道路纵坡及路口转弯半径等均应满足所使用车辆的行驶要求。仓库区域宜设置停车场或装卸区。

9.2.8 厂区系统管线的管架宜采用纵梁式管架，也可采用独立式管架。

9.3 竖向布置

9.3.1 厂区竖向布置应满足防洪标准及防涝的要求，并应使厂区雨水能够及时排除。

9.3.2 厂区竖向布置宜采用平坡式，场地平整宜采用连续式。在山区建厂或困难情况时也可采用阶梯式布置。

9.3.3 厂内道路设计标高应与厂外道路相适应，并合理衔接，厂区出入口道路宜高于厂外道路。

9.3.4 厂区内场地平整标高应根据防洪、防涝、厂外道路与场地现有高程，减少土（石）方工程量以及挖填基本平衡等因素确定。

9.3.5 厂区内设铁路专用线或水运码头，应与有关主管部门协调，合理确定铁路或码头的设计标高。

10 建筑、结构

10.1 一般规定

10.1.1 涤纶工厂生产厂房和辅助生产设施的建筑、结构设计应符合现行国家标准《建筑抗震设计规范》GB 50011的有关规定。建设在湿陷性黄土、膨胀土、多年冻土等地区的厂房，应符合国家现行有关标准的规定。

10.1.2 建筑、结构设计应满足生产工艺要求，应符合现行国家标准《工业建筑防腐蚀设计规范》GB 50046和《纺织工程设计防火规范》GB 50565的规定。

10.1.3 建筑、结构设计应根据需要和可能采用成熟可靠的新材料、新技术，合理利用地方材料和工业废料，满足所在地区建设及节能等方面的要求。

10.2 生产厂房

10.2.1 生产厂房建筑结构形式宜采用现浇钢筋混凝土框架结构，单层厂房宜采用现浇或预制钢筋混凝土排架结构，也可采用钢结构。厂房建筑结构的安全等级应为二级，建筑抗震设防类别宜为标准设防类，简称丙类，地基基础设计等级可为丙级。生产厂房的耐火等级应为一、二级，屋面防水等级宜为Ⅱ级。

10.2.2 生产厂房的设备荷载应按设备条件确定，并应依据动荷载的影响作计算。楼面安装、维修荷载的数值和范围应与重型设备的运输路线相适应，外墙应根据安装运输路线预留必要的供大型设备运入的安装孔。非设备区的楼面等效均布活荷载，主梁可按$4.0kN/m^2 \sim 5.0kN/m^2$计算，板及次梁可按$6.0kN/m^2 \sim 7.0kN/m^2$计算。

10.2.3 生产厂房的体型宜简单，平面设计宜规整、紧凑，应合理布置、充分利用空间；剖面设计宜避免错层、减少层高的种类；立面设计宜简洁。

10.2.4 生产厂房与辅助生产设施宜紧凑布置，或组成联合厂房。组成联合厂房时，应妥善处理防火、采光、屋面排水、振动和建筑结构构造。

10.2.5 生产厂房宜充分利用自然光，天然采光设计宜符合现行国家标准《建筑采光设计标准》GB/T 50033的有关规定。

10.2.6 严寒地区、寒冷地区及夏热冬冷地区，室内相对湿度较高的涤纶短纤维后加工车间、涤纶工业丝浸胶车间等，应对厂房进行建筑围护结构防结露验算，并采取有效的防结露措施。

10.2.7 对于有一定温、湿度要求的涤纶纺丝车间、卷绕间、平衡间、涤纶工业丝捻织车间、加弹车间及毛条车间等，围护结构传热系数限值应符合本规范第12章的有关规定。

10.2.8 对于噪声较大且操作人员较多的涤纶工业丝捻线和织布车间等，宜采取吸声减噪措施，并应符合现行国家标准《工业企业噪声控制设计规范》GBJ 87和有关工业企业设计卫生标准的规定。

10.2.9 下列生产车间（部位）的地面应采用易于清洁、耐压及耐磨的材料：

1 涤纶长丝纺丝车间的卷绕间、分级包装间；

2 涤纶短纤维车间的落桶间、集束间、打包间、中间库；

3 涤纶工业丝纺丝车间的卷绕间、分级包装间；
4 加弹车间；
5 捻织车间的中间库、捻线间、织布间。

10.2.10 涤纶短纤维车间后加工从集束至卷曲机的地面应做防滑地面。

10.2.11 生产厂房内应满足原料及半成品、成品的运输要求。门的数量、位置、尺寸、开启方式及方向等，均应与运输工具相适应。

10.2.12 位于楼层的空调机房的楼板应采取排水和防水措施。

10.2.13 生产厂房内的沟道布置在满足生产要求的情况下，应减少沟道的长度、深度、交叉和避开设备基础，并应根据沟道的使用要求和地下水位情况，采取沟道防水或防渗措施。

10.3 生产厂房附房

10.3.1 生产性附房的设备荷载应根据设备条件确定，其他附房的活荷载宜按将来可改造为生产性附房确定。

10.3.2 生产厂房内的辅助生产、生活和行政管理用房宜靠近所服务的车间，并应布置合理、使用方便。

10.3.3 车间办公室、休息室、饮水室、餐室、更衣室、厕所等管理及生活用房，可根据有关工业企业设计卫生标准的规定和工厂实际需要设置。

10.3.4 房间长度大于 7.0m 的高压开关室和低压配电室，应在两端各设 1 个出口。楼地面应采用易于清洁的材料，也可采用抗静电架空地板。采用电缆沟布线时，应采取防止小动物、地下水或地表水进入电缆沟内的措施。

10.3.5 房间长度大于 15.0m 的控制室，应在两端各设 1 个出口，楼地面宜采用抗静电架空地板。

10.3.6 化验室外窗不宜采用有色玻璃，门应向人员疏散方向开启，楼地面和墙面应采用易于清洁的材料，楼地面应采取排水和防水措施。

10.3.7 物检室的检测间及组件清洗间内必要时设置的计量泵校验间，围护结构热工设计应满足工艺及暖通专业要求。其楼地面和墙面应采用易于清洁的材料，并应采取防尘措施。

10.3.8 油剂调配间的地面应易于清洁、防滑，并应有良好的排水措施。

10.3.9 纺丝车间热媒收集槽间应至少设一个直通室外的安全出口。

10.3.10 当管理及生活附房集中设置时，围护结构热工设计应符合现行国家标准《公共建筑节能设计标准》GB 50189 的有关规定。

10.4 厂区工程

10.4.1 厂区辅助生产设施可两项或数项合并设置。

10.4.2 厂区辅助生产设施建筑的结构形式，可采用钢筋混凝土框架、钢筋混凝土排架、砌体结构或钢结构。其平面设计应紧凑、规整、柱网简单。建筑物耐火等级应为一、二级。屋面防水等级不应低于Ⅲ级。

10.4.3 涤纶工厂的原料库、成品库及备品备件库计算面积利用系数可为 0.5～0.6。仓库的高度应满足货物堆高和装卸、运输要求。仓库地面应采用易于清洁及耐压、耐磨的材料。其外门应满足通行运输车辆的要求，并应便于管理。原料及成品仓库宜有良好的自然通风与采光。

10.4.4 涤纶工业丝化学品库应有良好的自然通风，避免阳光直射，并应根据储存化学品的物理、化学性质，采取保温（或降温）措施。甲醛储存间应按本规范第 10.5.7 条的规定采取防爆措施。

10.4.5 燃煤热媒站厂房可采用开敞或半开敞式钢结构，也可采用钢筋混凝土排架结构。燃油（燃气）热媒站可露天布置。

10.5 建筑防火、防爆、防腐蚀

10.5.1 涤纶工厂的生产厂房（含附房）及全部辅助生产设施的建筑防火设计，均应符合现行国家标准《纺织工程设计防火规范》GB 50565 的规定。

10.5.2 涤纶长丝、涤纶短纤维、涤纶工业丝、涤纶复合纤维及其他涤纶产品生产的火灾危险性应为丙类。原料仓库、成品仓库储存物品的火灾危险性应为丙类。

10.5.3 生产厂房内附设原料库或成品（中间）库时，应采用防火墙和耐火极限不低于 1.50h 的楼板与生产车间隔开，防火墙上的门应为甲级防火门。生产车间与原料库或成品（中间）库应划分为各自独立的防火分区，并应符合现行国家标准《纺织工程设计防火规范》GB 50565 的规定。

10.5.4 生产火灾危险性为丙类可燃液体的车间或附房，应采用耐火极限不低于 2.50h 的不燃烧体隔墙和 1.00h 的楼板与生产车间隔开，隔墙上的门应为乙级防火门。

10.5.5 生产厂房防火分区最大允许建筑面积应符合现行国家标准《纺织工程设计防火规范》GB 50565 的规定。涤纶长丝、涤纶短纤维、涤纶工业丝纺丝车间上下楼层为不同的防火分区时，被纺丝甬道贯穿的楼板可不做防火封堵，但应同时满足下列要求：

1 生产厂房的建筑耐火等级应为一级；

2 生产厂房与附房之间应用耐火极限不低于 2.50h 的不燃烧体隔墙和 1.50h 的楼板隔开，隔墙上的门应为甲级防火门；

3 每层均应有 2 个或 2 个以上分散布置的安全出口，疏散距离及总净宽应符合现行国家标准《纺织工程设计防火规范》GB 50565 的规定。

10.5.6 生产厂房安全疏散应符合现行国家标准《纺织工程设计防火规范》GB 50565 的规定。涤纶长丝、涤纶短纤维、涤纶工业丝纺丝车间,当有多个防火分区相邻布置,并采用防火墙分隔时,每个防火分区可利用防火墙上通向相邻防火分区的甲级防火门作为辅助安全出口,但应同时满足下列要求:

  1 生产厂房的建筑耐火等级应为一级;

  2 生产厂房与附房之间应用耐火极限不低于2.50h的不燃烧体隔墙和1.50h的楼板隔开,隔墙上的门应为甲级防火门;

  3 每个防火分区均应有2个或2个以上分散布置的安全出口,疏散距离及总净宽应符合国家有关防火标准的规定。

10.5.7 涤纶生产厂房的热媒收集间、三甘醇清洗间、三甘醇储存间、涤纶工业丝浸胶车间的胶料调配间等应靠外墙布置,并应将其与生产厂房其他部分之间用耐火极限不低于2.50h的不燃烧体隔墙和1.00h的楼板隔开,隔墙上的门应为乙级防火门,地面应采用不发生火花的材料。涤纶工业丝浸胶车间的甲醛储存间应靠外墙布置,外墙应设泄压设施,泄压面积应符合现行国家标准《纺织工程设计防火规范》GB 50565标准的规定。甲醛储存间与车间之间的隔墙应用防爆墙和耐火极限不低于1.50h的楼板隔开,地面应采用不发生火花的材料。

10.5.8 建筑防腐蚀设计应贯彻以预防为主的方针,应采取防止设备跑、冒、滴、漏的措施,并在设计文件中要求加强对设备的日常管理、维护工作。

10.5.9 建筑防腐蚀设计应根据腐蚀性介质的种类、pH值、浓度、温度及使用环境相对湿度等条件,合理确定防腐蚀的部位、范围、材料及做法。

10.5.10 有腐蚀性介质的生产宜相对集中,并宜靠建筑物的外墙布置。

10.5.11 涤纶生产的组件清洗间、涤纶短纤维生产的后加工间、涤纶工业丝生产的浸胶间,以及化学品库、污水(预)处理站等有腐蚀性介质的建筑物或构筑物,应采取防腐蚀措施,并宜设置自然通风或机械排风设施。

10.5.12 输送腐蚀性液体的地下管道应布置在管沟内。

10.5.13 建筑防腐蚀设计应符合现行国家标准《工业建筑防腐蚀设计规范》GB 50046的有关规定。

11 给水排水

11.1 一般规定

11.1.1 给水排水管道的平面布置与埋深应根据工厂地形、工程地质、总平面布置、地下水位、冰冻深度、管道材料、施工条件等因素确定。

11.1.2 各车间给水排水管道的进、出口方位应按生产工艺要求,结合全厂给水排水管道的布置确定,应减少进、出口接管的数量,并应缩短管道的长度。

11.1.3 给水排水管道不得穿过设备基础,不宜穿过建筑物的变形缝。如需穿过时,应采取防止管道被损坏的措施。给水排水管道穿过承重墙或建筑物基础时,应预留孔洞或设置套管。管顶上部净空不应小于建筑物的沉降量,且不应小于0.1m。

11.1.4 室内给排水管道不得穿过变配电室、控制室。生活、生产和消防给水管道宜明敷。生产给水管道宜与工艺管道共架布置。消防给水管道宜单独敷设,并应符合现行国家标准《纺织工程设计防火规范》GB 50565的规定。

11.1.5 下列管道应进行防腐处理:

  1 埋地敷设金属管道的外壁;

  2 架空敷设的碳钢管道的外壁。

11.2 给 水

11.2.1 给水系统的划分应根据生产、生活和消防等各项用水对水质、水温、水压和水量的要求,分别设置直流、循环或重复利用的管道系统。

11.2.2 涤纶生产所需的生产用水、除盐水、循环冷却水的水质、水温、水压和水量,应根据生产工艺的要求确定。全厂新鲜水的总用水量,应根据生活用水量、生产用水量、除盐水制备用水量、循环冷却水和冷冻水的补充水量、公用设施用水量及未预见用水量之和计算,未预见用水量可按10%~15%计算。总用水量应结合用水同时使用情况计算。

11.2.3 涤纶工厂循环冷却水的浓缩倍数不宜小于3倍,并应设置水质稳定处理设施。

11.2.4 全厂水的重复使用率不应小于95%。

11.2.5 各给水系统设计流量应按最高日最大小时用水量确定,支管道设计宜按秒流量计算。管道设计压力应按设计流量及最不利点所需压力,结合管网布置,经计算确定。当采用生产、消防合用给水系统时,尚应按消防时的合并流量、压力进行复核。

11.3 排 水

11.3.1 排水系统应根据生产、生活排水的污水性质、水量等特点,按质分类、清污分流,合理划分排水系统。

11.3.2 排水量应按下列规定确定:

  1 生产污水系统的设计排水量,应为连续排水量和同时发生的最大小时的间断排水量与未预见排水量之和。未预见小时排水量,应按连续排水量和同时发生的最大小时间断排水量之和的10%~20%计算。当采用清洁废水与雨水合流排水系统时,其设计流量应为清洁废水设计最大小时流量与设计雨水量之和;

  2 生活污水系统的设计排水量,宜按生活用水的设计小时用水量的90%计算。

11.3.3 设备排水不宜直接与重力流管道相连接,应在其排出口以下部位设置水封装置,水封高度不得小于50mm。

11.3.4 空调机组排水宜采用金属排水管道,当排水管道敷设在楼板下时宜做防结露保温层。

11.3.5 生产污水应根据水质、水温选择排水管道材质。

11.4 污水处理

11.4.1 涤纶工厂浓废油剂应回收处理,生产中产生的油剂废水宜预处理后再与其他生产污水合并处理。

11.4.2 涤纶帘子布生产所产生的浸胶废水应预处理后再与其他生产污水合并处理。

11.4.3 污水处理设计应符合现行国家标准《纺织工业企业环境保护设计规范》GB 50425和有关环境保护标准的规定。

11.5 消防设施

11.5.1 涤纶工厂的消防设施应根据其生产和储存物品的火灾危险性分类以及建筑物的耐火等级等因素,设置消火栓给水系统、自动喷水灭火系统等。涤纶短纤维车间不得采用大跨度水幕代替防火隔墙。

11.5.2 室内外消防给水系统的设置应符合现行国家标准《纺织工程设计防火规范》GB 50565和《建筑设计防火规范》GB 50016的有关规定,自动喷水灭火系统的设置应符合现行国家标准《自动喷水灭火系统设计规范》GB 50084的有关规定。

11.5.3 涤纶帘子布生产用浸胶机的烘干段宜采用蒸汽灭火系统。

11.5.4 涤纶工厂各建筑物灭火器配置,应符合现行国家标准《建筑灭火器配置设计规范》GB 50140的有关规定。

12 采暖、通风和空气调节

12.1 一般规定

12.1.1 采暖、通风和空气调节设计除应执行本规范的规定外,尚应符合现行国家标准《采暖通风与空气调节设计规范》GB 50019和《纺织工程设计防火规范》GB 50565的规定。

12.1.2 防烟排烟设计应符合现行国家标准《纺织工程设计防火规范》GB 50565的规定。

12.1.3 涤纶工厂生产车间的室内温、湿度计算参数应根据工艺要求确定。工艺无特殊要求时,可按表12.1.3-1～表12.1.3-3设计。

12.1.4 丝束冷却风的温度与相对湿度计算参数应根据工艺要求确定。工艺无特殊要求时,可按表12.1.4设计。

表12.1.3-1 涤纶长丝工厂室内温、湿度

房间名称	夏季		冬季		检测点位置
	温度(℃)	相对湿度(%)	温度(℃)	相对湿度(%)	
纺丝间	≤32	无要求	≥16	无要求	值班区
卷绕间	(25～30)±2	(60～70)±5	(20～25)±2	(60～70)±5	卷绕头旁
平衡间	≤32	40～75	≥18	40～75	离地1.5m
加弹车间	(26～30)±3	(55～65)±5	24±3	(55～65)±5	丝架区离地1.5m
分级包装间	≤30	无要求	≥16	无要求	操作区
物检室	20±2	65±5	20±2	65±5	仪器检测间
化验室	≤30	无要求	≥16	无要求	操作区
变频器室	≤32	≤75	≥10	≥35	—
控制室	26±2	40～70	20±2	40～70	

注:1 对于常规产品平衡间的温、湿度可不控制,但对于异形、细旦、复合产品及平衡间的温、湿度应控制;
2 加弹车间根据品种不同,可放宽温、湿度要求,并采用仅在丝架区域送空调风方式;
3 物检室参数仅指仪器检测间;要求高的仪器检测间相对湿度精度可控制在±3%。

表12.1.3-2 涤纶短纤维工厂室内温、湿度

房间名称	夏季		冬季		检测点位置
	温度(℃)	相对湿度(%)	温度(℃)	相对湿度(%)	
纺丝间	≤32	无要求	≥16	无要求	值班区
卷绕间	≤30	无要求	≥16	无要求	操作区

续表 12.1.3-2

房间名称	夏季		冬季		检测点位置
	温度（℃）	相对湿度（%）	温度（℃）	相对湿度（%）	
平衡间	≤32	无要求	≥12	无要求	操作区
集束间	≤32	无要求	≥12	表注1	条筒区
后加工车间	≤32	无要求	≥16	无要求	操作区
毛条车间	≤30	65～80	≥22	65～80	操作区
物检室	20±2	65±5	20±2	65±5	仪器检测间
化验室	≤30	无要求	≥16	无要求	操作区
变频器室	≤32	≤75	≥10	≥35	—
控制室	26±2	40～70	20±2	40～70	—

注：1 在相对湿度小于30%地区，宜在盛丝筒放置区域增加空气湿度；
2 物检室参数仅指仪器检测间；要求高的仪器检测间相对湿度精度可控制在±3%。

表 12.1.3-3 涤纶工业丝工厂室内温、湿度

房间名称	夏季		冬季		检测点位置
	温度（℃）	相对湿度（%）	温度（℃）	相对湿度（%）	
纺丝间	≤32	无要求	≥16	无要求	值班区
卷绕间	≤32	40～70	≥16	40～70	卷绕头旁
平衡间	25～30	40～70	20～25	40～70	—
捻线织布间	≤32	40～80	≥16	40～80	操作区
物检室	20±2	65±5	20±2	65±5	仪器检测间
化验室	≤30	无要求	≥16	无要求	操作区
变频器室	≤32	≤75	≥10	≥35	—
控制室	26±2	40～70	20±2	40～70	—

注：1 涤纶工业丝的平衡间如果室内温度和湿度不控制，其测试的丝筒需要在物检室内进行平衡；
2 物检室参数仅指仪器检测间。

表 12.1.4 涤纶工厂丝束冷却风温度与相对湿度

品种	夏季		冬季		检测点位置
	温度（℃）	相对湿度（%）	温度（℃）	相对湿度（%）	
长丝	(20～25)±1	(70～85)±5	(18～23)±1	(70～85)±5	主风道
普通工业丝	(18～25)±1	(70～85)±5	(20～22)±1	(70～85)±5	主风道
短纤维	(22～28)±1	无要求	(18～24)±1	无要求	主风道

注：高模低缩工业丝参数根据工艺要求。

12.2 采 暖

12.2.1 累年日平均温度稳定低于或等于5℃的日数大于或等于90d的地区，室内经常有人停留或工艺对室温有要求的生产厂房与附房宜采用集中采暖。其他地区，工艺对室内温度有特殊要求的生产厂房与附房可采用集中采暖。

12.2.2 集中采暖应首先利用生产余热。

12.2.3 下列情况之一，应采用热风采暖：

1 由于防火、防爆和卫生要求必须采用全新风的热风采暖时；
2 采用其他采暖方式不能满足要求时；
3 能与机械通风系统合并时；
4 利用循环空气采暖经济合理时。

12.2.4 设置热风采暖的房间，当生产间断运行且需值班采暖时，宜采用热风与散热器的联合采暖。

12.2.5 散热器表面温度较高可能引发烫伤事故时，应采取防护措施。

12.3 通 风

12.3.1 通风设计宜采用自然通风,当自然通风不能满足要求时,可采用自然与机械的联合通风或机械通风。

12.3.2 建筑物内散发余热、余湿或有害物质的生产过程与设备,宜采用局部通风,当局部通风不能满足要求时,应辅以全面排风或采用全面排风。

12.3.3 室内气流组织,不应使含有大量热、湿或有害物质的空气流入没有或仅有少量热、湿或有害物质的人员活动区域,且不应破坏局部排风系统的正常工作。

12.3.4 排放空气应符合现行国家标准《大气污染物综合排放标准》GB 16297 的有关规定。

12.3.5 爆炸性气体危险场所,应满足爆炸性气体危险区域划分所需的通风条件,通风系统应采取防爆安全措施,并应符合现行国家标准《纺织工程设计防火规范》GB 50565 的规定。

12.3.6 在本规范第 3.6.7 条规定的场所,通风系统应采取防毒安全措施,并应符合现行国家标准《采暖通风与空气调节设计规范》GB 50019 的有关规定。

12.3.7 设置集中采暖且有机械排风的房间,当采用自然补风不能满足要求或在技术经济上不合理时,宜设置机械送风系统。设置机械送风系统时,应进行风量平衡及热量平衡计算。

12.3.8 产生凝液的排风系统,应采取排凝措施。

12.3.9 涤纶长丝工厂生产车间,当工艺无特殊要求时,通风可按下列规定设计:

1 纺丝车间的熔体分配间、切片干燥间、螺杆挤压机间可采用自然通风或机械通风;

2 纺丝车间的卷绕间及加弹车间应根据工艺的要求设置局部排风排除油雾。

12.3.10 涤纶短纤维工厂生产车间,当工艺无特殊要求时,通风可按下列规定设计:

1 纺丝车间的熔体分配间、切片干燥间、螺杆挤压机间可采用自然通风或机械通风;

2 后处理车间的热辊牵伸机、蒸汽加热箱、紧张热定型机等设备或区域应设置局部排风;松弛热定型机等的设备排风应接至室外。操作岗位或区域宜设置局部送风。

12.3.11 涤纶工业丝工厂生产车间,当工艺无特殊要求时,通风可按下列规定设计:

1 纺丝车间的熔体分配间、切片干燥间、螺杆挤压机间可采用自然通风或机械通风;

2 纺丝车间的卷绕间应根据工艺的要求设置局部排风排除油雾;

3 浸胶车间的上胶区与干燥机顶部应采用自然通风或机械通风。

12.3.12 涤纶工厂辅助生产设施,当工艺无特殊要求时,通风可按下列规定设计:

1 组件清洗间应设置机械通风。异丙醇检验装置应设置局部排风;

2 热媒间、热媒收集间及油剂调配间应采用自然通风或机械通风;

3 涤纶短纤维工厂盛丝桶搬运车的电瓶充电场所应采用自然通风或机械通风;

4 涤纶工业丝工厂浸胶车间的胶料调配间应采用机械通风;间-甲树脂反应槽投料口的上方应设局部排风;

5 涤纶工业丝工厂浸胶车间的甲醛贮存间应采用机械通风。采用储罐贮存时,操作区应设局部排风。通风机的控制电器,应设置在甲醛贮存间外便于操作处。

12.4 空气调节

12.4.1 涤纶工厂下列情况之一,应设置空气调节:

1 丝束冷却风;

2 采用采暖通风不能满足工艺要求的厂房与附房;

3 采用采暖通风不能满足卫生要求的生产岗位或区域。

12.4.2 在满足工艺要求和卫生要求的条件下,应减少空气调节的范围。当采用局部或局部区域空气调节能满足要求时,不应采用全室性空气调节。

12.4.3 因工艺要求而设置的空气调节应采用空气调节室外计算参数。因卫生要求而设置的空气调节宜采用采暖室外计算温度和夏季通风室外计算参数。

12.4.4 围护结构的最大传热系数与最小传热阻应符合现行国家标准《采暖通风与空气调节设计规范》GB 50019 的有关规定。

12.4.5 空气调节的负荷计算应符合现行国家标准《采暖通风与空气调节设计规范》GB 50019 的有关规定。空气调节区域得热量以全天连续运行的设备与管道等的散热为主时,因围护结构的得热形成的冷负荷,可采用简化方法计算确定。

卷绕间的负荷计算,应计入丝束冷却风带入卷绕间的热量和湿量。

12.4.6 变频器室、控制室等电气仪表用房宜单独设置空气调节系统。

12.4.7 丝束冷却风系统的设计应符合下列规定:

1 各纺丝位的丝束冷却风量及其波动范围应满足工艺要求;

2 纺丝甬道内的空气流动方向与流量应根据工艺要求确定;

3 丝束冷却风系统宜按工艺生产线设置;

4 丝束冷却采用封闭方式时,丝束冷却排风应设置独立的排风系统,排风系统应设置风量调节装置;

5 含有油雾的空气不宜回至丝束冷却风系统；

6 涤纶短纤维工厂的丝束冷却风不应回用。

12.4.8 因卫生要求而设置的空气调节与条件允许的工艺性空气调节，当可用新风作冷源时，全空气空气调节系统应最大限度地使用新风。

12.4.9 处理含有油雾空气的空气处理装置，其排水应接至生产废水系统。

12.4.10 纺丝间操作区的送风不得干扰纺丝窗的冷却风气流，且不应直接吹向纺丝箱体。

12.4.11 涤纶长丝工厂加弹车间丝筒架处的风速不宜大于0.25m/s。

12.4.12 生产车间的空气处理装置宜设置喷水室。

12.4.13 除丝束冷却风与物检室外，空气处理不宜采用冷、热抵消的再热方式。

12.4.14 丝束冷却风系统应设置风量调节装置。

12.4.15 丝束冷却风的空气处理装置，其末级空气过滤器对于大于或等于1μm的大气尘计数效率应符合工艺要求。

12.4.16 空气调节系统宜采用自动控制。丝束冷却风系统和物检室检测间的空气调节系统应采用自动控制。

12.5 设备、风管及其他

12.5.1 空气处理装置布置在楼层时，楼板应采取防水、防结露措施。

12.5.2 采用喷水室处理空气时，喷水泵不宜少于2台，其总出水能力应满足最大喷水量。

12.5.3 丝束冷却风系统的空气处理装置与风管应符合下列规定：

1 空气处理装置宜采用金属壳体，末级空气过滤器与其后部的设备和风管应采用耐腐蚀、不起尘的材料制作；

2 空气处理装置的送风机室与末级空气过滤段应设置2道密封门；

3 空气处理装置的不间断运行时间宜与工艺设备的检修期相适应。

附录A 涤纶工厂可燃、可爆、有毒物质数据

表A 涤纶工厂可燃、可爆、有毒物质数据表

序号	中文名称	英文名称	沸点(℃)	闪点(℃)	引燃温度(℃)	爆炸极限(%) 下限	爆炸极限(%) 上限	毒性级别	空气中允许浓度(mg/m³) 最高允许浓度	空气中允许浓度(mg/m³) 时间加权平均	空气中允许浓度(mg/m³) 短时间接触
1	联苯	diphenyl	254	113	540	0.6	5.8	Ⅲ级(中度危害)	—	1.5	3.75
2	联苯醚	diphenyl ether	258	111	618	0.8	1.5	Ⅲ级(中度危害)	5.0④		
3	联苯+联苯醚①	diphenyl+diphenyl ether	257	113～124	559～615	1.0	2.0～3.4	Ⅲ级(中度危害)	7.0		
4	氢化三联苯	modified polyphenyl	359	184	374	—	—	Ⅲ级(中度危害)		4.9	
5	三甘醇	triethylene glycol	285	165	371	0.9	9.2	Ⅳ级(轻度危害)			
6	异丙醇	isopropanol	82.3	12	399	2.0	12.7	Ⅳ级(轻度危害)		350	700
7	甲醛②	formaldehyde	−19.5	85⑤	430	7.0	73.0	Ⅱ级(高度危害)	0.5		
8	间苯二酚②③	1,3-benzenediol	276.5	127	608	1.4	—	Ⅲ级(中度危害)		20	40
9	氨水②	ammonia	−33.3	651	—	—	—	Ⅳ级(轻度危害)		氨：20	氨：30

注：① 联苯+联苯醚的组分为联苯26.5%(wt)，联苯醚73.5%(wt)；该混合物的物性参数因供货商不同有差异；
② 甲醛、间苯二酚和氨水为涤纶工业丝后加工生产帘子布、帆布用浸渍液原料。
③ 间苯二酚有毒、可燃、具刺激性，受高热分解出有毒气体，其废弃物按有毒废料处理。
④ 联苯醚的车间空气中最高容许浓度为前苏联标准；本品有毒、可燃，具刺激性，急性毒性：LD₅₀为3990 mg/kg(大鼠经口)。
⑤ 闪点是指37%甲醛水溶液(甲醇含量低于2%)。

本规范用词说明

1 为便于在执行本规范条文时区别对待，对要求严格程度不同的用词说明如下：

1) 表示很严格，非这样做不可的：
正面词采用"必须"；反面词采用"严禁"；

2) 表示严格，在正常情况下均应这样做的：
正面词采用"应"；反面词采用"不应"或"不得"；

3) 表示允许稍有选择，在条件许可时首先应这样做的：
正面词采用"宜"；反面词采用"不宜"；

4) 表示有选择，在一定条件下可以这样做的，采用"可"。

2 条文中指明应按其他有关标准执行的写法为:"应符合……的规定"或"应按……执行"。

引用标准名录

《建筑抗震设计规范》GB 50011
《建筑设计防火规范》GB 50016
《采暖通风与空气调节设计规范》GB 50019
《建筑采光设计标准》GB/T 50033
《建筑照明设计标准》GB 50034
《工业建筑防腐蚀设计规范》GB 50046
《通用用电设备配电设计规范》GB 50055
《建筑物防雷设计规范》GB 50057
《爆炸和火灾危险环境电力装置设计规范》GB 50058
《石油库设计规范》GB 50074
《自动喷水灭火系统设计规范》GB 50084
《工业企业噪声控制设计规范》GBJ 87
《火灾自动报警系统设计规范》GB 50116
《建筑灭火器配置设计规范》GB 50140
《工业企业总平面设计规范》GB 50187
《工业金属管道工程施工及验收规范》GB 50235
《现场设备、工业管道焊接工程施工及验收规范》GB 50236
《工业设备及管道绝热工程设计规范》GB 50264
《工业金属管道设计规范》GB 50316
《建筑物电子信息系统防雷技术规范》GB 50343
《纺织工业企业环境保护设计规范》GB 50425
《纺织工业企业职业安全卫生设计规范》GB 50477
《聚酯工厂设计规范》GB 50492
《纺织工程设计防火规范》GB 50565
《表面粗糙度参数及数值》GB/T 1031
《金属熔化焊焊接接头射线照相》GB/T 3323
《爆炸性气体环境用电设备 第14部分:危险场所分类》GB 3836.14
《防止静电事故通用导则》GB 12158
《流体输送用不锈钢焊接钢管》GB/T 12771
《一般用压缩空气质量等级》GB/T 13277
《电能质量公用电网谐波》GB/T 14549
《大气污染物综合排放标准》GB 16297
《有机热载体炉》GB/T 17410
《石油化工设备和管道涂料防腐蚀技术规范》SH 3022
《石油化工管道柔性设计规范》SH/T 3041
《石油化工管道设计器材选用通则》SH 3059
《石油化工仪表接地设计规范》SH/T 3081
《仪表系统接地设计规范》HG/T 20513
《化工装置用奥氏体不锈钢焊接钢管技术要求》HG 20537.3
《化工装置用奥氏体不锈钢大口径焊接钢管技术要求》HG 20537.4
《夹套管施工及验收规范》FJJ 211
《承压设备无损检测》JB/T 4730

中华人民共和国国家标准

涤纶工厂设计规范

GB 50508—2010

条 文 说 明

制定说明

《涤纶工厂设计规范》GB 50508—2010，经住房和城乡建设部 2010 年 5 月 31 日以第 605 号公告批准发布。

涤纶作为最大的化纤品种，应用领域广泛，其包括的产品及工艺流程也较多，为满足各类涤纶工厂设计需要，在编制过程中广泛征求了有关涤纶工厂生产、设计、施工方面专家的意见，有重点地到国内一些涤纶生产骨干企业进行了调研，并查阅了大量国家或行业的相关标准、规范，以及技术文献资料，收集、总结了设计和生产实践中积累的经验和设计数据，最后经主管部门组织审查定稿。

编制本规范遵循的主要原则是：贯彻国家有关的法律、法规和方针政策，广泛吸收涤纶工程建设和生产实际经验，体现节能降耗、环境保护、安全生产、技术进步方面的成果，规定的措施明确具体、切合实际，使规范具有可操作性和指导性。由于节能、环保、职业安全卫生与技术措施紧密相连，原则上在相关的技术章节中反映，而不单列章节。

本规范根据目前国内骨干涤纶生产企业的实际情况，对常规涤纶产品的不同品种，分别规定了主要原料聚酯的消耗指标。所列消耗指标为目前国内涤纶生产企业的中上水平。而差别化产品的聚酯原料消耗值相差很大，因此，未对涤纶差别化产品原料消耗值进行规定。

由于涤纶产品种类众多，不同产品的能耗指标相差很大。即使同一类产品也因旦数和单丝纤度不同、设备不同以及设备新旧程度不同，其能耗指标也相差较大。另外，同一产品由于不同的原料消耗，或车间空调设置情况不同，或生产线设备配置不同，其单位产量能耗也不同。目前大部分生产企业的能量消耗是采用全厂计量，仅作为对外结算电费的依据，各生产装置或车间未进行单独计量，单位产品能耗是分摊的。因此，对生产不同品种的产品，其数据不仅相差较大，同时也是不准确的。如果在规范中单独列出某种产品的能耗指标，既不易考核，又无法操作。因此在本规范中未能列出单位产品的能耗指标，有待于进一步总结经验，今后修订时补充。

本条文说明不具备与标准正文同等的法律效力，仅供使用者作为理解和把握正文规定的参考。

目 次

1 总则 ················· 7—35—27
3 工艺设计 ············· 7—35—27
　3.1 一般规定 ········· 7—35—27
　3.2 设计原则 ········· 7—35—28
　3.3 流程选择 ········· 7—35—28
　3.4 工艺计算 ········· 7—35—29
　3.5 节能降耗 ········· 7—35—30
　3.6 其他规定 ········· 7—35—30
4 工艺设备及布置 ······· 7—35—32
　4.1 一般规定 ········· 7—35—32
　4.2 设备选型 ········· 7—35—32
　4.3 设备配置 ········· 7—35—33
　4.4 设备布置 ········· 7—35—33
5 工艺管道设计 ········· 7—35—33
　5.1 一般规定 ········· 7—35—33
　5.2 管道布置 ········· 7—35—34
　5.3 管道材质选择 ····· 7—35—34
　5.4 特殊管道设计 ····· 7—35—34
　5.5 管道安装及检验要求 7—35—35
6 辅助生产设施 ········· 7—35—35
　6.1 化验室 ··········· 7—35—35
　6.2 物检室 ··········· 7—35—35
　6.3 纺丝油剂调配间 ··· 7—35—35
　6.4 纺丝组件清洗间 ··· 7—35—35
　6.5 热媒间（站） ····· 7—35—36
　6.6 原料库和成品库 ··· 7—35—36
7 自动控制和仪表 ······· 7—35—36
　7.1 一般规定 ········· 7—35—36
　7.2 控制水平 ········· 7—35—37
　7.3 主要控制方案 ····· 7—35—37
　7.4 特殊仪表选型 ····· 7—35—37
　7.5 控制系统配置 ····· 7—35—37
　7.6 控制室 ··········· 7—35—37
　7.7 仪表安全措施 ····· 7—35—37
8 电气 ················· 7—35—37
　8.1 一般规定 ········· 7—35—37
　8.2 供配电 ··········· 7—35—38
　8.3 照明 ············· 7—35—38
　8.4 防雷 ············· 7—35—38
　8.6 火灾自动报警 ····· 7—35—38
9 总平面布置 ··········· 7—35—38
　9.1 一般规定 ········· 7—35—38
　9.2 总平面布置 ······· 7—35—38
　9.3 竖向布置 ········· 7—35—39
10 建筑、结构 ·········· 7—35—39
　10.1 一般规定 ········ 7—35—39
　10.2 生产厂房 ········ 7—35—39
　10.3 生产厂房附房 ···· 7—35—39
　10.4 厂区工程 ········ 7—35—39
　10.5 建筑防火、防爆、防腐蚀 ······· 7—35—39
11 给水排水 ············ 7—35—40
　11.2 给水 ············ 7—35—40
　11.3 排水 ············ 7—35—40
　11.4 污水处理 ········ 7—35—41
　11.5 消防设施 ········ 7—35—41
12 采暖、通风和空气调节 · 7—35—41
　12.1 一般规定 ········ 7—35—41
　12.2 采暖 ············ 7—35—42
　12.3 通风 ············ 7—35—42
　12.4 空气调节 ········ 7—35—42
　12.5 设备、风管及其他 7—35—43

1 总 则

1.0.1 涤纶是化学纤维中产量最大的品种，占化学纤维总量的3/4以上，新建、扩建和改建项目较多，涉及面广，需要统一工程设计技术要求，促进设计工作规范化。以前虽有纺织行业标准《涤纶长丝工厂工艺设计技术规定》FJJ 106—87、《涤纶短纤维工厂工艺设计技术规定》FJJ 101—86 和《涤纶厂化验、物检工艺设计技术规定（试行）》FJJ 109—91，但其内容多已过时，且涵盖不完整，已不适应当前的技术发展和工程设计需要。因此制定本规范。

1.0.2 本条规定了本规范的适用范围，所涵盖的范围都是涤纶纤维生产中应用广泛、技术成熟的品种，详细内容及其与上、下游生产工厂的界线在本规范第3章作了规定。为生产服务的公用工程设施如空压站、制冷站等，以及办公、生活设施已有各自的专门规范，所以本规范不包括这些设施的设计，只针对涤纶工厂生产装置和辅助生产设施作出规定。

本规范聚酯是指聚对苯二甲酸乙二醇酯。

1.0.3～1.0.5 这三条是涤纶工厂设计的共性要求，规定了应共同遵守的原则。

3 工艺设计

3.1 一般规定

3.1.1 本条规定了涤纶工厂的界定范围。由于在中华人民共和国《工程建设标准体系（纺织工程部分）》中另有"聚酯工厂设计规范"、"固相缩聚工厂设计规范"和"非织造布工厂设计规范"，因此，本规范不包括涤纶工厂中的聚酯装置设计、固相缩聚装置设计和非织造布装置设计。

由于涤纶产品众多，其生产工艺设备配置要求也不尽相同。因此，涤纶工厂设计可按工艺实际需要增减其内部工序。

虽然涤纶毛条和涤纶工业丝的捻织、浸胶属于涤纶的下游生产工序，但是，由于目前国内涤纶短纤维工厂里也有设置毛条生产车间，涤纶工业丝工厂里也有设置捻织车间和浸胶车间，为方便涤纶毛条车间设计和配套有捻织车间和浸胶车间的涤纶工业丝工厂建设的总体规划和设计工作，在本规范中对此作些原则性的规定是有利的。因此，本规范将涤纶毛条车间和捻织车间及浸胶车间包括在内。

3.1.2 涤纶生产装置由于生产不同品种时产量相差很大，因此，应以全年生产的各典型产品的平均产量作为工厂产量的计算依据。所以用"吨/年（t/a）"作为表征涤纶工厂生产能力的单位较为科学。

对于涤纶工业丝工厂，有的是以涤纶工业丝为产品，有的是以浸胶帘子布或浸胶帆布为产品，因此，应视产品情况采用不同的计算依据。

3.1.3 本条是根据《聚酯工厂设计规范》GB 50492中对聚酯工厂生产天数规定而制定的。因为目前国内大型涤纶工厂都采用聚酯熔体直接纺丝工艺，为前后衔接，所以涤纶工厂年生产天数也采用与聚酯工厂相同的生产天数。实际生产中，采用切片纺丝工厂的年生产天数大于350d。

3.1.4 气相热媒保温均匀性好，温度恒定，不易产生死角，对于不规则形状的纺丝箱体和较窄通道的熔体分配管道的保温性能好，但其压力不宜太高；而液相热媒可在较高压力下进行循环使用，对于采用低温工艺的熔体输送保温非常有利；而对于采用高温工艺的熔体输送，则仍可采用气相热媒保温，但其输送及排凝管道会较多。对于单部位或位距小的两部位纺丝箱体及熔体分配管道夹套也可以采用液相热媒。

3.1.5 由于纺丝箱体加热的热媒（联苯-联苯醚）的渗透性极强，并存在可燃及爆炸的危险，在生产中其操作温度高于它的闪点，在气相状态下超温时其压力增长较快。所以，为防止因泄漏而引起火灾或爆炸，保证生产安全，采取本条所列措施。

3.1.6 涤纶工厂的辅助工艺设施，主要是纺丝组件清洗、纺丝油剂调配、化验室、物检室（染色和干燥区）、备品备件库等，这些房间或多或少都有一些气味产生，为排除气味方便，宜将上述工艺设施布置在有外墙的附房内，并应靠近所服务的对象布置，减少往返距离。

3.1.7 涤纶工厂需对生产原料、产品、调配的油剂以及胶料进行化验分析，因此，应设化验室。对于与聚酯装置合建的涤纶车间，为节省投资、减少定员和方便管理，可合建一个化验室或设置全厂中心化验室。因纤维物理检验必须对每批丝进行检验，所以物检室应设在纺丝车间附房里。

3.1.8 联苯-联苯醚的沸点为257℃，相对易于气化；而二芳基烷和氢化三联苯的沸点分别为353℃和359℃，不易气化，也高于工艺对热媒温度的要求。

3.1.9 切片纺丝装置的优势是变换品种灵活，因此宜设辅助设备，以有利于多品种的开发。

3.1.10 采用压缩空气作干燥气源，可减少设备投资和运行费用。

3.1.11 采用密相气流输送或槽车运送 PET 切片，有利于减少包装材料，降低生产成本。但密相气流输送 PET 切片距离不宜超过500m，槽车运送 PET 切片距离不宜超过100km。

3.1.12 固相缩聚后的高温切片不得再吸湿和接触氧气，以防止 PET 切片吸湿引起分子降解和接触到氧影响切片色泽。因此，固相缩聚后的切片应采用纯度99.99%以上，露点－40℃以下的高纯度氮气进行保护和输送，同时干切片料斗体积应尽量小些，密闭并用氮气保护。

3.1.13 进入车间的各种公用工程管道上加装切断阀，有利于紧急情况下切断干管；而设置计量仪表，有利于对生产车间的公用工程消耗进行考核。生产规模较大的工厂，可以按前纺、后纺分别设置计量仪表，便于经济核算。

3.1.14 物理检验室、化验室、仪表控制室、变配电室等，或用到的精密仪器需防振、防尘或设备需防水，因此应避免靠近有振动的房间；而用水的设备或房间由于可能出现漏水情况，会对电气设备、控制设备、分析化验仪器造成损坏，因此也应避免设置在其上方。

3.2 设计原则

3.2.1 工艺设计应力求技术上先进、可靠、节能、环保。

所谓先进性，包括技术上的先进和产品质量、节能、环保等综合指标，具体体现在产品质量高，原材料与公用工程消耗少，劳动生产率高和产品成本低，以及基建投资回收期短等。

所谓可靠性，是指所选用的工艺流程和设备是否成熟、安全。对于尚在试验阶段的新技术、新工艺、新设备，应采取积极而慎重的态度。未经实践检验的新技术不得用于工厂设计。

工艺设计应符合国家对环境保护和职业安全卫生的法律、法规，以及建厂所在地对环境保护、职业安全卫生的地方条例，加强环境保护和职业安全卫生措施，减少"三废"的产生和排放，并采取有效的防治措施。

3.2.2 由于涤纶生产技术已很成熟并普及，各企业自主研发设备和改进工艺的比较多。因此，经过工业化试验或经过生产实践检验是先进、可靠的设备和技术，可应用于工程设计中。

3.2.3 涤纶生产工艺，纺丝一般采用多层厂房，后加工一般是单层厂房。为保证流程畅通、短捷，充分利用重力流，工艺设备应按从上到下、从前到后的原则顺序布置，形成没有往返交叉，生产、存放、向下游移动合理的生产流程。

3.2.4 除配套建设有浸胶帘子布或浸胶帆布的涤纶工业丝工厂外，涤纶工厂使用的可燃、可爆、有毒介质仅有联苯和联苯醚以及纺丝组件清洗用的三甘醇、过滤器滤芯检验用的异丙醇，毒性较低，并且联苯和联苯醚是在密闭条件下使用，危险性较小。而配套建设有浸胶帘子布或浸胶帆布的涤纶工业丝工厂全国仅有十余家，所占比例很小。其浸胶车间使用的甲醛水溶液、间苯二酚、氨水、丙三醇三缩水甘油醚等有毒物质，除甲醛毒性为高度危害外，其他毒性都较低。本规范3.6.7条规定了浸胶车间及相关设施设计时应采取机械排风等防毒措施和防爆要求，在第3.1.5条、第6.5.1条、第6.5.3条规定了热媒的安全防范措施。在第6.4节规定了三甘醇、异丙醇的安全措施。因此，涤纶纤维生产是很安全的。配套建设有浸胶帘子布或浸胶帆布的涤纶工业丝工厂的浸胶车间和化学品库，设计时满足国家现行职业安全卫生、防火、防爆、储存等标准的相关规定，也能保证安全生产。涤纶工厂用到的可燃、可爆、有毒介质见本规范附录A。

3.2.5 涤纶纺丝生产应避免阳光直接照晒，避免室外大气环境条件对车间内部温、湿度的影响，以保证纺丝工艺条件的稳定。涤纶纺丝生产车间如设有采光窗，生产时也应是关闭状态。进入车间门的位置也不应正对着纺丝设备操作面或影响其操作区的气流，特别应避免在纺丝冷却间的操作区形成干扰气流。

涤纶毛条车间对湿度有较高要求，避免外界气流干扰，有利于减少能量损失，节约能源。

3.2.6 生产涤纶工业丝的固相缩聚切片含湿量很低，约20ppm，极易重新吸湿降解。而输送距离越长，或环境相对湿度越高，则吸湿可能性越大，同时增加输送的动力消耗。固相缩聚切片吸湿后将影响纺丝质量，纺丝过程对原料消耗也高。因此工业丝纺丝装置宜与固相缩聚装置布置在厂区同一区域；另外，集中布置也有利于节约输送能量，方便规划公用工程，以及简化厂区管廊。

增粘釜放在纺丝车间有利于缩短熔体输送距离，防止聚合物降解，保证熔体质量。

3.2.7 根据生产工艺要求，涤纶POY和工业丝都需经过平衡。设置平衡间，既有利于消除纤维的内应力、使附着在纤维上的纺丝油剂均匀扩散，又有利于前后生产工序的缓冲。平衡间应避免阳光直射，确保房间内纤维的温、湿度均匀。

3.2.8 由于复合纤维中的另一组分原料处理方法与涤纶原料可能不同，如锦纶切片不需结晶，色母粒需设置小型干燥、计量、熔融装置等。因此，在设计中应充分考虑非聚酯组分对工艺及设备的要求。

3.2.9 根据资料分析，对于涤纶短纤维生产装置，选择一条日产200t生产线比选择两条日产100t生产线，投资节约近50%，生产成本节约近30%，人工节约近40%，公用工程消耗节约近6%。因此，选择合理规模的生产装置，对于减少投资、提高经济效益是非常重要的。

3.2.10 统一规划预留，有利于减少占地，并可避免扩建时影响现有生产。

3.3 流程选择

3.3.1 此条为工艺流程选择的基本原则。具体体现在以下几个方面：

1 所选用的工艺流程和设备应适应产品品种的要求，确保产品质量。

2 设备能力应与生产规模相适应。
3 提高机械化、自动化水平,提高劳动生产率。
4 工艺流程先进、成熟,生产过程节能、环保。
5 流程设计合理,有利于降低原材料和公用工程消耗。
6 符合国家对环境保护的有关规定。

3.3.2 涤纶熔体直接纺丝工艺较切片纺丝工艺,省去了熔体的铸带、切粒、干燥、输送、包装、贮存、运输、开包、熔融等工序,极大地节约能量,减少占地、投资及用工,有利于降低生产成本,节约资源。但其缺点是更换品种不灵活,对生产管理方面要求更严格。因此,对于生产小批量、差别化、多品种,仍以采用切片纺丝工艺为佳,生产灵活,调换产品方便。

3.3.3、3.3.4 采用纺丝-牵伸-卷绕一步法工艺路线,生产是在同一设备上完成,该法生产效率高、产品质量好、成本低。而采用纺丝、牵伸二步法工艺路线,生产是在多台设备上完成的,设备多、占地大、流程长、投资大、成本高,产品质量较一步法差,设备效率低。

但对于涤纶单丝生产,采用高速纺再通过分丝机生产出涤纶单丝的工艺,存在分丝机效率低、一次性投资大,且产品质量不如两步法好的缺点。因此,目前国内仍较多采用两步法工艺来生产涤纶单丝。

3.3.6 熔体直接纺丝工艺用于大批量生产,熔体管道较长。纺丝熔体在长距离输送过程中,由于摩擦生热会造成熔体温度上升快,将加速熔体的热降解,影响熔体质量。因此,在熔体直接纺丝工艺的熔体管道上,应设置熔体冷却器以保证熔体在合适的温度范围内。

3.3.8 真空转鼓结晶干燥工艺是间歇式操作,采用电动葫芦吊运并直接投料方式,有利于减少料仓体积,方便操作。

3.3.9 涤纶长丝生产由于纺丝速度较快,对熔体的质量要求较高,而再生涤纶的生产原料含杂质较多,因此,采用两道过滤有利于提高熔体质量,延长纺丝组件的更换时间,增加满卷率。而涤纶短纤维纺丝速度较慢,对熔体的质量要求不如长丝苛刻。

3.3.10 由于熔体停留时间长将造成聚合物的热降解,端羧基含量升高,色相变差,影响产品的生产的稳定,因此在熔体直接纺丝工艺中应尽量减少熔体的停留时间。随着涤纶生产企业的建设规模越来越大,熔体输送管道也越来越长,目前有超过200m的熔体输送距离。根据熔体停留时间计算公式:

$$T_{av} = 4.71 \times 10^{-5} LD^2 \rho / Q \quad (1)$$

式中:T_{av}——熔体在管道中的平均停留时间(min);
L——熔体输送管道的长度(m);
D——熔体输送管道内径(mm);
ρ——熔体密度(kg/m³);
Q——熔体的质量流量(kg/h)。

从式中可以看出,要缩短熔体停留时间,一是缩短熔体输送管道的长度,二是缩小输送管道的直径。在设计中一般采用缩小管径,提高流速的办法。因此,可采用增加一台熔体输送泵,以提高流速,降低熔体停留时间,并保证熔体进入纺丝箱体的压力。

3.3.11 涤纶帘子布的浸胶主要是降低纤维的热收缩和提高纤维与橡胶的黏合力。有两种工艺,即一浴浸胶和二浴浸胶工艺,目前这两种工艺国外都有采用。由于聚酯分子结构的特点与锦纶不同,难于与橡胶结合,采用传统的一浴法浸胶不能使涤纶与橡胶进行有效黏合,为此,必须在浸胶前对纤维进行处理,提高聚酯分子结构的活性,增强对橡胶的亲和力,这就是二浴浸胶工艺。一浴浸胶工艺,是在纺丝油剂中增加使其纤维与橡胶的粘合成分,在热处理时先生成初生表面皮膜,然后进行浸胶处理,以达到增加纤维与橡胶的粘合力的目的。两种浸胶工艺各有利弊,一浴法工艺流程短、设备投资少、能耗低,但浸胶液配方复杂,浸胶难度大,帘子布与橡胶的粘合力差,约为二浴浸胶的90%~95%。二浴浸胶的设备投资较大、流程较长、能耗大,但帘子布与橡胶的粘合力好,产品质量稳定,胶量消耗少。因此,应根据所选择的生产工艺路线确定。

3.3.12 因为56dtex以下的涤纶单丝可以通过侧吹风达到预期的冷却效果,但是56dtex~555dtex的涤纶单丝通过侧吹风不能被冷却下来,只能通过水浴冷却的方式来生产。

3.4 工艺计算

3.4.2 热量衡算是设计换热设备和计算热负荷的基础,通过热量衡算可确定热媒加热设备的换热面积和换热量。

3.4.3 涤纶纺丝组件清洗一般采用两种方式:三甘醇清洗和真空煅烧清洗。由于设备尺寸不一样,处理能力不一样,因此,应根据所需处理的清洗件数量及清洗周期,计算选用清洗设备的台(套)数。

3.4.4 纺丝熔体管道设计应注意以下问题:

1 聚酯熔体质量与其在输送管道中的总停留时间、总的压力降、黏度降、温度变化等因素密切相关;聚酯熔体在管道中停留时间越长,熔体温升越高,聚酯熔体就越易降解,熔体质量就越差,从而导致熔体的可纺性变差,最终影响纤维质量。如果上述因素在生产相同产品时存在差异,纤维的均匀性必然受到影响。因此,为保证生产相同产品生产线每个纺丝位的纤维质量均匀一致,设计中应满足到达生产相同产品的每个纺丝箱体的熔体压力降和熔体停留时间相等。

2 管道应力分析的目的主要是保证管道的应力在标准规范允许的范围内,使设备管口荷载符合设计要求，避免因热应力过大造成设备和管道的损坏。因此，高温熔体输送管道必须在保证应力变化安全的前提下，进行管路优化设计，尽量使输送距离最短，减少纺丝熔体的热降解。

3 在保证纺丝箱体背压合适的前提下，应计算选择最佳的输送管道内径，提高流速，降低温升，缩短熔体停留时间，保证熔体质量。

3.4.5 在熔体直接纺丝工艺中，由于熔体输送管道较长，熔体在输送过程中会因摩擦而导致温度上升较高，从而加速熔体的热降解，使生产过程中飘丝和断头增加，影响产品质量。因此，在熔体输送管道上应设置熔体冷却器，以降低熔体的温升。而熔体冷却器的换热面积和热负荷应通过计算确定。

3.4.8 应根据产品方案对不同的纺丝机结构和纺丝要求计算纺丝冷却风的风量和风速。

纺丝冷却风的风量、风速和温度对纺丝成形影响很大。冷却风的风量与喷丝板熔体吐出量有关，应根据不同的生产品种调节。在出风面积不变前提下，增加风量，可以提高风速。对于生产粗旦多孔纤维，往往选择比较大的风量，强化热交换的条件；而细旦纤维宜采用比较小的风量，因为细旦纤维的比表面积大，相对冷却效果好，柔风相对容易控制纤维的均匀性（内在结构，如取向度等）。风速应保证冷却风能均匀吹到所有丝条上，风速过高或过低，均会使POY 条干不匀率变大，使 DTY 染色性变差，易出现段斑丝。风压的波动也会引起风速的波动，从而使条干恶化。在生产中应通过控制风压的稳定性和风网的均匀性来保证风速的稳定性。风速还与初生纤维的倍半伸长率和直径不匀率均有预定的关系，应根据纺丝机结构和喷丝孔数等因素确定。当冷却风温度波动范围增加时，将影响 POY 的条干不匀率、DTY 的染色均匀性以及使 DTY 毛丝、断头增多。因此，保持冷却风温度稳定非常重要，最好控制在±1℃以内。另外，冷却风的相对湿度高，对冷却效果有利，但要防止结露，一般认为相对含湿量在 65%～80% 为佳。

3.5 节能降耗

3.5.1 合理进行全厂总图布置是指应综合考虑主装置、辅助设施之间的相互关系，如切片仓库应靠近干燥工段、成品仓库应靠近分级包装等，保证运输路线短而畅通，管线短捷。

3.5.2 合理布置工艺设备，应根据生产能力、产品方案、是新建还是改建的因素综合确定。例如切片纺丝装置，从干燥塔出来的切片直接由管道靠自重进入螺杆挤出机的下料方式具有能耗小、干燥后的切片不容易二次吸湿的优点，但是放置结晶干燥设备的厂房至少要建 24m 以上，土建费用比较高；而从干燥塔出来的切片通过再次输送的方式进入纺前料仓，再通过管道靠自重进入螺杆挤出机的下料方式具有建筑高度低、土建费用省，可根据生产品种来调配干燥量的优点，但是存在能耗高、切片容易二次吸湿的缺点。因此，应根据建厂条件综合考虑。

3.5.4 同第 3.2.5 条说明。

3.5.5 由于烘干机排出的烟气温度较高，利用其余热加热蒸汽锅炉给水，有利于节约能量。

3.5.6 烘干机采用直接加热的方式，具有换热效率高、管道布置少、设备占地面积小的优点。

3.5.9 所有供热、供冷管道和设备都应进行保温和保冷设计，以减少热量和冷量的损失。对于温度低于环境露点的管道应进行保冷，以防止管道外壁结露。管道结露不仅影响环境，水滴到丝上还将影响产品质量。

3.5.10～3.5.14 主要原料聚酯的消耗是根据国内涤纶工厂目前的实际生产水平，取其中上水平值，并以每吨合格品纤维耗用聚酯量为基准确定的。新建、改建、扩建的涤纶工厂常规产品原料聚酯消耗不应超过本标准规定值。该消耗值不作为装置开车的考核验收指标，而是指正常生产半年及以上的平均每吨合格产品对原料聚酯的消耗值。对于差别化产品，其原料聚酯的消耗可高于此值。

3.5.16 此条主要针对一些涤纶企业在设计时对工艺用压缩空气指标要求过高，或采用仪表压缩空气作为工艺用气，从而造成能量的浪费。

3.5.17 采用网络效果更好的新型网络喷嘴，可减少压缩空气的消耗。

3.6 其他规定

3.6.1 由于涤纶生产工厂的一些必须有人操作的工段噪声超过 85dB，有的甚至超过 100dB，长期在此工段工作会影响职工的听力。在目前无更好的防止噪声办法的情况下，除配备个人防护设施外，可在噪声超标的操作间内或临近附房（如涤纶工业丝的卷绕间、涤纶短纤维的卷绕间和后加工车间、FDY 卷绕间、DTY 车间等）设计防噪声的透明窗隔声观察室，以保证职工的听力健康，减少职业病的发生。

另外，应严格按照现行国家标准《工业企业设计卫生标准》GBZ 1 的相关规定，在高噪声工作环境时，减少操作人员日接触噪声时间。

3.6.2 本条为《工业企业设计卫生标准》TJ 36—79"车间空气中有毒物质的最高允许浓度"表中数据。在现行国家标准《工业企业设计卫生标准》GBZ 1—2002 中未再列"车间空气中有毒物质的最高允许浓度"表，而只要求符合现行国家标准《工作场所有害因素职业接触限值》GBZ 2—2002 的相关规定。在其前言中，也仅说明"原 TJ 36—79 与本标准不一致的以本标准为准"，并未将原 TJ 36—79 标准作废。同时，在现行国家标准《工作场所有害因素职业接触限值》GBZ 2—2002 中，只有联苯的时间加权平均浓度和短时间接触浓度（见附录 A），没有联苯醚（二苯醚）的浓度，以及两者的最高允许浓度。在 GBZ 2—2002 的修订版《工作场所有害因素职业接触限值 化学有害因素》GBZ 2.1—2007 中也是如此。而前苏联对车间空气中联苯醚的最高容许浓度为 5mg/m³。为保证安全，因此本规范仍采用原《工业企业设计卫生标准》TJ 36—79 对车间最高允许浓度的规定。

3.6.3 由于油剂在使用过程中，不可避免会有溢出、滴漏，造成地面湿滑。因此，为防止操作人员滑倒受伤，相应操作区的地面和平台应做防滑处理。

3.6.4 本条为强制性条文。热媒蒸发器在使用过程中可能出现超压泄放的情况，而且一次排放的量较大。由于国内涤纶工厂的建设规模越来越大，纺丝车间内布置的热媒蒸发器也越来越多，因此热媒蒸发器超压泄放的可能性增大。

涤纶纺丝车间使用的热媒为联苯和联苯醚，其毒性数据为：吸入 LC_{50} 为 2660mg/kg，经皮 LD_{50} 为 5010mg/kg，经口 LD_{50} 为 2050mg/kg。按现行国家标准《职业性接触毒物危害程度分级》GB 5044 的规定，其毒性为Ⅲ级，中度危害。联苯和联苯醚的侵入途径为：吸入、食入、经皮吸收。联苯的健康危害：对皮肤、黏膜有轻度刺激性，高浓度吸入主要损害神经系统和肝脏，可致敏性或接触性皮炎。急性中毒主要表现为神经系统和消化系统症状，如头晕、头痛、眩晕、嗜睡、恶心、呕吐等，有时可出现肝功能障碍。高浓度接触，对呼吸道和眼睛有明显刺激，长期接触可引起头痛、乏力、失眠等以及呼吸道刺激症状，其毒性属低毒类，急性毒性：LD_{50} 3280mg/kg（大鼠经口）。美国（1974）职业安全与卫生管理局标准中规定其空气中的时间加权平均值为 0.2ppm，水中嗅觉阈浓度 0.0005mg/kg（觉察阈）。联苯醚的健康危害：急性中毒，引起头痛、头晕、恶心、呕吐、嗜睡，甚至有短暂的意识丧失。长期接触，可引起皮炎和肝脏损伤。个别人有皮肤过敏。对黏膜和皮肤有刺激作用。其毒性属低毒类，急性毒性：LD_{50} 为 3990mg/kg（大鼠经口），前苏联标准中对车间空气中联苯醚的最高容许浓度为 5mg/m³。

为此，应禁止将热媒蒸发器超压的热媒蒸气直接排向大气，而应排向热媒收集槽内的液相热媒中。本规范第 3.1.5 条规定热媒收集槽的放空管道上应设冷却器和阻火器，以防止热媒泄放对环境产生污染或引起火灾。因此，为保证操作人员的健康、生产安全和大气环境不受污染，故将本条列为强制性规定。

3.6.6 盛丝桶搬运车的蓄电池在充电时，有微量的氢气放出。虽然释放的量很微少，但为防止释放的氢气积聚形成爆炸性气体环境，其充电区域应设在通风良好的地方，防止充电时氢气的积聚。区域内的电气设备应采用防爆型或气动型，并符合《通用用电设备配电设计规范》GB 50055 中对蓄电池充电的有关规定。

3.6.7 由于涤纶工业丝工厂有的是以涤纶工业丝为产品，有的是以浸胶帘子布或浸胶帆布为产品。而浸胶帘子布或浸胶帆布生产需使用到有毒、可燃、可爆化学品。因此，本条对以浸胶帘子布或浸胶帆布为产品的涤纶工业丝工厂的浸胶车间及相关设施设计作出规定。

1 本款为强制性条款。作此规定是由于涤纶工业丝工厂浸胶车间的胶料调配间存在甲醛释放、间苯二酚粉尘扬起的危险，甲醛水溶液储存间存在甲醛泄漏的可能。按现行国家标准《职业性接触毒物危害程度分级》GB 5044 的规定：甲醛属Ⅱ级毒物（高度危害），间苯二酚属Ⅲ级毒物（中度危害）。因此，为保证操作人员的健康和人身安全，保证良好的工作环境，将本条列为强制性规定。

2 甲醛极易气化，沸点仅为 −19.5℃，气体的相对密度为 1.067（空气为 1），可燃、可爆；急性毒性：LD_{50} 为 800mg/kg（大鼠经口），LD_{50} 为 270mg/kg（兔经皮）；PLD 为 31g（人经口）。空气中最高允许浓度 0.5mg/m³。甲醛对眼、皮肤和黏膜有强烈的刺激作用，经呼吸道吸入可致接触者急性中毒。长期接触低浓度甲醛蒸汽，可有头痛、疲乏无力、消化障碍、兴奋、震颤、感觉过敏、视力障碍、失眠等。甲醛目前已被世界卫生组织确定为致癌和致畸形物质，是公认的变态反应源，也是潜在的强致突变物之一。

间苯二酚为白色粉末或片状，可燃、有毒，具刺激性。健康危害：PLD3.5g（人经口），急性中毒与酚类似，引起头痛、头昏、烦躁、嗜睡、紫绀（由于高铁血红蛋白血症）、抽搐、心动过速、呼吸困难、体温及血压下降，甚至死亡。本品 3%～25% 的水溶液或油膏涂在皮肤上引起皮肤损害，并可吸收中毒引起死亡。慢性影响：长期低浓度接触，可引起呼吸道刺激症状及皮肤损害。间苯二酚遇明火或高热可燃，受高热分解放出有毒气体，与强氧化剂接触可发生化学反应。

因此，操作环境中有害物质浓度应符合国家有关工作场所有害因素职业接触限值（化学有害因素）标准的规定。

3 由于甲醛属Ⅱ级毒物（高度危害），且极易气化，沸点仅为 −19.5℃，为保证操作人员的安全和健康，防止甲醛泄漏对人身的伤害，进入甲醛储存间前应首先开启排风机，其电气开关应设在进入储存间前能开启的位置。

4 胶料调配需要在胶料调配间临时存放一些化工原料，如固体氢氧化钠、间苯二酚、缩水甘油醚、封闭异氰酸酯（50%水溶液）等。上述化工原料需防止高温、低温，或需防止接触水，或需避光。因此制定本条规定。

5 胶料调配使用的许多化学品为有毒物质，在使用或搬运过程中存在由于不慎与人身接触的可能。为减少有害物质溅到操作人员身上的伤害，其附近应设置事故淋浴及洗眼器设施，以及时冲洗有害物质。

6 甲醛水溶液储存在密闭容器中，正常情况下不会出现爆炸性气体环境。但由于甲醛极易气化，在空气中的爆炸极限为7％～73％（体积）。而甲醛有采用储槽存放的，有采用塑料桶存放的，并且需操作或搬动，存在事故的可能。另外，由于甲醛水溶液储存间面积一般较小，存放点位置存在不确定性，为保证安全，将甲醛水溶液储存间划为爆炸性气体环境2区。

7 间-甲树脂反应槽的各种液体物料分别经计量槽计量后放入反应槽中，而固体物料间苯二酚是人工称量后从投料口投入反应槽，此过程将会使甲醛从投料口释放出。本条即是根据甲醛的爆炸危险性和现行国家标准《爆炸性气体环境用电设备 第14部分：危险场所分类》GB 3836.14 的相关规定制定的。与爆炸性环境范围相关的通风等级、有效性均按上述规范的规定执行。

3.6.8 本条规定目的是防止不慎引起烫伤，加以防护和警示。

3.6.9 本条所述散发湿热较大的设备主要是热辊牵伸机、蒸汽加热箱、热定型机等后处理工艺设备。

3.6.11 由于《工业企业噪声控制设计规范》GBJ 87 是1985年编写，其车间噪声控制标准为：工人每天连续接触噪声8h，噪声限值为90dB，与2002年颁布的《工业企业设计卫生标准》GBZ 1 和 2007年颁布的《工作场所有害因素职业接触限值 物理因素》GBZ 2.2 的要求不符。《工业企业设计卫生标准》GBZ 1 要求：工人每天连续接触噪声8h，噪声限值为85dB（A）。2007年颁布的《工作场所有害因素职业接触限值 物理因素》GBZ 2.2 中规定每周工作5d，每天工作8h，稳态噪声限值为85dB（A）。为保证操作人员的健康，工作地点噪声声级的卫生限值应符合现行国家标准《工作场所有害因素职业接触限值 物理因素》GBZ 2.2 的规定。

4 工艺设备及布置

4.1 一般规定

4.1.2 碳钢设备遇水或在潮湿环境下容易锈蚀，且设备内部熔体通道表面出现的锈蚀不易清除。因此，为保证熔体质量，与熔体接触的设备应采用不锈钢材质。

4.1.3 聚酯熔体如果滞留在管道或设备的死角处或壁上，在长时间热状态下，将会发生热裂解。而热裂解产物又会被正常流动的熔体陆续带走，从而影响纺丝质量。

4.1.4 联苯加热系统在远高于其闪点和压力下运转，一旦发生泄漏将有着火及爆炸的可能，且联苯有刺激性气味，因此系统中的设备及管道应选用密闭式和焊接连接方式，防止其外泄。为保证系统的运行安全，应在焊接好联苯管路系统后，对联苯系统进行压力试验和真空度试验。试验条件可按下列参数进行：压力试验可在0.30MPa（G）～0.35MPa（G），保压24h压力不降低为合格。真空度试验可在真空度1kPa（A），保压24h，增压率不大于5％为合格。

4.1.5、4.1.6 温度控制范围越小，熔体温差越小，纤维质量越均匀。

4.1.7 纺丝冷却风要求风速均匀，以免造成丝的条干不匀，出现染色不匀等现象。侧吹风的级差应按下式计算：

$$级差 = \frac{最大风速 - 最小风速}{最大风速} \times 100\% \quad (2)$$

4.1.8 牵伸辊、热辊和卷绕机均为高速运转设备，速度均在1000m/min～5000m/min范围内高速运转，设备安装前应经动平衡试验合格，以保证纤维质量，同时防止出现较大振动引起设备损坏。

4.2 设备选型

4.2.1 工业化大生产，设备的安全、可靠是第一位的。工业设计中如采用不成熟的设备，将造成极大的物力、财力和人力的浪费。因此，未经过鉴定或实践检验的设备，在设计中不得采用。

4.2.3 涤纶工业丝采用纺丝-牵伸-卷绕一步法工艺，有利于减少生产环节、减少设备配置、减少占地、减少用工，节省能源，并有利于提高产品质量。

4.2.4 卷绕机选用与变频器一体的机型，占地面积小、接头少、线路短、管理方便。

4.2.5 加捻工艺有一步法与二步法之分。环锭加捻是传统的二步法加捻工艺，该工艺是在初捻机上对卷绕丝进行加捻，再在复捻机上对单丝进行并捻；此工艺技术成熟，投资省，但卷装较小，约3kg左右。

直捻法工艺是以一步法生产高质量的帘子线，由于内外纱线在加捻前先经过一个平衡系统，通过内外纱线与同一轴心的转向辊所产生的摩擦，将两根纱线的张力差异完全消除，生产出具有对称结构优质帘子线。其特点是卷装大、能耗低、效率高、质量稳定、原丝强力损失小，缺点是只能加捻二股纱线。

4.2.6 适用于帘子布、帆布的无梭织机有片梭织机、剑杆织机、喷气织机。从经济技术综合性能方面以片梭织机和剑杆织机为佳。

喷气织机因纬纱线密度最大适用范围为1000dtex，且不适宜织造高经密厚重织物，故只能用于织帘子布。喷气织机因用气流引纬，对纬线的强度要求低，机器结构简单，备品备件少，维修费用低。

4.2.7 直接加热方式减少了热媒锅炉，有利于节约投资，减少系统热媒对环境的污染，也有利于热量的充分利用，提高热效率。

4.2.8 由于目前国内采用聚酯瓶片为原料的再生涤纶生产厂规模大小不一，产品质量无统一标准，对产品要求不高。因此，干燥设备可以有多种选择。

4.2.9 采用连续结晶干燥设备有利于切片质量的稳定，有利于保证产品质量。

4.2.11 热媒为中级毒性、可燃、可爆物质，为防止其泄漏，热媒输送泵应选择不泄漏的屏蔽泵或磁力泵，也可选金属波纹管式机械密封的离心泵。

4.3 设备配置

4.3.3 柔性涤纶生产线的设计应按可能生产的品种配置设备，如生产有色丝、复合丝、抗静电纤维等，应设置添加组分的干燥设备、熔融设备、计量设备、运送设备等。

4.3.4 现代化大企业生产装置常年连续运转，热媒泵作为系统伴热介质的输送设备，一旦出现故障，将会影响纺丝熔体的质量和生产线的正常运转，因此应设备台。

4.3.5 涤纶短纤维的卷曲机容易出现机械故障，而大型生产线长时间停止生产，对产量将造成较大的影响。因此，对于日产100t以上的生产线，应在线备一台卷曲头，以便发生故障时及时更换。

4.3.6 采用多条纺丝线共用连续结晶干燥装置，有利于节省设备投资，减少占地面积，降低公用工程消耗，以及保证原料质量均匀。

4.3.7 配置必要的备台，是保证生产连续运行的重要措施。根据生产经验，建议的备台比例为：

1 纺丝计量泵应根据不同规格型号，每种按不小于5%设置备台。

2 喷丝板应根据不同规格型号设置。对于大型企业，每种按不小于50%设置备件；对于小型企业，每种按不小于100%设置备件。

3 长丝牵伸辊应根据不同规格型号，每种按不小于5%设置备件。

4 涤纶长丝卷绕机应根据不同规格型号，每种按不小于5%设置备台。

5 切片纺熔体过滤芯，对于常规纺丝按不小于50%设置备件；对于采用瓶片或再生切片纺丝按不小于100%设置备件；设在纺丝车间的直接纺熔体过滤器过滤芯按不小于100%设置备件。

4.3.8 卷绕机的动平衡性对涤纶长丝的各项指标都有很大的影响，为保证产品质量，有条件的大型涤纶企业宜配置卷绕机动平衡试验机。

4.3.9 配置计量泵检验设备，可很好的保证产品批次间的质量稳定。

4.4 设备布置

4.4.1 具体设计时，应根据实际情况综合考虑设备配台及选型。新建厂房可以根据已确定的工艺流程和选定的设备来设计柱间距、楼层的高度及楼层数。在原有厂房改造的建设项目则应按照原有厂房的柱间距、楼层高度及楼层数来选择和布置设备，并进行设备设计。

4.4.3 本条与现行行业标准《石油化工工艺装置布置设计通则》SH 3011—2000 的第2.0.10条规定一致。

4.4.4 操作面采用面对面的布置方式，有利于生产管理、减少定员及节省厂房的占地面积。

4.4.5 生产细旦产品时，纺丝对熔体的质量要求较高。为防止熔体长距离输送而造成停留时间长，熔体因热降解而质量变差，最终影响生产的稳定和产品的质量，因此，在可能的情况下，应尽量缩短细旦产品生产线的熔体输送距离。

4.4.6 土建变形缝的两侧可能出现沉降不一等问题，会使放置在其上的设备不稳定，甚至损坏，故作本条规定。

4.4.7 对称布置有利于操作、检修，以及缩短熔体管道距离。

4.4.9 随着企业生产规模的不断扩大，分期建设已是一种发展趋势。为减少后建工程对现有生产的影响，在设计时应兼顾今后发展的需要。在场地预留、安装通道、管道衔接及公用工程配合等方面尽量避免出现交叉影响。

4.4.10 由于涤纶工业丝生产厂的浸胶车间用到有毒物质或刺激性物质，如甲醛、间苯二酚、氨水、丙三醇三缩水甘油醚等，浸胶车间排出的废气中含有上述物质，如扩散到人员较多的厂前区，将影响厂前区的空气质量，危害操作人员的健康。因此，浸胶车间应布置在厂区全年最小频率风的上风向。

4.4.11 涤纶长丝、短纤维和工业丝车间内的运输主要靠各种手推车或电瓶车，且数量较多。因此，在考虑平面布置时，一定要考虑车辆的运行路线，应避免将机台间的操作通道作为车辆运输的主要通道，并应有足够的车辆存放区。

5 工艺管道设计

5.1 一般规定

5.1.1 工艺管道和仪表流程图（PID）、管道规格书是指导管道设计的基础，管道设计应按照PID和管道规格书的要求进行。

5.1.4 正确确定内压管道壁厚，是保证生产的安全性和经济性的重要措施。

5.1.5 各种导热油都有一个操作时间与温度对应的裂解关系，操作中如果不能及时把低沸点蒸发物定期从系统中排除，会影响它的加热效果。而在装置停车时，为保证安全，需要把每个热媒回路中的热媒排放到热媒贮槽中。

5.1.6 设置坡度是为防止物料在管道中的积存。在条件允许时，可适当增大坡度。

5.1.7 绝热工程主要为节约能源，防止热量或冷量损失，以及保护人身安全，防止烫伤或冻伤。

5.1.8 由于现行国家标准《聚酯工程设计规范》GB 50492对一次热媒和二次热媒管道设计已作出详细规定，作为与其紧密结合的下游生产厂，涤纶工厂可执行其相关规定。

5.2 管道布置

5.2.1 由于涤纶生产车间内除工艺管道外，还有其他专业管道（如给排水管道），以及电气、仪表专业的线槽。特别是暖通专业较大的送排风管道，占用空间较大。因此，应作出合理规划和分层布置，才能满足生产、操作、安装、维修的要求。

5.2.2 管道的法兰和焊接点如果设置在电气、仪表设备或操作柜上方，可能出现由于管道泄漏而影响电气、仪表设备的操作，并可能损坏电气、仪表设备，因此要求避免通过其上空。

5.2.3 高温对电气、仪表的线缆外保护层有加速老化的作用，影响其使用寿命，并可能造成安全隐患，因此制定本条规定。

5.2.6 高温管道应保证必要的柔性，以防止由于热变形而损坏管道或设备接口，造成安全生产事故及隐患。

5.2.7 管道设计应采用"步步高"或"步步低"的方式，以防止产生气袋或液袋，因此制定本条规定。

5.2.9 管道采用架空或地上布置，有利于发现故障和方便检修。

5.2.10 见第5.2.2条说明。

5.3 管道材质选择

5.3.1 熔体夹套管采用不锈钢材质有利于防止管道在安装和检修前后出现锈蚀，保证管道内壁的粗糙度不增加。但目前国内涤纶工厂也有采用碳钢的熔体夹套管。碳钢管道遇水或在潮湿环境下容易锈蚀。虽然国外有个别工程公司的涤纶直接纺丝工艺，在从终聚釜到纺丝箱体的熔体管道采用碳钢管道，但国外大多数工程公司仍采用不锈钢管道。为保证熔体质量，因此，熔体管道仍宜采用不锈钢管道。

由于现行国家标准《流体输送用不锈钢焊接钢管》GB 12771的标准较低，仅适用于一些介质无毒、无爆炸危险、无腐蚀性、对连续长周期运行要求较低的场所。而氢化三联苯有低毒性，联苯、联苯醚有低毒性和爆炸性，因此，本条规定熔体热媒夹套外管宜选用现行行业标准《化工装置用奥氏体不锈钢焊接钢管技术要求》HG 20537.3和《化工装置用奥氏体不锈钢大口径焊接钢管技术要求》HG 20537.4中材质为0Cr18Ni9的焊接不锈钢管，以保证安全和降低管道费用。

5.3.8 连接短管采用与外管相同的材质，可避免对夹套外管产生接触腐蚀。

5.3.9 由于浸胶车间的甲醛、氨水等可能使用管道输送，而上述化学品有毒，不应采用焊接不锈钢管道。

5.4 特殊管道设计

5.4.2 防止因内壁有死角或因不抛光形成粘附层，其受热分解或带入熔体内将影响纺丝熔体质量。国内目前的纺丝熔体输送管道内壁也有不抛光处理的。但为防止粘附层热分解或带入熔体内影响纺丝熔体质量，本规范仍建议采用内壁抛光的熔体管道。

5.4.3 本条规定主要是保证内外管道平行，也有利于降低弯头阻力。

5.4.4 本条规定是为保证热媒在内外管道间夹套内的流动均匀，避免层流。

5.4.5 熔体分配管道采用多通阀或分配器，有利于熔体的分配，避免死角。采用静态混合器有利于减少熔体管道横断面上熔体的温度、停留时间和黏度的差异，保证熔体整体的均匀。

5.4.6 为保证纺丝熔体质量和纺丝生产过程的稳定，延长纺丝组件的更换周期，减少因更换组件带来的熔体损耗及废丝的增加，以及增加组件清洗成本，对于采用切片纺生产涤纶长丝和复合纤维的聚酯熔体管道上，应设熔体过滤器，以除去熔体中的杂质和凝聚粒子；而对于采用切片纺生产大有光产品，以及短纤维产品，由于熔体中杂质较少，或对熔体质量要求略宽，组件内过滤砂能达到理想的过滤目的，因此管道上可不设熔体过滤器。对于复合纤维生产，虽然生产涤纶/锦纶复合纤维的锦纶熔体不需设过滤器，但考虑到复合纤维组分的多样性，其非涤纶组分的熔体管道上仍宜设过滤器。

5.4.7 熔体停留时间过长，会造成熔体降解、黏度降低、端羧基含量升高、色相变差，使熔体质量下降，后续纺丝容易出现飘丝、断头现象。因此，在满足管道系统柔性的前提下，应尽量缩短熔体停留时间，保证熔体质量。

5.4.8 纺丝熔体管道设计宜对称布置是为了使熔体停留时间、压力降、摩擦受热程度尽量相同，保证丝的产品品质稳定。

5.4.9 采用铜线跨接主要是消除由于输送摩擦而引起的管道静电，保证生产安全。采用大曲率半径弯头，主要是减少输送阻力，以及防止堵塞管道。

5.4.10 聚酯切片靠自重出料的出料口管道与垂直方向之间的夹角大于45°，易造成下料不畅，甚至堵料的后果。如因空间限制，必须使夹角大于45°，则需要增加振动装置或气体松动装置。

5.4.11 联苯、联苯醚的渗透性很强,采用波纹管密封阀门有利于减少它的释放系数。

5.4.12 本条是根据现行国家标准《石油化工企业防火设计规范》GB 50160 和《工业金属管道设计规范》GB 50316 的相关规定制定的。

5.4.13 涤纶工厂使用的热媒温度较高,一般在250℃～320℃,为保证热媒管道的使用应力、管架受力和管道对与之连接离心泵管口的推力或力矩都在安全范围内,防止管道应力过大或疲劳引起的管道或支架破坏,以及连接处变形产生泄漏的危险,因此,应进行热媒管道的热应力计算。而利用管道走向的自然补偿是最经济的办法。

5.4.14 气相热媒管道中会有部分凝结成液相热媒,管道采用逆流坡度可以防止液相热媒积存在管道阻塞气相热媒的流通,并能够使冷凝的液相热媒回流到热媒发生装置或热媒贮槽内。

5.4.17 规定该距离是防止一次热媒进、出流向短路,影响工艺生产。

5.4.18 规定设置定位板是防止外管发生较大的偏心。

5.5 管道安装及检验要求

5.5.3 为保证重要管道的施工焊接质量,根据实际安装经验,制定本条规定。

5.5.7 以水为介质做压力试验后,很难把管道中残余的水分除净。在热媒升温过程中,残余的水蒸发而使管道中压力急剧上升,不安全。如果现场不具备提供气压试验所要求压力的设备,可用液相热媒作为试验介质,进行液压试验。

5.5.8 夹套管内管必须在射线和着色检验合格后再封入套管,以防止内管因焊接缺陷引起返工,增加工作量和材料浪费。

进行热媒的热冲击试验,是检验熔体夹套管和热媒管道在高温状态下的密闭性能,防止正常生产过程中出现热媒泄漏事故。

5.5.9 本条按现行国家标准《工业金属管道工程施工及验收规范》GB 50235 的相关规定制定。

5.5.10 热媒管道采用氩弧焊打底,有利于内焊口成型良好,防止热媒渗漏,减少管道内焊渣。

6 辅助生产设施

6.1 化 验 室

6.1.1 化验室靠外墙布置有利于通风和排废水;背光布置有利于减少眩光对分析的干扰;远离有振动、辐射及发热的设施,也是防止对分析的干扰。

6.1.2 天平室使用的仪器较精密,需减少外界的干扰;而烘箱间热量散发较大,在条件允许时,也宜单独布置。

6.1.3 天平室使用的精密天平,对房间气流的稳定性有较高的要求,因此,不应设置外窗。

6.1.4 化验室分析实验需用到一些化学药品,而有的药品或有毒、或易挥发、或有腐蚀性,为保证操作人员的健康,一些实验应在通风柜里进行操作。

6.2 物 检 室

6.2.1 物检室靠近产品待检区,有利于减少操作人员的劳动强度,及时取样。

6.2.2 由于物检分析室使用的仪器较精密,为保证分析数据的准确,防止外界因素的干扰,因此,物检室应远离有振动和噪声的设施。

6.2.3 涤纶短纤维检测方法是每批按比例从250kg～350kg的包装里取样,测试工作量相对较少。因此,全厂宜设一个物检室。

6.2.4 涤纶长丝物检测方法是每批按比例从丝筒上取样,测试工作量相对较大,测试指标也相对较多。因此,宜在每个生产车间设物检室;对于大型涤纶长丝生产工厂,宜在纺丝车间和加弹车间分别设物检室,以方便检测。

6.2.5 染色、干燥间湿热较大,靠墙布置有利于通风和排废水;判色间宜设计成避光的房间,以减少眩光的干扰;而仪器检测间对房间的温、湿度有较高的要求,因此应尽量避免靠外墙布置,并按本规范第12.1.3 条控制温度和相对湿度。

6.3 纺丝油剂调配间

6.3.1 纺丝油剂调配间设在纺丝车间一层附房内,有利于纺丝油剂桶的搬运、储存。如果工艺及布置需要,也可将油剂调配间设在三楼或四楼附房内。

6.3.2 本条主要是避免油剂在油桶里凝固无法吸出,而影响调配。纺丝油剂的最佳温度是20℃～25℃,温度太低容易引起油剂起泡,影响上油效果和计量泵精确计量;温度太高容易使油剂变质,使得油剂保存时间缩短。

6.3.3 油剂调配设备布置应尽量依靠自重方式设计。调配设备放在同一附房内,有利于减少操作人员,方便管理。

6.4 纺丝组件清洗间

6.4.1 纺丝组件一般每个质量均在 5kg～20kg,质量较大,就近布置纺丝组件清洗间,便于操作人员运输和清洗,减少操作人员搬运的工作强度。

6.4.2 三甘醇清洗法(操作温度约275℃)和真空煅烧炉清洗法(操作温度约450℃)是目前较成熟、有效的喷丝板清洗方法。但采用真空煅烧炉清洗法时,必须注意控制炉内温度,避免过高温度对喷丝板的不利影响。

涤锦复合纤维喷丝板和分配板制造比较精密，应采用较温和的清洗方式，以避免损伤喷丝板和分配板，因此宜采用三甘醇清洗法。对于涤纶与聚乙烯或聚丙烯复合纺丝的喷丝板和分配板，可采用真空煅烧炉清洗法。

6.4.3 由于熔体过滤芯是由细的金属丝网和烧结金属毡组成，高温会造成过滤芯的金属丝网和烧结金属毡变形和破坏。而三甘醇清洗法温度在300℃以下，水解清洗法使用温度在400℃以下，处理温度较温和。因此，宜采用三甘醇清洗法和水解清洗法。

6.4.4 三氧化二铝流化床和盐浴炉均使用细微石英砂和盐，颗粒较小容易飘逸和污染周围环境，并存在打磨组件造成公差配合误差的可能，目前新建工程项目基本不采用这两种方法。

6.4.5 废三甘醇存在污染环境的可能，因此不得直接排放，避免产生二次污染。规模较大的涤纶工厂，应设三甘醇回收处理装置；规模较小的涤纶工厂，应设三甘醇收集设施，并妥善处理。

6.4.6 真空煅烧炉清洗时的废气含有烟尘，需要处理后才能排空到大气，以防止大气污染。而三甘醇清洗温度高于其闪点，并接近其沸点，正常操作时，其工作温度约275℃。因此，三甘醇在密闭的清洗槽中清洗组件时，为防止设备超压并减少蒸发的气体泄漏，其排气系统应设冷却器和阻火器。目的是冷凝蒸发的气体、减少环境污染、节约原料，同时又防止外界火花可能引起的爆燃。

6.4.7、6.4.8 由于三甘醇清洗炉必须降温后才能开盖，正常情况下很少有三甘醇发散出来。但为了防止因炉盖密封不良引起少量三甘醇逸出，保证工作场所空气中三甘醇浓度低于三甘醇爆炸下限的10%（25℃时，爆炸下限为0.9%），因此，三甘醇清洗炉的房间应满足通风要求。同时对电动葫芦的选型作出规定，以满足通风达不到要求时的安全。

6.4.9 本条规定是为保证操作间的空气质量良好，排出有害气体。

6.4.10 超声波清洗设备操作时噪声较大，容易引起操作人员听力受损。因此宜单独布置。

6.4.11 喷丝板镜检仪是利用光学原理进行检查，设备自带光源。为减少眩光对检验的干扰，因此，镜检室宜设在背光的单独房间里。

6.4.12 异丙醇闪点仅12℃，为可形成可燃性气体或蒸汽的甲类液体。同时，检测滤芯是间歇操作，检测槽需打开盖后才能放入或取出滤芯。因此，异丙醇检测槽应视为1级释放源。根据现行国家标准《爆炸性气体环境用电设备 第14部分：危险场所分类》GB 3836.14的相关规定，1级释放源在中级通风、有效性良好条件下，危险区域为1区。而设计时采用专用的排风设施可满足通风有效性良好的要求。

6.4.13 高压水冲洗设备主要起到冲刷和清出固体附着物的作用。

6.5 热媒间（站）

6.5.1 热媒加热系统在远高于其闪点和压力下运转，一旦发生故障或泄漏，必须有释放的渠道，以避免着火及形成爆炸性气体环境的可能。热媒接收槽主要作用是回收和突发事件时临时储存。考虑事故发生的几率和经验，纺丝车间的热媒收集槽容积不应低于系统的30%。

纺丝车间采用的热媒为联苯和联苯醚混合物。虽然该系统在高于其闪点下运转，但其闪点远高于环境温度（联苯为113℃，联苯醚为111℃）。同时，本条及第3.1.5条、第6.5.3条规定了安全措施，所以未将热媒间列为爆炸危险环境。工程设计中若不能满足这些规定时，应另采取相应的安全防护措施。

热媒收集间设在一层有利于收集热媒。

6.5.3 本条规定的目的是减少热媒输送中的热量损失。

6.6 原料库和成品库

6.6.4 多数调配胶料的化学品都有一定毒性和储存要求，设置独立的化学品库有利于保证安全。间苯二酚是可燃、有毒、有刺激性物质，易溶于水，受潮变色，遇明火、高热可燃，并释放出有毒气体，应避光、避水贮存；氨水具有强烈的刺激性，应贮存在阴凉、避风、隔绝火源的场所，以减少氨的挥发和避免发生爆炸事故；固体氢氧化钠应避免接触水；甘油三缩水甘油醚有刺激性，分解温度大于60℃，在高热环境下可分解，并可能形成爆炸性气体或蒸气混合物，应避光贮存；封闭异氰酸酯溶液怕冻怕热，贮存温度应保持在5℃～40℃。

6.6.5 浸胶乳胶液调配使用37%甲醛水溶液。甲醛的沸点为−19.5℃，闪点83℃，爆炸极限为7%～73%，属于高度危害、易燃、易爆物质，贮存间应设排风设施，并避免阳光照晒，同时电气需考虑防爆措施，建筑需按本规范第10.5.7条的规定采取防爆、防火措施。

6.6.6 涤纶短纤维打包机后设中间库，有利于产品检验，避免入库后检验造成的倒库问题。

7 自动控制和仪表

7.1 一般规定

7.1.1 自控设计应考虑安全可靠、技术先进、经济合理、操作维护方便几个因素的综合平衡，体现国家提倡的节能降耗、保护环境的基本国策。

7.1.3 在同一工程项目中，尽可能减少仪表的品种、规格，有利于减少仪表的备品备件，减轻维护人员的劳动强度。

7.2 控制水平

7.2.1 过程控制系统（PCS）是分散型控制系统（DCS）、可编程序控制器（PLC）、工业控制计算机的统称。系统选型时应根据过程控制点数多少和控制要求合理选用。一般规模较大且模拟量较多时采用DCS系统，规模较小、数字量较多时选用PLC，规模更小时选用工业控制计算机。

7.2.2 随机控制单元的主要信号是指运行、停止、故障、公共报警、转速、马达电流，操作控制等信号。信号数量较少或关键信号宜采用硬接线连接，数量较多时宜采用总线通讯方式。

7.2.3 主流程的转动设备和旋转机械是指主生产工艺流程的熔体输送、切片输送、固相缩聚、纺丝、卷绕、后处理、浸胶等工段中的转动设备和旋转机械。

7.2.5 油剂调配、组件清洗、胶液调配过程监控点数较多、控制较复杂时选用可编程序控制器（PLC），较少时选用数显仪表进行监控。

7.3 主要控制方案

7.3.3 涤纶工厂中由于熔体的黏度较大、温度较高，熔体输送泵、熔体增压泵等容积式输送泵出口压力均较高，为了保护设备和操作人员人身安全必须设置压力高限联锁停泵控制系统。本条为强制性条文。

7.4 特殊仪表选型

7.4.5 热媒介质的控制阀采用波纹管密封是为了减少工艺介质泄漏。

7.4.7 HART（Highway Addressable Remote Transducer）通讯协议为加载在 4mA～20mA 之上的脉冲信号，为仪表的远程校验、维护提供了数据传输功能。

7.4.8 直接安装在机械设备上的一次仪表是指设备上的温度计、热电阻、压力表、压力开关、压力变送器、位置开关、电磁阀等。这些机械设备包括：螺杆挤压机、纺丝机、卷绕机、集束机、落桶机、卷曲机、切断机、打包机、热媒蒸发器等。

7.5 控制系统配置

7.5.1 涤纶工厂的操作区域、生产线、操作单元一般划分如下：
  涤纶长丝装置按纺丝、加弹划分；
  涤纶短纤维装置按纺丝、后处理划分；
  涤纶工业丝按纺丝、捻织和浸胶划分；
  直纺熔体输送也可单独划分单元。
  按过程检测、控制点数及其复杂程度配置时，操作站数量一般配置如下：

50控制回路或800个检测点、报警点以下可配置2台；

50～150控制回路或（800～1500）个检测点、报警点可配置3台～4台；

150～250控制回路或（1500～3000）个检测点、报警点可配置4台～6台；

250控制回路或3000个检测点、报警点以上可根据需要配置。

7.5.2 有的系统服务器兼做工程师站。

7.6 控制室

7.6.1 纺丝冷却风空调宜与主生产装置合用控制室，环境空调可单独设控制室或采用就地控制。

7.6.2 热媒站、浸胶车间可不分操作室和机柜室。

7.6.3 涤纶长丝装置、涤纶短纤维装置、涤纶工业丝装置大部分区域为安全区，因此控制室的位置应重点考虑操作管理方便、电缆敷设经济合理。

7.6.4 由于纺丝、卷绕、后处理、浸胶的流程较长且信号较多，为了电缆敷设的经济合理，一般均在车间的附房内分别设机柜室，再用通讯电缆将信号集成到一个控制系统中，进行集中监视和管理。

7.6.8 装置监控信号较多时控制室一般应设抗静电架空地板，较少时可采用水磨石或其他易清洁地面。

7.6.9 控制室架空地板下设置电缆托盘的目的是将电缆分类以减少干扰，便于以后的维护和改、扩建。

7.7 仪表安全措施

7.7.4 重要的安全联锁一般是指生产线的紧急停车，容积式输送泵出口压力高限联锁。

7.7.5 冗余的通讯电缆采用不同的敷设路径是为了减少机械损坏造成通讯中断。

7.7.6 仪表电缆可分为本安信号电缆、非本安信号电缆（包括48V或48V以下电源电缆）、48V以上电源电缆和通讯电缆四类。

7.7.7 仪表信号电缆与电力电缆的敷设间距应符合现行行业标准《石油化工仪表管道线路设计规范》SH/T 3019 或《仪表配管配线设计规定》HG/T 20512 的规定。

7.7.9 对于三芯及以下电缆，每芯截面积宜为 $1.0mm^2$～$1.5mm^2$。对于四芯及以上电缆，每芯截面积宜不小于 $0.75mm^2$。对于24VDC电源电缆，每芯截面积不应小于 $2.5mm^2$。

8 电 气

8.1 一般规定

8.1.1 本条阐述了电气设计中应遵守的准则。

8.1.2 节能是一项重要的国策。合理确定供电电压等级和变配电所的布局,是节约有色金属、降低线路损耗、降低运行成本、节省投资的有效措施。制定本条规定的目的是:强调节能设计中设计方案、变配电布局的重要性,设计要采用成熟、有效的节能措施,重视推广节能技术和节能产品,努力降低电能损耗。

8.2 供配电

8.2.1 涤纶工厂瞬时断电会使连续纺丝因断丝而中断生产;因断头使正在卷绕的长丝筒降至等外;恢复供电后重新生头到生产出合格产品时间较长,会产生大量废丝,所以条文规定纺丝生产装置和主要辅助生产设施的纺丝冷却风等生产用电负荷应为二级负荷。气体爆炸场所用于稀释爆炸介质浓度的通风机因断电会增加爆炸危险性,所以划为二级负荷。

涤纶工厂消防用电按照现行国家标准《建筑设计防火规范》GB 50016 的规定划分,应为二级负荷。

涤纶工厂后加工、厂区工程等其他用电负荷断电不会造成安全问题,带来的经济损失有限,所以划为三级负荷。

8.2.2~8.2.4 涤纶工厂的二级负荷占有相当大的比例,且用电负荷较大,根据用电负荷及电力系统的供电环境,涤纶工厂一般采用 6kV~110kV 电压等级专线供电。所以作出了主接线及配电变压器配置的相关规定。

8.2.5 爆炸危险环境场所分类需考虑可燃性物质的释放源;释放源的等级和通风;释放的频度,持续时间和数量;遇到紧急情况时还应采取措施等,不同的措施直接影响危险区的划分,合理缩小爆炸危险环境场所有利于安全。所以该条仅原则性提出要求。

8.3 照 明

8.3.2 根据现行国家标准《供配电系统设计规范》GB 50052 蓄电池可作为应急电源。鉴于涤纶工厂应急照明负荷量不大,当蓄电池作为应急电源技术经济性合理时可选用 UPS 或 EPS。EPS-DC 型正常时由公网供交流电;当公网失电时直流供电,EPS-DC 型适用于向配置电子整流器的荧光灯供电。UPS 和 EPS-AC 当公网失电,蓄电池经逆变器供交流电。

8.4 防 雷

8.4.1 不同厂商提供的热媒技术参数不同,有的为爆炸介质;有的为非爆炸介质,依据《建筑物防雷设计规范》GB 50057 建筑物的防雷分类的规定,非爆炸介质的热媒不应划为二类,所以作出本条规定。

8.6 火灾自动报警

8.6.1~8.6.4 火灾自动报警是否设置应依据现行国家标准《建筑设计防火规范》GB 50016 和《纺织工程设计防火规范》GB 50565 的规定,具体实施依据现行国家标准《火灾自动报警系统设计规范》GB 50116 的规定,所以条文中明确了其相互关系。

9 总平面布置

9.1 一般规定

9.1.1 厂区总平面布置防火设计应符合现行国家标准《纺织工程设计防火规范》GB 50565 的规定。该规范未作规定者应按《建筑设计防火规范》GB 50016 和国家其他现行有关设计标准的规定执行。

9.1.2 为使涤纶工厂尽可能减少烟尘、噪声及其他有害气体对居住区产生的影响,特作此规定。

9.1.3 节约用地是我国的一项基本国策,本条对此作出原则性规定。本章其他一些条款以及第 10 章某些条款均对节约用地措施的不同层面作出了要求,各工程应因地制宜,合理布置。

9.1.4 涤纶工厂总平面布置主要技术经济指标的内容应符合现行国家标准《工业企业总平面设计规范》GB 50187 的规定,其具体指标应符合国家及地方有关行政主管部门的规定。主要生产厂房和辅助生产设施均应按需要设置,并符合有关规定。

9.1.5 总平面布置应首先满足生产工艺流程的要求,并在此基础上采取有效的、综合性的措施,提高土地利用率。

9.1.6 工厂分期建设时,应正确处理近期与远期的关系,一次规划,分期实施,近期集中布置,远期预留发展。

9.2 总平面布置

9.2.1 涤纶工厂生产厂房占地面积、原料及成品运输量均较大,地上及地下工程管线较多,管线布置应顺畅、短捷,有利于节约能源并降低生产成本,故作此原则性规定。各工程应因地制宜,根据具体情况,合理布置。

9.2.2 对直接纺丝工艺,纺丝车间尽可能靠近聚酯车间、尽可能缩短熔体管道的长度,可以减少聚酯熔体在高温下的停留时间,有利于减少聚合物的热降解。

9.2.3 目前多数涤纶工厂的生产规模较大,应缩短成品的厂内运输距离,故作此规定。

9.2.4 热媒站及污水(预)处理站应减少对厂区可能产生的影响。引入厂区内的 35kV 以上的架空高压线,应减少其在厂区内的长度,并沿厂区边缘布置。

9.2.5 当前我国涤纶工厂的生产规模多数较大,为满足消防、货物运输、人员进出需要及人、货分流要求,特作此项规定。

9.2.6 通道宽度影响厂区建筑系数,即土地利用率。应根据本条要求,综合考虑,合理确定通道宽度。

9.3 竖向布置

9.3.1 防洪与排除雨水是竖向布置的重要内容之一。应根据有关标准，合理确定场地设计标高和场地排水坡度。

9.3.2 涤纶工厂厂上及地下工程管线较多，原料及成品运输较频繁，故作此规定。

9.3.3 为满足车辆运输要求并防止厂内积水，特作此规定。

9.3.4 平原地区与山区建厂竖向布置侧重点有所不同，应根据实际情况，综合考虑各种因素，合理确定场地设计标高。

10 建筑、结构

10.1 一般规定

10.1.1 涉及湿陷性黄土、膨胀土、多年冻土等地区建设的现行标准有：《湿陷性黄土地区建筑规范》GB 50025、《膨胀土地区建筑技术规范》GBJ 112、《冻土地区建筑地基基础设计规范》JGJ 118等。

10.1.2 涤纶工厂防火设计应符合现行国家标准《纺织工程设计防火规范》GB 50565 的规定。该规范未作规定者应按《建筑设计防火规范》GB 50016 和国家其他现行有关设计标准的规定执行。

10.1.3 目前，住房和城乡建设部和各省、市均有节能及推广新产品、新技术等方面的要求，本条作出原则性规定，各建设项目可根据各地情况和具体规定执行。

10.2 生产厂房

10.2.1 目前，我国现浇钢筋混凝土框架结构、单层现浇或预制钢筋混凝土排架结构工业厂房在涤纶工厂建设中广泛应用，从规范到实践都很成熟，故本规范推荐这建筑结构形式。涤纶生产厂房的后加工、打包、包装、成品中间库及顶层空调机房等，有条件的也可采用钢结构。

建筑抗震设防类别中，"标准设类，简称丙类"是依据2008年我国汶川地震后修订的《建筑工程抗震设防分类标准》GB10223—2008制定的。

10.2.3、10.2.4 本规定的目的是为了在涤纶工厂建设中尽可能节约能源、节约用地及节约投资。布置紧凑有利于工程管线的顺畅、短捷，组成联合厂房是节省用地的有效措施。各工程项目应根据具体情况，合理布置。

组成联合厂房时，由于不同功能区毗连在一起及由于厂房面积增大，会对防火、采光、屋面排水、振动和建筑结构构造等方面增加困难，在联合厂房的设计中，应特别注意妥善处理这些方面的问题。

10.2.5 本规定有利于安全生产及节能。

10.2.6 为满足生产及节能要求，或避免在不利气候条件时，车间围护结构内表面产生结露，作此规定。在本条规定的气候区建厂的空气相对湿度较大的生产车间应对围护结构进行防结露验算。

10.2.7 本条针对涤纶工厂不同生产车间、生产工艺对温、湿度的特殊要求，为满足工艺性空气调节要求作出规定。

10.2.8 为保证职工的身体健康和安全生产，作此规定。

10.2.9 本条所列生产部位的地面荷载较大并要求通行运输车辆，故作此规定。

10.3 生产厂房附房

本节生产厂房附房指附设在生产厂房内的辅助生产、生活和行政管理用房。

10.3.1 工业厂房常常会进行技术改造，有时会将非生产性附房改作生产性附房。因此这类附房的活荷载宜根据具体情况，考虑上述可能性。

10.3.4 高压开关室、低压配电室电缆较多，采用架空地板便于布线。如果采用电缆沟，应有可靠的防水或防潮措施，并应防止小动物进入电缆沟内。

10.3.7 物检室的检测间及组件清洗间的计量泵校验间温、湿度要求较高，故作此规定。

10.3.9 本规定有利于安全疏散。

10.3.10 为贯彻国家节能方针，并满足劳动保护要求，作此规定。

10.4 厂区工程

本节厂区工程系指厂区内单独或合并设置的辅助生产设施。

10.4.1 本条规定的目的是为了有效节约用地、节约投资及节约能源。

10.4.4 本条规定的目的是为保证安全生产。

10.4.5 本条规定的目的是为了加强自然通风，有利于安全生产。

10.5 建筑防火、防爆、防腐蚀

10.5.2 涤纶短纤维的后加工部分为湿加工，按防火规范应为丁类火灾危险性，但因生产工艺的连续性，在工程实践中与丙类火灾危险区域之间难于分割，因此规定整个涤纶短纤维生产的火灾危险性为丙类。

10.5.3 涤纶工厂的生产厂房内常常附设原料库或成品（中间）库，有时其占地面积很大，应采用防火墙与生产车间隔开，各自构成单独的防火分区。并要求生产厂房与仓库应分别符合现行国家标准《纺织工程设计防火规范》GB 50565 的规定。

10.5.4 在同一个防火分区内，生产火灾危险性不同，应做有效分隔，分别采取不同的防火措施，有利

于安全生产和管理。

10.5.5 涤纶生产厂房的纺丝甬道必须贯穿楼板,而且甬道不允许封堵;纺丝箱体及甬道与楼板之间的缝隙也难以封堵。考虑到我国近30年几百家涤纶工厂的生产实践,至今并未有重大火灾事故发生。同时纺丝箱体和甬道间内一般不设固定操作人员,仅有少量巡视人员。卷绕间虽设有固定岗位,但人员很少,人均建筑面积均超过50m²。所以本条规定,即规定采取一定措施后,对纺丝甬道贯穿楼板的孔洞未要求进行防火封堵处理,对于无法封堵的涤纶纺丝车间各楼层,仍视为不同的防火分区,其防火分区建筑面积不必上下各层累计计算。

10.5.6 涤纶工厂的生产规模一般都很大,并有继续加大的趋势,因此涤纶生产厂房的占地面积和建筑面积也很大。但生产工艺又不允许在车间内设置太多的防火墙和防火分区,也不允许将一座生产厂房拆分为两座或数座,因此安全疏散距离往往难以满足现行国家标准《建筑设计防火规范》GB 50016 的规定。考虑到纺丝车间一般不设固定操作岗位且人均建筑面积均超过 50m²,故本条要求采取一定的安全措施,允许向相邻的防火分区疏散,并认为相邻的防火分区是安全区域,以解决疏散距离过长的问题。

10.5.7 本条所述的生产设施一般设在生产厂房的附房内。本规范已规定有关专业在一定范围内采取相应的防爆措施,因此对建筑结构专业除甲醛储存间外,不提出防爆要求。甲醛储存间则应考虑防爆措施。上述生产设施有可能散发少量可燃气体,应与生产厂房的其他部分之间做有效分隔,地面应采用不发生火花的材料。靠外墙布置可利用自然通风,降低可燃气体的浓度,并为机械排风提供便利条件,这对安全生产是有利的。

10.5.8~10.5.10 这三条综述了涤纶工厂防腐蚀设计的一般要求,目的是避免或减少腐蚀性介质对地下水、自然环境和建筑物、构筑物及其地基与基础的影响与破坏,并尽可能节省防腐蚀工程的费用。

10.5.11 本条所述的生产部位存在腐蚀性介质,应在设计中采取防腐蚀措施。有效的自然通风与机械通风可减少对生产厂房的腐蚀,并可以改善生产环境。

10.5.12 本规定的目的是防止地下管道中腐蚀性液体泄漏,对地基土壤和建筑物或构筑物基础产生腐蚀。

11 给水排水

11.2 给 水

11.2.1 涤纶工厂的给水系统主要包括生活给水、生产给水、消防给水、除盐水、循环冷却水和冷冻水系统等,由于各给水系统对水质、水温、水压和水量的要求不同,所以给水系统的划分应经过综合比较后确定,其中循环冷却水和冷冻水应为重复使用系统。

11.2.2 涤纶生产所需的生产用水、除盐水、循环冷却水的水质、水温、水压和水量,应由工艺和相关专业确定并提供设计条件。涤纶生产所需的总用水量包括新鲜水和重复使用水量。其中新鲜水用水量包括生活用水量、生产用水量、除盐水制备水量、循环冷却水和冷冻水的补充水量、公用设施用水量和未预见用水量,用水量宜结合工程同时使用情况计算,防止计算用水量偏大,造成工程不必要的浪费。其中未预见用水量可按生活用水、生产用水、除盐水制备用水、循环冷却水和冷冻水的补充水、公用设施用水之和的10%~15%计算。重复使用水量包括循环冷却水量和冷冻水量。

11.2.4 根据我国提倡建设节约型社会的有关要求,并结合近几年涤纶工厂的设计实践,涤纶工厂全厂给水重复使用率均能够达到95%以上,故制定本条文作为涤纶工厂设计的基本要求。重复使用率按下式计算:

重复使用率(%) =

$$\frac{循环冷却水量+冷冻水量}{循环冷却水量+冷冻水量+生产用水量+生活用水量} \times 100\% \tag{3}$$

11.2.5 在涤纶生产过程中,由于各给水系统用水量的大小存在不确定性,所以本条强调各给水系统的管道设计流量应按最高日最高时用水量确定,支管道设计宜按秒流量计算。而管道设计的沿程水头损失可按《建筑给水排水设计规范》GB 50015 提供的下式进行计算:

$$i = 105 C_h^{-1.85} d_j^{-4.87} q_g^{1.85} \tag{4}$$

式中:i——管道单位长度水头损失(kPa/m);

d_j——管道计算内径(m);

q_g——给水设计流量(m³/s);

C_h——海澄-威廉系数,各种塑料管、内衬(涂)塑管 $C_h=140$;铜管、不锈钢管 $C_h=130$;衬水泥管、树脂的铸铁管 $C_h=130$;普通钢管、铸铁管 $C_h=100$。

由于国内大型石油化工企业已按现行国家标准《石油化工企业设计防火规范》GB 50160 的要求将生产给水系统和消防给水系统分为各自独立系统,各系统的管道压力可按各自系统进行计算。而对于小型企业,采用生产、消防合用给水系统时尚应按消防时的合并流量、压力进行复核。

11.3 排 水

11.3.1 涤纶工厂的排水系统主要包括生活污水、生产污水、清净废水和雨水系统。生产污水主要是油剂废水、组件清洗及化验和冲洗地面等含有低浓度污染物的污水。清洁废水主要是未受有机污染的空调排水。生产污水宜与其他装置的生产污水合流后排至污水处理场处理。清洁废水可排入雨水系统。

11.3.3 排水设备不宜与重力流排水管道直接相连接，一般采用漏斗分开，排水管下部位应设置水封装置。排水量较小时，也可采用直接排入地漏的方式。

11.3.4 空调机组的排水有可能排入蒸汽冷凝水，所以宜采用金属排水管道。同理有可能排入冷冻水，所以当排水管道敷设在楼板下时宜做防结露保温层。

11.4 污水处理

11.4.1～11.4.3 这三条是对涤纶工厂生产污水处理作的一般规定。涤纶工厂生产所产生的生产污水应根据当地实际情况选择预处理方式，高浓度的废油剂应回收处理，不得直接排入污水处理设施影响污水处理的正常运行。浸胶废水应将废胶液分离后再与其他生产污水合并处理。

11.5 消防设施

11.5.1 涤纶短纤维生产厂房越来越大，单层面积达6万m²。由于生产工艺要求不能采用防火墙分隔，因此在工程设计中曾出现过采用防火水幕代替防火墙作为防火分区分隔设施的趋势。例如20世纪90年代设计的某石油化纤企业涤纶短纤维厂房建筑面积23561m²，设置三道防火分隔水幕，长度36m，水幕高度4.850m～8.350m，设计水幕消防用水量144L/s。防火分隔水幕不仅用水量大，而且防火隔烟效果并不理想，不符合火灾扑救应主动灭火的原则。因此本规范不推荐采用防火分隔水幕作为防火分区的分隔设施，仅限制使用在生产工艺需要，无法设置防火分区分隔设施时，只在生产流水线开口部位设置水幕保护。如近几年设计的涤纶短纤维厂房均采用生产流水线开口部位设置水幕保护系统的方式，水幕的保护长度和用水量与20世纪90年代设计的同规模工厂相比大幅度下降，水幕的消防用水量是90年代所设计工厂的38%，由于开口宽度和高度一般小于或等于4m，防火安全也有所提高。

11.5.4 涤纶工厂各建筑物应配置灭火器，灭火器配置应符合现行国家标准《建筑灭火器配置设计规范》GB 50140的有关规定。在用电房间宜配置二氧化碳灭火器，其他部位宜配置干粉灭火器。

12 采暖、通风和空气调节

12.1 一般规定

12.1.3 涤纶生产的许多工序、工艺对车间的温度与相对湿度有一定的要求，合理选择其计算参数，对于保障生产、降低空气调节系统的投资与运行能耗十分重要。在满足工艺要求的前提下，采用较高的温度与较低的相对湿度，可以提高空气调节系统的经济性。

伴随我国涤纶工厂建设从成套引进、单机引进、直至国产化的进程，车间的温度与相对湿度对于产品质量的影响，经历了逐步认识的过程。早期，为保证产品质量，车间计算温度与计算相对湿度根据国外设备供应商的条件确定，要求较高。多年的生产运行发现，对于常规涤纶产品，在较宽的车间温度与相对湿度范围内，生产也可以正常进行。

一些工厂生产特殊品种或细旦品种时，部分车间采用较低的温度与较高的相对湿度。但不同工厂、不同工艺、不同产品的空调情况各有不同，因此本条所作规定较为灵活，设计时可根据实际情况确定。

物检室的温度和相对湿度是根据现行国家标准《纺织品的调湿和试验用标准大气》GB 6529的相关规定和涤纶工厂生产实际制定的。现行国家标准《纺织品的调湿和试验用标准大气》GB 6529规定：试验用标准大气分为温带标准大气（温度为20℃，相对湿度为65%的大气）和热带标准大气（温度为27℃，相对湿度为65%的大气），它们各分为1、2、3级标准，其温度控制精度均为±2℃，湿度控制精度分别为±2%、±3%、±5%；标准还规定：除特殊情况外，纺织品的物理和机械性能测定应按试验用温带标准大气的规定；用于仲裁性试验时采用温带标准大气的一级标准。

涤纶纤维的吸湿性在各类纤维中是较低的，对湿度的敏感性相对较低。根据涤纶工厂多年的实践经验，本规范对物检室仪器检测间空调的温度、湿度参数采用了试验用温带标准大气3级标准，即温度为20℃±2℃，相对湿度为65%±5%，这一标准已能满足生产检验的需要。考虑到少数建设项目可能存在特殊需要，对相对湿度的控制精度又在表注中规定："要求高的仪器检测间相对湿度精度可控制在±3%"。这些规定已能满足涤纶工厂设计的需要。

12.1.4 涤纶纺丝生产采用熔融法，以冷空气作介质冷却喷丝板出口的熔体成丝。丝束冷却风量的稳定与否对于纺丝生产具有直接、显著的影响，纺丝工艺对冷却风的温度与相对湿度均有一定要求，对于成丝质量的影响，温度甚于相对湿度。

工程设计中，丝束冷却风的温度与相对湿度计算参数一般根据纺丝设备供应商的条件确定，但各供应商的要求不尽相同。多数供应商要求丝束冷却风的温度与相对湿度在相对稳定的前提下，控制在一定的范围内即可；少数供应商除要求相对稳定外，更要求丝束冷却风可根据产品品种的变换，控制在不同的温度与相对湿度。

丝束冷却风采用较低的温度与较低的相对湿度，空气调节系统的投资与运行能耗因此而增加，由于纺丝工艺对冷却风量的稳定有较为严格的要求，较低的相对湿度往往需要采用冷、热抵消的再热方式处理空气，因而能耗的增加尤甚。

涤纶生产中，影响成丝质量的因素众多，冷却风的温度与相对湿度只是其中之一。由于纺丝机型号不同，喷丝板直径不同，纺丝甬道高度不同，熔体条件不同，产品品种不同，涤纶工厂在实际运行中，丝束冷却风的温度与相对湿度也不尽相同。

历经多年的生产实践，对于常规品种，多数企业认同丝束冷却风的温度与相对湿度在一定范围内相对稳定即可满足要求。近年来，一些供应商的要求较为严格的工厂，尝试提高丝束冷却风的温度与相对湿度，在保证纺丝生产的同时，取得了较好的节能效果。

本规范在对部分涤纶工厂生产常规品种时丝束冷却风所用参数进行分析、归纳的基础上，列出了表12.1.4；当工艺无特殊要求时，丝束冷却风的温度、湿度可按表12.1.4设计。

某些特殊纤维品种对丝束冷却风的温度与相对湿度要求异于常规品种。例如：中空三维卷曲纤维，温度要求控制在18℃以下，高收缩（50%收缩率）纤维温度甚至要求低至16℃，对控制精度也有较高要求。因此，当生产特殊品种时，需按工艺要求设计。

12.2 采 暖

12.2.4 设置热风采暖的房间，当生产间断时，停运热风采暖，采用散热器进行值班采暖，可以降低能耗，故作本条规定。

12.3 通 风

12.3.5 在本规范第3.6.6条、第3.6.7条、第6.4.7条和第6.4.12条规定的部分场所，操作中可能散发可燃气体或蒸气，其间爆炸性气体危险区域的划分以一定通风条件为前提，详见上述条款的条文说明。故本条文规定，所述场所应能满足爆炸性气体危险区域划分所需的通风条件，其通风系统应采取相应的防爆安全措施。

12.3.6 在本规范第3.6.7条规定的部分场所，操作中可能散发有毒物质，详见该条的条文说明。因此，其通风系统应采取相应的防毒安全措施。

12.3.9 本条是涤纶长丝工厂生产车间的通风设计要求。

1 纺丝车间的熔体分配间、切片干燥间、螺杆挤压机间，生产设备与管道散发量较多，工艺对室温没有严格要求，室内无固定操作岗位，仅在开、停车与检修时，人员需进入现场操作。

实际工程中，切片干燥间往往采用自然通风或机械通风排除余热。

早期建设的工厂，纺丝间的回风普遍经螺杆挤压机间或熔体分配间回至空调系统，一方面，回风吸热升温，致使空气处理装置长期无谓耗冷；另一方面，螺杆挤压机间、熔体分配间室温下降，又导致熔体保温耗热的增加。近年来，一些工厂为螺杆挤压机间或熔体分配间尝试采用自然通风或机械通风，生产中酌需开停，获得了较好的节能效果。

鉴于上述原因作本款规定。

2 加弹车间与纺丝车间的卷绕间生产全牵伸丝（FDY）时，在丝束的加热牵伸过程中，丝束上的油剂大量挥发，形成烟雾，需及时排除，故作本款规定。

12.3.10 本条是涤纶短纤维工厂生产车间的通风设计要求。

1 参见本规范第12.3.9条第1款的条文说明。

2 后处理车间的热辊牵伸机、蒸汽加热箱、紧张热定型机等设备，生产中散发热、湿，需及时排除，故应设置局部排风。松弛热定型机等设备以空气为介质干燥纤维，其设备排风温度、湿度较高，故应排至室外。

后处理车间，生产设备散发大量热、湿，但其厂房的面积较大，工艺对室内温、湿度没有严格要求，操作人员一般仅需巡回检查。为改善操作条件，本款规定宜向操作区域和岗位送风。

12.3.11 本条是涤纶工业丝工厂生产车间的通风设计要求。

1 参见本规范第12.3.9条第1款的条文说明。

2 参见本规范第12.3.9条第2款的条文说明。

3 浸胶车间的上胶工段生产设备散发有害物质与异味，干燥机散发热量较多，需及时排除，故作本款规定。

12.3.12 涤纶工厂有的辅助生产设施散发热、湿、异味或可燃、有毒物质，需及时排除。

1 组件清洗间操作中一般散发热、湿；采用三甘醇清洗工艺时，还可能散发可燃气体，详见本规范第6.4.7条的条文说明。

2 涤纶短纤维工厂盛丝桶搬运车的电瓶充电场所，可能散发可燃气体，详见本规范第3.6.6条的条文说明。

3 涤纶工业丝工厂浸胶车间的胶料调配间，可能散发有毒与可燃气体，详见本规范第3.6.7条的条文说明。

4 涤纶工业丝工厂浸胶车间的甲醛贮存间，可能散发有毒与可燃气体，详见本规范第3.6.7条的条文说明。甲醛属高度危害物质，且极易气化，当采用储罐贮存时，操作区卸料泵、输送泵及阀门比较集中，甲醛易有泄漏，故应设置局部排风，以保证人员的安全。

12.4 空气调节

12.4.5 冷却丝束后，丝束冷却风温度较高，其中一部分可能进入卷绕间，故卷绕间的负荷计算应计入该部分风量带入的热量及湿量，卷绕间的回风应计入该部风量。

12.4.6 涤纶生产中，丝束需添加油剂，车间空气调节回风中含有一定量的油雾。若电气、仪表用房与车间共用同一空气调节系统，易使电气、仪表元件带油，长期积累将影响其使用寿命，故作本条规定。

12.4.7 本条是丝束冷却风系统的设计要求。

1 丝束冷却风是熔体成丝的冷却介质，生产不同的产品，有不同的风量需求。涤纶纺丝生产线由若干纺丝位组成，一般同一生产线生产相同品种，有时同一生产线也会生产不同品种。纺丝工艺要求丝束冷却风量稳定，丝束冷却风量的波动直接影响产品质量。故本款规定各纺丝位的丝束冷却风量及其波动范围应满足工艺要求。在工程中，丝束冷却风量一般按纺丝设备供应商的要求确定，改扩建项目，有时按业主的既有实践经验确定。

2 纺丝甬道内的空气流向与流量对纤维质量，特别是对细旦丝和异形丝的质量有影响。空气流向一般应与丝束的运行方向相同。但不同的纺丝设备供应商对空气流量的要求不尽相同。本款只作原则性规定。

3 丝束冷却风的制备与供应是纺丝工艺的有机组成部分，丝束冷却风系统按生产线设置，有利于降低空气调节系统故障对生产的影响。此外，丝束冷却风系统按生产线设置，也有利于避免生产线之间的相互干扰。

随着涤纶工厂的建设规模不断扩大，逐线配置丝束冷却风系统愈发困难。近年来，许多工厂每2条纺丝线设置1套丝束冷却风系统。

4 敞开式丝束冷却，丝束冷却风冷却丝束后，进入车间。封闭式丝束冷却，丝束冷却风冷却丝束后，直接排出室外。

丝束冷却风的风量，需因产品品种而改变。采用封闭式丝束冷却方式时，为平衡送、排风量，丝束冷却风的排风风量需加以调节。工程中，多在排风支管上设置风量调节阀，排风机采用变频调速或设置旁通风阀。

5 空气中的油雾难以在空气处理装置中完全分离，随冷却风进入纺丝设备，易在阻尼网上附着，加速阻尼网的阻力上升，缩短其清洗周期。故含有油雾的空气不宜回至丝束冷却风系统。

一般而言，涤纶工业丝工厂与涤纶长丝工厂生产全牵伸丝（FDY）时，卷绕间的回风中含油雾较多。

6 涤纶短纤维工厂普遍采用环吹工艺冷却丝束。由于在冷却丝束后，丝束冷却风中油雾与低聚物含量较多。国内涤纶短纤维工厂一般将其排除室外，迄今尚无回用的实践。

12.4.8 本条内容在现行国家标准《采暖通风与空气调节设计规范》GB 50019 已作规定。鉴于涤纶工厂生产车间的空气处理装置需全年或全年大部分做降温运行，冷负荷很大，最大限度地使用新风作冷源，节能效果显著，本规范再作重申。

12.4.10 纺丝窗是熔体成丝的关键部位，冷却风流被干扰，或丝束的飘动，将直接影响产品质量，故应避免纺丝间操作区送风的影响。纺丝箱体的温度需稳定为约290℃，为避免其冷却降温，送风气流不应直接吹向纺丝箱体。

12.4.12 涤纶工厂生产车间的空气处理装置，需全年或全年大部分做降温运行，冷负荷很大，空气处理装置设置喷水室，可以充分利用新风作冷源蒸发冷却，减少制冷机的运行时间，从而降低能耗。喷水室对空气中的灰尘与油雾有较好的分离作用，用于散发油雾的车间，能够减少送风中油雾的含量，用于丝束冷却风的空气处理装置，还可以降低其末级空气过滤器的负荷，延长使用周期。

12.4.14 纺丝工艺严格要求丝束冷却风量稳定，丝束冷却风量的异常波动，会导致成丝质量下降，故丝束冷却风系统应设置风量调节装置。工程中，普遍通过控制风压而稳定风量。早期建设的涤纶工厂，多在送风机出口设置回流装置，或在送风干管末端设置泄放阀。近年来，随着变频器价格的下降，新建涤纶工厂普遍采用变频送风机。

丝束冷却风的风压一般按纺丝设备供应商的要求确定。

12.4.15 纺丝工艺对丝束冷却风的洁净度有一定要求。纺丝设备供应商往往代之以对空气处理装置末级空气过滤器的要求，其对于大于或等于 $1\mu m$ 的大气尘的计数效率，涤纶长丝一般为90%～97%；涤纶短纤维（普通）为70%～90%；涤纶短纤维（三维中空）为90%～95%；涤纶工业丝为90%～97%。

生产运行中不做丝束冷却风洁净度的检测，根据末级空气过滤器的阻力更换其滤料。

12.5 设备、风管及其他

12.5.3 本条是丝束冷却风系统空气处理装置与风管的要求。

1 纺丝工艺对丝束冷却风的清洁度有较为严格要求，故空气处理装置的材质应有利于空气清洁，且不允许已经净化的空气再被污染。

2 本款规定旨在避免因人员出入空气处理装置引起风量波动，影响纺丝工艺生产。

3 涤纶纺丝生产常年连续运行，停产检修周期一般在一年以上，伴随管理的精细化，一些工厂停产检修周期长达三年。丝束冷却风系统是纺丝工艺重要的组成部分，与纺丝生产密切相关，一旦其空气处理装置停运，必将导致工艺停产。因此，丝束冷却风的空气处理装置应有较高的运行可靠性。

随着涤纶工厂建设规模的不断扩大，空气处理装置愈发难以设置备台。为保证纺丝生产的连续性，空气处理装置的通常检查维护必须在运行中进行，并能在此条件下长时间运行。涤纶工厂普遍重视丝束冷却风送风机运行的可靠性。有些工厂采用进口风机，其不间断运行时间可达5年以上，运行可靠性较高，但是价格昂贵。有些工厂为节省投资采用国产风机，但目前其不间断运行时间一般在一年以下，运行可靠性较低。近年来，一些工厂为提高运行的可靠性，采用国产风机时，将车间空气调节系统的风机，用作丝束冷却风的备台，但大多因参数不匹配，致使车间空气调节系统的风机"大马拉小车"，经常在低效率区运行，增加了运行能耗。如何做到丝束冷却风送风机的连续运行时间与工艺设备检修期相适应，需根据工程项目实际情况决定，故本条仅作原则性规定。

中华人民共和国国家标准

非织造布工厂设计规范

Code for design of nonwovens factory

GB 50514—2009

主编部门：中国纺织工业协会
批准部门：中华人民共和国住房和城乡建设部
施行日期：２００９年１２月１日

中华人民共和国住房和城乡建设部
公　告

第 388 号

关于发布国家标准
《非织造布工厂设计规范》的公告

现批准《非织造布工厂设计规范》为国家标准，编号为 GB 50514—2009，自 2009 年 12 月 1 日起实施。其中，第 4.1.8、4.1.9、7.6.3、8.3.1 条（款）为强制性条文，必须严格执行。

本规范由我部标准定额研究所组织中国计算出版社出版发行。

中华人民共和国住房和城乡建设部
二〇〇九年九月三日

前　言

本规范是根据原建设部《关于印发〈2006 年工程建设标准规范制订、修订计划（第二批）〉的通知》（建标〔2006〕136 号）的要求，由辽宁天维纺织研究建筑设计有限公司会同有关单位共同编制完成的。

本规范在编制过程中，进行了广泛的调查研究，总结了我国近年来非织造布工厂建设的经验和教训，并广泛征求了生产、设计、施工方面专家的意见，最后经审查定稿。

本规范共分 14 章，主要内容包括总则、术语和代号、工艺设计、工艺设备、工艺管道、辅助生产设施、自动控制和仪表、电气、总平面布置、建筑、结构、给排水、采暖通风、仓储等。本规范侧重于工艺、设备和自控专业内容的规定，其他各专业仅针对非织造布工厂特点作相应规定。

本规范中以黑体字标志的条文为强制性条文，必须严格执行。

本规范由住房和城乡建设部负责管理和对强制性条文的解释，由中国纺织工业协会负责日常管理工作，由辽宁天维纺织研究建筑设计有限公司（原辽宁省建筑纺织设计院）负责具体技术内容的解释。本规范在实施过程中，如发现需要修改和补充之处，请将意见、建议和有关资料寄送辽宁天维纺织研究建筑设计有限公司（地址：沈阳市东陵区南塔街 124 号，邮政编码：110016，电话：024—23893815，传真：024—23894580，E-mail：ffzx@nonwovenstech.com），以便今后修订时参考。

本规范的主编单位、参编单位、主要起草人和主要审查人员名单：

主 编 单 位：辽宁天维纺织研究建筑设计有限公司（原辽宁省建筑纺织设计院）
参 编 单 位：上海纺织建筑设计研究院
　　　　　　中国纺织科学研究院
主要起草人：孙天柱　闫　东　里碧林　沈志明
　　　　　　杨钰英　李　卿　曹长志　钟　玉
　　　　　　韩　晖　胡敏英　曹书淳　吴剑波
　　　　　　刘　群　张　放　林常青　陈忠宽
主要审查人：黄承平　徐　朴　李熊兆　罗伟国
　　　　　　王延熹　刘承彬　荣季明　胡伟红
　　　　　　厚秉煦　隋　虎　郭秉臣　李海明
　　　　　　李士范　孙　林　高小毛

目次

1 总则 ·················· 7—36—5
2 术语和代号 ·············· 7—36—5
  2.1 术语 ················ 7—36—5
  2.2 代号 ················ 7—36—5
3 工艺设计 ··············· 7—36—5
  3.1 一般规定 ·············· 7—36—5
  3.2 流程选择 ·············· 7—36—6
  3.3 工艺计算 ·············· 7—36—6
4 工艺设备 ··············· 7—36—6
  4.1 一般规定 ·············· 7—36—6
  4.2 梳理成网法非织造布生产设备
     选择 ················ 7—36—6
  4.3 纺丝成网法非织造布生产设备
     选择 ················ 7—36—7
  4.4 工艺设备布置 ············ 7—36—7
5 工艺管道 ··············· 7—36—7
  5.1 一般规定 ·············· 7—36—7
  5.2 管道设计及选材要求 ········ 7—36—8
6 辅助生产设施 ············· 7—36—8
  6.1 梳理成网法非织造布辅助设备和
     设施 ················ 7—36—8
  6.2 纺丝成网法非织造布辅助设备和
     设施 ················ 7—36—8
  6.3 物理和化学性能检验 ········ 7—36—8
  6.4 边角料回收 ············· 7—36—8
7 自动控制和仪表 ············ 7—36—8
  7.1 一般规定 ·············· 7—36—8
  7.2 控制仪表选型 ············ 7—36—9
  7.3 控制系统 ·············· 7—36—9
  7.4 控制室 ··············· 7—36—9
  7.5 主要控制方案 ············ 7—36—9
  7.6 安全、保护与连锁 ·········· 7—36—9
8 电气 ·················· 7—36—9
  8.1 一般规定 ·············· 7—36—9
  8.2 供配电 ··············· 7—36—9
  8.3 照明 ················ 7—36—10
  8.4 防雷接地 ·············· 7—36—10
  8.5 消防电源 ·············· 7—36—10
  8.6 防静电 ··············· 7—36—10
9 总平面布置 ·············· 7—36—10
  9.1 一般规定 ·············· 7—36—10
  9.2 总平面布置 ············· 7—36—10
10 建筑 ·················· 7—36—10
  10.1 一般规定 ·············· 7—36—10
  10.2 生产厂房 ·············· 7—36—10
  10.3 生产辅助用房 ············ 7—36—10
  10.4 建筑防火 ·············· 7—36—10
11 结构 ·················· 7—36—11
  11.1 一般规定 ·············· 7—36—11
  11.2 结构选型 ·············· 7—36—11
  11.3 荷载取值 ·············· 7—36—11
  11.4 结构计算 ·············· 7—36—11
  11.5 构造要求 ·············· 7—36—11
  11.6 基础设计 ·············· 7—36—11
12 给排水 ················· 7—36—11
  12.1 一般规定 ·············· 7—36—11
  12.2 给水 ················ 7—36—11
  12.3 排水 ················ 7—36—12
  12.4 消防给水和灭火设施 ········ 7—36—12
13 采暖通风 ··············· 7—36—12
  13.1 一般规定 ·············· 7—36—12
  13.2 采暖 ················ 7—36—12
  13.3 通风 ················ 7—36—12
  13.4 空气调节 ·············· 7—36—12
  13.5 制冷 ················ 7—36—12
14 仓储 ·················· 7—36—13
  14.1 一般规定 ·············· 7—36—13
  14.2 原料库与成品库 ··········· 7—36—13
  14.3 其他仓储设施 ············ 7—36—13
本规范用词说明 ·············· 7—36—13
引用标准名录 ··············· 7—36—13
附：条文说明 ··············· 7—36—14

Contents

1 General provisions ·················· 7—36—5
2 Terms and code name ············ 7—36—5
  2.1 Terms ······························· 7—36—5
  2.2 Code name ························ 7—36—5
3 Technological design ················ 7—36—5
  3.1 General requirement ············· 7—36—5
  3.2 Process choice ····················· 7—36—5
  3.3 Technological calculation ········ 7—36—6
4 Technological equipment ··········· 7—36—6
  4.1 General requirement ············· 7—36—6
  4.2 Equipment selection of carded
     nonwovens line ···················· 7—36—6
  4.3 Equipment selection of spunlaid
     nonwovens line ···················· 7—36—7
  4.4 Technological equipment
     arrangement ······················· 7—36—7
5 Technological pipeline ··············· 7—36—7
  5.1 General requirement ············· 7—36—7
  5.2 Pipeline selection and material
     selection requirement ············· 7—36—8
6 Auxiliary production facilities ······ 7—36—8
  6.1 Carded nonwovens auxiliary
     equipment and facilities ········· 7—36—8
  6.2 Spunlaid nonwovens auxiliary
     equipment and facilities ········· 7—36—8
  6.3 Physical and chemical property
     test ································· 7—36—8
  6.4 Trimming recycling ·············· 7—36—8
7 Automatic control and
  instrument ··························· 7—36—8
  7.1 General requirement ············· 7—36—8
  7.2 Model selection of control
     instruments ························ 7—36—9
  7.3 Control system ···················· 7—36—9
  7.4 Control room ······················ 7—36—9
  7.5 Major control program ·········· 7—36—9
  7.6 Safety, protection and chain ······ 7—36—9
8 Electricity ····························· 7—36—9
  8.1 General requirement ············· 7—36—9
  8.2 Power supply and distribution ······ 7—36—9
  8.3 Lighting ···························· 7—36—10
  8.4 Lightning protection landing ······ 7—36—10
  8.5 Fire-fighting mains ··············· 7—36—10
  8.6 Static protection ·················· 7—36—10
9 General layout ······················· 7—36—10
  9.1 General requirement ············· 7—36—10
  9.2 General layout ···················· 7—36—10
10 Architecture ························ 7—36—10
  10.1 General requirement ············ 7—36—10
  10.2 Factory building for production ······ 7—36—10
  10.3 Auxiliary building for
      production ······················ 7—36—10
  10.4 Fireproofing of building ········ 7—36—10
11 Structure ···························· 7—36—11
  11.1 General requirement ············ 7—36—11
  11.2 Model selection of structure ······ 7—36—11
  11.3 Selection of load values ········ 7—36—11
  11.4 Computing in structure ········· 7—36—11
  11.5 Requirements in construction ······ 7—36—11
  11.6 Base design ······················ 7—36—11
12 Water supply and drainage ······ 7—36—11
  12.1 General requirement ············ 7—36—11
  12.2 Water supply ···················· 7—36—11
  12.3 Drainage ························· 7—36—12
  12.4 Water supply in fire-fighting and
      fire-extinguishing facilities ······ 7—36—12
13 Heating and ventilating ··········· 7—36—12
  13.1 General requirement ············ 7—36—12
  13.2 Heating ··························· 7—36—12
  13.3 Ventilating ······················· 7—36—12
  13.4 Air conditioning ················ 7—36—12
  13.5 Cooling ··························· 7—36—12
14 Storehouse and storing ············ 7—36—13
  14.1 General requirement ············ 7—36—13
  14.2 Raw materials storehouse and
      final product storehouse ········ 7—36—13
  14.3 Other storehouse ················ 7—36—13
Explanation of wording in this code ······ 7—36—13
List of quoted standards ················ 7—36—13
Addition: Explanation of provisions ······ 7—36—14

1 总则

1.0.1 为了统一非织造布工厂在工程建设领域的技术要求,推进工程设计工作的规范化,依据国家有关法律法规以及行之有效的生产建设经验和科学综合成果,达到技术先进、经济合理、安全适用的目的,制定本规范。

1.0.2 本规范适用于以化学纤维、天然纤维为主要原料的梳理成网法非织造布工厂和以聚合物为原料的纺丝成网法非织造布工厂的新建、扩建和改建工程设计。

1.0.3 非织造布工厂设计应遵守国家基本建设的方针政策和规定,加强环境保护,提高资源、能源利用率,采用清洁生产技术,推进生产过程的综合平衡和综合利用。

1.0.4 非织造布工厂设计除应符合本规范外,尚应符合国家现行有关标准的规定。

2 术语和代号

2.1 术语

2.1.1 非织造布 nonwovens

用定向或随机排列的纤维通过化学、热力或机械的非传统织造方法固结而成的片状、网状或絮垫状纤维制品,又称无纺布、非织造材料。非织造布固结工艺包括针刺固结法、水刺固结法、热轧粘合法、热风粘合法、喷洒粘合法、浸渍粘合法以及熔喷的自粘合法。

2.1.2 梳理成网法 carding web forming

采用类似传统织布的前纺工艺,通过纤维开松、梳理等工序形成纤维网的成网方法。

2.1.3 交叉铺网 cross-lapping

与梳理机输网帘运行方向成直角地将梳理纤网以一定角度逐层往复铺放到铺网帘上形成多层纤网的铺网方法。

2.1.4 纺丝成网法 spunlaid

采用聚丙烯(PP)、聚酯(PET)、聚乙烯(PE)、聚酰胺(PA)等聚合物,通过熔融纺丝将丝束直接铺放在输网帘上形成纤网的方法。

2.1.5 纺粘法 spunbonding

采用以热塑性聚合物为原料,通过熔纺形成长丝并直接铺网,再经固结使其成布的方法。

2.1.6 熔喷法 melt blowing

采用以热塑性聚合物为原料,通过熔融喷丝,并经喷头两侧以一定角度的高速热气流喷吹,将纤维拉伸、吹断、下落成网,且多以自粘合的方式成布的方法。

2.1.7 复合成网法 composite web forming

在一条生产线上采用两种或两种以上成网工艺成网的方法。

2.1.8 化学粘合法 chemical bonding

通过饱和浸渍、泡沫浸渍、喷洒或印花等方法将粘合剂浸入梳理成网、纺丝成网或湿法成网的纤维网中,经烘干固化使之成布的固结方法。

2.1.9 热粘合法 thermal bonding

包括热熔法和热轧法,是通过烘箱或热轧机、复合机等设备将纤维网中热塑性纤维或其中的热粘合纤维熔融,使基体纤维的交叉点相连,经冷却固化成布的固结方法。

2.1.10 热轧粘合法 calender bonding

通过热轧机的两个或多个轧辊的温度、压力和速度的综合作用,使纤维网中热塑性纤维或其中的热粘合纤维产生熔融,纤维交叉点相粘结,经冷却固化成布的固结方法。

2.1.11 热风粘合法 air-through bonding

通过热风穿透式烘箱的高温气流作用,使纤维网中的热粘合纤维熔融,实现对基体纤维交叉点的连接,经冷却固化成布的固结方法。

2.1.12 水刺法 spunlacing, hydroentangling

通过高压水流穿刺纤维网,使纤网中纤维相互缠结而成布的固结方法,又称射流喷网法、水力缠结法。

2.1.13 针刺法 needle punching

通过带有勾刺或叉形的钢质刺针反复穿刺纤网,使纤网中纤维相互缠结而成布的固结方法。

2.2 代号

CMC——梳理成网法/熔喷法/梳理成网法复合 carding/melt blowing/carding

PA——聚酰胺 polyamide

PE——聚乙烯 polyethylene

PET——聚对苯二甲酸乙二(醇)酯(聚酯) polyethylene terephthalate

PP——聚丙烯 polypropylene

PP/PE——聚丙烯/聚乙烯双组分复合 polypropylene/polyethylene

SMS——纺粘法/熔喷法/纺粘法复合 spunbonding/melt blowing/spunbonding

3 工艺设计

3.1 一般规定

3.1.1 工艺设计应采用先进成熟的工艺流程,设备选型和配置应符合技术先进、节能高效、环保安全的原则。

3.1.2 工艺选择应进行多方案比选优采用,工艺设计时,宜对各项指标进行量化。

3.1.3 工艺流程应根据生产能力、原料品种、产品种类和规格以及工艺的合理性进行选择和配置。

3.1.4 设计中采用的新工艺、新技术,应确保其可靠性。技术开发的成果应经过相关专家的论证和工业化试生产,并应确认试验是充分的,数据是可靠的,用于工业化生产是可行的。

3.1.5 梳理成网法非织造布工厂的设计,年生产天数宜为333d;纺丝成网法非织造布工厂的设计年生产天数宜为350d。

3.1.6 非织造布工厂的设计能力应按 t/a 或 m^2/a 作计量单位。

3.1.7 进入生产厂房的水、电、蒸汽、压缩空气等公用工程介质,应进行计量。

3.1.8 生产车间内的气流组织应确保纤网成型质量和运行稳定性不受干扰。

3.1.9 生产车间内的温湿度应符合生产工艺要求。

3.2 流程选择

3.2.1 梳理成网法非织造布基本生产工艺流程应符合下列规定:

1 针刺固结法宜按纤维喂入→开松混合→给棉→梳理成网→交叉铺网→牵伸→针刺固结→卷绕→分切→检验、成品包装的工艺流程进行生产。

2 水刺固结法工艺流程应根据薄型和厚型两种不同产品来选配,并应符合下列规定:

1) 薄型水刺固结法宜按纤维喂入→开松混合→给棉→梳理杂乱成网→预湿→水刺固结(水循环系统)→烘干→卷绕→分切→检验、成品包装的工艺流程进行生产。

2) 厚型水刺固结法宜按纤维喂入→开松混合→给棉→梳理成网→交叉铺网→牵伸→预湿→水刺固结(水循环系统)→烘干→卷绕→分切→检验、成品包装的工艺流程进行生产。

3 热轧固结法宜按纤维喂入→开松混合→给棉→梳理成网→热轧固结→卷绕→分切→检验、成品包装的工艺流程进行生产。

4 热风粘合法宜按纤维喂入→开松混合→给棉→梳理成网→热风粘合→卷绕→分切→检验、成品包装的工艺流程进行生产。

5 喷洒粘合法宜按纤维喂入→开松混合→给棉→梳理成网→交叉铺网→喷洒粘合→烘干→卷绕→检验、成品包装的工艺流程进行生产。

6 浸渍粘合法宜按纤维喂入→开松混合→给棉→梳理成网→粘合剂浸渍(饱和浸渍或泡沫浸渍)→轧液→烘干→卷绕→分切→检验、成品包装的工艺流程进行生产。

3.2.2 纺丝成网法非织造布基本生产工艺流程应符合下列规定：

1 PP 纺粘法热轧非织造布宜按切片气流输送→螺杆挤压熔融→过滤→纺丝→冷却成形→气流牵伸→铺网→热轧粘合→张力调解→卷绕→离线(或在线)分切→检验、成品包装的工艺流程进行生产。

2 PET 纺粘法热轧非织造布宜按切片筛选和结晶干燥→切片输送→螺杆挤压熔融→过滤→纺丝→冷却成形→气流牵伸→铺网→热轧粘合→张力调节→卷绕→离线(或在线)分切→检验、成品包装的工艺流程进行生产。

3 PET 纺粘法针刺非织造布宜按切片筛选和结晶干燥→切片输送→螺杆挤压熔融→过滤→纺丝→冷却成形→气流牵伸→铺网→针刺固结→(热定型)→张力调解→切边卷绕→检验、成品包装的工艺流程进行生产。

4 熔喷法非织造布宜按聚合物切片气流喂入→螺杆挤压熔融→过滤→喷丝→高速热气流喷吹→成网粘合→卷绕→分切→检验、成品包装的工艺流程进行生产。

3.3 工艺计算

3.3.1 梳理成网法非织造布工艺计算应符合下列要求：

1 成品产量应按下式进行计算：

$$q_{成} = 0.06 d \cdot v \cdot W \quad (3.3.1-1)$$

式中：$q_{成}$——成品产量(kg/h)；
d——产品规格(g/m²)；
v——成品卷绕速度(m/min)；
W——成品幅宽(m)。

2 年生产能力应按下式进行计算：

$$Q = \frac{q_{成}}{1000} H \cdot k \cdot a \quad (3.3.1-2)$$

式中：Q——年生产能力(t/a)；
H——年运行时间，宜取 8000 小时/年(h/a)；
k——生产效率(%)；
a——运转率(%)。

3.3.2 纺丝成网法非织造布工艺计算应符合下列要求：

1 纺丝机产量应按下式进行计算：

$$q_{纺} = 0.06 n \cdot N \cdot \rho \cdot V \cdot \eta \quad (3.3.2-1)$$

式中：$q_{纺}$——纺丝机产量(kg/h)；
n——计量泵工艺转速(r/min)；
N——运转的计量泵数量(台)；
ρ——熔体密度(g/cm³)；
V——计量泵规格(cm³/r)；
η——计量泵容积效率(%)。

2 成品产量的计算应符合本规范第 3.3.1 条的规定。

3 纺丝机与成品之间的产量关系应按下式进行计算：

$$q_{纺} = \frac{q_{成}}{a} \quad (3.3.2-2)$$

式中：a——运转率(%)。

4 年生产能力应按下式进行计算：

$$Q = \frac{q_{成}}{1000} H \cdot k \cdot a \quad (3.3.2-3)$$

式中：Q——年生产能力(t/a)；
H——年运行时间，宜取 8400 小时/年(h/a)；
k——生产效率(%)；
a——运转率(%)。

3.3.3 按平方米计算非织造布的产量，应按下式进行计算：

1 成品产量应按下式进行计算：

$$q_{成} = 60 v \cdot W \quad (3.3.3-1)$$

式中：$q_{成}$——成品产量(m²/h)；
v——成品卷绕速度(m/min)；
W——成品幅宽(m)。

2 年生产能力按下式计算：

$$Q = q_{成} \cdot H \cdot k \cdot a \quad (3.3.3-2)$$

式中：Q——年生产能力(m²/a)；
H——年运行时间，宜取 8000 小时/年(h/a)；
k——生产效率(%)；
a——运转率(%)。

4 工艺设备

4.1 一般规定

4.1.1 工艺设备的采用和配置应符合先进高效、性能稳定、安全适用、节能环保的原则。

4.1.2 整套设备配置应根据不同设备的运转效率及产量平衡确定。

4.1.3 通用设备应采用效率高、噪声小、运行稳定、能耗低、故障率低、维修方便的产品。

4.1.4 噪音或振动较大的设备应采取隔声减振措施，并应符合现行国家标准《工业企业厂界环境噪声排放标准》GB 12348 的规定。振动大的设备，安装基础的设计应符合现行国家标准《动力机器基础设计规范》GB 50040 的规定。

4.1.5 配置有烘燥系统的车间，烘燥设备应设置单独排风管道，车间也应设置送排风装置。

4.1.6 对生产流程中产生有害气体、有害物质的部位，应采取防护措施。

4.1.7 产生烟雾和粉尘的设备应采取净化措施，应设置防护罩或隔离间，并应符合国家有关工作场所有害因素职业接触限值的规定。

4.1.8 工艺设备危及人身安全的运动或转动部位，必须设置防护罩、防护屏，并应在车间地面划出警示区。

4.1.9 生产现场应设紧急停车装置。

4.2 梳理成网法非织造布生产设备选择

4.2.1 多种原料混合有比例要求的生产线，应配置有控制原料喂入比例的喂入装置。喂入装置应配置金属探除器。

4.2.2 开松、梳理设备宜采用吸风除尘装置，并应在形成粉尘较大的部位采用带可视窗的密封式罩盖。

4.2.3 设计配置1台以上的梳理机时,平行铺网形式宜采用梳理机串联排布的方式;交叉铺网形式则宜采用梳理机并联排布的方式。根据纤网排列需要,可加装杂乱辊装置。

4.2.4 固结设备的功能指标和配置台数,应根据产品的技术要求确定。针刺固结法,用于生产土工布、过滤材料等产品的生产线,可根据产品规格和针刺密度要求,配置包括1台预刺机在内的多台针刺机;用于合成革基布类产品的生产线,应根据针刺密度决定配台数量和针板数、排针形式,并应配置上下刺方式和保证各针刺机的同步联动。水刺固结法,宜配置4个~8个水刺头。

4.2.5 针刺机应采用生产效率高、振动和噪音小、运行稳定、便于维修和换针的设备。

4.2.6 热轧机轧辊的加热温度、压力、热粘合面积和刻花花纹形式,应根据纤维原料的品种和主要加工产品的要求确定和选配。热轧机辊面温度的温差应控制在1℃以内。

4.2.7 水刺设备宜采用滚筒式水刺机或滚筒式与平网式相结合的水刺系统。烘干设备宜采用高效热风穿透式滚筒烘干机,或多滚筒接触式烘干机与热风穿透式烘箱组合配置。

4.2.8 粘合剂的调胶装置应安装在靠近胶槽的附房内。

4.2.9 烘干系统的设备,其加热方式应根据当地条件确定。有集中供热条件时,宜采用集中供热的蒸汽加热方式。在环保要求严格地区,采用燃油、燃气加热方式或电加热方式时应进行成本比较后确定。

4.2.10 设备和管道的材质应根据物料性质和产品质量要求采用。

4.3 纺丝成网法非织造布生产设备选择

4.3.1 设备配置应符合下列要求:

  1 纺丝成网法非织造布装置应具有良好的成套性能,能够满足生产工艺和产品的要求,并应根据装置的设计能力确定设备的机台数量。

  2 设备配置应符合工艺设计对装置的公称生产能力,水、电、压缩空气等公用工程的技术参数和消耗指标的要求。

  3 设备参数应符合工艺设计对机械速度、幅宽、转速、效率的要求。

  4 设备加热、制冷部位及其介质输送管道,应采取保温措施。

  5 计量泵、纺丝组件等连续运转和需经常拆洗的设备或部件,应设置备台。

4.3.2 切片筛选及气流输送装置应符合下列要求:

  1 存在粉末和不规则颗粒的切片原料,应采用筛选装置。

  2 常温切片可采用负压气流输送。

  3 经过干燥的热切片,应采用正压干热气流输送。

4.3.3 切片结晶干燥机组,应采用占地面积小、热交换和除湿效率高,并能避免切片发生粘连的机组。

4.3.4 螺杆挤压机应根据原料切片种类和特性确定。

4.3.5 熔体过滤器应采用滤芯面积及滤网孔径能满足生产需要的连续式熔体过滤器。

4.3.6 纺丝机应根据工艺要求采用整体式或分位式纺丝组件,加热和保温介质应采用无害材料。

4.3.7 冷却系统可采取侧吹风方式,其送风温度、风量、风速、分布均匀度等应满足工艺要求。

4.3.8 气流牵伸系统应根据工艺要求选用高压正压式、中低压正压式或负压式牵伸系统,其风压、风量应满足工艺要求,并应与纺丝、冷却、成网系统相匹配。

4.3.9 成网机网下吸风的结构设计应科学合理,吸风管道应排风顺畅。

4.3.10 成网机宜配置预压辊,并与吸风风系统相匹配,其成网均匀性应满足工艺需要。

4.3.11 热轧机应符合本规范第4.2.6条的规定。

4.3.12 针刺机应符合本规范第4.2.5条的规定。

4.3.13 有大卷装直接包装出厂需要的产品,卷绕机应配置切边装置。

4.3.14 分切机的处理能力应与生产线的生产能力相适应。

4.3.15 熔喷法非织造布设备应符合下列规定:

  1 熔喷法采用间歇式工艺设备和连续式工艺设备,应根据产品的品种要求确定。

  2 铺网机网下吸风能力应能够满足抵消工艺风和环境风对纤网干扰的要求。

  3 熔喷设备在加热罐出口至喷头之间管路应采取保温措施。

4.4 工艺设备布置

4.4.1 主机、辅机设备的相互位置应在满足工艺要求和物料顺畅的条件下,根据操作与维修方便,安全可靠,整齐美观等要求确定。

4.4.2 生产车间设备的布置,应根据安装、维护、操作的需要,设置通道和检修空间。

4.4.3 主要操控位置应位于关键工序现场可视区域内。

4.4.4 车间柱网应合理设置,满足工艺流程及设备布置要求。单机设备不宜跨骑在土建变形缝上。

4.4.5 经常更换或调整较大部件的设备,应留有所需的吊装空间,并宜设置在出入口附近或便于搬运的位置。

4.4.6 生产装置的末端应留有不小于2个班产量的成品周转空间。

5 工艺管道

5.1 一般规定

5.1.1 管道布置应满足工艺要求,并应符合现行国家标准《工业金属管道设计规范》GB 50316的规定。

5.1.2 管道布置应根据工艺流程的要求,结合公用工程管线、仪表管线等进行统筹规划,并应合理布置走向、排列及标高。

5.1.3 管道宜采用架空敷设。大口径低压工艺风管道,宜采用地下混凝土风道,风道应满足密封要求,同时还应避免与其他设备基础交义。上盖安放其他设备时应能满足静、动载荷要求。

5.1.4 管道的架空敷设应符合下列规定:

  1 大口径管道应短捷,应减少迂回,避免与梁柱交叉。管廊中或支架上的大口径管道宜靠近柱子布置;工艺主管线宜布置在非操作通道一侧。

  2 管线共架敷设时,介质温度高的应布置在外侧;气体管道、公用工程管道、仪表和电气电缆桥架等宜布置在上层;一般管道、腐蚀性介质管道、低温管道等可布置在下层。

  3 管道应涂刷色标。

5.1.5 管沟中管道的排列及阀门的设置,应采取防止气、液在管沟内积聚的措施。

5.1.6 与设备连接的管道布置应符合下列规定:

  1 泵的吸入管道应短捷,且应少用弯头,并应避免出现"气囊"。

  2 连接热交换器的工艺管道应按照冷、热物料的流向,冷流宜自下而上,热流宜由上而下,并应采取高点排气、低点泄空措施。

5.1.7 对传递冷介质或大于50℃热介质的管道,应敷设保温层。

绝热材料的采用应符合现行国家标准《工业设备及管道绝热工程设计规范》GB 50264 的规定。

5.2 管道设计及选材要求

5.2.1 管道设计应根据压力、温度、流体特性等工艺条件，并结合环境和各种荷载等条件确定。

5.2.2 管道及其每个组成件的设计压力，应按运行中的内压或外压与温度偶合时的系统极限压力确定。

5.2.3 管道的设计温度，应按管道运行时的压力和温度相偶合时的系统极限温度确定。

5.2.4 工艺管道的管径应根据介质的特性、流量、流速及管道的压力损失确定。管道管径应满足工艺要求，其流量应按正常生产条件下介质的最大流量确定。

5.2.5 管道材料的选用应依据管道的使用条件（设计压力、设计温度）和介质性质及使用要求综合确定，管道材料规格与性能应符合国家现行标准的规定。

5.2.6 输送洁净风或聚合物切片的管道材质或内壁应具有防腐性能，连接方式可采用焊接或法兰连接。当采用法兰连接时，法兰之间的垫片应满足温度、压力和防腐要求，还应保证没有残渣脱落，并应采取防止静电措施。

5.2.7 输送聚合物切片或粉末的管道的弯头曲率半径应大于或等于管道公称直径的 5 倍。

5.2.8 熔体输送管道应采用不锈钢材质，弯曲部分采用同种规格和材质的管材制作且不得出现褶皱，曲率半径应大于或等于管道公称直径的 2.5 倍，管道内壁应光滑无死角。采用导热油等液相热媒以夹套管方式保温时，宜在主管的外壁上设导流板，导流板的材质应与主管材一致，夹套的截面积大于等于主管截面积。

6 辅助生产设施

6.1 梳理成网法非织造布辅助设备和设施

6.1.1 水刺工艺水循环过滤系统的配置，应根据所采用主要原料的纤维品种而确定。

6.1.2 水刺工艺中的水循环系统，应与生产车间靠近并隔开。水泵供水和循环水管道宜采用架空敷设的方式。

6.1.3 导热油炉宜布置在独立房间内，并靠近加热装置。输油管路宜架空敷设，架设高度应在 2.5m 以上。导热油炉的安装、运行应符合有关标准和安全生产的有关规定。

6.1.4 开松机和给棉箱的排尘风机应设在附房内，并与生产车间隔离。管道可在沟道敷设或架空敷设。

6.1.5 空压机应单独安装在附房内，压缩空气通过管道输送到需要的部位。管可采用埋地、架空或管沟铺设的方式，在用气点宜采用软管连接到设备连接点。

6.1.6 梳理机的锡林、热轧机的热轧辊等部位上方，应安装 5t 以上的梁式起重机。

6.2 纺丝成网法非织造布辅助设备和设施

6.2.1 工艺用风系统应符合下列规定：

　1　单体抽吸系统风源宜采用离心式风机并能达到变频调节，参数应满足工艺要求。吸风口与纺丝箱体之间应隔热，风道可直接连接到室外，并应符合本规范第 13.3.4 条的规定。室外管道出口应有遮雨和止回装置。

　2　冷却风系统应符合下列规定：

　　1）风箱应布置在距风窗较近的位置，为风箱配套的冷水机组宜布置在风箱的附近。换热器的能力应满足设计要求。可选用离心式风机并能够实现变频调节。出口风温度、压力和流量以及控制精度等参数应满足工艺要求。

　　2）制冷系统提供的冷量，应满足风箱在极限环境温度和湿度条件下的正常使用。

　3　牵伸风系统应符合下列规定：

　　1）按照喷嘴工作压力不同，配套风源的空气压力可以分为三种类型：空气压力在 0.5MPa 以上；空气压力在 0.07MPa～0.5MPa 之间；空气压力低于 0.07MPa，或真空负压抽吸。

　　2）当空气压力低于 0.07MPa 时，风源宜采用离心式风机，并应安装在附房内距离喷嘴较近的位置。

　　3）当空气压力在 0.07MPa～0.5MPa 之间时，风源可采用离心式风机或低压螺杆式风机。

　　4）空气压力在 0.5MPa 以上风源时，在流量较小时可选用螺杆式空压机；流量较大时宜采用离心式空压机。

　　5）风机或空压机应有独立的减震基础；中压和高压的风源应安装在具有隔音措施的单独风机房内。

　4　网下吸风系统的风机宜选用离心式风机并能够实现变频调节；风压和风量等参数应满足工艺要求。

6.2.2 纺丝组件和泵板清洗系统应设局部排风装置，排风系统的设计应符合现行国家标准《采暖通风与空气调节设计规范》GB 50019 和国家有关工业企业设计卫生标准的规定。

6.2.3 清洗设备的采用应满足工艺对被清洗物洁净度的要求。组件和泵板的清洗及存放宜布置在纺丝机附近。

6.2.4 空气压缩机的压力、流量及含水、含油量，应满足生产工艺的要求。压缩空气系统的设计，应符合现行国家标准《压缩空气站设计规范》GB 50029 的规定。

6.3 物理和化学性能检验

6.3.1 非织造布工厂应根据产品需要设置物理和化学性能检验室。

6.3.2 物理和化学性能检验室的检测内容，应包括原料、非织造布半成品和成品的物理和化学性能检测。

6.3.3 物理和化学性能检验室宜设立在生产车间或生产车间相邻的附房内，并应接近生产取样点和远离振动大、噪声大的区域。

6.3.4 物理和化学性能检验室的照度应满足检验需要。有判色要求时应配置标准光源。

6.3.5 物理检验室宜配备恒温恒湿空调。

6.3.6 产品有卫生指标要求时宜设置生化检验室。

6.4 边角料回收

6.4.1 非织造布生产应配置边角料回收装置和设备。

6.4.2 梳理成网法所产生的边角料应全部回收利用。边角料的回收处理，应根据固结方法的不同而采取不同的方法。

6.4.3 纺丝成网法所产生的聚丙烯废边可在线回收，经副挤压机熔融，熔体过滤后直接注入主挤压机回用。

6.4.4 废边料离线回收可采取挤压熔融、再造粒后分批回用，也可粉碎、压紧半熔融、再造粒后分批回用。

7 自动控制和仪表

7.1 一般规定

7.1.1 低压电器、仪表、可编程控制器（PLC）、触摸屏，应采用质优、性价比高的产品。

7.1.2 中小规模生产线应符合下列规定：

1 生产过程宜采用 PLC 可编程控制系统。

2 压力、温度、流量、速度等开关量信号和模拟信号，应传送到控制系统中，并应在仪表盘上显示和报警。

7.1.3 大规模生产线应符合下列规定：

1 生产线生产过程控制，宜采用集散控制系统（DCS）进行集中监视、操作和控制。也可采用 PLC 可编程控制系统。

2 干燥系统、自动配胶系统等生产辅助，宜采用人机界面加 PLC 可编程控制器，其主要信号应传送到 DCS 系统进行显示和报警。

3 空压机、冷冻机、牵伸机、切片输送等成套设备的电控部分，宜随机配带控制系统和仪表。其主要信号应传送到 DCS 系统进行显示和报警。

4 各设备的运行状态、故障报警信号，应传送到 DCS 进行显示和报警，并可在 DCS 上进行操作控制。

5 压力、温度、流量、速度等开关量信号和模拟信号，应传送到 DCS 进行显示和报警。

6 各设备的电机调速应采用变频调速，螺杆挤压机的电机调速可采用变频调速或直流调速。

7.2 控制仪表选型

7.2.1 采用的温度控制仪表，宜具有连续模拟量输出或脉冲输出、比例微分积分（PID）调节、传感器断线、超温保护功能。

7.2.2 采用的螺杆挤压机滤后压力控制仪表，应具有连续模拟输出、PID 调节、传感器断线、超压保护功能。

7.2.3 螺杆挤压机滤前压力和滤后压力传感器，宜采用带指针显示表的压力传感器。

7.2.4 螺杆挤压机各区温度测量，宜采用三线制 Pt100 铂热电阻传感器。

7.2.5 切片料仓的料位测控，宜采用开关量料位传感器控制，也可采用连续量液位传感器控制。

7.2.6 导热油油路检测宜采用电接点压力表。

7.2.7 针刺机针刺深度检测和浸胶基布卷直径检测，宜采用位移传感器或编码器。

7.3 控 制 系 统

7.3.1 生产线配置的 PLC 可编程控制器，应根据需要配置开关量输入输出（I/O）点数、模拟量输入输出（AI/AO）模块。

7.3.2 各种 I/O 通道、模拟量通道，宜留有实际使用数量的 10%～15%备用；各种机柜（架）宜留有 15%～20%的备用空间。系统的电源、通信容量应满足这些备用的要求。

7.3.3 控制站的负荷宜低于额定能力的 70%，系统通信负荷低于额定能力的 60%，整个系统的负荷也宜低于额定能力的 65%。

7.3.4 1min 采样周期的历史数据贮存时间不应少于 14d。

7.3.5 最短的系统实时数据采样周期不应大于 0.5s。

7.4 控 制 室

7.4.1 大规模生产线宜设置控制室。

7.4.2 控制室应包括操作室和机柜室。

7.4.3 控制室的设计应便于对生产过程进行监视。

7.4.4 操作站的显示屏应避免室外光线直接照射。

7.4.5 背面开门的机柜距墙不宜小于 1.2m，前后开门的两列机柜间距离不宜小于 2m。机柜的布置应使柜间电缆交叉最少，电缆走向合理、距离简捷。

7.4.6 控制室的架空地板下，宜设置带盖板的电缆托盘。

7.5 主要控制方案

7.5.1 生产线各设备之间的速度控制，应设单动和联动功能。联动状态下，各设备的速度可进行微调。

7.5.2 生产线生产时应具有单动、联动功能。速度可根据前后段

度的比率进行设定。启动时或设定速度变更时，速度不得急速变化。

7.5.3 螺杆挤压机滤后压力控制，应采用压力反馈为主环、速度反馈为副环的串级控制系统。

7.5.4 纺丝箱体温度和热轧机上、下辊温度，宜采用电加热导热油的温度控制系统。温度控制精度应达到±1℃。

7.5.5 卷绕机和浸胶基布卷绕机，宜采用张力为副环的速度控制系统，也可采用具有张力控制功能的变频器进行调速控制。

7.6 安全、保护与连锁

7.6.1 螺杆挤压机滤前压力、滤后压力应采用超压保护连锁，失压停车连锁。

7.6.2 螺杆挤压机各区温度控制，应采用超温报警、超温切断加温电源保护连锁。

7.6.3 电加热导热油炉应采用超温、液位超低、油路阻塞报警，超温切断加温电源保护连锁。超温保护应设置两处独立的传感器。

7.6.4 各种现场仪表开关、报警接点、故障接点应为故障安全型，即正常生产时闭合，故障或报警时断开。

7.6.5 连锁电磁阀应正常得电，故障时失电。

7.6.6 重要的安全连锁应采用硬线连接。

7.6.7 螺杆挤压机的开停与计量泵的开停应采用连锁。当计量泵停车时，螺杆挤压机应先行停车。

7.6.8 仪表信号电缆与电力电缆的敷设间距，应符合国家现行标准《民用建筑电气设计规范》JGJ 16 的规定。

8 电 气

8.1 一 般 规 定

8.1.1 电气设计应根据工程规模和发展规划做到远期、近期相结合，以近期为主。

8.1.2 电气设计应按照负荷性质、用电容量、工程特点和环境条件，统筹兼顾，合理确定布局和设计方案。

8.2 供 配 电

8.2.1 非织造布工厂主生产装置和主要辅助生产设施的用电负荷应为三级负荷。

8.2.2 供电主结线应简单可靠、运行安全、操作灵活和维修方便。

8.2.3 供电回路数应按生产规模、性质和用电量，并结合地区电网的供电条件确定。

8.2.4 变配电所的高低压母线，宜采用单母线或单母线分段接线方式。车间变电所的低压配电系统应与工艺生产系统相适应。相互平行的生产线或互为备用的生产机组，根据生产要求宜由不同的回路配电；同一生产线设备，宜由同一回路配电。

8.2.5 电压选择和电能质量应符合下列规定：

1 供电电源电压应根据当地供电条件，结合工程的用电容量、用电设备特性、供电距离、供电回路数、发展规划以及经济合理等综合因素，进行多方案比较后确定。

2 新建的生产装置内，高压配电宜采用 10kV；扩建、改建工程，可维持原 6kV 电压等级。低压配电电压应采用 220V/380V。

3 工厂非线性用电设备或有谐波源的电气装置，应有抑制或消除对公共电网和其他系统危害的措施，并应符合下列规定：

1）选用 D,yn11 接线组别的三相配电变压器；

2）220V 或 380V 单相用电设备接入 220V/380V 三相系统时，宜使三相平衡。

8.2.6 无功补偿应符合下列规定：

全厂电源进线侧的功率因数应根据电力部门要求进行补偿，且不应低于 0.9。自然功率因数不能满足上述要求时，应装设无功功率补偿装置进行人工补偿。

8.3 照 明

8.3.1 非织造布工厂的疏散照明、安全照明、备用照明等应急照明系统，应由专用的馈电线路供电。

8.3.2 动力和照明可共用变压器，照明线路宜以 220/380V 三相四线制供电，检修电源应采用 24V。

8.3.3 高大厂房的照明设计，应采用金属卤化物灯、高压钠灯，辅助车间的照明或局部照明光源宜采用高效三基色荧光灯。

8.3.4 热轧生产线热轧机前方空间的照明灯具应加装防护网罩。

8.3.5 工厂的照明设计应符合现行国家标准《建筑照明设计标准》GB 50034 的规定。

8.4 防雷接地

8.4.1 非织造布工厂厂房应为第三类防雷建筑物。

8.4.2 防雷设计应符合现行国家标准《建筑物防雷设计规范》GB 50057 的规定。

8.4.3 厂房内应设水平环形闭合接地网，不应少于两处与接地干线可靠连接。厂房内所有工艺设备及正常不带电的金属外壳和进出厂房的各种金属管道，均应与闭合接地网单独相连，且不应少于两处。

8.4.4 防雷接地和电气保护接地可共用接地网络。

8.5 消防电源

8.5.1 消防用电设备的电源，应符合现行国家标准《建筑设计防火规范》GB 50016 的规定。

8.6 防静电

8.6.1 工艺管道法兰连接处应加装跨接线。

8.6.2 根据生产工艺特点，对产生静电的部位，应加设静电消除器。

9 总平面布置

9.1 一般规定

9.1.1 总平面布置除应执行本规范外，还应符合现行国家标准《工业企业总平面设计规范》GB 50187、《工业企业厂界环境噪声排放标准》GB 12348、国家有关工业企业设计卫生标准以及国家现行的防火、安全、卫生等规范的规定。

9.1.2 总平面布置应充分利用地形、地势、工程地质及水文地质条件，贯彻节约用地的建设方针，减少土方工程量和建设费用。

9.1.3 总平面布置应符合当地区域规划或地区总体规划要求，宜利用城市或地区已有的市政公用设施，统筹规划，合理布局。

9.2 总平面布置

9.2.1 总平面布置应根据生产要求和当地气象、场地条件，因地制宜，将生产主车间、生产辅助设施、生活及公用工程的建、构筑物等进行综合布置。

9.2.2 工厂总平面宜根据工厂发展规划，留有余地，并应保持发展空间与总体景观的协调。

9.2.3 厂区道路宜作环状布置，应能满足消防通道和运输要求。

9.2.4 厂区宜设两个或两个以上位于不同方位的出入口，避免人流和货流交叉，主要货流出入口宜靠近仓库，并接近厂外运道路。

9.2.5 由生产行政管理设施等组成的厂前区，宜布置在厂区全年最小频率风向的下风侧，与厂区主要出入口、厂区主道、城市干道等统一确定。

9.2.6 生产主车间布置应符合下列规定：

1 在满足生产工艺、安全、环保的要求下，应集中布置在厂内核心区域，靠近厂区内部的主要通道，保持人流和物流的顺畅。

2 宜布置在大气含尘浓度较低、环境清洁，全年最小频率风向的下风侧。

9.2.7 仓库布置应符合下列规定：

1 原料仓库宜靠近生产主车间流程的喂料区。半成品中转库及成品库宜靠近卷绕、成品工序。

2 全厂性的综合仓库，应布置在运输便捷地段。

9.2.8 公用工程设施应符合下列规定：

1 总变电所应布置在便于输电线路进出，不妨碍工厂扩建的独立地段，避免布置在储存和装卸设施等有粉尘的场所。

2 冷冻、空压等动力设施，应布置在通风、洁净地段，靠近负荷中心，力求管道短捷。

10 建 筑

10.1 一般规定

10.1.1 建筑设计应采用成熟可靠的新材料、新技术，合理利用地方材料。

10.1.2 建筑设计应符合国家和当地的节能要求。

10.2 生产厂房

10.2.1 建筑平面应根据工艺要求确定，并应满足防火、防水、防腐蚀、保温、隔热和洁净生产要求。

10.2.2 除工艺要求外，生产厂房宜采用自然采光。

10.2.3 生产厂房的建筑高度应满足生产设备布置、吊装、运输的要求。根据设备安装需要，可在外墙上适当部位预留安装洞口。根据设备安装高度，可设计成不等高厂房。

10.2.4 生产厂房的室内外高差应根据场地情况和总平面要求确定，可设为 150mm~300mm。

10.2.5 生产医疗卫生用产品等对空气洁净度有要求的生产车间，除符合本规范要求外，尚应符合现行国家标准《医药工业洁净厂房设计规范》GB 50457 对生产车间洁净度的有关要求。

10.3 生产辅助用房

10.3.1 工艺送风室、组件清洗室、压缩空气站、变配电室、检验室、空调室、粘合剂调配室、保全室等与生产密切相关的生产辅助用房宜与生产厂房相邻。

10.3.2 物理和化学性能检验室根据工厂规模可设于生产车间附房内，亦可单独设置厂级物理和化学性能检验中心。物理和化学性能检验室宜南北向布置，并应有良好的通风、排气装置和排水沟道；地面应采用防尘地面；化验台应与有窗的外墙垂直。

10.3.3 自动控制室宜设抗静电架空地板，操作室可采用水磨石地面。

10.4 建筑防火

10.4.1 非织造布工厂建筑设计，应符合现行国家标准《建筑设计防火规范》GB 50016 及纺织工程设计相关防火规范的要求。

10.4.2 非织造布生产的火灾危险性应为丙类。厂房的耐火等级不应低于二级。

10.4.3 成品仓库和原料仓库储存物品的火灾危险性应为丙类。库房的耐火等级不应低于二级。

11 结 构

11.1 一般规定

11.1.1 本规范适用于地震烈度为 8 度及 8 度以下地区。建在湿陷性黄土、膨胀土、多年冻土等地区的建筑物，尚应符合现行国家标准《湿陷性黄土地区建筑规范》GB 50025、《膨胀土地区建筑技术规范》GBJ 112 和国家现行标准《冻土地区建筑地基基础设计规范》JGJ 118 的规定。

11.1.2 结构的安全等级应为二级，建筑抗震设防类别应为丙类。

11.1.3 厂房结构的平、立面布置应整齐、规则。沿竖向的质量和刚度分布宜均匀，在外力作用下结构的受力应明确、简捷、合理。

11.1.4 结构设计应根据需要和可能，采用成熟可靠的新材料、新技术、新工艺，并应合理利用地方材料。

11.2 结构选型

11.2.1 非织造布厂房的结构形式应根据工艺要求确定，宜采用钢筋混凝土排架、框架结构或轻钢门式刚架结构，纺丝成网法的挤压、熔融部分宜采用局部钢框架结构。

11.2.2 非织造布厂房的附房形式应根据生产要求确定，宜与厂房采用同一种结构形式，当采用与厂房不同的结构形式时，应与厂房之间设变形缝分开。

11.2.3 原料库、成品库宜采用钢筋混凝土排架结构或轻钢门式刚架结构，也可根据需要采取其他结构形式。

11.3 荷载取值

11.3.1 厂房内设备荷载应按所采用的设备条件确定，并应计算设备的震动影响。楼房厂房的楼面尚应计算安装、设备检修集中堆载的影响；非设备区域楼面按实际计算取值，但等效均布荷载不应小于 3.5kN/m²；厂房一层地面非设备区荷载宜按 10.0kN/m² 取，并应满足设备安装运输要求。

11.3.2 生产附房内设备荷载应按所采用的设备条件确定，非设备区根据使用性质确定，不应小于 2.0kN/m²，并应满足设备安装运输要求。

11.3.3 生活附房荷载应符合现行国家标准《建筑结构荷载规范》GB 50009 的规定。

11.3.4 原料库、成品库荷载应根据货物储存量及运输车辆确定，不宜小于 10.0kN/m²。

11.4 结构计算

11.4.1 厂房的结构计算应采用根据国家现行规范编制的结构计算程序进行计算，结构计算模型及计算假定应符合实际结构情况。

11.4.2 结构受力简单、明确的构件，可采用手算。

11.4.3 除针刺机、空压机等大型设备外，设备荷载的动力系数宜取 1.05。

11.5 构造要求

11.5.1 厂房纵向根据生产工艺要求设置的高低跨之间应设置变形缝，两面各自形成独立的受力体系。

11.5.2 建筑构造应选用标准构件，构件之间的连接应保证质量，传力简单明确、方便施工。

11.6 基础设计

11.6.1 基础埋深宜一致，并应考虑地下沟道、管线和相邻建、构筑物的影响；当基底地基土性质差别较大时应采取其他形式的基础或对基础下土层进行人工处理。

11.6.2 设备基础埋深不宜大于建筑物基础，对于震动较大的设备基础应作减震处理。

12 给 排 水

12.1 一般规定

12.1.1 给水排水设计应符合生产、生活和消防的要求，同时应为施工安装、操作管理等提供便利条件。

12.1.2 给水排水系统采用的管材应符合生产产品标准的要求。

12.1.3 厂区室外给排水管道平面布置应根据厂区地形标高、覆土深度、用水点及排水点分布等因素综合确定。给排水主干管宜靠近用水或排水量大的车间敷设。

12.1.4 厂区室内给排水管道布置不应妨碍生产操作及运输，不应穿越变形缝、生产设备基础、变配电室、电梯机房、控制室等遇水会损坏设备和引发事故的房间。

12.1.5 生产医疗卫生用品的厂房给排水设计，应满足产品和工艺要求，并应符合现行国家标准《医药工业洁净厂房设计规范》GB 50457 的规定。

12.2 给 水

12.2.1 给水系统应根据生活、生产和消防等各项用水对水质、水压及水量的要求，分别设置直流、循环或重复利用的给水系统。

12.2.2 非织造布生产所需生产水及循环冷却水的水质、水压及水量，应根据生产工艺的要求确定。

12.2.3 全厂生活生产总水量，应根据生活用水量、生产用水量、循环冷却水的补充水量及未预见用水量之和计算确定，未预见用水量按最高日用水量的 10%～15% 计算。给水系统用水小时变化系数 K_h 宜采用 2.0～2.5。给水水压应保证系统最不利配水点的压力需求。

12.2.4 室外给水管道应沿厂区内道路平行于建筑物敷设，管道外壁距建筑物外墙的净距不宜小于 1m，且不得影响建筑物的基础。

12.2.5 室内生产、消防给水管道可根据厂房洁净度要求采用明装或暗敷，并宜与工艺管道综合布置。

12.2.6 水刺固结工艺所用的生产水应处理后循环使用，水质符合下列要求：

1. 酸碱度 pH 值应取 6.5～7.5。
2. 水质硬度不应大于 40mg/l。
3. 水中固体物含量不应大于 5ppm。
4. 颗粒尺寸不应大于 10μm。
5. 氯化物含量不应大于 100mg/l。
6. 碳酸钙含量应小于 40mg/l。

12.2.7 水刺加工对卫生有特殊要求的产品时，生产用水必须符合卫生标准。水处理系统应根据原料类别选用。加工棉纤维及浆粕纤维宜采用混凝—气浮—砂滤的处理流程。

12.2.8 厂区给水设计应符合现行国家标准《室外给水设计规范》GB 50013 的规定。冷却用循环水的处理应符合现行国家标准《工业循环冷却水处理设计规范》GB 50050 的规定。

12.2.9 冷却水、制冷水系统的设计应满足工艺对冷却水、制冷水温度、压力的要求，并应符合现行国家标准《建筑给水排水设计规范》GB 50015 和《工业循环冷却水处理设计规范》GB 50050 的要求。

12.3 排　　水

12.3.1 非织造布工厂应采用生活生产排水与雨水分流的排水系统。

12.3.2 全厂生活生产总排水量应根据生活、生产排水量之和确定，其中生活排水量可按生活用水量的 90% 计算。

12.3.3 室内排水沟与室外排水管道连接处，应水封装置。

12.3.4 厂区排水设计应符合现行国家标准《室外排水设计规范》GB 50014 的规定。

12.4 消防给水和灭火设施

12.4.1 根据非织造布工厂生产车间、仓库的火灾危险性及耐火等级等因素，应设消火栓灭火系统及其他灭火设施。

12.4.2 全厂消防给水可采用临时高压给水系统或高压给水系统。消防用水量应按现行国家标准《建筑设计防火规范》GB 50016 及纺织工程设计防火规范的有关规定执行。

12.4.3 全厂各建筑物室内灭火器配置，应按现行国家标准《建筑灭火器配置设计规范》GB 50140 的规定执行。

13 采暖通风

13.1 一般规定

13.1.1 采暖、通风和空气调节设计除执行本规定外，尚应符合现行国家标准《采暖通风与空气调节设计规范》GB 50019 的规定。

13.1.2 室外空气的设计参数，应采用工厂所在地气象部门提供的相关资料。

13.1.3 车间室内空气参数应按以下原则确定：
  1 根据生产工艺要求。
  2 工艺无特殊要求，可按表 13.1.3-1、13.1.3-2 采用。

表 13.1.3-1　梳理成网法非织造布生产车间空气参数

序号	操作区域或车间名称	夏季 温度(℃)	夏季 相对湿度(%)	冬季 温度(℃)	冬季 相对湿度(%)	备注
1	原料开包	劳动保护	—	≥16	—	—
2	梳理铺网	劳动保护	70±5	≥16	70±5	—
3	针刺固结	劳动保护	70±5	≥16	70±5	—
4	其他固结	劳动保护	—	≥16	—	—
5	物理检验室	20±2	65±5	20±2	65±5	检测区
6	化学性能检验室	≤28	—	≥18	—	—

表 13.1.3-2　纺丝成网法非织造布生产车间空气参数

序号	操作区域或车间名称	夏季 温度(℃)	夏季 相对湿度(%)	冬季 温度(℃)	冬季 相对湿度(%)	备注
1	纺丝	劳动保护	65±5	≥16	65±5	操作区
2	梳理铺网	劳动保护	70±5	≥16	70±5	—
3	针刺固结	劳动保护	70±5	≥16	70±5	—
4	其他固结	劳动保护	—	≥16	—	—
5	物理检验室	20±2	65±3	20±2	65±3	检测区

　3 夏季采取劳动保护的车间，操作岗位的温度应根据夏季通风室外计算温度及工作地点的允许温差确定，且不得超过表 13.1.3-3 的规定。

表 13.1.3-3　车间操作岗位的劳动保护温度

夏季通风室外计算温度(℃)	≤22	23	24	25	26	27	28	29～32	≥33
允许温差(℃)	10	9	8	7	6	5	4	3	2
操作点温度(℃)	≤32	32						32～35	35

13.1.4 生产医疗卫生用材料的厂房的暖通设计，应满足产品和工艺要求，并应符合现行国家标准《医药工业洁净厂房设计规范》GB 50457 的有关规定。

13.2 采　　暖

13.2.1 累年日平均温度稳定低于或等于 5℃ 的日数大于等于 90d 的地区的非织造布工厂，宜采用集中采暖。

13.2.2 采暖方式的选择，应根据所在地区气象条件、建筑规模、厂区供热状况，通过技术经济比较确定。利用生产余热，并宜采用热水作热媒。厂区供热为生产用蒸汽时，生产厂房可采用蒸汽作热媒。

13.2.3 生产厂房除应设一般采暖系统外，可采用局部热风供暖。局部热风供暖应符合下列规定：
  1 应根据厂房内部的具体状况、需供暖设备的布局及气流作用范围等因素，设计暖风机台数及位置。
  2 采用蒸汽为热媒时，每台暖风机应单独设置阀门和疏水装置。

13.2.4 采暖管道应计算其热膨胀。当管段的自然补偿不能满足要求时，应设置补偿器。

13.3 通　　风

13.3.1 生产车间和工艺附房，宜采用机械通风或自然与机械联合通风。当自然通风能满足生产、卫生要求时，也可采用自然通风。

13.3.2 非织造布工厂的生产车间和工艺附房内散发热量的场所，应设计局部排风。当局部排风达不到卫生要求时，应辅以全面排风或采用全面送风。

13.3.3 设置局部排风或全面排风的生产车间及工艺附房，应有补风措施。补风宜采用自然进风；不具备自然进风或自然进风不能满足要求时，应设置机械送风。在严寒或寒冷地区，送风系统应配置空气加热器。

13.3.4 生产车间直接向大气排放的空气中的有害物质含量，应符合现行国家标准《大气污染物综合排放标准》GB 16297 和国家有关《工业企业设计卫生标准》GBZ 1 的要求，达不到要求时，应采取净化措施。

13.3.5 采用全面排风消除余热、余湿或其他有害物质时，应在厂房内温度最高、含湿量或有害物质浓度最大的区域设置排风设施。

13.4 空气调节

13.4.1 生产车间内有放散热、蒸汽等高温生产设备的工作点或操作区域，应设置岗位送风或全面送风。

13.4.2 岗位送风或全面送风系统，夏季的空气处理方式宜采用蒸发冷却。部分封闭式独立休息室或操作室，可采用变制冷剂流量分体式空气调节系统。

13.4.3 物理检验室、控制室等分散布置的房间，可采用独立式空气调节器。

13.5 制　　冷

13.5.1 生产冷源根据生产规模，可集中设置制冷站或分散式制冷机组。制冷机组机型的采用应根据生产装置所需冷负荷、所在地区能源结构、价格及环保规定等情况，经全面技术经济比较后确定。分散式制冷机组宜采用高效节能型电动压缩式制冷机组。

13.5.2 选择溴化锂吸收式机组时，应计算因机组水侧污垢及腐蚀等因素引起的冷量衰减。其性能参数应符合现行国家标准《蒸汽和热水型溴化锂吸收式冷水机组》GB/T 18431 和《直燃型溴化锂吸收式冷(温)水机组》GB/T 18362 的规定。

13.5.3 设置集中采暖的制冷机房，机房室内温度不应低于16℃，在停机期间不得小于5℃。

13.5.4 设备和管道的保冷、保温材料，应按下列要求选择：

　　1 保冷、保温材料的主要技术性能应按现行国家标准《设备及管道保冷设计导则》GB/T 15586 及《设备及管道保温设计导则》GB 8175 的要求确定。

　　2 采用导热系数小、湿阻因子大、吸水率低、密度小、综合经济效益高的材料。

　　3 保冷、保温材料应为不燃或难燃材料。

13.5.5 设备和管道的保冷及保温层厚度，应根据介质温度计算确定。

13.5.6 制冷设备单台容量和台数的选择，应符合全年制冷负荷的变化。根据工艺需要，可设置备用机台。

14 仓 储

14.1 一般规定

14.1.1 仓储库房宜独立设置，所在位置应满足生产、储运、装卸的要求，仓库的设计应符合现行国家标准《建筑设计防火规范》GB 50016 及纺织工程设计防火规范的有关规定。

14.1.2 仓储库房应保持通风。

14.1.3 仓储库房宜按储存物品的性质分类储存。

14.2 原料库与成品库

14.2.1 原料库宜设在靠近前纺喂料区附近，且应便于运输和供应。存放容量不宜小于满足正常生产10d的供应量。

14.2.2 成品库位置宜设于接近卷绕和成品包装的区域，且应便于运输和存放。容量宜容纳不小于正常生产15d的成品存放量。

14.3 其他仓储设施

14.3.1 梳理机针布、针刺机用刺针、纺粘法纺丝组件等机械设备的备品备件应立设单独的物品存放区，且不宜与原料、成品存放在同一仓库中。存放区应保持通风与干燥。

14.3.2 液体粘合剂、整理剂等液体物料应分区存放，并应采取相应的防止渗漏、溢出和防火措施。

14.3.3 备件类物件与工具类物件宜分类分区放置。

14.3.4 润滑油、导热油类物质的存放应与生产车间隔开。

本规范用词说明

　　1 为便于在执行本规范条文时区别对待，对要求严格程度不同的用词说明如下：

　　1）表示很严格，非这样做不可的：
　　　　正面词采用"必须"，反面词采用"严禁"；

　　2）表示严格，在正常情况下均应这样做的：
　　　　正面词采用"应"，反面词采用"不应"或"不得"；

　　3）表示允许稍有选择，在条件许可时首先应这样做的：
　　　　正面词采用"宜"，反面词采用"不宜"；

　　4）表示有选择，在一定条件下可以这样做的，采用"可"。

　　2 条文中指明应按其他有关标准执行的写法为："应符合……的规定"或"应按……执行"。

引用标准名录

《建筑结构荷载规范》GB 50009
《室外给水设计规范》GB 50013
《室外排水设计规范》GB 50014
《建筑给水排水设计规范》GB 50015
《建筑设计防火规范》GB 50016
《采暖通风与空气调节设计规范》GB 50019
《湿陷性黄土地区建筑规范》GB 50025
《压缩空气站设计规范》GB 50029
《建筑照明设计标准》GB 50034
《动力机器基础设计规范》GB 50040
《工业循环冷却水处理设计规范》GB 50050
《建筑物防雷设计规范》GB 50057
《膨胀土地区建筑技术规范》GBJ 112
《建筑灭火器配置设计规范》GB 50140
《工业企业总平面设计规范》GB 50187
《工业设备及管道绝热工程设计规范》GB 50264
《工业金属管道设计规范》GB 50316
《医药工业洁净厂房设计规范》GB 50457
《设备及管道保温设计导则》GB 8175
《工业企业厂界环境噪声排放标准》GB 12348
《设备及管道保冷设计导则》GB/T 15586
《大气污染物综合排放标准》GB 16297
《直燃型溴化锂吸收式冷(温)水机组》GB/T 18362
《蒸汽和热水型溴化锂吸收式冷水机组》GB/T 18431
《民用建筑电气设计规范》JGJ 16
《冻土地区建筑地基基础设计规范》JGJ 118

中华人民共和国国家标准

非织造布工厂设计规范

GB 50514—2009

条 文 说 明

制 订 说 明

一、编制依据及遵循的主要原则

《非织造布工厂设计规范》是根据原建设部《关于印发〈2006年工程建设标准规范制订、修订计划(第二批)〉的通知》(建标〔2006〕136号)要求编制的(以下简称《规范》)。

计划确定由中国纺织工业协会产业部和辽宁省建筑纺织设计院(现更名为辽宁天维纺织研究建筑设计有限公司)为主编单位,上海纺织建筑设计研究院、中国纺织科学研究院为参编单位。编制工作自2006年8月开始进行。

《规范》的内容按照《工程建设标准体系 纺织工程部分》规定的范围进行编写,规范的文本格式、用词用语、章节划分等遵照建设部《工程建设标准编写规定》的要求。

《规范》的编写遵循以下原则:

1 体现国家当前技术经济政策及未来产业发展方向。

2 以国家有关法律法规为依据,与现有已颁布规范相协调,不应出现抵触或矛盾现象。

3 统一非织造布工厂在工程建设领域的技术要求,推进工程设计工作的规范化,综合行之有效的生产建设经验和科学成果,适应科学技术发展的需要。

二、编制工作概况

1. 准备阶段。

编制组各单位接受规范编制任务后,对该项工作都十分重视,组织了以院领导挂帅的编写班子。

2006年8月召开了编制组成立会和第一次工作会议。

会议确定了编制内容和章节目录,制订了进度计划,进行了分工。会后,编制工作全面启动。为使编制大纲更好地满足工程建设标准的需要,除主参编单位认真讨论外,还征求了纺织勘察设计协会及有关专家的意见,对编制大纲作了进一步的修改补充。

2. 编制《征求意见稿》、征求意见阶段。

2006年9月至2007年2月,各参编单位分头进行调研收资、起草初稿。于2007年5月底完成了征求意见稿。

征求意见稿出来后,根据中国纺织工业协会产业部推荐的专家名单,结合专业性质,我们选择了对工程设计有丰富经验和国内在非织造布生产企业中长期从事生产技术管理,有丰富生产实践经验的专家共22名,组成专家组,对征求意见稿进行了函询。征求意见阶段总计反馈意见211条,其中编制组全部采纳的134条,部分采纳的10条。

3. 编制送审稿、审查阶段。

在反复征求意见、研究论证的基础上,于2008年8月完成了送审稿,并向主编部门中国纺织工业协会产业部提交了送审报告。2008年9月7~8日,中国纺织工业协会产业部邀请了建设部标准定额司领导及全国纺织、化纤、非织造布行业从事工程设计和生产的专家16人及编制组成员共29人,在沈阳召开了《非织造布工厂设计规范》审查会,对送审稿进行了审查。专家组对《规范》送审稿及条文说明逐章逐节地进行了认真细致的审查,一致通过了《非织造布工厂设计规范》(送审稿)的审查。

4. 报批阶段。

根据专家提出的审查意见,针对审查会提出的生产辅助用房、生产车间温湿度标准以及水刺用水等问题。编制组10月8日考察调研了国内某些大型非织造布工厂,随后对送审稿进一步做了修改完善,形成了报批稿,提请主管部门审批。

三、制订工作中有关问题的说明

本《规范》的先进性程度定位于"适度先进",这是基于以下的考虑:

本《规范》是在我国纺织工业工程建设标准停顿了十余年后组织修订的规范之一,是国内首部关于非织造布行业的工程建设标准。在此之前的非织造布工厂设计,由于无章可循,大多是建设单位比照类似工厂根据自身喜好或参考设备制造厂的意见进行设计;一些引进国外技术或与外方合资的工厂则按外方要求建造。因此,厂房样式多种多样,少数合资企业厂房比较先进、规范,其他大多偏于简陋。新的规范既要考虑新建厂的先进程度,义要考虑多年来形成的习惯性思维,在满足生产工艺和产品要求的前提下,把工厂建设水平定位于"适度先进",这样符合目前我国的国情,也是建设节约性社会的需要。

目 次

1 总则 ……………………………… 7—36—17
2 术语和代号 ……………………… 7—36—17
　2.1 术语 ………………………… 7—36—17
3 工艺设计 ………………………… 7—36—17
　3.1 一般规定 …………………… 7—36—17
　3.2 流程选择 …………………… 7—36—17
4 工艺设备 ………………………… 7—36—17
　4.1 一般规定 …………………… 7—36—17
　4.2 梳理成网法非织造布生产设备
　　　选择 ………………………… 7—36—17
　4.3 纺丝成网法非织造布生产设备
　　　选择 ………………………… 7—36—17
　4.4 工艺设备布置 ……………… 7—36—17
5 工艺管道 ………………………… 7—36—18
　5.1 一般规定 …………………… 7—36—18
　5.2 管道设计及选材要求 ……… 7—36—18
6 辅助生产设施 …………………… 7—36—18
　6.1 梳理成网法非织造布辅助设备
　　　和设施 ……………………… 7—36—18
　6.2 纺丝成网法非织造布辅助设备
　　　和设施 ……………………… 7—36—18
　6.3 物理和化学性能检验 ……… 7—36—18
　6.4 边角料回收 ………………… 7—36—18
7 自动控制和仪表 ………………… 7—36—18
　7.1 一般规定 …………………… 7—36—18
　7.2 控制仪表选型 ……………… 7—36—19
　7.4 控制室 ……………………… 7—36—19
　7.5 主要控制方案 ……………… 7—36—19
　7.6 安全、保护与连锁 ………… 7—36—19
8 电气 ……………………………… 7—36—19
　8.2 供配电 ……………………… 7—36—19
　8.3 照明 ………………………… 7—36—19
9 总平面布置 ……………………… 7—36—19
　9.2 总平面布置 ………………… 7—36—19
10 建筑 …………………………… 7—36—19
　10.2 生产厂房 ………………… 7—36—19
　10.3 生产辅助用房 …………… 7—36—19
　10.4 建筑防火 ………………… 7—36—19
11 结构 …………………………… 7—36—19
　11.1 一般规定 ………………… 7—36—19
　11.2 结构选型 ………………… 7—36—20
　11.3 荷载取值 ………………… 7—36—20
　11.4 结构计算 ………………… 7—36—20
　11.6 基础设计 ………………… 7—36—20
12 给排水 ………………………… 7—36—20
　12.1 一般规定 ………………… 7—36—20
　12.2 给水 ……………………… 7—36—20
　12.3 排水 ……………………… 7—36—20
13 采暖通风 ……………………… 7—36—20
　13.1 一般规定 ………………… 7—36—20
　13.5 制冷 ……………………… 7—36—20
14 仓储 …………………………… 7—36—20
　14.1 一般规定 ………………… 7—36—20
　14.2 原料库与成品库 ………… 7—36—20
　14.3 其他仓储设施 …………… 7—36—20

1 总 则

1.0.2 非织造布产品种类繁多,使用的原料几乎涵盖所有的纤维,采用的设备和工艺也多种多样。本规范主要涉及的是产量较大的纺丝成网法和梳理成网法的非织造布工厂设计。其他类型的非织造布生产工厂,如以造纸方法为特征的湿法成网法和浆粕气流成网法(干法造纸法)的工厂,可参照相近的工厂设计规范进行设计。

2 术语和代号

2.1 术 语

术语中部分英文名词和中文名词与现行国家标准《纺织品 非织造布 术语》GB/T 5709 中的定义有所差异,如 Nonwovens、Carding web forming、cross-lapping 等,针对术语的中文解释也不尽相同。其原因是《纺织品 非织造布 术语》GB/T 5709 的制定处于我国非织造布发展的早期阶段,在确定术语和定义时存在与国际通用用法上的理解差异以及近些年来非织造布技术的发展所造成的缺空。鉴于我国非织造布的发展需不断与国际接轨,要求准确理解非织造布定义,在本规范中对《纺织品 非织造布 术语》GB/T 5709中的不恰当描述做了修改和纠正。

3 工艺设计

3.1 一般规定

3.1.2 多方案比选是指对工艺流程、设备选型、厂房空间尺寸、设备布置、物流运输、能源消耗量等方面的选择以及生产组织、劳动保护条件等因素的筛选。

3.1.3 本规范涉及的非织造布固结工艺包括针刺固结法、水刺固结法、热轧粘合法、热风粘合法、喷洒粘合法、浸渍粘合法以及熔喷的自粘合法。

3.1.4 本条中"新工艺、新技术"系指此前在国内、外的非织造布工厂中都未曾采用过的工艺、技术,经工业化试生产时间一般不应低于一年。

3.1.5 设计年生产天数的确定是根据目前国内较先进的非织造设备运转特点(连续、间歇)、检修特点(集中停产检修、预防性保养)、年工作日数等因素而定。年生产天数 333d 即 8000h/a;年生产天数 350d 即 8400h/a。

3.1.7 本条是针对企业两级节能管理而订。

3.1.9 温湿度为基本物理参量,在工艺要求范围内,减少其波动对设备、原料、产品质量等生产要素有重要意义。

3.2 流程选择

3.2.2 对本条第1款和第3款规定说明如下:

1 流程中分切工序离线或在线的选择,取决于生产线所加工的产品。若长期大量生产同一种规格(幅宽)的产品,可选择在线分切,但纺粘非织造布产品规格变换较为频繁,一般应选择离线分切,以便满足生产需要。

3 流程中热定型工序的选择,取决于生产线所加工的产品。若生产对热稳定性有要求的产品,应选择热定型。

4 工艺设备

4.1 一般规定

4.1.5 安装烘燥设备的车间设置排风装置,目的是降低车间温度,改善操作条件。

4.1.8 本条规定为强制性条文。根据防护要求,亦可增设防护栏、感应报警或红外线报警等装置。

4.1.9 本条规定为强制性条文。在易轧伤人员的地方,如梳理机、针刺机、热轧机、带压辊的成网机、轧光机、卷绕机等,应设置现场紧急停车装置。

4.2 梳理成网法非织造布生产设备选择

4.2.8 化学粘合方式,粘合剂的调配和搅拌通常采用两个不锈钢桶进行,通过泵将调配好的胶液用管道从储胶桶输送到设备的胶槽中。

4.2.9 烘干系统的设备,可采取多种供热方式,如热电厂热网集中供(汽)热、自备锅炉供(汽)热、燃煤(油、气)导热油锅炉供热、电加热等。

4.3 纺丝成网法非织造布生产设备选择

4.3.1 计量泵、纺丝组件等连续运转和需经常拆洗的设备或部件,由于不同型号的设备差异较大,备台数量在本规范中不宜做具体规定。

4.3.2 对本条第1款规定说明如下:

1 聚合物种类和造粒成型的方法,决定了切片中是否存在粉末和不规则颗粒,也决定了切片的形状以及尺寸大小,因此筛选装置应根据原料切片的具体条件选用。

4.3.4 螺杆挤压机应根据物料性能选用,如纺 PET、PA 料可选用渐变式螺杆,而纺 PP 料时宜选用带端纺头的分离式螺杆,应设快速熔体滤片更换装置。为提高熔体的均匀性,可增设静态混合器。

4.3.14 离线分切可以满足客户对不同产品幅宽的要求,具有较大的灵活性。

4.3.15 对本条第3款规定说明如下:

3 熔喷生产过程中采用 300℃以上高温热空气,因此要求在加热罐出口至喷头之间采取管路保温和安全防护措施。

4.4 工艺设备布置

4.4.1 主机系指在生产过程中对工艺物料直接进行加工的设备,辅机是直接为生产工艺服务的辅助性设备。

4.4.2 出于安装、维护、操作的综合考虑,通道宽度可在 800mm~1500mm 之间,检修空间应结合设备或工件的尺寸确定,一般不小于 800mm,个别大型的设备还应留有叉车或吊车的进出通道。

4.4.3 可视区域是指在该位置操控可以看到关键工序主要部分的运行情况。

4.4.4 必要时,对车间柱网可以局部调整模数。

4.4.5 吊装空间包括通道宽度和操作用的空间高度。

5 工艺管道

5.1 一般规定

5.1.2 非织造布生产线的管道有输送原料、熔体、工艺用水、导热油的,还有压缩空气管等。这些管道必须合理布置,在不影响各自功能、节省材料、避免迂回、操作维护方便等前提下满足工艺的需求。

5.1.3 物料和工艺风道通常截面积比较大,曲率半径也比较大,而且管道材料一般比较薄,采用地下敷设很不方便。大口径低压工艺风管道,采用地下混凝土风道有很多方便之处,并且可以大大节省外部空间。

5.1.4 管道架空敷设的原则规定:

 1 大口径管道指当量直径 300mm 以上的管道,一般用于侧吹风、网下抽吸风的输送。由于风的压头较低,应尽可能采取措施减少压力损失,管道短捷和较少的迂回可以减少空气流紊乱。由于较大的口径意味着较大的重量,以牛腿式支撑时宜将管道靠近柱子内侧布置。工艺管道一般比较复杂,尽可能靠非操作通道布置,可以使操作比较方便,同时可使生产线整洁美观。

 2 介质温度高的管道在外侧布置可以减少对其他管线的影响;一般工艺管道、腐蚀性介质管道布置在下层可以减少对其他工艺管道的不良影响;低温管道布置在下层可以节能。

 3 管道的色标按照有关规范执行。没有规定的管道企业可以自行选择颜色以便相互区分。

5.1.5 管沟内应找坡做地漏,或将可能渗漏的液体直接排至室外下水管道;可根据需要设置与外界相连的通风孔或以风机强制排除可能积聚在沟内的气体。

5.1.6 对本条第 1 款和第 2 款规定说明如下:

 1 管道短捷和弯头较少,可以提高泵效率;合理设计管道结构,不出现回形可以避免"气囊"造成的压力不稳或失压。

 2 符合物理规律的流向可以节能和保持温度稳定,高点排气和低点泄空可以保证压力稳定和检修方便。

5.1.7 敷设保温层可以节能和保持管道内介质温度的稳定,同时可以减少对车间环境的影响。

5.2 管道设计及选材要求

5.2.4 考虑本条所述因素的同时,按照相关标准和推荐系列选取管道直径。

5.2.7 本条中规定的曲率半径取值综合考虑了输送阻力和管材弯制。

5.2.8 熔体输送管道采用同种材料便于焊接,出现褶皱会造成熔体滞留降解,限定的曲率半径综合考虑了输送阻力和管材弯制工艺的要求。

6 辅助生产设施

6.1 梳理成网法非织造布辅助设备和设施

6.1.3 在国务院颁发的《特种设备安全监察条例》中,将有机热载体炉(含电加热炉)列为特种设备中的锅炉类,并纳入安全监察范畴,其设计和制造应符合国家劳动〔1993〕356号《有机热载体炉安全技术监察规程》的要求。对此,设计者应引起足够重视。

6.2 纺丝成网法非织造布辅助设备和设施

6.2.1 对本条第 1~4 款规定说明如下:

 1 单体抽吸系统包括风机、吸风嘴、分配腔和风道等,依工艺不同,其组成结构有所差别。根据工程要求,风量的调节也可以使用可调风门。

 2 冷却风系统一般包括风窗、管道、风箱等。极限环境温度和湿度条件是指当地最热月平均室外计算相对湿度和极端最高平均温度。

 3 牵伸风系统包括喷嘴、缓冲缸、风管道、过滤器和风机等。牵伸风风源压力的划分是出于实际使用的考虑,空气压力在 0.5MPa 以上是用于某种管式牵伸器;空气压力在 0.07MPa~0.5MPa 之间则是大部分管式牵伸器和整体式牵伸器的使用范围,而空气压力低于 0.07MPa 则适用于分位式正压牵伸和整体式负压牵伸。

 4 网下吸风系统包括风机、管道、软连接等,依工艺不同,其组成结构略有差别。网下吸风应部分排出室外,部分在室内循环。网下吸风如果全部排出室外会引起室内压力和温度的较大变化,并会吸入更多的灰尘;如果不排到室外则会引起室内空气过于污浊和温度的持续上升。上述两处风出口处均应设置调节风量的阀门。

6.2.2 采用三甘醇式清洗设备,其设备和房间应采取防爆处理,并配备必要的通排风装置,一般不推荐使用。

6.2.3 分位式纺丝组件选择流化床清洗可以提高清洗效果,减少清洗设备投资;整体式纺丝组件由于体积较大则只能使用大型真空煅烧炉一类的清洗设备;预过滤芯由于容易被流化床的 Al_2O_3 颗粒阻塞滤孔,也只能用煅烧炉一类的设备清洗。

对于纺丝组件和泵清洗设备的选择,分位式纺丝组件和泵板宜采用 Al_2O_3 流化床式清洗设备;整体式纺丝组件和预过滤器滤芯宜采用真空煅烧式清洗设备。

6.3 物理和化学性能检验

6.3.3 物理和化学性能检验室宜北向采光,避免阳光直接照射。精密仪器宜单独设置在无窗房间内。

6.3.4 物理和化学性能检验室全面照明的照度为 200 lx~300 lx 为宜;局部照明的照度应在 400 lx 以上。

6.3.5 由于纤维和成品的物理指标受温湿度影响而有波动,因此宜设置单独的空调系统对温湿度进行调节。

6.4 边角料回收

6.4.3 实际生产中,边角料的回收用量根据产品的质量要求进行控制,在此不作规定。

7 自动控制和仪表

7.1 一般规定

7.1.2 中小规模生产线指年产 1000t 以下梳理成网法生产线或年产 3000t 以下纺丝成网法生产线。第 2 款所述开关量信号主要指运行、停止、故障、报警、设备状态、计数、液位、操作控制信号。

7.1.3 对本条说明如下:

 2 主要信号指运行、停止、输送、输送完成、液位、报警、配胶比例、各成分重量。

 3 主要信号指运行、停止、报警。

 5 开关量信号主要指运行、停止、故障、报警、设备状态、计数、液位、操作控制信号。

6 螺杆挤压机的电机调速采用变频调速造价高,但维护成本低。采用直流调速投资费用低,但维护成本高。

7.2 控制仪表选型

7.2.1 温度控制可采用具有脉冲输出的仪表控制固态继电器。选用固态继电器的电流应大于实际电流的1~2倍。

7.2.3 在切换过滤器滤芯时,选用带指针显示表的压力传感器,方便观察滤前、滤后压力。

7.4 控 制 室

7.4.3 控制室的位置一般应选择在没有爆炸与火灾危险的区域内。

7.4.6 架空地板下设电缆托盘主要目的是敷设电缆时可以分类进行,减少干扰的产生。

7.5 主要控制方案

7.5.2 在维修保养时采用单动,所有驱动装置的启动、停止、速度设定都可单独进行。在联动时,所有选择的驱动装置的启动、停止都可同时进行。

7.6 安全、保护与连锁

7.6.3 本条规定为强制性条文。曾发生因导热油炉温控传感器失灵,持续加温,引发火灾的事故。

8 电 气

8.2 供 配 电

8.2.1 根据非织造布工厂的用电负荷特点,中断供电不会造成较大经济损失和人员伤亡,故用电负荷为三级负荷。

8.2.5 目前我国公用电力系统已逐步用 10kV 取代 6kV,因此采用 10kV 有利于将来的发展。故当供电电压为 35kV 及以上时,工厂内部的配电电压宜采用 10kV,且采用 10kV 配电电压可以节约有色金属,减少电能损耗和电压损失。

8.2.6 在提高自然功率因数措施后,仍达不到电网合理运行要求时,应采用并联电容器作为无功补偿装置,并宜就地平衡补偿。低压部分的无功补偿宜由低压电容器补偿;高压部分的无功功率宜由高压电容器补偿。无功补偿装置的投切方式,应根据实际情况采取手动投切或自动投切补偿装置。

8.3 照 明

8.3.1 本条规定为强制性条文。鉴于非织造布工厂应急照明负荷量不大,蓄电池可作为应急电源,可采用 UPS 或 EPS。当公网失电时,蓄电池经逆变器供交流电,应急照明用电光源要求瞬时点燃且很快达到标准流明值。常采用白炽灯、卤钨灯、荧光灯作为应急照明光源,它们在正常照明因故断电后迅速启动点燃,并在几秒内达到标准流明值;对于疏散标志灯也可采用发光二极管(LED)。

8.3.4 加装防护网罩的目的是防止灯具破碎、脱落进入轧辊。

9 总平面布置

9.2 总平面布置

9.2.2 总平面布置应妥善处理企业近、远期工程关系,合理预留发展用地。同时,必须统筹考虑厂内外的运输设计,使厂外原料、燃料的运输及成品的运出流向,与各生产车间的生产流程相一致。

9.2.6 对本条第1款规定说明如下:

1 生产主车间的集中布置,不仅可缩短原料、半成品等的中间运输距离,并且易于缩短管线,有利于能源的综合利用。企业规模不同,生产设施的组成和生产能力也就不同,因而直接影响总平面的布置。如大型的非织造生产厂,各公用工程设施等可独立设置,小型的非织造布厂,可将其布置在更靠近车间各主机的负荷中心,成组布置在车间端部或附房内。

10 建 筑

10.2 生产厂房

10.2.2 生产厂房采用自然采光符合节能要求。

10.2.3 纺丝成网法生产厂房根据工艺要求,一般分为两个不同的高度空间。

10.2.4 室内外高差的确定,除符合总平面设计外,还应考虑当地的地质条件、气候条件,以实际使用中不低于 150mm 为好。

10.2.5 在国外,生产医疗卫生材料的工厂都采取一定级别的洁净厂房,生产制品的等级更高些,进车间一般应带有风淋设施。目前国内有的工厂生产医疗卫生材料用卷材采用 30 万级洁净厂房,生产制品采用 10 万级洁净厂房,具体设计应符合现行国家标准《医药工业洁净厂房设计规范》GB 50457 的相关规定。

10.3 生产辅助用房

10.3.1 生产辅助用房与生产关联密切,宜与主厂房贴邻建设或设在距生产车间相近处。

10.4 建筑防火

10.4.1 主厂房的建筑设计应符合纺织工程设计防火规范的要求,其他建筑设计应符合现行国家标准《建筑设计防火规范》GB 50016 的要求。

11 结 构

11.1 一般规定

11.1.1 本条规定了非织造布工厂建设适应的地区和执行的相应规定。考虑到我国绝大部分地区为8度及以下地区,对于9度地震区尚无成熟经验,根据现行国家标准《建筑抗震设计规范》GB 50011 第 1.0.3 条及说明和非织造布厂工艺特点,不宜在 9 度地震区建厂。

11.2 结构选型

11.2.1 根据非织造布工厂的生产工艺特点,目前大多数新建厂房采用的是钢筋混凝土排架结构,局部设钢平台,近几年来随着钢结构的普及与发展,门式刚架轻钢结构愈来愈体现出其建造工期短、布置灵活、节省投资等的优越性。对于利用原建筑的改造项目,可以利用原框架作为承重结构。

11.2.3 原料库、成品库基本都是单层结构,所以采用大跨度的排架结构(特别是门式刚架)很适用,但部分用地紧缺地区,也可采用框架结构的上楼库房。

11.3 荷载取值

11.3.1 非设备区楼面的等效均布荷载的取值是按正常情况下使用的活荷载以及设备检修荷载,但不包括设备安装时设备集中荷载。

11.4 结构计算

11.4.3 本条所指的设备是指放置在楼面上的一般设备,不包括地面上的针刺机、空压机等大型设备。

11.6 基础设计

11.6.1 为保证建筑物的整体性,结合非织造布设备特点,对一些大体积、大荷重及平整度要求较高的基础,为防止不均匀沉降而作此规定。

11.6.2 部分非织造布设备运行时震动较大(如针刺机等),设备的振动频率和振幅虽然在标准范围之内,但仍对一些敏感人群有影响,曾有过针刺机振动影响居民生活而被投诉的案例。对此类设备的基础设计宜采取减振、隔震设计。

12 给 排 水

12.1 一般规定

12.1.4 厂区排水管道不得穿越变形缝、生产设备基础时,应采取可靠的技术措施。

12.2 给 水

12.2.2 水刺工艺所需的生产用水应满足工艺对水量、水质的要求,其余用水符合常规需求。

12.2.6 水刺工艺的生产用水量很大,为节约用水,需将生产用水处理后循环使用。水处理主要去除水中的杂质和短纤维,使出水水质满足工艺要求。

12.2.7 水刺生产用水的卫生标准,应根据产品要求确定。

12.3 排 水

12.3.1 非织造布工厂生产排水主要包括生活污废水及一般生产废水。雨水排放需设置独立的排水系统。

13 采暖通风

13.1 一般规定

13.1.3 非织造布工厂室内空气参数应根据工艺要求,并考虑必要的卫生条件来选择。在超过表13.1.3-3规定时,应采取强制通风和相应降温措施。

13.5 制 冷

13.5.1 设计制冷机组时,其制冷剂及能耗值应符合相关的规定。

14 仓 储

14.1 一般规定

14.1.1 仓储库房根据需要,可以增设防盗报警装置。

14.2 原料库与成品库

14.2.1 原料库可以作为附房与主厂房相连。

14.2.2 成品库可以作为附房与主厂房相连。

14.3 其他仓储设施

14.3.1 针布、刺针等纺专器材一旦生锈,将面临报废,因此该类库房的防潮、通风十分重要。

14.3.2 液体物料应根据其化学性质和燃烧危险程度,采取相应的隔离、防火措施。

中华人民共和国国家标准

电子工业职业安全卫生设计规范

Code for design of occupational safety
and hygiene in electronics industry

GB 50523—2010

主编部门：中华人民共和国工业和信息化部
批准部门：中华人民共和国住房和城乡建设部
施行日期：２０１０年１２月１日

中华人民共和国住房和城乡建设部
公 告

第 637 号

关于发布国家标准 《电子工业职业安全卫生设计规范》的公告

现批准《电子工业职业安全卫生设计规范》为国家标准，编号为 GB 50523—2010，自 2010 年 12 月 1 日起实施。其中，第 1.0.3、3.4.4、3.5.2（9）、3.5.7、4.3.3（1、2、5）、4.3.5、4.3.9（1、3）、5.1.4（1）、5.1.5（6）、5.1.10（1）、5.8.11 条（款）为强制性条文，必须严格执行。

本规范由我部标准定额研究所组织中国计划出版社出版发行。

中华人民共和国住房和城乡建设部
二〇一〇年五月三十一日

前 言

本规范是根据原建设部《关于印发〈2005 年工程建设标准规范制订、修改计划（第二批）〉的通知》（建标〔2005〕124 号）的要求，由中国电子工程设计院会同信息产业电子第十一设计研究院有限公司、上海电子工程设计研究院有限公司、中瑞电子系统工程设计院等单位共同制定。

本规范在编制过程中，编制组遵照国家有关基本建设的方针政策和"以人为本"、"安全第一、预防为主"的指导方针，在总结国内实践经验、吸收近年来的科研成果、借鉴国外符合我国国情的先进经验的基础上，广泛征求了国内有关设计、生产、研究等单位的意见，最后经审查定稿。

本规范共分 6 章，主要内容有：总则，术语，一般规定，职业安全，职业卫生，职业安全卫生配套设施。

本规范中以黑体字标志的条文为强制性条文，必须严格执行。

本规范由住房和城乡建设部负责管理和对强制性条文的解释，工业和信息化部负责日常管理，中国电子工程设计院负责具体技术内容的解释。本规范在执行过程中，请各单位注意总结经验，积累资料，如发现需要修改或补充之处，请将有关意见、建议和相关资料寄交中国电子工程设计院（地址：北京市海淀区万寿路 27 号北京 307 信箱，邮政编码：100840），以便今后修订时参考。

本规范主编单位、参编单位、主要起草人和主要审查人：

主 编 单 位： 中国电子工程设计院

参 编 单 位： 信息产业电子第十一设计研究院有限公司
上海电子工程设计研究院有限公司
中瑞电子系统工程设计院

主要起草人： 穆京祥　余祖铺　温　玉　黄汉新
吴忠智　蒋玉梅

主要审查人： 王素英　朱贻玮　林素芬　叶　鸣
冯章汉　胡　玢　张建志　吴维皑

目 次

1 总则 …………………………… 7—37—5
2 术语 …………………………… 7—37—5
3 一般规定 ……………………… 7—37—5
　3.1 一般原则 …………………… 7—37—5
　3.2 项目选址 …………………… 7—37—6
　3.3 总平面布置 ………………… 7—37—6
　3.4 建（构）筑物设计 ………… 7—37—8
　3.5 工作场所的布置及工作环境的卫生
　　　要求 ………………………… 7—37—8
　3.6 工艺及设备 ………………… 7—37—9
4 职业安全 ……………………… 7—37—10
　4.1 防机械性伤害 ……………… 7—37—10
　4.2 防烧、烫、灼、冻伤害 …… 7—37—11
　4.3 防火、防爆 ………………… 7—37—11
　4.4 防雷 ………………………… 7—37—13
　4.5 防触电及用电安全 ………… 7—37—13
　4.6 防静电 ……………………… 7—37—14
　4.7 安全信息、信号及安全标志 … 7—37—15
5 职业卫生 ……………………… 7—37—15

　5.1 防尘、防毒 ………………… 7—37—15
　5.2 防暑、防寒、防湿 ………… 7—37—17
　5.3 噪声控制 …………………… 7—37—18
　5.4 振动防治 …………………… 7—37—19
　5.5 电磁波辐射防护 …………… 7—37—20
　5.6 激光辐射防护 ……………… 7—37—21
　5.7 紫外线辐射防护 …………… 7—37—21
　5.8 电离辐射防护 ……………… 7—37—21
　5.9 工频电磁场防护 …………… 7—37—22
　5.10 采光及照明 ……………… 7—37—22
　5.11 辅助用室 ………………… 7—37—23
6 职业安全卫生配套设施 ……… 7—37—23
　6.1 职业安全卫生管理机构 …… 7—37—23
　6.2 救援、医疗机构 …………… 7—37—23
　6.3 消防机构 …………………… 7—37—23
本规范用词说明 ………………… 7—37—24
引用标准名录 …………………… 7—37—24
附：条文说明 …………………… 7—37—26

Contents

1 General provisions .... 7—37—5
2 Terms .... 7—37—5
3 General requirement .... 7—37—5
   3.1 General principle .... 7—37—5
   3.2 Project site .... 7—37—6
   3.3 Master layout .... 7—37—6
   3.4 Design of buildings (structures) ...... 7—37—8
   3.5 Arrangement of work occupancies and sanitary requirement of working environment .... 7—37—8
   3.6 Process and equipment .... 7—37—9
4 Occupational safety .... 7—37—10
   4.1 Mechanical injury protection ..... 7—37—10
   4.2 Burn/ scalding/ heat injury/ frostbite protection .... 7—37—11
   4.3 Fire and explosion protection .... 7—37—11
   4.4 Lightning protection .... 7—37—13
   4.5 Electric shot protection and safety of electricity use .... 7—37—13
   4.6 Static electricity protection ...... 7—37—14
   4.7 Safety information, signals and signs .... 7—37—15
5 Occupational healthcare .... 7—37—15
   5.1 Dust and hazard prevention ..... 7—37—15
   5.2 Sunstroke/ cold/ humidity prevention .... 7—37—17
   5.3 Noise control .... 7—37—18
   5.4 Vibration control .... 7—37—19
   5.5 Conelrad .... 7—37—20
   5.6 Laser radiation protection .... 7—37—21
   5.7 UV radiation protection .... 7—37—21
   5.8 Ionizing radiation protection .... 7—37—21
   5.9 Electromagnetic field protection ...... 7—37—22
   5.10 Daylighting and illumination .... 7—37—22
   5.11 Auxiliary rooms .... 7—37—23
6 Auxiliary occupational safety and healthcare facilities .... 7—37—23
   6.1 Occupational safety and health management organizations .... 7—37—23
   6.2 Resecue and medical bodies .... 7—37—23
   6.3 Fire organizations .... 7—37—23
Explanation of wording in this code .... 7—37—24
List of quoted standards .... 7—37—24
Addition: explanation of provisions .... 7—37—26

1 总 则

1.0.1 为规范电子工业建设项目的工程设计,确保建设项目满足预防安全事故、预防职业危害及职业病防治等职业安全卫生要求,保障劳动者在职业活动中的安全与健康,避免造成人身伤害和财产损失,制定本规范。

1.0.2 本规范适用于电子工业新建、改建和扩建的职业安全卫生设计。

1.0.3 电子工业建设项目的工程设计,必须包括职业安全卫生技术措施和设施设计,并应与主体工程同时设计、同时施工、同时投入生产和使用。

1.0.4 设计单位应对职业安全卫生设施的设计负技术责任。应将职业安全卫生要求贯彻在各专业设计中,做到安全可靠、保障健康、技术先进、经济合理。其设计文件、建设成果应接受有关部门的评价、审查、鉴定、验收。

1.0.5 建设项目在进行立项论证时,应对建设项目的职业安全卫生状况同时做出论证、评价;在编制初步设计文件时,应严格遵守现行的职业安全卫生标准,并依据职业安全卫生预评价报告完善初步设计,同时编制《职业安全卫生专篇》;施工图设计时,应落实初步设计中的职业安全卫生内容和在初步设计审查中通过的职业安全卫生方面的审查意见。

1.0.6 职业安全卫生设计一经批准,不得随意改动。如需变动,应征得原负责审批的行政部门的同意。

1.0.7 电子工业职业安全卫生设计,除应符合本规范外,尚应符合国家现行有关标准的规定。

2 术 语

2.0.1 洁净室(区) clean room (clean area)
空气悬浮粒子浓度受控的房间(限定空间)。它的建造和使用应减少室内诱入、产生、滞留粒子。室内其他有关参数,如温度、湿度、压力等按要求进行控制。

2.0.2 职业安全卫生 occupational safety and health
以保障职工在职业活动过程中的安全与健康为目的的工作领域及在法律、技术、设备、组织制度和教育等方面所采取的相应措施。

2.0.3 危险因素 hazardous factors
能对人造成伤亡或对物造成突发性损坏的因素。

2.0.4 有害因素 harmful factors
能影响人的身心健康,导致疾病(含职业病),或对物造成慢性损坏的因素。

2.0.5 有害物质 harmful substances
化学的、物理的、生物的等能危害职工健康的所有物质的总称。

2.0.6 有毒物质 toxic substances
作用于生物体,能使机体发生暂时或永久性病变,导致疾病甚至死亡的物质。

2.0.7 工作条件 working conditions
职工在工作中的设施条件、工作环境、劳动强度和工作时间的总和。

2.0.8 工作场所 workplace
职工从事职业活动的地点和空间。

2.0.9 工作环境 working environment
工作场所及周围空间的安全卫生状态和条件。

2.0.10 事故 accidents
职业活动过程中发生的意外的突发性事件总称,通常会使正常活动中断,造成人员伤亡或财产损失。

2.0.11 个人防护用品 personal protective devices
为使职工在职业活动过程中免遭或减轻事故和职业危害因素的伤害而提供的个人穿戴用品。

2.0.12 职业病 occupational diseases
指企业、事业单位和个体经济组织的劳动者在职业活动中,因接触粉尘、放射性物质和其他有毒、有害物质等因素而引起的疾病。

2.0.13 电子信息系统 electronic information system
由计算机、有/无线通信设备、处理设备、控制设备及其相应的配套设备、设施(含网络)等电子设备构成的,按照一定应用目的和规则对信息进行采集、加工、存储、传输、检索等处理的人机系统。

3 一 般 规 定

3.1 一 般 原 则

3.1.1 建设项目职业安全卫生设计,必须认真贯彻"以人为本"、"安全第一、预防为主"的指导方针。

3.1.2 建设项目职业安全卫生设计,应根据实际情况按下列原则对职业活动中的危险和有害因素采取治理或防护、防范措施:

1 消除——通过合理的设计,尽可能从根本上消除危险和有害因素。

2 预防——当消除危害源有困难时,可采取预防性技术措施。

3 减弱——在无法消除危害源和难以预防的情况下,可采取减少危害的措施。

4 隔离——在无法消除、预防、减弱的情况下,应将人员与危险和有害因素隔开。

5 联锁——当操作者失误或设备运行一旦达到危险状态时,通过联锁装置终止危险运行。

6 警告——易发生故障或危险性较大的地方,配置醒目的识别标志。必要时,采用声、光或声光组合的报警装置。

3.1.3 建设项目职业安全卫生设计所依据的原始资料

必须充分、可靠，所采取的治理与防范措施应技术先进、经济合理、切实可行。

3.2 项目选址

3.2.1 建设项目应根据国家和地方城乡建设与国土资源用地规划、区域环境功能和自然环境状况、技术经济要求、建设配套条件、环境保护、职业安全卫生等因素，合理选择建设场址。

建设项目所选场址应确保自身符合职业安全卫生要求，并应防止或避免建设项目的危险或有害因素对周边人群居住或活动的环境造成污染及危害。

3.2.2 建设项目的场址应选择在工程地质、水文、气象条件符合安全卫生要求，且交通便利、外部配套条件良好、环境较为清洁、与区域规划相容的地区。

3.2.3 建设项目的场址不得选择在下列任一地区：

1 洪水、潮水或内涝威胁的地区，或决堤溃坝后可能淹没的地区。

2 发震断层和设防烈度高于九度的地震区。

3 有泥石流、滑坡、流沙、溶洞等直接危害的地段及采矿陷落（错动）区界限内。

4 爆破危险范围内。

5 放射性物质影响区、自然疫源区、地方病严重流行区。

6 经常发生飓风、雷暴、沙暴等气象危害的地区。

7 环境污染严重的地区。

8 国家规定的风景区及森林和自然保护区，以及历史文物古迹保护区。

9 对飞机起落、电台通信、电视转播、雷达导航和重要的天文、气象、地震观察以及军事设施等规定有影响的范围内。

3.2.4 建设项目的场址不宜选择在Ⅳ级自重湿陷性黄土、厚度大的新近堆积黄土、高压缩性的饱和黄土、欠固结土和Ⅲ级膨胀土等工程地质恶劣地区。

3.2.5 有较强电磁辐射的建设项目，所选场址与其周边人群居住、工作、生活地区之间的距离，应确保其受到的辐射强度不超过现行国家标准《环境电磁波卫生标准》GB 9175 的有关规定。

当建设项目作为被保护对象时，其场址与外界辐射源之间的距离亦应符合现行国家标准《环境电磁波卫生标准》GB 9175 的有关规定。

3.2.6 建设项目的场址应避开高压走廊。项目场址与高压输电线路之间的距离应确保项目场址内的工频超高压电场强度不超过国家现行有关工业企业设计卫生标准的规定。

有较强工频超高压电场辐射的建设项目，所选场址与人群居住、工作、生活地区之间的距离亦应符合国家现行有关工业企业设计卫生标准的规定。

3.2.7 向大气排放有害物质的建设项目应布置在当地夏季最小频率风向的被保护对象的上风侧；当建设项目作为被保护对象时，其场址则应位于当地夏季最小频率风向的外界污染源下风侧。

3.2.8 严重产生有毒有害气体、恶臭、粉尘、烟、雾等污染物的建设项目，不得在居住区、学校、医院和其他人口密集的被保护区域内及其边缘建设。其卫生防护距离应按现行国家标准《制定地方大气污染物排放标准的技术方法》GB/T 13201，或当地监管部门的要求设置。

3.2.9 建设项目所选场址与外部噪声源之间的距离，应确保其受到的外界噪声辐射不超过现行国家标准《声环境质量标准》GB 3096 中 3 类标准的有关规定，并宜位于外部主要噪声源的当地夏季最小频率风向的下风侧。

3.2.10 产生高噪声的建设项目，宜位于噪声敏感区域的当地夏季最小频率风向的上风侧，并应确保厂界噪声符合现行国家标准《工业企业厂界环境噪声排放标准》GB 12348 的有关规定。

3.2.11 建设项目与外界强振源之间的距离，应确保其所受到的振动强度不超过现行国家标准《城市区域环境振动标准》GB 10070 的有关规定。

3.2.12 无污染或轻污染的建设项目宜在环境空气质量功能区的二类区建设。

3.2.13 建设项目所在地的生活饮用水应符合现行国家标准《生活饮用水卫生标准》GB 5749 的有关规定。

3.2.14 建设项目所选场址应符合国家或地方有关水源保护地的规定。

3.3 总平面布置

3.3.1 建设项目的总平面布置设计在满足技术经济合理性的同时，应确保符合职业安全卫生要求。

3.3.2 建设项目各建（构）筑物在场区内的布局，应符合下列规定：

1 洁净厂房应位于环境清洁、污染物少、人流和物流不穿越或少穿越的地段；并应位于粉尘、有害气体等污染源的全年最小频率风向的下风侧。

2 向大气排放有毒、有害或腐蚀性气体、蒸汽、烟雾、粉尘及臭气的生产厂房、原材料或废料堆场，应布置在场区夏季最小频率风向的上风侧，且地势开阔、通风条件良好的地段。同时，应与厂前区、职工餐厅、要求环境较清洁的厂房以及人流密集的区域留有一定的防护距离。

其配套的室外净化装置宜靠近相关建（构）筑物布置。

3 建设项目的主要噪声源宜相对集中布置在场区内远离非噪声作业区、行政及生活区等要求安静的区域，其周围宜布置对噪声较不敏感、体形较高大、朝向有利于隔声的建（构）筑物。噪声源以外的其他非噪声工作地点以及场区边界的噪声强度，应分别符合国家现行有关工业企业设计卫生标准及现行国家标准《工业企业厂界环境噪声排放标准》GB 12348 的有关规定。

  4 产生电磁辐射、电离辐射、工频超高压电场辐射的生产设施，其位置与其他建筑之间的距离应达到其他建筑内的人员所受到的辐射分别不超过现行国家标准《环境电磁波卫生标准》GB 9175、《电离辐射防护与辐射源安全基本标准》GB 18871、有关工业企业设计卫生标准对公众照射的有关规定。

  5 仓库区的布置宜靠近生产区及货运出入口，并避开主要人流通道。同时，应留有足够的货物装卸和车辆回转场地。

  6 汽(叉)车库宜布置在场区的边缘地带并避开人流密集处。有条件时，可设专用出入口或利用货运出入口。其总平面布置应符合现行国家标准《汽车库、修车库、停车场设计防火规范》GB 50067 的有关规定。

  7 汽(叉)车加油站宜布置在场区全年最小频率风向的上风侧，并应位于远离火源、主要建(构)筑物和人员集中的场区边缘地段。其总平面布置应符合现行国家标准《汽车加油加气站设计与施工规范》GB 50156 的有关规定。

  8 储存易燃、易爆、有毒物品的库房、储罐、堆场宜布置在场区全年最小频率风向的上风侧，并应远离火源、主要建(构)筑物和人员集中的地带。储存液态介质的储罐四周，应按现行国家标准《建筑设计防火规范》GB 50016 的有关规定设置防止事故泄漏的防火堤、防护墙或围堰。储存区宜设置围墙和专用出入口。

  使用槽车输送储存介质的储罐区，还应设置卸车泊位及储罐防撞安全设施。

  9 氢气站、氧气站、燃气储配站、油库、锅炉房等火灾、爆炸危险性较大的动力站房，宜布置在场区全年最小频率风向的上风侧，并应远离明火、散发火花的地点、主要建(构)筑物和人员集中的地段。

  各类气罐、气柜、气瓶库，应布置于场区全年最小频率风向的上风侧和锅炉烟囱的全年最小频率风向的下风侧。

  10 配(变)电所宜布置在场区用电负荷中心，且高低压线路进出方便及远离人流密集的地方，不应设于存在火灾和爆炸危险、剧烈振动及高温的场所，亦不宜设在多尘或有腐蚀性气体的场所。对于大容量的总降压站、开闭所，尚应在其周围加设围墙。

  11 废水处理建(构)筑物，其位置宜靠近相关污染源，且应远离水源构筑物及空调新风入口。

  12 职工餐厅或食堂的位置应符合下列要求：
  1) 不得设在易受到污染的区域。
  2) 应距离污水池、垃圾场(站)等污染源 25m 以上，并应设置在粉尘、有害气体、放射性物质和其他扩散性污染源的影响范围之外。

  3.3.3 场区内的建(构)筑物及露天的作业场、物料堆场、设备、贮罐等设施，彼此之间以及与场区内外的铁路、道路之间应设置必要的间距。间距应符合下列规定：

  1 应满足建(构)筑物对通风和采光的要求。

  2 应确保露天作业场所、设备具有安全作业、检修所需的必要空间。

  3 应符合现行国家标准《建筑设计防火规范》GB 50016、《高层民用建筑设计防火规范》GB 50045 和《工业企业总平面设计规范》GB 50187 对防火间距所作的有关规定。

  3.3.4 一般建筑的方位应利于室内有良好的通风和自然采光。主要建筑宜呈南北向布置。高温、热加工、有特殊要求和人员较多的建筑物宜避免西晒。

  3.3.5 放散大量余热的车间和厂房，其纵轴线与当地夏季最大频率风向相垂直。当受条件限制时其角度不宜小于 45°。

  3.3.6 室外管线的布置设计应符合现行国家标准《工业企业总平面设计规范》GB 50187 的有关规定。

  火灾危险性属于甲、乙、丙类的液体、液化石油气、可燃气体、毒性气体和液体以及腐蚀性介质等的管道布置设计，尚应符合国家现行标准的有关规定。

  3.3.7 场区出入口的位置和数量，应根据企业的生产规模、总体规划、场区用地面积及总平面布置等因素综合确定，但其数量不宜少于 2 个，且主要人流出入口宜与主要物流出入口分开设置。

  3.3.8 道路和铁路专线的设计应符合现行国家标准《工业企业标准轨距铁路设计规范》GBJ 12、《厂矿道路设计规范》GBJ 22 和《工业企业厂内铁路、道路运输安全规程》GB 4387 的有关规定。

  道路和铁路专线在场区内的线路布局还应符合现行国家标准《建筑设计防火规范》GB 50016、《高层民用建筑设计防火规范》GB 50045、《工业企业总平面设计规范》GB 50187 对消防车道、交通安全所作的有关规定。同时，还应满足危险源发生事故时紧急救援和紧急疏散的需要。

  3.3.9 跨越铁路、道路上空的管架(或管线)及建(构)筑物，距铁路轨面或道路路面的净空高度应符合现行国家标准《工业企业总平面设计规范》GB 50187 的有关规定。

  3.3.10 建(构)筑物、设备、管线和绿化物不得侵入铁路线路和道路的建筑限界，不得影响行车视距。

  3.3.11 铁路专用线不宜与人行主干道交叉。凡与道路平交的道口应按现行国家标准《工业企业铁路道口安全标准》GB 6389 的有关规定设置相应的安全设施、信号和标志。

  3.3.12 场地竖向设计除应满足各项技术经济要求外，

尚应满足场地排水及防洪排涝要求。

3.3.13 在严格控制场区绿化率的条件下，绿地的布置及植物种类的选择宜符合下列原则：

1 加强生产管理区、主要出入口等人员较集中、活动较频繁地段的观赏性及美化效果；维持洁净度要求较高的生产车间、装置及建筑物所在区域的清洁卫生；

2 利于减弱事故爆炸的气浪及阻挡火灾的蔓延；利于热加工车间和西晒建筑的遮阳；利于对有害气体、粉尘及噪声的屏蔽。

3 不影响室外管线、装置、设备的生产和检修安全；不影响行车的视距；不影响易燃易爆重气体在空间的扩散。

3.4 建（构）筑物设计

3.4.1 改建、扩建项目拟利用的旧有建（构）筑物，应根据其现状及新的使用要求和新的火灾危险性特征合理使用。必要时应进行安全性复核，并采取相应的改造、加固措施。

3.4.2 建设项目的建（构）筑物设计所依据的岩土工程勘察报告应切实、可靠，并应符合现行国家标准《岩土工程勘察规范》GB 50021 的有关规定。

3.4.3 建筑结构的设计使用年限、安全等级的确定，应符合现行国家标准《建筑结构可靠度设计统一标准》GB 50068 的有关规定。

3.4.4 建设项目的抗震设防烈度应按国家规定的权限审批、颁发的文件（图件）确定。凡抗震设防烈度为 6 度及以上地区的建（构）筑物，必须进行抗震设计。

3.4.5 建（构）筑物的设计应对生产过程中产生的振动、高温、高压、深冷、腐蚀、油浸等因素所造成的不利影响，采取相应的防范、防治措施。

3.4.6 使用、产生剧毒物质的工作场所，其墙壁、顶棚和地面等内部结构和表面，应采用不吸收、不吸附毒物的材料，必要时应加设保护层以便清洗。车间地面应平整、防滑、易于清扫。经常有积液的地面不应透水，并应坡向排水系统。

3.4.7 厂房（建筑）技术夹层的设计，应确保安装、检修的方便和安全，并采取必要的通风、采光和防火措施。

3.4.8 建设项目的办公建筑、科研建筑宜按国家现行标准《城市道路和建筑物无障碍设计规范》JGJ 50 的有关规定进行无障碍设计。

3.4.9 一般厂房、工作间或作业场所宜有良好的自然通风和自然采光。

3.4.10 热加工厂房宜采用单层建筑，四周不宜建披屋。确有必要时，披屋应避免建于夏季最大频率风向的迎风面。

3.4.11 工作场所的地面、墙面、顶棚应避免眩光。装修色彩宜淡雅柔和，并应利于对安全色和安全标志的识别。

3.4.12 建筑材料的选用应符合下列规定：

1 建筑材料和装修材料的选用和使用应符合现行国家标准《民用建筑工程室内环境污染控制规范》GB 50325 的有关规定。

2 建筑构件和建筑材料的燃烧性能和耐火极限应符合现行国家标准《建筑设计防火规范》GB 50016、《高层民用建筑设计防火规范》GB 50045 的有关规定。所使用的不燃、难燃材料必须选用依照产品质量法的规定确定的检验机构检验合格的产品。

3 建筑内部装修材料的选用应符合现行国家标准《建筑内部装修设计防火规范》GB 50222 的有关规定。

4 有静电防护要求的工作场所应选用不产生静电的装修材料。对于在洁净厂房内使用的防静电材料，尚应符合现行国家标准《电子工业洁净厂房设计规范》GB 50472 的有关规定。

3.5 工作场所的布置及工作环境的卫生要求

3.5.1 工作场所的布置设计应保证生产工艺的合理性、经济性和可实施性，同时还应满足职业安全卫生的要求。

3.5.2 工作场所布置设计应符合下列要求：

1 存在危险或有害因素的工序或工作间（区），宜按危害性质相同的原则相对集中，并与其他工序或工作间（区）隔离或隔开布置。

2 产生腐蚀性物质及尘、毒危害的工序或工作间（区），宜在厂房内靠近夏季最大频率风向下风侧的外墙布置。

3 具有火灾、爆炸危险的工序或工作间（区），宜布置在单层厂房内靠外墙侧或多层厂房内最上一层的靠外墙侧，其具体位置的确定应利于采取防火、防爆措施，且其防爆泄压面应避开下列场所：

1）人员集中的场所。

2）厂房（建筑）的出入口或其他工作间的出入口。

3）主要通道或人流集中的主要道路。

4）危险源。

4 无爆炸危险房间的可开启门、窗应避开爆炸危险区域。

5 产生噪声或振动的工序或工作间（区），宜布置在厂房内的偏僻处，且其近邻宜为非敏感的工作间（区）。必要时应将噪声源或振动源布置在单独工作间或单独建筑（或厂房）中。

6 有电磁辐射危害的工序或工作间（区）应与其他生产工序或工作间（区）隔开布置，并应避开人流密集的通道、出入口。

7 电离辐射照射室的布置设计应符合本规范第 5.8.4 条、第 5.8.5 条及第 5.8.7 条第 9 款的规定。

8 产生高温和散发大量热量的工序或工作间，在不影响工艺流程或流水生产作业时，宜与其他工作间隔离或隔开布置。允许竖向自然通风工序或工作间的热源宜布置在天窗下方。可利用穿堂风进行自然通风工序或工作间的热源宜布置在厂房内当地夏季最大频率风向的下风侧。

对于多层厂房，放散热量和有害气体的生产场所宜布置在建筑物的上层。必须布置在下层时，应采取防止对上层造成不良影响的措施。

9 生产的火灾危险性为甲、乙类的生产场所，以及储存物品的火灾危险性为甲、乙类的仓库不应设置在地下室或半地下室内。

3.5.3 具有危险或有害因素的工序或工作间（区），因受条件限制难以采取防治措施或虽经治理但仍会对其邻近区域造成不良影响或构成安全性威胁时，宜分离布置在单独的一幢建筑中。

3.5.4 工作场所的布置设计应符合现行国家标准《建筑设计防火规范》GB 50016、《高层民用建筑设计规范》GB 50045 对防火分区的有关规定。

3.5.5 厂房（或建筑）出入口、楼梯、电梯和通道的布置，除应满足正常活动时人流、物流需要外，尚应符合现行国家标准《建筑设计防火规范》GB 50016、《高层民用建筑设计规范》GB 50045 对安全疏散所作的有关规定。

危险性作业场所应设置安全通道。出入口不应少于两个，门、窗应向外开启，且在应急时应能便捷打开。通道和出入口应保持畅通。

3.5.6 辅助用室位置的确定应符合本规范第 5.11.3 条的规定。

3.5.7 设有车间或仓库的建筑物内，不得设置员工集体宿舍。

3.5.8 设备的布置应在其周边留有确保职工正常活动时不受固定物、运动物和可能的飞出物伤害的安全间距和空间。

3.5.9 为职工设定的工作空间、工作场所、工作过程，宜符合现行国家标准《人类工效学 工作岗位尺寸设计原则及其数值》GB/T 14776、《工作系统设计的人类工效学原则》GB/T 16251 的有关规定。

3.5.10 工作场所除应按工艺要求布置设备外，还应根据生产活动和物流的要求，在合理的位置布置原材料、废料及成品的存放场地。

3.5.11 工作场所应符合下列要求：

1 工作场所的空气中所含化学物质、粉尘、生物因素的浓度不应超过国家现行有关工作场所有害因素职业接触限值化学有害因素所规定的容许值；所存在的物理有害因素不应超过国家现行有关工作场所有害因素职业接触限值物理因素所规定的容许值。

2 工作场所的温度、湿度、新鲜空气量应符合国家现行有关工业企业设计卫生标准的规定。洁净室的温度、湿度、新鲜空气量应符合现行国家标准《电子工业洁净厂房设计规范》GB 50472 的有关规定。

3.6 工艺及设备

3.6.1 建设项目应通过采取改进设计、使用清洁的能源和原料、采用先进的工艺技术与设备、改善管理、综合利用等措施，从源头将危险和有害因素减少至最低程度。

对生产过程中不可避免产生的危险和有害因素，必须采取防范、防治措施。

3.6.2 在保证产品质量的前提下，宜采用无毒无害或低毒低害的原材料，宜采用不产生或少产生危险和有害因素的新工艺、新技术、新设备、新材料。

3.6.3 建设项目中的电镀、喷漆、热处理、铸造、锻造，以及氢气、氧气、煤气、乙炔气、液化石油气生产等存在较严重的危险和有害因素而又难以治理的生产工艺或生产部门，宜委托外部专业化生产企业协作解决；必须自建时，宜适当集中。

3.6.4 对于可能产生严重危害的生产过程或生产设备，应根据具体情况提高机械化、自动化程度，或采取密闭、隔离措施。

3.6.5 对劳动强度较大的装卸运输作业，宜采取机械化、半机械化等措施。当需人工搬运时，其体力搬运的负荷不应超过现行国家标准《体力搬运重量限值》GB/T 12330 的有关规定。

3.6.6 建设项目应采用标准工时制度，劳动者每日工作应为 8h，每周工作应为 40h。

因工作性质或生产特点的限制不能实行标准工时制度时，可采用其他的工作和休息办法，但应保证职工每周工作时间不超过 40h，每周应至少休息 1d；符合条件的也可按相关规定实行不定时工作制或综合计算工时工作制。

从事特别艰苦、繁重、有毒有害、过度紧张工作的劳动者，可在每周工作 40h 的基础上适当缩短工作时间。

3.6.7 建设项目所选用的设备应符合下列要求：

1 设备上的运动零部件、过冷或过热部位、可能飞甩或喷射出物体（固、液、气态）的部位应具有可靠的防护装置或相应的防护措施。

2 生产、使用、贮存或运输过程中存在易燃易爆气体、液体、蒸汽、粉尘的生产设备，应采取密闭（或严防跑、冒、滴、漏）、监测报警、防爆泄压、避免摩擦撞击、消除电火花和静电积聚等相应防范措施及应急处理装置。

3 使用或产生具有毒性、腐蚀性的液体、气体、蒸汽、粉尘的设备，应采取密闭（或严防跑、冒、滴、漏）、负压工况、自动加料、自动卸料等相应措施，并配备吸入、净化和排放装置及应急处理装置。

4 设备运行所产生的噪声或振动应符合相关产品标准的规定。高噪声设备宜配备隔声设施。

5 产生辐射的设备应具有有效的屏蔽、吸收措施，必要时应有监测、报警和联锁装置。宜远距离操控和自动化作业。

6 操作、调整、检查、维修时需要察看危险区域或人体局部需要伸进危险区域的生产设备，应具有防止误启动的装置或措施；需人员进入其内部检修的设备，应具有安全进出、防止误启动等安全技术措施。

7 所选用的各种设备，均应符合现行国家标准《生产设备安全卫生设计总则》GB 5083、《电气设备安全设计导则》GB 4064以及相关产品标准的规定。

3.6.8 所选用的设备，其自身成套的安全卫生装置应配备齐全。

3.6.9 所选用的设备，应配有关于其在运输、贮存、安装、使用和维修等过程中有关安全、卫生要求的技术说明文件。

3.6.10 所选用设备的生产厂家应具有合格的生产资质及有效的证明文件。

4 职业安全

4.1 防机械性伤害

4.1.1 建设项目的工程设计应综合采取防止物体打击、机械伤害、车辆伤害、起重伤害、坠落和坍塌等机械性伤害事故发生的措施。

4.1.2 布置可能飞出、甩出或喷射出物体而本身又难以具备可靠防护装置的设备时，应使其飞出、甩出或喷射方向避开邻近工作岗位、通道和出入口。当不可避免时，应在飞出、甩出或喷射方向留有足够的安全距离或设置可靠的防护装置。

4.1.3 对人员可能触及范围内有明露的传动性机件或尖锐的棱、角、突起的设备时，应设置可靠的防护装置和安全标识。

4.1.4 工作场所的布置设计，应从确保生产过程合理、安全的角度对生产设备（装置）、原材料（或毛坯）、半成品、成品、废料、工具等物品进行统筹规划和布置。

4.1.5 设备之间或设备与建（构）筑物及其他固定设施之间，应留有供人员正常活动、操作或检修的安全间距。

机械加工设备的安全间距不宜小于表 4.1.5 的规定。

表 4.1.5 机械加工设备的安全间距（m）

距离范围	小型设备	中型设备	大型设备
设备操作面间	1.1	1.3	1.5
设备操作面离墙柱	1.3	1.5	1.8
设备后面、侧面离墙柱	0.8	1.0	1.0

注：1 当设备后面、侧面有检修部位时，应按具体情况或设备说明书的要求设置足够的空间。
    2 使用本表时，应避免设备基础与建筑的基础和其他设备的基础发生矛盾。

4.1.6 工作场所应设置运输通道，并宜标出明显的安全标线。室内通道宽度可按表 4.1.6 采用。

表 4.1.6 厂房内通道宽度（m）

运输方式	通道宽度
人工运输	≥1.0
电瓶车、叉车单向行驶	≥1.8
电瓶车、叉车双向行驶	≥3.0
汽车	≥3.5

在通道交叉处应有车辆安全转弯所需的足够宽度或转弯半径。

通道两侧不应存在易伤害通行人员、车辆的物件，亦不应存在易被通行车辆伤害的人员、物件。当不可避免时，应设隔离保护装置及警示标志。

4.1.7 凡易受车辆撞击的设备及门框、柱、墙等建筑部位，应设置醒目的标志。必要时应设置足够强度的护栏或采取其他保护措施。

4.1.8 工作场所内架空的输送装置、各种管道及电缆桥架等悬挂物的架设高度，应确保其下方的人员、车辆、起重设备的正常通行。并不应与设备干涉，不应影响正常作业的进行。

悬挂输送机或其他被运物品可能发生意外坠落的架空运输设备，在跨越工作地点、通道上方以及上下坡等区段的下方，应加设防护网或防护板。防护网或防护板下方的行人通道净空高度不得小于1.9m。

4.1.9 工作场所的地面应平坦、防滑、易清扫，应避免设置不必要的台阶、斜面、突起、凹陷。

4.1.10 室内外所设的坑、壕、池、井、沟等构筑物应设围栏或盖板，必要时应加设安全警示标识。盖板及围栏应装设稳固，并根据现场人、物流情况设定足够的承载能力。

4.1.11 凡人员需要从生产线辊道、皮带运输机等运输设备上空跨越的地方，应设带栏杆的走桥。

4.1.12 高出地面的平台、走台、楼面以及其上洞口的敞开边缘处，应设防护栏杆。有物品滑落可能的防护栏杆下部，应加设挡板予以封闭。

4.1.13 架空平台、走台、钢梯、防护栏杆的设计，应方便操作和检修，并应符合现行国家标准《固定式钢梯及平台安全要求 第 1 部分：钢直梯》GB 4053.1、《固定式钢梯及平台安全要求 第 2 部分：钢斜梯》GB 4053.2 和《固定式钢梯及平台安全要求 第 3 部分：工业防护栏杆及钢平台》GB 4053.3 的有关规定。

4.1.14 起重机的工作级别应根据其实际工作状况，按现行国家标准《起重机设计规范》GB 3811 的有关规定确定。一般车间和仓库用起重机工作级别宜为

A3～A5；繁重工作车间和仓库用起重机工作级别宜为 A6～A7。

4.1.15 起重机的安全装置应符合现行国家标准《起重机械安全规程》GB 6067 的有关规定。

4.1.16 有起重设备的作业区，其布置设计应为起重设备设置吊运通道。被吊物品不应通过无关设备的上空及作业人员的上空。

4.1.17 桥式起重机的供电滑线宜选用导管式安全滑触线。当采用角钢或电缆滑线时，应涂上安全色和设置信号灯及防触电护板。供电滑线不应设在驾驶室的同侧。

4.1.18 在同一轨道上安装两台及以上的桥式起重机时，必须安装防撞设施。

4.1.19 垂直运输不应采用以卷扬机或电动葫芦为驱动装置的简易吊笼或简易电梯。

4.1.20 建设项目所选用的电梯，其性能、质量应符合现行国家标准《电梯技术条件》GB 10058 的有关规定；其安装以及井道和机房的设计，应符合现行国家标准《电梯的制造与安装安全规范》GB 7588 的有关规定。

4.1.21 根据工艺要求必须在多层厂房中设置的贯穿各层的垂直吊运口，其位置应避开公共通道、设备及各种管线。各层洞口及洞口正对的底层区域，应在被吊物品事故坠落时可能波及范围的周边设置防护栏或防护网，有条件时应砌筑井道。

4.1.22 物料或物品的储存、运输应满足下列要求：

1 散装物料堆积的坡面角不得大于其自然安息角。当散装物料靠墙堆放时，其墙面应具有足够的侧向抗压能力。

2 有包装的物品或裸装计件物品以堆垛方式储存时，其堆放高度不应超过地坪的承载能力和物品本身或包装物的耐压能力，并保证堆放的稳定性。

堆垛与照明灯具或建筑的墙、柱、顶应保持适当的安全距离。

3 料堆、堆垛、货架间应留有确保运输车辆安全装卸、行驶的通道，必要时可设置安全标识。

4.2 防烧、烫、灼、冻伤害

4.2.1 建设项目的工程设计应对引起烧、烫、灼、冻等人身伤害的危险因素，采取相应的安全防护措施。

4.2.2 工业炉窑、热工设备、高温液体容器（槽体）、输送热介质的管网等，凡人员可触及的部位，其表面温度超过 60℃时，应采取隔热措施或安全保护装置。

4.2.3 工业炉窑及其他热工设备可能喷射火焰或灼热气体、液体的部位，应设隔离保护装置和相应的警示标志。

4.2.4 具有高温或赤热表面的在制品，应采用机械化、自动化设备进行加工、传输和检验；并应在人体可能受到烧、烫伤害的部位采取隔离或隔热措施。

4.2.5 生产过程中产生的高温或赤热废料、废品应设专门装置进行收集、传送。

4.2.6 存在高温液态物质的场所，应在其意外事故泄漏可能涉及的范围周围设置围栏或醒目的警示标志。其场所应设置紧急避让空间和便捷疏散通道。对可能受波及的建筑部位或设备（装置）应采取隔离或隔热等措施。

4.2.7 高温或赤热的在制品、成品、废料应设专门场地或设施存放，并应对其设置安全隔离装置和警示标志。

4.2.8 凡与人体直接接触的生产性或生活性热水，其供水设备应具有控制水温在安全范围的功能。

4.2.9 设备的过冷部位及输送过冷介质的管网，凡人员可触及的部位应采取隔冷措施或安全保护装置。

4.2.10 使用酸、碱及其他具有腐蚀性物质的工序，宜采用自动化程度较高、密闭性良好、具有防飞溅措施的设备。

4.2.11 当酸、碱及其他腐蚀性物质的使用量较大时，其储罐应与工作地点分开单独存放，并采用管道输送。输送系统应采用耐腐蚀管材，套管保护。系统阀箱内应设排气排液管道和泄漏报警装置。

4.2.12 架空敷设的酸碱液体输送管道，应避开经常有人员通行的场所。当不可避免时，应采取可靠的防护措施。

4.2.13 储存酸、碱或其他具有较强腐蚀性液体的设备、储罐，应采取防溢出、防渗漏等措施，并设置事故排放装置及报警装置。其所在场地应设置液体收集地沟及管道，其基础及周围地面应采取防腐处理。

4.2.14 储存、输送腐蚀性介质的设备、管道放空时，应设置相应装置加以收集、处理，不得任意排放。

4.2.15 使用酸、碱及其他腐蚀性物质的工作间（区）的设计，应设置事故泄漏或事故喷溅发生时人员有紧急避让空间和便捷的疏散通道。

4.2.16 腐蚀性物品的包装必须严密，不得泄漏。安全标识应齐全、醒目。腐蚀性物品贮存应符合现行国家标准《常用化学危险品贮存通则》GB 15603 和《腐蚀性商品储藏养护技术条件》GB 17915 的有关规定。

4.2.17 可能发生化学性灼伤的储存间、工作间，应在安全、便捷的地方设置紧急冲淋装置及洗眼器，并保证不间断供水。

4.3 防火、防爆

4.3.1 建设项目的防火、防爆设计，应符合现行国家标准《建筑设计防火规范》GB 50016 和《高层民用建筑设计防火规范》GB 50045 的有关规定。

4.3.2 生产或储存物品的火灾危险性分类、建筑物的耐火等级、最多允许层数及防火分区最大允许占地面积的确定，应符合下列规定：

1 厂房或仓库其生产或储存物品的火灾危险性分类、建筑的耐火等级、最多允许层数、防火分区最大允许建筑面积的确定，应符合现行国家标准《建筑设计防火规范》GB 50016的有关规定。

2 教学楼、办公楼、科研楼、档案楼等公共建筑，建筑高度不超过24m时，其耐火等级、最多允许层数、防火分区最大允许建筑面积的确定，应符合现行国家标准《建筑设计防火规范》GB 50016的有关规定；建筑高度超过24m时，其建筑类别的划分、建筑的耐火等级、防火分区最大允许建筑面积的确定，则应符合现行国家标准《高层民用建筑设计防火规范》GB 50045的有关规定。

3 洁净厂房的火灾危险性分类、建筑的耐火等级、防火分区最大允许建筑面积的确定，应符合现行国家标准《电子工业洁净厂房设计规范》GB 50472的有关规定。

洁净厂房如因生产工艺要求需扩大防火分区时，应在设置火灾自动报警系统、自动喷水灭火系统等防范设施的基础上，并经消防监管部门批准后再实施。

4 改建、扩建建设项目利用的原有建筑物，应根据新的使用要求和新的火灾危险性特征按本条第1～3款的规定执行。

4.3.3 使用、产生易燃易爆物质的建筑（或工作间），应采取下列防火、防爆措施：

1 所选用的工艺设备和公用工程设备应具有相应的防火、防爆性能。

2 应设置局部排风系统或全室排风系统。

3 应按现行国家标准《建筑设计防火规范》GB 50016、《高层民用建筑设计防火规范》GB 50045、《电子工业洁净厂房设计规范》GB 50472的有关规定，设置防烟、排烟设施。

4 应设置火灾自动报警装置。

5 对可能突然放散大量有爆炸危险物质的建筑（或工作间），应设置事故报警装置及其与之联锁的事故通风系统。

6 应按现行国家标准《爆炸和火灾危险环境电力装置设计规范》GB 50058的有关规定，划分爆炸危险分区及火灾危险分区，并进行电气工程设计。

7 工作间内的设备、管道以及易产生静电的其他设施应按现行国家标准《防止静电事故通用导则》GB 12158的有关规定采取防静电措施。

8 应按现行国家标准《建筑设计防火规范》GB 50016、《高层民用建筑设计防火规范》GB 50045、《建筑内部装修设计防火规范》GB 50222和《电子工业洁净厂房设计规范》GB 50472的有关规定，在防火间距、安全疏散、建筑防爆、材料选用、防静电、防雷击、防火花等方面对建（构）筑物采取相应的防火、防爆措施。

4.3.4 储存易燃、易爆物品的房间、库房，除应符合本规范第4.3.3条的规定外，尚应符合下列规定：

1 易燃、易爆物品的储存条件、储存方式、储存安排、储存限量及混存禁忌，应符合现行国家标准《常用化学危险品贮存通则》GB 15603、《易燃易爆性商品储藏养护技术条件》GB 17914的有关规定。

2 应按储存物品的危险性特征，分别或综合采取通风、调温、防晒、防潮、防水、防漏、防静电、防火花等措施。

4.3.5 储存易燃、易爆物品的露天储罐（或储罐区），应采取下列防范措施：

1 储罐之间，储罐与其配套设备之间，储罐与各类建（构）筑物、明火地点或散发火花地点之间，储罐与道路、铁路之间，应根据现行国家标准《建筑设计防火规范》GB 50016的有关规定，设置足够的防火（安全）间距。

2 甲、乙、丙类液体储罐和液化石油气储罐，应按现行国家标准《建筑设计防火规范》GB 50016的有关规定设置防火墙、防火堤及冷却水设施。

3 储罐区内的卸车泊位，应设置相应的收纳事故泄漏的设施。

4 储罐及储罐区应按现行国家标准《建筑物防雷设计规范》GB 50057、《防止静电事故通用导则》GB 12158的有关规定采取防雷、防静电措施。

4.3.6 硼烷、磷烷、硅烷、砷烷、二氯二氢硅等易燃、易爆特种气体的储存、配送，应按现行国家标准《电子工业洁净厂房设计规范》GB 50472的有关规定执行。

4.3.7 具有火灾、爆炸危险的动力站房，除符合本规范第4.3.3条外，尚应采取下列防范措施：

1 有爆炸危险的房间与无爆炸危险的房间之间应以防爆墙隔开。需连通时，其间应以具有密封双门的连廊或门斗相连。

2 有爆炸危险的房间其安全出入口不应少于两个。其中一个应直通室外或疏散楼梯的安全出口。不超过100m²的房间可设一个安全出口。单层锅炉间炉前走道总长度不大于12m且面积不大于200m²时，其安全出口可设置一个。

3 锅炉房的设计应符合现行国家标准《锅炉房设计规范》GB 50041的有关规定。锅炉间的建筑外墙应采取泄压措施。锅炉排烟系统的烟道应装设防爆装置。

4 具有火灾、爆炸危险的常用气体、特种气体和燃料气体的供气管道，应在其适当部位装设放散管、取样口、吹扫口和阻火器，放散管应引至室外放散或接入专用设备处理后排放。

5 高压气体钢瓶灌瓶台或汇流排钢瓶组供气台，

应设高度不低于2m的钢筋混凝土防护墙。

4.3.8 易燃、易爆危险化学品，在洁净厂房内的运输、储存、分配应符合现行国家标准《电子工业洁净厂房设计规范》GB 50472的有关规定。

4.3.9 室内管道的布置设计应符合下列要求：

1 输送易燃、易爆、助燃介质的管道严禁穿越生活间、办公室、配电室、控制室。

2 输送易燃、易爆、助燃介质的管道不应穿越不使用该类介质的工作间（区），必须穿越时，应对这段管道加设套管。

3 输送易燃、易爆、助燃介质的管道、管件、阀门、泵等连接处应严密，管道系统应采取防静电接地措施。

4 输送易燃、易爆、助燃介质管道的竖井或管沟应为不燃烧体。在安全、防火、防爆等方面互有影响的管道不应敷设在同一竖井内或管沟内。

5 输水或可能产生水滴的管道不应布置在遇水将引起燃烧、爆炸或损坏的原料、产品及设备上空。

6 管道的保温及保冷应选用不燃或难燃材料。

7 金属管道的布置设计应符合现行国家标准《工业金属管道设计规范》GB 50316对管道系统的安全所作的有关规定。

4.3.10 建设项目应设置消防设施和器材，其配置和设计应符合现行国家标准《建筑设计防火规范》GB 50016、《高层民用建筑设计防火》GB 50045、《电子工业洁净厂房设计规范》GB 50472、《建筑灭火器配置设计规范》GB 50140、《自动喷水灭火系统设计规范》GB 50084和《火灾自动报警系统设计规范》GB 50116的有关规定。

危险化学品的灭火方法、消防措施尚应符合现行国家标准《常用化学危险品贮存通则》GB 15603、《易燃易爆性商品储藏养护技术条件》GB 17914、《腐蚀性商品储藏养护技术条件》GB 17915和《毒害性商品储藏养护技术条件》GB 17916的有关规定。

4.3.11 消防设施其火火剂的选择除应与火灾种类相适应外，还应避免灭火剂致使人员遭受窒息、毒害和贵重设备、物品遭受损坏、污染。

4.3.12 生产、使用、储存随消防水扩散将严重污染环境的物质的工作场所、仓库、储罐，应设置汇集、收纳消防废水的设施，或选用除水以外的其他灭火剂。

4.4 防雷

4.4.1 建设项目所属的建（构）筑物，其防雷类别的确定及其相应的防雷设计，应符合现行国家标准《建筑物防雷设计规范》GB 50057的有关规定。

4.4.2 建设项目所属的电子信息系统，其雷电防护等级的确定及其相应的防雷设计，应符合现行国家标准《建筑物电子信息系统防雷技术规范》GB 50343的有关规定。

4.4.3 电气设备、装置的防雷及过电压保护应符合国家现行标准《交流电气装置的过电压保护和绝缘配合》DL/T 620及《建筑物电气装置》GB 16895.16的有关规定。

4.4.4 储存可燃气体、液化烃、可燃液体的钢罐应按现行国家标准《石油化工企业设计防火规范》GB 50160的有关规定采取相应防雷措施。

4.4.5 各类防雷建筑物应采取防直接雷和防雷电波侵入的措施。生产、使用、储存爆炸物质的建筑物或具有爆炸危险环境的建筑物尚应采取防雷电感应的措施。

装有防雷装置的建筑物，在防雷装置与其他设施和建筑物内人员无法隔离的情况下，应采取等电位连接。

4.4.6 排放气体、蒸汽或粉尘的放散管、呼吸阀、排风管、自然通风管、烟囱等的防雷设计，应符合现行国家标准《建筑物防雷设计规范》GB 50057的有关规定。

4.4.7 微波天线、卫星接收天线、公共电视天线系统，其天线以及其杆塔应有防雷措施，天线杆顶应装接闪器。接闪器、天线的零位点、天线杆塔及接地装置在电气上应可靠地连接。

4.4.8 平行或交叉敷设的间距小于100mm金属管道、构架和电缆金属外皮等长金属物，应按现行国家标准《建筑物防雷设计规范》GB 50057的有关规定采取防雷电感应的措施。

金属管道、电缆在进出建筑物处，应按现行国家标准《建筑物防雷设计规范》GB 50057的有关规定采取防雷电波侵入的措施。

4.4.9 场区架空管道以及配变电装置和低压供电线路终端，应采取防雷电波侵入的防护措施。

4.4.10 微波站、卫星接收站的工作接地、保护接地和防雷接地宜合用一个接地系统，其接地电阻值不应大于1Ω。当工作接地、保护接地与防雷接地分开时，应分设接地装置，两种接地装置的直线距离不宜小于10m，工作接地、保护接地的电阻值不宜大于4Ω，并应有2点与站房接地网连接。

4.5 防触电及用电安全

4.5.1 建设项目应根据其对供电可靠性要求以及供电中断在政治、经济、安全上所造成的损失、影响和危害的严重程度，按现行国家标准《供配电系统设计规范》GB 50052的有关规定，确定其用电负荷等级。

消防电源的用电负荷等级应按现行国家标准《建筑设计防火规范》GB 50016和《高层民用建筑设计防火规范》GB 50045的有关规定确定。

4.5.2 建设项目配（变）电所位置的确定，应符合现行国家标准《10kV及以下变电所设计规范》GB

50053的有关规定。

4.5.3 建设项目不宜使用油浸作绝缘材料的电气设备。

在多层或高层主体建筑内的变电所，应选用节能型干式、气体绝缘或非可燃液体绝缘的变压器。当采用油浸变压器且其油量为100kg及以上时，应设置单独变压器室。

在多尘或有腐蚀性气体严重影响变压器安全运行的场所，应选用防尘型或防腐型变压器。

4.5.4 配（变）电所的设计应按现行国家标准《10kV及以下变电所设计规范》GB 50053、《低压配电设计规范》GB 50054、《35～110kV变电所设计规范》GB 50059 及《3～110kV高压配电装置设计规范》GB 50060 的有关规定，在设备、电器、导体的选择及其布置设计中，以及在建筑、采暖通风等相关专业设计中，采取相应的防火、防爆及其他安全措施。

4.5.5 低压配电及线路设计应按现行国家标准《低压配电设计规范》GB 50054、《建筑设计防火规范》GB 50016 和《高层民用建筑设计防火规范》GB 50045 的有关规定，在导体及配电设备的选择、线路敷设和设备布置设计中，以及建筑、采暖通风等相关专业设计中，采取相应的防火、防爆及其他安全措施。

4.5.6 设计应保证对电气设备检修操作的安全。应对自动与手动、就地与远距离以及其他转换操作设置相应的连锁装置。

4.5.7 电力装置、电气设备的继电保护及电气测量的设计，应符合现行国家标准《电力装置的继电保护和自动装置设计规范》GB 50062和《电力装置的电气测量仪表装置设计规范》GB 50063 的有关规定。继电保护装置应满足可靠性、选择性、灵活性和速动性的要求。

4.5.8 手持式或移动式用电设备、室外工作场所的用电设备、环境特别恶劣或潮湿场所用电设备、由TT系统供电的用电设备的配电线路应设置剩余电流动作保护装置。

4.5.9 电气设备及线路应按现行国家标准《安全用电导则》GB/T 13869、《系统接地型式及安全技术要求》GB 14050 以及《建筑物电气装置》GB 16895.21 有关电击防护的规定接地。除工作用中性线外，必须设置保护人身安全的保护线。严禁在插头（座）内将保护接地极与工作中性线连接在一起。

对正常不带电而发生事故时可能带电的电气装置均应设置可靠接地。

4.5.10 电动工具应按下列原则选用：

1 在一般作业场所，宜使用Ⅱ类工具。使用Ⅰ类工具时应采取剩余电流动作保护器、隔离变压器等保护措施。

2 在潮湿作业场所或金属构架等导电性能良好的作业场所，应使用Ⅱ类或Ⅲ类工具。

3 在锅炉、金属容器、管道内等作业场所，应使用Ⅲ类工具或装设剩余电流动作保护器的Ⅱ类工具。

4.6 防静电

4.6.1 建设项目防静电设计应符合现行国家标准《防止静电事故通用导则》GB 12158 的有关规定。

4.6.2 防静电设计应根据生产工艺特点及产生静电的状况，采取下列基本防护措施：

1 减少静电荷的产生：

　1）对接触起电的物体或物料，宜选用在带电序列中位置较邻近的材料，或对产生正负电荷的物料加以适当的组合。

　2）生产工艺的设计应使摩擦起静电的相关物料接触面积和接触压力尽量小、接触次数少、运动和分离速度慢。

　3）生产设备应采用静电导体或静电亚导体制作，避免采用静电非导体。

　4）在物料中添加少量适宜的防静电添加剂。

　5）在生产工艺允许的情况下，局部环境的相对湿度宜大于50%。

2 采取防静电接地措施，其静电导体与大地间的总泄漏电阻值应符合表4.6.2的要求。

表 4.6.2 静电接地电阻取值（Ω）

适用范围	电阻
通常情况总泄漏电阻	≤10^6
每组专设的静电接地体的接地电阻	≤100
山区等土壤电阻率较高的地区的接地电阻	≤1000
需限制静电导体对地的放电电流的场合其泄漏电阻	≤10^9

3 对于高带电的物料，宜在排放口前的适当位置装设静电缓和器。

4 对静电非导体宜用高压电源式、感应式或放射源式等不同类型的静电消除器。

5 应将带电体进行局部或全部静电屏蔽，同时屏蔽体应可靠接地。

6 设备或装置宜避免存在静电放电条件。

4.6.3 场效应管、MOS电路等半导体器件制造及应用的场所，应根据其对防静电要求的严格程度，分别或综合采取下列措施：

1 采用防静电活动地板或防静电地面以及防静电内装修材料，其表面电阻（或体积电阻）应符合现行国家标准《计算机机房用活动地板技术条件》GB 6650 和《电子工业洁净厂房设计规范》GB 50472 的有关规定。

2 工作间内的工作台台面、座椅、垫套应选用不易产生静电的材料制作，其表面电阻值应为$1\times 10^6\Omega\sim 1\times 10^9\Omega$。

3 工作人员应配备防静电服、防静电鞋、防静电手套。必要时，尚应配备防静电腕带等。

4 专用传递工、器具，应由表面电阻不大于$10^8\Omega$静电导体、静电亚导体材料制成。

5 应装设静电消除器。

4.6.4 防静电活动地板、防静电地面、工作台面和座椅垫套等，应进行静电接地。防静电腕带应通过1MΩ电阻接地，并应并联接地，不得串联接地。

4.6.5 室外氢气、天然气等易燃、易爆气体输送管道，在进出建筑物处、不同爆炸危险环境的边界、管道分支处以及直线段每隔80m～100m处，均应采取静电接地措施。每处接地电阻不应大于100Ω。

4.6.6 除计算机、电子仪器外，下列情况下可不采取专用静电接地措施：

1 当金属导体已与防雷、电气保护接地、防杂散电流、电磁屏蔽等的接地系统有连接时。

2 当金属导体间有紧密的机械连接，并在任何情况下金属接触面间有足够的静电导通性时。

4.7 安全信息、信号及安全标志

4.7.1 在容易发生事故或危险性较大的场所，应根据现场具体状况设置安全标志或安全色。安全标志或安全色的设置应符合现行国家标准《安全标志》GB 2894、《安全色》GB 2893、《安全标志使用导则》GB 16179和《安全色使用导则》GB 6527.2的有关规定。

4.7.2 建设项目应按现行国家标准《消防安全标志设置要求》GB 15630的有关规定，设置符合现行国家标准《消防安全标志》GB 13495的消防安全标志。

4.7.3 场区（或厂区）道路及厂房（或建筑）内的主要通道，宜按现行国家标准《道路交通标志和标线》GB 5768的有关规定，设置交通标志和标线。

4.7.4 对可能产生职业病危害的工作场所、设备、产品、物料堆场（或堆放地），应根据实际情况按国家现行有关工作场所职业病危害警示标识的规定设置警示标识。

4.7.5 建设项目的非地下埋设的气体和液体输送管道，应按现行国家标准《工业管道的基本识别色、识别符号和安全标识》GB 7231的有关规定，涂刷基本识别色、识别符号、安全标识。

4.7.6 在可能发生险情，特别是在可能发生险情的高声级环境噪声工作场所，应根据现场状况、人员感知状况按现行国家标准《工作场所的险情信号 险情听觉信号》GB 1251.1、《人类工效学 险情视觉信号 一般要求 设计和检验》GB 1251.2和《人类工效学 险情和非险情声光信号体系》GB 1251.3的有关规定，设置传递险情的听觉（声）信号、视觉（光）信号或二者的组合。

4.7.7 生产过程中凡属条件恶劣，操作人员不易直接观察而又必须边观察边操作的生产部位，应设置生产过程监控电视系统。

4.7.8 建设项目应根据现行国家标准《火灾自动报警系统设计规范》GB 50116的有关规定，结合建设项目具体情况，合理确定保护对象的级别、需设置火灾自动报警系统予以保护的区域（场所）或对象，并进行相应的报警系统设计。

洁净厂房火灾自动报警系统的设计尚应符合现行国家标准《电子工业洁净厂房设计规范》GB 50472的有关规定。

4.7.9 建设项目应设置火灾应急广播系统，或兼有此功能的一般广播系统。

4.7.10 下列建设项目或建设项目中的下列场所（或部位），宜根据其具体情况分别或综合设置防盗报警、电视监控、门禁等安防系统：

1 生产贵重、危险产品。

2 使用贵重、稀缺、危险的材料、设备。

3 遭受破坏、盗窃将对企业、社会造成严重影响。

4 肩负重要生产活动的洁净厂房（室）。

5 职业卫生

5.1 防尘、防毒

5.1.1 电子工业中下列工艺过程应采取综合治理措施：

1 半导体（或集成电路）生产中的外延、氧化扩散、化学气相淀积、离子注入、腐蚀、清洗、刻蚀、溅射、塑封等工艺。

2 真空器件零件清洗、阴极热丝制备、涂屏、充汞等工艺。

3 陶瓷料、玻璃料、磁性材料、塑料等材料的破碎、配制、加工等工艺。

4 铸造、热处理、电火花加工、磨削加工、化学处理、电镀、喷砂、油漆等工艺。

5 铅蓄电池等含铅生产工艺。

6 电阻、电容等元件生产及印刷电路板生产工艺。

7 整机装联工艺中的焊接等工序。

5.1.2 建设项目应采取下列措施消除或减少尘、毒的产生：

1 应采用清洁生产工艺及设备，应采用不产生或少产生尘、毒的工艺和设备，应采用无毒或低毒原（辅）料替代高毒或剧毒原（辅）料。

2 在工艺允许的情况下，应采用湿料或颗粒料替代干粉料。

3 严重产生尘、毒的生产工艺，如条件允许宜委托外部专业化生产企业协作解决。

5.1.3 建设项目应采取下列措施，消除或减少尘、毒的散发和对人员的危害：

1 严重产生尘、毒的工作区（间），应与其他工作区（间）可靠地隔开。避免对周边工作区造成危害。

2 采用密闭（整体密封、局部密封或小室密封）或负压工况的生产工艺和设备。不能密闭时，应设置排风罩。

3 采用自动化设备，实现物料或在制品的自动装载、泄漏检测、联锁控制。

4 采用密闭性好的输送装置。

5 将生产线上的工艺设备与输送装置集成为密闭的工艺系统。

6 对存在剧毒且难以消除其危害的工艺过程，应通过采取全自动化生产或遥控操作等措施，实现人与物的隔离。

7 改进工艺，减少粉、粒料的中转环节和缩短输送距离。

8 减少散装粉、粒料转运点的落差高度，并对落料点采取密闭、负压等措施。

9 在尘、毒超标的作业场所或局部空间，应为工作人员设置送风式头盔或呼吸面具，并为其提供维持正常呼吸的供气点。

10 经常有人来往的通道（含地道、通廊），应有自然通风或机械通风，不得敷设有毒液体或有毒气体的管道。

5.1.4 建设项目应采取下列措施，将尘、毒从工作间（或工作区）排除：

1 **在生产中可能突然逸出大量有害气体或易造成急性中毒气体的作业场所，必须设置泄漏自动报警装置和与其联锁的事故通风装置及应急处理装置。**

2 凡有烟、尘逸出的设备、窑炉等的开口部位应设排风装置。

3 破碎设备应按其类型和进、卸料情况设排风装置，并应符合下列规定：

　　1）颚式破碎机上部进料口应设密闭排风罩。当物料落差小于1m时，可只设不排风的密闭罩。当落差小于1m且上部有排风时，下部卸料口可只设不排风的密闭罩，否则应排风。

　　2）双辊破碎机的进、卸料口均应密闭并排风。进料落差小于1m且密闭较好的小型设备，可只在下部排风。

　　3）大型球磨机的旋转滚筒应设在全密闭罩内并排风。用带式输送机向球磨机给料时，进料口及球磨机本体密闭罩均应排风。

　　4）轮辗机应设密闭围罩并排风。

4 筛选设备应根据具体情况在卸料点、筛孔落料处及其本体部分按设备类型设罩并排风，并应符合下列规定：

　　1）振动筛宜在筛子上设密闭排风罩。

　　2）滚筒筛应设整体密闭排风罩。

　　3）多段筛宜在筛箱侧面设窄缝侧吸罩。罩口风速控制在5m/s以内。筛箱顶部应设可开启盖板。

5 混料机应采用密闭排风围罩，或在进、出料口分别设置排风罩。

6 石英砂干燥设备卸料口应设全密闭罩并排风。

7 落砂机、混砂机、喷丸室（机）、抛丸室（机）、喷砂室（机）、清理滚筒等设备均应采取排风措施。

8 斗式提升机当其提升高度小于10m时，可只在下部排风。提升高度大于10m时，则上下部均应排风。

9 采用压送式气流输送系统的储存粉料的密闭料仓，应在其顶部设泄压除尘滤袋，或将袋式除尘机组直接坐落在料仓顶盖上。

10 袋装粉料的拆包、倒包应在有负压的专门装置中进行。

11 印制线路板生产中使用的锯床、数控钻（铣）床、开槽机、倒角机、贴膜机、蚀刻机、去膜机、显影机、凹蚀设备、电镀设备、曝光机、紫外光固化机等散发粉尘、酸碱蒸汽或臭氧等的设备，均应采取排风措施。

12 电镀槽、酸洗槽、除油槽、腐蚀槽及其他化学槽等应设槽边侧吸罩或吹吸式风罩。蓄电池极板化成槽应设上部排风罩或侧吸罩。

13 镀铬槽排风管路上应设置铬液回收装置。风管连接应严密。

14 批量生产的喷漆或喷涂作业，应在有排风的喷漆室、喷涂室或喷漆柜、喷涂柜内进行。大件生产的就地喷漆工作区应有良好通风。烘干箱（室）应单独设置排风系统。

15 热处理盐浴炉和淬火油槽应设围罩或侧吸罩。

16 产生大量油雾的设备应设排油雾装置；产生磨削粉尘的设备应设局部排风除尘装置。

17 生产设备的有毒尾气排放口应设置可靠的现场处理装置和局部排风装置。

18 电子产品生产过程中产生有机溶剂蒸汽的作业点均应设排风装置。

19 装联工艺中的回流焊、波峰焊、浸锡焊以及手工焊接等作业点，应设排风装置及烟雾净化装置。

20 电焊、气焊、等离子切割、熔铅锅等产生金属蒸汽的工作点，应设排风装置。

21 玻璃热加工、芯柱压制、高铅玻璃电真空器件的热加工、熔制铅玻璃池炉观察孔等处，应设置强

22 使用滴汞电极极谱仪时，应采用专用的极谱工作台，工作间地坪应为深色，工作台附近地面应设收集汞的凹坑，地坪应有坡向凹坑的坡度。

23 生产荧光灯、闸流管等产品所使用的充汞设备以及其他使用汞的工作间，其室内环境温度应尽可能低。并应设置全面通风和局部排风。工作间内应设汞清洗收集槽。地坪、顶棚、墙面材料应便于冲洗。地坪应有3%坡度，并应坡向汞清洗收集槽。

24 微波功率器件的氧化铍陶瓷配料、压制、焙烧、研磨、金属化等设备均应设排风装置。使用粉状氧化铍的工作间，室内管线应暗敷，室内装修材料应便于水冲洗，工作间附近应设淋浴间。

25 蓄电池生产的铅、镉、镍等有毒粉尘工作区，应有给排水设施，并应能用水冲洗。

其他粉尘工作区，在生产或实验许可条件下，地面宜保持湿润和能用水冲洗。

26 干电池生产中的熔化、和料、捏炼及磨切加工设备，均应设置排风罩。含汞粉料加工、成型设备应设密闭罩排风。

27 荧光粉生产中的硫化氢储罐室，应设置硫化氢气体泄漏报警装置，并与事故排风系统联锁。

硫化氢控制室应保持正压。

硫化锌制备反应釜应设置确保其搅拌机实现放料前关闭，加料后启动的联锁装置。

28 当设备的密封性能和局部排风措施尚不能确保工作区（间）空间的尘、毒含量达到要求时，应加设全室排风措施，且室内空气不得循环使用。

5.1.5 对尘、毒物品的运输、储存、分配应采取下列防范措施：

1 在工作区内装卸散装的干砂、干石英砂、焦炭、煤粉、黏土等粉粒料，不宜使用抓斗吊车、翻斗车及卡车。允许洒水降尘的装卸区域，应设置洒水设施。

2 有毒物品应储存在专门的场所、库房中。其储存条件、储存方式、储存限量应符合现行国家标准《常用化学危险品贮存通则》GB 15603 和《毒害性商品储藏养护技术条件》GB 17916 的有关规定。

3 储存有毒气体的场所应设置有效的气体处理设施。相互抵触的液态物质应隔开储存，并应分别设置防事故泄漏的围堰。

4 存放粉粒状或毒性材料的容器，应具有良好密闭性和耐蚀性。

5 磷烷、砷烷、硼烷、硅烷、三氯化硼、四氟甲烷等毒性特种气体的储存、配送，应符合现行国家标准《电子工业洁净厂房设计规范》GB 50472 的有关规定。

6 储存和使用氰化物、砷化物等剧毒物品的库房、工作间，其墙壁、顶棚和地面应采用不吸附毒物的材料，并应便于清洗和收集。分发有毒物质处应设置洗涤池和通风柜。

7 储存和使用氰化物、砷化物等剧毒物品的库房、工作间，室内管线应暗敷。

8 液氯罐储存间应设置氯气报警装置，并与事故排风机、废气处理装置联锁。排风吸口应靠近地面。储存间内应设置液氯罐泄漏应急装置。

液氯罐的装卸、运输，应采取确保其不受撞击、不会发生意外坠落的措施。

9 储存液态有毒物质的地上式、半地下式储罐，应设防泄漏围堰。围堰的容积不应小于最大单罐地上部分储量。从围堰引出的排水（排污）管（沟）应汇集到专用的污水池。

10 危险化学品在洁净厂房的运输、储存、分配，应符合现行国家标准《电子工业洁净厂房设计规范》GB 50472 的有关规定。

5.1.6 对于需要人员进入其内部进行检修作业的存在尘、毒的密闭空间，建设项目的工程设计应为检修作业时其管道和电源的安全隔绝、密闭空间的清洗和置换、密闭空间空气的良好流通、照明的安全、作业过程的监护等措施的实施提供必要的保障条件。

5.1.7 高毒作业场所应设置应急撤离通道和必要的泄险区。

5.1.8 排除毒性物质的排风系统应采取下列措施：

1 排风系统应设备用排风机。

2 排风机应设备用电源。

3 排风管道的材质应根据排放介质的危害特征合理选用；排风管道上应设观察、检修、清扫口；排风管道上不宜设防火阀。

5.1.9 储存或输送化学危险品或有毒介质的设备、储罐、管道及附属的仪表、器材等，应根据介质特性合理选用材料，并采取必要的防泄漏、防腐蚀等措施。设备、管道放空时，应加以收集或处理，不得任意排放。

5.1.10 输送有毒介质的管道应符合下列规定：

1 严禁穿越生活间、办公室、配电室、控制室。

2 不应穿越不使用该类介质的工作间（区），必须穿越时，应对这段管道加设套管。

5.1.11 散发有毒气体的生产废水，不得采用明沟排水。

5.1.12 从工作间（区）排出的含有尘、毒的废气、废水、废渣，必须按相关环保标准的要求进行处置。

5.1.13 防尘、防毒排风系统的设计应符合现行国家标准《采暖通风与空气调节设计规范》GB 50019 的有关规定。

5.2 防暑、防寒、防湿

5.2.1 电子工业生产中，电子元器件、电子材料、电子玻璃、电子陶瓷、磁性材料，以及铸造、锻造、热处理、动力站等工艺或部门所含的高温作业区，应采取防暑降温措施，并应使工作场所的WBGT指数符合国家现行有关工作场所有害因素职业接触限值物理因素所规定的卫生要求。

5.2.2 当采取降温措施后工作场所的热环境仍不能达到本规范第5.2.1条要求，或采取全面降温措施耗能太大或很不经济时，应在固定工作地点及休息地点设置局部送风。对于不需人员始终在设备旁操作的高温环境，则宜设置具有降温设施的监控室、观察室或休息室。

局部送风系统的设计应符合现行国家标准《采暖通风与空气调节设计规范》GB 50019的有关规定。

5.2.3 作业场所热源的布置应符合下列原则：
 1 热工件宜在车间外面存放。
 2 以竖向散热为主的厂房，热源宜布置在天窗的下方。
 3 以穿堂风散热为主的厂房，热源宜布置在夏季最大频率风向的下风侧。
 4 便于对热源采取隔热措施。
 5 便于对热作业点降温。
 6 在工艺流程允许的情况下，发热设备或其他热源宜集中布置在单独的工作间或厂房（或建筑）中，并采取有效的排热措施。

5.2.4 采用自然通风为主的建筑，宜按夏季有利于通风的方位布置。主要进风侧不宜加建有碍进风的辅助建筑物。

5.2.5 高温车间宜采用避风天窗，端部应予封闭。天窗与侧窗宜设开闭机构。

5.2.6 夏季自然通风的进风窗，其下沿距室内地面宜为0.3m～1.2m。自然通风窗应有足够的开启面积。

5.2.7 高温车间的屋架下弦高度宜符合下列规定：
 1 有桥式起重机者不宜低于8m。
 2 无桥式起重机者不宜低于6m。

5.2.8 长时间直接受辐射热影响的工作地点，当辐射照度大于或等于350W/m²时，应采取隔热措施；受辐射热影响较大的工作室应采取隔热措施。

5.2.9 封口机、排气机、老练机、熔接机、烤管机、烧氢装置、高压釜、热处理炉、退火炉、烧结炉，以及半导体（或集成电路）生产用的氧化扩散炉、外延设备和钨钼丝生产的热加工区等，应采取通风排热措施。

采取通风排热措施仍不能达到卫生要求或采取大面积通风排热措施很不经济时，应采取局部送冷风降温措施。

5.2.10 布置有玻璃池炉、熔铅装置、覆铜箔板层压机、大型烘箱、耐火材料预热炉等设备的工作区，宜采用天窗或高侧窗排热。工作区应有良好的自然通风。热源区与非热源区宜采用隔热墙隔开。

5.2.11 中心实验室的热工间，宜采用全室通风，工作点宜采用风扇，散发热量的设备可采用排风罩排热。

5.2.12 热处理高频间除应有局部排风外，尚应有全室通风。

5.2.13 高温作业车间或高温作业区应设工间休息室。休息室内的温度不应高于室外温度。设有空调的休息室，室内温度应保持在24℃～28℃。

5.2.14 工作场所冬季的温度应符合国家现行有关工业企业设计卫生标准的规定。必要时应采取相应的采暖防寒措施。

当工作场所面积很大而人员较少，采取全面采暖措施很不经济时，应在固定工作地点及休息地点设置局部采暖措施。当工作地点不固定时，应设置具有取暖设施的休息室。

5.2.15 低温作业车间（冷库）应附设工作服烘干室及淋浴室。

5.2.16 生产用水较多或产生大量湿气的车间，设计时应采取必要的排水防湿措施。

5.2.17 车间的维护结构应防止雨水渗漏。冬季需采暖的车间，屋顶及围护结构内表面应防止凝结水汽的产生。

5.3 噪声控制

5.3.1 建设项目的工程设计应对所产生的噪声进行控制，确保工作地点和非工作地点的噪声声级符合国家现行有关工业企业设计卫生标准及工作场所有害因素职业接触限值的规定。

5.3.2 建设项目应采取下列措施从源头上消除或减轻噪声的产生及危害：
 1 采用行之有效的低噪声新工艺、新技术、新设备。在满足生产要求的条件下，宜以焊代铆、以液压代冲压、以液压代气动、以机械成型代手工冷作成型等。
 2 选用低噪声、振动小的设备或附有噪声控制装置的设备。
 3 避免物料在输送中出现大高差翻落和直接撞击。
 4 采用较少向空中排放高压气体的工艺。
 5 合理选择输送介质在管道内的流速，并减小流体压力突变。

5.3.3 建设项目应根据具体情况对所产生的噪声分别或综合采取下列措施：
 1 在满足工艺流程的前提下，高噪声设备宜相对集中，并与低噪声工作区隔离或隔开布置在厂房的一隅。必要时，可单独布置在另一厂房内。
 2 选用高噪声设备时，宜同时配套采用噪声控制装置。
 3 对产生高噪声的生产过程和设备，宜采用操作机械化、运行自动化。

4　动力站吸、放气口均应采取消声措施。
　　5　管道与强烈振动的设备连接时，宜采用柔性连接。必要时管道还应采用弹性支架。
　　6　对能够限制在局部空间内的噪声，应采取下列隔声措施：
　　　　1）对分散布置的高噪声设备，宜针对单台设备设置隔声罩。
　　　　2）对集中布置的多台高噪声设备，宜针对高噪声设备群设置隔声间。
　　　　3）对难以采用隔声罩或隔声间的某些高噪声设备，宜在声源附近或受声处设置隔声屏障。其设计降噪量可在 10dB（A）～20dB（A）选取。
　　　　4）对传播噪声的管道应作阻尼、隔声处理，或设置在地下。
　　7　当混响声较强的车间、站房需要进行噪声控制而不宜采取隔声、消声措施或采取隔声、消声措施仍不能达到本规范第 5.3.1 条的有关规定时，可采取吸声措施。但以降低直达声为主的噪声，不宜将吸声处理作为主要手段。
　　　　吸声设计宜按下列原则进行：
　　　　1）对声源较密、体形扁平的厂房，作吸声顶棚或悬挂空间吸声体。
　　　　2）对长、宽、高尺度相差不大的房间，宜对顶棚、墙面作吸声处理。
　　　　3）对显像管玻壳厂的屏锥压机等局部区域的声源，可在声源所在区域的顶棚、墙面作吸声处理或悬挂空间吸声体。
　　　　4）当室内采用空间吸声板吸声时，吸声板的面积宜大于房间顶棚面积的 40%，对层高较高、墙面较大的房间宜大于室内总面积的 15%。空间吸声板宜接近声源布置。
　　8　对于风机、空气压缩讥、发动机等设备传播的空气动力性噪声，应在进、排气管路上采取消声措施。
　　9　消声器和管道内气流速度的选择，应符合下列规定：
　　　　1）主管道内应小于或等于 10m/s。
　　　　2）消声器内应小于 10m/s。
　　　　3）鼓风机、压缩机进排气消声器内应小于或等于 30m/s。
　　　　4）内燃机进排气消声器内应小于或等于 50m/s。
　　　　5）对于空调系统，从主管道到使用房间的气流速度应逐步降低。
　　10　降低空气动力性噪声，应按下列原则选用消声器：
　　　　1）降低宽频带稳态气流噪声，应采用阻性或阻抗复合消声器。
　　　　2）降低中、低频为主的脉动气流噪声应采用抗性或以抗性为主的阻抗复合消声器或消声坑。
　　　　3）降低高温、高压、高速、潮湿条件下的气流噪声，或气流通道内不宜采用多孔吸声材料时，宜采用微穿孔板消声器。
　　　　4）降低高压、高速排气放空噪声，应采用小孔喷注消声器、节流降压消声器或两者复合的消声器。
　　11　工业管道的隔声和消声设计，应符合现行国家标准《工业金属管道设计规范》GB 50316 的有关规定。

5.3.4　对于某些高噪声的车间、作业区、站房、试验室，当采用工程技术治理手段尚不能有效控制噪声时，应根据具体情况分别或综合采取下列措施：
　　1　应采取个人防护措施。
　　2　应缩短工作人员接触噪声的时间。
　　3　对于不需人员始终在设备旁操作的高噪声作业场所、动力站房，宜设置隔声的控制室、观察室或休息室。其设计降噪量可在 20dB（A）～50dB（A）选取。

5.3.5　洁净厂房的噪声控制设计除执行本规范外，尚应符合现行国家标准《电子工业洁净厂房设计规范》GB 50472 的有关规定。

5.4　振　动　防　治

5.4.1　建设项目中下列设备和工具所产生的振动应予以控制：
　　1　锻锤、造型机、抛砂机、压力机等设备。
　　2　振动试验台等。
　　3　风动、电动等工具。
　　4　空气压缩机、冷冻机、气体压缩机、鼓风机、引风机、通风机、水泵、柴油发电机、锅炉房中的碎煤机及振动筛等动力机械设备。
　　5　其他产生强烈振动的设备。

5.4.2　通过对振动采取防治措施后，应使作业人员全身感受的振动强度，以及受振动影响的辅助用室的振动强度不超过国家现行有关工业企业设计卫生标准的规定。应使作业人员接触到的手传振动不超过国家现行有关工作场所有害因素职业接触限值物理因素的规定。

5.4.3　建设项目应采取下列措施消除或减轻振动的产生及危害：
　　1　改革工艺和设备，减少振源或降低振动强度。宜采用无冲击工艺代替有冲击工艺，热压法代替冷作业。
　　2　选用平衡良好、振动扰力小的设备或工具。
　　3　有强烈振动的设备，在满足工艺流程要求的前提下宜相对集中布置，并与低振动或无振动工作区隔离或隔开布置在厂房的一隅。必要时应布置在单独的建筑中。

4 有强烈振动的设备不宜布置在楼板或钢平台上；当必须布置时，应提高该楼层结构的刚度或采取隔振措施。

5 有强烈振动设备的管线应采用软管与管网连接。

6 对周边地段影响较大的振动设备应对其底座或基础进行隔振设计，增设隔振装置。

隔振装置及支承结构型式，应依据振动设备的类型、扰力、频率、振动持续时间以及建筑物和操作人员对振动的容许标准等因素通过计算确定。

5.4.4 采取现有的减振技术仍不能满足卫生限值时，应按国家现行有关工业企业设计卫生标准的规定，相应缩短作业时间或为操作者配备有效的个人防护用品。

5.5 电磁波辐射防护

5.5.1 建设项目中的大功率整机调试、雷达试验场测试、微波管热测，以及高频加热设备、介质加热设备和射频溅射设备等有强电磁波辐射的场所或设备，应进行电磁辐射防护设计。

5.5.2 电磁辐射防护设计应确保在辐射范围内长期居住、工作、生活的人群所受到的电磁辐射符合现行国家标准《环境电磁波卫生标准》GB 9175 的限值规定；同时应确保接触高频辐射、超高频辐射、微波辐射的作业人员所受到的电磁辐射符合国家现行有关工作场所有害因素职业接触限值物理因素的限值规定。

5.5.3 电磁辐射屏蔽防护，应根据需要设置局部屏蔽或全室屏蔽，并应符合下列规定：

1 射频和微波设备电磁辐射防护应采用局部屏蔽，并应符合下列规定：

　1）应保证设备外壳电气连续。外壳金属板上的螺栓连接缝和孔洞宜设置导电衬垫条带和金属网条带增强屏蔽。

　2）设备射频馈电系统的波导法兰盘连接缝，宜采用金属丝箔带增强屏蔽。

　3）高频加热设备感应线圈等强辐射的开口部位，宜采用铝板或铜网局部屏蔽并接地。

　4）微波器件热测台，宜采用铜网（或铜网加吸波材料）局部屏蔽。

　5）必须保证屏蔽体与被屏蔽的部件（场源）之间有足够的间距。屏蔽体材料应采用铜、铝等非铁磁性材料。

　6）设备应在匹配状态下运行。

2 射频和微波设备电磁辐射防护，在下列情况下应采用全室屏蔽：

　1）局部屏蔽实施困难，并影响工作效率。

　2）必须保证周围环境的电磁干扰噪声低电平。

5.5.4 全室屏蔽必须对工作间六面设置屏蔽体。遥控工作间屏蔽室应设屏蔽观察窗。

5.5.5 对有人操作的工作间，应在屏蔽室内壁敷设电波吸收材料或在室内设移动式电波吸收屏。工作时设备应连接假负载，工作人员应穿戴个人防护用具。

5.5.6 辐射器调试间应为具有屏蔽性能的电波暗室，并应在其邻近设操作人员的屏蔽室。无暗室的简易辐射器测试，可只设置操作人员的屏蔽笼。屏蔽笼不应设在主瓣方向。当辐射器副瓣可能照射到屏蔽笼外壁时，应设电波吸收屏遮挡。

5.5.7 试验场应采取下列辐射防护措施：

1 应定期测量工作人员活动区域的微波辐射电平。对功率密度接近卫生限值规定的区域（临界区域）应设置醒目的警告信号或标志。对超过卫生限值规定的区域（危险区域）应设置围障。

2 试验过程中宜采用仿真负载。当必须进行自由空间辐射时，天线应安置在使其波束远离或避开工作人员活动的区域。

3 试验场应设置测试实验工作用的屏蔽室。

5.5.8 电磁屏蔽室设计应符合下列要求：

1 防护电磁辐射用屏蔽室应与降低环境电磁干扰噪声的屏蔽兼容。

2 屏蔽材料应选择反射率大或吸收损耗率大、耐电化腐蚀性好、便于施工和价格便宜的金属材料。

3 屏蔽室不得跨建筑伸缩缝。

4 应保证屏蔽壳体的电气连续，不得在屏蔽体上任意设置孔洞。

5 板式屏蔽室应设置通风或空调装置。在风管穿越屏蔽体处，应设置波导型电磁滤波器。滤波器四周应与屏蔽体连续满焊。滤波器与室外风管连接应通过一段非金属软管。其长度应为风管直径的 2 倍～3 倍。

6 引入屏蔽室的气体动力管道，应通过焊在屏蔽体上的气体电磁滤波器。滤波器与室外管道连接，应采用绝缘连接器。

7 引入屏蔽室的水管，应通过焊在屏蔽体上的液体电磁滤波器。滤波器与室外管道连接，应通过一段非金属管。对纯水，其长度应为 1m～3m；对一般水质的水，其长度应大于 10m。

8 屏蔽室内不宜设置汽、水采暖装置。

9 屏蔽门的设计应保证门的开、关轻便，并应保证门在关闭时所有弹簧片均处于最佳接触状态。必须保证手柄转动时均能与门扇保持良好电气连续。

10 电磁屏蔽室应按下列要求装设电源滤波器：

　1）每根电源线（包括中性线）必须设置电源滤波器。

　2）滤波器应装设在电源线引入屏蔽室处。对有源屏蔽室，滤波器应设在屏蔽室内；

对无源屏蔽室，滤波器应装设在屏蔽室外。
　　3）滤波器外壳应紧贴屏蔽体，并在该处接地线。
　11 屏蔽室应按下列要求接地：
　　1）应采用单点接地。
　　2）接地引线应采用扁状导体，其长度，应控制在1/4波长以内。接地引线长度大于1/4波长时，应对接地线采取屏蔽措施。
　　3）应避免接地线与电力线平行敷设。
　　4）对有源屏蔽和无源屏蔽应分别设置接地引线，但可共接地极。
　　5）接地极应避免埋设在建筑防雷接地装置附近。接地极电阻宜在4Ω以下。对特殊要求的屏蔽室，接地极电阻宜1Ω。

5.6 激光辐射防护

5.6.1 建设项目中的激光雕刻、激光打孔、激光切割、激光焊接、激光修值、激光定位、激光划片、激光退火等激光加工生产工序，以及激光信息传输、显示、参数测量、科学研究等场合，应按所使用激光设备的类别对其采取相应的安全防护措施。

5.6.2 激光防护设计应符合现行国家标准《激光产品的安全 第1部分：设备分类、要求和用户指南》GB 7247.1的有关规定。接触激光人员的眼睛、皮肤受到的照射量不得超过国家现行有关工作场所有害因素职业接触限值物理因素的限值规定。

5.6.3 除1类设备外，其余各类激光设备应放置在专门房间或可靠的防护围封内。

5.6.4 激光作业间应当处于关闭状态。非操作人员不得进入激光作业间。室外应设安全警告牌及红色指示灯，室内应设置高压电源总开关。

5.6.5 建设项目所选用的激光设备应具备现行国家标准《激光产品的安全 第1部分：设备分类、要求和用户指南》GB 7247.1规定的安全措施。

5.6.6 激光作业间内应有良好的通风和照明；墙面和天花板应涂刷浅色无光泽涂料；地面应铺深色不反光的橡皮或地板；窗户应采用毛玻璃并应有足够照度。

5.6.7 激光设备的安装应使其射束的传播途径高于或低于人眼高度的位置。

5.6.8 对4类激光设备宜采用遥控操作。

5.6.9 高能量激光设备射束靶上方应设排风装置。

5.6.10 易燃及易爆物品必须远离激光设备。

5.6.11 在室外使用2类以上的激光设备时，应根据激光束的发散角、输出能量、光束直径、大气衰减系数等因素确定激光危害区。在激光危害区内激光设备工作时，必须采取安全防护措施。

5.6.12 激光产品和激光作业场所，应按国家标准《激光安全标志》GB 18217的有关规定设置安全标志。

5.7 紫外线辐射防护

5.7.1 建设项目中利用紫外线所进行的光刻、固化、清洗、改质、消毒等工艺，以及电焊等工艺，应采取相应的安全、卫生防护措施，确保工作场所内的工作人员所受到的紫外线辐射不超过国家现行有关工作场所有害因素职业接触限值物理因素的限值规定。

5.7.2 建设项目应根据具体情况分别或综合采取下列措施，对紫外线的辐射进行防护、控制：
　1 所选用的设备对紫外线应具有较好的屏蔽性；材料、工件出入口的开、闭，宜与设备内紫外线光源的亮、灭相联锁。
　2 布置有较强紫外线辐射设备的工作间，其墙面应涂对紫外线有较好吸收性的涂料。
　3 使用波长为200nm以下短波紫外线的设备，应根据设备、工作环境的具体情况设置局部或全室排风装置。
　4 焊接作业点应设隔离屏障。其高度不应低于2m，且与地面应有50mm～100mm的间隙；焊接作业场所尚应设置通风装置。

5.8 电离辐射防护

5.8.1 对建设项目中产生电离辐射的场所或设备，应按现行国家标准《电离辐射防护与辐射源安全基本标准》GB 18871的要求进行电离辐射防护设计。

5.8.2 电离辐射防护设计，应确保工作人员所受到的电离辐射（职业照射）、公众人群所受到的电离辐射（公众照射）以及工作场所的放射性表面污染不超过现行国家标准《电离辐射防护与辐射源安全基本标准》GB 18871的限值规定。

5.8.3 电离辐射工作室的设置位置，必须充分注意对周围环境的辐射安全，并应符合下列原则：
　1 应远离居住点、宿舍区等行人密集的滞留区。
　2 应避开人流密集的车间主要出入口、主通道。
　3 宜布置在人流较少、位置较偏僻的区域。

5.8.4 电离辐射照射室宜布置在厂房外部，并与厂房毗连；若为多层厂房，宜布置在底层或地下室。电离辐射控制室等辅助用房应布置在与照射室邻近的非主照射方向。

5.8.5 防护外照射，应根据具体情况单独地或综合地采取设置屏蔽、控制照射时间和确保人员与放射源之间有适当距离等防护措施。

5.8.6 电离辐射屏蔽防护的方式应根据放射源的强弱、工作场所对防护的要求、作业过程的工艺特点，以及对工作场所周边可能造成的危害等因素，确定设置全室屏蔽或局部屏蔽。

5.8.7 电离辐射照射室屏蔽防护设计应符合下列

要求：

1 应采用全室屏蔽，对工作间六面（四周、顶和地面）均应设置屏蔽体。工作人员应通过铅玻璃观察。

2 屏蔽防护设计应同时满足当前和预期的电离辐射源的各种照射状况以及照射强度（活度）的要求。

3 屏蔽材料宜采用铅板、硫酸钡墙板或混凝土。

4 凡是一次射线能直接照射到的墙体，应按主照射屏蔽体的要求设计；其他部分可按散、漏辐射防护要求设计。

5 屏蔽体上不得有直通孔洞或缝隙。

6 必须在设计图中标明辐射源在室内允许移动的范围。

7 屏蔽防护门宜设置在次照射屏蔽墙体上。防护铅门的设计应保证整体性，不得有缝隙。门的厚度以及门体与门洞之间的覆盖宽度和严密程度，应在屏蔽效能上与所在屏蔽墙体等效。防护门与设备高压电源之间应设置安全联锁装置。

8 屏蔽防护室应设置单独接地系统，接地电阻应与辐照装置接地要求一致。

9 屏蔽防护室不得跨建筑伸缩缝。

10 屏蔽防护室外应设置醒目的指示灯和警戒信号；室内应设置预警信号装置。

5.8.8 对局部屏蔽，应设置铅玻璃防护罩或移动式铅屏。其工作间应采用重晶石粉复合板进行防护。工作人员应穿戴个人防护用具。

5.8.9 电离辐射照射室应设置良好的通风换气设施。排风系统宜采用下吸式。吸风口的高度宜距室内地坪0.5m。排风系统的布置应使室内排气均匀，并应避免有害气体积聚或气流短路。其换气速率、负压大小和气流组织应能防止污染的回流和扩散。排风口应采取防辐射泄漏的措施。

5.8.10 当需要加大放射源的活度或提高辐射剂量率或增加设备数量时，应对原有屏蔽防护设计进行复核，必要时，应采取补强措施。

5.8.11 废弃的放射源应按当地环境保护部门或放射卫生防护部门的规定处置。

5.9 工频电磁场防护

5.9.1 产生工频超高压电场的设备或线路，其安装位置应与生活区、工作区保持一定的距离，并确保居住区、学校、医院、幼儿园等生活、工作区的电场强度符合国家现行有关工业企业设计卫生标准的限制规定。

5.9.2 从事工频超高压电作业的场所，应对产生工频超高压电场的设备、线路采取屏蔽或设置安全间距等措施，确保作业场所的电场强度符合国家现行有关工作场所有害因素职业接触限值物理因素的有关规定。

5.9.3 工频超高压电气设备周边的非操作区，应采用屏蔽网、罩等设施将其遮挡。

5.10 采光及照明

5.10.1 建设项目工作场所的采光、照明设计，应符合国家现行标准《建筑采光设计标准》GB/T 50033、《建筑照明设计标准》GB 50034和《电子工业人工照明设计标准》SJJ 21的有关规定。

洁净厂房（室）的照明设计尚应符合现行国家标准《电子工业洁净厂房设计规范》GB 50472的有关规定。

5.10.2 建筑物的光照设计，在无特殊要求的情况下宜充分利用天然光采光。

5.10.3 当利用天然光采光时，建筑物的构造、朝向以及工作场地的布置设计应为其创造有利条件。

各类建筑物的采光系数标准值宜符合的有关规定。当受条件限制不能达到现行国家标准《建筑采光设计标准》GB/T 50033的规定时，宜补充相应的人工照明。

5.10.4 当利用天然光时，其采光质量应符合现行国家标准《建筑采光设计标准》GB/T 50033的有关规定。

5.10.5 工作场所、公共场所、动力站等照明的照度标准值，应符合国家现行标准《建筑照明设计标准》GB 50034、《电子工业人工照明设计标准》SJJ 21的有关规定。

5.10.6 采用单色光照明的场所，其照度可根据工艺特点和人员操作的需要，在标准值的基础上作适当调整。

5.10.7 工作场所的照明质量应符合国家现行标准《建筑照明设计标准》GB 50034和《电子工业人工照明设计标准》SJJ 21的有关规定。

5.10.8 照明方式、照明种类的选择、确定，应符合现行国家标准《建筑照明设计标准》GB 50034的有关规定。

5.10.9 建设项目中需设置消防应急照明和消防疏散指示标志的场合，其设置要求应符合现行国家标准《建筑设计防火规范》GB 50016、《高层民用建筑设计防火规范》GB 50045和《电子工业洁净厂房设计规范》GB 50472的有关规定。

5.10.10 因光源频闪效应影响视觉效果和可能出现安全事故的工作场所宜采用白炽灯。当采用气体放电灯时，应采取下列措施之一：

1 采用高频电子镇流器。

2 相邻灯具分接在不同的相序上。

5.10.11 照明光源的显色指数应能保证对安全色、安全标志的辨认、识别。

5.10.12 应急照明应选用能快速点亮的光源。

5.10.13 照明灯具的机械、电气、防火等性能应符合现行国家标准《灯具一般安全要求和试验》GB 7000.1 和《灯具外壳防护等级分类》GB 7001 的有关规定。

5.10.14 对潮湿、高温、有振动、有腐蚀性气体和蒸汽、有尘埃、有爆炸和火灾危险等环境条件较特殊的工作场所，其灯具应符合现行国家标准《建筑照明设计标准》GB 50034 的有关规定。

5.10.15 应急照明的电源，应根据应急照明类别、场所使用要求和该建筑电源条件，采用下列方式之一：
   1 接自电力网有效独立于正常照明电源的线路。
   2 蓄电池组，包括灯内自带蓄电池、集中设置或分区集中设置的蓄电池装置。
   3 应急发电机组。
   4 以上任意两种方式的组合。

5.10.16 疏散照明的出口标志灯和指向标志灯宜用蓄电池电源。安全照明的电源应和该场所的电力线分别接自不同的变压器或不同馈电干线。备用照明电源宜采用本规范第 5.10.15 条第 1 或 3 款方式。

5.10.17 移动式和手提式灯具应采用Ⅲ类灯具，其供电电压值及供电方式，应符合国家现行标准《建筑照明设计标准》GB 50034 和《电子工业人工照明设计标准》SJJ 21 的有关规定。

5.10.18 电缆隧道内应有照明，照明电压不应超过 36V；当照明电压大于或等于 36V 时，应采取安全措施。

5.11 辅助用室

5.11.1 建设项目应按其生产特点、人员编制、实际需要和使用方便的原则，根据国家现行有关工业企业设计卫生标准的要求，设置工作场所办公室、生产卫生室、生活室、妇女卫生室等辅助用室。

从事使用高毒物品作业的建设项目尚应设置清洗、存放或者处理其工作服、工作鞋帽等物品的专用房间。

洁净厂房（或车间）辅助用室的组成及设计，应符合现行国家标准《电子工业洁净厂房设计规范》GB 50472 的有关规定。

5.11.2 生产卫生室、生活室的设计规模应按最大班人员总数计算。但其中部分辅助用室的设计规模宜按下列原则确定：
   1 存衣室应按在册人员总数计算。
   2 浴室应按符合洗浴条件的最大班人员总数计算。
   3 最大班女工在 100 人以上的工业企业，应设妇女卫生室，且不得与其他用室合并设置。
   4 洁净厂房内人员净化用室和生活室的建筑面积，宜按洁净室（区）内设计人数平均每人 $2m^2 \sim 4m^2$ 计算。

5.11.3 辅助用室的设计应符合下列要求：
   1 辅助用室设置的位置应符合下列要求：
      1）宜靠近服务对象相对集中的地方，并应避开有害物质、病原体、高温等有害因素的影响。
      2）当需要在厂房内或仓库内设置辅助用室时，应按现行国家标准《建筑设计防火规范》GB 50016 的有关规定执行。
   2 职工餐厅、浴室应符合相应的卫生标准要求。
   3 生活卫生用室应有良好的自然通风和采光。
   4 办公室、休息室除应有良好的自然通风和采光外，尚应满足隔声要求。

6 职业安全卫生配套设施

6.1 职业安全卫生管理机构

6.1.1 建设项目应根据其建设规模、安全卫生特征、企业的经营管理模式等具体情况，设置职业安全卫生管理机构或配备专职、兼职管理人员。

6.1.2 职业安全卫生管理人员的数量宜按建设项目的规模、安全卫生特征及经营管理模式等因素确定。

6.1.3 凡需建立职业安全卫生管理机构或者配备专职职业安全卫生管理人员的建设项目，在工程设计中应将相关人员纳入编制指标，并应配置相应的办公场地及工作条件。

6.1.4 职业安全卫生管理机构宜与本建设项目的环境保护管理机构合并或合署办公。

6.2 救援、医疗机构

6.2.1 生产、使用或贮存剧毒物质的高风险建设项目，应根据国家有关工业企业设计卫生标准的规定，在工作地点附近设置紧急救援站或有毒气体防护站。

6.2.2 建设项目可根据其生产性质、建设规模、安全卫生特征、管理模式等因素，结合建设项目周边地区社会医疗机构的布局情况，酌情设置医务室、卫生所等小型医疗卫生机构。

6.2.3 从事使用高毒物品作业的建设项目，应配备专职的或者兼职的职业卫生医师和护士。不具备配备专职的或者兼职的职业卫生医师和护士条件的建设项目，应与依法取得资质认证的职业卫生技术服务机构签订合同，由其提供职业卫生服务。

6.3 消防机构

6.3.1 下列建设项目应与当地公安消防部门商洽建立专职消防队，并承担本单位的火灾扑救工作：
   1 生产、储存易燃易爆危险物品的大型建设项目。

2 储备可燃的重要物资的重要仓库、基地。

　　3 本条第1、2款规定以外的火灾危险性较大、距离当地公安消防队较远的其他大型企业。

6.3.2 除本规范第6.3.1条规定以外的其他建设项目，可不设专职消防队。

本规范用词说明

　　1 为便于在执行本规范条文时区别对待，对要求严格程度不同的用词说明如下：

　　1）表示很严格，非这样做不可的：
　　　　正面词采用"必须"，反面词采用"严禁"；

　　2）表示严格，在正常情况下均应这样做的：
　　　　正面词采用"应"，反面词采用"不应"或"不得"；

　　3）表示允许稍有选择，在条件许可时首先应这样做的：
　　　　正面词采用"宜"，反面词采用"不宜"；

　　4）表示有选择，在一定条件下可以这样做的，采用"可"。

　　2 条文中指明应按其他有关标准执行的写法为："应符合……的规定"或"应按……执行"。

引用标准名录

《工业企业标准轨距铁路设计规范》GBJ 12
《厂矿道路设计规范》GBJ 22
《工业企业噪声控制设计规范》GBJ 87
《建筑设计防火规范》GB 50016
《采暖通风与空气调节设计规范》GB 50019
《岩土工程勘察规范》GB 50021
《建筑采光设计标准》GB/T 50033
《建筑照明设计标准》GB 50034
《锅炉房设计规范》GB 50041
《高层民用建筑设计防火规范》GB 50045
《供配电系统设计规范》GB 50052
《10kV及以下变电所设计规范》GB 50053
《低压配电设计规范》GB 50054
《建筑物防雷设计规范》GB 50057
《爆炸和火灾危险环境电力装置设计规范》GB 50058
《35～110kV变电所设计规范》GB 50059
《3～110kV高压配电装置设计规范》GB 50060
《电力装置的继电保护和自动装置设计规范》GB 50062
《电力装置的电气测量仪表装置设计规范》GB 50063
《汽车库、修车库、停车场设计防火规范》GB 50067
《建筑结构可靠度设计统一标准》GB 50068
《自动喷水灭火系统设计规范》GB 50084
《火灾自动报警系统设计规范》GB 50116
《建筑灭火器配置设计规范》GB 50140
《汽车加油加气站设计与施工规范》GB 50156
《石油化工企业设计防火规范》GB 50160
《工业企业总平面设计规范》GB 50187
《建筑内部装修设计防火规范》GB 50222
《工业金属管道设计规范》GB 50316
《民用建筑工程室内环境污染控制规范》GB 50325
《建筑物电子信息系统防雷技术规范》GB 50343
《电子工业洁净厂房设计规范》GB 50472
《工作场所的险情信号 险情听觉信号》GB 1251.1
《人类工效学 险情视觉信号 一般要求 设计和检验》GB 1251.2
《人类工效学 险情和非险情声光信号体系》GB 1251.3
《安全色》GB 2893
《安全标志》GB 2894
《声环境质量标准》GB 3096
《起重机设计规范》GB 3811
《固定式钢梯及平台安全要求 第1部分：钢直梯》GB 4053.1
《固定式钢梯及平台安全要求 第2部分：钢斜梯》GB 4053.2
《固定式钢梯及平台安全要求 第3部分：工业防护栏杆及钢平台》GB 4053.3
《电气设备安全设计导则》GB 4064
《工业企业厂内铁路、道路运输安全规程》GB 4387
《生产设备安全卫生设计总则》GB 5083
《生活饮用水卫生标准》GB 5749
《道路交通标志和标线》GB 5768
《起重机械安全规程》GB 6067
《工业企业铁路道口安全标准》GB 6389
《安全色使用导则》GB 6527.2
《计算机机房用活动地板技术条件》GB 6650
《灯具一般安全要求和试验》GB 7000.1
《灯具外壳防护等级分类》GB 7001
《工业管道的基本识别色、识别符号和安全标识》GB 7231
《激光产品的安全 第1部分：设备分类、要求和用户指南》GB 7247.1
《电梯的制造与安装安全规范》GB 7588
《环境电磁波卫生标准》GB 9175
《电梯技术条件》GB 10058
《城市区域环境振动标准》GB 10070
《防止静电事故通用导则》GB 12158

《体力搬运重量限值》GB/T 12330

《工业企业厂界环境噪声排放标准》GB 12348

《制定地方大气污染物排放标准的技术方法》GB/T 13201

《消防安全标志》GB 13495

《安全用电导则》GB/T 13869

《系统接地型式及安全技术要求》GB 14050

《人类工效学 工作岗位尺寸设计原则及其数值》GB/T 14776

《常用化学危险品贮存通则》GB 15603

《消防安全标志设置要求》GB 15630

《安全标志使用导则》GB 16179

《工作系统设计的人类工效学原则》GB/T 16251

《建筑物电气装置》GB 16895.16

《建筑物电气装置》GB 16895.21

《易燃易爆性商品储藏养护技术条件》GB 17914

《腐蚀性商品储藏养护技术条件》GB 17915

《毒害性商品储藏养护技术条件》GB 17916

《激光安全标志》GB 18217

《电离辐射防护与辐射源安全基本标准》GB 18871

《城市道路和建筑物无障碍设计规范》JGJ 50

《交流电气装置的过电压保护和绝缘配合》DL/T 620

《电子工业人工照明设计标准》SJJ 21

中华人民共和国国家标准

电子工业职业安全卫生设计规范

GB 50523—2010

条 文 说 明

制 定 说 明

本规范按照实用性、先进性、合理性、科学性、防范措施层次化、协调性、规范化原则制定。

本规范制定过程分为准备阶段、征求意见阶段、送审阶段和报批阶段，编制组在各阶段开展的主要编制工作如下：

准备阶段：起草规范的开题报告，重点分析规范的主要内容和框架结构、研究的重点问题和方法，制订总体编制工作进度安排和分工合作等。

征求意见阶段：编制组根据审定的编制大纲要求，由专人起草所负责章节的内容。各编制人员在前期收集资料的基础上分析国内外相关法规、标准、规范和电子工业的安全卫生状况及防范措施，然后起草规范讨论稿，并经过汇总、调整形成规范征求意见稿初稿。

在完成征求意见稿初稿后，编写组组织了多次会议分别就重点问题进行研讨，并进一步了解国内外有关问题的现状以及管理、实施情况，在此基础上对征求意见稿初稿进行了多次修改完善，形成了征求意见稿和条文说明，并由原信息产业部电子工程标准定额站组织向全国各有关单位发出"关于征求《电子工业职业安全卫生设计规范》意见的函"。在截止时间内，共有4个单位返回17条有效意见和建议，编制组对意见逐条进行研究，于2008年3月份完成了规范的送审稿编制。

送审阶段：2008年5月27日，由原信息产业部综合规划司在北京组织召开了《电子工业职业安全卫生设计规范》（送审稿）专家审查会，通过了审查。审查专家组认为，本规范认真贯彻了国家有关方针政策，较好地处理了与我国现行相关规范的关系；体现了电子工业建设项目职业安全卫生的工程设计要求。本规范的实施将对我国电子工业建设项目职业安全卫生设计水平的提高发挥积极作用，同时在规范设计市场方面也将起到重要作用。

报批阶段：根据审查会专家意见，编制组认真进行了修改、完善，形成报批稿。

本规范制定过程中，编制组进行了深入调查研究，总结了我国电子行业的实践经验，同时参考了国外先进技术法规，广泛征求了国内有关设计、生产、研究等单位的意见，最后制定出本规范。

为便于广大设计、施工、科研、学校等单位有关人员在使用本规范时能正确理解和执行条文规定，《电子工业职业安全卫生设计规范》编制组按章、节、条顺序编制了本标准的条文说明，对条文规定的目的、依据以及执行中需要注意的有关事项进行了说明。但是，本条文说明不具备与标准正文同等的法律效力，仅供使用者作为理解和把握标准规定的参考。

目　次

1 总则 ································ 7—37—29
3 一般规定 ························· 7—37—29
　3.1 一般原则 ···················· 7—37—29
　3.2 项目选址 ···················· 7—37—30
　3.3 总平面布置 ················· 7—37—31
　3.4 建（构）筑物设计 ········ 7—37—33
　3.5 工作场所的布置及工作环境的
　　　卫生要求 ···················· 7—37—34
　3.6 工艺及设备 ················· 7—37—35
4 职业安全 ························· 7—37—35
　4.1 防机械性伤害 ············· 7—37—35
　4.2 防烧、烫、灼、冻伤害 ··· 7—37—37
　4.3 防火、防爆 ················· 7—37—37
　4.4 防雷 ··························· 7—37—38
　4.5 防触电及用电安全 ······· 7—37—39
　4.6 防静电 ······················· 7—37—39
　4.7 安全信息、信号及安全标志 ··· 7—37—40
5 职业卫生 ························· 7—37—40
　5.1 防尘、防毒 ················· 7—37—40
　5.2 防暑、防寒、防湿 ········ 7—37—42
　5.3 噪声控制 ···················· 7—37—43
　5.4 振动防治 ···················· 7—37—44
　5.5 电磁波辐射防护 ·········· 7—37—44
　5.6 激光辐射防护 ············· 7—37—47
　5.7 紫外线辐射防护 ·········· 7—37—48
　5.8 电离辐射防护 ············· 7—37—49
　5.9 工频电磁场防护 ·········· 7—37—52
　5.10 采光及照明 ··············· 7—37—52
　5.11 辅助用室 ·················· 7—37—52
6 职业安全卫生配套设施 ······ 7—37—52
　6.1 职业安全卫生管理机构 ··· 7—37—52
　6.2 救援、医疗机构 ·········· 7—37—53
　6.3 消防机构 ···················· 7—37—53

1 总则

1.0.1 电子工业通常被人们视为是"最干净"、"最安全"的工业。其实,电子工业的生产危险性和对职工的危害程度虽不及冶金、石油、化工等部门严重,但由于其生产、试制及科研过程涉及玻璃、陶瓷、粉末冶金、化工材料、电子材料、电子元件、半导体集成电路、电子部件、整机等产品制造及各种生产工艺,广泛采用复杂的专用设备,大量使用多种工业或特种气体及化学危险品,致使生产过程中存在的危险和有害因素种类繁多、危害面广,且对生产环境的污染危害也较大。加之,电子工业发展异常迅速,新产品、新工艺、新设备、新材料层出不穷,还将进一步导致新的危险和有害因素不断产生。因此对电子工业而言,应对建设项目的职业安全卫生问题予以充分的重视。

建设项目在建成后的运营期,其职业安全卫生状况的好坏不仅与实时的防范、治理、监督、管理有关,而且与建设项目的基本建设阶段,特别是其中的工程设计环节有着十分密切的关系。因为只有在工程设计环节对生产过程中存在的危险和有害因素采取了必要的防范、治理措施,建设项目在运营期间的职业安全卫生状况才能得到基本保证。因此,就职业安全卫生问题对工程设计的活动及其结果提出相应的规定、准则,以确保建设项目的职业安全卫生状况得到先天性的保证将是十分必要的。

参考现行国家标准《企业职工伤亡事故分类标准》GB 6441—86、《职业病目录》(卫生部、劳动和社会保障部 2002 年颁发),结合电子工业职业活动特点,电子工业职业活动中存在的危险因素和有害因素见表 1。

表 1 危险因素和有害因素归类

因素类别	危害因素		危害性质
危险因素	机械性伤害	物体打击	安全性危害
		车辆伤害	
		机械伤害	
		起重伤害	
		坍塌	
		坠落	
	化学性伤害	化学灼伤	
		烧、烫、冻伤	
		中毒、窒息	
	电伤害	雷击	
		电击	
		静电	
	火灾、爆炸		

续表 1

因素类别	危害因素		危害性质
有害因素	辐射	电磁辐射	健康性危害
		电离辐射	
		激光	
		紫外线	
		工频电磁场	
	不良工作气象环境	暑、寒、湿等	
	尘、毒		
	噪声		
	振动		
	不良采光、照明		

本规范的基本架构即是参照表 1 形成的。其中只有"中毒、窒息"(属表 1 中的"危险因素")与"尘、毒"(属表 1 中的"有害因素"),因其具有一定的关联性、类似性而予以合并。

1.0.3 本条系根据《建设项目(工程)劳动安全卫生监察规定》第三条制订。该条明确规定"建设项目中的劳动安全卫生设施必须符合国家规定的标准,必须与主体工程同时设计、同时施工、同时投入生产和使用。"

1.0.4 本条系根据《建设项目(工程)劳动安全卫生监察规定》第十二条制订,该条明确规定"建设项目的可行性研究报告编制单位、工程设计单位应对建设项目劳动安全卫生设施的设计负技术责任"。

根据《建设项目(工程)劳动安全卫生监察规定》相关规定,建设项目的设计文件、建设成果应接受有关部门的评价、审查、鉴定、验收。

1.0.5、1.0.6 本条文规定的依据是《建设项目(工程)劳动安全卫生监察规定》。

1.0.7 本规范涉及面虽然较广,但仍难以将工程设计中关于职业安全卫生方面的所有问题全部包括,特别是其中专业性很强的问题。因此在工程设计实践中,除应执行本规范外尚应符合相关行业的国家现行标准和规范。

3 一般规定

3.1 一般原则

3.1.1 为防止和减少安全事故的发生,必须认真贯彻"安全第一,预防为主"的方针。这是《中华人民共和国安全生产法》明文规定的要求。同时,职业安全卫生所涉及的主要对象是人,因此职业安全卫生设计应贯彻"以人为本"的方针。

3.1.2 本条内容参考现行国家标准《标准化工作导

则 职业安全卫生标准编写规定》GB 1.8—89制定。

3.1.3 设计依据和必要的设计原始资料是设计工作的基础和前提，必须准确、可靠，才可能做出正确的设计。否则，不仅可能在经济上造成重大的损失，而且可能造成严重的安全事故。

3.2 项目选址

3.2.1 建设工程的场址选择是一项涉及面广、政策性强的综合性技术经济工作。所选场址必须符合国家和地方城乡建设与国土资源规划和区域环境功能等要求。同时，场址的选择还关系到建设项目在建设期和运营期中的社会、经济效益，并与企业资源的充分利用和从业职工的安全和健康亦有着紧密的关系。因此本条文强调，选择建设项目场址时除应考虑政策、技术、经济等方面的要求外，职业安全卫生方面要求也不容忽视。

建设项目场址的选择不仅要考虑项目自身的安全卫生问题，同时还应考虑建设项目对其周边地区在安全卫生方面的不良影响。即所选场址不仅应确保建设项目自身符合安全卫生要求，同时还应避免项目周边地区的人群及环境受到污染和危害。这是《工业企业设计卫生标准》GBZ 1—2010、《工业企业建设项目卫生预评价规范》（1994年6月30日卫生部发布）等国家标准、规范所要求的。

3.2.2～3.2.4 电子工业建设项目的场址，一般对具体地点的关联性较弱，而不像采掘、水电等项目对具体地点具有较强依附性。因此，从确保建设项目符合职业安全卫生要求的角度出发，有必要也有可能将建设场地选择在技术、经济、安全、卫生条件较好的地区，而不得将场地选在本规范第3.2.3条所提出的地区，亦不宜选择在本规范第3.2.4条所列的地质条件恶劣而需花费过多投资对其进行可靠处理的地区。主动回避自然和社会等方面存在的危险和有害因素，并避免对具有保护意义的对象造成不良影响。

故这三条从确保建设项目本身及其周围地区安全卫生的角度出发，对适宜作为建设场地的地区提出建议，对不能或不宜作为建设场地的地区做出规定。

其中第3.2.3条是参考现行国家标准《工业企业总平面设计规范》GB 50187—93制定的。

3.2.5～3.2.11 对电子工业而言，能够跨越一定距离（或空间）在建设项目与项目周边被保护对象之间，或外界危害源与建设项目之间造成危害的危险和有害因素主要有辐射、有害气体及粉尘、噪声、振动等。

制定这7条条文的目的正在于：在建设项目场址选择时，应在对上述危险和有害因素予以充分评价的基础上，分别或综合采取设置足够的缓冲距离、合理利用风向等措施，使建设项目对周边被保护对象所造成的危害，或当建设项目作为被保护对象时受到外界的危害能被控制在相关标准、规范所规定的允许范围内。

当前，在电子工业中尚无相关的卫生防护距离标准可以借鉴。故本规范第3.2.8条建议，卫生防护距离的确定，以被保护对象所受到的危害应符合现行相关标准、规范的限值规定为原则来确定，或参考现行国家标准《制定地方大气污染物排放标准的技术方法》GB/T 13201，或按照其他有关标准、规范的要求，或按当地相关监管部门的要求来确定。

合理利用风向的基本做法是，将被保护对象布置在夏季最小频率风向的下风侧，此为最安全、合理的布局。夏季最小风频的概念与以往的按全年主导风向或盛行风向布局污染源和被保护对象相比，更具有科学性。这是由于我国幅员辽阔、气候各异，气象要素中的风向频率分布差别甚大。有些地区风玫瑰图中不同方位出现多个主导风向，如按全年主导风向或盛行风向安置被保护对象，有被污染的可能。将被保护对象布置在夏季最小风频的下风侧，则能保证被保护对象受污染的机会最少。特指夏季是由于夏季开窗为最不利因素。故本规范第3.2.7、3.2.9、3.2.10条作出了相应的规定。

当前对电磁辐射的容许值做出规定的国家标准有两个，即现行国家标准《环境电磁波卫生标准》GB 9175—88和《电磁辐射防护规定》GB 8702—88。前者对人群经常居住和活动场所的环境电磁辐射所规定的容许值，总体上严于后者。从"以人为本"的原则出发，本规范第3.2.5条建议按前者执行。现行国家标准《环境电磁波卫生标准》GB 9175—88的容许值规定分为两级。当建设项目场址周边有长期居住、生活的人群（即居民覆盖区）时，应按一级标准执行；当建设项目场址周边仅有工厂、机关，而无居民覆盖区时，应按二级标准执行。为便于采用，将现行国家标准《环境电磁波卫生标准》GB 9175—88的具体容许值列示于表2。

表2 环境电磁波容许辐射强度分级标准

波　　长	频　　率	单　　位	容许场强	
			一级	二级
长、中、短波	100kHz～30MHz	V/m	<10	<25
超短波	30MHz～300MHz	V/m	<5	<12
微波	300MHz～300GHz	MW/cm^2	<10	<40
混合		V/m	按主要波段场强；若各波段场强分散，则按复合场强加权确定	

当建设项目作为被保护对象时，应按二级标准执行。

根据《中华人民共和国城市规划法》第三十五条"任何单位和个人不得占用道路、广场、绿地、高压供电走廊和压占地下管线进行建设"和《中华人民共和国电力法》第十一条"……任何单位和个人不得非法占用变电设施用地、输电线路走廊和电缆通道"的规定，本规范第3.2.6条规定：建设项目的场址应避开高压走廊（高压架空线路走廊）。同时，鉴于电子工业一般的建设项目并非"从事工频高压电作业场所"，而属于被保护对象，故建议执行现行国家标准《工业企业设计卫生标准》GBZ 1相应的限值规定。GBZ 1—2010中该限值为：4kV/m。

当建设项目有较强工频超高压电场辐射时，所选场址与人群居住、工作、生活地区之间的距离亦应按上述标准执行。

为保障建设项目职工的声环境质量，本规范第3.2.9条规定建设项目所在地的环境噪声限值不应超过现行国家标准《声环境质量标准》GB 3096第3类标准值（即工业区的标准值）。在GB 3096中第3类标准值为昼间65dB，夜间55dB。

某些电子工业建设项目虽然可能存在较强振源（如中、小型锻压设备，某些动力设备等），但采取相应隔振、减振等治理措施后一般不会对外界构成不良影响。因此在场址选择时，主要考虑外界的振动对建设项目职工可能构成的不良影响。为此，本规范第3.2.11条规定建设项目所在地的铅垂向Z振级不应超过现行国家标准《城市区域环境振动标准》GB 10070对"工业集中区"所作的限值规定，该限值为昼间75dB，夜间72dB。

3.2.12、3.2.13 制定这两条的出发点在于，力争将自身无污染或轻污染的建设项目选址于环境空气质量较好的地区，以及饮用水符合国家相关标准的地区，为职工谋求较好的卫生环境，以利职工的身心健康。

现行国家标准《环境空气质量标准》GB 3095—1996规定，环境空气质量功能区划分为三个区：

1 一类区为自然保护区、风景名胜区和其他需要特殊保护的地区；

2 二类区为城镇规划中确定的居住区、商业交通居民混合区、文化区、一般工业区和农村地区；

3 三类区为特定工业区。

据此，电子工业建设项目一般只能在二、三类地区建设。由于二类区的各项污染物的浓度限值严于三类区，即二类区的环境卫生条件优于三类区。故无污染或轻污染的建设项目应争取建于二类区内，为职工谋求较好的工作、生活条件。这里所谓的"无污染"或"轻污染"是指该建设项目的污染物排放能满足现行国家标准《大气污染物综合排放标准》GB 16297的二级标准要求。

3.2.14 为避免建设项目对水源保护地造成污染，其建设场址的选择应符合国家或地方有关水源保护地的规定。

3.3 总平面布置

3.3.1 建设项目的总平面布置设计是一项政策性强、涉及面广的综合性技术经济工作。本条强调在进行这项工作时，无论是新建或改、扩建项目都应将技术经济合理性和职业安全卫生两大因素放在同等重要的位置看待。为此，本规范将对场区内各布置要素（如建筑物、构筑物、露天堆场、露天设备等）的基本布置要求、布置要素的相对位置关系、布置要素间的安全间距、主要建筑的布置方位、管网布置、场区交通安全、场区竖向布置、场区绿化等诸多布置问题从职业安全卫生的角度提出要求和规定。

3.3.2 本条主要是对场区布置设计中的各布置要素的位置确定及相对关系，从职业安全卫生的角度提出要求。这些要求的总原则是通过合理利用风向、设置合理间距、合理组织人流和物流、避开事故触发因素（如火源等）等措施来避免、弱化危险或有害因素的相互影响。

合理利用风向的原则是：

对于与职工健康相关的危害因素，因夏季开窗为最不利的季节，故产生危害因素的危害源宜位于场区夏季最小频率风向的被保护对象的上风侧；对于具有火灾危险的危险源，则因火灾的发生无明显的季节因素，故火灾危险源宜位于场区全年最小频率风向的被保护对象或易导致火灾蔓延对象的上风侧，以此尽可能减小火灾蔓延和烟尘影响的危险性。

设置合理间距的原则是被保护地点所受到的危害程度应符合现行相关标准、规范的限值规定。

动力站门类较多，且其布置设计常常会牵连到相关的输送管网、储罐及配套设施。加之，不同站房因技术特点及危险程度不同，对布置设计的要求也不尽相同。故本规范强调在对这类建（构）筑物进行布置设计时，应在执行本规范的同时尚应符合现行相关的专业性规范、标准中对职业安全卫生方面所作的规定。

鉴于本条对各布置要素的合理布置要求多是针对单个布置要素提出的，故在总平面布置设计时这些布置要求可能会因相互矛盾、彼此冲突而不一定都能同时得到贯彻。因此，本条款在执行时应在综合分析、比较的基础上统筹兼顾、综合权衡，解决主要矛盾。

1 电子工厂的洁净厂房往往是建设项目中最重要也是最主要的组成部分。从职业安全卫生的角度看，它一般不会对建设项目内的其他区域构成严重危害。相反，其他区域则有可能在洁净、微振以及新风遭受污染等方面对其构成影响。故在进行总平面布置设计时对各布置要素相对位置关系的综合权衡中，应使洁净厂房位于清洁、安静的环境中。

3 现行的《工业企业设计卫生标准》GBZ 1—2010 中对非噪声工作地点的噪声限值规定如表3：

表3 非噪声工作点噪声限值

序号	地点类别	卫生限值 dB（A）	工效限值 dB（A）
1	噪声车间观察（值班）	≤75	
2	非噪声车间办公室、会议室	≤60	≤55
3	主控室、精密加工室	≤70	

对于表3所列之外的其他非噪声工作点，可比照表3执行。

4 本款规定的基点，是将本项目内与产生辐射无关的其他区域的人群视为"公众人群"。当前控制电磁辐射公众照射的标准有二，即现行国家标准《环境电磁波卫生标准》GB 9175—88 和《电磁辐射防护规定》GB 8702—88。鉴于前者的限值规定相对更严格，从"以人为本"的原则出发，本标准建议执行《环境电磁波卫生标准》GB 9175—88 中二级标准的限值规定。

与本款所指的与三种辐射相关的现行标准对辐射限值所作的规定见表4。

表4 辐射限值

辐射种类		限值	备注	限值来源
电磁辐射	长、中、短波	<25 V/m	二级（中间区）限值	《环境电磁波卫生标准》GB 9175—88
	超短波	<12 V/m		
	微波	<40 μW/m²		
	混合	按主要波段场强，若各部波段场强分散，则按复合场强加权确定		
电离辐射	年有效剂量	≤1mSv	如果5个连续年的年平均剂量不超过1mSv，则某一单一年份的有效剂量可提高到5mSv	《电离辐射防护与辐射源安全基本标准》GB 18871—2002
	眼晶体的年当量剂量	≤15mSv		
	皮肤的年当量剂量	≤50mSv		《工业企业设计卫生标准》GBZ 1—2010
	工频超高压电场辐射	≤4kV/m		

6、7 汽（叉）车库、汽（叉）车加油站，相对于其他建（构）筑物有其特殊性。故总平面设计尚应执行相关的专业标准、规范的规定。

8 防火堤、防护墙或围堰的设置，在现行国家标准《建筑设计防火规范》GB 50016—2006第4.1.3条、第4.2.4~4.2.6条中有明确的规定，设计中应严格执行。

12 职工餐厅的卫生问题十分重要。本款规定是根据卫生部于2005年5月27日颁发的《餐饮业和集体用餐配送单位卫生规范》制定的。

3.3.3 场区内各布置要素之间所设置的间距，不仅应满足通风、采光、安全疏散、灾害控制、紧急救援等职业安全卫生要求，而且从消防的角度出发，建（构）筑物之间的间距还应满足现行国家标准《建筑设计防火规范》GB 50016、《高层民用建筑设计防火规范》GB 50045 等规范的相关规定。

对于部分存在较为严重的危险、有害因素的布置要素，如部分动力站房、汽车库、加油站、危险或有毒气体、液体储罐等，它们与其他布置要素之间的安全间距都有相应的专业性规范、标准予以规定。故本条款要求对于这类布置要素的间距设置尚应符合相关专业标准、规范的规定。

3.3.4、3.3.5 这两条是根据现行国家标准《工业企业设计卫生标准》GBZ 1—2010 的相关规定制定的。

3.3.6 室外管网的总平面布置设计应合理解决管线的走向、架设方式、安全间距等问题。由于输送毒性、易燃、易爆介质的管道具有较大的危险性，对这类管道的布置设计除应遵守现行国家标准《工业企业总平面设计规范》GB 50187 的相关规定外，还应执行相关的专业规范、标准的规定。例如，在现行国家标准《氢气站设计规范》GB 50177—2005 中，对氢气管道在场区内的架空敷设、埋地敷设或明沟敷设都做了详细的规定。从安全考虑，这些规定都应予以认真执行。

3.3.7~3.3.11 这5条主要是对建设项目场区的出入口、道路、铁路的布置提出要求，以满足消防车道、交通安全、紧急疏散的需要。

架空管线、管架跨越铁路、道路的最小垂直间距在现行国家标准《工业企业总平面设计规范》GB 50187—93 中作了明确规定。具体数值见表5：

表5 架空管线、管架跨越铁路、道路的最小垂直间距（m）

跨越对象		最小垂直（净空）	备 注
铁路（从轨顶算起）	火灾危害性属于甲、乙、丙类的液体、可燃气体与液化石油气管道	6.0	—
	其他一般管道	5.5	架空管线、管架跨越电气化铁路的最小垂直间距，应符合有关规范规定

续表5

跨越对象	最小垂直间（净空）	备注
道路（从路拱算起）	5.0	有大件运输要求或在检修期间有大型起吊设备通过的道路，应根据需要确定。困难时，在保证安全的前提下可减至4.5m
人行道（从路面算起）	2.2/2.5	街区内人行道为2.2m，街区外人行道为2.5m

铁路线路的建筑限界应执行现行国家标准《标准轨距铁路建筑限界》GB 146.2 的相关规定；道路的建筑限界应执行现行国家标准《厂矿道路设计规范》GBJ 22 的相关规定。

3.3.12 为避免场区被洪水冲淹、积水造成生产停顿、人员伤亡及财产遭受损失，将本条作为竖向设计必须遵守的规定，特别是沿江、河、湖、海建设的建设项目更应对此要求予以充分的重视。

3.3.13 根据国土资源部于2008年1月31日发布的《工业项目建设用地控制指标》，本规范强调无论是工业项目或非工业项目在进行总平面布置设计时不宜单纯追求扩大绿地面积，而应通过对建设场地内的有限绿地予以合理、优化的配置，充分发挥绿化的有效作用，以避免或弱化危害因素对场区的不良影响、创建优美绿化景观，为职工创造良好、卫生、安全的生产、生活环境。

易燃易爆重气体是指其比重大于空气而会自然下沉集聚的易燃易爆气体。

3.4 建（构）筑物设计

3.4.1 拟利用的旧有建（构）筑物，必要时应予以安全性复核。其主要原因是：

1 旧有建（构）筑物的强度、负载能力有可能不适应新的使用要求。

2 旧有建（构）筑物有可能不适应新的火灾危险性特征。

3 旧有建（构）筑物可能不同程度存在一定的安全隐患。

因此，应该本着既充分利用原有建（构）筑物以节约建设资金，但又要保证使用的安全以避免更大损失的原则，对这类建（构）筑物进行合理使用。只有符合相关规范、标准要求或通过改造、加固后符合相关规范、标准要求者才能继续使用。

3.4.2 建（构）筑物的基础是确保建（构）筑物整体安全性的关键部位之一，但它往往又是埋设于地下的隐蔽工程，如存问题，一般难于发现、修复、加固。因此，制定本条的目的在于要求作为其设计主要依据之一的岩土工程勘察报告应规范、切实、可靠，为设计的正确性提供基本保证。

3.4.3 为使建筑结构设计符合技术先进、经济合理、安全适用、确保质量等要求特制定本条文。

3.4.4 本条为强制性条文，根据现行国家标准《建筑抗震设计规范》GB 50011—2008 制定。

3.4.5 生产过程中所产生的较强振动、高温、深冷、腐蚀、油浸等因素可能会对建（构）筑物造成不利影响。在设计时应考虑采取相应的防治、防范措施。例如，处于深冷状态的液氧储罐的混凝土基础，其与罐体接触的部位必须采取有效的隔热措施，以确保混凝土基础能处于正常工作温度范围。

3.4.6 本条参考现行国家标准《生产过程安全卫生要求总则》GB 12801—91 制定。

3.4.7 电子工业一些生产厂房、研究实验楼，各种管线较多，布置比较密集。为保证生产环境洁净卫生，常需设置技术夹层。技术夹层是指建筑或厂房内以水平构件分隔构成的用于安装辅助设备、公用动力设施及管线的空间。技术夹层需考虑检修人员进出维修方便，需考虑有一定的空间和承载能力，需考虑通风良好以防易燃易爆气体积聚。

3.4.8 现行国家标准《城市道路和建筑物无障碍设计规范》JBJ 50—2001 明确规定"企事业办公建筑"、"各类科研建筑"属无障碍设计范围。为确保内部残疾职工和外部残疾人员办事的活动安全，建设项目应对相应建筑按上述规范的要求进行无障碍设计。

3.4.9 一般厂房在无特殊要求或特殊限制的情况下，宜采取良好的自然通风和自然采光。这不仅有助于节能，也可为职工创造良好的工作环境。

3.4.10 本条规定主要是为了有利于厂房散热，保证有良好的通风条件。

3.4.11 眩光影响视觉功效，并刺激眼睛造成不适、疲劳，从而可能导致生产力损失和安全事故发生。为此，要求地面、墙面、顶棚避免眩光是必要的。工作场所经常使用安全色或安全标志发出警告、警示信号。为便于对其识别，室内所采用的装修色彩应淡雅柔和，以避免对安全色或安全标志产生混淆、干扰作用。

3.4.12 本条主要是从安全、卫生的角度出发，根据现行国家标准《建筑设计防火规范》GB 50016—2006、《高层民用建筑设计防火规范》GB 50045—95 和《中华人民共和国消防法》的相关规定，对建筑和室内装修所使用的材料、构件提出相应的要求和规定。建筑、装修材料的选用应符合现行国家标准《建筑内部装修设计防火规范》GB 50222、《民用建筑工程室内环境污染控制规范》GB 50325 的规定，避免或减轻对室内环境的污染、预防火灾的产生及蔓延。

对于室内、外装饰、装修，应做到妥善处理装修效果和使用安全的矛盾，积极采用不燃材料和难燃材料，尽量避免采用在燃烧时产生大量浓烟或有毒气体的材料，做到技术先进、经济合理、适用安全。

3.5 工作场所的布置及工作环境的卫生要求

3.5.1 工作场所的平面及竖向布置，不仅对产品质量和劳动生产率有着重大影响，而且与职业安全卫生的关系也十分密切。如布置不当，不仅不能消除或减弱危害因素的影响，反而产生新的危害因素或发生交叉危害影响，从而导致治理、防护投资的增加。故本条强调进行工作场所的布置设计时应同时兼顾技术、经济要求和职业安全卫生要求。

3.5.2 本条对存在危险或有害因素（如腐蚀性物质、尘、毒、辐射、噪声、振动、高温、火灾、爆炸等）的工作场所与其他工作场所同在一幢厂房或建筑内进行布置设计的情况，提出一系列防范、防治措施。

1 制定该款的目的是尽量避免发生交叉污染、危害。集中布置利于采取防范、治理措施。

2 制定该款的目的是利于将弥散在工作间（区）的腐蚀性物质及尘、毒排出室外。

3 对具有火灾、爆炸危险的工序或工作间（区）所采取的防爆措施主要是设置足够的泄压面。将这类工作间在单层厂房内靠外墙侧或多层厂房内最上一层靠外墙侧布置，是为了易于利用外墙或屋面设置泄压面，以避免发生爆炸时损伤建筑的主体结构。而泄压面位置的确定应考虑爆炸时喷射出的固态、气态物质不至于对附近的人员造成伤害，不至于引起次生灾害的发生。

9 本款为强制性条款。生产的火灾危险性为甲、乙类的生产场所，以及储存物品的火灾危险性为甲、乙类的仓库发生火灾、爆炸的危险性较大。如布置在地下室，一方面设置防爆泄压面较困难，同时在发生事故时也不利于人员的安全疏散。故规定这类工作间或仓库不应设置在地下室或半地下室内。

本条中的"隔离"，是指将布置对象在同一房间或同一厂房（或建筑）内彼此分开一定的距离；"隔开"是指将布置对象在同一厂房（或建筑）内彼此用隔板或隔墙将其分开；"分离"是指将布置对象彼此分开布置在不同的厂房（或建筑）或远离厂房（或建筑）的外部区域（此注释适用于以后各款）。

3.5.3 本条所谓"造成不良影响或构成安全性威胁"是指邻近区域受到的污染或危害超过相关的安全、卫生标准的规定。

3.5.4 防火分区之间必须由防火墙或由相关规范、标准所允许的其他防火设施分隔。在进行工作场所的布置设计时应尊重、迁就按规范所划分的防火分区。不能将布置设计建立在违反防火分区相关规定的前提下。

3.5.5 本条对危险性作业场所安全疏散要求的规定是根据现行国家标准《生产过程安全卫生要求总则》GB 12801—91 制定的。

3.5.6 辅助用室包括：工作场所办公室、生产卫生室（含浴室、存衣室、盥洗室、洗衣室等）、生活室（含：休息室、食堂、厕所等）、妇女卫生室等。

3.5.7 本条为强制性条文。根据《中华人民共和国安全生产法》第三十四条规定："生产、经营、储存、使用危险物品的车间、商店、仓库不得与员工宿舍在同一座建筑物内，并应当与员工宿舍保持安全距离"。《中华人民共和国消防法》第十五条规定"在设有车间或者仓库的建筑物内，不得设置员工集体宿舍"。

3.5.9 在《中国企业管理百科》中，对人类工效学所下的定义为："研究人和机器、环境的相互作用及其合理结合，使设计的机器和环境系统适合人的生理、心理等特点，达到在生产中提高效率、安全、健康和舒适的目的"。可见为职工设定的工作空间、工作环境、工作过程如符合人类工效学原则，将有利于职工在职业活动中的安全与健康。

3.5.10 制定本条的目的是确保人流、物流的安全、畅通。

3.5.11 为确保职业活动中人员的身心健康，避免职业病的发生，本规范规定从业人员所在的工作场所的环境应符合《工业企业设计卫生标准》GBZ 1、《工作场所有害因素职业接触限值 化学有害因素》GBZ 2.1、《工作场所有害因素职业接触限值 物理因素》GBZ 2.2 及《电子工业洁净厂房设计规范》GB 50472 等规范的相关的卫生要求。

2 现行国家标准《工业企业设计卫生标准》GBZ 1—2010、《工作场所有害因素职业接触限值 第2部分：物理因素》GBZ 2.2—2007 以及《电子工业洁净厂房设计规范》GB 50472 对工作场所的气温、湿度、新鲜空气量的规定见表6～表10。

表6 工作场所不同体力劳动强度 WBGT 限值（℃）

接触时间	体力劳动强度			
	Ⅰ	Ⅱ	Ⅲ	Ⅳ
100%	30	28	26	25
75%	31	29	28	26
50%	32	30	29	28
25%	33	32	31	30

注：体力劳动强度分级按 GBZ 2.2—2007 第11章执行，实际工作品可参考 GBZ 2.2—2007 附录 B。

表7 冬季工作地点的采暖温度（干球温度）

体力劳动强度分级	采暖温度（℃）
Ⅰ	≥18
Ⅱ	≥16

续表 7

体力劳动强度分级	采暖温度（℃）
Ⅲ	≥14
Ⅳ	≥12

注：1 体力劳动强度分级见 GBZ 2.2，其中Ⅰ级代表轻劳动，Ⅱ级代表中等劳动，Ⅲ级代表重劳动，Ⅳ级代表极重劳动。
2 当作业地点劳动者人均占用较大面积（50m²～100m²）、劳动强度Ⅰ级时，其冬季工作地点采暖温度可低至10℃，Ⅱ级时可低至7℃，Ⅲ级时可低至5℃。
3 当室内散热量小于 23W/m³ 时，风速不宜大于 0.3m/s；当室内散热量大于或等于 23W/m³ 时，风速不宜大于 0.5m/s。

表 8 辅助用室的冬季温度（℃）

辅助用室名称	气温
办公室、休息室、就餐场所	≥18
浴室、更衣室、妇女卫生室	≥25
厕所、盥洗室	≥14

注：工业企业辅助建筑，风速不宜大于 0.3m/s。

表 9 洁净室的温湿度表

房间类别	温度（℃）		相对湿度（%）	
	冬季	夏季	冬季	夏季
生产工艺有要求的洁净室	按具体生产工艺要求确定			
生产工艺无要求的洁净室	≤22	～24	30～50	40～70
人员净化及生活用室	～18	～28	无要求	无要求

表 10 工作场所的新鲜空气量

工作场所类别	人均占用工作容间容积（m³）	人均新风量（m³/h）
一般工作场所	<20	≥30
	≥20	≥20
空气调节工作场所	—	≥30
洁净工作间（区）	—	≥40

3.6 工艺及设备

3.6.1、3.6.2 从源头上采取措施消除或减少危险及有害因素，此为最有效、最彻底的防治策略。因此，在工程设计中应优先考虑通过采取适当的技术、组织措施达到此种目的。

如生产过程产生危险和有害因素将不可避免，则必须采取相应的有效的防范、防治措施。

3.6.3 对于一般的建设项目，本条所列出的工艺或部门其规模都不大，但却存在较严重的危险和有害因素，且对其治理所付出的代价既较大，其效果和经济性也较差。故宜采取外协的方式解决，以使建设项目能从源头上消除这些危险和有害因素。

而对于提供外部协作的专业化生产企业，一般对危险和有害因素的治理都有其规模化的优势，故其治理的技术水平、投入代价和治理效果都将优于非专业企业的个别行为。因此，无论从具体建设项目和整个社会来说，这一做法都是合理的。

如必须自建，则宜适当集中，以利于采取治理措施。

3.6.5 控制职工在职业活动中体力搬运的负荷，是维护职工安全、健康的必要措施之一。考虑到现行国家标准《体力搬运重量值》GB/T 12330 中对人体搬运重量所提出的限值规定，比现行国家标准《工作场所有害因素职业接触限值 物理因素》GBZ 2.2—2007 中所规定的体力作业时心率和能量消耗的生理限值规定更为直接并便于管理，故本条建议采用前者作为控制职工在职业活动中体力搬运负荷的标准。但不排除采用后者为衡量标准。

3.6.6 合理安排职工的工作和休息时间，是维护职工休息权利和身心健康的有力措施。在建设项目工程设计中应根据国家相关规定合理制定建设项目的工作制度及劳动定员。

制定本条文的依据是《国务院关于修改〈国务院关于职工工作时间的规定〉的决定》（中华人民共和国国务院令第 174 号）、劳动部《〈国务院关于职工工作时间的规定〉问题解答》（劳动部 劳部发〔1995〕187 号）和《劳动部贯彻〈国务院关于职工工作时间的规定〉的实施办法》（劳动部 1995 年 3 月 26 日发布）。

3.6.7 建设项目工程设计中的一项重要工作内容是选用设备。为预防安全事故和职业危害的发生，为确保所选用设备符合职业安全卫生要求，所选用的设备应符合相关标准、规范、条例的规定，并配备或采取预防安全事故和职业危害发生的相应装置或措施。

4 职业安全

4.1 防机械性伤害

4.1.1 在职业活动中，机械性伤害所占的比重较大。1990 年 9 月美国职业安全杂志有一篇文章提到：在美国 10%～14% 的职业伤害是机械伤害。原机械工业部曾对重点企业死亡事故所进行统计分析数据也说明机械性伤害所占的比重不容忽视。详见表 11。

表 11 物质原因死亡分析

	事故分类	占物质原因死亡百分比（%）	
机械性伤害	物体打击	11.88	
	车辆伤害	8.11	
	机器工具伤害	10.85	
	起重伤害	12.31	62.41
	刺割	0.26	
	高处坠落	13.21	
	倒塌	5.79	
其他（非机械性伤害）		—	37.59

尽管电子工业尚无有关的统计数据，但由于电子工业中的许多工艺过程与机械行业类似，故机械性伤害也将是电子工业值得充分关注的危害因素，故应综合采取有效的防范措施。

4.1.2 布置这类设备或装置（如高速运动的机件或工件、高速旋转砂轮破裂时的碎片、切屑、压力液体或气体、冷却润滑液、高温或深冷物质等）时，总的原则是通过控制飞甩或喷射的方向或距离，避免伤及周边的人员、设备，必要时应加设可靠的防护装置。

4.1.3 虽然现行国家标准《生产设备安全卫生设计总则》GB 5083 要求机械设备外露的传动部件（如齿轮、皮带及皮带轮、联轴节、飞轮、转轴等）应附有防护装置，其设备外表无尖锐的棱、角和突起部分，但由于受各种条件的限制，有些设备尚难达到这一要求。对于这种设备，在工程设计时应补充采取相应的防护措施或设置安全标识等。

4.1.4 本条文规定在进行工作场所布置设计时，应根据安全、质量、效率、效益和物品自身的特殊要求，综合考虑生产设备（装置）及其原材料（毛坯）、半成品、成品、废料(料)、工具等物品的合理布置，从而优化物流系统，改善现场管理，建立起现场的文明生产秩序，达到安全生产的目的。

4.1.5 为确保人员正常活动、操作或检修设备的安全，在设备之间或设备与建（构）筑物的柱、梁、墙、壁及其他固定设施（如管道、电缆桥架等）之间设置合理的安全间距是十分必要的。

表 4.1.5 的数据引自现行国家标准《机械工业职业安全卫生设计规范》JBJ 18—2000。鉴于制定所有类型设备的安全间距统一指标的复杂性，目前尚无相应的标准。本条文仅列出机械加工设备（主要指机床）安全间距的建议值。在设计实践时，可作为设置其他类型设备安全距离的参考，但在相关规范或设备使用说明书中有专门规定或有特殊操作、检修要求者除外。

设置安全距离时应充分考虑到设备的活动部件对设备实体以外的空间占用。因此，本条文所指的安全间距，其起算点不应仅仅是设备的实体轮廓，而应是由实体轮廓和活动部件占用空间共同形成的包络轮廓。即安全间距应是从设备活动机件的终极位置起算的净距离。

4.1.6 本条文对运输通道设置的宽度以及安全标线、安全标志和隔离防护装置的设置等做出相应规定和要求。

车间的通道宽度的具体数据，本规范参考了现行行业标准《电子工业职业安全卫生设计规定》SJ 30002—92 的相关条款。

叉车、电瓶车（即蓄电池搬运车）的宽度随载重量和制造厂家的不同而异，如载重量为 1t～5t 的叉车，其车宽在 1.0m～1.5m 范围；如载重量为 1t～5t 的电瓶车，其车宽在 1.2m～1.6m 范围。因此合理的通道宽度与所选车型有关。人流、物流量的大小对通道宽度的要求也不一样。如人流、物流量小，车与车、人与车相错的概率就小，因而错车时可通过尽量降低车速而减小对通道宽度的要求；相反，如人流、物流量大，车与车、人与车相错的概率就大，采取降低车速而减小对通道宽度的要求将大大损失物流效率。在这种情况下则宜适当增加通道宽度，保持人流、物流的快捷、畅通。因此设计时，通道宽度应在表 4.1.6 所推荐的数据的基础上根据设计项目所使用的车型及人流、物流量的具体情况作适当调整。

通道转弯处的安全宽度或转弯半径往往易被疏忽。如有必要可适当调整通道的宽度或交叉角度来保证安全运行。

4.1.7 易受车辆撞击的部位，主要是指驾驶员稍有疏忽即易发生冲、撞、刮、蹭事故的地点。故应对厂房内这些区域的门框、柱、墙等建筑部位及生产设备按规定设置醒目的安全标识，并在必需部位设置足够强度的护栏或采取其他防护措施，如在柱的四角埋设角钢等。

4.1.8 工作场所内架空悬挂物的架设高度，除满足作业场所车辆、起重设备和有关人员正常通行和运行，以及生产设备正常作业、维护和在岗人员的安全外，还应满足相关规范、标准对悬挂物的最低净空高度要求。如现行国家标准《悬挂输送机安全规程》GB 11341 规定，在人行通道上空其最低高度不得小于 1.9m。

架空输送设备在运行中存在意外坠落被运物品的可能性。除本条文提出的跨越工作地点、通道上方以及上、下坡等运行区段，应在其下方增设防护网或防护板外，在设计实践中还应根据各种输送设备的具体情况在其他可能出现意外坠落被运物品的地点增设防护网或防护板。

4.1.9 本条文对工作场所地面（地坪）的铺设和台阶、斜面（斜坡）的设置，提出相应的要求，预防人员摔伤、跌伤。

4.1.10 室内外的坑、壕、池、井、沟等构筑物应合理布置，并设置围栏、盖板等防护设施和必要的安全标识，以预防人员摔伤、跌伤和淹溺。有人、物流通过的围栏、盖板应装设稳固，并具有足够强度，以免人、物流通过时遭受损坏，造成人身伤害或财产损失。

4.1.11 如人员随意跨越而意外坠入生产线的辊道、皮带传输机等传送设备时将导致伤亡后果。故应在与人流交叉的地段布置附有安全防护栏杆的走桥。

4.1.12 对工作场所高出地面的平台、走台、楼面及其上附设的洞口，本条文规定在其敞开的周边应设置符合要求的防护栏杆,以防坠落致伤;对存在可能滑落物品的防护栏区(段)应加设挡板封闭,以防止物品滑落致伤。

4.1.14 在设计实践中选用起重机时,设计人员往往特别着重对起重量的考虑,而容易疏忽对工作级别的合理确定。

工作级别是表征起重机工作特性的一个重要概念。工作级别的划分原则是在荷载不同、作用频次不同的情况下,将具有相同寿命的起重机分在同一级别。划分工作级别的目的是为起重机的设计、制造和选用提供合理、统一的技术基础和参考标准。如果在选用起重机时,确定工作级别失误,将出现"以大代小"而浪费资金,或"以小代大"而埋下安全事故隐患。故本规定强调在设计时应合理确定工作级别,并将其作为选择起重机的重要依据之一。

4.1.19 以卷扬机或电动葫芦为驱动装置的简易吊笼(或简易电梯)不能保证运行的安全,故禁止使用。

4.1.21 某些建设项目,因生产工艺要求需在多层厂房内设置贯通各层的垂直吊运口。对于一些因工艺要求而不能砌筑密闭井道的吊运口,为避免被吊物品意外坠落而造成人身伤害或损害其他设施,以及避免人员从洞口意外坠落,特制定本条文。本条所谓的公共通道,是指非吊运口专用的通道。

4.1.22 工程设计时,需对仓库或堆场的运输、存取、贮存容量等功能以及仓库的建筑进行规划和设计。为保证仓库的合理容量、避免仓储在整个物流过程中的物品损坏、人身伤害(如货垛坍塌伤人等)及建筑安全,本条文对物料、物品的存放方式、存取及运输过程提出相关的规定和要求。

为避免火灾发生以及确保建筑安全,堆垛与照明灯及建筑的墙、柱、顶之间应保持适当距离。一般地,墙距为 0.1m~0.5m,柱距为 0.1m~0.3m,顶距为 0.5m~0.9m,灯距不少于 0.5m。

自然安息角是指散装物料自然堆放稳定后,其坡面与地面形成的夹角。

4.2 防烧、烫、灼、冻伤害

4.2.1 本条文所称的烧伤是指生产设备或生产过程中产生的火焰或灼热烟气对人体肌肤的伤害;烫伤是指作业过程中触及发热体、过热部件和热介质而引起对人体肌肤的伤害;灼伤是指由化学因素引起的对人体肌肤的伤害;冻伤是指人员触及设备的过冷部位、输送过冷介质的管道和过冷介质而造成肢体致冻的伤害。在进行建设项目的工程设计时应对引起这些伤害的危险因素采取相应的安全防护措施。

4.2.2 建设项目所选用与配置的工业炉窑、热工设备、高温液体容器(槽体)及输送热介质的管网等发热设备与介质管道,在工程设计时应对其超过 60℃ 且人员可触及的部位采取隔热措施或安全保护装置。

本条中的 60℃ 限值,是参照现行国家标准《设备与管道保温技术通则》GB 4272—92 确定的。

4.2.4 本条的目的是避免人体受到烧、烫等伤害。

4.2.11 当酸、碱及其他腐蚀性物质的使用量较大时,应将腐蚀性物质存放在与工作地点分开的单独场地,以避免万一泄漏对生产现场造成大范围人员伤害。采用管道输送为的是避免人员频繁搬运、倾注时发生事故伤害。

4.2.15 酸碱等腐蚀性化学品使用场所(化学清洗间、清洗工艺线等)的布置设计,应充分考虑生产工艺的合理性、化学危险性以及突发泄漏或喷射事故的应急处理等因素。合理的平面与空间布置应具有便捷的紧急避让空间和通畅的疏散通道。

4.3 防火、防爆

4.3.1 本条文阐明了建设项目防火、防爆设计时应执行的主要法规、规范和标准。

4.3.2 生产或储存物品的火灾危险性分类、建筑物的耐火等级、最多允许层数及防火分区最大允许占地面积等因素是确定建筑物的火灾危险性、制定消防措施、减少火灾损失的重要依据,故准确执行相关规范,正确确定这些因素的具体参数具有重要意义。为此,本条文明确划定了各类建筑在确定这些因素的具体参数时应依据的相关规范,以避免出现差错。

4.3.3 本条第1、2、5款为强制性条款。为预防火灾或爆炸的发生,以及一旦发生火灾或爆炸事故时能尽量减少人员、财产损失,本条提出一系列防火、防爆措施。设计时应根据危险物质的危险特性、生产工艺、生产设备以及建筑物等因素的实际状况,综合采取本条所列的防范措施。

4.3.4 储存易燃、易爆物品的房间、库房,本身就是一幢建筑物,且内部存有易燃、易爆物品。因此,除应根据其具体情况执行本规范第4.3.3条的相关规定外,还应针对性地按本条规定补充采取相应的防范措施。

4.3.5 本条为强制性条文。储存易燃易爆物品的露天储罐(或储罐区)是一种不容忽视的危险源。本条规定了从设置安全间距、防止火灾蔓延扩散、避免出现引火源等方面采取有效的防范措施。

4.3.6 半导体、集成电路等生产中的化学气相淀积、外延、离子注入、刻蚀等工艺,所使用的特种气体多数具有易燃易爆特性,其中硼烷、磷烷、硅烷、砷烷、二氯二氢硅具有如表12所示的很宽范围的爆炸极限。

表12 部分特种气体爆炸极限

特种气体名称	分子式	爆炸极限
二硼烷	B_2H_6	0.9%~88.0%
磷烷	PH_3	1.3%~98.0%

续表 12

特种气体名称	分子式	爆炸极限
硅烷	SiH_4	$0.8\% \sim 98.0\%$
砷烷	AsH_3	$5.8\% \sim 64.0\%$
二氯二氢硅	SiH_2Cl_2	$4.1\% \sim 98.8\%$

加之使用这类物质的生产部门其设备、建筑往往极其贵重。一旦发生险情将带来巨大的人员伤害和财产损失。故应采取有效而可靠的防范措施。这些防范措施在现行国家标准《电子工业洁净厂房设计规范》GB 50472的"特种气体系统"章节中已作了详细规定。本规范要求按上述规范执行。

4.3.7 这类动力站房（如氢气站、氧气站、燃气储配站等）属生产、配送易燃易爆物质的建筑（或工作间），故首先应执行本规范第4.3.3条的规定。本条文是在此基础上针对动力站房的一些特点制定的补充规定。

由于动力站房的种类较多危险性相对较大，部分站房根据其自身特点已制定了相应的专业标准或规范。因此本条文不拟再作重复性规定，而要求在设计时在执行本规范的同时还应符合相关专业标准、规范的规定。

4.3.8 半导体材料、器件、集成电路、光掩膜版以及平板显示器（屏）等行业，在洁净环境中将使用具有易燃、易爆性的常用或特种化品。其运输、贮存和分配，在现行国家标准《电子工业洁净厂房设计规范》GB 50472中已作相应的规定，本规范要求按此规范执行，不再作重复规定。

4.3.9 本条第1～3款为强制性条款。本条文对输送易燃、易爆、助燃介质的室内管道及其管件、阀门（阀箱）、泵等的连接，以及管道保温、隔热材料的选用和管道系统的布置设计，提出相应的规定和要求。

输送易燃、易爆介质的管道在正常情况下均不应穿越不使用该类介质的工作间（区）。但当使用易燃、易爆介质的工作间被不使用该类介质的工作间（区）包围的特殊情况下，输送易燃、易爆介质的管道就不得不穿越不使用该类介质的工作间（区）。在这种情况下应对这段管道加设套管，其目的是尽量避免泄漏到不使用该类介质的工作间（区）。

4.3.10 根据《中华人民共和国消防法》第十六条第（二）款规定，机关、团体、企业、事业单位应当"按照国家有关规定配置消防设施和器材，设置消防安全标志，并定期组织检验、维修，确保消防设施和器材完好、有效"，建设项目应设置消防设施和消防器材。

消防设施包括消防车和消防道路、消防给水系统及消防水泵房、消防器材与灭火设备、防火墙与防火门窗、防烟排烟系统、消防电梯、安全疏散系统、火灾报警装置与消防通信设备、消防集中监控设备、消防控制室与值班室、消防供配电设备及事故照明系统等。建设项目消防设施的配置应综合场区平面布置、建（构）筑物使用功能、建筑防火分区及其火灾危险性特征等消防安全因素，按现行国家标准《建筑设计防火规范》GB 50016、《高层民用建筑设计防火规范》GB 50045和《电子工业洁净厂房设计规范》以及其他相关专业性设计规范、标准和消防审批文件等要求，结合建设项目具体情况合理配置与布置消防设施。

危险化学物品（包括易燃易爆物品、腐蚀性物品、毒害性物品等）种类繁多、特性各异。要达到最佳的灭火效果，应根据现行国家标准《常用化学危险品贮存通则》GB 15603、《易燃易爆性商品储藏养护技术条件》GB 17914、《腐蚀性商品储藏养护技术条件》GB 17915和《毒害性商品储藏养护技术条件》GB 17916等的规定，针对性地选择消防方法和灭火剂种类。

4.4 防　雷

4.4.1 对不同防雷类别的建筑物所采取的防雷措施是不同的。因此，根据建筑物的重要性、使用性质、发生雷电事故的可能性和后果，按现行国家标准《建筑物防雷设计规范》GB 50057的规定准确确定建筑物的防雷类别是正确进行防雷设计的前提条件。

具有火灾、爆炸危险的动力站房，如氢气站、煤气站等，其防雷设计在相关的专业规范中还有更具针对性的规定。设计时也应遵照执行。

4.4.2 随着技术、经济的高速发展，电子信息系统（设备）的应用已深入到国民经济、国防建设、人民生活的各个领域。由于雷电高电压和电磁脉冲侵入所产生的电磁效应、热效应都会对这些系统和设备造成干扰或永久性损坏，故对其采取经济而有效的防雷措施是十分必要的。根据现行国家标准《建筑物电子信息系统防雷技术规范》GB 50343的规定，准确地确定电子信息系统（设备）的雷电防护等级是雷电防护工程设计的主要依据。

4.4.3 电气设备、电气装置是任何一项建设项目的必要组成部分，如遭雷击破坏将带来严重的经济损失和人身安全事故，故应按照相关规范、标准的规定采取防雷及过电压保护措施。

4.4.5 本条文参照现行国家标准《建筑物防雷设计规范》GB 50057制定。

4.4.6 放散管、呼吸阀、排风管、自然通风管、烟囱等按是否有管帽可分为两类，按所排放的气体、蒸汽或粉尘是否具有爆炸危险性又可分为两类。在进行防雷设计时必须对其划分清楚、准确，并据此执行《建筑物防雷设计规范》GB 50057的相关规定。

4.4.7 天线是雷击的目标。为保护天线不被雷击损坏，天线杆顶部应安装接闪器。接闪器、天线的零位点与天线杆塔在电气上应可靠地连成一体，共用同一组接地装置。

4.4.8 由于雷电感应所造成的电位差只能将几厘米的空隙击穿，故只需对间距小于100mm金属管道、构架和金属外皮的电缆采取防雷电感的措施。

4.4.10 大多数直流供电的微波设备、卫星接收设备的外壳兼做电源的正极。设备的工作接地、保护接地和防雷接地都与设备外壳相连。三种接地系统不能分开，因此本规范优先推荐工作接地、保护接地和防雷接地合用一个接地系统的接地方案。因为这种方案不但经济上合算，在技术上也是合理的。如工作接地、保护接地与防雷接地分设接地装置，为避免相互干扰，则两接地系统之间应有一定的要求。

本条所采用数据的来源为现行行业标准《民用建筑电气设计规范》JGJ 16—2008 第12.7.1条。

4.5 防触电及用电安全

4.5.1 要达到用电安全的目的，首先应根据建设项目用电负荷对供电的可靠性要求按照现行国家标准《供配电系统设计规范》GB 50052 的规定，正确、合理地确定其用电负荷等级，使电源安全可靠。

建设项目所要求的供电可靠性不一定与消防设备所要求的供电可靠性相同。因此，消防电源的用电负荷等级应独立地按照现行国家标准《建筑设计防火规范》GB 50016 和《高层民用建筑设计防火规范》GB 50045 的规定确定。

4.5.2 为确保变电所自身的安全运行，以及变电所一旦发生火灾、爆炸等事故时能尽量减小对所在建筑的破坏和人员的伤亡，变电所位置的确定应符合一系列选址要求。这些要求在现行国家标准《10kV及以下变电所设计规范》GB 50053—94 中已作了明确的规定。在建设项目的工程设计中应按此执行。

4.5.3 随着科学技术的发展，不用油作介质的电气设备已很普遍。在工程设计中应尽量避免采用具有燃烧、爆炸危险的电气设备。

4.5.4、4.5.5 配电所、配电线路设计需要解决一系列安全问题，以维持电气系统的安全运行，保障相关设施、相关人群的安全。为此，在各专业设计时应严格执行本条所列的相关规范、标准中对防火、防爆和其他安全性问题所作的规定。

4.5.6 为防止触电，必须设置各种操作的连锁装置，特别是自动控制电气设备的操作、检修必须实现连锁。

4.5.7 电力装置、电气设备的继电保护是防触电及用电安全的有效措施，设计时应符合有关规范。

4.5.8 为防止触电，对于一些特定情况下的用电设备必须设置剩余电流动作保护装置。

4.5.9 接地是用电安全、防止触电的重要举措，必须按照现行国家标准《安全用电导则》GB/T 13869、《系统接地型式及安全技术要求》GB 14050 以及《建筑物电气装置》GB 16895.21 有关电击防护的规定执行。

4.5.10 现行国家标准《手持式电动工具的管理、使用检查和维修安全技术规程》GB 3787—93 将手持电动工具按触电保护措施的不同分为三类：

Ⅰ类工具：靠基本绝缘外加保护接零（地）来防止触电；

Ⅱ类工具：采用双重绝缘或加强绝缘来防止触电；

Ⅲ类工具：采用安全特低电压供电且在工具内部不会产生比安全特低电压高的电压来防止触电。

为保证使用人员的安全，本条规定了电动工具分类使用的原则。

4.6 防静电

4.6.1 电子工业防静电设计涉及对象多，专业面广。为此，设计时应根据建设项目的工艺特点、防静电要求及产生静电的状况，全面制定防静电措施。对防静电设计的总要求是应符合现行国家标准《防止静电事故通用导则》GB 12158 的相关规定和要求。

4.6.2 本条内容主要引自现行国家标准《防止静电事故通用导则》GB 12158—90。

4.6.3 半导体器件的品种、类别较多。场效应管、MOS电路等半导体器件，在前工序制造过程中，静电危害主要是由于物体带静电后，吸附尘粒造成污染，使产品不能保证质量。对于后工序制造过程应用上述器件的工序操作以及整机运行的场所，静电危害主要是由于物体或人体带静电，造成静电放电，使场效应管形成硬击穿或软击穿，损坏MOS电路或使整机运行出现故障。因此，应根据产品要求、生产环境、产生静电的具体情况，采取不同的局部或综合防护措施。

4.6.4 静电接地是静电防护系统的主要组成部分。凡有静电危害且与人体接触的有关设施，均需采取静电接地。为了工作人员的安全，防静电腕带需串联一个1MΩ限流电阻接地。

4.6.5 本条为常用静电防护措施。使管道所产生的静电泄入大地，避免造成事故。

4.6.6 本条引自现行行业标准《化工企业静电接地设计规程》HG/T 20675—1990。可不采取专用静电接地措施的理由：

1 金属导体与防雷、电气保护、防杂散电流、电磁屏蔽等接地系统连接时，无论从接地回路的载流量或其接地电阻值来看，均已满足了静电接地的要求。

2 金属导体间如有紧密的机械连接，其接触面的电阻甚小，在静电接地系统中，以总泄漏电阻值小

于 $10^6\Omega$ 为良好的前提下，作为静电接地连接回路中的单个串联接点，其电阻值即使达到 $10^8\Omega$ 也视为允许。况且接地连接中，尚有不少并联回路在起导电作用。

4.7 安全信息、信号及安全标志

4.7.1 在容易发生事故或危险性较大的场所中所设置的安全标志或安全色应符合本条所列的各标准、规范的要求，目的是确保其标准化、规范化，从而能充分发挥其警示作用。

这里"场所"包括工作场所、工作地点、设备、产品、仓库、物料堆场等。

4.7.2 消防标志的设置内容、设置要求应符合现行国家标准《消防安全标志设置要求》GB 15630 的规定和《消防安全标志》GB 13495 的要求，以确保消防标志设置的标准化、规范化，从而能充分发挥其警示效果。

4.7.3 对道路设置交通标志和标线是保障交通安全的有力措施。对于运输量大、交通繁忙、人流和物流复杂的建设项目，本规范建议可以根据具体情况对厂区道路或室内主要通道，参照现行国家标准《道路交通标志和标线》GB 5768 的规定，针对性地设置必要的交通标志和标线。

4.7.4 为使劳动者对职业病危害产生警觉，并采取相应防护措施，应在相应场所设置图形标识、警示线、警示语句和文字等警示标志。

可能产生职业病危害的场所包括：
1 使用有毒物品的作业场所；
2 产生粉尘的作业场所；
3 可能产生职业性灼伤和腐蚀的作业场所；
4 产生噪声的作业场所；
5 高温作业场所；
6 可引起电光性眼炎的作业场所；
7 存在放射性同位素和使用放射性装置的作业场所；
8 贮存可能产生职业病危害的化学品、放射性同位素和含放射性物质材料的场所。

4.7.5 为了便于对工业管道内的物质识别，以保障管道架设、使用、维护等作业环节的安全，建设项目的非地下埋设的气体和液体输送管道，应按现行国家标准《工业管道的基本识别色、识别符号和安全标识》GB 7231 规定涂刷基本识别色、识别符号、安全标识。

4.7.6 在可能发生险情，特别是在可能发生险情的高声级环境噪声作业场所，应有相应的预警措施，使现场人员能及时警觉并采取回避、撤离等措施，以保障现场人员的生命安全。这些特殊场所应根据现场环境与人员等具体情况，设置传递险情的声（听觉）信号、光（视觉）信号或声光组合信号，并应符合相应的规范和标准。凡属高噪声环境的作业场所应设置光、声信号报警装置。

4.7.7 本条文引自现行国家标准《工业电视系统工程设计规范》GBJ 115—87。该规范对生产过程中涉及高温、高粉尘、高噪声、强放射性辐射等工作环境条件恶劣的工序、设备及作业部位，提出设置生产过程电视监控系统的要求。对于其他对人员安全、健康存在危害的工作环境也可参照执行。

4.7.8 正确确定建设项目中保护对象的级别，哪些建筑物以及建筑物中的哪些部位应划定为保护对象（或范围）而需设置火灾自动报警系统予以保护，是及早发现、有效控制火情的关键。也是设计火灾自动报警系统的前提。为此，应按照现行国家标准《火灾自动报警系统设计规范》GB 50116 的规定，准确划分火灾自动报警系统保护对象的级别以及火灾探测器设置的部位。

鉴于洁净厂房所具有的特殊性，其火灾自动报警系统的设计尚应符合现行国家标准《电子工业洁净厂房设计规范》GB 50472 的规定。

4.7.9 本条文提出建设项目火灾应急广播系统配置要求，可单独设计系统或与一般广播系统兼容设置，并符合公安消防部门审批文件的规定和相关的设计规范。

4.7.10 合理设置安防系统是保障人身、财产安全，维护正常生产秩序的有效措施。本条文提出四类安全防范要素，设计时应根据场区总平面布置、建筑物使用功能分区、安全防范要素分布部位等具体情况，按需选配并合理布置防盗报警、电视监控、门禁系统或设置综合安防系统。

5 职业卫生

5.1 防尘、防毒

5.1.1 电子工业生产及实验过程中，半导体及集成电路的材料制备、外延扩散、氧化、化学气相淀积、离子注入、腐蚀、清洗、刻蚀、溅射、塑封，真空器件零件清洗、阴极热丝制备、涂屏、充汞，塑料、陶瓷料、玻璃料、磁性材料等的破碎、配制、加工，以及铸造、热处理、电火花加工、磨削加工、化学处理、电镀、喷砂、油漆，铅蓄电池生产中的铅尘作业等工作区，会散发粉尘或有毒有害气体，危及人员的身体健康。故应对其采取综合治理措施，防止尘、毒危害。

由于电子工业的发展异常迅速，新产品、新工艺、新设备、新材料层出不穷。凡本条文尚未列出的其他产生尘、毒危害的场合都应对其采取综合治理措施，防止尘、毒危害。

5.1.2 从源头上消除或减少尘、毒的产生，是最根

本、最彻底、最有效的防尘、防毒措施,所以也是建设项目工程设计时应作为首选的治理措施。

1 为控制和消除作业场所职业病危害因素,建设项目应尽可能少用或不用高毒或剧毒物品。高毒或剧毒物品的鉴别可查对《高毒物品目录》(2003年版)和《剧毒化学品目录》(2002年版)。

2 为了减少尘、毒危害,目前常采用的措施之一是将粉料颗粒化。如将氧化铅由粉料先做成颗粒料。

湿法就是对某些粉料先进行湿化再进行配制、输送。地面和空间都宜保持潮湿。地面的设计应便于水冲洗,这样可大大减少粉尘料的飞扬和便于收集。

3 对于一般的建设项目,严重产生尘、毒的工艺部门其规模都不大,但却存在较严重的危害,且对其治理所付出的代价较大,其效果和经济性也欠差。故宜采取外协的方式解决,从源头上消除这些危险和有害因素。

而对于提供外协的单位,其治理措施一般都具有规模化的优势,所以其治理的技术水平、投入代价和治理效果都将优于非专业企业的个别行为。因此,从具体建设项目和整个社会来说,这一做法都是合理的。

5.1.3 对本条部分条款规定说明如下:

1 本款规定的目的主要是防止交叉污染。

2 尘、毒一般以扩散的方式或其他因素(如热源、高气压)产生正气压而弥散在空间。因此采取密封、负压工况等措施都是有效的。

4 密闭性好的输送装置,包括气力输送、斗式提升机、螺旋输送机、溜管、溜槽等。

9 因治理困难或因操作人员少、操作时间短暂而不值得采取治理措施而导致尘、毒超标的作业场所或局部空间,可采取操作人员带送风式头盔或呼吸面具的做法。此时应设置为送风式头盔供新鲜空气的供气点。

10 本款根据现行国家标准《工业企业设计卫生标准》GBZ 1—2010 制定。

5.1.4 散发并滞留在工作间(区)内的尘、毒,必须采取措施及时排除。确保工作间(区)内的有毒有害物质的浓度符合现行国家标准《工作场所有害因素职业接触限值 化学有害因素》GBZ 2.1 的限值规定。所排出的尘、毒如符合相关的环保排放标准,则可直接排放。否则需对其治理至符合相关环保排放标准后再排放。

1 本款为强制性条款。泄漏自动报警装置和事故通风对于可能突然逸出大量有害气体或易造成急性中毒气体的作业场所来说,是保证生产安全和保障人身安全、健康的一项必要措施。

例如:在半导体、集成电路生产的部分工序中所使用的磷烷、砷烷、硼烷、三氯化硼等特种气体的毒性大、危害性高,对使用这类气体的作业场所应设置泄漏自动报警装置并应与事故排风系统、工艺设备、操作阀等相互联锁,事故通风装置除能手动控制其启、停外,必须与泄漏自动报警装置相联锁,才能及早发现并及时处理突发事件。有毒气源瓶或柜应设置应急处理装置。

2 电子工业生产中凡有烟、尘逸出的设备、窑炉等的开口部位应设排风装置,以便将其直接排除,避免散佚、滞留在工作场所。

9 采用压送系统向密闭料仓送料时,将使仓内产生一定的余压。为防止泄漏空气时带出粉尘,需装设泄压除尘袋。如将袋式除尘机组直接坐落在仓顶上,则效果更好。

12 对排除比重大于空气的有害气体,如对于电镀槽、腐蚀槽以及其他化学槽,宜采用侧抽风;对排除比重小于空气的挥发性气体和氢气等,如对于蓄电池铅极板的化成、彩色显像管及荧光灯的配料等,宜采用顶部排风。

13 镀铬槽排风时,逸出的氢气易将热的镀铬液一道带出。遇冷,铬液会在风管内凝结。故排风管上应装一铬液回收装置。一方面可以回收价格昂贵的铬液,另一方面也可防止在风管出口处形成铬雾。风管连接处应严密,防止铬液滴落而灼伤。

16 产生大量油雾的设备,有螺纹磨床、齿轮磨床、硅片及陶瓷片切片机、油真空泵等;产生磨削粉尘的设备,有工具磨床、砂轮机等。

17 某些电子产品生产工艺中(如半导体、集成电路生产的部分工序)因使用的磷烷、砷烷、硼烷、硅烷、三氯化硼等特种气体毒性大、危害性高,其生产设备排出的含有这类物质的尾气中含毒物质浓度较高,应采用现场处理设备将其处理为较安全的形态,再通过局部排风系统将其安全地排出。

18 电子产品生产过程(如半导体器件制造中的光刻、荧光粉的配置和涂覆、元器件的灌封等)将散发出有机溶剂。人员长时间吸入有机溶剂会导致头晕、恶心甚至丧失嗅觉等症状。因此应在工作点(区)设置强制排风。

19 通常,将两个或两个以上的原材料、元器件、零部件组合起来,达到可靠的电气及机械连接的一系列工艺技术统称为装联工艺技术。在装联工艺中的焊接工序(包括回流焊、波峰焊、浸锡焊以及手工焊接等工序)将产生有害烟雾,即使采用无铅焊接工艺,也会因其需要更高的焊接温度和更多的助焊剂,而仍然会产生有害烟雾。因此应采用排风装置及时将有害烟雾排出工作区或采取净化装置对有害烟雾进行现场净化处理。

21 这类加工点均产生毒性很强的铅烟、氟烟,因此应设置强排风设施。

23 汞在常温下能蒸发为剧毒的水银蒸汽。据报道,在 0℃时空气中汞蒸发到饱和浓度(2.18mg/m³)

时已超过车间空气卫生标准 0.02mg/m³（按金属汞，PC-TWA）的 10 多倍。并且气温越高蒸发越快越多。每增加 10℃蒸发速度约增加 1.2 倍～1.5 倍，空气流动时蒸发更多。故工作间的环境温度应尽可能低，以减少汞的蒸发。

汞蒸汽能在缝穴处积存为半固体状态而形成长期污染。为此，荧光灯的滴汞点、闸流管的充汞间以及其他使用汞的工作间的顶棚、墙壁、地坪均应光滑无缝穴，易冲洗。地坪应有 3%的坡度，并在一侧设汞清洗收集槽（有漫水孔的水沟），对汞进行定期收集处理。室内应设全面通风和局部排风，及时排出汞蒸汽，以免对人身构成巨大的危害。

24 微波功率器件常使用介质系数小、散热性能好、具有足够机械强度的氧化铍陶瓷作为输出窗和集电极等。粉末状氧化铍如吸入人体或接触皮肤会引起鼻炎、气管炎、皮炎、皮肤溃疡、急慢性铍肺。因此，对氧化铍陶瓷的配料、压制、焙烧、研磨、金属化等设备和加工场所，均应有严格的防护措施和排风系统。

27 硫化氢气体有恶臭和毒性。当浓度达到 0.28g/m³～0.42g/m³ 时，人会感到强烈臭味，而且眼、鼻、喉还会感到剧烈疼痛。当浓度达到 0.7g/m³～0.98g/m³ 时，则会导致中毒，甚至会有生命危险。故硫化氢气体一旦泄漏，应立即予以排除。

硫化锌是在硫酸锌溶液中通入硫化氢气体制成的。硫化氢气体又是易燃易爆气体，在空气中的爆炸极限为 4.3%～46%。为避免搅拌机的叶片碰撞反应釜的罐壁产生火花造成爆炸危险，故反应釜搅拌机应防止空转。

5.1.5 对本条部分条款规定说明如下：

5 磷烷、砷烷、硼烷、硅烷、三氯化硼、四氟甲烷等毒性特种气体对人具有毒害作用，甚至致人死亡，且又易燃易爆，若有微量泄漏即易发生事故。因此，应对这类气体的储存、配送采取一系列的防范措施。其具体防范措施应按现行国家标准《电子工业洁净厂房设计规范》GB 50472 的相关规定执行，本规范不再重复作规定。

6 本款为强制性条款。储存剧毒物品的库间、工作间，为防止毒物聚集在室内表面，需经常用水冲洗。故其墙壁、顶棚和地面应采用不吸附毒物的材料，并应便于清洗和收集。为防止操作人员吸入有毒物质，分发有毒物质的操作过程应在通风柜内进行。

8 氯气有毒，吸入少量会引起喉、鼻黏膜发炎，吸入大量会使人剧烈窒息。一般操作场所空气中含氯量不得超过 0.001mg/L。故一旦氯气泄漏，应及时排除。氯气的密度比空气重（氯气的密度为 3.214g/L，空气的密度为 1.293g/L），故排风吸口应靠近地面。

为防止液氯罐（瓶），特别是其上的阀门因意外事故破损而泄漏，在装卸或运输时应采取措施避免其受到撞击或坠落。

5.1.6 本条文参考现行行业标准《厂区设备内作业安全规程》HG 23012—1999 制定。本条文所指的密闭空间，包括生产区域内的各类塔、球、釜、槽、罐、炉膛、锅筒、管道、容器以及地下室、阴井、地坑、下水道或其他相对封闭的场所。

5.1.7 本条文根据中华人民共和国国务院令第 352 号《使用有毒物品作业场所劳动保护条例》制定。

5.1.10 对本条说明如下：

1 本款为强制性条款。为确保逗留、活动、工作在生活间、办公室、配电室、控制室的人员安全，严禁输送有毒物质的管道穿越其间。此外，配电室、控制室因存在电气、电子设备，一旦被毒物污染很难清除，故严禁输送有毒物质的管道穿越其间。

2 输送有毒介质的管道在正常情况下均不应穿越不使用该类介质的工作间（区）。但当使用有毒介质的工作间被不使用该类介质的工作间（区）包围的特殊情况下，输送有毒介质的管道就不得不穿越不使用该类介质的工作间（区）。在这种情况下应对这段管道加设套管，其目的是尽量避免泄漏到不使用该类介质的工作间（区）。

5.2 防暑、防寒、防湿

5.2.1 根据现行国家标准《工作场所有害因素职业接触限值 物理因素》GBZ 2.2—2007 的定义，高温作业是指在生产劳动过程中，工作地点平均 WBGT 指数大于或等于 25℃的作业。

湿球黑球温度（WBGT）指数，是综合评价人体接触作业环境热负荷的一个基本参量，单位为摄氏度（℃）。用以评价人体的平均热负荷。WBGT 指数根据自然湿球温度（℃）、黑球温度（℃）和露天情况下加测的空气干球温度（℃），按下列两式计算求得：

室内外无太阳辐射：WBGT＝自然湿球温度×0.7＋黑球温度×0.3

室外有太阳辐射：WBGT＝自然湿球温度×0.7＋黑球温度×0.2＋干球温度×0.1

现行国家标准《工作场所有害因素职业接触限值 物理因素》GBZ 2.2—2007 对 WBGT 的限值规定见表 13：

表 13 工作场所不同体力劳动强度 WBGT 限值（℃）

接触时间率（%）	体力劳动强度			
	Ⅰ	Ⅱ	Ⅲ	Ⅳ
100	30	28	26	25
75	31	29	28	26
50	32	30	29	28
25	33	32	31	30

现行国家标准《工作场所有害因素职业接触限值 物理因素》GBZ 2.2—2007对体力劳动强度分级见表14。

表14 常见职业体力劳动强度分级

体力劳动强度分级	职业描述
Ⅰ（轻劳动）	坐姿：手工作业或腿的轻度活动（正常情况下，如打字、缝纫、脚踏开关等）； 立姿：操作仪器，控制、查看设备，上臂用力为主的装配工作
Ⅱ（中等劳动）	手和臂持续动作（如锯木头等）；臂和腿的工作（如卡车、拖拉机或建筑设备等非运输操作等）；臂和躯干的工作（如锻造、风动工具操作、粉刷、间断搬运中等重物、除草、锄田、摘水果和蔬菜等）
Ⅲ（重劳动）	臂和躯干负荷工作（如搬重物、铲、锤锻、锯刨或凿硬木、割草、挖掘等）
Ⅳ（极重劳动）	大强度地挖掘、搬运，快到极限节律的极强活动

本条仅列出电子工业中具有代表性的高温作业。在设计实践中，对其他高温作业区亦应采取相应的防暑、降温措施。确保其符合现行国家标准《工作场所有害因素职业接触限值 物理因素》GBZ 2.2所规定的卫生要求。

5.2.2 本条中"耗能太大或很不经济"，是指全面降温措施相对于局部送风措施而言的。由于高温工作场所采取全面的降温措施或采取局部送风措施，其能耗和经济性将随着工作区容积的大小、工作人员的多少及发热量的大小的不同而异。因此，究竟采取全面降温措施还是采取局部送风措施，应在工艺允许的情况下通过比较二者的能耗和经济性来确定。

对于不需人员始终在设备旁操作的高温环境，可设置具有降温设施的监控室、观察室或休息室而不必对整个工作场所采取全面降温措施。人员只在短暂/断续巡视、调试设备时才接触高温环境，大部分时间都能处于温度适中的监控室、观察室或休息室中。

5.2.3～5.2.6 参考现行国家标准《工业企业设计卫生标准》GBZ 1—2010等制定。

5.2.7 本条根据现行国家标准《机械工业职业安全卫生设计规范》JBJ 18—2000制定。

5.2.9 本条根据现行国家标准《采暖通风与空气调节设计规范》GB 50019—2003制定。

5.2.13 本条根据现行国家标准《工业企业设计卫生标准》GBZ 1—2010制定。

5.2.14 为保障工作人员的身体健康，工作场所冬季气温应控制在现行国家标准《工业企业设计卫生标准》GBZ 1所规定的范围内。

现行国家标准《工业企业设计卫生标准》GBZ 1—2010规定的工作场所冬季气温见表15：

表15 冬季采暖温度（℃）

劳动强度（分级）	采暖温度
Ⅰ	≥18
Ⅱ	≥16
Ⅲ	≥14
Ⅳ	≥12

注：表中劳动强度分级参见本规范第5.2.1条条文说明。

当工作场所面积很大而人员较少时，从经济和节能的角度出发，不需采取全面采暖措施。而应在固定工作地点及休息地点设置局部采暖措施。当工作地点不固定时，应设置具有取暖设施的休息室。

5.2.15、5.2.16 参照现行国家标准《工业企业设计卫生标准》GBZ 1—2010制定。

5.3 噪声控制

5.3.1 现行国家标准《工作场所有害因素职业接触限值 第2部分：物理因素》GBZ 2.2—2007对工作场所噪声职业接触限值规定见表16、表17。

表16 工作场所噪声职业接触限值

接触时间	卫生限值[dB(A)]	备注
5d/w，=8h/d	85	非稳定噪声计算8h等效声级
5d/w，≠8h/d	85	计算8h等效声级
≠5d/w	91	计算4h等效声级

表17 工作场所脉冲噪声职业接触限值

工作日接触脉冲次数n（次）	峰值[dB(A)]
n≤100	140
100<n≤1000	130
1000<n≤10000	120

现行国家标准《工业企业设计卫生标准》GBZ 1—2010对非噪声工作地点的噪声限值如表18。

表18 对非噪声工作地点噪声声级设计要求

地点名称	噪声声级[dB(A)]	工效限值[dB(A)]
噪声车间观察（值班）室	≤75	
非噪声车间办公室、会议室	≤60	≤55
主控室、精密加工室	≤70	

鉴于现行国家标准《工业企业设计卫生标准》GBZ 1—2010仅对部分非噪声工作地点的噪声限值作了规定。设计实践中，对其他非噪声工作地点的噪声

限值可根据该标准的限值规定类比确定。

5.3.3 分别或综合采取控制噪声的措施有隔声、吸声、消声、隔振、阻尼等。

6 本款对常用的隔声罩、隔声间、隔声屏障等几种隔声措施的适用范围作了规定。这些隔声措施可分为轻型和重型两种结构。其中轻型的金属隔声罩、隔声间的隔声量一般为20dB(A)～30dB(A)；砖石、混凝土的重型隔声间的隔声量一般为40dB(A)～50dB(A)；而隔声屏障一般只有10dB(A)～20dB(A)的衰减量。

7 本款规定了吸声设计的适用范围。这是因为吸声处理只能降低反射声和混响声，而对直达声作用不大。一般在直达声场中只有2dB(A)的降噪量，在混响声场中也只有4dB(A)～10dB(A)的降噪量。降噪效果不如隔声、消声显著。而吸声处理通常又需要较多材料和投资。所以不宜轻易采用。

吸声处理方式通常有满铺的吸声顶棚、吸声墙面以及近年来在噪声控制工程中广泛采用的空间吸声板和空间吸声体。由于吸声降噪效果不仅与吸声处理方式有关，而且与房间声学条件、声源特性、分布、密度也有关系。所以本款根据声学原理和工程实践经验，对不同吸声处理方式提出了适用范围。

空间吸声板的面积与房间顶棚面积之比宜取40%左右。对层高较高、墙面积相对较大的房间宜取室内总面积的15%。此值来源于上海工业建筑设计院和北京市劳动保护科学研究所的实验结果。

10 目前，消声器的产品繁多，按消声原理来分有：阻性消声器、阻抗复合消声器、抗性消声器、微穿孔板消声器、小孔喷注及节流降压消声器等。为了指导消声设计，本款根据声源特性和削声原理，提出各类消声器的适用范围。

5.3.4 对本条部分条款规定说明如下：

2 工作时间的缩短应符合现行国家标准《工业企业设计卫生标准》GBZ 1 的相关规定。

3 控制室、观察室或休息室原则上可分为轻型和重型两种结构。其中轻型的金属隔声间的隔声量一般为 20 dB(A)～30dB(A)；砖石、混凝土的重型隔声间的隔声量一般为 40 dB(A)～50dB(A)。建议控制室、观察室或休息室采用重型结构。

5.4 振动防治

5.4.1 电子工业中的锻锤、造型机、抛砂机、压力机、振动试验台、空气压缩机、冷冻机、气体压缩机、鼓风机、引风机、通风机、水泵、柴油发电机、锅炉房中的碎煤机及振动筛等设备是引起全身强烈振动的机器，会对操作人员的神经、消化、排泄、生殖等系统带来某些职业病。设计时应对上述设备的振动加以控制。风动、电动等工具产生的局部振动可引起操作人员的手麻、手痛、手白等病。设计时亦应采取相应防治措施。

5.4.2 现行国家标准《工业场所有害因素职业接触限值 第2部分：物理因素》GBZ 2.2—2007 对工作场所手传振动职业接触限值规定见表19。

表19 工作场所手传振动职业接触限值

接振时间	等能量频率计权振动加速度（m/s²）
4h	5

注：在日接触时间不足或超过4h时，将其换算为相当于接触4h的频率计权。

现行国家标准《工业企业设计卫生标准》GBZ 1—2010 对全身振动强度卫生限值和辅助用室振动强度卫生限值所作的规定如表20、表21。

表20 全身振动强度卫生限值

工作日接触时间 t（h）	卫生限值（m/s²）
4<t≤8	0.62
2.5<t≤4	1.10
1.0<t≤2.5	1.40
0.5<t≤1.0	2.40
t≤0.5	3.60

表21 辅助用室垂直或水平振动强度卫生限值

接触时间 t（h）	卫生限值（m/s²）	工效限值（m/s²）
4<t≤8	0.31	0.098
2.5<t≤4	0.53	0.17
1.0<t≤2.5	0.71	0.23
0.5<t≤1.0	1.12	0.37
t≤0.5	1.8	0.57

5.4.3 本条第6款规定对周边地段影响较大的振动设备应采取积极的隔振措施。通常采用的方法是设置隔振装置，即将隔振器放在设备的基础下或放在设备的底部。目前普遍采用的隔振器主要有金属弹簧隔振器、橡胶弹簧隔振器、空气弹簧隔振器等。

5.4.4 本条参照现行国家标准《工业企业设计卫生标准》GBZ 1—2010 对振动强度卫生限值的规定，可参见本规范第 5.4.2 条条文说明。

5.5 电磁波辐射防护

5.5.1 电子产品（包括整机和器件），特别是大功率电子产品生产调试过程中，产生的强电磁辐射举不胜举。尤其严重的是，这些产品生产调试过程多属没有完整机壳封闭的敞开辐射。另外，在雷达整架试验场，即使是副瓣其辐射能量也是很强的。电子工业生产还需采用许多高频加热设备、介质加热设备和射频溅射设备等，操作部位辐射场强也是很强的。

电磁辐射（electromagnetic radiation）是指能量以电磁波的形式通过空间传播的现象。本规范防护电磁辐射所适用的频率范围为 100kHz～300GHz。在此范围内的电磁波被划分为5个波段：

长波：指频率为100kHz～300kHz，相应波长为3km～1km范围内的电磁波。

中波：指频率为300kHz～3MHz，相应波长为1km～100m范围内的电磁波。

短波：指频率为3MHz～30MHz，相应波长为100m～10m范围内的电磁波。

超短波：指频率为30MHz～300MHz，相应波长为10m～1m范围内的电磁波。

微波：指频率为300MHz～300GHz，相应波长为1m～1mm范围内的电磁波。

100kHz～300GHz频率范围电磁辐射，属非电离辐射。其特点是：粒子性隐，波动性显。它对生物机体组织的损伤和破坏，不是由量子能量造成，而是取决于生物体内所吸收的总能量。此外，它还呈现出明显的电磁特性，如生物体对电磁能量的谐振吸收和"频率窗"或"功率窗"效应等。这些均与电磁波在这频段的特性有关。一定强度的电磁辐射会对人体健康造成有害影响，如白内障、体温调节响应过荷、热伤害、行为性能改变、痉挛、耐久力下降以及神衰症候群等。因此，电子工业电磁辐射防护问题显得格外突出。有必要对其进行防护设计，采取必要的防护措施。

5.5.2 对于公众照射的控制分两种情况：

1 对于建设项目周边的居民覆盖区，应执行现行国家标准《环境电磁波卫生标准》GB 9175—88的一级标准限值规定。因为在符合一级标准的环境电磁波强度下长期居住、工作、生活的一切人群（包括婴儿、孕妇和老弱病残者），均不会受到任何有害影响。

2 对于建设项目内的非电磁辐射工作区，建议执行现行国家标准《环境电磁波卫生标准》GB 9175—88的二级标准限值规定。因为在符合二级标准的环境下可建造工厂、机关，但不许建造居民住宅、学校、医院和疗养院。

现行国家标准《环境电磁波卫生标准》GB 9175—88的相关限值见表22。

表22 环境电磁波容许辐射强度分级标准

波 长	单位	容许场强	
		一级	二级
长、中、短波	V/m	<10	<25
超短波	V/m	<5	<12
微波	μW/cm²	<10	<40
混合	V/m	按主要波段场强；若各波段场强分散，则按复合场强加权确定	

现行国家标准《工作场所有害因素职业接触限值 物理因素》GBZ 2.2—2007对职业接触的限值规定见表23～表25。

表23 工作场所高频电磁场职业接触限值

频率（MHz）	电场强度（V/m）	磁场强度（A/m）
$0.1 \leq f \leq 3.0$	50	5
$3.0 \leq f \leq 30.0$	25	—

表24 工作场所超高频辐射职业接触限值

接触时间	连续波		脉冲波	
	功率密度（mW/cm²）	电场强度（V/m）	功率密度（mW/cm²）	电场强度（V/m）
8h	0.05	14	0.025	10
4h	0.10	19	0.050	14

表25 工作场所微波辐射职业接触限值

类 型		日剂量（μW·h/cm²）	8h平均功率密度（μW/cm²）	非8h平均功率密度（μW/cm²）	短时间接触功率密度（mW/cm²）
全身辐射	连续微波	400	50	400/t	5
	脉冲微波	200	25	200/t	5
肢体局部辐射	连续微波或脉冲微波	4000	500	4000/t	5

注：t为受辐射时间，单位为h。

5.5.3 对电磁辐射屏蔽防护规定的说明如下：

1 从射频和微波辐射防护观点出发，应尽可能在设备本身采取防护措施，即局部屏蔽（包括吸收和隔离）。使工作人员操作部位的泄漏电平，降低到卫生标准容许值以下。

1）设备屏蔽壳体（包括面板在内的机箱外壳）上的孔洞和缝隙，是造成设备电磁泄漏的主要原因之一。但在实际中，这些孔洞和缝隙又往往是不可避免的，如设备的散热孔、仪器仪表的安装孔以及机壳在螺装连接处的缝隙等。因此，为了减少由机箱外壳造成电磁泄漏和辐射，应对设备壳体上的电气不连续部位采取以下增强屏蔽措施：

①对缝隙，用导电衬垫条带嵌在缝隙中，通过螺钉压紧，以保证接缝处良好电气接触。

②对孔洞，用铜丝网蒙在洞孔上，用压圈通过螺钉压紧，以保证连接处良好电气接触。必要时还可以用波导通风孔替代铜丝网。

2）高频馈线系统的波导法兰盘连接处，是整个设备系统的主要电磁泄漏部位。因此应采用金属箔导电胶带粘在法兰盘接缝处，以改善接缝处的电气密封状况，增强屏蔽效果。

3）大功率高频加热设备的加热器，如高频加热设备的感应线圈、射频加热设备的工作刀等，往往是处在设备机箱外部并暴露于空间。这些加热器也是造成设备电磁泄漏的主要原因。因此，作为辐射防护措施，应对感应线圈和工作刀采用局部屏蔽并接地，以抑制由它引起的电磁泄漏辐射。

4）微波器件热测台，也是一种强电磁辐射源，对操作人员威胁较大。由于这种热测台，需边操作边观察，因此应将整个测试台用铜丝网屏蔽罩屏蔽起来，操作人员只将手伸入屏蔽罩内进行操作。这种采用金属网钟罩式局部屏蔽，又称单机屏蔽。如磁控管测试台在没有采用局部屏蔽前，离磁控管 2m 处测得漏能为 400 $\mu W/cm^2$。采用矩形钟罩式局部屏蔽，屏蔽材料用 14 目黄铜网，骨架用 20mm×20mm 角铁，测试台面用金属板，屏蔽罩在操作面方向设简易屏蔽门。测试结果，在靠屏蔽罩处低于卫生标准容许值。对微波器件，还可以采用吸收材料加铜丝网作局部屏蔽材料。如返波管测试台（工作波长为 3cm，平均功率约 150W），用上述材料作矩形钟罩局部屏蔽。测试结果：于管脚引线位置，屏蔽前为 180$\mu W/cm^2$，屏蔽后泄漏场强测不出。

5）当屏蔽与被屏蔽部件的距离很小时，由于两者互相抗耦合，减小了被屏蔽部件中的线圈电感分量，从而相对地增大了屏蔽体反射电阻的作用，增大了线圈的耗散因数，降低了设备的工作效率。因此，为了使屏蔽体的引入不致影响被屏蔽设备的工作效率，必须保证屏蔽体与被屏蔽部件之间有足够的间距。理论上屏蔽体的等效半径应为被屏蔽部件最大尺寸的三倍。

6）由于设备匹配没调整好或负载太轻，使射频功率只有少量被负载吸收，而大部分都以驻波形式从射线馈线系统向外辐射。因此，为了减少电磁泄漏辐射，应尽量使设备或装置在匹配状态下运行。

2 局部屏蔽的缺点是：①由于设置了屏蔽，给操作带来了不便。②若屏蔽设计不当，将会影响设备的工作效率。另外对造成环境电磁干扰噪声来说，即使将设备泄漏抑制到符合电磁辐射卫生标准，但它仍然是一个相当强的干扰噪声源。因为 12V/m 量级的场强（40$\mu W/cm^2$ 功率密度换算成场强约 12.28V/m）对 $\mu V/m$ 量级的测试设备相当于强度为 120dB（按 10$\mu V/m$ 灵敏度计量）干扰。因此，当需要保证周围环境的电磁干扰噪声低电平时应采用全室屏蔽。

5.5.5 在有源屏蔽室内，由于屏蔽壁的多次反射，将在室内形成驻波，对室内工作人员不利。因此，一方面在调试时设置假负载，减少系统的泄漏辐射；另一方面在屏蔽室内敷设吸收材料，以降低屏蔽腔体 Q 值，并对入射波起到一定吸收损耗作用。

5.5.6 操作人员屏蔽室（笼）相对地属无源屏蔽，工作人员可以在屏蔽室（笼）防护下工作。在进行简易辐射器性能测试时，为了不影响测试精度，屏蔽笼不应设置在辐射器主瓣方向。当辐射器副瓣可能照射到屏蔽笼外壁时，应采用微波吸收屏遮挡。

5.5.7 本条第 1 款所称临界区域是指在其中连续工作人员所受到的辐射照射接近卫生限值。危险区域是指在其中连续工作人员所受到的辐射照射超过卫生限值。

5.5.8 对电磁、屏蔽室的设计规定的说明如下：

1 作为降低环境电磁干扰噪声的屏蔽室，除了应屏蔽电磁辐射发射外，还应抑制电磁传导发射。其屏蔽效能应按区域范围测试的灵敏感度确定，一般都应在 80dB～100dB 量级。因此，防护电磁辐射屏蔽与降低环境电磁干扰噪声屏蔽兼容，应按较高屏蔽性能的要求设计。

2 对高阻抗电磁波，应选用反射率大的金属材料，即材料的 $G/\mu r$ 要大。

对低阻抗电磁场，应选用吸收损耗率大的金属材料，即材料的 $G/\mu r$ 要大。

作为综合考虑，应根据上述要求折中选择。目前常用的屏蔽材料为镀锌钢板、铝板、冲孔钢板、冲孔铝板、紫铜网、黄铜网和导电布等。

3、4 屏蔽室如跨建筑伸缩缝，可能对屏蔽壁产生破坏而在其上出现洞孔和缝隙，从而破坏了屏蔽壳体上的电气连续，迫使屏蔽壁上的感应电流在洞孔和缝隙处产生途径迂回，使之不能畅流，从而减弱了所产生的反相磁场，降低了屏蔽效果。故屏蔽室不得跨建筑伸缩缝。同样道理，在正常情况下不得在屏蔽体上任意设置孔洞，以保证屏蔽壳体的电气连续。

5～8 屏蔽壳体孔隙造成的电磁泄漏，主要取决于下列三个因素：

1）孔隙的最大开口尺寸；
2）场源的波阻抗；
3）场源的频率。

装设在通风口上的电磁滤波器，就是根据上述原则进行设计的。

为了切断屏蔽室与外部金属系统的电气连接，避免屏蔽室与外部系统的谐振耦合，在系统风管连接处采用了一段非金属（电气上绝缘）管。为了防止通风或空调系统振动对屏蔽室电气连接影响，这段非金属管可采用帆布软管或人造革软管。

同样道理，引入屏蔽室的气体动力管和水管，也需采取类似措施。

9 屏蔽门的电磁泄漏主要是门缝和门的把手。门缝属于活动缝隙，因此作为门缝的电气密封材料，必须能经受频繁的压、折而仍能保持其弹性和良好的电气接触。至今为止，作为门缝的电气接触材料以梳形弹簧片最为合适。梳形弹簧片必须具备一定的弹性，否则不能胜任门缝的良好电气接触要求。但弹簧片的弹力也不能太大，否则给门的开、关造成困难，目前常用的弹簧片材料为锡磷青铜和铍青铜。

为了保证手柄转动均匀与门扇保持良好的电气连续，应在手柄轴上装设 "O" 型弹簧片。

10 电源滤波器是防止电磁波通过电源线的传导耦合而造成泄漏和干扰的有效措施。它用于既防电磁干扰（EMI），又进行辐射防护的屏蔽室。

11 屏蔽接地有两重含义：一是以等位面或零电位作为接地定义。因此接地是将某个点和一个等位点或等位面间用低阻连接，以构成系统的基准电位。它可以和大地有欧姆连接，也可不同大地连接。二是以电流回路的通路作为接地定义。因此接地是给电流回路提供通路，而电流回路的路径与电磁干扰紧密相关。

为了安全，屏蔽室需要接地，即安全接地。但就屏蔽技术本身而言，对电场屏蔽需要接地，对磁场和平面屏蔽则不需接地。因此，作为综合考虑，屏蔽室是接地的。

接地对屏蔽效能有影响。对感应场，由于屏蔽体上存在有干扰感应电压，因此可以通过接地提供干扰电流通路，提高屏蔽效能。对平面波，接地线呈现的感抗很大，起不到干扰电流通路的作用；另外接地线还能与屏蔽体构成屏蔽体外部系统，产生谐振，形成天线效应，从而降低屏蔽效能。因此，必要时还应对接地线采取屏蔽措施。

接地极电阻一般应不大于 4Ω。但要取决于屏蔽室内装设的设备，应从设备所要求的接地电阻。对特殊要求的屏蔽室，接地极电阻为 1Ω。从电磁干扰（EMI）观点。接地应力图实现单独接地和减少其阻抗。

5.6 激光辐射防护

5.6.1 激光是指波长为 200nm～1mm 之间的相干光辐射。

在电子工业中对激光的应用非常广泛。然而，激光辐射可能对人的眼睛和皮肤造成伤害。在激光造成的伤害中，以对眼睛的伤害最为严重。波长在可见光和近红外光的激光，眼屈光介质的吸收率较低、透射率高、聚焦能力（即聚光力）强。强度高的可见或近红外光进入眼睛时可以透过人眼屈光介质，聚积于视网膜上。此时视网膜上的激光能量密度及功率密度提高到几千甚至几万倍，致使视网膜的感光细胞层温度迅速升高，以致感光细胞凝固变性坏死而失去感光的作用。激光聚于感光细胞时产生过热而引起的蛋白质凝固变性是不可逆的损伤，一旦损伤就会造成眼睛的永久失明。

激光的波长不同对眼球作用的程度不同，其后果也不同。远红外激光对眼睛的损害主要以角膜为主，这是因为这类波长的激光几乎全部被角膜吸收，所以角膜损伤最重，主要引起角膜炎和结膜炎，患者感到眼睛痛、异物样刺激、怕光、流眼泪、眼球充血、视力下降等。发生远红外光损伤时应保护伤眼，防止感染发生，对症处理。

紫外激光对眼的损伤主要是角膜和晶状体，此波段的紫外激光几乎全部被眼睛的晶状体吸收，因而导致晶状体及角膜混浊。人体皮肤由于生理结构有很敏感的触、疼、温等功能，构成一个完整的保护层。而且皮肤由多层次组织组成，在每一层中都有不同的细胞。激光照到皮肤时，受照部位的皮肤将随剂量的增大而依次出现热致红斑、水泡、凝固及热致炭化、沸腾、燃烧及热致汽化。因此激光损伤皮肤的机理主要是由激光的热作用所致。如其能量（功率）过大时可引起皮肤的损伤，当然损伤度可以由组织修复，虽然功能有所下降，但不影响整体功能结构，比对眼睛的损伤要轻得多。

鉴于激光可能对人造成上述伤害，且不同类别的激光设备对人的危害程度是不同的，故应按激光设备的类别采取相应的防护措施。

5.6.2 现行国家标准《激光产品的安全 第 1 部分：设备分类、要求和用户指南》GB 7247.1—2001 将激光设备按其危害增大的顺序分类如下：

1 类。在合理可预见的工作条件下是安全的激光器。

2 类。发射波长为 400nm～700nm 可见光的激光器，通常可由包括眨眼反射在内的回避反应提供眼睛保护。

3A 类。用裸眼观察是安全的激光器。对发射波长为 400nm～700nm 的激光，由包括眨眼反射在内的回避反应提供保护。对于其他波长对裸眼的危害不大于 1 类激光器。用光学装置（如双目镜、望远镜、显微镜）直接进行 3A 类的光束内观察可能是危险的。

3B 类。直接光束内视是危险的激光器。观察漫反射一般是安全的。

4 类。能产生危险的漫反射的激光器。它们可能引起皮肤灼伤，也可引起火灾，使用这类激光器要特别小心。

GB 7247.1—2001 还规定了每一类激光产品的可达发射极限 AEL。在建设项目的设计中，应按激光设备的类别采取相应的防护措施，确保接触激光人员的眼睛、皮肤受到的照射量不超过现行国家标准《工作场所有害因素职业接触限值 物理因素》GBZ 2.2 的限值规定。现行国家标准《工作场所有害因素职业接触限值 物理因素》GBZ 2.2—2007 所规定的具体数据见表 26 和表 27。

表 26 眼直视激光束的职业接触限值

光谱范围	波长 (nm)	照射时间 (s)	照射量 (J/cm²)	辐照度 (W/cm²)
紫外线	200～308	$10^{-9}～3\times10^4$	3×10^{-3}	
	309～314	$10^{-9}～3\times10^4$	6.3×10^{-2}	
	315～400	$10^{-9}～10$	$0.56t^{1/4}$	1×10^{-3}
	315～400	$10～10^3$	1.0	
	315～400	$10^3～3\times10^4$		
可见光	400～700	$10^{-9}～1.2\times10^{-5}$	5×10^{-7}	
	400～700	$1.2\times10^{-5}～10$	$2.5t^{3/4}\times10^{-3}$	$1.4C_B\times$
	400～700	10^4	$1.4C_B\times10^{-2}$	10^{-6}
	400～700	$10^4～3\times10^4$		

续表26

光谱范围	波长(nm)	照射时间(s)	照射量(J/cm^2)	辐照度(W/cm^2)
红外线	700~1050 700~1050 1050~1400 1050~1400 700~1400	10^{-9}~$1.2×10^{-5}$ $1.2×10^{-5}$~10^3 10^{-9}~$3×10^{-5}$ $3×10^{-5}$~10^3 10^4~$3×10^4$	$5C_A×10^{-7}$ $2.5C_A t^{3/4}×10^{-3}$ $5×10^{-6}$ $12.5 t^{3/4}×10^{-3}$	$4.44C_A×10^{-4}$
远红外线	1400~10^6 1400~10^6 1400~10^6	10^{-9}~10^{-7} 10^{-7}~10 >10	0.01 $0.56 t^{1/4}$	0.1

注：t 为照射时间。

表27 激光照射皮肤的职业接触限值

光谱范围	波长(nm)	照射时间(s)	照射量(J/cm^2)	辐照度(W/cm^2)
紫外线	200~400	10^{-9}~$3×10^4$	同表26	
可见光与红外线	400~1400	10^{-9}~$3×10^{-7}$ 10^{-7}~10 10^{-3}~$3×10^4$	$2C_A×10^{-2}$ $1.1C_A t^{1/4}$	$0.2C_A$
远红外线	1400~10^6	10^{-9}~$3×10^4$	同表26	

注：t 为照射时间。

波长（λ）与校正因子的关系为：波长 400nm~700nm，$C_A=1$；波长 700nm~1050nm，$C_A=100.002^{(\lambda-700)}$；波长 1050nm~1400nm，$C_A=5$；波长 400nm~550nm，$C_B=1$；波长 550nm~700nm，$C_B=100.015^{(\lambda-550)}$。

5.6.3 由于1类设备在设计上是固有安全的，即使长时间直视激光束也不会对眼睛造成伤害，故这类设备不必安置在专用房间内。其余各类设备必须防止连续直视激光束才能确保人员不受伤害，所以除1类设备外，其他各类设备应安置在专门房间或可靠的防护围封内。

5.6.6 激光室的墙面不可涂黑，应涂刷浅色且漫反射的涂料，以减少镜式反射和提高光亮。室内应光亮，以缩小人眼瞳孔。还应通风良好，以便能及时排出工作中所产生的臭氧，并使其在空气中的浓度不超过现行国家标准《工作场所有害因素职业接触限值 化学有害因素》GBZ 2.1 的允许值［0.3mg/m^3（最高允许浓度）］。

5.6.8 4类激光器因没有最大限值，因此是很危险的。即使是通过漫反射体无意观看到4类激光器的激光束，也可能会对眼睛造成伤害。4类激光器还会对皮肤造成伤害。因此，宜遥控操作，以避免工作人员直接进入激光工作区。

5.6.9 高能量激光加工及焊接过程中将产生烟气、臭氧等有害物质，故应在射束靶上方适当位置装设排风装置，将产生的有害气体及时排出。

5.6.10 本条规定的目的是为了防止激光器引起燃烧、爆炸等意外事故。

5.6.11 在室外作业时，作业区是敞开的，容易伤及他人，故规定此条。

5.7 紫外线辐射防护

5.7.1 紫外线（Ultraviolet radiation，UV）是波长从 100nm~400nm 的电磁辐射的总称。紫外线按其波长可分为三个部分：

长波紫外线（UVA）：波长为 400nm~315nm，又称黑斑区。

中波紫外线（UVB）：波长为 315nm~280nm，又称红斑区。

短波紫外线（UVC）：波长为 280nm~100nm，又称杀菌区。

紫外线在电子工业，特别是其中的半导体、LCD（液晶显示器）等行业得到大量的应用，如光刻、固化、清洗、改质等工艺。

以 LCD 行业为例：

1 光刻：利用 405nm~365nm 波长（A波段）的紫外线光对涂有光刻胶的 ITO 玻璃进行一定时间的照射，使光刻胶的性能发生改变，受光部分经过显影液溶解露出 ITO 膜，然后用蚀刻液将露出的 ITO 膜蚀刻掉，从而得到与掩模版完全一致的 ITO 图形。

2 固化：在液晶盒的封口和固定 PIN 管脚的工艺中，利用波长为 365nm 的紫外线光照射紫外固化胶，使胶发生化学交联、聚合作用而快速固化，从而形成牢固的封口或将 PIN 管脚牢固地固定。

3 清洗：在液晶显示器的制造过程中，对 ITO 玻璃的洁净度要求非常高。以往的清洗技术（化学清洗和物理清洗）经常很难达到这种洁净度要求。利用一种能产生波长为 254nm、185nm 的紫外灯（通常 185nm 波长光为 254nm 波长光的 20%）进行照射，可使 ITO 玻璃表面上的大多数有机化合物分解为离子、游离态原子、受激分子和中性分子。而大气中的氧气在吸收了波长为 185nm 的紫外光子后将产生臭氧 O_3 和原子氧 O。所产生的 O_3 对 254nm 波长的紫外光又具有强烈的吸收作用，在光子的作用下，臭氧又会分解为氧气和原子氧 O。由于原子氧极其活跃，物体表面上的碳和氢化合物的光敏分解物在它的氧化作用下化合成二氧化碳、氮气和水蒸气等可挥发性气体逸出物体表面，从而彻底清除黏附在物体表面上的有机物质。

4 改质：紫外光表面改质是在紫外光清洗的基础上演变过来的，基本原理相同但又有差别。其工作原理是利用紫外光照射有机表面，在将有机物分解的同时，254nm 波长的紫外光被物体表面吸收后，将表层的化学结构切断。而大气中的氧气在吸收了波长为 185nm 的紫外光子后产生臭氧 O_3 和原子氧 O。产生的 O_3 对 254nm 波长的紫外光又具有强烈的吸收作用，在光子的作用下臭氧又会分解为氧气和原子氧 O。由于原子氧极其活跃，这些原子氧会与被切断的表层分子结合并将其变换成具有高度亲水性的官能基（如—OH，—CHO，—COOH），从而提高表面的可湿性。由于物体表面上具有这些亲水性的官能基作为中间层，光刻胶、取向膜等材料通过这些官能基与物体表面接触，发生化学的结合反应，提高了光刻胶、取向膜等材料与物体表面的结合力。

但是，紫外线对人体健康也有一定的危害。常见的有：

1 电光性眼炎：波长 320nm～250nm 紫外线的照射，可引起角膜炎、结膜炎。刚患病时仅感到双眼有异物感和轻度不适，重的会感到烧灼、剧痛、畏光、流泪、眼睑痉挛等。如反复发病，可引起慢性睑缘炎和结膜炎。过强的紫外线还可造成眼底损伤。

2 皮肤红斑反应：紫外线照射可灼伤皮肤，受照的皮肤潮红，有痛感，严重时会形成红斑甚至水泡，几天后红斑消退，皮肤开始脱屑，并有色素沉着。

3 光感性皮炎：是指在接触某些化学物质如沥青的同时，再接受紫外线照射而发生的皮肤病变。

4 诱变和致癌作用：紫外线照射哺乳动物可引起基因突变，导致皮肤癌。波长小于320nm的紫外线诱发皮肤癌的可能性较大。

5 波长小于250nm的紫外线作用于空气中的一些物质，还可产生光化学烟雾和有毒气体。

因此，应对这些生产工艺及其工作场所采取相应的安全、卫生防护措施，确保工作场所紫外线辐射不超过现行国家标准《工作场所有害因素职业接触限值 物理因素》GBZ 2.2 的限值规定。现行国家标准《工作场所有害因素职业接触限值 物理因素》GB 2.2—2007 所规定的职业接触限值见表28。

表28 工作场所紫外辐射职业接触限值

紫外光谱分类	8h 职业接触限值	
	辐照度（$\mu W/cm^2$）	照射量（mJ/cm^2）
中波紫外线(315nm～280nm)	0.26	3.7
短波紫外线(280nm～100nm)	0.13	1.8
电焊弧光	0.24	3.5

5.7.2 对本条部分条款规定的说明如下：

3 由于波长小于200nm的短波紫外线将产生臭氧以及光化学烟雾和有毒气体，故应视具体情况对设备或工作室设局部排风或全室排风系统，将这些对人体有害的气体从室内排出。

4 焊接（电焊、气焊）与气割是现代工业生产制造及设备维修中不可缺少的一项重要加工工艺。焊接过程中，金属元素、焊药、保护气体在高温作用下会产生各种有害气体和焊接烟尘，危害职工的身体健康。同时，凡物体温度达1200℃以上时，辐射光中均可产生紫外线。特别是电焊时电弧放电产生的高温达 4000℃～6000℃，必将产生对人体有害的紫外线。而紫外线又将产生臭氧、氮氧化物（NO_x）等对人体有害的气体。因此，应对焊接作业场所设置通风装置，以排出焊接烟尘及有害气体。

为避免焊接过程中所产生的紫外线对周围人群的不良影响，要求在焊接作业点设隔离屏障。隔离屏障不宜过高，且下部应留有空隙以利通风换气。

5.8 电离辐射防护

5.8.1 电离辐射（ionizing radiation）是指在辐射防护领域能在生物物质中产生离子对的辐射。在工业活动中所出现的电离辐射有 α、β、γ 射线及 X 射线等。

电子工业生产过程中有很多地方会产生电离辐射，如大功率真空开关管和工业探伤用 X 射线管在测试过程中会产生 X 射线辐射；气体放电开关管在注射钴$_{60}$过程中会产生 γ 射线辐射；γ 射线探测仪在计量定标测试过程中会产生 γ 射线辐射；大功率发射管和微波功率管在高压试验时会产生软 X 射线辐射。这类以外照射为主的电离辐射是电子工业的防护重点。

长期以来，电子工业一直执行由原国家计划委员会、国家基本建设委员会、国防科学技术委员会和卫生部于 1974 年 4 月联合发布的《放射防护规定》GBJ 8—74。1983 年卫生部根据国务院规定的标准化归口管理范围和卫生部的职责范围，组织放射卫生防护标准委员会对国家标准《放射防护规定》GBJ 8—74 中有关卫生防护、医疗和人体健康等内容进行修订，形成新的国家标准《放射卫生防护基本标准》GB 4792—84，并于 1984 年发布；而由国家环保总局组织对《放射防护规定》GBJ 8—74 的其他内容，主要是放射性三废管理部分进行修订而形成《辐射防护规定》GB 8703—88，并于 1988 年发布。

1994 年由卫生部、国家环保总局和国家核安全局以及核工业总公司联合组成编制组，在全国卫生标准技术委员会放射卫生防护标准分委员会和全国核能技术标准化技术委员会辐射防护分委员会的支持和参与下，同时对《放射卫生防护基本标准》GB 4792—84 和《辐射防护规定》GB 8703—88 进行修订，以国际放射防护委员会第 60 号出版物和国际原子能机构第 115 号安全丛书为依据，编制成我国统一的放射防护基本标准《电离辐射防护与辐射源安全基本标准》GB 18871—2002，并于 2002 年发布。从而结束了《放射卫生防护基本标准》GB4792—84 和《辐射防护规定》GB 8703—88 两个基本标准共存的局面。

基于基本标准的上述形成过程，本规范建议按现行国家标准《电离辐射防护与辐射源安全基本标准》GB 18871 的规定进行电离辐射防护设计。

5.8.2 电离辐射防护与人体的生物学效应，根据其发生的程度可分为急性效应和晚期效应。全身急性照射可能产生的效应，见表29。

表29 急性照射效应

受照剂量（Gy）	临床症状
0～0.25	无可检出的临床症状，可能无迟发效应
0.50	血象有轻度暂时性变化（如淋巴细胞、白细胞减少），无其他可查出临床症状，但可能有迟发效应，对个体不会产生严重的效应
1.00	可产生恶心、疲劳，当受照剂量达到1.25Gy以上时，有20%～25%的人可能发生呕吐，血相会有显著变化，可能致轻度急性放射病
2.00	受照后24h内出现恶心和呕吐，经约一周潜伏期后，毛发脱落，产生厌食、全身虚弱与其他症状，如喉炎、腹泻等。如以往身体健康或无并发感染者，短期内可望恢复
4.00（半致死剂量）	受照后几小时发生恶心、呕吐，潜伏期约一周，二周内毛发脱落、厌食、虚弱、体温增高。第三周出现紫斑、口腔与咽部感染。第四周出现苍白、鼻血、腹泻、迅速消瘦。50%的受照者可能死亡，存活者半年内可逐渐恢复
≥6.00（致死剂量）	受照者1h～2h内恶心、呕吐、腹泻、潜伏期短。第一周末就出现腹泻、呕吐、口腔与咽喉发炎、体温增高、迅速消瘦；第二周死亡，死亡率达100%

晚期效应是在受照后数年出现的效应。主要指电离辐射诱发的癌症、白血病与寿命缩短等辐射损伤的生物学效应。出现在受照者后代身上的称为遗传效应。它是由于生物生殖细胞中DNA分子（蛋白质和脱氧核糖核酸）受到损伤，从而使遗传基因产生突变。对人来说，使人体基因自然突变增加一倍的辐射剂量在0.1Gy～1.0Gy之间（代表值约为0.7Gy）。

因此，为了保障辐射工作人员和广大公众的安全健康，控制人体年剂量当量是非常必要的。

现行国家标准《电离辐射防护与辐射源安全基本标准》GB 18871—2002对职业照射的剂量限值规定如下：

1 职业照射

B1.1.1 剂量限值

B1.1.1.1 应对任何工作人员的职业照射水平进行控制，使之不超过下述限值：

a) 由审管部门决定的连续5年的年平均有效剂量（但不可作任何追溯平均），20mSv；
b) 任何一年中的有效剂量，50mSv；
c) 眼晶体的年当量剂量，150mSv；
d) 四肢（手和足）或皮肤的年当量剂量，500mSv。

B1.1.1.2 对于年龄为16岁～18岁接受涉及辐射照射就业培训的徒工和年龄为16岁～18岁在学习过程中需要使用放射源的学生，应控制其职业照射使之不超过下述限值：

a) 年有效剂量，6mSv；
b) 眼晶体的年当量剂量，50mSv；
c) 四肢（手和足）或皮肤的年当量剂量，150mSv。

B1.1.2 特殊情况

在特殊情况下，可依据第6章6.2.2所规定的要求对剂量限值进行如下临时变更：

a) 依照审管部门的规定，可将B1.1.1.1中a)项指出的剂量平均期破例延长到10个连续年；并且，在此期间内，任何工作人员所接受的年平均有效剂量不应超过20mSv，任何单一年份不应超过50mSv；此外，当任何一个工作人员自此延长平均期开始以来所接受的剂量累计达到100mSv时，应对这种情况进行审查；

b) 剂量限制的临时变更应遵循审管部门的规定，但任何一年内不得超过50mSv，临时变更的期限不得超过5年。

2 公众照射

B1.2.1 剂量限值

实践使公众中有关关键人群组的成员所受到的平均剂量估计值不应超过下述限值：

a) 年有效剂量，1mSv；
b) 特殊情况下，如果5个连续年的年平均剂量不超过1mSv，则某一单一年份的有效剂量可提高到5mSv；
c) 眼晶体的年当量剂量，15mSv；
d) 皮肤的年当量剂量，50mSv。

注：关键人群组是指，对于某一给定的辐射源和给定的照射途径，受照相当均匀，并能代表因该给定的辐射源和给定的照射途径所受有效剂量或当量剂量最高的个人的一组公众成员。

3 表面污染控制水平

工作场所的表面污染控制水平如表30所列。

表30 工作场所的放射性表面污染控制水平（Bq/cm²）

表面类型		α放射性物质		β放射性物质
		极毒性	其他	
工作台、设备、墙壁、地面	控制区①	4	4×10	4×10
	监督区	4×10⁻¹	4	4
工作服、手套、工作鞋	控制区	4×10⁻¹	4	4
	监督区			
手、皮肤、内衣、工作袜		4×10⁻²	4×10⁻¹	4×10⁻¹

注：①该区内的高污染子区除外。

5.8.3 电离辐射工作室位置的选择，除应考虑污染源和人口分布等因素外，还应考虑到正常运行和意外事件，使其符合关键人群组所受的剂量当量不得超过相应限值的规定。因此，在总体布局时，应有利于辐射屏蔽设计和避开人流，降低对公众的照射水平。

5.8.4 照射室布置在主厂房外部，既可避免大车间套小室布置的弊病，也可避开车间高密集人流。照射室与车间毗连，有利受照工件的运输。照射室应在多层厂房的底层或地下室，易于解决安全防护问题。辅助用房布置在与照射室邻近的非主照射方向，可使辅助工作室有良好的工作条件。

5.8.5 防护外照射可以根据现场具体情况分别采用控制照射时间、增大与辐射源的距离、设置屏蔽等三种防护方式之一，或组合采取上列防护方式。时间防护和距离防护由于易受现场条件和工艺要求等因素的影响，使其防护作用相应受到限制。因此，屏蔽体防护为最常用的有效措施。

5.8.6 固定式全室屏蔽一般按永久性建筑设计；局部屏蔽一般仅在操作部位设置屏蔽设施或移动式铅屏防护。二者的造价、屏蔽效果以及对工艺过程的影响也是不同的。故设计时应在确保相关人员所受到的辐射符合职业照射和公众照射的限值规定的前提下，本着"防护与安全的最优化"原则，兼顾工艺过程的要求来选择采用全室屏蔽或局部屏蔽。

5.8.7 电离辐射照射室属防护级别高、防护实施严的电离辐射工作场所，因此对照射室的屏蔽防护设计要求也较高。

1 为了防止射线从工作室顶部和底部向外泄漏，影响周围人员，除应对工作室四壁设置屏蔽体外，还应对其顶棚和地面设置屏蔽体。除了采用与四壁相同的屏蔽体材料外，对于地面屏蔽，可以根据工作室所处的位置综合考虑。如电离辐射工作室为平房，考虑到土壤的屏蔽作用，则地面屏蔽可以结合建筑地坪设计；若工作室设置在多层厂房底层，而该厂房设有地下室，则地面屏蔽可以综合混凝土楼面或地面进行设计。观察窗采用铅玻璃，是为了保证屏蔽体在观察窗外的屏蔽性能。

2 电离辐射照射室系永久性建筑物，一旦建成后再要改造，既困难又浪费。因此，设计时应将现有的和今后可能的电离辐射源的各种照射状况及辐射强度（活度）一并考虑，以留有必要的发展余地。

3 可供作为电离辐射的防护材料很多，如土壤、岩石、混凝土、铁矿石、重晶石、铁、铅玻璃、铅、钨等均可使用。一般说来，原子序数愈大，密度越高，对射线的吸收能力也越强者，则能更有效地屏蔽射线辐射。理论上，屏蔽效果与材料密度的平方、原子序数的三次方成正比。因此在选择材料时在满足防护要求的前提下，综合考虑材料的防护性能、建造的经济性和施工方便等因素。在电子行业中，常采用薄铅板、硫酸钡、铅粉、重晶石粉、铅玻璃、混凝土等材料。

一般情况下，可以采用混凝土材料做防护层，但不宜采用砖体。因为难以保证砖缝灰浆能饱满无缝，加上机制砖质量不一，砖体均匀度参差不齐，密实性很难保证。

4 由辐射源准直器窗口射出的，经过过滤均匀整理的初级线束，即为一次射线。一次射线能量、强度较大。散、漏射线与一次射线相比，在能量、强度上相差较大。因此，设计屏蔽体时，为了节约，主屏蔽体和次屏蔽体可分别处理。但对空间较小的工作室，为了设计、施工方便，往往采用等厚度屏蔽体，即均按主屏蔽体的厚度设计。

5 屏蔽体上有直通孔洞或缝隙，会造成射线泄漏。因此通常是将直通通路改成折射通路或迷宫式通路。经验表明，射线每经过一次折射，其强度约衰减10^3倍。

6 根据距离防护的原则，对点源辐射，受照点的照射剂量率与点源的距离平方成反比。有效防护层厚度是针对点源所在的特定范围计算的，因此必须在设计中明确标明辐射源的允许移动范围。

7 防护铅门的设计是辐射屏蔽防护的重要环节。门体上铅板的固定不得使用焊接，以免铅板受热熔化而减薄；固定铅板的螺钉应附以铅盖板，以免射线从孔隙泄漏。铅板与铅板的拼接采用搭接方式，搭接宽度应不小于15mm。铅板应覆盖面板以防止铅板碰损。为了防止产生氧化铅，在铅板表面应涂漆。门缝隙与门体有效覆盖宽度一般至少为1∶10；对于高能辐射该比值应经计算后确定。

防护门设置安全联锁装置是一种辅助性安全措施。联锁回路与辐照设备的高压控制回路相连。当防护门打开时，能自动切断辐照设备的高压。

8 为了保证辐照设备正常工作，屏蔽防护室应设置单独、可靠的接地系统，辐照设备的地线与屏蔽室接地点相连接，实现一点接地。该接地属安全接地，其接地电阻应符合辐照设备的接地要求。

9 屏蔽防护室不应跨建筑伸缩缝，为的是避免其屏蔽墙体因建筑物的伸缩或不均匀沉陷而遭破坏。

10 在屏蔽室外行人来往位置设置醒目的指示灯和警戒信号，在室内同时设置蜂鸣信号、红灯警戒指示等各种声、光、电控制信号设备，是为了确保工作人员及时撤离辐射场，防止周围无关人员误入。

5.8.9 电离辐射能使空气产生电离，生成O_3、NO_x等对人体有害的气体，其比重较空气重，应考虑设置良好的下吸式通风换气设施。

5.8.10 工作条件改变，原有的屏蔽防护能力可能满足不了新的要求。故应根据新的使用条件、工作参数进行复核计算，并应在复核计算的基础上采取相应的补强措施。

5.8.11 本条为强制性条文。电子工业放射性核素用量不多，品种很少。废弃的放射源若自行处置，往往因管理不善或建筑简陋等原因极易污染或丢失，成为事故产生的潜在因素。因此，应严格按有关部门的规定处置。

5.9 工频电磁场防护

5.9.1、5.9.2 当前，工频电磁场限值规定的来源主要有下列标准：

1 现行国家标准《工业企业设计卫生标准》GBZ 1—2010 规定："产生工频电磁场的设备安装地址（位置）的选择应与居住区、学校、医院、幼儿园等保持一定距离，使上述区域电场强度最高容许接触水平控制在 4kV/m 以下"。

2 现行国家标准《工作场所有害因素职业接触限值 物理因素》GBZ 2.2—2007。该标准规定"8h 工作场所工频电场职业接触限值为 5kV/m（50Hz）"。

5.9.3 本条文意在保护作业人员的人身安全。

5.10 采光及照明

5.10.1 本条文是为了保护从业人员的眼睛卫生、人体健康、生产安全和提高劳动生产率而制定的。

洁净厂房（室）有其特殊性，其采光、照明设计还应符合现行国家标准《电子工业洁净厂房设计规范》GB 50472 的规定。

5.10.2~5.10.4 这三条条文制定的目的是充分利用天然光，为作业者创造良好的光环境和节约能源。

5.10.5 公共场所是指休息室、电梯前室、走道等公众活动的地方。

5.10.6 在半导体、集成电路制造中，利用高精密度的步进或扫描式光刻机，将电路图案曝光到涂好光刻胶的晶片上的整个流程必须在黄光环境下进行，以避免意外曝光。采用单色光照明与一般的照明其视觉感受是有一定差别的。因此其照度可根据工艺特点和人员操作的需要，在标准值的基础上作适当调整。

5.10.8 照明方式包括：一般照明、分区一般照明、局部照明和混合照明等；照明种类包括：正常照明、备用照明、安全照明、疏散照明、值班照明、警卫照明和障碍照明等。

照明方式和照明种类往往与职业活动中的安全和卫生相关。因此，在工程设计中根据建设项目内不同部位的具体状况，合理选择适合的照明方式及照明种类十分重要。其选择原则在现行国家标准《建筑照明设计规范》GB 50034—2004 已经列出，应遵照执行。本规范不再重复规定。

5.10.9 发生火灾时将直接影响人员快速、安全疏散时的地方，以及发生火灾时需继续工作的场所应设置疏散指示标志或应急照明。这些地方或场所在现行国家标准《建筑设计防火规范》GB 50016 和《高层民用建筑设计防火规范》GB 50045 中已明确列出。但设计时可根据实际情况本着上述原则，酌情增设应急照明的设置部位。

5.10.10 气体放电灯在工频电流下工作，将产生频闪效应。对某些视觉作业会带来不良影响，甚至引起安全事故。如工作场所中的机件以工频的倍数转动时，人眼将会误认为是静止的，由此易引发安全事故。通常将邻近的灯分接在三相，至少分接于两相可以降低频闪效应。如采用高频电子镇流器的气体放电灯，则可消除频闪效应。

5.10.11 根据 CIE（国际照明委员会）标准《室内工作场所照明》S008/E—2001 的规定，在长期工作或停留的室内照明光源，其显色指数（R_a）不宜低于 80。但对于工业建筑部分生产场所的照明（安装高度大于 6m 的直接型灯具）可以例外，R_a 可低于 80，但最低限度必须能够辨认安全色。

5.10.14 本条根据现行国家标准《建筑照明设计标准》GB 50034—2004 制定。

5.10.15 应急照明（包括备用照明、安全照明、疏散照明）电源的确定，主要与当地供电系统的可靠程度、具体建设项目的规模、连续流水生产线的要求，以及一旦中断电源在人身安全、政治、经济上所造成的损失或影响程度等有关。本规范根据现行国家标准《建筑照明设计标准》GB 50034—2004 提出几种供电方式，可以根据项目情况选定。

5.10.16 用蓄电池作疏散标志的电源，能保证其可靠性。安全照明要求转换时间快，应采用电力网线路或蓄电池，而不应接自发电机组。接自电力网时，至少应和需要安全照明地点的电力设备分开。备用照明通常需要较长的持续工作时间，其电源接自电力网或发电机组为宜。

5.10.17 灯具的分类参见现行国家标准《灯具一般安全要求与试验》GB 7000.1—2002。Ⅲ类灯具是指防触电保护依靠电源电压为安全特低电压（SELV），并且不会产生高于 SELV 电压的灯具。

5.10.18 本条根据生产实际维护、检查的安全需要而制定。

5.11 辅助用室

5.11.1~5.11.3 本节主要根据现行国家标准《工业企业设计卫生标准》GBZ 1—2010 第 7 章有关规定编写。由于电子工业生产中的不少工艺过程（如超大规模集成电路生产等）需在净化的环境中进行。故不同级别的洁净厂房或洁净室应用较广。对人员的洁净程度要求严格。故本节根据现行国家标准《电子工业洁净厂房设计规范》GB 50472 的要求，增加了与洁净工作区人身净化相关的辅助用室的设置规定。

6 职业安全卫生配套设施

6.1 职业安全卫生管理机构

6.1.1 建设项目设置职业安全卫生管理机构的主要

依据是《中华人民共和国安全生产法》和《中华人民共和国职业病防治法》。

《中华人民共和国安全生产法》第十九条规定：

"矿山、建筑施工单位和危险物品的生产、经营、储存单位，应当设置安全生产管理机构或者配备专职安全生产管理人员。

前款规定以外的其他生产经营单位，从业人员超过三百人的，应当设置安全生产管理机构或者配备专职安全生产管理人员；从业人员在三百人以下的，应当配备专职或者兼职的安全生产管理人员，或者委托具有国家规定的相关专业技术资格的工程技术人员提供安全生产管理服务。

生产经营单位依照前款规定委托工程技术人员提供安全生产管理服务的，保证安全生产的责任仍由本单位负责。"

《中华人民共和国职业病防治法》第十九条规定：

"用人单位应当采取下列职业病防治管理措施：

（一）设置或者指定职业卫生管理机构或者组织，配备专职或者兼职的职业卫生专业人员，负责本单位的职业病防治工作；……"

本规范尊重当前多数企业的做法，建议将分管安全和分管卫生的管理机构合并为一个部门——职业安全卫生管理机构。

6.1.2 职业安全卫生专职管理人员的定员数量，由于当前我国电子行业建设项目存在多种所有制、多种管理体制及管理模式，且不同类型的企业其安全卫生特征差别较大，加之随着我国经济的飞速发展以及改革开放力度的进一步加大，各种经济组织的管理体制及管理模式不断地变革，故当前尚难制定出统一的定员标准。因此，本规范建议职业安全卫生管理人员的数量宜本着胜任工作、精简编制的原则，根据建设项目的规模、安全卫生特征及管理模式等因素酌情确定。

6.1.4 一部分能对人身产生危害的危险和有害因素（如有毒有害气体及粉尘、各种辐射、噪声、振动等），往往既是"职业安全卫生"领域的治理对象，又是"环境保护"领域的治理对象。故对同一个企业而言，如集中建立一个机构对其治理工作进行统一的监督、管理，更利于对建设项目的危险和有害因素的彻底治理，而且也利于人力资源的充分利用。这种做法显然比在同一企业中分别建立"职业安全卫生管理机构"和"环境保护管理机构"分头管理更为合理。当前国外的企业就多是建立一个专门的机构（简称为EHS——Environment、Health、Safety）对企业的环境保护、职业卫生、职业安全等方面的治理工作实施统一的监督、管理。借鉴这一经验，本规范建议将"职业安全卫生管理机构"和"环境保护管理机构"合并或合署办公。

6.2 救援、医疗机构

6.2.1 本条是依据现行国家标准《工业企业设计卫生标准》GBZ 1—2010 的规定而制定的。

6.2.2 电子行业建设项目是否设置、如何设置医疗卫生机构，国家、行业管理部门尚无相关规定。但为利于企业在日常运营中对突发性伤病的及时、初步处置和防疫工作、职业病防治工作的开展，本规范建议，根据建设项目职业危害的具体情况和项目周边地区社会医疗机构的布局情况，酌情设置医务室、卫生所等小型医疗卫生机构。医务室、卫生所等小型医疗卫生机构的规模应与建设项目的规模及实际需求相当。

6.2.3 《使用有毒物品作业场所劳动保护条例》（中华人民共和国国务院令 第 352 号）第十七条规定："……从事使用高毒物品作业的用人单位，应当配备专职的或者兼职的职业卫生医师和护士；不具备配备专职的或者兼职的职业卫生医师和护士条件的，应当与依法取得资质认证的职业卫生技术服务机构签订合同，由其提供职业卫生服务"。据此制定了本条。

从工作性质相近、充分利用资源的角度出发，本规范建议将这部分职责和为此而配备的资源与建设项目自办的医务室、卫生所合署或合并。

6.3 消防机构

6.3.1 制定本条款的依据是《中华人民共和国消防法》第二十八条。该条规定：

"下列单位应当建立专职消防队，承担本单位的火灾扑救工作：

（一）核电厂、大型发电厂、民用机场、大型港口；

（二）生产、储存易燃易爆危险物品的大型企业；

（三）储备可燃的重要物资的重要仓库、基地；

（四）第一项、第二项、第三项规定以外的火灾危害性较大、距离当地公安消防队较远的其他大型企业；

（五）距离当地公安消防队较远的列为全国重点文物保护的古建筑群的管理单位。"

对于电子工业而言，部分建设项目可能与上列条款中的（二）、（三）、（四）相关。但是，由于对这类建设项目的规模、火灾危险性的大小以及距离当地公安消防队远近等因素的界定在《中华人民共和国消防法》及其他相关规范、标准中未做出具体的规定，工程设计时对类似建设项目是否需要建立专职消防队难以掌握。故本条建议：这类建设项目是否需要建立专职消防队，应针对建设项目的具体情况结合当地消防机构的布局情况与当地公安消防部门商洽确定。

中华人民共和国国家标准

维纶工厂设计规范

Code for design of vinylon fiber plant

GB 50529—2009

主编部门：中 国 纺 织 工 业 协 会
批准部门：中华人民共和国住房和城乡建设部
施行日期：2 0 0 9 年 1 2 月 1 日

中华人民共和国住房和城乡建设部
公 告

第 374 号

关于发布国家标准 《维纶工厂设计规范》的公告

现批准《维纶工厂设计规范》为国家标准，编号为 GB 50529—2009，自 2009 年 12 月 1 日起实施。其中，第 3.9.6、5.4.6、6.7.3、8.4.1（3）、9.3.5、9.4.3、12.1.1、12.2.12 条（款）为强制性条文，必须严格执行。

本规范由我部标准定额研究所组织中国计划出版社出版发行。

中华人民共和国住房和城乡建设部
二〇〇九年八月十日

前 言

本规范是根据原建设部《关于印发〈2007 年工程建设标准规范制订、修订计划（第二批）〉的通知》（建标函〔2007〕126 号）的要求制订的。

本规范根据我国化纤行业发展现状，考虑到行业持续发展的需要，结合维纶工厂设计的特点，在总结我国最近二十年来建设维纶工厂的实践基础上，吸收了国内外同类型工厂的设计经验，对工艺生产、储运、防火、防爆、安全卫生、节约能源、环境保护等方面作了具体规定，以达到建设工程安全可靠、经济适用的目的。

本规范共分 12 章和 1 个附录，主要内容包括：总则，术语和符号，工艺，总平面设计，建筑，结构，给水排水，电气，自动控制和仪表，采暖和通风，动力，节约能源，环境保护和职业安全卫生等。

本规范中以黑体字标志的条文为强制性条文，必须严格执行。

本规范由住房和城乡建设部负责管理和对强制性条文的解释，由中国纺织工业协会负责日常管理工作，由福建省建筑轻纺设计院负责具体技术内容的解释。本规范在执行过程中，请各单位不断积累资料，总结经验，随时将意见或建议寄至福建省建筑轻纺设计院（地址：福建省福州市东大路 92 号华源大厦 10 层生产技术部，邮政编码：350001，传真电话：0591-87520875，电子邮箱：fjaltdi@163.con），以便在今后修订时参考。

本规范主编单位、参编单位、参加单位、主要起草人和主要审查人员：

主编单位：福建省建筑轻纺设计院

参编单位：中国纺织勘察设计协会
吉林省纺织工业设计研究院
福建纺织化纤集团有限公司
安徽皖维集团有限责任公司

参加单位：中国石化集团四川维尼纶厂
永安市宝华林实业发展有限公司

主要起草人：戴国荣　洪清伟　郑念屏
刘承彬　李士范　李盛林
曾开锋　丘天荣　吴福胜
李康荣　高祖安　林文定
窦本良　严书华　张 挺
杨 建　马永林　肖光积
郑 远　陈 耀　应 楠
于 洁　陈国招　胡裕生
黄达武

主要审查人员：黄承平　荣季明　刘绍文
王学鼎　傅晓清　郑明平
周晓海　高小毛　李熊兆
王耀荣　李安安　张延林
包家铺　刘福安　苏文瑞
王明葵　郑云河　徐立民
林元修　邱 淮　郑韵白

目　次

1 总则 …………………………… 7—38—6
2 术语和符号 …………………… 7—38—6
　2.1 术语 ………………………… 7—38—6
　2.2 符号 ………………………… 7—38—6
3 工艺 …………………………… 7—38—6
　3.1 一般规定 …………………… 7—38—6
　3.2 工艺流程选择 ……………… 7—38—7
　3.3 工艺设备配置 ……………… 7—38—7
　3.4 主要设备生产能力 ………… 7—38—7
　3.5 工艺设备布置 ……………… 7—38—7
　3.6 工艺管道设计 ……………… 7—38—8
　3.7 工艺管道布置 ……………… 7—38—8
　3.8 工艺对公用工程的要求 …… 7—38—8
　3.9 生产辅助设施 ……………… 7—38—9
　3.10 仓储和运输 ………………… 7—38—9
4 总平面设计 …………………… 7—38—9
　4.1 一般规定 …………………… 7—38—9
　4.2 总平面设计 ………………… 7—38—9
5 建筑、结构 …………………… 7—38—10
　5.1 一般规定 …………………… 7—38—10
　5.2 生产厂房和辅助用房 ……… 7—38—10
　5.3 建筑防火、防爆、防腐蚀 … 7—38—10
　5.4 结构形式和建筑构造 ……… 7—38—10
6 给水排水 ……………………… 7—38—11
　6.1 一般规定 …………………… 7—38—11
　6.2 水源与水处理 ……………… 7—38—11
　6.3 用水量、水质、水压 ……… 7—38—11
　6.4 给水系统和管道敷设 ……… 7—38—11
　6.5 消防给水系统与灭火器配置 … 7—38—12
　6.6 排水系统和管道敷设 ……… 7—38—12
　6.7 水的重复利用及废水回用 … 7—38—12
7 电气 …………………………… 7—38—12
　7.1 一般规定 …………………… 7—38—12
　7.2 供配电系统 ………………… 7—38—12
　7.3 照明 ………………………… 7—38—13
　7.4 防雷与接地 ………………… 7—38—13
　7.5 火灾自动报警系统和通讯 … 7—38—13
8 自动控制和仪表 ……………… 7—38—13
　8.1 一般规定 …………………… 7—38—13
　8.2 仪表选型原则 ……………… 7—38—13
　8.3 控制方式 …………………… 7—38—13
　8.4 生产工艺参数检测及自动控制 … 7—38—13
　8.5 参数报警、联锁 …………… 7—38—13
　8.6 仪表配管配线 ……………… 7—38—14
　8.7 现场仪表设备的布置 ……… 7—38—14
　8.8 控制室 ……………………… 7—38—14
　8.9 供电与接地 ………………… 7—38—14
　8.10 仪用气 ……………………… 7—38—14
9 采暖和通风 …………………… 7—38—14
　9.1 一般规定 …………………… 7—38—14
　9.2 室内外设计参数 …………… 7—38—14
　9.3 生产车间的采暖通风 ……… 7—38—15
　9.4 辅助用房的采暖通风 ……… 7—38—15
10 动力 ………………………… 7—38—15
　10.1 一般规定 …………………… 7—38—15
　10.2 供热 ………………………… 7—38—15
　10.3 压缩空气 …………………… 7—38—15
11 节约能源 …………………… 7—38—16
12 环境保护和职业安全卫生 …… 7—38—16
　12.1 环境保护 …………………… 7—38—16
　12.2 职业安全卫生 ……………… 7—38—16
附录 A 常规维纶生产工艺流程 … 7—38—16
本规范用词说明 ………………… 7—38—17
引用标准名录 …………………… 7—38—17
附：条文说明 …………………… 7—38—18

Contents

1 General provisions ·················· 7—38—6
2 Terms and symbols ················ 7—38—6
  2.1 Terms ······························ 7—38—6
  2.2 Symbols ·························· 7—38—6
3 Process ································ 7—38—6
  3.1 General requirement ············ 7—38—6
  3.2 Process selection ················ 7—38—7
  3.3 Process equipment selection ········ 7—38—7
  3.4 Main equipment production
      capacity ·························· 7—38—7
  3.5 Process equipment layout ········· 7—38—7
  3.6 Process piping design ············ 7—38—8
  3.7 Process piping layout ············ 7—38—8
  3.8 Utilities requirement for
      process ···························· 7—38—8
  3.9 Auxiliary production facilities ······ 7—38—9
  3.10 Warehouse and conveyance ······ 7—38—9
4 General layout design ············· 7—38—9
  4.1 General requirement ············ 7—38—9
  4.2 General layout design ··········· 7—38—9
5 Construction and structure ······ 7—38—10
  5.1 General requirement ············ 7—38—10
  5.2 Production and auxiliary
      building ·························· 7—38—10
  5.3 Building fireproof, explosion
      prevent, corrosionproof ········ 7—38—10
  5.4 Structure pattern and building
      construction ····················· 7—38—10
6 Water supply and drainage ······ 7—38—11
  6.1 General requirement ············ 7—38—11
  6.2 Raw water and water
      treatment ······················· 7—38—11
  6.3 Water comsuption, water
      quality, water pressure ········ 7—38—11
  6.4 Water supply system and
      pipeline laying ·················· 7—38—11
  6.5 Fireproof water suply system
      and fireextinguisher
      disposition ······················ 7—38—12
  6.6 Drain system and pipeline
      laying ···························· 7—38—12
  6.7 Water reuse and waste water
      recycling ························ 7—38—12
7 Electricity ···························· 7—38—12
  7.1 General requirement ············ 7—38—12
  7.2 Power supply system and power
      distribution ······················ 7—38—12
  7.3 Lighting ·························· 7—38—13
  7.4 Lightning protection &
      earthing ························· 7—38—13
  7.5 Fire alarm system and
      communication ·················· 7—38—13
8 Automatic control and
  instrumentation ······················ 7—38—13
  8.1 General requirement ············ 7—38—13
  8.2 Instrument selection principle ···· 7—38—13
  8.3 Control method ·················· 7—38—13
  8.4 Process parameter examination
      and automatic control ········· 7—38—13
  8.5 Parameter alarm interlocking ······ 7—38—13
  8.6 Pipeline and wire ··············· 7—38—14
  8.7 The spot instrument equipments
      layout ··························· 7—38—14
  8.8 Control room ···················· 7—38—14
  8.9 Power supply and earthing ········ 7—38—14
  8.10 Instrument air ·················· 7—38—14
9 Heating and ventilation ············ 7—38—14
  9.1 General requirement ············ 7—38—14
  9.2 Indoor and outdoor design
      parameter ······················· 7—38—14
  9.3 Production plant's heating and
      ventilation ······················ 7—38—15
  9.4 Auxiliary plant's heating and
      ventilation ······················ 7—38—15
10 Motive power ····················· 7—38—15
  10.1 General requirement ··········· 7—38—15
  10.2 Heat supply ···················· 7—38—15
  10.3 Compressed air ················ 7—38—15

11　Economizing energy .... 7—38—16
12　Environmental protection
　　and occupational safety and
　　health .... 7—38—16
　12.1　Environmental protection .... 7—38—16
　12.2　Occupational safety and
　　　　health .... 7—38—16
Appendix A　Normal process
　　flow of vinylon wet
　　spinning .... 7—38—16
Explanation of wording in this
　code .... 7—38—17
List of quoted standards .... 7—38—17
Addition: Explanation of
　　provisions .... 7—38—18

1 总 则

1.0.1 为了统一维纶工厂工程建设的技术要求,做到技术先进、经济合理、安全适用,依据国家现行法律、法规制定本规范。

1.0.2 本规范适用于以聚乙烯醇为原料,采用普通湿法和硼法纺丝工艺生产的维纶工厂新建、改建和扩建工程;本规范不适用于以聚乙烯醇为原料,采用凝胶法纺丝工艺生产的维纶工厂新建、改建和扩建工程。

1.0.3 维纶工厂的工程设计应认真贯彻执行国家有关工程建设的方针和政策,应最大限度地提高资源、能源利用效率,并应积极采取清洁生产工艺,减少污染物排放,有效保护环境。

1.0.4 维纶工厂的工程设计应积极采用经国家有关部门核准推广的新技术、新工艺、新设备、新材料和节能设备。

1.0.5 维纶工厂的工程设计除应符合本规范外,尚应符合国家现行有关标准的规定。

2 术语和符号

2.1 术 语

2.1.1 维纶 vinylon
聚乙烯醇纤维的中国商品名简称,其全称为聚乙烯醇缩甲醛纤维(PVA-F),习称维尼纶。

2.1.2 聚乙烯醇(PVA) polyvinyl alcohol
一种基本有机化工原料,由聚醋酸乙烯酯醇解制得。

2.1.3 维纶湿法纺丝 vinylon wet spinning
通常指聚乙烯醇纺丝原液经喷丝板喷入由硫酸钠或氢氧化钠等组成的凝固浴中,脱溶剂后凝固成初生纤维丝束,再经必要的工艺处理后制成纤维的工艺过程。

2.1.4 维纶干法纺丝 vinylon dry spinning
指高浓度聚乙烯醇纺丝原液经喷丝板喷入流动的热空气流中,溶剂挥发后凝固成形的工艺过程。

2.1.5 凝胶纺丝 gel spining
将聚乙烯醇溶于有机溶剂制成纺丝液,通过喷丝板喷入另一种有机凝固剂组成的凝固浴中形成凝胶丝条,萃取出丝条中的有机溶剂,形成初生纤维的工艺过程。

2.1.6 硼法纺丝 filament wet born
在纺丝原液中添加适量硼酸,喷丝后在碱性凝固浴中形成大分子交联结构,制得纤维横断面近圆形、结构均匀、具有高倍拉伸特性的初生纤维,并利用残留于纤维内部微量硼酸的适当交联作用进行高倍拉伸,获取高强度、高模量、低伸度、耐热水性能良好的聚乙烯醇纤维。

2.1.7 水溶性聚乙烯醇纤维 water soluble PVA fiber
未经缩醛化处理且能在100℃以下的不同温度水中溶解的聚乙烯醇纤维。

2.1.8 高强高模聚乙烯醇纤维 high tenacity high modulus polyvinyl alcohol fiber
通过特殊工艺纺制初生纤维后,再经高倍拉伸等工艺生产的聚乙烯醇纤维。

2.1.9 维纶短纤维 vinylon staple fiber
维纶长丝束经切断后形成不同长度的维纶成品纤维。

2.1.10 维纶长丝 vinylon filament
通常指未经切断的维纶长丝束。

2.1.11 原液 dope
具有一定浓度和温度的供纺丝用的成纤高聚物溶液。

2.1.12 脱泡 deaeration
脱除纺丝原液中气泡的工艺过程。

2.1.13 纺丝 spinning
将成纤高聚物溶解成黏稠溶液或熔化成熔体,用计量泵定量地从喷丝孔挤出,形成液态细流,经凝固成形后卷绕成筒或汇集成丝束的过程。

2.1.14 凝固浴 coagulation bath
湿法纺丝时使喷丝头喷出的纺丝原液细流凝固成初生纤维的浴液,亦称纺丝浴。

2.1.15 二浴 secondary bath
丝束进行湿态下塑化拉伸时使用的高温低酸度浴液,又称塑化浴。

2.1.16 压榨 pressing
使用榨液辊筒对物料或纤维加压脱水的工艺过程。

2.1.17 湿热拉伸 wet heat stretching
丝束在湿热介质中拉伸的工艺过程。

2.1.18 热定型 heat setting
在一定张力和温度下对丝束进行处理以提高纤维结晶度、取向度及消除内应力的工艺过程。

2.1.19 卷绕 winding
丝束、丝条按一定规律进行卷曲成形,以得到所需重量和形状卷装产品的工艺过程。

2.1.20 卷曲 crimp
用机械或物理的方法使表面光滑平直的纤维产生两维以上弯曲的工艺过程。

2.1.21 缩醛化 acetalization
使聚乙烯醇分子上的羟基和醛在催化剂存在下经醇醛缩合反应形成聚乙烯醇缩醛纤维的工艺过程,是为提高聚乙烯醇纤维的耐热水和热稳定性而进行的一项维纶特有的工艺技术。

2.2 符 号

FWB——含硼湿法长丝 filament wet boron
PVA——聚乙烯醇 polyvinyl alcohol
PVA-F——聚乙烯醇缩甲醛纤维 formalized polyvinyl alcohol fiber

3 工 艺

3.1 一般规定

3.1.1 工艺流程和设备选型应根据产品方案、生产规模、工艺技术路线确定,工艺流程应正确表示物料走向和工艺设备、公用工程、工艺控制相互间的关系,设备选型应符合高效优质、性能稳定、环保、节能、安全适用的原则。

3.1.2 辅助工艺流程和辅助工艺设施的设计应满足工艺要求。

3.1.3 车间的工艺布置应根据工艺流程和设备选型综合确定,应满足施工、安装、操作、维修、通行、安全生产和技术改造的要求,并宜留有一定的场地或空间。

3.1.4 工艺设计应根据维纶生产中所采用物料的毒性、腐蚀性及火灾危险性,采取切实有效的安全及劳动防护措施。

3.1.5 维纶工厂年运行时间宜按8000h计算。

3.2 工艺流程选择

3.2.1 常规维纶生产的主要工艺流程可分为原液制备、纺丝和整理三部分。原液制备工艺流程可按本规范第A.1.1条执行，常规维纶短纤维的纺丝、整理生产工艺流程可按本规范第A.1.2条执行，常规维纶长纤维的纺丝、整理生产工艺流程可按本规范第A.1.3条执行。

3.2.2 常规维纶生产的辅助工艺流程可分为凝固浴配制循环补正系统、醛化液配制循环补正系统、热水卷缩浴循环系统、温水浴循环系统、回收浴循环系统、油浴循环补正系统和废丝回收系统等部分。凝固浴配制循环补正系统工艺流程可按本规范第A.2.1条执行，醛化液配制循环补正系统工艺流程可按本规范第A.2.2条执行，热水卷缩浴循环系统工艺流程可按本规范第A.2.3条执行，温水浴循环系统工艺流程可按本规范第A.2.4条执行，回收浴循环系统工艺流程可按本规范第A.2.5条执行，油浴循环补正系统工艺流程可按本规范第A.2.6条执行，废丝回收系统工艺流程可按本规范第A.2.7条执行。

3.3 工艺设备配置

3.3.1 工艺设备配置应按产品方案、设备生产能力及设备的使用效率等进行计算后确定。

3.3.2 工艺设备应根据物料的温度、黏度、挥发性、毒性、化学腐蚀性、溶解性和均一性等因素选型。

3.3.3 不同形状的聚乙烯醇原料可采用不同的水洗设备：絮状原料可采用网式水洗机，以逆流喷淋式水洗；片状原料可采用槽网结合式水洗机，以浸泡喷淋相结合水洗。

3.3.4 聚乙烯醇原料的溶解设备宜采用偏心搅拌轴、直接蒸汽和夹套蒸汽同时加热的大型釜式溶解机；纺丝原液的过滤设备宜采用板框式压滤机或连续式过滤机金属过滤网过滤；纺丝原液的脱泡设备宜采用常压静式脱泡设备或减压连续式脱泡设备。

3.3.5 纺丝机宜根据生产规模和具体条件选用立式或卧式机型。

3.3.6 纤维半成品的干燥、预热、热定型工艺设备宜采用由一对纳尔逊式辊筒和电热元件组成的烘箱式装置或其他烘干装置。

3.3.7 维纶短纤维的卷曲可根据产品要求选热水卷曲或热风卷曲的工艺设备。

3.3.8 维纶的醛化、水洗、上油等后处理工序宜采用联合整理机，联合整理机的选型应符合下列规定：
　　1 生产维纶短纤维宜采用长网式设备，生产维纶长丝束宜采用张紧式设备。
　　2 联合整理机的设备材质及其配套设备的选择必须符合工艺要求。

3.3.9 维纶短纤维干燥设备宜根据生产规模和具体条件在圆网式干燥机或链式干燥机两种机型中选用。

3.3.10 长丝后处理干燥设备可选用纳尔逊式辊筒干燥机。

3.3.11 纤维的卷绕、切断设备可根据生产规模和具体条件及产品方案选用。

3.3.12 维纶短纤维打包设备可根据生产规模和具体条件选用。

3.3.13 通用设备的配置应符合下列规定：
　　1 通用设备应选取效率高、运行性能稳定、噪声小、故障率低且维修方便的定型产品，传动设备宜采用变频方式调速、调量。
　　2 空气压缩机、水泵、真空泵、特种泵等连续运转定期检修的设备应选择运行稳定、性能优良的设备，并应设置备用台及配备易损件备品。
　　3 凝固浴、二浴、湿热浴、酸、碱、醛化浴、回收浴等凡具有腐蚀性液体的贮存、配制、输送、循环、蒸发、加热及高位槽等设备应采用防腐蚀防泄漏措施。

3.3.14 甲醛液的输送和卸料应采用屏蔽泵。

3.4 主要设备生产能力

3.4.1 溶解釜生产能力应按下列公式计算：

$$Q = \frac{24 \times 10^3 \times V \times \rho \times C \times K}{T_1 + T_2 + T_3} \quad (3.4.1)$$

式中：Q——溶解釜生产能力(kg/d)；
　　　V——溶解釜有效容积(m^3)；
　　　ρ——纺丝原液密度(g/cm^3)；
　　　C——纺丝原液浓度(%)；
　　　K——系数，取1.03～1.045；
　　　T_1——溶解时间(h)；
　　　T_2、T_3——进料出料时间(h)。

3.4.2 纺丝机生产能力应按下列公式计算：

$$G = \frac{1440 \times Q \times \rho \times C \times N \times \eta}{1000} \quad (3.4.2)$$

式中：G——纺丝机生产能力(kg/d)；
　　　Q——纺丝原液吐出量[mL/(min·锭)]；
　　　ρ——纺丝原液密度(g/cm^3)；
　　　C——纺丝原液浓度(%)；
　　　N——每台纺丝机开锭数(锭)；
　　　η——纺丝机的效率(%)。

3.4.3 过滤机的选择应根据其实际生产能力、拟建工程生产规模及产品方案计算设备配用台数。

3.5 工艺设备布置

3.5.1 工艺设备布置应按照工艺流程的顺序合理布置，并应充分利用位差。

3.5.2 设备与设备、设备与建筑构件之间的距离应满足生产操作、安装维修、半成品和备件的积存、架空管线、地下沟道等方面的要求。

3.5.3 原液、纺丝和整理可根据生产规模和单条生产线的生产能力分别分为若干系列，并分别配置辅助生产系统。维纶工厂宜以两条或三条生产线为一个系列。

3.5.4 纺丝热处理和整理生产线可根据生产规模和单条生产线的生产能力，分成平行排列的多条生产线，并应顺车间柱距方向排列。

3.5.5 凝固浴循环站、热水卷缩循环槽、醛化液调配槽及其循环槽、回收循环槽、水洗循环槽、油浴循环槽等辅助生产系统设备应布置在具备良好通排风的单独房间内，相应的热交换器应就近集中布置。

3.5.6 多台同类设备的布置宜集中并宜统一操作面。

3.5.7 采用自然采光的操作面，设备布置宜按背光操作布置。

3.5.8 生产辅助设施宜靠近相关机台布置。

3.5.9 单机设备不宜跨越于楼面变形缝的两侧。

3.5.10 溶解釜、调配槽等带搅拌器的设备和长丝整理机、长丝干燥机与蒸发机组的设备上部宜安装和检修用的起吊装置或吊钩，设备顶端与建筑构件之间必须留有足够抽出搅拌器的距离；四周还应留有吊轨、吊钩和搅拌器所需的空间。

3.5.11 热交换器、过滤机等经常拆卸的设备布置应留有设备检修、清洗、更换、搬运部件所需的位置和空间，并应采取排除湿气的措施。

3.5.12 卷绕机与切断机之间的距离应根据半成品的贮存数量确定，并宜留有不小于10m距离。

3.5.13 风机、真空泵宜布置在厂房侧面的单独房间内，并应采取降噪隔声的措施。

3.5.14 蒸发机组的布置宜成列布置。

3.6 工艺管道设计

3.6.1 管道设计应符合带控制点工艺流程图(PID)和生产工艺的要求,并应保证安全生产、便利操作和方便检修。

3.6.2 管道设计应力求管线短、组成件少,整齐美观,且不宜影响采光、通风及门窗启闭。

3.6.3 管材的选择应根据输送介质的特性及其压力、温度的要求而确定。常用的管材可按表3.6.3选用。

表 3.6.3 管材选用表

介 质	管 材
PVA纺丝原液、热水卷缩液	含钼不锈钢管
水洗液、凝固浴液	增强聚丙烯管、含钼不锈钢管
二浴液	含钼不锈钢管
湿热浴液	增强聚丙烯内衬四氟乙烯管
醛化液、回收液	硬铅合金管、增强聚丙烯管
浓碱液、温水浴液	无缝钢管、不锈钢管
浓酸液	碳钢衬四氟管、玻璃钢管、增强聚丙烯管
油剂	不锈钢管
蒸汽、压缩空气、冷凝水、真空管、杂用水管	无缝钢管、焊接钢管
软化水、脱盐水	镀锌焊接钢管
风管	镀锌钢板制通风管、聚氯乙烯管、玻璃钢通风管

3.6.4 管道设计时应满足装设自控和计量仪表的条件和需求。

3.6.5 管道设计应满足支吊架安装的要求,支吊架的布局和选型应满足管道的特殊要求以及管道布置的柔性及稳定性。

3.6.6 管道设计除应满足正常生产需要外,还应满足安装后吹扫、试压和开停车、事故处理时的需要。

3.6.7 原液管道应采用夹套管形式,夹套管的施工应符合国家现行标准《夹套管施工及验收规范》FJJ 211的有关规定。

3.6.8 原液管道除应做到少弯头外,夹套管最高点设排气阀及最低点设排放阀外,尚应符合国家现行标准《石油化工管道伴管和夹套管设计规范》SH/T 3040的有关规定。

3.6.9 输送PVA颗粒的风管宜采用圆形管,圆形管内壁应光滑,其弯头的曲率半径不宜小于5倍的管道外径。

3.6.10 工艺管道主要物料的流速选择可按表3.6.10选用。

表 3.6.10 主要物料的流速范围表

物料名称	流速范围(m/s)
PVA水洗物料	0.2~0.5
PVA纺丝原液	0.4~0.6
凝固浴	0.8~2.0
二浴	1.5~2.5
醛化液、回收液	3.5~4.5
碱液	1.0~2.0
酸液	0.8~1.2

3.6.11 输送腐蚀性介质的管道,其阀门应采用耐腐蚀阀。

3.6.12 压力管道的设计应接受《特种设备安全监察条例》的监察。

3.6.13 压力管道的元件应采用注册的产品。

3.6.14 管道安装完毕后应按现行国家标准《工业金属管道工程施工及验收规范》GB 50235进行压力试验。

3.6.15 管道在压力试验后应进行涂漆防腐处理,涂漆颜色及标志可按现行国家标准《工业管道的基本识别色、识别符号和安全标识》GB 7231的有关规定执行。

3.6.16 管道的绝热工程设计应符合现行国家标准《工业设备及管道绝热工程设计规范》GB 50264的有关规定。

3.7 工艺管道布置

3.7.1 管道布置应满足带控制点工艺流程图的要求。

3.7.2 管道敷设可沿墙、沿柱、管沟敷设或建设管廊。

3.7.3 与单层布置的纺丝机和牵伸浴槽连接的管道应采用管沟敷设。

3.7.4 管沟中管道的排列及阀门位置应便于安装和检修,并应采取防止气体、液体在管沟内积聚的措施。

3.7.5 纺丝原液、凝固浴和二浴的总管末端应设吹扫接头,并应于管道最低处安装排液阀。

3.7.6 管道布置时应留出试生产、施工、吹扫所属的临时接口。

3.7.7 管道布置应留有转动设备维修、操作和设备内填充物装卸及消防车道等所需空间。

3.7.8 在设备内件抽出区域、设备法兰拆卸区域及吊装孔范围内不应布置管道。

3.7.9 管道穿越楼板、屋顶、地基及其他混凝土构件时应在土建施工时预留管孔,管孔直径宜大于管道最大外径(含保温层)10mm。

3.7.10 管道敷设的坡度设计应符合下列规定:

1 自流管:
 1)原液、凝固浴、芒硝液、醛化液、碱液、酸液等管道正坡不宜低于0.5%;
 2)污水管正坡为0.5%~1.0%。

2 压力管:
 1)原液、凝固浴、芒硝液、醛化液等管道反坡不宜低于0.3%;
 2)工艺用水、冷凝水、碱液、酸液、油剂等管道反坡不宜低于0.2%;
 3)蒸汽、压缩空气、真空等管道正坡不宜低于0.2%。

3.7.11 有毒有腐蚀性介质的管道严禁穿过生活室及人流较多的主要通道,与热力管道和电缆平行敷设或交叉敷设时应在其下方通过,且不应布置在驱动设备的正上方。

3.7.12 输送腐蚀性介质管道的法兰处应设置安全防护罩。

3.8 工艺对公用工程的要求

3.8.1 原辅材料及公用工程的品质和容量应满足工艺要求,并应符合消耗低、综合利用技术成熟的原则。

3.8.2 工艺设备用水应符合下列规定:

1 给水工艺设备的压力不宜低于0.2MPa。

2 工艺用水水质主要指标可按表3.8.2确定。

表 3.8.2 工艺用水水质主要指标

指标名称	单位	脱盐水	软化水	循环水	杂用水
压力	MPa	≥0.30	≥0.30	≥0.25	≥0.30
pH	—	7.00~8.00	6.50~7.50	6.50~7.50	6.50~7.50
SiO_2	ppm	≤0.10			≤16.00
总硬度	德度	≤0.05	≤2.00	≤10.00	≤12.00
氧化物	ppm		≤10.00		≤30.00
铁离子	ppm	≤0.50	≤0.20	≤0.20	
浊度	度(NTU)	—	≤1.00	≤1.00	
电导率	μs/cm	≤2.00			
温度	℃	≤32.00	常温	≤32.00	常温

3.8.3 工艺设备用蒸汽应符合下列规定:

1 PVA溶解釜饱和蒸汽压力应为0.25MPa±0.05MPa,芒硝溶解槽饱和蒸汽压力应为0.30MPa±0.05MPa,废丝溶解釜饱和蒸汽压力应为0.15MPa±0.05MPa,蒸发机饱和蒸汽压力应为0.80MPa±0.05MPa。

2 废丝溶解釜饱和蒸汽压力应为 0.40MPa±0.05MPa。

3.8.4 工艺设备用压缩空气应符合下列规定：

1 工艺设备用压缩空气压力可按 0.65MPa±0.05MPa 确定。

2 工艺用压缩空气品质主要指标可按表 3.8.4 确定。

表 3.8.4 工艺用压缩空气品质主要指标

指标名称	单位	指标
固体粒子尺寸	μm	≤1
固体粒子浓度	mg/m³	≤1
含油量	mg/m³	≤1
压力露点	℃	≤3

3.8.5 电压波动应在额定电压的（−5%～+10%）范围内。

3.9 生产辅助设施

3.9.1 凝固浴循环站宜靠近纺丝车间和蒸发机组布置，热水卷缩、醛化浴、回收浴、温水浴和油浴循环站宜靠近整理车间布置。

3.9.2 工厂应设物检室；原液车间、纺丝车间、整理车间均应设化验室；物检室除应配置必要的仪器等设施外，尚应设置恒温恒湿装置。

3.9.3 化验室、物检室的布置应邻近生产取样点，并应远离打包机、空压机等振动大、噪声大的区域。

3.9.4 精密室宜布置在纺丝机附近，磨刀间宜布置在切断机附近。

3.9.5 酸碱站不宜设于地下水位高的地段，站内应采用自然通风，并应采取相应的防腐蚀措施。

3.9.6 酸碱贮罐区及卸料区应设紧急淋洗装置。

3.10 仓储和运输

3.10.1 仓库可包括 PVA 原料库、化工原料库、化学危险品库、备品备件库、五金器材库、包装材料库、成品库、甲醛贮存库等。

3.10.2 仓库应根据生产需要、运输、气候、供应、销售等条件而设置。

3.10.3 仓库应根据所存物资的品种、数量和危险性配置起重、装卸及运输设备。

3.10.4 仓库的建筑面积可按下列公式计算：

$$S = \frac{Q \times T \times D}{d \times n \times k} \quad (3.10.4)$$

式中：S——仓库建筑面积（m²）；

Q——原料日需要量、成品日产量（t/d）；

T——贮存周期（d）；成品贮存 7d～15d，原料贮存 30d～60d；

D——每包原料或成品占用面积（m²）；

d——每包原料、成品包重量（t）；

n——堆放层数（层），成品采用 8 层～10 层，原料采用 6 层～8 层；

k——面积利用系数，成品采用 0.5～0.6，原料采用 0.4～0.6。

3.10.5 仓库高度应根据存放物品及使用设备而定，单层仓库净高可为 6.0m，堆包高度可为 4.0m；使用机械搬运时，仓库净高可为 6.0m～7.5m。

3.10.6 化学危险品库应根据化学危险品的品种、性质采取必要的防火、防爆、防腐蚀等措施。

3.10.7 仓库的设计应符合现行国家标准《建筑设计防火规范》GB 50016 和《石油化工企业设计防火规范》GB 50160 的有关规定。

4 总平面设计

4.1 一般规定

4.1.1 维纶工厂的选址应根据工业布局和城镇总体规划的要求，宜选择在城镇居住区全年最小频率风向的上风侧区，并在满足安全和生产等技术要求的基础上，围绕节约用地、节省投资、技术先进、环境保护等方面选择厂址。

4.1.2 总平面布局应与区域规划相协调，因地制宜，合理布置，提高土地利用率。

4.1.3 总平面设计应根据工厂规模、生产流程、交通运输、配套条件等进行多方案比较，应减少土石方工程量和降低建设投资。

4.1.4 总平面布置应合理划分功能分区，各种辅助和附属设施宜邻近其服务的车间，独立功能的小设备、设施及其建筑物宜合并或并入车间内部，动力供应设施宜靠近负荷中心。

4.1.5 建筑物外形宜规整，厂前区行政办公及生活设施应集中布置，并应严格控制用地面积。

4.1.6 总平面布置、道路运输、竖向设计、管线布置和绿化布置应符合现行国家标准《工业企业总平面设计规范》GB 50187 的有关规定，总平面设计的主要技术经济指标应符合国家及当地行政主管部门的规定。

4.2 总平面设计

4.2.1 总平面布置应以主要生产车间为中心，生产、办公、生活及公用工程和建（构）筑物、堆场、运输道路、工程管线、绿化设施等应进行综合布置，并应力求做到功能分区明确、远期与近期结合、统筹安排、合理配置。

4.2.2 车间布置应符合下列规定：

1 生产车间布置必须符合生产工艺流程的要求，生产车间宜集中组成单层或多层联合厂房，并宜采用多层。

2 原液车间、纺丝车间、整理车间布置在厂内主要地域，应靠近厂区内部的主要通道和保持生产流程的顺畅。

3 凝固浴循环站及酸碱站宜接近或紧靠蒸发站和纺丝车间，酸碱站及各类后处理浴液循环站宜靠近整理车间。

4.2.3 仓库布置应符合下列规定：

1 全厂性的公用仓库应按储存物品的性质分类储存，并宜合并建筑，集中布置在运输方便的地段。

2 半成品库及成品库应接近整理车间打包间，并应设专用货运出入口，与人流分开。

4.2.4 公用工程设施布置应符合下列规定：

1 锅炉房、煤场、灰渣场应集中布置在厂全年最小频率风向的上风侧，并靠近生产车间的热负荷中心；燃料采用重油或柴油时，总平面布置应设置储罐区，储油罐与建筑物的防火间距应符合现行国家标准《建筑设计防火规范》GB 50016 和《石油化工企业设计防火规范》GB 50160 的有关规定。

2 空压站宜靠近负荷中心和服务对象布置。

3 变配电室宜接近厂区用电负荷中心，并宜远离易泄漏、散发腐蚀性气体和粉尘的装置和场所，且不应布置在地势低洼和可能积水的场所。

4 循环水站宜布置在通风良好的场所。

5 给排水建（构）筑物宜集中布置；污水处理站应布置在厂区全年最小频率风向的上风侧，场地内宜绿化。

4.2.5 厂区道路运输应符合下列规定：

1 厂区宜设两个或两个以上出入口，并宜位于不同方位。

2 厂区道路的布置应满足交通运输、安装检修、消防、安全卫生、管线和绿化布置要求，且应与厂外道路有平顺简捷的连接条件。

3 汽车装卸站台的地点应留有足够的车辆停放和调车用地。

　　4 厂区道路宜采用城市型道路，并应符合国家现行标准《厂矿道路设计规范》GBJ 22 的有关规定。

　　5 厂区管架高度应能通过大型设备和集装箱的运输，且净高不应低于 4.5m。

4.2.6 厂区竖向设计应符合下列规定：

　　1 厂区竖向设计应根据用地现状、生产工艺、建（构）筑物布置、雨水排放及土石方平衡等因素，结合洪水、潮水及内涝水水位、工程地质等自然条件综合确定。

　　2 维纶工厂的防洪设计标准应符合现行国家标准《防洪标准》GB 50201 的有关规定。

　　3 厂区竖向设计宜采用平坡式，自然地面坡度较大时，附属和辅助建（构）筑物可采用混合式或阶梯式竖向布置，台阶的划分应符合工厂功能分区的要求。

　　4 厂区内地面标高应与厂外地面标高相适应，厂区出入口的路面标高宜大于厂外路面标高。

　　5 厂区场地标高与坡度应满足于排除场地雨水和厂内道路横坡、纵坡的要求。

　　6 厂房室内地坪标高宜高于室外地坪 0.15m～0.30m。

4.2.7 厂区管线布置应符合下列规定：

　　1 管线敷设方式应根据自然条件、管内介质特性、管径、管理维护以及工艺要求等因素选用直埋、集中管沟、架空敷设等方式。

　　2 管线（沟）应沿道路和建（构）筑物平行布置，线路宜短捷顺直，不宜横穿车间内部，并应减少管线与道路及其他干管的交叉。

　　3 地下管线、管沟不应布置在建（构）筑物的基础压力影响范围内，除雨水排水管外，其他管线不宜布置在车行道路下面。

5 建筑、结构

5.1 一般规定

5.1.1 维纶工厂的建筑、结构设计应满足生产工艺、操作、检修、安全、采光、通风、排雾、保温、隔热、防结露、防腐蚀、防火、抗震、节能等要求。

5.1.2 维纶工厂的建筑、结构设计在保证使用功能和安全可靠的原则下，应结合当地的施工技术条件采用成熟可靠的新结构、新技术和新材料。

5.1.3 维纶工厂的防火设计应按现行国家标准《建筑设计防火规范》GB 50016 和《石油化工企业设计防火规范》GB 50160 的有关规定执行。

5.2 生产厂房和辅助用房

5.2.1 维纶工厂的主要生产车间宜为联合厂房。

5.2.2 维纶工厂的水泵房、冷冻站、热力站、空压站等辅助建筑宜与主厂房脱开，单独设置。

5.2.3 厂房平面布置应按工业企业设计卫生标准的有关规定设置更衣、淋浴、厕所等辅助用房。

5.2.4 原液车间、纺丝车间、整理车间、凝固浴站和酸碱站等有冲洗地面要求的楼地面应平整、不起灰、坡向地漏，且楼地面应采取防水防腐及洞边翻边的措施。

5.2.5 精密室宜附设于生产车间靠近纺丝机的附房内，应有良好的通风、排气装置和排水地沟，并应采用耐酸或耐碱地面。

5.2.6 厂房的平、立面布置应符合现行国家标准《建筑抗震设计规范》GB 50011 的有关规定。

5.2.7 维纶工厂厂房的层数、层高及柱网尺寸应根据建厂地区条件、工艺设备布置和生产操作要求，通过经济技术指标比较后确定。

5.2.8 结构设计应满足设备安装要求，设备安装和维修过程中将会受到影响的区域，应进行结构核算。

5.2.9 突出厂房屋面的建筑物宜采用与主结构相同的承重形式，结构在外力作用下的受力形式明确、简捷。

5.2.10 上人屋面、设备吊装孔等临空处应设防护栏杆，防护栏杆应以坚固、耐久的材料制作；防护栏杆的荷载应符合现行国家标准《建筑结构荷载规范》GB 50009 的有关规定。

5.2.11 永久性的楼面设备吊装孔应翻边，并安装总高度不应小于 1050mm 的安全栏杆；临时性的楼面设备吊装孔应待设备安装后用非燃烧材料封堵。

5.3 建筑防火、防爆、防腐蚀

5.3.1 生产车间的火灾危险性类别应按现行国家标准《建筑设计防火规范》GB 50016 的有关规定执行。具体分类可按表 5.3.1 确定。

表 5.3.1 厂房、仓库的火灾危险性分类

厂房、仓库名称		火灾危险性
原液车间		戊类
纺丝车间	纺丝工段	丁类
	热处理工段	丙类
整理车间		丙类
凝固浴循环站		戊类
PVA原料库		丙类
成品库		丙类
甲醛贮存库		甲类

注：若纺丝工段与热处理工段处于同一防火分区内，则其火灾危险性统一按丙类。

5.3.2 建筑物、构筑物的构件应采用非燃烧材料，耐火等级不应低于二级，耐火极限应符合现行国家标准《建筑设计防火规范》GB 50016 的有关规定。

5.3.3 由生产火灾危险性为丙类和戊类组成的联合厂房应按丙类确定。

5.3.4 甲醛贮存库的设计应按现行国家标准《石油化工企业设计防火规范》GB 50160 的有关规定执行。

5.3.5 厂房平面布置宜将有、无腐蚀性介质作用的设备隔开，湿、干车间应隔开，具有同类腐蚀性介质的设备宜集中布置。

5.3.6 原液车间水洗工段、纺丝车间纺丝工段、整理车间缩醛化工段、凝固浴循环站、热水循环间、醛化液循环间、酸碱站及化工库等的地面、地坑、地沟、墙、柱、梁、屋面等构件表面均应选择相应的耐腐蚀材料进行防腐蚀处理。

5.3.7 生产车间的气态、液态介质对建筑材料的腐蚀性等级应按现行国家标准《工业建筑防腐蚀设计规范》GB 50046 的有关规定执行。

5.4 结构形式和建筑构造

5.4.1 维纶工厂主要生产车间和库房可选用现浇钢筋混凝土框架结构或钢结构厂房；有爆炸危险性及生产过程中有防腐蚀要求的厂房宜采用现浇钢筋混凝土框架结构；化工库宜采用现浇钢筋混凝土框架结构。

5.4.2 辅助厂房的结构形式可选用现浇钢筋混凝土框架或排架结构，也可选用钢结构或其他类型的结构形式。

5.4.3 有爆炸危险性的厂房，若选用屋面作为泄爆面，应采用轻质屋盖；轻质屋盖底下应设置保护性钢筋网片，且应与厂房主体结构可靠连结。

5.4.4 当分区防护墙采用砖墙时，墙内设置的构造柱和圈梁应与墙和厂房的钢筋混凝土柱加强连结，防护墙体的顶部与楼层梁应

采取拉结措施;泄爆窗洞口的过梁宜采用通长的现浇钢筋混凝土梁,并应与主体结构可靠锚固连接。

5.4.5 纺丝机位于楼层时,楼层结构宜根据设备在生产运转过程中的振动和温度对结构产生的不利影响采取相应的构造措施。

5.4.6 纺丝车间的热处理部区域内严禁设置变形缝。

5.4.7 高度超过6.0m的厂房应设置可直接到屋面的垂直爬梯;从其他部位能到达时,可不设置;高度超过2.0m的垂直爬梯应有护笼。

5.4.8 生产厂房墙体应满足建筑热工设计要求。

5.4.9 内墙面应平整光洁,宜采用水泥砂浆抹面,无腐蚀性气体作用且相对湿度不大的室内墙面,可采用混合砂浆或石灰砂浆抹面。

5.4.10 室内排水地沟在车间出口处应设集水坑及格栅装置。

6 给水排水

6.1 一般规定

6.1.1 维纶工厂给水排水设计应执行国家的有关方针、政策,并应满足生产、生活和消防用水的要求。

6.1.2 有条件的地区应采取分水质给水方案,综合利用水资源。

6.1.3 维纶工厂的污水处理应按国家现行有关标准执行。

6.2 水源与水处理

6.2.1 水源选择应符合下列规定:
 1 水源选择应综合工厂给水系统的合理性、可靠性,以及厂区地形、水文地质和水综合利用情况,经过全面技术经济比较后确定。
 2 水源选择应符合项目所在地的水资源规划要求,并取得相关管理部门的许可。
 3 选择地下水水源的取水构筑物数量应能满足耗水量最大季节的生产、生活、空调和消防用水要求。
 4 采用水量、水压能满足生产需要的城镇自来水为供水水源,可采用自来水直接供水;采用水量、水压不稳定的城镇自来水为供水水源,应水池或水塔进行水量调节,水泵加压后供水。
 5 采用地表水为供水水源,设计枯水流量的年保证率不宜低于95%。

6.2.2 采用地下水水源,应有确切的水文地质资料,且取水量严禁超过允许开采量,严禁盲目开采;地下水开采后,不应引起水质恶化、地面沉降和水位持续下降。

6.2.3 水源水质无法直接满足生产、生活和消防用水需要时,应经过处理后再使用;处理后的生活饮用水应符合现行国家标准《生活饮用水卫生标准》GB 5749的有关规定。

6.3 用水量、水质、水压

6.3.1 维纶工厂用水量应符合下列规定:
 1 全厂用水总量宜根据工艺生产、生活、消防、软水、循环冷却水补充水、公用设施、绿化、管网漏损等用水综合计算确定。
 2 工艺用水量应通过工艺专业确定,小时变化系数宜按1.5~2.0计算。
 3 蒸发喷射冷凝器、纺丝冷却机等冷却水量应按工艺要求确定。
 4 厂区生活用水、公用设施、办公、集体宿舍、住宅区生活用水、绿化、汽车冲洗用水等应按照现行国家标准《建筑给水排水设计规范》GB 50015的有关规定确定。
 5 未预见水量和管网漏损水量宜按用水量的15%~20%计算。
 6 设有自备给水净化站时,水站自用水量宜按给水量的5%~10%估算或通过计算确定。

6.3.2 维纶工厂用水水质应符合下列规定:
 1 生产用水水质应符合工艺要求。
 2 消防用水水质应按消防给水系统确定。

6.3.3 维纶工厂给水水压应按下列规定确定:
 1 给水水压应根据生产设备、生活用水压力及厂区管网压力损失等计算确定。
 2 单层厂房的进口水压应根据生产工艺要求确定。
 3 生活用水进口水压应符合现行国家标准《建筑给水排水设计规范》GB 50015的有关规定。

6.4 给水系统和管道敷设

6.4.1 维纶工厂给水系统设计应符合下列规定:
 1 厂区给水系统应根据水源及生产、生活、消防给水等用水量、水质、水压的要求,分别设置直流循环或重复利用的给水系统及其相应的给水处理设施。
 2 厂区给水系统的配水管网应呈环状设置,并应用阀门分成若干独立管段,输水干管不宜少于两条。
 3 采用地下水为水源,可采用生产、消防合并管网的给水系统,生活给水系统应单独设置。
 4 采用城镇自来水为水源,可采用生产、生活、消防合并管网给水系统。
 5 采用地表水为水源,地表水应经水处理后再供水或采用分水质给水系统。
 6 热水供水系统应根据热源情况单独设置。

6.4.2 给水管道敷设应符合下列规定:
 1 采用分水质供水,生活用水给水管道严禁与非生活用水管道连接。
 2 埋地给水管布置宜远离建(构)筑物基础,敷设技术条件应符合现行国家标准《工业企业总平面设计规范》GB 50187的有关规定。
 3 厂房内供水管道宜采用明管沿内墙架空敷设,沿外墙架空敷设时应视当地气候条件采取防冻措施。
 4 给水管不宜穿越设备基础、结构基础,必须穿越时应采取有效的保护措施。给水管道穿越结构基础时,应预留洞口,管顶上部净空高度不得小于建筑物沉降量且不宜小于0.1m,并应充填不透水的弹性材料。
 5 给水管不宜穿越建筑结构的伸缩缝部位,必须穿过时应设置补偿管道伸缩和剪切变形装置。
 6 给水管道的覆土深度应根据土壤冰冻深度、车辆荷载、管道材质及管道交叉等因素确定。管顶的覆土深度不得小于土壤冰冻线以下0.15m,行车道下的管线覆土深度不宜小于0.7m。
 7 厂区总进水口、车间进水口或主要用水点及设备,应设置水表计量装置。

6.4.3 给水管道管材的选用应符合下列规定:
 1 生活给水管可采用塑料给水管、塑料金属复合管、不锈钢管等。
 2 生产、消防水管可采用防腐处理焊接钢管、热镀锌钢管、内涂塑钢管等。
 3 厂区埋地给水管宜采用塑料给水管、带衬里的铸铁给水管、内外涂塑复合钢管、钢骨架复合塑料管等。

6.4.4 管道防腐应符合下列规定:
 1 架空敷设的焊接钢管、非保温管道外刷防锈漆一道,面漆两道。
    2 特殊的保温管道刷防锈漆两道后外设保温层。
    3 埋地敷设的镀锌钢管、焊接钢管外刷热沥青两道。

6.5 消防给水系统与灭火器配置

6.5.1 维纶工厂消防给水系统宜采用临时高压消防给水系统，并根据企业规模应分别设置消火栓给水系统。

6.5.2 采用临时高压消制时，厂区应设消防用水蓄水池；消防水池容量应按火灾延续时间内消防用水量确定；室外给水管网供水充足且在火灾情况下能保证持续补水时，消防水池的容量可减去火灾延续时间内的补水量。

6.5.3 维纶工厂消防给水系统设计除执行本规范外，尚应符合现行国家标准《建筑设计防火规范》GB 50016 和《石油化工企业设计防火规范》GB 50160 的有关规定。

6.5.4 维纶工厂的灭火器配置应按现行国家标准《建筑灭火器配置设计规范》GB 50140 的有关规定执行。

6.6 排水系统和管道敷设

6.6.1 维纶工厂的排水系统应根据生产、生活排出的废水性质、浓度、水量等特点，按质分类，清浊分流，合理划分排水系统。

6.6.2 维纶工厂的排水可分为生产废水系统、生产冷却水排水及厂区雨水系统和生活污水系统。

6.6.3 生产废水管道宜采用铸铁管或非金属管，腐蚀性及高温废水的排水管应采用能耐60℃高温腐蚀性的非金属管或经过防腐蚀处理的管沟。

6.6.4 生产废水管道的检查井、水封井、跌水井应采用混凝土或钢筋混凝土井，管道穿井壁处宜采用防水套管。

6.6.5 输送腐蚀性废水的检查井，井内壁应根据废水性质进行耐腐蚀处理，井内可不设爬梯，井盖井座应采用防腐材料，且采用铸铁井盖井座内侧均应做防腐蚀处理。

6.6.6 排水设备及与重力流管道相连接的设备，应在其排出口以下部位设置水封装置。

6.6.7 厂区雨水排水应设置独立管道系统。

6.6.8 各车间排出的生产废水计量仪表的设置，可结合污水处理站进行设计。

6.6.9 维纶工厂发生火灾事故时，消防产生的污染水严禁直接排入河道或市政管网，设计时应采取事故排放措施。

6.6.10 厂区雨水排水系统应符合下列规定：

    1 厂区雨水排水系统、排水量及沟（管）截面设计，应根据项目所在地雨水工程规划、暴雨公式、径流系数、重现期和集水时间等原始资料通过计算确定。

    2 雨水管（沟）设计重现期宜采用1年，在易于积水或需设置提升泵站的地区重现期宜采用2年，地面集流时间宜按5min～10min计算。

    3 厂区雨水排水系统宜同厂区防洪排涝设施协调一致。

    4 厂区雨水排水组织宜采用自流式，厂区地势较低自流排放有困难时应采取泵抽外排。

    5 屋面排水宜采用外排方式，当采用内排水，宜采用压力式排水；内排水管路设计重现期，重力式排水管路系统应按5年，压力式排水管路系统应按1年。

6.6.11 排水管道敷设应符合下列规定：

    1 厂区生产、生活污水，室外排水管宜采用地埋排水塑料管、混凝土管或钢筋混凝土管；污水管最小管径为200mm，最小管网坡度应为0.5%。

    2 排水管应敷设在给水管下面。管顶最小覆土厚度应根据管材强度和冻土厚度确定，在行车道下不应小于0.7m。

    3 室内排水管（沟）与室外排水管的连接处应设水封，且水封高度应大于250mm。

    4 厂区雨水排水可采用有护面处理的明沟排水、带盖板排水沟或暗管排水；雨水管最小管径应为300mm，起点管顶最小埋深应为0.8m；塑料管最小坡度应为0.2%，混凝土管最小坡度应为0.3%。

    5 湿陷性黄土等特殊工程地质地区的排水管线敷设基础应做特殊处理。

6.7 水的重复利用及废水回用

6.7.1 维纶工厂给水排水设计应采取循环用水、一水多用、冷却循环清洁废水回用等措施，对收集排放的废水宜进行深度处理后回用。

6.7.2 回用水质应满足有关用水的水质标准，回用于生产时其水质应满足生产工艺的要求。

6.7.3 回用水管必须采取防止误接、误用、误饮措施，严禁与生活饮用水管连接。

7 电 气

7.1 一般规定

7.1.1 电气设计应满足生产工艺的要求，并应与所处环境条件相适应。

7.1.2 电气设计应根据工程特点、规模和发展规划，做到统筹兼顾、远近结合，以近期为主。

7.1.3 电气设计应采用符合国家现行有关标准的高效、节能、性能优良的电气产品。

7.2 供配电系统

7.2.1 维纶工厂的生产用电负荷应为三级负荷，消防设备用电的负荷等级应按现行国家标准《建筑设计防火规范》GB 50016 的规定执行。

7.2.2 供电主接线应简单可靠、运行安全、操作灵活、维修方便。

7.2.3 供电电压的选择应符合下列规定：

    1 供电电源电压应根据当地供电条件，结合工程的总用电量、用电设备特性、供电距离、供电路段、发展规划以及经济合理等综合因素来确定。

    2 新建工厂的供电宜优先采用10kV电压等级，在扩建、改造工程中，可保留6kV电压等级；受条件限制时，亦可采用35kV或110kV电压等级供电。

7.2.4 供配电系统应符合下列规定：

    1 安装2台及2台以上变压器的主车间变电所，母单母线应分段运行，低压母线间应设母联开关；只设1台变压器的主车间变电所，可与临近的车间变电所设低压联络线。

    2 车间配电设备宜靠近负荷中心，并应集中控制，配电室、控制室不应与有腐蚀和容易积水的场所毗邻。

    3 维纶工厂非线性用电设备宜采取抑制措施将系统谐波限制在规定的范围内。

    4 全厂电源进线侧的功率因素应根据电力部门要求进行补偿，且不应低于0.9，自然功率不满足要求时，应装设无功功率补偿装置。

7.2.5 车间内配电线路应选用铜芯塑料线缆，沿电缆桥架敷设时宜采用防潮防腐桥架；采用穿管敷设，应在有腐蚀性物质处选用塑料管。

7.2.6 爆炸和火灾危险环境电气线路的选择和装置要求应符合现行国家标准《爆炸和火灾危险环境电力装置设计规范》GB 50058 的有关规定。

7.3 照 明

7.3.1 维纶工厂照明标准值应符合表7.3.1的规定。

表7.3.1 照明标准值

房间或场所	参考平面及其高度	照度标准值(lx)	显色指数(Ra)	备 注
原液车间、整理车间	0.75m水平面	150	60	局部操作可另加局部照明
纺丝车间	0.75m水平面	150	80	
打包间、油剂调配间、温水循环间、醛化液循环间	0.75m水平面	100	60	—
精密室	0.75m水平面	200	—	—
化验室、检验室	0.75m水平面	200	80	局部操作可另加局部照明
仓库	1m水平面	50	20	

7.3.2 照明灯具应根据环境情况采用防水防尘灯或防腐蚀灯,车间内照明宜采用分散控制方式。

7.3.3 纺丝车间和整理车间应设置疏散照明,在主通道、转弯处和安全出口处应按现行国家标准《建筑设计防火规范》GB 50016的规定设灯光疏散指示标志,疏散指示标志照明宜利用蓄电池作为备用电源。

7.3.4 控制室应设置应急照明系统。

7.3.5 手提式检修照明、设备视孔照明必须采用安全电压照明。

7.3.6 维纶工厂的照明设计除应符合本规范外,尚应执行现行国家标准《建筑照明设计标准》GB 50034的有关规定。

7.4 防雷与接地

7.4.1 维纶工厂内建筑物、构筑物的防雷分类及防雷措施,应按现行国家标准《建筑物防雷设计规范》GB 50057和《建筑物电子信息系统防雷技术规范》GB 50343的有关规定执行。

7.4.2 维纶工厂的防雷接地、工作接地、保护接地、电子设备接地宜采用共用接地系统,接地电阻不应大于1Ω,并应采取等电位联结措施;选择分散接地方式,各种接地系统的接地电阻应符合国家现行有关标准的规定。

7.4.3 低压配电系统的接地型式可为 TN-C-S 或 TN-S 系统。

7.4.4 易产生静电的设备和管道处应采取防静电防护措施,并应符合现行国家标准《防止静电事故通用导则》GB 12158的有关规定。

7.5 火灾自动报警系统和通讯

7.5.1 每座占地面积大于1000m²的原料库房、成品库房应设置火灾自动报警系统。

7.5.2 维纶工厂的火灾自动报警系统和消防控制室设置应按现行国家标准《建筑设计防火规范》GB 50016和《火灾自动报警系统设计规范》GB 50116的有关规定执行。

7.5.3 维纶工厂宜设置行政管理电话、生产调度电话、网络设施,且调度电话应具有录音功能。

8 自动控制和仪表

8.1 一般规定

8.1.1 自动控制系统设计应根据工厂的信息化建设和生产过程控制要求进行系统设计和仪表选型。

8.1.2 自动控制系统设计应满足技术先进、经济实用、可互换性、可维护性、可集中性的特点。

8.1.3 爆炸和火灾危险场所的自控设计应符合现行国家标准《爆炸和火灾危险环境电力装置设计规范》GB 50058的有关规定。

8.2 仪表选型原则

8.2.1 仪表选型应满足维纶生产过程控制要求,仪表规格和品种宜统一,在改建、扩建时宜结合原厂的仪表规格和品种设计。

8.2.2 仪表的计量单位应使用法定计量单位。

8.2.3 接触工艺介质部分的仪表材质等级应等同于或高于工艺要求的材质等级。

8.2.4 在停电、设备故障时,调节阀门的控制状态,应使所在系统处于安全状态。

8.2.5 使用于腐蚀性气体场所的仪表,应根据使用环境条件,选择合适的外壳材质及防护等级。

8.2.6 溶液浓度、黏度、酸碱度、电导率等参数,应按照各工艺特点选择合适的分析仪表;温度、压力、流量、液位、速度、真空度等参数,应按照各工艺特点选择合适的热工仪表。

8.2.7 常规显示、控制、记录仪表应具有标准通讯接口和标准变送输出信号。

8.2.8 生产车间内不应选用含有对人体有害物质的仪器和仪表。

8.3 控制方式

8.3.1 大型维纶装置工艺全过程控制宜采用集中分散控制系统进行控制,集中分散控制系统的硬件、软件配置应与维纶生产过程的规模和控制要求相适应。

8.3.2 中型维纶装置工艺全过程控制宜采用可编程序控制器组成分散控制系统进行控制,其硬件、软件配置应与维纶生产过程的规模和控制要求相适应。

8.3.3 小型维纶装置工艺全过程控制宜采用常规智能型数字显示、控制仪组成控制系统进行监控。其控制方式宜采用就地控制,在各工段宜分别设置控制室。

8.3.4 维纶装置工艺全过程的程序控制、逻辑控制、程序联锁控制,宜采用可编程序控制器组成分散控制系统。可编程序控制器可根据生产需求设在生产装置现场,也可根据需要设在现场操作室内。

8.4 生产工艺参数检测及自动控制

8.4.1 生产过程工艺参数的检测、自动控制应包括下列内容:
   1 维纶工厂工艺全过程的运行参数检测。
   2 生产过程主要运行参数的自动控制。
   3 有碍人身健康和安全的场所应对有害化学物质进行检测。
   4 用于进行经济分析或核算的重要参数,应设置累积功能。
   5 主设备及工艺系统安全、经济运行状态,用于对事故原因进行分析的主要参数,应设置记录功能。
   6 调节阀门、电动机、辅机等设备的运行状态、参数。
   7 环境参数。

8.4.2 采用集散控制系统时,主要工艺参数的检测除进入集散控制系统外,尚应增设常规仪表进行监测。

8.5 参数报警、联锁

8.5.1 纺丝调压槽、热水卷缩循环槽的液位应设超限报警、联锁,热处理机应设运行报警。

8.5.2 影响设备正常运转和产品质量的主要工艺参数应设超限报警。

8.5.3 联动的设备应设置联锁装置。

8.5.4 专用有毒气体指示报警系统不宜与集中分散控制系统混

用,且报警器应分别安装在现场和中心控制室内;工艺装置旁设有独立控制室或操作室时,报警器宜安装在该控制室或操作室内。

8.5.5 检测报警系统的设计应符合国家现行标准《石油化工企业可燃气体和有毒气体检测报警设计规范》SH 3063 的要求。

8.6 仪表配管配线

8.6.1 仪表电缆选择应满足下列原则:
  1 信号电缆宜选用铜材质的对绞式屏蔽电缆或计算机电缆。
  2 信号、电源用电缆、电线、补偿导线的线芯截面应按回路的最大允许电压降、允许最大的外部电阻、线路的载流量及机械强度等要求选择。
  3 采用本安系统的爆炸危险场所宜选用本质安全电路用电缆,所用电缆的分布电容、电感应符合本安回路的要求。

8.6.2 电缆护套管和电缆桥架的选择应符合下列要求:
  1 一般场合的电缆护套管宜采用镀锌钢管,且气相腐蚀较大的场所,宜采用铝合金钢管。
  2 一般场合的电缆桥架宜采用镀锌碳钢槽式桥架,且气相腐蚀较大的场所,宜采用防腐型电缆桥架。

8.6.3 电缆主通道路径的选择及电缆敷设的方式应符合下列要求:
  1 电缆的主通道宜采用电缆桥架敷设。
  2 电缆的主通道应选择最短路径。
  3 电缆敷设应避开吊装孔、防爆门及易受机械损伤和有腐蚀性物质等场所。
  4 电缆敷设应设于有支吊架生根之处,且便于安装维护。
  5 电缆与各种管道平行或交叉敷设时,其最小间距应符合现行国家有关规范的规定。
  6 同一电缆桥架内的交流电源线路和安全联锁线路与信号线路、本安线路与非本安线路应采用金属隔板隔开敷设,或采用不同电缆桥架。
  7 通讯总线应单独敷设,并采取保护措施。

8.7 现场仪表设备的布置

8.7.1 热工参数测点的定位应满足生产工艺对测量的要求。
8.7.2 安装在工艺管道上的传感器应满足传感器对管道直管段的要求。
8.7.3 布置在露天的设备、导管、阀门等部件,应根据气候条件等情况采取防尘、防雨、防冻、防高温、防震、防腐、防止机械损伤措施。
8.7.4 变送器的安装布置宜靠近测点,并应适当集中。

8.8 控制室

8.8.1 根据工艺操作管理要求,在维纶工厂内可设置一个中心控制室,也可根据需要增设分控制室,公用过程各站房的控制室可分别设置。
8.8.2 控制室位置的设置应符合现行国家标准《石油化工企业设计防火规范》GB 50160 的有关规定。
8.8.3 控制室应远离噪声源、振动源和具有电磁干扰的场所。
8.8.4 采用集散控制系统控制方式的中心控制室应单独设置机柜室,且机柜离墙的距离不应少于 1m。

8.9 供电与接地

8.9.1 集散控制系统和可编程序控制器的供电应配备不间断电源,后备电源持续工作时间不应小于 30min。
8.9.2 常规仪表的电源可采用单回路电源。
8.9.3 供电电源应符合下列要求:
  1 普通电源为:220V AC±10% 50Hz±0.5Hz,24V DC±1V。
  2 不间断电源应为:220V AC±5% 50Hz±0.5Hz,24V DC±0.3V。

8.9.4 用电仪表的外壳,仪表盘、柜、箱、盒和电缆桥架,保护管,支架,底座等正常不带电的金属部分,均应做保护接地。
8.9.5 集散控制系统、可编程序控制器和仪表接地应符合国家现行标准《仪表系统接地设计规定》HG/T 20513 的有关规定。

8.10 仪 用 气

8.10.1 仪用压缩空气品质主要指标可符合表 8.10.1 的规定。

表 8.10.1 仪用压缩空气品质主要指标

指标名称	单 位	指 标
固体粒子尺寸	μm	≤1
固体粒子浓度	mg/m³	≤1
含油量	mg/m³	≤1
压力露点	℃	≤-20
气体温度	℃	≤40
气体气压	MPa	0.4~0.6

8.10.2 仪用压缩空气的出力不应小于气动设备计算连续耗气量总和的 2 倍。
8.10.3 仪用压缩空气的储气罐容量应保证全部空气压缩机停运时,在其供气压力不低于气动设备最低允许工作压力的情况下,满足设备 10min~15min 的用气量要求。

9 采暖和通风

9.1 一般规定

9.1.1 车间的围护结构应有良好的保温隔热措施,保温隔热材料的最小热阻应满足减少能耗和防止结露的要求,并应根据车间内的温湿度及气象条件计算确定。
9.1.2 采暖通风设计应符合现行国家标准《采暖通风与空气调节设计规范》GB 50019 的有关规定。

9.2 室内外设计参数

9.2.1 室外空气计算参数可按现行国家标准《采暖通风与空气调节设计规范》GB 50019 的有关规定执行,也可采用当地气象部门提供的相关数据。
9.2.2 生产车间室内空气设计参数应符合下列要求:
  1 根据生产工艺要求确定。
  2 生产工艺上无特殊要求,可按表 9.2.2 选用。
  3 夏季采取劳动保护的车间,操作岗位的温度应根据夏季通风室外计算温度及其与工作地点的允许温差确定,并应符合工业企业设计卫生标准的规定。

表 9.2.2 维纶工厂生产车间室内空气参数

序号	操作区域或车间名称	夏季 温度(℃)	夏季 相对湿度(%)	冬季 温度(℃)	冬季 相对湿度(%)	备注
1	原液车间	劳动保护	劳动保护	≥16	劳动保护	操作区
2	纺丝车间	劳动保护	劳动保护	≥18	劳动保护	操作区
3	整理车间	劳动保护	劳动保护	≥20	劳动保护	操作区
4	凝固浴循环站、蒸发站	劳动保护	劳动保护	≥18	劳动保护	操作区
5	物检室	20±2	65±5	20±2	65±5	—
6	化验室	≤28	60±5	≥18	60±5	—
7	精密室	26±2	50±5	26±2	50±5	—
8	控制室	26	60	26		

9.2.3 车间内主要有害物质最高允许浓度应符合表 9.2.3 的规

表 9.2.3 维纶工厂车间内主要有害物质最高允许浓度

序号	有害物名称	最高允许浓度（mg/m³）	时间加权平均允许浓度（mg/m³）	短时间接触允许浓度（mg/m³）
1	甲醇	—	25.0	50.0
2	甲醛	0.5	—	—
3	硫酸	—	1.0	2.0

9.3 生产车间的采暖通风

9.3.1 生产车间的通风方式应根据当地的气象条件、车间建筑形式、工艺布置及工艺设备具体情况确定；应优先采用自然通风，当自然通风不能满足室内卫生要求时，可采用自然和机械联合通风或机械通风。

9.3.2 累年日平均温度稳定低于或等于5℃的日数大于或等于90天的地区，车间值班室、工人休息室和办公室应设有采暖系统。

9.3.3 生产车间的以下部位宜设置局部排风系统：
 1 原液车间内水洗机、溶解釜、过滤机设备附近。
 2 纺丝车间内热处理工序。
 3 整理车间干燥工序、缩醛化工序、热水卷缩液循环间。

9.3.4 设置局部排风或全面通风的生产车间及工艺附房，应有可靠的补风措施；并宜采用自然进风；不具备自然进风或自然进风不能满足要求时，应设置机械送风，同时应使排风区域与周围空间保持相对负压。

9.3.5 整理车间缩醛化工序甲醛气体排放系统设计应符合下列要求：
 1 风机应采用防爆防腐风机，通风系统的风管、活动部件及阀件应采取防爆防腐措施。
 2 通风设备和风管应采取防静电接地保护措施。
 3 风管不宜穿过其他房间；必须穿过时，应采用密实焊接、无接头、非燃烧材料制作的通过式风管；通过式风管穿过房间的防火墙、隔墙和楼板处应采用防火材料封堵。

9.3.6 向大气排放空气中的有害物质含量应符合现行国家标准《大气污染物综合排放标准》GB 16297 的要求，达不到要求时应采取有效的净化措施。

9.3.7 采用全面排风应分别从厂房内温度最高、含湿量或有害物质浓度最高的区域排风。

9.3.8 生产车间以下工作点或操作区域宜设置岗位送风或全面送风：
 1 原液车间溶解釜、过滤机附近。
 2 纺丝车间热处理工序。
 3 整理车间缩醛化工序、干燥工序。

9.3.9 送风量应根据消除车间内余热、余湿和有害物质所需风量的最大值，并与车间排风总量平衡后确定，车间内应与周围空间及相邻车间保持相对负压。

9.3.10 通风设备、风道、风管及配件等应根据其所处的环境和输送的介质温度、腐蚀性等，采取相应的防腐防爆措施。

9.3.11 车间的通风管道应采用不燃材料制作，接触腐蚀性气体的风管及柔性接管可采用难燃防腐材料制作。

9.3.12 用于维纶工厂的通风机应根据所输送介质的特性选用，并应符合下列要求：
 1 输送介质温度高于80℃时，应选用耐高温型风机。
 2 输送含有腐蚀性物质时，应选用防腐蚀型风机。
 3 输送易燃易爆介质时，应选用防爆风机。

9.3.13 对空气中含有较多水蒸气的场所应设置排风系统，排风系统管道应设置不小于0.5%的坡度，并应在管道的最低点和通风机底部设置排水装置。

9.4 辅助用房的采暖通风

9.4.1 物检室应设有恒温恒湿空调，物检室的温度湿度应符合本规范第9.2.2条的有关规定。

9.4.2 纺丝车间的精密室应设有机械通风系统，应与相邻房间保持相对负压。

9.4.3 醛化液调配循环间应设有机械通风系统，并应与相邻房间保持相对负压；机械通风系统设计应符合本规范第9.3.5条的有关规定。

10 动 力

10.1 一般规定

10.1.1 热力站、空压站的布置宜靠近负荷中心，规模应根据各相关专业提出的小时平均负荷及小时最大负荷加上管网损失、站房自用及同时使用系数计算确定。

10.1.2 厂区动力管道宜地上敷设，且敷设时应避开高温、放射性辐射区、腐蚀、强剧振动及工艺管路或设备的物料排放口等不安全环境。

10.2 供 热

10.2.1 热源应根据项目所在地区供热规划确定，并应优先采用城市、区域集中供热或工厂余热；也可采用燃煤、燃油、燃气锅炉供热。

10.2.2 热力站设置应符合下列要求：
 1 热力站内应根据各种热负荷的需要设置分气缸，各种热负荷的参数不同时应分别设置减温减压装置或减压阀。
 2 热力站内的减温减压装置宜设备台。
 3 热力站蒸汽干管进出口应设置压力表和温度计。
 4 热力站的蒸汽干管入口应设置流量计。

10.2.3 厂区及车间供热管网设计应符合下列要求：
 1 供热管道的设计应进行强度及柔性计算，且应进行应力计算。
 2 管线布置宜短直，主干线应通过主要的负荷中心区，且应靠近支管较多的一侧。
 3 厂区的供热管道应平行于道路中心线，并宜敷设于车行道以外的区域。
 4 供热管道热补偿宜采用自然补偿，不能补偿部分应采用补偿器。
 5 供热管道保温材料的选择应根据管道的运行参数和相关的技术参数计算确定。

10.2.4 维纶工厂的热力站及动力管道的设计应符合国家现行标准《城市热力网设计规范》CJJ 34 和《火力发电厂汽水管道设计技术规定》DL/T 5054 的有关规定。

10.3 压缩空气

10.3.1 维纶工厂宜设置独立空压站。

10.3.2 压缩空气应满足生产工艺、仪表及自动控制的用气品质和用气量要求。

10.3.3 空压站宜布置在散发爆炸性、腐蚀性和有毒气体及粉尘的建筑物的全年风向最小频率的下风侧。

10.3.4 空压机宜选用螺杆式空压机，压缩空气的后处理设备应根据相关专业对气体品质要求而定，并应设置备台，不同气体品质的储气罐应分开设置。

10.3.5 压缩空气干管应设置流量计、压力表、温度计及露点测试仪。

10.3.6 维纶工厂空压站的设计应符合现行国家标准《压缩空气站设计规范》GB 50029 的有关规定。

11 节约能源

11.0.1 节能设计应按照国家有关法律、法规、规范的程序和技术规定执行。
11.0.2 在满足生产要求和安全防火、防爆的条件下，工艺管线、原辅材料及产成品的运输线路应短捷方便。
11.0.3 生产装置和设备的布置应避免流程的往返，并应根据装置竖向布置，合理确定装置层高，充分利用位能差。
11.0.4 设备和管道保温、保冷应通过计算确定隔热厚度，并应选用良好的绝热材料。
11.0.5 泵类设备和风机工作参数的选用应在其高效段内。
11.0.6 公共卫生间宜选用自动感应冲水器具，其他用水点宜选用节水型器具。
11.0.7 温水、冷凝水、冷却水应循环使用。
11.0.8 高温度排水应实施热能回收。
11.0.9 电气设备应选用低损耗节能型变压器、节能型电器、高效节能型灯具等产品。
11.0.10 变配电系统应设置无功自动补偿装置。
11.0.11 建筑物的设计应采用节能型的建筑结构、材料、器具和产品。
11.0.12 纺丝车间干燥工序应采取热源控制措施。
11.0.13 工艺流程的各种介质宜设置计量和检试检测仪表，并应有自动调节装置。
11.0.14 工艺设备宜选择大容量及高效节能的设备，蒸发设备宜采用多级多效蒸发装置。

12 环境保护和职业安全卫生

12.1 环境保护

12.1.1 产生甲醛气体的容器、管道和设备，必须设置有效密闭的措施；产生甲醛废气的设备，必须设置有效密闭的排气装置，且有害气体应经汇集后集中排放，不得无组织排放。
12.1.2 甲醛气体的排放必须通过排气塔向高空稀释排放，排放物应符合现行国家标准《大气污染物综合排放标准》GB 16297 的有关规定。
12.1.3 排气塔的设计高度应根据当地的自然状况通过计算确定，计算可按现行国家标准《制定地方大气污染物排放标准的技术方法》GB/T 3840 的有关规定执行。
12.1.4 排气塔内壁应进行有效的防腐处理，排气塔的设计应按现行国家标准《烟囱设计规范》GB 50051 的有关规定执行。
12.1.5 维纶工厂产生的含甲醛和油剂的酸性废水可采用酸碱中和及生化等方法处理，应采取有效措施使废水达到当地有关排放标准。
12.1.6 经污水处理站处理后的水质应达到现行国家标准《城市污水再生利用 城市杂用水水质》GB/T 18920 和《城市污水再生利用 景观环境用水水质》GB/T 18921 的有关要求，并应按规定充分回收利用。

12.1.7 生产过程中产生的各类废 PVA、废丝，应集中收集分类、回收利用；废渣、废弃物应有效处理，不得任意丢弃。
12.1.8 噪声控制应符合现行国家标准《工业企业厂界环境噪声排放标准》GB 12348 的有关规定。
12.1.9 厂区的绿化设计应按现行国家标准《工业企业总平面设计规范》GB 50187 的有关规定执行。

12.2 职业安全卫生

12.2.1 职业安全卫生设计应符合工业企业设计卫生标准的有关规定，工作场所有害因素应符合工作场所有害因素职业接触限值的有关规定。
12.2.2 生产车间中高温设备、管道应采用有效的绝热措施，并应使管道表面温度达到 50℃ 以下。
12.2.3 溶解、过滤、凝固浴、缩醛化等工序的地面设计应采用防滑措施。
12.2.4 整理车间应设有 10 次/h～15 次/h 换气次数的通风装置，整理车间甲醛气的含量必须符合工作场所有害因素职业接触限值的规定。
12.2.5 整理机上部应设有排风装置，并应使设备内部形成负压；废气应经排风道集中到排气塔才能向高空排放。
12.2.6 整理车间内应设应急救护室，室内应配置盥洗设备，并应保证不断水；同时还应配置肥皂水或 2% 碳酸氢钠液等急救用品。
12.2.7 纺丝车间和整理车间内应设淋浴室。
12.2.8 化验室应设通风柜，并应保证有一定的通风量；产生有害气体的化验项目，应在通风柜中进行。
12.2.9 产生噪声的设备应采取消音减振、隔振吸音等措施，工作场所噪声值应符合工作场所有害因素职业接触限值的规定。
12.2.10 产生湿热的车间应采用自然通风或局部送风等措施。
12.2.11 纤维切断工序应设局部排风装置。
12.2.12 甲醛液、酸液、碱液等毒性或腐蚀性物质的容器必须布置在具有良好的防护设施、通排风良好、排水通畅及经特殊防腐处理的区域内。
12.2.13 腐蚀性和毒性化工原料的贮存和输送应采取防尘、防毒、防漏措施，醛化液配制作业区应设紧急淋洗装置，工作场所有害物质浓度应符合工作场所有害因素职业接触限值的要求。

附录 A 常规维纶生产工艺流程

A.1 主要工艺流程

A.1.1 原液制备工艺流程可为：
 1 絮状 PVA 原料→水洗→压榨→料仓→计量→溶解→一过滤→脱泡→二过滤→纺丝调压→送纺丝车间。
 2 片状 PVA 原料→大料仓→微粉分离→中间桶→计量→浸渍→膨润→水洗→浆液桶→脱水→中间料仓→计量→溶解→一过滤→脱泡→二过滤→纺丝调压→送纺丝车间。
A.1.2 常规维纶短纤维的纺丝、整理生产工艺流程可为：原液→纺丝凝固成型→湿热牵伸→干燥→干热牵伸→热定型→冷却→卷绕→切断→卷缩→缩醛化→水洗→上油→干燥→成品打包。
A.1.3 常规维纶长纤维的纺丝、整理生产工艺流程可为：原液→纺丝凝固成型→湿热牵伸→干燥→干热牵伸→热定型→热收缩→冷却→卷绕（大卷轴）→前水洗→缩醛化→后水洗→上油→干燥→卷绕（小卷轴）→维纶长丝束成品。

A.2 辅助工艺流程

A.2.1 凝固浴配制循环补正系统工艺流程可为图 A.2.1 所示。

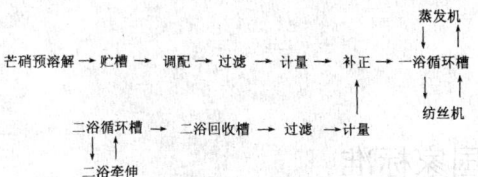

图 A.2.1 凝固浴配制循环补正系统工艺流程图

A.2.2 醛化液配制循环补正系统工艺流程可为图 A.2.2 所示。

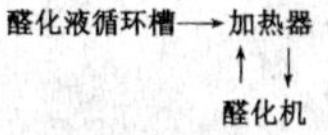

醛化液循环槽 → 加热器
↑
醛化机

图 A.2.2 醛化液配制循环补正系统工艺流程图

A.2.3 热水卷缩浴循环系统工艺流程可为图 A.2.3 所示。

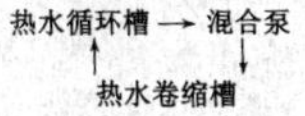

热水循环槽 → 混合泵
↑
热水卷缩槽

图 A.2.3 热水卷缩浴循环系统工艺流程图

A.2.4 温水浴循环系统工艺流程可为图 A.2.4 所示。

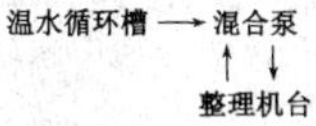

温水循环槽 → 混合泵
↑
整理机台

图 A.2.4 温水浴循环系统工艺流程图

A.2.5 回收浴循环系统工艺流程可为：回收槽（三、二、一）→循环泵（三、二、一）→整理机前（三、二、一）回收和整理机后（一、二、三）回收。

A.2.6 油浴循环补正系统工艺流程可为图 A.2.6 所示。

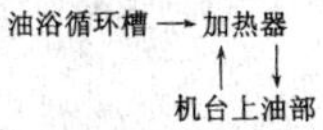

油浴循环槽 → 加热器
↑
机台上油部

图 A.2.6 油浴循环补正系统工艺流程图

A.2.7 废丝回收系统工艺流程可为：纺丝机来湿废丝→洗涤机→脱水→溶解→一过滤→脱泡→二过滤→纺丝调压→送纺丝车间。

本规范用词说明

1 为便于在执行本规范条文时区别对待，对要求严格程度不同的用词说明如下：

　1）表示很严格，非这样做不可的：
　　正面词采用"必须"，反面词采用"严禁"；
　2）表示严格，在正常情况下均应这样做的：
　　正面词采用"应"，反面词采用"不应"或"不得"；
　3）表示允许稍有选择，在条件许可时首先应这样做的：
　　正面词采用"宜"，反面词采用"不宜"；
　4）表示有选择，在一定条件下可以这样做的，采用"可"。

2 条文中指明应按其他有关标准执行的写法为："应符合……的规定"或"应按……执行"。

引用标准名录

《建筑结构荷载规范》GB 50009—2001
《建筑抗震设计规范》GB 50011—2001
《建筑给水排水设计规范》GB 50015—2003
《建筑设计防火规范》GB 50016—2006
《采暖通风与空气调节设计规范》GB 50019—2003
《压缩空气站设计规范》GB 50029—2003
《建筑照明设计标准》GB 50034—2004
《工业建筑防腐蚀设计规范》GB 50046—95
《烟囱设计规范》GB 50051—2002
《建筑物防雷设计规范》GB 50057—94
《爆炸和火灾危险环境电力装置设计规范》GB 50058—92
《火灾自动报警系统设计规范》GB 50116—98
《建筑灭火器配置设计规范》GB 50140—2005
《石油化工企业设计防火规范》GB 50160—92
《工业企业总平面设计规范》GB 50187—93
《防洪标准》GB 50201—94
《工业金属管道工程施工及验收规范》GB 50235—97
《工业设备及管道绝热工程设计规范》GB 50264—97
《建筑物电子信息系统防雷技术规范》GB 50343—2004
《生活饮用水卫生标准》GB 5749—2006
《工业管道的基本识别色、识别符号和安全标识》GB 7231—2003
《防止静电事故通用导则》GB 12158—2006
《工业企业厂界环境噪声排放标准》GB 12348—2008
《大气污染物综合排放标准》GB 16297—1996
《制定地方大气污染物排放标准的技术方法》GB/T 3840—1991
《城市污水再生利用　城市杂用水水质》GB/T 18920—2002
《城市污水再生利用　景观环境用水水质》GB/T 18921—2002
《厂矿道路设计规范》GBJ 22—1987
《夹套管施工及验收规范》FJJ 211—86
《石油化工企业可燃气体和有毒气体检测报警设计规范》SH 3063—1999
《石油化工管道伴管和夹套管设计规范》SH/T 3040—2002
《仪表系统接地设计规定》HG/T 20513—2000
《城市热力网设计规范》CJJ 34—2002
《火力发电厂汽水管道设计技术规定》DL/T 5054—1996

中华人民共和国国家标准

维纶工厂设计规范

GB 50529—2009

条 文 说 明

制 订 说 明

《维纶工厂设计规范》GB 50529—2009 经中华人民共和国住房和城乡建设部 2009 年 8 月 10 日以第 374 号公告批准发布。

在本规范的编制过程中，规范编制组查阅了大量现行有效的标准，整理了以往的设计资料，调研了包括中国石化集团四川维尼纶厂、安徽皖维集团有限责任公司、福建纺织化纤集团有限公司、永安市宝华林实业发展有限公司等国内较具代表性的维纶生产企业，在全面了解了我国维纶工厂的生产现状和工艺技术水平的基础上，编制出了规范征求意见稿；通过对包括中国纺织工业设计院、上海纺织建筑设计研究院、中国石化集团四川维尼纶厂、云南云维股份有限公司等二十多家有关的设计单位和生产企业的意见征求，编制出了规范送审稿；组织召开了由中国纺织工业协会、福建省质量技术监督局、福建省轻纺（控股）有限责任公司、中国纺织勘察设计协会等有关部门的领导和中国纺织工业设计院、上海纺织建筑设计研究院、中国石化集团四川维尼纶厂等企事业单位的专家组成的审查会议，形成了规范报批稿。

本规范将维纶工厂的适用范围定为采用普通湿法和硼法两种湿法纺丝方法生产的维纶工厂新建、改建和扩建工程的设计。而凝胶纺丝法至今尚未实现工业化生产，且其有着复杂的有机溶剂回收系统，工艺上也与普通湿法纺丝有较大的差异，因而未把凝胶纺丝法列入本规范中。

本规范将维纶工厂整理车间的生产火灾危险性定为丙类是基于整理车间缩醛化工段内所有与含 37% 甲醛的醛化液有联系的设备及管道均密闭并有严格的送排风措施，一旦有微量甲醛蒸气泄漏，就有可靠的报警信号，而且工人可以嗅到它的气味，马上采取排风及防护措施，且该工段甲醛蒸气的浓度小于爆炸下限的 10% 而考虑的。

本规范对维纶工厂的污水处理不做技术规定是基于维纶产品的不同其产生的废水性质有较大区别和已有专业污水处理的国家现行标准而考虑的。

本规范将维纶工厂的用电负荷等级定为三级，是根据对供电可靠性的要求和中断供电在政治、经济上所造成的损失或影响的程度，也是根据对国内几家维纶工厂实地调研的结果。

为了便于广大设计、施工、科研、学校等单位有关人员在使用本规范时能正确理解和执行条文规定，《维纶工厂设计规范》编制组按章、节、条顺序编制了本规范条文说明，对条文规定的目的、依据以及执行中需注意的有关事项进行了说明，对强制性条文的强制性理由作了解释。但是，本条文说明不具备与标准正文同等的法律效力，仅供使用者作为理解和把握规范规定的参考。

目 次

1 总则 …………………………… 7—38—21
2 术语和符号 …………………… 7—38—21
　2.1 术语 ……………………… 7—38—21
3 工艺 …………………………… 7—38—21
　3.1 一般规定 ………………… 7—38—21
　3.2 工艺流程选择 …………… 7—38—21
　3.3 工艺设备配置 …………… 7—38—22
　3.5 工艺设备布置 …………… 7—38—22
　3.6 工艺管道设计 …………… 7—38—22
　3.7 工艺管道布置 …………… 7—38—22
　3.8 工艺对公用工程的要求 … 7—38—22
　3.9 生产辅助设施 …………… 7—38—23
4 总平面设计 …………………… 7—38—23
　4.1 一般规定 ………………… 7—38—23
　4.2 总平面设计 ……………… 7—38—23
5 建筑、结构 …………………… 7—38—23
　5.1 一般规定 ………………… 7—38—23
　5.2 生产厂房和辅助用房 …… 7—38—24
　5.3 建筑防火、防爆、防腐蚀 … 7—38—24
　5.4 结构形式和建筑构造 …… 7—38—24
6 给水排水 ……………………… 7—38—24
　6.1 一般规定 ………………… 7—38—24
　6.2 水源与水处理 …………… 7—38—24
　6.3 用水量、水质、水压 …… 7—38—25
　6.4 给水系统和管道敷设 …… 7—38—25
　6.5 消防给水系统与灭火器配置 …… 7—38—25
　6.6 排水系统和管道敷设 …… 7—38—25
　6.7 水的重复利用及废水回用 …… 7—38—25
7 电气 …………………………… 7—38—25
　7.2 供配电系统 ……………… 7—38—25
　7.3 照明 ……………………… 7—38—25
　7.4 防雷与接地 ……………… 7—38—25
8 自动控制和仪表 ……………… 7—38—26
　8.2 仪表选型原则 …………… 7—38—26
　8.3 控制方式 ………………… 7—38—26
　8.4 生产工艺参数检测及自动控制 … 7—38—26
　8.5 参数报警、联锁 ………… 7—38—26
　8.6 仪表配管配线 …………… 7—38—26
　8.7 现场仪表设备的布置 …… 7—38—26
　8.8 控制室 …………………… 7—38—26
　8.9 供电与接地 ……………… 7—38—26
　8.10 仪用气 ………………… 7—38—26
9 采暖和通风 …………………… 7—38—26
　9.1 一般规定 ………………… 7—38—26
　9.2 室内外设计参数 ………… 7—38—26
　9.3 生产车间的采暖通风 …… 7—38—26
　9.4 辅助用房的采暖通风 …… 7—38—27
10 动力 ………………………… 7—38—27
　10.1 一般规定 ……………… 7—38—27
　10.2 供热 …………………… 7—38—27
　10.3 压缩空气 ……………… 7—38—27
11 节约能源 …………………… 7—38—27
12 环境保护和职业安全卫生 … 7—38—27
　12.1 环境保护 ……………… 7—38—27
　12.2 职业安全卫生 ………… 7—38—27

1 总 则

1.0.1 本条规定了制定本规范的目的。

1.0.2 生产维纶的纺丝方法有湿法、干法、非水溶剂法和干湿法等，其中有些方法尚处在研究开发阶段。目前，工业上生产维纶主要采用的纺丝方法是湿法，国内现有的维纶湿法方法有三种：普通湿法、硼法和溶剂凝胶法。普通湿法分芒硝法纺丝和碱法纺丝。硼法是根据碱法纺丝在凝固浴中形成凝胶长丝的原理把含有少量硼酸的纺丝溶液喷入碱性凝固浴成形的纺丝方法；溶剂凝胶法是将聚乙烯醇溶于有机溶剂得到凝胶纺丝液喷入凝固浴成形的纺丝方法。因有机溶剂凝胶纺丝法刚投入工业化试生产，尚未完全定型，且其有着复杂的有机溶剂回收系统，工艺上与普通湿法纺丝有较大的差异，所以溶剂凝胶法不属于本规范的适用范围。现有的较成熟和已工业化、规模化生产维纶的湿法纺丝方法有普通湿法和硼法两种工艺方法。由于硼法与普通湿法较为接近，硼法纺丝工艺只增加了中和、水洗两个工序和减少了普通维纶生产的整理工序，所以本规范的适用范围只包含采用普通湿法和硼法两种湿法纺丝工艺生产的维纶工厂新建、改建和扩建工程的设计，不适用于采用凝胶法纺丝工艺生产的维纶工厂新建、改建和扩建工程的设计。

1.0.3 本条规定了制定本规范的原则。明确规定：必须认真贯彻执行国家基本建设的方针政策和现行的有关法律、法规，密切结合自然条件，合理利用资源，有效保护环境，减少污染排放，充分考虑使用和维修的要求，做到技术先进、经济合理、安全适用。

1.0.5 本条明确了本规范与相关标准的关系。

2 术语和符号

2.1 术 语

2.1.1 维纶名称来自日文和英文直译名，Vinylon 本是聚乙烯醇缩甲醛纤维的英文商品名称，不过自 20 世纪 50 年代工业化生产以来，维纶工业迅速发展，同时多种新工艺新产品研发工作也取得了重大成果，相继开发了干法纺丝、半熔融法纺丝、硼法纺丝、有机溶剂凝胶纺丝等工艺技术，生产出原液着色纤维、水溶性聚乙烯醇纤维、高强高模纤维等多种差别化纤维产品，虽然其中多数产品在生产工艺中不进行缩醛化处理，但也沿用了"维纶"这个名称。

在目前合成纤维分类聚乙烯醇系纤维中有两类纤维，即聚乙烯醇缩醛纤维（维纶）和聚乙烯醇氯乙烯接枝共聚纤维，对后者给以明确区分的命名——维氯纶（日本兴人公司定名为 SE 纤维，后改称 cordelan）。对于水溶性聚乙烯醇纤维、高强高模纤维、干法长丝、含硼湿法长丝（FWB）等，尚未明确确定其归属，但实际上均将聚乙烯醇制得的各种聚乙烯醇纤维统归维纶类纤维。

2.1.7 水溶性纤维产品不多，较有代表性的是海藻纤维、羧甲基纤维素纤维和水溶性聚乙烯醇等纤维。改进型普通维纶湿法纺丝工艺、干法纺丝、半熔融法纺丝及有机溶剂凝胶纺丝工艺均可生产水溶性聚乙烯醇纤维。研究水溶性纤维的一些学者，将水溶性纤维分成三种类型，即：

Ⅰ类：低温型，水溶温度 0～40℃；
Ⅱ类：中温型，水溶温度 41℃～70℃；
Ⅲ类：高温型，水溶温度 71℃～100℃。

改进型维纶湿法纺丝工艺只能生产高温型水溶性聚乙烯醇纤维，干法纺丝工艺可生产中温型水溶性聚乙烯醇纤维，而有机溶剂凝胶纺丝法可生产包括低温型在内的广泛用途水溶性聚乙烯醇纤维。

2.1.8 高强高模聚乙烯醇纤维是差别化聚乙烯醇纤维中的重要产品，可通过硼法（FWB）纺丝、凝胶纺丝及干法纺丝、碱法纺丝等工艺制造；高强高模聚乙烯醇纤维强度可达到 1.25GPa 以上，初始模数可达 24.8GPa 以上；凝胶纺丝法生产的高强高模纤维强度可超过 2.54GPa。

聚乙烯醇含硼湿法长丝（FWB）是由日本可乐丽公司于 20 世纪 70 年代初（1972 年）完成工业化生产的高强高模维纶纤维，现主要用于水泥制品的增强。

在 FWB 制造工艺中，充分利用了添加于纺丝原液里的硼酸，在酸碱性凝固浴中形成大分子支链结构或大分子间架桥结构的特性，首先制得纤维横断面近圆形、结构均匀、具有高倍拉伸特性的初生纤维，再经过高倍拉伸，并借助残留于纤维内部的微量硼酸的适当交联作用，获取高强度、高模量、低伸度、耐热水性能良好的聚乙烯醇长丝。

我国 FWB 的研制工作最早由吉林省化纤所于上世纪 70 年代开始，于 1980 年完成并通过了部省级鉴定（扩试）。北京维尼纶厂在吉林省化纤所扩试基础上进行的中试工作很快获得成功，并将这种纤维命名为高强高模维纶纤维。这种纤维的优良性能在我国维纶行业得到认可，很快在部分维纶厂得到扩产。实际上高强高模维纶纤维的制造方法，除 FWB 工艺外，碱法纺丝、干法纺丝、凝胶纺丝工艺等均能制造。

2.1.21 缩醛化常以稀硫酸为催化剂，在含有适量芒硝的 70℃甲醛水浴中进行，有较强的腐蚀性。

3 工 艺

3.1 一般规定

3.1.1 由于维纶纤维存在弹性与染色性稍差、纤维与织物形态稳定性不足等缺陷，在服用织物领域与涤纶、腈纶等大宗化纤产品激烈市场竞争后逐渐淡出，因此维纶生产受到了严重影响。但是在充分发挥聚乙烯醇纤维特性的差别化产品和一些应用领域中，如水溶性聚乙烯醇纤维、高强高模纤维、干法长丝和牵切纱等在某些领域展现了其优越性。因此我国维纶行业新产品研发工作发挥了积极作用。因维纶生产企业出现了如何改造原有生产格局，怎样确定和采用技术路线和工艺流程等一系列问题。本条文的思路为在充分调查研究的基础上，确定一个时期的产品方案与设计思路，同时要在"节能、降耗、减排"上下功夫，在实践中求发展。

3.1.4 在维纶生产使用的主要化工原料中，除聚乙烯醇外还有芒硝（Na_2SO_4）、硫酸（H_2SO_4）、烧碱（$NaOH$）、甲醛（$HCHO$）及少量添加剂、油剂等。其中具有强膨胀效应的芒硝和强腐蚀性化工原料硫酸和烧碱以及具有强烈刺激性臭味、毒性很大的甲醛是维纶生产中必须特别关注的化工原料。

3.2 工艺流程选择

3.2.1 常规维纶生产工艺是典型的湿法纺丝工艺流程，可分为原液制备、纺丝和整理三大部分。本规范第 A.1.2 条给出的常规维纶短纤维纺丝、整理生产工艺流程，是我国维纶行业现仍在采用的工艺流程，有的工艺流程在部分工序次序上略有不同。硼法工艺的纺丝中还有湿热拉伸工序，但省却了整理的卷缩、回收、醛化、干燥等工序，也可参照本规范第 A.1 节的有关条文执行。

日本可乐丽公司于20世纪70年代初工业化成功的维纶丝束新工艺(NP)实现了从纺丝到打包的连续化生产。NP的工艺流程可为:纺丝→湿热牵伸→干燥→干热牵伸→热收缩→缩醛化→水洗→上油→干燥→冷却→分切→打包。

3.2.2 硼法工艺的辅助工艺流程还包括湿热拉伸浴系统、但无热卷缩浴系统、回收浴系统、醛化浴系统等,亦可参照本规范第A.1节的有关条文执行。

3.3 工艺设备配置

3.3.3 在聚醋酸乙烯醇解制造聚乙烯醇的工艺中,一般采用高碱法和低碱法两种不同工艺技术,前者醇解后的聚乙烯醇产品为絮状,一般膨润度较大易洗涤;而后者为片状,膨润度较低,必须加长水洗时间才能达到工艺指标。根据上述不同物料特性,水洗工艺设备可采用长网水洗机和槽网结合式水洗机。

3.3.5 我国自行设计建设的多数维纶生产企业,纺丝机采用了类似腈纶 SL601 卧式纺丝机,喷丝板由 6000 孔圆形板改为几万(1.6万~3.0万)孔瓦形喷丝板,实现了纺丝工艺大型化和高效率化。日本可乐丽公司20世纪70年代投入生产的维纶丝束新工艺,仍采用立式纺丝机,喷丝板由 6000 孔圆形板改为 48000 孔环形板,纺丝机结构进行了相应调整,使一条生产线纤维总纤度由 20万旦提高到 135万旦,四个系列年生产能力达 17500 吨。立式和卧式两种纺丝机综合比较各有其优势,立式纺丝机结构紧凑,占地面积小,循环密闭性好,整形性好,初生纤维质量均匀。卧式纺丝机结构较简单,成本较低,易维护,操作方便,劳动生产率较高。

3.3.6 目前国内维纶工厂中均采用由一对纳尔逊式辊筒和电热元件组成的烘箱式装置,纳尔逊式辊筒是以人名 Nelson 命名的辊筒系统,其特点为一对直径相同,而轴线间互成 1°~2°倾角的悬臂辊筒,丝束缠绕在辊筒上不重叠,并沿辊筒轴呈螺旋状逐渐前进。

3.3.7 维纶短纤维的卷缩是维纶特有的后处理工序,在该工序要同时实现纤维的收缩和弯曲,比较复杂,维纶生产一开始是采用热风工艺进行卷缩。20世纪70年代,北京维尼纶厂经多次反复攻关,突破关键工艺技术,成功地用热水卷缩工艺完全替代热风卷缩工艺,在生产工艺连续化,提高劳动生产率方面上了一个新台阶,国内现均采用热水卷缩工艺,能耗物耗与产品质量两方面都得到提高。但热风卷缩仍还有一定价值,特殊产品的生产有可能还需要,不宜完全舍弃。

3.3.13 在此条文中提到的通用设备,主要是指空气压缩机、真空泵、风机、离心机、水泵和耐腐蚀泵等常用设备,这些设备运行时间长,是不可缺少的主要设备。这些设备的性能、稳定性、噪声对稳定生产及环境影响很大,而且这些通用设备的"节能、降耗、减排"潜能也较大。

3.5 工艺设备布置

3.5.1 有条件的地方,辅助生产系统设备可布置在主生产线的楼下,如无地形位差,则可另行布置在主生产厂房旁边。

3.5.3 生产规模较大时,分系列布置设备可方便生产经营,节约能源并缩小辅助生产系统的负荷规模。

3.5.4 原液车间集中制备纺丝原液,然后统一供应多条平行排列的纺丝生产线,既方便操作又整齐美观,而且能根据生产任务安排纺丝生产线。

3.5.5 因甲醛具有毒性与挥发性,故使用甲醛的容器、管道、设备及其辅助设施,应布置在具有良好的防护设施、通排风良好、排水通畅的经特殊防腐处理的独立区域内。

3.5.6 同类多台设备如溶解釜、脱泡桶、过滤机等,按集中、统一操作面布置,有利于提高自动控制水平、统一操作、集中管理及减员增效。

3.5.7 充分利用自然光有利于节能降耗,同时为避免光线对操作人员或仪表产生不利影响,设备布置应背光操作,因条件受限难以避免时则尽可能做到缩短此种操作距离。

3.5.9 由于维纶的纺丝生产线较长,因此在确定车间总体柱网布置时应结合设备布置考虑伸缩缝的设置,避免骑跨现象。

3.5.10 带搅拌器的设备有溶解釜、芒硝溶解调配槽、沉降槽等,长丝整理机、长丝干燥机有大型沉重易碎的辊筒部件。为了安装维护方便,这些设备应考虑安装维护所需的位置和空间及起重设备。

3.5.12 卷绕机与切断机之间的空间为半成品丝轴车的摆放及使用位置,应满足丝轴车周转、堆放及使用要求,不得造成拥堵或空置。

3.5.13 风机和真空泵属于剧烈振动、具有较大噪声的设备,为了人身健康应采取降噪降声措施。

3.5.14 蒸发机组的布置宜成列布置,可节约管道材料,整齐美观、操作方便,又可共用同一检修吊装设施。

3.6 工艺管道设计

3.6.1、3.6.2 这两条规定为工艺管道设计的原则性要求。

3.6.3 PVA 纺丝原液、热水卷缩液介质温度较高,且具有弱酸性,故用含钼不锈钢管;水洗液、凝固浴液介质温度不高,但具有弱酸性,宜用便宜的增强聚丙烯管,有条件时也可用含钼不锈钢管;二浴液介质温度较高,也具有弱酸性,宜用含钼不锈钢管;湿热浴液为高温酸性介质,采用增强聚乙烯内衬聚四氟乙烯管较合适;醛化液、回收液为强腐蚀性介质,成分复杂,但温度不太高,过去采用硬铅合金管,现多用增强聚丙烯管;浓碱液、温水浴液为碱性介质,温度不太高,宜采用无缝钢管、不锈钢管;浓酸液介质为强酸性,宜用碳钢衬四氟管和玻璃钢管,也可用增强聚丙烯管;油剂为中性介质,但可能发生酸性或碱性工况,故宜用不锈钢管。

3.6.5 管道的特殊要求是指如热力补偿、大型阀门、自控仪表的安装、使用维护的要求等。

3.6.8 由于原液纺丝温度需维持在93℃以上,温度下降将引起原液固化堵塞管道及影响初生纤维质量,故原液管道采用夹套管形式给予保温。

3.6.9 圆形风管阻力小、不易挂料,根据对多家维纶工厂的调研表明,聚乙烯醇原料输送管的圆形管弯头的曲率半径不宜小于5倍的管道外径,纤维物料的输送则不受此限。

3.6.12 《特种设备安全监察条例》中规定最高工作压力大于或等于 0.1MPa(表压)的气体、液化气体、蒸汽介质或者可燃、易爆、有毒、有腐蚀性、最高工作温度高于或者等于标准沸点的液体介质,且公称直径大于 25mm 的管道属于压力管道。维纶工厂所用的低压蒸汽一般为 0.25MPa 左右;高压蒸汽一般为 0.8MPa 左右;压缩空气一般为 0.7MPa 左右;缩醛化液中含硫酸和甲醛,而甲醛为甲类火灾危险性介质;酸液及碱液为有腐蚀性介质。故输送蒸汽、压缩空气、醛化液、酸液及碱液的管道属于《特种设备安全监察条例》中规定的压力管道。

3.7 工艺管道布置

3.7.3 单层布置的纺丝机和牵伸浴槽,与其连接的管道采用管沟敷设不会影响操作及安装检修设备时的吊装。

3.7.5 每条纺丝生产线的一浴及其返液、二浴及其返液的总管末端宜吹扫接头可防止浴液因停止生产而冷却固化造成堵塞管道。

3.8 工艺对公用工程的要求

3.8.1 根据对国内多家维纶工厂的调研,常规维纶生产的原辅材料和公用工程的消耗指标可参照下列规定:

1 主要原辅材料的消耗指标可参照表1估算。

表1 主要原辅材料的消耗指标

项　目	单　位	指　标
PVA(以100%计)	kg/t维纶纤维	≤960
结晶芒硝(以40%计)	kg/t维纶纤维	≤500
烧碱(NaOH≥98%)	kg/t维纶纤维	≤14
硫酸(H_2SO_4≥98%)	kg/t维纶纤维	≤150
醋酸(HAc≥99%)	kg/t维纶纤维	≤3
油剂	kg/t维纶纤维	≤10
甲醛(以37%计)	kg/t维纶纤维	≤360

2 工艺用水可按生产每吨维纶纤维不大于150t确定。

3 工艺用饱和蒸汽可按生产每吨维纶纤维不大于12.5t确定。

4 工艺用压缩空气可按生产每吨维纶纤维不大于150Nm³确定。

5 电力消耗指标可按生产每吨维纶纤维不大于2000kW·h确定。

3.9 生产辅助设施

3.9.1 因凝固浴相当容易结晶,故联系密切的凝固浴循环补正车间与纺丝车间及凝固浴循环槽与蒸发机组之间宜就近布置。维纶后处理各浴液多为高温腐蚀性液体,宜与整理车间就近布置。

3.9.3 维纶工厂的化验室和物检室的布置应考虑到精密贵重仪器仪表的放置及分析化验和物检测试操作的稳定性,应选择振动小、噪声小的环境,同时室内须采取必要的防震措施。

3.9.5 酸碱站内有芒硝液及酸碱液渗漏入地下,地下水位高将对环境影响大。

3.9.6 酸碱属于腐蚀性液体,人体一旦接触,容易造成危害,设置紧急淋洗装置将有效降低危害程度。

4 总平面设计

4.1 一般规定

4.1.1 维纶工厂选址应对原料和燃料及辅助材料的来源、产品流向、建设条件、经济、社会、环境保护等各种因素进行深入的调查研究,过程中出现的各种矛盾应采取多种手段进行协调,加以解决,无论采用何种手段,都应以方便生产、节约用地、节省投资为基本原则。

4.1.2 强调维纶工厂的总平面布局应符合区域规划要求,并应贯彻十分珍惜和合理利用土地的国策,因地制宜、合理布局、节约用地、提高土地利用率。

4.1.3 维纶工厂的总体布置应以工厂规模为依据,以满足生产流程和交通运输为前提,并尽量利用已有的公用工程设施,做到符合国情、布置合理、生产安全、技术先进、经济合理。提倡总平面设计应多方案比选,好中选优。

4.1.5 为了加强对工业项目建设用地的管理和节约、集约利用,国土资源部新修订了《工业项目建设用地控制指标》(国土资发〔2008〕24号),规定了厂前区行政办公及生活设施用地面积占项目总用地面积的百分比,各省(市、区)也相应制定了具体规定,设计中应严格按规定控制。

4.2 总平面设计

4.2.1 维纶工厂的总平面布置应根据工厂的近远期建设规模、生产要求和场地条件进行布置,合理划分功能分区,做到功能分区明确、远期与近期结合、统筹安排、合理配置。

4.2.2 车间布置应符合下列规定:

1 维纶工厂的生产车间组合成联合厂房已有很多实例,既可以缩短生产流程,又可以节约土地。

2 原液车间、纺丝车间、整理车间是维纶工厂的主要生产车间,应布置在厂内主要地块并靠近厂区内部的主要通道,可减小运输距离和节能减排。

3 凝固浴循环站及蒸发站与纺丝车间之间物料联系密切,应互相接近或紧靠;酸碱站及各类后处理浴液循环站与整理车间之间物料联系密切,应互相接近或紧靠。

4.2.3

1 维纶工厂的储存物品有聚乙烯醇原料与维纶成品、化工原料等,应根据储存物品的性质不同分类储存,并宜合并建筑,集中布置在运输方便的地段。

4.2.4 公用工程设施布置应符合下列规定:

1 本款是对维纶工厂自建锅炉房布置提出要求,锅炉房位置的选择直接影响到供热系统的投资、运行、环境保护、安全防火等诸多因素。

2 空压站靠近负荷中心和服务对象布置可节约管道投资,降低建设成本。

3 腐蚀性气体和粉尘会影响变配电室电气设备的正常运行;变配电室用地不应选择在厂区用地的低凹处,避免受浸。

4 粉尘和可溶于水的化学物质会影响循环水站的水质。

5 污水处理站产生的废气对人体有一定危害性,在选定总平面位置时不仅要考虑本项目的合理性,还应顾及对四邻周边的影响,对居住区的影响更应引起重视。

4.2.5 厂区道路运输应符合下列规定:

1 厂区出入口一般宜设两个,为了保证运输和消防畅通,避免人流与货流交叉现象,因此宜开设在不同方位。确因条件限制,生产规模较小的厂区可设一个出入口,但也要明确人货分流。

3 近三十年来,我国已广泛采用运输综合机械化设备,如集装箱运输。厂区道路设计应考虑能通行集装箱运输车的道路转弯半径、停车场地等。

5 由于维纶工厂中有些设备体型较大(如溶解釜等),管架又比较多,管架的净空高度要满足大型设备和集装箱的运输,同时也应满足消防车通行的需要。

4.2.6 厂区竖向设计应符合下列规定:

1、2 设计应根据现行国家标准《防洪标准》GB 50201有关工矿企业的等级和防洪标准,按照维纶工厂的生产规模,确定维纶工厂的防洪标准。

3 竖向设计选择的条件,主要以地形坡度及复杂程度而定;维纶工厂主厂房占地面积较大,且厂区建筑密度较高,厂内外均为水平运输方式,故宜采用平坡式。

4.2.7 厂区管线布置应符合下列规定:

1 管线敷设方式有直埋式、集中管沟、架空敷设;本款规定管线敷设方式应按照场地条件、生产工艺特点,经过综合比较确定,力求达到经济、合理、安全生产的目的。

3 地下管线、管沟不应布置在建(构)筑物的基础压力影响范围以内;在特殊情况下,地下管线必须紧靠基础时,也应保持管底与基础底面平齐。

5 建筑、结构

5.1 一般规定

5.1.1 本条规定了维纶工厂的建筑、结构设计在满足生产工艺要求的基础上,因原液、纺丝、整理、凝固浴循环站等车间在生产过程中散发大量湿热气体,并含有腐蚀性介质,因此建筑、结构设计时应根据不同地区特点,重点解决车间内部排雾、防腐蚀等问题。

5.1.2 建筑、结构设计应本着"技术先进、经济合理"的原则,结合具体工程的规模、投资、所在地区的施工水平等因素综合考虑。

5.2 生产厂房和辅助用房

5.2.1 维纶工厂主要生产车间为原液车间、纺丝车间和整理车间,各主要生产车间宜为联合厂房。

5.2.6 本条明确维纶工厂厂址选定在抗震设防区时,建筑物应符合现行国家标准《建筑抗震设计规范》GB 50011 的有关规定。

5.2.8 维纶工厂厂房中部分生产设备荷载较大,在厂房的结构设计中要考虑设备的安装及检修要求,要估算设备安装及检修过程中超负荷的影响,以保证整个厂房的结构安全。

5.2.9 本条突出厂房屋面的附属建筑物宜尽量采用与主结构承重形式相同的结构承重方式。

5.2.10 本条考虑方便操作,同时考虑操作过程中工人人身安全的保证。

5.2.11 穿越楼面的设备吊装孔,待设备安装完毕,视实际情况对空隙部分进行封堵或设置栏杆,以满足防火和安全防护的要求。

5.3 建筑防火、防爆、防腐蚀

5.3.1 表 5.3.1 中厂房(仓库)的火灾危险性是按各车间中主要危险物的火灾危险性确定的。

原液车间内的主要物质为聚乙烯醇溶液,是不燃烧物,其火灾危险性属戊类。

纺丝车间:纺丝工段内的主要物质为湿的维纶半纤维,是难燃烧物,其火灾危险性属丁类;热处理工段(热定型至切断工段)内的主要物质为干的维纶纤维,是可燃固体,其火灾危险性属丙类。当纺丝工段和热处理工段布置在同一防火分区时,按现行国家标准《建筑设计防火规范》GB 50016"任一防火分区内有不同火灾危险性生产时,该防火分区内的生产火灾危险性应按火灾危险性较大的部分确定"的规定,纺丝车间的生产火灾危险性属丙类;在火灾发生时,如果纺丝工段和热处理工段能通过技术手段有效地分隔为两个防火分区,那么纺丝车间的生产火灾危险性可按纺丝工段和热处理工段分别属丁类和丙类。

整理车间从热水卷曲到水洗工段内的主要物质为湿的维纶纤维,虽然含有少量甲醛,但甲醛蒸汽的浓度小于爆炸下限的10%,按现行国家标准《建筑设计防火规范》GB 50016 的规定,其生产的火灾危险性则不可定为甲类,而按湿的维纶纤维的火灾危险性定为丁类;整理车间从干燥至成品打包工段内的主要物质为干的维纶纤维,其生产的火灾危险性属丙类。整理车间缩醛化工段内的主要物质为干的维纶纤维和含37%甲醛的醛化液,该工段所有与醛化液有联系的设备及管道均密闭,并有严格的送排风措施,一旦有微量甲醛蒸气泄漏,就有可靠的报警信号,而且工人可以嗅到它的气味,马上采取排风及防护措施,该工段甲醛蒸气的浓度小于爆炸下限的10%。当整理车间的各工段布置在同一个防火分区时,该防火分区的生产火灾危险性按其中火灾危险性最大的物质定为丙类。

凝固浴循环站内的主要物质为凝固浴,是不燃烧物,其火灾危险性属戊类。

PVA 原料库中储存物为干的聚乙烯醇,是可燃固体,当PVA为粉状时,如管理不当产生破包,会有少量PVA尘扬起,但粉尘在空气中的浓度小于其爆炸下限的25%,所以PVA原料库物品储存的火灾危险性属丙类。

成品库内储存物品为干的维纶纤维,是可燃固体,所以成品物品储存的火灾危险性属丙类。

甲醛贮存库内储存物品为金属桶装甲醛(含量为37%的甲醛溶液),虽然金属桶为密闭容器,但当泄漏时,局部范围内甲醛蒸气的浓度可能超过爆炸下限的10%,因此,甲醛贮存库物品储存的火灾危险性属甲类。

5.3.3 当两个以上不同生产火灾危险性类别的车间设计为联合厂房时,车间的生产火灾危险性类别应按高级别的定性。

5.3.4 甲醛贮存库有可能泄漏甲醛气体,根据现行国家标准《石油化工企业设计防火规范》GB 50160 规定甲醛气体为甲类可燃气体,根据国家现行标准《压力容器中化学介质毒性危害和爆炸危险程度分类》HG 20660 规定甲醛气体为高度危害的化学介质,故甲醛贮存库应为独立的气体防爆区,房间地面应为不发火花地面,外墙应设泄爆面。

5.3.6 原液车间水洗工段排放含有醋酸根和醋酸钠的废水及其水汽;纺丝车间纺丝工段排放含有硫酸钠的腐蚀性废水及其水汽;整理车间缩醛化工段排放甲醛气体;凝固浴循环站、醛化液循环间、热水循环间、酸碱站及化工库排放含有硫酸钠、硫酸和碱的腐蚀性废水及其水汽;上述废水及其水汽均会对地面、地坑、地沟、墙、柱及屋顶产生腐蚀性影响,所以建筑构件的表面应进行防腐蚀处理。

5.3.7 维纶工厂生产车间的某些部位有酸性或碱性腐蚀性介质作用,因此,厂房结构的防腐蚀是非常重要的,应符合现行国家标准《工业建筑防腐蚀设计规范》GB 50046 和《混凝土结构设计规范》GB 50010 的有关规定。

5.4 结构形式和建筑构造

5.4.1 维纶工厂主要生产车间(包括原液车间、纺丝车间、蒸发站、整理车间、凝固浴循环站、整理浴液循环站、酸碱站等)可视具体情况选用现浇钢筋混凝土框架结构或钢结构厂房,考虑到现浇钢筋混凝土结构空间整体性优越以及在腐蚀环境下的经济性和实用性好,对有防爆要求以及防腐蚀要求的厂房建议优先采用现浇钢筋混凝土框架结构。

5.4.2 辅助厂房结构形式简单,无特殊要求,可根据实际建厂条件,因地制宜选用相应的结构形式。

5.4.6 纺丝车间的热处理部采用电热烘箱,有热量散发,厂房的变形缝如果设在热处理部区域内,其高温将对结构造成非常不利的影响。

6 给水排水

6.1 一般规定

6.1.1 本条文确定了给水排水设计应遵循的基本原则,强调了水的综合利用、节约用水、保护环境以及满足技术先进、经济合理、安全适用的要求。

6.1.2 维纶工厂的节水措施应根据建厂条件确定。如生产、生活、消防用水水质是不同的,有条件的地区,可以采用分水质供水方案,实现水资源的合理利用。

6.2 水源与水处理

6.2.1 关于水资源的管理,2002 年 5 月水利部和国家计委颁布了《建设项目水资源论证管理办法》,规定凡是直接从江河、湖泊或地下取水的新建、改建、扩建的建设项目,须经委托有相应资质的单位进行水资源论证,主管部门审批取水许可证。建设项目水源方案必须得到有关部门批准。

厂区给水系统设置水塔和蓄水池的容积,应由一、二级泵站供水量和用水量变化曲线确定。如果二级泵站供水量等于用水量，管网中可不设水塔。考虑消防贮水量要求，一般应设置蓄水池。

6.2.2 本条是根据现行国家标准《室外给水设计规范》GB 50013 有关于深井水作为水源时的强制性要求而制定的。

6.2.3 当采用地表水为水源时，一般都含有一定量的悬浮物，需经混凝、沉淀、过滤等方法处理，处理后再用于生产、生活用水。

6.3 用水量、水质、水压

6.3.1 本条确定了维纶工厂用水量的标准。工艺用水量因原料品种、生产工艺、管理水平等诸多因素决定，每个工厂的差异很大，因此主要应由工艺专业经计算确定。小时变化系数与工厂规模直接相关，工厂规模大时，小时变化系数可取小值，反之取大值。

维纶工厂生活用水主要为冲厕及洗涤，其水量可参考一般工业车间设计，一般车间管理严格，上下班时间比较集中，小时变化系数较大。维纶工厂车间工人劳动强度大，如厂内设有淋浴，其水量较大。参照现行国家标准《建筑给水排水设计规范》GB 50015，生活用水定额可采用40L/(人·班)，小时变化系数可取 3.0，用水时间则根据生产班制；食堂用水定额可采用15L/(人·班)，小时变化系数可取 2.0；淋浴用水定额可采用60L/(人·班)，淋浴延续时间为1h。

6.4 给水系统和管道敷设

6.4.1 维纶工厂给水系统根据对水质要求不同一般可分为：生产、生活、消防(低压)给水系统，软水给水系统，循环冷却水系统，专用消防水(高压)式给水系统。生活用水新标准实施后，生活水系统一般单独设立，不与其他系统并网。

6.5 消防给水系统与灭火器配置

6.5.1 维纶工厂消防给水系统一般采用临时高压消防给水系统，消防设备供电，一般要求按二级负荷供电。消防供电的解决方案，一般采用备用发电机或由相邻单位引进备用电源。

6.5.2 消防水池要供消防车取水时，根据消防车的保护半径(即一般消防车发挥最大供水能力时的供水距离为150m)规定消防水池的保护半径为150m。

6.5.3 环状布置并用阀门分成可单独检修的独立管段，能提高供水的安全性。

6.6 排水系统和管道敷设

6.6.1、6.6.2 维纶工厂排水系统依据废水性质，按"清污分流、分别排放、各自处理"的原则，一般可分为：生产废水系统、生产冷却排水及厂区雨水系统、生活污水系统。其中生产废水系统包括从原液车间排放的含有PVA、甲醇、醋酸钠等杂质的水洗废液和含有甲醛、硫酸、芒硝、油剂、废丝的废丝洗涤液，从纺丝车间排放凝固浴循环站、蒸发站排放的含有芒硝等物质的腐蚀性废液，从整理车间排放的含有甲醛、芒硝、油剂等物质的废液，从酸碱站排放的含有酸碱的腐蚀性废液。

6.7 水的重复利用及废水回用

6.7.1 水的循环使用及废水回用将极大地减少污水的排放量及污水浓度，大大节约用水并减少污水处理成本。

6.7.3 本条规定是为了防止发生水质污染问题，水质污染将直接危害人身健康。

7 电 气

7.2 供配电系统

7.2.1 维纶工厂的用电负荷，根据对供电可靠性的要求和中断供电在政治、经济上所造成的损失或影响的程度，定为三级负荷。

7.2.3 在扩建、改建工程中，为保证供电的延续性，仍可采用6kV电源电压。从长远的角度考虑，6kV电源电压应逐步被10kV所取代，如资金情况允许，仍应将6kV电压升级为10kV这一等级。但对于规模大的企业，10kV电压难以得到或供电容量不能满足时，可采用35kV或110kV供电。

7.2.4 供配电系统应符合下列规定：

1 维纶工厂用电量较大，安装2台变压器不会引起投资的增加，可以提高供电的可靠性和灵活性。

2 车间内环境比较复杂，像整理装置内有腐蚀性气体和液体，原液制备装置内有水蒸气逸出，纺丝装置切断工序有大量纤维和芒硝粉尘，整理干燥机出口和打包机旋风分离器出口大量纤维粉尘等，配电设备应避开这些场所设置；现场需要操作和控制的设备较少，配电设备集中设置更为合理。

3 大量变频装置的使用会产生谐波，设计中选用△/Yn-11配电变压器、拖动设备由专门的变压器供电、转变整流角度、补偿电容组设置电抗器等措施，均可抑制谐波电流和降低谐波对配电设备的危害，设计人员应根据工程具体情况确定。

7.2.5 玻璃钢电缆桥架、塑料电缆桥架等非钢质电缆桥架具有良好的抗腐蚀功能，相对更适应维纶工厂的环境，但一次投资较高。如采用钢制电缆桥架敷设，能避开或远离水蒸气、腐蚀气体等一些恶劣环境，可节省对电缆桥架的投资。

7.3 照 明

7.3.1 表 7.3.1 参照现行国家标准《建筑照明设计标准》GB 50034 的规定，结合工艺专业的要求和调研情况确定。

7.3.2 维纶工厂的车间有水蒸气、腐蚀性气体、粉尘等，采用防水防尘灯是最基本的要求。维纶工厂生产线自动化程度较高，现场操作工人不多，在正常运行时仅需维持必需的照度，就地控制开关可根据需要点亮少数灯具，达到节能效果。

7.3.3 维纶工厂内的丙类厂房，应按现行国家标准《建筑设计防火规范》GB 50016 的要求设置出口指示灯和走道的疏散指示照明。

7.3.4 控制室属指挥中心，停电时仍有需短时间内继续作业的，如存储数据、联络信号等，故需设置若干应急照明。

7.3.5 移动式检修照明为手握设备，设备视孔照明为操作人员容易接触的设施，故必须为安全低压照明。

7.4 防雷与接地

7.4.2 一般工厂应采用联合接地，更为简单可靠，加上配电系统合理配置防雷和过电压保护，应能满足接地要求。如某些设备厂商要求电子设备设置专门的接地系统，才采用设置分散的接地装置方式。

现行国家标准中有关接地系统接地电阻的选择要求如下：低压系统中性点接地电阻不宜大于4Ω，重复接地电阻不宜大于10Ω，防静电接地电阻不应大于100Ω，在易燃易爆区不宜大于30Ω；防雷接地电阻按现行国家标准《建筑物防雷设计规范》GB 50057执行；采用共用接地装置时，接地电阻不应大于1Ω，若电子设备采用单独接地体时，接地电阻不应大于4Ω。

8 自动控制和仪表

8.2 仪表选型原则

8.2.1 在确保所选自动控制产品具备先进性、经济性、可互换性的基础上,为方便企业采购、维护和操作,减少备品备件的投资,在设计选型上应做到仪表规格和品种的统一,特别是在改建、扩建时还应考虑到原厂使用的仪器仪表设备的品种和规格。

8.2.2~8.2.6 确定各种传感器、变送器、控制用调节阀门在不同检测、控制介质,不同检测、控制场合下,仪表设备选型应考虑的主要因素。

8.2.7 采用常规仪表进行监控时,应考虑今后企业的发展对生产过程监控和管理的需求,在设计选型上应预留有今后组成分散控制系统的接口。

8.3 控制方式

8.3.1~8.3.4 根据维纶工厂的生产规模及生产工艺流程控制测量的点数,对控制方式及控制水平做相应的规定。

8.4 生产工艺参数检测及自动控制

8.4.1 规定维纶工厂生产过程应检测的工艺参数种类及所应具备的功能。例如:脱泡罐、纺丝调压槽、油浴等罐、槽的液位等工艺参数应检测;溶解釜、回收槽、纺丝调压槽压力等工艺参数应自动控制;浸渍槽、浆料槽、循环水箱液位等参数应自动控制;至各工序物料(如蒸气、水、物料等)需进行经济分析和核算的参数除检测外还应具有累积功能;对有碍身体健康和安全的场所(如甲醛储罐区等)应对甲醛浓度进行检测报警。

8.4.2 在生产过程中,主要运行参数应在中央控制室和现场分别设置显示、控制仪表,以方便现场操作人员的操作和监控。

8.5 参数报警、联锁

8.5.1~8.5.3 生产过程中一些重要的运行参数出现超限时影响生产的正常进行,危及设备和人身安全,不能保证产品质量,故应设置必要的报警和相应的联锁。例如:纺丝调压槽、热水卷缩循环槽等处应设置液位报警,热处理机应设置缠辊报警;膨润槽回转笼、计量机计量带和打包机箱体等应设置联锁。

8.5.4、8.5.5 生产过程有存在泄漏有毒气体的场所应在现场安装有毒气体报警装置。

8.6 仪表配管配线

8.6.1 本条是规范仪表配线选型应遵循的基本原则。

8.6.2 本条是规范仪表护套管和电缆桥架选型应遵循的基本原则。

8.6.3 本条是规范仪表电缆、桥架敷设的路径、方式和需要注意的事项。

8.7 现场仪表设备的布置

8.7.1~8.7.4 规范现场一次检测仪表的测点应选择在最具代表性位置上,执行机构等现场仪表布置应安装在方便保养、维修的位置上。

8.8 控制室

8.8.1~8.8.4 明确仪表控制室设置的基本原则和要求。

8.9 供电与接地

8.9.1~8.9.3 确定不同的自动控制系统应具备不同的供电方式和电源质量。

8.9.4、8.9.5 规定了仪表设备的接地范围以及所应遵循的规范。

8.10 仪用气

8.10.1 规定了仪用气的基本技术指标,以满足气动仪表正常工作。

8.10.2、8.10.3 提出仪用气在满足气动仪表正常工作所应具备的条件。

9 采暖和通风

9.1 一般规定

9.1.1 本条要求维纶工厂车间的围护结构应有足够的保温性能。

维纶工厂内多数生产车间为高温生产车间,当围护结构的保温不好时,冬季会在车间围护结构的内表面结露滴水,影响产品质量和室内劳动环境,故要求其围护结构应有足够的保温性能,其最小热阻应经过计算确定,计算可参照现行国家标准《采暖通风与空气调节设计规范》GB 50019 的有关规定。

9.2 室内外设计参数

9.2.2 表9.2.2 所列出的冬季室温为车间正常工作时所需的室内温度,由于部分设备在生产过程中散发大量的热量,因此在热负荷计算时应考虑该部分热量,适当选择室内采暖计算温度。

9.3 生产车间的采暖通风

9.3.1 本条规定说明维纶工厂生产车间采暖通风设计应达到的目的,既要达到国家有关标准的劳动保护要求,又要达到防止车间因冷凝结露而滴水对产品质量的影响。

9.3.2 本条规定提出对严寒地区的采暖要求。严寒地区维纶工厂的车间值班室、工人休息室和办公室设置有采暖系统,这是劳动保护的要求。

9.3.3 原液车间内水洗机、溶解釜、过滤机设备附近,纺丝车间热处理工序、整理车间醛化工序、干燥工序等内部散发热、湿量较大,除设局部排风外还应保证一定的通风换气量,可在车间上方设置气窗等以保证通风要求。

9.3.5 根据现行国家标准《石油化工企业设计防火规范》GB 50160 规定甲醛气体为甲类可燃气体,根据国家现行标准《压力容器中化学介质毒性危害和爆炸危险程度分类》HG 20660 规定甲醛气体为高度危害的化学介质,故甲醛气体排放系统中有与甲醛气体接触的设备和管道均应采取防腐防爆防泄漏措施,以免对人民生命财产安全和人身健康造成危害。

9.3.6 维纶生产在缩醛化过程中有甲醛气体逸出,因此维纶工厂的整理车间醛化机甲醛排放口应接管引至排放塔集中高空排放。甲醛大气排放限值详见表2。

表2 甲醛大气排放限值表

最高允许排放浓度(mg/m³)	30		
最高允许排放速率(kg/h)	排气筒高度(m)	一级	二级	三级
	15	禁排	0.30	0.46
	20		0.51	0.77
	30		1.70	2.60
	40		3.00	4.50
	50		4.50	6.90
	60		6.40	9.80

9.4 辅助用房的采暖通风

9.4.3 根据工业企业设计卫生标准中对车间空气中有害物质的最高容许浓度(甲醛气体为 0.5mg/m³),醛化液循环站应设有机械通风系统,风机应采用防爆风机,并与相邻房间保持相对负压,防止甲醛气体泄漏,对人身健康和安全造成危害。

10 动 力

10.1 一般规定

10.1.1 与热力站、空压站接口的动力管道一般尺寸较大,数量较多,离负荷太远则比较浪费,但考虑有时总图位置难以满足要求,故为"宜靠近";最大负荷用于计算支管管径,平均负荷用于设备选型计算。

10.1.2 考虑到生产厂区的管道种类及数量较多,厂区的外管架是不可避免的,且地上敷设有许多优点。

10.2 供 热

10.2.1 明确热负荷的性质种类,便于系统的划分、设置。
根据项目所在地的能源政策、状况及环保要求等情况经技术经济比较后,确定采用集中供热或是自备锅炉(自备电站)。

10.2.2 热力站的设计应符合下列要求:
 1 根据不同的用气参数分设支管、减温减压装置,以便于运行管理,一般减温减压装置都独立配备了安全阀,其排气管应接至室外。
 2 经常运行的减温减压装置宜设置一套备用。

10.2.3 厂区及车间供热管网的设计应符合下列要求:
 1 蒸汽管道温度高、管线长,按国家现行标准《火力发电厂汽水管道设计技术规定》DL/T 5054 要求应采用电子计算机进行管道应力计算,计算参数也应根据国家现行标准《火力发电厂汽水管道设计技术规定》DL/T 5054 规定的原则确定;
 2 动力管线敷设位置应考虑易于检修和维护,主要应考虑尽量靠近负荷中心。
 3 动力管线敷设应尽量不影响厂区的总平面布置。
 4 采用自然补偿在经济、安全、维护等各方面均具有一定的优点。
 5 保温层的计算、保温材料的选择及结构要求可按现行国家标准《设备及管道保温技术通则》GB 4272 和《设备及管道保温设计导则》GB 8175 的有关规定进行设计。

10.3 压缩空气

10.3.1 维纶工厂压缩空气用量较大,可单独设立空压站。

10.3.2 不同的生产工艺流程其用量及用气品质有所不同,用气量及用气品质应根据工艺、仪表、自控专业要求确定。

10.3.3 爆炸性气体吸入空气机压缩后会引发爆炸,腐蚀性和有毒气体及含粉尘的空气对机组的影响也不能忽视。

10.3.4 螺杆式空压机效率较高、技术成熟,且操控较其他机型更为方便简单。为保障工艺用气,设置备用机组。

10.3.5 为了保证用气品质要求及考核运行操作绩效。

11 节约能源

11.0.1 能源是我国社会主义现代化建设的主要物质基础,节约能源是我国的一项基本国策,也是国家发展经济的一项长远战略方针。维纶工厂设计要根据生产特点,认真贯彻国家能源政策,遵守合理用能标准和节能设计规范。

11.0.2～11.0.12 这几条规定分别为各相关专业的节能技术措施。

11.0.13 本条规定可便于企业进行成本核算,及时了解能耗的变化和显示节能效果。

11.0.14 本条规定明确了使用大容量、高效的节能设备是维纶工厂节能的有效措施。工艺设计时要坚决禁选国家明令禁止的高耗能机电设备。

12 环境保护和职业安全卫生

12.1 环境保护

12.1.1～12.1.4 如采用缩醛化处理生产技术,一定要预防甲醛气体危害环境。环境中的甲醛含量应在 0.05mg/m³ 以下。

12.1.5 维纶工厂的生产污水主要是含甲醛和油剂的酸性污水,如采用缩醛化生产技术,其水质及水量一般为表 3 的情况。

表 3 维纶工厂酸性污水的水质及水量

水量(m³/t 产品)	COD(mg/L)	甲醛含量(mg/m³)	硫酸含量(mg/L)
60～80	600～1000	400～500	3000～4000

12.1.6 污水经处理达标后,应采用回收技术措施,将回收水按水质分别加以利用。

12.2 职业安全卫生

12.2.2 维纶工厂原液车间、纺丝热处理等设备需要高温加热,因此对高温设备和高温介质输送管道进行保温处理。

12.2.4 整理车间是对维纶纤维进行缩醛化处理的车间,醛化液的组成:甲醛:25g/L±2g/L,硫酸 225g/L±3g/L。甲醛是具有特殊刺激性气味的气体,属高毒物品,按工作场所有害因素职业接触限值的规定:甲醛的最高允许浓度为 0.5mg/m³。在缩醛化处理过程中,缩醛化液温度 70℃左右,甲醛又极易挥发,会有大量甲醛气体逸出。因此必须采用各种措施防止中毒。

12.2.6 作业人员皮肤接触甲醛或甲醛溅入眼内时的急救和治疗,需要大量清水清洗,再用肥皂水或 2%碳酸氢钠溶液冲洗。

12.2.7 纺丝车间切断工序产生芒硝粉尘,整理车间内甲醛和硫酸都是对人体有害的化学物质,两车间均为 2 级卫生特征,按工业企业设计卫生标准的规定,纺丝车间和整理车间内应设淋浴室。

12.2.11 纤维切断工序有大量纤维、芒硝粉尘,危害人体健康。

12.2.12 甲醛液、酸液、碱液等毒性或腐蚀性物质的容器在储运和使用过程中,不可避免会发生泄漏等问题,所以必须采取相应的防护设施。

中华人民共和国国家标准

建筑卫生陶瓷工厂设计规范

Code for design of building and sanitary ceramic plant

GB 50560—2010

主编部门：国家建筑材料工业标准定额总站
批准部门：中华人民共和国住房和城乡建设部
施行日期：２０１０年１２月１日

中华人民共和国住房和城乡建设部
公　告

第 634 号

关于发布国家标准《建筑卫生陶瓷工厂设计规范》的公告

现批准《建筑卫生陶瓷工厂设计规范》为国家标准，编号为 GB 50560—2010，自 2010 年 12 月 1 日起实施。其中，第 1.0.5、5.2.15、8.3.9、8.3.26、8.3.27、8.10.2、8.10.3、8.11.5、11.5.2（1）、13.2.1(7)、16.2.3 条（款）为强制性条文，必须严格执行。

本规范由我部标准定额研究所组织中国计划出版社出版发行。

中华人民共和国住房和城乡建设部
二〇一〇年五月三十一日

前　言

本规范是根据住房和城乡建设部《关于印发〈2008 年工程建设标准规范制订、修订计划（第二批）〉的通知》（建标〔2008〕号 105 号）要求，由主编单位会同有关单位共同编制完成的。

本规范共分 17 章和 9 个附录。主要内容包括：总则，术语和符号，设计规模及依据，厂址选择及总体规划，总图运输，原材料和辅助材料，燃料与燃料系统，生产工艺，供配电，自动化，建筑结构，给水与排水，采暖、通风与除尘，其他生产设施，节能，环境保护和职业安全卫生。

本规范中以黑体字标志的条文为强制性条文，必须严格执行。

本规范由住房和城乡建设部负责管理和对强制性条文的解释，国家建筑材料工业标准定额总站负责日常管理，咸阳陶瓷研究设计院负责具体技术内容的解释。本规范在执行过程中如发现需要修改和补充之处，请将意见和有关资料寄送咸阳陶瓷研究设计院（地址：陕西省咸阳市渭阳西路 35 号，邮政编码：712000），以便今后修订时参考。

本规范主编单位、参编单位、主要起草人和主要审查人：

主 编 单 位：咸阳陶瓷研究设计院
　　　　　　　大连三川建设集团股份有限公司
参 编 单 位：中国建筑材料工业规划研究院
　　　　　　　唐山惠达陶瓷（集团）股份有限公司
　　　　　　　佛山摩德娜机械有限公司
主要起草人：苑克兴　刘西民　鲁雅文　施敬林
　　　　　　郑鸿钧　王红花　牟必军　刘　纯
　　　　　　宋　琦　陈　震　王志鹏　庞　峰
　　　　　　田　科　万仁国　奚道江　王立群
　　　　　　王彦庆　吴　萍　熊　亮
主要审查人：同继锋　陈　帆　史哲民　高力明
　　　　　　管火金　刘桐荣　宋子春　闫开放
　　　　　　姜忠霄

目 次

1 总则 ⋯⋯⋯⋯⋯⋯⋯⋯⋯⋯⋯⋯⋯ 7—39—7
2 术语和符号 ⋯⋯⋯⋯⋯⋯⋯⋯⋯⋯ 7—39—7
　2.1 术语 ⋯⋯⋯⋯⋯⋯⋯⋯⋯⋯⋯ 7—39—7
　2.2 符号 ⋯⋯⋯⋯⋯⋯⋯⋯⋯⋯⋯ 7—39—7
3 设计规模及依据 ⋯⋯⋯⋯⋯⋯⋯⋯ 7—39—7
4 厂址选择及总体规划 ⋯⋯⋯⋯⋯⋯ 7—39—8
　4.1 厂址选择 ⋯⋯⋯⋯⋯⋯⋯⋯⋯ 7—39—8
　4.2 总体规划 ⋯⋯⋯⋯⋯⋯⋯⋯⋯ 7—39—8
5 总图运输 ⋯⋯⋯⋯⋯⋯⋯⋯⋯⋯⋯ 7—39—9
　5.1 一般规定 ⋯⋯⋯⋯⋯⋯⋯⋯⋯ 7—39—9
　5.2 总平面布置 ⋯⋯⋯⋯⋯⋯⋯⋯ 7—39—9
　5.3 交通运输 ⋯⋯⋯⋯⋯⋯⋯⋯⋯ 7—39—10
　5.4 竖向设计 ⋯⋯⋯⋯⋯⋯⋯⋯⋯ 7—39—11
　5.5 土方(或石方)工程 ⋯⋯⋯⋯⋯ 7—39—11
　5.6 雨水排除 ⋯⋯⋯⋯⋯⋯⋯⋯⋯ 7—39—11
　5.7 防洪工程 ⋯⋯⋯⋯⋯⋯⋯⋯⋯ 7—39—12
　5.8 管线综合布置 ⋯⋯⋯⋯⋯⋯⋯ 7—39—12
　5.9 绿化设计 ⋯⋯⋯⋯⋯⋯⋯⋯⋯ 7—39—13
6 原材料和辅助材料 ⋯⋯⋯⋯⋯⋯⋯ 7—39—13
　6.1 一般规定 ⋯⋯⋯⋯⋯⋯⋯⋯⋯ 7—39—13
　6.2 原料的选择与质量要求 ⋯⋯⋯ 7—39—14
　6.3 原料的储存与预均化 ⋯⋯⋯⋯ 7—39—14
　6.4 废料回收与利用 ⋯⋯⋯⋯⋯⋯ 7—39—14
　6.5 辅助材料 ⋯⋯⋯⋯⋯⋯⋯⋯⋯ 7—39—14
7 燃料与燃料系统 ⋯⋯⋯⋯⋯⋯⋯⋯ 7—39—15
　7.1 一般规定 ⋯⋯⋯⋯⋯⋯⋯⋯⋯ 7—39—15
　7.2 燃油 ⋯⋯⋯⋯⋯⋯⋯⋯⋯⋯⋯ 7—39—15
　7.3 天然气 ⋯⋯⋯⋯⋯⋯⋯⋯⋯⋯ 7—39—15
　7.4 煤气 ⋯⋯⋯⋯⋯⋯⋯⋯⋯⋯⋯ 7—39—15
　7.5 石油液化气 ⋯⋯⋯⋯⋯⋯⋯⋯ 7—39—15
8 生产工艺 ⋯⋯⋯⋯⋯⋯⋯⋯⋯⋯⋯ 7—39—15
　8.1 一般规定 ⋯⋯⋯⋯⋯⋯⋯⋯⋯ 7—39—15
　8.2 工艺流程 ⋯⋯⋯⋯⋯⋯⋯⋯⋯ 7—39—18
　8.3 原料加工及坯料制备 ⋯⋯⋯⋯ 7—39—18
　8.4 釉料制备 ⋯⋯⋯⋯⋯⋯⋯⋯⋯ 7—39—18
　8.5 石膏模型制作 ⋯⋯⋯⋯⋯⋯⋯ 7—39—19
　8.6 成型 ⋯⋯⋯⋯⋯⋯⋯⋯⋯⋯⋯ 7—39—19
　8.7 干燥 ⋯⋯⋯⋯⋯⋯⋯⋯⋯⋯⋯ 7—39—19
　8.8 施釉 ⋯⋯⋯⋯⋯⋯⋯⋯⋯⋯⋯ 7—39—19
　8.9 烧成 ⋯⋯⋯⋯⋯⋯⋯⋯⋯⋯⋯ 7—39—20
　8.10 冷加工 ⋯⋯⋯⋯⋯⋯⋯⋯⋯⋯ 7—39—20
　8.11 检验 ⋯⋯⋯⋯⋯⋯⋯⋯⋯⋯⋯ 7—39—20
　8.12 包装、成品堆放 ⋯⋯⋯⋯⋯⋯ 7—39—20
9 供配电 ⋯⋯⋯⋯⋯⋯⋯⋯⋯⋯⋯⋯ 7—39—20
　9.1 一般规定 ⋯⋯⋯⋯⋯⋯⋯⋯⋯ 7—39—20
　9.2 供配电 ⋯⋯⋯⋯⋯⋯⋯⋯⋯⋯ 7—39—20
　9.3 变电所 ⋯⋯⋯⋯⋯⋯⋯⋯⋯⋯ 7—39—21
　9.4 厂区配电线路 ⋯⋯⋯⋯⋯⋯⋯ 7—39—21
　9.5 车间配电 ⋯⋯⋯⋯⋯⋯⋯⋯⋯ 7—39—21
　9.6 照明 ⋯⋯⋯⋯⋯⋯⋯⋯⋯⋯⋯ 7—39—21
10 自动化 ⋯⋯⋯⋯⋯⋯⋯⋯⋯⋯⋯ 7—39—21
　10.1 生产过程自动化 ⋯⋯⋯⋯⋯ 7—39—21
　10.2 通信 ⋯⋯⋯⋯⋯⋯⋯⋯⋯⋯ 7—39—22
11 建筑结构 ⋯⋯⋯⋯⋯⋯⋯⋯⋯⋯ 7—39—22
　11.1 一般规定 ⋯⋯⋯⋯⋯⋯⋯⋯ 7—39—22
　11.2 生产车间与辅助车间 ⋯⋯⋯ 7—39—23
　11.3 辅助用室、生产管理及生活
　　　 建筑 ⋯⋯⋯⋯⋯⋯⋯⋯⋯⋯ 7—39—23
　11.4 构筑物 ⋯⋯⋯⋯⋯⋯⋯⋯⋯ 7—39—23
　11.5 建筑构造设计 ⋯⋯⋯⋯⋯⋯ 7—39—23
　11.6 主要结构选型 ⋯⋯⋯⋯⋯⋯ 7—39—24
　11.7 结构布置 ⋯⋯⋯⋯⋯⋯⋯⋯ 7—39—24
　11.8 设计荷载 ⋯⋯⋯⋯⋯⋯⋯⋯ 7—39—24
　11.9 结构计算 ⋯⋯⋯⋯⋯⋯⋯⋯ 7—39—25
12 给水与排水 ⋯⋯⋯⋯⋯⋯⋯⋯⋯ 7—39—25
　12.1 一般规定 ⋯⋯⋯⋯⋯⋯⋯⋯ 7—39—25
　12.2 给水 ⋯⋯⋯⋯⋯⋯⋯⋯⋯⋯ 7—39—25
　12.3 排水 ⋯⋯⋯⋯⋯⋯⋯⋯⋯⋯ 7—39—26
　12.4 消防及其用水 ⋯⋯⋯⋯⋯⋯ 7—39—26
13 采暖、通风与除尘 ⋯⋯⋯⋯⋯⋯ 7—39—27
　13.1 一般规定 ⋯⋯⋯⋯⋯⋯⋯⋯ 7—39—27
　13.2 采暖 ⋯⋯⋯⋯⋯⋯⋯⋯⋯⋯ 7—39—27
　13.3 通风 ⋯⋯⋯⋯⋯⋯⋯⋯⋯⋯ 7—39—28
　13.4 除尘 ⋯⋯⋯⋯⋯⋯⋯⋯⋯⋯ 7—39—29
14 其他生产设施 ⋯⋯⋯⋯⋯⋯⋯⋯ 7—39—29
　14.1 一般规定 ⋯⋯⋯⋯⋯⋯⋯⋯ 7—39—29
　14.2 中心实验室 ⋯⋯⋯⋯⋯⋯⋯ 7—39—29
　14.3 机电设备及仪表维修 ⋯⋯⋯ 7—39—29

14.4	地磅	7—39—30
14.5	压缩空气站	7—39—30
14.6	工艺计量	7—39—30
15	节能	7—39—30
15.1	一般规定	7—39—30
15.2	热能利用	7—39—30
15.3	节电	7—39—30
15.4	辅助设施的节能	7—39—31
16	环境保护	7—39—31
16.1	大气污染防治	7—39—31
16.2	废水污染防治	7—39—31
16.3	噪声污染防治	7—39—31
16.4	固体废物污染防治	7—39—31
16.5	环境保护监测	7—39—31
16.6	环境保护设施	7—39—31
17	职业安全卫生	7—39—31
17.1	一般规定	7—39—31
17.2	防火防爆	7—39—32
17.3	防机械伤害	7—39—32
17.4	防雷保护	7—39—32
17.5	防尘、防毒	7—39—32
17.6	防暑降温及采暖防寒	7—39—32
17.7	噪声控制	7—39—32
附录 A	建筑卫生陶瓷工厂建筑物（或构筑物）生产的火灾危险性类别、最低耐火等级及防火间距	7—39—33
附录 B	建筑卫生陶瓷工厂各类地点噪声标准	7—39—34
附录 C	生产车间及辅助建筑最低照度标准	7—39—34
附录 D	地下管线与建筑物（或构筑物）之间的最小水平净距	7—39—35
附录 E	地下管线之间的最小水平净距	7—39—36
附录 F	地下管线之间的最小垂直净距	7—39—37
附录 G	建筑卫生陶瓷工厂建筑物通风换气次数	7—39—37
附录 H	除尘风管内的最小风速	7—39—37
附录 J	各种能源折标准煤系数	7—39—38
本规范用词说明		7—39—38
引用标准名录		7—39—38
附：条文说明		7—39—40

Contents

1 General provisions ·················· 7—39—7
2 Terms and symbols ················ 7—39—7
  2.1 Terms ·································· 7—39—7
  2.2 Symbols ······························ 7—39—7
3 Design scale and basis ············ 7—39—7
4 Selection of plant location
   and general planning ············· 7—39—8
  4.1 Selection of plant location ······ 7—39—8
  4.2 General planning ··················· 7—39—8
5 The total diagram transport ······ 7—39—9
  5.1 General requirement ·············· 7—39—9
  5.2 General layout ······················ 7—39—9
  5.3 Transportation ···················· 7—39—10
  5.4 Vertical design ···················· 7—39—11
  5.5 Earth-rock works ················· 7—39—11
  5.6 Rainwater drainage ·············· 7—39—11
  5.7 Flood control engineering ····· 7—39—12
  5.8 General layout of pipeline ···· 7—39—12
  5.9 Green design ······················ 7—39—13
6 Raw and auxiliary materials ····· 7—39—13
  6.1 General requirement ············ 7—39—13
  6.2 Choice and quality of raw
     material request ·················· 7—39—14
  6.3 Storage and prehomogenization
     of raw material ··················· 7—39—14
  6.4 Recycling and utilization of
     waste material ···················· 7—39—14
  6.5 Auxiliary material ················ 7—39—14
7 Fuel and fuel system ·············· 7—39—15
  7.1 General requirement ············ 7—39—15
  7.2 Fuel ·································· 7—39—15
  7.3 Natural gas ························ 7—39—15
  7.4 Coal gas ···························· 7—39—15
  7.5 Liquefied petroleum gas ······· 7—39—15
8 Production process ················· 7—39—15
  8.1 General requirement ············ 7—39—15
  8.2 Technological process ·········· 7—39—18
  8.3 Raw material processing and
     blank production ················· 7—39—18
  8.4 Glaze preparation ················ 7—39—18
  8.5 Plaster mould making ··········· 7—39—19
  8.6 Forming ····························· 7—39—19
  8.7 Drying ······························· 7—39—19
  8.8 Glazing ······························ 7—39—19
  8.9 Firing ································· 7—39—20
  8.10 Cold processing ·················· 7—39—20
  8.11 Examination ······················· 7—39—20
  8.12 Packaging and stockpiling of
      finished product ················· 7—39—20
9 Power supply and
   distribution ························· 7—39—20
  9.1 General requirement ············ 7—39—20
  9.2 Power supply and distribution ······ 7—39—20
  9.3 Transformer substation ········ 7—39—21
  9.4 Distribution lines of plant area ······ 7—39—21
  9.5 Workshop distribution ·········· 7—39—21
  9.6 Illumination ························ 7—39—21
10 Automation ·························· 7—39—21
  10.1 Production process automation ······ 7—39—21
  10.2 Communications ·················· 7—39—22
11 Architectural structure ············ 7—39—22
  11.1 General requirement ············ 7—39—22
  11.2 Workshop and auxiliary
      workshop ··························· 7—39—23
  11.3 Auxiliary room, production
      management and living building ··· 7—39—23
  11.4 Building structures ·············· 7—39—23
  11.5 Architectural structure design ······ 7—39—23
  11.6 Structure selection ·············· 7—39—24
  11.7 Structure arrangement ········· 7—39—24
  11.8 Design load ······················· 7—39—24
  11.9 Structural calculation ··········· 7—39—25
12 Water supply and drainage ······ 7—39—25
  12.1 General requirement ············ 7—39—25
  12.2 Water supply ····················· 7—39—25
  12.3 Water drainage ··················· 7—39—26
  12.4 Fire fighting and water
      consumption ······················· 7—39—26

13 Heating, ventilation and dedusting .... 7—39—27
  13.1 General requirements .... 7—39—27
  13.2 Heating .... 7—39—27
  13.3 Ventilation .... 7—39—28
  13.4 Dedusting .... 7—39—29
14 Other production facilities .... 7—39—29
  14.1 General requirement .... 7—39—29
  14.2 Center laboratory .... 7—39—29
  14.3 Electromechanical equipment and instrument maintenance .... 7—39—29
  14.4 Weighbridge room .... 7—39—30
  14.5 Air compression station .... 7—39—30
  14.6 Measurement monitor of process .... 7—39—30
15 Energy conservation .... 7—39—30
  15.1 General requirement .... 7—39—30
  15.2 Thermal energy utilization .... 7—39—30
  15.3 Electricity-saving .... 7—39—30
  15.4 Energy conservation of auxiliary facility .... 7—39—31
16 Environmental protection .... 7—39—31
  16.1 Prevention and control of air pollution .... 7—39—31
  16.2 Prevention and control of wastewater .... 7—39—31
  16.3 Prevention and control of noise pollution .... 7—39—31
  16.4 Prevention and control of solid waste .... 7—39—31
  16.5 Environmental monitoring .... 7—39—31
  16.6 Environment protection equipment .... 7—39—31
17 Occupational safety and health .... 7—39—31
  17.1 General requirement .... 7—39—31
  17.2 Fire Protection of fire and explosion .... 7—39—32
  17.3 Precaution for accidents of machine .... 7—39—32
  17.4 Thunder protection .... 7—39—32
  17.5 Dust prevention, gas defence .... 7—39—32
  17.6 Heatstroke Prevention and cold proof and heat insulation .... 7—39—32
  17.7 Noise control .... 7—39—32
Appendix A: Building structures's fire hazard rank, fire resistance rating and fireproofing distance of construction ceramics plant .... 7—39—33
Appendix B: Noise standard of construction ceramics plant .... 7—39—34
Appendix C: Illumination standard of workshop and auxiliary workshop .... 7—39—34
Appendix D: The Minimum horizontal range between underground pipeline and Building structures .... 7—39—35
Appendix E: The Minimum horizontal range between underground pipelines .... 7—39—36
Appendix F: The Minimum vertical separation between underground pipelines .... 7—39—37
Appendix G: Frequency of ventilation and air exchange of construction ceramics plant's building structures .... 7—39—37
Appendix H: Lowest wind speed in dusting removal wind pipe .... 7—39—37
Appendix J: The standard coal coefficient of various energy .... 7—39—38
Explanation of wording in this code .... 7—39—38
List of quoted standards .... 7—39—38
Addition: Explanation of provisions .... 7—39—40

1 总 则

1.0.1 在建筑卫生陶瓷工厂设计中,为贯彻执行国家有关法规和方针政策,规范建筑卫生陶瓷工厂设计原则和主要技术经济指标,促进清洁生产,实现节能减排,做到安全可靠、技术先进、经济合理、保护环境,制定本规范。

1.0.2 本规范适用于新建、改建和扩建建筑卫生陶瓷工厂项目的设计。

1.0.3 建筑卫生陶瓷工厂设计应符合工厂所在地区统一规划的要求。对于改建、扩建项目应经过多方案的综合比较,合理利用原有建筑物和适用的生产及辅助设施。

1.0.4 建筑卫生陶瓷工厂设计应按照现行国家标准《用能单位能源计量器具配备和管理通则》GB 17167 的要求配备能源计量器具,并应建立能源计量管理制度。

1.0.5 建筑卫生陶瓷工厂装备选型严禁选用国家明令淘汰的产品和技术。

1.0.6 建筑卫生陶瓷单位产品能耗必须满足现行国家标准《建筑卫生陶瓷单位产品能源消耗限额》GB 21252 的规定。

1.0.7 本规范规定了建筑卫生陶瓷工厂设计的基本技术要求。当本规范与国家法律、行政法规的规定相抵触时,应按国家法律、行政法规的规定执行。

1.0.8 建筑卫生陶瓷工厂的设计除应执行本规范外,尚应符合国家现行有关标准的规定。

2 术语和符号

2.1 术 语

2.1.1 陶瓷砖 ceramic tiles
以黏土和其他无机非金属矿物为主要原料,经粉磨、成型及烧成等工序而制备的用于覆盖墙面和地面等的板状陶瓷制品。

2.1.2 卫生陶瓷 sanitary wares
以黏土和其他无机非金属矿物为主要原料,经粉磨、成型、施釉及烧成等工序而制备的用作卫生设施的陶瓷制品。

2.1.3 球磨机 ball mill
利用筒体的转动,使研磨介质和陶瓷原料之间产生撞击、摩擦等作用力,实现陶瓷原料粉磨和混合的一种机械装备。

2.1.4 喷雾干燥器 spray dryer
将分散成雾状细滴的泥浆在通有热风的干燥器内实现脱水,制得用于压力成型粉料的一种连续式干燥装备。

2.1.5 隧道窑 tunnel kiln
将装有陶瓷坯体的窑车通过隧道式窑体,实现陶瓷产品烧成的一种连续式热工装备。

2.1.6 梭式窑 shuttle kiln
将装有陶瓷坯体的窑车往复式通过窑体,实现陶瓷产品烧成的一种间歇式热工装备。

2.1.7 辊道窑 roller kiln
通过窑底辊子的转动使陶瓷坯体通过窑体,实现陶瓷产品烧成的一种连续式热工装备。

2.1.8 瓷质砖 porcelain tiles
吸水率(E)≤0.5%的陶瓷砖。

2.1.9 炻质类砖 the group of stoneware tiles
0.5%<吸水率(E)≤10%的陶瓷砖,包括炻瓷砖、细炻砖、炻质砖三类陶瓷砖。

2.1.10 陶质砖 fine earthenware tiles
吸水率(E)>10%的陶瓷砖。

2.2 符 号

2.2.1 Ψ——有效容积系数;浆池(或浆罐)有效容积与总容积的比值。

3 设计规模及依据

3.0.1 陶瓷砖单线生产规模应符合表 3.0.1 的规定。

表 3.0.1 陶瓷砖单线生产规模表

分 类	年产量(万 m²)
瓷质砖	≥150
炻质类砖	≥200
陶质砖	≥300

3.0.2 卫生陶瓷单线生产规模应符合表 3.0.2 的规定。

表 3.0.2 卫生陶瓷单线生产规模表

分 类	年产量(万件)
隧道窑烧成卫生陶瓷	≥60
梭式窑烧成卫生陶瓷	≥20
辊道窑烧成卫生陶瓷	≥30

3.0.3 设计基础资料应包括下列主要内容:

1 实行审批制的建设项目,在进行项目可行性研究时,应有批准的项目建议书或项目预可行性研究报告;在进行初步设计时,应有批准的项目可行性研究报告(含厂址选择报告);在进行施工图设计时,应有批准的初步设计文件。

2 实行核准制的建设项目,在进行初步设计和施工图设计时,应有批准的项目申请报告(含厂址选择报告)。

3 经国家或省级矿产资源主管部门批准的资源

（包括黏土、石英和长石原料）勘探报告。
    4 原料、燃料工艺性能试验报告。
    5 厂区工程地质和水文地质勘探报告。
    6 供水意向书或协议书或可行性研究报告。
    7 供电与通信意向书或协议书或可行性研究报告。
    8 外购原料、燃料供应意向书或协议书。
    9 交通运输（指承担运量及运输方式）意向书或协议书或可行性研究报告。
    10 主管部门同意征用建设用地的书面文件。
    11 厂区地形图：可行性研究、初步设计阶段 1:2000 或 1:1000，施工图设计阶段 1:1000 或 1:500。
    12 建厂地区气象和水文资料（含厂址所在区域的洪水资料）。
    13 地震烈度的鉴定报告。
    14 建厂地区的城建规划要求。
    15 环境影响评价报告及环境保护部门对建厂的要求。
    16 安全要求。
    17 污水排放意向书或协议书。
    18 地方建筑材料价格及概、预算和技术经济资料。
    19 与地区协作的其他协议书和文件。

3.0.4 陶瓷砖应符合现行国家标准《陶瓷砖》GB/T 4100 的规定。

3.0.5 卫生陶瓷应符合现行国家标准《卫生陶瓷》GB 6952 的规定。

3.0.6 建筑卫生陶瓷产品的放射性核素量应符合现行国家标准《建筑材料放射性核素限量》GB 6566 的规定。

4 厂址选择及总体规划

4.1 厂址选择

4.1.1 厂址选择应满足工业布局、地区建设规划和土地利用总体规划的要求。

4.1.2 厂址选择应对建设规模、原料及燃料来源、产品流向、交通运输、供电、供水、企业协作条件、场地现有设施、环境保护、文物古迹保护、人文、社会、施工条件等因素进行综合技术经济比较后确定。

4.1.3 厂址应有利于同邻近企业和城镇的协作，不宜将厂址单独设在远离城镇、交通不便的地区。

4.1.4 厂址选择应合理利用土地和切实保护耕地。

4.1.5 厂址应满足工程建设需要的工程地质和水文地质条件，并应避开有用矿藏。

4.1.6 厂址应位于城镇和居住区全年最小频率风向的上风侧，不应选在窝风地段。

4.1.7 建筑卫生陶瓷工厂的防洪标准应符合现行国家标准《防洪标准》GB 50201 的有关规定。场地标高不宜低于防洪标准的洪水位加 0.5m。若低于上述标高时，厂区应有可靠的防洪设施，并在初期工程中一次建成。当厂址位于山区时，应设计防、排洪的设施。

4.1.8 建筑卫生陶瓷工厂防洪等级应符合表 4.1.8 的规定。

表 4.1.8 建筑卫生陶瓷工厂防洪等级表

级别	产品品种	设计年生产规模	防洪等级 设计频率（%）	防洪等级 重现期（a）
大型	陶瓷砖	>750 万 m²/a	≤1	≥100
大型	卫生陶瓷	>120 万件/a	≤1	≥100
中型	陶瓷砖	450 万 m²/a~750 万 m²/a	2~1	50~100
中型	卫生陶瓷	60 万件/a~120 万件/a	2~1	50~100
小型	陶瓷砖	<450 万 m²/a	4~2	25~50
小型	卫生陶瓷	<60 万件/a	4~2	25~50

4.1.9 厂址选择应按现行国家标准《工业企业总平面设计规范》GB 50187 的有关规定执行。

4.1.10 大、中型建筑卫生陶瓷工厂选址时，桥涵、隧道、车辆、码头等外部运输条件及运输方式应满足运输大件或超大件设备的要求。

4.2 总体规划

4.2.1 建筑卫生陶瓷工厂的总体规划应满足所在地区的区域规划、城镇规划的要求。

4.2.2 建筑卫生陶瓷工厂的总体规划应结合当地的技术经济、自然条件等进行。

4.2.3 建筑卫生陶瓷工厂的总体规划应贯彻节约用地的原则，严格执行国家规定的土地使用审批程序。

4.2.4 同一区域的建筑卫生陶瓷企业要充分利用配套协作条件。

4.2.5 建筑卫生陶瓷工厂总体规划应符合现行国家标准《工业企业设计卫生标准》GBZ 1 和《工业企业厂界环境噪声排放标准》GB 12348 的有关规定。

4.2.6 外部运输方式的选择应符合下列规定：
    1 厂外运输方式宜根据当地运输条件确定。
    2 厂外道路与城镇及居住区公路的连接应平顺短捷。

4.2.7 厂外道路应满足城乡规划或当地交通运输规划的要求，并应合理利用现有的国家公路及城镇道路。

4.2.8 厂内动力设施宜靠近负荷中心或主要用户。

4.2.9 工厂内不可单独设置居住区。

5 总图运输

5.1 一般规定

5.1.1 总图运输设计应根据生产规模、工艺流程、建设内容、交通运输、环保节能、安全卫生和厂区发展等要求，结合场地自然条件进行多方案技术经济比较，优选出布置协调、生产可靠、技术先进的总体设计。

5.1.2 总平面设计应严格遵守国家土地政策、有关法规和工业建设用地规定。

5.1.3 建筑物或构筑物等设施应采用联合、集中、多层布置，厂区功能分区及各项设施的布置应紧凑、合理。

5.1.4 改建、扩建的建筑卫生陶瓷工厂总平面设计应充分利用现有的场地和设施，减少新征土地面积，减少建筑物拆迁废弃。

5.1.5 建筑卫生陶瓷工厂总平面布置应充分利用地形、地势、工程地质、水文地质等条件，合理布置建筑物或构筑物等有关设施。

5.1.6 建筑卫生陶瓷工厂总平面布置应合理地组织物流和人流。

5.1.7 建筑卫生陶瓷工厂总平面设计应进行多方案的技术经济比较，并应列出以下主要技术经济指标：

1 厂区用地面积（万 m^2）。
2 建筑物或构筑物及露天设备用地面积（m^2）。
3 露天堆场及作业场用地面积（m^2）。
4 建筑系数（％）。
5 厂内道路及广场用地面积（m^2）。
6 绿地率（％）。
7 土石方工程量：挖方（土方、石方）（m^3）、填方（m^3）、挡土墙圬工工程量（m^3）。

5.2 总平面布置

5.2.1 建筑卫生陶瓷工厂的总平面布置应合理划分功能分区，各项设施的布置应紧凑协调、外形规整，单个小建筑物宜合并或并入大型厂房内部，并不应突破建筑红线。公用设施、生产辅助设施、厂前区及生活设施应严格限制用地。

5.2.2 大型建筑物或构筑物、重型设备和生产装备等应布置在土质均匀、地基承载能力大的地段，对较大、较深的地下建筑物或构筑物，宜布置在地下水位较低的填方区。

5.2.3 产生高温、有害气体、烟尘的生产设施布置在厂区全年最小频率风向的上风侧，且地形开阔、通风良好的地段。

5.2.4 需要大宗原料、燃料的生产设施宜与其原料、燃料的储存及加工辅助设施靠近布置，并应位于上述辅助设施全年最小频率风向的下风侧。

5.2.5 动力公用设施的布置宜位于其负荷中心或靠近主要用户。

5.2.6 总降压变电所的布置应符合下列规定：

1 总降压变电所应靠近厂区边缘地势较高地段。
2 总降压变电所应便于高压线的进线和出线。
3 总降压变电所应避免设在有强烈振动的设施附近。
4 总降压变电所应避免布置在多尘、有腐蚀性气体和有水雾的场所，并应位于多尘、有腐蚀性气体场所全年最小频率风向的下风侧和有水雾场所冬季盛行风向的上风侧。

5.2.7 压缩空气站的布置应符合下列规定：

1 压缩空气站应位于空气洁净的地段，避免靠近散发爆炸性、腐蚀性和有害气体及粉尘等的场所，并应位于上述场所全年最小频率风向的下风侧。
2 压缩空气站的朝向，应结合地形、气象条件，使站内有良好的通风和采光。

5.2.8 煤气站、石油液化气站、油库和天然气配气站的布置应符合下列要求：

1 煤气站、石油液化气站、油库和天然气配气站应位于主要用户的全年最小频率风向的上风侧；
2 煤气站、石油液化气站、油库和天然气配气站应位于有明火或散发火花地点的全年最小频率风向的上风侧；
3 煤气站、石油液化气站和油库应布置在运输条件方便的地段；
4 储煤场和灰渣场宜布置在煤气站全年最小频率风向的上风侧；
5 天然气配气站宜布置在靠近天然气总管进厂方向和至各用户支管较短的地点。

5.2.9 锅炉房的布置应符合下列规定：

1 锅炉房应靠近热负荷中心，并应根据室外管网的布置，在技术经济上合理。宜设在厂前区附近或主要用热建筑与厂前区之间地势较低的地方。
2 锅炉房应设在厂前区、生活区全年或冬季最小频率风向的上风侧，并应有利于自然通风和采光。
3 锅炉房附近应有能存放5d～10d用煤的煤堆场和3d～5d灰渣堆场。堆场的位置应方便运输、有利防尘、符合防火要求。当锅炉房采用联合上煤、联合除渣时，还应有运煤、除渣设施用地。
4 锅炉房与邻近建筑物或构筑物之间的距离，应符合现行国家标准《建筑设计防火规范》GB 50016及本规范附录A的规定。

5.2.10 污水处理站的布置应符合下列规定：

1 污水处理站布置在厂区全年或夏季最小频率风向的上风侧；
2 污水处理站宜位于厂区地下水流向的下游，地势较低的地段；

3 污水处理站与水源地和居住区之间应有卫生防护距离;

4 污水处理站应靠近工厂污水排出口或城镇污水处理厂。

5.2.11 机修仓库区宜布置在生产区与厂前区之间,并应符合下列规定:

1 电气仪表修理和机钳修理厂房宜布置在环境洁净、朝向、采光及通风条件较好的地段,机钳修理厂房室外应设堆场。

2 铆、锻、焊厂房应布置在距厂前区较远地段,并应有室外操作场及堆场。

3 材料库宜靠近主要生产区和机修区布置,并应有室外堆场。

4 备品备件库宜靠近机修区布置。

5.2.12 汽车衡的布置应位于有较多称量车辆行驶方向道路的右侧。

5.2.13 仓库与堆场应根据储存物料的性质、货流出入方向、供应对象、储存面积、运输方式等因素,按不同类别集中布置。

5.2.14 生产管理及生活服务设施的布置,应位于厂区全年最小频率风向的下风侧,并应布置在便于生产管理、环境洁净、靠近主要人流出入口、与城镇和居住区联系方便的地点。

5.2.15 生产管理及生活服务设施的用地总面积严禁超过厂区总用地面积的 **7%**。

5.2.16 厂区出入口的位置应根据企业的生产规模、总体规划、厂区用地面积及总平面布置等因素综合确定,其数量不宜少于 2 个。

5.2.17 围墙至建筑物、道路和排水明沟的最小间距应符合表 5.2.17 的规定。

表 5.2.17 围墙至建筑物、道路和排水明沟的最小间距表

名 称	至围墙最小间距（m）
建筑物	5.00
道路	1.00
排水明沟边缘	1.50

注：1 表中间距除注明者外,围墙自中心线算起;建筑物自最外边轴线算起;道路为城市型时,自路面边缘算起;为公路型时,自路肩边缘算起;

2 围墙至建筑物的间距,当条件困难时,可适当减少;当设有消防通道时,其间距不应小于6m;

3 传达室、警卫室与围墙的间距不限。

5.3 交通运输

5.3.1 厂内道路的布置应符合下列规定:

1 厂内道路应满足生产、运输、安装、检修、消防及环境卫生的要求。

2 厂内道路应与厂内主要建筑物轴线平行或垂直,且呈环行布置;个别边缘地段作尽头式布置时,应设回车场或回车道。

3 厂内道路路面标高应与竖向设计相协调,并应与雨水排除相适应,同时应低于附近车间室外散水坡脚标高,以满足室外场地排水的要求。

4 厂内道路应与厂外道路连接方便、短捷。

5 洁净厂房周围宜设置环形消防车道,当有困难时,可沿厂房的两个长边设置消防车道。

6 建设工程施工道路应与永久性道路相结合。

5.3.2 厂内道路路面结构设计,除根据交通量、路基因素外,还应结合道路性质、当地材料、施工及养护维修条件,优选出经济合理的路面结构组合类型。

5.3.3 厂内道路路面宽度应根据车辆通行和人行需要确定,并宜按现行国家标准《厂矿道路设计规范》GBJ 22 的有关规定执行。

5.3.4 厂内道路最小圆曲线半径不宜小于15m。

5.3.5 厂内道路交叉口路面内缘转弯半径应根据其行驶车辆的类别确定,并应符合表 5.3.5 的规定。

表 5.3.5 厂内道路交叉口路面内边缘转弯半径表

道路类别	路面内边缘转弯半径（m）		
	主干道	次干道	支道
主干道	12～15	9～12	6～9
次干道	9～12	9～12	6～9
支道及车间引道	6～9	6～9	6～9

注：1 当场地受限制时,表列数值（6m半径除外）可适当减少。

2 供消防车通行单车道路面内缘转弯半径不得小于9m。

5.3.6 厂内道路设计应考虑基建、检修期间大件设备运输与吊装的要求。

5.3.7 生产装置和建筑物的主要出入口,应根据需要设置与出入口或大门宽度相适应的引道或人行道,并就近与厂内道路连接。

5.3.8 地磅房进车端的道路应为平坡直线段,其长度不宜小于 2 辆车长,在困难条件下不应小于 1 辆车长;出车端的道路应有不小于 1 辆车长的平坡直线段。

5.3.9 消防车道的布置应符合下列规定:

1 消防车道应与厂区道路连通,且距离短捷。

2 消防车道的宽度不应小于 3.5m。

5.3.10 厂区内人行道的布置应符合下列规定:

1 人行道的宽度不宜小于 0.75m;沿主干道布置时可设为 1.5m。当人行道宽度超过 1.5m 时宜按 0.5m 倍数递增。

2 人行道边缘至建筑物外墙的净距,当屋面为无组织排水时可设为 1.5m,当屋面为有组织排水时,应根据具体情况确定。

5.3.11 厂区内道路的互相交叉宜采用平面交叉。平面交叉应设置在直线路段，并宜正交。当需要斜交时，交叉角不宜小于45°。

5.3.12 厂内主、次干道平面交叉处的纵坡宜按现行国家标准《厂矿道路设计规范》GBJ 22 的有关规定执行。

5.3.13 当人流较多的道路与作业繁忙的铁路线路或车流特别大的主干道交叉，在总平面布置图中确实不能避免时，应设置人行天桥或地下通道。

5.3.14 厂内道路边缘至建筑物（或构筑物）的最小距离，应符合现行国家标准《厂矿道路设计规范》GBJ 22 的有关规定。

5.4 竖向设计

5.4.1 竖向设计应与总平面布置同时进行，且与厂区外现有和规划的运输线路、排水系统、周围场地标高等相协调。竖向设计方案应根据生产、运输、防洪、排水、管线敷设及土方（或石方）工程等要求，结合地形和地质条件进行综合比较后确定。

5.4.2 竖向设计应符合下列规定：
  1 竖向设计应满足生产、运输要求。
  2 竖向设计应有利于土地节约利用。
  3 竖向设计应使厂区不被洪水、潮水及内涝水淹没。
  4 竖向设计应合理利用自然地形，减少土方（或石方）、建筑物或构筑物基础、护坡和挡土墙等工程量。
  5 填、挖方工程应防止产生滑坡、塌方，山区建厂时应保护山坡植被。
  6 竖向设计应充分利用和保护现有排水系统。当必须改变现有排水系统时，应保证新的排水系统水流顺畅。
  7 竖向设计应适应当地城镇景观和厂区景观的要求。
  8 分期建设的工程，在场地标高、运输线路坡度、排水系统等方面，应使近期与远期工程相协调。
  9 改建、扩建工程应与现有场地竖向相协调。

5.4.3 竖向设计形式可采用平坡式或阶梯式。

5.4.4 场地设计标高的确定，除应保证场地不被洪水、潮水和内涝水淹没外，尚应符合下列规定：
  1 场地设计标高应与城镇、相邻企业和居住区的标高相适应。
  2 场地设计标高应具备方便生产联系、满足运输及排水设施的技术条件；
  3 场地设计标高在满足本条1、2两款要求的前提下，应尽可能减小土方（或石方）工程量。

5.4.5 场地的平整坡度应有利于排水，最大坡度应根据土质、植被、铺砌、运输等条件确定。

5.4.6 工业建筑的室内地坪标高应高出室外场地地面设计标高 0.15m～0.20m；民用建筑的室内地坪标高应高出室外场地地面设计标高 0.30m～0.60m。

5.4.7 厂区出入口的路面标高宜高出厂外路面标高。

5.4.8 工业企业场地自然坡度大于5%时，厂区竖向宜采用阶梯式布置，阶梯的划分应符合下列规定：
  1 阶梯划分应与地形及总平面布置相适应。
  2 生产联系密切的建筑物或构筑物应布置在同一台阶或相邻台阶上。
  3 台阶的长边宜平行等高线布置。
  4 台阶的宽度应满足建筑物或构筑物、运输线路、管线和绿化等布置要求，以及操作、检修、消防和施工等需要。
  5 台阶的高度应按生产要求及地形和地质条件，结合台阶间运输联系等因素综合确定，并宜取1m～4m。

5.5 土方（或石方）工程

5.5.1 场地平整中的表土处理应符合下列规定：
  1 填方地段基底较好的表土，应碾压密实后再进行填土。
  2 建筑物或构筑物、道路和管线的填方地段，当表层为有机质含量大于8%的耕土或表土、淤泥和腐殖土等时，应先挖除或处理后方能填土。
  3 场地平整时，宜先将表层耕土挖出 0.15m～0.30m，并集中堆放。

5.5.2 场地平整时，填方地段应分层压实。黏性土的填方压实系数为：建筑地段不应小于0.9；近期预留地段不应小于0.85。

5.5.3 土方（或石方）量的平衡，除场地平整的土方（或石方）外，尚应包括建筑物或构筑物基础及室内回填土、地下构筑物、管线沟槽、排水沟、铁路、道路等工程的土方量，并应考虑表土（含腐殖土、淤泥等）的清除和回填量以及土方（或石方）松散量。

5.5.4 场地平整土方（或石方）的施工质量，应符合国家现行标准《建筑地基基础工程施工质量验收规范》GB 50202、《建筑地基基础设计规范》GB 50007、《建筑地基处理技术规范》JGJ 79 的有关规定。

5.6 雨水排除

5.6.1 厂区应有完整、有效的雨水排水系统。排除雨水可选择暗管、明沟或地面自然散渗等方式。

5.6.2 厂区雨水排水设计流量计算，应符合现行国家标准《室外排水设计规范》GB 50014 的有关规定。

5.6.3 排水明沟宜沿道路布置。

5.6.4 排水明沟的铺砌方式应根据所处地段的土质和流速等情况确定。排水明沟最小宽度不宜小于0.4m，沟起点最小深度不应小于0.2m。沟底纵坡宜为 5‰～20‰，最小可采用 3‰，个别地形平坦的困难地段可采用 2‰。

5.6.5 厂区的排水明沟宜采用矩形或梯形断面。明沟起点的深度不宜小于0.2m，矩形明沟的沟底宽度不应小于0.4m，梯形明沟的沟底宽度不应小于0.3m。明沟的纵坡不应小于0.3%；在地形平坦的困难地段不应小于0.2%。

5.6.6 雨水口应位于集水方便、与雨水管道有良好连接条件的地段。雨水口的间距宜为25m～50m。当道路纵坡大于2%时，雨水口的间距可大于50m。雨水口形式、数量和布置，应根据具体情况和计算确定。当道路的坡段较短时，可在最低点处集中收水，其雨水口的数量应适当增加。

5.6.7 排出厂外的雨水应避免对其他工程设施或农田造成危害。

5.6.8 在山坡地带建厂时，应在厂区上方设置山坡截水沟。截水沟至厂区挖方坡顶的距离不宜小于5m。当挖方边坡不高或截水沟铺砌加固时，此距离不应小于2.5m。

5.6.9 截水沟不应穿过厂区。必须穿过时，应从建筑密度较小地段穿过。穿过地段的截水沟应加盖铺砌，并应确保厂区不受水害。

5.7 防洪工程

5.7.1 当厂区临近江、河、湖水系，有被洪水淹没可能时，或靠近山坡，有被山洪冲袭可能时，应设置防洪堤或防洪沟等防洪工程。

5.7.2 防洪堤顶的设计标高，应高出设计防洪标准水位0.5m以上，如有波浪侵袭和壅水影响，尚应增加波浪侵袭高度和壅水高度。

5.7.3 当防洪堤内的积水形成内涝时，可向湖、塘、沟谷等低地自流排除；如内涝水位较高而不能自流排除时，应采用机械排涝措施。

5.7.4 山区建厂时应在靠山坡一侧设置防洪沟，防止山洪冲袭厂区，可采用顺山坡，由高向低将山洪引入自然水系或低洼沟谷排走；防洪沟跨越沟谷地段，可局部筑堤沟或过渡槽通过；防洪沟排出口应铺砌加固；防洪沟不得直接接至农田；如能与农田水利结合，则应与当地主管部门协商并取得书面协议文件。

5.7.5 防洪沟宜分段向厂区两端沿短捷路线分散布置，利用地形减少挖方及铺砌加固工程量；防洪沟不宜穿过厂区，必须穿越时，应从建筑密度较小地段穿过，并应铺砌加固，或做成暗沟、涵洞，但涵洞上方不得布置永久性建筑物。

5.7.6 当防洪沟设置在厂区挖方坡顶时，防洪沟与坡顶距离不宜小于5m；当挖方边坡不高或防洪沟铺砌加固时，此距离不应小于2.5m。

5.7.7 防洪沟紧靠厂区围墙以外布置时，沟墙及沟底应做浆砌或混凝土铺砌。铺砌段至坡顶的边坡，应按土质情况采用不同的防护方式。防洪沟转角处应采用平曲线连接，曲线最小半径为水面宽度的5倍～10倍。

5.7.8 防洪沟的断面尺寸，应按设计洪水流量及防洪纵坡等条件计算后，经过多方案比较确定。设计沟深应满足设计水深加0.2m的要求。当沟底宽度有变化时，中间应设置6m～10m的过渡段。

5.8 管线综合布置

5.8.1 管线综合布置应与建筑卫生陶瓷厂总平面布置、竖向设计和绿化布置相结合，统一规划。管线之间、管线与建筑物或构筑物、道路、铁路等之间在平面及竖向上应相互协调，紧凑合理。

5.8.2 管线的敷设方式，应根据管线内介质的性质、工艺和材质要求、生产安全、交通运输、施工检修和厂区条件等因素，结合工程的具体情况，经技术经济比较后综合确定。

5.8.3 管线综合布置在满足生产、安全、检修的条件下宜采用共架、共沟布置。

5.8.4 管线综合布置宜将管线布置在规划的管线通道内，管线通道应与道路、界区控制线平行布置。

5.8.5 管线综合布置应减少管线与铁路、道路交叉。当管线与铁路、道路交叉时应力求正交，在困难条件下，其交叉角不宜小于45°。

5.8.6 山区建厂时应充分利用地形敷设管线，避免山洪、泥石流及其他不良地质对管线的危害。

5.8.7 分期建设的企业，管线布置应全面规划，近期集中，远近结合。近期管线穿越远期用地时，不得影响远期土地的使用。

5.8.8 管线综合布置时，干管应布置在用户较多或支管较多的一侧；或将管线分类布置在管线通道内。管线综合布置宜按下列顺序，自界区控制线向道路方向布置：

1 电信电缆；
2 电力电缆；
3 热力管道；
4 各种工艺管道及压缩空气、煤气等管道和管架；
5 生产及生活给水管道；
6 工业废水（含生产废水及生产污水）管道；
7 生活污水管道；
8 消防水管道；
9 雨水排水管道；
10 照明及电信杆柱。

5.8.9 改建、扩建工程中的管线综合布置不应妨碍现有管线的正常使用。当管线净距不能满足本规范附录D～附录F的规定时，可采取有效措施后适当缩小净距。

5.8.10 地下管线的布置应按管线类别相同和埋深相近的原则，合理地集中布置相互平行的地下管线、管沟，不应平行重叠敷设。

5.8.11 地下管线和管沟不应布置在建筑物或构筑物

的基础压力影响范围内，并应考虑管线、管沟在施工和检修开挖时，对建筑物或构筑物基础的影响。

5.8.12 地下管线和管沟不宜平行敷设在道路下面，当条件不允许时，可将检修少或检修时对路面损坏小的管线敷设在路面下，并应符合本规范附录 D～附录 F 的规定。

5.8.13 管线共沟敷设应符合下列规定：
  1 热力管道不应与电力、电信电缆和物料压力管道共沟；
  2 排水管道应布置在沟底。
  3 可燃液体、可燃气体管道不应共沟敷设，并应与消防水管共沟敷设。

5.8.14 地下管线与建筑物或构筑物之间的最小水平净距不应小于本规范附录 D 的规定；其中湿陷性黄土地区尚应符合现行国家标准《湿陷性黄土地区建筑规范》GB 50025 的规定。

5.8.15 地下管线之间的最小水平净距不宜小于本规范附录 E 的规定。

5.8.16 地下管线之间的最小垂直净距不宜小于本规范附录 F 的规定。

5.8.17 地上管线的敷设可采用管架、低架、管墩及建筑物或构筑物支撑方式。

5.8.18 管架的布置应符合下列规定：
  1 管架的净空高度及基础位置不应影响交通运输、消防及检修。
  2 管架不宜妨碍建筑物的自然采光与通风。
  3 敷设有可燃性、爆炸危险性介质管道的管架与下列设施的安全距离应符合相应规范的要求：
    1）生产、储存和装卸甲、乙类火灾危险性物料的设施；
    2）明火作业的设施。

5.8.19 有甲、乙类火灾危险性介质的管道除使用该管线的建筑物或构筑物外，均不得采用建筑物或构筑物支撑式敷设。

5.8.20 架空电力线路的敷设、架空通信线路的布置、管架与建筑物或构筑物的最小水平间距应符合现行国家标准《工业企业总平面设计规范》GB 50187 的有关规定。

5.9 绿化设计

5.9.1 建筑卫生陶瓷工厂绿化设计应根据环境保护及厂容、景观的要求，结合当地自然条件、植物生态习性、抗污性能和苗木来源，合理地确定各类植物的比例及配置方式。

5.9.2 绿化布置应符合下列规定：
  1 绿化布置应在非建筑地段及零星空地进行。
  2 绿化布置应利用管架、栈桥、架空线路等设施的下面及地下管线带上面的场地。
  3 绿化布置应满足生产、检修、运输、安全、卫生及防火要求，不应与建筑物或构筑物及地下设施相互影响。

5.9.3 绿化布置应以下列地段为重点：
  1 进厂主干道及主要出入口；
  2 生产管理区；
  3 洁净度要求高的生产车间、装置及建筑物；
  4 散发有害气体、粉尘及产生高噪声的生产车间、装置及堆场；
  5 受西晒的生产车间及建筑物；
  6 受雨水冲刷的地段；
  7 厂区生活服务设施周围；
  8 厂区围墙内周边地带。

5.9.4 受风沙侵袭的企业应在厂区受风沙侵袭季节盛行风向的上风侧设置半通透结构的防风林带。对环境构成污染的灰渣场、原料和燃料堆场，应视全年盛行风向和对环境的污染情况设置紧密结构的防护林带。

5.9.5 具有易燃、易爆的生产、储存及装卸设施附近宜种置大乔木及灌木，不宜种植含油脂较多的树种。绿化布置应保证消防通道的宽度和净空高度。

5.9.6 散发石油液化气及比重大于 0.7 的可燃气体的生产、储存及装卸设施附近，绿化布置应注意通风，不应布置不利于重气体扩散的绿篱及茂密的灌木丛，可种植含水分多的四季常青的草皮。

5.9.7 高噪声源车间周围绿化宜采用减噪力强的乔、灌木，并形成复层混交林地。

5.9.8 粉尘大的车间周围的绿化应选择滞尘效果好的乔木与灌木，并形成绿化带。在区域盛行风向的上风侧，应布置透风绿化带；在区域盛行风向的下风测，应布置不透风绿化带。

5.9.9 对空气洁净度要求高的生产车间、装置及建筑物附近的绿化不应种植散发花絮、纤维质及带绒毛果实的树种。

5.9.10 生产管理区和主要出入口的绿化布置应具有较好的观赏及美化效果。

5.9.11 道路两侧宜布置行道树。

5.9.12 道路弯道及交叉口附近的绿化布置，应符合现行国家标准《厂矿道路设计规范》GBJ 22 中行车视距的规定。

5.9.13 在有条件的生产车间或建筑物墙面、挡土墙顶及护坡等地段宜布置垂直绿化。

5.9.14 树木与建筑物（或构筑物）及地下管线的最小间距应符合现行国家标准《工业企业总平面设计规范》GB 50187 的有关规定。

6 原材料和辅助材料

6.1 一般规定

6.1.1 建筑卫生陶瓷工厂用原料应满足产品方案和

质量的要求。使用时应根据当地资源情况，合理优化配置原料资源。

6.1.2 工艺方案应根据原料质量、储量及原料工艺性能试验结果等因素，最终确定或调整产品方案、原料品种、工艺配方、工艺流程和参数等。

6.1.3 主要原料应在满足生产使用的前提下，根据矿床赋存条件和质量特征，经济合理地充分利用矿产资源，提出不同品级的质量要求。

6.1.4 黏土原料应有国家或省级矿产资源主管部门批准的资源勘探地质报告。其他辅料应有可靠的资源保证。

6.1.5 配方设计应根据不同的产品方案，采用适宜配料配方。配方中原料应就近选料。

6.1.6 主要原料宜采用或搭配掺用低品位原料和工业废渣作为替代原料，并应经原料工艺性能试验确认其技术可行性和经济合理性。

6.2 原料的选择与质量要求

6.2.1 黏土原料质量指标应符合表 6.2.1 的规定：

表 6.2.1 黏土原料质量指标表

成分	Al_2O_3	SiO_2	Fe_2O_3	TiO_2	I.L.
含量（%）	15～39	38～67	<1.5	<1	<17

6.2.2 硅质原料质量指标宜符合表 6.2.2 的规定：

表 6.2.2 硅质原料质量指标表

成分	SiO_2	$Fe_2O_3+TiO_2$
含量（%）	>94	<0.5

6.2.3 在资源条件允许时，应首选砂岩状硅质原料。

6.2.4 熔剂性原料质量指标宜符合表 6.2.4 的规定：

表 6.2.4 熔剂性原料质量指标表

原料名称	K_2O+Na_2O	CaO	MgO	Fe_2O_3	TiO_2	CaF_2	SiO_2
长石	>10	—	—	<1	—	—	—
滑石	—	—	>27	<0.8	—	—	—
石灰石	—	>50	—	<0.5	—	—	—
白云石	—	>27	>18	<0.5	—	—	—
硅灰石	—	>41	—	<0.8	—	—	—
透辉石	—	>20	>17	<0.8	—	—	—
萤石	—	—	—	<0.12	—	>95	<3

6.2.5 辅助原料质量指标宜符合表 6.2.5 的规定：

表 6.2.5 辅助原料质量指标表

原料名称	ZrO_2	ZnO	SnO_2	CoO	$BaCO_3$	Na_2CO_3	Fe_2O_3	$NaHCO_3$
锆英石	>63	—	—	—	—	—	<0.3	—

续表 6.2.5

原料名称	ZrO_2	ZnO	SnO_2	CoO	$BaCO_3$	Na_2CO_3	Fe_2O_3	$NaHCO_3$
氧化锌	—	≥95	—	—	—	—	—	—
氧化锡	—	—	≥98	—	—	—	—	—
氧化钴	—	—	—	≥95	—	—	0.01～0.03	—
碳酸钡	—	—	—	—	≥98	—	—	—
碳酸钠	—	—	—	—	—	≥98	—	≤0.5
水玻璃	水玻璃模数 2.3～28							
羧甲基纤维素钠	宜选中黏性 CMC							

6.3 原料的储存与预均化

6.3.1 原料的储存应符合下列规定：

1 不同种类的原料应分库储存。

2 经粉碎处理过的粉状原料及风化后的黏土原料不应露天存放。

3 硅酸锆等有放射性原料应堆放在偏僻处，并有明显的警示标志。

6.3.2 原料的预均化宜符合下列规定：

1 黏土原料宜在原料堆场进行预均化。

2 泥浆均化浆池应满足泥浆陈腐时间的要求。

6.4 废料回收与利用

6.4.1 生产过程中的废料应回收利用。

6.4.2 废料的回收宜符合以下规定：

1 陶瓷砖生坯废料宜及时回收，并入专门化浆池化浆或入球磨机化浆，所得泥浆按比例掺入到球磨泥浆中制粉。

2 卫生陶瓷废坯料宜及时回收，入专门化浆池化浆，泥浆经陈腐后按比例掺入球磨泥浆中。

3 陶瓷砖素坯废料可按一定比例配料时加入利用。

4 卫生陶瓷废坯可按一定比例配料时回用。

5 磨边废料可按一定比例配料时回用。

6 抛光砖废料可制作轻质陶瓷砖、釉面内墙砖等产品。

7 废釉回用时，宜优先添加于底釉或深色釉中，避免面釉受到污染。

6.4.3 替代原料的废弃物的利用应满足工厂产品方案的要求。

6.4.4 废弃物的利用量不应影响产品的质量，所含有害组分应对产品性能及自然环境无不良影响。

6.5 辅助材料

6.5.1 辅助材料的选择应符合下列规定：

1 色料选用时应避免高温下色料与釉料发生化学反应，尤其应避免色料与釉料发生反应而产生异色；

2 釉料用球石宜选用高铝球石，坯料用球石宜选用中铝球石、燧石或海卵石；

3 用于卫生陶瓷注浆成型石膏粉的硫酸钙（$CaSO_4 \cdot 2H_2O$）含量应大于85%。

7 燃料与燃料系统

7.1 一般规定

7.1.1 燃料必须满足生产工艺要求，并应合理利用、节能高效、利于环境保护。

7.1.2 建筑卫生陶瓷工厂生产应采用天然气、石油液化气、轻柴油、煤油、人工冷煤气等清洁燃料，并应优先选用气体燃料。

7.1.3 燃料供应应做到热值和压力稳定，供应连续、可靠。

7.2 燃 油

7.2.1 燃油的种类及发热量指标应符合本规范附录J的规定。

7.2.2 供卸油系统的工艺布置应符合下列规定：

1 铁路、公路运输时宜采用重力自卸方式，水路运输时应采用油泵卸油。

2 卸油房布置应符合下列条件：
  1）油泵房宜为独立的地上式建筑；
  2）油泵房应设有控制间、油泵间、生活间、工具间等。控制室与油泵间的隔墙上应设观察窗，油泵房毗邻燃油储罐区的墙上不应设活动窗。

3 车间设中间油罐及油泵时宜采用厂区油站向中间油罐单供单回系统，不设中间油罐时宜采用厂区油站直接向车间供油的单供单回系统。

4 中间油罐内油温严禁超过90℃，罐上应设有油温指示和报警、液面指示和报警及溢流口等。

5 车间油泵、油罐间的布置应符合下列要求：
  1）设备基础应高出地面；
  2）室外应设污油池，污油严禁排入下水道；
  3）油罐溢流管应接至污油池。

7.3 天然气

7.3.1 使用天然气应符合下列规定：

1 天然气应有一用一备两个供气源，或设有其他备用燃料。

2 天然气的硫化氢含量应小于20mg/（N·m³）。

7.3.2 配气站及调压配气室的工艺布置及设备选型应遵循天然气专业设计要求。

7.3.3 调压配气室建筑耐火等级不应低于现行国家标准《建筑设计防火规范》GB 50016 第3.2.1条规定中的二级。用电要求应为防爆1区。

7.4 煤 气

7.4.1 使用煤气应符合下列规定：

1 发生炉煤气的低发热量不应低于5.227MJ/m³。

2 煤气的硫化氢含量应小于20mg/（N·m³）。

7.4.2 发生炉煤气站的设计及煤气管道设计应符合现行国家标准《发生炉煤气站设计规范》GB 50195 的有关规定。

7.5 石油液化气

7.5.1 石油液化气的低发热量应不小于50.179MJ/kg。

7.5.2 石油液化气站设计应符合现行国家标准《液体石油产品静电安全规程》GB 13348 的有关规定。

8 生产工艺

8.1 一般规定

8.1.1 建筑卫生陶瓷工厂生产工艺流程的设计和工艺装备的选型应符合下列规定：

1 工艺流程和主要装备应根据生产方法、生产规模、产品品种、原料和燃料性能以及建厂条件等因素综合比较后确定。应采用有利于提高资源综合利用水平的新技术、新工艺、新装备。

2 在满足成品与半成品的质量要求下应减少工艺环节，缩短物料输送距离。

3 附属设备应有一定的储备。在保证生产的前提下减少附属设备的台数，同类附属设备的型号宜统一。

8.1.2 建筑卫生陶瓷工厂工艺设计宜利用低质原料和工业废弃物，并综合利用资源和能源。

8.1.3 工艺布置应符合下列规定：

1 工艺总平面布置应满足工艺流程的要求，并应结合地形、地质和运输的要求。

2 工艺布置宜留有合理的发展空间。

3 车间工艺布置应根据工艺流程和设备选型综合确定，并应在平面和空间布置上满足施工、安装、操作、维修、监测和通行的要求。

4 生产线工艺布置必须符合环境保护、劳动安全、职业卫生和消防等现行国家标准的有关规定，并应与相关专业的要求相协调。

8.1.4 物料平衡计算应符合以下规定：

1 完整建筑卫生陶瓷生产线的物料平衡计算应

以烧成窑炉的产量为基准，各种原料的消耗量均以干基作为计算的基础。

2 完整建筑卫生瓷生产线应根据各物料的水分将干基消耗量换算为湿基消耗量，再计算出每小时、每天和每年的干、湿料需要量。

3 各种原料的干料消耗定额应由生料消耗定额和配比确定；生料的消耗定额应由生料的理论消耗量和生产损失量组成。

4 燃料消耗定额应按烧成窑炉和干燥器的能耗分别计算。

5 完整陶瓷砖生产线各生产工段原料的损失率，宜符合表8.1.4-1的规定。

表8.1.4-1 陶瓷砖生产线各生产工段原料的损失率表

工段名称	损失率（%）
抛光	≤5
烧成	≤5
干燥	≤3
成型、施釉	≤3
制粉	≤2
球磨制浆	≤2
原料储运	≤2

6 完整卫生瓷生产线各生产工段原料的损失率，宜符合表8.1.4-2的规定。

表8.1.4-2 卫生陶瓷生产线各生产工段原料的损失率表

产品名称	损失率（%）						
	烧成	重烧	施釉	干燥	成型	球磨制浆	原料储运
连体坐便器	≤10	≤25	≤4	≤4	≤15	≤2	≤2
分体坐便器	≤10	≤25	≤4	≤4	≤10		
低水箱	≤5	≤15	≤4	≤2	≤5		
低水箱盖	≤5	≤15	≤4	≤2	≤5		
立柱式洗面器	≤10	≤20	≤4	≤4	≤8		
洗面器立柱	≤10	≤20	≤4	≤4	≤5		
台式洗面器	≤10	≤20	≤4	≤4	≤5		
挂式洗面器	≤10	≤20	≤4	≤4	≤8		
蹲便器	≤10	≤20	≤4	≤4	≤8		
妇洗器	≤10	≤20	≤4	≤4	≤10		
小便器	≤15	≤25	≤5	≤4	≤10		

8.1.5 主要工艺设备的设计年利用率应按工厂规模、生产方法、生产工艺的复杂程度、主要生产设备的类型、设备来源、使用条件和配件供应条件等因素确定，并宜符合表8.1.5的规定。

表8.1.5 主要工艺设备设计年利用率表

工艺设备名称	设计年利用率（%）
陶瓷砖釉烧辊道窑	≥90
陶瓷砖素烧辊道窑	≥90
卫生陶瓷烧成隧道窑	≥90
卫生陶瓷烧成梭式窑	≥90
卫生陶瓷烧成辊道窑	≥90
压砖机	≥90
喷雾干燥器	≥90
卫生陶瓷坯体干燥器	≥90
球磨机	≥90
破碎机	≥20

8.1.6 主要生产工段工作制度，宜根据各工段之间的相互关系，以及与外部条件相联系的情况确定，并宜符合表8.1.6的规定。

表8.1.6 主要生产工段工作制度表

工段名称	每周工作天数（d）	每天工作班制
原料拣选	5～7	1
原料破碎	5～7	1～2
球磨制浆	7	3
喷雾干燥	7	3
注浆成型	5～7	1～3
半干压成型	5～7	3
挤出成型	7	3
坯体干燥	7	3
施釉	5～7	1～3
烧成	7	3
石膏模型制作	5～7	1～2
制釉	5～7	3
冷加工	5～7	1～2
机电维修	5～7	1～3
压缩空气站	7	3
煤气站（配气站、液化气站）	7	3

续表 8.1.6

工段名称	每周工作天数（d）	每天工作班制
变电所	7	3
污水处理站	7	3
水泵房	7	3
锅炉房	7	3

注：工作班制按每班8h计。

8.1.7 各种原料储存期应根据工厂规模、生产方法、物料来源、物料性能、运输方式、储存方式、工厂管理水平、市场因素等具体情况确定，并符合表 8.1.7 的规定。

表 8.1.7 各种原料储存期表

原料类别	库棚储存（月）	露天储存（月）	总量（月）
不需要风化的高岭土类	4～6	—	4～6
黏土类及需要风化的高岭土	3～4	6～12	9～16
硬质原料类	0.5～1	3～6	3.5～7

注：1 表中物料储存期是按年产量为基准作平衡计算；
　　2 如果黏土类原料系外购，可取上限。

8.1.8 主要耗热设备单位产品的最高燃耗宜符合表 8.1.8 的规定。

表 8.1.8 主要耗热设备单位产品的最高燃耗值表

产品分类	设备名称		单位产品最高燃耗		
	喷雾干燥器		55kgce/t 粉料	385kcal/kg 粉料	1610kJ/kg 粉料
	辊道干燥窑		0～22kgce/t 坯料	0～154kcal/kg 坯料	0～645kJ/kg 坯料
陶瓷砖	一次烧成辊道窑	瓷质	175kgce/t 产品	1225kcal/kg 产品	5120kJ/kg 产品
		炻质	170kgce/t 产品	1190kcal/kg 产品	4974kJ/kg 产品
		陶质	165kgce/t 产品	1155kcal/kg 产品	4828kJ/kg 产品
	二次烧成辊道窑	陶质	195kgce/t 产品	1365kcal/kg 产品	5705kJ/kg 产品
卫生陶瓷	成型（含干燥）	压力注浆	60kgce/t 干坯	420kcal/kg 干坯	1755kJ/kg 干坯
		低压快排水	70kgce/t 干坯	490kcal/kg 干坯	2048kJ/kg 干坯
		微压注浆	95kgce/t 干坯	665kcal/kg 干坯	2780kJ/kg 干坯
	一次烧成	隧道窑	218kgce/t 产品	1526kcal/kg 产品	6380kJ/kg 产品
		梭式窑	410kgce/t 产品	2870kcal/kg 产品	12000kJ/kg 产品
		辊道窑	165kgce/t 产品	1155kcal/kg 产品	4828kJ/kg 产品
	重烧	梭式窑	350kgce/t 产品	2450kcal/kg 产品	10240kJ/kg 产品

注：表中燃耗值为生产正常情况的设计考核指标。

8.1.9 生产车间的检修设施应符合下列规定：

1 主要设备或需检修的部件较大时，宜设置桥式起重机、电动葫芦、单轨小车或其他型式的起吊设备。

2 检修工作比较频繁、花人力较多的地方，宜设置电动葫芦或其他型式的提升运输设备。

3 起重设施的起重量应按检修起吊最重件或需同时起吊的组合件重量确定。

4 起重机的轨顶标高以及其他起吊设备的设置高度，应满足起吊物件最大起吊高度的要求。

5 厂房的设计和设备布置不得影响检修起重设施的运行和物件的起吊。

6 根据不同设备的安装检修需要，宜设置检修平台或留有安装检修需要的空间、门洞和设备外运检修运输通道。多层厂房，各层同一位置应设吊装孔，并在顶层加装起吊设备。孔的周围应设活动栏杆。

7 设置在露天的设备可不设置专用起吊设施。检修时可根据设备具体情况，临时采用相应的起吊设施。

8 未设置起吊装置的小型设备上方，应设有吊钩、起吊孔等方便检修的措施。

8.1.10 物料输送设计应符合下列规定：

1 物料输送设备的选型，应根据输送物料的性质、输送能力、输送距离、输送高度、工艺布置等因素确定。

2 输送设备的输送能力应高于实际最大输送量，其富余量宜按不同输送设备及来料波动情况确定。

3 输送设备的转运点宜设置除尘装置，下料溜管应降低落差，粒状物料的下料溜管内，应有耐磨和降低噪声的措施。

8.1.11 生产控制应根据工艺过程控制、质量控制及程序控制的要求进行检测、调节、监控。

8.1.12 特殊地区的工艺计算应符合下列规定：

　　1 在海拔高度大于500m的地区建厂时，空气压缩机和风机的风量、压力应进行校正。

　　2 在海拔高度大于500m的地区建厂时，辊道干燥器、喷雾干燥器、辊道窑、隧道窑、梭式窑、卫生陶瓷坯体干燥器、石膏模型干燥器等设备及系统的工艺计算数据，应根据海拔高度作修正。

　　3 在海拔高度大于1000m的地区及湿热地区建厂时，电动机及设备轴承等设备订货时应满足特殊要求。

　　4 在寒冷地区建厂时，应对泥浆管路、气路、油路、水路采取防冻措施。

8.2 工艺流程

8.2.1 工艺流程应根据生产规模、产品纲领、原燃料供应条件以及建厂条件等因素确定。

8.2.2 原料加工、制浆、成型、烧成和冷加工应遵循流程短、环节少和避免交叉运输的原则。

8.3 原料加工及坯料制备

8.3.1 原料加工及坯料制备系统的设置应根据工厂资源情况、矿山开采外部运输条件、厂区地理位置以及工艺布置等因素确定。

8.3.2 原料加工及坯料制备系统的生产能力应根据工厂原料需要量、年工作天数、原料加工及坯料制备系统工作班制以及运输条件等因素确定。

8.3.3 破碎机、球磨机的选型应根据工厂生产规模、物料性能、进料粒度、破碎方式等因素确定。

8.3.4 单级破碎系统宜选用颚式破碎机或反击式破碎机；二级破碎系统的一级破碎宜选用颚式破碎机，二级破碎宜选用细齿颚式破碎机、反击式破碎机、对辊机或雷蒙磨机等。

8.3.5 硬质原料破碎工段在满足生产操作、维护检修及环保要求的条件下可露天布置。

8.3.6 破碎机或球磨机前的加料斗容量应根据破碎机或球磨机规格、加料方式、加料时间等确定。

8.3.7 破碎机前的加料斗应装设固定箅板。

8.3.8 破碎机出料口宜设置受料皮带输送机，其宽度、带速应与出料口大小、出料量相适应。

8.3.9 **硬质原料破碎系统必须设置除尘装置。**

8.3.10 配料系统称量误差宜小于或等于0.5%。

8.3.11 间歇式球磨机宜采用石衬、瓷衬或橡胶衬。研磨介质宜采用中铝球或高铝球。

8.3.12 球磨机出料口的高度，距离地面以400mm~600mm为宜。

8.3.13 球磨机料浆排出宜采用隔膜泵抽浆或自然出浆。

8.3.14 球磨机喂料仓的倾斜角度不应小于60°。

8.3.15 球磨机的布置应考虑研磨介质、回坯料堆放加入球磨机的措施及其堆放面积。

8.3.16 球磨机加水可采用水表计量或水箱计量的方式。

8.3.17 球磨制备的泥浆应进行除铁。

8.3.18 泥浆池的容量应根据球磨机生产能力和泥浆陈腐期确定。卫生陶瓷泥浆陈腐期不得少于5d，陶瓷砖泥浆陈腐期不得少于3d。

8.3.19 泥浆池的有效容积系数Ψ应符合下列规定：

　　1 平桨搅拌机　　　$\Psi=0.9$；

　　2 螺旋桨搅拌机　　$\Psi=0.8$。

8.3.20 在满足泥浆陈腐时间和生产安排的前提下，泥浆池宜采用多联浆池。

8.3.21 塑性原料进入球磨机前应有清除各种杂质的措施。

8.3.22 严寒地区黏土在进入球磨机前应有解冻措施。

8.3.23 球磨机上方应考虑进料口开盖的吊装设施。

8.3.24 喷雾干燥器的选型应根据泥浆含水率和粉料含水率确定。

8.3.25 喷雾干燥塔内壁宜采用2mm~3mm厚的不锈钢板，外壁应采用不锈钢板、铝板、镀锌钢板、普通钢板等材料。在内外壁之间应填充保温隔热材料。

8.3.26 喷雾干燥器的热风管路系统必须有保温措施。

8.3.27 喷雾干燥器必须设置尾气脱硫设备，其除尘废水必须循环使用。

8.3.28 粉料仓顶、仓底及运输设备转运点应设除尘设备。

8.4 釉料制备

8.4.1 釉用原料宜选用精选粉料。

8.4.2 球磨机内衬宜采用瓷衬。

8.4.3 球磨机上方应设置加料平台，平台大小以不影响工人操作为宜。

8.4.4 球磨釉浆应根据产品需要进行过筛、除铁。

8.4.5 釉浆细度以达到万孔筛余0.02%~0.05%为宜。

8.4.6 釉浆陈腐期宜为2d。

8.4.7 釉浆池（或釉浆罐）数量的确定，应满足产品品种、产量、陈腐周期、过筛、除铁等的需要。

8.4.8 釉浆池（或釉浆罐）的有效容积系数应为0.8。

8.4.9 制釉系统的配料仓顶和料仓底及运输设备转运点应设除尘设备。

8.5 石膏模型制作

8.5.1 石膏浆搅拌宜采用真空搅拌方式,且宜按每4名~5名制模工人设置1台搅拌机。

8.5.2 制模车间应设置起吊能力为1t~2t的起吊运输设备。

8.5.3 制模车间内给排水应符合下列规定:
  1 每4名工人宜设置清水池、沉淀池各1个;
  2 沉淀池应便于清理石膏渣。

8.5.4 制模车间采光不应低于三级。

8.5.5 石膏模型干燥宜采用间歇干燥器,并应符合下列规定:
  1 石膏模型干燥前水分含量28%~32%;
  2 石膏模型干燥后水分含量4%~6%;
  3 干燥室温度小于或等于50℃。

8.5.6 石膏模型储存量应符合表8.5.6的规定:

表8.5.6 石膏模型储存量表

生产规模	储存量(d)
大、中型工厂	20~39
小型工厂	>30

8.5.7 石膏模型储存库应有采暖、防潮的措施。

8.5.8 制模车间的厂房高度宜为4.0m~4.5m。

8.6 成 型

8.6.1 成型设备的选择必须满足产品质量及规格的要求。

8.6.2 陶瓷砖的压形和卫生陶瓷注浆成型、修粘、打磨等工段的采光不应低于三级。

8.6.3 陶瓷砖压形车间和卫生陶瓷注浆成型车间的墙面和地面应易于清扫。

8.6.4 卫生陶瓷修坯应采用湿修工艺。

8.6.5 卫生陶瓷成型车间应避免阳光直射和冷空气直接侵袭坯体。

8.6.6 卫生陶瓷成型车间通道的设置应符合下列规定:
  1 车间内上下工序之间的物流通道、上下班主要人流通道,宽度宜大于3m。
  2 注浆工序操作通道净距不应小于0.7m~0.8m。
  3 干燥室进出口净空间应大于4m。

8.6.7 卫生陶瓷注浆成型工人,每人应配置36V以下安全灯1个,功率宜为60W~75W。

8.6.8 卫生陶瓷成型车间给排水设施应符合下列规定:
  1 注浆、粘接间宜每300m²~500m²设水池1个。
  2 成型车间的生产污水应采取沉淀措施。

8.6.9 大、中型建筑卫生陶瓷工厂的成型车间宜设置车间检验室。

8.6.10 卫生陶瓷成型车间宜选用先进的控制系统对成型过程的参数实行监控。

8.6.11 卫生陶瓷成型车间的温湿度应符合表8.6.11的规定:

表8.6.11 卫生陶瓷成型车间的温湿度表

成型方法	时间段	温度(℃)	相对湿度(%)
低压快排水成型	白天	26~28	50~60
	夜间	34~36	45~50
压力注浆成型	白天	24~28	<60
	夜间	24~28	<60
微压注浆成型	白天	26~28	50~60
	夜间	40~45	45~50

8.6.12 卫生陶瓷成型车间的布置应考虑粗坯和精坯的储存面积。

8.6.13 自然回浆的泥浆管道的坡度不应小于0.5%。

8.6.14 泥浆管道应设置冲洗管道装置。

8.7 干 燥

8.7.1 陶瓷制品干燥应采用设备强制干燥,不宜采用火炕或自然干燥。

8.7.2 干燥器或干燥室选型应符合下列规定:
  1 陶瓷砖坯体干燥应选用辊道干燥器或立式干燥器。
  2 卫生陶瓷坯体干燥应选用能调节温度制度和湿度制度的干燥器或干燥室。

8.7.3 干燥热源应优先采用窑炉余热,余热不足时应设带有安全报警系统的加热器。

8.7.4 卫生陶瓷坯体干燥车的规格宜为1.4m×0.9m×1.4m。

8.7.5 卫生陶瓷坯体干燥车数量的确定应符合下列规定:
  1 干燥室内容车数;
  2 干燥前后各工序作业班制及半成品的存放方式;
  3 修理车数占总车数的2%~3%。

8.8 施 釉

8.8.1 陶瓷砖宜采用施釉线施釉。卫生陶瓷宜采用喷釉柜施釉,其排水、排污管道宜采用手工或半机械化浇釉。

8.8.2 卫生陶瓷生釉层厚度宜为0.5mm~1.0mm。

8.8.3 施釉工序车间的采光不应低于三级。

8.8.4 卫生陶瓷喷釉工序操作面积,应按日产100件坯体需面积35m²~40m²设置,不足100件者按100件计。

8.8.5 陶瓷砖施釉线用压缩空气的压力不应小于

0.2MPa，卫生陶瓷喷釉压缩空气压力宜为0.1MPa～0.5MPa。

8.8.6 施釉车间应有防尘措施。

8.9 烧 成

8.9.1 陶瓷砖烧成应选用辊道窑，卫生陶瓷烧成应选用隧道窑、梭式窑或辊道窑。

8.9.2 建筑卫生陶瓷制品的烧成宜采用氧化气氛。

8.9.3 建筑卫生陶瓷制品的烧成制度应根据半工业试验的结果制定。

8.9.4 卫生陶瓷隧道窑应设置电动托车、推车机和步进机。

8.9.5 隧道窑用窑车数量为窑内容车数的 1.45 倍～1.75 倍。

8.9.6 隧道窑宜采用侧面装卸车。

8.9.7 隧道窑的回车线应保证操作方便、运输合理。

8.9.8 烧成车间应设置生活间和车间办公室。

8.9.9 烧成车间应单独设置带有空调的热工仪表控制室。

8.9.10 烧成车间应有 2 个车位的专门维修区域。

8.9.11 烧成窑炉为一级用电，应设置备用电源。

8.9.12 烧成窑炉应根据原料、燃料性能和生产规模、产品品种等因素确定窑型和窑炉结构参数。

8.10 冷 加 工

8.10.1 陶瓷砖冷加工设备的配置应根据产品种类确定。

8.10.2 冷加工工序的废水必须循环使用。

8.10.3 建筑卫生陶瓷产品的冷加工设备必须设置除尘装置。

8.11 检 验

8.11.1 陶瓷砖产品的检验应按现行国家标准《陶瓷砖》GB/T 4100 的要求执行。

8.11.2 卫生陶瓷产品的检验应按现行国家标准《卫生陶瓷》GB 6952 的要求执行。

8.11.3 建筑卫生陶瓷产品的放射性检验应按现行国家标准《建筑材料放射性核素限量》GB 6566 的要求执行。

8.11.4 卫生陶瓷产品的检验工序中，一个工位的操作面积宜为 $30m^2 \sim 40m^2$。

8.11.5 冲水试验用水必须循环使用。

8.11.6 冲水试验的水沟深度宜为 400mm。

8.11.7 冲水试验间的地坪坡度应大于 0.3%。

8.11.8 寒冷和严寒地区的冲水试验间应设置采暖设施。

8.11.9 检验包装车间应有能存放 3d～5d 未包装产品的场地。

8.12 包装、成品堆放

8.12.1 陶瓷产品的包装宜选用纸箱包装；陶瓷砖之间宜夹纸后再包装。

8.12.2 陶瓷产品的储存与成品库应符合下列规定：
 1 成品库面积可按产品的储存期 60d～90d 计算。单位面积每次储存成品定额应为：
  1）陶瓷砖：每平方米宜堆放 $200m^2$ 产品。
  2）卫生陶瓷：每平方米宜堆放 10 件产品。
 2 成品库通道系数宜为 0.6～0.7。
 3 成品库内应设置与堆存、外运相适应的运输、吊装设备。

9 供 配 电

9.1 一 般 规 定

9.1.1 供配电系统设计应对负荷性质分级分类，结合用电容量及地区供电条件确定方案。

9.1.2 设计中应中选择安全可靠、经济实用、技术先进的成套设备和定型产品，并结合行业特点考量产品的防护及绝缘。

9.2 供 配 电

9.2.1 供电电源应根据工厂规模、供电距离、发展规划及当地电网现状确定合理的供配电方案。

9.2.2 电力负荷分级应符合下列规定：
 1 一级负荷应包含窑炉的传动及辅助设备、40t 以上球磨机辅助电机、泥浆池搅拌机、煤气站和配气站的相关设备等。
 2 二级负荷应包含主要生产流程用电设备、重要场所的照明及通信设备等。
 3 三级负荷包含不属于一级负荷和二级负荷者。

9.2.3 供电电压宜符合下列规定：
 1 5000kW 以下的用电宜采用 10kV 供电电压。
 2 5000kW 及以上的用电宜采用 35kV 供电电压。
 3 根据当地供电电网的实际情况制订适宜的供电方案。

9.2.4 供电系统应符合下列规定：
 1 有两个主电源供电时应采用同级电压供电。有一个主电源和一个备用电源供电时可采用不同等级的电压供电。
 2 同时供电的两个回路，每个回路应按用电负荷的 100% 设计。
 3 高、低压配电应采用放射式为主。

9.2.5 无功功率补偿应符合下列规定：
 1 工厂功率因素应补偿至满足供电部门的要求。
 2 应采用高压补偿与低压补偿相结合、集中补偿与就地补偿相结合的补偿方式。

3 低压无功功率补偿应采用自动调节装置。

4 补偿装置载流部分的长期允许电流不应小于电容器额定电流的1.5倍。

9.3 变电所

9.3.1 变压器选择应符合下列规定：

1 低压0.4kV供电时，变电所中单台变压器的容量不宜大于1600kV·A。

2 在TN及TT系统接地的低压电网中，宜选用D、yn11接线组别的三相变压器。

3 装有两台以上变压器时，当一台变压器断开时，其余变压器容量应保证一级负荷及部分二级负荷的用电。

4 变压器的高、低压端应装设断路器，在高压侧还应装设隔离开关。

9.3.2 接在母线上的电压互感器和避雷器宜合用一组隔离开关。

9.3.3 直流操作电源宜采用一组镉镍电池或免维护铅酸蓄电池，并具有充电浮充电的硅整流装置。

9.3.4 含可燃性油的变压器应设置变压器室，且做到一器一室。

9.3.5 通道及围栏与配电装置的安全净距及尺寸要求应符合现行国家标准《供配电系统设计规范》GB 50052的有关规定。

9.4 厂区配电线路

9.4.1 厂区内配电10kV以下时宜全部采用电缆，对不宜采用电缆或厂外较长距离的分散用电点，可采用架空线路供电。

9.4.2 厂区敷设的电缆少于8根时可采用直埋方式，多于8根时可采用电缆沟、电缆预制管块、电缆隧道等方式。

9.4.3 电缆敷设应选择最短路径，并应减少与道路、管道、水沟的交叉。

9.4.4 敷设电缆的长度应留有余量，敷设电缆的截面选择应满足安全电流且压降小于5%，验算短路电流应在保护装置可动作的保护范围。

9.4.5 对不平衡负荷，其截面按最大一相计算。

9.4.6 厂区路灯线路宜采用电缆直埋方式敷设，应最大限度保持三相负荷平衡，每个路灯应单独设置熔断器。

9.4.7 厂内变电所或配电所向各车间变电所供电的线路电压宜为6kV~10kV，全厂不宜出现多级变电。

9.5 车间配电

9.5.1 车间用电设备的交流低压电源宜采用380V/220V的TN系统。

9.5.2 车间的单相负荷宜均匀地分布在三相线路中，

中性线电流不应超过车间变压器额定电流的25%；其最大一相的电流值不应超过车间变压器的额定电流。

9.5.3 15kW以上的鼠笼式电机应设置减压启动、星三角启动或软启动。

9.5.4 所有回路均应装有过流保护和断路保护装置，并应符合下列规定：

1 熔断器熔体的额定电流和自动开关过电流脱扣的整定电流应接近且不小于被保护线路的负荷计算电流。

2 熔断器熔体的额定电流不应大于电缆线路和穿管导线允许载流量的2.5倍。

3 熔断器熔体的额定电流不应大于明敷导线允许载流量的1.5倍。

4 带有长延时过电流脱扣器的整定电流不应大于线路允许电流的1.1倍，其动作时间应躲过短时过负荷电流的持续时间。

5 在被保护线路的末端发生短路时，短路电流值不应小于短延时脱扣器整定值的1.5倍或熔断器熔体额定电流的4倍。

6 熔断器和自动开关用作过负荷保护时，绝缘导线和电缆的允许载流量不应小于熔体电流和长延时脱扣器整定电流的1.25倍。

9.6 照 明

9.6.1 工作区的照明可采用一般照明、分区一般照明、混合照明、局部照明等方式。

9.6.2 光源应首选高效的节能产品。

9.6.3 需要连续照明的工作场所应装设照明用装备；危险场所应设置安全照明；需要疏散人员的场所应设置疏散照明。

9.6.4 生产车间的照明照度应符合本规范附录C的要求。

9.6.5 照明光源应满足场所对光色、光通量、眩光指数的要求，高强气体放电灯不宜安在4m以下的位置。

9.6.6 应急照明、疏散照明、警卫照明等应使用即开即亮无需启动时间的灯种。

9.6.7 灯具选型应符合现行国家标准《灯具通用安全要求和实验》GB 7000.1~9的有关规定。

9.6.8 照明供电宜使用专线供电，其供电电压波动控制在5%范围内，每一分支回路的单相线路电流不应超过30A。每分支回路均应有保护装置。

10 自 动 化

10.1 生产过程自动化

10.1.1 建筑卫生陶瓷工厂的生产自动化设计应符合

下列规定：

 1 在条件许可时应实现大区域生产线的自动化，有条件时应设置集散型计算机控制系统（DCS）对生产过程进行监督、控制和管理。

 2 窑炉自动化控制应根据实际情况选择不同的控制方法对窑炉的温度、压力、气氛进行精确调控。其控制对象的参数信息应能反馈到控制室。

 3 对生产过程中的关键区域应设置工业电视装置。

 4 原料车间宜设集中控制和拉绳停机装置。

 5 喷雾干燥器、窑炉等设备应有熄火保护和联锁保护装置。

 6 建筑卫生陶瓷工厂宜设置产品生产信息系统。

10.1.2 煤气站、配气站及调压站系统检测与控制应符合下列规定：

 1 火灾危险场所自动化设计应符合现行国家标准《爆炸和火灾危险环境电力装置设计规范》GB 50058 的有关规定。

 2 检测与控制系统应能反应主机设备安全及运行过程，并能进行数据及参数的检测、显示和报警。

 3 检测与控制系统应能对有火灾、爆炸、有害气体泄漏等危险场所的通风状况进行检测及报警。

10.1.3 控制室设计应符合下列规定：

 1 控制室设计应根据工艺控制要求和自动化控制原理确定设置中央控制室或分车间控制室，控制室不宜过于分散。

 2 控制室应位于被控区域的适中位置，应满足生产控制的要求，方便电缆管线进出，避开电磁干扰源、尘源和振源等。

 3 控制室应有防尘、防火、隔声、隔热和通风等设施，并铺设防静电活动地板，设置空气调节系统。

 4 控制室应设置双回路供电电源；其电源从母线引出，不应与照明、动力线路混用。

 5 不间断电源（UPS）装置要有足够容量，其供电的延续时间不宜小于 20min。

10.2 通 信

10.2.1 厂区电话系统宜采用由市话局直配方式，并同时设置传真及计算机网络。在边远地区及市话配线受限时，厂区电话设计应符合下列规定：

 1 宜在厂区内设置电话站，其电话用户的数量应以工厂规模和用户要求为依据，小型厂不宜超过 100 门，大、中型厂不宜超过 800 门。

 2 厂区电话设计应选用程控交换机。

 3 交换机的中继方式应符合下列规定：

  1）对于市内电话局的中继方式，交换机设备容量在 50 门以内或中继线数在 5 对以下时宜采用双向中继方式；交换机设备容量在 50 门～500 门时或中继线在 5 对及以上时宜采用单向中继或部分单向、部分双向混合的中继方式；交换机设备容量在 500 门以上、中继线大于 37 对时宜采用单向中继的方式。

  2）交换机中继线安装数量应根据当地市内电话局的有关规定和市话中继话务量大小等因素确定。

  3）对于程控交换机进入市内电话局的中继方式，大、中型厂的交换机宜采用全自动直拨中继方式，小型厂的交换机宜采用半自动中继方式。

  4）厂区电话站单独建站时宜设在厂区办公楼内。电话站的技术用房不应设在潮湿、振动及灰尘较大的场所。电话站宜设话务员室、电话交换机室、总配线架室、维修室、休息室、仓库等。总配线架或总配线箱采用小型插入式端子箱时可置于交换机室或话务员室。话务台的安装应能使话务员通过观察正视或侧视到机列上的信号灯。

  5）程控用户交换机的电源应稳定可靠，并配置交流稳压设备，应设蓄电池组。48V 直流电源输出端的全程压降应符合系统需要。杂音计脉动电压值不宜大于 2.4mV。电源系统中应有电源中断时对存储器的保护措施。

10.2.2 调度电话应符合下列规定：

 1 小型厂宜利用具有会议电话功能和调度功能的程控用户电话交换机，可不单独设置调度电话和会议电话系统。大、中型厂宜单独设置调度电话系统。

 2 调度电话总机容量应以工厂规模和业主要求为依据。小型厂可选用 30 门～50 门，大、中型厂可选用 100 门。

 3 调度电话总机宜有中继线至厂区电话总机。调度室和重要调度用户还应装设厂区电话作为调度电话的备用。

 4 各车间办公室、值班室、控制室等主要生产岗位均应设调度分机。调度电话分机宜选用同一制式的分机。在有火灾、爆炸危险的场所应采用防爆型分机。

11 建筑结构

11.1 一般规定

11.1.1 在满足生产工艺要求的前提下，建筑结构设计宜采用多层或联合厂房，同时应根据环境保护、地区气候特点，满足采光、通风、防寒、隔热、防水、防雨、隔声等要求，并应符合现行国家标准《工业企业设计卫生标准》GBZ 1 的有关规定。

11.1.2 建筑结构设计应采用成熟的新结构、新材料、新技术。

11.1.3 建筑物或构筑物安全等级应根据其破坏后果的严重性，按表11.1.3的规定采用。

表11.1.3 建筑物或构筑物安全等级

安全等级	破坏后果	建筑物或构筑物名称
二级	严重	三级以外的建筑物或构筑物
三级	不严重	露天堆场、原料棚、原料库、材料库、地泵房、自行车棚、厕所、门卫、开水房、围墙、沉淀池

11.1.4 建筑抗震设防的分类应按其使用功能的重要性、工厂的生产规模、停产后的经济损失的大小和修复的难易等因素来划分，并应符合表11.1.4的规定。

表11.1.4 建筑物或构筑物抗震设防分类表

抗震设防类别	建筑物或构筑物名称
重点设防类	大、中型建筑卫生陶瓷工厂的总降压变电站
特殊设防类	除重点设防、适度设防类以外的建筑物或构筑物
适度设防类	露天堆场、原料棚、原料库、材料库、地磅房、自行车棚、厕所、门卫、开水房、围墙、沉淀池

11.1.5 建筑物或构筑物的防火设计应符合现行国家标准《建筑设计防火规范》GB 50016 的有关规定。主要生产车间及建筑物或构筑物的火灾危险性类别、建筑耐火等级应符合本规范附录A的规定。

11.1.6 功能相近的辅助车间、生产管理及生活建筑宜合并建设。

11.2 生产车间与辅助车间

11.2.1 生产厂房的全部工作地带应利用直接天然采光，当天然采光不能满足要求时，可采用以人工照明为辅的混合采光。

11.2.2 厂房内工作平台上部的净高及楼梯至上部构件底面的高度不宜低于2.0m。

11.2.3 厂房内通道宽度应按人行、配件的搬运及车辆运行等要求确定。按单人行走，在固定设备（或有封闭罩）的运行设备）旁的通道净宽不应小于0.7m；在运转机械旁的通道净宽不应小于1m。

11.2.4 辅助车间的设计应满足各主体专业的要求。房间净高不应低于2.7m，并应有天然采光和自然通风。

11.3 辅助用室、生产管理及生活建筑

11.3.1 辅助用室、生产管理及生活建筑外围护结构（包括门、窗）的热工性能应符合现行行业标准《严寒和寒冷地区居住建筑节能设计标准》JGJ 26 的有关规定。

11.3.2 车间办公室设计应符合下列规定：

1 车间办公室宜按工艺系统组建成几幢建筑物，也可与其他辅助建筑联建。

2 车间办公室应包括办公室、更衣室、值班室、会议室、厕所和盥洗室等房间。办公室建筑面积按每人 $9m^2 \sim 10m^2$ 计；会议室按车间最大班职工人数100%计，每人使用面积 $0.5m^2$；更衣室按车间总人数计，每人使用面积 $0.7m^2$；厕所和盥洗室建筑面积应符合现行国家标准《工业企业设计卫生标准》GBZ 1 的有关规定。

3 车间办公室内噪声级不应超过60dB（A）。

11.3.3 工具间（包括材料间）应有围护结构与车间相隔，面积不宜小于 $6m^2$。

11.3.4 中心实验室设计除应符合本规范第14.2节规定外，建筑设计尚应符合下列规定：

1 中心实验室的地面、墙面及顶棚应便于清扫；

2 室内允许噪声级为60dB（A）。

11.4 构 筑 物

11.4.1 烟囱设计应符合现行国家标准《烟囱设计规范》GB 50051 的有关规定。

11.4.2 泥浆池、水池的设计应符合现行国家标准《给水排水工程构筑物结构设计规范》GB 50069 的有关规定。

11.4.3 构筑物抗震设计应符合现行国家标准《构筑物抗震设计规范》GB 50191 的有关规定。

11.5 建筑构造设计

11.5.1 屋面设计应符合下列规定：

1 厂区及辅助建筑的屋面可采用有组织排水，生产厂房的屋面可采用自由排水。屋面的排水坡度应满足现行国家标准《民用建筑设计通则》GB 50352 的有关规定。

2 厂房高度超过6m时应设置可直接到达屋面的垂直爬梯，从其他部位能到达时可不设，垂直爬梯的高度超过6m时应有护笼。

3 当空气中含有酸性气体时屋面板不应选用金属屋面。

11.5.2 墙体设计应符合下列规定：

1 框架填充墙严禁使用实心黏土砖，必须采用各类砌块、空心砖或轻质板材。

2 钢结构墙面应优先采用金属压型板等轻质板

材。钢筋混凝土框架厂房的外墙，在条件允许时也可采用金属压型板或其他大型板材。

3 寒冷及风沙大的地区的建筑围护结构应以封闭式为主。散热量较大的车间可采用开敞式或半开敞式厂房，并应有可靠的防雨措施。

4 原料破碎车间、球磨车间、抛光车间、压缩空气站、煤气站加压机房等噪声较大的车间，应减少外墙上的门、窗面积，外围护结构应具有足够的隔声能力。原料破碎等粉尘较大的车间应有封闭的外围护结构。

11.5.3 有设备出入车间的门尺寸应按设备尺寸确定。大门应比通过门的设备高、宽至少各大出 0.6m 以上。人行门宽不应小于 0.9m。

11.5.4 生产车间在人工开窗有困难的高处宜采用中旋窗或固定的采光、通风口。

11.5.5 有隔声及防火要求的门窗应采用相应的配件。

11.5.6 楼梯及防护栏杆的设计应符合下列规定：

1 车间可采用金属梯作为楼层和工作平台之间的通道，主梯宽度不应小于 0.8m。

2 钢梯角度宜选用 46°或 51°，室外钢梯宜采用钢格板踏步。

3 车间各类平台的临空周边、垂直运输孔洞以及楼梯洞口的周边，应设置防护栏杆。防护栏高度不应小于 1.1m，栏杆底部应设高度不小于 100mm 的防护板。

11.5.7 楼面、地面、散水的设计应符合下列规定：

1 建筑物或构筑物的外围应设散水，人行门下应设台阶，车行门下应设坡道。

2 车间宜采用混凝土地面、水泥砂浆楼面。

3 有洁净、耐酸碱、不发火花等要求及布设电线的地面、楼面应采用水磨石、地砖、防火花地面及抗静电活动地板。

4 湿陷性黄土、膨胀土、冻胀土地区的地面、散水、台阶、坡道应按国家现行标准《湿陷性黄土地区建筑规范》GBJ 25、《膨胀土地区建筑技术规范》GBJ 112、《冻土地区建筑地基基础设计规范》JGJ 118 的有关规定进行设计。

5 有可能积水的房间地面、楼面标高，较与之相通的走廊或房间的地面、楼面宜降低 20mm。位于楼层上可能积水的房间，其楼面应设整体防水层。

11.5.8 地沟、地坑及地下防水的设计应符合下列规定：

1 地下水设防标高应根据地下水的稳定水位、场地产生滞水的可能性及建厂后场地下水位变化的情况等因素来确定。设计最高地下水位应为稳定的最高地下水位或最高滞水水位再增加 0.5m，但不得超过室内地坪标高。

2 地坑底面低于地下水设防标高时，应防有

压水处理，可用防水混凝土或采用防水混凝土加柔性防水层的做法，地坑底面高于地下水设防标高时，可按防无压水做防潮处理。地坑及地下廊分缝处，应做防水处理。

3 地沟、地坑应设集水坑。

11.6 主要结构选型

11.6.1 建筑物或构筑物的基础应优先采用天然地基。遇有下列情况之一时应采用人工地基：

1 天然地基的承载力或变形无法满足建筑物或构筑物的使用要求。

2 地基具有承载力满足要求的下卧层，经技术经济比较，采用人工地基比天然地基更为经济合理。

3 地震区地基有不能满足抗液化要求的土层。

11.6.2 多层厂房宜采用现浇钢筋混凝土框架结构。单层厂房宜采用钢结构、钢筋混凝土结构或砖混结构，宜以钢结构为主。

11.6.3 圆形和长条形等的大跨度屋盖结构宜采用轻型钢结构。

11.6.4 球磨机、喷雾干燥塔、压砖机、窑炉、煤气发生炉等的设备基础，可采用大块式和箱形结构。

11.6.5 建筑物或构筑物结构均应符合现行国家标准《工业建筑可靠性鉴定标准》GB 50144 的有关规定。

11.7 结构布置

11.7.1 在满足生产工艺要求和不增加面积的原则下，厂房的柱网应排列整齐，符合建筑模数；平台梁板的布置应规则，受力明确。

11.7.2 厂房内的大型设备基础、独立构筑物、整体地坑等宜与厂房柱子基础分开。

11.7.3 与厂房相毗邻的建筑物，宜采用沉降缝或伸缩缝与厂房分开。

11.7.4 大型设备基础宜放在地面上。当放在平台或楼板上时应采取加强措施。

11.7.5 建筑在高压缩性软土地基上的厂房，建筑物室内地面或附近有大面积堆料时，应计算堆料对建筑物地基的影响，并应对差异沉降采取相应的措施。

11.7.6 输送天桥支在厂房上时，应在天桥支点处设置滚动支座。

11.7.7 长期处于磨损工作状态下的结构构件应采取抗磨损措施，且结构层外应单独设置耐磨层，并应对耐磨层进行定期检查。

11.8 设计荷载

11.8.1 建筑物或构筑物楼面的均布活荷载标准值及其组合值系数、频遇值系数、准永久值系数，应按生产的实际情况采用，也可按表 11.8.1 的规定采用。

表 11.8.1 建筑物或构筑物楼面均布活荷载表

类 别	标准值 (kN/m²)	组合值系数 Ψ_c	频遇值系数 Ψ_f	准永久值系数 Ψ_q
生产车间平台、楼梯	3.5	0.7	0.7	0.5
胶带输送机走廊、一般走道	2	0.7	0.7	0.5
地坑盖、平台等挑出部分	3	1.0	0.7	0.5
民用建筑	按现行国家标准《建筑结构荷载规范》GB 50009 采用			

11.8.2 建筑物或构筑物屋面水平投影面上的均布活荷载标准值及其组合值系数、频遇值系数、准永久值系数,应按表 11.8.2 的规定采用。

表 11.8.2 建筑物或构筑物屋面水平投影面上的均布活荷载表

类 别	标准值 (kN/m²)	组合值系数 Ψ_c	频遇值系数 Ψ_f	准永久值系数 Ψ_q
压型钢板等轻型屋面	0.5 (0.3)	0.7	0.5	0
不上人平屋面	0.5	0.7	0.5	0
上人的平屋面	2.0	0.7	0.5	0.4

注:带括号的数值适用于轻钢结构屋面。

11.8.3 建筑物或构筑物的设备荷载标准值应根据工艺要求的数值(包括动力系数)采用。计算时将其分解为永久荷载和可变荷载,准永久值系数为 0.8。

11.9 结构计算

11.9.1 水塔、烟囱以及高度与宽度之比大于 4 的框架、天桥支架等的设计,均应计入风振系数。

11.9.2 高度与宽度之比大于 4 的框架及天桥支架,在风荷载作用下,顶点的水平位移 Δ 与总高度 H 之比 (Δ/H) 不应大于 1/500;在多遇地震作用下,Δ/H 不应大于 1/450。

11.9.3 计算地震作用时,可变荷载的组合值系数应按表 11.9.3 的规定采用。

表 11.9.3 组合值系数表

可变荷载种类	组合值系数
雪荷载	0.5
屋面积灰荷载	0.6
屋面活荷载	0
楼面活荷载	0.5
设备荷载	0.8

11.9.4 球磨机基础的地基反力不宜出现拉力;相邻两个基础之间的不均匀差异沉降量不应大于 10mm。

11.9.5 窑炉基础、球磨机基础、破碎机基础和大型风机基础可不作抗震验算。

11.9.6 设计胶带头部支架和导向轮的承重结构时,应计及长胶带拉力对结构的作用。

11.9.7 构筑物抗震设计应符合现行国家标准《构筑物抗震设计规范》GB 50191 及《工业构筑物抗震鉴定标准》GBJ 117 的有关规定。

12 给水与排水

12.1 一般规定

12.1.1 给水排水设计应满足生产、生活和消防用水的要求。

12.1.2 根据建厂地区气候条件和建筑物特性,给水排水管道应采取防冻和防结露措施。

12.2 给 水

12.2.1 生产生活用水量的确定,应符合下列规定:
 1 生产用水量应根据生产工艺的要求确定。
 2 厂区生活用水量宜采用 35L/(人·班),小时变化系数为 3.0,用水时间为 8h;厂区淋浴用水量宜采用 60L/(人·班),淋浴延续时间为 1h。
 3 浇洒道路和场地用水量宜采用 (1.5~2.0) L/(m²·次),浇洒次数为 (2~3) 次/d;绿化用水量宜采用 (2.0~4.0) L/(m²·次),浇洒次数为 1 次/d。
 4 冲洗汽车用水量和公共建筑生活用水量应符合现行国家标准《建筑给水排水设计规范》GB 50015 的有关规定。
 5 实验化验室用水量宜采用 (3~5) m³/d,用水时间为 8h;机电修理车间用水量宜采用 (10~20) m³/d,用水时间为 8h。
 6 设计未预见用水量,可按生产、生活总用水量的 15%~30% 计算。

12.2.2 机械设备冷却水的给水温度宜小于 32℃,碳酸盐硬度宜控制在 (80~250) mg/L (以 $CaCO_3$ 计);悬浮物宜小于 20mg/L,pH 值 6.5~8.5,并满足水质稳定的要求。

12.2.3 锅炉、化验、空气调节和生活等用水水质应符合相应的国家标准。

12.2.4 生产用水水压应按生产要求确定。车间进口的水压宜为 0.25MPa~0.35MPa。

12.2.5 给水水源的选择应根据水资源勘察资料和总体规划的要求,并符合下列规定:
 1 水资源应丰富可靠,满足生产、生活和消防的用水量。
 2 符合卫生要求的地下水,应优先作为生活饮用水的水源。生活饮用水水源的卫生防护应符合现行国家标准《生活饮用水卫生标准》GB 5749 的有关规定。

3 优先选用水质不需净化处理或只需简易净化处理的水源。
　　4 有条件时，可与农业、水利、邻近城镇和工业企业协作，综合利用水资源。
　　5 水源工程及其配套设施应安全、经济，便于施工、管理和维护。

12.2.6 地下水的取水量必须小于允许开采水量。采用管井时应设置备用井。备用井数量可按任何一口井或其设备事故时，仍能满足80%设计取水量确定，但不得少于1口井。

12.2.7 取用地表水时，枯水期的流量保证率应为90%～97%。

12.2.8 取水泵站和取水构筑物的最高水位宜按100年一遇的频率设计；枯水位的保证率宜按95%设计、97%校核。对于小型厂可按50年一遇的最高水位频率设计，枯水位的保证率可按90%设计、95%校核。

12.2.9 水源至工厂的输水工程应根据地形条件优先选用重力输水。输水管线宜设两条，当其中一条输水管线故障时，应能通过80%的设计水量。若水源至工厂只设一条输水管或多座水源井分别以单管向工厂输水时，厂内应设置安全储水池或其他安全供水的设施。

12.2.10 给水处理厂的生产能力应根据工厂总体规划的要求，以生产、生活最高日供水量加消防补充水量和自用水量确定。

12.2.11 生产给水宜采用敞开式循环水系统，循环回水可采用压力流或重力流。循环冷却水系统应保持水质、水量平衡，宜采用旁滤或其他水质处理措施，并应符合现行国家标准《工业循环冷却水处理设计规范》GB 50050 的有关规定。

12.2.12 对部分水质要求较高的生产用水可由生活给水系统供水。

12.2.13 在一个水泵站内宜选用同类型的水泵；每一组生产给水泵应设有备用泵，但冷却塔给水泵可不设备用泵。

12.2.14 生活饮用水管道不应与非生活饮用水管道及城镇生活饮用水管道直接连接。

12.2.15 消防给水系统应设置水量调节储存设施，有条件时应优先选择高位储水池。

12.2.16 用水计量应做到生产和生活、厂内和厂外的用水分别计量。

12.2.17 车间和独立建筑物的给水系统必须与室外给水系统协调一致。

12.2.18 生产用水设备的进口水压应根据生产工艺和设备的要求确定。

12.2.19 生产车间内的给水管道宜采用枝状布置。工艺要求不间断供气的压缩空气站、设消防用水的车间等的给水管道应设两条引入管，在室内连成环状或贯通枝状双向供水。

12.2.20 建筑物的引入管和压力循环回水出户管应设置控制阀门。用水设备的管道最高部位宜设置排气阀，管道最低处宜设置放水阀。

12.3 排　　水

12.3.1 排水工程设计应结合当地规划，综合设计生活污水、工业废水、洪水和雨水的排除。生产污水、生活污水宜采用合流制，雨水宜单独排除。对不可回收的生产废水可排入雨水或生活污水排水系统。

12.3.2 生产排水量应根据生产用水以及循环水水质稳定的需要确定。生活污水量应按现行国家标准《室外排水设计规范》GB 50014 规定的排水定额确定，也可按生活用水量的80%～90%计算确定。

12.3.3 各种污水排入排水管网之前，应符合下列规定：
　　1 建筑物排出的粪便污水宜分散或集中设置化粪池并做处理；
　　2 汽车洗车台的排水及食堂含油污水应设置沉淀和除油设施并做处理；
　　3 化验室、机电修理工段和其他车间排出的含酸、碱污水应有中和处理设施并做处理；
　　4 锅炉房排出温度大于40℃的废水应有降温设施并做处理；
　　5 喷雾干燥器、抛光线和车间冲洗地面等排出的废水，应设置沉淀设施并做处理。

12.3.4 建筑卫生陶瓷工厂的污水排放、污水处理程度，应符合当地的有关规定，并取得地区环保主管部门的同意。

12.3.5 车间和独立建筑物的排水系统应与室外排水系统协调一致。

12.4 消防及其用水

12.4.1 建筑卫生陶瓷工厂应设计消防给水，并按建筑物类别和使用功能设置固定灭火装置和火灾自动报警装置。

12.4.2 厂区同一时间内的火灾次数应按一次计算。

12.4.3 消防用水量应按现行国家标准《建筑设计防火规范》GB 50016 的有关规定执行。

12.4.4 消防给水系统可与生活给水系统或生产给水系统合并，但不宜与压力流回水的生产循环给水系统合并。当设有储油系统时，油库区应采用独立的消防给水系统。

12.4.5 室外消防给水管网应布置成环状。小型厂区的室外消防用水量不超过15L/s时可布置成枝状。

12.4.6 纸箱库及包装车间的纸箱储存间、体积超过5000m³的办公楼应设室内消防给水，其他车间和建筑物应按国家现行有关防火标准的规定执行。

12.4.7 大型油浸电力变压器应按现行国家标准《建筑设计防火规范》GB 50016、《水喷雾灭火系统设计规范》GB 50219的有关规定设置水喷雾或其他固定灭火装置。

12.4.8 储油系统的油罐区应采用固定式低倍数空气泡沫灭火装置和喷水冷却装置。对于容量小于200m³的地上油罐，及半地下、地下、覆土和卧式油罐，喷雾干燥器、窑炉可采用移动式泡沫灭火装置。

12.4.9 设有集中空气调节系统的综合办公楼内的走道、办公室、餐厅和库房应设置闭式自动喷水灭火设备。

12.4.10 贵重的仪器、仪表设备室，办公楼内的重要档案、资料库，以及设有二氧化碳及其他气体固定灭火装置的房间应设火灾检测与自动报警装置。

12.4.11 建筑卫生陶瓷工厂的建筑物应设置灭火器，并应符合现行国家标准《建筑灭火器配置设计规范》GB 50140的有关规定。

13 采暖、通风与除尘

13.1 一般规定

13.1.1 供热、通风与空气调节设计方案的选择应根据建厂地区气象条件、总图布置、工艺和控制要求、区域能源状况及环境保护要求，通过技术经济比较确定。

13.1.2 采暖、通风与空气调节室外气象计算参数应符合现行国家标准《采暖通风与空气调节设计规范》GB 50019的有关规定。

13.2 采 暖

13.2.1 建筑卫生陶瓷工厂的采暖设计应符合下列规定：

1 位于集中采暖地区的生产管理和生活建筑，有防寒要求或经常有人停留、工作，并对室内温度有一定要求的生产及辅助生产建筑应设置集中采暖。

2 位于非集中采暖地区但有采暖要求的生产管理和生活建筑、生产车间的控制室、值班室及辅助生产建筑可设置集中采暖。

3 设置集中采暖的生产管理和生活建筑、生产及辅助生产建筑，当其位于严寒或寒冷地区，且在非工作时间或中断使用的时间，室内温度必须保持在0℃以上时，应按5℃设置值班采暖。当工艺系统及生产设备对环境温度另有要求时，可根据要求确定室内采暖计算温度。

4 各类破碎、产品包装等高大的生产厂房不应全面采暖，应从围护结构上隔断，设局部采暖。

5 当采暖建筑物远离热力管网、热力管网布置困难、采暖建筑物过高且采暖热负荷仅为小型控制室、值班室时，可设置局部采暖。

6 设置集中采暖的生产及辅助生产建筑，当散热器采暖难以保证采暖室内设计温度时，可用热风采暖补充。

7 储存或产生易燃、易爆气体的场所内严禁使用明火采暖。当采用电热采暖时必须选用防爆型电暖器及插座。

8 不同供暖方式的采暖间歇附加值宜按表13.2.1的规定采用。

表13.2.1 不同供暖方式的采暖间歇附加值表

供暖方式	供暖热源类型	供暖时间(h/d)	间歇附加值(%)
连续供暖	热电站供热、区域连续供暖锅炉房	24	0
调节运行供暖	小区集中供暖锅炉房	16～24	10
间歇供暖	小型锅炉房（白天运行）	8～10	20

注：间歇附加值按采暖房间总耗热量计算。

13.2.2 采暖热媒的选择应符合下列规定：

1 一般寒冷地区的厂区采暖热媒宜采用70℃～95℃低温热水。

2 严寒地区的厂区采暖热媒宜采用70℃～110℃高温热水。

3 严寒地区的生产建筑采暖和除尘设备保温供热，其热媒可采用蒸汽。蒸汽温度不应高于120℃，其凝结水回收率不应低于60%。

4 利用余热或天然热源采暖时，采暖热媒及其参数可根据具体情况确定。

13.2.3 热源设计应符合下列规定：

1 所需热负荷的供应应根据所在区域的供热规划确定。当其热负荷可由区域热电站或区域锅炉房供热时，不应单独设置锅炉房。

2 锅炉房设计应根据工厂总体规划，做到远近期结合，以近期为主，适当留有扩建余地。对改建、扩建工程，应合理利用原有建筑物、设备和管道。

3 锅炉台数的确定应符合下列规定：

　1) 锅炉房内相同参数的锅炉台数不宜少于2台。当选用1台能满足热负荷和检修要求时，可只设置1台。

　2) 锅炉房的锅炉总台数，每种炉型（指蒸汽锅炉与热水锅炉）不宜超过2台，当选用多台锅炉时，应通过技术经济方案比较后确定。

　3) 为严寒地区的生产建筑采暖及除尘设备保温供热，应设有备用锅炉。

　4) 生活供汽应设备用锅炉。

　5) 一般寒冷地区的采暖可不设置备用锅炉。但其中1台停止运行时，其余设备应满足60%～75%热负荷的需要。

　6) 对于采暖、生活用汽热负荷较小的厂区锅炉房宜选用2台蒸汽锅炉，并设置汽水换热装置。

 4 锅炉房控制室应有较好的朝向，其观察窗对观察锅炉应有较好的视野。折合12蒸吨以上的锅炉房，宜设置化验室、维修间和生活间。

 5 锅炉总容量折合小于12蒸吨的锅炉房，每台锅炉可单独设置机械上煤、机械除渣装置。

 6 严寒地区锅炉总容量折合大于或等于12蒸吨，或一般寒冷地区要求机械化程度较高的锅炉房，从煤堆场到锅炉房内运煤宜采用间歇机械化设备装卸和间歇机械化设备运煤。锅炉除渣宜采用联合除渣机。

 7 锅炉房的鼓风机、引风机应设在厂房内，当鼓风机、引风机设在室外时，应采取防雨、消声等措施。

 8 锅炉房烟囱高度、个数及烟尘、二氧化硫排放浓度应符合现行国家标准《锅炉大气污染物排放标准》GB 13271的规定。

 9 锅炉房应按其规模、供热对象分别设置计量仪表检测供蒸汽量、供热量、燃料消耗总量、原水消耗总量、凝结水回收量、热水系统补给水量及总耗电量等。

13.2.4 室外热力管网的设计应符合下列规定：

 1 热水采暖管网应采用双管闭式循环系统。蒸汽采暖管网宜采用开式系统，其凝结水应回收。当凝结水量小，且回收系统复杂时，经技术经济比较，可就地排放。

 2 热力管网敷设应符合下列规定：

  1）热力管网的敷设形式，应根据建设场地地形、地质、水文、气象条件，以及对美观的要求等因素综合确定。改、扩建工程尚应依据原有管网及建筑物或构筑物情况确定。

  2）采用直埋敷设的热力管网中连接采暖用户的支管宜采用不通行地沟。敷设于地下水位以下的直埋管应有可靠的防水措施。穿越不允许开挖的交通干道时应加设套管。

  3）采用地沟敷设的热力管网中连接各采暖用户的支管宜采用不通行地沟；供热干管及不允许开挖的地区宜采用半通行地沟；当各种管道共沟敷设时宜采用通行地沟，热力管应在管沟的上部。

  4）改建、扩建工程的热力管网宜采用架空敷设。新建厂的热力管网宜采用直埋或地沟敷设，当建设场地不允许可采用架空敷设。严寒地区不宜采用架空敷设。

  5）各采暖用户热力管入口处均应装设调节阀，并安装在入户阀门井内。对于沿墙敷设的架空热力管，室外安装阀门有困难时，入户阀门可装在室内。

  6）地下敷设的热力管沟、阀门井外壁，以及直埋管道、架空管道保温结构表面，与建筑物或构筑物、道路、铁路及各种管道最小水平净距、最小垂直净距，应符合本规范附录D～附录F的规定。

  7）热负荷较大的生产及辅助生产建筑物采暖入口处，宜设置温度、压力检测管座。

13.3 通 风

13.3.1 自然通风设计应符合下列规定：

 1 以自然通风为主的厂房，其方位宜根据主要进风面、建筑物形式，按夏季有利的风向布置。

 2 自然通风宜利用底层门洞、侧窗作进风口，上部侧窗作排风口；烧成工段宜设排风天窗或排风罩。侧窗和天窗的窗扇应开启方便灵活。

 3 采用自然通风的建筑物，车间内经常有人工作地点的夏季空气温度，应符合现行国家标准《工业企业设计卫生标准》GBZ 1的有关规定，当超出规定值时应设置机械通风。

 4 产生余热、余湿的喷雾干燥车间、卫生陶瓷成型车间、烧成车间等生产厂房，应优先采用自然通风，当达不到卫生条件和生产要求时，应采用机械通风方式。

13.3.2 机械通风设计应符合下列规定：

 1 凡产生余热、余湿及有害气体的建筑应以消除有害物质计算通风量，当缺乏必要的资料时，可按房间换气次数确定。建筑卫生陶瓷工厂建筑物通风换气次数宜按本规范附录G的规定采用。

 2 炎热地区的卫生陶瓷坯体装卸处、包装车间包装工人打包处宜设置局部过滤送风装置。

 3 化验室通风柜的排风量应保持工作孔风速为$0.5m/s\sim 0.6m/s$，排风机及管道应防腐。

 4 有机械送风的配电室，送入室内的空气应经过过滤处理。配电室应设排风系统，其风量宜为送风系统风量的90%。炎热地区的各车间配电室应设置机械排风系统。

 5 设有二氧化碳或其他气体等固定灭火装置的控制室及其他建筑物应按消防要求设置局部排风系统。

 6 炎热地区机、电修工段的各工段厂房内应设置移动式通风机。

 7 循环水泵站的加氯间及污水泵站的地坑均应设置机械排风系统。加氯间的排风口应设在房间的下部。污水泵站吸风口的设置应避免气流短路。

13.3.3 事故通风的设计应符合下列规定：

 1 总降压变电站、配电站的高压开关柜室、电容器室、射油泵间、燃油附件间等辅助生产厂房应设置事故排风装置。事故排风应同经常使用的排热、排湿系统合用，并在事故时应保证足够的排风量。

　　2 事故排风机应分别在室内、外便于操作的地点设置开关。

　　3 事故排风机应设在有害气体或有爆炸危险物质散发量最大的地点，并应采取防止气流短路措施。

　　4 排除有爆炸危险物质的局部排风系统，通风机应采用防爆型电机。

13.4 除　　尘

13.4.1 局部排风系统排出的有害气体，当其有害物质含量超过排放标准或环境要求时应采取有效净化措施。

13.4.2 放散粉尘的生产工艺过程应采用机械除尘、机械与湿法联合除尘。

13.4.3 建筑卫生陶瓷厂放散粉尘的设备，其密闭形式应根据工艺流程、设备特点、生产工艺、安全要求及便于操作、维修等因素确定。

13.4.4 吸风点的排风量应按防止粉尘或有害气体逸出的原则通过计算确定。有条件时可采用实测数据或经验数值。

13.4.5 确定密闭罩吸风口的位置、结构和风速时应使罩内负压均匀，防止粉尘外逸并不致把物料带走。吸风口的平均风速宜符合表13.4.5的规定：

表13.4.5　吸风口的平均风速值表

物料加工工段	平均风速值（m/s）
细粉料的筛分	≤0.6
物料的粉碎	≤2
粗颗粒物料的破碎	≤3

13.4.6 除尘系统的排风量应按其全部吸风点同时工作计算。

13.4.7 建筑卫生陶瓷厂除尘风管内的最小风速不应低于本规范附录H的规定。

13.4.8 除尘系统的划分应符合下列规定：

　　1 同一生产流程、同时工作的扬尘点相距不远时宜合设一个系统；

　　2 同时工作但粉尘种类不同的扬尘点，当工艺允许不同粉尘混合回收或粉尘无回收价值时可合设一个系统；

　　3 当温、湿度不同的含尘气体混合后导致风管内结露时应分设系统。

13.4.9 除尘器的选择应根据下列因素并通过技术经济方案比较后确定：

　　1 含尘气体的化学成分、腐蚀性、爆炸性、温度、湿度、露点、气体量和含尘浓度；

　　2 粉尘的化学成分、密度、粒径分布、腐蚀性、亲水性、磨琢度、比电阻、粘结性、纤维性和可燃性、爆炸性等；

　　3 净化后气体的容许排放浓度；

　　4 除尘器的压力损失和除尘效率；

　　5 粉尘的回收价值及回收利用形式；

　　6 除尘器的设备费、运行费、使用寿命、场地布置及外部水、电源条件等；

　　7 维护管理的繁简程度。

13.4.10 建筑卫生陶瓷工厂对除尘器收集的粉尘，根据生产条件、除尘器类型、粉尘的回收价值和便于维护管理等因素，应采取妥善的回收或处理措施，工艺允许时，应纳入工艺流程回收处理。处理干式除尘器收集的粉尘时应采取防止二次扬尘的措施。当收集的粉尘允许直接纳入工艺流程时，除尘器宜布置在生产设备（包括胶带运输机、料仓等）的上部。当收集的粉尘不允许直接纳入工艺流程时，应设储尘斗及相应的搬运设备。

13.4.11 干式除尘器的卸尘管应采取防止漏风的措施。

13.4.12 吸风点较多时，除尘系统的各支管段宜设置调节阀门。

13.4.13 除尘器宜布置在除尘系统的负压段。当布置在正压段时，应选用排尘通风机。

13.4.14 工厂招待所及大、中型公共食堂的厨房应设机械排风和油烟净化装置，其油烟排放浓度不应大于$2.0mg/m^3$。条件许可时，宜设置集中排油烟烟道。

14 其他生产设施

14.1 一　般　规　定

14.1.1 建筑卫生陶瓷工厂其他生产设施的配备应满足正常生产需要。

14.2 中心实验室

14.2.1 大、中型建筑卫生陶瓷工厂应设置中心实验室。

14.2.2 中心实验室应配备能满足坯料、釉料的化学全分析、产品性能测试等要求的仪器、器皿及装置。

14.2.3 中心实验室应配备能满足坯料、釉料及产品的物理检验要求的装备。

14.2.4 中心实验室应配备能满足生产质量控制要求的仪器和装置。

14.2.5 中心实验室制样室、高温室、精密称量室、分析室、物理检测室等应单独分室设置。

14.2.6 小型建筑卫生陶瓷工厂的质量控制应符合本规范第14.2.4条的规定。

14.3 机电设备及仪表维修

14.3.1 机械修理配置应符合下列规定：

　　1 机修工段的装备应根据工厂的生产规模和当地协作条件确定。大、中型厂不具备协作条件时，应具备中修能力；否则可按小修设置。

2 机修工段由机钳、铆焊等工序组成，机修工段应设置备品备件库和乙炔、氧气瓶库以及办公室和更衣室等辅助设施。

3 中型厂机修工段的机床配置应为：车床5台，牛头刨2台，插床、铣床、摇臂钻、立式钻、单梁桥式起重机各1台，根据需要还可配置龙门刨及内外圆磨床等。

4 铆锻及锻造工段应配置空压机、直流焊机、交流焊机及半自动切割机等设备。

5 机修工段各工段建筑最低耐火等级应符合本规范附录A及现行国家标准《建筑设计防火规范》GB 50016 的相关规定。

6 车间地面荷载应符合要求，其铆锻部分地面荷载宜为 $2t/m^2$，机床部分地面荷载宜为 $1t/m^2 \sim 3t/m^2$，其他部分地面荷载宜为 $2t/m^2 \sim 3t/m^2$。

14.3.2 电气设备修理配置应符合下列规定：

1 电修工段的规模应根据工厂规模、电气装备水平及外部协作条件等因素确定。

2 电修工段的位置宜设在机修工段附近，并应避免与铸造及铆锻焊工序相邻。

3 电修工段内应设置单梁起重机，其起重量应满足起吊最大检修部件的需要。

4 电气修理的范围包括电动机、变压器、配电装置、配电线路、电气设备及电气仪表等。电修工段应能完成对中型电机、车间变压器的大修和中修，35kV电气设备的检修及试验，变压器油的再生与处理。厂区主变压器、高压电机及特殊用途电机的修理应由外协解决。

5 电气试验的高压区应设置栏杆和信号。浸漆干燥及油处理间应满足防火要求。检修含六氟化硫（SF_6）的高压断路器的场所应设置机械通风装置。

6 电修工段应有良好的采光。

14.3.3 仪表维修配置应符合下列规定：

1 厂区应设置仪表维修室和备品备件库，其装置水平宜符合下列规定：

　　1）小型厂宜按小修水平设置，对于边远地区的小型厂或不具备外协条件时，可按中修水平设置。

　　2）大、中型厂宜按中修水平设置。

2 仪表维修室应有良好的采光、防火、防尘、防振等设施，室内应设置空调。

14.4 地　　磅

14.4.1 地磅的选择应根据当地运输车辆的载重能力确定。

14.4.2 秤体宜采用无坑基安装。

14.5 压缩空气站

14.5.1 压缩空气站设计应满足工艺用气要求，并应符合现行国家标准《压缩空气站设计规范》GB 50029 的有关规定。

14.5.2 当压缩空气用于阀门控制、脉冲喷吹等对气体质量要求较高的设备时，应进行净化处理，气体干燥后湿含量应满足使用设备的要求。

14.5.3 压缩空气用在粉状物料充气或输送时，气体应进行充分冷却和除油干燥。

14.5.4 压缩空气站应靠近用气负荷中心，并避免粉尘污染，可集中或分散设置。

14.5.5 空气压缩机的选型和台数，应根据空气用量和压力要求以及气路系统损耗和必要的储备量确定，并应设置备用机组。

14.5.6 输送粉状物料的空气压缩机宜专机专用。不同用途的空气压缩机宜分别设置。

14.6 工艺计量

14.6.1 建筑卫生陶瓷生产过程中，从原料、燃料进厂到产品出厂的各个环节应配备相应的计量装置，并应符合下列规定：

1 原料、燃料进厂可根据物料运输方式的不同采用相应的计量装置。

2 球磨机配料和原料化浆等宜采用定量给料秤或其他型式的配料秤。

3 泥浆配浆宜采用流量计或其他型式的计量装置。

14.6.2 计量装置的精度应满足工艺要求。

15 节　　能

15.1 一般规定

15.1.1 建筑卫生陶瓷工厂设计应符合现行国家有关节能的法律、法规和标准规范的规定。

15.1.2 编制初步设计文件时应同时编制节能篇（或节能章）。

15.1.3 施工图设计阶段应落实初步设计审批意见。经审查批准的节能设计方案，如有变动应征得原审批部门的同意。

15.1.4 设备选型应采用国家推荐的节能型产品，并应逐步推广采用高效节能产品。

15.2 热能利用

15.2.1 建筑卫生陶瓷工厂废气余热利用应在保证生产线设计指标不变的条件下进行，烧成窑炉的多余废气余热宜用于干燥。

15.2.2 余热利用不应影响生产线的正常运行，不应提高单位产品的能耗。

15.3 节　　电

15.3.1 供配电系统设计应符合下列规定：

1 变电所或配电站的位置应靠近负荷中心，减少配电级数，缩短供电半径，应选择低损节能型变压器。

2 变压器的容量、台数及运行方式应根据负荷性质确定。

3 供配电系统设计宜采用高压补偿与低压补偿相结合，集中补偿与就地补偿相结合的无功补偿方式；企业计费侧最大负荷时的功率因数不应低于0.92。

4 变压器的运行负载率宜为60%～70%。

5 供配电系统设计应减少供电系统的高次谐波，保持变压器三相电流平衡。

15.3.2 电气设备的选型应符合下列规定：

1 较大容量的电动机宜设置电容就地补偿或进相机，对需要调速的电机宜使用变频调速方式。

2 对于风机、水泵、搅拌器、空气压缩机、输送机等设备均可使用电机节电器。

3 破碎及粉磨系统应选择适宜的入料粒度与出料细度。

15.3.3 照明节能设计应符合下列规定：

1 在满足照明质量和视觉效果的要求下，应采用高效、节能、实用的新光源、灯用电器附件、照明灯具和节能控制器。

2 厂区照明宜设置马路灯照明控制器，条件允许时可使用太阳能路灯。

3 疏散指示灯、走廊灯、庭院灯及应急照明等小照度环境可使用发光二极管（LED）光源。

15.4 辅助设施的节能

15.4.1 位于集中采暖地区的工厂可采用烧成系统废气余热进行采暖供热。

16 环境保护

16.1 大气污染防治

16.1.1 厂区内的总图布置应将原料破碎车间、煤气站、堆场等布置在全年最小频率风向的上风侧，并距离厂界附近居民区较远的一侧。

16.1.2 原料破碎、喷雾干燥器、窑炉、施釉等排放的大气污染物应符合国家现行有关排放的标准及当地的有关排放规定。

16.1.3 设有燃煤锅炉房时，必须对烟气中的烟尘和SO_2进行处理。

16.1.4 各车间的含尘气体应通过除尘净化系统处理。

16.2 废水污染防治

16.2.1 生产废水和生活污水的管网应分开布置，废水排放应经环境影响评价论证并得到当地环保部门的批准，同时应符合当地的有关规定。

16.2.2 企业的废水排放应实行计量。废水排放口应设置测流段和永久性采样点。测流段应便于测量流量、流速，排放口应设置标志牌，标志牌的设置应符合现行国家标准《环境保护图形标志—排放口（源）》GB 15562.1 的有关规定。

16.2.3 严禁利用渗井、渗坑等手段排放污水。

16.2.4 煤气发生站的含酚废水，应亏水状态运行，不得外排。

16.2.5 各类污水经处理后宜作为生产补充消耗及其他生产用水的给水水源。

16.3 噪声污染防治

16.3.1 建筑卫生陶瓷工厂厂界噪声应符合现行国家标准《工业企业厂界环境噪声排放标准》GB 12348 的有关规定。

16.3.2 噪声控制设计应符合现行国家标准《工业企业噪声控制设计规范》GBJ 87 的有关规定。

16.3.3 设备选型及布置应充分考虑降噪、减振，应选用低噪声生产设备和有利于控制噪声传播的布置形式。设计中应根据声源特性及发声规律采取隔声、吸声、消声、减振、密封等措施。

16.4 固体废物污染防治

16.4.1 建筑卫生陶瓷工厂固体废物应以回收和综合利用为原则，对有利用价值的固体废物应回收利用，无利用价值的固体废物可无害化堆置。

16.4.2 废产品宜全部回收利用。

16.4.3 废耐火材料宜利用，不能利用的应放置到规划地点做统一处理；含铬耐火砖应按危险废物进行妥善处置。

16.5 环境保护监测

16.5.1 监测站可布置在生产化验楼或生产办公楼内，也可单独布置。建筑面积宜为$100m^2$～$150m^2$，并应配备必要的监测仪器。

16.5.2 监测采样点应布置合理。

16.6 环境保护设施

16.6.1 建筑卫生陶瓷工厂环境保护设施应包括除尘、烟气与废气净化、各种烟囱及排气筒、废水和污水处理、原料露天堆场与固体废物堆场的废弃物处理、设备减振及消声治理、绿化等设施，以及环境监测站（或监测组）设施及其监测仪器设备。

17 职业安全卫生

17.1 一般规定

17.1.1 职业安全卫生的技术和设施应与主体工程同

时设计、同时施工、同时投产使用。

17.1.2 建筑卫生陶瓷工厂的职业安全卫生设计应符合现行国家标准《工业企业设计卫生标准》GBZ 1 的有关规定。

17.2 防火防爆

17.2.1 建筑卫生陶瓷工厂生产车间的火灾危险性类别、厂房的最低耐火等级均应符合本规范附录 A 的规定。

17.2.2 建筑卫生陶瓷工厂各生产车间的防火距离、可燃油品（或可燃气体）储罐区及其附属设施的布置和防火间距，应符合现行国家标准《建筑设计防火规范》GB 50016 的有关规定。

17.2.3 建筑卫生陶瓷工厂电力装置的防火防燃设计应符合现行国家标准《爆炸和火灾危险环境电力装置设计规范》GB 50058 的有关规定。

17.2.4 压力容器、压力管道设计应符合现行国家标准《钢制压力容器》GB 150 的有关规定。

17.3 防机械伤害

17.3.1 建筑卫生陶瓷工厂生产设备的设计和安装应符合现行国家标准《机械安全 防护装置 固定式和活动式防护装置设计与制造一般要求》GB/T 8196、《工业企业设计卫生标准》GBZ 1、《生产设备安全卫生设计总则》GB 5083 的有关规定。

17.3.2 起重机械设置的安全装置应符合现行国家标准《起重机械安全规程》GB 6067 的有关规定。

17.3.3 电梯的制造、安装与检验应符合现行国家标准《电梯制造与安装安全规范》GB 7588 的有关规定。

17.3.4 机器和工作台等设备的布置应便于工人安全操作，通道宽度不应小于 1m。

17.4 防雷保护

17.4.1 建筑卫生陶瓷工厂建筑物防雷设计应根据地理、地质、气象、环境、雷电活动规律以及被保护物的特点确定。

17.4.2 各类建筑物防雷措施应符合现行国家标准《建筑物防雷设计规范》GB 50057 的有关规定。

17.4.3 建筑卫生陶瓷工厂生产厂房及辅助建筑物应根据其生产性质、发生雷电事故的可能性、后果及防雷要求进行分类，并应符合下列规定：

　　1 厂区内外各油料库、石油液化气站、配气站、煤气站及变电站，预计雷击次数大于 0.3 次/年的宿舍、办公楼等，均属于第二类防雷建筑物。

　　2 凡属下列情况之一时应为第三类防雷建筑物：

　　　　1）预计雷击次数大于或等于 0.06 次/a，且小于或等于 0.3 次/a 的宿舍、办公楼等一般性民用建筑物。

　　　　2）预计雷击次数大于或等于 0.06 次/a 的一般性工业建筑物。

　　　　3）原料车间、烧成车间、制釉车间、石膏模型车间和堆场等。

　　　　4）平均雷暴日大于 15d/a 的地区，高度为 15m 及以上的卫生陶瓷成型车间、喷雾干燥车间、烟囱等孤立高耸建筑物；平均雷暴日小于或等于 15d/a 的地区，高度为 20m 及以上的卫生陶瓷成型车间、喷雾干燥车间、烟囱等孤立高耸建筑物。

17.4.4 防雷系统各接地电阻不应大于 10Ω，达不到要求者需增加接地极，变电站防雷接地应与 TN 系统接地极共用且接触电阻应小于 0.5Ω。变电所或变电站的高压进线为三线架空时应增设进线段及管形避雷器。

17.5 防尘、防毒

17.5.1 建筑卫生陶瓷工厂各生产操作区，空气中粉尘的最高容许浓度及建筑物通风换气次数应符合本规范附录 G 的规定。

17.5.2 建筑卫生陶瓷工厂的防尘及有害气体的治理设计应符合本规范第 13.3 节、第 13.4 节的有关规定。

17.6 防暑降温及采暖防寒

17.6.1 建筑卫生陶瓷工厂的防暑降温应符合现行国家标准《工业企业设计卫生标准》GBZ 1 的有关规定。

17.6.2 建筑卫生陶瓷工厂的采暖、防寒设计应符合本规范第 13.1 节、第 13.2 节的有关规定。

17.7 噪声控制

17.7.1 建筑卫生陶瓷工厂厂区内的噪声控制应满足本规范附录 B 的规定。

17.7.2 原料破碎、产品打磨等产生高噪声的生产过程应采用操作机械化、运行自动化的生产工艺，实现远距离操作。

17.7.3 高噪声生产场所宜设置控制、监督、值班用的隔声室，高噪声设备宜布置在隔声的设备间内，并与工人操作区分开。

17.7.4 强烈振动设备之间应采用柔性连接，有强烈振动的管道与建筑物或构筑物、支架的连接不应采用刚性连接。

17.7.5 块状物料输送时应采用阻尼和隔声措施。

17.7.6 产生空气动力噪声的设备，在进气口（或排气口）处应设置消声器。

附录 A 建筑卫生陶瓷工厂建筑物（或构筑物）生产的火灾危险性类别、最低耐火等级及防火间距

表 A 建筑卫生陶瓷工厂建筑物或构筑物生产的火灾危险性类别、最低耐火等级及防火间距表

序号			1	2	3	4	5	6	7	8	9	10	11	12	13	14	15	16	17	18	19	20	21	22
生产火灾危险性类别			戊	戊	戊	戊	丁	丁	丙	戊	丙	丁	丙	丙	戊	戊	丙	甲	丁	戊	—	—	—	—
最低耐火等级			三	三	三	三	三	三	三	三	三	三	三	三	三	三	三	二	三	三	—	—	—	—
建筑物（或构筑物）名称			主要生产厂房												辅助生产厂房						生产管理、生活建筑			
间距(m) 建筑物（或构筑物）名称			原料破碎车间	原料车间	石膏模型车间	成型干燥施釉车间	烧成车间	烘成车间	包装成品库	冷加工车间	材料库	压缩空气站	变电所	车间变电所	循环水、雨水、污水泵站	机修车间	生产汽车、装载机库	煤气站、配气站、液化气站	锅炉房	汽车衡	工厂办公楼	车间办公室	单身、倒班宿舍	厂区食堂
22		厂区食堂	7	7	7	7	7	7	12	8	12	14	12	12	7	8	14	25	12	8	7	8	7	—
21		单身、倒班宿舍	6	6	6	6	10	10	10	12	10	12	10	10	10	12	12	25	10	12	6	6	—	
20	生产管理、生活建筑	车间办公室	6	6	6	6	10	10	10	12	10	12	10	10	10	12	12	25	10	10	6	—		
19		工厂办公楼	6	6	6	6	10	10	10	14	10	14	10	10	10	14	12	25	12	10	—			
18		汽车衡	10	10	12	12	12	12	12	14	12	14	12	12	12	14	14	14	12	—				
17		锅炉房	12	12	12	12	12	12	12	14	12	14	12	12	12	14	14	12	—					
16		煤气站、配气站、液化气站	12	12	12	12	14	14	14	14	14	14	14	14	14	14	14	—						
15		生产汽车、装载机库	12	12	12	12	12	12	12	14	12	14	12	12	10	12	—							
14	辅助生产厂房	机修车间	12	12	12	12	10	10	10	14	10	14	10	10	10	—								
13		循环水、雨水、污水泵站	10	10	10	10	10	10	10	12	10	12	10	10	—									
12		车间变电所	10	10	10	10	10	10	10	12	10	12	10	—										
11		变电所	12	10	10	10	10	10	10	12	10	12	—											
10		压缩空气站	12	12	12	12	12	12	12	14	12	—												
9		材料库	10	10	10	10	10	10	10	12	—													
8		冷加工车间	6	6	6	6	10	10	10	—														
7		包装成品库	10	10	10	10	10	10	—															
6		烘成车间	6	6	6	6	6	—																
5	主要生产厂房	烧成车间	6	6	6	6	—																	
4		成型干燥施釉车间	6	6	6	—																		
3		石膏模型车间	6	6	—																			
2		原料车间	6	—																				
1		原料破碎车间	—																					

注：
1 防火间距应按相邻建筑物外墙的最近距离计算。如外墙有凸出的燃烧构件，则应从其凸出部分外缘算起。
2 甲类厂房之间及其与丙、丁、戊类厂房之间的防火间距，应按本表增加2m；戊类厂房之间的防火间距，可按本表减少2m。
3 高层厂房及其与其他高层厂房、多层厂房和单层厂房之间的防火间距不限，应按本表确定。
4 两座一、二级耐火等级的厂房，当相邻较低一面外墙为防火墙且较低一座厂房的屋顶无天窗、屋顶的耐火极限不低于1h时，其防火间距可适当减小，但甲、乙类厂房不应小于6m，丙、丁、戊类厂房不应小于4m。
5 两座一、二级耐火等级的厂房，当相邻较低一面外墙为防火墙，且其屋顶承重构件为不燃烧体和不燃烧体屋顶承重构件时，其防火间距可适当减小，但甲、乙类厂房不应小于6m，丙、丁、戊类厂房不应小于4m。
6 两座一、二级耐火等级的厂房相邻两面外墙均为不燃烧体，当有一面外墙为防火墙，且屋顶无天窗或洞口和水幕时，其防火间距不限但不宜小于4m。
7 两座丙、丁、戊类厂房相邻两面外墙均为不燃烧体，如两外墙的燃烧体外墙面的面积之和不超过该外墙面积的5%，且门窗洞口不正对开设时，其防火间距可按本表减少25%。
8 耐火等级低于四级的原有厂房，其防火间距可按四级确定。

附录B 建筑卫生陶瓷工厂各类地点噪声标准

表B 建筑卫生陶瓷工厂各类地点噪声标准表

序号	地点类别		噪声限制（dB）
1	原料破碎、原料、成型、烧成、制粉、检验包装、压缩空气站、锅炉房等生产车间及作业场所（每天连续接触噪声8h）		90
2	球磨车间、高噪声车间设置的值班室、观察室、休息室（室内背景噪声级）	无电话通信要求时	75
		有电话通信要求时	70
3	机、电、仪表维修、加工车间的工作地点、计算机房（正常工作状态）		70
4	车间所属办公室、实验室（室内背景噪声级）		70
5	通信室、电话总机室、消防值班室（室内背景噪声级）		60
6	厂部所属办公室、会议室、设计室、中心实验室（包括试验、化验、计量室）（室内背景噪声级）		60
7	医务室、工人值班宿舍（室内背景噪声级）		55

附录C 生产车间及辅助建筑最低照度标准

表C 生产车间及辅助建筑最低照度标准表

工作场所	最低照度（lx）			补偿系数	Ra
	混合照明		一般照明		
	局部照明	一般照明			
坯料车间	100	30	—	1.5	40
釉料车间	100	50	—	1.5	80
喷雾干燥	—	—	30	1.4	20
施釉工段	100	50	—	1.3	80
烧成工段	75	30	—	1.4	40
成品库	—	—	50	1.3	60
锅炉房	—	—	50	1.5	20
冷加工车间	75	30	—	1.3	60
煤气站（调压站）	—	—	50	1.3	40
压缩空气站	—	—	50	1.3	40
变电所	—	—	75	1.3	40
原料库	—	—	30	1.5	40
料场	—	—	15	1.5	40
办公楼	100	30	—	1.3	80
宿舍楼	—	—	100	1.3	180
实验化验室	200	30	—	1.3	80

附录 D 地下管线与建筑物（或构筑物）之间的最小水平净距

表 D 地下管线与建筑物（或构筑物）之间的最小水平净距表

最小水平净距(m) 名称 \ 管线名称及规格	给水管(mm) <75	给水管 75~150	给水管 200~400	给水管 >400	排水管(沟)(mm) 雨水管(沟) <800	雨水管(沟) 800~1500	雨水管(沟) >1500	生产及生活污水管 <300	生产及生活污水管 400~600	生产及生活污水管 >600	热力沟(管)	燃气管 低压	燃气管 中压 B	燃气管 中压 A	燃气管 次高压 B	燃气管 次高压 A	压缩空气管	电力电缆(kV) <10	电力电缆(kV) 10~35	电缆沟(管)	通信电缆
建筑物（或构筑物）基础外缘	1.0	1.0	2.5	3.0	1.5	2.0	2.5	1.5	2.0	2.5	1.5	0.7注3	1.0注3	1.5注3	5.0注2,注3	13.5注3	1.5	0.5	0.6	1.5	0.5注8
道路	0.8	0.8	1.0	1.0	0.8	1.0	1.0	0.8	0.8	1.0	0.8	0.6	0.6	0.6	1.0	1.0	0.8	0.5	1.0	0.8	0.8
管架基础外缘	0.8	0.8	1.0	1.0	0.8	1.0	1.2	0.8	1.0	1.2	—	—	—	—	—	—	—	0.5	0.5	0.8	0.5
照明、通信杆柱（中心）	0.5	0.5	0.5	0.5	0.5	0.5	0.5	0.5	0.5	0.5	1.0	—	—	—	—	—	0.5	—	—	0.5	0.5
围墙基础外缘	1.0	1.0	1.0	1.0	1.0	1.0	1.0	1.0	1.0	1.0	1.0	0.6	—	—	—	—	1.0	0.5	0.5	—	0.5
排水沟外缘	0.8	0.8	1.0	1.0	0.8	0.8	1.0	0.8	0.8	1.0	1.0	—	—	—	—	—	1.0	—	—	1.0	0.8
高压电力杆柱或铁塔基础外缘	0.8	0.8	0.8	0.8	0.8	0.8	0.8	0.8	0.8	0.8	1.2	1.0 (2.0)	1.0 (2.0)	1.0 (2.0)	1.0 (5.0)	1.0 (5.0)	1.2	1.0	1.0	1.2	0.8

注：
1. 表列净距除注明者外，管线均自管壁、沟壁或防护设施的外缘或最外一根电缆算起；道路为城市型时，自路面边缘算起，为公路型时，自路肩边缘算起。
2. 最小水平净距为距建筑物外墙面（出地面处）的距离。
3. 如受地形限制不能满足要求，采取有效的安全防护措施后，净距可适当缩小，但低压管道不应影响建筑物（或构筑物）基础的稳定性，中压管道距建筑物基础不应小于 0.5m 且距建筑物（或构筑物）外墙面不应小于 1m，次高压燃气管道距建筑物外墙不应小于 3.0m。其中，当次高压 A 管道采取有效安全防护措施或当管道壁厚不小于 9.5mm 时，距建筑物外墙面不应小于 6.5m；当管壁厚度不小于 11.9mm 时，距建筑物外墙面不应小于 3.0m。
4. 括号内数据为距大于 35kV 电杆（塔）的距离。与电杆（塔）基础之间的水平距离尚应满足现行国家标准《城镇燃气设计规范》GB 50028 的规定。
5. 距离由电杆（塔）中心起算。
6. 表中所列数值特殊情况下可酌减且最多减少一半。
7. 通信电缆管道距建筑物（或构筑物）基础外缘的间距应为 1.2m；电力电缆排管（即电力电缆管道）间距要求与电缆沟同。
8. 当为双柱式管架分别设基础时，在满足本表要求时，可在管架基础之间敷设管线。

附录 E 地下管线之间的最小水平净距

表 E 地下管线之间的最小水平净距表

最小水平净距 (m) 管线名称及规格		给水管 (mm)				雨水管 (mm)			生产与生活污水管 (mm)			热力沟(管)	燃气管					压缩空气管	电力电缆 (kV)			电缆沟(管)	通信电缆	
		<75	75~150	200~400	>400	<800	800~1500	>1500	<300	300~600	>600		低压	中压 B	中压 A	次高压 B	次高压 A		<1	1~10	≤35		直埋电缆	电缆管道
给水管 (mm)	<75	—	—	—	—	—	—	—	0.7	0.8	1.0	0.8	0.5	0.5	0.5	1.5	1.5	0.8	0.6	0.6	1.0	0.8	0.5	0.5
	75~150	—	—	—	—	—	—	—	0.8	1.0	1.2	1.0	0.5	0.5	0.5	1.5	1.5	1.0	0.6	0.8	1.0	1.0	0.5	0.5
	200~400	—	—	—	—	—	—	—	1.0	1.2	1.5	1.2	0.5	0.5	0.5	1.5	1.5	1.2	0.8	0.8	1.0	1.2	1.0	1.0
	>400	—	—	—	—	1.0	1.0	2.0	1.2	1.5	2.0	1.5	0.8	1.2	1.2	2.0	2.0	1.5	0.8	0.8	1.0	1.5	1.2	1.2
雨水管 (mm)	<800	—	—	—	—	—	—	—	—	—	—	1.0	1.0	1.2	1.2	1.5	2.0	0.8	0.6	0.8	1.0	1.0	1.0	1.0
	800~1500	—	—	—	—	—	—	—	—	—	—	1.0	1.0	1.2	1.2	1.5	2.0	1.0	0.8	0.8	1.0	1.2	1.0	1.0
	>1500	—	—	—	—	—	—	—	—	—	—	1.5	1.5	1.5	1.5	2.0	2.0	1.2	0.8	0.8	1.0	1.5	1.0	0.8
排水管 生产与生活污水管 (mm)	<300	1.0	1.2	1.5	1.5	—	—	—	—	—	—	1.0	1.0	1.0	1.2	1.5	1.5	1.0	0.5	0.5	0.5	0.5	1.0	1.0
	300~600	1.2	1.5	1.5	2.0	—	—	—	—	—	—	1.2	1.0	1.2	1.2	1.5	2.0	1.2	0.5	0.5	0.5	1.0	1.5	1.5
	>600	1.5	2.0	2.0	2.0	—	—	—	—	—	—	1.5	1.5	2.0	2.0	2.0	2.0	1.5	1.5	1.5	1.5	1.5	1.5	1.5
热力沟(管)		0.8	1.0	1.2	1.5	1.0	1.0	1.5	1.0	1.2	1.5	—	1.0	1.0	1.0	1.5	(4.0)	—	—	—	—	2.0	1.0	1.0
燃气管	低压 B	0.5	0.5	0.5	0.8	1.0	1.0	1.5	1.0	1.2	1.5	1.0	—	—	—	—	—	1.5	1.0	1.0	1.0	1.0	0.5	0.5
	中压 B	0.5	0.5	0.5	1.2	1.2	1.2	1.5	1.0	1.2	2.0	1.0	—	—	—	—	—	1.5	1.0	1.0	1.0	1.2	1.0	1.0
	中压 A	0.5	0.5	0.5	1.2	1.2	1.2	1.5	1.2	1.2	2.0	1.0	—	—	—	—	—	1.5	1.0	1.0	1.0	1.5	1.0	1.0
	次高压 B	1.0	1.2	1.2	1.5	1.5	1.5	2.0	1.5	1.5	2.0	1.5	—	—	—	—	—	2.0	1.5	1.5	1.5	2.0	1.0	1.0
	次高压 A	1.5	1.5	1.5	2.0	2.0	2.0	2.0	1.5	2.0	2.0	(4.0)	—	—	—	—	—	—	—	—	—	—	—	—
压缩空气管		0.8	1.0	1.2	1.5	0.8	1.0	1.2	1.0	1.2	1.5	—	1.5	1.5	1.5	2.0	—	—	1.0	1.0	1.0	1.0	1.0	1.0
电力电缆 (kV)	<1	0.6	0.6	0.8	0.8	0.6	0.8	0.8	0.5	0.5	1.5	—	1.0	1.0	1.0	1.5	—	1.0	—	—	—	—	0.5	0.5
	1~10	0.6	0.8	0.8	0.8	0.8	0.8	0.8	0.5	0.5	1.5	—	1.0	1.0	1.0	1.5	—	1.0	—	—	—	—	0.5	0.5
	≤35	1.0	1.0	1.0	1.0	1.0	1.0	1.0	0.5	0.5	1.5	—	1.0	1.0	1.0	1.5	—	1.0	—	—	—	—	0.5	0.5
电缆沟(管)		0.8	1.0	1.2	1.5	1.0	1.2	1.5	1.0	1.5	1.5	2.0	1.0	1.0	1.5	1.5	—	1.0	0.5	0.5	0.5	—	—	0.5
通信电缆	直埋电缆	0.5	0.5	1.0	1.2	0.8	1.0	1.0	0.8	1.0	1.0	1.0	0.5	0.5	0.5	1.0	1.5	0.8	0.5	0.5	0.5	0.5	—	—
	电缆管道	0.5	0.5	1.0	1.2	0.8	1.0	1.0	0.8	1.0	1.0	1.0	0.5	0.5	0.5	1.0	1.5	1.0	0.5	0.5	0.5	0.5	—	—

注：
1. 表列净距均自管外壁算起。构筑物按设施防护外缘起算其他均一般电缆起算。
2. 当热力沟(管)与电力电缆净距不能满足本表规定时，特殊情况下可采取隔热措施。
3. 局部地段或电力电缆穿保护管时其水加路径后与给水、排水管(沟)的净距可减少 0.1m。
4. 表内数据系指管外壁至污水管(沟)与穿管通信电缆(沟)的间距。压缩空气管(沟)与穿管净距不小于 0.5m。
5. 当输水管与生活污水管(沟)之间的净距可按上表数据增加 50%，生产排水管(沟)和给水管之间的净距可减少 20%，电力电缆之间的净距可减少 20%。
6. 仅民间采用的热力沟(管)与电力电缆、通信电缆共用隧道铺设时为非金属合成材料，给水管与排水管(沟)的间距不小于 0.5m。
7. 110kV 以下的电力电缆与本表中各类地埋物的净距，可按 35kV 数据增加 50%，电力电缆与控制电缆之间(即电力电缆管道)净距要求与电缆相同。
8. 括号内数据为公共管。表中"—"表示净距未作规定，可根据具体情况反应确定。
9. 零径按本规范E注规定，表中"—"表示净距未作规定，可根据具体情况反应确定。

附录F 地下管线之间的最小垂直净距

表F 地下管线之间的最小垂直净距表

最小垂直净距(m) \ 管线名称	给水管	排水管(沟)	热力沟(管)	地下燃气管线	电力电缆	电缆沟(管)	通信电缆 直埋电缆	通信电缆 电缆管道
给水管	0.15	0.40	0.15	0.15	0.50	0.15	0.50	0.15
排水管(沟)	0.40	0.15	0.15	0.15	0.50	0.25	0.50	0.15
热力沟(管)	0.15	0.15	—	0.15	0.50	0.25	0.50	0.25
地下燃气管线	0.15	0.15	0.15	—	0.50	0.25	0.50	0.15
电力电缆	0.15	0.50	0.50	0.50	0.50	0.50	0.50	0.50
电缆沟(管)	0.15	0.25	0.25	0.25	0.25	0.25	0.25	0.25
通信电缆 直埋电缆	0.50	0.50	0.50	0.50	0.50	0.25	0.50	0.50
通信电缆 电缆管道	0.15	0.15	0.25	0.15	0.50	0.25	0.25	0.25

注:1 表中管道、电缆和电缆沟最小垂直净距,系指下面管道或管沟的外顶与上面管道的管底或管沟基础底之间的净距。
2 当电力电缆采用隔板分隔时,电力电缆之间及其到其他管线(沟)的距离可为0.25m。

附录G 建筑卫生陶瓷工厂建筑物通风换气次数

表G 建筑卫生陶瓷工厂建筑物通风换气次数表

建筑物名称		通风换气次数
化验室	化学分析室	12
化验室	药品储存室	4
供配电系统	车间控制室	4
供配电系统	高压开关柜室	12
供配电系统	低压配电室	6~12
水处理站的加氯间		15
污水泵站		8
汽车保养车间	充电间	10~15
汽车保养车间	电瓶修理间	6
汽车保养车间	射油泵间	7
汽车保养车间	燃油附件间	5~6
压缩空气站		12

附录H 除尘风管内的最小风速

表H 除尘风管内的最小风速表

粉尘名称	垂直风管(m/s)	水平风管(m/s)
黏土类软质原料	13	16
长石、石英类硬质原料	14	16
瓷粉	12	18
湿土(含水2%以下)	15	18
金刚砂、刚玉粉	15	19
干细型砂尘	17	20

附录 J 各种能源折标准煤系数

表 J 各种能源折标准煤系数表

能源名称		单位	平均低位发热量	折标准煤系数
燃料油		kJ/kg	41816	1.4286kgce/kg
煤油			43070	1.4714kgce/kg
煤焦油			33453	1.1429kgce/kg
柴油			42652	1.4571kgce/kg
石油液化气			50179	1.7143kgce/kg
水煤浆			≥17000	≥0.5714kgce/kg
油田天然气		kJ/m³	38931	1.3300kgce/m³
气田天然气			35544	1.2143kgce/m³
煤矿瓦斯气			14636~16726	(0.5000~0.57124)kgce/m³
焦炉煤气			16726~17981	0.6143kgce/m³
其他煤气	发生炉煤气		5227	0.1786kgce/m³
	水煤气		10454	0.3571kgce/m³
电力（当量）		kJ/(kW·h)	3600	0.1229kgce/(kW·h)

注：水煤浆的燃烧热值来源于现行国家标准《水煤浆技术条件》GB/T 18855 发热量Ⅲ级标准。

本规范用词说明

1 为便于在执行本规范条文时区别对待，对要求严格程度不同的用词说明如下：

1) 表示很严格，非这样做不可的：
正面词采用"必须"，反面词采用"严禁"；

2) 表示严格，在正常情况下均应这样做的：
正面词采用"应"，反面词采用"不应"或"不得"；

3) 表示允许稍有选择，在条件许可时首先应这样做的：
正面词采用"宜"，反面词采用"不宜"；

4) 表示有选择，在一定条件下可以这样做的，采用"可"。

2 条文中指明应按其他有关标准执行的写法为："应符合……的规定"或"应按……执行"。

引用标准名录

《建筑地基基础设计规范》GB 50007
《建筑结构荷载规范》GB 50009
《室外排水设计规范》GB 50014
《建筑给水排水设计规范》GB 50015
《建筑设计防火规范》GB 50016
《采暖通风与空气调节设计规范》GB 50019
《湿陷性黄土地区建筑规范》GB 50025
《城镇燃气设计规范》GB 50028
《压缩空气站设计规范》GB 50029
《工业循环冷却水处理设计规范》GB 50050
《烟囱设计规范》GB 50051
《供配电系统设计规范》GB 50052
《建筑物防雷设计规范》GB 50057
《爆炸和火灾危险环境电力装置设计规范》GB 50058
《给水排水工程构筑物结构设计规范》GB 50069
《建筑灭火器配置设计规范》GB 50140
《工业建筑可靠性鉴定标准》GB 50144
《工业企业总平面设计规范》GB 50187
《构筑物抗震设计规范》GB 50191
《发生炉煤气站设计规范》GB 50195
《防洪标准》GB 50201
《建筑地基基础工程施工质量验收规范》GB 50202
《水喷雾灭火系统设计规范》GB 50219
《工业企业设计卫生标准》GBZ 1
《厂矿道路设计规范》GBJ 22
《湿陷性黄土地区建筑规范》GBJ 25
《工业企业噪声控制设计规范》GBJ 87
《膨胀土地区建筑技术规范》GBJ 112
《工业构筑物抗震鉴定标准》GBJ 117
《钢制压力容器》GB 150
《陶瓷砖》GB/T 4100
《生产设备安全卫生设计总则》GB 5083
《生活饮用水卫生标准》GB 5749
《起重机械安全规程》GB 6067
《建筑材料放射性核素限量》GB 6566
《卫生陶瓷》GB 6952
《灯具》GB 7000.1~208
《电梯制造与安装安全规范》GB 7588
《机械安全 防护装置 固定式和活动式防护装置设计与制造一般要求》GB 8196
《工业企业厂界环境噪声排放标准》GB 12348
《锅炉大气污染物排放标准》GB 13271
《液体石油产品静电安全规程》GB 13348
《用能单位能源计量器具配备和管理通则》

GB 17167

《水煤浆技术条件》GB/T 18855

《环境保护图形标志—排放口（源）》GB 15562.1

《建筑卫生陶瓷单位产品能源消耗限额》GB 21252

《严寒和寒冷地区居住建筑节能设计规范》JGJ 26

《建筑地基处理技术规范》JGJ 79

《冻土地区建筑地基基础设计规范》JGJ 118

中华人民共和国国家标准

建筑卫生陶瓷工厂设计规范

GB 50560—2010

条 文 说 明

制 定 说 明

本规范制定过程中，编制组对我国建筑卫生陶瓷工厂的设计进行了大量的调查研究，总结了我国建筑卫生陶瓷工厂工程建设的实践经验，同时参考了国外先进技术法规、技术标准，取得了建筑卫生陶瓷工厂设计方面的重要技术参数。

为便于广大设计、施工、科研、学校等单位有关人员在使用本规范时能正确理解和执行条文规定，《建筑卫生陶瓷工厂设计规范》编制组按章节条的顺序编制了本规范的条文说明，对条文规定的目的、依据以及执行中需注意的有关事项进行了说明（还着重对强制性条文的强制性理由做了解释）。但是，本条文说明不具备与规范正文同等的法律效力，仅供读者作为理解和把握标准规定的参考。

目 次

1 总则 ················· 7—39—44
3 设计规模及依据 ········· 7—39—44
4 厂址选择及总体规划 ······ 7—39—44
   4.1 厂址选择 ············ 7—39—44
   4.2 总体规划 ············ 7—39—44
5 总图运输 ··············· 7—39—45
   5.1 一般规定 ············ 7—39—45
   5.2 总平面布置 ·········· 7—39—45
   5.3 交通运输 ············ 7—39—46
   5.4 竖向设计 ············ 7—39—46
   5.5 土方（或石方）工程 ···· 7—39—46
   5.6 雨水排除 ············ 7—39—46
   5.7 防洪工程 ············ 7—39—47
   5.8 管线综合布置 ········ 7—39—47
   5.9 绿化设计 ············ 7—39—48
6 原材料和辅助材料 ········ 7—39—48
   6.1 一般规定 ············ 7—39—48
   6.2 原料的选择与质量要求 ·· 7—39—48
   6.3 原料的储存与预均化 ···· 7—39—49
   6.4 废料回收与利用 ······ 7—39—49
   6.5 辅助材料 ············ 7—39—49
7 燃料与燃料系统 ·········· 7—39—49
   7.1 一般规定 ············ 7—39—49
   7.2 燃油 ··············· 7—39—49
   7.3 天然气 ············· 7—39—49
   7.4 煤气 ··············· 7—39—49
8 生产工艺 ··············· 7—39—49
   8.1 一般规定 ············ 7—39—49
   8.2 工艺流程 ············ 7—39—51
   8.3 原料加工及坯料制备 ··· 7—39—51
   8.4 釉料制备 ············ 7—39—51
   8.5 石膏模型制作 ········ 7—39—51
   8.6 成型 ··············· 7—39—51
   8.7 干燥 ··············· 7—39—51
   8.8 施釉 ··············· 7—39—51
   8.9 烧成 ··············· 7—39—52
   8.10 冷加工 ············ 7—39—52
   8.11 检验 ·············· 7—39—52
   8.12 包装、成品堆放 ····· 7—39—52

9 供配电 ················· 7—39—52
   9.1 一般规定 ············ 7—39—52
   9.2 供配电 ············· 7—39—52
   9.3 变电所 ············· 7—39—52
   9.4 厂区配电线路 ········ 7—39—52
   9.5 车间配电 ············ 7—39—53
   9.6 照明 ··············· 7—39—53
10 自动化 ················ 7—39—53
   10.1 生产过程自动化 ····· 7—39—53
   10.2 通信 ·············· 7—39—53
11 建筑结构 ·············· 7—39—54
   11.1 一般规定 ··········· 7—39—54
   11.3 辅助用室、生产管理及生活
        建筑 ·············· 7—39—54
   11.5 建筑构造设计 ······· 7—39—54
   11.6 主要结构选型 ······· 7—39—54
   11.7 结构布置 ··········· 7—39—54
   11.9 结构计算 ··········· 7—39—54
12 给水与排水 ············ 7—39—54
   12.1 一般规定 ··········· 7—39—54
   12.2 给水 ·············· 7—39—54
   12.3 排水 ·············· 7—39—56
   12.4 消防及其用水 ······· 7—39—56
13 采暖、通风与除尘 ······ 7—39—56
   13.1 一般规定 ··········· 7—39—56
   13.2 采暖 ·············· 7—39—57
   13.3 通风 ·············· 7—39—58
   13.4 除尘 ·············· 7—39—58
14 其他生产设施 ·········· 7—39—60
   14.1 一般规定 ··········· 7—39—60
   14.2 中心实验室 ········· 7—39—60
   14.3 机电设备及仪表维修 ·· 7—39—60
   14.4 地磅 ·············· 7—39—60
   14.5 压缩空气站 ········· 7—39—60
   14.6 工艺计量 ··········· 7—39—60
15 节能 ·················· 7—39—60
   15.1 一般规定 ··········· 7—39—60
   15.3 节电 ·············· 7—39—60
16 环境保护 ·············· 7—39—61

16.1 大气污染防治 ……………… 7—39—61
16.2 废水污染防治 ……………… 7—39—61
16.3 噪声污染防治 ……………… 7—39—61
16.4 固体废物污染防治 …………… 7—39—61
16.5 环境保护监测 ……………… 7—39—61
16.6 环境保护设施 ……………… 7—39—61

17 职业安全卫生 ………………… 7—39—62
17.1 一般规定 ………………… 7—39—62
17.4 防雷保护 ………………… 7—39—62
17.7 噪声控制 ………………… 7—39—62

1 总 则

1.0.1 本条为制定本规范的目的，是建筑卫生陶瓷工厂设计时应遵循的原则。条文提出的"安全可靠、技术先进、经济合理、保护环境"，是国家的技术经济政策，建设节约型社会、发展循环经济是国家具有全局性和战略性的发展决策。

1.0.2 本条规定了本规范的适用范围。在一定的投资条件下，建筑卫生陶瓷工厂设计应为工厂的技术发展和产品更新创造有利条件。

1.0.4 本条是建筑卫生陶瓷工厂设计中能源计量器具配置所必须做的。随着科学技术的不断进步，能源计量器具的种类不断增加，能源计量器具的数字化、自动化、智能化水平不断提高，能源计量器具的准确度也不断提高。企业能源计量主要涉及三个方面的问题：一是合理配备必要的能源计量器具；二是加强对能源计量器具的管理；三是将能源计量器具的数据作为企业能耗管理的基础数据，以保证企业能源消耗数据的准确性，做到心中有数。能源计量贯穿于企业生产的全过程，通过计量的量化考核，寻找工艺缺陷、技术潜力和管理漏洞，及时加以改进提高，促进技术进步，把节能挖潜落到实处。

1.0.5 本条为强制性条文。为推动行业技术装备的发展，新建、扩建和改造的建筑卫生陶瓷工厂应选用成熟、先进的技术装备，严禁选用国家已经公布的淘汰产品。

1.0.6 《建筑卫生陶瓷单位产品能源消耗限额》GB 21252是建筑卫生陶瓷产品必须达到的能源消耗最低限额，因此必须严格执行。

3 设计规模及依据

3.0.1、3.0.2 设计规模会因生产技术、装备的发展而变化，本设计规模是当今的设计规模要求。如果生产线所生产的产品是具有不同装饰效果的高附加值产品，则不受此规模的限制。

3.0.3 本条规定了设计基础资料包括的内容。设计是基本建设的首要环节，设计的质量直接决定工厂投产后的效益。依据的设计基础资料和数据应准确可靠，满足设计深度的要求。

3.0.4~3.0.6 这三条规定了建筑卫生陶瓷工厂生产的产品应满足的质量标准。

4 厂址选择及总体规划

4.1 厂址选择

4.1.1 厂址选择涉及国家政策、法令、法规和标准规范，因此应严格执行国家有关强制性标准规定，并应符合国家颁布的现行防火、安全、交通运输、卫生、环境保护、防洪、抗震、节能、水土保持等有关规范的规定。

在特殊自然条件地区建设工业企业，如地震区、湿陷性黄土地区、膨胀土地区以及永冻土地区，尚应执行有关专门的规范。

4.1.2 为了寻求合理的设计方案，协调各方面的关系，以取得最大的经济效益和社会效益，在厂址选择时，至少应有3个方案进行比较，选择出较优的设计方案。

4.1.3 分工协作和专业化生产是现代工业发展的必然趋势。加强相互协作，开展横向联合，发挥各自的技术优势，搞好专业化协作生产，是推进技术进步、提高产品质量的必由之路。

4.1.4 工厂建设用地应符合《工业项目建设用地控制指标》及其相关规定的要求。应利用荒地劣地，提高土地利用率。厂址选择应根据远期发展规划的需要，在满足近期所必需的场地面积和不增加建设投资的前提下，适当留有发展余地。

4.1.5 根据现行国家标准《建筑地基基础设计规范》GB 50007和《岩土工程勘察规范》GB 50021的要求，提出工程地质和水文地质条件，在厂址选择时是必须考虑的重要因素之一。

在厂址选择时，应调查分析每个拟选厂址的区域地质、工程地质、水文地质、岩土种类、场地的稳定性、地基条件和地基承载力等。按照上述两个规范确定的工程重要性等级（甲、乙、丙）和场地的复杂程度、地基的复杂程度确定的（一级、二级、三级）等级，来分析拟选厂址的工程地质和水文地质情况，作为厂址选择和比较的依据。

4.1.7 当厂址标高低于当地洪水位时，厂区应有可靠的防洪设施，并在初期工程中一次建成。厂址位于山区时，应设计防、排山洪的设施。

4.1.8 为了保证企业不受洪水和内涝的威胁，厂址选择应重视防洪排涝。慎重地确定防洪标准和防洪措施。

对在沿海建厂，还需审查潮位、风对水体的影响及波浪作用的综合因素引起洪水泛滥的可能性，并按防洪标准确定有关洪水的设计基准。

4.2 总体规划

4.2.1 大、中型建筑卫生陶瓷工厂对所在地区的运输影响较大，只有与城镇和地区运输规划统一考虑，才能保证企业的正常生产。在有条件的地区，可实行运输专业化、社会化。

交通运输规划还应兼顾地方客货运输，方便职工通勤需要。

4.2.2 在总体规划中，应满足生产、运输、防震、防洪、防火、安全、卫生、环境保护和职工生活的需要。

4.2.3 分期建设的工业企业，近远期应统一规划，近期建设项目宜集中布置，远期建设项目应根据生产发展趋势及当地建设条件预留发展用地。应贯彻节约用地的原则，严格执行国家规定的土地使用审批程序，优先利用荒地、劣地及非耕地。

4.2.4 企业与城镇和其他企业之间在交通运输、动力供应、修理、仓储、综合利用及生活设施等方面协作，实现专业化、社会化生产，是提高产品质量和劳动生产率、发挥设备效率、提高投资效益、降低生产成本和节约用地的有效措施。

4.2.5 在总体规划中，卫生防护距离的大小，与国情、工艺生产技术水平、对污染的治理水平以及当地气象条件等因素有关。

为了使人身不受污染，在卫生防护距离内不得设置经常居住的房屋。

4.2.6 各种运输方式有其适用范围，对地形、地质、气象条件也有不同的要求和适应性。建筑卫生陶瓷工厂外部运输方式有水运、铁路、公路。

当厂区邻近自然水系，具有较好的港口和通航条件时，应优先以水运为主；采用陆路运输时，应根据运量、运距、铁路接轨条件等因素，对铁路、公路运输做技术经济比较确定，并按市场供销情况，测定铁路、公路承担运量比例。

4.2.7 建筑卫生陶瓷工厂的厂外道路，是城镇道路网和地区道路网的组成部分，因此，应符合城镇或所在地区道路网的规划。为了充分发挥城市现有道路的运输能力，企业厂外道路应与国家公路及城镇道路有效连接。

4.2.8 此条规定是为了减少电力、动力等通向用户的管线敷设长度以及减少能源消耗。

4.2.9 职工居住应依托社会资源，当需要设置时，应符合当地城镇规划要求，宜集中布置或与邻近工业企业协作组成集中居住区。

5 总图运输

5.1 一般规定

5.1.1 建筑卫生陶瓷工厂总体设计是总图运输设计的基础和前提。本条明确了总图设计的依据、原则和要求。

5.1.2 节省投资和节约用地是总图运输设计的两项重大任务，应贯穿设计的始终。

5.1.3 建筑物（或构筑物）等设施集中、联合、多层布置，减少占地面积和运输环节，为采用连续运输创造条件。

5.1.4 本条要求通过改建或扩建，使新老厂区总平面布置更趋于紧凑合理。

5.1.5 合理布置建筑物（或构筑物）等设施，可以减少基建工程量，节约工程费用。

山区、丘陵地带，场地坡度大，建筑物（或构筑物）等设施平行等高线布置，既可减少土石方工程量，又可避免产生不均匀下沉。

5.1.6 合理地组织人流和物流，避免交叉干扰，使物料沿着短捷的路径，顺畅地输送到各生产部位，是确保安全生产所必需，也是降低运输成本的重要条件。

5.2 总平面布置

5.2.2 大型建筑物（或构筑物）荷载大，布置在土质均匀、土壤允许承载力较大的地段，可以节省地基工程费用，且可避免产生不均匀下沉。

较大、较深的地下建筑物（或构筑物），布置在地下水位较低的填方地段，可以减少土方（或石方）工程量和防水处理工程费用。

5.2.3 对产生和散发高温、有害性气体、烟尘、粉尘的生产设施的布置，一是充分利用自然条件，使其生产过程中产生的高温或有害物质能尽快地扩散掉；二是尽量避免或减少对周围其他设施的影响和污染。

5.2.6 总降压变电所是企业生产的心脏，应确保安全供电。

1 应避免电气设备受到潮湿侵害，且有利扩建发展；

2 应考虑高压线的进出线对方位、走向和通廊宽度的要求；

3 防止电气设备受到振动而损坏，造成停电事故；

4 电气设备受到烟尘污染或受到有害气体的腐蚀，会使绝缘电阻的功能急剧下降，泄漏电流增大，电压降低，甚至造成短路事故。

5.2.10 污水处理站是厂区一个重要的公用设施。污水处理站与水源地之间应有卫生防护距离，并应满足现行国家标准《生活饮用水卫生标准》GB 5749 的要求。居住区的卫生防护距离可参照现行国家标准《城市排水工程规划规范》GB 50318 的有关规定。

5.2.11 机修仓库区包括机械修理设施、备品备件及小型原材料仓库。

铆、锻、焊工段在工作过程中，产生不同程度的振动、噪声、散发烟气粉尘及明火花，要相对集中，并远离厂前区。

5.2.15 本条为强制性条文。国土资源部在《工业项目建设用地控制指标》的通知（国土资发〔2008〕24号）中明确规定，工业项目所需行政办公及生活服务设施用地面积不得超过工业项目总用地面积的 7%，并严禁在工业项目用地范围内建造成套住宅、专家楼、宾馆、招待所和培训中心等非生产性配套设施。

5.2.16 主要人流出入口宜与主要物流出入口分开设置,并应位于厂区主干道通往居住区或城镇的一侧。

主要物流出入口应位于主要物流方向,靠近运输繁忙的仓库、堆场,并应与外部运输线路连接方便。

5.3 交通运输

5.3.1 本条规定是厂内道路布置应遵循的基本原则。厂区道路布置是以主干道把厂区划分为若干个分区,组成环状式道路网。当地形均较平坦,采用环形布置比较适宜。若在山区建厂,道路呈环形布置因受地形条件限制常有一定困难,可根据厂区地形等条件因地制宜地确定布置形式。

5.3.2 厂内道路路面结构类型应按使用要求和路基、气象、材料等条件选定,类型不宜过多。

5.3.5 厂内道路交叉口路面内缘转弯半径设计可按表5.3.5选用,该表是根据现行国家标准《厂矿道路设计规范》GBJ 22 的规定编制的。各值在场地条件受限制时可以适当减少。

5.3.10 本条规定建筑卫生陶瓷工厂厂区道路布置应遵循的基本原则。

1 一个人行走所占宽度为:空手行走时约需0.6m,单手携物约需0.7m～0.8m,双手携物约需1.0m,一般情况按0.75m计。

2 当屋面为无组织排水时,人行道紧靠建筑物散水坡布置,行人势必受雨水溅射,故人行道与建筑物间最小净距以 1.5m 为宜。当屋面为有组织排水时,利用建筑物散水坡作为人行道时,需考虑以建筑物窗户开启不致妨碍通行来确定其距离。

5.3.11 选用较大的交叉角度,有利于运行安全。本条文对道路交叉角未作严格规定,仅规定不宜小于45°。

5.3.13 架设人行天桥是比较经济可行的措施,单孔地道在地形和经济条件允许时,也可考虑采用。

5.4 竖向设计

5.4.1 本条是竖向设计总的原则要求,竖向设计方案必须经综合比较,衡量的标准是为生产、经营管理、厂容和施工创造良好的条件,且使基建工程量和投资最少。

5.4.2 本条是竖向设计应达到的总要求:

1 本款要求应首先满足。

2 在地形复杂的场地建厂时,竖向设计中设置过缓的放坡或较多的台阶,都会增加通道的宽度,不利于节约用地。

3 沿江、河、湖、海建设的企业,洪、潮、内涝水的危害是不可忽视的。

4 竖向设计最后体现的土方(或石方)、护坡、挡土墙等工程量,对建设投资和工期影响很大。

5 山区建厂对土方(或石方)工程如处理不当,填土或挖土会造成大片山坡植被的破坏而产生水土流失等问题。

6 天然排水系统的形成有其自然发展规律,如对流域调查研究不够或处理不当,会造成冲刷、淤塞、水流不畅等。

7 工厂是城市的一个组成部分,厂区围墙、地面标高应与周围环境相协调。

8 企业在竖向设计上应避免只管近期,不顾远期,从而给远期工程建设和经营带来困难。

9 改建、扩建工程应注意新建项目场地、排水、运输线路的标高与原有竖向设计标高合理衔接。

5.4.3 竖向设计应根据场地的地形和地质条件、厂区面积、建筑物大小、生产工艺、运输方式、建筑密度、管线敷设、施工方法等因素合理选择。

5.4.5 有条件的地区,场地坡度以 5‰～20‰ 为宜。

5.4.6 建筑物位于排水条件不良地段和有特殊防潮要求、有贵重设备或受淹后损失大的车间和仓库,应根据需要加大建筑物的室内外高差。

有运输要求的建筑物室内地坪标高,应与运输线路标高相协调。在满足生产和运输条件下,建筑物的室内地坪可做成台阶。

5.4.7 如果厂外较厂内标高高,则在出入口处应做横跨道路的条状雨水口。

5.4.8 本条规定的依据是:

1 主要是为便于生产管理,节省运输费用。

2 如果工厂受运输条件限制,应将要求道路坡度小的厂房布置在同一台阶。

3 可节省土方(或石方)及护坡支挡构筑物、建筑物基础等的投资。

4 本款所列内容均是决定台阶宽度应考虑的因素。

5.5 土方(或石方)工程

5.5.1 本条是对土方(或石方)工程中表土处理的规定。

2 本款参考现行国家标准《建筑地基基础设计规范》GB 50007—2002 第 6.3.2 条及《建筑地基基础工程质量验收规范》GB 50202—2002 第 6.3.2 条编写。

3 主要是为贫瘠地区绿化创造条件和节省劳力。挖出的表层耕土可作为绿化及覆土造田之用。

5.5.2 本条所指建筑地段黏性土的填方压实系数,是广义地指房屋、道路、管线的建筑地段的压实系数。

5.5.3 本条所列各项的填、挖方,如有遗漏,往往会造成缺土或余土。

5.6 雨水排除

5.6.1 决定厂区雨水排除方式的因素很多,场地排水方式可参考下列条件选择：

1 当降雨量小、土壤渗透性强、不产生径流或虽有少量径流，但场地人员稀少，允许少量短时积水地段，可采用自然渗透方式。

2 场地平坦、建筑和管线密集地区、埋管施工及排水出口无困难者应采用暗管。

3 建筑和管线密度小，采用重点式平土的场地、厂区边缘地带、设置暗管排雨水有困难的地段应采用明沟排水。

5.6.3 明沟沿道路布置，一是有利于铁路和道路的路基排水；二是使场地不被明沟分割开，保证场地的完整。

5.6.5 厂区内宜采用占地小、便于加盖板的矩形明沟。在建筑密度小、采用重点式竖向设计地段及厂区边缘地带，采用梯形明沟为宜。三角形明沟断面小、流量小，只有在特殊情况下，如在岩石地段和流量较小地段才采用。

本条规定了排水沟宽度的最小值，考虑了清理沟底污物的最小宽度。

明沟的纵坡最小值，是保证水向低处流的最小坡度值，有条件时，宜大于此值。

沟顶高出计算水位 0.2m 是安全标高。

5.6.6 雨水口的间距与降雨量、汇水面积、场地坡度、土质情况等因素有关。本条规定的距离是根据现行国家标准《室外排水设计规范》GB 50014—2006 第 4.7.2 条和第 4.7.3 条规定编写的。

5.6.8 截水沟离厂区挖方坡顶距离是参考公路及铁路路基横断面做法确定。此距离不应太近，否则截水沟内水渗入边坡，影响边坡稳定。但也不宜太远，否则中间面积加大，其积水量也就增加而危害厂区。

5.7 防洪工程

5.7.1 本条所称防洪工程专指防洪堤、防洪沟。

5.7.2 本条按照现行行业标准《城市防洪工程设计规范》CJJ 50 的有关规定制定。

5.7.3 本条规定了自然排涝与机械排涝的条件。

5.7.4 本条为防山洪的防洪沟设计原则及排出口注意事项，强调"取得书面协议文件"的重要性。

5.7.6 本条按现行国家标准《工业企业总平面设计规范》GB 50187—93 第 6.4.7 条制定。

5.8 管线综合布置

5.8.1 管线综合布置是建筑卫生陶瓷工厂总平面设计工作的重要组成部分，是衡量工厂总图布置合理程度的标准之一。各种管线的性质、用途和技术要求各不相同，互相联系、互相影响，在总平面布置时应统筹安排，合理地进行综合布置。

5.8.2 管线敷设方式有地上和地下两大类。地上敷设方式有管架、低架、管墩及建筑物支撑式。地下敷设方式有直埋式、管沟式和共沟式。

5.8.3 管线用地在企业用地中占有一定的比例，综合敷设管线可以节约用地。

5.8.4 管线通道与道路和界区控制线平行是合理利用土地的有效方式之一，也是布置原则之一。

5.8.5、5.8.6 这两条均是为了保护管线、促进安全生产、减少投资、方便交通运输而制定的。

5.8.7 为了防止近、远期工程的管线布置处理不当而形成不合理的布局，造成土地浪费、布置混乱、生产环境不佳，并给施工、检修、生产和经营带来诸多不便而制定。

5.8.8 在满足安全生产、施工及检修要求的前提下，管线布置应满足节约用地，同时需考虑其不受建筑物与构筑物基础压力的影响及符合卫生要求。

5.8.9 本条适用于改、扩建工程，改、扩建工程往往有许多限制因素，约束多、难度大，在不能满足本规范中规定的管线间最小水平净距值时，结合具体情况，可适当减小净距，但减小净距的范围宜为 10%～15%。

5.8.12 地下管线、管沟布置在道路下面，若发生事故大修时，需开挖路面造成交通不畅，为此作本条规定。

5.8.13 本条按从严要求的原则制定。

1 热力管道指蒸汽管、热水管等。由于目前隔热材料、施工技术、检修手段的限制，致使环境温度比较高，会对电缆、压力管道内介质产生不利影响。

2 排水管道包括污染严重的生产污水、生活污水及污染较轻的生产废水与雨水管道。排水管道接口常会产生漏水，所以应将排水管道设置在沟底。

5.8.14～5.8.16 这三条是在调查和总结设计实践经验的基础上，参照给水、排水、城镇燃气、电力、锅炉房、通信等有关现行国家标准以及总图运输规范制定的。条文是在满足安全、管线施工、维护检修、减少相互间有害影响的条件下，达到安全生产、节约用地、减少能耗、降低成本的目的而制定的。

5.8.17 敷设方式应根据生产安全、介质性质、生产操作、维修管理、交通运输和厂容等因素综合考虑比较后确定。

5.8.18 本条第 3 款规定可燃、易爆危险介质管道的管架与生产、储存和装卸甲、乙类火灾危险物料的设施应保持有安全距离。条文中所指的甲、乙类火灾危险性物料分类是按现行国家标准《石油化工企业设计防火规范》GB 50160 的有关规定划分的。

5.8.19 防止管道内危险性介质一旦外泄或发生事故，对与其无关的建筑物（或构筑物）造成危害，同时也防止了上述建筑物（或构筑物）或内部设备一旦发生事故，对有危险性介质的管道造成损坏，从而带来二次灾害。

5.9 绿化设计

5.9.1 用绿化消除和减少生产过程中所产生的有害气体、粉尘和噪声对环境的污染，改善生产和生活条件，具有良好的效果。因此，应合理地确定乔木与灌木、落叶与常绿、针叶与阔叶、观赏与一般植物的比例，以及采用条栽、丛植、对植、孤植等的配置方式。

5.9.2 本条是根据国土资源部关于发布和实施《工业项目建设用地控制指标》的通知（国土资发〔2008〕24号）中，关于"工业企业内部一般不得安排绿地。但因生产工艺等特殊要求需要安排一定比例绿地的，绿地率不得超过20％"的规定而制定的。

    1 对房前屋后、路边、围墙边角的空地进行绿化。

    2 利用管架、栈桥、架空线路等设施下面场地及地下管线带地面布置绿化。

    3 应避免对环境洁净度要求较高的生产车间或建筑物附近，种植带花絮、绒毛的树木。

5.9.3 本条所推荐的重点绿化地段是在总结企业绿化实践经验的基础上提出的，执行中应根据工程条件灵活掌握，不局限本条所列地段。

5.9.4 林带的种类按结构型式可分为通透结构、半通透结构、紧密结构和复式结构（由前三种型式组成的混合林带）林带四种，不同结构的林带其用途亦不同。

用于厂区防风固沙的林带宜采用半通透结构，林带宽度为20m～50m，林带间距为50m～100m。通常以乔木为主体，乔木株行距一般采用2m×3m。

用于厂区卫生防护的林带宜采用紧密结构，乔木、灌木混交林，按1∶1隔株或隔行栽植，株距0.5m，行距1.0m。

5.9.5 大乔木及灌木枝叶茂密、含水分大，能减弱爆炸气浪和阻挡火势向外蔓延。

5.9.6 易燃气体如果外泄将沉积于地面，随地表坡度或风向流向低处，遇阻则聚积。当浓度达到爆炸下限，一旦接触火源，将引起爆炸及火灾。茂密的灌木及绿篱似矮墙，实际起了阻挡气体扩散的作用。

5.9.7 建筑卫生陶瓷工厂内产生高噪声的噪声源，如压缩空气站、鼓风机房、打磨工段等，噪声级达到100dB～110dB。可以利用植物自身浓密的树冠衰减噪声。当以下树枝厚度为200mm～250mm时，其隔声能力如表1所示。

表1 树的隔声能力

项 目	槭树	构树	椴树	云杉
最大隔声能力 [dB（A）]	15.5	11.0	9.0	5.0
平均隔声能力 [dB（A）]	7.1	6.0	4.5	2.3

5.9.8 透风绿化带可组织气流，使通过粉尘大的车间的风速加大，有利于促进粉尘向外扩散；不透风绿化带能有效地滞留粉尘，减少粉尘的影响范围。

5.9.9 压缩空气站、制釉工段、施釉工段、实验室等环境空气的洁净度将直接影响产品质量，为此作本条规定。

5.9.10 生产管理区和主要出入口的绿化布置从植物的选择上偏重于常绿与观赏；从品种上着意于树、花、草的合理配比；从布置上采用条、丛、孤、对植等多种灵活手法，组成多层次的丰富多彩的植物景观。

5.9.11 行道树对于改善厂区气候和夏季人行环境具有明显效果，也是企业绿化的重要组成部分。

5.9.12 在交叉路口栽种乔木与灌木，乔木株距4m～5m，灌木高度应低于司机视线。

5.9.13 "垂直绿化"就是利用长枝条类植物所特有的下垂效果来对垂直或斜面进行绿化。常见的垂直绿化有以下几种方式：

    1 在建筑物的外墙、围墙、围栅前沿墙根栽种攀缘类植物（如爬山虎、五叶地锦等）；

    2 在挡土墙顶栽种长枝条类植物（如迎春、蔷薇等）；

    3 在人工边坡（或自然边坡）的坡面上种植攀缘类植物。

6 原材料和辅助材料

6.1 一 般 规 定

6.1.1 本条是原料选择的原则规定。

产品方案是指项目的主导产品、辅助产品或副产品及其生产能力的组合方案，包括产品品种、产量、规格、质量标准、工艺技术、材质、性能、用途、价格等。

原料资源的优化配置是加快建设资源节约型社会，推动循环经济的重要手段。通过科学规划、合理开发、因地制宜、优化配置，实现原料资源的合理利用。

建筑卫生陶瓷原料有害组分限量主要指铁、钛氧化物，根据不同产品其最高限量的要求不同。

6.2 原料的选择与质量要求

6.2.1 黏土原料在配方中的用量是根据其三氧化二铝（Al_2O_3）含量确定的。

    1 黏土原料的化学成分主要是SiO_2、Al_2O_3等。不同黏土的矿物成分不同，化学成分相差很大，化学成分只要符合表6.2.1的规定，且具有可塑性、结合性等黏土特征原料，均可作为生产建筑卫生陶瓷用黏土原料。

    2 产品方案为红坯陶瓷砖或有特殊要求的坯体

时，成分含量不受本条限制。

3 矿区内赋存的夹层、围岩及覆盖层等岩石质物料，条件许可时，可合理搭配掺用。

6.2.3 硅质原料指的是石英族类原料。

6.2.4 熔剂性原料以长石类为主，滑石、石灰石、白云石、硅灰石、透辉石和萤石等是辅助熔剂原料。

长石类原料是建筑卫生陶瓷的主要熔剂原料。按成分可分为钾长石、钠长石、钙长石、钡长石，我国以钾长石和钠长石为主。

硅灰石和透辉石是实现低温快烧工艺的主要熔剂原料。

6.2.5 辅助原料并不是非重要原料，有的对产品质量起决定性作用，宜按表 6.2.5 所列的质量指标执行。

6.3 原料的储存与预均化

6.3.1 风化后的黏土原料需在室内存放，在雨水较多、冬季室外气候恶劣地区应适当加大室内料棚。

6.3.2 原料成分的稳定，对产品性能影响很大。原料的预均化是指进料时"平铺"，风化后"折倒"，配料时"直取"。

6.4 废料回收与利用

6.4.1 废料包括各种废生坯、施釉工序回收的釉粉或釉浆、烧成后的废坯和产品冷加工废料。

6.4.2 本条是废料回收利用应遵循的原则。

3、4 强调按比例加入的目的是保证正常的泥浆性能，一旦回坯料加多会影响泥浆的物理性能。

5、6 抛光砖废料只能部分使用。抛光砖废料中含有磨料，加多会影响产品质量。

7 陶瓷砖回收的废釉应清除异物后专门存放。在不影响釉色的前提下按比例掺入回用或将废面釉用于底釉。

卫生陶瓷喷釉柜中回收废釉应清除异物。在不影响釉色的前提下，同色釉可以利用，浅色废釉可按比例加入深色釉中使用。

6.4.3 替代原料的废弃物是指抛光砖废料、污水处理站的污泥、煤气站的含酚废水等。依据它们的化学组成，在原料配料时，可以用来替代某些原料。

6.4.4 利用工业自身副产品和废弃物做原料，提高资源循环利用率，是建筑卫生陶瓷发展循环经济的主要途径之一。但工业废弃物中通常会含有有害组分，对产品的质量和生产工艺参数的控制有一定的影响。因此，结合原料的特点，应对所处置的废弃物有害组分进行严格限量控制。

6.5 辅助材料

6.5.1 本条是选择辅助材料时应遵循的原则。

1 要求的色料与基础釉应匹配；

2 球石选用主要是考虑球石的磨损对釉料、坯料的影响；

3 石膏粉要洁白，杂色极少，故作此款规定。

7 燃料与燃料系统

7.1 一般规定

7.1.2 建筑卫生陶瓷工厂烧成采用清洁燃料是保证产品质量的重要条件。

7.2 燃 油

7.2.2 供卸油系统的工艺布置，其内容均为生产经验的总结。该工艺布置设计应符合现行国家标准《建筑设计防火规范》GB 50016 的有关规定。供卸油系统应根据实际用油品质进行设计。

7.3 天然气

7.3.1 本条为建筑卫生陶瓷工厂使用天然气必须满足的要求，其他要求按现行国家有关规定执行。

天然气硫化氢含量小于 20mg/（N·m³），是根据《天然气》GB 17820—1999 中二类气的技术指标而制定的。

7.4 煤 气

7.4.1 本条是根据建筑卫生陶瓷工厂窑炉生产的特点提出的。

8 生 产 工 艺

8.1 一般规定

8.1.1 本条根据建材工业技术政策，为推动行业技术进步，提高产品质量和档次，降低产品能耗，对建筑卫生陶瓷生产工艺技术和装备的选型原则作了规定。

1 工艺流程是建筑卫生陶瓷工厂工艺设计的基础，表明在产品生产过程中的各个加工环节。在工艺设计中，生产方法、规模、物料进出厂运输条件等确定后，再确定工艺流程的各个环节。

2 工艺流程应结合总图布置，力求简捷顺畅，避免交叉作业，尽量缩短运输距离，以减少厂内运输的能耗和节约用地，同时，避免在运输过程中对产品质量的影响。

3 附属设备对于主机应有一定的储备能力，以保证主机生产的连续性。不应因附属设备选型不当，而影响主机正常生产。附属设备的小时生产能力，应适当大于主机所要求的小时生产能力，其储备量则根据附属设备的种类、型号规格、使用地点和生产条件而定。

8.1.2 资源综合利用是指共/伴生资源、低质原料和工业尾矿的综合利用，工业废弃物综合利用和废水、余热等再生资源的回收利用，降低建筑卫生陶瓷工业的能源消耗。建设节约型社会，是我国现代化建设进程中的长期任务，建筑卫生陶瓷行业作为资源消耗型工业应该在这方面作出更多的贡献。

8.1.3 本条规定了工艺设计的总体布置和车间内部布置时应遵循的原则。

 1 本款提出了建筑卫生陶瓷工厂的工艺总平面设计的基本要求，各相关联系密切的生产工段宜相邻布置，以便缩短物料运输距离、管道长度，方便生产管理，并节约用地，降低投资。

 2 工厂有扩建规划时，应恰当处理好当前建设与发展远景的关系，减少扩建时对原有生产线的影响。工厂无扩建规划时，对有可能进一步发挥潜力和扩大规模也要适当规划。如果在设计中不给予适当考虑，就有可能给企业的发展带来困难。

 3 工艺布置与工艺流程的选择和设备的选型密切相关，一方面，车间工艺布置直接取决于所选的工艺流程和设备；而另一方面，工艺布置对工艺流程和设备的选型又有较大的影响。因此工艺布置应结合生产流程和设备选型全面考虑。此外，工艺布置决定了设备的安装位置、前后设备的相互连接关系，生产操作维修的平面和空间、各种输送设备的长度和高度、车间内人行通道的位置和宽度、各种料仓、浆池的型式和大小、厂房面积和层高，以及便于施工安装的预留设施等设计内容，对工厂的投资和今后的生产影响较大，因此在工艺布置时，应认真考虑，合理布置，既要满足各方面的要求，又要降低投资。

 4 一个建筑卫生陶瓷工厂的设计，是由各个专业分工合作共同完成的，因此工艺专业进行总平面布置设计时，除合理布置工艺设备外，对电气、土建、给排水和暖通、动力等有关专业的设施，都应共同协商，全面考虑，留出并注意到相关专业所需的位置和空间，才能作出合理的设计。

8.1.4 本条规定了物料平衡的计算要求，使得计算的基准、各原料的干基消耗定额和湿基消耗量的计算具有规范性。对生产损失作出具体规定，以便为企业税收等方面提供法律依据。

8.1.5 本条规定了建筑卫生陶瓷工厂主要工艺设备的年利用率，是在除去年30d检修日外，根据近年来设计投产工厂的设计数据和投产后的情况确定的。表8.1.5的数据包括了各种生产规模的主要工艺设备的利用率范围。由于各主要设备的利用率同生产方法、规模、各生产系统的复杂程度、设备性能等因素有关，因此设计时应结合具体条件确定。

8.1.6 本条规定了建筑卫生陶瓷工厂主要生产系统的工作制度，连续周的工作天数为7d，不连续周的工作天数为5d～6d。卫生陶瓷高压注浆可以3班生产，梭式窑烧成可以每周5d，每天1班～3班生产。

8.1.7 本条规定了工厂各种原料的储存期，为了保证建筑卫生陶瓷工厂均衡连续生产，实现各种原料的充分风化和均化，各种原料在厂内需要有一定的储存量，并结合原料进出工厂的运输情况、对产品质量的影响以及环保要求等多种因素，通过分析确定。

8.1.8 本条规定了主要耗能设备的燃耗值，表8.1.8规定的主要耗热设备的最高燃耗值，系根据近年设计投产的工厂设计指标和投产后的实际情况，通过综合分析而确定的。

8.1.9 本条对建筑卫生陶瓷工厂生产系统检修设施的要求作了原则性规定。建筑卫生陶瓷工厂的主要设备如破碎机、球磨机、压砖机、压缩空气机等设备检修机械化水平较高，既可以加快检修的速度、缩短检修时间，提高设备利用率；又可以节省人力，减轻劳动强度，保证检修安全。

8.1.10 本条对物料输送设计作了原则规定。

 1 输送设备是建筑卫生陶瓷工厂常用的附属设备，特别是原料车间的各主要生产设备依靠输送系统连接起来，形成连续的生产工艺路线。从原料加工到成品输送，需要输送的物料种类繁多、性质各异，输送设备应根据所输送物料的物理特征及温度等条件选用。由于物料输送高度以及输送距离等因素也决定着选用输送设备的型式和规格，所以还应结合工艺布置选用输送设备。

 2 为了保证设备的正常运转，输送设备的输送能力应有一定的余量，应根据不同输送要求及来料波动情况而定，例如，各种破碎机破碎后的物料量，以及除尘设备的回灰量，生产中波动较大；因此留的余量应考虑来料波动情况。

 3 输送设备的转运点设置除尘装置，是为了防止灰尘飞扬而污染环境。

8.1.12 本条规定了在一些特殊地区建厂时，工艺设计应注意的问题：

 1 由于建筑卫生陶瓷工厂的压缩空气消耗量是以海拔高度为0，空气压力为101.325kPa和大气温度为20℃时的自由空气为标准。由于随海拔的升高，大气压力和空气密度降低，空气重量减小，因此高海拔地区建厂时，空气压缩机在选型中，应对功率和压力进行校正，同样，对风机、除尘设备、气力输送系统等的功率、风压均需进行修正。

 2 海拔高度对烧成窑炉、喷雾干燥器及其他热工设备的生产参数有一定影响。烧成窑炉、喷雾干燥器在正常条件下，生产每千克产品或粉料生成的废气量，一般是一定的。但是由于高原上大气压力降低，根据气体压力和体积成反比的关系，生产每千克产品或粉料需要的空气体积和生成的废气体积都将显著增加，因而提高了设备内气体风速，增加了热耗，限制了设备的产量。同样在其他热工设备中的气体体积、风速也随大气压力降低而增加。因此在高原地区建厂，对热工设备的计算，应根据海拔高度作出修正。

3 电动机运转时产生的热量应及时排除，使电动机温度不超过一定数值，排除热量是依靠其本身所附带的风叶来实现的，在高原上空气的密度降低，但电动机的转速依然未变。因此，单位时间内通过的冷却用空气重量减少，从而使冷却作用降低，这时只有降低电动机的出力，才能保持温升在一定数值内，所以选用电动机时对出力应作出修正。

海拔高度较高（如西藏地区），空气因密度降低而容易被电离，因此高压电机内易产生电晕现象，所以选用电动机时应采用具有防电晕措施的电动机。

湿热带电机应选用湿热型电机。

4 在寒冷地区气温很低，要保证某些热工设备或除尘设备不致结露。其他如气动元件、电气仪表元件及润滑油等，对使用环境都有一定要求，因此在设备订货或生产中应注意这个问题，保证生产时气路、油路、水路及除尘系统应有防冻措施，以免影响正常生产。在寒冷地区物料结冻，形成大块不能松散，很易在储库、料仓、料管等发生堵塞，为了保证正常生产，应注意妥善处理物料的冻结问题。在设计中应有相应措施来防止和处理堵塞故障的发生。

8.2 工艺流程

8.2.1 陶瓷砖的生产工艺从烧成上既可分为低温快烧工艺和高温慢烧工艺，又可分为一次烧成工艺和二次烧成工艺，二次烧成工艺又分为高温素烧、低温釉烧工艺和低温素烧、高温釉烧工艺。从制粉方法上分为干法制粉工艺和湿法制粉工艺。从成型上分为挤出成型和半干压成型。

卫生陶瓷的生产工艺基本全部采用注浆成型。

8.2.2 此条规定为建筑卫生陶瓷工厂生产工艺的基本原则，结合各厂具体条件，在设计中需灵活运用。

8.3 原料加工及坯料制备

8.3.7 加装固定箅板，防止不合标准的大块原料漏入破碎机内。颚式破碎机的给料粒度，不应大于给料口宽度的0.80倍～0.85倍。

8.3.9 本条为强制性条文。硬质原料一般包含长石、石英、废产品等，由于在破碎过程中粉尘较大，因此必须装设除尘装置。

8.3.12 根据球磨机出料口的尺寸，来确定球磨机中心线至地面的距离。

8.3.15 球磨机的布置，根据加料方式的不同，可以布置为一排或多排。加料方式多用于喂料机或电子秤配料，皮带机或卸料小车加料的方式。球磨机均应设置加料平台。

8.3.18 保证泥浆有足够的陈腐时间，可以使泥浆中的有机物充分分解，组分更加均匀，从而改善泥浆的流动性和空浆性能，增加泥浆可塑性和坯体强度，减少半成品和成品开裂缺陷，提高产品质量。

8.3.26 本条为强制性条文。喷雾干燥器是利用高温热风与雾化的陶瓷泥浆进行热交换后，将泥浆干燥成粉料的过程，如果热风管路保温不好，将造成大量的热损失，直接影响粉料的质量、产量及能源消耗。

8.3.27 本条为强制性条文。喷雾干燥器排出大量的尾气，如果没有完善的脱硫措施，将对环境造成很大的影响。

目前喷雾干燥器都采用水浴除尘，这会消耗大量的水资源，除尘废水中主要含有悬浮物，因此必须进行处理后回用。

8.4 釉料制备

8.4.4 除铁设备除了小型工厂可以采用永久磁铁外，大、中型厂一般不宜采用。

8.5 石膏模型制作

8.5.5 石膏模型应装配成套干燥装备。

8.5.6 石膏模型的储存量应根据生产产品的种类、生产规模和市场需求等因素综合确定。

8.6 成 型

8.6.1 成型分为干压成型、挤出成型、注浆成型等。干压成型和挤出成型多用于陶瓷砖的生产，而注浆成型则用于卫生陶瓷的生产。陶瓷砖多采用干压成型，其单位面积上成型压力：墙砖为$250kg/cm^2$，地砖为$330kg/cm^2$，瓷质砖为$410kg/cm^2$。

8.6.8 水池规格宜为$1.2m\times0.8m\times0.5m$或$0.9m\times0.65m\times0.4m$。

8.6.10 卫生陶瓷成型过程的参数主要是指成型车间的温度、湿度和泥浆的性能等。

8.7 干 燥

8.7.2 本条规定了干燥器或干燥室选型的基本原则。

2 卫生陶瓷坯体干燥器或干燥室的设计选型，其干燥制度（包括升温、降温及保温曲线）和湿度制度（包括坯体入干燥器含水率和出干燥器含水率）应可调节，但坯体干燥周期不宜超过24h，当泥料性能不好、干燥敏感性过大时，则应适当调整，具体时间应根据半工业试验的结果确定。

8.7.3 无论是采用窑炉余热还是加热器，干燥器或干燥室的热风温度应以坯体允许的最高干燥温度为准，并考虑干燥车材料及热源种类。

8.8 施 釉

8.8.1 陶瓷砖施釉线装置包括：扫尘机、吹尘机、喷水机、水刀式喷釉机、钟罩式淋釉机、直线式淋釉机、单峰打点机、双峰打点机、云彩机、磨釉机、分坯机、多色滚筒印花机、合坯机、干粉印花机和精抛机等,可以根据产品种类,进行不同的设备配制。

卫生陶瓷多采用喷釉,特殊制品部分用浇釉法上釉。

8.9 烧 成

8.9.2 有特殊要求的制品应根据半工业试验的结果确定,或根据生产情况确定,可以采用还原气氛烧成。

8.9.5 窑车数量是在装卸车作业为2班～3班时的配备。当装卸车作业为1班时,应增加窑车数量。

8.9.6 2座以上隧道窑,视产品品种和车间布置等具体情况,可侧面装车,也可窑头装车。

8.9.7 1座隧道窑设1条回车线,并另设容纳3辆～4辆窑车的修车线;2座隧道窑设2条回车线,修车线均应设置;2座以上隧道窑,视产品种类和厂房面积等情况,具体确定。

8.9.12 一般自窑顶至梁底的高度不大于2.5m～3.0m。

8.10 冷 加 工

8.10.2 本条为强制性条文。冷加工工序消耗的水量占全厂用水量的30%～40%,抛光废水中含有大量的悬浮物,必须进行处理后回用。

8.10.3 本条为强制性条文。干法修磨过程中将产生大量的粉尘,装设除尘装置有利于保护操作工人的身心健康,起到保护环境的目的。

8.11 检 验

8.11.5 卫生陶瓷的坐便器、蹲便器、妇洗器等产品,都需要做冲水试验,因此每天需消耗大量的水资源,如果不循环使用将会造成极大的浪费,故作本条强制性规定。

8.11.6 冲水试验的水沟底标高可高于车间地坪400mm,也可与车间地坪一致。设计时应根据厂区排水的具体条件而定。

8.12 包装、成品堆放

本节为对建筑卫生陶瓷产品包装的基本要求,有关数据均为实际经验并结合计算后得出,实际使用时要根据工厂的生产规模、投资额、成品堆放形式和堆放的机械化程度确定。

9 供 配 电

9.1 一般规定

9.1.1、9.1.2 供配电设计应符合国家技术经济政策,保证人身安全、供电可靠、技术先进、经济合理。在满足生产要求的前提下,应充分体现技术先进性和经济合理性,采用先进、可靠的新型设备。

应充分考虑到建筑卫生陶瓷行业粉尘污染,提高设备的防尘性能,以确保设备的安全运行。

在确定设计方案时应考虑工厂扩建的可能性,在可能的条件下留有适当的扩建余地,留有余地以近期、短期为主,应注意不能出现长期闲置的设备或容量。

9.2 供 配 电

9.2.1 供配电系统的设计本着保证人身安全、供电技术可靠、电能质量合理的原则,根据工程特点、地区条件,确定经济合理的设计方案。

9.2.2 电力负荷的分级与工厂规模有关,本条列出了一、二级负荷的主要范围。一、二级负荷所占的比例与工厂规模有关,大、中型工厂用电规模大,生产连续性强,停电后造成的损失也很大,一、二级负荷所占的比例约在60%～70%,因此条件允许时采用两个独立的电源供电线路为首选。我国电网发展至今已具有相当规模,对于35kV～110kV的供电系统是相当可靠的;此种情况下采用单电源供电并使用柴油机作保安电源,也成为重要的选择方案。

9.2.3 供电电压根据当地实际情况确定,有多种选择时,应尽量选择高电压供电,并选择两路供电电源。对规模较小的工厂,由于管理及技术的问题,不宜选用35kV以上的高压。

9.2.4 供电系统设计应简单可靠,便于操作及维护。高、低压配电均应以放射式为主,以保证供电的可靠性。

9.2.5 无功功率补偿应满足供电部门要求,根据经验,采用高压补偿与低压补偿、集中补偿与就地补偿相结合的方法,可以取得很好的补偿效果。

9.3 变 电 所

9.3.1 变压器的容量不宜太大,容量太大会使低压后母线短路电流增大,所有回路的低压短路器遮断电流要增大,造成投资的增大和浪费。

9.4 厂区配电线路

9.4.1～9.4.5 这五条规定是厂区配电线路的设计原则。厂区配电宜采用电缆线路为主,在多粉尘地段尤其不宜使用架空线。电缆线路的敷设以电缆沟和电缆隧道为主,少量的可采用直埋方式。电缆沟、电缆隧道、电缆桥架的敷设应符合国家现行有关标准和要求,具体可参阅《35kV及以下电缆敷设》94D101—5和《电缆桥架安装》04D701—3。

9.4.6 厂区照明设计除考虑线路压降,以保证照明器端电压符合要求外,还应考虑气体放电灯的负荷计算问题（群启动时的电流值及灯具是否安装补偿电容等）。

9.4.7 车间内如有大功率高压电机，则应以此电机相同的电压向车间供电。

9.5 车间配电

9.5.2 此条规定主要是针对照明线路的负荷平衡而提出的。

9.5.4 本条对回路中保护单元的设置作了规定。

9.6 照　　明

9.6.1 生产车间设备多样，土建柱梁布置不规则，为避免灯具布置与管道、工艺设备相碰，照明光线被大梁、大柱遮住，影响照明效果，照明设计应注意与有关专业的联系与配合，以满足所需照度。对于粉尘大的车间，难于及时打扫，设计时应计入相应补偿系数。窑炉出口位置温度较高，灯具及管线接近高温时容易损坏，因此灯具设置应远离这些场所。照明设计应考虑今后维护，厂房中间的灯具若不是采用吊车及行车维修，其最高高度不应超过4.5m。

9.6.2 应选用冷光源灯具。

9.6.4 照度标准值按现行国家标准《建筑照明设计标准》GB 50034的规定按中间值选取，本规范附录C中已列出"生产车间及辅助建筑最低照明度标准"，以供查索。

9.6.5 建筑卫生陶瓷行业厂房面积大，照明数量多；对大面积厂房的不同工作区域可考虑采用不同的灯具密集度，对调色配料上釉检验等区域除照度外，光色的要求以4000K～60000K范围内为宜。

9.6.6～9.6.8 对无窗的厂房应设置事故照明，对极少人员流动的原料库、地坑、皮带机通道，本条不作硬性的事故照明规定。对于较大的厂房，因应急灯数量多、投资大，故可以采用动力与照明双电源切换的方案。本条规定参考了现行国家标准《建筑照明设计标准》GB 50034的相关内容。

10 自　动　化

10.1 生产过程自动化

10.1.1 本条为建筑卫生陶瓷工厂生产自动化设计的基本规定。

1 条文中采用的集散型计算控制系统（英文为Distributed control system）简称"DCS"，又名"分布式控制系统"或"分散型控制系统"等，概括来讲，它是由集中管理部分、分散控制监测部分和通信部分构成。它具有通用性强，系统组态灵活，控制功能完善，数据处理方便，显示操作集中，人机界面友好，安装简便规范，调试方便，运行安全可靠等特点。对于提高自动化水平和管理水平，提高产品质量，降低能损，提高生产率，保证生产安全，创造了良好的经济效益和社会效益。

2 窑炉自动化控制包括PID控制、模糊控制和程序控制等。

10.1.2 火灾、爆炸等危险场所的自动化及仪表设置，应体现其安全可靠性，对发生危险介质泄漏、主机工作状态、关键部位的流量、压力、温度等重要参数，应能及时反映并联网至中央控制室。其检测系统电源应不受动力系统断电的影响。

10.1.3 本条规定了对控制室的设置要求。控制室是生产过程的监测中心，在设计时就应将控制室纳入规划，对大、中型厂应设置中央控制室，小型厂应设置车间控制室。控制室应按照国家有关规定和规范的要求设置消防设施。

10.2 通　　信

10.2.1 建筑卫生陶瓷工厂内的电话站及通信网所组成的通信系统是加强企业管理、组织和调度生产、及时处理问题，并与外界进行联系的重要设施。

本条规定了厂内通信系统的设计要求，根据工厂特点引用了现行国家标准《工业企业通信设计规范》GBJ 42的规定。具体设置如电话站设计中交换机程式的选用，应根据当地市话局有关规定及各地区邮电部门的文件确定。电话用户数量的设计应留出足够的余量以利于以后发展。

本条第3款中：

3） 全自动直拨中继方式包括DOD1＋DID方式和DOD2＋DID方式。半自动中继方式包括DOD2＋BID方式。

DOD1方式是分机用户出局呼叫时可以直接拨号，而且只听本用户交换机发出的一次拨号音；DOD2方式是指当分机用户在出局呼叫时，可以直接拨号，听两次拨号音，第一次是本用户交换机发出的拨号音，第二次是公用网端局发出的拨号音。

DID方式是在呼入用户分机时，对方直拨分机用户号，不需经话台转拨。

BID方式是当公用交换机呼入用户交换机的分机用户时，拨中继线号码到话务台，由话务员拨分机号叫出分机用户。

5） 存储器分为随机存储器（RAM）和只读存储器（ROM）。

10.2.2 调度电话是工厂中组织生产和企业管理的重要通信手段，为确保调度功能的实现，大、中型厂应设置调度电话。小型厂因业务量小，且目前程控交换机中很多具有调度电话功能，为节省投资，小型厂可不设置调度电话系统。

大、中型厂的调度室除设置调度电话外还应设置厂区电话，这样可以保证在两个系统中其中一个出现故障时，可以相互补偿的作用。

11 建筑结构

11.1 一般规定

11.1.1 建筑设计和结构设计首先应满足工艺需要，保证对生产设备的保护、劳动者的安全以及对环境的保护等，还应切实考虑自然条件对建筑设计的影响。

11.1.2 结构型式的选用应本着"技术先进、经济合理"的总原则，结合具体工程的规模、投资、所在地区施工水平、进度要求等因素，综合考虑采用的结构型式。

11.1.3 本条是根据现行国家标准《建筑结构可靠度设计统一标准》GB 50068 的要求，对建筑卫生陶瓷工厂各建筑物（或构筑物）安全等级的具体划分。

11.1.4 本条是根据现行国家标准《建筑工程抗震设防分类标准》GB 50223，对建筑卫生陶瓷工厂各建筑物（或构筑物）抗震设防分类的具体划分。

11.1.5 本条是根据现行国家标准结合建筑卫生陶瓷工厂的建筑物（或构筑物）特点制定的。

11.3 辅助用室、生产管理及生活建筑

11.3.1 建筑卫生陶瓷工厂的生产辅助用室包括车间办公室、值班室、工具间、控制室以及更衣室、厕所、盥洗室和浴室等生活用室。

生产管理及生活建筑包括厂前区的工厂办公楼或综合办公楼、食堂、锅炉房、实验室、浴室、招待所、单身宿舍、卫生所（急救站）、工厂标识物、培训及文化活动建筑、围墙大门、传达室等。

11.5 建筑构造设计

11.5.1 空气中有酸性气体容易形成酸雾，对金属材料有腐蚀，如煤气中的 SO_2 等，故作本条第 3 款规定。

11.5.2 推动墙体改革是我国保护耕地、节约能源、综合利用工业废料的一项重要技术政策。建筑设计在墙体改革中应发挥龙头和纽带作用，依法行事，克服各种阻力，积极推广应用新型墙体材料。框架填充墙严禁使用实心黏土砖，本条第 1 款为强制性条文。对于某些边远地区或确实没有非实心黏土砖或因当地以制砖开山造田等情况，可不受此限。

11.6 主要结构选型

11.6.1 基础方案是建筑卫生陶瓷工厂结构设计的重要问题之一，在一般情况下，天然地基比人工地基经济，但对重型建筑物（或构筑物）和在某些具体条件下，天然地基不一定能满足设计要求和达到经济的目的时，应采用人工地基。

11.7 结构布置

11.7.7 长期处于受磨损状态下的结构构件，存在明显的磨损，有些磨损非常严重，影响到结构安全。因此，这些受损构件表面应设置容易更换的耐磨层，并及时检查、更换。

11.9 结构计算

11.9.1 根据实践经验，高宽比大于 4 的框架、天桥支架的柔度较大，风振系数的影响不能忽略，应加以考虑。

11.9.4 球磨机基础允许差异沉降，现行国家标准《动力机器基础设计规范》GB 50040 中没有规定，但设计中经常要碰到这个问题。根据经验，对球磨机基础沉降提出的要求，本条文差异沉降定为 10mm 是可行的。

12 给水与排水

12.1 一般规定

12.1.1 本条规定了给水排水设计的基本原则。水是国家的重要资源，国家水法明确规定，应实行计划用水和厉行节约用水，合理利用、开发和保护水资源。国家环保和水污染防治法也明确规定，要保护自然水域，执行废水排放标准，防止废水对环境的污染。因此，必须根据建厂地区水资源主管部门对水资源的总体规划，与有关方面协商对水的综合利用与协作。

12.2 给 水

12.2.1 本条规定建筑卫生陶瓷工厂的用水标准，包括生产用水量，工作人员生活用水量，冲洗、化验和绿化用水量以及未预见用水量等。根据有关的现行国家标准，结合多年设计生产的实际情况确定。生产用水包括全部生产和辅助生产各部位的用水，如机械设备、电气自动化、空气调节、各种锅炉、原料等用水，随生产规模、生产方法、设备选型、地区条件等因素而定。

生活用水、浇洒道路和绿化用水量，由于陶瓷工厂一般远离城镇，大部分车间工作人员接触粉尘，地面也不可避免的有粉尘污染，而建筑及室外给水设计国家标准规定的生活用水定额，普遍都反映偏低，为此本条按相关标准中，取用较高值制定。

化验室主要是化验用水及清洗用水，一般根据同类规模由工艺提供用水量。修理车间主要是清洗用水。该两处水量不大，根据生产规模和装备情况确定用水量。

未预见用水量按生产、生活总用水量 15%～30%计算，主要对各种不可预见的用水量及系统渗漏等因素，适当留有余量，按生产规模取值。此用水量

不含再生水回用量。

12.2.2 建筑卫生陶瓷生产过程中，用水冷却机械设备产生的热时，一部分直接由水吸收或由润滑油吸收，再以水冷却油。测定资料表明，一般要求油温不小于60℃，机械设备冷却水给水温度宜小于32℃。同时，由于敞开式循环水系统，循环水与大气接触，水中游离及溶解CO_2大量散失，水温越高，CO_2散失越严重，引起$CaCO_3$沉积结垢。

陶瓷机械设备冷却水的水质要求，根据现行国家标准《压缩空气站设计规范》GB 50029 及其他标准规定（见表2），结合建筑卫生陶瓷工厂设计与实践，规定碳酸盐硬度宜控制在（80～250）mg/L（以$CaCO_3$计）（因小于80mg/L，且pH<6.5，极软、偏酸性的水易腐蚀；大于250mg/L的硬水易结垢）。

表2 水质硬度的有关标准和规定表

标准、资料名称及编号	用水名称	水质标准 项目	水质标准 指标	$CaCO_3$计（mg/L）	备注
《压缩空气站设计规范》GB 50029—2003	空气压缩机及后冷却器冷却水	碳酸盐硬度	（以CaO计）≤140mg/L 168mg/L 196mg/L 280mg/L	≤250 300 350 500	排水温度 45℃ 40℃ 35℃ 30℃
《工业锅炉水质标准》GB 1576—2008	锅壳锅炉给水热水锅炉给水	总硬度	<70mg/L	<175	锅内加药处理
《生活饮用水卫生标准》GB 5749—2006	生活饮用水	总硬度	（以$CaCO_3$计）450mg/L	450	—
《给水排水手册》第4册	循环冷却水	碳酸盐硬度	<60mg/L 138mg/L	<150 300～450	不加阻垢剂 加阻垢剂

12.2.4 生产用水水压差别较大。车间进口水压本条规定为常压，可以满足大部分用水设备的水压要求，使给水系统设计合理，但对于高楼层或远距离等个别用水部位，可能水压不足，可用管道泵或其他加压设备局部加压。对水质要求高、水压为中高压的喷雾用水，一般自成系统，单独加压。

12.2.5 本条规定水源选择的基本原则。为满足建筑卫生陶瓷工厂正常生产、生活用水的需要，水源工程设计必须保证取水安全可靠、水量充足、水质符合要求、投资运营经济、维护管理方便。

12.2.6～12.2.8 取水工程中，对取用地下水应遵守地下水开采的原则，并确保采补平衡；对取用的地表水，枯水流量与水位的保证率及最高水位的确定是参照现行国家标准《室外给水设计规范》GB 50013 制定的。其中枯水位保证率的上限，本规范采用97%。大、中型厂和水源丰富地区，宜取大值，小型厂和缺水地区，可取小值。

12.2.9 为了保证建筑卫生陶瓷工厂生产、生活用水的安全可靠，本条对输水管线的安全输水设计作了明确的规定。

12.2.10 建筑卫生陶瓷工厂自备水厂的规模，由生产、生活最大用水量加上消防补充水量和水厂自用水量等项确定，并根据建筑卫生陶瓷工厂的总体规划要求，确定是否留有扩建的可能。

12.2.11 本条规定了生产给水系统的选择原则。在一般情况下，机械设备冷却水采用敞开式循环水系统，循环回水可结合工厂的具体布置，采用压力流或重力流。生产用水重复利用率是根据多年设计与实践经验确定的，其计算式如下：

生产用水重复利用率＝生产间接循环回水量/（生产间接循环给水量＋生产直接耗水量）×100%

为了保持循环冷却水的水质平衡，采用冷却塔降低水温时，应进行水质稳定计算，应有保持水质稳定的措施，如加水质稳定剂、加杀灭菌藻的措施、加旁滤改善水质浓缩、采用冷却塔降低水温等。

12.2.12 对水质要求较高的锅炉用水的原水、化验水和仪器仪表用水等，本条规定"可"由生活给水系统供水。如有确保供水水质的措施，也可采用循环冷却水或再生水作为备用水源。经验表明，循环水不可避免的有少量渗漏油污，含油水和杂质混合，易堵塞喷水系统。再生水是污水、废水三级深度处理后的水，应有严格的管理和维护，才能确保连续、稳定地供给符合要求的水，以维持正常生产。

12.2.13 本条参照现行国家标准《室外给水设计规范》GB 50013 的规定，并结合建筑卫生陶瓷工厂的实际情况制定。

12.2.14　本条根据现行国家标准《工业企业设计卫生标准》GBZ 1及《生活饮用水卫生标准》GB 5749制定。当生产给水以生活给水为备用水源而使两者管道连接时必须设隔断装置，防止污染生活饮用水。可在两个阀门中间装一个放水阀，并在生活管网（或城镇生活饮用水管网）一侧设单向阀，防止停水时水倒流入生活管网（或城镇管网）。

12.2.15　由于生活用水的不均匀性及消防要求储存水量，本条规定生活消防给水系统设置水量调节储存设施。在适用可靠的前提下，首先考虑利用厂区附近地形，设置高位储水池，无高地可以利用或技术经济不合适时，可设置水塔；也可采用变频调速水泵或气压给水设备，但该产品必须有当地公安消防部门的批准认证，同时与生活给水供给部分生产用水时，应有其他系统给水作备用，确保生产用水安全可靠。

12.2.16　本条规定了设计用水计量的原则，根据《中华人民共和国计量法》、《企业能源计量器具配备、管理通则》、《评价企业合理用水技术通则》制定。对外购水总管、自备水井管、生产车间和辅助部门均应设置用水计量器具。各个车间和公用建筑生活用水的计量均应单独装表。循环水泵站计量仪表设置应符合现行国家标准《工业循环冷却水处理设计规范》GB 50050的规定。不允许停水地点设置的用水计量器具应设旁通管路和控制阀。

12.3　排　　水

12.3.1　本条对排水工程设计、排水系统划分作了规定。

12.3.2　本条对生产排水量作了规定；对于生活污水量，应按现行国家标准规定的排水定额确定，为满足设计前期工作的需要，根据经验也可按生活用水量的80%～90%取值。

12.3.3　本条对部分车间和建筑物的污水排入排水管网之前，进行局部处理作了规定。处理设施通常设在室外，寒冷地区，有的设在室内，可随建筑物项目划分为室内工程。

12.3.4　本条规定建筑卫生陶瓷工厂的污水应根据国家和地方的排放标准确定处理方案。但污水排放标准应取得当地县以上环保主管部门的书面意见，因为地方标准与国家标准中的污水排放标准，一般基本相同，但有的指标地方排放标准要求更高，应按更严格的标准执行。

12.3.5　本条规定室内外给水排水系统必须协调一致。室内给水排水系统是按用水水质、水压的不同要求设置的，因此为满足用水要求，室内外相应的系统必须一致。

12.4　消防及其用水

12.4.1　为了防止和减少火灾的危害，建筑卫生陶瓷工厂必须有消防给水及消防设计。消防设计应征得当地公安消防部门的同意。消防给水系统的完善与否，直接影响到火灾的扑救效果。建筑卫生陶瓷工厂消防设计主要遵循的有关国家标准和规定如下：

《建筑设计防火规范》GB 50016；
《汽车库、修车库、停车场设计防火规范》GB 50067；
《汽车加油加气站设计与施工规范》GB 50156；
《石油库设计规范》GB 50074；
《低倍数泡沫灭火系统设计规范》GB 50151；
《二氧化碳灭火系统设计规范》GB 50193。

12.4.2　根据现行国家标准《建筑设计防火规范》GB 50016的规定，工厂占地面积小于或等于$100\times10^4 m^2$，同一时间内的火灾次数应为一次。

12.4.3～12.4.5　根据现行国家标准《建筑设计防火规范》GB 50016，结合建筑卫生陶瓷工厂具体情况制定。通常建筑卫生陶瓷工厂消防给水系统与生活给水系统合并，也可与生产给水系统合并，采用低压给水系统。对设有储油系统的消防给水，因有特殊要求，按规定油库区采用独立的消防给水系统。室外消防管网应布置成环状，只有在建设初期或消防水量不超过15L/s时，可布置成枝状。

12.4.7　容量在400MV·A及以上的可燃油油浸电力变压器内有大量的变压器油，规定宜采用水喷雾灭火。根据现行国家标准《建筑设计防火规范》GB 50016，如有条件，室内采取密封措施，技术经济合理时，也可采用二氧化碳或其他气体灭火。油量小的变压器不作规定，可用移动式灭火设备。

12.4.8　油罐区采用低倍数空气泡沫灭火和喷水冷却等的规定，参照现行国家标准《石油库设计规范》GB 50074制定。

12.4.9　本条为设置自动喷水灭火设备的规定。在一些大型、特大型及建筑标准要求高的建筑卫生陶瓷工厂，这些建筑物设有集中的空调系统。根据现行国家标准《建筑设计防火规范》GB 50016的规定，应设自动喷水灭火设备。

12.4.10　为保证建筑卫生陶瓷工厂重要设备、仪表不受损坏，对设置火灾检测与自动报警装置的部位作了具体规定。

12.4.11　建筑卫生陶瓷工厂的灭火设施很多，主要由室内外消火栓供水灭火，同时按需要，可设有自动喷水、泡沫、二氧化碳、干粉和其他多种灭火设施。

13　采暖、通风与除尘

13.1　一般规定

13.1.1　采暖、通风与除尘设计方案，直接涉及投资、能源、环境保护与管理使用。北方厂供热投资、能耗较大；南方厂空气调节设备投资及能耗较大，因此，设计方案的选择，一定要根据建厂地区综合条件，确定技术先进可行、经济合理的设计方案。

13.1.2 本条规定按现行国家标准《采暖通风与空气调节设计规范》GB 50019，为设计建筑卫生陶瓷工厂供热、通风与空气调节的室外空气计算参数、计算方法的依据。

13.2 采 暖

13.2.1 本条是对采暖设计作出的规定。

1 本款系参照原《采暖通风与空气调节设计规范》GB 50019 制定的。条文中给出了集中采暖地区的气象条件及设置集中采暖的原则。累计年日平均温度稳定低于或等于 5℃，且日数大于或等于 90d 的地区，应设置集中采暖。

2、3 是否设置集中采暖，它取决于企业的财力、物力以及对卫生条件的要求。目前有些厂地处集中采暖地区，但由于资金短缺，不设集中采暖。然而有些非集中采暖地区的工厂，企业效益较好，或外资、合资企业，卫生条件要求较高，要求设置采暖设施，这两款就是依据上述具体情况制定的。

4 制定本款主要目的是为了防止在非工作时间或中断使用时间内（如压缩空气站、有水冷却或消防要求的车间），水管和其他用水设备发生冻结现象。

由于生产厂房比较高大，从节省投资与能源角度出发，对工艺系统有温度要求的地点设置集中采暖，其他无温度要求的空间，可用围护结构隔断。

5 本款是从节省基建投资的角度作出的规定。

6 由于生产厂房不规则，设备多，粉尘量较大，热风采暖受空间限制，用散热器采暖可保证采暖效果。卫生条件好，因而以热风采暖为辅。

7 本款在安全方面作了规定，是强制性条文。

8 由于供暖方式不同，造成采暖房间卫生条件差异较大，有的过热，有的偏冷，因此参考有关资料，规定了不同供暖方式的采暖间歇附加值。

只当散热器采暖不能保证采暖室内设计温度时，方可用热风辅助采暖。

13.2.2 热水和蒸汽是集中采暖系统常用的两种热媒，实践证明，热水采暖比蒸汽采暖具有节能、效果好、设施寿命长等优点，因此本条规定厂区采用热水采暖。但对于严寒地区，高大厂房和除尘设备保温的需要，为节省采暖投资，在保证卫生条件下，规定厂区可以采用蒸汽采暖。

13.2.3 本条是对供热热源作出的规定。

1 当建筑卫生陶瓷工厂所在区域有集中供热规划时，从节省投资、减少管理环节与环境污染等综合考虑，应按区域供热总体规划，确定建筑卫生陶瓷工厂供热热源。

2 本款规定了新建厂及改、扩建厂锅炉房设计的基本原则。

3 根据现行国家标准《锅炉房设计规范》GB 50041，结合建筑卫生陶瓷工厂特点，规定了工厂供热热源、锅炉台数确定的原则。新建锅炉房锅炉台数不宜过多，台数太多，说明单台锅炉容量过小，造成建筑面积大、投资增加、管理复杂，需通过技术经济比较后确定单台锅炉的容量。一般寒冷地区采暖供热不考虑备用锅炉，允许采暖期短时间室内采暖温度适当降低。严寒地区以保障安全生产为目的，采暖供热应设置备用锅炉。为节省投资，对一些既有生活用汽，又有少量采暖用热的区域，可采取设置 2 台蒸汽锅炉加换热器设计方案，保证供汽与供暖。

4 从采光、日晒等因素考虑，锅炉房控制室宜设在南向与东向，控制室面对锅炉间一侧应设观察窗。对于较大的锅炉房（一般寒冷地区，大、中型厂锅炉吨位折合 12 蒸吨左右）人员较多，维修工作量较大，应设置必要的生产、生活辅助房间。对于严寒地区，大、中型厂的锅炉房设置生活辅助房间尤为必要。

5、6 为减轻工人劳动强度，锅炉房供煤与除渣，原则上均采用机械上煤、机械除渣。对于规模较大的锅炉房，供煤、除渣量大，当地处严寒地区，采暖期长、工作条件差、劳动量大，设置集中上煤、联合除渣是较适宜的。有些合资、独资企业或要求机械化程度较高的企业，为了减少劳动定员，要求锅炉房机械化程度较高时，也可采用集中上煤、联合除渣系统。

7 锅炉房的噪声、烟尘对环境影响较大，为减少噪声对环境影响，鼓风机、引风机应设置在厂房内，以阻挡噪声传播。实际测定鼓风机、引风机设在厂房内可降低噪声 10dB（A）～15dB（A）。鼓风机设在锅炉间是不适宜的：第一，工作环境噪声大；第二，鼓风机需从室外补风，造成锅炉间内温度降低。

13.2.4 本条是对室外热力管网的规定。

1 厂区采暖热水管网，采用双管闭式循环系统，主要考虑闭式循环系统可防止系统内软化水流失，补给水量小，以达到安全、经济运行的目的。目前建筑卫生陶瓷工厂采暖热水管网，均采用双管闭式循环系统。当采暖采用蒸汽管网时，一般采用开式系统。它的优点是：系统比较简单、效果好、运行管理方便。其缺点是对高压蒸汽采暖将浪费一些热能。蒸汽采暖的凝结水应回收，回收方式可利用地形自流或设凝结水箱用水泵将其打回锅炉房。当采暖系统凝结水量太小，回收不经济时，也可就地排放。

2 本款规定了热力管网敷设的基本原则。从节省投资、减少占地及美观考虑以直埋敷设为宜。也可采用地沟敷设，根据多年设计及使用实践，地沟敷设的主干沟以半通行地沟为宜，接往各采暖用户支管可用不通行地沟。因建设场地紧张或解决严寒地区水管防冻问题，也常采用联合管沟方式。

对于改建、扩建工程，地下管线复杂或新建厂因场地紧张，可采用架空敷设。若新建厂的场地条件允许，从节能、安全运行等方面考虑，采用直埋敷设或地沟敷设为好，尤其是在严寒地区更是如此。

无论直埋敷设或地沟敷设，其采暖入口的调节阀门宜装在室外阀门井内。室外设阀井有利于供热系统的调节和单个建筑检修放水。为保证工厂重点采暖用户的供热效果，在入口阀门井内应装设测量温度、压力的检测管座。

13.3 通　风

13.3.1 本条是对自然通风设计的规定。

在建筑卫生陶瓷工厂总体布置时，对有余热产生的厂房布置原则应避免西晒，车间主要进风面应置于夏季最多风向一侧采取自然通风方式。

产生余热、余湿的车间、场所，一般是根据建厂所在地区环境状况，从建筑物布置及厂房围护结构上，考虑以自然通风方式消除余热、余湿，当工艺布置或工厂地处炎热地区，无法达到卫生条件时，才采用机械通风。

13.3.2 本条是对机械通风设计的规定。

1 本款规定了机械通风的通风量计算原则，但实际上有些产生湿热的房间、场所，难于准确地计算出有害物质量，当缺乏必要的资料时，可按房间换气次数确定。根据建筑卫生陶瓷工厂设计与使用实践，参考现行国家标准《小型火力发电厂设计规范》GB 50049，规定了建筑卫生陶瓷工厂各建筑物通风换气次数。

2 卫生陶瓷装卸车和陶瓷产品打包处，工人劳动强度较大，特别是炎热地区，工人操作条件差，规定宜设局部过滤送风装置。

3 化验室通风柜排风量，可根据标准通风柜标明的风量选取。该款规定的数据是参考《民用建筑采暖通风设计技术措施》提出的。通风柜排出的气体为含有酸、碱蒸汽或潮湿气体，应采用防腐风机及管道。

4 对总降压变电站的配电室设机械过滤送风系统，室内保持正压，其目的是防止室外粉尘的侵入。当粉尘在带电体表面沉积较多，会影响电器零件正常工作，尤其是相对湿度较大的地区，潮湿粉尘的导电作用，会造成系统短路，因而配电室是否设机械过滤送风，视环境状况及电器元件性能确定。

7 本款规定因水泵站的加氯间散发出氯气等，为改善工作环境，保证卫生条件，需设置通风系统。凡是有腐蚀性气体产生的场所应设防腐风机，对于有害气体比重大于空气比重的，其排风口应设在房间的下部。

13.3.3 本条是对事故通风设计的规定。

供配电系统的高压开关，其绝缘介质为油、惰性气体等，当高压开关发生故障时，高温电弧使油燃烧，导致室内烟雾弥漫，或气瓶破裂，六氟化硫在电弧作用下，会产生多种有腐蚀性、刺激性和毒性物质。

在供电系统中设置电容器，其目的是为了提高其功率因数，但设置电容器会散发出大量热量；且电容器在高压电作用下有可能被击穿，致使绝缘材料燃烧产生有害气体。

射油泵间产生柴油雾气；燃油附件间挥发汽油；电瓶修理间产生铅蒸汽；为防止事故，保障人身安全，对上述场所均应进行排风。

13.4 除　尘

13.4.1 保护环境、防止污染，是我国实行的重大技术政策之一。为此，国家颁布了《环境保护法》，有关部门还相继颁布了一系列有害物排放标准，例如《环境空气质量标准》GB 3095 和《大气污染物综合排放标准》GB 16297。为了达到排放标准的要求，排除有害气体的局部排风系统，有时必须设置净化设备。净化设备的种类繁多，本条指出应采取有效的净化措施。净化设备的选择原则及考虑的因素，只是与有害物的物理化学性质关系更为密切。设计时应该根据不同情况分别选择净化装置，有回收价值的应加以回收。

13.4.2 本条对除尘方式的选择作了规定。

放散粉尘的生产过程虽允许加湿，但对加湿量有一定限制，如破碎、筛分等，过量加湿会使产量下降，采用湿法除尘就受到一些限制，故作本条规定。

13.4.3 本条对密闭形式的选择作了规定。

密闭是建筑卫生陶瓷工厂综合防尘措施的关键环节之一。机械除尘和联合除尘的效果好坏，首先取决于扬尘地点的密闭程度。密闭得好，机械除尘的排风量就可大为减少；反之，即使增大机械除尘系统的排风量，也难以取得良好的效果。

至于密闭形式，对于集中、连续的扬尘点（如胶带机受料点），且瞬时增压不大的尘源，多在设备扬尘处采用局部密闭；对于全面扬尘或机械振动力大的设备，多采用留有观察孔和操作门并将设备（除电动机、减速箱外）大部分封闭在罩内的整体密闭，特点是密闭罩本身为独立整体，易于密闭；对于大面积扬尘且操作和检修频繁，采用整体密闭不便者，多采用留有观察孔和操作门并将扬尘设备全部密闭在罩内的大容积密闭。一般说来，大容积密闭罩比小容积密闭罩效果要好，特点是罩内容积大可缓冲含尘气流，减小局部正压，这种密闭罩适用于多点扬尘、阵发性扬尘和含气流速度大的设备或地点，如多卸料点的胶带机转运点等。但是，具体情况不同，不能一律对待，应根据设备特点、生产要求以及便于操作、维修等，分别采用不同的密闭形式。

13.4.4 本条规定了吸风点排风量的确定方式。

在建筑卫生陶瓷工厂机械除尘系统的设计中，如何确定吸风点的排风量是一个重要的问题。排风量过小会使含尘空气逸入室内达不到除尘的目的；排风量过大会使除尘系统复杂，且设备庞大，造价和运行费用高。所以，在保证粉尘不外逸的情况下，排风量愈小愈好。为此，设计时应通过计算或采用实测与经验数据确定吸风点的排风量。

吸风点的排风量主要包括以下几部分：工艺过程本身产生的烟尘量；物料输送过程中所带入的诱导风量和保持罩内负压（包括有时消除罩内正压）所需的空气量等。

13.4.5 本条对吸风口的位置及风速作了规定。

在密闭罩上装设位置和开口面积适宜的吸风罩同除尘风管连接，使罩口断面风速均匀；为了防止排风把物料带走，还应对吸风口的风速加以控制。在吸风点的排风量一定的情况下（见本规范第13.4.4条），吸风口风速主要取决于物料的密度和粒径大小以及吸风口与扬尘点之间的距离远近等。

13.4.6 为保证除尘系统的除尘效果和便于生产操作，对于建筑卫生陶瓷工厂的一般除尘系统，设备能力应按其所连接的全部吸风点同时工作计算，而不考虑个别吸风口的间歇修正。

当一个除尘系统的非同时工作吸风点的排风量较大时，则该系统的排风量可按同时工作的吸风点的排风量加上各非同时工作的吸风点的排风量的15%～20%的总和计算。后者15%～20%的排风量为由于阀门关闭不严的漏风量。

13.4.7 为了防止粉尘因速度过小在风管中沉降、聚积甚至堵塞风管，因此本规范附录H中根据不同的物料给出了除尘系统风管中的最小风速。

13.4.8 本条为除尘系统的划分原则。建筑卫生陶瓷厂除尘系统的划分，应考虑吸风点作用半径不宜过大，便于粉尘的回收利用以及由于不同性质的粉尘混合后会引起的不良影响因素或导致风机功率过大的浪费电能现象。

13.4.9 本条规定了选择除尘器应考虑的因素。

除尘器种类繁多，构造各异，由于其除尘机理不同，各自具有不同的特点，因此，其技术性能和适用范围也就有所不同。根据是否用水作除尘媒介，除尘器分为两大类：干式除尘器和湿式除尘器。干式除尘器可分为重力沉降室、惯性除尘器、旋风除尘器、袋式除尘器和干式电除尘器等；湿式除尘器可分为喷淋式除尘器、填料式除尘器、泡沫除尘器、自激式除尘器、文氏管除尘器和湿式电除尘器等。

选择除尘器时，除考虑所处理含尘气体的理化性质之外，还应考虑能否达到排放标准、使用寿命、场地布置条件、水电源条件、运行费、设备费以及维护管理等进行全面分析。

13.4.10 本条是从保障除尘系统的正常运行、便于维护管理、减少二次扬尘、保护环境和提高经济效益等方面出发，并结合国内各建筑卫生陶瓷厂的实践经验制定的。据调查，对粉尘的处理回收方式主要有以下几种：

对于干式除尘器，有人工清灰、机械清灰和除尘器的排灰管直接接至工艺流程等三种。人工清灰多用于粉尘量少，不直接回收利用或无回收价值的粉尘；机械清灰包括机械输送、水力输送和气力输送等，其处理方式一般是将收集的粉尘纳入工艺流程回收处理。机械清灰的输送灰尘设施较复杂，但操作简单、可靠。排灰管直接接至工艺流程（如接到溜槽、漏斗、料仓），用于有回收价值且能直接回收的粉尘，是一种较经济有效的方式。

除尘器收集的粉尘回收与处理方式，直接关系到系统的正常运行、除尘效果和综合利用等方面。因此，需根据具体情况采取妥善的回收处理措施。工艺允许时，纳入工艺流程回收处理，对于保证除尘系统的正常运行和操作维护等方面都有好处，而且也是经济的。

13.4.11 防止卸尘管漏风的措施，是在干式除尘器的卸尘管上装设有效的卸尘装置，卸尘装置（包括集尘斗、卸尘阀等）是除尘设备的一个不可忽视的重要组成部分，它对除尘器的运行及除尘效率有相当大的影响。如果卸尘装置装设不好，就会使大量空气从排尘口吸入，破坏除尘器内部的气流运动，大大降低除尘效率。例如，当旋风除尘器卸尘口漏风达15%时，就会使除尘器完全失去作用。其他种类的除尘器漏风对除尘效率的影响也是非常显著的。

13.4.12 对于吸风点较多的机械除尘系统，虽然在设计时进行了各并联环路的压力平衡计算，但是由于设计、施工和使用过程中的种种原因，出现压力不平衡的情况实际上是难以避免的。为适应这种情况，保障除尘系统的各吸风点都能达到预期效果，因此，条文规定在各支管段上宜设置调节阀门。在吸入段风管上，一般不容许采用直插板阀，因为它容易引起堵塞。作为调节用的阀门，无论是蝶阀、调节瓣或斜插板阀，都必须装设在垂直管段上。如果把这类阀门装在倾斜或水平风管上，由于阀板前后产生强烈涡流，粉尘容易沉积，妨碍阀门的开关，有时还会堵塞风管。

13.4.13 在设计机械除尘系统时，通常都把除尘器布置在系统的负压段，其最大优点是保护通风机壳体和叶片免受或减缓粉尘的磨损，延长通风机的使用寿命。建筑卫生陶瓷厂也有把除尘器置于系统正压段的，例如：采用袋式除尘器时，为了节省外部壳体的金属耗量，避免因考虑漏风问题而增加除尘器的负荷，延长布袋的使用期限及便于在工作状况下进行检修等，有时把除尘器安装在正压段就具有一定的优点。在这种情况下，应选择排尘通风机。由于同普通通风机相比，排尘通风机价格较贵，效率较低，能量消耗约增加25%以上。因此，设计时应根据具体情况进行技术经济比较后确定。

13.4.14 本条规定是为了保证环保及室内卫生要求。对于建筑卫生陶瓷工厂内招待所、公共食堂的厨房，应设有净化油烟的机械排风，并达到现行行业标准《饮食业油烟排放标准》GB 18483 的规定：排放浓度不超过 2mg/m³。

14 其他生产设施

14.1 一般规定

14.1.1 其他生产设施配备如果不合理，将直接影响生产的正常进行。

14.2 中心实验室

14.2.1 主要考虑建筑卫生陶瓷工厂正常运转所需的必要设置。

14.2.3 中心实验室对进厂坯料、釉料及生产产品进行必要的检验，是为正常生产而调整工艺参数的依据。

14.2.5 本条要求分室设置是因为制样室、高温室、精密称量室、分析室、物理检测室几项互相有影响。

14.3 机电设备及仪表维修

14.3.1 大、中型厂应具备完善的机修能力，本条规定了机修车间应有的装备水平。装备水平与外部协作条件有关，有良好的协作条件时可对不常使用且占用资金的设备不予设置。

14.3.2、14.3.3 电气修理车间的设置以能满足大型低压设备的大、中修为主，大型高压电机及大容量的电力变压器的大、中修应以外协解决为主；仪表的修理应以内部常用仪表为主，高端的自动化仪表亦应通过外协解决问题。

14.4 地 磅

14.4.2 采用无坑基安装，节约建设投资。

14.5 压缩空气站

14.5.1 建筑卫生陶瓷工厂各用气点对压缩空气压力、质量要求不同，在设计压缩空气站时应根据实际需要，经济、合理地配置相应设备及管道。

14.5.2 关于压缩空气的质量，根据现行国家标准《工业自动化仪表气源压力范围和质量》GB 4830，其中规定：

露点：在线压力下的气源露点应比环境温度下限值至少低10℃；

含尘粒径：气源中含尘粒径不应大于 3μm；

含油量：气源中油分含量不应大于 10mg/m³。

现行国家标准《一般用压缩空气质量等级》GB/T 13277 附录中规定了压缩空气质量等级的推荐值。

14.5.3 气体经过空气压缩机后，含有大量饱和蒸汽及油污，经过充分冷却除油干燥处理后使气体中大部分水、油污分离出来，可避免其进入稳压罐内，造成堵塞或影响粉料质量。

14.5.4 压缩空气站集中还是分散设置，应根据用气负荷中心位置，尽量减少气体压力损失，经过比较后确定。为避免粉尘对空气压缩机的损害，压缩空气站应尽量布置在上风向。

14.5.5 本条规定了对空气压缩机的选型和台数配置应考虑的因素。在生产中使用压缩空气的生产环节，要求气源不断，因此空气压缩机需有备用。

14.5.6 管道气力输送是一种连续运行的设备，作为动力源的压缩空气，以一定的流量保证管道内物料的浮送速度，如果不是专机专用，当其他用气点用气过量时，气力输送管道中气流流量减少，容易使管道堵塞，造成生产事故，因此气力输送空气压缩机宜专机专用。

14.6 工艺计量

14.6.1 根据现行国家标准《用能单位能源计量器具配置和管理通则》GB 17167 的有关规定，为了有利于生产控制、经营管理和经济核算，建筑卫生陶瓷工厂设计中所有相应环节应设置计量装置，其装备水平与工厂规模、自动化程度协调考虑。

15 节 能

15.1 一般规定

15.1.1 建材工业是能源消耗大户，在设计中，要贯彻节能方针，节约能源。

15.1.2 能源节约和综合利用能源，必须在设计前期工作与厂址选择、工艺流程的方案统一考虑。同时，在初步设计时，对节约和合理利用能源要有专门论述的内容。

15.3 节 电

15.3.1 供配电系统的节能以提高功率因数为主，以提高设备利用率、降低空载损耗为辅。一般工厂企业线路上的功率因数可补偿至 0.95，以不低于 0.92 为补偿的较佳位置。车间就地补偿对于不平衡负载应采取分相补偿的方式。

15.3.2 用电设备的效率对耗电的影响很大，应选用新型先进的电机及电热设备，先进的工艺设计是关键，主要体现在人力、电力的节省，效率的提高，所以在先进工艺的基础上选用先进设备，可使节电达到最佳效果。

15.3.3 采用冷光源，提高发光效率，金属卤化物灯因其很好的光效及色温成为工厂灯的首选。由于人眼对节能灯产生的光色有极高的敏感性，所以使用节能灯可适当减少光通量，同时节能灯也有较高的光效，大功率节能灯的出现为车间大面积使用节能灯创造了条件。

16 环境保护

对于各类污染物的排放，国家和地方都有相应的排放标准。但对于国家重点保护地区，如文物古迹集中区、旅游区、生态保护区等，地方的排放标准会更严格，企业应按照国标或地标中更严格的排放标准执行。

16.1 大气污染防治

16.1.1、16.1.2 利用大气扩散和稀释能力是目前降低废气、烟气排放浓度的方法之一。建筑卫生陶瓷工厂易产生粉尘的车间或工段包括原料破碎、煤气站和堆场等，如果总平面布置不合理，将对周围居民的生活造成一定的影响。

目前在建筑卫生陶瓷工厂的生产过程中，原料破碎工段产生的粉尘最大，而采用合格粉料进厂，取消原料破碎工段，是减少大气污染源的措施之一。

16.1.4 含尘气体包括含尘空气和烟气。烟气净化最好采用湿式方式，要考虑水处理后循环使用，防止污染转移。采用干式除尘时要计算 SO_2 是否超标。

16.2 废水污染防治

16.2.1 本条是废水污染防治设计的原则。

16.2.3 本条为强制性条文，是为防治污染地下水所作的规定。中华人民共和国主席令第 87 号《中华人民共和国水污染防治法》第四十一条规定：禁止企事业单位利用渗井、渗坑、裂隙和溶洞排放、倾倒含有毒污染物的废水、含病原体的污水和其他废物。

16.3 噪声污染防治

16.3.2 噪声控制应首先控制噪声源，选用低噪声的设备；超过许可标准时，应根据噪声性质，采取消声、建筑隔断、隔声、减振等防治措施。

16.3.3 本条强调噪声污染防治首先从设备选型和布置上加以控制，其次再根据噪声性质进行控制。

根据现行国家标准《工业企业噪声控制设计规范》GBJ 87 的有关规定，对于生产过程及其设备产生的噪声，首先从声源上进行控制，以低噪声的工艺和设备代替高噪声的工艺和设备；如仍达不到要求，则应采用隔声、消声、减振以及综合控制等措施。选择设备时，控制设备噪声在 85dB（A）以下，是经济有效的办法。

按噪声性质分类，噪声可分三类。一是空气动力性噪声，二是机械性噪声，三是电磁性噪声。机械性噪声是建筑卫生陶瓷工厂的主要噪声源，对周围影响较大。

空气动力性噪声一般在 70dB（A）～100dB（A），有的高达 110dB（A），目前建筑卫生陶瓷工厂对这类噪声都采取了隔声和消声的措施。如空气压缩机、风机噪声属于此类。

机械性噪声一般在 85dB（A）～105dB（A），有的高达 106dB（A），这类噪声一般采用减振、隔声和吸声措施，如压砖机、球磨机和磨边机等。

电磁性噪声一般在 90dB（A）以下，它不是建筑卫生陶瓷工厂的主要声源，对周围环境质量影响不大，所以没有明确规定对此类噪声的治理措施。

16.4 固体废物污染防治

16.4.1 中华人民共和国主席令第 31 号《中华人民共和国固体废物污染环境防治法》第三条规定：国家对固体废物污染环境的防治，实行减少固体废物的产生量和危害性，充分合理利用固体废物和无害化处理固体废物的原则。中华人民共和国国务院令第 253 号《建设项目环境保护设计规定》第四十四条规定：对有利用价值的废渣，应考虑回收或综合利用措施；对没有利用价值的可采用无害化堆置或焚烧等处理措施。防止固体废物综合利用过程中，只重经济效益不管防治污染的不良倾向。同时也要防止只重视减少污染或无害化，而不管经济开支，这样会使综合利用工作难以正常开展，甚至被停止。

16.5 环境保护监测

16.5.1 大型建筑卫生陶瓷工厂可以单独设监测站，建筑面积一般为 $100m^2$～$150m^2$ 是参考数，如增加治理措施，面积可适当增加。仪器设置仅按常规配备，如有特殊项目应增加新仪器。

16.5.2 本条系根据现行国家标准《污水综合排放标准》GB 8978 和《工业炉窑大气污染物排放标准》GB 9078 的规定制定。在产生烟气、废气、废水的生产设施的烟道（包括烟囱）、管道、排水渠（或管）道上，应按监测目的和布点要求设置永久性的采样点。在污水排放口设置排放口标志、污水水量计量装置和污水比例采样装置。废气烟囱或排气筒应设置永久采样、监测孔和采样检测平台。

16.6 环境保护设施

16.6.1 环境保护设施内容系根据陶瓷工厂污染源和

污染物种类确定。但有些项目和职业卫生方面分不太清,如除尘、噪声治理,既为职业卫生,又为环境保护,所列项目可能有重复部分。

17 职业安全卫生

17.1 一般规定

17.1.2 建筑卫生陶瓷工厂设计应提高生产综合机械化和自动化程度,对生产过程中的各项职业危害因素,应遵循消除、预防、减弱、隔离、联锁、警告的原则,在各专业设计中采取相应的技术措施,改善劳动条件,实行安全生产、文明生产。

17.4 防雷保护

17.4.1、17.4.2 防雷设计要对当地地质气象状况作出精确统计,对需要防雷的建筑物进行分类,其分类标准应符合《建筑物防雷设计规范》GB 50057中相关条款。

17.4.3 处于多雷暴地区的厂房、宿舍、办公楼均属于二类防雷建筑。因防雷装置的提高并不占用很大投资,所以在防雷建筑分类时,处于模糊界限中的建筑可按高一级防雷设置,以确保安全。

17.4.4 防感应雷装置的接地端可以和防直击雷接地端共用,其电阻值不得大于10Ω。变电站防雷装置接地端应和TN系统接地网共用,因TN系统接地电阻小于0.5Ω,对雷电来说当然没有问题。

17.7 噪声控制

17.7.5 在钢溜管、钢料仓壁采取阻尼和隔声措施,是为避免块状物料直接撞击产生噪声。

中华人民共和国国家标准

水泥工厂职业安全卫生设计规范

Code for design of safety and health of cement plant

GB 50577—2010

主编部门：国家建筑材料工业标准定额总站
批准部门：中华人民共和国住房和城乡建设部
施行日期：2010年12月1日

中华人民共和国住房和城乡建设部
公 告

第 590 号

关于发布国家标准《水泥工厂职业安全卫生设计规范》的公告

现批准《水泥工厂职业安全卫生设计规范》为国家标准，编号为 GB 50577—2010，自 2010 年 12 月 1 日起实施。其中，第 1.0.3、4.2.5、5.1.8、5.2.2、5.2.3、5.2.6、5.2.8、5.2.10、5.2.11、5.3.3(1、2、3、4、5)、5.3.10、5.4.9、5.4.11、5.5.7、6.1.12、6.2.5、6.3.10 条（款）为强制性条文，必须严格执行。

本规范由我部标准定额研究所组织中国计划出版社出版发行。

中华人民共和国住房和城乡建设部
二〇一〇年五月三十一日

前 言

本规范是根据原建设部《关于印发〈2007 年工程建设标准规范制订、修订计划（第二批）〉的通知》（建标〔2007〕126 号）的要求，由中国建筑材料科学研究总院、天津水泥工业设计研究院有限公司，会同安徽海螺建材设计研究院、北京凯盛建材工程有限公司等单位共同编制完成。

本规范共分 7 章和 1 个附录，主要内容有：总则、术语、基本规定、厂址选择及厂区布置、厂区安全、厂区职业卫生、劳动安全及职业卫生管理。

本规范中以黑体字标志的条文为强制性条文，必须严格执行。

本规范由住房和城乡建设部负责管理和对强制性条文的解释，国家建筑材料工业标准定额总站负责日常管理，中国建筑材料科学研究总院负责技术内容的解释。各有关单位在执行本规范过程中，请结合工程实际，注意积累资料，总结经验，如发现需要修改和补充之处，

请将意见和有关资料寄交中国建筑材料科学研究总院（地址：北京市朝阳区管庄东里 1 号院西楼，邮政编码：100024，E-mail: hejie@cbmamail.com.cn），以供今后修订时参考。

本规范主编单位、参编单位、主要起草人和主要审查人：

主 编 单 位：中国建筑材料科学研究总院
　　　　　　　天津水泥工业设计研究院有限公司
参 编 单 位：安徽海螺建材设计研究院
　　　　　　　北京凯盛建材工程有限公司
主要起草人：何 捷　徐 晖　萧 瑛　吴 涛
　　　　　　聂 卿　陈 鹏　张长乐　岳润清
　　　　　　谢大川
主要审查人：狄东仁　孔祥忠　陆秉权　施敬林
　　　　　　芮祚华　余学飞　吴东业　兰明章
　　　　　　熊运贵　章昌顺

目 次

1 总则 ·· 7—40—5
2 术语 ·· 7—40—5
3 基本规定 ·· 7—40—5
4 厂址选择及厂区布置 ························ 7—40—5
   4.1 厂址选择 ··································· 7—40—5
   4.2 厂区布置的劳动安全、
       职业卫生要求 ··························· 7—40—5
5 厂区安全 ·· 7—40—6
   5.1 厂区道路安全 ···························· 7—40—6
   5.2 生产和设备安全 ························· 7—40—6
   5.3 建筑安全 ··································· 7—40—6
   5.4 防火、防爆 ································ 7—40—7
   5.5 防电伤 ······································ 7—40—8
   5.6 防雷 ··· 7—40—9

6 厂区职业卫生 ··································· 7—40—9
   6.1 通风、防尘、防毒、防辐射 ········· 7—40—9
   6.2 防噪声、防振动 ························· 7—40—9
   6.3 采暖通风与空气调节 ·················· 7—40—10
   6.4 辅助用室 ··································· 7—40—10
7 劳动安全及职业卫生管理 ·················· 7—40—10
   7.1 劳动安全及职业卫生管理机构
       的设置 ····································· 7—40—10
   7.2 劳动安全及职业卫生设施配备 ····· 7—40—10
附录 A 冬季采暖室内计算温度 ············ 7—40—10
本规范用词说明 ··································· 7—40—11
引用标准名录 ······································ 7—40—11
附：条文说明 ······································ 7—40—12

Contents

1 General provisions ··················· 7—40—5
2 Terms ······························· 7—40—5
3 Basic requirement ··················· 7—40—5
4 Plant location and layout ············ 7—40—5
   4.1 Plant location ····················· 7—40—5
   4.2 The occupational health and safety requirement of layout ··· 7—40—5
5 Plant safety ························· 7—40—6
   5.1 transportation safety ············· 7—40—6
   5.2 production and equipment safety ······ 7—40—6
   5.3 Construction safety ··············· 7—40—6
   5.4 Fire-proof and explosion-proof ······ 7—40—7
   5.5 Anti-electric shock ··············· 7—40—8
   5.6 Anti-lightning ···················· 7—40—9
6 Area occupational health of plant ······························· 7—40—9
   6.1 Ventilation, dust-proof, anti-virus, radiation ················· 7—40—9
   6.2 Prevention of vibration and noise ··· 7—40—9
   6.3 Heating and ventilation ············ 7—40—10
   6.4 Auxiliary rooms ··················· 7—40—10
7 Occupational health and labour safety management ··············· 7—40—10
   7.1 Organizational structure of occupational health and labour safety management ········· 7—40—10
   7.2 Supporting facilities of occupational health and labour safety ························· 7—40—10
Appendix A Design indoor temperature for winter heating ······ 7—40—10
Explanation of wording in this code ························ 7—40—11
List of quoted standards ··············· 7—40—11
Addition: Explanation of provisions ························ 7—40—12

1 总　则

1.0.1 为贯彻《中华人民共和国劳动法》、《建设项目（工程）劳动安全卫生监察规定》和国家有关改善劳动条件、加强劳动保护规定，保证水泥工厂的设计符合劳动卫生要求，控制各类职业危害因素，保障职工的安全与身体健康，制定本规范。

1.0.2 本规范适用于水泥工厂新建、改建和扩建生产线工程设计中的劳动安全、职业卫生设计。

1.0.3 劳动安全、职业卫生设施必须与主体工程同时设计、同时施工、同时投入使用。

1.0.4 水泥工厂劳动安全、职业卫生设计应贯彻"安全第一、预防为主"的原则，应做到技术先进、设施可靠、经济合理，从源头控制职业健康风险。

1.0.5 进行废物协同处置的水泥工厂，劳动安全、职业卫生设计应符合国家和地方现行的有关标准和规定。其废物的储存、预处理、处置废物系统等，应根据安全生产的需要，采取相应预防措施，满足安全生产和职业卫生的要求。

1.0.6 水泥工厂的劳动安全、职业卫生设计除应符合本规范外，尚应符合国家有关标准的规定。

2 术　语

2.0.1 辅助用室　auxiliary rooms
为保障水泥工厂生产、劳动安全与职业卫生所配备的场所。

2.0.2 劳动安全　labour safety
在生产过程中免除了不可接受的损害风险的状态。

2.0.3 职业卫生　occupational health
生产过程中对有毒、有害物质危害职工身体健康或者引起职业病发生的防范措施。

3 基本规定

3.0.1 水泥工厂的工程设计应在提高机械化和自动化的基础上，降低职工的劳动强度，对生产过程中各项不安全、危险有害因素应遵循消除、替代、隔离、防护等基本原则，采取改善劳动条件、实行文明安全生产的措施。

3.0.2 水泥工厂的工程设计应对拟建项目的劳动安全、职业卫生做出论证，并应提交职业健康安全专篇报告。

3.0.3 施工图设计阶段应结合初步设计审查中通过的劳动安全、职业卫生方面的审查意见，落实有关劳动安全、职业卫生的内容。有重大的方案变动时，应征得主管审批部门的同意。

3.0.4 劳动安全、职业卫生设施的设置应符合下列规定：
　　1 应设置防尘、防毒、防暑、防湿、防寒、防噪声等设施。
　　2 应设置防火、防爆、防电、防雷、防坠落、防机械伤害等设施。
　　3 应设置监测装置和设施、安全教育设施以及事故应急设施。

4 厂址选择及厂区布置

4.1 厂址选择

4.1.1 水泥工厂厂址选择应结合水泥生产过程的安全卫生特点，有害因素危害状况，建设地点的环境、水文、地质、气象以及人群职业健康等因素，进行综合分析确定。

4.1.2 水泥工厂选择建设地点宜避开地震断裂带、地下采空区和自然疫源地。

4.1.3 水泥工厂选址应根据风向频率及地形等因素确定。季风区水泥工厂应布置在城镇和居住区最小风频方向的上风向；主导风向区的水泥工厂应布置在主导风向的下风向。同时应根据地域特点，权衡最小风频、污染风频和污染系数关系选择厂址。

4.1.4 水泥工厂厂区位于洪水或山洪威胁地段时，防洪标准应符合现行国家标准《水泥工厂设计规范》GB 50295 的有关规定。

4.1.5 水泥工厂与周边的城镇和居民区之间的卫生防护距离，应符合现行国家标准《水泥厂卫生防护距离标准》GB 18068 及环境影响评价报告的有关规定。

4.2 厂区布置的劳动安全、职业卫生要求

4.2.1 水泥工厂的生产区、生活区、生活饮用水源、生产和生活排水排放口位置、堆场以及各类卫生防护、辅助用室等工程用地，应根据规模、生产流程、交通运输、环境保护、劳动安全、职业卫生要求等，结合场地自然条件合理布局。

4.2.2 水泥工厂总平面的分区应按厂前区内设置行政办公设施和生活福利设施，生产区内布置生产车间和辅助生产设施的原则处理。厂前区内应划定紧急集合区，生产区内除值班室、存衣室、盥洗室外，不宜设置非生产设施。

4.2.3 水泥工厂的总平面布置，在满足主体工程需要的前提下，应将污染危害严重的设施远离非污染设施。

4.2.4 生产区宜选在大气污染物本底浓度低和扩散条件好的地段，并宜布置在当地夏季最小频率风向的上风侧，厂前区和生活区宜布置在当地最小频率风向的下风侧。

4.2.5 在布置预处置危险废物车间时，必须同步设计相应的事故防范、应急和救援设施。

4.2.6 厂房建筑方位应保证室内有良好的自然通风和自然采光。

4.2.7 噪声与振动较大的生产设备安置在多层厂房内时，应将其安装在多层厂房的底层，或采取减振措施。

4.2.8 煤粉制备车间宜采用独立布置的方式。

4.2.9 污水处理设施宜布置在厂区的一侧和主导风向的下风向。

4.2.10 选用地表水作为供水水源时，水质应符合现行国家标准《地表水环境质量标准》GB 3838 的有关规定。选用地下水作为供水水源时，水质应符合现行国家标准《地下水质量标准》GB/T 14848 的有关规定。厂区内生活饮用水水质应符合现行国家标准《生活饮用水卫生标准》GB 5749 的有关规定。

5 厂区安全

5.1 厂区道路安全

5.1.1 厂内道路设计应根据水泥工艺流程、年产量，合理地组织车流、人流，并应保证运输、装卸作业安全条件。

5.1.2 大、中型工厂宜分别设置人流出入口和货流出入口。厂区内人流、货流比较集中的主干道，宜沿干道设置人行道。

5.1.3 厂内建筑物（或构筑物）、设备和绿化物等不得妨碍驾车行驶视线和行人行走时的视线，并严禁侵入铁路线路和道路的安全限界。

5.1.4 铁路专用线不宜在工厂生产区域及居民区之间穿越，如必须穿越时，应根据人流、车流数量，设置看守道口或立体交叉。

5.1.5 跨越道路上空架设管线的净高不得小于 5m。

5.1.6 跨越主干道路上空的建筑物（或构筑物）距路面的净高不得小于 4.5m。

5.1.7 厂内道路的转弯半径应便于车辆通行，主、次干道的纵坡不宜大于 8%，经常运送易燃、易爆危险物品专用道路的纵坡不宜大于 6%。

5.1.8 厂内道路必须设置交通安全警示标志。

5.1.9 交通标志的位置、形式、尺寸、颜色等应符合现行国家标准《道路交通标志和标线》GB 5768 的有关规定。

5.1.10 路面宽度为 9m 以上的道路应划中心线，并应实行分道行车。

5.2 生产和设备安全

5.2.1 水泥工厂使用的起重、装卸机械应配备制动器、限位器、指示器和安全防护装置。

5.2.2 水泥生产线多台联锁遥控、程控的生产设备，必须设置机旁锁定开停机的按钮、中控和现场操作切换的开关。控制系统应设置互锁保护装置。

5.2.3 磨机等生产设备的机旁控制装置应布置在操作人员能看到整个设备动作的位置，机旁开关应能强制分断与隔离主电路，并应具有锁定装置及开关位置标志。现场必须设有预示开车的声光信号装置。

5.2.4 操作室应保证人员操作的安全、方便和舒适。不得使用高温条件下释放有毒气体的材料，门窗透光部分应采用透明易清洗的安全材料。

5.2.5 配电室和控制室不应有与其无关的管道通过。

5.2.6 表面温度超过 50℃ 的设备和管道，必须在人员容易接触到的位置，采取防护措施，并应设置安全标志。

5.2.7 生产设备应保证操作点和操作区域有足够的照度，并应符合现行国家标准《建筑照明设计标准》GB 50034 的有关规定。

5.2.8 各种机械传动装置的外露部分必须配置防护罩或防护网等安全防护装置，露出的轴承必须加护盖。

5.2.9 原料应按其品种、特性分类堆放，散装物料应根据其性质确定堆放安全高度。

5.2.10 袋装水泥码垛高度，机械装卸时严禁高于 5m，人工装卸时严禁高于 2m。

5.2.11 生产设备易发生危险的部位必须设置安全标志。

5.3 建筑安全

5.3.1 水泥工厂厂房的最低层高不应低于 2.5m。

5.3.2 厂房安全出口和通道应符合现行国家标准《建筑设计防火规范》GB 50016 的有关规定。

5.3.3 工作平台临空部分应设置安全护栏，安全护栏应符合下列规定：

 1 平台高度为 15m 及以上时，护栏高度不应低于 1.2m。

 2 平台高度低于 15m 时，护栏高度不应低于 1.05m。

 3 预热器塔架的护栏高度不应低于 1.2m。

 4 设置于屋面及库顶上的护栏高度不应低于 1.2m。

 5 平台面以上 0.15m 内的护栏应为网状护栏。

 6 护栏应有足够的刚度和强度，并应在栏杆中部加设防护网。

 7 室外护栏的底部应采用网格不大于 50mm 的网状护栏。

5.3.4 距离平面 2m 以上的操作设备或阀门操作点，应设置固定式工作平台。采用钢平台时，应符合现行国家标准《机械安全 进入机械的固定设施 第 2 部分：工作平台和通道》GB 17888.2 的有关规定。

5.3.5 楼梯及通道的设计应符合下列规定：
 1 楼梯的一个梯段高度不宜超过4.5m，楼梯休息平台的宽度应大于楼梯0.20m。
 2 钢直梯和钢斜梯的设置应符合现行国家标准《机械安全进入机械的固定设施 第1部分：进入两级平面之间的固定设施的选择》GB 17888.1、《机械安全 进入机械的固定设施 第3部分：楼梯、阶梯和护栏》GB 17888.3和《机械安全 进入机械的固定设施 第4部分：固定式直梯》GB 17888.4的有关规定。
 3 通道、斜梯的宽度不宜小于0.8m，直梯的宽度不宜小于0.6m。
 4 常用斜梯的倾角不宜大于45°；不常用斜梯的倾角宜小于60°。

5.3.6 天桥、通道、斜梯踏板和平台应采取防滑措施。

5.3.7 生料磨、水泥磨等车间的地面应平整，并应易于清理。

5.3.8 装卸场地和堆场应保证装卸人员、装卸机械和车辆的活动范围和安全距离，主要通道的宽度不得小于3.5m。

5.3.9 设在平面2m以上的捅料孔及取样和检查点，宜根据风向等条件设置平台、逃生通道等安全设施。

5.3.10 各种物料筒仓的顶部应设置可锁人孔门，在直径15m以上筒仓的下部应同时设置可锁人孔门。

5.3.11 在楼面供垂直运输及服务于检修用的孔洞，应在孔洞周围加设带门的防护栏或增加可靠稳固的盖板。

5.3.12 车间内的坑洞、沟道，应设置与地面相平的盖板或加设栏杆；除排水检查井及道路上的坑、洞外，车间外部的电缆隧道、暖气沟等坑洞及沟道入口的顶部边缘应高出地面0.15m以上。

5.3.13 照明应符合现行国家标准《建筑照明设计标准》GB 50034的有关规定。

5.4 防火、防爆

5.4.1 主要生产厂房、储库及辅助建筑的防火设计，应符合现行国家标准《建筑设计防火规范》GB 50016的有关规定。

5.4.2 主要生产车间及辅助车间生产火灾危险性类别应按表5.4.2执行。

表5.4.2 主要生产车间及辅助车间生产火灾危险性类别

序号	厂房名称	生产火灾危险性类别	备注
1	破碎车间（石灰石、黏土、混合材、石膏）	戊	—

续表5.4.2

序号	厂房名称	生产火灾危险性类别	备注
2	原料粉磨车间	戊	—
3	烧成、烘干车间	丁	燃油时为丙类，燃气时为乙类
4	原料配料车间	戊	—
5	水泥粉磨车间	戊	—
6	水泥包装车间	戊	—
7	煤粉制备车间	乙	—
8	煤破碎车间	丙	—
9	熟料破碎车间	丁	—
10	物料输送（石灰石、黏土、铁粉、石膏、混合材）	戊	—
11	原煤输送	丙	煤粉输送时为乙类
12	熟料输送	戊	—
13	原料储存库（石灰石、黏土、混合材、石膏、铁粉）	戊	—
14	石灰石、黏土、预均化库（原料、辅助原料）	戊	—
15	煤预均化库	丙	—
16	熟料储存库	丁	—
17	原料联合储库（石灰石、黏土、铁粉）	戊	—
18	原料联合储库（熟料、混合材、煤）	丁	煤堆存为丙类生产厂房
19	水泥储存库	戊	—
20	水泥成品堆存库	戊	—
21	纸袋库	丙	—
22	压缩空气站	丁	—
23	机电修理工段	戊	—
24	热处理、铆、煅、焊工段	丁	—
25	锅炉房	丙、丁	锅炉房中油箱油泵油加热器间属丙类生产厂房
26	配电站变电所	丙	配电站每台设备充油量≤60kg时为丁类生产厂房
27	计算机房及中央控制室	丙	—
28	化验室	丙	—

续表 5.4.2

序号	厂房名称	生产火灾危险性类别	备注
29	大型备品备件库	戊、丁	机械备品备件库为丁类
30	综合材料库	丙、丁、戊	油漆油脂类为丙类，机械材料类为戊类
31	耐火砖库	戊	—
32	油库（汽油罐装）、加油站	甲	—
33	油库（润滑油、原油、重油）	丙	—
34	电石库、乙炔瓶库	甲	—
35	氧气瓶库	乙	—
36	危险废弃物储库	甲	—

5.4.3 消防车道与厂区道路的设计可合并，并应符合下列规定：

1 消防车道应与厂区道路连通，且连通距离应短捷。

2 消防车道应避免与铁路平交。当必须平交时，应设置备用车道；两车道之间的距离，不应小于进入厂内最长列车的长度。

3 消防车道的宽度不应小于4m。

5.4.4 装卸场地和堆场宜根据需要设置消防和防护设施。

5.4.5 加油站设计应符合现行国家标准《汽车加油加气站设计与施工规范》GB 50156 的有关规定。

5.4.6 有爆炸危险的甲、乙类物品仓库应为单层建筑物。有爆炸危险的甲、乙类厂房宜采用易于泄压的门、窗和轻质墙体及屋盖，泄压面积与厂房体积之比值宜采用 0.05～0.22。厂房体积超过 1000m³ 时，泄压面积与厂房体积之比值不应小于 0.03。

5.4.7 煤粉制备车间内不应设置与生产无关的附属房间。当附属房间靠近煤粉制备车间修建时，中间应加设防火墙。

5.4.8 煤粉仓的锥体斜度应大于 70°。

5.4.9 煤粉仓应设置一氧化碳和温度监测仪表及报警、灭火设施。

5.4.10 煤粉制备系统应设置防爆装置，并应符合下列规定：

1 防爆阀应布置在需要保护的设备附近，并应布置在便于检查和维修的管段上。

2 防爆阀的布置应避免爆炸后的喷出物喷向电气控制室的门、窗、电缆桥架，且不应喷向车间内其他电气设备、楼梯口和主要通道。

3 煤磨系统防爆阀设计应符合现行国家标准《水泥工厂设计规范》GB 50295 的有关规定。

5.4.11 煤粉制备车间的煤磨和煤粉仓旁，应设置干粉灭火装置和消防给水装置；煤粉收尘器入口处及煤粉仓应设置气体灭火装置；煤预均化库必须在消防安全门的外墙上设置消防给水装置。

5.4.12 电缆桥架、墙壁死角等处采取防止煤粉积存的措施。

5.4.13 煤粉制备车间的所有设备和管道均应可靠接地。

5.4.14 窑尾收尘器和煤磨收尘器气体进口处应设置一氧化碳监测报警装置。

5.4.15 锅炉房设计应符合现行国家标准《锅炉房设计规范》GB 50041 的有关规定。

5.4.16 压力容器设计应符合压力容器安全技术监察规程，压力管道设计应符合压力管道安全管理与监察规定。

5.4.17 油浸电力变压器室应设置滞油、储油及灭火防爆设施。

5.4.18 易燃易爆设备、容器和管道，应设置仪表、信号、超限报警、防爆泄压等保护、控制装置，并应采取消除静电的措施。

5.4.19 水泥工厂消防用水量、管道布置和消火栓的设置，应符合现行国家标准《建筑设计防火规范》GB 50016 的有关规定。

5.4.20 中央控制室、计算机机房和仪表间的消防，应设置火灾自动报警系统及全自动灭火装置，并宜采用二氧化碳或其他气体灭火设施。

5.4.21 包装纸袋库应设置室内给水消火栓。

5.4.22 5个以上车位的汽车库应设置室内给水消火栓，消防水量应符合现行国家标准《汽车库、修车库、停车场设计防火规范》GB 50067 的有关规定。

5.5 防电伤

5.5.1 设置于露天或多尘、潮湿场所的电机、电器以及人员容易接触到的电机、电器，应选用相应防护等级的设备。

5.5.2 设置于易燃、易爆场所的电机、电器，应按火灾和爆炸危险的不同，分别选用密闭型、防水防尘型及防爆型设备。

5.5.3 电器设计中应设置联锁装置，6kV～35kV 高压开关柜应具有防止误分、合断路器，防止带负荷分、合隔离开关，防止带电挂（合）接地线（或接地开关），防止带接地线（或接地开关）合断路器（或隔离开关），以及防止误入带电间隔的功能。

5.5.4 电机、电器设备应设置电气保护装置，其电流、电压、短路容量均应满足工作条件的要求。电气设备及线路设计，均应达到相应的绝缘水平。

5.5.5 变、配电站（或变、配电所）内及生产车间的电气保护设备、盘箱、裸母线以及室外架空线路等，与建筑物（或构筑物）之间及对地的安全距离、安全防护围栅的设置，应符合现行国家标准《国家电气设备安全技术规范》GB 19517的有关规定，并应设置安全标志。

5.5.6 设备检修用手持电灯的工作电压，在一般场所不应超过36V；在潮湿场所和在能导电的设备或容器内不应超过12V；在水中使用不应超过12V。

5.5.7 在装设手持电器插座的供电回路上应设置漏电保护装置。

5.5.8 电机、变压器、电器设备及电器盘箱等的金属外壳和盘箱底脚，应可靠接地。

5.5.9 用于防止直接接触的电气设备的外壳等保护部件，应只允许用工具拆卸或打开。

5.5.10 电气设备上应采取专门安全技术手段使静电无危害或释放。

5.6 防 雷

5.6.1 110kV及以下变、配电所（或配电站）的室内配电装置、线路终端杆至配电装置的线路，以及建筑物（或构筑物）和架空进出线等防雷保护及接地，均应设置直击雷和雷电侵入波的过电压保护。

5.6.2 建筑物（或构筑物）、露天装设的高空设备、管道均应根据不同的防雷等级，分别设置避雷针、避雷带或避雷网。

5.6.3 35kV～110kV带有避雷线的架空送电线路，避雷线对边导线的保护角及杆塔接地等，应符合国家现行标准《架空送电线路基础设计技术规定》DL/T 5219和《架空送电线路杆塔结构设计技术规定》DL/T 5154的有关规定。

5.6.4 保护接地的接地电阻值及接地板、接地干线截面应符合现行国家标准《电气装置安装工程 接地装置施工及验收规范》GB 50169的有关规定。

5.6.5 交流电气设备的接地，应利用埋设在地下但不输送可燃或爆炸物质的金属管道、金属井管和水工建筑物的金属管（或金属桩）、与大地有可靠连接的建筑物的金属结构等自然接地体。

5.6.6 高土壤电阻率地区应采取外引接地、土壤置换或在土壤中掺加降阻剂等方式降低土壤电阻率。

6 厂区职业卫生

6.1 通风、防尘、防毒、防辐射

6.1.1 车间空气中水泥粉尘、煤尘和其他粉尘的浓度，应符合国家有关工作场所有害因素职业接触限值的规定。

6.1.2 危险废物处置车间中有毒物质容许浓度，应符合国家有关工作场所有害因素职业接触限值的规定。

6.1.3 存放粉状散料的生产设备，应采用自动加料、自动卸料和密闭、负压操作方式，并应设置净化装置或能与净化系统联结的接口，应保证工作场所和排放的粉尘浓度符合现行国家标准《水泥工业大气污染物排放标准》GB 4915和有关工作场所有害因素职业接触限值的规定。

6.1.4 防尘设计应结合生产工艺，采取综合预防和治理措施，降低物料落差，增湿扬尘物料，并通过通风除尘，使扬尘点形成局部负压。

6.1.5 扬尘点局部吸尘罩的设计应位置适宜、罩型正确、风量及风速适中，并应确保高效捕集。

6.1.6 生产车间的控制室均应采取防尘措施。

6.1.7 厂区应配备洒水车。

6.1.8 总降压变电站、配电站或电力室的高压开关柜室及电容器室、乙炔气库等辅助生产厂房，应采取通风措施，并应设置事故排风装置。事故排风装置可与经常使用的排热系统合用，但应保证在发生事故时能提供足够的排风量。

6.1.9 产生有害气体的辅助生产车间应设置机械排风系统。

6.1.10 事故排风机开关应设置在室内、外便于操作的位置。

6.1.11 事故排风装置宜选用轴流风机或离心风机。风机应设置在有害气体或有爆炸危险物质散发量最大的地点，并应根据具体情况选用防爆型或防腐型风机，同时应采取防止气流短路的措施。

6.1.12 处置、使用酸碱或其他腐蚀性物质、危险废物的车间或场所，必须设置中和溶液和冲洗皮肤、眼睛的供水设施。

6.1.13 生产工艺过程有可能产生微波或高频电磁场的设备应采取防止电磁辐射泄漏的措施。

6.1.14 产生非电离辐射的设备应采取屏蔽措施。

6.2 防噪声、防振动

6.2.1 在磨机、空气压缩机和大型风机周围50m的范围内，不应设置行政办公楼、居住建筑等民用建筑。

6.2.2 振幅、功率大的设备应设计减振基础。罗茨风机进出风管及旁路管道应装消声器，空气压缩机的进风管口应装消声器。

6.2.3 设备选型宜采用低噪声的设备。

6.2.4 破碎机、磨机、风机、空气压缩机等生产设备，应在设计中采取噪声防治措施，宜采取壳体噪声隔离或建筑噪声隔离等措施。

6.2.5 在原料粉磨、熟料烧成、煤粉制备、水泥粉磨、水泥包装及各类破碎等生产车间设置的值班室应为隔声室。

6.2.6 值班室、控制室等工作场所的接触噪声声级、生产性噪声传播至非噪声作业地点的噪声声级应符合国家现行有关工业企业设计卫生标准的规定。

6.3 采暖通风与空气调节

6.3.1 控制室等建筑应具有防御外界有害因素的性能。其工作环境温度低于-5℃或高于35℃时，应配置空调装置或安全的采暖、降温装置。

6.3.2 水泥工厂的高温作业场所应充分利用热压，合理规划气流，并应以自然通风方式排热为主。

6.3.3 采用自然通风的建筑物以及车间内经常有人作业的场所，夏季空气温度应符合国家现行有关工业企业设计卫生标准的规定。当自然通风达不到规定要求时，应设置机械通风系统。

6.3.4 当作业地点温度高于37℃时应采取局部降温和综合防暑措施。

6.3.5 地坑、地下胶带输送机走廊等生产厂房，宜采用自然通风消除余热。当自然通风达不到卫生条件和生产要求时，应采用机械通风。压缩空气站应采用机械通风。

6.3.6 窑头操作平台及炎热地区的机修、电修车间内宜设置移动式通风机组。

6.3.7 炎热地区的包装车间的职工插袋操作地点宜设置局部过滤送风装置。

6.3.8 有防寒、防冻要求地区的控制室、值班室、辅助生产建筑、办公楼、食堂、浴室、宿舍等建筑，应设置采暖系统。

6.3.9 位于严寒或寒冷地区的生产厂房及辅助生产用室，在非工作时间内或设施中断使用过程中，宜设不低于5℃的值班采暖。

6.3.10 水泥工厂储存或生产过程中产生易燃、易爆气体或物料的场所，严禁采用明火采暖。当采用电暖气采暖时，电暖气的电器元件必须满足防爆要求。

6.3.11 集中空气调节系统送风、回风总管，以及新风系统的送风管道上，应设置防火装置。所有风道及保温材料均应采用非燃烧材料或难燃烧材料。

6.3.12 厂内建筑物冬季采暖室内计算温度，宜按本规范附录A计算。

6.4 辅助用室

6.4.1 水泥工厂的生产、生活卫生用室设计，应符合国家现行有关工业企业设计卫生标准的规定，并应保证主要人员活动区域200m范围内设有卫生间。在袋装水泥发运、原料卸料堆场等人员集中区域，应就近安排卫生间，并应设置导向路标。

6.4.2 厂区浴室、盥洗室的容量设计应按最大班职工总数的93%计算。

6.4.3 存衣室的设计计算人数，应按在册职工总数计算，每个衣柜的使用容积不应小于0.5m³。

6.4.4 食堂的设置宜符合下列规定：
  1 厂区食堂宜设置于厂前区。食堂内应设置洗手、洗碗、热饭设备。厨房的布置应防止生熟食品的交叉污染，并应采取良好的通风、排气装置和防尘、防蝇、防鼠措施。
  2 食堂建筑面积宜按最大班职工总数的70%一次进餐、每人占地1.5m²计算，其中餐厅面积宜为建筑面积的50%～55%。

7 劳动安全及职业卫生管理

7.1 劳动安全及职业卫生管理机构的设置

7.1.1 水泥工厂应设置劳动安全、职业卫生管理机构。

7.1.2 水泥工厂应建立职业病危害管理档案。档案存放应满足防雨、防潮、防晒、防虫蛀等条件。

7.1.3 水泥工厂应建立发生安全事故的现场应急救援预案制度，并应保证有效实施。应急救援设施的存放应便于取用。

7.1.4 水泥工厂应配备专职或兼职的劳动安全、职业卫生管理人员，劳动安全、职业卫生设施应设专人管理与维护。

7.2 劳动安全及职业卫生设施配备

7.2.1 水泥工厂应为劳动者免费提供劳动防护用品。

7.2.2 水泥工厂宜设置劳动安全、职业卫生的检测机构，并应配备必要的仪器设备及检测人员。检测机构可单独设置或与环境保护检测机构合并设置。

7.2.3 检测机构配备的检测设备和仪器，应有国家资质认可的计量检定部门颁发的检定合格证书。

7.2.4 水泥工厂应提供检测设备正常工作所需要的环境条件。

附录 A 冬季采暖室内计算温度

表 A 冬季采暖室内计算温度（℃）

序号	建筑物名称	采暖室内计算温度
1	各控制室、值班室	18～20
2	化验室：1）成型室、养护室 2）其他房间	20 18
3	小磨房	16～18
4	汽车加油站	18
5	压缩空气站	5～8
6	包装袋加工车间	16
7	材料库库房（暖库）	10
8	内燃机发电机房	10
9	各类汽车库、机车库	5～8
10	汽车保养车间	14～16

续表 A

序号	建筑物名称	采暖室内计算温度
11	机械修理各工段	12～16
12	建筑、管道、电气、环保维修工段	14
13	氧气、乙炔气瓶库	10
14	升压水泵站	10
15	循环水泵站	10
16	污水泵站	10
17	给水处理及污水处理间	10
18	生活锅炉房：1）水处理间 2）锅炉间、除尘间	12～14 5～8

本规范用词说明

1 为便于在执行本规范条文时区别对待，对要求严格程度不同的用词说明如下：

1）表示很严格，非这样做不可的：
正面词采用"必须"，反面词采用"严禁"；

2）表示严格，在正常情况下均应这样做的：
正面词采用"应"，反面词采用"不应"或"不得"；

3）表示允许稍有选择，在条件许可时首先应这样做的：
正面词采用"宜"，反面词采用"不宜"；

4）表示有选择，在一定条件下可以这样做的，采用"可"。

2 条文中指明应按其他有关标准执行的写法为："应符合……的规定"或"应按……执行"。

引用标准名录

《建筑设计防火规范》GB 50016
《建筑照明设计标准》GB 50034
《锅炉房设计规范》GB 50041
《汽车库、修车库、停车场设计防火规范》GB 50067
《汽车加油加气站设计与施工规范》GB 50156
《电气装置安装工程 接地装置施工及验收规范》GB 50169
《水泥工厂设计规范》GB 50295
《地表水环境质量标准》GB 3838
《水泥工业大气污染物排放标准》GB 4915
《生活饮用水卫生标准》GB 5749
《道路交通标志和标线》GB 5768
《地下水质量标准》GB/T 14848
《机械安全 进入机械的固定设施 第1部分：进入两级平面之间的固定设施的选择》GB 17888.1
《机械安全 进入机械的固定设施 第2部分：工作平台和通道》GB 17888.2
《机械安全 进入机械的固定设施 第3部分：楼梯、阶梯和护栏》GB 17888.3
《机械安全 进入机械的固定设施 第4部分：固定式直梯》GB 17888.4
《水泥厂卫生防护距离标准》GB 18068
《国家电气设备安全技术规范》GB 19517
《电力工业锅炉压力容器监察规程》DL 612
《架空送电线路杆塔结构设计技术规定》DL/T 5154
《架空送电线路基础设计技术规定》DL/T 5219

中华人民共和国国家标准

水泥工厂职业安全卫生设计规范

GB 50577—2010

条 文 说 明

制 定 说 明

本规范制定过程中,编制组对水泥工厂职业安全卫生设计进行了大量、详尽的调查研究,总结了我国水泥行业职业安全卫生的工程实践经验,同时参考了国外先进的技术法规、技术标准,取得了第一手的重要技术数据,为规范的编制奠定了坚实的基础。

为便于广大设计、施工、科研等单位相关人员在使用本规范时能正确理解和执行条文规定,《水泥工厂职业安全卫生设计规范》编制组按章、节、条、款一一对应的排序,编制了本规范的条文说明,对条文规定的目的、依据以及执行中需注意的有关事项进行了补充说明,还着重对强制性条文的强制性理由做了解释。但是,本条文说明不具备与标准正文同等的法律效力,仅供使用者作为理解和把握标准规定的参考。

目 次

1 总则 …………………………… 7—40—15
2 术语 …………………………… 7—40—15
3 基本规定 ……………………… 7—40—15
4 厂址选择及厂区布置 ………… 7—40—15
　4.1 厂址选择 ………………… 7—40—15
　4.2 厂区布置的劳动安全、
　　　职业卫生要求 …………… 7—40—15
5 厂区安全 ……………………… 7—40—16
　5.1 厂区道路安全 …………… 7—40—16
　5.2 生产和设备安全 ………… 7—40—16
　5.3 建筑安全 ………………… 7—40—17
　5.4 防火、防爆 ……………… 7—40—17

　5.5 防电伤 …………………… 7—40—18
　5.6 防雷 ……………………… 7—40—18
6 厂区职业卫生 ………………… 7—40—19
　6.1 通风、防尘、防毒、防辐射 … 7—40—19
　6.2 防噪声、防振动 ………… 7—40—19
　6.3 采暖通风与空气调节 …… 7—40—20
　6.4 辅助用室 ………………… 7—40—20
7 劳动安全及职业卫生管理 …… 7—40—20
　7.1 劳动安全及职业卫生管理机构
　　　的设置 …………………… 7—40—20
　7.2 劳动安全及职业卫生设施配备 … 7—40—20

1 总　　则

1.0.1 本条明确了制定本规范的目的和依据，期望通过强化水泥工厂设计过程控制，达到加强劳动保护，保证水泥工厂建设项目的设计符合劳动卫生要求，保障职工的职业安全与身体健康。

1.0.3 《中华人民共和国安全生产法》第二十四条明确规定："生产经营单位新建、改建、扩建工程项目（以下统称建设项目）的安全设施，必须与主体工程同时设计、同时施工、同时投入生产和使用"，也就是安全"三同时"的原则。水泥工厂劳动安全、职业卫生设计必须贯彻该项规定。

1.0.4 本条规定在设计过程中必须贯彻"安全第一、预防为主"的原则，将整体预防的思想运用于设计中，减少可能的风险，以达到从源头控制职业健康风险。"安全第一、预防为主"是《中华人民共和国安全生产法》明确提出的安全生产管理应坚持的方针。

1.0.5 利用水泥窑进行废物的协同处置是目前国内外较为先进的处置废物的方式，具有投资少、不易产生二次污染等优点，多在水泥工厂改建、扩建时实施。但是，由于处置废物，特别是处置危险废物的过程中，存在诸多的劳动安全、职业卫生问题，因此在设计过程中必须贯彻国家和地方现行法律法规和标准的要求，从源头进行控制。

1.0.6 水泥工厂的职业健康卫生设计，在执行国家有关法规、标准外，对地方有特殊要求的内容，应参照当地政府的有关规定，按更严格的标准执行。

2 术　　语

2.0.1 辅助用室根据水泥工厂生产特点、实际需要和使用方便的原则设置，应避开有害物质、病原体、高温等有害因素的影响。辅助用室一般包括工作场所办公室、生产卫生室（含浴室、存衣室、盥洗室、洗衣房）、生活室（含休息室、食堂、厕所）和妇女卫生室。

2.0.2 安全是主体没有危险的客观状态，没有危险是安全的特有属性。这种状态是不依人的主观意志为转移的，因而是客观的，不是一种实体性存在，而是一种属性。当安全依附于人的劳动时，那么便是"劳动安全"，人的劳动是承载安全的实体，是安全的主体。

2.0.3 职业卫生一般指为增进人体健康，预防疾病，改善和创造合乎生理、心理需求的生产环境、生活条件所采取的卫生措施。

3 基本规定

3.0.1 提高机械化和自动化生产水平，可以有效降低工人的劳动强度，减少事故。

3.0.2、3.0.3 这两条是针对水泥工厂设计的不同阶段要求落实相关劳动安全和职业卫生内容制定的。

3.0.4 本条是对劳动安全、职业卫生基本设施应包括项目的一些规定。

4 厂址选择及厂区布置

4.1 厂址选择

4.1.1 本条是水泥工厂选址的原则性规定，要求不仅要满足工业布局和城市规划要求，还要结合水泥生产特点因地制宜综合分析。

4.1.2 断裂带是指应力易于积累和发生地震的场所。

地下采空区指地下开采残留大量的采场、硐室、巷道等。由于没有进行及时处理，地下采空区在强大的地压下，容易发生坍塌等事故。

自然疫源地是指自然界中某些野生动物体内长期保存某种传染性病原体的地区。

以上三类地区均不宜作为建设地点。

4.1.3 由于水泥工厂粉尘和废气排放量大，根据《中华人民共和国环境保护法》、《工业企业设计卫生标准》GBZ 1的要求，本条规定在选址过程中必须考虑风向、地形等因素，减少对相邻区域影响。由于我国地域广，应综合考虑选址地区风对污染物扩散的影响。

4.1.4 根据国家有关防洪标准，并结合水泥工厂机械化程度与自动化程度较高、机械设备和电气仪表被洪水淹泡后修复困难、水泥成品浸泡后即报废的特点，本条规定了当水泥工厂厂区位于洪水或山洪威胁地段时应提高计算洪水位。

4.1.5 为保证企业正常生产后产生的污染物不致影响居住区人群身体健康，提出本条要求。

4.2 厂区布置的劳动安全、职业卫生要求

4.2.1 对厂区布置提出了总体要求，要求结合自然条件合理布局。

4.2.2 本条规定了总平面分区的要求，生产区与厂前区分别布置，合理规划。紧急集合区是指非常规状态下用于紧急疏散的区域。

4.2.3 本条规定总平面布置应尽可能根据污染严重程度合理布置，特别是通过布局降低目前水泥工厂设备噪声、粉尘造成的劳动安全、职业卫生危害。

4.2.4 考虑到水泥工业生产主要排放污染物是粉尘、废气，本条对生产、生活区布置与风向的关系进行了规定。厂前区和生活区包括办公室、食堂等。

4.2.5 危险废物通常指操作、储存、运输、处理和处置不当时会对人体健康或环境带来重大威胁的废物。预处理指的是进入生产过程之前设置的分解、沉

淀、过滤、消毒等处理工序。本条规定水泥窑处置废物，设计预处置有毒有害废物车间时，应有面对突发事件的应急管理、指挥、救援计划等，要求考虑应急与救援设施的配套。

4.2.6 本条目的为满足建筑物天然采光要求，保证室内有良好的自然通风和自然采光。

4.2.7 由于磨机、空气压缩机等设备振动、噪声较大，为减少振动对人员和其他设备的影响，本条规定应安装在单层厂房或多层厂房的底层，同时视情况设置减振措施。

4.2.8 煤粉制备车间污染较其他车间严重，且为火灾重点防范区域，考虑到尽量减少对其他生产车间的影响，适宜单独布置。

4.2.9 由于污水处理过程中会产生刺激性或有毒气体和异味，对人的健康存在一定危害，因此本条对污水处理设施的厂区布置作出规定。

4.2.10 本条要求厂区供水水源及生活饮用水水质应符合相关国家标准，以保障用水安全。

5 厂区安全

5.1 厂区道路安全

5.1.1 本条是对水泥工厂内交通设计的原则性规定。应根据工艺布局、产量规模以及地区特点合理选择运输方式，保障运输、装卸作业安全条件。

5.1.2 人货分流是本条规定保障交通安全的一项主要原则，当个别情况不能分设出入口或个别路段不能满足要求时，如通往居住区道路高峰期入车较集中，则应在车行道一侧或两侧设置人行道，以达到人货分流的目的。同时，厂内道路设计过程中应考虑道路循环。

5.1.3 道路交通系统的基本要素是人、车、路。良好的行驶视线对于保障行车安全、减轻潜在事故，起着重要作用。

5.1.4 由于铁路专用线穿越厂区及居民区之间是一种不安全的因素，应尽量避免，如因地形、风向等诸多因素影响不能避开时，则应采取防护措施。一般专用线通车次数较少，设看守道口已可保证安全，但考虑到道口看守人员偶有疏忽仍可造成事故，根据铁路部门要求，结合工厂运量和建厂地区情况，在确保安全的前提下，经综合比较也可设置立交。

5.1.5、5.1.6 由于厂区道路上空，常需架设各种管线、皮带运输通廊、高压电缆、吊床栈桥或人行天桥和各种构筑物，其最小净空高度应采用行驶车辆的最大高度或车辆装载物料后的最大高度另加 0.5m～1m 的安全间距，建筑物（或构筑物）一般不得低于 4.5m，管线等不得低于 5m。

5.1.7 本条是对厂内道路的安全规定，其中转弯半径设置不宜过小，以便于车辆通行，纵坡一般宜不大于 8%。

5.1.8 厂内道路指厂区范围内的道路，包括主干道、次干道、支道和人行道等，应设置用以管理交通、指示行车方向以保证道路畅通与行车安全的设施，即用图形符号和文字传递特定信息的标志。

5.1.10 厂区道路总的交通流量一般并不很高，但因车道不分、人车混行、交通秩序紊乱等易发生事故。因此，规定凡路面宽度 9m 以上道路应划车道分界线，以避免或减少行车事故的发生。

5.2 生产和设备安全

5.2.1 本条对行车等装卸机械的制动器、限位器、指示器和安全防护装置配备提出要求。主要是防止运行过程中吊装物超过极限位置时，其具有的动能和势能可能引起不必要的危险。

5.2.2 根据水泥工厂的实践经验，为保证在紧急情况下检修人员的安全，采用机旁设置开、停车及带钥匙的按钮，在设备较集中的场所设置声、光启动信号是切实可行的措施，为此，本条对联锁遥控、程控的电机作了具体规定。水泥工厂自动化程度较高，因此，避免控制指令的混乱也是一个非常重要的方面。

5.2.3 本条是为防止磨机等大型设备开机、停机过程中造成的人员伤害，特别是能够进入内部进行检修的设备，清晰可靠的预示开车信号必不可少。

5.2.4 操作室的安全、卫生条件直接影响作业人员的职业健康与安全，操作室的材质包括装饰装修材料的安全环保是值得关注的地方。防火等级要满足国家相关规定。

5.2.5 配电室和控制室是水泥工厂关键控制部门，有大量电器设备，且损坏后影响范围广，为防止管道泄漏造成不必要的损失，不应排布有燃烧和爆炸危险的管道和有可能造成损失的供水、污水管道。

5.2.6 本条是对高温管道及设备的防护要求。高温会引起皮肤烫伤和烧伤，皮肤烫伤阈值为 44℃ 左右。当温度高达 50℃ 以上时，几秒种内即可造成烫伤。因此，必须在人员容易接触到的地方设置明显标志，并采取防护措施。

5.2.7 操作点和操作区域的照明条件对操作安全有至关重要的作用，在生产过程中要保证有足够的照度才能避免人员受到伤害。

5.2.8 本条的机械传动装置指链轮、连轴节、齿轮、皮带轮等。长期以来，机械伤害事故相当频繁，其中很大部分是高速旋转零部件脱离造成的。因此，必须配置安全防护装置，使零部件处于安全状态下使用。不允许采用简单的行走护栏代替安全防护装置。高速旋转零部件必须配置防护罩，防护罩应满足强度、刚度、形态、尺寸要求。

5.2.9 水泥工厂均储存有大宗原材料，由于品种、特性的原因堆放高度不宜统一规定，应根据实际情况确定。

5.2.10 部分水泥工厂配备袋装水泥储库，码放高度既要易于装卸，又要防止倾倒砸伤，以保障装卸人员的人身安全。

5.2.11 安全标志是用以表达特定安全信息的标志，分为禁止、警告、指令和提示四大类型。生产设备容易发生危险的部位应设立安全标志，安全标志的图形、符号、文字、颜色等均应符合现行国家标准《安全色》GB 2893、《安全标志》GB 2894、《起重机械危险部位与标志》GB 15052 等标准有关规定。

5.3 建筑安全

5.3.1 本条对厂房最低层高进行规定，主要是考虑到厂房自然通风的要求，但输送机、皮带廊等工作人员较少涉足的可以除外。

5.3.3 为保证工人操作及通行的安全，工作平台临空部分，必须设置防护栏杆。室外临空平台高度在 15m 以上，库顶、库顶上设置的护栏，应有足够的刚度和强度。应在栏杆中部加设防护网以增强安全感。室外护栏的底部应采用网格不大于 50mm 的网状护栏，以便于排除雨水，同时起到防止高空物体坠落的作用。15m 以上临空平台、屋面、库顶上以及室外楼梯栏杆的高度不宜低于 1.2m，主要是为了增强安全度。

5.3.4 本条对固定式平台设置提出相关要求。离地面 2m 以上作业存在着一定风险，为防止发生人员跌落，造成不必要的伤害，特提出相关要求。

5.3.5 本条是根据水泥工厂情况规定楼梯梯段高度一般以 2.4m~4.5m 为宜，设计中宜控制在这个范围内。楼梯休息平台宽度不应小于梯段宽度。连接钢楼梯的混凝土休息平台宽度，至少要比钢梯每边多出 0.1m，以便埋设预埋铁件。

5.3.6 为防止人员滑倒，造成意外伤害，本条规定天桥、通道、斜梯踏板和平台等应采取防滑措施，宜采用防滑钢板、格栅板制作。

5.3.7 本条规定目的是为便于清洁，减少粉尘在车间的堆积，使室内空气环境有利于职工健康。

5.3.8 为保障交通安全，要求有足够的活动范围和必要的安全距离。考虑到货运车辆车宽 2.85m，叉车、铲车宽度范围 2.5m~2.8m，为保证这类工程车辆均能通行，规定通道宽度不得小于 3.5m。

5.3.9 综合考虑风向等条件是为避免高温气体或物料喷出，造成作业人员伤害。

5.3.10 物料筒仓顶部、下部设人孔，主要是为了便于通过人孔进入库内检修。可锁的目的是防止误开，避免人员跌落伤害。

5.3.11 垂直运输的孔洞尺寸一般都较大，为保证人身安全，防止人员跌落，要求垂直运输的孔洞必须有防护设施。为保证行走安全，对设在通道内的孔洞，要求加设便于移动的盖板，在通道以外的孔洞应设防护栏杆，防护栏杆的高度可视孔洞尺寸确定。

5.3.12 本条是为保证工人在车间内作业时的方便和安全，车间内的坑洞、沟道均应设置盖板，盖板的顶面应于所在处的地面或接面相平。室外坑、洞、人孔顶部较周围地坪高出 0.15m 以上，主要为防雨水或其他水流入。卸料坑周围为保证人身安全，应加设防护栏杆。

5.4 防火、防爆

5.4.1 水泥工厂建筑防火设计应符合现行国家标准《建筑设计防火规范》GB 50016 的规定，需要注意的是公安部关于《水泥厂建筑防火设计的几个具体做法的规定》，对水泥工厂生产厂房、储库及辅助建筑防火设计有更为详细的要求。

5.4.2 本条根据现行国家标准《建筑设计防火规范》GB 50016，结合水泥工厂具体情况，对各建筑物的生产火灾危险类别作了具体规定。

5.4.3 本条是根据现行国家标准《建筑设计防火规范》GB 50016，对消防车道布置、宽度等提出相关要求，确保一旦出现火灾等事故，应急救援车辆能够快速及时到达现场。水泥工厂的消防车道可与厂区道路合并考虑。当消防车道与铁路平交时，设置的备用车道与原消防车道间距不应小于一列火车的长度，以保证任何时候消防车的畅通无阻。

5.4.4 由于水泥原材料种类比较多，如：煤、石灰石、黏土等，具体装卸料地和堆场的消防和防护设施设置需要根据具体情况具体分析。

5.4.5 加油站属易燃物品建筑，应设计有严格的防火、防雷、防静电及消防设施。

5.4.6 已建水泥工厂有爆炸危险的甲、乙类物品仓库或爆炸器材库，一般多设计为单层砖混结构，屋盖为钢筋混凝土现浇整体屋面。由于钢筋混凝土屋面及砖或其他砌块墙体均不符合轻质墙体的要求（压型钢板或石棉瓦类的墙体除外），泄压面积主要靠加大门、窗面积。因此在计算泄压面积时，应把厂房内的附属房间在总体积中扣除，属于附属房间的窗也不应计算在泄压面积之内。轻质屋盖和墙体不得超过 120kg/m²。

5.4.7 本条是根据现行国家标准《建筑设计防火规范》GB 50016 制定的防火设计要求，煤粉制备车间内不得设置与生产无关的附属房间，外部附属房间贴近时，应加防护墙与车间隔开。

5.4.8 煤粉仓下端锥体应有一定的锥度，保证煤粉仓下料通畅，以减少煤粉积存和由此带来的火灾隐患。

5.4.9、5.4.10 本条是参照火力发电厂设计规定、结合水泥工厂实践制定的。煤粉制备系统是易燃易爆场所，因此煤粉制备系统的设计，必须根据系统中制备部位的煤粉浓度、温度及一氧化碳含量等危险因素，切实做好防爆设计，保障设备及人身安全。

5.4.11 煤磨系统易于发生磨内及煤粉仓内着火、袋除尘器燃烧甚至爆炸事故，造成停窑及较大的经济损失，在设计中要充分考虑到消防设施的配备，及时灭火施救，减少损失。

5.4.12 死角等处煤粉积存时间较长后容易导致火灾、爆炸发生，可通过布局设置减少死角出现，电缆桥架等设计中应充分考虑清扫的便利。

5.4.13 静电容易导致火灾，特别是在煤粉制备车间，应通过接地等方式释放静电。

5.4.14 设置一氧化碳监测报警装置，是为了防止收尘器一氧化碳浓度超限，而引起爆燃。通过监测报警，当一氧化碳达到一定值时，及时调整喂煤量及其他措施，使一氧化碳值下降，防止爆燃。

5.4.15、5.4.16 锅炉、压力容器都属于特种设备，在设计过程中需要严格执行有关特种设备的专业技术要求，确保使用过程中的安全。

5.4.17 本条根据现行国家标准《建筑防火设计规范》GB 50016规定而提出。由于油浸电力变压器室的油属易燃物品，所以必须设有必要的滞油、储油及灭火防爆设施。油浸电力变压器下面应设置储存变压器全部油量的事故储油设施，防止油品流散；单台容量在40MV·A及以上的油浸电力变压器应设置自动灭火系统，且宜采用水喷雾灭火系统，其消防用水量应符合现行国家标准《水喷雾灭火系统设计规范》GB 50219的有关规定。电力电容器宜选用干式电容器，断路器宜选用无油或少油断路器。

5.4.18 水泥工厂易燃易爆设备主要指：煤磨电收尘、煤粉仓、煤粉输送管道、燃油泵房以及输油管路等。本条规定在易燃易爆场所设置必要的监测仪表及导除静电措施，其目的是为达到防火防爆要求，防止发生重大伤亡事故。

5.4.20 由于中央控制室计算机房和仪表间主要设置一些精密仪器，为保护仪器不受损坏，设计中宜采用二氧化碳或其他气体灭火设施，不得采用导电液体灭火设施，避免引起短路、漏电造成更大安全事故。

5.4.21、5.4.22 这两条是根据要求结合水泥行业实际情况确定的。基于火灾发生的可能性比较小，根据《建筑设计防火规范》GB 50016规定，在建筑耐火等级为一级和二级的车间内，生产火灾类别为丁类和戊类的可不设置室内消防给水。

5.5 防电伤

5.5.1 由于使用环境条件的不同，电气选择应根据国家标准《外壳防护等级（IP代码）》GB 4208的分级规定选择适用防护等级的设备。

5.5.2 本条对易燃易爆等环境下电气设备的选型提出相关要求。

5.5.3 电气"五防"是电力安全生产的重要措施之一。凡有可能引起误操作的高压电气设备，均应装设防误装置和相应的防误电气闭锁回路。本条规定主要针对6kV～35kV高压开关柜的设置要求，目的是防止因误操作，而造成设备损坏及人身伤亡事故，以保护人身安全。

"五防"功能高压开关柜是指：
1 防止误分、合断路器。
2 防止带负荷分、合隔离开关。
3 防止带电挂（合）接地线（接地开关）。
4 防止带接地线（接地开关）合断路器（隔离开关）。
5 防止误入带电间隔。

5.5.4 本条对电气设备及线路的保护装置进行规定，主要考虑使用时间长了会因绝缘老化，出现破损而造成短路事故，特别是在易燃易爆等危险场所，会引起爆炸着火危险。因此规定绝缘水平，在一般场所不能低于网络额定电压，以保护设备正常运行及人身安全。

5.5.5 本条对室内、外电气设备，特别指裸带电设备及线路，对建筑物及对地要保证一定的安全距离，凡操作人员能触及的裸带电体要设置安全围栏，正在送电运行及检修设备要挂警示牌等标志，其目的都是为了保护设备安全运行及人身安全。

5.5.6 本条要求检修用的手持电器（如检修照明灯具等）电压不得超过36V。在不便于工作的狭窄地区，或工作人员能接触大面积金属物体的场所（如窑、磨、电收尘器等），手持安全灯电压不得超过12V，主要是为了保护工作人员人身安全，防止发生触电事故。

5.5.7 本条规定主要考虑手持电器触电危险性大，因而加漏电保护装置，以保护操作人员的安全。

5.5.8 本条规定所有正常不带电的电气设备金属外壳均应有可靠接地，主要是考虑电气设备因绝缘破损造成接地故障时，防止发生触电危害。

5.5.9 本条对直接接触保护技术进行规定，特别提出防止直接接触保护的部件，只允许用工具拆卸或打开，主要是考虑将发生触电危害的可能性降到最低程度。

5.5.10 本条对电气设备静电积聚提出控制要求，主要是为了防止静电造成人员伤害和火灾风险。为降低静电的电位，可采取接地等措施防止静电积聚。在易燃易爆区内，凡是可能产生静电的机器、设备、管道、用具等都要接地；用金属网、金属板等导电性材料来屏蔽带电体，降低静电电位，以防止带电体向人体放电。

5.6 防　　雷

5.6.1 为了保证供电的可靠性，防止直击雷及雷电波侵入造成的危害，本条对 110kV 及以下的变电站、配电站等建筑物，以及架空线路进行规定，要求均应设置有效的防雷装置，建筑物内所有金属构件均需可靠接地。

5.6.2 本条规定水泥工厂建筑物，均应满足国家现行的《建筑物防雷设计规范》GB 50057 的要求。应根据其建筑物防雷等级设置避雷装置，可采用避雷针、避雷带或避雷网，以防止雷电危及人身安全或损坏设备。

5.6.3 本条规定的目的是避免导线受雷击，保证供电可靠。

5.6.4~5.6.6 规定接地系统设计时的要求，接地电阻值和接地截面积等应符合现行国家标准《电气装置安装工程 接地装置施工与验收规范》GB 50169 的要求。在满足国家标准的条件下，应尽量利用自然接地体。接地的目的，是为了电气设备的正常运行和保证人身安全。各种不同性质的接地系统，接地电阻要求也不同。高土壤电阻率地区指岩石地带等地区。

6 厂区职业卫生

6.1 通风、防尘、防毒、防辐射

6.1.1 本条对车间空气中的水泥粉尘、煤尘以及其他粉尘提出限值要求。粉尘直接影响操作工人的身体健康，因此要求设计中采取各种有效措施，使车间内操作地带达标，防止粉尘对工人的危害。

6.1.2 本条对部分处置危险废物水泥工厂车间中有毒物质容许浓度提出限值要求，根据危险废物的种类不同，应满足《工作场所有害因素职业接触限值 第1部分：化学有害因素》GBZ 2.1 和《水泥工业大气污染物排放标准》GB 4915 中相关限值要求。

6.1.3 本着预防为主的思想，对放散粉尘的生产设备和生产过程，要求采取密闭等措施，减少粉尘溢出。同时，通过采取自控与遥控措施，以避免操作人员与粉尘直接接触，减轻危害。

6.1.4 水泥工厂粉尘的控制与生产工艺设计密切相关，在设计中要注重采取综合有效的措施，如降低物料落差、负压操作。

6.1.5 局部吸尘罩对扬尘点的控制是非常有效的，如何通过合理的设计，提高捕集效率是粉尘控制好坏的关键一部分。

6.1.6 由于工作人员在控制室的停留时间较其他地方要长很多，为保障工身体健康，对原料粉磨、熟料烧成、煤粉制备、水泥粉磨、水泥包装及各类破碎等生产车间的控制室要求采取相应防尘措施。

6.1.7 厂区应制定相关环境管理制度，配备洒水车，定期洒水除尘，通过道路增湿减少粉尘的飞扬，以改善作业环境。

6.1.8 总降压变电站、配电站或电力室的高压开关，其绝缘介质用油、加惰性气体等措施。当高压开关发生故障时，高温电弧使油燃烧，室内烟雾弥漫；或气瓶破裂，六氯化硫在电弧作用下，会产生多种有腐蚀性、刺激性和毒性物质；电容器在使用过程中会散发大量的热，且电容器在高压作用下，有可能被击穿，致使绝缘材料燃烧产生大量有害气体；乙炔库中空气与乙炔气混合物，当乙炔含量达到爆炸浓度 2.1%~8.1%时，遇明火即可发生爆炸；汽车保养的充电间产生氢气；射油泵间产生柴油雾气；燃油附件间挥发汽油；电瓶修理间产生铅蒸气；喷漆间产生松节油、白节油、苯等。为防止事故，保障人身安全，如有上述场所均应进行排风。

6.1.9 产生有害气体的辅助生产车间包括化学分析室、煤烘干机地坑、循环水泵站的加氯间、污水泵站、铆焊车间以及汽车保养部分辅助房间等，在工作过程中容易产生各种有害气体，为改善职业健康条件，需设置通风系统。

6.1.10 为便于操作，同时也为保障操作安全，要求在室内外分别设置开关。

6.1.11 本条是对事故风机设计的要求，主要是为考虑通风效果。

6.1.12 为减轻酸碱或其他腐蚀性物质对人身的伤害，一般应及时进行清洗，将伤害降低到最低程度，因此在相应车间和场所要求设置冲洗设施。

6.1.13、6.1.14 对电磁辐射防护的基本要求。

6.2 防噪声、防振动

6.2.1 在高噪声车间的周围，不宜设置有低噪声标准要求的建筑，如必须设置时，则应采取措施保证其他建筑的噪声限制值，例如对噪声车间的围护结构加强封闭，不使噪声外溢或在有噪声车间外建立隔声墙等。具有生产性噪声的磨机、空气压缩机房等应尽量远离行政区和生活区。

6.2.2 立磨等振幅、功率大的设备应采取合理加大混凝土基础、隔离减震等措施进行减震。为减少噪声和振动的传播，罗茨风机、空气压缩机等应设单独厂房，但布置有困难必须放在生产车间内时，应封闭成单独的风机房。并在进出风管及旁路管道安装消声器，送风管道可采取设在地下或包上隔声阻尼材料等措施。其他振幅、功率大的设备也应设计减振基础。

6.2.3、6.2.4 控制噪声的最佳方式就是从源头采取有效措施。从设备选型、隔声室的设计等多方面入手，将噪声的影响降到最低。破碎机、球磨机等大型高噪声设备，作隔声处理费用大、设施复杂、生产管理又不方便，难以实现，一般可以采取在车间围护结构的内表面及顶板设置吸声材料，或在设备上方及侧面设置空间吸声体等措施。

6.2.5 对于高噪声车间，要求人员停留时间较长的控制室、值班室等均应采用隔声室。

6.2.6 本条是要求根据《工业企业设计卫生标准》GBZ 1 的相关规定，确定水泥工厂噪声声级卫生限值。

6.3 采暖通风与空气调节

6.3.1 由于控制室等场所人员停留时间比较长，在设计上要充分考虑到人员的防护，抵御外界有害作用，如噪声、振动、粉尘、毒物、热辐射和落物等。为防止冻伤、中暑等问题，冬季温度低于−5℃、夏季高于35℃时应配置适宜的采暖、降温装置。

6.3.2 高温作业场所是指窑头厂房、冷却机房、烘干车间以及各类磨房等。水泥工厂有余热产生的厂房一般比较高大，且操作人员不集中，应通过设计的合理规划，采取自然通风方式排除余热。

6.3.3 对于操作人员较集中、经常有人作业的地点，室内温度应符合现行国家标准《工业企业设计卫生标准》GBZ 1 给出的相应限值，达不到规定的应设置机械通风系统排除余热。

6.3.4 作业地点气温大于等于37℃时，为防止中暑应减少作业时间，同时采取相关防暑措施。

6.3.5 水泥工厂产生余热余湿的车间、场所，一般是根据建厂所在地区环境状况，从建筑物布置及厂房围护结构上，考虑以自然通风方式消除余热、余湿，当工艺布置或工厂地处炎热地区，无法达到卫生条件时，才做机械通风。

6.3.6 窑头看火平台温度较高，设置可移动的轴流通风机，一是改善窑头看火平台工作环境，二是当窑故障停运检修时，可临时起到降温、便于检修的作用。机组的吹风高度应能调节，工作地点的风速宜按2m/s～4m/s进行计算。

6.3.7 部分自动化程度不高的包装车间，仍需工人插袋操作，劳动强度较大又是热物料，特别是炎热地区，宜设置局部过滤送风装置。

6.3.8 大部分水泥工厂充分利用余热，设置采暖系统。根据目前国家经济技术水平的发展现状，采暖的最低温度限度宜保证从业人员工作时手部皮肤不低于25℃，主观感觉上无冷感，且不影响作业效率。各种库顶由于位置较高，且采暖负荷小，宜通过局部采暖解决。

6.3.9 严寒或寒冷地区，在非工作时间或中断使用的时间内（如空气压缩机房等有水冷却或有消防要求的车间），为了防止水管及其他用水设备发生冻结现象作出本规定。

6.3.10 本条是针对产生易燃、易爆气体或物料的场所采暖的规定，主要是为避免潜在的火灾发生。

6.3.11 本条主要是针对消防要求规定的，由于通风管道四通八达，极易成为火灾蔓延的渠道。同时，考虑火灾发生时的应急作用，风道必须采用不燃材料，而保温材料必须是难燃材料，短时可用作排烟。

6.3.12 附录 A 是根据《工业企业设计卫生标准》GBZ 1 的相关规定，结合水泥工厂现状确定的建筑物冬季采暖室内计算温度。

6.4 辅助用室

6.4.1 卫生间等辅助用室设计应以人为本，充分考虑人的需求。

6.4.2 本条是根据国家现行的《工业企业设计卫生标准》GBZ 1 的有关规定，结合水泥工厂实践确定的。

6.4.3、6.4.4 水泥是连续生产型企业，宜设置食堂、存衣室，应满足《工业企业设计卫生标准》GBZ 1 的有关规定。

7 劳动安全及职业卫生管理

7.1 劳动安全及职业卫生管理机构的设置

7.1.1 根据《中华人民共和国职业病防治法》的规定，水泥工厂应设置或者指定职业卫生管理机构或者组织，负责组织和监督本企业的劳动安全、职业卫生工作；配备专职或者兼职的职业卫生专业人员，负责本单位的职业病防治工作。

7.1.2 本条规定企业应当建立职业健康管理档案，并按照规定的期限妥善保存。档案主要包括职业病危害因素检测评价、职业病危害防护措施、职业卫生监护资料等内容。

7.1.3 本条规定针对可能发生的安全事故应急救援预案制度提出了基本要求，主要是为保证一旦发生安全事故时，将损失减少到最低程度。

7.1.4 水泥工厂应设置专职劳动安全管理人员，职业卫生管理人员可由专职劳动安全管理人员兼任。职业健康安全设施应有专人负责检查与维护，确保设施处于完好状态，安全运转。

7.2 劳动安全及职业卫生设施配备

7.2.1 本条规定企业有为劳动者免费提供劳动防护用品的责任，劳动防护用品要符合国家规定，且不得以发放其他实物或现金的形式替代。

7.2.2 本条规定水泥工厂内部检测机构可以单独设立，也允许与环保或其他检测机构合并设立，应配备一定的人员和设备。

7.2.3 本条规定检测设备应按《中华人民共和国计量法》的规定，进行必要的检定，确保检测结果的真实有效。

7.2.4 本条规定企业应提供合适的工作场所，确保检测设备在适宜的环境条件下工作，从而确保检测结果的真实有效。

中华人民共和国国家标准

粘胶纤维工厂设计规范

Code for design of viscose fibre plant

GB 50620—2010

主编部门：中 国 纺 织 工 业 协 会
批准部门：中华人民共和国住房和城乡建设部
施行日期：２０１１年６月１日

中华人民共和国住房和城乡建设部
公　告

第 732 号

关于发布国家标准 《粘胶纤维工厂设计规范》的公告

现批准《粘胶纤维工厂设计规范》为国家标准，编号为 GB 50620—2010，自 2011 年 6 月 1 日起实施。其中，第 4.2.1 (5)、5.2.4、5.2.7、8.3.2、8.6.2、9.4.4、11.3.6、12.3.4、14.2.1、15.2.4、16.3.4 (3) 条（款）为强制性条文，必须严格执行。

本规范由我部标准定额研究所组织中国计划出版社出版发行。

中华人民共和国住房和城乡建设部
二〇一〇年八月十八日

前　言

根据原建设部《关于印发〈2006 年工程建设标准规范制订、修订计划（第二批）〉的通知》（建标〔2006〕136 号）的要求，由江西省纺织工业科研设计院会同有关单位编制完成的。

本规范在编制过程中，编制组进行了广泛的调查研究，总结了我国五十多年来粘胶纤维工厂建设的经验，特别是近年来消化、吸收国外粘胶纤维生产先进技术，以及我国在粘胶纤维工厂设计、施工、生产方面的经验和教训，并在广泛征求意见的基础上，最后经审查定稿。

本规范共分 17 章和 5 个附录，主要技术内容包括：总则，术语，工艺设计，工艺设备，管道，辅助生产设施，自动控制和仪表，电气，总图布置，建筑、结构，给水排水，采暖、通风和空气调节，动力，环境保护，安全卫生，仓储，机修与仪电修。

本规范中以黑体字标志的条文为强制性条文，必须严格执行。

本规范由住房和城乡建设部负责管理和对强制性条文的解释，由中国纺织工业协会负责日常管理，由江西省纺织工业科研设计院负责具体技术内容的解释。在执行过程中如有意见或建议，请寄送江西省纺织工业科研设计院〔地址：江西省南昌市高新五路 966 号（北门），邮政编码：330096，电子信箱：jtdi@263.net〕。

本规范主编单位、参编单位、参加单位、主要起草人和主要审查人：

主 编 单 位：	江西省纺织工业科研设计院
参 编 单 位：	中国纺织工业设计院
	河南省纺织建筑设计院有限公司
	山东海龙工程设计有限责任公司
参 加 单 位：	河南新乡白鹭化纤股份有限公司

主要起草人：李安安　聂鉴新　陈　梁　曾冬福
　　　　　　任建春　姜国华　万益明　刘　燕
　　　　　　黄　辉　朱海波　胡启荣　李文发
　　　　　　胡平华　万仁里　夏立新　许初光
　　　　　　李　光　张怀山　李云生　刘玉献
　　　　　　邱有龙　隰春争　常崇智　胡伟红
　　　　　　申孝忠　党良虎　孟凡健　孙　林
　　　　　　宗先国

主要审查人：黄承平　刘承彬　高小毛　荣季明
　　　　　　李熊兆　陈永强　窦本良　郑念屏
　　　　　　邓华欢　刘福安　盛家华　刘　凤
　　　　　　刘　勃　黄烈民　刘松余　蓝庆明

目 次

1 总则 ······················· 7—41—7
2 术语 ······················· 7—41—7
3 工艺设计 ················· 7—41—7
   3.1 一般规定 ············· 7—41—7
   3.2 工艺 ··················· 7—41—7
   3.3 设计规定 ············· 7—41—8
   3.4 节水节能 ············· 7—41—8
4 工艺设备 ················· 7—41—9
   4.1 一般规定 ············· 7—41—9
   4.2 设备选择 ············· 7—41—9
   4.3 设备布置 ············· 7—41—9
5 管道 ······················ 7—41—9
   5.1 一般规定 ············· 7—41—9
   5.2 管道布置和选材 ······ 7—41—10
6 辅助生产设施 ············ 7—41—10
   6.1 一般规定 ············· 7—41—10
   6.2 化验室、物理检验室 ··· 7—41—10
7 自动控制和仪表 ·········· 7—41—10
   7.1 一般规定 ············· 7—41—10
   7.2 控制水平 ············· 7—41—11
   7.3 主要检测控制方案 ···· 7—41—11
   7.4 控制设备选型原则 ···· 7—41—11
   7.5 特殊仪表的选择 ······ 7—41—11
   7.6 仪表安全技术措施 ···· 7—41—11
8 电气 ······················ 7—41—11
   8.1 一般规定 ············· 7—41—11
   8.2 负荷分级及供电要求 ··· 7—41—11
   8.3 供配电系统 ··········· 7—41—12
   8.4 照明 ··················· 7—41—12
   8.5 防雷 ··················· 7—41—13
   8.6 防静电、接地 ········ 7—41—13
   8.7 火灾自动报警系统 ···· 7—41—13
   8.8 爆炸和火灾危险环境的
       电气设计 ············· 7—41—13
9 总图布置 ················· 7—41—13
   9.1 一般规定 ············· 7—41—13
   9.2 总平面设计 ··········· 7—41—13
   9.3 竖向设计 ············· 7—41—14
   9.4 综合管线 ············· 7—41—14

10 建筑、结构 ············· 7—41—14
   10.1 一般规定 ············ 7—41—14
   10.2 生产车间和辅助设施 ··· 7—41—14
   10.3 建筑防火、防爆、防腐蚀 ··· 7—41—15
   10.4 结构形式和构造 ····· 7—41—15
11 给水排水 ················ 7—41—15
   11.1 给水 ·················· 7—41—15
   11.2 排水 ·················· 7—41—16
   11.3 消防给水 ············ 7—41—16
12 采暖、通风和空气调节 ·· 7—41—17
   12.1 一般规定 ············ 7—41—17
   12.2 采暖 ·················· 7—41—17
   12.3 通风 ·················· 7—41—17
   12.4 空气调节 ············ 7—41—18
   12.5 设备选择及其他规定 ··· 7—41—18
13 动力 ····················· 7—41—18
   13.1 供热 ·················· 7—41—18
   13.2 冷冻站 ··············· 7—41—18
   13.3 压缩空气及氮气站 ··· 7—41—19
14 环境保护 ················ 7—41—19
   14.1 一般规定 ············ 7—41—19
   14.2 废气处理 ············ 7—41—19
   14.3 废水处理 ············ 7—41—19
   14.4 固体废弃物处理 ····· 7—41—20
   14.5 绿化 ·················· 7—41—20
15 安全卫生 ················ 7—41—20
   15.1 一般规定 ············ 7—41—20
   15.2 安全防护措施 ······· 7—41—20
   15.3 职业卫生 ············ 7—41—20
16 仓储 ····················· 7—41—21
   16.1 一般规定 ············ 7—41—21
   16.2 原料与成品库 ······· 7—41—21
   16.3 二硫化碳库 ·········· 7—41—21
   16.4 酸、碱贮库 ·········· 7—41—21
   16.5 其他规定 ············ 7—41—21
17 机修与仪电修 ··········· 7—41—21
   17.1 一般规定 ············ 7—41—21
   17.2 厂房与设备 ·········· 7—41—21
   17.3 其他规定 ············ 7—41—22

附录 A　离心纺粘胶长丝主要原材料
　　　　和公用工程消耗指标 …… 7—41—22
附录 B　普通粘胶短纤维主要原材料
　　　　和公用工程消耗指标……… 7—41—22
附录 C　粘胶长丝生产工艺流程 … 7—41—22
附录 D　粘胶短纤维生产工艺
　　　　流程…………………………… 7—41—22
附录 E　粘胶纤维工厂火灾危险
　　　　性类别………………………… 7—41—23
本规范用词说明 …………………… 7—41—23
引用标准名录 ……………………… 7—41—23
附：条文说明………………………… 7—41—25

Contents

1 General provisions .... 7—41—7
2 Terms .... 7—41—7
3 Process design .... 7—41—7
  3.1 General requirement .... 7—41—7
  3.2 Process .... 7—41—7
  3.3 Design requirement .... 7—41—8
  3.4 Energy-saving and water-saving .... 7—41—8
4 Process equipment .... 7—41—9
  4.1 General requirement .... 7—41—9
  4.2 Selection of equipment .... 7—41—9
  4.3 Equipment layout .... 7—41—9
5 Piping .... 7—41—9
  5.1 General requirement .... 7—41—9
  5.2 Piping layout and selection of piping materials .... 7—41—10
6 Auxiliary production facilities .... 7—41—10
  6.1 General requirement .... 7—41—10
  6.2 Chemical laboratory and physical testing room .... 7—41—10
7 Automatic control and instrument .... 7—41—10
  7.1 General requirement .... 7—41—10
  7.2 The level of automatic control .... 7—41—11
  7.3 Main plan for measurement and control system .... 7—41—11
  7.4 Selective provision for automatic control equipment .... 7—41—11
  7.5 Selection of special instrument .... 7—41—11
  7.6 The safety technical measures of instrument .... 7—41—11
8 Electrical .... 7—41—11
  8.1 General requirement .... 7—41—11
  8.2 The grades and the requirements of power supply .... 7—41—11
  8.3 Power supply and power distribution system .... 7—41—12
  8.4 Lighting .... 7—41—12
  8.5 Lightning protection .... 7—41—13
  8.6 Antistatic and grounding system .... 7—41—13
  8.7 Automatic alarm system for fire .... 7—41—13
  8.8 Electrical design for explosive atmosphere and fire hazard .... 7—41—13
9 General plan .... 7—41—13
  9.1 General requirement .... 7—41—13
  9.2 General layout design .... 7—41—13
  9.3 Perpendicular design .... 7—41—14
  9.4 Combined pipeline .... 7—41—14
10 Architecture and structure .... 7—41—14
  10.1 General requirement .... 7—41—14
  10.2 Production workshops and auxiliary facilities .... 7—41—14
  10.3 Fire-protection, explosion-protection and corrosion-protection of building .... 7—41—15
  10.4 Structure form and constructional details .... 7—41—15
11 Water supply and drainage .... 7—41—15
  11.1 Water supply .... 7—41—15
  11.2 Drainage .... 7—41—16
  11.3 Fire water supply .... 7—41—16
12 Heating, ventilation and air conditioning .... 7—41—17
  12.1 General requirement .... 7—41—17
  12.2 Heating .... 7—41—17
  12.3 Ventilation .... 7—41—17
  12.4 Air conditioning .... 7—41—18
  12.5 Equipment selection and other requirement .... 7—41—18
13 Motive power .... 7—41—18
  13.1 Heat supply system .... 7—41—18
  13.2 Refrigerating station .... 7—41—18
  13.3 Compressed air station and nitrogen generating station .... 7—41—19

14　Environmental protection ...... 7—41—19
　14.1　General requirement .... 7—41—19
　14.2　Waste gas treatment .... 7—41—19
　14.3　Waste water treatment .... 7—41—19
　14.4　Waste residue treatment .... 7—41—20
　14.5　Greening .... 7—41—20
15　Safety and health .... 7—41—20
　15.1　General requirement .... 7—41—20
　15.2　Main protective measures
　　　　for safety .... 7—41—20
　15.3　Occupational health .... 7—41—20
16　Storage .... 7—41—21
　16.1　General requirement .... 7—41—21
　16.2　Storage of raw material and
　　　　product .... 7—41—21
　16.3　CS_2 storage .... 7—41—21
　16.4　Acids and alkali storage .... 7—41—21
　16.5　Other requirement .... 7—41—21
17　Repair of machine and electric
　　　installations and instrument ... 7—41—21
　17.1　General requirement .... 7—41—21
　17.2　Workshop and equipment
　　　　layout .... 7—41—21
　17.3　Other requirement .... 7—41—22

Appendix A　Consumption index of main
　　　　　　raw material and utility for
　　　　　　pot spinning viscose
　　　　　　filament yarn
　　　　　　production .... 7—41—22
Appendix B　Consumption index of main
　　　　　　raw material and utility for
　　　　　　normal viscose staple fibre
　　　　　　production .... 7—41—22
Appendix C　Process flow of viscose
　　　　　　filament yarn .... 7—41—22
Appendix D　Process flow of viscose
　　　　　　staple fibre .... 7—41—22
Appendix E　Sorts and items of fire
　　　　　　hazard in viscose fibre
　　　　　　plant .... 7—41—23
Explanation of wording in
　this code .... 7—41—23
List of quoted standards .... 7—41—23
Addition: Explanation of
　　　　　provisions .... 7—41—25

1 总　　则

1.0.1 为了在粘胶纤维工厂设计中统一技术要求，做到技术先进、经济合理、安全适用、有利于环境保护、节能减排和劳动保护，制定本规范。

1.0.2 本规范适用于以溶解浆为主要原料的粘胶纤维工厂的新建、扩建和改造工程的设计。

1.0.3 粘胶纤维工厂的工程设计，应遵守国家基本建设的方针政策和规定，积极采用清洁生产工艺技术，最大限度地提高资源、能源利用率，严格控制单位产品的资源、能源消耗，鼓励推进生产过程的综合平衡和综合利用。

1.0.4 粘胶纤维工厂的总体设计，应结合远景目标统一规划，力求功能分区明确，避免交叉污染。

1.0.5 粘胶纤维工厂设计除应符合本规范外，尚应符合国家现行有关标准的规定。

2 术　　语

2.0.1 粘胶纤维工厂　viscose fibre plant

粘胶纤维工厂是以溶解浆（精制天然纤维素）为基本原料，用粘胶法生产再生纤维素纤维的工厂。

2.0.2 浆粕　pulp

以富含纤维的植物为原料，经化学和机械方法处理后得到的纤维状聚集体。

2.0.3 溶解浆　dissolving pulp

用化学和机械方法处理，用于生产再生纤维素纤维和纤维素衍生物的浆粕。

2.0.4 纤维素纤维　cellulose fibre

主要化学成分为纤维素大分子的纤维。包括天然纤维素纤维和再生纤维素纤维。

2.0.5 再生纤维　regenerated fibre

用天然聚合物为原料，经化学方法生产的、与原聚合物在化学组成上基本相同的化学纤维。

2.0.6 再生纤维素纤维　regenerated cellulose fibre

用纤维素为原料制成的、结构为纤维素Ⅱ的再生纤维。

2.0.7 粘胶长丝　viscose filament yarn

由离心纺或连续式纺丝法生产的，长度很长的单根或多根连续的粘胶纤维丝条。

2.0.8 粘胶短纤维　viscose staple fibre

纺丝成型后通过机械方法切断而成的、一定长度的粘胶纤维。

2.0.9 离心纺　pot spinning

制造粘胶长丝的一种纺丝方法。由纺丝浴出来的已经成形的丝条经过导丝器件和导丝漏斗进入高速旋转的离心罐，在离心力和导丝漏斗往复运动的作用下，丝条被加捻并向罐壁抛掷而交叉卷绕在罐的内壁上而成丝饼。

2.0.10 连续纺　continuous spinning (continuous viscose filament process)

将传统的多机台完成的纺丝、后处理、烘干和络筒集成为一体的粘胶长丝生产方法。

2.0.11 黄化　xanthation

碱纤维素与二硫化碳在一定条件下生成纤维素黄酸酯的化学反应。

2.0.12 多级闪蒸　multistage flash evaporation

通过把蒸发产生的二次蒸汽引至另一操作压力较低的蒸发器作为加热蒸汽，并把若干个蒸发器串联组合使用的蒸发过程。

2.0.13 真空连续结晶　continuous vacuum crystallization

不饱和溶液连续引入多级串联的结晶器，溶液在真空条件下逐级蒸发溶剂并在过饱和条件下完成晶核生成和晶体长大的过程。

2.0.14 工艺尾气　process off gas

黄化反应与纺丝二硫化碳回收后的尾气。

2.0.15 废气　waste gas

生产过程中产生的不能循环使用的热、湿、有毒有害气体。

2.0.16 废气处理站　waste gas treatment station

将粘胶纤维工厂生产中收集的废气进行回收和（或）净化，以达到排放要求的一整套处理装置及其相关设施。

3 工 艺 设 计

3.1 一 般 规 定

3.1.1 粘胶纤维工厂的设计能力宜以"t/a"作单位表示，生产能力的操作弹性宜为设计能力的50%～110%。

3.1.2 新建项目应达到国家有关政策的规定。

3.1.3 酸站及其他接触腐蚀性介质的厂房应采取防腐蚀处理措施。

3.1.4 进入各生产车间的原料及水、电、蒸汽、压缩空气等公用工程介质，应设置计量仪表。

3.1.5 粘胶纤维工厂的年运行时间宜按8000h计算。

3.1.6 黄化过程宜采取防爆措施。

3.2 工　　艺

3.2.1 工艺设计应符合下列原则：

1 应根据生产规模、产品品种和产品质量要求确定工艺流程。

2 应根据项目规模和工艺流程进行生产过程物料衡算和热量衡算，物料衡算和热量衡算的单耗指标可按本规范附录A表A和附录B表B选用。

3 应根据物料衡算和热量衡算的结果选择各生产工序的工艺设备,所选工艺设备的技术条件应满足生产工艺要求。

3.2.2 工艺流程选择宜符合下列规定:

1 长丝工厂粘胶制备工艺流程可按本规范第C.0.1条的规定选用。

2 长丝工厂离心纺纺丝、精练工艺流程可按本规范第C.0.2条的规定选用。

3 长丝工厂连续纺纺丝工艺流程可按本规范第C.0.3条的规定选用。

4 长丝工厂酸站主要工艺流程可按本规范第C.0.4条的规定选用。

5 短纤维工厂原液车间的工艺流程可按本规范第D.0.1条的规定选用。

6 短纤维工厂纺练车间的工艺流程可按本规范第D.0.2条的规定选用。

7 短纤维工厂酸站的工艺流程可按本规范第D.0.3条的规定选用。

3.2.3 工艺计算应符合下列规定:

1 应计算生产工序中每台设备进、出的物料数据。

2 应计算生产工序中主机设备和相关设备消耗的各种公用工程用量。

3 应计算主要生产工艺与设备的能力,且应符合下列规定:

　　1) 年总供胶量应按下式计算:

$$V = \frac{Q\alpha_1(1+\alpha_2)}{\alpha_3\gamma} \quad (3.2.3-1)$$

式中:V——年消耗粘胶总量（m^3）;
　　　Q——年产量（t）;
　　　α_1——成品纤维甲种纤维素含量（%）;
　　　α_2——成形时甲种纤维素损耗（%）;
　　　α_3——粘胶甲种纤维素含量（%）;
　　　γ——粘胶密度（g/cm^3）。

　　2) 黄化机生产能力应按下式计算:

$$P_1 = \frac{WH}{\alpha_1 T} \quad (3.2.3-2)$$

式中:P_1——每台黄化机年产纤维能力（t/a）;
　　　W——每批黄化投甲种纤维素量（t/批）;
　　　H——年生产时间（h）;
　　　α_1——成品纤维甲种纤维素含量（%）;
　　　T——黄化周期（h）。

　　3) 纺丝机生产能力应按下式计算:

$$P_2 = \frac{60uHDNn\eta(1-K)}{10^{10}} \quad (3.2.3-3)$$

式中:P_2——单台纺丝机年产纤维能力（t/a）;
　　　u——纺丝牵伸出口速度（m/min）;
　　　H——年生产时间（h）;
　　　D——单纤维线密度（dtex）;
　　　N——纺丝锭位数（位）;

　　　n——喷丝头孔数（孔）;
　　　η——纺丝机运转效率,取0.92~0.98;
　　　K——牵伸出口至成品的纤维总收缩率,取0.08~0.12。

3.3 设计规定

3.3.1 原液车间的设计应符合下列规定:

1 黄化间应保持负压。

2 熟成间应满足工艺的温度要求,并应采取送排风措施。

3 原液车间的废胶应充分回收。

4 长丝工厂黄化控制室对黄化间设置视窗时应安装防爆视窗。

5 长丝工厂黄化机操作台面应采用防静电、防产生火花的材料。

3.3.2 纺练车间的设计应符合下列规定:

1 纺丝间应保证负压。

2 纺丝间应满足工艺温、湿度要求,其粘胶管应采取保温措施。

3 长丝工厂纺丝去酸水应采取有效回收措施。

4 长丝工厂过热水站应紧靠纺丝间布置。

5 长丝工厂精练间应采取机械送排风,并应保证车间负压。

6 长丝工厂络筒间应采取除尘和降噪措施。

7 短纤维工厂纺丝机宜采用组合喷丝头低速纺丝。

8 短纤维工厂宜根据工艺流程在塑化浴或精练成网回收二硫化碳。

9 短纤维工厂精练宜采用逆流循环水洗工艺。

10 短纤维工厂烘干前纤维回潮率宜控制在110%以内。

3.3.3 酸站的设计应符合下列规定:

1 酸站应靠近纺练车间布置。

2 纺丝浴贮槽的有效容积宜按15min~20min的循环量设计。

3 纺丝浴应采用全浴量过滤和脱气。

4 纺丝浴高位槽高度应根据管道水力计算确定。

3.4 节水节能

3.4.1 粘胶纤维工厂设计中应采取水的综合利用及热量回收利用措施。

3.4.2 粘胶纤维工厂设计应采用先进的连续化、短流程、节水节能的生产工艺。

3.4.3 各工艺流程的重要环节应设置计量和测试监测仪表,并应有自动调节装置控制,且各装置应按节能管理要求设置独立的公用工程计量仪表。

3.4.4 设备选型时,应选择大容量、高效节能的设备。纺丝浴蒸发宜采用多级闪蒸装置,纺丝浴结晶宜采用多级真空连续结晶装置。

3.4.5 粘胶纤维工厂设计应合理布置装置和设备，最大限度地避免流程的往返，负荷中心应集中，并应根据装置竖向布置，合理确定装置层高，充分利用位差能量。

3.4.6 在满足生产要求和安全防火、防爆的条件下，应做到缩短管线距离。

4 工艺设备

4.1 一般规定

4.1.1 工艺设备的配置应符合技术先进、节能高效、性能稳定、安全适用的原则。原液、纺练（包括长丝络筒）、酸站等生产车间，设备配置应根据设备的运转效率及产品或中间品的需求进行综合平衡。

4.1.2 转动设备应选用效率高、噪声小、运行性能稳定、故障率低、维修方便的产品。

4.1.3 二硫化碳、硫酸等易燃、易爆、有毒、腐蚀性物料的输送设备应具有防泄漏性能，保证设备运行的安全性。

4.1.4 纤维烘干机应设置自动灭火设施。

4.1.5 非标设备的设计应符合国家现行有关标准的规定。压力容器的设计应符合国家现行有关固定式压力容器安全技术监察规程和压力容器压力管道设计许可规则的有关规定，玻璃钢类容器的设计应符合现行行业标准《玻璃钢化工设备设计规定》HG/T 20696的标准规定，塑料类容器的设计应符合现行行业标准《塑料设备》HG/T 20640的有关规定。

4.1.6 非标设备的材质及规格应符合国家现行有关标准的规定。钢制类非标设备应按现行行业标准《钢制化工容器材料选用规定》HG 20581的有关规定选材。

4.2 设备选择

4.2.1 设备选择应符合下列规定：

  1 应根据物料衡算数据及预留产能等因素选设备的容积和数量。

  2 应选择能耗低、效率及自动化程度高的工艺设备。

  3 清洁流体系统的换热设备宜采用板式换热器，夹带物含量较多流体系统的换热设备宜采用列管式换热器。

  4 长丝工厂纺丝宜选用离心式半连续纺丝机或连续纺丝设备，精练应采用压洗工艺设备。

  5 短纤维工厂黄化机、黄酸酯溶解桶必须选符合压力容器设计与制造标准，并设有泄爆装置的设备。

4.2.2 设备备台应符合下列规定：

  1 生产装置中连续运转的泵、风机应有备台。

  2 短纤维工厂的丝束切断机应按1∶1备台配置。

4.3 设备布置

4.3.1 设备布置应从生产需要出发，满足流程合理、方便操作与检修的要求；同时还应符合现行国家标准《纺织工程设计防火规范》GB 50565的有关规定。

4.3.2 原液车间喂粕间宜留有16h生产用浆粕的堆放用地。

4.3.3 送料风机房不宜紧临变压器、配电室及控制室布置。

4.3.4 纺练车间自控室和电机控制中心不宜设在纺丝楼层。

4.3.5 粘胶压送间宜布置在纺练车间靠近纺丝机部位，当布置在原液车间时，在空间位置上应靠近纺丝工段。

4.3.6 二硫化碳冷凝回收设备宜布置在车间屋面上，并应为无围护结构。二硫化碳计量和压送宜布置在二硫化碳库区。

4.3.7 快速脱泡装置、蒸发装置、蒸发结晶装置、纺丝浴脱气装置的布置应满足真空设备液封和落水、落液高度的要求。

4.3.8 短纤维工厂的纺丝至切断工序设备宜布置在同一楼层。

4.3.9 短纤维工厂的精练机宜布置在纺丝楼层下面。

5 管　道

5.1 一般规定

5.1.1 管道布置应使管线之间、管线与建（构）筑物之间在平面及竖向上合理、紧凑、维护方便、整齐美观。

5.1.2 管道设计除应满足正常生产需要外，还应满足安装后吹扫、试压和开停车、事故处理的要求。

5.1.3 管道管径应根据流体的性质、流量、流速及管道允许的压力损失等确定。

5.1.4 容易被流体堵塞的管道的公称直径应大于25mm。

5.1.5 二硫化碳输送管道应做保温处理，管道输送速度不应超过1m/s。

5.1.6 管架间距的设置应根据管内介质输送的特征，按强度和刚度条件计算确定。

5.1.7 金属管道设计应按现行国家标准《工业金属管道设计规范》GB 50316的有关规定执行。

5.1.8 管道绝热设计应按现行国家标准《工业设备及管道绝热工程设计规范》GB 50264的有关规定执行。

5.1.9 在地震区的管道应能承受地震引起的水平力，

并应符合国家现行有关抗震标准的规定。

5.2 管道布置和选材

5.2.1 粘胶管不得与热力管道紧邻敷设。交叉敷设时净距不宜小于 0.3m，平行敷设时净距不宜小于 0.5m。

5.2.2 粘胶管道应避免死角。

5.2.3 冷水（载冷剂）管不得与蒸汽管相邻。

5.2.4 二硫化碳管严禁与热力管和电缆紧邻敷设。

5.2.5 二硫化碳管与热力管及电缆交叉时，二硫化碳管宜在热力管道和电缆的下方通过。

5.2.6 采用静压输送的酸、烧碱、二硫化碳、纺丝浴、芒硝结晶及元明粉生产液、油剂等管道，宜设不小于 0.2% 的坡度。

5.2.7 输送硫酸、烧碱、二硫化碳、纺丝浴、废气等腐蚀性及易燃、易爆介质的管道不得穿越自控室、电机控制中心、办公室、生活设施和人流较多的主要通道的上方。

5.2.8 管材的选择应根据输送介质的特性及其温度、压力的要求确定，管材可按表 5.2.8 选用。

表 5.2.8 管材选用表

管材\介质	不锈钢管	碳钢	碳钢管	镀锌钢管	钢衬橡胶管	聚丙烯管	玻璃钢管	聚四氟乙烯管	聚乙烯管	聚氯乙烯管	增强聚丙烯管
浆粥	●	●	—	—	—	—	—	—	—	—	○
粘胶	●	●	—	—	—	—	—	—	—	—	●
碱纤维素	—	—	—	—	○	●	—	—	—	—	—
二硫化碳	●	○	—	—	—	—	—	—	—	—	—
纺丝浴	○	—	—	—	—	—	●	—	—	—	●
塑化浴	○	—	—	—	—	●	—	—	—	—	●
烧碱	—	●	○	—	—	—	—	—	—	—	—
浓硫酸	—	—	●	—	—	—	—	—	—	—	—
盐酸	—	—	—	—	—	—	○	—	—	—	—
油剂	●	—	—	—	—	—	—	—	—	—	—
蒸汽	●	●	●	—	—	—	—	—	—	—	—
蒸汽凝结水	●	—	—	—	—	—	—	—	—	—	—
压缩空气	●	—	—	○	—	—	○	—	—	—	—
冷水（载冷剂）	●	—	○	—	—	○	—	—	○	—	—
软化水	●	—	—	●	—	—	●	—	—	●	—
工业水	—	—	○	—	—	●	—	—	—	—	—
废气	—	—	—	—	—	—	●	—	—	—	—
真空管（碱性）	●	—	—	—	—	—	—	—	—	—	○
真空管（酸性）	●	—	—	—	○	—	—	—	—	—	○
除盐水	●	—	—	—	—	—	—	—	—	—	—
过热水	—	—	○	—	—	—	—	—	—	—	—
酸站循环水	—	—	—	—	—	○	●	—	—	—	—
次氯酸钠液	○	—	—	—	—	—	—	—	●	○	—
双氧水	●	—	—	—	—	—	—	—	○	—	—
助剂及添加剂	●	—	—	—	—	—	—	—	—	—	—

注："●"表示应选，"○"表示宜选。

6 辅助生产设施

6.1 一般规定

6.1.1 新建粘胶纤维工厂应根据生产规模设置辅助生产设施，并应预留扩建空间。扩建工厂宜根据老厂的具体情况配置辅助生产设施。

6.1.2 辅助生产设施应包括内、外精密室，保全间，化验室和物理检验室。

6.1.3 辅助生产设施的布置宜遵循与主生产线就近的原则。

6.2 化验室、物理检验室

6.2.1 化验室的设计应符合下列原则：
  1 化验室应满足工厂所用原料、化工料、中间品、油剂、水以及"三废"的分析。
  2 化验室宜布置在车间附房内，化验室的门应向室外开启。

6.2.2 物理检验室的设计应符合下列原则：
  1 物理检验室应满足纤维成品和纤维中间品的物理分析和物理性能测试要求。
  2 物理检验室应设恒温恒湿空调及防尘设施。

6.2.3 化验室和物理检验室的仪器、设备的配备应能满足分析项目的频次和精确度要求。

6.2.4 化验室和物理检验室应远离振动源。

7 自动控制和仪表

7.1 一般规定

7.1.1 自动控制设计应满足工艺流程和生产技术要求。

7.1.2 仪表规格和品种宜统一，仪表计量单位应为法定计量单位。

7.1.3 接触工艺介质部分的仪表材质等级应等同或高于工艺要求的材质等级。

7.1.4 安全报警系统的设计应符合现行国家标准《石油化工可燃气体和有毒气体检测报警设计规范》GB 50493 的有关规定。

7.1.5 在有爆炸、火灾等危险环境的自动控制设计应符合现行国家标准《爆炸和火灾危险环境电力装置设计规范》GB 50058 的有关规定。

7.2 控制水平

7.2.1 原液和纺练车间应采用分散型控制系统（DCS）。

7.2.2 酸站、碱站宜采用分散型计算机控制系统。

7.2.3 其他相对独立的辅助生产车间，可纳入分散型控制系统（DCS）、可编程控制器（PLC）集中控制或采用仪表盘控制。

7.3 主要检测控制方案

7.3.1 分散型控制系统（DCS）所有重要的数据应有记录，且宜采用数据库和历史趋势图两种方式，趋势记录采样周期应从1s到24h，历史数据保存时间应大于3个月。

7.3.2 仪表盘控制时，各主要工艺参数应在仪表盘上数字显示、报警、调节，并可用按钮操作。

7.4 控制设备选型原则

7.4.1 分散型控制系统（DCS）的选型应满足下列规定：

1 中央处理单元（CPU）、电源、通讯和重要控制回路的输入、输出（I/O）控制点应1：1冗余配置，全部控制点投运后宜有15%余量。

2 小规模生产线可采用可编程控制器（PLC）控制系统。

3 分散型控制系统（DCS）工程师站宜采用工业级服务器，监控操作站宜采用工业级计算机。

7.4.2 一次测量仪表选型应符合下列规定：

1 远传温度仪表应选用Pt100铂热电阻，现场温度指示应选用双金属管温度计；并应根据介质特性选用不同材质的保护套管。

2 远传压力仪表宜选用压力变送器，现场压力指示宜选用弹簧管式压力表或隔膜式压力表。

3 远传液位仪表宜选用法兰式差压变送器或法兰式液位变送器，现场指示宜选用双色玻璃管液位计或浮球液位计。

4 流量仪表宜选用椭圆流量计或电磁流量计。

7.4.3 二次仪表的选型宜符合下列规定：

1 进入分散型控制系统（DCS）、可编程控制器（PLC）的测量点应设操作站（屏）进行显示。

2 仪表盘控制时，记录仪表应选用无纸记录仪，其他仪表应选用智能数字式仪表。

7.4.4 过程参数自动调节的执行机构宜采用气动薄膜调节阀，物料投放的开/关控制宜采用气动切断阀。

7.4.5 电量参数的检测宜由电气开关柜内的电量变送器完成，变送后的标准信号应传递给分散型控制系统（DCS）监控。

7.5 特殊仪表的选择

7.5.1 原液车间黄化工序应采用本质安全型或防爆型仪表。

7.5.2 酸站贮槽的液位检测宜选用超声波液位变送器。

7.5.3 元明粉料仓的料位检测宜选用雷达料位计。

7.5.4 参与黄化过程的所有切断阀应达到6级密封要求。

7.5.5 爆炸和火灾危险环境的仪表选型应满足车间防爆等级要求。

7.6 仪表安全技术措施

7.6.1 仪表盘、柜、箱内的本质安全电路与其他电路接线端子应分开，距离不应小于50mm，间距不能满足要求时，应采用高于端子的绝缘板隔离。

7.6.2 纺练车间、酸站的现场仪表应采取防腐蚀措施。

7.6.3 环境温度达不到仪表工作温度要求时，应采用伴热措施。

7.6.4 仪表及控制系统接地应符合国家现行标准《石油化工仪表接地设计规范》SH/T 3081 和《仪表系统接地设计规定》HG/T 20513 的有关规定。

8 电 气

8.1 一般规定

8.1.1 电气设计应做到保障人身安全，供电可靠，操作维护方便，经济合理。

8.1.2 电气设计应采用效率高、能耗低、性能先进的电气设备。

8.2 负荷分级及供电要求

8.2.1 电力负荷分级应符合下列规定：

1 工艺生产用电负荷应为二级。

2 电力负荷及消防电源的分级除应执行本规范的规定外，还应符合现行国家标准《供配电系统设计规范》GB 50052 和《建筑设计防火规范》GB 50016 的有关规定。

8.2.2 供电系统宜由两回线路供电。在负荷较小或地区供电条件困难时，二级负荷可由一回 6kV 及以上专用架空线路或电缆供电。当采用架空线时，可为一回架空线供电；当采用电缆线路时，应采用两根电缆组成的线路供电，其每根电缆应能承受 100% 的二级负荷。

8.3 供配电系统

8.3.1 符合下列情况之一时，工厂宜设置自备电源：

1 设置自备电源较从电力系统取得第二电源经济合理时；

2 有大量连续的热负荷，按"以热定电"原则建热电站技术经济合理时；

3 所在地区偏僻、远离电力系统，设置自备电源经济合理时。

8.3.2 应急电源与正常电源之间必须采取可靠措施防止并列运行。

8.3.3 高压供电电源应深入负荷中心布置。变配电所宜根据负荷容量和分布，接近负荷中心布置。

8.3.4 粘胶纤维工厂的自动控制系统电源应采用不间断电源（UPS）装置供电。

8.3.5 电压选择应满足下列规定：

1 供电电源电压应根据当地电力系统现状和发展规划、输送容量大小、送电距离、供电线路的回路数，以及工厂近、远期规划等因素，经技术经济比较后与电力部门协商确定。

2 新建粘胶纤维工厂高压配电宜采用 10 kV 及以上电压等级；在改、扩建工程中，也可维持原来的电压等级。低压配电电压宜采用 380V/220V 或 660V，当安全需要时，应采用小于 50V 电压。

8.3.6 当同一车间内有 2 台及以上变压器时，平行的生产线宜由不同的车间变压器供电。同一生产线的各用电设备宜由同一变压器供电。

8.3.7 纺丝排风机、黄化系统（含黄化搅拌电机、黄化机排风机、黄化出料电机及黄酸酯溶解排风机）、长丝纺丝供胶泵应采用双回路电源供电，双回路电源应取自两台不同的变压器。

8.3.8 无功补偿应符合下列规定：

1 6kV 及以上电源进线侧的功率因数应根据电力部门要求进行补偿。当自然功率因数不能满足要求时，应装设无功功率补偿装置进行人工补偿。低压部分的无功功率宜由低压电容器补偿，高压部分的无功功率宜由高压电容器补偿。

2 补偿基本无功功率的电容器组宜集中设置在变配电所内。

3 容量较大，负荷平稳且经常使用的用电设备的无功功率宜单独就地补偿。

8.3.9 对工厂内非线性用电设备产生的谐波电流宜采取下列措施：

1 对有谐波源的电气装置宜采取适当的抑制谐波措施。

2 选用 D，yn11 接线组别的三相配电变压器。

8.3.10 高压系统供配电设计应符合现行国家标准《3～110kV 高压配电装置设计规范》GB 50060 和《35～110kV 变电所设计规范》GB 50059 的有关规定。

8.3.11 低压供、配电和用电设备配电设计应符合现行国家标准《供配电系统设计规范》GB 50052、《10kV 及以下变电所设计规范》GB 50053、《低压配电设计规范》GB 50054 和《通用用电设备配电设计规范》GB 50055 的有关规定。

8.3.12 消防电源、消防电气设计应符合现行国家标准《供配电系统设计规范》GB 50052、《建筑设计防火规范》GB 50016 和《纺织工程设计防火规范》GB 50565 的有关规定。

8.4 照 明

8.4.1 生产车间主要工序的照度标准宜按表 8.4.1 执行。

表 8.4.1 生产车间主要工序的照度标准

工序或场所	参考平面及其高度	照度标准值（lx）	UGR	Ra	备注
喂粕	0.75m 水平面	100	—	60	—
配碱	0.75m 水平面	75	22	80	可另加局部照明
老成称量	0.75m 水平面	75	—	60	—
黄化	0.75m 水平面	75	—	80	可另加局部照明
溶解、熟成	0.75m 水平面	100	—	60	可另加局部照明
纺丝	0.75m 水平面	150	22	80	—
精练、油剂调配	0.75m 水平面	100	25	60	—
烘干	0.75m 水平面	75	—	60	—
络筒	0.75m 水平面	200	25	80	—
分级间	0.75m 水平面	150	25	80	应另加局部照明
打包	0.75m 水平面	100	—	60	—
内、外精密室	0.75m 水平面	150	25	80	—
酸站	0.75m 水平面	75	—	60	—

8.4.2 电气照明设计除应符合本规范外，尚应符合现行国家标准《建筑照明设计标准》GB 50034 的有关规定。

8.4.3 爆炸和火灾危险环境内的电气照明设计，应按现行国家标准《爆炸和火灾危险环境电力装置设计规范》GB 50058 的有关规定执行。

8.5 防 雷

8.5.1 建筑物、构筑物及户外设备、架空管道的防雷分类及措施应符合现行国家标准《建筑物防雷设计规范》GB 50057、《建筑物电子信息系统防雷技术规范》GB 50343、《石油库设计规范》GB 50074 和现行行业标准《石油化工静电接地设计规范》SH 3097 的有关规定。

8.6 防静电、接地

8.6.1 对可能产生静电危险的设备和管道均应采取防静电接地措施，并应符合现行国家标准《爆炸和火灾危险环境电力装置设计规范》GB 50058、《防止静电事故通用导则》GB 12158 和现行行业标准《石油化工静电接地设计规范》SH 3097 的有关规定。

8.6.2 黄化机及其用电设备必须可靠接地，二硫化碳管道法兰连接处必须安装防静电片。

8.6.3 分散型控制系统（DCS）控制室的静电接地应符合现行国家标准《电子信息系统机房设计规范》GB 50174 的有关规定。

8.6.4 电气装置的接地及接地装置应符合现行国家标准《交流电气装置接地设计规范》GB 50065 的有关规定。

8.7 火灾自动报警系统

8.7.1 粘胶纤维工厂内火灾自动报警系统设计应符合现行国家标准《火灾自动报警系统设计规范》GB 50116 的有关规定。

8.7.2 丙类车间内的湿加工场所应设置火灾报警按钮和警铃，其他场所应设置火灾探测器。

8.7.3 火灾探测器的选型应符合下列规定：
  1 无遮挡大空间的物品库房宜选用红外光束感烟探测器。
  2 在敷设可延燃绝缘层和外护层的电缆配线桥架设置火灾报警装置时，宜选用缆式线性定温探测器。
  3 其他需设置火灾探测器的场所应按现行国家标准《火灾自动报警系统设计规范》GB 50116 的有关规定选型。

8.8 爆炸和火灾危险环境的电气设计

8.8.1 爆炸性气体环境危险区域划分应符合现行国家标准《爆炸和火灾危险环境电力装置设计规范》GB 50058 的有关规定。

8.8.2 爆炸和火灾危险环境电气设计应符合现行国家标准《爆炸和火灾危险环境电力装置设计规范》GB 50058 的有关规定。

9 总图布置

9.1 一般规定

9.1.1 粘胶纤维工厂的总图设计应根据工业布局与区域规划的要求，选定经济合理的厂址，与区域规划相协调；应合理利用已有的水、电、汽、消防、污水处理等公用设施，并应贯彻合理利用土地的原则，因地制宜，减少土石方工程量，节约用地，降低建设投资。

9.1.2 粘胶纤维工厂总平面设计应符合国家现行的防火、安全卫生、环境保护和抗震等规范、规程要求，并应符合现行国家标准《工业企业总平面设计规范》GB 50187 的有关规定。

9.1.3 粘胶纤维工厂总平面设计应进行多方案的技术经济比较，选择最佳方案。

9.2 总平面设计

9.2.1 总平面设计应根据生产工艺流程和场地条件，合理划分功能分区，厂区及功能分区内各项设施的布置应紧凑、规整，各功能分区应连接便捷，避免人流、货流交叉干扰。

9.2.2 厂区至少应设置两个出入口，宜位于不同方位；设置在同方向间距宜大于 150m。厂区出入口应分为人流出入口和货流出入口。

9.2.3 厂区的建筑物、构筑物布置应符合现行国家标准《建筑设计防火规范》GB 50016 的有关规定，且应满足道路、工程管线、卫生间距及绿化等的要求。

9.2.4 总平面设计预留发展用地时，与近期工程生产工艺密切联系不易分开的发展用地可预留在厂区内，其他应预留在厂区外。远期工程应在厂区外留有发展条件，且应明确发展方向。

9.2.5 生产设施布置应符合下列规定：
  1 原液车间、纺练车间、酸站应布置在厂区主要用地内，并应靠近厂区主要道路。
  2 冷冻站、压缩空气及氮气站、软化除盐水站等应靠近主要生产设施布置；且冷冻站、压缩空气及氮气站宜布置在散发爆炸性、腐蚀性和有毒气体及粉尘的建筑物全年风向最小频率的下风侧。
  3 总变电所宜靠近负荷中心，且应避免设在多尘、有腐蚀性气体和有水雾的场所。
  4 锅炉房宜布置在厂区全年最小频率风向上风侧的边缘地带，并宜便于物料运输。

5 给水净水设施宜靠近水源地或水源汇集处，区域管网供水则宜靠近水源方向的厂区边缘地段。

6 循环水设施宜布置在所服务的生产设施附近，并应避免设在散发粉尘和有可溶性化学物质的地段。

7 污水处理设施宜布置在厂区全年最小频率风向的上风侧及地势较低的边缘地带。

8 废气处理设施宜靠近排气量大的主要生产设施布置，宜在全年最小频率风向的上风侧。

9.2.6 贮罐区布置应符合下列规定：

1 贮罐区应按物料性质分类布置，且应满足生产、储运装卸和安全防护要求。

2 酸、碱贮罐区应布置在全年最小频率风向的上风侧，并应设置防泄漏围堰及排泄漏设施。

3 二硫化碳贮罐区应布置在厂区边缘和人流较少的地段，并应位于全年最小频率风向的上风侧，区域内应设置实心安全防护围墙，并应采用不发生火花地面。

9.2.7 仓库区布置应符合下列规定：

1 全厂性的公用仓库及堆场，应根据贮存物料的性质、货流出入方向及供应对象等因素，按不同类别相对集中布置。

2 原料库及原料中间库宜靠近原液车间。

3 成品库及成品中间库宜靠近纺练车间。

9.2.8 生产行政管理设施及生活服务设施宜布置在厂区全年最小频率风向的下风侧。

9.2.9 厂区道路宜采用城市型道路；主干道、次干道宽不宜小于6m，转弯半径不宜小于9m；支道宽不小于4m，转弯半径不宜小于6m；消防车道宽不应小于4m，转弯半径不宜小于9m。

9.3 竖向设计

9.3.1 厂区竖向设计应与厂区外现有或规划的道路、给水及排水系统、周围场地标高等相协调。

9.3.2 厂区竖向设计宜采用平坡式或阶梯式，应根据场地的地形和地质条件、厂区面积、建（构）筑物大小、生产工艺流程、运输方式及管线敷设等因素合理确定。

9.3.3 厂区的场地设计标高应防止厂区被洪水、潮水淹没，并应采取防止内涝的技术措施。

9.3.4 建筑物的室内地面标高至少应高出室外地坪标高 0.15m。

9.3.5 厂区出入口的路面标高宜高出厂区外道路路面标高。

9.4 综合管线

9.4.1 厂区管线应根据场地条件、生产工艺流程、管道内介质性质、总平面设计及竖向设计等因素进行布置，应满足生产、安全、施工检修及经济合理等要求。

9.4.2 管线布置应与建（构）筑物或道路相平行，直线敷设，不应穿越建（构）筑物和扩建用地，不宜穿越厂区主干道，管线与管线、管线与道路不宜交叉。

9.4.3 管线布置时主要管道应布置在支管较多的一侧。

9.4.4 二硫化碳管线严禁穿越与其无关的建（构）筑物、生产装置及储库区。

9.4.5 二硫化碳管线和硫酸、烧碱管线不宜采用建（构）筑物作支撑。

10 建筑、结构

10.1 一般规定

10.1.1 建筑、结构设计应满足生产工艺要求，并应符合国家现行有关纺织工业防火标准的规定；抗震设防地区建筑物、构筑物设计应符合现行国家标准《建筑抗震设计规范》GB 50011 和《构筑物抗震设计规范》GB 50191 的有关规定；湿陷性黄土、膨胀土、多年冻土等地区的建筑物、构筑物设计应符合国家现行有关标准的规定。

10.1.2 厂房的平面布置应满足工艺生产要求，柱网尺寸应整齐，并宜符合建筑模数。

10.1.3 厂房采光、通风及卫生设施配备应符合现行国家标准《工业企业采光设计标准》GB 50033 和《纺织工业企业职业安全卫生设计规范》GB 50477 的有关规定。

10.1.4 厂房结构设计的荷载应按工艺要求荷载及相关参数确定，并应满足动荷载的要求；楼面荷载应满足重型设备的运输、维修要求，并应符合现行国家标准《建筑结构荷载规范》GB 50009 的有关规定。

10.1.5 建筑、结构设计在满足使用功能和安全可靠的原则下，宜结合当地的施工技术条件，采用可靠的新技术、新结构和新材料。

10.2 生产车间和辅助设施

10.2.1 主要生产车间宜设为独立厂房，主要生产车间与辅助设施布置应紧凑。

10.2.2 主要生产车间屋面构造宜设置隔汽层。纺练车间的烘干工段屋面宜采用天窗排气，寒冷地区及严寒地区应采取防结露措施。

10.2.3 生产车间有冲洗要求的楼地面应平整光滑，不起灰，并应坡向地沟或地漏，同时还应做好楼地面防水及洞口翻边。

10.2.4 浆粕库、投料间及成品库宜采用耐磨不起灰地面。

10.2.5 楼面的设备吊装孔应翻边，并应设置总高度不小于1050mm的安全栏杆。

10.2.6 穿越楼面的设备及管道安装孔，待设备及管道安装完毕后，空隙部分应用防火封堵材料封堵。

10.2.7 原液车间的熟成间墙面应满足保温要求。

10.2.8 地沟及罐区内地坪应采取防渗漏措施。

10.3 建筑防火、防爆、防腐蚀

10.3.1 粘胶纤维工厂主要生产车间的火灾危险性应按本规范附录E表E的规定执行。

10.3.2 主要生产车间应采用不低于二级耐火等级的建筑物，原液车间黄化间的梁、柱和楼板应为一级耐火等级。

10.3.3 厂房内各不同生产火灾危险性类别的车间应用防火墙隔开，防爆区域内用于分隔防火分区的防火墙应同时为防爆防护墙。

10.3.4 无爆炸危险的生产车间（含附房）与有爆炸危险的生产车间贴邻布置时，应采用耐火极限不低于3h的防爆防护墙隔开，并设置直通室外的疏散楼梯或安全出口。

10.3.5 有爆炸危险的厂房外围护结构必须有足够的泄压面积，泄压面积与厂房体积的比值（m^2/m^3）不应小于0.05。泄压面宜靠近室内易发生爆炸的部位，也应避开室外主要人流通道和人员集中场所。

10.3.6 有爆炸危险的厂房外围护结构的门、窗应向外开启；厂房楼地面应采用防静电和不发生火花的面层；厂房顶棚宜平整，避免死角。

10.3.7 原液车间、纺练车间、酸站及酸碱储罐区有腐蚀性介质作用的部位应根据腐蚀介质种类选定防腐蚀做法，并应符合现行国家标准《工业建筑防腐蚀设计规范》GB 50046 的有关规定。

10.3.8 厂房内的控制室和配电室设置在有液态腐蚀性介质楼层下时，应采取防护措施，其出入口不宜直接通向有腐蚀性介质作用的厂房。

10.3.9 厂区内的建筑物、构筑物基础宜进行防腐蚀防护处理。

10.4 结构形式和构造

10.4.1 粘胶纤维工厂主要生产车间的结构选型宜为钢筋混凝土框架结构，厂房的梁、板、柱布置应规则，受力明确。有爆炸危险及防腐要求的厂房结构，应采用由钢筋混凝土梁、板、柱组成的现浇式钢筋混凝土框架结构，并应按国家现行标准《混凝土结构设计规范》GB 50010、《建筑抗震设计规范》GB 50011和《高层建筑混凝土结构技术规程》JGJ 3 的有关规定执行。

10.4.2 排气筒宜采用钢筋混凝土结构，排风机房及排风连廊宜为钢筋混凝土框架结构，并应采取防腐蚀处理和相应的构造措施，按现行国家标准《建筑结构荷载规范》GB 50009、《高耸结构设计规范》GB 50135、《工业建筑防腐蚀设计规范》GB 50046 及《混凝土结构设计规范》GB 50010 的有关规定执行。

10.4.3 贮罐、塔类设备基础可按国家现行标准《石油化工塔型设备基础设计规范》SH 3030 和《石油化工企业钢储罐地基与基础设计规范》SH 3068 的有关规定执行。

10.4.4 辅助设施的结构选型宜为单、多层钢筋混凝土框架结构，也可选用钢结构或其他类型的结构。

10.4.5 防爆防护墙应与主体结构的钢筋混凝土柱加强拉结。防爆防护墙采用砖墙配筋砌体时，墙内设置的构造柱和圈梁，应与墙和厂房的钢筋混凝土柱加强连结。防护墙体的顶部与楼层梁应采取拉结措施。

10.4.6 泄爆窗洞口的过梁应采用通长的现浇钢筋混凝土梁，并应与主体结构可靠锚固连结。

10.4.7 在腐蚀性环境下，生产厂房及构筑物的结构防腐设计应按现行国家标准《工业建筑防腐蚀设计规范》GB 50046 的有关规定执行。

11 给 水 排 水

11.1 给 水

11.1.1 给水设计应符合下列规定：

1 给水设计应满足工厂生产、生活和消防对水量、水质、水压的要求。

2 给水设计应根据工程规模和发展规划，做到近远期结合，做好综合利用和重复循环使用，节约用水。

3 给水系统可分为工业用水给水系统、生活给水系统、消防给水系统、软化除盐给水系统、工业循环冷却水系统和冷水（载冷剂）给水系统。给水系统的划分及管网设置应根据各用水部门对水质、水量、水压和水温的要求，经综合比较后确定。

4 总用水量应包括工业用水总用水量、生活总用水量、管网渗漏水量、未预见用水量和重复使用水量。工业用水总用水量为工艺车间工业用水量、配套公用工程车间工业用水量之和，生活总用水量为各车间生活用水量之和；管网渗漏水量和未预见用水量可按工业用水总用水量和生活总用水量之和的5%～10%计算；重复使用水量为工业循环冷却水、冷水（载冷剂）和工艺重复用水的循环量之和。

5 给水重复使用率不应低于85%。

6 各种给水系统的供水水量和水压应根据相关专业要求，经综合计算确定。

7 进入车间的各种给水系统应设置计量仪表。

8 各种给水系统的水质宜符合表11.1.1中的规定。

表 11.1.1 各种给水系统水质要求

指标名称	单位	软化水	除盐水	工业用水	循环冷却水	冷水(载冷剂)	生活用水
pH值	—	6.5~8.5	6.8~8.5	6.8~8.5	6.5~9.2	符合工艺用水水质要求	符合生活饮用水卫生标准
总硬度	mg/L(以$CaCO_3$计)	<2	—	≤450	≤500		
氯化物	mg/L	≤35	—	≤250	≤300		
全铁	mg/L	<0.2	—	<0.3	<0.3		
总含盐	mg/L	≤1000	—	≤1000	≤1000		
SiO_2	mg/L	—	<0.1	—	—		
浊度	度	≤2	≤1	≤5	≤20		
电导率	μs/cm	—	<30	—	—		

11.1.2 工业用水给水系统的设计应符合下列规定：

1 工业用水宜采用自备水厂供水，城市给水管网可作为工业用水的备用水源。

2 自备水厂的供水管网与城市给水管道的连接应符合现行国家标准《建筑给水排水设计规范》GB 50015 的有关规定。

3 工业用水给水管道上可单独接出消防用水管道。

4 自备水厂的设计应符合现行国家标准《室外给水设计规范》GB 50013 的有关规定，工业用水不做常规的加氯消毒处理。

11.1.3 生活给水系统的设计应符合下列规定：

1 生活饮用水水质应符合现行国家标准《生活饮用水卫生标准》GB 5749 的有关要求，生活杂用水水质应符合现行行业标准《生活杂用水水质标准》CJ 25.1 的要求。

2 生活总用水量及水压应根据现行国家标准《建筑给水排水设计规范》GB 50015 的有关规定执行。

3 生活饮用水宜采用城市给水管道供水。如采用自备水厂出水作为生活饮用水，其水质应符合现行国家标准《生活饮用水卫生标准》GB 5749 的有关要求。厂区生活饮用水应设置独立的供水管网。

4 生活杂用水宜采用工业用水，并可采用同一管网。

11.1.4 软化除盐给水系统的设计应符合下列规定：

1 软化除盐给水系统应符合现行国家标准《工业用水软化除盐设计规范》GB/T 50109 的有关规定。

2 软化水系统离子交换树脂的再生剂宜采用芒硝（十水硫酸钠）溶液。

11.1.5 工业循环冷却水给水系统的设计应符合下列规定：

1 工业循环冷却水给水系统应符合现行国家标准《工业循环水冷却设计规范》GB/T 50102 和《工业循环冷却水处理设计规范》GB 50050 的有关规定。

2 工业循环冷却水给水系统高程、流程布置应和工艺设备布置紧密结合，利用重力回流，减少提升次数。

3 酸站循环冷却水给水系统中的冷却塔、水泵、管道、阀门等应选用耐弱酸性腐蚀的设备和材料。

4 主车间地面冲洗用水宜采用工业循环冷却水。

11.2 排 水

11.2.1 排水设计应符合下列规定：

1 排水系统的设计应综合考虑水的再生利用，应与界区外的排水系统互相协调。

2 排水系统的设计应采用分流制，宜分为生产酸性、碱性废水排水系统，生产清净废水及雨水排水系统和生活污水排水系统。

3 排水系统的设计除执行本规定外，还应符合现行国家标准《建筑给水排水设计规范》GB 50015 和《室外排水设计规范》GB 50014 的有关规定。

11.2.2 废水的设计排水量应符合下列规定：

1 生产废水的设计排水量应为连续排水量和同时发生的最大小时的间断排水量与未预见排水量之和，未预见排水量按连续排水量和同时发生的最大小时间断排水量之和的 5%~10% 计。

2 生产清净废水和雨水排水系统设计流量应为清净废水设计平均小时流量与设计雨水量之和。

3 生活污水设计排水量宜按生活用水日平均用水量的 90% 计。

11.2.3 生活污水排水系统应符合现行国家标准《建筑给水排水设计规范》GB 50015 的有关规定。生活污水排入污水处理厂前宜通过化粪池预处理。

11.2.4 粘胶纤维工厂生产酸性、碱性废水宜采用带盖板的酸沟、碱沟分别接入污水处理厂，酸沟和碱沟应做防腐处理。若采用耐腐蚀非金属排水管排放，排水检查井的间距应符合现行国家标准《室外排水设计规范》GB 50014 的有关规定，酸性废水检查井间距可按最大值选用，检查井内壁及井盖应做防腐处理。

11.2.5 酸站循环冷却水给水系统排出的废水宜进入污水处理厂处理。

11.3 消防给水

11.3.1 消防给水设计应符合现行国家标准《建筑设计防火规范》GB 50016、《纺织工程设计防火规范》GB 50565 和《自动喷水灭火系统设计规范》GB 50084 的有关规定。

11.3.2 工业用水给水管网的水量和水压满足消防要求时，可将生产车间的室外消防给水、低层建筑的室内消防给水和工业用水给水管网合并为同一管网。

11.3.3 多个高层工业建筑宜设置统一的临时高压制或

稳高压制室内消火栓系统,该系统室内消火栓用水量及水压应按最大者确定。

11.3.4 多个自动喷水系统设置点宜设置统一的临时高压制或稳高压制自动喷水给水系统,该系统喷水强度及水压应按最大者确定。

11.3.5 高层厂房设置稳高压制室内消火栓给水系统时,可不设远距离启动消防水泵按钮。

11.3.6 严禁在稳高压室内消火栓管网上接出非消防用水管道。

12 采暖、通风和空气调节

12.1 一般规定

12.1.1 采暖、通风和空气调节设计方案应根据国家有关安全、环保及节能减排等方针、政策,结合工程实际情况,通过综合技术经济比较确定。

12.1.2 采暖、通风和空气调节设计除执行本规范的规定外,尚应符合现行国家标准《采暖通风与空气调节设计规范》GB 50019 的有关规定。

12.1.3 粘胶纤维工厂的室内空气计算参数宜按下列原则确定:
 1 采暖、通风和空气调节设计应满足生产工艺要求和有关职业安全卫生标准的规定。
 2 工艺无特殊要求,宜按表 12.1.3-1 和表 12.1.3-2 执行。
 3 夏季要求劳动保护的车间,操作岗位的温度应符合现行国家标准《采暖通风与空气调节设计规范》GB 50019 的有关规定。

表 12.1.3-1 粘胶长丝工厂车间空气计算参数

序号	工段或车间名称	夏季 温度(℃)	夏季 相对湿度(%)	冬季 温度(℃)	冬季 相对湿度(%)	备注
1	原液浸、压、粉	≤32	—	≥18	—	
2	原液熟成	(16~22)±1	—	(16~22)±1	—	操作区
3	酸站	≤32	—	≥16	—	
4	纺丝	(26~30)±1	70~80	(26~30)±1	70~80	操作区
5	平衡、络筒	(26~30)±1	70±5	24±1	65±5	操作区
6	分级、包装	27±2	60~70	25±2	60~70	操作区
7	物理检验室	20±1	65±3	20±1	65±3	
8	DCS控制室	26±2	50±10	20±2	50±10	
9	变频器室	≤32	<70			

表 12.1.3-2 粘胶短纤维工厂车间空气计算参数

序号	工段或车间名称	夏季 温度(℃)	夏季 相对湿度(%)	冬季 温度(℃)	冬季 相对湿度(%)	备注
1	原液浸、压、粉	劳动保护	—	≥16	—	
2	原液熟成	≤25	—	≥16	—	操作区
3	酸站	劳动保护	—	≥15	—	
4	纺丝	≤32	—	≥16	—	
5	精练	劳动保护	—	≥16	—	
6	粘度分析室	20±1	65±5	20±1	65±5	
7	物理检验室	20±0.5	65±3	20±0.5	65±3	
8	DCS控制室	26±2	50±10	20±2	50±10	
9	变频器室	≤32	<70			

12.2 采 暖

12.2.1 累年日平均温度稳定低于或等于5℃的天数大于或等于90d的地区,当室内经常有人停留或生产工艺对温度有要求时,生产厂房及附房宜采用集中采暖。

12.2.2 采暖方式的选择应根据所在地区气象条件、建筑规模、厂区供热情况,通过技术经济比较,并按以下原则确定:
 1 优先利用生产过程中产生的余热,并宜采用热水作热媒;当厂区供热以生产用蒸汽为主时,在不违反卫生、技术和节能要求的条件下,可采用蒸汽作热媒,凝结水宜回收。
 2 设有季节通风系统的生产车间或附房,应结合通风系统采用热风采暖。
 3 散发可燃气体或蒸气的生产厂房,散热器采暖的热媒温度应至少比散发物质的自燃点低20%。

12.2.3 散发腐蚀性气体或空气相对湿度较大的生产车间及附房,散热器及管道表面应采取防腐措施。

12.2.4 大空间厂房宜辅以暖风机热风采暖,满足局部环境采暖的要求。

12.2.5 采暖管道应计算其热膨胀。当利用管段的自然补偿不能满足热膨胀要求时,应设置补偿器。

12.2.6 当散热器表面温度较高可能引发烫伤事故时,应采取防护措施。

12.3 通 风

12.3.1 粘胶纤维工厂通风设计宜采用自然通风,当自然通风不能满足要求时,应采用自然与机械联合通风或机械通风。

12.3.2 粘胶纤维工厂排风系统设计应符合下列原则:

1 根据设备的排风量及排放气体的种类、浓度或源强等，分成不同的排风系统。

　　2 爆炸性危险场所的排风应满足爆炸性气体危险区域划分所需的通风条件，通风系统应采用防爆安全措施。

　　3 室内气流组织应有利于热湿及有害气体的排除，且不应破坏局部排风系统的正常工作。

　　4 排气筒（塔）的高度应满足二硫化碳和硫化氢两种有害气体同时达标排放的要求；上口内径设计应满足当地最低气压情况下，排气筒（塔）出口气流不倒灌。

　　5 排风机房内的排风机宜设备台。

12.3.3 散发热、湿和有害物质的生产过程与设备宜采用局部排风；当局部排风不能满足要求时，应辅以全面排风。

12.3.4 黄化间和纺丝、精练工序的室内空气严禁循环使用。

12.3.5 黄化间应设置事故通风。

12.3.6 设置局部排风或全面排风的生产车间及附房应有可靠的补风措施，且应进行风量及热量平衡计算；纺练车间、回酸管沟、酸站和黄化间应保持相对负压。

12.3.7 含有较多水蒸气的排风管道应设不小于0.5%的坡度，并在管道的低点和风机的底部设置排凝装置。

12.3.8 易产生沉积物的排风管道应设置检查或清扫口。

12.4 空气调节

12.4.1 空气调节设计应符合下列原则：

　　1 原液车间有温度要求的熟成工段及长丝纺练车间有温、湿度要求的平衡、络筒、分级包装等工序应设置空气调节，室内空气应循环使用，新风量不宜小于送风量的10%，且应满足过渡季节全新风运行的需要。

　　2 长丝工厂的纺丝工段应设置直流式（全新风）空气调节系统，送风量应满足消除车间热湿量和控制室内有害物质允许浓度的要求，送风车间与周围空间保持相对负压，空调室宜设置喷水室。

　　3 短纤维工厂的纺练车间应设岗位送风或全面送风，室内空气不应循环使用，并应满足车间内有害物质容许浓度的要求。

12.4.2 化学分析室、物理检验室、分散性控制系统（DCS）控制室和变频器室等应根据各自工艺需要，设置空气调节；DCS控制室和变频器室的空调新风宜做吸附或化学处理。

12.5 设备选择及其他规定

12.5.1 采暖、通风和空气调节主要设备的选择应符合下列原则：

　　1 通风机：根据通风量大小、腐蚀程度及压头高低选择钢制、钢制衬胶或玻璃钢风机。

　　2 空气处理室：各主要车间、工段的空气处理室宜采用卧式钢筋混凝土或玻璃钢喷淋室，其构件宜做防腐处理。

12.5.2 粘胶纤维工厂通风、空气调节系统的风管应采用不燃材料制作。接触腐蚀性气体的风管及柔性接头应采用难燃材料制作。风管及配件应根据其所输送的介质和所处环境，采取相应的防腐蚀措施。

12.5.3 送、排风系统的风管穿过机房隔墙或楼板处应设置防火阀。

12.5.4 送、排风系统的风管不宜穿过防火墙和非燃烧体楼板等防火分隔物。如必须穿过时，应在穿过处设防火阀。穿过防火墙两侧各2m范围内的风管保温材料应采用非燃烧材料。

12.5.5 有爆炸危险厂房的排风管，以及排除有爆炸危险物质的风管，不应穿过防火墙和防火分隔物。

13 动　　力

13.1 供　　热

13.1.1 供热系统的设计应符合下列规定：

　　1 热负荷应根据小时平均负荷、小时最大负荷、管网损失和同时使用系数计算确定。

　　2 生产区的供热管道宜地上敷设，并应避开腐蚀、强烈振动及设备和工艺管路的物料排放口等各种不安全环境。

　　3 供热管道的设计流量应按管道负担的各用热设备的最大热负荷之和，乘以同时使用系数确定。

　　4 当供热管道有夏季制冷热负荷时，应分别计算采暖期和供冷期的供热负荷，并取较大值作为管道设计负荷。

13.1.2 热力站的设计应符合下列规定：

　　1 热力站宜根据供热参数需要设置分汽缸，主管和各支管上应装设阀门。

　　2 当各种用汽负荷需要的参数不同时，宜分别设置分支管、减温减压装置和独立的安全阀，各安全阀的排汽管应分别接至室外。

　　3 热力站内的减温减压装置宜设置备台。

　　4 减温减压装置用减温水的水质宜按锅炉给水水质确定。

　　5 当减温水供水压力不能满足要求时，应设置减温水水泵和水箱，减温水水泵应设置备台。

13.2 冷　冻　站

13.2.1 制冷机房的设置应符合下列规定：

　　1 值班控制室与制冷机房之间应做隔声处理，

值班控制室应设置直接外开的门。

2 水泵房与制冷机房宜用墙隔开。

3 制冷机组的一端应留有清洗或更换蒸发器或冷凝器内管簇的空间。

13.2.2 制冷参数及机组配备应符合下列规定：

1 冷负荷应包括生产工艺冷负荷、生产厂房和辅助用房的空气调节冷负荷及冷量损耗负荷。

2 工艺用冷制冷参数应根据生产要求确定。

3 空气调节制冷系统宜单独设置。

4 工艺用冷机组应设置备用机组，当最大一台制冷机组停止运行时，其余机组的制冷量应满足工艺所需冷量。

5 有蒸汽供给时，制备5℃以上的冷水宜采用溴化锂吸收式冷水机组。

13.2.3 冷水（载冷剂）系统的设计应符合下列规定：

1 载冷剂的种类除应满足生产工艺要求外，还应满足工艺设备和管道的耐腐蚀性要求；使用对金属管道有腐蚀性的载冷剂时，应添加缓蚀剂。

2 生产工艺用冷的输送泵应设备台；空气调节用冷的输送泵可不设备台，且水泵台数不应少于2台。

3 各制冷系统的冷水（载冷剂）系统宜为开式，回水池（箱）宜设在冷冻站。

4 有机溶液、盐水溶液或碱水溶液的水池（箱）宜设取样口。

5 回水池（箱）的容积应大于系统正常工作容积和停车时靠重力流入的回水量之和。

13.2.4 冷却水系统的设计应符合下列规定：

1 冷却水应循环使用。

2 冷却水系统应设置连续排污、除垢、防藻等措施。

3 冷却塔及冷却水池宜布置在散发腐蚀性气体及粉尘建筑物的上风侧。

4 冷却水泵入口宜设过滤装置。

13.3 压缩空气及氮气站

13.3.1 压缩空气系统的设计应符合下列规定：

1 压缩空气和氮气的用气负荷应根据平均负荷及最大负荷，计入管网损失和站房自耗气量及根据同时使用系数计算确定。

2 空气压缩机及后处理设备应设置备用机组。

3 空气压缩机的选型及压缩空气后处理工艺的选择应根据用气量和气体品质的要求确定。

4 设备瞬时用气量大于压缩空气站的供气量时，应在该设备附近设置专门的储气罐。

13.3.2 氮气系统的设计应符合下列规定：

1 氮气站宜和压缩空气站合并设置。

2 氮气制备宜采用变压吸附法或膜分离法。

3 制氮用压缩空气应满足制氮装置对气源的品质要求。

4 设备瞬时用气量大于氮气站的供气量时，应在该设备附近设置专门的储气罐。

13.3.3 冷却系统的设计应符合下列规定：

1 水冷式空压机的冷却水应满足空压机对水质的要求，冷却水应循环使用。

2 风冷式空压机的冷却排风应直接排至室外，并应自然补风。

14 环 境 保 护

14.1 一 般 规 定

14.1.1 粘胶纤维工厂环境保护设计应符合国家现行有关环境保护的规定。

14.1.2 生产过程中排出的废气、废水和固体废弃物应回收和综合利用，当不能回收和利用时，应进行无害化处理或处置。

14.1.3 执行本规范时，尚应执行现行国家标准《纺织工业企业环境保护设计规范》GB 50425 的有关规定。

14.2 废 气 处 理

14.2.1 生产过程及废水处理中产生的废气，必须进行收集处理，不得无组织排放。

14.2.2 不同浓度的废气应分别收集和处理，并符合下列规定：

1 黄化终了后的尾气回收二硫化碳后应有组织排放。

2 粘胶短纤维纺练生产线的纺丝塑化浴槽和给纤槽的高浓度废气宜先用冷凝法回收二硫化碳，回收后的尾气送废气处理站处理。

3 纺丝机、集束机和切断机排出的废气宜直接送废气处理站处理。

4 纺丝浴脱气收集的废气宜用燃烧法进行处理或直接送废气处理站处理。

14.2.3 废气处理站宜采用"碱洗＋活性炭吸附"工艺（CAP）、湿法硫酸工艺（WSA）、燃烧法或微生物生化处理等技术处理废气。

14.2.4 粘胶纤维工厂二硫化碳、硫化氢大气污染物最高允许排放限值，应符合现行国家标准《恶臭污染物排放标准》GB 14554 和《大气污染物综合排放标准》GB 16297 的有关规定。

14.2.5 废气处理工艺应能满足在开停车时的生产需要以及废气回收装置检修的需要。

14.3 废 水 处 理

14.3.1 污水处理厂中的值班室应设置在调节池、曝气吹脱池的最小频率风向的下风向,并与之保持防护距离。

14.3.2 调节池、曝气吹脱池设置的取样口应便于取样和关闭。

14.4 固体废弃物处理

14.4.1 原液车间产生的凝固粘胶块可作为碱性垃圾送到垃圾站,废碱纤维素宜掺入煤中燃烧。

14.4.2 纺练车间纺丝过程中产生的固体废弃物应收集到废料箱里,可作为酸性垃圾送到垃圾站;牵伸后的废丝应集中回收利用。

14.4.3 废水处理站脱水后的含锌污泥,宜掺入煤中燃烧或进行无害化处理。

14.5 绿 化

14.5.1 绿化设计应根据工厂的生产性质,结合厂址自然条件,因地制宜,合理安排绿化用地。

14.5.2 粘胶纤维工厂的绿化占地面积和绿化率应符合国家有关部门及当地有关部门制定的相关规定要求。

14.5.3 厂区内主要生产设施原液车间、酸站及纺练车间等四周应布置环形绿化带。

14.5.4 厂前区、生产管理区及主要出入口的绿化布置宜选择观赏性强、美化效果好的树种和花卉。

14.5.5 厂前区、生产管理区与生产区之间宜设置绿化隔离带。

15 安 全 卫 生

15.1 一 般 规 定

15.1.1 职业安全卫生设计应根据使用有毒有害化工料的特性,采取防爆防毒措施。

15.1.2 职业安全卫生设计除执行本规范外,尚应符合现行国家标准《纺织工业企业职业安全卫生设计规范》GB 50477 的有关规定。

15.2 安全防护措施

15.2.1 应选用先进的生产工艺和密闭性好的设备。

15.2.2 二硫化碳应采用水封和水压送料方式。

15.2.3 对散发二硫化碳、硫化氢等易燃、易爆有毒物料的设备和室内场所,应设置通排风或局部排风。现场空气中二硫化碳、硫化氢的含量应满足国家有关规定的要求。

15.2.4 易燃、易爆场所的设备必须防静电,设备必须可靠接地。

15.2.5 有酸碱的操作场所应设置紧急淋洗装置。

15.2.6 吊装口及楼面留洞应设防水堰及防护栏。

15.2.7 设备布置应留有安全疏散通道,工作场所应

设应急灯和安全通道应急灯。

15.2.8 贮罐和设备宜采用低压照明;黄化间、二硫化碳计量间的空间照明及机台照明应采用防爆设计,并应便于维修。

15.2.9 易发生事故、危及安全的设备、管道及场所,应按现行国家标准《安全标志及其使用导则》GB 2894 的有关规定设置安全标志和涂刷安全色。

15.2.10 黄化机的泄爆管管口不得直对人群集中区和主要交通道路。

15.2.11 硫酸罐区、烧碱罐区应设置事故围堰,罐区应配备必要的防护设备和用具。

15.3 职业卫生

15.3.1 应对工作场所的硫化氢和二硫化碳等有害物质的浓度进行检测,工厂工作点空气中有害物质最高允许浓度应符合表 15.3.1 的规定。

表 15.3.1 有害物质最高允许浓度

序号	有害物名称	最高允许浓度 MAC (mg/m³)	时间加权平均允许浓度 PC-TWA (mg/m³)	短时间接触允许浓度 PC-STEL (mg/m³)
1	二硫化碳	—	5	10
2	硫化氢	10	—	—

注:1 最高允许浓度 MAC 指工作地点在一个工作日内、任何时间均不应超过的有毒化学物质的浓度;
  2 时间加权平均容许浓度 PC-TWA 是以时间为权数规定的 8h 工作日、40h 工作周的平均容许接触浓度;
  3 短时间接触容许浓度 PC-STEL 是在遵守 PC-TWA 前提下容许短时间 15min 接触的浓度;
  4 工作场所指劳动者进行职业活动的全部地点;
  5 工作地点指劳动者从事职业活动或进行生产管理过程而经常或定时停留的地点。

15.3.2 工作场所的噪声值应符合表 15.3.2 的规定。

表 15.3.2 工作场所噪声职业接触限值

接触时间	接触限值 [dB(A)]	备注
5d/w,=8h/d	85	非稳态噪声计算 8h 等效声级
5d/w,≠8h/d	85	计算 8h 等效声级
≠ 5h/d	85	计算 40h 等效声级

15.3.3 噪声控制设计宜采用下列措施:

1 粘胶长丝工厂络筒间应选用噪声低的络筒机,同时在车间内采取吸音措施。

2 罗茨鼓风机宜在设备上加隔声装置,并应设置在独立的房间,厂房设计应采取吸音措施。

3 空气压缩机的吸气、排气管上应加装消声器。

4 宜采用低噪声的蒸汽喷射泵。
5 采用蒸汽管道直接加热工艺时,应采取降低噪声措施。

16 仓 储

16.1 一般规定

16.1.1 仓储的设置应满足生产均衡有序、防止损失、节约成本并兼顾留有发展余地的原则。
16.1.2 仓库的设置应满足方便生产、方便运输、靠近使用部门、减少搬运的要求。
16.1.3 库内和库区的搬运操作宜采用机械和管道运输方式。
16.1.4 仓储设施设计除执行本规范外,尚应符合现行国家标准《建筑设计防火规范》GB 50016 的要求。

16.2 原料与成品库

16.2.1 原料库宜有 15d~30d 生产用量的贮存能力。
16.2.2 短纤维工厂宜有 15d 产量的贮存能力,长丝工厂宜有 30d 产量的贮存能力。
16.2.3 原料与成品库的建筑面积可按下式计算:

$$S = \frac{Q \cdot T \cdot D}{d \cdot i \cdot n} \quad (16.2.3)$$

式中:S——仓库计算面积(m^2);
Q——原料、成品日需(产)量(t);
T——贮存周期(d);
D——每包(箱)原料或成品占用面积(m^2);
d——每包(箱)原料、成品重量(t);
i——面积利用系数,宜采用 0.5;
n——堆包层数,其取值范围可按表 16.2.3 确定。

表 16.2.3 物料堆包层数取值表

物料名称	n 的取值范围
棉浆粕	8~10
木浆粕	7~9
短纤维	6
长丝	4~6
元明粉	6~8

16.3 二硫化碳库

16.3.1 二硫化碳贮库应有 15d 生产用量的贮存能力。
16.3.2 二硫化碳压送水系统应设置压送水收集罐,回收二硫化碳,压送水宜循环使用。
16.3.3 二硫化碳的进料应设计量装置。
16.3.4 二硫化碳库区应采取下列防范措施:
1 二硫化碳贮罐宜放置水池中,装料不应超过贮罐高度的 3/4,并应采用水封面。
2 库区内的设施应采取避雷和接地措施。
3 二硫化碳库区必须设置防火围墙,并应按现行国家标准《消防安全标志》GB 13495 的有关规定设置标志。

16.4 酸、碱贮库

16.4.1 酸、碱宜采用固定顶储罐并相对集中存放,每种物料不应少于 2 个储罐,贮存量应满足沉淀周期的要求。应根据其特性和环境温度采取相应的保温措施。
16.4.2 酸、碱卸料及储罐区有害作业场所应设紧急淋洗装置。

16.5 其他规定

16.5.1 机物料库的贮存能力应根据采购周期和消耗定额设定;机物料宜集中存放,润滑油宜单独存放。
16.5.2 硫酸锌、助剂、油剂、双氧水及其他化学品宜靠近使用点存放,其贮存量宜根据采购周期和消耗定额设定。双氧水应放置在干燥、阴凉、通风的库房内,不得与易燃及还原剂类物质混存。

17 机修与仪电修

17.1 一般规定

17.1.1 粘胶纤维工厂宜设置机修、仪电修车间,规模应根据工厂规模、装备水平及外部协作条件等因素确定;有条件到附近进行维修的工厂可不另设维修车间。
17.1.2 机修、仪电维修设备应集中设置;电气、仪表维修车间宜与机械维修车间毗邻设置,但应避免与铸造、铆锻焊工段相邻。

17.2 厂房与设备

17.2.1 维修厂房的面积应根据维修设备配置确定。
17.2.2 设备配置应根据维修、加工任务的性质来确定。
17.2.3 设备布置应满足安全操作、采光要求,并应便于维修。
17.2.4 仪表维修应有良好的采光、防尘及防振等设施。
17.2.5 维修厂房宜单独设中央控制室监控装置及计算机元器件检修用维修间,并应配备相应的检测仪器。

17.3 其他规定

17.3.1 铆焊、钣金工段的氧气瓶、乙炔瓶贮存间宜独立设置，如设置在维修厂房内，应布置在靠外墙处，采用防火墙及不燃烧顶棚隔离，距明火或散发火花地点应大于30m。氧气瓶与乙炔瓶严禁同室存放。

17.3.2 电气试验室的高压区应设有固定或移动的栏杆和信号标志。

17.3.3 木工机床工作间、油漆间和电气维修的浸漆干燥及油处理间应设机械通风装置。

附录A 离心纺粘胶长丝主要原材料和公用工程消耗指标

表A 每吨离心纺粘胶长丝主要原材料和公用工程消耗指标

序号	名称	单位	指标
1	浆粕	kg	≤1050
2	烧碱	kg	≤730
3	硫酸	kg	≤1280
4	二硫化碳	kg	≤300
5	硫酸锌	kg	≤60
6	过滤水（含软化水）	m³	≤350
7	电	kW·h	≤6500
8	蒸汽：0.5MPa	kg	≤35000

注：1 浆粕甲种纤维素含量按95%计；
    2 烧碱含量按100%计；
    3 硫酸浓度按100%计；
    4 硫酸锌以100%七水硫酸锌计。

附录B 普通粘胶短纤维主要原材料和公用工程消耗指标

表B 每吨普通粘胶短纤维主要原材料和公用工程消耗指标

序号	名称	单位	指标
1	浆粕	kg	≤1030
2	烧碱	kg	≤580
3	硫酸	kg	≤780
4	二硫化碳	kg	≤160
5	硫酸锌	kg	≤25
6	工业水（含软化水）	m³	≤110

续表B

序号	名称	单位	指标
7	电	kW·h	≤1100
8	蒸汽：0.5MPa	kg	≤11000

注：消耗折算方法同本规范附录A的规定。

附录C 粘胶长丝生产工艺流程

C.0.1 粘胶制备工艺流程宜为浆粕→浸渍→压榨、粉碎→老成→黄化→粉碎（粗研磨）→溶解→匀化→换热→混合→中间存储→过滤→熟成→换热→脱泡→过滤→纺前存储→纺丝。

C.0.2 半连续离心纺丝、精练工艺流程宜为粘胶→计量泵→过滤器→喷丝头→纺丝浴→导丝辊→牵伸辊→凝固辊→去酸辊→漏斗→离心罐（丝饼）→压洗（水洗、脱硫、上油）→脱水→烘干→调湿→络筒→检验→分级包装。

C.0.3 连续纺丝工艺流程宜为粘胶→计量泵→过滤器→喷丝头→纺丝浴→导丝轮→水洗→上浆→烘干→卷绕→检验→分级包装。

C.0.4 酸站工艺流程应符合下列要求：

1 纺丝浴循环系统宜为由纺丝机返回的纺丝浴→脱气（废气去废气处理）→纺丝浴调配槽（加入硫酸、硫酸锌、纺丝浴助剂）→地下储槽→过滤→加热→纺丝浴高位槽→去纺丝。

2 硫酸钠回收系统宜为纺丝浴调配槽→蒸发→结晶（母液回调配槽）→焙烧→烘干→副产品元明粉。

附录D 粘胶短纤维生产工艺流程

D.0.1 原液车间的工艺流程宜为喂粕→浸渍→压榨→粉碎机→老成→称量→黄化→溶解→匀化→混合→过滤→脱泡→过滤→粘胶压送→去纺丝。

D.0.2 纺练车间的工艺流程宜为粘胶→计量泵→过滤器→喷丝头→纺丝浴→导丝辊→头道牵伸→塑化浴→二道牵伸→（水洗浴）→切断→精练→湿开棉→烘干→调湿→精开棉→打包。

D.0.3 短纤维工厂酸站工艺流程应符合下列规定：

1 纺丝浴循环系统可为由纺丝机返回的纺丝浴→脱气（废气去废气处理）→纺丝浴底槽→过滤→加热→纺丝浴混合槽（加入硫酸、硫酸锌、助剂）→纺丝浴高位槽→去纺丝。

2 硫酸钠回收系统可为：

　　　　　　┌→部分浓缩纺丝浴去纺丝浴混合槽
纺丝浴底槽→过滤→纺丝浴中间槽→蒸发→结晶（母液回混合槽）→焙烧→烘干→副产品元明粉

附录 E 粘胶纤维工厂火灾危险性类别

表 E 粘胶纤维工厂火灾危险性类别

生产部位		危险物	火灾危险性
主生产车间和设施	浸压粉、老成	浆粕、湿浆粕	丙
	称量	湿浆粕	戊
	黄化	二硫化碳	甲
	熟成	二硫化碳、粘胶	丁
	粘胶过滤	二硫化碳①	丙
	短纤维纺丝	硫化氢①	丙
	长丝连续纺丝	硫化氢、干的粘胶纤维①	丙
	长丝离心纺丝、短纤维精练	湿粘胶纤维	丁
	长丝丝饼洗涤、漂白	湿粘胶纤维	丁
	短纤维干燥、切断、打包，长丝丝饼干燥、络筒	干粘胶纤维	丙
	酸站	硫化氢①	丁
辅助生产设施及公用工程	化验室	化学试剂	丙
	物理检验室	纤维样品	丙
	电子信息系统机房	机柜、电源系统	丙
	变配电站 油浸变压器室	变压器油	丙
	变配电站 配电室	绝缘材料	丙
	压缩空气站 有油润滑压缩机	润滑油	丁
	压缩空气站 无油润滑压缩机	—	戊
	冷冻站 蒸汽型溴化锂吸收式制冷装置、其他制冷机	溴化锂等制冷剂②	戊
	热力站	蒸汽	戊
	循环冷却水站	冷却塔内湿填料	戊
	软化除盐水站	湿交换树脂	戊
	污水处理	湿填料	戊

注：① 相应危险物在空气中浓度应小于其爆炸下限的 10%；
② 如采用氨制冷，另按相关规范。

本规范用词说明

1 为便于在执行本规范条文时区别对待，对要求严格程度不同的用词说明如下：
  1) 表示很严格，非这样做不可的：
     正面词采用"必须"，反面词采用"严禁"；
  2) 表示严格，在正常情况下均应这样做的：
     正面词采用"应"，反面词采用"不应"或"不得"；
  3) 表示允许稍有选择，在条件许可时首先应这样做的：
     正面词采用"宜"，反面词采用"不宜"；
  4) 表示有选择，在一定条件下可以这样做的，采用"可"。

2 条文中指明应按其他有关标准执行的写法为："应符合……的规定"或"应按……执行"。

引用标准名录

《安全标志及其使用导则》GB 2894
《生活饮用水卫生标准》GB 5749
《防止静电事故通用导则》GB 12158
《消防安全标志》GB 13495
《恶臭污染物排放标准》GB 14554
《大气污染物综合排放标准》GB 16297
《建筑结构荷载规范》GB 50009
《混凝土结构设计规范》GB 50010
《建筑抗震设计规范》GB 50011
《室外给水设计规范》GB 50013
《室外排水设计规范》GB 50014
《建筑给水排水设计规范》GB 50015
《建筑设计防火规范》GB 50016
《采暖通风与空气调节设计规范》GB 50019
《工业企业采光设计标准》GB 50033
《建筑照明设计标准》GB 50034
《工业建筑防腐蚀设计规范》GB 50046
《工业循环冷却水处理设计规范》GB 50050
《供配电系统设计规范》GB 50052
《10kV 及以下变电所设计规范》GB 50053
《低压配电设计规范》GB 50054
《通用用电设备配电设计规范》GB 50055
《建筑物防雷设计规范》GB 50057
《爆炸和火灾危险环境电力装置设计规范》GB 50058
《35~110kV 变电所设计规范》GB 50059
《3~110kV 高压配电装置设计规范》GB 50060
《交流电气装置接地设计规范》GB 50065
《石油库设计规范》GB 50074
《自动喷水灭火系统设计规范》GB 50084
《工业循环水冷却设计规范》GB/T 50102
《工业用水软化除盐设计规范》GB/T 50109
《火灾自动报警系统设计规范》GB 50116
《高耸结构设计规范》GB 50135
《电子信息系统机房设计规范》GB 50174
《工业企业总平面设计规范》GB 50187
《构筑物抗震设计规范》GB 50191
《工业设备及管道绝热工程设计规范》GB 50264
《工业金属管道设计规范》GB 50316
《建筑物电子信息系统防雷技术规范》GB 50343
《纺织工业企业环境保护设计规范》GB 50425
《纺织工业企业职业安全卫生设计规范》GB 50477
《石油化工可燃气体和有毒气体检测报警设计规范》GB 50493

《纺织工程设计防火规范》GB 50565
《高层建筑混凝土结构技术规程》JGJ 3
《生活杂用水水质标准》CJ 25.1
《仪表系统接地设计规定》HG/T 20513
《钢制化工容器材料选用规定》HG 20581
《塑料设备》HG/T 20640

《玻璃钢化工设备设计规定》HG/T 20696
《石油化工塔型设备基础设计规范》SH 3030
《石油化工企业钢储罐地基与基础设计规范》SH 3068
《石油化工仪表接地设计规范》SH/T 3081
《石油化工静电接地设计规范》SH 3097

中华人民共和国国家标准

粘胶纤维工厂设计规范

GB 50620—2010

条 文 说 明

制 定 说 明

《粘胶纤维工厂设计规范》GB 50620—2010 经住房和城乡建设部 2010 年 8 月 18 日以第 732 号公告批准发布。

本规范制订过程中，编制组进行了国内典型粘胶长、短纤维工厂的调查研究，总结了我国五十多年来粘胶纤维工厂的设计成果，吸收了国外粘胶纤维生产的先进技术，在广泛征求意见的基础上，制订本规范。

为了便于广大设计、施工、科研、学校等单位有关人员在使用本规范时能正确理解和执行条文规定，编制组按章、节、条顺序编制了本规范的条文说明。对条文规定的目的、依据以及执行中需注意的有关事项进行了说明（还着重对强制性条文的强制性理由作了解释）。但是，本条文说明不具备与规范正文同等的法律效力，仅供使用者作为理解和把握规范规定的参考。

目 次

1 总则 ················ 7—41—28
2 术语 ················ 7—41—28
3 工艺设计 ············· 7—41—28
　3.1 一般规定 ·········· 7—41—28
　3.2 工艺 ············· 7—41—28
　3.3 设计规定 ·········· 7—41—29
　3.4 节水节能 ·········· 7—41—29
4 工艺设备 ············· 7—41—30
　4.1 一般规定 ·········· 7—41—30
　4.2 设备选择 ·········· 7—41—30
　4.3 设备布置 ·········· 7—41—30
5 管道 ················ 7—41—30
　5.1 一般规定 ·········· 7—41—30
　5.2 管道布置和选材 ····· 7—41—31
6 辅助生产设施 ········· 7—41—31
　6.1 一般规定 ·········· 7—41—31
　6.2 化验室、物理检验室 ·· 7—41—31
7 自动控制和仪表 ······· 7—41—31
　7.1 一般规定 ·········· 7—41—31
　7.2 控制水平 ·········· 7—41—31
　7.3 主要检测控制方案 ··· 7—41—32
　7.4 控制设备选型原则 ··· 7—41—32
　7.5 特殊仪表的选择 ····· 7—41—32
　7.6 仪表安全技术措施 ··· 7—41—32
8 电气 ················ 7—41—32
　8.1 一般规定 ·········· 7—41—32
　8.2 负荷分级及供电要求 ·· 7—41—32
　8.3 供配电系统 ········ 7—41—32
　8.4 照明 ············· 7—41—33
　8.5 防雷 ············· 7—41—33
　8.6 防静电、接地 ······· 7—41—33
　8.7 火灾自动报警系统 ··· 7—41—33
　8.8 爆炸和火灾危险环境的
　　　电气设计 ·········· 7—41—33
9 总图布置 ············· 7—41—33
　9.1 一般规定 ·········· 7—41—33
　9.2 总平面设计 ········ 7—41—33
　9.3 竖向设计 ·········· 7—41—33
　9.4 综合管线 ·········· 7—41—33
10 建筑、结构 ·········· 7—41—34
　10.1 一般规定 ········· 7—41—34
　10.2 生产车间和辅助设施 · 7—41—34
　10.3 建筑防火、防爆、防腐蚀 · 7—41—34
　10.4 结构形式和构造 ···· 7—41—34
11 给水排水 ············ 7—41—35
　11.1 给水 ············ 7—41—35
　11.2 排水 ············ 7—41—35
　11.3 消防给水 ········· 7—41—36
12 采暖、通风和空气调节 · 7—41—36
　12.1 一般规定 ········· 7—41—36
　12.2 采暖 ············ 7—41—36
　12.3 通风 ············ 7—41—36
　12.4 空气调节 ········· 7—41—36
　12.5 设备选型及其他规定 · 7—41—37
13 动力 ················ 7—41—37
　13.1 供热 ············ 7—41—37
　13.2 冷冻站 ··········· 7—41—37
　13.3 压缩空气及氮气站 ·· 7—41—38
14 环境保护 ············ 7—41—38
　14.1 一般规定 ········· 7—41—38
　14.2 废气处理 ········· 7—41—38
　14.3 废水处理 ········· 7—41—39
　14.4 固体废弃物处理 ···· 7—41—39
　14.5 绿化 ············ 7—41—39
15 安全卫生 ············ 7—41—39
　15.1 一般规定 ········· 7—41—39
　15.2 安全防护措施 ······ 7—41—39
　15.3 职业卫生 ········· 7—41—39
16 仓储 ················ 7—41—39
　16.1 一般规定 ········· 7—41—39
　16.2 原料与成品库 ······ 7—41—40
　16.3 二硫化碳库 ······· 7—41—40
　16.4 酸、碱贮库 ······· 7—41—40
　16.5 其他规定 ········· 7—41—40
17 机修与仪电修 ········ 7—41—40
　17.1 一般规定 ········· 7—41—40
　17.2 厂房与设备 ······· 7—41—40
　17.3 其他规定 ········· 7—41—41

1 总则

1.0.1 本条明确了本规范制定的目的和应遵循的基本原则。

1.0.2 本条规定了本规范的适用范围。

1.0.3 本条明确了在粘胶纤维工厂的工程设计中，应积极采用清洁生产工艺技术，节约资源和能源的要求。

1.0.4 本条规定了粘胶纤维工厂的总体设计要求。

1.0.5 本条说明本规范与国家现行的有关标准的关系。粘胶纤维工厂设计涉及多个专业，本规范都作了相应规定。对于本规范未作规定的，还应执行国家现行的有关标准、规范的规定。

2 术语

2.0.1 粘胶纤维是一类历史悠久、技术成熟、产量巨大、品种繁多、用途广泛的化学纤维。根据纤维的结构和性能的不同，粘胶纤维又分成以下品种，见图1。

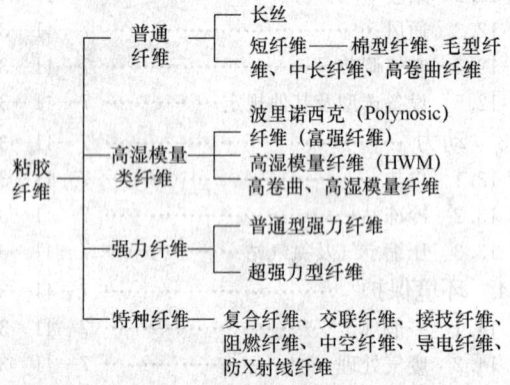

图1 粘胶纤维分类

2.0.2 浆粕根据加工方法不同，可分为化学浆和机械浆；根据来源不同，可分为棉浆粕、木浆粕、竹浆粕等；根据用途不同，可分为溶解浆和造纸浆。溶解浆是指用化学方法生产的精制的棉浆粕、木浆粕、竹浆粕等可用于粘胶纤维和纤维素衍生物生产的浆粕。机械浆用于纸张，如新闻纸的生产。

2.0.6 根据生产工艺不同，再生纤维素纤维又分为粘胶纤维（viscose fibre）、铜氨纤维（cuprene fibre）等。

2.0.8 根据用途的不同，粘胶短纤维可以制成不同的线密度和切断任意长度，但作为纺织上的用途，通常多制成棉型、毛型和中长型。

2.0.14 这部分尾气中二硫化碳含量超过了其爆炸下限的10%，应进行回收处理并有组织排放。

2.0.16 废气处理站处理的主要是有毒有害化学物质含量超过排放标准的气体，不包括已达标排放的气体及可直接排放的热、湿气体。

3 工艺设计

3.1 一般规定

3.1.1 由于在生产管理与组织上存在差异，每个工厂的年开工天数各不相同，用"t/a"作为表征工厂的能力单位较为科学。生产能力的操作弹性不宜太大，以保证各工序能力的平衡。同时，鉴于目前国内工厂生产的粘胶纤维线密度范围较广，统一计算能力用线密度有利于投资和工程经济的分析与比较。本规范设计计算能力用纤维线密度：长丝133.33dtex，短纤维1.67 dtex。

3.1.2 根据工信部2010年4月发布的有关行业准入条件规定，新建粘胶纤维长丝工厂的产能应大于或等于10000 t/a，新建粘胶短纤维工厂的产能应大于或等于80000t/a。

3.1.3 满足所处环境并保护厂房的要求。

3.1.4 有利于各种消耗的考核，提高管理水平。

3.1.5 由于粘胶纤维工厂使用有腐蚀性的硫酸和烧碱作原料的特点，目前多数厂家采用每月停机对生产设备进行维护保养，同时1a~2a则停产大中修一次，每次停产大中修的时间一般在20d~30d，故作此规定。

3.1.6 粘胶纤维生产的黄化工序使用易燃易爆的二硫化碳原料，设计中宜尽可能采取充氮或其他惰性气体等措施，以达到降低或消除黄化反应过程的不安全因素。

3.2 工艺

3.2.1 本条明确了工艺设计的基本原则。包括工艺流程确定的依据，生产过程物料衡算和热量衡算的依据，明确了物料衡算和热量衡算是工艺设备选型的基本依据。

3.2.2 粘胶纤维生产的工艺流程有不同的路线。如黄化有干法和湿法之分，原液的制备有间歇式和连续式之分，等等。工艺流程的选择应根据产品的品种、品质要求和原材料的来源等因素统筹考虑。

粘胶长丝生产制胶采用中低温老成、湿法黄化工艺技术，有利于提高粘胶质量，提供可纺性良好的粘胶。随着技术的进步，采用干法黄化制胶工艺的厂家已越来越多。

粘胶长丝的生产主要有离心法半连续纺（简称离心纺）工艺和连续法纺丝（简称连续纺）工艺。其特点是：离心纺工艺是将纤维的纺丝、后处理、烘干和络筒在不同的机台上完成，而连续纺则将半连续纺的丝饼压洗、上油、脱水、烘干、络筒等五道工序和纺丝一起集中在纺丝机上一步完成，工艺时间可缩短

90h；半连续纺丝机纺丝速度一般不到90m/min，丝饼重量为500g，而连续纺丝机纺丝速度可高达160m/min，单锭筒子重量可达10kg；离心纺工序多，流程长，主、辅设备台数多，占地面积和建筑面积大，用工人员多；离心纺车间相应送排风量大，水、电、汽能耗均比连续纺高。

连续纺丝机单机生产能力可比离心纺设备高3倍，成品卷绕重量增加5倍以上，成品质量均匀，适宜下游加工行业，可满足高速喷气织机织造高档丝绸产品。经统计，连续纺比离心纺劳动定员减少70%，每万吨规模占地节省约35%，吨丝生产成本下降约30%，产品结头、疵点、毛丝数量明显降低，质量远高于离心纺产品，深受下游无梭织机织物生产企业的欢迎。连续纺和离心纺相比，还有一个明显的优势是连续纺便于把纺丝过程中产生的有害气体按高浓度和低浓度分开排放。高浓度废气便于处理，可大大减轻对大气环境的污染。

3.2.3 工艺计算的基础是选定的生产工艺路线、物料平衡和能量平衡。工艺和设备的计算应遵循可靠性原则，设备的能力要考虑原材料的不同而有所变化，选用时还应兼顾生产能力弹性。所有选用的设备必须是经过生产检验或经试验验证的，设备的单机能力和运转系数也必须是经过实际生产验证或是经过有关试验验证过的，以保证计算的结果能满足项目设计能力的要求。

1 物料量数据应反映在基础设计文件中的工艺流程图（PFD）上。

2 能量平衡的计算结果应反映在设计文件中各种公用工程介质的流程图（UFD）上。

3 关于黄化机能力的计算，以往多数资料采用下列公式：

$$P_1 = \frac{\alpha_1(1+R)T}{H_3} \quad (1)$$

式中：P_1——每台黄化机年产纤维能力（t/a）；
α_1——每批黄化投甲种纤维素量（t/批）；
R——成品纤维标准回潮率，粘胶纤维取13%；
H_3——年生产时间（h/a）；
T——黄化周期（h）。

实际上由于粘胶纤维成品中含有1%~3%的半纤维素，用此公式计算会导致结果产生相应偏差。

关于纺丝速度，一般有喷丝头抽伸速度V_1和纺丝牵伸辊的卷绕出口速度V_2，通常计算纺丝产能使用卷绕出口速度V_2。

对不同的纺丝设备及纺丝工艺，其设备运转效率（η）和纤维总收缩率（K）有所不同，应采用经验数据或实测确定。

3.3 设 计 规 定

3.3.1 本条规定的目的是：

1 防止黄化机内气体逸入黄化间。

2 粘胶熟成对温度的要求严格，对空调的要求高，耗能大，通常熟成间需采用密封与保温措施，在此环境中，采用送排风措施是必要的，在通风与空气调节设计中，应充分考虑风的循环，降低能耗。

3 可采用过滤和（或）稀释离心分离回收，以降低原材料消耗。

4、5 黄化间是CS_2和H_2S有毒有害气体逸出可能性较大的部位，此两款均属安全上的考虑。

3.3.2 对于纺丝车间设计规定的目的：

1 防止有害气体外逸。

2 长丝纺丝过程对温、湿度有较严格的要求，同时纺丝车间的空间大，采取良好的保温措施有利于节能；由于纺丝间温度高（通常≥26℃），而粘胶的温度较低（≤20℃），在设计中采取有效的保温措施防止粘胶升温，对产品质量的稳定有非常重要的作用。

3 降低硫酸和硫酸锌等化工料消耗，减少锌离子排放。

4 过热水站应紧靠纺丝间布置，有利于满足工艺要求并节能。

5 防止有害气体外逸。

6 络筒机的机械噪声较大，应采用有效措施使其控制在职业卫生标准范围内。

7 采用组合喷头低速纺丝，既提高纺丝设备能力又可保证产品品质。

8 采用此种回收方法，可将高浓度废气量控制在较小范围，有利于后续处理。

9 提高洗涤效果，降低水耗。

10 使用机械脱水，最大限度节约能源。

3.3.3 对于酸站的设计规定的目的：

1 缩短管线，满足工艺和节能的要求。

2 兼顾生产稳定和尽可能少的设备投入的要求。

3 有利于提高纺丝浴的可纺性并有利于废气的收集和处理。

4 既满足生产要求又避免过度提升，节约能源。

3.4 节 水 节 能

3.4.1 本条明确了设计中节水节能的原则要求。在设计和生产中要认真贯彻国家能源政策，科学合理利用能源，使企业在最少的能耗下获得较大的经济效益。通过水的综合利用和热量回收利用，新建粘胶纤维工厂的水耗指标要达到或接近国际水平。粘胶长丝的单位水耗要达到350m³以下，粘胶短纤维的单位水耗要达到110m³以下。

3.4.2 优化工艺设计，采用成熟的连续化、短流程工艺是有效的节水节能措施。

3.4.3 设置计量和监控仪表，便于进行成本核算，及时了解能耗的变化并显示节能效果，有利于提高管理水平，提高节能效果。纺练的烘干机和酸站的蒸发装置耗用蒸汽量大，宜设单独的计量和控制仪表。

3.4.4～3.4.6 选用节能设备，合理布置设备并做好保温，是粘胶纤维工厂节能的有效措施。要坚决禁用国家明令禁止的高耗能机电设备。

4 工艺设备

4.1 一般规定

4.1.1 粘胶纤维生产具有工艺复杂、流程长的特点，工艺设备所占比例大，且目前没有统一定型的设备配备模式，其配置是否先进、高效、性能稳定、安全适用以及是否考虑到了各个车间、工序的能力平衡，对工厂的正常运行和效益有很大影响。

4.1.2 转动设备的效率和运行稳定性，对整个生产线运行的稳定性以及能源的消耗影响极大，选型时应对各项性能指标进行充分比较。

4.1.3 用于一般介质的输送设备，通常允许有一定的泄漏。对于输送易燃、易爆、有毒、腐蚀性物料的设备应考虑其防泄漏性能，正确的选型才能保证设备运行的安全性。对二硫化碳的输送，可采用高可靠屏蔽泵、磁力泵，或采用水压送料、氮气压送的方式；硫酸、烧碱等腐蚀性物料的输送可采用机械密封的离心泵。

4.1.4 粘胶纤维工厂的烘干机是较易起火的部位，因处理量大，使用温度较高，为防止引发火灾，设置着火监测装置和喷水或喷蒸汽等灭火设施是必要的。

4.1.5、4.1.6 条文明确了非标设备设计及选材的规定。

4.2 设备选择

4.2.1 本条规定了设备选型的原则。

在设计过程中，粘胶短纤维的工艺设备的选型可参照国际国内有影响的大型企业的成熟设备或经实验验证的先进设备选用，对于粘胶长丝工厂的工艺设备的选择宜选用定型设备，可参考表1执行。

表1 粘胶长丝主要工艺设备表

序号	设备名称	规格型号
1	喂粕机	R091A
2	浸渍桶	R022
3	辅助浸渍桶	R161B
4	压榨机	FYR055
5	粉碎机	R071
6	老成箱	LCX-0000
7	黄化机	R152A
8	后溶解机	R84

续表1

序号	设备名称	规格型号
9	研磨泵	CY-60，CY-40
10	混合机	ZHR164
11	预过滤机	R241D
12	一、二道过滤机	M123
13	脱泡塔	R236A
14	脱泡桶	R237C
15	三道过滤机	R241D，KKF
16	半连续纺丝机	R535B/72锭
17	连续纺丝机	TF2003
18	压洗机	M95/12 站位
19	脱水机	M67
20	烘干机	R611A
21	络筒机	R701G/112锭
22	真空结晶机	RD-1250
23	连续结晶机	LUR513

5 黄化机由于使用易燃易爆的二硫化碳作为反应物，选择符合压力容器设计、制造并带泄爆装置的设备是十分必要的。本款为强制性条款。

4.2.2 设备备台的原则是满足经济性和生产线整体效率。凡属生产过程需要停机维护、保养、清洗等操作的设备原则上应设置备台。粘胶短纤维工厂的丝束切断机工作环境条件苛刻，对产量、质量的影响极大，故按1:1备台。

4.3 设备布置

4.3.1 本条明确了设备布置应方便管理和兼顾节能、节水、方便维修等要求。

4.3.2 原液车间喂粕多布置在顶楼或较高楼层，采用电梯送料。留有足够的堆料场地及充裕的设备维护保养时间，对保证生产的均衡是十分必要的。

4.3.3、4.3.4 这两条属保证电气设备安全的需要。

4.3.5 有利于纺丝的供胶压力稳定。

4.3.6 由于二硫化碳的易燃易爆特性，采用敞开无围护结构更利于安全。

4.3.7 设计时应通过计算确定，液封桶的容积宜大于落液管正常工作时液柱的体积。纺丝浴落液高度应保证满负荷生产时的纺丝浴回流要求。

4.3.8 便于生产管理和质量控制。

4.3.9 可以避免物料的二次提升，有利于降低能耗。

5 管 道

5.1 一般规定

5.1.1 本条明确了工艺管道设计和其他专业管线应

统筹规划、合理安排的基本原则。
5.1.2 本条规定了管道设计的使用要求。
5.1.3 本条规定了管道管径确定的原则。
5.1.4 本条规定了易被流体堵塞管道管径选择的原则。
5.1.5 本条是为了保证二硫化碳管道的安全、正常运行。
5.1.6 本条规定了管架间距设置的原则。
5.1.7 本条明确了金属管道设计应执行的规范。
5.1.8 本条明确了管道绝热设计应执行的规范。
5.1.9 由于粘胶纤维工厂使用了易燃易爆及腐蚀性介质，因此在地震区使管道能承受地震引起的水平力不至于断裂，达到防止次级灾害发生的目的是十分必要的。

5.2 管道布置和选材

5.2.1 粘胶生产过程中，粘胶流体应保持在较严格的温度范围内，由于粘胶对温度的敏感性，在高温条件下极易过熟成甚至凝固，故在设计中作此规定。
5.2.2 粘胶流动性较差，粘度通常在 3.5Pa·s（帕斯卡×秒）以上，粘胶管道若有死角，粘胶容易老化凝固。
5.2.3 本条规定是为了避免能量的不当损失。
5.2.4 二硫化碳是一种甲 B 类可燃液体，易挥发，其沸点为46.5℃，闪点-30℃（闭杯），自燃温度 90℃，空气中爆炸极限：1%～60%（V/V），其蒸气与空气形成爆炸性混合物，遇明火、高热极易燃烧爆炸。液体对橡胶有溶胀能力。如紧邻热力管和电缆布置会产生很大的安全隐患，故本条为强制性条文。
5.2.5 二硫化碳管如布置在热力管上方，一旦二硫化碳泄漏，可能在热力管上产生明火；二硫化碳管如布置在电缆上方，若二硫化碳泄漏则对电缆产生破坏（如溶胀）甚至火险。为保证安全作此规定。
5.2.6 确保管道工作正常，防止输送有颗粒介质时堵塞管道。
5.2.7 本条的规定是以人为本，预防为主，为确保人员及设备安全所采取的防范性措施，故为强制性条文，应严格执行。
5.2.8 本条明确了粘胶纤维工厂常用介质的管材选用规定。实际使用时可根据具体情况经充分比较后选定。在某些工序介质的腐蚀性很强，如纺练车间的冲毛水、纺丝浴脱气系统中的含酸废气等，输送这些介质的管道宜采用高等级的不锈钢材质。

6 辅助生产设施

6.1 一般规定

6.1.1 辅助生产设施作为整个工厂的有机组成部分，对项目建成后的正常使用有极大关系，因此在工程设计时一并考虑，一起施工并同时投产使用。
6.1.2 本条明确了辅助生产设施的范围。对于内、外精密室的设计，应考虑非正常生产如停电时对各种组件（滤器与喷丝头）的处理和贮存能力；保全室尽可能单独设置，如设置在主厂房内，宜布置在一楼，但不宜紧靠烘干和打包，其设施应能满足主要设备的日常维护和保养之需。
6.1.3 辅助生产设施就近设置，便于管理和使用，以提高效率。

6.2 化验室、物理检验室

6.2.1、6.2.2 这两条规定了化验室和物理检验室的设计原则。具体可参照国家现行标准《粘胶厂化验物检室工艺设计技术规定（试行）》FJJ 111 的有关规定。
6.2.3 本条明确了化验室和物理检验室的仪器、设备的配备原则。随着我国分析仪器与设备制造水平的不断提高，宜优先选用先进、可靠、经济、适用的分析化验仪器和设备。
6.2.4 粘胶纤维生产所使用的分析仪器、设备大多是高精度的，应尽可能远离振动区和腐蚀性环境，以保证其正常工作。

7 自动控制和仪表

7.1 一般规定

7.1.1 本条说明了自动控制系统设计的目的。设计中，针对不同的控制对象，选用相适宜的控制设备和控制方案。
7.1.2 全厂仪表类似工况下尽量选型统一，有利于今后维护和备件供应。
7.1.3 仪表接触介质的材料选择应根据工艺介质的特性，选择相应的材料以及测量方法。
7.1.4、7.1.5 这两条明确了本规范与其他规范的关系。

7.2 控制水平

7.2.1 一般年产量 30000t 以上的短纤维生产线宜采用 DCS 控制模式，其他可采用 PLC 控制系统，当选用 PLC 控制系统时，应选择带 CPU、电源、网络冗余的 PLC 控制系统。
7.2.2 酸站的纺丝浴脱气、蒸发、结晶采用自动控制时，可以纳入 DCS 控制，碱站采用自动配碱时，可以纳入 DCS 控制。
7.2.3 其他相对独立的辅助生产车间指冷冻站、压缩空气及氮气站、软化除盐水站、净水站等车间。

7.3 主要检测控制方案

7.3.1 根据各类规模工厂的需要,确定哪些控制点需用记录存档,这些记录可以按班组、日、周、月等自动累积。采用历史趋势图,趋势记录采样周期从1s到24h,历史数据保存时间应大于3个月。

7.3.2 采用仪表盘控制时,调节器根据被测量介质的工艺控制要求,控制器宜选用智能调节仪,液位仪表宜选用带光柱显示的智能数字显示表。

7.4 控制设备选型原则

7.4.1 控制系统设计时,卡件配置必须有适当的余量,一般设计时按 DI、DO 点考虑 20% 计算余量,RTD、AI、AO 点考虑 15% 计算余量,系统投运后保证有 10% 余量。工程师站和操作员站正常工作是确保控制系统稳定运行的关键,应选用工业级计算机或服务器。小规模生产线指年产量短纤维 30000t 以下,长丝 3000t 以下规模。

7.4.2 仪表选型需符合国家现行的有关标准,同时根据工艺被测量介质的特性进行选型,仪表使用的材料、防腐蚀措施要符合工艺特点及车间环境对仪表的影响,一般所选型的仪表要在同类工厂有实际成功应用的先例。

对于不导电的 CS_2 流量测量,宜选用椭圆流量计,对于导电介质的流量计量,宜选用电磁流量计。

7.5 特殊仪表的选择

7.5.1 特殊仪表是指控制精度要求较高或介质特性对仪表影响较大的仪表,比如黄化机的进料阀门、CS_2 流量计等,这些仪表使用频率较高,仪表的精确度对生产的产品质量影响较大。

7.5.5 黄化车间属爆炸性气体 2 区,仪表选型用防爆型仪表,满足 Ex II c T5 等级要求。

7.6 仪表安全技术措施

7.6.4 采用 DCS 控制系统时,控制系统单独接地,接地电阻应小于或等于 1Ω。

8 电 气

8.1 一般规定

8.1.1 本条规定了电气设计的基本原则。

8.1.2 本条规定了电气设计中设备选型的原则。

8.2 负荷分级及供电要求

8.2.1 由于粘胶纤维生产按工艺要求属三班连续性生产,如果中断供电将会造成较大经济损失。原液车间的原液搅拌、输送等设备的用电设备停电时间较长时(数小时后),粘胶会老化甚至凝固;纺练车间的纺丝机突然停电,会使得纺丝中断、喷丝头堵塞。上述情况的发生后需较长时间才能恢复生产,且恢复生产的初期会产生废胶、废丝,给企业造成较大经济损失。

8.2.2 因停电对粘胶纤维工厂的影响是比较大的,故应由两回线路供电。只有当负荷较小或地区供电条件困难时,才允许由一回路 6kV 及以上的专用架空线路供电。这主要是考虑电缆发生故障后有时检查故障点和修复需要较长时间,而一般架空线路修复方便。当线路自供电配电所引出采用电缆线路时,应采用两根电缆组成的电缆线路,其每根电缆应能承受的二级负荷为 100%,且互为备用。

8.3 供配电系统

8.3.1 本条明确了自备电源设置的原则。

8.3.2 防止把应急电源当正常电源使用,确保应急电源能起到应急作用。本条为强制性条文。

8.3.3 将总变电所、总配电所建在靠近负荷中心位置,可以节省线材、降低电能损耗,提高低压质量。

8.3.4 为保证电源质量,粘胶纤维工厂的自动控制系统电源应由 UPS 供电。

8.3.5 用电企业需要的功率大,供电电压应相应提高;供电输送距离长,线路电压损失大,宜提高供电电压等级;供电线路的回路多,则每回路的送电容量相应减少,就可以降低供电电压等级。同时还要看用电企业所在地的电网提供什么电压方便和经济。所以供电电压的选择需要综合多方面的因素来决定。

8.3.6 为避免当车间内某一台变压器停止供电时,使数条生产线都受到影响;而同一生产线的各用电设备如由 2 台以上的变压器供电,则当其中任一变压器检修时,都将影响此生产线的生产。故作本条规定。

8.3.7 纺丝排风机、黄化系统(含黄化搅拌电机、黄化机排风机、黄化出料电机及黄酸酯溶解排风机)、长丝纺丝供胶泵属于二级负荷中较重要的负荷。当其中断供电,而粘胶纤维生产线上其他设备仍在运行,将使废气浓度增加、粘胶凝固,故应采用由车间内不同生产线或厂区内不同车间的变压器引双回路电源供电。

8.3.8 本条规定了无功功率补偿的基本原则。

8.3.9 对工厂非线性用电设备产生的谐波电流采取的措施:

1 减少谐波影响的技术措施有许多,如:加装交流滤波装置、加装串联电抗器、改善三相不平衡度、加装动态无功补偿装置、避免电力电容器组对谐波的放大、采用有源滤波器或无源滤波器等新型抑制谐波的措施。实际措施的选择要根据谐波达标的水平、效果、经济性和技术成熟度等综合比较后确定。

2 对 D,yn11 接线的变压器,三次及以上的高次谐波电流，在原边接成三角形的条件下，可在原边环流，有利于抑制高次谐波电流。

8.4 照 明

8.4.1 本条规定了粘胶纤维工厂各生产车间的照明要求，设计中可根据具体情况在保证操作要求的前提下，适度调整。

8.4.2、8.4.3 这两条明确了本规范与其他相关规范的关系。

8.5 防 雷

8.5.1 本条规定了粘胶纤维工厂厂内建筑物、构筑物及户外设备、架空管道的防雷分类、防雷措施及设计应执行的标准。

8.6 防静电、接地

8.6.1 本条明确了对可能产生静电危险的设备和管道应采取静电接地的措施，并规定了防静电设计应执行的标准。

8.6.2 粘胶纤维生产的黄化工序使用了易燃易爆的二硫化碳原料，设计中对此应采取必要的技术措施，最大限度消除事故发生的外部因素，满足安全生产需要。本条为强制性条文。

8.6.3 本条规定了DCS控制室的静电接地应执行的标准。

8.6.4 本条明确了电气装置的接地及接地装置设计应执行的标准。

8.7 火灾自动报警系统

8.7.1 本条规定了工厂内火灾自动报警系统设计应执行的标准。

8.7.2 粘胶纤维工厂的原液、纺练车间内有部分工序属于湿加工场所，没有火灾发生的危险，故在湿加工场所可不设置火灾探测器。但考虑到湿加工场所内人员的安全撤离和火灾报警的需要，故本条文规定：丙类车间内的湿加工场所应设置火灾报警按钮和警铃，其他场所应设置火灾探测器。

8.7.3 本条规定了火灾探测器选型的要求。

8.8 爆炸和火灾危险环境的电气设计

8.8.1 本条规定了爆炸性气体环境危险区域划分应执行的标准。

8.8.2 本条对爆炸和火灾危险环境电气设计应执行的标准进行了规定。

9 总图布置

9.1 一 般 规 定

9.1.1 目前各地方都根据城市总体规划要求设置了高新技术产业区或工业开发区，并配套了水、电、汽、消防、污水处理等公用设施，因此工厂的建设和厂址的选择应符合规划要求，并尽量利用已有的公用工程设施，与规划相协调，节约用地，节省建设投资，做到经济合理。

9.1.3 本条强调工厂总平面设计应通过多个方案的技术经济比较，选择经济合理的方案。

9.2 总平面设计

9.2.1 本条是粘胶纤维工厂的总平面设计的总体要求，即应根据工厂的近远期建设规模、生产工艺流程和用地范围进行布置，合理划分功能分区，做到功能分区明确、近远结合、紧凑合理。

9.2.2、9.2.3 这两条是根据现行国家标准《建筑设计防火规范》GB 50016和《工业企业总平面设计规范》GB 50187的有关规定制定的，是粘胶纤维工厂总平面设计要执行的。

9.2.4 总平面设计中近期工程合理布置后同时应考虑远期工程，在厂区外留有发展余地，明确发展方向，但避免多占或早占土地，使今后土地使用上有灵活性。

9.2.5 本条是粘胶纤维工厂主要生产设施、公用工程设施和生产辅助设施在布置中要执行的相关规定，目的是使工厂在生产过程中节约能源和生产成本。

9.2.6 本条是粘胶纤维工厂贮罐区布置中要执行的相关规定。本条规定既考虑了生产、运输要求，也考虑了罐区泄漏和防止火灾发生等安全要求。

9.2.7 本条是粘胶纤维工厂中原料库、成品库及全厂性的公用仓库及堆场的布置要求。

9.2.8 生产行政管理设施及生活服务设施是工厂人流较多的地方，应布置在便于管理、环境较好及便于人流出入的位置，并尽可能靠近区域规划道路。

9.2.9 厂区道路除特殊情况外一般采用城市型道路。考虑现在的运输车辆载重量大，车体尺寸也有加大，因此单行车道宽不应小于4m，主干道、次干道宽不宜小于6m，道路转弯半径也相应加大。

9.3 竖 向 设 计

9.3.1～9.3.5 这几条规定与现行国家标准《工业企业总平面设计规范》GB 50187中的有关规定相同，粘胶纤维工厂竖向设计要认真执行，如遇特殊场地应按现行国家标准《工业企业总平面设计规范》GB 50187的相关规定设计。

9.4 综合管线

9.4.1～9.4.3 这几条规定与现行国家标准《工业企业总平面设计规范》GB 50187中的有关条文相似，粘胶纤维工厂的综合管线设计除按本条执行外，还应执行现行国家标准《工业企业总平面设计规范》GB

50187 中的有关规定。

9.4.4 二硫化碳管线在粘胶纤维工厂属安全要求较高的管线，易燃、易爆，布置时要特别慎重，与其他建（构）筑物应保持一定的防护距离，减少火灾隐患。本条为强制性条文。

9.4.5 二硫化碳管线和纺丝浴、碱液管线在粘胶纤维工厂一般均采用高架式布置，除使用自身管架外，均不得利用其他建（构）筑物作支撑，二硫化碳属易燃、易爆介质，硫酸、烧碱均属腐蚀性介质。

10 建筑、结构

10.1 一般规定

10.1.1 本条规定明确强调粘胶纤维工厂厂房在满足工艺生产要求的基础上，建筑、结构设计除执行本规定外，还应符合现行国家标准《建筑抗震设计规范》GB 50011 和《构筑物抗震设计规范》GB 50191 等有关规范的规定。

10.1.2 本条为粘胶纤维工厂厂房设计的一般规定。

10.1.3 粘胶纤维工厂厂房设计在满足工艺生产要求的基础上，其内部的采光、通风及卫生设施的配备按现行国家标准《工业企业采光设计标准》GB 50033 和《纺织工业企业职业安全卫生设计规范》GB 50477 的有关规定执行。

10.1.4 粘胶纤维工厂厂房中部分生产设备荷载较大，在厂房的结构设计中要考虑设备的安装及搬运要求，要估算安装及搬运过程中超负荷的影响，应对该部位结构构件进行核算，以保证整个厂房的结构安全。

10.1.5 本条为粘胶纤维工厂厂房设计的一般规定。

10.2 生产车间和辅助设施

10.2.1 主要生产车间为原液车间、纺练车间及酸站；原液车间与纺练车间之间宜设连廊，供生产联系和布置管理用房。主要辅助设施为成品库、原料仓库、酸碱贮库、二硫化碳贮库、排气筒及排风机房、冷冻站、压缩空气及氮气站、高压配电室、循环冷却水站、软化除盐水站、污水处理站、废气处理站、热力站、机修车间、仪电修车间及供水设施等，可单独设置，根据情况也可合并设置，如冷冻站与压缩空气和氮气站。

10.2.2 寒冷地区包括兰州、太原、唐山、阿坝、喀什、北京、天津、大连、阳泉、平凉、石家庄、德州、晋城、西安、拉萨、康定、济南、青岛、安阳、郑州、洛阳、宝鸡、徐州；严寒地区包括长春、乌鲁木齐、延吉、通辽、通化、四平、呼和浩特、抚顺、大柴旦、沈阳、大同、本溪、阜新、哈密、鞍山、张家口、酒泉、伊宁、吐鲁番、西宁、银川、丹东、海伦、博克图、伊春、呼玛、海拉尔、满洲里、齐齐哈尔、富锦、哈尔滨、牡丹江、克拉玛依、佳木斯、安达。

10.2.3～10.2.5 这几条为粘胶纤维工厂厂房设计的具体规定。

10.2.6 穿越楼面的设备安装孔，待设备安装完毕后，视安装孔的实际情况，应对空隙部分进行封堵或设置安全保护措施。

10.2.7 本条规定是为了节能，并满足生产工艺要求。

10.3 建筑防火、防爆、防腐蚀

10.3.2 本条为粘胶纤维工厂设计中较重要的一条规定。粘胶纤维工厂的主要生产厂房多为钢筋混凝土框架结构多层厂房或高层厂房，厂房的耐火等级、层数及安全疏散等应按现行国家标准《建筑设计防火规范》GB 50016 和《纺织工程设计防火规范》GB 50565 的有关规定执行。

10.3.3 本条规定了大面积的厂房内有不同火灾危险性类别的工序应采用防火墙隔开，减少火灾发生时对相邻工序的危害。在防爆区域内如发生火灾极易引起爆炸，在该区域内用于分隔防火分区的防火墙采用有防爆作用的防护墙则可减轻因火灾发生时引起爆炸的损失。

10.3.4 本条规定是为了尽可能减少无爆炸危险的生产车间（含附房）因贴邻布置有爆炸危险的生产车间发生事故时造成较大的损失，同时保证人员安全疏散。在与有爆炸危险车间相贴邻的防护墙上开门时应设置门斗，设置门斗可减少车间内有害气体串通，同时在爆炸时也可减轻冲击波对另一车间的危害。

10.3.5、10.3.6 这两条是根据现行国家标准《建筑设计防火规范》GB 50016 的有关规定制定的。

10.3.7 粘胶纤维工厂的主要生产车间有大部分厂房会有酸性或碱性腐蚀性介质作用，因此厂房的防腐是非常重要的。生产厂房及构筑物的建筑防腐应按现行国家标准《工业建筑防腐蚀设计规范》GB 50046 的有关规定执行。

10.3.9 本条为粘胶纤维工厂厂房及构筑物的基础防腐蚀设计的一般规定，其他不详尽的部分按现行国家标准《工业建筑防腐蚀设计规范》GB 50046 的有关规定执行。

10.4 结构形式和构造

10.4.1 工厂对结构使用的耐久性和防腐蚀性有一定要求。考虑到钢筋混凝土结构在经济性和使用性的两方面特点，工厂的主要生产车间均宜采用钢筋混凝土结构。现浇式钢筋混凝土框架结构，由于其空间整体性的优点，抵抗爆炸冲击波的能力较强。当生产厂房发生局部性的爆炸时，涉及厂房的整体毁坏和瞬间倒

塌的可能性较小。因此，为考虑现场操作人员的事故逃生和争取消防救援的空间和时间，对在生产操作中有爆炸危险的厂房，建议优先选择现浇式钢筋混凝土框架结构。

11 给水排水

11.1 给 水

11.1.1 本条是给水设计的一般规定。

1 本款阐明粘胶纤维工厂给水设计的目的及基本要求。

2 为合理使用建设资金，工厂给水工程设计应该统筹规划，做到近远期结合，同时强调水资源的节约和综合、重复利用。

3 给水系统划分的合理与否对工厂给水系统的设计及造价有重大影响，一般粘胶纤维工厂采用分质给水系统，消防给水则采用分压供水。

4 规定了工厂设计总用水量的组成内容，并明确了各组成所包含的具体内容。

5 给水重复使用率为重复使用水量和总用水量的比值，本条规定粘胶纤维工厂的给水重复使用率不应低于85%，使得粘胶工厂的工业用水重复利用率达到纺织行业的先进水平，对于工厂的节约用水有重要意义。粘胶纤维工厂是耗水量较大的工厂，目前国内老粘胶纤维工厂大多靠近水源建厂，用水较为粗放，重复使用率较低。根据多年的设计经验，对于新建的粘胶纤维工厂只要做好酸站、原液车间、纺练车间及冷冻站的工业冷却水的循环利用工作，整个工厂的给水重复使用率不会低于85%。

6 本款规定了给水系统供水水量和水压的确定方法。

7 进入生产车间的各种给水系统管道上设置计量仪表，便于做好生产车间的核算和管理，对于做好全厂各个生产车间的节水是十分重要的。

8 明确工厂各种给水系统的水质要求。

11.1.2 对于工业用水给水系统的设计：

1 工厂工业用水耗水量大且水质要求比城市供水要低，有条件的企业宜优先考虑建设自备水厂，以节约生产成本。

2 本款的具体要求见现行国家标准《建筑给水排水设计规范》GB 50015—2003 第 3.2 节的规定。

3 工厂工业用水给水管道和城市给水管道有所不同，《建筑给排水设计规范》GB 50015—2003 第 3.2.5 条的规定不适合粘胶纤维工厂普通生产用水给水管道。

4 本款明确了自备水厂的设计应遵循规范要求，同时为避免影响产品质量，自备水厂供应的普通生产用水不需要加氯消毒。

11.1.3 对于生活给水系统的设计：

1 本款规定了工厂生活用水的水质要求。将生活饮用水和生活杂用水做了区分。

2 本款规定了工厂生活总用水量和水压的确定方法。

3 城市给水管道供水水质比较有保障，工厂应优先考虑将城市给水管道作为生活用水水源，做出上述规定是为了杜绝一些老厂直接将生产用水用作生活用水的做法，确保工厂厂区生活饮用水的水质达标。

4 工厂生活杂用水主要包括厕所便器冲洗、厂区绿化、洗车、车间地面冲洗、扫除等用水，宜与生产用水采用同一水源，同一管网可节约投资和成本。

11.1.4 对于软化除盐给水系统的设计：

1 本款明确了粘胶纤维工厂的软化除盐系统设计应遵循的通用规范。

2 芒硝是粘胶纤维生产的副产品，采用芒硝作为树脂的再生剂更加经济和便利。再生剂的浓度、耗量及树脂交换容量的参数是根据目前大多数粘胶纤维工厂的实际运行情况，并参照《给排水设计手册》第四册的有关内容确定的。再生液浓度为：3%~5%，再生剂耗量为：97g/N~120g/N，树脂的工作交换容积为：$500 N/m^3 \sim 700 N/m^3$。

11.1.5 对于工业循环冷却水给水系统的设计：

1 本款明确了生产循环冷却水系统设计应遵循的通用规范。

2 工业循环冷却水给水系统合理的高程、流程布置对于系统的设计至关重要，合理的高程、流程布置可以节约投资和占地，节约大量的能源。粘胶纤维工厂包括酸站、原液、纺练车间及冷冻站等各个车间的工业循环水系统均可采用一次提升的循环工艺。

3 因酸站循环冷却水给水系统在运行中容易混入少量的酸性物质，选用耐腐蚀的设备能保障系统的安全运行。

4 工厂主车间地面冲洗用水较多，将部分工业循环冷却水用于冲洗地面，同时把原用于冲洗地面的工业用水补充到工业循环冷却水系统，不但可以减少总耗水量，而且可以提高工业循环冷却水的水质，减少工业循环冷却水处理的设施。

11.2 排 水

11.2.1 本条是排水设计的一般规定。

1 本款阐明工厂排水设计的总体要求。

2 工厂排水系统采用分流制，做到清污分流，对于后续的废水处理有重要意义。

3 本款明确了工厂排水设计还应符合国家现行的其他有关规范的要求。

11.2.2 本条明确了工厂生产污水的设计排水量、清净废水和雨水排水系统设计流量及生活污水排水系统设计流量的计算方法。

11.2.3 工厂生活污水通过化粪池预处理后可以直接进入污水处理厂的生化段进行处理。

11.2.4 采用酸沟、碱沟排放生产的酸、碱废水是国内粘胶行业的常规做法，现在有些新建的工厂也有采用耐腐蚀的非金属管道排放生产酸、碱废水的做法，对此规定排水检查井的间距。

11.2.5 酸站循环冷却水系统在运行期间可能会带入少量的酸性物质，故排出的废水宜排入污水处理厂。

11.3 消防给水

11.3.1 本条明确了工厂的消防设计应遵循的通用规范。

11.3.2 工厂一般均有自备的加压泵站，且生产用水量远大于消防用水量，只要在自备加压泵站的设计时考虑同时满足生产用水和建筑室外消防及低层建筑的室内消防用水量和水压的要求，就可以将厂区内各建筑的室外消防给水及低层建筑的室内消防给水和厂区生产用水合并为同一管网，从而简化系统，节约投资。

11.3.3 只要工厂在同一时间内的火灾次数为1次，厂区的多个高层工业建筑就能共用同一个临时高压制或稳高压制室内消火栓系统，包括消防水池和消火栓泵，便于统一管理，并能节约消防系统的投资。

11.3.4 只要工厂在同一时间内的火灾次数为1次，厂区的多个自动喷水系统设置点就能共用同一个临时高压制或稳高压制自动喷水给水系统，包括消防水池和喷淋泵，便于统一管理，并能节约消防系统的投资。

11.3.5 本条在现行国家标准《建筑设计防火规范》GB 50016 的有关条文说明中有论述，因粘胶纤维工厂主车间为高层工业建筑，且体积较大，采用稳高压系统不但可以快速反应，而且省去远距离启动消防水泵的按钮，可以节约消防系统的投资。

11.3.6 因为稳高压室内消火栓管网上接出非消防用水管道会造成系统因非消防原因泄压，而使消防主泵误动作，故做此规定。本条为强制性条文。

12 采暖、通风和空气调节

12.1 一般规定

12.1.1 本条规定了采暖、通风和空气调节设计方案确定应遵循的基本原则。

12.1.2 本条明确了本规范与其他相关规范的关系。

12.1.3 本条明确了工厂室内空气计算参数确定的原则。

12.2 采 暖

12.2.1 宜设置集中采暖的地区有：北京、天津、河北、山西、内蒙古、辽宁、吉林、黑龙江、山东、西藏、青海、宁夏、新疆等 13 个省、市、自治区的全部，河南（许昌以北）、陕西（西安以北）、甘肃（天水以北）等省的大部分，以及江苏（淮阴以北）、安徽（宿县以北）、四川（川西以北）等省的小部分，此外还有某些省的高寒山区，如贵州的威宁、云南的中甸等，其全部面积约占全国陆地面积的 70%。

12.2.2 热水和蒸汽是目前工厂采暖系统最常用的两种热媒。热水采暖和蒸汽采暖比较，具有节能、安全、卫生、技术经济效果好等优点。但目前工厂生产主要热源是以高压蒸汽为主，为了简化系统并节省投资，在不违反卫生、技术和节能的前提下，可采用蒸汽作热媒。为节约能源和提高能源综合利用率，提倡优先采用生产过程中产生的余热作为采暖热媒。

12.2.4 本条规定是为了在满足生产的条件下，降低采暖成本。

12.2.5、12.2.6 这两条规定是为了满足设备（施）和人身安全的要求。

12.3 通 风

12.3.1 本条规定了工厂通风设计采用的基本原则。

12.3.2 本条规定了排风系统的设计原则，特别强调按风量大小和有害气体浓度的高、低分成两种排风系统，即排风量小、有害气体浓度高的风量经回收装置回收处理之后达标排放；排风量大、有害气体浓度低的风量通过排气筒（塔）高空稀释达标排放，其重点在于考虑处理有害气体的可行性，包括一次投资和运行成本的影响等；同时明确了排风设计的安全性及设备运行可靠性的要求。

排气筒（塔）的外形尽可能满足美学要求。排气筒（塔）一般有大量冷凝水，应设排凝装置并接入废水系统。

12.3.3 本条规定是为了兼顾经济和安全卫生的要求。

12.3.4 此部分的室内空气含有逸出的有害气体，严禁使用，以保证室内空气质量符合职业卫生标准的要求。本条为强制性条文。

12.3.5 设置事故排风装置是为了保证在黄化机非正常工作时间内的有害气体不会逸出。

12.3.6 此条的规定在于保证在该区域的有害气体能全部有组织排放，不逸出，满足职业安全卫生要求。

12.3.7、12.3.8 这两条规定是为了满足管道正常运行的需要。

12.4 空气调节

12.4.1 本条规定了粘胶纤维工厂空气调节设计的原则，要满足安全卫生和经济性要求。凡满足室内空调要求的室外新风宜直接引入室内；有劳动保护需要的工序，夏季岗位送风采用蒸发冷却降温，目的是节约能源。

12.4.2 化学分析室、物理检验室、DCS控制室和变频器室等设置有大量精密仪器和电气设备，采用有效方式使空气质量满足这些仪器与设备的环境要求是必要的。如采用吸附或化学处理方式，宜选用专业厂家的设备。

12.5 设备选择及其他规定

12.5.1 本条明确了粘胶纤维工厂通风与空气调节设计主要设备选择的原则。

12.5.2 本条规定了工厂通风、空气调节系统的风管满足工厂存在易燃、易爆及腐蚀性气体环境的特殊性要求。

12.5.3～12.5.5 这几条条文明确了送、排风系统防火安全的具体措施。

13 动　力

13.1 供　热

13.1.1 本条明确了供热系统的设计规定：

1 小时平均负荷和小时最大负荷用于不同的计算目的，如最大负荷用于计算支管管径，平均负荷用于设备选型计算。

2 近年来，直埋管道的应用越来越多，但考虑到生产区的管道种类及数量较多，厂区设置外管架是不可避免的，且地上敷设有自身的优点，故本条仍规定地上敷设，但应避开各种不安全环境。

3 本条参考现行行业标准《城市热力网设计规范》CJJ 34中供热管道设计流量的计算规定，但考虑粘胶厂的工艺热负荷较稳定，故同时使用系数应有所不同，可考虑按以下规定：

1）干管：0.70～0.90；

2）支管：0.85～1.00。

4 当采用蒸汽或热水制冷时，夏季热负荷可能比冬季大，此时应分别计算冬、夏季的热负荷，取较大值作为管道设计流量。

13.1.2 关于热力站的设计：

1 根据用汽参数设分汽缸，进汽主管和出汽的分支管上装设阀门，以便于运行管理。

2 根据不同的用汽参数分别设置分支管、减温减压装置，便于运行管理，一般减温减压装置都独立配备了安全阀，其排汽管应单独接至室外。

3 考虑生产用汽不允许中断，所以应设备用。

4 主要考虑蒸汽凝结水回收利用的情况确定，当凝结水回收至锅炉再次使用时，应满足工业锅炉给水（溶解氧要求除外）水质要求。

5 因减温减压器一般要求减温水的压力较高，

不能满足要求时，必须进行二次加压，考虑生产用汽不允许中断，所以应设备用泵。

13.2 冷冻站

13.2.1 关于制冷机房的设置：

1 本款规定主要是降低值班室的噪声，改善值班条件。为确保紧急情况时人员安全，应设置直接外开的门。

2 可以有效减小制冷机房的噪声。

3 方便检修。

13.2.2 关于制冷参数及机组配备：

1 明确冷负荷的性质种类，便于冷量计算、系统的划分及设置。

2 粘胶纤维工厂中，不同的工艺流程其用冷的温度也不相同，例如粘胶长丝工艺用冷常使用−8℃盐水，粘胶短纤维工艺用冷常使用0.5℃碱水或乙二醇等，所以制冷参数应根据工艺要求确定。

3 空调用冷的制冷参数、使用时间与工艺用相差较大，宜单设系统。

4 冷粘胶纤维的生产是个连续过程，为确保工艺用冷不间断，系统应设备用机组。

5 生产用汽在夏季最少，而此时正是用冷量最大的季节，溴化锂机组除可减少冷冻站的电耗外，也有利于冬夏季的汽平衡。

13.2.3 关于冷水（载冷剂）系统的设计：

1 载冷剂的种类较多，物理、化学性能差异大，选择时除应考虑满足工艺要求外，还应考虑其对工艺设备和管道的腐蚀性。使用腐蚀性较大的载冷剂时，应加缓蚀剂。

2 水泵常年运转，事故频率较高，为确保工艺用冷，应设备台；空调用冷允许短时中断，故不设备台，设置2台以上的水泵，1台出故障时仍可满足一半以上的空调负荷。

3 粘胶工厂的冷水管路较大且复杂，采用开式系统易平衡各环路的阻力；冷冻站距厂房有一定距离，采用闭式系统其膨胀水箱需设在系统最高点，即要放在厂房屋顶，但离水泵吸入口太远，难以满足要求。

4 便于操作人员随时检查载冷剂溶液的浓度，及时补充、调配溶液，以防溶液结冻。

5 冷冻站离车间较远时，室外管网内的冷水（载冷剂）量较多，有必要对回水池的容积进行计算。

13.2.4 关于冷却水系统的设计：

1 粘胶工厂的冷冻站规模大，冷却水量大，为节约用水，冷却水应循环使用。

2 为保证冷却水的水质作本款规定。

3 冷却塔及冷却水池的总图位置应尽量避免外部环境对水质的污染。

4 空气中的灰尘容易进入冷却塔的水中，设置过滤装置可以防止水中的杂质进入制冷机组。

13.3 压缩空气及氮气站

13.3.1 关于压缩空气系统的设计：

1 用气平均负荷和最大负荷，用于不同的计算目的，如最大负荷用于计算支管管径，平均负荷用于设备选型计算，同时要考虑站房的自耗气量和管网损失。

2 为保障工艺生产连续用气，设置备用机组。

3 压缩空气的品质取决于空气压缩机的类型及压缩空气后处理工艺，所以应根据所需气体的品质来确定机组及后处理工艺的选择。

4 主要目的是为了减少瞬时用气对管网的冲击。

13.3.2 关于氮气系统的设计：

1 就目前运行的多个粘胶纤维工厂来看，压缩空气及氮气制备设在同一站房内的较多，氮气属惰性气体，放在同一建筑物内便于配管。

2 粘胶工厂的氮气用量较小，现行的变压吸附法和膜分离法技术也日益成熟，比较适合小流量的氮气制备。

3 变压吸附法和膜分离法制氮设备中的高分子聚合膜和分子筛对气体中的杂质、油分极为敏感，本款规定是为了保护高分子聚合膜或分子筛，延长机组的使用寿命。

4 主要目的是为了减少瞬时用气对管网的冲击。

13.3.3 关于冷却系统的设计：

1 为节约用水，冷却水应循环使用，实际工程中常与冷冻站的冷却水系统合并设置。

2 风冷式空压机排出的热空气应排至室外，足够的进风面积使冷却空气形成良好的循环。

14 环境保护

14.1 一般规定

14.1.1 本条规定了粘胶纤维工厂环境保护设计应符合相关法律、法规的原则。

14.1.2 对粘胶纤维生产过程中排出的"三废"（废气、废水和固体废弃物）进行回收、综合利用和治理，降低原材料的消耗以降低生产成本并确保清洁生产，是粘胶纤维工厂设计时应考虑的重要课题，也是粘胶纤维工厂投产后努力的方向。

14.1.3 本条明确了本规范与其他规范的关系。

14.2 废气处理

14.2.1 本条明确了粘胶纤维工厂废气处理的原则要求，是强制性条文，必须严格执行。

粘胶纤维工厂的废气中主要含有硫化氢和二硫化碳混合气体，均为有毒有害物质。其在工厂不同地点的含量范围在 0～10000ppm 之间，其中高难度主要在设备内；对未超过排放标准的低浓度废气，通常有组织排放；对高浓度废气进行收集处理，达标后排放。

14.2.2 本条明确了根据不同废气浓度、组成进行分别处理的原则和方法。采用分浓度处理的方法，可以提高处理效率，降低投资和运行成本。

14.2.3 本条明确了目前成熟的废气处理工艺与技术，即：

1 用"碱液处理＋活性炭吸附法"回收硫氢化钠和回收液态二硫化碳。

废气收集后，送入碱处理器，用氢氧化钠水溶液与废气中的硫化氢气体反应生成硫氢化钠（NaHS）水溶液，当硫氢化钠浓度达到限值时送专门装置回收硫化钠。当经碱处理后废气中的硫化氢气体含量降低到活性炭吸附所允许的浓度时，送往并联工作的活性炭吸附器，用活性炭吸附余气中的二硫化炭。当某一活性炭吸附器达到饱和后，该吸附器即转入下一操作程序，用蒸汽解吸并冷凝成液态二硫化碳再用于生产。解吸后的吸附器经冷却后重新投入吸附操作。

2 湿法硫酸工艺处理技术（WSA）。

含有二硫化碳和硫化氢的废气送入燃烧炉燃烧，氧化生成二氧化硫，再在催化反应器中转化为三氧化硫气体，三氧化硫气体在冷膜冷凝器中被空气冷却，产生浓度为 96%～98% 的硫酸。该技术可以添加硫磺燃烧以增加二氧化硫的含量，提高硫酸的浓度和产量；低浓度废气也可作为燃烧空气回收利用；所有的反应热量被回收产生中压或高压过热蒸汽。

3 用燃烧法处理废气生成亚硫酸钠。

将含有高浓度的二硫化碳和硫化氢气体送入燃烧炉燃烧，生成二氧化硫气体，然后在反应塔中用氢氧化钠水溶液喷淋，生成亚硫酸钠（Na_2SO_3）水溶液，可供粘胶短纤维精练的脱硫使用。

4 微生物生化处理技术。

将低浓度废气通过装有多层微生物填料层的洗气塔，由于微生物的催化作用，使二硫化碳和硫化氢气体引发氧化反应，生成稀硫酸。微生物仅起催化剂的作用，不参与任何化学反应。其特点是：为保证微生物正常工作，需要定时定量地向微生物提供营养液；但由于二硫化碳和硫化氢的含量较低，反应所得的稀硫酸浓度也很低，无回收利用价值，需用碱中和后排放。

14.2.4 本条明确了粘胶纤维工厂二硫化碳、硫化氢大气污染物的最高允许排放限值。

14.2.5 粘胶纤维工厂的生产存在着一定的不均衡性，废气处理工厂设计的处理能力应有较强的适应性，确保任何时候对送入废气处理工厂的废气进行必要处理，当废气量和浓度发生波动时，应仍能保持正常运转操作。设备宜配备多机台，在维修时交替使用。

14.3 废水处理

14.3.1 值班室设置在调节池、曝气吹脱池的最小频率风向的下风向，有利于保持适宜的工作环境，应尽可能保持12m的防护距离。

14.3.2 取样口便于取样和关闭可以减少有害气体的散发。

14.4 固体废弃物处理

14.4.1～14.4.3 这几条条文明确了粘胶纤维工厂固体废弃物处理的基本措施。在正常生产时，生产线会产生少量的固体废弃物，其中废丝可以回收再利用，废碱纤维素可以掺入煤中燃烧，凝固的废粘胶块及带粘胶的生头废丝需处理。含锌污泥不能掺入煤中燃烧或回收时，则应送到当地城市固体废物处理站处理。

14.5 绿　化

14.5.1 工厂的绿化布置应在总平面布置时一同考虑，可在厂区用地范围内按点、块、带状进行布置，高、低结合，以提高厂区的绿化率和绿化效果。

14.5.2 工厂绿化布置应符合现行国家标准《工业企业总平面设计规范》GB 50187 和《纺织工业企业环境保护设计规范》GB 50425 中有关绿化设计的规定，厂区的绿化率应符合当地城市规划部门或工业区制定的相关规定。

14.5.3 本条为粘胶纤维工厂绿化布置要特别注意的规定，绿化树种应选择耐酸、碱性介质好的树种，并适宜当地气候条件，易成活，生长快，能尽快达到改善厂区环境的效果。

14.5.5 在厂区用地范围允许的情况下，有条件的企业尽可能在厂前区、生产管理区与生产区之间设置大块绿地或绿化隔离带，以改善厂区环境。

15 安全卫生

15.1 一般规定

15.1.1 粘胶纤维生产中使用了具有易燃、易爆的二硫化碳及硫酸、烧碱等原料，所产生的废气含有二硫化碳和硫化氢等有毒物质，生产过程兼有化工生产的部分特征。粘胶纤维工厂的安全防护主要措施是围绕防止二硫化碳的爆炸和燃烧、硫化氢的中毒、酸碱的腐蚀和电气的安全等开展，所采取的措施是根据防护对象的特点决定的。

15.1.2 本条明确了本规范和其他规范的关系。

15.2 安全防护措施

15.2.1 采用先进的生产工艺和密闭性好的设备，有利于减少安全事故发生的几率并降低事故风险。

15.2.2 由于二硫化碳的密度大于水且微溶于水，采用水封和水压送料是既经济又安全的方式。

15.2.3 采取机械送排风是保证工作现场的二硫化碳、硫化氢的浓度符合安全卫生要求的最有效措施。

15.2.4 本条明确了易燃、易爆场所的设备防静电和接地的原则要求，为强制性条文，必须严格执行。

15.2.5～15.2.8 针对粘胶纤维工厂的特点采取的具体防护措施，切实保障人身与设备安全。

15.2.9 安全警示标志是保障安全的有效措施之一。

15.2.10 本条明确了黄化机泄爆管布置的要求。目前绝大多数新黄化机均采用防爆膜和泄爆管组合的设计，它能将因黄化事故而爆炸产生的气体快速释放至室外，从而保护黄化机及黄化间的安全。

15.2.11 设置事故围堰，防止事故扩大并造成污染。事故围堰的有效容量按罐区内一个最大体积储罐的容量计算。事故泄漏的硫酸或烧碱应回收使用。

15.3 职业卫生

15.3.1 本条规定了工厂设计时工作场所有害物质的检测要求和浓度标准。工作点空气中有害物质最高允许浓度值（表15.3.1）与现行国家标准《工作场所有害因素职业接触限值　第1部分：化学有害因素》GBZ 2.1—2007 中的规定相同。

15.3.2 本条规定了工厂设计时工作场所噪声值应符合的标准，其噪声值与现行国家标准《工作场所有害因素职业接触限值　第 2 部分：物理因素》GBZ 2.2—2007 中的规定相同。

15.3.3 粘胶纤维工厂大于 90dB（A）的噪声源主要来自鼓风机，应采用全密闭的机罩予以隔声，调研证明此法可以解决鼓风机噪声超标问题。此外，粘胶长丝工厂的络筒机发出的噪声是机械的往复撞击声，其噪声大小决定于设备的运转速度，当高速运转时，噪声就大，也有可能超过 90dB（A）。应适当控制络筒机转速，同时在建筑设计上采取降噪措施解决噪声问题。

16 仓　储

16.1 一般规定

16.1.1 本条规定了仓储设施设计的原则。

16.1.2 仓储设施作为工厂的有机整体，对工厂的正常运行起保证作用。合理设置仓储设施能提高效率，降低搬运成本。

16.1.3 采用机械运输或管道运输方式能大大提高处理效率。

16.1.4 本条规定了本规范与其他规范的关系。粘胶纤维工厂的库房及设施，贮存的是可燃性以及易燃、易爆的原材料、产品，且贮存量大、价值高，因此，库房的设计应执行现行国家标准《建筑设计防火规范》GB 50016等相关规范要求。

16.2 原料与成品库

16.2.1～16.2.3 原材料与成品库的面积取决于储存量和单位存放能力，堆包层数要兼顾包装物的支撑能力（如长丝包装箱的强度）和搬运条件，对目前大多数采用机械堆包的粘胶纤维工厂，可适当提高 n 的取值范围。

由于我国粘胶纤维生产的原材料市场和粘胶纤维产品的销售市场都还不是一个成熟的市场，且大部分粘胶纤维生产厂家和原材料产地、产品销售地相距较远，其中已有超过40%的浆粕依赖进口，进口浆粕的采购周期至少两个月；而生产所需的二硫化碳主要集中在山西等少数产地，作为易燃、易爆品，其运输条件受到一定限制。1998年南方洪水和2003年SARS期间，不少厂家因原材料进不来、产品出不去而限产甚至停产，给企业带来很大损失。因此，在工厂设计时，应根据其地理位置和原材料与产品销售的外部条件进行综合分析比较，以确定合适的原材料和产品储存能力，保证工厂的正常、有序运行。

16.3 二硫化碳库

16.3.2 大多数工厂采用压水系统来输送二硫化碳，这是因为与二硫化碳接触的水中溶解有约千分之二的二硫化碳。在压送水系统设置压送水收集罐，可以回收二硫化碳。循环使用压送水，可减少二硫化碳损失、节约水耗和减轻污水处理负荷。

16.3.3 由于二硫化碳贮罐的液位显示往往不是很直观，在卸料时进行计量，可以防止将贮罐的水封排空。

16.3.4 二硫化碳库设计中采取严格的防范措施：设置防火围墙、设置警示标志以及采取严格的管理，对于安全运行是十分必要的。本条第3款为强制性条款。

16.4 酸、碱贮库

16.4.1 本条规定是为了便于管理并保证正常运转。对于冬季温度较低的地区，应对酸、碱贮罐和管道采取必要的保温防冻措施，同时宜采用浓度92.5%的硫酸和浓度32%的液碱。

16.5 其他规定

16.5.1 机物料的集中存放，可最大限度地降低库存量。

16.5.2 本条规定了硫酸锌、助剂、油剂、双氧水等化学品的贮存量的设置规定。其贮存宜采用分散并尽可能靠近使用点存放的贮存方式，减少了二次搬运。双氧水作为强氧化剂，应妥善贮存，确保安全。

17 机修与仪电修

17.1 一般规定

17.1.1 本条明确了机修与仪电维修规模设置的原则。在生产更加社会化、专业化的今天，凡能进行专业协作的机加工，尽可能不自己加工或维修。

17.1.2 集中设置有利于集中技术力量，提高设备利用率。原则上，机械与电气、仪表维修车间共用一厂房，但应避免电气、仪表维修间与振动、噪声较大的铆焊工段相邻，满足维修设备的环境要求。

17.2 厂房与设备

17.2.1 机修与仪电修车间的面积一般考虑下列因素：

1 机修车间：机修车间一般应包括金工、钳工、铆焊、钣金、塑料防腐、建筑维修等工段及备品备件库、氧气瓶库、办公室、更衣室等辅助设施和必要生活设施。其面积可按生产机床的面积来确定。金工、钳工工段面积一般宜符合表2的规定；铆焊、钣金工段一般与金工、钳工工段面积相等，塑料防腐工段的面积略小于金工、钳工工段的面积。

表2 金工、钳工工段面积分配表

项 目	面积指标
生产机床	按每台机床平均面积指标为45m² 计算
钳工装配	按生产机床面积的20%计算
工具间、仓库	按生产机床面积的10%计算

注：生产机床总面积中不包括办公室、生活间，设计时按工厂要求确定。

2 电气维修车间的面积一般可按下列原则确定：

1）电气设备年送检率可按15%～25%计，送检设备每台所需面积可按5m²～6m²确定。

2）不同规模工厂的电修车间的面积一般确定为：中型粘胶纤维工厂为900m²，大型粘胶纤维工厂为1000m²。

3 仪表维修间的面积应根据规模和设备数量具体情况确定。

4 机修与仪电修车间宜设置备品备件库和氧气瓶库，其面积为：备品备件库的面积宜为200m² 左右，氧气瓶库的面积宜为36m² 左右。

17.2.2 对于大多数独立的粘胶纤维工厂，机械维修车间的金工、钳工工段机床配置可参考表3的规定选定；铆焊钣金工段主要设备的配置宜按表4选定。

表3 金工、钳工工段机床配置表（台）

机床名称	中型规模	大型规模
普通车床	7	9
牛头刨床	2	2
外圆磨床	1	1
工具磨床	1	1
剪切刀片磨床	1	1
插床	1	1
铣床	1	1
摇臂钻床	1	1
立式钻床	1	2
电动单梁起重机	起重量$Q=3t$，1台	起重量$Q=3t$，1台
卧式镗床	1	1
合计	18	21

表4 铆焊钣金工段主要设备配置表（台）

设备名称	中型规模	大型规模
剪板机，剪板厚度≤12mm	1	1
三辊卷板机，最大厚度12mm	1	1
空气压缩机 $Q=0.9m^3/min, P=0.7MPa$	1	1
液压弯管机	1	1
交直流弧焊机	6	8
管子切断机床	1	2
脉冲氩弧焊机	1	2

续表4

设备名称	中型规模	大型规模
钻床	2	2
电动单梁起重机 $Q=5t$	1	1
合计	15	19

注：根据轻纺行业建设项目设计规模划分，中型规模为粘胶长丝项目年产量小于6000t，粘胶短纤维项目年产量小于50000t；大型规模为粘胶长丝项目年产量大于或等于6000t，粘胶短纤维项目年产量大于或等于50000t。

17.2.3 金工、钳工工段的机床布置应保证安全作业、布置紧凑、整齐美观、方便加工工件的起吊装卸。

17.2.4 本条规定了仪表维修间的工作场所环境和工作条件所必需的基本条件。

17.2.5 对采用DCS控制系统的工厂，应配备满足有关元器件校验、维修要求的设备与环境条件，保证系统的正常运行。

17.3 其他规定

17.3.1 氧气瓶与乙炔瓶库的设计，要做到建筑物与库房在一定距离范围内，禁止明火取暖，是由于乙炔与空气混合，当其浓度（V/V）达到爆炸浓度（2.0%～8.1%）时，一遇明火即发生爆炸。

17.3.2 本条规定高压试验区设置醒目标志，是为了保障人身安全。

17.3.3 木工间、浸漆干燥及油处理间属火灾危险及有害气体场所，设置机械通风是为了保障人身安全。

中华人民共和国国家标准

锦纶工厂设计规范

Code for design of polyamide polymer and fiber plant

GB 50639—2010

主编部门：中 国 纺 织 工 业 协 会
批准部门：中华人民共和国住房和城乡建设部
施行日期：２０１１年１０月１日

中华人民共和国住房和城乡建设部
公 告

第 823 号

关于发布国家标准《锦纶工厂设计规范》的公告

现批准《锦纶工厂设计规范》为国家标准，编号为 GB 50639—2010，自 2011 年 10 月 1 日起实施。其中，第 3.7.5、3.7.8、3.7.9、3.7.18（1）条（款）为强制性条文，必须严格执行。

本规范由我部标准定额研究所组织中国计划出版社出版发行。

中华人民共和国住房和城乡建设部
二〇一〇年十一月三日

前 言

本规范是根据原建设部《关于印发〈2007 年工程建设标准规范制订、修订计划（第二批）〉的通知》（建标函〔2007〕126 号）的要求，由中国纺织工业设计院会同有关单位编制完成的。

本规范在编制过程中，编制组经广泛调查研究，认真总结我国锦纶工厂的设计和建设实践经验，特别是近年在节能、降耗、节约水资源、减少占地以及环境保护方面的经验和教训，吸收国内外锦纶生产技术的科技成果，参考有关国际标准和国外先进标准，并在广泛征求锦纶工厂生产、设计、施工方面专家意见的基础上，最后经审查定稿。

本规范共分 13 章和 1 个附录，主要技术内容包括：总则，术语和代号，工艺设计，聚合设备及布置，纺丝和后处理设备及布置，工艺管道设计，辅助生产设施，自动控制和仪表，电气，总图运输，建筑、结构，给水排水，采暖、通风和空气调节。

本规范中以黑体字标志的条文为强制性条文，必须严格执行。

本规范由住房和城乡建设部负责管理和对强制性条文的解释，由中国纺织工业协会负责日常管理，由中国纺织工业设计院负责具体技术内容的解释。执行过程中如有意见或建议，请寄送中国纺织工业设计院（地址：北京市海淀区增光路 21 号，邮政编码：100037），以供今后修订时参考。

本规范主编单位、参编单位、参加单位、主要起草人和主要审查人：

主 编 单 位：中国纺织工业设计院
参 编 单 位：北京三联虹普纺织化工技术有限公司
　　　　　　 湖南百利工程科技有限公司
　　　　　　 浙江省省直建筑设计院
　　　　　　 吉林省纺织工业设计研究院
参 加 单 位：大连海新工程技术有限公司
主要起草人：罗伟国　孙今权　崇　杰　刘　凤
　　　　　　 秦永安　张建仁　茹俊民　汪　渌
　　　　　　 范景昌　张晨霞　马振锁　陈学敏
　　　　　　 刘　强　李道本　李学志　黄志刚
　　　　　　 郑　皓　廖菊元　翁卸元　吴清华
　　　　　　 郑会明
主要审查人：黄承平　刘承彬　荣季明　杨春光
　　　　　　 毛新华　厚炳煦　高小毛　陈福生
　　　　　　 段文亮　李　光　刘　青　张晓东
　　　　　　 陆丁伏　胡永效

目 次

1 总则 …………………………………… 7—42—6
2 术语和代号 …………………………… 7—42—6
　2.1 术语 ………………………………… 7—42—6
　2.2 代号 ………………………………… 7—42—7
3 工艺设计 ……………………………… 7—42—7
　3.1 一般规定 …………………………… 7—42—7
　3.2 设计原则 …………………………… 7—42—9
　3.3 流程选择 …………………………… 7—42—9
　3.4 工艺计算 …………………………… 7—42—10
　3.5 危害因素和防爆区 ………………… 7—42—11
　3.6 节能降耗 …………………………… 7—42—12
　3.7 其他规定 …………………………… 7—42—12
4 聚合设备及布置 ……………………… 7—42—13
　4.1 一般规定 …………………………… 7—42—13
　4.2 设备选型 …………………………… 7—42—13
　4.3 设备配置 …………………………… 7—42—14
　4.4 设备布置 …………………………… 7—42—14
5 纺丝和后处理设备及布置 …………… 7—42—15
　5.1 一般规定 …………………………… 7—42—15
　5.2 设备选型 …………………………… 7—42—15
　5.3 设备配置 …………………………… 7—42—15
　5.4 设备布置 …………………………… 7—42—16
6 工艺管道设计 ………………………… 7—42—16
　6.1 一般规定 …………………………… 7—42—16
　6.2 管道布置 …………………………… 7—42—16
　6.3 管道材质选择 ……………………… 7—42—17
　6.4 特殊管道设计 ……………………… 7—42—17
　6.5 管道安装及检验要求 ……………… 7—42—18
7 辅助生产设施 ………………………… 7—42—18
　7.1 化验室 ……………………………… 7—42—18
　7.2 物检室 ……………………………… 7—42—18
　7.3 纺丝油剂调配间 …………………… 7—42—19
　7.4 纺丝组件清洗间 …………………… 7—42—19
　7.5 热媒站（间） ……………………… 7—42—19
　7.6 原料库和成品库 …………………… 7—42—19
　7.7 维修间 ……………………………… 7—42—20
8 自动控制和仪表 ……………………… 7—42—20
　8.1 一般规定 …………………………… 7—42—20
　8.2 控制水平 …………………………… 7—42—20
　8.3 主要控制方案 ……………………… 7—42—20
　8.4 特殊仪表选型 ……………………… 7—42—20
　8.5 控制系统配置 ……………………… 7—42—21
　8.6 控制室 ……………………………… 7—42—21
　8.7 安全连锁 …………………………… 7—42—21
　8.8 仪表安全措施 ……………………… 7—42—22
9 电气 …………………………………… 7—42—22
　9.1 一般规定 …………………………… 7—42—22
　9.2 供配电 ……………………………… 7—42—22
　9.3 照明 ………………………………… 7—42—23
　9.4 防雷 ………………………………… 7—42—23
　9.5 接地 ………………………………… 7—42—23
　9.6 火灾自动报警 ……………………… 7—42—23
10 总图运输 …………………………… 7—42—23
　10.1 一般规定 ………………………… 7—42—23
　10.2 总平面布置 ……………………… 7—42—23
　10.3 竖向布置 ………………………… 7—42—24
11 建筑、结构 ………………………… 7—42—24
　11.1 一般规定 ………………………… 7—42—24
　11.2 生产厂房 ………………………… 7—42—24
　11.3 生产厂房附房 …………………… 7—42—25
　11.4 辅助生产工程 …………………… 7—42—25
　11.5 建筑防火、防爆、防腐蚀 ……… 7—42—25
12 给水排水 …………………………… 7—42—26
　12.1 一般规定 ………………………… 7—42—26
　12.2 给水 ……………………………… 7—42—26
　12.3 排水 ……………………………… 7—42—26
　12.4 污水处理 ………………………… 7—42—26
　12.5 消防设施 ………………………… 7—42—26
13 采暖、通风和空气调节 …………… 7—42—27
　13.1 一般规定 ………………………… 7—42—27
　13.2 采暖 ……………………………… 7—42—28
　13.3 通风 ……………………………… 7—42—28
　13.4 空气调节 ………………………… 7—42—28
　13.5 设备、风管及其他规定 ………… 7—42—29
附录A 锦纶工厂可燃、可爆、
　　　 有毒物质数据 ……………………… 7—42—29
本规范用词说明 ………………………… 7—42—30
引用标准名录 …………………………… 7—42—30
附：条文说明 …………………………… 7—42—32

Contents

1 General provisions .... 7—42—6
2 Terms and cone name .... 7—42—6
   2.1 terms .... 7—42—6
   2.2 cone name .... 7—42—7
3 Process design .... 7—42—7
   3.1 General requirement .... 7—42—7
   3.2 Design principles .... 7—42—9
   3.3 Process flow selection ...... 7—42—9
   3.4 Process calculation .... 7—42—10
   3.5 Hazardous factor and explosive area .... 7—42—11
   3.6 Energy saving and conservation ...... 7—42—12
   3.7 Other requirements .... 7—42—12
4 Polymerization equipment and arrangement .... 7—42—13
   4.1 General requirements .... 7—42—13
   4.2 Principles of selecting equipment ... 7—42—13
   4.3 Equipment configuration ..... 7—42—14
   4.4 Principles of equipment arrangement .... 7—42—14
5 Spining and after treatment equipment and arrangement ...... 7—42—15
   5.1 General requirements .... 7—42—15
   5.2 Principles of selecting equipment .... 7—42—15
   5.3 Equipment configuration ..... 7—42—15
   5.4 Principles of equipment arrangement .... 7—42—16
6 Process piping design .... 7—42—16
   6.1 General requirements .... 7—42—16
   6.2 Principles of piping arrangement ... 7—42—16
   6.3 Selection of pipe materials ... 7—42—17
   6.4 Design of special pipes ..... 7—42—17
   6.5 Piping installation and inspection requirement .... 7—42—18
7 Auxiliary production facilities ...... 7—42—18
   7.1 Chemic laboratory .... 7—42—18
   7.2 Physical laboratory .... 7—42—18
   7.3 Spinning finish preparation ...... 7—42—19
   7.4 Spin pack cleaning room ...... 7—42—19
   7.5 HTM station .... 7—42—19
   7.6 Storehouse .... 7—42—19
   7.7 Maintenance room .... 7—42—20
8 Automatic control and instrument .... 7—42—20
   8.1 General requirements .... 7—42—20
   8.2 Control level .... 7—42—20
   8.3 Main control scheme .... 7—42—20
   8.4 Special instrument selection ...... 7—42—20
   8.5 Control system configuration ...... 7—42—21
   8.6 Control room .... 7—42—21
   8.7 Safty interlock .... 7—42—21
   8.8 Instrument safty policy ...... 7—42—22
9 Electrical .... 7—42—22
   9.1 General requirements .... 7—42—22
   9.2 Electric power supply .... 7—42—22
   9.3 Lighting .... 7—42—23
   9.4 Lightning protection .... 7—42—23
   9.5 Grounded .... 7—42—23
   9.6 Automatic fire alarm system ...... 7—42—23
10 General layout .... 7—42—23
   10.1 General requirements ...... 7—42—23
   10.2 General layout .... 7—42—23
   10.3 Vertical layout .... 7—42—24
11 Architecture and Structure ... 7—42—24
   11.1 General requirements ...... 7—42—24
   11.2 Production buildings .... 7—42—24
   11.3 Side rooms of production building .... 7—42—25
   11.4 Auxiliary production project ... 7—42—25
   11.5 Fire protection, anti-explosion, anti-corrosion of building ...... 7—42—25
12 Water supply and drainage ... 7—42—26
   12.1 General requirements ...... 7—42—26
   12.2 Water supply .... 7—42—26
   12.3 Drainage .... 7—42—26
   12.4 Wastewater disposal .... 7—42—26
   12.5 Fire-protection service ..... 7—42—26

13	Heating, ventilation and air-conditioning	7—42—27
13.1	General requirements	7—42—27
13.2	Heating	7—42—28
13.3	Ventilation	7—42—28
13.4	Air-conditioning	7—42—28
13.5	Equipment, air duct and others	7—42—29

Appendix A Data of combustible, explosible and toxic material in polyamide fiber plant .... 7—42—29

Explanation of wording in this code .... 7—42—30

List of quoted standards .... 7—42—30

Addition: Explanation of provisions .... 7—42—32

1 总则

1.0.1 为规范锦纶工厂设计,做到技术先进、经济合理、安全可靠、节能降耗、清洁生产、保护环境,依据国家现行有关法律、法规,制定本规范。

1.0.2 本规范适用于以己内酰胺(CPL)或尼龙66盐(AH盐)为原料,或以其聚合物切片(聚酰胺6切片或聚酰胺66切片)为原料的锦纶工厂新建、改建和扩建工程的设计,包括锦纶工业长丝后处理的捻线、织布、浸胶车间。本规范不适用于芳香族聚酰胺纤维(芳纶)的工厂设计。

1.0.3 锦纶工厂设计应符合项目环境影响评估报告、职业安全卫生评估报告、能源评估报告等有关要求。

1.0.4 锦纶工厂设计应因地制宜、认真调查研究、收集资料,积极采用成熟的新技术、新工艺、新设备、新材料,进行多方案技术经济比较,择优确定工程设计方案。

1.0.5 锦纶工厂设计除应符合本规范外,尚应符合国家现行有关标准的规定。

2 术语和代号

2.1 术 语

2.1.1 锦纶工厂 polyamide fiber plant; nylon fiber plant

以己内酰胺(CPL)或其聚合物聚酰胺6切片为原料,或以尼龙66盐(AH盐)或其聚合物聚酰胺66切片为原料,生产锦纶民用长丝、地毯丝(BCF)、短纤维、工业长丝和单丝的工厂,以及生产聚酰胺6切片或聚酰胺66切片的工厂。

2.1.2 锦纶6 polyamide 6 fiber; nylon 6 fiber

以己内酰胺(CPL)为原料,或以其聚合物聚酰胺6切片为原料,生产的民用长丝、地毯丝(BCF)、短纤维、工业长丝以及单丝。

2.1.3 锦纶66 polyamide 66 fiber; nylon 66 fiber

以尼龙66盐(AH盐)为原料,或以其聚合物聚酰胺66切片为原料,生产的民用长丝、地毯丝(BCF)、短纤维、工业长丝以及单丝。

2.1.4 聚酰胺6 polyamide 6

己内酰胺(CPL)的聚合物切片或熔体。

2.1.5 聚酰胺66 polyamide 66

尼龙66盐(AH盐)的聚合物切片或熔体。

2.1.6 尼龙66盐 hexamethylene diamine adipate; nylon 66 salt

由己二酸和己二胺在介质中反应生成的中间体,它可以是结晶固体,或是盐溶液。也称聚酰胺66盐。

2.1.7 锦纶纺丝 polyamide spinning

将聚酰胺6或聚酰胺66熔体用纺丝泵(或称计量泵)连续、定量、均匀地从喷丝板(或喷丝头)的毛细孔中挤出而成液态细流,经冷却风冷却固化成形后,再经上油、牵伸、卷绕、络筒(落桶)制成丝筒或丝条的工艺过程。

2.1.8 熔体直接纺丝工艺 melt direct spinning process

以聚酰胺66熔体为原料,通过熔体泵把聚酰胺66熔体直接送到纺丝箱体的纺丝工艺。

2.1.9 锦纶切片纺丝工艺 polyamide chips spinning process

以聚酰胺6或聚酰胺66切片为原料,通过将干切片在螺杆挤压机内加热熔融,然后将熔体送到纺丝箱体的纺丝工艺。

2.1.10 锦纶长丝 polyamide filament

长度达千米以上的单根或多根连续锦纶丝条。

2.1.11 锦纶短纤维 polyamide staple fiber

锦纶长丝束经过切断而成的具有一定长度规格的纤维。

2.1.12 锦纶工业丝 polyamide filament for industry; polyamide industry yarn

用于工业领域,断裂强度大于或等于8 cN/dtex的连续锦纶长丝。

2.1.13 锦纶丝束 polyamide tow

用于切断成短纤维、或用于植绒、或用于毛条的数万根连续长丝集合而成的基本无捻的长条状纤维束。

2.1.14 单丝 monofil

采用单孔喷丝头纺成的一根连续长丝卷绕成的无捻丝,或由风冷工艺3孔~24孔喷丝头纺成的和水冷工艺3孔~60孔喷丝头纺成的、可以通过分丝机分成3根~60根单根的无捻丝。

2.1.15 膨化变形长丝 bulked continuous filament

聚合物熔体经纺丝、牵伸、变形加工而成的、具有较高卷曲性和蓬松性的连续长丝。也称地毯丝(BCF)。

2.1.16 后处理 after treatment

纺丝生产的初生纤维,经过拉伸、变形、网络、上油、卷曲、热定型等物理处理,以改善纤维纺织加工性能的工艺过程。

2.1.17 捻织 twisting and weaving

锦纶工业丝的后处理工序,包括捻线和织布。

2.1.18 浸胶 dipping

在锦纶帘子布或帆布表面覆盖和渗透一层胶乳,提高其与橡胶的黏着力的工艺过程。

2.1.19 切片 chips

聚合物熔体经挤出、注带(水中熔切除外)、切粒,形成一定尺寸的粒状料。

2.1.20 固相缩聚 solid-state polycondensation

固体状态切片，在高温热氮气中或在真空条件下靠温度引发分子两端可活化的官能团，使分子链间继续进行缩聚反应并形成高分子量、高黏度聚合物的工艺过程。

2.1.21 液相热媒 liquid heating medium

液态的导热介质，它传递的是液态导热介质的显热。

2.1.22 气相热媒 gaseous heating medium

气态的导热介质，它传递的是气态导热介质的潜热。

2.1.23 一次热媒 primary heating medium

经热媒炉直接加热的热媒。

2.1.24 二次热媒 secondary heating medium

用一次热媒加热、在独立的热媒回路中循环使用的热媒。

2.1.25 消光 dull

通过在聚合物中加入二氧化钛（TiO_2）以改变纤维表面对光线的反射程度。根据加入量不同可分为半消光和全消光。

2.1.26 加弹 texturing

长丝的变形加工。即利用纤维的热塑性，将纤维经过变形和热定型处理，使其产生弹性和蓬松性的加工过程。

2.1.27 水中熔切 underwater pelletizing

聚合物挤出后，没有固化前在水中进行切粒的工艺。

2.1.28 切片萃取 chips extraction

聚酰胺6切片与热水逆流运动或接触，切片中的未反应单体及部分低聚合物由切片中扩散至水中的工艺过程。

2.1.29 己内酰胺回收 caprolactam recovery

对聚酰胺6切片萃取水和聚合器排出水中的己内酰胺单体进行回收再利用的工艺过程。

2.1.30 单体抽吸 monomer suction

锦纶6纺丝过程中，通过一定装置对喷丝板出口处熔体散发出的单体及低沸点物抽除的工艺过程。

2.2 代 号

AH 盐——尼龙66盐（hexamethylene diamine adipate; nylon 66 salt）；
ATY——空气变形丝（air texturing yarn）；
BCF——膨化变形丝（bulked continuous filament）；
CPL——己内酰胺（caprolactam）；
DT——牵伸丝（draw twist）；
DTY——牵伸变形丝（draw textured yarn）；
FDY——全牵伸丝（fully drawn yarn）；
HART——可寻址远程传感器高速通道（Highway Addressable Remote Transducer）；
HOY——高取向丝（high oriented yarn）；
HTM——热媒（heat transfer media）；
POY——预取向丝，部分取向丝（partially oriented yarn, preoriented yarn）；
PA——聚酰胺（polyamide）；
PA6——聚酰胺6（polyamide 6, nylon 6）；
PA66——聚酰胺66（polyamide 66, nylon 66）；
SSP——固相缩聚（solid-state polycondensation）；
TEG——三甘醇（triethylene glycol, triglycol）；
TTY——倍捻变形丝（throwster textured yarn）；
UDY——未拉伸丝（undraw yarn）。

3 工艺设计

3.1 一般规定

3.1.1 锦纶工厂的工艺设计范围应符合下列规定：

1 聚合装置应符合下列规定：

  1）聚酰胺6聚合装置应从CPL卸料开始，包括CPL准备（固态内酰胺熔融、或液态CPL卸料、储存、输送）、预聚合（若工艺需要）、聚合、造粒、切片萃取、切片干燥、切片输送、切片储存、切片包装，以及辅助单元的CPL回收、热媒站、助剂调配、滤芯及注带板（或注带头）清洗、化验室、罐区等。CPL回收应包括萃取水储存、多效蒸发、低聚物处理（若工艺需要）、CPL精制（若工艺需要）及回收CPL储存等；

  2）聚酰胺66聚合装置应从AH盐卸料开始，包括AH盐准备（固态AH盐溶解、或液态AH盐卸料、储存、输送）、盐处理、浓缩、反应、闪蒸、预缩聚、后缩聚、造粒、切片干燥、切片输送、切片储存、切片包装，以及辅助单元的热媒站、助剂调配、注带板（或注带头）清洗、化验室等。采用熔体直接纺丝工艺时，聚合装置的末端应为纺丝熔体输送泵出口；

2 纺丝装置应符合下列规定：

  1）采用切片纺丝工艺的锦纶长丝工厂，应从聚酰胺切片卸料开始，经投料、干燥或固相增黏（若工艺需要）、熔融、纺丝、冷却、上油、牵伸、卷绕，到POY包装或FDY、HOY等的包装；

  2）采用切片纺丝工艺的锦纶短纤维工厂，应从聚酰胺切片卸料开始，经投料、干燥（若工艺需要）、熔融、纺丝、冷却、上油、落桶、到存放；

  3）采用切片纺丝工艺的锦纶工业丝工厂，应从聚酰胺切片卸料开始，经投料、干燥或固相增黏（若工艺需要）、熔融、纺丝、上油、牵伸、卷绕，到工业丝包装；

4）采用切片纺丝工艺的锦纶 BCF 工厂，应从聚酰胺切片卸料开始，经投料、干燥（若工艺需要）、熔融、纺丝、冷却、上油、牵伸、变形、卷绕，到 BCF 包装；

5）采用熔体直接纺丝工艺的锦纶 66 工厂，应从熔体增压泵出口开始，纺丝以后各道工序分别同切片纺长丝、工业丝、短纤维和 BCF 工艺；

6）辅助单元宜包括纺丝油剂调配、组件清洗、添加剂系统、热媒系统、化验室、物检室、牵伸卷绕保全室等；

3 后处理装置应符合下列规定：

1）民用长丝后处理应从平衡间开始，到 DTY、ATY、DT、TTY 等生产及包装；

2）工业用长丝后处理应从平衡间开始，到捻线、织布（帆布、帘子布等）、浸胶等生产及包装；

3）短纤维后处理应从集束、上油、多道牵伸、（热定型）、卷曲、松弛热定型、切断，到短纤维打包；生产植绒用锦纶丝束应从多道牵伸后进入装箱、包装；生产毛条用锦纶丝束应从松弛热定型后进入装箱、包装；

4）BCF 后处理应从平衡间开始，到双股 BCF 加捻、热定型产品或三股 BCF 空气网络产品的生产及包装；

5）辅助单元可包括后处理油剂调配、物检室、热媒站（间）、帘子布胶料调配间等。

3.1.2 锦纶工厂的设计能力应符合下列规定：

1 聚合装置应以 100% 负荷下的干切片产量或聚合物熔体（熔体直接纺丝）产量为计算依据，并应以"t/d"作为单位表示；

2 纺丝装置应以产品方案中各典型纤维产品的平均纤度为计算依据，并应以"t/a"作为单位表示；

3 以帘子布或帆布为产品的锦纶工业丝工厂，应以产品方案中帘子布或帆布各典型产品的平均每平方米克重为计算依据，并应以"t/a"作为单位表示。

3.1.3 锦纶聚合和长丝工厂的设计年生产天数宜按 350d（8400h）计算；锦纶短纤维工厂的设计年生产天数宜按 333d（8000h）计算。

3.1.4 锦纶 6 纺丝工厂宜采用聚酰胺 6 切片纺丝工艺；锦纶 66 纺丝工厂根据产品和产量可选用聚酰胺 66 熔体直接纺丝工艺或切片纺丝工艺。

3.1.5 CPL 的熔融、储存、聚合应采用高纯度氮气（氧含量不宜超过 5ppm）保护。

3.1.6 AH 盐液槽、预聚合、后聚合采用高纯度氮气（氧含量不宜超过 5ppm）保护。

3.1.7 CPL 储存及输送管道用的热水系统温度不宜高于 95℃，在封闭循环热水系统的最高点应设置膨胀槽。

3.1.8 聚酰胺 6 和聚酰胺 66 切片在干燥和输送过程中应防止被氧化。

3.1.9 气相热媒应采用联苯—联苯醚混合物或汽化温度 243℃～245℃的低沸点热媒，液相热媒宜采用氢化三联苯或二芳基烷。

3.1.10 聚合反应的热源宜采用一次热媒加热二次热媒的方式。

3.1.11 热媒系统应设计热媒的放空、放净、补充、膨胀吸收和收集设施。

3.1.12 热媒储槽、热媒膨胀槽、热媒接受槽应采用氮气覆盖。

3.1.13 热媒系统内蒸发器应设超温报警断电连锁和超压泄放及热媒接收槽；热媒接收槽的排气管线上应设冷却器和阻火器。热媒蒸发器应符合现行国家标准《有机热载体炉》GB/T 17410 的有关规定。

3.1.14 装置应设置紧急情况下能全部接收生产设备和管道内排放的热媒的储罐。

3.1.15 下列设备应设置安全阀：

1 聚酰胺 66 聚合装置的浓缩槽、盐预热器、反应器、蒸发器；

2 聚酰胺 6 聚合装置的预聚合反应器、后聚合反应器、热媒蒸发器、回收裂解反应器（若设置）；

3 其他不正常条件下顶部操作压力可能超过 0.07MPa 的设备。

3.1.16 聚合装置上应按生产、检验要求设置取样口。

3.1.17 聚酰胺切片和纤维的储存区、中转区、平衡区、纤维生产区应避免阳光直接照射。

3.1.18 液态 CPL 和 AH 盐溶液的储存及运输应保证在其熔点以上，并应采用氮气保护。

3.1.19 固态 CPL 和 AH 盐应防水、防潮、避光储存。

3.1.20 辅助工艺设施，宜布置在有外墙的车间附房内，并应靠近所服务的主工艺装置。

3.1.21 聚合工厂应设化验室；纺丝工厂应设化验室和物检室；当聚合装置和纺丝装置在同一厂区时，化验室可合并设一个。

3.1.22 物检室、化验室、仪表控制室、变配电室的上一层对应位置房间及所在层相邻的房间不应布置潮湿、有水、灰尘较大、有振动的附房或设备。

3.1.23 聚合装置应设原料过滤器，过滤精度不宜低于熔体过滤器的过滤精度；添加有消光剂及其他改性剂的聚酰胺切片生产装置宜设置熔体过滤器，并宜设置熔体过滤芯的异丙醇检验设施。

3.1.24 进入生产车间的各种公用工程介质管道应设置切断阀和计量仪表。

3.2 设计原则

3.2.1 聚合装置的工艺设计应以物料平衡和热量平衡为依据,装置操作弹性应为设计能力的50%～110%。

3.2.2 对布置在同一厂房内的多套聚合装置,宜合建控制室。控制室宜与切粒机布置在同一楼层上。

3.2.3 工艺设备应按流程顺序布置,且应避免交叉往返。

3.2.4 聚酰胺6聚合装置设计应符合下列规定:

    1 有液态CPL供应来源时,应使用液体CPL原料;

    2 应设置固态CPL熔融系统;

    3 生产高速纺聚酰胺6切片,原料宜采用新鲜CPL,并应配置高性能添加剂配制系统;

    4 常规聚酰胺6聚合装置的一条线生产能力不宜小于60t/d;

    5 应防止液态CPL原料和回收的液态CPL在设备和管道中凝结;

    6 切片干燥系统的氮气当采用氢气除氧提纯时,除氧单元宜选择控制新鲜氮气中的余氢的工艺;

    7 应设计回收萃取水中CPL的装置;

    8 宜采用CPL全回用工艺,采用非全回用工艺,CPL的回收率不得低于90%;

    9 生产聚酰胺6工业丝的聚合工厂,当有多套聚合装置时,单体回收设施应统一设置;

    10 设备配置应满足对回收的CPL浓缩液进行合理处理并回用的要求。

3.2.5 聚酰胺66聚合装置设计应符合下列规定:

    1 有液态AH盐供应来源时,应使用液态AH盐原料;

    2 应设置固态AH盐溶解及盐调配系统;

    3 常规聚酰胺66聚合装置的一条线生产能力不宜小于30t/d;

    4 新建聚酰胺66聚合工厂宜配置两条或两条以上的聚合生产线,并应合理配置每条生产线的生产能力。

3.2.6 纺丝装置设计应符合下列规定:

    1 纺丝箱体及熔体分配管道夹套宜采用气相热媒作为伴热载体;熔体直接纺丝的熔体输送管道夹套可采用液相热媒作为伴热载体;

    2 切片纺丝的每条生产线应设独立的投料系统和螺杆挤压机;

    3 锦纶66切片纺丝生产线应设置循环氮气干燥系统;

    4 生产能力在1×10^4t/a以上的常规锦纶66纺丝生产线宜采用熔体直接纺丝工艺;

    5 锦纶6的每个纺丝位应设单体抽吸设施;每条纺丝生产线的单体抽吸系统应配置循环水喷淋洗涤系统或蒸汽喷淋洗涤系统,以及防止单体在管道中凝结的设施;

    6 锦纶66的每个纺丝位应设低聚物和齐聚物抽吸设施,每条纺丝生产线的抽吸系统应过滤后放空;

    7 锦纶66熔体直接纺工业丝装置应设纺丝箱体和熔体管道煅烧设备;

    8 采用POY-DTY工艺路线的锦纶长丝工厂和配置有捻织浸胶的锦纶工业丝工厂,在纺丝车间与后处理车间之间应设平衡间;

    9 锦纶6工厂同时建有聚合装置和纺丝装置时,聚合装置生产的切片宜通过气流输送到切片料仓。

3.2.7 生产改性切片产品,应根据工艺要求设置添加剂制备和加入系统。

3.2.8 热媒站、热媒存放(收集)间、氨分解制氢装置、氢气钢瓶、锦纶工业丝浸胶用化学品库、胶料调配间等有可燃、可爆、有毒、腐蚀性介质储存和使用的场所,应采取可靠的防范措施,并应符合国家现行标准和规范的相关规定。锦纶工厂可燃、可爆和有毒物质数据应符合本规范附录A的规定。

3.2.9 下列设备应布置在不直接受大气环境干扰的厂房内:

    1 锦纶长丝的纺丝冷却、牵伸、卷绕设备;

    2 锦纶长丝后处理设备;

    3 锦纶短纤维的纺丝冷却设备、卷绕和集束设备;

    4 锦纶工业丝的纺丝冷却、牵伸、卷绕设备;

    5 锦纶BCF的纺丝冷却、牵伸、卷绕设备。

3.2.10 设备不应跨越建筑物的变形缝。

3.2.11 工业丝生产厂后处理的捻线和织布车间宜采用两层厂房布置设备。

3.3 流程选择

3.3.1 工艺流程应根据生产规模、产品方案、产品质量等要求确定。

3.3.2 工艺流程应满足技术先进成熟、单位产品能耗和原料消耗低、"三废"排放少的原则。

3.3.3 聚酰胺6聚合工艺流程应符合下列规定:

    1 常规聚酰胺6聚合装置宜采用连续熔融、连续聚合、连续萃取、连续干燥工艺;

    2 固态CPL熔融宜采用外循环+换热器的工艺;

    3 切片萃取宜根据工艺特点、装置大小、楼层高度,采用1段~3段连续逆流萃取工艺;

    4 切片干燥应采用热氮气循环连续干燥工艺,氮气系统应设除氧设施;

    5 应根据生产规模的大小、产品种类、生产线的配置,选择CPL回收工艺路线,并宜遵循下列原则:

        1)生产工业丝、工程塑料等产品的聚合生产线，回收流程应包含：萃取水储存、多效蒸发、回收己内酰胺储存；回收的己内酰胺应全部用于生产工业丝、工程塑料生产线；

  2）生产高速纺切片的聚合生产线，回收流程应包含：萃取水储存、多效蒸发、低聚物处理、己内酰胺提纯（若工艺需要）、回收己内酰胺储存；

  3）采用多效蒸发，产品含水不应大于20%，冷凝水单体含量应小于0.5%；

  4）低聚物处理可采用高温、高压水解流程，也可采用高温酸解与己内酰胺提纯相结合的流程；

  6 切粒宜采用水中熔切工艺或注带水下切粒工艺；

  7 干切片输送用氮气应采用闭路循环系统；

  8 添加剂调配和供应系统应根据工艺要求的产品范围设置。添加剂应经过准确计量、控制后加入聚合反应器。

3.3.4 聚酰胺66聚合工艺流程应符合下列规定：

  1 常规聚酰胺66聚合装置应采用连续浓缩、连续反应、连续闪蒸、连续聚合工艺；

  2 反应系统宜采用反应器加压、前聚合常压、后聚合减压工艺；

  3 生产小批量、多品种和改性聚酰胺66切片产品，可采用间歇缩聚工艺流程；

  4 切片干燥应采用热氮气循环连续干燥工艺，氮气系统应设除氧设施；

  5 切粒宜采用水下熔切工艺或铸带水下切粒工艺；

  6 干切片输送用氮气应采用闭路循环系统；

  7 添加剂调配和供应系统应根据工艺的要求和产品范围设置。添加剂应经过准确计量、控制后加入聚合反应器。

3.3.5 纺丝工艺流程应符合下列规定：

  1 大批量、常规产品的锦纶66生产宜采用聚合熔体直接纺丝工艺；小批量、多品种锦纶66生产宜采用切片纺丝工艺；

  2 锦纶6生产宜采用切片纺丝工艺；

  3 锦纶复合纤维和单丝生产宜采用切片纺丝工艺；

  4 锦纶工业丝、FDY生产应采用纺丝-牵伸-卷绕一步法工艺流程；

  5 锦纶BCF生产应采用纺丝-牵伸-变形-卷绕一步法工艺流程；

  6 采用切片纺丝工艺生产锦纶66的长丝装置，应设置切片干燥及氮气循环系统；

  7 锦纶短纤维后处理生产线宜设置短绒用丝束和（或）毛条用丝束的引出及装箱设施；

  8 除单丝和粗旦丝外，常规锦纶长丝产品不应采用低速纺丝工艺流程；

  9 当单丝纤度小于56dtex时，单丝成形宜采用立式风冷纺丝工艺；当单丝纤度大于或等于56dtex时，单丝成形宜采用卧式水冷纺丝工艺；

  10 采用卧式水冷工艺生产单丝，可采用单辊或多辊（5辊、7辊）牵伸机组成的二级牵伸、一级定型的流程。其中，第一级牵伸宜采用水浴，第二级牵伸和定型可采用沸水、热风或远红外加热。直径0.20mm以上规格的单丝可采用单根卷绕成筒（一步法）；直径0.20mm及以下规格的单丝宜采用分纤机卷绕成圆柱形筒子或圆锥形筒子，或分丝成绞（两步法）的方式。

3.4 工艺计算

3.4.1 聚合装置的工艺计算应以装置的设计生产能力为基准，并应进行物料衡算和热量衡算。

3.4.2 聚酰胺6的聚合、萃取、干燥、单体回收等主要设备的生产能力，应按照装置的操作弹性、设备运转效率、物料停留时间以及物料质量特性等进行计算，并应符合下列原则：

  1 当无备台、无液态CPL供应时，固态CPL熔融运转效率宜取70%；

  2 助剂调配系统应按产品方案中需加入比例最高助剂量为基准，每批调配量应不小于16h使用量；

  3 聚合反应器停留时间应根据典型品种确定，同时应对低负荷、高黏度产品工艺条件进行核算；

  4 萃取和干燥系统负荷率宜取85%；

  5 回收系统：运转效率宜取85%，同时应对非正常工况进行核算。

3.4.3 聚酰胺66的反应器、闪蒸器、预聚合器、后聚合器等主要设备的生产能力，应按照装置的操作弹性、设备运转效率、物料停留时间以及物料质量特性等进行计算。

3.4.4 泵、风机、压缩机等动设备的流量、扬程和设备台数应根据聚合装置的操作特性、弹性范围和压力降等因素计算确定。

3.4.5 换热器的换热面积和设备的规格应根据工艺操作参数和热量平衡数据计算确定。

3.4.6 二次热媒的换热量和循环量应根据装置的设计生产能力和聚合反应的各段热量平衡计算确定，再计算一次热媒的加热量和循环量。

3.4.7 纺丝和熔体输送设备及熔体夹套管应进行热量衡算。

3.4.8 下列管道应进行应力计算：

  1 聚合装置中温度大于或等于200℃、管径大于或等于DN65的热媒管道；

  2 干燥切片的循环热氮气管道；

  3 聚合反应器顶部排放热气管道；

4 聚合物熔体输送管道。

3.4.9 进行管道应力计算时，应减少聚合反应器的端点附加位移对管道系统的影响，并应充分利用管道走向的自然补偿。

3.4.10 切片输送，干燥，纺丝及后处理的工艺设备配置，应以单台（套）设备的生产能力为基本依据，并应结合产品方案中的产量、设备运转效率，计算所需台（套）数。

3.4.11 纺丝熔体管道设计应进行下列计算：

1 熔体管道的管径分配和长度应通过计算确定，应保证到达生产相同产品的每个纺丝箱体的熔体输送管道内的熔体压力降和熔体停留时间相等，且熔体黏度应在纺丝允许范围内；

2 纺丝熔体管道系统设计的热应力分析计算，应在满足安全性的前提下，力求管道长度最短；

3 纺丝熔体管道设计应进行管道系统熔体压力降、熔体停留时间和黏度降计算。

3.4.12 每条纺丝生产线的热媒加热设备的能力应根据工艺参数和装置生产能力计算。

3.4.13 纺丝冷却风的风量和风速应根据产品方案中小时产量最大的品种为依据进行计算确定。

3.4.14 油剂调配系统的能力及配置应根据产品方案计算确定。

3.4.15 组件清洗设备配置，应根据设备清洗能力和清洗周期，以及需清洗的纺丝组件、计量泵、过滤芯的数量，计算所需台（套）数。

3.5 危害因素和防爆区

3.5.1 锦纶工厂主要物料的火灾危险性划分应符合下列规定：

1 己内酰胺、对苯二甲酸、苯甲酸、AH 盐的粉尘，应划为可燃性粉尘；

2 液态己内酰胺应划为丙类可燃液体；

3 醋酸应划为可形成可燃性气体或蒸气的乙类可燃液体；

4 联苯和联苯醚混合物应划为丙类可燃液体；

5 氢化三联苯应划为丙类可燃液体；

6 锦纶聚合物和纤维应划为火灾危险性为丙类可燃固体；

7 操作温度低于其闪点的燃料油应划为丙类可燃液体；

8 天然气应划为甲类可燃性气体；

9 氢气应划为甲类可燃性气体；

10 三甘醇划为丙类可燃液体；

11 己二胺应划为可形成可燃性气体或蒸气的丙类可燃液体；

12 甲醛水溶液应划为可形成可燃性气体或蒸气的丙类可燃液体；

13 液氨应划为乙类可燃气体；

14 异丙醇应划为甲类可燃液体。

3.5.2 锦纶聚合工厂使用的浓硫酸应划为危险化学品；锦纶 66 聚合工厂产生的己二胺和帘子布生产使用的甲醛水溶液应划为高度危害的有毒化学品。

3.5.3 锦纶工厂的下列设备应划为噪声源：

1 聚合装置的切片干燥用风机、振动分离筛、切片输送用风机；

2 纺丝和后处理装置的牵伸机、卷绕机、加弹机、加捻机、变形机、帘子布的织布机；

3 辅助生产设施中的热媒炉鼓风机、空压机；

4 切片输送系统。

3.5.4 反应器中设有放射性料位计处，应划为放射性危害源。

3.5.5 锦纶工厂防爆区的划分应符合下列规定：

1 固态 CPL 或固态 AH 盐的投料槽周围的爆炸性粉尘环境划分应符合下列规定：

1）投料槽内部应划为 20 区；

2）当固态 CPL 投料槽设置抽气除尘系统时，从投料口半径 2m 至地板范围内应划为 22 区；当未设置抽气除尘系统时，从投料口半径 1m 至地板范围内应划为 21 区，1m 以外至 2m 并延伸到地板范围内应划为 22 区；

3）当固态 AH 盐投料槽设置抽气除尘系统时，从投料口半径 2m 至地板范围内应划为 22 区；当未设置抽气除尘系统时，从投料口半径 1m 至地板范围内应划为 21 区，1m 以外延伸到整个投料间范围内应划为 22 区；

2 氢气阀门，当通风等级为中级、有效性为一般时，以阀门密封处为中心，半径 1m 空间范围内的区域，应划为 1 区；总半径 1.5m，且在 1 区以外的范围内区域，应划为爆炸性气体环境 2 区；

3 制氢装置，当通风等级为中级、有效性为一般时，从氢气产生设备开始到氢气贮罐，以释放源为中心，半径为 4.5m，至房屋顶范围内应划为爆炸性气体环境 2 区；

4 三甘醇清洗炉，当通风等级为中级、有效性为一般时，水平方向距清洗炉外沿 2m，从释放源上方 1m 至楼面范围内的区域，应划为爆炸性气体环境 2 区；

5 甲醛水溶液储存间环境应划为爆炸性气体环境 2 区；

6 浸胶车间的胶料调配间，爆炸性气体危险区域范围应符合下列规定：

1）以间—甲树脂反应槽的投料口为释放源，当机械通风等级为中级、有效性为一般时，在水平方向距间—甲树脂反应槽外壁 1m，从释放源上方 1m 到操作地面范围内，并延伸到水平方向距间—甲树脂反应槽外壁2m，操作地面上高度1m的区域，应划为爆炸性气体环境1区；

2) 水平方向距间—甲树脂反应槽外壁4m，操作地面上高度1m的非1区范围的区域，应划为爆炸性气体环境2区（图3.5.5）。

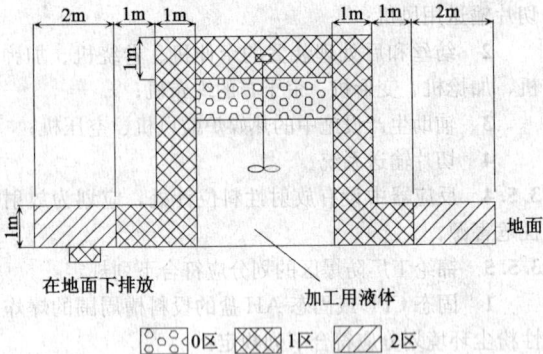

图3.5.5 危险区域范围

7 聚酰胺6聚合工厂设有熔体过滤芯异丙醇检测槽时，当机械通风等级为中级、有效性为良好时，在距异丙醇液槽外沿2m范围内、从地面到液槽上方排风设备之间的区域，应划为爆炸性气体环境1区。

3.6 节能降耗

3.6.1 全厂总图布置应合理，且应减少物料的运输或输送距离。

3.6.2 工艺设备应按流程合理布置，并应充分利用物料位差和避免物料的往返。

3.6.3 工艺参数应优化，应降低能量消耗。

3.6.4 温度和湿度要求严格的房间，应采用不直接受大气环境干扰的厂房。

3.6.5 聚合反应放出的热量应用于加热低温的物料。

3.6.6 帘子布或帆布浸胶烘干机热风加热方式，宜采用天然气直接加热；当无天然气供应时，宜采用蒸汽和电加热方式。

3.6.7 当浸胶烘干机采用蒸汽加热时，加热后的蒸汽可用于聚合装置的单体回收或加热其他需预热的介质。

3.6.8 工艺设备应选用性能良好的节能型产品，所配电机应选用高效电机。

3.6.9 蒸汽凝结水应集中回收，并应减少软化水或除盐水的用量。

3.6.10 高温和低温的设备及管道，应采取保温、保冷措施。

3.6.11 采用CPL全回收工艺，生产聚酰胺6切片的CPL消耗：半消光切片不应超过1002kg/t切片；有光切片不应超过1005kg/t产品。

3.6.12 生产聚酰胺66切片的AH盐（干基）原料消耗不应超过1165kg/t产品。

3.6.13 常规锦纶6POY的干切片原料消耗应符合下列规定：

　　1 采用高速纺长丝级切片生产POY产品不应超过980kg/t产品；

　　2 采用常规纺长丝级切片生产POY产品不应超过990kg/t产品。

3.6.14 常规锦纶6FDY的干切片原料消耗应符合下列规定：

　　1 采用高速纺长丝级切片生产FDY产品不应超过990kg/t产品；

　　2 采用常规纺长丝级切片生产FDY产品不应超过1000kg/t产品。

3.6.15 常规锦纶66POY产品的干切片原料消耗不应超过1000kg/t产品。

3.6.16 常规锦纶66FDY产品的干切片原料消耗不应超过1010kg/t产品。

3.6.17 常规锦纶DTY产品对原料POY的消耗不应超过1000kg/t产品。

3.6.18 常规锦纶6或锦纶66HOY产品的干切片原料消耗不应超过990kg/t产品。

3.6.19 常规锦纶6或锦纶66白丝BCF加捻定型产品的干切片原料消耗不应超过1005kg/t产品。

3.6.20 采用直接纺丝工艺生产锦纶66工业丝产品的AH盐（干基）原料消耗不应超过1140kg/t产品。

3.6.21 采用纺牵一步法生产锦纶6工业丝产品的干切片原料消耗不应超过1015kg/t产品。

3.6.22 常规锦纶6或锦纶66短纤维产品的干切片原料消耗不应超过980kg/t产品。

3.6.23 锦纶单丝产品的切片原料消耗不应超过1000kg/t产品。

3.6.24 生产过程中产生的废胶、废丝以及不合格产品，应进行回收利用。

3.6.25 工艺压缩空气规格应符合现行国家标准《一般用压缩空气质量等级》GB/T 13277的有关规定。

3.6.26 采用蒸汽作为加热源的生产工艺，应采用阶梯用能系统并回收凝结水。

3.6.27 纺丝和后处理应采用新型网络喷嘴。

3.6.28 氮气循环风机宜带变频器。

3.6.29 切片连续气流干燥系统中应设置氮气换热器（节能器）。

3.6.30 聚酰胺6聚合反应器塔顶冷凝器应通过保温热水系统回收热量。

3.7 其他规定

3.7.1 连续高噪声岗位应采取降低噪声的措施；工厂噪声控制设计应符合现行国家标准《工业企业噪声控制设计规范》GBJ 87的有关规定，工作地点噪声声级的卫生限值应符合现行国家有关工作场所有害因素职业接触限值（物理因素）和工业企业设计卫生标准的规定。

3.7.2 生产车间空气中联苯-联苯醚混合物的最高容许浓度不应大于 $7mg/m^3$。

3.7.3 生产车间空气中 CPL 的时间加权平均容许浓度（PC-TWA）不应大于 $5mg/m^3$。

3.7.4 牵伸卷绕机的操作钢平台应作防滑处理。

3.7.5 热媒蒸发器超压泄放气体严禁通过管道直接引向大气排放。

3.7.6 生产工艺无温度和湿度要求的操作间，室内温度应符合现行国家有关工业企业设计卫生标准的规定。

3.7.7 固态 CPL 和 AH 盐投料区应设局部排风装置，排气口宜采用水洗排气。液态 CPL 和 AH 盐溶液应采用水洗排气。

3.7.8 聚酰胺 6 熔体采用注带切粒机时，注带头上方及洗涤切粒处必须设局部排风设施，排出气体应经洗涤后放空。

3.7.9 锦纶 6 喷丝板出口抽吸单体不得直接排到大气，且应经过洗涤后排放。

3.7.10 聚酰胺 6 聚合装置应对排放的 CPL 及低聚合物进行无害化处理。

3.7.11 聚酰胺 66 聚合装置的蒸发器、反应器、聚合器排出的含己二胺水蒸气，应进行有效处理。

3.7.12 采用注带切粒机时，宜在切粒机上方设置工业电视监视系统。

3.7.13 锦纶短纤维工厂后处理车间散发湿热较大的设备上方应设置排除湿热蒸汽的设施。

3.7.14 锦纶工厂的粉料输送，应符合现行行业标准《石油化工粉粒产品气力输送工程技术规范》SH/T 3152 的有关规定。

3.7.15 锦纶 6 干切片宜采用内衬铝箔的真空包装。

3.7.16 生产装置不得无组织排放废气。

3.7.17 玻璃液位计、视镜等应采取安全防护措施。

3.7.18 配套建设有帘子布或帆布生产的锦纶工业丝工厂，浸胶车间及相关设施设计应符合下列规定：

　1 胶料调配间和甲醛水溶液储存间应设机械通风设施；

　2 胶料调配间和甲醛水溶液储存间内空气中各种有害物质的浓度不得超过现行国家有关工作场所有害因素职业接触限值（化学有害因素）的规定；

　3 甲醛水溶液储存间应保证通风良好；以罐装形式存放甲醛水溶液的甲醛储存间，操作区应设置排风罩，并应保证操作人员进入房间前能开启排风机；排风管应引向车间屋顶 3.5m 以上放空；

　4 胶料调配间临时存放的化工原料，应保证置于通风、阴凉、干燥处；

　5 为浸胶车间服务的化学品库、甲醛水溶液储存间和胶料调配间附近设置事故淋浴及洗眼器。

3.7.19 异丙醇检测槽上方应设局部排风系统。

4 聚合设备及布置

4.1 一般规定

4.1.1 聚合设备及布置应满足生产工艺和产品方案的要求。

4.1.2 设备布置应遵循适当集中、合理层高、减少能耗、易于安装、方便操作维护的原则。

4.1.3 设备布置应满足工艺流程的要求，应按照工艺流程顺序和同类设备相对集中的方式依次布置。

4.1.4 与原料和聚合物直接接触的设备应采用不锈钢材质。

4.1.5 聚合物经过的设备不得有死角。

4.1.6 设备上的仪表的安装位置应便于检修和查看。

4.1.7 设备布置应留出合理的检修通道和安全疏散通道。

4.1.8 与生产设备（部件）检修、维修相关的工作间宜就近布置，并应配置动力电源和公用工程管线接口，以及拆卸、组装、搬运和吊运工具。

4.2 设备选型

4.2.1 新型设备应选用经过鉴定的产品，或经过实践证明是先进、可靠的设备。

4.2.2 定型的通用设备不得选用能耗大的淘汰产品。

4.2.3 聚酰胺 6 聚合设备选型应符合下列规定：

　1 CPL 熔融槽宜采用热水夹套或外盘管。采用内盘管加热或保温，内盘管应选用无缝不锈钢管且应进行 100% 射线探伤；

　2 每条聚酰胺 6 聚合生产线宜设独立的 CPL 供料槽，该槽容积应符合如下规定：

　　1）全部或部分采用固态己内酰胺，供料槽容积宜按不小于 16h 的生产量、装料系数宜按 0.80～0.85 计算；

　　2）全部采用液体己内酰胺，供料槽容积应按照上游己内酰胺供料状况确定，且不宜低于 48h 的生产量、装料系数宜按 0.80～0.85 计算。可选用多台 CPL 储槽。

　3 聚合反应器真空系统宜采用液环真空泵；

　4 聚酰胺 6 聚合装置的萃取水储罐容积应根据下游己内酰胺回收装置的稳定性确定，且不宜低于正常产量 48h 所得萃取水容量；

　5 CPL 循环泵宜采用夹套式机械密封离心泵，也可选用夹套屏蔽泵、磁力泵；

　6 输送萃取水、除盐水、回收 CPL，宜选用机械密封离心泵；

　7 切片干燥系统氮气循环风机宜采用单台配置，并应选用满足长周期稳定运行的产品，同时应合理备用轴承、密封等易损件；

8 熔体过滤器应采用双腔式过滤室结构，过滤室应无死区。

4.2.4 聚酰胺66聚合设备选型应符合下列规定：

1 每条聚酰胺66聚合生产线宜设独立的AH盐供料槽，且容积不宜低于5h的生产量，装料系数宜按0.80～0.85计算；

2 缩聚反应器系统的喷淋冷凝器，宜采用能有效清除反应器气相管道与喷淋冷凝器接口处集聚物的结构型式；

3 后聚合器真空系统宜采用水喷射方式；

4 反应器应选用U型卧式反应器。

4.2.5 聚合装置通用设备选型应符合下列规定：

1 熔体输送应选用带伴热的专用齿轮泵；

2 工艺物料输送应选用化工流程泵。易凝结物料应采用蒸汽或热水夹套泵；

3 聚合物切粒机宜采用水下熔切式切粒机，也可采用铸带式水下切粒机；

4 含切片和水的物料输送应选用适宜输送颗粒状物料的离心泵；

5 输送氢化三联苯、联苯和联苯醚宜选用屏蔽泵或磁力泵；

6 输送聚合助剂宜选用隔膜计量泵；

7 输送消光剂二氧化钛悬浮液宜选用单螺杆泵；

8 切片输送用氮气压缩机宜选用活塞压缩机或无油螺杆压缩机；

9 含非洁净介质的换热设备宜采用列管式换热器；两侧均为洁净介质的换热设备应采用高效的板式换热器。

4.3 设备配置

4.3.1 设备及其备台或备件应按照聚合装置的工艺特性和操作要求配置。

4.3.2 切片包装宜按照生产规模采用半自动包装线或全自动包装线，并宜适应小包装和大包装两种规格。

4.3.3 聚酰胺66的盐液供给泵、反应器供给泵、闪蒸器供给泵、预聚合器供给泵、后聚合器的出料泵，宜采用两台泵配置；且每台泵能力可满足装置100%负荷。

4.3.4 聚酰胺66的预聚合器、后聚合器应设备台；蒸发器、反应器、闪蒸器不宜设备台。

4.3.5 聚酰胺6的CPL液供给泵、聚合器供给泵和助剂供给泵，宜采用一用一备。

4.3.6 热媒输送泵应采用一用一备或多用一备。

4.3.7 切片和水的混合物料输送泵的备用泵应离线备用。

4.3.8 聚酰胺6熔体输送泵宜整台离线备用或备用整套齿轮等易损件；聚酰胺66熔体输送泵宜采用两台低负荷运行，每台泵的负荷能满足生产线100%能力。

4.3.9 切片输送用氮气压缩机宜一用一备或多用一备。

4.3.10 工艺物料输送泵应一用一备。

4.3.11 铸带式切粒机应在线或离线备用铸带板、切割室等部件；水下熔切式切粒机应整台离线备用。

4.3.12 连续物料过滤器应一用一备。

4.3.13 板式换热器应一用一备或多用一备。

4.4 设备布置

4.4.1 聚酰胺6聚合设备布置应符合下列规定：

1 在同一厂房内布置两条以上生产线时，聚合、萃取、切粒、干燥等主要设备宜对称布置或平行布置；

2 聚合、萃取、干燥、储存、包装、CPL回收等各工序设备布置应充分利用物料的重力或压力差；

3 固态CPL开包、投料、熔融应布置在室内；

4 CPL的熔融槽宜布置在地下或半地下；

5 己内酰胺供料罐、熔融己内酰胺储罐的防火间距，应符合现行国家标准《石油化工企业设计防火规范》GB 50160的有关规定；容积小于$100m^3$的液态CPL储罐宜布置在室内，容积大于或等于$100m^3$的液态CPL储罐宜布置在聚合车间外，并应靠近聚合车间；

6 采用CPL蒸发工艺，浓缩液直接进入聚合反应器的CPL回收装置应靠近聚合区域布置；采用CPL蒸发、低聚物处理工艺，残渣排放应布置在单独的房间内；

7 氨分解制氢装置应独立布置在通风良好处。当布置在聚合车间内时，应靠车间外墙布置，并应符合国家现行有关防火、防爆的要求；

8 当采用氢气钢瓶供氢气时，氢气钢瓶应独立布置在通风良好且阴凉处，并应符合现行国家有关防火、防爆的要求；

9 萃取水储罐，应根据当地的气象条件和装置能力确定布置在室内或室外。萃取水储罐的布置宜靠近萃取工段和回收工段；

10 聚合反应器、萃取塔、干燥塔等立式设备应设计导向支撑。

4.4.2 聚酰胺66聚合设备布置应符合如下规定：

1 在同一厂房内布置两条以上生产线时，浓缩、反应、闪蒸、聚合、熔体输送泵等主要设备，及生产切片时的切粒、干燥设备宜对称布置或平行布置；

2 浓缩、反应、闪蒸、聚合等各工序设备布置应充分利用物料的重力或压力差；

3 固态AH盐开包、投料、溶解应布置在室内；溶解槽宜布置在地下或半地下；

4 缩聚反应器与其喷淋冷凝器应靠近布置；

5 反应器和聚合器的布置，应符合如下规定：

1）反应器与蒸发器之间的净距离应短；
　　2）内部装有搅拌器或转子的聚合器，应在顶部或端部留出搅拌器或转子的轴和电机拆卸、起吊等检修所需的空间或场地；
　　3）反应器和聚合器的裙座或支耳，应有足够高度，并应采取相应的隔热措施；

　　6 喷淋冷凝器和喷射泵的安装高度应满足其降液管高度要求。降液管宜垂直伸入液封槽中；如果条件不允许，起始管段至少应有 3m 的垂直长度，且斜管与垂线的夹角宜小于 30°。

　4.4.3 液态 CPL 的卸料、输送和储罐的布置应符合国家现行标准《石油化工储运系统罐区设计规范》SH/T 3007 和《石油化工企业设计防火规范》GB 50160 的有关规定。

　4.4.4 切片包装机布置位置宜满足切片靠自重下料。

　4.4.5 切片干燥氮气的循环风机应靠近干燥塔布置。

　4.4.6 切粒机的布置应留出排废熔体通道和堆积排废物的场地。

　4.4.7 二次热媒蒸发器宜布置在聚合反应器附近，并应保证气相热媒的凝液能自流回到二次热媒蒸发器。

　4.4.8 为聚合装置服务的热媒站应布置在通风良好处，并应靠近聚合车间。

　4.4.9 储罐较多时应按照物料的特性成组布置；切片料仓宜靠近主厂房布置。

　4.4.10 热媒系统布置应符合下列原则：
　　1 热媒收集槽应布置在热媒系统的最低点；
　　2 热媒膨胀槽应高于热媒系统的最高点；
　　3 气相热媒收集槽应布置在凝液能自流返回的位置；
　　4 热媒泵宜集中、成排布置；
　　5 气相热媒蒸发器宜靠近使用设备布置。

5 纺丝和后处理设备及布置

5.1 一般规定

5.1.1 纺丝工艺设备应满足生产工艺和产品方案的要求，并应符合技术先进可靠，经济合理高效，生产安全、节能、环保，产品质量优良的原则。

5.1.2 与纺丝熔体直接接触的设备应采用不锈钢材质。

5.1.3 纺丝熔体经过的设备流道不得有死角。熔体流道应进行抛光处理，粗糙度不应低于现行国家标准《表面粗糙度参数及数值》GB/T 1031 中的 Ra1.6。

5.1.4 纺丝箱体的控温精度应控制在 ±1℃ 以内；

5.1.5 螺杆挤出机各区加热控温精度应控制在 ±1.5℃ 以内；螺杆挤压机熔体压力波动应控制在 ±0.5MPa 以内。

5.1.6 纺丝的丝束冷却风装置应吹风均匀、风速稳定；长丝的侧吹风装置横向吹风速度级差应小于 10%。

5.1.7 牵伸辊、热辊和卷绕机安装前应经动平衡试验合格。

5.1.8 与生产设备（部件）检修、维修相关的工作间宜就近布置，并应配置动力电源和公用工程管线接口，以及拆卸、组装、搬运和吊运工具。

5.2 设备选型

5.2.1 新型设备应选用经过鉴定的产品，或经过实践证明是先进、可靠的设备。

5.2.2 通用型设备不得选用已淘汰的产品。

5.2.3 FDY 和工业丝宜采用纺丝-牵伸-卷绕联合机。

5.2.4 长丝卷绕机卷绕速度在 4000m/min 以下宜选择兔子头式自动切换高速卷绕头；卷绕速度在 4000m/min 以上，宜选用拨叉式自动切换高速卷绕头。

5.2.5 帘子线的捻线宜采用直捻机；帆布的捻线宜采用环锭加捻机。

5.2.6 帘子布织布宜采用喷气织机；帆布织布宜用剑杆织机或片梭织机。

5.2.7 帘子布或帆布浸胶烘干机宜采用直接加热型设备。

5.2.8 帆布或纤口布浸胶机应有夹布装置。

5.2.9 纺丝组件清洗设备宜采用三甘醇清洗炉或真空煅烧炉。

5.2.10 甲醛水溶液输送和卸料泵宜采用屏蔽泵或磁力泵。

5.2.11 工业丝浸胶的胶料输送宜采用隔膜泵。

5.2.12 单丝立式风冷纺丝工艺设备，纺速宜在 600m/min～900m/min，喷丝板孔数不宜多于 24 孔；卧式水冷纺丝工艺设备，纺速宜在 100m/min～300m/min，喷丝板孔数宜在 1 孔～80 孔之间。

5.2.13 短纤维后加工牵伸设备应采用陶瓷辊，并应安装拔毛器和喷油设施。

5.3 设备配置

5.3.1 工艺设备配置应符合锦纶工厂的设计公称能力、产品方案和工艺流程的要求。

5.3.2 主工艺设备和辅助工艺设备配置，应按产品方案、单台（套）设备生产能力及效率、设备使用频率及周期，经过计算确定。

5.3.3 生产差别化和多品种的锦纶生产线应配置相应的辅助设备。

5.3.4 连续运行的热媒泵应采用在线一用一备或多用一备的形式。

5.3.5 短纤维生产线的卷曲机应在线备一套卷曲头。

5.3.6 短纤维生产线宜配置短绒丝束和毛条丝束包

5.3.7 纺丝计量泵、喷丝板、纺丝组件、牵伸辊、长丝卷绕头、熔体滤芯等，应根据不同规格型号，分别配置备台、备件。

5.3.8 锦纶长丝工厂宜根据生产规模，设一台或多台动平衡试验机。

5.3.9 采用聚酰胺66切片纺丝工艺的锦纶工厂应配置切片干燥设备。

5.4 设备布置

5.4.1 设备布置应遵循适当集中、合理层高、减少能耗、方便操作、易于安装维护的原则；工艺设备布置还应兼顾其他专业设备对车间布置的要求。

5.4.2 工艺设备布置应确保工艺流程顺畅，且应保证生产过程在垂直方向和水平方向的连续性和最佳路径，同时还应避免重复和交叉运输。竖向上应充分利用物料的重力和位差。

5.4.3 设备布置应保证设备之间、设备与建筑物之间的间距和净空高度满足设备的操作、安装、拆卸、检修的要求，并应为工艺管道、运输吊轨及空调的送回风管道和电气、仪表的线缆槽架留出合理的安装空间。

5.4.4 纺丝设备应按系列平行布置，操作面应采用面对面方式。

5.4.5 纺丝用热媒蒸发器应布置在纺丝箱体下方，气相热媒的凝液应能自流回热媒蒸发器。

5.4.6 锦纶工业丝的浸胶设备及胶料调配系统应布置在厂区全年最小频率风的上风侧。

5.4.7 设备布置应满足生产预留及发展的需要。

5.4.8 车间内应有合理的工艺车辆存放区和运输通道。

6 工艺管道设计

6.1 一般规定

6.1.1 管道设计应符合工艺管道和仪表流程图以及管道规格书的要求。

6.1.2 管道设计应符合国家现行标准《工业金属管道设计规范》GB 50316 和《石油化工管道设计器材选用通则》SH 3059 的有关规定。

6.1.3 高温管道的柔性设计应符合现行行业标准《石油化工管道柔性设计规范》SH/T 3041 的有关规定。

6.1.4 金属内压直管的壁厚应符合现行行业标准《石油化工管道设计器材选用通则》SH 3059 的有关规定。

6.1.5 在液相、气相热媒管道系统的每个最高点应设排气管道，最低点应设排净管道。

6.1.6 聚合物熔体管道、液体CPL及含CPL的添加剂输送管道，以及液态AH盐管道应采用夹套管。

6.1.7 工艺管道坡度宜按下列规定进行设计：
1 熔体夹套管的顺坡坡度不宜小于3%；
2 气相热媒管道的逆坡坡度不宜小于3%；
3 液相热媒低排管道的顺坡坡度不宜小于1%；
4 油剂输送管道的顺坡坡度不宜小于0.3%；
5 废水管道顺坡坡度不宜小于0.5%；
6 蒸汽冷凝水管道的逆坡坡度不宜小于0.5%；
7 液态CPL和AH盐溶液管道的顺坡坡度不宜小于1%；
8 聚合用液态添加剂管道的顺坡坡度不宜小于1%。

6.1.8 高温或低温管道应采取绝热措施，并应符合现行国家标准《工业设备及管道绝热工程设计规范》GB 50264 的有关规定。

6.1.9 工厂设计文件应规定特殊管道和管件的制作和检验要求。

6.1.10 安装在管道上的现场监视仪表宜设置在便于观察处。

6.2 管道布置

6.2.1 生产车间内工艺管道和其他专业的管道、管线应进行统筹规划，并合理安排其空间位置和走向。

6.2.2 生产车间内管道应集中布置，并便于安装和维修；管道的法兰和焊接点应避免通过电机、电气柜和仪表盘的上空。

6.2.3 高温热媒管道应避免与仪表及电气的电缆线槽相邻敷设。当相邻敷设时，平行净距离不宜小于1m；当管道采用焊接且无阀门时，平行净距离不宜小于0.5m；上下交叉净距离不应小于0.5m。

6.2.4 进入生产车间管道上设置的计量仪表和阀门，安装位置应相对集中，且应便于操作、维护。

6.2.5 管道布置除应满足正常生产外，还应满足安装、吹扫、试压和开车、停车，事故处理以及分区检修时的要求。管道布置应整齐、美观；管道支吊架设置应合理、可靠。

6.2.6 高温热媒管道的布置，应使管道系统具有必要的柔性。

6.2.7 管道布置应避免出现垂直方向的U型弯曲。

6.2.8 管道布置不应妨碍设备、机泵、电气、仪表的安装和检修。

6.2.9 室内管道除排水管道外，应采用架空或地上布置。

6.2.10 室内布置的管道不应穿过配电室，控制室，物检室。

6.2.11 厂区管线设计应结合公用工程设施的位置合理布置。

6.3 管道材质选择

6.3.1 夹套管内管材质宜选用符合现行国家标准《流体输送用不锈钢无缝管》GB/T 14976中材质为0Cr18Ni9的无缝不锈钢管；介质为热媒时，外管材质宜选用符合现行行业标准《化工装置用奥氏体不锈钢焊接钢管技术要求》HG 20537.3和《化工装置用奥氏体不锈钢大口径焊接钢管技术要求》HG 20537.4中材质为0Cr18Ni9的焊接不锈钢管；介质为热水、低压蒸汽时，外管材质宜选用符合现行国家标准《流体输送用无缝钢管》GB/T 8163中材质为20号钢的无缝钢管。

6.3.2 热媒输送管道应选用符合现行国家标准《流体输送用无缝钢管》GB/T 8163中材质为20号钢的无缝钢管。

6.3.3 输送设计压力小于或等于1.6MPa，设计温度在0℃～200℃的循环冷却水、工艺压缩空气、仪表压缩空气（车间干管），宜选用符合现行国家标准《低压流体输送用焊接钢管》GB/T 3091中材质为Q235的焊接钢管。

6.3.4 输送蒸汽和冷凝水的管道，应选用符合现行国家标准《流体输送用无缝钢管》GB/T 8163中材质为20号钢的无缝钢管。输送氮气的管道，宜选用符合现行国家标准《流体输送用不锈钢焊接钢管》GB/T 12771中材质为0Cr18Ni9的焊接不锈钢管。与车间内管线结合处应设过滤器，干管可选用符合现行国家标准《输送流体用无缝钢管》GB/T 8163中材质为20号钢的无缝钢管。

6.3.5 车间内的仪表压缩空气管道宜选用符合现行国家标准《流体输送用不锈钢焊接钢管》GB/T 12771中材质为0Cr18Ni9的焊接不锈钢管，也可选用符合现行国家标准《低压流体输送用焊接钢管》GB/T 3091中材质为Q235的热镀锌焊接钢管。

6.3.6 输送软化水、除盐水、纺丝油剂和工艺废水的管道，可选用符合现行国家标准《流体输送用不锈钢焊接钢管》GB/T 12771中材质为0Cr18Ni9的焊接不锈钢管。

6.3.7 输送切片的管道，应选用内壁粗糙度小于或等于Ra3.2，材质为0Cr18Ni9的薄壁不锈钢管。

6.3.8 熔体夹套管外管上与热媒连接的短管，宜选用与外管相同的材质。

6.3.9 工业丝工厂浸胶车间的化学品流体输送应选用符合现行国家标准《流体输送用不锈钢无缝管》GB/T 14976中材质为0Cr18Ni9的无缝不锈钢管。

6.3.10 当聚合使用醋酸作终止剂时，其输送管道宜选用符合现行国家标准《流体输送用不锈钢无缝管》GB/T 14976中材质为0Cr17Ni12Mo2的无缝不锈钢管。

6.4 特殊管道设计

6.4.1 熔体夹套管设计应符合现行行业标准《夹套管施工及验收规范》FJJ 211的有关规定。

6.4.2 纺丝熔体经过的管道和管件应无死角。

6.4.3 聚酰胺熔体管道内壁宜进行抛光处理，且粗糙度级别不应低于现行国家标准《表面粗糙度参数及数值》GB/T 1031中的Ra1.6。

6.4.4 熔体夹套管内管弯头曲率半径宜选用管径的2.0倍～2.5倍。

6.4.5 内管公称直径大于或等于DN100的熔体夹套管，其内管外壁上宜焊热媒导流线（板）。

6.4.6 纺丝熔体管道的分支点前宜设静态混合器。

6.4.7 纺丝熔体管道设计在满足管道柔性的前提下应短捷。

6.4.8 液态CPL管道宜采用热水夹套管伴热，聚酰胺6熔体管道应采用热媒夹套管伴热。

6.4.9 AH盐溶液在浓缩槽以后的管道应采用热媒夹套管伴热，在浓缩槽前的盐溶液管道应采用热水夹套管伴热。

6.4.10 生产相同产品的纺丝生产线，其纺丝熔体管道设计宜对称等长布置。

6.4.11 切片输送管道和锦纶短纤维、废丝输送管道及与之相接容器应采取防静电的接地措施，法兰间应采取铜线跨接；管道弯头的曲率半径不应小于管径的5倍。

6.4.12 靠自重下料的切片管道与垂直方向的夹角不宜大于35°。

6.4.13 温度大于100℃的热媒管道宜采用波纹管密封阀门。

6.4.14 热媒管道除必须设置法兰外，应采用焊接方式连接，在穿过通道和设备等上空时，不得有焊点。

6.4.15 热媒管道应充分利用管道走向的自然补偿，不宜采用波纹补偿器。

6.4.16 聚酰胺6聚合装置工艺管线设计应符合下列原则：

 1 新鲜CPL管线应避免出现液袋，坡度不宜小于1%，且低点应设排料阀；

 2 二氧化钛悬浮液管道、切片水输送管道，应设计清洗管线及排放阀，水平管道与垂直方向的夹角不宜大于45°；

 3 输送含低聚物回收已内酰胺管线、预聚物管线、熔体管线的坡度不宜小于3%，低点应设无死角排料阀；含低聚物回收已内酰胺管线宜在高点设置吹扫阀，与设备、阀门连接应采用法兰连接，并应在一定的长度内设计连接法兰。

6.4.17 聚酰胺66聚合和直接纺丝的熔体管道系统设计，应满足其进行拆卸、煅烧、清洗的需要。

6.4.18 气相热媒系统的管道设计应符合下列原则：

1 应分别计算工作状态与安装状态管线的坡度值,且应保证工作状态的坡度值满足运行要求;

2 热媒蒸发器出口气相管道水平管段应有逆流坡度,且坡度不宜小于3‰;

3 同一热媒系统不同加热单元尾气排放管线应分别从排放总管顶部接入排放总管,且排放接入管与垂直方向的夹角不应大于60°。排放总管至排气冷凝器应有顺流坡度,坡度不宜小于1‰;

4 同一热媒系统不同加热单元冷凝液管线应分别从顶部接入冷凝液总管。应满足各加热单元冷凝液管线液封高度不低于400mm。

6.4.19 特殊管件的制作和安装,应满足设计要求。

6.4.20 夹套管中的定位板、导流板、隔板的材质应与主管材质一致。

6.4.21 热媒循环系统的一次热媒进、出管道在热媒循环管道上的管口中心距离不宜小于2m,且一次热媒进入管道应在返回管道的下游。

6.4.22 熔体夹套管的每个直管段上应设置至少一组定位板;熔体夹套管的每个管架处应设置定位板。对于水平管道上的定位板,应保证其中一块定位板垂直安装。

6.5 管道安装及检验要求

6.5.1 熔体夹套管道的安装及检验应符合现行行业标准《夹套管施工及验收规范》FJJ 211的有关规定。

6.5.2 非夹套金属管道的安装及检验应符合国家现行标准《工业金属管道施工规范》GB 50235、《现场设备、工业管道焊接施工规范》GB 50236、《工业金属管道工程施工质量验收规范》GB 50184、《现场设备、工业管道焊接工程施工质量验收规范》GB 50683和《石油化工设备和管道涂料防腐蚀技术规范》SH 3022的有关规定。

6.5.3 锦纶工厂的管道探伤应符合下列规定:

1 所有熔体夹套管的内管对接焊缝应进行100%的射线探伤检验,Ⅱ级合格;

2 所有夹套管内管的角焊缝应进行100%的着色检验,Ⅰ级合格;

3 所有夹套管的热媒外管焊缝应进行高于或等于20%的射线探伤检验,Ⅱ级合格;

4 所有热媒管道的焊缝应进行高于或等于10%的射线探伤检验,Ⅱ级合格;

6.5.4 管道的射线探伤检验应符合现行国家标准《金属熔化焊焊接接头射线照相》GB 3323的有关规定。

6.5.5 管道的着色检验应符合现行行业标准《承压设备无损检测》JB/T 4730中着色检验评定标准的有关规定。

6.5.6 管道安装前应对管道、管件、阀门按规定进行检验,并应在合格后再安装。

6.5.7 热媒管道不应以水作为介质进行压力试验。

6.5.8 熔体夹套管的内管必须在完成焊缝的射线探伤检验和着色检验合格后,再封入外套管中。熔体夹套管道安装和试压完成后,应进行热媒的热冲击试验。

6.5.9 熔体夹套管道和热媒管道必须进行泄漏性试验。

6.5.10 热媒管道焊接宜采用氩弧焊与电弧焊结合的方式,且应符合现行国家标准《工业金属管道施工规范》GB 50235和《工业金属管道工程施工质量验收规范》GB 50184的有关规定。

7 辅助生产设施

7.1 化验室

7.1.1 车间化验室宜设在有外墙并避免阳光直接照射的车间附房内,并应远离空调间、变电所、热力站等设施。

7.1.2 化验室应进行功能分区。天平室和烘箱间宜分别单独设在不同房间;化验台宜采用中央岛式化验台,并宜与有窗外墙垂直布置。

7.1.3 天平室宜布置在不受外界气流干扰和振动影响的房间内。

7.1.4 每个化验室应设置通风柜,并应布置在靠墙或房间拐角处。

7.1.5 化验室应设置生产使用的化工原料、中间品、成品、油剂、添加剂、水等的分析化验仪器,以及各装置所排放"三废"的分析化验仪器。

7.2 物 检 室

7.2.1 物检室应布置在主生产车间附房内,并应靠近产品待检区。

7.2.2 物检室应按现行国家标准《纺织品的调湿和试验用标准大气》GB 6529的有关规定设置。

7.2.3 锦纶短纤维工厂可全厂设一个物检室。

7.2.4 锦纶长丝工厂和锦纶工业丝工厂的纺丝车间应设物检室;锦纶长丝工厂也可在纺丝车间和加弹车间分别设物检室。

7.2.5 物检室应根据功能分区。染色和干燥区应靠外墙单独设一房间,并应设排风和排水设施;判色间应与染色间相邻;烘箱间、含油分析间、天平间宜分别单独布置;仪器检测间宜布置在物检室的中心区域,并应控制温度和相对湿度。

7.2.6 高精度天平台座应采取隔振措施。

7.2.7 物检室应设置生产原料、纤维中间品、纤维成品和纤维制品的物理分析和性能测试的设备和仪器。

7.3 纺丝油剂调配间

7.3.1 纺丝油剂调配间宜设在厂房无阳光直接照射一侧。

7.3.2 短纤维的后处理油剂调配可设在上油设备附近或临近的附房内。

7.3.3 油剂调配设备宜集中布置。油剂高位槽应布置在纺丝层。

7.3.4 纺丝油剂调配间宜留出桶装油剂的储存区和进出通道。

7.3.5 纺丝油剂调配间宜根据气候、品种等要求,设置油剂加热设施。

7.4 纺丝组件清洗间

7.4.1 纺丝组件清洗间和过滤芯清洗间应布置在车间有外墙的附房内,并应符合下列原则:
 1 上装式纺丝组件,宜设在熔体管道分配间或螺杆挤压机间附近的附房内;
 2 下装式纺丝组件,宜在纺丝所在楼层附近的附房内;
 3 过滤芯清洗设备宜布置在单独房间内,并应设置排气设施。

7.4.2 喷丝板和纺丝计量泵宜采用真空煅烧炉清洗;异型纤维喷丝板、复合纤维喷丝板、细旦纤维喷丝板、宜采用三甘醇清洗炉清洗;组件外壳可采用煅烧炉清洗。

7.4.3 采用三甘醇清洗纺丝组件或过滤芯时,三甘醇废液应回收处理,不得直接排放。

7.4.4 不宜采用盐浴炉清洗纺丝组件;当采用盐浴炉清洗纺丝组件时,应有废盐浴回收或处理措施。

7.4.5 采用直接纺丝生产锦纶66纤维的装置,宜设纺丝箱体及熔体管道煅烧炉。

7.4.6 新建、改建和扩建的锦纶工厂,纺丝组件不应采用三氧化二铝硫化床清洗。

7.4.7 采用真空煅烧炉清洗纺丝组件,排气系统应设过滤或洗涤设施;采用三甘醇清洗炉清洗纺丝组件,排气系统应设冷却器和阻火器。

7.4.8 纺丝组件清洗间的吊装用葫芦应符合下列规定:
 1 真空煅烧炉宜采用电动葫芦;
 2 当三甘醇清洗炉房间达不到机械通风等级为中级、有效性为一般的要求时,应采用防爆型电动葫芦,或采用气动或手动葫芦。

7.4.9 纺丝组件清洗间应具备机械通风条件。

7.4.10 超声波清洗设备宜设在与组件清洗设备相邻的单独房间内。

7.4.11 喷丝板镜检室宜设在纺丝组件清洗间内无阳光直接照射的单独房间里。

7.4.12 组件清洗间应配置碱洗槽、水洗槽,并宜配置高压水冲洗设备。

7.5 热媒站(间)

7.5.1 锦纶工厂的聚合装置应设独立的热媒站。

7.5.2 采用熔体直接纺丝工艺的锦纶66工厂,聚合装置与纺丝装置应合建热媒站。

7.5.3 在同一厂区建设多套聚合装置时,宜建设一个热媒站;分期建设时应为后续建设的热媒炉预留位置。

7.5.4 热媒站宜布置在厂区全年最小频率风向的上风侧,并应布置在靠近使用装置的单独的通风区域内。

7.5.5 热媒炉的供热规格和数量应根据生产线配置和生产能力选择,并宜保证在一台热媒炉故障时,其他热媒炉能提供100%的供热负荷。

7.5.6 热媒炉的燃料选用应符合国家清洁生产的要求和当地政府的相关规定。

7.5.7 聚合装置热媒接收槽容量应能容纳生产装置全系统排放的热媒。

7.5.8 纺丝车间应设热媒收集间,热媒接收槽容积应大于或等于车间热媒蒸发器总容积的30%;热媒收集间宜布置在纺丝生产车间一层的附房内,并应有对外的通风条件。

7.5.9 热媒输送泵宜采用屏蔽泵或磁力泵,也可采用密封性能好的离心泵。

7.5.10 锦纶工业丝工厂浸胶车间采用热媒加热时,可设独立的热媒间,并宜布置在浸胶帘子布(帆布)干燥机附近。

7.5.11 燃水煤浆和燃油热媒炉的烟气排放,应达到国家以及工厂所在地政府规定的烟尘排放指标的要求后排放。

7.5.12 热媒炉应设置温度和压力控制、报警和连锁装置,并应符合现行国家标准《有机热载体炉》GB/T 17410的有关规定。

7.6 原料库和成品库

7.6.1 锦纶工厂应设原料库、成品库、备品备件库等。

7.6.2 仓库应靠近主生产装置,且运输方便的位置。

7.6.3 锦纶工厂所有仓库的设计应符合现行国家标准《纺织工程设计防火规范》GB 50565的有关规定。

7.6.4 锦纶工厂的仓库设计应避免阳光直接照晒到原料、切片和纤维的储存区。

7.6.5 锦纶工业丝工厂设置有浸胶车间时,应设计独立的化学品库。化学品库应设计防冻和降温设施,并应保证干燥、通风、避免阳光直晒化学品。

7.6.6 锦纶工业丝工厂浸胶使用的甲醛水溶液,其储存间宜设在浸胶车间一层有外墙并避免阳光直接照射的附房内。

7.6.7 锦纶短纤维生产在打包机后宜设产品中间库。
7.6.8 锦纶工业丝工厂的捻织车间内应设纬纱储存间（区）。

7.7 维 修 间

7.7.1 锦纶工厂应设置维修设施。
7.7.2 锦纶工厂的机修、仪修和电修可按中小修配置人员和设备。
7.7.3 锦纶纺丝装置与聚合装置合建在一起的企业，机修、仪修和电修人员和设备应统一配置。
7.7.4 锦纶工厂的纺丝车间和后处理车间应设保全维修间。长丝的卷绕保全间应靠近卷绕机室布置。

8 自动控制和仪表

8.1 一般规定

8.1.1 自动控制设计应符合安全可靠、技术先进、经济合理、操作维护方便的原则。
8.1.2 现场仪表及控制系统设计应根据工艺装置的规模、流程特点、操作控制要求等因素确定。
8.1.3 爆炸和火灾危险场所的自动控制设计应符合现行国家标准《爆炸和火灾危险环境电力装置设计规范》GB 50058 的有关规定。

8.2 控制水平

8.2.1 锦纶工厂的聚合生产过程应采用分散型控制系统（DCS）进行集中监视、操作和控制；纺丝装置宜采用分散型控制系统（DCS），也可采用可编程序控制器（PLC）进行监控。
8.2.2 二氧化钛离心机、二氧化钛研磨机、切粒机、切片输送、螺杆挤压机、卷绕机、牵伸机等整装单元设备宜随机配带控制单元，并宜根据需要将主要检测信号传送到分散型控制系统（DCS）进行显示和报警。信号传输宜采用总线通信方式，也可采用点对点通信方式。
8.2.3 牵伸机罗拉温度控制设备、卷绕头切换控制设备、断丝报警装置等宜随主机配套供货，并宜在分散型控制系统（DCS）集中监视、控制。
8.2.4 锦纶工厂的聚合生产装置中转动设备的运行状态、故障报警信号应引入分散型控制系统（DCS）显示和报警，重要的变频控制设备的速度、电流、扭矩等信号应引入分散型控制系统（DCS）显示和记录，并应根据工艺操作要求在分散型控制系统（DCS）上进行操作和控制。
8.2.5 纺丝冷却风的参数应采用分散型控制系统（DCS）或可编程序控制器（PLC）进行监控。
8.2.6 环境空调宜单独设置控制系统，根据规模和管理需求可采用可编程序控制器（PLC）、专用工控机或数显仪表进行集中或就地监控。
8.2.7 添加剂调配、油剂调配、组件清洗、胶液调配，宜设置就地控制柜，可采用可编程序控制器（PLC）或数显仪表对工艺过程进行监视、操作和控制。
8.2.8 热媒站的工艺参数宜采用可编程序控制器（PLC）进行监视和控制，关键参数应送主控室分散型控制系统（DCS）监视。

8.3 主要控制方案

8.3.1 固态 CPL 熔融采用外循环+换热器的工艺时，应采用聚合装置的分散型控制系统（DCS）进行集中监视、操作和控制，控制方案应遵循下列原则：
 1 固态 CPL 粉碎、进料阀应设置事故连锁、报警；
 2 CPL 换热器应设置温度控制系统；
 3 熔融罐应设置液位控制系统；
 4 已内酰胺供料槽接收多股物料时，进料宜设置比例控制系统。
8.3.2 参加反应的各种添加剂应分别设置质量流量控制系统，并应以主物料的质量流量为基准分别组成闭环比值控制系统精确控制其相互间的质量比。
8.3.3 采用直接纺丝的锦纶 66 装置，从盐溶液供料槽到后聚合器各主流程设备的液位，宜采用逆向控制。聚酰胺 6 聚合装置，从已内酰胺进料至后聚合反应器各主流程设备的液位，宜采用逆向控制；萃取塔、干燥塔的料位，宜采用顺向控制。
8.3.4 当温度控制精度要求高，且采用二次热媒加热时，反应器、聚合器和熔体管物料温度宜采用以物料温度为主环、热媒温度为副环的串级控制系统。
8.3.5 锦纶 66 装置中，后聚合器的压力控制应通过控制真空喷射泵的水流量来实现。
8.3.6 熔体直接纺丝工艺的熔体压力控制应通过控制熔体增压泵的转速实现；切片纺丝工艺的熔体压力控制应通过控制螺杆挤压机的转速实现。
8.3.7 容积式输送泵的出口应设置压力高限连锁停泵控制系统。
8.3.8 配有立式搅拌器的设备必须设置液位低限停止搅拌器的连锁保护系统。
8.3.9 纺丝冷却风的温湿度应采用定露点控制方式，且压力、流量参数应可调节。
8.3.10 切片干燥的氮气循环系统应设置在线氧含量分析仪在线检测氧含量。

8.4 特殊仪表选型

8.4.1 锦纶装置的添加剂宜采用质量流量计进行质量流量连续控制添加，对于间歇配料或产量较小的生产线可采用电子秤或计量罐批量计量添加。
8.4.2 熔体管道中熔体温度测量应采用特殊结构的

三线制 Pt100 铂热电阻温度计，且接触熔体部分的长度应根据熔体管管径确定，宜为 5mm～25mm。

8.4.3 熔体管道中熔体压力测量应采用高温膜片压力变送器，且测量膜片应与管道内表面平齐。

8.4.4 容积式输送泵出口用于保护设备的压力高限报警开关宜选用电接点压力表，接点形式应为接近感应式，对于熔体应采用高温膜片密封压力表。

8.4.5 锦纶 6 反应器的液位测量宜根据使用条件不同选用浮筒式、电容式、雷达式等液位计，也可选用放射性液位计。

8.4.6 锦纶 66 预聚合器、后聚合器的压力测量宜采用吹气法测量。

8.4.7 锦纶 66 预聚合器、后聚合器的液位测量宜选用放射性液位计。

8.4.8 热媒介质的控制阀宜选用波纹管密封气动薄膜调节阀，且连接方式宜采用对焊。

8.4.9 仪表与工艺介质接触部分的材质，应不低于设备和管道的材质。

8.4.10 切片料仓的料位宜采用音叉式或振动棒式料位开关，也可采用雷达物位计连续测量。

8.4.11 已内酰胺、二氧化钛的流量测量宜采用直管型或微弯型质量流量计，且应竖直安装，流体下进上出。

8.4.12 主要的现场仪表变送器宜选用带有可寻址远程传感器高速通道（HART）通信协议。

8.4.13 整装单元机械设备应随机配带一次仪表。

8.4.14 聚酰胺 6 聚合装置中的已内酰胺、含低聚物已内酰胺、二氧化钛悬浮液等介质压力测量应选用探入式或管道式化学密封式压力表或压力变送器。

8.4.15 已内酰胺蒸馏系统的仪表应采用夹套保温型。

8.5 控制系统配置

8.5.1 操作站的配置应符合下列要求：
  1 应按操作区域、生产线、操作单元的划分来配置操作站；
  2 应按过程检测、控制点数及其复杂程度配置操作站；
  3 操作站的显示器宜采用 19inch～22inch 液晶显示器（LCD）；
  4 操作站应配置操作员键盘、硬盘、光盘驱动器、鼠标或球标。

8.5.2 操作站不具备组态、编程功能时，应配备工程师站。

8.5.3 控制站应根据输入/输出点数进行配置，并应根据检测控制点的数量和分布情况选择控制室集中或现场分散的数据采集模式。

8.5.4 控制站的中央处理单元、电源模块、通信系统、重要模拟控制回路的输入/输出卡应 1∶1 冗余配置。系统包含服务器时，宜采用服务器 1∶1 冗余配置。

8.5.5 控制系统的输入/输出通道宜留有实际使用点 10%～15% 的备用通道，各种机柜（架）宜留有 10%～15% 的备用空间。

8.5.6 控制站的负荷应低于额定能力的 70%，系统的通信负荷应低于额定能力的 60%。

8.5.7 操作站宜配置报警打印机和报表打印机。

8.5.8 一分钟采样周期的历史数据储存时间应多于或等于 30d。

8.5.9 系统实时数据采集和处理周期应根据工艺操作要求确定，不应大于 0.5s。

8.5.10 主生产装置和辅助生产装置的过程控制系统应采用不间断电源（UPS）供电，蓄电池供电时间应大于或等于 30min。

8.6 控制室

8.6.1 控制室的设置应以操作、管理方便为原则，并宜根据检测、控制点的分布情况设置机柜室。聚合和纺丝装置宜分别设置一个中央控制室，卷绕、后处理、捻织和浸胶宜根据工厂的管理模式设置机柜室或值班控制室。

8.6.2 主生产装置控制室应包括操作室和机柜室。装置规模较小时，操作室和机柜室或操作室和值班室可合用。

8.6.3 控制室应设置在安全区。控制室设计及环境条件除应满足本规定之外，尚应符合国家现行标准《电子信息系统机房设计规范》GB 50174、《石油化工控制室设计规范》SH 3006 和《控制室设计规定》HG/T 20508 的有关规定。

8.6.4 纺丝、卷绕、后处理、浸胶的机柜室宜单独设置，操作室可共用。

8.6.5 操作室的面积应根据操作站的数量确定，两个操作站的操作室面积宜为 40m²～50m²，每增加一个操作站应增加 5m²～8m²。

8.6.6 操作站的显示屏应避免室外光线直接照射，操作台距墙应大于 1.5m。

8.6.7 机柜室面积应根据机柜的尺寸和数量确定。背面开门的机柜墙应大于 1.5m，两列前后开门的机柜间净距离宜为 1.6m～2.5m。机柜布置时，应使柜间电缆走向合理、交叉最少、距离最短。

8.6.8 控制室应采取静电防护措施，采用抗静电架空地板时，地板的架空高度宜为 300mm～600mm。

8.6.9 控制室架空地板下宜设置电缆槽，电缆应按种类分开敷设。

8.7 安全连锁

8.7.1 锦纶生产装置的连锁功能，宜通过分散型控制系统（DCS）或可编程序控制器（PLC）实现。

8.7.2 各种现场仪表开关、报警接点应为正常生产时闭合，故障或报警时断开。

8.7.3 连锁电磁阀应满足正常生产时通电，故障连锁时断电的要求。

8.7.4 重要的安全连锁，应采用硬接线连锁。

8.7.5 短纤维生产线应在现场和操作站分别设置紧急停车按钮。

8.8 仪表安全措施

8.8.1 在爆炸性危险环境内使用的电动仪表必须满足使用场所的防爆要求。

8.8.2 控制系统冗余的通信电缆敷设时，应采用不同的敷设路径。

8.8.3 电缆应按信号种类分开敷设，在同一电缆槽中敷设时，应采用金属隔板分开。

8.8.4 仪表信号电缆与动力电缆的敷设间距应符合国家现行有关标准的规定。

8.8.5 模拟信号电缆应采用屏蔽对绞电缆，开关接点信号电缆可采用总屏蔽电缆。

8.8.6 检测、控制回路的线芯截面应满足线路阻抗和线缆机械强度的要求。

8.8.7 仪表和控制系统的接地应符合现行行业标准《石油化工仪表接地设计规范》SH/T 3081 或《仪表系统接地设计规定》HG/T 20513 等标准的有关规定。

8.8.8 放射性仪表的设计、安装、使用应符合现行国家标准《使用密封放射源的放射卫生防护要求》GB 16354、《含密封源仪表的放射卫生防护标准》GB 16368 和《电离辐射防护与辐射源安全基本标准》GB 18871 等的有关规定。

8.8.9 多雷地区的控制系统和室外仪表应采取信号防雷措施。

9 电 气

9.1 一般规定

9.1.1 电气设计应符合安全可靠、经济合理、技术先进、维护方便的要求。

9.1.2 电气设计应合理确定设计方案和变配电装置的布局，应采用成熟、有效的节能措施，推广节能技术和节能产品，降低电能损耗。

9.1.3 电气设计应积极采用实践证明行之有效的新技术、新设备。

9.2 供 配 电

9.2.1 锦纶工厂连续聚合装置、纺丝连续生产装置和纺丝冷却风等生产用电负荷应为二级负荷；气体爆炸场所用于稀释爆炸介质浓度的通风机应为二级负荷；消防用电负荷应为二级负荷；其他用电负荷为三级负荷。

9.2.2 锦纶工厂的两回路电源宜由电力系统不同母线段提供，每回路应能满足工厂连续性生产负荷和其他重要负荷的用电。

9.2.3 锦纶工厂的配变电所宜采用分段单母线接线。

9.2.4 变电所应装设两台及以上配电变压器。当其中一台变压器断开时，其余变压器的容量应能满足工厂全部二级负荷的用电。

9.2.5 锦纶工厂爆炸危险环境的电气设计，应符合下列规定：

1 三甘醇清洗炉、甲醛水溶液储存间、胶料调配间调配槽、氨分解制氢系统或氢气钢瓶间、熔体过滤芯检验用异丙醇槽，以及有 CPL 气体散发处的爆炸危险环境区域应按照现行国家标准《爆炸和火灾危险环境电力装置设计规范》GB 50058 和《爆炸性气体环境用电设备第十四部分：危险场所分类》GB 3836.14 的有关规定划分，并符合本规范第 3.5 节的有关规定；

2 锦纶工厂中主要可燃性气体的分级、分组，应符合下列规定：

1) 三甘醇的分级、分组：ⅡAT2；

2) 氢气的分级、分组：ⅡCT1；

3) 甲醛的分级、分组：ⅡBT2；

4) 联苯、联苯醚的分级、分组：ⅡAT1；

5) 氢化三联苯的分级、分组：ⅡAT1；

6) 醋酸的分级、分组：ⅡAT1；

7) 燃料油的分级、分组：ⅡAT3；

8) 氨的分级、分组：ⅡAT1；

9) 己内酰胺的分级、分组：ⅡAT1；

10) 异丙醇的分级、分组：ⅡAT2；

3 爆炸危险环境电气装置的设计，应符合现行国家标准《爆炸和火灾危险环境电力装置设计规范》GB 50058 的有关规定。

9.2.6 配电设备的防护等级应适合使用场所，并不应低于 IP4X。

9.2.7 锦纶工厂设计中应采取下列主要节能措施：

1 锦纶工厂设计中应根据用电性质、用电容量，选择合理供电电压和供电方式。有条件的地区，当技术经济合理时，工厂内部的交流配电电压宜采用 AC20kV、380V/660V 电压等级；

2 变配电所的位置应接近负荷中心，减少变压级数，缩短供电半径；

3 功率在 200kW 及以上，宜采用高压电动机；

4 单相用电设备应均匀地接在三相网络上，供电网络的电压不平衡度应小于 2%；

5 功率因数应满足供电部门的规定。在提高自然功率因数的基础上，应合理设置集中、集中与就地及分相补偿的无功补偿设备；

6 变流装置、灯具等非线性用电设备应选用谐波符合国家相关规定的产品。工厂电网接入处的谐波应符合现行国家标准《电能质量公用电网谐波》GB/T 14549 的有关规定;

7 机械负载经常变化的电气传动系统,应采用调速运行方式加以调节。调速运行方式的选择,应根据传动系统的特点和条件,通过安全、技术、经济、运行维护等方面综合经济分析比较后确定;

8 异步电动机采用调压节电措施时,选择的节电器应经综合功率损耗与节约功率计算及启动转矩、过载能力校验,在满足机械负载要求的条件下,使调压的电动机工作在经济运行的范围内;

9 应加强节能管理工作。变配电设备应配置相应的测量和计量仪表;

10 应选用节能的变配电及用电设备。

9.3 照 明

9.3.1 锦纶工厂的照明及照明节能设计应符合现行国家标准《建筑照明设计标准》GB 50034 的有关规定。

9.3.2 锦纶工厂的疏散照明、安全照明、备用照明等应急照明系统,应由专用的馈电线路供电。

9.3.3 锦纶工厂应急照明系统可选用蓄电池作为备用电源。

9.3.4 锦纶工厂爆炸危险环境的照明设计应符合现行国家标准《爆炸和火灾危险环境电力装置设计规范》GB 50058 的有关规定。

9.4 防 雷

9.4.1 锦纶工厂建筑物、构筑物的防雷设计应符合现行国家标准《建筑物防雷设计规范》GB 50057 的有关规定。

9.4.2 锦纶生产装置厂房应为第三类防雷建筑物。

9.4.3 锦纶工厂公用工程厂房应为第三类防雷建筑物。

9.4.4 使用氢化三联苯或二芳基烷作为热媒的热媒站应为第三类防雷建筑物;使用联苯、联苯醚为热媒的热媒站,应为第二类防雷建筑物。

9.4.5 锦纶工厂配变电所电力变压器高低压侧,应设置避雷器或电涌保护器。

9.4.6 燃料油储罐的防雷设计应按现行国家标准《石油库设计规范》GB 50074 的有关规定执行。

9.4.7 锦纶工厂的数字及电子信息设备防雷电感应过电压的设计应符合现行国家标准《建筑物电子信息系统防雷技术规范》GB 50343 的有关规定。

9.5 接 地

9.5.1 锦纶工厂的功能性接地、保护性接地、防静电接地、防雷接地、等电位联结接地等,宜采用一个共用接地装置。接地装置的接地电阻应符合其中最小值的要求。

9.5.2 锦纶工厂的爆炸危险环境应采取静电防护措施。

9.5.3 静电防护措施应符合现行国家标准《防止静电事故通用导则》GB 12158 的有关规定。

9.6 火灾自动报警

9.6.1 锦纶工厂的生产装置火灾自动报警系统应按照现行国家标准《建筑设计防火规范》GB 50016 和《纺织工程设计防火规范》GB 50565 的有关规定设置。

9.6.2 保护对象应按现行国家标准《火灾自动报警系统设计规范》GB 50116 的有关规定进行分级和设计火灾自动报警系统。

9.6.3 火灾自动报警与联动系统的设计应符合现行国家标准《建筑设计防火规范》GB 50016 和《火灾自动报警系统设计规范》GB 50116 的有关规定。

9.6.4 爆炸危险环境的火灾报警系统设计,应符合现行国家标准《爆炸和火灾危险环境电力装置设计规范》GB 50058 的有关规定。

10 总 图 运 输

10.1 一般规定

10.1.1 锦纶工厂总平面布置应符合现行国家标准《工业企业总平面设计规范》GB 50187 和《纺织工程设计防火规范》GB 50565 的有关规定,并应满足国家现行其他有关安全、卫生防护、环境保护以及防洪等方面标准的要求。

10.1.2 锦纶工厂的厂址应符合区域规划或地区总体规划的要求,宜布置在居住区全年最小频率风向的上风侧。

10.1.3 厂区总平面布置应贯彻节约用地的方针,应因地制宜和合理布置。

10.1.4 厂区总平面布置的建筑系数、容积率、绿地率等有关技术经济指标应符合国家及地方有关行政主管部门的规定。

10.1.5 厂区总平面布置应满足生产工艺流程的要求,功能分区应明确、合理,并应按功能分区合理确定通道宽度。功能相近的建筑物和构筑物宜采用联合、多层布置。

10.1.6 厂区总平面布置宜根据工厂远期发展规划的需要,适当留有发展余地。

10.2 总平面布置

10.2.1 生产厂房宜布置在厂区中部,辅助生产设施及公用工程设施宜靠近生产厂房或负荷中心布置。

10.2.2 采用切片纺丝工艺时,切片库宜靠近生产厂房的干燥、纺丝车间。采用熔体直接纺丝时,纺丝车间应靠近聚合车间布置。

10.2.3 锦纶长丝、锦纶工业丝工厂的成品库宜靠近生产厂房的分级包装间布置,锦纶短纤维工厂的成品库宜靠近生产厂房的打包间布置,成品库宜靠近厂区主要货流出入口。

10.2.4 厂区热媒站及污水处理或污水预处理站宜布置在厂区全年最小频率风向的上风侧,污水处理站或污水预处理站尚宜靠近厂区排水出口位置。总变电站、总开关站宜布置在进线方向的厂区边缘处。

10.2.5 厂区总平面布置应合理组织人流与货流。厂区出入口不应少于2个,并宜人、货分流。大中型锦纶工厂的出入口尚宜位于厂区的不同方位。

10.2.6 厂区通道宽度应根据建筑物和构筑物防火间距、消防车道、货物运输与装卸、地上与地下工程管线、大型设备吊装与检修、挡土墙与护坡以及厂区绿化等要求合理确定,并宜紧凑布置。

10.2.7 厂区道路宜为城市型、环状布置,并应满足现行国家标准《纺织工程设计防火规范》GB 50565对消防车道的要求。道路的路面结构、道路宽度、道路纵坡及路口转弯半径等均应满足所使用车辆的行驶要求。仓库区域宜设置停车场或装卸区。

10.2.8 厂区系统管线的管架宜采用纵梁式管架,也可采用独立式管架。

10.3 竖向布置

10.3.1 厂区竖向布置应满足该地区防洪标准及防涝的要求,并应使厂区雨水能够及时排除。

10.3.2 厂区竖向布置宜采用平坡式,场地平整宜采用连续式。在山区建厂或场地自然地形坡度大于2%时,可采用阶梯式布置。

10.3.3 厂内道路设计标高应与厂外道路相适应,并合理衔接,厂区出入口道路宜略高于厂外道路。

10.3.4 厂区内场地平整标高应根据防洪、防涝、厂外道路与场地现有标高,减少土(石)方工程量以及挖填基本平衡等因素确定。

10.3.5 厂内设铁路专用线或水运码头,应与有关主管部门协调,合理确定铁路或码头的设计标高。

11 建筑、结构

11.1 一般规定

11.1.1 本规定适用于抗震设防烈度为8度和8度以下地区的锦纶工厂生产厂房和辅助生产设施的建筑、结构设计。厂房在湿陷性黄土、膨胀土、多年冻土等地区建厂,应符合国家现行有关标准的规定。

11.1.2 建筑、结构设计应满足生产工艺要求,应符合现行国家标准《纺织工程设计防火规范》GB 50565、《工业建筑防腐蚀设计规范》GB 50046等有关标准的规定。

11.1.3 建筑、结构设计应根据需要和可能采用成熟可靠的新材料、新技术,合理利用地方材料和工业废料,满足所在地区建设及节能等方面的要求。

11.2 生产厂房

11.2.1 生产厂房建筑结构形式宜采用现浇钢筋混凝土框架结构,单层厂房宜采用现浇或预制钢筋混凝土排架结构,也可采用钢结构。厂房建筑结构的安全等级应为二级,建筑抗震设防类别宜为标准设防类,简称丙类,地基基础设计等级可为丙级。生产厂房的耐火等级应为一、二级,屋面防水等级宜为Ⅱ级。

11.2.2 生产厂房的设备荷载应按设备条件确定,并应依据动荷载的影响作计算。楼面安装、维修荷载的数值和范围应与重型设备的运输路线相适应,外墙应根据安装运输路线预留必要的供大型设备运入的安装孔。非设备区的楼面等效均布活荷载,主梁可按$4.0kN/m^2 \sim 5.0kN/m^2$计算,板及次梁可按$6.0kN/m^2 \sim 7.0kN/m^2$计算。

11.2.3 生产厂房的体型宜简单。平面设计宜规整、紧凑。应合理布置、充分利用空间。剖面设计宜避免错层、减少层高的种类。立面设计宜简洁。

11.2.4 生产厂房与辅助生产设施宜紧凑布置,或组成联合厂房。

11.2.5 生产厂房宜充分利用自然光,天然采光设计宜符合现行国家标准《建筑采光设计标准》GB/T 50033的有关规定。生产厂房楼梯间宜设置自然采光及自然通风。

11.2.6 严寒地区、寒冷地区及夏热冬冷地区,室内相对湿度较高的锦纶短纤维后加工车间、锦纶工业丝浸胶车间等厂房围护结构应符合本规范第13.4.4条的有关规定。

11.2.7 有一定温、湿度要求的锦纶纺丝间、卷绕间、平衡间、加弹车间与其他车间相通的门和外门宜设门斗。上述车间及锦纶工业丝捻织车间围护结构传热系数限值应符合本规范第13.4.4条的有关规定。

11.2.8 锦纶工业丝捻线织布车间宜采取吸声减噪措施,并应符合现行国家标准《工业企业噪声控制设计规范》GBJ 87的有关规定。

11.2.9 下列生产车间(部位)的地面应采用易于清洁、耐压及耐磨的材料:

1 锦纶长丝(含BCF)纺丝车间的卷绕间、分级包装间;

2 锦纶短纤维车间的落桶间、集束间、打包间、中间库;

3 锦纶工业丝纺丝车间的卷绕间、分级包装间;

4 锦纶工业丝捻织车间的中间库、捻线间、织布间。

11.2.10 生产厂房内应考虑原料及半成品、成品的运输要求。门的数量、位置、尺寸、开启方式及开启方向等均应与运输工具相适应，并应满足安全疏散要求。

11.2.11 位于楼层的空调机房的楼板应设置排水和防水措施。

11.2.12 生产厂房内的沟道布置在满足生产要求的情况下，应减少沟道的长度、深度、交叉并避开设备基础。应根据沟道的使用要求和地下水位情况，采取沟道防水或防渗措施。

11.2.13 锦纶短纤维车间后加工从集束至卷曲机的地面应做防滑地面。

11.3 生产厂房附房

11.3.1 生产性附房的设备荷载应根据设备条件确定，其他附房的活荷载宜按将来改造为生产性附房确定。

11.3.2 生产厂房内的辅助生产、生活和行政管理用房宜靠近所服务的车间，并应布置合理、使用方便。

11.3.3 车间办公室、值班室、休息室、饮水室、餐室、更衣室、厕所等管理及生活用房，应符合工业企业设计卫生标准的有关规定，并根据工厂实际需要设置。

11.3.4 房间长度大于 7.0m 的高压开关室和低压配电室，应在两端各设 1 个出口。楼地面应采用易于清洁的材料，也可采用抗静电架空地板。采用电缆沟布线时，应采取防止小动物、地下水或地表水进入电缆沟内的措施。

11.3.5 房间长度大于 15.0m 的控制室，应在两端各设 1 个出口，楼地面宜采用抗静电架空地板。

11.3.6 化验室窗不应采用有色玻璃。楼地面和墙面应采用易于清洁的材料，楼地面应设置排水和防水措施。

11.3.7 温湿度要求较高的物检室及组件清洗间的计量泵校验间，围护结构热工设计应满足工艺及暖通专业要求。其楼地面、墙面和顶棚应采用易于清洁的材料，并应防尘。

11.3.8 油剂调配间的地面应易于清洁、防滑，并应有排水措施。

11.3.9 纺丝车间热媒收集槽间应至少设一个直通室外的安全出口。

11.3.10 当管理及生活附房集中设置时，围护结构热工设计应符合现行国家标准《公共建筑节能设计标准》GB 50189 的有关规定。

11.4 辅助生产工程

11.4.1 厂区辅助生产设施可两项或数项合并设置。

11.4.2 厂区辅助生产设施的建筑结构形式，可采用钢筋混凝土框架、钢筋混凝土排架、砌体结构或钢结构。其平面设计应紧凑、规整、柱网简单。建筑物耐火等级应为一、二级。屋面防水等级不应低于Ⅲ级。

11.4.3 锦纶工厂的原料库、成品库及备品备件库计算面积利用系数可为 0.5～0.6。仓库的高度应满足货物堆高和装卸、运输要求。仓库地面应采用易于清洁及耐压、耐磨的材料，原料 CPL 仓库地面应有防潮措施。其外门应考虑通行运输车辆的要求，并应便于管理。原料及成品仓库宜有良好的自然通风与采光。

11.4.4 锦纶工业丝化学品库应有良好的自然通风，并避免阳光直射。应根据储存化学品的物理、化学性质，采取保温（或降温）措施。

11.4.5 燃煤热媒站厂房可采用开敞或半开敞式钢结构，也可采用钢筋混凝土排架结构，燃油（燃气）热媒站可露天布置。

11.5 建筑防火、防爆、防腐蚀

11.5.1 锦纶工厂的生产厂房（含附房）及全部辅助生产设施的建筑防火设计均应符合现行国家标准《纺织工程设计防火规范》GB 50565 的有关规定。

11.5.2 锦纶长丝（含BCF）、锦纶单丝、锦纶短纤维、锦纶工业丝及其捻织、浸胶产品生产火灾危险性应为丙类，原料仓库和成品仓库储存物品的火灾危险性应为丙类。

11.5.3 生产厂房内附设原料库或成品库时，应采用防火墙和耐火极限不低于 1.50h 的楼板与生产车间隔开，防火墙上的门应为甲级防火门。原料库和成品库的防火设计应符合现行国家标准《纺织工程设计防火规范》GB 50565 的有关规定。

11.5.4 生产厂房防火分区最大允许建筑面积应符合现行国家标准《纺织工程设计防火规范》GB 50565 的有关规定。聚合车间、锦纶长丝（含BCF）、锦纶短纤维、锦纶工业丝纺丝车间上下楼层为不同的防火分区时，被纺丝箱体和纺丝甬道穿贯的楼板可不做防火封堵。但应同时满足下列要求：

　1　生产厂房的建筑耐火等级为一级；

　2　生产厂房与附房之间用耐火极限不低于 2.50h 的不燃烧体隔墙和 1.50h 的楼板隔开，隔墙上的门为甲级防火门。

11.5.5 生产厂房安全疏散应符合现行国家标准《纺织工程设计防火规范》GB 50565 的有关规定。当锦纶纺丝车间有多个防火分区相邻布置，并采用防火墙分隔，每个防火分区均有 2 个或 2 个以上分散布置的安全出口时，每个防火分区可利用防火墙上通向相邻防火分区的甲级防火门作为辅助安全出口。

11.5.6 设在生产厂房内的热媒间、热媒储槽收集间、熔体过滤芯异丙醇检验间、锦纶工业丝浸胶车间的胶料调配间及甲醛水溶液储存间等应靠外墙布置，并应将其与生产厂房其他部分之间耐火极限不低于2.50h的不燃烧体隔墙和1.00h的楼板隔开，隔墙上的门应为甲级防火门。地面应采用不发生火花的材料。

11.5.7 设置电梯的聚合车间、锦纶长丝（含BCF）、锦纶短纤维、锦纶工业丝纺丝车间，电梯宜设在附房内。当必须设在生产车间内时，宜设置电梯前室，前室应采用耐火极限不低于2.00h的不燃烧体隔墙和1.00h的楼板与生产车间隔开，前室门应为乙级防火门或防火卷帘。

11.5.8 锦纶工业丝生产的浸胶间以及化学品库、污水处理站或污水预处理站等有腐蚀性介质的建筑物或构筑物应采取防腐蚀措施，并宜设置自然通风或机械排风设施。

11.5.9 建筑防腐蚀设计应符合现行国家标准《工业建筑防腐蚀设计规范》GB 50046的有关规定。

12 给 水 排 水

12.1 一般规定

12.1.1 给水排水管道的平面布置与埋深应根据工厂地形、工程地质、总平面布置、地下水位、冰冻深度、管道材料、施工条件等因素综合确定。

12.1.2 各车间给水排水管道的进、出口方位应按生产工艺要求，结合全厂给水排水管道的布置确定，并应减少进、出口接管的数量，缩短管道的长度。

12.1.3 给水排水管道不得穿过设备基础，不宜穿过建筑物的变形缝。如需穿过时，应采取防止管道变形的措施。给水排水管道穿过承重墙或建筑物基础时，应预留孔洞或设置套管。管顶上部净空不应小于建筑物的沉降量，且不应小于0.1m。

12.1.4 室内给排水管道不得穿过变配电室、控制室。生活、生产和消防给水管道宜明敷。生产给水管道宜与工艺管道共架布置，消防给水管道宜单独敷设，并应符合现行国家标准《建筑给水排水设计规范》GB 50015的有关规定。

12.1.5 埋地敷设的金属管道外壁及架空敷设的碳钢管道的外壁应进行防腐处理。

12.2 给 水

12.2.1 锦纶生产应严格控制新鲜水用量，且应采用重复利用、循环使用等措施。

12.2.2 给水系统的划分应根据生产、生活和消防等各项用水对水质、水温、水压和水量的要求，分别设置直流、循环或重复利用的管道系统。

12.2.3 锦纶生产所需的生产用水、除盐水、循环冷却水的水质、水温、水压和水量，应根据生产工艺的要求确定。全厂新鲜水的总用水量应按生活用水量、生产用水量、除盐水制备用水量、循环冷却水和冷冻水的补充水量、公用设施用水量及未预见用水量之和计算，未预见用水量可按总用水量的15%～20%计算。总用水量应结合用水同时使用情况计算。

12.2.4 锦纶工厂循环冷却水的浓缩倍数不应小于3倍，且水质应符合现行国家标准《工业循环冷却水处理设计规范》GB 50050的有关规定。

12.2.5 全厂水的重复使用率不宜小于95%。

12.2.6 各给水系统设计流量应按最高日最大小时用水量确定，支管道设计宜按秒流量计算。管道设计压力应按设计流量及最不利点所需压力，结合管网布置，经计算确定。当采用生产、消防合用给水系统时，应按消防时的合并流量、压力进行复核。

12.3 排 水

12.3.1 排水系统应根据生产、生活排水的污水性质、浓度、水量等特点，按质分类、清污分流，合理划分排水系统。

12.3.2 排水量应按下列规定确定：

1 生产污水系统的设计排水量，应为连续排水量和同时发生的最大小时的间断排水量与未预见排水量之和。未预见小时排水量，应按连续排水量和同时发生的最大小时间断排水量之和的15%～20%计算。当采用清洁废水与雨水合流排水系统时，其设计流量应为清洁废水设计最大小时流量与设计雨水量之和；

2 生活污水系统的设计排水量，宜按生活用水的设计小时用水量的90%～100%计算。

12.3.3 设备排水不宜直接与重力流管道相连接，并应在其承接口以下的管道上设置水封装置。

12.3.4 空调机组排水宜采用金属排水管道，当排水管道敷设在楼板下时宜做防结露保温层。

12.3.5 生产污水应根据水质、水温选择排水管道材质。

12.4 污水处理

12.4.1 污水处理设计应符合现行国家标准《纺织工业企业环境保护设计规范》GB 50425的有关规定。

12.4.2 锦纶工厂浓废油剂应回收处理，生产中产生的油剂废水及单体回收废水宜预处理后再与其他生产污水合并处理。

12.4.3 锦纶帘子布生产所产生的浸胶废水应预处理后再与其他生产污水合并处理。

12.4.4 锦纶工厂污水处理应根据排放标准采用具有脱氮功能的处理工艺。

12.5 消防设施

12.5.1 锦纶工厂的消防设施应根据其生产和储存品的火灾危险性分类以及建筑物的耐火等级等因素，设置消火栓给水系统、自动喷水灭火系统等。

12.5.2 室内外消防给水系统应符合现行国家标准《纺织工程设计防火规范》GB 50565 和《建筑设计防火规范》GB 50016 的有关规定,自动喷水灭火系统的设置应符合现行国家标准《自动喷水灭火系统设计规范》GB 50084 的有关规定。

12.5.3 锦纶帘子布生产用浸胶机的烘干段宜采用固定式灭火系统。

12.5.4 锦纶工厂各建筑物灭火器配置,应符合现行国家标准《建筑灭火器配置设计规范》GB 50140 的有关规定。

13 采暖、通风和空气调节

13.1 一般规定

13.1.1 采暖、通风和空气调节设计除执行本规范的规定外,尚应符合现行国家标准《采暖通风与空气调节设计规范》GB 50019 和《纺织工程设计防火规范》GB 50565 的有关规定。

13.1.2 防烟排烟设计应执行现行国家标准《纺织工程设计防火规范》GB 50565 的有关规定。

13.1.3 锦纶工厂生产车间的室内温度、湿度计算参数应根据工艺要求确定。无特殊要求时,可按表 13.1.3-1～表 13.1.3-4 设计。

表 13.1.3-1 锦纶长丝工厂室内温湿度

房间名称	夏季 温度(℃)	夏季 相对湿度(%)	冬季 温度(℃)	冬季 相对湿度(%)	检测点位置
熔体分配间	≤35	—	≥20	—	—
纺丝间	≤28	—	≥20	—	值班区
卷绕间	(20~24)±2	(60~70)±5	(20~24)±2	(60~70)±5	卷绕头旁
平衡间	(20~24)±3	(70~80)±3	(20~24)±3	(70~80)±3	离地1.5m
加弹车间	(22~26)±3	(65~70)±5	(22~26)±3	(65~70)±5	丝架区离地1.5m
物检室	20±2	65±3	20±2	65±3	仪器检测间
化验室	≤28	—	≥16	—	操作区
变频器室	≤32	≤75	≥10	≥35	—
控制室	26±2	40~70	20±2	40~70	—

注:加弹车间根据品种不同,可采用仅在丝架区域送空调风方式,以及设置单独增湿设施。

表 13.1.3-2 锦纶短纤维工厂室内温湿度

房间名称	夏季 温度(℃)	夏季 相对湿度(%)	冬季 温度(℃)	冬季 相对湿度(%)	检测点位置
熔体分配间	≤35	—	≥20	—	—
纺丝间	≤30	—	≥16	—	值班区
卷绕间	22~25	65±5	22~25	65±5	操作区
集束间	22~25	65±5	22~25	65±5	条筒区
后处理车间	≤30	—	≥16	—	打包区、休息区

续表 13.1.3-2

房间名称	夏季 温度(℃)	夏季 相对湿度(%)	冬季 温度(℃)	冬季 相对湿度(%)	检测点位置
物检室	20±2	65±5	20±2	65±5	仪器检测间
化验室	≤30	—	≥16	—	操作区
变频器室	≤32	≤75	≥10	≥35	—
控制室	26±2	40~70	20±2	40~70	—

表 13.1.3-3 锦纶工业丝工厂室内温湿度

房间名称	夏季 温度(℃)	夏季 相对湿度(%)	冬季 温度(℃)	冬季 相对湿度(%)	检测点位置
熔体分配间	≤35	—	≥20	—	—
纺丝间	≤32	—	≥20	—	值班区
卷绕间	25±3	(55~70)±5	20±3	(55~70)±5	卷绕头旁
平衡间	25±3	60±5	20±3	60±5	离地1.5m
分级包装间	≤30	—	≥16	—	操作区
捻线间	25±5	40~65	25±5	40~65	操作区
织布间	25±5	40~65	25±5	40~65	操作区
物检室	20±2	65±3	20±2	65±3	仪器检测间
化验室	≤30	—	≥16	—	操作区
变频器室	≤32	≤75	≥10	≥35	—
控制室	26±2	40~70	20±2	40~70	—

表 13.1.3-4 锦纶BCF工厂室内温湿度

房间名称	夏季 温度(℃)	夏季 相对湿度(%)	冬季 温度(℃)	冬季 相对湿度(%)	检测点位置
熔体分配间	≤35	—	≥20	—	—
纺丝间	≤30	—	≥20	—	值班区
卷绕间	(20~22)±2	65±3	(20~22)±2	65±3	卷绕头旁
平衡间	26±3	70±5	26±3	70±5	离地1.5m
加捻、网络间	26±3	55±5	26±3	55±5	操作区
热定型间	≤30	—	≥16	—	操作区
物检室	20±2	65±5	20±2	65±5	仪器检测间
化验室	≤30	—	≥16	—	操作区
变频器室	≤32	≤75	≥10	≥35	—
控制室	26±2	40~70	20±2	40~70	—

13.1.4 丝束冷却风的温度与相对湿度计算参数应根据工艺要求确定。无特殊要求时,可按表 13.1.4 设计。

表 13.1.4 锦纶工厂丝束冷却风温度与相对湿度

品种	夏季 温度(℃)	夏季 相对湿度(%)	冬季 温度(℃)	冬季 相对湿度(%)	检测点位置
长丝	(16~20)±1	(80~90)±3	(16~20)±1	(80~90)±3	主风道
锦纶6工业丝	15±2	(90~95)±5	15±2	(90~95)±5	主风道
锦纶66工业丝	18±2	70±5	18±2	70±5	主风道
短纤维	(20~25)±1	65±5	(20~25)±1	65±5	主风道
BCF	(17~20)±1	(70~80)±5	(17~20)±1	(70~80)±5	主风道

注:长丝和工业丝指一步法工艺。

13.2 采 暖

13.2.1 累年日平均温度稳定低于或等于5℃的日数大于或等于90d的地区，室内经常有人停留或工艺对室温有要求的生产厂房与附房宜采用集中采暖。其他地区，工艺对室内温度有特殊要求的生产厂房与附房可采用集中采暖。

13.2.2 集中采暖应首先利用生产余热。

13.2.3 下列情况应采用热风采暖：
 1 由于防火、防爆和卫生要求必须采用全新风的热风采暖时；
 2 采用其他采暖方式不能满足要求时；
 3 能与机械通风系统合并时；
 4 利用循环空气采暖经济合理时。

13.2.4 设置热风采暖的房间，当生产间断运行且需值班采暖时，宜采用热风与散热器的联合采暖。

13.2.5 散热器表面温度较高可能引发事故时，应采取防护措施。

13.3 通 风

13.3.1 通风设计宜采用自然通风，当自然通风不能满足要求时，可采用自然与机械的联合通风或机械通风。

13.3.2 建筑物内散发余热、余湿或有害物质的生产过程与设备，宜采用局部通风，当局部通风不能满足要求时，应辅以全面通风或采用全面通风。

13.3.3 室内气流组织，不应使含有大量热、湿或有害物质的空气流入没有或仅有少量热、湿或有害物质的人员活动区域，且不应破坏局部排风系统的正常工作。

13.3.4 排放空气应符合现行国家标准《大气污染物综合排放标准》GB 16297 的有关规定。

13.3.5 在本规范第3.5.5条第2~7款规定的场所，应符合爆炸性气体环境危险区域划分所需的通风条件，通风系统应按现行国家标准《纺织工程设计防火规范》GB 50565 的有关规定采取防爆安全措施。

13.3.6 在本规范第3.7.18条规定的场所，通风系统应按现行国家标准《采暖通风与空气调节设计规范》GB 50019 的有关规定采取防毒安全措施。

13.3.7 设置集中采暖且有机械排风的房间，当采用自然补风不能满足要求或在技术经济上不合理时，宜设置机械送风系统。设置机械送风系统时，应进行风量平衡及热量平衡计算。

13.3.8 产生凝液的排风系统，应采取排凝措施。

13.3.9 锦纶工厂聚合装置的生产厂房，当工艺无特殊要求时，通风可按下列规定设计：
 1 应充分利用自然通风。当自然通风条件不良时，可采用机械通风；
 2 严寒或寒冷地区的厂房宜设置机械排风。当利用分散补风不能满足防冻要求时，应设置机械送风，并应配置空气加热器；
 3 当固态CPL和AH盐投料槽内部和粉碎系统未设负压抽吸系统时，投料口处应设置局部排风，室内气流组织应避免扬起积尘。排风系统应设置除尘器，并应按现行国家标准《纺织工程设计防火规范》GB 50565 的有关规定采取防爆安全措施。

13.3.10 锦纶工厂纺丝装置的生产厂房，当工艺无特殊要求时，通风可按下列规定设计：
 1 熔体分配间、切片干燥间和螺杆挤压机间可采用自然通风或机械通风；
 2 长丝和工业丝的热牵伸辊及卷绕间应根据工艺要求，设置局部排风系统排除油雾；
 3 锦纶66纺丝间各纺丝位的喷丝板出口处，应根据工艺要求设置低聚物和齐聚物的局部排风，排风系统应设置除尘器；
 4 锦纶6纺丝车间的风量平衡计算应计入纺丝间单体抽吸系统的排风量。

13.3.11 锦纶工厂后处理装置的生产厂房，当工艺无特殊要求时，通风可按下列规定设计：
 1 长丝加弹车间加弹机的设备排风应接至室外；
 2 短纤维后处理车间的热辊牵伸机、蒸汽加热箱、紧张热定型机等设备或区域应设置局部排风；松弛热定型机设备排风应接至室外。打包操作岗位宜设置局部送风；
 3 工业丝浸胶车间可采用自然通风，上胶区与干燥机顶部应设置机械通风。

13.3.12 锦纶工厂辅助生产设施的厂房，当工艺无特殊要求时，通风可按下列规定设计：
 1 组件清洗间应设置机械通风，异丙醇检验装置应设置局部排风；
 2 热媒间、热媒收集间及油剂调配间应设置机械通风；
 3 工业丝的纸管干燥间应设置机械通风；
 4 工业丝浸胶车间的胶料调配间应采用机械通风，间—甲树脂反应槽投料口的上方应设置局部排风；
 5 工业丝浸胶车间的甲醛水溶液储存间应设置机械通风。采用储罐储存时，操作区应设置局部排风。通风机的控制电器，应设置在甲醛储存间外便于操作处；
 6 锦纶66工业丝的纺丝箱体煅烧间应设置机械通风。

13.4 空气调节

13.4.1 锦纶工厂下列情况应设置空气调节：
 1 丝束冷却风；
 2 采用采暖通风不能满足工艺要求的厂房与附房；

3 采用采暖通风不能满足职业卫生要求的生产岗位或区域。

13.4.2 在满足工艺要求和职业卫生要求的条件下，应减少空气调节的范围。当采用局部或局部区域空气调节能满足要求时，不应采用全室性空气调节。

13.4.3 因工艺要求而设置的空气调节应采用空气调节室外计算参数。因职业卫生要求而设置的空气调节宜采用采暖室外计算温度和夏季通风室外计算参数。

13.4.4 围护结构的最大传热系数与最小传热阻应符合现行国家标准《采暖通风与空气调节设计规范》GB 50019 的有关规定。

13.4.5 空气调节的负荷计算应符合现行国家标准《采暖通风与空气调节设计规范》GB 50019 的有关规定。空气调节区域得热量以全天连续运行的设备与管道等的散热为主时，因围护结构得热形成的冷负荷，可采用简化方法计算确定。

卷绕间的负荷计算，应计入丝束冷却风带入卷绕间的热量和湿量。

13.4.6 变频器室、控制室等电气仪表用房宜单独设置空气调节系统。

13.4.7 丝束冷却风系统的设计应符合下列规定：

1 各纺丝位的冷却风量及其波动范围应满足工艺要求；

2 纺丝甬道内的空气流动方向与流量应根据工艺要求确定；

3 丝束冷却风系统宜按工艺生产线设置；

4 丝束冷却风采用封闭方式时，冷却风排风应设置独立的排风系统，排风系统应设置风量调节装置；

5 丝束冷却风系统不宜回用含有油雾的空气；

6 短纤维的丝束冷却风不应回用。

13.4.8 因职业卫生要求而设置的空气调节与条件允许的工艺性空气调节，当可用新风作冷源时，全空气空气调节系统应最大限度地使用新风。

13.4.9 纺丝间操作区的送风不得干扰纺丝窗的冷却风气流，且不应直接吹向纺丝箱体。

13.4.10 锦纶长丝加弹车间丝筒架处的风速不宜大于 0.25m/s。

13.4.11 生产车间的空气处理装置宜设置喷水室。

13.4.12 除丝束冷却风与物检室的空气调节外，空气处理不宜采用冷、热抵消的再热方式。

13.4.13 丝束冷却风系统应设置风量调节装置。

13.4.14 丝束冷却风的空气处理装置，末级空气过滤器对于大于或等于 $1\mu m$ 的大气尘计数效率应符合工艺要求。

13.4.15 空气调节系统宜采用自动控制。丝束冷却风系统和物检室检测间的空气调节系统应采用自动控制。

13.4.16 处理含有油雾空气的空气处理装置，其排水应排至生产废水系统。

13.5 设备、风管及其他规定

13.5.1 采用喷水室处理空气时，喷水泵不宜少于 2 台，其总出水能力应满足最大喷水量。

13.5.2 丝束冷却风系统的空气处理装置与风管应符合下列规定：

1 空气处理装置宜采用金属壳体，末级空气过滤器与其后部的设备和风管应采用耐腐蚀、不起尘的材料制作；

2 空气处理装置的送风机室与末级空气过滤段应设置 2 道密封门；

3 空气处理装置的不间断运行时间宜与工艺设备的检修期相适应。

附录 A 锦纶工厂可燃、可爆、有毒物质数据

表 A 锦纶工厂可燃、可爆、有毒物质数据表

序号	中文名称	英文名称	沸点(℃)	闪点(℃)	引燃温度(℃)	爆炸极限(%) 下限	爆炸极限(%) 上限	毒性级别	空气中允许浓度(mg/m³) 最高允许浓度	空气中允许浓度(mg/m³) 时间加权平均	空气中允许浓度(mg/m³) 短时间接触
1	己内酰胺①	caprolactam	270	110	375	1.4	8	Ⅲ级（中度危害）	—	5	—
2	联苯	diphenyl	254	113	540	0.6	5.8	Ⅲ级（中度危害）	—	1.5	3.75
3	联苯醚	diphenyl ether	258	111	618	0.8	1.5	Ⅲ级（中度危害）	5.0③		
4	联苯+联苯醚②	diphenyl+diphenyl ether	257	113～124	599～615	1.0	2.0～3.4	Ⅲ级（中度危害）	7.0		
5	氢化三联苯	modified polyphenyl	359	184	374			Ⅲ级（中度危害）	4.9		
6	己二胺	hexamethylene diamine	205	81		0.7	6.3	Ⅲ级（高度危害）	1.0		
7	醋酸	acetic acid	117.9	39	463	4	17	Ⅲ级（中度危害）		10	
8	硫酸	sulfuric acid	330					Ⅲ级（中度危害）		1	2

续表 A

序号	中文名称	英文名称	沸点(℃)	闪点(℃)	引燃温度(℃)	爆炸极限(%) 下限	爆炸极限(%) 上限	毒性级别	空气中允许浓度(mg/m³) 最高允许浓度	空气中允许浓度(mg/m³) 时间加权平均	空气中允许浓度(mg/m³) 短时间接触
9	三甘醇	triethylene glycol	285	165	371	0.9	9.2	Ⅳ级（轻度危害）	—	—	—
10	甲醛④	formaldehyde	−19.5	85⑤	430	7.0	73.0	Ⅱ级（高度危害）	0.5	—	—
11	间苯二酚④	1,3-benzenediol	276.5	127	608	1.4	—	Ⅲ级（中度危害）	—	20	40
12	氢气⑥	hydrogen	−252.9	—	500	4.0	74.2	—	—	—	—
13	异丙醇	isopropyl alcohol	82.3	12	399	2.0	12.7	Ⅳ级（轻度危害）	—	350	700
14	氨	ammonia	−33.5	630	630	15	30.2	Ⅳ级（轻度危害）	—	20	30
15	天然气	natural gas	−160	630	537	5	14	Ⅳ级（轻度危害）	—	20	30

注： ① 己内酰胺粉尘在空气中的爆炸下限为：20g/m³。
② 联苯+联苯醚的组分为联苯 26.5％（wt），联苯醚 73.5％（wt）；该混合物的物性参数因供货商不同有差异。
③ 联苯醚的车间空气中最高容许浓度为前苏联标准。本品有毒，可燃，具刺激性，急性毒性：LD_{50} 为 3990mg/kg（大鼠经口）。
④ 为锦纶工业丝后处理生产帘子布、帆布用浸渍液原料。
⑤ 闪点指 37％甲醛水溶液（甲醇含量低于 2％）。
⑥ 高浓度氢气有窒息性。

本规范用词说明

1 为便于在执行本规范条文时区别对待，对要求严格程度不同的用词说明如下：
　1) 表示很严格，非这样做不可的：
　　正面词采用"必须"，反面词采用"严禁"；
　2) 表示严格，在正常情况下均应这样做的：
　　正面词采用"应"，反面词采用"不应"或"不得"；
　3) 表示允许稍有选择，在条件许可时首先应这样做的：
　　正面词采用"宜"，反面词采用"不宜"；
　4) 表示有选择，在一定条件下可以这样做的，采用"可"。

2 条文中指明应按其他有关标准执行的写法为："应符合……的规定"或"应按……执行"。

引用标准名录

《建筑给水排水设计规范》　GB 50015
《建筑设计防火规范》　GB 50016
《采暖通风与空气调节设计标准》　GB 50019
《建筑采光设计标准》　GB/T 50033
《建筑照明设计标准》　GB 50034
《工业建筑防腐蚀设计规范》　GB 50046
《工业循环冷却水处理设计规范》　GB 50050
《建筑物防雷设计规范》　GB 50057
《爆炸和火灾危险环境电力装置设计规范》　GB 50058
《石油库设计规范》　GB 50074
《自动喷水灭火系统设计规范》　GB 50084
《工业企业噪声控制设计规范》　GBJ 87
《火灾自动报警系统设计规范》　GB 50116
《建筑灭火器配置设计规范》　GB 50140
《石油化工企业设计防火规范》　GB 50160
《电子信息系统机房设计规范》　GB 50174
《工业金属管道工程施工质量验收规范》　GB 50184
《工业企业总平面设计规范》　GB 50187
《公共建筑节能设计标准》　GB 50189
《工业金属管道施工规范》　GB 50235
《现场设备、工业管道焊接施工规范》　GB 50236
《工业设备及管道绝热工程施工规范》　GB 50264
《工业金属管道设计规范》　GB 50316
《建筑物电子信息系统防雷技术规范》　GB 50343
《纺织工业企业环境保护设计规范》　GB 50425
《纺织工程设计防火规范》　GB 50565
《现场设备、工业管道焊接工程施工质量验收规范》　GB 50683
《表面粗糙度参数及数值》　GB/T 1031
《低压流体输送用焊接钢管》　GB/T 3091
《金属熔化焊焊接接头射线照相》　GB 3323
《建筑采光设计标准》　GB/T 50033
《爆炸性气体环境用电气设备　第14部分：危险场所分类》　GB 3836.14
《纺织品的调湿和试验用标准大气》　GB 6529
《流体输送用无缝钢管》　GB/T 8163
《防止静电事故通用导则》　GB 12158
《流体输送用不锈钢焊接钢管》　GB/T 12771
《一般用压缩空气质量等级》　GB/T 13277
《电能质量公用电网谐波》　GB/T 14549
《流体输送用不锈钢无缝管》　GB/T 14976
《大气污染综合排放标准》　GB 16297
《使用密封放射源的放射卫生防护要求》　GB 16354

《含密封源仪表的放射卫生防护标准》 GB 16368
《电离辐射防护与辐射源安全基本标准》 GB 18871
《有机热载体炉》 GB/T 17410
《石油化工控制室设计规范》 SH 3006
《石油化工储运系统罐区设计规范》 SH/T 3007
《石油化工设备和管道涂料防腐蚀技术规范》 SH 3022
《石油化工管道柔性设计规范》 SH/T 3041
《石油化工管道设计器材选用通则》 SH 3059
《石油化工仪表接地设计规范》 SH/T 3081
《石油化工粉粒产品气力输送工程技术规范》 SH/T 3152
《夹套管施工及验收规范》 FJJ 211
《承压设备无损检测》 JB/T 4730
《控制室设计规定》 HG/T 20508
《仪表系统接地设计规定》 HG/T 20513
《化工装置用奥氏体不锈钢焊接钢管技术要求》 HG 20537.3
《化工装置用奥氏体不锈钢大口径焊接钢管技术要求》 HG 20537.4

中华人民共和国国家标准

锦纶工厂设计规范

GB 50639—2010

条 文 说 明

制 定 说 明

《锦纶工厂设计规范》GB 50639 经住房和城乡建设部 2010 年 11 月 3 日以第 823 号公告批准发布。

本规范在制定过程中，编制组对我国具有代表性的大型锦纶 6 和锦纶 66 的聚合物切片工厂、长丝工厂、短纤维工厂、工业丝工厂、地毯丝（BCF）工厂和单丝工厂进行了广泛的实地调查研究，掌握第一手数据，总结了我国锦纶工程建设和生产的实践经验，同时参考了近年引进国外先进技术的生产情况，在征求行业专家意见的基础上，形成本规范。

为便于广大设计、施工、科研和监督部门等单位的工程技术人员在使用本规范时能正确理解和执行条文规定，《锦纶工厂设计规范》编制组按章、节、条顺序编制了本规范的条文说明，对条文规定的目的、依据以及执行中需注意的有关事项进行了说明，还着重对强制性条文的强制性理由作了解释。但是，本条文说明不具备与规范条文同等的法律效力，仅供使用者作为理解和把握规范规定的参考。

目　次

1　总则 …………………………………… 7—42—35
2　术语和代号 …………………………… 7—42—35
　2.1　术语 ……………………………… 7—42—35
3　工艺设计 ……………………………… 7—42—35
　3.1　一般规定 ………………………… 7—42—35
　3.2　设计原则 ………………………… 7—42—36
　3.3　流程选择 ………………………… 7—42—38
　3.4　工艺计算 ………………………… 7—42—39
　3.5　危害因素和防爆区 ……………… 7—42—39
　3.6　节能降耗 ………………………… 7—42—40
　3.7　其他规定 ………………………… 7—42—40
4　聚合设备及布置 ……………………… 7—42—42
　4.1　一般规定 ………………………… 7—42—42
　4.2　设备选型 ………………………… 7—42—42
　4.3　设备配置 ………………………… 7—42—43
　4.4　设备布置 ………………………… 7—42—43
5　纺丝和后处理设备及布置 …………… 7—42—43
　5.1　一般规定 ………………………… 7—42—43
　5.2　设备选型 ………………………… 7—42—44
　5.3　设备配置 ………………………… 7—42—44
　5.4　设备布置 ………………………… 7—42—44
6　工艺管道设计 ………………………… 7—42—45
　6.1　一般规定 ………………………… 7—42—45
　6.2　管道布置 ………………………… 7—42—45
　6.3　管道材质选择 …………………… 7—42—45
　6.4　特殊管道设计 …………………… 7—42—45
　6.5　管道安装及检验要求 …………… 7—42—46
7　辅助生产设施 ………………………… 7—42—46
　7.1　化验室 …………………………… 7—42—46
　7.2　物检室 …………………………… 7—42—46
　7.3　纺丝油剂调配间 ………………… 7—42—47
　7.4　纺丝组件清洗间 ………………… 7—42—47
　7.5　热媒站（间） …………………… 7—42—47
　7.6　原料库和成品库 ………………… 7—42—48
8　自动控制和仪表 ……………………… 7—42—48
　8.1　一般规定 ………………………… 7—42—48
　8.2　控制水平 ………………………… 7—42—48
　8.3　主要控制方案 …………………… 7—42—48
　8.4　特殊仪表选型 …………………… 7—42—48
　8.5　控制系统配置 …………………… 7—42—49
　8.6　控制室 …………………………… 7—42—49
　8.7　安全连锁 ………………………… 7—42—49
　8.8　仪表安全措施 …………………… 7—42—49
9　电气 …………………………………… 7—42—49
　9.1　一般规定 ………………………… 7—42—49
　9.2　供配电 …………………………… 7—42—49
　9.3　照明 ……………………………… 7—42—50
　9.4　防雷 ……………………………… 7—42—50
　9.6　火灾自动报警 …………………… 7—42—50
10　总图运输 …………………………… 7—42—50
　10.1　一般规定 ………………………… 7—42—50
　10.2　总平面布置 ……………………… 7—42—50
　10.3　竖向布置 ………………………… 7—42—51
11　建筑、结构 ………………………… 7—42—51
　11.1　一般规定 ………………………… 7—42—51
　11.2　生产厂房 ………………………… 7—42—51
　11.3　生产厂房附房 …………………… 7—42—51
　11.4　辅助生产工程 …………………… 7—42—51
　11.5　建筑防火、防爆、防腐蚀 ……… 7—42—51
12　给水排水 …………………………… 7—42—52
　12.2　给水 ……………………………… 7—42—52
　12.3　排水 ……………………………… 7—42—52
　12.4　污水处理 ………………………… 7—42—52
　12.5　消防设施 ………………………… 7—42—52
13　采暖、通风和空气调节 …………… 7—42—52
　13.1　一般规定 ………………………… 7—42—52
　13.2　采暖 ……………………………… 7—42—53
　13.3　通风 ……………………………… 7—42—53
　13.4　空气调节 ………………………… 7—42—54
　13.5　设备、风管及其他规定 ………… 7—42—55

1 总　　则

1.0.1 锦纶是合成纤维三大品种之一，国内新建、扩建、改建项目较多，涉及面广，需要统一工程设计技术要求，促进设计工作规范化。国内从未制定过锦纶工厂的设计规范或技术规定，为适应当前的技术发展和工程设计需要，制定本规范。

1.0.2 本条规定了本规范的适用范围，所涵盖的范围是锦纶生产中应用最广泛、技术成熟、已经实现工业化生产的品种——锦纶 6 和锦纶 66。范围包括聚酰胺切片工厂、锦纶长丝工厂（含锦纶 BCF）、锦纶短纤维工厂、锦纶工业丝工厂和锦纶单丝工厂；产品包括锦纶 6 和锦纶 66；工艺包括锦纶 6 和锦纶 66 的聚合、切片纺丝、后加工以及锦纶 66 熔体直接纺丝工艺；内容涵盖生产工艺设施、辅助生产设施、建筑结构及公用工程的设计规定。根据国际科学组织（I.S.O）的定义，聚酰胺纤维不包括芳香族聚酰胺纤维（如芳纶）。因此，本规范不适用于芳香族聚酰胺纤维的工厂设计。为生产服务的公用工程设施如空压站、制冷站等，以及办公生活设施已有各自的专门规范，所以本规范不包括这些设施的设计，只针对锦纶工厂对这些设施的要求作出规定。

1.0.3～1.0.5 这三条是锦纶工厂设计的共性要求，规定了应共同遵守的原则。

2　术语和代号

2.1　术　　语

2.1.1 锦纶工厂

锦纶学名为聚酰胺纤维。锦纶是聚酰胺纤维在我国的商品名称，也称为尼龙纤维。主要工业化产品是锦纶 6 和锦纶 66。

其他聚酰胺纤维，如 PA4、PA7、PA8、PA11、PA12、PA610、PA1010 等并未工业化生产。在《工程建设标准体系（纺织工程部分）》里，对本规范的适用范围也有明确定义，即"本规范适用于以己内酰胺（或尼龙 6 切片）、尼龙 66 盐（或尼龙 66 切片）为原料，生产锦纶 6、锦纶 66 长丝（含 BCF、工业丝）、短纤维的锦纶工厂新建、扩建和改建工程设计。"

用于锦纶 6 纺丝的聚合物应称为聚酰胺 6 切片或聚酰胺 6 熔体；用于锦纶 66 纺丝的聚合物应称为聚酰胺 66 切片或聚酰胺 66 熔体。

3　工艺设计

3.1　一般规定

3.1.1 本条规定了锦纶工厂的工艺设计界定范围。由于锦纶产品众多，其生产工艺设备配置要求也不尽相同。因此，锦纶工厂设计可按工艺实际需要增减其内部工序。

目前，国内锦纶工业丝工厂多数设有捻织、浸胶等下游生产工序，为方便配套有捻织车间和浸胶车间的锦纶工业丝工厂建设的总体规划和设计工作，本规范对捻织车间和浸胶车间作了原则性的规定。

1　聚合装置：

1）聚酰胺 6 聚合装置的工艺设计范围，不同专利商根据其技术管理模式的不同，有不同的划分。化验室、热媒站、铸带板、过滤器清洗等单元，也可划到工艺设计范围之外。

2　纺丝装置：

1）投料：包括人工投料或切片输送；

2）是否需要干燥应根据原料切片中水份含量确定。按照现在流行的装置配置，锦纶 6 切片纺丝不需干燥；锦纶 66 切片纺丝需要干燥。

3.1.2 锦纶的聚合装置、纺丝装置和后处理装置的设计能力的依据不相同：

1　聚合装置能力是根据聚合管的直径大小计算平均日产量，因此，设计能力按"t/d"计算。

2　纺丝装置能力由于生产不同品种时产量相差很大，因此，以全年生产的各典型产品的平均产量作为工厂产量的计算依据。所以用"t/a"作为表征锦纶纺丝装置能力的单位较为科学。

3　对于锦纶工业丝工厂以浸胶帘子布或浸胶帆布为产品时，产品是按每平方米克重为计算单位，生产不同品种时每平方米克重相差很大。因此，按"t/a"作为表征浸胶帘子布或浸胶帆布的生产能力。

3.1.3 根据目前国内锦纶工厂的聚合装置和长丝装置的工艺特点和设备性能，以及实际运行状况，年生产天数可达到 350d。因此，本规范确定聚合装置和长丝装置设计年生产时间宜按 350d 计算；而短纤维生产装置因工艺流程长，设备台套多，生产连续性较差，因此，其设计年生产时间按 333d 计算。

3.1.4 由于 CPL 在聚合过程中具有可逆平衡，而且链交换、缩聚和水解三个反应同时进行，致使最终反应混合物中不仅含有聚合物、单体和水，还含有线型和环状齐聚物。由于现采用的水为活性剂聚合工艺技术转化率为 90% 左右，熔体中尚有约 10% 的未反应单体及低聚物（包括环状低聚物）。因此，锦纶 6 纺丝前必须脱除聚合物中的单体和低聚物。

从工艺原理和工业试验效果分析，聚酰胺 6 熔体通过脱出单体和低聚物处理，是可以实现熔体直接纺丝的。特别对于熔体质量要求不高的锦纶短纤维和 BCF 等，更可以实现熔体直接纺丝。但由于目前国内工业化生产线脱出单体和低聚物的效果不理想，同时，国内锦纶短纤维和 BCF 生产企业规模偏小，以及缺乏财力、物力支持，也影响了研发的经济性和产业化进程。国内原建设的直接纺丝短纤维生产线现均已停产，近年国内没有类似生产线建设。因此，在目前条件下，锦纶6的生产仍宜采用聚酰胺6切片纺丝工艺。

锦纶66的原料AH盐在缩聚反应过程中不易环化，其聚合物中低分子含量很少，不需要脱除单体。因此，锦纶66大生产装置应采用聚酰胺66熔体直接纺丝工艺，以减少生产环节，节约能量，降低成本；而对于小批量生产，仍宜采用切片纺丝工艺。

3.1.5、3.1.6 高纯度氮气保护主要是防止原料、聚合物熔体和产品切片被空气氧化，避免影响产品质量。

3.1.7 CPL熔点为68℃～70℃，为防止CPL熔体在管道中凝固，其输送管道应采用热水夹套伴热；一般CPL熔体温度在85℃～98℃，夹套热水温度高于95℃，既不利于节能，也易产生汽化。

3.1.8 目的是防止切片因氧化，使切片颜色泛黄。聚酰胺6和聚酰胺66在不同温度的抗氧化能力不同，在大于60℃，与空气接触会发生明显的氧化，此时一般采用高纯度氮气保护。

3.1.9 联苯-联苯醚或低温联苯沸点较低，容易汽化。因此，气相热媒应采用联苯-联苯醚或低温联苯；而液相联苯一般使用温度较高，因此，应采用沸点较高的氢化三联苯或二芳基烷。对于聚酰胺66聚合生产线，二次热媒系统主要为液相系统，本规定是合适的。对于聚酰胺6聚合生产线，二次热媒系统主要为气相系统，为便于管理，常使用联苯-联苯醚这种介质。

3.1.10 由于一次热媒是以一个温度方式供热，而各反应器温度不同，或同一反应器各段温度不同，采用一次热媒加热二次热媒的方式，可灵活调节不同的加热温度，便于温度控制。对于热负荷小的聚合、纺丝生产线，采用电加热比较经济。

3.1.11 热媒系统在初次运行时需注入热媒和排出管道中的空气；在热媒运行过程中需排除高温产生的低沸点物和不凝气体；而在检修、停车和紧急事故时需要将系统中的热媒排放收集；在热媒升温过程中需要吸收热媒的膨胀量。因此，热媒系统设计应考虑相关措施。

3.1.12 本条规定为防止和降低热媒的氧化。

3.1.13 由于纺丝箱体的热媒系统使用联苯-联苯醚，其渗透性极强，且在气相条件下使用，生产中在热媒蒸发器内的操作温度高于它的闪点。该热媒在超温时压力增长较快，如不控制其温度和压力，易引起外泄，并且存在可燃和爆炸的危险。因此，为防止引起火灾或爆炸，保证生产安全，采取本条所列措施。

3.1.14 热媒是可燃物质，且在高温下运行。为防止紧急事故时发生火灾，应设热媒紧急排放收集设施。

3.1.15 本条是根据现行国家标准《石油化工企业设计防火规范》GB 50160的相关规定制定的。

3.1.16 本条规定为方便分析检测。

3.1.17 锦纶及其原料的耐光性较差，在长时间的日光和紫外线照射下，颜色易发黄，纤维强度会下降，聚合物会降解。

3.1.18 本条规定目的是方便装卸和防止氧化。

3.1.19 本条规定目的是保证原料质量。

3.1.20 锦纶工厂的辅助工艺设施：纺丝主要是纺丝组件清洗、纺丝油剂调配、化验室、物检室（染色和干燥区）、备品备件库等；聚酰胺6聚合主要是单体回收、熔体过滤芯清洗、铸带头或板清洗、添加剂配置等；这些房间或多或少都有一些气味产生，为排除气味，宜将上述工艺设施布置在有外墙的附房内；并且应靠近所服务的对象布置，减少往返距离。

3.1.21 锦纶工厂需对生产原料、产品、调配的添加剂、纺丝油剂以及后加工的胶料进行化验分析，因此，应设化验室。对于聚合装置和纺丝装置合建的锦纶工厂，为节省投资、减少定员和方便管理，可合建一个化验室或设置全厂中心化验室。因纤维物理检验必须对每批纤维进行检验，所以物检室应设在纺丝车间附房里。

3.1.22 物理检验室、化验室、仪表控制室、变配电室等，或用到的精密仪器需防震、防尘，或设备需防水，因此应避免靠近有振动的房间；而用水的设备或房间由于可能出现漏水情况，会对电气设备、控制设备、分析化验仪器造成损坏，因此也应避免设置在其上方。

3.1.23 为保证产品的质量，原料必须过滤。相比熔体过滤器，对原料进行过滤无论设备投资、原料消耗、清洗均具有较大的优势。原料过滤器的过滤精度不低于熔融过滤器可延长熔融过滤器的切换周期。综合目前国内聚酰胺6、聚酰胺66聚合装置的使用情况，熔体过滤器的设置对提高下游产品的质量稳定性有好处。对于用于高速纺及膜级等高品质聚酰胺6切片，聚合装置设熔体过滤器是必要的。对于用于工业丝的聚酰胺6切片，多数聚合装置没有设熔体过滤器。

目前国内聚酰胺6聚合装置设有熔体过滤器的工厂一般也不做检测滤芯清洗效果的异丙醇鼓泡试验。但从保证产品质量要求分析，锦纶聚合工厂宜设熔体过滤器和异丙醇鼓泡试验设施。

3.1.24 进入车间的各种公用工程管道加装切断阀，有利于紧急情况下切断干管；而设置计量仪表，有利于对生产车间的公用工程消耗进行考核。生产规模较大的工厂，宜按聚合、纺丝、后处理分别设置计量仪表，便于经济核算。

3.2 设计原则

3.2.1 操作弹性为设计能力的50%～110%，是因为在更低的负荷下，物料停留时间长，控制阀门灵敏度下降，参数易波动，工艺不好操作，对产品质量也有影响。而在更高负荷下，设备及投资将有变化。

3.2.2 设置联合控制室，有利于减少定员和节省投资。由于目前生产实际中切粒机发生事故的可能性最大，而处理是由控制室的人员负责，因此，控制室与切粒机宜布置在同一楼层，以方便处理故障。

3.2.3 根据锦纶生产工艺特点，聚合及纺丝装置一般采用多层厂房，后处理一般是单层厂房，或局部多层厂房。为保证流程畅通、短捷，充分利用重力流，工艺设备应按从上到下，从前到后的原则顺序布置，形成没有往返交叉，生产、存放、向下游移动合理的生产流程。

3.2.4 对于聚酰胺6聚合装置：

1 采用液态CPL原料，减少了干燥、包装、再熔融的工艺环节，有利于减少生产工序、节约能源、降低成本。

2 设置固态CPL熔融设施，将保证生产不因上游原料工厂因事故或检修停产，中断液态CPL供应时对生产的影响。

3 从目前国内生产实际的各种浓缩液直接回用工艺看，对切片质量均有一定的影响。生产高性能切片除受到工艺设备、技术和操作水平的影响外，也受原料品质和改性添加剂的影响。在回收过程中，采用裂解、精馏等工艺分离或转化环状低聚物的措施，可使用一定比例的回收料。而高性能添加剂对提高聚酰胺6的可纺性、纺丝产品的染色性等方面均有一定的益处。

4 目前国产的聚酰胺6聚合技术的单线生产能力为20kt/a～25kt/a，技术成熟。国际上聚合装置规模呈大型化发展趋势，单线生产能力为30kt/a～50kt/a的聚合装置相关的工艺、设备已经成熟，50kt/a的聚合反应器已经投入工业化生产，因此建设规模的选择要根据企业原料的供应和市场需求确定。单线生产能力低于20kt/a的常规聚合装置的经济性较差。但对于主要利用浓缩液，生产低端切片的装置不受此限制。

生产特种切片或其他特殊要求的装置可根据产品的特性、市场需求等确定装置的生产能力。对产品质量特性要求单一的装置，应采用全连续工艺流程；对生产小批量、多品种的产品也可采用间歇工艺流程。

5 应考虑伴热和管道的坡度。

6 采用控制氮气中余氢措施控制氮气中的氧含量，可防止干燥过程中氧的积聚造成切片氧化，也有利于减少氢气的补充，提高生产区域的安全性。

7 本款规定有利于降低原料消耗，节约能源，保护环境。对于新建工厂，已内酰胺回收装置必须同期建设。

8 全回用工艺，已内酰胺回收率100%，如蒸发后浓缩液作为原料直接进行聚合。为了消除回收料中的环状聚合物对高品质产品的影响，现有两种发展模式，一为浓缩液作为原料进入单独的生产线，该生产线可生产对环状聚合物不敏感的产品；另一种是对浓缩液中的环状聚合物进行裂解。采用高温、高压、水解的流程，解聚后的浓缩液全部作为原料进行聚合属于已内酰胺全回用；采用酸解的流程，需要后续分离流程，不属于已内酰胺全回用。回收率定义为作为原料的已内酰胺（含低聚物）占萃取水中已内酰胺（含低聚物）的比率。

9 因聚酰胺6工业丝聚合添加剂相同，适合统一建回收装置。本款规定有利于降低投资，节约土地，方便管理，减少定员。

10 本款规定有利于减少污染，降低生产成本。

3.2.5 对于聚酰胺66聚合装置：

1 采用液态AH盐原料，减少了干燥、包装、再熔融的工艺环节，有利于减少生产工序、节约能源、降低成本。

2 设置固态AH盐熔融及盐处理设施，将保证生产不因上游原料工厂因事故或检修停产，中断液态AH盐供应时对生产的影响。

3 本款规定根据目前国内建设实际经验，以提高投资的经济性。

4 本款规定可以降低投资，提高设备配置的合理性。

3.2.6 锦纶纺丝装置：

1 气相热媒保温均匀性好，温度恒定，不易产生死角，对于不规则形状的纺丝箱体和较窄通道的熔体分配管道的保温性能好，但其压力不宜太高；而液相热媒可在较高压力下进行循环使用，对于采用低温工艺的熔体输送保温非常有利。

2 本款规定有利于生产不同规格的产品。

3 因聚酰胺66切片含水率较高，必须经过干燥才能用于纺丝，而干燥气体应采用氮气，以防止切片氧化。

4 锦纶66适合采用熔体直接纺丝工艺，对于生产常规锦纶66的大型生产装置，采用直接纺丝工艺能减少生产成本、节约能源、提高经济效益。

5 锦纶6纺丝过程中每个纺丝位都有单体挥发出，设置单体抽吸及洗涤系统可有效处理挥发出的单体，保证车间环境和产品质量。

6 锦纶66纺丝过程中每个纺丝位都有少量低聚物挥发出，设置抽吸及过滤系统可有效处理挥发出的低聚物，保证车间环境和产品质量。

7 由于在缩聚过程中，聚酰胺66比聚酰胺6更易热分解和产生凝胶，并可能附在管道和设备内壁，脱落后将影响纺丝生产。因此，定期采用煅烧纺丝箱体和熔体管道的方法，是保证产品质量的有效措施。

8 根据生产工艺要求，POY和工业丝都需经过平衡。设置平衡间，既有利于消除纤维的内应力、使附着在纤维上的纺丝油剂均匀扩散，又有利于前后生产工序的缓冲。平衡间内纤维的温湿度需均匀，因此平衡间需避免阳光直射。

9 采用气流输送工艺，可节省包装的费用，并可减轻工人劳动强度和定员；用不锈钢推车运送切片是目前行业普遍的做法，有利于节能，并易于更换品种。

3.2.8 锦纶工厂使用的有害、有毒、可燃、可爆物质见附录A。爆炸危险性较大的物质是用于去除干燥用循环氮气中的氧含量的氢气；毒性较大的物质是用于工业丝后处理帘子布或帆布胶液的甲醛水溶液；渗透性较强的是热媒介质联苯-联苯醚；设计时应满足国家现行职业安全卫生、防火、防爆、储存等标准的相关规定，以保证安全生产。

3.2.9 由于室外气流干扰将严重影响产品质量，且锦纶生产对湿度有较高要求，气流干扰不利于车间湿度保持相对稳定，因此制定本条规定。

3.2.10 土建变形缝的两侧可能出现沉降、伸缩不一等问题，会使放置在其上的设备不稳定、甚至损坏。

3.2.11 本条规定是为减少占地，方便管理；集中布置也有利于节约输送能量，方便规划公用工程，以及简化厂区管廊。

3.3 流程选择

3.3.1、3.3.2 为工艺流程选择的基本原则。具体体现在以下几个方面：

1 所选用的工艺流程和设备应适应产品品种的要求，确保产品质量。

2 设备能力应与生产规模相适应。

3 提高机械化、自动化水平，提高劳动生产率。

4 工艺流程先进、成熟，生产过程节能、环保。

5 流程设计合理，有利降低原材料和公用工程消耗。

6 符合国家对环境保护的有关规定。

3.3.3 为聚酰胺6聚合工艺流程选择的基本原则：

1 连续工艺有利于保证质量稳定，提高产品质量。

2 国内已内酰胺熔融采用两种方法：间歇和连续。传统间歇过程包括：投料、充氮、加热、排料过程。间歇过程不适应于大产量，按照$50m^3$的熔融槽，每天两批次，产量可达$50 \times 0.8 \times 2 = 80t$。该熔融槽需要内置蒸汽加热盘管。现在的连续熔融（也包括间歇熔融）采用外循环+换热器的工艺，已内酰胺在换热器中停留时间短、产量大，同时，使物料温度更均匀，减少温度梯度。

3 采用几段萃取应根据实际需要定，一般采用两段或三段连续逆流萃取工艺可有效地提高萃取水浓度，有利于低聚物的萃取并减少蒸发的热量消耗。

4 连续干燥可保证产品质量稳定，控制氮气中的氧含量可防止干燥过程中氧的积聚造成切片氧化。

5 应根据装置规模和生产线配置合理选择单体回收工艺流程。

6 水下连续切粒工艺包括冷切和热切两种不同的工艺；冷切是聚合物熔体通过铸带板形成带条，冷却后采用水下切粒机切成圆柱形颗粒；热切是聚合物熔体从一块圆锥形分配器的铸带板挤出时采用高速旋转的切刀将熔体快速切断，在水中自然收缩形成近似球形的粒子。聚酰胺切粒采用水下热切，水温要求不高，不需使用冷冻水，节约能量，占地面积小；但操作不好时存在颗粒不均匀和产生粉末的隐患。而铸带水下冷切的水温需控制在15℃以下，需使用冷冻水，能量消耗大，设备占地面积大。

7 设置氮气循环装置可实现氮气的循环利用，减少能耗。

8 对于新建装置，由于会造成批次间添加剂含量不一致，不推荐在已内酰胺熔融锅中进行调配的流程。添加剂的调配系统的设置需考虑生产线将来生产品种的需要，如醋酸和对苯二甲酸调配的选择、特殊添加剂的使用、二氧化钛的加入量。

3.3.4 聚酰胺66聚合工艺流程选择的原则与聚酰胺6类似。

3.3.5 本条规定为纺丝工艺流程选择的基本原则：

1 熔体直接纺丝工艺较切片纺丝工艺，省去了熔体的铸带、切粒、干燥、输送、包装、储存、运输、开包、熔融等工序，极大地节约能量，减少占地、投资及用工，有利于降低生产成本，节约资源。其缺点是更换品种不灵活，生产管理要求更严格。因此，对于生产小批量、差别化、多品种，仍以采用切片纺丝工艺为佳，生产灵活，调换产品方便。

2 理由同第3.1.4条。

3 由于复合纤维和单丝变换品种多，切片纺丝更能满足生产需要。

4、5 采用纺丝-牵伸-卷绕一步法工艺路线，生产是在同一设备上完成，该方法生产效率高，产品质量好，成本低。而采用纺丝-牵伸二步法工艺路线，生产是在多台设备上完成的，设备多、占地大、流程长、投资大、成本高、产品质量较一步法差，设备效率低。

6 理由同第3.2.6条的第3款。

7 本款规定有利于满足多种产品生产。

8 对于单丝生产，采用高速纺再通过分丝机生产出锦纶单丝的工艺，存在分丝机效率低、一次性投资大，产品质量不如两步法好的缺点。因此，目前国内仍较多采用两步法工艺来生产锦纶单丝。

9 因为单丝纤度小于56dtex时可以通过侧吹风达到预期的冷却效果，但是单丝纤度大于或等于

56dtex 的通过侧吹风不能被冷却下来，只能通过水浴冷却的方式来生产。

3.4 工艺计算

3.4.2 设备生产能力可按下列情况考虑：

1 熔融投料，正常按照每天 16h 连续投料，非正常时可进行 24h 连续投料。

2 助剂调配，按每天调配一批考虑。

3 低负荷停留时间延长，高黏度产品停留时间加长，产量降低。

4 萃取干燥需考虑非正常情况下的缓冲能力。

5 萃取干燥需考虑非正常情况下的处理能力，同时需满足在开、停车阶段低浓度萃取水的处理能力。

3.4.3 聚酰胺 66 聚合设备除反应器、闪蒸器、缩聚釜与聚酰胺 6 不同外，其他如溶解槽、过滤器、输送泵、热媒系统等设备与聚酰胺 6 聚合所用设备基本相同。热量平衡计算、物料平衡计算和设备能力计算应综合考虑。

3.4.5 热量衡算是设计换热设备和计算热负荷的基础，通过热量衡算可确定热媒加热设备的换热面积和换热量。

3.4.6 CPL 的水解反应是吸热反应，缩聚反应是放热反应。因此，应综合考虑 CPL 的升温、开环吸热和聚合放热等因素，进行热平衡计算；同时，还必须考虑开车时热量的平衡需要。

3.4.8 管道的应力分析可保证管道的应力在标准规范允许的范围内，避免因热应力过大和聚合反应器的热位移造成设备和管道的损坏。

3.4.11 纺丝熔体管道设计和计算应注意下列问题：

1 由于熔体质量与其在输送管道中的总停留时间、总的压力降、黏度降、温度变化等因素密切相关。熔体在管道中停留时间越长，熔体温升越高，熔体就越易降解，熔体质量就越差，从而导致熔体的可纺性变差，最终影响纤维质量。如果上述因素在生产相同产品时存在差异，纤维的均匀性必然受到影响。因此，为保证生产相同产品生产线每个纺丝位的纤维质量均匀一致，设计中必须满足到达生产相同产品的每个纺丝箱体的熔体压力降和熔体停留时间相等。

2 管道应力分析的目的主要是保证管道的应力在标准规范允许的范围内，使设备管口荷载符合设计要求。避免因热应力过大造成设备和管道的损坏。因此，高温熔体输送管道必须在保证应力变化安全的前提下，进行管路优化设计，尽量使输送距离最短，减少纺丝熔体的热降解。

3 在保证纺丝箱体背压合适的前提下，应计算选择最佳的输送管道内径，提高流速，降低温升，缩短熔体停留时间，保证熔体质量。

3.4.13 应根据产品方案对不同的纺丝机结构和纺丝要求计算纺丝冷却风的风量和风速。纺丝冷却风的风量、风速和温度对纺丝成形影响很大。冷却风的风量与喷丝板熔体吐出量有关，应根据不同的生产品种调节。在出风面积不变前提下，增加风量，可以提高风速。对于生产粗旦多孔纤维，往往选择比较大的风量，强化热交换的条件；而细旦纤维宜采用比较小的风量，因为细旦纤维的比表面积大，相对冷却效果好，柔风相对容易控制纤维的均匀性（内在结构，如取向度等）。风速应保证冷却风能均匀吹到所有丝条上，风速过高或过低，均会使 POY 条干不匀率变大，使 DTY 染色性变差，易出现段斑丝。风压的波动也会引起风速的波动，从而使条干恶化。在生产中应通过控制风压的稳定性和风网的均匀性来保证风速的稳定性。风速还与初生纤维的倍半伸长率和直径不匀率均有预定的关系，应根据纺丝机结构和喷丝孔数等因素确定。当冷却风温度波动范围增加时，将影响 POY 的条干不匀率、DTY 的染色均匀性以及使 DTY 毛丝、断头增多。因此保持冷却风温度稳定非常重要，最好控制在 ± 0.5℃ 以内。另外，冷却风的相对湿度高，对冷却效果有利，但要防止结露，一般认为相对含湿量在 85%～95% 为佳。

3.4.15 纺丝组件清洗一般采用两种方式：三甘醇清洗和真空煅烧清洗，由于设备尺寸不一样，处理能力不一样，因此，应根据所需处理的清洗件数量及清洗周期，计算选用清洗设备的台（套）数。

3.5 危害因素和防爆区

3.5.1 本条是根据现行国家标准《石油化工企业设计防火规范》GB 50160 的相关规定制定。

3.5.2 浓硫酸具有强烈的腐蚀性和刺激性，属于危险化学品，危险货物编号：81007，UN 编号：1830，CAS 号：7664-93-9。

3.5.3 本条是根据现行国家标准《工业企业设计卫生标准》GBZ 1 和 2007 年颁布的现行国家标准《工作场所有害因素职业接触限值 物理因素》GBZ 2.2 的相关规定制定。

3.5.4 本条是根据现行国家标准《密封放射源 一般要求和分级》GB 4075 的相关规定制定。

3.5.5 锦纶工厂的可燃性气体或蒸气的释放源等级及危险区的划分，是依据现行国家标准《爆炸性气体环境用电气设备 第 14 部分：危险场所分类》GB 3836.14 的相关规定；可燃性粉尘的释放源等级及危险区的划分，是依据现行国家标准《可燃性粉尘环境用电气设备 第 3 部分：存在或可能存在可燃性粉尘的场所分类》GB 12476.3 的相关规定。

1 由于己内酰胺在空气中极易吸湿潮解，粉尘扩散到地面后不会形成粉尘层堆积，因此可形成粉尘爆炸的区域较小。

在工厂实际人工投料操作中，投料口的粉尘不论是否设置抽气除尘系统，都有粉尘向外扩散，达不到现行国家标准《可燃性粉尘环境用电气设备 第3部分：存在或可能存在可燃性粉尘的场所分类》GB 12476.3附录A中所述"因为吸气系统的作用没有粉尘泄漏。在设计良好的抽吸系统中，释放的任何粉尘将被吸入内部"的要求，因此，本规范对粉尘防爆区的范围有所增加。

5 甲醛水溶液储存在密闭容器中，正常情况下不会出现爆炸性气体环境。但由于甲醛极易气化，在空气中的爆炸极限为7%～73%（体积）。而甲醛水溶液有采用储槽存放的，有采用塑料桶存放的，并且需操作或搬动，存在事故的可能。另外，由于甲醛储存间面积一般较小，存放点位置存在不确定性，为保证安全，将甲醛储存间划为爆炸性气体环境2区。

6 间—甲树脂反应槽的各种液体物料分别经计量槽计量后放入反应槽中，而固体物料间苯二酚是人工称量后从投料口投入反应槽，此过程将会使甲醛从投料口释放出。本条即是根据甲醛的爆炸危险性和现行国家标准《爆炸性气体环境用电设备 第14部分：危险场所分类》GB 3836.14的相关规定制定的，与爆炸性环境范围相关的通风等级、有效性均按该标准的规定。

7 异丙醇闪点仅12℃，按现行国家标准《石油化工企业设计防火规范》GB 50160应划为可形成可燃性气体或蒸气的甲B类液体。同时，检测滤芯是间歇操作，检测槽需打开盖后才能放入或取出滤芯。因此，异丙醇检测槽应视为1级释放源。根据现行国家标准《爆炸性气体环境用电设备 第14部分：危险场所划分》GB 3836.14的相关规定，1级释放源在中级通风、有效性良好条件下，危险区域为1区，而设计时采用专用的排风系统是为了满足通风有效性良好的要求。

3.6 节能降耗

3.6.1 合理进行全厂总图布置是指综合考虑主装置、辅助设施之间的相互关系，如切片仓库宜靠近干燥工段，成品仓库宜靠近分级包装等，使运输路线短而畅通，管线短捷。

3.6.2 合理布置工艺设备，应根据生产能力，产品方案，是新建还是改建的因素综合确定。例如切片纺丝装置，从干燥塔出来的切片直接由管道靠自重进入螺杆挤出机的下料方式具有能耗小、干燥后的切片不容易二次吸湿的优点，但是放置结晶干燥设备的厂房至少要建24m以上，土建费用比较高；而从干燥塔出来的切片通过再次输送的方式进入纺前料仓，再通过管道靠自重进入螺杆挤出机的下料方式具有建筑高度低、土建费用省，可根据生产量来调配干燥量的优点，但是存在能耗高、切片容易二次吸湿的缺点。因此，应根据建厂条件综合考虑。

3.6.4 理由同第3.2.9条条文说明。

3.6.5 利用聚合反应放出的热量预热进料，可实现热能的回收利用。

3.6.6 烘干机采用直接加热的方式，具有换热效率高，管道布置少，设备占地面积小的优点。

3.6.7 本条规定有利于节约能量。

3.6.10 所有供热、供冷管道和设备都应进行保温和保冷设计，以减少热量和冷量的损失。对于温度低于环境露点的管道应进行保冷，以防止管道外壁结露。管道结露不仅影响环境，水滴到丝上还将影响产品质量。

3.6.11～3.6.23 主要原料消耗是根据国内锦纶工厂目前的实际生产水平，取其中上水平值，并以每吨合格品切片或纤维耗用量为基准确定的，且切片的含水率和纤维的含油含水率符合产品质量指标。新建、改建、扩建的锦纶工厂常规产品原料消耗不应超过本标准规定值。该消耗值不作为装置开车的考核验收指标，而是指正常生产半年及以上的平均每吨合格产品对原料的消耗值。对于差别化产品，其原料消耗可以高于此值。

3.6.25 本条主要针对一些锦纶企业在设计时对工艺用压缩空气指标要求过高，或采用仪表压缩空气作为工艺用气，从而造成能量的浪费。

3.6.27 采用网络效果更好的新型网络喷嘴，可以减少压缩空气的消耗。

3.6.28 干燥风机功率较大，当生产负荷降低时，通过降低变频器风机的输出功率，达到节能的目的。

3.6.29 充分利用干燥塔和料仓带出的热量预热低温氮气。

3.6.30 充分利用聚合反应器塔顶冷凝器的热量。

3.7 其他规定

3.7.1 由于锦纶生产工厂的一些必须有人操作的工段噪声超过85dB，有的甚至超过100dB，长期在此工段工作会影响职工的听力。在目前无更好的防止噪声办法的情况下，除配备个人防护用品外，可以在噪声超标的操作间内或临近附房（如锦纶工业丝的卷绕间、锦纶短纤维的卷绕间和后处理车间、FDY卷绕间、DTY车间等）设计防噪声的透明窗隔音观察室，以保证职工的听力健康，减少职业病的发生。

另外，应按照现行国家标准《工业企业设计卫生标准》GBZ 1的相关规定，在高噪声工作环境时，减少操作人员日接触噪声时间。

由于《工业企业噪声控制设计规范》GBJ 87是1985年编写，其车间噪声控制标准为：工人每天连续接触噪声8h，噪声限值为90dB（A），与2007年颁布的《工作场所有害因素职业接触限值 物理因素》GBZ 2.2的要求不符。2010年颁布的《工业企业设计卫生标准》GBZ 1要求：工人每天连续接触噪声

8h,噪声限值为85dB(A)。2007年颁布的《工作场所有害因素职业接触限值 物理因素》GBZ 2.2中规定每周工作5d,每天工作8h,稳态噪声限值为85dB(A)。因此,为保证操作人员的健康,工作地点噪声声级的卫生限值应符合《工作场所有害因素职业接触限值 物理因素》GBZ 2.2—2007的规定,并按《工业企业设计卫生标准》GBZ 1—2010的要求采取降低噪声影响的防护措施。

3.7.2 本条文联苯-联苯醚混合物的接触限值采用了《工业企业设计卫生标准》TJ 36—79"车间空气中有毒物质的最高允许浓度"表中数据。在新版《工业企业设计卫生标准》GBZ 1—2010中不再列入"车间空气中有毒物质的最高允许浓度"表,而只要求符合《工作场所有害因素职业接触限值 化学有害因素》GBZ 2.1—2007的相关规定。该职业卫生标准中只有联苯的时间加权平均浓度(见附录A),没有列出联苯醚(二苯醚)或联苯-联苯醚混合物的接触限值。而前苏联对车间空气中联苯醚的最高容许浓度为5mg/m³。本条文规定的依据为《工业企业设计卫生标准》GBZ 1—2002规定了"原TJ 36—79与本标准不一致的以本标准为准",原TJ 36—79中的数据在该版中没有规定的应该仍然有效。因此本规范仍采用原《工业企业设计卫生标准》TJ 36—79对车间最高允许浓度的规定。由于现行国家标准《工业企业设计卫生标准》GBZ 1—2010删除了已在现行国家标准《工作场所有害因素职业接触限值 化学有害因素》GBZ 2.1—2007中包含的职业接触限值。因此,本条文说明只是解释条文中规定值的来源,以及相关规范的继承关系。

3.7.3 此为现行国家标准《工作场所有害因素职业接触限值 化学有害因素》GBZ 2.1中规定的数值。

3.7.4 由于油剂在使用过程中,不可避免会有溢出、滴漏,造成地面湿滑,因此为防止操作人员滑倒受伤,相应操作区的地面和平台应作防滑处理。

3.7.5 热媒蒸发器在使用过程中可能出现超压泄放的情况,而且一次排放的量较大。由于国内锦纶工厂的建设规模越来越大,纺丝车间内布置的热媒蒸发器也越来越多。因此,热媒蒸发器超压泄放的可能性增大。

锦纶纺丝车间使用的热媒为联苯和联苯醚,其毒性数据为:吸入LC_{50}为2660mg/kg,经皮LD_{50}为5010mg/kg,经口LD_{50}为2050mg/kg。按现行国家标准《职业性接触毒物危害程度分级》GB 5044的规定,其毒性为Ⅲ级,中度危害。联苯和联苯醚的侵入途径为:吸入、食入、经皮吸收。联苯的健康危害:对皮肤、黏膜有轻度刺激性,高浓度吸入主要损害神经系统和肝脏,可致过敏性或接触性皮炎。急性中毒主要表现为神经系统和消化系统症状,如头晕、头痛、眩晕、恶心、呕吐等,有时可出现肝功能障碍。高浓度接触,对呼吸道和眼睛有明显刺激,长期接触可引起头痛、乏力、失眠等以及呼吸道刺激症状,其毒性属低毒类,急性毒性:LD50 3280mg/kg(大鼠经口)。美国(1974)职业安全与卫生管理局标准中规定其空气中的时间加权平均值为0.2ppm,水中嗅觉阈浓度0.0005mg/kg(觉察阈);联苯醚的健康危害:急性中毒,引起头痛、头晕、恶心、呕吐、嗜睡,甚至有短暂的意识丧失。长期接触,可引起皮炎和肝脏损伤。个别人有皮肤过敏。对黏膜和皮肤有刺激作用。其毒性属低毒类,急性毒性:LD_{50}为3990mg/kg(大鼠经口),前苏联标准中对车间空气中联苯醚的最高容许浓度为5mg/m³。

为此,禁止将热媒蒸发器超压的热媒蒸汽直接排向大气,而应排向热媒收集槽内的液相热媒中。本规范第3.1.13条规定热媒接收槽的排气管道上应设冷却器和阻火器,以防止热媒泄放对环境产生污染或引起火灾。因此,为保证操作人员的健康、生产安全和大气环境不受污染,将本条列为强制性规定。

3.7.6 操作间室内温度应符合现行国家标准《工业企业设计卫生标准》GBZ 1的相关要求。

3.7.7 本条规定的目的是防止环境污染。

3.7.8 聚酰胺6熔体采用铸带切粒机时,在铸带头处有较多的CPL单体散出,其散发量约为熔体量的0.5%~2.0%。而CPL属有毒性物质,经常接触可致神衰综合征,并可引起鼻出血、鼻干、上呼吸道炎症及胃灼热感等。此外,CPL能引起皮肤损害,接触者出现皮肤干燥,角质层增厚,皮肤皲裂、脱屑等,易经皮肤吸收,发生全身性皮炎。CPL长期散发到车间空气中,将造成环境污染及对操作人员的健康产生危害。因此,本条规定为强制性条文。

3.7.9 聚酰胺6熔体纺丝时,有CPL单体散发出,而CPL属有毒性物质。为保护操作人员健康和减少环境污染,制定本条规定并列为强制性条文。

3.7.11 己二胺毒性较大,可引起神经系统、血管张力和造血功能的改变。吸入高浓度己二胺可引起剧烈头痛。皮肤接触高浓度己二胺,可致干性或湿性坏死,低浓度可引起皮炎和湿疹。溅入眼内引起眼睑红肿,结膜充血,甚至失明。对人眼睛的光敏阈为0.0027mg/m³,嗅觉阈为0.0033mg/m³。工作场所最高容许浓度1mg/m³。

因此,虽然反应产生的己二胺水蒸气浓度较低,但必须对己二胺水蒸气作有效处理,不得直接排放。为减少废气中己二胺的排放量,对于从浓缩槽、反应器、聚合器排出的含己二胺水蒸气,在屋顶设置专用的喷淋塔,用水循环喷淋的方式吸收己二胺。根据生产厂运行情况,处理前气体中己二胺含量281mg/L,处理后为11.7mg/L,处理效率达95.8%,排气中污染物含量低于排放标准。生产实践证明,只要采取了适当的防范措施,这种处理方法在安全上是有保证的。

己二胺水蒸气淋洗后产生的含己二胺废水，需要进行生化处理，达标后排放。

3.7.12 切粒机容易发生故障，因此宜设监控电视系统观察。

3.7.13 本条所述散湿热较大的设备主要是热辊牵伸机、蒸汽加热箱、热定型机等后处理工艺设备。

3.7.15 本条规定的目的是防止氧化。

3.7.18 由于锦纶工业丝工厂有的是以锦纶工业丝为产品，有的是以浸胶帘子布或浸胶帆布为产品，而浸胶帘子布或浸胶帆布生产需使用到有毒、可燃、可爆化学品，因此本条对以浸胶帘子布或浸胶帆布为产品的锦纶工业丝工厂的浸胶车间及相关设施设计作出规定：

1 作本款规定是由于锦纶工业丝工厂浸胶车间的胶料调配间存在甲醛释放、间苯二酚粉尘扬起的危险，甲醛储存间存在甲醛泄漏的可能。按现行国家标准《职业性接触毒物危害程度分级》GB 5044 的规定：甲醛属Ⅱ级毒物（高度危害），间苯二酚属Ⅲ级毒物（中度危害）。为保证操作人员的健康和人身安全，保证良好的工作环境，将本款列为强制性规定。

2 甲醛极易气化，沸点仅为－19.5℃，气体的相对密度为1.067（空气为1），可燃，可爆；急性毒性：LD_{50}：800mg/kg（大鼠经口），270mg/kg（兔经皮）；PLD：31g（人经口）。空气中最高允许浓度：$0.5mg/m^3$。甲醛对眼、皮肤和黏膜有强烈的刺激作用，经呼吸道吸入可致接触者急性中毒。长期接触低浓度甲醛蒸气，可有头痛、疲乏无力、消化障碍、兴奋、震颤、感觉过敏、视力障碍、失眠等。甲醛目前已被世界卫生组织确定为致癌和致畸形物质，是公认的变态反应源，也是潜在的强致突变物之一。

间苯二酚为白色粉末或片状，可燃，有毒，具刺激性。健康危害：PLD：3.5g（人经口），急性中毒与酚类似，引起头痛、头昏、烦躁、嗜睡、紫绀（由于高铁血红蛋白血症）、抽搐、心动过速、呼吸困难、体温及血压下降，甚至死亡。本品3%～25%的水溶液或油膏涂在皮肤上引起皮肤损害，并可吸收中毒引起死亡。慢性影响：长期低浓度接触，可引起呼吸道刺激症状及皮肤损害。间苯二酚遇明火或高热可燃，受高热分解放出有毒气体，与强氧化剂接触可发生化学反应。

因此，操作环境中有害物质浓度应符合国家有关工作场所有害因素职业接触限值（化学有害因素）的规定。

3 由于甲醛属Ⅱ级毒物（高度危害），且极易气化，沸点仅为－19.5℃，为保证操作人员的安全和健康，防止甲醛泄漏对人身的伤害，进入甲醛水溶液储存间前应首先开启排风机，规定其电气开关应设在进入储存间前能开启的位置。

4 胶料调配需要在胶料调配间临时存放一些化工原料，如固体氢氧化钠、间苯二酚、缩水甘油醚、封闭异氰酸脂（50%水溶液）等。上述化工原料或需防止高温、低温，或需防止接触水，或需避光，因此制定本条规定。

5 胶料调配使用的许多化学品为有毒物质，在使用或搬运过程中存在由于不慎与人身接触的可能。为减少有害物质溅到操作人员身上的伤害发生，规定其附近应设置事故淋浴及洗眼器设施，以及时冲洗有害物质。

3.7.19 异丙醇为甲类可燃液体，爆炸下限较低。异丙醇检测槽上方设置局部排风，有利于防止爆炸性气体的扩散，减小危险区的范围。

4 聚合设备及布置

4.1 一般规定

4.1.2 设备布置应保证设备之间、设备与建筑物之间的间距和净空高度，满足设备的操作、安装和检修要求。注意留出搅拌器、电机等的起吊空间和换热器、过滤器等的抽出空间，并应为工艺管道、吊轨和电气、仪表线桥架留出合理的安装空间。

4.1.4 CPL与铁元素接触会发生反应，将严重影响产品质量。同时，碳钢设备遇水或在潮湿环境下容易锈蚀，且设备内部熔体通道表面出现的锈蚀不易清除。因此，为保证产品质量，与原料和熔体接触的设备应采用不锈钢材质。

4.1.5 聚合物熔体如果滞留在管道或设备的死角处或壁上，在长时间热状态下，将会发生热裂解。而热裂解产物又会被正常流动的熔体陆续带走，从而影响纺丝质量。

4.2 设备选型

4.2.3 聚合设备选型主要应满足工艺要求，操作要求，以及安全方面的要求。

1 采用内盘管加热或保温防止泄漏对己内酰胺的影响。

2 采用独立的己内酰胺供料槽，可以保证不同生产线生产不同品种产品的原料差异性要求；己内酰胺供料槽的容积是与己内酰胺熔融系统的设置相关联的。本规范第3.4.2条第1款，熔融设备的效率按70%计算，在熔融设备发生一般故障时，一定量的己内酰胺储存量不影响聚合的连续进行。

对于液态己内酰胺的供应，考虑天气的影响，储存量不宜低于48h的使用量。非正常的液态己内酰胺供料，需通过固态己内酰胺熔融装置来完成。见本规范第3.2.4条第2款的条文说明。

4 本款基于国内聚合装置的实际情况制定。在己内酰胺回收装置发生波动时，为保证聚合装置的稳定运行、防止萃取水的事故排放，大容积的萃取水储罐是需要的。

7 由于氮气循环管线管径比较大，设置在线备台占地面积大、管线复杂、且浪费投资。随着国内机械制造技术的进步，通过采取相应的生产控制手段，选用一台高质量风机并合理配备备用易损件，即可满足生产需要。

8 为保证装置的连续运行应采用双腔式在线备台。过滤室及切换阀无死角设计可防止残留聚合物对产品质量的影响。

4.2.5 通用设备选型：

3 水下熔切式切粒机，对于聚酰胺 6 的切粒有如下好处：无 CPL 单体气体外漏；不需冷冻水；占地面积小。现正在逐步推广，设计时根据产品的成熟性、投资效益确定。

8 切片输送用氮气压缩机气量和压力都比较低，一般情况下选用经济、节能的小型活塞压缩机或螺杆压缩机，但必须为无油压缩机或带精密除油设施，防止切片污染。

4.3 设备配置

4.3.2 本条规定为满足下游纺丝用户对包装的不同需要。

4.3.3 正常生产宜两台泵同时低负荷运行，当一台泵发生故障时，另一台泵能满足装置100%负荷。

4.3.6 本条规定为防止热媒泵故障影响系统运行。

4.3.7 切片水输送在线备用易造成管道堵塞。

4.3.8 为防止熔体在输送过程中形成死角，使熔体停留时间不一致并可能造成局部高温碳化，熔体输送泵不整台在线备用。国内外生产的熔体输送泵质量上有一定的差距，从国外引进熔体输送泵只可备用整套齿轮、机械密封等易损件，国产熔体输送泵应整台备用。

4.3.9 本条规定为防止故障时影响上下游生产。

4.3.11 采用铸带切粒机，铸带板的备用数量和规格要根据生产规模和灵活性确定，同一规格至少备用一块，铸带头宜在线具有预热功能。优先选用新型铸带切粒机，切割室可快速更换。水下熔切式切粒机可整个装置备用一台。

4.4 设备布置

4.4.1 聚酰胺6聚合设备布置：

1 主要设备对称或平行布置使布置整齐美观，有利于生产管理，便于操作维护。

2 本款规定为减少设备配置，节约运行费用。

3 固体CPL遇水极易吸湿、结块。

4 熔融槽布置较高时，需将大量的固体已内酰胺提升到加料楼层，运输量和工作强度大。熔融釜布置的高度宜使原料不经提升直接加入或通过皮带输送机直接送到加料位置。当需要布置在地下室或半地下室时，要考虑当地的水文地质情况并满足通风和检修的要求。

5 CPL供料罐、来自CPL熔融的CPL储罐，需要与聚合装置、熔融装置就近布置。液态CPL储罐需保温伴热，容积小于100m^3CPL储罐可布置在室内。容积大于或等于100m^3液态CPL储罐区一般占地面积较大，宜露天布置。

6 减少管线长度和输送动力；防止排渣对环境造成污染。

7、8 制氢设施为易燃易爆设施，按照现行国家标准《爆炸和火灾危险环境电力装置设计规范》GB 50058的规定，氢气的爆炸危险区域半径为4.5m，设备布置要保证良好的通风，便于可燃气体的迅速扩散，使氢气浓度很快稀释到爆炸下限的10%以下；同时，由于锦纶聚合工厂和纺丝工厂的制氢量很小，制氢设施或氢气供气设施所占厂房的面积一般均小于5%，并采用隔离措施、设置可燃气体报警器和采取通风措施后，能保证生产安全。

9 在特别寒冷地区考虑热损失因素，宜将萃取水储罐布置在室内。

10 保证设备在热态时垂直度不发生变化。

4.4.2 聚酰胺66聚合设备布置基本原则同第4.4.1条。

4.4.4 本条规定为减低投资，方便安装。

4.4.6 切粒机容易出现故障，平面和立面布置应留出排事故废料的场地。

4.4.7 热媒蒸发器系统是一闭路循环系统，气相热媒压力较低，最近使用点必须高于热媒蒸发器一定距离才能保证气相热媒凝液能自流到二次热媒蒸发器。

4.4.8 本条规定有利于热媒气味扩散，减少输送压力损失。

4.4.10 本条规定为满足热媒系统的放净和热膨胀的需要。

5 纺丝和后处理设备及布置

5.1 一般规定

5.1.2 碳钢设备遇水或在潮湿环境下容易锈蚀，且设备内部熔体通道表面出现的锈蚀不易清除。因此，为保证熔体质量，与熔体接触的设备应采用不锈钢材质。

5.1.3 熔体如果滞留在管道或设备的死角处或壁上，在长时间热状态下，将会发生热裂解。而热裂解产物又会被正常流动的熔体陆续带走，从而影响纺丝质量。

5.1.4、5.1.5 温度控制范围越小，熔体温差越小，纤维质量越均匀。

5.1.6 纺丝冷却风要求风速均匀,以免造成丝的条干不匀,出现染色不匀等现象。侧吹风的级差应按公式(1)计算:

$$级差 = \frac{最大风速 - 最小风速}{最大风速} \times 100\% \quad (1)$$

5.1.7 牵伸辊、热辊和卷绕头均为高速运转设备,速度均在1000m/min~5000m/min范围内高速运转,设备安装前应经动平衡试验合格,以保证纤维质量,同时防止出现较大振动引起设备损坏。

5.2 设备选型

5.2.1 工业化大生产,设备的安全、可靠是第一位的。工业设计中如采用不成熟的设备,将造成极大的物力、财力和人力的浪费。因此,未经过鉴定或实践检验的设备,在设计中不得采用。

5.2.3 FDY和工业丝采用纺丝-牵伸-卷绕一步法工艺,有利于减少生产环节,减少设备配置,减少占地,减少用工,节省能源,并有利于提高产品质量。

5.2.5 加捻工艺有一步法与二步法之分。环锭加捻是传统的二步法加捻工艺,该工艺是在初捻机上对卷绕丝进行加捻,再在复捻机上对单丝进行并捻;此工艺技术成熟,投资省,但卷装较小,约3kg。

直捻法工艺是以一步法生产高质量的帘子线,由于内外纱线在加捻前先经过一个平衡系统,通过内外纱线与同一轴心的转向辊所产生的摩擦,将两根纱线的张力差异完全消除,生产出具有对称结构优质帘子线。其特点是卷装大、能耗低、效率高、质量稳定、原丝强力损失小,缺点是只能加捻二股纱线。

5.2.6 适用于帆布的无梭织机有片梭织机、剑杆织机、喷气织机,从经济技术综合性能方面以片梭织机和剑杆织机为佳。

喷气织机因纬纱线密度最大适用范围为1000dtex,且不适宜织造高经密厚重织物,故只能用于织帘子布。喷气织机因用气流引纬,对纬线的强度要求低,机器结构简单,备品备件少,维修费用低。

5.2.7 直接加热方式减少了热媒锅炉,有利于节约投资,减少系统热媒对环境的污染,也有利于热量的充分利用,提高热效率。

5.2.8 本条规定为减少布料纬向收缩。

5.2.9 本条规定中的设备技术成熟,清洗效果好,有利于保证产品质量。

5.2.10 甲醛水溶液是有毒物料,应防止泄漏。采用屏蔽泵和磁力泵能有效防止泄漏。

5.2.13 本条规定的目的是防止或减少毛丝缠辊,影响生产。

5.3 设备配置

5.3.3 柔性锦纶生产线的设计应按可能生产的品种配置设备,如生产有色丝、复合丝、抗静电纤维等,应设置添加组分的干燥设备、熔融设备、计量设备、运送设备等。

5.3.4 现代化大企业生产装置常年连续运转,热媒泵作为系统伴热介质的输送设备,一旦出现故障,将会影响纺丝熔体的质量和生产线的正常运转,因此应设备台。

5.3.5 锦纶短纤维的卷曲机容易出现机械故障,长时间停车对产量将造成较大的影响。因此,短纤维生产线应在线备一台卷曲机,以便发生故障时及时更换。

5.3.6 本条规定为满足多品种生产。

5.3.7 配置必要的备台,是保证生产连续运行的重要措施。根据生产经验,建议的备台比例为:

1 纺丝计量泵应根据不同规格型号,每种按不小于5%设置备台。

2 喷丝板应根据不同规格型号设置。对于大型企业,每种按不小于50%设置备件;对于小型企业,每种按不小于100%设置备件。

3 长丝牵伸辊应根据不同规格型号,每种按不小于5%设置备件。

4 长丝卷绕机应根据不同规格型号,每种按不小于5%设置备台。

5 熔体过滤芯,按不小于50%设置备件。

5.3.8 卷绕机的动平衡性对锦纶长丝的各项指标都有很大的影响,为保证产品质量,有条件的大型锦纶企业宜配置卷绕机动平衡机。

5.3.9 因聚酰胺66切片含水率较高,无法直接用于熔融纺丝,必须干燥后才能用于纺丝。

5.4 设备布置

5.4.1 具体设计时,应根据实际情况综合考虑设备及选型。新建厂房可以根据已确定的工艺流程和选定的设备来设计柱间距、楼层的高度及楼层数。在原有厂房改造的建设项目则应按照原有厂房的柱间距、楼层高度及楼层数来选择和布置设备,并进行设备设计。

5.4.3 本条与现行行业标准《石油化工工艺装置布置设计通则》SH 3011中第2.0.10条规定一致。

5.4.4 操作面采用面对面的布置方式,有利于生产管理、减少定员及节省厂房的占地面积。

5.4.5 本条规定为保证热媒系统的循环顺畅。

5.4.6 由于锦纶工业丝生产厂的浸胶车间用到有毒物质或刺激性物质,如甲醛、间苯二酚、氨水、丙三醇三缩水甘油醚等。浸胶车间排出的废气中含有上述物质,如扩散到人员较多的厂前区,将影响厂前区的空气质量,危害操作人员的健康。因此,浸胶车间应放在全厂全年最小频率风的上风向。

5.4.7 随着企业生产规模的不断扩大,分期建设已是一种发展趋势。为减少后建工程对现有生产的影响，在设计时应兼顾今后发展的需要。在场地预留、安装通道、管道衔接及公用工程配合等方面尽量避免出现交叉影响。

5.4.8 锦纶长丝、短纤维和工业丝车间内的运输主要靠各种手推车或电瓶车，且数量较多。因此，在考虑平面布置时，一定要考虑车辆的运行路线，应避免将机台间的操作通道作为车辆运输的主要通道，并应有足够的车辆存放区。

6 工艺管道设计

6.1 一般规定

6.1.1 工艺管道和仪表流程图（PID）和管道规格书是指导管道设计的基础，管道设计应按照PID和管道规格书的要求进行。

6.1.3 高温或高压的压力管道设计还应符合原国家劳动部颁发的《压力管道安全管理与监察规程》（劳部发〔1996〕140号）文件的相关规定。

6.1.4 正确确定内压管道壁厚，是保证生产的安全性和经济性的重要措施。

6.1.5 各种导热油都有一个操作时间与温度对应的裂解关系，操作中如果不能及时把低沸点蒸发物定期从系统中排除，会影响其加热效果。在装置停车时，为保证安全，需要把每个热媒回路中的热媒排放到热媒储槽中。

6.1.6 采用夹套管不仅防止物料凝固，也保证受热均匀。

6.1.7 设置坡度是为防止物料在管道中的积存。在条件允许时，可适当增大坡度。

6.1.8 绝热工程主要为节约能源，防止热量或冷量损失，同时可保护人身安全，防止烫伤或冻伤。

6.1.9 本条规定为满足施工需要。

6.2 管道布置

6.2.1 由于锦纶生产车间内除工艺管道外，还有其他专业管道，以及电气、仪表专业的线槽。特别是暖通专业较大的送排风管道，占用空间较大。因此，必须作出合理规划和分层布置，才能满足生产、操作、安装、维修的要求。

6.2.2 管道法兰和焊接点如果设置在电气、仪表设备或操作柜上方，可能出现由于管道泄漏而影响电气、仪表设备的操作，并可能损坏电气、仪表设备。

6.2.3 高温对电气、仪表的线缆外保护层有加速老化的作用，影响其使用寿命，并可能造成安全隐患，因此制定本条规定。

6.2.6 高温管道应保证必要的柔性，才能防止由于热变形而损坏管道或设备接口等安全生产事故及隐患。

6.2.7 改变高度的管道设计应采用"步步高"或"步步低"的方式，以防止产生气袋或液袋。

6.2.9 本条规定有利于发现故障和方便检修。

6.2.10 本条规定理由同第6.2.2条。

6.3 管道材质选择

6.3.1 夹套管采用不锈钢材质有利于防止管道在安装和检修前后出现锈蚀，保证管道内壁的粗糙度不增加。而且CPL及其聚合物与铁元素接触会发生反应，影响物料质量。因此，为保证熔体质量，熔体管道仍宜采用不锈钢管道。

对于夹套外管，由于现行国家标准《流体输送用不锈钢焊接钢管》GB 12771的标准较低，仅适用于一些介质无毒、无爆炸危险、无腐蚀性、对连续长周期运行要求较低的场所。而氢化三联苯有低毒性，联苯、联苯醚有低毒性和爆炸性，因此，本条规定热媒夹套外管宜选用现行行业标准《化工装置用奥氏体不锈钢焊接钢管技术要求》HG 20537.3和《化工装置用奥氏体不锈钢大口径焊接钢管技术要求》HG 20537.4中材质为0Cr18Ni9的焊接不锈钢管，以保证安全和降低管道费用。外管介质是热水、低压蒸气时，由于内外管采用不同材质而产生的热膨胀差的问题不突出，为节约投资，可采用无缝钢管。

6.3.4 实践中，有的生产厂发生碳钢冷凝水管线腐蚀的现象，与冷凝水回收方式有关系，设计中需统筹考虑。氮气管线在锦纶工程中主要用于保护、干燥介质和物料密切接触，宜使用不锈钢。

6.3.8 连接短管采用与外管相同的材质，可避免对夹套外管产生接触腐蚀。

6.3.9 由于浸胶车间的甲醛、氨水等可能使用管道输送，而上述化学品有毒，不应采用焊接不锈钢管道。

6.3.10 由于醋酸管道局部温度较高，且管道用量不大，宜统一采用0Cr17Ni12Mo2的不锈钢管。

6.4 特殊管道设计

6.4.2 防止因内壁有死角或因不抛光形成黏附层，其受热分解或带入熔体内将影响纺丝熔体质量。国内目前的纺丝熔体输送管道内壁也有不抛光处理的。但为防止黏附层热分解或带入熔体内影响纺丝熔体质量，本规范仍建议采用内壁抛光的熔体管道。

6.4.3 聚酰胺66熔体管道采用内壁进行抛光处理，有利于熔体流动及管道清洗；聚酰胺6熔体管道清洗较容易，聚合装置熔体管道，由于管径较大，可不进行内壁抛光处理。

6.4.4 本条规定为保证热媒在内外管道间夹套内的流动均匀，避免层流。

6.4.5 采用静态混合器有利于减少熔体管道横断面上熔体的温度、停留时间和黏度的差异，保证熔体整体的均匀。

6.4.7 熔体停留时间过长，会造成熔体降解、黏度降低、色相变差，使熔体质量下降，后续纺丝容易出现飘丝、断头现象。因此，在满足管道系统柔性的前提下，应尽量缩短熔体停留时间，保证熔体质量。

6.4.8、6.4.9 这两条规定是根据输送物料的温度要求决定的。

6.4.10 纺丝熔体管道设计宜对称布置，容易实现熔体到达各纺丝箱体的距离相等，使熔体停留时间、压力降、摩擦受热程度尽量相同，保证丝的产品品质稳定。

6.4.11 采用铜线跨接主要是消除由于输送摩擦而引起的管道静电，保证生产安全。采用大曲率半径弯头，主要是减少输送阻力和防止堵塞管道。

6.4.12 切片靠自重出料的出料口管道与垂直方向之间的夹角大于35°，易造成下料不畅，甚至堵料的后果。如因空间限制，则需要增加震动装置或气体松动装置。

6.4.13 联苯、联苯醚的渗透性很强，采用波纹管密封阀门有利于减少其释放系数。

6.4.14 该条是根据现行国家标准《石油化工企业防火设计规范》GB 50316和《工业金属管道设计规范》GB 50160的相关规定制定的。

6.4.15 锦纶工厂使用的热媒温度较高，一般在250℃~320℃之间，为保证热媒管道的使用应力、管架受力和管道对与之连接离心泵管口的推力或力矩都在安全范围内，防止管道应力过大或疲劳引起的管道或支架破坏，以及连接处变形产生泄漏的危险，应进行热媒管道的热应力计算。利用管道走向的自然补偿是最经济的办法，而采用波纹管补偿器对热媒系统可靠性不能完全保证。

6.4.16 本条规定设计原则目的是：
    1 便于停车物料排放。
    2 防止堵塞。
    3 便于停车物料排放；含低聚物回收已内酰胺管线中的低聚物容易吸冷堵塞管道，也容易聚合，需通过蒸气吹扫或分解清理。

6.4.17 本条是根据国内实际生产经验制定的。从实际效果看，定期对纺丝箱体和熔体管道进行煅烧处理，有利于纺丝质量的提高，对稳定生产、保证质量都是非常有利的。

6.4.18 本条规定设计原则目的是：
    1 立式设备膨胀会造成坡度在安装和运行时的差异。
    2 气相热媒管道在管道中会有部分凝结成液相热媒，管道采用逆流坡度可以防止液相热媒积存在管道阻塞气相热媒的流通，并能够使冷凝的液相热媒回流到热媒发生装置或热媒贮槽内。
    3 防止不同加热单元排气的相互影响。

    4 隔离不同加热单元。

6.4.22 本条规定设置定位板是防止外管发生较大的偏心。

6.5 管道安装及检验要求

6.5.3 为保证重要管道的施工焊接质量，根据实际安装经验，制定本条规定。

6.5.7 以水为介质作压力试验后，很难把管道中残余的水分除净。在热媒升温过程中，残余的水蒸发而使管道中压力急剧上升，不安全。如果现场不具备提供气压试验所要求压力的设备，可用液相热媒作为试验介质，进行液压试验。

6.5.8 夹套管内管必须在射线和着色检查合格后再封入套管，是防止内管因焊接缺陷引起返工，增加工作量和材料浪费。

    进行热媒的热冲击试验，是检验熔体夹套管和热媒管道在高温状态下的密闭性能，防止正常生产过程中出现热媒泄漏事故。

6.5.9 本条按《工业金属管道工程施工及验收规范》GB 50235的相关规定制定。

6.5.10 热媒管道采用氩弧焊打底，有利于内焊口成型良好，防止热媒渗漏，减少管道内焊渣。

7 辅助生产设施

7.1 化 验 室

7.1.1 化验室靠外墙布置有利于通风和排废水；背光布置有利于减少眩光对分析的干扰；远离有振动、辐射及发热的设施，也是防止对分析的干扰。

7.1.2 天平室使用的仪器较精密，需减少外界的干扰；而烘箱间热量散发较大，在条件允许时，也宜单独布置。

7.1.3 天平室使用的精密天平，对房间气流的稳定性有较高的要求，因此，工程设计中该房间通常采取不设外窗等措施。

7.1.4 化验室分析实验需用到一些化学药品，而有的药品或有毒、或易挥发、或有腐蚀性，为保证操作人员的健康，一些实验应在通风柜里进行操作。

7.2 物 检 室

7.2.1 物检室靠近产品待检区，有利于减少操作人员的劳动强度，及时取样。

7.2.2 物检分析室房间内的温度和湿度应符合国家相关标准的要求，以保证分析数据的准确。

7.2.3 锦纶短纤维检测方法是每批按比例从包装里取样，测试工作量相对较少。因此，全厂可设一个物检室。

7.2.4 锦纶长丝物检测方法是每批按比例从丝筒上

取样，测试工作量相对较大，测试指标也相对较多。因此，应在每个生产车间设物检室；对于大型锦纶长丝生产工厂，宜在纺丝车间和加弹车间分别设物检室，以方便检测。

7.2.5 染色、干燥间湿热较大，靠墙布置有利于通风和排ださ水；判色间宜设计成避光的房间，以减少眩光的干扰；而仪器检测间对房间的温湿度有较高的要求，因此应尽量避免靠外墙布置，并按本规范第13.1.3条控制温度和相对湿度。

7.3 纺丝油剂调配间

7.3.1 阳光直接照晒纺丝油剂，易引起纺丝油剂变质。因此，纺丝油剂应避光储存及调配。油剂调配间设在纺丝车间一层附房内，有利于纺丝油剂桶的搬运、储存。如果工艺及布置需要，也可将油剂调配间设在三楼或四楼附房内。

7.3.2 本条规定主要是为方便管理。

7.3.3 油剂调配设备布置应尽量依靠自重方式设计。调配设备放在同一附房内，有利于减少操作人员，方便管理。

7.4 纺丝组件清洗间

7.4.1 纺丝组件一般每个重量均在5kg～20kg，重量较大，宜就近布置纺丝组件清洗间，便于操作人员运输和清洗，减少操作人员搬运的工作强度。

7.4.2 三甘醇清洗法（操作温度约275℃）和真空煅烧炉清洗法（操作温度约450℃）是目前较成熟、有效的喷丝板清洗方法。但采用真空煅烧炉清洗法时，必须注意控制炉内温度，避免过高温度对喷丝板的不利影响。

三甘醇清洗法是比较较温和的清洗方式，对于异形、细旦纺丝组件，可避免损伤喷丝板和分配板。而对于常规锦纶喷丝板和分配板，可采用真空煅烧炉清洗法。

7.4.3 废三甘醇存在污染环境的可能，因此不得直接排放到下水道，避免产生二次污染。工厂应设废三甘醇收集设施，并妥善处理。

7.4.4 目前国内锦纶66纺丝组件清洗，仍有采用真空煅烧炉清洗后再用盐浴加热清洗的方式，而使用的盐浴含有亚硝酸钠等有害物质。为防止污染和保护操作人员健康，工厂应设废盐浴收集设施，并妥善处理。

7.4.5 实践证明，国内锦纶66工业丝生产厂采用定期煅烧纺丝箱体和熔体管道的方法，对保证纺丝质量是有效的。

7.4.6 三氧化二铝硫化床和盐浴炉均使用细微石英砂和盐，颗粒较小容易飘逸和污染周围环境，并存在打磨组件造成公差配合误差，目前新建工程项目基本不采用这两种方法。

7.4.7 真空煅烧炉清洗时的废气含有烟尘，需要处理后才能排空到大气，以防止大气污染。而三甘醇清洗温度高于其闪点，并接近其沸点，正常操作时，其工作温度为275℃～280℃。因此，三甘醇在密闭的清洗槽中清洗组件时，为防止设备超压并减少蒸发的气体泄漏，其排气系统应设冷却器和阻火器。目的是冷凝蒸发的气体，减少环境污染，节约原料，同时又防止外界火花可能引起的爆炸。

7.4.8 由于三甘醇清洗炉必须降温后才能开盖，正常情况下很少有三甘醇发散出来。但为了防止因炉盖密封不良引起少量三甘醇逸出，保证工作场所空气中三甘醇浓度低于三甘醇爆炸下限的10%（25℃时，爆炸下限为0.9%），因此，三甘醇清洗炉的房间应满足通风要求。

7.4.9 本条规定为保证操作间的空气质量良好，排出有害气体。

7.4.10 超声波清洗设备操作时噪音较大，容易引起操作人员听力受损；同时，为避免清洁后的喷丝板被污染，超声波清洗设备宜单独布置。

7.4.11 喷丝板镜检仪是利用光学原理进行检查，设备自带光源。为减少眩光对检验的干扰，因此镜检室宜设在背光的单独房间里。

7.4.12 高压水冲洗设备主要起到冲刷和清出固体附着物的作用。

7.5 热媒站（间）

7.5.1 热媒站由加热炉、闪蒸罐、循环泵组、烟囱及烟道、空气预热器以及空气鼓风机等组成，装置占地面积较大，空间高度较高；同时，热媒站使用燃料加热，存在高温热媒泄漏、火灾及爆炸危险。因此，聚合工厂设置独立的热媒站，有利于生产安全和管理。

7.5.2、7.5.3 合并设置热媒站，有利于节约土地，方便管理，减少备台，降低投资和运行成本。

7.5.4 热媒有刺激性气味，且渗透性极强，高温热媒大量泄漏可形成爆炸性气体环境。因此，热媒站宜布置在厂区全年最小频率风向的上风向。

7.5.5 热媒炉宜以生产装置设计能力115%下的热负荷作为最大热负荷，结合热媒炉在最佳热效率（一般在80%～90%）下的能力，选择热媒炉和确定配台，这样最为经济合理。

7.5.7 在生产装置停车和事故，以及工厂发生火灾时，都需要把装置热媒系统中的热媒排空。因此，热媒站应设有足够容量的热媒接收槽。

7.5.8 纺丝热媒加热系统在远高于其闪点和压力下运转，一旦发生故障或泄漏，必须有释放的渠道，以避免着火及形成爆炸性气体环境的可能。热媒接收槽主要作用是回收和突发事件时临时储存。考虑事故发生的几率和经验，纺丝车间的热媒收集槽容积不应低于系统的30%。

纺丝车间采用的热媒为联苯和联苯醚混合物。虽然该系统在高于其闪点下运转，但其闪点远高于环境温度（联苯为113℃，联苯醚为111℃）。同时，本条与第3.1.13条、第5.2.11条规定了安全措施，所以未将热媒间列为爆炸危险环境。工程设计中若不能满足这些规定时，应另采取相应的安全防护措施。

热媒收集间设在一层有利于收集热媒。

7.5.9 热媒有刺激性气味，且渗透性极强，高温热媒大量泄漏可形成爆炸性气体环境。因此，为防止其泄漏，宜选用不泄漏的屏蔽泵或磁力泵，或采用能防止热媒泄漏的金属波纹管式平衡型机械密封的离心泵。

7.5.10 本条规定的目的是方便管理和控制，同时减少热媒输送中的热量损失。

7.6 原料库和成品库

7.6.4 聚酰胺原料、切片和纤维的耐光性较差，长时间在日光和紫外线照射下，易发生降解，纤维强度下降，颜色发黄，影响产品质量。

7.6.5 多数调配胶料的化学品都有一定毒性和储存要求，设置独立的化学品库是保证安全。间苯二酚是可燃、有毒、有刺激性物质，易溶于水，受潮变色，遇明火、高热可燃，并释放出有毒气体，应避光、避水储存；氨水具有强烈的刺激性，应储存在阴凉、避风、隔绝火源的场所，以减少氨的挥发和避免发生爆炸事故；固体氢氧化钠应避免接触水；缩水甘油醚有刺激性，分解温度大于60℃，在高热环境下可分解，并可能形成爆炸性气体或蒸气混合物，应避光储存；封闭异氰酸酯溶液怕冻怕热，储存温度应保持在5℃～40℃之间。

7.6.6 甲醛的沸点为－19.5℃，闪点83℃，爆炸极限为7%～73%，属于高度毒性危害、易燃、易爆物质。浸胶乳胶液调配使用37%甲醛水溶液，储存间应设排风设施，并避免阳光照晒，同时电气需考虑防爆措施，建筑需按本规范第11.5.6条的规定采取防火措施。

为防止甲醛泄漏，其输送和卸料泵宜采用屏蔽泵。

7.6.7 锦纶短纤维打包机后设中间库，有利于产品检验，避免入库后检验造成的倒库问题。

8 自动控制和仪表

8.1 一般规定

8.1.1 自动控制设计应考虑安全可靠、技术先进、经济合理、操作维护方便几个因素的综合平衡，体现国家提倡的节能降耗、保护环境的基本国策。

8.2 控制水平

8.2.1 系统选型时应根据过程控制点数多少和控制要求合理选用。一般规模较大且模拟量控制较多时采用DCS系统，规模较小、数字量较多或多数为监视参数时选用PLC，规模更小时选用工业控制计算机。

8.2.2 整装单元的主要信号是指运行、停止、故障、公共报警、转速、马达电流、操作控制等信号。信号数量较少或关键信号宜采用硬接线连接，数量较多时宜采用总线通信方式。

8.2.4 主流程的转动设备和旋转机械是指主生产工艺流程的熔体输送、切粒、切片输送、纺丝、卷绕、后处理、浸胶等工段中的转动设备和旋转机械。

8.2.5 纺丝冷却风同主生产流程紧密相关，且控制效果直接影响产品质量，因此应采用与主生产流程相同的控制设备。

8.2.7 油剂调配、组件清洗、胶液调配过程监控点数较多、控制较复杂时应选用可编程序控制器（PLC），较少时宜选用数显仪表进行监控。

8.3 主要控制方案

8.3.1 根据国内使用习惯，熔融系统通过聚合装置主车间的DCS进行温度、液位等的控制。

1 本款规定的目的是防止异物进入及氮气流失。

2 本款规定的目的是防止超温，同时可控制投料速度。

4 本款规定的目的是不同物料随时可根据工艺需要进行配比混料。

8.3.3 聚酰胺6聚合装置，聚合部分采用逆向控制可保证切片产量的稳定；连接切粒机与萃取塔的切片水槽常用于缓冲。

8.3.7 锦纶工厂中由于熔体的黏度较大、温度较高，熔体输送泵、熔体增压泵等容积式输送泵出口压力均较高，为了保护设备和操作人员人身安全应设置压力高限连锁停泵控制系统。

8.4 特殊仪表选型

8.4.2 条文中所述的特殊结构是指熔体铂热电阻温度计的结构形式应根据测点具体情况和熔体特点设计端部结构，以保证测量的准确性和结构强度，并尽可能减少熔体管道内的死角。

8.4.8 热媒一般具有毒性，采用焊接以减少工艺介质泄漏。

8.4.12 HART（Highway Addressable Remote Transducer）通信协议为加载在4mA～20mA之上的脉冲信号，为仪表的远程校验、维护提供了数据传输功能。

8.4.13 整装单元机械设备上的一次仪表是指直接安装在设备上的温度计、热电阻、压力表、压力开关、压力变送器、位置开关、电磁阀等。这些机械设备包括：螺杆挤压机、纺丝机、卷绕机、集束机、落桶机、卷曲机、切断机、打包机、热媒蒸发器等。

8.4.14 己内酰胺、含低聚物己内酰胺、二氧化钛悬浮液等介质易结晶、易固化。

8.5 控制系统配置

8.5.1 锦纶工厂的操作区域、生产线、操作单元一般如下划分：

锦纶长丝装置按聚合、纺丝、捻织、加弹划分；

锦纶短纤维装置按聚合、纺丝、后处理划分；

锦纶工业丝按聚合、纺丝、捻织和浸胶划分；

直纺熔体输送也可单独划分单元。

按过程检测、控制点数及其复杂程度配置时，操作站数量一般如下配置：

50 控制回路或 800 个检测、报警点以下可配置 2 台；

50～150 控制回路或 800～1500 个检测、报警点可配置 3 台～4 台；

150～250 控制回路或 1500～3000 个检测、报警点可配置 4 台～6 台；

250 控制回路或 3000 个检测、报警点以上可根据需要配置。

8.5.2 有的系统服务器兼做工程师站。

8.6 控 制 室

8.6.1 纺丝冷却风空调宜与主生产装置合用控制室，环境空调可单独设控制室或采用就地控制。

8.6.2 热媒站、浸胶车间可不分操作室和机柜室。

8.6.3 锦纶长丝装置、锦纶短纤维装置、锦纶工业丝装置大部分区域为安全区，因此控制室的位置应重点考虑操作管理方便、电缆敷设经济合理。

8.6.4 由于纺丝、卷绕、后处理、浸胶的流程较长且信号较多，为了电缆敷设的经济合理，一般均在车间的附房内分别设机柜室，再用通信电缆将信号集成到一个控制系统中，进行集中监视和管理。

8.6.8 装置监控信号较多时控制室一般应设抗静电架空地板，较少时可采用水磨石或其他易清洁地面。

8.6.9 控制室架空地板下设置电缆托盘的目的是将电缆分类以减少干扰，便于以后的维护和改、扩建。

8.7 安 全 连 锁

8.7.4 重要的安全连锁一般是指生产线的紧急停车，容积式输送泵出口压力高限连锁。

8.8 仪表安全措施

8.8.2 冗余的通讯电缆采用不同的敷设路径是为了减少机械损坏造成通信中断。

8.8.3 仪表电缆可分为本安信号电缆、非本安信号电缆（包括48V或48V以下电源电缆）、48V以上电源电缆和通信电缆四类。

8.8.6 对于三芯及以下电缆，每芯截面积宜为 1.0 mm² ～1.5 mm²。对于四芯及以上电缆，每芯截面积宜不小于 0.75 mm²。对于 24VDC 电源电缆，每芯截面积不应小于 2.5 mm²。

8.8.8 放射性仪表的设计、安装、使用还应符合现行国家标准《含密封源仪表的放射卫生防护要求》GBZ 125 的相关规定。

9 电 气

9.1 一 般 规 定

9.1.1 本条阐述了电气设计中应遵守的准则。

9.1.2 节能是一项重要的国策。合理确定供电电压等级和变配电所的布局，是节约有色金属、降低线路损耗、降低运行成本、节省投资的有效措施。单立本条的目的是：强调节能设计中设计方案、变配电布局的重要性，设计要采用成熟、有效的节能措施，重视推广节能技术和节能产品，努力降低电能损耗。

9.1.3 新产品、新技术都有适用对象，可用性需经过实践来验证，调试及运行的经验都要有积累的过程，不能不经论证就一概照搬。因而强调采用实践证明行之有效的新技术、新理论，避免不必要的浪费和损失，以便创造出真正的经济效益、社会效益和环境效益。

9.2 供 配 电

9.2.1 锦纶工厂连续聚合装置的生产过程是在管道、容器等密闭系统内进行，具有连续不间断的特点，锦纶 66 非正常停电会造成物料结块堵塞，清洗、煅烧管道容器和重新开车所造成的经济损失较大，划为二级负荷。

锦纶工厂瞬时断电会使连续纺丝因断丝而中断生产，因断头使正在卷绕的长丝筒降至等外，恢复供电后重新生头到生产出合格产品时间较长，会产生大量废丝，所以条文规定纺丝生产装置和主要辅助生产设施的纺丝冷却风等生产用电负荷应为二级负荷。气体爆炸场所用于稀释爆炸介质浓度的通风机因断电会增加爆炸危险性，划为二级负荷。

锦纶工厂消防用电按照现行国家标准《建筑设计防火规范》GB 50016 的规定划分，应为二级负荷。

锦纶工厂后加工、厂区工程等其他用电负荷断电不会造成安全问题，带来的经济损失有限，划为三级负荷。

9.2.2～9.2.4 锦纶工厂的二级负荷占有相当大的比例，且用电负荷较大，根据用电负荷及电力系统的供电环境，锦纶工厂一般采用6kV～110kV电压等级专线供电。所以作出了主接线及配电变压器配置的相关规定。

9.2.5 爆炸危险环境场所分类需考虑可燃性物质的释放源；释放源的等级和通风；释放的频度，持续时间和数量；遇到紧急情况时还应采取措施等，不同的措施直接影响危险区的划分，合理缩小爆炸危险环境场所有利于安全。所以该条仅原则性提出要求。

9.3 照 明

9.3.3 根据现行国家标准《供配电系统设计规范》GB 50052蓄电池可作为应急电源。鉴于锦纶工厂应急照明负荷量不大，当蓄电池作为应急电源技术经济性合理时可选用UPS或EPS。EPS-DC型正常时由公网供交流电；当公网失电直流供电，EPS-DC型适用于向配置电子整流器的荧光灯供电。UPS和EPS-AC当公网失电，蓄电池经逆变器供交流电。

9.4 防 雷

9.4.2 锦纶工业丝后加工浸胶车间内设有甲醛储存间、胶料调配间，本规范第3.5节将其爆炸危险环境区域划为2区和1区加2区；聚合车间或纺丝车间内当设有制氢装置，本规范第3.5节将其爆炸危险环境区域划为2区，因防雷分类与其面积占建筑物总面积的百分比有关，本规范不能明确划定，为此浸胶车间，聚合车间，纺丝车间的防雷分类和防雷措施应按照实际情况依据现行国家标准《建筑物防雷设计规范》GB 50057第3.5.1条其他防雷措施的有关规定执行。

9.4.4 不同厂商提供的热媒的技术参数不同，有的为爆炸介质；有的为非爆炸介质，依据现行国家标准《建筑物防雷设计规范》GB 50057建筑物的防雷分类的有关规定，非爆炸介质的热媒不应划为二类，所以作出本条规定。

9.6 火灾自动报警

9.6.1～9.6.4 火灾自动报警是否设置应依据现行国家标准《建筑设计防火规范》GB 50016和《纺织工程设计防火规范》GB 50565的有关规定，具体实施依据现行国家标准《火灾自动报警系统设计规范》GB 50116的规定，所以条文中明确了其相互关系。

根据锦纶工厂连续生产线的特点，生产操作、监控及紧急停车装置均在中控室，消防值班室设在中控室有利于信息畅通，及时组织火灾扑救。因火灾自动报警系统及消防值班室的设置在国家现行标准中与纺织工业相关的防火规范的有关规定中已有规定，本规范仅对大、中、小型锦纶工厂提出建议。

10 总图运输

10.1 一般规定

10.1.1 厂区总平面布置防火设计应符合现行国家标准《纺织工程设计防火规范》GB 50565的有关规定。该规范未作规定者应按现行国家标准《建筑设计防火规范》GB 50016和其他有关国家标准执行。

10.1.2 为使锦纶工厂尽可能减少烟尘、噪声及其他有害气体对居住区产生的影响，特做此规定。

10.1.3 节约用地是我国的一项基本国策，本条对此做出原则性规定。本章其他一些条款以及第11章某些条款均对节约用地措施的不同层面做出了规定和要求，各工程应因地制宜，合理布置。

10.1.4 锦纶工厂总平面布置主要技术经济指标的内容应符合《工业企业总平面设计规范》GB 50187的规定，其具体指标应符合国家及地方有关行政主管部门的规定。主要生产厂房和辅助生产设施均应按需要设置，并符合有关规定。

10.1.5 总平面布置首先应满足生产工艺流程的要求，并在此基础上采取有效的、综合性的措施，提高土地利用率。通道宽度是指两建筑物（构筑物）之间包括绿地、地上地下工程管线、装卸场地、道路等所占用的总宽度。

10.1.6 工厂分期建设时，应正确处理近期与远期的关系，一次规划，分期实施。近期集中布置，远期预留发展。

10.2 总平面布置

10.2.1 锦纶工厂生产厂房占地面积较大，原料及成品运输量较大，地上及地下工程管线较多，管线布置应顺畅、短捷，有利于节能能源并降低生产成本。故作此原则性规定。各工程应因地制宜，根据具体情况，合理布置。

10.2.2 对直接纺丝工艺，纺丝车间尽可能靠近聚合车间、尽可能缩短熔体管道的长度，可以减少熔体在高温下的停留时间，有利于减少聚合物的热降解。

10.2.3 为缩短成品的厂内运输距离作此规定。

10.2.4 热媒站及污水（预）处理站应减对厂区可能产生的影响。引入厂区内的35kV以上的架空高压线，应减少其在厂区内的长度，并沿厂区边缘布置。

10.2.5 为满足消防、货物运输、人员进出需要及人、货分流要求，作此项规定。

10.2.6 通道宽度影响厂区建筑系数，即土地利用率。应根据本条要求，综合考虑，合理确定通道宽度。

10.2.7 除车间引道外，厂区道路均应满足消防车道的要求。

10.3 竖向布置

10.3.1 防洪与排除雨水是竖向布置的重要内容之一，应根据有关标准，合理确定场地设计标高和场地排水坡度。

10.3.2 锦纶工厂地上及地下工程管线较多，原料及成品运输较频繁，故作此规定。

10.3.3 为满足车辆运输要求并防止厂内积水，作此规定。

10.3.4 平原地区与山区建厂竖向布置侧重点有所不同，应根据实际情况，综合考虑各种因素，合理确定场地设计标高。

11 建筑、结构

11.1 一般规定

11.1.2 锦纶工厂防火设计应按现行国家标准《纺织工程设计防火规范》GB 50565 执行，该规范未作规定者应按现行国家标准《建筑设计防火规范》GB 50016 和国家其他有关标准的规定执行。

11.1.3 目前住房和城乡建设部和各省、市政府部门均有节能及推广新产品、新技术等方面的要求，本条作出原则性规定，各建设项目可根据各地情况和具体规定执行。

11.2 生产厂房

11.2.1 目前我国现浇钢筋混凝土框架结构、单层现浇或预制钢筋混凝土排架结构工业厂房在锦纶工厂建设中广泛应用，从规范到实践都很成熟，故本规范推荐这一建筑结构形式。锦纶生产厂房的后加工、打包、包装、成品中间库及顶层空调机房等，有条件的也可采用钢结构。

建筑抗震设防类别的规定中，"标准设防类，简称丙类"，是依据 2008 年我国汶川地震后修订的现行国家标准《建筑工程抗震设防分类标准》GB 50223—2008 规定的。

11.2.3、11.2.4 本规定是为了在锦纶工厂建设中尽可能节约能源、节约用地及节约投资。布置紧凑有利于工程管线的顺畅、短捷，组成联合厂房是节省用地有效措施。各工程项目应根据具体情况，合理布置。

11.2.5 本规定利于安全生产及节能。楼梯间不能自然通风时，应符合现行国家标准《纺织工程设计防火规范》GB 50565 关于防烟楼梯间的规定。

11.2.6 为满足生产及节能要求，或避免在不利气候条件时，车间围护结构内表面产生结露，作此规定。在本条规定的气候区建厂的空气相对湿度较大的生产车间应对围护结构进行防结露验算。

11.2.7 我国目前未颁布工业建筑节能设计标准。本条针对锦纶工厂不同生产车间生产工艺对温、湿度的特殊要求，为满足工艺性空气调节要求，作此规定。

11.2.8 为保证职工的身体健康和安全生产，作此规定。

11.2.9 本条所列生产部位的地面荷载较大或要求通行运输车辆，并为保证产品质量，作此规定。

11.3 生产厂房附房

11.3 本节生产厂房附房指附设在生产厂房内的辅助生产、生活和行政管理用房。

11.3.1 工业厂房常常会进行技术改造，有时会将非生产性附房改作生产性附房。因此这类附房的活荷载宜根据具体情况，考虑上述可能性。

11.3.4 高压开关室、低压配电室电缆较多，采用架空地板便于布线。如果采用电缆沟，应有可靠的防水或防潮措施，并应防止小动物进入电缆沟内。

11.3.7 物检室及组件清洗间的计量泵校验间温湿度要求较高，故作此规定。

11.3.9 本规定有利于安全疏散。

11.3.10 为贯彻国家节能方针，并满足劳动保护要求，作此规定。

11.4 辅助生产工程

11.4.1 本条规定的目的是为了有效节约用地、节约投资及节约能源。

11.4.4 本条规定的目的是为了保证安全生产。

11.4.5 本条规定的目的是为了加强自然通风，有利于安全生产。

11.5 建筑防火、防爆、防腐蚀

11.5.3 锦纶工厂的生产厂房内常常附设原料库或成品库，有时其占地面积较大，应采用防火墙及符合耐火极限的楼板与生产车间隔开。原料库或成品库应符合现行国家标准《纺织工程设计防火规范》GB 50565 关于仓库的规定。

11.5.4 锦纶生产厂房的纺丝箱体及纺丝甬道必须贯穿楼板，而且不允许予以封堵。同时纺丝间内一般仅有少量巡视人员。卷绕间虽设有固定岗位，但人员较少。所以将本条做目前表述。即规定采取一定措施后，对纺丝箱体及纺丝甬道贯穿楼板的孔洞未要求进行防火封堵处理，其防火分区建筑面积也未要求上下各层累计计算。

11.5.5 面积过大、疏散距离过长的纺丝车间，往往难以满足现行国家标准《建筑设计防火规范》GB 50016 关于疏散距离的规定。纺丝车间操作人员较少，故本条要求采取一定的安全措施，允许向相邻的防火分区疏散，并认为相邻的防火分区是安全区域。以解决车间面积过大，疏散距离过长的问题。

11.5.6 本条所述的生产设施一般设在生产厂房的附房内。本规范已规定有关专业在一定范围内采取相应的防爆措施,因此除要求地面应采用不发生火花的材料外,对建筑结构专业不提出其他防爆要求。靠外墙布置可利用自然通风,降低可燃气体的浓度,并为机械排风提供便利条件,这对安全生产是有利的。

11.5.7 本条规定有利于安全生产。

11.5.8 本条所述的生产部位存在腐蚀性介质,应在设计中采取防腐蚀措施。有效的自然通风与机械通风可减少对生产厂房的腐蚀,并可以改善生产环境。

12 给水排水

12.2 给 水

12.2.2 锦纶工厂的给水系统主要包括生活给水、生产给水、消防给水、除盐水、循环冷却水和冷冻水系统等,由于各给水系统对水质、水温、水压和水量的要求不同,所以给水系统的划分应经过综合比较后确定,其中循环冷却水和冷冻水应为重复使用系统。

12.2.3 锦纶生产所需的生产水、除盐水、循环冷却水的水质、水温、水压和水量,应由工艺和相关专业确定并提供设计条件。锦纶生产所需的总用水量包括新鲜水和重复使用水量。其中新鲜水设计用水量包括生活用水量、生产用水量、除盐水制备水量、循环冷却水和冷冻水的补充水量、公用设施用水量和未预见用水量,其中未预见用水量可按新鲜水总用水量的15%~20%计算,用水量宜结合工程共同使用之和计算,防止计算用水量偏大,造成工程不必要的浪费。重复使用水量包括循环冷却水量、冷冻水量及回用水量等。

12.2.5 根据近年来我国提倡建设节约型社会的有关要求,结合近几年锦纶工厂的设计实践,锦纶工厂的给水重复使用率均能达到95%以上,故确定本条文作为锦纶工厂设计应达到的基本要求。重复使用率按公式(2)计算:

$$重复使用率(\%)=\frac{重复使用水量}{重复使用水量+新鲜水设计用水量}\times100\% \quad (2)$$

12.2.6 在锦纶生产过程中,由于各给水系统用水量的大小存在不确定性,所以本条强调各给水系统的设计流量应按最高日最高时用水量确定,支管道设计宜按秒流量计算。而管道设计的沿程水头损失可按现行国家标准《建筑给水排水设计规范》GB 50015 提供的计算公式(3)进行计算:

$$i=105C_h^{-1.85}d_j^{-4.87}q_g^{1.85} \quad (3)$$

式中:i——管道单位长度水头损失(kPa/m);

d_j——管道计算内径(m);

q_g——给水设计流量(m³/s);

C_h——海澄-威廉系数,各种塑料管、内衬(涂)塑管 $C_h=140$;铜管、不锈钢管 $C_h=130$;衬水泥、树脂的铸铁管 $C_h=130$;普通钢管、铸铁管 $C_h=100$。

由于国内大型石油化工企业已按现行国家标准《石油化工企业设计防火规范》GB 50160 的要求将生产给水系统和消防给水系统分为各自独立系统,各系统的管道压力可按各自系统进行计算。而对于小型企业,采用生产、消防合用给水系统时尚应按消防时的流量、压力进行复核。

12.3 排 水

12.3.1 锦纶工厂的排水系统主要包括生活污水、生产污水、清净废水和雨水系统。生产污水主要是油剂废水、单体回收废水、浸胶废水、组件清洗及化验和冲洗地面等含有低浓度污染物的污水。清洁废水主要是未受有机污染的空调排水。生产污水宜与其他装置的生产污水合流后排至污水处理场处理。清洁废水可排入雨水系统。

12.3.3 设备排水不宜与重力流排水管道直接相连接,一般采用漏斗分开,排水管下部位应设置水封装置。

12.3.4 空调机组的排水有可能排入蒸气冷凝水,所以宜采用金属排水管道。同理有可能排入冷冻水,所以当排水管道敷设在楼板下时宜做防结露保温层。

12.4 污水处理

12.4.1~12.4.3 对锦纶工厂生产污水处理作的一般规定。锦纶工厂生产所产生的生产污水应根据当地实际情况选择预处理方式,高浓度的废油剂应回收处理。不得直接排入污水处理设施影响污水处理的正常运行。浸胶废水应将废胶液分离后再与其他生产污水合并处理。

12.4.4 锦纶工厂废水中主要含有机酸、有机胺、苯等污染物,具有低碳源、高氨氮和硝氮的特点,污水处理应有硝化、反硝化段提高氮的去除率。

12.5 消防设施

12.5.3 锦纶帘子布生产用浸胶机的烘干段固定式灭火系统可采用蒸气灭火,也可以采用氮气灭火。

12.5.4 锦纶工厂各建筑物应配置灭火器,灭火器配置应符合现行国家标准《建筑灭火器配置设计规范》GB 50140 的有关规定。在用电房间宜配置二氧化碳灭火器,其他部位宜配置干粉灭火器。

13 采暖、通风和空气调节

13.1 一般规定

13.1.3 锦纶生产的许多工序,工艺对车间的温度与相对湿度有一定的要求，合理选择其计算参数，对于保障生产、降低空气调节系统的投资与运行能耗十分重要。在满足工艺要求的前提下，采用相对较高的温度与较低的相对湿度，可以提高空气调节系统的经济性。

锦纶生产，特别是长丝生产对温度和湿度很敏感，聚合物中低分子物含量愈高，对车间的相对湿度就愈敏感。当丝束冷却风和卷绕间环境的相对湿度过低或温度过高时，都会对纺丝牵伸过程产生不利的影响，引起毛丝和断头增多。同时，温湿度的波动过大，还会造成后加工困难，影响产品质量。因此，生产高品质产品时应严格控制丝束冷却风和卷绕间、加弹间的温湿度。

对一些粗旦品种，应采用较低的温度与较高的相对湿度；而对于一些异型产品或细旦品种生产，温度则可适当升高，但湿度也不应太低。因此，本条仅对常规产品生产作出规定，设计时可根据实际产品方案情况确定。

为提高产品质量和增加产品的市场竞争性，国内一些锦纶生产企业在生产出口产品和高质量产品时，对生产中的温度和湿度采取了一些更严格的措施，并取得积极的效果。例如：对于短纤维生产，在相对湿度小于50%地区，宜在盛丝筒放置区域增加空气湿度；对于生产高品质长丝产品的温度控制精度一般为±0.5℃，湿度控制精度一般为±1%；对于生产高品质BCF产品的温度控制精度一般为±1℃等。

物检室的温度和相对湿度是根据现行国家标准《纺织品的调湿和试验用标准大气》GB 6529的相关规定和锦纶工厂生产实际制定的。现行国家标准《纺织品的调湿和试验用标准大气》GB 6529规定：试验用标准大气分为温带标准大气（温度为20℃，相对湿度为65%的大气）和热带标准大气（温度为27℃，相对湿度为65%的大气），它们各分为1、2、3级标准，其温度控制精度均为±2℃，湿度控制精度分别为±2%、±3%、±5%；标准还规定：除特殊情况外，纺织品的物理和机械性能测定应按试验用温带标准大气的规定；用于仲裁性试验时采用温带标准大气的一级标准。当物检室内分成不同功能的房间时，物检室的温度和相对湿度是指仪器检测间。

锦纶纤维的吸湿性在合成纤维中相对高一些。根据锦纶工厂多年的实践经验，本规范对物检室仪器检测间空调的温度、湿度参数采用了试验用温带标准大气2级标准，即温度为(20±2)℃，相对湿度为(65±3)%，这一标准能满足生产检验的需要。

13.1.4 锦纶纺丝生产采用熔融法，以冷空气作为介质冷却喷丝板出口的熔体成丝。丝束冷却风量的稳定与否对于纺丝生产具有直接、显著的影响，纺丝工艺对冷却风的温度与相对湿度均有一定要求，对成丝质量的影响，温度甚于相对湿度。

工程设计中，丝束冷却风的温度与相对湿度计算参数一般根据纺丝设备供应商的条件确定，但各供应商的要求不尽相同。多数供应商要求丝束冷却风的温度与相对湿度在相对稳定的前提下，控制在一定的范围内即可。目前国内锦纶工厂多采用主风道的温度和相对湿度作为控制值。

锦纶生产中，影响成丝质量的因素众多，冷却风的温度与相对湿度只是其中之一。由于纺丝机型号不同，喷丝板直径不同，纺丝甬道高度不同，熔体条件不同，产品品种不同，锦纶工厂在实际运行中，丝束冷却风的温度与相对湿度也不尽相同。

本规范在对部分锦纶工厂生产常规品种时丝束冷却风所用参数进行分析、归纳的基础上，列出了表13.1.4，当工艺无特殊要求时，丝束冷却风的温度、湿度可按表13.1.4设计。

某些特殊纤维品种对丝束冷却风的温度与相对湿度要求异于常规品种，如生产高档长丝产品要求丝束冷却风的温度控制精度为±0.5℃。因此，当生产特殊品种时，需按工艺要求设计。

13.2 采　　暖

13.2.4 设置热风采暖的房间，当生产间断时，停运热风采暖，采用散热器进行值班采暖，可以降低能耗，故作本条规定。

13.3 通　　风

13.3.5 在本规范第3.5.5条第2～7款规定的场所，操作中可能散发可燃气体或蒸气，其间爆炸性气体环境危险区域的划分以一定通风条件为前提，详见本规范第3.5.5条的条文说明，该通风条件应予满足。由于存在可燃气体或蒸气，通风系统需采取相应的防爆安全措施。

13.3.6 在本规范第3.7.18条规定的场所，操作中可能散发有毒物质，详见本规范第3.7.18条文说明。因此，其通风系统需采取相应的防毒安全措施。

13.3.9 锦纶工厂聚合装置生产厂房的通风设计要求：

1 聚合生产厂房在生产中散发余热，有毒与可燃气体或蒸气的散发量有限，通常局限在很小的范围内，且爆炸危险性较小，毒性较低，生产工艺对室内温、湿度没有要求，车间内无固定的操作岗位。采用自然通风，可以节省投资，降低运行费用。

2 严寒或寒冷地区，冬季冷空气大量无组织进入厂房，厂房内易形成不定的低温区域，其间设备或管道内可能产生冻结。本款规定旨在控制冷空气的进入，限制厂房中的低温区域，以防止因通风导致冻结事故。

3 聚酰胺66与聚酰胺6生产在投料操作中，投料口分别有CPL或AH盐粉尘溢出，投料槽内部未设置负压抽吸系统时，粉尘溢出较多。为排除粉尘并限制其影响范围，投料口处应设置局部排风。为使排放空气达标，排风系统应设置除尘器。CPL与AH盐均为可燃粉尘，本规范第3.5.5条第1款规定，当投料槽内部未设置负压抽吸系统时，投料口2m范围内为爆炸性粉尘环境，故排风系统应采取防爆安全措施。

13.3.10 锦纶工厂纺丝装置生产厂房的通风设计要求：

1 熔体分配间、切片干燥间、螺杆挤压机间，生产设备与管道散发热量较多，工艺对室温没有严格要求，室内无固定操作岗位，仅在投运与检修时，人员需进入现场操作。实际工程中，往往采用自然通风或机械通风排除余热。

2 工业丝与FDY生产，在丝束的加热牵伸过程中，丝束上的油剂大量挥发形成烟雾。为排除油雾并限制其影响范围，卷绕间应设置局部排风。

3 锦纶66纺丝生产，在熔体通过喷丝板经丝束冷却风冷却成丝的过程中，有粉状或絮状低聚物与齐聚物析出。为排除粉尘并限制其影响范围，喷丝板处应设置局部排风。为使排放空气达标，排风系统应设置除尘器。

4 锦纶6纺丝生产，在喷丝板处有单体析出，本规范第3.7.9条规定，锦纶6喷丝板出口处应设置局部排风，排除单体。纺丝工艺对纺丝甬道内的空气流向与流量有所要求（详见本规范第13.4.7条第2款的条文说明），往往藉平衡纺丝装置厂房的送风量和排风量而实现。为避免在风量平衡计算中漏计单体抽吸风量，故作本款规定。

13.3.11 锦纶工厂后加工装置生产厂房的通风设计要求：

1 长丝加弹车间加弹机等生产设备，在丝束的加热过程中，丝束上的油剂大量挥发形成烟雾。为排除油雾并限制其影响范围，加弹机等生产设备随机配套局部排风，该排风应接至室外。

2 短纤维后处理车间的热辊牵伸机、蒸气加热箱、紧张热定型机等设备在生产中散发热、湿。为排除热、湿并限制其影响范围，应设置局部排风。松弛热定型机等设备以空气为介质干燥纤维，其设备排风的温度、湿度较高，故应排至室外。

短纤维后处理车间，生产设备散发大量热、湿气，但其厂房的面积较大，工艺对室内温、湿度没有严格要求，操作人员一般仅需巡回检查，仅打包机处有固定操作岗位。为改善操作条件，本款规定打包机操作岗位宜设置局部送风。

3 工业丝浸胶车间的上胶工段生产设备散发有害物质与异味，干燥机散发热量较多，故应设置机械通风。

13.3.12 锦纶工厂部分辅助生产设施的厂房，在操作中分别或同时散发热、湿、异味，以及可燃或有毒物质，该部热、湿及其他散发物需要排除。

1 组件清洗间操作中一般散发热、湿。采用三甘醇清洗工艺时，由于是在接近沸点状态下工作，虽然系统是密闭环境，但在故障时也可能散发三甘醇气体，详见本规范第7.4.7条和第7.4.8条的条文说明。

异丙醇检验装置操作中会散发可燃气体，详见本规范第3.5.5条第7款的条文说明。

2 热媒间、热媒收集间及油剂调配间可能存在泄漏、遗撒，会有异味产生。

3 锦纶工业丝的纸管干燥间余热散发量较大，房间温度较高。为方便工人操作，改善劳动条件，因此应设机械通风，以保证工人进入房间操作时临时通风散热。

4 锦纶工业丝工厂浸胶车间的胶料调配间，可能散发有毒与可燃气体，详见本规范第3.5.5条和第3.7.18条的条文说明。

5 锦纶工业丝工厂浸胶车间的甲醛水溶液储存间，可能散发有毒与可燃气体，详见本规范第3.5.5条和第3.7.18条的条文说明。由于甲醛属高度毒性危害物质，且极易气化，当采用罐储存时，操作区卸料泵、输送泵及阀门比较集中处，存在甲醛泄漏的可能，故应设置局部排风设施。操作人员进入房间时，应先开启局部排风设施，以保证操作人员的安全。

6 锦纶66工业丝的纺丝箱体煅烧间余热散发量较大，房间温度较高，为方便工人操作，改善劳动条件，因此应设机械通风。

13.4 空气调节

13.4.5 冷却丝束后，丝束冷却风温度较高，其一部或需进入卷绕间。故卷绕间的负荷计算，应计入该部风量带入的热量及湿量，卷绕间的回风应计入该部风量。

13.4.6 锦纶纺丝生产中，丝束需添加油剂，车间空气调节回风中含有一定量的油雾，工业丝与FDY生产尤甚。若电气、仪表用房与车间共用同一空气调节系统，易使电气、仪表元件带油，长期积累将影响其运行可靠性和使用寿命，故作本条规定。

13.4.7 丝束冷却风系统的设计要求：

1 丝束冷却风是熔体成丝的冷却介质，生产不同的产品，有不同的风量需求。锦纶纺丝生产线中若干纺丝位组成，一般同一生产线生产相同品种，有时同一生产线也会生产不同品种。工艺要求丝束冷却风量稳定，丝束冷却风量的波动直接影响产品质量。故各纺丝位的丝束冷却风量及其波动范围应满足工艺要求。工程中，丝束冷却风量一般按纺丝设备供应商的要求确定，改扩建项目，有时按业主的既有实践经验确定。

2 纺丝甬道内的空气流向与流量对纤维质量，特别是对细旦丝和异形丝的质量有影响。空气流向一般应与丝束的运行方向相同，但不同的纺丝设备供应商对空气流量的要求不尽相同。本款只作原则性规定。

3 丝束冷却风的制备与供给是纺丝工艺的有机组成部分，丝束冷却风系统按生产线设置，有利于降低空气调节系统故障对生产的影响。此外，丝束冷却风系统按生产线设置，也有利于避免生产线之间的相互干扰。

随着锦纶工厂的建设规模不断扩大，近年来，一些工厂每 2 条纺丝线设置 1 套丝束冷却风系统。

4 敞开式纺丝冷却，丝束冷却风冷却丝束后进入车间。封闭式丝束冷却，丝束冷却风冷却丝束后直接排出室外。

丝束冷却风的风量需因产品品种而改变。采用封闭式丝束冷却方式时，为平衡送、排风量，丝束冷却风的排风风量需加以调节。工程中，多在排风支管上设置风量调节阀，排风机采用变频调速或设置旁通风阀。

5 空气中的油雾难以在空气处理装置中完全分离，随冷却风进入纺丝设备，易在阻尼网上附着，加速阻尼网的阻力上升，缩短其清洗周期，故丝束冷却风系统不宜回用含有油雾的空气。

一般而言，工业丝生产与长丝全牵伸丝（FDY）生产，卷绕间的回风中含油雾较多。

6 短纤维生产，丝束冷却风在冷却丝束后，油雾含量较高，锦纶 66 生产，还会含有较多低聚物与齐聚物，国内锦纶短纤维工厂一般将其排除室外，迄今实践中尚无回用。

13.4.8 本条内容现行国家标准《采暖通风与空气调节设计规范》GB 50019 已作规定。鉴于锦纶工厂生产车间的空气处理装置需全年或全年大部作降温运行，冷负荷很大，最大限度的使用新风作冷源，节能效果显著，本规范再作重申。

13.4.9 纺丝窗是熔体成丝的关键部位，冷却风气流被干扰，或丝束的飘动，均直接影响产品质量，故应避免纺丝间操作区送风的影响。纺丝工艺需要纺丝箱体的温度稳定，为避免其冷却降温，送风气流不应直接吹向纺丝箱体。

13.4.11 锦纶工厂生产车间的空气处理装置，需全年或全年大部分时间作降温运行，冷负荷很大，空气处理装置设置喷水室，可以充分利用新风作冷源蒸发冷却，减少制冷机的运行时间，从而降低能耗。喷水室对空气中的灰尘与油雾有较好的分离作用，用于散发油雾的车间，能够减少送风中油雾的含量，用于丝束冷却风的空气处理装置，还可以降低其末级空气过滤器的负荷，延长使用周期。

13.4.13 纺丝工艺严格要求丝束冷却风量稳定，丝束冷却风量的异常波动，会导致成丝质量下降，故丝束冷却风系统应设置风量调节装置。工程中，普遍通过控制风压而稳定风量。早期建设的锦纶工厂，多在送风机出口设置回流装置，或在送风干管末端设置泄放阀。近年来，随着变频器价格的下降，新建锦纶工厂普遍采用变频送风机。

丝束冷却风的风压一般按纺丝设备供应商的要求确定。

13.4.14 纺丝工艺对丝束冷却风的洁净度有一定要求。纺丝设备供应商往往代之以空气处理装置末级空气过滤器的要求，规定其对于大于或等于 1μm 的大气尘的计数效率。

生产运行中不作丝束冷却风洁净度的检测，根据末级空气过滤器的阻力更换其滤料。

13.4.16 含有油雾的空气在经喷淋与表冷处理时，油雾会移入喷淋水和冷凝水中，致使排水 COD 超标，故该排水应排至生产废水系统。

13.5 设备、风管及其他规定

13.5.2 丝束冷却风系统空气处理装置与风管的要求。

1 纺丝工艺对丝束冷却风的清洁度有较为严格要求，故空气处理装置的材质应有利于空气清洁，且不允许已经净化的空气再被污染。

2 本款规定旨在避免因人员出入空气处理装置引起风量波动，影响纺丝工艺生产。

3 锦纶纺丝生产常年连续进行，停产检修周期一般在一年以上，伴随管理的精细化，一些工厂停产检修周期长达三年。丝束冷却风系统是纺丝工艺重要的组成部分，与纺丝生产密切相关，一旦其空气处理装置停运，必将导致工艺停产。因此，丝束冷却风的空气处理装置应有较高的运行可靠性。

中华人民共和国国家标准

橡胶工厂职业安全与卫生设计规范

Code for design of occupational safety and hygiene
of rubber factory

GB 50643—2010

主编部门：中国工程建设标准化协会化工分会
批准部门：中华人民共和国住房和城乡建设部
施行日期：２０１１年１０月１日

中华人民共和国住房和城乡建设部
公 告

第 826 号

关于发布国家标准《橡胶工厂职业安全与卫生设计规范》的公告

现批准《橡胶工厂职业安全与卫生设计规范》为国家标准，编号为 GB 50643—2010，自 2011 年 10 月 1 日起实施。其中，第 4.2.5 条为强制性条文，必须严格执行。

本规范由我部标准定额研究所组织中国计划出版社出版发行。

中华人民共和国住房和城乡建设部
二〇一〇年十一月三日

前 言

本规范是根据住房和城乡建设部《关于印发〈2008 年工程建设标准规范制订、修订计划（第二批）〉的通知》（建标〔2008〕105 号）的要求，由中国石油和化工勘察设计协会、中国石油和化工勘察设计协会橡胶塑料设计专业委员会会同有关单位共同编制而成。

本规范共有 7 章和 1 个附录，主要内容包括：总则、术语、一般规定、厂址选择及厂区总平面布置、职业安全、职业卫生、职业安全与卫生设施等。

本规范在编制过程中，编制组进行了广泛的调查研究，认真总结了我国橡胶工业多年来在职业安全与卫生设计方面的经验，结合国内、外橡胶工厂职业安全与卫生设计的先进技术和先进理念，广泛征求了国内橡胶行业的工程设计、工程施工、科研和橡胶制品、轮胎生产单位的意见，并进行了多次整理及讨论，最后经审查定稿。

本规范中以黑体字标志的条文为强制性条文，必须严格执行。

本规范由住房和城乡建设部负责管理和对强制性条文的解释，由中国石油和化工勘察设计协会橡胶塑料设计专业委员会负责具体内容的解释。本规范在执行过程中，请各单位结合工程实践，认真总结经验，注意积累资料，随时将意见和建议寄送中国石油和化工勘察设计协会橡胶塑料设计专业委员会（地址：北京市海淀区半壁店 59 号 538 室，邮政编码：100143，传真：010-59893829），以供今后修订时参考。

本规范主编单位、参编单位、参加单位、主要起草人和主要审查人：

主编单位：中国石油和化工勘察设计协会
　　　　　中国石油和化工勘察设计协会橡胶塑料设计专业委员会

参编单位：昊华工程有限公司
　　　　　中国化学工业桂林工程有限公司
　　　　　海工英派尔工程有限公司

参加单位：风神轮胎股份有限公司
　　　　　软控股份有限公司
　　　　　杭州中策橡胶有限公司
　　　　　上海双钱集团股份有限公司
　　　　　青岛高策工程咨询有限公司

主要起草人：邹仁杰　臧庆立　胡祖忠　李贵君
　　　　　　冯康见　朱晓新　常红红　齐国光
　　　　　　罗燕民　顾卫民　张　魁　郑玉胜
　　　　　　程一祥　王龙波　王东明　苏　志
　　　　　　陈昌和　钱　浅　卢国宇　杨中年
　　　　　　陈梅红　吴　江　张清宇　尹启旺
　　　　　　严易明　刘魁娟　江奇志　官相杰
　　　　　　王　洁　王维晋　谭　靖　崔政梅
　　　　　　郑祥堃

主要审查人：朱大为　徐开琦　阳　洁　赵国利
　　　　　　孙　勇　刘梦华　杨顺根　丘西宁
　　　　　　孙怀建　陈春林　曲学新　田有成
　　　　　　郑玉力　田　宁　王其营

目次

1 总则 ················ 7—43—5
2 术语 ················ 7—43—5
3 一般规定 ············ 7—43—5
4 厂址选择及厂区总平面布置 7—43—5
　4.1 厂址选择 ········ 7—43—5
　4.2 厂区总平面布置 ·· 7—43—5
5 职业安全 ············ 7—43—6
　5.1 防火、防爆及防雷 7—43—6
　5.2 防电气伤害 ······ 7—43—6
　5.3 防机械伤害 ······ 7—43—7
　5.4 防坠落伤害 ······ 7—43—7
　5.5 防烫伤 ·········· 7—43—7
6 职业卫生 ············ 7—43—7
　6.1 防烟尘 ·········· 7—43—7
　6.2 防噪声及防振动 ·· 7—43—8
　6.3 防暑防寒 ········ 7—43—9
　6.4 采光和照明 ······ 7—43—9
　6.5 防辐射、防腐蚀 ·· 7—43—10
7 职业安全与卫生设施 ·· 7—43—11
　7.1 生产过程的不安全因素与职业
　　　危害 ············ 7—43—11
　7.2 安全与卫生设施 ·· 7—43—11
附录A 《职业安全与卫生专篇》
　　　编写大纲 ········ 7—43—11
本规范用词说明 ········ 7—43—12
引用标准名录 ·········· 7—43—12
附：条文说明 ·········· 7—43—14

Contents

1 General provisions ··············· 7—43—5
2 Terms ···························· 7—43—5
3 General requirement ··············· 7—43—5
4 Site selection and general layout
  of factory ························ 7—43—5
  4.1 Site selection ·················· 7—43—5
  4.2 General layout of factory ········ 7—43—5
5 Occupational safety ··············· 7—43—6
  5.1 Fireproof, explosion-proof and
      lightning protection ············ 7—43—6
  5.2 Prevention of electrical injury ···· 7—43—6
  5.3 Prevention of mechanical injury ··· 7—43—7
  5.4 Prevention of fall injury ········· 7—43—7
  5.5 Prevention of scald injury ········ 7—43—7
6 Occupational hygiene ··············· 7—43—7
  6.1 Prevention of dust ··············· 7—43—7
  6.2 Prevention of noise and
      vibration ······················ 7—43—8
  6.3 Prevention of hot weather and
      cold ·························· 7—43—9
  6.4 Lighting and illumination ········· 7—43—9
  6.5 Prevention of radiation and
      corrosion ······················ 7—43—10
7 Occupational safety and hygiene
  facilities ·························· 7—43—11
  7.1 Risk factors and occupational
      hazards in the process ··········· 7—43—11
  7.2 Safety and hygiene facilities ······ 7—43—11
Appendix A   Contents of 《special
             articles of occupational
             safety and
             hygiene》 ············· 7—43—11
Explanation of Wording in this
  code ····························· 7—43—12
List of quoted standards ············· 7—43—12
Addition: Explanation of
         provisionss ················ 7—43—14

1 总　则

1.0.1 为贯彻"安全第一，预防为主，防治结合"的方针，保障橡胶工厂劳动者在生产过程中的安全与健康，促进橡胶工业的可持续发展，制定本规范。

1.0.2 本规范适用于橡胶工厂新建、改建和扩建工程项目的职业安全与卫生设计。

1.0.3 橡胶工厂各有关专业应贯彻职业安全与卫生的设计要求，做到同时设计、同时实施，安全可靠、保障健康、技术先进、经济合理。

1.0.4 橡胶工厂设计的初步设计文件的职业安全与卫生专篇应符合本规范附录A的规定。

1.0.5 橡胶工厂工程项目的职业安全与卫生设计除应符合本规范外，尚应符合国家现行有关标准的规定。

2 术　语

2.0.1 橡胶热烟气　rubber flue gas
橡胶工厂对橡胶在硫化之前的加工过程中，不同加工方式会产生不同胶温，产生的热气中伴有极少量或微量带橡胶味的热烟气，带橡胶味的热烟气主要是复合恶臭和非甲烷总烃。

2.0.2 硫化热烟气　curing flue gas
混炼胶半制品硫化后胶料温度约为160℃～180℃，产生大量热气中，同时散发少量带有橡胶味的硫化热烟气。一般硫化热烟气以复合恶臭和非甲烷总烃来衡量。

3 一般规定

3.0.1 橡胶工厂设计中应采用无毒、无害或低毒、低害的原材料及不产生或少产生危险和有害因素的新技术、新工艺、新设备，并应采取行之有效的综合控制措施。

3.0.2 橡胶工厂设计中非标准设备的设计应符合现行国家标准《生产设备安全卫生设计总则》GB 5083和《电气设备安全设计导则》GB/T 25295等的有关规定。提出的设备技术条件，应有职业安全与卫生的具体要求。

3.0.3 橡胶工厂设计中对危险区域应设置报警系统和防护设施，并应设置警示标识。

3.0.4 粉尘的治理，应采取回收、净化和综合利用技术，车间有害物质浓度和辐射强度应符合国家现行有关标准的规定。

4 厂址选择及厂区总平面布置

4.1 厂址选择

4.1.1 厂址选择应根据该地区的气象、地形、地貌、水文、地质、雷雨、洪水、地震等自然条件预测的主要危险因素，以及四邻情况与本厂之间职业安全和职业卫生的相互影响，全面采取防范措施。

4.1.2 厂址应设置卫生防护距离及防火、防爆安全距离，并应符合现行国家标准《建筑设计防火规范》GB 50016、《化工企业总图运输设计规范》GB 50489、《石油化工企业设计防火规范》GB 50160和有关工业企业设计卫生标准的规定。

4.1.3 厂址宜选在大气污染、粉尘及其他危害较严重工厂的全年最小频率风向的下风侧。

4.1.4 厂址宜位于邻近城镇或居民生活区的全年最小频率风向的上风侧。厂区与居民生活区之间宜设置卫生、安全防护距离。

4.2 厂区总平面布置

4.2.1 橡胶工厂的总平面布置，在满足生产工艺要求条件下，应同时符合安全、卫生、防火等规定，并应全面规划、合理布局。

4.2.2 厂区应根据生产、工艺特点，按功能分区布置。

4.2.3 行政办公及生活服务区宜布置在厂区全年最小频率风向的下风侧。

4.2.4 生产中产生大量热烟气、烟雾、粉尘、臭气的厂房，宜布置在厂区全年最小频率风向的上风侧，并应与行政办公及生活服务区、人流密集处留有一定的卫生防护距离。

4.2.5 危险品库、硫磺库、胶浆房应集中布置在厂区全年最小频率风向的上风侧或人员较少接近的边远区域，应远离火源，并应符合现行国家标准《石油化工企业设计防火规范》GB 50160和《建筑设计防火规范》GB 50016的有关规定。

4.2.6 锅炉房、制氮站、煤气站、燃气调压站宜布置在厂区全年最小频率风向的上风侧，并应按国家现行有关标准的规定留有必要的防火间距。

4.2.7 橡胶工厂总变（配）电所应布置在厂区用电负荷中心、高低压线进出方便及远离人流密集的地方，应与散发烟尘的厂房有足够的防护距离。对于大容量的总降压站、配电所，应在其周围加围护。

4.2.8 废水处理建（构）筑物应布置在厂区污水排放口附近，并应远离进水源构筑物及空调进气口，应留有必要的卫生防护距离。

4.2.9 厂区道路布置应符合现行国家标准《建筑设计防火规范》GB 50016、《化工企业总图运输设计规范》GB 50489、《工业企业总平面设计规范》GB 50187、《工业企业厂内铁路、道路运输安全规程》GB 4387和《厂矿道路设计规范》GBJ 22的有关规定。主要生产厂房、仓储、动力区的道路，应呈环形布置；厂区尽端式道路，应有足够的消防车辆回转场地。

4.2.10 橡胶工厂铁路专用线设计,应符合现行国家标准《工业企业标准轨距铁路设计规范》GBJ 12 的有关规定,不宜与人行主干道交叉;与道路交叉处,应设置平交道和标记;人流密集处应设置防护栏。

4.2.11 厂区应结合卫生、安全、环境等要求进行绿化设计。

5 职业安全

5.1 防火、防爆及防雷

5.1.1 厂区的防火、防爆应符合下列要求:

1 消防设计应符合现行国家标准《建筑设计防火规范》GB 50016 等的有关规定,并应经当地消防部门批准。选用的消防器材,应为经过国家鉴定合格的产品。

2 应合理布置消防水管网与消火栓,并应保证足够水量与水压;油库(罐)应配置相应的灭火设施;地上油罐区应设置围堤,且穿过围堤的管道应采取防火措施。甲、乙、丙类可燃液体的储罐和建筑物的防火距离应满足防火要求,并应有围墙分开。

3 有爆炸和火灾危险性的物料、设备及其厂房或周围区域,应设置禁火标志。

4 有爆炸危险性气体的场所应设置可燃气体的监测、报警装置。

5 储存闪点低于 60℃可燃液体的储罐,应设置呼吸阀,或通气孔和阻火器;储存闪点高于 60℃的重柴油、重油、工艺用油和设备用油储罐,应设置通气管或阻火器。

储油罐外壁和防火堤外的油管道,应各设置一道钢制阀门。油管沟在进入建筑物前,应设置防火隔墙。

5.1.2 橡胶工厂危险物质固有的危险因素及使用部位应符合表 5.1.2 的要求。厂房的防火、防爆应符合下列要求:

1 橡胶工厂各车间的生产类别、厂房的耐火等级、防火分区最大允许占地面积、安全疏散距离及安全出口数目,应符合现行国家标准《建筑设计防火规范》GB 50016 的有关规定。

2 各类压力容器的设计及选型,应符合国家现行有关标准的规定。

5.1.2 危险物质固有的危险因素及使用部位

物质名称	火灾危险性类别	固有的危险因素		使用部位
		爆炸	火灾	
炭黑	丙类固体	粉尘与空气可形成爆炸性混合物	可燃,遇明火、高温有燃烧危险	炭黑库
硫磺	乙类固体	其粉尘与空气可形成爆炸性混合物,遇点火源有爆炸危险	易燃,遇明火、静电火花、有着火危险	硫磺库

续表 5.1.2

物质名称	火灾危险性类别	固有的危险因素		使用部位
		爆炸	火灾	
天然橡胶	丙类固体	—	可燃,遇明火、高温燃烧	生产车间原料库
合成橡胶	丙类固体	—	可燃,遇明火、高温燃烧	生产车间原料库
再生胶、胶粉	丙类固体	—	可燃,遇明火、高热燃烧	生产车间仓库
包装材料	丙类固体	—	可燃,遇明火、高热有着火危险	生产车间辅料、成品库
天然气	甲类气体	挥发气与空气能形成爆炸性混合物,遇热源和明火有爆炸危险	遇点火源极易燃烧	调压站
正己烷(溶剂汽油)	甲类液体	蒸气与空气能形成爆炸性混合物,遇热源和明火有爆炸危险	遇点火源极易燃烧	胶浆房
含一级易燃溶剂的胶粘剂(胶浆)	甲类液体	—	易燃	胶浆房
酚醛树脂	固体、液体	—	遇高热、明火、氧化剂有引起燃烧危险	配料
柴油	丙类液体	挥发气与空气可形成爆炸性混合物,遇明火易燃烧爆炸	遇明火易燃烧	发电机叉车及柴油库
胶粉	丙类固体	—	可燃,遇明火、高热燃烧	生产车间(打磨工段、存放工段)

3 应控制生产工艺中炭黑粉尘的飞扬,室内墙面应平滑,地面应平整,不应积尘。

4 各系统设备、管道的绝热材料应采用不燃材料或难燃材料。

5 水处理加氯间应设置检测仪及报警装置,并应设置氯气中和装置。

5.1.3 防止静电引燃引爆应符合下列要求:

1 各厂房内防静电设计应符合现行国家标准《橡胶工业静电安全规程》GB 4655 的有关规定。

2 易燃油、可燃油等储罐的罐体及罐顶、装卸油台、管道、鹤管及套筒,应设置防静电和防感应雷接地。油槽车应设置防静电的临时接地卡。

5.1.4 橡胶工厂的建(构)筑物的防雷设计,应符合现行国家标准《建筑物防雷设计规范》GB 50057 的有关规定。

5.2 防电气伤害

5.2.1 车间内供配电设备宜与其他设备有特定颜色区别。

5.2.2 车间变电所不宜设置在紧邻办公室等人员密集场所。

5.2.3 胶浆房、正己烷(溶剂汽油)库房的电气设备应选用防爆产品,炭黑库、硫磺库和密炼车间应选用防尘电气设备。

5.3 防机械伤害

5.3.1 各种橡胶机械设备的设计、制造、采购、安装和修理,应遵守相关标准,并应符合安全要求。

5.3.2 工作场所及设施,应按现行国家标准《安全标志及其使用导则》GB 2894 和《安全色》GB 2893 的有关规定,设置相应的安全标志或信号报警装置和颜色。

5.3.3 橡胶工厂生产设备应配备紧急制动装置,并应设置在操作人员易于操作的位置,且应设置安全醒目标识。

5.3.4 人员能够触及的生产设备的传动外露部位,应设置安全防护装置。安全防护装置应完整有效,并应符合现行国家标准《机械安全 防护装置 固定式和活动式防护装置设计与制造一般要求》GB/T 8196 的有关规定。

5.3.5 输送装置应设置紧急停止按钮。

5.3.6 输送装置跨越通道、作业区和在下方有人员通过或停留处,输送装置下方应设置防护网架。

5.3.7 设备及高于 2.0m 以上(含 2.0m)的平台、走台、通道、楼梯及其他使工作人员有坠落危险的场所,应设置防护设施。

5.3.8 安全防护范围比较大的场合或作为移动机械临时作业的现场安全防护,可采用栅栏式防护。

5.4 防坠落伤害

5.4.1 橡胶工厂的防坠落设计,应符合现行国家标准《固定式钢梯及平台安全要求 第一部分:钢直梯》GB 4053.1、《固定式钢梯及平台安全要求 第二部分:钢斜梯》GB 4053.2、《固定式钢梯及平台安全要求 第三部分:工业防护栏杆及钢平台》GB 4053.3、《固定钢平台》GB 4053.4 和《建筑楼梯模数协调标准》GBJ 101 等的有关规定。

5.4.2 橡胶工厂的楼梯、平台、坑、池和孔洞等,均应设置栏杆或盖板。楼梯、平台均应采取防滑、防坠落措施。

5.4.3 橡胶工厂烟囱、冷却塔等处的直爬梯应设置护圈。冷却塔入孔处,应设置检修平台及活动栏杆。

5.4.4 需登高检查和维修的设备,应设置钢平台、扶梯,其上下扶梯不宜采用直爬梯。

5.4.5 上人屋面应设置净高大于 1.05m 的女儿墙或栏杆。

5.4.6 凡建(构)筑物坠落高度在 2.0m 以上的工作平台、人行通道(部位),在坠落面一侧应设置固定式防护栏杆。

5.4.7 集水井、吊物孔、竖井等处,应在坠落面一侧设置固定式防护栏杆。当固定式防护栏杆影响工作时,应在孔口上设置盖板。

5.4.8 凡检修时可能形成的坠落高度在 2.0m 以上的孔、坑,应采取设置固定临时防护栏杆用的槽孔等措施。

5.5 防烫伤

5.5.1 用于橡胶工厂的冷、热媒管道均应采取隔热和防结露措施。

5.5.2 车间内表面温度高于 60℃的热媒管道及温度低于－40℃的低温冷媒管道,在人可触及的位置应设置高、低温防烫伤警示标志。

5.5.3 表面温度超过 60℃的设备和管道及温度低于－40℃的低温设备和冷媒管道,在下列范围内应设置高、低温防烫伤隔离层:

1 距地面或工作台高度 2.1m 以内。

2 距操作平台周围 0.75m 以内。

5.5.4 厂区内表面温度高于 60℃及表面温度低于－40℃的设备均应进行保温;按工艺生产要求可不保温的设备,可仅在人可触及的范围进行保温或设置防烫伤警示标志。

生产过程中使用高温蒸汽和热水的设备,应在设备附近设置防烫伤警示标志。

6 职业卫生

6.1 防烟尘

6.1.1 防烟尘应符合下列要求:

1 橡胶工厂的通风、除尘系统设计,应符合现行国家标准《采暖通风与空气调节设计规范》GB 50019 的有关规定。

2 密炼、开炼、压延、挤出、打磨、硫化等生产设备或工作场所,应设置防尘防烟及良好的通风设施。

3 对产生橡胶热烟气(密炼热烟气、炼胶热烟气)、硫化热烟气的设备,宜采取密闭、半密闭或区域性排风罩的措施。

4 橡胶工厂的生产工艺设备及配方,宜采用产生粉尘、热烟气及有害化合物少的原材料、工艺和设备。

5 橡胶工厂的车间墙面、地面、设备表面的积尘,宜采用真空吸尘,不得采用压缩空气吹扫。

6 橡胶工厂中产生大量粉尘、热烟气的车间(工段),应与其他车间(工段)隔开,应布置在厂区全年最小频率风向的上风侧。

7 橡胶工厂中部分产生粉尘的橡胶加工设备,宜由设备制造厂配置合理的排尘器(罩)及单体除尘器。

8 机械通风系统进风口处的室外空气有害物质含量,不应大于室内作业地带最高容许浓度的 30%。

9 排风系统各类排风罩应位置正确、风量适中、风压适度、检修方便，并应将发生源的尘、烟吸入罩内。

10 输送含尘气体的管路设计应与地面有适度夹角。必须水平布置时，应设置清扫口。

11 橡胶工厂厂内炼胶车间的生产中，粉尘的控制、防护、管理措施和检测标准应符合现行国家标准《橡胶加工炼胶车间防尘规程》GB 21657 的有关规定。

12 有粉尘爆炸危险的通风系统，应符合现行国家标准《粉尘防爆安全规程》GB 15577 的有关规定。

13 产生粉尘、热烟气、恶臭部位的排放量应符合现行国家标准《恶臭污染物排放标准》GB 14554、《大气污染物综合排放标准》GB 16297 的有关规定，并应符合国家现行有关工业企业设计卫生和工作场所有害因素职业接触限值 化学有害因素的规定。

6.1.2 烟气、粉尘控制应符合下列要求：

1 橡胶工厂使用的炭黑宜使用湿法造粒的炭黑，并应采用槽车运输、气力输送等方式运输。必须采用纸袋运输和太空包运输时，应有完善的解包及废包处理装置和地面清扫机。

2 炭黑库、炼胶车间生产时，宜负压运行。

3 炭黑库的解包机应配备除尘系统。

4 硫磺筛、油料加热设施等其他加工设备，宜设置通风、除尘系统。

5 密炼机的投料口、自动秤的透气口上方均应设置排风、除尘系统。

6 密炼机下顶栓前后的敞口，应设置拆卸方便的围挡和排风罩，宜配置除尘器。

7 小粉料自动秤的原料储斗入口处配置单体的除尘装置，称重后的卸料口宜配置除尘系统。

8 轮胎打磨区应设置排风和除尘系统。

9 胶辊厂磨辊机的磨头处应设置移动排风罩，并应用软管连接至除尘器。

10 垫布整理机应设置除尘系统。

11 在自行车胎和力车胎的内胎生产线上采用喷粉工艺时，应设置排风和除尘系统。

12 收集密炼机投料口粉尘和气力输送尾气等的除尘系统，其布袋除尘器过滤风速宜小于 1.0m/min。滤料应选择能捕集微小颗粒和易清灰的材料。收集的混合粉尘再使用时，输送和搬运应避免散落造成二次扬尘。

13 用于混炼的开炼机等设备，其通风系统的排风罩，宜用软塑料条进行三面或四面围挡，岗位送风宜从人的后上方吹向排风罩敞口处。

14 密炼、热炼、硫化等产生的热烟气应根据设备情况设置局部排风或区域性排风装置。

15 在无窗厂房中对散发污染气体的工段提供的新鲜空气量，应保证能稀释污染气体达到卫生标准规定的浓度，并应满足国家有关人员最低新鲜空气量的要求。

厂房通风设计中，提供的新鲜空气量应符合国家现行有关工业企业设计卫生标准的规定，并应满足国家有关人员最低新鲜空气量的要求。

16 无窗大厂房的空调系统工段的新鲜空气量应选取下列最大值：

1）稀释有害气体的空气量；
2）卫生规范中人员最低新鲜空气量；
3）保持空调房间微正压需要的空气量。

17 无窗大厂房内送风系统和空调系统有效空间的循环量不宜少于 4 次/h。

18 烟气处理设备，宜采用成熟的、通过国家鉴定的产品。

6.2 防噪声及防振动

6.2.1 橡胶工厂噪声控制应符合现行国家标准《工业企业厂界环境噪声排放标准》GB 12348 和《工业企业噪声控制设计规范》GBJ 87 的有关规定。

6.2.2 设备选型时应根据设备的噪声指标，选用噪声较低、振动较小的设备。

6.2.3 空气压缩机、通风机、水泵等高噪声设备，宜采取隔声、吸声、消声、隔振、阻尼及综合控制措施。

6.2.4 通风机进气或排气口宜设置消声器。锅炉安全泄压排汽管宜设置消声器。

6.2.5 工作时产生强烈振动的密炼机、破胶机、裁断机、空气压缩机、通风机等设备的基础，应采取减振或隔振措施。

6.2.6 有强烈振动的设备与管道之间，应采用柔性连接。

6.2.7 动力站、水泵房等高噪声的生产场所内设置的控制或监视用的操作控制间应做隔声处理，并应具有较好的隔声功能。

6.2.8 对于少数作业场所，如采取噪声控制措施后，其噪声源声功率级仍不能达到噪声控制设计标准时，应采取个人防护措施。

除脉冲噪声外的生产车间、站房及作业区的各类作业区噪声标准，应符合表 6.2.8 的要求。

表 6.2.8 各类作业区噪声标准

作业区名称		噪声限制值 (dB)
生产车间和作业区（连续接触噪声 8h/d）		85
车间办公室、计算机房、控制室（正常工作状态）		70
高噪声车间、站房设置的值班室、控制室或休息室（室内背景噪声级）	无电话通讯要求	75
	有电话通讯要求	70

6.3 防暑防寒

6.3.1 防暑防寒应符合下列要求：

1 冬季采暖、夏季通风设计应符合现行国家标准《采暖通风与空气调节设计规范》GB 50019 的有关规定。

2 橡胶工厂的硫化工段和锅炉房等建筑物，应从工艺、总图布置和通风等方面采取综合治理措施。

3 橡胶工厂的炼胶车间宜与原材料库和大车间有一条通道隔开。

4 热源的布置应符合下列要求：

 1) 热源上方宜配置排风机、通风器、带挡风板的天窗、高侧窗或偏气楼；

 2) 以自然通风为主时，宜布置在全年最大频率的上风侧；

 3) 应便于对热源采取有效的隔热措施；

 4) 应便于对作业点降温。

5 能采用自然通风的工段和车间应按夏季厂区有利的方位布置，进风侧外不宜加建辅助建筑物。

6 夏季自然通风的进风窗，其下沿距地面不应高于 1.2m。窗开启面积，应满足通风要求。

6.3.2 防暑防寒措施应符合下列要求：

1 橡胶工厂中单台设备的排风罩的排风量大于 3 万 m^3/h 以上时，宜采用吹吸式通风系统。

2 当室外实际出现的气温等于本地区夏季通风室外计算温度时，车间内作业地带的空气温度应符合下列要求：

 1) 散热量小于 23W/（$m^3·h$）的车间（工段）不应超过室外温度 3℃；

 2) 散热量 23W/（$m^3·h$）～116W/（$m^3·h$）的车间（工段）不应超过室外温度 5℃；

 3) 散热量大于 116W/（$m^3·h$）的车间（工段）不应超过室外温度 7℃。

3 车间（工段）作业地点的夏季空气温度，应按车间内外温度计算。其室内外温差的限值，应根据实际出现的本地区夏季通风室外计算温度确定，不得超过表 6.3.2 的规定。

表 6.3.2 车间内工作地点的夏季空气温度

通风室外计算温度（℃）	22 及以下	23	24	25	26	27	28	29～32	33 及以上
工作地点与室外温差（℃）	10	9	8	7	6	5	4	3	2

4 橡胶工厂中单层厂房的硫化工段，当作业地点气温大于等于 37℃时，应采取局部降温和综合防暑措施。

5 高温作业车间（工段）应设置工间休息室，休息室内温度不应高于室外气温；设有空调休息室的室内温度应为 25℃～27℃。

6 近 10 年每年最冷月平均气温低于 8℃（含 8℃）的月份在 3 个月以上的地区，应对非工艺生产要求的建筑物设置集中采暖设施；出现低于 8℃（含 8℃）的月份在 2 个月以下的地区应设置局部采暖设施。

7 当集中采暖车间（工段）每名工人占用建筑面积超过 $50m^2$（含 $50m^2$）时，工作地点及休息地点应设局部采暖设施。

8 冬季采暖室外计算温度等于或小于 −20℃的地区，应根据具体情况设置门斗、外室或热空气幕。

6.4 采光和照明

6.4.1 采光和照明应符合现行国家标准《建筑照明设计标准》GB 50034 的有关规定。

6.4.2 车间内交通区（存放区）的照度不宜低于工作区照度的 1/3。

6.4.3 车间内照明应采取防止频闪效应的措施。

6.4.4 车间内照明应利用自然光。

6.4.5 照明应根据照明场所的环境条件，分别选用下列灯具：

1 在潮湿的场所，应采用相应防护等级的防水灯具或带放水灯头的开敞式灯具。

2 在有腐蚀性气体或蒸汽的场所，宜采用防腐蚀密闭式灯具。若采用开敞式灯具，各部分应采取防腐或防水措施。

3 在高温场所，宜采用散热性能好、耐高温的灯具。

4 在有尘埃的场所，应按防尘的相应防护等级选择适宜灯具。

5 在装有锻锤、大型桥式吊车等振动、摆动较大场所使用的灯具，应采取防振动和防脱落措施。

6 在易受机械损伤、光源自行脱落可能造成人员伤害或财物损失的场所使用的灯具，应采取防护措施。

7 在有爆炸或火灾危险场所使用的灯具，应符合现行国家标准《爆炸和火灾危险环境电力装置设计规范》GB 50058 的有关规定。

8 在有洁净要求的场所，应采用不易积尘、易于擦拭的洁净灯具。

6.4.6 作业面邻近周围的照度可低于作业面照度，但不宜低于表 6.4.6 的要求。

表 6.4.6 作业面邻近周围的照度

作业面照度（lx）	作业面邻近周围照度值（lx）
≥750	500
500	300
300	200
≤200	与作业面照度相同

注：邻近周围照度值指作业面外 0.5m 范围之内。

6.4.7 橡胶厂建筑一般照明照度选择应符合下列要求：

表 6.4.7 橡胶厂建筑一般照明照度

房间或场所		参考平面及其高度	照度参考值(lx)	UGR	Ra	备注
1. 通用房间或场所		—	—	—	—	—
试验室	一般	0.75m水平面	300	22	80	可另加局部照明
	精细	0.75m水平面	500	19	80	可另加局部照明
检验	一般	0.75m水平面	300	22	80	可另加局部照明
	精细，有颜色要求	0.75m水平面	750	19	80	可另加局部照明
计量室，测量室		0.75m水平面	500	19	80	可另加局部照明
变、配电站	配电装置室	0.75m水平面	200	—	60	
	变压器室	地面	100	—	20	
电源设备室、发电机室		地面	200	25	60	
控制室	一般控制室	0.75m水平面	300	22	80	
	主控制室	0.75m水平面	500	19	80	
电话站、网络中心		0.75m水平面	500	—	80	
计算机站		0.75m水平面	500	19	80	防光幕反射
动力站	风机房、空调机房	地面	100	—	60	
	泵房	地面	100	—	60	
	冷冻站	地面	150	—	60	
	压缩空气站	地面	150	—	60	
	锅炉房、煤气站的操作层	地面	100	—	60	
仓库	大件库	1.0m水平面	50	—	20	
	一般件库	1.0m水平面	100	—	60	
	精细件库	1.0m水平面	200	—	60	
车辆加油站		地面	100	—	60	
2. 炼胶车间		0.75m水平面	300	—	80	
3. 轮胎加工车间		—	—	—	—	
子午胎车间	压延压出工段	0.75m水平面	300	—	80	
	成型裁断工段	0.75m水平面	300	22	80	
	硫化工段	0.75m水平面	300	—	80	
斜胶胎车间	压延压出工段	0.75m水平面	200	—	80	
	成型裁断工段	0.75m水平面	200	22	80	
	硫化工段	0.75m水平面	200	—	80	
内胎车间	内胎测厚检查处	0.75m水平面	300	—	80	局部
	内胎检查处	0.75m水平面	300	—	80	局部
	其他	0.75m水平面	150	—	80	
内胎车间	内胎成品检查处	0.75m水平面	300	—	80	局部
	其他	0.75m水平面	150	—	80	

续表 6.4.7

房间或场所	参考平面及其高度	照度参考值(lx)	UGR	Ra	备注
4. 胶鞋车间	—	—	—	—	
缝纫处	0.75m水平面	300	—	80	
底部冲切处	0.75m水平面	150	—	80	
裁剪处	0.75m水平面	300	—	80	
胶鞋胶面压延半成品检查处	0.75m水平面	300	—	80	
成型处	0.75m水平面	300	—	80	
硫化工段	0.75m水平面	200	—	80	
成品检查处	0.75m水平面	300	—	80	
5. 胶管车间	—	—	—	—	
穿管及成型处	0.75m水平面	300	—	80	
其他	0.75m水平面	150	—	80	
6. 胶带车间	—	—	—	—	
成品检查处	0.75m水平面	300	—	80	
其他	0.75m水平面	150	—	80	
7. 翻胎车间	0.75m水平面	150	—	80	
8. 再生胶车间	0.75m水平面	150	—	80	

注：1 需增加局部照明的作业面，增加的局部照明照度值宜按该场所一般照明照度值的1.0倍～3.0倍选取；
2 未涉及的橡胶制品加工车间可按本表所列场所执行照度；
3 作业面之外采用100lx～150lx。

6.4.8 车间内光源的选择应符合生产工艺技术的要求，在需防止紫外线照射的场所，应采用隔紫灯具或无紫光源。

6.5 防辐射、防腐蚀

6.5.1 防辐射应符合下列要求：

1 在橡胶工厂中，有激光探伤检测、放射性元素测厚、X光检测，以及机械加工的激光切割、打孔、焊接等工序，应根据辐射类别采取防辐射安全防护措施。

2 在橡胶工厂中，机械加工采用的激光切割、打孔、焊接等工序，应符合国家现行标准《机械工业职业安全卫生设计规范》JBJ 18 的有关规定。

3 激光辐射安全防护设计，应符合现行国家标准《激光产品的安全 第1部分：设备分类、要求和用户指南》GB 7247.1 的有关规定。

4 放射性同位素应用设计的使用、储存、运输、装卸、监督和管理，应符合现行国家标准《放射卫生防护基本标准》GB 4792 的有关规定，并应经主管卫生部门批准。

6.5.2 防腐蚀应符合下列要求：

1 在橡胶工厂中，使用葵酸钴、硫酸、盐酸、硝酸、甲酸、冰醋酸、氢氟酸、氨水等工序，应符合国家现行有关工业企业设计卫生标准的规定。

2 酸碱试验、酸洗工序等应设置通风柜及机械排风装置。

3 储存、输送酸、碱等强腐蚀性化学物料的储罐应按其特性选材，其周围地面、排水管道及基础应做防腐处理。

4 对设备及管道排放的腐蚀性气体或液体，应加以收集、处理，不得任意排放。

5 氨系统的设计，应符合下列要求：
　　1) 液氨或氨水应用密闭容器储存，并应置阴凉处；
　　2) 氨储存箱、氨计量箱的排气，应设置氨气吸收装置；
　　3) 氨库及加药间，应设置机械排风装置。

7 职业安全与卫生设施

7.1 生产过程的不安全因素与职业危害

7.1.1 橡胶工厂生产中可能造成人身伤害的物质固有的有害因素应符合表 7.1.1 的要求。

表 7.1.1　物质固有的有害因素

物质名称	固有的危险因素	使用部位
硫磺	低毒	配料间、密炼、硫磺库
天然气	高浓度时，因缺氧量使人窒息	燃气锅炉、食堂
正己烷（溶剂汽油）	低毒；麻醉和皮肤黏膜刺激，能轻度刺激眼睛	成型工序、胶浆配置
汽油	轻度中毒：条件反射的改变 高浓度中毒：引起呼吸中枢麻痹	配置溶剂汽油
柴油	低毒	发电机、叉车及柴油库
氯气	高毒	加药间
氮气	通风不良、管道泄露的狭窄空间接触氮气可能会引起缺氧窒息	制氮站、硫化地沟和硫化车间

7.2 安全与卫生设施

7.2.1 在选用工艺流程时，应满足安全卫生的要求。安全卫生技术装备水平应与工艺设备装备水平相适应。在采用技术措施后仍有危害的作业，应采取安全防护措施，也可采用自动化、遥控，取代人工操作。车间内应设置应急照明和安全出口。

7.2.2 工程设计应符合国家现行标准《工业企业噪声控制设计规范》GBJ 87 和有关工业企业设计卫生标准的规定，并应按实际需要和使用方便的原则设置生活辅助用房、卫生室。室内应有良好的通风、采暖和给排水设施，并应易于清扫。

7.2.3 接触强酸强碱及腐蚀、危险性液体的工作面，应设置送、排风装置，并应设置安全淋浴洗眼器。

7.2.4 工业探伤 X 射线机使用部位，应符合国家现行有关工业 X 射线探伤卫生防护标准的规定。

7.2.5 激光设备的安装，应使其射束的传播途径不处于人眼视线范围内。

　　排风罩应在高能量的激光设备射束靶上方适当位置装设。易燃及易爆品应远离激光设备。

7.2.6 建在室内的调节池，应设置通向室外的排气管。

7.2.7 各岗位的操作人员应配备相应的劳动保护用品，并应建立事故应急处置制度及预案。

7.2.8 采用氮气硫化工艺的硫化地沟中，应设置氮气浓度检测报警装置。

附录 A　《职业安全与卫生专篇》编写大纲

A.1 设计依据

A.1.1 国家有关保障安全生产的法律、法规和规章。

A.1.2 安全卫生标准、规范、规程和其他依据。

A.2 工程概述

A.2.1 本工程设计所承担的任务及范围。

A.2.2 工程性质、地理位置、总平面布置及特殊要求。

A.2.3 改建、扩建和技术改造前的安全与卫生概况。

A.2.4 主要工艺、半成品、成品、设备及主要职业危险、危害概述。

A.3 建筑及场地布置

A.3.1 根据场地自然条件中的气象、地质、雷电、暴雨、洪水、地震等情况预测的主要职业危险、危害因素及防范措施。

A.3.2 建厂的周围环境条件及其对安全生产的影响和防范措施。

A.3.3 锅炉房、氧气站、乙炔站及易燃、易爆和有毒物品仓库等的布局及其对安全生产的影响和防范措施。

A.3.4 厂区内通道、运输的安全卫生。

A.3.5 建筑物的安全距离、采光、通风、日晒等情况，排放气体与主要风向的关系。

A.3.6 救护室、医疗室、浴室、更衣室、休息室、哺乳室、女工卫生室等辅助用室的设置情况。

A.4 生产过程中职业危险、危害因素的分析

A.4.1 生产过程中使用的原料、材料和产生的半成品、副产品、产品等的种类、名称和数量。

A.4.2 生产过程中的高温、高压、易燃、易爆、辐射（电离、电磁）、振动、噪声等有害作业的生产部位、程度。

A.4.3 生产过程中危险因素较大的设备的种类、型号、数量。

A.4.4 可能受到职业危险、危害的人数及受害程度。

A.5 职业安全卫生设计中采用的主要防范措施

A.5.1 工艺和装置中选用的防火、防爆等安全设施和必要的监控、检测、检验设施。

A.5.2 根据爆炸和火灾危险场所的类别、等级、范围选择电器设备、安全距离、防雷、防静电及防止误操作等设施。

A.5.3 生产过程中的自动控制系统和紧急停机、事故处理等设施。

A.5.4 生产过程中危险性较大，发生事故和急性中毒的抢救、疏散方式和应急措施。

A.5.5 生产过程中各工序产生尘、毒的设备（或部位），尘、毒的种类、名称和危害程度。

A.5.6 高温、高压、低温、噪声、振动等工作环境所采取的防范措施，防护设备性能及检测、检验设施。

A.6 职业安全卫生机构设置及人员配备情况

A.6.1 职业安全卫生管理机构设置及人员配备。

A.6.2 维修、保养、日常检测检验人员。

A.6.3 职业安全卫生教育设施及人员。

A.7 专用投资概算

A.7.1 主要生产（或储存）环节职业安全卫生专项防范设施费用。

A.7.2 检测装置和设施费用。

A.7.3 安全教育装置和设施费用。

A.7.4 事故应急措施费用。

A.8 建设项目职业安全卫生预评价的主要结论

A.8.1 该项目职业安全卫生机构、设施、人员编制是否符合国家现行有关标准的要求（合理性）论述。

A.8.2 有关职业安全卫生采取的设施、措施是否可行的论述。

A.8.3 各项经费来源是否落实，特殊设备采购渠道是否有保障。

A.9 预期效果及存在的问题与建议

A.9.1 该项目职业安全卫生机构、设施、人员等建成达标后的预期效果论述。

A.9.2 该项目实施时可利用的周边社会资源状况。

A.9.3 可能存在哪些问题，是否有关于该项目的改进建议。

本规范用词说明

1 为便于在执行本规范条文时区别对待，对要求严格程度不同的用词说明如下：

1）表示很严格，非这样做不可的：
正面词采用"必须"，反面词采用"严禁"；

2）表示严格，在正常情况下均应这样做的：
正面词采用"应"，反面词采用"不应"或"不得"；

3）表示允许稍有选择，在条件许可时首先应这样做的：
正面词采用"宜"，反面词采用"不宜"；

4）表示有选择，在一定条件下可以这样做的，采用"可"。

2 条文中指明应按其他有关标准执行的写法为："应符合……的规定"或"应按……执行"。

引用标准名录

《生产设备安全卫生设计总则》GB 5083
《电气设备安全设计导则》GB/T 25295
《建筑设计防火规范》GB 50016
《化工企业总图运输设计规范》GB 50489
《工业企业总平面设计规范》GB 50187
《石油化工企业设计防火规范》GB 50160
《工业企业厂内铁路、道路运输安全规程》GB 4387
《厂矿道路设计规范》GBJ 22
《工业企业标准轨距铁路设计规范》GBJ 12
《橡胶工业静电安全规程》GB 4655
《建筑物防雷设计规范》GB 50057
《安全标志及其使用导则》GB 2894
《安全色》GB 2893
《机械安全 防护装置 固定式和活动式防护装置设计与制造一般要求》GB/T 8196
《固定式钢梯及平台安全要求 第一部分：钢直梯》GB 4083.1
《固定式钢梯及平台安全要求 第二部分：钢斜梯》GB 4053.2

《固定式钢梯及平台安全要求 第三部分：工业防护栏杆及钢平台》GB 4053.3
《固定钢平台》GB 4053.4
《建筑楼梯模数协调标准》GBJ 101
《采暖通风与空气调节设计规范》GB 50019
《橡胶加工炼胶车间防尘规程》GB 21657
《粉尘防爆安全规程》GB 15577
《爆炸和火灾危险环境电力装置设计规范》GB 50058
《恶臭污染物排放标准》GB 14554
《大气污染物综合排放标准》GB 16297
《工业企业厂界环境噪声排放标准》GB 12348
《工业企业噪声控制设计规范》GBJ 87
《建筑照明设计标准》GB 50034
《机械工业职业安全卫生设计规范》JBJ 18
《激光产品的安全 第1部分：设备分类、要求和用户指南》GB 7247.1
《放射卫生防护基本标准》GB 4792

中华人民共和国国家标准

橡胶工厂职业安全与卫生设计规范

GB 50643—2010

条 文 说 明

制 定 说 明

《橡胶工厂职业安全与卫生设计规范》GB 50643 经住房和城乡建设部 2010 年 11 月 3 日以第 826 号公告批准发布。

本规范制定过程中，编制组进行了广泛的调查研究，总结了我国橡胶工业多年来在职业安全与卫生设计方面的实践经验，同时参考了国外橡胶工厂职业安全与卫生设计的先进技术和先进理念。

本规范中各专业指标和参数等是依据近几年国家有关职业安全与卫生设计标准并结合橡胶工程设计行业的实际提出的，其适宜性尚需今后在实践中进一步验证。

为便于广大设计、施工、科研、学校等单位有关人员在使用本规范时能正确理解和执行条文规定，《橡胶工厂职业安全与卫生设计规范》编制组按章、节、条顺序编制了本规范的条文说明，对条文规定的目的、依据以及执行中需注意的有关事项进行了说明，对强制性条文的强制性理由做了解释。但是，本条文说明不具备与标准正文同等的法律效力，仅供使用者作为理解和把握标准规定的参考。

目 次

1 总则 …………………………… 7—43—17
2 术语 …………………………… 7—43—17
3 一般规定 ……………………… 7—43—17
4 厂址选择及厂区总平面布置 …… 7—43—17
　4.1 厂址选择 ………………… 7—43—17
　4.2 厂区总平面布置 ………… 7—43—17
5 职业安全 ……………………… 7—43—17
　5.1 防火、防爆及防雷 ……… 7—43—17
　5.2 防电气伤害 ……………… 7—43—19
　5.3 防机械伤害 ……………… 7—43—19
　5.4 防坠落伤害 ……………… 7—43—19
　5.5 防烫伤 …………………… 7—43—20
6 职业卫生 ……………………… 7—43—20
　6.1 防烟尘 …………………… 7—43—20
　6.2 防噪声及防振动 ………… 7—43—21
　6.3 防暑防寒 ………………… 7—43—21
　6.4 采光和照明 ……………… 7—43—21
　6.5 防辐射、防腐蚀 ………… 7—43—21
7 职业安全与卫生设施 ………… 7—43—21
　7.1 生产过程的不安全因素与职业危害 ……………………… 7—43—21
　7.2 安全与卫生设施 ………… 7—43—22

1 总 则

1.0.1 根据《中华人民共和国安全生产法》和《中华人民共和国职业病防治法》，结合橡胶工厂建设项目的特点，制定本规范。制定本规范的目的是在正确的设计思想指导下，努力创造适宜的安全环境和劳动条件，最大限度地保障职工的安全与健康，提高劳动生产率，并符合国家及地方对建设项目的职业安全与卫生的有关规定。

1.0.3 本条规定了橡胶工厂职业安全与卫生设计的原则。设计时应从全局出发，统筹兼顾，结合橡胶工厂具体工程的实际情况进行职业安全卫生设施的设计。在工程中积极采用先进的工程技术和防治措施，优化设计方案，做到安全可靠、保障健康、技术先进、经济合理。

2 术 语

2.0.1、2.0.2 橡胶用不同的加工方式加工时，会达到不同的温度（120℃、140℃），使橡胶和多种配料中可挥发的碳氢化合物在不同的胶温时挥发到大气中。橡胶和各种配料在密闭式炼胶机中捏合，胶温达到140℃～155℃，在密炼机中的时间约为2min左右，散发极少量带有橡胶味的密炼热烟气。

胶温为120℃左右，混炼胶片在开炼机、冷（热）喂料挤出机等设备再加工时，温度升至120℃，碳氢化合物只有部分残留的继续挥发，散发微量带有橡胶味的炼胶热烟气。

密炼、炼胶产生带橡胶味热烟气，其主要成分是复合恶臭和非甲烷总烃。

橡胶制品硫化时一般时间长、温度高，生成的许多新的挥发碳氢化合物在160℃～180℃时基本逸出。国外实验室、现场硫化时实测胶料失重在0.04%～0.08%，其挥发量应为硫化时胶料的失重重量。硫化热烟气中化学成分主要有脂肪烃、异硫氰酸盐、酮、亚硝胺、噻唑、醛胺硫化物等200多种物质，其中近100种已被定量，其他100多种物质含量小于5×10^{-8}g/l。

3 一般规定

3.0.1 橡胶工厂设计中应体现清洁生产原则，使用无毒、无害或低毒、低害的原材料，宜从源头抓起。应积极推广新工艺、新技术、新材料、新设备。

4 厂址选择及厂区总平面布置

4.1 厂址选择

4.1.1、4.1.2 厂址的安全，关系到职工在生产劳动过程中的安全，要选择安全的厂址，保证其不受自然灾害及人为影响，应全面考虑选厂地区的自然条件及四邻情况。

设计应有充分可靠的依据和原始资料。在选择厂址时，应把暴雨、雷暴、台风等自然灾害和滑坡、泥石流、喀斯特溶洞、断层、地震等特殊地质条件对厂址的影响作为重要因素来考虑。应避免选在受洪水威胁或地方病严重的地区，并避免与现有或拟建的飞机场、电台、通讯电视设备、雷达导航设施以及工业区域内的其他厂房互相产生不良影响。必须在地面标高低于洪水（潮位）水位的区域建厂时，应有可靠的防洪措施。

以厂址整体角度看待工业卫生问题，厂址应避开对人身健康产生有害影响的地区，以保障职工的健康。

4.1.3、4.1.4 风向对灰尘、有害气体的传播有很大作用，故应从风向方面注意厂址同尘、毒危害较严重的工厂和邻近的城镇、居住区的位置关系。

关于厂区同居住区之间的防护距离问题，现越来越被重视，但目前国家尚无具体标准，因此，条文中未作详细规定。工业企业和居住区之间必须设置足够宽度的卫生防护距离，按 GB 11654～GB 11666、GB 18053～GB 18083 及其他相关国家标准执行。

4.2 厂区总平面布置

4.2.1 橡胶工厂总平面设计本着安全生产、卫生健康、节约能源、节约用地、提高土地利用率等方面，根据橡胶工厂的工艺流程、工厂的组成、生产特点和相互关系，明确功能分区；结合交通运输方式和自然条件，合理地布置生产设施、辅助生产及公用工程设施、仓储设施、运输设施、行政办公及生活服务设施的相对位置，做到生产流程顺畅短捷、运输简便、工程管线最短、采光通风良好、防火防爆等防护距离得当，从而提高工厂的经济效益。

总平面布置既要对各项设施平面布置的合理性给予充分重视，又要与建筑群体的平面布置与空间景观协调，结合绿化和现场环境进行构思和研究，为橡胶工厂创造良好的安全生产环境。

4.2.5 本条为强制性条文。根据橡胶工厂的工艺流程和生产特点明确功能分区，危险品库、硫磺库、胶浆房属于重点防火场所，为保障安全生产远离火源、集中布置，应从全局出发，统筹兼顾，做好防火设计。

5 职业安全

5.1 防火、防爆及防雷

5.1.1 有爆炸危险性气体的场所为胶浆房、燃气调压站。

5.1.2 橡胶工厂常用辅料理化性质、危险特性见表1～表8。

表1 硫磺理化性质、危险特性

标识	英文名：Sulfur		分子式：S		分子量：32.06
			危险性类别：4.1类		火灾危险性类别：乙类
	危规号：41501		UN编号：1350		CAS号：7704-34-9
理化性质	外观与性状		淡黄色脆性结晶或粉末，有特殊臭味		
	熔点（℃）	120		临界温度（℃）	1040
	沸点（℃）	444.6		临界压力（MPa）	11.75
	相对密度（水为1）	1.96～2.07		相对密度（空气为1）	—
	饱和蒸气压（kPa）	0.13（183.8℃）		燃烧热值（kJ·mol^{-1}）	—
	最小引燃能量（mJ）			15	
	溶解性		不溶于水，微溶于乙醇、醚，易溶于二硫化碳		
燃烧爆炸、危险性	燃烧性	易燃		闪点（℃）	207
	引燃温度（℃）	232		爆炸下限	35mg/m³
	危险特性		与卤素、金属粉末等接触剧烈反应。硫磺为不良导体，在储运过程中易产生静电荷，可导致硫尘着火。粉尘、蒸汽与空气或氧化剂混合形成爆炸性混合物		
	燃烧分解产物		氧化硫		
	稳定性		稳定		
	聚合危险		不聚合		
	禁忌物		强氧化剂		
	灭火方法		遇小火用砂土闷熄。遇大火可用雾状水灭火。切勿将水流直接射至熔融物，以免引起严重的飞溅火灾或引起剧烈的沸溅。消防人员须戴好防毒面具；在安全距离外，在上风向灭火		

表2 炭黑的理化性质、危险特性

化学组成	火灾危险性类别	丙类		分子量	—
碳含量可达90%～99%，其他还有氧、氢及少量的硫以及其他杂质	真密度（g/cm³）	1.8～2.0		性状	黑色微细颗粒
	燃点	高温一般为280℃，当在过剩氧大于10%情况下，容易发生自燃引起爆炸		爆炸极限	当在过剩氧大于10%情况下，容易发生自燃引起爆炸
	燃烧热值（kJ·mol^{-1}）	110.525		—	—
	倾注密度	—		—	—
	最小点燃能	—		—	—
危险特性		易燃。遇明火燃烧，其粉尘与空气可形成爆炸性混合物，与点火源有燃烧爆炸危险，久置炭黑堆垛仓内部会绝热自燃，并有大量一氧化碳逸出，有人员中毒和火灾爆炸危险			

表3 天然橡胶的理化性质及危险特性

分子结构式	火灾危险性类别	丙类	分子量	3万～1000万
$\{-CH_2\ \ CH_2-\}_n$ $C=C$ $CH_3\ \ H$	密度（kg·m^{-2}）	906～916	性状	无固定形状的弹性固体
	燃点	高温燃点120℃	爆炸极限	遇360℃明火易引起燃烧
	玻璃化温度（℃）		−69～−74	
	燃烧热值[kJ·(kg·K)$^{-1}$]		1.905	
	击穿电压（MV·m^{-1}）		20～30	
	体积电阻（Ω·m）		（1～6）×10^{12}	
危险特性		可燃。遇明火和高热燃烧，其粉尘与空气可形成爆炸性混合物，遇点火源有燃烧爆炸危险。易产生静电		

表4 天然气理化性质、危险特性

标识	中文名：天然气（甲烷、沼气）
	UN编号：1971
	危险货物编号：21007
	危险品类别：第2.1类 易燃气体
理化性质	主要成分：甲烷
	性状：无色无臭气体
	熔点（℃）：−182.5
	沸点（℃）：161.5
	相对密度：0.589
	溶解性：微溶于水，溶于醇、乙醚
燃烧爆炸危险特性	燃烧性：极易燃烧
	闪点（℃）：−188
	引燃温度（℃）：538
	爆炸极限（V/V）（%）：5.3～15
	危险特性：极易燃。蒸汽能与空气形成爆炸性混合物，遇热源和明火有燃烧爆炸的危险
	禁忌物：强氧化剂、氟、氯
泄漏应急处理	迅速撤离泄漏污染区人员至上风处，并进行隔离，严格限制出入。切断火源

表5 正己烷（溶剂汽油）理化性质、危险特性

标识	英文名：略		分子式：CH$_3$(CH$_2$)$_4$CH$_3$		分子量：86.2
			危险性类别：3.1类		火灾危险性类别：甲类
	危规号：31005		UN编号：1208		CAS号：—
理化性质	外观与性状		无色有轻微气味的挥发性液体		
	熔点（℃）	−95		临界温度（℃）	234.7
	沸点（℃）	69		临界压力（Pa）	3.03×10^6
	相对密度（水为1）	0.6603		相对密度（空气=1）	3
	饱和蒸汽压（kPa）	13.3（15.81℃）		燃烧热值（kJ·mol^{-1}）	4159.1
	最小引燃能量（mJ）			无资料	
	溶解性		不溶于水，溶于醇和醚		

续表5

燃烧爆炸危险性	燃烧性	极易燃	闪点（℃）	−22
	引燃温度（℃）	260	爆炸极限（%）	1.1～7.5
	危险特性	极易燃，蒸汽与空气能形成爆炸性混合物。受热或遇明火，有着火、爆炸危险。在火场中受热燃气有爆炸危险		
	灭火方法	小面积可用雾状水扑救，面积较大时用干粉、泡沫、二氧化碳、1211、水泥、砂土灭火。用水冷却火场中的容器，用雾状水保护消防人员；用砂土堵住逸出液体		

表6 含一级易燃溶剂的胶粘剂理化性质、危险特性

标识及理化性质	UN编号	1133	化学类别及火灾危险性类别	甲B
	CAS编号	—	危险性类别	第3.2类中闪点易燃液体
	危险货物编号	32196	外观与性状	各种色泽的液体或黏稠液体
	溶解性	溶于苯等有机溶剂	危险特性	易燃，遇高温、明火、氧化剂有引起燃烧的危险
	闪点（℃）	≥23		
健康危害	蒸汽有毒，能刺激呼吸道			

表7 酚醛树脂理化性质、危险特性

标识及理化性质	UN编号	1866	化学类别及火灾危险性类别	甲B
	CAS编号	—	危险性类别	第3.2类中闪点易燃液体
	危险货物编号	32197	外观与性状	红棕色透明液体
	溶解性	溶于丁醇	危险特性	遇高温、明火、氧化剂有引起燃烧的危险
	闪点（℃）	≥23		
健康危害	高浓度时有麻醉作用			

表8 柴油理化性质及危险特性表

标识	中文名：	柴油	10#、0#、−10#、−20#
	UN编号：	2924	
	危险货物编号：		
	危险品类别：	丙类可燃液体	
理化性质	主要成分：C_{15}—C_{23}脂肪烃和环烷烃		
	性状：无色或淡黄色液体		
	凝点（℃）：≤10、0、−10、−20 相对密度（水为1）：0.85		
	沸点（℃）：200～365		
	溶解性：不溶于水，与有机溶剂互溶		
燃烧爆炸危险特性	燃烧性：易燃烧		
	闪点（℃）：≥55		
	引燃温度（℃）：350～380		
	爆炸极限（V/V）（%）：1.5～6.5		
	危险特性：其蒸汽与空气可形成爆炸性混合物。遇明火易燃烧爆炸		
	燃烧产物：CO、CO_2、H_2O		
	禁忌物：强氧化剂		
储运	储存要保持容器密封，要有防火、防爆技术措施，严禁使用易产生火花的机械设备和工具。灌装时注意流速，要有接地装置，防止静电积聚		

生产类别分类：

1）甲类易燃液体、气体：闪点低于28℃液体；溶剂汽油、胶浆、酚醛树脂等；燃气锅炉使用的天然气。

2）乙类易燃液体、固体：闪点大于28℃，但小于60℃液体；硫磺和炭黑为乙类易燃固体。

3）丙类可燃固体：纺织帘子布、天然橡胶、丁苯橡胶、丁基橡胶、丁腈橡胶、化学添加剂、包装材料等为丙类可燃固体。

所有厂房、库房、辅助用房的消防设计应符合现行国家标准《建筑设计防火规范》GB 50016的规定。厂房内计算机房，应配备化学灭火器。变电所、控制室应设火灾自动、报警设施和轻便灭火装置。

5.2 防电气伤害

5.2.1 车间内供配电设备宜与其他设备有明显颜色区别，有助于非电气人员接触电气设备，防止触电危险，便于设备的维护。

5.2.2 根据《工作场所有害因素职业接触限值 第2部分：物理因素》GBZ 2.2—2007第6.2节的规定：频率50Hz时，8h工作场所工频电场职业接触限值为电场强度不大于5kV/m。橡胶工厂车间变电所高压电源一般为10（6）kV，只要办公室等人员密集场所不贴邻车间变电所布置，工作场所电场强度就不会大于5kV/m。

5.3 防机械伤害

5.3.2 防护网（罩）宜为黄色；警告人们特别注意的器件、设备及环境部位应以黄色与黑色相间条纹表示。

5.3.3 紧急停止按钮、停止操作杆、紧急停止开关等紧急制动装置应设置在操作者机械作业活动范围内随时可触及到的位置。

5.3.4 人员能够接触及的生产设备的传动外露部位包括：裁断机的裁刀部位、传动带、转轴、传动链、联轴节、带轮、齿轮、飞轮、链轮等；安全防护装置如：防护罩、限位器、故障紧急停止装置或其他防护装置。

5.3.5 输送装置每隔30m左右（一般间隔25m～35m）应装有紧急停止按钮，最大间距不得超过50m。

5.3.6 输送装置下方有人员时应设置网架。

5.3.7 防护设施宜为黄色或黄色与黑色相间条纹。

5.4 防坠落伤害

5.4.2～5.4.4 钢直梯攀登时危险性大，因而一般当攀登高度超过3.5m时，人的足部可能超过2.0m的坠落高度，应设护笼。当攀登高度更高时，为了攀登人员中间休息，宜设梯间平台。这些应结合工程具体情况考虑。另外，为了安全和方便，在梯上端应设扶手。

钢斜梯和钢直梯均应有足够的强度,以保证劳动者的安全。

5.4.6 坠落高度基准面指通过最低坠落着落点的水平面,高度在2m以上时应设防护栏杆是根据现行国家标准《高处作业分级》GB 3608中规定2.0m以上属高处作业和《生产设备安全卫生设计总则》GB 5083中规定2.0m以上的平台必须设防坠落的栏杆、安全圈及防护板的规定制定的。

防护栏杆应能阻止人员无意超出防护区域。因而,防护栏杆的高度应超出人体站立时的重心高度,一般应在1.05m～1.20m。同时,防护栏杆的立杆或横杆间距其中之一应能阻止人员无意滑落,这个尺寸不宜大于0.25m。防护栏杆还应有足够的强度,按照有关统计资料,单人的推、拉力一般在300N～400N,由于橡胶工程中人员并不集中,防护栏杆的承载能力一般可按500N/m设计。

5.4.7 工程中这些部位容易发生坠落伤人事故,因而应设防护栏杆。设置的盖板可为钢盖板或铁栅盖板,并应设有供活动式临时防护栏杆固定用的槽孔等。

5.4.8 设备检修时,往往会形成很多孔、坑,为了避免在此期间发生坠落伤人事故,设计上应有临时安装防护栏杆的槽孔,或在孔、坑内侧周围设螺栓等。以往工程中对此一般没有考虑。

5.5 防烫伤

5.5.1 工艺生产用蒸汽温度超过60℃,为防止人员烫伤,应进行保温。

5.5.3 生产废汽和安全阀排放蒸汽都直接排入大气,可不保温,但是为防止人员烫伤,在人可触及的地方应进行保温。

5.5.4 表面温度高于60℃可能造成人员的烫伤,因此在能够进行保温的情况下都需要进行保温。但是有些设备按照工艺生产的要求可以不进行保温或设备本身需要散热,可不对整个设备进行保温或不保温。例如,锅炉房的连续排污膨胀器,设备本身需要散热,如果对整个设备保温不仅增加投资而且影响设备本身的散热效果,因此可以在人可以触及的地方进行部分保温,或者整个设备都不进行保温,为防止人员烫伤,应该在设备附近设置防烫伤警示标志。

生产过程中使用到高温蒸汽和热水的设备,有些在操作过程中可能造成人员烫伤,例如轮胎生产中的硫化机,在定型和开模时有蒸汽可能喷出造成人员烫伤,因此需要设立防烫伤警示标志。

6 职业卫生

6.1 防烟尘

6.1.1 本条说明如下:

8 目前大厂房的送排风机均在屋面上,无论如何布置均可能有一部分排风会少量混入到送风机中,故按卫生规范作本款规定。

9 排风罩是通风除尘非常重要的部件,需研究烟尘的运动轨迹,用最少的风量取得最佳收集烟尘的效果。局部机械排风系统各类排风量应参照现行国家标准《排风罩的分类及技术条件》GB/T 16758的要求。

6.1.2 本条说明如下:

6 密炼机平台下顶栓前后的敞口,主要为安装、检修下顶栓用。与压片机和挤出压片机相连,在卸料时此处的外逸烟气较多并带一定的粉尘,同时卸料会把挤出压片机内的空气挤出。为此必须将此处封闭,而设置的围挡和排风罩需考虑检修、拆卸和移动方便。

12 《袋式收尘器手册》(八)橡胶精炼用密闭式混合机的收尘装置中介绍:

吸气量:300m³/min 35℃。

气体温度:5℃～35℃。

气体成分:含有下述粉尘的大气。

粉尘成分:炭黑及其他药品。

含尘浓度:炭黑150kg/d,药品30kg/d(24h运行)。

粉尘粒径分布见表9:

表9 粉尘粒径分布

炭黑	μm	0.3～1	1～3	3～5	5～10	>10
	%	25～35	10～20	10～15	20～25	5～30
药品	μm	约0.01				

粉尘比重见表10:

表10 粉尘比重

比重指标 名称	真密度(g·cm⁻³)	表观密度(g·cm⁻³)
炭黑	1.80～1.85	0.35～0.50
药品	1.00～5.00	0.20～1.00

除尘器的过滤速度:1.0m/min以下。

13 目前仍有一些中小型橡胶厂采用开炼机混炼,有条件的应改用密炼机混炼。必须采用开炼机混炼的,需放置在单独的小室内进行,小室必须负压运行,排出空气必须经过过滤。

14 密炼热烟气源:密炼机投料口、下顶栓前后的敞口、挤出压片机等;炼胶热烟气源:开炼机、皂液槽、压延机、压片机、滤胶机、挤出机机头等;硫化热烟气源:各式硫化设备,如鼓式硫化机、单(双)模硫化机、硫化罐等。以上设备宜根据设备情况设置局部排风或区域性排风。

6.2 防噪声及防振动

6.2.5 除土建要在基础设计上采取减振措施外,基础与振动设备间还要加设减振垫等。

6.2.7 隔声设计应遵守下列规定:

 1 对分散布置的高噪声设备,宜采用隔声罩。

 2 对集中布置的高噪声设备,宜采用隔声间。

 3 对难以采用隔声罩或隔声间的某些高噪声设备,宜在声源附近或受声处设置隔声屏障。

 4 对不需要人员始终在设备旁操作的高噪声车间和站房,如炼胶车间、动力站、空压站、水泵房等设置隔声值班室或控制室。

6.3 防暑防寒

6.3.1 大型炼胶车间一层的烟尘量最大,如一侧紧靠原材料库,另一侧紧靠大车间,一楼几乎无对室外的外窗,无论对消防和通风均是不利的。如留出一条通道,二层再用过街通道与原材料库相连,这将大大改善炼胶车间一层的操作条件。

6.3.2 本条说明如下:

 1 对于排风量过大的设备,如胶片冷却装置,尤其是在寒冷和严寒地区,过大的排风会引起室温过低、消耗大量能源、不经济,采用吹吸式能较好地解决此问题,同时也解决夏季车间内过热,对胶片冷却效果不佳的问题。

 4 硫化工段,是橡胶工厂的热车间,全面降温将消耗大量能源,效果也不明显,建议加大通风量,采用蒸发型冷气机在干热的夏季能利用水蒸发可降温4℃～5℃和在适当的位置安装带空调的休息岗亭等局部处理的措施。

6.4 采光和照明

6.4.2 目前我国橡胶工厂自动化程度不高,各工序物料基本为人工搬运,叉车的使用比较普遍,工作区和交通区相邻,存放区内叉车的使用比较频繁,且交通区所占面积较小。因此保证交通区、存放区的照度对于安全生产是很有必要的。

6.4.3 当气体放电灯由交流50Hz电源供电时,随着交流电压和电流的周期性变化,气体放电灯的光通量和工作面上的照度也产生频率为100Hz的脉动,这种现象称为频闪效应(或闪烁现象)。频闪效应对照明的危害主要表现在以下两方面:①人眼对物体的分辨能力下降,尤其当物体处于转动或晃动状态时,会使人产生错觉,影响生产和工作;②当脉动闪烁频率与灯光下旋物体的转速(或转动频率)一致或成整数倍时,人眼会误将旋转物体看成静止、倒转、运动(旋转)速度缓慢。

橡胶工厂里机加工设备比较多,由于目前我国橡胶工业生产加工工艺的不同,所要求的照明光源也有不同,光源主要为荧光灯、金属卤化物灯、显色改进型高压钠灯,这些灯都存在频闪效应。因此采取防止频闪效应措施是很有必要的。

防止频闪效应的主要措施有:

 1)灯具三相错开供电。对于采用气体放电光源的工作场所,可将其同一或不同灯具的相邻灯管分接在不同相别的线路上;

 2)用电子镇流器,频率高了闪动会减弱;

 3)采用直流供电。目前部分大功率紧凑型荧光灯自带整流装置,可以满足要求。但此类光源的寿命和其他光源相比较短。

6.4.4 对于采用显色改进型高压钠灯照明的生产车间,根据部分厂的改造结果,如果采用自然光作为补充,对于改善照明环境有着明显的作用。

6.5 防辐射、防腐蚀

6.5.1 在橡胶工厂中,放射性元素测厚是指对压延工序胶片厚度进行检测;激光探伤检测通常指子午线轮胎、航空轮胎的质量检测;X光检测是针对以钢丝为骨架材料的子午胎。

6.5.2 在橡胶工厂中,腐蚀品类包括:葵酸钴、硫酸、盐酸、硝酸、甲酸、水醋酸、氢氟酸、氨水等,分别用在试验室酸碱实验、防腐衬里的酸洗、乳胶制品中氨水的防腐处理和工厂中的水处理系统。

7 职业安全与卫生设施

7.1 生产过程的不安全因素与职业危害

7.1.1 制定职业安全卫生设施的目的是改善作业卫生环境,提高作业防护条件,保护和增进员工身体健康,提高劳动生产效率,促进企业的经济发展。硫磺、天然气、正己烷、柴油的健康危害见表11～表13。

表11 硫磺健康危害

接触限值	中国 MAC:未制定标准	美国 TVL-TWA:未制定标准
	前苏联 MAC:6mg/m³	美国 TLV-STEL:未制定标准
毒性及健康危害 侵入途径	吸入、食入、经皮吸收	毒性:—
健康危害	因其能在肠内部分转化为硫化氢而被吸收,故大量口服可导致硫化氢中毒。急性硫化氢中毒的全身毒性作用表现为中枢神经系统症状,有头痛、头晕、乏力、呕吐、供给失调、昏迷等。本品可引起眼结膜炎、皮肤湿疹。对皮肤有弱刺激性。生产中长期吸入硫粉尘一般无明显毒性作用	

表12 天然气健康危害

毒性及健康危害	最高允许浓度（mg/m³）：300
	侵入途径：吸入
	健康危害：甲烷对人基本无毒，但浓度过高时，使空气中氧含量明显降低，使人窒息。当空气中甲烷达25%～30%时，可引起头痛、头晕、乏力，注意力不集中，呼吸和心跳加速，供给失调。若不及时脱离，可致窒息死亡

表13 柴油危害特性

毒性及健康危害	低毒物质
	侵入途径：吸入、食入、经皮肤吸收
	健康危害：急性中毒，对中枢神经系统有麻醉作用；轻度中毒症状有头晕、头痛、恶心、呕吐。高浓度吸入出现中毒性脑病。极高浓度吸入引起意识突然丧失，反射性呼吸停止。可伴有中毒性周围神经病及化学性肺炎。吸入呼吸道可引起吸入性肺炎。溅入眼内可致角膜溃疡、穿孔，甚至失明。皮肤接触致急性接触性皮炎，甚至灼伤。吞咽引起急性胃肠炎，并可引起肝、肾损害。慢性中毒：神经衰弱综合症、植物神经功能紊乱、周围神经病。严重中毒出现中毒性脑病
防护措施	工程控制：密闭操作，全面通风，工作现场严禁火种 身体防护：穿防静电工作服 手防护：戴耐油手套

含一级易燃溶剂的胶粘剂健康危害：蒸汽有毒，能刺激呼吸道。

酚醛树脂健康危害：高浓度时有麻醉作用。

7.2 安全与卫生设施

7.2.7 在生产、储存、运输过程中，存在易燃、易爆、有毒、有害物料，一旦发生意外事故有可能造成人员伤害或财产损失。因此，应建立事故的应急预案。

应急预案应根据企业的基本情况制订，明确指挥机构，明确职责分工，建立救援队伍，设置装备和信息系统。

制订重大事故应急和救援预案，应具体描述意外事故和紧急情况发生时所采取的措施，并对职工进行宣讲、训练。

中华人民共和国国家标准

大中型火力发电厂设计规范

Code for design of fossil fired power plant

GB 50660—2011

主编部门：中 国 电 力 企 业 联 合 会
批准部门：中华人民共和国住房和城乡建设部
施行日期：２０１２年３月１日

中华人民共和国住房和城乡建设部
公 告

第 940 号

关于发布国家标准《大中型火力发电厂设计规范》的公告

现批准《大中型火力发电厂设计规范》为国家标准，编号为 GB 50660—2011，自 2012 年 3 月 1 日起实施。其中，第 4.3.14、15.4.2(9)、15.6.1(4)、16.3.9(1)、16.3.17、16.4.1、17.4.5、19.1.3、21.4.2 条(款)为强制性条文，必须严格执行。

本规范由我部标准定额研究所组织中国计划出版社出版发行。

中华人民共和国住房和城乡建设部
二〇一一年二月十八日

前 言

本规范是根据原建设部《关于印发〈2006 年工程建设标准规范制订、修订计划（第二批）〉的通知》（建标〔2006〕136 号）的要求，由中国电力工程顾问集团公司会同有关单位共同编制而成。本规范在编制过程中，规范编制组先后完成了规范大纲编制、规范大纲审查、调研报告编制、规范征求意见稿编制、向社会征求意见、规范送审稿编制等各阶段的工作，最后经审查定稿。

本规范共分 22 章和 1 个附录。主要技术内容有：总则，术语，电力系统对火力发电厂的要求，总体规划，机组选型，主厂房区域布置，运煤系统，锅炉设备及系统，除灰渣系统，烟气脱硫系统，烟气脱硝系统，汽轮机设备及系统，水处理系统，信息系统，仪表与控制，电气设备及系统，水工设施及系统，辅助及附属设施，建筑与结构，采暖、通风和空气调节，环境保护和水土保持，消防、劳动安全与职业卫生等。

本规范中以黑体字标志的条文为强制性条文，必须严格执行。

本规范由住房和城乡建设部负责管理和对强制性条文的解释，由中国电力企业联合会负责日常管理，由中国电力工程顾问集团公司负责具体技术内容的解释。执行过程中如有意见或建议，请寄送中国电力工程顾问集团公司（地址：北京市西城区安德路 65 号，邮政编码：100120），以便今后修订时参考。

本规范主编单位、参编单位、主要起草人和主要审查人：

主 编 单 位：中国电力工程顾问集团公司
参 编 单 位：东北电力设计院
华东电力设计院
中南电力设计院
西北电力设计院
西南电力设计院
华北电力设计院工程有限公司
中国电力建设工程咨询公司
国家电网公司
中国南方电网有限责任公司
中国华能集团公司
中国大唐集团公司
中国华电集团公司
中国国电集团公司
中国电力投资集团公司
中国神华国华电力分公司

主要起草人：孙　锐　陆国栋　许继刚　马　安
安永尧　杨祖华　王予英　曹理平
柴靖宇　武一琦　王宏斌　龙　辉
郑慧莉　宋璇坤　曹松涛　周　军
郑惠民　葛四敏　马欣欣　赵　敏
顾越岭　周明清　薛　莉　徐　飚
陈玉虹　王　盾　黄生睿　魏　桓
张建中　谢炎柏　石　诚　杨健祥
戴有信　邓南文　陈德智　康　慧
黄建军　晁　辉　冯树礼　孟祥国
曾广移　崔志强　陈寅彪　钟儒耀

主要审查人：汤蕴琳　陈祖茂　龙　建　郭亚莉
徐海云　阎欣军　余　熙　袁萍帆
胡　军　谢798度　周献林　宋红军
梁志宏　田晓清　王东升　王忠会

黄宝德	都兴有	祁恩兰	王聪生	彭向东	黄安平	曾小超	赵丽琼
张政治	李树辰	杨旭中	周虹光	杨 栋	李玉峰	葛增茂	王日云
肖 勇	宁 哲	杨宝红	郭晓克	范永春	沈 云	胡华强	王志斌
周自本	魏新光	魏显安	孙显臣	张 农	童建国	张军民	陶逢春
叶勇健	沈 兵	包一鸣	徐剑浩	李润森	乔支昆	王文杰	綦建国
牛 兵	陈银洲	钟晓春	姚友成	仲卫东			
黄从新	王国义	高 元	柏 荣				

目　次

1 总则 ·· 7—44—9
2 术语 ·· 7—44—9
3 电力系统对火力发电厂的要求 ····· 7—44—10
　3.1 基本规定 ······························· 7—44—10
　3.2 火力发电厂接入系统技术要求 ······ 7—44—10
　3.3 机组运行调节性能要求 ············· 7—44—10
　3.4 机组非正常运行能力要求 ·········· 7—44—11
4 总体规划 ···································· 7—44—11
　4.1 基本规定 ······························· 7—44—11
　4.2 厂区外部规划 ························· 7—44—12
　4.3 厂区规划及总平面布置 ············· 7—44—14
5 机组选型 ···································· 7—44—16
　5.1 机组参数 ······························· 7—44—16
　5.2 主机选型 ······························· 7—44—16
　5.3 主机容量匹配 ························· 7—44—17
　5.4 机组设计性能指标计算 ············· 7—44—17
6 主厂房区域布置 ··························· 7—44—17
　6.1 基本规定 ······························· 7—44—17
　6.2 汽机房及除氧间布置 ················ 7—44—17
　6.3 煤仓间布置 ··························· 7—44—18
　6.4 锅炉布置 ······························· 7—44—19
　6.5 集中控制室和电子设备间 ·········· 7—44—19
　6.6 烟气脱硫设施布置 ··················· 7—44—19
　6.7 烟气脱硝设施布置 ··················· 7—44—19
　6.8 维护检修 ······························· 7—44—20
　6.9 综合设施要求 ························· 7—44—20
7 运煤系统 ···································· 7—44—21
　7.1 基本规定 ······························· 7—44—21
　7.2 卸煤设施 ······························· 7—44—21
　7.3 贮煤设施 ······························· 7—44—21
　7.4 带式输送机 ··························· 7—44—22
　7.5 筛、碎设备 ··························· 7—44—22
　7.6 混煤设施 ······························· 7—44—22
　7.7 循环流化床锅炉运煤系统 ·········· 7—44—22
　7.8 循环流化床锅炉石灰石及其制粉系统 ··· 7—44—23
　7.9 运煤辅助设施 ························· 7—44—23
8 锅炉设备及系统 ··························· 7—44—23
　8.1 锅炉设备 ······························· 7—44—23
　8.2 煤粉制备 ······························· 7—44—24
　8.3 烟风系统 ······························· 7—44—26
　8.4 烟气除尘及排放系统 ················ 7—44—27
　8.5 直流锅炉启动系统 ··················· 7—44—27
　8.6 点火及助燃燃料系统 ················ 7—44—28
　8.7 锅炉辅助系统 ························· 7—44—29
　8.8 启动锅炉 ······························· 7—44—29
　8.9 循环流化床锅炉系统 ················ 7—44—29
9 除灰渣系统 ································· 7—44—30
　9.1 基本规定 ······························· 7—44—30
　9.2 除渣系统 ······························· 7—44—31
　9.3 除灰系统 ······························· 7—44—31
　9.4 厂外输送系统 ························· 7—44—31
　9.5 辅助设施 ······························· 7—44—32
　9.6 贮灰场 ································· 7—44—32
10 烟气脱硫系统 ····························· 7—44—33
　10.1 基本规定 ···························· 7—44—33
　10.2 吸收剂制备系统 ··················· 7—44—34
　10.3 二氧化硫吸收系统 ················ 7—44—34
　10.4 烟气系统 ···························· 7—44—35
　10.5 脱硫副产品处置系统 ············· 7—44—35
11 烟气脱硝系统 ····························· 7—44—35
　11.1 基本规定 ···························· 7—44—35
　11.2 还原剂储存和供应系统 ·········· 7—44—36
　11.3 烟气脱硝反应系统 ················ 7—44—36
　11.4 氨/空气混合及喷射系统 ········· 7—44—36
12 汽轮机设备及系统 ······················ 7—44—36
　12.1 汽轮机设备 ························· 7—44—36
　12.2 主蒸汽、再热蒸汽和旁路系统 ··· 7—44—37
　12.3 给水系统 ···························· 7—44—37
　12.4 除氧器及给水箱 ··················· 7—44—38
　12.5 凝结水系统 ························· 7—44—38
　12.6 疏放水系统 ························· 7—44—39
　12.7 辅机冷却水系统 ··················· 7—44—39
　12.8 供热式机组的辅助系统和设备 ······························ 7—44—40
　12.9 凝汽器及其辅助设施 ············· 7—44—40
13 水处理系统 ································ 7—44—41
　13.1 水质及水的预处理 ················ 7—44—41
　13.2 水的预脱盐

13.3	锅炉补给水处理	7—44—41
13.4	汽轮机组的凝结水精处理	7—44—42
13.5	冷却水处理	7—44—43
13.6	热力系统的化学加药和水汽取样	7—44—43
13.7	热网补给水及生产回水处理	7—44—43
13.8	废水处理	7—44—43
13.9	药品储存	7—44—44

14 信息系统 ·············· 7—44—44
 14.1 基本规定 ············ 7—44—44
 14.2 全厂信息系统的总体规划 ··· 7—44—44
 14.3 厂级监控信息系统 ······ 7—44—44
 14.4 管理信息系统 ········ 7—44—45
 14.5 报价系统 ············ 7—44—45
 14.6 视频监视系统 ········ 7—44—45
 14.7 视频会议系统 ········ 7—44—45
 14.8 门禁管理系统 ········ 7—44—45
 14.9 培训仿真机 ·········· 7—44—45
 14.10 布线 ················ 7—44—46
 14.11 信息安全 ············ 7—44—46

15 仪表与控制 ·············· 7—44—46
 15.1 基本规定 ············ 7—44—46
 15.2 自动化水平 ········· 7—44—46
 15.3 控制方式及控制室 ···· 7—44—46
 15.4 检测与仪表 ·········· 7—44—47
 15.5 报警 ················ 7—44—47
 15.6 机组保护 ············ 7—44—48
 15.7 开关量控制 ·········· 7—44—49
 15.8 模拟量控制 ·········· 7—44—50
 15.9 机组控制系统 ········ 7—44—51
 15.10 辅助车间控制系统 ···· 7—44—51
 15.11 控制电源 ············ 7—44—52
 15.12 仪表导管、电缆及就地设备布置 ···· 7—44—53

16 电气设备及系统 ········· 7—44—53
 16.1 发电机与主变压器 ···· 7—44—53
 16.2 电气主接线 ·········· 7—44—54
 16.3 交流厂用电系统 ······ 7—44—55
 16.4 直流系统及交流不间断电源 ··· 7—44—57
 16.5 高压配电装置 ········ 7—44—58
 16.6 电气监测及控制 ······ 7—44—58
 16.7 元件继电保护 ········ 7—44—59
 16.8 照明系统 ············ 7—44—60
 16.9 电缆选择与敷设 ······ 7—44—60
 16.10 接地系统 ············ 7—44—60
 16.11 系统继电保护和安全自动装置 ···· 7—44—61
 16.12 调度自动化系统子站 ··· 7—44—61
 16.13 系统通信 ············ 7—44—62
 16.14 厂内通信 ············ 7—44—62
 16.15 其他电气设施 ········ 7—44—62

17 水工设施及系统 ········· 7—44—63
 17.1 基本规定 ············ 7—44—63
 17.2 水源和水务管理 ······ 7—44—63
 17.3 供水系统 ············ 7—44—63
 17.4 取水建（构）筑物 ···· 7—44—64
 17.5 管道和沟渠 ·········· 7—44—64
 17.6 湿式冷却塔 ·········· 7—44—65
 17.7 水面冷却 ············ 7—44—65
 17.8 空冷系统 ············ 7—44—65
 17.9 给水排水 ············ 7—44—66

18 辅助及附属设施 ········· 7—44—66

19 建筑与结构 ·············· 7—44—67
 19.1 基本规定 ············ 7—44—67
 19.2 抗震设计 ············ 7—44—68
 19.3 建筑设计 ············ 7—44—68
 19.4 地基与基础 ·········· 7—44—69
 19.5 主厂房结构 ·········· 7—44—69
 19.6 烟囱 ················ 7—44—70
 19.7 运煤建（构）筑物 ···· 7—44—70
 19.8 水工建（构）筑物 ···· 7—44—70
 19.9 空冷凝汽器支撑结构 ··· 7—44—70

20 采暖、通风和空气调节 ···· 7—44—71
 20.1 基本规定 ············ 7—44—71
 20.2 主厂房 ·············· 7—44—72
 20.3 电气建筑与电气设备 ··· 7—44—73
 20.4 运煤建筑 ············ 7—44—73
 20.5 化学建筑 ············ 7—44—73
 20.6 其他辅助建筑及附属建筑 ···· 7—44—73
 20.7 厂区制冷站、加热站及管网 ··· 7—44—74

21 环境保护和水土保持 ····· 7—44—74
 21.1 基本规定 ············ 7—44—74
 21.2 大气污染防治 ········ 7—44—74
 21.3 废水和温排水治理 ···· 7—44—75
 21.4 灰渣和石膏治理及综合利用 ···· 7—44—75
 21.5 噪声防治 ············ 7—44—75
 21.6 环境保护监测 ········ 7—44—75
 21.7 水土保持 ············ 7—44—76

22 消防、劳动安全与职业卫生 ···· 7—44—76
 22.1 基本规定 ············ 7—44—76
 22.2 劳动安全 ············ 7—44—76
 22.3 职业卫生 ············ 7—44—76

附录A 机组设计标准煤耗率的计算方法 ···· 7—44—77
本规范用词说明 ············ 7—44—77
引用标准名录 ·············· 7—44—77
附：条文说明 ·············· 7—44—80

Contents

1 General provisions ·············· 7—44—9
2 Terms ···························· 7—44—9
3 Requirements of electric power system on the power plant ······ 7—44—10
  3.1 Basic requirement ·············· 7—44—10
  3.2 Technical requirements on the connection of power plant to the power system ··············· 7—44—10
  3.3 Requirements on the operational regulating capability of the generating unit ············· 7—44—10
  3.4 Requirements on the operating capability of the generating unit in abnormal condition ············ 7—44—11
4 Overall planning ·············· 7—44—11
  4.1 Basic requirement ············· 7—44—11
  4.2 Off-site planning ·············· 7—44—12
  4.3 Plant area planning and general arrangement ·········· 7—44—14
5 Unit configuration ·············· 7—44—16
  5.1 Unit parameter ················ 7—44—16
  5.2 Main machine selection ········ 7—44—16
  5.3 Capability matching of main machine ·················· 7—44—17
  5.4 Indices calculation of unit design performance ···················· 7—44—17
6 Main power block arrangement ···················· 7—44—17
  6.1 Basic requirement ············· 7—44—17
  6.2 Turbine house and deaerator bay arrangement ················ 7—44—17
  6.3 Coal bunker bay arrangement ··· 7—44—18
  6.4 Boiler house arrangement ········ 7—44—19
  6.5 Central control building and electrical facilities room ········ 7—44—19
  6.6 Flue gas desulfurization facilities arrangement ·········· 7—44—19
  6.7 Flue gas denitration facilities arrangement ··················· 7—44—19
  6.8 Maintenance and repair facilities ······················ 7—44—20
  6.9 Requirements on the comprehensive facilities ·········· 7—44—20
7 Coal handling system ·········· 7—44—21
  7.1 Basic requirement ·············· 7—44—21
  7.2 Coal unloading facilities ········ 7—44—21
  7.3 Coal storage facilities ·········· 7—44—21
  7.4 Belt conveyor system ··········· 7—44—22
  7.5 Screening and crushing equipments ····················· 7—44—22
  7.6 Coal blending facilities ········· 7—44—22
  7.7 The coal handling system of CFB boiler ···················· 7—44—22
  7.8 Limestone handling and pulverizing system of CFB boiler ············ 7—44—23
  7.9 Auxiliary facilities of coal handling system ················ 7—44—23
8 Boiler equipment and system ···················· 7—44—23
  8.1 Boiler equipment ·············· 7—44—23
  8.2 Coal pulverizing system ········ 7—44—24
  8.3 Air and gas system ············· 7—44—26
  8.4 Flue gas dedusting and discharge system ······················· 7—44—27
  8.5 Startup system of once-through boiler ························· 7—44—27
  8.6 Fuel oil system for ignition and combustion stabilization ········ 7—44—28
  8.7 Auxiliary system of boiler ········ 7—44—29
  8.8 Startup boiler ··················· 7—44—29
  8.9 CFB boiler system ·············· 7—44—29
9 Ash and slag handling systems ······················· 7—44—30
  9.1 Basic requirement ·············· 7—44—30
  9.2 Slag handling system ············ 7—44—31
  9.3 Ash handling system ············ 7—44—31

9.4	Off-site transportation system	7—44—31
9.5	Auxiliary facilities	7—44—32
9.6	Ash storage yard	7—44—32

10 Flue gas desulfurization system ··· 7—44—33
- 10.1 Basic requirement ··· 7—44—33
- 10.2 Absorbent processing system ··· 7—44—34
- 10.3 Sulfur dioxide absorbing system ··· 7—44—34
- 10.4 Flue gas system ··· 7—44—35
- 10.5 Desulfurization byproduct treatment system ··· 7—44—35

11 Flue gas denitration system ··· 7—44—35
- 11.1 Basic requirement ··· 7—44—35
- 11.2 Reductant storing and supplying system ··· 7—44—36
- 11.3 Flue gas denitration reaction system ··· 7—44—36
- 11.4 Ammonia/air mixing and spraying system ··· 7—44—36

12 Steam turbine equipment and systems ··· 7—44—36
- 12.1 Steam turbine equipment ··· 7—44—36
- 12.2 Main steam, reheat steam and bypass system ··· 7—44—37
- 12.3 Feedwater system ··· 7—44—37
- 12.4 Deaerator and feedwater storage tank ··· 7—44—38
- 12.5 Condensate system ··· 7—44—38
- 12.6 Draining and discharge system ··· 7—44—39
- 12.7 Cooling water system of auxiliary equipment ··· 7—44—39
- 12.8 Auxiliary system and equipment of cogeneration unit ··· 7—44—40
- 12.9 Condenser and its auxiliary facilities ··· 7—44—40

13 Water treatment system ··· 7—44—41
- 13.1 Water quality and water pretreatment ··· 7—44—41
- 13.2 Water pre-desalination ··· 7—44—41
- 13.3 Boiler makeup water treatment ··· 7—44—41
- 13.4 Condensate polishing for steam turbine unit ··· 7—44—42
- 13.5 Cooling water treatment ··· 7—44—43
- 13.6 Chemical dosing and water-steam sampling for thermal system ··· 7—44—43
- 13.7 Treatment for makeup water and industrial return water of heat network ··· 7—44—43
- 13.8 Waste water treatment ··· 7—44—43
- 13.9 Chemical storage ··· 7—44—44

14 Information system ··· 7—44—44
- 14.1 Basic requirement ··· 7—44—44
- 14.2 Overall plan of plant information system ··· 7—44—44
- 14.3 Supervisory information system for plant level ··· 7—44—44
- 14.4 Management information system ··· 7—44—45
- 14.5 Price bidding system ··· 7—44—45
- 14.6 Video monitoring system ··· 7—44—45
- 14.7 Video meeting system ··· 7—44—45
- 14.8 Access guard management system ··· 7—44—45
- 14.9 Training simulator ··· 7—44—45
- 14.10 Cabling ··· 7—44—46
- 14.11 Information security ··· 7—44—46

15 Instrumentation and control ··· 7—44—46
- 15.1 Basic requirement ··· 7—44—46
- 15.2 Level of automation ··· 7—44—46
- 15.3 Control mode and control room ··· 7—44—46
- 15.4 Measurement and instrument ··· 7—44—47
- 15.5 Alarming system ··· 7—44—47
- 15.6 Protection system ··· 7—44—48
- 15.7 On-off control ··· 7—44—49
- 15.8 Modulating control ··· 7—44—50
- 15.9 Unit Control system ··· 7—44—51
- 15.10 Auxiliary workshop control system ··· 7—44—51
- 15.11 Control power supply ··· 7—44—52
- 15.12 Instrument tube, cable and arrangement of local equipment ··· 7—44—53

16 Electrical equipment and system ··· 7—44—53
- 16.1 Generator and main transformer ··· 7—44—53
- 16.2 Main electrical connection ··· 7—44—54
- 16.3 AC auxiliary power system ··· 7—44—55
- 16.4 DC system and AC uninterruptible power supply ··· 7—44—57

16.5 High voltage switchgear arrangement ...... 7—44—58
16.6 Electrical monitoring and control ...... 7—44—58
16.7 Electrical component relay protection ...... 7—44—59
16.8 Lighting system ...... 7—44—60
16.9 Cable selection and cable routing ...... 7—44—60
16.10 Grounding system ...... 7—44—60
16.11 Relay protection and automatic safety equipment of electric power system ...... 7—44—61
16.12 Substation of dispatch automation system ...... 7—44—61
16.13 Electric power system communication ...... 7—44—62
16.14 In-plant communication ...... 7—44—62
16.15 Other electrical facilities ...... 7—44—62
17 Hydraulic facilities and systems ...... 7—44—63
17.1 Basic requirement ...... 7—44—63
17.2 Water source and water management ...... 7—44—63
17.3 Water supply system ...... 7—44—63
17.4 Water intake building and structure ...... 7—44—64
17.5 Piping and culvert ...... 7—44—64
17.6 Wet cooling tower ...... 7—44—65
17.7 Water surface cooling ...... 7—44—65
17.8 Air cooling system ...... 7—44—65
17.9 Water supply and water drainage ...... 7—44—66
18 Auxiliary and ancillary facilities ...... 7—44—66
19 Buildings and structures ...... 7—44—67
19.1 Basic requirement ...... 7—44—67
19.2 Seismic resistant design ...... 7—44—68
19.3 Architectural design ...... 7—44—68
19.4 Ground and foundation ...... 7—44—69
19.5 Main building structure ...... 7—44—69
19.6 Chimney ...... 7—44—70
19.7 Coal handling building and structure ...... 7—44—70
19.8 Hydraulic building and structure ...... 7—44—70
19.9 Supporting structure of air cooled condenser ...... 7—44—70
20 Heating, ventilation and air conditioning ...... 7—44—71
20.1 Basic requirement ...... 7—44—71
20.2 Main building ...... 7—44—72
20.3 Electrical building and electrical equipment ...... 7—44—73
20.4 Coal handling building ...... 7—44—73
20.5 Chemical building ...... 7—44—73
20.6 Other auxiliary and ancillary building ...... 7—44—73
20.7 Plant cooling and heating station and piping network ...... 7—44—74
21 Environmental protection and water and soil conservation ...... 7—44—74
21.1 Basic requirement ...... 7—44—74
21.2 Prevention and control of atmospheric pollution ...... 7—44—74
21.3 Waste water and warm water discharge treatment ...... 7—44—75
21.4 Treatment and comprehensive utilization of ash and slag and gypsum ...... 7—44—75
21.5 Noise prevention and control ... 7—44—75
21.6 Environmental protection monitoring ...... 7—44—75
21.7 Water and soil conservation ...... 7—44—76
22 Fire fighting and occupational safety and health ...... 7—44—76
22.1 Basic requirement ...... 7—44—76
22.2 Occupational safety ...... 7—44—76
22.3 Occupational health ...... 7—44—76
Appendix A Calculation method for standard coal rate of generating unit in design condition ...... 7—44—77
Explanation of wording in this code ...... 7—44—77
List of quoted standards ...... 7—44—77
Addition: Explanation of provisions ...... 7—44—80

1 总　则

1.0.1 为了使火力发电厂在设计方面满足安全可靠、技术先进、经济适用的要求，制定本规范。

1.0.2 本规范适用于蒸汽初参数为超高压及以上、单台机组容量在125MW及以上、采用直接燃烧方式、主要燃用固体化石燃料的火力发电厂工程的设计。

1.0.3 火力发电厂的设计应以电网长期购电合同或协议中明确的技术要求、长期燃料供应合同或协议中规定的煤质资料、工程相关的水文、气象、地质等基础资料为设计依据。

1.0.4 火力发电厂设计中所需要的原始资料应真实可靠，并应满足相应的设计需要。

1.0.5 火力发电厂的设计应充分合理利用厂址资源条件，统筹规划本期工程与远期工程。

1.0.6 火力发电厂的设计应积极应用经运行实践或工业试验证明的先进技术、先进工艺、先进材料和先进设备。

1.0.7 火力发电厂的工艺系统设计寿命应按30年设计。

1.0.8 火力发电厂的设计宜采用全厂统一的标识系统。

1.0.9 火力发电厂的设计除应符合本规范外，尚应符合国家现行有关标准的规定。

2　术　语

2.0.1 标识系统　identification system

根据被标注对象的功能、工艺和安装位置等特征，明确标注电厂中的系统和设备及其组件的一种代码系统。

2.0.2 电力系统　power system

由发电、供电（输电、变电、配电）、用电设施和为保证发电、供电、用电设施正常运行所需的继电保护和安全自动装置、计量装置、电力通信设施、自动化设施等构成的整体。

2.0.3 黑启动　black start

当某电力系统因故障停运后，通过该系统中具有自启动能力机组的启动，带动系统内其他无自启动能力机组，逐步恢复系统运行的过程。

2.0.4 厂区　plant area

以火力发电厂生产和辅助、附属设施永久性用地围墙所围成的区域。

2.0.5 主厂房区　main power area

以汽机房、除氧间、煤仓间、锅炉、除尘器、烟囱及脱硫装置等设施环形道路中心线所围成的区域。

2.0.6 厂区土石方挖填综合平衡　balance of cut and fill of earthwork in plant

根据厂区及与厂区密切相关的施工区挖方、填方，建（构）筑物的基础余方，耕植土，不能回填的淤泥或建筑垃圾，以及挖方松散系数等影响因素，使厂区场地区域内的挖方量和填方量最终接近平衡。

2.0.7 危险源　source of danger and risk

指可能导致伤害或疾病、财产损失、工作环境破坏或这些情况组合的根源或状态。

2.0.8 越浪量　overtopping

波浪越过堤顶沿堤长方向的单宽流量。

2.0.9 允许越浪量　permissive overtopping discharge

在设计条件下，允许越过堤顶的单宽流量。

2.0.10 干旱指数　drought exponent

某一地区年蒸发能力和年降雨量的比值。

2.0.11 排烟冷却塔　flue gas discharged cooling tower

替代烟囱排放脱硫后烟气的冷却塔。

2.0.12 海水冷却塔　seawater cooling tower

冷却介质为海水的湿式冷却塔。

2.0.13 空冷散热器　air cooled heat exchanger

以空气作为冷却介质，使间接空冷系统循环水被冷却的散热设备。

2.0.14 空冷凝汽器　air cooled condenser

以空气作为冷却介质，使汽轮机的排汽直接冷却凝结成水的设备。

2.0.15 电除盐　electrodeionization

利用电能，通过电渗析和离子交换相结合的综合方法除去水中离子的除盐技术。

2.0.16 厂级监控信息系统　supervisory information system for plant level (SIS)

采集火力发电厂各控制系统的实时生产过程数据，以全厂生产过程实时/历史数据库为平台，为全厂实时生产过程综合优化服务的监控和管理信息系统。

2.0.17 实时系统　real-time system

能够在限定的时间内识别和处理离散事件，可以动态实时地反映火力发电厂生产过程中参数变化的系统。

2.0.18 集中控制室　central control room

火力发电厂中对两台及以上的机组及辅助系统进行集中控制的场所。

2.0.19 单元控制室　unit control room

火力发电厂中对单元机组的锅炉、汽轮机、发电机及其主要辅助系统或设备进行控制的场所。

2.0.20 高压配电装置　high voltage switchgear

火力发电厂内35kV及以上配电装置的统称。

2.0.21 3/2断路器接线　one-and-a-half breaker configuration

即一个半断路器接线。对双回路而言,三台断路器串联跨接在两组母线之间,且两个回路分别连接到中间断路器两端的双母线接线。

2.0.22 4/3断路器接线 one-and-one-third breaker configuration

对三个回路而言,四台断路器串联跨接在两组母线之间,且三个回路分别连接到中间两个断路器两端及中间的双母线接线。

2.0.23 强电控制 control with strong power source
额定控制电压为110V及以上的控制方式。

2.0.24 空冷凝汽器支撑结构 supporting structure of air cooled condenser
由柱、平台(包括支承风机的梁或桁架、运行检修平台或步道板等)和挡风墙等组成的支撑空冷凝汽器结构的总称。

2.0.25 封闭式圆形煤场 circular closed coal yard
由挡煤墙和半球形网架构成的大直径圆形室内贮煤场。

3 电力系统对火力发电厂的要求

3.1 基本规定

3.1.1 火电机组在电力系统中,可分为基本负荷机组、调峰机组、具有黑启动功能机组、热电联产机组和资源综合利用机组等。

3.1.2 带基本负荷机组应具有较高的可靠性和稳定性,应能较好地参与电网的一次调频和二次调频。

3.1.3 调峰机组应满足启动速度快、负荷变化灵活、能够适应频繁启停等要求。

3.1.4 具有黑启动功能的机组应能够使机组在无任何外部供电的情况下,由自身能力启动机组并网发电。

3.1.5 热电联产机组应兼顾发电和供热功能,在对外供热期间,应具有较高的供热可靠性。

3.1.6 对燃用煤矸石、煤泥、油页岩等低热值燃料发电的资源综合利用机组,不宜在可靠性和灵活性方面要求过严。

3.2 火力发电厂接入系统技术要求

3.2.1 火力发电厂接入系统应根据火力发电厂的规划容量、单机容量、输电方向和送电距离及其在系统中的地位与作用,按简化电网结构及电厂主接线、减少电压等级及出线回路数、降低网损、方便调度运行及事故处理等原则进行设计。

3.2.2 火力发电厂接入系统的电压等级宜符合下列规定:
  1 火力发电厂接入系统的电压不宜超过两种。
  2 根据火力发电厂在系统中的地位和作用,不同规模的火力发电厂应分别接入相应电压等级的电网;为满足地方负荷所建的电厂,单机容量在600MW及以下的机组宜接入330kV及以下电网。
  3 在受端系统内建设的较大容量的主力电厂宜直接接入高一级电压等级的电网。
  4 对于向区外送电的电厂,单机容量在600MW及以上的机组宜直接接入高一级电压等级的电网。

3.2.3 火力发电厂电气设备应符合下列规定:
  1 断路器开断容量应满足装设点开断远景短路电流的技术要求。
  2 大型电厂处于电网结构比较紧密的负荷中心,且出两级电压时,火力发电厂不宜装设构成电磁环网的联络变压器。
  3 火力发电厂主接线方式应满足系统解环、解列运行时的有关要求。
  4 主变压器应符合下列规定:
   1) 火力发电厂升压变压器宜选用无励磁调压型。
   2) 火力发电厂的联络变压器经论证有必要调压时,可选用有载调压型。
   3) 应根据系统远景发展潮流变化的需要,选择变压器的额定抽头及分抽头。
   4) 火力发电厂有多台220kV及以下升压变压器时,应有1台~2台变压器中性点接地。
   5) 接入每条110kV母线的变压器,在运行中至少应有1台变压器中性点接地。
  5 应根据限制工频过电压、限制潜供电流、防止自励磁、系统并列及无功补偿等要求,确定电厂内是否装设高压并联电抗器。
  6 对于长距离送电,有进相运行要求的机组,接入机端的高压厂用变压器的调压方式应满足有关要求。
  7 对在直流换流站附近和采用串联补偿装置通道送出的电厂应对次同步振荡和谐振问题进行研究,并应根据研究结果采取抑制措施。

3.3 机组运行调节性能要求

3.3.1 机组运行性能应符合下列规定:
  1 发电机组应装设机端电压闭环的自动电压调节器,应有过磁通限制、低励磁限制、过励磁限制、过励磁保护和附加无功功差功能,模型参数应符合系统要求。
  2 励磁系统应具备电力系统稳定器功能,模型参数应符合系统要求。
  3 机组应装设频率和功率闭环的自动调速器,模型参数应符合系统要求。系统频率在48.5Hz~50.5Hz变化范围内应连续保持恒定的有功功率输出。
  4 发电机组正常调节速率每分钟不应小于1%机组额定有功功率;火电机组的调峰能力应满足所在

电网电源结构和负荷特性对调峰的需求，不应小于机组额定有功功率的50%～60%。

5 处于电网送端的发电机功率因数不宜高于0.9（滞后）；处于受端的发电机功率因数，600MW以上机组可为0.85～0.9（滞后）；直流输电系统的送端发电机功率因数可为0.85～0.9（滞后）；发电机应满足电力系统进相运行的要求。

6 黑启动发电机组应能在辅助燃气轮机或备用柴油机启动后的2h内与系统同期并列。

3.3.2 机组调节性能应符合下列规定：

1 并网发电机组均应参与一次调频。机组一次调频的基本性能指标应符合下列规定：

1）电液型汽轮机调节控制系统的发电机组死区应控制在±0.033Hz内，机械、液压调节控制系统的发电机组死区应控制在±0.10Hz内。

2）转速不等率应为4%～5%。

3）最大负荷限幅应为机组额定出力的6%～10%。

4）投用范围应为机组核定的出力范围。

5）当电网频率变化超过机组一次调频死区时，机组应在15s内根据机组响应目标完全响应。

6）在电网频率变化超过机组一次调频死区的45s内，机组实际出力与机组响应目标偏差的平均值应在机组额定有功出力的±3%以内。

2 火电机组应具备自动发电控制功能，并应参与电网闭环自动发电控制。机组自动发电控制基本性能指标应符合下列规定：

1）采用直吹式制粉系统的火电机组，自动发电控制调节速率每分钟不应小于1%机组额定有功功率；自动发电控制响应时间不应大于60s。

2）采用中储式制粉系统的火电机组，自动发电控制调节速率每分钟不应小于2%机组额定有功功率；自动发电控制响应时间不应大于40s。

3）火电机组自动发电控制最大调节范围应为机组额定进气量的50%～100%。

4）自动发电控制机组应能实现"当地控制/远方控制"两种控制方式间的手动和自动无扰动切换。

3 机组应具备执行自动电压控制功能的能力，应能协调控制机组的无功出力。机组自动电压控制装置应具备与能量管理系统实现联合闭环控制的功能。

3.4 机组非正常运行能力要求

3.4.1 异常运行工况时，机组应符合下列规定：

1 电力系统的标准频率为50Hz，在特殊情况下，当系统频率在短时间内上升到51Hz或下降到48Hz时，机组应符合下列规定：

1）在48.5Hz～50.5Hz范围应能连续运行。

2）在48Hz～48.5Hz范围内，每次连续运行时间不应少于300s。

3）在50.5Hz～51Hz范围内，每次连续运行时间不应少于180s。

2 当电力系统电压在一定范围内波动时，机组应能保持正常运行和电力的送出。

3.4.2 300MW及以上机组汽轮发电机的低频保护应具备记录和指示累计的频率异常运行时间，并对每个频率分别进行累计的功能。

3.4.3 发电机应符合下列失步运行要求：

1 当引起电力系统振荡，且其振荡中心在发变组外部时，发电机应当能承受5个～20个振荡周期；当振荡中心在发变组内部时，应立即启动失步保护。

2 发电机进入短时失磁异步运行应具备下列条件：

1）电网有足够的无功容量维持合理的电压水平。

2）发电机电流低于三相出口短路电流的60%～70%。

3）机组能自动迅速减少负荷到允许水平。

4）发电机带的厂用供电系统可以自动切换到另一个电源。

3 在规定的短时运行时间内不能恢复励磁时，机组应与电网解列。

3.4.4 每台发电机应能长期承担规定以内的稳态负序负荷，在突发不对称短路故障时应能承受规定的负序电流冲击。

3.4.5 发电机组在允许寿命期间应能承受至少5次180°误并列。发电机运行不应受高压线路单相重合闸影响。

4 总 体 规 划

4.1 基 本 规 定

4.1.1 火力发电厂的总体规划应根据火力发电厂生产、施工和生活需要，结合厂址及其附近的自然条件和城乡及土地利用总体规划，对厂区、施工区、水源地、取排水管线、灰管线、贮灰场、灰渣综合利用、交通运输、出线走廊、供热管网等进行统筹规划，并应以近期工程为主、兼顾远期工程。

4.1.2 火力发电厂的总体规划应贯彻节约集约用地的方针，并应通过积极采用新技术、新工艺和设计优化，严格控制厂区、厂前建筑区、施工区用地面积，以及严格控制取土和弃土用地，同时应符合下列规定：

1 火力发电厂用地范围应根据规划容量和本期工程建设规模及施工的需要确定。

2 厂区用地应统筹规划、分期征用。

3 设有防洪堤时，厂区及防洪堤用地范围可根据初期防洪堤工程的实施情况确定。

4.1.3 火力发电厂的总体规划应符合城市（镇）或工业区规划，以及环境保护、消防、劳动安全和职业卫生的要求，合理利用地形和地质条件，符合工艺流程的布置要求，有利于交通运输、施工和扩建，并应处理好厂区内外、生产与生活、生产与施工之间的关系。

4.1.4 火力发电厂的总体规划应符合下列规定：

1 应按功能要求分区。

2 各区内建筑物宜根据日照方位和风向进行布置，并应力求合理紧凑。辅助生产和附属建筑宜采用联合布置和多层建筑，并应符合建筑节能的要求。

3 建筑物空间的组织及建筑群体应与周围环境协调。

4 对于煤电合一的坑口电站，宜统一规划其贮煤场、运煤设施及辅助设施等。

5 应因地制宜地进行绿化规划，不应因绿化而增加厂区用地面积。

6 对位于风沙较大地区的火力发电厂，可根据具体情况设置必要的厂外防护林。

4.1.5 火力发电厂厂区应避免其他工业企业所排出的废气、废水、废渣的影响。

4.1.6 火力发电厂厂区位置应避开地质灾害易发区、采空区影响范围，以及岩溶发育、滑坡、泥石流的区域。确实无法避开时，应根据地质灾害危险性评估结论，采取相应的防范措施。

4.1.7 火力发电厂厂区应远离活动断裂，其安全距离应根据活动断裂的等级、规模、产状、性质、覆盖层厚度、地震动峰值加速度等因素综合确定。

4.1.8 火力发电厂建（构）筑物设计应符合防火等级要求，各主要生产和辅助生产及附属建（构）筑物在生产过程中的火灾危险性分类及其耐火等级，应符合现行国家标准《火力发电厂与变电站设计防火规范》GB 50229 的规定，并应符合下列规定：

1 办公楼内布置有电气、热工、金属等试验室时，应按丁类三级。

2 液氨贮存处置设施应按液体乙类二级。

3 尿素贮存处置设施应按丙类二级。

4.2 厂区外部规划

4.2.1 火力发电厂包括交通运输、供水和排水、灰渣输送和处理、输电线路和供热管线、施工区等厂外设施，应在确定厂址和落实厂内各个主要工艺系统的基础上，根据火力发电厂的规划容量和厂区自然条件，统筹规划、全面协调。

4.2.2 火力发电厂厂区与附近的核电厂、化工厂、炼油厂、石油或天然气储罐、低中放射性废物处置场、核技术利用放射性废物库等潜在危险源之间的距离，应符合下列规定：

1 与核电厂的距离应符合现行国家标准《核电厂环境辐射防护规定》GB 6249 的有关规定。

2 与化工厂、炼油厂的距离应符合现行国家标准《石油化工企业设计防火规范》GB 50160 的有关规定。

3 与石油或天然气储罐的距离应符合现行国家标准《石油天然气工程设计防火规范》GB 50183 的有关规定。

4 与低、中水平放射性废物处置场的距离不应低于现行行业标准《核设施环境保护管理导则 放射性固体废物浅地层处置环境影响报告书的格式与内容》HJ/T 5.2 规定的评价范围的半径。

5 与核技术利用放射性废物库的距离不应低于现行行业标准《辐射环境保护管理导则 核技术应用项目环境影响报告书（表）的内容和格式》HJ/T 10.1 规定的评价范围的半径。

4.2.3 火力发电厂供水水源应可靠，并应符合下列规定：

1 火力发电厂取水口位置应选择在岸滩稳定地段，且应避免泥沙、草木、冰凌、漂流杂物、排水回流等影响。

2 当从水库取水时，水库防洪标准不应低于100年一遇设计、1000年一遇校核，当水库防洪标准不能满足电厂取水要求时，应论证采取其他措施保证火力发电厂的取水可靠。

4.2.4 厂外供水管线、灰渣管线、热力管线及其他带状设施的规划应满足城乡规划和土地利用总体规划的要求，宜沿现有公路集中布置，并应减少与公路或铁路的交叉。架空管线宜采用多管共架敷设。

4.2.5 火力发电厂的厂外交通运输规划应符合下列规定：

1 采用铁路运煤的火力发电厂，其铁路专用线除由国家或地方铁路线接轨外，也可从其他工业企业的专用线上接轨。专用线不应在国家铁路区间线路上接轨，并宜避免切割接轨站正线；在繁忙干线和时速200km及以上客货混跑干线上接轨时，铁路专用线宜与正线设置立交疏解。

2 采用铁路运煤的火力发电厂宜采用由装车点至电厂整列直达的运输方式，由铁路部门统一管理，在厂内卸车线应按送重取空方式进行货物交接，火力发电厂不应设置厂前交接场（站）。

3 应充分利用铁路接轨站既有设施及运能等资源，除在铁路接轨站存在折角运输外，不宜在接轨站增加线路股道数量，如需增设时，应充分论证其设置的必要性。

4 采用水路运煤的火力发电厂，当码头布置在厂区以外或需要与其他企业共同使用码头时，应与规划部门及有关企业协调，落实建设的可能性，码头与厂区之间应有良好的交通运输通道。

5 火力发电厂进厂道路与运煤、灰渣及石膏运输道路宜分开布置。运煤和运灰渣及石膏等的道路可合并设置。厂外专用道路宜避免与铁路交叉，当不能避免时应采用立交方式。进厂道路、运灰渣及石膏道路应按三级厂矿道路标准建设，应采用水泥混凝土或沥青混凝土路面，路面宽度应为6m～7m。

6 坑口电厂燃煤宜采用带式输送，运输方式应通过方案比较后确定。

7 全部采用汽车运煤的火力发电厂根据厂外来煤方向、燃煤汽车运输所经路网情况及厂区受煤装置区域的布置，宜设置两个不同方向的出入口。厂区与厂外公路相连接的运煤专用道路宜采用水泥混凝土或沥青混凝土路面。专用运煤道路标准宜与地方道路标准相协调，并应按表4.2.5的规定执行。

表4.2.5 厂外专用运煤道路设计基本标准

日平均运煤量（万t）	日平均交通量（辆）	小时交通量（辆）	公路等级	路基宽度(m)		路面宽度(m)		最大纵坡（%）	
				平原微丘	山岭重丘	平原微丘	山岭重丘	平原微丘	山岭重丘
>5	>5000	>208	厂矿一级，四车道	23	19	2×7.5	2×7	4	6
2～5	2000～5000	83～208	厂矿二级，两车道	12	8.5	9	7	5	7
<2	<2000	<83	厂矿三级，两车道	8.5	7.5	7	6	6	8

8 厂区至厂外排水设施、水源地、码头、灰场之间，以及沿厂外栈桥或灰渣管线等应设置维护检修道路，维护检修道路可利用现有道路或按四级厂矿道路标准建设，路面宽度宜为4m，困难条件下可为3.5m。

4.2.6 火力发电厂取排水设施规划应根据电厂规划容量和本期工程建设规模、水源、地形与地质条件和环境保护等要求，统筹规划、合理布局，并应符合下列规定：

1 直流供水系统的取排水建（构）筑物布置和循环水管线路径，应工艺顺捷、分期明确。

2 循环供水系统应根据选定的水源，确定补给水泵房的位置及补给水管线的路径，应按规划容量确定补给水泵房的建设规模，并应留出适当的管廊扩建条件。

3 远离厂区的水泵房及其附属设施宜设置必要的通信、交通、生活和卫生设施。

4 直流供水系统可根据排水落差情况，设置水能利用系统。

5 厂外给水、雨水、污水等其他管线的规划应满足电厂和城乡规划的要求。

4.2.7 火力发电厂厂区的防排洪（涝）规划宜结合工程的具体条件，利用现有防排洪（涝）设施。当需新建时，可因地制宜地选用防洪（涝）堤、排洪（涝）沟或挡水围墙。火力发电厂的工艺设施和建（构）筑物至防洪堤的距离应符合有关堤防安全保护距离的规定。

4.2.8 火力发电厂的出线走廊应根据城乡总体规划和电力系统规划、输电线路方向、电压等级和回路数，按火力发电厂规划容量和本期工程建设规模统筹规划，宜避免交叉。

4.2.9 厂外灰渣（含脱硫副产品）处理设施的规划应符合下列规定：

1 贮灰场宜靠近火力发电厂，应按节约集约用地和保护自然生态环境的原则，充分利用附近的塌陷区、废矿坑、山谷、洼地、荒地以及滩涂地等。

2 贮灰场对周围环境的影响应符合现行国家有关环境保护的规定，并应满足当地环保要求。

3 厂外除灰渣管线宜沿道路及河网边缘敷设，宜选择高差小、跨越及转弯少的地段，并应减少对农业耕作的影响。

4 远离厂区的贮灰场管理站及其附属设施宜设置必要的通信、交通、生活和卫生设施。

5 当采用汽车或船舶等输送灰渣时，应充分研究公路或河道及码头的通行能力和可能对环境产生的污染影响，并应采取相应的措施。

4.2.10 火力发电厂的施工区应按规划容量和本期工程建设规模及场地条件统筹规划、合理布局，并应符合下列规定：

1 布置应合理、紧凑，应方便施工和生活，并应节约用地。

2 应按施工流程的要求妥善安排施工临时建筑、材料设备堆场、施工作业场所及施工临时用水、用电线路路径。

3 施工场地各分区排水系统宜单独设置，排水主干道和施工道路宜按永久和临时结合的原则实施。

4 应因地制宜地利用地形、地质条件，减少场地平整土石方量，并应避免施工区场地表土层的大面积破坏。

5 施工场地和通道的布置应减少对生产的干扰，特别是在部分机组投产后，应能有利生产，方便施工。

6 施工临时建筑的布置不应影响火力发电厂扩建。

4.2.11 取、弃土场应根据地形、地质、地震和水文条件确定实施方案，并应采取避免塌方的有效措施。

4.3 厂区规划及总平面布置

4.3.1 厂区规划应以工艺流程合理为原则，应以主厂房为中心，结合各生产设施及工艺系统的功能，分区明确，紧凑合理，有利扩建，因地制宜地进行布置，并应满足防火、防爆、环境保护、劳动安全和职业卫生的要求。厂前建筑设施宜集中布置，并应做到与生产联系方便、生活便利。对扩（改）建火力发电厂宜利用原有厂区场地及可以利用的相关设施。

4.3.2 厂区建（构）筑物的布置应符合现行国家标准《建筑设计防火规范》GB 50016 和《火力发电厂与变电站设计防火规范》GB 50229 的有关规定，并应符合下列要求：

1 主厂房和烟囱、冷却设施、封闭式圆形煤场等宜布置在地层均匀、地基承载力较高的区域。当采用直流供水时，汽机房宜靠近水源。当采用直接空冷时，应根据气象条件对空冷机组运行的影响情况确定主厂房的方位。

2 屋内外高压配电装置的进出线应顺畅，宜避免线路交叉，并应有利扩建。

3 冷却塔的布置应根据地形、地质、循环水管线的长度、相邻设施的布置条件及常年风向等综合因素确定。对具备扩建条件的工程，冷却塔不宜布置在主厂房扩建端。

4 露天贮煤场、液氨贮存设施宜布置在厂区主要建筑物全年最小频率风向的上风侧，应避免对厂外居民区的污染影响。

5 屋外高压配电装置裸露部分的场地可铺设草坪或碎石、卵石。对煤场、灰库、脱硫吸收剂贮存场地等会出现粉尘飞扬的区域应采取防尘措施。直接空冷平台下的场地宜采用混凝土坪。

6 制（供）氢站、燃油设施、液氨贮存设施应与其他生产、辅助及附属建筑分开，并应单独布置形成独立区域。

7 燃油设施、液氨贮存设施等靠近江、河、湖泊布置时，应采取防止泄漏液体流入水域的措施。

8 厂区对外出入口不应少于2个，其位置应方便厂内外联系，并应使人流与货流分开。厂区主要出入口宜设置在厂区固定端一侧。

4.3.3 火力发电厂各建（构）筑物之间的间距应符合国家现行标准《火力发电厂与变电站设计防火规范》GB 50229、《火力发电厂总图运输设计技术规程》DL/T 5032、《氢气站设计规范》GB 50177 和《石油库设计规范》GB 50074 的有关规定，并应符合下列要求：

1 液氨贮存设施布置间距应符合现行国家标准《建筑设计防火规范》GB 50016 关于乙类液体贮罐布置的有关规定。

2 机械通风冷却塔之间的间距应符合现行国家标准《工业循环水冷却设计规范》GB/T 50102 的有关规定。

3 架空高压电力线边导线在风偏影响后，与丙、丁、戊类建（构）筑物的最小水平距离，110kV 应为 4m，220kV 应为 5m，330kV 应为 6m，500kV 应为 8.5m，750kV 应为 11m，1000kV 应为 21m。高压输电线不宜跨越永久性建筑物，当必须跨越时，应满足其带电距离最小高度的要求，并应对建筑物屋顶采取相应的防火措施。

4.3.4 采用空冷机组的火力发电厂，空冷设施布置应符合下列规定：

1 直接空冷平台朝向应根据全年、夏季、夏季高温大风的主导风向、风速、风频等因素，结合工艺布置要求，并应兼顾空冷机组运行的安全性和经济性综合确定。

2 直接空冷平台宜布置在主厂房 A 列外侧，变压器、电气配电间、贮油箱等可布置在平台下方，但应保证空冷平台支柱位置不影响变压器的安装、消防和检修运输通道。

3 间接空冷塔除作为排烟冷却塔外，宜靠近汽机房侧布置。

4.3.5 对采用排烟冷却塔的火力发电厂，冷却塔宜靠近炉后区域。

4.3.6 采用机械通风冷却塔的火力发电厂，单侧进风塔的进风面宜面向夏季主导风向；双侧进风塔的进风面宜平行于夏季主导风向。

4.3.7 火力发电厂厂内铁路配线设计标准应符合下列规定：

1 应按整列直达、路企直通的原则，并应根据铁路远期发展规划，对厂内铁路配线规模进行统一规划、分期建设。

2 采用折返式翻车机卸煤，每台翻车机应配设1条重车线、1条空车线，并应合理设置机车走行线。

3 采用缝式煤槽卸煤时，铁路卸车线股道及有效长度应根据日最大来煤列数、列车编挂辆数、缝式煤槽卸车车位数、场地条件确定。线路宜为贯通式，并应合理设置机车走行线。

4 厂内铁路配线的有效长度应满足厂外铁路运输通路牵引质量的要求，且应按品种单一的整列直达煤列在厂内卸煤线进行到发作业的需要进行设置。

5 厂区铁路卸煤重车线和空车线按整列进厂卸煤作业设计时，不应再设置备用重车线和调车线或其他到发线。

4.3.8 火力发电厂煤码头的建设规模及总平面布置应根据火力发电厂的规划容量与本期工程建设规模、厂址和航道的自然条件，以及厂内运煤设施等综合因素进行统一规划、分期建设，并应符合下列规定：

1 码头的规划设计应符合国家现行标准《河港工程设计规范》GB 50192 和《海港总平面设计规范》

JTJ 211 的有关规定。

2 码头应设在水深适宜、航道稳定、泥沙运动较弱、水流平顺、地质较好的地段，并宜与陆域的地形高程相协调。

3 码头前沿应有足够开阔的水域。码头与采用直流供水系统的冷却水进、排水口之间的距离应避免两者之间的相互影响，并应通过模型试验充分论证、合理确定。

4.3.9 当火力发电厂自建大件运输码头时，码头设计在满足大件运输需要的同时，还应满足电厂运行期间其他原材料或副产品的运输需要。

4.3.10 燃煤采用公路运输的火力发电厂，汽车出入口位置应方便与厂外运煤专用道路的连接，重车入口至检斤装置之间宜设置适当的检斤待车场地。卸煤设施区道路的规划应满足空重车流互不干扰的要求，取样装置和检斤装置宜按先检斤后取样布置。

4.3.11 厂区道路设计应符合现行国家标准《厂矿道路设计规范》GBJ 22 的有关规定。厂区各建筑物之间应根据生产、运行维护、生活、消防的需要设置行车道路、消防车道和人行道，并应符合下列规定：

1 主厂房、贮煤场、制（供）氢站、液氨贮存区和燃油设施区周围，以及屋外配电装置区域应设环形消防车道。当山区火力发电厂的主厂房区、燃油设施区、液氨贮存区及贮煤场区周围设置环形消防车道有困难时，可沿长边设置尽端式消防车道，并应设回车道或回车场。回车场的面积不应小于 12m×12m；供大型消防车使用时，不应小于 18m×18m。

2 厂区消防车道的宽度不应小于 4m，道路上空遇有管架、栈桥等障碍物时，其净高不应小于 4m。

3 厂区主厂房周围环形道路以及运输燃煤、石灰石和灰渣及石膏、助燃油、液氨的主干道行车部分的宽度宜采用 7m，困难情况下可采用 6m；次要道路的宽度宜为 4m，困难情况下可采用 3.5m。

4 建有大件运输码头的火力发电厂，码头引桥至主厂房区环形道路之间的道路标准，应根据大件运输需要合理确定，其宽度宜为 6m～7m，转弯半径不宜小于 12m。

4.3.12 厂区围墙的平面布置应在节约集约用地的前提下力求规整，除有特殊要求外，宜为实体围墙，高度不应低于 2.2m。有关功能区域的围墙或围栅设置应符合下列规定：

1 屋外高压配电装置区域的厂内部分应设置 1.8m 高的围栅，变压器场地周围应设置 1.5m 高的围栅。

2 制（供）氢站区、液氨贮存区和燃油设施区均应单独布置。制（供）氢站区应设置高度不低于 2.5m 高的非燃烧体实体围墙，液氨贮存区应设置不低于 2.2m 高的非燃烧体实体围墙，燃油设施区应设置 1.8m 高的围栅。当制（供）氢站区、液氨贮存区和燃油设施区的围墙利用厂区围墙时，应采用不低于 2.5m 高的非燃烧体实体围墙。

4.3.13 厂区用地面积应符合国家现行有关土地使用的规定，厂区建筑系数不应低于 35%，厂区绿地率不应大于 20%。

4.3.14 火力发电厂厂区场地标高应符合表 4.3.14 规定的防洪标准的要求。

表 4.3.14 火力发电厂厂区防洪标准

火力发电厂等级	规划容量（MW）	厂区防洪标准（重现期）
Ⅰ	≥2400	≥100 年、200 年一遇的高水（潮）位
Ⅱ	400～2400	≥100 年一遇的高水（潮）位
Ⅲ	<400	≥50 年一遇的高水（潮）位

注：Ⅰ级火力发电厂中对位于广东、广西、福建、浙江、上海、江苏、海南风暴潮严重地区的海滨火力发电厂，取 200 年一遇；其中江苏省包括长江口至江阴的沿长江江岸电厂。

4.3.15 当厂区受洪（涝）水、风暴潮影响时，应采取防洪（潮）措施，并符合下列规定：

1 当场地标高低于设计高水（潮）位，或场地标高虽高于设计高水（潮）位，但厂址受波浪影响时，厂区应设置防洪堤或采取其他可靠的防洪设施，并应符合下列规定：

1）对位于海滨的火力发电厂，其防洪堤（或防浪墙）的顶标高应按设计高水（潮）位加 50 年一遇波列、累积频率 1% 的浪爬高和 0.50m 的安全超高确定。经论证，在保证越浪水量对防洪堤安全无影响，且堤后越浪水量排泄畅通的前提下，堤顶标高确定时可允许部分越浪，并宜通过物理模型试验确定堤顶标高、堤身断面尺寸、护面结构。

2）对位于江、河、湖旁的火力发电厂，其防洪堤的堤顶标高应高于设计高水位 0.50m；当受风、浪、潮影响时，应再加 50 年一遇的浪爬高。

2 在有内涝的地区建厂时，防涝围堤堤顶标高应按 100 年一遇内涝水位加 0.50m 的安全超高确定；当 100 年一遇内涝水位难以确定时，可采用历史最高内涝水位；如有排涝设施时，应按设计内涝水位加 0.50m 的安全超高确定。

3 对位于山区的火力发电厂，应按 100 年一遇设计洪水位采取防排洪措施。

4 火力发电厂位于水库下游且水库的防洪标准低于电厂防洪标准或水库为病险水库时，在水库溃坝形成的洪水对厂区产生影响的情况下，应采取相应的工程措施。

5 防排洪设施宜在初期工程中按规划容量一次

建成。

4.3.16 厂区竖向布置设计应根据生产工艺要求、工程地质、水文气象、土石方量及地基处理等综合因素确定,并应符合下列规定:

1 厂区不设防洪堤时,主厂房区的室外地坪设计标高应高于设计高水位 0.5m。厂区设有满足防洪要求的防洪堤且有可靠的防内涝措施时,厂内场地标高可适当低于设计洪水位。

2 建(构)筑物、铁路及道路等标高的确定,应满足生产和维护的要求,并应排水畅通。

3 建筑物室内地坪标高应根据建筑功能、交通联络、场地排水、场地地质条件等综合因素确定,宜高出室外地坪设计标高150mm～300mm。软土地区,室内外沉降差异的影响应在设计计算之内。

4 厂区竖向设计宜做到厂区和施工场地范围内的土石方综合平衡,填、挖方量不能达到平衡时,应落实取、弃土场地,并宜与工程所在地区的其他取、弃土工程相结合。

5 厂区场地的最小坡度及坡向应能较快排除地面雨水,应与建筑物、道路及场地的雨水窨井、雨水口的设置相适应,并应按当地降雨量和场地土质条件等因素确定。

4.3.17 当厂区自然地形坡度大于3%时,宜采用阶梯布置。应根据生产需要、交通运输便利、地下设施布置合理、边坡稳定等要求,确定阶梯布置。

4.3.18 厂区场地排水系统的设计应根据地形、工程地质、水文气象、地下水位等综合因素,并结合规划容量确定。

4.3.19 厂区管线的布置应符合下列规定:

1 厂区主要管架、管线和沟道应按规划容量统一规划、集中布置,宜分期建设,并应留有合理的管线走廊。

2 应符合工艺流程的合理布置要求,并便于施工及检修。

3 当管道发生故障时不应发生次生灾害,特别应防止污水渗入生活给水管道和有害、易燃气体渗入其他沟道和地下室内。

4 应避免遭受机械损伤和腐蚀。

5 地下沟(隧)道应设可靠的集水和排水设施。

6 电缆沟及电缆隧道在进入建筑物处或在适当的距离及地段应设防火隔墙,电缆隧道的防火墙上应设防火门。

7 管架、管线和沟道宜沿道路布置,地下管线和沟道宜敷设在道路行车部分之外。地震烈度为8度及以上地区,雨水管、污水管不应平行布置在道路行车道下部。

4.3.20 厂区管线敷设方式应符合下列规定:

1 凡有条件集中架空布置的管线宜采用综合管架进行敷设;在地下水位较高,土壤具有腐蚀性,基岩埋深较浅且不利于地下管沟施工的地区,宜采用综合管架。

2 生产、生活、消防给水管和雨水、污水排水管等宜采用地下敷设。生产、生活给水管可架空敷设,但在严寒地区应设可靠的防冻保温措施。

3 灰渣管、石灰石浆液管、石膏浆液管、氢气管、压缩空气管、助燃油管、氨气管、热力管等宜架空敷设。

4 酸液和碱液管可采用架空或地沟敷设。对发生故障时有可能扩大灾害的管道,不宜同沟敷设。

5 厂区内的电缆可采用架空、地沟、隧道、排管、直埋敷设。电缆不应与其他管道同沟敷设。

6 氢气管、氨气管与其他管道共架敷设时,应布置在管架外侧并在上层。

7 易燃易爆的管道不应敷设在无关建筑物的屋面或外墙支架上。

4.3.21 管沟、地下管线与建筑物、铁路、道路及其他管线的水平距离,以及管线交叉时的垂直距离应根据地下管线和管沟的埋深、建筑物的基础构造及施工、检修等因素综合确定。

5 机组选型

5.1 机组参数

5.1.1 机组新蒸汽参数宜分为超高压参数、亚临界参数、超临界参数和超超临界参数。

5.1.2 机组新蒸汽参数系列宜符合现行国家标准《发电用汽轮机参数系列》GB/T 754 的有关规定。

5.2 主机选型

5.2.1 汽轮机设备选型应符合下列规定:

1 应按电力系统的要求,确定机组承担基本负荷或变动负荷。

2 对有集中供热条件的地区,应根据近期热负荷和规划热负荷的大小和特性选用供热式机组。

3 对干旱指数大于1.5的缺水地区,宜选用空冷式汽轮机组。

5.2.2 锅炉设备选型应符合下列规定:

1 锅炉设备的选型应根据燃用的设计燃料及校核燃料的燃料特性数据确定;锅炉炉膛选型宜符合现行行业标准《大容量煤粉燃烧锅炉炉膛选型导则》DL/T 831 的有关规定。

2 当燃用洗煤副产物、煤矸石、石煤、油页岩和石油焦等不能稳定燃烧的燃料时,宜选用循环流化床锅炉;当燃用收到基硫分较高的燃料或燃用灰熔点低、挥发分较低、锅炉易结焦的燃料或燃用低发热量褐煤燃料时,也可选用循环流化床锅炉。

3 当燃用低灰熔点或严重结渣性的煤种,经技术经济比较合理时，可采用液态排渣锅炉。

4 大容量煤粉锅炉布置方式可根据工程具体条件选用Π形炉或塔式炉型。

5.2.3 锅炉的燃烧方式应根据燃用煤种的煤质特性选择，并应符合下列规定：

1 燃用干燥无灰基挥发分 $V_{daf} \geq 15\%$，煤粉气流着火温度指标 $IT \leq 700℃$ 的煤种，宜采用切向燃烧或墙式燃烧方式；燃用全水分 $M_{ar} > 30\%$ 的褐煤，宜采用风扇磨直吹式制粉系统、多角切向燃烧方式，热一次风温度能够满足磨煤机干燥出力的要求时，也可采用常规切向燃烧方式。

2 燃用煤粉气流着火温度指标 IT 为 $700℃\sim800℃$ 的煤种，宜采用墙式或切向燃烧方式。对于煤粉气流着火温度指标 $IT>750℃$ 且结渣性较严重的煤种，可采用双拱燃烧方式。

3 燃用干燥无灰基挥发分 $V_{daf} \leq 10\%$，煤粉气流着火温度指标 $IT>800℃$ 的煤种，宜采用双拱燃烧方式或循环流化床燃烧方式。

5.2.4 发电机的选型应分别符合现行国家标准《隐极同步发电机技术要求》GB/T 7064 和《旋转电机定额和性能》GB 755 的有关规定。

5.2.5 发电机冷却方式应采用制造厂推荐的、成熟可靠的形式。

5.3 主机容量匹配

5.3.1 锅炉的台数及容量与汽轮机的台数及容量的匹配应符合下列规定：

1 对于纯凝式汽轮机应一机配一炉。锅炉的最大连续蒸发量宜与汽轮机调节阀全开时的进汽量相匹配。

2 对于供热式汽轮机宜一机配一炉。当 1 台容量最大的蒸汽锅炉停用时，其余锅炉的对外供汽能力若不能满足热力用户连续生产所需的 100% 生产用汽量和 60%～75%（严寒地区取上限）的冬季采暖、通风及生活用热量要求时，可由其他热源供应。

5.3.2 发电机和汽轮机的容量选择条件应相互协调。在额定功率因数和额定氢压（对氢冷发电机）下，发电机的额定容量应与汽轮机的额定出力相匹配，发电机的最大连续容量应与汽轮机的最大连续出力相匹配，其冷却器进水温度宜与汽轮机相应工况下的冷却水温度一致。

5.4 机组设计性能指标计算

5.4.1 计算机组设计标准煤耗率所用的汽轮机热耗率，宜取用汽轮机供货合同中供方向需方保证的热耗率。

5.4.2 计算机组设计标准煤耗率所用的锅炉效率，宜取用锅炉供货合同中供方向需方保证的效率。

5.4.3 计算机组设计标准煤耗率所用的管道效率宜取用 99%。

5.4.4 机组设计发电标准煤耗率和机组设计供电标准煤耗率的计算应采用本规范附录 A 的计算方法。

5.4.5 机组性能考核工况设计厂用电率计算可采用现行行业标准《火力发电厂厂用电设计技术规定》DL/T 5153 的有关规定。对主要高压电动机可采用轴功率法进行计算，电动机的轴功率应为对应性能考核工况下的电动机轴功率。其他负荷计算可采用换算系数法。

6 主厂房区域布置

6.1 基本规定

6.1.1 主厂房区域布置应适应电力生产工艺流程的要求，并应满足安装、运行、检修的需要，宜做到设备布局和空间利用紧凑、合理；管线及电缆连接应短捷、整齐；巡回检查通道应畅通。

6.1.2 主厂房区域布置应根据设备和系统的功能要求，集中、合并布置，并应做到功能分区明确、系统连接简捷。在工艺要求和环境条件许可的情况下，辅助设备宜采用露天或半露天布置。

6.1.3 主厂房的布置可采用汽机房、煤仓间或除氧煤仓间、锅炉房三列式布置，汽机房、除氧间、煤仓间、锅炉房四列式布置，侧煤仓布置等多种布置形式。

6.1.4 主厂房区域布置应为运行检修人员创造良好的工作环境，应符合国家现行有关劳动保护标准的规定；设备布置应符合防火、防爆、防潮、防尘、防腐、防冻等有关要求。

6.1.5 主厂房区域及其内部的设施、表盘、管道和平台扶梯等的色调应协调。平台扶梯及栏杆的规格宜统一。

6.1.6 主厂房柱距宜采用等柱距；在满足主要设备布置要求的前提下，也可采用不等柱距。

6.1.7 主厂房区域布置应根据厂区地形、设备特点和施工条件等因素合理安排。

6.1.8 主厂房区域布置应根据总体规划要求留有扩建条件。

6.1.9 直接空冷系统的布置应与主厂房区域布置相协调，并应符合本规范第 17.8.4 条的规定。

6.2 汽机房及除氧间布置

6.2.1 对 200MW 级及以上机组，汽轮发电机组宜采用纵向顺列布置。如条件合适，通过技术经济比较也可采用横向布置。

6.2.2 300MW 级及以上机组的汽机房运转层宜采用大平台布置形式，300MW 级以下机组宜采用岛式布置。采用大平台布置时，应满足汽机房的通风、排热、排湿及起吊重物的要求。

6.2.3 给水泵的布置应符合下列规定：

1 当驱动汽动给水泵的小汽轮机排汽进入主凝汽器时，汽动给水泵组宜就近布置在汽轮发电机组侧面的运转层或底层。

2 当驱动汽动给水泵的小汽轮机排汽进入独立的凝汽器时，汽动给水泵组宜布置在汽机房及除氧间的运转层或中间层。

3 当汽轮发电机组采用电动给水泵时，给水泵可布置在汽机房或除氧间的底层。

6.2.4 除氧器给水箱的布置应符合下列规定：

1 除氧器给水箱的安装标高应保证在汽轮机甩负荷瞬态工况下，给水泵或其前置泵的进口不发生汽化。

2 在气候、布置条件合适时，除氧器给水箱宜采用露天布置。

3 除氧器和给水箱不宜布置在集中控制室上方。如布置在集中控制室上方时，集中控制室顶板应采用混凝土整体浇灌，除氧器层的楼面应采取防水措施。

6.2.5 汽轮机油系统设备的布置应符合下列规定：

1 汽轮机主油箱、油泵、冷油器及油净化装置等设备宜布置在汽机房机头靠A列柱侧，并应远离高温管道；汽轮机贮油箱宜布置在主厂房外侧。

2 汽轮机主油箱、贮油箱、油净化装置及油系统应采取防火措施。在主厂房外侧的适当位置应设置密封的润滑油事故排油箱（坑），其布置标高和排油管道的设计应满足主油箱、贮油箱、油净化装置等事故排油畅通的需要。润滑油事故排油箱（坑）的容积不应小于一台最大机组油系统的油量。

3 设备事故排油门均应布置在安全及便于操作的位置，其操作手轮应设在距排油设备外缘5m以外的地方，并应有两条人行通道可以到达。

6.2.6 湿冷机组纵向布置时，循环水泵不宜布置在汽机房内；工程具体条件合适时，循环水泵可靠近汽机房布置。

6.2.7 当采用带混合式凝汽器的间接空冷系统时，循环水泵和水轮机宜毗邻汽机房布置。

6.2.8 凝结水精处理装置宜布置在汽机房内，再生装置宜布置在主厂房内。

6.2.9 供热机组热网首站宜布置在汽机房A列外；通过技术经济比较合理时，也可布置在主厂房固定端或汽机房内。

6.3 煤仓间布置

6.3.1 煤仓间给煤机层标高的确定应符合下列规定：

1 对于煤粉锅炉，给煤机层的标高应由磨煤机（风扇磨煤机除外）、送粉管道及其检修起吊装置等所需的空间确定。在有条件时，该层标高宜与锅炉运转层标高一致。风扇磨煤机的给煤机层标高应满足干燥段的布置要求。

2 对于循环流化床锅炉，给煤机层的标高应根据锅炉给煤口标高（包括播煤装置）、所需给煤机级数、给煤距离和给煤机出口阀门布置等因素确定。

6.3.2 煤仓间皮带层的布置应符合下列规定：

1 皮带层的标高应按原煤仓和煤粉仓的设计要求确定。

2 带式输送机两侧应有必要的运行通道。

3 皮带层内应设置必要的通风除尘装置、清洁地面及排水设施。

4 带式输送机头部应设置检修起吊设施。

6.3.3 侧煤仓形式的煤仓间布置宜与锅炉房的布置统筹设计。

6.3.4 锅炉原煤仓及煤粉仓的储煤量应符合下列规定：

1 对于中速磨直吹式制粉系统，除备用磨煤机所对应的原煤仓外，其余原煤仓的总有效储煤量宜按设计煤种满足锅炉最大连续蒸发量时8h以上的耗煤量设计；对于双进双出钢球磨直吹式制粉系统，原煤仓的总有效储煤量宜按设计煤种满足锅炉最大连续蒸发量时8h以上的耗煤量设计。

2 对于中间贮仓式制粉系统，煤粉仓的有效贮煤粉量宜按设计煤种满足锅炉最大连续蒸发量时2h以上的耗粉量设计。原煤仓和煤粉仓总的有效贮煤量宜按设计煤种满足锅炉最大连续蒸发量时8h以上的耗煤量设计。

3 对于燃用低热值煤的循环流化床锅炉，原煤仓的总有效储煤量宜按设计煤种满足锅炉最大连续蒸发量时6h以上的耗煤量设计。

4 对于燃用褐煤的煤粉锅炉，除备用磨煤机所对应的原煤仓外，其余原煤仓的总有效储煤量宜按设计煤种满足锅炉最大连续蒸发量时6h以上的耗煤量设计。

5 对于输煤系统采用两班制运行的电厂，直吹式制粉系统原煤仓的总有效储煤量或中间贮仓式制粉系统原煤仓和煤粉仓总的有效贮煤量，可按设计煤种满足锅炉最大连续蒸发量时10h以上的耗煤量设计。

6.3.5 原煤仓的设计应符合下列规定：

1 原煤仓宜采用钢结构的圆筒仓型；双曲线型原煤仓出口段截面收缩率不应小于0.7，出口直径不宜小于600mm；锥型原煤仓出口段壁面与水平面的夹角，对于煤粉锅炉不应小于60°，对于循环流化床锅炉不应小于70°。

2 煤粉锅炉采用矩形原煤仓时，相邻两壁的交线与水平面的夹角不应小于55°，壁面与水平面夹角不应小于60°；对于黏性大、高挥发分或易燃的烟煤和褐煤，相邻两壁的交线与水平面的夹角不应小于65°，壁面与水平面的夹角不应小于70°。

3 循环流化床锅炉采用矩形原煤仓时，相邻两壁的交线与水平面的夹角不应小于70°。

　　4 矩形原煤仓相邻壁交角的内侧应做成圆弧形，圆弧半径不应小于200mm。

　　5 原煤仓内壁应光滑耐磨。对易堵的煤在原煤仓的出口段宜采用不锈钢复合钢板、内衬不锈钢板或其他光滑阻燃型耐磨材料；原煤仓外壁宜设防堵装置；

　　6 在严寒地区，对于钢结构的原煤仓、靠近厂房外墙或外露的钢筋混凝土原煤仓，其仓壁应采取防冻保温措施。

6.3.6 煤粉仓的防火、防爆设计应符合国家现行标准《火力发电厂与变电站设计防火规范》GB 50229和《火力发电厂煤和制粉系统防爆设计技术规程》DL/T 5203的有关规定。

6.4 锅炉布置

6.4.1 锅炉宜采用露天或半露天布置，对严寒或风沙大的地区宜采用紧身罩封闭。

6.4.2 采用露天或半露天布置的锅炉，其运转层宜采用岛式布置方式或钢格栅大平台布置方式。对于采用风扇磨煤机制粉系统的给煤机在炉膛周围布置时，给煤机层宜设钢筋混凝土大平台。当锅炉本体下部或布置于锅炉房底层的附属设备不适宜露天布置时，运转层及以下可采用封闭的形式。紧身罩封闭的锅炉，其运转层宜采用钢筋混凝土大平台布置方式。

6.4.3 采用露天或半露天布置的锅炉，当需要在运转层上设置炉前操作区时，可采用炉前低封闭方式。

6.4.4 在满足设备及管道布置、安装、运行和检修要求的条件下，炉前空间宜压缩；在有条件时，可采用炉前柱与煤仓间柱合并的布置方式。

6.4.5 锅炉主要辅助设备的布置应符合下列规定：

　　1 除尘器采用露天布置，除尘器灰斗应采取防结露措施；对严寒地区，除尘器设备下部应采用封闭布置。

　　2 对严寒地区，锅炉的引风机、送风机和一次风机应采用室内布置。

　　3 露天布置的辅机应采取防噪音措施，其电动机宜采用全封闭形式。

6.5 集中控制室和电子设备间

6.5.1 集中控制室宜多台机组联合设置1个，集中控制室和电子设备间内的设备、表盘及活动空间布置宜紧凑合理，并应方便运行和检修。

6.5.2 集中控制室和电子设备间的出入口不应少于2个，其净空高度分别不宜低于3.5m和3.2m。集中控制室及电子设备间应有良好的空调、照明、隔热、防尘、防火、防水、防振和防噪音的措施。集中控制室和电子设备间下面可设电缆夹层，电缆夹层与主厂房相邻部分应封闭。

6.5.3 集中控制室、电子设备间及其电缆夹层内应设消防报警和信号设施，严禁汽水、油及有害气体管道穿越。集中控制室和电子设备间应设整体刚性防水屋顶。

6.5.4 集中控制室与电子设备间集中布置时，可设置集中控制楼；集中控制楼宜2台机组合用1个，宜布置在两炉之间。如条件合适，集中控制楼可伸入除氧煤仓间内。集中控制室和电子设备间也可集中布置在除氧间或煤仓间的运转层。

6.5.5 集中控制室与电子设备间分开布置时，宜2台及以上机组合用1个，宜布置在主厂房固定端或其他合适的位置；电子设备间可分散布置在离控制对象相对近的区域。

6.6 烟气脱硫设施布置

6.6.1 烟气脱硫主要工艺设备布置应符合下列规定：

　　1 湿法烟气脱硫工艺吸收塔、活性焦法烟气脱硫工艺吸附塔宜布置在靠近烟囱附近，半干法烟气脱硫工艺脱硫塔宜布置在预除尘器后；在严寒地区，吸收塔应采取防冻措施。

　　2 石灰石-石膏湿法烟气脱硫装置的浆液循环泵、氧化风机宜紧邻吸收塔布置。

　　3 对严寒或风沙大的地区，增压风机、循环泵和氧化风机等设备应采用室内布置。其他地区可根据当地气象条件及设备状况等因素研究露天布置的可行性。当露天布置时应加装隔音罩或预留加装隔音罩的位置。

　　4 石灰石-石膏湿法脱硫装置事故浆液箱的布置位置宜满足多套装置共用的需要。

　　5 海水法烟气脱硫工艺的海水升压泵宜靠近吸收塔布置。曝气池宜靠近循环水排水侧布置。曝气池的排水布置宜与循环水排水统筹设计。

6.6.2 烟气脱硫工艺吸收剂制备系统和脱硫副产品处置系统设备的布置应符合下列规定：

　　1 石灰石-石膏湿法脱硫工艺吸收剂制备系统和脱硫副产品处置系统设备宜集中多层布置在同一建筑物内，也可结合工艺流程和场地条件因地制宜布置。

　　2 半干法烟气脱硫工艺吸收剂制备设施、生石灰粉仓、消石灰仓宜集中布置在脱硫塔附近。

6.7 烟气脱硝设施布置

6.7.1 烟气脱硝装置布置应符合下列规定：

　　1 选择性催化还原烟气脱硝装置宜布置在锅炉省煤器和空气预热器之间。

　　2 选择性催化还原烟气脱硝装置的支撑结构宜与锅炉构架形成统一构架体系。

　　3 当预留选择性催化还原烟气脱硝装置位置时，应结合锅炉构架及炉后布置统筹预留脱硝装置及进出口烟道布置位置，并应将各种荷载纳入相关的设计中。

    4 非选择性催化还原烟气脱硝装置应与锅炉的布置统筹设计。

6.7.2 氨气稀释装置和尿素分解装置宜靠近反应器布置。

6.8 维护检修

6.8.1 汽轮机安装检修场地设置应符合下列规定：

    1 汽机房检修场地面积宜满足汽机发电机组在汽机房内检修的要求。

    2 当汽机房运转层采用大平台布置时，每2台机组宜设置1个零米安装检修场，其大小可按满足大件吊装及汽轮机翻缸的需要确定。

    3 当汽轮机采用岛式布置时，每2台至4台机组宜设置1个零米检修场；安装场地的设置宜与设备进入汽机房的位置和零米检修场统筹设计、合并设置。

6.8.2 汽机房内的桥式起重机的设置应符合下列规定：

    1 125MW级、200MW级机组装机在4台及以上，300MW级及以上机组装机在2台及以上时，可装设2台起重量相同的桥式起重机。

    2 桥式起重机的起重量应根据检修时起吊的最重件（不包括发电机静子）选择。

    3 可根据工程具体情况，经技术经济比较，采取加固桥式起重机的方法满足发电机静子起吊的要求。

    4 桥式起重机的安装标高应按所需起吊设备的最大起吊高度确定。

6.8.3 主厂房区域检修起吊设施的设置应符合下列规定：

    1 起重量为1t及以上的设备、需要检修的管件和阀门应设置检修起吊设施。

    2 起重量为3t及以上并经常使用的设备宜设置电动起吊设施。

    3 起重量为10t及以上的设备应设置电动起吊设施。

    4 主厂房内，在不便设置固定维护检修平台的地方可设置移动升降检修设施。

    5 露天布置的设备可根据周围的条件设置移动或固定式起吊设施。

6.8.4 在主厂房区域设置起吊孔及相应的起吊设施应符合下列规定：

    1 在锅炉房内，应有将物件从零米提升至炉顶平台的电动起吊装置和起吊孔，其起重量宜为1t~3t。

    2 在煤仓间两端应有自底层至煤仓皮带层的起吊孔，并应设置起吊设施。

    3 其他需要检修更换设备且无法利用汽机房桥式起重机或本条第1款、第2款规定的起吊设施的区域，应设置起吊孔和相应的起吊设施。

6.8.5 主厂房内各主、辅机应有必要的检修空间、安放场地、运输通道、运行和检修通道。主厂房底层的纵向运输通道宜贯穿直通，并应在其两端设置大门，应在汽机房零米检修场靠A列柱侧设置大门，并应与厂区道路相连通。

6.8.6 电梯台数和布置方式应符合下列规定：

    1 125MW级机组，每2台锅炉宜装设1台电梯。

    2 200MW级及以上机组，每台锅炉宜装设1台电梯。

    3 电梯的形式宜为客货两用，装载量宜为1t~2t，行驶速度应按从首层到顶层的运行时间不超过60s计算确定，且不宜小于1m/s。

    4 电梯宜布置在集中控制室和锅炉之间靠近炉前一侧，宜在锅炉本体各主要平台层设置停靠站。

    5 运行维护需要时，也可在其他生产建筑物内增设电梯。

6.8.7 主要阀门、挡板及其执行机构应能正常操作和维修方便，必要时应设置操作、维修平台。

6.9 综合设施要求

6.9.1 主厂房内地下设施布置应符合下列规定：

    1 主厂房内不宜设地下管沟和地下电缆通道；对于必须设置沟道的地段宜避免交叉，并应防止积水。

    2 底层的排水应采用排水管网至集水井的方式，辅机冷却水排水管可采用压力管道架空或直埋的方式。

    3 汽机房不宜设置全地下室。当汽机房零米层设备较多、地下水位不高，经过技术经济比较认为合理时，也可设置局部地下室。地下室布置应满足交通、排水、防潮、通风、照明等要求。

6.9.2 主厂房区域电缆敷设及通道布置应符合下列规定：

    1 电缆宜敷设在专用的架空托架、电缆隧道或排管内。动力电缆和控制电缆宜分开排列。采用架空托架和电缆隧道敷设时，还应采取防止电缆积聚煤粉和火灾蔓延的措施。

    2 架空托架走廊应与主厂房内主要设备和管道的布置统筹设计，并宜避开易遭受火灾的地段。架空托架的路径和布置应使电缆的用量最少，且便于施工和正常维护，并应整齐美观。

    3 电缆隧道严禁作为其他管沟的排水通路。当电缆隧道与其他管沟交叉时，应采取防水措施。

6.9.3 电气用的总事故贮油设施和电气设备的贮油或挡油设施的设置应符合下列规定：

    1 火力发电厂应设置电气用的总事故贮油池，

其容量应按最大1台变压器的油量确定。总事故贮油池应设置油水分离设施。

2 电气设备的贮油或挡油设施应符合现行国家标准《火力发电厂与变电站设计防火规范》GB 50229的有关规定。

6.9.4 热力系统化学加药和水汽取样装置宜相对集中布置在主厂房内。加药装置所需药品的仓库可设置在加药装置附近。

7 运煤系统

7.1 基本规定

7.1.1 新建火力发电厂运煤系统的设计应按本期建设规模并兼顾规划容量、燃煤品种、耗煤量、厂外来煤方式、机组形式，以及当地的气象和环境条件等统筹规划，分期建设或一次建成。

7.1.2 扩建火力发电厂运煤系统的设计应充分利用原有的设施和设备，并与原系统相协调。

7.2 卸煤设施

7.2.1 当火力发电厂采用两种以上的来煤方式时，每种来煤方式的接卸设施规模应根据其来煤比例确定，宜留有适当的裕度。

7.2.2 铁路卸煤设施设计应符合下列规定：

1 当由铁路来煤时，卸煤装置的出力应根据对应机组的铁路日最大来煤量和来车条件确定。正常情况下，从车辆进厂就位到卸煤完毕的时间不宜超过4h，严寒地区的卸车时间可适当延长。

2 一次进厂的车辆数应与进厂铁路专用线的牵引定数相匹配，大型火力发电厂宜按整列进厂设计。当不能整列进厂时，在获得铁路部门同意的条件下，可解列进厂。

3 铁路卸煤装置应满足接卸60吨级和70吨级车型的要求；当火力发电厂燃煤运输所经路径的铁路存在80吨级车型时，其铁路卸煤装置还应满足接卸80吨级车型的要求。

4 铁路卸煤装置的卸煤能力应按60吨级车型计算；其输出能力应按70吨级车型配置；当火力发电厂燃煤运输所经路径的铁路存在80吨级车型时，对于混编车型的列车，其输出能力应按70吨级车型配置；对于由80吨级车型整编的列车，其输出能力可按80吨级车型配置。

5 采用自卸式底开车运输时，应根据对应机组的铁路日最大来煤量、一次进厂的车辆数、场地条件等确定缝式煤槽卸煤装置的形式及规模。

6 采用普通敞车运输时，宜采用翻车机卸煤装置。当铁路日最大来煤量不大于6000t时，可采用螺旋卸车机与缝式煤槽组合的卸煤装置。

7 缝式煤槽的有效长度宜与一次进厂车辆数分组后的数字相匹配。缝式煤槽卸煤装置的调车作业宜采用自备机车；当不具备自备机车调车条件时，应设置调车机械。

8 翻车机卸煤装置的形式、布置方式和台数应根据本期建设规模、规划机组容量、铁路进厂条件、场地条件等确定。当初期只设1台翻车机时，翻车机及其调车系统的关键部件应设置1套备件。

9 严寒地区的火力发电厂，燃煤在冬季装车时，应避免将未冻结的高表面水分的燃煤装入车厢。厂内不宜设置解冻设施。

7.2.3 水路卸煤设施设计应符合下列规定：

1 当由水路来煤时，火力发电厂专用卸煤码头的设计应符合国家现行标准《海港总平面设计规范》JTJ 211和《河港工程设计规范》GB 50192的有关规定。

2 应根据对应机组年耗煤量、航道条件、船型条件、气象条件、燃料特性、船运部门要求的在港时间等因素，确定码头泊位等级，泊位数量，卸船机械的形式、出力、台数及其辅助设备。

3 全厂装设的卸煤机械台数不宜少于2台。

4 大型码头的卸船机械宜采用桥式抓斗绳索牵引式卸船机。

5 当条件许可时，可采用自卸船工艺系统。

7.2.4 公路卸煤设施设计应符合下列规定：

1 当燃煤部分或全部采用汽车运输时，运煤车型及吨位范围应根据当地社会运力与公路运输条件等确定，宜采用自卸汽车运输。

2 应根据汽车运输年来煤量设置适宜规模的厂内受煤站。

3 当汽车运输年来煤量在$60×10^4$t以下时，受煤站可采用受煤斗或缝式煤槽卸煤装置。

4 当汽车运输年来煤量在$60×10^4$t及以上时，受煤站宜采用缝式煤槽卸煤装置。

5 当燃煤以非自卸汽车运输时，受煤站应设置汽车卸车机。

7.3 贮煤设施

7.3.1 贮煤设施设计容量应综合厂外运输方式，运距，供煤矿点的数量、煤种及品质，燃煤供需关系，火力发电厂在电力系统中的作用，机组形式等因素确定。贮煤设施设计容量应符合下列规定：

1 运距不大于50km的火力发电厂，贮煤容量不应小于对应机组5d的耗煤量。

2 运距大于50km，不大于100km的火力发电厂，当采用汽车运输时，贮煤容量不应小于对应机组7d的耗煤量；当采用铁路运输时，贮煤容量不应小于对应机组10d的耗煤量。

3 运距大于100km的火力发电厂，贮煤容量不应小于对应机组15d的耗煤量。

  4 铁路和水路联运的火力发电厂，贮煤容量不应小于对应机组20d的耗煤量。

  5 供热机组的贮煤容量应分别在本条第1款～第4款的基础上，增加5d的耗煤量。

  6 对于燃烧褐煤的火力发电厂，在无有效措施防止自燃的情况下，贮煤容量不宜大于对应机组10d的耗煤量，最大不应超过对应机组15d的耗煤量。

  7 当存在2种以上的来煤方式或供煤矿点较多时，贮煤容量宜按本条第1款～第6款中较小值取用。

7.3.2 贮煤设施的形式应根据气象条件、厂区地形条件、周边环境的要求，并兼顾造价等因素，可采用封闭式贮煤设施、半封闭式贮煤设施、露天煤场配置挡风抑尘网或露天煤场等形式。

7.3.3 对于多雨地区，应根据煤的物理特性、制粉系统和煤场设备形式等条件，确定是否设置干煤贮存设施，当需设置时，其有效容量不应小于对应机组3d的耗煤量。

7.3.4 贮煤设备的配置应符合下列规定：

  1 贮煤设备的堆煤能力应满足卸煤装置输出能力的要求，取煤能力应与进入锅炉房的运煤系统出力一致。

  2 当采用1台堆取料机作为大型煤场设备时，应有出力不小于进入锅炉房的运煤系统出力的备用上煤设施。

  3 当火力发电厂采用无缓冲能力的翻车机、卸船机等卸煤装置时，对于悬臂式斗轮堆取料机和门式滚轮堆取料机不宜少于2台。

  4 采用卸煤、堆煤、取煤和混煤等多种用途的门式（装卸桥）或桥式抓煤机，其总额定出力不应小于对应机组最大连续蒸发量时总耗煤量的250%，可不设备用；当只装有1台抓煤机时，应有备用的上煤设施；当门式（装卸桥）或桥式抓煤机和履带式抓煤机合用时，其总平均出力也不应小于对应机组最大连续蒸发量总耗煤量的250%。

7.3.5 推煤机、装载机等辅助设备应根据辅助堆取作业、煤堆平整、压实，以及处理自燃煤的作业量等因素配置。

7.4 带式输送机

7.4.1 厂外带式输送机的设计应符合下列规定：

  1 当供煤矿点集中、运距较短时，厂外的燃煤运输可采用带式输送机。当运距较远、情况复杂时，应通过技术经济比较确定是否采用带式输送机。

  2 厂外带式输送机的建设规模宜根据火力发电厂规划容量的耗煤量和机组分期建设的原则确定。

  3 当火力发电厂内设有贮煤设施，且贮煤设施的容量不小于对应机组5d耗煤量时，厂外带式输送机宜单路配置。

  4 当火力发电厂内不设贮煤设施时，厂外贮煤设施至火力发电厂的带式输送机应视作进入锅炉房的厂内输送系统的一部分，其出力应与厂内输送系统出力一致，应按一路运行、一路备用设置，并应具备双路同时运行的条件。

7.4.2 厂内运煤系统带式输送机的设计应符合下列规定：

  1 由卸煤装置至贮煤设施的卸煤系统带式输送机的出力应与卸煤装置输出能力相匹配，可根据卸煤装置的形式及数量单路或双路设置。

  2 由贮煤设施至锅炉房的上煤系统带式输送机的出力不应小于对应机组最大连续蒸发量时燃用设计煤种与校核煤种两个耗煤量较大值的135%。

  3 当进入锅炉房的上煤单元独立设置时，上煤系统带式输送机应双路设置、一路运行、一路备用，并应具备双路同时运行的条件。对于两个上煤单元，条件合适时，可共用一路备用系统。

7.4.3 对于向上运输的带式输送机，其斜升倾角宜小于16°，不应大于18°。

7.4.4 带式输送机可采用封闭式、露天式、半封闭式或轻型封闭式，应根据当地的气象条件确定。采用露天式栈桥时，带式输送机应设防护罩。

7.4.5 当运输距离较远、厂区布置复杂时，可采用管状带式输送机或平面转弯的曲线带式输送机。

7.4.6 由于布置条件限制等原因不能采用普通带式输送机时，可采用垂直提升带式输送机。

7.5 筛、碎设备

7.5.1 运煤系统中应设置筛、碎设备。对于来煤粒度能长期保证磨煤机入料粒度要求的火力发电厂，可不设置筛、碎设备。

7.5.2 筛、碎煤设备宜采用单级。经筛、碎后的燃煤粒度应符合磨煤机入料粒度的要求。

7.6 混煤设施

7.6.1 当设计煤种为多种煤种，且有严格的比例要求时，可设置混煤筒仓。当有混煤需求，但无严格的比例要求时，宜利用卸煤、贮煤设施和原煤仓所兼有的混煤功能。

7.6.2 混煤筒仓的配置应符合下列规定：

  1 筒仓数量不宜超过3座。

  2 当混煤筒仓兼作卸煤装置的缓冲设施，筒仓总容量可按对应机组1d的耗煤量设计。

7.7 循环流化床锅炉运煤系统

7.7.1 用于循环流化床锅炉的煤泥处理应符合下列规定：

  1 当采用煤泥与其他燃料混合后燃烧的方式时，

煤泥宜经干燥处理后进入火力发电厂。

　　2　当煤泥采用以浆状形态喷烧的方式时，应符合下列规定：

　　　　1) 采用汽车运输时，应直接卸至炉前煤泥仓或煤泥池。

　　　　2) 采用带式输送机运输时，宜采用单独的输送系统送至炉前煤泥仓，单路设置，并宜减少转运环节，厂内、外带式输送机的出力应一致。

7.7.2 循环流化床锅炉干煤贮存设施的设置条件及容量应符合下列规定：

　　1　火力发电厂所在地区年平均降雨量小于500mm时，可不设干煤贮存设施。

　　2　火力发电厂所在地区年平均降雨量大于或等于500mm，且小于1000mm时，可按对应机组3d～5d的耗煤量设置干煤贮存设施。

　　3　火力发电厂所在地区年平均降雨量不小于1000mm时，可按对应机组5d～10d的耗煤量设置干煤贮存设施。

　　4　对有可能发生入厂煤水分较大的火力发电厂，宜设有适当的晾干场地。

7.7.3 循环流化床锅炉筛、碎设备应符合下列规定：

　　1　进入筛、碎设备的燃煤，其外在水分应控制在12%以内。

　　2　经筛、碎后的燃煤粒度应符合循环流化床锅炉入料粒度的要求，并宜满足粒度级配的要求。

　　3　筛、碎设备的级数应根据来煤粒度和系统出力确定。

　　4　一、二级破碎设备前均宜设置筛分机。

7.8　循环流化床锅炉石灰石及其制粉系统

7.8.1 对于装有多台循环流化床锅炉的火力发电厂，石灰石制粉系统宜作为公用设施布置在主厂房外。

7.8.2 石灰石卸车设施的设置应符合下列规定：

　　1　当石灰石采用铁路运输时，其卸车设施可与石灰石堆场合并设置。

　　2　当石灰石采用汽车运输时，应根据汽车年运输量在厂内设置相应设施，并应符合下列规定：

　　　　1) 宜采用自卸汽车运输石灰石。

　　　　2) 当石灰石年汽车运输量在$30×10^4$t及以下时，应设置受卸站。受卸站可与堆场合并布置，可将堆场内某一个或几个区域作为受卸站，可采用抓斗式起重机、装载机和推煤机等作为清理受卸站货位的设备。

　　　　3) 当石灰石年汽车运输量在$30×10^4$t以上时，受卸站可采用多个受料斗串联布置。

7.8.3 厂内石灰石贮存设施可采用石灰石堆场或石灰石贮料筒仓，其容量不应小于对应机组7d的耗石量。石灰石堆场宜全部做成干石棚，送入石灰石制粉系统的石灰石水分应在1%以下。当采用石灰石贮料筒仓时，其入仓粒度不应大于25mm，水分应在1%以下。

7.8.4 石灰石输送系统的设计出力不应小于对应机组在最大连续蒸发量时燃用设计煤种与校核煤种两个条件下石灰石耗量较大值的200%，宜单路设置。

7.8.5 石灰石破碎（磨制）系统设计应符合下列规定：

　　1　当石灰石来料粒度大于30mm时，应设置两级破碎设备。第一级设备应采用破碎设备，第二级设备可采用破碎或磨制设备。

　　2　当石灰石来料粒度不大于30mm时，可设置一级破碎或磨制设备。

7.9　运煤辅助设施

7.9.1 在每路运煤系统中，应在系统前端、煤场带式输送机出口处和碎煤机前与后，各装设一级除铁器。

7.9.2 当需要且有条件时，宜在系统前端设置除大块设施。

7.9.3 火力发电厂应装设入厂煤和入炉煤的计量装置，且应具有校验手段。

7.9.4 火力发电厂应装设入厂煤和入炉煤的机械取样装置。

7.9.5 火力发电厂应设有必要的运煤设备起吊设施和检修场地。

7.9.6 运煤系统的建（构）筑物应设置清扫设施。

7.9.7 在地下缝式煤槽、翻车机室、转运站、碎煤机室和煤仓间带式输送机层的设计中，应采取防止煤尘飞扬的措施。

8　锅炉设备及系统

8.1　锅　炉　设　备

8.1.1 锅炉设备应符合现行行业标准《电力工业锅炉压力容器监察规程》DL 612和《电力工业锅炉压力容器检验规程》DL 647的有关规定。

8.1.2 过热蒸汽及再热蒸汽系统压降及温降应符合下列规定：

　　1　锅炉过热器出口至汽轮机进口的压降，不宜大于汽轮机额定进汽压力的5%。

　　2　过热器出口额定蒸汽温度，对于亚临界及以下参数机组，宜高于汽轮机额定进汽温度3℃；对于超（超）临界参数机组，宜高于汽轮机额定进汽温度5℃。

　　3　再热蒸汽系统总压降，对于亚临界及以下参数机组，宜按汽轮机额定功率工况下高压缸排汽压力的10%取值，其中冷再热蒸汽管道、再热器、热再热蒸汽管道的压力降宜分别为汽轮机额定功率工况下高压缸排汽压力的1.5%~2.0%、5%、3.0%~3.5%；对于超（超）临界参数机组，再热蒸汽系统总压降宜在汽轮机额定功率工况下高压缸排汽压力的7%~9%范围内确定，其中冷再热蒸汽管道、再热器、热再热蒸汽管道的压力降宜分别为汽轮机额定功率工况下高压缸排汽压力的1.3%~1.7%、3.5%~4.5%、2.2%~2.8%。

4 再热器出口额定蒸汽温度宜高于汽轮机中压缸额定进汽温度2℃。

8.1.3 锅炉安全阀配置应符合下列规定：

1 除本条第2款的规定外，锅炉的汽包、过热器出口、再热器系统以及直流锅炉外置式启动分离器（带有隔离阀的）均应装设足够数量的安全阀，其要求应符合现行行业标准《电站锅炉安全阀应用导则》DL/T 959的有关规定。

2 采用100%带安全阀功能的三用阀高压旁路，当高压旁路具有独立的安全保护功能控制回路并符合有关标准的要求时，锅炉过热器系统的安全阀可由高压旁路阀代替。对再热器安全阀可设置跟踪与部分溢流功能。

8.1.4 锅炉制粉系统和烟风系统的设计应满足锅炉整体性能设计的要求，并应符合现行行业标准《火力发电厂制粉系统设计计算技术规定》DL/T 5145和《火力发电厂燃烧系统设计计算技术规程》DL/T 5240的有关规定。

8.2 煤粉制备

8.2.1 磨煤机和制粉系统形式应根据煤种的特性、可能的煤种变化范围、负荷性质、磨煤机的适用条件，并结合锅炉燃烧方式、炉膛结构和燃烧器结构形式，按有利于安全运行、提高燃烧效率、降低NO_x排放的原则，经过技术经济比较后确定，并应符合下列规定：

1 磨煤机形式的选择应符合下列规定：

1）大容量机组在煤种适宜时，宜选用中速磨煤机。

2）燃用高水分、磨损性不强的褐煤时，宜选用风扇磨煤机；当制粉系统的干燥能力满足要求并经论证合理时，也可采用中速磨煤机。

3）燃用低挥发分贫煤、无烟煤、磨损性很强的煤种时，宜选用钢球磨煤机或双进双出钢球磨煤机。

2 制粉系统形式的选择应符合下列规定：

1）采用中速磨煤机、风扇磨煤机或双进双出钢球磨煤机制粉设备时，宜采用直吹式制粉系统。

2）当燃用非易燃易爆煤种且采用常规钢球磨煤机制粉设备时，宜采用贮仓式制粉系统。

8.2.2 直吹式制粉系统的磨煤机台数和出力应符合下列规定：

1 当采用中速磨煤机、风扇磨煤机时，应设置备用磨煤机，台数应符合下列规定：

1）200MW级及以上锅炉装设的中速磨煤机不宜少于4台，其中应1台备用；200MW级以下锅炉装设的中速磨煤机不宜少于3台，其中应1台备用。

2）燃用褐煤锅炉采用中速磨煤机时，中速磨煤机台数应结合锅炉结构、燃烧器数量、布置形式和磨煤机出力等因素确定。

3）每台锅炉装设的风扇磨煤机不宜少于4台，其中应1台备用。当每台锅炉正常运行的风扇磨煤机为6台及以上时，可有1台运行备用和1台检修备用。

2 当采用双进双出钢球磨煤机时，不宜设置备用磨煤机，台数应符合下列规定：

1）每台锅炉装设的磨煤机不宜少于2台，且应结合锅炉结构、燃烧器数量和布置形式确定。

2）当采用"W"火焰锅炉时，300MW级机组每台炉宜配置4台或3台双进双出钢球磨煤机，600MW级机组每台炉宜配置6台双进双出钢球磨煤机。

3 磨煤机的计算出力应有备用裕量，宜符合下列规定：

1）对风扇磨煤机和中速磨煤机，在磨制设计煤种时，除备用外的磨煤机总计算出力不应小于锅炉最大连续蒸发量时燃煤消耗量的110%，在磨制校核煤种时，全部磨煤机的总计算出力不应小于锅炉最大连续蒸发量时燃煤消耗量。

2）对双进双出钢球磨煤机，磨煤机总计算出力在磨制设计煤种时不应小于锅炉最大连续蒸发量时燃煤消耗量的115%；在磨制校核煤种时，不应小于锅炉最大连续蒸发量时的燃煤消耗量。

3）磨煤机的计算出力，对中速磨煤机和风扇磨煤机按磨损中后期出力计算；对双进双出钢球磨煤机宜按制造厂推荐的钢球装载量计算。

8.2.3 钢球磨煤机贮仓式制粉系统的磨煤机台数和计算出力应符合下列规定：

1 每台锅炉装设的磨煤机台数不宜少于2台，不应设备用。

2 每台锅炉装设的磨煤机总计算出力（在最佳钢球装载量下）按设计煤种不应小于锅炉最大连续蒸发量时燃煤消耗量的115%，在磨制校核煤种时，不应小于锅炉最大连续蒸发量时的燃煤消耗量。

3 当1台磨煤机停止运行时，其余磨煤机按设计煤种的计算出力应能满足锅炉不投油情况下安全稳定运行的要求。必要时可经输粉机由邻炉输粉。

8.2.4 给煤机的形式、台数和出力应符合下列规定：

1 应根据制粉系统的布置、锅炉负荷需要、给煤量调节性能、运行可靠性并结合计量要求选择给煤机。给煤机应具有良好的密闭性能，正压直吹式制粉系统的给煤机应具有相应的承压能力。给煤机的形式宜符合下列规定：

 1) 对采用风扇磨煤机的直吹式制粉系统，宜选用可计量的刮板式给煤机。

 2) 对采用中速磨煤机和双进双出钢球磨煤机的直吹式制粉系统，宜选用耐压称重式皮带给煤机。

 3) 对采用钢球磨煤机的贮仓式制粉系统，宜选用刮板式给煤机或皮带式给煤机。

2 给煤机的台数应与磨煤机台数相匹配。配置双进双出钢球磨煤机的机组，1台磨煤机应配2台给煤机。

3 给煤机的计算出力应符合下列规定：

 1) 给煤机的计算出力不宜小于磨煤机在设计煤种和设计煤粉细度下最大出力的110%。

 2) 对配双进双出钢球磨煤机的给煤机，其单台给煤机计算出力不应小于磨煤机单侧运行时的最大给煤量要求。

8.2.5 给粉机的台数和计算出力应符合下列规定：

1 给粉机的台数应与锅炉燃烧器一次风接口数相同，1台给粉机应连接1根一次风管。

2 每台给粉机的计算出力不应小于与其连接的燃烧器最大设计出力的130%。

8.2.6 贮仓式制粉系统可设置输粉设施，其设置原则和容量应符合下列规定：

1 每台锅炉采用2台磨煤机时，相邻2台锅炉间的煤粉仓可采用输粉机连通。

2 每台锅炉采用4台磨煤机及2个煤粉仓时，可采用输粉机连通同1台炉相邻的2个煤粉仓或2炉间相邻的2个煤粉仓。

3 输粉机的容量不应小于相连磨煤机中最大1台磨煤机的计算出力。

4 当输粉机长度超过40m时，宜采用双端驱动。

5 输粉机应有良好的密封性。

6 当采取合适布置方式，使细粉分离器落粉管能向同1台炉相邻的2个煤粉仓或2炉间相邻的2个煤粉仓直接供粉时，可不设输粉设备。

7 对高挥发分和自燃倾向性高的烟煤和褐煤，不宜设置输粉设备。

8.2.7 制粉系统的防爆和灭火设施应符合国家现行标准《火力发电厂与变电站设计防火规范》GB 50229和《火力发电厂煤和制粉系统防爆设计技术规程》DL/T 5203的有关规定。

8.2.8 一次风机的形式、台数、风量和压头应符合下列规定：

1 对正压直吹式制粉系统或热风送贮仓式制粉系统，当采用三分仓空气预热器时，冷一次风机可采用动叶可调轴流式风机或调速离心式风机，对轴流式一次风机应采取预防喘振失速的保护措施。

2 一次风机的台数宜为2台，不应设备用。

3 采用三分仓空气预热器正压直吹式制粉系统的冷一次风机应按下列要求选择：

 1) 风机的基本风量应按设计煤种计算，应包括锅炉在最大连续蒸发量时所需的一次风量、制造厂保证的空气预热器运行一年后一次风侧的漏风量加上需由一次风机所提供的制粉系统密封风量损失（按全部磨煤机计算）；风机的基本压头应按设计煤种及锅炉最大连续蒸发量工况时与磨煤机投运台数相匹配的运行参数计算，应包括制造厂保证的磨煤机及分离器阻力、锅炉本体一次空气侧阻力（含自生通风）、系统阻力及燃烧器处风腔静压（为负值）。

 2) 一次风机的风量裕量宜为20%～30%，宜另加温度裕量，可按夏季通风室外计算温度确定；风机的压头裕量宜为20%～30%。

4 采用三分仓空气预热器贮仓式制粉系统的冷一次风机应按下列要求选择：

 1) 风机的基本风量应按设计煤种计算，应包括锅炉在最大连续蒸发量时所需的一次风量和制造厂保证的空气预热器运行一年后一次风侧的漏风量。

 2) 风机的风量裕量宜为20%，宜另加风机的温度裕量；风机的压头裕量宜为25%。

8.2.9 排粉机的台数、风量和压头应符合下列规定：

1 排粉机的台数应与磨煤机台数相同。

2 排粉机的基本风量应按设计煤种的制粉系统热力计算确定。

3 排粉机的风量裕量不宜低于5%，压头裕量不宜低于10%；风机的最大设计点应能满足磨煤机在最大钢球装载量时通风量的需要。

8.2.10 中速磨煤机和双进双出钢球磨煤机正压直吹式制粉系统设置密封风机的台数、风量和压头，应符合下列规定：

1 每台锅炉设置的密封风机不应少于2台，其中应设1台备用；当每台磨煤机均设密封风机时，密封风机可不设备用。

2 密封风机的参数应根据磨煤机厂的配备要求

选择，密封风机的基本风量应按全部磨煤机及制粉系统需要的密封风量计算，风量裕量不宜低于10%，宜另加温度裕量，可按夏季通风室外计算温度确定；当与一次风机串联运行时，应加上一次风机的温升；压头裕量不宜低于20%。

8.2.11 当设置节油点火装置的锅炉采用冷炉点火启动方式时，冷炉制粉需要的热风可由下列方式供给：

1 对于直吹式制粉系统可在点火装置对应的磨煤机进口热风道的旁路风道上安装加热装置。

2 经技术论证合理时，也可由邻炉提供冷炉制粉热风。

8.3 烟风系统

8.3.1 送风机的形式、台数、风量和压头应符合下列规定：

1 送风机宜选用动叶可调轴流式风机，也可选用调速离心式风机。

2 每台锅炉宜设置2台送风机，不应设备用。

3 送风机的风量和压头应符合下列规定：

1）送风机的基本风量应按锅炉燃用设计煤种及相应的过量空气系数计算，应包括锅炉在最大连续蒸发量时需要的二次空气量及制造厂保证的空气预热器运行一年后送风侧的净漏风量。送风机的基本压头应按设计煤种及锅炉最大连续蒸发量工况计算，应包括制造厂保证的锅炉本体空气侧阻力（含自生通风）、系统阻力及燃烧器处炉膛静压（为负值）。

2）对于三分仓空气预热器系统，送风机的风量裕量不宜低于5%，宜另加温度裕量，可按夏季通风室外计算温度确定；送风机的压头裕量不宜低于15%。对于引进国外技术的机组可根据工程具体情况，选用相应计算标准确定送风机的风量裕量和压头裕量。

3）当采用两分仓或管箱式空气预热器时，送风机的风量裕量宜为10%，宜另加温度裕量，可按夏季通风室外计算温度确定；压头裕量宜为20%。

4）当采用热风再循环系统时，送风机风量裕量不应小于冬季运行工况下的热风再循环量。

4 对燃烧低热值煤或低挥发分煤的锅炉，当每台锅炉装有2台送风机时，应验算风机裕量选择，在单台送风机运行工况下应能满足锅炉最低不投油稳燃负荷时的需要。

8.3.2 引风机的形式、台数、风量和压头应符合下列规定：

1 300MW级及以上机组的引风机宜选用轴流式风机，300MW级以下机组可选用调速离心式风机，但此时应进行预防锅炉内爆工况的安全性评估。

2 若引风机在环境温度下的试验阻塞点风压高于锅炉炉膛设计瞬态承受压力时，不应选用离心式引风机。

3 每台锅炉宜设置2台引风机，不应设备用。

4 引风机的风量和压头应符合下列规定：

1）引风机的基本风量应按燃用设计煤种锅炉在最大连续蒸发量时的烟气量、制造厂保证的空气预热器运行一年后烟气侧漏风量及锅炉烟气系统漏风量之和确定。引风机的基本压头应按设计煤种锅炉最大连续蒸发量工况计算，应包括制造厂保证的锅炉本体烟气侧阻力（含自生通风及炉膛起始点负压）、烟气脱硝装置、烟气脱硫装置（当与增压风机合并时）、除尘器及系统阻力。

2）引风机的风量裕量不宜低于10%，宜另加10℃～15℃的温度裕量；引风机的压头裕量不宜低于20%。对于引进国外技术的机组，可根据工程具体情况选用相应计算标准确定引风机的风量裕量和压头裕量。

5 对燃烧低热值煤或低挥发分煤的锅炉，当每台锅炉装有2台引风机时，在单台引风机运行工况下，应能满足锅炉最低不投油稳燃负荷时的需要。

8.3.3 空气加热系统应符合下列规定：

1 应根据工程气象及煤质条件设置空气加热系统，通过技术经济比较可选用热风再循环、暖风器或其他空气加热系统。

2 当煤种条件较好、环境温度较高或空气预热器冷端采用耐腐蚀材料，确能保证空气预热器不被腐蚀、不堵灰时，可不设置空气加热系统。

3 对于回转式三分仓空气预热器，当预热器先加热一次风时，在一次风侧可不装设空气加热系统。

4 热风再循环系统宜用于管式空气预热器或较低硫分和灰分的煤种及环境温度较高的地区。回转式空气预热器采用热风再循环系统时，应满足风机和风道的防磨要求，热风再循环风率不宜大于8%；热风抽出口应布置在烟尘含量低的部位。

5 暖风器系统应符合下列规定：

1）应合理确定暖风器的安装位置，对于严寒地区，暖风器宜设置在风机入口。

2）暖风器在结构和布置上应满足降低阻力的要求。对年使用小时数不高的暖风器可采用移动式结构。

3）选择暖风器所用的环境温度，对采暖区宜取用冬季采暖室外计算温度，对非采暖区宜取用冬季最冷月平均温度，并适当留有加热面积裕量。

8.3.4 锅炉火检冷却风机的形式、台数、风量和压头应符合下列规定：

1 锅炉的火检冷却风机宜选用 2 台离心风机，其中应 1 台运行、1 台备用。

2 风机的风量裕量与压头裕量应满足锅炉火检装置冷却要求。

8.4 烟气除尘及排放系统

8.4.1 除尘设备的形式选择应符合下列规定：

1 除尘设备的形式选择应根据环境影响评价报告对烟气排放粉尘量及粉尘浓度的要求、炉型、煤灰特性、工艺、场地条件及灰渣综合利用的要求等因素确定。

2 在煤种适宜时，宜选用静电除尘器。

3 当燃用煤种飞灰特性不利于静电除尘器收尘或不能满足环保要求时，可选用布袋除尘器或烟气调质系统加静电除尘器或其他形式的除尘设备。

4 有条件时，应采用低温静电除尘器系统。

8.4.2 静电除尘器的台数及除尘效率保证条件应符合下列规定：

1 200MW 级及以上机组，每台锅炉设置的静电除尘器台数不宜少于 2 台，200MW 级以下机组可只设 1 台。

2 所选用的静电除尘器在下列任一条件下，应能达到保证的除尘效率：

　1）除尘器的烟气流量应为燃用设计煤种在锅炉最大连续蒸发量工况下的空气预热器出口烟气量，另加 10% 的裕量；烟气温度应为燃用设计煤种在锅炉最大连续蒸发量工况下的空气预热器出口烟气温度加 10℃～15℃；并停用其中一个供电区时。

　2）除尘器的烟气流量应为燃用校核煤种在锅炉最大连续蒸发量工况下的空气预热器出口烟气量，烟气温度为燃用校核煤种在锅炉最大连续蒸发量工况下的空气预热器出口烟气温度。

8.4.3 布袋除尘器的台数及除尘效率保证条件应符合下列规定：

1 每台锅炉设置的布袋除尘器台数不宜少于 2 台。

2 所选用的布袋除尘器在下列任一条件下，应能达到保证的除尘效率：

　1）除尘器的烟气流量应为燃用设计煤种在锅炉最大连续蒸发量工况下的空气预热器出口烟气量，另加 10% 的裕量；烟气温度应为燃用设计煤种在锅炉最大连续蒸发量工况下空气预热器出口烟气温度加 10℃～15℃，并停运一个通道或一个进气室的布袋除尘器。

　2）除尘器的烟气流量应为燃用校核煤种时锅炉最大连续蒸发量工况下的空气预热器出口烟气量，烟气温度应为燃用校核煤种在锅炉最大连续蒸发量工况下的空气预热器出口烟气温度。

8.4.4 锅炉烟气可通过烟囱或排烟冷却塔排放。当采用排烟冷却塔时，设计要求应符合本规范第 17.6.7 条的规定；当采用烟囱排放时，烟囱的形式及台数应符合下列规定：

1 烟囱形式、高度和烟气出口流速应根据环境影响评价结果和烟囱防腐要求、同时建设的锅炉台数、烟囱布置和结构上的经济合理性等综合因素确定。

2 接入同一座烟囱的锅炉台数宜按下列范围选用：

　1）600MW 级及以下机组宜为 2 台～4 台。

　2）600MW 级以上机组宜为 2 台。

8.4.5 烟气的腐蚀性等级划分应符合下列规定：

1 循环流化床锅炉和干法烟气脱硫处理后的烟气应按弱腐蚀性等级处理。

2 半干法烟气脱硫处理后的烟气应按中等腐蚀性等级处理。

3 湿法烟气脱硫处理后的湿烟气应按强腐蚀性等级处理。

8.5 直流锅炉启动系统

8.5.1 直流锅炉启动系统的形式选择和设备配置应符合下列规定：

1 直流锅炉启动系统宜选用内置式分离器启动系统。对于启动次数较少的机组，宜采用大气扩容器式锅炉启动系统，也可选用带循环泵的锅炉启动系统；对于机组启停次数较为频繁的机组，宜选用带循环泵的锅炉启动系统。

2 对于空冷机组，宜选择带循环泵的锅炉启动系统。

3 直流锅炉启动系统的容量应与锅炉最低直流负荷相匹配。

4 内置式分离器的数量不宜少于 2 台。

8.5.2 直流锅炉启动凝结水的回收及排放系统设计应符合下列规定：

1 当分离器采用将部分高压启动疏水回收至除氧器水箱时，应采取必要的保证除氧器及给水箱安全运行的措施。

2 大气扩容器装置下游贮水箱的容量应能满足接收锅炉启动时的清洗水、启动过程中膨胀阶段的溢流水和锅炉本体的疏水及停炉放水的要求。每台锅炉启动排水系统应设置 2 台排水泵，对大气扩容器式锅炉启动系统宜按 2×100% 容量配置，对带循环泵的锅炉启动系统宜按 2×50% 或 2×75% 容量配置。每台泵的容量应与锅炉厂提供的启动系统排水量相匹配，可不另加裕量，但其总容量应满足汽水膨胀阶段锅炉最大溢水量时，扩容器下游贮水箱不致满水的要求。

    3 锅炉配置大气启动扩容器时，可不再设置单独的疏水扩容器。

8.6 点火及助燃燃料系统

8.6.1 点火及助燃燃料应根据燃用煤种、点火方式、油（气）源、油（气）价及运输等条件，通过技术经济比较确定，并应符合下列规定：

    1 宜选用轻油作为点火和低负荷助燃的燃料。

    2 当重油的供应和油品质量有保证时，也可采用重油作为点火和低负荷助燃的燃料。

    3 工程条件合适时，也可采用可燃气体作为点火和低负荷助燃的燃料。

8.6.2 锅炉点火及助燃系统的形式应根据燃用煤种、锅炉形式、制粉系统形式、点火及助燃燃料等条件确定；燃用煤种适宜时，宜采用等离子点火、微油点火和气化小油枪等节油点火系统。节油点火系统设计宜纳入锅炉的总体设计。

8.6.3 全厂点火及助燃燃料系统的设计出力应符合下列规定：

    1 燃油（气）系统燃油（气）量不宜小于一台最大容量锅炉最大的点火油（气）量与另一台最大容量锅炉启动助燃油（气）量之和；当锅炉燃用低负荷需油（气）助燃的煤种时，燃油（气）系统的燃油（气）量不宜小于一台锅炉启动助燃、一台锅炉低负荷助燃所需的油（气）量之和。

    2 系统回油量应根据燃油喷嘴设计特点、燃烧安全保护要求和燃油参数确定，且不小于系统设计出力的10%。

    3 系统设计出力为燃油（气）量与最小回油量之和，其裕量不宜小于10%。

    4 当锅炉采用节油点火装置后，系统设计出力可在本条第1款～第3款相关要求的基础上相应减小，并宜与锅炉厂协商减少其所配点火油枪的出力。

8.6.4 油罐的个数和容量宜根据单台锅炉容量、煤种、点火方式、油种、燃油耗量以及来油方式和周期等综合因素确定，并应符合下列规定：

    1 轻油宜设2个油罐，重油宜设3个油罐。

    2 对新建电厂，采用节油点火系统时，油罐容量宜符合下列规定：

        1）200MW级及以下机组为$2\times200m^3$。

        2）300MW级机组为$2\times(200m^3\sim300m^3)$。

        3）600MW级机组为$2\times(300m^3\sim500m^3)$。

        4）1000MW级机组为$2\times(500m^3\sim800m^3)$。

    3 对新建电厂，采用常规点火方式时，油罐容量宜符合下列规定：

        1）125MW级机组为$2\times500m^3$或$3\times200m^3$。

        2）200MW级机组为$2\times1000m^3$或$3\times500m^3$。

        3）300MW级机组为$2\times(1000m^3\sim1500m^3)$或$3\times1000m^3$。

        4）600MW级机组为$2\times(1500m^3\sim2000m^3)$或$3\times(1000m^3\sim1500m^3)$。

        5）1000MW级机组为$2\times2000m^3$或$3\times1500m^3$。

    4 对于循环流化床锅炉机组，油罐容量宜符合下列规定：

        1）300MW级机组为$2\times800m^3$。

        2）200MW及以下机组为$2\times500m^3$。

    5 对扩建电厂，应充分利用电厂已有燃油设施，并应根据工程具体条件确定油罐扩建的台数及容量。

    6 当锅炉燃用低负荷需油助燃的煤种时，单个油罐的容量不宜小于全厂月平均耗油量。

    7 油罐区距主厂房较远或锅炉较多时，可在主厂房附近设日用油罐。日用油罐每炉可设置1台，其容量宜符合下列规定：

        1）200MW级及以下机组为$100m^3$。

        2）300MW级机组为$200m^3$。

        3）600MW级机组为$300m^3$。

        4）1000MW级机组为$500m^3$。

        5）当数台锅炉共设1个日用油罐时，其容量不宜小于所连锅炉油系统3h的总耗油量。

8.6.5 点火和启动助燃用油可采用铁路、公路、水路运输或管道输送，并应符合下列规定：

    1 当由铁路来油时，卸油站台的长度宜能容纳4节～10节油槽车同时卸车，油槽车进厂到卸油完毕的时间可按6h～12h确定。

    2 当采用汽车运输来油，应设汽车卸油平台，场地应满足倒车要求。

    3 当水路来油时，卸油码头宜与灰渣码头、大件码头或煤码头合建。

    4 油源较近且具备条件，可采用管道输送。

8.6.6 卸油方式应根据油质特性、输送方式和油罐情况等经技术经济比较后确定。卸油泵形式、台数、流量和扬程应符合下列规定：

    1 卸油泵形式应根据油质黏度、卸油方式及消防规范要求确定。

    2 卸油泵台数不宜少于2台，当最大1台泵停用时，其余泵的总流量应满足在规定的卸油时间内卸完车、船的装载量。

    3 卸油泵的压头及其电动机的容量应按输送燃油最大黏度工况计算，压头裕量不宜小于30%。

8.6.7 输、供油泵的形式、台数、流量和扬程应符合下列规定：

    1 输、供油泵形式应根据油质和供油参数要求确定，宜选用离心泵或螺杆泵。

    2 输、供油泵的台数宜为3台，单台泵容量宜为50%或35%。

3 输、供油泵的流量裕量不宜小于10%，压头裕量不宜小于5%，压头计算中的燃油管道系统总阻力（不含油枪雾化油压及高差）裕量不宜小于30%。

8.6.8 每台锅炉的供油和回油管道上应装设快速切断阀和油量计量装置。

8.6.9 对黏度大、凝固点高于冬季最低日平均环境温度的燃油，其卸油、贮油及供油系统应有加热、伴热和吹扫设施。蒸汽吹扫系统应有防止燃油倒灌的措施。当油温高于规定要求时，在油罐或回油管路上应采取降温措施。

8.6.10 燃油泵房、燃油加热器布置应符合下列规定：

1 燃油泵房宜靠近油库区，日用油罐的燃油泵房宜靠近锅炉房。

2 燃油泵房内，应设置适当的通风、起吊设施和必要的检修场地及值班室，如自动控制及消防设施可满足无人值班要求时，可不设置值班室。

3 燃油泵房内的电气设备应采用防爆型。

4 罐外置燃油加热器宜采用露天布置。如条件合适，可布置在锅炉房附近。

8.6.11 燃油系统中应设污油、污水收集及有关的含油污水处理设施。

8.6.12 燃油系统的防爆、防火、防静电和防雷击的设计应符合现行国家标准《石油库设计规范》GB 50074、《爆炸和火灾危险环境电力装置设计规范》GB 50058和《火力发电厂与变电站设计防火规范》GB 50229的有关规定。

8.7 锅炉辅助系统

8.7.1 汽包锅炉的连续排污和定期排污系统应符合下列规定：

1 汽包锅炉宜采用一级连续排污扩容系统，连续排污系统应有切换至定期排污扩容器的旁路。

2 每台锅炉宜设1套排污扩容系统。

3 定期排污扩容器的容量应满足锅炉事故放水的需要；当锅炉事故放水量计算值过大时，宜与锅炉厂共同商定采取合适的限流措施。

4 对于亚临界参数汽包锅炉，当条件合适时可不设连续排污系统。

5 定期排污扩容器宜装设排汽管汽水分离装置。

8.7.2 锅炉向空排汽应符合下列规定：

1 锅炉向空排汽的噪声防治应满足环保要求。

2 向空排放的锅炉点火排汽管及压力控制阀排汽管应装设消声器。

3 起跳压力最低的汽包安全阀和过热器安全阀，以及中压缸启动机组的再热器安全阀排汽管应装设消声器。其他安全阀排汽管宜装设消声器。

8.8 启动锅炉

8.8.1 需设置启动锅炉的火力发电厂，其启动锅炉的台数、容量和燃料应根据机组容量、启动方式，结合地区具体情况综合确定，并应符合下列规定：

1 启动锅炉容量应只满足电厂第一台机组启动时热力系统必需的蒸汽量，不应包括主汽轮机冲转调试用汽量，不应另加余量；对于采暖地区应满足必需的采暖用汽量。启动锅炉台数和容量宜符合下列要求，采暖地区宜选用上限：

　　1）300MW级以下机组为1×10t/h～2×20t/h。

　　2）300MW级机组为1×20t/h～2×20t/h。

　　3）600MW级机组为1×35t/h～2×35t/h。

　　4）1000MW级机组为1×50t/h～2×35t/h或2×50t/h。

2 启动锅炉宜按燃油整装锅炉设计。严寒地区的启动锅炉可与施工用汽锅炉合并设置，宜采用燃煤锅炉，炉型可选用整装锅炉或常规炉型。

8.8.2 启动锅炉的蒸汽参数宜采用低压锅炉。系统宜简单、可靠，其配套辅机不宜设备用。必要时启动锅炉系统设计可留有便于今后拆卸搬迁的条件。

8.8.3 对燃煤启动锅炉房的设计宜简化，但应满足安全生产、环境保护和劳动保护的要求。

8.8.4 启动锅炉房的排烟宜直接排入就近的发电机组锅炉烟囱，当启动锅炉必须设置单独烟囱时，烟囱高度应符合国家现行有关环境保护标准的要求。

8.8.5 对于扩建电厂，应采用原有机组的辅助蒸汽作为启动汽源，不宜装设启动锅炉。

8.9 循环流化床锅炉系统

8.9.1 点火及助燃油系统应符合下列规定：

1 宜选用轻油点火和助燃，也可采用可燃气体点火和助燃。

2 锅炉点火和助燃的方式及系统出力宜根据锅炉燃料品种和燃烧器类型及锅炉厂要求选择。

8.9.2 给煤系统应符合下列规定：

1 带外置床且采用裤衩腿双布风板形式的循环流化床锅炉机组，宜配置4条50%锅炉最大连续蒸发量所需设计煤种耗煤量的给煤线路。

2 对于其他形式的循环流化床锅炉，当给煤线路为4条及以下时，其炉前给煤系统的设计出力宜为当1条给煤线路设备故障时，其余给煤线路设备应满足锅炉最大连续蒸发量所需设计煤种耗煤量的要求；当给煤线路为4条以上时，其炉前给煤系统的设计出力宜为当2条给煤线路设备故障时，其余给煤线路设备应满足锅炉最大连续蒸发量所需设计煤种耗煤量的要求。

8.9.3 石灰石粉储存及输送系统应符合下列规定：

1 石灰石粉输送宜采用一级输送系统。

2 一级输送系统的石灰石粉库容积宜为锅炉最大连续蒸发量时20h～24h的消耗量，二级输送石灰石粉仓容积宜为锅炉最大连续蒸发量时2h～4h的消耗量。

3 至锅炉炉膛的石灰石粉宜采用气力输送，各条输送管路宜对称布置。

4 当石灰石粉采用二级风机输送系统时，宜配置2台100%容量定容式输送风机。

5 石灰石粉库和粉仓应有防腐、除尘措施，出料口斜壁与水平面夹角不宜小于60°，并应根据当地气象条件和系统布置确定是否设置气化风系统和防冻措施。

8.9.4 烟风系统应符合下列规定：

1 一次风机的形式、台数、风量及压头应符合下列规定：

1) 一次风机宜采用调速离心式风机。

2) 每炉宜配置2台50%容量的一次风机。

3) 一次风机的基本风量应按锅炉燃用设计燃料计算，应包括锅炉在最大连续蒸发量时所需的风量及制造厂保证的空预器运行一年后一次风侧的净漏风量；一次风机的基本压头应为燃用设计燃料且在锅炉最大连续蒸发量时从风机进口至一次风喷嘴出口的阻力与锅炉炉膛阻力之和。

4) 一次风机风量裕量不宜低于20%，宜另加温度裕量，可按夏季通风室外计算温度确定；风机选型压头应为基本压头加上压头裕量。压头裕量宜分段选取：炉膛阻力裕量应由锅炉厂提供；从空气预热器进口至一次风喷嘴出口的阻力裕量宜取44%，对于裤衩腿双布风板形式锅炉的系统，空预器后一次风箱前调节风门的阻力不宜另加裕量；从风机进口至空气预热器进口间的阻力裕量宜取风机选型风量与基本风量比值的平方值。

2 二次风机的形式、台数、风量及压头应符合下列规定：

1) 二次风机宜采用调速离心式风机。

2) 每炉宜配置2台50%容量的二次风机。

3) 二次风机的基本风量应按锅炉燃用设计燃料时计算，应包括锅炉在最大连续蒸发量时所需的风量及制造厂保证的空预器运行一年后二次风侧的净漏风量；二次风机的基本压头应为燃用设计燃料且在锅炉最大连续蒸发量时从风机进口至二次风喷嘴出口的阻力与锅炉炉膛阻力之和。

4) 二次风机风量裕量不宜低于20%，宜另加温度裕量，可按夏季通风室外计算温度确定；风机选型压头应为基本压头加上压头裕量。压头裕量宜分段选取：炉膛阻力裕量应由锅炉厂提供，从空预器进口至二次风喷嘴出口的阻力裕量宜取44%，从风机进口至空预器进口间的阻力裕量宜取风机选型风量与基本风量比值的平方值。

3 高压流化风机的形式、台数、风量及压头应符合下列规定：

1) 高压流化风机可选用离心式或罗茨风机。

2) 高压流化风机的数量宜根据技术经济比较后确定，并配置1台同容量的备用风机。

3) 高压流化风机的基本风量应按锅炉燃用设计燃料、最大连续蒸发量时所需的流化风量计算。风量裕量不宜低于20%，压头裕量不宜低于20%。

8.9.5 床料系统应符合下列规定：

1 当燃用灰分较低或磨损性很强的燃料时，宜选用固定机械式加床料系统。

2 当燃用锅炉运行中床料可以自平衡的燃料，可设置1套非连续运行的床料临时输送系统。

3 根据床料特性和锅炉加料要求等因素，可选择其他形式的床料输送系统。

8.9.6 锅炉冷渣器应符合下列规定：

1 当燃用燃料的折算灰分较大或燃料成灰特性较差且布置允许时，宜选用滚筒式冷渣器，在条件适宜时也可采用风水联合冷渣器。

2 锅炉冷渣器设备总出力不宜小于锅炉最大连续蒸发量时燃用设计燃料排渣量的150%，且不宜小于燃用校核燃料排渣量的120%。

3 冷渣器正常工况排渣温度应小于150℃。当1台冷渣器短时检修或故障时，其余冷渣器排渣温度应小于200℃。

9 除灰渣系统

9.1 基本规定

9.1.1 除灰渣系统的设计应按干湿分排、灰渣分排和粗细分排的原则拟定。

9.1.2 除灰渣系统的选择应根据锅炉和除尘器形式，排渣装置的形式，灰渣量，灰渣的化学、物理特性，灰场贮灰方式，灰渣综合利用条件，电厂与贮灰场的距离、高差，以及总平面布置、交通运输、地质、地形、可用水源和气象条件等，通过技术经济比较后确定。

9.1.3 除灰渣系统应按锅炉最大连续蒸发量、燃用设计煤种时系统排出的灰渣量设计。厂内各分系统的容量可根据具体情况分别留一定裕度，厂外输送系统的容量宜根据综合利用的落实情况确定。

9.2 除渣系统

9.2.1 煤粉锅炉除渣系统可采用水冷式除渣系统或风冷式除渣系统。水冷式除渣系统的冷却水应采用闭式循环系统。

9.2.2 当采用水浸式刮板捞渣机方案时，宜采用单级刮板捞渣机输送至渣仓方案。刮板捞渣机设备最大出力不宜小于锅炉最大连续蒸发量时燃用设计煤种排渣量的400%。

9.2.3 当采用风冷式排渣机方案时，设备的最大出力不宜小于锅炉最大连续蒸发量时燃用设计煤种排渣量的250%，且不宜小于燃用校核煤种锅炉吹灰时排渣量的110%。风冷式除渣系统正常工况下的排渣温度不宜大于150℃，最大出力时的排渣温度不宜大于200℃。

9.2.4 风冷式排渣机后续输渣设备宜采用机械输渣系统，也可根据工程的具体情况采用气力输渣系统。后续输渣系统的出力宜与风冷式排渣机出力相匹配。

9.2.5 每台炉渣仓的有效容积宜为储存锅炉最大连续蒸发量时燃用设计煤种14h～24h的排渣量。当渣仓仅作为中转或缓冲渣仓时，宜满足储存锅炉最大连续蒸发量时燃用设计煤种8h的排渣量。

9.2.6 当底渣在厂内采用水力除渣，且需用车（船）或其他输送机械外运时，可采用脱水仓方案。每套脱水设备宜设2台脱水仓，运行时，应1台接收渣浆，另1台脱水、卸渣。脱水仓的容积应按锅炉排渣量、外部运输条件等因素确定。每台脱水仓的有效容积不宜小于储存锅炉最大连续蒸发量时燃用设计煤种24h的系统排渣量。

9.2.7 当锅炉采用液态排渣时，可采用水浸式刮板捞渣机或沉渣池方案。沉渣池的几何尺寸应根据渣浆量、渣的颗粒分析、沉降速度以及外部运输条件等因素确定。沉渣池宜采用两格，每格有效容积不宜小于锅炉最大连续蒸发量时燃用设计煤种24h的系统排渣量。

9.2.8 循环流化床锅炉底渣输送系统宜采用机械输送系统；当底渣量较小或采用机械输送系统布置有难度时，经技术经济比较后也可采用气力输送系统，不宜采用水力输送系统。同级底渣输送系统的设备不宜少于2台，系统总出力不宜小于锅炉最大连续蒸发量时燃用设计煤种排渣量的250%，且不宜小于燃用校核煤种排渣量的200%。

9.2.9 石子煤输送系统应根据石子煤量、输送距离、布置和机组台数等条件选用简易机械输送系统或机械输送系统或水力输送系统。

9.3 除灰系统

9.3.1 厂内除灰系统宜采用正压气力输送系统，当条件适宜时，也可采用负压气力输送系统或机械输送系统。

9.3.2 气力输送系统的设计出力不宜小于锅炉最大连续蒸发量时燃用设计煤种排灰量的150%，且不宜小于燃用校核煤种排灰量的120%。

9.3.3 灰库的设置和有效容量应符合下列规定：

1 当作为中转或缓冲灰库时，宜满足储存锅炉最大连续蒸发量时燃用设计煤种8h的系统排灰量。

2 当作为贮运灰库时，不宜小于储存锅炉最大连续蒸发量时燃用设计煤种24h的系统排灰量。

3 灰库的数量应根据机组台数、排灰量和粗细灰分储要求设置。

9.3.4 灰库卸灰设施的配置应符合下列规定：

1 当装卸干灰时，应设防止干灰飞扬的装车（船）设施。

2 当外运灰需调湿时，应设干灰调湿装置。

3 当厂外采用水力输送时，应设干灰制浆装置。

9.3.5 半干法烟气脱硫灰的排除可采用机械输送系统或气力输送系统，其灰库宜单独设置，有效储存容积不宜大于锅炉最大连续蒸发量时燃用设计煤种24h的系统排灰量。

9.3.6 气力输送系统应设置专用气源设备，当1台～2台气源设备经常运行时，宜设1台备用。当3台及以上气源设备经常运行时，可设2台备用。

9.3.7 气力输灰管道的直管段宜采用碳钢管，弯头等管道附件应采用耐磨材料。对于输送介质流速较高、磨损严重的管段，通过技术经济比较也可采用耐磨管道。

9.3.8 当采用机械除灰系统时，系统出力不宜小于锅炉最大连续蒸发量时燃用设计煤种排灰量的200%，且不宜小于锅炉最大连续蒸发量时燃用校核煤种排灰量的150%。

9.3.9 当采用水力除灰系统时，宜采用（中）高浓度水力输送系统，并应合理确定制浆方式和灰水浓度。

9.3.10 干灰分选系统应符合下列规定：

1 当电厂所在区域有较好的粉煤灰综合利用市场需求，且电厂灰渣成分符合综合利用要求时，在设计中可同步设置干灰分选系统。

2 干灰分选系统出力宜与实际综合利用量相匹配。

3 灰库的设置和储存容量宜与分选系统的要求相适应。

9.4 厂外输送系统

9.4.1 当采用干式贮灰场时，灰渣的厂外输送系统宜采用汽车运输方式，当条件适宜时，也可采用带式输送机运输方式或船舶等运输方式，并应符合下列规定：

1 当采用汽车运输方式时，运输车辆的选型宜根据灰渣运输条件、运输量、环保和装车要求选用车厢容积较大的封闭式自卸汽车。选用的汽车载重量应与运输经过的厂内、外道路和桥涵的设计承载能力相匹配。

2 当采用带式输送机运输方式时，带式输送机宜按单路设计，输送出力宜按锅炉最大连续蒸发量时燃用设计煤种灰渣量的300%选取，昼夜运行时间不宜大于8h。除严寒地区外，带式输送机不宜采用封闭栈桥，但应设置必要的防护罩或采用管状带式输送机。

3 当采用船舶运输方式时，应根据灰渣运输量和船型设置灰码头及装船设施。

9.4.2 当采用湿式贮灰场时，灰渣输送系统宜采用水力管道输送，并应符合下列规定：

1 当1台（组）灰渣泵运行时，宜设1台（组）备用；当2台（组）～3台（组）灰渣泵运行时，宜设2台（组）备用。

2 当运行的厂外灰渣管道为1条～3条时，宜设1条备用管道。

3 厂外灰渣管道宜沿路边敷设，并应充分利用原有道路供检修使用。当需要修建局部或全部检修用道路时，应按简易道路修筑，并应注意节约用地和不影响农田耕作；当灰渣管道磨损或结垢不严重时，也可采取直埋方式。

4 厂内灰渣管道宜敷设在地沟内，有条件时，也可沿地面或架空敷设。

5 灰渣管道坡度不宜小于0.1%，并应有便于排空的措施。

6 灰渣管道的直管段宜采用碳钢管，弯头应采用耐磨弯头。当输送介质流速较高、磨损或结垢严重的管段，通过技术经济比较也可采用耐磨或防结垢管道。

7 湿灰场澄清水宜设置灰水回收系统。对于用海水输灰的滩涂灰场，灰水的回收应根据环境保护要求和工程情况确定。灰场回收水应重复用于冲灰系统。

9.4.3 厂外运灰渣汽车的配置宜结合综合利用条件和利用社会运力解决。当灰渣和石膏综合利用及社会运力落实时，运输汽车的数量可适当核减。

9.5 辅助设施

9.5.1 除灰渣系统应有必要的起吊设施和检修场地。

9.5.2 除灰渣设备集中布置处及除灰渣系统的建（构）筑物应设置清扫设施。

9.5.3 在灰库、渣仓卸料装车处应采取防尘、抑尘措施。

9.6 贮灰场

9.6.1 火力发电厂采用干式贮灰场或湿式贮灰场，应根据节约用水和环境保护要求、厂内除灰系统选型、当地气象条件、灰场条件和灰渣综合利用等因素，进行综合技术经济比较确定。

9.6.2 贮灰场设计应符合下列规定：

1 厂外灰渣处理设施的规划要求应符合本规范第4.2.9条的规定。

2 规划阶段贮灰场的总容积应满足贮存按火力发电厂规划容量、设计煤种计算的20年左右的灰渣量（含脱硫副产品）的要求；贮灰场应分期、分块建设，贮灰场初期征地面积宜按贮存火力发电厂本期设计容量、设计煤种计算的10年灰渣量（含脱硫副产品）确定，当灰渣综合利用条件较好时，宜按贮存火力发电厂本期设计容量、设计煤种计算的5年灰渣量（含脱硫副产品）确定；初期贮灰场宜按贮存火力发电厂本期设计容量、设计煤种计算的3年灰渣量（含脱硫副产品）建设。当灰渣（含脱硫副产品）确能全部利用时，可按贮存1年灰渣量（含脱硫副产品）确定征地面积并建设事故备用贮灰场。

3 建设贮灰场的适宜场地条件宜为容积大、洪水总量少、坝体工程量小、便于布置排水建（构）筑物，场内或附近有足够的筑坝材料。

4 贮灰场的主要建（构）筑物地段宜具有良好的地质条件，灰场区域宜具有良好的水文地质条件，应避免对附近村庄的居民生活和下游带来危害。

5 灰场灰坝（堤）的坝型应根据坝址处地形、地质条件确定。坝体结构宜采用当地建筑材料，并应通过技术经济比较，选择安全、经济、合理的坝型。

9.6.3 湿式贮灰场设计应符合下列规定：

1 湿式贮灰场的设计标准应根据灰场类型、容积、灰坝高度和灰坝失事后对附近和下游的危害程度等综合因素确定。

2 山谷湿式灰场灰坝的设计标准应按表9.6.3-1的规定执行。

表9.6.3-1 山谷湿式灰场灰坝的设计标准

灰场级别	分级指标		洪水重现期(a)		坝顶安全加高(m)		抗滑稳定安全系数		
							外坡		内坡
	总容积 V ($\times 10^8 m^3$)	最终坝高 H (m)	设计	校核	设计	校核	正常运行条件	非常运行条件	正常运行条件
一	$V>1$	$H>70$	100	500	1.0	0.7	1.25	1.05	1.15
二	$0.1<V\leqslant 1$	$50<H\leqslant 70$	50	200	0.7	0.5	1.20	1.05	1.15
三	$0.01<V\leqslant 0.1$	$30<H\leqslant 50$	30	100	0.5	0.3	1.15	1.00	1.15

注：1 用灰渣筑坝时，灰场的坝顶安全加高和抗滑稳定安全系数应按现行行业标准《火力发电厂灰渣筑坝设计规范》DL/T 5045的有关规定执行；

2 当灰场下游有重要工矿企业和居民集中区时，应通过论证提高一级设计标准；

3 当坝高与总库容不相应时，应以高者为准，当级差大于一个级别时，应按高者降低一个级别确定；

4 坝顶应至少高于堆灰标高1m～1.5m。

3 滩涂湿式灰场围堤设计标准应与当地堤防工程相协调。围堤设计应按现行国家标准《堤防工程设计规范》GB 50286 的有关规定执行，并应符合表 9.6.3-2 的规定。

表 9.6.3-2　滩涂湿式灰场围堤设计标准

灰场级别	总容积 V ($\times 10^8 m^3$)	堤内汇水、堤外潮位重现期 (a)		堤外风浪重现期 (a)		堤顶(防浪墙顶)安全加高 (m)				抗滑稳定安全系数		
						堤外侧		堤内侧		外坡		内坡
		设计	校核	设计	校核	设计	校核	设计	校核	正常运行条件	非常运行条件	正常运行条件
一	$V>0.1$	50	200	50	0.4	0.0	0.7	0.5	1.20	1.05	1.15
二	$V\leq 0.1$	30	100	50	0.4	0.0	0.5	0.3	1.15	1.00	1.15

注：1　坝顶（或防浪墙顶）应至少高于堆灰标高1m。
　　2　滩涂湿灰场包括江、河、湖、海的滩涂湿灰场。

4 平原湿式灰场围堤的设计标准宜按表 9.6.3-2 的规定执行。

5 山谷湿式灰场灰坝的坝轴线应根据坝址区域的地形、地质条件，以及后期子坝加高、排水系统、施工条件和环境影响等因素，通过技术经济比较确定。

6 滩涂及平原湿式灰场灰堤的堤轴线应根据贮灰年限、地形、地质、潮（洪）水位及风浪、占地范围、后期子坝加高、施工条件和环境影响等因素，进行圈围面积与堤高等技术经济比较确定。

7 湿式贮灰场的排水和泄洪建筑物可采用分开或合并设置的方案。对于排洪流量特别大的山谷灰场，排洪设施可根据模型试验确定。

9.6.4 干式贮灰场设计应符合下列规定：

1 干灰场应根据灰场地形条件、贮灰容积等通过技术经济比较确定合理的堆灰方式。

2 山谷干灰场灰坝设计标准应根据各使用期灰场的级别、容积、坝高、使用年限及对下游可能造成的危害等综合因素，按湿式贮灰场标准确定。

3 滩涂和平原干灰场围堤设计标准应按湿灰场围堤设计标准确定，并应与当地堤防设计标准相协调。

4 山谷干灰场初期挡灰坝的高度应按贮存一次设计洪水总量，并应预留不小于 0.5m 安全加高确定，其高度不应小于 3m。设计洪水标准应取重现期为 30 年。

5 平原干灰场初期围堤高度不宜低于 1.0m。围堤顶标高不应低于该区域百年一遇洪水位的标高。

6 初期挡灰坝以上的坝体宜由干灰渣碾压填筑，其外坡坡度应根据稳定验算确定。

7 山谷干灰场宜设排水及泄洪设施。排水及泄洪设施的断面尺寸应满足调洪演算确定的最大下泄流量的排洪要求及施工要求。排洪设计标准应按表 9.6.3-1 的规定确定。

8 经技术经济比较合理时，山谷干灰场周围可设置截洪沟，其排洪标准宜按重现期10年进行设计。

9 滩涂和平原干灰场内可不设排水设施。但对受客水汇入影响大及降水量大的地区是否设置排水设施应通过技术分析确定。

10 在平原干灰场周围、滩涂干灰场岸坡侧宜植树形成防护林带，宽度可为 10m～20m。

11 干灰场应设置管理站并配置整平、碾压灰渣和洒水防尘的施工机具。

9.6.5 灰场设计还应符合下列规定：

1 应采取灰场环境本底观测措施。

2 山谷灰场坝体应根据坝高、坝型、地形、地质等条件及工程运行要求，设置必要的观测项目与观测设施，平原和滩涂灰场围堤可根据具体情况及需要设置观测设施。

3 对贮满灰渣停用的贮灰场应采取保证灰场封场后安全稳定的封场措施。

10　烟气脱硫系统

10.1　基本规定

10.1.1 烟气脱硫工艺应根据国家和地方的环保排放控制标准、环境影响评价批复意见、锅炉特性、燃煤煤质资料、脱硫工艺成熟程度及国内应用水平、脱硫剂的供应条件、脱硫副产品的综合利用条件、废水排放条件、场地布置条件等因素，经全面技术经济比较后确定。

10.1.2 烟气脱硫工艺的选择宜结合工程的具体条件，并应符合下列规定：

1 对燃煤收到基硫分大于 1% 或单机容量 300MW 级及以上的机组，宜采用石灰石-石膏湿法脱硫工艺；经技术论证合理时，300MW 级及以下机组可采用氨法烟气脱硫工艺。

2 对燃煤收到基硫分不大于 1%，单机容量为 300MW 级及以下的机组时，可采用石灰石-石膏湿法、烟气循环流化床、旋转喷雾半干法烟气脱硫工艺。

3 对燃煤收到基硫分不大于 1% 的海滨电厂，当海水碱度满足工艺要求时，宜采用海水法烟气脱硫工艺；对燃煤收到基硫分大于 1% 的海滨电厂，经技术经济比较后，也可采用海水法烟气脱硫工艺。

4 在严重缺水地区，对燃煤收到基硫分不大于 1% 的机组，宜采用活性焦干法烟气脱硫工艺或烟气循环流化床、旋转喷雾等半干法烟气脱硫工艺。

10.1.3 烟气旁路系统应符合下列规定：

1 当湿法烟气脱硫工艺设置烟气旁路系统时，脱硫装置进、出口和旁路挡板门应有良好的操作和密封性能。

2 当湿法烟气脱硫工艺不设置烟气旁路系统时，应提高脱硫系统设备的可靠性及材料耐腐蚀等级。

10.1.4 烟气脱硫装置应符合下列规定：

1 设计处理烟气量宜按锅炉最大连续蒸发量工况下设计煤种或校核煤种的烟气条件，取大值，可不另加裕量。

2 入口设计二氧化硫浓度的设计值应根据燃煤煤种可能出现的变化情况和硫分变化趋势确定。

3 入口设计烟温宜采用设计煤种锅炉最大连续蒸发量工况下，从主机烟道进入脱硫装置接口处的运行烟气温度加15℃，短期运行温度可加50℃。

4 烟气脱硫装置应能在锅炉的任何负荷工况下持续安全运行。烟气脱硫装置的负荷变化速度应与锅炉负荷变化率相适应。

10.1.5 脱硫装置宜利用主体工程设施的电源、水源、气源和汽源。

10.2 吸收剂制备系统

10.2.1 石灰石-石膏湿法烟气脱硫工艺吸收剂制备系统的选择应符合下列规定：

1 吸收剂制备系统的形式应根据吸收剂来源、投资、运行成本及运输条件等综合因素进行技术经济比较后确定。

2 当资源落实且石灰石粉的细度能满足规定要求时，宜采用直接购买石灰石粉方案。

3 当外购石灰石粉的条件不具备时，可由电厂自建吸收剂湿磨制备系统或吸收剂干磨制备系统。

4 当采用吸收剂干磨制备系统时，宜采取区域性集中建厂。

10.2.2 石灰石-石膏湿法烟气脱硫工艺石灰石贮存系统及容量应符合下列规定：

1 石灰石仓或石灰石粉仓的容量应根据市场运输情况和运输条件确定，不宜小于系统设计工况下3d的石灰石耗量；当采用吸收剂干磨制备系统时，设在火力发电厂厂区的石灰石粉日用仓容量不宜小于1d的石灰石耗量。

2 当来料为石灰石块且采用水路运输或陆路运距较远时，可设置7d及以上储量的石灰石堆场或储仓，并应设置防雨设施。

10.2.3 石灰石-石膏湿法烟气脱硫工艺吸收剂制备系统主要设备配置应符合下列规定：

1 厂内吸收剂制备系统宜多台机组合用1套，但每套系统不宜超过4台机组。

2 当1台机组设1套吸收剂湿磨制备系统时，系统宜设置1台湿式球磨机，设备出力宜按脱硫系统设计工况下石灰石耗量的100%确定。

3 当2台机组合用1套吸收剂湿磨制备系统时，每套系统宜设置2台湿式球磨机，单台设备出力宜按脱硫系统设计工况下石灰石总耗量的75%～100%确定。

4 当3台～4台机组合用1套吸收剂湿磨制备系统时，每套系统宜设置3台湿式球磨机，宜2台运行、1台备用，单台设备出力宜按脱硫系统设计工况下石灰石总耗量的50%确定。

5 每套吸收剂干磨制备系统的容量不宜小于脱硫系统设计工况下石灰石总耗量的150%。干磨机的台数和容量应经技术经济比较后确定。

6 吸收剂湿磨制备系统的石灰石浆液总容量不宜小于设计工况下石灰石浆液6h～10h的总耗量，当球磨机没有备用时，宜取大值；每座石灰石浆液箱供应对象不宜超过2台机组。吸收剂干磨制备系统或外购石灰石粉系统的石灰石浆液箱容量不宜小于设计工况下石灰石浆液4h的总耗量。

7 每座吸收塔宜设置2台石灰石浆液泵，宜1台运行、1台备用。

10.2.4 半干法烟气脱硫工艺吸收剂制备系统的选择应综合吸收剂来源、投资、运行成本及运输条件等因素进行技术经济比较后确定。

10.2.5 采用海水脱硫工艺时，对于300MW级及以上机组，宜采用单元制海水供应系统。

10.3 二氧化硫吸收系统

10.3.1 烟气脱硫装置吸收塔形式、容量、数量应符合下列规定：

1 石灰石-石膏湿法烟气脱硫工艺吸收塔形式可采用喷淋塔或鼓泡塔或液柱塔，海水烟气脱硫工艺吸收塔形式宜采用填料塔，半干法烟气脱硫工艺脱硫塔形式宜采用空塔。

2 石灰石-石膏湿法烟气脱硫工艺吸收塔的数量宜根据锅炉容量、吸收塔的处理能力和可靠性等确定；300MW级及以上机组宜1炉配1塔，200MW级及以下机组可2炉配1塔。

3 海水烟气脱硫工艺吸收塔的数量宜采用1炉配1塔。

4 烟气循环流化床或旋转喷雾半干法烟气脱硫工艺脱硫塔的数量宜采用1炉配1塔。

5 活性焦干法烟气脱硫装置吸附塔、解析塔数量及容量选择应根据机组容量确定。

10.3.2 石灰石-石膏湿法烟气脱硫工艺二氧化硫吸收系统主要设备配置应符合下列规定：

1 当采用喷淋塔时，浆液循环泵宜按单元制设置，每台循环泵应对应一层喷嘴；当采用液柱塔时，浆液循环泵也可按母管制设置；浆液循环泵可不设备用。

2 浆液循环泵的数量应能适应锅炉部分负荷运行工况，在吸收塔低负荷运行条件下应有良好的经济性。

3 氧化风机宜选用罗茨型风机。每座吸收塔宜设置2台全容量或3台半容量的氧化风机,其中应1台备用;也可每2座吸收塔设置3台全容量的氧化风机,其中应2台运行、1台备用;氧化风机容量裕量不宜低于10%,压头裕量不宜低于20%。

10.3.3 石灰石-石膏湿法烟气脱硫工艺应设置事故浆液池(箱),其数量应根据各吸收塔脱硫工艺的方式、距离及布置等综合因素确定。当布置条件合适且采用相同的湿法工艺时,宜全厂合用一套。事故浆液池(箱)的容量不宜小于一座吸收塔正常运行液位时的浆池容量。当设有石膏浆液抛弃系统时,事故浆液池(箱)的容量也可按不小于500m³设置。

10.3.4 海水烟气脱硫工艺二氧化硫吸收系统主要设备配置应符合下列规定:

 1 海水升压泵的数量宜按吸收塔的数量和喷淋层数确定,不宜设备用。

 2 曝气风机选型应按曝气池设计液位进行选型计算。风机形式宜采用离心风机,可不设备用,数量不宜少于2台。

10.3.5 海水烟气脱硫工艺曝气池应符合下列规定:

 1 300MW级及以上机组的曝气池宜采用一炉配一池的方式。

 2 曝气池内有效曝气区域的大小应根据脱硫装置入口烟气参数、脱硫效率、海水水质条件、海水排水水质要求和环境温度等因素确定,应有良好的运行经济性。

10.4 烟 气 系 统

10.4.1 脱硫增压风机宜装设在脱硫装置进口处,当不设烟气旁路且工程条件允许时,可与引风机合并设置。

10.4.2 增压风机形式、台数和容量选择应符合下列规定:

 1 增压风机宜选用轴流式风机,当设置1台增压风机时,宜选择动叶可调轴流风机。

 2 增压风机不应设备用;对不设置烟气旁路系统的机组,增压风机的台数宜与引风机的台数相同。

 3 脱硫增压风机的风量和压头应符合下列规定:

  1)基本风量应为吸收塔设计工况下的烟气量,风量裕量不宜低于10%,宜另加不低于10℃~15℃的温度裕量。

  2)基本压头应为脱硫系统进出口的全压差,压头裕量宜为20%。

10.4.3 烟气-烟气加热器选型应符合下列规定:

 1 在湿法烟气脱硫装置后宜设置烟气-烟气加热器,可选用回转式或管式烟气-烟气加热器。

 2 对于设置烟气-烟气加热器的石灰石-石膏法烟气脱硫工艺系统,在设计工况下,烟气-烟气加热器出口烟气温度不宜小于80℃。

 3 当采用回转式烟气-烟气加热器时,应采取预防加热器腐蚀、堵塞的措施。

 4 当采用管式烟气-烟气加热器时,换热介质宜采用热媒水。管式烟气-烟气加热器冷端宜布置在静电除尘器前。严寒地区应采取预防加热器冻结的措施。

10.4.4 当吸收塔入口烟气温度不能满足吸收塔要求时,应在吸收塔入口设置喷水降温装置。

10.5 脱硫副产品处置系统

10.5.1 脱硫副产品处置系统设计应为脱硫副产品的综合利用创造条件,并应按符合下列规定:

 1 石灰石-石膏湿法烟气脱硫系统宜设置石膏脱水系统;暂无综合利用条件时,经脱水后的石膏可输送至干式贮灰场;在贮灰场内应采取分隔措施,石膏应与灰渣分别堆放。

 2 采用活性焦干法烟气脱硫工艺时,应配套设置副产品回收系统。

10.5.2 石膏脱水系统真空皮带脱水机设备台数、出力选择应符合下列规定:

 1 石膏脱水系统宜多台机组合用一套,但每套系统不宜超过4台机组。

 2 当1台机组配置一套石膏脱水系统时,宜设置1台石膏脱水机,设备出力宜为脱硫系统设计工况下石膏产量的100%,同时应相应增大石膏浆液箱容量。

 3 当2台机组合用一套石膏脱水系统时,每套石膏脱水系统宜设置2台石膏脱水机,单台设备出力宜为脱硫系统设计工况下石膏总产量的75%~100%。

 4 当3台~4台机组合用一套石膏脱水系统时,每套石膏脱水系统宜设置3台石膏脱水机,宜2台运行、1台备用,单台设备出力宜为脱硫系统设计工况下石膏产量的50%。

10.5.3 石膏仓容量不宜小于12h,石膏库容量不宜小于48h。石膏仓应采取防腐和防堵措施,北方地区还应采取冬季防冻措施。

11 烟气脱硝系统

11.1 基 本 规 定

11.1.1 烟气脱硝工艺应根据国家环保排放控制标准、环境影响评价批复意见的要求、锅炉特性、燃料特性和布置场地条件等因素确定。

11.1.2 烟气脱硝工艺的选择应结合工程的具体情况确定,并应符合下列规定:

 1 对要求脱硝效率不小于40%的机组,宜采用选择性催化还原烟气脱硝工艺;经技术经济比较,也可采用非选择性催化还原与选择性催化还原混合的烟气脱硝工艺。

2 600MW级及以下的机组，当要求脱硝效率小于40%时，也可采用非选择性催化还原烟气脱硝工艺。

3 对循环流化床锅炉机组，必要时可采用非选择性催化还原烟气脱硝工艺。

11.1.3 选择性催化还原烟气脱硝系统应能在40%～100%锅炉最大连续蒸发量之间的任何负荷运行，当烟气温度低于最低喷氨温度时，喷氨系统应能自动解除运行。

11.2 还原剂储存和供应系统

11.2.1 脱硝还原剂的选择应按防火、防爆、防毒以及脱硝工艺的要求，根据电厂周围环境条件、运输条件和电厂内部的场地条件，经环境影响评价、安全影响评价和技术经济比较后确定。

11.2.2 脱硝还原剂的选择宜符合下列规定：

1 对于选择性催化还原烟气脱硝工艺，若电厂地处城市远郊或远离城区，且液氨产地距电厂较近，在能保证运输安全、正常供应的情况下，宜选择液氨作为还原剂；位于大中城市及其近郊区的电厂，宜选择尿素作为还原剂。

2 对于非选择性催化还原烟气脱硝工艺，宜选择尿素作为还原剂。

11.2.3 尿素宜采用尿素储仓配合尿素溶液储存罐储存，液氨宜采用液氨储存罐储存。脱硝还原剂的储量应能满足全部脱硝系统不少于5d的正常消耗量。

11.2.4 还原剂储存供应系统主要设备配置应符合下列规定：

1 液氨储存罐的数量不宜少于2台。

2 尿素溶解罐容积应满足全厂1d的尿素溶液用量；液氨蒸发器的容量宜按选择性催化还原烟气脱硝装置全容量设计，并宜设置1台备用。

3 应配置氮气吹扫系统。

11.2.5 液氨储存设备的储存区外沿应设置围堰。

11.2.6 还原剂储存制备区域应设置事故紧急处理设施。

11.3 烟气脱硝反应系统

11.3.1 选择性催化还原烟气脱硝反应系统设计应符合下列规定：

1 系统应按单元制设计。

2 系统设计宜以燃用设计煤种为基准，但在燃用校核煤种时也应能满足排放控制要求，系统应能长期稳定运行。

3 系统应能在烟气粉尘和NO_X排放浓度最小值和最大值之间的任何点运行。

4 应防止大粒径灰进入选择性催化还原烟气脱硝反应器，并应设置清灰设施。

11.3.2 选择性催化还原烟气脱硝催化剂形式应根据机组特点、烟气特性、烟气含尘量、灰特性、阻力要求等各种因素，合理选择蜂窝状、板式及波纹板式催化剂。

11.4 氨/空气混合及喷射系统

11.4.1 氨/空气混合及喷射系统设计宜符合下列规定：

1 氨气稀释空气的来源可为送风机出口二次风、一次风机出口一次风，也可采用专门设置的稀释风机。

2 每台反应器宜配置一套氨气稀释系统，氨加入量宜根据每台反应器的进出口参数进行独立控制。

11.4.2 稀释风机的形式、台数、出力选择宜符合下列规定：

1 稀释风机宜选用离心式风机。

2 对于选择性催化还原烟气脱硝系统采用双反应器时，每台锅炉宜设置3台50%容量的稀释风机；采用单反应器时，每台锅炉宜设置2台100%容量的稀释风机。

3 稀释风机风量裕量不宜小于10%，压头裕量不宜小于20%。

12 汽轮机设备及系统

12.1 汽轮机设备

12.1.1 汽轮机设备的技术要求宜符合现行国家标准《固定式发电用汽轮机规范》GB/T 5578的有关规定，汽轮机及汽水系统的设计应符合现行行业标准《火力发电厂汽轮机防进水和冷蒸汽导则》DL/T 834的有关规定。

12.1.2 汽轮机背压的确定应符合下列规定：

1 汽轮机的额定背压宜对应冷却介质全年平均计算温度，夏季背压宜对应冷却介质最高计算温度。

2 湿冷汽轮机的额定背压应根据本规范第17.3节的有关规定经优化计算后确定。

3 空冷汽轮机的额定背压应根据本规范第17.8.2条的规定经优化计算后确定。

4 600MW级及以上采用二次循环冷却的四排汽汽轮机组，冷端宜配置双背压凝汽器；采用直流冷却的汽轮机组，应经技术经济比较后确定其凝汽器采用单背压或双背压。

12.1.3 汽轮机额定功率及其他功率宜按现行国家标准《固定式发电用汽轮机规范》GB/T 5578的有关规定执行，空冷机组额定功率和最大功率可按下列要求确定：

1 额定功率的确定宜符合下列条件：

1）在额定的主蒸汽和再热蒸汽参数及规定的

背压和补给水率条件下。
2) 主蒸汽流量为额定进汽量。
3) 扣除非同轴励磁、润滑及密封油泵等的功耗。
4) 在发电机额定功率因数、额定氢压、额定冷却水温条件下。
5) 在寿命期内保证的发电机端输出的连续功率。
6) 在该功率下考核机组热耗率。

注：规定的背压应采用额定背压；规定的补给水率亚临界及以下参数机组宜取3%，亚临界以上参数宜取1.5%。当考核机组热耗率时，补给水率应取0。

2 最大功率的确定宜符合下列条件：
1) 在额定的主蒸汽和再热蒸汽参数及规定的背压和补给水率条件下。
2) 主蒸汽流量为调节阀全开时的进汽量。
3) 扣除非同轴励磁、润滑及密封油泵等的功耗。
4) 在发电机额定功率因数、额定氢压、额定冷却水温条件下，发电机端输出的功率。

注：规定的背压应采用额定背压，规定的补给水率应取0。

12.2 主蒸汽、再热蒸汽和旁路系统

12.2.1 主蒸汽系统应采用单元制。

12.2.2 主蒸汽、再热蒸汽等管道的管径及管路根数，应经优化计算确定。

12.2.3 汽轮机旁路系统的设置及其功能、形式和容量应根据汽轮机、锅炉的特性和电网对机组运行方式的要求，并结合机炉启动参数匹配后确定。

12.3 给 水 系 统

12.3.1 给水系统应符合下列规定：
1 给水系统应采用单元制系统。
2 正常运行及备用给水泵宜选用调速给水泵，启动用给水泵宜选用定速给水泵。
3 当正常运行给水泵采用调速给水泵时，给水主管路不应设调节阀系统，启动支管应根据给水泵的特性设置调节阀。

12.3.2 给水泵出口的总流量（不包括备用给水泵）应满足供给其所连接锅炉的最大给水消耗量要求。最大给水消耗量计算原则应符合下列规定：
1 汽包锅炉宜为锅炉最大连续蒸发量的110%。
2 直流锅炉宜为锅炉最大连续蒸发量的105%。
3 对具有快速切负荷功能的机组，给水泵出口的总流量还应包括高压旁路减温水流量。
4 给水泵入口的总流量应加上供再热蒸汽调温用的从泵的中间级抽出的流量，以及漏出和注入给水泵轴封的流量差。
5 前置给水泵出口的总流量应为给水泵入口的总流量与从前置泵和给水泵之间的抽出流量之和。

12.3.3 湿冷机组给水泵的配置应符合下列规定：
1 300MW级以下机组宜配置2台，单台容量应为最大给水消耗量100%的调速电动给水泵；或配置3台，单台容量应为最大给水消耗量50%的调速电动给水泵。
2 300MW级及以上机组的给水泵宜配置2台，单台容量应为最大给水消耗量50%的汽动给水泵；或配置1台，容量应为最大给水消耗量100%的汽动给水泵。
3 300MW级及以上机组宜配置1台容量为最大给水消耗量25%～35%的定速电动给水泵作为启动给水泵，也可根据需要配置1台容量为最大给水消耗量25%～35%的调速电动给水泵作为启动与备用给水泵。
4 当机组启动汽源满足给水泵汽轮机启动要求时，也可取消启动用电动泵。
5 300MW级及以上容量供热机组，给水泵驱动方式宜经过技术经济比较确定。

12.3.4 空冷机组给水泵的配置应符合下列规定：
1 300MW级直接空冷机组的给水泵的配置不宜少于2台，单台容量应为最大给水消耗量50%的调速电动给水泵；200MW级及以下机组的给水泵宜配置2台，单台容量应为最大给水消耗量100%的调速电动给水泵。
2 600MW级及以上直接空冷机组的给水泵宜配置调速电动给水泵，亚临界机组的给水泵的配置不宜少于2台，单台容量应为最大给水消耗量50%的调速电动给水泵；超（超）临界机组宜配置3台，单台容量宜为最大给水消耗量35%的调速电动给水泵，不宜设备用。当采用汽动给水泵时，宜配置2台，单台容量应为最大给水消耗量50%的汽动给水泵和1台容量为最大给水消耗量25%～35%的定速或调速电动给水泵。
3 300MW级及以上间接空冷机组的给水泵宜配置2台，单台容量应为最大给水消耗量50%的间接空冷汽动给水泵和1台容量为最大给水消耗量25%～35%的定速或调速电动给水泵；也可配置调速电动给水泵，其数量和容量配置原则应符合本条第1款的规定。

12.3.5 给水泵（包括启动/备用泵）的扬程计算应符合下列规定：
1 总扬程应按下列各项之和计算：
1) 从除氧器给水箱出口到省煤器进口的介质流动总阻力（按锅炉最大连续蒸发量时的给水消耗量计算），汽包锅炉另加20%裕量；直流锅炉另加10%裕量。

2) 省煤器进口与除氧器给水箱正常水位间的水柱静压差。
　　3) 锅炉最大连续蒸发量时的省煤器入口给水压力（包含了锅炉本体水柱静压差；汽包锅炉为锅炉汽包正常水位与省煤器进口之间的水柱静压差，直流锅炉为锅炉水冷壁炉水汽化始终点标高的平均值与省煤器进口之间的水柱静压差）。
　　4) 除氧器额定工作压力（取负值）。
　2 在有前置泵时，前置泵和给水泵扬程之和应大于计算总扬程。
　3 前置泵的扬程除应计及前置泵出口至给水泵入口间的介质流动总阻力和静压差以外，还应满足汽轮机甩负荷瞬态工况时为保证给水泵入口不汽化所需的压头要求。

12.3.6 启动给水泵（仅启动用）的扬程应按下列各项之和计算：
　1 从除氧器给水箱出口到省煤器进口的介质流动总阻力应按 25%～35% 锅炉最大连续蒸发量时的给水消耗量计算，对汽包锅炉应另加 20% 裕量；对直流锅炉应另加 10% 裕量。
　2 省煤器进口与除氧器给水箱正常水位间的水柱静压差。
　3 25%～35% 锅炉最大连续蒸发量启动工况时，省煤器入口的给水压力。
　4 25%～35% 锅炉最大连续蒸发量启动工况时，除氧器的工作压力（取负值）。

12.3.7 高压加热器换热面积计算宜以汽轮机最大连续功率工况为设计工况，应留有 10% 的面积裕量，并应校核在汽轮机阀门全开工况的给水流量。对具有快速切负荷功能的机组，还应加上高压旁路所需的喷水流量，介质流速不应超过标准的规定值。

12.3.8 高压加热器给水旁路宜采用大旁路。

12.3.9 根据锅炉特性与运行要求，当循环流化床锅炉机组确需设置紧急补水系统时，系统设计应符合下列规定：
　1 紧急补水系统可采用母管制，宜设置 1 台紧急补水泵，容量应为系统所连锅炉需要的紧急补水量之和，并应留有裕量。
　2 紧急补水泵宜采用定速泵，驱动形式应为柴油机。
　3 紧急补水泵的扬程应为从紧急水箱出口至省煤器入口的介质总阻力和锅炉省煤器入口的给水压力。
　4 紧急补水箱容量应根据锅炉厂提供的数据计算确定。紧急补水箱也可与凝汽器补水箱或除盐水箱合并使用，其容量应按拟合并水箱中较大者选用。

12.4 除氧器及给水箱

12.4.1 除氧器应采用滑压运行方式。

12.4.2 除氧器的总出力、台数及形式应符合下列规定：
　1 总出力应根据最大给水消耗量选择。
　2 每台机组宜配 1 台除氧器。
　3 凝汽式机组应采用一级高压除氧器。对供热机组，补给水应采用凝汽器鼓泡除氧装置，也可另设公用低压除氧器，在保证给水含氧量合格的条件下，可采用一级高压除氧器。

12.4.3 给水箱的贮水量宜根据除氧器布置位置，结合瞬态计算结果、机组控制水平和机组功能要求确定，并应符合下列规定：
　1 200MW 及以下机组宜为 10min 的锅炉最大连续蒸发量时的给水消耗量。
　2 200MW 以上机组宜为 3min～5min 的锅炉最大连续蒸发量时的给水消耗量。
　3 当机组具有快速切负荷功能时，给水箱的贮水量宜适当加大。

12.4.4 除氧器的启动汽源及备用汽源应取自厂用辅助蒸汽系统。

12.4.5 除氧器及其有关系统的设计应采取可靠的防止除氧器过压爆炸的措施。

12.4.6 单元制系统除氧器给水箱启动时的加热方式应符合下列规定：
　1 根据除氧器形式可采用给水启动循环泵或再沸腾管。
　2 给水启动循环泵的容量不宜小于除氧器启动时所用喷嘴额定流量的 30%。
　3 当用再沸腾管时，所用的蒸汽应经过调压，并应采取防止在运行中可能产生的水击和振动的措施。

12.5 凝结水系统

12.5.1 凝汽式机组的凝结水泵容量和台数应符合下列规定：
　1 凝结水泵出口的总容量（不包括备用凝结水泵）应满足输送最大凝结水量的要求，最大凝结水量应为下列各项之和的 110%：
　　1) 汽轮机调节阀全开工况时的凝汽量。
　　2) 进入凝汽系统的经常疏水量。
　　3) 进入凝汽系统的正常补给水量。
　　4) 其他杂用水。
　2 凝汽式机组宜装设 2 台凝结水泵，单台容量应为最大凝结水量的 100%；也可装设 3 台凝结水泵，单台容量应为最大凝结水量的 50%；其中 1 台应为备用。
　3 当备用凝结水泵短期投入运行时，凝结水泵出口总容量应满足低压加热器可能排入凝汽系统的事故疏水量或旁路系统投入运行时凝结水量输送的要求。

12.5.2 供热式机组的凝结水泵容量和台数应符合下列规定：

　　1 设计热负荷工况下的凝结水量应为下列各项之和的110%：

　　　　1）机组在设计热负荷工况下运行时的凝汽量。

　　　　2）进入凝汽系统的经常疏水量。

　　　　3）进入凝汽系统的正常补给水量。

　　2 最大凝结水量应为下列工况凝结水量的110%：

　　　　1）当补给水正常不补入凝汽系统时，应按纯凝汽工况计算，其计算方法应符合本规范第12.5.1条的规定。

　　　　2）当补给水正常补入凝汽系统时，应分别按最大抽汽工况和纯凝汽工况计算，经比较后，应取较大值。

　　3 工业抽汽式供热机组或工业、采暖双抽式供热机组，每台机组宜装设2台凝结水泵；每台泵的容量应分别按100%设计热负荷工况下凝结水量和50%最大凝结水量计算，应取较大值。

　　4 对凝汽采暖两用机组，宜装设3台容量各为最大凝结水量50%的凝结水泵。

12.5.3 凝结水泵的扬程应按下列各项之和计算：

　　1 从凝汽系统热井到除氧器凝结水入口（包括喷雾头）之间管道的介质流动阻力应按汽轮机调节阀全开工况时的凝结水量计算，并应另加20%裕量。

　　2 除氧器凝结水入口与凝汽系统热井最低水位间的水柱静压差。

　　3 除氧器最大工作压力。

　　4 凝汽系统的最高真空。

　　5 凝结水系统设备的阻力。

12.5.4 补给水系统应符合下列规定：

　　1 在进入凝汽系统前，宜按系统的需要装设补给水箱和补给水泵，经技术经济比较合理，也可利用锅炉补给水处理系统的除盐水箱，可不另设补给水箱。

　　2 300MW级以下机组，凝汽机组补给水箱的容积不宜小于50m³；300MW级机组，凝汽机组补给水箱的容积不宜小于100m³；600MW级机组，凝汽机组补给水箱的容积不宜小于300m³；1000MW级机组，凝汽机组补给水箱的容积不宜小于500m³。

　　3 工业抽汽供热机组补给水箱的容积宜根据热负荷情况确定。

　　4 亚临界及以下参数湿冷机组补给水泵可不设备用，超临界或超超临界参数湿冷机组应根据补给水接入凝汽器的接口位置确定是否设置备用，其总出力应按锅炉启动时的补给水量要求选择。

　　5 空冷机组正常运行用补给水泵宜设置备用，其中1台应兼作启动用补给水泵。

12.5.5 低压加热器换热面积计算宜以汽轮机最大连续功率工况为设计工况，应留有10%的面积裕量，并应校核在汽轮机阀门全开工况下，介质流速不应超过所采用标准的规定值。

12.5.6 如需配置低压加热器疏水泵，每台加热器宜设置2台疏水泵，其中一台应为备用。疏水泵容量应按在汽轮机调节阀全开工况时接入该泵的低压加热器的疏水量之和计算，并应另加10%裕量。

12.5.7 低压加热器疏水泵的扬程应按下列各项之和计算：

　　1 从低压加热器到除氧器凝结水入口（包括喷雾头）的介质流动阻力。应按汽轮机最大凝结水量对应工况计算，并应另加10%~20%的裕量。

　　2 除氧器凝结水入口与低压加热器最低水位间的静压差。

　　3 除氧器最大工作压力。

　　4 最大凝结水量对应工况下低压加热器内的真空，如为正压力时，应取负值。

12.6 疏放水系统

12.6.1 火力发电厂宜按压力等级设置高、低压疏放水母管，可不设疏水箱及疏水泵。

12.6.2 疏放水应回收至凝汽系统或其他设备。

12.7 辅机冷却水系统

12.7.1 辅机冷却水系统应根据凝汽器冷却水源、水质情况和设备对冷却水水量、水温和水质的不同要求合理确定，辅机冷却水系统宜采用单元制。

12.7.2 转动机械轴承冷却水中的碳酸盐硬度宜小于250mg/L（以$CaCO_3$计）；pH值不应小于6.5，不宜大于9.5；300MW及以上机组，悬浮物的含量宜小于50mg/L；其他机组，悬浮物的含量应小于100mg/L。

12.7.3 辅机冷却水系统应符合下列规定：

　　1 以淡水作为辅机冷却水源，且不需进行处理即可作为辅机冷却用水时，宜采用开式循环冷却水系统；以淡水作为辅机冷却水源，但需经处理时，宜采用开式循环和闭式循环相结合的辅机冷却水系统。

　　2 以海水作为辅机冷却水源时，不宜用海水直接冷却的辅机设备，宜采用闭式循环冷却水系统，闭式循环冷却水热交换器宜由海水作为冷却水源。

　　3 以再生水作为辅机冷却水源时，不宜用再生水直接冷却的辅机设备，宜采用闭式循环冷却水系统，闭式循环冷却水热交换器宜采用再生水作为冷却水源。

　　4 湿冷机组开式循环冷却水应取自凝汽器循环冷却水系统，空冷机组开式循环冷却水宜取自辅机冷却塔冷却水系统，闭式循环冷却水宜采用除盐水或凝结水。

12.7.4 闭式循环冷却水热交换器换热面积应按最高计算冷却水温度计算确定。系统宜设置2台65%换热面积的热交换器，热交换器材料宜与凝汽器管材一致。

12.7.5 闭式循环冷却水系统宜设置2台闭式循环冷却水泵。单台水泵的容量不应小于机组最大冷却水量的110%；水泵的扬程不应小于按最大冷却水量计算的系统管道阻力，并应另加20%的裕量。

12.7.6 开式循环冷却水系统应根据系统布置计算确定需要设置升压水泵的供水范围。当需要设置时，宜设2台升压水泵，单台升压水泵的容量不应小于需要升压的冷却水量的110%。升压水泵的扬程应按下列各项之和计算：

  1 按最大冷却水量计算的系统管道阻力，并应另加20%的裕量。

  2 最高用水点与升压水泵中心线之间的净压差。

  3 循环水进出口管道之间的水压差，取负值。

12.7.7 闭式循环冷却水系统应设置膨胀装置和补给水系统，膨胀装置的安装高度不应低于系统中最高冷却设备的标高。

12.7.8 闭式循环冷却水热交换器处的闭式循环水侧的运行压力，应大于开式循环水侧的运行压力。

12.8 供热式机组的辅助系统和设备

12.8.1 基本热网加热器的容量和台数应符合下列规定：

  1 基本热网加热器的容量和台数应根据采暖、通风和生活热负荷选择，不宜设台数备用。

  2 当任何1台基本热网加热器停止运行时，其余设备应满足60%~75%热负荷的需要，对严寒地区宜取上限。

  3 设计时宜根据热负荷增长的可能性及汽轮机采暖抽汽的供汽能力，确定是否预留增装相应基本热网加热器的位置。

12.8.2 热网尖峰加热器应根据热负荷性质、输送距离、当地气候和热网系统等因素综合研究确定是否装设。

12.8.3 热网系统的其他设备应符合下列规定：

  1 热网循环水泵不应少于2台，其中1台应为备用。当设置3台以上时，可不设备用，热网循环水泵可根据工程具体条件设置调速装置。

  2 热网加热器凝结水泵不应少于2台，其中1台应为备用，凝结水泵宜采用变频调速。

  3 补水装置的压力应比补水点管道压力高30kPa~50kPa，当补水装置同时用于维持管网静态压力时，其压力应满足静态压力的要求。

  4 当补给水不能直接补入热网时，宜设热网补给水泵2台，其中1台应为备用；当补给水在正常运行工况能直接补入热网，可不设热网补给水泵，但在热网循环水泵停用，不能保证热网所需静压时，宜设热网补给水泵1台；热网补给水泵应采用变频调速。

  5 闭式热网正常补给水应采用除过氧的化学软化水以及锅炉排污水，启动或事故时可补充工业水或生活水。闭式热力网补水装置的流量不应小于供热系统循环流量的2%，事故补水量不应小于供热系统循环流量的4%。

12.8.4 减压减温装置的设置应符合下列规定：

  1 对于工业抽汽系统应根据各级工业抽汽参数各装设1套减压减温装置作为备用，其容量应等于1台汽轮机的最大抽汽量或排汽量。

  2 当任何1台汽轮机停用，其余汽轮机如能供给采暖、通风和生活用热量的60%~75%时（严寒地区取上限），可不装设采暖抽汽的备用减压减温装置。

  3 不宜设置经常运行的减压减温装置，当确需设置时应设1套备用。

12.8.5 如热用户能返回凝结水，宜装设回水收集设备。回水中继水泵不宜少于2台，其中1台应为备用。回水箱的数量和容量应按具体情况确定，不宜少于2台。

12.9 凝汽器及其辅助设施

12.9.1 湿冷凝汽器的管板与管材选择应符合现行行业标准《火力发电厂凝汽器管选材导则》DL/T 712的有关规定。

12.9.2 凝汽器清洗装置的设置应符合下列规定：

  1 湿冷凝汽器宜装设胶球清洗装置。但对直流供水系统，如水中含沙较多，能证明管子不结垢、也不沉积时，可不设胶球清洗装置。

  2 当冷却水含有悬浮杂物，易形成单向堵塞时，宜设反冲洗装置。

  3 间接空冷汽轮机的表面式凝汽器不应装设胶球清洗装置。

12.9.3 抽真空系统设备的配置应符合下列规定：

  1 300MW级及以下容量的机组宜配置2台水环式真空泵或其他形式的抽真空设备，每台抽真空设备的容量应满足凝汽器正常运行抽干空气量100%的需要。

  2 600MW级及以上容量的湿冷和间接空冷机组，宜配置3台水环式真空泵，每台泵的容量应满足凝汽器正常运行抽干空气量50%的需要。

  3 600MW级直接空冷机组宜配置3台水环式真空泵，每台泵的容量应满足凝汽器正常运行抽干空气量100%的需要。

  4 600MW级以上直接空冷机组宜配置3台

100％或4台75％凝汽器正常运行抽干空气量的水环式真空泵。

5 当全部抽真空设备投入运行时，应能满足机组启动时建立真空度的时间要求。

6 当采用直流供水系统时，宜设置1台凝汽器水室抽真空泵。

12.9.4 采用海水冷却的300MW级及以上容量的机组，宜设置凝汽器检漏装置。

13 水处理系统

13.1 水质及水的预处理

13.1.1 水处理系统的设计应根据全部可利用水源近年的水质全分析资料，水质全分析资料应符合下列规定：

1 地表水、再生水（包括老厂循环水排污水）等应为1年逐月资料。

2 地下水、矿井排水、海水等应为1年各季资料。

3 对于海水还应取得取水口1年逐月海水水温资料。

13.1.2 原水预处理系统应在全厂水务管理设计的基础上，根据原水水质、后续处理工艺对水质的要求、处理水量和试验资料，以及类似厂的运行经验，并结合当地条件，通过技术经济比较确定。原水预处理系统设计应符合现行国家标准《室外给水设计规范》GB 50013的有关规定，并应符合下列规定：

1 应根据原水泥沙含量确定是否设置预沉淀设施。

2 当原水有机物含量超过预脱盐及除盐等系统进水要求时，可采用氯化、混凝、澄清、过滤处理。氯化、混凝、澄清、过滤处理仍不能满足要求时，可同时采用活性炭、吸附树脂或其他方法去除有机物。

3 对于地表水、海水，应根据原水中不同的悬浮物、胶体等杂质的含量，分别采用沉淀（混凝）、澄清、过滤、接触混凝、过滤或超（微）滤的预处理方式。

4 当原水含有非活性硅，不能满足锅炉蒸汽品质要求时，应采用接触混凝、过滤或沉淀（混凝）、澄清、过滤及超（微）滤等工艺去除。

5 当原水碳酸盐硬度较高时，经技术经济比较，可采用石灰、弱酸离子交换等处理工艺。

6 当采用铁锰含量超过预脱盐及除盐等系统进水要求时，还应采取除铁、除锰措施。

7 对于再生水及矿井排水等水源，应根据水质特点、用水系统对水质的要求、处理规模及场地条件等因素，选择采用生化降解、杀菌、过滤、凝聚澄清、超（微）滤等处理工艺。

13.1.3 主要设备设置应符合下列规定：

1 澄清器（池）不宜少于2台。当短期悬浮物高，只用于季节性处理时，也可只设1台，但应设置旁路及接触混凝设施。

2 过滤设施不应少于2台（套）。

3 预处理系统的各种水箱（池），其总有效容积应按系统自用水量、前后系统出力配置及系统运行要求设计。

13.2 水的预脱盐

13.2.1 水的预脱盐应根据来水类型及水质特点选择合适的处理工艺。

13.2.2 非海水水源应根据进水水质及出水水质要求，并综合酸碱供应条件及废水排放和回用要求，经比较后确定是否设置反渗透预脱盐工艺。

13.2.3 海水淡化工艺可采用反渗透法或蒸馏法等技术。海水淡化工艺的选择应根据电厂的厂址条件、水源及水质条件、供汽及供电条件、系统容量、出水水质要求等因素，经技术经济比较确定。

13.2.4 海水淡化系统设计应符合下列规定：

1 蒸馏法海水淡化系统的蒸汽参数、造水比、水回收率等主要设计参数应根据工程具体情况，通过技术经济比较确定。

2 海水淡化系统的取排水方式宜结合电厂的循环冷却水取排水系统、当地的气候条件等因素合理选择。

3 海水淡化装置的产品水作为工业、消防和饮用水等用水时，应采取合适的水质调整措施。

13.2.5 主要设备设置应符合下列规定：

1 蒸馏法淡化装置可不设备用，其台数不宜少于2台。

2 反渗透装置不宜少于2套，当有1套设备清洗或检修时，其余设备应能满足全厂正常补水的要求。

3 预脱盐系统产品水箱的容积可根据系统出力、预脱盐水用量、预脱盐装置检修周期和时间等因素确定，其台数不宜少于2台。

13.3 锅炉补给水处理

13.3.1 锅炉补给水处理系统应根据进水水质、给水及炉水的质量标准、补给水率、设备和药品的供应条件，以及环境保护要求等因素，经技术经济比较确定。给水及炉水的质量标准应符合现行国家标准《火力发电机组及蒸汽动力设备水汽质量》GB/T 12145的有关规定。

13.3.2 锅炉补给水处理系统的出力应满足火力发电厂全部正常水汽损失的补充水量要求。火力发电厂各项正常水汽损失应按表13.3.2计算。

表 13.3.2　火力发电厂各项正常水汽损失

序号	损失类别		正常损失
1	厂内水汽循环损失	1000MW级机组	为锅炉最大连续蒸发量的1.0%
		300MW级、600MW级机组	为锅炉最大连续蒸发量的1.5%
		125MW级、200MW级机组	为锅炉最大连续蒸发量的2.0%
2	汽包锅炉排污损失		根据计算或锅炉厂资料,但不少于0.3%
3	闭式热水网损失		热水网水量的0.5%~1.0%或根据具体工程情况确定
4	火力发电厂其他用水、用汽损失		根据具体工程情况确定
5	对外供汽损失		
6	厂外其他用水量		
7	间接空冷机组循环冷却水损失		

注：厂内水汽循环损失包括锅炉吹灰、凝结水精处理再生及闭式冷却系统等水汽损失。

13.3.3　锅炉补给水处理系统可选用离子交换法、预脱盐加离子交换法或预脱盐加电除盐法等除盐系统，应结合工程的具体条件经技术经济比较确定。预脱盐后处理方案应根据进水水质及出水水质要求，经技术经济比较确定，并应符合下列规定：

 1　当采用反渗透预脱盐时，一级反渗透后处理宜采用一级除盐加混床系统，也可采用二级反渗透加电除盐或加混床系统。

 2　当采用蒸馏法海水淡化预脱盐时，其后处理宜采用一级除盐加混床系统；经技术经济比较合理时，也可采用单级混床或一级反渗透加电除盐系统。

 3　当酸碱供应困难或受环保要求限制时，宜选用二级反渗透加电除盐的后处理方案。

13.3.4　除盐设备设置应符合下列规定：

 1　每种形式的离子交换器不应少于2台。

 2　离子交换器再生次数宜按每台每昼夜不超过2次计算，对于凝汽式火力发电厂，可不设再生备用离子交换器。

 3　当有1套（台）设备检修时，其余设备应能满足全厂正常补水的要求。

13.3.5　除盐水箱的容量应满足工艺系统运行调节的需要，并应符合下列规定：

 1　除盐水箱的总有效容积应满足最大1台锅炉化学清洗、机组启动和1h~2h的供水汽量三项中的最大一项用水量要求，汽包炉机组宜为最大1台锅炉2h~3h的最大连续蒸发量，直流炉机组宜按机组启动冲洗水流量及冲洗时间确定或为最大1台锅炉3h的最大连续蒸发量。

 2　当离子交换器不设再生备用设备时，除盐水箱容积还应包括设备再生停运期间所需的备用水量。

13.3.6　除盐水泵的容量及水处理室至主厂房的补给水管道，应按能同时输送最大1台机组的启动补给水量或锅炉化学清洗用水量和其余机组的正常补给水量之和选择。

13.4　汽轮机组的凝结水精处理

13.4.1　汽轮机组的凝结水精处理系统配置应按锅炉形式及参数、冷却水水质和凝汽器管材质等因素确定，系统处理能力应与凝结水泵的最大流量相适应，并应符合下列规定：

 1　装设直流锅炉的湿冷机组，全部凝结水应进行除铁、除盐处理。

 2　装设亚临界汽包锅炉的湿冷机组，全部凝结水宜进行除盐处理。

 3　装设高压汽包锅炉或超高压汽包锅炉，并且起停频繁的机组，宜根据机组启动排水量、停炉保护措施、凝汽器材质及运行管理水平等因素进行技术经济比较，确定是否采用供机组启动用的凝结水除铁设施。

 4　空冷机组的凝结水精处理系统应根据空冷系统形式、机组参数等因素确定，并应符合下规定：

　　1)　装设亚临界汽包锅炉的直接空冷机组宜设置以除铁为主，同时也具有一定除盐能力的精处理系统。装设直流锅炉的直接空冷机组，全部凝结水应进行除铁、除盐处理。

　　2)　装设混合式凝汽器的间接空冷机组宜采用除铁加混合离子交换器系统，处理装置宜设置备用设备。

　　3)　装设汽包锅炉的表面式凝汽器的间接空冷机组应设除铁设备，亚临界参数机组的凝结水处理设施宜选择具有一定除盐能力的设备。装设直流锅炉的间接空冷机组，全部凝结水应进行除铁、除盐处理。

13.4.2　凝结水精处理系统中的过滤器和离子交换器的配置应符合下列规定：

 1　当过滤器作为机组启动或前置除铁时，可不设备用。装设直流锅炉机组的除铁设施不应少于2台。超临界直接空冷机组的除铁设施应设备用。

 2　对于机组容量为300MW级、冷却水水质较好，且给水采用还原性全挥发处理工况设计的机组的凝结水精处理装置，可不设备用设备，但精处理设备不应少于2台。

 3　冷却水水质为海水、苦咸水、再生水或机组容量为600MW级及以上或给水采用加氧处理工况设计的机组，凝结水精处理装置应设有备用设备。

 4　装设直流锅炉的机组、带混合式凝汽器间接空冷机组的精处理除盐装置应设置备用设备。

13.4.3 亚临界及以上参数机组的凝结水精处理宜采用中压系统。

13.4.4 精处理装置的树脂应采用体外再生方式进行再生，宜2台机组合用1套再生装置。

13.4.5 酸碱储存、计量设备及再生废水池不宜布置在汽机房内。

13.5 冷却水处理

13.5.1 冷却水处理系统的选择应根据冷却方式、全厂水量平衡、水源水量及水质等因素经技术经济比较确定，并应满足防垢、防腐蚀和防菌藻及水生物滋生的要求。循环冷却水处理系统的水质控制指标应符合现行行业标准《火力发电厂化学设计技术规程》DL/T 5068 的有关规定。

13.5.2 循环供水系统应根据环保要求、水量平衡、水质平衡和补给水源确定排污量及浓缩倍率。采用非海水水源时，浓缩倍率设计值宜为3倍～5倍，当水质较好时，浓缩倍率可进一步提高。采用海水水源时，浓缩倍率设计值应通过试验确定，不宜超过2.5倍。

13.5.3 采用冷却池冷却的循环供水系统，冷却水池容积（m^3）与循环水量（m^3/h）的比值大于60时，可按直流供水系统采取冷却水处理措施。

13.5.4 对循环水系统补充水的处理应符合下列规定：

1 循环水系统补充水碳酸盐硬度不高时，可采用加稳定剂、加酸法。

2 循环水补充水碳酸盐硬度较高时，可采用补充水石灰软化法、弱酸树脂离子交换或钠离子交换法，也可采用循环水旁流石灰软化法、石灰-碳酸钠软化法、弱酸树脂离子交换或钠离子交换法，同时应配合采用加稳定剂法。

3 在特殊水质条件或机组对冷却水中的某些离子含量有特殊要求时，经技术经济比较，也可采用部分膜脱盐处理方法。

4 当冷却设备的换热管采用铜管时，宜采用加缓蚀剂处理。

13.5.5 环境空气含尘量、补给水悬浮物含量、硫酸根离子和氯根离子含量等因素对循环水系统的影响较大时，可采用循环冷却水旁流处理。

13.5.6 当采用再生水或其他回收水作为循环水补充水水源时，如水质能满足运行要求，可直接补入循环水系统；当水质不能满足运行要求时，应进行深度处理。深度处理设施宜设在厂内。

13.5.7 冷却水加药种类和加药量应根据模拟试验确定，所选择的药品应满足冷却水排放及后续水系统的水质要求。

13.6 热力系统的化学加药和水汽取样

13.6.1 热力系统化学加药设施应根据机炉形式、参数及水化学工况设置，并应符合下列规定：

1 超高压锅炉给水宜采用加氨及加联氨或其他化学除氧药剂处理。

2 对亚临界汽包锅炉凝结水、给水宜采用加氨及加联氨处理，也可采用加氧处理；对于亚临界直流炉机组，凝结水、给水宜采用加氨、加氧处理。

3 对于超临界及以上参数的机组，凝结水、给水应采用加氨、加氧处理。直接空冷超临界机组应留有还原性给水处理的可能性。

4 汽包炉锅炉炉水宜采用碱性处理。

13.6.2 热力系统的水汽监督项目、仪表及取样点设置应根据机组容量、形式、参数、热力系统和化学监督的要求确定。对于不同参数机组的热力系统，应设置相应的水汽集中取样装置及监测仪表，取样分析的信号应能作为相关系统控制的输入信号。

13.6.3 位于主厂房内的热力系统化学加药和水汽取样分析装置，宜与凝结水精处理系统相对集中布置。

13.7 热网补给水及生产回水处理

13.7.1 热网补给水处理系统应根据热网补给水水质、水量要求，并综合全厂水处理系统情况，经技术经济比较确定。

13.7.2 回水处理设施应根据热网回水量及水质情况，经技术经济比较确定。

13.8 废水处理

13.8.1 火力发电厂各生产作业场所排出的各种废水和污水，宜按分质分类回用的原则分类收集和贮存，并应根据废水水质、水量及其变化幅度、复用和排放的水质要求等确定最佳处理工艺。不应采用渗井、渗坑、稀释等手段排放不合格的废水。废水处理应符合下列规定：

1 应根据各生产装置排出的废水水质和水量、处理的难易程度、复用系统对水质的要求，以及减少对外排放污染物总量等因素，对废水的合理回收、复用和排放进行综合优化。

2 单机容量为300MW级及以上的火力发电厂宜设置化学废水集中处理设施。

3 废水处理设施在厂区总平面中的位置应有利于各类废水的收集、储存和回收利用。

4 废水储存总容积应能满足全厂所有机组正常运行及1台最大容量机组在维修或锅炉化学清洗期间所产生的废水。

13.8.2 化学废水处理设计应符合下列规定：

1 酸、碱废水应经中和处理后复用或排放。

2 含铁、铜等金属离子的废水宜进入废水集中处理系统，进行氧化、调pH值、混凝澄清处理，并应达到相应水质标准后复用或排放。

3 锅炉化学清洗废水应根据锅炉清洗方案确定处理水量及处理工艺。

13.8.3 脱硫废水处理设计应符合下列规定：

1 石灰石-石膏湿法烟气脱硫系统的废水宜处理回用，如无回用条件时，应处理达标后排放；有水力除灰的电厂，脱硫废水可直接作为冲灰用水。

2 脱硫系统的废水处理装置宜单独设置，并应按连续运行方式设计。

3 脱硫废水处理中产生的污泥宜进行单独的脱水处理，若其他废水与脱硫废水处理产生的污泥进行合并脱水处理时，滤出液应返回至脱硫废水处理系统。

13.8.4 含油废水应进行油、水分离处理，处理后宜复用。

13.8.5 含煤废水应设置独立的收集系统并进行处理，处理后宜回用到输煤冲洗系统。

13.8.6 生活污水宜采用生物氧化法处理，处理后宜回用于绿化、冲洗用水。

13.9 药品储存

13.9.1 化学水处理药品仓库的设置应根据药品消耗量、供应和运输条件等因素确定。

13.9.2 药品贮存设施的布置位置应便于运输与装卸。药品仓库内应设置安全防护和通风设施，并应采取相应的防腐蚀措施。

14 信息系统

14.1 基本规定

14.1.1 全厂信息系统的总体规划与建设应做到技术先进、经济合理，并应在火力发电厂上级主管单位统一规划的框架下进行。

14.1.2 全厂信息系统的规划设计应保证系统中数据的准确性、一致性和唯一性。

14.1.3 以计算机为基础的不同信息系统，在满足安全可靠的前提下，宜采用统一的网络和硬件系统。不同系统应避免软件及功能配置的相互交叉与重复。

14.1.4 火力发电厂信息系统机房的设计应符合现行国家标准《电子信息系统机房设计规范》GB 50174的有关规定。

14.2 全厂信息系统的总体规划

14.2.1 火力发电厂信息系统宜包括厂级监控信息系统、管理信息系统、报价系统、视频监视系统、视频会议系统和门禁管理系统等。

14.2.2 全厂信息系统应与各控制系统进行总体规划设计，并应合理利用各系统的信息资源，控制系统和信息系统应协调统一，应保证数据的唯一性。

14.2.3 全厂信息系统的总体规划应根据火力发电厂的信息特征与信息需求，满足项目在设计、施工、调试、运行等各阶段的实际需要。

14.2.4 全厂信息系统的总体规划应以本期工程为主、兼顾现状和发展。对于新建电厂，应预留规划容量下后期扩建机组所需的扩容能力。对于扩建电厂，应充分利用已有信息系统，必要时可对现有信息系统进行改造或重新建设。

14.2.5 全厂信息系统应根据火力发电厂上级主管单位、调度部门、监管部门的信息交换要求设置相应的接口。

14.2.6 全厂信息系统的总体规划应充分利用全厂各控制系统的实时生产信息，并应通过安全的网络接口与合理的数据库设置，将全厂各控制系统和信息系统进行集成。

14.2.7 火力发电厂各控制系统与信息系统的集成宜通过实时/历史数据库实现。各控制系统与实时/历史数据库的接口应符合下列规定：

1 监控单元机组的各控制系统宜先以机组分散控制系统为中心进行集成，然后由机组分散控制系统与实时/历史数据库接口。

2 监控单元机组公用系统的各控制系统，宜先以两台或多台机组的分散控制系统公共网络为中心进行集成，然后通过机组分散控制系统与实时/历史数据库接口；当公用系统复杂且数量多时，也可根据机组运行管理模式，单独组成独立的控制系统网络与实时/历史数据库接口。

3 监控辅助车间的各控制系统可分别以水集中控制网络、灰集中控制网络和煤集中控制网络为中心进行集成，集成后的网络宜与实时/历史数据库接口。若条件具备，宜将各辅助车间统一为一个集中控制网络进行集成。

14.2.8 厂级监控信息系统和管理信息系统宜统一规划、分步实施，网络宜合并设置。

14.2.9 火力发电厂实时系统与非实时系统之间的数据流向应为单向传输，并应采取必要的隔离措施。

14.3 厂级监控信息系统

14.3.1 厂级监控信息系统应根据火力发电厂上级主管单位的总体规划和火力发电厂实际需求来确定是否设置。厂级监控信息系统应以实时/历史数据库为基础。

14.3.2 厂级监控信息系统的基本功能应包括厂级实时数据采集与监视、厂级性能计算与分析。在电网明确有非直调方式且应用软件成熟的前提下，可设置负荷调度分配功能。设备故障诊断功能、寿命管理功能、系统优化功能等其他功能应根据火力发电厂上级主管单位要求，并结合火力发电厂实际情况后再研究确定。

14.3.3 机组级性能计算功能宜在机组分散控制系统中完成，厂级监控信息系统不宜重复设置。

14.3.4 实时/历史数据库的标签量规模应根据系统的功能范围、电厂的建设规模及运行管理水平等综合因素确定。

14.3.5 厂级监控信息系统的实时/历史数据库服务器和网络核心交换机等主要硬件宜冗余配置。

14.4 管理信息系统

14.4.1 火力发电厂应设置管理信息系统，系统的规模与配置应根据火力发电厂上级主管单位的总体规划和电厂的实际需求确定。

14.4.2 扩建电厂的管理信息系统应与现有系统充分协调，若现有系统已不能满足信息化需要，可重新建设。

14.4.3 管理信息系统应包括建设期管理信息系统和生产期管理信息系统，并应符合下列规定：

  1 建设期管理信息系统的功能应至少包括进度管理、质量管理、物资管理、费用管理、安全环境管理、图纸文档管理、综合查询、系统维护等。

  2 生产期管理信息系统的功能应至少包括生产管理、设备管理、燃料管理、经营管理、行政管理、综合查询、系统维护等。

  3 建设期管理信息系统和生产期管理信息系统应统一规划、合理过渡。应包括系统的软硬件过渡、系统的数据过渡和系统的功能过渡。

14.4.4 管理信息系统的数据库服务器和网络核心交换机等主要硬件，宜冗余配置。

14.4.5 管理信息系统的数据范围宜覆盖各专业和各应用部门，并应实现通用的数据存取。

14.5 报价系统

14.5.1 火力发电厂在根据电力市场交易系统的要求设置发电侧报价系统时，宜与信息系统共用网络平台、共享资源。

14.6 视频监视系统

14.6.1 火力发电厂可根据需要设置全厂视频监视系统，视频监视系统可包括安保视频监视系统和生产视频监视系统，安保视频监视系统和生产视频监视系统可合并设置，也可分开设置。

14.6.2 安保视频监视系统的监视范围宜包括设备库、材料库、厂大门、综合楼等。

14.6.3 生产视频监视系统的监视范围宜包括下列区域：

  1 汽轮机油系统、制粉系统、炉前油燃烧器、电缆夹层等主厂房内的危险区域。

  2 高压配电装置、高/低压配电间、冷却塔/空冷系统、汽机房、送/引风机、炉后除尘脱硫系统、运煤系统、除灰渣系统等重要设备区域。

  3 无人值班的辅助车间区域。

14.6.4 视频监视系统的功能宜包括实时监视、动态存贮、实时报警、历史画面回放、网络传输等功能。

14.6.5 视频监视系统应设置与管理信息系统的接口。

14.6.6 视频监视系统的设备选择应符合现行国家标准《民用闭路监视电视系统工程技术规范》GB 50198的有关规定。

14.7 视频会议系统

14.7.1 火力发电厂在建设和生产期可根据需要设置视频会议系统。

14.7.2 视频会议系统宜与发电企业总部实现远程传输，可召开点对点会议、多点会议、同时多个会议等。

14.7.3 视频会议系统应设置与管理信息系统的接口。

14.7.4 视频会议系统的设备选择应符合现行国家标准《会议系统电及音频的性能要求》GB/T 15381的有关规定。

14.8 门禁管理系统

14.8.1 火力发电厂可根据需要设置门禁管理系统。

14.8.2 门禁管理系统的应用范围宜包括主厂房内的重要设备区域如电子设备间、高/低压配电间、计算机房等，以及无人值班的辅助车间，试验室、信息系统机房等生产综合楼区域的重要房间。

14.8.3 门禁管理系统的功能宜包括实时监控、进出权限管理、记录、报警、消防报警联动等功能。

14.8.4 门禁管理系统应设置与管理信息系统的接口。

14.8.5 门禁管理系统的设备选择应符合现行国家标准《出入口控制系统工程设计规范》GB 50396的有关规定。

14.9 培训仿真机

14.9.1 600MW以上容量机组的培训仿真机应由火力发电厂上级主管单位根据地区协作的原则确定是否设置。

14.9.2 按地区建设的国内首台（套）新型机组的培训仿真机，可按全范围、全过程进行仿真，次要系统可简化。

14.9.3 培训仿真机提供的培训功能宜包括参考机组的正常运行工况和故障处理工况。

14.9.4 培训仿真机提供的与参考机组相似的正常运行工况和操作过程应包括下列内容：

1 从各设备完全停运的冷态工况启动，到100％负荷工况。

2 机组从热备用工况启动，到100％负荷工况。

3 锅炉、汽轮机、发电机或整个机组跳闸后工况及重新恢复到正常运行工况。

4 机组从100％负荷工况停机到热备用工况，以及冷却到冷态停运工况。

5 各种工况下对设备或系统进行规程规定的在集中控制室进行的各种操作和试验。

14.9.5 培训仿真机提供的与参考机组相似的典型故障应至少包括下列内容：

1 锅炉本体，空气预热器、送风机、引风机、一次风机等辅机，制粉系统，燃油系统，给水系统，主要阀门或挡板类故障等锅炉系统故障。

2 汽轮机本体，凝结水系统，凝汽器系统，低压加热器系统，高压加热器系统，辅助蒸汽系统，辅机冷却水系统，各主要阀门或执行机构故障等汽轮机系统故障。

3 发电机-变压器组，发电机氢、油、水系统，厂用电系统故障等电气系统故障。

14.10 布　　线

14.10.1 火力发电厂的布线系统应统一规划设计，一次建成。宜对厂级监控信息系统、管理信息系统、视频监视系统、视频会议系统、门禁管理系统、厂内通信系统等按综合布线方式统一进行设计。

14.10.2 火力发电厂的布线系统设计应符合现行国家标准《综合布线系统工程设计规范》GB 50311 的有关规定。

14.11 信息安全

14.11.1 火力发电厂信息系统应按系统配置的内容，分别对硬件、网络操作系统、数据库、应用服务、客户服务和终端、接口等采取安全防范措施。

14.11.2 硬件和环境的安全措施应包括服务器和存储设备的备份和灾难恢复、网络设备的安全及环境要求等。

14.11.3 网络操作系统的安全防范措施应包括系统的可靠性、系统间的访问控制、用户的访问控制等。

14.11.4 数据库应具有对存储数据的全面保护功能，数据库的安全防范措施应包括对数据安全及数据恢复的要求、用户访问控制、数据的一致性和保密性等。

14.11.5 应用系统的安全防范措施应包括用户访问控制、身份识别、操作记录、防病毒、防黑客入侵等。

14.11.6 接口的安全防范措施应包括信息系统与控制系统接口、各信息系统之间接口，以及信息系统与外部接口的安全隔离等。

15 仪表与控制

15.1 基 本 规 定

15.1.1 火力发电厂仪表与控制系统的设计应满足机组安全、经济、环保运行和启停的要求。

15.1.2 在仪表与控制系统设计中，应选用技术先进、质量可靠的设备和元器件。全厂各控制系统和同类型仪表设备的选型宜统一。随主辅设备本体成套供货的仪表和控制设备应满足机组运行、自动化系统的功能及接口要求。

15.1.3 涉及安全与机组保护的仪表与控制的新产品和新技术，应在取得成功应用经验后再在设计中采用。

15.1.4 火力发电厂各控制系统的时钟应同步。

15.1.5 基于计算机的控制系统应采取抵御黑客、病毒、恶意代码等对系统的破坏、攻击，以及非法操作的安全防护措施。

15.2 自动化水平

15.2.1 火力发电厂的自动化水平应根据机组在电网中的地位、机组的容量和特点，以及预期的电厂运行管理水平等因素确定。

15.2.2 单元机组的自动化水平应根据控制方式、控制系统的配置与功能、主辅机设备可控性、运行组织管理等因素确定。单元机组应能在就地人员的巡回检查和少量操作的配合下，在集中控制室内实现机组启停、运行工况监视和调整、事故处理等。

15.2.3 辅助车间的自动化水平宜与机组自动化水平相协调，并应根据电厂的运行管理模式确定。各辅助车间运行人员应能在就地人员的巡回检查和少量操作的配合下，在集中控制室或辅助车间控制室内，通过操作员站实现辅助车间工艺系统的启停、运行工况监视和调整、事故处理等。

15.3 控制方式及控制室

15.3.1 控制方式及控制室的设计应以本期工程为主、兼顾前期和后期工程，并应与电厂自动化水平、运行管理模式相适应。

15.3.2 单元机组应按炉、机、电全能值班运行模式采用炉、机、电集中控制方式。控制方式宜根据机组的建设规模、自动化水平和电厂实际运行管理模式确定，宜采用多机一控方式。

15.3.3 辅助车间系统宜按物理位置相邻或系统性质相近的原则合并控制系统及控制点，辅助车间就地控制点不宜超过水、煤、灰三个。其余辅助车间就地可设置供系统调试、启动运行初期、故障和巡检时使用的终端。

15.3.4 全厂辅助车间系统可按全能值班运行模式采用集中控制方式,可只设置一个集中控制点。辅助车间系统集中控制点可并入机组集中控制室,也可独立设置。当多台机组合设一个集中控制室且辅助车间集中控制点并入集中控制室时,应采取避免调试、检修时不同运行区域相互干扰的措施。

15.3.5 空冷机组的空冷系统宜在集中控制室进行控制。

15.3.6 脱硫系统应根据脱硫方式和电厂的运行管理模式进行选择,可在集中控制室控制,也可与位置相邻或性质相近的辅助车间合设控制室控制。

15.3.7 脱硝反应系统应在集中控制室进行控制。脱硝还原剂储存和供应系统可在集中控制室控制,也可与位置相邻或性质相近的辅助车间合设控制室控制。

15.3.8 湿冷机组的循环水泵房、空冷机组的辅机冷却水泵房等与机组运行相对密切的辅助车间系统,宜在集中控制室控制。

15.3.9 供应城市采暖和工业用汽的热电联产电厂,热网系统可按需要在机组控制室内控制或设置单独的热网控制室。

15.3.10 海水淡化系统宜在辅助车间集中控制点或水系统控制点控制。

15.3.11 启动锅炉房可就地单独控制。

15.3.12 高压配电装置宜在集中控制室进行控制。

15.4 检测与仪表

15.4.1 火力发电厂的检测应包括下列内容:
 1 工艺系统的运行参数。
 2 电气系统的运行参数。
 3 主机和辅机的运行状态和运行参数。
 4 电气设备的运行状态和运行参数。
 5 动力关断阀门的开关状态和调节阀门的开度。
 6 仪表与控制用电源、气源、水源及其他必要条件的供给状态和运行参数。
 7 必要的环境参数。

15.4.2 检测仪表的设置应符合下列规定:
 1 在满足安全、经济运行要求的前提下,检测仪表的设置应与各主辅机配套供货的仪表统一协调,并应避免重复设置。
 2 应设置检测仪表反映主设备及工艺系统在正常运行、启停、异常及事故工况下安全、经济运行的参数。
 3 运行中需要进行监视和控制的参数应设置远传仪表。
 4 供运行人员现场检查和就地操作所必需的参数应设置就地仪表。
 5 用于经济核算的工艺参数应设置检测仪表。
 6 在爆炸危险气体和/或有毒气体可能释放的区域,应根据危险场所的分类,设置爆炸危险气体报警仪和/或有毒气体检测报警仪。
 7 保护系统的检测仪表应三重或双重化设置,重要模拟量控制回路的检测仪表宜双重或三重化设置。
 8 测量油、水、蒸汽等的一次仪表不应引入控制室。
 9 测量爆炸危险气体的一次仪表严禁引入控制室。

15.4.3 检测仪表的选择应符合下列规定:
 1 仪表准确度等级应根据仪表的用途、形式和重要性,选择适当的准确度等级。
 2 仪表应根据其装设区域的具体情况,选择适当的防护等级。
 3 仪表应满足所在环境的防腐、防潮、防爆等要求。
 4 测量腐蚀性介质或黏性介质时,应选用具有防腐性能的仪表、隔离仪表或采用适当的隔离措施。
 5 不宜使用含有对人体有害物质的仪表。

15.4.4 检测装置的设置应符合下列规定:
 1 煤粉锅炉宜设置监视炉膛火焰的工业电视;循环流化床锅炉不宜装设监视炉膛火焰的工业电视。
 2 汽轮发电机组以及容量为 300MW 及以上机组的给水泵汽轮机宜设置振动监测和故障诊断系统。
 3 煤粉锅炉宜设置炉管泄漏监测系统,循环流化床锅炉不宜装设炉管泄漏监测系统。
 4 煤粉锅炉宜装设飞灰含碳量测量装置。
 5 汽包锅炉应设置监视汽包水位的工业电视。

15.5 报 警

15.5.1 报警应包括下列内容:
 1 工艺系统参数偏离正常运行范围。
 2 保护动作及主要辅助设备故障。
 3 监控系统故障。
 4 电源、气源故障。
 5 电气设备故障。
 6 火灾探测区域异常。
 7 有毒有害气体的泄漏。

15.5.2 报警可分为控制系统报警和常规光字牌报警。报警应具有自动闪光、音响和人工确认等功能。

15.5.3 报警宜由控制系统的报警功能完成,机组不宜配置常规光字牌报警装置,必要时,可按下列项目设置不超过 20 个光字牌报警窗口:
 1 重要参数偏离正常值。
 2 单元机组主要保护跳闸。
 3 重要控制装置电源故障。

15.5.4 当设置常规光字牌报警时,其输入信号不宜取自控制系统的输出。

15.5.5 控制系统的报警应根据信号的重要性设置报警优先级。

15.5.6 控制系统报警的报警源可来自控制系统的所有模拟量输入、数字量输入、模拟量输出、数字量输出、脉冲量输入及中间变量和计算值。

15.5.7 控制系统功能范围内的全部报警项目应能在显示终端上显示和在打印机上打印，在机组启停过程中应抑制虚假报警信号。

15.5.8 火灾探测与报警设计应符合现行国家标准《火力发电厂与变电站设计防火规范》GB 50229 和《火灾自动报警系统设计规范》GB 50116 的有关规定。

15.6 机组保护

15.6.1 机组保护系统的设计应符合下列规定：

1 保护系统的设计应采取防止误动和拒动的措施。

2 当机组保护系统采用分散控制系统或可编程控制器时，应符合下列规定：

  1) 机炉跳闸保护系统的逻辑控制器应单独冗余设置。
  2) 保护系统应有独立的 I/O 通道，并有电隔离措施。
  3) 冗余的 I/O 信号应通过不同的 I/O 模件引入。
  4) 触发机组跳闸保护信号的仪表应单独设置，当无法单独设置需与其他系统合用时，其信号应首先进入保护系统。
  5) 机组跳闸命令不应通过通信总线传送。

3 300MW 及以上容量机组跳闸保护回路在机组运行中，宜在不解除保护功能和不影响机组正常运行的情况下进行动作试验。

4 在控制台上必须设置总燃料跳闸、停止汽轮机和解列发电机的跳闸按钮，并应采用双重按钮或带盖的单按钮；跳闸按钮应直接接至停炉、停机的驱动回路。

5 机组保护动作原因应设事件顺序记录。单元机组还应有事故追忆功能。

6 保护系统输出的操作指令应优先于其他任何指令。

7 保护系统中不应设置供运行人员切、投保护的控制盘、台按钮和操作员站软操作等任何操作手段。

15.6.2 火力发电厂锅炉和汽轮机的跳闸保护系统可采用电子逻辑系统或继电器硬逻辑系统，系统宜采用经认证的、SIL3 级的安全相关系统。安全相关系统应符合现行国家标准《电气/电子/可编程电子安全相关系统的功能安全》GB/T 20438 和《过程工业领域安全仪表系统的功能安全》GB/T 21109 的有关规定。

15.6.3 停止单元机组运行的保护应符合下列规定：

1 锅炉事故停炉，应停止单元机组的运行。

2 单元机组具有快速切负荷功能时，应符合下列规定：

  1) 外部系统故障引起发电机解列，不应停止单元机组的运行。
  2) 发电机主保护动作应停止汽轮发电机组的运行，不应停止锅炉的运行。
  3) 汽轮机事故停机应停止汽轮发电机组的运行，不应停止锅炉的运行。

3 单元机组不具有快速切负荷功能，但汽轮机旁路系统具有快开功能且容量足够时，应符合下列规定：

  1) 外部系统故障引起发电机解列，应停止汽轮发电机组的运行，可不停止锅炉的运行。
  2) 发电机主保护动作应停止汽轮发电机组的运行，可不停止锅炉的运行。
  3) 汽轮机事故停机应停止汽轮发电机组的运行，可不停止锅炉的运行。

4 单元机组不具有快速切负荷功能，且不满足本条第 3 款的要求时，应符合下列规定：

  1) 外部系统故障引起发电机解列，应停止单元机组的运行。
  2) 发电机主保护动作，应停止单元机组的运行。
  3) 汽轮机事故停机，应停止单元机组的运行。

15.6.4 锅炉保护应符合下列规定：

1 锅炉给水系统应设有下列保护：

  1) 汽包锅炉的汽包水位保护。
  2) 直流锅炉的给水流量过低保护。

2 锅炉蒸汽系统应设有下列保护：

  1) 主蒸汽压力高保护。
  2) 再热蒸汽压力高保护。
  3) 再热蒸汽温度高喷水保护。

3 锅炉炉膛安全保护应包括下列功能：

  1) 锅炉吹扫。
  2) 油系统检漏试验。
  3) 灭火保护。
  4) 炉膛压力保护。

4 在运行中发生下列情况之一时，应能实现总燃料跳闸、紧急停炉保护：

  1) 手动停炉指令。
  2) 全炉膛火焰丧失。
  3) 炉膛压力过高/过低。
  4) 汽包/分离器水位过高/过低。
  5) 全部送风机跳闸。
  6) 全部引风机跳闸。
  7) 煤粉燃烧器投运时，全部一次风机跳闸。
  8) 燃料全部中断。
  9) 总风量过低。
  10) 锅炉炉膛安全监控系统失电。

11）根据锅炉特点要求的其他停炉保护条件。

5 当炉膛瞬态压力有可能超过炉膛设计压力时，应根据锅炉厂要求设置炉膛压力过高/过低解列送/引风机的保护。

15.6.5 汽轮机保护应符合下列规定：

1 在运行中发生下列情况之一时，应发出汽轮机跳闸指令：
1）汽轮机超速。
2）凝汽器真空过低。
3）润滑油压力过低。
4）控制油压力过低。
5）轴承振动大。
6）轴向位移大。
7）手动停机指令。
8）锅炉总燃料跳闸。
9）发电机事故跳闸。
10）外部系统故障引起发电机解列。
11）汽轮机数字电液控制系统失电。
12）汽轮机制造厂提供的其他保护项目。

2 汽轮机其他保护应包括下列内容：
1）抽汽防逆流保护。
2）低压缸排汽防超温保护。
3）汽机防进水保护。
4）汽机真空低保护等。

15.6.6 发电机保护应符合下列规定：

1 在运行中发生下列情况之一时，应发出发电机跳闸指令：
1）汽机事故停机。
2）发电机冷却系统故障。
3）单元机组未设置快速切负荷功能时，发电机解列。
4）发电机制造厂提供的其他停机条件。

2 其他电量保护应符合本规范第16.7节的规定。

15.6.7 热力系统应设有下列保护：

1 除氧器水位和压力保护。

2 高、低压加热器水位保护。

3 汽轮机旁路系统的减温水压力低和出口温度高保护。

4 空冷机组的背压保护、防冻保护（根据制造厂要求）等。

15.6.8 给水泵、送风机、引风机等重要辅机的保护应满足火力发电厂热力系统和燃烧系统的运行要求，并应根据辅机制造厂的技术要求进行设计。

15.7 开关量控制

15.7.1 开关量控制宜包括锅炉、汽机、发电机变压器组、辅机、阀门、挡板、电气开关、断路器等的单个设备操作，以及相关设备和系统的顺序控制及联锁。

15.7.2 顺序控制应按驱动级、子功能组级、功能组级三级水平设计。600MW及以上容量的机组可根据实际需要设置带断点的机组级顺序控制功能。

15.7.3 顺序控制的设计应符合保护、联锁操作优先的原则。在顺序控制过程中出现保护、联锁指令时，应将控制进程中断，并应使工艺系统按保护、联锁指令执行。

15.7.4 顺序控制在自动运行期间发生任何故障或运行人员中断时，应使正在进行的程序中断，并应使工艺系统处于安全状态。

15.7.5 顺序控制的设计应采取防止误操作的有效措施。

15.7.6 顺序控制的功能应满足机组的启动、停止及正常运行工况的控制要求，并应能实现机组在事故和异常工况下的控制操作。顺序控制应具备下列功能：

1 实现主/辅机、阀门、挡板、电气发电机变压器组厂用电设备等的顺序控制、控制操作及试验操作。

2 辅机及其相关的冷却系统、润滑系统、密封系统等的联锁控制。

3 重要运行设备故障跳闸时，联锁启动备用设备。

4 实现状态报警、联锁及单台转机的保护。

15.7.7 下列项目宜纳入机组控制系统的锅炉部分顺序控制：

1 空预器系统。
2 送风机系统。
3 引风机系统。
4 一次风机系统。
5 流化风机系统。
6 磨煤机系统。
7 给煤机系统。
8 锅炉排污、疏水、放气系统。
9 暖风器系统。
10 燃油系统。
11 给水泵系统。

15.7.8 下列项目宜纳入机组控制系统的汽机部分顺序控制：

1 汽机润滑油和控制油系统。
2 凝结水系统。
3 凝汽器抽真空系统。
4 汽机轴封系统。
5 低压加热器系统。
6 高压加热器系统。
7 汽机蒸汽管道疏水系统。
8 辅助蒸汽系统。
9 循环水系统或辅机冷却水系统。
10 开式循环冷却水系统。

11 闭式循环冷却水系统。

15.7.9 下列项目宜纳入机组控制系统的发电机氢、油、水部分顺序控制：
1 发电机氢冷系统。
2 发电机密封油系统。
3 发电机定子冷却水系统。

15.7.10 脱硝反应系统、海水脱硫或不设置烟气旁路的石灰石-石膏湿法脱硫系统、空冷系统、锅炉干式除渣系统等辅助工艺系统的开关量控制，宜纳入机组顺序控制系统控制。

15.7.11 锅炉定期排污系统、凝汽器胶球清洗系统等辅助工艺系统的开关量控制不宜单独设置控制系统，宜纳入机组顺序控制系统。

15.7.12 锅炉吹灰系统可根据实际运行管理模式的要求纳入机组顺序控制系统，也可单独设置控制系统。

15.7.13 煤粉锅炉辅机联锁应包括下列项目：
1 锅炉的引风机、空气预热器和送风机在启停及事故跳闸时的顺序联锁。
2 锅炉的引风机、空气预热器和送风机之间的跳闸顺序，及引风机、空气预热器和送风机与烟、风道中有关挡板的启闭联锁。
3 送风机全部停运时，燃烧系统和制粉系统停止运行的联锁。
4 制粉系统中给煤机、磨煤机、一次风机或排粉机的启停及事故跳闸时的顺序联锁。
5 排粉机送粉系统的排粉机与给粉机之间的联锁。
6 烟气再循环风机启停与出口风门和冷风门的联锁。
7 辅机与其润滑油系统、冷却和密封系统的联锁，以及润滑油系统、冷却和密封系统中工作泵事故跳闸时备用泵的自启动联锁。

15.7.14 循环流化床锅炉辅机联锁应包括下列项目：
1 循环流化床的一次风机、二次风机、流化风机、空预器、除尘器以及引风机在启停及事故跳闸时的顺序联锁。
2 循环流化床的一次风机、二次风机、流化风机、空预器、除尘器以及引风机之间的跳闸顺序及与烟、风道中有关阀门、挡板的启闭联锁。
3 燃料系统投入与切除以及与风道燃烧器、床上燃烧器和床枪之间的启停顺序及联锁。
4 石灰石制备、输送系统中各设备启停顺序以及与阀门、挡板之间的联锁，煤燃料制备、输送系统中各设备启停顺序以及与阀门、挡板之间的联锁。
5 渣循环系统相关的设备（冷渣器、密封回料器）之间，以及相应的烟、风道中有关阀门、挡板之间的启停顺序及联锁。

15.7.15 汽轮机辅机应有下列联锁：
1 润滑油系统中的交流润滑油泵、直流润滑油泵、顶轴油泵和盘车装置与润滑油压之间的联锁。
2 给水泵、凝结水泵、真空泵、循环水泵/辅机冷却水泵、疏水泵以及其他各类水泵与其相应系统的压力之间的联锁。
3 运行泵事故跳闸时备用泵自启动的联锁。
4 各类泵与其进出口阀门间的联锁。

15.8 模拟量控制

15.8.1 机组应有较完善的模拟量控制系统。

15.8.2 模拟量控制系统的控制回路应按实用可靠的原则进行设计，并应适应机组在启动过程及不同负荷阶段中机组安全经济运行的需要，还应具有在机组事故及异常工况下与相关的联锁保护协同控制的措施。

15.8.3 在主辅设备可控性较好的情况下，部分模拟量控制回路宜采用全程控制。

15.8.4 单元机组应具备自动发电控制功能，当自动发电控制功能投入时，应能参与电网闭环自动发电控制。

15.8.5 单元机组模拟量控制系统应能满足滑压运行的要求，在锅炉不投油最低燃煤负荷到100％最大连续负荷变动范围内，应保证被控参数满足机组有关验收标准的要求。

15.8.6 单元机组宜采用机、炉协调控制。

15.8.7 协调控制系统应能协调锅炉和汽轮机，满足机组快速响应负荷命令，平稳控制汽轮机及锅炉的要求，应具有下列供运行选择的控制方式：
1 机炉协调控制。
2 汽轮机跟随控制。
3 锅炉跟随控制。
4 手动控制。

15.8.8 模拟量控制系统中的各控制方式之间应设切换逻辑并具备双向无扰切换功能。

15.8.9 300MW及以上汽轮机数字电液控制系统应至少具有转速控制、负荷控制、汽轮机热应力计算及汽轮机自动启停等功能。

15.8.10 锅炉应设置下列模拟量控制：
1 给水控制。
2 燃料控制。
3 送风控制。
4 炉膛压力控制。
5 主蒸汽温度控制。
6 再热蒸汽温度控制。
7 根据锅炉特点，锅炉厂要求的其他模拟量控制。

15.8.11 汽轮机应设置下列模拟量控制：
1 凝汽器水位控制。
2 加热器水位控制。
3 轴封压力控制。

4 高、低压旁路系统的压力和温度控制。
5 除氧器压力和水位控制。
6 根据汽轮机和热力系统特点设置的其他模拟量控制。

15.9 机组控制系统

15.9.1 单元机组应按由单元值班员统一集中控制的原则进行设计。机组控制系统宜采用分散控制系统。当技术经济论证合理时,也可采用基于现场总线的分散控制系统,可在现场仪表和设备层采用现场总线技术。分散控制系统的功能应包括数据采集与处理、模拟量控制、顺序控制和锅炉炉膛安全监控。

15.9.2 分散控制系统的选择应符合下列规定:
1 系统内所有模件应为标准化、模件化和插入式结构。
2 数据通信系统、处理器模件、操作员站、电源模件应冗余配置。
3 整个控制系统的可利用率至少为99.9%。
4 每个机柜内每种类型输入/输出测点应有10%~15%的余量,每个机柜内应有10%~15%输入/输出模件插槽余量。
5 控制器站的处理能力应有40%余量,操作员站处理器能力应有60%余量。
6 处理器内部存储器应有50%余量,外部存储器应有60%余量。
7 共享式以太网通信负荷率不应大于20%,其他网络通信负荷率不应大于40%。

15.9.3 汽轮机数字电液控制系统及给水泵汽轮机数字电液控制系统应由汽轮机厂负责,其系统应成熟、可靠。汽轮机数字电液控制系统及给水泵汽轮机数字电液控制系统宜与机组控制系统选型一致,选型不一致时应设置与机组控制系统交换信息的通信接口。

15.9.4 汽轮机数字电液控制系统应包括电子控制装置、液压系统、就地仪表和执行设备。

15.9.5 单元机组的发电机-变压器组和厂用电源系统的顺序控制宜纳入机组控制系统。

发电机励磁系统自动电压调整、自动准同步、继电保护、故障录波及厂用电源自动切换功能应由专用装置实现。

15.9.6 由单元机组值班员控制的公用系统较多时,宜设置公用控制网络。公用系统应能在多套控制系统中进行监视和控制,并应确保任何工况仅有一台机组的操作员站能发出有效操作指令。

15.9.7 单元机组顺序控制系统和模拟量控制系统不宜配置后备操作器。

15.9.8 在控制系统发生电源消失、通信中断、全部操作员站失去功能、重要控制站失去控制和保护功能等全局性或重大故障的情况下,应设置下列确保机组紧急安全停机的独立于控制系统的硬接线后备操作手段:
1 汽机跳闸。
2 总燃料跳闸。
3 发电机或发电机变压器组跳闸。
4 锅炉安全门开(机械式可不装)。
5 汽包事故放水门开。
6 汽轮机真空破坏门开。
7 直流润滑油泵启动。
8 交流润滑油泵启动。
9 发电机灭磁开关跳闸。
10 柴油发电机启动。
11 循环流化床锅炉应设置锅炉跳闸后备硬接线操作手段取代总燃料跳闸后备操作手段。若有紧急补给水系统,则还应设置独立于分散控制系统的紧急补给水系统投入后备操作手段。

15.9.9 控制系统应按分层的原则设计,辅机和阀门(挡板)的驱动级的硬件和软件宜独立于上一级而工作,并应将确保辅机本身安全启停的允许条件和保护信号直接引入驱动级控制模件。

15.9.10 当锅炉采用等离子点火或微油点火时,等离子或微油点火系统的监控宜纳入锅炉炉膛安全监控系统。当等离子或微油点火控制系统与机组控制系统的选型不一致时,应设置与机组控制系统信息交换的硬接线和通信接口。

15.9.11 空冷系统的控制宜纳入机组控制系统。

15.9.12 海水脱硫系统的控制宜纳入机组控制系统。若石灰石-石膏湿法脱硫系统不设置烟气旁路时,其控制宜纳入机组控制系统。

15.9.13 脱硝反应系统的控制宜纳入机组控制系统。脱硝还原剂储存和供应系统的控制可纳入机组控制系统,也可采用独立控制系统或并入其他辅助车间控制系统。

15.9.14 锅炉干式除渣系统的控制宜纳入机组控制系统。

15.9.15 凝结水精处理系统的控制可根据电厂运行管理要求纳入机组控制系统。

15.10 辅助车间控制系统

15.10.1 辅助车间控制系统的设计应符合下列规定:
1 辅助车间控制系统的设计应根据工艺系统的特点及设备对运行操作的要求,采用适当的顺序控制和模拟量控制。
2 辅助车间控制系统宜按车间进行配置。
3 重要辅助车间控制系统的控制器宜冗余配置。
4 被控对象较少、布置比较分散的辅助车间宜采用远程I/O。

15.10.2 辅助车间控制系统的选择应符合下列规定:
1 辅助车间控制系统可采用可编程逻辑控制器系统,也可采用分散控制系统。当技术经济论证合理时，也可采用基于现场总线的可编程逻辑控制器系统或分散控制系统，可在现场仪表和设备层采用现场总线技术。

  2 各辅助车间控制系统宜采用同一系列的可编程逻辑控制器或分散控制系统。

  3 辅助车间的操作员站宜采用相同系列的应用软件。

15.10.3 设置烟气旁路的石灰石-石膏湿法脱硫系统，其控制系统设计应符合下列规定：

  1 当采用一炉一塔时，每台机组可设置一套脱硫控制系统，也可两台机组的操作员站、工程师站、上层通信网络合设一套，相应的脱硫控制系统控制器（站）、I/O柜可按单元机组及公用系统分别设置。

  2 当采用两炉一塔时，两台机组宜设置一套脱硫控制系统。

  3 当石灰浆液制备或脱硫石膏浆液处理系统供全厂三台机组以上公用时，应结合工程情况进行经济技术论证，确定是否设置公用系统的脱硫控制系统。

15.10.4 除灰控制系统设计应符合下列规定：

  1 每台机组除灰系统宜配置独立的控制器，两台机组除灰系统的公用系统，控制器宜冗余配置。

  2 除灰系统不宜在单个设备附近设就地控制装置，但可根据控制要求设置就地控制按钮。

  3 若除灰系统设置就地控制室，则宜在就地控制室内设置冗余操作员站，其中一台应具有工程师站的功能。

15.10.5 运煤控制系统设计应符合下列规定：

  1 新建电厂的运煤系统，宜全厂设置一套运煤控制系统。

  2 新建电厂的运煤控制系统设计应根据火力发电厂的规划容量，为后期工程的控制系统预留相应的控制设备位置和控制系统接口。

  3 扩建电厂的运煤控制系统宜选用与厂内原有运煤控制系统硬件一致的控制设备，并宜与原有运煤系统合并集中监控。

  4 若运煤系统设置就地控制室，则宜在就地控制室内设置冗余操作员站，其中一台应具有工程师站的功能。

  5 运煤系统中，各运煤设备之间应有自动联锁和信号。

  6 带式输送机的事故拉绳开关应直接接入控制回路。

15.10.6 锅炉补给水处理控制系统设计应符合下列规定：

  1 新建电厂的锅炉补给水处理系统宜全厂设置一套锅炉补给水处理控制系统。

  2 新建电厂的锅炉补给水处理控制系统设计应根据火力发电厂的规划容量，为后期工程的控制系统预留相应的控制设备位置和控制系统接口。

  3 扩建电厂的锅炉补给水处理控制系统宜选用与厂内原有锅炉补给水处理控制系统硬件一致的控制设备，并宜与原有锅炉补给水处理系统合并集中监控。

  4 若锅炉补给水处理系统设置就地控制室，则宜在就地控制室内设置冗余操作员站，其中一台应具有工程师站的功能。

15.10.7 火力发电厂宜设置辅助车间集中控制网络。

15.10.8 辅助车间集中控制网络设计应符合下列规定：

  1 辅助车间集中控制网络的设置应与电厂的自动化水平和控制方式相适应。

  2 规划容量为两台机组及以下的电厂宜全厂设置一个辅助车间集中控制网络。

  3 规划容量超过两台机组及以上的电厂，每两台机组宜设置一个辅助车间集中控制网络；全厂公用的辅助车间控制系统宜纳入1、2号机组辅助车间集中控制网络。

  4 辅助车间集中控制网络按分层设置的原则，可分别设置水系统控制网络、煤系统控制网络、灰系统控制网络等，然后分别接入上层辅助车间集中控制网络。

  5 辅助车间集中控制网络的网络结构、通信速率、应用功能等设计方案，应充分满足辅助车间各系统对监控功能实时性的要求。

  6 辅助车间操作员站和工程师站的设置可根据各辅助车间监控功能的要求进行设计。设有全厂辅助车间集中控制网络的电厂，宜在全厂辅助车间集中控制网络层设置2个～3个操作员站、1个工程师站，同时可在水系统控制网络层、灰系统控制网络层、煤系统控制网络层设置操作员站和工程师站。

  7 辅助车间集中控制网络应能与信息系统进行通信。

15.11 控 制 电 源

15.11.1 控制柜（盘）进线电源的电压等级不应超过250V。进入控制装置柜（盘）的交、直流电源除停电一段时间不影响安全外，应各有两路，并应互为备用。工作电源故障需及时切换至另一路电源时，宜在控制柜（盘）设自动切投装置，切换时间应满足用电设备安全运行的需要。

15.11.2 每组交流动力电源配电箱应有两路输入电源，并应分别引自厂用低压母线的不同段。在有事故保安电源的火力发电厂中，影响机组安全运行的设备，其电源配电箱的一路输入电源应引自厂用事故保安电源段。两路电源应互为备用，可设置自动切投装置。

15.11.3 分散控制系统、汽轮机数字电液控制系统、锅炉保护系统、汽轮机跳闸保护系统、火检装置等重要系统的供电电源应有两路，并应互为备用。一路应采用交流不间断电源，一路应采用交流不间断电源或厂用保安段电源。

15.11.4 辅助车间集中控制网络应有两路供电电源，宜分别引自不同机组的交流不间断电源，各辅助车间控制系统均应有两路供电电源，供电电源宜引自各辅助车间配电柜。

15.12 仪表导管、电缆及就地设备布置

15.12.1 取源部件应设置在能真实反映被测介质参数的工艺设备（管道）上。一次导压管及一次阀门的材质应按被测介质可能达到的最高压力、温度选择，并应满足焊接工艺要求。二次导管、二次阀门、排污阀、试验阀及管道附件的材质应满足可能达到的最高压力和排污时的最高温度要求。

15.12.2 电缆的设计和选型除应符合现行国家标准《电力工程电缆设计规范》GB 50217 的有关规定外，还应符合下列规定：

 1 用于仪表与控制系统的电缆和电线的线芯材质应为铜芯，测量、控制用的补偿电缆或补偿导线的线芯材质应与相连的热电偶丝相同或热电特性相匹配。

 2 当制造厂对仪表和控制设备的连接电缆、导线的规范有特别要求时，应按设备制造厂的要求进行设计。

 3 控制电缆宜敷设在电缆桥架内。桥架通道应避免遭受机械性外力、过热、腐蚀及易燃易爆物等的危害，并应根据防火要求实施阻隔。

15.12.3 现场布置的仪表和控制设备应根据需要采取必要的防护、防冻和防爆措施。

15.12.4 控制用电气设备外壳、不要求浮空的盘台、金属桥架、铠装电缆的铠装层、计算机信号电缆的屏蔽层等应设保护接地，保护接地应牢固可靠，保护接地的电阻值应符合国家现行有关电气保护接地的规定。

15.12.5 各计算机系统内不同性质的接地应分别有稳定可靠的总接地板（箱），总接地板（箱）宜统一与全厂接地网相连，不宜再单设计算机专用独立接地网。当设备厂家对逻辑接地和计算机系统接地的阻值及接地方式有特殊要求时，应按其要求设计。

16 电气设备及系统

16.1 发电机与主变压器

16.1.1 发电机及其励磁系统应符合现行国家标准《隐极同步发电机技术要求》GB/T 7064、《旋转电机定额和性能》GB 755、《同步电机励磁系统 定义》GB/T 7409.1、《同步电机励磁系统 电力系统研究用模型》GB/T 7409.2 和《同步电机励磁系统 大中型同步发电机励磁系统技术要求》GB/T 7409.3 的有关规定。

16.1.2 容量为 300MW 级及以上发电机除应符合本规范第 16.1.1 条的规定，还应符合下列规定：

 1 汽轮发电机组的轴系自然扭振频率应避开工频及 2 倍工频。

 2 发电机各部件结构强度应能承受在额定负荷和 105% 额定电压下其端部任何形式的突然短路故障。汽轮发电机组应具有承受与其相连接的高压输电线路断路器单相重合闸的能力。

 3 发电机组具有一定的进相、调峰及短暂失步运行、短时失磁异步运行的能力，并应符合现行行业标准《电网运行准则》DL/T 1040 的有关规定。

 4 励磁系统的特性与参数应满足电力系统各种运行方式的要求，并宜选用制造厂的成熟形式。

16.1.3 发电机主变压器的选型应符合现行国家标准《电力变压器 第 1 部分 总则》GB 1094.1、《电力变压器 第 2 部分：温升》GB 1094.2、《电力变压器 第 3 部分：绝缘水平、绝缘试验和外绝缘空气间隙》GB 1094.3、《电力变压器 第 4 部分：电力变压器和电抗器的雷电冲击和操作冲击试验导则》GB 1094.4、《电力变压器 第 5 部分：承受短路的能力》GB 1094.5、《电力变压器 第 7 部分：油浸式电力变压器负载导则》GB/T 1094.7 和《油浸式电力变压器技术参数和要求》GB/T 6451 等的有关规定。

16.1.4 与容量 600MW 级及以下机组单元连接的主变压器，若不受运输条件的限制，宜采用三相变压器；与容量为 1000MW 级机组单元连接的主变压器应综合运输和制造条件，可采用单相或三相变压器。当选用单相变压器组时，应根据电厂所处地区及所连接电力系统和设备的条件，确定是否需要装设备用相。

16.1.5 容量 125MW 级及以上的发电机与主变压器为单元连接时，主变压器的容量宜按发电机的最大连续容量扣除不能被高压厂用启动/备用变压器替代的高压厂用工作变压器计算负荷后进行选择。变压器在正常使用条件下连续输送额定容量时绕组的平均温升不应超过 65K。

16.1.6 火力发电厂以两种升高电压向用户供电或与电力系统连接时，应符合下列规定：

 1 125MW 级机组的主变压器宜采用三绕组变压器，每个绕组的通过功率应达到该变压器额定容量的 15% 以上。

 2 200MW 级及以上的机组不宜采用三绕组变压器，如高压和中压间需要联系时，宜在变电站进行联络。

 3 连接两种升高电压的三绕组变压器不宜超过 2 台。

4 若两种升高电压均系中性点直接接地系统，且技术经济合理时，可选用自耦变压器，主要潮流方向应为低压和中压向高压送电。

16.1.7 发电机主变压器中性点绝缘水平应根据其中性点接地方式确定。

16.2 电气主接线

16.2.1 火力发电厂电气主接线设计应符合下列规定：

1 应根据电力系统性质、系统规划、容量、环境条件和电厂的安全可靠、运行灵活、经济合理及操作维修方便等要求，合理选择方案。

2 应根据电厂在系统中所处的地位、规划容量、工程特点及所采用的设备条件，做到远、近期结合，应以近期为主，并应适当留有扩建的条件。

3 当电厂初期建设机组2台及以下，出线回路数少时，宜简化电气主接线，并应采取便于扩建改造、减少停电损失的过渡措施。

4 应与高压厂用备用或启动/备用电源引接方案统筹设计。

16.2.2 当配电装置不再扩建，能满足电厂运行要求，且电网对电厂主接线没有特殊要求时，宜简化接线形式，可采用发电机-变压器-线路组接线、桥形接线或角形接线。

16.2.3 若接入电力系统火力发电厂的机组容量相对较小，与电力系统不匹配，且技术经济合理时，可将两台发电机与一台双绕组变压器或分裂绕组变压器作扩大单元连接，也可将两组发电机双绕组变压器组共用一台高压侧断路器作联合单元连接。并应在发电机与主变压器之间装设发电机断路器或负荷开关。

16.2.4 125MW级的发电机与三绕组变压器或自耦变压器为单元连接时，在发电机与变压器之间宜装设发电机断路器或负荷开关，厂用分支线应接在变压器与该断路器之间。

16.2.5 125MW级～300MW级的发电机与双绕组变压器为单元连接时，在发电机与变压器之间不宜装设发电机断路器或负荷开关。

16.2.6 600MW级及以上机组，根据工程具体情况，经技术经济论证合理时，在发电机与变压器之间可装设发电机断路器或负荷开关，主变压器或高压厂用工作变压器宜采用有载调压方式，当根据机组接入系统的变电站电压波动范围经计算机组正常运行和启停高压厂用母线电压水平满足要求时，也可采用无励磁调压方式。

16.2.7 200MW级及以上发电机的引出线及其分支线应采用全连式分相封闭母线。

16.2.8 发电机中性点的接地方式可采用不接地、经消弧线圈或高电阻接地的方式。300MW级及以上的发电机应采用中性点经高电阻或消弧线圈接地方

式。

16.2.9 发电机（升压）主变压器中性点接地方式应根据所处电网的中性点接地方式及系统继电保护的要求确定。在110kV～750kV有效接地系统中，110kV及220kV系统中主变压器中性点可采用直接或经地电抗器接地方式；330kV～750kV系统中主变压器中性点可采用直接接地或经小电抗器接地方式。

16.2.10 35kV～220kV配电装置的接线方式应按火力发电厂在电力系统中的地位、负荷的重要性、出线回路数、设备特点、配电装置形式，以及火力发电厂的运行可靠性和灵活性的要求、火力发电厂的单机容量和规划容量等条件确定，并应符合下列规定：

1 当配电装置在电力系统中居重要地位、负荷大、潮流变化大且出线回路数较多时，宜采用双母线或双母线分段的接线。

2 300MW级～600MW级机组的220kV配电装置，当采用双母线分段接线不能满足电力系统稳定和地区供电可靠性的要求时，可采用3/2断路器接线。

3 当35kV～66kV配电装置采用单母线分段接线且断路器无条件停电检修时，可设置不带专用旁路断路器的旁路母线；当采用双母线接线时，不宜设置旁路母线，有条件时可设置旁路隔离开关。

4 发电机变压器组的高压侧断路器不宜接入旁路母线。

5 初期工程可采用断路器数量较少的过渡接线方式，但配电装置的布置应便于过渡到远期接线。

16.2.11 330kV～500kV配电装置的接线应满足系统稳定性和可靠性以及限制短路容量的要求，并应满足电厂运行的灵活性和建设的经济性要求，同时应符合下列规定：

1 当进出线回路数为6回及以上，配电装置在系统中具有重要地位时，宜采用3/2断路器接线。

2 当电厂装机台数较多，但出线回路数较少时，可采用4/3断路器接线。

3 进出线回路数少于6回，且电网根据远景发展有特殊要求时，可采用双母线接线，远期可过渡到双母线分段接线。

4 初期进出线回路数为4回时，可采用四角形接线，进、出线应装设隔离开关。布置上宜按过渡到远期3/2断路器接线设计。

5 在3/2断路器接线中，电源线宜与负荷线配对成串，同名回路宜配置在不同串内。初期仅两串时，同名回路宜分别接入不同侧的母线，进出线应装设隔离开关。当3/2断路器接线达三串及以上时，同名回路可接于同一侧母线，进、出线可不装设隔离开关。

6 双母线分段接线中，电源线与负荷线宜均匀配置于各段母线上。

16.2.12 500kV～750kV配电装置的接线，初期建

设2台机组1回出线时宜采用简化接线,可采用发电机-变压器-高压断路器组、线路侧不设断路器的单母线接线。扩建或远期可根据工程具体条件、装机容量、建设规模采用3/2断路器接线或4/3断路器接线。

16.2.13 采用单母线或双母线接线的配电装置,当采用气体绝缘金属封闭开关设备时,不应设置旁路设施;当断路器为六氟化硫型时,不宜设置旁路设施。

16.2.14 当采用双母线分段接线时,分段断路器的设置应满足电力系统稳定、限制系统短路容量和地区供电可靠性的要求,以及火力发电厂运行可靠性和灵活性的要求。当任一台断路器发生故障或拒动时,应按系统稳定、限制短路容量和地区供电可允许切除机组的台数和出线回路数确定采用双母线单分段或双分段接线。

16.2.15 330kV及以上电压等级的进、出线和母线上装设的避雷器及进、出线电压互感器不应装设隔离开关,母线电压互感器不宜装设隔离开关。220kV及以下母线避雷器和电压互感器宜合用一组隔离开关。110kV~220kV线路上的电压互感器与耦合电容器不应装设隔离开关。220kV及以下线路避雷器以及接于发电机与变压器引出线的避雷器不宜装设隔离开关,变压器中性点避雷器不应装设隔离开关。

16.2.16 330kV及以上电压等级的线路并联电抗器回路不宜装设断路器。330kV及以上电压等级的母线并联电抗器回路应装设断路器和隔离开关。

16.3 交流厂用电系统

16.3.1 火力发电厂的厂用电电压等级选择除应符合现行国家标准《标准电压》GB/T 156的有关规定外,还应符合下列要求:

1 火力发电厂可采用3kV、6kV、10kV作为高压厂用电的电压。125MW级~300MW级的机组宜采用6kV一级高压厂用电电压;600MW级及以上的机组,可根据工程具体条件采用6kV一级、10kV一级或6kV、10kV两级高压厂用电压。

2 200MW级及以上的机组,主厂房内的低压厂用电系统宜采用动力与照明分开供电的方式。动力网络的电压宜采用380V、380/220V。

16.3.2 火力发电厂高压厂用电系统中性点接地,可采用下列方式:

1 火力发电厂高压厂用电系统中性点接地方式可采用不接地、经电阻接地方式。

2 当高压厂用电系统的接地电容电流在10A以下时,其中性点可采用不接地方式,也可采用经高阻接地方式。当采用经高阻接地方式时,应通过合理选择接地电阻值,控制单相接地故障总电流小于10A,保护应动作于报警。

3 当高压厂用电系统的接地电容电流在7A以上时,其中性点可采用电阻接地方式。接地电阻的选择应使发生单相接地故障时,电阻性电流不小于电容性电流,且单相接地故障总电流值令保护装置准确且灵敏地动作于跳闸。

16.3.3 主厂房内的低压厂用电系统中性点接地可采用下列方式:

1 动力系统的中性点可采用高阻接地、直接接地或不接地方式。

2 照明/检修系统的中性点应采用直接接地方式。

3 辅助厂房的低压厂用电系统中性点宜采用直接接地方式。

16.3.4 火力发电厂厂用电系统的电能质量宜符合下列规定:

1 正常工作情况下,交流母线的电压波动范围宜在额定电压的±5%之内。

2 正常工作情况下,交流母线的各次谐波电压含有率不宜大于3%,电压总谐波畸变率不宜大于5%。

16.3.5 高压厂用工作变压器、高压厂用备用变压器的阻抗和调压方式的选择应符合下列规定:

1 高压厂用工作变压器的阻抗应根据限制高压厂用母线短路电流和保证最大单台电动机启动与成组电动机自启动时的厂用母线电压水平等因素经优化选取。

2 采用单元制接线的发电机,当不装设发电机断路器或负荷开关时,厂用分支线上连接的高压厂用工作变压器不应采用有载调压。

3 当装设发电机断路器或负荷开关时,在满足机组启动和正常运行等不同工况下的高压厂用母线电压水平要求时,厂用分支线上连接的高压厂用工作变压器可不采用有载调压。

4 当电力系统对发电机有进相运行等要求导致发电机出口(高压厂用工作变压器电源引接点)的电压波动范围超出±10%时,高压厂用工作变压器可采用有载调压方式。

5 高压厂用备用变压器的阻抗和调压方式的选择应经计算和技术经济比较后确定。

16.3.6 当发电机与主变压器为单元连接时,高压厂用工作电源应由主变压器低压侧引接。

16.3.7 高压、低压厂用工作变压器的容量选择应符合下列规定:

1 高压厂用工作变压器的容量应按高压电动机计算负荷与低压厂用电的计算负荷之和选择。

2 公用负荷宜由不同机组的高压厂用工作变压器分担。

3 采用专用备用(明备用)方式的低压厂用变压器的容量宜留有10%的裕度。

4 对于接有变频和整流负荷的变压器,其容量选择应将变频和整流负荷引起的谐波导致变压器过热的因素计算在内,并应按可能出现的最大运行方式计算。

16.3.8 当高压厂用工作变压器高压侧的厂用分支线采用分相封闭母线时,该分支线不宜装设断路器和隔离开关,但应有可拆连接点。

16.3.9 备用电源的设置及其切换方式应符合下列规定:

 1 停电将直接影响到人身或重要设备安全的负荷,必须设置自动投入的备用电源。

 2 停电将可能使发电量大量下降的负荷宜设置备用电源。

 3 当备用电源采用明备用的方式时,应装设备用电源自动投入装置。

 4 当备用电源采用暗备用的方式时,备用电源应手动投入。

16.3.10 高压厂用备用或启动/备用电源可采用下列引接方式:

 1 可由高压母线中电源可靠的最低一级电压母线或由联络变压器的第三(低压)绕组引接,并应保证在全厂停"机"的情况下,能从外部电力系统取得足够的电源,包括三绕组变压器的中压侧从高压侧取得电源。

 2 当装设发电机断路器且机组台数为 2 台及以上、出线回路为 2 回及以上时,还可由 1 台机组的高压厂用工作变压器低压侧厂用工作母线引接另 1 台机组的高压事故停机电源。

 3 当技术经济合理时,可由外部电网引接专用线路供电。

 4 当全厂有 2 个及以上高压厂用备用或启动/备用电源时,宜引自 2 个相对独立的电源。

16.3.11 火力发电厂高压、低压厂用备用电源或启动/备用电源的容量应符合下列规定:

 1 未装设发电机断路器或负荷开关时,应符合下列规定:

  1) 当设置专用的高压启动/备用变压器时,其容量宜与最大一台(组)高压厂用工作变压器的容量相同。

  2) 当启动/备用变压器带有公用负荷时,其容量还应满足作为最大一台(组)高压厂用工作变压器备用的要求。

 2 容量为 600MW 级~1000MW 级的机组,当装设发电机断路器或负荷开关时,应符合下列规定:

  1) 如设置高压厂用备用变压器,则高压厂用备用变压器应兼有停机功能,其容量宜按最大单台高压厂用变压器容量的 100% 设置。

  2) 如不设置高压厂用备用变压器,则应设置高压停机电源,同时可根据需要,再设置 1 台不接线的高压厂用工作变压器作为检修备用。高压停机电源容量应满足机组事故停机的需求,机组事故停机的容量应按工程具体情况核定。

 3 专用备用的低压厂用备用变压器的容量应与最大一台低压厂用工作变压器的容量相同。

16.3.12 高压厂用工作变压器的台数配置应符合下列规定:

 1 125MW 级机组的高压厂用工作电源宜采用 1 台双卷变压器。

 2 200MW 级~300MW 级机组的高压厂用工作电源宜采用 1 台分裂变压器。

 3 600MW 级机组的高压厂用工作电源可采用 1 台分裂变压器或 1 台分裂变压器加 1 台双卷变压器。

 4 1000MW 级机组的高压厂用工作电源可采用 2 台分裂变压器或 1 台分裂变压器加 1 台双卷变压器。

16.3.13 高压厂用备用或启动/备用变压器的台数配置应符合下列规定:

 1 当未装设发电机断路器或负荷开关时,应符合下列规定:

  1) 125MW 级的机组,全厂应设置 1 台高压厂用启动/备用变压器。

  2) 200MW 级~300MW 级的机组,每 2 台机组可设 1 台高压厂用启动/备用变压器。

  3) 600MW 级及以上的机组,每 2 台机组可设 1 台或 2 台高压厂用启动/备用变压器。

 2 600MW 级及以上的机组,当装设发电机断路器或负荷开关时,应符合下列规定:

  1) 当从厂内高压配电装置母线引接机组的高压厂用备用电源,并可使用同容量高压厂用备用电源的 4 台及以下机组,可设 1 台高压厂用备用变压器;可使用同容量高压厂用备用电源的 5 台及以上机组,除设 1 台高压厂用备用变压器外,可再设置 1 台不接线的高压厂用工作变压器。

  2) 当从另一台机组的高压厂用工作变压器低压侧厂用工作母线引接本机组的高压停机电源,机组之间对应的高压厂用母线设置联络,互为事故停机电源时,则可不设专用的高压厂用备用变压器。

16.3.14 每 2 台机组设置 2 台高压厂用启动/备用变压器时,变压器高压侧宜分别装设隔离开关并共用断路器。

16.3.15 低压厂用备用电源的设置应符合下列规定:

 1 当低压厂用备用电源采用专用备用变压器时,125MW 级的机组,低压厂用工作变压器的数量在 8 台及以上,可增设第二台低压厂用备用变压器;200MW 级的机组,每 2 台机组宜设 1 台低压厂用备用变压器；300MW 级及以上的机组宜按机组设置低压厂用备用变压器。

2 当低压厂用变压器成对设置时，互为备用的负荷应分别由 2 台变压器供电，2 台互为备用的变压器之间不应装设备用电源自动投入装置。远离主厂房的负荷宜采用邻近 2 台变压器互为备用的方式。

16.3.16 高压、低压厂用母线的接线应符合下列规定：

1 高压厂用母线应采用单母线接线。每台锅炉每一级高压厂用电压不应少于 2 段母线。

2 低压厂用母线也应采用单母线接线。锅炉容量为 410t/h～1000t/h 时，每台锅炉应至少设 2 段母线供电，双套辅机的电动机应分接于 2 段母线上，2 段母线可由 1 台变压器供电；锅炉容量为 1000t/h 级及以上时，每台锅炉应设置 2 段以上母线，每段母线可由 1 台或 2 台变压器供电。

16.3.17 200MW 级及以上的机组应设置交流保安电源。

16.3.18 200MW 级～300MW 级的机组宜按机组设置交流保安电源。600MW 级～1000MW 级的机组应按机组设置交流保安电源。交流保安电源应采用快速起动的柴油发电机组。

16.3.19 交流保安电源的电压和中性点接地方式，宜与主厂房低压厂用电系统一致。

16.3.20 火力发电厂应设置固定的交流低压检修供电网络，并应在各检修现场装设检修电源箱，应供电焊机、电动工具和试验设备等使用。

16.3.21 主厂房厂用配电装置的布置应结合主厂房的布置及负荷的分布确定，应节省电缆用量，并应避开潮湿、高温和多灰尘的场所。

16.3.22 置于室内的低压厂用变压器宜采用干式变压器。

16.3.23 高压厂用开断设备应采用无油化设备。对容量较小、启停频繁的厂用电回路宜采用高压熔断器串真空接触器的组合设备。

16.4 直流系统及交流不间断电源

16.4.1 火力发电厂内应装设向直流控制负荷和动力负荷供电的蓄电池组。与电力系统连接的火力发电厂选择蓄电池组容量时，厂用交流电源事故停电时间应按 1h 计算；不与电力系统连接的孤立火力发电厂，厂用交流电源事故停电时间应按 2h 计算。

16.4.2 蓄电池组应以全浮充电方式运行，控制专用的蓄电池组不应设置端电池，其他蓄电池组不宜设置端电池，蓄电池配置应符合下列规定：

1 200MW 级及以下机组的火力发电厂，当控制系统按单元机组设置，且升高电压为 220kV 及以上时，每台机组宜装设 2 组对动力负荷和控制负荷合并供电的蓄电池。

2 300MW 级机组的火力发电厂，每台机组宜装设 3 组蓄电池，其中 2 组应对控制负荷供电，1 组应对动力负荷供电；也可装设 2 组对动力负荷和控制负荷合并供电的蓄电池。

3 600MW 级及以上机组的火力发电厂，每台机组应装设 3 组蓄电池，其中 2 组应对控制负荷供电，1 组应对动力负荷供电。

4 火力发电厂高压配电装置包含 220kV 及以上电气设备时，应独立装设不少于 2 组对控制负荷和动力负荷供电的蓄电池。当高压配电装置设置有多个网络继电器室时，也可按继电器室分散装设蓄电池组。

5 对于远离主厂房的辅助车间，当需要向直流动力或控制负荷供电时，可分区设置动力和控制合用的成套直流电源装置。

16.4.3 火力发电厂直流系统的标称电压应符合下列规定：

1 专供控制负荷的直流系统宜采用 110V。

2 专供动力负荷的直流系统宜采用 220V。

3 控制负荷和动力负荷合并供电的直流系统宜采用 220V。

16.4.4 火力发电厂直流母线电压应符合下列规定：

1 正常运行时，直流母线电压应为直流系统标称电压的 105%。

2 专供控制负荷的直流系统，直流母线电压允许变化范围应为直流系统标称电压的 85%～110%。

3 专供动力负荷的直流系统，直流母线电压允许变化范围应为直流系统标称电压的 87.5%～112.5%。

4 控制负荷和动力负荷合并供电的直流系统，直流母线电压允许变化范围应为直流系统标称电压的 87.5%～110%。

16.4.5 蓄电池组充电装置的配置应符合下列规定：

1 每组蓄电池应装设 1 台充电装置。

2 对于 2 组相同电压的蓄电池组，当采用晶闸管充电装置时，宜再设置 1 台充电装置作为公用备用；当采用配置有备用模块的高频开关充电装置时，可不装设备用充电装置。

3 当全厂一种电压等级的蓄电池只有 1 组时，宜再设置 1 台备用充电装置。

16.4.6 火力发电厂的直流系统宜采用单母线或单母线分段接线方式。2 组蓄电池宜采用 2 段单母线接线，每组蓄电池和相应的充电装置应接在同一母线上，公用备用的充电装置应能切换到相应的两段母线上。蓄电池和充电装置均应经隔离和保护电器接入直流母线。

16.4.7 除有特殊要求外，火力发电厂的直流系统应采用不接地方式，直流主母线应装设绝缘监察装置。

16.4.8 采用计算机控制系统进行控制的火力发电厂，应装设交流不间断电源，交流不间断电源装置宜采用在线式。

16.4.9 单元机组交流不间断电源的设置应满足机组计算机控制系统的要求。单机容量为 600MW 级及以上机组，每台机组宜配置 2 台交流不间断电源装置；容量为 300MW 级及以下机组，当计算机控制系统仅需要 1 路不间断电源时，每台机组可配置 1 台交流不间断电源装置。

16.4.10 对于网络继电器室和远离主厂房的辅助车间，当需要向交流不间断负荷供电时，可分区设置独立的交流不间断电源装置，也可与就地直流系统合并设置交直流电源成套装置。

16.4.11 交流不间断电源装置旁路开关的切换时间不应大于 5ms；交流厂用电消失时，交流不间断电源满负荷供电时间不应小于 0.5h。

16.4.12 单元机组的交流不间断电源装置宜由一路交流主电源、一路交流旁路电源和一路直流电源供电。交流主电源和交流旁路电源应由不同厂用母线段引接。对于设置有交流保安电源的机组，交流主电源宜由保安电源引接。直流电源可由机组的直流动力电源引接或独立设置蓄电池组供电。

16.4.13 交流不间断电源主母线应采用单母线或单母线分段接线方式。当冗余供电或互为备用的不间断负载时，交流不间断电源主母线宜采用单母线分段，双重化的交流不间断电源装置和负载应分别接到不同的母线段上。

16.5 高压配电装置

16.5.1 火力发电厂高压配电装置的设计应符合下列规定：

1 应执行国家的建设方针和技术经济政策，符合环境保护的要求，做到安全可靠、技术先进、运行维护方便、经济合理。

2 应根据电力系统性质、规划容量、环境条件和运行维护等要求，合理地选用设备和确定布置方案。应坚持节约用地的原则，合理选用效率高、能耗小的电气设备和材料。

3 应根据工程特点、规模和发展规划，做到远、近期结合，以近期为主，并应适当留有扩建的条件。

16.5.2 高压配电装置的设计应符合国家现行标准《3～110kV 高压配电装置设计规范》GB 50060 和《高压配电装置设计技术规程》DL/T 5352 的有关规定。

16.5.3 配电装置的形式选择应根据设备选型和进、出线方式，以及工程实际情况，并结合火力发电厂总平面布置，通过技术经济比较确定。在技术经济合理时，应采用占地少的配电装置形式。

16.5.4 330kV 及以上电压等级的配电装置宜采用屋外中型配电装置。110kV 和 220kV 电压等级的配电装置宜采用屋外中型配电装置或屋外半高型配电装置。

16.5.5 Ⅳ级污秽地区、严寒地区、土石方开挖工程量大的山区，110kV 和 220kV 配电装置可采用屋内配电装置，当技术经济合理时，也可采用气体绝缘金属封闭开关设备。

16.5.6 对于电厂厂址地形特殊、布置场地受到限制，当技术经济合理时，220kV 及以上电压等级的配电装置可采用气体绝缘金属封闭开关设备。

16.5.7 Ⅳ级污秽地区、严寒地区、海拔高度大于 2000m 地区的 330kV 及以上电压等级的配电装置，当技术经济合理时，可采用气体绝缘金属封闭开关设备。

16.5.8 220kV～750kV 电压等级，当接线采用软母线或管型母线配双柱式、三柱式、双柱伸缩式或单柱式隔离开关时，屋外敞开式配电装置应采用中型布置，断路器布置形式应符合下列规定：

1 3/2 断路器接线，断路器可采用平环式、三列式、双列式或单列式布置。

2 4/3 断路器接线，断路器可采用双列式布置。

3 双母线接线，断路器可采用单列式或双列式布置。

16.5.9 直接空冷机组布置在空冷平台下的电气设备外绝缘爬电比距宜按Ⅳ级污秽等级选择。

16.6 电气监测及控制

16.6.1 火力发电厂电气设备宜采用计算机进行监控。

16.6.2 单元机组的主要电气设备应在单元控制室或集中控制室监控。125MW 级的机组监控系统宜按机组设置，200MW 级及以上的机组监控系统应按机组设置。

16.6.3 高压配电装置的电气设备宜采用计算机监控系统在火力发电厂的集中控制室或第一单元控制室监控，当调度部门对高压配电装置的电气设备运行有特别要求时，也可另设网络控制室进行监控。

16.6.4 非单元制火力发电厂，可全厂设置 1 套电气监控系统对电气设备进行监控，监控范围宜包括各机组及高压配电装置的电气设备和元件。

16.6.5 高压配电装置及单元机组的计算机监控系统应采用开放式、分布式结构，其站控层设备及网络宜采用冗余配置。

16.6.6 火力发电厂计算机监控系统应采取抵御黑客、病毒、恶意代码等对系统的破坏、攻击以及非法操作的安全防护措施。

16.6.7 下列设备或元件应在单元机组监控系统进行监测和控制：

1 发电机变压器组或发电机变压器线路组。

2 发电机励磁系统。

3 高压厂用电源。

4 高压厂用电源线。

　　5 主厂房内低压厂用工作变压器及低压母线分段断路器。

　　6 主厂房内专用备用变压器及备用电源。

16.6.8 下列设备或元件宜在单元机组监控系统进行监测和控制：

　　1 主厂房照明变压器及低压母线分段断路器。

　　2 低压厂用公用变压器及低压母线分段断路器。

　　3 主厂房动力中心至电动机控制中心的电源馈线。

16.6.9 下列设备或元件应在单元机组监控系统进行监测：

　　1 直流系统。

　　2 交流不间断电源。

　　3 柴油发电机组。

16.6.10 高压配电装置的下列设备或元件应在网络监控系统进行监测和控制：

　　1 母线联络及分段断路器。

　　2 110kV 及以上线路及旁路断路器。

　　3 联络变压器。

　　4 并联电抗器。

16.6.11 高压隔离开关宜采用远方控制，110kV 及以下供检修用的隔离开关和接地开关可采用就地控制。

16.6.12 发电机变压器组及启动/备用变压器除应在单元机组监控系统进行监测和控制外，其高压侧断路器还应在网络监控系统进行监测。

16.6.13 当高压配电装置的接线采用 3/2 断路器接线时，与发电机变压器组有关的 2 台断路器应在单元机组监控系统进行监测和控制，网络监控系统应能对与发电机变压器组有关的 2 台断路器进行监测。当发电机变压器组进线装设隔离开关，在隔离开关断开时，或当已装设发电机断路器，在发电机断路器断开时，与发电机变压器组有关的 2 台断路器应能在网络监控系统进行控制。

16.6.14 发电机变压器组、启动/备用变压器、母线联络及母线分段回路断路器应采用三相联动操动机构。

16.6.15 隔离开关、接地开关和母线接地器与相应的断路器之间应装设防止误操作的闭锁装置，闭锁装置可由机械的、电磁的或电气回路的闭锁构成。

16.6.16 单元制火力发电厂每台机组应装设 1 套自动准同步装置，也可再装设 1 套带有闭锁的手动准同步装置；火力发电厂高压配电装置部分应装设捕捉同步装置或带闭锁的手动准同步装置。

16.6.17 200MW 级及以上机组的高压厂用电源切换宜采用带同步检定的厂用电源快速切换方式。

16.6.18 交流保安电源宜设置独立的控制系统。

16.6.19 当采用计算机进行控制时，应在控制室设置下列独立的保证机组紧急停机的后备操作设备：

　　1 发电机或发电机变压器组紧急跳闸。

　　2 发电机灭磁开关跳闸。

　　3 柴油发电机启动。

16.6.20 火力发电厂单元机组的励磁系统自动电压调节、自动准同步、继电保护、故障录波，以及厂用电源快速切换等功能宜由专用装置实现。

16.6.21 继电保护和安全自动装置发出的跳、合闸指令应直接接入断路器的跳合闸回路，与继电保护、安全自动装置、厂用电源切换相关的断路器的跳合闸回路应监视其回路的完好性。

16.6.22 信号灯或计算机显示器上模拟图的颜色应符合下列规定，并可用闪烁表示提醒或注意：

　　1 红色：开关合闸、设备运行、带电、危险状态。

　　2 绿色：开关分闸、设备停止、不带电、安全状态。

　　3 黄色：故障、异常状态。

　　4 白色或黑色：其他状态，当对红、绿或黄不适用时使用。

16.6.23 电压为 250V 以上的回路不宜引入控制屏和保护屏。

16.6.24 火力发电厂电气设备的测量和计量设计应符合现行国家标准《电力装置的电测量仪表装置设计规范》GB/T 50063 的有关规定。

16.6.25 火力发电厂控制室宜采用计算机监控系统对电气参数进行测量，就地可采用常规仪表或综合测控保护装置对电气参数进行测量。

16.6.26 当采用计算机进行监控时，电气参数的测量宜采用交流采样或经变送器的直流采样方式，就地测量可采用一次仪表测量或直接仪表测量方式。

16.6.27 互感器、变送器、交流采样装置和计量仪表等应满足运行监视及经济核算对测量精度的要求。

16.7 元件继电保护

16.7.1 火力发电厂发电机、变压器以及高、低压厂用电源等电气设备和元件的继电保护设计应符合现行国家标准《继电保护和安全自动装置技术规程》GB/T 14285 的有关规定。

16.7.2 火力发电厂的发电机、主变压器以及高压厂用变压器应设置与控制系统独立的保护装置，控制系统故障时不应影响保护装置的正常工作。高、低压厂用电系统可采用保护与测控功能合一的综合保护测控装置，但装置中的保护功能宜相对独立。

16.7.3 双重化配置的保护装置宜分别安装在不同的保护屏上，当其中一套保护因异常需退出运行或检修时，不应影响另一套保护的正常运行。

16.7.4 双重化配置的每套保护装置的交流电压、交流电流宜分别取自不同的电压互感器和电流互感器或相互独立的绕组，其保护范围应交叉重叠，避免死区。

16.7.5 双重化配置的电量保护装置的直流电源应相互独立。当机组配置有2组蓄电池时，2套电量保护应由2组蓄电池组分别供电；当只有1组蓄电池时，2套电量保护宜由2段直流母线分别供电。

16.7.6 非电量保护应设置独立的电源，当机组配置有2组蓄电池时，非电量保护电源宜设置电源切换回路分别从2组蓄电池引接。

16.8 照明系统

16.8.1 火力发电厂照明系统的设计应符合现行行业标准《火力发电厂和变电站照明设计技术规定》DL/T 5390 的有关规定。

16.8.2 火力发电厂照明系统设计应符合安全、环保、维护检修方便、经济、美观的原则，并应积极地采用先进技术和节能设备。火力发电厂的照明应提倡绿色照明和节能环保，并应符合国家的节能政策。

16.8.3 火力发电厂的照明种类可分为正常照明、应急照明、警卫照明和障碍照明。应急照明应包括备用照明、安全照明和疏散照明。

16.8.4 火力发电厂的照明应有正常照明和应急照明分开的供电网络，供电方式应符合下列规定：

1 正常照明供电方式应符合下列规定：

　1）当低压厂用电的中性点为直接接地系统，且机组容量为125MW级时，主厂房的正常照明宜由动力和照明网络共用的低压厂用变压器供电。

　2）当低压厂用电的中性点为非直接接地系统或机组容量为200MW级及以上时，主厂房的正常照明应由高压或低压厂用电系统引接的集中照明变压器（二次侧应为380/220V中性点直接接地）供电。从低压厂用电系统引接的照明变压器也可采用分散设置的方式。

2 应急照明供电方式应符合下列规定：

　1）125MW级机组的火力发电厂，应急照明应由蓄电池组供电。

　2）200MW级及以上机组的火力发电厂，其单元控制室、集中控制室和柴油发电机房的应急照明，除直流长明灯外，还应包括由交流事故保安电源供电的照明和交直流切换供电的照明。

　3）无人值守的高压配电装置继电器室的应急照明，对200MW级及以上机组，应由交流事故保安电源供电；对125MW级机组可采用直流照明或应急灯。

　4）主厂房、集控楼各层的疏散通道、主要出入口、楼梯间以及远离主厂房的重要工作场所的应急照明可采用应急灯。

16.8.5 选择光源时，应在满足显色性、启动时间等要求条件下，根据光源、灯具及镇流器等的效率、寿命和价格，经综合技术经济比较后确定。

16.8.6 照明灯具应按工作场所的环境条件和使用要求进行选择，在满足眩光限制和配光要求条件下，应选用发光效率高、寿命长和维修方便的照明灯具。室内、外照明灯具的安装位置应便于维修。对于室内、外配电装置的照明灯具还应满足在设备带电的情况下能安全地进行维修的要求。

16.8.7 对烟囱、冷却塔和其他高耸建筑物或构筑物上装设障碍照明的要求，除应符合现行国家标准《烟囱设计规范》GB 50051 的有关规定外，还应和当地航空管理部门协商确定。

16.8.8 对取、排水口及码头障碍照明的要求应和航运管理部门协商确定。

16.9 电缆选择与敷设

16.9.1 火力发电厂电缆选择与敷设的设计应符合现行国家标准《电力工程电缆设计规范》GB 50217 的有关规定。

16.9.2 低压变频器回路电缆选择可按现行国家标准《变频器供电笼型感应电动机设计和性能导则》GB/T 21209 的有关规定执行。

16.9.3 主厂房及辅助厂房的电缆敷设应采取有效阻燃的防火封堵措施，对主厂房内易受外部着火影响区段，如汽轮机头部或锅炉房正对防爆门与排渣孔的邻近部位等的电缆应采取防止着火的措施。

16.9.4 容量为300MW级及以上机组的主厂房、输煤、燃油及其他易燃易爆场所应选用C类阻燃电缆。

16.9.5 同一电缆通道中，全厂公用的重要负荷回路的电缆应采取耐火分隔或分别敷设在两个互相独立的电缆通道中。当未相互隔离时，其中一个回路应实施耐火防护或选用具有耐火性的电缆。

16.9.6 主厂房到升压站继电器楼或电气主控制楼的电缆应按一定的规模进行耐火分隔或敷设在独立的电缆通道中，其规模应符合下列规定：

1 单机容量125MW级的机组应为2台机组。

2 单机容量200MW级及以上的机组应为1台机组。

16.9.7 控制电缆宜敷设在电缆桥架内。桥架通道应避免遭受机械性外力、过热、腐蚀及易燃易爆物等的危害，并应根据防火要求实施阻隔。

16.10 接地系统

16.10.1 火力发电厂交流接地系统的设计应符合国家现行标准《交流电气装置的接地设计规范》GB/T 50065 和《电力工程地下金属构筑物防腐技术导则》DL/T 5394 的有关规定。

16.10.2 火力发电厂内不同用途和不同电压的电气装置、设施可使用一个主接地网。各种类型的接地网最终应与主接地网连接。

16.10.3 火力发电厂接地的类别划分应符合下列规定：

1 火力发电厂的交流接地系统可按用途分为工作（系统）接地、保护接地、雷电保护接地和防静电接地。

2 火力发电厂电子设备接地可分为工作接地（逻辑接地）和设备保护接地。

16.10.4 不同接地类别的接地电阻应符合下列规定：

1 交流接地系统工作接地的接地电阻应保证在电气系统的工作电流或接地故障电流流经接地电极时，接地电极的电位升高不超过规定值。

2 交流接地系统保护接地的接地电阻应由保证故障电流能使相应的保护装置动作或使外壳电位在安全值以下确定。

3 雷电保护接地的接地电阻应根据过电压保护的需要确定。

4 防静电接地的接地电阻应在 30Ω 以下。

5 电子设备的接地电阻值宜按设备厂家的要求设计。

6 主接地网的接地电阻应符合本条第 1 款～第 5 款各接地子系统的接地电阻最小值的要求。

16.10.5 接地体的材料及截面选择应符合下列规定：

1 新建电厂的主接地网，接地体材料宜选用热浸镀锌的钢材，当工程确有需要时，也可采用铜接地体。

2 扩建工程的主接地网材料宜与老厂保持一致。

3 设备的单根接地线导体截面应按流经该接地线的短路电流短时发热的热稳定要求选择。

4 主接地网接地导体的截面不宜小于设备单根接地线最大截面的 70%。

16.10.6 接地体的防腐应符合下列规定：

1 接地系统应按电厂主体工程寿命进行防腐设计。

2 当火力发电厂的平均土壤电阻率低于 50Ω·m，且主接地网采用钢材时，应对接地网及接地体采取特殊防腐措施。防腐蚀措施宜符合现行行业标准《电力工程地下金属构筑物防腐技术导则》DL/T 5394 的有关规定。

16.10.7 火力发电厂应敷设满足接地电阻、跨步电势和接触电势要求的主接地网，主接地网应以水平接地导体为主组成。

16.10.8 均匀土壤中人工接地极工频接地电阻的计算宜符合国家现行有关交流电气装置的接地设计规范的规定。

16.10.9 人体允许的接触电势和跨步电势的确定应符合国家现行有关交流电气装置的接地设计规范的规定。

16.10.10 均匀土壤中接地网接触电位差和跨步电位差的计算，应符合国家现行有关交流电气装置的接地设计规范的规定。

16.10.11 火力发电厂内的接地设计还应符合下列规定：

1 重要设备及其构架等应以足够截面的接地引下线直接与主接地网不同地点连接，接地引下线的根数不应少于 2 根，且每根接地引下线截面均应符合发生接地故障时流经接地线的短路电流短时热稳定的要求。

2 全连式离相封闭母线外壳可采用一点接地或多点接地方式；对于分段绝缘离相封闭母线，每段母线外壳应只在一点接地。

3 当采用建筑物内结构钢筋作为接地导体时，应保证其具有足够的截面和良好的电气连接。

16.11 系统继电保护和安全自动装置

16.11.1 系统继电保护和安全自动装置的设计应符合现行国家标准《继电保护和安全自动装置技术规程》GB/T 14285 的有关规定。

16.11.2 火力发电厂与电网连接处均应装设实现保护动作跳闸的断路器。330kV 及以上设备三相故障清除时间不应大于 90ms，110kV～220kV 设备三相故障清除时间不应大于 120ms。

16.11.3 火力发电厂内机组及线路应分别配置专用的故障录波器。

16.11.4 火力发电厂送出电压等级为 500kV 及以上，且线路较长、路径地形复杂，宜配置专用故障测距装置。

16.11.5 火力发电厂应配置 1 套保护及故障信息管理系统子站，功能应包括采集系统继电保护、发变组保护的信息，并应上传至调度端。

16.11.6 火力发电厂应按系统要求装设切机执行装置、高周切机装置等安全自动装置。

16.11.7 火力发电厂应配置功角测量装置。上传的信息应包括机端三相电压、三相电流，发电机内电势相量、发电机转速脉冲量，励磁系统和调速系统相关参数。

16.11.8 对存在次同步振荡和谐振问题的火力发电厂，应装设相应的监测和保护装置。

16.12 调度自动化系统子站

16.12.1 火力发电厂应配置满足电网调度需要的调度自动化设施。

16.12.2 火力发电厂应将调度需要的远动信息直接送往相关调度中心，并应接受其调度控制命令。调度自动化信息传输至各调度中心应采用调度数据通信网络和专线通道互为主、备用的方式。通信规约应符合现行行业标准《远动设备及系统 第5-101部分：传输规约 基本远动任务配套标准》DL/T 634.5101、《远动设备及系统 第5-104部分：传输规约 采用标准传输协议子集的 IEC 60870-5-101 网络访问》DL/T 634.5104 的有关规定和电网调度的要求；火力发电厂远方终端装置或计算机监控系统应正确传送电厂信息到电网调度机构能量管理系统主站系统，并应正确接收和执行能量管理系统主站系统下发的自动发电控制及自动电压控制指令。

16.12.3 参与自动发电控制的机组的运行参数应通过远动通道传输到相关电网调度机构的能量管理系统。运行参数应包括自动发电控制机组调整上/下限值、调节速率、响应时间，以及火电机组分散控制系统的"机组允许自动发电控制运行"和"机组自动发电控制投入/退出"的状态信号。

16.12.4 自动电压控制相关信息应通过远动通道传输到相关调度机构的能量管理系统主站系统。相关信息应包括母线电压、发电机出口电压、发电机定子电流、自动电压控制装置投入/退出、分散控制系统远方/当地控制、励磁系统状态信号。

16.12.5 火力发电厂应配置电能量计量厂站系统，应包括电能量采集装置和电能表。

16.12.6 火力发电厂应按国家现行有关电力二次系统安全防护总体方案的要求配置电力二次系统安全防护设施。

16.12.7 火力发电厂应配置电力调度数据网接入设备。

16.12.8 调度自动化设备应设置安全可靠的供电电源。

16.13 系统通信

16.13.1 火力发电厂至调度中心应配置两个相互独立的通道组织及相应的通信设备。火力发电厂端通信设备配置选型应与电网系统端（对端）保持一致。

16.13.2 火力发电厂端的通信设备可根据系统要求配置光传输设备、电力线载波设备等。

16.13.3 当采用电力线载波通信方式时，对于330kV 及以下系统，宜采用相地耦合方式。对于500kV 及以上系统，宜采用相相耦合方式。

16.13.4 火力发电厂应配置通信专用直流电源系统，应按双重化原则配置电源设备。其单组蓄电池组容量放电时间不应小于2h。蓄电池组容量应兼顾系统未来发展的需求。

16.13.5 火力发电厂应配置系统调度程控交换机，并应满足接入属地电网的要求，其用户线容量宜为48线～96线。系统调度程控交换机宜和生产调度程控交换机合并设置，其容量应相叠加。

16.13.6 火力发电厂的通信机房面积应满足系统中、远期通信设备的布置要求，并应留有适当扩建余地。

16.13.7 电力线载波设备、光通信设备及其他有关的通信设备可合并布置在同一机房内。

16.13.8 火力发电厂的通信用蓄电池组不宜与通信设备共用同一机房。

16.13.9 火力发电厂可配置综合数据网接入设备接入电网公司的综合数据网。

16.14 厂内通信

16.14.1 火力发电厂的厂内通信设计应包括生产管理通信、生产调度通信、通信电缆（光缆）网络，以及通信机房、通信电源、接地等其他辅助设施。

16.14.2 火力发电厂厂内通信应设置生产管理程控交换机，并可兼作生产调度通信的备用。火力发电厂生产管理程控交换机的容量（不包括居住区）应按火力发电厂的管理体制、人员编制、自动化水平、规划装机台数和容量选择。当火力发电厂有扩建的可能时，交换机应能按电厂终期规模的要求进行扩容。

16.14.3 生产管理程控交换机的类型应与所在地邮电及电力系统通信部门相协调。

16.14.4 火力发电厂应设置生产调度程控交换机。生产调度程控交换机应具备与系统调度程控交换机、生产管理程控交换机的中继接口、中继信令。火力发电厂的运煤系统可根据系统的规模大小设置扩音/呼叫系统。

16.14.5 300MW 级及以上机组的火力发电厂可设置检修通信设施。厂内通信可配置无线对讲机。

16.14.6 水源地、灰场等厂区外的场所可设置厂内电话、无线对讲机或公用网电话。

16.14.7 火力发电厂厂内通信设备所需交流电源应由可靠的、来自不同厂用电母线段的双回路交流电源供电。

16.14.8 火力发电厂厂内通信设备所需直流电源宜由通信专用直流电源系统提供。单组蓄电池的放电时间不应小于1h。

16.14.9 火力发电厂厂内通信设备所需直流电源可共用系统通信设备的直流电源。

16.15 其他电气设施

16.15.1 火力发电厂电气装置的过电压保护设计除应符合现行国家标准《高压输变电设备的绝缘配合》GB 311.1 和《绝缘配合 第2部分：高压输变电设备的绝缘配合使用导则》GB/T 311.2 的有关规定外，还应符合下列规定：

1 主要生产建（构）筑物和辅助厂房建（构）筑物的过电压保护应符合现行行业标准《交流电气装置的过电压保护和绝缘配合》DL/T 620 的有关规定。

2 生产办公楼、食堂、宿舍楼等附属建（构）筑物的防雷设计应符合现行国家标准《建筑物防雷设计规范》GB 50057 的有关规定。

16.15.2 在有爆炸和火灾危险场所的电气装置设计应符合现行国家标准《爆炸和火灾危险环境电力装置设计规范》GB 50058 和《火力发电厂与变电站设计防火规范》GB 50229 的有关规定。

17 水工设施及系统

17.1 基本规定

17.1.1 火力发电厂水工设计应根据完整、正确的基础资料进行。不同设计阶段应掌握相应深度的水文、气象、地质、测量等资料。

17.1.2 火力发电厂水工设计应符合现行国家标准《地面水环境质量标准》GB 3838、《生活饮用水卫生标准》GB 5749、《取水定额》GB/T 18916 和《污水综合排放标准》GB 8978 的有关规定。

17.1.3 火力发电厂水工设计应对各类供水、用水、排水进行全面规划、综合平衡，应通过水务管理和工程措施节约水资源，并应防止排水污染环境。

17.2 水源和水务管理

17.2.1 北方缺水地区新建、扩建电厂生产用水严禁取用地下水，应严格控制使用地表水，应积极利用城市再生水和其他废水，坑口电厂应首先使用矿区排水。当有不同的水源可供选用时，应根据水量、水质和水价等因素经技术经济比较确定。

17.2.2 火力发电厂供水水源的设计保证率应为97%。

17.2.3 当采用地表水作为水源时，在枯水情况下，应保证火力发电厂满负荷运行所需的水量。水量计算应符合下列规定：

　　1 当从天然河道取水时，应按频率为97%的瞬时流量扣除河道水域生态用水量和取水口上游必保的工农业规划用水量计算。

　　2 当河道受水库调节时，应按水库保证率为97%的下泄流量加上区间来水量扣除生态用水量和取水口上游必保的工农业规划用水量计算。

　　3 从水库取水时，应按保证率为97%的枯水年计算。

17.2.4 当采用地下水作为电厂补给水源时，应根据该地区目前及必保的规划工农业用水量，按枯水年或连续枯水年进行水量平衡计算后确定取水量，取水量不应大于允许开采量。

17.2.5 当采用再生水作为电厂补给水源时，应有备用水源。

17.2.6 当采用矿区排水作为电厂补给水源时，应根据矿区开采规划和排水方式，分析确定可供电厂使用的矿区稳定的最小排水量。

17.2.7 火力发电厂的设计耗水指标应为夏季纯凝工况、频率为10%的日平均气象条件、机组满负荷运行时单位装机容量的耗水量。耗水量应包括厂内各项生产、生活和未预见用水量，不应包括厂外输水管道损失水量、供热机组外网损失、原水预处理系统和再生水深度处理系统的自用水量。火力发电厂的设计耗水指标宜根据当地的水资源条件和采用的相关工艺方案来确定，并应符合表 17.2.7 的规定。

表 17.2.7 火力发电厂设计耗水指标表
[m³/(s·GW)]

序号	机组冷却方式	<300MW	≥300MW	参考的相关工艺方案
1	淡水循环供水系统	≤0.80	≤0.70	湿法脱硫、干式除灰、湿式除渣
2	淡水直流供水系统	≤0.12	≤0.10	湿法脱硫、干式除灰、湿式除渣
3	海水直流供水系统海水循环供水系统	≤0.12	≤0.10	湿法脱硫、干式除灰、湿式除渣
4	空冷机组	≤0.15	≤0.12	湿法脱硫、干式除灰、干式除渣、电动给水泵或汽动给水泵排汽空冷、辅机冷却水湿冷
4	空冷机组	≤0.12	≤0.10	湿法脱硫、干式除灰、干式除渣、电动给水泵或汽动给水泵排汽空冷、辅机冷却水空冷
4	空冷机组	—	≤0.06	干法脱硫、干式除灰、干式除渣、电动给水泵或汽动给水泵排汽空冷、辅机冷却水空冷

注：各类电厂申请取水指标时，应增加厂外管道损失水量和水处理系统的自用水量，但取水指标不应超过现行国家标准《取水定额 第一部分：火力发电》GB/T 18916.1 规定的装机取水量定额指标。

17.2.8 火力发电厂应装设必要的水质监测和水量计量装置。

17.3 供水系统

17.3.1 火力发电厂供水系统的选择应根据水源条件和规划容量，通过技术经济比较确定。在水源条件允许的情况下，宜采用直流供水系统。当水源条件受限制时，可采用循环供水系统、混合供水系统或空冷系统。

17.3.2 直流供水系统机组的汽轮机背压、凝汽器面积、冷却水量、水泵和进排水管沟的经济配置，应根据多年月平均的水温、水位和温排水影响，并结合汽轮机特性和系统布置进行优化计算确定。

17.3.3 循环供水系统机组的汽轮机背压、凝汽器积、冷却水量、水泵、进排水管沟配置、冷却塔的选型及经济配置，应根据多年月平均的气象条件，并结合汽轮机特性和系统布置进行优化计算确定。

17.3.4 直流或循环供水系统优化计算宜采用汽轮机在额定进汽量下的排汽参数。

17.3.5 当采用直流供水系统时，冷却水的最高计算温度应按多年水温最高时期频率为10%的日平均水温确定，多年水温最高时期可采用夏季3个月，应将温排水对取水水温的影响计算在内。

17.3.6 当采用循环供水系统时，确定冷却水的最高计算温度应符合下列规定：

 1 宜采用按湿球温度频率统计方法计算的频率为10%的日平均气象条件。

 2 气象资料应采用近期连续不少于5年、每年最热时期的日平均值，每年最热时期可采用夏季3个月。

17.3.7 单机容量为300MW及以上的火力发电厂宜采用单元制或扩大单元制供水系统。每台汽轮机可配置2台或3台循环水泵，宜根据工程情况优化确定，其总出力应为机组的最大计算用水量。当设备条件许可，并经技术经济比较合理时，水泵可采用静叶可调或采用变速电动机驱动。采用单元制或扩大单元制供水系统时，每台机组宜采用1条进、排水管沟。

17.3.8 采用母管制供水系统时，安装在集中水泵房中的循环水泵，当达到规划容量时不应少于4台，且可不设备用，可根据工程情况分期安装。水泵的总出力应满足冷却水的最大计算用水量。达到规划容量时的进、排水管沟不宜少于2条，可根据工程具体情况分期建设。当其中一条停用时，其余母管应能通过75%的最大计算用水量。

17.3.9 附属设备冷却水宜取自循环水的进水，当水温过高，汛期泥沙和漂浮物较多或以海水为冷却水时，应采取相应措施或使用其他水源。

17.3.10 直流供水系统的排水，在不影响火力发电厂经济运行的条件下，可供其他用户使用。

17.3.11 当采用直流供水系统时，取、排水口的位置和形式应根据水源特点、温排水对取水温度和环境的影响、泥沙冲淤和工程施工等因素，通过物模试验或数模计算研究确定。

17.4 取水建（构）筑物

17.4.1 地表水取水建（构）筑物包括取水泵房应按保证率为97%的低水位设计，并应以保证率为99%的低水位校核。

17.4.2 地表水取水建（构）筑物应分隔成若干单间，应根据水源水质和取水量装设格栅或带机械清理的格栅装置、平板滤网、清污机或旋转滤网，并应采取冲洗或排除脏物的措施。当水中带有冰凌或大量泥沙而影响取水时，应采取相应的工程措施。工程条件复杂时，宜通过水工模型试验确定。

17.4.3 采用自流引水管取水，当达到规划容量时，引水管不应少于2条。采用直流供水系统且单机600MW级及以上机组，每台机组宜配1条自流引水管；当水水域含沙量较小、取水口设有可靠的防沙和检修措施时，每2台机组也可配1条自流引水管。

17.4.4 进水流道的布置形式应结合取水的水文条件、取水量、取水方式、整流措施、检修维护措施、设备布置等因素，通过技术经济比较后确定。

17.4.5 地表水岸边水泵房±0.00m层标高（入口地坪设计标高）应按频率1%的洪水位（或潮位）加频率为2%的浪高再加超高0.5m确定，并应符合下列规定：

 1 水泵房±0.00m层标高低于频率0.1%洪水位（或潮位）时，必须采取防洪措施。

 2 当频率1%与频率0.1%洪水位（或潮位）相差很大时，应根据厂址标高对水泵房±0.00m层标高进行分析论证后确定。

 3 频率2%的浪高应为重现期50年波列累积频率1%的波浪作用在泵房前墙的波峰面高度。

17.4.6 当采用海水作冷却水时，水泵的主要部件及直接接触海水且检修时不易更换的部件，应根据不同情况选用不同的耐海水腐蚀材料及防腐措施；旋转滤网、清污机、冲洗泵、排污泵和阀门等与海水直接接触的部件，亦应选用耐海水腐蚀材料及防腐措施；还应采取防止海生物在取、排水建（构）筑物和设备上滋生附着的措施。

17.4.7 集中取水的补给水泵台数不宜少于3台，其中1台应为备用。

17.4.8 当采用管井取水地下水作为火力发电厂的补给水源时，应设置备用井。备用井的数量不宜少于15%。

17.4.9 水泵房及进水间应装设起重设备，当条件合适，设备采用露天布置时，也可不设固定式起重设备。

17.5 管道和沟渠

17.5.1 补给水总管的条数应根据火力发电厂的规划容量和水源情况确定，并应符合下列规定：

 1 补给水管宜采用两条总管，可根据工程具体情况分期建设；当每条补给水总管能保证供给补给水量的60%时，补给水总管之间可不设联络管。

 2 当有适当容量的蓄水池或备用水源，并有可靠性论证时，可采用1条总管。

17.5.2 渠道宜按规划容量一次建成。设计渠道时，应采取消除由于原有地面排水系统的改变对附近农田和建筑物的不良影响的措施。

17.5.3 压力管道的材料应根据管道的工艺要求、工作压力、水质、管道沿线的地质、地形条件、运输施工条件和材料供应等因素通过技术经济比较确定，并应符合下列规定：

1 输送再生水和海水的管道宜采用非金属管材，若采用钢管应进行专门的防护。

2 大口径循环水压力管道直线段较长时，宜采用预应力钢筋混凝土管或预应力钢筒混凝土管，靠近主厂房的管段可采用钢管。

3 自流管、沟宜采用钢筋混凝土结构。

17.5.4 输水管道系统的设计应根据管道布置、地形条件及泵站的重要程度等情况，有选择性地进行水锤计算，并应采取必要的防护措施。

17.6 湿式冷却塔

17.6.1 常规湿冷机组宜采用逆流式自然通风冷却塔；高温高湿地区及在特殊情况下，可采用机械通风冷却塔；经技术经济比较合理时，也可采用横流式自然通风冷却塔。

17.6.2 冷却塔的布置应根据空气动力干扰、通风、检修和管沟布置等因素确定。在山区和丘陵地带布置冷却塔时，应避免受到湿热空气回流的影响。

17.6.3 单机300MW级及以上汽轮发电机组，每台机组宜配1座自然通风冷却塔。

17.6.4 冷却塔淋水填料应根据填料热力特性、通风阻力、耐久性、价格、材料供应、施工、检修方便和循环水水质等条件进行选择。

17.6.5 自然通风冷却塔进风口处的支柱及塔内空气通流部位的构件应采用气流阻力较小的断面形式。自然通风冷却塔应装设高效除水器。

17.6.6 对寒冷地区建设的冷却塔应采取防冻措施。

17.6.7 排烟冷却塔的设计应符合下列规定：

1 冷却塔的热力性能计算和优化计算应将烟气及塔内烟道的影响计算在内。

2 烟道应具有良好的耐温、耐腐蚀性能，宜采用玻璃钢材质。

3 排烟冷却塔的防腐设计方案应通过技术经济比较后确定。

17.6.8 海水冷却塔的设计应对填料的热力特性进行修正，应选择适应海水水质的塔芯材料，并应对塔筒采取相应的防腐措施。

17.6.9 湿式冷却塔的噪声应满足环境保护要求。

17.7 水面冷却

17.7.1 当电厂利用水库、湖泊、河道或海湾等水体的自然水面冷却循环水时，应根据水量、水质和水温的变化对工业、农业、渔业、水利、航运和环境等的影响进行论证。

17.7.2 当利用水库或湖泊冷却循环水时，应根据水体的水文气象条件、水利计算、运行方式和水工建筑物功能等因素，按火力发电厂的供水要求，论证作为冷却池的可靠性，并应符合下列规定：

1 冷却池的冷却能力、取、排水口布置和取水温度可利用数学模型计算、物理模型试验、条件相似工程的类比、经验公式和计算图表等方法分析研究，并应通过技术经济比较确定取、排水工程方案。

2 扩建工程的冷却池宜采用原型观测资料。

17.7.3 当利用河道冷却循环水时，应根据工程条件，利用物理模型试验或数学模型计算，确定河段水面的冷却能力、取水温度和河段的水温分布，并应通过技术经济比较确定取、排水工程方案。

17.7.4 当利用海湾冷却循环水时，应对海域内水流、泥沙、温跃层、海生物和海水盐度等因素的影响进行论证；应利用数学模型计算、物理模型试验确定温排水的扩散和对取水温度的影响，应采取有利于吸取冷水和温排水扩散的措施，并应通过技术经济比较确定取、排水工程方案。

17.8 空冷系统

17.8.1 当采用空冷机组时，应根据当地气象条件、冷却设施占地、防噪音要求、防冻性能等因素通过技术经济比较后确定空冷系统形式，并应符合下列规定：

1 直接空冷系统的空冷凝汽器宜采用机械通风冷却方式。

2 间接空冷系统宜采用钢筋混凝土结构的自然通风冷却塔。

3 受场地限制布置空冷塔有困难时，经技术经济比较后也可采用机械通风间接空冷系统。

17.8.2 空冷系统基本设计参数的确定应符合下列规定：

1 空冷系统设计气温应根据典型年干球温度统计，宜按5℃以上年加权平均法（5℃以下按5℃计算）计算设计气温并向上取整。

2 直接空冷系统机组的额定背压应为设计气温与经优化计算确定的初始温差之和对应的饱和蒸汽压力，间接空冷系统机组的额定背压计算还应包括凝汽器的端差。

3 空冷系统进行优化计算时，宜采用汽轮机在额定进汽量时的排汽参数，典型年小时气温间隔宜采用2℃。

4 空冷系统横向风的设计风速应根据电厂所在地的气象资料确定，对于直接空冷电厂，不宜小于最大月平均风速换算到蒸汽分配管上部1m标高处的风速；对于间接空冷电厂，不宜小于10m标高处最大月平均风速。

17.8.3 直接空冷系统应根据当地气象条件，结合不同末级叶片的汽轮机特性等因素进行优化计算，确定最佳的汽轮机背压、空冷凝汽器面积、迎风面风速、冷却单元排（列）数、空冷平台高度、轴流风机选型及电动机配置等。

17.8.4 直接空冷系统的布置应符合下列规定：

1 直接空冷凝汽器宜布置在汽机房 A 列外空冷平台上，单机容量 600MW 级及以下机组宜沿汽机房纵向布置。空冷凝汽器主进风侧的布置方位宜面向夏季主导风向，并应分析高温大风气象条件出现频率对空冷系统的影响。空冷凝汽器连续建设的台数应根据风环境条件等因素论证确定。

2 当风环境比较复杂或电厂周边地形地貌特殊时，应利用数值模拟计算或物理模型试验对空冷凝汽器的布置方案进行分析论证。

3 空冷平台高度应根据空冷凝汽器的总体布置和空冷系统进风断面的要求确定，同时应满足空冷平台下布置的变压器出线高度及其防护距离的要求。

4 空冷凝汽器下方的轴流风机、电机和减速机应设置检修起吊装置和维护平台。

17.8.5 直接空冷凝汽器可采用单排管或多排管。空冷凝汽器管束类型的选择应根据气象条件、换热能力、防冻要求和综合造价等因素经技术经济比较后确定。

17.8.6 直接空冷系统轴流风机宜采用变频调速控制方式，风机群的噪声应满足环境保护要求。

17.8.7 间接空冷系统应根据当地气象条件，结合不同末级叶片的汽轮机特性等因素进行优化计算，确定最佳的汽轮机背压，凝汽器的形式和面积，空冷散热器面积，冷却水量，循环水泵参数，进、排水管径及空冷塔的选型。

17.8.8 混合式凝汽器间接空冷系统的循环水泵宜布置在汽机房或汽机房披屋内；表面式凝汽器间接空冷系统循环水泵房宜独立设置，可布置在冷却塔区或与汽机房毗邻布置。

17.8.9 表面式凝汽器间接空冷系统可采用钢管钢片或铝管铝片等散热器。混合式凝汽器间接空冷系统应根据机组的水化学工况选择散热器的材质。

17.8.10 空冷塔的结构与尺寸应结合工艺布置，经过优选确定。空冷散热器可采用在塔进风口垂直布置或塔内水平布置，宜根据空冷塔的体型、外界风对散热效果的影响等因素经论证确定后采用。空冷塔宜设置空冷散热器的检修起吊设施。

17.8.11 空冷凝汽器和空冷散热器应设置清除其外表面积尘的水冲洗设施。

17.8.12 当空冷机组采用汽动给水泵时，给水泵汽轮机排汽的冷却方式宜采用间接空冷系统。

17.8.13 空冷机组宜设置单独的辅机冷却水系统，可采用湿式冷却塔循环冷却；在严重缺水地区，经论证后辅机冷却水系统也可采用空冷系统。

17.9 给水排水

17.9.1 净水站位置选择应根据原水水质、输送距离、排泥场设置条件和运行管理等因素经技术经济比较后确定。

17.9.2 净水站水处理工艺流程的选择应符合本规范第 13.1.2 条的规定。

17.9.3 当火力发电厂和生活区靠近城市或其他工业企业时，生活给水和排水的管网系统宜与城市或其他工业企业的给水和排水系统统筹设计。

17.9.4 当火力发电厂采用自备的生活饮用水系统时，水源选择、水源卫生防护及水质应符合现行国家标准《生活饮用水卫生标准》GB 5749 的有关规定。生活饮用水应消毒，消毒设计应符合现行国家标准《室外给水设计规范》GB 50013 的有关规定。

17.9.5 厂区内的生活污水、生产废水和雨水的排水系统宜采用完全分流制。

17.9.6 火电厂各种废、污水应按清污分流的原则分类收集输送，并应根据其污染的程度、复用和排放的要求进行处理，处理后复用的杂用水水质应符合现行国家标准《城市污水再生利用 城市杂用水水质》GB/T 18920 的有关规定。

17.9.7 位于城市的电厂生活污水宜排入城市排水系统，其水质应符合污水排入城市下水道水质标准；远离城市的电厂生活污水应自行处理后回用。

17.9.8 含有腐蚀性物质、油质或其他有害物质的废水，温度高于 40℃ 的污、废水，应经处理合格后再排入生产废水管、沟内。

17.9.9 火力发电厂宜设煤场雨水沉淀池，含煤废水应设独立的收集系统并进行处理，处理后宜回用于输煤冲洗系统。

18 辅助及附属设施

18.0.1 新建和扩建火力发电厂的检修应依靠专业检修公司或地区协作的集中检修方式，不宜设中心修配场。火力发电厂应设有锅炉、汽轮机、电气、热工、燃料运输等设备的检修间，其所配置的设备和检修间的面积宜符合现行行业标准《火力发电厂试验、修配设备及建筑面积配置导则》DL/T 5004 的有关规定。

18.0.2 火力发电厂的金属试验室、化学试验室、电气试验室、热工试验室、环境保护监测站和劳动保护监测站的仪器设备和建筑面积配置，宜符合现行行业标准《火力发电厂试验、修配设备及建筑面积配置导则》DL/T 5004 的有关规定。使用率低和费用较高的设备、仪器宜按地区协作的原则统筹安排。试验室和监测站可适当合并布置。

18.0.3 全厂压缩空气系统设置与设备布置应符合下列规定：

1 火力发电厂应设置仪表与控制用空气系统和检修用压缩空气系统。仪表与控制用气、检修用气和厂内除灰气力输送用压缩空气系统宜统一规划设计，集中布置，空压机宜统一配置，供气系统应分开设置。系统设计应符合下列规定：

　　1）压缩空气系统宜2台机组设1个供气单元。经技术经济比较合理时，也可多台机组设1个供气单元。

　　2）全厂压缩空气系统的设计应保证仪表与控制用气的可靠性。

　　3）仪表与控制用气、检修用气和除灰气力输送用气宜分设后处理设备，检修用气可不设后处理设备。后处理设备的容量应与运行空气压缩机的容量相匹配。仪表与控制用压缩空气系统应设有除尘、除油过滤器和空气干燥器，供气质量应符合现行国家标准《工业自动化仪表气源压力范围和质量》GB 4830 的有关规定；除灰气力输送用压缩空气宜设有空气干燥器。

　　4）仪表及控制用气、检修用气和除灰气力输送用压缩空气系统应分别设置贮气罐。

　2 压缩空气系统设备选择应符合下列规定：

　　1）压缩空气系统宜采用同形式、同容量的空气压缩机，空压机形式宜采用螺杆式。

　　2）每个供气单元的仪表与控制用空压机的运行台数宜为每台机组1台，单台容量应能满足每台机组仪表与控制用气动设备的最大连续用气量，每个供气单元宜设置1台检修备用和1台运行备用的空压机，同时应兼作检修用空压机；当仪表和控制用空压机与除灰气力输送用空压机合并设置时，其中1台除灰气力输送用备用空压机可作为公共备用。

　　3）当全部空气压缩机停用时，仪表与控制用压缩空气系统的贮气罐的总容量应能维持不小于5min的耗气量；在气动保护设备和远离空气压缩机房的用气点处，宜设置专用稳压贮气罐；仪表与控制用压缩空气的供气管道宜采用不锈钢管。

　3 压缩空气系统设备宜集中布置在主厂房区域适当位置，并应采取防止噪声和振动的措施。

18.0.4 火力发电厂保温油漆设计宜符合现行行业标准《火力发电厂保温油漆设计规程》DL/T 5072 的有关规定。

18.0.5 汽轮机润滑油及变压器绝缘油处理系统及其设备选择应符合下列规定：

　1 单机容量为200MW级以下机组，2台机组宜共用1套汽轮机润滑油净化装置和1台汽轮机润滑油贮油箱。单机容量为200MW级及以上机组，每台机组宜设1套汽轮机润滑油净化装置和1台汽轮机润滑油贮油箱，也可2台机组共用1台汽轮机润滑油贮油箱。

　2 汽轮机润滑油净化装置的出力宜按每小时处理油量为系统内总油量的20%选择，贮油箱的容积不应小于最大1台机组润滑油系统油量的110%。

　3 全厂宜配备变压器绝缘油净化装置1套。

　4 当采用委托方式，由专业绝缘油净化公司承担油净化任务时，也可不设变压器绝缘油净化装置。

18.0.6 氢气系统应根据氢冷发电机氢冷系统的容积，运行漏氢量，对氢气压力、纯度及湿度的要求确定。当有可靠、经济的外供氢气源时，不宜设置制氢系统。

18.0.7 氢气系统设计应符合下列规定：

　1 当需设置制氢设备时，制氢设备的总容量宜按全部氢冷发电机的正常消耗量以及能在7d时间积累起相当于最大一台氢冷发电机的1次启动充氢量之和确定。

　2 储氢设备的氢气储存总有效容积应满足全部氢冷发电机7d～10d的正常消耗量和最大一台氢冷发电机1次启动充氢量之和。

18.0.8 其他辅助及附属设施设置应符合下列规定：

　1 不宜设置乙炔发生站和制氧站。

　2 不宜设固定的化学清洗设施。

　3 主要热力设备停用时必要的防腐保养措施应符合现行行业标准《火力发电厂停（备）用热力设备防锈蚀导则》DL/T 956 的有关规定。

19　建筑与结构

19.1　基本规定

19.1.1 火力发电厂建筑结构设计应符合安全、适用、经济、美观的原则。

19.1.2 火力发电厂建筑设计应符合下列规定：

　1 应根据使用性质、生产流程、功能要求、自然条件、建筑材料和建筑技术等因素，结合工艺设计，做好建筑物的平面布置和空间组合。

　2 应贯彻节约、集约用地原则，厂区辅助生产、附属建筑宜采用多层建筑和联合建筑。

　3 应积极采用和推广建筑领域的新技术、新材料，并应满足建筑节能等的要求。

　4 应将建（构）筑物与工艺设备视为统一的整体，设计建筑造型和内部处理。应注重建筑群体的形象、内外色彩的处理以及与周围环境的协调。

19.1.3 除临时性结构外，火力发电厂的建（构）筑物的结构设计使用年限应为50年。

19.1.4 火力发电厂建（构）筑物的安全等级应按表19.1.4的规定执行。

19.1.5 火力发电厂结构设计除应满足承载力、稳定、疲劳、变形、抗裂、抗震及防振等计算和验算要求外，还应满足耐久性、防爆、防火及防腐蚀等使用要求，同时尚应满足施工及安装的要求。

表19.1.4 火力发电厂建（构）筑物的安全等级

安全等级	建（构）筑物类型
一级	高度不小于200m且单机容量不小于200MW级机组的烟囱、主厂房悬吊煤斗、汽机房屋盖主要承重结构
二级	除一、三级以外的其他生产建筑、辅助及附属建筑物
三级	围墙、自行车棚

19.2 抗震设计

19.2.1 建筑物的抗震设计应符合国家现行标准《建筑抗震设计规范》GB 50011、《构筑物抗震设计规范》GB 50191、《电力设施抗震设计规范》GB 50260、《室外给水排水和燃气热力工程抗震设计规范》GB 50032、《水工建筑物抗震设计规范》DL/T 5073和《水运工程抗震设计规范》JTJ 225的有关规定。

19.2.2 火力发电厂建（构）筑物抗震设防烈度的确定应符合现行国家标准《建筑抗震设计规范》GB 50011的有关规定；对已进行地震安全性评价的火力发电厂，应按批准的地震安全性评价报告中的有关内容确定。

19.2.3 抗震设防烈度为6度及以上地区的火力发电厂建（构）筑物应进行抗震设计，抗震设防类别的划分应符合下列规定：

1 划为重点设防类（乙类）的建（构）筑物除应符合现行国家标准《建筑工程抗震设防分类标准》GB 50223的有关规定外，封闭式圆形煤场、贮煤筒仓、空冷凝汽器支撑结构、供氢站、燃油泵房、消防车库、循环水泵房、补给水泵房、冷却塔、综合水泵房、消防水泵房也划为重点设防类（乙类）。

2 除本条第1、3款以外的其他生产建筑、辅助及附属建筑物应划分为标准设防类（丙类）。

3 围墙、自行车棚等次要建筑物应划分为适度设防类（丁类）。

19.3 建筑设计

19.3.1 火力发电厂建筑应按使用性质分为生产建筑、生产辅助和附属建筑。

19.3.2 火力发电厂各建筑物的防火设计应符合现行国家标准《火力发电厂与变电站设计防火规范》GB 50229、《建筑设计防火规范》GB 50016和《建筑内部装修设计防火规范》GB 50222的有关规定。

19.3.3 火力发电厂建筑防水应采用性能优良的防水材料，排水宜采用有组织排水。各建筑屋面防水等级应结合建筑的性质、重要程度、使用功能等确定。防排水应符合下列规定：

1 电气建筑屋面宜采用现浇钢筋混凝土屋面或有可靠防水构造的屋面。

2 运煤栈桥等经常有水冲洗要求的楼地面应设有组织排水，电气与控制设备房间的顶板应采取防水措施。

3 室内沟道、隧道、地下室和地坑等应有防排水设计，严禁将电缆沟和电缆隧道作为地面冲洗水和其他水的排水通道。

19.3.4 火力发电厂建筑设计应重视噪声控制，在布置上应使主要工作和生活场所避开强噪声源，也可对噪声源采取吸声和隔声等措施。

19.3.5 建筑物室内应首先利用天然采光。采光口的设置应充分和有效地利用天然光源，应对人工照明的配合作全面的协调，并应符合下列规定：

1 采光方式应以侧窗为主，不足时可采用侧窗采光和顶部采光相结合的方式。侧窗设计除应满足建筑节能和便于清洁的要求外，还应兼顾其安全性。

2 各类控制室宜采用天然采光和人工照明相结合的方式，设计时应避免控制屏表面和操作台显示器屏幕面产生眩光及视线方向上形成的眩光。

19.3.6 火力发电厂建筑宜采用自然通风。墙及楼层上的通风口布置应避免气流短路和倒流，并应减少气流死角。

19.3.7 建筑热工与节能设计应采取建筑节能措施。

19.3.8 火力发电厂建筑的门窗应符合安全使用、建筑节能的要求，并应符合下列规定：

1 厂房运输用门宜采用电动卷帘门、提升门、推拉门、折叠门等，在大门附近或大门上宜设置人行门。

2 在严寒和寒冷地区应选用保温与密闭性能好的门窗，经常有人员通行的外门宜设门斗。

3 电气设备房间应采用非燃烧材料的门窗，并应采取防止小动物进入的措施。

4 供氢站电解间等有爆炸危险房间的门窗应采用不发火花材料。

5 有侵蚀性物质的房间及位于海滨火力发电厂建筑的门窗应采用耐腐蚀门窗。

19.3.9 建筑砌体材料不应使用国家和地方政府禁用的黏土制品。

19.3.10 火力发电厂建筑室内外装修应根据使用和外观需要，结合全厂环境进行设计，应符合下列规定：

1 楼地面面层材料除应符合工艺要求外，宜选用耐磨、易清洗的材料，有爆炸危险的房间地面面层应采用不发火花材料；外墙面层材料应选用耐候性好且耐污染的材料；内墙面层材料及顶棚（吊顶）材料应选用符合使用及防火要求的材料。

2 蓄电池室、调酸室等有侵蚀性物质的房间，其内表面（包括室内外排放沟道的内表面）应采取防腐蚀措施。

3 有可燃性气体的房间，其内部构件布置应便于气体的排出。

19.3.11 主厂房主要出入口、楼梯和通道布置应符合下列规定：

1 汽机房和锅炉房底层两端均应有出入口。

2 固定端应有通至各层和屋面的楼梯。当火力发电厂达到规划容量后，扩建端宜有通至各层和屋面的楼梯。

3 当厂房纵向疏散长度超过100m时，应增设中间出入口和楼梯。

4 主厂房内主要通道宜通畅，宽度不应小于1.5m，净高不应低于2.0m。

5 空冷平台四周应设环行检修通道，并应根据运行、维护和消防等要求设置垂直通道。

19.3.12 主厂房建筑布置及构造应根据工艺需要，并应符合下列规定：

1 汽机房屋面应满足临时设备检修时人员活动的要求，采用压型钢板等轻质材料作为屋面时，应设屋面设备检修人员专用步道。

2 主厂房内平台、楼梯、栏杆的规格及色彩宜统一或分区统一，并宜与设备、表盘、管道及建筑内表面的色彩协调与统一。

3 在主厂房人员集中的适当位置应设卫生间及清洗设施。

4 主厂房外围护结构宜选用轻型围护结构，面层材料应耐候性好、易自洁。

19.3.13 集中控制楼根据工艺需要可设置集中控制室等工艺用房和运行人员用房；集中控制室应结合吊顶设计确定合适的净高，并应满足工艺布置对净空高度的要求，吊顶以上的空间应满足结构、空调、电气、消防等各专业的需要。

19.3.14 火力发电厂的辅助建筑应根据工艺及设备的要求，结合全厂总平面确定平面布置、层高，并应根据全厂建筑风格确定立面及色彩。

19.3.15 运煤栈桥可根据气候条件采用封闭、半封闭或露天方式，当为封闭式时宜采用轻型围护结构；大跨度干煤棚和室内贮煤场的屋面面层宜采用压型钢板，并应采取可靠的固定措施。

19.3.16 运行人员集中的场所应设置休息室、更衣室等生活设施，并应设置饮水设施、卫生间和清洁用的水池等。燃料分场宜设置专用浴室。

19.4 地基与基础

19.4.1 地基与基础的设计应根据工程地质和岩土工程条件，结合火力发电厂各类建（构）筑物的使用要求，充分吸取地区的建筑经验，综合结构类型、材料供应等因素，采用安全、经济、合理的地基处理方案和基础形式。

19.4.2 根据地基复杂程度、建筑物规模和功能特征以及由于地基问题可能造成建筑物破坏或影响正常使用的程度，地基基础设计可分为三个设计等级，设计时应根据具体情况，按表19.4.2选用。

表19.4.2 地基基础设计等级

设计等级	建筑物名称
甲级	主厂房（包括汽轮发电机基础、锅炉构架基础）、主（集）控制楼、网络控制楼、通信楼、220kV及以上的屋内配电装置楼、高度大于或等于100m的烟囱、淋水面积大于或等于10000m²的自然通风冷却塔、岸边水泵房（软弱地基）、空冷凝汽器支撑结构、封闭式圆形煤场、贮煤筒仓、跨度大于30m的干煤棚及其他厂房建筑、场地及地质条件复杂的建筑物、高边坡等
乙级	除甲、丙级以外的其他生产建筑、辅助及附属建筑物
丙级	机炉检修间、材料库、机车库、汽车库、材料棚库、推煤机库、警卫传达室、灰场管理站、围墙、自行车棚及临时建筑

19.4.3 地基除做承载力计算外，尚应对地基变形和稳定做必要的验算，并应符合现行国家标准《建筑地基基础设计规范》GB 50007 的有关规定。当地基的承载力、变形或稳定不能满足设计要求时，应采用人工地基。采用人工地基的甲、乙级建（构）筑物的地基处理应以原体试验为依据，对扩建电厂有成熟经验的建设场地，也可依据既有经验通过对比分析确定。

19.4.4 主厂房地基设计宜采用同类型的地基。也可根据不同的工程地质条件或厂房不同的结构单元，采用不同的地基形式和不同的桩基持力层。

19.4.5 贮煤场、大面积负载区内及其邻近的建筑物，应根据地质条件分析计算堆载的影响。当地基不能满足设计要求时，应进行处理。

19.4.6 火力发电厂的建（构）筑物的总沉降量和差异沉降，应满足结构设计和使用功能的要求。

19.4.7 火力发电厂的建（构）筑物上应设置沉降观测点，并应符合现行国家标准《建筑地基基础设计规范》GB 50007 的有关规定。

19.5 主厂房结构

19.5.1 主厂房结构可采用钢筋混凝土框架结构、钢筋混凝土框架-抗震墙（钢支撑）结构、钢结构，并应根据抗震设防烈度、场地土类别、电厂的重要性以及厂房布置等综合条件确定。

19.5.2 主厂房的汽机房屋面承重结构应采用钢结构，并应选用有檩或无檩的屋盖体系，不应采用无端屋架或屋面梁的山墙承重方案。

19.5.3 主厂房纵向温度伸缩缝的设置应符合下列规定：

1 温度伸缩缝最大间距应符合下列规定：

1）对现浇钢筋混凝结构，不宜超过75m。

2）对装配式钢筋混凝土结构，不宜超过100m。

3）对钢结构，不宜超过150m。

4）当采取有效措施或经过温度应力计算能满足设计要求时，可适当增大温度伸缩缝的间距。

2 温度伸缩缝宜结合工艺布置设置，宜采用双柱双屋架，伸缩缝处梁板及围护结构宜采用悬挑结构。

19.5.4 汽轮发电机基础应根据制造厂的要求设计，并应符合现行国家标准《动力机器基础设计规范》GB 50040的有关规定。对于新型机组的首台基础，宜做模型试验进行验证。经论证汽轮发电机可采用弹簧隔振基础。

19.6 烟囱

19.6.1 烟囱选型应结合烟气排放条件、电厂的重要程度及城市规划的要求，经综合比较确定。烟囱结构设计应符合现行国家标准《烟囱设计规范》GB 50051的有关规定。

19.6.2 烟囱结构可采用单筒式、套筒式或多管式，其选型可根据烟气腐蚀性的强弱及环保等要求确定，并应符合下列规定：

1 当排放强腐蚀性烟气时，应采用套筒式、多管式烟囱。

2 当排放中等腐蚀性烟气时，宜采用套筒式、多管式烟囱。

3 当排放弱腐蚀性烟气时，可采用防腐型单筒式烟囱。

19.6.3 采用套筒式或多管式烟囱时，外筒壁与排烟内筒间应满足人员巡查、维护检修的要求。

19.6.4 烟囱的防腐材料应具有良好的耐酸、耐温、抗渗和密封等性能。

19.7 运煤建（构）筑物

19.7.1 运煤栈桥可采用钢筋混凝土结构或钢结构，高位布置栈桥宜采用钢结构。

19.7.2 运煤栈桥伸缩缝的设置应符合下列规定：

1 当运煤栈桥采用钢筋混凝土支柱、桥身为钢桁架，且纵向为铰接排架结构时，其伸缩缝最大间距应符合下列规定：

1）封闭栈桥不宜超过130m。

2）半封闭和露天栈桥不宜超过100m。

2 当运煤栈桥支柱、桥身均采用钢结构时，其伸缩缝最大间距应符合下列规定：

1）封闭栈桥不宜超过150m。

2）半封闭和露天栈桥不宜超过120m。

3 当栈桥长度超过本条第1款和第2款的规定时，应对栈桥结构的温度效应进行计算。

19.7.3 碎煤机室宜采用现浇钢筋混凝土框架结构。碎煤机的布置可采用独立的岛式布置或支承于楼板梁上的布置方式。当布置在楼板梁上时，宜采用弹簧隔振装置。

19.7.4 干煤棚跨度不大于45m时，宜采用钢筋混凝土排架、钢屋架结构；跨度大于45m时，应采用网架结构或门式刚架结构。

19.7.5 封闭式圆形煤场可按挡煤墙结构形式分为分离式和整体式两种，应根据工艺要求，经技术经济比较确定。当采用整体式挡煤墙结构时，应进行温度效应计算。当储存褐煤或易自燃的高挥发分煤种时，内壁应采取防火保护措施。封闭式圆形煤场设计应分析计算堆煤荷载对基础的不利影响。

19.7.6 运煤地下建（构）筑物的防水应采取可靠防渗措施。

19.8 水工建（构）筑物

19.8.1 水工建（构）筑物的设计应符合国家现行标准《混凝土结构设计规范》GB 50010、《水工混凝土结构设计规范》DL/T 5057等建筑结构工程规范及《给水排水工程构筑物结构设计规范》GB 50069等的有关规定，对与水接触部位应提出建筑材料、混凝土的抗渗、抗冻和构造等专门要求；取排水设施中的取排水枢纽建筑、渠道、输水隧洞、防洪堤及码头、防波堤等还应符合国家现行标准《水电枢纽工程等级划分及设计安全标准》DL 5180、《水工隧洞设计规范》DL/T 5195和《堤防工程设计规范》GB 50286等的有关规定。

19.8.2 水工建（构）筑物应按规划容量统一规划和布置，条件合适时，宜分期建设。对于取、排水构筑物和水泵房，应根据施工难易程度、分期布置条件及建设进度，经综合技术经济比较确定其建设规模。

19.8.3 水工建（构）筑物的设计应根据介质对水工建（构）筑物的腐蚀性，采取有效的防腐措施，并应符合国家现行标准《工业建筑防腐蚀设计规范》GB 50046和《海港工程混凝土结构防腐蚀技术规范》JTJ 275的有关规定。

19.8.4 排水设施与河床连接处应设排水口，排水口形式可根据地形地质条件、消能及抗冲刷和散热要求等因素确定；当根据已有资料难以判断时，应通过模型试验论证。

19.8.5 塔体开孔的排烟冷却塔应采取可靠的洞口加固措施。

19.8.6 排烟、海水冷却塔的防腐设计方案及防腐产品的选择应通过技术经济比较确定，或进行试验论证。

19.9 空冷凝汽器支撑结构

19.9.1 空冷凝汽器支撑结构平面布置应采用规则、

对称的布置形式。

19.9.2 空冷凝汽器支撑结构可采用钢桁架和钢筋混凝土管柱组成的混合结构或钢结构。

19.9.3 挡风墙结构宜采用钢骨架外挂单层压型钢板轻型结构。

19.9.4 楼梯和电梯支架宜为钢结构或钢筋混凝土结构，并宜采用依附式布置。

19.9.5 主要承重钢结构构件应采取可靠的防腐措施。

20 采暖、通风和空气调节

20.1 基本规定

20.1.1 厂内建筑物设置集中采暖或局部采暖设施的原则应符合国家现行有关工业企业设计卫生标准的规定。采暖地区可分为集中采暖地区和采暖过渡地区，其划分应符合下列规定：

 1 历年平均气温不高于5℃的日数、不少于90d的地区应为集中采暖地区。

 2 历年平均气温不高于5℃的日数、不少于60d，且少于90d的地区，应为采暖过渡地区。

20.1.2 集中采暖地区的生产厂房和辅助、附属生产建筑物应设计集中采暖；采暖过渡地区可根据生产工艺要求，对可能发生冻结而影响生产的厂房和辅助、附属生产建筑设计采暖。厂前区辅助、附属建筑采暖设计同时应符合当地建设标准。

20.1.3 采暖、通风和空气调节室内、外设计参数的确定应符合下列规定：

 1 室外计算参数的统计年份应符合现行国家标准《采暖通风与空气调节设计规范》GB 50019 的有关规定。

 2 集中采暖地区应根据车间性质、室内生产性热源强度和运行情况确定室内采暖设计温度，并应符合现行国家标准《采暖通风与空气调节设计规范》GB 50019 的有关规定。

 3 夏季通风室内设计温度应根据工艺要求确定，当工艺无要求时，应按室内散热强度和工作地点温度确定。

 4 空气调节室内设计温湿度基数应根据工艺要求确定，舒适性空调室内计算参数应符合现行国家标准《采暖通风与空气调节设计规范》GB 50019 的有关规定。

 5 采暖、通风和空气调节室外计算参数应符合现行国家标准《采暖通风与空气调节设计规范》GB 50019 的有关规定。

 6 冬季机械送风加热器的选择应采用采暖室外计算温度；局部排风或除尘系统需设置热补偿送风系统时，应采用冬季通风室外计算温度。

20.1.4 采暖、通风和空气调节系统冷、热媒及其参数的确定，应符合下列规定：

 1 利用工艺系统或周边企业的余热或天然冷、热源时，应根据当地气象条件、余热品质、供应可靠性等因素，经技术经济比较确定采暖、通风和空气调节系统冷、热媒参数。

 2 集中采暖地区采暖热媒宜采用高温热水，供、回水设计温度分别不宜低于110℃和70℃；采暖过渡地区供、回水设计温度可分别采用95℃和70℃。

 3 通风、空气调节系统夏季以冷水为冷媒时，供、回水温度宜分别采用7℃和12℃，空气处理设备共用冷热盘管时，热水供水温度不应高于60℃，通风系统热媒宜与厂区采暖热媒一致。

20.1.5 加热采暖热媒的热源应符合下列规定：

 1 用于加热采暖热媒的蒸汽宜采用汽轮机较低级抽汽，且不宜低于 0.4MPa（表压）。经汽-水热交换器产生的凝结水宜对厂区采暖回水进行预加热。

 2 位于严寒、寒冷地区的火力发电厂，当采用单台汽轮机抽汽作为采暖系统热源时，应设有备用热源。

 3 严寒地区的主厂房、输煤系统如采用蒸汽作为热媒时，应从围护结构保温、节能、安全、卫生等方面进行技术经济论证。采暖蒸汽温度不应超过160℃，凝结水应回收利用。

20.1.6 蓄电池室、制氢站等具有爆炸危险性建筑物的采暖，应符合现行国家标准《火力发电厂与变电站设计防火规范》GB 50229 的有关规定。

20.1.7 对各类控制室、电子设备间、化（实）验室等工艺房间，以及周边环境较为恶劣，采用采暖或通风方式达不到人体舒适度要求，或工艺对室内温度、湿度、洁净度有要求的房间，应设置集中空气调节系统或空气调节装置。

20.1.8 办公室、会议室等房间，室内空气质量应符合现行国家标准《室内空气质量标准》GB 18883 的有关规定。

20.1.9 电厂各类建筑及车间的通风设计应符合下列规定：

 1 对余热和余湿量均较大的建筑和车间，其通风量应按排除余热和余湿所需空气量较大值确定；集中采暖地区高大厂房的夏季全面通风不应采用百叶窗进风。

 2 对以排除余热为主的房间，当设有事故通风时，其排风设备的风量应按排除余热和事故通风所需空气量较大值确定。

 3 对可能散发有毒、有害气体或爆炸性物质的车间，应根据满足室内最高允许浓度所需换气次数确定通风量，室内空气严禁再循环。

 4 当周围环境空气较为恶劣或工艺设备有防尘要求时，宜采用正压通风，进风应过滤。

20.1.10 事故通风量应按换气次数不小于12次/h计算，事故通风可兼作正常通风使用。下列车间或房间应设置事故通风：

1 各类电气设备间、蓄电池室、励磁调节室、GIS屋内配电装置室。

2 制（供）氢站、燃油泵房。

20.2 主厂房

20.2.1 主厂房采暖应按维持室内温度5℃计算围护结构热负荷，计算时不应计算设备、管道散热量。

20.2.2 主厂房采暖应以散热器为主、暖风机为辅。暖风机宜按大容量选型，并宜在检修场地附近布置。

20.2.3 严寒、寒冷地区主厂房主要检修通行和开启频繁的大门，宜设置热空气幕。

20.2.4 锅炉房、汽机房夏季应设置全面通风系统，通风方式应符合下列规定：

1 湿冷机组汽机房宜采用自然通风。当自然通风达不到卫生标准要求时，应采用机械通风或自然与机械联合通风。

2 直接空冷机组汽机房宜采用自然进风、机械排风，在严寒地区经论证后也可采用自然通风。

3 全封闭式汽机房应采用机械送风、自然或机械排风。

4 当发电机采用氢冷却时，汽机房屋顶最高处应根据通风方式采取排氢措施。

5 当锅炉送风机不由室内吸风时，紧身封闭锅炉房应采用自然通风。

20.2.5 当工艺无特殊要求时，车间内经常有人工作地点的夏季空气温度不应超过表20.2.5所列的温度规定值。当采用自然通风，车间内工作地点夏季空气温度超出表20.2.5的规定时，应设置局部机械通风，当机械通风仍达不到要求时，应采取局部降温措施。

表20.2.5 车间内工作地点的夏季空气温度规定

夏季通风室外计算温度	≤22	23	24	25	26	27	28	29～32	≥33
允许温差（℃）	10	9	8	7	6	5	4	3	2
工作地点（℃）	≤32			32				32～35	35

注：1 工作地点指工人为观察和管理生产过程而经常或定时停留的地点，如生产操作在车间内许多不同地点进行，则整个车间均算为工作地点；

2 如受条件限制，在采取局部降温措施后仍不能达到本表要求时，允许温差可加大1℃～2℃。

20.2.6 汽机房运转层、中间层楼面应设置足够面积的通风格栅。运行人员经常或定期巡检的高、低压加热器，减温减压器，凝汽器等局部散热强度较高区域，当温度大于或等于37℃时，宜设置强制扰动通风。

20.2.7 集中控制室、电子设备间等房间应设置全年性空气调节系统，并应符合下列规定：

1 集中控制室按舒适性空气调节设计，室内参数应符合下列规定：

1）夏季：温度22℃～28℃，相对湿度40%～65%；

2）冬季：温度18℃～24℃，相对湿度30%～60%。

2 电子设备间室内计算参数应根据工艺要求确定，工艺无明确要求时，可按下列室内参数计算：

1）夏季：温度26℃±1℃，相对湿度50%±10%；

2）冬季：温度20℃±1℃，相对湿度50%±10%。

3 集中控制室、电子设备间集中空气调节系统宜分别设置。空气处理设备宜安装在室内，并应留有必要的检修通道和维护空间。

20.2.8 设置集中空调系统的建筑和房间夏季冷负荷计算应符合现行国家标准《采暖通风与空气调节设计规范》GB 50019的有关规定。

20.2.9 集中空调系统的空气冷却方式应根据当地气象条件经计算分析确定，并应符合下列规定：

1 炎热干燥地区宜采用直接蒸发冷却进行空气预处理。当经直接蒸发冷却处理后的空气未达到设计要求的空气状态时，应辅以人工冷源冷却至要求的空气状态。

2 当直接蒸发冷却不能满足要求时，应采用人工冷源冷却。

20.2.10 采用循环水蒸发冷却的水温应根据全厂供水条件确定，水质应符合生活用水标准。

20.2.11 空气处理设备中的冷却装置选择应符合现行国家标准《采暖通风与空气调节设计规范》GB 50019的有关规定。

20.2.12 集中空调系统的冬季加热装置和送风温度应根据空调房间室内余热量与围护结构热损失、新风耗热量计算确定。当采用定风量系统时，应合理确定送风温度。

20.2.13 严寒、寒冷地区集中空调系统应采取防止新风混风后空调机组内产生凝霜的新风预热处理措施。

20.2.14 集中空调系统应设置初、中效过滤器。

20.2.15 位于有害气体、刺激性气体污染较为严重地区的电厂，集中空调的新风系统应采取消除有害气体、刺激性气体的措施。

20.2.16 集中空调系统的消声、隔振设计应根据集中控制室、电子设备间等空调房间的工艺要求确定。空调系统自身产生的噪声，当通过风管系统自然衰减不能达到允许噪声标准时，应设置消声设备或消声附件。

20.2.17 集中控制室、电子设备间集中空调系统的空气处理设备配置不应少于2台,其中1台应为备用。空气处理设备应具有满足过渡季节大量使用新风运行的功能。

20.2.18 集中制冷、加热系统和集中控制室、电子设备间集中空气调节系统,应采用集中控制方式。

20.2.19 锅炉房运转层、锅炉本体及顶部等区域宜设置真空清扫系统清扫积尘,并兼管煤仓间不宜水冲洗部位的积尘清扫。系统设计原则应符合下列规定:
  1 应选择高真空吸入式设备和配置输送管网。
  2 应根据锅炉的除灰、渣系统方式,清扫管道系统布置等因素,确定设置车载式或固定式真空清扫装置。

20.3 电气建筑与电气设备

20.3.1 网络控制室、继电器室、不停电电源室、通信机房等夏季应设置空气调节装置,励磁调节装置室应根据散热设备特点设置降温通风设施。

20.3.2 蓄电池室夏季通风系统设计应符合下列规定:
  1 防酸隔爆式蓄电池室、调酸室应采用机械通风,室内应保持负压。防酸隔爆式蓄电池室换气次数不应少于6次/h,严禁室内空气再循环。调酸室的通风换气次数不宜少于5次/h。
  2 阀控式密封铅酸蓄电池室应设置直流式降温通风系统,室内温度应为25℃~30℃,室内换气次数不得小于3次/h,严禁室内空气再循环,并应维持负压。

20.3.3 主厂房、集控楼、电除尘、除灰电气设备间设有散热量较大的干式变压器和电气设备时,室内环境设计温度不宜高于35℃。当符合下列条件之一时,通风系统宜采取降温措施:
  1 夏季通风室外计算温度(t)不低于33℃。
  2 夏季通风室外计算温度(t)不低于30℃,低于33℃,最热月月平均相对湿度(ϕ)不低于70%。

20.3.4 电气设备间设有变频器时应设置降温通风系统。其送风量应按变频工况经热平衡计算确定,房间排风量应根据变频器本体所需排风量经风平衡计算确定,送风量应大于变频器本体所需排风量和房间排风系统排风量之和。

20.3.5 降温通风系统夏季计算热负荷应根据室内电气设备散热量确定,不应计算围护结构热负荷。

20.3.6 降温通风系统的空气处理方式,炎热干燥地区应符合本规范第20.2.9条第1款的规定,其他地区应根据当地气象条件确定。

20.3.7 主厂房区域设有集中制冷站时,其容量宜满足该区域内集中空调系统和降温通风系统的需要。

20.3.8 降温通风系统送风温差不应大于15℃,并应保证送风温度高于室内空气露点温度1℃~2℃。

20.3.9 通风、空调系统由厂房内取风时,夏季进风温度应根据室内温度梯度附加。

20.3.10 较大风量的机械通风系统应具有调整运行台数或调节系统风量的措施。

20.4 运煤建筑

20.4.1 冬季通风室外计算温度不高于-10℃的地区,翻车机室、火车卸煤沟地上部分宜设置大门热风幕。冬季通风室外计算温度在0℃~-10℃之间的地区,经技术经济比较合理时,可设置大门热风幕。

20.4.2 采暖过渡地区,碎煤机室、转运站内可设置采暖。

20.4.3 运煤系统煤尘飞扬严重处应设置除尘装置。除尘系统排放标准应符合现行国家标准《大气污染物综合排放标准》GB 16297和《环境空气质量标准》GB 3095的有关规定。除尘设备应统筹煤质、水资源条件以及地面清扫方式等因素进行选择。

20.4.4 地下卸煤沟宜对移动尘源采取具有自动跟踪捕集扬尘的防尘措施。

20.4.5 严寒、寒冷地区运煤系统的地下运煤隧道、地下转运站、地下卸煤沟等设有通风除尘设施时,应根据热平衡计算冬季通风耗热量,其热补偿原则应符合下列规定:
  1 通风、除尘系统运行期间,室内温度不应低于5℃。
  2 应按室内温度5℃校核采暖系统热补偿能力,不足部分可通过设置热风系统补偿。

20.4.6 运煤系统的除尘系统、喷水、喷雾抑尘系统应与运煤设备联动运行。除尘设备的运行信号应送至运煤控制室。

20.4.7 缺水和沿海缺乏淡水地区,运煤建筑未设水冲洗系统时,地面清扫可采用干式清扫方式。

20.5 化学建筑

20.5.1 化学水处理车间夏季宜采用自然通风。冬季采暖应按室内温度5℃计算,不应计算设备散热量。

20.5.2 酸库及酸计量间应采用机械通风,严禁室内空气再循环。碱库及碱计量间宜采用自然通风。对集中采暖地区和过渡地区,酸、碱库宜分别设置。对非采暖地区当酸、碱共库时,应按酸库要求设计通风。

20.5.3 其他化学建筑应根据所排除气体的性质确定通风方式和通风量。

20.5.4 具有腐蚀性物质房间的采暖通风设备、管道及其附件应采取防腐措施。

20.6 其他辅助建筑及附属建筑

20.6.1 制(供)氢站采暖、通风系统设计应符合现行国家标准《氢气站设计规范》GB 50177的有关规定。

20.6.2 集中采暖地区,岸边水泵房、污水泵房、燃油泵房、灰渣泵房、空压机房等设备间应按室内温度5℃设值班采暖。

20.6.3 空压机房夏季宜采用自然通风，通风量宜按排除余热计算。冬季空压机由室内吸风时，应根据室内设备散热量、围护结构热损失等因素按吸风量进行热平衡计算热补偿量。热风补偿计算宜采用冬季通风室外计算温度。

20.6.4 各类泵房和柴油发电机房通风应符合下列规定：

　1 循环水泵房、岸边水泵房、灰渣泵房等夏季宜采用自然通风；半地下或地下泵房应设置机械通风，其通风量应按消除余热及有害气体计算确定。

　2 一般污水泵房以及含有硫化物的生产废水间（池）应设置机械通风。

　3 燃油泵房应设置机械通风系统，并应符合现行国家标准《火力发电厂与变电站设计防火规范》GB 50229 的有关规定。

　4 柴油发电机房应设置机械排风，进风口有效面积应根据排风量与柴油机燃烧所需风量计算确定。对严寒、寒冷以及风沙较大地区，进风口应采取冬季保温和防沙尘措施。

20.6.5 集中采暖地区和过渡地区，补给水水泵房、岸边水泵房和贮灰场管理站建筑物应设置采暖设施。

20.7 厂区制冷站、加热站及管网

20.7.1 厂区建筑热水采暖热媒参数宜保持一致，厂区采暖加热站应独立设置。

20.7.2 厂区采暖加热站的设备容量和台数应按本规范第 12.8 节的规定确定，并应根据电厂规划容量确定预留条件。

20.7.3 厂区制冷站宜与厂区采暖加热站合并设置。当独立设置集中制冷站时，应靠近冷负荷中心。厂前区制冷站宜独立设置。

20.7.4 人工冷源的选择应符合下列规定：

　1 热电联产项目或蒸汽汽源有可靠保证时，宜采用溴化锂吸收制冷。

　2 蒸汽汽源不能保证时，应采用电动蒸气压缩制冷。

20.7.5 制冷机组的装机容量应符合现行国家标准《采暖通风与空气调节设计规范》GB 50019 的有关规定，选型应符合下列规定：

　1 选用溴化锂吸收式冷水机组时，宜按设计冷负荷的 2×60% 选型。

　2 选用电动蒸气压缩式冷水机组时，宜按设计冷负荷 2×75% 或 3×50% 选型。

　3 采用其他形式冷水机组或整体式空调机组时，应根据设计冷负荷合理设置备用容量。

20.7.6 通风、空气调节制冷系统的冷却方式应根据当地气象条件、水资源条件和机组容量确定。

20.7.7 制冷系统冷却水的水质应满足相关设备对水质的要求，并应符合现行国家标准《工业循环冷却水处理设计规范》GB 50050 的有关规定。

20.7.8 冷、热水管网的主干线应通过负荷集中的区域，管网设计形式应根据厂区布置合理确定。

20.7.9 厂区采暖热网及厂区冷水管网的敷设应根据工程的具体情况，通过技术经济比较，确定采用架空、地沟或直埋方式。

20.7.10 厂区采暖热网热补偿宜以自然补偿为主，自然补偿不能满足要求时，应设置补偿器。

21 环境保护和水土保持

21.1 基本规定

21.1.1 火力发电厂的环境保护设计应贯彻国家产业政策和发展循环经济及节能减排的要求，应采用清洁生产工艺，对产生的各项污染物及生态环境影响应采取防治措施。

21.1.2 火力发电厂的环境保护设计方案应以批准的建设项目环境影响报告书或者环境影响报告表为依据。

21.1.3 火力发电厂的水土保持设计方案应以批准的水土保持方案为依据。

21.1.4 各项污染物的处理应选用资源利用率高、污染物排放量少的设备和工艺，对处理过程中产生的二次污染应采取相应的治理措施。

21.1.5 火力发电厂的环境保护标志应符合现行国家标准《环境保护图形标志　排放口（源）》GB 15562.1 的有关规定。

21.2 大气污染防治

21.2.1 火力发电厂的烟气排放应符合现行国家标准《火电厂大气污染物排放标准》GB 13223、地方的有关排放标准及污染物排放总量控制的有关规定。煤场、灰场等产生的粉尘浓度应符合现行国家标准《大气污染物综合排放标准》GB 16297 的有关规定。

21.2.2 新扩建火力发电厂宜同步建设烟气脱硫设施。二氧化硫的排放浓度应符合现行国家标准《火电厂大气污染物排放标准》GB 13223 的有关规定，排放总量应符合总量控制的要求。

21.2.3 燃煤锅炉应装设高效除尘器，烟尘排放浓度应符合现行国家标准《火电厂大气污染物排放标准》GB 13223 的有关规定。

21.2.4 氮氧化物的排放浓度应符合现行国家标准《火电厂大气污染物排放标准》GB 13223 的有关规定。

21.2.5 烟囱高度和形式应根据气象参数、污染物落地浓度、附近机场净空要求等因素确定。火力发电厂

的烟囱高度宜高于厂区内邻近最高建筑物高度的2倍，当低于2倍时，在预测污染物落地浓度时应包括建筑物尾流影响，必要时，可通过相应的风洞试验确定建筑物尾流影响。

21.2.6 排烟冷却塔的高度、出口内径、机组与排烟冷却塔配置关系应根据气象参数、污染物落地浓度等因素确定。

21.2.7 火力发电厂的储煤场应采取防治扬尘污染措施。位于湿润、低风速地区的火力发电厂煤场可采用喷洒等措施；位于大风干燥地区或环境要求敏感地区的火力发电厂煤场，可采用防风抑尘网或封闭式煤场等措施防治煤场扬尘污染。

21.2.8 灰渣和脱硫石膏应分区堆放。对于干灰场，应采用干灰加湿和在灰场分区分块碾压堆放的原则；对于湿灰场，应采取使灰面保持湿润的措施；对于灰场还应采取绿化等措施；灰场和脱硫石膏堆场堆满后应覆土碾压。

21.3 废水和温排水治理

21.3.1 设计中应优化水量平衡，应采用资源利用率高、污染物排放量少的清洁生产工艺，并应减少废水的排放量和控制废水中污染物的浓度。

21.3.2 各生产作业场所排出的各种废水和污水，应按清、污分流和一水多用的原则分类收集、处理和回用。

21.3.3 排水的水质应符合现行国家标准《污水综合排放标准》GB 8978等的有关规定。不符合排放标准的废污水不得排入自然水体或任意处置。

21.3.4 火力发电厂厂区废水应经处理达标后集中对外排放。

21.3.5 火力发电厂宜选用干贮灰、渣方案。如采用水力贮灰方式，灰场灰水宜回收复用。渣水应循环复用。

21.3.6 脱硫废水应经单独处理达到回用标准后回收利用。对于有水力除灰系统的火力发电厂宜用于冲灰，对于采用干除灰系统的火力发电厂可用于干灰调湿、灰场喷洒，不应对外排放。

21.3.7 采用地表水源和海水的直流或混流供水系统的火力发电厂，应采取防止温排水对受纳水域影响区内的主要水生物造成有害影响的措施。对于具有温排水利用条件的火力发电厂，设计中应为综合利用温排水创造条件。

21.4 灰渣和石膏治理及综合利用

21.4.1 除灰渣系统和石膏脱水系统设计应为综合利用创造条件。

21.4.2 灰渣和脱硫石膏严禁排入江、河、湖、海等水域。

21.4.3 灰场和石膏堆放场应根据贮存方式和当地水文地质条件，合理确定防渗措施，宜符合现行国家标准《一般工业固体废物贮存、处置场污染控制标准》GB 18599的有关规定。

21.4.4 灰场与居民集中区的距离宜符合现行国家标准《一般工业固体废物贮存、处置场污染控制标准》GB 18599的有关规定。

21.4.5 灰渣和石膏输送路径应避免穿越居民集中区，并应对输送车辆采取封闭措施。

21.4.6 火力发电厂的灰渣和石膏综合利用的数量和途径应根据灰渣和石膏综合利用市场调研结果等因素合理确定。

21.5 噪声防治

21.5.1 火力发电厂的噪声对周围环境的影响应符合现行国家标准《工业企业厂界环境噪声排放标准》GB 12348和《声环境质量标准》GB 3096的有关规定，施工期噪声应符合现行国家标准《建筑施工场界噪声限值》GB 12523的有关规定。

21.5.2 火力发电厂的噪声应首先从声源上进行控制，应要求设备供应商提供符合国家噪声标准要求的设备。对于声源上无法控制的生产噪声应采取噪声控制措施。

21.5.3 火力发电厂的噪声控制宜采取优化总平面布置设计、合理绿化等措施。

21.5.4 火力发电厂的噪声控制宜采取优化厂房围护结构设计、采用隔声效果好的围护材料和门窗等措施。

21.5.5 对于直接空冷火力发电厂宜选用低噪音风机，挡风墙内应加装隔音板等措施。

21.5.6 当湿式冷却塔噪声影响范围内有敏感目标时，冷却塔应采取通风消声器、隔声屏障等噪声治理措施。

21.5.7 对于噪声敏感建筑物处噪声达标的非敏感地区的火力发电厂，在符合当地规划要求以及采取噪声控制措施基础上，可在厂界外设置噪声卫生防护距离。

21.6 环境保护监测

21.6.1 火力发电厂应设置环境监测站，并应符合现行行业标准《火电厂环境监测技术规范》DL/T 414的有关规定。

21.6.2 火力发电厂应安装烟气连续监测系统。监测项目和方法等应符合现行行业标准《固定污染源烟气排放连续监测技术规范》HJ/T 75的有关规定。

21.6.3 火力发电厂烟气连续监测系统排放监测点宜设置在烟囱或每台炉脱硫后净烟气的烟道上。

21.6.4 火力发电厂（含湿灰场）废水外排口应装设水量水质监测装置，并应设置专门标志。当火力发电厂废水与循环水排入同一受纳水体时，在征得地方环境保护管理部门同意后,可合并对外排放,但应在合并前装设水量水质监测装置。

21.7 水土保持

21.7.1 火力发电厂水土保持设计应符合现行国家标准《开发建设项目水土保持技术规范》GB 50433的有关规定。火力发电厂水土流失防治应符合现行国家标准《开发建设项目水土流失防治标准》GB 50434的有关规定。

21.7.2 火力发电厂应编制水土保持监测设计与实施计划,并应符合现行行业标准《水土保持监测技术规程》SL 277的有关规定。

22 消防、劳动安全与职业卫生

22.1 基本规定

22.1.1 火力发电厂设计应符合现行国家标准《火力发电厂与变电站设计防火规范》GB 50229的有关规定。

22.1.2 火力发电厂设计应认真贯彻"安全第一、预防为主、防治结合"的方针,新建、改建、扩建工程的劳动安全和职业卫生设施应与主体工程同时设计、同时施工、同时投入生产和使用。

22.1.3 在具有危险因素和职业病危害的场所应设置醒目的安全标志、安全色、警示标识。其设置应分别符合现行国家标准《安全标志及其使用导则》GB 2894、《安全色》GB 2893和《工作场所职业病危害警示标识》GB 2158的有关规定。

22.1.4 火力发电厂应设置劳动安全基层监测站和安全卫生教育用室,并应配备必要的仪器设备。

22.2 劳动安全

22.2.1 劳动安全设计应以安全预评价报告为依据,并应符合现行行业标准《火力发电厂劳动安全和工业卫生设计规程》DL 5053的有关规定。

22.2.2 火力发电厂设计中应根据劳动安全的法律、法规、国家标准的有关规定对危险因素进行分析、对危险区域进行划分,并应采取相应的防护措施。

22.2.3 火力发电厂的生产车间、作业场所、辅助建筑、附属建筑、生活建筑和易燃易爆的危险场所以及地下建筑物应设计防火分区、防火隔断、防火间距、安全疏散和消防通道。其设计应符合现行国家标准《建筑设计防火规范》GB 50016和《火力发电厂与变电站设计防火规范》GB 50229的有关规定。

22.2.4 火力发电厂的安全疏散设施应有充足的照明和明显的疏散指示标志。

22.2.5 对有爆炸危险的电气设施、工艺系统及设备、厂房等应按不同类型的爆炸源和危险因素采取相应的防爆防护措施。防爆设计应符合现行国家标准《建筑设计防火规范》GB 50016和《爆炸和火灾危险环境电力装置设计规范》GB 50058的有关规定。

22.2.6 电气设备的布置应满足带电设备的安全防护距离要求,并应采取隔离防护和防止误操作的措施;应采取防止雷击和安全接地等措施。其设计应符合国家现行标准《3～110kV高压配电装置设计规范》GB 50060、《建筑物防雷设计规范》GB 50057和《高压配电装置设计技术规程》DL/T 5352的有关规定。

22.2.7 预防机械伤害和坠落应采取设置防护罩、安全距离、防护栏杆、防护盖板、警告报警设施等措施。预防机械伤害和坠落设计应符合现行国家标准《生产设备安全卫生设计总则》GB 5083和《机械安全 防护装置 固定式和活动式防护装置设计与制造一般要求》GB/T 8196等的有关规定。

22.2.8 预防厂内车辆伤害事故应采取限速、限制通行、设置警示牌等措施。

22.3 职业卫生

22.3.1 职业卫生设计应以职业病危害预评价报告为依据,并应符合现行行业标准《火力发电厂劳动安全和工业卫生设计规程》DL 5053的有关规定。

22.3.2 火力发电厂设计中应根据国家职业病防治的法律、法规,国家标准对危害因素进行分析,并应采取相应的防护措施。

22.3.3 火力发电厂的卸煤系统、贮煤系统、运煤系统、锅炉系统、除灰系统、脱硫石灰石粉制备系统等处应设置防止粉尘飞扬的设施,应根据煤(灰)尘中游离二氧化硅含量进行防排尘设计,工作场所空气中含尘浓度应符合国家现行有关工业企业设计卫生和工作场所有害因素职业接触限值的规定。

22.3.4 火力发电厂设计中,对于加氯系统、六氟化硫高压开关室及六氟化硫高压开关检修室、脱硝系统液氨贮存区、催化剂工作区、汽轮机调速系统和旁路系统(控制油采用抗燃油时)等贮存和产生有害气体或腐蚀性介质的场所,以及使用含有对人体有害物质的仪器和仪表设备,应设置相应的防毒及防化学伤害的安全防护设施。

22.3.5 锅炉房、汽机房和运煤系统等噪声的控制应首先从声源上进行控制,对较大的噪声源应采取隔声、消声、吸声等控制措施。防治噪声设计应符合现行国家标准《工业企业噪声控制设计规范》GBJ 87等的有关规定。

22.3.6 预防振动应首先从振动源上进行控制,并应采取隔振、减振等措施。预防振动设计应符合现行国家标准《动力机器基础设计规范》GB 50040等的有关规定。

22.3.7 火力发电厂防低温、防高温、防潮的设计应按国家现行有关规定采取措施。火力发电厂的地下卸煤沟、运煤隧道及地下转运站等应设置防潮设施。
22.3.8 对于有放射性源的生产工艺或场所应采取防电离辐射措施。其防护设计应符合现行国家标准《放射卫生防护基本标准》GB 4792 的有关规定。
22.3.9 产生工频电磁场的电气设备应采取必要的防护措施。

附录 A 机组设计标准煤耗率的计算方法

A.1 纯凝汽式机组

A.1.1 纯凝汽式机组的设计发电标准煤耗率应按下列公式计算：

$$b_{fn} = \frac{0.123}{\eta_{fn}} \times 10^5 \quad (A.1.1\text{-}1)$$

$$\eta_{fn} = \eta_{qn} \eta_{gl} \eta_{gd} \times 10^{-4} \quad (A.1.1\text{-}2)$$

$$\eta_{qn} = \frac{3600}{q_{jm}} \times 100 \quad (A.1.1\text{-}3)$$

式中：b_{fn}——纯凝汽机组的设计发电标准煤耗率[g/(kW·h)]；

η_{fn}——纯凝汽机组的设计发电热效率（%）；

η_{gl}——锅炉效率，取用锅炉设备技术协议中明确的锅炉效率保证值（按低位热值效率）（%）；

η_{gd}——管道效率，取 99%；

η_{qn}——纯凝汽机组的汽轮发电机组热效率（%）；

q_{jm}——纯凝汽机组的汽轮发电机组设计热耗率，取用汽轮机设备技术协议中明确的热耗率验收工况所对应的热耗率保证值[kJ/(kW·h)]。

A.1.2 纯凝汽式机组的设计供电标准煤耗率应按下式计算：

$$b_{gn} = \frac{b_{fn}}{1 - \frac{e}{100}} \quad (A.1.2)$$

式中：b_{gn}——纯凝汽机组的设计供电标准煤耗率[g/(kW·h)]；

e——纯凝汽机组的厂用电率（%）。

A.2 供热式机组

A.2.1 供热式机组在纯凝汽工况运行时的设计发电和供电标准煤耗率应按本规范第 A.1 节对应的公式计算。

A.2.2 供热式机组在额定供热工况运行时的设计发电标准煤耗率应按下列公式计算：

$$b_{fr} = \frac{0.123}{\eta_{fr}} \times 10^5 \quad (A.2.2\text{-}1)$$

$$\eta_{fr} = \eta_{qr} \eta_{gl} \eta_{gd} \times 10^{-4} \quad (A.2.2\text{-}2)$$

$$\eta_{qr} = \frac{3600}{q_{jrr}} \times 100 \quad (A.2.2\text{-}3)$$

式中：b_{fr}——额定供热工况运行时的设计发电标准煤耗率[g/(kW·h)]；

η_{fr}——供热机组的设计发电热效率（%）；

η_{qr}——额定供热工况运行时的汽轮发电机组热效率（%）；

q_{jrr}——额定供热工况运行时的汽轮发电机组设计热耗率，取用汽轮机设备技术协议中明确的额定供热工况所对应的热耗率保证值[kJ/(kW·h)]。

A.2.3 供热式机组在额定供热工况运行时的设计供电标准煤耗率应按下式计算：

$$b_{gr} = \frac{b_{fr}}{1 - \frac{e_d}{100}} \quad (A.2.3)$$

式中：b_{gr}——额定供热工况运行时的设计供电标准煤耗率[g/(kW·h)]；

e_d——额定供热工况运行时的火力发电厂用电率（%）。

A.2.4 供热式机组的设计供热标准煤耗率应按下式计算：

$$b_r = \frac{34.16}{\eta_{gl} \eta_{gd} \eta_{hs}} \times 10^6 \quad (A.2.4)$$

式中：b_r——设计供热标准煤耗率（kg/GJ）；

η_{hs}——热网首站的换热效率（%）。

本规范用词说明

1 为便于在执行本规范条文时区别对待，对要求严格程度不同的用词说明如下：

1） 表示很严格，非这样做不可的：
    正面词采用"必须"，反面词采用"严禁"；

2） 表示严格，在正常情况下均应这样做的：
    正面词采用"应"，反面词采用"不应"或"不得"；

3） 表示允许稍有选择，在条件许可时首先应这样做的：
    正面词采用"宜"，反面词采用"不宜"；

4） 表示有选择，在一定条件下可以这样做的，采用"可"。

2 条文中指明应按其他有关标准执行的写法为"应符合……的规定"或"应按……执行"。

引用标准名录

《建筑地基基础设计规范》GB 50007
《混凝土结构设计规范》GB 50010

《建筑抗震设计规范》GB 50011

《室外给水设计规范》GB 50013

《建筑设计防火规范》GB 50016

《采暖通风与空气调节设计规范》GB 50019

《室外给水排水和燃气热力工程抗震设计规范》GB 50032

《动力机器基础设计规范》GB 50040

《工业建筑防腐蚀设计规范》GB 50046

《工业循环冷却水处理设计规范》GB 50050

《烟囱设计规范》GB 50051

《建筑物防雷设计规范》GB 50057

《爆炸和火灾危险环境电力装置设计规范》GB 50058

《3～110kV 高压配电装置设计规范》GB 50060

《电力装置的电测量仪表装置设计规范》GB/T 50063

《交流电气装置的接地设计规范》GB/T 50065

《给水排水工程构筑物结构设计规范》GB 50069

《石油库设计规范》GB 50074

《工业循环水冷却设计规范》GB/T 50102

《火灾自动报警系统设计规范》GB 50116

《石油化工企业设计防火规范》GB 50160

《电子信息系统机房设计规范》GB 50174

《氢气站设计规范》GB 50177

《石油天然气工程设计防火规范》GB 50183

《构筑物抗震设计规范》GB 50191

《河港工程设计规范》GB 50192

《民用闭路监视电视系统工程技术规范》GB 50198

《电力工程电缆设计规范》GB 50217

《建筑内部装修设计防火规范》GB 50222

《建筑工程抗震设防分类标准》GB 50223

《火力发电厂与变电站设计防火规范》GB 50229

《电力设施抗震设计规范》GB 50260

《堤防工程设计规范》GB 50286

《出入口控制系统工程设计规范》GB 50396

《开发建设项目水土保持技术规范》GB 50433

《开发建设项目水土流失防治标准》GB 50434

《厂矿道路设计规范》GBJ 22

《工业企业噪声控制设计规范》GBJ 87

《标准电压》GB/T 156

《高压输变电设备的绝缘配合》GB 311.1

《高压输变电设备的绝缘配合使用导则》GB/T 311.2

《发电用汽轮机参数系列》GB/T 754

《旋转电机 定额和性能》GB 755

《电力变压器 第1部分 总则》GB 1094.1

《电力变压器 第2部分 温升》GB 1094.2

《电力变压器 第3部分：绝缘水平、绝缘试验和外绝缘空气间隙》GB 1094.3

《电力变压器 第4部分：电力变压器和电抗器的雷电冲击和操作冲击试验导则》GB 1094.4

《电力变压器 第5部分：承受短路的能力》GB 1094.5

《电力变压器 第7部分：油浸式电力变压器负载导则》GB/T 1094.7

《工作场所职业病危害警示标识》GB 2158

《安全色》GB 2893

《安全标志及其使用导则》GB 2894

《环境空气质量标准》GB 3095

《声环境质量标准》GB 3096

《地面水环境质量标准》GB 3838

《放射卫生防护基本标准》GB 4792

《工业自动化仪表气源压力范围和质量》GB 4830

《生产设备安全卫生设计总则》GB 5083

《固定式发电用汽轮机规范》GB/T 5578

《生活饮用水卫生标准》GB 5749

《核电厂环境辐射防护规定》GB 6249

《三相油浸式电力变压器技术参数和要求》GB/T 6451

《隐极同步发电机技术要求》GB/T 7064

《同步电机励磁系统 定义》GB/T 7409.1

《同步电机励磁系统 电力系统研究用模型》GB/T 7409.2

《同步电机励磁系统 大中型同步发电机励磁系统技术要求》GB/T 7409.3

《机械安全 防护装置 固定式和活动式防护装置设计与制造一般要求》GB/T 8196

《污水综合排放标准》GB 8978

《火力发电机组及蒸汽动力设备水汽质量》GB/T 12145

《工业企业厂界环境噪声排放标准》GB 12348

《建筑施工场界噪声标准》GB 12523

《火电厂大气污染物排放标准》GB 13223

《继电保护和安全自动装置技术规程》GB/T 14285

《会议系统电及音频的性能要求》GB/T 15381

《环境保护图形标志 排放口（源）》GB 15562.1

《大气污染物综合排放标准》GB 16297

《一般工业固体废物贮存、处置场污染控制标准》GB 18599

《室内空气质量标准》GB 18883

《取水定额》GB/T 18916

《城市污水再生利用 城市杂用水水质》GB/T 18920

《电气/电子/可编程电子安全相关系统的功能安全》GB/T 20438

《过程工业领域安全仪表系统的功能安全》GB/T 21109

《变频器供电笼型感应电动机设计和性能导则》GB/T 21209

《火力发电厂试验、修配设备及建筑面积配置导则》DL/T 5004

《火力发电厂总图运输设计技术规程》DL/T 5032

《火力发电厂灰渣筑坝设计规范》DL/T 5045

《火力发电厂劳动安全和工业卫生设计规程》DL 5053

《水工混凝土结构设计规范》DL/T 5057

《火力发电厂化学设计技术规程》DL/T 5068

《火力发电厂保温油漆设计规程》DL/T 5072

《水工建筑物抗震设计规范》DL/T 5073

《火力发电厂制粉系统设计计算技术规定》DL/T 5145

《火力发电厂厂用电设计技术规定》DL/T 5153

《水电枢纽工程等级划分及设计安全标准》DL 5180

《水工隧洞设计规范》DL/T 5195

《火力发电厂煤和制粉系统防爆设计技术规程》DL/T 5203

《火力发电厂燃烧系统设计计算技术规程》DL/T 5240

《高压配电装置设计技术规程》DL/T 5352

《火力发电厂和变电站照明设计技术规定》DL/T 5390

《电力工程地下金属构筑物防腐技术导则》DL/T 5394

《火电厂环境监测技术规范》DL/T 414

《大容量煤粉燃烧锅炉炉膛选型导则》DL/T 831

《电力工业锅炉压力容器监察规程》DL 612

《交流电气装置的过电压保护和绝缘配合》DL/T 620

《远动设备及系统 第5-101部分：传输规约 基本远动任务配套标准》DL/T 634.5101

《远动设备及系统 第5-104部分：传输规约 采用标准传输协议子集的 IEC 60870-5-101 网络访问》DL/T 634.5104

《电力工业锅炉压力容器检验规程》DL 647

《火力发电厂凝汽器管选材导则》DL/T 712

《火力发电厂汽轮机防进水和冷蒸汽导则》DL/T 834

《火力发电厂停（备）用热力设备防锈蚀导则》DL/T 956

《电站锅炉安全阀应用导则》DL/T 959

《电网运行准则》DL/T 1040

《核设施环境保护管理导则 放射性固体废物浅地层处置环境影响报告书的格式与内容》HJ/T 5.2

《辐射环境保护管理导则 核技术应用项目环境影响报告书（表）的内容和格式》HJ/T 10.1

《固定污染源烟气排放连续监测技术规范》HJ/T 75

《海港总平面设计规范》JTJ 211

《水运工程抗震设计规范》JTJ 225

《海港工程混凝土结构防腐蚀技术规范》JTJ 275

《水土保持监测技术规程》SL 277

中华人民共和国国家标准

大中型火力发电厂设计规范

GB 50660—2011

条 文 说 明

制定说明

本规范是在现行行业标准《火力发电厂设计技术规程》DL 5000—2000 的基础上，总结了近几年来火电厂的设计实践经验和研究成果，结合我国电力体制改革和投资体制改革后的新情况，对火电厂在功能和性能方面提出基本要求的国家标准。

本规范编制遵循的主要原则如下：

1. 统一名词定义和有关的计算方法、测量方法；
2. 对火电厂的整体性能和各系统功能提出必须达到的基本要求；
3. 积极贯彻国家节约能源、节约资源和环境保护的方针，提出先进的技术指标；
4. 积极采用成熟的先进技术，对于多种工艺系统方案，指明各种系统的适用条件，供设计单位结合具体工程情况进行选择；
5. 注重与国内相关标准的协调，本规范中涉及的一些内容，在国家现行标准中已有明确规定的内容，仅指明应符合相关标准的有关规定，并写出标准的名称和编号，不抄写其内容；
6. 注意了解、吸收相关的国际标准的内容。

本规范涉及面广，需要分析和研究的问题多，编制组对其中一些关键技术问题进行了调查和专题研究，共形成 65 个调研和专题研究报告，具体内容如下：

1. 放射性物质贮存场地安全防护范围调研报告；
2. 重点文物保护单位、风景名胜区、自然保护区、湿地保护区、水源地保护区的范围调研报告；
3. 凝汽式电厂与大中城市规划及环境保护的关系调研报告；
4. 火车卸煤设施专题报告；
5. 煤场和干煤贮存设施专题报告；
6. 运煤系统的设计出力专题报告；
7. 石灰石二级筛碎设备专题报告；
8. 机组额定功率定义研究报告；
9. 超临界、超超临界机组再热蒸汽系统压降和温降选择的优化专题报告；
10. 采用无油或少油点火技术对燃油系统设计容量选择的影响专题报告；
11. 回转空气预热器防腐防堵技术使用条件分析专题报告；
12. 布袋除尘器在我国大中型电站锅炉上使用现状和现阶段推广使用条件分析专题报告；
13. 除灰系统空压机系统与全厂压缩空气系统统一设计专题研究报告；
14. 炉底渣处理系统中的气力输渣系统专题研究报告；
15. 大型机组炉底渣处理系统中的风冷式钢带机输渣系统专题调研报告；
16. 国内已运行的部分湿法、半干法烟气脱硫工艺装置脱硫经济指标及可靠性专题研究报告；
17. 300MW、600MW、1000MW 脱硫增压风机型式、容量、台数选择专题研究报告；
18. 湿法烟气脱硫工艺 GGH 型式分析专题研究报告；
19. 国内已运行的部分烟气脱硝装置经济指标分析及可靠性运行可靠性专题研究报告；
20. 600MW 以上超临界及超超临界机组旁路系统选择专题研究报告；
21. 给水系统配置专题研究报告；
22. 600MW 及以上机组真空泵设置专题研究报告；
23. 大中型火力发电机组各项水汽损失专题报告；
24. 大中型火力发电机组凝结水精处理系统调查专题报告；
25. 火力发电厂再生水再利用调查专题报告；
26. 海滨电厂海水淡化专题研究报告；
27. 多机一控方式的设计研究报告；
28. 辅助车间系统监控点设置和控制网络的设计研究报告；
29. CFB 锅炉仪表与控制系统研究报告；
30. 厂级监控信息系统（SIS）的规模与功能调研报告；
31. 功能安全系统的应用研究报告；
32. 全厂转动机械监测与故障诊断系统的设置调研报告；
33. 飞灰含碳量测量装置的设置调研报告；
34. 入炉煤粉在线分析系统的设置调研报告；
35. 火电厂计算机集成生产系统的研究报告；
36. 风粉在线监测系统的设置调研报告；
37. 大屏幕与等离子电视的设置调研报告；
38. 机组级自启停系统的设置调研报告；
39. 机组负荷控制与 AGC、RTU 的接口调研报告；
40. 汽机电液控制系统（DEH）与电力系统的接口调研报告；
41. 机组控制系统物理分散布置调研报告；
42. 等离子点火与少油点火控制系统的设置调研报告；

43. 超超临界机组高温高压测量仪表的设计选型报告；

44. 厂用变有载调压选择对发电机进相运行影响研究报告；

45. 大容量机组发电机出口装设断路器时高压备用电源设置方案及主变压器、高压厂用变压器和高压备用变压器的调压方式研究报告；

46. 火力发电厂 600MW 级及以上发电机主变压器额定容量选择研究报告；

47. 火力发电厂电气监控管理系统研究报告；

48. 交流不间断电源的选择和配置研究报告；

49. 发电机组进相运行时高压厂用母线电压水平调研报告；

50. 再生水回用到发电厂的可靠性及备用水源的设置研究报告；

51. 水库作为电厂水源时的设计校核标准调研报告；

52. 火力发电厂供水保证率专题研究报告；

53. 大型空冷系统调研报告；

54. 火力发电厂耗水指标调研报告；

55. 冷却塔和空冷系统噪音控制调研报告；

56. 干式贮灰场设计运行调研报告；

57. 600MW 汽机基础模型试验调查报告；

58. 圆形煤场设计情况调研报告；

59. 电厂建筑材料选用与使用效果的调查报告；

60. 严寒地区火电厂采暖热媒的选择调研报告；

61. 地下卸煤沟通风除尘方式调研报告；

62. 电厂电制冷与吸收式制冷适用条件的综合分析报告；

63. 热电厂灰渣和石膏综合利用情况调研报告；

64. 火电厂主厂房和冷却塔噪声治理措施调研报告；

65. 灰场防扬尘的防护距离专题报告。

随着我国经济的快速发展和改革开放的不断深入，我国的电力工业已发生了巨大的变化。电力体制改革实现了厂网分开和电源投资主体的多元化，投资电源的积极性得到了释放；电力相关新技术的研发和应用步伐明显加快，新技术成果的应用得到了投资方、项目法人和设计单位的高度重视。特别是为了贯彻落实科学发展观、建设资源节约型和环境友好型社会的要求，火电机组在节能、节水、环保等方面有了很大的技术进步。为使本规范适应新的电力管理体制和新技术的发展要求，与现行电力行业标准《火力发电厂设计技术规程》DL 5000—2000 相比，本规范在内容上主要有以下变化：

1. 本规范在对当前火电工程的最新技术进行了全面总结的基础上，使内容上适应当前火电技术以及未来的技术发展趋势，适应大容量、高参数机组的设计要求。

2. 本规范在对火电工程相关节约能源、节约资源和环境保护技术方面进行了专题研究的基础上，新增了相关的章节和条文，引导火电工程设计要注重节约能源和资源。

3. 在厂网分开、电源投资主体多元化的形势下，本规范新增电力系统对火力发电厂要求的内容，强化了在火电厂的设计中，为保证电力系统安全稳定运行必须考虑的因素，有利于协调电网和电厂的关系，为电力系统的安全稳定运行创造条件。

4. 本规范条款中，对于多样性的技术方案强调要结合具体工程的情况确定，有利于发挥工程设计人员的创新思维，使工程设计更加符合业主的要求和工程的具体情况，同时，有利于火电工程的设计创新。

由于多种原因，本规范中尚存在一些有待以后解决的问题，具体内容如下：

1. 在本规范"电力系统对火力发电厂的要求"一章中，对火电厂在电网中的不同地位和作用等提出了要求，但由于目前国内电网中尚未明确过哪些项目为调峰机组或黑启动机组，因此，针对特殊地位和作用的机组在机组类型选择、主机设备选择、控制系统配置等方面的相关设计要求没有明确，有待以后结合工程实践经验，对该部分内容进行深入研究。

2. 本规范编制过程中，对火电机组的额定功率定义进行了研究，提出了按 IEC 标准采用年平均水温对应的背压确定机组额定功率的建议。但由于国内部分专家认为这不符合我国近二十多年的电网调度习惯，并与现行国家标准《固定式发电用汽轮机规范》GB/T 5578—2007 的规定产生矛盾。因此，本规范仅对空冷机组的额定功率定义按照 IEC 标准进行了规定，湿冷机组额定功率定义仍然维持按照现行国家标准《固定式发电用汽轮机规范》GB/T 5578—2007 的规定。建议相关单位在国家标准《固定式发电用汽轮机规范》GB/T 5578—2007 修订时，对火电机组的额定功率定义问题进行深入地研究。

3. 在本规范"信息系统"一章中，对目前在火电厂中已有工程实践的一些主要信息系统提出了设计要求，但对目前社会广泛关注的"数字化电厂"有关内容，由于缺少工程实践经验、行业内尚未达成共识，本规范中未明确设计要求，有待以后结合工程实践经验对该部分内容进行深入研究。

为了便于广大设计、施工、运行等单位的有关人员在使用本规范时能正确理解和执行条文规定，编制组按照章、节、条顺序编写了本规范的条文说明，但是，条文说明不具备与规范正文同等的法律效力，仅供使用者作为理解和把握规范规定的参考。

目 次

- 4 总体规划 ·············· 7—44—85
  - 4.1 基本规定 ·············· 7—44—85
  - 4.2 厂区外部规划 ·············· 7—44—85
  - 4.3 厂区规划及总平面布置 ·············· 7—44—86
- 5 机组选型 ·············· 7—44—87
  - 5.1 机组参数 ·············· 7—44—87
  - 5.2 主机选型 ·············· 7—44—87
  - 5.3 主机容量匹配 ·············· 7—44—87
  - 5.4 机组设计性能指标计算 ·············· 7—44—87
- 6 主厂房区域布置 ·············· 7—44—88
  - 6.1 基本规定 ·············· 7—44—88
  - 6.2 汽机房及除氧间布置 ·············· 7—44—88
  - 6.3 煤仓间布置 ·············· 7—44—88
  - 6.4 锅炉布置 ·············· 7—44—89
  - 6.5 集中控制室和电子设备间 ·············· 7—44—89
  - 6.6 烟气脱硫设施布置 ·············· 7—44—89
  - 6.8 维护检修 ·············· 7—44—90
  - 6.9 综合设施要求 ·············· 7—44—90
- 7 运煤系统 ·············· 7—44—90
  - 7.1 基本规定 ·············· 7—44—90
  - 7.2 卸煤设施 ·············· 7—44—90
  - 7.3 贮煤设施 ·············· 7—44—91
  - 7.4 带式输送机 ·············· 7—44—92
  - 7.5 筛、碎设备 ·············· 7—44—92
  - 7.6 混煤设施 ·············· 7—44—92
  - 7.7 循环流化床锅炉运煤系统 ·············· 7—44—92
  - 7.8 循环流化床锅炉石灰石及其制粉系统 ·············· 7—44—92
  - 7.9 运煤辅助设施 ·············· 7—44—93
- 8 锅炉设备及系统 ·············· 7—44—93
  - 8.1 锅炉设备 ·············· 7—44—93
  - 8.2 煤粉制备 ·············· 7—44—93
  - 8.3 烟风系统 ·············· 7—44—95
  - 8.4 烟气除尘及排放系统 ·············· 7—44—96
  - 8.6 点火及助燃燃料系统 ·············· 7—44—96
  - 8.7 锅炉辅助系统 ·············· 7—44—97
  - 8.8 启动锅炉 ·············· 7—44—97
  - 8.9 循环流化床锅炉系统 ·············· 7—44—98
- 9 除灰渣系统 ·············· 7—44—99
  - 9.1 基本规定 ·············· 7—44—99
  - 9.2 除渣系统 ·············· 7—44—99
  - 9.3 除灰系统 ·············· 7—44—100
  - 9.4 厂外输送系统 ·············· 7—44—100
  - 9.6 贮灰场 ·············· 7—44—100
- 10 烟气脱硫系统 ·············· 7—44—101
  - 10.1 基本规定 ·············· 7—44—101
  - 10.3 二氧化硫吸收系统 ·············· 7—44—101
  - 10.4 烟气系统 ·············· 7—44—102
- 11 烟气脱硝系统 ·············· 7—44—103
  - 11.1 基本规定 ·············· 7—44—103
  - 11.3 烟气脱硝反应系统 ·············· 7—44—103
  - 11.4 氨/空气混合及喷射系统 ·············· 7—44—104
- 12 汽轮机设备及系统 ·············· 7—44—104
  - 12.1 汽轮机设备 ·············· 7—44—104
  - 12.2 主蒸汽、再热蒸汽和旁路系统 ·············· 7—44—104
  - 12.3 给水系统 ·············· 7—44—104
  - 12.4 除氧器及给水箱 ·············· 7—44—105
  - 12.5 凝结水系统 ·············· 7—44—105
  - 12.7 辅机冷却水系统 ·············· 7—44—105
  - 12.9 凝汽器及其辅助设施 ·············· 7—44—106
- 13 水处理系统 ·············· 7—44—106
  - 13.1 水质及水的预处理 ·············· 7—44—106
  - 13.2 水的预脱盐 ·············· 7—44—107
  - 13.3 锅炉补给水处理 ·············· 7—44—107
  - 13.4 汽轮机组的凝结水精处理 ·············· 7—44—107
  - 13.5 冷却水处理 ·············· 7—44—108
  - 13.6 热力系统的化学加药和水汽取样 ·············· 7—44—108
  - 13.7 热网补给水及生产回水处理 ·············· 7—44—108
  - 13.8 废水处理 ·············· 7—44—108
- 14 信息系统 ·············· 7—44—108
  - 14.2 全厂信息系统的总体规划 ·············· 7—44—108
  - 14.3 厂级监控信息系统 ·············· 7—44—109
  - 14.8 门禁管理系统 ·············· 7—44—110
- 15 仪表与控制 ·············· 7—44—110
  - 15.1 基本规定 ·············· 7—44—110
  - 15.2 自动化水平 ·············· 7—44—110

15.3	控制方式及控制室 …………… 7—44—110	19.1	基本规定 ……………………… 7—44—119
15.4	检测与仪表 …………………… 7—44—110	19.2	抗震设计 ……………………… 7—44—119
15.5	报警 …………………………… 7—44—110	19.3	建筑设计 ……………………… 7—44—119
15.6	机组保护 ……………………… 7—44—110	19.4	地基与基础 …………………… 7—44—120
16	电气设备及系统………………… 7—44—111	19.5	主厂房结构 …………………… 7—44—120
16.1	发电机与主变压器 …………… 7—44—111	19.6	烟囱 …………………………… 7—44—120
16.2	电气主接线 …………………… 7—44—112	19.7	运煤建(构)筑物 …………… 7—44—120
16.3	交流厂用电系统 ……………… 7—44—113	19.8	水工建(构)筑物 …………… 7—44—120
16.4	直流系统及交流不间断电源 … 7—44—114	19.9	空冷凝汽器支撑结构 ………… 7—44—120
16.5	高压配电装置 ………………… 7—44—116	20	采暖、通风和空气调节………… 7—44—120
16.6	电气监测及控制 ……………… 7—44—116	20.1	基本规定 ……………………… 7—44—120
16.7	元件继电保护 ………………… 7—44—117	20.2	主厂房 ………………………… 7—44—121
16.8	照明系统 ……………………… 7—44—117	20.3	电气建筑与电气设备 ………… 7—44—122
16.9	电缆选择与敷设 ……………… 7—44—117	20.4	运煤建筑 ……………………… 7—44—123
16.10	接地系统 ……………………… 7—44—117	20.5	化学建筑 ……………………… 7—44—123
16.12	调度自动化系统子站 ………… 7—44—118	20.6	其他辅助建筑及附属建筑 …… 7—44—123
17	水工设施及系统………………… 7—44—118	20.7	厂区制冷站、加热站及管网 … 7—44—123
17.1	基本规定 ……………………… 7—44—118	21	环境保护和水土保持…………… 7—44—124
17.2	水源和水务管理 ……………… 7—44—118	21.2	大气污染防治 ………………… 7—44—124
17.3	供水系统 ……………………… 7—44—118	21.3	废水和温排水治理 …………… 7—44—124
17.4	取水建(构)筑物 …………… 7—44—118	21.4	灰渣和石膏治理及综合利用 … 7—44—124
17.5	管道和沟渠 …………………… 7—44—118	21.5	噪声防治 ……………………… 7—44—124
17.6	湿式冷却塔 …………………… 7—44—118	21.6	环境保护监测 ………………… 7—44—125
17.8	空冷系统 ……………………… 7—44—119	22	消防、劳动安全与	
18	辅助及附属设施………………… 7—44—119		职业卫生 ……………………… 7—44—125
19	建筑与结构……………………… 7—44—119	22.1	基本规定 ……………………… 7—44—125

4 总体规划

4.1 基本规定

4.1.2 本条系根据国家"十分珍惜和合理利用每一寸土地,切实保护耕地"的基本国策,强调火力发电厂总体规划应贯彻节约集约用地的原则,并通过设计优化,采用先进节地技术,以及采取相应的节约集约用地措施,达到节约土地资源的目的。

4.1.3 本条系根据火力发电厂多年的建设经验,归纳提出了火力发电厂总体规划应考虑的各项原则要求。

4.1.6 本条是根据《国务院批转发展改革委、电监会关于加强电力系统抗灾能力建设若干意见的通知》(国发〔2008〕20号)第一条第五款"电力设施选址要尽量避开自然灾害易发区……确实无法避开的要采取相应防范措施"和国土资源部《建设项目用地预审管理办法》(国土资源部令第7号)第六条第四款"单独选址的建设项目,拟占用地质灾害防治规划确定的地质灾害易发区内土地的,还应当提供地质灾害危险性评估报告"的规定制定的。

4.1.8 本条是根据现行国家标准《火力发电厂与变电站设计防火规范》GB 50229—2006 第3.0.1条制定的。第2款,液氨的爆炸极限15.7%~27.4%,闪点45℃~61℃,在生产过程中的火灾危险性等级属乙类二级。

4.2 厂区外部规划

4.2.1 火力发电厂的厂外部分规划,主要是指厂区外一些设施的合理布置。厂区外部规划是在选定厂址并落实厂内各个主要工艺系统的基础上进行的,因此,应在已定的厂址条件和工艺系统的基础上,根据火力发电厂的规划容量全面研究、统筹规划,以达到优化设计的目标。

4.2.2

1 本款是根据现行国家标准《核电厂环境辐射防护规定》GB 6249—86 "在核电厂周围设置限制区,限制区的半径(以反应堆为中心)一般不得小于5km,在限制区内不得兴建、扩建大的企业事业单位"的规定制定的。

4 本款是根据《核设施环境保护管理导则 放射性固体废物浅层处置环境影响报告书的格式与内容》HJ/T 5.2—93 "核电站低中放废物处置场的评价半径范围为10km"的规定制定的。

5 本款是根据《辐射环境保护管理导则 核技术应用项目环境影响报告书(表)的内容和格式》HJ/T 10.1—1995 "对于同位素应用项目,甲级项目的评价半径范围为3km,乙级项目的评价半径范围为1km,对于密封源应用和射线装置,其评价半径范围为0.5km"的规定制定的。

4.2.3

2 考虑到电厂规模越来越大、取水构筑物的重要程度以及水库溃坝或失事后造成火力发电厂长时间停机的严重后果,当仅以水库作为水源时,水库应按电厂取水构筑物考虑,水库的防洪标准应不低于100年一遇设计、1000年一遇校核。

4.2.4 厂外各种管线包括输煤皮带等的规划布置,既要满足城乡规划和土地利用总体规划的要求,也要尽可能节约集约用地,方便施工和维护。有条件时,沿现有公路布置可以利用现有公路,便于施工,也有利于维护检修。直埋管线除检查井区域为永久性征地外,其他地段用地在施工期间按临时租地办理手续,施工完成后应退耕。

4.2.5 本条系将厂外交通运输部分有关内容进行汇总。

1 本款是根据铁道部《关于进一步做好铁路专用线接轨有关工作的意见》(铁运函〔2007〕714号)中"严格控制在繁忙干线和时速200公里及以上客货混跑干线上新建铁路专用线。确需新建的,原则上采用铁路专用线与正线立交疏解的接轨方案,尽量避免或减少铁路专用线作业对正线行车安全和运输能力的影响"的规定制定的。

2 本款是根据铁道部《关于进一步做好铁路专用线接轨有关工作的意见》(铁运函〔2007〕714号)中"新建铁路专用线原则上不设路企交接场(站),减少中间作业环节,加速车辆周转,提高运输效率"的规定制定的。

3 按照铁道部"关于推进路企直通运输的指导意见"(铁运〔2008〕12号)的要求,一般火力发电厂厂内铁路配线的设置均可满足整列直达、路企直通到发作业的要求,因此,除在铁路接轨站存在折角运输外,在接轨站增加股道属于重复建设,既不符合节约集约用地的要求,又增加了工程投资,故提出本款规定。

6 紧邻大型煤矿坑口的火力发电厂,其燃煤主要依托1个或2个煤矿,是一对一的关系,当距离等条件合适时,采用皮带运输是最合理的。火力发电厂依托若干个煤矿,矿点较为分散,可选择铁路、公路、皮带或多种运输相结合的方式。因此,运输方式的选择应进行比较论证,有多种运输方式相结合时,还应提出合理运量的比例。

7 火力发电厂运煤专用道路的设计标准是根据《厂矿道路设计规范》GBJ 22,并结合2000年以来国内25个电厂实际运行经验的调查情况为依据确定的。表4.2.5中交通量已折算为标准车型,载重大于14t的运煤汽车折算系数为3.0,交通量系指折算后的重车和空车之和。

4.2.7 为了节约集约用地和减少建设费用，应充分利用既有防洪（涝）设施，同时宜根据自然条件和安全要求，适当选择泄洪沟（渠）、防洪堤或结合厂区围墙基础修筑挡水设施。

根据《中华人民共和国河道管理条例》，各江河流域管理机构及省、自治区、直辖市的河道主管机关根据堤防的重要程度、堤基土质条件等，对其管辖范围内的各流域堤防安全保护区的范围在相应的河道管理条例中均有明确规定，应严格执行。

4.3 厂区规划及总平面布置

4.3.1 本条根据火力发电厂工艺流程的特点规定了厂区规划的原则。对厂前建筑设施宜采用集中布置的要求是基于近年来为进一步节约集约用地，控制工程造价，在取消独立的厂前区后，厂区附属建筑已大量减少并与一些生产附属建筑协调布置的经验提出的。厂前建筑主要是指生产行政综合楼、检修宿舍、值班宿舍、职工食堂及浴室等。

4.3.2

1 采用直流供水时，为缩短循环水进、排水管沟，减少基建投资和节约能耗，主厂房宜布置在靠近水源地。

直接空冷系统的空冷凝汽器，一般布置在汽机房A列柱外侧场地上。空冷凝汽器一般顺汽机房纵向排列，其冷却效果受夏季高温、大风的风向和主厂房挡风的气流变化影响很大，因此，设计时应充分考虑主厂房的朝向。

4 本款明确了应综合考虑煤尘及液氨挥发气体对厂区及周边居民的可能影响。

6 火力发电厂所需氢气、燃油特别是液氨为易挥发的易燃易爆有害物质，故应单独分区布置。

4.3.4

2 空冷散热器要定期冲洗，视污染情况不同而定，一般一年内会有1次～2次，每次冲洗时会有脏水从风机口落下，理论上讲，对变压器绝缘存在不利影响，但可以在空冷散热器冲洗后及时对变压器或导线进行冲洗。经调研，国内已投运的直接空冷机组火力发电厂其绝大部分变压器等电气设施布置在空冷平台下，且多年运行情况良好。若变压器等布置到空冷平台外，电气设备间联接母线增长较多，且用地大、投资高。故从节约集约用地及降低工程造价考虑，推荐在空冷平台下布置变压器等电气设施。

4.3.5 排烟冷却塔在国外应用较多，尤其在德国，不论在北部沿海还是在内陆，都有不少600MW和1000MW等级机组的火力发电厂采用排烟冷却塔。目前国内采用排烟冷却塔的火力发电厂也在不断增多的趋势。结合国外考察和国内相关项目的研究经验，排烟冷却塔宜靠近引风机及烟气脱硫装置布置，有利于缩短烟道和循环水管线长度，减少工程费用。

4.3.7

1 根据铁道部《关于进一步做好铁路专用线接轨有关工作的意见》（铁运函〔2007〕714号）和《关于推进路企直通运输的指导意见》（铁运〔2008〕12号）的规定，为减少中间作业环节，加速车辆周转，提高运输效率，厂内铁路卸煤系采用机械化、自动化装卸设备，并具备整列装卸、整列到发和路企直通运输的技术条件。因此，按照节约用地和降低工程投资的原则，厂内铁路配线宜满足路网机车整列牵引进厂和排空的条件。

4 本款明确了厂内铁路配线有效长度的设置原则。为满足国铁大宗货物的运输需要，铁道部制定了可满足大宗货物列车在运输通路各站停留和到发作业铁路配线的有效长度；如满足相邻线路牵引质量为5000t时的国铁各中间停留站或到发作业线的有效长度为1050m。而燃煤火力发电厂为品种单一的煤炭运输，厂内卸煤线的有效长度能够满足相邻线路牵引质量为5000t（或其他技术标准）整列直达煤列在厂内卸煤线进行到发作业的需要即可，没有必要要求厂内卸煤线有效长度与国铁接轨站的有效长度相统一，即也为1050m。根据对近年来建成投运的60余项燃煤火力发电厂厂内铁路运行状况的实际调研结果，满足牵引质量为5000t、车辆C60系列的整列直达煤列在厂内卸煤线进行到发作业的有效长度为950m即可，但目前按有效长度为1050m设置的厂内铁路配线，约有100m的铁路配线没有发挥其应有的作用，这不仅增加了企业相应的投资，而且更重要的是浪费了土地资源。随着我国《中长期铁路发展规划》的逐步实施，铁路煤炭运输车辆的载重量将提高至C70系列，届时，厂内卸煤线的有效长度还可大为减少。因此，制定本款规定。

4.3.10 本条从买卖合同公平原则出发，明确汽车取样装置与检斤装置的布置宜满足先检斤后取样的要求。

4.3.13 国家土地使用相关规定是指《电力工程项目建设用地指标》（建标〔2010〕78号）。本条是根据《中华人民共和国土地管理法》和《工业项目建设用地控制指标》（国土资发〔2008〕24号）的有关规定以及国家有关节约集约用地的政策，结合电力工程特点和相应技术条件制定的。

4.3.14 本条系根据《中华人民共和国防洪法》和《中华人民共和国河道管理条例》的相关规定制定的。火力发电厂厂址防洪标准系根据《防洪标准》GB 50201按电厂不同规划容量确定的。按此标准建设的火力发电厂经受住了1998年8月至9月间三江流域发生的特大洪水，验证了防洪标准总体水平是适当的。为了保证火力发电厂必须具备的抵御洪水的能力，保证电力设施的安全性和可靠性，本条作为强制性条文，必须严格执行。

4.3.16

3 多年实践证明，建筑物的底层标高宜高出室外地面设计标高150mm～300mm的规定是合适的，可防止因建筑物沉降而引起地面水倒灌入室的可能。在地质条件良好的少雨干燥地区可采用下限值。在软土地区，一般建筑物都存在均匀沉降现象，沉降值多达100mm～150mm，故确定建筑物底层地坪标高应考虑沉降影响。

4 土石方综合平衡是对自然生态环境保护的重要体现，欠方或弃方都将对当地自然生态环境造成影响，因此，本款提出有条件时宜与工程所在地区的其他取、弃土工程相结合的规定。

4.3.17 实践证明，在厂区自然地形坡度为3%及以上时，综合考虑生产工艺流程合理、运行管理便利，同时减少场平工程量，采取阶梯式布置是合理的。

5 机 组 选 型

5.1 机组参数

5.1.1 机组新蒸汽参数划分是根据现行国家标准《发电用汽轮机参数系列》GB/T 754 的规定，并结合了本规范的适用范围而制定的。

5.2 主机选型

5.2.1

3 我国是一个水资源短缺的国家，人均占有水资源量是世界人均占有量的28%，水资源短缺已经成为我国国民经济与社会可持续发展的重要制约因素。由于我国地域辽阔，地区之间差异较大，所以在衡量地区缺水程度时需要定量的指标。干旱指数定义为年蒸发能力和年降雨量的比值。气象部门以E-601蒸发器水面蒸发量代表年蒸发能力。根据选用气象站E-601蒸发器多年平均年水面蒸发量和多年平均年降水量，就可计算多年平均干旱指数。理论上讲，如果内陆某地区的蒸发量一直大于降雨量，就会越来越枯，水资源越来越少。实际水资源量还与外流域来水、径流量时空分布、水资源开发利用条件和社会经济状况等因素有关。但干旱指数作为水资源量的一项主要评价指标，在一定程度上反映了该地区水资源的短缺程度，故本规范采用干旱指数作为选择空冷机组的判据。

5.2.2

1 燃料特性数据分为常规特性和非常规特性两项，其中常规特性指：燃料的元素分析、燃料的工业分析、燃料的发热量、可磨性、灰熔点、灰成分分析、灰的比电阻等数据，这是基本的燃料特性资料。非常规特性指：燃料的着火、燃烧和燃尽等热分析数据；燃料的结渣特性，包括对结渣倾向和沾污的评估意见；燃料的磨损特性数据；灰的磨损特性数据；燃料的粘附特性等数据。

上述设计燃料和校核燃料的特性数据对锅炉设备的安全、可靠运行关系重大，故规定锅炉的选型必须依据上述燃料特性数据。

2、3 国内在利用135MW级～300MW级循环流化床锅炉燃用洗煤副产物、煤矸石、石煤、油页岩和石油焦等煤粉炉不能稳定燃烧的燃料方面积累了相当丰富的经验，为上述劣质燃料的综合利用创造了条件，另外，引进型300MW循环流化床锅炉在燃用低发热量褐煤燃料方面也积累了相当丰富的经验。目前，国内正在建设燃用劣质燃料的600MW级超临界循环流化床锅炉示范电站。

对于低灰熔点或严重结渣性煤种，经过环境及投资经济性等方面的综合评价认可，亦可考虑采用液态排渣锅炉。液态排渣锅炉可较好地解决炉膛及燃烧器的设计布置与结渣倾向之间的矛盾问题；对煤的着火燃尽也十分有利；且其灰渣处理及综合利用十分方便。配有低NO_x燃烧器及相关系统的现代液态排渣锅炉可以满足现行环保排放指标的要求。当然，300MW级循环流化床锅炉的成功投运和600MW级循环流化床锅炉的建设，也为燃用低灰熔点或严重结渣性煤种提供了新的更有利于环保的炉型选择，故第2款和第3款规定经技术经济比较合理时，可选用循环流化床锅炉或液态排渣锅炉。

5.3 主机容量匹配

5.3.1

2 对中间再热供热式机组的火力发电厂，主蒸汽和再热蒸汽采用单元制系统，不能多配置锅炉。当一台锅炉停用时，火力发电厂对外供热能力下降很多，需依靠同一热网其他热源解决热负荷平衡问题，故选择装机方案时应连同热网其他热源的供热能力一并考虑。

5.3.2 考虑到汽轮机调节阀全开时的进汽量工况出力系制造厂为补偿设计和制造误差以及汽轮机运行老化等所留的裕度，因此条文规定在额定功率因数和额定氢压（对氢冷发电机）下发电机的最大连续容量应与汽轮机的最大连续出力配合选择是适宜的。

另外，为更合理地选择发电机的额定和最大连续容量，规定了发电机"冷却器进水温度宜与汽轮机相应工况下的冷却水温度相一致"的要求。

5.4 机组设计性能指标计算

5.4.1 根据《固定式发电用汽轮机规范》GB/T 5578—2007对"保证热耗率"的术语定义，本条规定了计算机组设计标准煤耗率所用的汽轮机热耗率取用汽轮机供货合同中供方向需方保证的热耗率。

5.4.5 现行行业标准《火力发电厂厂用电设计技

规定》DL/T 5153 所规定的厂用电率计算方法以电动机功率为基准，其计算结果比性能考核结果和实际运行时的厂用电率要高。根据最近几年的调研结果和部分工程的设计经验，采用汽轮机保证热耗率机组工况的辅机轴功率作为基准的厂用电率计算结果与性能考核试验测定的厂用电率比较吻合。

6 主厂房区域布置

6.1 基本规定

6.1.1 主厂房区域范围包括汽机房、除氧间、煤仓间（或除氧煤仓间）、锅炉以及烟气脱硝、除尘、脱硫设施区域。

6.1.3 这三种主厂房布置形式是国内电厂普遍采用的形式，符合电力生产工艺流程的要求，可满足安装、运行、检修需要，是成熟的布置形式。三种布置形式各有特点，设计应根据工程具体条件，经技术经济比较后确定。

6.1.8 厂区地形对主厂房的布置影响较大，厂区地形不平或高差较大，往往要考虑主厂房是否采用阶梯布置。

锅炉本体的形式（露天、紧身罩封闭或屋内式）、磨煤机的型式（中速磨、钢球磨、风扇磨）、高（低）压加热器的型式（立式、卧式）、汽动给水泵的小汽轮机排汽方向（排入主凝汽器、排入单设的小凝汽器）等设备特点对主厂房布置有重要影响。施工时的大件运输与吊装条件、采用的施工机具、施工程序与进度要求等施工条件对主厂房布置也有较大的影响。

6.2 汽机房及除氧间布置

6.2.1 对 200MW 级及以上机组，如条件合适，经技术经济比较，可采用横向布置。目前已运行的神头二电厂 500MW 机组，来宾电厂、国电石嘴山电厂和华能汕头电厂等 300MW 级机组均采用了横向布置。

直接空冷机组的空冷凝汽器由于散热面积大，组数多，一般都布置在汽机房 A 列柱外侧地面的平台上，沿主厂房纵向排列长度较长，故机组也应采用纵向顺序排列布置，以适应散热器的布置要求，同时也便于汽轮机排汽大管道的引出。

6.2.2 随着汽轮机单机容量的增大，机组的运转层标高也随着提高，300MW 级机组的运转层标高已达 12m 以上。若采用岛式布置，则主厂房空间利用率低的缺点越来越明显；若采用大平台布置，可利用中间层作为厂房配电装置室，则建造大平台所增加的土建造价可以从节省厂房总体积中得到补偿，且运转层上有足够的检修面积，使检修方便。汽轮机运转层用大平台布置后，对桥式起重机不能吊到的底层辅助设备要增加必要的检修起吊设备。

对于 300MW 级以下机组，因运转层标高较低，采用岛式布置空间利用率低的缺点已不明显，且可发扬岛式布置节省土建投资、零米层设备可用汽机房桥式起重机起吊等优点，故对 300MW 级以下机组建议采用岛式布置。

6.2.3 当驱动汽动给水泵的小汽轮机排汽进入主凝汽器时，与前置泵非同轴的汽动给水泵组汽轮机排汽以采用向下引出接入主凝汽器为佳，此时，汽动给水泵组宜布置在汽轮发电机组两侧的运转层上。而与前置泵同轴的汽动给水泵组为了满足前置泵入口必需汽蚀裕量的要求，降低除氧器的布置标高，汽动给水泵宜布置在汽轮发电机组两侧的底层。

当驱动汽动给水泵的小汽轮机排汽不进入主凝汽器时，需单独设置小凝汽器，为了满足小凝汽器的布置要求，汽动给水泵组宜布置在汽机房及除氧间的运转层或中间层。

6.2.5 汽轮机油系统必须设有防止火灾事故的各种措施。除应根据防火要求设置消防水源及其他灭火设备外，必须迅速将油排往适当的安全地点，但不应将油排放到敞开的沟道和下水道内，以防止火焰蔓延、扩大事故和污染环境。

根据调查，如事故排油门位置设置不当，一旦油系统着火，将无法靠近操作，影响及时处理。所以在布置事故排油门时，应考虑到该阀门能在安全方便的地点操作，并有两条人行通道可以到达。

6.2.7 带混合式凝汽器的间接空冷系统中，循环水泵设在凝汽器出口的循环水系统上，循环水为在凝汽器工作压力下的饱和水，易于汽化；在凝汽器入口的循环水系统上装有回收能量并兼作调压的水轮机，水轮机至凝汽器的管道内为负压，为缩短管道、减少管道阻力和空气漏入机会，要求循环水泵和水轮机尽量靠近凝汽器布置，故宜毗邻汽机房布置。

6.3 煤仓间布置

6.3.1 在主厂房布置中，给煤机层标高多与主厂房运转层标高相同，但是随着机组容量的加大和磨煤机型式的增多，有可能出现给煤机层标高高于汽机房与锅炉房运转层的情况。对于煤粉锅炉煤仓间来说，磨煤机布置是决定给煤机层标高的主要因素；而对于循环流化床锅炉煤仓间来说，给煤口标高（包括播煤装置）和所需给煤机级数是决定给煤机层标高的主要因素。

6.3.3 侧煤仓形式的煤仓间的结构稳定及抗震能力是煤仓间布置时必须要考虑的主要因素，故建议煤仓间与锅炉房的布置统一考虑。这需要设计院与锅炉制造商进行大量细致的设计配合才能实现。

6.3.4 目前我国火力发电厂都是双路带式输送机三班制运行，一条运行，一条备用。对直吹式制粉系统，当运转中的原煤仓总有效贮煤量按设计煤种为锅炉最大连续蒸发量 8h 以上的耗煤量时，即能满足带式输送机的运行要求；对于中间贮仓式制粉系统，当原煤仓和煤粉仓总有效贮煤量按设计煤种为锅炉最大连续蒸发量 8h 以上的耗煤量时，也能满足带式输送机的运行要求。

煤粉仓的总有效贮粉量按设计煤种为锅炉最大连续蒸发量 2h 以上的耗粉量时，能保证给粉机的安全运行。

对于燃用低热值煤的循环流化床锅炉和燃用褐煤的煤粉锅炉，为了降低工程造价，宜将原煤仓总有效贮煤量的小时数减少到 6h。

为实现减人增效，原煤仓及煤粉仓的贮煤量也可按运煤两班制运行考虑，要求直吹式制粉系统原煤仓的有效贮煤量或贮仓式制粉系统原煤仓和煤粉仓总的有效贮煤量按设计煤种满足锅炉最大连续蒸发量时 10h 以上的耗煤量。虽然后半夜不上煤，由于此时负荷较低，第二天接班时还有一定的存煤，可满足运煤两班制运行。是否按运煤两班制运行来确定煤仓的设计容量，需通过技术经济比较确定，即对减少一班运煤运行人员所节约的费用与加大煤仓设计容量要增加的投资进行比较。

6.3.5 由于循环流化床锅炉原煤仓贮存的原煤粒度远小于煤粉锅炉原煤仓贮存的原煤粒度，容易造成原煤仓堵煤，另外对于黏性大、高挥发分或易燃的烟煤和褐煤，堵煤造成的后果更严重，故规定相邻两壁的交线与水平面的夹角不应小于 70°。

6.4 锅 炉 布 置

6.4.1 锅炉布置一般可分为露天布置、半露天布置及紧身罩封闭等形式。

露天布置是指锅炉本体仅设置炉顶罩壳及汽包小室，或锅炉本体不设置炉顶罩壳，而设置炉顶盖及汽包小室。炉顶盖是指锅炉顶上设置的雨棚（或雨披），它只是顶部加盖，而不是四周封闭的炉顶小室。对于锅炉运转层以下部分不论封闭与否，只要其余部分符合上述条件的，均可认为是露天布置。

半露天布置是指锅炉炉顶上部及四周设有轻型围护结构的炉顶小室（包括汽包炉的汽包小室）。对于燃烧器及其以下部分采用全封闭或炉前采用封闭（不论是高封还是低封），而锅炉尾部敞开的锅炉房，均可认为是半露天布置。

根据我国电厂长期的运行维护经验，对于非严寒地区，露天或半露天布置可以满足锅炉的运行和维护要求。

6.4.2 露天或半露天布置锅炉，运转层一般不设钢筋混凝土大平台。大平台设置与否及大平台形式的选择与采用的磨煤机形式、布置及电厂的运行维护要求有关。对于中速磨煤机及钢球磨煤机，一般布置在炉前或炉侧的煤仓间内，锅炉采用岛式布置，不设运转层大平台，如电厂运行维护要求，运转层可设置钢格栅大平台。对于风扇磨煤机围绕炉膛布置的褐煤锅炉，其给煤机层宜设钢筋混凝土大平台，以便于给煤机的运行检修。如元宝山电厂 600MW 机组因八台风扇磨煤机围绕塔式锅炉的炉膛布置，为布置给煤机，在 20m 标高设置了大平台。

6.4.3 露天或半露天锅炉，常在炉前运转层布置给水操作台、减温水操作台及燃油操作台等，为了改善运行条件，可采用炉前低封闭方式。

6.4.4 炉前距离系指炉架 K_1 柱与厂房柱的距离。炉前空间对降低工程造价影响很大，除影响厂房体积外，还影响主汽、再热、给水四大管道和一次风道、热风道等主要管道和电缆的长度，因此本条规定："在满足设备及管道布置、安装、运行和检修要求的条件下，炉前空间宜压缩"。并建议："在有条件时可采用炉前柱与煤仓间柱合并的布置方式"。北仑港发电厂及华能石洞口第二发电厂从国外引进的 600MW 机组，锅炉的前柱即为煤仓间柱。这两个厂炉前主通道与磨煤机的检修吊运通道结合在一起，放在除氧一侧。炉前距离一般应考虑炉水循环泵需要的起吊空间；对于中速磨煤机应考虑冷热一次风道及其测流装置、煤粉管道和运行通道的布置；对于风扇磨煤机应考虑其叶轮检修车的通道；对于钢球磨煤机，应考虑电动机检修的运输通道等。

6.5 集中控制室和电子设备间

6.5.4 集中控制室和电子设备间集中布置时，为了便于布置以及投产后的运行和维护，建议设置集中控制楼。

通过多年来的电厂实践，证明集控室施工对运行的影响是可以解决的，故集中控制楼经论证合理时也可多台机组合用一个。

集中控制楼伸入除氧煤仓间内需具备一定的条件，如每炉煤仓间的长度与锅炉的宽度基本一致，汽机房的长度大于除氧煤仓间的长度，否则从占地来说是不合理的。

6.5.5 集中控制室和电子设备间分开布置时，为了节省控制电缆的工程量，电子设备间可分散布置在离控制对象相对近的区域。

6.6 烟气脱硫设施布置

6.6.1 以往设计的湿法烟气脱硫装置一般布置在烟囱后部区域，但目前随着一些新技术的发展，出现了一些新的布置情况。如低温静电除尘器＋湿法烟气脱硫技术、烟塔合一技术，将湿法烟气脱硫装置布置在烟囱之前或烟塔中间；引风机和增压风机合并，将合并后的风机布置在烟囱两侧；国外公司设计的电厂将活性焦干法烟气脱硫装置布置在烟囱侧部区域，这些脱硫装置布置位置均根据现场实际情况布置在烟囱附近不同区域。

6.8 维护检修

6.8.1

2 当汽机房运转层采用大平台布置时，运转层的检修面积已能够满足汽轮机本体的检修需要，因此，一般仅需在每2台机组之间设置1个零米检修现场，其大小可按大件吊装及汽轮机翻缸需要考虑。

6.8.2

3 根据国内实际经验，在安装300MW级及以下机组时，可以用2台起重量相同的桥式起重机起吊发电机静子，此时需加固桥式起重机，并根据工程具体情况，进行技术经济比较。

6.8.4

1 本款规定"在锅炉房内，应有将物体从零米提升至炉顶平台的电动起吊装置和起吊孔"，需要起吊至炉顶或锅炉各层平台的材料和部件，主要是保温材料及锅炉本体的阀门等。这些阀门一般采用焊接式结构，检修时不需要将整只阀门割下进行检修，只需检修阀芯及密封面，而阀芯重量一般不超过3t。

6.8.6

5 为了进一步改善运行维护条件，已有许多电厂提出了在除氧煤仓框架、集控楼等处设置电梯。随着"以人为本"理念的深化，这种趋势会加大。因此，如运行维护需要，也可在其他生产建筑物内增设电梯。

6.9 综合设施要求

6.9.1

3 因为设置地下室的土方和混凝土工程量大，基建投资大，在地下水位较高的地区防水处理也很困难，因此，汽机房不宜设置全地下室。

6.9.3

1 当变压器发生火灾爆炸时，油应排入其下部的贮油坑，并流入总事故贮油池，这样可减少火灾持续时间。总事故贮油池应有油水分离设施，以防止大量的事故排油流入下水道而污染环境。

7 运煤系统

7.1 基本规定

7.1.1 运煤系统作为机组的公用设施应统筹规划，可分期的部分应分期建设，不能分期的部分宜一次建成，必要时，应通过多方案技术经济综合比较确定。条文中的机组形式包含了锅炉和汽轮机的形式，要根据常规煤粉炉或循环流化床锅炉，确定相应的筛碎方案；根据纯凝机组或供热机组确定相应的贮煤容量等。

7.2 卸煤设施

7.2.1 目前，许多火力发电厂存在着两种以上的厂外来煤方式，且随着煤炭市场供求关系、煤炭价格、铁路或公路运输紧张程度的变化，其来煤方式的比例会在一定范围内产生波动，故本条强调每种接卸设施的规模宜留有适当的裕度，以适应市场的变化。

7.2.2

1 卸煤装置的出力不是根据火力发电厂的容量确定，而是根据对应机组的铁路日最大来煤量确定。

2 为适应铁道部跨越式发展的战略思想，体现重载、快捷安全的宗旨，满足铁道部"关于进一步做好铁路专用线接轨有关工作的意见"(铁运函〔2007〕714号文)的要求，本款强调了大型火力发电厂的一次进厂车辆数宜按整列进厂设计。

3 70吨级货车是60吨级货车的更新换代产品，目前及今后数年，将存在着60吨级与70吨级混编的局面，直至60吨级最终完全被70吨级车型取代。因同类（普通敞车或底开车）60吨级与70吨级车型在结构尺寸等方面存在着一定的差异，因此，铁路卸煤装置应同时满足接卸同类两种车型的要求。

另外，在大秦线、朔黄线和山西的部分铁路线，还存在着80吨级敞车的问题，其车型有单车一组、双车一组和三车一组之分，车钩有固定车钩与旋转车钩之分，编组有整列编组与混编之分，但整列编组一般只针对点对点的装、卸车点。工程中应根据具体条件合理确定卸煤装置的方案及其输出能力。

4 目前还大量存在着60吨级车型的整列编组，以后将实现70吨级车型的整列编组，因此，设计时按载重量低的车型核算卸煤能力，按载重量高的车型配置输出能力是合适的。以翻车机为例：其60吨级与70吨级车型的卸煤能力见表1。

表1 C60、C70系列车型翻车机卸煤装置设计出力参考表

翻车机形式及布置形式	设计卸车能力（节/h）	设计卸煤能力 (t/h)		差额 (t/h)
		C60	C70	
单车折返式	25	1500	1750	250
单车贯通式	30	1800	2100	300
双车折返式	40	2400	2800	400
双车贯通式（国产）	50	3000	3500	500
双车贯通式（进口）	66	3960	4620	660

需要说明的是：目前，火力发电厂反映翻车机实际卸车能力达不到设计卸车能力，其主要原因如下：

1) 翻车机及其调车系统设备的内部原因：翻车

机及其调车系统的实际卸车能力未达到翻车机设备供应商提供的设计值，表 2 列出了根据调研结果，反映出的翻车机设计卸车能力与实际最大卸车能力的差额。以折返式布置的 C 型单车翻车机为例，目前供应商提供的设计值均为 25 节/h，但实际运行中，最高只能达到 22 节/h～23 节/h，若再高将出现对车厢冲击大，易损坏车厢，甚至出现空车掉轨等问题。

表 2 翻车机设计卸车能力与实际最大卸车能力的差额

翻车机形式及布置形式	设计卸车能力（节/h）	实际最大卸车能力（节/h）	差额（t/h） C60	C70
单车折返式	25	23	120	140
单车贯通式	30	无实例数据	—	—
双车折返式	40	36	240	280
双车贯通式（国产）	50	无实例数据		
双车贯通式（进口）	66	60	360	420

2）翻车机及其调车系统设备的外部原因：事实上，翻车机的实际卸车能力还要受来煤条件（即是否发生原煤因大块、杂物等在煤篦上或煤斗内棚堵）、翻车机后续的给煤设备、煤场设备、带式输送机设备和转运点设备状态的制约，只要有一个环节出现故障，就会影响翻车机的实际卸车能力。

因此，在确定翻车机的卸车能力及其输出能力时，对于翻车机的设计卸车能力与实际最大卸车能力存在的差异要给予充分的考虑。

至于 80 吨级车型，对火力发电厂而言，目前均为混编列车，且 80 吨级车型在整列中数量极少，因此，本规范强调，在此条件下，卸煤装置应满足接卸 80 吨级车型的要求，但翻车机的输出能力仍按 70 吨级车型配置。

6 对于普通敞车，因翻车机卸煤装置具有卸煤效率高、余煤清扫量小、自动化程度高、人员配备少等优点，且其造价在一定程度上等于甚至低于螺旋卸车机与缝式煤槽组合的卸煤装置，因此，本规范推荐优先采用翻车机卸煤装置。

7 本款强调了缝式煤槽的有效长度与一次进厂车辆数分组后的数字应合理匹配，以减少调车作业次数，提高卸煤效率。同时，为了充分利用火力发电厂配备的调车机车，提高调车效率，缩短调车时间，推荐优先采用机车进行调车作业。

8 翻车机卸煤装置的形式包括单车翻车机、双车翻车机、三车翻车机；布置方式包括折返式和贯通式；配备台数可一次建成或分期建设，分期建设中又分为翻车机室土建部分一次建成、工艺部分和铁路配线分期建设，以及成套（工艺、土建、铁路配线）分期建设。上述配置的不同组合，带来了卸煤方案的千变万化，同时翻车机卸煤方案还囿于铁路外部条件、厂区地形条件的制约，机组分期建设的影响，因此，本款只作了原则性规定。工程实践中应根据具体条件，合理确定翻车机卸煤方案。

9 根据火力发电厂的运行实践，冻煤车厢采用热风（自然/强制）对流或远红外线辐射的解冻方式，其解冻效率极低，能耗极高，不能适应大容量火力发电厂的解冻要求，所以火力发电厂不宜设置解冻库。因此，解决冻煤车厢难以卸煤问题应以防冻为主。

7.2.4 采用非自卸汽车运输时，其卸车效率较低。同时，非自卸车位由于配备了汽车卸车机，当自卸汽车在非自卸车位卸车时，受到了汽车卸车机及其轨道梁的限制，降低了自卸汽车的卸车效率。另一方面，汽车运输市场基本处于买方市场，火力发电厂可要求运煤车型采用自卸汽车。因此，设计应引导使用自卸车，以提高卸车效率，改善火力发电厂的卸车条件。

7.3 贮煤设施

7.3.1 贮煤容量不再以铁路隶属属性、机组容量为主要设计条件，同时，将铁水联运与铁路来煤方式区别对待。当贮煤容量以褐煤为设计条件与以运距为设计条件存在矛盾时，从安全性考虑，应以褐煤为设计条件作为优先级。贮煤容量标准中，除以褐煤为设计条件采用的是上限标准外，其他均为下限标准。对于供热机组，要保证居民的采暖供热（采暖热负荷）和工业热用户的生产（工业热负荷），因此，本条作了特殊规定。

目前，煤电一体化、煤电联营、长期供需煤合同等体现了火力发电厂新型的燃煤供需关系，降低了火力发电厂燃煤的采购、煤价变化，甚至运输等的风险，虽然本规范只作了原则性规定，并未在具体条文中予以体现，但在工程实践中可根据具体情况，贮煤容量可采用本规范的下限。

7.3.2 贮煤设施的形式和分类：

封闭式贮煤设施：将燃料全部放在一个或几个建（构）筑物内，煤堆周围和上部均有结构封闭，结构上留有必要的开口和维护设施。此类贮煤设施包括封闭式圆形煤场、球形薄壳混凝土储仓、圆筒仓、方仓和具有封闭煤棚的斗轮机煤场等。

半封闭式贮煤设施：煤堆上部具有结构封闭，煤堆侧面部分或全部未封闭的煤场，如具有桁架干煤棚的桥抓煤场和斗轮机煤场。

露天煤场：是指煤堆的上部和侧面没有结构封闭，或侧面只是部分具有挡煤墙。

7.3.3 对于多雨地区，是否需要设置干煤贮存设施，设置条件如何确定，在业界存在着两种截然不同的观点，始终未能达成共识。工程实践中，对于同一地区甚至同一火力发电厂（如国电北仑电厂），采用同样的煤源和来煤方式也存在着设与不设的状况。因此，本条未作深入的规定。当设置干煤棚时，其有效容量是指考虑了飘雨因素后的干煤棚内的有效贮量，工程中一般采用将干煤棚长度放大10m～20m的措施。

7.4　带式输送机

7.4.1　目前，随着煤电一体化、煤电联营的工程越来越多，其厂外来煤方式全部或部分采用带式输送机的火力发电厂越来越多，以往规范中缺乏厂外带式输送机的设计标准，本条对厂外带式输送机的设计作了原则性规定。

7.4.2
1　由于厂外来煤方式的不同，卸煤装置的特性和配置数量差异较大，因此，其输出带式输送机可根据工程具体情况确定单路或双路设置。

7.4.5　本条对采用管状带式输送机或平面转弯的曲线带式输送机的设置条件作了原则性规定，工程实践中，当不能明显判断采用管状带式输送机或平面转弯的曲线带式输送机具有较大优势时，应通过多方案技术经济比较确定。

7.4.6　本条对采用垂直提升带式输送机的设置条件作了原则性规定，工程实践中，当不能明显判断采用垂直提升带式输送机具有较大优势时，应通过多方案技术技经比较确定。

7.5　筛、碎设备

7.5.1　当采用经过选煤处理的燃煤，其来煤粒度始终能够保证满足磨煤机入料粒度的要求时，可不设置筛、碎设备。

7.6　混煤设施

7.6.1　所有火力发电厂的运煤系统，其卸煤和贮煤设施采用不同组合的运行方式，均或多或少具备一定的混煤功能；根据华能玉环电厂和国华台山电厂的实践证明：当同一台机组每个原煤仓贮存属于同一煤种但煤质差异较大的燃煤，通过磨煤机和各层燃烧器，至炉内混烧时，同样能够达到混煤的目的。因此，本条强调应优先考虑卸煤、贮煤设施和原煤仓是否兼有混煤功能。

7.6.2　纯粹作为混煤目的的筒仓，其筒仓数量应根据煤种数量确定，一般不会超过3种煤种，因此混煤筒仓不宜超过3座。

7.7　循环流化床锅炉运煤系统

本节规定了循环流化床锅炉运煤系统中，煤泥处理，干煤贮存，筛、碎设施等特殊的要求，其他设施的规定见本章其他各节。

7.7.1　由于煤泥粒度极细、水分极大，极易造成落煤管、筛、碎设备、原煤仓的粘煤、堵煤，因此，未经干燥处理的煤泥不宜与其他燃煤混合输送，避免由于煤泥的堵煤而造成运煤系统的瘫痪。

7.7.2　与常规煤粉炉不同，循环流化床锅炉要求运煤系统将燃煤粒度破碎至8mm～10mm后，不再经过磨煤机的研磨，直接送入炉内燃烧，从而形成流化床。因此，循环流化床锅炉的运煤系统一般都设有细粒筛、碎设备，而细粒筛、碎设备对燃煤的外在水分含量极为敏感，水分越高，细粒筛、碎设备的出力越小，甚至堵煤。因此，循环流化床锅炉应控制入炉煤外在水分的含量在12%以内，故多雨地区应设置适当容量的干煤贮存设施；同理，当入厂煤水分较大时，宜将其晾干，降低外在水分后再送入细粒筛、碎设备，这就要求厂内设有适当的晾干场地。

7.7.3
1　根据国内外工程经验，将进入筛、碎设备的燃煤的外在水分控制在12%以内，是比较合适的。

2　经筛、碎后的燃煤粒度一般能够达到循环流化床锅炉入料粒度的要求，而粒度级配与燃煤的硬度、脆性、水分含量、矸石含量、系统实际出力、筛、碎设备的配置及形式等因素紧密相关，且经常变化、无规律可循。因此，粒度级配很难控制，有关这方面的技术还在不断探索中。

4　一、二级破碎设备前均设置筛分机，有利于抑制入炉煤产生过破碎现象、降低碎煤机的出力、减少碎煤机锤头和破碎板的磨损、延长磨损件的更换周期、降低碎煤机的功耗。

7.8　循环流化床锅炉石灰石及其制粉系统

7.8.2　当石灰石采用铁路运输时，理论上可以利用翻车机或缝式煤槽卸煤装置卸车后转运至堆石场，但目前还未有工程涉及。通常的做法是将铁路线引入堆石场，利用堆石场内的抓斗式起重机进行卸车。

7.8.3　石灰石粉极易吸附水分，且石灰石粉吸水后容易板结，进而造成石灰石筛、碎设备，石灰石粉气力输送设备的堵塞，所以应严格控制进入系统的石灰石的水分含量；石灰石露天堆放，长期经受日晒雨淋，容易风化变质；石灰石粒度较细时，易污染周围环境。因此，出于上述三个方面的考虑，石灰石堆场宜全部作成干煤棚或干石仓。

7.8.4　由于石灰石筛、碎系统的故障率较高，当石灰石输送系统单路设置时，应有较大的容量裕量，以留有设备维护和检修时间。

7.8.5　将石灰石破碎至30mm以下时，一般采用破碎机即可，如锤击式破碎机、齿辊式破碎机等。将石灰石由30mm破碎至1mm以下时，目前有两类方案，一类是采用破碎机方案，如四川白马循环流化床示范电站有限责任公司的1台300MW循环流化床锅炉采用了可逆锤击式破碎机方案；另一类是磨机方案，如云南华电巡检司发电有限公司、宜都市东阳光实业发展有限公司自备热电厂、广东宝丽华电力有限公司梅县荷树园电厂均采用了柱式粉磨机，有关这方面的技术还在不断探索中。

7.9 运煤辅助设施

7.9.1 为防止碎煤机锤头和破碎板磨损后进入系统，本条规定了碎煤机后再设一级除铁器。

8 锅炉设备及系统

8.1 锅 炉 设 备

8.1.2

3 对于大容量超临界、超超临界参数机组，高压缸排汽压力随着主蒸汽初参数的提高而升高，仅锅炉再热器压降一项，可以在锅炉技术规范中要求锅炉制造厂将再热器压降限定在高压缸排汽压力的 3.5%～4.5%。此压降值已在多台超临界及超超临界机组工程中得到实施和验证。考虑到热再热蒸汽管道材料费用较冷再热蒸汽管道高很多，应将冷再热蒸汽管道压降分配比例控制在汽轮机额定工况下高压缸排汽压力的 2.0% 以内，将热再热蒸汽管道压降分配比例控制在汽轮机额定工况下高压缸排汽压力的 3.0% 左右。

4 锅炉与汽机之间蒸汽管道的温降主要是由压降引起的等焓温降，其次才是散热引起的温降。根据理论分析结果，因散热引起的管道温降不到 0.5℃。由于压降引起的等焓温降在高压区域较大，在低压区域较小。按热再热蒸汽管道压降最大为 3.5% 考虑，则等焓温降不到 1℃。推荐再热热段蒸汽管道温降仍为 2℃。

8.1.3

2 采用 100% 带安全阀功能的三用阀高压旁路时，按现行行业标准《电力工业锅炉压力容器监察规程》DL 612 可以不设置过热器安全阀，但对三用阀结构、保护控制系统及锅炉整体匹配设计的要求通常应符合德国《蒸汽锅炉技术规程》TRD 401 和 TRD 421 标准；而再热器安全阀的排放量应为全部三用阀高压旁路的流量再加其喷水量。考虑到高负荷工况下快速切换负荷（FCB）时，若配置常规再热器安全阀只能全开，将导致大量蒸汽被排至大气，加剧了工质不平衡及噪声污染，为此可采用有跟踪与部分溢流功能的调节式安全阀，开启时按不超压原则控制，可以只排放多余的蒸汽。

8.2 煤 粉 制 备

8.2.1 磨煤机和制粉系统选择中的首要依据是煤质特性及其变化范围，其中煤的挥发分 V_{daf} 和磨损指数 K_e 是主要的考虑因素，同时还必须考虑磨煤机的适用条件。此外，磨煤机和制粉系统的选型与设计直接影响到锅炉炉膛结构和燃烧器结构的设计，必须与锅炉厂密切配合。

根据国内以往工程的经验，冲刷磨损指数 K_e（按西安热工研究院方法）<5.0 的烟煤、高挥发分贫煤及水分较低（外在水分 $M_f \leqslant 15\%$）的硬质褐煤，采用中速磨煤机是比较适宜的；能否采用中速磨煤机磨制褐煤关键在于制粉系统是否能够满足褐煤的高水分对干燥的要求。宜通过试磨方法对中速磨制褐煤的适用性进行合理选择，磨煤机的干燥出力、煤粉细度及一次风率等参数应满足锅炉燃烧的要求。根据国外经验与近年国内探索，对某些水分较高（全水分 $M_{ar} \approx 40\%$）的褐煤，在制粉系统的干燥能力满足要求的前提下，也有采用中速磨煤机的实例。

根据国内以往工程的经验，对于 $K_e \leqslant 1.5$ 的褐煤采用风扇磨煤机的效果是较好的。

钢球磨煤机有常规（指单进单出）和双进双出（正压）两种形式，它们的共同特点是适应煤种范围广、煤粉细度细且不存在排石子煤及倒磨运行时可能引起的热负荷变化等问题，但单位电耗高。常规的钢球磨煤机通常与贮仓式制粉系统相匹配，当与热风送粉系统相匹配时，可适用于着火特性很差的煤种，但系统复杂，不利于防爆。对 300MW 级及以下机组，只有在不适宜选用其他形式的磨煤机或不适宜选用直吹式制粉系统时才选用常规的钢球磨煤机。双进双出钢球磨煤机通常与直吹式制粉系统相匹配，具有可用率高、占地面积少、系统简单等优点，随着产品国产化程度的提高，磨煤机造价已降低。但由于其单位电耗较高，故主要适用于磨制磨损性很强（$K_e \geqslant 5.0$）或磨损性很强且易爆（$V_{daf} \geqslant 35\%$ 或煤粉爆炸指数 $K_d \geqslant 3.0$）的烟煤，或采用直吹式制粉系统磨制无烟煤及贫煤（通常相应于煤粉气流着火温度 $IT \leqslant 900℃$ 的煤种）。

8.2.2 本条规定了直吹式制粉系统磨煤机的配置台数和出力的基本要求。

直吹式制粉系统磨煤机的配置台数和出力应根据锅炉容量、燃烧器数量、燃煤的结渣倾向和燃烧区的热负荷、主厂房布置、运行条件等综合考虑确定。台数太多将增加初投资与运行、检修维护工作量，设备和厂房布置较困难；台数过少则单台磨煤机规格较大、出力偏高、运行不灵活，对于锅炉启动升温过程的控制和正常负荷调节会带来不利影响；台数偏少，磨煤机规格较大，还可能带来燃烧器热负荷偏大、磨煤机检修高度要求不易满足等问题。

磨煤机的数量应经技术经济比较后确定，选型时尚应考虑磨煤机的国内外制造、运行业绩等因素。

国产双进双出钢球磨煤机自 1998 年投运以来的运行业绩表明，其具有设备可靠性高、可长时间连续运行的优点；在停运一侧的出口送粉管道挡板关闭严密的前提下可单侧给煤、单侧出粉运行（停运一侧的出口送粉管道需定期吹扫以防止挡板泄漏而积粉）；如1台双进双出钢球磨煤机故障一时不能恢复运行，必要时采取增加其他磨煤机钢球装载量至最大装载量或调整煤粉细度的方法尚可提高出力10%以上，因此采用容量备用可以满足机组要求。

"W"火焰锅炉的下射式燃烧器沿锅炉宽度方向布置在前后炉拱上，根据锅炉厂引进技术的设计经验，为保证燃料分布与炉膛热负荷的均匀性，在条文中对磨煤机台数的配置下限作了规定。

磨煤机的计算出力，对风扇磨煤机、中速磨煤机均指磨损中后期的出力（按国内外制造厂商提供的资料，在磨损后调整加载力的条件下，磨煤机磨损中后期出力下降量对 HP 型磨煤机为 10%，MPS 型、ZGM 型磨煤机均为 5%）。为此，风扇磨煤机、中速磨煤机计算出力的备用裕量主要考虑煤质波动的影响。

8.2.3 钢球磨煤机计算出力的基本裕量主要考虑电厂来煤煤种、煤质的变化和贮仓式制粉系统中磨煤机可以间断工作等因素。近年来钢球磨煤机制造质量与出力已较为稳定。因此，将钢球磨煤机计算出力的基本裕量取为 15%，一般情况下是足够的。

8.2.4 给煤机的选择不仅要求其工作可靠，而且对直吹式制粉系统中的给煤机还要求其有良好的调节性能和一定的计量功能，因此，作出了"结合计量要求"的规定。

在直吹式制粉系统上普遍采用的耐压电子称重式给煤机具有自动调节与精确计量的功能，并可实现入炉煤耗计量要求。主要适合在对给煤机计量精确度要求高，需进行风煤比跟踪控制的中速磨煤机上应用。

刮板式给煤机结构较简单，密封性好，价格较低，与风扇磨煤机配套使用有很好的工程经验。

对于双进双出钢球磨煤机直吹系统，虽不要求给煤机的调节精度很高，但电子称重式给煤机近几年其价格已降低一半以上，故选用耐压电子称重式给煤机是适宜的。

如给煤机的计算出力以磨煤机的计算出力（即磨煤机的中后期出力）为基准计算，则给煤机的最大出力仅与磨煤机投运初期相当，遇煤种变化或磨煤机做最大出力试验时将无力适应，因此给煤机的计算出力应大于磨煤机在设计煤种和设计煤粉细度下的最大出力，并留有一定裕量。

双进双出钢球磨煤机可在单侧给煤机给煤、单侧出粉工况下运行，条文中对双进双出钢球磨煤机的给煤机单台计算出力原则规定为不少于磨煤机单侧运行时要求的给煤量，因为这是给煤机的最大出力工况。

8.2.6 输粉机的设置原则和容量，考虑到其长度限制及利用率不高等因素，对邻炉间相互输粉这一点不作强制要求。目前 300MW 机组一般配用 4 台钢球磨煤机，2 个煤粉仓，将 1 台锅炉的 2 个煤粉仓用输粉机连接后，已有足够的灵活性。

根据《火力发电厂煤和制粉系统防爆设计技术规程》DL/T 5203 的规定：对爆炸感度高（高挥发分）和自燃倾向高的烟煤、褐煤，不推荐采用贮仓式制粉系统，如果采用，不宜设置邻炉和/或制粉系统之间的输粉设施。

8.2.8 目前工程设计中对大容量锅炉大多数采用二级动叶可调轴流式一次风机，从运行经验来看，动叶可调轴流风机的运行经济性较好，但在 2 台轴流风机启、停并列切换操作中，或当煤质变差一次风压增高以及空气预热器漏风率小于保证值等工况下很容易出现一次风机失速以至引发锅炉主燃料跳闸（MFT）。相比之下，调速离心式一次风机使用的安全性更好一些。因此本条文对冷一次风机选用动叶可调轴流式风机还是调速离心式风机的优先顺序不作规定。

选择一次风机的形式与调节方式除满足安全运行要求外，通常还要考虑风机与调速装置设备费、年运行维护费、基础费、占地面积及运行可靠性等。根据大多数技术经济比较结论意见，在保证调速装置使用可靠性的基础上，选择调速离心式一次风机比单速离心式一次风机更具节能优势，因此推荐离心式一次风机配置调速装置。

条文中规定的风机风量裕量系指质量裕量。另加的温度裕量系进风温度升高所引起的对风机容积裕量的要求，此时基本进风温度可按锅炉热力计算或风机厂标准计算温度选用。

对冷一次风机的风量裕量从《火力发电厂设计技术规程》DL 5000—2000 中的 35% 调整为 20%～30%，主要考虑下列因素：

1） 基本风量按 BMCR 工况及空气预热器运行一年后保证漏风率计算，实际上已包含有一定的裕量。

2） 冷一次风机选型参数与管网特性匹配中普遍存在因压头裕量偏大而引起的附加风量裕量偏大问题。由于一次风管网系统的压头特性曲线比较平坦，风量增大时压头上升不多，由此导致风机在设计 TB 点调门开度下所能达到的实际风量裕量可能大大超过设计值，从长兴、张家口、石嘴山等 300MW 机组到玉环 1000MW 机组的核算情况来看，设计风量裕量为 40%、风压裕量为 30% 时，实际风量裕量大多高达 60% 甚至更大，以至需进行节能改造。

3） 随着回转式空气预热器密封技术的改进，漏风率已趋于降低，此时在锅炉三大风机容量选择计算中以一次风机容量降幅为最大，即对一次风机裕量的取用应与技术进步相适应。据西安热工研究院的调研结果认为，目前大中型机组中普遍存在一次风机裕量过大问题，其中既包括风量裕量偏大也包括压头裕量过大，考虑到压头计算中的不确定因素较多及轴流式风机防失速喘振的要求，本规范调小了风量裕量的取值，增加了压头裕量的下限值。

目前大中型机组大多采用双级动调轴流式一次风机，在实际运行中普遍存在风机失速喘振现象，为此本规范要求对选用动调轴流式冷一次风机进行风机失速裕量校核。从防止风机失速角度来说，基本风量不宜取用过大，以免一次风机在空气预热器状态较好（新投运或大修后）或采取高性能密封技术降低漏风率运行时工作点过于靠近风机失速区。根据实际运行中磨煤机跳闸后一次风机容易出现失速这一情况，除了按本规范要求验算这类工况下的风机失速安全裕量外，还要求对风机调节设施及控制逻辑采取跟踪磨煤机跳闸、同步调小风机风量等技术措施。

8.3 烟风系统

8.3.1 对于配 600MW 机组的送风机，由于其比转速过大，已难于选到合适的单吸离心式风机。采用双吸离心式风机的尺寸相当大，技术上明显不如轴流式风机。因此，本条提出对大容量锅炉的送风机宜首选动叶可调轴流式，也可采用调速离心式风机。由于双速离心式风机运行中切换不便，近年较少采用，故不再推荐。

当选择调速离心式送风机时，应在落实设备使用可靠性的基础上通过经济技术比较论证确定。

送风机风量裕量的基本值下限定为 5%，对于配三（四）分仓空气预热器的送风机（即二次风机）来说，由于一次风漏入二次风侧的风量与二次风漏入烟气侧的风量大体持平，这一裕量标准能满足运行要求。

8.3.2 选择引风机首先应考虑风机的耐磨性能，并应根据锅炉机组的运行方式、系统阻力特性、风机效率特性、锅炉防炉膛内爆特性、设备投资、检修维护条件和布置条件等因素，经技术经济比较确定。

从目前国内大型机组引风机的生产、运行情况来看，动、静叶调节的轴流风机均可选用。

静叶可调轴流式引风机压力系数较高，转速相对较低，具有更好的耐磨特性，且结构简单、运行稳定，适合引风机的运行特点，因此，目前阶段在大容量机组中广泛选用。

动叶可调轴流式风机负荷调节性较好，低负荷经济性好，对锅炉防内爆的特性也更好，但价格较高，叶片对烟气的含尘量较为敏感，结构复杂、维护工作量较大，目前阶段工程应用相对较少，但由于环保标准的提高，除尘器运行正常时风机进口烟气含尘量都控制在 100mg/m³（标准状态下）以内，同时，设备制造的技术水平也在不断提高，使动叶可调轴流式风机的可靠性能够满足电厂长期稳定运行的要求，因此，选用动叶可调轴流机的工程也会逐渐增多。

国内外设计标准的风机裕量模式有所不同，在工程设计中，可按现行行业标准《火力发电厂燃烧系统设计计算技术规程》DL/T 5240 的规定选用，应注意不同裕量模式规范之间的差异。

本规范对引风机和除尘器选型计算中的烟温裕量取值，从《火力发电厂设计技术规程》DL 5000—2000 中的 10℃ 调整为 10℃～15℃，主要考虑下列因素：

1 根据西安热工研究院的调研结果，有相当多的电厂运行中存在锅炉排烟温度偏高现象，而且与设计值之间的正偏差大于 10℃，有的达到 20℃ 以上；新近投运的百万千瓦机组中，玉环、泰州等电厂锅炉排烟温度也明显偏高。

2 对排烟温度裕量的构成可分析如下：

1）因夏季环境温度升高引起，此时与送风机/一次风机温度裕量相应的排烟温度升幅，按理论估算为 8℃～10℃。

2）因送风机/一次风机温升引起的排烟温度升幅，按理论估算为 2℃～3℃。

3）因空气预热器旁路风流量运行值与锅炉厂设计值存在偏差所引起，当煤质中水分变小，一次风量或磨煤机通风量增大时，都将因空气预热器旁路风流量增大而导致排烟温度升高，其温升幅度取决于煤质变化等因素，并往往与锅炉厂热力计算偏差所导致的排烟温度升高相联系。

4）中贮式制粉系统中，因磨煤机运行方式变化所引起，此时不投磨运行方式下的排烟温度可下降 5℃～10℃，但燃烧计算中这不是基本工况。在上述温度裕量构成中，只考虑与送风机/一次风机温度裕量相匹配的排烟温度基本裕量为 10℃，计入锅炉热力计算偏差的附加裕量为 0℃～5℃，总计 10℃～15℃。

根据上述情况，本规范对供煤条件稳定，送风机温升较小，锅炉热力计算偏差较小时的引风机温度裕量取用 10℃，当煤质变化较大、送风机/一次风机温升较大、锅炉热力计算偏差较大时，取用 15℃。

8.3.3 通常根据空气预热器进风温度、燃料的硫分和水分及空气预热器冷端采用材料判定空气预热器是否发生低温腐蚀。经了解，近期工程设计的空气预热器冷端材料均采用耐腐蚀低合金钢。一般情况下考虑设置空气加热系统，但在煤质条件较好（收到基硫分<1.0%），环境温度较高，空气预热器因低温腐蚀造成的损失小于空气加热系统的装设和运行费用的情况下，也有不设置空气加热系统的工程实例。

暖风器的结构和布置位置影响到机组正常运行时的风道阻力。有电厂反映，由于暖风器的布置位置不合理造成空气流动不畅和风道振动，应采用可拆卸结构，并考虑采用降低局部阻力的措施。

热风再循环系统在管式空预器上已有较成熟的经验。在回转式空气预热器上应考虑由于热空气带灰可能造成的风机磨损情况。经调研近期运行的电厂，即使空预器为回转式，热风再循环系统运行情况仍为良好，风机磨损情况为一般或不磨损。对于地处非严寒地区并且燃煤为较低硫分和灰分的电厂，热风再循环风率控制在8%以内，运行效果较好。

8.4 烟气除尘及排放系统

8.4.1 目前国内电厂工程采用静电除尘器占绝大多数，已有很成熟的产品和运行维护经验；但为了获得长期稳定的保证效率和适应更高的环保要求及煤质变化，应选用高效型静电除尘器，选型时满足所要求的设计裕量。布袋除尘器在国内小于或等于2000t/h等级容量机组上的应用正呈上升趋势，一般在燃用煤种飞灰特性不利于静电除尘器收尘且不能满足环保要求时选用，大容量机组选用布袋除尘器时需要注意解决泄漏检测技术及布袋后处理等问题，运行经验有待进一步积累。

除选用布袋除尘器外，也有工程选用烟气调质系统+静电除尘器，此除尘系统已在大唐托克托电厂有成功的运行业绩，300MW级及以下机组还有选用电袋组合除尘等形式的除尘设备。

低温静电除尘器系统是指在静电除尘器的上游侧设置热媒介热量回收装置，使进入除尘器入口的烟气温度降低，提高静电除尘器的性能；也可同时在烟气脱硫装置FGD出口设置热媒介烟气再热装置，将烟囱入口烟气温度提升，由热媒进行热量传导。此除尘、脱硫系统比常规的除尘器、脱硫装置、GGH组成的系统在节能、除尘、脱硫特别是湿法脱硫难以脱除的SO_3方面有更显著的效果，可再减少烟尘约50%、SO_3约50%，热媒热量也有再利用的可能，节能减排效果明显。目前，日本已有多个采用低温电除尘技术在大容量机组上的应用实例，我国一些科研和设计单位也正在积极开发低温电除尘技术应用的研究工作，日本IHI公司曾为上海漕泾电厂（2×1000MW）机组做过采用水媒方式的GGH降低烟温的低温电气除尘器方案。因此，具体工程有条件时，可考虑采用低温除尘器系统，以进一步获得节能减排效益。

8.4.2 静电除尘器的台数对200MW级及以上机组定为不少于2台，是从以下几个方面考虑的：气流分配的均匀性，运行的安全性，安装、检修和运行维护工作量，占地面积和投资比较，国内外的实践经验等。对125MW级机组，根据工程具体情况可只设1台，另外据了解，目前欧洲不少大容量机组烟风系统采用单列方式。

8.4.4 锅炉烟气目前有两种排放方式，即烟囱排放和排烟冷却塔排放。接入同一座烟囱的锅炉台数应根据锅炉容量、环保要求及布置等条件综合考虑。按环保要求，锅炉烟气宜尽量集中排放，使一座烟囱接入较多台数的锅炉，但又要考虑炉后烟道及烟气脱硫装置的布置，因此接入同一座烟囱的锅炉台数又不能太多。根据邹县电厂一期和二期、宁海电厂等工程设计及使用经验，分别为4×300MW机组和4×600MW机组接入同一座烟囱，在布置上、烟囱设计上都是可行的；根据华能玉环电厂、邹县电厂四期、泰州电厂等近期投运的1000MW机组，2台锅炉接入同一座烟囱，技术上均是可行的。据此，条文中规定，接入同一座烟囱的锅炉台数600MW级及以下机组为2台～4台，600MW级以上机组为2台。

8.4.5 当湿法烟气脱硫工艺不设烟气-烟气加热器时，吸收塔后净烟气直接进入烟囱，烟气温度在45℃～50℃。远低于烟气酸露点温度，故烟囱运行条件极其恶劣，烟气对烟囱和烟道结构腐蚀加剧，此时的烟气特点主要含有腐蚀性的化学介质，包括：含饱和水蒸气的净烟气，主要成分为水蒸气、二氧化硫、三氧化硫；pH值在1～2之间的含酸和盐的水溶液。

由于低温下含饱和水蒸气的净烟气容易产生冷凝酸，含硫气体特别容易冷凝成腐蚀性的酸液（硫酸、亚硫酸）。这就要求设计时必须注意到上述变化对烟囱设计的影响。故湿法脱硫工艺不设烟气-烟气加热器的烟气按强腐蚀性等级考虑。

当湿法烟气脱硫工艺设烟气-烟气加热器时，吸收塔后烟气经加热后进入烟囱，烟气温度在80℃左右，烟气工作条件可以大大改善。但根据近几年大量机组的实际运行情况，由于回转式烟气-烟气加热器运行状况不好，故障率高，烟气与烟气之间的换热不充分，使得进入烟囱的烟气温度低于设计值，因此，为了确保烟囱结构的运行安全，将设置烟气-烟气加热器的烟气腐蚀性等级提高，按强腐蚀性等级考虑。

8.6 点火及助燃燃料系统

8.6.1 燃煤锅炉点火及助燃燃料的选择与多种因素有关，根据国内燃煤电厂实际情况，绝大多数电厂的点火和助燃燃料均采用轻柴油，只有早期的盘山与华能岳阳等少数电厂的点火与助燃燃料采用重油，也有一些燃气条件适宜的电厂，采用燃气进行点火及低负荷助燃。

8.6.2 近几年锅炉节油点火装置在工程中广泛应用，应用较多的节油点火技术有：等离子点火、气化小油枪、微油点火等。这些技术节油效果显著，烟煤锅炉节油在80%以上。因此，在煤质及锅炉本体等条件适应的情况下，应积极推荐采用节油点火系统。如果采用节油点火系统，节油点火装置应纳入锅炉厂的设计及供货范围，以便在锅炉的总体设计中统筹考虑。由于目前各种节油点火技术在设计、制造、安装、调试和运行等方面尚缺少成熟的国际和国内标准、规程和规范，为保证锅炉运行的安全性，现阶段在采用节油点火装置后，燃油系统仍可保留，但可适当减少燃油系统容量，如油罐容量和燃油系统的设计流量。

8.6.4 点火、启动和助燃油罐的台数主要取决于油种，规定对轻油设2个油罐，其中一个用于进油和脱水，一个运行，目前也有工程由于场地原因仅设1个轻油罐的情况；重油设3个油罐，其中一个进油，一个脱水，一个运行。

　　点火、启动和助燃油罐容量取决于点火系统形式、燃油耗量和来油周期，而点火系统形式与煤质有关，燃油耗量与煤质、机组安装调试等情况有关，尤其在机组安装调试阶段用油量最大而且集中。采用节油点火系统时，不同的煤质节油量不同，对于烟煤燃用油量较常规点火方式节油可达80%以上，因此条文中对油罐按节油点火系统和常规点火系统对油罐分别进行了规定，油罐下限值适用于煤质较好的电厂，上限值则适用于煤质较劣或规划容量机组超过4台的电厂。

　　为满足锅炉安全监控系统的需要，运行中要求燃油系统处于热备用状态。当油罐距离锅炉房较远时，宜在锅炉房附近设置一台日用油罐。在锅炉与日用油罐间进行油循环，可节省油泵电耗，供油参数（温度、黏度）也易于控制。

8.6.7 现在大多数电厂采用离心泵，也有电厂采用螺杆泵，离心式供油泵和螺杆式供油泵均能满足要求，故在条文中明确输（供）油泵宜选用离心泵或螺杆泵。

　　从近期电厂设计情况看，考虑到运行可靠性及经济性，对负荷变化适应性强，则输（供）油泵的台数采用3×50%或3×35%较为合适，初期投资增加不多，而年节电效益显著且检修方便灵活。

8.6.8 在锅炉供回油管道上装设快速切断阀主要用于事故状态下，当供油快速切断阀关闭时，为防止回油总管上的压力燃油倒回入锅炉油喷嘴，要求同时切断回油管路，故在回油管道上也设快速切断阀。

8.6.9 为保证燃油的输送和雾化条件，对黏度大、凝固点高于冬季最低日平均环境温度的燃油，其卸油、贮油及供油系统应考虑加热、伴热和吹扫设施。

　　采用蒸汽吹扫的火力发电厂，曾有一些由于操作疏忽，发生过燃油倒入蒸汽系统的事故，故规定对蒸汽吹扫系统应有防止燃油倒灌的措施，如在蒸汽吹扫管上加装止回阀、监测阀，有条件的采用压力高于油压的汽源等。

8.6.10

4 燃油加热器若布置在油泵房内，散热量较大，不利于油泵房的通风降温，检修条件也差，对地下式油泵房则更为不利，故规定"燃油加热器宜采用露天布置"。

　　燃油加热器一般布置在油泵房附近。宝钢电厂将燃油加热器布置在锅炉房附近，其优点是供油泵房可采用无人值班运行方式，便于运行人员巡回检查；减少管道热损失；提高供油管道的可靠性。但缺点是当设备质量较差或管理不善时，燃油加热器附近可能因漏油而影响锅炉房周围的环境，降低锅炉房的安全性。故规定只有在条件合适时，才能将燃油加热器布置在锅炉房附近。

8.6.12 油料与钢铁、空气的摩擦以及油流的相互冲击都可能产生高的静电压及由此引起的火花，这往往是引起油罐燃烧和爆炸的一个原因，故要求对燃油罐和输油管道采取防静电和防雷击的措施。

8.7 锅炉辅助系统

8.7.1

3 本款规定了对锅炉事故放水水量的核算和限流的要求。

　　原劳动部《蒸汽锅炉安全技术监察规程》规定，电站汽包锅炉应装设事故放水管，但对事故放水的流量大小则未提出要求。各锅炉厂所设置的事故放水管的管径较大，一般为$DN100$，若无限流装置直接接入定期排污扩容器，所要求的定期排污扩容量过大，实际上锅炉也并不一定要求那样大的事故放水流量，为此宜与锅炉厂共同商定合理的事故放水流量或合适的限流措施。

4、5 亚临界参数汽包锅炉在条件合适（如有精处理装置、水质有保证、有避免或防止炉内加药成渣的措施等）时，可不设连续排污系统。为了防止因进入定期排污扩容器的排水太多，水来不及扩容而使排汽管带水的现象发生，条文规定宜装设排汽管汽水分离装置。

8.7.2 对装设有旁路的机组，锅炉出口所装设的排大气压力释放阀（PCV）先于锅炉安全阀而动作，排汽次数相对较多，在其排汽管上应装设消声器。

　　考虑到出现锅炉所有安全阀都排汽的机会很小等因素，条文规定对起跳压力低的汽包安全阀、过热器安全阀及起跳可能性相对较多的中压缸启动机组的再热器安全阀排汽管上应装设消声器。

8.8 启动锅炉

8.8.1 启动锅炉的台数及容量主要根据机组容量和地区气象条件这两个因素决定。地区气象条件按"采暖区"和"非采暖区及过渡区"划分为两类，根据这几年的工程经验，条文中提出了两种地区的启动锅炉的台数及容量。

8.8.2 根据国内实际经验，启动锅炉的蒸汽参数采用低压（1.25MPa或1.27MPa，350℃）即可。现行国家标准《工业蒸汽锅炉参数系列》GB/T 1921—2004表1"工业蒸汽锅炉额定参数系列"中1.25MPa，350℃系列锅炉额定容量最大为35t/h，该标准未列的工业蒸汽锅炉的额定参数由供需双方协商确定。系统设计时可考虑留有机组建成投运后，启动锅炉搬迁至其他工程重复使用的条件。

8.8.3 燃煤启动锅炉在采暖地区使用较多，部分燃煤启动锅炉房因上煤、除灰、排水等工艺设计过于简陋或总体规划设计不完善，出现劳动条件差并引起环境污染等问题，故条文中对燃煤启动锅炉房提出了应满足环境保护和劳动保护的要求。

8.9 循环流化床锅炉系统

8.9.3 石灰石粉一级输送系统简单，为越来越多的工程采用。

通过调研及总结，如果石灰石粉库容积太大，有阻塞的危险。具体工程中可根据石灰石粉获得的难易程度、运输条件适度调整储存时间。

8.9.4 我国目前已投运大量 300MW 及以下 CFB 锅炉机组。300MW 引进型 CFB 锅炉机组已投产 10 台以上，国内自主研发的 300MW CFB 锅炉机组宝丽华已于 2008 年 6 月 14 日通过 168h 试运行，其他机组也开始陆续投入运行。根据调研，我国早期设计的 135MW 级及以下机组风机容量普遍偏大，造成厂用电率高，安全性差。我国引进型 300MW CFB 锅炉机组示范工程和几个国产化 300MW CFB 锅炉机组的一次风机选型参数见表 3。

表 3 我国几台 300MW CFB 锅炉机组一次风机选型参数表

项 目	白马电厂引进示范		大唐红河发电厂		国电小龙潭发电厂		秦皇岛热电厂	
	BMCR工况	TB工况	BMCR工况	TB工况	BMCR工况	TB工况	BMCR工况	TB工况
风机入口量(m^3/s)	58.06	83.56	65.00	80.00	51.68	63.60	62.56	76.27
风机总阻力(kPa)	23.5	29.8	23.700	31.850	21.400	30.20	24.200	35.700
风机进风温度(℃)	17.5	41.1	20.0	20.0	19.8	19.5	20.0	30.0
进口气体密度(kg/m^3)	—	1.129	1.06	1.06	1.06	1.06	1.22	1.18
电机功率(kW)	3100		3000		2800		3700	
TB工况风量裕量(%)	23.9		23.0		23.0		21.9	
TB工况风压裕量(%)	26.8		34.40		41.10		47.52	

从表 3 数据可见，各 300MW CFB 锅炉机组 TB 工况相对于 BMCR 工况的风量裕量基本相同（白马电厂初设的风量、风压裕量分别为 22% 和 25%，表中为实配风机参数），但风压裕量相差较大。引进型 300MW CFB 锅炉机组示范工程，其风机参数由外方提出，选取的风压裕量最低，而其余 3 个工程均是引进相同技术、国内制造的锅炉，其烟风系统阻力应基本相同，但所选取的风压都远远超过示范工程，实际运行中国内设计的工程风机开度均较小。

由于 CFB 锅炉机组的一、二次风机压力很高，风机比转速较低，均需采用离心式风机才能满足要求。对于采用风门（无论是轴向门还是进风箱进口百叶窗）调节的离心式风机，如果富裕量太大，对整个机组运行的经济性和安全性均十分不利。因为对于离心风机来说，设计工况点应尽可能靠近所选风机调节门全开时的最高效率点，以获得最好的经济效益。若风机出力富裕量过大，为适应风机实际需要的风量和风压，势必造成风机入口调节门关得很小，此时风机运行效率将很低。特别是 300MW CFB 锅炉机组的一次风机，由于其压力高，耗功率大，运行效率的高低对厂用电影响十分显著。

对于 300MW 设置有外置式热交换器的 CFB 锅炉机组，通过控制进入炉膛及外置床的回灰量，使得锅炉在床温控制和负荷调节方面具有相当的优势，一、二次风率的变化较稳定。对无外置式热交换器的 CFB 锅炉机组，还需考虑实际运行中一、二次风率的变化范围。

条文中的一、二次风机风量裕量已考虑周波的影响、设计误差、设备老化等因素，并结合已投运电厂运行情况确定，风压裕量按流量的平方计算，符合流体力学理论，这也是国际上许多公司风压裕量通常的取值方法，但锅炉厂提供的炉膛床层和旋风分离器阻力应是实际阻力，不再在计算中考虑裕量。经计算核实，一般压头裕量在 1.19～1.23 之间，带外置床的机组可能高于此值。

在以前的工程中，由于制造技术的原因，流化风机多选用罗茨风机。随着机组容量增加，流化风量增加，风机风压比增加，流化风机选用离心风机成为可能。与罗茨风机相比，离心式风机具有流量可调、单台容量较大、检修费用低、噪声小等优点，目前 300MW CFB 机组均选用了离心风机。为了满足离心风机运行特性，在管路上人为加了阻力部件，因此离心风机比罗茨风机电机功率高，节能效果不如罗茨风机。

8.9.5 目前加床料系统主要有 3 种形式：利用底渣仓设置 1 套非连续运行的气力床料输送系统；采用卡车运入物料，用泵注入临时系统；固定机械式加床料系统。

固定机械式加床料系统现在主要有 2 种形式：在锅炉旁设置床料斗，用斗提机将物料送至给煤机皮带；在除氧煤仓间设 1 个启动床料小斗，启动床料由输煤皮带输送至启动床料小斗，启动床料经下降管、旋转给料阀、给煤机送入炉膛，此方案中启动床料小斗应避免布置在皮带末端。此形式是在总结目前国内加床料系统设计运行经验的基础上研究提出的设计方案，尚无投运实例，今后工程设计中，可根据煤质和工程情况选择启动床料系统。

9 除灰渣系统

9.1 基本规定

9.1.3 本条明确了除灰渣系统排出的灰渣量应按锅炉最大连续蒸发量燃用设计煤种时的灰渣量计算，其中包括燃料中存在的灰分和锅炉机械未燃烧损失 q_4 产生的灰渣量，灰渣总量是100%，与灰场储存年限计算的灰渣量是一致的。厂内各除灰渣分系统的设计容量应根据具体情况按本规范规定的裕度要求进行计算，厂外输送系统的容量宜根据综合利用的落实情况确定。

9.2 除渣系统

9.2.1 煤粉锅炉底渣的冷却有水冷和风冷两种方式，排渣设备主要有三种：水封式排渣斗、水浸式刮板捞渣机和风冷式排渣机。水封式排渣斗虽然炉底布置简单，排渣装置无机械转动部件，但其耗水大，相应地除渣系统投资费用和运行电耗高，近期国内大中型机组已很少采用。

风冷式除渣系统是21世纪初兴起的除渣方式。我国在20世纪90年代末引进了意大利马加蒂风冷式除渣系统，1999年12月17日河北三河电厂1号机组的风冷式钢带机系统成功投入运行，开创了我国火电行业采用风冷式排渣设备的新时代。国产化的风冷式排渣设备相应兴起，经多年研制、改进完善，已在数十个燃煤电厂投入商业运行，在严寒、缺水地区的燃煤电厂得到了较广泛的运用，并被国家经贸委、国家税务总局列入第一批"当前国家鼓励发展的节水设备（产品）目录"。但风冷式排渣机对锅炉效率影响因素较多，受进风量的限制，其最大输送出力较刮板捞渣机要小。

水冷式除渣系统是燃煤电厂应用多年的除渣技术，冷却水耗量较大，循环使用对节约水资源、减少废水排放很有必要，应设置闭式循环冷却水系统。

9.2.2 国内采用水浸式刮板捞渣机的电厂后续输渣系统有单级刮板捞渣机直接输送至渣仓、刮板捞渣机接转其他输送设备后输送至渣仓以及刮板捞渣机直接装车等方案，其中刮板捞渣机直接输送至渣仓的方案简单可靠，检修维护量小，综合指标最优，故推荐采用。

2000年前国产的水浸式刮板捞渣机上部通常设有过渡斗和关断门，要求渣斗能够储存4h的锅炉排渣量，以保证锅炉的不停炉检修；故障排除后，要求刮板捞渣机能够在1h内迅速排除4h的存渣量，故要求刮板捞渣机设备出力不小于锅炉排渣量的400%；引进的刮板捞渣机不设关断门，但也要求刮板捞渣机出力不小于锅炉排渣量的400%，主要考虑如下因素：不停炉检修捞渣机后的排渣量成倍增加，适应实际燃烧煤质的变化，锅炉吹灰时的渣量增加，锅炉不稳定燃烧时的渣量增加，设备出力增大对设备价格影响较小。前几年，电厂燃料供应紧张，煤质变差，灰渣量增加很多，由于刮板捞渣机设计出力定为不小于锅炉排渣量的400%，因此适应了煤种变化，未出现设备出力不够问题，起到了保证锅炉安全运行的作用，故本规范规定刮板捞渣机设备最大出力不宜小于锅炉最大连续蒸发量时燃用设计煤种排渣量的400%。

9.2.3 考虑到锅炉燃用煤种会在一定范围内变化、锅炉可能发生的结焦情况和排渣设备维护等因素，当采用风冷式排渣机方案时，风冷式排渣机的输送能力要分别满足锅炉燃用设计煤种时锅炉正常的排渣量和燃用校核煤种锅炉吹灰时的最大排渣量，并留有一定的裕度。根据本规范的规定，设计时应要求锅炉厂提供燃用校核煤种时锅炉吹灰阶段的排渣量。

风冷式排渣机系统对锅炉效率影响因素较多，有炉底进风温度、进风量以及是否根据炉底进风情况调整锅炉燃烧设计和烟风系统设计等。根据西安热工研究院对几个采用风冷式排渣机工程的性能测试结论，炉底进风温度控制在300℃~400℃，进入炉膛冷却风量控制在1%总风量以内时，风冷干式排渣对锅炉效率有少量提高，超过上述条件范围，则对锅炉效率产生负面影响。为了保证燃用设计煤种时锅炉的燃烧工况和效率，对风冷式排渣机系统冷却热渣后进入炉膛的风温应进行控制，不应低于锅炉效率转折点温度（约300℃），否则会影响锅炉效率，故风冷式排渣机设备的出力不宜选择过大，且进风门应有自动调节措施。

风冷式排渣系统的排渣温度测试点取自渣仓入口处。

9.2.4 风冷式排渣机后续输渣系统主要有以下几种：

1 直接输送：适当增加一级排渣机的倾角和长度，直接输送到渣仓。排渣机倾角不宜超过33°。

2 二级机械输送：可选用链斗输送机或斗式提升机或二级排渣机，将炉渣转运到渣仓。

3 负压输送：采用负压气力输送系统转运至渣仓，输送距离不宜超过150m。

4 正压输送：采用正压气力输送系统转运至渣仓，适用于输送距离在150m~500m的场合。

机械输渣系统对底渣粒度要求较低，初期投资及运行能耗均较低，可靠性高；气力输送系统对煤种的适应性较差，对底渣粒度要求较高，初投资和运行成本均较高，设备检修、维护量较大，故本规范推荐采用机械输渣系统。负压气力输送和正压气力输送系统输送距离的控制，是根据对目前投运机组调研情况的掌握以及防止堵管、保证安全稳定输送和运行经济性提出的参考值。当锅炉排渣量小，渣仓距离远，机械输送设备布置困难时，也可根据工程的具体情况采用气力输送系统。

9.2.5 渣仓的容积应根据工程的具体情况综合比较确定。经多次调研，并根据各届除灰专业技术交流会的专题报告，在厂外灰渣输送条件有保证（如南方地区）时，渣仓容积按储存锅炉最大连续蒸发量时燃用设计煤种14h的排渣量就能够满足电厂运行管理要求；在北方寒冷地区，气象条件影响厂外输送或输送条件受到限制时，渣仓的容积需要按储存锅炉最大连续蒸发量时燃用设计煤种24h的排渣量来考虑。

当厂内渣仓容积的大小影响到除渣系统的设备配置和布置时，如渣仓容积加大，单级湿式刮板捞渣机无法直接输送至渣仓，需采用二级转运输送，存在布置困难、二级刮板机返渣、灰水不易排放、运行维护量大和初投资大等问题，渣仓的容积按照储存锅炉最大连续蒸发量时燃用设计煤种14h的排渣量比较合理。当后续输渣设备采用斗式提升机、链斗输送机或气力输渣系统时，渣仓容积大小对系统配置影响较小时，渣仓容积按照储存锅炉最大连续蒸发量时燃用设计煤种24h的排渣量比较合理。

综上所述，本规范规定每台炉渣仓的有效容积宜为储存锅炉最大连续蒸发量时燃用设计煤种14h～24h的排渣量。

9.2.6 当炉底除渣装置采用水封式排渣装置、水力排渣槽装置，或炉侧无渣仓布置位置时，底渣在厂内采用水力输送系统，厂外需用车（船）或其他输送机械外运时，可采用脱水仓方案。由于接受渣浆与脱水、卸渣不能同时在同一脱水仓内进行，故规定每套脱水设备宜设2台脱水仓，轮流切换运行。

9.2.7 除渣设备采用沉渣池时，接收渣浆和沉渣、排水不能同时在同一格沉渣池内进行，故规定沉渣池宜采用两格。每格沉渣池有效容积的确定主要考虑沉淀、切换、运输等时间要求。

9.2.8 根据对全国循环流化床锅炉运行调研资料的分析，机械输送系统初投资小，运行正常，能耗小、运行维护量小，而气力输送系统，除个别电厂运行情况良好外，大部分电厂存在问题较多，其中维修工作量大、成本高、能耗大是普遍问题，个别电厂甚至无法正常运行，只能进行系统改造或人工排渣，故本规范规定宜采用机械输送系统。考虑到底渣输送系统的故障会影响锅炉本体的运行，故规定输送系统的同级设备不宜少于2台。

循环流化床锅炉由于掺烧石灰石，增加了脱硫反应后生成的CaO和$CaSO_4$等附属物，故不宜采用水力除渣系统。

9.3 除灰系统

9.3.2 气力输送系统设计出力选择应充分考虑电厂燃用煤种的变化范围。对于煤源不稳定的火力发电厂，气力输送系统的设计出力应在标书编写时充分考虑实际燃用煤种的变化，留有足够的输送裕度，并在标书审定时确定。

通过对十几个电厂设计煤种和校核煤种燃煤量的增加比例与灰渣量的增加比例的分析，得出电厂煤种变化对锅炉灰渣量的影响，当煤质变差（主要是收到基灰分增加）引起燃煤量的增加比例为2%～15%时，灰渣量增加比例为30%～200%。煤质严重变差时除灰系统基本无法正常运行，锅炉只能降负荷运行或除尘器就地排灰，影响电厂的安全文明生产。但气力输送系统出力的增加对投资的影响较大，故本规范规定了输送系统出力的下限值，各工程根据实际燃用煤种情况确定系统出力。

9.3.3 灰库的总容量取决于灰库的用途和外部转运条件。对于中转或缓冲灰库，一般只需要满足缓冲容积要求，故规定了8h的系统排灰量。灰库宜按粗、细灰分开设置，以利于干灰综合利用。

9.3.5 因半干法烟气脱硫的脱硫灰增加了脱硫反应后生成CaO和$CaSO_4$等附属物，且灰湿，容易粘结，储灰时间不宜过长，故规定灰库宜单独设置，有效储存容积不宜大于24h的系统排灰量。

9.3.9 现有的制浆设备主要有水力混合器、搅拌桶、搅拌机等，厂外输送设备主要有柱塞式灰浆泵、离心式灰浆泵等，制浆浓度根据厂外输送泵的要求确定。采用（中）高浓度水力输送系统，可以达到节水、节能的要求，故本规范推荐采用。

9.4 厂外输送系统

9.4.1 汽车运输方式具有灵活、方便，易利用社会运力运输等优点，故规定采用干式贮灰场时，灰渣的厂外输送系统宜采用汽车运输方式。

当采用带式输送机运输方式时，为了减少系统投资，规定宜按单路设计。由于系统没有设置备用系统，只有通过增大系统出力裕度来保证系统运行的安全可靠性，故规定带式输送机出力宜按锅炉最大连续蒸发量时燃用设计煤种时灰渣量的300%选取。

9.6 贮灰场

9.6.1 本条确定了采用干式贮灰场或湿式贮灰场进行技术经济比较的原则。

9.6.2

2 贮灰场容积规划要求分规划阶段和设计阶段，根据灰渣（含脱硫副产品）综合利用程度、灰场初期征地条件等可分别按贮存10年、5年确定，按贮存3年建设初期灰场。当灰渣（含脱硫副产品）确实能全部综合利用时，可按贮存1年进行初期征地及建设事故备用贮灰场。

9.6.3 灰坝设计原则及排水泄洪建筑物设计原则与

现行行业标准《火力发电厂水工设计规范》DL/T 5339—2006 和《火力发电厂灰渣筑坝设计规范》DL/T 5045—2006 一致。

9.6.4 干式贮灰场第1、2款为设计标准，湿灰场的设计标准已很成熟，除特殊情况外干灰场可以按照湿灰场标准执行。设计洪水标准重现期取30年是根据《火力发电厂灰渣筑坝设计规范》DL/T 5045—2006中三级山谷灰场灰坝洪水设计标准，并参考国家标准《防洪标准》GB 50201—94中Ⅳ、Ⅴ级尾矿坝洪水设计标准确定。第7、8款山谷干灰场内一般应设排水及泄洪设施，有条件的宜设置截洪沟。平原和滩涂干灰场内一般可不设置排水设施。灰场区域内的雨水除被干灰渣吸附部分外，其余部分可汇集在地势低洼处集水池内，用于干灰渣喷洒降尘。但对受客水汇入影响大及降水量大的地区是否设置排水设施应按工程条件通过技术分析确定。

9.6.5
1 无论干式贮灰场或湿式贮灰场，在运行前都需要委托具有环保测试资质的单位进行灰场环境的本底观测，一般应包括大气环境、地下水情况、地表水情况及水质分析等项目，测试时间不少于1年。因此，在设计上要为测试工作创造必要的条件。

10 烟气脱硫系统

10.1 基本规定

10.1.2 火电机组可供选择的烟气脱硫工艺较多，主要包括：石灰石-石膏湿法、氨法、旋转喷雾半干法、烟气循环流化床法、海水法、活性焦干法和电子束法等。

石灰石-石膏湿法烟气脱硫工艺适用范围广泛，工艺成熟，脱硫率可达95%以上。脱硫剂来源丰富，价格较低；副产品石膏一般条件能够得到应用，近几年国内绝大部分燃煤机组根据环境影响评价要求均采用石灰石-石膏湿法烟气脱硫工艺，因此对于燃煤收到基硫分大于1%或单机容量为300MW级及以上机组宜采用石灰石-石膏湿法脱硫工艺。

氨法烟气脱硫工艺用液氨和氨水作为吸收剂，脱除燃烧烟气中的SO_2，其副产品为硫酸铵肥料，在工艺过程中不产生废水，在技术上是成熟的。虽然氨法烟气脱硫工艺目前国内没有直接用于大、中型燃煤机组的业绩，但在国外已实现了相当于300MW级锅炉高SO_2含量（相当于燃煤收到基硫分为5%）的烟气脱硫，并且经过10多年的运行证明是成功的。

旋转喷雾半干法烟气脱硫工艺，以CaO含量较高的石灰为脱硫吸收剂，利用具有很高转速（9550r/min～13500r/min）的离心喷雾器使吸收剂雾化以增大吸收剂与烟气接触的表面积，发生强烈的热交换和化学反应，迅速将大部分水蒸发掉，形成含水量较少的固体产物，该产物是亚硫酸钙、硫酸钙、飞灰和未反应氧化钙的混合物，部分在塔内分离，由锥体出口排出，另一部分随脱硫后烟气进入除尘器收集，在烟道和除尘器内未反应氧化钙仍将继续与烟气中的SO_2反应，使脱硫效率有一定的提高。该工艺系统简单，厂用电率和水耗低，无废水排放，在脱除SO_2同时几乎脱除全部SO_3，适用于燃低硫煤机组。该工艺应用在我国处于起步阶段，运行机组容量为200MW及以下机组，如：华能山东曲阜电厂1×200MW机组、焦作金冠嘉华电力2×135MW机组等。而该工艺在美国已应用到多台790MW机组，并且脱硫效率可达94%，脱硫装置的可靠性达到97%以上。在欧洲也有多台350MW～410MW机组运行业绩，故本规范提出可在燃煤收到基硫分不大于1%、300MW级及以下机组采用旋转喷雾半干法烟气脱硫工艺。

烟气循环流化床半干法脱硫工艺，国内已在华能邯峰电厂660MW机组、华能榆社电厂、江苏新海电厂300MW等机组得到应用，具有与旋转喷雾干燥法烟气脱硫工艺相同的节水、节电和对燃低硫煤机组比较适合的特性。

海水法脱硫工艺具有系统简单、投资较少、厂用电率低和运行费用低等优点。国内已有300MW、600MW、1000MW级机组采用海水法烟气脱硫工艺的运行业绩。目前投运的海水脱硫装置脱硫率均都能满足要求。采用海水脱硫工艺时首先应有足够的海水资源，在机组所能提供的水量基础上，为了使排水的水质满足达标排放的要求，吸收塔入口的SO_2浓度是受限制的，一般要求燃煤收到基硫分不大于1%。电厂冬夏两季所需的循环水供水量变化很大，而脱硫所需的海水量基本不随季节变化，在燃用煤种收到基硫分大于1%时，冬季机组循环水供水量不能满足曝气池区域的用水要求，需机组循环水泵向曝气池补充脱硫所需的水量，因此在收到基硫分大于1%时，应进行技术经济比较分析。

活性焦干法烟气脱硫工艺是适合于燃低硫煤、600MW级以下机组应用的烟气脱硫工艺。它在脱硫、脱硝的同时能够脱除其他有害物质。如脱除SO_3、汞等重金属，并可预留脱NO_x接口。脱硫过程基本不用水，特别适合于水资源贫乏地区。其脱硫副产品能够回收。脱硫副产品一般为硫酸，硫酸是极有价值的工业原料，也可以回收元素硫或液体SO_2。该工艺目前造价较高，但在中心城市、综合排放控制指标要求高及在严重缺水地区或综合污染物排放控制要求较高地区可采用该工艺。

10.3 二氧化硫吸收系统

10.3.1
1 目前石灰石-石膏湿法烟气脱硫工艺主要有喷

淋塔、鼓泡塔和液柱塔三种吸收塔形式。

喷淋塔是圆形喷淋空塔技术的总称，一些脱硫公司在此基础上作了许多改进和完善工作，如在喷嘴材料选择，喷嘴形式和布置方式上的变化；在烟气入口装设导流措施和塔内烟气均布设施；吸收塔下反应池采用空气搅拌方式或用循环搅拌泵代替搅拌器；在塔体上部装设竖向隔板，延长烟气在吸收塔内的停留时间，以利水分去除；设置一层塔板，塔板位于吸收塔浆液喷嘴下部，塔板上按照一定的开孔率布满小孔，吸收剂浆液在塔板上形成一定厚度的液层等。这些改进使喷淋塔技术日臻完善，增强了适应大容量烟气脱硫要求的能力，也同时使其能够成为脱硫吸收塔的主要塔型。

鼓泡塔也称为鼓泡式反应器，来自烟道冷却区域的烟气进入由顶板和底板形成的封闭的吸收塔入口烟气室。装在烟气室底板的喷射管将烟气导入吸收塔鼓泡区（泡沫区）——石灰石浆液面以下的区域。在鼓泡区域发生所有吸收、氧化和中和反应，生成石膏。发生上述一系列反应后，被吸收洗涤的烟气通过上升管进入位于烟气室上方的出口区域，然后流出吸收塔。鼓泡塔具有如下主要特点：SO_2脱除率较高，煤种变化适应性好，部分负荷时动力消耗低，除尘效果好，烟气流量分配均匀。

液柱塔吸收剂浆液自塔底向上垂直喷射，形成液柱。烟气自塔顶或塔底进入吸收塔，气、液两相扰动接触，充分传质，完成SO_2的吸收。液柱塔的特点是脱硫效率高，无结垢堵塞现象，体积小，构造简单，维修方便。缺点是烟气压降较大。

对于大中型机组的烟气脱硫装置来说，要求吸收塔技术成熟、造价低、运行可靠、脱硫效率高、能耗小、操作简单、维修方便等，喷淋塔、鼓泡塔和液柱塔能够很好地适应上述要求，而且国际上上述吸收塔的运行业绩也最多，完全能够适应大容量机组烟气脱硫的各项要求。因此，一般情况下喷淋塔、鼓泡塔、液柱塔均可以采用。

4 目前国内半干法烟气脱硫工艺应用的300MW级及以下机组半干法烟气脱硫工艺脱硫塔均为1炉配1塔。

10.4 烟气系统

10.4.2

1 脱硫增压风机选型时，脱硫增压风机与引风机的工作条件基本相同。国内20世纪90年代投产的一批300MW等级燃煤机组配备了国产动叶可调轴流式引风机，当时除尘器出口的烟气含尘浓度控制标准为不大于200mg/m³（标准状态下），这批引风机目前的运行状况均很正常。国产动叶可调和静叶可调脱硫增压风机已应用于几百个300MW、600MW和1000MW级机组的脱硫工程，总体运行情况很好。除风机轴承及部分1000MW级机组风机液压缸、液压油站需要进口外，全部设备均已实现国产化。目前除尘器出口粉尘浓度要求为100mg/m³（标准状态下）以下，因此风机叶片抗磨损寿命可以显著提高；另一方面，国内风机制造厂改进了叶片制造工艺，提高耐磨寿命的方法是在叶轮叶片和导叶上再喷熔镍基碳化钨耐磨材料，硬度为HRC55～60，可大幅度提高动叶可调轴流风机的耐磨性能；无论是静叶可调轴流风机，还是动叶可调轴流风机，其设备可靠性完全能够满足电厂长期稳定运行的要求，因此本规范提出增压风机宜选用轴流式风机。

动叶可调轴流风机的调节范围广，一般可达到10%～100%，而且风机在低负荷区有较高的效率，如在20%～30%负荷，效率能够达到35%～40%；而静叶可调轴流风机在50%负荷点以上才可保持35%～40%的效率，而且在较低的负荷工况下运行不稳定，因此对于600MW等级机组，每套脱硫装置只设1台增压风机时，宜选用动叶可调轴流式风机。

10.4.3

1 湿法烟气脱硫工艺设置烟气-烟气加热器具有以下好处：

1）可以减少脱硫用水量。湿法烟气脱硫装置设置烟气-烟气加热器后，吸收塔内蒸发水量较不设烟气-烟气加热器减少工艺水量较多，经计算平均耗水可降低20%～30%之间。2台600MW级机组设置烟气-烟气加热器比不设烟气-烟气加热器可减少耗水量在30万t/a以上。

2）可以提高烟气抬升高度。

3）可以降低烟气的腐蚀性。

在湿法烟气脱硫工艺中的烟气酸露点温度通常是降低的，但烟气的腐蚀性等级并不降低，相反会明显升高，其原因是在湿法烟气脱硫工艺中产生的酸性烟雾和酸性带水、卤化物腐蚀等现象。脱硫后的烟气中SO_3含量虽有所降低，但烟气中所含腐蚀物质总量反而增多，其中包括来自煤燃烧和来自脱硫剂浆液制备水中所含氯化物和氟化物等强腐蚀性物质。如果脱硫后的烟气温度低于酸露点温度，烟气的腐蚀性等级将进一步增加。如果取消烟气-烟气加热器，净烟气的温度为45℃～52℃，并且在烟囱前为正压（约200Pa），烟气的腐蚀性和渗透性均大为增强，因此烟气-烟气加热器的设置对烟囱防腐有利，由于热应力减小，对烟囱的安全运行也有利。

综上所述，湿法烟气脱硫装置宜设置烟气-烟气加热器。

对于烟气-烟气加热器的选型，回转式烟气-烟气加热器与回转式空气预热器工作原理相同，采用烟气加热烟气，换热系统比较简单，烟气泄漏率为1%左右。回转式烟气-烟气加热器的优点是其对烟气的适应能力强，具有布置方便、使用业绩多、运行和维护方便等特点，因此在我国新上火电机组湿法烟气脱硫工艺中设置烟气-烟气加热器普遍采用回转式烟气-烟气加热器。

管式烟气-烟气加热器主要采用管式热媒水强制循环式加热器，该技术又称低温静电除尘技术。日本三菱公司采用该形式烟气-烟气加热器，已有9台以上大机组运行实例。它是一种借助热媒水介质循环吸热与加热的热交换器。烟气-烟气加热器冷端布置在除尘器之前，使除尘器入口温度降低，在保证提高除尘效率的同时，有利于脱除SO_3，并具有节能的效果。

2 80℃以上是经烟气加热器换热后能够达到的较合适温度，同时对烟囱防腐有利，且净烟气能在烟囱口上达到充分扩散的效果。

11 烟气脱硝系统

11.1 基本规定

11.1.2 目前可供选择的烟气脱硝工艺为：SCR烟气脱硝工艺、SNCR烟气脱硝工艺和SNCR/SCR混合脱硝工艺。

SCR烟气脱硝工艺的脱硝效率最高，是目前主流的炉外脱硝工艺，市场占用率达80%以上。SCR工艺对燃料的适应性广，无论是燃煤、燃油、燃气或垃圾焚烧锅炉都有良好的脱硝性能。SCR工艺适用于各种锅炉容量，目前最大投运的机组为1000MW级容量。国内外300MW等级以上的大容量机组基本采用SCR工艺。

SNCR烟气脱硝工艺的脱硝效率较低，通常为20%～40%。这是因为SNCR的脱硝反应发生在炉膛内，需要在合适的温度范围内，而炉内温度场和烟气场非常复杂，造成还原剂难以在合适的温度范围内与NO_X混合。随着炉膛的增大，脱硝效率会下降趋势，因此600MW级以上锅炉很少采用SNCR工艺。

SNCR/SCR混合烟气脱硝工艺的脱硝效率介于上述两种工艺之间，一般为40%～80%。国内采用SNCR的机组基本上预留了催化剂反应器的位置，为今后采用SNCR/SCR混合工艺创造了条件。国外采用SNCR/SCR混合工艺的机组也很少。SCR工艺、SNCR工艺、SNCR/SCR工艺的比较见表4。

表4 几种烟气脱硝工艺综合比较

项目	SCR工艺	SNCR工艺	SNCR/SCR工艺
反应剂	以NH_3为主	可使用NH_3或尿素	可使用NH_3或尿素
反应温度	320℃～400℃	850℃～1100℃	前段：850℃～1100℃，后段：320℃～400℃

续表4

项目	SCR工艺	SNCR工艺	SNCR/SCR工艺
催化剂	成分主要为TiO_2,V_2O_5 WO_3	不使用催化剂	后段加装少量催化剂（成分主要为TiO_2,V_2O_5 WO_3）
脱硝效率	60%～90%	25%～40%	可达60%～80%以上
反应剂喷射位置	多选择于省煤器与SCR反应器间烟道内	通常在炉膛内喷射，但需与锅炉厂家配合	锅炉负荷不同喷射位置也不同，通常位于一次过热器或二次过热器后端
SO_2/SO_3氧化	会导致SO_2/SO_3氧化	不导致SO_2/SO_3氧化	SO_2/SO_3氧化较SCR低
NH_3逃逸	3ppm～5ppm	10ppm～15ppm	5ppm～10ppm
对空气预热器影响	NH_3与SO_3易形成NH_4HSO_4，造成堵塞或腐蚀	不导致SO_2/SO_3的氧化，造成堵塞或腐蚀的机会为三者最低	SO_2/SO_3氧化率较SCR低，造成堵塞或腐蚀的机会较SCR低
系统压力损失	催化剂会造成压力损失	没有压力损失	催化剂用量较SCR小，产生的压力损失相对较低
燃料的影响	高灰分会磨耗催化剂，碱金属氧化物会使催化剂钝化	无影响	影响与SCR相同
锅炉的影响	受省煤器出口烟气温度的影响	影响与SNCR/SCR混合相同	受炉膛内烟气流速及温度分布的影响

11.3 烟气脱硝反应系统

11.3.1

4 燃煤锅炉通常采用垂直SCR反应器，烟气从上到下通过催化剂。反应器一般有2层以上催化剂。由于催化剂是在高含灰的烟气中工作，因此催化剂的寿命会受下列因素的影响：

1）烟气所携带的飞灰中含有Na，Ca，Si，As等成分时，会使催化剂"中毒"或受污染，从而降低催化剂的效能。

2）飞灰对催化剂反应器的磨损。

3）飞灰将催化剂反应器通道堵塞。

因此，应在SCR反应器的进口设置清灰设施。

11.3.2 板式催化剂的适用含尘量可以很高，蜂窝状催化剂的适用含尘量不宜大于 $40g/m^3$（标准状态下），而波纹板式催化剂的适用含尘量不宜过高〔通常要求含尘浓度小于 $20g/m^3$（标准状态下）〕。

11.4 氨/空气混合及喷射系统

11.4.1

1 因二次风压头较低，故当采用二次风时，应校核其压头是否满足要求。

11.4.2 稀释风机风量不需要调节，故选择离心风机即可。稀释风机应设有备用，因此针对反应器数量不同可配置不同容量和数量的稀释风机。

12 汽轮机设备及系统

12.1 汽轮机设备

12.1.2

4 由于直流冷却的汽轮机组冷却水温度相对较低，故规定经技术经济比较后确定其凝汽器采用单背压或双背压。

12.1.3 汽轮机额定功率（铭牌功率）在《固定式发电用汽轮机规范》GB/T 5578—2007 和国际电工委员会（IEC）1991 版标准 IEC 60045—1：1991 Steam turbine Part 1：Specifications 中的定义有所不同。经过专题研究得出结论：在我国火电机组现行的运行调度原则下，按 IEC 标准采用年平均水温对应的背压确定机组额定功率，在除夏季以外的其他季节，当维持汽轮机额定进汽量不变时，可以增加机组的出力；在相同的设备利用小时情况下，可以增加机组年发电量，同时降低机组年平均煤耗率，可以充分发挥火电机组的设备能力，降低社会投资成本。但国内部分专家认为：在高于年平均水温时，特别是在夏季工况机组达不到额定功率，尽管机组夏季出力与按照国标定义额定功率的机组相同，但这不符合我国近20多年的电网调度习惯，并与现行的国标产生矛盾。因此，建议本规范仍然采用《固定式发电用汽轮机规范》GB/T 5578—2007 确定汽轮机额定功率。对于空冷机组，由于夏季背压很高，且受环境风的影响易产生波动，如果按《固定式发电用汽轮机规范》GB/T 5578—2007 定义机组额定功率，将会导致机组匹配不合理、机组运行的安全性和经济性较差的问题，所以空冷机组可以采用国际电工委员会（IEC）1991 版标准 IEC 60045—1：1991 Steam turbine Part 1：Specifications 来确定汽轮机额定功率。

在 IEC 60045—1：1991 相关的条款中，并没有明确给出几个工况对应的具体终端条件，但根据对 IEC 60045—1：1991 前后条款内容的理解以及国际上的工程实践经验，在本款中明确了定义中"规定的背压"为额定背压。补给水率大小与机组容量和初参数相关，根据我国火电机组的实际运行状况，本条款中"规定的补水率"取为两个不同数值，即亚临界及以下参数机组取 3%，亚临界以上参数机组取 1.5%。根据我国工程实践，在考核机组出力时，通常要考虑一定量的补水率，而考核机组热耗率时补水率则为 0。

12.2 主蒸汽、再热蒸汽和旁路系统

12.2.3 目前国内已投运和在建电厂旁路系统容量多为：引进型亚临界机组一般配置 15%BMCR～30%BMCR 容量的简化旁路；直流炉的机组一般配置 30%BMCR～40%BMCR 容量的高、低压二级串联简化旁路；采用高压缸启动的机组，在主机允许的条件下，可采用 25%BMCR～30%BMCR 容量的一级大旁路。总地来说，旁路系统一般按 30%BMCR～40%BMCR 或 100%BMCR 容量设置，主要与机组特性和电网系统要求有关。如北京重型电机厂引进技术生产的 300MW 级机组和东方电气的 300MW、600MW 机组均采用中压缸启动方式，对旁路的容量和形式要按实际需要确定。

12.3 给水系统

12.3.2 对于汽包锅炉，给水泵出口的总流量以锅炉最大连续蒸发量为基础，考虑了锅炉的连续排污损失 1.5%～2%、系统汽水泄漏损失 0.4%、汽包水位波动（包括锅炉抢水）2%～5%、给水泵老化引起的出力降低 4%～5%，共计 7.9%～12.4%，一般取 10%。故给水泵出口的总流量取锅炉最大连续蒸发量的 110%。

对于直流锅炉，由于没有连续排污，也无汽包水位调节要求，故给水泵的容量裕度较汽包炉小，给水泵出口的总流量取锅炉最大连续蒸发量的 105%。

当机组在较高负荷运行发生快速切负荷（FCB）时，高压旁路减温水达到最大值，由于锅炉负荷的滞后特性，为保证此工况下供给锅炉足够的给水量，给水泵出口的总流量还应加上高压旁路减温水流量。

12.3.3 根据调研，国产 300MW 级湿冷机组多数电厂运行给水泵的配置为 2 台半容量汽泵，也有早期投产的潍坊、石横、沙岭子电厂等 10 台机组为 1 台全容量汽泵。采用全容量运行给水泵，可简化系统，提高运行的经济性，国外 300MW 级及更大容量机组配置全容量汽泵已很普遍，国内 300MW 级湿冷机组采用全容量给水泵已有成熟运行经验，故在条件合适时可优先考虑采用全容量汽泵。

对 600MW 级湿冷机组，除早期个别电厂采用 1 台全容量汽动给水泵外，绝大多数选用了 2 台半容量汽泵。全容量汽动泵方案的优点是系统简单、易于布置，在国外被较多采用；缺点是对给水泵组可靠性要求极高，停泵就要停机，运行可靠性低于 2 台半容量

汽泵。另外，国内厂商尚无配 600MW 级湿冷机组全容量汽泵的运行业绩，如按近期国内 1000MW 机组所配的进口半容量汽泵价格进行测算，1 台 600MW 级机组全容量的进口汽泵价格要比 2 台 600MW 级机组半容量的国产汽泵方案略高，故在 600MW 级机组全容量汽泵未完全国产化前，宜选用 2 台半容量汽泵。

对 1000MW 级湿冷机组，如配 1 台全容量汽泵，单泵在机组 40%～100%负荷范围内，泵与主机的负荷相匹配，调节比较方便。低于 40%负荷，则切换至备用汽源，也能保证机组正常运行。但全容量汽泵组发生故障时机组将停炉或靠备用电泵降负荷运行，影响电厂的可用率。全容量汽动给水泵启动时需要辅助蒸汽启动汽泵；点火时，小流量给水（3%BMCR～5%BMCR）控制需要可调，目前世界上能为 1000MW 级湿冷机组配套生产并具有运行实绩的给水泵生产厂家也仅有两家，给水泵汽轮机的制造厂家也较少，难以形成竞争态势，使价格无法控制，初投资大大增加，故宜选用 2 台半容量的汽泵。

基于高的运行可靠性作保证及发生故障时快速的修复能力，国外 300MW 及以上大容量机组普遍采用全容量汽动给水泵，且不设启动与备用的电动给水泵，此时，机组采用汽动给水泵直接启动或配置 1 台仅具有启动功能的低扬程定速电动给水泵。国内有谏壁、铁岭、蒲圻等电厂具有经常应用汽动给水泵直接启动机组、启动备用电动水泵基本上不投入使用的运行经验。为控制工程造价，国产 300MW、600MW、1000MW 级湿冷机组可根据专题论证，采用不设备用水泵或采用启动定速给水泵的方案。

12.3.4 对于空冷机组，由于给水系统采用湿冷汽动给水泵系统会造成机组耗水量增大，与主机采用空冷机组的节水宗旨不符。对于 600MW 级以下直接空冷机组，由于空冷机组汽机背压高，随气温变化频繁，若采用直接空冷汽动给水泵，排汽接入主凝汽器，存在给水泵汽轮机运行工况变化频繁和调节复杂等问题，在夏季大风时也易引起给水泵汽轮机跳机而影响锅炉给水安全性，暂不宜推荐使用；若采用间接空冷汽动给水泵，则存在主机采用直接空冷系统，给水泵汽轮机采用间接空冷系统，辅机冷却水采用湿冷系统，造成厂内冷却系统多样，系统复杂，一次性投资高，因此给水系统推荐采用电动调速给水泵组方案，电泵的数量和容量可结合机组容量和拟选用给水泵及其调速装置的技术成熟程度、价格、布置及机组负荷稳定性要求等确定。

对于 1000MW 级空冷机组，由于电泵电动机容量过大，调速装置配套受到制约，此时可以通过增加电泵台数，不设备用等方式解决。

12.3.6

3 省煤器入口给水压力包括了锅炉本体水柱静压差。汽包锅炉为锅炉汽包正常水位与省煤器进口之间的水柱静压差，直流锅炉为锅炉水冷壁炉水汽化始终点标高的平均值与省煤器进口之间的水柱静压差。

12.3.9 紧急补水系统是考虑到全厂失电，又不能很快恢复时保护 CFB 锅炉使用，这种事故出现的概率极低。如果锅炉厂通过计算认为全厂失电时锅炉剩余水容积能保证锅炉不烧坏，也可不设该系统。

12.4 除氧器及给水箱

12.4.3 除氧器水箱容积应根据布置位置，通过瞬态计算，保证给水泵前置泵不汽蚀而确定，特别是具有 FCB 功能的机组。

12.5 凝结水系统

12.5.1

3 低压加热器事故属非正常情况，事故疏水不宜包括在最大凝结水量的计算中，否则将加大凝结水泵的容量，是不经济的。

据计算，当旁路系统的容量小于锅炉最大连续蒸发量约 37%时，旁路系统进入凝汽器的蒸汽量小于机组在额定工况时的凝汽量，对凝结水泵容量的选择无影响；当旁路系统的容量介于锅炉最大连续蒸发量约 37%～75%之间时，可启用备用凝结水泵来满足凝结水量增大的需要；但当旁路容量再增大时，凝结水泵在容量选择上应予以考虑，以保证运行启动时的安全可靠。

12.5.4 凝结水补给水箱主要用于机组启动、正常补水及除氧器高水位时凝汽器向其放水，同时可兼作冲管之用。条文中规定的补给水箱容积是为实现上述功能所需的最小容积。根据电厂实际运行情况，对亚临界及以下参数机组，条文规定的补给水箱容积完全可以满足要求；对超（超）临界参数机组，尽管采用稳压冲管时其容积偏小，但采用降压冲管就可以满足要求，如华能玉环 1000MW 机组采用了降压冲管，500m³ 的容积满足了要求。

12.5.6 低加疏水泵容量在汽轮机阀门全开工况流量的基础上加 10%，在某些工程低加切除工况运行时单泵容量不够，以外高桥三期工程 1000MW 机组的热平衡图为例，1# 、2# 低加切除时的疏水泵流量为 111.56kg/s，大于汽轮机阀门全开工况的疏水泵流量 74.878kg/s 约 49%。因此，在实际运行中如低加切除时疏水流量大于 1 台疏水泵容量上限值，则可开启备用疏水泵运行。

12.7 辅机冷却水系统

12.7.8 为了防止闭式循环冷却水热交换器发生泄漏时，开式循环冷却水漏入闭式循环冷却水而破坏闭式循环冷却水的水质，本规范规定闭式循环冷却水热交换器处闭式水侧运行压力应大于开式水侧运行压力。

12.9 凝汽器及其辅助设施

12.9.3 根据调研报告，对于300MW级湿冷机组，由汽机本体凝汽器为单凝汽器，机组背压形式为单背压；每台机组配置真空泵的数量均为2台，单台真空泵抽干空气能力范围为31kg/h～51kg/h，各电厂真空泵选型差别较大。根据徐州华鑫发电有限公司反馈信息，即使单台真空泵抽干空气能力为31kg/h，在真空系统严密性能达到优良等级时，所配真空泵抽吸能力还显过高。考虑到电厂实际运行时真空泵的电耗增加，拟改为2台机公用真空泵。华润电力登封有限公司反馈信息，单台真空泵抽干空气能力为51kg/h，正常运行时真空泵电流较大，真空泵电耗也较大，反映出真空泵设计选型偏大。

对于600MW级湿冷机组，由于汽机本体凝汽器为双凝汽器，机组背压形式多数为双背压，其中广东国华粤电台山发电有限公司为一次循环海水直流系统，机组背压形式为单背压，与同样采用海水直流系统的其他电厂相比，凝汽器背压较高，热耗率考核工况的热耗率也较大，则机组运行的经济性较差。常规600MW级湿冷机组真空泵配置一般为2运1备，单台真空泵的抽空气量为51kg/h，设备运行良好。抽真空设备配置台数与单台真空泵的抽空气量有关，并应根据美国HEI标准进行真空泵选型计算。真空泵的运行情况和长期保证的抽空气能力，除了与特定的气象环境条件有关，也与汽轮机本体的结构设计、制造能力，安装工艺和全部与凝汽器相连接的系统及管道的严密性有关。抽真空设备的容量及配置也应兼顾考虑以上因素。考虑国内600MW级机组多为自主开发型，并考虑凝汽器安装质量带来的影响，故本规范推荐真空泵的配置为2运1备方式。也有工程采用2运2备方式，设备初投资增加，不建议采用。

对于1000MW级湿冷机组，汽机本体凝汽器为双凝汽器，机组背压形式多数为双背压，其中华能玉环电厂为一次循环海水直流系统，机组背压形式同样采用双背压，与华电国际邹县发电厂四期采用再循环二次系统相同。每台机组配置真空泵的数量均为3台，单台真空泵抽干空气能力范围为75kg/h～116kg/h。华电国际邹县发电厂四期设计选型为3×75kg/h容量真空泵，电厂反馈机组启动时投入2台真空泵，正常运行时仅投入1台真空泵。华能玉环电厂设计选型为3×116kg/h容量真空泵，电厂反馈机组启动时投入3台，正常运行时投入2台，抽真空系统运行良好，真空泵配置可以满足机组启动及正常运行要求。

对于300MW级及以下空冷机组，据调研，一般设2台100%真空泵已能满足要求。

对于600MW级直接空冷机组，与湿冷机组比较，通常采用3台增大容量的真空泵。如大唐托克托三、四期工程，设计选型为3×170kg/h容量真空泵，机组启动时投入3台真空泵，正常运行时仅投入1台真空泵，真空泵配置可以满足机组启动及正常运行要求。

对于600MW级以上直至1000MW级直接空冷机组，由于汽轮机本体排汽量增加，包括排汽管道及空冷凝汽器整个汽空间增大，在机组启动期间，对抽真空设备的抽空气能力要求提高。推荐采用：

1 设置3×100%容量真空泵，增加单台真空泵的抽空气能力，以满足在规定的时间内建立真空的要求。设计考虑机组正常运行时，1台运行，2台备用。空冷电厂实际运行时，机组的真空度往往受许多环境条件的影响，如随着一天中外界气温的变化，机组背压会从额定值升高到最高值，或季节性大风的影响，机组背压会随时发生变化。据了解，为了维持机组真空度，机组正常运行时，电厂多采用2台真空泵运行方式以适应工况变化。也就是在多数情况下，仅1台真空泵处于备用状态。

2 设置4×75%容量真空泵，可以降低单台真空泵的抽空气能力。机组启动时，4台泵同时运行，以满足在规定的时间内建立真空的要求。机组正常运行时，2台运行，2台备用，这样有利于维持机组真空度，适应工况变化。

据调查，华电灵武工程在设备订货时选了3台403型（目前最大型号）真空泵，经核算不能满足机组启动时建立真空度的时间要求，后改为4台353型号的真空泵，2运2备。

13 水处理系统

13.1 水质及水的预处理

13.1.1 对地表水，应了解历年丰水期、枯水期以及取水环境（如同期建设的水库的环境条件）对水源水质的影响，取得相应的水质全分析资料；对受海水倒灌或农田排灌影响的水源，还应掌握由此而引起的水质变化情况；对石灰岩地区的地下水，应了解其水质的稳定性；对于再生水、矿井排水等回用水应掌握其原水的来源组成，了解其处理设施的设计标准和运行情况；对于海水应了解取排水海域海水水质特点、海水取水方式、变化规律，以及周边海洋环境要求。

原水水质是设计的重要依据，鉴于近年来工程设计中常有资料不全或不确切的问题，设计单位对业主提供的原水资料应有分析验证的责任，为了保证水处理设计的包容性，验证的结论不一定全部采用某一时间段的水质资料，其中的某一项水质数据可以是其他时间段偏差的数据。

13.1.2 本条规定了原水预处理方式的选择要求。

1 锅炉补给水处理的预处理设计应与水工专业

配合，尽量避免重复设置。根据电厂的水源条件，锅炉补给水处理的预处理可为全厂供水系统的一部分，也可根据需要单独处理。

2 近年来水源污染问题较普遍，特别是有机物污染，已经影响到原有水处理系统的安全、经济运行，造成热力系统炉水 pH 值降低，离子交换树脂污染等问题。因此，本款对去除有机物提出要求。

3 根据再生水水质和出水用途，可以选择的处理工艺主要有以下几种：

　　1）再生水（二沉池出水）→石灰混凝澄清＋过滤＋杀菌→循环水。

　　2）再生水（二沉池出水）→曝气生物滤池→石灰混凝澄清＋过滤＋杀菌→循环水或其他用水。

　　3）再生水（二沉池出水）→超滤→循环水或其他用水。

　　4）再生水（二沉池出水）→生物硝化反应＋超滤→循环水或其他用水。

石灰处理系统随着设计运行经验的不断积累而得到很大改进，加之自动化水平的提高，在电厂得到了较好的应用。

当制水量较大时处理系统大多数采用石灰处理系统，当水中氨含量较高时，可设置硝化系统，如曝气生物滤池。

当水量较小时，特别是结合锅炉补给水预处理系统时，采用超滤可使系统简化。这种处理系统用在空冷机组的电厂较多。

再生水深度处理系统选择何种工艺，需要根据再生水水质、处理水量、处理系统出水去向、药品来源（特别是石灰粉）、场地情况等多方面因素进行技术经济比较确定。

13.1.3 循环水补充水处理澄清池一般不设 100％备用，当 1 台澄清器（池）检修时，可通过提高其余澄清器的流速，作为短时间处理用，也可用备用水源供水。

13.2 水的预脱盐

13.2.1 火电厂的常用预脱盐工艺包括蒸馏法（多级闪蒸、低温多效蒸馏）和膜法（反渗透、电渗析）。每种工艺都有各自的适用条件，在工程设计时应根据工程具体情况，经技术经济比较确定。

13.2.2 由于反渗透系统的价格已大幅降低，同时与离子交换相比较也具有显著的环保优势，使得反渗透得到广泛应用，因此本规范不对反渗透的水质适用范围及装置规模作具体规定。

反渗透系统对总有机碳有很好的去除率，当锅炉补给水仅采用离子交换系统处理，其出水中的总有机碳（TOC）不能满足超临界机组对给水品质的要求时，可采用反渗透去除。

13.2.3 海水淡化工艺方案应通过技术经济比较确定，通常采用反渗透工艺。当采用蒸馏工艺时，通常优先采用低温多效蒸馏工艺。

13.2.5 蒸馏淡化装置设备利用率一般在 90％以上，其出力调节范围为 40％～110％，并设置一定容量的产品水箱，整体容量上有一定裕度，所以设备可不设备用，但台数不宜少于 2 台。

13.3 锅炉补给水处理

13.3.1 锅炉补给水处理需要消耗化学药品，并有废水排放，在选择处理方案时应重视环境保护的有关条款要求。

13.3.2 电厂运行中的机组补水率反映的是在不同工况下的汽水损失率。鉴于火电机组在不同工况下补水率差距较大，尤其是在启动或酸洗期间的补水率较大，锅炉补给水处理系统设计时，应保证水处理系统按正常汽水损失率供水时能长期经济运行，同时应按锅炉酸洗、启动期间的用水要求对系统进行校核。

对于 1000MW 级机组，因投产的不多，其热力系统水汽损失率数据较少，现暂按 1％ 进行计算，工程设计时应具体研究。

间接空冷机组运行经验不多，循环冷却水损失率差别较大，根据计算，损失率可达 0.05％，但有电厂在正常运行期间不需要补充除盐水。因此，对于该损失率数据本规范暂不规定，待运行经验较多后再行修订。

13.3.3 反渗透预脱盐的后处理工艺应根据工程的具体水质资料，进行综合技术经济比较后确定。

当采用低温多效蒸馏淡化装置时，由于淡水水质较好，其后处理可采用流速较低、层高较高的单级混床系统。

13.4 汽轮机组的凝结水精处理

13.4.1、13.4.2 这两条分别就不同情况下的凝结水处理系统选择原则作出了规定。

凝结水处理对提高锅炉给水品质，保证热力系统设备的安全、经济运行，具有重要的意义。凝结水处理系统的设置可以有效地提高热力系统中的水、汽品质，降低热力设备的腐蚀、结垢、积盐等风险。

对于大容量（300MW 级及以上）的机组均应设置凝结水精处理装置。

直流锅炉由于无法进行炉水排污，水汽品质要求高，全部凝结水应进行处理，不应有部分旁路不经处理进入给水系统，所以降盐设备需设备用。直流炉给水铁的含量要求是同参数的汽包炉的一半左右，所以直流炉还应设除铁过滤器。除铁过滤器在运行一段时间后需要反洗或更换滤元，如仅设置 1 台，在反洗或更换滤元时，全部凝结水得不到处理，如设 2 台或 3 台以上的过滤器，仍能保证 50％或更多量的凝结水得到处理，但台数过多时，占地面积大，处理系统总投资也大，因此需要合理选择。

亚临界汽包锅炉供汽的汽轮机组，当冷却水水质较好时，且给水采用投加除氧剂时，凝结水精处理装置可不设备用设备，但宜有再扩建1台备用设备的位置，为机组今后采用加氧运行创造了条件。

当冷却水水质很差时，凝汽器少量的泄漏就会对凝结水造成较大污染，而此时若有1台混床失效，则凝结水不能进行全流量的处理，就会使水汽品质恶化，危害机组安全运行。给水采用加氧处理工况运行的汽轮机组的给水水质要求高，凝结水精处理装置应设有备用设备才能保证凝结水全流量处理。对于容量为600MW级及以上机组，由于其容量较大，安全性更为重要，所以应设置备用设备，保证凝结水全部处理。对于承担调峰负荷的超高压汽包锅炉供汽的汽轮机组，如经常启停，考虑其给水系统容易产生铁腐蚀产物，所以以设置除铁装置，保证水汽品质。

亚临界直接空冷的汽轮机组，由于空冷器面积非常大，凝结水系统含铁量也非常大，所以凝结水精处理系统应以除铁为主。

对于超临界直接空冷机组可选用前置过滤器（或粉末树脂覆盖过滤器）加阳阴分床或混床系统，但由于该类型机组处于建设阶段或投运初期，还有待于进一步研究总结其合理的凝结水处理系统。

13.4.4 为考虑机组运行安全，凝结水处理设备再生应采用体外再生方式，这样可以减少交换器内部的分配装置，减小运行阻力，避免再生酸碱进入热力系统，树脂在专门的容器中再生，可以选择最佳的设备直径和高度比例，获得较好的水力特性。

13.5 冷却水处理

13.5.2 循环水系统的浓缩倍率为3倍~5倍时，节水效果最为显著，再提高浓缩倍率，节水效果不明显，且投资会增加。

13.5.4 近年稳定剂的药效不断提高，通常可以使水中的极限碳酸盐硬度提高到10mmol/L，如辅助加酸，在补充水碳酸盐硬度不高时，循环水的浓缩倍率也可达到3倍~5倍。此种方法运行操作简单，设备投资少。

循环水补充水碳酸硬度较高，当要求较高的浓缩倍率时，就应采取补充水软化处理，或循环水旁流软化处理。

循环水、排污水必须回用于循环水系统时，或补充水的含盐量很高时，经技术经济比较，也可采用膜处理方法。当补充水是再生水，SO_4^{2-}、Cl^-、有机物等含量高时，也可采用合适的超/微滤、反渗透等膜处理方法。

13.5.5 经验及研究表明，循环冷却水的悬浮物含量对凝汽器铜管和辅机冷却器铜管的腐蚀与结垢有一定影响。较高的悬浮物含量可促使冲击腐蚀，并影响加药的效果。此外，悬浮物在铜管内的沉积可导致铜管的沉积物下腐蚀，还有可能在冷却塔填料中沉积而影响冷却效率。因此提出循环冷却水旁流过滤处理的要求。

13.6 热力系统的化学加药和水汽取样

13.6.2 水汽取样分析由人工为主已转变为以在线仪表检测为主，因此可不设置现场的水汽分析试验室。

13.7 热网补给水及生产回水处理

13.7.2 供热式电厂热力用户的回水数量和质量均不稳定，因此，要综合考虑多种因素进行经济比较后确定。

13.8 废水处理

13.8.1 本条规定了火力发电厂各类废水处理的原则要求。

1 废水集中处理是将全厂各种生产废水分类收集并储存，根据水质和水量，选择一定的工艺流程集中进行处理，使其出水水质达标后重复利用或排放。集中处理的优点是：设施完善，经处理后水质稳定、便于运行管理。虽投资费用高些，但鉴于我国目前普遍缺水，且形势可能更加严峻，故集中处理对电厂的废水回用和周边的环境保护是一项有力的措施。

3 布置废水处理系统在总平面的位置时，应考虑化学药品及污泥的运输、各类废水（锅炉化学清洗排水、锅炉补给水处理系统再生排水、凝结水精处理系统再生排水、预处理装置的排水等）的收集和处理后废水的排放或回收利用等因素。

13.8.3 虽然脱硫废水中的杂质含量较高，但水量较少，易于回用，因此首先要求废水经适当处理后回用；当没有条件回用时应处理达标排放。

脱硫废水产生于燃煤电厂湿法脱硫工艺。烟气脱硫工程现多由专业公司承包设计和设备配套，所产生的废水水质水量与脱硫工艺要求相关。其废水水质与电厂中其他废水差别较大，处理难度也较大，而且其处理工艺中设备的设计条件和使用药品也不同，故宜单独设置。

14 信息系统

14.2 全厂信息系统的总体规划

14.2.8 作为全厂级的监控信息系统，厂级监控信息系统（SIS）是一个公用系统。若设计的工程项目为新建电厂，则SIS应充分考虑将来扩充的条件。若设计的工程项目为扩建电厂，则分两种情况：第一种情况是电厂已有SIS时，本期不能新设SIS，而是在原有SIS基础上进行扩充完善。第二种情况是电厂无

SIS时，本期新设的SIS不应仅考虑本期工程，而是要全厂通盘考虑。当老厂的有关控制系统不具备与SIS的接口条件时，还应考虑对老厂进行技术改造。

管理信息系统（MIS）与SIS一样，也是全厂级的公用系统。MIS需要的实时数据原则上均取自SIS，故SIS与MIS无论是合设统一的网络，还是分开设置相互独立的网络，两个系统之间的耦合关系是无法切断的。因此在条件具备时，建议两个系统的网络合设。

14.2.9 实时系统直接服务于生产过程，安全等级要求比非实时系统高。电厂的各控制系统以及SIS都是实时系统，而MIS等系统则是非实时系统。以SIS和MIS为例，若SIS与MIS分开设置相互独立的网络，则应在两个网络之间安装必要的网络单向传输装置，确保SIS与MIS之间的数据流向为单向。若SIS与MIS合设统一的网络，则应在SIS与MIS之间设置防火墙。同时为了安全起见，还应在各个控制系统与SIS的数据接口处设置必要的网络单向传输装置。

14.3 厂级监控信息系统

14.3.2 该条将一般情况下的SIS功能分成了三个层次。

第一个层次是将厂级实时数据采集与监视功能和厂级性能计算与分析功能定义为基本功能，即在一般情况下，SIS都应具备也仅需具备这两项基本功能。之所以将这两项功能定义为基本功能，一方面是因为这两项功能在目前已投产项目中普遍应用较好，另一方面是因为这两项功能是目前生产管理人员普遍比较关心和需要的功能。

第二个层次是对负荷调度分配功能进行了约定，即只有在电网已明确调度方式有非直调方式且负荷调度分配应用软件成熟这两个必要的前提下，才可以将负荷调度分配功能定义为基本功能。为什么要强调这两个前提呢？第一个前提是因为有的工程项目已明确由电网直接调机组负荷，在这种情况下若仍盲目设置负荷调度分配功能，则无疑是一种浪费。第二个前提是因为有的工程尽管设置了负荷调度分配功能，但由于所选用的软件不够成熟而未成功投运，实际上也造成了一种浪费。

第三个层次是将设备故障诊断功能、寿命管理功能、系统优化功能以及其他功能定义为非基本功能，这些功能只有在满足项目投资方要求且综合考虑电厂实际情况这两个前提下才考虑设置。之所以将以上功能定义为非基本功能，其主要出发点就是坚持经济实用的原则，避免盲目地设置华而不实的功能，确保设置一个就能投运一个，真正将项目投资转化为实实在在的效益。

14.3.3 机组级性能计算功能宜在机组分散控制系统中完成。原因如下：

自从计算机开始在火电厂应用以来，性能计算便是火电厂计算机监视系统（DAS）和机组分散控制系统（DCS）的一项重要基本功能，但由于DAS和DCS均为机组级监视或控制系统，因此无法完成厂级性能计算的功能。随着SIS的出现，厂级性能计算有了运算的平台，但机组级性能计算是仍然放在DAS或DCS中，还是放在SIS中意见并不统一。

一种观点认为，DCS是电厂的关键控制系统，其工作的重点应是对机组的控制和保护，作为精度、速度相对较低、重要性相对较弱的性能计算功能完全可以上移至SIS，这样既可以将机组级性能计算和厂级性能计算统筹考虑，同时又减轻了DCS的负担，因此建议将机组级性能计算功能放在SIS中。

另一种观点认为，机组级性能计算是为机组运行人员服务的，很多机组级的运算结果如锅炉效率、汽轮机效率、主汽温度、主汽压力、再热汽温度、再热汽压力、各加热器端差等都直接为运行人员提供操作依据，而且典型的DCS技术规范书中都要求DCS供货商提供机组级性能计算功能，即DCS在供货时就已经提供了该项功能，没有必要在SIS中重复设置。

还有一种观点认为，无论是DCS还是SIS，都不会因为机组级性能计算功能的增加与减少而大幅度影响系统报价，甚至是不影响系统报价，故而赞同在目前SIS尚不是很成熟的情况下，在DCS和SIS中都设置该功能。

通过对第一批已投产电厂SIS的设计总结，本规范的主导意见是第二种，但这并不意味着其他的观点不可取，具体采取什么方案，各设计院在工程设计时可根据工程情况与项目法人充分讨论后选择确定。

14.3.4 作为SIS的系统开发平台，实时/历史数据库的标签规模直接影响着SIS的功能规模。在确定实时/历史数据库的标签规模前，首先要确定SIS将包括哪些功能，每项功能的覆盖面有多大，具体将涉及哪些数据等，这些约束条件是确定实时/历史数据库标签规模的基本前提。

作为直接影响实时/历史数据库标签规模的更重要因素是电厂的建设规模。电厂的机组台数越多、容量越大，则实时/历史数据库的标签规模越大。正如SIS的网络一样，实时/历史数据库的建设也可总体规划，分步实施。对于新建工程，应充分考虑实时/历史数据库将来扩充的条件。对于扩建工程，若电厂已有实时/历史数据库，则应在原实时/历史数据库基础上进行扩充，若原来无实时/历史数据库，则应充分考虑老厂的数据规模。最近有这样的观点，认为尽管SIS只有一个，但数据库可以分批建设，即每期工程都设置一个独立的数据库。但实际上若真要这样实施的话，不仅仅使投资造成浪费，在技术实现上也较困难。

影响实时/历史数据库标签规模的还有电厂的运

行管理水平。同样的功能范围、同样的电厂规模,若运行管理水平不同,其所需的实时/历史数据规模也会有所差异。

14.8 门禁管理系统

14.8.1 近几年门禁管理系统在火力发电厂的应用逐渐增多,对提升火力发电厂的运行管理水平和减人增效有积极的促进作用。

15 仪表与控制

15.1 基本规定

15.1.3 该条主要基于如下原因:一方面产品必须经过鉴定后才准许生产并投放市场的做法正在发生变化,另一方面大力促进新技术发展与新产品使用也是历史发展的趋势,但由于涉及安全与保护的产品必须坚持可靠性原则,故对该部分产品提出"取得成功应用经验后"的应用前提。

15.2 自动化水平

15.2.3 通过对目前国内火电厂辅助车间自动化水平的专题调研,表明大中型火力发电厂辅助车间的自动化水平可以根据业主确定的运行管理模式,通过优化设计方案,达到集中监控、减人增效的目的。如全厂设置水、煤、灰三个辅助监控点,或只在机组集中控制室设置集中监控点,均已经成功运行的案例。

15.3 控制方式及控制室

15.3.1 扩建机组有可能利用前期的控制室或控制系统,所以要"兼顾前期";对于有可能扩建的机组,要为后期创造条件,所以要考虑"后期"。

15.3.2 在大型火力发电机组的建设过程中,采用"多机一控"的控制方式与传统的"两机一控"或"一机一控"方式相比较,其优点是:减少集控楼、集控室的面积,节约投资;缩小运行人员编制,减员增效;集中控制室布置紧凑,有利于运行人员的交流和提高;有利于值长的统一管理与调配;对于全厂公用系统而言,有利于运行人员的集中监控。

采用"多机一控"方式也存在着缺点:受工程建设连续性的影响较大;对电源系统、消防系统的可靠性及安全性的要求较高;一旦发生事故,有可能波及全厂所有机组;不同机组在分期建设期间的调试以及正常运行后的机组检修可能会对其他机组的运行产生一定的干扰;无论如何优化集控楼的位置,集中控制室还是会距离某台机组的位置较远,给巡检人员带来不便;对于监视管理多台同型机组,运行人员走错位置、发生误操作的几率可能会增加。

但随着自动化水平和管理水平的不断提高,采用"多机一控"方式的优势将愈来愈明显。

15.3.5 由于控制水平的提高,目前已可实现各种类型的空冷机组的空冷系统控制纳入单元机组控制系统,在单元控制室控制。

15.3.9 随着控制水平的提高,供热电厂可不再单独设置热网控制室,以尽量减少控制点,达到减人增效的目的,其控制可在机组控制室内实现。仅在有特殊需要时才设单独的热网控制室。

15.4 检测与仪表

15.4.2

9 根据现行国家标准《爆炸和火灾危险环境电力装置设计规范》GB 50058—92 第 2.1.1 条,对于生产、加工、处理、转运或贮存过程中可能出现爆炸性气体时,应进行爆炸性气体环境设计。火力发电厂控制室为人员密集区域,没有进行相关爆炸性气体的抗爆设计,为保护人员的安全,不能将测量爆炸危险气体的一次仪表引入控制室。本款作为强制性条款,必须严格执行。

15.5 报警

15.5.7 在机组启停过程中应抑制虚假报警信号,以提高报警的准确度,减少误报警。

15.6 机组保护

15.6.1

4 作为在危急情况下停止锅炉、汽轮机、发电机运行的紧急措施,本款规定了在控制台上必须设置总燃料跳闸、停止汽轮机和解列发电机的跳闸按钮,且跳闸按钮应直接接至停炉、停机的驱动回路,以保证人身和重大设备的安全。本款作为强制性条款,必须严格执行。

15.6.2 2000 年 2 月,国际电工委员会(IEC)发布了功能安全基础标准《Functional safety of electrical/electronic/programmable electronic safety-related systems》IEC 61508,首次提出了安全完整性等级(SIL—safe integrated level)的概念。随后又颁布了针对流程工业的功能安全标准《Functional safety—Safety instrumented systems for the process industry sector》IEC 61511,与其相对应的中国国家标准《电气/电子/可编程电子安全相关系统的功能安全》GB/T 20438—2006,以及《过程工业领域安全仪表系统的功能安全》GB/T 21109—2007,相继在 2007 年发布并开始实施。

由于我国火电厂所用 DCS 最初由美国引进,系统中并没有专门用于安全保护功能的子系统或专用控制器,在 DCS 中,锅炉和汽轮机的跳闸保护功能通常由通用控制器来完成,提高可靠性的办法仅是采用硬件的冗余配置。

近几年，随着 IEC 61508 和 IEC 61511 等功能安全标准的颁布，一些欧美国家已将其列为强制性实施标准，国际上也有越来越多的国家，包括东南亚地区的火电厂，在锅炉和汽轮机的保护系统上要求采用功能安全系统。

功能安全系统在火电厂中的应用，不同地区和国家也存在一些差异，欧洲通常是全部锅炉炉膛安全监控系统（FSSS）均采用功能安全系统，但在美国和东南亚地区，也有一些电厂仅在 FSS 部分采用了功能安全系统。

结合国外火电厂对功能安全系统的应用情况，以及国内火电厂对功能安全系统的需求，在目前阶段，提出了锅炉和汽轮机的停炉停机保护系统宜采用功能安全系统的推荐意见。

15.6.3

3 近几年，单机容量 600MW 及以上机组已经成为电网中的主力机组，有些机组虽然不具备 FCB 功能，但配置了较大容量且具有快开功能的高压旁路系统，系统运行的灵活性增加了；另一方面，考虑到锅炉热惯性大，启动速度慢，因此规定了单元机组在具备条件的情况下，可以停机不停炉。

15.6.4

5 由于在锅炉尾部增加脱硫、脱硝等烟气净化装置，很多机组采用了将引风机与增压风机合并设置的方案，使得锅炉烟风系统有可能出现引风机压头大于炉膛瞬态设计压力的情况。根据美国国家防火协会标准《Boiler and Combustion Systems Hazards Code》NFPA 85，这种情况下通常不采用增加炉膛瞬态设计压力的方式解决，而是通过增加适当的控制和保护系统解决此问题。

16 电气设备及系统

16.1 发电机与主变压器

16.1.2

1 为防止故障电流的非周期分量、负序分量或不平衡负荷激发电气与机械相互作用的工频与 2 倍工频谐振而损坏机组，故作出了本款规定。

2 系统扰动对大型汽轮发电机组轴系扭振的影响是大电网和大机组相互协调的重要问题之一，也是涉及电力系统的电磁和机电暂态过程与汽轮发电机组的机械暂态过程相互作用的综合性的研究项目，在我国属起步阶段，尚无条件制定相应的规定和标准。本款仅按现行标准和已进行此项研究的若干工程（如平圩电厂、哈尔滨第三发电厂、北仑港电厂和石洞口二厂等）的初步结果作出规定。

为提高高压输电线路的输送能力和运行可靠性，我国电网广泛采用单相重合闸。按照《电网运行准则》DL/T 1040—2007 的 5.4.2.2.2 e)"关于发电机组非正常运行能力的要求"提出了单相重合闸的规定。由于故障发生时间的随机性和故障切除时间与重合闸间隔时间的分散性，因而它们的不同组合对机组轴系扭振的影响是不确定的，每个工程需结合机组结构参数和网络结构的条件予以单独评价。

对于某些严重扰动工况（如三相重合闸、非同期并列、失步振荡和次同步谐振等）对机组轴系扭振影响的评价，各工程可结合网络与机组结构条件经仿真计算或动模试验后与制造厂商定相应的防护措施。

3 大容量发电机应具有的进相、调峰和短暂失步运行、短时失磁异步运行能力主要取决于电力系统的运行条件。按照《大型汽轮发电机非正常和特殊运行及维护导则》DL/T 970—2005 和《电网运行准则》DL/T 1040—2007 对发电机组性能的要求作出此规定。发电机组如不能满足失步运行规定时，应与制造部门协商确定运行条件。对于失磁异步运行，600MW 级及以上机组允许的运行方式、时间和负荷应与制造厂商定。

4 本款按照《大型汽轮发电机励磁系统技术条件》DL/T 843—2010 作出规定。

国内近些年 300MW 级及以上机组，已有大量采用自并励静止励磁系统的电厂投运，但不少电厂采用了由主机厂成套的进口励磁系统。600MW 级及以上机组，采用国产的自并励静止励磁系统的工程项目也在逐步扩展。具体工程励磁系统的选型应综合系统稳定和厂家成熟配套等条件经技术经济比较后予以确定。

有条件时，具体工程可就励磁系统的选型对电力系统暂态稳定的影响进行动模试验，以对仿真计算的结果予以验证。

16.1.3 《油浸式电力变压器技术参数和要求》GB/T 6451—2008 已实施，替代《三相油浸式电力变压器技术参数和要求》GB/T 6451—1999 及《油浸式电力变压器技术参数和要求 500kV 级》GB/T 16274—1996。新出变压器标准：《电力变压器 第 7 部分：油浸式电力变压器负载导则》GB/T 1094.7—2008（IEC 60076—7：2005，MOD）代替《油浸式电力变压器负载导则》GB 15164。

16.1.4 考虑到与 600MW 级机组单元连接的三相变压器具有节省初投资、空载损耗低、总重量轻和有色金属消耗小等优点，若运输条件允许和技术经济合理时，可以选用。

火力发电厂与系统连接的联络变压器也可按运输、制造和技术经济等条件采用单相或三相自耦变压器。

考虑到单相变压器组设置备用相投资大，利用率不高，故应综合考虑系统要求、设备质量以及初投资与按变压器故障率引起的停电损失费用之间合理平衡的可靠性原则等因素确定是否装设。若确需装设，可按地区（运输条件允许时）或同一电厂3组~4组相同容量、相同变比与阻抗的单相变压器组合设一台备用相考虑。一定区域内，当已有电厂（或同一发电企业所属）已设置了备用相，且参数满足该工程要求，运输条件许可时，经协商认可，该工程可不再设备用相。

从合理利用和节约资源的角度上讲，鼓励同一地区的发电企业共用备用相。

16.1.5 "不能被高压厂用启动/备用变压器替代的高压厂用工作变压器计算负荷"，系指以估算厂用电率的原则和方法所确定的厂用电计算负荷。计算方法是考虑到高压厂用启动/备用变压器可能作为高压厂用工作变压器的检修备用，主变压器的容量选择因此应考虑这种运行工况。

当装设发电机断路器且不设置专用的高压厂用备用变压器，而由另一台机组的高压厂用工作变压器低压侧厂用工作母线引接本机组的高压事故停机电源时，由于该电源不具备检修备用电源的能力，则主变压器的容量即按发电机的最大连续容量扣除本机组的高压厂用工作变压器计算负荷确定。

根据现行国家标准《电力变压器》GB 1094.1规定，变压器正常使用条件为：海拔不超过1000m、最高气温+40℃、最热月平均温度+30℃、最高年平均温度+20℃、最低气温-25℃（适用于户外变压器）。现行国家标准《电力变压器 第2部分 温升》GB 1094.2—1996规定油浸式变压器（以矿物油或燃点不大于300℃的合成绝缘液体为冷却介质）在连续额定容量稳态下的绕组平均温升（用电阻法测量）限值为65K。

变压器绕组温升是指在正常使用条件下制造厂的保证值，变压器应承受规定条件下的温升试验，应以正常的温升限值为准。在特殊使用条件下的温升限值应按现行国家标准《电力变压器 第2部分 温升》GB 1094.2—1996第4.3条的规定进行修正。

变压器容量可根据发电机主变压器的负载特性及热特性参数进行验算。

16.2 电气主接线

16.2.2 本条几种接线方式的选择是一个涉及厂、网关系的综合性问题。它除了主要取决于接入系统的要求而外，也与电厂的总平面布置、电气主接线、起动电源的引接、控制方式以及初投资等因素有关。因此，本接线方案的确定要同时兼顾厂、网的不同要求，以使电厂与系统的连接方案在技术经济上取得总体的合理。

上海外高桥三期2×1000MW机组，根据项目法人节省工程初期投资的要求，以及电网运行部门的意见，采用了内桥形接线。华能珞璜电厂三期工程2×600MW机组2回500kV出线，不再扩建，采用了四角形接线。

16.2.3 "若接入电力系统火力发电厂的机组容量相对较小，与电力系统不匹配"系指如下情况：单机容量仅为系统容量的1%~2%或更小，而电厂的升高电压等级又较高，如50MW机组接入220kV系统、100MW机组接入330kV系统、200MW机组接入500kV系统。为简化与系统的连接方案和高压配电装置的接线，经技术经济比较后确定是否采用扩大单元或联合单元接线。

16.2.5、16.2.6 发电机出口装设或不装设断路器或负荷开关两个方案的综合经济比较涉及诸多因素，如电厂的升高电压等级、电气主接线形式、高压配电装置形式、启动/备用电源的引接方案与厂网分开后电网收取基本和电度电费、高压厂用备用变压器（电源）的配置标准、启动/备用变压器高压侧的接线方式以及发电机断路器或负荷开关的制造和供货条件等，故难以就其适用范围的技术经济条件作出一般性的规定。鉴于此，各工程可结合其具体条件和综合考虑上述因素，经技术经济比较后确定是否设置发电机断路器或负荷开关。

当600MW级机组采用220kV发电机-变压器-线路组或发电机-变压器单元接线方式，且技术经济合理时，也可采用主变压器高压侧串接两台断路器和高压厂用工作变压器由其间支接的方案。

对于600MW级及以上机组发电机出口装设断路器或负荷开关的方案，主变压器或高压厂用工作变压器采用有载调压方式各有优缺点，且均有已投产电厂的运行经验，各工程可综合考虑电力系统和机组正常运行及启停时高压厂用母线电压水平对调压方式与范围的要求以及运行可靠性、制造和经济等条件予以确定。

接入华东电网的华能玉环电厂1000MW机组发电机出口装设了断路器，根据系统提供的对端500kV变电站电压波动范围，经过计算确定，主变压器及高压厂用工作变压器均采用无励磁调压方式，节省了大量初投资。经计算分析，仅在第1台机组启动前，若系统母线电压较低时，为了保证单台最大电动机启动电压，考虑由高压停机/备用变压器启动机组。高压停机/备用变压器采用了有载调压方式。

16.2.9 本条依据《交流电气装置的过电压保护和绝缘配合》DL/T 620—1997第3.1节制定。

16.2.11

2 提出4/3断路器接线每串中设置4台断路器，当电厂装机台数与出线回路数基本上符合2:1比例时，可将2个电源进线与1个出线回路组成1串，可避免3/2断路器接线串数多，接线复杂等问题，节省断路器数量。一般电厂规划机组台数较多，配电装置规模达3串及以上时，可采用。山西阳城电厂6台

350MW 机组通过 500kV 3 回出线送出，电气主接线即采用了此种形式，已运行多年。

3 有的电网基于限制系统短路容量的要求，提出接入电磁环网中的 600MW 级及以上机组，电厂的 500kV 电气主接线采用双母线双分段接线，将来根据系统发展情况，适时将双分段开关断开，解环运行。如国电泰州电厂，规划容量 4×1000MW，一期 2 台机组采用双母线接线，预留双分段开关位置。因此，对 330kV～500kV 配电装置的接线提出"可采用双母线接线，远期可过渡到母线分段接线"。

4 出线电压为 330kV 及以上电压等级的电厂，规划装机台数较多，远期接线多考虑采用 3/2 断路器接线，初期采用四角形接线是本着简化接线，节省投资。

5 规定"当 3/2 断路器接线达三串及以上时，同名回路可接于同一侧母线，进、出线可不装设隔离开关"是考虑到：

1）同名回路接于不同侧母线将增加配电装置间隔，使架构和引线复杂，并扩大了占地面积，且在一串的中间断路器检修条件下，由于母线侧断路器合并故障而引起同名回路同时停运的几率甚小。

2）若 3/2 断路器接线达三串及以上，即使进、出线不装设隔离开关，也不致因进、出线回路检修而引起配电装置开环运行。

16.2.12 为简化接线、节省投资，并结合选用的电气设备条件，针对 2 台 600MW 级及以上机组接入 750kV 系统并且出线仅 1 回时的情况作出可采用"线路侧不设断路器的单母线接线"的规定。配电装置的布置应按远期接线形式考虑。

16.3 交流厂用电系统

16.3.1 国家标准电压等级中列入的电压均可以在火力发电厂内采用。

1 从纯技术角度而言，高压厂用电电压等级可以采用 6kV 一级、10kV 一级，或 10kV/3kV、10kV/6kV 两级方案。考虑到目前国内 3kV 电动机和相应的开关设备在制造上不完全配套，通常是 6kV 的设备运行在 3kV 的工作电压上，不具备应有的技术经济优势，故未列出 600MW 级～1000MW 级机组的火力发电厂中 3kV、10kV 两级高压厂用电电压的方案。本款所述的电压等级方案各有优缺点，且均已有投产电厂的运行经验。各工程可综合厂用电计算负荷、厂用开断设备参数和最大电动机容量等条件经技术经济比较后予以确定。

2 为提高动力网络的供电可靠性以及改善主厂房照明网络的供电质量与延长灯具寿命，规定了容量为"200MW 级及以上机组，主厂房内的低压厂用电系统宜采用动力与照明分开供电的方式"。

16.3.2 按《继电保护和安全自动装置技术规程》

GB 14285—2006 的规定："单相接地电流为 10A 及以上时，保护装置动作于电动机跳闸；单相接地电流为 10A 以下时，保护装置可动作于跳闸或信号"以及参照电力行业标准《交流电气装置的过电压保护和绝缘配合》DL/T 620—1997 的规定："高电阻接地的系统设计应符合 $R_n \leqslant X_{c0}$ 的准则，以限制由于电弧接地故障产生的瞬间过电压。一般采用接地故障电流小于 10A。低电阻接地系统为获得快速选择性继电保护所需的足够电流，一般采用接地故障电流为 100A～600A"。

2 考虑到国内采用的不接地方式也具有成熟的运行经验，但接地电容电流均在 10A 以下。对于不接地系统，国内对单相间隙性电弧接地时过电压倍数的测试表明，一般为 3 倍左右，个别最大可达 3.5 倍。通过对中性点不接地的火力发电厂高压厂用电系统的抽样调查，在所调查的 37 次单相接地故障中有 3 次发展为相间短路，说明目前的高压厂用电系统多数是能承受此过电压水平的，故规定也可采用不接地方式。

3 对中性点经电阻接地方式而言，为满足间隙性电弧接地故障时的暂态过电压不超过 2.5 倍～2.6 倍额定相电压的要求，其允许的接地电容电流应为 $10A/\sqrt{2}=7A$，本款据此作出了相应的规定。

当接地电容电流大于 10A 时，不接地方式的运行经验很少。可以采用电阻接地或经消弧线圈接地。目前在工程中通常采用的均为电阻接地方式，已经较少采用经消弧线圈接地的方式，主要因为经消弧线圈接地时，运行方式较复杂，需要增加接地设备投资，接地保护比较复杂。

16.3.3 主厂房内的低压厂用电系统采用高电阻接地或不接地方式时，单相接地故障可延时约 2h 跳闸，期间可有机会排除故障，从而提高供电的可靠性。不接地方式仅当系统发生接地时才投入接地电阻。但考虑到工艺系统重要辅机均有机械备用，电气的可靠性又大于机械的可靠性，故在实际工程中为方便起见，一般多采用中性点直接接地方式。故规定三种方式均可，可根据辅机配置情况和电厂运行习惯自行采用。

就辅助厂房而言，为利于对照明和检修负荷的供电，且其供电可靠性的要求相对主厂房为低，故对中性点接地方式未予规定。一般采用中性点直接接地方式即可。

16.3.4 本条加入了对厂用电系统的电能质量要求。主要参考了《Recommended Practices and Requirements for Harmonic Control in Electrical Power Systems》（电力系统谐波控制的推荐规程和要求）IEEE 519—1992 的表 11-1 和《Electromagnetic compatibility (EMC) -Part 2-4: Environment-Compatibility levels in industrial plants for low-frequency conducted disturbances》（电磁兼容性，第 2 部分：环境，第 4 节：

工厂内低频传导干扰的兼容性等级）IEC 61000-2-4—2002 的表 1。电压谐波含有率、电压总谐波畸变率的定义可参见《电能质量　公用电网谐波》GB/T 14549—93 中的术语。

为了便于电厂根据需要合理分配产出的电能并兼顾接线及设备的简化，取消规定"与发电厂生产无关的负荷不应接入厂用电系统"。一般掌握的原则是：紧邻主厂房生产区的生产办公楼、值班人员宿舍和食堂等少量厂前区负荷可采用由接自高压厂用电系统的专用低压厂用变压器供电的方案，但家属宿舍等生活福利设施的负荷则不宜接入厂用电系统。

16.3.5 据本规范编制阶段的专题调研和专题研究分析，当发电机出口装设断路器时，在满足电厂高压母线的波动范围小，主变压器、高压厂用变压器采用合适的分接头等特定条件时，可以不采用有载调压开关而同样保证高压厂用母线的电压水平。这一结论已经得到了实际工程的验证。

16.3.7 据部分电厂的调查，在机组正常运行时，实际的厂用电负荷约为高压厂用变压器额定容量的 60%～70%，故按"下限标准"的原则作出了高压厂用变压器容量选择的规定。

3 暗备用的变压器可以不考虑另留 10% 的裕度。因为在变压器容量选择时已经按所有负荷考虑，其正常运行时只带额定容量一半或以下的负荷，故可以不再考虑另留有 10% 的裕度。

4 目前尚无有效的量化指标和公式来评估和计算谐波引起的发热对主要接有变频或整流负荷的变压器的容量及其运行条件带来的影响。对于空冷系统低压变压器主要接有变频调速空冷电动机时，一般换算系数 K 可暂按 1.25 选取。

16.3.9 本条对备用电源的设置要求作出了规定。随着电气设备可靠性的不断提高，可以做到尽量简化电气设备的备用设置。

1 为了避免因停电而导致人身安全和设备安全事故的发生，本款作为强制性条款，必须严格执行。

4 暗备用的备用电源应采用手动投入的规定为沿袭原思路，主要是基于风险保障考虑以避免事故扩大，由局部故障引发为全局故障。

16.3.10 在设计电厂启动/备用电源引接方案时，除了可靠和相对独立等基本要求外，还应考虑容量电费和电度电费对电厂运行费用的影响。第 2 款的规定是基于这一考虑提出的，目前已有少量 600MW 级和 1000MW 机组工程实例，但是以牺牲机组厂用的单元性和检修备用功能（高压厂用工作变故障检修，高压备用变压器代替高压厂用工作变带厂用电，使机组得以继续发电）作为代价的，设计中宜在满足一定条件时谨慎采用。

16.3.11 对于出口装设断路器或负荷开关的发电机组，其高压厂用备用变压器的功能为机组的事故停机电源和/或高压厂用工作变压器的检修备用。事故停机电源是基本功能，应满足，检修备用可根据电厂需要，结合厂用电接线、厂用变压器容量、厂用开关开断能力等因素按需设置。

16.3.12 目前，分裂绕组变压器的运行可靠性已基本接近于双绕组变压器。因此，应以简化接线、优化布置为原则选用高压厂用变压器的台数和形式。

4 目前国内已有少数 1000MW 级机组的单元厂变采用了 1 台 10kV 的分裂变。考虑到 1000MW 级机组的重要性，以及确定厂用电接线方案和高厂变形式、台数时，辅机容量未最终确定，选用单台高厂变已基本没有裕度，故存在一定的设计风险，建议工程中谨慎选用。

16.3.13 当发电机出口不装设断路器或负荷开关时，"600MW 级及以上的机组，每 2 台机组可设 1 台或 2 台高压厂用启动/备用变压器"适用于每台机组设置 2 台高压厂用工作变压器的接线方案。高压厂用启动/备用变压器的配置可综合考虑高压厂用变压器的运行可靠性和公用负荷的供电方式等条件，经技术经济比较后予以确定。

考虑装设发电机断路器或负荷开关的机组的高压厂用备用电源仅作为机组的事故停机电源和/或高压厂用工作变压器的检修备用，对高压厂用备用变压器的配置作了简化。

关于装设发电机断路器时，2 台机组高压厂用电"手拉手"，不设专用的高压备用变压器的方案，国内已有少量投运实例。但这种接线降低了机组之间的独立性，高压事故停机电源投入时仍有一定的风险，操作闭锁复杂，工程中应谨慎采用。

16.3.14 本条中的"共用断路器"在此指共用 1 台（组）断路器。考虑到变压器高压侧电源可能接自 3/2 断路器的 1 回出线间隔，用"共用 1 台断路器"作规定可能不十分确切，故取消"1 台"文字。

16.3.17 为了避免因停电而导致人身安全和设备安全事故的发生，本条作为强制性条文，必须严格执行。

16.3.23 设计和运行实践表明，真空断路器和高压熔断器串真空接触器组合设备的应用，对于大容量电厂高压厂用电系统实现无油化、提高运行可靠性、减少维修工作量、适于频繁操作以及节省初期投资与缩小占地面积极为有利。

16.4　直流系统及交流不间断电源

16.4.1 为保证全厂交流厂用电停电时系统和设备控制的连续性，避免因停电而导致人身安全和设备安全事故的发生，本条作为强制性条文，必须严格执行。据调查，与电力系统连接的火力发电厂在全厂事故停电时，一般 0.5h 左右可恢复供电，另外考虑本规范适用范围为大中型火力发电厂，对于容量为 200MW

级及以上机组设置有交流事故保安电源，柴油发电机容量一般包含了充电装置的容量，在事故末期可以由柴油发电机给蓄电池充电，所以考虑事故处理有充裕时间，厂用交流事故停电时间按1h计算。对于不与电力系统连接的火力发电厂，考虑恢复厂用电所需时间较长，厂用交流事故停电时间按2h计算。

16.4.2 由于端电池调压回路复杂，可靠性低，同时为防止端电池硫化，运行维护工作量较少，本条对端电池的设置作出了规定。

1 单机容量为125MW～200MW级的供热机组可能不采用单元控制方式，故规定当按单元机组设置控制系统时，蓄电池组按单元机组配置。当升高电压为220kV及以上时，为满足保护双重化及断路器双跳闸线圈的要求，每台机组装设2组蓄电池。对升高电压为110kV及以下的火力发电厂，由于较少采用，本款未作规定，设计时可根据电厂在电力系统中的重要程度，参照行业标准《电力工程直流系统设计技术规程》DL/T 5044的要求，采用2台机组共装设2组蓄电池或每台机组装设2组蓄电池方式。

4 按"反措"要求，火力发电厂220kV及以上高压配电装置应独立设置蓄电池，主要考虑直流系统的可靠性，防止因机组直流系统接地或交流电源串入影响高压配电装置的安全运行，避免单台机组直流系统故障引发全厂停电事故。本款中应独立装设不少于2组蓄电池的含义为：当仅设置1个继电器室时，应设置2组蓄电池，当高压配电装置采用分期建设，设置2个及以上继电器室时，每个继电器室分别装设2组蓄电池。采用按继电器室分散设置蓄电池方式可节省初投资，有利于提高直流系统的可靠性。

5 由于辅助车间直流负荷较小，蓄电池容量一般不超过200AH（铅酸蓄电池）或100AH（镉镍电池），采用直流电源成套装置能缩小占地面积和方便运行维护。

16.4.3 分别对控制及动力直流标称电压作了一般规定，对于控制负荷和动力负荷合并供电的直流系统，直流标称电压推荐采用220V；如合并供电方式下动力负荷较小且能采用110V供电时，控制负荷和动力负荷合并供电的直流系统的标称电压也可采用110V。

16.4.4 正常情况下，直流母线电压高于标称电压的5%，这样使向直流负荷供电时允许有5%的电缆电压降，以保证供电电压水平。控制用直流系统最高电压为标称电压的110%主要是根据控制设备的最高允许电压确定的；动力用直流系统最高电压为标称电压的112.5%主要考虑动力负荷正常一般不投入运行，而事故投入时电流很大，为保证电缆压降，允许将最高电压提高到标称电压的112.5%。

16.4.5 规定当采用晶闸管充电装置时，2组相同电压的蓄电池组可再设置1台充电装置作为公用备用，当采用高频开关充电装置时，如采用模块备用方式，2组相同电压的蓄电池可不再装设备用充电装置（网络继电器室除外），对于网络继电器室按"反措"要求，需装设备用充电装置。当一种电压等级的蓄电池只有1组时，即使采用高频开关充电装置，考虑到充电装置的中央控制器故障时不能保证充电装置正常工作，故规定当全厂一种电压等级的蓄电池只有1组时，不管是采用晶闸管充电装置还是高频开关充电装置，宜配置备用充电装置。

16.4.6 规定2组相同电压蓄电池宜采用2段单母线接线。当只有1组蓄电池时，可以采用单母线或单母线分段接线，如果采用单母线分段接线，2台充电装置应分别接入不同母线，蓄电池应跨接到2段母线上。

16.4.7 为提高直流系统运行的安全性和可靠性，避免因接地或绝缘降低时造成直流电源跳闸，对于110V和220V直流系统规定采用不接地系统。对于48V及以下的直流系统，当直流负荷（如电子负荷）需要时，允许采用一极接地方式。

16.4.8 为满足计算机对电源的不间断要求，以避免因受电网频率或电压偏离、甚至突然断电而导致的数据丢失、设备损坏以至系统紊乱或失控的严重后果，火力发电厂计算机控制系统应设置交流不间断电源（UPS），根据其电路结构及逆变器在市电正常时工作方式的不同，UPS可以分为后备式和在线式两大类，在线式UPS又可以分为双变换式、互动式和三端口式等，为保证供电质量及可靠性，规定单元机组UPS应采用在线式。

16.4.9 单元机组的UPS主要为DCS或计算机监控系统提供工作电源，DCS一般均要求2路独立的UPS电源供电，根据调查，部分已运行但仅设置1台UPS的电厂发生过因UPS电源故障造成机组停机的事故，由于600MW级及以上机组在电力系统中地位重要，事故停机损失较大，故本条规定600MW级及以上机组宜设置2台UPS，为计算机控制系统提供2路独立电源。对于300MW级及以下机组，如DCS或计算机监控系统需要2路UPS电源，也需要设置2台UPS。

16.4.10 对于网络继电器室或其他UPS负荷较小的辅助车间，可以将直流系统与UPS综合考虑，选用将UPS安装在直流屏上的交直流电源成套装置，有利于节省投资和减少占地面积。

16.4.11 交流不间断电源装置静态开关的故障检测及切换时间一般为1/4周波，对于50Hz的系统，其切换时间不大于5ms，需要注意的是有些制造厂标称的切换时间4ms实际为60Hz系统的参数。交流不间断电源满负荷供电时间，考虑到大容量机组一般设有保安电源，故按0.5h计算，此要求为最低要求，对于未装设保安电源的机组，厂用电消失时交流不间断电源满负荷供电时间可与直流系统相同，按1h（与电力系统连接的火力发电厂）或2h（不与电力系统连接的火力发电厂）计算。

16.4.12 本条规定设置有保安电源的机组，UPS交流主电源宜由保安段引接，主要考虑以下原因：事故时保安电源的电源质量较差（电压稳定度、频率稳定度），接入旁路对UPS输出不利；UPS直流电源的备用时间一般仅30min，当保安电源接入主电源时，事故情况下在给UPS供电同时能给蓄电池充电（自带电池）或不使用直流电源，延长了UPS直流电源的实际备用时间；对单相输出UPS，主电源采用保安电源有利于柴油发电机三相负荷平衡，避免旁路单相负荷接入柴油发电机组。

16.4.13 当DCS电源要求双重化时，每单元机组配置2台交流不间断电源，此时其主母线应采用二段单母线或单母线分段接线，双重化负载分别从二段母线供电。当设置分段开关时分段开关的控制应考虑与UPS的控制系统同步，保证分段开关合闸时二段母线的电压幅值、相位是相同的。

16.5 高压配电装置

16.5.5、16.5.7 严寒地区是指周围空气温度低于-40℃。

16.5.8 3/2断路器接线或4/3断路器接线双列式布置：两组母线布置在一侧，一串设备布置在相邻的2个间隔中，一个间隔布置2台断路器，另一个间隔布置1台断路器（3/2接线）或2台断路器（4/3接线）。

16.6 电气监测及控制

16.6.1 本条所规定的计算机包括机组分散控制系统（DCS）、机组电气计算机监控管理系统（ECMS）和高压配电装置计算机监控系统（NCS）等。

16.6.2 单元机组的电气设备包括主厂房内与单元机组直接相关的电气设备以及主厂房内2台或多台机组公用厂用电系统的电气设备。其中单元机组主要电气设备和元件主要指本规范第16.6.7条~第16.6.9条中所列的电气设备。"按机组设置"控制系统的含义是控制系统的控制网络、服务器及操作员站等按机组独立设置。对于公用厂用电系统，当采用DCS监控时，可接入DCS公用网；当采用电气计算机监控管理系统时，可以设置独立组网并通过网桥与机组控制网络连接，可以在相关机组的操作员站进行监视，但应通过设置控制权限使其仅能在1台机组的操作员站进行操作。

16.6.3 采用计算机、通信和网络技术后，火力发电厂运行人员大大减少，为降低造价，便于电厂管理，不推荐设置独立的网络控制室。为节省电缆，可在高压配电装置处设置继电器室，将网络监控系统间隔层设备及继电保护装置就近布置于高压配电装置继电器室内。

16.6.4 对于非单元制供热机组，由于电气系统单元性不强，按单元机组设置控制系统时可能与电气系统不对应，不方便运行管理，此时机组电气系统可以与网络监控系统统一考虑，全厂设置1套电气监控系统，运行方式与原主控制室控制方式相同。

16.6.5 站控层设备主要包括操作员站、系统服务器等，规定站控层设备及网络采用冗余配置主要是为了保证系统的可靠性，特别是对于具有控制功能的计算机监控系统，其站控层设备及网络宜采用冗余配置。

16.6.6 火力发电厂计算机监控系统的安全防护目前可参照电监安全〔2006〕34号文"电力二次系统安全防护总体方案"及《发电厂二次系统安全防护方案》执行。

16.6.7~16.6.9 这几条规定了应在控制室控制、宜在控制室控制和宜在控制室监视的电气设备和元件。条文中的规定为最低要求，当采用现场总线技术进行监控时，在不增加投资的情况下能方便地将所有电气设备（包括辅助车间的电气设备）信息接入监控系统，则建议将全厂电气设备纳入监控系统进行监视、控制和管理，以提高运行管理水平。

16.6.10 本条规定了在高压配电装置的网络监控系统进行监控的主要设备，随着运行管理水平的提高，相应设备或元件的在线监测系统也应接入高压配电装置控制系统进行监视。

16.6.11 随着设备制造水平和自动化水平的提高，为保证运行人员的人身安全，防止隔离开关开断时的电弧和焊渣造成人身伤害，220kV及以上的隔离开关推荐采用在相应的监控系统进行远方控制，远方控制是指控制地点远离隔离开关下部。远方操作后隔离开关的到位情况可以就地确认也可以远方确认。为降低运行人员劳动强度，远方确认时可装设高压配电装置工业电视遥视系统，用于操作时监视隔离开关的工作状态和到位情况，遥视系统可与网络计算机监控系统综合考虑，并能根据控制对象要求自动定位及进行画面切换。

16.6.14 本条中的"三相联动操动机构"是指有条件时宜采用三相机械联动，设备选择困难时也可以采用三相电气联动。

16.6.15 目前防误操作闭锁方式较多，通常采用的有电气硬接线闭锁、微机防误闭锁和程序锁或上述各种闭锁方式的组合，不管采用何种闭锁方式，其最终的执行方式都是机械的、电磁的或电气回路的闭锁，所以本条作此规定。

16.6.16 对于采用单元制控制方式的机组，同步装置应按机组配置。当采用计算机控制时，控制室一般不装设常规后备控制屏，由于自动同步的可靠性和可用率已满足机组并网要求，不建议装设手动准同步装置；仅在机组有特别需求或运行人员要求的情况下，可以考虑装设手动准同步装置。

16.6.17 由于200MW级及以上机组厂用电故障时厂用电压衰减较慢，普通的备用电源自动投切装置的切换方式不能保证机炉辅机的连续运行，故规定200MW级及以上机组的高压厂用电源切换宜采用快速切换。

16.6.18 为避免因DCS或计算机监控系统故障或死机造成全厂停电时，柴油发电机及保安电源不能正常启动和切换，柴油发电机及保安电源宜采用独立的控制系统进行控制，DCS或计算机监控系统中可保留常规控制功能。

16.6.19 考虑DCS或计算机监控系统故障或死机时，为保证机组安全，本条规定了应在控制室装设硬接线紧急停机设备的范围。其中发电机或发电机变压器组紧急跳闸、灭磁开关跳闸和柴油发电机启动可以采用同一套按钮实现，并应采取有效措施防止误操作，可以采用双按钮串联、增加确认按钮或加保护罩防止误操作。

16.6.20 考虑继电保护、自动电压调节、自动准同步、故障录波以及厂用电源快速切换等装置的重要性和实时性，上述装置宜独立于控制系统工作。

16.6.21 本条规定保护装置应直接接入断路器的跳合闸回路，其回路中不允许串入如选择开关等其他可能断开的设备，以防止误操作造成保护装置不能可靠跳闸。

16.6.22 本条规定了信号灯或计算机显示器上模拟图的颜色，其中黑色主要应用于计算机显示器上。对于操作按钮的颜色本条未作规定，主要原因是目前电力系统行业标准《火力发电厂、变电所二次接线设计技术规程》DL/T 5136与现行国家标准《人-机界面标志标识的基本和安全规则 指示器和操作器的编码规则》GB/T 4025不一致，所以操作按钮的颜色可以按有关行业标准执行。

16.6.23 "电压250V"是指正常运行时的对地电压，本条规定的目的是保证人身安全。

16.6.25 控制室一般不具备装设常规仪表条件，故推荐采用计算机测量，就地测量的常规仪表指装设在屏或柜上的电测量表计，包括指针式仪表、数字式仪表、记录型仪表及仪表的附件和配件等。

16.6.26 交流采样具有接线简单，维护工作量小等优点，所以规定当计算机监控系统能实现交流采样时，应优先采用交流采样。当采用DCS监控时，由于DCS不能采用交流采样，也可采用经变送器直流采样方式，对于不重要的显示信息，还可以考虑采用智能变送器或综合保护测控装置实现交流采样后通过通讯方式送入DCS。一次仪表测量方式指经电流、电压互感器的仪表测量方式，一次仪表的参数应与测量回路的电流、电压互感器的参数相配合；直接仪表测量方式指直接接入一次电力回路的测量方式，直接仪表的参数应与电力回路的电流、电压参数相配合。

16.7 元件继电保护

16.7.2 发电机、主变压器以及高压厂用变压器由于设备造价高，在电厂中地位重要，应设置独立的保护装置以保证发生故障时保护能可靠动作。对于高、低压厂用电系统一般采用保护与测控功能合一的综合保护测控装置，低压厂用电系统也可以采用断路器自身的脱扣器实现保护功能。装置中的保护功能宜相对独立的含义是实现保护功能的处理器（CPU）、数据采集回路（如A/D转换）等宜不依赖测控独立工作。

16.7.3 本条规定了双重化保护设计应满足运行及检修的要求。

16.7.4 按"反措"要求，双重化保护之间不应有直接电的联系，故本条规定双重化保护装置的交流电压、交流电流宜分别从不同的电压互感器和电流互感器相互独立的绕组引接，对于发电机匝间保护用的纵向零序电压及定子接地保护用中性点零序电压，可采用隔离变压器进行隔离。

16.7.6 为保证非电量保护电源的可靠性，当机组配置有2组蓄电池时，非电量保护电源宜采用2路电源切换后供给，电源切换可采用自动切换或手动切换。

16.8 照明系统

16.8.8 为确保电厂的安全运行和防止船只对取、排水口及码头等构筑物可能造成的危害，本条作出了相应的规定。

16.9 电缆选择与敷设

16.9.4 考虑到300MW级及以上容量的机组均为电网的主力机组，为提高其运行的安全性，除应对电缆采取有效的防火封堵等措施外，还作出了其主厂房、输煤、燃油及其他易燃易爆场所应选用阻燃电缆的规定。按采用阻燃电缆后增加的初期投资与电缆火灾几率引起的损失费用之间合理平衡的原则，规定应采用能满足《电缆在火焰条件下的燃烧试验 第3部分：成束电线或电缆的燃烧试验方法》GB/T 18380.3的C类阻燃电缆。

16.9.5 鉴于全厂的重要负荷回路（如消防、报警、应急照明、保安负荷、断路器操作直流电源、计算机监控、双重化保护、中央水泵房和输煤系统等）在着火后一定时间需维持供电或不致因此而扩展为全厂性事故，故条文规定"应采取耐火分隔或分别敷设于两个相互独立的电缆通道中"。两个相互独立的电缆通道可以指敷设在两层或沟道的两侧并加隔板。

16.10 接地系统

16.10.3 目前除了防静电接地的接地电阻明确要求小于30Ω外，其余接地系统的接地电阻均没有确切的数值要求，可按现行国家标准《交流电气装置的接地设计规范》GB/T 50065 的相关规定确定具体工程中的接地系统接地电阻值。

16.10.8 人体允许的工频安全电流不作为接地系统的设计指标，其计算可参见《IEEE Guide for Safety in AC Substation Grounding》（交流变电站接地安全导则）IEEE 80—2000 第 13 页式 8。

16.12 调度自动化系统子站

16.12.6 国家现行有关电力二次系统安全防护总体方案是指"电力二次系统安全防护总体方案"（电监安全〔2006〕34 号）。

17 水工设施及系统

17.1 基本规定

17.1.1 由于水工设计与地形、地质、水文和气象等自然条件有着密切的关系，因此设计的质量很大程度上取决于设计时掌握的基础资料是否完整和正确。本条首先强调了水工设计应有完整和正确的基础资料。其次，搜集的基础资料要能满足设计要求，为使设计人员对各阶段应该搜集的基础资料内容有所遵循，可参考《火力发电厂水工设计基础资料及其深度规定》DLGJ 128。

17.2 水源和水务管理

17.2.5 根据现行国家标准《污水再生利用工程设计规范》GB 50335，当以再生水作为工业用水时，应以新鲜水系统作为备用。电厂采用再生水作为补给水源时，应设备用水源，这样可以保证再生水处理系统出现故障时不中断电厂的供水。

17.2.7 我国是一个水资源短缺的国家，人均占有水资源量仅为 2200m³，是世界人均占有量的 28%，水资源短缺已经成为我国国民经济与社会可持续发展的重要制约因素。本条根据我国的缺水现状和目前节水技术成熟程度，提出了火力发电厂不同类型机组的耗水指标。正文中列出的空冷机组耗水指标，可根据该地区缺水严重程度选用，在水资源论证报告中提出后，报国家有关部门批准。

17.3 供水系统

17.3.2、17.3.3 这两条强调了汽轮机冷端优化的主要目的是确定汽轮机的背压及其相应的冷端配置，指导汽轮机末级叶片的选择。

17.3.4 汽轮机额定进汽量时的排汽参数是指汽轮机最大连续出力（TMCR）流量下的排汽量及焓值等。

17.4 取水建（构）筑物

17.4.1 考虑到电厂建设规模越来越大、电厂在电网中的作用和电厂供水系统的重要性等因素，地表水取水建（构）筑物包括取水泵房应按保证率为 97% 的低水位设计，并以保证率为 99% 的低水位校核。

17.4.5 为了使岸边水泵房具备较好的抵御洪水能力，避免发生取水设备的财产损失，保障火力发电厂取水的安全性和可靠性，本条作为强制性条文，必须严格执行。关于浪高的确定，以前采用重现期为 50 年的 H_1%（波列累积频率为 1% 的波高）乘以折减系数 0.6～0.7 后的波高值，系根据调研有关航务工程设计院确定码头面标高的方法和直立堤顶高程确定的一般原则后提出的一种初步估算方法。近年来，随着滨海电厂工程的增多，特别是一些海域工程的水泵房位于防波堤以外，多采用直墙式结构，设计中发现原规定浪高的取值方法为允许少量越浪的直墙式建筑物的波浪高度取值方法，有的工程委托科研单位进行的海浪模型试验，得出的波峰面高度大于原规定（0.6～0.7）的 H_1%，差值超过 40%，而按现行的《海港水文规范》JTJ 213—98 计算的波峰面高度则与试验值较为接近，而且现行的《防波堤设计与施工规范》JTJ 298—98 对直立堤堤顶高程明确"对允许少量越浪的直立堤，宜定在设计高水位（0.6～0.7）倍设计波高值处；对基本不允许越浪的直立堤，宜定在设计高水位（1.0～1.25）倍设计波高值处"。鉴于火力发电厂岸边水泵房的重要性，按现行行业标准《海港水文规范》JTJ 213—98 规定，作用在直墙式建筑物前的波浪分立波、远破波和近破波三种波态，可根据不同的波态求出直墙式建筑物的波峰面高度。如欲简化计算，浪高的取值可采用重现期为 50 年的 H_1% 乘以 1.0～1.25。由于波浪因素复杂，可通过模型试验确定波峰面高度，即满足安全要求，又可结合采取的工程措施，降低岸边水泵房±0.00m 层标高，以节约投资。

17.5 管道和沟渠

17.5.4 随着水资源的短缺，长距离输水的火力发电厂越来越多，如已建成的内蒙古上都电厂输水管道长 60km，康平电厂输送再生水管道长达 110 km，管道穿越处地形复杂，高差大，应对输水系统进行水锤计算，采取必要的防护措施，保证输水系统的安全可靠性。

17.6 湿式冷却塔

17.6.7 排烟冷却塔在欧洲国家已有 20 多年的运行经验，取得了较好的社会效益。2006 年，北京热电厂一期改造工程投运了我国第一座排烟冷却塔，淋水面积 3090m²；2007 年，国内自主设计的排烟冷却塔在三河电厂二期工程投运，淋水面积 4500m²。本条规定了排烟冷却塔在设计时应考虑的主要因素和技术要求。

17.8 空冷系统

17.8.2 空冷系统的设计气温应根据典型年小时干球温度统计计算。典型年的含义是：从当地的气象资料中求出多年（一般为近期10年）的年平均气温，然后再求出最近5年内各年按小时气温统计的算术年平均值，将这算术年平均值逐一与多年年平均气温比较，其中与多年年平均气温最相近的一年被认为是典型年。

17.8.9 表面式凝汽器间接空冷系统既可采用钢管钢片散热器，也可采用铝管铝片散热器，国内首台600MW间接空冷机组阳城电厂二期工程就是采用了表面式凝汽器和铝管铝片散热器组成的SCAL间接空冷系统。

17.8.11 国内运行空冷电厂的调研表明，根据空冷凝汽器受污染程度的不同，空冷系统冲洗前、后，夏季空冷系统的背压可降低5kPa左右，直接影响空冷机组的经济性。因此，直接空冷凝汽器或间接空冷散热器应配置清除其外表面污垢的水冲洗设施，水冲洗设施应根据散热器形式满足水压和水量的要求。

17.8.13 空冷机组辅机冷却水系统采用空冷技术，在伊朗、土耳其等缺水国家得到了成功的应用，如伊朗的sahand电站和arak电站，土耳其的Gebze/Adapazari电站等。国内严重缺水地区为达到节水效果，可以对辅机冷却水采用间接空冷系统进行论证，条件合适时可以选用。

18 辅助及附属设施

18.0.3 据调研，多数电厂的热工控制用和检修用空气压缩机采用与除灰系统用空压机统一设置，且采用相同形式和容量，从运行情况看，具有系统运行安全、可靠、稳定，还可减少空压机的规格、数量及占地面积，控制工程造价，便于统一管理、节能降耗等优点，因此，将全厂各专业仪用压缩空气系统集中设计，不设专业仪用压缩机，如不设除灰、脱硫、化水专业的仪用空压机，并与除灰气力输送用空压机统一考虑，公共备用；全厂设置集中空压机站，按专业需求联合设计、集中布置，公用备用空压机，以提高空气压缩机的利用率和备用率。系统的配置保证仪用空气优先的原则，在仪用、厂用、气力输送的空气管道上设有保证电厂安全运行的措施，如系统运行分开，空压机出口设大母管，母管上设隔离阀，正常运行时仪用空压机与气力输送用空压机通过隔离阀系统分开运行；设备故障时，通过阀门切换到备用空压机，并在仪用空气部分设止回阀控制倒流，除灰气力输送用气部分设控制压力和流量的措施；厂用气部分设有快速切断供应措施。

当机组容量大，空压机台数多，集中布置设1个空压机房有困难时，也可采用分散布置。

18.0.5

1 由于贮油箱的容积是按1台机组的系统油量设置，故2台机组共用1台贮油箱的容积与1台机组设1台贮油箱的容积是相同的，因此条件合适时也可2台机组共用1台贮油箱。

18.0.8

2 考虑到化学清洗的介质不同，且化学清洗设施每年最多使用1次～2次等因素，故要求电厂不宜设固定的化学清洗设施。

19 建筑与结构

19.1 基本规定

19.1.3 依据《建筑结构可靠度设计统一标准》GB 50068—2001 第1.0.5条明确了火力发电厂建（构）筑物的结构设计使用年限。为了保证火力发电厂建筑结构的安全性，本条作为强制性条文，必须严格执行。

19.1.4 对于不同结构，其安全等级不同。一般应按《建筑结构可靠度设计统一标准》GB 50068、《混凝土结构设计规范》GB 50010 和《钢结构设计规范》GB 50017 的有关规定执行。

考虑到主厂房悬吊煤斗及汽机房屋盖主要承重结构的破坏对主厂房结构及设备产生严重后果，因此其安全等级定为一级。

根据《烟囱设计规范》GB 50051—2002 第4.1.4条的规定，高度不小于200m且单机容量不小于200MW级机组烟囱的安全等级不小于一级。

19.2 抗震设计

19.2.2 要求抗震设防区所有新建的建筑工程均应进行抗震设计。

19.2.3 根据《建筑工程抗震设防分类标准》GB 50223 和《建筑抗震设计规范》GB 50011，火力发电厂建（构）筑物的抗震设防类别最高为重点设防类（乙类），同时根据电厂各建（构）筑物的重要性进行了重点设防类（乙类）、标准设防类（丙类）、适度设防类（丁类）三类的划分。

19.3 建筑设计

19.3.1 按火力发电厂建筑使用性质，建筑分为生产建筑、生产辅助和附属建筑，要注意在火力发电厂附属建筑中有一些属于民用类建筑，应考虑按相应的民用建筑有关规范要求进行设计。

19.3.4 长时间在噪声很大的环境中工作，对人的健康有不良影响，而控制噪声最根本的办法是远离噪声和减少设备噪声，因此要求采取相应措施。

19.3.5 明确火力发电厂建筑采光设计的原则，主要从建筑节能要求出发，提倡自然采光，并应保证人员使用部位有良好的采光条件。

19.3.8

4 供氢站电解间等存有可燃气体的房间，若采用金属等在开关时碰撞、摩擦后易产生火花的材料做门窗，会引起爆炸，所以规定应采用不发火花的材料。

19.3.9 黏土是不可再生的资源，国家已明令禁止或限制使用，各地方政府也制定了相应的规定，此条要求设计人员应遵守国家的此项规定，减少土壤资源的消耗。

19.3.11 主厂房的长度、宽度、进深、楼层高度及变化等在火力发电厂中具有特殊性，往往随发电机组的等级及布置方式而变化。因此，对主要出入口、楼梯和通道的布置要求进行规定。

19.3.12

1 汽机房屋面虽然按不上人屋面设计，但客观上有人员需要定期到屋面进行巡视及设备检修，因此要求在屋面设计时需要考虑人员的活动。尤其是当屋面为轻型结构时，应设置专门的人员检修步道。

19.4 地基与基础

19.4.2 根据现行国家标准《建筑地基基础设计规范》GB 50007 的定义，将火力发电厂各类建（构）筑物的地基基础设计等级进行了甲、乙、丙级划分。

19.4.4 主厂房地基设计宜采用同一类型的地基，考虑到主厂房区域占地面积较大，可能存在差异较大的地质条件，因此可根据工程的具体地质条件，对不同的结构单元采用不同的地基基础形式。

19.4.5 当地基承载力较低时，贮煤场沉降较大，其竖向、侧向变形对贮煤场内及其邻近建（构）筑物将产生不利影响，因此应对贮煤场进行地基处理。

19.4.6 建筑物的地基变形计算值，不应大于地基变形允许值，地基变形允许值根据不同的建（构）筑参考其相应规范（如烟囱、冷却塔等），同时当工艺有特殊要求时也应满足。

19.5 主厂房结构

19.5.3 厂房结构设置温度伸缩缝是为了避免由于温差和混凝土收缩使结构产生严重的变形和裂缝。伸缩缝最大间距的取值主要根据设计规范的规定，并结合火力发电厂的特点以及设计经验确定。

19.5.4 模型试验是提前验证的手段，根据本规范《600MW 汽机基础模型试验调查报告》，大部分汽机基座设计已有成熟方法和经验，无需通过模型试验进行验证，故仅对新型机组的首台基础（如新型的二缸二排汽机组的基础、采用柔性方案的新型机组的基础、进口的国外新型机组的基础）宜做模型试验进行

验证。汽轮发电机采用弹簧隔振技术在国外已大量采用，国内部分引进项目也有采用，是成熟方案，但应做综合技术经济比较。

19.6 烟囱

19.6.2 烟气腐蚀等级应根据本规范第 8.4.5 条的规定确定。

19.7 运煤建（构）筑物

19.7.5 随着环保要求的日趋严格，封闭式圆形煤场近年来被较多采用，其中整体式为近年来提出的结构形式，虽有个别工程实例，但其结构受力分析和使用要求仍处于研究和完善阶段。在相同堆煤等条件下，采用整体式挡煤墙结构混凝土量比分离式挡煤墙结构少，但钢筋量却比分离式挡煤墙结构多。因此，结构选型应综合考虑工艺、设备，经技术经济比较确定。

19.8 水工建（构）筑物

19.8.1 火力发电厂的水工建（构）筑物，根据其工作条件和使用情况，可分为一般工业与民用建筑、水利水电建筑、给水建筑以及港口建筑等，本条对不同类型水工建（构）筑物应采用的设计规范作了原则规定，以统一设计标准，使设计人员有所遵循。

19.9 空冷凝汽器支撑结构

19.9.1 考虑到空冷凝汽器支撑结构为高架结构，主要荷载集中在支架顶部，因此从抗震设计角度上应采用平面布置规则、对称的结构形式。

19.9.5 因空冷凝汽器支撑结构较高，主要承重钢结构维护困难，因此应采取可靠的防腐措施（如镀锌、喷锌等）。

20 采暖、通风和空气调节

20.1 基本规定

20.1.1 《工业企业卫生设计标准》GBZ 1 对设置集中采暖和局部采暖设施区域进行了划分。火力发电厂内的建设亦应根据当地冬季气象条件、劳动强度分级和房间使用性质确定全厂采暖方式。为便于区别和应用，本条对集中采暖地区和采暖过渡地区进行了划分。

20.1.2 易发生冻结车间或建筑一般指化学水处理车间、泵房类，采暖过渡地区这些车间是否需要采暖，采用何种采暖方式，可根据具体情况确定。目前采暖方式很多，在设计中可以多样化，因此未强调"集中采暖"。厂前区的办公、生活建筑的采暖标准不同于厂内生产建筑。

20.1.4 本条主要考虑电厂采暖、通风和空气调节系

统的冷、热源在选择中执行国家有关节能、降耗、可持续发展的循环经济政策的指导方针。在制定冷、热源方案时，要对利用电厂工艺系统的余热和周边企业余热，以及天然冷、热源进行分析，根据其品质、可靠性进行技术方案和经济性论证，以保证电厂内采暖、通风、空调系统的正常、稳定运行。

关于火力发电厂主厂房、运煤系统采暖热媒的选择一直存在较大争议，主要争议在于：一是热水温度相对蒸汽温度低，散热强度小，对厂房高大的汽机房、锅炉房形成的烟囱效应和围护结构保温相对薄弱的运煤栈桥，存在散热器布置受到限制的问题；二是热水系统使散热器承压过高，存在安全问题。为此，规范编制组在近十年来一直给予关注，并在工程实践中进行研究，积极推广高温热水在火力发电厂中的应用。调研报告《严寒地区火电厂采暖热媒的选择》，对严寒地区采用热水采暖进行了较全面的分析和比较，并通过对严寒地区十几个大中型火力发电厂采用高温水采暖的调查，表明运行效果良好，安全可靠，达到了设计标准，彻底解决了蒸汽采暖系统凝结水回收难度大，以及回收后利用困难、浪费能源和水资源的问题。

20.1.5 严寒、寒冷地区采暖季较长（3个月～5个月），除采暖需要蒸汽作为热源外，一些工艺设备也需要蒸汽进行加热，蒸汽用量较大，从能量梯级使用考虑，采用较低级抽汽参数，可避免经减温减压造成的热能损失，提高汽轮机整体效率。但采暖蒸汽来源一般由工艺统一供给，此时蒸汽参数均较高（0.6MPa～0.8MPa），可直接选择适应较高蒸汽参数的汽-水热交换器进行换热，而不必进行减温减压。

汽-水换热器产生的凝结水热能，通过增加水-水换热器对采暖回水进行预热，提高回水温度，可减少汽-水换热器面积，同时使凝结水温度降低至80℃左右，避免汽化损失。

条文中仍保留了严寒地区采用蒸汽采暖方式，主要考虑一些建设单位在认识上的差异和习惯，对一些具有丰富管理经验和措施可靠，确实能做到凝结水回收利用的火力发电厂，可采用蒸汽采暖方式，但需要进行必要的经济技术论证。

《民用建筑热工设计规范》GB 50176—93对全国建筑热工设计分区指标如下：

严寒地区：最冷月平均温度小于或等于－10℃，日平均温度小于或等于5℃的天数大于或等于145d。

寒冷地区：最冷月平均温度0℃～－10℃，日平均温度小于或等于5℃的天数90d～145d。

20.1.7 本条规定是为了使辅助车间控制系统安全稳定运行，并且为控制运行人员和管理人员创造良好舒适的工作和休息环境，有利于人们集中精力、高效工作，可避免由于人员的原因造成工作失误所带来的损失。同时各类控制设备对室内环境也有一定的要求。

20.1.8 现行国家标准《室内空气质量标准》GB/T 18883—2002第4节规定了办公建筑室内空气质量物理性、化学性、生物性标准、放射性标准，针对电厂内分布于不同区域的办公室、会议室，应根据该区域生产工艺和室外空气质量确定是否需要进行必要的空气处理。

20.1.9 本条给出了火电厂各类建筑通风设计的基本原则，通风设计主要针对生产环境对卫生条件的要求而设置。在确定通风方式时，应根据工艺要求、散发有害物设备的特点，与工艺密切配合，了解生产过程，收集各类有害物产生的数据，结合当地气象条件和工程具体情况，因地制宜地确定通风设计方案。

集中采暖地区主厂房夏季采用百叶窗进风方式，虽然可在一定程度上增加进风面积，增加进风量，改善室内通风效果，但冬季却会由于百叶窗关闭不严，在室内、外温差和室外风速的作用下造成大量冷风渗透，使室内温度普遍过低，严重时会发生室内采暖、消防给水等管道被冻裂的情况。为补偿冷风渗透热损失，必然要增加采暖能耗，从而形成不断提高室内温度的同时，冷风渗透量亦不断增加的恶性循环。因此，设置集中采暖的高大厂房，不应采用任何形式的百叶窗作为夏季通风进风设备。

20.2 主厂房

20.2.2 由于主厂房采暖散热器布置受工艺系统的设备、管道限制，按设计热负荷难以全部安装散热器，因此，一般主厂房采暖系统的散热器采暖承担了大部分热负荷，不足部分由暖风机承担。在机组正常运行情况下，工艺设备、管道的散热量很大，仅散热器采暖系统运行完全可以维持室内温度不低于10℃～16℃，所以暖风机的设置应主要针对检修期间局部采暖的要求。暖风机按照大容量选型，可减少台数，减少设备维护管理工作量。

20.2.3 严寒、寒冷地区在冬季停机、停炉检修时，工艺设备、管道均处于冷态，且采暖系统仅按室内温度5℃设计，检修车辆经常出入的大门不能设避风门斗，因此，为防止因大量冷空气侵入室内，造成设备、管道冻结，对用于车辆通行的主要大门需设置热风幕。

20.2.4 主厂房通风设计方案应根据厂房的特点，并结合气象条件，在满足卫生标准要求的同时，还应考虑节能和方便通风设备的检修维护。

湿冷机组从节能角度考虑，采用自然通风方式较为合理，但对夏季室外通风计算温度较高的南方地区，采用自然通风时室内温度难以达到卫生标准的要求，需采取其他补充措施，如局部机械送风。

直接空冷机组风机群对汽机房夏季通风效果的影响，经有关设计单位与清华大学采用计算流体力学（CFD）方法进行了仿真模拟数值分析。分析结论认为在风机群的作用下，主厂房下部进风侧负压（绝对值）趋于减小，致使室内热压效应相应减小，进风量受到影响；同时，由于风机群大量散热，在主厂房上部形成局部热区，对室内排风产生影响。因此，推荐采用自然进风、机械排风方式，并适当加大风机压头。

所谓全封闭式汽机房，即厂房在设计上考虑防止室外污染严重的空气进入厂房，仅设置不可开启的采光窗，因此，为排除室内余热，应采取机械送风方式向室内送风，排风则应根据工艺系统是湿冷或空冷机组确定采用机械和自然排风。

处于严寒或部分寒冷地区的大型火力发电厂的锅炉本体高大，为保证冬季安全运行，一般采用紧身封闭形式将锅炉封闭。夏季由于锅炉本体散热使锅炉房内温度高于室外，尤其是顶部温度可达40℃～50℃，在室内、外温差作用下形成较强的热压，因此，采用自然排风方式即可获得较好效果。

20.2.6 汽机房是多层建筑，在各层设置通风格栅使底部气流在热压作用下顺利流向上部并带走热量，同时对进深较大的车间，在距进风窗较远处设置格栅，可起到引导气流流动的作用，减少通风死角。

汽机房内高、低压加热器，减温减压器、凝汽器散热强度较高，除设备对流散热外，辐射热亦较强，周边空气温度均高于车间平均值。这些设备在布置上又都占据较大空间，厂房通风系统一般难以直接对这些区域产生作用，使该空间或区域气流不够畅通形成通风死角。因此，有必要在这些区域附近设置局部通风设备，强制通风进行扰动。

20.2.7 火力发电厂的集中控制室、电子设备间是锅炉、汽轮机运行控制和管理中心，在建筑布置上需考虑振动、噪声、热源、粉尘危害等因素，通常与锅炉房、汽机房相对隔离和封闭。因此，对上述房间应采取全年性空气调节措施，以保证房间内的温、湿度符合电子控制设备的要求，同时还应保证室内运行人员必须的新鲜空气量的需要和符合室内空气含尘浓度标准的要求。

控制室主要以运行人员、计算机设备、显示屏幕等为主，由于计算机和显示屏幕对环境温、湿度要求较低，因此集中控制室空调系统按舒适性空调进行设计，即可满足要求。

电子设备间的电子控制设备对室内温、湿度的要求，各制造商要求不尽相同，总体来说温、湿度波动较大时易发生故障，故本条提出根据工艺要求确定室内设计参数，以及推荐室内设计参数。

20.2.9 合理确定空气处理方式，不仅仅是空调房间能否达到室内设计温、湿度要求的问题，更重要的是空调系统的节能和环保问题。由于我国地域广阔，气象条件差异很大，条文中的炎热干燥地区，主要指新疆、甘肃、内蒙古、宁夏等省区。这些省区的气候特点是夏季干球温度高，湿球温度低，空气的含湿量低，具备采用直接蒸发冷却技术的条件。直接蒸发冷却空气处理方式，不需电动制冷消耗电能，也无消耗臭氧层物质的排放，是一种即节能又环保的空气处理方式，因此，应积极推广使用。

上述炎热干燥地区，虽然采用直接蒸发冷却对空气进行处理可以降低空气温度，但不一定能满足空调系统送风温度的要求，此时仍需辅以电动制冷进一步等湿冷却处理至要求的空气状态。两者结合使用可较大幅度降低制冷、空调系统的能耗。

20.2.10 直接蒸发空气处理对水温要求不高，一般常温即可，但由于经过直接蒸发冷却处理的空气被送入空调房间后与人直接接触，因此水质应符合生活用水的标准。

20.2.13 严寒、寒冷地区空调系统冬季运行时，当室外温度较低的空气直接与室内回风混合易产生水雾，严重时会产生凝结水并结冰。为防止此类现象的发生，需对新风进行预热处理。

20.2.14 火力发电厂集中控制室、电子设备间大多布置于两炉之间，属于厂区内粉尘污染严重部位。空调系统的新风口不论如何设置，都会不可避免地将空气中的粉尘带入空调房间，因此，送入室内的空气需进行过滤处理。根据多年运行实践，采用初、中效过滤器基本可满足室内尘粒的控制要求，保证电子设备的安全运行。

20.2.17 过渡季节采用大量新风运行具有节能意义。但空调系统能否满足新风量变化的要求，需针对不同地区气象特征，根据焓湿图分析空气处理过程的不同要求，合理配置空气处理机组的功能段和能力，保证空气处理参数符合设计值。

20.2.19 《火力发电厂劳动安全和工业卫生设计规程》DL 5053对真空清扫装置的配置提出了原则性规定。由于真空清扫设备和管网的选择，随锅炉房布置方式、锅炉容量以及除灰方式的不同，其真空度、吸尘点数量、管网长度和卸灰方式存在较大差别，并对使用效果有直接影响。因此，要根据各种条件合理确定真空清扫设备和管网。另外，在选择设备时应注意海拔高度对真空设备能力的影响。

20.3 电气建筑与电气设备

20.3.1 励磁调节装置室仍属于电气设备间，考虑其散热强度较一般电气设备间大很多，且室内温度不宜设计过低，因此，可按降温通风系统的要求进行设计。

20.3.2 蓄电池作为电厂的保安电源，在发生事故失电时，承担着主要工艺设备紧急停机的供电负荷。目前电厂蓄电池主要采用阀控式密封免维护铅酸蓄电池，即免维护蓄电池，根据生产厂家提供资料要求环境温度在25℃～30℃之间，环境温度过高免维护蓄电池寿命将受到影响。免维护蓄电池在充电过程中仍有少量氢气释放，从防爆要求考虑，直流式降温通风系统可满足室内空气不允许再循环的要求。

20.3.3 对炎热高湿地区的电气设备间，尤其是设有干式变压器的配电间，室内温度普遍过高，根据对未设置降温设备的电气设备间室内温度的实地调研和检测，一般均超过40℃，最高可达45℃以上。本条给出了这类电气设备间夏季室内的设计标准，并按一定的气象条件规定了设置降温通风系统的范围。

一般电气设备的环境最高允许温度不超过40℃，通风设计中的不保证设计温度的时间不宜过长，因此规定不宜高于35℃作为设计温度，而过低的室内温度必然耗费电能。

20.3.4 由于变频器满负荷工作时，其总损耗（转变为热量）约为变频器额定功率的2%～4%，散热量很大，仅靠一般通风去消除需要风量很大，风管受空间的限制难以布置，因此通过设置降温通风系统，加大送风温差，减少系统风量。热平衡计算的目的是确定室内设计温度及送、排风量等，风平衡计算的目的是根据送风量和设备本体所需排风量确定室内排风量。

20.3.8 降温通风系统设计在加大温差、减少风量的同时，必须防止出现送风温度低于室内环境露点温度时产生的结露现象。

20.3.9 锅炉房、汽机房均属热车间，且建筑进深较大，有些通风、空调系统的进风口难以直接由室外取风而设于室内，为避免造成过大的计算误差，规定夏季进风温度在室外计算温度基础上按室内温度梯度附加取值。

20.3.10 较大风量的机械通风系统主要指汽机房全面通风系统、各类电气设备间通风系统。

20.4 运煤建筑

20.4.1 火力发电厂翻车机室、火车卸煤沟地上部分的大门冬季需要较长时间开启且不能设门斗，室内因设有各类水管（生产、消防、喷雾除尘及生活用水）而不允许室温低于0℃。故本条规定对－10℃及以下地区的翻车机室宜设热风幕。

对冬季通风室外计算温度比－10℃略高的地区，采用喷水除尘有可能产生水雾或冰冻影响运行时，可视具体情况，经过技术经济比较也可设置热风幕。

20.4.2 在采暖过渡地区，运煤建筑物内仍有冰冻可能，使运煤胶带打滑减小出力。为了保护胶带机正常运行，碎煤机室、转运站可设置采暖。

20.4.4 电厂火车、汽车地下卸煤沟地下部分一直是粉尘污染严重，且难以治理的部位，为此，有关科研和设计单位通过不懈努力，研制成功自动跟踪除尘装置，并在许多电厂应用，取得良好效果。规范编制组在总结工程经验和修编过程中进一步调研的基础上，提出"地下卸煤沟通风除尘方式"专题报告，对卸煤沟通风除尘方式进行了归纳总结。根据专题报告本条提出地下卸煤沟对移动尘源的治理措施和基本要求。

20.4.5 火力发电厂运煤系统的地下部分（包括地下卸煤沟、地下运煤隧道、地下转运站等）夏季内部阴冷潮湿，运行时煤尘飞扬，劳动条件很差，为此，均设有必要的通风、除尘设施。根据多年经验，如仅以夏季通风量或除尘排风量进行冬季热补偿，热能消耗很大。从运煤系统间断运行以及节约能源考虑，提出了通风、除尘系统运行期间室内温度处于动态变化中，但不低于5℃的要求。校核散热器采暖系统补偿能力的目的是为了确定是否设置热风补偿系统。

20.4.7 北方缺水和沿海缺乏淡水地区，运煤系统地面清扫方式主要取决于厂内是否设置水冲洗系统。

20.5 化学建筑

20.5.1 化学水处理室的电渗析室、反渗透间、过滤器、离子交换器管道及电动机等设备均会产生余热，过滤器、离子交换器内水温有时可达到40℃，其散热面积大，且不保温，因此在设计夏季通风时，应按排除设备余热考虑车间的通风量；在设计冬季采暖时车间内温度按5℃计算，不计设备、管道散热量。

20.5.2 《工作场所有害因素职业接触限值》GBZ 2 要求车间内空气中的盐酸浓度不超过15mg/m³，硫酸浓度不超过2mg/m³。根据这一要求，火力发电厂的酸库及酸计量间在正常工作期间均应设置机械通风设施，及时排除放散至室内的酸气，据实测结果，电厂的酸库和酸计量间设置每小时不少于15次换气的通风设施，可以满足卫生的要求。

集中采暖地区和过渡地区酸、碱库宜分别设置的目的是为了减少冬季热风补偿的热负荷。

20.5.3 通风方式指根据化学有害气体容重确定采用上部或下部排风；通风量应满足《工作场所有害因素职业接触限值》GBZ 2.1、GBZ 2.2的要求，一般按换气次数计算。

20.6 其他辅助建筑及附属建筑

20.6.4 循环水泵或岸边水泵房，较多为半地下布置，自然通风条件较差，室内的电动机容量又较大，散热量和散湿量亦较大。实测一些水泵房内的电动机进风29℃时，排风温度达55℃，若余热全散发至室内，夏季室内温度将会很高；而大量的湿气对电动机的绝缘性能有较大的影响。因此，本条规定了半地下或地下泵房应设机械通风。

20.7 厂区制冷站、加热站及管网

20.7.4 调研报告"电厂电制冷与吸收式制冷适用条件的综合分析"对新建、改扩建电厂采用热力制冷进行了分析，结论是：需要有可靠的汽源；节电耗汽，

但量很小，初期投资稍大，运行管理比电制冷复杂。是否采用热力制冷取决于蒸汽汽源是否有可靠保证，并应考虑由于检修或其他原因导致的停机、停炉期间是否仍能保证溴化锂制冷机需要的蒸汽汽源。

20.7.5 本条规定了电厂制冷机组配置的原则。主要是考虑制冷设备配置尽可能地适应空调系统冷负荷随季节变化这一特点，避免因制冷机组单机容量过大，不易调节，效率低的问题。

1 溴化锂冷水机组在运行一段时间后，在蒸发器、吸收器、冷凝器的换热管的内壁逐渐形成一层污垢，使热阻增大，传热工况恶化，制冷量下降。因此，在选择设备时，单台制冷量应增加 10% 作为裕量。另外，溴化锂冷水机组与压缩式冷水机组相比，其内部运转部件较少，故障率较低，运行可靠，维修简单，因此，在设备选型时可不考虑备用。

2 压缩式冷水机组，机械运转设备较多，发生故障的概率较高，维修时间长，同时考虑使用灵活，便于能量调节，在空调冷负荷较低时，能够起到互相备用的作用，故规定按 $2\times75\%$ 或 $3\times50\%$ 选型。

21 环境保护和水土保持

21.2 大气污染防治

21.2.5 根据美国环保局颁发的可供选择的工业源综合扩散模式（ISC3），当火力发电厂的烟囱高度低于厂区内最高建筑物高度的 2 倍时，发生建筑物尾流影响的邻近区域为建筑物周围的矩形区域，该矩形区域在沿风向轴线上从距建筑物上风向 2 倍典型尺寸处到距建筑物下风向 5 倍典型尺寸处，在横风向轴线上从建筑物左边界外 1/2 倍典型尺寸处到建筑物右边界外 1/2 倍典型尺寸处，其中建筑物的典型尺寸为其高度和横风向长度之间的较小值。按照《环境影响评价技术导则 大气环境》HJ 2.2—2008 推荐的 AERMOD 模式和电厂主要建筑物的尺寸，计算出的建筑物尾流的影响范围位于上述矩形区域内。

21.2.7 根据煤堆起尘特性，只有当煤堆表面风速大于煤粒起尘风速时，才会引起粉尘扬起。其中煤粒起尘风速和含水率、煤粒粒径有关，一般为 4m/s～6m/s。另外，当煤的含水率大于起尘临界含水率时，煤粒变得极不易起尘。

21.3 废水和温排水治理

21.3.6 由于脱硫废水经处理后水质中含盐量较高，一般不外排，可回用于除灰渣系统的调湿或补充水。

21.4 灰渣和石膏治理及综合利用

21.4.2 《中华人民共和国水污染防治法》第三十三条规定禁止向水体排放、倾倒工业废渣、城镇垃圾和其他废弃物。为了避免火力发电厂产生的废弃物污染江、河、湖、海，本条作为强制性条文，必须严格执行。

21.4.3 按照《一般工业固体废物贮存、处置场污染控制标准》GB 18599 的要求，火力发电厂灰渣属于第Ⅱ类一般工业固体废物，灰场应采用天然或人工材料构筑防渗层；而美国环保局认为火力发电厂灰渣不属于有毒废物，不要求灰场都采用土工膜防渗，各个州要求也相差较大，一些州要求采用防渗土工膜或压实黏土层进行防渗，个别州要求采用其他防渗措施。由于在制定《一般工业固体废物贮存、处置场污染控制标准》GB 18599 时未充分考虑火力发电厂的灰渣特性，未经充分论证而制定的某些指标偏严，导致在工程实施中存在一些问题，但从管理角度看，除《一般工业固体废物贮存、处置场污染控制标准》GB 18599 之外，目前还没有其他更适用于灰场环保管理的标准，因此，在灰场环保管理中目前暂按《一般工业固体废物贮存、处置场污染控制标准》GB 18599 考虑。

21.4.6 灰渣和石膏综合利用市场调研工作，应首先分析火力发电厂所在地区的建材、建工、筑路、回填、农业、资源回收等行业对灰渣和石膏的需求现状，再预测火力发电厂运行期间所在地区各行业对灰渣和石膏的需求量，并对其品质提出要求，然后结合所在地区灰渣和石膏供应量进行供需平衡分析，合理确定火力发电厂灰渣和石膏综合利用的数量和途径。

21.5 噪声防治

21.5.2 控制工程噪声对环境的影响，有从声源上根治噪声和从噪声传播途径上控制噪声两种措施。应首先按国家规定的产品噪声标准，从声源上控制噪声。对于声源上无法根治的生产噪声，可采用对设备装设隔声罩，对外排汽阀装设消声器，在建筑物内敷吸声材料等措施控制噪声。

以往一些设备在签订产品技术协议时规定的噪音水平如下：

引风机（进风口前 3m 处）：85dB（A）；
送风机（吸风口前 3m 处）：90dB（A）；
钢球磨煤机：95dB（A）～105dB（A）；
其他中、高速磨煤机：86dB（A）～95dB（A）；
发电机及励磁机（距离声源 1m 处）：90dB（A）；
汽轮机（包括注油器，距声源 1m 处）：90dB（A）；
排料机（距机壳 1.5m 处）：85dB（A）；
汽动给水泵：101dB（A）。

21.5.4 由于城市电厂厂界紧邻居民区，由厂界噪声超标导致的环境纠纷问题较为突出，故在城市电厂的设计和施工建设中应充分认识到电厂噪声对周边环境影响的重要性，在设计中对噪声传播途径采取相应的隔声措施，其中主厂房围护结构的设计优化起着重要作用，具体为在主厂房围护结构设计中应改善墙、门、窗、通风等的结构来提高其隔声量，尽量减小门窗的面积，优化门窗的隔声设计。

21.5.5 根据调研结果，大同二电厂二期工程和大唐国际云冈热电厂，为了满足我国环保对噪声控制的要求，直冷系统采用了20世纪90年代的技术，风机选用低噪声设计，风机叶片采用扭曲叶型设计，选用较低转速。挡风墙内加装隔音板，地面采用卵石铺地等措施。

21.5.6 根据湿式冷却塔噪声治理调查结果，成都热电厂在冷却塔进风口外安装通风消声装置，上海吴泾电厂八期工程和杭州半山电厂的冷却塔采用隔声屏障的方式，均达到了预期效果。

21.6 环境保护监测

21.6.2 按《火电厂大气污染物排放标准》GB 13223的要求，火电厂应装设烟气监测系统，因此制定本条规定。

21.6.3 由于火力发电厂烟气连续监测系统的监测结果与脱硫电价的兑现密切相关，按照电监会及环保部门的要求，明确了烟气连续监测系统监测点的位置。

22 消防、劳动安全与职业卫生

22.1 基 本 规 定

22.1.1 现行国家标准《火力发电厂与变电站设计防火规范》GB 50229是专门针对火力发电厂防火设计的国家标准，内容包括火力发电厂建（构）筑物的火灾危险性分类及其耐火等级、总平面布置、建（构）筑物的安全疏散和建筑构造、工艺系统的防火措施、消防给水和灭火装置、火灾探测报警系统、消防供电和照明等。

22.1.2 改善劳动条件，保护劳动者在生产过程中的安全和健康，是我国的一项重要政策。劳动安全和职业卫生设施是火力发电厂建设中必不可少的设施，必须与主体工程同时设计、同时施工、同时投入生产和使用（简称"三同时"）。

中华人民共和国国家标准

机械工业厂房建筑设计规范

Code for design of machinery building architecture

GB 50681—2011

主编部门：中 国 机 械 工 业 联 合 会
批准部门：中华人民共和国住房和城乡建设部
施行日期：２０１２年５月１日

中华人民共和国住房和城乡建设部
公　告

第 1027 号

关于发布国家标准《机械工业厂房建筑设计规范》的公告

现批准《机械工业厂房建筑设计规范》为国家标准，编号为 GB 50681—2011，自 2012 年 5 月 1 日起实施。其中，第 7.1.6、8.1.10、8.4.8、9.3.4、9.3.5、12.0.3、13.3.4、13.4.10、14.1.1、14.1.2 条为强制性条文，必须严格执行。

本规范由我部标准定额研究所组织中国计划出版社出版发行。

中华人民共和国住房和城乡建设部
二○一一年五月十二日

前　言

本规范是根据原建设部《关于印发〈2006 年工程建设标准规范制订、修订计划（第二批）〉的通知》（建标〔2006〕136 号）的要求，由机械工业第一设计研究院会同有关单位共同编制完成的。

本规范在编制过程中，编制组进行了广泛的调查研究，开展了专题讨论，总结了近年来我国机械工业厂房及其附属建筑的建筑设计的实践经验，与国内外相关的规范进行了协调，并借鉴有关国际标准和国外先进技术、材料，在此基础上以多种方式广泛征求了全国有关单位的意见，经反复讨论、修改，最后经审查定稿。

本规范共分 15 章和 1 个附录，主要内容有：总则，术语，基本规定，屋面，墙体，地面和楼面，门窗，楼梯、钢梯、电梯与起重机梁走道板，装饰工程，地下工程防水，防腐蚀设计，电离辐射室，电磁屏蔽室，噪声控制，空气调节区等。

本规范中以黑体字标志的条文为强制性条文，必须严格执行。

本规范由住房和城乡建设部负责管理和对强制性条文的解释，由中国机械工业联合会负责日常管理，由机械工业第一设计研究院负责具体技术内容的解释。在执行过程中，请各单位结合工程实践，认真总结经验，积累资料，如发现需要修改或补充之处，请将意见和有关资料寄机械工业第一设计研究院（地址：安徽省蚌埠市吴湾路 690 号；邮政编码：233017），以供今后修订时参考。

本规范组织单位、主编单位、参编单位、主要起草人和主要审查人：

组织单位：中国机械工业勘察设计协会
主编单位：机械工业第一设计研究院
参编单位：中国联合工程公司
　　　　　　机械工业第五设计研究院
　　　　　　中机国际工程设计研究院
　　　　　　机械工业部汽车工业天津规划设计研究院
　　　　　　机械工业第九设计研究院
　　　　　　北京东方雨虹防水技术股份有限公司
主要起草人：魏慎悟　白云艾　施少连　李　莉
　　　　　　许成德　李红树　罗　劲　郭纪鸿
　　　　　　王　斗　张兴林　鲍常波　徐　辉
　　　　　　李保谦　李　超　王　新
主要审查人：杜振远　刘正荣　张会义　许迎新
　　　　　　汪洋海　杨　涛　谭遏舟　陈文辉
　　　　　　严俊生　刘乃姝

目　次

1 总则 ………………………………… 7—45—5
2 术语 ………………………………… 7—45—5
3 基本规定 …………………………… 7—45—5
4 屋面 ………………………………… 7—45—6
　4.1 屋面构造 ……………………… 7—45—6
　4.2 卷材防水屋面 ………………… 7—45—6
　4.3 涂膜防水屋面 ………………… 7—45—7
　4.4 刚性防水屋面 ………………… 7—45—7
　4.5 保温隔热屋面 ………………… 7—45—7
　4.6 金属压型板屋面 ……………… 7—45—8
　4.7 屋面排水 ……………………… 7—45—8
5 墙体 ………………………………… 7—45—9
6 地面和楼面 ………………………… 7—45—10
　6.1 面层 …………………………… 7—45—10
　6.2 垫层 …………………………… 7—45—11
　6.3 台阶、坡道、散水及明沟 …… 7—45—11
　6.4 楼面和地面构造 ……………… 7—45—12
7 门窗 ………………………………… 7—45—12
　7.1 门 ……………………………… 7—45—12
　7.2 侧窗 …………………………… 7—45—12
　7.3 天窗 …………………………… 7—45—13
　7.4 挡风板 ………………………… 7—45—13
8 楼梯、钢梯、电梯与起重机
　　梁走道板 ………………………… 7—45—13
　8.1 楼梯 …………………………… 7—45—13
　8.2 钢梯 …………………………… 7—45—14
　8.3 电梯 …………………………… 7—45—14
　8.4 起重机梁走道板 ……………… 7—45—14
9 装饰工程 …………………………… 7—45—14
　9.1 外墙装饰 ……………………… 7—45—14
　9.2 内墙装饰 ……………………… 7—45—15
　9.3 顶棚及吊顶 …………………… 7—45—15
10 地下工程防水 ……………………… 7—45—15
11 防腐蚀设计 ………………………… 7—45—16
　11.1 建筑布置 ……………………… 7—45—16
　11.2 承重及围护结构 ……………… 7—45—16
　11.3 地面和楼面 …………………… 7—45—16
　11.4 防腐蚀涂料 …………………… 7—45—17
12 电离辐射室 ………………………… 7—45—17
13 电磁屏蔽室 ………………………… 7—45—18
　13.1 基本要求 ……………………… 7—45—18
　13.2 屏蔽效能 ……………………… 7—45—18
　13.3 屏蔽材料与结构形式 ………… 7—45—19
　13.4 屏蔽层的构造 ………………… 7—45—19
14 噪声控制 …………………………… 7—45—20
　14.1 噪声控制 ……………………… 7—45—20
　14.2 隔声 …………………………… 7—45—21
　14.3 吸声 …………………………… 7—45—21
　14.4 消声 …………………………… 7—45—22
15 空气调节区 ………………………… 7—45—22
　15.1 建筑布置 ……………………… 7—45—22
　15.2 围护结构热工设计 …………… 7—45—22
　15.3 屋面、吊顶与技术夹层 ……… 7—45—23
　15.4 墙体 …………………………… 7—45—23
　15.5 地面和楼面 …………………… 7—45—23
　15.6 门与窗 ………………………… 7—45—23
附录 A　机械工业厂房及其附属
　　　　建筑冬季室内热工计算
　　　　参数 ………………………… 7—45—24
本规范用词说明 ……………………… 7—45—24
引用标准名录 ………………………… 7—45—25
附：条文说明 ………………………… 7—45—26

Contents

1 General provisions ················ 7—45—5
2 Terms ···························· 7—45—5
3 Basic requirement ················ 7—45—5
4 Roofing ·························· 7—45—6
   4.1 Roofing structure ············· 7—45—6
   4.2 Membrane waterproof roofing ······ 7—45—6
   4.3 Coated waterproof roofing ········ 7—45—7
   4.4 Rigid waterproof roofing ·········· 7—45—7
   4.5 Thermal insulation roofing ········ 7—45—7
   4.6 Metal contour plate roofing ······· 7—45—8
   4.7 Roof drainage ·················· 7—45—8
5 Wall ···························· 7—45—9
6 Ground and floor ················ 7—45—10
   6.1 Surface course ················ 7—45—10
   6.2 Cushion ······················ 7—45—11
   6.3 Footsteps, ramp, apron and ditch ························ 7—45—11
   6.4 Construction for floor and ground ······················ 7—45—12
7 Doors and windows ·············· 7—45—12
   7.1 Door ························ 7—45—12
   7.2 Side window ·················· 7—45—12
   7.3 Skylight ······················ 7—45—13
   7.4 Wind screen ·················· 7—45—13
8 Stairs, steel ladder, lift and crane beam slidewalk ··········· 7—45—13
   8.1 Stairs ························ 7—45—13
   8.2 Steel ladder ·················· 7—45—14
   8.3 Lift ·························· 7—45—14
   8.4 Crane beam walkway ·········· 7—45—14
9 Decoration engineering ·········· 7—45—14
   9.1 Exposed wall decoration ········ 7—45—14
   9.2 Interior wall decoration ········ 7—45—15
   9.3 Ceiling and hung ceiling ········ 7—45—15
10 Water proofing for underground construction ···················· 7—45—15
11 Corrosion protection design ······ 7—45—16
   11.1 Building lay-out ················ 7—45—16
   11.2 Load bearing and building envelope ······················ 7—45—16
   11.3 Ground and floor ·············· 7—45—16
   11.4 Corrosion protection coating ····· 7—45—17
12 Ionizing radiation room ·········· 7—45—17
13 Electromagnetic shielding room ·························· 7—45—18
   13.1 Basic requirements ············ 7—45—18
   13.2 Shielding efficiency ············ 7—45—18
   13.3 Shielding material and the construction form ·············· 7—45—19
   13.4 Construction of shielding layer ················ 7—45—19
14 Noise control ···················· 7—45—20
   14.1 Noise control ·················· 7—45—20
   14.2 Sound insulation ·············· 7—45—21
   14.3 Sound absorption ·············· 7—45—21
   14.4 Noise elimination ·············· 7—45—22
15 Air conditioning region ·········· 7—45—22
   15.1 Building lay-out ················ 7—45—22
   15.2 Thermal performance design for building envelope ············ 7—45—22
   15.3 Roof, suspended ceiling and technical interlayer ············ 7—45—23
   15.4 Wall ·························· 7—45—23
   15.5 Ground and floor ·············· 7—45—23
   15.6 Doors and windows ············ 7—45—23
Appendix A Calculation parameter for thermal performance of machinery industry building and outbuilding indoor in winter ······· 7—45—24
Explanation of wording in this code ·························· 7—45—24
List of quoted standards ············ 7—45—25
Addition: Explanation of provisions ······················ 7—45—26

1 总　则

1.0.1 为使机械工业厂房及其附属建筑的建筑设计，做到安全适用、技术先进、环保节能、经济合理、施工简便、维修方便，制定本规范。

1.0.2 本规范适用于下列范围：

1 新建、扩建、改建的机械工业厂房及其附属建筑的建筑设计；

2 机械工业工厂中电离辐射室的建筑设计；

3 机械工业工厂中电磁屏蔽室，屏蔽频率为 0.15MHz～30MHz 利用建筑物增设屏蔽层的建筑设计。

1.0.3 机械工业厂房及其附属建筑的建筑设计，除应符合本规范外，尚应符合国家现行有关标准的规定。

2 术　语

2.0.1 联合厂房　united workshop
由多个工艺车间组成的厂房。

2.0.2 附属建筑　attachment building
为机械工业厂房生产服务而毗连布置，或在厂区内独立设置的办公、科研与技术、生活与卫生设施和库房等配套建筑物。

2.0.3 电磁屏蔽室　electromagnetic shielding room
防止静电或电磁的相互感应设施。

2.0.4 起重机梁走道板　crane beam slidewalk
沿厂房起重机梁面一侧统长布置供工作人员行走的板。

2.0.5 起重机工作制等级　crane work grade
起重机按载荷状态和利用等级确定的级别。

3 基本规定

3.0.1 机械工业厂房及其附属建筑，应根据生产、使用功能性质、工艺要求、节地节能、环保卫生、当地气象、水文、地质、材料供应、施工和发展扩建等条件进行设计。

3.0.2 多跨厂房当高差值小于 1.2m 时，不宜设置高度差；非采暖多跨厂房当高跨侧仅有一个低跨，且高差值小于 1.8m 时，亦不宜设置高度差。

3.0.3 建、构筑物地面标高，应按下列规定确定：

1 建筑物的室内地面标高应高出室外地面标高，其值不应小于 0.15m；

2 设有桥式、龙门起重机等露天库或堆场的地面标高，应高出周围场地 0.15m，并应设 0.3%～0.5%的排水坡度；

3 湿陷性黄土地区建筑物的室内外地面的标高差，应根据地基的湿陷类型、等级确定，其值宜采用 0.2m～0.3m；

4 易燃、可燃液体仓库的室内地面标高，应低于仓库门口的标高 0.15m；

5 电石库的室内地面标高应高出室外地面，其值不应小于 0.25m；

6 建筑物内的铁路轨顶标高，应与建筑物地面标高相同。

3.0.4 厂房内设有梁式起重机或桥式起重机时，起重机桥架外缘与上柱内缘的净距不应小于 100mm；其轨顶至屋架下弦或屋面梁底面之间的净空尺寸，应符合下列规定：

1 应满足起重机的最小轮廓尺寸及起重机的限界尺寸和安全间隙的要求；

2 应满足起重机检修的空间要求；

3 应满足当厂房基础埋置在软弱土、湿陷性黄土、膨胀土地基上及因厂房的地面堆载使相邻柱出现沉降差时的要求；

4 应满足当屋架或屋面梁底面悬挂带坡度的横向管道或屋架下弦直接安装照明灯具时的要求。

3.0.5 联合厂房，应符合下列规定：

1 厂房的建筑形式应因地制宜；

2 厂房四周不宜建毗连的附属建筑；

3 应沿厂房纵横方向，并结合厂房内部运输通道，设置通风大门或通风过道；屋顶应设置天窗、排风帽或采用通风屋顶；

4 散发热量、烟尘和腐蚀性介质的工段，应布置在靠厂房的外墙；对于影响严重的局部工段，应采用排烟排气罩机械送、排风；

5 应采取减少不同生产性质的车间相互影响的措施。

3.0.6 有爆炸危险的甲、乙类生产部位、仓库，宜设在单层厂房靠外墙处或多层厂房的顶层靠外墙处，其泄压面积与泄压设施，应符合现行国家标准《建筑设计防火规范》GB 50016 的有关规定。屋顶上的泄压设施应采取防冰雪积聚措施。

3.0.7 厂房及其附属建筑的外墙面宜采取防龟裂、防渗漏措施。

3.0.8 沿海地区或有腐蚀性气体及高湿的厂房门、窗和门、窗五金配件，应采取防腐蚀及防潮措施。

3.0.9 厂房及附属建筑的屋面防水等级和防水层合理使用年限，应符合下列规定：

1 大型、重要的单、多、高层厂房及联合厂房的屋面防水等级应为Ⅱ级，防水层合理使用年限应为 15 年；

2 单层、一般的厂房及其附属建筑屋面防水等级应为Ⅲ级，防水层合理使用年限应为 10 年；

3 非永久性的建筑其屋面防水等级应为Ⅳ级，防水层合理使用年限应为 5 年。

3.0.10 采用卷材、涂膜防水层时，其厚度应按屋面防水等级、设防道数和所选的防水材料确定。

3.0.11 采用单层屋面防水系统时，除应符合所选防水材料单层屋面系统的施工要求外，尚应符合本规范第3.0.9条规定的防水层合理使用年限的要求。

3.0.12 屋面单坡跨度大于9m时，宜做结构找坡，坡度不应小于3%；屋面单坡跨度小于或等于9m时，可用轻质材料或保温层找坡，坡度宜为2%。

4 屋 面

4.1 屋面构造

4.1.1 屋面构造，应按屋面的结构特点、高低跨、温差变形、干缩变形、屋面坡度、振动等因素确定，并应符合下列规定：

1 应采用柔性密封、防排结合、材料防水与构造防水相结合的措施；

2 宜采用卷材、防水涂膜、密封材料、刚性防水材料等互补并用的二道设防；

3 地震设防区或有强风、台风地区的屋面应采取固定加强措施；

4 基层处理剂、胶粘剂、密封胶条、嵌缝油膏、着色剂应与所选的防水材料具有相容性；

5 除单层屋面防水系统外，柔性防水层上应设保护层。保护层为水泥砂浆、细石混凝土或块材时，应设分格缝。分格缝应嵌填密封材料。保护层与防水层之间应设隔离层。

4.1.2 当采用多种防水材料复合使用时，应符合下列规定：

1 选择不同胎体和性能的卷材复合使用时，高性能的卷材应放在面层；

2 应将耐老化、耐穿刺的防水材料铺设在最上层；

3 相邻材料之间应具相容性和互补性；

4 卷材与涂膜复合使用时，涂膜宜铺设在下层；

5 合成高分子防水卷材、涂膜的上部，不宜采用热熔型卷材或涂料；

6 卷材、涂膜与刚性防水材料复合使用，其间应设置隔离层，且刚性防水层应设在上面；

7 卷材、涂料的搭接缝口应采用材性相容的密封材料封严。

4.1.3 当屋面结构层为装配式钢筋混凝土板时，板缝内应浇灌强度等级不低于C20的细石混凝土将板缝灌填密实；灌缝用的细石混凝土应掺微膨胀剂，微膨胀剂上应填放背衬材料，背衬材料上部应嵌填密封材料，接缝部位外露的密封材料上应设置保护层。

当缝宽度大于40mm或上窄下宽时，应在板缝中设置构造钢筋，板端缝应进行柔性密封处理。无保温层的屋面，板侧缝上应预留凹槽，并应进行密封处理。

4.1.4 屋面防水基层与突出屋面的女儿墙、立墙、天窗壁、变形缝、烟囱等交接处，以及雨水口、天沟、檐沟、屋脊、阴阳角等与屋面基层的转角处，应将其找平层做成不同半径的圆弧，其交接处、转角处应设置防水附加层。

4.1.5 屋面上的设施周围和屋面出入口至设施之间的人行道，应铺设刚性保护层。刚性保护层与女儿墙、山墙以及突出屋面结构的交接处，应留宽度为30mm的缝隙，并应用密封材料嵌填密实。

4.1.6 高低跨屋面设计，应符合下列规定：

1 高低跨变形缝处的防水处理，应采取有适应变形能力的材料和构造措施；

2 当高跨屋面为无组织排水时，应在低跨屋面受水冲刷的部位加铺一层卷材附加层，其上应铺宽300mm～500mm、厚25mm～30mm的预制C20钢筋混凝土板加强保护；当高跨屋面为有组织排水时，雨水管下应设25mm～30mm厚的预制钢筋混凝土水簸箕或防护板。

4.1.7 砌体女儿墙应采用钢筋混凝土压顶，其压顶顶面应向内侧排水。

4.1.8 坡度超过25%屋面或坡面檐口贴面砖时，宜用聚合物水泥砂浆粘贴，并宜用聚合物水泥浆或聚合物水泥砂浆勾缝。

4.1.9 屋面接缝密封防水设计，应符合下列规定：

1 屋面接缝密封防水应与卷材防水屋面、涂膜防水屋面、刚性防水屋面等配套使用；

2 屋面密封防水的接缝宽度宜为5mm～30mm，接缝深度宜为接缝宽度的0.5倍～0.7倍；

3 密封防水处理连接部位的基层，应涂刷与密封材料材性相容的基层处理剂；

4 接缝处的密封材料底部应设置背衬材料，背衬材料宽度应大于接缝宽度20%。

4.2 卷材防水屋面

4.2.1 卷材屋面的坡度超过25%时，应采取固定或防止卷材下滑的措施。

4.2.2 防水层的找平层厚度，应根据基层种类和找平用的材料确定。找平层应设分格缝，缝宽宜为5mm～20mm，纵横缝的间距不宜大于6m，应与板端缝对齐，缝内应填密封材料。

4.2.3 易积灰的卷材屋面应采用刚性保护层。

4.2.4 女儿墙面上的卷材应采用满粘铺贴法，其混凝土墙上的卷材收头应采用金属压条钉压固定在距屋面面层不小于250mm的凹槽内，并应用密封材料封严；卷材收头及凹槽上部的墙体应做防水处理。

4.2.5 在无保温层的装配式屋面上，应沿屋面板端缝先单边点粘一层卷材，每边的宽度不应小于100mm，也可采取其他能增大防水层适应变形的措施，然后再铺贴屋面卷材。

4.2.6 屋面保温层和找平层干燥有困难时，宜采用排汽屋面。

4.2.7 屋面上设施基座与结构层相连时，屋面防水层应包裹设施基座的上部，并应在地脚螺栓周围做密封处理；在屋面防水层上放置设施时，设施下部的屋面防水层应做卷材增强层，并应在卷材增强层上浇筑厚度不小于50mm、强度等级为C20的细石混凝土。

4.3 涂膜防水屋面

4.3.1 涂膜防水屋面的坡度超过25%时，不宜采用干燥成膜时间过长的涂料。

4.3.2 涂膜防水屋面的找平层，应符合本规范第4.2.2条的规定。找平层或基层的干燥程度，应根据所选用的涂料特性确定。找平层或基层应表面平整、干净、无孔隙、起砂和裂缝。

4.3.3 涂膜防水屋面应沿找平层分格缝增设带胎体增强材料的空铺附加层，其空铺宽度宜为100mm。找平层板端处的分格缝处空铺的附加层，其宽度宜为200mm～300mm。天沟、檐沟与屋面交接处的空铺附加层，其空铺宽度不应小于200mm。

4.3.4 屋面女儿墙的泛水涂膜防水层，宜直接涂刷至女儿墙的压顶下。

4.3.5 无组织排水檐口的屋面涂膜防水层收头应伸入凹槽内，凹槽应用防水涂料多遍涂刷封严或用密封材料封严。檐口下端应做滴水处理。

4.3.6 涂膜防水配套使用的胎体增强材料，应与涂膜性质相匹配。

4.4 刚性防水屋面

4.4.1 有冲击或振动大的厂房及附属建筑的屋面，不宜采用刚性防水屋面。

4.4.2 天沟、檐沟应采用掺防水剂的水泥砂浆找坡；找坡厚度大于20mm时，宜采用C10细石混凝土找坡。

4.4.3 刚性防水屋面的设计，应符合下列规定：

1 屋面的基层，宜为整体现浇钢筋混凝土板；当为装配式钢筋混凝土板时，应符合本规范第4.1.3条的规定；

2 细石混凝土防水层与基层间应设置隔离层，保温屋面的保温层可兼隔离层；

3 细石混凝土防水层应设置分格缝，缝的纵横间距不宜大于6m，缝的宽度宜为5mm～30mm，缝内应涂刷与密封材料相配套的基层处理剂后设置与密封材料不粘结的背衬材料，并应用密封材料嵌填密实，嵌填的深度应为分格缝宽度的0.5倍～0.7倍；分格缝上部应设置保护层；基层为装配式钢筋混凝土板时，分格缝应设在屋面板的支承端、屋面转折处，并应与板端缝对齐；

4 配筋细石混凝土防水层，应采用直径为4mm～6mm、间距为100mm～200mm双向钢筋网片，钢筋网片在分格缝处应断开，其保护层厚度不应小于10mm，混凝土强度等级不应低于C20，厚度不应小于40mm，且宜采用补偿收缩混凝土；

5 配筋细石混凝土防水层与山墙、女儿墙、突出屋面结构及管道、变形缝两侧墙体的交接处，应留宽度为30mm的缝隙，并应做柔性密封处理；泛水处应设置防水附加层；

6 细石混凝土防水层，应采用水泥强度等级不低于32.5的普通硅酸盐水泥或硅酸盐水泥；

7 刚性防水层的细石混凝土中宜按不同要求掺入膨胀剂、密实剂、减水剂、防水剂等外加剂，以及钢纤维等掺合料；

8 刚性防水层内严禁埋设管线、预埋件和凿眼打洞。

4.5 保温隔热屋面

4.5.1 屋面保温隔热层的设计，应符合下列规定：

1 屋面保温隔热层应采用憎水性或吸水率低的材料，不宜采用松散材料；

2 封闭式保温层的含水率，应相当于该材料在当地自然风干状态下的平衡含水率；

3 屋面保温隔热层的基层为装配式钢筋混凝土板时，板缝处理应符合本规范第4.1.3条的规定；

4 厂房及其附属建筑冬季室内热工计算参数，宜符合本规范附录A的规定；

5 屋面保温隔热层的厚度，应按建筑热工设计要求计算确定；

6 夏热冬冷地区，保温层可兼作隔热层，其厚度可按隔热要求计算确定；

7 在纬度40°以北地区且室内空气湿度大于75%，或其他地区室内空气湿度常年大于80%时，若采用吸湿性保温材料做屋面保温隔热层应设置隔汽层，其材料应采用气密性、水密性好的防水卷材或防水涂料；隔汽层应与屋面的防水层相连接，并应使其形成全封闭的整体。

4.5.2 保温层的构造，应符合下列规定：

1 保温层设置在防水层上部时，保温层上应做保护层；保温层设置在防水层下部时，保温层上应做找平层；

2 屋面坡度大于25%时，保温层应采取防滑措施；

3 保温屋面的天沟、檐沟凡与室内空间有关联的均应设保温层；天沟、檐沟与屋面交接处其屋面保温层，应延伸到不小于墙厚的1/2处。

4.5.3 架空隔热屋面的设计，应符合下列规定：

1 架空隔热屋面的坡度不宜大于5%，架空隔热层的高度宜为180mm～300mm，架空板与女儿墙间的距离不宜小于250mm；

2 屋面宽度在夏热冬暖地区大于10m、夏热冬冷地区大于15m时，宜采取通风屋脊等措施；

3 进风口宜设置在正压区，出风口宜设置在负压区。

4.5.4 通风较好的建筑物宜采用架空隔热屋面，但寒冷地区不宜采用架空隔热屋面。

4.5.5 种植屋面的设计，应符合下列规定：

1 屋面结构层应为现浇整体钢筋混凝土板；

2 防水层应选择刚柔复合防水，柔性防水层应选用耐腐蚀、耐霉烂、耐穿刺、耐水性能好的材料，刚性防水层应设置在上部；

3 种植屋面四周应设置围护墙，墙身高度应高于种植介质100mm，距围护墙底部高100mm处应留设泄水孔、排水管，并应采取避免种植介质流失的措施；

4 种植屋面所用材料及植物应符合环境保护要求，分区布置应设挡墙或挡板，种植介质及厚度应根据种植植物的种类要求确定；

5 种植屋面应设置人行通道。

4.5.6 倒置式屋面的设计，应符合下列规定：

1 倒置式屋面的防水等级不应低于Ⅱ级；

2 防水层材料应采用适应变形能力强、接缝密封保证率高的材料；

3 保温层应采用干铺或粘贴板状憎水性或不吸水、不腐烂的保温材料；

4 保温材料表面应做刚性保护层；

5 倒置式屋面保温层采用现场喷硬质聚氨酯泡沫塑料时，其表面宜涂刷一道涂膜作保护层，其间应具相容性；

6 倒置式屋面的檐沟、雨水口等部位，应采用现浇钢筋混凝土或砖堵头，并应做好排水处理。

4.6 金属压型板屋面

4.6.1 金属压型板屋面，应符合下列规定：

1 金属压型板屋面应根据屋面防水等级及防水层合理使用年限选择性能相适应的金属压型板材及建筑构造；

2 金属压型板屋面坡度小于5%时，应采取防漏水措施；

3 金属板材屋面檐口挑出的长度，不应小于200mm；

4 金属压型板屋面开洞时，应做好泛水构造选型；

5 台风地区或高于50m的建筑，应采取防风措施；

6 对风荷载较大地区的敞开式建筑，其屋面板上下两面同时受有较大风压时，应采取加强连接的构造措施。

4.6.2 金属压型板屋面的铺设、固定和搭接，应符合下列规定：

1 屋面天沟用金属板材制作时，伸入屋面金属板材下的深度不应小于100mm；当有檐沟时，屋面金属板材应伸入檐沟内，其伸入长度不应小于50mm。屋面的檐口应用异型金属板材的堵头封檐板；山墙应用异型金属板材的包角板和固定支架封严；

2 屋面脊部应用金属屋脊盖板，并应在屋面板端头设置泛水挡水板和泛水堵头板；

3 金属压型板屋面的泛水高度不应小于250mm。搭接口处应采取密封措施；

4 金属压型板屋面为单坡时，其屋脊应用包角板覆盖；

5 金属压型板连接方式为紧固件连接及咬边连接，不应使用锁螺钉连接，其固定和搭接处应密封处理，不应有渗漏现象；

6 金属压型板屋面天沟或檐沟每隔3m应设加强肋。

4.7 屋面排水

4.7.1 屋面排水应符合下列规定：

1 屋面排水方式应根据当地自然条件、雨量大小、檐口高度、生产性质及屋面排水坡度、排水面积等条件确定；

2 当采用有组织排水时，宜采用外排水；

3 除金属压型板屋面外，屋面的排水天沟、檐沟纵向坡度不应小于1%；沟底水落差不得超过200mm。天沟、檐沟排水不得流经变形缝和防火墙；当沟内纵坡坡向变形缝、防火墙时，应在两侧设置雨水口；

4 易积灰的屋面宜采用无组织排水；当采用有组织排水时，应采取防堵措施。

4.7.2 下列情况之一时，屋面宜采用有组织排水：

1 年降雨量小于或等于900mm地区，且檐口距地面大于8m；

2 天窗跨度大于12m；

3 相邻屋面高差大于或等于4m时的高处檐口；

4 年降雨量大于900mm地区，且檐口距地面大于5m或相邻屋面高差大于或等于3.5m时的高处檐口；

5 湿陷性黄土地区的屋面；

6 采暖地区有露天起重机跨的一侧；

7 开敞式或半开敞式天窗的天窗屋面。

4.7.3 雨水口和雨水管的布置及其截面，应按汇水面积计算确定。每一屋面或天沟的雨水口不宜少于2个。雨水管公称直径不宜小于100mm。雨水口中心距端部女儿墙内边不宜小于500mm。雨水管距墙面不应小于20mm，排水口距散水坡的高度不应大于200mm，并应设45°弯头。

4.7.4 冬季室外采暖计算温度低于—20℃严寒地区的屋面雨水，宜采用内排水。其雨水管应接入雨水排水管网，接口应封接严密，不得与污水管道连接。屋面天沟端头，应设溢水口。

4.7.5 平屋面时，靠近天沟、檐沟200mm～500mm范围内的屋面坡度宜为5%，分水线处最小深度应大于或等于40mm。在雨水口周围直径500mm范围内的坡度不宜小于5%，雨水口应用防水涂料涂封，其厚度不应小于2mm。雨水口与基层接触处，应留宽20mm、深20mm凹槽，且应嵌填柔性密封材料。

4.7.6 多跨厂房的中间天沟，应结合建筑物伸缩缝布置，并应采用两端山墙外排水；出山墙部分的天沟墙壁，应设溢水口。

4.7.7 金属板屋面内檐沟及内天沟的坡度宜为0.5%。出墙部分的天沟墙壁，应设溢水口。寒冷地区的内天沟、檐沟，应采取防积雪冰冻措施。

4.7.8 湿陷性黄土地区的屋面雨水管，应直接接入专设的雨水明沟或雨水管道。

4.7.9 屋面采用无组织排水时，屋面伸出墙面的长度，不宜小于600mm。在建筑物的出入口处，应设雨篷。

4.7.10 低层建筑屋面当屋面伸出墙面且采用无组织排水时，其散水宽度应大于屋面伸出宽度300mm。

4.7.11 屋面采用内排水时，雨水管应采用明管，且应减少弯曲，不得砌在承重墙内或预埋在混凝土柱内。屋面雨水口应装疏水算子，其雨水管下端或接横向管处应设有密封口的检修孔。

5 墙 体

5.0.1 砌筑墙体材料的选用，应符合下列规定：

1 非承重内隔墙的墙体材料宜采用强度等级大于或等于MU5.0的砖或砌块，且应采用强度等级大于或等于M5.0的混合砂浆砌筑；

2 防潮层以下的墙基应采用实心砖或砌块砌筑，不得采用空心砖、硅酸盐砖及加气混凝土砌块砌筑。当采用混凝土小型空心砌块时，应采用强度等级不低于Cb20的灌孔混凝土灌实其孔洞。砖、砌块的强度等级应大于或等于MU10.0，石材砌块应大于或等于MU20.0。用于严寒地区及潮湿土壤中时，其强度等级应提高1级。防潮层以下的砌体均应采用强度等级大于或等于M7.5水泥砂浆砌筑；

3 框架结构楼层的填充墙宜采用轻质砖或砌块，且应与框架梁、柱有拉结措施，并应采用与其匹配的砌筑砂浆砌筑；

4 轻质砖和砌块墙体材料，应满足防火、防潮等要求；

5 潮湿房间、经常处于干湿交替房间的墙体，不应采用吸湿性较大的砖或砌块；

6 墙体表面经常处于80℃以上的高温房间及受化学浸蚀环境的墙体，不得采用加气混凝土砌块。

5.0.2 砌筑墙体的构造，应符合下列规定：

1 厚度小于或等于120mm的砌筑墙体，长度超过3.6m时，应设构造柱；高度超过2.1m时，应设通长钢筋混凝土圈梁，并应与钢筋混凝土柱连接。墙厚小于或等于120mm的砌筑墙体上的门窗立樘，应采取加固措施；

2 砌筑墙体预留直槎时，应加设拉结筋，拉结筋每120mm厚砖不得少于1根，直径不得小于6mm，其间距沿墙高不应大于0.5m，埋入长度从墙留槎处起，每边不应小于500mm，末端应有90°弯钩；

3 抗震设防地区填充墙，应沿框架柱全高每隔0.5m设2φ6拉筋。设防烈度为6、7度时，拉筋伸入墙内的长度不应小于墙长的1/5，且不应小于700mm；设防烈度为8、9度时，拉筋伸入墙内的长度宜沿墙全长贯通。填充墙长度大于5m时，其墙顶应与楼板或梁拉结。厂房山墙处屋面板，应与女儿墙下的卧梁拉结；

4 抗震设防地区的纵、横墙体交接处，应同时咬槎砌筑。设防烈度为7度，且长度大于7.2m的大房间及设防烈度为8、9度时，外墙转角及内外墙交接处，应沿墙高每0.5m配置2φ6拉结钢筋，每边伸入墙内不应小于1m，末端应有90°弯钩；

5 砌筑墙上的孔洞宜预留，不应随意打凿。孔洞周边应做好密封处理；在靠近门、窗洞口处设置配电箱或消火栓箱时，其洞口间的端墙净宽不得小于360mm。

5.0.3 砌筑墙体的墙身防潮层的设计，应符合下列规定：

1 设于地面以下0.06m处，宜采用厚20mm的1:2.5水泥砂浆，并应内加为水泥重量3%～5%的防水剂；

2 当室内墙体两侧的地坪有高差时，应在各地坪面以下0.06m处做防潮层，并在高差范围靠土一侧的墙面亦应做防潮层。贴外墙设有花池时，应在此段外墙面靠土一侧做防潮层。

5.0.4 当设有钢筋混凝土基础梁或墙基为混凝土砌块或石块砌筑时，其顶面位于室内混凝土地面垫层范围内时，其墙身可不做防潮层。

5.0.5 有防冻胀要求的基础梁下，应做防冻胀处理。

5.0.6 吸湿性较大的砖、砌块隔墙的底部，应做高出地面100mm、宽同墙厚的混凝土条带，其强度等级不低于C15。

5.0.7 砖、砌块墙体应按现行国家标准《建筑抗震设计规范》GB 50011和《混凝土结构设计规范》GB 50010的有关规定设置防震缝、沉降缝或伸缩缝，并应根据缝的性质及环境要求进行盖封处理。

5.0.8 砖、砌块砌筑的女儿墙厚度不宜小于200mm。现浇钢筋混凝土屋面时，女儿墙底部宜高出层面300mm，并应与层面同时浇筑。女儿墙高度应根据使用及抗震设防要求确定；当抗震设防地区的女儿墙高度超过0.5m时，应采取抗震构造措施。非抗震设防地区的女儿墙高度可为0.9m，并应按结构要求设置构造柱及现浇钢筋混凝土压顶板，且宜每隔30m留板缝，缝宽宜为20mm，板缝内应用防水密封材料嵌填。

5.0.9 单层厂房外墙低侧窗窗台高度宜为0.8m～1.2m，但热加工车间的低侧窗窗台高度可适当降低。多层厂房楼层窗台高度小于0.8m时，应设护栏。

5.0.10 门、窗及预留洞口应采用钢筋混凝土过梁，非抗震设防地区的洞口宽度小于1m时，可采用钢筋砖过梁。

5.0.11 轻型板材墙体的设计，应符合下列规定：
1 外墙窗洞四周应做防水处理；
2 屋面宜采用外天沟排水；
3 框架结构填充隔墙，宜采用轻质预制墙板，其墙板应与所在板、梁、柱有可靠的连接，交接处应采取防开裂措施；
4 有热工要求的厂房外墙板应经热工计算确定，外墙节点做法应采取防止热桥产生的构造措施；
5 夏热冬冷及夏热冬暖地区无热工要求的厂房外墙采用金属压型板时，宜采用夹芯墙板，其热惰性值不宜小于0.8。

5.0.12 厂房外墙采用金属压型墙板时，其勒脚部位宜采用吸水性小的砖、砌块砌筑，并应设置钢筋混凝土构造柱、伸缩缝和现浇钢筋混凝土压顶板。

5.0.13 金属压型板墙体上开洞时，洞四周应采取加固措施，并应做防水构造处理。

5.0.14 金属复合板墙体应采取扣合安装，板与板侧面连接应采取封边组合，板与板上下搭接部位应有气密压条密封。

6 地面和楼面

6.1 面 层

6.1.1 厂房地面面层应选用平整、耐磨、不起尘、防滑、防腐、易清洗的材料，并应符合下列规定：
1 加工车间的地面面层，宜选用混凝土、细石混凝土、水泥砂浆、耐磨混凝土或耐磨涂料面层；
2 有强烈磨损及拖运尖锐金属物件的地面面层，宜选用金属骨料耐磨混凝土、钢纤维混凝土、块石、强度等级不低于C25的细石混凝土、铸铁板或钢格栅加固混凝土面层；
3 有坚硬重物经常冲击及有灼热物件接触地面和高温作业地段地面面层，宜选用素土、矿渣、块石、混凝土或铸铁板面层；
4 有清洁要求，平整光滑、不起尘地面面层，宜选用水磨石等面层；
5 有爆炸危险的房间或区域地面面层，应选用不发火面层；
6 有防静电要求的地面面层，应选用导电材料制成的地面，并应做静电接地；
7 有防潮湿要求的库房地面面层，宜选用防潮混凝土、防潮水泥砂浆或沥青砂浆面层；
8 储存笨重物料的地段地面面层，宜选用素土、矿渣、碎石或块石面层。

6.1.2 地面面层采用金属骨料耐磨混凝土及钢格栅加固混凝土时，其强度等级不宜低于C30混凝土。

6.1.3 地面和楼面面层分格缝的设置，应符合下列规定：
1 细石混凝土面层的分格缝，应与垫层的缩缝对齐；
2 水磨石、水泥砂浆、聚合物砂浆等面层的分格缝，除应与垫层的缩缝对齐外，其间距应符合设计要求；
3 主梁两侧和柱周边处，宜设分格缝。

6.1.4 防油渗楼面设计，应符合下列规定：
1 受机油直接作用的楼面，应采用防油渗混凝土面层，其厚度宜为70mm。现浇钢筋混凝土楼板上应设防油渗隔离层；
2 少量机油作用的楼面，宜在水泥类整体面层上涂刷耐磨性能好的防油渗涂料面层；
3 防油渗面层，亦可选用具有防油渗性能的聚合物砂浆或聚氨酯类涂料；
4 防油渗混凝土面层，当不允许面层开裂时，宜在面层顶面下20mm处配直径为4mm～6mm、间距为150mm～200mm钢筋网片，也可采用钢纤维混凝土；
5 露出地面的电线管、接线盒、地脚螺栓、预埋套管及墙柱连接处等，应采取防油渗措施；
6 防油渗面层分格缝的设置，宜按车间的柱网分仓，每分仓面积不宜大于100m²，缝内应填防油渗胶泥，分仓缝处钢筋网应断开。分仓缝应与下层的混凝土缩缝对齐。

6.1.5 防油渗混凝土的技术指标，应符合表6.1.5的规定。

表6.1.5 防油渗混凝土的技术指标

项 目	单位	技术指标
抗压强度	—	≥C30
抗折强度		≥4
与钢筋粘结力	MPa	≥2
抗油渗		≥1.5
28d的收缩值	mm/m	≤0.35

6.1.6 防油渗胶泥的技术指标，应符合表6.1.6的规定。

表6.1.6 防油渗胶泥的技术指标

项 目	单位	技术指标
粘结力	MPa	≥0.05MPa
浸油后粘结力		≥0.05MPa
耐热度大于或等于80℃	mm	≤4
挥发率	%	≤2
延伸率		≥100
低温柔性大于或等于-10℃	—	合格

6.2 垫 层

6.2.1 地面垫层应根据面层类型和使用要求进行选择，并应符合下列规定：

  1 有水及侵蚀介质作用的地面，应采用刚性垫层；

  2 现浇整体面层和以粘结剂或砂浆结合的块材面层，宜采用混凝土垫层；

  3 砂或炉渣结合的块材面层，宜采用碎石、矿渣、灰土垫层。

6.2.2 混凝土垫层的厚度，应根据地面荷载类型、混凝土强度等级和压实填土地基变形模量计算确定。当填土压实系数大于或等于0.94时，混凝土垫层的厚度可根据地面荷载类型和混凝土强度等级，按表6.2.2的规定确定。

表6.2.2 混凝土垫层的厚度

地面荷载类型		混凝土强度等级	混凝土垫层的厚度(mm)
大面积密集堆料(kN/m²)	20~30	C15 C20 C25	150~140 140~120 130~120
	50	C15 C20 C25	180~150 160~140 140~120
普通金属切削机床（无机床基础）	卧式车床、摇臂钻床、外圆磨床、内圆磨床、滚齿机、立式铣床、牛头刨床、插床	C15 C20 C25	180~150 170~140 160~140
无轨运输车辆	4t载重汽车、3t叉式装卸汽车	C15 C20 C25	160~140 140~130 140~120
	8t载重汽车、5t叉式装卸汽车	C15 C20 C25	180~160 170~150 160~140

续表6.2.2

地面荷载类型		混凝土强度等级	混凝土垫层的厚度(mm)
起重机的起重量(t)	1~3	C15 C20 C25	150~120 130~110 120~100
	5	C15 C20 C25	160~140 150~130 140~120
	10~15	C15 C20 C25	180~160 170~150 160~140

注：1 当垫层上有现浇细石混凝土面层时，表列厚度应减去面层的厚度；
  2 当垫层下有150mm~300mm厚的灰土加强地基时，表列厚度可减去10mm~20mm。

6.2.3 混凝土垫层的最小厚度应为80mm，混凝土材料强度等级不应低于C15。当垫层兼作面层时，混凝土垫层的最小厚度不宜小于100mm，强度等级不应低于C20。

6.2.4 地面垫层的铺设，应符合现行国家标准《建筑地面设计规范》GB 50037的有关规定。

6.2.5 地面上有大面积堆积荷载和承受剧烈振动作用的厂房、仓库及重要建筑物地面垫层，应采取防止地基所产生的不均匀变形及其对建筑物不利影响的措施。

6.2.6 直接受大气影响的露天堆场、散水及坡道等地面，当采用混凝土垫层时，宜在垫层下铺设水稳性较好的砂、炉渣、碎石、灰土等材料。

6.2.7 地面的混凝土垫层，应设置纵、横向缩缝；纵向缩缝应采用平头缝或企口缝，横向缩缝宜采用假缝。缩缝应符合现行国家标准《建筑地面设计规范》GB 50037的有关规定。

6.2.8 室外的混凝土垫层宜设伸缝，其间距宜为30m，缝宽宜为20mm~30mm，缝内应填耐候弹性密封材料，沿缝两侧的板边应局部加强。

6.2.9 防冻胀层的地面采用混凝土垫层时，纵、横向缩缝应采用平头缝，其间距不宜大于3m。

6.2.10 寒冷、严寒地区室内采暖地面，在外墙内侧1m范围内宜采取保温措施，其热阻值不应小于外墙热阻值。当室内无采暖地面采用混凝土垫层时，应在垫层下做防冻胀层处理。

6.3 台阶、坡道、散水及明沟

6.3.1 室外台阶的踏步高度宜为150mm，宽度宜为350mm，高宽比不宜大于1：2.5。台阶平台应低于室内地面标高20mm，并应做不小于1%坡向室外的坡度。室内台阶的踏步高度不宜大于150mm，宽度不宜小于300mm；当踏步数不足二级时，宜按坡道设置。

6.3.2 室外坡道宽度应大于门洞 500mm～1000mm，坡度不宜大于 10%。当坡度大于 8% 时，坡道应设防滑设施；室内坡道坡度不宜大于 12%，坡道宜设防滑设施。

6.3.3 建筑物四周应铺设散水、排水明沟或散水带明沟。

6.3.4 散水宽度宜为 600mm～1500mm。当采用无组织排水时，散水的宽度可按檐口线放出 200mm～300mm。

6.3.5 散水坡度宜为 3%～5%。当采用混凝土散水时，宜按每 10m 设置伸缩缝，房屋转角处应做 45°缝。散水与外墙交接处应设缝，缝宽宜为 20mm，缝内应填嵌缝膏。

6.3.6 湿陷性黄土地区建筑物四周应设散水，其坡度不得小于 5%；散水外缘宜高于平整后的场地。

6.3.7 湿陷性黄土地区散水应采用现浇混凝土，其垫层应设置厚 150mm 的 3:7 灰土或厚 300mm 的夯实素土，垫层的外缘应超出散水和建筑物外墙基底外缘 500mm。

散水坡度不应小于 5%，宜每隔 6m～10m 设置伸缩缝。散水与外墙交接处和散水的伸缩缝缝宽宜为 20mm，缝内应填嵌缝膏。

沿散水外缘不宜设置雨水明沟。

6.4 楼面和地面构造

6.4.1 地面和楼面有保温、隔热、隔声、隔汽等特殊要求时，其构造及厚度应通过计算确定。

6.4.2 有水和非腐蚀性液体经常浸湿的地面和楼面，宜采用现浇水泥类面层。底层地面和现浇钢筋混凝土楼板，宜设置防水层；装配式钢筋混凝土楼板，应设防水层；地面、楼面与墙、柱面交接处应增加一层宽 300mm、高 150mm 的防水层。地面和楼面混凝土在墙体处应翻高 150mm。

6.4.3 经常冲洗或排除各种非腐蚀液体的地面和楼面的坡度，宜为 0.5%～1.5%。

6.4.4 地面和楼面与墙、柱等交接处，应做踢脚板，其高度宜为 150mm。

6.4.5 经常有水、油脂、油等易滑物质的地面、踏步和坡道，应采取防滑措施。

6.4.6 底层地面和楼层地面沉降缝、伸缩缝、防震缝的设置，应与结构相应的缝位置一致，并应贯通各构造层，同时应做盖缝处理。

6.4.7 有强烈冲击、磨损等作用的沟坑边缘、台阶和踏步边缘，应采取加强措施。

6.4.8 在柔性垫层上做块材面层时，块材面层应用松散材料填缝。

6.4.9 湿陷性黄土地区，经常受水浸湿或积水的地面，应按防水地面设计。地面下应做厚 300mm～500mm 的 3:7 灰土垫层。管道穿过地面时，应做防水处理。排水沟宜采用钢筋混凝土，并应与地面混凝土同时浇筑。

7 门　窗

7.1 门

7.1.1 厂房大门净宽度应大于最大运输件宽度 600mm，净高度应大于最大运输件高度 300mm；车辆出入频繁的大门及钢结构厂房车行大门内、外，应设置防撞措施。特大设备可设专门安装洞口。

7.1.2 厂房大门应开启方便、坚固耐用。推拉大门应有防脱轨的措施。

7.1.3 在寒冷及严寒地区的采暖厂房大门，宜设门斗或采用风幕系统，外门应采用保温门。

7.1.4 风沙较大地区的厂房大门，应采取防风沙措施。

7.1.5 厂房大门及附属建筑外门不应采用胶合板门。较潮湿房间宜采用铝合金、塑钢或镶板门。有通风要求的房间门下部，宜设通风百叶。

7.1.6 有易爆、易燃等危险品房间的门及锅炉房门，应采用平开门，平开门必须向疏散方向开启。

7.1.7 外门宜设置雨篷。雨篷下装灯时，篷底与门顶之间的距离应满足门的开启要求。

7.1.8 双面弹簧门应在可视高度装透明玻璃。

7.1.9 开启的门扇不得跨越变形缝，变形缝处不得利用门框盖缝。

7.1.10 位于外墙上门的性能构造应与外窗相匹配。

7.2 侧窗

7.2.1 厂房侧窗，宜采用铝合金窗、塑钢窗或新型钢窗。

7.2.2 需要开启的厂房高侧窗，应有方便开启的设施。

7.2.3 厂房及附属建筑的侧窗玻璃，应根据相对湿度及冬季室内外采暖计算温度差，按表 7.2.3 的规定确定。

表 7.2.3 侧窗玻璃

相对湿度（%）	冬季室内外采暖计算温度差（℃）	侧窗玻璃
50～60	<26	单层玻璃
	≥26	中空玻璃
>60	<21	单层玻璃
	≥21	中空玻璃
相对湿度≤50	不限	单层玻璃

注：当散热量大于 23W/m² 时，侧窗玻璃采用单层玻璃。

7.2.4 当侧窗开启扇下沿高度小于 1.5m 时，宜采用平开窗、推拉窗；当侧窗开启扇下沿高度大于 1.5m 时，宜采用悬窗。铸、锻等热车间在热源处可采用立转窗。

7.2.5 厕所、浴室等需隐蔽房间的窗玻璃以及要求防晒房间的向阳窗玻璃，宜采用磨砂玻璃。

7.2.6 平开窗的开启扇，宽度不宜大于0.6m，高度不宜大于1.5m。推拉窗的开启扇，宽度不宜大于0.9m，高度不宜大于1.5m。

7.3 天　窗

7.3.1 冷加工厂房，宜设天窗或采光带、采光罩。热加工厂房，宜采用成品通风天窗或带挡风板的天窗。

7.3.2 天窗宜朝南、北向开设，天窗玻璃宜采用建筑用安全玻璃。严寒地区锯齿型天窗，宜朝南向开设。

7.3.3 采用天窗、采光带或采光罩时，应有防水、安全防护、防辐射热和防眩光等措施。

7.3.4 采光带或采光罩，应有防冷凝水产生或引泄冷凝水的措施。

7.3.5 开敞式天窗及上悬式天窗，应采取防飘雨、雪措施。

7.4 挡 风 板

7.4.1 矩形天窗挡风板，宜采用钢骨架挂2mm厚波形玻璃钢板，其端部应封闭。当挡风板长度超过50m时，应加设横向隔板分区，其间距不应大于挡风板上缘至地坪高度的3倍，且不应大于50m，并应在封闭端设置检修小门。

7.4.2 天窗挡风板与天窗间距离与天窗洞口高度之比，宜为1.25～2.00。挡风板高度不宜超过天窗檐口。挡风板下缘与厂房屋面之间的缝隙，宜为100mm～300mm。

7.4.3 有避风要求的天窗，其相邻两个天窗的净距小于天窗高度5倍时，可不设风板，但应将其端部封闭。

7.4.4 当设有避风天窗的车间一侧与高于本车间的建筑相邻或相接（图7.4.4），且避风天窗与建筑的相关尺寸比符合表7.4.4的规定时，靠近高跨一侧，可不设置挡风板。

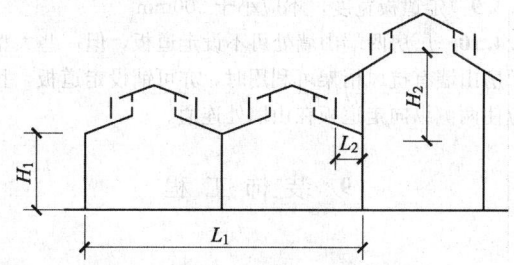

图7.4.4 避风天窗与建筑的相关尺寸
L_1—低跨总跨距；
L_2—低跨挡风板与高跨外墙面之间的距离；
H_1—低跨高度；
H_2—低跨檐口与高跨天窗架底边之间的距离。

表7.4.4 避风天窗与相邻建筑的相关尺寸比

L_2/H_2	0.4	0.6	0.8	1.0	1.2	1.4	1.6
$(L_1-L_2)/H_1$	≤1.3	1.4	1.45	1.5	1.65	1.8	2.1
L_2/H_2	1.8	2.0	2.1	2.2	2.3	>2.3	
$(L_1-L_2)/H_1$	2.5	2.9	3.7	4.6	5.6	不受限制	

8 楼梯、钢梯、电梯与起重机梁走道板

8.1 楼　梯

8.1.1 疏散楼梯总净宽度应按上层楼层人数最多层的疏散人数计算确定，且疏散楼梯梯段最小净宽度不宜小于1.1m；楼梯踏步宽度宜为260mm～300mm，楼梯踏步高度宜为150mm～175mm。

8.1.2 楼梯梯段临空一侧应设栏杆扶手，梯段宽度大于或等于1.8m时，应两侧设扶手。当靠梯段边上空有凸出墙面的框架梁，其梁下梯段净高小于2.2m，应设栏杆扶手。

8.1.3 室外疏散楼梯，应符合下列规定：

1 栏杆扶手的高度不应小于1.1m，栏杆离楼面0.10m高度内不宜留空；楼梯梯段的净宽度不应小于0.9m；

2 楼梯的倾斜角度不应大于45°；

3 楼梯梯段和平台均应采用不燃材料制作，平台的耐火极限不应低于1.00h，梯段的耐火极限不应低于0.25h；

4 通向室外楼梯的门，宜采用乙级防火门，并应向室外开启；

5 除疏散外，楼梯周围2m内的墙面上不应设置门、窗洞口，疏散门不应正对楼梯段；

6 踏步应有防滑措施。

8.1.4 室内楼梯栏杆扶手高度自踏步前缘算起，不宜小于0.9m，靠梯井一侧水平长度大于0.5m时，其高度不应小于1.05m。

8.1.5 每个梯段的踏步不应超过18级，亦不应少于3级。

8.1.6 改变行进方向的楼梯中间平台的净宽度不小于梯段净宽度，并不得小于1.2m。直跑梯的休息平台长度不应小于1.1m。

8.1.7 楼梯平台上部及下部过道处的净高不应小于2m，梯段净高及梯段最低和最高一级踏步前缘上与上部突出物的内边缘线的水平距离300mm处部位，净高不应小于2.2m。

8.1.8 当室内楼梯踏步面层为光滑材料时，应采取防滑措施。

8.1.9 楼梯梯段中间窗及平台处窗，其窗台高度小于0.8m时，应设防护栏杆，且高度应与楼梯栏杆一致。

8.1.10 高层厂（库）房和甲、乙、丙类多层厂房，应设置封闭楼梯间或室外疏散楼梯。建筑高度超过32m且任一层人数超过10人的高层厂房，应设置防烟楼梯间或室外楼梯。

8.2 钢 梯

8.2.1 丁、戊类厂房的第二安全出口疏散楼梯及附属建筑的室外疏散楼梯，可采用钢梯。

8.2.2 多跨或有天窗的厂房及檐口高度大于或等于6m的厂房，应设上屋面检修钢梯，每部检修钢梯的服务半径不应大于100m。檐口高度超过8.4m时，垂直检修钢梯应设梯间平台；超过14.4m时，宜采用斜钢梯并设中间平台。当室内设有通达屋顶的检修人孔时，室外可不设检修钢梯。

8.2.3 高低跨屋面高差大于2m时，应设垂直检修钢梯，钢梯下端距低屋面的高度宜为0.6m。天窗端壁应设垂直检修钢梯，当天窗长度小于60m时可设一处。

8.2.4 不经常上人的平台高度小于4.5m时，可采用垂直钢梯；高度大于或等于4.5m且经常上人的平台，应采用斜钢梯；钢梯高度大于5m时，宜设中间平台。

8.2.5 经常上人屋面的钢梯，宜采用斜钢梯，梯段的净宽度不应小于0.7m。

8.2.6 钢梯平台下过的净空高度不应小于2m。

8.2.7 上起重机的钢梯及平台不宜设于厂房尽端柱间。平台及踏步板宜采用网纹钢板，不应采用钢筋条作踏步板。

8.2.8 有驾驶室的起重机，应设置上驾驶室的钢梯。上起重机的钢梯平台面距起重机梁底及管道等其他构件底净空，不应小于1.8m。钢梯应设于平行于起重机行走方向的柱间。

8.2.9 外廊、上人屋面及作业平台的金属栏杆高度宜为1.05m～1.20m，杆件连接应牢固，其下部100mm～150mm处不应留空，端部应采取加强措施。栏杆顶部应承受1.0kN/m的水平荷载。

8.2.10 多层建筑当无楼梯到达屋面时，应设上屋面的人孔或室外检修钢梯。

8.3 电 梯

8.3.1 货梯应布置在靠近货流出入口处，客梯应靠近人流出入口处。货流、人流宜减少交叉。

8.3.2 电梯候梯厅的深度不宜小于电梯中最大轿厢深度的1.5倍，并不得小于大轿厢深度的1.5倍，同时不得小于2.4m。

8.3.3 通至电梯机房的通道、门和楼梯梯段的净宽度，不应小于1.2m。楼梯坡度不应大于45°。

8.3.4 电梯成组布置，电梯井道不宜被楼梯环绕。客梯附近宜有疏散楼梯。

8.3.5 除耐火等级为一、二级的多层戊类仓库外，其他仓库中供垂直运输物品的提升设施宜设置在仓库外；当需设置在仓库内时，应设置在井壁的耐火极限不低于2.00h的井筒内。室内外提升设施通向仓库入口的门，应采用乙级防火门或防火卷帘。

8.4 起重机梁走道板

8.4.1 露天跨的桥式起重机两侧，均应在起重机梁面外侧设置走道板，不靠墙一侧应设置栏杆。

8.4.2 设有一台工作制等级为A6以上的桥式起重机，以及工作制等级为A5以下有操纵室的起重机轨顶标高大于或等于8m时，宜在起重机操纵室一侧的起重机梁面设置走道板，另一侧设置12m长的走道板宜用作检修平台。

8.4.3 同一跨内设有多台工作制等级为A6以上的桥式起重机时，起重机两侧梁面均应设置走道板。

8.4.4 工作制等级为A5以下的起重机，轨顶标高小于8m时，可不设走道板，但每台起重机两侧宜各设12m长的走道板用作检修平台，并应设在上起重机钢梯位置的梁面上。

8.4.5 当起重机梁面靠墙一侧净空宽度小于500mm时，可不设走道板。

8.4.6 不设走道板的起重机梁面上方，均应设钢管扶手或钢索扶手，扶手高度距轨顶宜为0.9m。

8.4.7 地面操纵的起重机，可不设走道板，但应设置检修平台，并应在厂房端头设置可上起重机梁面的垂直检修钢梯。

8.4.8 走道板及检修平台应采用钢筋混凝土板或网纹钢板，不应采用漏空钢板、钢筋条板。抗震设防地区，采用钢筋混凝土小板时，应采取与走道梁固定的措施。

8.4.9 走道板宽度，不应小于500mm。

8.4.10 厂房两端山墙处可不设走道板，但一些大型厂房山墙有抗风桁架可利用时，亦可铺设走道板，且应使两侧纵向走道板在山墙处连通。

9 装饰工程

9.1 外墙装饰

9.1.1 外墙抹灰厚度及凹凸抹灰线条超过35mm时，应采取加强措施。

9.1.2 窗檐及凸出外墙的线脚、雨篷、阳台、挑檐、窗台、压顶等，下口应做流水坡或滴水线槽，顶面应做排水坡。

9.1.3 不同材料交界处宜附加一层直径为1mm的金属网搭接，金属网宽度宜为200mm～300mm。

9.1.4 加气混凝土、轻质砌块和轻质墙板等基体外墙贴面砖或陶瓷锦砖时，其基体应牢固；基层粉刷砂浆找平层的强度等级不应低于M7.5，与墙体基面的抗拉粘结强度应大于0.4MPa。

9.1.5 在外保温的聚苯颗粒保温浆料和硬质聚氨酯保温层上，应辊涂双向亲和力保温层界面剂。

9.1.6 轻质材料外保温层上做涂料饰面时，保温层表面应做3mm～5mm厚聚合物抗裂砂浆加耐碱玻璃纤维网格布保护层。

9.1.7 外保温的外墙饰面宜采用涂料饰面，涂料饰面宜采用弹性涂料。

9.1.8 轻质材料外保温层表面的饰面采用面砖时，应符合下列规定：
　　1 聚合物抗裂砂浆中应增加一层焊接镀锌钢丝网；
　　2 焊接镀锌钢丝网应与基层墙面牢固连接；
　　3 面砖宜采用专用粘结剂粘贴。

9.1.9 饰面砖采用有缝拼贴，缝宽应大于5mm，缝深不宜大于3mm；缝宜采用具有抗渗性能的专用嵌缝密封材料或聚合物水泥浆勾缝。

9.1.10 外墙饰面层宜设置伸缩缝。伸缩缝纵横间距不宜大于3m，缝宽宜为8mm～10mm。伸缩缝应嵌填高弹性柔性防水密封材料。

9.1.11 变形缝处内外饰面应断开，且不得影响缝的宽度，饰面应做盖缝处理。

9.1.12 冬季施工时，表面做涂料面层的找平层砂浆，不应掺入含氯盐的防冻剂，宜掺防水剂、抗裂剂或减水剂等材料。

9.2 内墙装饰

9.2.1 装饰材料和辅料宜采用防腐、防虫、环保、不燃或难燃材料。

9.2.2 不同材料交界处应在找平层中附加一层耐碱涂塑玻璃纤维网格布搭接，宽度宜为200mm～300mm。

9.2.3 厂房和站房内墙宜粉刷，亦可采用原浆勾缝喷白。

9.2.4 厂房生活间、计量室及实验室等内墙应粉刷，并应根据需要做喷涂、油漆或贴面砖等面层，面层应具有良好的附着力、抗菌、防霉、光滑、耐玷污和耐久性。

9.2.5 有防爆要求的厂房及站房内墙应粉刷。室内阴阳角应做成圆角。

9.2.6 潮湿房间内墙面应用水泥砂浆粉刷或贴瓷砖。公共浴室、卫浴间、厨房等高湿度房间及小便槽处、淋浴间等直接被淋水的墙，应做墙身防水隔离层后再做面饰。

9.2.7 经常结露的内墙，应采取保温隔汽措施。

9.2.8 室内墙面、柱面和门洞口为非水泥砂浆粉刷的阳角，在距楼、地面2m高的范围内应做1：2水泥砂浆、角钢或木制护角，每侧宽度不应小于50mm。

9.2.9 有侵蚀性作业的房间内墙及顶棚应粉刷，并应做防腐处理。

9.3 顶棚及吊顶

9.3.1 单层厂房钢筋混凝土屋面梁、架及屋面板底应嵌缝喷白。多层厂房的屋面、楼面板底为平板时宜抹灰，为肋形板时宜喷白处理。

9.3.2 潮湿房间顶棚粉刷，应采用防水砂浆。顶棚的坡度应坡向墙面。潮湿房间吊顶应采用防腐防水材料。

9.3.3 空间有限不能进入检修的吊顶，宜采用便于拆卸的装配式吊顶，也可在经常需要检修部位设检修口。

9.3.4 上人吊顶、重型吊顶、吊挂周期摆振设施的顶棚，应与钢筋混凝土顶板内预留的钢筋或预埋件连接，并应满足吊顶、顶棚的所有荷载作用要求。

9.3.5 可燃气体管道不得封闭在吊顶内。

10 地下工程防水

10.0.1 机械工业厂房建筑地下工程应进行防水设计，防水设计应符合现行国家标准《地下工程防水技术规范》GB 50108的有关规定。

10.0.2 地下泵房、坑、池等附属建筑的防水等级应为三级。

10.0.3 地下工程的外侧排水沟及地下管沟防水等级应为四级。

10.0.4 地下工程防水，当采用卷材与卷材、卷材与涂料复合设防时，防水材料的材质及密封材料应具有相容性，与基层应具有良好的粘结性，并应在外围形成封闭的防水层。

10.0.5 地下工程防水除应符合本规范第10.0.1条～第10.0.4条的规定外，尚应符合下列规定：
　　1 地基应夯实，在软弱地基上可用碎石层夯实；
　　2 有地下工程的建筑物，应做宽度不小于800mm的混凝土散水，散水坡度宜为5%，散水坡与外墙交接处应设缝，缝宽宜为20mm，缝内应填嵌建筑嵌缝油膏；
　　3 地下工程外侧卷材、涂料防水层外，应采取保护措施；
　　4 防水层外侧800mm范围内的回填土，宜采用粘土、亚粘土或二八灰土回填；回填土不得含有石块、碎砖、灰渣及有机杂物，也不得有冻土；回填土的回填、分层夯实应均匀对称进行；人工夯实每层厚度不宜大于250mm，机械夯实每层厚度不宜大于300mm，并应防止损伤保护层和防水层；

5 地下工程的变形缝、施工缝、诱导缝、后浇带、穿墙管（盒）、预埋件、预留通道接头、桩头、孔口、坑、池等细部构造，应加强防水措施。

11 防腐蚀设计

11.1 建筑布置

11.1.1 厂房平面及体型宜简单整齐，并宜采用单层厂房；当采用多层厂房时，层数不宜超过3层。厂房宜采用单跨，跨度不宜大于24m；当采取有效措施满足通风和采光要求时，亦可采用多跨。

11.1.2 产生或使用腐蚀性溶液和气体侵蚀的厂房，不得靠近大量散发粉尘的地段，亦不宜靠近精密仪表和有洁净要求的地段，应布置在厂区全年最小频率风向的上风侧。厂房内局部有腐蚀性介质作用的部位，宜位于厂房端头或转角处，并宜采取与无腐蚀性部分隔开的隔离措施。厂房内不应设置吊顶、阁楼、地下室或半地下室。

11.1.3 厂房的生活间，宜布置在厂区全年最小频率风向的下风侧。

11.1.4 生产或储存腐蚀性介质的设备，宜按介质的性质分类集中布置、设防，并不宜布置在地下室。在厂房内，应避免敷设暖气过门地沟和电缆地沟。输送强腐蚀介质的地下管道，应设置在管沟内。管沟与厂房或重要设备基础的水平净距离，不宜小于1m。

凡穿过防腐蚀层的管道、套管、预留孔、预埋件，应预先埋置或留设。

11.1.5 控制室和配电室不得直接布置在有腐蚀性液态介质作用的楼层下，其出入口不应直接通向有腐蚀性介质作用的场所。

11.1.6 室内管道与墙柱净距离宜大于300mm。室内管道及动力配线宜架空设置，墙柱内埋件应在施工时预埋。

11.2 承重及围护结构

11.2.1 厂房及构筑物为钢筋混凝土结构时，框架宜采用现浇结构；屋架、屋面梁和起重机梁，宜采用预应力钢筋混凝土结构。

11.2.2 厂房及构筑物为钢结构时，钢柱柱脚应置于混凝土基础上，基础顶面应高出地面不小于300mm。腐蚀性等级为强、中时，桁架、柱、主梁等重要受力构件不应采用格构式和冷弯薄壁型钢。

11.2.3 屋盖结构表面、起重机梁和外露的金属构件表面，应刷防腐蚀涂料。

11.2.4 砖砌体宜采用强度等级不低于MU15的烧结普通砖、烧结多孔砖；砌块砌体宜采用强度等级不低于MU10的混凝土小型空心砌块。砌筑砂浆宜采用水泥砂浆，其强度等级不应低于M10。当腐蚀性等级为强、中时，不得采用独立砖柱、多孔砖、混凝土空心砌块及配筋砌体构件。

11.2.5 厂房的墙、板、柱，不应作为输送或储存腐蚀介质的风道、沟槽壁板。

11.2.6 当有侵蚀型介质渗入地基时，基础应设垫层，且基础与垫层表面应采取防护措施。

11.2.7 设备、沟、槽靠近的墙面，经常受腐蚀溶液侵蚀时，应做高度大于1.2m的耐腐蚀墙裙。

11.2.8 当楼板上的管道、设备留孔可能受泄漏液态介质或冲洗水作用时，孔洞的边梁与孔洞边缘的距离不宜小于200mm。

11.2.9 产生或使用腐蚀性溶液和气体，对钢的腐蚀性等级为强腐蚀时，厂房的门宜采用平开门。

11.2.10 有氯、氯化氢、氟化氢、硫酸酸雾等气体或碳酸钠粉尘的厂房，不应采用铝合金门窗。门窗五金配件应做防腐蚀处理。

11.2.11 散发大量腐蚀性气体的厂房，宜设避风天窗。

11.2.12 天窗、侧窗宜采用人工开启或选用具有防腐蚀型的开窗机。

11.2.13 屋面形式应简单，宜采用有组织外排水。生产过程中散发腐蚀性粉尘的建筑物，不宜设置女儿墙。

11.2.14 当采用有组织排水时，天沟、檐沟、雨水管和水斗及固定件，应采取防腐蚀措施。

11.3 地面和楼面

11.3.1 地面和楼面面层材料，应根据腐蚀性介质的类别及作用情况、防护层使用年限和使用过程中对面层材料耐腐蚀性能、温度和物理机械作用，以及施工与维修等综合因素确定，其与墙、柱交接处应设置高250mm与面层材料相同的踢脚板。

11.3.2 受液态介质作用的地面和楼面，应设朝向排水沟或地漏的排泄坡面。地面排泄坡面的坡度不宜小于2％，楼面排泄坡面的坡度不宜小于1％。排水沟内壁与墙边、柱边的距离不应小于300mm。

11.3.3 地漏应采用耐腐蚀材料制作，其上口直径不宜小于150mm，与地面的连接应严密。地漏中心与墙、柱、梁等结构边缘的距离，不应小于400mm，地漏间距不宜大于9m。

11.3.4 块材面层的结合层材料，应具有良好的粘结力和密实性。灰缝材料与结合层材料宜一致。

11.3.5 符合下列情况的地面和楼面，应设置隔离层：

1 受腐蚀性介质作用且经常冲洗的地面和楼面；

2 受大量易溶盐类介质作用且腐蚀性等级为强、

中的地面；

3 受氯离子介质作用的楼层地面和苛性碱作用的底层地面；

4 采用水玻璃混凝土地面和采用水玻璃胶泥或砂浆砌筑的块材地面。

11.3.6 地面垫层材料应采用混凝土。室内地面垫层的混凝土强度等级不应低于 C20，厚度不应小于 120mm。室外地面垫层的混凝土强度等级不应低于 C25，厚度不应小于 150mm。树脂砂浆、树脂细石混凝土、涂料等整体地面垫层的混凝土强度等级，不应低于 C30，厚度不应小于 200mm。

11.3.7 支撑在地面和楼面上的钢构件、金属支架和钢柱，应固定在高度不小于 300mm 耐腐蚀底座上；钢梯、钢栏杆的底座高度不应小于 100mm；其连接、安装和更换应方便。

11.3.8 地面和楼面的管道、吊装孔、楼梯孔周边应做 150mm 高的翻边挡水；各种管道穿越地面和楼面，应预先埋设高出地面 150mm 的套管。

11.3.9 有液态介质作用的地面，其不同材料的地面面层交界处、平台的孔洞边缘和平台边缘、地坑四周、排风沟出口与地面交接处及变形缝两侧，应设置挡水。

11.3.10 防腐蚀厂房地面不宜设变形缝。当必须设置变形缝时，应将其布置在地面最高处，且其构造应严密，伸缩片采用橡胶、塑料或耐腐蚀金属等材料制作。排水沟不得穿越变形缝。

11.3.11 地沟和地坑应采用混凝土或钢筋混凝土制作，混凝土强度等级不应低于地面垫层混凝土强度等级。地沟和地坑底面应坡向集水坑或地漏，地沟底面坡度宜为 0.5%～1%，地坑底面坡度不宜小于 2%。

11.3.12 排水沟和集水坑应设置隔离层。隔离层应与地面的隔离层连成整体。当地面无隔离层时，排水沟的隔离层应伸入地面面层下，其宽度不应小于 300mm。

11.3.13 排水沟宜采用明沟。沟宽大于 300mm 时，应设置耐腐蚀箅子板或沟盖板。

11.4 防腐蚀涂料

11.4.1 防腐蚀涂料，应根据各部位对耐酸、耐碱、耐盐、耐水、耐候、与基层的附着力，以及室内外特点等要求选择。

11.4.2 防腐蚀涂料的底涂料、中间涂料和面涂料等，应选用相互间结合良好的涂层配套。

11.4.3 对涂层的耐磨、耐久和抗渗性能有较高要求时，宜选用树脂玻璃鳞片涂料。

11.4.4 防腐蚀涂料用于室外时，应采用耐候性、耐久性好的涂料。

11.4.5 防腐蚀面涂料及底涂料的选择和防腐蚀涂层配套，应符合现行国家标准《工业建筑防腐蚀设计规范》GB 50046 的有关规定。

12 电离辐射室

12.0.1 电离辐射室建筑设计，应符合现行国家标准《电离辐射防护与辐射源安全基本标准》GB 18871 的有关规定，并应符合国家现行有关工业 X 射线探伤放射卫生防护和 γ 射线工业 CT 放射卫生防护的规定。

12.0.2 电离辐射室建筑设计，应取得下列资料：

1 X 射线探伤机的最大电压及最大束流强度；

2 γ 射线探伤机的种类及放射源的放射强度；

3 高能 X 射线加速器的最大能量距靶 1m 处的射线强度及角分布数据；

4 探伤机的型号、照射方向及活动范围；

5 被检测部件的最大外形尺寸；

6 直接操作探伤机工作人员每周工作时数。

12.0.3 电离辐射防护设计时，各类人员的年剂量当量限值应符合表 12.0.3 的规定。

表 12.0.3 各类人员的年剂量当量限值（mSv）

限制类别	受照部位	年剂量当量的限值	
		放射工作人员	公众中的个人
随机效应	全身均匀照射	50	5（长期持续照射时＜1）
	全身不均匀照射	50	
非随机效应	眼晶体	150	15
	其他单个器官或组织	500	50

注：年剂量当量的限值，不包括天然本底照射和医疗照射。

12.0.4 电离辐射室建筑布置，应符合下列规定：

1 宜布置在厂区内人流稀少、较僻静的区域，并宜远离干扰源；

2 应远离居民点、宿舍区等人员密集的滞留区；

3 X 射线及高活度的放射性核素工作室应单独设置，并应在其室外四周设防护监测区；

4 电离辐射照射室 X 射机管电压大于或等于 300kV 时，应布置在车间主厂房外部，并应设过渡前室与车间毗连；

5 电离辐射照射室 X 射机管电压小于 300kV 时，可布置在多层厂房底层（或地下室）的端部；控制室等辅助房间应布置在照射室的非主照射方向外侧；

6 电离辐射室设在车间一角时，照射室应根据防护要求设置钢筋混凝土顶棚；

7 电离辐射室应与控制室及其他辅助室分开设置。照射室与外界应设置迷宫式人行通道和防护门；

8 电离辐射照射室的出入口，应设置在次照射屏蔽墙体方向；防护门的屏蔽层，应与所在屏蔽墙体的防护厚度等效。

12.0.5 电离辐射室屏蔽材料应符合下列规定：

1 电离辐射屏蔽材料，应选择材质均匀、收缩小、取材和施工方便、经济耐用的材料；辐射能量大于或等于250kV的照射室应采用钢筋混凝土墙；

2 防护门和防护挡板，宜采用铅板；

3 防护顶棚及防护墙，宜采用普通硅酸盐水泥的钢筋混凝土，其强度等级不应低于C20。

12.0.6 围护结构构造，应符合下列规定：

1 电离辐射照射室的建筑物，应为完整无缝的封闭整体结构；

2 电离辐射照射室的屏蔽体应密实，整体钢筋混凝土墙应一次连续浇捣密实；钢筋混凝土密度，不应小于2400kg/m³，不得留施工缝；大体积混凝土应经计算并加设温度钢筋；

3 防护墙应做到室内地面0.5m以下；管道不得穿过防护墙，当无法避免时，应在次照射墙方向设计成斜管弧形弯曲形式，或通过U形地沟进入照射室；

4 电离辐射照射室的屋面板或顶棚应采用现浇钢筋混凝土板，与钢筋混凝土防护墙连接处不得有任何缝隙；

5 电离辐射照射室的防护墙，应与车间墙体脱开；

6 除高能X射线防护门外，防护门与屏蔽体门框之间的搭接宽度，不应小于门与门框缝隙的15倍，并不应小于150mm；门扇下部应深入地槽，其深度同门与门框搭接宽度；

7 防护铅板门应有足够的刚度，不得有缝隙；门的铅板厚度应根据X光管电压、工作制度和射线方向经计算确定；门体上铅板的固定不得采用焊接方式；防护门应采用电动连锁装置；

8 电离辐射照射室的地面应平整、不起尘、易冲洗，并应做排水措施；地面垫层下宜设防水层，墙面应平整、易清洁、不积灰，与地面交接处应做成圆角。

12.0.7 围护结构的厚度，应符合下列规定：

1 电离辐射照射室，一次射线能直接照射到的墙体，应按主照射屏蔽体防护要求确定；其他墙体可按散、漏辐射防护要求确定；

2 电离辐射照射室的屋面辐射防护屏蔽层厚度，应能抵御射线的空间大气回照散射影响；

3 电离辐射防护屏蔽体的计算防护厚度安全系数，应大于2；

4 电离辐射照射室的防护门厚度，应按直射计算。迷宫门应按散漏辐射计算；

5 高能X射线照射室墙体，主照射方向防护墙应按直接照射计算，其余防护墙应根据受照情况分别计算。

12.0.8 围护墙防护厚度，应符合下列规定：

1 围护墙屏蔽层厚度，应根据剂量工作时间、设备的最大电压、距离、射线谱的成分及散射线等因素，由主导工艺通过计算确定；

2 应根据辐射源的类别和性质，选定辐射穿透能力最强、辐射强度最大的辐射源为主要屏蔽对象；

3 应根据作业情况、周围环境及人员流动状况等，确定围护墙各个方位的剂量当量率；

4 电离辐射照射室内有多源同时操作时，除应对主辐射源的辐射进行防护外，对其他辐射源应核算辐射场分布状况，离辐射源的计算距离应按不利情况取用，并应防止其对围护墙的叠加影响作用；

5 γ射线工作室及电压大于或等于400kV的X射线工作室，应设内防护墙。

12.0.9 电离辐射照射室排风系统的吸风口高度距地面不应大于1m；出风口宜设在屋顶，并应防止射线泄漏。

13 电磁屏蔽室

13.1 基本要求

13.1.1 电磁屏蔽室，应符合下列规定：

1 应能防止室内电气设备所产生的电磁波干扰室外正常无线电信号及其他电子仪器、设备的正常工作；

2 应防止外界无线电波对电磁屏蔽室内电子仪器、设备及测量仪表的干扰；

3 设置电磁屏蔽室后的无线电干扰场强泄漏值，应符合现行国家标准《电磁辐射防护规定》GB 8702的有关规定。

13.1.2 电磁屏蔽室应远离干扰源，与其电磁防护间距应符合现行国家标准《电磁辐射防护规定》GB 8702的有关规定。

13.1.3 电磁屏蔽室内不得设置变形缝和穿越无关的管道。

13.1.4 多层建筑时，电磁屏蔽室宜设在底层；当设在楼层时，应采取防止接地引线的天线效应措施。

13.1.5 板式结构的电磁屏蔽室内，宜采取减少混响时间的措施。

13.1.6 电磁屏蔽室不宜设窗。当必须设窗时，在窗洞部位应有良好的屏蔽措施。

13.2 屏蔽效能

13.2.1 屏蔽室的屏蔽效能应按下式计算：

$$SE = 20\lg\frac{E_1}{E_2} \quad (13.2.1)$$

式中：SE——屏蔽效能（dB）；
　　　E_1——无屏蔽室时的电场强度（Hz）；
　　　E_2——屏蔽室内的电场强度（Hz）。

13.2.2 电磁屏蔽室设计应取得下列资料：
　　1 屏蔽室内外的允许干扰强值及其变化情况；
　　2 在所需屏蔽的频率范围内，各频段的干扰场强值；
　　3 电磁屏蔽室所需要屏蔽的频率范围；
　　4 空气调节、通风、防腐蚀等要求。

13.2.3 室外的电磁干扰场强值宜根据实测资料确定。

13.2.4 屏蔽室的空间应符合下列规定：
　　1 被屏蔽的设备离屏蔽室内壁净距宜为2m～3m；
　　2 屏蔽室内应减少尖端突出物；
　　3 屏蔽室的空间应防止谐振频率。

13.3 屏蔽材料与结构形式

13.3.1 屏蔽效能大于50dB时，应采用板材或双层金属网。

13.3.2 屏蔽材料应符合下列规定：
　　1 屏蔽材料应有足够的屏蔽衰减系数、磁导率和电导率大，并应具备良好的耐腐蚀性及机械强度，应易于加工及焊接（铅锡焊）；宜采用有镀层的金属材料；
　　2 板式屏蔽室的屏蔽材料应选用镀锌钢板，其厚度不宜小于0.75mm；
　　3 网式屏蔽室的屏蔽材料需埋入粉刷层时，应选用钢板网、铅丝网及铜丝网，其梗丝直径或钢板厚度不宜小于1.5mm；
　　4 当外露设置时，可选用穿孔铝板或穿孔钢板；
　　5 门窗接缝材料应选用铜材。

13.3.3 屏蔽室的屏蔽层结构形式，应根据屏蔽效能值和频率范围通过计算或按表13.3.3的规定确定。

表13.3.3 屏蔽层结构形式

频率范围（MHz）	屏蔽效能（dB）	屏蔽层结构形式
0.10～1.5	20～30	单层钢丝网。网孔尺寸10mm×10mm，网丝直径1.5mm，焊点间距小于500mm
0.15～3	<40	单层钢板网。网孔尺寸5mm×5mm，梗丝厚度1.2mm，焊点间距小于500mm
0.15～3	42～48	单层钢板网。网孔尺寸9mm×25mm或11mm×38mm，梗丝厚度1.5mm；再加一层钢筋网，钢筋网规格φ6，间距200mm双向；点焊，两层屏蔽之间的距离为200mm
0.15～3	45～60	双层钢板网。网孔尺寸9mm×25mm或11mm×38mm，梗丝厚度1.5mm，双层屏蔽之间的距离为200mm～250mm，焊点间距小于500mm
0.15～3	>70	双层铜网。规格22目，两层屏蔽之间的距离大于25mm，焊点间距小于300mm
0.15～300	60～80	单层0.75mm厚镀锌钢板，接缝，搭接宽度50mm，焊点间距小于300mm
0.15～300	80～120	单层0.75mm厚镀锌钢板，接缝用咬口，接口满焊

13.3.4 屏蔽室的墙面、顶板、地面或楼面，应采取屏蔽效能相同的屏蔽措施，并应形成封闭空间。

13.4 屏蔽层的构造

13.4.1 采用实体板材做屏蔽层时，小型屏蔽室宜采用咬接拼缝，大型屏蔽室宜采用搭接拼缝或覆盖拼缝，并应符合下列规定：
　　1 咬接拼缝应在接缝咬接后用锡连续满焊；
　　2 搭接拼缝、覆盖拼缝，其搭接或覆盖宽度不应小于50mm。焊接应采用锡焊或二氧化碳保护焊，并应满焊。焊条应采用含锡量不小于50%的铅锡合金焊条。当采用间断焊缝时，焊缝长度宜为20mm～30mm，焊点间距不应大于300mm；
　　3 固定屏蔽层的钉孔应进行焊封。

13.4.2 屏蔽效能低于60dB的屏蔽室，宜选用网式结构屏蔽室，其搭接拼缝宽度宜为50mm～100mm。当选用钢板网做屏蔽层时，搭接拼缝处宜用二氧化碳保护焊或气焊点焊。当选用铜丝网做屏蔽层时，搭接拼缝处宜锡焊点焊。

13.4.3 焊接时应采用无酸性中性焊药。当采用酸性焊药时，应将残留焊药擦净，并应刷防锈漆。

13.4.4 屏蔽层的焊缝不应有虚焊、假焊及烧穿屏蔽层的现象。

13.4.5 屏蔽层应防锈、防腐。

13.4.6 屏蔽层和建筑物围护结构的接触面，当要求屏蔽效能大于42dB时，应用绝缘材料隔离。

13.4.7 地面及地沟混凝土垫层施工时，应预埋绑扎屏蔽铁丝网用铁钉，其铁钉外露长度不宜小于75mm。

13.4.8 地面及地沟混凝土下部及四周，应做防潮处理。

13.4.9 屏蔽室室内的设备基础，应在基础面及四周围设置焊成整体的屏蔽铁丝网，并应做防潮层及保护层。

13.4.10 屏蔽层为双层结构时，内外屏蔽层之间应采取绝缘措施。

13.4.11 地面的屏蔽层应直接铺设在混凝土垫层内，其垫层下应设防潮层。

13.4.12 有轨运输车辆的轨道进入屏蔽室时，其轨道应在进门口处断开10mm～20mm，断口中间应填塞绝缘材料。

13.4.13 进入屏蔽室内金属管道的屏蔽，应符合下列规定：

 1 穿墙金属管道在穿墙处应加套管，套管长宜为其直径的4倍～5倍，套管靠室内一端应与金属管道周圈焊牢，套管与墙身屏蔽铁丝网周圈应用锡焊焊牢；

 2 金属管道在穿越屏蔽层处，应在金属管道四周设置铜网屏蔽或波导滤波器，其尺寸及长度应计算确定；

 3 金属管道在引入屏蔽室前，应插入一段非金属柔性绝缘管，插入段长度应为管径的1.5倍～2倍；

 4 波导管四周应与屏蔽层满焊。

13.4.14 屏蔽室内的散热器，应加设屏蔽罩。

13.4.15 屏蔽效能低于40dB时，金属管道可不进行屏蔽处理。

13.4.16 门窗的设计，应符合下列规定：

 1 屏蔽室不宜设窗，当必须设置时，应采用内开窗或推拉窗，且应在其外侧加设单层或双层金属网屏蔽，屏蔽层结构形式应符合本规范表13.3.3的规定；也可采用带孔的薄金属焊成的蜂窝式屏蔽窗；当采用金属板式屏蔽窗时，其窗扇与窗框之间的缝隙应采取加设弹性铜片、镀银弹性铜片、编织金属线衬垫或导电橡胶等保证可靠电气连接的措施；

 2 屏蔽室的门应采用薄钢板门或木门扇外包镀锌铁皮的门；门与门框四周应设置与主体屏蔽层相接的0.4mm厚紫铜皮；在门四周边缘的紫铜皮上，应加设梳形硅磷青铜弹簧片；

 3 屏蔽室的木门及门框，应选用一级松木或变形小的硬木制作成夹板木门，其木材含水率应小于15%；门的室内一面应包一层0.5mm厚镀锌薄钢板；

 4 屏蔽室的门、窗槛应紧靠门、窗扇外边且紧密合缝；门、窗框与门、窗扇接触点的范围内不得刷油漆，表面应保持光滑平整，并应有压紧装置；

 5 门、窗框的屏蔽层应与墙面的屏蔽层焊接；

 6 门、窗所选用的屏蔽材料及门、窗缝隙的屏蔽效能，不应低于屏蔽层的屏蔽效能。

13.4.17 引入屏蔽室的导线应在入口处通过一个总的滤波器，并不得再引出。

13.4.18 屏蔽室内的照明灯具应选用热辐射光源，且宜加屏蔽隔离罩。

13.4.19 屏蔽层的接地应符合下列规定：

 1 屏蔽层应在一点接地，当有几个屏蔽壳体相近时，可将其相互连接在一个导体上后由一根总线接地，其接地电阻不应大于4Ω；也可根据电子仪器、设备等对接地电阻的要求进行确定；

 2 接地装置应设在装滤波器处。

13.4.20 屏蔽室可不设强制通风设备，当室内需加设风扇时，应采用无滑动触点和电流断续的交流式风扇。板材做屏蔽层且采用机械通风时，波导滤波器与屏蔽室室外风管连接处，应插入一段非金属柔性绝缘管，插入段长度应为管径的1.5倍～2倍。

14 噪声控制

14.1 噪声控制

14.1.1 机械工业厂厂区内各类地点的噪声限制值，不得超过表14.1.1的规定。

表14.1.1 机械工业厂厂区内各类地点的噪声限制值[dB(A)]

地点类别		噪声限制值
生产厂房及作业场所（工人每天连续接触噪声8h）		85
高噪声厂房设置的值班室、观察室、休息室（室内背景噪声级）	无电话通讯要求时	75
	有电话通讯要求时	70
精密装配线、精密加工的工作地点、计算机房（正常工作状态）		70
厂房所属办公室、实验室、设计室（室内背景噪声级）		65
主控制室、集中控制室、通讯室、电话总机室、消防值班室（室内背景噪声级）		60
厂部所属办公室、会议室、设计室、中心实验室（包括试验、化验、计量室）（室内背景噪声级）		60
医务室、教室、哺乳室、托儿所、工人值班宿舍（室内背景噪声级）		55

注：1 对于工人每天接触噪声不足8h的场合，应根据实际接触噪声的时间，按接触时间减半噪声限制值增加3dB(A)的原则，确定其噪声限制值；

2 本表所列室内背景噪声级，系在室内无声源发声条件下，从室外经由墙、门、窗（门窗启闭状况为常规状况）传入室内的室内平均噪声级。

14.1.2 机械工业厂厂内声源辐射至厂界毗邻区域的噪声限制值，不得超过表14.1.2的规定。

表 14.1.2 声源辐射至厂界毗邻区域的噪声限制值 [dB (A)]

厂界毗邻区域	昼间	夜间
康复疗养区等特别需要安静的区域	50	40
居民住宅、医疗卫生、文化教育、科研设计、行政办公为主要功能,需要保持安静的区域	55	45
商业金融、集市贸易为主要功能,或者居住、商业、工业混杂,需要维护住宅安静的区域	60	50
工业生产、仓储物流为主要功能,需要防止工业噪声对周围环境产生严重影响的区域	65	55
交通干线两侧一定距离之内,需要防止交通噪声对周围环境产生严重影响的区域。该类为高速公路、一级公路、二级公路、城市快速路、城市主干路、城市次干路、城市轨道交通(地面段)、内河航道两侧区域	70	55
交通干线两侧一定距离之内,需要防止交通噪声对周围环境产生严重影响的区域。该类为铁路干线两侧区域	70	60

注：当厂外受该厂辐射噪声危害的区域同厂界间存在缓冲地域时，本表所列限制值应作为缓冲地域外缘的噪声限制值处理。凡拟做缓冲地域处理时，该地域未来不应有变化。

14.1.3 高噪声设备宜相对集中，并应布置在厂房的端头。高噪声厂房及站房，宜采取减小开启窗面积、设置隔声窗或隔声走廊等减噪措施。

14.1.4 有噪声和振动的设备及管道，应对声源采取消声、隔声、吸声、隔振或阻尼的措施，且应远离要求安静的区域。

14.1.5 有强烈振动的设备，不宜布置在楼板或平台上。对附着于墙体和楼板的传声部件，应采取防止固体声传播的措施。

14.2 隔 声

14.2.1 隔声措施，宜按下列规定选用：
1 对声源的隔声，可采用隔声罩；
2 对接受者的隔声，可采用隔声间；
3 对噪声传播途中的隔声，可采用隔声墙或隔声屏障，亦可同时采用隔声罩和隔声间。

14.2.2 对车间内独立的强噪声源，应采用隔声罩。隔声罩的结构型式，应根据操作、维修、通风冷却及降噪量的要求，可按表14.2.2的规定选取。

表 14.2.2 隔声罩的结构型式

降噪量 [dB (A)]	结构型式
30~40	固定密封型
15~30	活动密封型
10~20	局部开敞型
15~25	带有通风散热消声器的隔声罩

14.2.3 高噪声源不易做隔声处理，且允许操作管理人员不经常停留在设备附近时，应设置观察、控制、休息用的隔声间。

14.2.4 组合隔声的构件、墙、楼板、门窗等的隔声量设计，宜符合下式要求：

$$S_1\tau_1 = S_2\tau_2 \cdots\cdots = S_i\tau_i \quad (14.2.4)$$

式中：S_1、S_2……S_i——各分构件的面积（m^2）；
τ_1、τ_2……τ_i——各分构件的透射系数。

14.2.5 隔声设计时，对构件的拼装节点、电缆孔、管道通过部位，以及一切施工上容易忽略的隐蔽声通道、孔洞及门窗缝隙等易于形成漏声的部位，应做密封或消声处理。

14.2.6 有大量自动化与各种测量仪表的中心控制室，或高噪声设备试车车间的试验控制室，宜采用以砖、混凝土等建筑材料为主的隔声室。为工人临时休息或观察而设置的活动隔声间，其体积不宜超过 $14m^3$。隔声室的组合隔声量，可按下列公式计算：

$$R = 10\lg\frac{1}{\tau_{CP}} \quad (14.2.6-1)$$

$$\tau_{CP} = \sum S_i\tau_i / \sum S_i \quad (14.2.6-2)$$

式中：R——隔声室的组合隔声量（dB）；
τ_{CP}——隔声室的平均透射系数。

14.3 吸 声

14.3.1 内表面吸声系数较小而混响声较强的车间、站房，宜采用吸声降噪。

14.3.2 吸声降噪量的计算，应符合下列规定：
1 吸声处理后的室内平均吸声系数小于或等于 0.5 时，应按下列公式计算：
1）采用室内平均吸声系数计算时，应按下式计算：

$$\Delta L_p = 10\lg(\bar{a}_2/\bar{a}_1) \quad (14.3.2-1)$$

式中：ΔL_p——吸声降噪量 [dB (A)]；
$\bar{a}_1$、$\bar{a}_2$——吸声处理前、后的室内平均吸声系数。

2）采用室内总吸声量计算时，应按下式计算：

$$\Delta L_p = 10\lg(A_2/A_1) \quad (14.3.2-2)$$

式中：A_1、A_2——吸声处理前、后的室内总吸声量（m^2）。

3）采用室内混响时间计算时，应按下式计算：

$$\Delta L_p = 10\lg(T_1/T_2) \quad (14.3.2-3)$$

式中：T_1、T_2——吸声处理前、后的室内混响时间（s）。

2 吸声处理后的室内平均吸声系数大于 0.5 时，应按下式计算：

$$\Delta L_p = 10\lg\left(\frac{\bar{a}_2}{\bar{a}_1} \cdot \frac{1-\bar{a}_1}{1-\bar{a}_2}\right) \quad (14.3.2-4)$$

14.3.3 吸声处理方式应符合下列规定：

1 长、宽、高相差不大，所需吸声降噪量较高的单独风机房、隔声控制室等，宜对天棚和墙面同时做吸声处理；

2 面积大、体形扁平状的车间，所需吸声降噪量较高，可仅做天棚的吸声处理；

3 声源集中在车间的局部区域而噪声影响整个车间时的吸声设计，应在声源所在区域的天棚及墙面做局部吸声处理，并宜设置隔声屏障；

4 天棚的吸声处理，宜采用空间吸声体的方式。吸声体面积宜取天棚面积的 40%，或室内总表面积的 15%。空间吸声体的悬挂高度宜低且靠近声源。

14.3.4 吸声构件设计与选择，应符合下列规定：

1 中高频噪声的吸声降噪设计，可采用20mm～50mm 厚的常规成型吸声板；当吸声要求较高时，可采用 50mm～80mm 厚、容重为 24kg/m³～32kg/m³ 离心玻璃棉板等多孔吸声材料，并应加适当的护面层；

2 宽频带噪声的吸声降噪设计，可在多孔材料后留 50mm～100mm 厚的空气层，也可采用 80mm～150mm 厚的吸声层；

3 低频噪声的吸声降噪设计，可采用穿孔板共振吸声结构，其板厚可取 2mm～5mm，孔径可取 3mm～6mm，穿孔率宜小于 5%；

4 室内湿度较高，或有清洁要求的吸声降噪设计，可采用薄膜覆面的多孔吸声材料或单、双层微穿孔板吸声结构；微穿孔板的板厚及孔径均不应大于 1mm，穿孔率可取 0.5%～3%，总腔深可取 50mm～200mm。

14.3.5 吸声设计应符合防火、防潮、防腐、防尘、通风、采光、照明及装修的有关要求。

14.4 消 声

14.4.1 产生辐射的空气动力性噪声的通风机、鼓风机、空气压缩机、燃气轮机、内燃机以及各类排气放空装置等设备的进、排气口，应装设消声器；消声器的消声量应根据消声要求确定，其设计消声量不宜超过 50dB。

14.4.2 柴油机试验台排烟口、高炉放风口、鼓风机进风口等处消声，宜采用消声坑消声。

14.4.3 消声坑的设计，宜符合下列规定：

1 消声坑宜建于地下，宜用钢板或钢筋混凝土板封闭；

2 坑内结构型式应便于维修，吸声材料应满足防水、防潮、防火、耐高温、防腐蚀、耐油污等要求。

14.4.4 鼓风机、电动机设在隔声间内时，可采用消声道消声。消声道应与进风口相通。

14.4.5 消声道设计，宜符合下列规定：

1 消声道应置于隔声间与进风口之间，但不得与风机进风口直接相连；

2 消声道可采用砖石、混凝土或钢板修建，且应内衬吸声材料；

3 吸声材料应采用阻燃或不燃、防水、防腐蚀材料。

15 空气调节区

15.1 建筑布置

15.1.1 空气调节区宜集中布置，建筑体型宜简单规整，并应符合下列规定：

1 室内温湿度基数和使用要求相近的空气调节区宜相邻布置；

2 室温允许波动为 ±1.0℃ 的空气调节区，不宜布置在顶层；

3 室温允许波动为 ±0.5℃ 的空气调节区，宜布置在底层，且宜布置在室温允许波动较大的空气调节区，当布置在单层建筑物内时，宜采用反射屋面或通风屋顶；

4 室温允许波动为 -0.1℃～0.2℃ 的空气调节区，宜布置在底层，不应有外墙和屋顶，其周围宜设置室温允许波动为 ±1.0℃ 的空气调节区或套间。

15.1.2 空气调节区不应与高温、潮湿和高噪声的房间相邻。

15.1.3 变形缝不应穿越空气调节区。

15.1.4 空气调节区采用技术夹层时，应根据管道、技术设备的布置及检修要求确定夹层高度，其净高不宜小于 1.2m。

15.2 围护结构热工设计

15.2.1 空气调节区围护结构热工设计，除应根据建筑物的用途和空气调节的类别，且通过技术经济比较确定外，尚应符合下列规定：

1 围护结构应具有良好的保温、隔热、密闭性能；

2 应减少热桥，对可能产生冷凝水的部位应做局部保温处理；保温层的外表面应做保护层；

3 防潮层、隔汽层应保持连续封闭性；

4 宜选用容重轻、导热系数小、吸水性小、不燃的保温材料。

15.2.2 空气调节区围护结构的传热系数，应符合下列规定：

1 舒适性空气调节区围护结构的传热系数，不应大于表 15.2.2-1 规定的限值。

2 室温允许波动为 ±1.0℃ 工艺性空气调节区围护结构的传热系数，不应大于表 15.2.2-2 规定的限值。

表 15.2.2-1 舒适性空气调节区围护结构传热系数的限值

[W/(m²·℃)]

围护结构部位	建筑热工设计分区		寒冷地区	夏热冬冷地区	夏热冬暖地区
	严寒地区				
	A区	B区			
屋面（顶棚）	0.35	0.45	0.55	0.70	0.90
外墙	0.45	0.50	0.60	1.00	1.50
内墙和楼板	0.60	0.80	1.50	2.00	3.00
侧窗	3.00	3.20	3.50	4.70	6.50
天窗	2.50	2.60	2.70	3.00	3.50

注：1 A区城市：海伦、博克图、伊春、呼玛、海拉尔、满洲里、齐齐哈尔、富锦、哈尔滨、牡丹江、克拉玛依、佳木斯、安达；B区城市：长春、乌鲁木齐、延吉、通辽、通化、四平、呼和浩特、抚顺、大柴旦、沈阳、大同、本溪、阜新、哈密、鞍山、张家口、酒泉、伊宁、吐鲁番、西宁、银川、丹东；
2 表中内墙和楼板的数值，适用于相邻房间温差大于7℃时。

表 15.2.2-2 ±1.0℃工艺性空气调节区围护结构传热系数的限值

[W/(m²·℃)]

围护结构部位	建筑热工设计分区		寒冷地区	夏热冬冷地区	夏热冬暖地区
	严寒地区				
	A区	B区			
屋面（顶棚）	0.28	0.36	0.44	0.56	0.72
外墙	0.36	0.40	0.48	0.80	1.20
内墙和楼板	0.48	0.64	1.20	1.60	2.40
侧窗	2.40	2.56	2.80	3.76	5.20
天窗	2.00	2.08	2.16	2.40	2.80

注：表中内墙和楼板的数值，适用于相邻房间温差大于3℃时。

3 室温允许波动为±0.5℃工艺性空气调节区围护结构的传热系数，不应大于表15.2.2-3规定的限值。

表 15.2.2-3 ±0.5℃工艺性空气调节区围护结构传热系数的限值

[W/(m²·℃)]

围护结构部位	建筑热工设计分区		寒冷地区	夏热冬冷地区	夏热冬暖地区
	严寒地区				
	A区	B区			
屋面（顶棚）	0.25	0.32	0.39	0.49	0.63
外墙	0.32	0.35	0.42	0.70	1.05
内墙和楼板	0.42	0.56	1.05	1.40	2.10
侧窗	2.10	2.24	2.45	3.29	4.55
天窗	1.75	1.82	1.89	2.10	2.45

注：表中内墙和楼板的数值，适用于相邻房间温差大于3℃时。

4 室温允许波动为-0.1℃～0.2℃工艺性空气调节区围护结构的传热系数，不应大于表15.2.2-4规定的限值。

表 15.2.2-4 -0.1℃～0.2℃工艺性空气调节区围护结构传热系数的限值

[W/(m²·℃)]

围护结构部位	建筑热工设计分区		寒冷地区	夏热冬冷地区	夏热冬暖地区
	严寒地区				
	A区	B区			
屋面（顶棚）	0.21	0.27	0.33	0.42	0.54
外墙	—	—	—	—	—
内墙和楼板	0.36	0.48	0.90	1.20	1.80
侧窗	—	—	—	—	—
天窗	—	—	—	—	—

注：表中内墙和楼板的数值，适用于相邻房间温差大于3℃时。

15.2.3 工艺性空气调节区当室温允许波动为±0.5℃时，其围护结构的热惰性指标值不应小于4。

15.2.4 空气调节区围护结构应设置防潮层。在多雨潮湿地区的防潮层，应设置在保温层外侧。

15.2.5 空气调节区围护结构隔汽层的设置，应通过计算确定。

15.3 屋面、吊顶与技术夹层

15.3.1 设在楼内的空气调节区，当其上面房间不是空气调节区时，应做保温或隔热吊顶。

15.3.2 空气调节区的吊顶或技术夹层，应根据工艺、管道、技术设备、检修要求、保温隔热及洁净要求设计。保温层应设于吊顶上。

15.4 墙 体

15.4.1 空气调节区与非空气调节区之间的墙体，应设保温隔热层；当邻区温差大于或等于7℃时，亦应设保温隔热层。

15.4.2 空气调节区墙体的保温隔热层，应做到室内地面以下墙基防潮层处。

15.5 地面和楼面

15.5.1 空气调节区与非空气调节区之间的楼板，应设保温隔热层。当邻区温差大于或等于7℃时，其楼板亦应设保温隔热层。

15.5.2 空气调节区地面应做保温隔热层。但因工艺需要，不能全部设置保温隔热层时，应沿外墙内侧1m～2m范围内地面做保温隔热层。保温隔热层的热阻不应小于外墙热阻。

15.6 门 与 窗

15.6.1 空气调节区的门和门斗设置，应符合下列规定：

1 舒适性空气调节区开启频繁的外门，宜设门斗或设透明塑料软帘，亦可设置空气幕；其门宜采用旋转门或弹簧门；

2 室温允许波动为±1.0℃时，不宜设置外门；当需设置外门时，应设门斗；内门两侧温差大于或等于7℃时，宜设门斗；

3 室温允许波动为±0.5℃时，不应设置外门；当需设置外门时，应设门斗；内门两侧温差大于或等于3℃时，宜设门斗；

4 室温允许波动为－0.1℃～0.2℃时，内门不宜通向室温基数不同或室温允许波动范围大于±1.0℃的邻室；

5 外门及邻区温差大于或等于7℃的内门，应采用保温密闭门；

6 门斗沿保温墙的一道应采用保温密闭门，另一道应采用密闭门；

7 内门应向室温波动范围小的房间开启；

8 保温墙上的门应采用保温密闭门；

9 外门门缝应严密。

15.6.2 空气调节区的窗设置，应符合下列规定：

1 舒适性空气调节区应减少外窗设置数量，且宜朝北向；

2 室温允许波动为±1.0℃时，应减少外窗设置数量，且宜朝北向，不应设置东、西向外窗；

3 室温允许波动为±0.5℃时，不宜设置外窗；当设置外窗时，应朝北向；

4 室温允许波动为－0.1℃～0.2℃时，不应设置外窗；

5 空气调节区外窗除北向外，宜采取遮阳措施；

6 空气调节区外窗宜采用双层密闭窗；

7 空气调节区的开窗面积，宜为窗与地面积比的1/10，但舒适性空气调节区或采用分层空气调节设计的高大厂房的高侧窗或天窗，可适当放宽；

8 空气调节区的传递窗，应采取密闭构造措施。

附录A 机械工业厂房及其附属建筑冬季室内热工计算参数

表A 机械工业厂房及其附属建筑冬季室内热工计算参数

建筑名称	室内计算温度 t_n (℃)	室内计算湿度 φ_n (%)	露点温度 t_L (℃)	散热强度 (W/m³)	室温与外围结构内表面允许温差 Δt_y (℃) 外墙	天棚
金工装配车间（使用乳化液的机床数小于60%）、修理车间、木工车间、氧气站、乙炔站、工具车间、模型车间、小型铸工车间、喷漆的油漆工部、焊接车间、铸工车间的造型、泥芯清理工部、冷水泵房、采暖仓库	18	≤49	7.14	<23.26	10	8
机械加工车间（使用乳化液的机床数大于60%）、铸造车间的砂处理工部、蓄电池室、浸渣车间、高压壳车间、天然干燥的油漆车间	16	50～60	8.24	<23.26	7.5	7
热模锻车间、锻工车间、热冲压车间、小锅炉房、轧钢车间、煤气站、压缩空气站	16	≤45	4.10	<58.15	12	12
小型水压机车间，平炉铸钢车间的熔化、浇铸、落砂、退火炉等工部，连续工作的大型锅炉房（100t以上）等	25	≤30	—	58.15	—	—
酸洗车间、电镀车间、蓄电池的化成车间等	18	65～70	12.45	—	t_n-t_L	t_n-t_L-1
办公楼、实验楼、电器和精密机械装配楼、生活室、俱乐部、图书馆、食堂餐厅等	18	50～60	10.13	—	7.5	7
浴室	25	75	20.25	—	7	t_n-t_L

注：1 当$\Delta t_y=t_n-t_L-1$时，表示要求外围结构内表面温度高于露点温度1℃；当$\Delta t_y=t_n-t_L$时，表示除酷冷情况外不结露。

2 对余热大于外围结构耗热量50%的车间，且维护结构内表面经常承受强烈热辐射或干燥热空气时，Δt_y不作规定，可不设计保温层。

本规范用词说明

1 为便于在执行本规范条文时区别对待，对要求严格程度不同的用词说明如下：

　　1）表示很严格，非这样做不可的：
　　　正面词采用"必须"，反面词采用"严禁"；

　　2）表示严格，在正常情况下均应这样做的：
　　　正面词采用"应"，反面词采用"不应"

或"不得";

3) 表示允许稍有选择，在条件许可时首先应这样做的：
正面词采用"宜"，反面词采用"不宜"；

4) 表示有选择，在一定条件下可以这样做的，采用"可"。

2 条文中指明应按其他有关标准执行的写法为："应符合……的规定"或"应按……执行"。

引用标准名录

《混凝土结构设计规范》GB 50010
《建筑抗震设计规范》GB 50011
《建筑设计防火规范》GB 50016
《建筑地面设计规范》GB 50037
《工业建筑防腐蚀设计规范》GB 50046
《地下工程防水技术规范》GB 50108
《电离辐射防护与辐射源安全基本标准》GB 18871
《电磁辐射防护规定》GB 8702

中华人民共和国国家标准

机械工业厂房建筑设计规范

GB 50681—2011

条 文 说 明

制 定 说 明

本规范是根据原建设部《关于印发〈2006年工程建设标准制定、修订计划（第二批）〉的通知》（建标［2006］136号）的要求，由中国机械工业联合会为主编部门，机械工业第一设计研究院为主编单位，会同中国联合工程公司、机械工业第五设计研究院、中机国际工程设计研究院、机械工业部汽车工业天津规划设计研究院、机械工业第九设计研究院、北京东方雨虹防水技术股份有限公司共同制定而成。

2009年6月形成了"征求意见稿"。2009年7月在住房和城乡建设部标准信息网上向全国勘察、设计、教学单位和管理部门征求意见，同时向全国20家设计单位进行了函审，累计共收集到近百条次意见。同年12月，对所收集的意见进行分析、整理、修改了条文，完成了送审稿。

具体制定的主要技术内容：

1."屋面"章中为了确保屋面工程质量，专门编制了"屋面构造"一节。

2."地面和楼面"章，通过实际工程的调查研究，根据地面荷载类型，将填土压实系数大于或等于0.94时混凝土强度等级及混凝土垫层的厚度特别作了规定；专门编制了"楼面和地面构造"一节。

3."装饰工程"章在"顶棚及吊顶"节中从安全考虑制定了"上人吊顶、重型吊顶、吊挂周期摆振设施的顶棚，应与钢筋混凝土顶板内预留的钢筋或预埋件连接，并应满足吊顶、顶棚的所有荷载作用要求"及"可燃气体管道不得封闭在吊顶内"两条强制性条文。

4."地下工程防水"章规定了地下工程除应符合现行国家标准《地下工程防水技术规范》GB 50108的规定外，对"地下泵房、坑、池等附属建筑的防水等级"及"地下工程的外侧排水沟及地下管沟防水等级"作了规定。

5."楼梯、钢梯、电梯与起重机梁走道板"章的"电梯"节中根据目前机械工业厂房普遍的多层仓库建筑设计特点，制定了"除耐火等级为一、二级的多层戊类仓库外，其他仓库中供垂直运输物品的提升设施宜设置在仓库外，当需设置在仓库内时，应设置在井壁的耐火极限不低于2.0h的井筒内。室内外提升设施通向仓库入口的门，应采用乙级防火门或防火卷帘"。

6."防腐蚀设计"章中从确保生产和人员安全考虑制定了"控制室和配电室不得直接布置在有腐蚀性液态介质作用的楼层下，其出入口不应直接通向有腐蚀性介质作用的场所"、"厂房及构筑物为钢结构时，钢柱柱脚应置于混凝土基础上，基础顶面应高出地面不小于300mm。腐蚀性等级为强、中时，桁架、柱、主梁等重要受力构件不应采用格构式和冷弯薄壁型钢"和"屋盖结构表面、起重机梁和外露金属构件表面，应刷防腐蚀涂料"三条规定。

为便于广大设计、施工、科研、学校等有关人员在使用本规范时能正确理解和执行条文规定，《机械工业厂房建筑设计规范》编制组按章、节、条的顺序编制了本规范的条文说明。对条文规定的目的、依据以及执行中需要注意的有关事项进行说明，还着重对强制性条文的强制性理由作了解释。

目　次

1 总则 …………………………… 7—45—29
3 基本规定 ……………………… 7—45—29
4 屋面 …………………………… 7—45—31
　4.1 屋面构造 …………………… 7—45—31
　4.2 卷材防水屋面 ……………… 7—45—32
　4.3 涂膜防水屋面 ……………… 7—45—32
　4.4 刚性防水屋面 ……………… 7—45—33
　4.5 保温隔热屋面 ……………… 7—45—34
　4.6 金属压型板屋面 …………… 7—45—35
　4.7 屋面排水 …………………… 7—45—36
5 墙体 …………………………… 7—45—37
6 地面和楼面 …………………… 7—45—38
　6.1 面层 ………………………… 7—45—38
　6.2 垫层 ………………………… 7—45—38
　6.3 台阶、坡道、散水及明沟 … 7—45—39
　6.4 楼面和地面构造 …………… 7—45—39
7 门窗 …………………………… 7—45—40
　7.1 门 …………………………… 7—45—40
　7.2 侧窗 ………………………… 7—45—40
　7.3 天窗 ………………………… 7—45—40
　7.4 挡风板 ……………………… 7—45—40
8 楼梯、钢梯、电梯与起重机
　梁走道板 ……………………… 7—45—40
　8.1 楼梯 ………………………… 7—45—40
　8.2 钢梯 ………………………… 7—45—41
　8.3 电梯 ………………………… 7—45—41
　8.4 起重机梁走道板 …………… 7—45—41
9 装饰工程 ……………………… 7—45—41
　9.1 外墙装饰 …………………… 7—45—41
　9.2 内墙装饰 …………………… 7—45—42
　9.3 顶棚及吊顶 ………………… 7—45—42
10 地下工程防水 ………………… 7—45—42
11 防腐蚀设计 …………………… 7—45—42
　11.1 建筑布置 ………………… 7—45—42
　11.2 承重及围护结构 ………… 7—45—43
　11.3 地面和楼面 ……………… 7—45—43
　11.4 防腐蚀涂料 ……………… 7—45—44
12 电离辐射室 …………………… 7—45—44
13 电磁屏蔽室 …………………… 7—45—46
　13.1 基本要求 ………………… 7—45—46
　13.2 屏蔽效能 ………………… 7—45—46
　13.3 屏蔽材料与结构形式 …… 7—45—46
　13.4 屏蔽层的构造 …………… 7—45—46
14 噪声控制 ……………………… 7—45—47
　14.1 噪声控制 ………………… 7—45—47
　14.2 隔声 ……………………… 7—45—47
　14.3 吸声 ……………………… 7—45—48
　14.4 消声 ……………………… 7—45—48
15 空气调节区 …………………… 7—45—48
　15.1 建筑布置 ………………… 7—45—48
　15.2 围护结构热工设计 ……… 7—45—48
　15.3 屋面、吊顶与技术夹层 … 7—45—49
　15.4 墙体 ……………………… 7—45—49
　15.5 地面和楼面 ……………… 7—45—49
　15.6 门与窗 …………………… 7—45—49

1 总　　则

1.0.1　机械工业是装备工业的总称，是为国民经济各部门简单再生产和扩大再生产提供技术装备的产业，是国民经济发展的基础工业，是实现我国四个现代化的物质保证，是国民经济、人民生活、能源开发及节约能源的技术装备部，是国家工业化水平的重要标志。

建国60多年，特别是改革开放30年来，我国机械工业通过技术引进、技术改造和自主创新，技术装备的设计和制造能力有了很大的提高和发展。而机械工业厂房，包括各类机械制造业、电讯、邮电器材制造业、仪表制造业、造船、机车车辆制造业、汽车、拖拉机制造业、飞机工业等工厂，其范围很广，生产性质、工艺要求均不相同，是由多种系统构成的综合体，它既是实现生产工艺过程的场所，又是人们劳动和工作的地方。随着生产工艺的发展，工程技术的进步，目前新材料和新施工工艺的不断出现及国家颁布的新规范、标准的施行，原有的相关标准已不适应当前机械工业发展的需要，现系统制定机械工业厂房及其附属建筑的建筑设计规范是加强机械工业厂房及其附属建筑的建筑设计和管理工作，使之科学化、规范化的一项重要内容，这就是制定本规范的目的。

1.0.2　本规范是设计部门进行机械工业厂房及其附属建筑的建筑设计及编制和组织专家评估可行性研究报告、初步设计、施工图设计的重要依据，并为上级主管部门审批、监督检查机械工业厂房及其附属建筑的建筑设计工程项目建设提供了各项标准尺度，对新建、扩建、改建的机械工业厂房及其附属建筑的建筑设计标准有所遵循。

1.0.3　本规范是一项综合性的技术标准，涉及内容较多，其中有些内容国家颁布了相应的标准与规范，因此，在进行机械工业厂房及其附属建筑的建筑设计中，除应执行本规范的规定外，还应符合国家现行有关标准、规范的规定。

3 基本规定

3.0.1　机械工业的机械工业厂房及其附属建筑的建筑设计是根据生产、使用功能性质由生产工艺过程确定的，它具有功能性、技术性强的特点。由于各工厂性质、规模、生产工艺的组织和特点不同，各类机械工厂的组成内容和数量差异很大，随着改革开放的进一步深化，当前通过技术引进、技术改造和自主创新，技术装备的工艺设计和制造能力将会发生很大的变化和发展，也使专业化工厂、联合厂房、多层厂房得到迅猛发展。我国地域很大，各地气象、水文、地质、材料供应、施工条件和经济基础等也存在较大差异，以上差异必将对不同类型的机械工业厂房及其附属建筑的建筑设计产生很大影响。同时，工业厂房及其附属建筑做好节能、节地、节水、节材也是落实科学发展观、调整经济结构、转变经济增长方式和环境保护、生态建设的重要内容，其实质就是在建筑的全寿命周期内，体现和实现工业建筑的可持续发展。

3.0.2　为了多跨厂房的统一化和最大限度地满足现代化施工方法的要求，在一幢厂房内或一个建筑综合体中，应尽量地限制不同参数的数量及其组合的数量。

3.0.3　建、构筑物地面标高根据不同使用情况，分别作出防积水、考虑沉降因素，防止易燃、可燃液体外流，防湿和防外部浸水及为了不影响车间内部交通运输的相应规定。

3.0.4　从安全和使用要求厂房内上柱内缘及屋架或屋面梁下缘与起重机桥架外缘的净空尺寸必须满足起重机产品样本中规定的起重机桥架外缘最小尺寸，即起重机的最小轮廓尺寸及起重机的限界尺寸和安全间隙要求。同时，起重机桥架外缘与屋架或屋面梁底面悬挂带坡度的横向管道或屋架下弦直接安装照明灯具时之间的净空尺寸亦应满足起重机产品样本中规定的起重机桥架外缘最小尺寸要求。在软弱土、湿陷性黄土、膨胀土地区时还应考虑厂房基础的沉降及地面有较大面积堆载时使相邻柱间可能出现较大的沉降差时的要求，因此，该净空尺寸尚应适当放大。厂房内设有梁式起重机时，柱顶至轨顶间距离还应考虑检修人员通行最小的安全高度。

3.0.5　联合厂房的布置，主要取决于生产性质和能采取的建筑措施及消除不同生产特点的相互影响程度，其建筑形式必须因地制宜；如在山地建厂时，应结合生产工艺及地形条件，选用阶梯式或沿等高线布置的条状式联合厂房，以减少土石方工程；在夏热冬暖地区建厂时，不宜选用大面积的方块形联合形式厂房，而宜采用条状式联合厂房，以利通风降温；有垂直生产线的企业则可采用单层与多层混合布置的联合形式或垂直向联合形式厂房。

为了加强联合厂房的自然通风，在厂房的四周不宜建毗连附属建筑，厂房内部的辅助用房应很好地规划，充分利用柱边、起重机死角或采取地下和架空的布置方案；同时，还需采取一定的措施，如设置通风的大门或通风过道及设置天窗、排风帽或通风屋顶等，来保证气流的组织。对于有散发热量、烟尘和腐蚀性介质的工段应尽可能布置在靠厂房的外墙或厂房的下风向；影响严重的局部工段，可采用排烟排气罩机械送、排风等处理措施。

有相互影响的不同生产性质的车间，设计时应根据生产上的联系和生产性质进行组合，一般情况下，应将散发烟尘、高温或排出有害介质的车间布置在外墙处，在另一侧用隔墙与其他车间隔开；这些车间如需布置在中间跨时,如用地条件许可,也可通过拉开空跨或设内天井的办法,使之直接靠近外墙,便于向外排除有害介质。

3.0.6 由于某些甲、乙类工业厂房或有的工业厂房因局部工艺生产要求在厂房内布置甲、乙类生产部位及使用或生产可燃气体、易燃、可燃液体、可燃粉尘等物质,稍有不慎容易发生爆炸事故,对建筑物产生巨大破坏力,而一般建筑物的抗爆能力是很低的,370mm 厚砖墙的抗爆能力为 0.007MPa。为了防止和减少爆炸事故对建筑物的破坏作用,所以要进行建筑防爆设计,一般采用防和泄两种方法;应从排除造成爆炸事故的根源方面考虑,例如:自然通风、避免太阳暴晒或隔热、防振、防酸、碱、盐侵蚀性介质腐蚀破坏及雨水作用等引起的爆炸事故。另外,一般等量的同一爆炸介质在密闭的小空间里和在开敞的空地上爆炸,其爆炸威力和破坏强度是不同的,在密闭的小空间里,爆炸破坏力将大很多,因此,易爆厂房或易爆工部需要考虑必要的泄压设施;对于北方和西北寒冷地区,由于冰冻期长,积雪时间长,易增加屋面上泄压面积的单位面积荷载而使其产生较大静力惯性,导致泄压受到影响,因而设计时要考虑采取措施防止积雪,在设计中应采取措施尽量减少泄压面积的单位质量和连接强度。

3.0.7 目前,国内在工业建筑外墙防水设计上还没有制定出一套系统的建筑物外墙防水工程设计方法,但全国各地的工业开发区,随着工业厂房及其附属建筑向大型化、大跨度、复杂化、联合厂房、高层化的发展,建筑物外墙所采用的材料也越来越多,而外墙防水工程技术却未能同步发展,以致造成近年来建筑物外墙龟裂、渗漏现象日益严重。根据资料,发现沿海城市条形砖及涂料外墙在迎风面的墙体龟裂和渗漏率均达到了较高的比例,同时随着楼层高度的增加,外墙龟裂、渗漏情况成正比增加。随着空心砖、轻质砖等多孔材料外墙砌体及外墙饰面多为涂料、面砖、石材的采用,如果外墙再不采取防龟裂、防渗漏措施,外墙龟裂、渗漏依然会是一个困扰人们的问题。而机械工业厂房及其附属建筑的外墙龟裂、渗漏除影响美观和正常使用外,还有可能造成重大事故的隐患,因此,在本规范中对机械工业厂房及其附属建筑物的外墙防水设计作了规定。外墙面防水设防应根据工程性质、使用功能、外墙高度、当地基本风压、采用的墙体材料以及墙面装饰材料等不同条件和因素及各地区实践中的成功经验选择不同的外墙面防水设防,如外墙找平层宜掺防水剂、抗裂剂或减水剂材料的水泥砂浆或聚合物水泥砂浆及防水涂料等措施,均能达到减少外墙龟裂、渗漏情况的目的。

3.0.8 我国沿海疆域地区较广,因受海风含盐湿气的侵蚀会对厂房门、窗及其门、窗五金配件的腐蚀速度加快,使门、窗的使用耐久性大为降低,所以,对于厂房的门、窗及其门、窗五金配件应采取防腐蚀及防潮措施。对于厂房本身生产过程中产生有腐蚀性气体及高湿的厂房,为了安全更应对厂房的门、窗及门、窗五金配件采取防腐蚀及防潮措施和加强门、窗缝隙的构造防腐、防水密封措施。

3.0.9、3.0.10 为了屋面防水设计合理、经济,必须将屋面防水划分等级,根据现行国家标准《屋面工程技术规范》GB 50345,按照建筑物类别、防水层合理使用年限、设防要求、防水层选用材料,将建筑屋面防水等级分为Ⅰ、Ⅱ、Ⅲ、Ⅳ级,防水层合理使用年限分别规定为 25 年、15 年、10 年、5 年。其中屋面防水等级Ⅱ、Ⅲ、Ⅳ级基本符合我国各种类型的机械工业厂房及其附属建筑目前普遍设防的屋面防水等级、防水层合理使用年限、设防要求及防水层选用材料,故特作此条文规定,作为设计人员进行机械工业厂房及其附属建筑的屋面工程设计时的依据。

3.0.11 单层屋面防水系统是指选用一道单层内为增强型的热塑性聚烯烃(TPO)、聚氯乙烯(PYC)、三元乙丙(EPDM)等高分子防水卷材外露使用,用机械固定、满粘、空铺压顶方式进行施工的屋面系统,将防水层、保温层、隔汽层锚固于结构基层上,形成严密隔汽、保温、防水的屋面围护系统。

机械固定单层卷材屋面系统结构变形适应性良好,机械固定下的卷材防水层能够承受各种结构变形(钢结构、混凝土结构),保温、隔汽性能优异,能够确保在各种室内外温差及湿度条件下不结露,是高标准建筑的可靠屋面系统。该系统在欧美技术成熟,应用广泛,有近 40 年历史,其使用寿命国际权威 BBA(英国认证董事会)对其单层屋面系统使用年限的认可可超过 35 年。该系统在 1998 年引进我国,在国内已应用于数百个项目、上千万平方米的工程,例如:长春第一汽车制造厂工业厂房 25000m²、哈飞空客 1 号复合材料制造中心 45000m²、中航通用飞机有限责任公司 205 号总装厂房 56000m²、博世公司在国内的多数厂房(合计约 25 万 m²)等工程就是采用该系统。中国建筑防水协会等三个社团组织已于 2007 年对该卷材单层屋面施工工法(行业工法)评审备案。中国建筑防水协会还于 2007 年成立了单层屋面技术委员会,研究和开发单层屋面系统的施工工法和技术规范,构建中国式单层屋面系统技术。机械工业厂房及其附属建筑的屋面工程通常面积很大,单层屋面系统应符合本规范第 3.0.9 条厂房及其附属建筑规定的防水层合理使用年限要求及所选防水材料单层屋面系统的施工要求。

3.0.12 根据工程实践证明,屋面坡度 1% 时施工难以保证,从而导致屋面严重积水现象,因此必须加大屋面坡度。为了既加大屋面排水坡度,体现防排结合的原则,但又考虑减轻屋面荷载,综合考虑作出此条规定。

4 屋 面

4.1 屋面构造

4.1.1 建筑屋面工程防水按其采取的措施和手段不同分为材料防水和构造防水两大类。材料防水是依靠防水材料经过施工形成整体防水层阻断水的通路,以达到防水的目的或增强抗渗漏水的能力;而构造防水是采取正确与合适的构造形式阻断水的通路和防止水侵入室内的统称,如:对外墙体与门窗的接缝,各种部位、构件之间设置的施工缝、温度缝、变形缝,以及节点细部构造的防水处理均属构造防水。根据历次全国屋面防水工程调查,屋面工程85%以上的渗漏发生在构造节点部位,因此,构造防水极其重要,本条规定了屋面构造防水的一般要求。

采用柔性密封、防排结合、材料防水与构造防水相结合措施及多道设防是我国多年从事屋面防水工程研究和实践的总结,也是屋面防水工程设计的原则。

4.1.2 本条是对不同的防水材料复合使用时,根据各自的性能特征及性能上的差异在复合使用时可发挥更佳的防水效果时而应遵守的规定。

4.1.3 屋面结构刚度大小,对屋面结构变形起主要作用,为了减少防水层受屋面结构变形的影响,必须提高屋面结构刚度,所以,屋面结构层最好是整体现浇钢筋混凝土。当采用预制装配式钢筋混凝土板时,由于混凝土板的强度等级均高于C20,故要求板缝用不低于C20的细石混凝土灌填密实;为了确保密实,灌缝用的细石混凝土应掺微膨胀剂。为了控制板缝内密封材料的嵌填深度,防止密封材料和接缝底部粘接,避免因灌缝的细石混凝土因温差收缩开裂造成渗漏,所以,灌缝后的面层上应先填放背衬材料,背衬材料上部再嵌填密封材料;为了保护接缝部位密封材料因外露会遭遇大气的腐蚀和人为的破坏,影响密封防水使用年限,所以接缝部位外露的密封材料上应设置保护层。

当板缝宽度大于40mm或上窄下宽时,灌缝的混凝土干缩或受震动后容易掉落,故应在板缝中放置构造钢筋。板端缝是变形最大的部位,板在长期荷载下的挠曲变形,会导致板与板间的缝隙增大,故此处应进行柔性密封处理。无保温层的屋面,由于大气温差变化对装配式混凝土板变形的影响更大,所以,在板侧缝上应预留凹槽,并进行密封处理。

4.1.4 屋面防水基层与突出屋面结构的交接处以及基层的转角处,是防水应力集中的部位,转角处圆弧半径的大小会影响卷材的粘贴,不同的防水材料种类和找平层类别所要求的找平层圆弧半径的大小是不同的。由于交接处以及转角处构件断面变化和屋面的变形常在这些部位发生裂缝,为确保其防水安全,上述这些部位应根据所选防水材料的种类其找平层应做成不同半径的圆弧,其部位应设置防水附加层。

4.1.5 使用和维护屋面上的设施,经常会有工作人员在屋面设施周围活动、行走,为了不破坏屋面防水,所以,应在设施周围和屋面出入口至设施之间的人行道铺设刚性保护层。由于刚性保护层的温差变形及干湿变形易造成开裂、渗漏以及推裂女儿墙、山墙,故在刚性保护层与女儿墙、山墙及突出屋面结构的交接处应留设缝隙,并用柔性密封材料加以嵌填密实,以防渗漏。

4.1.6 高低跨变形缝是使高低跨结构自由沉降和胀缩的缝隙,因此,变化大,是容易发生渗漏的部位,所以变形缝处的防水处理,应采用有适应变形能力的材料和构造措施,并使它预留较大的变形余地。

当高跨屋面为无组织排水时,其低跨屋面变形缝处在排水坡上方(檐口排水)时,不一定对变形缝进行密封,只要能挡雨就可以;如变形缝一方的天沟作内排水时,则要将缝两侧的卷材粘牢并进行严密封闭,避免大雨时屋面及天沟积水,发生倒灌现象;为了保护低跨屋面防水层不至于受高跨屋面雨水冲刷破坏,应在低跨屋面受水冲刷的部位加铺一层卷材附加层,并采取加强保护措施。当高跨屋面为有组织排水时,水落管下应设保护低跨屋面不受雨水冲刷破坏的措施。

4.1.7 砌体女儿墙压顶水泥砂浆抹面容易开裂、剥落、酥松,而且由于砌体女儿墙体过长易因温差、屋面变形产生女儿墙体裂缝,使雨水从墙体渗入室内,因此,砌体女儿墙压顶应采用钢筋混凝土压顶,为了使压顶顶面雨水污尘不污染外墙面,所以,女儿墙压顶应向内侧排水。

4.1.8 对于坡度超过25%屋面或坡面檐口贴面砖,为避免一般防水层施工困难,难以保证防水效果和面砖易脱落,所以,宜用聚合物水泥砂浆粘贴来增强饰面层与基层间的粘结力,它的粘结力最高可达4MPa,可以将防水层与胶结层合二为一,同时起到防水层与胶结层的作用,又可避免粘结层的水泥砂浆在雨水作用下,其中的游离氢氧化钙析出而造成屋面白色污染。用聚合物水泥浆或聚合物水泥砂浆勾缝,可减少外饰面层的粘结脆性,适应建筑物因温差应力的变形。

4.1.9 屋盖系统的各种接缝是屋面渗漏的主要部位,接缝密封处理质量的好坏,直接影响屋面防水工程的连续性和整体性,因此对于防水等级为Ⅰ~Ⅳ级的建筑屋面接缝部位,均应进行密封防水处理。密封防水处理不宜作为一道防水单独使用,它主要用于屋面构件与构件、构件与配件的拼接缝,以及各种防水材料接缝和收头的密封防水处理。本条规定了屋面接缝密封防水设计的基本要求。

1 为了共同组成一个完整的防水体系,提高屋面整体防水的可靠性,屋面接缝密封防水应与卷材防水屋面、涂膜防水屋面、刚性防水屋面等配套使用。

2 屋面密封防水的接缝宽度太窄,密封材料不易嵌填;太宽造成材料浪费,如设计计算接缝宽度尺寸超过30mm时,还应重新选择位移能力较大的密封材料,或采用定型密封材料解决屋面密封防水问题。目前普遍采用分格缝现场砂轮机切割,使用位移能力较强的合成高分子密封材料,因此,本条规定屋面接缝宽度宜为5mm～30mm。接缝深度是根据国外的经验值和国内屋面密封防水工程实践经验总结,其经验值接缝深度宜为接缝宽度的0.5倍～0.7倍。

3 为了使被粘结表面受到渗透及湿润,改善密封材料和被粘结体的粘结性,并可以封闭混凝土及水泥砂浆表面,防止从其内部渗出碱性物质及水分,因此,密封防水处理部位的基层应涂刷基层处理剂。当接缝两边基材不相同时,应采用不同基层处理剂涂刷。选择基层处理剂要考虑与密封材料的相容性及与被粘结体有良好的粘结性。

4 为了控制嵌填密封材料的深度以及预防密封材料与缝的底部粘结造成应力集中,破坏密封防水,因此,接缝处的密封材料底部应先设置与密封材料不粘或粘结力弱的背衬材料。

4.2 卷材防水屋面

4.2.1 卷材屋面坡度超过25%时,易发生卷材下滑现象,故应采取固定或防止卷材下滑措施。

4.2.2 屋面结构基层往往比较粗糙,高低不平,为了保证防水层的施工质量,卷材防水层的基层应根据基层种类选择水泥砂浆、细石混凝土、混凝土随浇随抹厚度15mm～35mm厚的找平层。为了消除和减小找平层收缩和温差的影响,水泥砂浆或细石混凝土找平层应留宽为5mm～20mm分格缝,纵横缝的间距不宜大于6m,缝内应填密封材料,使裂缝集中于分格缝中,减少找平层大面积开裂的可能性。

4.2.3 易积灰屋面需要经常清理打扫,在清扫时很容易使卷材屋面防水层受到破坏,故规定此种屋面做刚性保护层,刚性保护层与卷材防水层之间应设置隔离层。

4.2.4 为了防止女儿墙体立面卷材下滑,所以铺贴此墙面上的卷材应采用满粘法。其混凝土墙体上的卷材为了防止收头张嘴密闭不严产生渗漏,故卷材收头应采用金属压条钉压固定在距屋面面层不小于250mm的凹槽内,并用密封材料封严,该处及凹槽上部的墙体应做防水处理。

4.2.5 本条规定的目的是为提高卷材防水层在屋面板端缝部位适应温差变形的能力。

4.2.6 由于屋面保温层和找平层在气候潮湿、雨量充沛地区材料选择或施工不当往往含水量过高,不但会降低其保温功能,而且因保温层和找平层内的水分在天气炎热时会产生汽化,使卷材或涂膜防水层产生鼓泡及腐蚀,影响防水层的质量,导致局部渗漏。为避免上述质量事故的发生,在屋面保温层干燥有困难时,宜采用排汽屋面。

4.2.7 由于机械工业厂房及其附属建筑的屋面上大都有些设备及管道等设施的底座搁置在屋面上,甚至有的与屋面结构相连,为了避免基座处发生渗漏,所以,设施的底座若与结构相连时,屋面防水层应包裹基座部分,对于底座顶面上的地脚螺栓周围应做密封处理。如在屋面防水层上放置设施的底座,由于搁置在防水层上的设备有一定的质量或振动,对防水层易造成破损,所以,这种情况下设施底座下部的屋面防水层应做卷材增强层,并在增强层上浇筑厚度不小于50mm、强度等级为C20的细石混凝土垫块或衬垫,以免损坏防水层。

4.3 涂膜防水屋面

4.3.1 涂膜防水材料也称防水涂料,是一种流态或半流态物质,涂刷在基层表面,经溶剂或水分挥发,或各组分间的化学反应,形成有一定弹性的薄膜,使表面与水隔绝,起到防水、防潮作用;屋面坡度超过25%时,防水涂料涂刷或刮涂成膜时,易发生流淌,使防水层厚薄不均匀,易产生冷脆开裂变形,难以保证防水工程的质量,所以,屋面坡度超过25%时,不宜采用干燥固化成膜时间过长的涂料。

4.3.2 涂膜防水屋面的找平层选择和要求除应遵守本规范第4.2.2条的规定外,还应注意所选用不同类型的防水涂料的特性对基层含水率是有不同的要求,如沥青基防水涂料大都可在潮湿基层施工,而高聚物改性沥青防水涂料,按其类型不同对基层含水率的要求也不一样,当采用溶剂型和热溶型改性沥青防水涂料时,基层应干燥、清洁,否则会影响涂膜与基层的粘结力,而合成高分子防水涂料不同品种的涂料对基层含水率也有不同的要求。基层的含水率是影响涂膜与基层粘结力和使涂膜产生起泡的主要因素,所以,对大部分防水涂料来讲基层要求必须干燥,否则很难保证防水层的质量。因涂膜防水层较薄,为了保证涂膜与基层的粘结力和保证涂膜厚度均匀一致满足设计要求,基层还应做到平整、干净、无孔隙、起砂和裂缝。

4.3.3 在找平层分格缝内嵌填密封材料后,为了扩大防水层的剥离区,使之更能适应找平层分格缝处变形的要求,避免防水层被拉裂,因此,防水层应沿分格缝增设带有胎体增强材料的空铺附加层。据全国历次屋面渗水调查,天沟、檐沟与屋面交接处由于构件断面变化和屋面变形,引起防水层开裂而造成渗漏隐患,故规定屋面的这些部位应增设空铺附加层。

4.3.4 为避免屋面女儿墙的泛水涂膜收头易开裂而造成渗漏,因此,屋面女儿墙的泛水涂膜防水层宜直接涂刷至女儿墙的压顶下，该部位及女儿墙压顶应做防水处理。

4.3.5 无组织排水檐口的涂膜防水层收头，应将防水层伸入凹槽内，该部位用防水涂料多遍涂刷或用密封材料封严是避免因屋面防水层收头处翘起而造成屋面渗漏。为防檐口底板雨水渗流，檐口下端应做滴水处理。

4.3.6 涂膜防水配套使用的胎体增强材料可用玻璃纤维稀型网格布（0.11mm厚）、玻璃纤维密型网格布（0.14mm厚），以及玻璃纤维毡、化纤毡（即合成纤维毡）或聚酯毡，它的选用应与涂料性质相匹配。如果酸碱值（pH值）小于7的酸性涂料，胎体增强材料应使用低碱玻纤产品；若酸碱值（pH值）大于7的碱性涂料，胎体增强材料应使用无碱玻纤产品，如聚酯无纺布、化纤无纺布，因为中低碱的玻纤产品在强碱涂料作用下容易腐蚀，从而失去原有的抗拉强度，造成胎体增强材料的失效。目前不少施工单位、设计人员不注意这个问题，或者乱用胎体增强材料，造成屋面质量产生渗漏后患，因此，施工单位、设计人员必须引起重视。

4.4 刚性防水屋面

4.4.1 由于刚性防水层材料的表观密度大，抗拉强度低，极限拉应力小，且混凝土因温差变形、干湿变形及结构变位易产生裂缝等本身所存在的缺陷，所以，对于有冲击或振动大的厂房及附属建筑屋面不宜采用刚性防水屋面。

4.4.2 天沟、檐沟找坡，为加强防水需要应采用掺防水剂的水泥砂浆找坡。当厚度大于 20mm 时，为防止开裂、起壳，宜采用 C10 细石混凝土找坡。

4.4.3 本条规定了刚性防水屋面的设计要求。

1 由于刚性防水材料的表观密度大，抗拉强度低，为防止基层因温差变形、变位使刚性防水层产生裂缝，所以，刚性防水层需要刚性好的基层，基层宜为整体现浇钢筋混凝土板。若为装配式钢筋混凝土板时，因装配式结构的板端缝和板缝处是易变形开裂部位，为了提高刚性防水层的防水可靠性，所以，基层若为装配式钢筋混凝土板时，应符合本规范第 4.1.3 条的规定。

2 如果刚性防水层与基层之间不设置隔离层，防水层与基层粘结牢固，当结构层混凝土受温差、干缩、荷载作用等因素产生变形、开裂时，粘牢在结构层上的刚性防水层也会产生变形而开裂。另外当高温骤雨时，刚性防水层会产生突然收缩，而结构层滞后防水层收缩，对防水层起到约束作用，使粘牢的刚性防水层产生拉应力而导致开裂。采取脱离式，设置隔离层，使刚性防水层与基层脱离，用不粘结的材料隔开，自由伸缩，互不影响，就会减少或避免防水层的开裂。屋面的保温层因可起到刚性防水层与基层脱离的作用，所以，保温屋面的保温层可兼作隔离层。

3 构件受温度影响会产生热胀冷缩，混凝土本身的干燥收缩及荷载作用下挠曲引起的角变形都能导致混凝土构件的板端裂缝。根据全国各地实践经验和资料介绍，在这些有规律的裂缝处设置分格缝，缝内应先涂刷与密封材料相配套的基层处理剂，再设置与密封材料不粘结的背衬材料后用柔性密封材料嵌填密实，以柔适变，刚柔结合，达到减少裂缝和增强防水的目的，所以，规定了刚性防水层应设置分格缝。考虑我国工业柱网基本以 6m 为模数因素，所以，规定分格缝纵横间距不宜大于 6m；当基层为装配式钢筋混凝土板时，因板端缝和板缝处是易变形开裂部位，为减少或避免对刚性防水层的破坏影响，分格缝应设在屋面板的支承端、屋面转折处，并与板缝对齐。

4 采用直径 4mm～6mm、间距为 100mm～200mm 双向钢筋网片，可以提高混凝土的抗裂度和限制裂缝宽度，并可满足刚性屋面的构造和计算要求。为了刚性防水层各分格缝中的刚性防水层自由伸缩，所以，规定钢筋网片在分格缝处应断开。因刚性防水层较薄，上部砂浆收缩后容易在此处出现微裂，造成渗水通道侵蚀钢筋网片和因防水层较薄一些石子粒径可能超过防水层厚度的一半后，由于刚性防水层的表面比下部更易受温差变形及干湿变形影响，为减少因混凝土碳化而对钢筋的影响，所以，钢筋网片的保护层厚度不应小于 10mm。混凝土刚性防水层厚度不应小于 40mm，主要考虑厚度小于 40mm 时混凝土失水很快，水泥水化不充分，易开裂而降低了混凝土的抗渗性能。混凝土宜为补偿收缩混凝土，也是为了提高混凝土的抗渗性能。

5 由于板支承端变形集中，板端面易产生负弯矩，混凝土刚性防水层与山墙、女儿墙、突出屋面结构及管道、变形缝两侧墙体的交接处由于构件断面变化和屋面的变形，常在这些部位首先发生开裂，为了避免开裂，所以，在这些部位交接处应设置宽度为 30mm 的缝隙，并应做柔性密封处理。泛水处应铺设卷材或涂膜防水附加层，以防交接处开裂造成渗漏，体现刚柔结合的做法。

6 由于普通硅酸盐水泥或硅酸盐水泥早期强度高，干缩性小，性能较稳定，耐风化，比其他品种水泥碳化速度慢，所以，宜在刚性防水屋面上使用。

7 外加剂包括膨胀剂、密实剂、防水剂和减水剂等，主要是提高混凝土的密实性和抗裂性，使块体内在使用中不会产生裂缝从而达到防水的目的，如补偿收缩混凝土防水层就是在混凝土中加入膨胀剂，使混凝土产生微膨胀，在有配筋的情况下能够补偿混凝土的收缩，提高混凝土抗裂性和抗渗性。一般补偿混凝土的自由膨胀率控制在 0.5‰～0.1‰，设计和施工中应正确选用膨胀剂。钢纤维混凝土防水层为了提高混凝土抗拉、抗折、韧性和抗裂性能，应控制水灰比或水泥用量，在混凝土中还要加入粉煤灰、磨细矿渣粉等掺合料。不配筋细石混凝土，必须掺入膨胀剂、密实剂、防水剂和减水剂等外加剂才能保证防水层的质量要求。因此，混凝土中掺入外加剂是根据需要按不同要求选定的。

8 刚性防水层通常只有40mm厚，如在其内埋设管线、预埋件和凿眼打洞，将会严重削弱防水层的断面和破坏防水层内钢筋网片，使沿管线位置或预埋件的混凝土和洞口边处易出现裂缝，导致屋面渗漏，所以，特作此规定。

4.5 保温隔热屋面

4.5.1 屋面保温隔热的类型和构造设计，应根据建筑物的使用要求、屋面的结构形式、环境气候条件、防水处理方法、施工条件及建筑物节能要求等因素，经技术经济比较确定，并符合条文规定。

1 屋面保温隔热层可分为：松散、板状、整体三种类型，基本上包括目前所采用的类型。松散材料保温隔热层，由于松散保温材料颗粒大小不一，在施工时虽然采取"分层铺设，适当压实"的技术措施，因该材料孔隙率大，容易吸水受潮，其压实程度和厚度及该材料的干湿度与导热系数均难以保证，目前在工程上很少采用。为了保证屋面保温隔热节能的效果，规定屋面保温隔热层应采用憎水性或吸水率低的材料，不宜采用松散材料。

板状保温材料，一般为工厂生产，具有吸水率低、表面密度和导热系数小、干铺施工等特点，目前大多工程屋面保温隔热层均采用该材料。

整体现浇保温隔热层一般为水泥珍珠岩、水泥蛭石在现场人工拌和浇筑而成整体或高硬质聚氨酯泡沫塑料现场喷涂发泡而成整体，由于蛭石和膨胀珍珠岩吸水率高，吸水速度快，如果水灰比较大，会造成水分排出时间长和强度降低，并易产生裂缝。如果水灰比较小，又会造成找平层表面粗糙、压实困难、强度降低，同时拌和中又会造成颗粒破损严重，影响导热系数，目前国内机械工业厂房及其附属建筑此类屋面保温隔热已很少采用。

2 保温材料大多数属于多孔结构，材料受潮后孔隙中存在水汽和水，孔隙中的空气、水汽、水的导热系数相差很大，如干燥时，孔隙中静态空气的导热系数 $\lambda=0.02$，而水的导热系数 $\lambda=0.5$，比静态空气的导热系数大25倍，若材料孔隙中的水分受冻成冰，冰的导热系数 $\lambda=2.0$，又相当于水的导热系数的4倍。因此，保温材料的干湿程度与导热系数关系很大，限制封闭式保温层的含水率是保证屋面保温隔热节能工程质量的重要环节。考虑到每个地区的环境湿度不同，定出统一的含水率限值是不可能的，因此，本条提出了平衡含水率的问题。在实际应用中材料试件含水率，根据当地年平均相对湿度所对应的相对含水率，可通过计算确定。

3 为了保证屋面保温隔热层的整体效果及节能考虑，当屋面保温隔热层的基层为装配式钢筋混凝土板时，板缝处理应遵守本规范第4.1.3条的规定。

4 厂房及其附属建筑的屋面保温隔热的类型和构造，宜根据本规范附录A机械工业厂房及其附属建筑冬季室内热工计算参数经计算确定。

5 随着国家对节省能源政策的不断提升，民用建筑节能将由过去的30％提高到50％，可是工业建筑至今国家还未有统一的节能标准，因此，机械工业厂房及其附属建筑的屋面保温隔热层厚度除依据本规范附录A 机械工业厂房及其附属建筑冬季室内热工计算参数计算外，还应根据各地政府制定的节能政策及所选用的保温材料经建筑热工设计要求计算确定。建筑热工设计应与地区气候相适应。

6 夏热冬冷的地区，夏季时间长，气温较高，解决炎热季节室内温度过高是主要目的，从使用和经济考虑保温层兼作隔热层，其厚度按隔热要求计算确定是最佳合理选择。

7 设置隔汽层的目的，是为了防止室内蒸汽通过屋面板渗透到保温层内，影响保温效果，防止卷材、涂膜防水层起鼓。而我国纬度40°以北冬季寒冷地区取暖，室内空气湿度大于75％时就会发生结露，潮气会通过屋面板渗到保温层中；而常年室内空气湿度大于80％的建筑，如公共浴室、厨房的主食蒸煮间等，也同样会出现此现象。为了防水又隔绝蒸汽的渗透，故规定隔汽层应采用气密性、水密性好的防水卷材。

为了提高抵抗基层的变形能力，隔汽层的卷材铺粘宜采用空铺法，并应与屋面的防水层相连接，形成全封闭的整体。

4.5.2 目前国内新型的保温材料使用越来越多，这对保证屋面保温隔热层质量和屋面防水层合理使用年限创造了条件。本条规定了屋面保温层的构造设计要求。

1 保温层设置在防水层上部称为倒置式屋面，为了使保温层不被大风吹起和预防人为在上践踏而不破坏，及防止有机物保温层长期暴露在外，受到紫外线照射及臭氧、酸碱离子侵蚀而不会过早老化，同时保证保温层不会因雨水浸蚀而影响保温材料的干湿程度与导热系数，降低热工效能，因此，保温层设置在防水层上部时其上应做保护层。保温层设置在防水层下部时，为了确保其上的防水层施工质量，所以，其保温层上应做找平层。

2 屋面坡度大于25％时，为了保证屋面保温层的施工质量和保障施工人员的人身安全，保温层应采取防滑措施。

3 根据建筑节能的要求，为了避免天沟、檐沟与屋面的交接处产生冷桥，降低热工效能，所以，在设有保温层的屋面，天沟、檐沟凡与室内空间有关联的均应设保温层，天沟、檐沟与屋面交接处其屋面保温层应延伸到不小于墙厚的1/2处。

4.5.3 架空隔热屋面是指在夏热冬暖地区防止夏季室外热量通过屋面传入室内的一种措施，在机械工业厂房及其附属建筑设计中比较常用。本条规定了架空隔热屋面的设计要求。

1 架空隔热屋面是利用架空层内空气的流动将热气带走，使部分热量散发出去以降低室内温度；还可以防止太阳直射在卷材或涂膜防水层上，使防水层表面温度有较大幅度地降低，从而可延长防水层的使用年限。根据实践经验，如果架空隔热屋面的坡度大于5%，架空层内空气的流动不畅，影响了架空层的作用；屋面架空隔热层的高度，通过调查和资料分析，屋面坡度过大，架空层高度太高对于架空层内空气流动效果提高不多，且稳定性差，并使屋面荷载加大，目前常用高度为180mm～300mm。为了保证屋面收缩变形和防止堵塞时便于清理及架空层内空气流动效果，架空板与女儿墙的距离宜为250mm，但间距也不应过大，否则将降低屋面架空隔热效果。

2 屋面横向跨度过大、较宽时，会使架空层内空气通风道阻力增加，空气流动效果差，夏季室外热量易积聚在风道中，反使室内温度增高。根据实践经验，屋面横向跨度夏热冬暖地区大于10m、夏热冬冷地区大于15m时，宜采取通风屋脊等措施。

3 为了使进风口和出风口之间的温差、压力有一定的高差，保证架空层内空气最佳的流动效果，应根据当地炎热季节的最大频率风向，宜将进风口设置在正压区，出风口设置在负压区。

4.5.4 屋面架空层内空气的流动只有在通风较好的建筑物上才能产生流动将热气带走，使部分热量散发出去，以降低室内温度；由于寒冷地区区内季节变化不太明显，夏季较短，呈现着温度低、湿度小、日照不强烈、平均风速少、冬季降雪会堵塞架空层及在寒冷地区屋面需要保温，架空层不起作用等特征，所以，寒冷地区不宜采用架空隔热屋面。

4.5.5 在机械工业厂房及其附属建筑的建筑设计中，屋面设计既考虑保温隔热同时又结合美化环境，改善环境小气候而采用种植屋面是今后发展的方向，逐渐为人们所重视和采用。种植屋面应根据地域、气候、建筑环境、建筑功能、经济等条件，选择相适应的屋面构造形式。本条规定了种植屋面的设计要求。

1 种植屋面是常年直接盛水的屋面，屋面一旦开裂就会造成渗漏而且维修困难，为了提高屋面基层刚度和防水可靠性，故屋面结构层应为现浇整体钢筋混凝土板。

2 种植屋面防水层应选择刚柔复合防水，刚性防水层耐穿刺、耐生根、耐腐蚀、不怕水的浸泡，保持在水中其防水性能更能得到保证，而柔性防水材料在这方面正是它的弱点，所以，柔性防水层应放在刚性防水层的下面；因柔性防水层埋在潮湿的刚性防水层下面，所以，应采用耐腐蚀、耐霉烂、耐穿刺、耐水性性能好的材料。

3 种植屋面需填放种植介质，目前常用的有锯末、蛭石、珍珠岩等材料。为了使种植介质不流失，需要在四周设置围护挡墙，围护挡墙四周墙身高度应比种植介质高100mm，并在围护挡墙底高100mm处每隔一定距离设泄水孔、排水管，当下雨时从泄水孔、排水管排出多余的水分，以避免植物烂根，并应采取避免种植介质流失的措施。

4 种植屋面所用材料及植物种类较多，应根据植物及环境布局的需要除应符合环境保护要求外，可整体布置也可分区布置，分区布置应设挡墙或挡板，其形式应根据需要确定。种植介质及厚度应根据不同地区满足不同种植植物种类生长所要求的不同介质及厚度等条件确定。

5 为了方便管理，种植屋面应设置人行通道。

4.5.6 本条规定了倒置式屋面的设计要求。

1 倒置式屋面的防水层是埋置在保温层的下面，防水层受到了充分的保护，防水层的日温差、年温差小，不会受到日光和紫外线的照射，延长了防水层的老化年限；因防水层维修困难，所以，防水层的使用年限必须15年以上，加上目前普遍采用保温层上面做刚性防水层兼作刚性保护层，屋面防水为两道及以上设防，符合屋面的防水等级为Ⅱ级及以上的建筑屋面防水等级。

2 由于防水层长期处于与结构紧密相连的环境中，为了避免因使用和温差等因素使结构变形造成防水层开裂破坏，所以，防水材料应采用适应变形能力强、接缝密封保证率高的材料。

3 倒置式屋面的保温层在防水层上面，经常受降水而易潮湿，保温层应采用干铺或粘贴板状憎水性或不吸水、不腐烂的保温材料。

4 保温层很轻，若不加保护和埋压，容易被大风吹起或人在上面践踏而破坏，同时由于有机物保温层长期暴露在外受到紫外线照射及臭氧、酸碱离子侵蚀会过早老化，因此，保温层材料表面应做刚性保护层。

5 倒置式屋面采用现场喷硬质聚氨酯泡沫塑料时，为了堵塞表面孔隙水，其表面宜涂刷一道涂膜作保护层；为了增大相互间的粘结力，泡沫塑料与涂膜间应具相容性。

6 因倒置式屋面的保温层在防水层上面，为了确保檐沟、雨水口等部位便于施工和节点密封，保证该部位不开裂渗水，所以，这些部位应采用现浇钢筋混凝土或砖堵头，并做好排水处理。

4.6 金属压型板屋面

4.6.1 金属压型板材的种类很多，有锌板、镀铝锌板、铝合金板、铝镁合金板、钛合金板、铜板、不锈钢板等，厚度一般为 0.4mm～1.5mm；板的制作形状也多种多样，有单板和复合板（夹芯板），板的表层一般进行涂装。由于材质及涂层的质量不同，其板寿命也不同，有的板寿命可达 50 年以上。金属压型板屋面所用的金属压型板目前国内可生产近 20 多种不同板型的压型板，保温层有在工厂复合制成，也有在现场制作，目前在大型公建、工业厂房、仓库应用广泛的是金属压型板材与保温层在工厂复合压制的金属复合夹芯板材。本条规定了金属压型板屋面的选用要求。

  1 由于金属压型板屋面可适用于防水等级为Ⅰ～Ⅲ级屋面，该屋面相对目前国内常用的其他屋面造价较高，施工技术要求也高，所以在选用时应按建筑物类别、重要程度、使用功能、使用的经济条件，根据屋面防水等级及防水层合理使用年限选择性能相适应的金属压型板材屋面。无论采用何种材料的金属压型板屋面，都应该满足金属压型面板在建筑中应用的两大要求：第一，适应建筑环境介质及满足屋面防水等级及防水层合理使用年限要求的耐久性；第二，具有能弯曲、剪切等可加工性能。

  2 金属压型板材屋面的坡度范围可以很大，坡度选择取决于下列因素：气象条件、纵向搭接和横向连接的防水能力、屋架形式、防水构造、艺术造型、汇水长度等；汇水长度又取决于泄水范围、连接处防水能力、温度伸缩缝构造等。在通常情况下，既有利于排水又可节约材料的坡度为大于或等于 5%，为了减轻因积雪而加大屋面荷载易在连接处产生因板面弯曲变形造成接缝处渗漏和在腐蚀环境中提高对金属压型板屋面的腐蚀性能，所以小于 5%时应采取防漏水措施。

  3 为了防止爬水和减少雨水对外墙面及屋面与墙顶端接缝处的影响，金属压型板材屋面檐口挑出的长度不应小于 200mm。

  4 金属压型板屋面应尽量少开洞，因屋面开洞洞周边缝隙较难处理，泛水节点和施工不当极易产生缝隙渗水隐患；如必须开洞时，应做好洞边处泛水节点设计，不应有渗漏现象。

  5 金属压型板屋面比较轻，均为搭接而成，板接缝隙较多，台风对其破坏影响很大；用于高于 50m 的建筑上，风力影响也很大。为了保证强台风时屋面的安全性和暴雨时屋面不产生渗漏能正常使用，要求在强台风地区或高于 50m 的建筑上，应采取防风措施。

  6 对风荷载较大地区的敞开式建筑，为确保安全应采取加强连接的构造措施。

4.6.2 不同种类金属压型板屋面的铺设、固定和搭接均有区别，本条只规定了金属压型板屋面的铺设、固定和搭接的一般要求。

  1 屋面天沟用金属板材制作时，为了便于固定密封，伸入屋面金属板材下的深度不应小于 100mm；为了防止爬水和坚固不变形，天沟沟帮两侧的边缘应用角钢与屋面连接，屋面金属板材应伸入檐沟内，其长度不应小于 50mm。因金属板材的类型不同，为了保证屋面整体的质量，屋面的檐口应用与板型相配套的异型金属板材的堵头封檐板，山墙应用异型金属板材的包角板和固定支架封严。

  2 为了防止屋面在风力作用时产生爬水现象，屋面脊部应用金属屋脊盖板，并在屋面板端头设置泛水挡水板和泛水堵水板。

  3 泛水是金属板材屋面最易渗漏的部位，所以，要求屋面的泛水板与突出屋面的构筑物及管道和墙体搭接高度不应小于 250mm，搭接口处应采取密封措施。

  4 单坡金属压型板屋面屋脊处的节点只有进行全包封闭才能做到可靠的防水，所以，其屋脊应用包角板覆盖。

  5 金属压型板屋面一般面积较大，由于屋面强度要求金属压型板多为带肋，因此，作为屋面的金属压型板材相互之间的连接和密封处理及与构筑物、管道、山墙、洞口等处的泛水节点密封处理设计非常重要。为了保证金属压型板材屋面整体的使用功能，符合屋面防水等级和防水层合理使用年限的标准，其屋面压型板材的固定和搭接处密封处理必须符合设计要求，不应有渗漏现象。

  6 为了加强屋面天沟或檐沟的刚度，使用时不变形而采取的措施。

4.7 屋面排水

4.7.1 目前屋面的防水设计中，开始注重整体设防概念，并建立起防排结合、刚柔共济、节点密封、复合防水、多道设防的新理念和新设计原则，由过去孤立的防水层设计转向根据基层特点，防、排结合一体化设计，其中屋面排水系统非常重要，必须克服过去对屋面排水重视不够，使屋面长期积水，产生防水节点渗漏的严重状况。本条规定了屋面排水的设计要求。

  1 为了使雨水不经过屋面浸入到室内，除了对屋顶结构形式、屋面基层类别、防水构造形式和防水材料、功能、施工技术等进行充分研究、合理设计外，还要根据当地自然条件、年降雨量大小、檐口高度、生产性质及屋面排水坡度、排水面积等条件确定屋面的汇水面积大小、流动方向、排水沟的位置、大小及雨水管数量和管径等排水方式；

  2 当采用有组织排水时，从安全使用和维修方便考虑，宜采用外排水；

  3 根据历次全国屋面防水工程调查和全国征求意见都认为排水天沟纵向坡度小于 1%，施工难以保证，又易使天沟、檐沟积水普遍，致使防水材料因浸泡而发生霉烂，加速损坏，故规定坡度不应小于1%，沟底水落差不得超过200mm；

天沟、檐沟经过变形缝，则构造节点复杂又难以施工，保证防水很困难，所以规定不得经过，也不得通过防火墙，否则防火墙会失去作用；

4 易积灰屋面灰尘易堵塞排水沟和雨水口，为了使屋面灰尘易被风吹雨刷，宜采用无组织排水；当采用有组织排水时，为了排水通畅，排水沟和雨水口不被堵塞，应采取防堵措施。

4.7.2 为避免因檐口距地面过高或因年降雨量过大，使雨水飘入室内影响使用和湿陷性黄土地区因雨水对墙基基础的渗漏造成基础易产生不均匀下沉，使墙身开裂、渗水；避免采暖地区车间一侧有露天吊车时，屋面雨水因冬天结冻影响吊车使用以及为避免开敞式或半开敞式天窗易使室内飘雨，故规定上述条件下的屋面应采用有组织排水。

4.7.3 雨水口和雨水管的数量、管径布置及截面均受到汇水面积的制约，应按现行国家标准《建筑给水排水设计规范》GB 50015 的有关规定，通过雨水口的排水量及每根雨水管的屋面汇水面积计算确定。实践证明，目前雨水管的内径普遍偏小，造成排水不通畅且易堵塞，为使排水及时和防止雨水管堵塞及经久耐用，宜加大雨水管的内径，其公称直径不应小于100mm。每一屋面或天沟不宜少于2个雨水口，主要是考虑屋面常年因积灰、落叶和大雪等原因有可能使一个雨水口堵塞后仍能安全排水。为了施工方便，规定雨水口中心距端部女儿墙内边不宜小于500mm。雨水管距离墙面不应小于20mm，雨水管的底端部排水口距散水坡的高度不应大于200mm，并应设45°弯头，是为了保证雨水不溅到外墙勒脚造成渗漏影响墙基。

4.7.4 冬季室外采暖计算温度低于－20℃严寒地区，为了避免雨水口和雨水管冻裂和冰冻堵塞，导致排水不畅，甚至影响墙体损坏，规定宜采用内排水。

为了保证雨水排泄通畅，雨水管应接入雨水排水管网，为防雨水渗漏，雨水管接口须封接严密。从城市环保及雨水再利用等要求雨水与污水应采取分流制，所以，雨水管不得与污水管道连接。考虑严寒地区屋面积雪过厚，冰冻堵塞雨水口和雨水管较严重，冰冻融化时雨水一时排泄不畅，所以，屋面天沟端头还应设溢水口以减小屋面的积水。

4.7.5 平屋面时，为了避免常发生雨水在屋面和雨水口处积水排水不畅，故靠近天沟、檐沟200mm～500mm 范围内屋面坡度宜为5%，分水线处最小深度应大于或等于40mm。在雨水口周围直径500mm范围内坡度不宜小于5%，体现了防排结合的原则。雨水口与基层交接处，因混凝土收缩常出现裂缝，故在雨水口周围的混凝土上应预留凹槽，并嵌填柔性密封材料，避免雨水口处的渗漏发生。

4.7.6 为了使多跨厂房中间天沟的雨水尽快排出，不产生积水，最好不设或减少中间天沟雨水口的设置，所以，规定了多跨厂房中间天沟应结合建筑物伸缩缝布置，并应采用两端山墙外排水；出山墙部分的天沟墙壁，应设溢水口。

4.7.7 根据目前国内机械工业厂房普遍采用的金属压型板屋面工程实例，屋面外檐沟在条件不允许时可不找坡，内檐沟及内天沟的坡度宜为0.5%，但出山墙部分的天沟墙壁应设溢水口。在北方寒冷地区的内天沟、檐沟考虑因积雪冰冻堵塞常使雨水排泄不畅，所以，应采取防积雪冰冻措施。

4.7.8 水对湿陷性黄土地区建筑物地基破坏影响很大，为了保障机械工业厂房及其附属建筑物的结构和使用安全，对该地区落水管应直接接入专设的雨水明沟或雨水管道，作了严格明确的规定。

4.7.9 当建筑物屋面采用无组织排水时，为了防止屋面雨水排泄溅污墙面，影响墙体结构和外装饰，甚至使室内墙面受潮霉变影响使用，规定屋面采用无组织排水时，其屋面伸出墙面长度不宜小于600mm。为了防止建筑物的出入口处的雨水飘入室内和方便人员出入不至雨淋，规定了在建筑物的出入口处应设雨篷。

4.7.10 为减少底层建筑物外墙墙基不受雨水的常年浸蚀而影响结构的安全性，故作本条规定。

4.7.11 屋面采用内排水如处理不当较易产生排水不畅隐患，为使屋面排水系统保持畅通，在长期使用过程中又便于管理、维修、保养，严防屋面雨水口、雨水管下端或接横向管处堵塞，造成屋面长期积水和大雨时溢水，作本条规定。

5 墙 体

5.0.1 砌筑墙体材料中的块材强度等级要求系砌筑墙体强度的基本要求，其砌筑砂浆除防潮层以下或有其他特殊要求外，应采用混合砂浆。混合砂浆和易性较好，便于人工砌筑。按现行国家标准《砌体结构设计规范》GB 50003 有关条文的规定，当采用水泥砂浆砌筑时，砌体的抗压强度及弯曲、抗拉、抗剪强度应分别乘以0.90及0.80的调整系数。对蒸压灰砂砖、混凝土砌块和其他非烧结砖砌筑材料仍采用传统的粘土砖混合砂浆已不合适，宜采用适合各种材料自身特性与其配套的砌筑砂浆砌筑。

粘结性好的砂浆，不但能提高块材与砂浆之间的粘结强度，改善砌体的力学特性，而且还能减少墙体的裂缝。

框架结构填充墙体材料，为减轻重量宜采用轻质砖或砌块，为了安全且应与框架梁、柱有拉结措施，并采用与其匹配的砌筑砂浆砌筑。

由于加气混凝土等吸湿性较大的砖、砌块受潮后或在高温下，其强度等级会降低或损坏，影响墙体安全，所以墙体表面经常处于80℃以上的高温房间及受化学浸蚀环境的墙体不得采用加气混凝土砌块。

本规范所指"砖"，包括以粘土、页岩、煤矸石、粉煤灰为主要原料的烧结多孔砖、烧结普通砖及蒸压粉煤灰砖、蒸压灰砂砖及硅酸盐砖等。为节约良田，原建设部明文规定，墙体材料不得采用烧结粘土砖。

5.0.2 为了增加墙体的稳定性，提高抗震性能，砌筑墙体构造措施除应与结构专业密切配合设置外，墙体内必须采取相应的构造措施。

5.0.3 防潮层的设置主要为防止地面以下潮气由于毛细管作用，使潮气上升，影响墙体寿命，尤其墙体两侧不同标高的地坪及贴外墙设花池的墙面防潮层不应漏设。

5.0.4~5.0.10 各条均应与结构专业密切配合确定，其中第5.0.8条，砖、砌块砌筑的女儿墙现浇钢筋混凝土压顶板在长度方向每隔30m留板缝，是防止因温度变化引起板的伸缩，致使现浇钢筋混凝土压顶板与女儿墙间拉裂造成渗水。第5.0.9条热加工车间为争取进风面积，窗台标高可适当降低，夏热冬暖地区可降到0.6m。楼层的窗台高度小于0.8m时应设护栏，是安全要求。

5.0.11 轻型板材包括金属压型板及轻质多孔板等。由于其材质轻、外形尺寸较大，采用时应利用其特点以减少板材型号。填充墙及非承重的墙体为减轻荷重，使建筑空间灵活性更大，应采用行之有效的轻质墙体材料。设计时应遵守与该轻质墙体材料有关的设计规范规定。

夏热冬冷及夏热冬暖地区无热工要求的厂房外墙采用金属压型板时，尚有隔热、隔音要求，宜采用夹芯墙板，并满足热惰性值要求。

5.0.12 为解决金属压型板受撞击易变形损坏问题，金属压型墙板的低侧窗窗台以下（勒脚）部位，宜采用吸湿性小的砖、砌块砌筑，并按结构专业要求采取拉结措施。

5.0.13 由于金属压型板面板较薄，承载能力差，洞四周泛水难以处理，所以当必须在墙体上开洞时，洞四周应采取加固措施，并做好防水构造处理。

5.0.14 为确保墙体整体密封而采取的措施。

6 地面和楼面

6.1 面 层

6.1.1 机械工业厂房地面面层材料，应根据车间或工段的使用要求选用平整、耐磨、不起尘、防滑、易清洗的材料和技术经济综合比较来考虑。防静电地面面层应选用导电材料制成的地面（其构造由面层、找平层、结合层的材料内添加导电粉、导电网组成，接地电阻不大于10Ω），如防静电水磨石、防静电水泥砂浆、防静电塑料面层和防静电橡胶板面层。

6.1.2 为了保证地面整体强度，当地面采用金属骨料作为耐磨混凝土面层及采用钢格栅加固面层材料时，其混凝土强度等级不宜低于C30。

6.1.3 地面和楼面面层的分格缝设置，主要目的是防止面层材料因温度变化而产生不规则裂缝。

1 细石混凝土面层和混凝土垫层是同类材料，因而收缩是一致的，为使面层与垫层结合紧密共同作用不产生裂缝，因此，细石混凝土面层的分格缝应与混凝土垫层的缩缝对齐。

2 水磨石、水泥砂浆、聚合物砂浆等面层的分格缝除了应与垫层的缩缝对齐外，水磨石、水泥砂浆面层分格缝约为1m方格，聚合物砂浆面层分格缝约为6m~12m方格。

3 主梁两侧和柱周边处为板的支点，应力为负弯矩区，易开裂，所以该处宜设分格缝。

6.1.4~6.1.6 防油渗楼面设计及主要技术指标等是根据1984年通过原机械部设计总院组织的技术成果专家鉴定。其成果包括防油渗混凝土、聚合物防油渗砂浆和防油渗胶泥及其施工技术。防油渗混凝土外加剂和胶泥，系专门配制而成，应进行定点生产供应。

防油渗隔离层的设置是在总结近年来实践经验的基础上提出来的，应当说防油渗混凝土作为主要防渗层具有比普通密实混凝土高出1倍~2倍的抗渗性能，基本上能满足正常使用要求。但考虑到机油的品种、数量、机械振动作用的影响以及结构整体性和施工条件等因素，必要时增加隔离层是十分有效的措施。

本规范规定在一定条件下可采用具有良好耐磨防油性能的涂料面层，适用于油量少、机械磨损作用弱的场所。目前市场上涂料品种牌号较多，首先推荐树脂类涂料较好，使用时应注意检验。

露出地面的电线管、接线盒、地脚螺栓、预埋套管及墙柱连接处的地面易产生裂缝，因此，在这些地方应严格控制。浇筑混凝土时应分仓设缝，施工中除应保证按规定的操作程序及设计要求进行，还应采取防油渗措施，否则难于达到防油渗整体效果要求。

防油渗楼面的设计、施工有待普及提高，由于有较高的技术要求，应由专业施工队承担施工。

6.2 垫 层

6.2.1 地面垫层的选择应根据面层类型，结合车间或工段分类、使用要求进行选择。

6.2.2 混凝土垫层的厚度，应根据地面荷载类型、混凝土强度等级和压实填土地基变形模量计算确定。当填土压实系数大于等于0.94时，综合考虑确定混凝土垫层厚度可以查表6.2.2。这一条规定是按正常使用条件下，混凝土垫层厚度按主要地面荷载类型和混凝土强度等级确定的。对个别重荷载，应采取局部措施予以解决。本次制定关于混凝土垫层厚度表中的数据，是经过多年设计、施工、使用大面积堆料的仓库地面 20kN/m²～30kN/m² 使用荷载下混凝土强度等级 C10～C15、厚度 70mm～90mm、C20 厚度 60mm，标准偏低。当时是取调查资料中混凝土厚度的最小值，故本次制定混凝土垫层厚度，一般增加 30mm～60mm，50kN/m² 混凝土厚度增加 20mm，而普通金属切削机、无轨运输车辆及起重机的起重量中的混凝土垫层厚度一般增加 20mm，混凝土强度等级提高一档。

关于起重机起重量的大小与地面荷载大小无直接关系，但在客观上存在着某种联系，例如大吨位起重机厂房，其上部结构等级较高，地面设计也希望有相当的垫层厚度和略高的标准，尽管设备均有独立基础，或产品加工件与地面接触面积很大而不足以此为控制垫层厚度的依据；为此，查表选用时应根据厂房实际使用情况而确定。

6.2.3 地面垫层类型应根据面层种类不同进行选择，垫层的最小厚度不宜小于 80mm，混凝土垫层强度等级不应低于 C15。当垫层兼面层时，混凝土垫层的最小厚度不宜小于 100mm，混凝土强度等级不应低于 C20，是考虑随捣随抹平面层，经济上比较合理。

6.2.4 淤泥、淤泥质土、冲积土及杂填土等均属软弱地基，其变形特征是沉降量大、沉降差异大、沉降速度大和沉降延续时间长，如在其上直接铺设地面时，设计必须考虑可能造成的危害，必须采取机械压实等加固处理后，方可铺设地面。

6.2.5 地面上有大面积堆积重荷载和承受剧烈振动作用的厂房、仓库地面垫层设计时，必须考虑因地面的超载防止地基所产生的不均匀变形对厂房基础的影响，造成建筑物不均匀沉降，并采取地面配筋、地基加固或宜在垫层下铺设粒料类、灰土类柔性材料等措施。

6.2.6 调查表明，采用混凝土垫层而直接受大气影响的露天堆场、散水及坡道等地面，其填土地基极易引起沉降、开裂，为了保证工程质量，本规范规定在混凝土垫层下宜铺设水稳性较好的砂、炉渣、碎石、灰土等材料。

6.2.7～6.2.9 地面混凝土垫层分仓浇捣的做法，本规范明确定义为纵向、横向缩缝；构成形式，包括平头缝、企口缝和假缝三种。

缩缝是为防止混凝土垫层在水化过程中或气温降低时产生不规则裂缝而设置的；尤其在寒冷地区，混凝土地面施工后过冬才能使用，如来不及安装采暖设备，就会导致厂房地面在未投产前就产生不规则的收缩裂缝。

纵向缩缝采用平头缝和企口缝，横向配以假缝，是对目前地面设计中广泛应用的等厚板设计方案而言，不仅改善了边角受力性能，且施工方便。实践证明，平头缝可大大提高地面板的承载力。

假缝是横向缩缝，其构造为上部有缝，下部不贯通，目的是引导收缩缝裂缝集中于该处，断面下部晚些时间也可能开裂，但呈全锯齿形且彼此紧贴，既可使承载力与纵向缩缝相当，又可避免边角起翘；施工完毕，缝内用水泥砂浆填嵌，以防垃圾进入。

伸缝是防止室外的混凝土垫层在气温升高时，由于混凝土伸长，缩缝边缘产生挤碎或拱起现象而设置的伸胀缝。由于室内地面温差较小，伸胀不如室外显著，本规范只规定在室外宜设置伸缝。伸缝的构造形式对受力极为不利，规定应做构造处理，局部加强。

6.2.10 考虑严寒地区室外散水已做防冻胀处理，有一定保温作用，因此当室内有采暖的底层地面，应在外墙内侧 1m 范围内的地面采取保温措施。当室内无采暖地面采用混凝土垫层时，其混凝土垫层下应加设防冻胀层。

6.3 台阶、坡道、散水及明沟

6.3.1、6.3.2 从使用安全及舒适考虑，对踏步高、宽及坡道坡度作了明确的规定。

6.3.3～6.3.7 为了保护外墙墙基不渗水，对外墙散水作了明确的规定。

6.4 楼面和地面构造

6.4.1 有特殊要求的地面和楼面，为了做到经济合理，避免盲目性，应通过计算确定其构造及厚度。

6.4.2 地面和楼面经常有水和非腐蚀性液体介质作用时，地面和楼面多数用现浇水泥类面层，如混凝土、水泥砂浆或水磨石等，均可满足使用要求。在排水通畅的条件下，底层地面不需专门设置防水层，基层混凝土的密实性、抗渗性可以满足使用要求，如设计采用具有一定抗渗强度的混凝土做基层而避免采用防水层，在技术上、经济上也许更趋于合理，对此可进一步探索。采用装配式钢筋混凝土楼板，因其整体性较差，板缝较多，在水和非腐蚀性液体流淌状况下，即使板面上做了结构整浇层，为防止构件及面层受温度影响产生热胀冷缩应力变形使面层开裂，所以应设防水层。楼面混凝土板在墙体处，翻高 150mm 是为了避免墙体渗水，提高防水可靠度。

6.4.3 经常冲洗或排除各种液体的地面和楼面坡度，按照材料表面光滑粗糙的面层考虑排水坡度，主要是在不影响生产操作条件下，尽量采用上限，当楼层为现浇钢筋混凝土板，因无填充层，全靠找平层找坡可采用下限。同时考虑排水沟的纵向坡度小于 0.5% 时，不但施工不易做到，且排水也可能不畅。因此，规定其地面和楼面坡度一般不小于 0.5%。

6.4.4 从保护墙、柱面和地面和楼面防渗需要，对踢脚板作了明确规定。

6.4.5 从使用安全考虑，经常有水、油脂、油等易滑物质的地面、踏步和坡道，应采取防滑措施。

6.4.6 地面沉降缝和楼层沉降缝、伸缩缝及防震缝的设置应与结构相应的位置一致，地面与墙体间可设沉降缝，主要考虑墙体沉降较大时，地面边缘不被破坏。从使用、安全、美观、防渗考虑，地面和楼面变形缝应做盖缝处理。

6.4.7 沟坑边缘、台阶和踏步边缘，这些部位有强烈作用下易受撞击、摩擦等机械作用而损坏，所以应采取加强措施。

6.4.8 在柔性垫层上做块材面层时，为了使块材面层受力均匀，填缝柔性密实，块材面层应用松散材料填缝。

6.4.9 从使用、安全、美观、防渗要求考虑，湿陷性黄土地区经常受水浸湿或积水的地面，应按防水地面设计，并对地面下垫层、管道穿过地面及排水沟做法作了具体规定。

7 门 窗

7.1 门

7.1.1 厂房大门主要是满足运输设备、产品及其物料的通行，因此大门的尺寸必须根据工艺设计提出的最大运输件尺寸及运输工具类型、规格并结合门的材料类型和施工条件确定。考虑到运输设备、产品及其他物件进出顺利、安全，厂房大门门洞口宽度和高度最少应留有一定的间隙；运输出入频繁时，还应放大。运输出入频繁的大门及钢结构厂房车行大门内外应采取防撞措施。

7.1.2 制作厂房大门的材料，应结合当地条件、生产使用要求进行选择。对热损耗没有特殊要求且美观要求较高的厂房，可选用卷帘门、滑升门，但宜选用电、手动两用形式，以防停电时使用。为了安全，厂房推拉大门应有防脱轨措施。

7.1.3 严寒及寒冷地区采暖厂房为了保持室内温度稳定，减少采暖设备投资及运行费用，节省能耗，外门应采用保温门。

7.1.4 我国北方和西北地区冬春两季，风沙较大，门窗应采用防风沙门窗。

7.1.6 有易爆、易燃等危险品的房间，为便于人员疏散，房间的门必须向疏散方向开启。本条为强制性条文，必须严格执行。

7.1.9 为防止使用过程中因变形缝变形使门框或门扇破坏变形，不能开启，影响使用和人员安全疏散要求，特作此条规定。

7.2 侧窗

7.2.1 厂房侧窗一般面积较大，从美观和适用考虑，宜选用铝合金窗、塑钢窗或新型钢窗。

7.2.2 需开启的通风高侧窗在无开窗设施情况下，开启较困难，宜选用电动或手动开启装置。较小型车间的高侧窗也可采用绳索拉簧插销开启，以节省投资。

7.2.3 侧窗玻璃选用及开窗面积对围护结构的综合传热系数影响很大，为了限制和降低采暖建筑物的能耗，除了提高围护结构外墙和屋顶的保温性能外，还应重视侧窗的保温隔热性能，尽量加大热阻、减少面积、提高气密程度等。从节能角度考虑，采暖建筑采用中空玻璃窗是合理的。

7.2.4～7.2.6 从使用合理、方便、安全考虑作此规定。

7.3 天 窗

7.3.1 冷加工厂房的通风问题并不突出，在需要通风的炎热季节，侧窗一般能满足要求，但不能满足均匀采光的要求。为节省人工照明的能耗，目前设计普遍采用矩形天窗、采光带及采光罩。

热加工车间室内热源发出的热量，致使室内气温高于室外，为改善生产或工作环境条件，需要不断通风换气，宜采用出风口为负压区的成品自然通风器或带挡风板矩形天窗，以确保通风效果。

7.3.2 为利于自然通风和满足采光照度的均匀性及避免西晒、眩光，天窗宜朝南、北向开设。北方严寒地区，夏季不太热，冬季日照时间较短，为了使车间尽可能获得较多的阳光，锯齿形天窗宜朝南向开设。为保证人员安全，天窗玻璃宜采用建筑用安全玻璃。

7.3.4、7.3.5 从保障室内安全使用及卫生而作此规定。

7.4 挡 风 板

7.4.1 为了保证避风天窗的排风效果，防止形成气流倒灌及为了便于人员管理，特作此条规定。

7.4.2 天窗挡风板与天窗间距离 L 与天窗洞口高度 h 之比适合范围 $0.6～2.5$，目前，矩形天窗挡风板距离标志尺寸一般为 3m 和 4.5m，窗洞一般为 1.5m、1.8m、2.4m 和 3.0m。L/h 值在 $1.25～2.00$ 最为常用。挡风板高度超过天窗檐口时可能出现倒灌。

7.4.3 相邻天窗净距小于天窗高度 5 倍且端部封闭时，其间区域为负压区，能保证通风效果。

7.4.4 为了避免风吹在较高建筑的侧墙上，因风压作用使天窗处于正压区，引起倒灌现象，特作此条规定。

8 楼梯、钢梯、电梯与起重机梁走道板

8.1 楼 梯

8.1.1 疏散楼梯是多层建筑中人员安全疏散的主要通道，设计时应严格按照现行国家标准《建筑设计防

火规范》GB 50016 的有关条文执行。楼梯净宽度系指装修后完成墙面到扶手中心或扶手至扶手中心线之间的水平距离。

8.1.2 当多层建筑中楼梯间靠墙一侧有框架梁凸出墙面，其梁下梯段净高小于 2.2m 时，人员行走易碰头，为安全起见，在此墙面应设平梁侧面栏杆扶手。

8.1.3 室外疏散楼梯作为第二安全出口，供人员应急疏散及消防人员从室外直接进入建筑物内。其栏杆扶手的高度、楼梯的净宽及倾斜角度、梯段和平台的耐火极限以及通向室外楼梯的门等应符合本条相关条款的规定。

8.1.4～8.1.10 以上各条是保证人员安全使用、疏散而规定。其中第 8.1.10 条是强制性条文，必须严格执行。

8.2 钢 梯

8.2.1 由于丁、戊类厂房火灾危险性较小，室外疏散钢梯可为第二安全出口。

8.2.2 多跨及有天窗的工业厂房上屋面次数较多，故规定檐口高度大于或等于 6m 应设检修钢梯。为使用方便，规定每部检修钢梯的服务半径不应大于 100m。

为了检修人员安全及我国目前机械工业厂房大量工程实例，规定檐口高度大于 8.4m 时，垂直检修钢梯应设梯间平台；檐口高度大于 14.4m 时宜采用斜钢梯并设中间平台。

8.2.3～8.2.6 为检修人员安全及使用方便而规定。

8.2.7 上起重机的钢梯及平台不宜设于厂房尽端柱间，如需设置，则需考虑钢梯及平台与车档间的距离，使之能上起重机驾驶室。平台及踏步板采用钢筋条板时，使用者易产生眼花及物件掉落而导致危险，故不应采用。

8.2.8 为保证上起重机人员在平台上行走不碰头，平台面距起重机梁底及管道等其他构件底净空不应小于 1.8m。

8.2.9 外廊、上人屋面及作业平台的金属栏杆高度一般采用 1.05m～1.20m，平台栏杆及疏散通道等场所的栏杆，为保证安全，连接应牢固。为防止物件下落造成危险，栏杆下部 100mm～150mm 处不应留空，端部应采取加强措施。

8.3 电 梯

8.3.2 电梯候梯厅的深度应考虑人员与货物进出的交叉空间，故作本条规定。

8.3.4 楼梯环绕电梯位置的方式不利于人流疏散。为便于使用和安全疏散，客梯附近宜有疏散楼梯。

8.3.5 本条规定了垂直运输物品提升设施的设计要求，以阻止火势向上蔓延、扩大灾情。除戊类仓库外，其他类别仓库内的火灾荷载相对较大，物品存放较集中，火灾延续时间也可能较长，为避免因门的破坏而导致火灾蔓延扩大，室内外提升设施通向仓库入口的门，应采用乙级防火门或防火卷帘。

8.4 起重机梁走道板

8.4.1～8.4.4 起重机梁面设置走道板是为解决起重机运行过程中遇有停电或发生故障时，为起重机操作人员从梁面行走的安全。同一跨内设有多台工作制等级为 A6 以上的桥式起重机时，起重机两侧梁面均应设置走道板；当使用单位备有移动式检修设备时，可不受此限制。检修平台是供起重机检修时便于检修人员存放零件、工具之用，若起重机本身带有检修附件时，亦可不设。

起重机工作制等级共分为 A1～A8 级，A8 为特级，A7、A6 为重级，A5、A4 为中级，A1、A2、A3 为轻级。

8.4.5～8.4.10 从对起重机检修方便和工作人员的人身安全考虑，对起重机走道板及宽度和检修平台等的设置和要求作出了明确规定。其中第 8.4.8 条为强制性条文，必须严格执行。

9 装 饰 工 程

9.1 外 墙 装 饰

9.1.1 抹灰层太厚容易脱落且施工不便，所以条文规定外墙抹灰厚度超过 35mm 时，应分层粉刷，并采取钉钢丝网等加强措施。

9.1.2 此条规定是为了有利排除雨水，防止雨水聚积和倒流渗入窗内或墙体及污染墙面、顶棚，影响使用。

9.1.3 为了防止不同材质交界处因材料温差应力变形，使抹灰层开裂而采取的加固措施。

9.1.4 加气混凝土、轻质砌块和轻质墙板等基体外墙贴面砖或陶瓷锦砖时，其基体不牢固或基面的抗拉粘结强度不高，是面砖或陶瓷锦砖容易脱落或产生裂缝的主要原因之一，为了防止此类事故的发生，参照有关规定，特做此条规定。本条中的基层是指墙体表面的结合层或找平层，基面是指墙体和基层的交界面。

9.1.5 聚苯颗粒保温浆料和硬质聚氨酯保温层上无双向亲和力保温层界面剂，难以保证其界面的粘接强度要求，容易导致表面抹灰层的开裂或脱落，故作本条规定。

9.1.6 轻质材料外保温层上做 3mm～5mm 厚聚合物抗裂砂浆加耐碱玻璃纤维网格布保护层，是防止涂料饰面开裂的有效措施。

9.1.7 外保温的外墙饰面材料涂料与面砖或陶瓷锦砖相比，涂料施工简单、方便快捷、经济，故首先推荐使用涂料饰面。为了防止涂料饰面因温差、厚薄不均等因素开裂，宜采用弹性涂料饰面。

9.1.8 为了保证轻质材料外保温层表面贴面砖的可靠性，其基层处理和面砖粘结剂应符合本条要求。

9.1.9、9.1.10 外墙饰面砖拼贴，应考虑基层或饰面砖因温度伸缩引起的开裂、变形、脱落甚至伤人等因素，宜采用有缝嵌缝拼贴，伸缩缝材料应具有良好的抗渗性能和弹性，以便防止雨水渗透所引起的降低外墙保温效果和使用寿命，避免发生饰面砖开裂和脱落。

9.1.11 变形缝处内外饰面断开，是为了避免影响变形缝的功效。外饰面盖缝是为了使变形缝处外墙立面统一、协调和美观。

9.1.12 由于含氯盐的防冻剂，其氯离子宜游离渗出抹灰砂浆表面，导致涂膜表面泛碱、变色、鼓泡、脱落，所以冬季施工时，表面做涂料面层的找平层砂浆不应掺入含氯盐的防冻剂，宜掺入防水剂、抗裂剂或减水剂等材料。

9.2 内墙装饰

9.2.1 装饰材料若采用易燃材料，一旦发生火灾，火势容易蔓延，扩大火灾损失，故装饰材料宜采用不燃及难燃材料。据有关统计资料，火灾中伤亡人员大多是由火灾燃烧产生的有毒气体窒息所致，所以装饰材料不应采用燃烧时产生有毒气体的材料。

9.2.2 不同材料交界处的抹灰层容易产生开裂，为了防止墙面抹灰层的开裂，不同材料交界处应附加一定宽度的耐碱涂塑玻璃纤维网格布。采用耐碱涂塑玻璃纤维网格布，是为了避免水泥砂浆中的碱性化学物质腐蚀玻璃纤维网格布，降低玻璃纤维网格布的寿命。

9.2.4 条文所述用房因常年有人工作，为了满足其使用功能及环境卫生要求，其内墙表面应做饰面。

9.2.5 有防爆要求的厂房及站房内墙粉刷，阴阳角做成圆角，是为了减少蜘蛛结网可能产生的沉积性污染，防止易燃易爆气体或粉尘聚积，降低爆炸的危险性。

9.2.6 为了防止潮湿房间、高湿度房间及直接受水冲淋部位墙面不积水、渗漏及防止空气中水蒸气渗入墙体，影响本房间和相邻房间的使用而采取的措施。

9.2.7 潮湿房间内墙面易经常结露，对墙体及饰面材料起溶蚀作用，使墙体上的预埋件或结构内配筋锈蚀，使锈水流淌污染墙面，即不美观又造成安全隐患。因此，采取保温隔汽措施和外墙内表面做防水砂浆或其他防水材料饰面，使墙体具有足够的热阻和抗渗性能，以减少或避免此类现象的产生。

9.2.8 由于非水泥砂浆粉刷的阳角容易碰破，影响美观和结构寿命，所以条文规定人体及货物易于接触的距楼、地面2m高的范围内应做护角。

9.3 顶棚及吊顶

9.3.1 由于单层机械厂房钢筋混凝土屋面梁、架及屋面板多为预制，表面较光滑且距地面高度较大，如做抹灰需搭满堂脚手架，施工不便，又不经济，且抹灰与否从使用需要和远距离对视觉的影响都不大，故单层厂房钢筋混凝土屋面梁、架及屋面板底可不抹灰，但应嵌缝喷白。

9.3.2 为了避免顶棚下表面凝结水或空气中水蒸气外渗影响其上部房间的使用，同时为了避免顶棚表面凝结水滴落到人体或设备上，作本条规定。

9.3.3 大面积吊顶厂房或站房的吊顶上方往往隐藏较多管线和设施，需要检修，从经济角度考虑，吊顶空间不宜过高，因此，当吊顶空间有限不能进入检修时，宜采用便于拆卸的装配式吊顶，或在经常需要检修部位设检修口。

9.3.4 为了保证使用安全，上人吊顶、重型吊顶、吊挂周期摆振设施的顶棚与上部结构应可靠连接。本条为强制性条文，必须严格执行。

9.3.5 从防火安全和方便检修、管理角度考虑制定此条。本条为强制性条文，必须严格执行。

10 地下工程防水

10.0.4 我国化学建材行业发展很快，卷材、涂料及胶粘剂种类繁多、性能各异，胶粘剂有溶剂型、水乳型、单组分、多组分等，各类不同的卷材、涂料都应有与之配套的胶粘剂及其他辅助材料。不同种类卷材、涂料的配套材料不宜相互混用，否则有可能发生腐蚀侵害或达不到粘结质量标准。为确保地下工程防水质量，在外围形成封闭的防水层，防水材料复合设防时，防水材料的材质及密封材料应具有相容性，与基层应具有良好的粘结性。

10.0.5 工程实践证明，地下工程细部构造的防水措施是防水质量的重要保证，除地基应夯实和地下工程的各种缝、后浇带、穿墙管（盒）、预埋件、预留通道接头、桩头、孔口、坑、池等细部构造应加强防水措施外，有地下工程的建筑，还应做宽度不小于800mm的混凝土散水和地下工程外侧防水层应采取保护措施。另外，应保证地下工程外侧宽 800mm 范围内回填土的质量，因密实的回填是地下工程防水的一道重要防线，而松散的回填土不仅起不到防水作用，还使得回填区成为一个积水区，长期腐蚀侵害地下工程外侧的防水层，造成渗漏隐患。确保回填土密实与土质、夯实方法关系密切，因此对土质和夯实方法也相应提出了严格要求。

11 防腐蚀设计

11.1 建筑布置

11.1.1 厂房体型复杂对排除腐蚀性气体不利，在满足生产、检修要求和有利于减轻腐蚀的前提下，建筑宜采用开敞式或半开敞式。如采用多层厂房以不超过3层为宜。同时随着现代工业技术的发展，有效的技术措施可以满足通风要求时，亦允许采用多跨的厂房形式。

11.1.2 由于厂房内产生或使用腐蚀性溶液和气体及粉尘的生产装置对邻近建筑物及内部设备，尤其对精密仪表和有洁净要求的地段有较大影响，因此在厂房总图布置及厂房内各房间平面布置时要注意通风排气或控制粉尘排放，以减少有害气体或粉尘对人及产品的影响。

11.1.4 生产或储存腐蚀性介质的设备按介质分类集中布置，便于设防和管理。厂房内地沟易被腐蚀性液体浸蚀，构造处理较复杂，因此在该类厂房内应避免敷设。凡穿越防腐蚀层的管道、套管、预留孔、预埋件均应预先埋置或留设，主要便于防护处理，加强整体防腐蚀效能。

11.1.5、11.1.6 这两条是从确保使用安全而作出的规定。

11.2 承重及围护结构

11.2.1 承重构件的选择应根据厂房受腐蚀介质作用的程度采用不同的结构方案，现浇式具备速度快、质量好的优势，因此本规范对钢筋混凝土框架结构只推荐现浇式。预应力钢筋混凝土构件具有强度等级高、密实性和抗裂性较好的特点。混凝土在应力条件下的腐蚀性，根据试验表明，受拉部分要比受压部分严重；从耐久性角度来讲，预应力混凝土构件比钢筋混凝土构件优越。因此，承重构件宜选用预应力钢筋混凝土构件。

11.2.2 随着生产技术的发展与改进，钢结构厂房日益完善，已允许出现在有腐蚀性的厂房设计中，但对钢结构构件及杆件形式有相应要求。钢柱柱脚应置于混凝土基础上，不应采用钢柱插入地下再包裹混凝土的做法。因钢柱于地上、地下形成阴阳极，雨季环境温度高或积水时，电化学腐蚀严重。

另外，室内外地坪常因排水不畅积水，使钢柱脚锈蚀，所以本规范规定钢柱基础顶面应高出地面不应小于300mm。

薄壁型钢壁较薄，稍有腐蚀对承载力影响较大；格构式结构杆件截面较小，缀条、缀板较多，表面积大，不利于防腐，所以重要受力构件不应采用。

11.2.4 根据现行国家标准《砌体结构设计规范》GB 50003和防腐蚀要求，在腐蚀条件下，为提高砌体的耐久性，本规范推荐采用保证一定强度等级的烧结普通砖和烧结多孔砖及混凝土小型空心砌块和砌筑砂浆。因烧结多孔砖空洞率达25%以上，且孔的尺寸小、数量多，孔洞增加了与腐蚀性介质接触的表面积，在强、中腐蚀性条件下不允许使用。

混合砂浆含有石灰，对防腐蚀不利，不应采用。

11.2.9 推拉门、金属卷帘门、提升门或悬挂式折叠门，其金属零件腐蚀后容易造成门无法开启，故厂房的门宜选用平开门。

11.2.11 设置避风天窗有利于建筑内腐蚀介质的排除。

11.2.13 采用有组织外排水的目的是为了避免带有腐蚀性介质的雨水漫流而腐蚀建筑物的墙面。调查表明，生产过程中散发腐蚀性粉尘的建筑物屋面设置女儿墙后，容易在女儿墙处大量积聚粉尘，且不易排除，反而加重建筑的腐蚀性，故规定不宜设置女儿墙。

11.3 地面和楼面

11.3.1 防腐蚀地面、楼面设计需要综合考虑腐蚀作用、物理机械作用以及技术经济等各种因素。介质的品种、浓度、温度、作用量等腐蚀作用是设计的重要因素，是指在正常生产过程中，腐蚀性介质的滴溅作用。正常生产中腐蚀性介质滴溅有下列几种情况：① 设备、管线、阀门、法兰及泵类的盘根等处，由于有时密闭不严和垫圈、填函腐蚀后所产生的滴溅；② 带有腐蚀性介质的物体，在搬运中产生滴溅，如电镀车间的物体，常用起重机从一个槽子吊到另一个槽子里；③ 设备检修时，也常有腐蚀性液体对楼面、地面的腐蚀作用。

地面、楼面面层材料，应根据腐蚀性介质作用的条件、各种不同介质作用下在耐腐蚀性能和技术经济方面综合考虑后，分别采用不同的耐腐蚀材料；选用这些材料时，应满足温度、物理机械作用的要求。

滴溅到楼面、地面上的介质，其温度一般为常温。虽然有的介质温度较高，但滴溅量不大时，落到地面后很快就会降至常温。若经常有温度较高的腐蚀性介质作用时，则面层材料的选择应满足使用温度的要求。

物理机械作用是指正常生产过程中，设备安装、检修以及车辆运输等对楼面、地面所产生的摩擦、冲击、压力等作用。

防腐蚀楼、地面与墙、柱的交接处应做耐腐蚀踢脚板，以避免腐蚀性介质沿交接处渗入地下。

11.3.4 如果块材地面的灰缝与结合层采用不同材料，当地面受到重力冲击时，会造成灰缝处开裂。

11.3.5 设置隔离层可提高地面的抗渗能力，从整体上提高防腐蚀地面工程的可靠性。因此，当受到各种腐蚀性介质作用时，应设置隔离层。

11.3.6 有腐蚀性介质作用的地面，其垫层应比一般工业垫层提出较高的要求。混凝土垫层质量的好坏，直接影响到防腐蚀面层的使用效果。本条对各部位混凝土垫层的强度及厚度提出了相应要求。

11.3.7 支承在楼面、地面上的钢构件等，应设置耐腐蚀的支座，以防止楼面、地面的腐蚀性液体对钢构

11.3.8 为了防止腐蚀性液体的扩散或向下层的溢流，所有孔洞周边应设挡水。一般情况下，孔洞边缘的挡水高度为150mm便可满足使用要求。

11.3.9 两种不同材料楼面、地面的交接处应设置挡水，主要是由介质作用情况决定。例如：部分地面、楼面有酸类介质作用选用了水玻璃类等耐酸材料，另一部分地面、楼面没有腐蚀性介质作用选用了普通水泥砂浆等非耐酸材料，就应用挡水分隔，否则酸性介质流到水泥砂浆面层上产生腐蚀破坏。不同材料及室内外交界处的挡水也不应太高。因此，挡水的高度应根据实际情况确定，本规范不作硬性规定。

11.3.11 地沟或地坑的坡度，应既能迅速排除侵蚀污水，又不致因地沟较长、两端高差过大，给工程带来困难和提高造价，因此对坡度作了规定。

11.3.12 排水沟和集水坑的面层材料一般与地面一致，因腐蚀性液体从地面排入，其性质与地面大多数是一致的。但是，排水沟和集水坑有液态介质长期作用且有泥砂等沉积需要清理，易发生机械磨损，其使用条件比地面更为恶劣，为了提高其抗渗性，应设置隔离层，且隔离层还应与地面隔离层连成整体。为了保护不设隔离层的地面不受侵蚀，规定当地面无隔离层时，排水沟的隔离层应伸入地面面层，其宽度不应小于300mm。

11.3.13 排水沟采用明沟是为了便于清理。加盖板是安全及生产操作的需求。

11.4 防腐蚀涂料

11.4.1 近几年来，许多科研、生产部门研制出不少防腐蚀涂料的新品种，经工程应用，都有较好的防腐蚀效果。比如互穿网络型聚合物、环氧防腐涂料系列、氯化橡胶防腐涂料系列、氯磺化聚乙烯防腐涂料系列、聚氨酯涂料系列、烯酸树脂涂料、醇酸树脂涂料等，应根据各部位对耐酸、耐碱、耐盐、耐水、耐候、与基层的附着力以及室内外特点等要求选择相应的防腐蚀涂料，既避免由于防腐蚀涂料选择不当造成经济损失，又能发挥材料的特点，确保使用安全。

11.4.2 防腐蚀涂料的底涂料、中间涂料、面涂料和涂层配套等品种及牌号很多，应选用同一厂家相同品种及牌号的产品配套使用，这样能使他们相互间结合良好，保证施工质量。

11.4.4 由于室外温差变化大，受紫外线、风、雨、冰雪及工业大气候的侵蚀，容易使得室外的防腐蚀涂料发生腐蚀、起皮、脱落现象，影响使用寿命。所以规定耐腐蚀涂料用于室外时，应采用耐候性、耐久性好的涂料。

12 电离辐射室

12.0.1 国务院〔2005〕第449号令发布的《放射性同位素与射线装置安全和防护条例》，卫生部和原城乡建设环境保护部等制定的《电离辐射防护与辐射源安全基本标准》GB 18871、《工业X射线探伤放射卫生防护标准》GBZ 117、《γ射线工业CT放射卫生防护标准》GBZ 175，在条文中均规定电离辐射的建筑设计必须遵守辐射防护三原则，这三条原则是由国际辐射防护委员会（ICRP）1977年第26号出版物中建议限止剂量制度的三条基本原则，实质上充分反映了三个明确的概念：

1 辐射实践的正当化，即是反应实践的合理性问题。它要求辐射防护的总费用要最小，而取得的社会效益要最大。

2 最优化原则，就是要使一切必要的照射保持在可以合理达到的最低水平，而对一切不必要的照射应尽量避免。

3 个人计量当量的限值，要求严格地限制个人所受到的辐射照射的剂量当量，不应超过规定的限值。

这三条原则，经电离辐射有关的实践公认为是安全的。在我国的防护标准中，已经贯彻这三条基本原则，所以应当遵守。

12.0.2、12.0.3 辐射照射室设计应取得的原始资料作为建筑设计中设计依据。电离辐射个人年剂量当量的限值标准是为了工作人员和公众的辐射安全，年剂量当量的限值是指内、外照射剂量的总和。各类人员的年剂量当量限值（mSv）详见表12.0.3的规定。机械行业的放射性工作，受辐射照射的危险，主要来自外照射。其中第12.0.3条是强制性条文，必须严格执行。

12.0.4 电离辐射室建筑设计。

1、2 电离辐射照射室的设置在总体布局时，应遵守的辐射防护原则是尽量有利于辐射屏蔽设计和避开人流，降低对公众的辐照水平。

3 高能X射线及高活度的放射性核素工作室不应设在车间内。据调查了解，过去不少工厂曾采用大厂房内套小室的布局，既占用了车间有效生产场地，又由于防护处理不当，散漏射线的辐射影响相当严重，车间内邻近的生产作业区超剂量当量限值的现象甚为普遍，将照射室单独设置，布置在室外，可以增加安全系数或提高剂量限值的控制水平。周围设置防护检测区易形成封闭作业区，可减少对周围行人的不必要辐射，同时有利于减薄辐射屏蔽层防护厚度，降低工程造价，对高能X射线辐照室的经济效益尤为显著，也便于对周围环境辐射水平的监测，以限制随机效应的发生。

4 辐射照射室X射机管电压大于或等于300kV时布置在主厂房外部，既可避免大车间内套小室布局的弊病，又避开了车间高密集人流。照射室与车间毗连布置，有利于受照工件的运输，避免露天作业，在寒冷地区更为有利。照射室在车间内或与车间毗连,其物体运输大门直接朝向车间,运输轨道的接头、门缝间隙等处散漏射线的剂量较高,屏蔽防护处理不易严密,极易对车间造成直接影响,而前室的设置有利于射线的衰减,必要时还可设置双重防护门。

5 辐射照射室 X 射机管电压小于 300kV 时,布置在多层厂房底层的端部,易解决安全防护问题。控制室、暗室等辅助用房应保证有良好的工作条件,同时对 X 射线胶片的存放、暗室的通风等均有利。所以,上述房间应布置在照射室的非主照射方向外侧。

6 过去的设计中有不少照射室曾采用无顶式,仅设置四周的防护结构,结果在较远的区域、起重机驾驶室等处出现高辐射剂量区。究其原因,是防护设计中只注意四周屏蔽效果,而忽视了空间大气回照散射,即使照射室加了屋面,也仍未考虑足够厚度的防护层,也会产生远区超剂量的高辐射情况。所以,照射室要求设置一定厚度的钢筋混凝土顶棚。

7 实践证明,照射室与其他工作室分开,并采用迷宫式通道,是行之有效的方法,能降低射线对操作人员的辐射随机效应,即使门缝有射线泄露,经过迷宫墙体的多次漫反射,其能量和强度大为减弱。

8 电离辐射照射室防护门屏蔽厚度与屏蔽墙体的防护厚度等效,均应按照一次射线考虑防护门的厚度。

12.0.5 本条是电离辐射室屏蔽材料选择要求。

1 辐射的防护材料很多,如土壤、岩石、砖、混凝土、重晶石、铁、铅等均可使用。根据辐射源的能量和应用场合选用,一般说原子序数越大,密度越高,对射线吸收能力越强。对于高能辐射照射室,混凝土材料更为适宜,若采用砖砌的屏蔽体,难以确保砖缝灰浆饱满无缝隙,密实性很难保证。

2 铅的密度较大,价格较贵,作为大面积的防护墙屏蔽体很不经济,故不宜采用,只用作防护门和防护挡板。

3 普通钢筋混凝土作为防护墙和顶棚,混凝土的抗压强度等级不应太低,水泥用量太少混凝土的密实性差,射线容易泄露。普通硅酸盐水泥比其他种类的水泥收缩性小些。

12.0.6 本条是围护结构构造要求。

1 为确保安全及屏蔽体的有效防护,电离辐射室应为完整无缝的封闭整体结构。

2 辐射照射室屏蔽体整体性强,施工中应采用合理的混凝土级配,严格施工操作,尽量不留施工缝。当屏蔽体体积较大时,要合理安排施工缝的位置,使混凝土成为一个整体。如施工缝可采取留口、错口或嵌铅板。

3 本款规定的目的是为了保证屏蔽体的有效防护,避免射线直接辐射,经过 U 形的弯曲,使散漏射线经过几次折射而衰减,达到防护效果。

4、5 这两款规定是从保证辐射照射室屏蔽体的整体性和有效的防护效果制定的。

6 门墙间缝隙及门体的有效覆盖宽度,能确保散漏射线在经过门缝时经过多次折射而衰减,起到"迷宫"作用。门墙间缝隙与门体有效搭接宽度的关系,经验值至少为 1:15,但对高能辐射应经过理论估算后确定为宜。

7 防护铅板门设计为辐射屏蔽防护中的一项主要环节,其厚度应经计算确定;门体铅板的固定不得使用焊接方式,以避免铅板受热融化减薄;固定铅板的钉子应相互错开,防止泄漏射线。防护门应采用电动连锁装置,以确保安全。

8 放射性核素辐射室内要求清洁,需经常进行湿式清扫,为此作本款规定。

12.0.7 本条是围护结构厚度要求。

1 由辐射源准直器窗口出射的、经过滤均整的初级束,即为一次射线。散、漏射线的能量、强度与初级射线相差较大,特别是在高能 X 射线辐照时,区别尤为明显,从而屏蔽体的防护要求也显著不同。设计时,对屏蔽体的处理可按屏蔽层和次屏蔽层的要求分别对待,既节省防护层的材料和投资,又能满足防护要求。

2 防护设计时,屋面辐射防护屏蔽部分常被忽视,只注意四周屏蔽效果,忽视了空间大气回照散射的影响,为此作本款规定。

3 原放射防护规定要求,设计防护层厚度时安全系数应大于 2。在实际运行中,由于 X 光机的多机操作,设备技术参数的突变,实际射线出束剂量高于额定值及施工引起的屏蔽效果降低因素,设计时应结合具体情况,适当提高安全系数,加以补偿。

4、5 辐射防护方法可以采用控制辐照时间,增大防护距离和屏蔽体防护几种方式。本条涉及的主要是对屏蔽体防护层厚度的计算。屏蔽层的防护计算,不仅是对主照射线的防护,而且还要考虑对泄露辐射和散漏辐射的防护;不仅是对主照射线墙体的防护,而且还要考虑对屋面的防护层、次照射墙体、人行迷宫通道、工件运输出入口的防护门体及门隙、地缝和管道地沟的防护。

12.0.8 围护墙防护厚度的计算,一般均要借助一些通过实验测量的在各种屏蔽材料中的减弱曲线,对不同射线、不同屏蔽材料和不同能量,有一套完整的曲线图表,本规范不可能一一附上,单纯附上一张图表,应用价值又不大,为此,在进行防护计算工作时,应依据正确可靠的减弱曲线,这些曲线可以查阅 ICRP 报告推荐的或辐射防护手册介绍的曲线。另外,可以借助屏蔽材料的半减弱层和 1/10 减弱层厚度进行计算,这类计算方法的结果是比较安全的。由主导工艺提出计算厚度。

12.0.9 电离辐射在运作过程中,能使空气产生电离，生成 O_3、NO_x 等对人体有害的气体，其比重较空气重，应考虑良好的通风。若设置机械通风，宜采用下吸风，风口的高度距室内地面不应大于 1m；出风口宜设在屋顶，并应防止射线泄漏。

13 电磁屏蔽室

13.1 基本要求

13.1.1 屏蔽的作用是将电磁能量限制在规定的空间里，影响其传播辐射。交流电路向周围空间放射电磁能，形成交变电磁场，在射频电磁场的作用下，人的机能吸收一定的辐射能量，发生生物效应，生物效应随频率的增加而增加。辐射影响主要表现在神经衰弱症候群和植物神经系统功能紊乱，我国已制定了《电磁辐射防护规定》GB 8702 安全卫生标准。

13.1.2 为保障电磁屏蔽室的安全、可靠使用，电磁屏蔽室应远离干扰源，如远离电梯间、通风机房、压缩机房等。

13.1.4 为了将屏蔽体内产生的感应电流迅速导入大地，保证屏蔽体电位与地一致，避免屏蔽产生二次辐射，多层建筑时，屏蔽室宜设在底层，因接地线短，可以降低接地电阻；当设在楼层时，应采取防止接地引线的天线效应措施。

13.1.5 在板式结构的屏蔽室内，钢板的吸声系数约为 0.01，房间的平均吸声系数为 0.015～0.025，混响时间较长。为了改善工作环境条件，宜在室内采取相应的吸音措施，以减少混响时间。

13.1.6 门窗缝隙是泄漏电磁波的薄弱环节，设计及施工的难度都较大，因此，在保证使用功能的要求下，尽量减少门窗面积。

13.2 屏蔽效能

13.2.1 屏蔽效能公式见现行国家标准《电磁屏蔽室屏蔽效能的测量方法》GB/T 12190—2006 附录 B（资料性附录）数学公式（B.3）。

13.2.2 取得这些资料的目的是使设计的电磁屏蔽室，在电和磁的条件下，既不干扰其他线路和设备，又不受其他线路和设备的干扰，使设计的电磁屏蔽室能正确符合安全可靠的使用范围要求。

13.2.3 室外的无线电干扰场强值杂乱无章，影响因素很多，不但有人为干扰源，而且还有许多自然干扰源，只有通过正确实测才能确定建设场地的无线电干扰场强值，因这对电磁屏蔽室的设计影响较大。

随着科学技术的进步，目前许多设备、仪器都自带有屏蔽罩，不需另行设计屏蔽室，因此，在设计时要了解使用及防护要求。

13.2.4 由于屏蔽体的电磁感应造成一部分能量被屏蔽体反射，致使电阻和电容量增加，电磁感应减少，从而使高频能量损耗过大，因此，要求屏蔽体与被屏蔽的设备之间保持一定距离。

当屏蔽室内有工业干扰源且其振荡频率与屏蔽间某一固有频率一致时，则将在整个屏蔽间内发生电磁场的谐振，会使整个屏蔽室的屏蔽效能大幅度下降，甚至不能使用，尤其是网式屏蔽室更应注意避开谐振频率。

13.3 屏蔽材料与结构形式

13.3.1、13.3.2 屏蔽材料的选择是屏蔽室设计中的关键问题，屏蔽材料可分为板材和网材两类，根据频率范围和屏蔽效能设计可选其中一类，屏蔽材料一般应通过计算选用。

13.3.3 屏蔽壳体是由屏蔽室的墙、顶和地面及屏蔽层结构组成，形成一个完整的封闭壳体，把防护间距不够的设备封闭起来，以减弱或防止电磁的互相干扰、泄漏。屏蔽壳体的屏蔽材料和屏蔽层结构可以根据频率范围和屏蔽效能值通过计算或按表 13.3.3 的规定确定。

13.3.4 本条是强制性条文，必须严格执行。

13.4 屏蔽层的构造

13.4.1、13.4.2 不论板材或网材的屏蔽层，咬接拼缝、搭接拼缝、覆盖拼缝及其焊接，对屏蔽效能影响很大，为了在各连接处有良好的电气连接，防止出现连接处电流通导性不良情况，达到预期的屏蔽效果，对拼缝及拼缝构造作了严格的规定。

采用网材做屏蔽材料，其屏蔽效能主要依靠网材表面反射衰减，焊点的增加对网材屏蔽的效能提高并不明显，但为了得到良好的电气连接，用点焊将网孔焊接以提高金属网材的导电性能。

13.4.3 因屏蔽层所选用的材料较薄，为避免焊接时对屏蔽层造成酸腐蚀，不应选用酸性较强的焊药进行焊接。

13.4.4 为使屏蔽层拼缝连接处有良好的电气连接，保障屏蔽层的屏蔽效能，对屏蔽层拼缝处要求必须焊的焊缝作出了严格要求。

13.4.5～13.4.8 屏蔽层所选用的材料都较薄，且大部分是钢材，采取这些措施的目的，是为了防止屏蔽材料锈蚀及损坏影响屏蔽效能，使其经久耐用和节约维修费用。

13.4.9～13.4.11 这三条是为了提高保障屏蔽效能应采取的技术措施。其中第 13.4.10 条是强制性条文，必须严格执行。

13.4.12 为了防止电磁波通过地面轨道泄漏，应将轨道在进入屏蔽室处断开。

13.4.13 进入屏蔽室内的各种管道是造成电磁波泄漏的薄弱环节，因此，应采取各种方式，对进入屏蔽室内的管道进行屏蔽，使全室形成一个封闭空间，以保证屏蔽室的屏蔽效能。

13.4.14 为了不产生干扰频谱采取的措施。

13.4.15 从实践使用经验及节约投资考虑，屏蔽效能低于40dB时，通风、给排水、暖气管等管道可不进行屏蔽处理。

13.4.16 门、窗是屏蔽室泄漏电磁波的薄弱环节，所以对门、窗应实施严格的密缝，在设计和施工中必须加以重视。

13.4.17 为抑制通过导线传播的干扰，所有进入屏蔽室的电源线应在入口处通过一个总的滤波器，并不得再引出。

13.4.18 为了不产生干扰频谱，规定屏蔽室内的照明灯具应选用热辐射光源，如白炽灯，不应用日光灯。

13.4.19 由于电磁屏蔽在使用过程中接收了大量的内外电波，能与外界形成很高的电位差，人员接触后，有生命危险，同时将使屏蔽效能大为降低。为了工作人员的安全及防止循环电流，避免屏蔽效能降低，屏蔽室应有接地，且应在一点接地。

屏蔽层的接地装置，通常均设在装滤波器处，也可以在入口处装置安全信号。室内仪器设备接地装置可接到屏蔽壁上，再由室外接地线连接。

13.4.20 用金属网做屏蔽层一般不考虑通风设施，用板材做屏蔽层时，往往在壳体上装设波导滤波器来解决通风问题，其形式同屏蔽窗相仿，但孔径可小，不采光，仅起通风作用。在一般情况下，屏蔽室不需要设有强制通风设备，如果室内需加设风扇时，为了不影响屏蔽室内电磁场在屏蔽金属内部产生涡流，引起屏蔽作用和防止产生干扰频谱降低屏蔽效果，必须采用无滑动触点和电流断续的交流式风扇。

为切断屏蔽层与管道系统的导电连接，板材做屏蔽层且采用机械通风时，波导滤波器与屏蔽室室外风管的连接处，应插入一段一般为管道直径1.5倍～2倍的非金属柔性绝缘管材的插入段，如帆布、人造革等非金属管道。

14 噪声控制

14.1 噪声控制

14.1.1、14.1.2 为防止机械工业厂厂区内各类地点的噪声危害，保障员工身体健康，保证安全生产与正常工作，保护环境，对机械工业厂厂区内各类地点的噪声限制值［dB（A）］及声源辐射至厂界毗邻区域的噪声限制值［dB（A）］作了严格规定。机械工业厂内声源辐射至厂界毗邻区域的噪声限制值［dB（A）］厂界毗邻区域是参照现行国家标准《声环境质量标准》GB 3096—2008声环境功能区分类制定的。这两条是强制性条文，必须严格执行。

14.1.3 采取本条规定的减噪措施，可以减小高噪声厂房及站房内噪声传到室外的噪声级，从而减弱室内噪声对室外环境的不良影响。

14.1.4 从减少投资，保障主要用房生产、工作环境和安全，制定本条。

14.1.5 本条所称的"有强烈振动"，是指由于设备振动强烈，导致固体传声严重，造成较强噪声辐射的场合。当设计多层厂房时，这类设备宜置于底层。如工艺要求必须设置在楼板或平台上，对附着于墙体和楼板或平台上的传声源部件，则应采取防止固体声传播的措施。

14.2 隔 声

14.2.1 只有首先确定隔声的结构型式，才能进而选择隔声构件与材料，宜按下列条件确定：

从声源着手，可使用较少的材料，将噪声控制在较小的范围内，因而技术经济效果较好。根据我国工程的实际经验，各类隔声罩大概能隔绝噪声10dB～40dB。

从受声者方面着手，使用的材料也较少，但噪声控制的有效范围要小得多。其优点是未对声源设备的运行、操作、监视、检修增加任何障碍物。

对受直达声危害较大的区域采用隔声墙或隔声屏障才有显著的效果。

14.2.2 隔声罩的降噪量数值，是由工程实践归纳总结出的。如昆明重型机器厂二氧化碳站的水泵，采用局部开敞式隔声罩，降噪量为10dB；北京耐火材料厂的球磨机，采用活动密封型隔声罩，降噪量达30dB。

14.2.3 隔声间（室）的处理方式，典型的是空气压缩机站设置的隔声室，通常可将机房92dB～98dB的噪声降到隔声间内的70dB左右。

14.2.4 公式（14.2.4）体现的是等传声度的原则。隔声设计若不符合此项原则，其结果是某一部分成为漏声的主要通道，或者某一部分使用了隔声性能过高的材料，从而导致不够经济。

14.2.5 在噪声控制工程实践中，几乎没有隔声构件在设计中是没有缝隙的，也几乎没有实际制造出的隔声构件是没有缝隙的。因此，防止孔洞缝隙漏声主要是加工工艺质量问题。但合理加密的设计，可以尽量减少其可能性。故本条作了相应的规定。

14.2.6 有大量自动化与各种测量仪表的中心控制室，或高噪声设备试车车间的试验控制室，采用以砖、混凝土等建筑材料为主的隔声室（间），比较经济。为工人临时休息或观察而设置的活动隔声间，便于必要时移动的可能性和目前我国定型产品的实际情况，规定其体积不宜超过14m³，该数据是基于2.4m×2.4m×2.4m而得的。它比大多数实际的活动隔声间大，留了必要的余地。

该隔声室(间)的围护结构,必要时,墙体与屋盖可采用双层结构,门、窗等隔声构件宜采用带双道隔声的门斗与多层隔声窗,其围护结构的内表面应有良好的吸声设计,隔声室的组合隔声量可按(14.2.6)公式计算。

14.3 吸 声

14.3.1 吸声处理通常需要较多的材料和投资,降噪量通常只有 4dB～10dB 左右;不像隔声、消声等措施能够较容易地获得 20dB 以上的降噪量。但对于某些厂房车间,混响严重是噪声超过标准的主要原因,或者工艺流程与操作条件的限制,不适于采用各类隔声措施。这时,吸声降噪乃是一种现实有效的噪声控制手段,离声源较近的地点通常以直达声为主。由于吸声处理只能降低混响声,不能降低直达声,因此,对离声源较近的地点降噪效果不明显。离声源较远的地点通常混响声会起较大的作用,故而吸声处理可望获得较好的降噪效果。"远"与"近"的分界线为"临界距离",可按有关公式计算。

14.3.2 本条给出的吸声降噪量计算公式是在室内混响声为主的条件下得到的近似式。

14.3.4 吸声降噪效果主要取决于房间的声学条件。未做吸声处理前的房间平均吸声系数越大(或混响很小),表明原有室内声吸收越多,室内噪声能量可以进一步被吸收的部分就越小,降噪效果就越不会显著;其次,降噪效果与室内声源的多少、密度及其频谱特性有关。声源多,声源密度高,低频成分多,吸声降噪效果就差。

吸声降噪量为 3dB 时,相当于噪声能量减少一半,人耳已感觉到。吸声降噪量为 5dB 时,主观感觉有明显改善。吸声降噪量达 10dB 时,噪声能量就减少了 90%,降噪效果就非常满意。表 1 吸声降噪量预估是根据我国实践经验总结的。

表 1 吸声降噪量预估

车间厂房类型	一般车间厂房	混响很严重的车间厂房	几何形状特殊(声聚焦)混响极严重的车间厂房
降噪量范围 [dB(A)]	3～5	6～10	11～12

14.3.5 本条提出了吸声设计除应按照声学要求外,还应满足为确保工艺及安全卫生及正常和长期使用的其他有关要求。

14.4 消 声

14.4.1 装设进、排气口消声器,可以大大降低机房外环境受到噪声的污染。消声器性能的三个主要评价指标是:消声量、压力损失和气流再生噪声。三者必须兼顾,统一考虑。消声量的过高要求往往导致消声器构造复杂,从而提高压力损失和气流再生噪声,影响消声器的使用。经验表明,一般的通风系统管道消声器,可达 40dB～50dB 的消声量。消声器的消声量不宜超过 50dB 的规定是总结工程实践的经验,综合兼顾,统一考虑消声器性能的三个主要评价指标均优规定的。

14.4.2～14.4.5 消声坑、消声道通常由建筑专业设计,土建现场施工,非市场出售的产品,一般统称为土建结构消声器。其优点是可埋入地下,不占地面空间,适应性强;几个气流可共用一个消声坑;可采用砖石土木结构,取材容易,施工方便;若建于地上,则占用空间较大。消声坑、消声道通常分为:阻性消声坑、消声道,对中、高频宽带特性时噪声的消声效果较好;抗性消声坑、消声道,对低、中频噪声有良好的消声性能;阻抗复合消声坑、消声道适用较广,设计中可按实际情况,综合考虑选用。

15 空气调节区

15.1 建筑布置

15.1.1 集中布置空气调节区有利于空调设备及管道布置,有利于室内温、湿度控制,降低空调负荷。简单规整的建筑体型能减少空气调节区的建筑外表面积,降低空调负荷,有利于节能。规定不同室温的布置要求是利于节能和降低空气调节系统投资及建筑造价,便于维护管理,确保空气调节区室温稳定。

15.1.2 高温、潮湿都将影响空气调节区围护结构的保温、隔热性能,不利于空气调节区室内温、湿度控制。高噪声对有较高精度要求的生产和工作影响甚大,所以空气调节区布置时,对相邻区的环境因素要加以重视。

15.1.3 变形缝是保温、隔热的薄弱部位,难以保证空气调节区室温稳定在允许波动范围内。

15.1.4 夹层高度主要是为满足安装和检修管道及技术设备需要。如果夹层净高低于 1.2m,检修人员操作活动很不方便。

15.2 围护结构热工设计

15.2.1 空气调节区围护结构热工设计的目的是控制室内温、湿度,使之具有稳定性,对围护结构提出原则性要求是达到这一目的的重要手段。

15.2.2 空气调节区围护结构的传热系数 K 值规定,是以能够保证空气调节区正常生产条件下的建造围护结构节能条件下较经济合理的取值。考虑工业厂房的体形系数普遍较小,参照现行国家标准《公共建筑节能设计标准》GB 50189 确定舒适性空气调节区围护结构传热系数限值，以此为基础确定工艺性空气调节区围护结构传热系数限值，室温允许波动为±1.0℃时，取舒适性空气调节区围护结构传热系数限值的0.8倍；室温允许波动为±0.5℃时，取舒适性空气调节区围护结构传热系数限值的0.7倍；室温允许波动为-0.1℃～0.2℃时，取舒适性空气调节区围护结构传热系数限值的0.6倍。

15.2.3 空气调节区围护结构的热惰性指标规定值，是以能够保证空气调节区正常生产条件下的建造围护结构较经济合理的取值。

15.2.4、15.2.5 设置防潮层、隔汽层的作用是保护保温、隔热材料不受水及水蒸气冷凝受潮侵蚀作用而降低保温层的保温、隔热性能，是确保围护结构符合设计要求的重要技术措施。

15.3 屋面、吊顶与技术夹层

15.3.1 为保证设在楼内的空气调节区室内温、湿度的稳定性和利于节能做此条规定。

15.4 墙体

15.4.1 当邻室温差较大时，不利于室内温、湿度控制，还会加大空气调节工程的综合造价及维护费用。

15.4.2 加强墙基防潮层以下的保温隔热，是保障空气调节区围护结构热工设计整体性能达标的重要措施。

15.5 地面和楼面

15.5.1 普通楼板传热系数较大，当上下楼层邻室温差较大时，不能保持空气调节区室内温度稳定，为保障空气调节区围护结构热工设计的整体性能达标，故楼板需要做保温隔热层。

15.5.2 地面传热系数也较大，尤其是靠近外墙部位温差较大，为保持空气调节区室内温度稳定，改善工作环境，保障空气调节区围护结构热工设计的整体性能达标，故地面需要做保温隔热层。如果受工艺设备安装限制，地面不能全部做保温隔热层时，应按本条规定做局部保温隔热层。

15.6 门 与 窗

15.6.1 门的开启对室温波动影响较大，设置门斗是缓冲邻室温差较大的冷热空气对空气调节区室温波动影响和利于节能的有效措施。门与门斗的设置原则是减少冷热风渗透，加强门的保温隔热性能并使围护结构具有保温隔热的连续性。

室温波动范围小的房间是空气调节的正压区，内门开向正压区容易关闭严密，反之则关闭不严密。

15.6.2 外窗是空气调节区围护结构保温隔热的薄弱环节，由于窗玻璃传热系数较大，窗缝隙引起的冷热风渗透对空气调节区室温波动有不利的影响。所以，在满足采光和自然通风要求的前提下，尽量减小外窗开窗面积并采用双层密闭窗，是保障空气调节区围护结构热工设计整体性能达标和有利于节能的有效措施。

空气调节区传递窗也是冷热风渗透和影响空气质量最薄弱的部位，尤其是有洁净要求的空气调节区，传递窗更需要采取密闭构造措施。

中华人民共和国国家标准

烧结砖瓦工厂设计规范

Code for design of fired brick and tile plant

GB 50701—2011

主编部门：国家建筑材料工业标准定额总站
批准部门：中华人民共和国住房和城乡建设部
施行日期：２０１２年６月１日

中华人民共和国住房和城乡建设部
公 告

第 1088 号

关于发布国家标准
《烧结砖瓦工厂设计规范》的公告

现批准《烧结砖瓦工厂设计规范》为国家标准，编号为 GB 50701—2011，自 2012 年 6 月 1 日起实施。其中，第 1.0.5、6.1.5、7.3.2（6）、10.5.2（1）、14.3.1、15.2.2 条（款）为强制性条文，必须严格执行。

本规范由我部标准定额研究所组织中国计划出版社出版发行。

中华人民共和国住房和城乡建设部
二〇一一年七月二十六日

前　言

本规范是根据住房和城乡建设部《关于印发〈2009 年工程建设标准规范制订、修订计划〉的通知》（建标〔2009〕88 号）的要求，由西安墙体材料研究设计院会同有关单位共同编制完成的。

本规范共分 16 章和 9 个附录。主要内容包括：总则，术语，产品方案、设计规模及设计依据，厂址选择与总体规划，总图运输，原料，燃料，生产工艺，电气及自动化，建筑结构，给水与排水，采暖、通风与除尘，其他生产设施，节能，环境保护，职业安全卫生等。

本规范中以黑体字标志的条文为强制性条文，必须严格执行。

本规范由住房和城乡建设部负责管理和对强制性条文的解释，国家建筑材料工业标准定额总站负责日常管理，西安墙体材料研究设计院负责具体技术内容的解释。本规范在执行过程中如发现需要修改和补充之处，请将意见和有关资料寄送西安墙体材料研究设计院（地址：陕西省西安市长安南路 6 号，邮政编码：710061），以便今后修订时参考。

本规范主编单位、参编单位、主要起草人和主要审查人：

主编单位：西安墙体材料研究设计院
　　　　　中国建筑材料工业规划研究院

参编单位：山东矿机迈科建材机械有限公司
　　　　　济南金牛砖瓦机械有限公司
　　　　　陕西宝深建材机械集团有限公司
　　　　　南京双阳建材机械制造有限公司

主要起草人：肖　慧　路关生　李惠娴　焦雨华
　　　　　　赵世武　李寿德　施敬林　施梅茹
　　　　　　李青兰　杨　璞　刘　蓉　雷永敏
　　　　　　郑文衡　孟永利　王宝忠　王立群

主要审查人：同继锋　陈福广　陶有生　屈宏乐
　　　　　　郭永亮　赵镇魁　王　辉　陈恩清
　　　　　　许彦明　宁衍林　赵裕文　王雪平
　　　　　　桑　勇　王益民

目　次

1 总则 ·· 7—46—7
2 术语 ·· 7—46—7
3 产品方案、设计规模及
　 设计依据 ································ 7—46—7
4 厂址选择与总体规划 ·············· 7—46—8
　 4.1 厂址选择 ······························ 7—46—8
　 4.2 总体规划 ······························ 7—46—8
5 总图运输 ································ 7—46—8
　 5.1 一般规定 ······························ 7—46—8
　 5.2 总平面布置 ·························· 7—46—9
　 5.3 交通运输 ···························· 7—46—10
　 5.4 竖向设计 ···························· 7—46—10
　 5.5 土方（或石方）工程 ········· 7—46—11
　 5.6 雨水排除 ···························· 7—46—11
　 5.7 防洪工程 ···························· 7—46—11
　 5.8 管线综合布置 ···················· 7—46—12
　 5.9 绿化设计 ···························· 7—46—12
6 原料 ······································ 7—46—13
　 6.1 一般规定 ···························· 7—46—13
　 6.2 原料的质量要求 ················ 7—46—13
　 6.3 废弃物的利用 ···················· 7—46—13
　 6.4 原料配比的确定及物料平衡 ··· 7—46—13
7 燃料 ······································ 7—46—14
　 7.1 一般规定 ···························· 7—46—14
　 7.2 固体燃料 ···························· 7—46—14
　 7.3 液体燃料 ···························· 7—46—14
　 7.4 气体燃料 ···························· 7—46—14
8 生产工艺 ······························· 7—46—15
　 8.1 一般规定 ···························· 7—46—15
　 8.2 工艺方案确定 ···················· 7—46—16
　 8.3 原料处理及陈化 ················ 7—46—16
　 8.4 成型 ···································· 7—46—17
　 8.5 干燥 ···································· 7—46—17
　 8.6 焙烧 ···································· 7—46—17
　 8.7 检验、包装、产品堆放 ···· 7—46—17
9 电气及自动化 ······················· 7—46—17
　 9.1 一般规定 ···························· 7—46—17
　 9.2 供配电系统 ························ 7—46—18
　 9.3 厂区配电线路 ···················· 7—46—18
　 9.4 车间配电 ···························· 7—46—18
　 9.5 照明 ···································· 7—46—19
　 9.6 电气系统接地 ···················· 7—46—20
　 9.7 生产过程自动化 ················ 7—46—21
　 9.8 通信系统 ···························· 7—46—21
10 建筑结构 ······························ 7—46—21
　 10.1 一般规定 ···························· 7—46—21
　 10.2 生产车间与辅助车间 ········ 7—46—22
　 10.3 辅助用室、生产管理及
　　　 生活建筑 ···························· 7—46—22
　 10.4 构筑物 ································ 7—46—22
　 10.5 建筑构造设计 ···················· 7—46—22
　 10.6 主要结构选型 ···················· 7—46—23
　 10.7 结构布置 ···························· 7—46—23
　 10.8 设计荷载 ···························· 7—46—23
　 10.9 结构计算 ···························· 7—46—23
11 给水与排水 ·························· 7—46—24
　 11.1 一般规定 ···························· 7—46—24
　 11.2 给水 ···································· 7—46—24
　 11.3 排水 ···································· 7—46—25
　 11.4 消防及其用水 ···················· 7—46—25
12 采暖、通风与除尘 ·············· 7—46—25
　 12.1 一般规定 ···························· 7—46—25
　 12.2 采暖 ···································· 7—46—25
　 12.3 通风 ···································· 7—46—27
　 12.4 除尘 ···································· 7—46—27
13 其他生产设施 ······················ 7—46—28
　 13.1 一般规定 ···························· 7—46—28
　 13.2 实验室 ································ 7—46—28
　 13.3 机电设备维修 ···················· 7—46—28
　 13.4 地磅 ···································· 7—46—28
　 13.5 压缩空气站 ························ 7—46—28
　 13.6 工艺计量 ···························· 7—46—28
14 节能 ······································ 7—46—28
　 14.1 一般规定 ···························· 7—46—28
　 14.2 技术、工艺、装备节能 ···· 7—46—29
　 14.3 余热利用 ···························· 7—46—29
　 14.4 节电 ···································· 7—46—29
15 环境保护 ······························ 7—46—29

15.1 气体排放污染防治 …………… 7—46—29
15.2 废水污染防治 ………………… 7—46—29
15.3 噪声污染防治 ………………… 7—46—29
15.4 固体废物污染防治 …………… 7—46—29
15.5 环境保护设施 ………………… 7—46—30
16 职业安全卫生 …………………… 7—46—30
16.1 一般规定 ……………………… 7—46—30
16.2 防火防爆 ……………………… 7—46—30
16.3 防机械伤害 …………………… 7—46—30
16.4 防雷保护 ……………………… 7—46—30
16.5 防尘 …………………………… 7—46—30
16.6 防暑降温及采暖防寒 ………… 7—46—30
16.7 噪声控制 ……………………… 7—46—30
附录A 烧结砖瓦工厂建筑物
　　　（或构筑物）生产的
　　　火灾危险性类别、最
　　　低耐火等级及防火间距 … 7—46—31
附录B 烧结砖瓦工厂各类
　　　地点噪声标准 …………… 7—46—32
附录C 生产车间及辅助建
　　　筑最低照度标准 ………… 7—46—32
附录D 地下管线与建筑物
　　　（或构筑物）之间
　　　的最小水平净距 ………… 7—46—33
附录E 地下管线之间的最
　　　小水平净距 ……………… 7—46—34
附录F 地下管线之间的最
　　　小垂直净距 ……………… 7—46—36
附录G 烧结砖瓦工厂建筑
　　　物通风换气次数 ………… 7—46—36
附录H 除尘风管内的最小风速 … 7—46—36
附录J 各种能源折标准煤系数 …… 7—46—36
本规范用词说明 …………………… 7—46—36
引用标准名录 ……………………… 7—46—36
附：条文说明 ……………………… 7—46—38

Contents

1 General provisions	7—46—7
2 Terms	7—46—7
3 Product plan, design scale and basis	7—46—7
4 Selection of plant location and general planning	7—46—8
4.1 Selection of plant location	7—46—8
4.2 General planning	7—46—8
5 General plan transportation	7—46—8
5.1 General requirement	7—46—8
5.2 General layout	7—46—9
5.3 Transportation	7—46—10
5.4 Vertical design	7—46—10
5.5 Earth-rock works	7—46—11
5.6 Rainwater drainage	7—46—11
5.7 Flood control engineering	7—46—11
5.8 General layout of pipeline	7—46—12
5.9 Green design	7—46—12
6 Raw materials	7—46—13
6.1 General requirement	7—46—13
6.2 Quality requirement of raw materials	7—46—13
6.3 Use of waste	7—46—13
6.4 Determination of the ratio of raw materials and material balance	7—46—13
7 Fuel	7—46—14
7.1 General requirement	7—46—14
7.2 Solid fuel	7—46—14
7.3 Liquid fuel	7—46—14
7.4 Gaseous fuel	7—46—14
8 Production process	7—46—15
8.1 General requirement	7—46—15
8.2 Determination of the process program	7—46—16
8.3 Handling and ageing of raw materials	7—46—16
8.4 Shaping	7—46—17
8.5 Drying	7—46—17
8.6 Firing	7—46—17
8.7 Inspection, packing and stockpiling of finished product	7—46—17
9 Power supply, distribution and automation	7—46—17
9.1 General requirement	7—46—17
9.2 Power distribution	7—46—18
9.3 Distribution lines of plant area	7—46—18
9.4 Workshop distribution	7—46—18
9.5 Illumination	7—46—19
9.6 The earthing protection of electrical system	7—46—20
9.7 Process automation	7—46—21
9.8 Communications system	7—46—21
10 Architectural structure	7—46—21
10.1 General requirement	7—46—21
10.2 Workshop and auxiliary workshop	7—46—22
10.3 Auxiliary room, production management and living building	7—46—22
10.4 Structures	7—46—22
10.5 Design of building construction	7—46—22
10.6 Structure selection	7—46—23
10.7 Structure arrangement	7—46—23
10.8 Design load	7—46—23
10.9 Structural calculation	7—46—23
11 Water supply and drainage	7—46—24
11.1 General requirement	7—46—24
11.2 Water supply	7—46—24
11.3 Water drainage	7—46—25
11.4 Fire fighting and water consumption	7—46—25
12 Heating, ventilation and dedusting	7—46—25
12.1 General requirement	7—46—25
12.2 Heating	7—46—25
12.3 Ventilation	7—46—27
12.4 Dedusting	7—46—27

- 13 Other production facilities ...... 7—46—28
  - 13.1 General requirement .... 7—46—28
  - 13.2 Laboratory .... 7—46—28
  - 13.3 Electromechanical equipment maintenance .... 7—46—28
  - 13.4 Weighbridge .... 7—46—28
  - 13.5 Air compression station .... 7—46—28
  - 13.6 Measurement monitor of process .... 7—46—28
- 14 Energy conservation .... 7—46—28
  - 14.1 General requirement .... 7—46—28
  - 14.2 Energy conservation of technology, production process and equipment .... 7—46—29
  - 14.3 Heat recovering and utilization .... 7—46—29
  - 14.4 Electricity-saving utilization ... 7—46—29
- 15 Environmental protection .... 7—46—29
  - 15.1 Prevention and control of exhaust gas pollution .... 7—46—29
  - 15.2 Prevention and control of wastewater .... 7—46—29
  - 15.3 Prevention and control of noise pollution .... 7—46—29
  - 15.4 Prevention and control of solid waste .... 7—46—29
  - 15.5 Environment protection equipment .... 7—46—30
- 16 Occupational safety and health .... 7—46—30
  - 16.1 General requirement .... 7—46—30
  - 16.2 Provention of fire and explosion .... 7—46—30
  - 16.3 Precaution for accidents of machine .... 7—46—30
  - 16.4 Lightning protection .... 7—46—30
  - 16.5 Dust prevention .... 7—46—30
  - 16.6 Heatstroke prevention and cold-proof and heating .... 7—46—30
  - 16.7 Noise control .... 7—46—30
- Appendix A Building structures's fire hazard rank, minimum fire resistance rating and fireproofing distance of fired brick and tile plant .... 7—46—31
- Appendix B Noise standard of fired brick and tile plant ...... 7—46—32
- Appendix C Illumination standard of workshop and auxiliary workshop .... 7—46—32
- Appendix D The minimum horizontal distance between underground pipeline and building structures ...... 7—46—33
- Appendix E The minimum horizontal distance between underground pipelines ...... 7—46—34
- Appendix F The minimum vertical distance between underground pipelines .... 7—46—36
- Appendix G Frequency of ventilation and air exchange of fired brick and tile plant's building .... 7—46—36
- Appendix H The lowest wind speed in dusting removal wind pipe .... 7—46—36
- Appendix J The coefficient of various energetic materials equal to standard coal .... 7—46—36
- Explanation of wording in this code .... 7—46—36
- List of quoted standards .... 7—46—36
- Addition: Explanation of provisions .... 7—46—38

1 总则

1.0.1 为在烧结砖瓦工厂设计中，贯彻执行国家有关法规和方针政策，规范烧结砖瓦工厂设计原则和主要技术经济指标，促进清洁生产，实现节能减排，做到安全可靠、技术先进、经济合理、保护环境，制定本规范。

1.0.2 本规范适用于新建、改建和扩建的采用烧结工艺生产墙体、屋面、道路材料生产线的工程设计。

1.0.3 烧结砖瓦工厂设计应进行综合效益和市场需求的分析研究，选用可靠、先进、适用、经济的生产工艺和装备，并合理降低工程投资，提高劳动生产率、缩短建设周期。

1.0.4 烧结砖瓦工厂设计应符合工厂所在地区规划的要求。对于改建、扩建项目应进行多方案的综合比较，合理利用原有建筑物和可利用的生产及辅助设施、资源。

1.0.5 烧结砖瓦工厂严禁采用国家政策明令淘汰的生产工艺、技术和装备，严禁生产国家政策明令淘汰的产品。

1.0.6 烧结砖瓦工厂应生产国家政策鼓励的产品。

1.0.7 烧结砖瓦工厂设计应有效利用资源和综合利用废弃物。

1.0.8 烧结砖瓦工厂设计应按照现行国家标准《烧结砖瓦工厂节能设计规范》GB 50528 的有关规定，节约和合理利用能源，并配备能源计量器具，建立能源计量管理制度。

1.0.9 烧结砖瓦工厂的设计除应执行本规范外，尚应符合国家现行有关标准的规定。

2 术语

2.0.1 一次码烧工艺 once setting in drying-firing
将成型后的坯体直接码放在窑车上，依次进行干燥、预热、焙烧、冷却的一种生产工艺。

2.0.2 二次码烧工艺 twice setting in drying-firing
将成型后的坯体先码放在干燥装置中完成干燥工序后，再次码放到窑车上，依次进行预热、焙烧、冷却的一种生产工艺。

2.0.3 内燃烧砖技术 the firing technology with intenal fuel
通过坯体内原有或掺加的固态含能物质的燃烧而完成坯体焙烧工序的一种烧成技术。

2.0.4 原料配比 the ratio of raw material
为制备合格产品而确定的所用各原料的用量比例，又称配方，常用百分比表示。

2.0.5 陈化 ageing
通过把泥料放置在一定温度、湿度条件下，使其发生均化、湿化等物理、化学变化，从而改善泥料的成型等工艺性能的一种处理工序。

2.0.6 挤出成型 extrusion
使用挤出机将原料泥团挤成一定截面的连续泥条并切割成所需尺寸坯体的一种成型方法。

2.0.7 压制成型 pressing
使用压制设备将泥料在模腔内加压成所需尺寸坯体的一种成型方法。

2.0.8 人工干燥 artificial drying
使用干燥设备对成型坯体进行可控式干燥的一种干燥方法。是相对于自然干燥而言的一种干燥方法。

3 产品方案、设计规模及设计依据

3.0.1 烧结砖瓦工厂设计的产品应包括烧结砖、烧结瓦、烧结空心砌块等。

3.0.2 烧结砖瓦工厂的产品方案和设计规模应根据原料性能、市场需求、建设情况等以及政府的相关政策确定。

3.0.3 烧结砖瓦工厂设计的产品质量应执行相应的现行国家标准的规定，没有相应标准的产品，宜与用户协商确定。

3.0.4 新建、改建烧结砖生产线单线设计规模不应小于6000万块/a。新建、改建烧结瓦生产线单线设计规模不应小于400万片/a。

3.0.5 烧结砖工厂的设计规模应符合表3.0.5的规定。

表 3.0.5 烧结砖工厂设计规模表

规 模 类 别	年产量（万块/a）
大型	≥12000
中型	6000～12000
小型	≤6000

3.0.6 烧结瓦工厂的设计规模应符合表3.0.6的规定。

表 3.0.6 烧结瓦工厂设计规模表

规 模 类 别	年产量（万片/a）
大型	≥1000
中型	400～1000
小型	≤400

3.0.7 设计基础资料应包括下列主要内容：

1 实行审批制的建设项目，在进行项目可行性研究时，应有批准的项目建议书或项目预可行性研究报告；在进行初步设计时，应有批准的项目可行性研究报告（含厂址选择报告）；在进行施工图设计时，应有批准的初步设计文件。

2 实行核准制的建设项目，在进行初步设计和施工图设计时，应有批准的项目申请报告（含厂址选择报告）。

　　3　资源储量及勘探报告。
　　4　原料、燃料工艺性能试验报告。
　　5　厂区工程地质勘探报告。
　　6　供水、供电意向书、协议书或可行性研究报告。
　　7　外购原料、燃料供应意向书或协议书。
　　8　主管部门同意征用建设用地的书面文件。
　　9　厂区地形图图纸比例：初步设计阶段1：2000或1：1000，施工图设计阶段1：1000或1：500。
　　10　建厂地区气象和水文资料。
　　11　地震设防烈度。
　　12　建厂地区的城建规划要求。
　　13　环境影响评价报告及环境保护部门对建厂的要求。
　　14　安全要求。
　　15　地方建筑材料价格及工程概、预算和技术经济资料。

4　厂址选择与总体规划

4.1　厂　址　选　择

4.1.1　烧结砖瓦工厂厂址应靠近原料矿山或主要原料储藏、堆存或排放地，宜靠近交通线路、水源和电源。厂址选择应对建设规模、原料和燃料来源、产品流向、交通运输、供电、供水、企业协作条件、场地现有设施、环境保护、文物古迹保护、人文、社会、施工条件等因素进行综合技术经济比较后确定。

4.1.2　厂址选择应满足工业布局和土地利用总体规划的要求。

4.1.3　厂址选择应合理利用土地和切实保护耕地。

4.1.4　厂址应满足工程建设需要的工程地质和水文地质条件，并应避开有用矿藏。

4.1.5　厂址应位于城镇和居住区全年最小频率风向的上风侧，不应选在窝风地段。

4.1.6　烧结砖瓦工厂防洪标准应符合现行国家标准《防洪标准》GB 50201的有关规定。场地标高不宜低于防洪标准的洪水位加0.5m。若低于上述标高时，厂区应有可靠的防洪设施，并在初期工程中一次建成。当厂址位于山区时，应设计防洪、排洪的设施。烧结砖瓦工厂设计防洪标准应符合表4.1.6的规定。

表4.1.6　烧结砖瓦工厂设计防洪标准

规　模　类　别	防洪标准重现期（a）
大型	50～100
中型	20～50
小型	10～20

4.1.7　厂址选择应按现行国家标准《工业企业总平面设计规范》GB 50187的有关规定执行。

4.2　总　体　规　划

4.2.1　烧结砖瓦工厂的总体规划应按现行国家标准《工业企业总平面设计规范》GB 50187的有关规定执行。

4.2.2　烧结砖瓦工厂的总体规划应满足所在地区的区域规划、城镇规划的要求。

4.2.3　烧结砖瓦工厂的总体规划应结合当地的技术经济、自然条件等进行。

4.2.4　烧结砖瓦工厂的总体规划应贯彻节约用地的原则，优先利用荒地、劣地及非耕地。

4.2.5　烧结砖瓦工厂总体规划应符合现行国家标准《工业企业厂界环境噪声排放标准》GB 12348及国家现行有关工业企业设计卫生标准的规定。

4.2.6　厂外道路应满足城乡规划或当地交通运输规划的要求，并应合理利用现有的国家公路及城镇道路。外部运输方式的选择应符合下列规定：
　　1　厂外运输方式宜根据当地运输条件确定。
　　2　厂外道路与城镇及居住区公路的连接应平顺、短捷。

4.2.7　厂内动力设施宜靠近负荷中心或主要用户。

5　总　图　运　输

5.1　一　般　规　定

5.1.1　总图运输设计应根据生产规模、工艺流程、建设内容、交通运输、环保节能、安全卫生和厂区发展等要求，结合场地自然条件进行多方案技术经济比较，优选出布置协调、生产可靠、技术先进的总体设计。

5.1.2　总平面设计应严格遵守国家土地政策、有关法规和工业建设用地的规定。

5.1.3　建筑物（或构筑物）等设施应采用联合、集中布置，厂区功能分区及各项设施的布置应紧凑、合理。

5.1.4　改建、扩建的烧结砖瓦工厂总平面设计应充分利用现有的场地和设施，减少新征土地面积，减少建筑物拆迁面积。

5.1.5　总平面布置应充分利用地形、地势、工程地质、水文地质等条件，合理布置建筑物（或构筑物）等有关设施。

5.1.6　总平面布置应合理地组织人流和物流。

5.1.7　总平面设计应进行多方案的技术经济比较，并应列出以下主要技术经济指标：
　　1　厂区用地面积（m^2）。
　　2　建筑物（或构筑物）用地面积及露天设备用地面积（m^2）。
　　3　露天堆场及露天操作场用地面积（m^2）。

4 建筑系数（%）。
5 道路及广场用地面积（m²）。
6 绿化占地面积（m²）。
7 绿地率（%）。

5.2 总平面布置

5.2.1 烧结砖瓦工厂的总平面布置应合理划分功能分区，各项设施的布置应紧凑协调、外形规整，单个小建筑物宜合并或并入大型厂房内部，并不应突破建筑红线。公用设施、生产辅助设施、厂前区及生活设施应严格限制用地。

5.2.2 大型建筑物（或构筑物）、窑炉和生产装备等应布置在土质均匀、地基承载能力大的地段，对较大、较深的地下建筑物（或构筑物），宜布置在地下水位较低的填方区。

5.2.3 产生高温、气体、烟尘的生产设施应布置在厂区全年最小频率风向的上风侧，且地形开阔、通风良好的地段。

5.2.4 原料处理设施应靠近原料储存区域布置，并应位于厂区全年最小频率风向的上风侧，且地形开阔、通风良好的地段。

5.2.5 变电所的布置应符合下列规定：
1 变电所应便于高压线的进线和出线。
2 变电所应避免设在有强烈振动的设施附近。
3 变电所应避免布置在多尘、有腐蚀性气体和有水雾的场所，并应位于多尘、有腐蚀性气体场所全年最小频率风向的下风侧和有水雾场所冬季盛行风向的上风侧。

5.2.6 压缩空气站的布置应符合下列规定：
1 压缩空气站应位于空气洁净的地段，应避免靠近散发爆炸性、腐蚀性和有害气体及粉尘等的场所，并应位于上述场所全年最小频率风向的下风侧。
2 压缩空气站的朝向应结合地形、气象条件，使站内有良好的通风和采光。储气罐宜布置在站房的北侧。

5.2.7 煤气站的布置应符合下列规定：
1 煤气站宜位于厂区主要建筑物和构筑物的全年最小频率风向的上风侧。
2 煤气站应位于有明火或散发火花地点的全年最小频率风向的下风侧。
3 煤气站应布置在运输条件方便的地段，应避免其灰尘和有害气体对周围环境的影响。
4 储煤场和灰渣场宜布置在煤气站全年最小频率风向的上风侧。
5 煤气站的布置尚应符合现行国家标准《工业企业煤气安全规程》GB 6222 的有关规定。

5.2.8 锅炉房的布置应符合下列规定：
1 锅炉房应靠近热负荷中心，并宜设在厂前区附近或主要用热建筑与厂前区之间地势较低的地方。
2 锅炉房应设在厂前区、生活区全年或冬季最小频率风向的上风侧，并应有利于自然通风和采光。
3 锅炉房附近应有能存放 5d～10d 用煤的煤堆场和 3d～5d 的灰渣堆场。堆场的位置应方便运输、有利防尘，符合防火要求。当锅炉房采用联合上煤、联合除渣时，还应有运煤、除渣设施用地。储煤场和灰渣场宜布置在锅炉房全年最小频率风向的上风侧。
4 锅炉房与邻近建筑物（或构筑物）之间的距离应符合现行国家标准《建筑设计防火规范》GB 50016 及本规范附录 A 的规定。

5.2.9 机修仓库区宜布置在生产区与厂前区之间，并应符合下列规定：
1 机械修理和电气修理设施宜布置在环境洁净、朝向、采光及通风条件较好的地段，并应有较方便的交通运输条件。
2 建筑维修设施的布置宜位于厂区边缘或厂外独立的地段，并应有必要的露天操作场、堆场和方便的交通运输条件。
3 材料库宜靠近主要生产区和机修区布置，并应有室外堆场。
4 备品备件库宜靠近机修区布置。
5 中、小型烧结砖瓦工厂可设置综合维修车间。

5.2.10 汽车衡的布置应位于有较多称量车辆行驶方向道路的右侧，并不应影响道路的正常行车。

5.2.11 成品仓库与堆场应根据成品出入方向、储存面积、运输方式等因素，按不同类别集中布置。

5.2.12 行政办公及生活服务设施的布置应位于厂区全年最小频率风向的下风侧，并应布置在便于生产管理、环境洁净、靠近主要人流出入口、与城镇和居住区联系方便的地点。

5.2.13 行政办公及生活服务设施的用地面积不得超过项目总用地面积的 7%。

5.2.14 厂区出入口的数量不宜少于 2 个，并应根据企业的生产规模、总体规划、厂区用地面积及总平面布置等因素综合确定出入口的位置。

5.2.15 围墙至建筑物、道路和排水明沟的最小间距应符合表 5.2.15 的规定。

表 5.2.15 围墙至建筑物、道路和排水明沟的最小间距表

名 称	至围墙最小间距（m）
建筑物	5.00
道路	1.00
排水明沟边缘	1.50

注：1 表中间距除注明者外，围墙自中心线算起；建筑物自最外边轴线算起；道路为城市型时，自路面边缘算起；为公路型时，自路肩边缘算起；
2 围墙至建筑物的间距，当条件困难时可适当减少；当设有消防通道时，其间距不应小于 6m；
3 传达室、警卫室与围墙的间距不限。

5.3 交通运输

5.3.1 厂内道路的布置应符合下列规定:

1 厂内道路应满足生产、运输、安装、检修、消防及环境卫生的要求。

2 厂内道路应与厂区内主要建筑物轴线平行或垂直,且呈环形布置;个别边缘地段做尽头式布置时,应设回车场或回车道。

3 厂内道路路面标高应与竖向设计相协调,并应与雨水排除相适应。同时路面标高应低于附近车间室外散水坡脚标高,以满足室外场地排水的要求。

4 厂内道路应与厂外道路连接方便、短捷。

5 厂房周围宜设置环形消防车道,当有困难时,可沿厂房的两个长边设置消防车道。

6 建设工程施工道路应与永久性道路相结合。

5.3.2 厂内道路路面结构设计除根据交通量、路基因素外,还应结合道路性质、当地材料、施工及养护维修条件,优选出经济合理的路面结构组合类型。

5.3.3 厂内道路路面宽度应根据车辆通行和人行需要确定,并应符合现行国家标准《厂矿道路设计规范》GBJ 22 的有关规定。

5.3.4 厂内道路交叉口路面内缘转弯半径应根据其行驶车辆的类别确定,并应符合表 5.3.4 的规定。

表 5.3.4 厂内道路交叉口路面内边缘转弯半径表

道路类别	路面内边缘转弯半径(m)		
	主干道	次干道	支道
主干道	12~15	9~12	6~9
次干道	9~12	9~12	6~9
支道及车间引道	6~9	6~9	6~9

注: 1 当场地受限制时,表中数值(6m 半径除外)可适当减少。
    2 供消防车通行单车道路面内缘转弯半径不得小于 9m。

5.3.5 厂内道路设计应考虑基建、检修期间大件设备运输与吊装的要求。

5.3.6 生产装置和建筑物的主要出入口应根据需要设置与出入口或大门宽度相适应的引道或人行道,并就近与厂内道路连接。

5.3.7 地磅房进车端的道路应为平坡直线段,其长度不宜小于 2 辆车长,在困难条件下不应小于 1 辆车长;出车端的道路应有不小于 1 辆车长的平坡直线段。

5.3.8 消防车道的布置应符合下列规定:

1 消防车道应与厂区道路连通,且距离短捷。

2 消防车道的宽度不应小于 3.5m。

5.3.9 厂区内人行道的布置应符合下列规定:

1 人行道的宽度不宜小于 0.75m,沿主干道布置时可设为 1.5m。当人行道宽度超过 1.5m 按 0.5m 的倍数递增。

2 人行道边缘至建筑物外墙的净距,当屋面无组织排水时可设为 1.5m,当屋面为有组织排水时,应根据具体情况确定。

5.3.10 厂区内道路的互相交叉宜采用平面交叉。平面交叉应设置在直线路段,并宜正交。当需要斜交时交叉角不宜小于 45°。

5.3.11 厂内主、次干道平面交叉处的纵坡宜按现行国家标准《厂矿道路设计规范》GBJ 22 的有关规定执行。

5.3.12 厂内道路边缘至建筑物(或构筑物)的最小距离应符合现行国家标准《工业企业总平面设计规范》GB 50187 的有关规定。

5.4 竖向设计

5.4.1 竖向设计应与总平面布置同时进行,且与厂区外现有和规划的运输线路、排水系统、周围场地标高等相协调。竖向设计方案应根据生产、运输、防洪、排水、管线敷设及土方(或石方)工程等要求,结合地形和地质条件进行综合比较后确定。

5.4.2 竖向设计应符合下列规定:

1 竖向设计应满足生产、运输要求。

2 竖向设计应有利于土地节约利用。

3 竖向设计应使厂区不被洪水、潮水及内涝水淹没。

4 竖向设计应合理利用自然地形,减少土方(或石方)、建筑物(或构筑物)基础、边坡和挡土墙等工程量。

5 填方、挖方工程应防止产生滑坡、塌方,山区建厂时应保护山坡植被。

6 竖向设计应充分利用和保护现有排水系统。当需要改变现有排水系统时,应保证新的排水系统水流顺畅。

7 竖向设计应适应厂区景观的要求。

8 分期建设的工程,在场地标高、运输线路坡度、排水系统等方面,应使近期与远期工程相协调。

9 改建、扩建工程应与现有场地竖向相协调。

5.4.3 竖向设计应根据场地的地形和地质条件、厂区面积、建筑物大小、生产工艺、运输方式、建筑密度、管线敷设、施工方法等因素合理选择。

5.4.4 场地设计标高的确定,除应保证场地不被洪水、潮水和内涝水淹没外,尚应符合下列规定:

1 场地设计标高应与城镇、相邻企业和居住区的标高相适应。

2 场地设计标高应具备方便生产联系、满足运输及排水设施的技术条件。

3 场地设计标高应在满足本条第 1 款及第 2 款要求的前提下,减少土方(或石方)工程量。

5.4.5 场地的平整坡度应有利于排水,最大坡度应根据土质、植被、铺砌、运输等条件确定。

5.4.6 工业建筑的室内地坪标高应高出室外场地地面设计标高0.15m~0.20m,民用建筑的室内地坪标高应高出室外场地地面设计标高0.30m~0.60m。

5.4.7 厂区出入口的路面标高宜高出厂外路面标高。

5.4.8 工业企业场地自然坡度大于5%时,厂区竖向宜采用阶梯式布置,阶梯的划分应符合下列规定:
  1 阶梯划分应与地形及总平面布置相适应。
  2 生产联系密切的建筑物(或构筑物)应布置在同一台阶或相邻台阶上。
  3 台阶的长边宜平行等高线布置。
  4 台阶的宽度应满足建筑物(或构筑物)、运输线路、管线和绿化等布置要求,以及操作、检修、消防和施工等需要。
  5 台阶的高度应按生产要求及地形和地质条件,结合台阶间运输联系等因素综合确定,并宜取1m~4m。

5.5 土方(或石方)工程

5.5.1 场地平整中的表土处理应符合下列规定:
  1 填方地段基底较好的表土,应碾压密实后再进行填土。
  2 建筑物(或构筑物)、道路和管线的填方地段,当表层为有机质含量大于8%的耕土或表土、淤泥和腐殖土等时,应先挖除或处理后方能填土。
  3 场地平整时,宜先将表层耕土挖出0.15m~0.3m,并集中堆放。

5.5.2 场地平整时,填方地段应分层压实。黏性土的填方压实系数为:建筑地段不应小于0.9,近期预留地段不应小于0.85。

5.5.3 土方(或石方)量的平衡,除场地平整的土方(或石方)外,尚应包括建筑物(或构筑物)基础及室内回填土、地下构筑物、管线沟槽、排水沟、道路等工程的土方量,并应考虑表土(含腐殖土、淤泥等)的清除和回填量以及土方(或石方)松散量。

5.5.4 场地平整土方(或石方)的施工质量应符合国家现行标准《建筑地基基础工程施工质量验收规范》GB 50202、《建筑地基基础设计规范》GB 50007、《建筑地基处理技术规范》JGJ 79 的有关规定。

5.6 雨水排除

5.6.1 厂区宜设置雨水收集、利用系统,综合利用雨水。

5.6.2 厂区应有完整、有效的雨水排除系统。排除雨水可选择暗管、明沟或地面自然排渗等方式。

5.6.3 计算厂区雨水排水流量应符合现行国家标准《室外排水设计规范》GB 50014 的有关规定。

5.6.4 排水明沟宜沿道路布置。

5.6.5 排水明沟的铺砌方式应根据所处地段的土质和流速等情况确定。其最小宽度不宜小于0.4m,沟起点最小深度不应小于0.2m。沟底纵坡宜为0.5%~2%,最小可采用0.3%,个别地形平坦的困难地段可采用0.2%。

5.6.6 厂区的排水明沟宜采用矩形或梯形断面。明沟起点的深度不宜小于0.2m,矩形明沟的沟底宽度不应小于0.4m,梯形明沟的沟底宽度不应小于0.3m。明沟的纵坡不应小于0.3‰;在地形平坦的困难地段不应小于0.2‰。

5.6.7 雨水口应位于集水方便、与雨水管道有良好连接条件的地段。雨水口的间距宜为25m~50m。当道路纵坡大于2%时,雨水口的间距可大于50m。雨水口形式、数量和布置应根据具体情况和计算确定。当道路的坡段较短时,可在最低点处集中收水,其雨水口的数量应适当增加。

5.6.8 排出厂外的雨水应避免对其他工程设施或农田造成危害。

5.6.9 在山坡地带建厂时,应在厂区上方设置山坡截水沟。截水沟至厂区挖方坡顶的距离不宜小于5m。当挖方边坡不高或截水沟铺砌加固时,此距离不应小于2.5m。

5.6.10 截水沟不应穿过厂区。必须穿过时,穿过厂区地段的截水沟应从建筑密度较小地段穿过,并应加盖铺砌。

5.7 防洪工程

5.7.1 当厂区临近江、河、湖水系,有被洪水淹没的可能时,或靠近山坡,有被山洪冲袭的可能时,应设置防洪工程。

5.7.2 防洪堤顶的设计标高应高出设计防洪标准水位0.5m以上,如有波浪侵袭和壅水影响,尚应增加波浪侵袭高度和壅水高度。

5.7.3 当防洪堤内的积水形成内涝时,可向湖、塘、沟谷等低地自流排除;如内涝水位较高而不能自流排除时,应采用机械排涝措施。

5.7.4 山区建厂时应在靠山坡一侧设置防洪沟,防止山洪冲袭厂区。防洪沟可利用顺山坡,由高向低将山洪引入自然水系或低洼沟谷排走;防洪沟跨越沟谷地段,可局部筑堤或设渡槽通过;防洪沟排出口应铺砌加固;防洪沟不得直接接至农田耕地,如能与农田水利结合,则应与当地主管部门协商并取得书面协议文件。

5.7.5 防洪沟宜分段向厂区两端沿短捷路线分散布置,利用地形减少挖方及铺砌加固工程量;防洪沟不宜穿过厂区,必须穿越时,应从建筑密度较小的地段穿过,并应铺砌加固,或做成暗沟、涵洞,但涵洞上方不得布置永久性建筑物。

5.7.6 当防洪沟设置在厂区挖方坡顶时,防洪沟与坡顶距离不宜小于5m；当挖方边坡不高或防洪沟铺砌加固时，此距离不应小于2.5m。

5.7.7 防洪沟紧靠厂区围墙以外布置时，沟墙及沟底应做浆砌或混凝土铺砌。铺砌段至坡顶的边坡应按土质情况采用不同的防护方式。防洪沟转角处应采用平曲线连接，曲线最小半径为水面宽度的5倍～10倍。

5.7.8 防洪沟的断面尺寸应按设计洪水流量及防洪纵坡等条件计算后，经过多方案比较确定。设计沟深应满足设计水深加0.2m的要求。当沟底宽度有变化时，中间应设置6m～10m的过渡段。

5.8 管线综合布置

5.8.1 管线综合布置应与烧结砖瓦工厂总平面布置、竖向设计和绿化布置相结合，统一规划。管线之间、管线与建筑物（或构筑物）、道路等之间在平面及竖向上应相互协调，紧凑合理。

5.8.2 管线的敷设方式应根据管线内介质的性质、工艺和材质要求、生产安全、交通运输、施工检修和厂区条件等因素，结合工程的具体情况，经技术经济比较后综合确定。

5.8.3 管线综合布置在满足生产、安全、检修的条件下宜采用共架、共沟布置。

5.8.4 管线综合布置宜将管线布置在规划的管线通道内，管线通道应与道路、界区控制线平行布置。

5.8.5 管线综合布置应减少管线与道路交叉。当管线与道路交叉时应力求正交，在困难条件下，其交叉角不宜小于45°。

5.8.6 山区建厂时应充分利用地形敷设管线，避免山洪、泥石流及其他不良地质对管线的危害。

5.8.7 分期建设的企业，管线布置应全面规划，近期集中，远、近结合。近期管线穿越远期用地时，不得影响远期土地的使用。

5.8.8 管线综合布置时，干管应布置在用户较多或支管较多的一侧；或将管线分类布置在管线通道内。管线综合布置宜按下列顺序，自界区控制线向道路方向布置：
1 电信电缆。
2 电力电缆。
3 热力管道。
4 各种工艺管道及压缩空气、煤气等管道和管架。
5 生产及生活给水管道。
6 工业废水（含生产废水及生产污水）管道。
7 生活污水管道。
8 消防水管道。
9 雨水排水管道。
10 照明及电信杆柱。

5.8.9 改建、扩建工程中的管线综合布置不应妨碍现有管线的正常使用。当管线净距不能满足本规范附录D～附录F的规定时，可采取有效措施后适当缩小净距。

5.8.10 地下管线的布置应按管线类别相同和埋深相近的原则，合理地集中布置相互平行的地下管线、管沟，不应平行重叠敷设。

5.8.11 地下管线和管沟不应布置在建筑物（或构筑物）的基础压力影响范围内，并应考虑管线、管沟在施工和检修开挖时，对建筑物（或构筑物）基础的影响。

5.8.12 地下管线和管沟不宜平行敷设在道路下面，当条件不允许时，可将检修少或检修时对路面损坏小的管线敷设在路面下，并应符合本规范附录D～附录F的规定。

5.8.13 管线共沟敷设应符合下列规定：
1 热力管道不应与电力、电信电缆和物料压力管道共沟。
2 排水管道应布置在沟底。
3 可燃液体、可燃气体管道不应共沟敷设，并应与消防水管共沟敷设。

5.8.14 地下管线与建筑物（或构筑物）之间的最小水平净距不应小于本规范附录D的规定，其中湿陷性黄土地区尚应符合现行国家标准《湿陷性黄土地区建筑规范》GB 50025的有关规定。

5.8.15 地下管线之间的最小水平净距不宜小于本规范附录E的规定。

5.8.16 地下管线之间的最小垂直净距不宜小于本规范附录F的规定。

5.8.17 地上管线的敷设可采用管架、低架、管墩及建筑物（或构筑物）支撑方式。

5.8.18 管架的布置应符合下列规定：
1 管架的净空高度及基础位置不应影响交通运输、消防及检修。
2 管架不宜妨碍建筑物的自然采光与通风。
3 敷设有可燃性、易爆炸危险性介质管道的管架与下列设施的安全距离应符合相应规范的规定：
　1）生产、储存和装卸甲、乙类火灾危险性物料的设施。
　2）明火作业的设施。

5.8.19 有甲、乙类火灾危险性介质的管道除使用该管线的建筑物（或构筑物）外，均不得采用建筑物（或构筑物）支撑式敷设。

5.8.20 架空电力线路的敷设、架空通信线路的布置、管架与建筑物（或构筑物）的最小水平净距应符合现行国家标准《工业企业总平面设计规范》GB 50187的有关规定。

5.9 绿化设计

5.9.1 烧结砖瓦工厂绿化设计应根据环境保护及厂

容、景观的要求，结合当地自然条件、植物生态习性、抗污性能和苗木来源，合理确定各类植物的比例及配置方式。

5.9.2 绿化布置应符合下列规定：

    1 绿化布置应在非建筑地段及零星空地进行。

    2 绿化布置应利用管架、栈桥、架空线路等设施的下面及地下管线带上面的场地。

    3 绿化布置应满足生产、检修、运输、安全、卫生及防火要求，不应与建筑物（或构筑物）及地下设施相互影响。

5.9.3 绿化布置宜以下列地段为重点：

    1 进厂主干道及主要出入口。

    2 生产管理区。

    3 生产车间、装置及辅助建筑物。

    4 散发有害气体、粉尘及产生高噪声的生产车间、装置及堆场。

    5 受雨水冲刷的地段。

    6 厂区生活服务设施周围。

    7 厂区围墙内周边地带。

5.9.4 受风沙侵袭的企业应在厂区受风沙侵袭季节盛行风向的上风侧设置半通透结构的防风林带。对环境构成污染的灰渣场、原料和燃料堆场，应视全年盛行风向和对环境的污染情况设置紧密结构的防护林带。

5.9.5 高噪声源车间周围的绿化宜采用减噪力强的乔木和灌木，并形成复层混交林地。

5.9.6 粉尘大的车间周围的绿化应选择滞尘效果好的乔木与灌木，并形成绿化带。在区域盛行风向的上风侧应布置透风绿化带，在区域盛行风向的下风侧应布置不透风绿化带。

5.9.7 生产管理区和主要出入口的绿化布置应具有较好的观赏及美化效果。

5.9.8 道路两侧宜布置行道树。

5.9.9 道路弯道及交叉口附近的绿化布置应符合现行国家标准《厂矿道路设计规范》GBJ 22 中行车视距的规定。

5.9.10 在有条件的生产车间或建筑物墙面、挡土墙顶及护坡等地段宜布置垂直绿化。

5.9.11 树木与建筑物（或构筑物）及地下管线的最小间距应符合现行国家标准《工业企业总平面设计规范》GB 50187 的有关规定。

6 原 料

6.1 一般规定

6.1.1 原料的选择应遵循就地取材、因地制宜的原则，根据当地资源情况合理优化配置。

6.1.2 厂址附近应有质量适宜、储量丰富的原料。

6.1.3 烧结砖瓦工厂的设计应根据原料质量、储量及原料工艺性能等因素确定产品方案和工艺方案。

6.1.4 烧结砖瓦的原料应由具有资质的实验室进行工艺性能试验，为工艺方案设计提供依据。

6.1.5 烧结砖瓦工厂严禁占用和利用农用地取土生产烧结砖瓦。

6.2 原料的质量要求

6.2.1 烧结砖瓦原料混合料的放射性核素限量指标应符合现行国家标准《建筑材料放射性核素限量》GB 6566 的有关规定。

6.2.2 烧结砖瓦原料应测定矿物组成、物理性能和化学成分，综合分析判断原料制砖瓦的可行性、原料对产品的适宜性以及适宜的工艺。

6.2.3 烧结砖瓦原料可以选用 2 种或 2 种以上可行原料进行配比，也可采取工艺措施对原料性能进行优化。

6.2.4 含有料礓石、石灰石的原料以及可溶性盐类含量高的原料，应经实验后确定其可行性。

6.3 废弃物的利用

6.3.1 烧结砖瓦工厂设计宜利用或掺配废弃物作为原料，应利用含能工业废渣作为原料兼燃料，综合利用资源和能源。

6.3.2 废弃物的利用应满足产品方案和产品质量要求。

6.3.3 煤矸石工艺性能与产品要求相适宜时，宜以煤矸石为主要原料生产烧结煤矸石砖。

6.3.4 以煤矸石为原料生产烧结砖时，其排放烟气中的硫含量应符合环保要求。

6.3.5 以粉煤灰为原料生产烧结砖时，应加入黏结剂。

6.3.6 在有条件的地区，应利用建筑基坑土、污泥等作为原料。

6.4 原料配比的确定及物料平衡

6.4.1 原料配比设计应由具有资质的实验室进行原料试验后确定，必要时可做半工业性实验。

6.4.2 原料消耗量计算宜符合下列规定：

    1 原料消耗基准指标宜符合表 6.4.2-1 的规定。

表 6.4.2-1 原料消耗量基准指标

产品名称	普通砖	模压瓦	挤出瓦
产品规格 （mm）	240×115×53	400×240×15	360×220×15
原料消耗 （m³/万块）	20～22	28～31	24～27

注：其他规格烧结砖产品按普通砖折算。

2 原料体积密度宜按表6.4.2-2计算。

表6.4.2-2 原料体积密度

原料名称	黏土		页岩		煤矸石	干粉煤灰
自然含水率（%）	15		10		7	—
原料状态	实方	松方	实方	松方	块料	粉料
体积密度（t/m³）	1.6~1.8	1.0~1.2	1.8~2.4	1.2~1.4	1.4~1.6	0.5~0.7

3 产品体积密度宜按表6.4.2-3计算。

表6.4.2-3 产品体积密度

产品名称	烧结普通砖 240×115×53 (mm)				道路砖、装饰砖
	黏土砖	页岩砖	煤矸石砖	粉煤灰砖	
体积密度（t/m³）	1.6~1.8	1.7~1.9	1.7~2.0	1.5~1.7	1.8~3.0

注：其他规格产品应按普通砖折算。

6.4.3 物料平衡计算应符合下列规定：

1 烧结砖瓦生产线的物料平衡计算应以焙烧窑的成品产量为基准，各种原料的消耗量均以干基作为计算的基础。

2 各物料消耗量的计算中，宜将干基消耗量换算为湿基消耗量，再计算出每小时、每天和每年的干、湿料需要量。

6.4.4 生产线各生产工段物料平衡计算的损失率宜符合表6.4.4的规定。

表6.4.4 生产线各生产工段物料
平衡计算的损失率

产品名称	损失率（%）						
	烧成	干燥	施釉	成型	陈化	破碎	原料储运
烧结砖类	≤2	≤3	≤5	≤1	≤1	≤2	≤2
烧结瓦类	≤3	≤5	≤5	≤2	≤2		

7 燃 料

7.1 一 般 规 定

7.1.1 燃料应满足生产工艺要求，并应合理利用、高效节能。

7.1.2 有含能工业废渣的地区应优先采用含能工业废渣作为内燃料。

7.1.3 烧结砖瓦工厂应根据产品要求和能源条件分别选择固体燃料、液体燃料或气体燃料。

7.1.4 燃料供应应连续、稳定、可靠。

7.2 固 体 燃 料

7.2.1 固体燃料应优先采用内掺的方式加入到原料中。

7.2.2 当以含能工业废渣为内燃料时，如热值不足，可使用其他燃料补充。

7.3 液 体 燃 料

7.3.1 液体燃料的种类及发热量指标应符合本规范附录J的要求。

7.3.2 供卸油系统的工艺布置应符合下列规定：

1 铁路、公路运输时宜采用油泵卸油。

2 油泵房布置应符合下列条件：
 1）油泵房宜为独立的地上式建筑。
 2）油泵房应设有控制间、油泵间、生活间、工具间等。控制室与油泵间的隔墙上应设观察窗，油泵房毗邻燃油储罐区的墙上不应设活动窗。

3 车间设中间油罐及油泵时宜采用厂区油站向中间油罐单供单回系统，不设中间油罐时宜采用厂区油站直接向车间供油的单供单回系统。

4 中间油罐内的油温不应超过90℃，油罐上应设有油温指示和油温报警、液面指示和溢流口等装置。

5 车间油泵、油罐间的布置应符合下列规定：
 1）设备基础应高出地面。
 2）室外应设污油池，油罐溢流管应接至污油池。

6 严禁将污油排入下水道。

7.4 气 体 燃 料

7.4.1 气体燃料的种类及发热量指标应符合本规范附录J的要求。

7.4.2 使用天然气应符合下列规定：

1 天然气应有一用一备2个供气源，或设其他备用燃料。

2 天然气的硫化氢含量应小于20mg/m³（标准状态下）。

3 配气站及调压配气室的工艺布置及设备选型应遵循天然气专业设计要求。

4 调压配气室建筑最低耐火等级不应低于现行国家标准《建筑设计防火规范》GB 50016中的二级。用电要求应为防爆1区。

7.4.3 使用煤气应符合下列规定：

1 发生炉煤气的低发热量不应低于5227kJ/m³。

2 煤气的硫化氢含量应小于20mg/m³（标准状

态下)。

3 发生炉煤气站的设计及煤气管道设计应符合现行国家标准《发生炉煤气站设计规范》GB 50195的有关规定。

8 生 产 工 艺

8.1 一 般 规 定

8.1.1 烧结砖瓦生产工艺设计和工艺设备的选型应符合下列规定:

1 工艺方案和主要工艺设备应根据产品方案、设计规模、原料和燃料性能以及建厂条件等因素综合比较后确定。

2 应采用有利于提高资源综合利用水平的新技术、新工艺、新设备。

3 在满足成品与半成品的质量要求下,应减少工艺环节,缩短物料运输距离。

4 应选择生产可靠、环境污染小、能耗低、管理维修方便、节省投资的工艺方案和设备。

5 附属设备的选型应有一定的储备,同类附属设备宜统一型号。

8.1.2 工艺布置应符合下列规定:

1 工艺平面布置应满足工艺流程的要求,并应结合地形、地质和运输的要求。

2 工艺布置应与相关专业的要求相协调,并宜留有合理的发展空间。

3 车间工艺布置应根据工艺流程和设备选型综合确定,并应在平面和空间布置上满足施工、安装、操作、维修、监测和通行的要求。

8.1.3 主要工艺设备的设计年利用率应按设计规模、生产方法、生产工艺的复杂程度、主要生产设备的类型、设备来源、使用条件和配件供应条件等因素确定,并宜符合表8.1.3的规定。

表 8.1.3 主要工艺设备设计年利用率

工艺设备名称	设计年利用率(%)
原料制备	70~90
陈化设备	80~90
成型、切码运设备	60~80
干燥及焙烧	≥90
制釉	20~50
包装	≥20

8.1.4 主要生产工段工作制度应根据各工段之间的相互关系、与外部条件相联系的情况确定,并宜符合表8.1.4的规定。

表 8.1.4 主要生产工段工作制度

工段名称	日工作班(班/d)	班工作时(h/班)
原料制备	1~2	7.5
成型	2	7.5
干燥、焙烧	3	8
成品堆放	3	7.5
机电维修	3	7.5
煤气站(配气站、液化气站)	3	8
变电所	3	7.5
水泵房	3	7.5

注:严寒及寒冷地区年工作日按265d计,其他地区按330d计。

8.1.5 各种物料储存期应根据设计规模、物料性能、物料来源、运输方式、储存形式、管理水平、市场因素等情况确定,并宜符合表8.1.5的规定。

表 8.1.5 各种物料储存期 (d)

序号	物料名称	原料风化	露天堆存	原料棚储存
1	黏土	90~365	30~90	3~10
2	页岩	90~365	30~90	5~30
3	煤矸石	90~365	30~90	10~30
4	粉煤灰	—	—	5~20
5	煤	—	30~90	—
6	其他	—	30~90	5~30

注:1 原料储存期需要根据当地的具体情况确定;
   2 黏土、页岩等原料要根据原料采运条件来确定,煤矸石和粉煤灰等应根据物料来源的远近、供应的均衡性和运输条件来决定;
   3 一般储存时间为1个~3个月;
   4 对于蓄水性强、堆存脱水困难的原料,为防止受雨天影响,应原料棚储存一定数量的原料。

8.1.6 生产车间的检修设施应符合下列规定:

1 主要设备或需检修的部件较大时,应设置机械化水平较高的检修设备。在大型风机、大型破碎机、轮碾机、挤出机等设备上方应按照所需检修部件的重量和厂房空间条件设置桥式起重机、电动葫芦、单轨小车或其他形式的起吊设备。

2 起重设施的起重量应按检修起吊最重件或需同时起吊的组合件重量确定。

3 起重机的轨顶标高及其他起吊设施的设置高度应满足起吊物件最大起吊高度的要求。

4 厂房设计和设备布置应考虑检修用起重设施的运行和物件的起吊空间。

5 根据不同设备的安装检修需要,应设置检修平台或留有安装检修需要的空间、门洞和设备外运检修运输通道。多层厂房,各层同一位置应设吊装孔,并在顶层加装起吊设备。孔的周围应设活动栏杆。

6 露天设备可不设置专用起吊设施，检修时可根据设备情况采用临时起吊设施。

7 未设置起吊装置的小型设备上方应设有吊钩、起吊孔等方便检修的构件。

8.1.7 物料输送设计应符合下列规定：

1 物料输送设备的选型应根据输送物料的性质、输送能力、输送距离、输送高度、工艺布置等因素确定。

2 输送设备的输送能力应高于实际最大输送量，其富余量宜按不同输送设备及来料波动情况确定。

3 粉料输送设备的转运点宜设置除尘装置，下料溜管应降低落差。粒状物料的下料溜管应增加耐磨内衬，并采取降噪措施。

8.1.8 生产控制应按照工艺过程控制、质量控制及程序控制的要求进行检测、调节、监控。

8.1.9 特殊地区的工艺计算应符合下列规定：

1 在高海拔、超高海拔地区建厂时，空气压缩机、真空泵和风机的风量、压力应进行校正；干燥室、焙烧窑等设备及系统的计算数据应根据海拔高度作出修正。

2 在高海拔、超高海拔地区及湿热地区建厂时，电动机及设备轴承等设备订货时应满足特殊要求。

3 在寒冷地区、严寒地区建厂时，应对泥浆管路、气路、油路、水路采取防冻措施。

8.2 工艺方案确定

8.2.1 烧结砖生产工艺方案应按照下列规定确定：

1 采用塑性挤出成型方式时，生产工艺宜采用二次码烧方案。

2 采用硬塑挤出和半硬塑挤出成型方式时，生产工艺宜采用一次码烧工艺方案。

3 原料中粉煤灰掺配量大于30%时，生产工艺宜采用二次码烧工艺方案。

8.2.2 烧结瓦生产工艺方案应按照下列规定确定：

1 平瓦可采用压制成型或挤出成型工艺。

2 形状复杂的瓦宜采用先挤出后压制成型工艺。

8.2.3 工艺方案设计应流程简洁、流畅，避免物流、人流交叉。

8.2.4 生产线设计应按照经济适用、有利于企业发展的原则确定机械化程度，提高自动化水平。

8.3 原料处理及陈化

8.3.1 原料处理系统的设置应根据工厂资源情况、矿山开采、外部运输条件、厂区地理位置以及工艺布置等因素确定。

8.3.2 原料处理系统的生产能力应根据物料需求量、工作制度以及运输条件等因素确定。

8.3.3 原料处理应符合下列规定：

1 含水率高的物料宜先堆积储存后再进行处理。

2 软质原料宜采用轮碾机、对辊机等进行湿法处理。

3 硬质原料应按照产品要求采用多级破碎，并应符合下列规定：

 1）破碎设备前的加料斗容量应根据破碎机规格、加料方式、加料时间等确定。加料斗应装设固定箅板。

 2）破碎设备出料口宜设置受料皮带输送机，其宽度、带速应与出料口大小、出料量相适应。在破碎设备后宜设置筛分设备。

4 原料中加入的添加剂，必要时应进行预处理。

5 原料中含有碎石、草根等杂物时，应进行除石、净化处理。

6 原料进破碎设备前应经除铁装置进行处理。

8.3.4 各种物料破碎后按照制品的要求应达到以下粒度要求：

1 烧结普通制品粒度宜小于2mm，且具有合适的颗粒级配。

2 烧结薄壁制品、烧结瓦粒度宜小于1mm，并应具有合适的颗粒级配。

3 有特殊要求的产品应由实验室试验确定其粒度及颗粒级配要求。

8.3.5 烧结瓦的原料制备应根据成型方法确定采用干法或湿法工艺。

8.3.6 破碎设备选型应根据设计规模、产品方案、物料性能等因素，按照本规范第8.3.3条~第8.3.5条的规定确定。

8.3.7 生产烧结瓦采用2种以上的原料时，应按配比设计定量配料装置。

8.3.8 采用对辊机破碎时应均匀布料。

8.3.9 硬质原料破碎系统、搅拌系统的扬尘点必须设置密封和除尘装置。

8.3.10 粉料仓顶、仓底及输送设备转运点和陈化前的搅拌机入料口处均应设置除尘装置。

8.3.11 煤的破碎宜采用单级破碎。破碎形式应根据煤的种类、破碎粒度和产量等确定。

8.3.12 烧结砖瓦工厂设计应设置陈化库。

8.3.13 陈化库设计的主要工艺参数应满足下列规定：

1 陈化时间不应低于3d。

2 陈化库的温度不应低于15℃，相对湿度不应低于70%。

8.3.14 经陈化的物料宜采用搅拌碾练设备进行加水搅拌，选型应根据原料用量、工作制度等因素确定。

8.3.15 烧结釉面瓦生产线制釉工段的设计应符合下列规定：

1 釉用原料宜选用精选粉料。

2 釉用原料处理应选用瓷衬球磨机。

3 釉浆制备应设置过筛装置。应根据产品品种、产量、陈腐周期、过筛等工序确定釉浆池（或釉浆罐）的数量。

 4 釉浆细度宜达到万孔筛余0.02%~0.05%。
 5 釉浆陈腐期宜大于2d。

8.4 成　型

8.4.1 工艺设计应保证成型工段供料均匀，原料在成型前应除铁。

8.4.2 根据原料性能和产品要求，烧结砖成型可选择塑性挤出成型、半硬塑性挤出成型和硬塑挤出成型3种方式。

8.4.3 成型方式的选择应满足产品质量和产品方案的要求。

8.4.4 应根据产品方案、生产规模及成型方法确定切条、切坯机的选型。

8.4.5 砖坯码放应采用机械码坯方式。

8.4.6 成型废坯应回收利用。

8.5 干　燥

8.5.1 烧结砖瓦坯体应采用人工干燥。

8.5.2 应根据设计规模、场地、投资等因素综合确定人工干燥装置，宜优先选用隧道干燥室。

8.5.3 隧道干燥室应根据产品要求选择单层码放或多层码放方式。

8.5.4 干燥制度、干燥室规格、结构和热工参数应根据原料性能、设计规模、产品方案等因素合理确定，并应符合下列规定：
 1 干燥室数量和规格应根据原料干燥性能、设计规模、干燥运载装置的装载量等因素计算确定。
 2 干燥室墙和顶应采取保温措施，使传热系数不大于0.40W/(m²·K)。
 3 干燥室送风道（管）应采取保温措施，使热风温度降不大于0.5℃/m。
 4 干燥室应设置测温孔、测压孔、检查口。
 5 干燥室布置在露天时，室顶应做防水处理。

8.5.5 干燥装置、排潮风机宜做防腐处理。

8.5.6 在严寒地区和寒冷地区，排潮设备应采取措施排除冷凝水。

8.6 焙　烧

8.6.1 烧结砖焙烧窑炉应采用节能型窑炉。窑炉焙烧系统的能效设计指标应符合现行国家标准《烧结砖瓦工厂节能设计规范》GB 50528的有关规定。

8.6.2 砖瓦焙烧宜优先采用内燃烧砖技术。内燃烧砖的内燃料应优先选用含能工业废渣，并应符合下列规定：
 1 内燃料的掺配量应按下式计算确定：

$$G = \frac{B}{Q_内} \times \frac{100}{100-\omega} \quad (8.6.2)$$

式中：G——每块砖坯内燃料掺量（kg/块）；
   B——烧成每块制品耗热量（kJ/块）；
   $Q_内$——内燃料发热量（kJ/kg）；
   ω——内燃料的相对含水率（%）。
 2 内燃料粉碎后的最大粒径应小于2mm。

8.6.3 砖瓦焙烧窑炉宜选用内宽不小于4.6m且符合模数的平顶隧道窑。

8.6.4 焙烧窑炉的烧成制度、工作系统以及规格、结构等参数应根据原料性能、设计规模、产品方案和工艺技术等因素确定，并应符合下列规定：
 1 应根据设计规模和基本参数确定窑炉规格和数量。
 2 窑炉结构设计应符合现行行业标准《砖瓦焙烧窑炉》JC 982的有关规定。
 3 焙烧窑炉应采取密封保温措施，系统表面热损失在热平衡支出项的比例应小于12%，窑顶表面温度与环境温度差不应大于20℃，窑墙表面温度与环境温度差不应大于15℃。

8.6.5 热风管路的保温设计应符合现行国家标准《工业设备及管道绝热工程设计规范》GB 50264的有关规定，并应保证热风温度降不大于0.5℃/m。

8.6.6 窑车衬砖应选用耐热、轻质、保温隔热和热稳定性好的材料。

8.6.7 风机宜采用变频控制。

8.6.8 隧道窑应设置回车线，回车线应设计码车位、存车位、卸车位及检修车位。

8.7 检验、包装、产品堆放

8.7.1 砖瓦产品的检验应合理布置操作场地，产品应分等级堆放。

8.7.2 需包装产品应有1班~2班未包装产品的存放场地。

8.7.3 砖瓦产品的包装宜采用捆扎或塑封包装。

8.7.4 砖瓦产品的储存与成品库（或成品堆场）设计参数取值宜符合下列规定：
 1 成品库（或成品堆场）面积应按储存期不低于60d计算，寒冷地区应按不低于90d计算，严寒地区应按不低于120d计算。
 2 码垛高度：人工码垛不宜超过2m，机械码垛不宜超过3m。
 3 码垛密度：人工码垛宜为800标块/m²，机械码垛宜为1800标块/m²。
 4 成品库通道系数宜为1.25。
 5 成品堆场地面宜做硬化处理。

9 电气及自动化

9.1 一般规定

9.1.1 电气及自动化设计应满足生产工艺以及节能、

降耗、保护环境和保障人身安全的要求。

9.1.2 电气及自动化设计中应采用先进、实用及节能的成套设备和定型产品，不应采用淘汰产品。

9.1.3 电气及仪表装置应采取防尘、绝缘等措施。

9.2 供配电系统

9.2.1 供配电系统应根据负荷性质、用电容量、工程特点及地区供电条件确定合理的供配电方案。

9.2.2 电力负荷分级应符合下列规定：

1 一级负荷应包含煤气站、干燥室、窑炉的运转设备、送热风机、排烟风机和窑炉燃烧系统的相关设备等。

2 二级负荷应包含主要生产流程用电设备、重要场所的照明及通信设备等。

3 三级负荷包含不属于一级负荷和二级负荷的用电设备。

9.2.3 供电电源应根据工厂规模、供电距离、工厂发展规划和当地电网现状等条件，经过技术经济比较后确定，并应符合下列规定：

1 条件允许时，供电电源宜采用双电源双回路供电方案。

2 受条件限制、不能取得双电源供电时，可采用一路工作电源和一路备用电源的供电方案。

3 同时供电的两个回路，每个回路应按用电负荷的100%设计。

4 供电系统应简单可靠，同一电压供电系统的变配电级数不宜多于两级。

5 高、低压配电宜采用放射式为主。

9.2.4 供电电压宜采用10kV供电电压或根据当地供电电网的实际情况制定适宜的供电电压。

9.2.5 无功功率补偿应符合下列规定：

1 工厂功率因数应满足供电部门的要求。

2 无功功率补偿宜采用高压补偿与低压补偿相结合、集中补偿与就地补偿相结合的补偿方式。

3 低压无功功率补偿宜采用自动补偿。

4 补偿装置载流部分的长期允许电流不应小于电容器额定电流的1.5倍。

9.2.6 电源进线为35kV及35kV以下的变电所，进线侧应装设断路器。高压母线宜采用单母线或单母线分段接线方案。

9.2.7 接在母线上的电压互感器和避雷器宜共用一组隔离开关。

9.2.8 变压器选择应符合下列规定：

1 低压供电采用0.4kV时，变电所中单台变压器的容量，大型厂不宜大于2500kV·A，中、小型厂不宜大于1600kV·A。

2 在TN及TT系统接地形式的低压电网中，采用低压配电变压器时，宜选用"D、yn11"接线组别的三相变压器。

3 装有2台以上变压器时，当一台变压器断开时，其余变压器容量应保证一级负荷及部分二级负荷的用电。

4 在多尘或有腐蚀性气体严重影响变压器安全运行的场所，应选用防尘型或防腐型变压器。

5 变压器低压侧的总开关和母线分段开关宜采用低压断路器。

9.2.9 小型变电所宜采用弹簧储能操动机构合闸和去分流分闸的全交流操作；当操动机构为直流操作时，宜采用小容量镉镍电池装置或电容储能式硅整流装置作为合、分闸操作电源。

9.2.10 含可燃性油的变压器应设置变压器室，且做到一器一室。

9.2.11 变电所位置的选择应满足下列规定：

1 接近负荷中心。

2 进出线方便。

3 设备运输方便。

4 不应设在有剧烈振动或高温的场所，不应在有爆炸危险环境的正上方或正下方，不应设在地势低洼和可能积水的场所。

9.2.12 通道及围栏与配电装置的安全净距及尺寸要求应符合现行国家标准《供配电系统设计规范》GB 50052的有关规定。

9.3 厂区配电线路

9.3.1 工厂电源输电线路及配电线路应根据现场条件，依据经济合理及减少土地资源占用的原则，采用架空线路、电缆线路或其他敷设方式。

9.3.2 厂区电缆可采用电缆沟、电缆隧道、电缆桥架或电缆通廊等敷设方式。当沿同一路径敷设的电力、控制缆线数量少于8根时可采用直埋敷设或穿保护管埋地敷设方式。

9.3.3 电缆敷设应选择最短路径，并应避开规划中拟发展的地方，同时应减少与铁路、道路、排水沟、给水管、排水管、热力管沟和其他管沟的交叉。

9.3.4 敷设电缆和计算电缆长度时，应留有一定的余量。

9.3.5 电缆敷设应符合现行国家标准《低压配电设计规范》GB 50054、《电力工程电缆设计规范》GB 50217及本规范附录D～附录F的规定。

9.4 车间配电

9.4.1 工厂用电设备的低压配电宜采用380V/220V的TN系统。

9.4.2 同一生产流程的电动机或其他用电设备宜由同一段母线供电。

9.4.3 工厂的单相负荷宜均匀分布在三相线路中。

9.4.4 电动机的启动方式应符合下列规定：

速范...
的技术...
谐波干扰...
比较。

2 需调速的...
渡车等宜采用变频调速...

3 使用调速设备时,...
能质量 公用电网谐波》GB/...

9.4.6 电动机的保护应符合下列...
1 低压交流电动机应设置短路保护和接地故障保护,并应根据具体情况分别装设过负荷保护、断相保护和低电压保护,同时应符合现行国家标准《通用用电设备配电设计规范》GB 50055的有关规定。
2 低压交流电动机的短路保护装置宜采用低压断路器的瞬动过电流脱扣器,并应满足电动机启动及灵敏度要求。
3 低压交流电动机的接地故障保护应符合现行国家标准《低压配电设计规范》GB 50054的有关规定。
4 低压交流电动机的断相保护装置宜采用带断相保护的三相热继电器,也可采用温度保护或专用断相保护装置。
5 低压交流电动机的过负荷保护宜采用热继电器或低压断路器的延时脱扣器作保护装置。

9.4.7 电动机的控制应符合下列规定:
1 生产上有关联的控制点、操作岗位之间应设置联络信号。
2 电动机集中控制时,启动前应先发启动预报信号;控制点应设置电动机运行信号和故障报警信号。
3 集中控制的电动机应采用"集中-机旁"的控制方式,选择在机旁控制时,电动机可通过机旁控制按钮进行单机试车。电动机应设置机旁停车按钮和紧急停车按钮。
4 斗式提升机应在尾轮部位设置紧急停车按钮。带式输送机应在巡视通道一侧或两侧设置拉绳开关,拉绳开关宜每隔25m设置1个。移动机械有行程限制时,行程两端应设置限位保护。

...应设置漏电保护装置,...
...合现行国家标准 GB 50063 的...
...应采用无钢带铠装或非磁性材料护套的电缆,不得采用导线磁材料保护管。

6 用于配线的钢管敷设在地坪内时,钢管直径不得小于15mm,穿基础时不得小于20mm,敷设在楼板内时钢管直径应与楼板厚度相适应,且不得小于15mm。用于配线的钢管最大直径不宜大于80mm。
7 穿管绝缘导线或电缆的总截面积不宜超过管内截面积的40%。
8 穿钢管的交流导线应三相回路共管敷设。
9 下列情况以外的不同回路的线路,不应穿同一根金属管:
  1)一台电动机的所有回路。
  2)同一设备多台电动机的所有回路。
  3)同一生产系统无干扰要求的信号、测量和控制回路。
10 6芯以上的控制电缆应预留不小于15%的备用芯数。
11 导线穿过不均匀沉降的地区或伸缩缝时,应采取保护措施。

9.5 照 明

9.5.1 照明设计应符合下列规定:
1 工厂照明设计应符合现行国家标准《建筑照明设计标准》GB 50034 的有关规定。
2 工作面上照度值应根据设备、管道、梁柱、灰尘等影响条件确定,且应满足规定值。
3 生产线的照明方式应分为一般照明、局部照明和混合照明。在一个工作场所内,不应只装设局部照明。装设局部照明的工作场所,其装设地点应符合表9.5.1的规定。

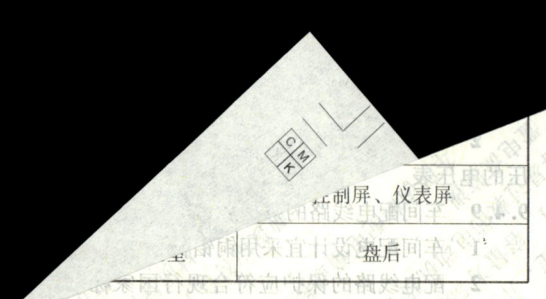

4 照明供电线路应安全、可靠，在隧道窑及热风管道附近布线时应远离热源。

5 烧结砖瓦工厂宜采用混光照明。

9.5.2 照度标准应符合下列规定：

1 车间内和车间外照明的最低照度标准应符合本规范附录C的规定。本规范附录C未包括的，可根据相似场所的照度值确定。计算照度值时，应计入补偿系数。

2 工厂的中央控制室、高低压电气室、化验室、办公室及需要有较高照度环境的车间的照明设计，在满足照度要求的同时，还宜符合统一眩光值及一般显色指数的要求。

3 照明灯的供电电压宜为其额定电压的95%~105%。

9.5.3 照明光源应选择节能灯具。成品堆场、陈化库、联合车间等大面积照明场所宜采用冷光源投光灯、高压钠灯或金属卤化物灯等。各种储库和输送皮带廊宜采用荧光灯。

9.5.4 灯具的选型应符合下列规定：

1 灯具形式宜根据环境条件、被照面配光要求及灯具效率等选择。

2 原料库、破碎机房、地坑、水泵房、浴室等场所宜选用防水防尘灯具。层高超过7m时应采用深罩型工厂灯。

3 照明灯具安装高度小于2.2m时，应采取安全保护措施。

9.5.5 照明供电回路的分组及控制应符合下列规定：

1 使用小功率光源的室内照明线路，每一单相回路的电流不宜超过16A；照明灯具不宜超过25个；高强气体放电的照明，每一单相分支回路的电流不宜超过30A。

2 照明插座、楼梯间及门廊的照明灯，宜由单独回路供电。

3 三相线路的各相负荷宜分配均衡。最大相负荷不宜大于三相负荷平均值的115%，最小相负荷不宜小于三相负荷平均值的85%；同时供电给多个照

明配电箱上集中分区控
灯等宜分散控制，道路照明

露天堆场、露天皮带廊、道路等处应设置室外照明，室外照明宜采用分散控制或自动控制，并应采用节能灯具。

9.5.7 厂区内主要采用TN-C的低压配电系统，其照明配电系统应局部采用TN-S系统，并应设置专用PE线。

9.5.8 照明配电箱的插座回路应装设漏电保护器，其PE线的截面应与相线截面相等。PE线一端应与插座的接地孔相接，另一端应与照明配电箱接地PE母线相接。插座回路的N线不得与其他回路的N线共用。

9.5.9 厂区道路照明线路设计应符合下列规定：

1 厂区道路照明线路宜采用电缆直埋方式敷设。

2 厂区道路照明各回路应设保护，每个照明器宜单独设置熔断器保护。

3 照明线路三相负荷应分配均衡，最大与最小相负荷电流不宜超过30%。

9.6 电气系统接地

9.6.1 工厂电气系统接地应包括工作接地、保护接地、防雷接地、电子设备接地和防静电接地等。

9.6.2 3kV~10kV电压级宜采用中性点不接地的小电流接地系统。

9.6.3 厂区低压配电系统接地宜采用TN系统。TN系统的形式应根据工程情况经技术经济比较后确定，并应符合下列规定：

1 由同一台发电机、同一台变压器或同一母线向1个建筑物供电的低压配电系统，应采用同一种系统接地形式。建筑物以外的电气设备应单独接地。

2 在TN-C或TN-S系统接地形式中，不得断开PEN线，不得装设断开PEN线的任何电器。

3 在TN-C-S系统接地形式中，应在由TN-C转为TN-S系统的用户进线配电箱处，将PEN线分为PE线和N线，分开后两者不得再合并。

4 在TN-S接地形式中，N线上不应装设只将N线断开的电气器件；当需要断开N线时，应装设相线和N线一起断开的保护电器。

9.6.4 变电所内不同用途、不同电压的电气设备除另有规定者外，应使用一个总的接地装置，接地电阻应符合其中最小值的要求。

9.6.5 全厂的共同接地装置应通过电缆隧道、电缆沟、电缆桥架中的接地干线、铠装电缆的金属外皮、低压电缆中的PE线连成电气通路，并形成全厂接

地网。

9.6.6 共同接地装置宜利用自然接地体，但不得利用输送易燃易爆物资的管道。自然接地体能够满足要求时，除变电所外，可不设人工接地体，但应校验自然接地体的热稳定值。

9.6.7 接地导体的选择及其对接地电阻的要求等应符合现行国家标准《工业与民用电力装置的接地设计规范》GBJ 65 的有关规定。

9.7 生产过程自动化

9.7.1 烧结砖瓦工厂的生产自动化设计应符合下列规定：

1 在条件许可时应设置集散型计算机控制系统（DCS），对生产过程进行监督、控制和管理。

2 热工测控点宜采用智能仪表，并以通信方式接入集散型计算机控制系统。

3 对生产过程中的关键区域可设置闭路工业电视装置。

4 原料车间宜设置可编程控制器为主的控制系统、原料自动配料装置和自动加水装置，其控制系统应具备手动、自动控制等功能。

5 干燥室、隧道窑运转系统宜设置可编程控制器为主的控制系统，并应通过标准开放网络与集散型计算机控制系统进行通信。

6 工厂可设置产品、生产管理信息系统。

9.7.2 控制室设计应符合下列规定：

1 控制室设计应根据工艺控制要求和自动化程度要求，设置中央控制室或车间控制室，控制室不宜过于分散。

2 控制室应位于被控区域的适中位置，应满足生产控制的要求，方便电缆管线进出，避开电磁干扰源、尘源和振源等。

3 控制室应有防尘、防火、隔声、隔热和通风等设施，并应铺设防静电活动地板，设置空气调节系统。

4 控制室应设置双回路供电电源；其电源应从母线引出，不应与照明、动力线路混用。

5 不间断电源（UPS）装置应有足够容量，供电的延续时间不宜小于20min。

6 控制室消防设施的设置应符合现行国家标准《建筑物防火设计规范》GB 50016 的有关规定。

9.8 通信系统

9.8.1 烧结砖瓦工厂通信系统应包括厂区电话系统和厂区无线对讲系统。

9.8.2 厂区电话系统宜采用由市话局直配方式，并同时设置传真及计算机网络。在边远地区及市话配线受限时，厂区电话设计应符合下列规定：

1 宜在厂区内设置电话站，其电话用户的数量应以工厂规模和用户要求为依据，不宜超过100门。

2 厂区电话设计应选用程控交换机。

3 厂区内有通信需要的工作岗位应设直通电话。

9.8.3 通信系统应设置工作接地、保护接地和防雷接地，并应符合现行国家标准《工业企业通信设计规范》GBJ 42 和《工业企业通信接地设计规范》GBJ 79 的有关规定。

10 建筑结构

10.1 一般规定

10.1.1 在满足生产工艺要求的前提下，建筑结构设计宜采用多层或联合厂房，并应根据环境保护、地区气候特点，满足采光、通风、防寒、隔热、防水、防雨、隔声等要求，并应符合国家现行有关工业企业设计卫生标准的规定。

10.1.2 建筑结构设计应采用成熟的新结构、新材料、新技术。

10.1.3 建筑物（或构筑物）安全等级应根据其破坏后果的严重性，按表10.1.3的规定采用。

表10.1.3 建筑物（或构筑物）安全等级

安全等级	破坏后果	建筑物（或构筑物）名称
二级	严重	三级以外的建筑物（或构筑物）
三级	不严重	露天堆场、原料棚、原料库、材料库、地泵房、自行车棚、厕所、门卫、开水房、围墙

10.1.4 建筑物（或构筑物）抗震设防的分类应按其使用功能的重要性、工厂的生产规模、停产后经济损失的大小和修复的难易等因素来划分，并应符合表10.1.4的规定。

表10.1.4 建筑物（或构筑物）抗震设防分类表

抗震设防类别	建筑物（或构筑物）名称
重点设防类	大、中型烧结砖瓦工厂的变电站
特殊设防类	除重点设防、适度设防类以外的建筑物（或构筑物）
适度设防类	露天堆场、原料棚、原料库、材料库、地磅房、自行车棚、厕所、门卫、开水房、围墙

10.1.5 建筑物（或构筑物）的防火设计应符合现行国家标准《建筑设计防火规范》GB 50016 的有关规定。主要生产车间及建筑物（或构筑物）的火灾危险性类别、建筑最低耐火等级应符合本规范附录 A 的规定。

10.1.6 功能相近的辅助车间、生产管理及生活建筑宜合并建设。

10.2 生产车间与辅助车间

10.2.1 生产厂房的全部工作地带应利用直接天然采光，当天然采光不能满足要求时，可采用以人工照明为辅的混合采光。

10.2.2 厂房内工作平台上部的净高及楼梯至上部构件底面的高度不宜低于 2.0m。

10.2.3 厂房内通道宽度应按人行、配件的搬运及车辆运行等要求确定。单人行走，在固定设备（或有封闭罩的运行设备）旁的通道净宽不应小于 0.7m；在运转机械旁的通道净宽不应小于 1m。

10.2.4 辅助车间的设计应满足各主体专业的要求。房间净高不应低于 2.7m，并应有天然采光和自然通风。

10.3 辅助用室、生产管理及生活建筑

10.3.1 辅助用室、生产管理及生活建筑外围护结构（包括门、窗）的热工性能应符合现行行业标准《严寒和寒冷地区居住建筑节能设计标准》JGJ 26 的有关规定。

10.3.2 车间办公室设计应符合下列规定：

 1 车间办公室可设在生产联合车间内，也可与其他辅助建筑联建。

 2 车间办公室内噪声级不应超过 60dB（A）。

10.3.3 工具间（包括材料间）应有围护结构与车间相隔，面积不宜小于 6m²。

10.3.4 实验室设计除应符合本规范第 13.2 节的规定外，建筑设计尚应符合下列规定：

 1 实验室的地面、墙面及顶棚应光洁，便于清扫。

 2 室内允许噪声级为 60dB（A）。

10.4 构 筑 物

10.4.1 烟囱设计应符合现行国家标准《烟囱设计规范》GB 50051 的有关规定。

10.4.2 泥浆池、水池的设计应符合现行国家标准《给水排水工程构筑物结构设计规范》GB 50069 的有关规定。

10.4.3 构筑物抗震设计应符合现行国家标准《构筑物抗震设计规范》GB 50191 的有关规定。

10.5 建筑构造设计

10.5.1 屋面设计应符合下列规定：

 1 厂前区及辅助建筑的屋面可采取有组织排水，生产厂房的屋面可采取自由排水。屋面的排水坡度应符合现行国家标准《民用建筑设计通则》GB 50352 的相关规定。

 2 厂房高度超过 6m 时应设置可直接到达屋面的垂直爬梯，垂直爬梯的高度超过 6m 时应有护笼。从其他部位能到达时可不设。

 3 当生产排放的烟气中含有腐蚀性气体时，建筑构造设计应按照现行国家标准《工业建筑防腐蚀设计规范》GB 50046 的有关规定执行。

10.5.2 墙体设计应符合下列规定：

 1 框架填充墙严禁使用实心黏土砖。

 2 钢结构墙面宜采用金属压型板等轻质板材。钢筋混凝土框架厂房的外墙也可采用金属压型板或其他大型板材。

 3 寒冷及风沙大的地区，建筑围护结构应以封闭式为主。散热量较大的车间可采用开敞式或半开敞式厂房，并应有防雨措施。

 4 原料破碎车间、煤气站、加压机房等噪声较大的车间应减少外墙上的门、窗面积，外围护结构应具有足够的隔声能力。原料破碎等粉尘较大的车间应有封闭的外围护结构。

10.5.3 有设备出入的车间门尺寸应按设备尺寸确定。大门应比通过的设备的高度、宽度至少各大出 0.6m。人行门宽度不应小于 0.9m。

10.5.4 生产车间在人工开窗有困难的高处宜采用中旋窗或固定的采光、通风口。

10.5.5 有隔声及防火要求的门窗应采用相应的配件。

10.5.6 楼梯及防护栏杆的设计应符合下列规定：

 1 车间可采用金属梯作为楼层和工作平台之间的通道，主梯宽度不应小于 0.8m。

 2 钢梯角度宜选用 45°或 51°，室外钢梯宜采用钢格板踏步。

 3 车间各类平台的临空周边、垂直运输孔洞以及楼梯洞口的周边应设置防护栏杆。防护栏杆高度不应小于 1.1m，栏杆底部应设高度不小于 100mm 的防护板。

10.5.7 楼面、地面、散水的设计应符合下列规定：

 1 建筑物（或构筑物）的外围应设散水，人行门下应设台阶，车行门下应设坡道。

 2 车间宜采用混凝土地面、水泥砂浆楼面。

 3 湿陷性黄土、膨胀土、冻胀土地区的地面、散水、台阶、坡道应按现行国家标准《湿陷性黄土地区建筑规范》GB 50025、《膨胀土地区建筑技术规范》GBJ 112 和现行行业标准《冻土地区建筑地基基础设计规范》JGJ 118 的有关规定进行设计。

 4 有可能积水的房间地面、楼面标高，较与之相通的走廊或房间的地面、楼面宜降低 20mm。位于

楼层上可能积水的房间，其楼面应设整体防水层。

10.5.8 地沟、地坑及地下防水的设计应符合下列规定：

1 地下水设防标高应根据地下水的稳定水位、场地产生滞水的可能性及建厂后场地地下水位变化的情况等因素来确定。设计最高地下水位应为稳定的最高地下水位或最高滞水水位加高 0.5m，但不得超过室内地坪标高。

2 地坑底面低于地下水设防标高时，应按防有压水处理，可用防水混凝土或采用防水混凝土加柔性防水层的做法，地坑底面高于地下水设防标高时，可按防无压水做防潮处理。地坑及地下廊分缝处应做防水处理。

3 地沟、地坑应设集水坑。

10.6 主要结构选型

10.6.1 建筑物（或构筑物）的基础应优先采用天然地基。遇有下列情况之一时应采用人工地基：

1 天然地基的承载力或变形无法满足建筑物（或构筑物）的使用要求。

2 地基具有承载力满足要求的下卧层，经技术经济比较，采用人工地基比天然地基更为经济合理。

3 地震区地基有不能满足抗液化要求的土层。

10.6.2 多层厂房宜采用现浇钢筋混凝土框架结构。单层厂房可采用钢结构、钢筋混凝土结构或砖混结构，宜以钢结构为主。

10.6.3 圆形和长条形等大跨度屋盖结构宜采用轻型钢结构。

10.6.4 窑炉、煤气发生炉等设备的基础可采用大块式或箱形结构。

10.6.5 建筑物（或构筑物）结构应符合现行国家标准《工业建筑可靠性鉴定标准》GB 50144 的有关规定。

10.7 结构布置

10.7.1 在满足生产工艺要求和不增加面积的原则下，厂房的柱网应排列整齐，符合建筑模数；平台梁板的布置应规则，受力明确。

10.7.2 厂房内的大型设备基础、独立构筑物、整体地坑等宜与厂房柱子基础分开。

10.7.3 与厂房相毗邻的建筑物宜采用沉降缝或伸缩缝与厂房分开。

10.7.4 大型设备基础宜放在地面上。当放在平台或楼板上时应采取加强措施。

10.7.5 建筑在高压缩性软土地基上的厂房，建筑物室内地面或附近有大面积堆料时，应计算堆料对建筑物地基的影响，并应对差异沉降采取相应的措施。

10.7.6 输送天桥支于厂房上时，应在天桥支点处设置滚动支座。

10.8 设计荷载

10.8.1 建筑物（或构筑物）楼面的均布活荷载标准值及其组合值系数、频遇值系数、准永久值系数，应按生产的实际情况采用，也可按表 10.8.1 的规定采用。

表 10.8.1 建筑物（或构筑物）楼面均布活荷载表

类别	标准值 (kN/m²)	组合值系数 Ψ_c	频遇值系数 Ψ_f	准永久值系数 Ψ_q
生产车间平台、楼梯	3.5	0.7	0.7	0.5
胶带输送机走廊、一般走道	2.0	0.7	0.7	0.5
地坑盖、平台等挑出部分	3.0	1.0	0.8	0.5
其他	按现行国家标准《建筑结构荷载规范》GB 50009 采用			

10.8.2 建筑物（或构筑物）屋面水平投影面上的均布活荷载标准值及其组合值系数、频遇值系数、准永久值系数，应按表 10.8.2 的规定采用。

表 10.8.2 建筑物（或构筑物）屋面水平投影面上的均布活荷载表

类别	标准值 (kN/m²)	组合值系数 Ψ_c	频遇值系数 Ψ_f	准永久值系数 Ψ_q
压型钢板等轻型屋面	0.5（0.3）	0.7	0.5	0
不上人平屋面	0.5	0.7	0.5	0
上人的平屋面	2.0	0.7	0.5	0.4

注：带括号的数值适用于轻钢结构屋面。

10.8.3 建筑物（或构筑物）的设备荷载标准值应根据工艺要求的数值（包括动力系数）采用。计算时将其分解为永久荷载和可变荷载，准永久值系数为 0.8。

10.9 结构计算

10.9.1 水塔、烟囱以及高度与宽度之比大于 4 的框架、天桥支架等的设计，均应计入风振系数。

10.9.2 高度与宽度之比大于 4 的框架及天桥支架，在风荷载作用下，顶点的水平位移 Δ 与总高度 H 之比（Δ/H）不应大于 1/500；在多遇地震作用下，Δ/H 不应大于 1/450。

10.9.3 计算地震作用时,可变荷载的组合值系数应按表 10.9.3 的规定采用。

表 10.9.3 组合值系数表

可变荷载种类	组合值系数
雪荷载	0.5
屋面积灰荷载	0.5
屋面活荷载	0
楼面活荷载	0.5
设备荷载	0.8

10.9.4 窑炉基础、破碎机基础和大型风机基础可不做抗震验算。

10.9.5 设计带式输送机头部支架和导向轮的承重结构时,应计长胶带拉力对结构的作用。

10.9.6 构筑物抗震设计应符合现行国家标准《构筑物抗震设计规范》GB 50191 及《工业构筑物抗震鉴定标准》GBJ 117 的有关规定。

11 给水与排水

11.1 一般规定

11.1.1 给水与排水设计应满足生产、生活和消防用水的要求。

11.1.2 根据建厂地区气候条件和建筑物特性,给水与排水管道应采取防冻和防结露措施。

11.2 给水

11.2.1 生产生活用水量的确定应符合下列规定:
 1 生产用水量应根据生产工艺的要求确定。
 2 厂区生活用水量宜采用 35L/(人·班),小时变化系数为 3.0,用水时间为 8h;厂区淋浴用水量宜采用 60L/(人·班),淋浴延续时间为 1h。
 3 浇洒道路和场地用水量宜采用(1.5~2.0) L/(m^2·次),浇洒次数为(2~3)次/d;绿化用水量宜采用(2.0~4.0)L/(m^2·次),浇洒次数为 1 次/d。
 4 冲洗汽车用水量和公共建筑生活用水量应符合现行国家标准《建筑给水排水设计规范》GB 50015 的有关规定。
 5 化验室用水量宜采用(3~5)m^3/d,用水时间为 8h;机电修理车间用水量宜采用(10~20)m^3/d,用水时间为 8h。
 6 设计未预见用水量可按生产、生活总用水量的 15%~30% 计算。

11.2.2 机械设备冷却水的给水温度宜小于 32℃,碳酸盐硬度宜控制在(80~250)mg/L(以 $CaCO_3$ 计);悬浮物宜小于 20mg/L,pH 值为 6.5~8.5,并满足水质稳定的要求。

11.2.3 锅炉、化验、空气调节和生活等用水水质应符合相应的国家标准。

11.2.4 生产用水水压应按生产要求确定。车间进口的水压宜为 0.25MPa~0.35MPa。

11.2.5 给水水源的选择应满足水资源勘察资料和总体规划的要求,并符合下列规定:
 1 水资源应丰富可靠,满足生产、生活和消防的用水量。
 2 符合卫生要求的地下水,应优先作为生活饮用水的水源。生活饮用水水源的卫生防护应符合现行国家标准《生活饮用水卫生标准》GB 5749 的有关规定。
 3 优先选用水质不需净化处理或只需简易净化处理的水源。
 4 有条件时,可与农业、水利、邻近城镇和工业企业协作,综合利用水资源。
 5 水源工程及其配套设施应安全、经济,便于施工、管理和维护。

11.2.6 地下水的取水量应小于允许开采水量。采用管井时应设置备用井。备用井数量可按任何一口井或其设备事故时,仍能满足 80% 设计取水量确定,但不得少于 1 口井。

11.2.7 取用地表水时,枯水期的流量保证率应为 90%~97%。

11.2.8 取水泵站和取水构筑物的最高水位宜按 100a 一遇的频率设计;枯水位的保证率宜按 95% 设计、97% 校核。对于小型厂可按 50a 一遇的最高水位频率设计,枯水位的保证率可按 90% 设计、95% 校核。

11.2.9 水源至工厂的输水工程应根据地形条件优先选用重力输水。输水管线宜设 2 条,当其中一条输水管线故障时,应能通过 80% 的设计水量。若水源至工厂只设 1 条输水管或多座水源井分别以单管向工厂输水时,厂内应设置安全储水池或其他安全供水的设施。

11.2.10 给水处理厂的生产能力应根据工厂总体规划的要求,以生产、生活最高日供水量加消防补充水量和自用水量确定。

11.2.11 生产给水宜采用敞开式循环水系统,循环回水可采用压力流或重力流。循环冷却水系统应保持水质、水量平衡,宜采用旁滤或其他水质处理措施,并应符合现行国家标准《工业循环冷却水处理设计规范》GB 50050 的有关规定。

11.2.12 对部分水质要求较高的生产用水可由生活给水系统供水。

11.2.13 在一个水泵站内宜选用同类型的水泵；每一组生产给水泵应设有备用泵，但冷却塔给水泵可不设备用泵。

11.2.14 生活饮用水管道不应与非生活饮用水管道及非城镇生活饮用水管道直接连接。

11.2.15 消防给水系统应设置水量调节储存设施，有条件时应优先选择高位储水池。

11.2.16 用水计量应做到生产和生活、厂内和厂外的用水分别计量。

11.2.17 车间和独立建筑物的给水系统应与室外给水系统协调一致。

11.2.18 生产用水设备的进口水压应根据生产工艺和设备的要求确定。

11.2.19 生产车间内的给水管道宜采用枝状布置。设消防用水的车间等的给水管道应设 2 条引入管，在室内连成环状或贯通枝状双向供水。

11.2.20 建筑物的引入管和压力循环回水出户管应设置控制阀门。用水设备的管道最高部位宜设置排气阀，管道最低处宜设置放水阀。

11.3 排　　水

11.3.1 排水工程设计应结合当地规划，综合设计生活污水、工业废水、洪水和雨水的排除。生产污水、生活污水宜采用合流制，不可回收的生产废水和生活污水宜采用一个排污口排除，雨水宜单独排除。

11.3.2 生产排水量应根据生产用水以及循环水水质稳定的需要确定。生活污水量应按现行国家标准《室外排水设计规范》GB 50014 规定的排水定额确定，也可按生活用水量的 80%～90% 计算确定。

11.3.3 各种污水排入排水管网之前，应符合下列规定：

　　1 建筑物排出的粪便污水宜分散或集中设置化粪池并做处理。

　　2 汽车洗车台的排水及食堂含油污水应设置沉淀和除油设施并做处理。

　　3 化验室、机电修理工段和其他车间排出的含酸碱污水应有中和处理设施并做处理。

　　4 锅炉房排出温度大于 40℃ 的废水时应有降温设施并做处理。

11.3.4 烧结砖瓦工厂的污水排放、污水处理程度应符合当地政府的有关规定，并取得地区环保主管部门的同意。

11.3.5 车间和独立建筑物的排水系统与室外排水系统协调一致。

11.4 消防及其用水

11.4.1 烧结砖瓦工厂应设计消防给水，并按建筑物类别和使用功能设置固定灭火装置和火灾自动报警装置。

11.4.2 厂区同一时间内的火灾次数应按 1 次计算。

11.4.3 消防用水量应按现行国家标准《建筑设计防火规范》GB 50016 的有关规定执行。

11.4.4 消防给水系统可与生活给水系统或生产给水系统合并，但不宜与压力流回水的生产循环给水系统合并。当设有储油系统时，油库区应采用独立的消防给水系统。

11.4.5 室外消防给水管网应布置成环状。小型厂厂区的室外消防用水量不超过 15L/s 时可布置成枝状。

11.4.6 大型油浸电力变压器应按现行国家标准《建筑设计防火规范》GB 50016、《水喷雾灭火系统设计规范》GB 50219 的有关规定设置水喷雾或其他固定灭火装置。

11.4.7 仪器、仪表设备室、办公楼内的重要档案以及设有二氧化碳及其他气体固定灭火装置的房间应设火灾检测与自动报警装置。

11.4.8 烧结砖瓦工厂的建筑物应设置灭火器，并应符合现行国家标准《建筑灭火器配置设计规范》GB 50140 的有关规定。

12 采暖、通风与除尘

12.1 一般规定

12.1.1 供热、通风与空气调节设计方案的选择应根据建厂地区气象条件、总图布置、工艺和控制要求、区域能源状况及环境保护要求，通过技术经济比较确定。

12.1.2 采暖、通风与空气调节室外气象计算参数应符合现行国家标准《采暖通风与空气调节设计规范》GB 50019 的有关规定。

12.2 采　　暖

12.2.1 烧结砖瓦工厂的采暖设计应符合下列规定：

　　1 成型车间、陈化库和有防寒要求或经常有人停留、工作，并对室内温度有一定要求的生产及辅助生产建筑应设置集中采暖。

　　2 设置集中采暖的生产管理和生活建筑、生产及辅助生产建筑，当其位于严寒或寒冷地区，且在非工作时间或中断使用的时间，室内温度必须保持在 0℃ 以上时，应按 5℃ 设置值班采暖。当工艺系统及生产设备对环境温度另有要求时，可根据要求确定室内采暖计算温度。

　　3 原料破碎生产厂房可以不设计全面采暖，但应从围护结构上隔断，设局部采暖。

　　4 设置集中采暖的生产及辅助生产建筑，当散热器采暖难以保证采暖室内设计温度时，可用热风采暖补充。

　　5 储存易燃、易爆气体的建筑物内采暖时，热媒温度不应过高，热水采暖温度不应超过80℃，且不应使用蒸汽或电热散热器采暖。

6 不同供暖方式的采暖间歇附加值宜按表12.2.1的规定采用。

表12.2.1 不同供暖方式的采暖间歇附加值表

供暖方式	供暖热源类型	供暖时间(h/d)	间歇附加值(%)
连续供暖	热电站供热、区域连续供暖锅炉房	24	0
调节运行供暖	小区集中供暖锅炉房	16~24	10
间歇供暖	小型锅炉房（白天运行）	8~10	20

注：间歇附加值按采暖房间总耗热量计算。

12.2.2 采暖热媒的选择应符合下列规定：

1 一般寒冷地区的厂区采暖热媒宜采用70℃~95℃的低温热水。

2 严寒地区的厂区采暖热媒宜采用70℃~110℃的高温热水。

3 严寒地区的生产建筑采暖和除尘设备保温供热，其热媒可采用蒸汽。蒸汽温度不应高于120℃，其凝结水回收率不应低于60%。

4 利用余热或天然热源采暖时，采暖热媒及其参数可根据具体情况确定。

12.2.3 热源设计应符合下列规定：

1 所需热负荷的供应应根据所在区域的供热规划确定。当其热负荷可由区域热电站或区域锅炉房供热时，不应单独设置锅炉房。

2 锅炉房设计应根据工厂总体规划，做到远、近期结合，以近期为主，适当留有扩建余地。对改建、扩建工程，应合理利用原有建筑物、设备和管道。

3 锅炉台数的确定应符合下列规定：

 1）锅炉房内相同参数的锅炉台数不宜少于2台。当选用1台能满足热负荷和检修要求时，可只设置1台。

 2）锅炉房的锅炉总台数，每种炉型（指蒸汽锅炉与热水锅炉）不宜超过2台，当选用多台锅炉时，应通过技术经济方案比较后确定。

 3）为严寒地区的生产建筑采暖及除尘设备保温供热，应设有备用锅炉。

 4）生活供汽应设备用锅炉。

 5）一般寒冷地区的采暖可不设置备用锅炉。但其中1台停止运行时，其余设备应满足60%~75%热负荷的需要。

 6）对于采暖、生活用汽热负荷较小的厂区锅炉房宜选用2台蒸汽锅炉，并设置汽水换热装置。

4 锅炉房控制室应有较好的朝向，其观察窗对观察锅炉应有较好的视野。折合12蒸吨以上的锅炉房，宜设置化验室、维修间和生活间。

5 锅炉总容量折合小于12蒸吨的锅炉房，每台锅炉可单独设置机械上煤、机械除渣装置。

6 严寒地区锅炉总容量折合大于或等于12蒸吨，或一般寒冷地区要求机械化程度较高的锅炉房，从煤堆场到锅炉房内运煤宜采用间歇机械化设备装卸和间歇机械化设备运煤。锅炉除渣宜采用联合除渣机。

7 锅炉房的鼓风机、引风机应设在厂房内，当鼓风机、引风机设在室外时，应采取防雨、消声等措施。

8 锅炉房烟囱高度、个数及烟尘、二氧化硫排放浓度应符合现行国家标准《锅炉大气污染物排放标准》GB 13271的规定。

9 锅炉房应按其规模、供热对象分别设置计量仪表检测供蒸汽量、供热量、燃料消耗总量、原水消耗总量、凝结水回收量、热水系统补给水量及总耗电量等。

12.2.4 室外热力管网的设计应符合下列规定：

1 热水采暖管网应采用双管闭式循环系统。蒸汽采暖管网宜采用开式系统，其凝结水应回收。当凝结水量小，且回收系统复杂时，经技术经济比较，可就地排放。

2 热力管网敷设应符合下列规定：

 1）热力管网的敷设形式应根据建设场地地形、地质、水文、气象条件，以及对美观的要求等因素综合确定。改建、扩建工程尚应依据原有管网及建筑物（或构筑物）情况确定。

 2）采用直埋敷设的热力管网中连接采暖用户的支管宜采用不通行地沟。敷设于地下水位以下的直埋管应有可靠的防水措施。穿越不允许开挖的交通干道时应加设套管。

 3）采用地沟敷设的热力管网中连接各采暖用户的支管宜采用不通行地沟；供热干管及不允许开挖的地区宜采用半通行地沟；当各种管道共沟敷设时宜采用通行地沟，热力管应在管沟的上部。

 4）改建、扩建工程的热力管网宜采用架空敷设。新建厂的热力管网宜采用直埋或地沟敷设,当建设场地不允许时可采用架空敷设。严寒地区不宜采用架空敷设。

5) 各采暖用户热力管入口处均应装设调节阀,并安装在入户阀门井内。对于沿墙敷设的架空热力管,室外安装阀门有困难时,入户阀门可装在室内。

6) 地下敷设的热力管沟、阀门井外壁,以及直埋管道、架空管道保温结构表面,与建筑物(或构筑物)、道路、铁路及各种管道的最小水平净距、最小垂直净距应符合本规范附录 D~附录 F 的规定。

7) 热负荷较大的生产及辅助生产建筑物采暖入口处宜设置温度、压力检测管座。

12.3 通 风

12.3.1 自然通风设计应符合下列规定:

1 以自然通风为主的厂房,其方位宜根据主要进风面、建筑物形式,按夏季有利的风向布置。

2 自然通风宜利用底层门洞、侧窗做进风口,上部侧窗做排风口;烧成工段宜设排风天窗或排风罩。侧窗和天窗的窗扇应开启方便灵活。

3 采用自然通风的建筑物,车间内经常有人工作地点的夏季空气温度应符合国家现行有关工业企业设计卫生标准的规定,当超出规定值时应设置机械通风。

4 产生余热的烧成车间等生产厂房应优先采用自然通风,当达不到卫生条件和生产要求时,应采用机械通风方式。

12.3.2 机械通风设计应符合下列规定:

1 凡产生余热、余湿及有害气体的建筑应以消除有害物质计算通风量,当缺乏必要的资料时,可按房间换气次数确定。烧结砖瓦工厂建筑物通风换气次数宜按本规范附录 G 的规定执行。

2 炎热地区的卸车处宜设置局部过滤送风装置。

3 化验室通风柜的排风量应保持工作孔风速为 $0.5m/s$~$0.6m/s$,排风机及管道应防腐。

4 有机械送风的配电室,送入室内的空气应经过过滤处理。配电室应设排风系统,其风量宜为送风系统风量的 90%。炎热地区的各车间配电室应设置机械排风系统。

5 设有二氧化碳或其他气体等固定灭火装置的控制室及其他建筑物应按消防要求设置局部排风系统。

6 炎热地区机、电修工段的各工段厂房内应设置移动式通风机。

7 循环水泵站的加氯间及污水泵站的地坑均应设置机械排风系统。加氯间的排风口应设在房间的下部。污水泵站吸风口的设置应避免气流短路。

12.3.3 事故通风的设计应符合下列规定:

1 总降压变电站、配电站的高压开关柜室、电容器室、射油泵间、燃油附件间等辅助生产厂房应设置事故排风装置。事故排风应同经常使用的排热、排湿系统合用,并在事故时应保证足够的排风量。

2 事故排风机应分别在室内、外便于操作的地点设置开关。

3 事故排风机应设在有害气体或有爆炸危险物质散发量最大的地点,并应采取防止气流短路的措施。

4 排除有爆炸危险物质的局部排风系统,通风机应采用防爆型电机。

12.4 除 尘

12.4.1 局部排风系统排出的有害气体,当其有害物质的含量超过排放标准或环境要求时应采取有效净化措施。

12.4.2 放散粉尘的生产工艺过程应采用机械除尘。

12.4.3 烧结砖瓦工厂放散粉尘的设备,其密闭形式应根据工艺流程、设备特点、生产工艺、安全要求及便于操作、维修等因素确定。

12.4.4 吸风点的排风量应按防止粉尘或有害气体逸出的原则通过计算确定。有条件时可采用实测数据或经验数值。

12.4.5 确定密闭罩吸风口的位置、结构和风速时应使罩内负压均匀,防止粉尘外逸并不致把物料带走。吸风口的平均风速宜符合表 12.4.5 的规定。

表 12.4.5 吸风口的平均风速值

物料加工工段	平均风速值(m/s)
细粉料的筛分	≤0.6
物料的粉碎	≤2
粗颗粒物料的破碎	≤3

12.4.6 除尘系统的排风量应按其全部吸风点同时工作计算。

12.4.7 烧结砖瓦工厂除尘风管内的最小风速不应低于本规范附录 H 的规定。

12.4.8 除尘系统的划分应符合下列规定:

1 同一生产流程、同时工作的扬尘点相距不远时宜合设一个系统。

2 同时工作但粉尘种类不同的扬尘点,当工艺允许不同粉尘混合回收或粉尘无回收价值时可合设一个系统。

3 当温度、湿度不同的含尘气体混合后导致风管内结露时应分设系统。

12.4.9 除尘器的选择应根据下列因素并通过技术经济方案比较后确定:

1 含尘气体的化学成分、腐蚀性、爆炸性、温度、湿度、露点、气体量和含尘浓度。

2 粉尘的化学成分、密度、粒径分布、腐蚀性、亲水性、磨琢度、比电阻、黏结性、纤维性和可燃性、爆炸性等。

3 净化后气体的容许排放浓度。

4 除尘器的压力损失和除尘效率。

5 粉尘的回收价值及回收利用形式。

6 除尘器的设备费、运行费、使用寿命、场地布置等。

7 维护管理的繁简程度。

12.4.10 烧结砖瓦工厂对除尘器收集的粉尘，根据生产条件、除尘器类型、粉尘的回收价值和便于维护管理等因素，应采取妥善的回收或处理措施，工艺允许时，应纳入工艺流程回收处理。处理干式除尘器收集的粉尘时应采取防止二次扬尘的措施。当收集的粉尘允许直接纳入工艺流程时，除尘器宜布置在生产设备（包括胶带运输机、料仓等）的上部。当收集的粉尘不允许直接纳入工艺流程时，应设储尘斗及相应的搬运设备。

12.4.11 干式除尘器的卸尘管应采取防止漏风的措施。

12.4.12 吸风点较多时，除尘系统的各支管段宜设置调节阀门。

12.4.13 除尘器宜布置在除尘系统的负压段。当布置在正压段时，应选用排尘通风机。

13 其他生产设施

13.1 一般规定

13.1.1 烧结砖瓦工厂应设置实验室、机修、压缩空气站、工艺计量等其他生产设施。

13.1.2 烧结砖瓦工厂其他生产设施的配备应满足正常生产需要。

13.2 实 验 室

13.2.1 实验室应配备能满足原料性能测试、发热量测定、产品基本性能测试等要求的仪器、器皿及装置。

13.2.2 烧结瓦工厂实验室应配备能满足坯料、釉料及产品的物理检验要求的装备。

13.2.3 实验室应配备能满足生产质量控制要求的仪器和装置。

13.2.4 实验室制样室、高温室、精密称量室、分析室、物理检测室等应单独分室设置。

13.3 机电设备维修

13.3.1 机械修理配置应符合下列规定：

1 机修工段的装备应根据工厂的生产规模和当地协作条件确定。大、中型厂不具备协作条件时，应具备中修能力；否则可按小修设置。

2 机修工段由机钳、铆焊等工序组成，机修工段应设置备品备件库和乙炔、氧气瓶库以及办公室和更衣室等辅助设施。

3 车间地面荷载应适合要求，其铆锻部分地面荷载宜为$2t/m^2$，机床部分的地面荷载宜为$1t/m^2 \sim 3t/m^2$，其他部分地面荷载宜为$2t/m^2 \sim 3t/m^2$。

13.3.2 电气设备修理配置应符合下列规定：

1 电气设备修理配置的规模应根据工厂规模、电气装备水平及外部协作条件等因素确定。

2 电气设备修理位置宜设在变电所附近。

3 电气修理的范围包括电动机、变压器、配电装置、配电线路、电气设备及电气仪表等。

13.4 地 磅

13.4.1 地磅的选择应根据当地运输车辆的载重能力确定。

13.4.2 秤体宜采用无坑基安装。

13.5 压缩空气站

13.5.1 压缩空气站设计应满足工艺用气要求，并应符合现行国家标准《压缩空气站设计规范》GB 50029的有关规定。

13.5.2 当压缩空气用于阀门控制、脉冲喷吹等对气体质量要求较高的设备时，应进行净化处理，气体干燥后湿含量应满足使用设备的要求。

13.5.3 压缩空气用在粉状物料充气或输送时，气体应进行充分冷却和除油干燥。

13.5.4 压缩空气站应靠近用气负荷中心，可集中或分散设置，并应避免粉尘污染。

13.5.5 空气压缩机的选型和台数应根据空气用量和压力要求以及气路系统损耗和必要的储备量确定，并应设置备用机组。

13.6 工艺计量

13.6.1 烧结砖瓦生产过程中，从原料、燃料进厂到产品出厂的各个环节均应配备相应的计量装置，并应符合下列规定：

1 原料、燃料可根据物料运输方式的不同采用相应的计量装置。

2 配料宜采用定量给料或配料秤。

13.6.2 计量装置的精度应满足工艺要求。

14 节 能

14.1 一 般 规 定

14.1.1 烧结砖瓦工厂生产线的主要能耗设计指标宜满足现行国家标准《烧结砖瓦工厂节能设计规范》

GB 50528 的有关规定。

14.1.2 用于墙体和屋面的烧结砖瓦产品应满足所在气候区建筑节能标准的要求。

14.1.3 编制初步设计文件时应同时编制节能篇（或节能章）。

14.1.4 施工图设计阶段应落实初步设计审批意见。经审查批准的节能设计方案，如有变动应征得原审批部门的同意。

14.2 技术、工艺、装备节能

14.2.1 烧结砖瓦工厂技术、工艺、装备的节能设计应符合现行国家标准《烧结砖瓦工厂节能设计规范》GB 50528 的有关规定。

14.2.2 烧结砖瓦工厂的设计可采用工业、农业和城市废弃物等替代部分原料和燃料。

14.2.3 在有煤矸石、粉煤灰等含能工业废渣的地区，砖瓦焙烧应优先选用此类原料兼作燃料。

14.2.4 烧结砖宜采用内燃烧砖技术。

14.2.5 设备选型应采用国家推荐的节能型产品。

14.2.6 窑炉设计应采用优质耐火和保温隔热材料。

14.2.7 破碎系统应选择适宜的入料粒度与出料细度。

14.3 余热利用

14.3.1 烧结砖瓦工厂焙烧窑炉必须设置余热回收利用系统。

14.3.2 余热利用不应影响生产线的正常运行，不应提高单位产品的能耗。

14.4 节 电

14.4.1 供配电系统设计应符合下列规定：
 1 变电所或配电站的位置应靠近负荷中心，减少配电级数，缩短供电半径，应选择低损节能型变压器。
 2 变压器的容量、台数及运行方式应根据负荷性质确定。
 3 供配电系统设计宜采用高压补偿与低压补偿相结合，集中补偿与就地补偿相结合的无功补偿方式，企业计费侧最大负荷时的功率因数不应低于 0.92。
 4 变压器的运行负载率宜为 80%～90%。
 5 供配电系统设计应减少供电系统的高次谐波，保持变压器三相电流平衡。

14.4.2 电气设备的选型应符合下列规定：
 1 应合理选择用电设备功率，使其接近满载运行。
 2 挤出机、风机、水泵、搅拌机、空气压缩机等设备应采用变频调速控制。
 3 对于破碎机等容量较大、无调速要求的设备易采用电机节电器、进相机或电容就地补偿方式进行无功功率补偿。

14.4.3 照明节能设计应符合下列规定：
 1 在满足照明质量和视觉效果的要求下宜采用高光效、长寿命的高强气体放电灯，选用效率高、利用系数高、配光合理、保持率高的灯具。
 2 厂区路灯照明宜设置自动控制器，条件允许时可使用太阳能路灯。
 3 疏散指示灯、走廊灯、庭院灯等小照度灯具可使用交流发光二极管（LED）作为光源。

15 环 境 保 护

15.1 气体排放污染防治

15.1.1 厂区内的总图布置应将原料破碎车间、煤气站、原料堆场等布置在全年最小频率风向的上风侧，并距离厂界附近居民区较远的一侧。

15.1.2 原料破碎、干燥、窑炉等排放的大气污染物应符合国家现行的有关排放标准，并应满足当地环保部门的有关要求。

15.1.3 燃料或含能原料中硫含量超标时，应对烟气中的二氧化硫进行处理。

15.1.4 各车间的含尘气体应通过高效除尘净化系统处理。

15.2 废水污染防治

15.2.1 生产废水和生活污水的管网应分开布置，废水排放应经环境影响评价论证并得到当地环保部门的批准，同时应符合现行国家标准《污水综合排放标准》GB 8978，并应满足当地环保部门的有关要求。

15.2.2 严禁利用渗井、渗坑等手段排放污水。

15.2.3 煤气发生站的含酚废水应设置处理装置，不得外排。

15.3 噪声污染防治

15.3.1 烧结砖瓦工厂厂界噪声应符合现行国家标准《工业企业厂界环境噪声排放标准》GB 12348 的有关规定。

15.3.2 噪声控制设计应符合现行国家标准《工业企业噪声控制设计规范》GBJ 87 的有关规定。

15.3.3 设备选型及布置应充分考虑降噪、减振，应选用低噪声生产设备和有利于控制噪声传播的布置形式。设计中应根据声源特性及发声规律采取隔声、吸声、消声、减振、密封等措施。

15.4 固体废物污染防治

15.4.1 烧结砖瓦工厂成型、干燥各工段产生的固体废物应回收利用。

15.4.2 废产品宜全部回收利用。
15.4.3 废耐火材料宜利用,不能利用的应放置到规划地点做统一处理。

15.5 环境保护设施

15.5.1 烧结砖瓦工厂环境保护工程设计中,应根据生产规模设置环境保护设施,并配备必要的仪器设备。
15.5.2 烧结砖瓦工厂环境保护设施应包括除尘、烟气与废气净化、各种烟囱及排气筒、废水和污水处理、原料露天堆场的废弃物处理、设备减振及消声治理、绿化等设施,以及环境监测设施及其监测仪器设备。

16 职业安全卫生

16.1 一般规定

16.1.1 职业安全卫生的技术和设施应与主体工程同时设计、同时施工、同时投产使用。
16.1.2 烧结砖瓦工厂的职业安全卫生设计应符合国家现行有关工业企业设计卫生标准的规定。

16.2 防火防爆

16.2.1 烧结砖瓦工厂生产车间的火灾危险性类别、厂房的最低耐火等级均应符合本规范附录A的规定。
16.2.2 烧结砖瓦工厂各生产车间的防火距离、可燃油品(或可燃气体)储罐区及其附属设施的布置和防火间距应符合现行国家标准《建筑设计防火规范》GB 50016 的有关规定。
16.2.3 烧结砖瓦工厂电力装置的防火防燃设计应符合现行国家标准《爆炸和火灾危险环境电力装置设计规范》GB 50058 的有关规定。
16.2.4 压力容器、压力管道设计应符合现行国家标准《钢制压力容器》GB 150 的有关规定。

16.3 防机械伤害

16.3.1 烧结砖瓦工厂生产设备的设计和安装应符合现行国家标准《机械安全 防护装置 固定式和活动式防护装置设计与制造一般要求》GB/T 8196、《生产设备安全卫生设计总则》GB 5083 及国家现行有关工业企业设计卫生标准的规定。
16.3.2 起重机械设置的安全装置应符合现行国家标准《起重机械安全规程 第1部分:总则》GB 6067.1 的有关规定。
16.3.3 机器和工作台等设备的布置应便于工人安全操作,通道宽度不应小于1m。

16.4 防雷保护

16.4.1 烧结砖瓦工厂建筑物防雷措施应根据地理、地质、气象、环境、雷电活动规律以及被保护物的特点确定。
16.4.2 烧结砖瓦工厂生产厂房及辅助建筑物应根据生产性质、发生雷电事故的可能性、后果及防雷要求进行分类,并应符合下列规定:
 1 煤气站、燃气储存库、储油罐,预计雷击次数大于0.3次/a的住宅、办公楼等应为第二类防雷建筑物。
 2 凡属下列情况之一时,应为第三类防雷建筑物:
  1)预计雷击次数大于或等于0.06次/a,且小于或等于0.3次/a的宿舍、办公楼等一般性民用建筑物。
  2)预计雷击次数大于或等于0.06次/a的一般性工业建筑物。
  3)生产车间厂房。
  4)平均雷暴日大于15d/a的地区,且高度在15m及以上的烟囱、水塔等孤立的构筑物;平均雷暴日小于或等于15d/a的地区,且高度在20m以上的烟囱、水塔等孤立的构筑物。
16.4.3 各类建筑物防雷措施应符合现行国家标准《建筑物防雷设计规范》GB 50057 的有关规定。

16.5 防 尘

16.5.1 烧结砖瓦工厂各生产操作区,空气中的粉尘的最高容许浓度及建筑物通风换气次数应符合本规范附录G的规定。
16.5.2 烧结砖瓦工厂的防尘及有害气体的治理设计应符合本规范第12.3节、第12.4节的有关规定。

16.6 防暑降温及采暖防寒

16.6.1 烧结砖瓦工厂的防暑降温应符合国家现行有关工业企业设计卫生标准的规定。
16.6.2 烧结砖瓦工厂的采暖、防寒设计应符合本规范第12.1节、第12.2节的有关规定。

16.7 噪声控制

16.7.1 烧结砖瓦工厂厂区内的噪声控制应满足本规范附录B的规定。
16.7.2 高噪声生产场所宜设置控制、监督、值班用的隔声室,高噪声设备宜布置在隔声的设备间内,并与工人操作区分开。
16.7.3 强烈振动设备之间应采用柔性连接,有强烈振动的管道与建筑物(或构筑物)、支架的连接不应采用刚性连接。
16.7.4 块状物料输送时应采用阻尼和隔声措施。
16.7.5 产生空气动力噪声的设备,在进气口(或排气口)处应设置消声器。

附录 A 烧结砖瓦工厂建筑物(或构筑物)生产的火灾危险性类别、最低耐火等级及防火间距

表 A 烧结砖瓦工厂建筑物(或构筑物)生产的火灾危险性类别、最低耐火等级及防火间距表

序号	生产火灾危险性类别	最低耐火等级	建筑物(或构筑物)名称	分类	1 原料库 戊 三	2 原料破碎车间 戊 三	3 陈化库 戊 三	4 成型干燥施釉车间 戊 三	5 烧成车间 丁 三	6 包装成品库 丁 三	7 压缩空气站 丁 三	8 变电所 丙 二	9 循环水、雨水、污水泵站 戊 三	10 机修车间 戊 三	11 煤气站、配气站、液化气站 甲 二	12 锅炉房 丁 二	13 汽车衡 戊 三	14 工厂办公楼 二/三	15 车间办公室 二/三	16 单身倒班宿舍 二/三	17 厂区食堂 二/三
17		二/三	厂区食堂	生产管理、生活建筑	7	7	7	7	7	12	14	12	7	8	25	12	8	7	7	7	—
16		二/三	单身倒班宿舍		6	6	6	6	10	10	12	10	10	12	25	10	12	6	6	—	
15		二/三	车间办公室		6	6	6	6	10	10	12	10	10	12	25	10	10	6	—		
14		二/三	工厂办公楼		6	6	6	6	10	10	12	10	10	12	25	10	10	—			
13	戊	三	汽车衡	辅助生产厂房	12	12	12	12	12	12	12	12	12	14	14	12	—				
12	丁	二	锅炉房		10	10	10	10	12	10	12	12	12	12	12	—					
11	甲	二	煤气站、配气站、液化气站		12	12	12	12	12	12	14	12	12	14	—						
10	戊	三	机修车间		12	12	12	12	12	12	14	14	12	—							
9	戊	三	循环水、雨水、污水泵站		12	12	12	12	12	10	14	10	—								
8	丙	二	变电所		12	10	10	10	10	10	12	—									
7	丁	三	压缩空气站		14	12	12	12	14	12	—										
6	丁	三	包装成品库	主要生产厂房	12	10	10	10	10	—											
5	丁	三	烧成车间		7	10	10	10	—												
4	戊	三	成型干燥施釉车间		7	6	6	—													
3	戊	三	陈化库		7	6	—														
2	戊	三	原料破碎车间		7	—															
1	戊	三	原料库		—																

注:
1 防火间距应按相邻建筑物外墙的最近距离计算。如外墙有凸出的燃烧构件,则应从其凸出部分外缘算起;
2 甲类厂房之间及其与其他厂房之间的防火间距,应按本表增加2m,戊类厂房之间的防火间距,可按本表减少3m;
3 高层厂房之间及其与其他厂房之间的防火间距,应按本表增加3m;
4 两座厂房相邻较高一面外墙为防火墙时,其防火间距不限,但甲类厂房之间不应小于4m;
5 两座一、二级最低耐火等级厂房,当相邻较低一面外墙为防火墙,且其屋盖耐火极限不低于1h时,其防火间距可不限,但甲、乙类厂房不应小于6m,丙、丁、戊类厂房不应小于4m;
6 两座厂房相邻两面外墙均为防火墙,当相邻外墙的一面为防火墙或防火卷帘和水幕时,其防火间距可适当减少,但甲、乙类厂房不应小于6m,丙、丁、戊类厂房不应小于4m;
7 两座丙、丁、戊类厂房相邻两面外墙均为非燃烧体,如无外露的燃烧体屋檐,当每座外墙上的门窗洞口面积之和各不超过该外墙面积的5%,且门窗洞口不正对开设时,其防火间距可按本表减少25%;
8 最低耐火等级低于四级的原有厂房,其防火间距可按四级确定。

附录B 烧结砖瓦工厂各类地点噪声标准

表B 烧结砖瓦工厂各类地点噪声标准表

序号	地点类别		噪声限制（dB）
1	原料破碎、成型、烧成、压缩空气站、锅炉房等生产车间及作业场所（每天连续接触噪声8h）		90
2	球磨车间、高噪声车间设置的值班室、观察室、休息室（室内背景噪声级）	无电话通信要求时	75
		有电话通信要求时	70
3	机、电、仪表维修，加工车间的工作地点，计算机房（正常工作状态）		70
4	车间所属办公室、实验室（室内背景噪声级）		70
5	通信室、电话总机室、消防值班室（室内背景噪声级）		60
6	厂部所属办公室、会议室、设计室、实验室（包括试验、化验、计量室）（室内背景噪声级）		60
7	工人值班宿舍（室内背景噪声级）		55

附录C 生产车间及辅助建筑最低照度标准

表C 生产车间及辅助建筑最低照度标准

工作场所	最低照度（lx）			补偿系数	Ra
	混合照明		一般照明		
	局部照明	一般照明			
原料堆场	—	—	15	1.5	20
破碎车间	100	50	—	1.5	40
陈化库	—	—	50	1.3	20
成型车间	100	50	—	1.3	60
干燥室	75	30	—	1.4	40
隧道窑	75	30	—	1.4	40
锅炉房	—	—	50	1.5	20
机修车间	75	30	—	1.3	60
煤气站（调压站）	—	—	50	1.3	40
压缩空气站	—	—	50	1.3	40
变电所	—	—	100	1.2	40
成品堆场	—	—	20	1.5	40
控制室	—	—	300	1.2	100
办公楼	100	30	—	1.3	80
宿舍楼	—	—	100	1.3	100
实验室	200	30	—	1.3	80

附录 D 地下管线与建筑物（或构筑物）之间的最小水平净距

表 D 地下管线与建筑物（或构筑物）之间的最小水平净距表

最小水平净距(m) 名称 \ 名称及规格	给水管(mm) <75	75~150	200~400	>400	排水管(沟)(mm) 雨水管(沟) <800	800~1500	>1500	生产及生活污水管(沟) <300	400~600	>600	热力沟(管)	燃气管压力 P (MPa) 低压	中压 B	中压 A	次高压 B	次高压 A	压缩空气管	电力电缆(kV)	电缆沟	通信电缆
建筑物、构筑物基础外缘	1.0	1.0	2.5	3.0	1.5	2.0	2.5	1.5	2.0	2.5	1.5	0.7②	1.0②	1.5②	5.0①②	13.5②	1.5	0.6④	1.5	0.5④
道路	0.8	0.8	0.8	0.8	0.8	0.8	0.8	0.8	0.8	0.8	0.6	0.6	0.6	0.6	1.0	1.0	0.8	0.8③	0.8	0.8
管架基础外缘	0.8	0.8	1.0	0.8	1.0	1.2	0.8	1.0	1.2	0.8	0.6	1.0	1.0	1.0	1.0	1.0	0.8	0.5	0.8	0.5
照明、通信杆柱(中心)	0.5	0.5	0.5	0.5	0.5	0.5	0.5	0.5	0.5	0.5	0.8	0.5	0.5	0.5	0.5	0.5	0.5	—	—	0.5
围墙基础外缘	1.0	1.0	1.0	1.0	1.0	1.0	1.0	1.0	1.0	1.0	0.6	0.6	0.6	0.6	0.6	0.6	0.6	0.5	0.6	0.5
排水沟外缘	0.8	0.8	0.8	0.8	0.8	0.8	0.8	0.8	0.8	0.8	0.6	0.6	0.6	0.6	0.6	0.6	0.8	1.0③	0.8	0.8
高压电力杆柱或铁塔基础外缘	0.8	0.8	0.8	0.8	0.8	0.8	0.8	0.8	0.8	0.8	1.2	1.0 (2.0)	1.0 (2.0)	1.0 (2.0)	1.0 (5.0)	1.0 (5.0)	1.2	1.0	1.2	0.8

注：1 表列净距除注明者外，管线均自管壁、沟壁或防护设施的外缘或最外一根电缆算起；道路为城市型时，自路面边缘算起，为公路型时，自路肩边缘算起；
2 括号内数据为距大于 35kV 电杆（塔）的距离。与电杆（塔）基础之间的水平距离尚应满足现行国家标准《城镇燃气设计规范》GB 50028 的规定；
3 距离由电杆（塔）中心起算；
4 表中所列数值特殊情况下可酌减且最多减少一半；
5 通信电缆管道距建筑物（或构筑物）基础外缘的净距应为 1.2m，电力电缆排管（即电力电缆管道）净距要求与电缆沟（管）同；

①最小水平净距为距建筑物（或构筑物）外墙面（出地面处）的距离；
②如受地形限制不能满足要求，采取有效的安全防护措施后，净距可适当缩小，但低压管道不应影响建筑物（或构筑物）基础的稳定性，中压管道距建筑物（或构筑物）基础不应小于 0.5m 且距建筑物（或构筑物）外墙面不应小于 1m，次高压燃气管道距建筑物外墙不应小于 3.0m。其中，当次高压 A 管道采取有效安全防护措施或当管道壁厚不小于 9.5mm 时，距建筑物（或构筑物）外墙面不应小于 6.5m，当管壁厚度不小于 11.9mm 时，距建筑物（或构筑物）外墙面不应小于 3.0m；
③表列埋地管道与建筑物（或构筑物）基础外缘的间距均是指埋地管道与建筑物（或构筑物）的基础在同一标高或其以上，当埋地管道深度大于建筑物（或构筑物）的基础深度时，应按土壤性质计算确定，但不得小于表列数值；
④当为双柱式管架分别设基础时，在满足本表要求时，可在管架基础之间敷设管线。

附录 E 地下管线之间的最小水平净距

表 E 地下管线之间的最小水平净距表

最小水平净距 (m) \ 管线名称及规格	给水管 (mm) <75	75~150	200~400	>400	雨水管(沟) <800	800~1500	>1500	生产与生活污水管 <300	400~600	>600	热力沟(管)	燃气管 低压	中压 B	中压 A	高压 B	高压 A	压缩空气管	电力电缆(kV) <1	1~10	<35	电缆沟(管)	通信电缆 直埋电缆	电缆管道
给水管 (mm) <75	—	—	—	—	0.7	0.8	1.0	0.7	0.8	1.0	0.8	0.5	0.5	0.5	1.0	1.5	0.8	0.6	0.8	1.0	0.8	0.5	0.5
75~150	—	—	—	—	0.8	1.0	1.2	0.8	1.0	1.2	1.0	0.5	0.5	0.5	1.0	1.5	1.0	0.6	0.8	1.0	1.0	0.5	0.5
200~400	—	—	—	—	1.0	1.2	1.2	1.0	1.2	1.5	1.2	0.5	0.5	0.5	1.0	1.5	1.2	0.8	1.0	1.2	1.2	1.0	1.0
>400	—	—	—	—	1.0	1.2	1.5	1.2	1.5	2.0	1.5	0.5	1.2	1.2	1.5	1.5	1.5	0.8	1.0	1.0	1.5	1.2	1.2
排水管(沟) (mm) 雨水管 <800	0.7	0.8	1.0	1.0	—	—	—	—	—	—	1.0	1.0	1.2	1.2	1.5	2.0	0.8	0.6	0.8	1.0	1.0	0.8	0.8
800~1500	0.8	1.0	1.2	1.2	—	—	—	—	—	—	1.2	1.0	1.2	1.2	1.5	2.0	1.2	0.8	0.8	1.0	1.0	1.0	1.0
>1500	1.0	1.2	1.5	1.5	—	—	—	—	—	—	1.5	1.0	1.2	1.2	1.5	2.0	0.8	0.6	0.8	1.0	1.0	1.0	1.0
生产与生活污水管(沟) (mm) <300	0.7	0.8	1.0	1.2	—	—	—	—	—	—	1.2	1.0	1.2	1.2	1.5	2.0	1.2	0.6	0.8	1.5	1.5	0.8	0.8
400~600	0.8	1.0	1.2	1.5	—	—	—	—	—	—	1.0	1.0	1.2	1.2	1.5	2.0	0.8	0.8	1.0	1.0	1.0	1.0	1.0
>600	1.0	1.2	1.5	2.0	—	—	—	—	—	—	1.5	1.0	1.2	1.2	1.5	2.0	1.2	1.0	1.0	1.5	1.5	1.0	1.0
热力沟(管)	0.8	1.0	1.2	1.5	1.0	1.2	1.5	1.2	1.0	1.5	—	1.0 (1.0)	1.0 (1.5)	1.0 (1.5)	1.5 (2.0)	2.0 (4.0)	1.0	1.0	1.0	2.0	2.0	0.8	0.6

续表 E

管线名称及规格	给水管 (mm) <75	75~150	200~400	>400	排水管(沟) 雨水管 <800	800~1500	>1500	生产与生活污水管 <300	400~600	>600	热力沟(管)	燃气管 低压	中压 B	中压 A	高压 B	高压 A	压缩空气管	电力电缆(kV) <1	1~10	<35	电缆沟(管)	通信电缆 直埋电缆	电缆管道
压缩空气管	0.5	0.5	0.5	0.5	0.5	0.5	0.5	1.0	1.0	1.0	1.0 (1.0)	—	—	—	—	—		1.0	1.0	1.0	1.0	0.5	1.0
电力电缆(kV) <1	0.5	0.5	0.5	0.5	0.5	0.5	0.5	0.5	0.5	0.5	1.0 (1.5)	—	—	—	—	—	1.0	0.8	1.0	1.0	1.0	0.5	1.0
1~10	0.8	0.8	0.8	0.8	0.6	0.6	0.6	0.5	0.5	0.5	1.0	—	—	—	—	—	1.0	0.8	1.0	1.0	1.0	0.5	1.0
<35	1.0	1.0	1.0	1.0	1.0	1.0	1.0	1.0	1.0	1.0	1.5 (1.5)	1.0	1.0	1.0	1.2	1.5	1.2	1.0	1.0	1.5	1.0	1.2	1.0
电缆沟(管)	1.5	1.5	1.5	1.5	1.5	1.5	1.5	1.5	1.5	1.5	2.0 (2.0)	—	1.0	1.0	1.5	1.5	1.5	1.0	1.5	1.0		1.5	1.5
通信电缆 直埋电缆	0.8	1.0	1.0	1.0	0.8	0.8	0.8	0.8	0.8	0.8	2.0 (4.0)	—	1.0	1.0	1.5	1.5	—	0.8	0.8	0.5	0.5		0.5
电缆管道	0.8	1.0	1.0	1.0	0.8	0.8	0.8	0.6	0.6	0.6	2.0	1.0	1.0	1.0	1.5	1.5	0.8	0.5	0.5	0.5	0.5	0.5	

注：
1 表列净距均自管壁、沟壁或防护设施的外缘或最外一根电缆算起；
2 当热力沟（管）与给水管电力电缆净距不能满足本表规定时，应采取隔热措施，特殊情况下可酌减少目最多一半；
3 局部地段电力电缆保护管或加隔板（沟）后，上方制定的、给水管、排水管（沟）与穿管通信电缆管道的净距可减少到 0.5m，与穿管燃气管（沟）之间的净距可减少到 0.1m，和给水管（沟）之间的净距可减少 50%；生产废水管与雨水管（沟）的净距应按本表数据增加 50%；
4 表列数据系电力电缆在给水管（沟）上方制定的，电力电缆在给水管下方时，上方饮用水给水管与污水管、排水管、电力电缆之间的净距可减少 20%，但不得小于 0.5m；
5 当给水管与排水管（沟）共同埋设的土壤为砂土类，且给水管的材质为非金属或合成塑料时，给水管与排水管（沟）之间的净距可减少 20%，但不得小于 0.5m；
6 仅供采暖用的热力管（沟）与电力电缆、通信电缆之间的净距及电缆沟与 35kV 的电力电缆沟（管）净距要求与电缆沟（管）同；
7 110kV 共同埋设的电力电缆与热力管（沟）中各类管线与外壁的净距离；
8 括号内数据为热力管道（即电力电缆排管）；
9 管径系指公称直径。表中"—"表示净距未做规定，可根据具体情况确定。

附录F 地下管线之间的最小垂直净距

表F 地下管线之间的最小垂直净距表

最小垂直净距(m) 管线名称 \ 管线名称	给水管	排水管(沟)	热力沟(管)	地下燃气管线	电力电缆	电缆沟(管)	通信电缆 直埋电缆	通信电缆 电缆管道
给水管	0.15	0.40	0.15	0.15	0.50	0.15	0.50	0.15
排水管(沟)	0.40	0.15	0.15	0.15	0.50	0.25	0.50	0.15
热力沟(管)	0.15	0.15	—	0.15	0.50	0.25	0.50	0.25
地下燃气管线	0.15	0.15	0.15	—	0.50	0.25	0.50	0.15
电力电缆	0.15	0.50	0.50	0.50	0.25	0.50	0.50	0.50
电缆沟(管)	0.15	0.25	0.25	0.25	0.25	0.25	0.25	0.25
通信电缆 直埋电缆	0.50	0.50	0.50	0.50	0.50	0.25	0.25	0.25
通信电缆 电缆管道	0.15	0.15	0.25	0.15	0.50	0.25	0.25	0.25

注：1 表中管道、电缆和电缆沟最小垂直净距，系指下面管道或管沟的外顶与上面管道的管底或管沟基础底之间的净距；
    2 当电力电缆采用隔板分隔时，电力电缆之间及其到其他管线（沟）的距离可为0.25m。

附录G 烧结砖瓦工厂建筑物通风换气次数

表G 烧结砖瓦工厂建筑物通风换气次数表

建筑物名称		通风换气次数
实验室	化学分析室	12
	药品储存室	4
供配电系统	车间控制室	4
	高压开关柜室	12
	低压配电室	6~12
压缩空气站		12

附录H 除尘风管内的最小风速

表H 除尘风管内的最小风速表

粉尘名称	垂直风管(m/s)	水平风管(m/s)
黏土类软质原料	13	16
煤矸石、页岩类硬质原料	14	16
长石、石英类硬质原料	14	16
粉煤灰	12	18

附录J 各种能源折标准煤系数

表J 各种能源折标准煤系数表

能源名称		单位	平均低位发热量	折标准煤系数
燃料油		kJ/kg	41816	1.4286kgce/kg
煤油			43070	1.4714kgce/kg
煤焦油			33453	1.1429kgce/kg
柴油			42652	1.4571kgce/kg
石油液化气			50179	1.7143kgce/kg
水煤浆			≥17000	≥0.5714kgce/kg
油田天然气		kJ/m³	38931	1.3300kgce/m³
气田天然气			35544	1.2143kgce/m³
煤矿瓦斯气			14636~16726	(0.5000~0.5712)kgce/m³
焦炉煤气			16726~17981	0.6143kgce/m³
其他煤气	发生炉煤气		5227	0.1786kgce/m³
	水煤气		10454	0.3571kgce/m³
电力(当量)		kJ/(kW·h)	3600	0.1229kgce/(kW·h)

注：水煤浆的燃烧热值来自于现行国家标准《水煤浆技术条件》GB/T 18855发热量Ⅲ级标准。

本规范用词说明

1 为便于在执行本规范条文时区别对待，对要求严格程度不同的用词说明如下：

　1）表示很严格，非这样做不可的：
　　正面词采用"必须"，反面词采用"严禁"；
　2）表示严格，在正常情况下均应这样做的：
　　正面词采用"应"，反面词采用"不应"或"不得"；
　3）表示允许稍有选择，在条件许可时首先应这样做的：
　　正面词采用"宜"，反面词采用"不宜"；
　4）表示有选择，在一定条件下可以这样做的，采用"可"。

2 条文中指明应按其他有关标准执行的写法为："应符合……的规定"或"应按……执行"。

引用标准名录

《建筑地基基础设计规范》GB 50007

《建筑结构荷载规范》GB 50009
《室外排水设计规范》GB 50014
《建筑给水排水设计规范》GB 50015
《建筑设计防火规范》GB 50016
《采暖通风与空气调节设计规范》GB 50019
《厂矿道路设计规范》GBJ 22
《湿陷性黄土地区建筑规范》GB 50025
《城镇燃气设计规范》GB 50028
《压缩空气站设计规范》GB 50029
《建筑照明设计标准》GB 50034
《工业企业通信设计规范》GBJ 42
《工业建筑防腐蚀设计规范》GB 50046
《工业循环冷却水处理设计规范》GB 50050
《烟囱设计规范》GB 50051
《供配电系统设计规范》GB 50052
《低压配电设计规范》GB 50054
《通用用电设备配电设计规范》GB 50055
《建筑物防雷设计规范》GB 50057
《爆炸和火灾危险环境电力装置设计规范》GB 50058
《电力装置的电测量仪表装置设计规范》GB 50063
《工业与民用电力装置的接地设计规范》GBJ 65
《给水排水工程构筑物结构设计规范》GB 50069
《工业企业通信接地设计规范》GBJ 79
《工业企业噪声控制设计规范》GBJ 87
《膨胀土地区建筑技术规范》GBJ 112
《工业构筑物抗震鉴定标准》GBJ 117
《建筑灭火器配置设计规范》GB 50140
《工业建筑可靠性鉴定标准》GB 50144

《工业企业总平面设计规范》GB 50187
《构筑物抗震设计规范》GB 50191
《发生炉煤气站设计规范》GB 50195
《防洪标准》GB 50201
《建筑地基基础工程施工质量验收规范》GB 50202
《电力工程电缆设计规范》GB 50217
《水喷雾灭火系统设计规范》GB 50219
《工业设备及管道绝热工程设计规范》GB 50264
《民用建筑设计通则》GB 50352
《烧结砖瓦工厂节能设计规范》GB 50528
《钢制压力容器》GB 150
《生产设备安全卫生设计总则》GB 5083
《生活饮用水卫生标准》GB 5749
《起重机械安全规程 第1部分：总则》GB 6067.1
《工业企业煤气安全规程》GB 6222
《建筑材料放射性核素限量》GB 6566
《机械安全 防护装置 固定式和活动式防护装置设计与制造一般要求》GB/T 8196
《污水综合排放标准》GB 8978
《工业企业厂界环境噪声排放标准》GB 12348
《锅炉大气污染物排放标准》GB 13271
《电能质量 公用电网谐波》GB/T 14549
《水煤浆技术条件》GB/T 18855
《严寒和寒冷地区居住建筑节能设计标准》JGJ 26
《建筑地基处理技术规范》JGJ 79
《冻土地区建筑地基基础设计规范》JGJ 118
《砖瓦焙烧窑炉》JC 982

中华人民共和国国家标准

烧结砖瓦工厂设计规范

GB 50701—2011

条 文 说 明

制 定 说 明

《烧结砖瓦工厂设计规范》GB 50701—2011，经住房和城乡建设部 2011 年 7 月 26 日以第 1088 号公告批准发布。

本规范在编制过程中，编制组对我国烧结砖瓦工厂的设计进行了大量的调查研究，总结了我国烧结砖瓦工厂工程建设的实践经验，同时参考了国外先进技术法规、技术标准，取得了烧结砖瓦工厂设计方面的重要技术参数。

为便于广大设计、施工、科研、学校等单位有关人员在使用本规范时能正确理解和执行条文规定，《烧结砖瓦工厂设计规范》编制组按章、节、条的顺序编制了本规范的条文说明，对条文规定的目的、依据以及执行中需注意的有关事项进行了说明，还着重对强制性条文的强制性理由作了解释。但是，本条文说明不具备与规范正文同等的法律效力，仅供使用者作为理解和把握本规范有关规定时的参考。

目 次

1 总则 ················ 7—46—41
3 产品方案、设计规模及
   设计依据 ············ 7—46—41
4 厂址选择及总体规划 ···· 7—46—41
   4.1 厂址选择 ········ 7—46—41
   4.2 总体规划 ········ 7—46—42
5 总图运输 ············ 7—46—42
   5.1 一般规定 ········ 7—46—42
   5.2 总平面布置 ······ 7—46—42
   5.3 交通运输 ········ 7—46—43
   5.4 竖向设计 ········ 7—46—43
   5.5 土方（或石方）工程 · 7—46—43
   5.6 雨水排除 ········ 7—46—43
   5.7 防洪工程 ········ 7—46—44
   5.8 管线综合布置 ···· 7—46—44
   5.9 绿化设计 ········ 7—46—45
6 原料 ················ 7—46—45
   6.1 一般规定 ········ 7—46—45
   6.2 原料的质量要求 ·· 7—46—45
   6.3 废弃物的利用 ···· 7—46—45
   6.4 原料配比的确定及物料平衡 · 7—46—46
7 燃料 ················ 7—46—46
   7.1 一般规定 ········ 7—46—46
   7.2 固体燃料 ········ 7—46—46
   7.3 液体燃料 ········ 7—46—46
   7.4 气体燃料 ········ 7—46—46
8 生产工艺 ············ 7—46—46
   8.1 一般规定 ········ 7—46—46
   8.2 工艺方案确定 ···· 7—46—47
   8.3 原料处理及陈化 ·· 7—46—47
   8.4 成型 ············ 7—46—48
   8.5 干燥 ············ 7—46—48
   8.6 焙烧 ············ 7—46—48
   8.7 检验、包装、产品堆放 · 7—46—48
9 电气及自动化 ········ 7—46—49
   9.1 一般规定 ········ 7—46—49
   9.2 供配电系统 ······ 7—46—49
   9.3 厂区配电线路 ···· 7—46—49
   9.4 车间配电 ········ 7—46—49
   9.5 照明 ············ 7—46—50
   9.6 电气系统接地 ···· 7—46—50
   9.7 生产过程自动化 ·· 7—46—50
   9.8 通信系统 ········ 7—46—50
10 建筑结构 ············ 7—46—51
   10.1 一般规定 ········ 7—46—51
   10.3 辅助用室、生产管理及
        生活建筑 ········ 7—46—51
   10.5 建筑构造设计 ···· 7—46—51
   10.6 主要结构选型 ···· 7—46—51
   10.9 结构计算 ········ 7—46—51
11 给水与排水 ·········· 7—46—51
   11.1 一般规定 ········ 7—46—51
   11.2 给水 ············ 7—46—51
   11.3 排水 ············ 7—46—52
   11.4 消防及其用水 ···· 7—46—53
12 采暖、通风与除尘 ···· 7—46—53
   12.1 一般规定 ········ 7—46—53
   12.2 采暖 ············ 7—46—53
   12.3 通风 ············ 7—46—54
   12.4 除尘 ············ 7—46—55
13 其他生产设施 ········ 7—46—56
   13.2 实验室 ·········· 7—46—56
   13.3 机电设备维修 ···· 7—46—56
   13.4 地磅 ············ 7—46—56
   13.5 压缩空气站 ······ 7—46—56
   13.6 工艺计量 ········ 7—46—56
14 节能 ················ 7—46—57
   14.1 一般规定 ········ 7—46—57
   14.2 技术、工艺、装备节能 · 7—46—57
   14.3 余热利用 ········ 7—46—57
   14.4 节电 ············ 7—46—57
15 环境保护 ············ 7—46—57
   15.1 气体排放污染防治 · 7—46—57
   15.2 废水污染防治 ···· 7—46—57
   15.3 噪声污染防治 ···· 7—46—57
   15.4 固体废物污染防治 · 7—46—58
   15.5 环境保护设施 ···· 7—46—58
16 职业安全卫生 ········ 7—46—58
   16.1 一般规定 ········ 7—46—58
   16.4 防雷保护 ········ 7—46—58
   16.7 噪声控制 ········ 7—46—58

1 总 则

1.0.1 本条为制定本规范的目的，也是烧结砖瓦工厂设计时应遵循的原则，条文提出的"安全可靠、技术先进、经济合理、保护环境"，是国家的技术经济政策，建设节约型社会、发展循环经济是国家具有全局性和战略性的发展决策。

1.0.2 本条规定了本规范的适用范围。设计项目的建设范围涵盖新建、扩建和改建项目，产品范围包括烧结类各种墙砖、地砖、屋面瓦等。

1.0.3 本条为烧结砖瓦工厂设计的基本原则。在一定的投资条件下，烧结砖瓦工厂设计应为工厂的技术发展和产品更新创造有利条件。

1.0.4 本条规定改建、扩建项目应充分利用原有条件，避免重复建设，节约建设资金。

1.0.5 本条为强制性条文。为推动新型墙体材料的发展，促进行业技术装备的进步，新建、扩建和改建的烧结砖瓦工厂应选用可靠、成熟、先进的技术装备，严禁选用《产业结构调整指导目录》中列出的淘汰类的落后工艺装备，《产业结构调整指导目录》中列出的淘汰类产品不得作为设计产品。

1.0.6 确定产品方案时，应以新型节能环保墙体材料为主导产品。

1.0.7 利用废弃物生产烧结砖是我国烧结砖行业近年来快速发展起来的技术。利用废弃物生产烧结砖既能利用其热能，减少能源消耗，又能消耗利用废弃物，有利于环境保护。烧结砖瓦工厂设计鼓励采用利废制砖的技术，为环保节能、发展循环经济作出一定的贡献。

1.0.8 现行国家标准《烧结砖瓦工厂节能设计规范》GB 50528对新建、扩建和改建的烧结砖瓦工厂的节能设计和能源计量，以及能耗设计指标作出了规定，烧结砖瓦工厂设计时应参考执行。

3 产品方案、设计规模及设计依据

3.0.1 本条规定了烧结砖瓦工厂设计的产品范围。烧结砖包含烧结普通砖、烧结多孔砖、烧结空心砖等。

3.0.2 本条规定了确定烧结砖瓦工厂产品方案和设计规模时应考虑的因素。宜以新型、节能、环保墙体材料为主导产品。

3.0.3 现行的烧结砖瓦产品的标准有：《烧结普通砖》GB 5101，《烧结多孔砖和多孔砌块》GB 13544，《烧结空心砖和空心砌块》GB 13545，《烧结瓦》GB/T 21149。

3.0.4 单线设计规模是指单条生产线的设计规模。烧结砖瓦工厂单线设计规模是根据主机（成型设备）或窑炉的设置确定的。

单线设计规模以6000万块/a和400万片/a为起点，体现了烧结砖瓦工厂的技术先进性和装备配套性。

单线设计规模会随着生产技术、装备的发展而变化。

3.0.5、3.0.6 这两条规定的生产规模为烧结砖瓦工厂的总体设计规模，以其来划分规模类别，确定与总体工程相关的参数。

3.0.7 本条规定了设计基础资料应包括的内容。设计是基本建设的首要环节，设计的质量直接决定工厂投产后的效益。依据的设计基础资料和数据应准确可靠，满足设计深度的要求。

4 厂址选择及总体规划

4.1 厂址选择

4.1.1 烧结砖瓦工厂的原料消耗量大，厂址靠近原料可以缩短运输距离、减少运输设备，降低成本。同时还有利于原料的及时供应，减少恶劣天气对原料供应的影响，确保工厂正常生产。

厂址靠近交通线路可以减少建设投资，降低成品运输费用，并且方便了取水用电。

4.1.2 厂址选择涉及国家政策、法令、法规和标准规范，因此应严格执行国家有关强制性标准的规定，并应符合国家颁布的现行的防火、安全、交通运输、卫生、环境保护、防洪、抗震、节能、水土保持等有关规范的规定。

在特殊自然条件地区建设工业企业，如地震区、湿陷性黄土地区、膨胀土地区以及永冻土地区，尚应执行有关专门的规范。

4.1.3 工厂建设用地应符合《工业项目建设用地控制指标》及其相关规定的要求。应利用荒地劣地，提高土地利用率。厂址选择应根据远期发展规划的需要，在满足近期所必须的场地面积和不增加建设投资的前提下，适当留有发展余地。

4.1.4 根据现行国家标准《建筑地基基础设计规范》GB 50007和《岩土工程勘察规范》GB 50021的要求，提出工程地质和水文地质条件，是厂址选择必须考虑的重要因素之一。

厂址选择时，应调查分析每个拟选厂址的区域地质、工程地质、水文地质、岩土种类、场地的稳定性、地基条件和地基承载力等。按照上述两个规范确定的工程重要性等级（甲、乙、丙）和场地的复杂程度、地基的复杂程度（一级、二级、三级）等级来分析拟选厂址的工程地质和水文地质情况，作为厂址选择和方案比较的依据。

4.1.6 为了保证企业不受洪水和内涝的威胁，厂址选择应重视防洪排涝，慎重地确定防洪标准和防洪措施。

在沿海地区建厂还需审查潮位、风对水体的影响及波浪作用的综合因素引起洪水泛滥的可能性，并按防洪标准确定有关防洪设计。

4.1.7 按照现行国家标准《工业企业总平面设计规范》GB 50187 的规定，下列地段或地区不应作为厂址：

1 地震断层和设防烈度高于九度的地震区。
2 有泥石流、滑坡、流沙、溶洞等直接危害的地段。
3 采矿陷落（错动）区界限内。
4 爆破危险范围内。
5 坝或堤决溃后可能淹没的地区。
6 重要的供水水源卫生保护区。
7 国家规定的风景区及森林和自然保护区、历史文物古迹保护区。
8 对飞机起落、电台通信、电视转播、雷达导航和重要的天文、气象、地震观察以及军事设施等规定有影响的范围内。
9 Ⅳ级自重湿陷性黄土、厚度大的新近堆积黄土、高压缩性的饱和黄土和Ⅲ级膨胀土等工程地质恶劣地区。
10 具有开采价值的矿藏区。

4.2 总体规划

4.2.1 现行国家标准《工业企业总平面设计规范》GB 50187 对新建、改建、扩建工业企业的总体规划作出了全面规定，烧结砖瓦工厂设计应遵照执行。

4.2.2、4.2.3 在总体规划中，应满足生产、运输、防震、防洪、防火、安全、卫生、环境保护和职工生活的需要。应与所在地区的区域规划、城镇规划相统一，结合当地的技术经济、自然条件，满足上述需要，保证企业的正常生产。

4.2.4 分期建设的工业企业，近、远期应统一规划，近期建设项目宜集中布置，远期建设项目应根据生产发展趋势及当地建设条件预留发展用地。

4.2.5 现行国家标准《工业企业设计卫生标准》GBZ 1 和《工业企业厂界环境噪声排放标准》GB 12348 对总体规划中与卫生防护有关的内容作出了规定，烧结砖瓦工厂设计中应遵照执行。

4.2.6 烧结砖瓦工厂的厂外道路是城镇道路网和地区道路网的组成部分，因此，应符合城镇或所在地区道路网的规划，企业厂外道路应与国家公路及城镇道路有效连接，充分发挥城市现有道路的运输能力。

各种运输方式有其适用范围，对地形、地质、气象条件也有不同的要求和适应性。当厂区邻近自然水系，具有较好的港口和通航条件时，应优先以水运为主；采用陆路运输时，应根据运量、运距等因素，对公路运输做技术经济比较确定。

4.2.7 此条规定是为了减少电力、动力等通向用户的管线敷设长度以及减少能源消耗。

5 总图运输

5.1 一般规定

5.1.1 烧结砖瓦工厂总体设计是总图运输设计的基础和前提。本条明确了总图设计的依据、原则和要求。

5.1.2 节省投资和节约用地是总图运输设计的两项重大任务，应贯穿设计始终。

5.1.3 建筑物（或构筑物）等设施采用集中、联合方式可减少占地面积和运输环节，为采用连续运输创造条件。也可采用多层布置方式。

5.1.4 本条要求通过改建（或扩建），使新老厂区总平面布置更趋于紧凑合理。

5.1.5 合理布置建筑物（或构筑物）等设施，可以减少基建工程量，节约工程费用。

山区、丘陵地带，场地坡度大，建筑物（或构筑物）等设施平行等高线布置，既可减少土石方工程量，又可避免产生不均匀下沉。

5.1.6 合理地组织人流和物流，避免交叉干扰，使物料沿着短捷的路径，顺畅地输送到各生产部位，确保安全生产，降低运输成本。

5.2 总平面布置

5.2.2 大型建筑物（或构筑物）、焙烧窑炉、干燥室等布置在土质均匀、土壤允许承载力较大的地段，可以避免产生不均匀下沉，且节省地基工程费用。

较大、较深的地下建筑物（或构筑物），布置在地下水位较低的填方地段，可以减少土石方工程量和防水处理工程费用。

5.2.3、5.2.4 对产生和散发高温、有害性气体、烟尘、粉尘的生产设施的布置，一是要充分利用自然条件，使其生产过程中产生的高温或有害物质能尽快地扩散掉；二是尽量避免或减少对周围其他设施的影响和污染。

5.2.5 变电所是企业生产的心脏，应确保安全供电。

1 应考虑高压线的进、出线对方位、走向和通廊宽度的要求，且有利于扩建发展。
2 防止电气设备受到振动而损坏，造成停电事故。
3 应避免电气设备受到烟尘污染、有害气体的腐蚀或潮湿侵害而使绝缘电阻的功能下降，泄漏电流增大，造成短路事故。

5.2.9 机修、仓库区包括机械修理设施、备品备件及小型原材料仓库。中、小规模的烧结砖瓦工厂可根据实际需要设综合维修车间，按功能分区，储存原材料、备品备件和设置机械维修区域。

5.2.13 国土资源部在《工业项目建设用地控制指标》（国土资发〔2008〕24号）中明确规定，工业项目所需行政办公及生活服务设施用地面积不得超过工业项目总用地面积的7%。并严禁在工业项目用地范围内建造成套住宅、专家楼、宾馆、招待所和培训中心等非生产性配套设施。

5.2.14 主要人流出入口宜与主要物流出入口分开设置，并应位于厂区主干道通往居住区或城镇的一侧。

主要物流出入口应位于主要物流方位，靠近运输量大的仓库、堆场，并应与外部运输线路连接方便。

5.3 交通运输

5.3.1 本条规定是厂内道路布置应遵循的基本原则。厂区道路布置时以主干道把厂区划分为若干个分区，组成环状式道路网。当地形均较平坦，采用环形布置比较适宜。若在山区建厂，受地形条件限制道路呈环形布置有困难时，可根据厂区地形等条件因地制宜地决定布置形式。

5.3.2 厂内道路路面结构类型应按使用要求和路基、气象、材料等条件选定，类型不宜过多。

5.3.4 厂内道路交叉口路面内缘转弯半径设计可按表5.3.4选用，该表是根据现行国家标准《厂矿道路设计规范》GBJ 22的规定编列的。各值在场地条件受限制时可以适当减少。

5.3.9 本条规定了烧结砖瓦工厂厂区内人行道布置的原则。

1 一个人行走所占宽度为：空手行走时约需0.6m，单手携物约需0.7m～0.8m，双手携物约需1.0m，一般情况按0.75m计。

2 当屋面为无组织排水时，人行道紧靠建筑物散水坡布置，行人势必受雨水溅射，故人行道与建筑物间最小净距以1.5m为宜。当屋面为有组织排水时，利用建筑物散水坡作为人行道时，需考虑以建筑物窗户开启不致妨碍通行来确定其距离。

5.3.10 选用较大的交叉角度有利于运行安全。本条对道路交叉角未作严格规定，仅规定不宜小于45°。

5.4 竖向设计

5.4.1 本条是竖向设计总的原则要求，竖向设计方案应经过综合比较，衡量的标准是为生产、管理、厂容和施工创造良好的条件，且使基建工程量和投资最少。

5.4.2 本条是竖向设计应达到的总体要求。

1 本款要求应首先满足。

2 在地形复杂的场地建厂时，竖向设计中设置过缓的放坡或较多的台阶都会增加通道的宽度，不利于节约用地。

3 沿江、河、湖、海建设的企业，洪、潮、内涝水的危害是不可忽视的。

4 竖向设计的土方（或石方）、护坡、挡土墙等工程量对建设投资和工期影响很大。

5 山区建厂对土方（或石方）工程如处理不当，填土或挖土会破坏山坡植被，产生水土流失等问题。

6 天然排水系统的形成有其自然发展规律，如处理不当，会造成冲刷、淤塞、水流不畅等后果。

7 工厂是城市的一个组成部分，厂区围墙、地面标高应与周围环境相协调。

8 竖向设计应避免只管近期，不顾远期，防止给远期工程建设和经营带来困难。

9 改建、扩建工程应注意新建项目场地、排水、运输线路的标高与原有竖向设计标高合理衔接。

5.4.3 竖向设计形式可采用平坡式或阶梯式。

5.4.6 建筑物位于排水条件不良地段和有特殊防潮要求、有贵重设备或受淹后损失大的车间和仓库，应根据需要加大建筑物的室内外高差。有运输要求的建筑物室内地坪标高应与运输线路标高相协调。

5.4.7 如果厂区外标高高于厂内标高，在出入口处应做横跨道路的条状雨水口。

5.4.8 本条说明如下：

1 本款规定主要是为了便于生产管理，节省运输费用。

2 如果工厂受运输条件限制，应将要求道路坡度小的厂房布置在同一台阶。

3 本款规定可节省土方（或石方）及护坡支挡构筑物、建筑物基础等的投资。

4 本款是决定台阶宽度应考虑的因素。

5.5 土方（或石方）工程

5.5.1 本条是对土方（或石方）工程中表土处理的规定。

1 本款根据现行国家标准《土方与爆破工程施工及验收规范》GBJ 201的相关规定编写。

2 本款参考现行国家标准《建筑地基基础设计规范》GB 50007及《土方与爆破工程施工及验收规范》GBJ 201的相关规定编写。

3 本款规定主要是为贫瘠地区绿化创造条件和节省劳力。挖出的表层耕土可作为绿化及覆土造田之用。

5.5.2 本条所提建筑地段黏性土的填方压实系数，是广义地指房屋、道路、管线的建筑地段的压实系数。

5.5.3 本条所列的各项填、挖方量平衡计算中，如有遗漏，往往会造成缺土或余土。

5.6 雨水排除

5.6.1 厂区可以安装简单的雨水收集和利用设施，

雨水通过这些设施收集到一起，经过简单的过滤处理，可用来建设观赏水景、浇灌厂区绿地、冲刷路面或供行政办公区洗车和冲马桶。

5.6.2 决定厂区雨水排除方式的因素很多，场地排水方式可参考下列条件选择：

  1 当降雨量小、土壤渗透性强、不产生径流或虽有少量径流，但场地人员稀少，允许少量短时积水地段时，可采用自然渗透方式。

  2 场地平坦、建筑和管线密集地区、埋管施工及排水出口无困难时，应采用暗管。

  3 建筑和管线密度小，采用重点式平土的场地、厂区边缘地带、设置暗管排雨水有困难的地段，应采用明沟排水。

5.6.4 明沟沿道路布置，一是有利于道路路基排水，二是使场地不被明沟分割开，保证场地的完整。

5.6.6 厂区内宜采用占地小、便于加盖板的矩形明沟。在建筑密度小、采用重点式竖向设计地段及厂区边缘地带，采用梯形明沟为宜。三角形明沟断面小、流量小，只有在特殊情况下，如在岩石地段和流量较小地段才采用。

  本条规定了排水沟宽度的最小值，考虑了清理沟底污物的最小宽度。

  明沟的纵坡最小值是保证水向低处流的最小坡度值，有条件时，宜大于此值。

  沟顶高出计算水位0.2m是安全标高。

5.6.7 雨水口的间距与降雨量、汇水面积、场地坡度、土质情况等因素有关。本条规定的距离是根据现行国家标准《室外排水设计规范》GB 50014 的规定编写的。

5.6.9 截水沟至厂区挖方坡顶的距离是参考公路及铁路路基横断面做法确定的。此距离不应太近，否则截水沟内水渗入边坡，影响边坡稳定；但也不宜太远，否则中间面积加大，其积水量增加会危害厂区。

5.7 防洪工程

5.7.1 本条所称防洪工程专指防洪堤、防洪沟。

5.7.2 本条按照现行国家标准《城市防洪工程设计规范》CJJ 50 的有关规定制定。

5.7.4 本条为防山洪的防洪沟设计原则及排出口的注意事项，强调"取得书面协议文件"的重要性。

5.7.6 本条按现行国家标准《工业企业总平面设计规范》GB 50187的规定制定。

5.8 管线综合布置

5.8.1 管线综合布置是烧结砖瓦工厂总平面设计工作的重要组成部分，是衡量工厂总图布置合理程度的标准之一。各种管线的性质、用途和技术要求各不相同，互相联系、互相影响，在总平面布置时应统筹安排，合理地进行综合布置。

5.8.2 管线敷设方式有地上和地下两大类。地上敷设方式有管架、低架、管墩及建筑物支撑式。地下敷设方式有直埋式、管沟式及共沟式。

5.8.3 管线用地在企业用地中占有一定的比例，综合敷设管线可以节约用地。

5.8.4 管线通道与道路和界区控制线平行是合理利用土地的有效方式之一，也是布置原则之一。

5.8.5、5.8.6 这两条均是为了保护管线，保证安全生产、减少投资、方便交通运输而制定的。

5.8.7 本条规定是为了防止近、远期工程的管线布置处理不当而形成不合理的布局，造成土地浪费、布置混乱、生产环境不佳，并给施工、检修、生产和经营带来诸多不便。

5.8.8 在满足安全生产、施工及检修要求的前提下，管线布置应满足节约用地，同时需考虑其不受建筑物与构筑物基础压力的影响及符合卫生要求。

5.8.9 改建、扩建工程往往有许多限制因素，约束多、难度大，在不能满足本规范中规定的管线间最小水平净距值时，结合具体情况可适当减小净距，但减小净距的范围宜在10%~15%之间。

5.8.12 地下管线、管沟布置在道路下面，若发生事故大修时，需开挖路面，从而造成交通不畅，故制定本条规定。

5.8.13 本条按从严要求的原则制定。

  1 热力管道指蒸汽管、热水管等。由于目前隔热材料、施工技术、检修手段的限制，致使环境温度比较高，会对电缆、压力管道内介质产生不利影响。

  2 排水管道包括污染严重的生产污水、生活污水及污染较轻的生产废水与雨水管道。排水管道接口常会产生漏水，应将排水管道设置在沟底。

5.8.14~5.8.16 这三条是在调查和总结设计实践经验的基础上，参照给水、排水、城镇燃气、电力、锅炉房、通信等有关现行国家标准以及总图运输规范制定的。条文是在满足安全、管线施工、维护检修、减少相互间有害影响的条件下，达到安全生产、节约用地、减少能耗、降低成本的目的而制定的。

5.8.17 敷设方式应根据生产安全、介质性质、生产操作、维修管理、交通运输和厂容等因素综合考虑比较后确定。

5.8.18 本条强调可燃性、爆炸危险性介质管道与生产、储存、装卸甲、乙类火灾危险物料的设施应保持有安全距离。本条中所指的甲、乙类火灾危险性物料分类是按现行国家标准《石油化工企业设计防火规范》GB 50160 的有关规定划分的。

5.8.19 本条规定是为了防止管道内危险性介质一旦外泄或发生事故，对与其无关的建筑物（或构筑物）造成危害，同时也防止了上述建筑物（或构筑物）或内部设备一旦发生事故，对有危险性介质的管道造成损坏，从而带来二次灾害。

5.9 绿化设计

5.9.1 用绿化消除和减少生产过程中所产生的有害气体、粉尘和噪声对环境的污染具有良好的效果，并且能改善生产和生活条件。

合理地确定乔木与灌木、落叶与常绿、针叶与阔叶、观赏与一般植物的比例，并相应采用条栽、丛植、对植、孤植等配置方式。

5.9.2 《工业项目建设用地控制指标》（国土资发〔2008〕24号）中明确规定，工业项目建设绿地率不得超过20%。

 1 对房前屋后、路边、围墙边角的空地进行绿化。

 2 利用管架、栈桥、架空线路等设施下面场地及地下管线带地面布置绿化。

 3 应避免在环境洁净度要求较高的生产车间或建筑物附近种植带花絮、绒毛的树木。

5.9.3 本条所推荐的重点绿化地段是在总结企业绿化实践经验的基础上提出的，执行中应根据工程条件灵活掌握，不局限于本条所列地段。

5.9.4 林带的种类按结构形式可分为通透结构、半通透结构、紧密结构和复式结构（由前三种形式组成的混合林带）林带四种，不同结构的林带其用途亦不同。

用于厂区防风固沙的林带宜采用半通透结构，林带宽度为20m～50m，林带间距为50m～100m。通常以乔木为主体，乔木株行距一般采用2m×3m。

用于厂区卫生防护的林带宜采用紧密结构，乔、灌木混交林按1:1隔株或隔行栽植，株距0.5m，行距1.0m。

5.9.5 烧结砖瓦工厂内产生高噪声的噪声源，如原料破碎、风机房等，噪声级达到100dB～110dB，可以利用植物自身浓密的树冠衰减噪声。

以下树枝厚度为200mm～250mm时，其隔声能力如表1所示。

表1 树的隔声能力

项 目	槭树	构树	椴树	云杉
最大隔声能力〔dB（A）〕	15.5	11.0	9.0	5.0
平均隔声能力〔dB（A）〕	7.1	6.0	4.5	2.3

5.9.6 透风绿化带可组织气流，使通过粉尘大的车间的风速加大，有利于促进粉尘向外扩散；不透风绿化带能有效地滞留、减少粉尘的影响范围。

5.9.7 生产管理区和主要出入口的绿化布置从植物的选择上偏重于常绿与观赏；从品种上着意于树、花、草的合理配比；从布置上采用条植、丛植、孤植、对植等多种灵活手法，组成多层次的丰富多彩的植物景观。

5.9.8 行道树对于改善厂区气候和夏季人行环境具有明显效果，也是企业绿化的重要组成部分。

5.9.9 在交叉路口栽种乔木和灌木，乔木株距4m～5m，灌木高度应低于司机视线。

5.9.10 垂直绿化就是利用长枝条类植物所特有的下垂效果来对垂直或斜面进行绿化。常见的垂直绿化有以下几种方式：

 1 在建筑物的外墙、围墙、围栅前沿墙根栽种攀缘类植物（如爬山虎、五叶地锦等）。

 2 在挡土墙顶栽种长枝条类植物（如迎春、蔷薇等）。

 3 在人工边坡（或自然边坡）的坡面上种植攀缘类植物。

6 原 料

6.1 一般规定

6.1.1 烧结砖瓦工厂原料品种繁多、分布广泛且地域性强，为方便生产、减少成本，要求建设场地附近应有足够的、适宜的基本原料，根据基本原料的工艺性能和当地资源情况，合理掺配其他原料，达到产品所要求的原料质量。

6.1.2 质量适宜、储量丰富的原料是指能满足设计生产期正常生产的原料。

6.1.3 本条产品方案是指项目根据原料性能特征，生产适宜产品及其生产能力的组合方案，包括产品品种、产量、规格、质量标准、工艺技术、性能、用途等。

6.1.4 具有资质的实验室是指经国家或省、市有关部门批准的专业试验检测机构。

6.1.5 本条为强制性条文，是根据《中华人民共和国土地管理法》中的有关规定制定的。

6.2 原料的质量要求

6.2.2 设计中应对基本原料进行矿物、物理、化学性能测试，分析其适宜生产的制品种类。

6.2.3 可采用的优化工艺措施有掺加添加剂、陈化、碾练等。

6.2.4 石灰石和料礓石含量高会造成制品石灰爆裂，还影响制品的烧结性能。原料中可溶性盐类含量高时会造成制品泛霜，影响制品质量。

6.3 废弃物的利用

利用废弃物作为资源生产烧结砖瓦是煤炭、电厂等企业发展循环经济的有效途径之一，能达到节能利废和环境保护的效果。

6.3.1 烧结砖瓦可利用多种废弃物，主要分为含能废弃物和不含能废弃物两类。含能废弃物主要指煤矸石、粉煤灰、炉渣、城市污泥等含有热能的工业废弃物。不含能废弃物包括江、河、湖、海淤泥、尾矿等。

6.3.3 利用煤矸石为主要原料生产煤矸石砖目前是成熟的工艺，在国内得到了广泛的应用。煤矸石作为煤炭的伴生物，质量波动大，应根据原料工艺性能试验和煤矸石的发热量确定适宜的配合比。

6.3.4 煤矸石作为烧结砖原料（兼燃料），用量远大于作为燃料加入的煤，因而需要严格控制其中的硫含量。

6.3.5 粉煤灰是一种瘠性原料，不能以单一原料生产烧结砖，必须加入黏结剂，否则不能达到成型、干燥、焙烧等性能的要求。

6.3.6 污泥等也可以作为烧结砖瓦的原料。利用这类废弃物主要是出于环保和资源综合利用的目的。

6.4 原料配比的确定及物料平衡

6.4.1 由于烧结砖瓦原料品种繁多、分布广泛，其工艺性能千差万别，应通过工艺性能试验确定其生产可行性，并经实验确定原料配比，为工艺设计提供基础依据。

本条中的半工业性试验是指在工厂条件下对原料进行关键参数测定的模拟试验。

6.4.2 本条列出的数据是烧结砖瓦工艺设计中物料消耗计算的基准指标和依据。

6.4.3 本条规定了物料平衡的计算要求，使计算的基准、各原料的干基消耗定额和湿基消耗量的计算具有规范性。

在烧结砖瓦工厂设计的物料平衡计算中，各种原料的消耗量主要由产量、工作制度、产品规格、原料配比以及原料性能、成品率和半成品率以及生产过程中各种损失等因素综合考虑。

6.4.4 本条的损失率指标为计算各工段物料消耗的指标，并为设备选型留有一定的余量提供依据。

7 燃 料

7.1 一 般 规 定

7.1.3 通常烧结砖瓦工厂多选用固体燃料，以热值作为重点考虑对象，但高品质的制品如装饰砖等对燃料的品质要求较高，根据燃料供应情况，可选用气体、液体燃料。

7.1.4 燃料连续、稳定、可靠供应是保证正常生产的基础。

7.2 固 体 燃 料

7.2.1 烧结砖瓦用固体燃料有煤和含能工业废渣两种，尤其是以含能工业废渣作为内燃料烧砖的技术已得到了广泛的应用，符合国家环保、节能的政策。

煤可以内掺的方式加入到原料中，也可以外投的方式加入，还可以两种方式结合使用。含能废渣应以内掺的方式加入到原料中。

7.3 液 体 燃 料

7.3.2 供卸油系统的工艺布置，其内容均为生产经验的总结。工艺布置设计应符合现行国家标准《建筑设计防火规范》GB 50016 的有关规定。供卸油系统的设计应根据实际用油品质进行。

6 本款为强制性条款。污油排入下水道，不但会污染环境，还会使下水道充满油气，一旦遇到火花或明火就会引起火灾或爆炸。

7.4 气 体 燃 料

7.4.1～7.4.3 这三条为烧结砖瓦工厂使用气体燃料应满足的要求，其他要求按现行国家有关规定执行。

8 生 产 工 艺

8.1 一 般 规 定

8.1.1 本条根据建材工业技术政策，为推动技术进步，提高产品质量，降低生产能耗，对烧结砖瓦生产工艺设计和设备选型的原则作了规定。

1 工艺方案确定是烧结砖瓦生产线工艺设计的基础，是根据所用原料和产品方案确定总体工艺方案和各环节的方案。

2 本款所称资源综合利用是指共生（或伴生）资源、低品位矿资源和尾矿资源、工业废弃物以及废气、余热等的利用和回收。

3 工艺设计应结合总图布置，力求简捷、顺畅，避免迂回曲折、交叉作业，尽量缩短运输距离，以减少厂内运输的能量消耗并节约用地。

5 附属设备对应于主机应有一定的储备能力，以保证主机生产的连续性，不能因附属设备选型不当而影响主机正常生产。附属设备的小时生产能力应适当大于主机所要求的小时生产能力，其储备量则根据附属设备的种类、型号规格、使用地点和生产条件而定。

各附属设备的型号规格应尽量统一，便于设备订货，减少备品、配件的种类。

8.1.2 本条规定了工艺设计的总体布置和车间内部布置时应遵循的原则。

1 本款提出了烧结砖瓦工厂设计的工艺平面设计的基本要求，各相关联系密切的生产系统宜相邻布置，以便缩短物料运输距离、管道长度和运输线路，方便生产管理，并节约用地，降低投资。

烧结砖瓦生产线中焙烧窑炉是关键的设备，由于焙烧窑占地面积大，整体性要求高，要根据地形、地质情况，布置在土质均匀、地基承载力大的地段。

2 烧结砖瓦工厂的设计是由各专业分工合作共同完成的，工艺专业进行工艺平面布置时，除合理布置工艺设备外，对电气、土建、给排水和暖通、动力等相关专业的设施都应共同协商、全面考虑，作出合理的设计。

工厂有扩建规划时，应恰当地处理好工厂当前建设与发展远景的关系，减少扩建对生产线的影响。在工厂总平面图和有关生产车间工艺布置图上，宜留出扩建位置；布置相关的输送设备时，宜预留出扩建位置；与扩建有关的建筑物（或构筑物）宜考虑必要的衔接措施。

3 工艺布置与工艺流程的选择和设备的选型密切相关，一方面，车间工艺布置直接取决于所选的工艺流程和设备；另一方面，工艺布置对工艺流程和设备的选型又有较大的影响。因此工艺布置应结合生产流程和设备选型全面考虑。此外，工艺布置决定了设备的安装位置、前后设备的相互连接关系，生产操作维修空间、各种输送设备的长度和高度、车间内人行通道的位置和宽度、各种料仓的形式和大小、厂房面积和层高，以及便于施工安装的预留设施等设计内容对工厂的投资和今后的生产影响较大，因此在工艺布置时，应认真考虑，合理布置，既要满足各方面的要求，又要降低投资。

8.1.3 本条规定了烧结砖瓦工厂主要工艺设备的年利用率，是每年度设计实际使用时间与计划使用时间的比值，是考虑设备检修时间（连续运转设备）和闲置时间（非连续运转设备）以及根据近年来的设计数据和生产情况综合确定的。设计中设备年利用率不应低于表 8.1.3 的规定。

8.1.5 本条规定了烧结砖瓦工厂各种原料的储存期，为了保证均衡连续生产，各种原料在厂内需要有一定的储存量。表 8.1.5 是结合原料进出工厂的运输情况、对产品质量的影响以及环保要求等多种因素，通过分析确定的。直接供给的原料不计储存。

8.1.6 本条对烧结砖瓦工厂生产系统的检修设施作出了规定。检修设施设计的原则是：加快检修的速度，缩短检修时间，提高设备利用率；节省人力，减轻劳动强度，保证检修安全。

8.1.7 本条对物料输送设计作了原则性规定。

1 输送设备是烧结砖瓦工厂常用的设备，各主要生产设备依靠输送设备连接起来，形成连续的生产工艺路线。从原料加工到成品输出，需要输送的物料种类繁多、性质各异，输送设备应根据所输送物料的物理特征及温度等条件选用。由于物料输送高度以及输送距离等因素也决定着输送设备的选型，所以还应结合工艺布置选用输送设备。

2 为了保证设备的正常运转，输送设备的输送能力应根据不同输送要求及来料波动情况，留有一定的余量。

8.1.9 本条规定了在一些特殊地区建厂时，工艺设计应注意的问题：

1 空压机、真空泵及风机等设备参数是以海拔高度为0，空气压力为101325Pa 和大气温度为20℃时的自由空气为标准标定的，随着海拔的升高，大气压力和空气密度降低，空气重量减小，选型时应对压力和风量进行修正。

海拔高度对焙烧窑、干燥室等热工设备的生产参数同样有影响，在高原地区建厂，对热工设备的计算应根据海拔高度作出修正。

2 电动机在高海拔地区运转时产生的热量不易排除，影响电动机正常运转，选型时应对出力作出修正。

高海拔地区空气因密度降低而容易被电离，高压电机内易产生电晕现象，所以选用电动机时应采用具有防电晕措施的电动机。

湿热带地区电机应选用湿热型电机。

8.2 工艺方案确定

8.2.1 本条为烧结砖工厂设计工艺方案确定的原则，是近年烧结砖工厂设计和生产中总结出来的。

烧结砖瓦工厂一般都是依托于建设地附近有足够的可用资源或可消耗的工、农业废弃物而建设的。可用于烧结砖瓦的原料种类繁多、品质波动大，因此要求工艺方案要适应原料，根据原料的品质和储量来确定工艺方案。

原料是烧结砖瓦工厂设计的基本点，首先根据原料性能确定产品方案，根据原料供应情况确定设计规模，由此再考虑建设条件等因素确定工艺方案。

烧结砖生产工艺根据干燥工段和焙烧工段的衔接方式分为一次码烧工艺和二次码烧工艺。两种方案主要是依据产品要求或原料性能确定的，从原料处理到制品产出，各工段的工艺都不尽相同。

二次码烧适用范围广，烧结制品均可采用此方案，但相对于一次码烧，工艺流程复杂。

8.2.3 保证产品质量、达产达标是设计的基本要求，在保证这一要求的前提下，要求工艺流程简洁实用，符合本规范第8.1节的相关要求。

8.3 原料处理及陈化

8.3.1 一般烧结砖瓦工厂的原料破碎在破碎车间一次完成。原料距工厂较远时，粗碎系统宜设在矿山，可以减少大块原料运输的困难，破碎后用胶带输送，以节省人力和能源的消耗、降低原料成本。破碎系统的位置应根据原料和厂区的距离、原料开采运输条件，经技术经济比较后确定。

8.3.3 本条给出了烧结砖瓦原料的一般处理方式，

是根据各种原料的性能和实践经验总结出来的。

8.3.5 烧结瓦用原料根据不同的成型工艺，处理方法也不同。采用干法制粉半干压成型的工艺，原料需经过破碎、制浆，再经喷雾干燥将泥料制成达到成型要求的粉料；采用湿法制浆挤出成型的工艺，原料需经过多级破碎、筛分，使原料达到成型要求。

8.3.6 本条给出了破碎机的选型原则。各种物料破碎的粒度主要取决于后续工序对物料的粒度要求。

8.3.7 配料有两种方法，按体积配料和按重量配料。按体积配料设备简单，但误差大；按重量配料设备复杂，但准确度高。

8.3.8 对辊机给料不均匀会导致辊筒磨损不均匀，无法保证破碎粒度。

8.3.9 硬质原料包含煤矸石、页岩等，多采用干法破碎工艺，扬尘大。本条所列是烧结砖瓦工厂中扬尘大的环节，必须装设除尘装置。

8.3.10 粉料料仓及输送设备、粉料搅拌入料口均为厂内主要扬尘点，所以应加除尘装置。

8.3.12 烧结砖瓦工厂陈化库能够储存、均化物料，改善物料性能。基于工艺流畅的原则，对于原料成分复杂的生产线和产品性能要求较高或形状复杂的生产线应设置陈化库。

8.3.14 坯料成型时所需水分的80%是在陈化工段前加入的，原料出陈化库后，需要加水达到成型要求。应采用搅拌碾练设备使泥料充分均化，达到成型要求。

8.4 成　型

8.4.1 成型工段是生产的核心工序，供料连续均匀是保证生产正常的必要条件。原料在破碎、陈化等工序过程中经过诸多设备，每台设备都可能散落螺钉、螺帽等小的金属物件，会对成型机搅刀和机口造成损伤。

8.4.2 三种成型方式的选择与原料性能、产品质量要求密切相关，互为因果。成型方法的选择也是确定工艺方案的核心依据。

8.4.5 机械码坯大大降低了人工劳动强度，体现了烧结砖瓦工厂的机械化和自动化程度。

8.5 干　燥

8.5.1 常用的干燥方法有自然干燥和人工干燥两种。自然干燥热源取自大气，受自然气候影响大，且占地面积大；人工干燥热源来自被加热的空气或烟气，受气候影响小，干燥周期短。

利用窑炉余热干燥砖坯是烧结砖瓦工厂节能降耗的主要途径，可以节约干燥坯体用能，与自然干燥相比，减少了占用土地。

8.5.2 隧道干燥室的形式有采用干燥车作运载设备的逆流式干燥室、吊篮作运载设备的链式干燥室、输送带或滚棒作运载设备的单层干燥室等，目前一般采用干燥车作运载设备的逆流式干燥室。隧道干燥室的生产方式是连续的，干燥室内沿隧道长度的温、湿度恒定，坯体与介质逆流运动，有利于进行湿热交换，热利用率高。

8.5.3 单层干燥是安全的干燥方式，适应性广，生产高质量的高档产品应采用单层干燥。

8.5.4 干燥制度包括干燥周期，干燥介质的温度、湿度和流速等。在原料和制品已定的前提下，决定干燥制度的基本因素是干燥介质的温度、湿度和流速。在坯体干燥过程中，干燥制度的选择直接影响到坯体的产量、质量及能量消耗，因此，应合理确定干燥制度。

2 干燥室一般为砖混结构，为减少热量损失，需在室顶结构层上铺设保温层。

3 金属热风管应用保温材料保温，减少热量损失，同时起到劳动保护的作用。

4 干燥室设置测温、测压孔，便于安装测控原件，以便对室内的温度压力进行监测。

8.5.5 干燥的作用是排除坯体中水分，干燥室内热空气和湿坯体进行湿热交换，潮湿空气对干燥车、排潮风机等金属设备具有腐蚀作用，应采取防腐措施。

8.5.6 严寒地区和寒冷地区冬季生产时，干燥排出的湿热废气易凝结为冷凝水，返流入干燥室内造成塌坯，设计时应采取措施预防和预控。

8.6 焙　烧

8.6.1 节能型窑炉有节能型轮窑和隧道窑。节能型轮窑是指结构合理、密封好，并设置了实用合理的余热系统的轮窑。

8.6.2 内燃烧砖的内燃料可以用可燃工、农业废弃物，如煤矸石、粉煤灰、炉渣、锯末、秸秆等，就地取材、来源方便，使用成本低。

8.6.3 内宽4.6m、6.9m和9.2m是目前普遍采用的窑炉规格，采用标准规格有利于装备的配套性。

8.6.4 不同原料烧成性能不一样，烧成制度也不同，使得窑炉的结构形式、系统配置也不一样。窑炉设计中要针对原料进行窑炉焙烧系统、结构参数的确定。

8.6.5~8.6.7 这三条是烧结砖瓦窑炉满足在生产中节能降耗的必要措施。

8.6.8 回车线的长度应能满足生产需要，并符合工艺流畅的原则。回车线布置有窑车运转的设备，运转设备自控系统也体现了烧结砖瓦工厂的自动化程度。

8.7 检验、包装、产品堆放

8.7.1~8.7.4 这四条为烧结砖瓦工厂产品堆放和包装的基本要求，设计时堆场面积、包装场地等应根据设计规模、投资额、成品堆放形式和堆放的机械化程度合理确定。

9 电气及自动化

9.1 一般规定

9.1.1～9.1.3 电气及自动化设计应综合考虑、合理确定设计方案。在满足工艺要求的前提下，本着既符合国情又要体现技术先进、经济合理、管理维护方便、安全的原则。在确定设计方案时应近、远期结合，考虑工厂扩建的可能性，在可能的条件下适当留有扩建余地，做到运行可靠、操作灵活、布置紧凑、维护管理方便安全。

在确定设计方案及设备选型时，应考虑粉尘污染的因素，提高设备的防尘性能，确保设备的安全运行。

电气及自动化专业设备和技术发展快，生产厂家多，设备选型应选用技术先进、性能可靠、节约能源的成套设备和定型产品，注意行业技术发展动态，杜绝淘汰产品的使用。为保证电气设备安全可靠运行，设计中所选用的产品一定要符合现行国家或行业部门的产品标准。

9.2 供配电系统

9.2.1 供配电系统的设计本着保证人身安全、供电可靠、电能质量合格、技术先进和经济合理的原则，根据供电容量、工程特点、地区供电条件等合理确定设计方案。

9.2.2 烧结砖瓦工厂的电力负荷根据其重要性和中断供电对人身安全及经济上所造成的损失和影响程度分为3个等级。为了保证生产正常、人身及设备安全，应保证一级负荷供电的可靠性。

9.2.3 大、中型厂用电负荷大，一、二级负荷占全部负荷的 60%～70%，生产连续性强，停电后造成的损失也很大，因此条件允许时宜首选两个独立电源供电，保证供电的可靠性；考虑投资因素、受条件限制不能取得双电源供电时，也可采用单电源供电，用柴油机做保安电源。

供电系统设计应简单可靠，便于操作及维护。高低压配电方式均应以放射式为主，以保证供电的可靠性。对于同一电压供电系统的变配电级数，在满足使用的条件下，不宜多于两级。

9.2.4 供电电压等级应根据设计规模及当地电网的条件，经过技术比较后确定。烧结砖瓦工厂采用 10kV 电压供电可满足要求，对于当地电网只能提供 6kV 或 35kV 电压供电的工厂，也可选用 6kV 或 35kV 电压供电。

9.2.5 无功功率补偿应满足供电部门要求。根据实际情况采用高、低压集中补偿与现场就地补偿相结合的方法，可取得良好的补偿效果。

9.2.6～9.2.8 根据烧结砖瓦工厂多年的运行经验，对变电所接线及变压器设置作了一般规定。

9.2.9 本条对变电所的交流、直流操作电源作了规定。在设计中，交流、直流操作电源的确定既要保证供电的可靠性，又要节约投资，二者不可偏废。

9.2.10、9.2.11 对变电所的选址原则及布置形式作出了规定。

9.3 厂区配电线路

9.3.1～9.3.5 这五条规定了厂区配电线路的设计原则，从技术规范的角度强调技术经济指标。厂区配电宜采用电缆线路为主。

9.4 车间配电

9.4.2 本条是为保证同一生产流程设备运行的可靠性作出的规定。

9.4.3 车间内单相负荷应尽可能均匀地分配在三相中，是为了防止变压器中性线电流超过规定值。

9.4.4 本条对电动机的启动作出了规定。

有调速要求的生产机械，电动机的启动方式应与调速方式一并考虑。绕线型电动机宜采用转子回路接入液体变阻器方式启动。

9.4.5 本条对电动机的调速作了规定：

1 电动机的调速方案很多，在确定调速方案时，应从调速范围、调速性能、节能效果、使用维护、投资多少等各方面进行技术经济比较后确定最佳方案。

3 对调速设备应采取相应的措施，抑制调速设备产生的有害谐波。

9.4.6 电动机的保护应符合国家现行有关标准、规范的要求。低压交流电动机应装设短路保护、接地故障保护、过负荷保护、断相保护和低电压保护等。

9.4.7 本条对电动机的控制作了规定。

1 对生产上有关联的控制点、操作岗位之间应设置联络信号，以保证生产的正常运行和设备运转安全。

2 设备集中控制时设置启动信号，主要是为了保证人身安全。生产中联系密切的岗位应设联络信号，一般采用声、光信号。通信量大的岗位间可设对讲电话，以保证及时协调生产中出现的问题。

3 在机旁设带钥匙的停车按钮，当设备检修时，将带钥匙按钮锁住，此时在控制室与机旁均不能开车，从而保证检修人员的安全。

4 斗式提升机在尾轮位置设紧急停车按钮，主要为了方便检修及保证人身安全。长胶带机每隔一定距离设拉绳开关，主要是为了出现紧急事故时及时停车，以保证人身安全。

5 检修电源回路应就地设保护开关及漏电保护装置，主要是为了保证检修时的人身安全，防止触电事故发生。

9.4.8 本条规定了电气测量仪表的配置原则。

9.4.9 车间配电线路的敷设方式要注意使用条件和环境条件及特点。导线截面较小,并且比较重要的控制、测量、信号回路以及不宜使用铝导体的场所,应采用铜芯导线或电缆,主要是为了节约有色金属和保证机械强度。

4 焙烧窑炉温度较高,需敷设配电线路时应按照本款要求执行,采用阻燃电缆并采取保护措施,防止发生事故。

5 交流回路中单芯电缆不应采用钢带铠装电缆或磁性材料保护管,防止因涡流效应引起的发热而影响使用寿命。

6 配线用保护管的直径,楼板内暗配时,不得小于15mm。主要考虑小直径保护管机械强度低,施工时宜变形,造成穿线困难而损坏绝缘。

7 穿管绝缘导线或电缆的总截面积包括保护层。

9.5 照 明

9.5.1 本条对建筑物的照明设计作了一般规定。

1 按现行国家标准《建筑照明设计标准》GB 50034的有关要求,烧结砖瓦工厂应实施绿色照明;要以人为本,做到技术先进、经济合理、使用安全、维护管理方便。

2 照明设计时应注意照明光线被梁、柱遮挡,影响照明效果,同时注意与各相关专业的配合,以满足所需照度值。对于粉尘大的车间,难于及时打扫,设计时应计入相应补偿系数。

4 焙烧窑炉温度较高,灯具及管线接近高温时容易损坏,因此灯具设置应远离这些场所。

9.5.2 由于电压波动对照度影响较大,故对电压值规定不宜高于灯具额定电压的105%,不宜低于灯具额定电压的95%。

本规范附录C是根据现行国家标准《建筑照明设计标准》GB 50034的有关要求,结合烧结砖瓦工厂的情况,对最低照度进行了规定。补偿系数是参考现行国家标准《建筑照明设计标准》GB 50034的维护系数进行换算的。

对于烧结砖瓦工厂中一定的特殊环境场合,在设计中除满足照度要求外,还应体现统一眩光值(UGR)及一般显色指数（Ra）的要求。这是根据现行国家标准《建筑照明设计标准》GB 50034制定的。

9.5.3 烧结砖瓦工厂照明灯具数量多,应采用冷光源。由于各车间要求不同、占地面积不同、灯具密集度也不同,故宜采用混合照明。

9.5.4 本条对不同场合的灯具选型作了规定。

9.5.5 本条对三相线路中的最大负荷与最小负荷的电流差值的表述,按现行国家标准《建筑照明设计标准》GB 50034的要求执行。

9.5.6 本条根据烧结砖瓦工厂室外照明的要求作了一般规定。

9.5.7 本条是为用电安全而规定的。同时明确提出了烧结砖瓦工厂照明配电系统应采用TN-S系统,使全厂形成TN-C-S低压配电系统。

9.6 电气系统接地

9.6.1 接地可分为工作接地（功能性接地）、保护接地、防雷接地、电子设备接地和防静电接地等。接地对电力系统和电气装置的安全及其可靠运行,对操作、维护、运行人员的人身安全都起着十分重要的作用。所以接地设计应严格遵循国家现行的有关规程、规范的要求。

9.6.2 本条对3kV～10kV电压等级的接地方式作出了一般规定。

9.6.3 厂区低压电力网接地宜采用TN系统,这是根据多年烧结砖瓦工厂实际运行经验作出的规定。TN系统,根据N线与PE线组合有三种形式,即TN-S系统,全系统的N线与PE线分开；TN-C-S系统,PE线与N线是合在一起的,称为PEN线,但在某些用户端,PEN线分成PE线和N线,一旦分开,不能再合并；TN-C系统的PE线和N线一直是合在一起的。

三种接地系统适用于不同的场合。对于一个工程采用何种接地形式,应根据工程特点、负荷性质、习惯做法、工程投资等情况以及重要程度,以及当地地区条件,进行综合技术经济比较后确定。

9.6.6 自然接地体指水管、电缆外皮、金属结构等。

9.7 生产过程自动化

9.7.1 本条规定了烧结砖瓦工厂自动化设计的原则,对控制系统形式和自控重点工段宜采取的控制方式提出了要求。

条文中采用的集散型计算控制系统（Distributed control system, DCS）,又称为"分布式控制系统"或"分散型控制系统"等,概括来讲,它是由集中管理部分、分散控制监测部分和通信部分构成。它具有通用性强、系统组态灵活、控制功能完善、数据处理方便、显示操作集中、人机界面友好、安装简便规范、调试方便、运行安全可靠等特点。对于提高砖瓦生产工厂自动化水平、提高产品质量、降低能源损耗、提高生产率、保证生产安全提供了可靠的技术保障。

9.7.2 本条规定了控制室设置的基本要求。控制室是生产过程的监测中心,在设计时就应将控制室纳入规划,对大、中型厂应设置中央控制室,小型厂应设置车间控制室。控制室应按照国家有关规定和规范的要求设置消防设施。

9.8 通 信 系 统

9.8.1 工厂内的通信系统是加强企业管理、组织和调度生产、及时处理问题并与外界联系的重要设施。本条规定了烧结砖瓦厂通信系统的组成。

9.8.2 本条规定了厂内电话系统的设计要求，根据工厂特点引用了现行国家标准《工业企业通信设计规范》GBJ 42 的规定。具体设置如电话站设计中交换机形式的选用，应根据当地市话局有关规定及各地区邮电部门的文件确定。电话用户数量的设计应留出足够的余量，以利于以后发展。

调度电话是工厂中组织生产和企业管理的重要通信手段，为确保调度功能的实现，配气站、煤气站与用气点，油泵房与用油点之间应设置调度电话。

9.8.3 通信系统的接地设施是为了保证设备及人身安全，同时也是为了保证通信质量的要求。由于通信设备信号弱，而且灵敏度高，容易受到干扰，所以有条件时应将工作接地、保护接地及防雷接地分开单独设置。如果受条件限制不能分开时，也可以合用接地装置，但此时接地线截面、接地电阻等一定要符合有关规定要求。

10 建筑结构

10.1 一般规定

10.1.1 建筑设计和结构设计首先应满足工艺需要，保证对生产设备的保护、对劳动者的安全保护以及对环境的保护等，还应切实考虑自然条件对建筑设计的影响。

10.1.2 结构形式的选用应本着"技术先进、经济合理"的总原则，结合具体工程的规模、投资、所在地区施工水平、进度要求等因素，综合考虑采用的结构形式。

10.1.3 本条是根据现行国家标准《建筑结构可靠度设计统一标准》GB 50068 的要求，对烧结砖瓦工厂各建筑物（或构筑物）的安全等级进行了具体划分。

10.1.4 本条是根据现行国家标准《建筑工程抗震设防分类标准》GB 50223，对烧结砖瓦工厂各建筑物（或构筑物）抗震设防分类的具体划分。

10.1.5 本条是根据现行国家标准结合烧结砖瓦工厂的建筑物（或构筑物）特点制定的。

10.3 辅助用室、生产管理及生活建筑

10.3.1 烧结砖瓦工厂的生产辅助用室包括车间办公室、值班室、工具间、控制室以及更衣室、厕所、盥洗室和浴室等生活用室。

生产管理及生活建筑包括厂前区的工厂办公楼或综合办公楼、食堂、锅炉房、实验室、浴室、单身宿舍、工厂标识物、围墙大门、传达室等。

10.5 建筑构造设计

10.5.1 生产排放烟气中含有腐蚀性气体如 SO_2 等，容易形成酸雾，对金属材料造成腐蚀，故作本条第 3 款规定。

10.5.2 推动墙体改革是我国保护耕地、节约能源、综合利用工业废料的一项重要技术政策。建筑设计在墙体材料革新中应发挥龙头和纽带作用，积极推广、应用新型墙体材料。

1 本款为强制性条款，非承重的框架填充墙应采用新型墙体材料砌筑。新型墙体材料因为具有一定的孔洞率，保温性能和隔热性能优于传统的实心砖，有利于减少建筑能耗。

对于某些边远地区或确实没有空心砖、多孔砖等替代产品或因当地以制砖开山造田等情况，可不受此限。

10.6 主要结构选型

10.6.1 基础方案是烧结砖瓦工厂结构设计的重要环节之一，在一般情况下，天然地基比人工地基经济，但对重型建筑物（或构筑物）和在某些特定条件下，天然地基不一定能满足设计要求和达到经济的目的时，应采用人工地基。

10.9 结构计算

10.9.1 根据实践经验，高宽比大于 4 的框架、天桥支架的柔度较大，风振系数的影响不能忽略，应该加以考虑。

11 给水与排水

11.1 一般规定

11.1.1 本条规定了给水排水设计的基本原则。水是国家的重要资源，《中华人民共和国水法》明确规定，应实行计划用水和厉行节约用水，合理利用、开发和保护水资源。国家环保和水污染防治法也明确规定，要保护自然水域，执行废水排放标准，防止废水对环境的污染。因此，必须根据建厂地区水资源主管部门对水资源的总体规划，与有关方面协商对水的综合利用与协作。

11.2 给 水

11.2.1 本条规定了烧结砖瓦工厂的用水标准，包括生产用水量，工作人员生活用水量，冲洗、化验和绿化用水量以及未预见用水量等，是根据有关的现行国家标准，结合多年设计生产的实际情况制定的。

化验室主要是化验用水及清洗用水，一般根据同类规模由工艺提供用水量。修理车间主要是清洗用水。这两处用水量不大，根据生产规模和装备情况确定用水量。

未预见用水量按生产、生活总用水量的 15%～30%计算，主要对各种不可预见的用水量及系统渗漏

等因素适当留有余量，按生产规模取值。此用水量不含再生水回用量。

11.2.2 机械设备冷却水的水质要求应符合现行国家标准《压缩空气站设计规范》GB 50029 及其他标准和规定（见表 2）。

11.2.4 生产用水水压差别较大。车间进口水压本条规定为常压，可以满足大部分用水设备的水压要求，使给水系统设计合理，但对于高楼层或远距离等个别用水部位，可能水压不足，可用管道泵或其他加压设备局部加压。对于水质要求高、水压为中高压的喷雾用水，一般自成系统，单独加压。

表 2　水质硬度的有关标准和规定表

标准、资料名称及编号	用水名称	水质标准			备注
		项目	指标	以 $CaCO_3$ 计 (mg/L)	
《压缩空气站设计规范》GB 50029—2003	空气压缩机及后冷却器冷却水	碳酸盐硬度	（以 CaO 计）≤140mg/L 168mg/L 196mg/L 280mg/L	≤250 300 350 500	排水温度 45℃ 40℃ 35℃ 30℃
《工业锅炉水质》GB/T 1576—2008	锅壳锅炉给水 热水锅炉给水	总硬度	<70mg/L	<175	锅内加药处理
《生活饮用水卫生标准》GB 5749—2006	生活饮用水	总硬度	450mg/L（以 $CaCO_3$ 计）	450	—
《给水排水手册》第 4 册	循环冷却水	碳酸盐硬度	<60mg/L	<150	不加阻垢剂
			138mg/L	300～450	加阻垢剂

11.2.5 本条规定了水源选择的基本原则。为满足烧结砖瓦工厂正常生产生活用水的需要，水源工程设计应保证取水安全可靠，水量充足，水质符合要求，投资运营经济，维护管理方便。

11.2.6～11.2.8 取水工程中，对取用地下水应遵守地下水开采的原则，并确保采补平衡；对取用的地表水，枯水流量与水位的保证率及最高水位的确定是参照现行国家标准《室外给水设计规范》GB 50013 制定的。其中枯水位保证率的上限，本规范采用 97%。大、中型厂和水源丰富地区宜取大值，小型厂和缺水地区可取小值。

11.2.9 为了保证烧结砖瓦工厂生产生活用水的安全可靠，对输水管线的安全输水设计本条作了明确的规定，当其中一条输水管线故障时仍能通过 80% 的设计水量。

11.2.10 烧结砖瓦工厂自备水厂的规模由生产生活最大用水量加上消防补充水量和水厂自用水量等项确定，并根据烧结砖瓦工厂的总体规划要求，确定是否留有扩建的可能。

11.2.11 本条规定了生产给水系统的选择原则。在一般情况下，机械设备冷却水采用敞开式循环水系统，循环回水可结合工厂的具体布置，采用压力流或重力流。生产用水重复利用率是根据多年设计与实践经验确定的，其计算式如下：

生产用水重复利用率＝生产间接循环回水量/
（生产间接循环给水量＋生产直接耗水量）×100%

为了保持循环冷却水的水质平衡，采用冷却塔降低水温时，应进行水质稳定计算，并应有保持水质稳定的措施，如加水质稳定剂、加杀灭菌藻的措施、加旁滤改善水质浓缩、采用冷却塔降低水温等。

11.2.12 对水质要求较高的锅炉用水的原水、化验水和仪器仪表用水等，本条规定"可"由生活给水系统供水。如有确保供水水质的措施，也可采用循环冷却水或再生水作为备用水源。经验表明，循环水不可避免地有少量渗漏油污，含油水和杂质混合，易堵塞喷水系统。再生水是污水、废水三级深度处理后的水，应有严格的管理和维护，才能确保连续地、稳定地供给符合要求的水，以维持正常生产。

11.2.13 本条参照现行国家标准《室外给水设计规范》GB 50013 的规定，并结合烧结砖瓦工厂的实际情况制定。

11.2.14 本条根据现行国家标准《工业企业设计卫生标准》GBZ 1 及《生活饮用水卫生标准》GB 5749 制定。当生产给水以生活给水为备用水源而使两者管道连接时必须设隔断装置，防止污染生活饮用水。可在两个阀门中间装 1 个放水阀，并在生活管网（或城镇生活饮用水管网）一侧设单向阀，防止停水时水倒流入生活管网（或城镇管网）。

11.2.15 由于生活用水的不均匀性及消防要求，本条规定生活消防给水系统设置水量调节储存设施。在适用可靠的前提下，首先考虑利用厂区附近地形设置高位储水池，无高地可以利用或技术经济不合适时，可设置水塔；也可采用变频调速水泵或气压给水设备，但该产品应有当地公安消防部门的批准认证。

11.2.16 本条规定了设计用水计量的原则，根据《中华人民共和国计量法》、《企业能源计量器具配备和管理通则（试行）》、《评价企业合理用水技术通则》制定。对外购水总管、自备水井管、生产车间和辅助部门均应设置用水计量器具。各个车间和公用建筑生活用水的计量均应单独装表。循环水泵站计量仪表设置应符合现行国家标准《工业循环冷却水处理设计规范》GB 50050 的规定。

11.3　排　　水

11.3.1 本条对排水工程设计、排水系统划分作了规定。

11.3.2 本条对生产排水量作了规定；对于生活污水量，应按现行国家标准规定的排水定额确定，为满足设计前期工作的需要，根据经验也可按生活用水量的80%~90%取值。

11.3.3 本条对部分车间和建筑物的污水排入排水管网之前，进行局部处理作了规定。处理设施通常设在室外，寒冷地区有的设在室内，可随建筑物项目划分为室内工程。

11.3.4 本条规定烧结砖瓦工厂的污水应根据国家和地方的排放标准确定处理方案，但污水排放标准应取得当地县以上环保主管部门的书面意见。

11.3.5 本条规定了室内外排水系统应协调一致。室内排水系统是按用水水质、水压的不同要求设置的。

11.4 消防及其用水

11.4.1 为了防止和减少火灾的危害，烧结砖瓦工厂应有消防给水及消防设计。消防设计应征得当地公安消防部门的同意。消防给水系统的完善与否直接影响到火灾的扑救效果。

11.4.2 根据现行国家标准《建筑设计防火规范》GB 50016 的规定，烧结砖瓦工厂占地面积等于或小于 $100\times10^4 m^2$，同一时间内的火灾次数应为 1 次。

11.4.3~11.4.5 这几条根据现行国家标准《建筑设计防火规范》GB 50016，结合烧结砖瓦工厂具体情况制定。通常烧结砖瓦工厂消防给水系统与生活给水系统合并，也可与生产给水系统合并，采用低压给水系统。对设有储油系统的消防给水，因有特殊要求，按规定油库区采用独立的消防给水系统。室外消防管网应布置成环状，只有在建设初期或消防水量不超过 15L/s 时，可布置成枝状。

11.4.6 容量在 400MV·A 及以上的可燃油油浸电力变压器内有大量的变压器油，规定宜采用水喷雾灭火。根据现行国家标准《建筑设计防火规范》GB 50016，如有条件，室内采取密封措施，技术经济合理时，也可采用二氧化碳或其他气体灭火。油量小的变压器不作规定，可用移动式灭火设备。

11.4.7 为保证烧结砖瓦工厂重要设备、仪表不受损坏，对设置火灾检测与自动报警装置的部位作了具体规定。

11.4.8 烧结砖瓦工厂的灭火设施很多，主要由室内、外消火栓供水灭火，同时按需要，可设有自动喷水、泡沫、二氧化碳、干粉和其他多种灭火设施。

12 采暖、通风与除尘

12.1 一般规定

12.1.1 采暖、通风与除尘设计方案直接涉及投资、能源、环境保护与管理使用。北方厂供热投资、能耗较大，南方厂空气调节设备投资及能耗较大，因此设计方案的选择一定要根据建厂地区综合条件，确定技术先进可行、经济合理的设计方案。

12.1.2 本条规定了现行国家标准《采暖通风与空气调节设计规范》GB 50019 为设计烧结砖瓦工厂采暖、通风与空气调节的室外气象计算参数、计算方法的依据。

12.2 采 暖

12.2.1 本条是对采暖设计作出的规定。

1 本款系参照现行国家标准《采暖通风与空气调节设计规范》GB 50019 制定的。条文中给出了集中采暖地区的气象条件及设置集中采暖的原则。累年日平均温度稳定低于或等于 5℃，且日数大于或等于 90d 的地区，应设置集中采暖。

2 是否设置集中采暖取决于企业的财力、物力以及对卫生条件的要求。目前有些厂地处集中采暖地区，但由于资金短缺，不设集中采暖。然而有些非集中采暖地区的工厂，企业效益较好，或外资、合资企业，卫生条件要求较高，要求设置采暖设施，本款就是依据上述具体情况制定的。

3 制定本款的主要目的是为了防止在非工作时间或中断使用的时间内（如压缩空气站、有水冷却或消防要求的车间），水管和其他用水设备发生冻结现象。

由于生产厂房比较高大，从节省投资与能源角度出发，对工艺系统有温度要求的地点设置集中采暖，其他无温度要求的空间可用围护结构隔断。

4 在生产厂房不规则、设备多、粉尘较大、热风采暖受空间限制时，用散热器采暖可保证采暖效果。只有当散热器采暖不能保证采暖室内设计温度时，方可用热风辅助采暖。

5 采暖引起火灾的原因主要是暖气管道和散热器表面的温度过高，与易燃物质接触，积热不散引起自燃而发生火灾。

6 由于供暖方式不同，造成采暖房间卫生条件差异较大，有的过热，有的偏冷，因此参考有关资料，规定了不同供暖方式的采暖间歇附加值。

12.2.2 热水和蒸汽是集中采暖系统常用的两种热媒，实践证明，热水采暖比蒸汽采暖具有节能、效果好、设施寿命长等优点，因此本条规定厂区采用热水采暖。但对于严寒地区，为了满足高大厂房和除尘设备保温的需要，节省采暖投资，在保证卫生条件下，规定厂区可以采用蒸汽采暖。

12.2.3 本条是对供热热源作出的规定。

1 当烧结砖瓦工厂所在区域有集中供热规划时，从节省投资、减少管理环节与环境污染等综合考虑，应按区域供热总体规划，确定烧结砖瓦工厂的供热热源。

2 本款规定了新建厂及改、扩建厂锅炉房设计的基本原则。

3 根据现行国家标准《锅炉房设计规范》GB 50041，结合烧结砖瓦工厂特点，规定了工厂供热热源、锅炉台数确定的原则。新建锅炉房锅炉台数不宜过多，台数太多，说明单台锅炉容量过小，造成建筑面积大、投资增加、管理复杂，需通过技术经济比较后确定单台锅炉的容量。一般寒冷地区采暖供热不考虑备用锅炉，允许采暖期短时间室内采暖温度适当降低。严寒地区以保障安全生产为目的，采暖供热应设置备用锅炉。为节省投资，对一些既有生活用汽，又有少量采暖用热的区域，可采取设置 2 台蒸汽锅炉加换热器的设计方案，保证供汽与供暖。

4 从采光、日晒等因素考虑，锅炉房控制室宜设在南向与东向，控制室面对锅炉间一侧应设观察窗。对于较大的锅炉房（一般寒冷地区，大、中型厂锅炉吨位折合 12 蒸吨左右）人员较多，维修工作量较大，应设置必要的生产、生活辅助房间。对于严寒地区，大、中型厂的锅炉房设置生活辅助房间尤为必要。

5、6 为减轻工人劳动强度，锅炉房供煤与除渣原则上均采用机械上煤、机械除渣。对于规模较大的锅炉房，供煤、除渣量大，当地处严寒地区，采暖期长，工作条件差，劳动量大，设置集中上煤、联合除渣是较适宜的。有些合资、独资企业或要求机械化程度较高的企业，为了减少劳动定员，要求锅炉房机械化程度较高时，也可采用集中上煤、联合除渣系统。

7 锅炉房的噪声对环境影响较大，为减少噪声对环境的影响，鼓风机、引风机应设置在厂房内，以阻挡噪声传播。实际测定鼓风机、引风机设在厂房内可降低噪声 10dB（A）～15dB（A）。鼓风机设在锅炉间是不适宜的，第一，工作环境噪声大；第二，鼓风机需从室外补风，造成锅炉间温度降低。

12.2.4 本条是对室外热力管网的规定。

1 厂区热水采暖管网采用双管闭式循环系统，主要是考虑闭式循环系统可防止系统内软化水流失，补给水量小，以达到安全、经济运行的目的。目前烧结砖瓦工厂热水采暖管网均采用双管闭式循环系统。当采暖采用蒸汽管网时，一般采用开式系统。它的优点是：系统比较简单、效果好、运行管理方便。其缺点是对高压蒸汽采暖将浪费一些热能。蒸汽采暖的凝结水应回收，回收方式可利用地形自流或设凝结水箱用水泵将其打回锅炉房。当采暖系统凝结水量太小，回收不经济时，也可就地排放。

2 本款规定了热力管网敷设的基本原则。从节省投资、减少占地及美观考虑以直埋敷设为宜。也可采用地沟敷设，根据多年设计及使用实践，地沟敷设的主干沟以半通行地沟为宜，接往各采暖用户支管可用不通行地沟。因建设场地紧张或解决严寒地区水管防冻问题，也常采用联合管沟方式。

对于改建、扩建工程，地下管线复杂或新建厂因场地紧张，可采用架空敷设。若新建厂的场地条件允许，从节能、安全运行等方面考虑采用直埋敷设或地沟敷设为好，尤其是在严寒地区更是如此。

无论直埋敷设或地沟敷设，其采暖入口的调节阀门宜装在室外阀门井内。室外设阀井有利于供热系统的调节和单个建筑检修放水。为保证工厂重点采暖用户的供热效果，在入口阀门井内应装设测量温度、压力的检测管座。

12.3 通 风

12.3.1 本条是对自然通风设计的规定。

在烧结砖瓦工厂总体布置时，对有余热产生的厂房布置原则应避免西晒，车间主要进风面应置于夏季最多风向一侧采取自然通风方式。

产生余热的车间、场所，一般是根据建厂所在地区环境状况，从建筑物布置及厂房围护结构上，考虑以自然通风方式消除余热，当工艺布置或工厂地处炎热地区，无法达到卫生条件时，才采用机械通风。

12.3.2 本条是对生产与辅助生产建筑机械通风设计的规定。

1 本款规定了机械通风的通风量计算原则，但实际上有些产生湿热的房间、场所难于准确地计算出有害物质量，当缺乏必要的资料时，可按房间换气次数确定。根据烧结砖瓦工厂设计与使用实践，参考现行国家标准《小型火力发电厂设计规范》GB 50049，规定了烧结砖瓦工厂各建筑物的通风换气次数。

2 产品卸车处，工人劳动强度较大，特别是炎热地区，工人操作条件差。

3 化验室通风柜排风量可根据标准通风柜标明的风量选取。该款规定的数据是参考《民用建筑采暖通风设计技术措施》提出的。通风柜排出的气体含有酸、碱蒸气或潮湿气体，应采用防腐风机及管道。

4 对变电站的配电室设机械过滤送风系统，室内保持正压，其目的是防止室外粉尘的侵入。当粉尘在带电体表面沉积较多，会影响电器零件正常工作，尤其是相对湿度较大的地区，潮湿粉尘的导电作用会造成系统短路，因而配电室是否设机械过滤送风，视环境状况及电器元件性能确定。

主要生产车间配电室由于导线及各种电器元件在运转过程中都会产生热量，尤其是炎热地区室内温度较高，不利于操作工厂巡视与检修。

7 本款规定因水泵站的加氯间散发出氯气等原因，为改善工作环境，保证卫生条件，需设置通风系统。凡是有腐蚀性气体产生的场所应设防腐风机，对有害气体密度大于空气密度的，其排风口应设在房间的下部。

12.3.3 本条是对事故通风设计的规定。

供配电系统的高压开关，其绝缘介质为油、惰性气体等。当高压开关发生故障时，高温电弧使油燃烧，导致室内烟雾弥漫；或气瓶破裂，六氟化硫在电弧作用下，会产生多种有腐蚀性、刺激性和毒性的物质。

在供电系统中设置电容器，其目的是为了提高其功率因数。但设置电容器会散发出大量热量；且电容器在高压电作用下有可能被击穿，致使绝缘材料燃烧产生有害气体。

射油泵间产生柴油雾气，燃油附件间挥发汽油，电瓶修理间产生铅蒸气；为防止事故，保障人身安全对上述场所均应进行排风。

12.4 除 尘

12.4.1 保护环境、防止污染是我国实行的重大技术政策之一。为此国家颁布了《中华人民共和国环境保护法》，有关部门还相继颁布了一系列有害物排放标准，如《环境空气质量标准》GB 3095 和《大气污染物综合排放标准》GB 16297。为了达到排放标准的要求，排除有害气体的局部排风系统有时必须设置净化设备。净化设备的种类繁多，本条指出应采取有效的净化措施。净化设备的选择原则及考虑的因素，只是与有害物的物理化学性质关系更为密切。设计时，应该根据不同情况，分别选择净化措施，有回收价值的应加以回收。

12.4.2 本条对除尘方式的选择作出了规定。

放散粉尘的生产过程，虽然允许加湿，但是对加湿量有一定限制，如破碎、筛分等，过量加湿会使产量下降，采用湿法除尘就受到一些限制，故作本条规定。

12.4.3 本条对密闭形式的选择作出了规定。

密闭是烧结砖瓦工厂综合防尘措施的关键环节之一。机械除尘和联合除尘的效果好坏，首先取决于扬尘地点的密闭程度。密闭得好，机械除尘的排风量就可大为减少；反之，即使增大机械除尘系统的排风量，也难以取得良好的效果。

至于密闭形式，对于集中、连续的扬尘点（如胶带机受料点），且瞬时增压不大的尘源，多在设备扬尘处采用局部密闭；对于全面扬尘或机械振动力大的设备，多采用留有观察孔和操作门并将设备（除电动机、减速箱外）大部分封闭在罩内的整体密闭，特点是密闭罩本身为独立整体，易于密闭；对于大面积扬尘且操作和检修频繁，采用整体密闭不便者，多采用留有观察孔和操作门并将扬尘设备全部密闭在罩内的大容积密闭。一般来说，大容积密闭罩比小容积密闭罩效果要好，特点是罩内容积大，可缓冲含尘气流，减小局部正压，这种密闭罩适用于多点扬尘、阵发扬尘和含尘气流速度大的设备或地点，如多卸料点、胶带机转运点等。但是，具体情况不同，不能一律对待，应根据设备特点、生产要求以及便于操作、维修等，分别采用不同的密闭形式。

12.4.4 本条对吸风点排风量的确定作出了规定。

在烧结砖瓦工厂机械除尘系统的设计中，如何确定吸风点的排风量是一个重要问题。排风量过小会使含尘空气逸入室内达不到除尘的目的；排风量过大会使除尘系统复杂，且设备庞大、造价和运行费用高。所以在保证粉尘不外逸的情况下，排风量愈小愈好。为此，设计时应通过计算或采用实测与经验数据正确确定吸风点的排风量。

吸风点的排风量主要包括以下几部分：工艺过程本身产生的烟尘量，物料输送过程中所带入的诱导风量和保持罩内负压（包括有时消除罩内正压）所需的空气量等。

12.4.5 本条对吸风口的位置及风速作出了规定。

在密闭罩上装设位置和开口面积适宜的吸风罩同除尘风管连接，使罩口断面风速均匀。为了防止排风把物料带走，还应对吸风口的风速加以控制。在吸风点的排风量一定的情况下（见本规范第 12.4.4 条），吸风口风速主要取决于物料的密度和粒径大小以及吸风口与扬尘点之间的距离远近等。

12.4.6 为保证除尘系统的除尘效果和便于生产操作，对于烧结砖瓦厂一般除尘系统，设备能力应按其所连接的全部吸风点同时工作计算，而不考虑个别吸风口的间歇修正。

当一个除尘系统的非同时工作吸风点的排风量较大时，为节省除尘设施的投资和运行费用，则该系统的排风量可按同时工作的吸风点的排风量加上各非同时工作的吸风点的排风量的15%～20%的总和计算。后者 15%～20%的排风量为由于阀门关闭不严的漏风量。

12.4.7 为了防止粉尘因速度过小在风管中沉降、聚积甚至堵塞风管，因此本规范附录 H 中根据不同的物料给出了除尘系统风管中的最小风速。

12.4.8 本条为除尘系统的划分原则。

烧结砖瓦厂除尘系统的划分应考虑吸风点作用半径不宜过大，便于粉尘的回收利用以及防止由于不同性质的粉尘混合后会引起的不良影响因素或导致风机功率过大的浪费电能现象。

12.4.9 本条规定了选择除尘器应考虑的因素。

除尘器的种类繁多，构造各异，由于其除尘机理不同，各自具有不同的特点，因此其技术性能和适用范围也就有所不同。根据是否用水作除尘媒介，除尘器分为两大类：干式除尘器和湿式除尘器。干式除尘器可分为重力沉降室、惰性除尘器、旋风除尘器、袋式除尘器和干式电除尘器等，湿式除尘器可分为喷淋式除尘器、填料式除尘器、泡沫除尘器、自激式除尘器、文氏管除尘器和湿式电除尘器等。

选择除尘器时，除考虑所处理含尘气体的理化性质之外，还应考虑能否达到排放标准、使用寿命、场地布置条件、水电源条件、运行费、设备费以及维护管理等，进行全面分析。

12.4.10 本条是从保障除尘系统的正常运行，便于维护管理，减少二次扬尘，保护环境和提高经济效益等方面考虑，并结合国内各烧结砖瓦厂的实践经验制定的。据调查，对粉尘的处理回收方式主要有以下几种：

对于干式除尘器，有人工清灰、机械清灰和除尘器的排灰管直接接至工艺流程等三种。人工清灰多用于粉尘量少，不直接回收利用或无回收价值的粉尘；机械清灰包括机械输送、水力输送和气力输送等，其处理方式一般是将收集的粉尘纳入工艺流程回收处理。机械清灰的输送灰尘设施较复杂，但操作简单、可靠。排灰管直接接至工艺流程（如接到溜槽、漏斗、料仓），用于有回收价值且能直接回收的粉尘，是一种较经济有效的方式。

除尘器收集的粉尘回收与处理方式直接关系到系统的正常运行、除尘效果和综合利用等方面。因此，需根据具体情况采取妥善的回收处理措施。工艺允许时，纳入工艺流程回收处理，则对于保证除尘系统的正常运行和操作维护等方面都有好处，而且往往也是经济的。

12.4.11 防止卸尘管的防漏风的措施，是在干式除尘器的卸尘管上装设有效的卸尘装置，卸尘装置（包括集尘斗、卸尘阀等）是除尘设备的一个不可忽视的重要组成部分，它对除尘器的运行及除尘效率有相当大的影响。如果卸尘装置装设不好，就会使大量空气从排尘口吸入，破坏除尘器内部的气流运动，大大降低了除尘效率。例如，当旋风除尘器卸尘口漏风达15%时，就会使除尘器完全失去作用。其他种类的除尘器漏风对除尘效率的影响也是非常显著的。

12.4.12 对于吸风点较多的机械除尘系统，虽然在设计时进行了各并联环路的压力平衡计算，但是由于设计、施工和使用过程中的种种原因，出现压力不平衡的情况实际上是难以避免的。为适应这种情况，保障除尘系统的各吸风点都能达到预期效果，因此，条文规定在各支管段上宜设置调节阀门在吸入段风管上，一般不允许采用直插板阀，因为它容易引起堵塞。作为调节用的阀门，无论是蝶阀、调节瓣或斜插板阀，都必须装设在垂直管段上。如果把这类阀门装在倾斜或水平风管上，由于阀板前、后产生强烈涡流，粉尘容易沉积，妨碍阀门的开关，有时还会堵塞风管。

12.4.13 在设计机械除尘系统时，通常把除尘器布置在系统的负压段，其最大优点是保护通风机壳体和叶片免受或减缓粉尘的磨损，延长通风机的使用寿命。烧结砖瓦厂也有把除尘器置于系统正压段的，例如，采用袋式除尘器时，为了节省外部壳体的金属耗量，避免因考虑漏风问题而增加除尘器的负荷，延长布袋的使用期限及便于在工作状况下进行检修等，有时把除尘器安装在正压段就具有一定的优点。在这种情况下，应选择排尘通风机。由于同普通通风机相比，排尘通风机价格较贵，效率较低，能量消耗约增加25%以上。因此，设计时应根据具体情况进行技术经济比较后确定。

13 其他生产设施

13.2 实验室

13.2.1～13.2.3 这三条主要是考虑了烧结砖瓦工厂正常运转所需的必要设置。

13.3 机电设备维修

13.3.1 大、中型厂应具备完善的机修能力，本条规定了机修车间应有的装备水平；装备水平与外部协作条件有关，有良好的协作条件时可对不常使用且占用资金的设备不予设置。

13.3.2 电气修理车间的设置以能满足大型低压设备的大、中修为主，大型高压电机及大容量的电力变压器的大、中修应以外协解决为主，仪表的修理应以内部常用仪表为主，高端的自动化仪表亦应通过外协解决问题。

13.4 地　　磅

13.4.2 采用无坑基安装，可节约建设投资。

13.5 压缩空气站

13.5.1 烧结砖瓦工厂各用气点对压缩空气压力、质量要求不同，在设计压缩空气站时应根据实际需要，经济、合理地配置相应设备及管道。

13.5.2 压缩空气的质量应符合现行国家标准《工业自动化仪表气源压力范围和质量》GB 4830 的有关规定。

13.5.3 气体经过空气压缩机后，含有大量饱和蒸汽及油污，经过充分冷却、除油干燥处理后，使气体中大部分水、油污分离出来，可避免其进入稳压罐内，造成堵塞。

13.5.4 压缩空气站集中设置还是分散设置，应根据用气负荷中心位置，尽量减少气体压力损失，经过比较后确定。

13.5.5 本条规定了对空气压缩机的选型和台数配置应考虑的因素。在生产中使用压缩空气的生产环节要求气源不断，因此空气压缩机需有备用。

13.6 工艺计量

13.6.1 为了有利于生产控制、经营管理和经济核算，烧结砖瓦工厂设计中，必要的工艺环节应设置计量装置，其装备水平与工厂规模、自动化程度要协调考虑。

14 节 能

14.1 一般规定

14.1.3 能源节约和综合利用能源，应与厂址选择、工艺方案统一考虑。在初步设计时，对节约和合理利用能源要有专门论述的内容。

14.2 技术、工艺、装备节能

14.2.1 《烧结砖瓦工厂节能设计规范》GB 50528 对新建、扩建和改建的烧结砖瓦工厂的工艺、建筑结构、干燥焙烧等工艺环节及设备选型的节能设计作出了规定，设计时应遵照执行。

14.2.2、14.2.3 这两条规定是为了充分发挥烧结砖瓦工业特有的节能环保功能。利用废弃物生产烧结砖既能利用其热能，减少能源消耗，又能消耗废弃物，有利于节能环保，同时废弃物作为原料，减少了土地等自然资源的消耗。

14.2.4 内燃烧砖的最大特点是可以燃性工业废料部分取代或全部取代燃料和原料，节约日益紧缺的煤炭资源和黏土等资源，对于资源有效利用和环保具有很大的意义。

14.2.6 窑炉设计中耐火材料和保温材料的选择要根据窑炉结构、制品焙烧性能以及投资等因素综合考虑，优化设计，达到《烧结砖瓦工厂节能设计规范》GB 50528 中对窑体传热系数和散热量的要求。

14.3 余热利用

14.3.1 本条为强制性条文。焙烧窑炉余热利用是烧结砖瓦工厂节能设计的重点之一，利用焙烧窑炉的余热干燥湿坯体是一种行之有效的工艺，目前被广泛用于各种烧结砖生产线中。

焙烧窑炉余热利用有多种途径和方式，干燥砖坯是最基本的，窑炉余热应优先用于坯体干燥。

在严寒、寒冷地区，宜设置窑炉余热交换装置，供生产车间冬季采暖。

对于超内燃焙烧的窑炉，可采取多种方式有效地利用焙烧余热。

14.3.2 本条为窑炉余热系统设计的基本原则。

14.4 节 电

14.4.1 供配电系统的节能以提高系统功率因数为主，以提高设备利用率、降低空载损耗为辅，同时规划变电所位置和供电线路，降低线路损耗。工厂供电线路上的无功功率可采用集中补偿和分散就地补偿的方式，功率因数要求不小于0.92。当采用分散就地补偿方式时，对于不平衡负载应采取分相单独补偿。

14.4.2 合理选择电机容量，提高用电设备的效率是节能工作的关键。采用新型高效电机和使用变频器是电机节能的主要方式。对于无调速要求的大功率电机应采用电机节电器、进相机、电容就地无功补偿等设备进行无功补偿，降低设备能耗。

14.4.3 照明节电应采用高效节能的新型光源和产品，提高节能效果。

15 环境保护

15.1 气体排放污染防治

15.1.1、15.1.2 利用大气扩散和稀释能力是目前降低废气、烟气排放浓度的方法之一。烧结砖瓦工厂易产生粉尘的车间或工段包括原料破碎车间、煤气站和原料堆场等，如果总平面布置不合理，将对周围居民的生活造成一定的影响。

窑炉烟气的排放执行现行国家标准《工业炉窑大气污染物排放标准》GB 9078。

对于各类污染物的排放，国家和地方都有相应的排放标准。但对于国家重点保护的地区，如文物古迹集中区、旅游区、生态保护区等，地方的排放标准会更严格，企业应按照国标或地标中更严格的排放标准执行。

15.1.3、15.1.4 含尘气体包括含尘空气和烟气。烟气净化最好采用湿式方式，要考虑水处理后循环使用，防止污染转移。采用干式除尘要计算 SO_2 是否超标。

15.2 废水污染防治

15.2.1 本条是废水污染防治设计的原则。

15.2.2 本条为强制性条文，是为防治污染地下水所作的规定。《中华人民共和国水污染防治法》第三十五条规定：禁止利用渗井、渗坑、裂隙和溶洞排放、倾倒含有毒污染物的废水、含病原体的污水和其他废弃物。

15.3 噪声污染防治

噪声控制应首先控制噪声源，选用低噪声的设备；超过许可标准时，还应根据噪声性质，采取消声、建筑隔断、隔声、减振等防治措施。

15.3.3 本条强调噪声污染防治首先从设备选型和布置上加以控制，其次再根据噪声性质进行控制。

根据现行国家标准《工业企业噪声控制设计规范》GBJ 87 的有关规定，对于生产过程及其设备产生的噪声，首先从声源上进行控制，以低噪声的工艺和设备代替高噪声的工艺和设备；如仍达不到要求，则应采用隔声、消声、减振以及综合控制等措施。选择设备时,控制设备噪声在85dB（A）以下是经济有效的办法。

按噪声性质分类,噪声可分三类:一是空气动力性噪声,二是机械性噪声,三是电磁性噪声。机械性噪声是烧结砖瓦工厂的主要噪声源,对周围影响较大。

空气动力性噪声一般为70dB（A）~100dB（A）,目前烧结砖瓦工厂对这类噪声都采取了隔声和消声的措施。如空气压缩机、风机噪声属于此类。

机械性噪声一般为85dB（A）~105dB（A）,这类噪声一般采用减振、隔声和吸声措施,如破碎设备等。

电磁性噪声一般在90dB（A）以下,它不是烧结砖瓦工厂的主要声源,对周围环境质量影响不大,所以没有明确规定对此类噪声的治理措施。

15.4 固体废物污染防治

15.4.1《中华人民共和国固体废物污染环境防治法》第三条规定:国家对固体废物污染环境的防治,实行减少固体废物的产生量和危害性,充分合理利用固体废物和无害化处置固体废物的原则,促进清洁生产和循环经济发展。《建设项目环境保护设计规定》第四十四条规定:对有利用价值的废渣,应考虑回收或综合利用措施;对没有利用价值的废渣,可采用无害化堆置或焚烧等处理措施。防止固体废物综合利用过程中,只重经济效益不管防治污染的不良倾向。同时也要防止只重视减少污染或无害化,而不管经济开支,这样会使综合利用工作难以正常开展,甚至被停止。

15.5 环境保护设施

15.5.2 环境保护设施内容系根据烧结砖瓦工厂污染源和污染物种类确定。

16 职业安全卫生

16.1 一般规定

16.1.1 烧结砖瓦工厂设计应符合国家现行的有关职业安全卫生的法规、标准的有关规定,必须贯彻"安全第一、预防为主"的方针。

16.1.2 烧结砖瓦工厂设计应提高生产综合机械化和自动化程度,对生产过程中的各项职业危害因素,应遵循消除、预防、减弱、隔离、连锁、警告的原则,在各专业设计中采取相应的技术措施,改善劳动条件,实行安全生产、文明生产。

16.4 防雷保护

16.4.1、16.4.2 防雷设计要对当地地质气象状况作出精确统计,对需要防雷的建筑物进行分类,其分类标准应符合现行国家标准《建筑物防雷设计规范》GB 50057中的相关条款。

防雷设计应认真调查了解当地气象及雷电活动情况,做到既要保证安全,又要经济合理。本规范对各建筑物按其生产性质、发生雷电事故的可能性及其后果,并按防雷要求分为三类。各类建筑物的防雷设计应符合国家现行有关规程及规范的要求。

16.4.3 处于多雷暴地区的厂房、宿舍、办公楼均属于二类防雷建筑。多雷暴地区且具有火灾爆炸危险的工厂设施应按一级防雷设置,因防雷装置的提高并不占用很大投资,所以在防雷建筑分类时,处于模糊界限中的建筑可按高一级防雷设置,确保安全。

16.7 噪声控制

16.7.4 在钢溜管、钢料仓壁采取阻尼和隔声措施,是为避免块状物料直接撞击产生噪声。

中华人民共和国国家标准

硅太阳能电池工厂设计规范

Code for design of crystalian silicon solar cell plant

GB 50704—2011

主编部门：中华人民共和国工业和信息化部
批准部门：中华人民共和国住房和城乡建设部
施行日期：２０１２年６月１日

中华人民共和国住房和城乡建设部
公 告

第 1087 号

关于发布国家标准《硅太阳能电池工厂设计规范》的公告

现批准《硅太阳能电池工厂设计规范》为国家标准，编号为 GB 50704—2011，自 2012 年 6 月 1 日起实施。其中，第 1.0.3 (1)、5.2.3、5.2.5、6.6.1、6.6.2、6.6.4、7.2.11、7.3.4、7.5.10 条（款）为强制性条文，必须严格执行。

本规范由我部标准定额研究所组织中国计划出版社出版发行。

中华人民共和国住房和城乡建设部
二〇一一年七月二十六日

前 言

本规范是根据住房和城乡建设部《关于印发〈2008 年工程建设标准规范制定、修订计划（第二批）〉的通知》（建标〔2008〕105 号）的要求，由信息产业电子第十一设计研究院有限公司会同有关单位共同编制完成。

本规范在编制过程中，编制组主要依据现行相关标准，在进行了大量的调查研究基础上，总结近年来我国硅太阳能电池工厂的设计、建设和管理经验，参照国外类似工厂的通行做法，广泛征求了各方面的意见，对具体内容进行了反复讨论和修改，最后经审查定稿。

本规范共分 9 章和 3 个附录，主要内容包括：总则，术语，总体设计，建筑与结构，采暖通风、空气调节与净化，给水排水，气体动力与化学品输送，电气设计，节能与资源利用等。

本规范中以黑体字标志的条文为强制性条文，必须严格执行。

本规范由住房和城乡建设部负责管理和对强制性条文的解释，由工业和信息化部负责日常管理，由信息产业电子第十一设计研究院科技工程股份有限公司负责具体技术内容的解释。本规范在执行过程中，请各单位积极总结经验，并将意见和建议寄至信息产业电子第十一设计研究院科技工程股份有限公司（地址：四川省成都市双林路 251 号；邮政编码：610021；传真：028-84333172；E-mail：edrill@edri.cn），以供今后修订时参考。

本规范主编单位、参编单位、主要起草人和主要审查人：

主 编 单 位：信息产业电子第十一设计研究院科技工程股份有限公司
中国电子系统工程第二建设有限公司

参 编 单 位：中国电子工程设计院
无锡尚德电力控股有限公司

主要起草人：
朱纮文　车　俊　李晓虹
蒋文英　卜　军　薛长立
杜宝强　王开源　曾野纯
李　强　徐高峰　王　建
赵启宁　郑才平　周长明
胡　栋　黄　炜　周健波
郑雪驹　周锦涛　杨　蕾

主要审查人：
崔容强　李锦堂　季秉厚
周名扬　刘传聚　王宗存
纪　苏　刘　瑾　林安中

目 次

1 总则 ……………………………… 7—47—5
2 术语 ……………………………… 7—47—5
3 总体设计 ………………………… 7—47—5
  3.1 选址 …………………………… 7—47—5
  3.2 总平面布置 …………………… 7—47—5
  3.3 人员净化和物料净化 ………… 7—47—5
  3.4 工艺设计 ……………………… 7—47—6
4 建筑与结构 ……………………… 7—47—6
  4.1 一般规定 ……………………… 7—47—6
  4.2 建筑防火 ……………………… 7—47—7
  4.3 室内装修 ……………………… 7—47—7
5 采暖通风、空气调节与净化 …… 7—47—7
  5.1 一般规定 ……………………… 7—47—7
  5.2 通风 …………………………… 7—47—7
  5.3 空气调节与净化 ……………… 7—47—8
  5.4 防排烟 ………………………… 7—47—9
  5.5 风管与附件 …………………… 7—47—9
6 给水排水 ………………………… 7—47—9
  6.1 一般规定 ……………………… 7—47—9
  6.2 一般给排水 …………………… 7—47—10
  6.3 纯水 …………………………… 7—47—10
  6.4 废水处理 ……………………… 7—47—10
  6.5 工艺循环冷却水 ……………… 7—47—10
  6.6 消防给水与灭火器配置 ……… 7—47—10
7 气体动力与化学品输送 ………… 7—47—11

  7.1 气体站房 ……………………… 7—47—11
  7.2 特种气体系统 ………………… 7—47—11
  7.3 大宗气体供给 ………………… 7—47—11
  7.4 冷热源 ………………………… 7—47—12
  7.5 化学品输送 …………………… 7—47—12
8 电气设计 ………………………… 7—47—12
  8.1 供电系统 ……………………… 7—47—12
  8.2 电力照明 ……………………… 7—47—13
  8.3 信息与自控 …………………… 7—47—13
  8.4 接地 …………………………… 7—47—13
9 节能与资源利用 ………………… 7—47—14
  9.1 建筑节能 ……………………… 7—47—14
  9.2 空调系统节能 ………………… 7—47—14
  9.3 冷热源系统节能 ……………… 7—47—14
  9.4 设备节能 ……………………… 7—47—14
  9.5 电气节能 ……………………… 7—47—14
  9.6 资源利用 ……………………… 7—47—15
附录 A 工业塑胶管耐化学腐蚀 … 7—47—15
附录 B 特种气体性质 …………… 7—47—16
附录 C 建筑物内空气调节冷、热水
     管的经济绝热厚度 ……… 7—47—17
本规范用词说明 …………………… 7—47—17
引用标准名录 ……………………… 7—47—17
附：条文说明 ……………………… 7—47—18

Contents

1 General provisions .... 7—47—5
2 Terms .... 7—47—5
3 General design .... 7—47—5
 3.1 Location .... 7—47—5
 3.2 Master layout plan .... 7—47—5
 3.3 Personnel & material clean .... 7—47—5
 3.4 Process design .... 7—47—6
4 Architecture and structure .... 7—47—6
 4.1 General requirement .... 7—47—6
 4.2 fire-proof of building .... 7—47—7
 4.3 Indoor finish .... 7—47—7
5 HVAC & clean .... 7—47—7
 5.1 General requirement .... 7—47—7
 5.2 Ventilation .... 7—47—7
 5.3 Air conditioning & clean .... 7—47—8
 5.4 Smoke exhaust .... 7—47—9
 5.5 Air duct & fitting .... 7—47—9
6 Plumbing .... 7—47—9
 6.1 General requirement .... 7—47—9
 6.2 Normal plumbing .... 7—47—10
 6.3 Purified water .... 7—47—10
 6.4 Waste water treatment .... 7—47—10
 6.5 Process circulating cooling water .... 7—47—10
 6.6 Fire water supply & extinguisher .... 7—47—10
7 Gas & utility, chemical distribution .... 7—47—11
 7.1 Gas station .... 7—47—11
 7.2 Special gas system .... 7—47—11
 7.3 Bulk gas supply .... 7—47—11
 7.4 Cold & heat source .... 7—47—12
 7.5 Chemical distribution .... 7—47—12
8 Electrical design .... 7—47—12
 8.1 Power supply ststem .... 7—47—12
 8.2 Lighting .... 7—47—13
 8.3 IT & automatic control .... 7—47—13
 8.4 Grounding .... 7—47—13
9 Energy-saving & resource-utilization .... 7—47—14
 9.1 Architectural energy-saving .... 7—47—14
 9.2 Energy-saving for air conditioning .... 7—47—14
 9.3 Energy-saving for cold & heat source system .... 7—47—14
 9.4 Energy-saving for equipment ...... 7—47—14
 9.5 Energy-saving for electric .... 7—47—14
 9.6 Resource utilization .... 7—47—15
Appendix A   Industrial plastic pipe schedule (chemical etching-proof) .... 7—47—15
Appendix B   Performance of special gas used by silicon solar cell plant .... 7—47—16
Appendix C   Insulation thickness of air conditioning cold & hot water pipe in building .... 7—47—17
Explanation of wording in this code .... 7—47—17
List of quoted standards .... 7—47—17
Addition: Explanation of provisions .... 7—47—18

1 总　　则

1.0.1 为在硅太阳能电池工厂设计中贯彻执行国家的有关法律、法规和规定，达到保护环境、技术先进、经济合理和确保质量，以及节水、节电、节地、节材的目的，制定本规范。

1.0.2 本规范适用于新建、扩建和改建的硅太阳能电池工厂的设计。

1.0.3 硅太阳能电池工厂的设计，应符合下列规定：

1 必须合理利用资源、保护环境，并应防止在生产建设活动中产生的废气、废水、废渣、粉尘、有害气体、放射性物质以及噪声、振动、电磁波辐射等对环境的污染和危害。

2 应根据生产工艺的特点，积极采用新技术、新设备、新材料。

3 设计应为施工安装、维护管理、调试检修，以及将来安全生产创造必要条件。

4 应满足建筑消防的要求。

1.0.4 硅太阳能电池工厂的设计，除应符合本规范外，尚应符合国家现行有关标准的规定。

2 术　　语

2.0.1 硅太阳能电池　silicon solar cell

以晶体硅为基体材料的太阳能电池，也称硅太阳电池或晶硅电池。

2.0.2 酸碱排风　acid/alkali exhaust

排风介质中含有酸蒸气和碱性物质的工艺局部排风。

2.0.3 有机排风　organic exhaust

排风介质中含有有机溶剂蒸气的工艺局部排风。

2.0.4 工艺尾气　process of tail gas

生产设备排出含有硅烷、氨气等需进行处理的工艺生产气体。

2.0.5 技术竖井　technical shaft

电缆井、管道井、排烟道、排气道、垃圾道等竖向井道的统称。

2.0.6 反渗透浓水　opposed permeate dense water

原水经过反渗透装置浓缩后，离子含量较高且不会结晶析出的排放液。

2.0.7 气体站房　gas station

放置空压机和真空泵的房间。

2.0.8 冷冻站房　chiller station

放置冷冻机及其配套设备的房间。

2.0.9 特种气体　special gas

硅烷、氨以及用量较小的四氟化碳气体的统称。

2.0.10 大宗气体　bulk gas

在太阳能电池产品生产中作为反应气体、保护气体、吹扫气体的用量较大的氮气、氧气的统称。

2.0.11 终阻力　final resistance

空气过滤器积灰，阻力增加，当阻力增大到某一规定值时，过滤器报废，过滤器报废时的阻力值。

2.0.12 变电所　substation

指110kV及以下交流电源经电力变压器变压后对用电设备供电的电气装置及其配套建筑物。

2.0.13 不间断电源　（UPS）uninterruptible power system

一种含有储能装置，在主用电源中断时，将所储能量通过逆变器回路转换输出，继续为负载提供恒压恒频电源的电源系统。

3 总体设计

3.1 选　　址

3.1.1 硅太阳能电池工厂位置选择，应结合地区中远期规划，并根据当地经济技术条件综合比较后确定。

3.1.2 工厂宜选择大气含尘和有害气体浓度较低的地区。

3.1.3 工厂宜选择环境容量大、有较完备的市政废水处理设施的地区。

3.1.4 工厂宜选择市政燃气、电力、供水供应充足、交通便利的地区。

3.2 总平面布置

3.2.1 硅太阳能电池工厂的厂区布置，应按工艺生产系统、动力辅助系统、气体系统、化学品系统、三废处理系统、仓储办公系统以及生活系统等功能区域合理布局。

3.2.2 厂区的出入口人流、物流宜分开设置。

3.2.3 厂区应按当地规划设计要求设置相应规模的停车场地。

3.2.4 工厂装卸货区应设置足够的货车进出场地，并不得占用消防通道。

3.2.5 甲乙类物品库和甲乙类气体站应独立设置。

3.2.6 厂区宜设置环形消防车道。

3.2.7 厂区道路面层应选用整体性能好、发尘少的材料。

3.2.8 厂区绿化除应满足规划要求外，还应有利于保持厂区内的良好环境。

3.3 人员净化和物料净化

3.3.1 人员净化用室，应包括换鞋、存外衣、更换洁净工作服等房间。雨具存放、厕所、管理室、休息室等生活用室，以及空气吹淋室、气闸室、工作服洗涤间和干燥间等其他用室，可根据需要设置。

3.3.2 人员净化用室和生活用室的设置，应符合下列规定：

1 人员净化用室的入口处，应设净鞋设施。

2 外衣存放柜应按洁净室（区）设计人数每人一柜。

3 厕所、淋浴室宜设在进入人员净化用室之前。

3.3.3 硅太阳能电池厂房空气吹淋室的设计，应符合下列规定：

1 在洁净室（区）的入口处宜设空气吹淋室。当不设空气吹淋室时，宜设气闸室。

2 空气吹淋室应与洁净工作服更衣室相邻。

3 单人空气吹淋室应按最大班人数每30人设一台，当最大班使用人数超过30人时，可将2个或多个单人吹淋室并联布置，或采用多人吹淋室。

4 空气吹淋室一侧应设旁通门。

3.3.4 人员净化用室和生活用室，应根据产品生产工艺和空气洁净度等级要求按图3.3.4进行布置。

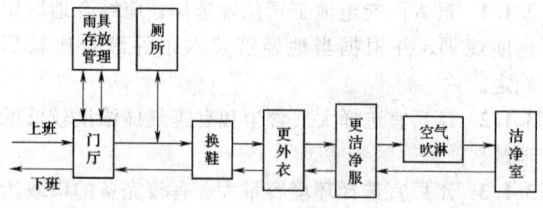

图 3.3.4 人员净化程序

3.3.5 洁净室（区）物料出入口，应根据物料的性质、尺寸等特征进行设计。

3.3.6 洁净室宜设计用于搬运设备的可拆卸金属壁板和预留设备搬运时便于搭设的临时缓冲间，位置设置应保证洁净室不受污染和设备运输线路的方便。

3.4 工艺设计

3.4.1 硅太阳能电池厂房的工艺区划，宜分别设置人员出入口、物料出入口。

3.4.2 硅太阳能电池厂房的工艺区划，应按产品生产工艺流程进行布置，常规布置可按图3.4.2进行。

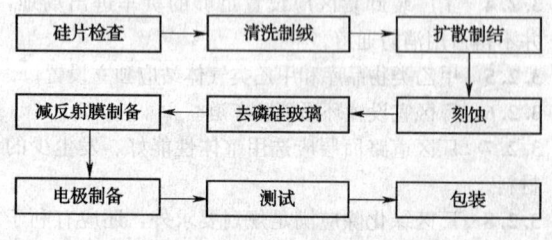

图 3.4.2 硅太阳能电池工艺流程

3.4.3 生产环境及动力品质应符合硅太阳能电池生产工艺的要求。

3.4.4 工艺布置应符合生产工艺设备的安装、维修要求，并应设置运输通道、安装口、检修口及净化设施，同时应做到布置合理、紧凑和有利于生产操作。

3.4.5 工艺设备的选型，应符合下列规定：

1 应选择耗能低、排污少的设备。

2 宜选择兼容性强、可升级为自动化生产或自动化程度高的设备。

3 应选择能达到产品质量和工艺要求的设备。

3.4.6 硅太阳能电池生产线设计宜采用连续生产运转的模式。

4 建筑与结构

4.1 一般规定

4.1.1 硅太阳能电池厂房的建筑功能应符合生产工艺的要求。

4.1.2 厂房设计应满足人流和物流运输的要求；辅助设施规划应满足工艺总体布局。

4.1.3 厂房的建筑平面和空间布局应具有灵活性，主体结构宜采用大空间及大跨度柱网。

4.1.4 厂房围护结构的材料及造型，应符合节能保温、防火、防潮、产尘量少等要求。

4.1.5 厂房主体结构的耐久性应与室内装备和装修水平相协调，主体结构应具有防火、控制温度变形和减小不均匀沉降的性能。

4.1.6 厂房变形缝不宜穿越洁净区；当厂房变形缝必须穿越洁净区时，应采取相应措施。

4.1.7 厂房生产区宜设置技术夹层或技术夹道，并应在技术夹层或技术夹道内设置检修通道。穿越楼层的竖向管线需暗敷时，宜设置技术竖井。

4.1.8 有洁净要求的生产区域内管沟宜设计成暗沟，沟内宜做防腐处理。

4.1.9 物流通道处地面应平整，不应有凹凸物。

4.1.10 气体站房、空调机房等应采取消声、隔声和减振措施。

4.1.11 厂区内的化学品库房和罐区设计，应符合现行国家标准《建筑设计防火规范》GB 50016的有关规定。

4.1.12 厂房内化学品中间库的设置，应符合下列规定：

1 化学品中间库应设置在单独房间内，且储存甲、乙、丙类化学品的中间库，应采用防火墙和耐火极限不低于1.5h的不燃烧体楼板与厂房分隔开，并应靠外墙布置。

2 化学品中间库应按化学品的物理化学性质分类储存；当物料性质不允许同库储存时，应用实体墙隔开，并应各设出入口。

3 甲、乙类化学品中间库的储量不宜超过24h的需用量，丙类液体中间罐的容积不应大于1m³。

4.1.13 厂房内的特种气体间应按甲乙类中间库设计，储存有硅烷的特种气体间其泄压比不应小于0.11。

4.1.14 厂房地面垫层宜配单层双向钢筋网，潮湿地区垫层应做防潮处理。

4.1.15 厂房楼面等效均布活荷载，应根据工业设备安装和检修的荷载要求确定，当缺乏资料时，可按表4.1.15的规定确定。

表4.1.15 厂房楼面等效均布活荷载

名 称	活荷载标准值（kN/m²）
硅片装盒	5
清洗制绒	8
扩散制结	6
刻蚀	8
去磷硅玻璃	8
减反射膜制备	10～15
电极制备	6
测试	5
包装	6

注：1 表中未列的其他荷载应按现行国家标准《建筑结构荷载规范》GB 50009的有关规定选用。
　　2 活荷载的组合值系数1.0，频遇值系数0.9，准永久值系数0.8。
　　3 表列活荷载不包括隔墙自重。
　　4 设计主梁、墙、柱、基础时，表列活荷载应进行折减，折减系数可采用0.6～0.8。

4.2 建筑防火

4.2.1 硅太阳能电池生产厂房的火灾危险性类别应为丙类，厂房的耐火等级不宜低于二级。

4.2.2 厂房内洁净区的顶棚和壁板及夹芯材料应为不燃烧体。顶棚和壁板的耐火极限不应低于0.5h，但疏散走道隔墙的耐火极限不应低于1.0h。

4.2.3 在一个防火分区内的洁净生产区与一般生产区之间，应设置不燃烧体的隔墙或顶棚，其耐火极限不应低于1.0h。穿隔墙或顶棚的管线周围空隙，应采用防火封堵材料紧密填堵。

4.2.4 洁净区内部隔墙可隔断至吊顶板底。

4.2.5 技术竖井井壁应为不燃烧体，其耐火极限不应低于1.0h。井壁上检查门的耐火极限不应低于0.5h；竖井内在各层楼板处，应设置相当于楼板耐火极限的不燃烧体作水平防火分隔；穿过水平防火分隔的管线周围空隙，应采用防火封堵材料紧密填堵。

4.2.6 安全出口应分散布置，不应采用吹淋等净化入口，安全出口应设置明显的疏散标志。

4.2.7 安全疏散距离应结合工艺设备布置确定，并应符合现行国家标准《建筑设计防火规范》GB 50016的有关规定。

4.3 室内装修

4.3.1 厂房的建筑围护结构和室内装修，应选用气密性良好、变形小的材料。

4.3.2 厂房楼地面应符合平整、不起尘、避免眩光的生产工艺要求。

4.3.3 厂房洁净室内墙壁和顶棚的装修应避免积尘和眩光，不宜采用砖砌墙抹灰墙面。

4.3.4 洁净区内的窗不宜设置窗台。

4.3.5 洁净室的密闭门宜朝空气洁净度较高的房间开启，并应加设闭门器，密闭门上宜设置观察窗。

4.3.6 设计选用的装修材料的燃烧性能，应符合现行国家标准《建筑内部装修设计防火规范》GB 50222的有关规定。

4.3.7 工艺要求净化间需做防静电地坪时，可按现行国家标准《电子工业洁净厂房设计规范》GB 50472的防静电环境三级要求进行设计。

5 采暖通风、空气调节与净化

5.1 一般规定

5.1.1 设计方案应根据工艺要求、建筑物的特点、现有能源状况等确定，并应做到有效、经济、合理、节能。

5.1.2 通风、空调与净化系统的设计应符合生产工艺对生产环境的要求，并应适应不同生产负荷的需求。

5.1.3 厂房采暖系统的设置应符合现行国家标准《采暖通风与空气调节设计规范》GB 50019的有关规定。

5.1.4 位于严寒地区和寒冷地区，且有可能产生冻结危险的管道和设备，应采取防冻措施。

5.1.5 洁净度优于8级的区域内不应设置散热器采暖。

5.1.6 设计主风管风速不宜大于9m/s，主支管风速宜为3m/s～6m/s，支管风速不宜大于4m/s。

5.2 通　风

5.2.1 通风系统的设置应符合人员安全、卫生以及生产工艺等方面的要求。

5.2.2 生产厂房内连续产生有害气体的工艺设备，应设置局部排风装置。

5.2.3 符合下列情况之一时，应单独设置局部排风系统：

　　1 排风介质混合后能产生或加剧腐蚀性、毒性、燃烧爆炸危险性和发生交叉污染。

　　2 散发剧毒物质的房间和设备。

　　3 排风介质混合后易使蒸汽凝结并聚积粉尘。

5.2.4 洁净区的排风系统应采取防止室外气流倒灌的措施，且排风系统应设置在风机的进口侧。

5.2.5 含有易燃易爆物质的排风系统应与一般排风分开设置，并应采取防火防爆和安全排放措施。

5.2.6 排风介质中有害物浓度及排放量超过国家或地方标准时，应做无害化处理，处理后的排放浓度和排放量应符合现行国家和当地环保部门的有关规定。

5.2.7 酸碱排风、有机排风的出风口高度，应符合现行国家标准《大气污染物综合排放标准》GB 16297 的有关规定，并应采取防雷接地措施。

5.2.8 有机排风宜选择吸附或燃烧等处理方法处理后排放。吸附材料应再生循环使用，废气处理装置应设置在风机的吸口侧。

5.2.9 工艺尾气应经有效的净化设施处理后达标排放，并应设置应急备用装置。

5.2.10 工艺尾气处理系统应设置粉尘清扫装置或收集装置等。

5.2.11 工艺尾气燃烧塔的进气管风速不宜小于 17m/s。

5.2.12 多台工艺设备合用一个排风系统时，应采取保证风量平衡的措施。

5.2.13 局部排风系统总管上应设置流量测量孔，并宜设置自动监测装置；工艺设备排风出口宜设置流量测量孔。

5.2.14 硅烷间、氨气间、扩散间、三氯氧磷间等易产生和放散大量爆炸性气体或有害气体的房间，应设置事故通风系统。事故通风的换气次数不应小于 12 次/h。事故通风系统应设置自动、手动控制开关，手动开关应设置在室内外便于操作的地方。

5.2.15 事故通风的室内排风口应设置在有害物最大可能出现的区域。

5.2.16 换鞋室、更衣室、盥洗室、厕所等生产辅助房间，宜采取机械通风措施。

5.2.17 各动力站房应采取通风措施，宜优先采用自然通风。当自然通风不能满足卫生、环保或生产需求时，应设置机械通风或自然与机械联合通风的方式。

5.2.18 输送含有剧毒物质或工艺要求可靠性较高的排风机，应设置备用风机。

5.2.19 局部排风系统的排风机宜采取变频措施。

5.2.20 排风介质中含有水蒸气或凝结物的排风管顺气流方向应设置坡度，坡度不应小于 3‰，在低点应设置排放口，且应设置水封。

5.2.21 符合下列情况之一时，排风管应采取保温措施：
    1 排风介质温度大于或等于 60℃的排风管。
    2 外表面有可能产生凝结水的排风管。

5.2.22 排出有燃烧或爆炸危险物质的设备和风管，应采取防静电措施。

5.2.23 机械通风系统的室外进风口、排风口的设置应符合下列规定：
    1 进风口应设置在室外空气较清洁的地方，位置应低于排风口，并应采取防雨措施。
    2 进风口的底部距离室外地面不宜小于 2m；设在绿化地带时，不宜小于 1m。
    3 进风和排风不应短路；进风口、排风口在同侧时，排风口宜高出进风口 6m 以上；不能满足要求时，进风口和排风口的水平距离不宜小于 10m。
    4 室外的事故排风口与进风口的相对位置，应保证水平距离不小于 20m；当水平净距不能保证 20m 时，应保证排风口高出进风口 6m 以上。

5.3 空气调节与净化

5.3.1 厂房内的空气洁净度等级、温度、湿度，应符合生产工艺的要求。工艺无特殊要求时，湿度宜控制为 40%～70%，温度宜控制为 22℃～27℃。

5.3.2 通过围护结构传入空调区域的冷负荷应进行逐时计算。非 24h 运行的空调房间，其室内散热量形成的冷负荷应进行逐时计算。24h 运行的空调房间，其室内散热量形成的冷负荷宜按稳定传热计算。

5.3.3 室外空气计算参数应符合现行国家标准《采暖通风与空气调节设计规范》GB 50019 的有关规定。

5.3.4 厂房内空气调节系统符合下列情况之一时，宜分开设置：
    1 对温、湿度控制要求差别大的房间。
    2 净化空调系统与一般空调系统。
    3 容易产生交叉污染的区域。
    4 工艺设备发热量相差悬殊的不同房间。

5.3.5 空气调节系统新风口的设置应符合下列规定：
    1 应远离排风口，并应符合本规范第 5.2.23 条的规定。
    2 进风口处应设置密封性好的阀门，严寒地区应设置保温风阀。

5.3.6 空气调节区的送风量应取下列较大值：
    1 为消除空气调节区余热、余湿而确定的送风量。
    2 该区域所需的新鲜空气量。
    3 满足空气调节区洁净度等级的送风量。

5.3.7 生产区空调房间的新鲜空气量，应取下列较大值：
    1 补偿室内排风量和保持室内正压值所需的新鲜空气量之和。
    2 生产洁净区的新鲜空气量不应小于 40m³/(人·h)，生产非洁净区的新鲜空气量不应小于 30m³/(人·h)。

5.3.8 新鲜空气量可根据车间洁净度等级和室内发尘量进行计算得出，洁净室内换气次数可按表 5.3.8 的规定取值。

表 5.3.8 洁净室内换气次数

空气洁净度等级	换气次数（h⁻¹）	平均风速（m/s）
1～4	—	0.3～0.5
5	—	0.2～0.5
6	50～60	—
7	15～25	—
8～9	10～15	—

注：1 换气次数适用于层高小于 4.0m 的洁净室。
　　2 室内人员少、热源少时，宜采用下限值。

5.3.9 空气调节区的气流组织形式应根据房间的温湿度参数及精度、工艺设备的布置、洁净等级、风速、噪声、建筑装修等要求确定，并应符合下列规定：

 1 工作区的气流分布应均匀。
 2 工作区的气流流速应符合生产工艺和工作人员健康的要求。
 3 当生产区为洁净区时，气流流型应符合洁净度的要求。

5.3.10 洁净区与周围环境应维持一定的压差，不同等级的洁净区之间的静压差不应小于 5Pa；洁净区与非洁净区之间的静压差，不应小于 5Pa；洁净区与室外的静压差不应小于 10Pa。

5.3.11 洁净区维持不同压差值所需的压差风量，宜采用缝隙法或换气次数法确定。

5.3.12 洁净区内空调送风、回风和排风系统应连锁，启动时应先启动送风机，再启动回风机和排风机；关闭时连锁程序应相反。

5.3.13 空气过滤器的选用、布置，应符合下列规定：

 1 空气净化处理应根据空气洁净度等级选用过滤器。
 2 空气过滤器的实际处理风量不应大于其额定处理风量。
 3 中效和高中效空气过滤器宜集中设置在空调系统的正压段。
 4 亚高效和高效过滤器宜设置在净化空调系统的末端。
 5 同一净化空调系统中末端空气过滤器的阻力、效率、使用风量与额定风量之比值应相近。

5.3.14 对化学污染物有控制要求的生产车间，可采取化学过滤或其他去除措施。

5.3.15 加湿器与空调过滤段之间应有足够的吸收距离，在加湿工况下应保证过滤器前的空气相对湿度不大于 80%。

5.3.16 净化空调系统的送风机宜采取变频措施。送风机可按净化空调系统的总风量和总阻力值选取，空气过滤器的阻力应按终阻力计算。

5.3.17 净化空调系统的电加热器、电加湿器，应采取无风断电保护、超湿保护和接地措施。

5.4 防 排 烟

5.4.1 防排烟系统的设计应符合现行国家标准《建筑设计防火规范》GB 50016 的有关规定。

5.4.2 机械排烟系统与通风、空调系统宜分开设置。排烟补风系统宜与通风、空调系统合用。

5.4.3 机械排烟系统应符合下列规定：

 1 密闭空间应设置补风系统，补风量不宜小于排烟量的 50%，且房间疏散门内外的压差不宜大于 30Pa。
 2 发生火情时，应能手动和自动开启对应防烟分区的排烟口、排烟防火阀，并应同时切断非消防电源。排烟风机和补风机应在排烟口、排烟阀完全打开后开启。

5.5 风管与附件

5.5.1 通风、空调系统风管设置防火阀时，应符合现行国家标准《建筑设计防火规范》GB 50016 的有关规定。

5.5.2 风管、附件的选择应符合下列规定：

 1 空调系统、非腐蚀性通风系统的风管应采用不燃材料。
 2 排除腐蚀性气体的风管应采用耐腐蚀的不燃或难燃材料，宜采用焊接或熔接连接。
 3 有机排风管宜采用不锈钢材料、氩弧焊接连接。
 4 附件、保温材料、消声材料和黏结剂等，均应采用不燃材料或难燃材料。
 5 含有腐蚀性气体排风系统的附件应符合防腐要求。

5.5.3 有机排风管应设置清扫口。

5.5.4 从工艺设备到废气处理塔的硅烷气体排风管，应进行压力试验及真空度试验，试验方法应符合现行国家标准《工业金属管道设计规范》GB 50316 的有关规定。

5.5.5 空调系统的噪声不能满足室内噪声控制要求时，应在空调系统的送、回风总管上采取消声措施。通风系统噪声不能满足室内外噪声控制要求时，应采取相应的消声、隔声措施。

5.5.6 在空气过滤器的前后，应设置测压孔或指针式压差计。在空调新风、送回风总管段上，宜设置风量测定孔。

6 给 水 排 水

6.1 一 般 规 定

6.1.1 给排水系统的设计应符合生产、生活、消防以及环保的要求。

6.1.2 给排水系统设计应选择水的综合利用方案，并应做到技术先进、经济合理、节水节能，同时应减少排污。

6.1.3 给排水管道穿过洁净区墙壁或顶棚时，应设置套管，管道与套管之间应采取密封措施。

6.1.4 给排水管道在可能冻结的环境下应采取防冻措施，外表面可能产生结露时，应采取防结露措施。

6.1.5 洁净区内给排水管道绝热结构的最外层，应采用不发尘材料。

6.2 一般给排水

6.2.1 给水系统宜按生产、生活、消防等各项用水对水质、水压、水温的不同要求分别设置。

6.2.2 生产、生活给水系统宜利用市政给水管网的水压直接供水。

6.2.3 生产、生活给水系统采用间接供水时，宜采用变频调速设备，并应设置备用泵，备用泵供水能力不应小于最大一台运行水泵的供水能力。

6.2.4 生产废水的排水管路系统应根据废水的性质、水质、水量以及废水处理的工艺确定，宜采用重力流的方式自流至废水处理站。

6.2.5 生产废水干管宜设置在地沟或下夹层内，严寒地区的室外管沟内的排水管应采取保温防冻措施。

6.2.6 管沟中的生产废水排水管的支架应进行防腐处理。

6.2.7 管沟中宜有能处理事故应急排水的措施。

6.2.8 生产废水排水管的材质应根据废水的种类、性质、浓度、温度，按附录A的规定选用。

6.2.9 敷设在闷顶内的腐蚀性废水排水管在管件或接口处，应采取防漏措施。

6.2.10 洁净区内工艺设备的生产排水宜采用接管排水，设备附近宜设置事故地漏。排水干管宜设置透气系统。

6.2.11 洁净区内应采用不易积存污物、易于清洗的设备、管道、管架及其附件。

6.2.12 给水管路宜在下列位置设置计量装置：
   1 生产车间或建筑物的进水总管。
   2 各给水系统的进水总管或补水管。
   3 蓄水池或水箱的补水管（不包括消防专用蓄水池或水箱）。

6.3 纯 水

6.3.1 纯水站的位置应符合工艺总体布局的要求。

6.3.2 纯水制取工艺应采用成熟、经济，且易于管理和运行可靠的方案。

6.3.3 纯水系统的设计应符合使用点水质的要求。

6.3.4 纯水管道的材质应符合生产工艺的水质要求，宜选择聚丙烯管、洁净聚氯乙烯管、聚偏二氟乙烯管等管材，管道附件与阀门应采用与管道相同的材质。

6.3.5 纯水管路应采用循环供水方式，且宜采用同程布置。循环回流水量应大于设计用水量的30%。

6.4 废水处理

6.4.1 废水处理设施的位置应符合工艺总体布局的要求。

6.4.2 废水处理设施应根据生产工艺排出的废水种类、浓度和水量等特点确定，处理后的出水水质应符合国家和地方现行有关排放的标准。

6.4.3 废水处理宜根据当地的环境和社会经济条件，采用成熟、经济，易于操作和运行可靠的方案。

6.4.4 高浓度含氟废液应进行预处理。

6.4.5 废水处理构筑物的周围宜设置土壤指标监测点。

6.4.6 在寒冷地区，废水处理系统应采取防冻措施。

6.5 工艺循环冷却水

6.5.1 工艺循环冷却水系统的水质要求，应根据生产工艺条件确定。

6.5.2 工艺循环冷却水系统宜与其他冷却水系统分开设置。

6.5.3 工艺循环冷却水系统宜采用闭式系统。对于水温、水压、运行等要求差别较大的设备，工艺循环冷却水系统宜分开设置。

6.5.4 工艺循环冷却水系统的循环水泵宜采用变频调速控制，应设置备用泵，备用泵供水能力不应小于最大一台运行水泵的供水能力。换热器宜设置一台备用换热器。

6.5.5 工艺循环冷却水系统的管路应符合下列规定：
   1 应设置过滤器、泄水阀（泄水口）、排气阀（或排气口）和排污口。
   2 配水支干管应采取平衡各用水点水量的措施。
   3 工艺冷却水管道的材质，应根据生产工艺的水质要求确定，宜采用不锈钢管或工业给水硬聚氯乙烯管，管道附件与阀门宜采用与管道相同的材质。
   4 保温不锈钢管与碳钢支吊架之间，宜采用带绝热块的保温专用管卡。

6.5.6 工艺循环冷却水系统应结合水质情况，合理设置水质稳定处理装置。

6.6 消防给水与灭火器配置

6.6.1 硅太阳能电池工厂应设置室内外消火栓给水系统，并应符合现行国家标准《建筑设计防火规范》GB 50016的有关规定。

6.6.2 硅太阳能电池工厂应设置灭火器，并应符合现行国家标准《建筑灭火器配置设计规范》GB 50140的有关规定。

6.6.3 厂房的洁净区内不宜采用干粉灭火器。

6.6.4 占地面积大于 1500m² 或总建筑面积大于 3000m² 的硅太阳能电池厂房，应设置自动喷水灭火系统，并应符合现行国家标准《自动喷水灭火系统设计规范》GB 50084 的有关规定。

6.6.5 设置自动喷水灭火系统的厂房内，净空高度大于 800mm 或总高度大于 1800mm 的闷顶和技术夹层内有可燃物时，应设置喷头。

6.6.6 厂房的洁净区和严禁系统误喷或管道漏水的场所，宜采用预作用式自动喷水灭火系统。

7 气体动力与化学品输送

7.1 气体站房

7.1.1 气体站房的位置应符合工艺布局的合理性及安全要求，可与冷冻站房合并布置。

7.1.2 硅太阳能电池厂房使用的压缩空气和真空，应符合工艺的要求。

7.1.3 空压机和真空泵的选用，应根据气体用量、品质等因素，经技术经济比较后确定，并宜设置备用。

7.1.4 空压机宜采用无油压缩机。

7.1.5 使用油润滑的真空泵应设置除油装置，除油后的尾气宜单独排至室外，且排出口距离新风入口的最小距离不应小于 6m。

7.1.6 压缩空气管道宜采用镀锌钢管或不锈钢管，阀门宜采用球阀。真空管道宜采用镀锌钢管、不锈钢管或给水硬质聚氯乙烯管，阀门宜采用蝶阀或球阀。气体系统的阀门及附件材质宜与管材一致。

7.1.7 气体站房和管道的设计，应符合现行国家标准《压缩空气站设计规范》GB 50029 的有关规定。

7.2 特种气体系统

7.2.1 硅太阳能电池厂房使用的硅烷、氨气和四氟化碳等特种气体，宜采用外购液态气体钢瓶或气态气体钢瓶储存，并宜采用管道输送方式分配。

7.2.2 硅太阳能电池厂房内的特种气体储存和分配间的特种气体存放数量，不宜超过 24h 的需要量。

7.2.3 特种气体系统的分配应在阀门箱内分配，不得直接在管路上分支。

7.2.4 特种气体系统除特种气体柜、阀门箱、设备内应安装阀门外，系统的其他部位不得安装阀门。

7.2.5 特种气体分配系统应按附录 B 的规定设置。可燃或有毒特种气体分配系统的设置，还应符合下列规定：

1 气瓶应放置在具有连续机械通风的特种气体柜中，气柜应配有气体检测报警器、自动切断输出气体措施。气体检测报警器应与机械通风机连锁。

2 在特种气体分配系统可能泄漏的场所和设备阀门、配件等区域，应设置机械排风装置和气体检测报警器；当检测到有毒或可燃气体时，应进行报警、切断气体供应和启动相应的机械排风。

3 事故排风机、检测报警、切断阀等均应设置备用电源。

4 当一个特种气体分配系统供多台生产设备使用时，应设置多管阀门箱。

7.2.6 特种气体分配系统应设置吹扫系统，吹扫系统应符合下列规定：

1 应配置应急切断装置。

2 应设置防逆流装置。

3 应设置手动隔离阀。

4 吹扫气源应采用专用钢瓶或钢瓶组供给高纯氮气，不相容特种气体的吹扫系统不得共用吹扫气瓶。

7.2.7 硅烷气体管道宜采用双套管，外套管可采用 0Cr18Ni9 不锈钢酸洗管，内管可采用 00Cr17Ni12Mo2Ti 不锈钢内壁电抛光管。阀门宜采用隔膜阀。

7.2.8 氨气管可采用 00Cr17Ni12Mo2Ti 不锈钢内壁电抛光管。

7.2.9 特种气体管道与阀门和设备的开口连接，除要求采用法兰或螺纹连接外，均应氩弧焊接连接。

7.2.10 可燃特种气体管道宜架空敷设。

7.2.11 可燃和有毒特种气体管道不得穿过不使用该气体的房间。

7.3 大宗气体供给

7.3.1 硅太阳能电池厂房大宗气体的供气方式，可采用下列方式：

1 区域集中管网供气。

2 在厂内设液态气体储罐、汽化器和气体输送管道。

3 在厂区内或邻近处设制汽装置，纯化后经管道输送至使用点。

4 在厂内设瓶库和气体输送管道。

7.3.2 车间氧气管道宜在适当位置设置放散管。放散管应伸出墙外，并应至高出附近操作面 4m 以上的空旷、无明火的地方，放散管应采取防雨、防雷、防杂物侵入的措施。

7.3.3 接入厂房的气体管道控制阀、气体过滤器、调压装置、压力表、流量计、在线分析仪等，宜集中设置。

7.3.4 氧气管道的安全技术措施，应符合下列规定：

1 管道及阀门附件应经严格的脱脂处理。

2 管道应采取防静电接地措施。

3 氧气管道连接采用的密封材料严禁使用含油脂的材料。

7.3.5 气瓶间应集中设置在洁净区外。当日用气量不超过1瓶时，气瓶可设置在洁净区内，但应采取不积尘和易于清洁的措施。

7.3.6 气体管道宜采用内壁光亮抛光的脱脂0Cr18Ni9不锈钢管。阀门宜采用球阀或波纹管阀。气体管边的阀门及附件的材质宜与管材一致。

7.3.7 气体管道连接，应符合下列规定：

 1 管道连接应采用氩弧焊接。

 2 管道与设备的连接形式应符合设备的连接要求，宜采用法兰或双卡套连接，其密封材料宜采用金属垫或聚四氟乙烯垫。当采用软管连接时，宜采用金属软管。

7.4 冷 热 源

7.4.1 硅太阳能电池厂房冷热源的选择，应根据生产规模、冷热负荷、所在地区的气象条件、能源结构和政策、价格及环保等因素，经综合论证确定。并应优先利用工厂周边已有的供冷、供热系统。

7.4.2 生产工艺、采暖、空调等系统所需的冷热源站房，宜集中设置，并宜设置在负荷中心附近。

7.4.3 冷水机组的选择应符合下列规定：

 1 应符合满负荷运行和部分负荷运行的调节要求，不宜少于2台。

 2 负荷小仅设1台冷水机组时，应选调节性能优良的机型。

7.4.4 选用电动压缩式冷水机时，其制冷剂应符合国家现行有关环保的要求。

7.4.5 锅炉房设计应符合现行国家标准《锅炉房设计规范》GB 50041的有关规定。

7.4.6 冷热水系统的设计应符合下列规定：

 1 宜采用闭式循环系统。

 2 水系统的定压和膨胀宜采用高位膨胀水箱的方式。

 3 应根据当地水质情况采取过滤、除垢、杀菌、灭藻等水处理措施。

 4 应根据计算采取水力平衡措施。

 5 制冷、制热设备、管道及其附件、阀门等均应保冷或保温。保冷、保温的管道和支架之间，管道穿墙、穿楼板处应采取防止"冷桥"、"热桥"的措施。

 6 保冷、保温材料的主要技术性能，应符合现行国家标准《设备及管道绝热设计导则》GB/T 8175的有关规定，并宜选用导热系数小、吸水率低、湿阻因子大、密度小的不燃或难燃的保冷、保温材料。

 7 冷热水系统的水泵应设置备用泵。

7.5 化学品输送

7.5.1 硅太阳能电池厂房使用的酸、碱、有机溶剂，应符合生产工艺的要求，其储存、输送方式应根据生产规模、工艺要求确定。

7.5.2 规模化连续生产的硅太阳能电池工厂，宜设置化学品集中供应系统。

7.5.3 硅太阳能电池厂房内的化学品库房或罐区设计，应符合现行国家标准《建筑设计防火规范》GB 50016的有关规定。甲乙类液体化学品的轻便容器存放在室外时，应设置防晒棚或设置冷却设施。

7.5.4 硅太阳能电池厂房化学品库、中间库、分配间中存放的化学品有可能散发有害气体或爆炸危险气体时，应设置机械通风。

7.5.5 化学品库、中间库、分配间，宜设置集液地沟或集液坑。

7.5.6 化学品库、中间库、分配间以及使用点，应设置紧急淋浴洗眼器。

7.5.7 化学品输送与分配系统应设置检测取样口、事故排放口及泄漏探测报警系统，管道宜采用双层管。

7.5.8 化学品集中输送用泵应设置备用泵及事故应急桶，化学品输送管道在分配和使用处应设置手动切断阀。

7.5.9 化学品输送压力应符合生产使用的要求。化学品输送用塑料管道的设计应符合热胀冷缩的要求。

7.5.10 化学品输送设备及管材管件的选用，应根据化学品的物理化学性质确定，并应确保化学品在输送过程中不增加金属离子的含量。

7.5.11 化学品管路用阀门、管件等的材质应与使用管道材质一致。

7.5.12 化学品管道与管道支架接触的地方，应采取防止管路摩擦损坏的措施。

8 电 气 设 计

8.1 供 电 系 统

8.1.1 硅太阳能电池厂房的供电系统设计除应符合生产工艺要求外，还应符合现行国家标准《供配电系统设计规范》GB 50052的有关规定。

8.1.2 生产用主要工艺设备，宜由专用变压器或专用低压馈电线路供电。

8.1.3 对电源连续性有特殊要求的设备及仪表，应设置不间断电源；对电源可靠性有特殊要求的排风等设备，宜设置备用电源。

8.1.4 消防负荷的供配电设计，应符合现行国家标准《建筑设计防火规范》GB 50016的有关规定。

8.1.5 厂房低压配电电压等级应符合生产工艺用电要求，宜采用380V/220V。系统接地型式宜采用TN-S或TN-C-S系统。

8.1.6 变电所宜以自然通风为主，当自然通风不能满足环境温度要求时，应设置机械通风或空调系统。

8.1.7 变压器低压侧应设置低压无功补偿柜，无功补偿柜宜具备自动过零投切、分相补偿等功能，并应加装适量的电抗器。

8.1.8 对于谐波特别严重的设备，应在设备处设置相应的谐波处理装置或预留消除谐波装置的接口。

8.2 电力照明

8.2.1 硅太阳能电池厂房的配电系统设计应符合生产工艺的要求。

8.2.2 有净化要求的生产车间内，宜选择不易积尘、便于擦拭的配电设备。

8.2.3 技术夹层内的电气配管宜采用金属管。洁净区的电气管线宜暗敷，穿线导管应采用不燃材料。

8.2.4 洁净区的电气管线管口及安装于墙上的电器设备与墙体接缝处，应采取密封措施。

8.2.5 硅太阳能电池厂房主要生产用房间一般照明的照度值，不宜低于300lx，辅助用房一般照明的照度值，应符合现行国家标准《建筑照明设计标准》GB 50034 的有关规定。

8.2.6 硅太阳能电池厂房作业区域内一般照明的照度均匀度，不应小于 0.7。

8.2.7 备用照明的设置应符合下列规定：
    1 洁净区内应设置备用照明。
    2 备用照明宜作为正常照明的一部分，且不应低于该场所一般照明照度值的 10%。

8.2.8 厂房内应设置供人员疏散用的应急照明。在安全出入口、疏散通道或疏散通道转角处，应按现行国家标准《建筑设计防火规范》GB 50016 的有关规定设置疏散标志。

8.2.9 厂房技术夹层内宜设置检修照明。

8.2.10 洁净区内一般照明用灯具，宜采用吸顶明装、不易集尘、便于清洁的洁净节能灯具。采用嵌入式灯具时，安装缝隙应采取密封措施。

8.3 信息与自控

8.3.1 厂房内通信设施的设置，应符合下列规定：
    1 应设置便于洁净区内外联系的语音通信装置。
    2 可设置数据通信装置。
    3 系统布线宜采用综合布线系统。
    4 传递窗两侧宜设置对讲装置。
    5 通信机房、配线间不宜设置在洁净区内。

8.3.2 厂房应设置火灾自动报警系统，其防护对象的等级不应低于二级。

8.3.3 厂房应设置火灾自动报警及消防联动控制，火灾自动报警及消防联动控制及显示功能，应符合现行国家标准《火灾自动报警系统设计规范》GB 50116 的有关规定。

8.3.4 消防控制室不应设置在洁净区内。

8.3.5 下列区域应设置火灾探测器：
    1 洁净生产区。
    2 技术夹层。
    3 变配电室。
    4 空调机房。
    5 气体站房、冷冻站房。
    6 特种气体间。

8.3.6 硅太阳能电池厂房洁净区火灾报警信号应进行核实，确认火灾后，应在消防控制室对下列各项进行联动控制：
    1 应关闭有关部位的电动防火阀，并应停止相应的净化空调系统的循环风机、排风机和新风机，同时应接收其反馈信号。
    2 应启动排烟风机，并应接收其反馈信号。
    3 应启动声光报警器。
    4 应启动火灾应急广播，并应进行人工或自动火警广播。
    5 在消防控制室或低压配电室，应切断有关部位的非消防电源。

8.3.7 下列场所应设置气体报警装置：
    1 易燃、易爆、有毒气体的使用场所及气体管道入口室的管道阀门或接头等易泄漏处。
    2 易燃、易爆、有毒气体的储存、分配场所。
    3 易燃、易爆、有毒气体气瓶柜和分配阀门箱内。

8.3.8 气体报警系统在现场应设置泄漏声光报警，泄漏声光报警应有别于现场的火灾报警。

8.3.9 气体报警的联动控制，应符合下列规定：
    1 应自动启动相应的事故排风装置，并应接受反馈信号。
    2 应自动关闭相关部位的进气气体切断阀，并应接受反馈信号。
    3 应启动泄漏现场的声光报警装置。

8.3.10 气体报警及控制系统的供电可靠要求，不应低于同期工程的火灾报警系统供电可靠要求。

8.3.11 硅太阳能电池厂房宜设置应急广播。洁净区内扬声器的选择应保证不影响洁净区的洁净等级。

8.3.12 下列系统宜设置自动监控系统：
    1 净化空调系统。
    2 特种气体系统。
    3 化学品输送系统。
    4 纯水和废水处理系统。

8.3.13 净化空调系统采用电加热器时，应采取无风、超温保护措施；采用电加湿器时，应采取无水保护措施。在寒冷地区，新风系统应采取防冻保护措施。

8.4 接 地

8.4.1 厂区的防雷接地系统设计，应符合现行国家标准《建筑物防雷设计规范》GB 50057 的有关规定。

8.4.2 下列设备、流动液体或气体管道，应采取防静电接地措施：
1 氧气管道。
2 氨气管道。
3 硅烷管道。
4 排除有燃烧或爆炸危险物质的设备和风管。
5 净化空调系统风管。
6 其他生产工艺要求的设备或管道。

8.4.3 电子信息系统电缆进出建筑物时，应设置适配的信号浪涌保护器。

8.4.4 有高频接地要求的工艺设备宜单独设置接地系统，并应与防雷接地系统的接地体保持至少20m的间距。

8.4.5 厂房的防雷接地、防静电接地、电子信息系统接地等，宜采用共用接地方式，接地电阻值不应大于1Ω，并应实施等电位联结措施。

9 节能与资源利用

9.1 建筑节能

9.1.1 建筑总平面的布置和设计，宜利用冬季日照，并宜避开冬季主导风向，同时宜利用夏季自然通风。建筑主朝向宜选择当地最佳朝向或接近最佳朝向。

9.1.2 硅太阳能电池厂房的建筑外墙材料宜采用国家推荐的保温、节能型材料，严禁使用淘汰产品。

9.1.3 厂房屋面应采取保温、隔热措施。有条件的地方，可利用屋面安装太阳能集热器或太阳电池组件。

9.1.4 厂房外窗及透明幕墙应有良好的气密性。

9.2 空调系统节能

9.2.1 空气调节系统应合理利用工艺产生的废热。

9.2.2 空气调节系统应根据生产特点和系统的实际装设情况进行监测和控制，监测和控制内容应包括参数检测、参数与设备状态显示、自动调节与控制、工况自动转换、能量计量、功能连锁控制，以及中央监控与管理等。

9.2.3 空调系统的风管绝热层，应采用不燃或难燃材料，且绝热层的热阻不应小于$0.74m^2 \cdot K/W$。绝热层外应设置隔气层和保护层。

9.2.4 空气调节系统所用的热水管和冷水管的绝热厚度，应按现行国家标准《设备及管道绝热设计导则》GB/T 8175的经济厚度和防表面结露厚度的方法计算，硅太阳能电池厂房建筑物内的空气调节冷热水管亦可按附录C的要求选用。

9.3 冷热源系统节能

9.3.1 冷热源的选择应充分利用太阳能、地热能、空气热泵、地下含水层蓄能以及其他自然冷、热源等天然冷、热源。

9.3.2 在同时需要供冷和供热的工况下，冷水机组宜根据负荷要求选用热回收机组，并宜采用控制热水回水温度的方式控制热量。

9.3.3 冷水机组的冷水供、回水温差不应小于5℃，在技术可靠、经济合理的前提下，宜加大冷水供、回水温差。在满足工艺及空调用冷的前提下，可提高冷水机组出水温度。采用热回收机组时，宜采用全热回收方式。

9.3.4 水冷式冷水机组的冷却水应循环使用。冷却水的热量宜回收利用。

9.3.5 过渡季节或冬季需用少量的供冷负荷时，可利用冷却塔作为冷源设备。

9.4 设备节能

9.4.1 动力设备应选用高效率、低能耗的机型，不应采用淘汰产品。

9.4.2 水泵宜采用变频调速控制。

9.4.3 冷水机组宜采用变速离心冷水机组。

9.4.4 冷水机组的能效比不应低于现行国家标准《冷水机组能效限定值及能源效率等级》GB 19577的规定值，并应选用能效比高的设备。

9.4.5 燃油燃气锅炉应选用带比例调节燃烧器的全自动锅炉，且每台锅炉宜独立设置烟囱，烟囱的高度应符合现行国家标准《锅炉大气污染物排放标准》GB 13271的有关规定。

9.4.6 热源设备台数和容量应根据全年热负荷工况合理选择，并应保证设备在高、低热负荷工况下均能安全、高效运行。

9.4.7 开式冷却水系统的循环利用率应达到95%以上，开式机械通风冷却塔的飘水率应小于进塔总水量的0.01%。

9.5 电气节能

9.5.1 变电所宜设置能源管理系统。功率大于或等于50kW的用电装置，宜单独配置电流表、有功电能表等计量装置。

9.5.2 电气系统设计应采用符合国家现行有关标准的效率高、能耗低、性能先进的电气产品，不应采用淘汰产品。

9.5.3 照明灯具镇流器的选择，应符合现行国家标准《建筑照明设计标准》GB 50034的有关规定，且宜采用电子镇流器或节能型电感镇流器。

9.5.4 采用电感镇流器的气体放电灯，宜在线路或灯具内设置电容补偿，功率因数不应低于0.9。

9.5.5 厂区道路照明的路灯，宜采用光电和时间控制，并应采用节能灯具。

9.5.6 硅太阳能电池厂房变压器台数和容量的选择与配置，应根据生产工艺及其配套辅助设施、公用动

力设施等的用电负荷特点和变化状况确定,并应符合下列规定:

1 应选择低损耗、低噪声的节能型变压器。
2 变压器的容量宜根据变压器节能、节电和裕量进行选择。
3 多台变压器之间宜设置低压联络。

9.6 资源利用

9.6.1 下列水宜回收或收集利用:

1 空调冷凝水。
2 蒸汽凝结水。
3 纯水系统的反渗透浓水。
4 屋面雨水。
5 废水处理后的排放水。

9.6.2 纯水系统加热的热源,宜利用回收热源。

9.6.3 工艺废水处理应遵循节水优先、分质处理、优先回用的原则。废水回用率不宜低于50%。

附录 A 工业塑胶管耐化学腐蚀

表 A 工业塑胶管耐化学腐蚀

腐蚀液	塑胶材质					
	硬质聚氯乙烯(PVC-U)	氯化聚氯乙烯(PVC-C)	丙烯腈-丁二烯-苯乙烯共聚物(ABS)	聚乙烯(PE)	聚丙烯(PP)	聚偏氟乙烯(PVDF)
HF(浓度<10%,温度≤20℃)	适用	适用	适用	适用	适用	适用
HF(浓度<10%,温度≤40℃)	适用	条件适用	适用	适用	条件适用	适用
HF(浓度 40%,温度≤20℃)	适用	适用	条件适用	适用	适用	适用
HF(浓度 40%,温度≤40℃)	条件适用	适用	—	适用	适用	适用
HCl(浓度 5%,温度≤40℃)	适用	—	适用	适用	适用	适用
HCl(浓度 10%,温度≤40℃)	适用	适用	适用	适用	适用	适用
HCl(浓度 10%,温度≤60℃)	条件适用	适用	—	适用	条件适用	适用
HCl(浓度 30%,温度≤20℃)	适用	适用	—	适用	适用	适用
HCl(浓度 30%,温度≤40℃)	适用	适用	—	适用	条件适用	适用
H_2SO_4(浓度<10%,温度≤20℃)	适用	适用	适用	适用	适用	适用
H_2SO_4(浓度<10%,温度≤60℃)	适用	适用	—	适用	适用	适用

续表 A

腐蚀液	塑胶材质					
	硬质聚氯乙烯(PVC-U)	氯化聚氯乙烯(PVC-C)	丙烯腈-丁二烯-苯乙烯共聚物(ABS)	聚乙烯(PE)	聚丙烯(PP)	聚偏氟乙烯(PVDF)
H_2SO_4（浓度10%~30%，温度≤20℃）	适用	适用	适用	适用	适用	适用
H_2SO_4（浓度10%~30%，温度≤60℃）	适用	适用	—	适用	适用	适用
H_2SO_4（浓度50%，温度≤20℃）	适用	适用	适用	适用	适用	适用
H_2SO_4（浓度50%，温度≤60℃）	适用	适用	—	适用	条件适用	适用
HNO_3（浓度6.3%，温度≤40℃）	适用	适用	—	适用	适用	适用
HNO_3（浓度25%，温度≤20℃）	适用	适用	不适用	适用	适用	适用
HNO_3（浓度25%，温度≤40℃）	适用	适用	—	适用	条件适用	适用
NaOH（浓度10%，温度≤40℃）	适用	适用	适用	适用	适用	—
NaOH（浓度10%，温度≤60℃）	条件适用	适用	适用	适用	适用	—
NaOH（浓度40%，温度≤40℃）	适用	适用	适用	适用	适用	—
NaOH（浓度40%，温度≤60℃）	条件适用	适用	适用	适用	适用	—
KOH（浓度20%，温度≤40℃）	适用	适用	适用	—	适用	—
KOH（浓度20%，温度≤60℃）	适用	适用	—	—	适用	—
异丙醇（温度≤20℃）	适用	适用	适用	—	适用	适用
异丙醇（温度≤60℃）	适用	适用	—	—	适用	适用

附录 B 特种气体性质

表 B 特种气体性质

名 称	气体相对密度(空气=1)	使用压力(MPa)	使用状态	毒性	腐蚀性	燃烧性
氨气（NH_3）	0.597	0.1~0.4	气态	毒	腐	燃
硅烷（SiH_4）	1.114	0.1~0.4	气态	毒	否	燃
四氟化碳（CF_4）	3.06	0.3~0.6	气态	否	否	否

附录C 建筑物内空气调节冷、热水管的经济绝热厚度

表C 建筑物内空气调节冷、热水管的经济绝热厚度

管道类型	离心玻璃棉		柔性泡沫橡塑	
	公称管径（mm）	厚度（mm）	公称直径（mm）	厚度（mm）
单冷管道（管内介质温度7℃～常温）	≤DN32	25	按防结露要求计算	
	DN40～DN100	30		
	≥DN125	35		
热或冷热合用管道（管内介质温度5℃～60℃）	≤DN40	35	≤DN50	25
	DN50～DN100	40	DN70～DN150	28
	DN125～DN250	45	≥DN200	32
	≥DN300	50		
热或冷热合用管道（管内介质温度0℃～95℃）	≤DN50	50	不适宜使用	
	DN70～DN150	60		
	≥DN200	70		

注：1 保温材料的经济绝热厚度根据保温材料合理的投资回收期得出，使用环境、材料条件差异比较大时，应通过计算确定。
2 单冷管道和柔性泡沫橡塑保冷的管道均应进行防结露要求验算。

本规范用词说明

1 为便于在执行本规范条文时区别对待，对要求严格程度不同的用词说明如下：
　1）表示很严格，非这样做不可的：
　　正面词采用"必须"，反面词采用"严禁"；
　2）表示严格，在正常情况下均应这样做的：
　　正面词采用"应"，反面词采用"不应"或"不得"；
　3）表示允许稍有选择，在条件许可时首先应这样做的：
　　正面词采用"宜"，反面词采用"不宜"；
　4）表示有选择，在一定条件下可以这样做的，采用"可"。

2 条文中指明应按其他有关标准执行的写法为："应符合……的规定"或"应按……执行"。

引用标准名录

《建筑结构荷载规范》GB 50009
《建筑设计防火规范》GB 50016
《采暖通风与空气调节设计规范》GB 50019
《压缩空气站设计规范》GB 50029
《建筑照明设计标准》GB 50034
《锅炉房设计规范》GB 50041
《供配电系统设计规范》GB 50052
《建筑物防雷设计规范》GB 50057
《洁净厂房设计规范》GB 50073
《自动喷水灭火系统设计规范》GB 50084
《火灾自动报警系统设计规范》GB 50116
《建筑灭火器配置设计规范》GB 50140
《建筑内部装修设计防火规范》GB 50222
《工业金属管道设计规范》GB 50316
《电子工业洁净厂房设计规范》GB 50472
《设备及管道绝热设计导则》GB/T 8175
《锅炉大气污染物排放标准》GB 13271
《大气污染物综合排放标准》GB 16297
《冷水机组能效限定值及能源效率等级》GB 19577

中华人民共和国国家标准

硅太阳能电池工厂设计规范

GB 50704—2011

条 文 说 明

制 定 说 明

《硅太阳能电池工厂设计规范》GB 50704，经住房和城乡建设部 2011 年 7 月 26 日以第 1087 号公告批准发布。

本规范按照实用性原则、先进性原则、合理性原则、科学性原则、防范措施层次化原则、协调性原则、规范化原则制定。

本规范制定过程分为准备阶段、征求意见阶段、送审阶段和报批阶段，编制组在各阶段开展的主要编制工作如下：

本规范编制组于 2008 年 10 月 30 日在无锡举行了第一次工作会议，会上就编写大纲进行了论证，并就任务分工、工作计划和企业调研等进行了安排。会后编写组结合我国硅太阳能电池工厂的设计、建造和运行的实际情况，根据主编、参编设计院在我国许多硅太阳能电池工厂的设计经验，依托中电二公司的施工安装经验，加上无锡尚德电力控股有限公司提供的运行经验与数据，在通过编制组内部的充分沟通和对相关企业的充分调研基础上，形成了规范的初稿。在初稿编制过程中，规范编制组专程调研了 6 个相关单位，形成 6 份调研记录，作为初稿的基础。

本规范编制组于 2009 年 5 月 18 日～5 月 19 日在无锡召开了第二次编制组工作会议，会上就规范初稿进行了逐条逐句的讨论斟酌。编制组成员各抒己见，畅所欲言，形成了征求意见稿的基础。

第二次编制组工作会议之后，主编朱纮文同志根据修改意见，在初稿的基础上编制了征求意见稿。经过与编制组成员的沟通和信息产业部电子工程标准定额站的指导帮助，于 2009 年 7 月 15 日正式上网征求意见。同时，寄出函件 24 份，向有关设计单位、工程公司、生产运行企业和业界专家等广泛征求意见。截止 10 月 30 日，共收到修改意见 122 条。经过认真推敲，送审稿对征求到的 122 条意见采纳 80 条，不采纳 37 条，还有 5 条意见的本意在理解上还有疑惑，需要进一步在无锡会上讨论。此外在送审稿编制过程中还得到有关专家的实时指导与帮助，并对条文说明也作了部分修改。

2009 年 12 月 2 日，在无锡市召开了《硅太阳能电池工厂设计规范》部级审查会并通过了审查。与会专家代表一致认为该规范较好地体现了当前我国硅太阳能电池工厂的设计需求、工程特点和国内外太阳能技术发展状况，技术内容科学合理、技术指标设定适当、可操作性强，并适当兼顾了产业发展的前瞻性。该规范的发布和实施将对提高我国硅太阳能电池工厂设计水平，规范设计市场方面起到重要作用；对推动新能源领域的技术进步也将起到积极作用，具有较好的经济效益和社会效益。

审查会后，编制组以审查会收集到的 30 多条专家意见为基础，并结合国际惯例和中国工程的实践经验，经过充分讨论和认真研究归纳形成了《硅太阳能电池工厂设计规范》送审稿专家审查意见处理汇总表，编制组参考信息产业部电子工程标准定额站和专家的意见，对规范做了进一步的完善和补充，并最终形成了《硅太阳能电池工厂设计规范》报批稿。

本规范制定过程中，编制组进行了深入调查研究，总结了我国电子行业的实践经验，同时参考了国外先进的技术法规，广泛征求了国内有关设计、生产、研究等单位的意见，制定出本规范。在此对提供支持和帮助的有关单位和个人表示诚挚的感谢！

为便于广大设计、施工、科研、学校等单位有关人员在使用本规范时能正确理解和执行条文规定，《硅太阳能电池工厂设计规范》编制组按章、节、条顺序编制了本规范的条文说明，对条文规定的目的、依据以及执行中需要注意的有关事项进行了说明。但是，本条文说明不具备与规范正文同等的法律效力，仅供使用者作为理解和把握规范规定的参考。

目 次

1 总则 ································ 7—47—21
3 总体设计 ··························· 7—47—21
　3.1 选址 ···························· 7—47—21
　3.2 总平面布置 ····················· 7—47—21
　3.3 人员净化和物料净化 ············ 7—47—21
　3.4 工艺设计 ······················· 7—47—22
4 建筑与结构 ························· 7—47—23
　4.1 一般规定 ······················· 7—47—23
　4.2 建筑防火 ······················· 7—47—24
　4.3 室内装修 ······················· 7—47—24
5 采暖通风、空气调节与净化 ········· 7—47—24
　5.1 一般规定 ······················· 7—47—24
　5.2 通风 ···························· 7—47—24
　5.3 空气调节与净化 ················ 7—47—25
　5.4 防排烟 ························· 7—47—26
　5.5 风管与附件 ····················· 7—47—26
6 给水排水 ··························· 7—47—27
　6.1 一般规定 ······················· 7—47—27
　6.2 一般给排水 ····················· 7—47—27
　6.3 纯水 ···························· 7—47—27
　6.4 废水处理 ······················· 7—47—28
　6.5 工艺循环冷却水 ················ 7—47—28
　6.6 消防给水与灭火器配置 ········· 7—47—28
7 气体动力与化学品输送 ·············· 7—47—28
　7.1 气体站房 ······················· 7—47—28
　7.2 特种气体系统 ··················· 7—47—29
　7.3 大宗气体供给 ··················· 7—47—29
　7.4 冷热源 ························· 7—47—29
　7.5 化学品输送 ····················· 7—47—29
8 电气设计 ··························· 7—47—30
　8.1 供电系统 ······················· 7—47—30
　8.2 电力照明 ······················· 7—47—30
　8.3 信息与自控 ····················· 7—47—30
　8.4 接地 ···························· 7—47—31
9 节能与资源利用 ···················· 7—47—31
　9.1 建筑节能 ······················· 7—47—31
　9.2 空调系统节能 ··················· 7—47—31
　9.3 冷热源系统节能 ················ 7—47—31
　9.4 设备节能 ······················· 7—47—31
　9.5 电气节能 ······················· 7—47—31
　9.6 资源利用 ······················· 7—47—32

1 总 则

1.0.1 本条是制定本规范的目的,也是制定本规范的指导思想。

1.0.2 本条是本规范的适用范围。

1.0.3 硅太阳能电池工厂最近几年发展较快,其生产工艺和生产设备不尽相同,本条是对硅太阳能电池工厂设计的原则要求。

因节能环保是我们在工程建设领域中一直强调和重点关注的问题,关系到国民经济的可持续发展和广大群众的身体健康,所以本规范将工厂设计中的合理利用资源和保护环境列为强制性条文。

3 总体设计

3.1 选 址

3.1.1 本条规定的目的是考虑该区域后期规划的其他工业厂房可能对硅太阳能电池工厂造成的影响。例如该区域后期建造水泥厂可能造成局部空气污染。

3.1.2~3.1.4 硅太阳能电池工厂中的电池生产工艺有空气洁净要求,因此,硅太阳能电池工厂厂址宜选在大气含尘浓度较低的地区,不宜选在气候干燥、多风沙地区或有严重空气污染的区域,以减少空气过滤成本。

硅太阳能电池生产的特点是24h不停运转,为保证其生产的可靠运行,充足的动力保障系统是必需的。市政动力系统的充足稳定供应、污水处理设施的完善配置,还可以保障太阳能电池工厂建设的时效性,节省建设投资。同时,硅太阳能电池生产是一种劳动相对密集型生产,为满足倒班职工的需要,宜选择交通便利和生活配套设施完善的区域。

表1为调研统计的相关硅太阳能电池厂房的动力消耗、建筑面积及生产所需人员指标数据。

表1 动力消耗、建筑面积及生产所需人员指标

名称	单位	数据	备注
用电量	kW·h/MW	180000~260000	—
自来水消耗量	t/MW	2500~5000	—
蒸汽消耗量	m³/MW	<700	
生产人员	人/(MW/年)	2~4	连续运转
建筑面积	m²/(MW/年)	60~120	

3.2 总平面布置

3.2.1 硅太阳能电池工厂厂区系统比较多,各系统的合理布局有利于工厂的有效运行和管理。

3.2.2 人流、物流分开设置,可有效避免人流物流的交叉干扰。

3.2.3 停车场地一般须考虑货车、小车以及员工接送用车等的停放。

3.2.4 要求货车进出场地不得占用消防通道,防止在火灾时影响消防车通行。

3.2.5 甲乙类物品库和甲乙类气体站危险性较大,应与其他建筑保持安全距离,避免人员伤亡和财产损失。

3.2.6 设置环形消防车道,便于发生火灾时消防车能及时到达火灾点施救,若设置环形消防车道有困难时,可沿厂房的两长边设置消防车道,并应符合现行国家标准《建筑设计防火规范》GB 50016的相关要求。

3.2.7、3.2.8 这两条主要考虑要保证硅太阳能电池生产厂房的周边环境。

3.3 人员净化和物料净化

3.3.1 雨具存放、换鞋、管理、存外衣、更换洁净工作服是人员净化用室的基本组成,也是人员净化必需的。生活用室及其他用室应视车间所在地区的自然条件、车间规模及工艺特征等具体情况,根据实际需要设置。例如,车间规模较大、人员集中或工艺为暗室操作的洁净室应设必要的休息室。

3.3.2 人员净化用室和生活用室的设置,主要考虑以下因素:

1 净鞋的目的在于保护人员净化用室入口处不致受到严重污染。国内多数洁净厂房人员入口前设有擦鞋、水洗净鞋、粘鞋垫、换鞋、套鞋等净鞋措施。

为了保护人员净化用室的清洁,最彻底的办法是在更衣前将外出鞋脱去,换上清洁鞋或鞋套。现有洁净厂房工作人员都执行更衣前换鞋的制度,其中不少洁净厂房对换鞋方式作了周密考虑,换鞋设施的布置考虑了外出鞋与接触的地面有明确的区分,避免了清洁鞋被外出鞋污染,例如跨越鞋柜式换鞋,清洁平台上换鞋等都有很好的效果。

2 外出服在家庭生活及户外活动中积有大量微尘和不洁物,服装本身也会散发纤维屑,更衣室将外出服及随身携带的其他物品存放于专用的存衣柜内,避免外出服污染洁净工作服。

关于衣柜的数量,考虑到国内洁净厂房当前的管理方式和习惯,外出服一般由个人闭锁使用,按注册人数每人一柜计算是必要的;洁净工作服一般也可按每人一柜设计,但也有集中洁净工厂工作服存放于洁净柜中的,置于洁净柜中更为理想。

3.3.3 硅太阳能电池厂房空气吹淋室的设计,主要考虑以下因素:

1 工业洁净区设置空气吹淋室的理由是:

1) 在一定风速、一定吹淋时间的条件下,空气吹淋室对清除人员身上的灰尘有明显效果;

2）吹淋室具有气闸的作用，能防止外部空气进入洁净室，并使洁净室维持正压状态；

3）吹淋室除了有一定净化效果外，作为人员进入洁净区的一个分界，还具有警示性的心理作用，有利于规范洁净区人员在洁净区内的活动。

2 空气吹淋室应与洁净工作服更衣室相邻，便于减少过程污染。

3 关于吹淋室的使用人数，主要取决于每人吹淋所需时间和上班前人净的总时间。参考计算方法：假定洁净室自净时间为30min，换鞋、更衣占去10min，上班人员总吹淋时间为20min。设每人吹淋30s，另加准备时间10s，则一个单人吹淋室可供30人使用。

4 吹淋室设旁通门，可使出洁净室人员不必通过吹淋室，起到保护吹淋设备的作用，也可做消防疏散使用。

3.3.4 人员净化应有一个合理的程序，在净化过程中，避免已清洁部分被污染。

3.3.5 物料进出洁净区一般是通过货淋室和传递窗等，因此货淋室和传递窗等的设计必须考虑物料性质和大小尺寸。

3.3.6 本条规定的目的在于为业主的工艺改造提供方便。

3.4 工艺设计

3.4.2 对于硅太阳能电池工艺流程说明如下：

1 硅片检查。硅材料的性质和硅片的质量在很大程度上决定成品电池片的性能和质量。在电池片制作之前，需要对硅片的质量和性能进行检查。

2 清洗制绒。通过化学腐蚀，有效地消除由于切片造成的硅片表面损伤，同时制作绒面表面构造，达到硅片形成减反织构的目的，从而减少光反射。

3 扩散制结。在扩散炉中制作能够吸收光子而产生电子、空穴对的PN结。

一般N型扩散过程在硅片表面发生反应掺杂P^+源，从而使硅片表面形成一层薄层，此薄层即为N型层，原硅片则为P型层。

其反应式如下：

$4POCl_3 + 3O_2$（过量）$\rightarrow 2P_2O_5 + 6Cl_2$（气） (1)

$2P_2O_5 + 5Si \rightarrow 5SiO_2 + 4P$ (2)

4 边缘或背面刻蚀。采用边缘刻蚀法时，用刻蚀机对扩散后的硅片边缘进行腐蚀，起到隔绝电池正反面PN结的作用。

用背面刻蚀法时，将扩散后的硅片经导轮传送，使腐蚀液只与硅片背面接触，腐蚀去背面的N层，再经纯水清洗过程。

5 去磷硅玻璃。硅片在经过高温扩散以后，在表面会形成一层磷硅玻璃（掺P_2O_5的SiO_2），这层物质会对电池效率带来不利影响，需要用酸溶液将其去掉。

其去除原理是让SiO_2和HF生成可溶于水的SiF_6^{2-}，从而使硅表面的磷硅玻璃溶解，化学反应式为：

$SiO_2 + 6HF \rightarrow H_2(SiF_6) + 2H_2O$ (3)

6 减反射膜制备。采用等离子体增强化学气相沉积技术，在电池表面沉积一层氮化硅（SiN_x）减反射膜。其化学反应式为：

$3SiH_4 + 4NH_3 \rightarrow Si_3N_4 + 12H_2 \uparrow$ (4)

7 电极制备。该工序是通过丝网印刷机将银浆或铝浆等导电材料印刷在硅片上，作为太阳能电池电流的引出通道，并通过高温合金的过程，使印刷上的金属电极与硅片连接更牢固。

8 测试、包装。对电池的电性能参数进行测试，按不同规格的太阳能电池片进行包装。

3.4.3 根据国内调研资料，主要工序生产环境举例如表2；工艺动力品质举例如表3。

表2 主要工序生产环境条件

工艺名称	净化级别 ISO	温度（℃）		湿度（%）		特殊要求	
		夏季	冬季	夏季	冬季	防毒	防腐
硅片检查	8 (@0.5μm)	25±2	22±2	40～70	40～70	—	—
清洗制绒	8 (@0.5μm)	25±2	22±2	40～70	40～70	—	需要
扩散制结	7 (@0.5μm)	25±2	22±2	40～70	40～70	需要	—
刻蚀	8 (@0.5μm)	25±2	22±2	40～70	40～70	—	需要
去磷硅玻璃	8 (@0.5μm)	25±2	22±2	40～70	40～70	—	需要
减反射膜制备	8 (@0.5μm)	25±2	22±2	40～70	40～70	—	—
电极制备	8 (@0.5μm)	23±2	23±2	40～70	40～70	—	—

表3 工艺动力品质

纯水		工艺设备冷却水	
电阻率（MΩ·cm，25℃）	≥18	温度（℃）	18～20
TOC（ppb）	<80ppb	电导率（μScm）	5
细菌（cfu）	<10个/mL	pH值	7
溶解SiO_2（ppb）		供水压力（MPa）	0.3～0.5
总SiO_2（ppb）	<15ppb	回水压力（MPa）	—
粒子（个/L，0.1μm～0.5μm）	<100个/mL		
溶解氧（ppb）		高纯氮气	
沉淀物（ppm）	—	压力（MPa）	0.4～0.6
温度（℃）	20±2	纯度（%）	99.999
压力（kg/cm²）	2.5～3.5	O_2含量（ppm）	0.05
使用点过滤器（μm）	0.45	露点（℃）	≤-70
压缩空气		工艺真空	
露点（℃）	-40	压力（kPa）	-60～-80
压力（MPa）	0.5～0.7		
含油（ppm）	<0.01		
粒径（μm）	<0.01		
高纯氧气			
压力（MPa）	0.4～0.6		
纯度（%）	99.995		
CO含量（ppb）			
H_2O含量（ppm）	≤5		
THC（ppm）	1		

3.4.4 本条主要考虑生产过程中工艺设备的更新、维护和检修。

4 建筑与结构

4.1 一般规定

4.1.2 对兼有一般生产和洁净生产的综合性厂房，在考虑其平面布局和构造处理时，应合理组织人流、物流运输及消防疏散线路，避免一般生产对洁净生产带来不利的影响。

4.1.3 太阳能电池生产工艺的变化较快，大跨度的厂房建筑比较适合工艺设备的局部调整变化。

4.1.5 主体结构要具备同建筑处理及其室内装备和装修水平相适应的等级水平。若室内装备与装修水平高，而主体结构为临时性，就会造成严重的浪费。本条规定着重于使生产厂房在耐久性、装修与装备水平、耐火能力等几个方面相互协调，使投资长期发挥作用。

4.1.6 温度变化或沉降会破坏建筑装修的完整性及围护结构的气密性，使洁净生产环境受到影响，故须采取伸缩和密封都比较好的伸缩缝构造措施，以保证变形缝处在允许变形范围内不产生裂缝。

4.1.7 太阳能电池厂房一般管线较多，宜设置技术夹层和技术竖井，并在技术夹层中设置管道检修通道。

4.1.8 明沟易积尘，且易造成一般生产区域对洁净生产区域的空气污染；另外明沟盖板的设置易影响地坪的平整度，不利于室内运输；考虑管道可能发生泄漏，地沟内宜做防腐处理。

4.1.9 本条是防止电池片在运输过程中被损坏。

4.1.10 因为气体站房、空调机房等易产生较大噪声与振动，所以应采取相应措施。

4.1.12 本条对厂房内存放甲、乙、丙类物品中间仓库作了专门规定。为了满足厂房的日常生产需要，往往需要从仓库或上道工序的厂房（或车间）取得一定数量的原材料、半成品、辅助材料存放在厂房内。存放上述物品的场所称为中间库。

对于易燃、易爆的甲、乙、丙类物品如不隔开单独存放，发生火灾后会相互影响，造成更大损失。本条规定中间库的储量宜控制在 24h 的需用量内。

此外，本条还规定了中间库的布置和分隔构造要求。

4.1.13 有硅烷的特气间其泄压比不应小于 0.11，是参考甲烷的泄压比确定的，其他气体的泄压比遵照现行国家标准《建筑设计防火规范》GB 50016 的要求执行。

4.1.14 厂房地面垫层内配筋可减少因地面的开裂而对生产造成的影响。

4.1.15 工业要求是指设备安装和检修的要求，经核定可按条文中表列的范围进行选用。荷载超过表列范围时，工艺设计应另行提出。

4.2 建筑防火

4.2.1 一方面硅太阳能电池生产的减反射膜制备、清洗制绒等工艺与集成电路的化学气相沉积和清洗等工艺类似，另一方面在硅太阳能电池生产所需要的原材料中，有一定数量的可燃固体，因此将这类厂房生产的火灾危险性定为丙类。

4.2.2 为了降低火灾的可能性，对墙体、顶棚和壁板的可燃性和耐火极限作了规定。

4.2.3、4.2.4 因洁净区吊顶内的管线较多，为减少管线穿隔墙，方便走管和检修，洁净区内部隔墙可隔至吊顶板底，但应在洁净区与非洁净区之间采用不燃烧体隔墙或顶棚。

4.2.5 为了阻止火势通过技术竖井蔓延，对技术竖井的相关部位材料的可燃性和耐火极限作了规定。

4.2.6 人员净化程序多，包括换鞋、更衣、盥洗、吹淋等，为避免路线交叉，往往形成从人员入口到生产地点的曲折迂回路线。因此，把这样曲折的人员净化入口当作安全疏散通道是不恰当的。

4.2.7 制定本条的目的主要在于确保安全疏散的实际疏散距离符合规定。

4.3 室内装修

4.3.1 材料在温、湿度变化时易产生变形而导致缝隙泄漏或产尘，不利于确保室内洁净环境。为此，本条规定应选用气密性良好、变形较小的材料。

4.3.2~4.3.4 制定的目的主要在于尽量减少洁净室内积尘面（特别是水平凹凸面），以免在室内气流作用下引起积尘的二次飞扬，污染室内洁净环境。

4.3.5 洁净室内门开启方向的规定是鉴于洁净区内各房间空气洁净度的要求，室内送风风量与风压有所不同，高洁净度的房间相对于低洁净度的房间（或走廊）存在一定的压差值，为使门扇能关闭紧密，故门扇宜朝空气洁净度高的房间开启，并加设闭门器。为避免开门时发生碰撞，宜在密闭门上设观察窗。

5 采暖通风、空气调节与净化

5.1 一 般 规 定

5.1.2 从对国内现有硅太阳能电池厂房的调研看，很多生产厂房都有多条生产线，从生产的情况来看，不是所有生产线都同时在运行，为能最大限度地节约能源，在设计空调系统时应采取相应措施来满足不同时生产需要。

5.1.4 严寒和寒冷地区的工厂，其冷冻水管、空调表冷盘管、湿式废气处理塔等在冬季有可能冻结，可采取的防冻措施有：将设备等放置在采暖房间内，对设备及管道进行保温、加热或伴热等。

5.1.5 从对国内现有硅太阳能电池厂房的调研情况来看，绝大多数洁净车间都没有采用散热器采暖。从保证洁净度的角度来看，散热器容易积灰，且不易清洁，故规定"洁净度优于 8 级的区域内不应设置散热器采暖"。

5.1.6 通风管道风速的大小主要从室内噪声及经济性两方面来考虑。室内噪声太大会影响生产人员的健康，通过对国内现有硅太阳能电池厂房的调查，绝大多数生产车间的噪声值都低于 65dB（A）（空态）。另外，根据国内外资料介绍，风管的经济流速为 8m/s~13m/s。因此，本规范给出了风管流速的推荐值。

5.2 通 风

5.2.1 厂房内应设置必要的通风措施来保障劳动和环境卫生，对生产过程中散发的有害物质，必须采取有效的预防、治理和控制措施，满足职工的身体健康要求。同时，生产设备的局部排风对生产过程特别重要，所以在设计过程中应引起重视，采取有效措施以保证生产需求。

5.2.3 本条主要是从保护人身安全的角度，并参照现行国家标准《采暖通风与空气调节设计规范》GB 50019 对局部排风系统作出的规定，并作为强制性条文。

1 避免混合后再产生更大的危害性，对人体造成危害或加剧设备的腐蚀等。

2 含有剧毒物质的排风独立，主要是防止剧毒物质泄漏窜入其他房间，威胁员工生命安全。如三氯氧磷的源瓶柜等。

3 为防止风管中凝结聚积粉尘，从而增加风管阻力或堵塞风管，影响系统的运行，甚至产生爆炸。如硅烷燃烧尾气中含有二氧化硅粉尘，如接入其他风管中，可能造成其他风管阻力增加，粉尘积聚，从而影响系统运行或产生爆炸危险。

4 易燃、易爆排风管与一般排风分开，主要是为了防止火灾蔓延，或易燃、易爆的物质窜入其他房间，从而造成对工厂、设备和人身的更大危害。

5.2.4 洁净室的排风系统中设置防止室外气流倒灌的措施，主要是防止净化空调系统停止运行时，室外气流倒流入洁净室，引起污染或积尘。工程中常采取防倒流的措施包括：①装设中效过滤器；②装设止回阀；③装设密闭阀；④采用自动控制装置。

5.2.5 硅太阳能电池工厂的生产过程中都会用到SiH_4、NH_3等易燃、易爆的特种气体，普通的排风系统在排除含有这些物质时易发生火灾和产生爆炸，危及工厂的安全，因此这类排风设备、通风设备以及排风管路都应采取防火防爆措施，应选用防爆型设备，系统应有防静电接地等措施。本条作为强制性条文规定。

5.2.6 硅太阳能电池厂房在生产过程中一般会产生含有酸、碱蒸气的废气和含有机溶剂蒸气的废气，这些废气的有害气体浓度一般都超过现行国家标准《大气污染物综合排放标准》GB 16297 的规定，所以应该采取有效的净化处理措施。

5.2.7 风管顶端应安装避雷针并做防雷接地，防止风管遭到雷击。

5.2.8 从对国内现有硅太阳能电池厂房的调查情况来看，主要在烧结印刷工段会产生有机废气，这些废气的温度、浓度都较适合采用吸附法来处理，达到国家标准后高空排放。为了节约成本和避免二次污染，吸附剂在吸附达到饱和后应能再生。

5.2.9 硅太阳能电池厂房尾气中含有硅烷、氨气等多种有害气体，直接排放，对环境危害很大，必须进行无害处理。

5.2.10 因为工艺尾气中含有硅烷（SiH_4），系统运行时会产生 SiO_2 粉尘。为了避免系统堵塞，应设有清扫口。国内一些较大的生产厂，还设置了粉尘收集装置，该装置一般采用耐高温的滤材，且有防爆措施。

5.2.12 硅太阳能电池厂房的各生产设备对局部排风的出口负压值要求有可能不一样，从国内现有部分厂房的实际运行情况来看，当出口负压值要求差别比较大的工艺设备合用一个排风系统时，经常出现风量、风压调试不能满足工艺设备要求的情况，故当多台工艺设备合用一个排风系统时必须采取可靠的措施来保证风量平衡，满足工艺生产的要求。

5.2.13 为了便于运行管理，了解各局部排风的排风总量设置流量测量孔是十分必要的。且局部排风基本上都是高空排放，不便于采集排风总量信号，故从人员安全和提高效率的角度来讲，宜设置自动监测装置来获取排风总量。同样，为了了解各工艺设备的局部排风总量，宜在排风出口设置流量测量孔。

5.2.14 本条款是从保障安全生产和人员生命安全的角度来讲，应设置事故通风，事故通风的最小换气次数按现行国家标准《采暖通风与空气调节设计规范》GB 50019 执行。如果工艺没有产生爆炸性气体或有害气体的物质，可不设置事故通风系统。

5.2.15 本条款主要考虑保证有毒气体、化学品气体等有害物的房间气体不会外溢扩散到其他区域，从而保证人员安全。

5.2.17 空压站房、冷冻站房、真空站房、变电站等站房内有大量散热，纯水站房等有可能产生大量余湿，在夏季，应尽量采用自然通风；在冬季，当室外空气直接进入室内不致形成雾气和在围护结构内表面产生结露时，也应考虑自然通风。当自然通风达不到要求时，才考虑增设机械通风或自然与机械的联合通风。

5.2.18 输送含有剧毒物质的排风机设置备用主要是从安全的角度考虑；在硅太阳能电池厂房中，工艺设备的局部排风比较重要，往往会因为某个排风系统出现故障而造成事故，从国内目前的情况来看，基本上工艺设备局部排风系统的排风机都设置了备用。

5.2.19 局部排风系统设置变频措施，主要是考虑便于运行管理，节约能源，更好地满足生产需求。

5.2.20 排风介质中含有水蒸气的通风管，因风管内表面有时会因其温度低于露点温度而产生凝结水。为了防止积水腐蚀风管和设备，因此作了本条规定。

5.2.21 排风管道的保温要求。参考现行国家标准《设备及管道保温技术通则》GB 4272 的规定，为了防止人身遭受烫伤的温度为 60℃，从节能角度来讲，在空调环境内表面温度大于室内环境温度的排风管都宜保温，但考虑在空调环境里的风管散热量占整个空调负荷比较小，且目前国内的绝大多数厂房内温度低于 60℃ 的排风管也没有保温。故本条规定了排风介质温度≥60℃ 的排风管需保温。

硅太阳能电池厂房内清洗设备等的局部排风的介质温度比较低，甚至和房间的环境温度相同，当排出这些介质的排风管经过其他湿度比较大的区域（比如闷顶）时有可能在风管的外表面结露，为了保证生产的正常进行，应对这类排风管采取保温。

5.2.22 当静电积聚到一定程度时会产生静电火花，会导致具有燃烧和爆炸危险的物质产生燃烧和爆炸，因此采取防静电措施是必要的。

5.2.23 机械进、排风口相对位置的规定主要是参考现行国家标准《采暖通风和空气调节设计规范》GB 50019 的规定制定的。

5.3 空气调节与净化

5.3.1 车间的生产环境是生产工艺的需要，是确保太阳能电池效率、成品率所必需的。现有国内绝大多数电池厂房的洁净度等级、温度、湿度见表 4：

表 4　电池厂房洁净度等级、温度、湿度

工艺名称	洁净度	温度(℃) 夏季	温度(℃) 冬季	湿度(%) 夏季	湿度(%) 冬季
清洗制绒	ISO8(@0.5μm)	25±2	22±2	40~70	40~70
扩散制结	ISO7(@0.5μm)	25±2	22±2	40~70	40~70
去磷硅玻璃	ISO8(@0.5μm)	25±2	22±2	40~70	40~70
减反射膜制备	ISO8(@0.5μm)	25±2	22±2	40~70	40~70
电极制备	ISO8(@0.5μm)	23±2	23±2	40~70	40~70

部分工厂提出产品质量对环境的洁净度比较敏感，洁净度高会提高产品质量。但有的工厂对空气洁净度没有要求，故在此对生产环境的洁净度不作硬性规定。

5.3.2　本条文主要从节能、节约投资方面考虑。

5.3.4　本条文主要从节能、环保、安全以及维护管理方便等方面考虑。

5.3.5　硅太阳能电池厂房一般都是密闭空间，且放散有害物质的局部排风也较多，为了保证室内的空气品质，新风口必须要远离排风口。空气调节系统停止运行时，进风口如果不能严密关闭，夏季热湿空气侵入，会造成金属表面和室内墙面结露；冬季冷空气侵入，会使室内温度降低，甚至冻结加热盘管，所以进风口应设置能严密关闭的阀门。

5.3.7　关于空调房间新鲜空气量的标准问题，在《工业企业设计卫生标准》GBZ 1 和《采暖通风与空气调节设计规范》GB 50019 中都有相关规定，"工业建筑应保证每人不小于 $30m^3/h$ 的新风量"。而在《洁净厂房设计规范》GB 50073 中规定"保证供给洁净室内每人每小时的新鲜空气量不小于 $40m^3$"，故在此把洁净区和非洁净区的空气新风量采取了不同的标准。

5.3.8　本条主要是参照现行国家标准《洁净厂房设计规范》GB 50073，并根据国内现有电池片生产厂房的实际情况制定的。

5.3.10　为了保证洁净区在正常工作或空气平衡暂时受到破坏时，气流都能从空气洁净度高的区域流向空气洁净度低的区域，使洁净室的洁净度不会受到污染空气的干扰，在洁净区与周围环境之间必须维持一定的压差。

5.3.11　洁净室压差风量通常采用缝隙法和换气次数法确定。在工程实际设计过程中，多数采用房间换气次数法估算。因为洁净室维护结构的气密性差异比较大，洁净区维持的压差值也不一样，所以在选取换气次数时，对气密性差的房间取上限值，气密性好的房间取下限值。按照换气次数法计算压差风量，可按照下列数据选用：压差 5Pa 时，$1h^{-1} \sim 2h^{-1}$；压差 10Pa 时，$2h^{-1} \sim 4h^{-1}$。

采用缝隙法来计算压差风量既考虑了房间的气密性情况又考虑了压差值，故这种方法比较科学合理。关于单位缝隙法的漏风量计算比较困难，国内外对此做了大量试验，取得了试验数据，在设计时可参考相关资料。

5.3.13　空气过滤器的分类、性能指标参照现行国家标准《空气过滤器》GB/T 14295 和《高效空气过滤器》GB 13554，一般分为粗效空气过滤器、中效过滤器、亚高效过滤器、高效过滤器、超高效过滤器。

过滤器的额定风量是过滤器在一定的滤速下，使其效率和阻力最合理时风量。如果选用的风量大于额定风量，过滤器阻力增大，有可能把滤纸吹破。

中效过滤器宜集中设置在系统的正压段，主要是因为考虑到负压段易漏气。

高效过滤器宜设置在空调系统的末端，主要是防止管道污染对室内洁净度产生影响。

将阻力、效率相近的高效过滤器安装在同一净化空调系统，使阻力容易平衡，便于风量分配及室内平面风速场的调整。

5.3.15　加湿器与过滤器之间应有足够的距离，以保证水汽被充分吸收，从而避免过滤器受潮。过滤器一旦受潮，阻力将明显增加，影响系统运行。在美国的相关标准中，把过滤器前的空气相对湿度规定为不大于 70%。

5.3.16　在净化空调系统中，过滤器的阻力会随着积尘的增大而增大，从而系统阻力增加、风量减少，所以过滤器应按其终阻力计算。考虑到系统阻力的变化，宜设置变频器，便于调节风量和达到节能的目的。

5.4　防 排 烟

5.4.2　机械排烟系统与通风空调系统一般宜分开设置。如果因建筑条件限制，空间管道布置紧张，可将空调系统和排烟系统合用。这时，必须采取可靠的防火安全措施，使之既满足排烟时着火部位所在防烟分区排烟量的要求，也满足平时空调的送风要求。电气控制必须安全可靠，保证切换功能准确无误。

5.4.3　在《建筑设计防火规范》GB 50016 的规定中，对地上密闭场所应做补风，补风量不应小于排烟量的 50%，故在此也作同样的规定。因为一般疏散门的方向是朝着疏散方向开启，当房间排烟时，如果疏散门两端的压差过高，会造成开门的困难，参考《建筑设计防火规范》GB 50016 及我国"高层建筑楼梯间正压送风机械排烟技术的研究"对防烟楼梯间、前室及合用前室的正压值的说明，本规范规定了疏散门两侧的压差值不宜大于 30Pa。

5.5　风 管 与 附 件

5.5.2　硅太阳能电池厂房中有很多工艺设备的局部排风中含有酸、碱等腐蚀性气体或含有有机溶剂蒸气等废气。温度小于80℃的酸碱排风，其风管常用的材料有UPVC、FRP等，当温度高于80℃的酸碱排风（如扩散炉），腐蚀性强，排风管的材质一定要耐高温、耐腐蚀，在国内现有一些厂房中扩散炉的高温酸排风采用了内衬四氟乙烯的SUS304不锈钢板，收到了不错的效果。有机废气的排风管中经常会有积液产生，采用风管焊接可避免因法兰等连接处漏液而影响生产，在实际工程中，经常采用不锈钢板制作风管，焊接连接。

5.5.3 运行一段时间后，有机排风管内壁会附着很多有机物，为了系统运行安全，需定期清除风管内壁的有机物，故强调需设置清扫口。

5.5.4 硅烷气体排风管道一旦泄漏危害较大，所以应进行压力试验及真空度试验，试验方法可参照《工业金属管道设计规范》GB 50316相关规定。

5.5.6 在空气过滤器的前后，设测压孔或安装压差计，便于运行中随时了解各级空气过滤器的阻力变化情况，以便及时清洗或更换。

6 给 水 排 水

6.1 一 般 规 定

6.1.2 随着水资源的日益紧张，必须重视水的利用率。设计方案应根据各种用户对水质的实际要求，经技术经济比较后合理分配水资源，从而使水的重复使用率最大化。

6.1.3 穿管处的密封是保证洁净室空气洁净度的重要环节，本条文主要是防止洁净室外未净化的空气渗入室内，同时洁净室内的洁净空气向外渗漏也会造成能量的浪费，甚至影响室内空气的洁净度。主要的密封材料有微孔海绵、有机硅橡胶、橡胶圈及环氧树脂冷胶等。

6.1.4 硅太阳能电池厂房的洁净区均为有温度湿度要求的房间，而生产工艺要求的给排水管道又有不同的水温要求，管内水温较低时易使管道外壁结露，从而影响环境。

6.1.5 如果洁净区内管道的绝热结构仅有一层绝热层，则宜选用橡塑海绵等不发尘材料，否则宜在绝热层外包镀锌铁皮或铝皮，以避免污染洁净区内的空气。

6.2 一 般 给 排 水

6.2.2 如果市政给水压力可以满足用水点的要求，直接供水不仅可以节能，而且可以减小水质受污染的几率。

6.2.3 生产生活给水系统的供水量一般每时每刻在发生变化，并且水泵选型时估算的管道特性曲线与实际情况往往有一定的偏差，所以变频调速方式不仅在水量变化时节能效果显著，而且能使水泵运行在其高效区内。一般采用变流恒压的控制方式。

6.2.4 废水分类收集不仅可以满足废水处理工艺的要求，而且能够保证排水管路的正常运行。有时浓的酸碱废液可以作为废水处理站的中和药剂使用，经技术经济比较后，可以单独收集。平时重力流的排水管维修工作量很少，一般敷设在不通行地沟内，沟底应设纵向坡度，坡度与坡向应与敷设的管道一致。

6.2.5 虽然废水的温度在排放点接近于室温，但是严寒地区室外管沟内的温度在冬季将接近室外气温，如果没有保温防冻措施，管道内的水可能冻结而造成管道的阻塞或破裂。

6.2.7 可以每隔一定的距离在管沟最低处设置集水坑，事故时采用便携式水泵排出积水。

6.2.8 生产废水管一般采用工业塑胶管，而各种塑胶管对于介质的种类、性质、浓度、温度均有一定的适用范围，所以应根据介质的各种参数详细咨询管材的生产厂家或参考本规范附录A。

6.2.9 在一定温度下，管路在腐蚀性较强的介质（如氢氟酸等）的长时间侵蚀下，有可能在其薄弱处发生泄漏，影响生产和威胁人身安全。防漏措施一般可在管道接口的正下方设置耐腐蚀材质的托盘或管路采用双层管等，并且应加强日常维护管理，及早发现管道泄漏。

6.2.10 设置事故地漏可以迅速排除地面积水。排水管路上设置透气管可以减少工艺设备同时排水产生的相互干扰，保证干管的排水能力。

6.2.11 此条文是为了从各个方面维护洁净区的洁净度而制定的。一般洁净区内的卫生器具均采用白陶瓷或不锈钢制品，明露的工艺设备配件尽量选用高档的镀铬或工程塑料制品等表面光滑易于清洗的设备、附件。

6.2.12 完善可靠的计量设施有助于日常的运行管理，从而更好地节约用水。

6.3 纯 水

6.3.2 因为太阳能电池生产用纯水的水质要求基本上介于国家电子级纯水Ⅰ级、Ⅱ级之间，所以常规制取工艺如下：原水箱→原水泵→多介质过滤器→活性炭过滤器→软化器→软化水箱→RO给水泵→热交换器→微过滤器（过滤精度$5\mu m$）→一级RO高压泵→一级RO装置→一级RO产水箱→二级RO高压泵→二级RO装置→二级RO产水箱→EDI给水泵→EDI→纯水箱→纯水输送泵→紫外杀菌器→非现场再生精制混床→微过滤器（过滤精度$0.1\mu m$）→使用点（回水至纯水箱）。这里推荐采用RO与EDI技术，因为它们具有技术成熟，产水品质稳定，运行费用低，操作管理方便，占地面积小及无有害废水排放等优点。

6.3.3 一般从纯水站出水口到工艺设备使用点均有一定的距离，纯水在此输送过程中水质必然会有所下降，所以纯水系统的设计必须考虑这个因素。

6.3.4 纯水管道材质的选择原则上应从其对纯水水质的影响上考虑，主要可以从管道的原材料、管内壁的光洁度、析出物分析、连接方式等多方面进行综合比较而定。

6.3.5 循环供水的方式主要是为了保证管道内水的流动性，尽量减少死水区，以减小管道材料的微量溶出物对水质的影响，同时也可以防止细菌微生物的滋生。循环宜采用同程布置是为了考虑水压、水量平衡。同程式管路可以从根本上减小各支管配水的不均匀性，从而保证管内的流速满足设计的要求。

6.4 废水处理

6.4.3 废水处理应根据当地的环境情况、当地的经济发展情况、原材料的供给情况以及公司的经济实力来确定处理方案。硅太阳能电池生产废水中的污染物主要有 HF、NaOH、HCl、H_2SO_4、HNO_3、异丙醇等，其中氟离子是较困难的重点处理对象，比较成熟有效地去除氟离子的方法是采用 $Ca(OH)_2$ 加 $CaCl_2$ 沉淀法。工艺流程可以参考如下：①浓氟废液→pH 调节池〔加 $Ca(OH)_2$ 等〕→除氟反应池（加 $CaCl_2$）→混凝反应池〔加 $Ca(OH)_2$、混凝剂〕→絮凝反应池（加絮凝剂）→沉淀池→一般含氟废水调节池；②一般含氟废水→调节池→pH 调节池〔加 $Ca(OH)_2$〕→一级除氟反应池（加 $CaCl_2$）→一级混凝反应池〔加 $Ca(OH)_2$、混凝剂、絮凝剂〕→一级沉淀池→二级除氟反应池（加 $CaCl_2$）→二级混凝反应池〔加 $Ca(OH)_2$、混凝剂、絮凝剂〕→二级沉淀池→排放池。

6.4.4 因为含氟废液的浓度较高，直接处理药剂用量较大，而且不能达到排放要求，必须进行预处理。

6.4.6 某些处理工艺，如生物处理，微生物只有在一定的温度条件下才有活性，因此为了保证处理系统的正常运行，寒冷地区需加热装置。

6.5 工艺循环冷却水

6.5.2 因为某些工艺设备对冷却水的温度、压力等要求比较严格，一旦超出其设定的参数，就会自动报警停机，严重影响正常生产。所以工艺冷却水系统宜单独设置，可以减少受干扰的几率。

6.5.3 闭式系统不仅可以节省一次投资与日常运行的费用，同时可以保证系统的水质不受外界的污染。对于要求差别较大的工艺冷却水系统分开设置，主要是考虑减少相互间的干扰。

6.5.4 换热器是工艺冷却水系统的关键设备，且其内部的间隙比较小，需要定期清洗，设置备用换热器可以保证系统的不间断运行。

6.5.5 本条规定主要是为了保证系统稳定运行，便于维护检修与调试，避免水质污染。

6.5.6 本条规定主要是为了保证系统水质。工艺冷却水系统循环水量大于 $100m^3/h$ 时，宜设置水质稳定处理装置。

6.6 消防给水与灭火器配置

6.6.1 水作为主要的灭火剂，具有使用方便、器材简单、价格便宜等特点，硅太阳能电池厂房属于丙类厂房，具有一定的火灾危险性，所以按《建筑设计防火规范》GB 50016 的规定应设置消火栓系统。本条作为强制性条文执行。

6.6.2 灭火器作为扑救初起火灾的重要消防器材，在硅太阳能电池厂房的消防设计中是必不可少的，所以必须根据《建筑灭火器配置设计规范》GB 50140 设计建筑灭火器。本条作为强制性条文执行。

6.6.3 本条主要是为了减少洁净区污染，洁净区一般可采用水型、泡沫和二氧化碳灭火器。

6.6.4 硅太阳能电池厂房属于丙类厂房，且部分电池生产工艺要求净化和温湿度控制，因此厂房都设有集中空气调节系统，具有较大的火灾蔓延传播危险，所以应根据其面积、火灾危险性和火灾荷载密度大小来设置自动喷水灭火系统，其设置原则是重点部位和重点场所。本条是强制性条文。

6.6.5 硅太阳能电池生产厂房的闷顶内一般都设有多种管线，而电线、管道的保温材料均可能引发火灾及成为火灾蔓延的途径，同时闷顶内的火灾均比较隐蔽不易被发现，而自动喷水灭火系统可以在火灾初期将火扑灭。

7 气体动力与化学品输送

7.1 气体站房

7.1.1 气体站房的布置位置满足工艺总体布局的合理性要求涉及的因素较多，主要因素详述如下：靠近用气负荷中心，可节省管道，减少压力损失；避免靠近特气间、化学品间等散发爆炸性、腐蚀性和有毒气体以及粉尘等有害物的场所，可减少机器的磨损、腐蚀，防止发生爆炸事故，确保空气压缩机吸入气体的质量，气体站房与冷冻站房合并布置，可节省站房面积。

7.1.3 硅太阳能电池厂房通常为连续生产，空压机及真空泵要求设置备用。

7.1.4 压缩空气在工艺生产过程中直接与产品接触，因此采用无油空压机，以保证产品质量。

7.1.5 为不影响生产车间的洁净度，油润滑的真空泵尾气排风应远离新风入口。

7.1.6 本条款主要考虑避免二次污染。

7.2 特种气体系统

7.2.2 本条款规定硅太阳能电池厂房生产车间中在储存间和分配间特种气体的存放数量不宜超过24h的需要量，但由于工厂规模不同，24h需用量的绝对值有大有小，难以规定具体的限量数据。有些规模小的，因用量较少，可适当调整存放天数的用量，但不应超过1瓶。如24h需用量较多，则应严格控制为24h用量。

7.2.3～7.2.5 这几条主要从安全角度考虑。

7.2.6 特种气体具有可燃、有毒、腐蚀或使人窒息等特性，特种气体分配系统配置应急切断装置是为了在系统发生泄漏等紧急情况下，及时切断气源，避免更大危害；系统设置防逆流装置是为了防止气体回流污染或可能发生的混合爆炸；设置手动隔离阀是为了保护检修工人的安全，一旦自动系统发生故障，可以人工有效地切断气源，防止危害扩大；不相容特种气体的吹扫系统分设，是为了防止因吹扫气体系统设置不当而导致的特种气体系统交叉污染，产生对生产以及人员安全的危害。

7.2.9 管道连接采用焊接，主要是能确保管道连接的严密性，防止气体泄漏避免事故。

7.2.10 因架空敷设的管道的施工、日常检查、检修都较方便，管沟和埋地敷设则相反，破损不易被发现，易成为火灾和爆炸事故的隐患。

7.2.11 可燃特种气体使用点一般均应靠近特种气体间或外墙布置，以保证特种气体管道在室内尽量短，为避免可燃特种气体泄漏造成人身和财产的损失，特规定可燃特种气体管道不得穿越无特种气体使用点的房间，本条作为强制性条文执行。

7.3 大宗气体供给

7.3.2 设置放散管是为了首次或长时间不用后再次使用时，用来吹扫积存氧气管道中的空气、杂质。放散管须引至墙外，高出附近操作面4m以上的空旷、无明火地方，主要是考虑安全。为了防止雨水进入放散管，管口要装设防雨帽或设一个向下的弯头。放散管还需做防雷接地。

7.3.3 本条款是为了便于操作、维修及管理。

7.3.4 氧气为助燃气体，在氧气中可燃物的引燃温度均大为降低，极易发生燃烧事故，氧气接触油脂后，若遇上火源极易燃烧，所以氧气管道、阀门及附件等均需进行严格的脱脂处理，氧气管道连接采用的密封材料不能使用含油脂的材料；氧气为氧化性气体，氧气管道内只要有任何的铁锈、机械杂质等可燃物，遇到火源极易引发火灾事故，因此氧气管道应设有导除静电的接地设施，消除管道内的静电积聚，故本条为强制性条文。

7.3.7 为保证气体质量，规定管道采用氩弧焊接连接，其密封材料宜采用金属垫或聚四氟乙烯垫。非金属管道易老化变性，易引起气体泄漏影响气体质量，故软管连接时也推荐采用金属软管。

7.4 冷热源

7.4.1 冷热源方案的选择与所在地区的气象条件、能源结构、政策、价格等多种因素密切相关，还受到环保、消防等多方面的制约，因此需综合比较，优化组合方能得出较为合理的方案。

7.4.2 要求冷热源站房集中设置，并设置在负荷中心附近，主要是避免环路长短不均，造成供冷、供热难平衡，增加投资和能耗。

7.4.3 机组台数的选择应按工程大小、负荷运行规律而定，一般不宜少于2台；大工程台数也不宜过多。为保证运行的安全可靠，小型工程选用1台机组时应选择多台压缩机分路联控的机组即多机头联控型机组。虽然目前冷水机组质量普遍较好，但电控及零部件故障还是难以避免的。

7.4.4 由国务院批准的《中国消耗臭氧层物质逐步淘汰国家方案》中规定，对臭氧层有破坏的CFC-11、CFC-12制冷剂最终禁用时间是2010年1月1日。当前广泛用于空气调节制冷设备的制冷剂为HCFC-22、HCFC-123、R134a，其中HCFC-22、HCFC-123按照国际公约的规定，我国的禁用年限是2040年。

7.4.6 冷热水系统的设计提倡采用一次投资较经济的闭式循环系统，包括开式高位膨胀水箱的系统。因为通常将太阳能电池工艺用冷与空调用冷合为一个系统，而工艺设备冷却水对水质要求较高，因此推荐采用闭式系统。

根据当地水质情况采取必要的水处理措施是为了防止管道阻力增加，防止系统长期运行后管道、阀门堵塞。

7.5 化学品输送

7.5.1 化学品的储存、输送方式可根据生产规模、生产工艺等采用不同的形式。化学品的储存通常有以下方式：①桶、瓶等容器置于室内；②桶、瓶等容器置于室外；③贮罐置于室外。化学品的输送通常有以下方式：①集中供液方式，管道输送至使用化学品的工艺设备；②桶、瓶等容器人工倒液。

7.5.2 化学品集中供应系统包括化学品库房或罐区、化学品输送及分配系统、排风系统、废气废液收集处理系统、自动控制系统和消防安保等系统。

7.5.5 本条主要考虑防止存放危险品容器泄漏，引起环境污染和人员伤害。

7.5.6～7.5.9 硅太阳能电池厂房生产使用的化学品具有强腐蚀性、强挥发性，为保证人员及设备的安全而设立这些条款。

7.5.10 化学品输送管道及配件若选用不当会发生管

道腐蚀和泄漏，从而造成人身伤害和设备受损，并且硅太阳能电池生产工艺对所用化学品中金属离子的含量要求很严，也十分敏感，一旦化学品在输送过程中因选材不当而被污染，特别是金属污染，就会导致太阳能电池产品的质量下降，因此为确保化学品输送的安全和化学品的品质，必须根据化学品的物理化学性质，选择输送过程中的设备及管材管件，特将此条设为强制性条文。

8 电气设计

8.1 供电系统

8.1.2 减少不同设备间的谐波干扰，保证重要工艺设备供电可靠。

8.1.3 电源连续性的要求多针对一些控制设备或仪表，停电会导致数据丢失；对应急排风机等设备应设置备用电源。

8.1.5 厂房内有较多的单相负荷，存在不平衡电流，而且环境中有荧光灯、晶体管、数据处理、变频器等其他非线性负荷存在，所以配电线路中存在高次谐波电流，致使中性线有较大的电流，因此推荐使用TN-S或TN-C-S系统。

8.1.6 本条款主要考虑变电所避免环境温度升高造成变压器降容，影响变压器使用寿命及造成其他不必要的损失。

8.1.7 由于实际使用过程中设备使用情况比较复杂，且存在三相负荷不平衡的情况，所以宜采用自动过零投切、分相补偿等措施；由于电容器回路是一个LC回路，对某些谐波容易产生谐振，造成谐波放大，使电流增加和电压升高，串联一定感抗值的电抗器可以避免谐振。

8.1.8 随着变频器及电子整流器等非线性用电设备接入，注入电网谐波量比较大，必须加以处理。

8.2 电力照明

8.2.2 为了尽可能减少净化区内灰尘颗粒的积聚，因此要求选用不易积灰、便于擦拭的配电设备。对于大型的配电设备，暗装比较困难时，一般可以采用建筑材料包封或放置在非净化区等措施。

8.2.3 考虑防火要求，穿线导管应采用不燃材料。技术夹层内尚需考虑小动物对管线的破坏，所以采用金属管比较安全。

8.2.4 为了防止灰尘颗粒通过管线口及接缝处进入洁净区影响洁净度，要求上述部位应做密封处理。

8.2.5 根据生产要求，一般照明的照度值在300lx～500lx比较合适。照度过低容易使操作人员感到困倦，降低工作效率。

8.2.6 作业区域内应尽可能均匀照亮，考虑到操作人员的视觉舒适度，要求照度均匀度不小于0.7。

8.2.7 正常照明因故熄灭时，为了防止人员在停电状态下意外受伤，防止重要设备或零部件遭到损坏，以及防止可能引起的火灾等危险情况，所以要求设置备用照明，以完成必要的操作。

为了减少灯具数量，节约成本，规定备用照明作为正常照明的一部分。备用照明应满足工作场所或部位进行各项活动和工作所需的最低照度值，一般要求不低于10%。

8.2.8 为了便于事故情况下人员疏散和火灾情况下采取救灾灭火措施，规定厂房内应设置疏散用的应急照明。在安全出入口、疏散通道或疏散通道转角处设置疏散标志便于疏散人员看清逃生方向，迅速撤离事故现场。

8.2.9 技术夹层内的设备定期维护或检修时，方便工作人员进入并进行相关操作。

8.2.10 本条款同样是考虑保证洁净度的要求。

8.3 信息与自控

8.3.1 硅太阳能电池厂房的洁净区是一个相对密闭的场所，出入通道迂回，人员进出都需要更衣等程序。设置对外通信联络装置一方面能减少人员在洁净区内走动，保证洁净度；另一方面能满足生产过程信息化管理的需要，提高生产管理水平和生产效率。

8.3.2 硅太阳能电池厂房的工艺设备较为昂贵，一旦着火损失较大。并且硅太阳能电池厂房一般都有净化要求，洁净区是一个相对密闭的场所，出入通道迂回，人员疏散比较困难，火情不易被外部发现，因此设置火灾自动报警装置是必要的。

8.3.4 消防控制室要求有直通室外的安全出口，若设置在洁净区内难以满足该项要求。

8.3.5 这些区域设备较多、管线复杂、可燃物较多，需要重点火灾监测。

8.3.6 本条款规定厂房洁净区火灾探测器报警后应采用技术或人工措施进行核实，确认火灾后，联动控制设备并进行反馈，目的是减少系统误报造成损失。

8.3.7 主要考虑保证安全使用易燃、易爆、有毒气体，这些区域存在泄漏的可能，需要检测。

8.3.8 当气体泄漏时需警示现场人员进行相应的减灾操作和人员疏散。易燃、易爆、有毒气体泄漏后，应急处理程序是有别于灭火程序的，所以其声光报警信号应有别于火灾报警装置。

8.3.9 本条规定了气体泄漏后需进行必要的联动操作，以避免事故范围扩大，减少损失。

8.3.10 易燃、易爆、有毒气体一旦泄漏危害较大，所以气体报警及控制系统应具有较高的供电可靠性。

8.3.11 硅太阳能电池厂房的洁净区是一个相对密闭的场所，出入通道迂回，人员疏散比较困难，设置应急广播能更有效的指挥疏散，保证人员安全，但其扬声器的选择必须满足洁净要求。

8.4 接　地

8.4.2 为了降低静电积聚产生的危害，对可能产生静电危害的设备、流动液体或气体管道采取防静电措施，一般在需要消除静电的场所设置防静电接地端子箱（板）。

8.4.3 电子信息系统室外线路易因雷电等产生过电压，设置适配的信号浪涌保护器能保证设备安全。

8.4.4 本条主要考虑减少接地系统之间的相互干扰。

8.4.5 除生产工艺有特殊接地要求外，各种接地系统原则上应采用共用接地方式。实施等电位联结是为了防止电击、保护人身安全。

9 节能与资源利用

9.1 建筑节能

9.1.1 建筑的规划设计是建筑节能设计的重要内容之一，要对建筑的总平面布置，建筑平、立、剖面形式，太阳辐射，自然通风等气候参数对建筑能耗的影响进行分析。也就是说在冬季最大限度地利用自然能来取暖，多获得热量和减少损失；夏季最大限度地减少得热并利用自然能来降温冷却，以达到节能的目的。

朝向选择的原则是冬季能获得足够的日照并避开主导风向，夏季能利用自然通风并防止太阳辐射。然而建筑的朝向、方位以及建筑总平面设计要考虑多方面的因素，要想使建筑物的朝向对夏季防热、冬季保温很理想是有困难的，因此，只能权衡各个因素之间的得失轻重，选择出这一地区建筑的最佳朝向和较好的朝向。通过多方面的因素分析、优化建筑的规划设计，采用本地区建筑最佳朝向或适宜的朝向，尽量避免东西向日晒。

9.1.2 建筑外墙材料采用保温、节能型材料，可以很大程度的提高建筑围护结构的热工性能，要注意利用国家推荐的保温、节能型材料，严禁使用淘汰产品。

9.1.3、9.1.4 提高建筑围护结构的热工性能，降低建筑在使用工程中的能耗。

9.2 空调系统节能

9.2.1 硅太阳能电池厂房中，会产生很多废热，比如工艺冷却水、工艺局部排风、空压机冷却水等，在工程中应合理利用，能带来可观的效益。

9.2.2 为了节省运行过程中的能耗，空调系统应配置必要的监测与控制。设计时要结合具体工程情况，通过技术经济比较确定具体的控制内容。

9.2.3 空调系统的风管表面积比较大，其管壁传热引起的冷热量的损失十分可观，往往会占到空调送风冷量的5%以上，因此风管保温对节能非常重要。绝热层外的隔气层是防止凝露的有效手段，保证保温效果。

9.2.4 本条是空调冷热水管道绝热计算的基本原则。附录C是从节能角度出发，按经济厚度的原则制定的，但由于全国各地的气候条件差异很大，对于保冷管道防结露厚度的计算结果也会相差较大，因此除了经济厚度外，还必须对冷管道进行防结露厚度的核算，对比后取大值。

9.3 冷热源系统节能

9.3.2 同时需要供冷和供热的工况下，利用热回收机组回收冷却水散失的热量用于空调热水，可减少冷却塔容量和运行时间，减少热源容量。在满足冷负荷的情况下，为保证机组运行稳定，采用控制热水回水温度的方式控制热量。

9.3.3 冷水机组的冷水供、回水设计温差通常为5℃，加大冷水供、回水温差对输送系统减少的能耗，大于由此导致的设备传热效率下降所增加的能耗，因此达到节能效果。提高冷水机组出水温度，可大幅提高冷水机组的能效比。

9.3.5 为节约水资源，冷却水应循环利用。过渡季节或冬季需用一定量的冷负荷时，可不开启冷冻机而利用冷却塔提供空气调节冷水。

9.4 设备节能

9.4.2 因为水泵选型时估算的管道特性曲线与实际情况往往有一定的偏差，所以变频调速方式不仅在流量变化时节能效果显著，而且能使水泵运行在其高效区内。

9.4.3 在非额定工况下，变频离心冷水机组将导流叶片控制与变频控制有机结合，共同控制压缩机，既能扩大机组的运行范围，同时又节约运行费用。

9.4.5 选用带比例调节燃烧器的全自动燃油燃气锅炉能显著节约燃料，每台锅炉独立设置烟囱，能使每台锅炉均可调节在最佳效率运行状态，烟囱的高度不宜设置过高以免抽力过大，使锅炉能耗增加。

9.4.7 较低的排污水量与飘水率对于开式冷却塔在节水上的意义是比较大的。当开式冷却水系统的浓缩倍数不低于3.0时，95%以上的循环利用率是可以实现的。

9.5 电气节能

9.5.1 对运行管理而言，配备能源管理系统和加装必要的表计量有利于随时监控电网情况，关停不必要的设备，减少不必要的能源浪费，且有利于发现异常情况。

9.5.4 气体放电灯配普通电感镇流器时功率因数只有0.4~0.5，所以应设置电容补偿来提高功率因数。有条件时宜在灯具内部装设补偿电容，提高功率因数的同时又降低了照明线路的电流，减少了线路的损耗和电压损失。

9.5.5 本条主要考虑节能。如有条件建议采用LED照明系统。

9.5.6 本条主要考虑以下因素：

　　1 变压器的空载损耗是比较大的能源浪费，所以应选用节能型的变压器。

　　2 变压器容量选择跟初装费投资和后期发展及初始投资等因素相关。

　　3 低压侧设置联络便于节假日、变压器检修、订单变化等情况时灵活控制所投入运行的变压器台数，减少空载损耗。

9.6 资源利用

9.6.1 厂房设计中卫生间便器的冲洗水、道路及绿化的浇洒水、开式冷却塔的补水等用水的水质要求并不高，所以本着节约用水的原则，可以采用条文中所列的空调冷凝水等水源直接或经简单净化处理后供给。

9.6.3 达到有关排放标准是废水处理的基本要求，在经济技术条件允许的条件下，废水处理工艺应与全厂的供配水方案统筹考虑，使水资源得到充分利用。工艺废水要求50%的回用率，参考了无锡地区建设项目节约用水方案技术设计审查的要求。

中华人民共和国国家标准

服装工厂设计规范

Code for design of garments plant

GB 50705—2012

主编部门：中国纺织工业联合会
批准部门：中华人民共和国住房和城乡建设部
施行日期：2012年10月1日

中华人民共和国住房和城乡建设部
公　告

第 1415 号

关于发布国家标准
《服装工厂设计规范》的公告

现批准《服装工厂设计规范》为国家标准，编号为 GB 50705—2012，自 2012 年 10 月 1 日起实施。其中，第 5.2.4 条为强制性条文，必须严格执行。

本规范由我部标准定额研究所组织中国计划出版社出版发行。

中华人民共和国住房和城乡建设部
二〇一二年五月二十八日

前　言

本规范是根据住房和城乡建设部《关于印发〈2008 年工程建设标准规范制订、修订计划（第二批）〉的通知》（建标〔2008〕105 号）的要求，由北京维拓时代建筑设计有限公司会同有关单位编制完成的。

本规范在编制过程中，进行了广泛调查研究，认真总结了全国各地服装工厂设计的实践经验，参考了有关行业标准，并在广泛征求意见的基础上，最后经审查定稿。

本规范共分 9 章和 5 个附录。主要内容包括：总则，术语，工艺，总平面设计，建筑，结构，给水、排水，采暖、通风、空调与动力，电气，职业安全卫生等。

本规范中以黑体字标志的条文为强制性条文，必须严格执行。

本规范由住房和城乡建设部负责管理和对强制性条文的解释，中国纺织工业联合会负责日常管理，北京维拓时代建筑设计有限公司负责具体技术内容的解释。本规范在执行过程中，如有意见和建议，请寄送北京维拓时代建筑设计有限公司（地址：北京市朝阳区道家村 1 号；邮政编码：100025；传真：010-65955242；E-mail：vtjz@vtjz.com），以便今后修订时参考。

本规范主编单位、参编单位、主要起草人和主要审查人：

主 编 单 位：北京维拓时代建筑设计有限公司
参 编 单 位：中国纺织勘察设计协会
　　　　　　　四川省纺织工业设计院
　　　　　　　吉林省纺织工业设计研究院
主要起草人：刘承彬　彭瓅云　徐米甘
　　　　　　李晓红　饶胤礼　陈素平
　　　　　　张月清　王家豪　于　洁
　　　　　　李士范
主要审查人：李熊兆　于荣谦　厚炳煦
　　　　　　张福义　黄承平　高小毛
　　　　　　林升进　秦永安　刘占荣
　　　　　　张锡余　张德晓　胡殿琪
　　　　　　丁宝和　李　彬

目　次

1 总则 ································ 7—48—5
2 术语 ································ 7—48—5
3 工艺 ································ 7—48—5
　3.1 一般规定 ························ 7—48—5
　3.2 工艺流程的选择 ·················· 7—48—5
　3.3 原、辅料用量计算 ················ 7—48—5
　3.4 工艺设备的选择和配置 ············ 7—48—5
　3.5 工艺设备的布置 ·················· 7—48—5
　3.6 车间运输 ························ 7—48—6
　3.7 辅助生产设施 ···················· 7—48—6
4 总平面设计 ·························· 7—48—6
　4.1 一般规定 ························ 7—48—6
　4.2 总平面布置 ······················ 7—48—6
　4.3 道路运输 ························ 7—48—6
　4.4 竖向设计 ························ 7—48—6
　4.5 厂区绿化 ························ 7—48—7
　4.6 厂区管线 ························ 7—48—7
　4.7 主要技术经济指标 ················ 7—48—7
5 建筑、结构 ·························· 7—48—7
　5.1 一般规定 ························ 7—48—7
　5.2 生产厂房及仓库 ·················· 7—48—7
6 给水、排水 ·························· 7—48—8
　6.1 一般规定 ························ 7—48—8
　6.2 给水 ···························· 7—48—8
　6.3 排水 ···························· 7—48—8
　6.4 消防给水和灭火设备 ·············· 7—48—8
7 采暖、通风、空调与动力 ·············· 7—48—8
　7.1 一般规定 ························ 7—48—8
　7.2 采暖 ···························· 7—48—9
　7.3 通风 ···························· 7—48—9
　7.4 空气调节 ························ 7—48—9
　7.5 动力 ···························· 7—48—9
8 电气 ································ 7—48—9
　8.1 一般规定 ························ 7—48—9
　8.2 供配电系统 ······················ 7—48—9
　8.3 照明 ···························· 7—48—10
　8.4 防雷及接地 ······················ 7—48—10
　8.5 火灾报警及通信 ·················· 7—48—10
9 职业安全卫生 ························ 7—48—10
附录 A 服装生产工艺流程 ··············· 7—48—10
附录 B 服装面、辅料单耗 ··············· 7—48—11
附录 C 服装设备的分类 ················· 7—48—11
附录 D 西服生产设备配置 ··············· 7—48—11
附录 E 主要城市所处气候分区 ··········· 7—48—12
本规范用词说明 ························ 7—48—13
引用标准名录 ·························· 7—48—13
附：条文说明 ·························· 7—48—14

Contents

1 General provisions ············ 7—48—5
2 Terms ························· 7—48—5
3 Process ······················· 7—48—5
  3.1 General requirement ············ 7—48—5
  3.2 Process flow selection ·········· 7—48—5
  3.3 Count of plus material ·········· 7—48—5
  3.4 Selecting and configuration of process equipment ··············· 7—48—5
  3.5 Arrangement of process equipment ························ 7—48—5
  3.6 Carriage in workshop ············ 7—48—6
  3.7 Auxiliary production facilities ······ 7—48—6
4 General layout design ········· 7—48—6
  4.1 General requirement ············ 7—48—6
  4.2 Arrange of building and structure ························ 7—48—6
  4.3 Transport by road ··············· 7—48—6
  4.4 Elevation planning ··············· 7—48—6
  4.5 Green area and environmental sanitation ························ 7—48—7
  4.6 Pielines of mill site ··············· 7—48—7
  4.7 Main target of techniques and business ························· 7—48—7
5 Buildings and structures ········ 7—48—7
  5.1 General requirement ············ 7—48—7
  5.2 Praduction buildings ············ 7—48—7
6 Water supply and drainage ······ 7—48—8
  6.1 General requirement ············ 7—48—8
  6.2 Water supply ··················· 7—48—8
  6.3 Drainage ······················· 7—48—8
  6.4 Fire-protection service ·········· 7—48—8
7 Heating, ventilation, air-conditioning and power engineering ········· 7—48—8
  7.1 Geneal requirement ············ 7—48—8
  7.2 Heating ························ 7—48—9
  7.3 Ventilation ······················ 7—48—9
  7.4 Air-conditioning ················· 7—48—9
  7.5 Power engineering ··············· 7—48—9
8 Electrical ······················ 7—48—9
  8.1 General requirement ············ 7—48—9
  8.2 System of electric power supply ·························· 7—48—9
  8.3 Lighting ························ 7—48—10
  8.4 Lightning protection and grounded ······················ 7—48—10
  8.5 Fire alarm and telecommunication ······················· 7—48—10
9 Occupational safety and health ························· 7—48—10
Appendix A Process flow of garments production ············· 7—48—10
Appendix B Quantity of plus material ··············· 7—48—11
Appendix C Classify of garments equipments ············ 7—48—11
Appendix D Process equipments configuration of suit production ············ 7—48—11
Appendix E Climate partition of main cities ················· 7—48—12
Explanation of wording in this code ···························· 7—48—13
List of quoted standards ············ 7—48—13
Addition: Explanation of provisions ···················· 7—48—14

1 总　则

1.0.1 为统一服装工厂在工程建设领域的技术要求，推进工程设计的优化和规范化，做到技术先进、经济合理、安全适用，制定本规范。

1.0.2 本规范适用于纺织服装工厂的新建、改建、扩建工程的设计。本规范不适用于羽绒服装、水洗整理服装、皮革服装等服装工厂中特殊加工部分的工程设计。

1.0.3 服装工厂的工程设计应积极采用先进适用的工艺和设备。

1.0.4 服装工厂设计除应符合本规范外，尚应符合国家现行有关标准的规定。

2 术　语

2.0.1 服装　garments
又称衣服，穿于人体起保护和装饰作用的制品。

2.0.2 衬衫　shirt(男), blouse(女)
穿在内外上衣之间，也可单独穿用的上衣。

2.0.3 西服　suit
西式上衣。

2.0.4 西裤　trousers
裤管有侧缝，穿着分前后，注意与体型协调的裤。

2.0.5 裁剪　cutting
将衣料分割成各种形态衣片的工艺过程。

2.0.6 缝制　sewing
将衣片缝合成服装的工艺过程。

2.0.7 整烫　ironing
使服装产品保持一定的形状和规格，并使其外观平整、尺寸准足的工艺过程。

2.0.8 服装 CAD　garmenture computer-aided garment design
利用计算机辅助完成服装款式的设计、纸样绘制、排料、放码等工作。

2.0.9 服装 CAM　garmenture computer-aided garment manufacturing system
利用计算机辅助技术进行从衣料到成品的服装制造过程。

3 工　艺

3.1 一般规定

3.1.1 服装工厂的工艺设计应满足产品质量标准和产量的要求。

3.1.2 服装工厂的设计能力宜以年产万件或万套作为单位表示。

3.1.3 服装工厂年工作时间宜为 300d，宜为一班制生产。

3.1.4 工艺设计应包括工艺流程、工艺设备的选择、工艺设备的排列和车间布置、车间运输、生产辅助设施、仓储。

3.1.5 工艺设计应采用先进、合理、成熟、可靠、安全、节能的新工艺、新技术、新设备和新材料。

3.2 工艺流程的选择

3.2.1 工艺流程应根据产品方案、产品工艺要求、设备性能和生产方法确定。

3.2.2 工艺流程应选择技术先进、成熟、可靠和经济合理的流程。

3.2.3 服装生产工艺流程应包括裁剪、缝制和后整理。

3.2.4 男式西服、衬衫的工艺流程可按本规范附录 A 的规定执行。

3.3 原、辅料用量计算

3.3.1 原、辅料用量应根据产品品种、款式、规格及衣料的门幅(幅宽)、排料方法计算。

3.3.2 原辅料用量应根据产品的排料图按下列公式计算：

1 梭织面料用料可按下式计算：
$$S = H_c(1+K)b \quad (3.3.2\text{-}1)$$

式中：S —— 用料面积(m^2)；
H_c —— 样板排料长度(m)；
K —— 排料损耗率(与门幅、铺层层数有关)；
b —— 门幅(m)。

2 针织成衣，单位产品用料量可按下式计算：

$$成衣单位产品用料量(g) = \frac{门幅(m) \times 段长(m) \times 坯布千重(g/m^2)}{每段长成品件数} \times$$
$$(1+坯布公定回潮率) \times$$
$$(1+裁剪段耗率) \times$$
$$(1+染整损耗率) \quad (3.3.2\text{-}2)$$

式中：坯布公定回潮率——纯棉为 8.5%，羊毛为 15%，真丝为 11%，腈纶为 2%，涤纶为 0.4%，锦纶为 4.5%；

裁剪段耗率——裁剪时按样板互套开裁，其中挖掉的合理下脚料的重量占衣片重量和裁耗重量的百分比(%)，根据同类产品的统计资料得出；

染整损耗率——根据同类产品的统计资料得出。

3.3.3 西服套装、西裤和男衬衫面、辅料单耗指标，可按本规范附录 B 的规定选用。

3.4 工艺设备的选择和配置

3.4.1 设备选择应满足生产工艺、产品质量的要求，并应与原、辅料规格和劳动定额相适应。

3.4.2 设备选择应易于保养和维修。

3.4.3 服装生产设备应包括：设计、裁剪、粘合、缝纫、饰绣、锁钉、熨烫、包装和其他辅助设备，可按本规范附录 C 的规定选配。

3.4.4 设备配置应按生产规模、产品方案、设备生产能力及设备的使用效率等进行计算后确定。

3.4.5 西服生产设备可按本规范附录 D 的规定选配。

3.4.6 主要生产工序的工艺设备应设置备台。

3.5 工艺设备的布置

3.5.1 设备布置应满足工艺流程合理、运输畅通、操作方便、整齐美观的要求。

3.5.2 设备布置应便于各工序间的相互联系；排列间距应满足人员操作、成品与半成品运输、设备维修和人员安全疏散的要求，并应紧凑布置。

3.5.3 设备排列应与厂房柱网尺寸相配合，并应与车间运输方式相配套。

3.5.4 设备布置应满足劳动保护的要求。

3.5.5 粘合机应在与主车间隔开并在有外墙的房间布置。

3.6 车间运输

3.6.1 车间运输的方式应根据产品要求，采用高效、实用、经济的流水作业方式。

3.6.2 服装工厂车间平面运输可选用吊挂传输系统、传送带式传输系统或手推车；垂直运输应采用电梯。

3.6.3 西服生产车间运输宜采用机械式或机电结合式的吊挂传输系统，大型西服生产工厂也可采用智能式吊挂传输系统。

3.6.4 衬衫生产车间运输宜采用传送带式传输系统或手推车。

3.7 辅助生产设施

3.7.1 辅助生产设施宜设在主厂房内或靠近主厂房布置，并应根据工艺生产过程中辅助加工及其生产管理的需要设置。

3.7.2 原、辅料库和成品库面积可根据服装工厂所在地的交通运输、市场配置情况确定。

3.7.3 原、辅料库和成品库可根据服装工厂的品种和规模，建设立体仓储系统，并应实行智能化仓库管理。

4 总平面设计

4.1 一般规定

4.1.1 服装工厂的总平面设计应符合工业布局和城镇总体规划，并应满足服装生产要求；同时应通过多方案比较，确定技术先进、经济合理、满足环保及安全要求的总平面设计方案。

4.1.2 总平面设计应根据当地地理条件、所在城镇或邻近工业企业的协作条件确定，并应利用市政、交通、动力、生活等方面的现有设施。

4.1.3 服装工厂的总平面布置应符合下列要求：
    1 总平面布置应符合生产工艺流程，并应合理利用土地；生产车间宜集中组合成单层或多、高层联合厂；
    2 总平面布置应合理划分功能分区，主要生产厂房宜布置在厂区中心，各种辅助生产设施宜邻近其服务的生产部门布置；动力供应设施应接近负荷中心；
    3 行政管理及生活设施宜分区集中设置；
    4 原、辅料及成品运输和人员出入口设置应合理、顺畅、方便。

4.1.4 分期建设的服装工厂应根据建设规模和发展规划，贯彻统筹兼顾，远近期结合，以近期为主的原则；近期建设项目应集中布置。

4.1.5 厂区综合管线的管架宜采用独立式管架或纵梁式管架。

4.1.6 总平面设计应符合现行国家标准《工业企业总平面设计规范》GB 50187 和《纺织工程设计防火规范》GB 50565 的有关规定。

4.2 总平面布置

4.2.1 主厂房应布置在地形、地质条件较好的地段，主厂房与其他建(构)筑物的防火间距应符合现行国家标准《建筑设计防火规范》GB 50016 的有关规定，并应综合交通运输、工程管线敷设等方面要求布置。

4.2.2 主要生产车间应按裁剪、缝制、整烫、成品检验和包装等的工艺流程顺序布置。

4.2.3 多、高层厂房宜选用"一字形"平面，主要生产车间宜南北向布置，附属宜设在厂房两端。

4.2.4 L形、U形平面厂房开口部分朝向与夏季主导风向的夹角应小于30°。

4.2.5 单层厂房主要生产车间宜南北向布置，为主车间服务的面料、辅料中间库房等附属设施，宜与主车间组合布置，并应缩短与主车间的物流运行距离。

4.2.6 仓库布置应符合下列要求：
    1 仓储区应与厂外道路运输相协调，且应避开人流集中地段；仓储区宜设专供货物运输的出入口，并宜缩短运输路线；
    2 储油罐、危险品库布置应按现行国家标准《建筑设计防火规范》GB 50016 的有关规定执行，并应设置在厂区常年最小频率风向的上风侧。

4.2.7 动力设施和辅助建(构)筑物布置，应符合下列要求：
    1 锅炉房、煤场、灰渣场应布置在厂区边缘，且应位于常年最小频率风向的上风侧，燃油、燃气锅炉的储罐区应符合现行国家标准《建筑设计防火规范》GB 50016 的有关规定；
    2 热力站宜靠近生产车间的热负荷中心，可建在车间附房内；
    3 变配电室(站)宜布置在高压进线方向的地段，并应接近厂区用电负荷中心，也可建在车间附房内；当厂房为多高层时宜布置于底层，有地下层时可布置在地下一层，并应符合现行国家标准《建筑设计防火规范》GB 50016 的有关规定；
    4 空压站、制冷站宜靠近负荷中心，并应位于全年最小频率风向的下风侧，且站房内应有良好的通风和采光；
    5 机修、电修辅助生产部门可集中布置。

4.2.8 办公楼、展示厅、洽谈室等应布置在与城市干道联系方便的方位，有条件时可通过绿化与景观设计形成良好的厂前环境。

4.2.9 工厂配套生活设施应与其他区域分开设置。

4.3 道路运输

4.3.1 厂区道路路网布置应满足交通运输、消防、管线与绿化等要求，应合理组织物流人流，应避免相互干扰，并应与厂外道路有平顺简捷的连接。

4.3.2 厂内道路宜与主要建筑物轴线平行或垂直，并应成环状布置。厂区道路等级应综合工厂规模、道路类型、使用要求及交通流量等因素确定。主要车行道宽度不宜小于6m，单车道宽度不宜小于4m。厂区道路应满足消防车通行的要求。

4.3.3 厂区道路宜采用城市型道路；乡镇企业小规模服装工厂采用公路型道路时，路肩宽度不应小于1m。

4.3.4 消防车道的设置应符合现行国家标准《建筑设计防火规范》GB 50016 的有关规定。

4.3.5 厂区宜在主要库房区设置汽车装卸平台或站台，平台或站台应满足车辆停放和调车用地的要求；采用集装箱运输车的厂区应设置集装箱运输车回车场地，且最小的回车场地不应小于 30m×30m，并应同时设置集装箱货柜装卸平台。

4.3.6 服装厂房至少设置2个出入口，其中一个应为主要人流出入口，且位置应与厂前区及主要生产厂房位置相配合；且另一个应为货物出入口，宜与人流出入口位于厂区的不同方位。

4.3.7 厂区道路路面标高的确定，应与厂区竖向设计相协调，并应满足室外场地及道路的雨水排放的要求。

4.3.8 厂区道路设计除应符合本规范的规定外，尚应符合现行国家标准《厂矿道路设计规范》GBJ 22 的有关规定。

4.4 竖向设计

4.4.1 厂区竖向设计应符合下列要求：
    1 竖向设计应根据地形、地貌、总平面布置、建(构)筑物基础、雨水排放、土石方平衡、洪涝水位、工程地质等自然条件综合确定；
    2 厂区竖向设计应满足生产工艺、物料运输、厂内及厂外综合管线连接的要求。

4.4.2 竖向布置方式和设计标高选择应符合下列要求：

1 竖向设计宜采用平坡式,当自然地面横坡较大或有特殊地貌时,附属和辅助建(构)筑物可采用混合式或阶梯式竖向布置,台阶的划分应满足功能分区、道路标高及陡坡坡度设计的要求;

　　2 厂区内地面标高应与厂外标高相适应,应按所在城市等级及企业等级确定的防洪标准设计;不能满足要求时,应采取防洪排涝措施;

　　3 厂区出入口的路面标高,宜高于厂外路面标高,场地标高与坡度应保证场地雨水排除,并应满足厂内道路横坡、纵坡的要求;

　　4 厂房建筑的室内外地坪高差宜为 0.15m～0.30m。

4.5 厂区绿化

4.5.1 厂区绿化布置应满足项目所在地的规划要求,并应符合现行国家标准《工业企业总平面设计规范》GB 50187 的有关规定。

4.5.2 厂区绿化应根据服装厂的特点并满足环境保护、工业卫生、厂容景观等要求确定,可利用地形、地貌以及场地内保存的古木稀树等设计厂区景观环境,厂区绿化不应妨碍消防车通行。

4.5.3 绿化植物应选择种植成本低、不污染环境、易于生长维护、观赏性好的树种、花种。

4.5.4 树木与建(构)筑物及地下管线的最小间距及绿化占地面积的计算,应符合现行国家标准《工业企业总平面设计规范》GB 50187 的有关规定。

4.6 厂区管线

4.6.1 厂区管线布置应根据生产、施工、检修和安全等要求合理布局,且管线应短捷。

4.6.2 管线应平行或垂直于建筑物,干管应布置在靠近负荷中心及连接支管(线)较多的一侧。

4.6.3 厂区主要道路的地下不宜布置管线。

4.6.4 管线敷设方式应根据管线类别、自然条件、管理、维护、工艺要求等采用直埋、管沟或架空方式。

4.6.5 管线布置尚应符合现行国家标准《工业企业总平面设计规范》GB 50187 的有关规定。

4.7 主要技术经济指标

4.7.1 总平面设计应列出下列主要技术经济指标:

　　1 厂区占地面积(m^2);
　　2 总建筑面积(m^2);
　　3 建(构)筑物占地面积(m^2);
　　4 道路及广场占地面积(m^2);
　　5 露天堆场占地面积(m^2);
　　6 绿化占地面积(m^2);
　　7 建筑系数(%);
　　8 绿地率(%);
　　9 容积率。

4.7.2 主要技术经济指标计算方法,应符合现行国家标准《工业企业总平面设计规范》GB 50187 和《建筑工程建筑面积计算规范》GB/T 50353 的有关规定。

5 建筑、结构

5.1 一般规定

5.1.1 建筑设计应满足生产工艺的要求,并应保证生产工艺必需的操作面与检修空间,应满足采光、通风、保温、隔热、防结露、节能减排等要求。

5.1.2 建筑设计应采用先进、合理、经济、成熟、符合可持续发展方向的建筑结构新形式、新工艺、新材料、新技术。

5.1.3 建筑物的防火设计,应符合现行国家标准《建筑设计防火规范》GB 50016 和《纺织工程设计防火规范》GB 50565 的有关规定。

5.1.4 地震区的建筑结构设计应符合现行国家标准《建筑抗震设计规范》GB 50011 的有关规定,高层建筑不宜采取体型不规则的设计方案。

5.2 生产厂房及仓库

5.2.1 服装工厂生产厂房及仓库的建筑形式,应根据生产工艺要求和建厂地区地质条件、气候条件、场地情况、施工能力等,经技术经济比较综合确定。

5.2.2 服装工厂生产厂房设计应合理布置建筑平面和内部空间,应根据生产工艺要求选择柱网尺寸。车间内应光线充足均匀,并应避免阳光直射。外窗宜设置可调节的遮阳设施。

5.2.3 单层厂房宜采用现浇或预制钢筋混凝土排架结构和轻钢结构,多、高层厂房宜采用现浇钢筋混凝土框架结构,大跨度厂房可采用预应力结构。服装工厂多层厂房建筑结构的安全等级应为二级,单层工业厂房不得低于三级,建筑抗震设防类别宜为标准设防类,地基基础设计等级宜为丙级,屋面防水应为二级。

5.2.4 高层厂房应符合现行国家标准《建筑设计防火规范》GB 50016 的有关规定。多、高层厂房楼板为防火分区分隔时,上、下两层之间的窗槛墙高度,多层厂房不应小于 0.8m,高层厂房不应小于 1.0m;当无窗槛墙或窗槛墙高度小于 0.8m(高层)时,下窗的上方或每层楼板应设置宽度大于或等于 0.8m(多层)和 1.0m(高层)的不燃烧体防火挑檐或高度大于或等于 0.8m(多层)和 1.0m(高层)的不燃烧体裙墙;窗槛墙及防火挑檐的耐火极限为耐火等级为一级时不应低于 1.50h,二级时不应低于 1.00h。

5.2.5 钢筋混凝土框架结构的服装生产厂房宜采用 6m×7.5m、6m×8.1m、6m×8.4m、6m×9m 等柱网模数尺寸;结构形式可选用大跨度预应力形式;采用的柱网大小除应满足工艺布置要求外,应作技术、经济比较后确定。

5.2.6 厂房净高应为 3m～4m,夏季炎热地区可根据当地气候条件和经济条件设置车间空调。

5.2.7 厂房围护结构应根据建厂地区气候条件进行建筑热工设计,应符合建筑节能及车间防结露要求,框架填充墙应采用非黏土类砌块、轻质混凝土小型空心砌块、蒸压加气混凝土砌块或轻质板材。

5.2.8 厂房应充分利用自然采光、通风。采光应符合现行国家标准《建筑采光设计标准》GB/T 50033 的有关规定。采光窗应均匀布置,窗地比可控制在侧窗 1/3、矩形天窗 1/3.5、平天窗 1/8。北方地区应采用保温窗,并应采取防眩光措施。南方炎热地区南向外窗与天窗,宜采取遮阳措施。

5.2.9 附属设施用房,应靠近所服务的生产车间布置,并不应影响生产车间的自然通风和采光。

5.2.10 服装工厂仓库的安全疏散,应符合现行国家标准《建筑设计防火规范》GB 50016 的有关规定。

5.2.11 服装生产厂房及仓库应设置排烟设施,宜采用自然排烟方式。厂房及仓库外窗的可开启面积,不应低于车间地面面积的 2%～5%。当自然排烟条件无法满足时,应设置机械排烟设施。

5.2.12 服装厂房及仓库的机械排烟设计,应符合现行国家标准《建筑设计防火规范》GB 50016 的有关规定。

5.2.13 服装工厂生产厂房当设计为楼房时,应根据实际使用荷载进行结构计算。生产厂房的楼面均布荷载应符合表 5.2.13 的规定。

表 5.2.13 生产厂房的楼面均布荷载（kN/m²）

名 称	楼面均布荷载	备 注
裁剪车间	3	注1
缝制车间	3	注2
整烫车间	3	注3
成品检验	3	—
包装车间	3	—
原料、辅料库房	5.5	注4
成品库房	3.5	—

注：1 裁剪车间未包括预缩机、自动裁剪机、粘合机等较大型的设备的荷载。以上设备的安装位置应根据设备实际情况另行确定楼面均布荷载。
2 缝制车间未包括各类绣花机的荷载。
3 整烫车间未包括大型西服整烫机等的荷载。
4 楼面荷载按人工堆垛取值。采用单梁悬挂式吊车作运输工具堆垛时，楼面荷载可取 7.5kN/m²。

5.2.14 多层及高层服装工厂厂房应设置垂直运输电梯，电梯选型应根据厂房层数、建筑高度及员工人数计算选择，载货梯宜选择额定载重量 1t～2t，额定速度 1.0m/s～1.75m/s 的电梯。高层厂房消防电梯的设置应符合现行国家标准《建筑设计防火规范》GB 50016 的有关规定。客梯与货梯可合用，并应根据上、下班人数确定速度与载重量。高层服装厂房货梯可根据运输频繁程度及物流量大小分低、高区设置。

6 给水、排水

6.1 一般规定

6.1.1 服装工厂的给水、排水设计应贯彻国家节约水资源、一水多用的原则，并应满足生产、生活和消防给水及厂区排水的要求。
6.1.2 服装工厂的给水排水、方式、设备材料的选择等应做到节约能源、节约材料，并应结合工艺要求进行水的重复利用。
6.1.3 服装工厂的给水、排水设计应符合现行国家标准《建筑给水排水设计规范》GB 50015 的有关规定。

6.2 给 水

6.2.1 服装工厂生产、生活给水宜利用市政给水的水压直接供水。
6.2.2 厂区宜采用生产、生活、消防合并管网的给水系统；车间内消防和生产、生活给水管网应分别设置。
6.2.3 厂区给水总引入管、车间引入管和主要用水点应设置计量装置。
6.2.4 服装工厂生活饮用水应符合现行国家标准《生活饮用水卫生标准》GB 5749 的有关规定，生产用水水质应根据生产特点、设备状况确定。
6.2.5 日常生活用水定额可按 30L/人·班～50L/人·班计算，用水时间宜取 8h，小时变化系数宜取 2.5～1.5；淋浴用水量可按 40L/人·次～60L/人·次计算，延续供水时间宜取 1h。
6.2.6 车间内明装给水管道宜采取防结露措施。

6.3 排 水

6.3.1 服装工厂排水应采用雨水与污水分流排水系统。
6.3.2 厂区雨水宜采用埋地管道排水方式，也可采用排水沟排水。
6.3.3 车间污水排放宜根据排水性质分为生产废水系统、生活污水系统。
6.3.4 生活污水应经过化粪池处理后排入市政污水系统。
6.3.5 生产废水应根据其水质情况直接排入或处理后排入市政污水系统。

6.4 消防给水和灭火设备

6.4.1 室内消火栓给水系统、自动喷水灭火给水系统以及其他灭火设施，应根据服装工厂生产和储存物品的火灾危险性分类和建筑物的耐火等级等因素设置，且应符合现行国家标准《纺织工程设计防火规范》GB 50565、《建筑设计防火规范》GB 50016 和《自动喷水灭火系统设计规范》GB 50084 的有关规定。
6.4.2 室内消火栓、自动喷水灭火系统采用临时高压给水系统时，应设置消防水箱，消防水箱应设置在厂区最高房屋顶上，消防水箱的容量及设置要求应符合现行国家标准《纺织工程设计防火规范》GB 50565 的有关规定。
6.4.3 室内消火栓系统及自动喷水灭火系统用水量、消火栓布置、喷头布置等应符合现行国家标准《纺织工程设计防火规范》GB 50565 的有关规定。
6.4.4 服装工厂各建筑物内应配置灭火器，且应按现行国家标准《建筑灭火器配置设计规范》GB 50140 的有关规定执行。

7 采暖、通风、空调与动力

7.1 一般规定

7.1.1 采暖、通风、空调与动力设计应满足生产工艺和安全卫生要求，并应符合技术先进、经济合理、节能降耗、保护环境、有利于可持续发展的原则。
7.1.2 室外空气的设计计算参数，应根据现行国家标准《采暖通风与空气调节设计规范》GB 50019 的有关规定，并应采用工厂所在地气象部门提供的相关资料确定。
7.1.3 车间空气温度、换气量计算参数可根据服装生产工艺要求确定。生产工艺无特殊要求时，车间空气温度及换气量可根据气象条件按表 7.1.3 采用。炎热地区的服装生产车间可选用表 7.1.3 中较高的温度数值，位于寒冷地区的服装生产车间可选用表 7.1.3 中较低的温度数值；室内外温差小时可选用表 7.1.3 中较高的换气次数，室内外温差大时可选用表 7.1.3 中较低的换气次数。

表 7.1.3 车间空气温度及换气

车间类别	温度（℃） 夏季	温度（℃） 冬季	换气次数（次/h）
裁剪、缝制车间	26～30	16～19	5～6
整烫车间	27～31	17～20	10～12
电脑设计室	26～28	18～19	7～10

7.1.4 服装工厂已设置采暖或空调装置的生产车间、生产和生活附属用房，应根据建筑气候分区按表 7.1.4 确定围护结构的传热系数。未设置采暖或空调装置的建筑物宜按表 7.1.4 确定围护结构的传热系数。外墙与屋面的热桥部位的内表面温度，不应低于室内空气露点温度。

表 7.1.4 围护结构的传热系数

气候分区	传热系数 K [W/(m²·K)]					
	屋面	外墙	接触室外空气的楼板	非采暖空调房间与采暖空调房间的隔墙或楼板	总风道顶板或天沟	外窗	屋顶透明部分
严寒地区A区	≤0.35	≤0.45	≤0.45	≤0.6	≤0.4	≤3.0	—
严寒地区B区	≤0.45	≤0.5	≤0.5	≤0.6	≤0.4	≤3.2	—
寒冷地区	≤0.55	≤0.6	≤0.6	≤1.5	≤0.5	≤3.5	—

续表 7.1.4

气候分区	传热系数 K [W/(m²·K)]						
	屋面	外墙	接触室外空气的楼板	非采暖空调房间与采暖空调房间的隔墙或楼板	总风道顶板或天沟	外窗	屋顶透明部分
夏热冬冷地区	≤0.7	≤1.0	≤1.0	—	≤0.5	≤4.7	≤3.0
夏热冬暖地区	≤0.9	≤1.5	≤1.5	—	≤0.6	≤6.5	≤3.5

注：1 表中外墙的传热系数为包括结构性热桥在内的平均值。
　　2 服装工厂所处气候分区可根据本规范附录 E，以及厂区位置位于或最接近于附录 E 中的城市确定。

7.1.5 采暖、通风、空调与动力系统以及建筑防排烟的设计，应符合现行国家标准《建筑设计防火规范》GB 50016 和《纺织工程设计防火规范》GB 50565 的有关规定。

7.1.6 采暖、通风、空调与动力系统监测与控制方面的设计，应符合现行国家标准《采暖通风与空气调节设计规范》GB 50019 的有关规定。

7.2 采　暖

7.2.1 采暖建筑物热负荷计算应符合下列要求：
　　1 全面采暖建筑物的围护结构传热系数，应按本规范表 7.1.4 的规定确定。
　　2 建筑围护结构的最小传热阻应根据计算确定，并应保证建筑物内表面不结露。
　　3 采暖系统热负荷应根据建筑物获得和向外散失的热量计算确定。
　　4 计算采暖系统热负荷时，工艺设备散热量可按最大生产负荷的 40%～70% 取值。

7.2.2 采暖系统的设计应符合下列规定：
　　1 服装工厂生产车间采用的采暖方式应根据工艺条件、生产规模、所在地区气象条件、能源供应状况、环保等要求，经技术经济比较后确定。
　　2 生产附房宜采用热水采暖系统。
　　3 生产工艺、空调、采暖和生活用蒸汽，应按各自独立的系统设计。
　　4 采暖管道材质、管道敷设方式、热媒的流速等，应符合现行国家标准《采暖通风与空气调节设计规范》GB 50019 的有关规定。

7.3 通　风

7.3.1 服装工厂的通风设计应符合现行国家标准《采暖通风与空气调节设计规范》GB 50019 的有关规定。服装工厂生产车间的通风方式应根据车间建筑形式、工艺布置、设备具体情况、当地气象条件确定。

7.3.2 服装工厂整烫车间等有大量热湿气体排出的位置，应采取防止结露滴水的措施。

7.3.3 不同型号、不同性能的风机不宜串联或并联使用。风机的设计工况效率不应低于风机最高效率的 90%。

7.3.4 整烫车间宜在发热量集中的部位设置机械通风装置，工人操作部位可设置局部送风。

7.4 空 气 调 节

7.4.1 空气调节系统应根据生产工艺要求、作业场所职业卫生的要求，结合采暖、通风系统综合设计；使用采暖、通风系统装置已满足温湿度要求的车间、附房，可不设置空调；使用局部空调已满足要求时，不宜设置全室性空调；使用蒸发降温空调方式已满足温湿度要求时，不应采用人工冷源的空调系统。

7.4.2 空调系统的设计和空调负荷计算，应符合现行国家标准《采暖通风与空气调节设计规范》GB 50019 的有关规定，并应符合下列规定：
　　1 设备发热量可按下式计算：
$$Q = N \cdot n \cdot k_1 \cdot k_2 \cdot k_3 \cdot \alpha \qquad (7.4.2)$$
式中：Q——设备发热量(kW)；
　　　N——设备安装(铭牌)功率(kW)；
　　　n——设备台数(台)；
　　　k_1——安装系数，为设备最大实耗功率与安装功率之比；
　　　k_2——同期使用系数；
　　　k_3——电动机负荷系数，为每小时平均实耗功率与设计最大实耗功率之比；
　　　α——热迁移系数，有机台通风排热装置的设备取 0.7～0.9，其他取 1。

　　2 厂房围护结构传热系数的选择可按本规范表 7.1.4 的规定确定。
　　3 车间空调系统宜按防火分区设置。
　　4 车间空调系统设备和管道应根据气象条件、生产规模、生产班次、产品类别、厂房结构型式、厂房层数等，进行技术经济比较确定设计方案。大型服装生产车间可采用在附房空调室内布置空气处理设备和风机的方式，中、小型服装生产车间宜采用中、小型组合式空调设备。

7.5 动　力

7.5.1 服装厂的动力系统，应包括压缩空气、制冷、蒸汽等设备、管路的设计，应根据生产规模、工艺参数、用户用量及分布等情况，进行技术经济比较确定设计方案。用量较小、用户点分散时，不宜设置集中站房。需求量较大、用户点较集中时，宜集中设置动力站房，并宜布置在负荷中心区域。

7.5.2 动力系统的负荷应根据最大用量、管网损失、同时使用系数等因素计算确定；设备单台容量、台数应根据生产实际总负荷及全年负荷变化情况确定。

7.5.3 动力系统的供冷、供热管道应采取保温措施。

7.5.4 动力系统的站房、管道设计应符合现行国家标准《压缩空气站设计规范》GB 50029、《采暖通风与空气调节设计规范》GB 50019、《锅炉房设计规范》GB 50041 的有关规定。

8 电　气

8.1 一般规定

8.1.1 电气设计应满足生产工艺及相关专业的要求。

8.1.2 电气设计应符合安全可靠、技术先进、操作维护方便、经济适用的原则，应选择效率高、能耗低、性能可靠的电气产品。

8.2 供配电系统

8.2.1 服装工厂的生产用电负荷可为三级负荷。消防设备用电负荷等级，应按现行国家标准《建筑设计防火规范》GB 50016 的有关规定执行。

8.2.2 供电电压等级与供电回路数应根据生产规模、性质和用电量，并应结合地区电网的供电条件确定。一般服装工厂宜采用 10kV 单回路供电。大型服装工厂宜采用 10kV 双回路供电。在 10kV 电源难于取得或容量不足时，可采用 35kV 供电。

8.2.3 供电系统中，配电变压器宜选用 D，Ynll 接线组别的变压器。

8.2.4 低压配电系统应符合下列规定：

1 低压配电电压应采用交流 220V/380V。

2 车间变配电所变压器的总容量、单台容量及台数，应根据计算负荷及经济合理运行的原则确定。车间变配电所之间宜设低压联络线。

3 车间变配电所的低压配电系统应与工艺生产系统相适应，平行的生产流水线宜由不同的母线(回路)供电；同一生产流水线的各用电设备宜由同一母线(回路)供电。

4 车间的单相负荷应均匀地分配在三相线路中。

5 供电系统宜在变配电所内设无功功率集中补偿装置，补偿后的功率因数不应小于 0.9。

8.2.5 室内配电干线的敷设宜采用电缆桥架敷设方式。潮湿、易腐蚀场所的电缆桥架，应根据腐蚀介质的不同采取相应防腐措施。室外配电干线宜采用电缆沟或直接埋地敷设。

8.3 照　　明

8.3.1 生产车间的照明方式宜采用一般照明。验布和缝制车间宜采用混合照明，在验布机和缝制机的机架上宜设置局部照明灯具。一般照明应采用高效荧光灯，混合照明可根据用途及环境采用不同的光源。

8.3.2 车间作业区内的一般照明度均匀度不应小于 0.7，作业面临近周围的照度均匀度不应小于 0.5。

8.3.3 混合照明中的一般照明，其照度值不应小于混合照明的 10%，并不应低于 75 lx。

8.3.4 生产车间的照明标准应符合表 8.3.4 的规定。

表 8.3.4 生产车间的照明标准

工段名称	0.75m 水平面一般照明的最低照度值(lx)	显色指数	备注
设计室	500	80	—
验布	750	80	混合照明
裁剪	300	80	—
缝制	400	80	混合照明
整烫	300	80	—
包装	100	60	—
库房	100	60	—

8.3.5 车间照明配电应采取防频闪措施，且应按工序分区设置照明开关设备。

8.3.6 车间内应设应急照明灯。在安全出口、疏散通道及转角处，应按现行国家标准《建筑设计防火规范》GB 50016 的有关规定设置疏散标志灯。

8.3.7 车间内应根据照明场所的环境条件和使用特点，合理选用灯具。灯具的布置与安装应符合作业、安全及维护方便的要求。缝制车间宜采用安装高度为 1.8m～2m 的线槽灯带，线槽可用于安装灯具，也可用于照明和动力电线的敷设。整烫车间应选用防水防尘灯具。丙类仓库应选用低温照明灯具。

8.3.8 服装工厂照明设计除应符合本规范的规定外，尚应符合现行国家标准《建筑照明设计标准》GB 50034 的有关规定。

8.4 防雷及接地

8.4.1 服装工厂的建(构)筑物防雷分类及防雷措施，应符合现行国家标准《建筑物防雷设计规范》GB 50057 和《建筑物电子信息系统防雷技术规范》GB 50343 的有关规定。

8.4.2 服装工厂的低压配电系统的接地形式宜采用 TN－S 或 TN－C－S。

8.4.3 建筑物宜利用金属屋面、钢筋混凝土屋面板、梁、柱和基础的钢筋作接闪器、引下线和接地装置。

8.4.4 生产车间宜采用共用接地装置，并应采用等电位联结。

8.5 火灾报警及通信

8.5.1 火灾自动报警系统和消防控制室的设置，应按现行国家标准《建筑设计防火规范》GB 50016 和《火灾自动报警系统设计规范》GB 50116 的有关规定执行。

8.5.2 服装工厂应设置对内对外联系使用的通信装置，并宜设置厂区管理用的计算机网络。

9 职业安全卫生

9.0.1 服装工厂的职业安全卫生设计，应符合现行国家标准《纺织工业企业职业安全卫生设计规范》GB 50477 和有关工业企业设计卫生的规定。

9.0.2 服装工厂的裁剪、缝制、整烫和包装等生产车间应采取通风措施，并应符合本规范第 7.1 节和第 7.3 节的有关规定。

9.0.3 服装工厂作业场所的温度、换气次数设计，应符合本规范第 7.1 节的有关规定。

9.0.4 作业场所的照明设计应符合本规范第 8.3 节的有关规定。

9.0.5 生产车间内应设置饮水间。

附录 A 服装生产工艺流程

A.0.1 西服及西裤的工艺流程应符合下列规定：

1 裁剪工艺流程应符合下列规定：

1)手工裁剪工艺流程：

验布 → 预缩 → 排料 → 铺布 → 裁剪 → 验片 → 分包 → 编号 → 粘合 → 扎包 → 送缝制车间。

2) 全自动裁剪工艺流程：

CAD排料
裁剪指令
拉布机参数
预缩
验布
自动上布
自动铺布
自动裁剪
验片打号
扎捆分包
送缝制车间

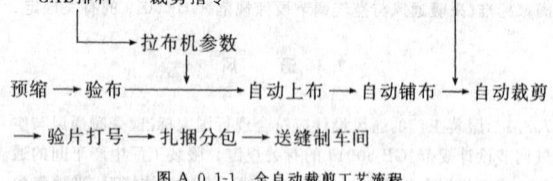

图 A.0.1-1 全自动裁剪工艺流程

2 缝制工艺流程应符合下列要求：

1)西服上衣缝制工艺流程：

前身加工
挂面加工
后身加工
领子加工
袖子加工
衣身组合加工
半成品检验
送整烫包装车间

图 A.0.1-2 西服上衣缝制工艺流程

2)西裤缝制工艺流程：

前身加工
小片加工
后片加工
裤身组合加工
半成品检验
送整烫包装车间

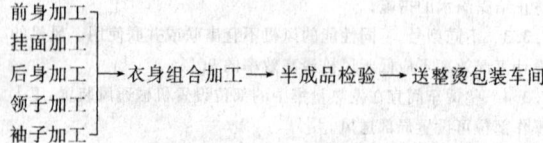

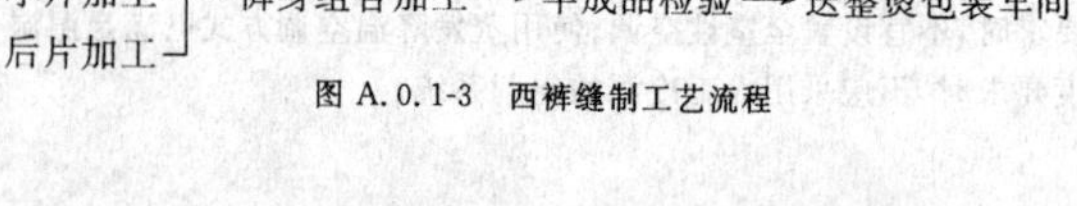

图 A.0.1-3 西裤缝制工艺流程

3 整烫和包装工艺流程应符合下列要求：
   1）西服上衣整烫和包装工艺流程：
   烫内袖 → 烫外袖 → 烫左右肩 → 烫里襟 → 烫门襟 → 烫背肋 → 烫衣领 → 烫驳头 → 烫袖窿 → 烫袖山 → 修正熨烫 → 钉扣 → 成衣检验 → 包装 → 进库。
   2）西裤整烫与包装工艺流程：
   烫腰身 → 烫下档 → 钉扣 → 成衣检验 → 包装 → 进库。

A.0.2 男式衬衫的工艺流程应符合下列规定：
 1 裁剪工艺流程：
 验布 → 排料 → 铺布 → 开裁 → 验片 → 分包 → 编号 → 扎包 → 送缝纫车间
 2 缝制工艺流程：

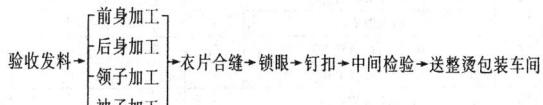

图 A.0.2 缝制工艺流程

 3 整烫和包装工艺流程：
 剪绒头 → 吸绒头 → 熨烫 → 挂吊牌 → 检针 → 小包装 → 大包装 → 进库。

附录 B 服装面、辅料单耗

表 B 服装面、辅料单耗参考指标（m）

产品品种	面料		里料		缝纫线单耗
	幅宽	单耗	幅宽	单耗	
西服、西裤	1.44	2.65	1.44	1.35	480
男西裤	1.44	1.2	—	—	270
男衬衫	0.9	2.0	—	—	110

附录 C 服装设备的分类

C.0.1 服装设计设备可包括下列分类：
 1 服装 CAD 设备；
 2 手工设计工具及工作台。
C.0.2 裁剪设备可包括下列分类：
 1 服装 CAM 设备；
 2 折翻机、验布机、预缩机、铺布机与断料机、裁剪台、划样工具及工作台、对条对格工具及工作台等准备设备；
 3 电刀裁剪机、冲压裁剪机等裁剪设备；
 4 钻孔机、切痕机等定位设备；
 5 衣片打号机等编号设备。
C.0.3 粘合设备可包括下列分类：
 1 平压式粘合机；
 2 辊压式粘合机。
C.0.4 缝纫设备可包括下列分类：
 1 单针平缝机、双针平缝机等平缝机；
 2 单针链缝机、多针链缝机等链缝机；
 3 二线、三线、四线、五线及自动包缝机等包缝机；
 4 缲边机、扎驳头机、缉领角机等暗缝机；
 5 单针平缝缲缝机、多针链缝缲缝机等缲缝机；
 6 双针绷缝机、三针绷缝机等绷缝机；
 7 纽孔套结机、袋口套结机、钉裤带环机等套结机。
C.0.5 饰绣设备可包括下列分类：
 1 多针机、曲折缝机、珠边机、月牙边机、柳条花针机等装饰缝纫机；
 2 电脑自动绣花机、半自动绣花机、手动绣花机等绣花缝纫机；
 3 单针绗缝机、多针绗缝机等绗缝机。
C.0.6 锁钉设备可包括下列分类：
 1 平头锁眼机、圆头锁眼机等锁眼机；
 2 平缝钉扣机、链缝钉扣机等钉扣机。
C.0.7 熨烫设备可包括下列分类：
 1 中间熨烫机、成品熨烫机、立体或人像熨烫机等熨烫机；
 2 平烫台、模型烫台、组合烫台等烫台；
 3 电熨斗、蒸汽熨斗、吊瓶蒸汽熨斗、电热蒸汽熨斗等熨斗。
C.0.8 包装设备可包括下列分类：
 1 衬衫折叠装袋机；
 2 西服立体包装机；
 3 打包机。
C.0.9 辅助设备可包括下列分类：
 1 蒸汽发生器、真空泵、空气压缩机等熨烫辅助设备；
 2 吊挂式传输系统、步进式传输系统、车间运输小车等车间运输设备；
 3 吊挂储运系统、货架、叉车等仓储设备；
 4 吸绒头机、检针器、打线钉器、去污机等其他设备。

附录 D 西服生产设备配置

D.0.1 西服生产裁剪设备配置可按表 D.0.1 选用。

表 D.0.1 西服生产裁剪设备配置

编号	设备名称	台数（台）		备注
		上衣（件/日） 200～500	西裤（件/日） 200～500	
1	验布机	1	—	
2	预缩机	1	—	
3	电动铺布机	1	—	
4	带式裁剪机	2	—	
5	电动裁剪机（电剪刀）	10	—	20cm(8in)和25cm(10in)
6	电钻孔机	5	—	
7	打号机	10	—	
8	表面卷取机	1	—	
9	对条对格工作台	1	—	
10	工作台	10	—	
11	裁剪工作台	10	—	
12	纸样复印机	1	—	
13	辊压式粘合机	1	—	

注：自动裁剪系统可代替编号中 3～11 的设备。

D.0.2 西服生产线缝纫设备配置可按表D.0.2选用。

表D.0.2 西服生产线缝纫设备配置

编号	机种名称	台数(台) 上衣(件/日) 200	上衣(件/日) 500	西裤(件/日) 200	西裤(件/日) 500	备 注
1	高速单针自动切线缝纫机	18	41	10	17	备用机3台~5台
2	高速单针自动切线差动上送布量可变缝纫机	4	9	—	—	备用机1台~2台
3	高速单针针送布自动切线缝纫机	—	—	1	1	
4	高速单针差动送布自动切线缝纫机	—	—	1	1	
5	高速单针带切刀及卷夹平缝机	1	1	—	—	
6	高速单针带切刀及卷夹自动切线平缝机	1	1	2	2	
7	串联式双针双链缝纫机	—	—	1	1	
8	单针双链自动切线缝纫机	—	—	2	4	
9	双针平送布自动切线平缝机	—	—	1	1	
10	单针平缝打扣机	1	1	—	—	
11	单针平缝套结机	1	2	2	3	
12	单针平缝扣眼套结机	1	1	1	1	
13	单针同步送布平缝附衬机带切线器	4	10	—	—	备用机1台
14	筒形单针同步送布平缝机	1	2	—	—	
15	高速单针平缝、曲折缝缝纫机	1	1	—	—	
16	单针链缏缝缝纫机	1	3	—	—	
17	单针平缝钉裤带环套结机	—	—	1	2	
18	高速三线包缝机	—	—	3	3	备用机1台
19	自动裤带环缝纫机	—	—	1	1	
20	双针平缝自动开袋机	—	—	1	1	
21	自动钉裤带环缝纫机	—	—	1	1	
22	双针平缝自动开袋机	1	2	—	—	可开斜袋
23	单针单线链缝扎缝驳头机	1	3	—	—	
24	单针链缏缝缝机	1	2	—	—	
25	单针筒形差动送布(上送布量可变)装袖机	2	4	—	—	
26	融袖机	1	2	—	—	
27	圆头锁眼机	1	2	—	—	
28	单针平缝缏缝边机	1	2	—	—	
29	单针平缝垫肩机	1	3	—	—	
30	钉搭钩机	—	1	1	1	
31	电子绕线钉扣机	1	2	—	—	
32	自动送扣单针链缝钉扣机	—	—	1	1	
33	自动切线珠边机	2	2	—	—	
34	直线之字缝订商标机	1	1	—	—	
35	集成式差动合肩机	1	1	—	—	
36	假眼机	1	1	—	—	

D.0.3 西服熨烫设备配置可按表D.0.3选用。

表D.0.3 西服熨烫设备配置

编号	机种名称	上衣(件/日) 200	上衣(件/日) 500	西裤(件/日) 200	西裤(件/日) 500
1	贴边烫衣机	1	2	—	—
2	外袖烫衣机	1	1	—	—
3	内袖烫衣机	1	2	—	—
4	双肩烫衣机	1	2	—	—
5	里襟烫衣机	1	1	—	—
6	门襟烫衣机	1	1	—	—
7	侧缝烫衣机	1	2	—	—
8	后背烫衣机	1	1	—	—
9	领部烫衣机	1	2	—	—
10	领头烫衣机	1	2	—	—
11	驳头烫衣机	1	2	—	—
12	袖隆烫衣机	1	1	—	—
13	袖山烫衣机	1	1	—	—
14	真空烫台(肩连袖)	3	5	—	—
15	手动下档烫衣机	—	—	1	2
16	手动腰身烫衣机	—	—	1	2
17	液滴式电蒸汽熨斗	12	25	5	9
18	真空烫台(平面台)	26	27	9	9
19	粘合衬压烫机	—	—	1	1
20	粘合前身压烫机	1	1	—	—
21	贴边烫衣机	1	2	—	—
22	侧缝烫衣机	—	—	1	1
23	拔档烫衣机	—	—	1	1
24	收裆烫衣机	2	5	1	1
25	袋盖定形机	1	1	—	—
26	分烫后中缝烫衣机	—	—	1	1
27	袖侧缝烫衣机	1	1	—	—
28	领部烫衣机	1	1	—	—
29	工作台	12	30	3	3

附录E 主要城市所处气候分区

表E 主要城市的建筑气候分区

气候分区	代表性城市
严寒地区A区	海伦、博克图、伊春、呼玛、海拉尔、满洲里、齐齐哈尔、富锦、哈尔滨、牡丹江、克拉玛依、佳木斯、安达
严寒地区B区	长春、乌鲁木齐、延吉、通辽、通化、四平、呼和浩特、抚顺、大柴旦、沈阳、大同、本溪、阜新、哈密、鞍山、张家口、酒泉、伊宁、吐鲁番、西宁、银川、丹东
寒冷地区	兰州、太原、唐山、阿坝、喀什、北京、天津、大连、阳泉、平凉、石家庄、德州、晋城、天水、西安、拉萨、康定、济南、青岛、安阳、郑州、洛阳、宝鸡、徐州
夏热冬冷地区	南京、蚌埠、盐城、南通、合肥、安庆、九江、武汉、黄石、岳阳、汉中、安康、上海、杭州、宁波、宜昌、长沙、南昌、株洲、永州、赣州、韶关、桂林、重庆、达县、万州、涪陵、南充、宜宾、成都、贵阳、遵义、凯里、绵阳
夏热冬暖地区	福州、莆田、龙岩、梅州、兴宁、英德、河池、柳州、贺州、泉州、厦门、广州、深圳、湛江、汕头、海口、南宁、北海、梧州

本规范用词说明

1 为便于在执行本规范条文时区别对待,对要求严格程度不同的用词说明如下:
　　1)表示很严格,非这样做不可的:
　　　　正面词采用"必须",反面词采用"严禁";
　　2)表示严格,在正常情况下均应这样做的:
　　　　正面词采用"应",反面词采用"不应"或"不得";
　　3)表示允许稍有选择,在条件许可时首先应这样做的:
　　　　正面词采用"宜",反面词采用"不宜";
　　4)表示有选择,在一定条件下可以这样做的,采用"可"。

2 条文中指明应按其他有关标准执行的写法为:"应符合……的规定"或"应按……执行"。

引用标准名录

《建筑抗震设计规范》GB 50011
《建筑给水排水设计规范》GB 50015
《建筑设计防火规范》GB 50016
《采暖通风与空气调节设计规范》GB 50019
《厂矿道路设计规范》GBJ 22
《压缩空气站设计规范》GB 50029
《建筑采光设计标准》GB/T 50033
《建筑照明设计标准》GB 50034
《锅炉房设计规范》GB 50041
《建筑物防雷设计规范》GB 50057
《自动喷水灭火系统设计规范》GB 50084
《火灾自动报警系统设计规范》GB 50116
《建筑灭火器配置设计规范》GB 50140
《工业企业总平面设计规范》GB 50187
《建筑物电子信息系统防雷技术规范》GB 50343
《建筑工程建筑面积计算规范》GB/T 50353
《纺织工业企业职业安全卫生设计规范》GB 50477
《纺织工程设计防火规范》GB 50565
《生活饮用水卫生标准》GB 5749

中华人民共和国国家标准

服装工厂设计规范

GB 50705—2012

条 文 说 明

制 定 说 明

《服装工厂设计规范》GB 50705—2012 经住房和城乡建设部 2012 年 5 月 28 日以第 1415 号公告批准发布。

本规范编制组进行了全国各地服装工厂的调查研究，总结了我国服装工厂工程建设的实践经验，参考了原纺织行业标准《服装工业企业工艺设计技术规范》FZJ 123—1997 的技术内容。

为便于广大设计、施工、科研、学校等单位有关人员在使用本规范时能正确理解和执行条文规定，《服装工厂设计规范》编制组按章、节、条顺序编制了本规范的条文说明，对条文规定的目的、依据以及执行中需注意的有关事项进行了说明，对强制性条文的强制性理由做了解释。但是本条文说明不具备与规范正文同等的法律效力，仅供使用者作为理解和把握规范规定的参考。

目　次

1　总则 ………………………………… 7—48—17
3　工艺 ………………………………… 7—48—17
　3.1　一般规定 ……………………… 7—48—17
　3.2　工艺流程的选择 ……………… 7—48—17
　3.3　原、辅料用量计算 …………… 7—48—17
　3.4　工艺设备的选择和配置 ……… 7—48—17
　3.5　工艺设备的布置 ……………… 7—48—17
4　总平面设计 ………………………… 7—48—17
　4.1　一般规定 ……………………… 7—48—17
　4.2　总平面布置 …………………… 7—48—18
　4.3　道路运输 ……………………… 7—48—18
　4.4　竖向设计 ……………………… 7—48—18
　4.5　厂区绿化 ……………………… 7—48—18
　4.6　厂区管线 ……………………… 7—48—18
　4.7　主要技术经济指标 …………… 7—48—18
5　建筑、结构 ………………………… 7—48—18
　5.2　生产厂房及仓库 ……………… 7—48—18
6　给水、排水 ………………………… 7—48—19
　6.1　一般规定 ……………………… 7—48—19
　6.2　给水 …………………………… 7—48—19
　6.3　排水 …………………………… 7—48—19
　6.4　消防给水和灭火设备 ………… 7—48—19
7　采暖、通风、空调与动力 ………… 7—48—19
　7.1　一般规定 ……………………… 7—48—19
　7.2　采暖 …………………………… 7—48—20
　7.4　空气调节 ……………………… 7—48—20
8　电气 ………………………………… 7—48—20
　8.1　一般规定 ……………………… 7—48—20
　8.2　供配电系统 …………………… 7—48—20
　8.3　照明 …………………………… 7—48—20
　8.4　防雷及接地 …………………… 7—48—20
　8.5　火灾报警及通信 ……………… 7—48—21
9　职业安全卫生 ……………………… 7—48—21

1 总 则

1.0.2 本规范的适用范围：纺织服装工厂的新建、改建和扩建项目设计。纺织服装是指以纺织品为主要材料的服装。制作服装的材料很多，最多的是纺织品，还有裘革制品、塑料制品和金属、橡胶制品等。羽绒服装的面料、里料一般为纺织品，但其填充物羽绒需要专门进行加工。水洗整理服装，是指成品、半成品或所用面料经石磨、砂洗、酶洗、漂洗、雪花洗、免烫洗等一种或多种组合方式水洗加工整理的服装；此类服装加工中大量用水，需设置水处理设施。皮革服装的主要材料为裘革制品，不同材料制作服装的生产工艺不同，生产设备不同，对工厂厂房设计的要求也不同。

3 工 艺

3.1 一般规定

3.1.3 服装生产过程中，尤其是高档次的产品，为避免因交接班引起的管理混乱，一般工序和设备都固定人员，实行一班制的劳动组织制度。西服和衬衫工厂一般也实行一班制。本规范以一班制的劳动组织形式为基础进行工艺设计。实际生产可按产品品种、批量、数目、交货时间等因素采用一班制或两班制。

3.1.5 工艺设计在确保产品质量和满足生产能力的前提下，通过采用新技术、新工艺、新设备等来提高劳动生产率和设备利用率；尽可能缩短生产流程，节能和节地。新技术、新工艺、新设备的采用是在成熟可靠的基础上，也要符合我国国情和工厂所在地的基础条件。

当生产同一产品可有多种方案选择时，应比较各种方案的生产能力大小、原辅料和公用工程单耗的高低、产品质量指标的优劣、厂房占地面积的大小、建厂周期的长短和投资的多少等因素，综合后选择。

3.2 工艺流程的选择

3.2.1 服装工业化生产（成衣生产）的产品方案是指具体品种、规格及各品种占总产量比例。产品质量应按国家和行业的产品标准的要求执行。如现行国家标准《衬衫》GB/T 2660、《男西服、大衣》GB/T 2664。

3.2.4 男式西服和男衬衫的工艺流程因内容繁杂，不列为条文正文，而以附录的形式表示。具备生产男式西服和男衬衫工艺流程和生产能力的服装工厂一般都能满足目前大部分纺织服装的生产要求，因此本规范用男式西服和男衬衫作为服装工厂的代表生产品种。如果生产产品为童装或牛仔服装，需分别经过印花和水洗工序，则应按照需要增加相应设施，各专业应依据其他相应规范、标准进行设计。

3.3 原、辅料用量计算

3.3.1 服装的原、辅料材料品种和花色不但丰富，而且日新月异、变化无穷。原料是指面料，是构成服装的主体材料；辅料是指里料、衬料、填充料、胆料和缝纫线，还有纽扣、拉链、花边和粘扣等；辅料在外观、质地和性能上应与服装面料相匹配。

西服的原、辅料主要有面料、里料、衬料、缝纫线和纽扣。

男衬衫的原、辅料主要有面料、衬料、缝纫线和纽扣。

3.3.2 本条文主要列出了面料的计算。并依据服装大批量生产的排料图来计算单位产品的面料耗用量。西服和男式衬衫是以梭织物作为原、辅料。本条文中列出的针织成衣单位产品用料的用料计算公式可作为生产针织成衣或针织品为里料时的参考。

3.3.3 本条文作为西服和男衬衫原、辅料单耗的参考指标，可以作为西服和男衬衫生产工厂的用料估算的参考。

3.4 工艺设备的选择和配置

3.4.4 服装生产设备的种类很多，设备按服装加工的各主要工序和用途，包括了九大类，每类都有很多型号规格。

3.4.5 本条文规定了西服生产设备配置。男衬衫的生产设备配置可根据生产工序参考西服生产设备配置。

3.5 工艺设备的布置

3.5.2 服装生产的劳动作业形式依据产品的批量、品种和工艺要求确定。设备布置要满足劳动作业的要求。劳动作业的形式一般有传送带式流水作业、单机组合式流水作业、集团式流水作业、吊挂传输式流水作业和模块式快速反应流水作业等。设备布置合理，能使设备、工具、运输装置（设备）和工人操作相协调，工人操作安全方便，有利于生产管理，并有效地利用车间生产面积。

3.5.5 粘合机在操作中因高温挤压，有各类树脂产生气味，为了不影响到其他工作场所，应在单独房间布置，与主车间隔开；并靠外墙布置，排放的效果较好。

4 总平面设计

4.1 一般规定

4.1.1 工厂设计一般都要依据规划部门的"控制性详细规划要求"进行设计，必须满足控制性详细规划的强制性指标（建筑密度、建筑高度、容积率、绿地率、配套设施等），在满足服装生产要求前提下，通过方案比选做到节地、节能、节水、节材，并满足环境保护、安全卫生、防火等有关规定，对现行国家及行业标准及规定中的强制性条文必须严格执行。

4.1.2 总平面布置方案受多方面因素制约和影响，如城市规划中的环境保护、交通运输、当地的气候与自然条件等。设计前应搜集相关资料，依据可靠的基础资料进行设计，并应进行多方案的技术经济比较。

4.1.3 本规范关于服装工厂总平面布置的要求，有以下四原因：

1 总平面布置应以工艺要求为中心，因地制宜地根据工厂所在区域的具体条件，以节约用地为原则，选择主厂房的结构形式与建筑高度；根据服装生产工艺的特点，在满足安全卫生、防火及工程管线敷设要求等条件下，尽可能体现集中、联合、多层的布置原则。

2 总平面布要有合理的功能分区。根据生产系统，辅助生产系统和非生产系统各部分之间的关系，按功能模块进行布置。主厂房位置确定后，各种辅助和附属设施应靠近所服务的部门。动力供应部门应接近负荷中心，尽量缩短管线、降低能耗、节约资源。

3 工厂建筑的设计均宜规整、简洁，有利于节能和节省造价。行政管理及生活设施不应与生产设施混合布置，避免使用中干扰。建筑宜集中、合并，形成一定的体量。

4 服装工厂有大量和频繁的原、辅料及成品厂外运输，应设计方便的厂外运输出入口，并避免与人流出入口交叉干扰。

4.1.4 总图布置时应避免在未作发展规划时，盲目预留发展用地。在设计中已有发展规划，并明确分期建设时，也应以节地为原则，尽量集中布置，提高土地的利用价值，并充分考虑与前期厂房的生产联系及工程管线的衔接。

4.1.6 厂区总平面布置的防火设计应按现行国家标准《纺织工程设计防火规范》GB 50565 执行,《纺织工程设计防火规范》GB 50565 未作规定者应按现行国家标准《建筑设计防火规范》GB 50016 和《工业企业总平面设计规范》GB 50187 的规定执行。

4.2 总平面布置

4.2.1 服装厂生产厂房多采用多层厂房,生产规模较大或用地紧张的还可以采用高层厂房的形式。应将厂房布置在地质条件较好的地段。多、高层厂房周围宜设环形道路,当条件不允许时应设有与厂房长轴平行的消防通道,并符合现行国家标准《建筑设计防火规范》GB 50016 的要求。

4.2.2 当为多、高层厂房时可按生产工艺流程进行布置,单层厂房时应按照生产工艺流程及相互关系,以主要生产车间(缝制车间与整烫车间)为核心进行总平面布置,并注意与各生产车间工艺关联的其他部门应靠近布置。

4.2.3 一字形的平面形式结构规整合理,应为首选。针对我国的气候条件,厂房南北向布置能获得最好的自然通风条件。当生产品种较多时也可视具体情况设计 L 形、Z 形、U 形等其他简洁的平面形式,把附房布置在厂房的端部或拐弯的连接部分,使生产车间获得良好的通风和采光。

4.2.4 L 形和 U 形平面厂房开口部分朝向夏季主导风向,有利于车间内的自然通风,当受地形条件或其他因素影响时,也应保持开口与主导风向的夹角小于 30°,夹角越小,通风条件越好。

4.2.5 单层厂房占地面积大,受场地限制不可能所有车间全都能满足南北向布置。主要生产车间指人员相对密集、设备台数相对更多的缝制车间和需要通风散热的整烫车间。与车间生产密切相关的附属车间和库房可以组合到主车间中来,但应布置在端部,以免影响车间采光通风。

4.2.6 仓储区与厂内运输及厂外运输联系密切,布置仓储设施时应统一考虑使之协调方便、快捷,并尽可能避开人流集中地段以保证交通安全。大型服装企业应设货物运输的专用出入口。当有储油罐和危险品仓库时应单独布置在常年最小风向上风侧的厂区边缘地区,远离其他建筑与人群,其建筑间距必须遵循国家现行的防火规范要求。

4.2.8 行政管理与生产服务设施的布置应体现集中布置的原则,严格控制占地指标,避免过多占用土地。

4.2.9 集体宿舍在一些工厂常和行政办公布置在同一区域,应将其适当分割、相对独立,避免相互干扰。

4.3 道路运输

4.3.3 厂内主次干道一般都采用城市型道路,很少采用公路型道路设计。为适应中小城镇不同规模的服装生产企业的需要,本规范也作了适度的放宽,路肩宽度设置有困难时也不应小于 1m。

4.3.5 厂区道路的宽度及转弯半径要结合消防车道考虑。道路设计还应考虑现代集装箱运输需要,常用集装箱货柜长度为 6m 和 12m 两种,宽度 2.4m,高度 2.5m,如采用集装箱运输,道路的宽度和转弯半径应相应增大。

4.4 竖向设计

4.4.1 总图竖向设计的主要内容和任务是根据厂址自然地形条件、工程地质、生产工艺、运输方式、雨水排除及土石方量平衡等因素,综合确定场地内各建(构)筑物、道路广场等的标高关系,确定竖向布置系统和方式,确定场地平整方案和合理组织场地排水。

4.4.2 竖向布置系统有平坡式和台阶式两种,布置方式有连接、重点、混合式三种。平坡式连续布置最方便于厂内运输及联系,应优先采用,尤其对单层厂房的服装工厂最为适合。当场地地形有特殊情况并影响到土石方平衡时,附属或辅助建(构)筑物及行政生活区可采用台阶式系统,布置方式亦可灵活应用,但台阶的划分尽可

能与厂区功能分区一致。厂区标高设定应注意与厂外周围建筑和道路标高相协调,并应有利于厂区排水。厂区出入口的路面标高宜高于厂外路面标高。当工厂建在城镇郊区时应注意厂区标高的确定。

4.5 厂区绿化

4.5.1、4.5.2 厂区绿化是保护环境、实现生态平衡的重要措施。各地区建厂条件不同,地方规划部门对厂区绿化率的要求也不相同。绿化布置应贯彻因地制宜、有利生产、保障安全、美化环境、节约用地、经济合理的原则。

4.6 厂区管线

4.6.1 管线综合是总平面设计的重要组成部分,布置时应注意使厂区管线之间以及管线与建(构)筑物、道路、绿化设施之间在平面和竖向上相协调,既要满足施工、检修、安全等要求,又要贯彻节约用地原则。厂区各种管线的排列次序和布置间距要求应符合现行国家标准《工业企业总平面设计规范》GB 50187 的有关规定。

4.6.3 厂区主要道路运输频繁,若地下布置管线维修时必然影响交通运输,故尽可能不在主要道路下布置管线而采用管线架空的方式。架空管线的净空高度应大于或等于 4.5m,主要考虑现代大型运输车辆的通行与消防车通行的需要,与我国目前主要道路净空高度保持一致。

4.7 主要技术经济指标

4.7.1、4.7.2 总平面技术经济指标本规范给出 9 项指标,关于容积率指标各地要求不尽统一,应遵循当地规划部门对容积率的指标要求。对绿地面积或绿化率的称谓各地也不一致,实质内容是一样的。

5 建筑、结构

5.2 生产厂房及仓库

5.2.1 近年来服装工厂厂房形式随着各地区经济发展有不同的发展与变化,除单层、多层外还出现了高层联合厂房的形式。单层厂房不利于节约用地。根据服装工厂设备较小、荷载较轻的特点,从节约用地的国情出发,应优先采用多、高层厂房形式。

5.2.2 厂房设计的柱网尺寸应在满足生产工艺要求及流程合理的前提下,选择较大的柱网尺寸,更有利于车间设备的灵活布置和今后的变动与改造。

5.2.4 本条为强制性条文,必须严格执行。窗槛墙的高度应防止下层车间着火时火焰从窗口窜至上层车间,参照现行国家标准《建筑设计防火规范》GB 50016—2006 第 7.2.7 条和《高层民用建筑设计防火规范》GB 50045—95(2005 年版)中第 3.08 条中有关建筑幕墙窗槛墙的规定,对火灾危险性较大的服装工厂的窗槛墙高度也作出了规定。

5.2.5 本条中列举的常用柱网尺寸参照原行业标准《服装工业企业工艺设计技术规范》FZJ 123—1997 第 4.1.5 条选用。

5.2.6 厂房净高设计时要根据厂房的建筑结构形式和其他情况由设计人确定。有吊顶的生产车间净高应从吊顶下算起。车间内是否采用空调根据地区气候条件、项目的经济投入条件及使用要求确定。

5.2.7 面对我国能源紧缺的严峻形势,国家制定了一系列相关政策和法律法规,对于民用建筑设计,已编制发布了各种气候地区的节能标准;各省市也发布了民用建筑节能 50% 或 65% 的标准。对于工业厂房的节能设计目前国家尚未制定统一的节能规范

或标准,但也同样应遵循节能的相关政策和法律法规。服装工厂厂房的建筑围护结构热工设计应结合不同地区的气象条件和当地节能标准,合理选择保温材料和部品、部件,采取适当的节能措施。屋面与墙体的构造及外门窗的各项技术指标,既要符合生产工艺对采光、通风的要求,也要满足建筑节能要求。

5.2.8 根据现行国家标准《建筑采光设计标准》GB/T 50033—2001 第 3.2.8 条,服装工业生产厂房采光等级为Ⅱ级,窗地面积比按照该标准表 5.0.1 应为 1/3~1/3.5;车间跨度越大,越难以达到此项要求。考虑到服装生产可以用辅助的局部照明提高工作面照度,从节约能源、减少围护结构热工损失的角度,窗墙比值亦不宜太大。实际设计中应权衡两者利弊,当确实不能达到理想的窗地比值时应由局部照明补充。南方地区外窗采用遮阳措施,可起到降低室内空调负荷的节能作用,但室内光线不足区域亦应有相应补救措施。

5.2.11、5.2.12 服装工厂厂房、仓库一般属于现行国家标准《建筑设计防火规范》GB 50016 第 9.1.3 条第 1 款、第 2 款所述范围,其防烟、排烟应引起设计人员充分重视。由于服装生产厂房属于人员密集、大量可燃物堆积的场所,按《建筑设计防火规范》GB 50016 第 9.2.2 条第 4 款,自然排烟口的净面积与地板面积的 2%~5%。按《建筑设计防火规范》GB 50016 第 9.2.4 条,服装生产车间及库房距外窗可自然排烟范围为 30m。

5.2.13 服装工业厂房楼板设计荷载的确定由于设备品种的多样性和生产工艺的变化,表中数值可作为结构设计的参考数据,具体工程项目设计还应根据工艺设备及布置情况予以校核。

5.2.14 多、高层服装厂房的垂直运输电梯功能分别为载人与载货,两者也可以合并设置。电梯速度应根据上下班时间是否集中,物流运输量大小及频繁程度经过计算决定,电梯厂在选型上有较丰富经验,可吸取电梯厂家的建议。

6 给水、排水

6.1 一般规定

6.1.1、6.1.2 这两条是服装工厂给水排水设计应遵循的原则和贯彻国家节约水资源、保护环境的要求。

6.2 给 水

6.2.1 由于国内服装工厂建筑物一般为单层或多层厂房,市政给水的水压为 0.25MPa~0.35MPa 能满足生产、生活水压要求,为节约能源和降低投资,宜由市政给水的水压直接供水。

6.2.2 厂区生产、生活、消防合并管网的给水系统为现行国家标准《建筑设计防火规范》GB 50016 所提倡,管网简单,便于维护管理并可节约投资。车间内消防系统水压与生产、生活给水系统有较大的差别;消防给水系统中水体滞留变质对生产、生活系统有不利影响,因此要求车间内消防系统与生产、生活给水系统宜分开设置。

6.2.3 根据节能和管理的要求规定工厂厂区给水总引入管、车间引入管和主要用水点应设计量装置。

6.2.4 从卫生防疫和劳动保护方面考虑,生活饮用水必须符合现行国家标准《生活饮用水卫生标准》GB 5749 的规定。服装工厂熨烫工段的生产用水,一般用于蒸汽发生器或锅炉,其水质(主要是硬度)应根据生产特点、设备状况确定,一般 17.85mg/L~71.4mg/L(以 $CaCO_3$ 计)。

6.2.5 服装工厂生产一般为白班,生活用水量主要与人数有关,用水时间宜取 8 h,小时变化系数宜取 2.5~1.5,根据现行国家标准《建筑给水排水设计规范》GB 50015 的要求确定淋浴用水定额。

6.2.6 明装给水管道外表面在给水温度较低时有可能结露、滴水,污染产品,所以宜采取防结露措施。

6.3 排 水

6.3.1 保护环境、保护水资源是工业可持续发展必然选择,因此要求新建、改建和扩建服装工厂排水应采用雨水与污水分流排水系统。

6.3.2 厂区雨水排放方式可根据厂区地形、市政雨水管井标高等确定,一般宜采用埋地管道排水方式,如厂区地形高差过大或排入的管井或水体标高太高,不能满足埋地管道排水时,也可采用排水沟排水。

6.3.3 本条要求车间污水排放根据排水性质划分系统以便分别处理。

6.3.4 生活污水主要是卫生间的污水,应经过化粪池处理后才能排入市政污水系统。

6.3.5 服装工厂生产废水依产品不同其水质也不同,因此要求根据其具体情况分别对待,处理或不处理,最后都应排入市政污水系统。

6.4 消防给水和灭火设备

6.4.1 由于现行国家标准《建筑设计防火规范》GB 50016 覆盖面很广,无法覆盖全行业,但现行国家标准《纺织工程设计防火规范》GB 50565 针对纺织工程的防火设计作了规定。服装工厂属于纺织工程的范畴,因此服装工厂的消火栓给水系统、自动喷水灭火系统以及其他灭火设施的设置,应符合现行国家标准《纺织工程设计防火规范》GB 50565 的规定,且应符合现行国家标准《建筑设计防火规范》GB 50016、《自动喷水灭火系统设计规范》GB 50084 的规定。

6.4.2 室内消火栓给水系统、自动喷水灭火给水系统采用临时高压制时,为保证灭火初期用水量要求在厂区最高屋顶上设置消防水箱。当设置高位消防水箱确有困难时,应采用独立的稳高压系统。消防水箱及稳高压系统的设置要求应符合现行国家标准《纺织工程设计防火规范》GB 50565 的规定。

6.4.4 使用灭火器扑救建筑物内的初起火,既经济又有效。因此要求服装工厂各建筑物均应按现行国家标准《建筑灭火器配置设计规范》GB 50140 的规定配置灭火器。

7 采暖、通风、空调与动力

7.1 一般规定

7.1.1 一般服装工厂的生产工艺,没有严格的温、湿度参数要求,服装工厂在采暖通风与空调设计中主要应满足职业安全卫生的要求。此外,服装工厂车间环境的舒适度对提高生产效率和保证产品质量的要求,仍有着很大的影响。因此服装工厂的采暖通风与空调设计的弹性较大,应根据生产的规模、工艺流程的自动化程度、当地的气候条件,因地制宜地选择恰当的采暖通风与空调设计方案。确定方案的原则,应该是技术先进、经济合理、节能降耗、保护环境、有利于可持续发展。

目前国内外服装企业多数已按国际标准推行 OHSAS 18000 职业安全健康管理体系和 ISO 14000 系列环境标准。在调研中发现,目前一些国外大型服装销售企业,对国内服装生产供货厂家进行安全、卫生、环境等方面的"验厂",符合条件才签订购货合同。因此在"一般规定"中特别提出在设计中满足"职业安全卫生"和

"保护环境"要求的原则,以避免服装企业受制于国际贸易的绿色壁垒。

7.1.3 高档服装的生产工艺可能对生产车间的空气温、湿度提出特定要求。当生产工艺无特殊要求时,可根据气象条件按表7.1.3确定生产车间的空气温度及换气次数。

7.1.4 现行国家标准《采暖通风与空气调节设计规范》GB 50019—2003中对于围护结构传热系数,是在采暖和空气调节两章中分别论述的。采暖部分有关章节摘录如下:"4.1.6 设置采暖的工业建筑,如工艺对室内温度无特殊要求,且每名工人占用的建筑面积超过100m²时,不宜设置全面采暖,应在固定工作地点设置局部采暖。当工作地点不固定时,应设置取暖室。4.1.7 设置全面采暖的建筑物,其围护结构的传热阻,应根据技术经济比较确定,且应符合国家现行有关节能标准的规定。"空气调节部分有关章节摘录如下:"6.1.2 在满足工艺要求的条件下,宜减少空气调节区的面积和散热、散湿设备。当采用局部空气调节或局部区域空气调节能满足要求时,不应采用全室性空气调节。有高大空间的建筑物,仅要求下部区域保持一定的温、湿度时,宜采用分层式送风或下部送风的气流组织方式。6.1.5 围护结构的传热系数,应根据建筑物的用途和空气调节的类别,通过技术经济比较确定。对于工艺性空气调节不应大于表6.1.5(略)所规定的数值;对于舒适性空气调节,应符合国家现行有关节能设计标准的规定。"(上表6.1.5是根据室温允许波动范围分三档列出围护结构传热系数限值。)

国内服装企业基本属于劳动密集型行业,每名工人占用的建筑面积一般远远小于100m²;一些自动化程度较高的企业即使工人数量较少,车间设备、仪表的运行对室内温、湿度也有较高要求。因此目前国内绝大多数服装企业的生产车间均采用全面采暖(严寒地区、寒冷地区)或采用全面空调(夏热冬冷地区、夏热冬暖地区)。

目前国内已有居住建筑、公共建筑的国家和省市地方节能设计标准,尚未颁布工业建筑的节能设计标准。工业建筑的围护结构传热系数只能根据现行国家标准《采暖通风与空气调节设计规范》GB 50019的要求进行计算,尚无根据节能要求给出的限定值。

如前所述,国内服装企业对于采暖、空调的要求,接近于公共建筑对于采暖、空调的要求。因此从节能的目标出发,本规范参考现行国家标准《公共建筑节能设计标准》GB 50189,在本规范表7.1.4中对服装工厂的建筑围护结构传热系数给出节能限值,供建于各类气候类型地区的服装工厂设计选用。

因为一般服装工厂建筑物的体型系数远小于0.3,因此传热系数取值仅考虑体型系数小于或等于0.3的情况;因为一般服装工厂车间的窗墙面积比远小于0.2,因此传热系数取值仅考虑窗墙面积比小于或等于0.2的情况;此外根据服装工厂的厂房结构形式,表7.1.4中给出了"总风道顶板、天沟"的传热系数限值。

7.2 采　暖

7.2.1 由于各类服装工厂生产的规模和班次、工艺流程的自动化程度差别很大,因此工艺设备散热量对采暖热负荷计算的影响大小也不能一概而论,本条给出较大的取值范围。一般情况下,对于连续生产、规模较大、设备总发热量较大的服装生产车间,工艺设备的散热量取较大的百分比,也就是说采暖热负荷可较小;反之,则采暖热负荷应较大,以满足开冷车、小批量生产情况的需要。

7.4 空气调节

7.4.1 为达到节能和经济合理的目的,建于严寒地区或寒冷地区而降温要求不高的服装生产车间,可采取机械通风或蒸发冷却空调方式进行夏季降温。

8 电　气

8.1 一般规定

8.1.1 电气设计最基本的要求就是满足工艺生产运行。在方案设计时,应适当考虑变更和发展的可能性。

8.1.2 随时注意电气产品的发展动态,不得使用淘汰产品。

8.2 供配电系统

8.2.1 服装工厂的生产用电负荷,根据对供电可靠性的要求及中断供电在政治、经济上所造成损失或影响的程度,属于三级负荷。

8.2.2 服装工厂的供电电源一般采用10kV单回路供电,对于大型服装企业可采用10kV双回路供电方案,以避免停电造成经济上的损失。

8.2.3 D,Yn11接线组别的变压器,较D,Yn0接线组的变压器具有明显的优点,限制了三次谐波,降低了零序阻抗,提高了断路器的灵敏度。

8.2.4 本条文对低压配电系统作了规定:

　3 平行的生产流水线若同一回路供电,则当此回路停止供电时,将使各条流水线都停止生产。同一生产流水线的各用电设备如由不同的回路供电,则当任一回路停止供电时,都将影响此流水线的生产。

　4 使用三相负荷比较均衡,以使各相电压偏差不致差别太大。

　5 对于容量较大、负荷平稳且经常使用的用电设备的无功负荷可采用就地补偿,可以最大限度地减少线路损失如释放系统容量,节约有色金属。但对于基本无功负荷,在变配电所内集中补偿,便于维护管理。

8.2.5 采用电缆桥架敷设可适应设备选型变更及设备移动带来的配电线路的变更。在有腐蚀和特别潮湿场所,应根据环境条件,采用相应类型的防腐蚀型电缆桥架,如采用外表面电镀锌、热浸锌及静电喷塑等钢桥架,采用玻璃钢及合金塑料桥架等。

8.3 照　明

8.3.1 服装工厂生产车间采用一般照明能满足生产要求;验布和缝制车间宜采用混合照明,在验布机和缝制机的机架上设置局部照明。

8.3.4 本规范服装工厂生产车间的照度标准是参照国家现行标准《服装工业企业工艺设计技术规范》FZJ 123和《建筑照明设计标准》GB 50034确定的。

8.3.5 荧光灯的频闪效应危害人们身心健康和损害人的视觉系统,易使人视觉疲劳和产生视觉错误。防频闪措施有采用高频电子整流器,或相邻灯具接入不同相电源。

8.3.6 服装工厂车间内,工艺设备和人员较多,为便于事故情况下人员的疏散和火灾时的扑救,车间内应设供人员疏散用的应急照明。在安全出口、疏散通道及转角处设置疏散标志灯,以便疏散人员辨认通行方向,迅速撤离事故现场。

8.3.7 在缝制车间,现多采用线槽型灯带,安装在缝纫机的左(右)上方,安装高度一般为1.8m~2m,线槽即于安装灯具,也用于照明及动力线的敷设。在整烫车间,应选用防水防尘灯。在丙类仓库,应选用低温照明灯具。

8.4 防雷及接地

8.4.1 服装工厂的生产车间属一般性工业建筑,应按现行国家标准《建筑物防雷设计规范》GB 50057的有关规定,计算预计雷击次数后确定建筑物的防雷分类。

8.4.2 TN系统按照中性线"N"和保护线"PE"的组合,有三种形式:

　　1 TN－C系统,整个系统N线和PE线是合一的(PEN线)。

　　此系统只适用于三相负荷比较平衡,电路中三次谐波电流不大,并有专业人员维护管理的一般车间场所。此系统的PEN线不应设置保护电器及隔离电器。此系统不适用有爆炸和火灾危险的场所,单相负荷比较集中的场所,电子、信息处理设备及各种变频设备的场所。因此服装工厂不宜使用此系统。

　　2 TN－C－S系统,系统中有一部分N线与PE线是合一的。

　　3 TN－S系统,整个系统的N线和PE线是分开的。

　　TN－C－S系统与TN－S系统,都适用于有爆炸和火灾危险场所,单相负荷比较集中的场所,同时也适用于计算机房,生产和使用电子设备的各种场所。

　　根据三种接地系统的适用场合,结合工程的具体情况,作技术经济比较后,确定其中一种形式。一般情况下服装工厂不使用TN－C系统。

8.4.3 利用自然接地体,以便于等电位联结,不影响建筑物美观,节约钢材。但注意应符合现行国家标准《建筑物防雷设计规范》GB 50057的规定。

8.4.4 采用共用接地装置不受各接地系统之间间距的要求,便于等电位的联结。等电位联结是保护操作及维护人员人身安全的重要措施,也是减少不同设备、不同系统之间危险电位差的重要措施。

8.5 火灾报警及通信

8.5.2 作为正常的工作联系,在火灾时对外界联系,服装工厂应设置对内对外联系的通信装置。现代服装产业竞争激烈,应充分利用计算机网络技术,增强企业信息化水平。

9 职业安全卫生

9.0.1 服装工厂的职业安全卫生设计应符合现行国家标准《纺织工业企业职业安全卫生设计规范》GB 50477的有关规定,还应符合国家职业卫生标准《工业企业设计卫生标准》GBZ 1的有关规定。本规范不再重复引用。

9.0.2 服装工厂工作场所的人员都接触各类纺织面、辅料;在纺织品中如含有残余的荧光增白剂,可使一些接触者产生变应性皮肤病。熨烫工序的高温也会造成人员伤病。所以,应加强车间工作场所的通风措施进行防护。

中华人民共和国国家标准

秸秆发电厂设计规范

Design code for straw power plant

GB 50762—2012

主编部门：中国电力企业联合会
批准部门：中华人民共和国住房和城乡建设部
实施日期：2012年10月1日

中华人民共和国住房和城乡建设部
公 告

第 1398 号

关于发布国家标准 《秸秆发电厂设计规范》的公告

现批准《秸秆发电厂设计规范》为国家标准，编号为 GB 50762—2012，自 2012 年 10 月 1 日起实施。其中，第 4.2.4、5.2.4、10.2.3、15.1.10、15.2.4 条为强制性条文，必须严格执行。

本规范由我部标准定额研究所组织中国计划出版社出版发行。

中华人民共和国住房和城乡建设部
二〇一二年五月二十八日

前 言

本规范是根据原建设部《关于印发〈2006 年工程建设标准规范制订、修订计划（第二批）〉的通知》（建标〔2006〕135 号）的要求，由中国电力工程顾问集团东北电力设计院会同有关单位编制完成的。

本规范在编制过程中，编制组通过调查研究秸秆发电项目的建设和运行，总结了很多经验，将秸秆发电设计更趋先进合理、符合国情，以产生良好的社会效益和经济效益。编制组认真总结了近几年秸秆发电项目的实践经验，并在广泛征求意见的基础上，通过反复讨论、修改和完善，最后经审查定稿。

本规范共分 18 章，主要技术内容包括：总则、术语、秸秆资源与厂址选择、厂区及收贮站规划、主厂房布置、燃料输送设备及系统、秸秆锅炉设备及系统、除灰渣系统、汽轮机设备及系统、水工设施及系统、水处理设备及系统、电气设备及系统、仪表与控制、采暖通风与空气调节、建筑和结构、辅助和附属设施、环境保护、劳动安全与职业卫生等。

本规范中以黑体字标志的条文为强制性条文，必须严格执行。

本规范由住房和城乡建设部负责管理和对强制性条文的解释，由中国电力企业联合会标准化中心负责日常管理，由中国电力工程顾问集团东北电力设计院负责具体技术内容的解释。

在执行本规范的过程中，请各单位结合工程实践，注意总结经验，积累资料，随时将有关意见和建议反馈给中国电力工程顾问集团东北电力设计院秸秆规范管理组（地址：长春市人民大街 4368 号；邮政编码：130021），以便今后修订时参考。

本规范主编单位、参编单位、主要起草人和主要审查人：

主 编 单 位：中国电力工程顾问集团东北电力设计院

参 编 单 位：山东电力工程咨询院

主要起草人：刘 钢　付祥卫　黄明皎
　　　　　　崔 岩　高永芬　于永志
　　　　　　李向东　宋小斌　穆江宁
　　　　　　罗 娟　郑德升　丛佩生
　　　　　　宋长清　谭红军　张立忠
　　　　　　陈德智　田 浩　王桂华
　　　　　　王伟民　孙建平　杨 眉

主要审查人：胡伯云　王宏斌　韦迎旭
　　　　　　许松林　汪 毅　安旭东
　　　　　　任德刚　贾全宇　李佩建
　　　　　　王 瑾　刘香阶　刘经燕
　　　　　　王佩华　翁毕庆　郑惠民
　　　　　　马欣强　周曼毅　陈添槐
　　　　　　石会群　王建荣　于 波
　　　　　　郑小毛

目 次

1 总则 ………………………………… 7—49—7
2 术语 ………………………………… 7—49—7
3 秸秆资源与厂址选择 ……………… 7—49—7
　3.1 秸秆资源 ………………………… 7—49—7
　3.2 热负荷及电力负荷 ……………… 7—49—7
　3.3 厂址选择 ………………………… 7—49—7
4 厂区及收贮站规划 ………………… 7—49—8
　4.1 一般规定 ………………………… 7—49—8
　4.2 主要建筑物和构筑物的布置 …… 7—49—9
　4.3 交通运输 ………………………… 7—49—10
　4.4 竖向布置及管线布置 …………… 7—49—10
　4.5 收贮站规划 ……………………… 7—49—10
5 主厂房布置 ………………………… 7—49—11
　5.1 一般规定 ………………………… 7—49—11
　5.2 主厂房布置 ……………………… 7—49—11
　5.3 检修设施 ………………………… 7—49—11
　5.4 综合设施 ………………………… 7—49—11
6 燃料输送设备及系统 ……………… 7—49—12
　6.1 一般规定 ………………………… 7—49—12
　6.2 燃料厂外贮存及处理 …………… 7—49—12
　6.3 秸秆及辅助燃料的接卸及贮存 … 7—49—12
　6.4 燃料输送系统 …………………… 7—49—12
　6.5 破碎系统 ………………………… 7—49—13
　6.6 燃料输送辅助设施及附属建筑 … 7—49—13
7 秸秆锅炉设备及系统 ……………… 7—49—13
　7.1 锅炉设备 ………………………… 7—49—13
　7.2 秸秆给料设备 …………………… 7—49—13
　7.3 送风机、一次风机、吸风机与
　　　烟气处理设备 …………………… 7—49—14
　7.4 点火系统 ………………………… 7—49—14
　7.5 锅炉辅助系统及其设备 ………… 7—49—14
　7.6 启动锅炉 ………………………… 7—49—14
8 除灰渣系统 ………………………… 7—49—14
　8.1 一般规定 ………………………… 7—49—14
　8.2 机械除灰渣系统 ………………… 7—49—15
　8.3 气力除灰系统 …………………… 7—49—15
　8.4 控制及检修设施 ………………… 7—49—15
9 汽轮机设备及系统 ………………… 7—49—15
　9.1 汽轮机设备 ……………………… 7—49—15
　9.2 热力系统及设备 ………………… 7—49—16
10 水工设施及系统 …………………… 7—49—16
　10.1 水工设施及系统 ………………… 7—49—16
　10.2 生活、消防给水和排水 ………… 7—49—16
　10.3 水工建筑物 ……………………… 7—49—16
11 水处理设备及系统 ………………… 7—49—17
　11.1 水的预处理 ……………………… 7—49—17
　11.2 锅炉补给水处理 ………………… 7—49—17
　11.3 给水、炉水校正处理及热力
　　　 系统水汽取样 …………………… 7—49—17
　11.4 其他系统及设备 ………………… 7—49—18
12 电气设备及系统 …………………… 7—49—18
　12.1 电气主接线 ……………………… 7—49—18
　12.2 厂用电系统 ……………………… 7—49—18
　12.3 高压配电装置 …………………… 7—49—19
　12.4 电气主控制楼或网络
　　　 继电器室 ………………………… 7—49—19
　12.5 直流系统及不间断电源系统 …… 7—49—19
　12.6 其他电气设备及系统 …………… 7—49—20
　12.7 过电压保护和接地 ……………… 7—49—20
　12.8 火灾自动报警系统 ……………… 7—49—20
　12.9 系统保护、通信及远动 ………… 7—49—20
13 仪表与控制 ………………………… 7—49—20
　13.1 一般规定 ………………………… 7—49—20
　13.2 自动化水平及控制方式 ………… 7—49—20
　13.3 控制室和电子设备间 …………… 7—49—21
　13.4 检测与仪表 ……………………… 7—49—21
　13.5 模拟量控制 ……………………… 7—49—21
　13.6 开关量控制及联锁与报警 ……… 7—49—21
　13.7 保护 ……………………………… 7—49—21
　13.8 控制 ……………………………… 7—49—22
14 采暖通风与空气调节 ……………… 7—49—22
　14.1 燃料输送系统建筑 ……………… 7—49—22
　14.2 主要建筑及附属建筑 …………… 7—49—22
15 建筑和结构 ………………………… 7—49—22
　15.1 一般规定 ………………………… 7—49—22
　15.2 防火、防爆与安全疏散 ………… 7—49—23
　15.3 室内环境、建筑构造与装修 …… 7—49—23
　15.4 生活与卫生设施 ………………… 7—49—23

15.5 建筑物与构筑物 …………… 7—49—23
16 辅助和附属设施 ……………… 7—49—25
17 环境保护 ………………………… 7—49—25
　17.1 一般规定 ………………… 7—49—25
　17.2 污染防治 ………………… 7—49—25
　17.3 环境管理和监测 ………… 7—49—26
18 劳动安全与职业卫生 ………… 7—49—26
本规范用词说明 …………………… 7—49—26
引用标准名录 ……………………… 7—49—26
附：条文说明 ……………………… 7—49—28

Contents

1 General provisions ·················· 7—49—7
2 Terms ···································· 7—49—7
3 Straw resources and site selection ······························ 7—49—7
  3.1 Straw resources ···················· 7—49—7
  3.2 Thermal load and electric load ······ 7—49—7
  3.3 Site selection ························ 7—49—7
4 Planning of site area and storage station ······························· 7—49—8
  4.1 General requirements ·············· 7—49—8
  4.2 Arrangement of main buildings and structures ······················ 7—49—9
  4.3 Transportation ······················ 7—49—10
  4.4 Vertical arrangement and piping arrangement ························ 7—49—10
  4.5 Planning of storage station ········ 7—49—10
5 Lay out of main building ·········· 7—49—11
  5.1 General requirements ·············· 7—49—11
  5.2 Lay out of main building ·········· 7—49—11
  5.3 Maintenance facilities ·············· 7—49—11
  5.4 Comprehensive facilities ·········· 7—49—11
6 Fuel conveying device and system ······························· 7—49—12
  6.1 General requirements ·············· 7—49—12
  6.2 Off-site fuel storage and treatment ·························· 7—49—12
  6.3 Unloading and storage of straw and auxiliary fuel ·················· 7—49—12
  6.4 Fuel conveying system ············ 7—49—12
  6.5 Crushing system ···················· 7—49—13
  6.6 Auxiliary facilities and accessory buildings for fuel conveying ······ 7—49—13
7 Straw boiler equipment and system ······························· 7—49—13
  7.1 Boiler equipment ···················· 7—49—13
  7.2 Straw feeding equipment ·········· 7—49—13
  7.3 FD/PA/ID fan and flue gas treatment facilities ················ 7—49—14
  7.4 Ignition system ······················ 7—49—14
  7.5 Boiler Auxiliary system and equipment ···························· 7—49—14
  7.6 Start-up boiler ······················ 7—49—14
8 Ash handling system ················ 7—49—14
  8.1 General requirements ·············· 7—49—14
  8.2 Mechanical ash removal system ······························ 7—49—15
  8.3 Pneumatic ash removal system ······························ 7—49—15
  8.4 Control and maintenance facilities ······························ 7—49—15
9 Turbine equipment and system ······························· 7—49—15
  9.1 Turbine equipment ·················· 7—49—15
  9.2 Thermal power system and equipment ···························· 7—49—16
10 Hydraulic facilities and system ······························· 7—49—16
  10.1 Hydraulic facilities and system ······························ 7—49—16
  10.2 Water supply and drainage for living/firefighting ·················· 7—49—16
  10.3 Hydraulic construction ············ 7—49—16
11 Water treatment equipment and system ······························ 7—49—17
  11.1 Water pretreatment ················ 7—49—17
  11.2 Boiler makeup water treatment ·························· 7—49—17
  11.3 Correction treatment of feedwater and boiler water and water/steam sampling of thermal system ······ 7—49—17
  11.4 Other systems and equipment ···························· 7—49—18
12 Electrical equipment and system ······························· 7—49—18
  12.1 Main electrical connections ······ 7—49—18
  12.2 Auxiliary power system ·········· 7—49—18
  12.3 High voltage distribution installation ·························· 7—49—19

12.4	Electric control building or network relay room	7—49—19
12.5	DC Power system & UPS	7—49—19
12.6	Other electrical equipment and systems	7—49—20
12.7	Overvoltage protection and grounding	7—49—20
12.8	Automatic fire alarm system	7—49—20
12.9	System protection, communication and remote-action system	7—49—20

13 Instrumentation and control .... 7—49—20
- 13.1 General requirements .... 7—49—20
- 13.2 Automation level and control mode .... 7—49—20
- 13.3 Control room and electric equipment room .... 7—49—21
- 13.4 Measurement and instrument ... 7—49—21
- 13.5 Analog quantity control .... 7—49—21
- 13.6 On-off control and interlock and alarming .... 7—49—21
- 13.7 Protection .... 7—49—21
- 13.8 Control .... 7—49—22

14 Heating, ventilation and air conditioning .... 7—49—22
- 14.1 Buildings of fuel conveying system .... 7—49—22
- 14.2 Main buildings and auxiliary buildings .... 7—49—22

15 Architecture and structure .... 7—49—22
- 15.1 General requirements .... 7—49—22
- 15.2 Fire prevention, explosion prevention and safe evacuation .... 7—49—23
- 15.3 Indoor environment, building structure and decoration .... 7—49—23
- 15.4 Living and sanitation facilities .... 7—49—23
- 15.5 Buildings and structures .... 7—49—23

16 Auxiliaries facilities and accessories .... 7—49—25

17 Environmental protection .... 7—49—25
- 17.1 General requirements .... 7—49—25
- 17.2 Pollution prevention .... 7—49—25
- 17.3 Environmental management and monitor .... 7—49—26

18 Labour safety and occupational health .... 7—49—26

Explanation of wording in this code .... 7—49—26

List of quoted standards .... 7—49—26

Addition: Explanation of provisions .... 7—49—28

1 总 则

1.0.1 为了在秸秆发电厂（以下简称"发电厂"）设计中做到安全可靠、技术先进、经济适用，满足节约能源、用水、用地和保护环境的要求，制定本规范。

1.0.2 本规范适用于单机容量为 30MW 及以下的新建或扩建秸秆发电厂的设计。

1.0.3 发电厂的设计应积极应用经运行实践或工业试验证明的先进技术、先进工艺、先进材料和先进设备。

1.0.4 在秸秆资源丰富的地区，宜根据可利用秸秆资源情况建设凝汽式或供热式发电厂。

1.0.5 发电厂机组压力参数的选择，宜符合下列规定：

    1 单机容量为 30MW 或 25MW 的机组，宜选用高压参数；单机容量为 15MW 或 12MW 的机组，宜选用次高压或中压参数；单机容量为 6MW 及以下机组，宜选用中压参数。

    2 同一发电厂内的机组宜采用同一种参数。

1.0.6 发电厂规划容量不宜大于 30MW，规划台数不宜超过两台。当经充分论证，秸秆供应充足且采购成本合理时，发电厂规划容量也可适当增加；同一发电厂内的机组容量等级宜统一。同容量机、炉宜采用同一型式或改进型式，其配套设备的型式也宜一致。

1.0.7 发电厂应按规划容量做总体规划设计，统一安排。新建发电厂可按规划容量一次建成或分期建设。分期建设时，每期工程设计宜只包括该期工程必须建设部分。对分期施工有困难或不合理的项目，可根据具体情况按规划容量一次建成。

1.0.8 扩建和改建的发电厂设计应结合原有总平面布置、原有生产系统的设备布置、原有建筑结构和运行管理经验等方面的特点，全面考虑，统一协调。

1.0.9 发电厂的机炉配置、主要辅机选型、主要生产工艺系统及主厂房布置，应经技术经济比较确定。在满足安全、经济、可靠的条件下，发电厂的系统和布置应适当简化。

1.0.10 在确保安全生产和技术经济合理的前提下，当条件合适时，发电厂可与邻近的工业企业或其他单位协作，联合建设部分工程设施。

1.0.11 发电厂的主要工艺系统设计寿命应达到 30 年。

1.0.12 发电厂的设计除应符合本规范外，尚应符合国家现行有关标准的规定。

2 术 语

2.0.1 秸秆 straw stalk

成熟农作物收获籽实后的剩余部分和枝状林作物的统称，分为硬质秸秆和软质秸秆两类。

2.0.2 硬质秸秆 hard stalk and woody plant

棉花、大豆等茎干相对坚硬的农作物秸秆及树枝、木材加工下脚料的统称。

2.0.3 软质秸秆 straw and non-hard stalk

玉米、小麦、水稻、高粱、甘蔗等茎干相对柔软的农作物秸秆的统称。

2.0.4 辅助燃料 supplementary fuel

农作物籽实外壳、林作物籽实外壳和木屑等碎料。

2.0.5 燃料 fuel

秸秆与辅助燃料的统称。

2.0.6 秸秆发电厂 straw stalk power plant

以秸秆为主燃料的发电厂。

2.0.7 收贮站 collection & storage station

秸秆发电厂用于收集、贮存、加工燃料的厂外工作站。

2.0.8 露天堆场 open-air repository

无任何建筑物或构筑物遮盖的燃料堆放场地。

2.0.9 半露天堆场 half open-air repository

具有完整顶棚，其余围护结构面积不大于 30% 的燃料储存建筑物。

2.0.10 秸秆仓库 straw stalk storehouse

具有完整顶棚，其余围护结构面积大于 30% 的燃料储存建筑物。

2.0.11 活底料仓 surge bin with push floor

底部带有给料机械的料仓。

3 秸秆资源与厂址选择

3.1 秸 秆 资 源

3.1.1 发电厂应建在秸秆产地附近，所在区域应有丰富的秸秆资源、可靠的秸秆产量及待续的可获得量。

3.1.2 发电厂所需燃料宜在半径 50km 范围内获得。

3.1.3 项目建设单位应调查研究厂址附近多年秸秆产量，对秸秆产量进行分析，保证在农业歉年可获得秸秆量能够满足电厂的年秸秆消耗量。

3.1.4 发电厂可燃用辅助燃料。

3.1.5 项目建设单位应充分重视秸秆发电厂的燃料及其分析数值，进行必要的调查研究后合理确定燃料及其分析数值。

3.2 热负荷及电力负荷

3.2.1 热负荷的确定应符合现行国家标准《小型火力发电厂设计规范》GB 50049 的有关规定。

3.2.2 电力负荷的确定应符合现行国家标准《小型火力发电厂设计规范》GB 50049 的有关规定。

3.3 厂 址 选 择

3.3.1 发电厂的厂址选择应根据地区土地利用规划、城镇总体规划及区域秸秆分布、现有生产量、可供应量，并结合厂址的自然环境条件、建设条件和社会条件等因素，经技术经济综合评价后确定。

3.3.2 厂址位置的确定应符合下列规定：

    1 宜选择在秸秆丰产区的城镇附近，应有保证发电厂连续运行的秸秆用量。

    2 应利用荒地和劣地，不得占用基本农田，不宜占用一般农田。应按规划容量确定用地范围，按近期建设规模征用。

    3 不得设在危岩、滑坡、岩溶强烈发育、泥石流地段、发震断裂带以及地震时易发生滑坡、山崩和地陷地段。

    4 选择在地基承载力较高，宜采用天然地基的地段。

    5 应避让重点保护的文化遗址和风景区，不宜设在居民集中的居住区内和有开发价值的矿藏上，并应避免拆迁大量建筑物的地区。

    6 宜设在城镇、居民点和重点保护的文化遗址及风景区常年最小频率风向的上风侧。

7 收贮站应布置在地势高,地下水位低,地形平坦,具有良好的自然排水条件的地段。

8 城市建成区、环境质量不能达到要求且无有效削减措施,或可能造成敏感区环境保护目标不能达到相应标准要求的区域,不得新建发电厂。

3.3.3 发电厂的秸秆运输宜采用公路运输方式。有较好水路运输条件时,可通过技术经济比较,采取水路运输或水陆联运。秸秆运输路径不宜穿越城镇,不宜与主要公路平面交叉。

3.3.4 选择发电厂厂址、确定供水水源时,应符合下列规定:

1 供水水源必须落实、可靠。在确定水源的给水能力时,应掌握当地农业、工业和居民生活用水情况,以及水利、水电规划对水源变化的影响。

2 采用直流供水的发电厂,宜靠近水源,并应考虑取排水对水域航运、环境、养殖、生态和城镇生活用水等的影响。

3 当采用江、河水作为供水水源时,其取水口位置必须选择在河床全年稳定的地段,且应避免泥沙、草木、冰凌、漂流杂物、排水回流等的影响。

4 当考虑地下水作为水源时,应进行水文地质勘探,按照国家和电力行业现行的供水水文地质勘察规范的要求,提出水文地质勘探评价报告,并应得到有关水资源主管部门的批准。

3.3.5 灰渣应全部综合利用,不设永久贮灰场。厂址选择时,可结合灰渣综合利用实际情况,按下列原则选定周转或事故备用干式贮灰场:

1 贮灰场容量不宜超过 6 个月的电厂设计灰渣量。

2 贮灰场选择应本着节约耕地的原则,不占、少占或缓占耕地、果园和树林,避免迁移居民。宜选用山谷、洼地、荒地、滩地、塌陷区和废矿坑等,并宜靠近厂区。

3 贮灰场选择应满足环境保护的要求,并应符合下列规定:

   1) 应选在工业区和居民集中区主导风向下风侧,场界距居民集中区 500m 以外;
   2) 禁止选在江河、湖泊、水库最高水位线以下的滩地和洪泛区;
   3) 禁止选在自然保护区、风景名胜区和其他需要特别保护的区域;
   4) 应避开地下水主要补给区和饮用水源含水层。

4 所选贮灰场的场址应符合当地城乡建设总体规划要求。贮灰场征地应按国家有关规定和当地的具体情况办理。

3.3.6 确定发电厂厂址标高和防洪、防涝堤顶标高时,应符合下列规定:

1 厂址标高应高于重现期为 50 年一遇的洪水位。当低于该水位时,厂区必须有防洪围堤或其他可靠的防洪设施,并应在初期工程中按规划规模一次建成。

发电厂的防洪,应结合工程具体情况,作好防排洪(涝)规划,充分利用现有的防排洪(涝)设施。当必须新建时,经比选可因地制宜采用防洪(涝)堤、排洪(涝)沟和挡水围墙等构筑物。同时,要防止破坏山体,注意水土保持。

2 主厂房区域的室外地坪设计标高,应高于 50 年一遇的洪水位以上 0.5m。厂区其他区域的场地标高不得低于 50 年一遇的洪水位。

厂址标高高于设计水位,但低于浪高时可采取以下措施:厂外布置排泄洪渠道;厂内加强排水系统的设置;布置防浪围墙,墙顶标高按浪高确定。

3 对位于江、河、湖旁的发电厂,其防洪堤的堤顶标高,应高于 50 年一遇的洪水位 0.5m。当受风、浪、潮影响较大时,尚应再加重现期为 50 年的浪爬高。防洪堤的设计应征得当地水利部门的同意。

4 对位于海滨的发电厂,其防洪堤的堤顶标高,应按 50 年一遇的高水位或潮位,加重现期 50 年累积频率 1% 的浪爬高和 0.5m 的安全超高确定。

5 在以内涝为主的地区建厂时,防涝围堤堤顶标高应按 50 年一遇的设计内涝水位加 0.5m 的安全超高确定。当难以确定设计内涝水位时,可采用历史最高内涝水位;当有排涝设施时,则按设计内涝水位加 0.5m 的安全超高确定。围堤应在初期工程中一次建成。

6 对位于山区的发电厂,应考虑防山洪和排山洪的措施,防排洪设施可按频率为 1% 的标准设计。

7 企业自备发电厂的防洪标准,应与所在企业的防洪标准相协调。

3.3.7 发电厂出线走廊的规划,应根据系统规划、输电出线方向、电压等级与回路数、厂址附近地形、地貌和障碍物等条件,按规划容量统一安排,并且避免交叉。高压输电线应避开重要设施,不宜跨越建筑物,当不可避免时,相互应有足够的防护间距。

3.3.8 发电厂的总体规划,应符合下列规定:

1 应以厂区为中心,在满足工艺流程的情况下,按规划容量合理确定厂址的规划结构和发展方向。

2 厂区宜靠近秸秆收贮区域。

3 收贮站宜布置在公路或水路交通便利的地带,收购半径不宜大于 15km,收购站距厂区不宜大于 40km。

4 妥善处理厂内与厂外、生产与生活、生产与施工的关系。

5 合理利用自然地形、地质条件,减少工程的土石方工程量。

6 收贮站距居民点不应小于 100m。

7 集约、节约用地。

4 厂区及收贮站规划

4.1 一般规定

4.1.1 厂区及收贮站的规划,应根据生产工艺、运输、防火、防爆、环境保护、卫生、施工和生活等方面的要求,结合厂区地形、地质、地震和气象等自然条件进行统筹安排,合理布置,工艺流程顺畅,检修维护方便,有利施工,便于扩建。发电厂附近应设若干个燃料收贮站,负责电厂燃料的收购和贮存。

4.1.2 厂区及收贮站的规划设计应符合下列规定:

1 厂区及收贮站应按合理区域秸秆量确定规划容量和本期建设规模,统一规划,分期建设。

2 扩建发电厂的厂区规划,应结合老厂的生产工艺系统和平面布置特点进行统筹安排,合理利用现有设施,减少拆迁,并避免扩建施工对生产的影响。

3 环境空间组织,应功能分区明确,布局集中紧凑,空间尺度合适,满足安全运行,方便检修。

4 建(构)筑物宜按生产性质和使用性质采用联合建筑、成组和合并布置。

5 厂区规划应以主厂房为中心进行合理布置。

6 在地形复杂地段,可结合地形特征,选择合适的建筑物、构筑物平面布局,建筑物、构筑物的主要长轴宜沿自然等高线布置。

7 根据地震烈度需要设防的发电厂,建筑场地宜布置在有利地段,建筑物体形宜简洁规整。

4.1.3 主要建筑物的方位,宜结合区位条件、日照、自然通风和天然采光等因素确定。

4.1.4 厂区绿化的布置应符合下列规定:

1 绿化主要地段,应规划在进厂主干道的两侧,厂区主要出入口及行政办公区,主厂房、主要辅助建筑及秸秆仓库、露天堆场、半露天堆场的周围。

2 屋外配电装置场地的绿化,应满足电气设备安全距离的要求。

3 绿地率宜为 15%～20%。

4.1.5 发电厂用地指标应符合现行国家标准的有关规定。

4.1.6 建(构)筑物的火灾危险性分类及其耐火等级不应低于表

4.1.6的规定。

表4.1.6 建(构)筑物在生产过程中的火灾危险性及耐火等级

序号	建(构)筑物名称	火灾危险性分类	耐火等级
1	主厂房(汽机房、除氧间、锅炉房)	丁	二级
2	吸风机室	丁	二级
3	除尘构筑物	丁	二级
4	烟囱	丁	二级
5	秸秆仓库	丙	二级
6	破碎室	丙	二级
7	转运站	丙	二级
8	运煤栈桥	丙	二级
9	活底料仓	丙	二级
10	汽车卸料沟	丙	二级
11	电气控制楼(主控制楼、网络控制楼)、继电器室	戊	二级
12	屋内配电装置楼(内有每台充油量大于60kg的设备)	丙	二级
13	屋内配电装置楼(内有每台充油量小于或等于60kg的设备)	丁	二级
14	屋外配电装置	丙	二级
15	变压器室	丙	二级
16	总事故贮油池	丙	一级
17	岸边水泵房	戊	二级
18	灰浆、灰渣泵房、沉灰池	戊	二级
19	生活、消防水泵房	戊	二级
20	稳定剂室、加药设备室	戊	二级
21	进水建筑物	戊	二级
22	冷却塔	戊	二级
23	化学水处理室、循环水处理室	戊	三级
24	启动锅炉房	丁	二级
25	贮氢罐	乙	二级
26	空气压缩机室(有润滑油)	丁	二级
27	热工、电气、金属实验室	丁	二级
28	天桥	戊	二级
29	天桥(下设电缆夹层时)	丙	二级
30	排水、污水泵房	戊	二级
31	各分场维护间	戊	二级
32	污水处理构筑物	戊	二级
33	原水净化构筑物	—	—
34	电缆隧道	丙	二级
35	柴油发电机房	丙	二级
36	办公楼	—	三级
37	一般材料库	戊	二级

续表4.1.6

序号	建(构)筑物名称	火灾危险性分类	耐火等级
38	材料库棚	戊	三级
39	汽车库	丁	二级
40	消防车库	丁	二级
41	警卫传达室	—	三级
42	自行车棚	—	四级

注:1 除本表规定的建(构)筑物外,其他建(构)筑物的火灾危险性及耐火等级应符合现行国家标准《建筑设计防火规范》GB 50016的有关规定。
   2 电气控制楼,当不采取防止电缆着火后延燃的措施时,火灾危险性应为丙类。

4.2 主要建筑物和构筑物的布置

4.2.1 主厂房位置的确定应符合下列规定:
1 满足工艺流程,道路通畅,与外部进出厂管线连接短捷。
2 采用直流供水时,主厂房宜靠近取水口。
3 主厂房的固定端,宜朝向厂区主要出入口。
4 汽机房的朝向,应使高压输电线出线顺畅。炎热地区,宜使汽机房面向夏季盛行风向。
5 当自然地形坡度较大时,锅炉房宜布置在地形较高处。
6 根据总体规划要求,预留扩建条件。

4.2.2 冷却塔或冷却水池的布置宜符合下列规定:
1 冷却塔或冷却水池,宜靠近汽机房布置,并应满足最小防护间距要求。
2 发电厂一期工程的冷却塔,不宜布置在厂区扩建端。
3 冷却塔或冷却水池,不宜布置在屋外配电装置及主厂房的冬季盛行风向上风侧。
4 机力通风冷却塔单侧进风时,其长边宜与夏季盛行风向平行,并应注意其噪声对周围环境的影响。

4.2.3 秸秆仓库、露天堆场、半露天堆场的布置,应符合下列规定:
1 秸秆仓库、露天堆场、半露天堆场宜布置在炉侧或炉前。
2 秸秆仓库宜采取集中或成组布置。
3 露天堆场、半露天堆场宜集中布置在厂区边缘。单堆容量超过20000t时,宜分设堆场,各堆场间的防火间距不应小于相邻较大堆场与四级耐火等级建筑的间距。露天堆场、半露天堆场应有完备的消防系统和防止火灾快速蔓延的措施。
4 秸秆输送系统的建筑布置,应满足生产工艺的要求,并应缩短输送距离,减少转运,降低提升高度。
5 秸秆仓库、露天堆场或半露天堆场的布置,宜靠近厂区物料运输入口,并应位于厂区常年最小频率风向的上风侧。
6 燃料堆垛的长边应当与当地常年主导风向平行。

4.2.4 发电厂各建(构)筑物之间的间距,不应小于表4.2.4的规定。

表4.2.4 发电厂各建(构)筑物的最小间距

序号	建筑物名称		丙、丁、戊类建筑耐火等级			屋外配电装置	自然通风冷却塔	机力通风冷却塔	露天卸秸秆装置或秸秆堆场W(t)			行政生活服务建筑		厂外道路(路边)	厂内道路(路边)		围墙
			一、二级	三级	四级				10≤W<5000	5000<W<10000	W≥10000	一、二级	三级		主要	次要	
1	丙、丁、戊类建筑耐火等级	一、二级	10	12	—	10	15~30 注4	35	15	20	25	10	12	无出口1.5,有出口无引道时3,有引道时7~9			5
2		三级	12	14	—	12			20	25	30	12	14				
		四级	—	—	—	—	—	—	25	30	40	—	—				
3	屋外配电装置		10	12	—		—	—				10	12	1.5			—
4	主变压器或屋外厂用变压器油量(t/台)	≤10	12	15	—	25~40 注5	40~60 注3	50				15	20				
5		>10.50	15	20	—							20	25				

续表 4.2.4

序号	建筑物名称		丙、丁、戊类建筑耐火等级			屋外配电装置	自然通风冷却塔	机力通风冷却塔	露天卸秸秆装置或秸秆堆场W(t)			行政生活服务建筑		厂外道路（路边）	厂内道路（路边）		围墙
			一、二级	三级	四级				10≤W<5000	5000<W<10000	W≥10000	一、二级	三级		主要	次要	
6	自然通风冷却塔		15~30 注4	—	25~40 注5	0.45D~0.5D 注1	40	25~30			30		25	10	10		
7	机力通风冷却塔		15~30 注4	—	40~60 注3	40	注2	40~45			35		35	15	15		
8	露天卸秸秆装置或秸秆堆场W(t)	10≤W<5000	15	20	25	50	25~30	40~45	—			25		15	10	5	5
		5000<W<10000	20	25	30							30					
		W≥10000	25	30	40							40					
9	行政生活服务建筑	一、二级	10	12		10	30	35				6	7	有出口时3			5
10		三级	12	14		12						7	8	无出口时1.5			
11	围墙		5	5		10	15		5			5		2	1.0		—

注:1 D 为逆流式自然通风冷却塔进出口下缘塔筒直径(人字柱与水面交点处直径)。取相邻较大塔的直径。冷却塔布置，当采用非塔群布置时，塔间距宜为 0.45D，困难情况下可适当缩减，但不应小于 4 倍标准进风口的高度。采用塔群布置时，塔间距宜为 0.5D，有困难时可适当缩减，但不应小于 0.45D。当间距小于 0.5D 时，应要求冷却塔采取减小风的负压荷载的措施。
2 机力通风冷却塔之间的间距：
当盛行风向平行于塔群长边方向时，根据塔前后错开的情况，可取 0.5 倍～1.0 倍塔长；当盛行风垂直于塔群长边方向且两列塔呈一字形布置时，塔端净距不得小于 9m。
3 在非严寒地区采用 40m，严寒地区采用有效措施后可小于 60m。
4 自然通风冷却塔（机力通风冷却塔）与主控制楼、单元控制楼、计算机室等建筑物采用 30m，其余建（构）筑物均采用 15m~20m（除水工设施等采用 15m 外，其他均采用 20m）。
5 为冷却塔零米（水面）外壁至屋外配电装置构架边净距，当冷却塔位于屋外配电装置冬季盛行风向的上风侧时为 40m，位于冬季盛行风向的下风侧时为 25m。
6 堆场与甲类厂房（仓库）以及民用建筑的防火间距，应根据建筑物的耐火等级分别按本表的规定增加 25%，且不应小于 25m；与明火或散发火花点的防火距离，应按本表四级耐火等级建筑的相应规定增加 25%。

4.2.5 发电厂采用汽车运输燃料和灰渣时，宜设专用的出入口。

4.2.6 发电厂扩建时，宜设计有施工专用的出入口。

4.2.7 厂区围墙高度宜为 2.2m。屋外配电装置区域周围厂内部分应设有 1.8m 高的围栅，变压器场地周围应设置 1.5m 高的围栅。

4.3 交通运输

4.3.1 发电厂的燃料运输方式宜符合下列规定：
1 宜采用公路运输。
2 有较好水路运输条件时，可通过技术经济比较，采取水路运输或水陆联运。

4.3.2 厂区道路的布置应符合下列规定：
1 应满足生产和消防的要求，并应与竖向布置和管线布置相协调。
2 主厂房、秸秆仓库、露天堆场、半露天堆场、屋外配电装置周围应设环形道路。
3 厂内道路宜采用混凝土路面或沥青路面。
4 厂内秸秆运输道路宽度宜为 7m~9m，其他主要道路宽度宜为 6m，次要道路宽度宜为 4m，人行道路宽度不宜小于 1m。采用汽车运输燃料和灰渣的发电厂，应有专用的燃料运输出入口，该出入口宜面向燃料来源方向，其出入口道路的行车部分宽度宜为 7m~9m。

4.3.3 厂外道路的布置应符合下列规定：
1 发电厂的主要进厂公路，应分别与通向城镇和秸秆收贮站的现有公路相连接，宜捷短捷，并应避免与铁路线交叉。当其平交时，应设置道口及其他安全设施。
2 进厂主干道的行车部分宽度，宜为 7m~9m。
3 厂区与厂外供水建筑，水源地、码头、贮灰场之间，应有道路连接。

4.3.4 水路运输码头的设计应符合下列规定：
1 水路运输码头，应选在河床稳定、水流平顺、流速适宜和有足够水深的水域可供停泊船只的河段上。
2 码头宜靠近厂区，并应布置在取水构筑物的下游，与取水口保持一定的距离。
3 码头与循环水排水口之间，宜相隔一段距离，避免排水流速分布对船只停泊的影响。

4.4 竖向布置及管线布置

4.4.1 发电厂厂区竖向布置应符合现行国家标准《小型火力发电厂设计规范》GB 50049 的有关规定。

4.4.2 发电厂厂区地下管线的布置应符合现行国家标准《小型火力发电厂设计规范》GB 50049 的有关规定。

4.5 收贮站规划

4.5.1 收贮站内秸秆仓库、半露天堆场、露天堆场的布置应符合下列规定：
1 半露天堆场或露天堆场单堆不宜超过 20000t。超过 20000t 时，应采取多堆布置。
2 秸秆仓库宜集中成组布置，半露天堆场或露天堆场宜集中布置。

3 露天堆场垛顶披檐到结顶应当有滚水坡度。

4 秸秆仓库、半露天堆场、露天堆场应位于站区常年最小频率风向的上风侧。

5 站区宜设实体围墙，围墙高为2.2m。

4.5.2 收贮站的竖向布置应符合下列规定：

1 收贮站的标高宜按20年一遇防洪标准的要求加0.5m的安全超高确定。

2 场地坡度不应小于0.5%。坡度大于3%时，宜采取阶梯布置。

4.5.3 收贮站的交通运输应符合下列规定：

1 站内道路应满足消防和运输的要求。

2 站内秸秆仓库、半露天堆场、露天堆场应设环形消防通道。

3 站内道路宽度应为7m～9m，主要运输道路为9m。

4 站内宜设不少于两个专用运输出入口。

5 主厂房布置

5.1 一般规定

5.1.1 发电厂主厂房的布置应符合热、电生产工艺流程，做到设备布局紧凑、合理，管线连接短捷、整齐，厂房布置简洁、明快。

5.1.2 主厂房的布置应为运行安全和方便操作创造条件，做到巡回检查通道畅通。

厂房内的空气质量、通风、采光、照明和噪声等，应符合现行国家有关标准的规定。特殊设备应采取相应的防护措施，符合防火、防爆、防腐、防冻、防毒等有关要求。

5.1.3 主厂房布置应根据自然条件、总体规划和主辅设备特点及施工场地、扩建条件等因素，进行技术经济比较后确定。

5.1.4 主厂房布置应根据发电厂的厂区，综合主厂房内各工艺专业设计的布置要求及发电厂的扩建条件确定。扩建厂房宜与原有厂房协调一致。

5.1.5 主厂房内应设置必要的检修起吊设施和检修场地，以及设备和部件检修所需的运输通道。

5.2 主厂房布置

5.2.1 主厂房的布置形式，宜按汽机房、除氧料仓间、锅炉房三列式或汽机房、除氧间、料仓间、锅炉房四列式顺序排列，或根据上料方式及工艺流程经技术经济比较采用其他布置方式。

5.2.2 主厂房的布置应与燃料输送方向、发电厂出线、循环水进、排水沟、热网管廊、主控楼(室)、汽机房披屋和其周围环形道路等布置相协调。

5.2.3 主厂房各层标高的确定应符合下列规定：

1 双层布置的锅炉房和汽机房的运转层，宜取同一标高，汽机房的运转层，宜采用岛式布置。

2 除氧器层的标高，应保证在汽轮机各种运行工况下，给水泵进口不发生汽化。当气候、布置条件合适、除氧不与煤仓间并列时，除氧间和给水箱宜露天布置。

3 给料层的标高，应按燃料输送系统及每台锅炉给料仓总有效容积的要求确定。

5.2.4 当除氧和给水箱布置在单元控制室上方时，单元控制室的顶板必须采用混凝土整体浇灌，除氧器层楼面必须有可靠的防水措施。

5.2.5 主厂房的柱距和跨度，应根据锅炉和汽机容量、型式和布置方式，结合规划容量确定。

5.2.6 露天布置的锅炉，应采取有效的防冻、防雨、防腐、排水、承受风压和减少热损失等措施。对严寒或风沙大的地区，锅炉应根据

设备特点及工程具体情况采用紧身罩或屋内式布置。烟气处理设备，应露天布置。在严寒地区，对有可能冰冻的部位，应采取局部防冻措施。在非严寒地区，锅炉吸风机宜露天布置。当锅炉为岛式露天布置时，送风机、一次风机也宜露天布置。露天布置的辅机，要有防噪声措施，其电动机宜采用全封闭户外式。

5.2.7 汽轮机润滑油系统的设备和管道布置应远离高温蒸汽管道。油系统应设防火措施，并符合现行国家标准《火力发电厂与变电站设计防火规范》GB 50229 的有关规定。

5.2.8 减温减压器和热网加热器，宜布置在主厂房内。

5.2.9 集中控制室和电子设备间的布置应满足下列要求：

1 集中控制室和电子设备间的出入口不应少于两个，其净空高度不宜低于3.2m。

2 集中控制室及电子设备间应有良好的空调、照明、隔热、防尘、防火、防水、防振和防噪声措施。

3 集中控制室和电子设备间下面可设电缆夹层，它与主厂房相邻部分应封闭。

4 集中控制室、电子设备间及其电缆夹层内，应设消防报警和信号设施，严禁汽水、油及有害气体管道穿越。

5 集中控制室和电子设备间不应有任何工艺管道通过。

6 集中控制室和电子设备间应避开大型振动设备的影响。

7 集中控制室和电子设备间不应坐落在厂房伸缩和沉降缝上或不同基座的平台上。

8 集中控制室和电子设备间内的设备、表盘及活动空间布置宜紧凑合理，并方便运行和检修。

5.3 检修设施

5.3.1 汽机房的底层应设置集中安装检修场地。检修场地面积应能满足检修吊装大件和翻缸的要求。

5.3.2 汽机房内起重机的设置宜按下列原则确定：

1 汽机房内，宜设置一台电动桥式起重机。

2 起重量应按检修起吊最重件确定(不包括发电机定子)。

3 起重机的轨顶标高，应满足最大起吊物件最大起吊高度的要求。

4 起重机的起重量和轨顶标高，应考虑规划扩建机组的容量。

5.3.3 主厂房的下列各处应设置必要的检修起吊设施：

1 锅炉房炉顶。电动起吊装置的起重量，宜为0.5t～1t。提升高度从零米到炉顶平台。

2 送风机、吸风机、一次风机等转动设备的上方。

3 利用汽机房桥式起重机起吊受到限制的地方：加热器、水泵、凝汽器端盖等设备和部件。

5.3.4 汽机房的运转层应留有利用桥式起重机抽出发电机转子所需要的场地和空间。汽机房的底层，应留有抽、装凝汽器冷却管的空间位置。

5.3.5 锅炉房的布置应预留拆装空气预热器、省煤器的检修空间和运输通道。

5.3.6 当设有炉前料仓时，料仓间应留有清除事故状态燃料的空间；当料仓底部采用螺旋式给料机时，料仓底层应留有拆装螺旋轴的空间位置。

5.4 综合设施

5.4.1 主厂房内管道阀门的布置应方便检查和操作，凡需经常操作维护的阀门而人员难以到达的场所，宜设置平台、楼梯，或设置传动装置引至楼(地)面进行操作。

5.4.2 主厂房内的通道和楼梯的设置应符合下列规定：

1 主厂房的零米层与运转层应设有贯穿直通的纵向通道。其宽度宜符合下列规定：

1)汽机房靠A列柱侧，不宜小于1m；

2）汽机房靠 B 列柱侧，不宜小于 1.4m。

2 汽机房和锅炉房之间，应设有供运行、检修用的横向通道。

3 每台锅炉应设运转层至零米层的楼梯。

4 每台双层布置的汽轮机运转层至零米层，应设上下联系楼梯。

5.4.3 主厂房的地下沟道、地坑、电缆隧道，应有防、排水设施。

5.4.4 主厂房的各楼层地面，可设置冲洗水源，并能排水；主厂房主要楼层应有清除垃圾的设施，运转层和零米宜设厕所。

5.4.5 汽机房外适当位置应设置一个事故贮油池，其容量按最大一台变压器的油量与最大一台汽轮机组油系统的油量比较确定，事故贮油池宜设油水分离设施。

6 燃料输送设备及系统

6.1 一般规定

6.1.1 燃料输送系统应按发电厂规划容量、燃料品种、燃料厂外运输方式及当地的气象条件等统筹规划，并按本期容量建设。

6.1.2 燃料输送系统应简化系统流程，因地制宜地采用机械设备或设施，减少转运环节。

6.1.3 在充分调查原有燃料输送系统运行情况的基础上，扩建发电厂的燃料输送系统设计可考虑利用原有的设施和设备，并与原有系统相协调。

6.2 燃料厂外贮存及处理

6.2.1 项目建设单位应综合考虑秸秆发电厂的地域、投资、征地、燃料种类、燃料特性、燃料产出的季节性及燃料运输等因素因地制宜地设置厂外收贮站，保证发电厂连续运行。

6.2.2 硬质秸秆及辅助燃料的厂外收贮站，应对燃料进行晾晒及破碎处理。

6.2.3 软质秸秆入厂前宜在厂外的收贮站晾晒及打包。

6.2.4 厂外收贮站应按照燃料品种、燃料特性、燃料量及发电厂对燃料的要求，设置必要的破碎、打包、燃料搬运设备及计量、水分检测等辅助设备。

6.3 秸秆及辅助燃料的接卸及贮存

6.3.1 软质秸秆包料、硬质秸秆及辅助燃料的贮存应符合下列规定：

1 厂内燃料的贮存量宜为 5d～7d 燃料消耗量。

2 粒度已经符合锅炉燃烧要求的硬质秸秆及辅助燃料可以混存；未经处理的硬质秸秆及辅助燃料应分堆存放，分别处理。

3 发电厂位于多雨地区时，应根据秸秆的物理特性、输送系统、料场设备及燃烧系统的布置与型式等条件，确定是否设置干料贮存设施。当需设置时，其容量不应少于 3d 的燃料消耗量。计算厂内燃料的总贮存量时，应包括干料贮存设施的容量。

6.3.2 硬质秸秆及辅助燃料的接卸应符合下列规定：

1 硬质秸秆及辅助燃料可采用汽车卸料沟接卸，也可直接卸入秸秆仓库、半露天堆场或露天堆场。

2 采用汽车卸料沟卸料时，卸料沟的长度及容量应根据运输汽车的型号、卸料方式、来车频率等条件确定，其输出能力应与卸车出力相适应。

3 条件合适时，可采用活底料仓接卸燃料。当采用活底料仓卸料时，活底料仓的输出能力应与卸车能力及系统输出能力相适应。

6.3.3 硬质秸秆及辅助燃料堆、取设备的选择应符合下列规定：

1 建有秸秆仓库的发电厂，当有专用卸车设施时，宜采用高架带式输送机向秸秆仓库内输送经过晾晒和破碎处理的燃料。

2 运输车辆直接将燃料卸入秸秆仓库、半露天堆场或露天堆场时，对经过处理的粒度已经符合锅炉燃烧要求的硬质秸秆和辅助燃料可采用装载机、桥式抓斗起重机、移动轮胎式或固定旋转式抓斗起重机进行堆取料作业。

3 采用装载机或轮胎式抓斗起重机作为取料设备时，设备数量不宜少于两台。当取料设备同时兼顾堆料作业时，设备数量可适当增加。

6.3.4 采用秸秆仓库贮存软质秸秆包料时，应符合下列规定：

1 秸秆仓库的面积和跨度，应根据全厂总平面布置情况、储存天数、料包的尺寸、卸料、取料设备一次抓取的包料数量确定。

2 秸秆仓库的高度应根据卸料、取料设备的安装尺寸、设备运行时的最大高度、储存包料的高度等确定。包料在堆垛时，应采用压缝交错堆垛。

3 秸秆仓库的卸车位应布置在上料输送机两侧。卸车位应采用贯通式。进出秸秆仓库的大门宽度和高度，应根据运输车辆满载时的最大外形确定。上料输送机宜布置在秸秆仓库的中部。

4 秸秆仓库每个大垛四周应留有辅助作业机械的通道。

5 秸秆仓库可采用轻型封闭，并应考虑防风措施。

6.3.5 软质秸秆包料的接卸及堆取设施的选择，应符合下列规定：

1 采用秸秆仓库贮存软质秸秆包料时，宜在秸秆仓库设桥式秸秆堆码起重机进行接卸。秸秆堆码机数量不宜少于两台。设备的堆取能力应与卸车及进锅炉房的燃料输送系统能力相适应。

2 采用半露天或露天燃料堆场贮存软质秸秆时，可在燃料堆场设桥式起重机、移动式抓料机、固定旋转式抓料机或叉车进行秸秆的堆料和取料作业。设备的堆取能力应与卸车及进锅炉房的燃料输送系统能力相适应。

3 秸秆仓库、半露天堆场或露天堆场，可设叉车或移动式抓料机进行辅助作业。辅助设备的数量，应根据辅助堆取作业、整理等作业量等因素确定。

6.3.6 桥式秸秆堆码起重机的选择及布置，应符合下列规定：

1 桥式秸秆堆码起重机的起吊重量（含夹具重量）应按打包机所提供的最大包料重量确定。同时，还应考虑 1.2 倍的超载系数。

2 桥式秸秆堆码起重机夹具开口除应满足最大和最小料包的外形尺寸外，尚应考虑包料外形尺寸公差。

6.3.7 发电厂燃用多种燃料且需混烧时，料场的设置应具备混合给料的条件。

6.4 燃料输送系统

6.4.1 硬质秸秆、辅助燃料及挤压成颗粒状的软质秸秆，可采用刮板给料机、活底料仓液压推杆给料机、螺旋给料机、圆形螺旋输送机、鳞板式给料机、移动式或固定带式输送机等设备进行输送。输送系统的出力，不应小于对应机组锅炉额定蒸发量燃料消耗量的 150%。

6.4.2 硬质和软质秸秆共用一套输送系统时，所选择的给料设备和输送设备应适应所有燃料的运输。

6.4.3 不设炉前料仓时，打包的软质秸秆可采用链式输送机进行输送。输送机的出力不应小于对应机组锅炉额定蒸发量燃料消耗量的 100%。

6.4.4 设有炉前料仓时，经破碎的软质秸秆可采用带式输送机进行输送。输送机的出力不应小于对应机组锅炉额定蒸发量燃料消耗量的 150%。

6.4.5 破碎机斗下的带式输送机，宜按计算带宽加大 1 挡～2 挡选取；带速不宜大于 1.25m/s。

6.4.6 采用地下料斗作为软质秸秆输出设施时,应经充分调研后慎重选择给料设备。料斗下给料机械的选型,应根据物料种类和特性确定。事故料斗给料设备出、入口不宜设调节装置。

6.4.7 采用带式输送机运输时,带式输送机斜升倾角的选择应考虑燃料特性和粒度等因素。输送颗粒状物料时,输送机倾角不宜大于16°;输送破碎后的秸秆时,输送机倾角不宜超过22°。

6.4.8 带式输送机栈桥应因地制宜地采用露天、半封闭式或轻型封闭式。采用露天栈桥时,带式输送机应设防护罩,并根据当地气象条件采取防风设施。带式输送机栈桥(隧道)的通道尺寸,应符合下列规定:
1 运行通道净宽不应小于1m。
2 检修通道净宽不应小于0.7m。
3 带宽800mm及以下的栈桥净高不应小于2.2m。
4 带宽1000mm及以上的栈桥净高不应小于2.5m。
5 地下带式输送机隧道净高不应小于2.5m。

6.5 破碎系统

6.5.1 破碎机的选择应根据物料种类和特性确定,破碎后的物料尺寸不宜大于100mm。当锅炉厂对燃料颗粒尺寸有具体要求时,破碎设备应满足锅炉要求。

6.5.2 破碎机的单台出力、台数应根据秸秆的入厂条件、燃料输送系统的出力及工艺配置、所能选择的破碎机的最大型号等条件综合确定。破碎机所能选择的最大型号不能满足破碎需要时,可以选择多台。

6.5.3 硬质秸秆的破碎应符合下列规定:
1 硬质秸秆在厂内进行破碎时,破碎机宜布置在封闭厂房内。破碎机本体应带除尘装置。
2 破碎机宜适用于可获得的不同种类的燃料,选型时应考虑下列要求:
 1)能适应物料的特性、运行可靠、易损件寿命较长;
 2)破碎后物料的尺寸应满足系统输送、锅炉给料系统的要求;
 3)落料斗沿输送方向的长度应等于或大于破碎机落料口长度;
 4)破碎机前后的落料管和料斗应采取密封措施。

6.5.4 不设炉前料仓时,打包的软质秸秆应在炉前解包破碎。

6.5.5 设有炉前料仓时,打包的软质秸秆可先解包破碎再用带式输送机运至炉前料仓,解包破碎机的出力应与输送系统的出力相适应。

6.6 燃料输送辅助设施及附属建筑

6.6.1 采用汽车运输时,发电厂内应设汽车衡。应根据全厂总平面布置和车辆流向,选择合理位置,尽量使空、重车分道行驶。汽车衡的规格、数量,应根据汽车车型、汽车日最大进厂的车辆数、日运行小时数、卸车等因素确定。汽车衡的称量吨位,应根据可能进厂运输车辆的最大载重量确定。

6.6.2 输送系统采用带式输送机时,入炉燃料计量宜采用电子皮带秤。

6.6.3 对输送散料的系统,在进入主厂房前,应设一级除铁器。在除铁器落铁处,应设置集铁箱或通至地面的弃铁设施和安全围栏。

6.6.4 燃料输送系统应设有必要的起吊设施和检修场地。

6.6.5 燃料入厂时,应设置必要的水分检测和采样设备。

6.6.6 燃料输送系统中不宜设水力清扫和真空清扫系统。

6.6.7 燃料输送系统中的卸载装置、移动的给料设备、转运点宜考虑抑尘措施。

6.6.8 附属建筑的设置宜符合下列规定:
1 燃料输送系统,不宜单独设综合楼和检修间。

2 除寒冷地区外,装载机和其他辅助作业机械库不宜采用封闭式,可按硬化地面加遮阳防雨篷设计。车库位置宜设在靠近料场并且对环境影响较小的地方。车库的停车台位数宜与作业机械台数一致。

7 秸秆锅炉设备及系统

7.1 锅炉设备

7.1.1 锅炉的选型宜符合下列规定:
1 根据软质秸秆、硬质秸秆和辅助燃料的特性及其混烧比例,宜选层燃炉或循环流化床锅炉。
2 容量相同的锅炉,宜选用相同型式。
3 气象条件适宜时,宜选用露天锅炉或半露天锅炉。

7.1.2 供热式发电厂锅炉的台数和容量,应根据设计热负荷和合理范围内秸秆可利用量确定。条件许可时,应优先选择较高参数、较大容量的锅炉。

7.1.3 在无其他热源的情况下,供热式发电厂一期工程,不宜将单台锅炉作为供热热源。

7.1.4 供热式发电厂当一台容量最大的锅炉停用时,其余锅炉的出力应满足下列要求:
1 热用户连续生产所需的生产用汽量。
2 冬季采暖通风和生活用热量的60%~75%,严寒地区取上限。
此时,可降低部分汽轮发电机的出力。

7.1.5 发电厂扩建且主蒸汽管道采用母管制系统时,锅炉容量的选择,应连同原有锅炉容量统一计算。

7.1.6 凝汽式发电厂锅炉容量和台数的选择应符合下列规定:
1 应根据合理范围内可利用秸秆量确定锅炉容量和台数。在相同秸秆保证率的条件下,应优先选择较高参数、较大容量的锅炉。
2 一台汽轮发电机宜配置一台锅炉,不应设置备用锅炉。

7.2 秸秆给料设备

7.2.1 硬质秸秆宜设置炉前给料仓。软质秸秆可经技术比较后确定是否设置炉前给料仓。
炉前给料仓有效容积应结合仓前输料系统和设备的可靠性进行设计,并能满足锅炉额定蒸发量时燃用设计燃料不大于0.5h的需求量。
炉前给料仓的内壁应光滑,几何形状和结构应使秸秆流动顺畅,防止秸秆粘料仓四壁或搭桥。料仓壁面与水平夹角应不小于70°,两壁间的交线应不小于65°;料仓宜预留仓壁振打等设备的安装位置;料仓内应采用有效的机械转动疏通设备,料仓宜配有料位计、防爆门、喷淋装置、排风装置和观察孔。

7.2.2 给料机的型式应根据秸秆的种类确定,并应符合下列规定:
1 对于硬质秸秆,宜选用料仓、螺旋给料输送机,料仓仓底的给料机宜采用螺旋给料机,且给料机电机应有防止卡死的措施。
2 发电厂燃用软质秸秆时,宜整捆给料,在炉前设破包装置,破包后进料至炉膛。并应符合下列规定:
 1)水平给料时,给料机可采用皮带给料机或螺旋给料机;
 2)倾角给料时,给料机宜采用双螺旋给料或带齿的链条给料机;
 3)料仓仓底的给料机宜采用螺旋给料机,且给料机电机应有防止卡死的措施。

3 设有炉前料仓时,给料系统总容量宜按锅炉给料量150%设计。65t/h及以下锅炉宜设置两套给料系统,65t/h以上锅炉宜设置2套~4套给料系统。

7.3 送风机、一次风机、吸风机与烟气处理设备

7.3.1 锅炉送风机、一次风机、吸风机的台数和型式,应符合下列规定:

1 锅炉容量为65t/h等级及以下时,每台锅炉应装设送风机和吸风机各一台。

2 锅炉容量为65t/h等级及以上时,每台锅炉应装设一台送风机和1台~2台吸风机,可增设一台一次风机;一次风机压头与送风机压头相近时,宜与送风机合并设置,压头取两者中的较高值。

3 锅炉送风机、一次风机、吸风机宜选用高效离心式风机。不宜采用调速风机。

7.3.2 送风机、一次风机、吸风机和风量和压头裕量,应符合下列规定:

1 送风机基本风量按锅炉燃用设计燃料计算,应包括锅炉在额定蒸发量时所需的空气量及制造厂保证的空气预热器运行一年后送风侧的净漏风量。送风机的风量裕量宜为10%,另加温度裕量,可按"夏季通风室外计算温度"来确定;压头裕量宜为20%。

2 一次风机基本风量按锅炉燃用设计燃料计算,应包括锅炉在额定蒸发量时所需的一次风量及制造厂保证的空气预热器运行一年后一次风侧的净漏风量。一次风机的风量裕量不低于20%,另加温度裕量,可按"夏季通风室外计算温度"来确定;压头裕量不低于20%。

3 吸风机基本风量按锅炉燃用设计燃料和锅炉在额定蒸发量时的烟气量及制造厂保证的空气预热器运行一年后烟气侧漏风量及锅炉烟气系统漏风量之和考虑。吸风机的风量裕量不低于计算风量的10%,另加不低于10℃的温度裕量。吸风机的压头裕量不低于20%。

7.3.3 采用循环流化床锅炉时,当需配置高压液化风机,宜选用离心式或罗茨风机。每炉宜两台50%容量的高压流化风机。风机的风量裕量与压头裕量均不小于20%。

7.3.4 烟气处理设备的选择,应符合国家和地方现行的环境保护有关标准的规定,并应满足秸秆特性、燃烧方式和灰渣综合利用的要求。在下列条件下,所用的烟气处理设备仍应达到保证的除尘效率:

1 烟气处理设备的烟气流量按燃用设计燃料在锅炉额定蒸发量时空气预热器出口烟气量计算,另加10%的裕量;烟气温度为燃用设计燃料时的设计温度加10℃。

2 烟气处理设备的烟气流量按燃用最差燃料在锅炉额定蒸发量时空气预热器出口烟气量计算,烟气温度为燃用最差燃料时的设计温度。

7.3.5 采用布袋除尘器时,若锅炉为层燃炉,应有防止布袋除尘器被烧损的措施。

7.3.6 在除尘器前后烟道上,应设置必要的采样孔及操作平台。

7.4 点火系统

7.4.1 点火系统应简单,仅考虑锅炉点火,不考虑低负荷稳燃。秸秆锅炉的点火,宜采用人工点火方式,也可采用轻柴油点火方式。

7.4.2 采用轻柴油点火时,宜设置2m³的日用油罐或采用汽车车载轻柴油供燃烧器点火。设置日用油罐时,宜两台供油泵,一台备用,供油泵的出力宜按容量最大一台秸秆锅炉额定蒸发量时所需燃料热量的10%~15%选择。其他油系统的设置应符合现行国家标准《小型火力发电厂设计规范》GB 50049的有关规定。

7.5 锅炉辅助系统及其设备

7.5.1 锅炉排污系统及其设备可按下列要求选择:

1 锅炉排污扩容系统宜全厂设置一套。

2 锅炉宜采用一级连续排污扩容系统,并应有切换至定期排污扩容器的旁路。

3 定期排污扩容器的容量应满足锅炉事故放水的需要。

7.5.2 锅炉向空排汽时的噪声防治应满足环保要求。向空排放的锅炉点火排气管应装设消声器。起跳压力最低的汽包安全阀和过热器安全阀排气管宜装设消声器。

7.5.3 为防止空气预热器低温腐蚀和堵灰,宜按实际需要情况设置空气预热器入口空气加热系统,根据技术经济比较可选用热风再循环、暖风器或其他空气加热系统。当燃料条件较好、环境温度较高或空气预热器冷端采用耐腐蚀材料,确能保证空气预热器不被腐蚀、不堵灰时,也可不设空气加热系统,并应符合下列规定:

1 对暖风器系统宜按下列要求进行选择:

1)暖风器的设置部位应通过技术经济比较确定,对北方严寒地区,暖风器宜设置在风机入口;

2)暖风器在结构和布置上应考虑降低阻力的要求。对年使用小时数不高的暖风器,可采用移动式结构;

3)选择暖风器所用的环境温度,对采暖区宜取冬季采暖室外计算温度,对非采暖区宜取冬季最冷月平均温度,并适当留有加热面积裕量。

2 热风再循环系统,宜用于管式空气预热器或环境温度较高的地区。热风再循环率不宜过大;热风抽出口应布置在烟尘含量低的部位。

7.6 启动锅炉

7.6.1 启动锅炉应根据工程具体情况确定是否设置。当需设置启动锅炉时,宜采用快装式锅炉。

7.6.2 启动锅炉的容量应只考虑启动中必需的蒸气量,不考虑裕量和汽轮机冲转调试用气量,可暂时停用的施工用气及非启动用的其他气量。其容量宜为2 t/h~6t/h。在采暖区,同时考虑冬季全厂停电取暖时,启动锅炉的容量可根据情况适当放大。

7.6.3 启动锅炉宜采用低压蒸气参数。有关系统应力求简单、可靠和运行操作简便,其配套辅机不宜设备用。

7.6.4 对扩建电厂,宜采用原有机组的辅助蒸气作为启动气源,不设启动锅炉。

8 除灰渣系统

8.1 一般规定

8.1.1 除灰渣系统的选择,应根据灰渣量、灰渣特性、除尘器和排渣装置的型式、发电厂条件等通过技术经济比较确定。除灰渣系统的设计宜简单实用,并应充分考虑灰渣综合利用和环保要求,贯彻节约能源和节约资源的方针。

8.1.2 对于已落实灰渣综合利用的发电厂,应按照灰渣分排、干湿分排的原则设计,并为外运创造条件。对于有灰渣综合利用要求但其途径和条件都暂不落实时,应预留灰渣综合利用的条件。

8.1.3 当锅炉灰量大于或等于0.05t/h时,宜采用机械或气力除灰装置;当锅炉灰量小于0.05t/h时,宜采用简易除灰装置。

8.1.4 秸秆锅炉灰渣量应按锅炉厂提供的灰渣分配比进行计算。未取得锅炉厂提供的数据时,灰渣分配比可按表8.1.4的规定

确定。

表 8.1.4 灰渣分配表（%）

项目	层燃炉		循环流化床炉	
	硬质秸秆	软质秸秆	硬质秸秆	软质秸秆
渣	20～50	50～80	5～10	5～10
灰	80～50	50～20	95～90	95～90

8.2 机械除灰渣系统

8.2.1 机械除灰渣系统的选择，应根据灰渣量、输送距离、布置条件及厂外运输设备能力等因素确定。

8.2.2 锅炉排渣宜采用机械输送系统，输送设备宜按单路设置。机械输送系统的出力不宜小于锅炉最大连续蒸发量时燃用设计燃料排渣量的250%，且不小于燃用校核燃料排渣量的200%。

8.2.3 根据锅炉排渣方式，合理选用除渣系统及设备。层燃炉排渣宜采用湿式捞渣机系统，循环流化床炉排渣宜采用冷渣器及后续机械输送系统。

8.2.4 采用湿式捞渣机冷却渣时，可通过补充水维持捞渣机槽体内的水位运行，并设简易溢流水回收系统。在湿渣堆放场地，宜设积水坑及排水泵，并将积水排回捞渣机槽体中。

8.2.5 渣仓或贮渣间（棚）宜靠近锅炉底渣排放点布置，贮渣时间宜根据锅炉排渣量、外部运输条件等因素确定，贮存时间不宜小于24h的系统排渣量。

8.2.6 除尘器排灰宜采用机械输送系统，输送设备宜按单路设置。机械输送系统的出力不宜小于锅炉最大连续蒸发量时燃用设计燃料排灰量的250%，且不小于燃用校核燃料排灰量的200%。

8.2.7 采用车辆外运灰渣时，应根据灰渣的综合利用情况、灰渣量、运输条件、环保以及装车要求，选用自卸车或散装密封车辆。灰渣车的载重量，应与运输经过的厂内外道路和桥涵的设计承载能力相适应。灰渣的厂外运输，宜采用综合利用用户的车辆及社会运力。灰渣车应选用自卸车或散装密封车辆。

8.2.8 采用船舶外运灰渣时，应根据灰渣运输量和船型设置灰码头及装船设施。

8.3 气力除灰系统

8.3.1 气力除灰系统的选择，应根据输送距离、灰的物理、化学特性、灰量、除尘器的型式、灰的排放方式和排放口布置情况等确定。可按下列条件选择气力除灰系统：
    1 当输送距离大于50m时，宜采用正压气力除灰系统。
    2 当输送距离不大于100m时，可采用负压气力除灰系统。
    3 当输送距离较短（小于或等于60m）而布置又许可时，可采用空气斜槽输送方式。

8.3.2 气力除灰系统的设计出力不宜小于锅炉额定蒸发量时燃用设计燃料排灰量的250%，且不小于燃用校核燃料排灰量的200%。

8.3.3 气力除灰系统宜全厂所有锅炉作为一个单元。

8.3.4 空气斜槽由专用风机供气。有条件时，也可由锅炉送风机供给。空气斜槽的布置宜符合下列规定：
    1 空气斜槽宜设防潮保温措施。
    2 排灰口与空气斜槽之间应装设均匀落料设备。
    3 落灰管与空气斜槽之间，以及鼓风机与风嘴之间宜用软连接。

8.3.5 负压气力除灰系统，应设置专用抽真空设备，并宜设一台备用。

8.3.6 正压气力除灰系统，宜设置专用空气压缩机，并宜设一台备用。

8.3.7 输灰管道的直管段宜采用碳钢管，管件和弯管应采用耐磨材料。

8.3.8 飞灰堆积密度应通过试验取得，在没有试验数据时，飞灰堆积密度可按0.2t/m³～0.4t/m³选取。计算灰库荷载时的堆积密度可按0.6t/m³选取。

8.3.9 灰库宜全厂机组公用，总的贮存时间不宜小于24h的系统排灰量。

8.3.10 灰库库底宜设热风气化装置，并宜符合下列规定：
    1 气化风机可设一台运行、一台备用。
    2 灰库气化风宜设专用空气加热器。加热后的空气管道应保温，空气温度宜为150℃～180℃。

8.3.11 灰库卸灰设施的配置，应符合下列规定：
    1 灰库卸灰宜设干灰卸料装置，不宜设调湿装置。
    2 灰的综合利用受外界影响较大时，宜设置干灰装袋装置。
    3 对于干灰装卸设施、干灰装袋装置、中转存放场等，应采取防止粉尘飞扬的措施。

8.3.12 飞灰可以全部综合利用而不设厂外贮灰场时，可根据综合利用情况、交通运输条件在厂内设置飞灰中转存放场，并应符合下列规定：
    1 中转存放场的贮灰量不宜小于全厂3d的排灰量。
    2 中转存放场应充分利用厂内闲置区域和空间，并宜靠近灰库布置。
    3 中转存放场宜存放袋装灰，并应采取防止粉尘飞扬的措施。
    4 中转存放场应设置防雨设施。

8.3.13 在除灰渣设备集中布置处，可考虑必要的地面冲洗、清扫以及排污设施。

8.4 控制及检修设施

8.4.1 除灰渣系统的控制方式的设计应符合现行国家标准《小型火力发电厂设计规范》GB 50049的有关规定。

8.4.2 除灰渣系统的检修设施的设计应符合现行国家标准《小型火力发电厂设计规范》GB 50049的有关规定。

9 汽轮机设备及系统

9.1 汽轮机设备

9.1.1 发电厂的机组容量的选择应符合下列规定：
    1 供热式发电厂，应根据设计热负荷和合理范围内秸秆可利用量，合理确定发电厂的规模和机组容量。条件许可时，应优先选择较高参数、较大容量和经济效益更高的供热式机组。
    2 凝汽式发电厂的机组容量和台数，应根据合理范围内秸秆可利用量确定。在相同秸秆保证率的条件下，应优先选择较高参数和较大容量的机组。
    3 对于干旱指数大于1.5的缺水地区，宜选用空冷式汽轮机。

9.1.2 供热式汽轮机机型的最佳配置方案，应在调查核实热负荷的基础上，根据设计热负荷曲线特性，经技术经济比较后确定。

9.1.3 供热式汽轮机的选型，宜根据合理范围内秸秆可收集量和热负荷性质选用抽凝式汽轮机。

9.1.4 供热式发电厂的热化系数可按下列原则选取：
    1 供热式发电厂的热化系数宜小于1。
    2 热化系数必须因地制宜、综合各种影响因素经技术经济比较后确定，并宜符合下列规定：
        1）单机容量不大于50MW级的热电厂，其热化系数宜小于1；
        2）对于以采暖热负荷为主的成熟区域（即建设规模已接近

尾声,每年新投入的建筑面积趋于0),其热化系数宜控制在 0.6~0.7;

　3)对于以采暖热负荷为主的发展中供热区域(每年均有一定量新建筑投入供暖的),其热化系数可大于 0.8,甚至接近 1;

　4)在选取热化系数时,应对热负荷的性质进行分析;年供热利用小时数高、日负荷稳定的,取高值;年供热利用小时数低、日负荷波动大的,取低值。

9.1.5 对季节性热负荷差别较大或昼夜热负荷波动较大的地区,为满足尖峰热负荷,可采用下列方式供热:

　1 利用供热式发电厂的锅炉裕量,经减温减压装置补充供热。

　2 采用供热式汽轮机与兴建尖峰锅炉房协调供热。

　3 选留热用户中容量较大、使用时间较短、热效率较高的燃煤锅炉补充供热。

9.1.6 采暖尖峰锅炉房与供热式发电厂采用并联供热系统或串联供热系统,应经技术经济比较后确定;并宜符合下列规定:

　1 采用并联供热时,采暖锅炉房,宜建在供热式发电厂或供热式发电厂附近。

　2 采用串联供热时,采暖锅炉房,宜建在热负荷中心或热网的远端。

9.2 热力系统及设备

9.2.1 主蒸汽及供热蒸汽系统设计应符合现行国家标准《小型火力发电厂设计规范》GB 50049 的有关规定。

9.2.2 给水系统及给水泵设计应符合现行国家标准《小型火力发电厂设计规范》GB 50049 的有关规定。

9.2.3 除氧器及给水箱的设计应符合现行国家标准《小型火力发电厂设计规范》GB 50049 的有关规定。

9.2.4 凝结水系数及凝结水泵的设计应符合现行国家标准《小型火力发电厂设计规范》GB 50049 的有关规定。

9.2.5 低压加热器疏水泵的设计应符合现行国家标准《小型火力发电厂设计规范》GB 50049 的有关规定。

9.2.6 疏水扩容器、疏水箱、疏水泵与低位水箱、低位水泵设计,应符合现行国家标准《小型火力发电厂设计规范》GB 50049 的有关规定。

9.2.7 工业水系统设计应符合现行国家标准《小型火力发电厂设计规范》GB 50049 的有关规定。

9.2.8 热网加热器及其系统设计应符合现行国家标准《小型火力发电厂设计规范》GB 50049 的有关规定。

9.2.9 减温减压装置设计应符合现行国家标准《小型火力发电厂设计规范》GB 50049 的有关规定。

9.2.10 蒸汽热力网凝结水回收设备的设计应符合现行国家标准《小型火力发电厂设计规范》GB 50049 的有关规定。

9.2.11 凝汽器及其辅助设备的设计应符合现行国家标准《小型火力发电厂设计规范》GB 50049 的有关规定。

10 水工设施及系统

10.1 水工设施及系统

10.1.1 水务管理的设计应符合现行国家标准《小型火力发电厂设计规范》GB 50049 的有关规定。

10.1.2 供水系统的设计应符合现行国家标准《小型火力发电厂设计规范》GB 50049 的有关规定。

10.1.3 取水构筑物和水泵房的设计应符合现行国家标准《小型火力发电厂设计规范》GB 50049 的有关规定。

10.1.4 输配水管道及沟渠的设计应符合现行国家标准《小型火力发电厂设计规范》GB 50049 的有关规定。

10.1.5 冷却设施的设计应符合现行国家标准《小型火力发电厂设计规范》GB 50049 的有关规定。

10.1.6 贮灰场的设计应符合现行国家标准《小型火力发电厂设计规范》GB 50049 的有关规定。

10.2 生活、消防给水和排水

10.2.1 生活给水和排水管网宜与附近的城镇或其他工业企业的给水和排水系统相连。确有困难时,应自建生活给水处理设施和生活污水处理设施。

10.2.2 发电厂自建生活饮用水系统时,应符合现行国家标准《室外给水设计规范》GB 50013 的有关规定。

10.2.3 发电厂应设置消防给水系统。厂区内同一时间内火灾次数应按一次设计。厂区内消防给水水量,应按最大一次灭火室内与室外灭火用水量之和计算。

10.2.4 生活水和消防水管网宜各自独立设置。消防水池的补水时间不宜超过 48h。

10.2.5 消防水泵应设备用。消防水泵除应设就地启动装置外,在集控室还应能远方启动并具有状态显示。

10.2.6 在主厂房、秸秆仓库、半露天堆场或露天堆场周围,应设消防水环状管网。进环状管网的输水管不应少于两条。

10.2.7 汽机房和锅炉房的底层和运转层,除煤间各层,料仓间各层,储、运秸秆的建筑物、办公楼及材料库应设置消火栓。室内消火栓箱应配置消防水喉。主厂房、办公楼、秸秆仓库及材料库等建筑(区域)内应配置移动式灭火器。

10.2.8 秸秆仓库应设置自动喷水灭火系统或自动水炮灭火系统;半露天堆场宜设置自动水炮灭火系统。秸秆仓库或半露天堆场与栈桥连接处、栈桥与主厂房或栈桥与转运站的连接处应设水幕。

　收贮站的露天堆场,宜设置室外消火栓给水系统。

10.2.9 主厂房宜设置高位消防水箱。确有困难时,可采用具有稳压装置的临时高压消防给水系统。

10.2.10 当地消防部门的消防车在 5min 内不能到达发电厂时,应配置一辆消防车并设置消防车库。

10.2.11 厂区的生活污水、雨水和生产废水系统,宜采用分流制。含有腐蚀性介质、油质或其他有害物质和温度高于 40℃的生产废水,宜经处理达到国家现行标准规定后回收使用或与雨水一起排放,露天堆场的雨水宜采用明沟排水。

10.2.12 生活污水、含油污水等废水的处理应符合现行行业标准《火力发电厂废水治理设计技术规程》DL/T 5046 的有关规定。

10.3 水工建筑物

10.3.1 水工建(构)筑物的设计方案,应根据水文、气象、地质、施工条件、建材供应和当地的具体情况,通过技术经济比较确定。

10.3.2 设计水工建(构)筑物时,还应符合本规范第 16 章的有关规定。

10.3.3 水工建(构)筑物的设计,应按发电厂规划容量统一规划布置。当条件合适时,可分期建设;施工条件困难,布置受到限制,且分期建设在经济上不合理时,可按规划容量一次建成。

10.3.4 取水建筑物和水泵房级别应符合下列规定:

　1 建筑结构安全等级按二级执行。

　2 建筑防火等级按二级执行。

10.3.5 取水建筑物和水泵房的混凝土和钢筋混凝土构件的设计,应符合现行国家标准《混凝土结构设计规范》GB 50010 的有关规定;水工结构部分混凝土及钢筋混凝土构件的设计应符合现行行业标准《水工混凝土结构设计规范》DL/T 5057 的有关规定;海边取水建筑物和水泵房混凝土及钢筋混凝土构件的设计,应符合现行行业标准《港口工程混凝土结构设计规范》JTJ 267 的有关规定。

10.3.6 取水建筑物和水泵房的承载能力极限状态稳定计算,应根据荷载效应基本组合和荷载效应偶然组合分别进行计算。计算方法可按照现行有关设计规范执行。

10.3.7 水工建(构)筑物的材料、荷载、荷载组合及内力计算等,可按照有关水工建筑物设计规范执行。

10.3.8 厂区内的水工建筑物,其建筑外观应与厂区的其他建筑物相协调;厂外的水工建(构)筑物,其建筑造型应与周围环境相协调。

10.3.9 位于海水环境的水工建(构)筑物设计,应符合现行行业标准《海港水文规范》JTJ 213、《水运工程抗震设计规范》JTJ 225、《港口工程混凝土结构设计规范》JTJ 267、《港口工程混凝土结构防腐蚀技术规范》JTJ 275、《防波堤设计与施工规范》JTJ 298 的有关规定。

10.3.10 在软弱地基上修建水工建(构)筑物时,应考虑地基的变形和稳定。当不能满足设计要求时,应采取地基处理措施。建筑物周围宜设置沉降观测点。

10.3.11 取水建筑物和水泵房的地基,应根据工程地质和水文地质勘测资料、结构类型、施工和使用条件等要求进行设计。在保证建筑物正常使用的前提下,应采用天然地基。当有充分的技术经济论证时,可采用人工地基。

11 水处理设备及系统

11.1 水的预处理

11.1.1 应根据电厂附近全部可利用的、可靠的水源,经过技术经济比较,确定有代表性的水源跟踪并进行水质全分析,分析其变化趋势。用于锅炉补给水处理的原水应尽量选择清洁水源,只有在特定条件下才考虑回用污水。

11.1.2 对于地表水,应了解历年丰水期和枯水期的水质变化规律以及预测原水可能会被沿程污染情况,取得相应数据;对于受海水倒灌或农田排灌影响的水源,应掌握由此引起的水质波动;对石灰岩地区的地下水,应了解其水质稳定性;对再生水应掌握来源组成以及被深度处理等实况。

11.1.3 单一水源以及再生水的可靠性不能保证时应另设备用水源。原水水质季节性恶化会影响后续水处理系统正常运行时,应经技术经济比较确定是否设置备用水源。

11.1.4 水的预处理设计应符合现行国家标准《小型火力发电厂设计规范》GB 50049 的有关规定。

11.2 锅炉补给水处理

11.2.1 锅炉补给水处理系统,包括预脱盐系统,应根据原水水质、给水及炉水的质量标准、补给水率、排污率、设备和药品的供应条件以及环境保护的要求等因素,经技术经济比较确定。锅炉补给水处理方式,还应与锅内装置和过热蒸汽减温方式相适应。

11.2.2 锅炉正常排污率不宜超过下列数值:

  1 以化学除盐水为补给水的凝汽式发电厂不宜超过 1%;供热式发电厂不宜超过 2%。

  2 以化学软化水为补给水的凝汽式发电厂不宜超过 2%;供热式发电厂不宜超过 5%。

11.2.3 水处理设备的出力,应满足发电厂全部正常水汽损失量,并考虑在一定时期内累积机组启动或事故一次非正常水量。发电厂各项正常水汽损失可按表 11.2.3 计算。

表 11.2.3 发电厂各项正常水汽损失

序号	损失类别	正常损失
1	厂内水汽循环损失	锅炉额定蒸发量的 2%~3%
2	对外供汽损失	根据资料
3	发电厂其他用水、用汽损失	根据资料
4	排污损失	根据计算,但不少于 0.3%
5	闭式热水网损失	热水网水量的 0.5%~1% 或根据资料
6	厂外其他用水量	根据资料
7	间接空冷机组循环冷却水损失	根据具体工程情况
8	直接空冷机组夏季除盐水喷淋损失	根据具体工程情况

注:发电厂其他用汽、用水及闭式热水网补充水,应经技术经济比较,确定合适的供汽方式和补充水处理方式。

11.2.4 锅炉补给水处理系统,经技术经济比较可选用离子交换法、预脱盐加离子交换法或预脱盐加电除盐法等除盐系统。

11.2.5 除盐设备的选择,宜符合下列规定:

  1 离子交换器每种型式不宜少于两台。正常再生次数可按每台每昼夜 1 次~2 次考虑。

  凝汽式发电厂,不设再生备用离子交换器时,可由除盐水箱积累贮存再生时的备用水量;供热式发电厂,可设置足够容量的除盐(软化)水箱贮存再生时的备用水量或设置再生备用离子交换器。当一套(台)设备检修时,其余设备应能满足全厂正常补水的要求。

  2 反渗透系统的出力应与下一级水处理工艺用水量相适应。反渗透装置不宜少于两套。当一套设备清洗或检修时,其余设备应能满足全厂正常补水的要求。

  3 采用两级反渗透加电除盐系统的方案时,电除盐装置出力的选择,应考虑当一台清洗或检修时其余设备可满足正常补水量的要求。电除盐装置,宜按连续运行设计,不宜少于两套。

11.2.6 除盐水箱的容量,应满足工艺和调节的需要,并应符合下列规定:

  1 除盐(软化)水箱的总有效容量,应能配合水处理设备出力,满足最大一台锅炉化学清洗或机组启动用水需要,宜为最大一台锅炉 2h~3h 的最大连续蒸发量;对供热式发电厂,也可为 2h~4h 的正常补水量。

  2 离子交换器不设再生备用设备时,除盐(软化)水箱还应考虑再生停运期间所需的备用水量。

11.2.7 除盐水泵的容量及水处理室至主厂房的补给水管道,应按能同时输送最大一台机组的启动补给水量或锅炉化学清洗水量和其余机组的正常补给水量之和选择。

11.3 给水、炉水校正处理及热力系统水汽取样

11.3.1 给水、炉水的校正处理,应按机炉型式、参数及水化学工况设置相应的加药设施,并应符合下列规定:

  1 锅炉炉水宜采用磷酸盐处理。对于空冷机组,炉水宜采用加碱处理。炉水控制标准应符合现行国家标准《火力发电机组及蒸汽动力设备水汽质量》GB/T 12145 及《工业锅炉水质》GB 1576 的有关规定。

  2 锅炉给水应加氨校正水质处理。给水控制标准应符合现行国家标准《火力发电机组及蒸汽动力设备水汽质量》GB/T 12145 及《工业锅炉水质》GB 1576 的有关规定。

  3 根据锅炉压力等级及炉型及供热蒸汽的用途,给水宜加联氨或其他除氧剂处理。

  4 各种药液的配制应采用除盐(软化)水或凝结水。

  5 每种加药装置宜设一台备用泵。

  6 给水、炉水校正处理的设施宜布置在主厂房内。

  7 加药部位宜根据锅炉制造厂汽水系统图确定。

11.3.2 对于不同参数机组的热力系统,应设置相应的水汽取样装置及监测仪表,取样分析的信号应能作为相关系统控制的输入信号。水汽取样应符合下列规定:

  1 水汽样品的温度宜低于 30℃,最高不得超过 40℃。

  2 水汽取样装置或水汽取样冷却器,宜布置在主厂房运转层,并应便于运行人员取样及通行。

  3 取样管路及设备,应采用耐腐蚀的材质。取样管不宜过长。

  4 主厂房的运转层,宜设置水汽分析室。

11.4 其他系统及设备

11.4.1 循环冷却水处理系统的设计应符合现行国家标准《小型火力发电厂设计规范》GB 50049 的有关规定。

11.4.2 热网补给水及生产回水处理的设计应符合现行国家标准《小型火力发电厂设计规范》GB 50049 的有关规定。

11.4.3 水处理设备及管道的防腐设计应符合现行国家标准《小型火力发电厂设计规范》GB 50049 的有关规定。

11.4.4 药品贮存和计量、化验室及化验设备的设计应符合现行国家标准《小型火力发电厂设计规范》GB 50049 的有关规定。

12 电气设备及系统

12.1 电气主接线

12.1.1 发电厂电气主接线设计,应根据电力系统的要求,在满足可靠性、灵活性和经济性的前提下,合理选择方案。

12.1.2 发电机的额定电压应符合下列规定:

  1 有发电机电压直配线时,应根据地区电力网的需要采用 6.3kV 或 10.5kV。

  2 发电机与变压器为单元连接,且有厂用分支线引出时,宜采用 6.3kV。

12.1.3 发电机的额定容量应与汽轮机的额定出力配合选择,并宜优先选用制造厂推荐的成熟、适用的数值。发电机的最大连续容量,应与汽轮机的最大连续出力配合选择。

12.1.4 发电机电压母线上的主变压器的容量、台数,应根据发电厂的单机容量、台数、电气主接线及地区电力负荷的供电情况,经技术经济比较后确定。接于发电机电压母线主变压器的总容量应在考虑逐年负荷发展的基础上满足下列要求:

  1 发电机电压母线的负荷为最小时,能将剩余功率送入电力系统。

  2 发电机电压母线的最大一台发电机停运或因供热机组热负荷变动而需限制本厂出力时,应能从地区电力系统受电,以满足发电机电压母线最大负荷的需要。

12.1.5 发电机与主变压器为单元连接时,该变压器的容量宜按发电机的最大连续容量扣除高压厂用工作变压器(电抗器)计算负荷与高压厂用备用变压器(电抗器)可能替代的高压厂用工作变压器(电抗器)计算负荷的差值进行选择。变压器在正常使用条件下连续输出额定容量时,绕组的平均温升不应超过 65℃。

12.1.6 主变压器宜采用双绕组变压器。

  当需要两种升高电压向用户供电或与地区电力系统连接时,也可采用三绕组变压器,但每个绕组的通过功率应达到该变压器额定容量的 15% 以上。

12.1.7 发电机电压母线的接线方式应根据发电机的容量或负荷的性质确定,并宜符合下列规定:

  1 宜采用单母线或单母线分段接线。

  2 单母线分段时,应采用分段断路器连接。

12.1.8 接入电力系统发电厂的机组容量相对较小,与电力系统不相配合,且技术经济合理时,可将两台发电机与一台变压器(双绕组变压器或分裂绕组变压器)作扩大单元连接,也可将两台发电机双绕组变压器组共用一台高压侧断路器作联合单元连接。此时在发电机与主变压器之间应装设发电机断路器或负荷开关。

12.1.9 发电机电压母线的短路电流,超过所选择的开断设备允许值时,可在母线分段回路中安装电抗器。当仍不能满足要求时,可在发电机回路、主变压器回路、直配线上安装电抗器。

12.1.10 母线分段电抗器的额定电流应按母线上因事故而切除最大一台发电机时可能通过电抗器的电流进行选择。无确切的负荷资料时,也可按发电机额定电流的 50%~80% 选择。

12.1.11 110kV 及以下母线避雷器和电压互感器宜合用一组隔离开关。110kV 线路上的电压互感器与耦合电容器不应设置隔离开关。110kV 及以下线路避雷器以及接于发电机与变压器引出线的避雷器不宜装设隔离开关,变压器中性点避雷器不应设置隔离开关。

12.1.12 发电机与双绕组变压器为单元连接时,宜在发电机与变压器之间装设断路器。发电机与三绕组变压器为单元连接时,在发电机与变压器之间,应装设断路器。厂用分支线应接在变压器与该断路器之间。

12.1.13 35kV~110kV 配电装置的接线方式应按发电厂在电力系统中的地位、负荷的重要性、出线回路数、设备特点、配电装置型式以及发电厂的单机和规划容量等条件确定,并应符合下列规定:

  1 配电装置宜采用单母线或单母线分段接线,也可采用双母线接线。

  2 采用单母线或双母线的 63kV~110kV 配电装置,当配电装置采用六氟化硫全封闭组合电器时,不应设置旁路设施;当断路器为六氟化硫型时,不宜设旁路设施;当断路器为少油型时,也可不设旁路设施。

  3 35kV 配电装置采用成套式高压开关柜配置型式时,不应设置旁路设施;断路器为六氟化硫或真空型时,不宜设旁路设施;断路器为少油型时,也可不设旁路设施。

  4 发电机变压器组的高压侧断路器,不宜接入旁路母线。

  5 在初期工程中,可采用断路器数量较少的过渡接线方式,但配电装置的布置,应便于过渡到最终接线。

  6 配电装置不再扩建,且技术经济合理时,可简化接线型式,采用发电机一变压器一线路组接线、桥型接线或角形接线。

12.1.14 发电机的中性点的接地方式可采用不接地方式、经消弧线圈的接地方式。

12.1.15 主变压器的中性点接地方式,应根据接入电力系统的额定电压和要求决定接地或不接地,或经消弧线圈接地。当采用接地或经消弧线圈接地时,应装设隔离开关。

12.2 厂用电系统

12.2.1 发电厂的高压厂用电的电压宜采用 6kV 中性点不接地方式,低压厂用电的电压宜采用 380V 动力和照明网络共用的中性点直接接地方式。

12.2.2 采用单元制接线的发电机,当出口无断路器时,厂用分支线上连接的高压厂用工作变压器不应采用有载调压变压器。

  发电机出口设置断路器时,当机组启动电源通过主变压器、高压厂用变压器(电抗器)从系统引接,高压厂用工作变压器或主变压器是否采用有载调压变压器时,应经计算和技术经济比较后确定;如高压厂用变压器(电抗器)仅提供机组工作电源,则主变压器和高压厂用变压器不应采用有载调压变压器。

12.2.3 高压厂用备用变压器的阻抗电压在 10.5% 以上时,或引接地点的电压波动超过±5%时,宜采用有载调压变压器。如果通过厂用母线电压计算及校验,高压厂用备用变压器也可采用无载调压方式。备用变压器引接地点的电压波动,应计及全厂停电时负荷潮流变化引起的电压变化。

12.2.4 高压厂用工作电源,可采用下列引接方式:
 1 有发电机电压母线时由各段母线引接,供给接在该段母线上的机组的厂用负荷。
 2 发电机与主变压器为单元连接时,应从主变压器低压侧引接,供给该机组的厂用负荷。

12.2.5 高压厂用工作变压器(电抗器)的容量,宜按高压电动机计算负荷与低压厂用电的计算负荷之和选择。低压厂用工作变压器的容量宜留有10%的裕度。

12.2.6 全厂宜设置可靠的高压厂用备用电源。高压厂用备用电源的引接方式应根据当地电网基本电费的收取情况,经过经济技术比较确定,并可采用下列引接方式:
 1 有发电机电压母线时,应从该母线引接一个备用电源。
 2 无发电机电压母线时,应从高压配电装置母线中电源可靠的最低一级电压母线引接,并应保证在全厂停"机"的情况下,能从电力系统取得足够的电源。
 3 发电机出口装设断路器且机组台数为两台时,还可由一台机组的高压厂用工作变压器低压侧厂用工作母线引接另一台机组的高压备用电源,即机组之间对应的高压厂用母线设置联络,互为备用或互为事故停机电源。
 4 技术经济合理时,可从外部电网引接专用线路供给。

12.2.7 高压厂用备用变压器(电抗器)或启动(备用)变压器的容量不应小于最大一台(组)高压厂用工作变压器(电抗器)的容量。低压厂用备用变压器的容量,应与最大的一台低压工作变压器的容量相同。发电机出口装设断路器时,备用电源是否可以只作为事故停机电源,应经经济技术比较后确定。如备用电源只作为事故停机电源,其容量可根据工程具体情况核定,但至少应满足机组事故停机的需要。

12.2.8 发电机与主变压器为单元接线时,其厂用分支线上宜装设断路器。当无需开断短路电流的断路器时,可采用能够满足动稳定要求的断路器,但应采取相应的措施,使该断路器仅在其允许的开断短路电流范围内切除短路故障;也可采用能满足动稳定要求的隔离开关或连接片等。

12.2.9 厂备用电源的设置可按下列原则确定:
 1 接有Ⅰ类负荷的高压和低压厂用母线应设置备用电源,并应装设备用电源自动投入装置。
 2 接有Ⅱ类负荷的低压厂用母线应设置手动切换的备用电源。
 3 只有Ⅲ类负荷的低压厂用母线,可不设备用电源。

12.2.10 高压厂用电系统应采用单母线接线。每台锅炉可由一段母线供电。

12.2.11 发电厂水源地和灰场的供电方式,应经过技术经济比较后确定。收贮站的电源宜从附近电网引接。

12.2.12 高压厂用开关设备宜采用无油化设备。对容量较小、启停频繁的厂用电回路,可采用高压熔断器串真空接触器的组合设备。

12.2.13 发电厂应设置固定的交流低压检修供电网络,并应在各检修现场装设电源箱。

12.2.14 厂用变压器接线组别的选择,应使厂用工作电源与备用电源之间相位一致,以便厂用电源的切换可采用并联切换的方式。全厂低压厂用变压器宜采用"D,yn"接线。

12.3 高压配电装置

12.3.1 发电厂高压配电装置的设计应符合国家现行标准《高压架空线路和发电厂、变电所环境污区分级及外绝缘选择标准》GB/T 16434、《电力设施抗震设计规范》GB 50260、《3~110kV高压配电装置设计规范》GB 50060、《火力发电厂与变电站设计防火规范》GB 50229和《高压配电装置设计技术规程》DL/T 5352的有关规定。

12.4 电气主控制楼或网络继电器室

12.4.1 热工控制采用机炉电单元控制方式时,在配电装置附近,宜设置网络继电器室;热工控制采用机炉集中控制或汽机集中控制方式时,发电厂的电气系统及电力网络控制,应设在单独的电气主控制楼中或电气主控制室中。

12.4.2 电气主控制楼(或网络继电器室)位置的选择,应综合节省控制电缆、方便运行人员联系与发电机及高压配电装置相毗邻等因素确定,并应符合下列规定:
 1 对6MW及以下机组,不宜设置独立的电气主控制室楼,宜在汽机房运转层设置电气主控制室。电气主控制室应与热工控制室统一协调布置。
 2 12MW及以上机组不采用机炉电一体的集中控制方式时,可设置电气主控制楼。电气主控制楼宜与主厂房脱开布置。电气主控制楼与主厂房之间,可设置连接天桥。
 3 12MW及以上机组采用机炉电一体的集中控制方式时,开关站可设置网络继电器室。网络继电器室与主厂房之间,不应设置连接天桥。

12.4.3 电气主控制楼(或电气主控制室)的面积应按规划容量设计,并应在第一期工程中一次建成;初期工程屏台的布置应结合远景规划确定屏间距离和通道宽度,并应满足分期扩建和运行维护、调试方便的要求。

12.5 直流系统及不间断电源系统

12.5.1 发电厂直流系统的设计,应符合现行行业标准《电力工程直流系统设计技术规程》DL/T 5044的有关规定。

12.5.2 发电厂内应装设蓄电池组,向机组的控制、信号、继电保护、自动装置等负荷(以下简称控制负荷)和直流油泵、UPS、断路器合闸机构及直流事故照明负荷等(以下简称动力负荷)供电。蓄电池组应以全浮充电方式运行。

12.5.3 蓄电池组数宜符合下列规定:
 1 发电厂全厂宜设一组蓄电池。
 2 酸性电池组不宜设置端电池,碱性电池组宜设端电池。

12.5.4 直流系统宜采用控制负荷与动力负荷合并供电的方式,标称电压为220V。正常运行时,直流母线电压应为直流系统标称电压的105%。均衡充电时,直流母线电压不应高于直流系统标称电压的110%。事故放电时,直流母线电压不宜低于直流系统标称电压的87.5%。

12.5.5 选择蓄电池组容量时,与电力系统连接的发电厂,厂用交流电源事故停电时间应按1h计算;不与电力系统连接的孤立发电厂,厂用交流电源事故停电时间应按2h计算;供交流不间断电源用的直流负荷计算时间可按0.5h计算。

12.5.6 蓄电池的充电及浮充电设备的配置应满足下列要求:
 1 当采用高频开关充电装置时,每组蓄电池宜装设一套充电设备。当采用晶闸管充电装置时,两组相同电压的蓄电池可再设置一套充电设备作为公用备用。全厂只有一组蓄电池时,可装设两套充电设备。
 2 充电设备的容量及输出电压的调节范围应满足蓄电池组浮充电和充电的要求。

12.5.7 发电厂的直流系统宜采用单母线或单母线分段的接线方式。当采用单母线分段时,每组蓄电池和相应的充电设备应接在同一母线上,公用备用的充电设备应能切换到相应的两段母线上,蓄电池和充电设备均应经隔离和保护电器接入直流系统。

12.5.8 当采用计算机监控时,应设置在线式UPS。UPS宜根据全厂热工、电气以及网络的计算机监控系统的组数分别设置。

12.5.9 UPS旁路开关的切换时间不应大于5ms;交流厂用电消失时,UPS满负荷供电时间应不小于0.5h。

12.5.10 UPS应由一路交流主电源、一路交流旁路电源和一路直流电源供电。交流主电源和交流旁路电源应由不同厂用母线段引接,直流电源可由主控制室或机组的直流电源引接,也可采用自带的蓄电池供电。

12.5.11 UPS主母线应采用单母线或单母线分段接线方式。当有冗余供电或互为备用的不间断负载时,交流不间断电源主母线应采用单母线分段,负载应分别接到不同的母线段上。

12.6 其他电气设备及系统

12.6.1 发电厂电气监测与控制的设计应符合国家现行标准《小型火力发电厂设计规范》GB 50049、《火力发电厂、变电所二次接线设计技术规程》DL/T 5136 及《火力发电厂电力网络计算机监控系统设计技术规定》DL/T 5226的有关规定。

12.6.2 发电厂电气测量仪表的设计应符合现行国家标准《电力装置的电测量仪表装置设计规范》GB/T 50063的有关规定。

12.6.3 发电厂继电保护和安全自动装置的设计应符合现行国家标准《继电保护和安全自动装置技术规程》GB/T 14285的有关规定。

12.6.4 发电厂照明系统的设计应符合国家现行标准《建筑照明设计标准》GB 50034、《小型火力发电厂设计规范》GB 50049、《火力发电厂和变电站照明设计技术规定》DL/T 5390的有关规定。

12.6.5 发电厂电缆选择与敷设的设计应符合现行国家标准《电力工程电缆设计规范》GB 50217的有关规定。

12.6.6 发电厂的厂内通信设计应符合现行国家标准《小型火力发电厂设计规范》GB 50049的有关规定。

12.6.7 发电厂有爆炸和火灾危险场所的电气装置设计应符合现行国家标准《爆炸和火灾危险环境电力装置设计规范》GB 50058和《火力发电厂与变电站设计防火规范》GB 50229的有关规定。

12.7 过电压保护和接地

12.7.1 发电厂电气装置的过电压保护设计应符合国家现行标准《高压输变电设备的绝缘配合》GB 311.1、《绝缘配合 第2部分:高压输变电设备的绝缘配合使用导则》GB/T 311.2及《交流电气装置的过电压保护和绝缘配合》DL/T 620的有关规定。

12.7.2 主要生产建(构)筑物和辅助厂房建(构)筑物的过电压保护应符合现行行业标准《交流电气装置的过电压保护和绝缘配合》DL/T 620的有关规定。生产办公楼、食堂、宿舍楼等附属建(构)筑物、液氨贮罐的防雷设计应符合现行国家标准《建筑物防雷设计规范》GB 50057的有关规定。

12.7.3 发电厂交流接地系统的设计应符合现行国家标准《交流电气装置接地设计规范》GB 50065的有关规定。

12.7.4 秸秆露天堆场、半露天堆场和秸秆仓库宜采取防直击雷措施。露天堆场宜采用独立避雷针或架空避雷线防直击雷,半露天堆场和秸秆仓库宜采用避雷带防直击雷。

12.8 火灾自动报警系统

12.8.1 发电厂厂内宜设置火灾自动报警系统。

12.8.2 秸秆仓库内宜设感温或火焰探测器;栈桥与主厂房连接处、栈桥与转运站连接处、封闭栈桥宜设缆式线型感温探测器或火焰探测器。

12.8.3 消防控制室应与集中控制室合并设置。

12.8.4 消防水泵的停运应为手动控制。

12.9 系统保护、通信及远动

12.9.1 系统继电保护和安全自动装置的设计应符合现行国家标准《小型火力发电厂设计规范》GB 50049的有关规定。

12.9.2 连续电网的发电厂的系统通信设计应符合现行国家标准《小型火力发电厂设计规范》GB 50049的有关规定。

12.9.3 发电厂的远动设计应符合现行国家标准《小型火力发电厂设计规范》GB 50049的有关规定。

12.9.4 发电厂的电能量计量设计应符合现行行业标准《电能量计量系统设计技术规程》DL/T 5202的有关规定。

13 仪表与控制

13.1 一般规定

13.1.1 仪表与控制系统的选型应针对机组的特点进行设计,以满足机组安全、经济运行、机组启停控制的要求。

13.1.2 仪表与控制系统应选择技术先进、质量可靠、性价比高的设备和元件。

13.1.3 对于新产品、新技术应在取得成功的应用经验后方可在设计中使用。

13.2 自动化水平及控制方式

13.2.1 自动化水平应符合下列规定:

　1 机组的自动化水平应综合考虑控制方式、控制系统的配置与功能、主辅机设备可控性、运行组织管理等因素。单元机组应能在就地人员的巡回检查和少量操作的配合下,在集中控制室内实现机组启停、运行工况监视和调整、事故处理等。

　2 辅助车间的自动化水平宜与机组自动化水平相协调,并应根据电厂的运行管理模式确定。各辅助车间运行人员应能在就地人员的巡回检查和少量操作的配合下,在集中控制室或辅助车间控制室内通过操作员站实现辅助车间工艺系统的启停、运行工况监视和调整、事故处理等。

13.2.2 控制方式应符合下列规定:

　1 无论建设的发电厂是单台机组还是多台机组,应采用炉、机、电集中控制方式,全厂设置一个集中控制室。

　2 采用集中控制方式的发电厂,其主要控制系统宜采用分散控制系统(DCS)。

　3 供热式发电厂的热网系统,宜纳入分散控制系统。

　4 空冷系统、循环水泵房、空压站、除灰除渣、机组取样和加药系统宜纳入机组控制系统。

　5 机组的发电机—变压器组、厂用电源系统的顺序控制宜纳入机组控制系统。电力网络控制,可独立设置或纳入机组控制系统。

　6 汽轮机控制系统应由汽轮机厂负责,其选型应坚持成熟、可靠的原则,宜与机组控制系统选型一致。选型不一致时,应确保与分散控制系统的可靠通信。

　7 锅炉安全保护系统应由锅炉厂负责设计,并纳入机组控制系统。

　8 机组控制系统发生全局性或重大故障时,即控制系统电源消失、通信中断、全部操作员站失去功能、重要操作站失去控制和保护功能等,为确保机组紧急安全停机,应设置下列独立于控制系统的硬接线后备操作手段:

　　1)汽轮机跳闸;

　　2)总燃料跳闸;

3)锅炉安全门(机械可不装);
4)汽包事故放水门;
5)汽机真空破坏门(如有);
6)直流润滑油泵;
7)交流润滑油泵;
8)发电机或发电机变压器组跳闸;
9)发电机灭磁开关跳闸。

9 集中控室内不应设置模拟量控制系统后备操作器、指示表、记录表。

10 辅助车间系统宜采用集中控制方式宜设置辅助车间集中控制网络。

11 辅助车间监控系统宜采用可编程控制器(PLC),条件允许时,辅助车间监控系统也可采用分散控制系统,以实现全厂DCS一体化控制。

12 秸秆仓库应设置一套秸秆输送监控系统,根据电厂的运行管理水平,可考虑增设秸秆仓库管理系统。

13.3 控制室和电子设备间

13.3.1 控制室和电子设备间的布置应按电厂规划容量和机组类型和数量,进行统一考虑。对于分阶段建设的电厂可按每一阶段工程建设的特点,设置控制室和电子设备间。

13.3.2 对于单元制系统,应设置集中控制室。集中控制室的标高应与运行层相同。

13.3.3 仪表与控制电子设备间可与电气电子设备间合并设置,也可单独设置。电子设备间,可根据工艺设备的布置情况,确定相对集中设置或分散设置。

13.3.4 发电厂辅助车间宜设置秸秆输送系统控制点、水系统控制点,该控制点可并入机组集中控制室,也可独立设置。各辅助车间电子设备间宜布置在相应车间。

13.3.5 秸秆输送系统可单独设置就地控制室。

13.3.6 控制室和电子设备间的环境设施应符合下列规定:

1 控制室和电子设备间应有良好的空调、照明、隔热、防火、防尘、防水、防振、防噪声等措施。

2 电子设备间还应满足控制系统、控制设备对环境的要求。

13.4 检测与仪表

13.4.1 发电厂的检测应包括下列内容:

1 工艺系统的运行参数。
2 电气系统的运行参数。
3 主机和辅机的运行状态和运行参数。
4 电气设备的运行状态和运行参数。
5 动力关断阀门的开关状态和调节阀门的开度。
6 仪表与控制用电源、气源、水源及其他必要条件的供给状态和运行参数。
7 必要的环境参数。

13.4.2 检测仪表的设置应满足下列要求:

1 在满足安全、经济运行要求的前提下,检测仪表的设置应与各主辅机配套供货的仪表统一考虑,避免重复设置。

2 反映主设备及工艺系统在正常运行、启停、异常及事故工况下安全、经济运行的参数,应设置检测仪表。

3 运行中需要进行监视和控制的参数应设置远传仪表。

4 供运行人员现场检查和就地操作所必需的参数应设置就地仪表。

5 用于经济核算的工艺参数应设置检测仪表。

6 保护系统的检测仪表应三重或双重化设置,重要模拟量控制回路的检测仪表宜双重或三重化设置。

7 测量油、水、蒸汽等的一次仪表不应引入控制室。

8 测量爆炸危险气体的一次仪表严禁引入控制室。

13.4.3 检测仪表按下列原则选择:

1 仪表准确度等级应根据仪表的用途、型式和重要性,选择适当的准确度等级。

2 仪表应视其装设区域的具体情况,选择适当的防护等级。

3 仪表应满足所在环境的防腐、防潮、防爆等要求。

4 测量腐蚀性介质或黏性介质时,应选用具有防腐性能的仪表、隔离仪表或采用适当的隔离措施。

5 发电厂不宜使用含有对人体有害物质的仪表。

13.4.4 发电厂宜设置汽包水位监视电视和下料口下料监视电视,不宜设置炉膛火焰电视。经论证,确有必要设置炉膛火焰电视时,炉膛火焰电视的设置应满足锅炉厂的相关要求。

13.4.5 发电厂宜设置全厂工业电视系统。

13.4.6 发电厂应设置烟气连续监测系统。

13.4.7 发电厂不宜设置汽管泄漏监测装置。

13.4.8 发电厂不宜设置培训用仿真机。

13.4.9 项目建设单位有特殊要求需要时,可设置简易型厂级管理系统(MIS)。

13.5 模拟量控制

13.5.1 发电厂仪表与控制的模拟量控制宜设置下列项目:

1 锅炉给水调节系统。
2 锅炉燃料量调节系统。
3 锅炉风量调节系统。
4 锅炉炉膛压力调节系统。
5 锅炉过热蒸汽温度调节系统。
6 炉排振动频率调节系统。
7 循环流化床锅炉床温调节系统。
8 循环流化床锅炉床压调节系统。
9 除氧器压力调节系统。
10 除氧器水位调节系统。
11 凝汽器水位、加热器水位调节系统。
12 热网及减温减压器温度、压力调节系统。

13.5.2 汽机自动调节项目应根据工艺系统的特点和汽机设备的要求确定。

13.5.3 机组为单元制运行时,应设置机炉协调控制系统,并宜采用机跟炉调节方式。

13.5.4 机组采用母管制运行方式时,应设置主蒸汽母管压力调节系统。

13.6 开关量控制及联锁与报警

13.6.1 发电厂仪表与控制的开关量控制及联锁的设计应符合现行国家标准《小型火力发电厂设计规范》GB 50049 的有关规定。

13.6.2 发电厂仪表与控制的报警设计应符合现行国家标准《小型火力发电厂设计规范》GB 50049 的有关规定。

13.7 保 护

13.7.1 保护应符合下列规定:

1 保护系统的设计应有防止误动和拒动的措施,保护系统电源中断和恢复不会误发动作指令。

2 保护系统应遵循独立性的原则:

1)锅炉、汽轮机跳闸保护系统的逻辑控制器应单独冗余设置,或者设置独立的系统;当保护采用独立的系统时,其控制器也应冗余设置;

2)保护系统应有独立的输入/输出信号(I/O)通道,并有电隔离措施;

3)冗余的I/O信号应通过不同的I/O模件引入;

4）触发机组跳闸的保护信号的开关量仪表和变送器应单独设置；

5）用于跳闸、重要的联锁和超驰控制的信号,直接采用硬接线,而不应通过数据通讯总线发送。

3 在操作台上应设置停止汽轮机和解列发电机的跳闸按钮,跳闸按钮不应通过逻辑直接至停汽轮机的驱动回路。

4 保护系统输出的操作指令应优先于其他任何指令。

5 停机、停炉保护动作原因应设置事件顺序记录,并具有事故追忆功能。

13.7.2 锅炉应有下列保护项目：

1 汽包水位保护。

2 锅炉蒸汽超压保护。

3 锅炉炉膛安全保护。

4 给料系统串火保护。

5 锅炉厂提出的其他保护项目。

13.7.3 汽轮机应有下列保护项目：

1 汽轮机超速保护。

2 汽轮机润滑油压力低保护。

3 汽轮机轴向位移大保护。

4 汽轮机轴承振动大保护。

5 汽轮机厂家要求的其他保护。

13.7.4 发电机应有下列保护项目：

1 发电机断水保护。

2 发电机厂家要求的其他保护。

13.7.5 辅助系统的相关保护项目。

13.8 控 制

13.8.1 控制系统的设计应符合现行国家标准《小型火力发电厂设计规范》GB 50049 的有关规定。

13.8.2 控制电源的设计应符合现行国家标准《小型火力发电厂设计规范》GB 50049 的有关规定。

13.8.3 仪表导管、电缆及就地设备布置的设计应符合现行国家标准《小型火力发电厂设计规范》GB 50049 的有关规定。

13.8.4 仪表与控制试验室的设计应符合现行国家标准《小型火力发电厂设计规范》GB 50049 的有关规定。

14 采暖通风与空气调节

14.1 燃料输送系统建筑

14.1.1 燃料输送系统建筑采暖应选用不易积尘的散热器,在斜升栈桥内,散热器宜布置在下部。采用蒸汽采暖时,凝结水应回收利用。

14.1.2 在严寒地区,应按所在地区考虑机械排风或除尘系统排风所带走的热量补偿措施。

14.1.3 燃料输送系统的地下建筑,宜采用自然进风、机械排风的通风方式。夏季通风量可按换气次数不少于每小时 15 次计算；冬季通风量可按换气次数不少于每小时 5 次计算。通风机及电动机应采用防爆型。

14.1.4 秸秆仓库宜采用自然通风。如需采用机械通风,通风机和电动机应为防爆型,并应直接连接,室内空气不得再循环。通风机可兼作事故排风装置。事故通风量,应按小时不少于 12 次换气计算。发生火灾时,应能自动切断通风机电源。

14.1.5 燃料输送系统粉尘飞扬严重处,如转运站、破碎机室等局部扬尘点,应采取机械除尘措施。吸尘罩面风速、破碎除尘量的计算及选择等,应符合现行国家标准《采暖通风与空气调节设计规范》GB 50019 的有关规定。

14.1.6 锅炉房与破碎机室之间的建筑物应包括地道、采光室、栈桥等,当室内空气中粉尘含量高时,宜采用通风除尘措施。

14.1.7 燃料输送系统的除尘设备,应与带式输送机等燃料输送系统设备联锁运行,并应做到联锁启动,滞后停机。除尘设备的运行信号应送到燃料输送系统控制室。

14.1.8 燃料输送系统的除尘设备,宜选用袋式除尘器。在严寒及寒冷地区,除尘装置应布置在有采暖设施的室内,除尘器的排风口应接到室外。

14.1.9 安装在燃料输送系统内的除尘风道及部件,均应采用不燃烧材料制作。

14.2 主要建筑及附属建筑

14.2.1 主厂房的采暖通风与空气调节设计应符合现行国家标准《小型火力发电厂设计规范》GB 50049 的有关规定。

14.2.2 电气建筑与电气设备的采暖通风与空气调节设计应符合现行国家标准《小型火力发电厂设计规范》GB 50049 的有关规定。

14.2.3 化学建筑的采暖通风与空气调节设计应符合现行国家标准《小型火力发电厂设计规范》GB 50049 的有关规定。

14.2.4 消防(生活)水泵房、排水泵房的采暖通风设计应符合下列规定：

1 消防(生活)水泵房、排水泵房宜采用自然通风,也可根据需要采用机械通风。

2 在采暖地区,设备停运时值班采暖温度不宜低于 5℃。

14.2.5 污水处理站及泵房的通风设计应符合下列规定：

1 污水处理站的操作间应设置换气次数不少于每小时 6 次的机械排风装置。室内空气不应再循环。

2 污水处理站的各类泵房宜采用自然通风。

14.2.6 汽车衡,根据工艺需要宜设置空气调节装置。

14.2.7 在集中采暖地区和过渡地区,厂外收贮建筑宜采用以电能作为热源的局部集中或分散供热方式,热源设备不设备用,但应符合当地建设标准。

14.2.8 厂外收贮站建筑应根据工艺需要设置必要的通风及空气调节装置。

14.2.9 集中采暖地区,循环水泵房、岸边水泵房、污水泵房、燃油泵房、灰渣泵房、空压机房等如设有人员值班室,应保证室内温度不低于 16℃,设备间设值班采暖。

14.2.10 循环水泵房或岸边水泵房,当水泵配用的电动机布置在地上部分时,宜采用自然通风；当水泵配用的电动机布置在地下部分时,应设有机械通风装置。

14.2.11 空压机房、灰渣泵房夏季宜采用自然通风,通风量按排除余热计算。冬季空压机由室内吸风时,应按吸风量进行热风补偿,室外计算参数应采用室外采暖计算温度。

14.2.12 厂区采暖热网及加热站的采暖通风与空气调节设计,应符合现行国家标准《小型火力发电厂设计规范》GB 50049 的有关规定。

15 建筑和结构

15.1 一般规定

15.1.1 发电厂建筑和结构的设计必须贯彻"安全、适用、经济、美观"的方针。

15.1.2 建筑设计应根据工艺设计,并结合发电厂所在的周围环境、自然条件、建筑材料、建筑技术等因素,做好建筑的平面布置、空间组合、建筑造型、建筑色彩及围护结构的选择;处理好建筑物与工艺设备等在色彩上的协调以及厂区建筑与周围环境的协调。

15.1.3 设计中应贯彻节约用地的原则。发电厂辅助、附属和生活建筑在满足使用要求的前提下,应尽量减少建筑面积和建筑体积,可采用多层或联合建筑等形式。

15.1.4 发电厂的建筑设计应积极稳妥地采用和推广建筑领域的新技术、新工艺和新材料,做到安全适用、技术先进、经济合理和满足可持续发展的要求。选择建筑材料时,宜考虑不同地区特点,因地制宜,使用可再循环利用的材料,建筑砌体材料不应使用国家和地方政府禁用的黏土制品。

15.1.5 各建筑物的建筑设计应符合现行行业标准《火力发电厂建筑设计规程》DL/T 5094 的有关规定。

15.1.6 发电厂的建筑设计应贯彻国家有关建筑节能的法律、法规和方针政策,根据各建筑物的使用性质,按国家现行的相应节能设计标准进行节能设计。

15.1.7 除临时性结构外,结构的设计使用年限应为 50 年。

15.1.8 建筑结构设计时采用的安全等级,除一般的棚、库属于三级外,其余建(构)物均应为二级。

15.1.9 结构设计应在承载力、稳定、变形和耐久性等方面满足生产使用要求,同时,尚应考虑施工条件。承受动力荷载的结构,必要时应做动力计算。

15.1.10 抗震设防烈度为 6 度及以上地区的建筑,必须进行抗震设计。

15.1.11 地基基础的设计应根据地质勘察资料,综合考虑结构类型、材料与施工条件等因素,因地制宜确定基础形式及地基处理方式。所有建筑物地基设计均应按国家现行规程规范进行地基承载力计算,对属于规范要求进行地基变形验算的情况,尚应进行地基变形验算。

15.2 防火、防爆与安全疏散

15.2.1 发电厂建(构)筑物的火灾危险性分类及其耐火等级,不应低于本规范表 4.1.6 的有关规定。

15.2.2 发电厂各建筑物的防火设计除应符合本规范外,尚应符合现行国家标准《火力发电厂与变电站设计防火规范》GB 50229 和《建筑设计防火规范》GB 50016 的有关规定。

15.2.3 有爆炸危险的甲、乙类厂房的防爆设计应符合现行国家标准《建筑设计防火规范》GB 50016 的有关规定。

15.2.4 秸秆破碎站、转运站和分料仓至少应设置一个安全出口,安全出口可采用敞开式金属梯,其净宽不应小于 0.8m,倾斜角度不应大于 45°。与其相连的栈桥不得作为安全出口。栈桥长度超过 200m 时,还应加设中间安全出口。

15.2.5 发电厂中跨越建筑物的天桥及运料栈桥,其结构构件均应采用不燃烧材料。

15.2.6 秸秆破碎站及转运站、运料栈桥等运料建筑的钢结构应采取防火保护措施。运料栈桥为敞开或半敞开结构时,其钢结构也可不采取防火保护措施。

15.2.7 厂内燃料的贮存宜采用露天堆场或半露天堆场的形式。秸秆仓库、露天堆场和半露天堆场的设计,应符合现行国家标准《建筑设计防火规范》GB 50016 的有关规定。秸秆仓库内防火墙上开设的洞口,可采用火灾时可自动关闭的防火卷帘或自动喷水的防火水幕进行分隔。

15.2.8 收贮站的建筑设计应符合现行国家标准《建筑设计防火规范》GB 50016 的有关规定。

15.3 室内环境、建筑构造与装修

15.3.1 发电厂各建筑物的室内环境设计,采光、自然通风、建筑热工及噪声控制等应符合国家现行标准《小型火力发电厂设计规范》GB 50049 及《火力发电厂建筑设计规程》DL/T 5094 的有关规定。

15.3.2 发电厂各建筑物的建筑构造与装修,防排水、门和窗以及室内外装修等设计应符合国家现行标准《小型火力发电厂设计规范》GB 50049 及《火力发电厂建筑设计规程》DL/T 5094 的有关规定。

15.4 生活与卫生设施

15.4.1 根据生产特点、实际需要和使用方便的原则,在主要生产建筑物内的主要作业区以及人员较集中的建筑物内,应设置值班休息室和厕所等生活设施。

15.4.2 根据电厂所处的地理位置或生产需要,厂区内可设置食堂、浴室、值班宿舍、医务室等生活建筑。

15.4.3 发电厂的厂区生活与卫生设施应符合国家现行有关工业企业设计卫生标准及其他有关标准的规定。

15.5 建筑物与构筑物

15.5.1 建筑物与构筑物的结构形式,应根据工程特点和施工条件,经技术经济比较后确定。主厂房框架、排架及楼层等,宜采用混凝土结构。因地震、地质等条件不适宜采用混凝土结构时,可采用钢结构。其他建筑物和构筑物,宜采用混凝土结构或砌体结构。

15.5.2 扩建厂房的地基基础设计应考虑对原有建筑物的影响。

15.5.3 抗震设防烈度可采用中国地震动参数区划图的基本烈度。对已编制抗震设区划的城市,可按批准的抗震设防烈度或设计地震动参数进行抗震设防。

15.5.4 建筑物、构筑物的抗震设防类别,除一般材料库(棚)、厂区围墙等次要附属建(构)筑物属于丁类外,主厂房、空冷岛建筑、主要生产建(构)筑物、辅助厂房和其他非生产建筑物等一般均应属于丙类。

15.5.5 结构伸缩缝的最大间距宜符合下列规定:

1 主厂房采用现浇混凝土框架结构时,不宜大于 75m;

2 装配式混凝土框架结构不宜大于 100m;

3 其他现浇混凝土框架结构不宜大于 55m;

4 混凝土排架结构不宜大于 100m;

5 砌体结构,应符合现行国家标准《砌体结构设计规范》GB 50003 的有关规定。

6 对采用混凝土排架结构的运料栈桥,封闭式不宜大于 130m,露天式不宜大于 100m。

7 对采用钢结构排架的运料栈桥,封闭式不宜大于 150m,露天式不宜大于 120m。

8 对混凝土及钢筋混凝土沟道,室内不宜大于 30m,室外不宜大于 20m。

15.5.6 汽机房屋面结构宜采用钢屋架。跨度较小时,也可采用实腹钢梁。屋架或钢梁上宜铺金属轻屋面,多雨地区亦可采用现浇混凝土板。

15.5.7 除地基条件能确保沉降很小的情况外,主厂房、烟囱、汽轮发电机基础及锅炉基础等,应设沉降观测点;其他属于甲级或乙级的建(构)筑物的地基基础,也可设沉降观测点。

15.5.8 汽机房的吊车梁应按 A1~A3 工作级别吊车设计,秸秆仓库的吊车梁应按 A6、A7 工作级别吊车设计,其他建筑的检修吊车梁应按 A1~A3 工作级别吊车设计。

15.5.9 汽轮发电机宜采用框架式基础。风机、泵等设备基础宜采用块式。设备基础设计应满足设备及工艺的要求，并应符合现行国家标准《动力机器基础设计规范》GB 50040 的有关规定。

15.5.10 烟囱的设计应符合现行国家标准《烟囱设计规范》GB 50051 的有关规定。可采用单筒式烟囱。烟囱的内衬宜按排放弱腐蚀性烟气设计。

15.5.11 运料栈桥可采用封闭式或开敞式，并均宜采用轻型结构。栈桥柱宜采用混凝土结构。栈桥的纵梁或纵向桁架，可采用混凝土结构或钢结构。支承于主厂房的栈桥端部，宜设计成滚动支座或滑动支座。运料栈桥的抗震设计，应符合现行国家标准《电力设施抗震设计规范》GB 50260 的有关规定。

15.5.12 厂区管道支架宜采用混凝土结构，必要时，也可采用钢结构。管道支架的抗震设计，应符合现行国家标准《构筑物抗震设计规范》GB 50191 的有关规定。

15.5.13 屋外变电构架及设备支架宜因地制宜选用经济合理的结构形式。当采用钢结构时，其表面宜镀锌防腐。变电构架、设备支架的抗震设计，应符合现行国家标准《电力设施抗震设计规范》GB 50260 的有关规定。

15.5.14 楼(地)面和屋面均布活荷载取值应根据设备、安装、检修和使用的要求确定，并应符合现行国家标准《建筑结构荷载规范》GB 50009 的有关规定。主厂房建筑楼(地)面和屋面均布活荷载及相关系数，可按表 15.5.14 确定。

表 15.5.14 主厂房建筑楼(地)面和屋面均布活荷载及相关系数

序号	名 称			标准值 (kN/m²)	计算次梁(预制板主肋)折减系数	计算主梁(柱)折减系数	计算主框排架活荷载标准值 (kN/m²)	组合值系数	频遇值系数	准永久值系数
1		地面	集中检修区域地面	15~20	—	—				
2			其他地面及混凝土沟盖板①	10	—	—		0.7	0.7	0.5
3			钢盖板(钢格栅板)	4	—	—		0.7	0.7	0.5
4	汽机房		加热器平台中间(管道)层	4	0.8	0.8		0.8	0.8	0.7
5			汽轮机基座中间层平台	4	0.8	0.7		0.8	0.7	0.6
6		运转层	汽轮发电机检修区域楼板及基座平台	10~15						
7			加热器平台一般区域	6~8	0.8	0.7		0.8	0.7	0.6
8			扩建端山墙悬挑走道平台	4	0.8	0.7		0.8	0.7	0.5
9			A 排柱悬挑平台②	4	1.0		4	0.75	0.7	0.6
10			B 排柱悬挑平台②	8	1.0		5~6	0.75	0.7	0.6
11			钢盖板(钢格栅板)	4	—	—		0.7	0.7	0.5
12			屋面③	1	1.0	0.7	0.5~0.7	0.7	0.6	0.2
13	除氧间		厂用配电装置楼面④	6(10)	0.7		3(6)	0.95	0.9	0.8
14			电缆夹层楼面	4	0.8		3	0.95	0.9	0.7
15			运转层楼面	6~8	0.8	0.7	5~6	0.9	0.8	0.7
16			除氧器层楼面⑤	4	0.7		3~4	0.9	0.8	0.7
17			除氧器层屋面③⑥	4(2)	0.7		3(1)	0.7	0.6	0.4
18	锅炉房		0.000m 地坪及钢筋混凝土沟盖板	10				0.9	0.9	0.5
19			运转层楼面	8	0.8	0.7	6	0.9	0.8	0.6
20			给料机层楼面⑦	4	0.7			0.7	0.7	0.7
21			进料层楼面⑦	4	1.0		3	0.7	0.7	0.7
22			屋面③	1	1.0	0.7	0.5~0.7	0.7	0.6	0.2
23	其他		集中控制室楼面	4	0.8	0.7	3	0.9	0.7	0.7
24			主楼梯	4				0.7	0.7	0.5
25			一般楼梯	2				0.7	0.6	0.5

注：① 汽机房、锅炉房地坪，当设置运输通道时，通道部分的钢筋混凝土沟道、沟盖板等，应按实际产生的活荷载计算。安装用临时起吊运输设备对地下设施产生的荷载，应采取临时措施解决。
② 如汽机检修使用此平台，楼面活荷载应据情增加(不超过 10kN/m²)
③ 仅适用于混凝土屋面。
④ 厂用配电装置很多情况下布置在零米。括号内数字用于高压(>380V)配电装置。
⑤ 如除氧器在楼面上拖运，拖运方案应采取临时措施将荷载传递到梁上，避免直接作用于楼板。
⑥ 括号内数字用于屋面无设备管道，施工时仅有少量零星材料的情况。
⑦ 设计时可根据燃料和运料机的实际情况进行调整。

16 辅助和附属设施

16.0.1 发电厂的设计,应根据机组容量、型式、台数、设备检修特点、地区协作和交通运输等条件,设置必要的金工修配设施。大件和精密件的加工及铸件,应利用社会加工能力。大修外包或地区集中检修的发电厂,应按机组维修或小修的需要,配置修配设施。企业自备发电厂,当企业能满足发电厂修配任务时,不另设修配设施。

16.0.2 当发电厂位于偏僻、边远地区时,可根据机组的容量和台数,因地制宜地设置锅炉、汽机、电气、燃料、化学等检修间,并配置常用的检修机具和工具。

16.0.3 发电厂应设有存放材料、备品和配件的库房与场地。材料库的布置,应符合国家现行有关消防规范的规定。企业自备发电厂的材料库等,可由企业统筹规划设计。

16.0.4 发电厂宜设置控制用和检修用的压缩空气系统,压缩空气系统和空气压缩机宜按下列要求设计:

1 发电厂的压缩空气系统宜全厂共用,包括化学、除灰等工艺专业。

2 控制用和检修用的系统宜采用同型式、同容量的空气压缩机,并集中布置。空气压缩机出口接入同一母管,母管上应设控制用和检修用压缩空气电动隔离阀,并设低压力联锁保护,保证控制用压缩空气系统压力在任何工况下均满足工作压力的要求。两系统的贮气罐和供气系统应分开设置。压缩空气的供气压力应满足用气端的要求。控制用压缩空气的供气管道宜采用不锈钢管。

3 运行空气压缩机的总容量应能满足全厂热工控制用设备的最大连续用气量。

4 当全部空气压缩机停用时,热工控制用压缩空气系统的贮气罐容量,应能维持在 5min~10min 的耗气量,气动保护设备和远离空气压缩机房的用气点,宜设置专用的稳压贮气罐。

5 热工控制用压缩系统应设有除尘过滤器和空气干燥器,并与运行空气压缩机的容量相匹配,供气质量应符合现行国家标准《工业自动化仪表气源压力范围和质量》GB 4830 的有关规定,气源品质应符合下列要求:

　1)工作压力下的露点应比工作环境最低温度低 10℃;
　2)净化后的气体中含尘粒径不应大于 3μm;
　3)气源装置送出的气体含油量应控制在 8ppm 以下。

6 空气压缩机房应设有防止噪声和振动的措施。

7 当企业设有空气压缩机站,且输送条件合适时,企业自备发电厂可不另设空气压缩机。

16.0.5 发电厂设备、管道的保温设计应符合下列规定:

1 发电厂的保温设计应符合现行国家标准的有关规定。

2 表面温度高于 50℃且经常运行的设备和管道,应进行保温。对表面温度高于 50℃且不经常运行的设备和管道,凡在人员可能接触到的 2.2m 高度范围内,应进行防烫伤保温,保温层外表面温度不应超过 60℃。露天的蒸汽管道,宜减少散热损失的防潮层。

3 设备和管道保温层的厚度应按经济厚度法确定。当需限制介质在输送过程中的温度降时,应按热平衡法进行计算。

4 选用的保温材料的主要技术性能指标应符合下列规定:

　1)介质工作温度为 450℃~600℃,导热系数不得大于 0.11W/(m·K);
　2)介质工作温度小于 450℃,导热系数不得大于 0.09W/(m·K);导热系数应有随温度变化的导热系数方程或图表;
　3)对于硬质保温材料密度不大于 220kg/m³;对于软质保温材料密度不大于 150kg/m³。

5 保温的结构设计,应符合下列要求:

　1)保温层外应有良好的保护层。保护层应能防水、阻燃,且其机械强度满足施工、运行要求;
　2)采用硬质保温材料时,直管段和弯头处,应留伸缩缝;对于高温管道垂直长度超过 2m~3m,应设置紧箍承重环支撑件;对于中低温管道垂直长度超过 3m~5m,应设焊接承重环支撑件;
　3)阀门和法兰等检修需拆的部件宜采用活动式保温结构。

16.0.6 发电厂的设备和管道的油漆、防腐设计应符合下列要求:

1 管道保护层外表面,应用文字、箭头标出管内介质名称和流向。

2 对于不保温的设备和管道及其附件,应涂刷防锈底漆两度、面漆两度;对于介质温度低于 120℃设备和管道及其附件,应涂刷防锈底漆两度。

16.0.7 发电厂应设贮油箱和滤油设备,不设单独的油处理室。透平油和绝缘油的贮油箱的总容积,分别不应小于一台最大机组的系统透平油量和一台最大变压器的绝缘油量的 110%。贮油箱宜置于汽机房外。寒冷地区的贮油箱,应有防冻措施。

17 环境保护

17.1 一般规定

17.1.1 发电厂的环境保护设计(含环境影响评价及水土保持方案),应贯彻执行国家及省、自治区、直辖市等地方政府颁布的有关环境保护及水土保持的法律、法规、条例、标准及规定,并应符合区域的相关规划。

17.1.2 发电厂的环境保护设计应按四个设计阶段中进行,分别为初步可行性研究、可行性研究、初步设计及设施图设计。各设计阶段工作的主要内容分别为厂址的环境合理性及环境影响简要分析、环境影响评价、水土保持方案、环境保护工程设计、水土保持专项设计。环境保护工程设想设计应以环境影响评价、水土保持方案及其批复文件为依据,若设计方案发生重大变化,必须重新报批环境影响评价文件、水土保持方案。

17.1.3 发电厂的环境保护设计及水土保持设计应按照环境影响评价文件、水土保持方案及其批复的要求,对产生的各种污染因子采取防治措施,以减少其对环境带来的影响,并应进行绿化规划。

17.1.4 发电厂的环境保护设计应采用清洁生产工艺,应提出资源重复利用的要求。

17.2 污染防治

17.2.1 发电厂排放的烟气应符合现行国家标准《火电厂大气污染物排放标准》GB 13223 中规定的资源综合利用火力发电锅炉或《锅炉大气污染物排放标准》GB 13271 中燃煤锅炉的排放要求,并应符合现行国家标准《大气污染物综合排放标准》GB 16297、《环境空气质量标准》GB 3095 及污染物排放总量控制的要求。当地方有特殊规定时,还必须符合地方的有关要求。

17.2.2 发电厂应安装高效除尘器,其除尘效率应满足国家及地方排放标准和环境空气质量的要求。

17.2.3 发电厂应采用有利于减少 NO_x 产生的低氮燃烧技术,并预留脱氮氧化物装置空间,必要时应设置氮氧化物脱除装置。

17.2.4 发电厂烟气中 SO_2 的排放应满足国家、地方标准及区域的总量控制要求。

17.2.5 发电厂应根据气象参数、污染物排放量、区域环境空气质量等合理优化确定烟囱的高度、数量及出口内径。发电厂的烟囱高度应高于厂区内最高建筑物高度的2倍~2.5倍。

17.2.6 发电厂应配备贮灰渣装置或设施,配套灰渣综合利用设施,灰渣应考虑综合利用。若不能全部综合利用,应设置贮灰场。贮灰场的选址及防治应满足现行国家标准《一般工业固体废物贮存、处置场污染控制标准》GB 18599的有关要求。

17.2.7 秸秆的收集、制备及储运系统,灰渣的收集及储运系统,应采取防治二次扬尘污染的措施。

17.2.8 发电厂应进行节约用水设计。应根据各种废水的水质、水量、处理的难易程度及环境质量要求,对废水的回收、重复利用及排放进行合理优化。排放的废水必须满足现行国家标准《污水综合排放标准》GB 8978的排放要求及地方的排放标准要求。排放的废水应符合现行国家标准《地表水环境质量标准》GB 3838、《海水水质标准》GB 3097、《渔业水质标准》GB 11607、《农田灌溉水质标准》GB 5084的有关规定。

17.2.9 发电厂噪声对周围环境的影响必须符合现行国家标准《工业企业厂界环境噪声排放标准》GB 12348及《声环境质量标准》GB 3096的有关规定。

17.2.10 发电厂的噪声防治设计首先应从声源上进行控制,应选择符合国家噪声控制标准的设备。对于声源上无法控制的生产噪声应采取有效的噪声控制措施。

17.2.11 对空排放的锅炉安全阀排气管及点火排气管,应装设消声器。

17.2.12 发电厂的总平面应进行合理的优化,充分利用建筑物的隔声、消声及吸声作用,以减少发电厂的噪声对环境的影响。

17.2.13 发电厂应按水土保持方案及其批复的要求,设置水土保持设施,水土流失防治效果应满足水土保持方案中规定的水土流失防治目标的要求。

17.3 环境管理和监测

17.3.1 发电厂应设置环境保护管理机构,设置环境保护专职人员,并配置必要的监测仪器。

17.3.2 锅炉应安装烟气连续监测系统。烟气连续监测装置应符合现行行业标准《固定污染源烟气排放连续监测技术规范》HJ/T 75的有关规定。

17.3.3 发电厂若有废水外排,其废水外排口应按规范进行设计,并应安装废水计量装置。

18 劳动安全与职业卫生

18.0.1 发电厂的劳动安全与职业卫生设计应符合现行国家标准《小型火力发电厂设计规范》GB 50049的有关规定。

18.0.2 发电厂的劳动安全设计应符合现行国家标准《小型火力发电厂设计规范》GB 50049的有关规定。

18.0.3 发电厂的职业卫生设计应符合现行国家标准《小型火力发电厂设计规范》GB 50049的有关规定。

本规范用词说明

1 为便于在执行本规范条文时区别对待,对要求严格程度不同的用词说明如下:
  1)表示很严格,非这样做不可的:
     正面词采用"必须",反面词采用"严禁";
  2)表示严格,在正常情况下均应这样做的:
     正面词采用"应",反面词采用"不应"或"不得";
  3)表示允许稍有选择,在条件许可时首先应这样做的:
     正面词采用"宜",反面词采用"不宜";
  4)表示有选择,在一定条件下可以这样做的,采用"可"。

2 条文中指明应按其他有关标准执行的写法为:"应符合……的规定"或"应按……执行"。

引用标准名录

《砌体结构设计规范》GB 50003
《建筑结构荷载规范》GB 50009
《混凝土结构设计规范》GB 50010
《室外给水设计规范》GB 50013
《建筑设计防火规范》GB 50016
《采暖通风与空气调节设计规范》GB 50019
《建筑照明设计标准》GB 50034
《动力机器基础设计规范》GB 50040
《小型火力发电厂设计规范》GB 50049
《烟囱设计规范》GB 50051
《建筑物防雷设计规范》GB 50057
《爆炸和火灾危险环境电力装置设计规范》GB 50058
《3~110kV高压配电装置设计规范》GB 50060
《电力装置的电测量仪表装置设计规范》GB/T 50063
《交流电气装置接地设计规范》GB 50065
《构筑物抗震设计规范》GB 50191
《电力工程电缆设计规范》GB 50217
《火力发电厂与变电站设计防火规范》GB 50229
《电力设施抗震设计规范》GB 50260
《渔业水质标准》GB 11607
《火力发电机组及蒸汽动力设备水汽质量》GB/T 12145
《工业企业厂界环境噪声排放标准》GB 12348
《火电厂大气污染物排放标准》GB 13223
《锅炉大气污染物排放标准》GB 13271
《继电保护和安全自动装置技术规程》GB/T 14285
《工业锅炉水质》GB 1576
《大气污染物综合排放标准》GB 16297
《高压架空线路和发电厂、变电所环境污区分级及外绝缘选择标准》GB/T 16434
《一般工业固体废物贮存、处置场污染控制标准》GB 18599
《环境空气质量标准》GB 3095
《声环境质量标准》GB 3096
《海水水质标准》GB 3097
《高压输变电设备的绝缘配合》GB 311.1
《绝缘配合 第2部分:高压输变电设备的绝缘配合使用导则》GB/T 311.2
《地面水环境质量标准》GB 3838
《工业自动化仪表气源压力范围和质量》GB 4830
《农田灌溉水质标准》GB 5084
《污水综合排放标准》GB 8978
《电力工程直流系统设计技术规程》DL/T 5044
《火力发电厂废水治理设计技术规程》DL/T 5046
《水工混凝土结构设计规范》DL/T 5057
《火力发电厂建筑设计规程》DL/T 5094
《火力发电厂、变电所二次接线设计技术规程》DL/T 5136

《电能量计量系统设计技术规程》DL/T 5202
《火力发电厂电力网络计算机监控系统设计技术规定》DL/T 5226
《高压配电装置设计技术规程》DL/T 5352
《火力发电厂和变电站照明设计技术规定》DL/T 5390
《交流电气装置的过电压保护和绝缘配合》DL/T 620
《海港水文规范》JTJ 213
《水运工程抗震设计规范》JTJ 225
《港口工程混凝土结构设计规范》JTJ 267
《港口工程混凝土结构防腐蚀技术规范》JTJ 275
《防波堤设计与施工规范》JTJ 298
《固定污染源烟气排放连续监测技术规范》HJ/T 75

中华人民共和国国家标准

秸秆发电厂设计规范

GB 50762—2012

条 文 说 明

制 定 说 明

《秸秆发电厂设计规范》GB 50762—2012，经住房和城乡建设部 2012 年 5 月 28 日以第 1398 号公告批准发布。

为便于广大设计、施工和生产单位有关人员在使用本规范时能正确理解和执行条文规定，《秸秆发电厂设计规范》编制组按章、节、条顺序编制了本规范的条文说明，对条文规定的目的、依据以及执行中需注意的有关事项进行了说明，还着重对强制性条文的强制性理由作了解释。但是本条文说明不具备与标准正文同等的法律效力，仅供使用者作为理解和把握标准规定的参考。

目 次

1 总则 ······················· 7—49—31
3 秸秆资源与厂址选择 ··············· 7—49—31
　3.1 秸秆资源 ···················· 7—49—31
　3.3 厂址选择 ···················· 7—49—31
4 厂区及收贮站规划 ················ 7—49—32
　4.1 一般规定 ···················· 7—49—32
　4.2 主要建筑物和构筑物的布置 ······ 7—49—32
　4.3 交通运输 ···················· 7—49—32
　4.5 收贮站规划 ·················· 7—49—32
5 主厂房布置 ····················· 7—49—32
　5.2 主厂房布置 ·················· 7—49—32
　5.3 检修设施 ···················· 7—49—33
　5.4 综合设施 ···················· 7—49—33
6 燃料输送设备及系统 ············· 7—49—33
　6.1 一般规定 ···················· 7—49—33
　6.2 燃料厂外贮存及处理 ·········· 7—49—34
　6.3 秸秆及辅助燃料的接卸及贮存 ·· 7—49—34
　6.4 燃料输送系统 ················ 7—49—35
　6.5 破碎系统 ···················· 7—49—35
　6.6 燃料输送辅助设施及附属建筑 ·· 7—49—35
7 秸秆锅炉设备及系统 ············· 7—49—36
　7.1 锅炉设备 ···················· 7—49—36
　7.2 秸秆给料设备 ················ 7—49—36
　7.3 送风机、一次风机、吸风机与
　　　烟气处理设备 ················ 7—49—36
　7.4 点火系统 ···················· 7—49—37
　7.5 锅炉辅助系统及其设备 ········ 7—49—37
　7.6 启动锅炉 ···················· 7—49—37
8 除灰渣系统 ····················· 7—49—37
　8.1 一般规定 ···················· 7—49—37
　8.2 机械除灰渣系统 ·············· 7—49—37
　8.3 气力除灰系统 ················ 7—49—38
9 汽轮机设备及系统 ··············· 7—49—38
　9.1 汽轮机设备 ·················· 7—49—38

10 水工设施及系统 ················ 7—49—38
　10.2 生活、消防给水和排水 ······ 7—49—38
　10.3 水工建筑物 ················ 7—49—39
11 水处理设备及系统 ·············· 7—49—40
　11.2 锅炉补给水处理 ············ 7—49—40
　11.3 给水、炉水校正处理及热力
　　　 系统水汽取样 ··············· 7—49—40
12 电气设备及系统 ················ 7—49—40
　12.1 电气主接线 ················ 7—49—40
　12.2 厂用电系统 ················ 7—49—41
　12.4 电气主控制楼或网络
　　　 继电器室 ··················· 7—49—41
　12.5 直流系统及不间断电源系统 ··· 7—49—42
　12.7 过电压保护和接地 ·········· 7—49—42
　12.8 火灾自动报警系统 ·········· 7—49—42
13 仪表与控制 ···················· 7—49—42
　13.2 自动化水平及控制方式 ······ 7—49—42
　13.3 控制室和电子设备间 ········ 7—49—43
　13.4 检测与仪表 ················ 7—49—43
　13.5 模拟量控制 ················ 7—49—43
　13.7 保护 ······················· 7—49—43
14 采暖通风与空气调节 ············ 7—49—43
　14.1 燃料输送系统建筑 ·········· 7—49—43
　14.2 主要建筑及附属建筑 ········ 7—49—44
15 建筑和结构 ···················· 7—49—44
　15.1 一般规定 ··················· 7—49—44
　15.2 防火、防爆与安全疏散 ······ 7—49—44
　15.4 生活与卫生设施 ············ 7—49—45
　15.5 建筑物与构筑物 ············ 7—49—45
17 环境保护 ······················ 7—49—45
　17.1 一般规定 ··················· 7—49—45
　17.2 污染防治 ··················· 7—49—46
　17.3 环境管理和监测 ············ 7—49—46

1 总 则

1.0.1 本条规定了制定本规范的目的。强调在秸秆发电厂设计中应做到安全可靠、技术先进、经济适用，满足节约能源、用水、用地和保护环境的要求。

1.0.2 本条规定了本规范的适用范围。目前投产运行较好的秸秆发电厂的最大单机容量为 30MW，秸秆的实际收集半径已达 50km 或更远。因此，本条规定本规范的适用范围为单机容量为 30MW 及以下的发电厂。

1.0.3 本条提倡积极推广采用先进成熟的技术、工艺、材料和设备，不断提高发电厂的技术经济指标。

1.0.4 为提高秸秆发电厂的经济性，秸秆发电厂宜就近建在秸秆资源丰富的地区内。同时，还应特别注意，扣除已经用于其他用途的秸秆量后，当地可为本厂利用的秸秆量还应满足本厂规划容量的需要。

秸秆发电厂的类型可以是凝汽式发电厂，也可以是供热式发电厂。由于秸秆供应原因，已投产运行的秸秆发电厂连续满负荷运行情况不甚理想，建设供热式发电厂时，应对包括秸秆保证率在内的供热可靠性进行充分论证。

1.0.5 根据我国各汽轮机制造厂生产不同压力参数的机组情况和已投产秸秆发电厂装机情况，本条规定了不同机组的压力参数。

另外，秸秆发电厂的热力系统一般采用母管制系统。为减少系统的复杂性，降低设备投资及运行维护费用，本条规定同一发电厂内的机组宜采用同一种参数。

1.0.6 秸秆发电厂的规划容量取决于合理运输半径内可获得的秸秆量。鉴于目前投产运行较好的秸秆发电厂的最大规划容量为 30MW，秸秆的实际收集半径已达 50km 或更远，本条规定秸秆发电厂的规划容量不宜大于 30MW。根据调研以及秸秆发电厂的运行特点，单台机组的经济性要好于降低单机容量的多台机组的经济性。在不大于规划容量的前提下，宜尽量减少装机台数。对于凝汽式秸秆发电厂，建议装设一台与规划容量相等的机组，或装设两台 50% 规划容量的机组；对于供热式秸秆发电厂，考虑到供热可靠性，建议装设两台 50% 规划容量的供热式机组。因此，本条规定规划台数不宜超过两台。此外，由于秸秆种类繁多，南方地区一年中可有多季收割，不同电厂的秸秆收集情况有所差异等，在合理的运输半径内，有的电厂可以获得的秸秆量可能满足更大规划容量的需要。故本条还原则性规定"经充分论证，秸秆供应量充足且采购成本合理时，发电厂规划容量也可适当增加"。

1.0.7 本条强调，发电厂应按规划容量做好总体规划设计，注意全厂的整体一致性。发电厂在按规划容量进行总体规划时，应处理好按规划一次建成与分期建设的关系。分期建设时，每期工程的设计，原则上只包括该期工程必须建设的部分，以免后期工程变化时造成不必要的浪费。

1.0.8 本条是对扩建和改建发电厂设计的原则性要求。强调应结合原有电厂的特点，全面考虑，统一协调。

1.0.9 秸秆发电厂规模小、造价高，应特别注意降低工程投资。经技术经济比较后，如能够满足安全、经济、可靠的条件，发电厂的各个系统和布置应适当简化。

1.0.10 为了节约投资，减少浪费，在确保生产安全和技术经济合理的前提下，发电厂可与邻近的工业企业或其他单位协作，联合建设共有的部分工程设施。

1.0.11 本规范明确主要工艺系统设计寿命应达到 30 年，相应也明确了设计责任期限。

1.0.12 本条强调在发电厂设计中，除应执行本规范的规定外，还应符合现行的相关标准的有关规定。

3 秸秆资源与厂址选择

3.1 秸秆资源

3.1.1 秸秆发电厂的燃料由于其发热量低、密度小、松散等特点，不宜长途运输；而且，秸秆的运输费用在电厂的运行成本中占相当大的比重，因此秸秆发电厂必须建在秸秆产地附近。为保证电厂有充足的燃料来源，建厂初期不仅要调查所在区域的秸秆产量还要保证可供应电厂的秸秆量能满足电厂连续运行的需要及秸秆供应的持续性。

3.1.2 据调查，目前投产的秸秆发电厂燃料收集半径不仅限于 30km～50km。已运行的电厂大都存在着无法在原设计收购范围内收集到足够的秸秆或秸秆涨价等问题，造成电厂不得不去远于 50km 的地区收购秸秆。因此条文仅规定发电厂所需燃料宜在半径 50km 范围内获得。各秸秆发电厂的燃料收集范围应综合考虑秸秆可获得系数及可供应系数、秸秆价格和运输费用等条件确定，还应确认该区域不在其他秸秆发电厂或以农作物秸秆做原料企业的原料收集范围内。

3.1.3 为确保电厂能够收集到足够的燃料，应调查研究厂址附近多年农作物产量和秸秆产量，对秸秆产量进行分析。一般情况下，应调查 3 年及以上的秸秆产量。

3.1.4 条文中的辅助燃料是指生物质辅助燃料。从目前投产的秸秆发电厂运行情况看，有部分电厂因秸秆收购困难而转而采用煤或油作为辅助燃料，此做法与建厂初衷相悖。目前，很多运行的电厂采用树枝、稻壳、玉米芯、锯末、花生壳、松子壳、麦糠等作为辅助燃料，也能保证电厂的正常运行。因此规定发电厂可考虑燃用生物质辅助燃料，不提倡采用煤或油等化石燃料作为辅助燃料。

3.1.5 目前，有不少电厂的设计燃料和实际运行时的燃料有较大的差异，如有的电厂原设计采用软质秸秆，但实际运行时其燃料种类大大超出预期，只好改扩建辅助燃料运输系统。由于燃料的输送系统跟燃料品种及品质有很大的关系，因此规定应进行必要的调查研究后合理确定燃料及其分析数值，使其具有长期代表性。

3.3 厂址选择

3.3.1 本条是厂址选择最基本的一条，是厂址选择的基本原则。

3.3.2 秸秆发电厂一般为城镇就近供电，厂址选择要满足城镇直接供电的要求，同时也要求厂址区域的可供电厂燃烧的秸秆量要满足电厂连续运行的要求。

我国现有耕地面积较少，建设项目用地应利用建设用地和未利用地，优先考虑未利用地，荒地和劣地是建设项目应该优先考虑的未利用地，同时着重强调节约用地。

秸秆吸水能力强，为防止秸秆吸水受潮，影响燃烧，要求收贮站地势高、地下水位低，并且有良好的排水条件。

在城市建成区、环境质量达不到标准或通过采取措施也达不到标准的区域，不得新建生物质直接燃烧的发电项目。

3.3.3 由于秸秆的生产特点，秸秆收购比较分散，适合公路汽车短程门—门运输，如果厂址所在区域的水路运输条件好，通过技术经济比较后确定运输方式。由于秸秆运输距离短，不适合两种及两种以上的换乘式运输方式。

3.3.4 本条提出了秸秆发电厂供水水源应符合的要求，包括：水源必须落实、可靠；地表水取排水位置选择要求，地下水水源应注意的问题。

3.3.5 秸秆发电厂产生的灰渣应全部综合利用，厂外可不设置永久贮灰场。在厂址选择时，根据灰渣综合利用情况选定周转或事故备用干式贮灰场。当灰渣确实能够全部综合利用，厂外可以不设置周转或事故备用灰场；当灰渣综合条件不落实，应设置周转或事故备用灰场,容量一般不超过6个月的电厂排放灰渣量。

贮灰场选择原则与常规电厂相同。

3.3.7 依据现行国家标准《小型火力发电厂设计规范》GB 50049的条文修改。

3.3.8 秸秆属于易燃物质,燃烧时易产生飞火,为保证事故时不至于危害附近居民的正常工作和生活,因此提出本条要求。

节约集约用地主要包括下列三个含义:

节约用地,就是各项建设都要尽量节省用地,千方百计地不占或少占耕地。

集约用地,每宗建设用地必须提高投入产出的强度、提高土地利用的集约化程度。

通过整合置换,合理安排土地投放的数量和节奏,改善建设用地结构、布局,挖掘用地潜力,提高土地配置和利用效率。

4 厂区及收贮站规划

4.1 一般规定

4.1.1 系现行国家标准《小型火力发电厂设计规范》GB 50049条文,增加了收贮站规划内容。

4.1.2 本条中的合理区域秸秆量指厂址所在区域以厂址为中心50km范围内的可收购的秸秆量。

空间尺度——人与实体、空间的尺度关系;实体与实体的尺度关系;空间与实体的尺度关系。

4.1.4 参照现行行业标准《火力发电厂总图运输设计技术规程》DL/T 5032的条文制定。

4.1.5 现行《电力工程项目建设用地指标》中有单机容量25MW及以下的新建或扩建发电厂的用地指标,因此,本条规定,发电厂用地指标,应符合现行国家标准的有关规定。

4.1.6 依据现行国家标准《火力发电厂与变电所设计防火规范》GB 50229和《建筑设计防火规范》GB 50016的相关条文制定。

4.2 主要建筑物和构筑物的布置

4.2.1 主厂房是电厂主要标志建筑之一,其位置的确定,是做好厂区规划的主要因素,固定端朝向厂区主要出入口,能使厂区具有良好的景观。充分利用坡度较大的地形条件,形成厂房一部分位于填方区,另一部分位于挖方区,锅炉房布置在地形较高处的挖方区,可以使地沟较多、较深的汽机房处于填土区或挖土较浅的地段。

4.2.2 系现行国家标准《小型火力发电厂设计规范》GB 50049的条文,增加了冷却水池的布置要求。

4.2.3 秸秆发电厂的秸秆仓库、露天堆场、半露天堆场布置在炉前、炉后或炉侧均可行,炉后布置时输料系统长,转角输送多,系统复杂,投资高,因此宜炉前或路侧布置。原料堆垛的长边宜与当地常年主导风向平行,减少秸秆被风刮走的几率,降低秸秆损耗量。

4.2.4 本条为强制性条文,必须严格执行。系现行国家标准《小型火力发电厂设计规范》GB 50049条文,删除露天卸煤装置或煤场的相关内容,增加了露天卸秸秆装置或秸秆堆场的相关内容。

4.2.5 秸秆发电厂燃料采用公路汽车运输时,运量较大,汽车出入厂频次高,便于人货分流和管理,宜设专用的出入口。

4.2.6 发电厂扩建时,为避免或降低施工过程对电厂运行的影响,设置专用的出入口,使运行和施工分开。

4.2.7 依据现行行业标准《火力发电厂总图运输设计技术规程》DL/T 5032的相关条文制定。

4.3 交通运输

4.3.1 燃料秸秆距离厂区较近,且相当分散,汽车公路运输灵活,适用门—门的运输方式,短距离运输较经济,因此,燃料秸秆适合采用汽车公路运输。

4.3.2 厂内秸秆运输道路宽度宜为7m~9m,主要考虑运输秸秆的车辆来往频繁及秸秆的特点,应适当加宽路面。

4.3.3 系现行国家标准《小型火力发电厂设计规范》GB 50049条文。将进厂道路修改为7m~9m,既与厂内道路相协调,又满足秸秆运输的要求。

4.3.4 该条对码头前沿水域和码头与厂区、码头与取排水口的位置关系作出了基本的规定。

4.5 收贮站规划

4.5.1 根据现行国家标准《建筑设计防火规范》GB 50016的规定,一个稻草、麦秆、芦苇、打包废纸等材料堆场的总储量大于20000t时,宜分设堆场。各堆场之间的防火间距不应小于相邻较大堆场与四级耐火等级建筑间距。

4.5.2 一般秸秆发电厂的收贮站为10座以上,并且分散布置在厂址的周边地带,同时遭遇50年一遇洪水威胁的几率很低,同时考虑秸秆不宜被水浸泡,因此收贮站的标高宜按20年一遇防洪标准的要求加0.5m的安全超高确定。

根据秸秆的特点,场地应有良好的排水条件,因此要求场地坡度不应小于0.5%。

4.5.3 站内道路主要是满足秸秆运输和消防的需要,根据秸秆的特点,站内道路宽度应为7m~9m,主要运输道路应为9m,主要考虑运输秸秆的车辆来往频繁及秸秆的特点,应适当加宽路面。

5 主厂房布置

5.2 主厂房布置

5.2.1 根据秸秆发电厂生产工艺特点,主厂房的布置形式,宜根据燃料上料方式特点,因地制宜地进行布置,在满足工艺流程要求的前提下,尽量简易,节约投资。

5.2.2 本条强调主厂房布置应考虑的相关因素。

5.2.3 本条主要对主厂房各层标高的设计作出规定。

1 为了便于机炉车间的相互联系,双层布置的锅炉房和汽机房的运转层宜取同一标高,这是正常运行和处理事故的需要。

对于小容量快装式零米层布置的汽轮发电机组,不应强求与锅炉运转层一致而将其抬高布置。

2 为保证给水泵向锅炉正常连续供水,使给水泵入口在任何运行工况下不发生汽化,布置中应注意尽量减少给水泵进水管的沿程阻力和满足水泵净正吸头的要求。通常需将除氧器放在一定的高度。除氧层的标高就是根据除氧器要求的安装高度来确定的。

3 秸秆发电厂是典型的大燃料、小电厂,给料层的标高,应根据锅炉给料点的标高加上炉前给料仓总有效容积所要求的高度以及燃料输送方式的要求综合确定。

5.2.4 本条为强制性条文,必须严格执行。根据主厂房布置情况,集控室可能会置在位于除氧间的运转层,为了确保运行人员、电子设备的安全,除了对除氧设备本身及系统上采取必要的安全措施外,集控室顶板(除氧层楼板)必须采用整体现浇,并有可靠的防水措施。

5.2.5 主厂房的柱距通常是根据锅炉、上料设备、汽机凝汽器等主要设备的尺寸和布置来确定的。为了便于土建构件的制作和施工，主厂房的柱距应尽量统一。

主厂房各车间的跨度主要决定于锅炉、汽机的容量、型式和布置，汽机采用横向布置或纵向布置对汽机房跨度影响很大，对土建造价和汽机房桥式起重机设备费用影响很大。采用什么布置型式，选用多大跨度合适，这应根据厂区的自然地形结合规划容量机组经技术经济比较确定。

5.2.6 锅炉露天布置，随着制造、设计水平的提高，已越来越多地被采用。锅炉露天布置可以节省建筑材料和资金，加快施工进度，改善通风、采光和运行条件。故强调了当气象条件适宜时，65t/h及以上容量的锅炉，宜采用露天或半露天布置。至于35t/h及以下容量的锅炉因其体积小，是否采用露天布置，可视供货条件并经技术经济比较后确定。

确定锅炉露天布置，必须选择露天型锅炉，设计单位应主动和制造厂配合，要求锅炉厂对汽包、联箱、汽水管道、仪表导管、炉墙、钢架、平台、楼梯等按露天布置的要求进行设计制造，采取有效的防冻、防雨、防腐、排水、承受风压和减少热损失等防护措施。

为了改善运行和检修条件，露天锅炉炉顶可设防雨盖加汽包小室。对于给水操作台等需经常监视、操作的部位，炉前或炉侧，可采用半封或防雨盖。锅炉运转层以下，一般为屋内式布置。

对严寒或风沙大的地区，锅炉应根据设备特点及工程具体情况采用紧身罩或屋内式布置。

烟气处理设备，应露天布置。严寒地区，有可能冰冻的部位，应采取局部防冻措施。

非严寒地区，锅炉吸风机宜露天布置。其电动机为非户外式时，应采取防护措施。

"气象条件适宜"是指年绝对最低气温高于-25℃，年降雨量小于1000mm的地区。

5.2.7 汽轮机油为可燃物品，为了确保汽机房的生产安全，油系统的防火措施，应按现行国家标准《火力发电厂与变电所设计防火规范》GB 50229 的有关规定执行。

布置主油箱、冷油器、油泵等设备时，要远离高温管道，油系统尽量减少法兰连接，防止漏油。当油管道需与蒸汽管道交叉时，油管道可布置在蒸汽管道下面。如果避免不了，油管道在蒸汽管道的上方，则蒸汽管道保温外表面应采用镀锌铁皮遮盖，以防漏油滴落于热管上着火。

5.2.8 减温减压器通常是作为热电厂向外供热的备用设备。当汽机故障停止对外供汽时，锅炉新蒸汽通过减温减压器直接向热用户供热。

热网加热器是热电厂加热热网循环水用。

由于减温减压器和热网加热器直接和热电厂的汽水系统相连，一般都将其布置在汽机房零米层，靠 A 列侧。为了便于管理和减少减温减压器的噪声影响，可将其集中布置在单独房间内。

5.2.9 本条对集中控制室和电子设备间的布置提出了基本要求，确保控制系统及设备安全可靠地运行，杜绝一切干扰或影响安全、可靠运行的危险因素的发生。

1 规定了集中控制室和电子设备间的出入口数量以及净空高度。

2 规定了集中控制室及电子设备间的环境及设施要求。

3～5 规定了集中控制室、电子设备间不应有任何工艺管道通过，其下的电缆夹层内，应设消防报警和信号设施，严禁汽水、油及有害气体管道穿越。

6 集中控制室和电子设备间应避开大型振动设备，以减少振动对控制系统产生的不良影响。

7 集中控制室和电子设备间的布置应避开伸缩缝、沉降缝或不同基座的平台上。

8 规定了集中控制室和电子设备间内的设备、表盘及活动空间布置原则。

5.3 检修设施

5.3.1 由于汽机房采用岛式布置，机组检修时，运转层一般只能放置轴承、调速系统等小的部件，汽轮机大件如汽缸、隔板、转子等都需放到零米层专设的检修场地，其面积需满足翻缸的场地要求。

5.3.2 为减轻劳动强度，提高工作效率，对于高位布置的汽轮发电机组，汽机房内宜设置一台电动桥式起重机。

起重机的起重量应按起吊物件的最重件确定，不包括发电机定子。发电机定子检修时一般都采用加固起重机或其他措施。

起重机的轨顶标高，应按起吊设备中最大的起吊高度来确定。

起重机的起重量和轨顶标高，尚应结合扩建机组统一考虑。秸秆发电厂机组台数少，主厂房规定只装一台起重机，所选择的起重机不仅应满足第一台机组的检修需要，还应满足扩建较大机组时检修起吊的需要。

对于无运转层低位布置的汽轮发电机组，是安装电动桥式起重机还是使用汽车吊宜根据具体情况由建设单位确定。

5.3.3 为了改善劳动条件，提高检修工作效率，本条规定了主厂房内主要设备附近都需设有检修起吊设施。

锅炉顶部装有安全门、排汽门等阀门，检修时，需要拆下运至其他地方检修试压，同时还有大量的保温材料运送至炉顶使用，上下运输工作量大，据调查的电厂反映，设置炉顶起吊装置很有必要。

送风机、吸风机、一次风机等转动设备的检修件重量较大，为了减轻检修劳动强度，保障人身和设备安全，在其上方规定设起吊设施。

对于汽机房内电动桥式起重机无法吊到的地方一些设备和部件的上方应有起吊设施，为检修提供方便。这主要是指布置在汽机房零米层的加热器、水泵、凝汽器端盖等设备和部件。

5.3.4 发电机大修时，通常要抽出转子进行吹扫和试验。主厂房布置不仅要考虑有适当的检修场地存放发电机转子，同时要考虑在发电机转子抽出方向预留必需的空间和场地。

检修规程规定，因泄漏而堵塞的凝汽器冷却管超过规定比例后，应该更换这部分冷却管，所以在凝汽器水室的一侧，应留有更换冷却管所需的空间。

5.3.5 管式空气预热器和省煤器，易磨损和腐蚀，运行较长时间后需整组更换，应预留拆装更换空气预热器和省煤器的检修空间和运输通道。

5.3.6 本条结合秸秆发电厂上料特点，对设有炉前料仓的料仓间因易出现蓬、堵、搭桥等现象应留有清除事故状态秸秆的空间；对料仓底部采用螺旋式给料机，料仓底层应留有拆装螺旋轴的空间位置。

5.4 综合设施

本节条文系参照现行国家标准《小型火力发电厂设计规程》GB 50049 中适用于秸秆发电厂的部分规定，并对 5.4.4 条中"应"改用为"可"字，而使语气变得更为宽松。

6 燃料输送设备及系统

6.1 一般规定

6.1.1 据了解，目前已投产的秸秆发电厂的燃料输送系统大都是按发电厂容量统筹规划并按照本期容量建设。当发电厂需要分期建设时，每期工程的燃料输送系统设计原则上只考虑满足该期机组所需燃料输送要求，到下期建设时再建一套燃料输送系统。

6.1.2 由于秸秆发电厂容量较小，因此应尽可能简化系统流程以减少系统投资。另外由于秸秆燃料密度小及松散的特性，容易在转运环节造成堵料或蓬料，因此应尽可能减少转运环节。

6.1.3 虽然每期工程的燃料输送系统原则上按照只考虑满足该期机组所需燃料输送要求，下期建设时再建一套燃料输送系统。但有的电厂的辅助燃料输送系统可能是有富余量的，当电厂扩建时可以考虑利用原有设备和设施，但应先对原有燃料输送系统运行情况及富余量进行调查核实。

6.2 燃料厂外贮存及处理

6.2.1 因各电厂燃料收集情况各不相同，所建厂外收贮站的数量、容量及燃料运至收贮站的距离等条件差异很大，因此不便在条文中对厂外收贮站的燃料贮存量作统一规定。但厂外收贮站的燃料贮存量应考虑秸秆产出的季节性，其总贮存量应保证在秸秆断收期仍能满足电厂燃料供应。

6.2.2 由于棉花秸秆、大豆秸秆等硬质秸秆未经破碎很难运输和接卸，所以目前投产的绝大多数燃用硬质秸秆的电厂，燃料大都在厂外进行了破碎和晾晒。另外，后期建设的秸秆发电厂，厂外收贮站大都由农民经纪人投资兴建，由农民经纪人在厂外破碎的成本一般都比在厂内破碎的成本低一些。据此规定硬质秸秆及辅助燃料的厂外收贮站，应对燃料进行晾晒及破碎处理。

6.2.3 软质秸秆的比重非常小，在厂内晾晒和打包会大大增加电厂占地，而且散料运输也会增加运输成本，因此软质秸秆比较适宜在厂外收贮站进行晾晒和打包，但也有一些电厂厂内还设有打包机用于处理不合格的包料和少量的散料，厂内移动式的打包机也经常被开到厂外收贮站进行打包。因此规定软质秸秆入厂前宜在厂外收贮站晾晒和打包。

北方少雨干燥地区可考虑在收贮站内对秸秆进行晾晒。南方多雨地区的厂外收贮站宜尽可能收购水分含量满足燃用要求的秸秆，以减少秸秆进站后的晾晒量，但收贮站应规划有晾晒区，用于晾晒因雨淋、受潮而造成水分含量不能满足燃用要求的秸秆。

6.2.4 厂外收贮站的功能，主要是从农民那里收购燃料，对燃料进行晾晒、破碎、打包和贮存等，因此根据燃料的种类及电厂对燃料的要求，设置必要的破碎、打包、搬运设备。在燃料收购时应对燃料进行称重和水分检测，因此还应配备计量及水分检测等设备。早期投产的秸秆发电厂的厂外收贮站大多由电厂投资建设，后期建设的秸秆发电厂的厂外收贮站大多由农民经纪人投资建设，电厂应对农民经纪人提出厂外收贮站具体的建设要求及技术指导，以保证收贮站的基础设施、设备、功能及安全等方面均能满足电厂的要求。

6.3 秸秆及辅助燃料的接卸及贮存

6.3.1 条文具体说明如下：

1 由于不同的业主有不同的要求，各电厂设置的厂外收贮站数量及条件各不相同，各地电厂占地指标要求不一，物料的厂内储存天数很难统一，因此考虑给出一个范围。当厂外建有多个收贮站且各收贮站贮量较大时，厂内储存天数可取下限值；反之可取上限值。据调查，2009年以来新建的生物质电厂有加大厂内料场贮存量或在电厂附近建中心收贮站的趋势。在运用这一条款时可以根据工程实际情况确定厂内贮存天数。

2 目前燃用生物质散料的电厂，对各种散料大都采用分类堆放的方式，本条提出粒度已经符合锅炉燃烧要求的硬质秸秆及辅助燃料可以混存的主要原因是出于提高贮料场利用系数和作业效率的考虑。未经破碎的硬质秸秆不应与其他辅助燃料混存。

3 根据调查，南方地区燃用散料的生物质电厂基本都设有干料棚，贮存天数一般为3d～5d；北方地区一般不设干料棚，在雨季可以采用防雨布遮挡的方式。

6.3.2 硬质秸秆一般可采用以下两种方式进行接卸：汽车卸料沟接卸和直接卸入秸秆仓库、半露天堆场或露天堆场。采用哪一种卸料方式需要根据燃料特性、总平面布置、投资等情况确定，最常见的卸料方式是直接卸入秸秆仓库或露天料场。

活底料仓是以木片为原料的造纸厂应用较多，在生物质电厂目前应用活底料仓的有高唐、垦利、成安、威县等电厂，这几个厂设计燃用的物料均为破碎后的棉花秸秆，到目前为止，上述各厂投产超过一年以上，从运行情况看均不够理想。活底料仓当初是为输送木片设计的，木片具有尺寸均匀、流动性好、不粘连的特点，而棉花秸秆虽经过破碎，但尺寸极不规整、枝杈互相交叉、表皮粘连、有大量尘土沉积、流动性很差、蓬料严重。因此活底料仓只能适用于燃用流动性好、尺寸规整、不粘连的如木片、玉米芯、花生壳、锯末、麦壳等均匀颗粒状物料的电厂，对燃用软质和硬质秸秆的电厂应慎重使用。

6.3.3 条文具体说明如下：

1 专用卸车设施是指专用汽车卸料沟，在此情况下采用高架带式输送机向储料仓库或储料场输送是较为合理和经济的。

2 堆垛用的轮胎式抓斗起重机应当优先考虑电驱动，以降低油料成本。

3 装载机数量可根据料场储存量、料场到上料系统的距离、锅炉燃料消耗量确定。抓斗起重机在订货时要注意选用抓取轻质物料专用抓斗（如四索七瓣密封型荷叶抓斗），以提高生产效率。

6.3.4 条文具体说明如下：

1 对秸秆包料仓库在考虑储存天数时应注意料包的堆垛层数，从目前燃用包料的电厂来看，如果是采用进口打包机打的料包，堆到6层没有问题，但采用国产打包机打的料包由于密实度不高，如果堆到6层容易产生塌垛，因此在计算包料仓库储量时应根据打包质量确定合理的堆垛层数。

2 包料堆垛时一定要采用压缝交错堆垛，这种堆垛方式可以保证包料垛的稳定和规整，从技术上可以提高秸秆包堆码起重机的作业效率，同时也是一种安全措施，避免倒垛造成人身伤害事故。

3 秸秆仓库的卸车位布置在上料输送机两侧，主要考虑卸车作业与上料作业可以同时进行，可以减少包料的二次搬运，提高作业效率，减少作业成本。

4 包料大垛四周应留有叉车等辅助作业机械的通道，通道的宽度应按最宽辅助作业机械的外形尺寸加一定的安全距离确定。

5 该防风措施主要考虑风对桥式秸秆堆垛起重机的影响。包料秸秆仓库的堆垛和取料要求比较高，如果不采用防风措施，秸秆堆垛起重机的吊具在风的影响下很难准确堆垛和抓取料包，因此要求在秸秆仓库四周考虑防风措施。

6.3.5 条文具体说明如下：

1 秸秆堆码机数量不宜少于两台的规定主要考虑两点，秸秆堆码机作为卸料、上料设备作业量较大，是上料作业的主要设备，应当有备用；在收储季节，包料大量进厂需要两台秸秆堆码机分别作为卸车和上料设备同时作业。

2～3 料场作业机械种类很多，本条款只列出调研中常见的作业机械种类，在实际运用中应当根据料场实际情况和物料种类进行选型。需要注意的是抓取软质秸秆的抓斗应采用专用抓斗。

6.3.6 根据目前投产电厂的实际情况，燃用秸秆包料的电厂一般由多个农民经纪人向电厂提供燃料，其打包尺寸和重量有较大差异，因此规定桥式秸秆堆码起重机的起吊重量应按打包机所能提供的最大包重量确定。同时，还应考虑1.2倍的超载系数。

当采用进口打包机时外形尺寸容易保证，如果采用国产打包机应当充分考虑包料外形尺寸公差问题。

另外，桥式秸秆堆码起重机在控制上有自动控制和手动控制两种方式，从目前使用情况看，按自动控制运行问题很多，主要是包料外形尺寸误差太大，包料达不到一定的密实度造成包料堆垛参差不齐，抓具无法准确定位。因此在选择桥式秸秆堆码起重机控制方式上需要慎重。

6.3.7 当发电厂燃用多种燃料时,有混料要求的,一般在料场利用料场设备进行简单混料或在不同给料点给料到同一带式输送机上混料的方法进行。

6.4 燃料输送系统

6.4.1 刮板给料机、活底料仓液压推杆给料机、螺旋给料机、带式输送机等设备在目前已投产的项目中较为常见且证明运行可靠。国内目前有采用气力输送机的方案,但运行实例并不多。在丹麦的关于林木质发电的文献(Wood for Energy Productiong)中也有记载,只有在粒度特别合适的情况下可采用气力输送机运输林木质物料。据此建议,如采用气力输送方案应做详细的调查研究或试验。

活底料仓的适用范围见本条文说明 6.3.2。

某电厂采用双列鳞板式给料机运送棉花秆、玉米芯、树皮、树枝等,投产以来设备运行情况良好,在设备价格上鳞板式给料机通常比螺旋给料机高 30%~50%。

输送系统采用单路还是双路,应根据机组燃料消耗量、系统及主厂房布置、炉前料仓容量及布置等条件确定。当采用单路系统输送时,单路输送系统的出力不小于锅炉额定蒸发量时燃料消耗量的 150%。当采用双路输送系统输送时,每路系统的出力不小于锅炉额定蒸发量时燃料消耗量的 75%。

6.4.2 早期建设的秸秆发电厂,如果同时燃用软质和硬质秸秆,一般都设有两套输送系统,即用链式输送机输送软质秸秆,另一路采用带式输送机或波纹挡边带式输送机输送硬质秸秆和辅助燃料。而近几年有不少电厂采用硬质和软质秸秆共用一套输送系统,通常将软质秸秆破碎后采用带式输送机输送,而硬质秸秆或辅助燃料也共用同一条带式输送机,当出现这种情况时,应注意所选择的给料和输送设备满足所有燃料的运输。

6.4.3 当无炉前料仓时,打包的软质秸秆一般采用链式输送机进行输送,在炉前拆包破碎后直接入炉,因此输送机的出力选定为锅炉额定蒸发量时燃料消耗量的 100%。当采用单路链式输送机输送时,输送机的出力为锅炉额定蒸发量时燃料消耗量的 100%。当采用两路链式输送机输送时,每路输送机的出力为锅炉额定蒸发量时燃料消耗量的 50%。

6.4.4 据对目前已投产电厂的调查,设有炉前料仓时,经破碎的软质秸秆大都采用带式输送机进行输送。炉前料仓容量一般都不超过 30min 的燃料消耗量。但各电厂的带式输送机出力差别很大,出力最大的超过燃料消耗量的 250%以上。有不少电厂投产后都在带式输送机上装了变频器,以避免设备频繁启动。因此带式输送机的出力不必选得过大,据此规定采用带式输送机运输破碎后的软质秸秆时,带式输送机的出力应不小于锅炉额定蒸发量时燃料消耗量的 150%。

6.4.5 密度较大的硬质秸秆采用大于 1.25m/s 带速应是可行的,但对于破碎后的软质秸秆输送或软质、硬质秸秆共用同一带式输送机时带速不宜定得过高。由于破碎机料斗下的带式输送机一般按计算带宽加大 1 档~2 档选取,在系统出力上是有富裕的,一般不需要将带速提高来获得大的出力。

6.4.6 据调查,地下料斗的给料设备目前常用的是各种形式的螺旋给料机,但运行中有蓬料现象,因此在螺旋给料机选型上应采用具有双向运行、辅助布料功能的设备;由于物料特性的原因,在给料设备出入口设调节装置会产生堵料现象,有碍于安全运行。

6.4.7 本条中关于带式输送机倾角的规定适用于普通带式输送机,不适用于波纹挡边带式输送机。据调查目前有多个电厂带式输送机倾角为 22°~23°,经证明系统运行没有问题,但也有胶带在冬季有物料下滑现象。因此对严寒地区,带式输送机倾角选择较小值。

6.4.8 寒冷地区的带式输送机栈桥可考虑采用轻型封闭式,其他地区可采用露天或半封闭式栈桥。当采用露天栈桥时,带式输送机应设防护罩。在多风沙地区应根据当地气象条件采取防风设施。某电厂的带式输送机栈桥为露天布置,而当地风很大,设计院配合设备生产厂家增设镀锌铁皮挡风,现场运行情况较好。

6.5 破碎系统

6.5.1 本条规定物料尺寸不宜大于 100mm,但在实际运用中应要求破碎后的秸秆尺寸尽量小,以减少系统堵料。

6.5.2 目前硬质秸秆破碎机铭牌出力可做到 10t/h~15t/h,但一般不易达到,因此在破碎机选型时要做好调研工作,合理确定破碎机数量。对于燃用软质秸秆的电厂,近两年由于打包质量难以保证及打包成本高等原因,采用包在炉前解包的电厂有减少的趋势,目前采用将包在输送系统中解包破碎后,散料进炉前料仓的电厂数量有所增加。目前国内生产的解包破碎机出力可做到 20t/h 左右。

6.5.3 条文具体说明如下:

1 在电厂现场观察破碎机工作时粉尘较大,对周围环境和人员身体健康有较大影响,因此从环保和劳动保护角度要求破碎机宜封闭,并应带除尘装置。

2 目前秸秆发电厂燃料来源广泛、种类较多,在破碎机选型时应充分考虑不同种类物料的特性,按最难破碎的物料选型;对破碎机下落料斗的设计应特别注意,为了防止落料斗内产生蓬料,应当尽量避免落料斗截面的急剧收缩。

6.5.4 本条对应包料进厂、炉前解包的秸秆发电厂,这类电厂不设炉前料仓,解包后的物料通过锅炉给料装置送进炉膛,炉前解包破碎装置由锅炉厂随锅炉供货。

6.5.5 本条对应包料进厂,在输送系统解包后以散料状态输送至炉前料仓的系统。

6.6 燃料输送辅助设施及附属建筑

6.6.1 目前秸秆发电厂汽车衡的配备数量一般配备 1 台~2 台,汽车衡的吨位多在 50t~60t。根据配备一台汽车衡的电厂反映,在收获储料季节,一台汽车衡比较紧张,因此,应根据锅炉额定蒸发量所需燃料消耗量、每天进料量确定汽车衡数量。

6.6.2 在已投产的项目中,有不少的电厂反映电子皮带秤用于软质秸秆时称量不够准确。因此当采用带式输送机运输破碎后的软质秸秆时,在选用电子皮带秤时应适当考虑提高精度等级。

6.6.3 在运行的秸秆发电厂现场观察,物料中有铁件存在,但总量相对较少,因此设一级除铁器是必要的。如果系统存在多点给料,除铁器的设置位置和数量应根据系统布置情况确定。

6.6.4 考虑起吊设施应注意起吊高度满足起吊设备、被起吊设备、索具的总尺寸;对安装在地下建筑内的设备要考虑通向地面的起吊条件。

6.6.5 燃料入厂含水量、发热量是重要的结算指标,应当配备较高质量和精度的水分检测设备。目前各厂采用的大多是手持式水分检测仪,逐车检测,并以此作为结算依据性指标。采样设备基本都是采用人工采样,目前尚未有采用机械采样的工程。

6.6.6 由于秸秆燃料的特性不适于采用水力清扫和真空清扫,目前已投产的秸秆发电厂基本上均采用人工清扫。

6.6.7 由于秸秆发电厂燃用的多为农业秸秆作物,收获时夹带泥土较多,因此运行过程中扬尘较大,需要考虑抑尘措施。现在系统主要采用在转运点、给料点设水喷雾抑尘。

6.6.8 条文具体说明如下:

1 目前燃料系统的控制已经与机炉控制室合并,分厂管理、检修也做到全统一规划,因此燃料系统已不再单独设综合楼和检修间。

2 虽然规定了非寒冷地区可不设封闭式车库,但由于作业机械检修时需要一个清洁、封闭的空间，因此在执行此条款时可以根据需要，设1个～2个车位的封闭式检修库，但总的车位数不应超过作业机械的总台数。

7 秸秆锅炉设备及系统

7.1 锅炉设备

7.1.1 对于秸秆燃料，通常可供选择的燃烧方式主要有两种，即以炉排炉为代表的层燃燃烧和循环流化床锅炉为代表的流态化燃烧。针对目前国内稻、麦秸秆和林木枝条为主的生物质燃料的多样性和复杂性，采用何种燃烧方式以及哪种炉型，必须结合燃料的特性和具体的燃烧方案进行细致分析确定。

层燃燃烧技术主要以炉排炉为代表，燃料在固定或移动的炉排上实现燃烧，燃烧所需的空气从下方透过炉排供应给上部的燃料，燃料处于相对静止的状态，燃料入炉后的燃烧时间可由炉排的移动或振动来控制，以灰渣落入炉排下或者炉排后端的灰坑为结束。

流态化燃烧是近代从化学反应工程技术领域发展起来的一种新型燃烧技术，其特点是低温燃烧、良好的气—固或固—固混合、燃料适应性强、燃烧可控性能好，具有低温燃烧、炉膛温度均匀、物料循环流畅、燃烧充分、燃料适应范围广等特点。

我国的生物质直燃发电技术起步较晚，秸秆锅炉尚处于起步阶段，还是以引进技术、国内制造为主，国内也在自主研发，炉型基本上以丹麦水冷振动炉排、国内锅炉厂家开发的水冷振动炉排为主，国内科研机构又研发了循环流化床锅炉，目前，秸秆锅炉以炉排炉和循环流化床锅炉为主。

目前国内经过政府部门核准、已建成和在建的生物质发电项目有60个～70个，锅炉容量多在65t/h～130t/h，绝大部分锅炉都是炉排炉，只有少数几个电厂采用了循环流化床锅炉。在锅炉可靠性及连续运行时间上国外进口技术生产的锅炉要优于国内自主研发的锅炉，国内各生产厂和用户都在积极的探索和改进中。但在锅炉价格上，国外进口技术生产的锅炉价格明显高出国内自主研发的锅炉价格，增加了电厂初始投资。

为了减少锅炉的备品备件和方便运行、维修、管理，秸秆发电厂内如需配上多台同容量的锅炉，宜采用同型式锅炉。由于市场竞争因素，没有规定是同一制造厂产品。

因秸秆发电厂是典型的小型发电厂，其目的是燃烧生物质、减少环境污染、提供洁净电力。当气象条件适宜时，宜采用锅炉露天或半露天布置，不仅能节约投资，还可缩短建设周期，改善锅炉卫生条件，随着锅炉制造水平的不断提高，防护措施的逐步完善，露天锅炉和半露天锅炉会得到较快发展。

7.1.2 对于秸秆发电厂，目前实现真正供热的电厂很少，主要是由于秸秆资源的特殊性和供热可靠性造成的，但随着社会的需求会逐步实现秸秆发电厂供热，供热式发电锅炉的台数和容量应该根据合理范围内可利用的秸秆资源来确定，从而确定可配置的供热式汽轮发电机组型式和容量，实现小范围的集中供热。

7.1.6 本条明确了凝汽式发电厂锅炉容量和台数的选择，应根据合理范围内可利用的秸秆资源来确定，汽轮机额定进汽量应与之相匹配。即以燃料定锅炉，以锅炉定汽轮机的原则。并且一机配一炉不设备用锅炉。

7.2 秸秆给料设备

7.2.1 硬质秸秆一般是破碎后散装入炉，宜设置炉前给料仓。软质秸秆分为两种情况：一是破碎后散装入炉，此时宜设置炉前给料仓；二是整包破包后直接入炉，此时可不设炉前给料仓。软质秸秆是否设置炉前给料仓，应根据燃料入炉方式经技术经济比较后确定。

给料仓是一个燃料缓冲仓，其有效总容积应结合仓前输料系统和设备的可靠性进行设计。对于130t/h锅炉，小时燃料量大约为25t/h～30t/h，硬质秸秆干态容重约为100kg/m³，湿态容重可达300kg/m³，按平均容重200kg/m³计算，0.5h容积约为75m³，按充满系数0.9计算，给料仓总容积约为83m³，仓内燃料储存约为15t/h。这在布置上比较容易实现而皮带标高不是太高。对于上料系统的故障，小的故障宜在0.5h内消除，大的故障只能停炉，不能靠给料仓的容积解决。所以把给料仓的有效总容积规定为宜能满足锅炉额定蒸发量时燃用设计燃料不大于0.5h的需求量。

由于秸秆燃料体积大、密度小以及水分大等特点，在给料仓内为了防止出现蓬、堵、搭桥等现象的发生根据调研结果对给料仓的布置、结构型式及料位计、防爆门、喷淋装置、排风装置、观察孔的设置进行了要求。实际上，由于给料仓仓底给料机的布置面积较大，已运行的有炉前给料仓的结构型式都是垂直布置或上部垂直下部放大的型式，角度上都能满足要求。为了避免出现特殊情况，还是对角度作了最低限度规定。

7.2.3 给料机是秸秆发电厂主要辅机之一，给料机的型式，应根据秸秆的种类确定，目前国内生物质电厂的给料机大部分为螺旋给料机。根据给料角度不同，还有皮带给料机、双螺旋给料机和带齿的链条给料机可供选择。

由于秸秆燃料体积大、密度小以及水分大等特点，经常会出现蓬、堵、搭桥以及打包绳缠绕或者燃料中杂质金属丝缠绕等情况，尤其是缠绕问题会对给料机电机造成破坏，所以给料机电机应有防止卡死的措施。

给料系统总容量宜按锅炉给料量150%考虑设计，与上料系统容量一致。

根据调研，65t/h及以下锅炉宜设置2套给料系统，65t/h以上锅炉宜设置2套～4套给料系统。可以满足锅炉运行要求。

7.3 送风机、一次风机、吸风机与烟气处理设备

7.3.1 本条对锅炉送风机、一次风机、吸风机的台数选择结合秸秆发电厂实际运行情况和根据现行国家标准《小型火力发电厂设计规范》GB 50049的相关条文作出规定。

7.3.2 送风机、一次风机、吸风机的风量和压头裕量，均按现行国家标准《小型火力发电厂设计规范》GB 50049的要求作出相应规定。

7.3.3 当采用循环流化床锅炉时，一般需要配置流化风机，因秸秆密度小，所需流化压头不是很高所以宜选用离心式风机，压头确实高的也可以使用罗茨风机。流化风机一般每炉宜配2台50%容量。根据现行国家标准《小型火力发电厂设计规范》GB 50049相关条文规定，风机的风量裕量与压头裕量均不应小于20%。

7.3.4 我国的农作物大量而广泛的使用复合型氯肥居多，导致我国的农作物含氯量较高。秸秆发电厂应充分考虑到防止氯腐蚀这一特点。

烟气处理设备选型应考虑较大裕量，根据调查，对于秸秆发电厂，燃用秸秆种类较多，且秸秆料水分较难控制，受季节影响明显，可达40%～50%。实际烟气量较设计值增加较多，因此在选择烟气处理设备时，应考虑烟气量的变化。

7.3.5 根据调研，秸秆层燃炉飞灰含碳量较高，且烟气中常带有火星，采用布袋除尘器时，容易出现损坏布袋的情况，应用防止布袋除尘器被烧损的措施。

7.3.6 符合现行国家标准《小型火力发电厂设计规范》GB 50049的有关规定。

7.4 点火系统

7.4.1 由于秸秆燃料极易点燃,对于层燃炉一般都是人工点火。调研发现,即使在设计中已经设计了厂区点火油系统的电厂,在点火时点火油系统也没有投入,所以层燃炉不建议采用点火油系统。对于循环流化床锅炉,启动时需要加热床料,可考虑采用轻柴油点火。点火系统应尽量简单,仅考虑锅炉点火,不考虑低负荷稳燃。

7.4.2 对于循环流化床锅炉采用轻柴油点火时,根据用油量要求可以设置 $2m^3$ 的日用油罐或采用汽车车载轻柴油点火方式。不仅设施简易,投资节省,并且机动灵活,便于管理。

如设置日用油罐,宜设两台供油泵,一台备用。供油泵的出力只考虑一台锅炉启动用油量,宜按不小于容量最大一台秸秆锅炉额定蒸发量时所需燃料热量的10%选择。对于汽车车载轻柴油供燃烧器点火的方式,应论证汽车车载油泵参数是否满足点火需要。秸秆发电厂不设厂区油系统。

7.5 锅炉辅助系统及其设备

7.5.1 系现行国家标准《小型火力发电厂设计规范》GB 50049 条文。只是第一款中小火规中写明"宜2台~4台炉设置一套。"本规范改为"宜全厂设置一套。"因为对于秸秆发电厂,规划锅炉台数不宜超过两台,且机组容量较小,所以宜全厂设置一套。和《小型火力发电厂设计规范》GB 50049 说法一致。

7.6 启动锅炉

7.6.1 秸秆发电厂因机组容量小,一般不需设启动锅炉。考虑到启动时必需的蒸汽量以及严寒地区可能用于采暖的需要,根据电厂具体情况可设一台启动锅炉。启动锅炉一般宜为快装锅炉。可设快装秸秆锅炉和电锅炉。在严寒地带由于启动时缺乏燃油加热手段,必须采用低凝点、高品质的轻柴油,所以不建议采用快装油炉。

7.6.2 启动锅炉的容量只考虑启动中必需的蒸汽量,不考虑裕量和主汽轮机冲转调试用气量,可暂时停用的施工用气量及非启动用的其他用气量。采暖区在同时考虑冬季全厂停电取暖时可根据情况适当放大。

7.6.3 启动锅炉宜采用低参数锅炉,在满足功能的前提下,应力求系统简单、可靠和操作简便,配套辅机不设备用。

7.6.4 必要时启动锅炉系统设计可考虑便于今后拆迁的条件。

8 除灰渣系统

8.1 一般规定

8.1.1 对除灰渣系统的选择,除基本保留常规应考虑的各种条件外,在本条文中应考虑灰渣综合利用、环保及节能、节约资源的要求。

由于秸秆发电厂机组容量较小,灰渣量相对较少,除灰渣系统的设计简单实用为宜。

水力除灰渣系统不利于灰渣的存储和综合利用,考虑到秸秆灰渣量少,综合利用好的特点,没对水力除灰渣系统具体规定,若必须采用水力除灰渣系统时,全场宜设一套灰渣混除的水力除灰渣系统,可参照现行国家标准《小型火力发电厂设计规范》GB 50049 的有关规定进行设计。

8.1.2 资源综合利用是我国经济建设中的一项重大技术经济政策。秸秆灰、渣是可以利用的资源,秸秆灰是很好的肥料,同时也能为电厂带来一定的经济效益。对于有综合利用条件的发电厂,按照灰渣分排、干湿分排的原则。灰渣的输送、储运系统的设计宜有利于灰渣的综合利用。

对于有灰渣综合利用意向,但条件和途径暂不落实时,在场地、布置、系统上按有综合利用条件设计,待条件落实时实施。

8.1.3 根据调研,秸秆发电厂灰量相对较少,但由于灰密度小,体积相对较大,有的电厂采用了人工装袋的简易方式,工人的劳动强度仍然很大,因此规定了锅炉灰量以 0.05t/h 为除灰系统形式的设置界限。

8.1.4 秸秆发电厂灰渣量与锅炉型式、秸秆种类有关。某生物发电厂(2×12MW)循环流化床锅炉,该厂以桉树枝、桉树叶、树皮、甘蔗叶等为燃料,灰渣分配比为 96.6%:3.4%;某生物发电项目(2×50MW)循环流化床锅炉,以甘蔗叶、甘蔗渣、树皮等为主要燃料,灰渣分配比为 96%:4%;某生物质发电厂循环流化床锅炉(1×75t/h),该厂主要以麦草、稻草、稻壳、木屑、树皮、意杨根为燃料进行混合燃烧,灰渣分配比为 90%:10%;某生物质发电厂,采用四回程 75t/h 炉排锅炉,该厂主要以麦草、稻草、稻壳、木屑为燃料进行混合燃烧,灰渣分配比为 60%:40%;某生物质发电厂采用 130t/h 层燃锅炉。该厂主要以木块、玉米秆、花生壳、辣椒秆等为燃料进行混合燃烧,灰渣分配比为 50%:50%。因此,在未取得锅炉厂提供数据时,灰渣分配可按表 8.1.4 选取,在选择除灰设备容量时,应适当增加裕度。

8.2 机械除灰渣系统

8.2.1 目前,国内电厂机械除渣系统方式较多,主要有湿式捞渣机配链板输送机系统、冷渣器配埋刮板输送机或链斗输送机系统。

1 湿式捞渣机系统。该炉底渣采用水浸式刮板捞渣机直接接堆放场的处理系统,也可用二级链板输送机、刮板输送机或带式输送机将捞渣机捞出的渣转运到锅炉房外的堆放场,再用车辆外运。

2 冷渣器配埋刮板输送机或链斗输送机系统。锅炉底渣须经底渣冷却器冷却至 200℃ 以下,由埋刮板输送机或链斗输送机将渣转运至堆放场。该系统为干式排渣系统。

由于锅炉底渣颗粒较飞灰大,采用气力输送方式对管路的磨损严重,因此,底渣输送系统宜优先采用机械输送系统。

8.2.2 根据调研,国内秸秆发电厂燃用的辅助燃料品种较多,对渣量影响较大,输送机械经常在低速下工作,可大大减少对部件的磨损,增长设备使用寿命,故推荐系统出力不宜小于底渣量的 250%。

8.2.3 秸秆电厂锅炉型式一般为层燃炉和循环流化床炉两种型式,推荐层燃炉排渣采用湿式捞渣机系统,循环流化床排渣采用冷渣器及后续机械输送系统。

8.2.4 当采用水浸式刮板捞渣机输送时,由于渣量少,可采用通过补充水来维持冷渣水槽内的水位运行方式。简易溢流水回收系统是非正常工况,根据场地布置条件,可与湿渣堆放场地宜设积水坑及排污泵合并考虑。

8.2.5 渣仓的总容量决定于底渣量和外部转运条件。渣仓的选择除满足贮存时间要求外,还要考虑装车等运输要求。如果按贮存时间选择渣仓,渣仓的容积太小,可根据工程的实际情况,加大渣仓的容积。条文中只规定了渣仓贮存时间的下限值。

8.2.6 根据调研,目前国内秸秆发电厂所用的机械除系统是相对比较成熟的,对燃料适应范围较宽,条件允许的情况下尽量采用机械除灰方式。由于秸秆灰的比重一般较小,故推荐系统出力不宜小于灰量的 250%。

8.2.7 采用汽车运渣时应选用载重量合适的专用汽车,并应根据运输不同的灰渣(干或湿渣)选择不同车型。干灰应采用密封罐车,湿渣可采用灰渣专用的自卸汽车,为了便于管理和维修车辆,运输同类物料的车型不宜多。

采用汽车输送方式,根据其运作形式的不同,又可分为电厂自购车辆和利用社会运力两种方式。采用自购汽车方式,初投资较大，管理复杂；利用社会运力运灰，则可省去购置汽车的初期投资，管理简单，由于秸秆灰综合利用较好，不会出现运输设备闲置的问题。因此，条件允许时，宜优先考虑利用社会运力方式。

8.2.8 沿江、河的秸秆发电厂，当采用船舶运输灰渣的方式时，所采用船型、吨位以及装船方式、卸船方式，要根据发电厂的容量、当地的航运情况、航道情况和灰场贮灰方式、灰渣综合利用情况，经技术经济比较确定。

8.3 气力除灰系统

8.3.1 随着电力建设的发展，近年来国内气力除灰技术有了较大的进步。目前，我国气力除灰系统类型较多，主要有负压气力除灰系统、低正压气力除灰系统、正压气力除灰系统、空气斜槽除灰系统、螺旋输送机等方式，国外还有埋刮板输送机、气力提升装置等方式，也有由上述方式组合的联合系统。气力除灰有利于灰的综合利用、环境保护、节能、节水。气力除灰系统的类型较多，世界各国发展和采用的系统也不尽相同，都有各自的特点。近年来，我国引进了不少国家的除灰技术，粉煤灰气力除灰系统已非常成熟。

秸秆发电厂是近几年发展起来的，除灰多采用机械输送系统。对气力输送系统而言，需要在设计、制造、运行上不断积累经验，以优化气力除灰系统的方案。

8.3.2 符合现行国家标准《小型火力发电厂设计规范》GB 50049 的有关规定。

秸秆发电厂除燃用设计燃料和校核燃料外，还燃烧多种辅助燃料，对灰渣量有一定的影响，在设计气力除灰系统时要充分考虑。秸秆发电厂容量小，灰量少，若气力输送系统出力太小，管径细，易造成堵管，因此可根据工程的实际情况，适当增加系统的出力，条文中只规定了气力输送系统的出力下限。

8.3.3 秸秆发电厂容量小，灰量少，全厂所有锅炉的气力除灰系统作为一个单元比较合理。

8.3.4 空气斜槽是一种干灰集中装置，其结构简单，在欧洲应用较多，我国从20世纪70年代开始在电厂使用，并不断从国外引进空气斜槽系统和设备。国内的空气斜槽也在不断改进。

灰一旦受潮，运行中就会引起堵灰，所以空气斜槽要考虑防潮措施，如提高输送空气的温度以及空气斜槽布置在室内等。当斜槽露天布置，气温较低时应考虑保温措施。根据各电厂运行经验，空气斜槽的输送气源当采用热风时，就能够使斜槽内的灰流动性更好，以保证系统正常运行。为了防止空气结露与灰黏结而引起在输送中堵灰，在选择风温时，应考虑地区差别，以不结露、不黏灰为原则。

秸秆灰与粉煤灰有一定差异，主要是密度较小。目前国内秸秆发电厂还没有使用空气斜槽系统输灰，粉煤灰空气斜槽斜度不低于6%，水泥行业为6%～10%。经运行实践证明，如斜度太小，流动不太通畅，易堵灰。空气斜槽的最小斜度可根据燃用的秸秆，通过试验取得，在布置条件允许的情况下加大斜度，以提高系统出力。

8.3.5 符合现行国家标准《小型火力发电厂设计规范》GB 50049 的有关规定。

8.3.6 目前国内使用的空压机的产品质量越来越好，多为螺杆式（微油，无油），也有滑片式、离心式等。一般运行两台只设一台备用就可以，当采用螺杆式空压机，运行两台以上，也可只设一台备用。如选用活塞式空压机时可增加一台空压机备用。

8.3.7 输灰管道的直管段一般磨损较轻，管件和弯管相对磨损较重。条文对管材进行了明确的规定，以方便选取。

8.3.8 在设计中针对特殊生物质燃料应进行灰渣特性测试，以免造成设计偏差。在没有取得详细设计资料的情况下，根据目前我们调研取得的经验考虑灰库的容积及荷载，在计算灰库容积时，飞灰堆积密度暂按 $0.2t/m^3 \sim 0.4t/m^3$ 考虑；计算灰库结构荷载时，飞灰堆积密度暂按 $0.6t/m^3$ 考虑。

8.3.9 秸秆发电厂规模小、机组容量小，总灰量不大，因此灰库宜全厂机组公用。灰库的总容量决定于灰量和外部转运条件。

灰库的选择除满足储存时间要求外，还要考虑装车要求，对于灰量较小的电厂，可根据工程实际情况，加大灰库容积。条文中只规定了灰库贮存时间的下限值。

8.3.10 过去我国设计灰库时，气化用的空气均不设加热装置，自从引进国外干除灰系统后，气化空气设置了专用加热器，有利于灰库排灰。

8.3.11 灰库卸灰宜设干灰卸料装置，当综合利用受外界影响较大时，设干灰装袋装置，以满足存放和使用要求。从灰综合利用考虑，干灰尽量不要调湿。

8.3.12 当干灰装袋后，一般为室内存放，对于室外存放的中转存放场应考虑防潮、防雨设施。根据综合利用情况并结合厂区空间等条件限制，条文中只规定了中转存放场时间的下限值。

8.3.13 由于我国南方温差较大，北方的秸秆发电厂冬季采用水冲洗地面的可能性较小，条文中采用"可"的语气兼顾南北方秸秆发电厂差别，适当考虑水冲洗装置。

9 汽轮机设备及系统

9.1 汽轮机设备

9.1.1 凝汽式发电厂的机组容量及台数取决于发电厂所在地区秸秆可利用量。

供热式发电厂的机组容量及台数主要取决于热负荷的大小，同时还要根据发电厂所在地区秸秆可利用量确定。

根据国家最新能源政策，热电联产应当以集中供热为前提，以热定电。在热负荷可靠落实的前提下，应优先选用容量较大、参数较高和经济效益更高的供热式机组。以大容量机组逐步代替小容量机组，以高温高压机组逐步代替次高压参数及以下机组，这样更有利于节约能源、提高热电厂的经济效益。

增大机组容量和发电厂的规模是提高发电厂经济效益的主要措施之一，但对中、小规模的电力系统，其最大机组容量的选定又受到电网容量的限制。因此，凝汽式发电厂的机组容量，应根据当地电力系统规划容量、电力负荷增长的需要和电网结构等因素综合考虑，并尽可能选择较高参数和较大容量的机组以提高经济效益。

对于干旱地区，水资源非常紧张，节约水资源是我国保护环境的基本国策，因此，干旱地区宜选用空冷式汽轮机。

9.1.2 系现行国家标准《小型火力发电厂设计规范》GB 50049 条文。

9.1.3 突出秸秆发电厂燃料收集的重要性，根据燃料收集量和热负荷性质确定选用抽凝式汽轮发电机组。

9.1.4 基本为现行国家标准《小型火力发电厂设计规范》GB 50049条文要求。由于秸秆发电厂受燃料收集量限制较大，根据目前情况，不考虑秸秆发电厂供可靠性较高的工业蒸汽。

9.1.5、9.1.6 系现行国家标准《小型火力发电厂设计规范》GB 50049的条文。

10 水工设施及系统

10.2 生活、消防给水和排水

10.2.1 发电厂靠近城镇或工业区，应尽量利用城市、工业区公用给水和排水设施或与相邻企业给水和排水系统相连接，这样发电厂可节省建设费用，减少运行和维修人员。在新兴工业区建设的发电厂，应注意发电厂投运时间与工业区新建给、排水工程投入使用时间的协调，并取得必要的协议文件。一旦发电厂位置远离城镇或附近没有已经建成的工业园区给排水系统可供利用，那么秸秆发电厂应该考虑自建生活给水处理站与生活污水处理站。

10.2.2 本条对自建生活饮用水系统应符合的标准作了规定。生活饮用水系统的设计一般包括水源选择、水质标准以及原水的处理设施的确定。

10.2.3 本条为强制性条文，必须严格执行。秸秆发电厂机组容量较小，值班人员及占地面积少。电厂厂区内同一时间内火灾次数应按一次考虑。

电厂一次火灾用水量需要根据电厂主体建筑的形式确定，关键取决于秸秆仓库的建筑型式。如果是封闭式建筑，需要设置以水为灭火介质的自动灭火系统，那么它的一次灭火用水量将是最大的，也是决定性因素，其最大用水量将由室内外消火栓灭火量之和加上仓库内固定灭火系统用水量。否则，主厂房的消防用水量将为最大，将是室内、外消火栓灭火用水量之和。

10.2.4 根据目前掌握的秸秆发电厂情况，消防水用量可能较大，个别电厂的消防水量可达 1000m³/h 以上，因此，二者合并将不利于保证生活饮用水的水质，条文对此作了宜分开设置的规定。

据调查，秸秆发电厂的外部给水供应条件差别较大，生活、消防给水系统的配置具有多种形式，均以满足发电厂安全运行为原则。有的电厂生活用水全部由城市给水管网供给；有的电厂不设自备生活饮用水系统，由城市给水但仅能满足饮用水的需要，发电厂的消防水与厂区工业水管网合并；也有的电厂设置了独立的消防给水系统。无论如何，电厂设置各自独立的生活饮用水系统和消防给水系统对于饮用水质的保证及消防供水的可靠都是有意义的。

10.2.5 本条对消防水泵备用和消防水泵的启动方式作了明确规定。备用泵的容量不应小于最大一台消防水泵的容量。消防水泵的启动，除采用就地操作方式外，还应在日夜有人值班的集控室内设置远距离启动消防水泵的装置。

10.2.6 在主厂房、秸秆仓席（或半露天堆场）、露天堆场周围，应设消防水环状管网。进环状管网的输水管不应少于两条。

主厂房、秸秆仓库、油罐区是发电厂的重点防火区，为了安全可靠供给消防水，应在其周围敷设环状管网。发电厂多年运行实践表明，这是一项可靠的消防供水措施。

10.2.7 规定了汽机房和锅炉房的底层和运转层，除氧间各层、料仓间各层，储、运燃料的建筑物、办公楼及材料库应设置室内消火栓。室内消火栓的布置与安装，应按现行国家标准《发电厂和变电站设计防火规范》GB 50229、《建筑设计防火规范》GB 50016 等有关规定执行。为了便于扑救初起火灾，还规定室内消火栓箱应设置水喉。

10.2.8 封闭的秸秆仓库是典型的大空间建筑。它的突出特点是可燃物多，净高大，为秸秆发电厂防火重中之重，一着火，后果将十分严重。

封闭仓库的消防系统，应根据仓库的建筑特点结合消防设施的能力综合确定。一般情况下，首选自动喷水系统，但应该注意，自动喷水灭火系统对于空间的高度是有限制的，即便是采用早期抑制快速响应喷头，其允许的空间高度也仅为13.5m。

针对大空间的仓库，当它的高度超过这个限度的时候，自动喷水的使用便受到挑战，多不能适用。国外的某电厂仓库内没有设置任何消防设施。我国现行国家标准《建筑设计防火规范》GB 50016规定，当丙类厂房不能使用自动喷水系统的时候，宜设置固定消防炮措施。因此，对于封闭式仓库，当其净空超过一定高度时，宜选择具有自动探测、自动定位功能的主动灭火型水炮系统。考虑与栈桥衔接秸秆储运的重要性及火灾危险性，半露天式

仓库也宜设置这种固定水炮系统。

秸秆发电厂的栈桥不同于燃煤电厂，其碎屑粉尘爆燃的可能性甚微，至今尚未有在秸秆运输过程发生火灾的案例。因此不考虑设置自动喷水系统。但为安全起见，规定在秸秆仓库或半露天堆场与栈桥连接处、栈桥与主厂房或转运站的连接处应设水幕，以防止火灾蔓延并作主厂房的保护屏障。

厂外秸秆收购点一般远离发电厂与城镇，考虑自身管理及秸秆堆垛的火灾危险性，根据《村镇建筑设计防火规范》GBJ 39 的要求及工程建设的实际情况，规定厂外秸秆收购点的露天堆场宜设置室外消防给水系统。

10.2.9 高位水箱不需要任何动力即可短时供水，主要用于扑救初期火灾，有条件时宜尽量考虑设置。具有稳压装置的临时高压消防给水系统，能够使系统始终处于准工作状态，一旦火灾发生，在很短时间内启动消防主泵，接近高压给水系统经常满足不利点水量和水压的标准，投资少，措施简单，受到建设单位等部门的欢迎，在火力发电厂中普遍采用，多年运行实践证实这一系统是适用的。当电厂不便于设置高位水箱时，可以设置有稳压装置的临时高压消防给水系统用以替代高位水箱。参考现行国家标准《火力发电厂与变电所设计防火规范》GB 50229 作此规定。

10.2.10 据调查，国内秸秆发电厂机组容量一般为 30MW 及以下，参考现行国家标准《火力发电厂与变电所设计防火规范》GB 50229 确定，当地消防部门的消防车在 5min 内不能到达电厂时，应配置一辆消防车并设置消防车库。这样的原则基本符合国情及满足秸秆发电厂消防需要。

10.2.11 分流制指用不同管（沟）分别收纳污水（包括生产废水）和雨水的排水方式。合流指用同一管（沟）收纳污水、工业废水和雨水的排水方式。发电厂生产排水是由两部分组成：污染较严重、需经处理后方可排放的部分称作"生产污水"；轻度污染或水温不高，不需处理即可排放的部分称为"生产废水"。

靠近城市或工业区的发电厂，排水系统采用分流制还是合流制，应根据城市和工业区规划、当地降雨情况和排放标准、原有排水设施、污水处理和利用情况、地形和水体等条件，综合考虑确定。

发电厂过去大都采用生活污水、生产污水和生产废水合流系统，雨水单独排放。严格说来，这种排水方式既不是合流制也不是分流制，既有雨水就近排入水体、建设费用少、环境效益高的优点，又有生活污水和生产污水混杂、各种污水水质不同而难于处理的缺点。随着对环境保护的日益重视，为消除或减少污染，需对生活污水、生产污水进行必要的处理后方可排放。近年来发电厂多采用分散治理的方式，对各种生产污水进行处理，达到《污水综合排放标准》的要求后排放。处理达标后的生产污水可视作生产废水，将其引入雨水管（沟）直接排放是适宜的。因此，本条对厂区排水作了宜将生活污水与生产废水和雨水分流的规定。同时还要求各种生产污水处理达标、温度高于 40℃ 的生产废水降温后，方可排入生产废水和雨水排放系统。

露天堆场区范围具有大量秸秆碎屑等。如果在此区域采用雨水口收集雨水，很可能会引起堵塞，影响运行。因此规定露天堆场的雨水宜采用明排水。南方一些秸秆发电厂采用了明沟，运行中，尽管也有大量秸秆堆积在明沟内，但明沟易于清通，只要管理维护到位，并不会影响排放雨水。

10.2.12 本条规定了应按现行行业标准《火力发电厂废水治理设计技术规程》DL/T 5046 的要求处理电厂生活污水、含油污水等。该规程系针对火力发电厂而制定，操作性强，适用于秸秆电厂的污、废水处理。

10.3 水工建筑物

10.3.1～10.3.11 水工建筑物设计应遵循的主要原则。包括设计标准、材料使用要求及地基处理等，应遵照执行。

11 水处理设备及系统

11.2 锅炉补给水处理

11.2.1 锅炉补给水处理需要消耗化学药品,并有废水排放,在选择处理方案时,应重视环境保护的有关条款,经技术经济比较确定。

进行技术经济比较时,应采用系统正常出力和全年平均进水水质,并用最坏水质对系统及设备进行校核。

11.2.2 供热式发电厂以除盐水为补给水的较为普遍。设计计算锅炉正常排污率通常取1%,但实际运行中均偏大,其原因主要是一些热电厂生产回水水质时好时差,稍不注意便会将油类或悬浮物质带入锅炉,从而导致排污率增大。也有一些热电厂,将锅炉排污水作为热网补充水,而对排污率没有进行严格控制。根据实际运行情况,热电厂的排污水的热量能得到充分利用。因此,供热式发电厂以除盐水为补给水时,锅炉正常排污率宜定为2%。

11.2.3 厂内各项水汽损失率,是参照现行的有关法规、规范并结合实际调查结果制定的。厂内水汽循环正常损失的百分数有一定范围(2%~3%),其选用原则为:机组台数较少的电厂采用高限,台数较多的电厂采用低限。

闭式热水网正常损失为热水网循环水量的0.5%,该水量与管理水平有关,各厂差异较大,大都属于用户放热水使用引起的,应通过加强管理来解决。因此,本规范规定闭式热水网正常损失为0.5%~1%,以便在计算和确定水处理系统出力时留有适当的余地。

11.2.4 由于水处理技术的发展,离子交换除盐已不再是唯一的除盐方式。膜系统可减少酸碱用量,排水对环境污染小,操作容易,对原水水质变化适应性强,价格也逐渐趋于稳定,目前国内电厂已广泛采用膜法处理系统。因此,锅炉补给水处理系统应经技术经济比较确定。

11.2.5 反渗透系统的出力应与下一级水处理工艺用水量相适应。当有一套设备清洗或检修时,其余设备应能满足全厂正常补水的要求。当采用两级反渗透加电除盐系统的方案时,电除盐装置出力的选择,应考虑当一台清洗或检修时其余设备可满足正常补水量的要求,以保证安全运行。

考虑到水汽循环损失减至2%~3%,且秸秆发电厂的总水量小,所以设备的选择适当放宽。

11.2.6 供热式发电厂的除盐(软化)水箱容量,可为2h~4h的正常补给水量,也可按满足机组启动时的需要考虑。对补水率大的热电厂,宜取低限。

11.2.7 为确保供水可靠,对除盐(软化)水泵和管道的输送能力作了规定。至于补给水管条数,可视发电厂的重要性,补给水量大小、扩建情况等因地制宜以确定。

11.3 给水、炉水校正处理及热力系统水汽取样

11.3.1 给水、炉水的校正处理,应按锅炉型式、参数及水化学工况设置相应的加药设施。为了便于运行人员的操作、管理,发电厂的给水、炉水的校正处理大多布置于主厂房的运转层或零米层。如果布置在运转层,应考虑药品搬运措施。

11.3.2 根据机组参数和容量,配备必要的在线仪表。

为了保证水汽样品的代表性,取样管不宜过长,以免温度及压力沿着取样管路系统改变,蒸汽中的杂质可能沉积。取样管路及设备应采用耐腐蚀的材质。

12 电气设备及系统

12.1 电气主接线

12.1.1 本条系对秸秆发电厂电气主接线的总体要求。

12.1.2 秸秆发电厂一般位于城乡结合处,周围的用电负荷可由发电机电压配电装置供电。发电机电压的选择,可根据各地区电力网的电压情况,经技术经济比较后选定。

当发电机与变压器为单元连接,且有厂用分支引出时,发电机的额定电压采用6.3kV是恰当的,可以节省高压厂用变压器的费用,并可直接向6kV厂用负荷供电。

12.1.3 秸秆发电厂的建设受秸秆资源的限制,发电机容量可能不是标准系列的数值,故作此规定。

12.1.4 本条未规定接于发电机电压母线的主变压器台数,主要是考虑秸秆发电厂有时只建一台机组,供电负荷多为农电,为降低投资,主变也可选用一台。

12.1.5 本条"扣除高压厂用工作变压器(电抗器)计算负荷与高压厂用备用变压器(电抗器)可能替代的高压厂用工作变压器(电抗器)计算负荷的差值"系指以估算厂用电率的原则和方法所确定的厂用电计算负荷。计算方法是考虑到高压厂用备用变压器(电抗器)作为高压厂用工作变压器(电抗器)检修备用的情况。如果高压厂用备用变压器(电抗器)只作停机备用,则可直接扣除高压厂用工作变压器(电抗器)计算负荷。

12.1.6 一般情况下,发电厂的主变压器应采用双绕组变压器,以减少发电厂出现的电压等级,便于运行管理。经技术经济比较论证,确需出现两种升高电压等级,而且建厂初期每种电压侧的通过功率达到该变压器任一个绕组容量的15%以上时,才可选用三绕组变压器。

12.1.7 秸秆发电厂规划台数一般不超过两台,因此采用单母线或单母线分段接线,可以满足运行安全性和灵活性的要求。

由于发电机单机容量差异不大,因此使用"宜采用",以便于不同工程根据实际情况灵活采用。

12.1.8 "接入电力系统发电厂的机组容量相对较小,与电力系统不相配合"系指如下情况:单机容量仅为系统容量的1%~2%或更小,而电厂的升高电压等级又较高,如12MW机组接入110kV系统,为简化与系统的连接方案和高压配电装置的接线,降低工程造价,经技术经济比较可采用扩大单元或联合单元接线。

12.1.9、12.1.10 限流电抗器安装在母线分段上的效果最为显著,最为经济,故得此规定。

12.1.11 秸秆发电厂送出电压一般不会超过110kV,因此未对更高电压等级的设备配置作要求。

12.1.12 根据目前了解的情况,秸秆发电厂起停机较频繁,在发电机与变压器之间装设断路器,对机组运行是有好处的。同时由于单机容量小,装设断路器增加的投资并不大。

秸秆发电厂起停机较频繁,据了解主要是以下原因:

1 秸秆发电厂运行时间受当地秸秆资源的限制。

2 一些电厂受秸秆质量的影响,运行不稳定。

12.1.13 秸秆发电厂为资源型电厂,建设目的主要是节约能源、保护环境,在电力系统中一般不占主要地位,对可靠性的要求并不很高。根据目前了解的情况,许多已投运的秸秆发电厂经济性并不好,其中一个原因就是初投资高,因此,建议在满足运行安全性和灵活性的前提下,尽量采用相对简化的接线,以降低电厂初投资。

12.1.14 采用发电机变压器组接线方式时,由于与发电机直接联系的电路距离较短,其单相接地故障电容电流很小,不会超过规定的允许值,因此采用发电机变压器组接线的发电机的中性点,应采

用不接地方式。

有发电机电压直配线时，则需经过计算，可采用不接地方式或经消弧线圈的接地方式。

12.1.15 发电厂主变压器的接地方式决定于电力网中性点的接地方式，因此本条不作具体规定，应按系统规划专业提供的接地方式而定。

12.2 厂用电系统

12.2.1 发电机与变压器为单元连接时，高压厂用电系统电压，建议采用6kV中性点不接地方式，不推荐采用6kV电压等级。

有发电机电压母线时，高压厂用电系统电压应经技术经济比较后确定。

12.2.2 大多数发电机的端电压比较稳定，波动范围一般在额定电压的±5%范围内，只要合理选择高厂变的固定分接头，就可以保证高压厂用母线的电压偏移控制在额定电压的±5%范围内。另外，高厂变采用有载调压变压器，增加投资的同时还降低了运行可靠性。因此，采用单元制接线的发电机，当出口无断路器时，厂用分支线上连接的高压厂用工作变压器不应采用有载调压。

如果发电机出口装设断路器或负荷开关，机组启动电源通过主变压器、高压厂用变压器（电抗器）从系统引接，还是会受到电力系统电压波动的影响。但是随着国家电网的日益强大，电厂厂内高压母线电压水平比较平稳，波动范围也在逐渐减小。目前在国内的大容量机组，发电机出口装设断路器时，主变、高厂变均未采用有载调压方式的电厂也有不少，已经投运的电厂也没有反映有启动时电压水平低的问题。根据对某电厂（2×15MW）运行人员的调查，机组启动时，厂内66kV母线电压并不低，高的时候甚至达到68kV以上。当然，由于各地区电网情况差异较大，不能一概而论，但绝不是必须装设有载调压开关。因此规定高压厂用工作变压器或主变压器是否采用有载调压，应经计算和技术经济比较后确定。

在调研中还了解到，一些发电机出口装设断路器的电厂，其启动电源仍然通过高压启动（备用）变压器（电抗器）取得。如果这种启动方式能够固定下来，则主变压器和高压厂用变压器就没有必要采用有载调压变压器了。

12.2.3 高压厂用备用或启动（备用）变压器作为机组的启动和备用电源，情况与"12.2.2发电机出口装设断路器时，如机组启动电源通过主变压器、高压厂用变压器（电抗器）从系统引接"类似，因此规定其阻抗和调压方式的选择应经计算和技术经济比较后确定。

12.2.4 为了便于检修，强调了高压厂用工作电源与机组对应引接的原则，我国绝大多数火力发电厂是按此引接的，并已有丰富的运行经验，在这一点上也同样适用于秸秆发电厂。

12.2.5 根据目前调研了解的情况，已投运的电厂，运行工况与设计工况都存在差异，主要有以下几点：

1 燃料收集的稳定性存在差异。一些电厂在设计的资料收集区域内，燃料资源没有预想的丰富，造成资料收集困难，机组经常不满负荷运行。

2 燃料的含水量存在差异。设计时燃料的含水量可能按照不大于25%设计，而很多电厂有大量资料堆放在露天堆场，在南方雨季燃料的含水量可能超过40%甚至50%，如果没有燃料干燥设备，则只能采取晾晒的办法，很难将燃料的含水量降到设计值。含水量高，厂用负荷的负荷率会有所提高。

3 燃料的品种存在差异。设计时一般会按照几种资源较丰富的秸秆作为设计燃料，而实际上一些电厂秸秆占燃料的比例会低于50%，稻壳、树皮、锯末、松针等都可作为燃料，这就造成燃料输送、破碎及燃烧等系统的负荷率与设计值差异较大。

目前调研中还没有电厂反映高压厂用变压器（电抗器）过载的情况，但由于各电厂差异较大，规定了"高压厂用工作变压器（电抗器）的容量，宜按高压电动机计算负荷与低压厂用电的计算负荷之

和选择"，设计时可根据实际情况调整。

12.2.6 设置可靠的高压厂用备用电源，对电厂安全可靠运行是有好处的，但一些已投运的秸秆发电厂并没有设置高压厂用备用电源，只是把施工电源改造成停机电源，并运行人员也没有反映有什么问题。因此规定"全厂宜设置可靠的高压厂用备用电源"，便于各电厂根据实际情况执行。

厂网分开后，在设计电厂启动（备用）电源引接方案时，应该考虑基本电费对电厂运行费用的影响。目前各地区基本电费的收取情况差异较大，各工程应根据与当地电业部门签订的供、购电协议，经过技术经济比较确定合理的启动（备用）电源引接方案。

第三款的规定目的在于减少基本电费和度电电费，但破坏了厂用电系统的单元性，高厂变（电抗器）容量也会增大，应经过技术经济比较后确定。

12.2.7 根据目前了解的情况，只设置停机备用电源的电厂，基本上都装设了发电机出口断路器，因此规定"当发电机出口装设断路器时，备用电源是否可以只作为事故停机电源，应经过经济技术比较后确定"。

12.2.8 对30MW及以下发电机的厂用分支线上装设断路器，已有成熟的运行经验，其优点是：当厂用分支回路发生故障时，仅将高压厂用变压器切除，而不影响整个机组的正常运行。

12.2.9 如高压备用电源仅作停机备用，可手动投入。

12.2.10 30MW及以下的秸秆发电厂高压辅机多为单套，故宜设置一段母线。

12.2.11 秸秆收贮站一般距电厂较远，由附近电网引接电源更经济。

12.2.12 F-C回路投资低，占地小，故推荐使用。

12.2.13 发电厂内设置固定的交流低压检修供电网络，为检修、试验等工作提供方便。

在检修现场装设检修电源箱，是为了供电焊机、电动工具和试验设备等使用。

12.2.14 厂变压器接线组别的选择，应使厂用工作电源与备用电源之间相位一致，以便厂用工作电源可采用并联切换方式。

低压厂用变压器采用D、yn接线，变压器的零序阻抗大大减小，可缩小各种短路类型的短路电流差异，以简化保护方式。另外，对改善运行性能也有益处。

12.4 电气主控制楼或网络继电器室

12.4.1 本条规定了电气主控制楼和网络继电器室的设置原则。

12.4.2 电气主控制楼（室）是全厂电气设备的控制中心，其主要任务是对全厂电气设备进行监视、控制，保证全厂电气设备的安全运行。因此，其位置的选择，不仅应考虑节省控制电缆，而且应考虑方便运行人员联系，电气主控制楼（室）的方位应有良好的朝向、通风和采光。

为方便运行维护，电气主控制楼（室）应毗邻配电装置，因此配电装置的位置决定电气主控制楼（室）位置，当电气主控制楼（室）与主厂房脱开布置时，为方便主控制楼（室）与主厂房的联系，应设开桥相连。

网络继电器室与电气主控制楼（室）情况是不一样的，一般是机组容量稍大，采用机炉电一体的集中控制方式时设置，这就决定了它不具备控制功能，运行人员来往较少，不必设天桥与主厂房相连。网络继电器室应与配电装置相毗邻，有利于节省控制电缆。

6MW及以下超小型机组，厂区面积很小，汽机房和配电装置很近，甚至合并，不宜设置独立的电气主控制室楼，如条件允许，电气主控制室应与热工控制室合并布置。

12.4.3 电气主控制楼（网络继电器室）建成以后，再行扩建是比较困难的，原有屏柜无法移动，难以重新布置，同时会影响已建成机组和网络部分的正常运行，因此，一定按照规划容量建好，并适当留有余地，以免给继续扩建造成被动。主控制室屏间距离和通

道宽度应满足运行维护和调试便利的要求,在布置上应为方便扩建创造条件。

12.5 直流系统及不间断电源系统

12.5.1 本条规定了应遵循的电力行业标准。

12.5.2 由于秸秆发电厂运行的较少,但厂用电的设置基本和小型火电厂相同。在火电厂中,全厂停电的概率并不大,但仍时有发生,为使机组安全停机,必须保证对重要的直流负荷的供电。多年的实践证明,蓄电池是比较可靠的直流电源,并有成熟的制造和运行经验。

12.5.3 依据本规范关于机组台数及容量的相关规定,一般情况下,秸秆发电厂宜设一组蓄电池。

12.5.4 考虑秸秆发电厂机组容量小、直流负荷简单等因素,控制和动力负荷以一个电压等级供电,有利于减少蓄电池组数、减少投资。

对正常运行、均衡充电和事故放电工况下的直流母线电压允许变化范围作了规定。

12.5.5 与电力系统连接的发电厂,在事故停电时间内,会很快处理恢复厂用电,故蓄电池的容量按事故停电1h的放电容量计算即可;当企业自备电厂不与电力系统连接时,在事故停电时间内,很难立即处理恢复厂用电,故蓄电池的容量按事故停电2h的放电容量计算。计算机系统事故处理时间,一般会在0.5h内完成,供UPS的直流负荷计算时间按0.5h计算即可。

12.5.6 对于晶闸管充电装置,原则上可配置一套备用充电装置,即:一组蓄电池配置两套充电装置,两组蓄电池可配置三套。高频开关充电装置,整流模块可以更换,且有冗余,原则上不设整台装置的备用。即:一组蓄电池配置一套充电装置,两组蓄电池配置两套充电装置。

12.5.7 当采用单母线或单母线分段接线方式时,每一段母线上接有一组蓄电池和相应的充电设备。当相同电压的两组蓄电池设有公用备用充电设备时,在接线上还应能将这套备用的充电设备切换到两组蓄电池的母线上。

12.5.8 当机组热工和电气以及网络控制系统采用计算机控制系统时,为保证数据的连续可靠,应设置在线式交流不间断电源。由于秸秆发电厂锅炉、汽轮机以及发电机不一定是一一对应的关系,计算机监控系统的设置有多种方式,按照计算机监控系统组数分别配置UPS有利于检修、运行与维护。

12.5.9 UPS的无扰动切换时间应不大于交流供电的四分之一个周波,以避免计算机数据的丢失;计算机系统事故处理一般会在0.5h内完成,UPS无外部交流电源时的最短供电时间按0.5h考虑。

12.5.10 本条对UPS的输入电源做出规定。UPS交流主电源和旁路电源由不同厂用母线段引接,有利于提高对UPS交流供电的可靠性。

12.5.11 本条对UPS配电接线作出规定。冗余供电或互为备用的负载分别接到不同的母线段上,有利于提高对负载供电的可靠性。

12.7 过电压保护和接地

12.7.1~12.7.3 规定了秸秆发电厂过电压保护和接地系统设计应执行的相关标准。

12.7.4 目前国内秸秆发电厂投运时间都比较短,运行经验还不是很成熟,对秸秆露天堆场及仓库是否应装设直击雷保护不好下定论。但根据《建筑物防雷设计规范》的调查,易燃物大量集中的露天堆场设置独立避雷针后,雷害事故大大减少。因此,目前暂按设置直击雷保护考虑。

12.8 火灾自动报警系统

12.8.1 秸秆发电厂的主要燃料是秸秆,为可燃物,在贮存及输送过程中具有较高火灾危险性,在电厂燃料系统中的防火地位举足轻重,国内较多秸秆发电厂都配套了火灾自动报警系统。基于秸秆的火灾危险性及国内秸秆发电厂的工程实例,规定秸秆发电厂宜设火灾自动报警系统,当电厂设有秸秆仓库时,火灾自动报警系统更为必要。

12.8.2 从消防的角度来看,秸秆仓库具有如下特点:秸秆进出作业频繁;粉尘较多;秸秆一旦发生火灾,发展迅速,表现为明火。考虑到这些特点,不宜采用感烟探测器,而宜采用火焰探测器或感温探测器,需要注意的是,后者可能受到空间高度的限制。江苏某电厂采用的大空间智能灭火系统,即配备了火焰监测系统,实为红外图像报警系统。

为了避免运送燃料的栈桥或转运站火灾蔓延进而保护电厂的重要建筑——主厂房,宜在栈桥与转运站、栈桥与主厂房连接处设置探测报警装置,实现与水幕系统的联动,探测器的型式可为缆式线型感温探测器或火焰探测器。封闭栈桥具有一定火灾危险性,宜设置火灾探测器。

12.8.3 秸秆发电厂多为一机一控或两机一控的集中控制室,24h有人值班,是全厂生产调度的中心。一旦电厂发生火灾,除了投入人力实施灭火,必然还要配合有一系列的生产运行方面的调度控制,二者合并设置,便于值班人员及时了解掌握火灾情况,采取合理有效措施指挥灭火、人员疏散,使火灾损失达到最小。将消防控制与生产控制合为一体,符合我国实际,也是国际上的普遍做法。

12.8.4 消防供水灭火过程中,管网的压力可能比较稳定地维持在工作压力状态,甚至更高。灭火过程中,管网压力升高到额定值不一定代表已经完全关掉火灾,应该由现场人员根据实际情况判定。所以,消防水泵应该由人工停运。

13 仪表与控制

13.2 自动化水平及控制方式

13.2.1 自动化水平:

1 自动化水平即实时生产过程实现自动化所能达到的程度。其中包括参数检测、数据处理、自动控制、顺序控制、报警和联锁保护等系统的完善程度、自动化设备的质量,以及被控对象的可控性等。

自动化水平体现了需要人工干预的程度和过程安全、经济运行的效果。目前,随着计算机技术的飞速发展、工艺系统可控设备质量的不断提高,以及成熟、可靠的控制系统的普遍采用,单元机组在就地人员的巡回检查和少量操作的配合下,在集中控制室内实现机组启停、运行工况监视和调整、事故处理成为可能。

2 辅助车间的自动化水平应与机组自动化水平相协调。由于秸秆电厂辅助车间工艺系统比较简单,因此完全可以在集中控制室或辅助车间集中控制室内通过操作员站实现辅助车间工艺系统的启停、运行工况监视和调整、事故处理。

13.2.2 控制方式:

1 随着自动化技术的发展、电厂减员增效的要求,控制方式采用集中控制得到了广泛的应用。秸秆发电厂单机容量较小,工艺系统控制相对简单,"集中控制"更能降低工程造价、减人增效、方便运行管理。

2 分散控制系统(DCS)技术成熟,在秸秆电站已得到广泛采用。

3 随着控制技术水平的提高,供热电厂可不再单独设置热网控制室,其控制可在机组控制室内实现,仅在有特殊需要时才设单独的热网控制室。

4 随着控制技术水平的提高,秸秆电厂的空冷系统、循环水泵房、空压站、除灰除渣、机组取样和加药系统等辅助车间,由于工艺比较简单、车间相对集中,可在集控室内集中监控,以减少控制点,达到减人增效的目的。在秸秆电厂中上述车间纳入机组控制系统已有很多成熟的成功案例。

5 机组的发电机—变压器组、厂用电源系统的顺序控制纳入机组控制系统是非常成熟的控制方案。电力网络控制,可根据实际情况独立设置或纳入机组控制系统。

6 本款指出汽轮机控制系统的设计原则。

7 本款指出锅炉安全保护系统的设计原则。

8 机组控制系统发生全局性或重大故障时,为确保机组紧急安全停机,应设置的独立于控制系统的硬接线后备操作手段。

9 随自动化水平和控制系统可靠性的提高,没有必要在集中控制室内设置模拟控制系统后备操作器、指示表、记录表。

10 根据秸秆电厂辅助车间特点,辅助车间系统宜采用集中控制方式,宜设置辅助车间集中控制网络。

11 目前,秸秆电厂辅助车间普遍采用可编程逻辑控制器(PLC)或分散控制系统(DCS),根据电厂的运行管理水平,实现全厂DCS一体化控制将会使电厂的自动化水平更上一层楼。

12 目前国内运行的秸秆电厂中,秸秆仓库普遍设有秸秆输送监控系统,或采用PLC,或采用就地控制。根据目前国内的管理水平,并没有考虑设有秸秆仓库管理系统,而国外的绝大部分秸秆电厂均考虑了秸秆仓库管理系统。随着电厂的运行管理水平的不断提高,将来可考虑增设秸秆仓库管理系统。

13.3 控制室和电子设备间

13.3.1 本条规定了控制室和电子设备间的布置原则。

13.3.2 对于秸秆电厂,集中控制室通常布置在汽机房运转层。

13.3.3 电子设备间的布置,因机组的布置方式不同,具有较大的灵活性和多样性。设计人员可根据工程情况确定。

13.3.4 为提高辅助车间自动化水平,使之与机组或主厂房自动化水平相协调,可适当合并控制点。

13.3.5 根据秸秆电厂秸秆输送系统的特点,可单独设置就地控制室。

13.3.6 本条规定了控制室和电子设备间环境设施的基本要求。

13.4 检测与仪表

13.4.1~13.4.3 明确了发电厂的检测内容、检测仪表的设置原则和选择原则。

13.4.4 根据秸秆锅炉的特点,宜设置下料口下料监视电视,主要监视是否有堵塞现象发生。关于是否设置炉膛火焰电视,应满足锅炉厂的要求。据了解,有些锅炉厂要求装设,而有些锅炉厂则不需要。

13.4.5 宜设置全厂工业电视系统,监视项目可适当简化。

13.4.6 应设置烟气连续监测系统,检测项目满足环保要求。

13.4.7 根据秸秆锅炉的特点,不宜设置炉管泄漏监测装置。

13.4.8 秸秆电厂通常不设置培训用仿真系统。

13.4.9 由于秸秆电厂机组容量较小,通常不设置厂级管理系统(MIS),但是如果项目建设单位有特殊要求时,可设置简易型厂级管理系统(MIS)。

13.5 模拟量控制

13.5.1 发电厂仪表与控制的主要模拟量控制项目,符合现行国家标准《小型火力发电厂设计规范》GB 50049的有关规定,根据秸秆锅炉的特点,增设了炉排振动频率调节系统。

13.5.2 汽机自动调节项目,符合现行国家标准《小型火力发电厂设计规范》GB 50049的有关规定。

13.5.3 根据秸秆电厂的运行特点,机组为单元制运行时,应设置机炉协调控制系统,并宜采用机跟炉调节方式。

13.5.4 机组采用母管制运行方式时,采用主蒸汽母管压力调节系统,是成熟的控制方案。

13.7 保 护

13.7.1 明确保护应符合的相关要求。

13.7.2 锅炉的保护项目符合现行国家标准《小型火力发电厂设计规范》GB 50049的有关规定,根据秸秆锅炉的特点,增设了给料系统串火保护项目。

13.7.3~13.7.5 汽轮机保护项目、发电机保护项目、辅助系统的相关保护项目符合现行国家标准《小型火力发电厂设计规范》GB 50049的有关规定。

14 采暖通风与空气调节

14.1 燃料输送系统建筑

14.1.1 燃料输送系统在生产过程中会产生粉尘,经常要对燃料输送系统进行清扫,故规定燃料输送系统应选用不易积尘的散热器,如钢制柱形散热器等。

由于热空气密度低于冷空气密度,所以,在斜升栈桥内散热器宜布置在下部,以便于整个栈桥能均匀采暖换热。

燃料输送系统栈桥的围护结构保温性能不好,而且四面传热,热惰性很差。在寒冷地区,如果用热水做采暖热媒,一出故障就要放尽系统的水,否则很容易发生冰冻。因此北方寒冷地区采暖习惯采用蒸汽作为采暖热媒。当采用蒸汽采暖时,为节省工质,凝结水应回收利用。

14.1.2 考虑到燃料输送系统中设置机械除尘地点较多,对于北方严寒地区,机械排风和除尘系统抽风量过大,如不考虑热量补偿,会降低室内温度,故作本规定。

14.1.3 地下建筑通风换气的目的是为了排湿,改善空气品质。当考虑冬季送热风时,为保证采暖效果,减少热补偿,送风量按5次/h设计,排风量可减少到5次/h(可调整排风机运行台数)。严寒地区及寒冷地区通风方式可采用冬夏季两种通风量。

14.1.4 当秸秆仓库是封闭式建筑时,由于室内堆放大量的秸秆,室内空气应保持流通,否则容易引起自燃或者室内异味太重。秸秆仓库宜采用自然通风。当采用机械通风时,正常通风量可按6次/h换气次数进行计算,同时应考虑12次/h的事故通风系统。通风系统应与火灾自动报警系统联锁,发生火灾时,联动所有风机停止运行。若库内设置了可燃气体探测器,当可燃气体探测器输出报警信号后,工作人员必须在最短时间内开启全部风机,排除可燃气体,消除安全隐患。

14.1.5 转运站及破碎机下部导料槽是局部扬尘点,用机械抽风的方式使设备内造成微负压,粉尘就不易逸出。

14.1.6 秸秆破碎后易产生粉尘,特别是在皮带机运行中,由于高速波动叉造成二次扬尘,故室内粉尘有超标的可能。为保证电厂安全文明生产,保护现场运行人员身体健康,锅炉房及破碎机室之间的建筑物宜对室内空气采取通风除尘措施。

14.1.7 除尘设备配套的控制箱应布置在除尘器附近,其控制接线应留有远方启动和停止接口,并能根据该指令自动完成整套除尘过程,以实现除尘器的远方集控或程控。除尘设备应能与工艺主设备联锁启停。在主设备启动前,应先启动除尘设备以防止主设备启动时扬尘飞扬。在主设备运行停止后,因粉尘飞扬并没有立即停止,除尘还应再运行几分钟以达到除尘目的。为简化控制系统也允许除尘器和主设备同时启停,但在控制室应有运行信号显示。

14.1.8 在严寒及寒冷地区,除尘设备的布置要注意设备防冻结、结露影响正常运行,本规定要求布置在有采暖设施的房间。为确保室内空气能达到标准,避免对邻近建筑产生二次污染,宜将排尘风道引到室外。

燃料输送系统宜采用脉冲布袋除尘器,可通过对脉冲工作时间的调整来适应整个燃料输送系统除尘需要。

14.1.9 秸秆发电厂的主要燃料是秸秆,为可燃物,粉尘较多,在输送过程中具有较高火灾危险性。一旦发生火灾,热量大、发展迅速,且表现为明火。为了防止火灾(高温烟气)通过风道在不同区域传播,造成人员和财产损失,要求除尘风道及部件应采用不燃烧材料制作。

14.2 主要建筑及附属建筑

14.2.4 消防(生活)水泵房、排水泵房的电动机功率不是太大,而泵房的体积相对较大,因此一般采用自然通风即可满足要求。根据需要也可采用机械通风,通风量可按换气次数不小于6次/h计算。

14.2.5 污水处理站的操作间一般布置消毒设备,有氯气泄露和酸气挥发的可能,故应设置换气次数不少于6次/h的机械排风装置,室内空气不应再循环,通风系统设备应考虑防腐措施;污水处理站的各类泵房,由于室内异味及设备散热量不大,宜采用自然通风。

14.2.6 目前汽车衡采用电子或全数字式较多,具有自动和人工偏载调节等多项功能。汽车衡衡体(称重部分)安装在室外,称重显示控制装置、电视监控装置等安装在室内。这些智能化数字称重显示仪表对室内环境温湿度有一定要求,加之工作时间长,为保证计量精度,宜设置空气调节装置。

14.2.7 厂外收贮站建筑的采暖比较复杂,即使某些位于集中采暖地区的发电厂,其厂外收贮站建筑也有采用火炉、火炕采暖的,而位于过渡地区的发电厂,情况更是千差万别。所以对厂外收贮站建筑作出统一规定是困难的,应根据工程的具体情况设计,但有一个原则必须遵循,即符合当地建设标准,而不能执行厂区内各建筑物的标准。

因厂外收贮站建筑和厂区相距较远(单程均超过5.0km),热损失大,共用一套供热系统不合理、不经济,故在集中采暖地区和过渡地区,宜采用以电能作为热源的局部集中或分散供热方式。当采暖面积较大时,热源设备采用电锅炉;当采暖面积较小时,直接采用电暖器采暖。

目前电采暖具有自动化程度高、无污染、接上电源即可工作的特点,且完全能做到无人值守,故本规范不推荐热源设备采用燃煤锅炉或燃秸秆锅炉。

14.2.8 厂外秸秆收贮站建筑包括:秸秆仓库、值班室、车库、检斤控制室、消防泵房等,设计时应优先考虑自然通风,当自然通风达不到卫生或生产工艺要求时,采用机械通风降温或空气调节方式。

14.2.9~14.2.11 系采用现行国家标准《小型火力发电厂设计规范》GB 50049 的条文。

15 建筑和结构

15.1 一般规定

15.1.1 随着我国经济的繁荣、社会的发展和人民生活水平及审美要求的不断提高,"安全、适用、经济、美观"已经成为现代建筑设计的基本原则。建筑设计应以人为本,正确处理建筑与人、工艺的相互关系,这些要求属无量化的目标,但作为设计的重要理念和原则,也应该得到足够重视。

15.1.2 本条规定了秸秆发电厂建筑设计的基本原则。

15.1.3 秸秆发电厂一般建在以农业为主的地区。所以,节约土地应是一重要的设计原则。

15.1.4 秸秆发电厂的建筑设计虽然应注重经济性,但是为了适应我国经济的飞速发展,满足可持续发展的需要,推广建筑领域的新技术、新工艺和新材料也是必要的。由于黏土制品建筑材料的原材料的取用破坏生态环境、造成水土流失,因此秸秆发电厂的建筑砌筑材料不应使用国家和地方政府禁用的黏土制品。

15.1.5 秸秆发电厂与火力发电厂的建筑在使用功能和建筑布置等方面具有一致性或相似性,而《火力发电厂建筑设计规程》对电厂建筑设计的各个方面分别作了详细的要求和规定,所以本规定要求秸秆发电厂各建筑物的建筑设计也应符合现行行业标准《火力发电厂建筑设计规程》DL/T 5094 的相关规定。

15.1.6 我国是一个能源短缺型的国家,建筑节能已经成为我国的一项基本国策。

15.1.7 现行国家标准《建筑结构可靠度设计统一标准》GB 50068 规定结构的设计使用年限有4个类别,其中临时性结构为1类,易于替换的结构构件为2类,普通房屋和构筑物为3类,纪念性建筑和特别重要的建筑结构为4类,设计使用年限分别为5年、25年、50年和100年。秸秆发电厂的建(构)筑物,除临时性结构外均属于3类,设计使用年限规定为50年。

15.1.8 建筑结构设计时采用的安全等级是根据结构破坏可能产生的后果的严重性确定的。秸秆发电厂的建筑结构,除一般棚、库外,均属于现行国家标准《建筑结构可靠度设计统一标准》GB 50068中的一般房屋,其破坏产生的后果虽然严重,但不属于很严重,安全等级为二级。秸秆发电厂的机组容量很小,汽机房跨度不大,因此汽机房屋面的安全等级不需要提高。需要注意的是,从多次震害调查反映的情况看,屋架支座连接是一个薄弱部位。

15.1.9 本条规定是厂房结构必须满足的基本要求。结构构件必须满足承载力、稳定、变形和耐久性等要求,应进行以上内容的验算。对承受动力荷载的结构,是否需要进行动力计算,应符合现行国家标准《动力机器基础设计规范》GB 50040 的有关规定或参考电力行业标准《火力发电厂土建结构设计技术规定》DL 5022 的有关规定。

15.1.10 本条是强制性条文,要求抗震设防区的所有新建的建筑工程均必须进行抗震设计,必须严格执行。

15.1.11 本条规定了地基基础设计的原则:

1 因地制宜确定基础形式及地基处理方式,是地基基础设计有别于上部结构设计的特点之一,应充分予以注意。

2 各类建筑物的地基基础计算均应满足承载力计算的要求。

3 是否进行地基变形及稳定验算,应根据建筑物地基基础设计等级等因素确定。

15.2 防火、防爆与安全疏散

15.2.1 根据现行国家标准《建筑设计防火规范》GB 50016 的规定,秸秆和煤都属于可燃固体,所以秸秆发电厂主厂房与火力发电厂主厂房生产的火灾危险性是相同的,而其辅助和附属的生产厂房的使用功能也与火力发电厂辅助和附属的生产厂房的使用功能基本相同,所以秸秆发电厂厂区内各建(构)筑物的火灾危险性分类和最低耐火等级是按现行国家标准《建筑设计防火规范》GB 50016 和《火力发电厂与变电所设计防火规范》GB 50229 确定的。

15.2.2 正是由于秸秆发电厂与火力发电厂的建筑在使用功能和建筑布置等方面具有一致性或相似性,因此,本条规定秸秆发电厂的防火设计应符合现行国家标准《火力发电厂与变电所设计防火规范》GB 50229 和《建筑设计防火规范》GB 50016 的相关规定。

15.2.3 本条规定了有爆炸危险的甲、乙类厂房的防爆设计要求。

15.2.4 本条为强制性条文,系参照现行国家标准《火力发电厂与变电所设计防火规范》GB 50229 规定,必须严格执行。

15.2.5 由于天桥和栈桥都是悬空建设的,发生火灾时为了提高其结构的安全性,因此要求其结构构件均应采用不燃烧体材料。

15.2.6 根据本规范消防专业的设计规定,秸秆发电厂中的秸秆破碎站及转运站、运料栈桥等运料建筑一般不设置自动喷水灭火系统或水喷雾灭火系统，因此上述建筑的钢结构应采取防火保护措施；当运料栈桥为敞开或半敞开结构时，其发生火灾所产生的烟气及热量会大量散失，因此对栈桥的钢结构影响会较小，所以这种情况钢结构可不采取防火保护措施。

15.2.7 根据工艺布置和生产运行需要，秸秆仓库内的防火墙上通常要开设较大洞口，且有运料皮带通过，如该洞口采用防火门分隔则满足不了工艺布置和运行要求，因此根据已建发电厂实际运行情况，本条款规定了秸秆仓库内防火墙上开设的洞口可采用防火卷帘或防火水幕进行分隔。防火卷帘的耐火极限不应低于3.00h，且应有自动、手动和机械控制的功能；防火水幕为自动喷水系统，该系统喷水延续时间不应小于3.00h。

15.2.8 秸秆发电厂厂区外设置的秸秆收贮站一般属于秸秆发电厂设计范围之外，因此，本条规定了其建筑设计应遵守的规程、规范。

15.4 生活与卫生设施

15.4.1 本条规定了秸秆发电厂内设值班休息室、厕所间等生活与卫生设施的基本环境要求。

15.4.2 秸秆发电厂一般建在农村或城市的边缘地带，远离城市配套公共设施，因此应设厂区食堂、浴室、值班宿舍、医务室等生活建筑。

15.4.3 本条规定了秸秆发电厂生活与卫生设施设计应遵守的国家标准、规定。

15.5 建筑物与构筑物

15.5.1 秸秆发电厂主厂房一般均应首先考虑采用混凝土结构，除非在8度地震烈度区且场地类别高于Ⅱ类或8度以上地震烈度区，或由于其他特殊原因方可考虑采用钢结构。其他建筑物、构筑物宜采用混凝土结构或砌体结构，不宜采用钢结构，但个别建筑采用轻钢结构也是可行的。

15.5.2 扩建工程地基对原有建筑的影响往往容易被设计人员忽视，工程实践中因此产生的事故屡见不鲜。扩建工程基坑开挖、地下水位下降、地基附加应力、振动沉桩等均会对原有厂房结构或灵敏设备产生不同程度的影响，设计时应引起足够的重视。

15.5.3 我国抗震设防依据实行"双轨制"。对于秸秆发电厂这样的一般工程，抗震设防烈度可采用中国地震动参数区划图的基本烈度。对已编制抗震设防区划的城市，可按批准的抗震设防烈度或设计地震动参数进行设计，除非厂址位于地震动参数区划分界线附近或地震资料详细程度较差的边远地区，或复杂工程地质条件区域，方需做专门研究。

15.5.4 秸秆发电厂单机容量较小，无高大的建筑，也不属于地震时使用功能不能中断或需尽快恢复的建筑，无论从发电厂还是从热力厂的规定，都达不到乙类抗震建筑的标准，因此绝大多数建筑物、构筑物均属于丙类建筑。本条规定虽简单，但很明确，不需要增设附录（建筑物抗震措施设防烈度调整表）。

15.5.5 本条有关结构伸缩缝间距的规定，系参考国家现行标准《混凝土结构设计规范》GB 50003和《火力发电厂土建技术规定》DL 5022给出的。《火力发电厂土建技术规定》DL 5022中的某些规定虽然超出国家标准，但已经过多年运行，证明是可行的。

15.5.6 本条根据秸秆发电厂汽机房的特点，考虑到经济及屋面防水等因素，提出了建议性的规定，工程设计中也可根据材料、地域特点采用其他的形式。

15.5.7 有关沉降观测点设置的详细规定见到的比较少。本条所列举的主厂房、烟囱、汽轮发电机基础与锅炉基础等几项重要的建（构）筑物，一般情况下应设置沉降观测点。但沉降观测点的设置不仅与建（构）筑物的重要性有关，也和地基是否是岩石等压缩量很小的地基，设置的必要性则不大；而对于场地和地基条件复杂的情况，即使是一般建筑，其地基基础设计等级仍可能属于甲级、乙级，应进行地基变形计算，设置沉降观测点也可能是必要的，条文规定留有一定的灵活性。

15.5.8 运料栈桥与锅炉之间一般不设置料仓，秸秆仓库的吊车作业是连续供应锅炉运行所需燃料的连续供应，因此，吊车年运行小时与机组相同，应属A6、A7工作级别吊车，这是秸秆发电厂区别于燃煤电厂的一个特点，应予以注意。汽机房和其他建筑的吊车一般为检修用吊车，属于A1～A3工作级别吊车。

15.5.9 多年的工程实践证明，对于常规火电机组，汽轮发电机采用框架式基础具有经验成熟、技术上稳妥、经济上造价低的优点。秸秆发电厂汽轮发电机基础与常规火力发电汽轮发电机基础并无本质上的区别。另外，秸秆发电厂的风机、泵等设备较小，采用块式基础完全可以满足要求，而且构造简单，大部分不需要动力计算。

15.5.10 秸秆发电厂的烟气虽然含有氯、硫等，但目前国内一般不采用湿法、半干法脱氯（硫）工艺，烟气为干烟气且温度高，腐蚀性等级属于弱腐蚀，采用单筒式烟囱即可，不需要考虑套筒式烟囱。内衬材料采用耐酸胶泥（或耐酸砂浆）砌筑耐火砖、耐酸砖或耐酸陶砖等均可，其他材料，如果可保证材料本身的耐酸性和内衬结构的密实性，也是可以考虑采用的。需要注意的是，当烟囱采用湿法、半干法脱氯（硫）工艺时，烟气的湿度将大大增加，烟气中将含有大量的氯酸和硫酸，使烟气的腐蚀性大大增加，此时重新评估烟气的腐蚀性并采取相应措施。

15.5.11 栈桥端部的滚动或滑动支座，主要是使栈桥在温度应力作用下能自由伸缩。这是目前较为习惯的做法，也可采用悬臂的方式。

15.5.12 秸秆发电厂的管道支架通常数量不多，规模不大，采用混凝土结构是合理的，如因故采用钢结构，用钢量也不会很大，只要业主方同意，也是可行的。

15.5.13 屋外变电构架及设备支架，宜根据当地材料和构件供应以及工程的实际情况，选用经济合理的结构形式，不宜统一规定。目前，各地习惯做法不尽相同，采用的构件有预制钢筋混凝土环形杆、薄壁离心钢管或钢管结构等多种形式，只要是符合因地制宜的原则，应该说都是可行的。构架横梁一般采用钢结构。

15.5.14 秸秆发电厂由于燃料的特点，主厂房没有燃煤电厂的煤仓间部分，其他部分的楼（地）面和屋面均布活荷载与小型火力发电厂基本没有区别，故楼（地）面和屋面均布活荷载参照现行国家标准《小型火力发电厂设计规范》GB 50049执行。

17 环境保护

17.1 一般规定

17.1.1 近年来，国家针对环境保护及水土保持制定了一系列的法律、法规、政策和标准，部分省、自治区和直辖市也根据本地区的具体情况，相应颁发了地方性的法规和政策。发电厂的设计必须遵循保护环境的指导思想，贯彻国家环境保护的法律、法规及产业政策以及地方制定的有关规定。同时在初可研选址阶段及可研中，应考虑发电厂建设与区域规划，尤其是城市总体规划、城乡规划、土地利用规划、供热规划、热电联产规划及环境保护规划的符合性。

设计中所应执行的法律法规与现行国家标准《小型火力发电厂设计规范》GB 50049一致，但对于秸秆发电厂尚应执行《关于加强生物质发电项目环境影响评价管理工作的通知》（环发〔2006〕82号）及《关于进一步加强生物质发电项目环境影响评价管理工作的通知》(环发〔2008〕82号)。

各省、自治区、直辖市地方政府对国家污染物排放标准中未作规定的项目,可以制定地方污染物排放标准;对国家污染物排放标准中已有的项目,也可根据本地环境质量要求,制定严于国家污染物排放标准的地方排放标准。

凡是在已有地方污染物排放标准的区域内建设的发电厂,应当执行地方污染物排放标准。

17.1.2 根据设计程序提出了各设计阶段的环境保护及水土保持的要求。

根据《中华人民共和国环境影响评价法》第二十四条、《开发建设项目水土保持技术规范》GB 50433,针对设计中采取的厂址位置、工艺方案、污染防治措施(防治措施布局)与批复的环境影响评价及水土保持方案发生重大变动,强调在上述情况下需重新报批环境影响评价及水土保持方案。

17.1.3 发电厂的环境保护设计及水土保持设计,均应以环境影响评价及批复、水土保持方案及批复为根据,从设计上对环境保护措施及水土保持设施进行逐一落实。

17.1.4 发电厂的设计应执行《中华人民共和国清洁生产促进法》,应满足清洁生产的原则。

17.2 污染防治

17.2.1 发电厂的锅炉应根据锅炉吨位,采用现行国家标准《火电厂大气污染物排放标准》GB 13223 或《锅炉大气污染物排放标准》GB 13271,对于秸秆燃烧的重要特征污染物 HCL,以及贮灰场的粉尘影响,应执行《大气污染物综合排放标准》GB 16297 中的相应的标准限值。

17.2.2 发电厂应根据秸秆燃烧后的灰渣特点,选取合理的除尘器,须保证烟尘的排放浓度满足相关的排放标准的要求,同时尚需考虑其落地浓度满足相应的质量标准限值要求。

17.2.3 NO_x 排放应满足相关的排放标准限值要求,同时尚需考虑其落地浓度满足相应的质量标准的限值要求。设计时应考虑与现行国家标准《火电厂大气污染物排放标准》GB 13223 修订标准的衔接。必要时应设置烟气脱硝设施。

17.2.4 对于 SO_2 的防治,需根据燃用的秸秆含硫条件,经计算满足国家、地方的排放标准,并满足区域的总量控制要求,可不设置脱硫设施,但应预留脱硫场地。

17.2.5 为避免不利气象条件下烟气下洗造成局部地面污染,烟囱高度应高于锅炉房或露天锅炉炉顶高度的 2 倍~2.5 倍。

17.2.6 秸秆发电厂的灰渣应首先考虑综合利用,可在厂内设置临时的灰渣存贮设施。若不能全部综合利用,应设置贮灰场,贮灰场的选址及设计应满足现行国家标准《一般工业固体废物贮存、处置场污染控制标准》GB 18599 的有关规定。

17.2.7 对于秸秆的收集、制备及储运系统,灰渣的收集系统均应采取有效的防治措施,以保证厂界及灰场场界颗粒物的浓度满足现行国家标准《大气污染物综合排放标准》GB 16297 的要求。

17.2.8 电厂的用水应执行国家的用水政策,对废水应充分考虑回收利用,若必须排放应在征得区域环保主管部门同意的前提下达标排放。

17.2.9 电厂的厂界噪声原则上应满足其噪声功能区划的要求,可研及初步设计中可根据环境影响评价的结论采取合理可行的方案进行治理或在厂界外设置一定范围的噪声控制区域,控制区域的范围应有地方规划部门的承诺;厂界周围声环境敏感目标应满足标准限值要求。

17.2.10 本条主要从控制设备噪声的角度提出要求。

17.2.11 本条中对排汽噪声的控制提出明确的治理要求。

17.2.12 为减少噪声的影响,应充分进行总平面布置的优化,噪声源应尽可能布置在厂区的中部。

17.2.13 电厂必须根据水土保持方案及其批复的要求,逐一设置相应的水土保持设施,并按方案中确定的水土流失防治目标对防治效果进行预测。

17.3 环境管理和监测

17.3.1~17.3.3 对环境管理及监测进行了要求。

发电厂可不设置环保管理机构,但应在生产管理部门有专职的环保管理人员,可根据工作的内容设置必要的监测仪器或直接委托地方环保监测部门进行监测。

中华人民共和国国家标准

硅集成电路芯片工厂设计规范

Code for design of silicon integrated circuits wafer fab

GB 50809—2012

主编部门：中华人民共和国工业和信息化部
批准部门：中华人民共和国住房和城乡建设部
施行日期：２０１２年１２月１日

中华人民共和国住房和城乡建设部
公　告

第 1497 号

住房城乡建设部关于发布国家标准
《硅集成电路芯片工厂设计规范》的公告

现批准《硅集成电路芯片工厂设计规范》为国家标准，编号为 GB 50809—2012，自 2012 年 12 月 1 日起实施。其中，第 5.2.1、5.3.1、8.2.4、8.3.11 条为强制性条文，必须严格执行。

本规范由我部标准定额研究所组织中国计划出版社出版发行。

中华人民共和国住房和城乡建设部
2012 年 10 月 11 日

前　言

本规范是根据原建设部《关于印发〈2008 年工程建设标准规范制定、修订计划〉的通知（第二批）》（建标〔2008〕105 号）的要求，由信息产业电子第十一研究院科技工程股份有限公司会同有关单位共同编制完成。

在规范编制过程中，编写组根据我国硅集成电路芯片工厂的设计、建造和运行的实际情况，进行了大量调查研究，同时考虑我国目前集成电路生产的现状，对国外的有关规范进行深入的研读，广泛征求了全国有关单位与个人的意见，并反复修改，最后经审查定稿。

本规范共分 12 章，主要内容包括：总则、术语、工艺设计、总体设计、建筑与结构、防微振、冷热源、给排水及消防、电气、工艺相关系统、空间管理、环境安全卫生等。

本规范中以黑体字标志的条文为强制性条文，必须严格执行。

本规范由住房和城乡建设部负责管理和对强制性条文的解释，由工业和信息化部负责日常管理，由信息产业电子第十一设计研究院科技工程股份有限公司负责具体技术内容的解释。本规范在执行过程中，请各单位结合工程实践，认真总结经验，如发现需要修改和补充之处，请将意见和建议寄至信息产业电子第十一设计研究院科技工程股份有限公司《硅集成电路芯片工厂设计规范》管理组（地址：四川省成都市双林路 251 号，邮政编码：610021，传真：028—84333172），以便今后修订时参考。

本规范主编单位、参编单位、主要起草人和主要审查人：

主编单位：信息产业电子第十一设计研究院科技工程股份有限公司
　　　　　信息产业部电子工程标准定额站

参编单位：中国电子工程设计院
　　　　　中芯国际集成电路制造有限公司
　　　　　上海华虹 NEC 微电子有限公司

主要起草人：王毅勃　王明云　李骥
　　　　　　肖劲戈　江元升　黄华敬
　　　　　　何　武　夏双兵　陆　崎
　　　　　　谢志雯　朱　琳　刘　娟
　　　　　　刘序忠　高艳敏　朱海英
　　　　　　徐小诚　刘姗宏

主要审查人：陈霖新　薛长立　韩方俊
　　　　　　王天龙　刘志弘　彭　力
　　　　　　刘嵘侃　李东升　毛煜林
　　　　　　杨　琦　周礼誉

目 次

1 总则 ················· 7—50—5
2 术语 ················· 7—50—5
3 工艺设计 ·············· 7—50—5
　3.1 一般规定 ············ 7—50—5
　3.2 技术选择 ············ 7—50—5
　3.3 工艺布局 ············ 7—50—5
4 总体设计 ·············· 7—50—6
　4.1 厂址选择 ············ 7—50—6
　4.2 总体规划及布局 ······· 7—50—6
5 建筑与结构 ············ 7—50—6
　5.1 建筑 ··············· 7—50—6
　5.2 结构 ··············· 7—50—6
　5.3 防火疏散 ············ 7—50—6
6 防微振 ················ 7—50—6
　6.1 一般规定 ············ 7—50—6
　6.2 结构 ··············· 7—50—6
　6.3 机械 ··············· 7—50—7
7 冷热源 ················ 7—50—7
8 给排水及消防 ·········· 7—50—7
　8.1 一般规定 ············ 7—50—7
　8.2 给排水 ············· 7—50—7
　8.3 消防 ··············· 7—50—7
　8.4 灭火器 ············· 7—50—8
9 电气 ·················· 7—50—8
　9.1 供配电 ············· 7—50—8
　9.2 照明 ··············· 7—50—8
　9.3 接地 ··············· 7—50—8
　9.4 防静电 ············· 7—50—8
　9.5 通信与安全保护 ······ 7—50—8
　9.6 电磁屏蔽 ············ 7—50—9
10 工艺相关系统 ·········· 7—50—9
　10.1 净化区 ············· 7—50—9
　10.2 工艺排风 ··········· 7—50—10
　10.3 纯水 ·············· 7—50—10
　10.4 废水 ·············· 7—50—10
　10.5 工艺循环冷却水 ····· 7—50—10
　10.6 大宗气体 ··········· 7—50—11
　10.7 干燥压缩空气 ······· 7—50—11
　10.8 真空 ·············· 7—50—11
　10.9 特种气体 ··········· 7—50—11
　10.10 化学品 ············ 7—50—11
11 空间管理 ············· 7—50—12
12 环境安全卫生 ········· 7—50—12
本规范用词说明 ··········· 7—50—12
引用标准名录 ············· 7—50—13
附：条文说明 ············· 7—50—14

Contents

1 General provisions ·················· 7—50—5
2 Terms ·················· 7—50—5
3 Process design ·················· 7—50—5
   3.1 General requirement ·················· 7—50—5
   3.2 Technology selection ·················· 7—50—5
   3.3 Process layout ·················· 7—50—5
4 Site master design ·················· 7—50—6
   4.1 Site Selection ·················· 7—50—6
   4.2 Overall planning and plan layout ·················· 7—50—6
5 Architecture and structure ·················· 7—50—6
   5.1 Architecture ·················· 7—50—6
   5.2 Structure ·················· 7—50—6
   5.3 Fire evacuation ·················· 7—50—6
6 Microvibration ·················· 7—50—6
   6.1 General requirement ·················· 7—50—6
   6.2 Structure ·················· 7—50—6
   6.3 Machinery ·················· 7—50—7
7 Utilities ·················· 7—50—7
8 Plumbing and fire protection ·················· 7—50—7
   8.1 General requirement ·················· 7—50—7
   8.2 Water supply and drainage ·················· 7—50—7
   8.3 Fire protection ·················· 7—50—7
   8.4 Fire hydrant ·················· 7—50—8
9 Electrical ·················· 7—50—8
   9.1 Power supply and distribution ·················· 7—50—8
   9.2 Lighting ·················· 7—50—8
   9.3 Grounding ·················· 7—50—8
   9.4 Protection of electrostatic discharge ·················· 7—50—8
   9.5 Telecommunication and safety ·················· 7—50—8
   9.6 Electro magnetic compatibility ·················· 7—50—9
10 Process-related systems ·················· 7—50—9
   10.1 Clean room ·················· 7—50—9
   10.2 Process exhaust ·················· 7—50—10
   10.3 Pure water ·················· 7—50—10
   10.4 Waste water ·················· 7—50—10
   10.5 Process recirculated cooling water ·················· 7—50—10
   10.6 Bulk gases ·················· 7—50—11
   10.7 Compressed dry air ·················· 7—50—11
   10.8 Vacuum ·················· 7—50—11
   10.9 Specialty gases ·················· 7—50—11
   10.10 Chemicals ·················· 7—50—11
11 Space management ·················· 7—50—12
12 Environment, safety and health ·················· 7—50—12
Explanation of Wording in this code ·················· 7—50—12
List of quoted standards ·················· 7—50—13
Addition: Explanation of provisions ·················· 7—50—14

1 总则

1.0.1 为在硅集成电路芯片工厂设计中贯彻执行国家现行法律、法规，满足硅集成电路芯片生产要求，确保人身和财产安全，做到安全适用、技术先进、经济合理、环境友好，制定本规范。

1.0.2 本规范适用于新建、改建和扩建的硅集成电路芯片工厂的工程设计。

1.0.3 硅集成电路芯片工厂的设计应满足硅集成电路芯片生产工艺要求，同时应为施工安装、调试检测、安全运行、维护管理提供必要条件。

1.0.4 硅集成电路芯片工厂的设计，除应符合本规范外，尚应符合国家现行有关标准的规定。

2 术语

2.0.1 硅片　wafer
从拉伸长出的高纯度单晶硅的晶锭经滚圆、切片及抛光等工序加工后所形成的硅单晶薄片。

2.0.2 线宽　critical dimension
为所加工的集成电路电路图形中最小线条宽度，也称为特征尺寸。

2.0.3 洁净室　clean room
空气悬浮粒子浓度受控的房间。

2.0.4 空气分子污染　airborne molecular contaminant
空气中所含的对集成电路芯片制造产生有害影响的分子污染物。

2.0.5 标准机械接口　standard mechanical interface
适用于不同生产设备的一种通用型接口装置，可将硅片自动载入设备，并在加工结束后将硅片送出，同时保护硅片不受外界环境污染。

2.0.6 港湾式布置　bay and chase
生产工艺设备按不同的洁净等级进行布置，并以隔墙分隔生产和维修区。

2.0.7 大空间式布置　ball room
生产工艺设备布置在同一个区域，全区采用同一洁净等级，未划分生产区和维修区。

2.0.8 自动物料处理系统　automatic material handling system(AMHS)
在硅集成电路芯片工厂内部将硅片和掩模板在不同的工艺设备或不同的存储区域之间进行传输、存储和分发的自动化系统。

2.0.9 纯水　pure water
根据生产需要，去除生产所不希望保留的各种离子以及其他杂质的水。

2.0.10 紧急应变中心　emergency response center
内设各种安全报警系统和救灾设备的安全值班室，为24h事故处理中心和指挥中心。

3 工艺设计

3.1 一般规定

3.1.1 硅集成电路芯片工厂的工艺设计应符合下列要求：
1 满足产品生产的成品率的要求；
2 满足工厂产能的要求；
3 具有工厂今后扩展的灵活性；
4 满足节能、环保、职业卫生与安全方面的要求。

3.1.2 硅集成电路芯片工厂设计时应合理设置各种生产条件，在满足硅集成电路生产要求的前提下，宜投资少、运行费用低、生产效率高。

3.2 技术选择

3.2.1 生产的工艺技术和配套的设备应按硅集成电路芯片工厂的产品类型、月最大产能、生产制造周期、投资金额、长期发展进程等因素确定。

3.2.2 对于线宽在 0.35μm 及以上工艺的硅集成电路的研发和生产，宜采用4英寸～6英寸芯片生产设备进行加工。

3.2.3 对于线宽在 0.13μm 及以上工艺的硅集成电路的研发和生产，宜采用8英寸芯片生产设备进行加工。

3.2.4 对于线宽在 20nm～90nm 工艺及以下的硅集成电路的研发和生产，宜采用12英寸芯片生产设备进行加工。

3.3 工艺布局

3.3.1 工艺布置应满足产品类型、规划和产能目标的要求。

3.3.2 工艺布局应根据生产工序分为包含光刻、刻蚀、清洗、氧化/扩散、溅射、化学气相淀积、离子注入等工序在内的核心生产区，以及包括更衣、物料净化、测试等工序在内的生产支持区。

3.3.3 核心生产区的布局应围绕光刻工序为中心进行布置(图3.3.3)，工艺布局应缩短硅片传送距离，并应避免硅片发生工序间交叉污染。

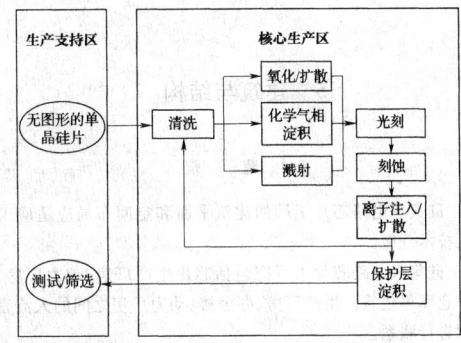

图 3.3.3　硅集成电路芯片生产工艺流程

3.3.4 4英寸～6英寸芯片核心生产区宜采用港湾式布局。

3.3.5 8英寸～12英寸芯片核心生产区宜采用微环境和标准机械接口系统，并宜采用大空间式布局。

3.3.6 8英寸～12英寸芯片核心生产区宜将生产辅助设备布置在下技术夹层。

3.3.7 工艺设备的间隔应满足相邻设备的维修和操作需求。

3.3.8 操作人员走道的宽度应符合下列原则：
1 应满足设备正常操作的需要；
2 应满足人员通行和材料搬运的需要；
3 应满足材料暂存的需要。

3.3.9 生产厂房宜设置参观走道,并应避免影响生产的人流和物流路线以及应急疏散。

3.3.10 8英寸～12英寸芯片生产宜根据生产规模设置自动物料处理系统(AMHS)。

4 总体设计

4.1 厂址选择

4.1.1 厂址选择应符合国家及地方的总体规划、技术经济指标、环境保护等要求,并应符合企业自身发展的需要,基础设施优良。

4.1.2 厂址所在区域应大气含尘量低,并应无洪水、潮水、内涝、飓风、雷暴威胁。

4.1.3 厂址场地应相对平整,距外界强振动源及强电磁干扰源较远。

4.2 总体规划及布局

4.2.1 工厂厂区应包括办公、生产、动力、仓储等功能区域,并应以生产区为核心进行布置。

4.2.2 厂区宜结合工厂发展情况预留发展用地。

4.2.3 厂区的人流、物流出入口应分开设置。

4.2.4 工厂的动力设施宜集中布置并靠近工厂的负荷中心。

4.2.5 厂区内车辆停放场地应满足当地规划要求。

4.2.6 动力设施主要噪声源宜集中布置,并应确保场区边界的噪声强度分别符合现行国家标准《工业企业噪声控制设计规范》GBJ 87及《工业企业厂界环境噪声排放标准》GB 12348 的限值规定。

4.2.7 厂区内应设置消防车道。

4.2.8 工厂厂区内宜规划设备临时存储地。

4.2.9 厂区道路面层应选用整体性能好、发尘少的材料。

4.2.10 厂区绿化不应种植易产生花粉和飞絮的植物。

5 建筑与结构

5.1 建筑

5.1.1 硅集成电路芯片工厂的建筑平面和空间布局应适应工厂发展及技术升级。

5.1.2 硅集成电路芯片工厂应包括芯片生产厂房、动力厂房、办公楼和仓库等建筑。生产厂房、办公楼、动力厂房之间的人流宜采用连廊进行联系。

5.1.3 生产厂房的外墙应采用满足硅集成电路芯片生产对环境的气密、保温、隔热、防火、防潮、防尘、耐久、易清洗等要求的材料。

5.1.4 生产厂房外墙应设有设备搬入的吊装口及吊装平台。

5.1.5 生产厂房建筑及装修应避免采用含挥发性有机物的材料和溶剂。

5.1.6 生产厂房应设置与生产设备尺寸和重量匹配的货运电梯。

5.1.7 生产厂房内应设有工艺设备、动力设备的运输安装通道;搬运通道区域的高架地板应满足搬入设备荷重要求。

5.1.8 生产厂房中技术夹层、技术夹道的建筑设计,应满足各种风管和各种动力管线安装、维修要求。

5.1.9 生产厂房外墙和室内装修材料的选择应符合现行国家标准《建筑内部装修设计防火规范》GB 50222 和《电子工业洁净厂房设计规范》GB 50472 的规定。

5.2 结构

5.2.1 抗震设防区的硅集成电路芯片工厂建筑物应按现行国家标准《建筑工程抗震设防分类标准》GB 50223 的规定确定抗震设防类别及抗震设防标准。

5.2.2 生产厂房的主体结构宜采用钢筋混凝土结构、钢结构或钢筋混凝土结构和钢结构的组合,并应具有防微振、防火、密闭、防水、控制温度变形和不均匀沉降性能。

5.2.3 生产厂房宜采用大柱网大空间结构形式,柱网尺寸宜为600mm 的模数。

5.2.4 生产厂房变形缝不宜穿越洁净生产区。

5.3 防火疏散

5.3.1 硅集成电路芯片厂房的火灾危险性分类应为丙类,耐火等级不应低于二级。

5.3.2 芯片生产厂房内防火分区的划分应满足工艺生产的要求,并应符合现行国家标准《电子工业洁净厂房设计规范》GB 50472 的规定。

5.3.3 洁净区的上技术夹层、下技术夹层和洁净生产层,当按其构造特点和用途作为同一防火分区时,上、下技术夹层的面积可不计入防火分区的建筑面积,但应分别采取相应的消防措施。

5.3.4 每一生产层、每个防火分区或每一洁净区的安全出口设计,应符合下列规定:

 1 安全出口数量应符合现行国家标准《洁净厂房设计规范》GB 50073 的相关规定;

 2 安全出口应分散布置,并应设有明显的疏散标志;

 3 安全疏散距离可根据生产工艺确定,但应符合现行国家标准《电子工业洁净厂房设计规范》GB 50472 的规定。

6 防微振

6.1 一般规定

6.1.1 硅集成电路芯片厂房应满足光刻及测试设备的防微振要求。

6.1.2 硅集成电路芯片厂房的选址应对场地周围的振源进行充分的调查与评估。

6.1.3 厂址选择除既有环境的振源外,尚应计及未来可能产生的振源对拟建厂房的影响。

6.1.4 振动大的动力设备和运输工具等应远离对振动敏感的净化生产区域,动力厂房与生产厂房不宜紧邻布置。

6.1.5 硅集成电路芯片厂房宜在下列阶段进行微振测试和评价:

 1 在建厂前,对场地素地进行测试和评价;

 2 生产厂房结构体完工后,对于布置光刻及测试设备的区域进行测试;

 3 生产厂房竣工时,对布置光刻及测试设备的区域进行测试。

6.2 结构

6.2.1 生产厂房防微振除应计及场地振动外,尚应计及动力设备、洁净区机电系统、物料传输系统运行中产生的振动,以及人员走动的影响。

6.2.2 生产厂房结构宜采用在下夹层实施小柱距柱网或在下夹层设置防振墙或柱间支撑等有利于微振控制的措施。

6.2.3 生产厂房结构分析时应计及由于防微振需要所设的支撑或防振墙等抗侧力构件的影响。

6.2.4 生产厂房的地面宜采用厚板型钢筋混凝土地面。布置微振敏感设备区域的建筑地坪厚度不宜小于 300mm。当钢筋混凝土地面兼作上部结构的筏板基础时，厚度不宜小于 600mm。

6.3 机 械

6.3.1 动力设备应采取动平衡好、运行平稳、低噪声的产品。

6.3.2 对于易产生振动的动力设备及管道应采取隔振、减振措施。

6.3.3 对于靠近振动敏感区的管道应控制管道内介质的流速。

6.3.4 精密设备和仪器的防微振宜采用专用防振基座，其基座平台的基本频率应避开其下支承结构的共振频率和其他振源的共振频率。

7 冷热源

7.0.1 硅集成电路芯片厂房的冷热源设置应满足当地气候、能源结构、技术经济指标及环保规定，并应符合下列要求：
   1 宜采用集中设置的冷热水机组和供热、换热设备，供应应连续可靠；
   2 应采用城市、区域供热和当地工厂余热；
   3 可采用燃气锅炉、燃气热水机组供热或燃气溴化锂吸收式冷热水机组供冷、供热；
   4 可采用燃煤锅炉、燃油锅炉供热，电动压缩式冷水机组供冷和吸收式冷热水机组供冷、供热。

7.0.2 在需要同时供冷和供热的工况下，冷水机组宜根据负荷要求选用热回收机组，并应采用自动控制的方式调节机组的供热量。

7.0.3 冷热源设备台数和单台容量应根据全年冷热负荷工况合理选择，并应保证设备在高、低负荷工况下均能安全、高效运行，冷热源设备不宜少于 2 台。

7.0.4 过渡季节或冬季需用一定量的供冷负荷时，可利用冷却塔作为冷源设备。

7.0.5 冷水机组的冷冻水供、回水温差不应小于 5℃，在满足工艺及空调用冷冻水温度的前提下，应加大冷冻水供、回水温差和提高冷水机组的出水温度。

7.0.6 非热回收水冷式冷水机组的常温冷却水的热量宜回收利用。

7.0.7 当冷负荷变化较大时，冷源系统设备宜采用变频调速控制。

7.0.8 电动压缩式制冷机组的制冷剂应符合有关环保要求，采用过渡制冷剂时，其使用年限应符合国家禁用时间。

7.0.9 燃油燃气锅炉应选用带比例调节燃烧器的全自动锅炉，且每台锅炉宜独立设置烟囱，烟囱的高度应符合相关国家标准及当地环保要求的规定。

7.0.10 锅炉房排放的大气污染物，应符合现行国家标准《锅炉大气污染物排放标准》GB 13271 和《大气污染物综合排放标准》GB 16297 的规定，以及所在地区有关大气污染物排放的规定。

8 给排水及消防

8.1 一般规定

8.1.1 给排水系统应满足生产、生活、消防以及环保等要求，应在水量平衡的基础上提高节约用水和循环用水的水平，并应做到技术先进、经济合理、节水节能、减少排污。

8.1.2 给排水系统应在满足使用要求的同时为施工安装、操作管理、维修检测和安全保护提供基础条件。

8.1.3 给排水管道穿过房间墙壁、楼板和顶棚时应设套管，管道和套管之间应采取密封措施。无法设置套管的部位也应采取密封措施。

8.1.4 给排水管道在可能冻结的区域应采取防冻措施，外表面可能产生结露的管道应采取防结露措施。洁净区内给排水管道绝热结构的最外层应采用不发尘材料。

8.2 给排水

8.2.1 给水系统应按生产、生活、消防等对水质、水压、水温的不同要求分别设置。

8.2.2 生产和生活给水系统宜利用市政给水管网的水压直接供水。

8.2.3 当市政给水管网的水压、水量不足时，生产、生活给水系统应设置贮水装置和加压装置进行调节。贮水装置不得影响水质并设有水位指示。加压装置宜采用变频调速设备，并应设置备用泵，备用泵供水能力不应小于供水泵中最大一台的供水能力。

8.2.4 不同水源、水质的用水应分系统供水。严禁将城市自来水管道与自备水源或回用水源的给水管道直接连接。

8.2.5 生产废水的排水系统应根据废水的污染因子、废水浓度、产水流量以及废水处理的工艺确定，宜采用重力流的方式自流至废水处理站。

8.2.6 生产废水干管宜设置在地沟或生产厂房下夹层内，严寒地区的室外管沟内的排水管应采取保温防冻措施。

8.2.7 排放腐蚀性废水的架空管道应采用双层管道，不宜采用法兰连接。如必须采用时，法兰处应采取防渗漏措施。

8.2.8 洁净室内工艺设备的生产排水宜采用接管排水，设备附近宜设置事故地漏。排水干管宜设置透气系统。

8.2.9 洁净室内应采用不易застой存污物、易于清洗的卫生设备、管道、管架及其附件。

8.2.10 有害化学品贮存间和配送间应设置用于输送事故泄漏的化学药剂和消防排水至安全场所的排水措施。

8.2.11 用于贮存事故泄漏的化学药剂及消防排水的室内地沟等设施的贮存容积不应小于最大罐化学药剂容积。

8.3 消防

8.3.1 硅集成电路芯片工厂除应采取防火措施以外，还应结合我国当前的技术、经济条件，配置必要的灭火设施。

8.3.2 洁净区内除应设置室内消火栓系统、自动喷水灭火系统和灭火器系统外，还应根据生产工艺或设备的具体条件和要求，有针对性的设置其他消防设备。

8.3.3 消防水泵应设备用泵，消防泵房应设置备用动力源。

8.3.4 厂房室外消防给水可采用高压、临时高压或低压给水系统，并应符合现行国家标准《建筑设计防火规范》GB 50016 的规定。

8.3.5 生产厂房洁净生产层及上、下技术夹层除不通行的技术夹层外，应根据面积大小、设备台数等设置室内消火栓。

8.3.6 设置于生产厂房内的室内消火栓宜设单独隔断阀门。

8.3.7 生产厂房洁净生产层及洁净区吊顶或技术夹层内，均应设置自动喷水灭火系统，设计参数宜按表8.3.7规定确定。

表8.3.7 自动喷水灭火系统设计参数

设计区域	设计喷水强度	设计作用面积	单个喷头保护面积	喷头动作温度	灭火作用时间
洁净区域	8.0L/min·m²	280m²	13m²	57℃～77℃	60min

8.3.8 洁净区的建筑构造材料为非可燃物且该区域内也无其他可燃物的存在时，该区域可不设自动喷水灭火系统。

8.3.9 垂直单向流的洁净区和洁净区域应使用快速响应喷头。

8.3.10 洁净区吊顶下喷头宜采用不锈钢柔性接管与自动喷水灭火系统供水管道相连接。

8.3.11 存放易燃易爆的特种气体气瓶柜间内应设置自动喷水灭火系统喷头。

8.3.12 在硅烷配送区域应设置直接作用于各气瓶的水喷雾系统，系统的动作信号应来自火灾探测器，且火灾探测器应与气瓶上的自动关断阀联动。

8.3.13 工艺排风管道的消防保护应符合下列要求：

  1 设置于厂房内，用于输送可燃气体且最大等效内径大于或等于250mm的金属或其他非可燃材质的排风管道，应在风管内设置喷头。

  2 风管内自动喷水灭火系统的设计喷水强度不得小于1.9L/min·m²，风管内自动喷水灭火系统设计流量应满足最远端5个喷头的出水量，单个喷头实际出水量不应小于76L/min，水平风管内喷头间距不得大于6.1m，垂直风管内喷头最大间距不大于3.7m；

  3 为风管内喷头供水的干管上应设置独立的信号控制阀；

  4 设置喷头保护的排风管应设置避免消防喷水蓄积的排水措施；

  5 安装在腐蚀性气体风管内的喷头及管件应采取防腐蚀材质或衬涂合适的防腐材料；

  6 风管内喷头的安装应便于定期维护检修。

8.4 灭火器

8.4.1 在洁净区内应设置灭火器。

8.4.2 洁净区内宜选用二氧化碳等对工艺设备和洁净区环境不产生污染和腐蚀作用的灭火剂。

8.4.3 在洁净区内的通道上宜设置推车式二氧化碳灭火器。

8.4.4 其他灭火剂的选择设计及配置场所的火灾类型、灭火能力、污损程度、使用的环境温度以及与可燃物的相容性。

9 电 气

9.1 供配电

9.1.1 硅集成电路芯片工厂应根据当地电网结构以及工厂负荷容量确定合理的供电电压。

9.1.2 硅集成电路芯片工厂用电负荷等级应为一级，其供电品质应满足芯片生产工艺及设备的要求，并应符合现行国家标准《供配电系统设计规范》GB 50052、《爆炸和火灾危险环境电力装置设计规范》GB 50058及《电子工业洁净厂房设计规范》GB 50472的规定。

9.1.3 硅集成电路芯片厂房配电电压等级应符合生产工艺设备及动力设备的要求。

9.1.4 硅集成电路芯片工厂的供电系统应将生产工艺设备与动力设备的供电分设，生产工艺设备宜采用独立的变压器供电并采取抑制浪涌的措施。带电导体系统的形式宜采用单相二线制、三相三线制、三相四线制，系统接地型式宜采用TN-S或TN-C-S系统。

9.1.5 对于有特殊要求的工艺设备，应设不间断电源(UPS)或备用发电装置。

9.2 照 明

9.2.1 硅集成电路芯片工厂生产区域照明的照度值应根据工艺生产的要求确定。

9.2.2 生产厂房技术夹层内宜设置检修照明。

9.2.3 生产厂房内应设置供人员疏散用应急照明，其照度不应低于5.0 lx。在安全出口、疏散通道或疏散通道转角处应设置疏散标志。在专用消防口应设置红色应急照明指示灯。

9.2.4 生产厂房洁净区宜选用吸顶明装、不易积尘、便于清洁的灯具。当采用嵌入式灯具时，其安装缝隙应采用密封措施。

9.2.5 生产厂房的光刻区应采用黄色光源，黄光的波长应根据生产工艺要求确定。

9.2.6 生产厂房备用照明的设置应符合下列规定：

  1 洁净区内应设计备用照明；

  2 备用照明宜作为正常照明的一部分，且不应低于该场所一般照明照度值的20%。

9.3 接 地

9.3.1 生产设备的功能性接地应小于1Ω，有特殊接地要求的设备，应按设备要求的电阻值设计接地系统。

9.3.2 功能性接地、保护性接地、电磁兼容性接地、建筑防雷接地，宜采用共用接地系统，接地电阻值应按其中最小值确定。

9.3.3 生产设备的功能性接地与其他接地分开设置时，应采取防止雷电反击的措施。分开设置的接地系统接地极宜与共用接地系统接地极保持20m以上的间距。

9.4 防静电

9.4.1 硅集成电路芯片厂房生产区应为一级防静电工作区。

9.4.2 防静电工作区的地面和墙面、柱面应采用导静电型材料。导静电型地面、墙面、柱面的表面电阻、对地电阻应为$2.5×10^4Ω\sim1×10^6Ω$，摩擦起电电压不应大于100V，静电半衰期不大于0.1s。

9.4.3 防静电工作区内不得选用短效型防静电材料及制品，并应根据生产工艺的需要设置静电消除器、防静电安全工作台。

9.4.4 防静电环境的门窗选择应符合下列要求：

  1 应选用静电耗散材料制作门窗或采用静电耗散型材料贴面；

  2 金属门窗表面应涂刷静电耗散型涂层，并应接地；

  3 室内隔断和观察窗安装大面积玻璃时，其表面应粘贴静电耗散型透明薄膜或喷涂静电耗散型涂层。

9.4.5 防静电环境的净化空调系统送风口和风管，应选用导电材料制作，并应接地。

9.4.6 防静电环境的净化空调系统、各种配管使用部分绝缘性材质时，应在其表面安装紧密结合的金属网并将其接地。当使用导电性橡胶软管时，应在软管上安装与其紧密结合的金属导体，并应用接地引线与其可靠接地。

9.4.7 生产厂房内金属物体包括洁净室的墙面、门窗、吊顶的金属骨架应与接地系统做可靠连接。导静电地面、防静电活动地板、工作台面、座椅等应做防静电接地。

9.4.8 生产厂房防静电接地设计及其他要求，应按现行国家标准《电子工程防静电设计规范》GB 50611的有关规定执行。

9.5 通信与安全保护

9.5.1 硅集成电路芯片工厂内应设通信设施，并应符合下列要求：

1 厂房内电话/数据布线应采用综合布线系统,综合布线系统的配线间或配线柜不应设置在布置工艺设备的洁净区内;
2 应设置生产、办公及动力之间联系的语音通信系统;
3 应根据管理及工艺的需要设置数据通信局域网及与因特网连接的接入网;
4 宜设置集中式数据中心。

9.5.2 生产厂房应设置火灾自动报警系统,其防护对象的等级不应低于一级,火灾自动报警系统形式应采用控制中心报警系统,并应符合下列要求:
1 应设有消防控制中心,并应符合现行国家标准《建筑设计防火规范》GB 50016 的规定;
2 生产厂房内火灾探测应采用智能型探测器。在封闭房间内使用或存储易燃、易爆气体及有机溶剂时,房间内应设置火焰探测器;
3 生产厂房洁净区内净化空调系统混入新风前的回风气流中,宜设置高灵敏度早期报警火灾探测器;
4 在洁净区空气处理设备的新风或循环风的回风口处,宜设风管型火灾探测器。

9.5.3 生产厂房应设置火灾自动报警及消防联动控制。控制设备的控制及显示功能应符合现行国家标准《建筑设计防火规范》GB 50016 及《电子工业洁净厂房设计规范》GB 50472 的规定。

9.5.4 生产厂房应设置气体泄漏报警装置,并应符合现行国家标准《建筑设计防火规范》GB 50016 及《特种气体系统工程技术规范》GB 50646 的规定。

9.5.5 生产厂房应设化学品液体泄漏报警装置,并应符合现行国家标准《电子工业化学品系统工程技术规范》GB 50781 的规定。

9.5.6 生产厂房应设置广播系统,洁净区内应采用洁净室型扬声器。当广播系统兼事故应急广播系统时,应符合现行国家标准《火灾自动报警系统设计规范》GB 50116 的有关规定。

9.5.7 芯片工厂内应设置闭路电视监控系统,监控摄像机宜采用彩色摄像机,闭路电视监控系统监控图像存储时间不应少于 15d。

9.5.8 芯片工厂内宜设置门禁系统,所有进入洁净区的通道均应设置通道控制,洁净区内门禁读卡器宜采用非接触型。

9.6 电磁屏蔽

9.6.1 硅集成电路芯片生产相关工序的房间和测量、仪表计量房间,凡属下列情况之一,应采取电磁屏蔽措施:
1 环境的电磁场强度超过生产设备和仪器正常使用的允许值;
2 生产设备及仪器产生的电磁泄漏超过干扰相邻区域所允许的环境电磁场强度值;
3 有特殊电磁兼容要求时。

9.6.2 环境电磁场强宜以实测值为设计依据。缺少实测数据时,可采用理论计算值再加上 6dB~8dB 的环境电平值作为干扰场强。

9.6.3 生产设备和仪器所允许的环境电磁场强度值,应以产品技术说明书要求为依据。

9.6.4 对需要采取电磁屏蔽措施的生产工序,在满足生产操作和屏蔽结构体易于实现的前提下,宜直接对生产工序中的设备工作地环境进行屏蔽。

9.6.5 对需要采取电磁屏蔽措施的区域,屏蔽结构的屏蔽效能应在工作频段有不小于 10dB 的余量。屏蔽室的电磁屏蔽效能,可按表 9.6.5 的数值确定。

表 9.6.5 屏蔽室的电磁屏蔽效能

频段	简易屏蔽	一般屏蔽	高性能屏蔽	特殊屏蔽
10kHz~1GHz	<30dB	30dB~60dB	60dB~80dB	≥80dB
>1GHz	<40dB	40dB~80dB	≥80dB	≥100dB

9.6.6 屏蔽措施可选择下列方式:
1 直接对生产设备工作地环境进行屏蔽时,宜选装配式的商品屏蔽室;
2 对生产工序整体环境进行屏蔽时,宜选择非标设计和施工安装的屏蔽体;
3 对仪表计量房间的电磁进行屏蔽时,装配式的商品屏蔽室与非标设计和施工安装的屏蔽体均可采用。

9.6.7 屏蔽效果验收测量应符合现行国家标准《电磁屏蔽室屏蔽效能的测量方法》GB/T 12190 的规定。

10 工艺相关系统

10.1 净化区

10.1.1 生产环境的洁净度等级应符合下列要求:
1 芯片生产厂房内各洁净区的空气洁净度等级应根据芯片生产工艺及所使用的生产设备的要求确定;
2 洁净度等级的划分应符合现行国家标准《洁净厂房设计规范》GB 50073 的规定;
3 洁净区设计时,空气洁净度等级所处状态应根据生产条件确定。

10.1.2 生产环境的温度、相对湿度指标应按芯片生产工序分别制定。一般洁净区温度应控制在 22℃±0.5℃~22℃±2℃,相对湿度应控制在 43%±3%~45%±10%。

10.1.3 洁净区内的新鲜空气量应取下列最大值:
1 补偿室内排风量和保持室内正压值所需新鲜空气量之和;
2 保证供给洁净区内人员所需的新鲜空气量。

10.1.4 洁净区与周围的空间应按工艺要求,保持一定的正压值,并应符合下列规定:
1 不同等级的洁净区之间压差不应小于 5Pa;
2 洁净区与非洁净区之间压差不应小于 5Pa;
3 洁净区与室外的压差不应小于 5Pa。

10.1.5 气流流型的设计,应符合下列要求:
1 气流流型应满足空气洁净度等级的要求;
2 空气洁净度等级要求为 1 级~4 级时,应采用垂直单向流;
3 空气洁净度等级要求为 5 级时,宜采用垂直单向流;
4 空气洁净度等级要求 6 级~9 级时,宜采用非单向流。

10.1.6 洁净区的送风量,应取下列最大值:
1 为保证空气洁净度等级的送风量;
2 消除洁净区内热、湿负荷所需的送风量;
3 向洁净区内供给的新鲜空气量。

10.1.7 净化系统的型式应根据洁净区面积、空气洁净度等级和产品生产工艺特点确定。

10.1.8 洁净区的送风宜采用下列方式:
1 洁净区面积较小、洁净度等级较低且洁净区可扩展性不高时,宜采用集中送风方式;
2 洁净区面积大、洁净度等级较高时,宜采用风机过滤器机组(FFU)送风。

10.1.9 对于面积较大的洁净厂房宜设置集中新风处理系统,新风处理系统送风机应采取变频措施。

10.1.10 对于有空气分子污染控制要求的区域,可采取在新风机组及该区域风机过滤器机组上加装化学过滤器的措施。

10.1.11 干盘管的设置应符合下列要求:
1 应根据生产工艺和洁净区布局确定合理的安装位置;

2 应根据处理风量、室内冷负荷、风机过滤器特性确定干盘管迎风面速度和结构参数;

3 应采取保证进入干盘管的冷冻水温度高于洁净区内空气露点温度的措施;

4 应设置检修排水设施。

10.2 工艺排风

10.2.1 硅集成电路芯片工厂的工艺排风系统设计,应按工艺设备排风性质的不同分别设置独立的排风系统。

10.2.2 凡属下列情况之一时,应分别设置独立的排风系统:

1 两种或两种以上的气体有害物混合后能引起燃烧或爆炸时;

2 混合后发生反应,形成危害性更大或腐蚀性的混合物、化合物时;

3 混合后形成粉尘时。

10.2.3 洁净区事故排风系统的设计应符合现行国家标准《采暖通风与空气调节设计规范》GB 50019 的规定。

10.2.4 使用有毒有害物质的房间排风量应满足最小通风量 6 次/h。

10.2.5 生产厂房工艺排风系统应设置备用排风机,并应设置不间断电源(UPS)。当正常电力供应中断情况下,应保证工艺排风系统的排风量不小于正常排风量的 50%。

10.2.6 生产厂房工艺排风系统宜设置变频调节系统。

10.2.7 易燃易爆工艺排风管道上不应设置熔断式防火阀。工艺排风管道不宜穿越防火分区的防火墙。

10.2.8 工艺排风管道穿越有耐火时限要求的建筑构件处,紧邻建筑构件的风管管道应采用与建筑构件耐火时限相同的防火构造进行封闭或保护,每侧长度不应小于 2m 或风管直径的两倍,并应以其中较大者为准。

10.2.9 工艺排风管道应采用不燃材料。

10.2.10 工艺排风系统管道及设备应设置防静电接地装置。

10.2.11 工艺排风系统不应兼作排烟系统使用。

10.3 纯 水

10.3.1 硅集成电路芯片工厂纯水系统设计应根据生产工艺要求,合理确定纯水制备系统的规模、供水水质。

10.3.2 纯水的制备、储存和输送的设备和材料,除应满足所需水量和水质要求外,尚应符合下列规定:

1 纯水的制备、储存和输送设备的配置应确保系统满足运行安全可靠、技术先进、经济适用、便于操作维护等要求;

2 纯水的制备、储存和输送设备材料的选择应以其接触的水质相匹配,设备内表面应满足光洁、平整等物理性能,同时应化学性质稳定、耐腐蚀、易清洗;

10.3.3 纯水系统应采用循环供水方式。纯水输配系统应根据水质、水量、用水点数量、管道材质以及使用点对水压稳定性等要求确定,可选择采用单管式循环供水系统、直接回水的循环供水系统或逆向回水的循环供水系统,并应符合下列规定:

1 纯水输配系统的附加循环水量宜为额定耗水量的 25%～50%;

2 纯水管道流速的选择应能有效地防止水质降低和微生物的滋生,并应兼顾压力损失,供、回水管流速分别不宜低于 1.5m/s 和 0.5m/s;

3 纯水输配管路系统应根据系统运行维护的需要设置必要的采样口;

4 工艺设备二次配管,且截止阀离设备较远时,宜安装回水管。

10.3.4 用于纯水系统的水质检测设备及仪表,其安装不应使纯水水质降低,其检测范围和精度应符合纯水生产和检验的要求。

10.3.5 纯水精处理或终端处理装置宜靠近主要用水工艺设备设置。

10.3.6 纯水系统管道材质的选用,应符合下列要求:

1 应满足纯水水质指标的要求;

2 材料的化学稳定性应高;

3 管道物理性能应好,内壁光洁度应高;

4 不得有渗气现象。

10.3.7 纯水管道的阀门和附件的选用应符合下列规定:

1 应选择与管道相同的材质;

2 应选用密封好、结构合理、无渗气现象的阀门。

10.3.8 纯水废水回收设计应与硅集成电路芯片生产工艺设计密切配合,并应根据工程实际情况、回收水质、水量,结合当前的技术、经济条件等合理确定回收率。

10.3.9 回收水处理系统流程的拟定和设备的选择,应根据工程的具体情况、回收水水质、水量以及处理后的用途等因素综合确定。当不能取得回收水水质资料时,可按已建同类工程经验或科学实验确定。

10.4 废 水

10.4.1 硅集成电路芯片工厂生产废水处理系统应根据废水污染因子种类、水量、当地废水排放要求等设置分类收集、处理的废水处理系统。

10.4.2 生产废水处理系统应设置应急废水收集池。

10.4.3 连续处理的生产废水系统应设置调节池,调节池的大小应根据废水水量及水质变化规律确定。

10.4.4 废水处理系统的设备及构筑物应设置放空设施。

10.4.5 生产废水系统污泥脱水设备应根据污泥脱水性能和脱水要求确定。

10.4.6 沉淀池所排出的污泥在进行机械脱水前宜先进行浓缩,污泥进入脱水设备前的含水率不宜大于 98%。

10.4.7 污泥脱水间应预留脱水后泥饼的贮存或堆放的空间,并应根据外运条件设置运输设施和通道。

10.4.8 废水处理系统的设备及构筑物应根据所接触的水质采取防腐措施。

10.4.9 废水处理应遵循节水优先、分质处理、优先回用的原则。

10.5 工艺循环冷却水

10.5.1 工艺循环冷却水系统的水温、水压及水质要求,应根据生产工艺条件确定。对于水温、水压、运行等要求差别较大的设备,工艺循环冷却水系统宜分开设置。

10.5.2 工艺循环冷却水系统的循环水泵宜采用变频调速控制,应设置备用泵,备用泵供水能力不应小于最大一台运行水泵的额定供水能力。

10.5.3 工艺循环冷却水系统的循环水泵供电形式,宜采用双回路供电或采用大功率不间断电源(UPS)装置供电。

15.5.4 工艺循环冷却水系统应设置过滤器,过滤器宜设置备用。过滤器的过滤精度应根据工艺设备对水质的要求确定。

10.5.5 工艺循环冷却水系统的换热设备宜设备用机组。

10.5.6 循环水箱的有效容积不应小于总循环水量的 10%,且应设置低位报警装置和大流量自动补水系统。

10.5.7 工艺循环冷却水系统的管路应符合下列规定:

1 配水管路应满足水力平衡的要求;

2 应设置泄水阀或泄水口、排气阀或排气口和排污口;

3 工艺冷却水管道的材质,应根据生产工艺的水质要求确定,宜采用不锈钢管、给水 UPVC 管或 PP 管,管道附件与阀门宜采用与管道相同的材质;

4 非保温的不锈钢管与碳钢支吊架之间的隔垫应采用绝缘材料,保温不锈钢管应采用带绝热块的保温专用管卡。

10.5.8 工艺循环冷却水系统应结合工艺用水设备、工艺循环冷却水系统的设备及管路、冷却水水质情况,合理设置水质稳定处理装置。

10.6 大宗气体

10.6.1 大宗气体供应系统宜在工厂厂区内或邻近处设置制气装置或采用外购液态气储罐或瓶装气体。

10.6.2 氢气、氧气管道的终端或最高点应设置放散管。氢气放散管口应设置阻火器。

10.6.3 气体纯化装置的设置,应符合下列要求:
 1 气体纯化装置应根据气源和生产工艺对气体纯度、容许杂质含量要求选择;
 2 气体纯化装置应设置在其专用的房间内,氢气纯化器应设置在独立的房间内;
 3 气体终端纯化装置宜设置在邻近用气点处。

10.6.4 生产厂房内的大宗气体管道等应采取下列安全技术措施:
 1 管道及阀门附件应经脱脂处理;
 2 应设置导除静电的接地设施;
 3 氧气引入管道上应设置自动切断阀。

10.6.5 气体管道和阀门应根据产品生产工艺要求选择,宜符合下列规定:
 1 气体纯度大于或等于 99.9999% 时,应采用内壁电抛光的低碳不锈钢管,阀门应采用隔膜阀;
 2 气体纯度大于或等于 99.999%、露点低于 -76℃ 时,宜采用内壁电抛光的低碳不锈钢管或内壁电抛光的不锈钢管,阀门宜采用不锈钢隔膜阀或波纹管阀;
 3 气体纯度大于或等于 99.99%、露点低于 -60℃ 时,宜采用内壁抛光的不锈钢管,阀门宜采用球阀;
 4 气体管道阀门、附件的材质宜与相连接的管材质一致。

10.6.6 气体管道连接,应符合下列规定:
 1 管道连接应采用焊接;
 2 不锈钢管应采用氩弧焊,宜采用自动氩弧焊或等离子熔融对接焊;
 3 管道与设备或阀门的连接,宜采用表面密封的接头或双卡套,接头或双卡套的密封材料宜采用金属垫或聚四氟乙烯垫。

10.7 干燥压缩空气

10.7.1 洁净厂房内的干燥压缩空气系统应根据各类产品生产工艺要求、供气量和供气品质等因素确定,并应符合下列规定:
 1 干燥压缩空气系统的供气规模应按生产工艺所需实际用气量及系统损耗量确定;
 2 供气设备可集中布置在生产厂房内的供气站或生产厂房外的综合动力站;
 3 供气品质应根据生产工艺对含水量、含油量、微粒粒径要求确定;
 4 应选用能耗少、噪声低的无油润滑空气压缩机。

10.7.2 风冷式空气压缩机及风冷式干燥装置的设备布置,应防止冷却空气发生短路现象。

10.7.3 干燥压缩空气管道内输送露点低于 -76℃ 时,宜采用内壁电抛光不锈钢管;露点低于 -40℃ 时,可采用不锈钢管或热镀锌碳钢管。阀门宜采用波纹管阀或球阀。

10.7.4 压缩空气系统的管道设计应符合下列规定:
 1 压缩空气主管道的直径应按全系统实际用气量进行设计;主支管道的直径应按局部系统实际用气量进行设计;支管道的直径应按设备最大用气量进行设计;

2 干燥压缩空气输送露点低于 -40℃ 时,用于管道连接的密封材料宜选用金属垫片或聚四氟乙烯垫片;
 3 当设计软管连接时,宜选用金属软管;
 4 管道连接宜采用焊接,不锈钢管应采用氩弧焊。

10.8 真 空

10.8.1 生产厂房工艺真空系统的设计,应符合下列规定:
 1 工艺真空系统的抽气能力应按生产工艺所需实际用气量及系统损耗量确定;
 2 供气设备应布置在生产厂房内的一个或多个供气站内;
 3 工艺真空设备应选用能耗少、噪声低的设备;
 4 工艺真空设备应根据工艺系统的实际情况选用水环式或干式真空泵;
 5 工艺真空系统宜设置真空压力过低保护装置。

10.8.2 工艺真空系统的管道设计应符合下列规定:
 1 工艺真空管路设计应布置成树枝状形式;
 2 工艺真空主管道的直径应按全系统实际抽气量进行设计;主支管道的直径应按局部系统实际抽气量进行设计;支管道的直径应按设备最大抽气量进行设计;
 3 工艺真空系统的管道材料宜根据工艺真空系统的真空压力及真空特性选用不锈钢管或厚壁聚氯乙烯管道;
 4 当设计软管连接时,应选用金属软管。

10.8.3 生产厂房清扫真空系统应符合下列规定:
 1 清扫真空系统的抽气能力应按同时使用清扫真空点的数量及每个使用点的抽气量确定;
 2 供气设备应布置在生产厂房内的一个或多个供气站内,末端清扫设备应设有过滤器;
 3 清扫真空管路设计应布置成树枝状形式,支管路应采用成 Y 形接头沿抽气方向进入主管路;
 4 在净化区面积较小时,可采用移动式清扫真空系统。

10.9 特种气体

10.9.1 特种气体宜采用外购钢瓶气体供应,在厂区内应设置储存、分配系统。

10.9.2 特种气体宜根据危险性质和存储数量设置独立的气瓶间。

10.9.3 洁净室内自燃、易燃、腐蚀性或有毒的特种气体分系统的设置,应符合下列规定:
 1 危险气体钢瓶应设置在具有连续机械排风的特种气体柜中;
 2 排风机、泄漏报警、自动切断阀均应设置应急电源;
 3 一个特种气体分配系统供多台生产设备使用时,应设置多路阀门箱。

10.9.4 特种气体分配系统应符合下列规定:
 1 应设置吹扫盘;
 2 应设置应急切断装置;
 3 应设置过流量控制装置;
 4 应设置手动隔离阀;
 5 运行过程中的吹扫气源不应使用厂区内大宗气体系统;
 6 不相容特种气体不得共用同一吹扫盘。

10.10 化 学 品

10.10.1 生产厂房内化学品的储存、输送方式,应根据生产工艺所使用化学品用量及其物理化学特性等确定。

10.10.2 生产厂房内使用的各类化学品应按各自的物理化学特性分类和储存,并应符合现行国家标准《化学品分类和危险性公示通则》GB 13690 的有关规定。

10.10.3 在洁净区内使用危险化学品的生产设备、化学品储存区(设备),应采取相应的安全保护措施。

10.10.4 洁净厂房内各种化学品储存间(区)的设置,应符合下列规定:
 1 易燃易爆化学品储存、分配间应靠外墙布置;
 2 危险化学品储存区域(间)和分配区(间),不得设置人员密集房间和疏散走廊的上方、下方或贴邻;
 3 各类化学品储存、分配间应设置机械排风。机械排风系统应提供紧急电源;
 4 易燃易爆化学品储存间、分配间应采用不发生火花的防静电地面;腐蚀性化学品应采用防腐蚀地面。

10.10.5 当设置集中分配间通过管道输送化学品时,应符合下列规定:
 1 输送系统设备、管道的化学稳定性应与所输送的化学品性质相容;
 2 分配间以及设备排风应根据化学品的性质分类处理达到国家标准后排至大气;
 3 应设置液位监控和自动关闭装置,并应设置溢流应对设施;
 4 有机溶剂分配间应设置相应的泄漏浓度报警探头,并应与紧急排风系统连锁;
 5 输送易燃、易爆化学品的管道,应设置静电泄放的接地设施;
 6 输送易燃、易爆、腐蚀性化学品总管上应设自动和手动切断阀。

10.10.6 危险化学品的储存、分配间,应设置废液收集系统,并应符合下列规定:
 1 应按化学品废液成分和性质分类收集;
 2 物理化学特性不相容的化学品,不得排入同一种废液收集系统。

10.10.7 液态危险化学品的储存、分配间,应设置溢出保护设施,并应符合下列规定:
 1 防护堤形成的有效容积应大于最大储罐的容积;
 2 两种化学品混合将引起化学反应时,不同化学品储罐或罐组之间,应设置防护隔堤;
 3 应设置液体泄漏报警和废液收集系统。

10.10.8 根据化学品性质在储存间和分配间应设置紧急淋浴器。

10.10.9 管道、阀门设计应符合下列要求:
 1 化学品系统管道材质选用,应按所输送的化学品物理化学性质和品质要求确定,应选择化学稳定性能和相容性能良好的材料;
 2 化学品输送管路系统,对多台生产设备供应同一种化学品时,应设置分配阀箱,并应设置泄漏检测报警系统;
 3 输送非腐蚀性有机溶剂的管道材质,宜采用低碳不锈钢管;输送酸、碱类和腐蚀性有机溶剂管道材质,宜采用 PFA 或 PTFE 管,并应设置防泄漏保护透明 PVC 套管;用于管道系统的垫片,宜采用与所输送化学品相容的氟橡胶、聚四氟乙烯或其他与所输送化学品相容的材料;
 4 阀门和附件的材质应与管道材质一致。

11 空间管理

11.0.1 硅集成电路芯片工厂室外空间管理,应符合下列规定:
 1 室外管线宜采用架空敷设的方式集中布置;
 2 室外管架不应影响道路的正常通行;
 3 室外管架与邻近的建筑物的间距应满足管道安装及维护的要求;
 4 室外管架宜设置检修马道;
 5 室外管架的空间和荷载应为扩展留有余量。

11.0.2 生产厂房内的空间管理应符合下列规定:
 1 应满足设备的正常生产空间;
 2 不应影响设备维修以及搬入的空间;
 3 应满足辅助设备的维修、安装以及搬入;
 4 应满足设备检修的空间;
 5 管线之间以及管线与建筑物之间应预留足够的安装维修空间;
 6 应计及管道入口的空间及管道井的位置;
 7 应为今后扩展预留管道空间和荷载。

11.0.3 生产厂房内的管道应利用净化区上、下技术夹层的空间进行布置。

11.0.4 净化区上技术夹层内除消防管道外,不宜设置水管及其他液体输送管道。

11.0.5 主要管线在上技术夹层布置时,应计及气流组织的空间、排风管道和大宗气体以及特种气体管道敷设的空间高度。

11.0.6 在上技术夹层内宜设置检修通道。

11.0.7 主要管线在下技术夹层布置时,应计及辅助设备、主管、支管、二次配管和消防喷淋管道的空间高度。

11.0.8 在管道种类多,空间有限的区域宜设置公共管架,并应符合下列规定:
 1 在华夫板下和净化区高架地板下应留有二次配管配线的空间;
 2 尺寸较大的管道宜布置在公共管架的上层;
 3 有坡度要求的管道宜布置在管道的下层;
 4 管道改变方式时宜同时改变管道的标高;
 5 应为今后扩展预留管道空间和荷载;
 6 由梁、柱承重的公共管架宜在结构施工时预埋承重构件。

12 环境安全卫生

12.0.1 硅集成电路芯片工厂应具有对环境、安全及卫生进行监控的设施。

12.0.2 8英寸~12英寸硅集成电路芯片工厂宜设置健康中心,并应具备工伤急救及一般医疗、转诊及咨询的设施。

12.0.3 8英寸~12英寸硅集成电路芯片工厂宜在靠近生产区入口处设置专人全天职守的紧急应变中心(ERC),并应符合下列要求:
 1 应制定紧急应变程序;
 2 应设置防灾及生命安全监控系统;
 3 应配备紧急应变器材。

本规范用词说明

1 为便于在执行本规范条文时区别对待,对要求严格程度不同的用词说明如下:
 1)表示很严格,非这样做不可的:
  正面词采用"必须",反面词采用"严禁";
 2)表示严格,在正常情况下均应这样做的:

正面词采用"应",反面词采用"不应"或"不得";

3) 表示允许稍有选择,在条件许可时首先应这样做的:

正面词采用"宜",反面词采用"不宜";

4) 表示有选择,在一定条件下可以这样做的,采用"可"。

2 条文中指明应按其他有关标准执行的写法为:"应符合……的规定"或"应按……执行"。

引用标准名录

《建筑设计防火规范》GB 50016
《采暖通风与空气调节设计规范》GB 50019
《供配电系统设计规范》GB 50052
《爆炸和火灾危险环境电力装置设计规范》GB 50058
《洁净厂房设计规范》GB 50073
《工业企业噪声控制设计规范》GBJ 87
《火灾自动报警系统设计规范》GB 50116
《建筑内部装修设计防火规范》GB 50222
《建筑工程抗震设防分类标准》GB 50223
《电子工业洁净厂房设计规范》GB 50472
《电子工程防静电设计规范》GB 50611
《特种气体系统工程技术规范》GB 50646
《电子工厂化学品系统工程技术规范》GB 50781
《电磁屏蔽室屏蔽效能的测量方法》GB/T 12190
《工业企业厂界环境噪声排放标准》GB 12348
《锅炉大气污染物排放标准》GB 13271
《化学品分类和危险性公示 通则》GB 13690
《大气污染物综合排放标准》GB 16297

中华人民共和国国家标准

硅集成电路芯片工厂设计规范

GB 50809—2012

条 文 说 明

制 定 说 明

《硅集成电路芯片工厂设计规范》GB 50809—2012，经住房和城乡建设部2012年10月1日以第1497号公告批准发布。

本规范紧密结合当前我国电子信息产品制造业对硅集成电路芯片的需求，切实体现了我国集成电路芯片工厂工程建设中新技术、新工艺、新设备和新材料的应用成果和先进经验；特别是参考和借鉴了国内已建成的数十条集成电路芯片生产线工程的先进技术和运行经验，做到了既结合国情又与国际同类标准接轨。

本规范编制经过了准备、征求意见、送审和报批四个阶段。编制工作主要遵循了以下原则：

1. 遵循先进性、科学性、协调性和可操作性等原则。
2. 严格执行国家住房和城乡部标准定额司发布的《工程建设标准编写规定》（建标〔2008〕182号）。
3. 将直接涉及人民生命财产安全、人体健康、环境保护、能源资源节约和其他公共利益等条文列为必须严格执行的强制性条文。

本规范于2011年12月在上海召开了规范审查会。审查会专家一致认为规范条文涵盖了硅集成电路芯片工厂工程设计的主要内容，具有较强的实用性、科学性、协调性和可操作性。该规范的发布和实施，将对我国硅集成电路芯片工厂工程设计水平的提高发挥积极作用，同时将推动硅集成电路芯片工厂工程建设的技术进步。

审核会后，编制组根据审查意见对规范进行了认真的修改、补充和完善，并于2012年4月6日形成了最终的《硅集成电路芯片工厂设计规范》报批稿报住房和城乡建设部。

为便于广大设计、施工、科研、学校等单位有关人员在使用本规范时能正确理解和执行条文规定，《硅集成电路芯片工厂设计规范》编写组按章、节、条、款、项的顺序编制了本规范的条文说明，对条文规定的目的、依据以及执行中需要注意的有关事项进行了说明。但是，本条文说明不具备与规范正文同等的法律效力，仅供使用者作为理解和把握规范规定的参考。

目 次

1 总则 ··· 7—50—17
3 工艺设计 ··· 7—50—17
　3.1 一般规定 ······································· 7—50—17
　3.2 技术选择 ······································· 7—50—17
　3.3 工艺布局 ······································· 7—50—17
4 总体设计 ··· 7—50—18
　4.1 厂址选择 ······································· 7—50—18
　4.2 总体规划及布局 ···························· 7—50—18
5 建筑与结构 ·· 7—50—18
　5.1 建筑 ·· 7—50—18
　5.2 结构 ·· 7—50—19
　5.3 防火疏散 ······································· 7—50—19
6 防微振 ·· 7—50—19
　6.1 一般规定 ······································· 7—50—19
　6.2 结构 ·· 7—50—20
　6.3 机械 ·· 7—50—20
7 冷热源 ·· 7—50—20
8 给排水及消防 ······································ 7—50—20
　8.1 一般规定 ······································· 7—50—20
　8.2 给排水 ·· 7—50—20
　8.3 消防 ·· 7—50—21
　8.4 灭火器 ·· 7—50—21
9 电气 ·· 7—50—21
　9.1 供配电 ·· 7—50—21
　9.2 照明 ·· 7—50—21
　9.5 通信与安全保护 ···························· 7—50—21
10 工艺相关系统 ···································· 7—50—22
　10.1 净化区 ·· 7—50—22
　10.2 工艺排风 ···································· 7—50—23
　10.3 纯水 ··· 7—50—24
　10.4 废水 ··· 7—50—24
　10.5 工艺循环冷却水 ························· 7—50—24
　10.6 大宗气体 ···································· 7—50—24
　10.7 干燥压缩空气 ····························· 7—50—25
　10.9 特种气体 ···································· 7—50—25
　10.10 化学品 ····································· 7—50—25
11 空间管理 ·· 7—50—26
12 环境安全卫生 ···································· 7—50—26

1 总 则

本规范为硅集成电路芯片工厂设计的国家标准,适用于各种类型硅集成电路芯片工厂的新建、扩建和改建设计。

由于硅集成电路芯片产品种类较多,技术发展迅速。为适应不同技术水平芯片生产对于环境的需要,本规范对于工艺、总体、建筑与结构、防微振、冷热源、给排水与消防、电气、工艺相关系统、空间管理和环境安全卫生等方面制定工程设计中应遵循的相关规定,确保工程设计做到安全适用、技术先进、经济合理、环境友好。

3 工艺设计

3.1 一般规定

3.1.1、3.1.2 硅集成电路产品发展十分迅速,按照摩尔定律每个集成电路上可容纳的晶体管数目,约每隔18个月增加一倍,性能也将提升一倍。近年来,虽然集成电路发展的速度有所减缓,但变化依然十分巨大。同时集成电路生产所需的水、电的耗量较多,各种原材料和排放物的种类繁多,其中不乏对环境和安全等有较大影响的,因此硅集成电路的厂房设计、建造必须适应这种快速的发展与变化,提高生产效率,减少能耗,同时必须考虑到环保以及职业卫生和安全方面的要求。

3.2 技术选择

3.2.1 硅集成电路产品分为数字电路和模拟电路两大类。数字电路包括存储器、微处理器和逻辑电路,模拟电路主要包括标准模拟电路和特殊模拟电路。产品的品种和技术要求不同产生不同的生产工艺,从线宽来区分从较早的5μm到最新的20nm工艺,从加工硅片直径来区分从3英寸、4英寸、5英寸、6英寸、8英寸、12英寸以及今后的18英寸,工程投资金额存在从数千万元至近百亿美元的巨大差异,净化区面积也从数百平方米到最新的数万平方米不等,因此选择适合的工艺技术及配套设备是工厂设计的基础。表1是ITRS公布的2011年国际半导体技术蓝图的预测,集成电路产业的发展更新依然十分迅速。

3.2.2 对于品种多、产量较少,更新较慢的模拟类产品以及对线宽要求不高的部分数字类产品,宜采用4英寸～6英寸芯片生产设备进行加工,可节省项目投资,降低成本。

表1 2011年国际半导体技术蓝图

项目 \ 年份	2011	2012	2013	2014	2015	2016	2017	2018	2019	2020
FLASH 线宽(nm)	22	20	18	17	15	14.2	13	11.9	10.9	10
DRAM 线宽(nm)	36	32	28	25	23	20	17.9	15.9	14.2	12.6
MPU/ASIC 线宽(nm)	38	32	27	24	21	18.9	16.9	15	13.4	11.9
最大光刻场面积(mm²)	858	858	858	858	858	858	858	858	858	858
最大硅片尺寸(mm)	300	300	300	450	450	450	450	450	450	450

3.2.3 对于产量较大的模拟类产品和数字类产品,可采用8英寸芯片生产设备进行加工,可做到规模生产以降低成本。

3.2.4 对于主流存储器、微处理器以及逻辑电路等产品,由于产品的产量较大、技术更新快,通常采用最新的12英寸芯片生产设备进行加工,同时也能满足产品对与线宽的要求。

3.3 工艺布局

3.3.1、3.3.2 集成电路芯片工艺十分复杂,复杂电路的工艺步骤可高达500多步,一般可概分为前段工艺及后段工艺。硅片下线后,在其清洗过后的表面上,通过氧化或化学气相淀积的方法形成各种薄膜,经由光刻成型与刻蚀工艺形成各类图形,采用离子注入或扩散方法掺杂形成所需的电学特性,再通过溅射形成多重导线,如此多次循环重复,最终形成电路图形。

1 清洗工艺。

清洗工艺主要用来去除金属杂质、有机物污染、微尘。一般情况下,使用高纯度的化学品来清洗,高纯度的去离子纯水来洗濯,最后在高纯度的气体环境下高速脱水甩干,或采用高挥发性的有机溶剂除湿干化。按照清洗方式的不同,一般可分为湿法化学法、物理洗净法和干法洗净法。

2 氧化工艺。

氧化工艺由硅的氧化形成氧化层,作为性能良好的绝缘材料。一般可分为湿法氧化法和干法氧化法;而常见的氧化设备有水平式与直立式炉管。

3 扩散工艺。

扩散工艺是指物质(气、固、液)中的原子或分子在高温状态下,因高温激化作用,由高浓度区域移至低浓度区域。

4 化学气相淀积工艺。

化学气相淀积工艺利用气态的化学材料在硅片表面产生化学反应,并在硅片表面上淀积形成一层固体薄膜,如二氧化硅、各种硅玻璃、多晶硅、氮化硅、钨与硅化钨等。因反应压力的不同一般可分为:常压化学气相淀积法、低压化学气相淀积法(相关设备有批量加工形式的炉管,也有单一硅片加工形式的设备)、亚大气压化学气相淀积法、等离子体增强型化学气相淀积法、高密度等离子体增强型化学气相淀积法。

5 离子注入工艺。

离子注入工艺是通过将选定的离子加速,射入硅片的特定区域而改变其电学特性的一种工艺。一般可以分为大电流型、低能型、中低电流型、高能型。

6 溅射工艺。

溅射工艺通过靶材来提供镀膜的金属材料,利用其重力作用,使靶材产生的金属晶粒掉落至硅片表面,从而形成金属薄膜。

7 刻蚀工艺。

刻蚀工艺用于将形成在硅片表面的薄膜,被全部或依照特定图形部分地去除到必要的厚度。一般可以分为湿法刻蚀和干法刻蚀。湿法刻蚀利用液体酸液或溶剂,将不要的薄膜去除。干法刻蚀利用带电粒子以及具有高度活性化学的中性原子和自由基的等离子体,将不要的薄膜去除。

8 光刻工艺。

光刻工艺是掩膜板上的图形在感光材料光刻胶上成像的过程。流程一般分为气相成底层、旋转涂胶、软烘、对准和曝光、曝光后烘焙、显影、坚膜烘焙等。曝光设备一般又可依波长之不同分为365nm 的 I-line、248nm 的 KrF 深紫外线曝光设备,以及193nm 的 ArF 深紫外线曝光设备和浸润式曝光设备。工艺相关设备需放置在黄光的区域。该区域需要有独立的回风,对洁净度亦有较高的需求,并装置去离子器,对温度、湿度、抗微振性能有最高的要求。

9 化学机械研磨工艺。

化学机械研磨工艺是把芯片放在旋转的研磨垫上,施加一定的压力,用化学研磨液进行研磨的平坦化过程,以完成多层布线所需的平坦度要求。通常应用在8英寸及以上的芯片加工工艺中。

10 检测。

透过微分析技术对材料以及工艺品质做鉴定和改善,可概分为在线检测及离线检测。

11 硅片验收测试。

硅片验收测试是在工艺流程结束后对芯片做电性测量，用来检验各段工艺流程是否符合标准。

12 中测。

中测的目的是将硅片中不良的芯片挑选出来，通常包含电压、电流、时序和功能的验证，所用到的设备有测试机、探针卡、探针台以及测试机与探针卡之间的接口等。

3.3.3 在芯片制造过程中，为了降低生产工序中发生的成本，必须设计出最合理的设备布局来缩短搬运的距离和时间，提高设备的利用率。一般会根据由工艺技术确定工艺流程。

通过对工艺流程的步骤分析，计算芯片在生产过程中传送各功能区域的频次，如图1范例工艺流程与芯片传送频次参数。

通过分析频次的数量，为了减少硅片传送距离，传送频次较高的区域建议相邻放置，如光刻区要靠近刻蚀区，刻蚀区要靠近去胶清洗区等。

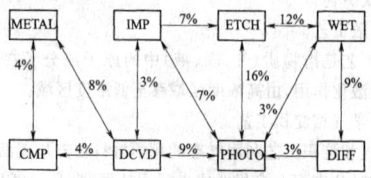

图 1　工艺流程与芯片传送频次参数

前段工艺(FEOL)包括硅片下线，浅沟道隔离与有源区的形成，阱区离子注入，栅极形成，源漏极形成，硅化物形成。后段工艺(BEOL)包括器件与金属层间介电层形成，接触孔形成，多层金属层连接，金属层间介电层形成，铝压点保护层形成，硅片验收测试等。进入后段工艺的硅片应避免与前段工艺混用设备，以免金属离子等污染前段工艺中的硅片，造成电气性能异常。

3.3.4、3.3.5 集成电路芯片生产的布局如图2所示的演进趋势。

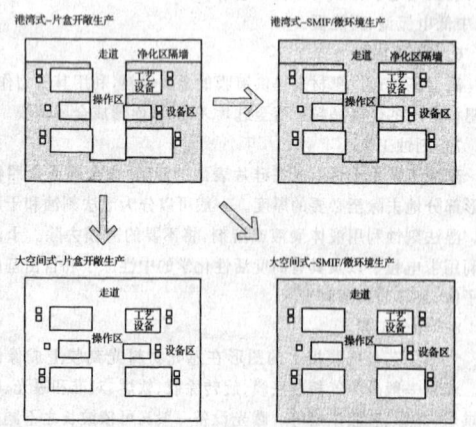

图 2　集成电路芯片生产的布局演进趋势

对于4英寸~6英寸芯片生产，由于通常采用片盒开敞式生产，操作区空气中的尘埃会直接影响硅片电路的电气性能，因此对于操作区的净化要求较高。为了节省运行费用，保证净化要求，通常采用壁板将操作区和低洁净度要求的设备区分开。

随着芯片加工尺寸向8英寸及12英寸发展，对于线宽的要求也越来越高，大面积高洁净度净化区的造价和运行成本越发昂贵，因此采用标准机械接口加微环境的生产方式成为8英寸及12英寸芯片生产方式的主流。在这种方式中，硅片放置在密闭的片盒中，在运输和加工过程中不会受到外界环境的污染，因此操作区可以采用较低的净化等级。同时8英寸及12英寸的生产辅助设备通常可以放置在生产区的下技术夹层，以减少生产区占用的面积，可以提高净化区的

面积利用率，扩大单位面积的产能，因此在生产区中就没有采用隔墙将操作区和设备区隔开，同时可以提高设备布置的灵活性。

3.3.9 由于硅集成电路生产对环境要求很高，参观人员进入生产区参观会对环境及生产产生不利的影响，同时进入洁净区换鞋、更衣等步骤耗时较多，因此通常会在洁净生产区外设置参观走道，参观走道通常布置在厂房的一侧或环形布置。

3.3.10 对于早期的8英寸芯片工厂来说，大部分硅片传送、存储和分发是通过人工操作完成的。目前多数8英寸和12英寸芯片工厂设有自动物料处理系统(AMHS)，其优点在于有效利用洁净室空间、有效地管理生产中的芯片、有效降低操作人员的负担，进而减少在传送硅片时的失误。在一些12英寸生产工厂，运输系统可延伸到不同的生产区域，借助吊挂传输系统(OHT)，将芯片直接传递到设备端。今后自动物料处理系统中还要在提高生产速度、缩短生产周期和快速适应芯片制造环境变化等方面进行持续改善，在首次投片到成熟生产期间快速发展起来，同时适应和满足芯片工厂的各种需求。

在计算自动物料处理系统时，应考虑生产周期、生产线成品率、研发和生产工艺验证投片需求、机械手臂的处理能力等因素来决定储位数量和载送距离。

4　总体设计

4.1　厂址选择

4.1.1~4.1.3 厂址应选择在大气含尘量低，远离化工厂、制药厂、垃圾焚烧厂的地区，同时要满足环保要求，避免工厂的危险有害因素对周边人群居住或活动环境造成污染与危害。厂址如不能远离严重空气污染源时，则应位于最大频率风向上风侧或全年最小频率风向下风侧，同时应远离铁路、码头、飞机场、交通要道等有振动或噪声干扰的区域。

4.2　总体规划及布局

4.2.1 硅集成电路芯片工厂的厂区中生产区占地较大，同时也是人流和物流的集中区域，因此在厂区总体规划中，要将生产区作为核心进行布置。

4.2.5 我国机动车拥有量逐年增多，设计时对机动车车位宜有前瞻性安排；同时按照绿色工业建筑评价标准，员工出行优先利用公共交通，非机动车的停放场地应满足15%以上员工的需要。

4.2.6 芯片厂房中的柴油发电机、空压机、大容量水泵等动力设备运行中噪声较大，宜远离生产及行政区域，并与厂界保持适当距离，以避免对正常生产及周边的区域环境造成影响。

4.2.8 工厂从试生产到满负荷生产时间较长，工艺设备通常分批购置及到货。而设备在净化区的搬运及安装耗时较多，因此在生产厂房附近宜有面积较大的临时存储场地，用于到货的生产设备临时堆放。

5　建筑与结构

5.1　建　筑

5.1.2 对于规模较大、人员较多的工厂，采用连廊作为各建筑间人员联系的通道可以有效地减少人员行走的距离，减少更衣、换鞋的时间以及外界环境的影响，连廊可根据气候条件采用开敞式或封闭式，连廊的高度不得影响厂区车辆通行。

5.1.3 硅集成电路芯片厂房由于常年保持恒温恒湿净化的环境，如果气密、保温和隔热的措施不到位，会增加工厂生产的能源消耗，防潮、防尘、耐久及易清洗也主要是满足工厂净化环境的要求。

5.1.4 在净化等系统的设备安装以及工艺设备搬入初期，由于搬运量较大，通常会采用吊装的方式来搬运。此外，有些超重超宽的设备无法用电梯搬运时，也需要采用吊装的方式来搬运。

5.1.5 挥发性有机物（VOC）对于芯片生产的影响已越来越得到重视，特别是对于8英寸~12英寸集成电路芯片生产，VOC会直接影响光刻、氧化等工序的成品率。对于外界空气中的VOC通常采用在新风处理阶段加装化学过滤器的方式来降低VOC的影响。

5.1.6 芯片生产所使用的设备昂贵，从安全角度考虑使用电梯是比较稳妥的搬运方式，对于8英寸芯片生产线设备的搬运宜使用8t货梯，12英寸芯片生产设备的搬运宜使用10t货梯。

5.2 结 构

5.2.1 本条与现行国家标准《建筑抗震设计规范》GB 50011的要求是一致的。设计时应考虑各建筑物的用途、是否属于易燃易爆厂房等因素。对于芯片生产厂房，则应根据厂房的投资额、建筑面积和职工人数等确定抗震设防类别。本条为强制性条文，必须严格执行。

5.2.3 由于常用的FFU，风口及高架地板的尺寸均为600mm的模数，为便于净化工程的安装与施工，有利于降低建造成本，厂房柱网宜采用600mm的模数。

5.2.4 本条主要考虑避免厂房变形缝对洁净生产区的气密性造成的影响。

5.3 防火疏散

5.3.1 硅集成电路生产厂房中使用了丁酮、丙酮、异丙醇等易燃化学品和H_2、SiH_4、AsH_3、PH_3等可燃、有毒气体，这些物品是集成电路生产工艺所必需的原料，参与过程反应或作为保护性气体使用。随着技术的进步，各种气体及化学品的输送、控制以及监控报警技术有了很大的进步和提高。调查表明，集成电路生产所采用的扩散、外延、离子注入等工艺和设备自身都已配有危险气体泄露报警、连锁装置以及灭火系统，可燃气体及易燃化学品系统设有紧急切断阀，一旦发生事故、火情时，自动切断可燃气体及易燃化学品的供应。本规范制定过程中同时借鉴国内外已竣工投产的硅集成电路芯片厂房的成熟经验。本条为强制性条文，必须严格执行。

6 防微振

6.1 一般规定

6.1.1 集成电路芯片厂房的微振控制归根结底是在生产区楼面提供一个满足振动敏感设备安装要求的微振动环境，所以微振控制要求是由生产工艺及所选设备决定的。在集成电路芯片生产中，对微振有较高要求的通常为光刻设备以及扫描电子显微镜，其容许振动值的物理量表达通常有振幅（μm）、振动速度（mm/s）以及振动加速度（mm/s²），这三种物理量可以通过公式换算。在国际上通常以通用振动标准曲线VC进行定义，如图3所示。VC曲线是指一组表示在一定频率范围内振动幅值（用速度表征）的曲线，按振动速度从高到低依次为VC-A、VC-B…VC-G。有关VC曲线的定义、场地和楼面微振动的测试、数据采集、处理和报告，可参考美国环境科学与技术协会（IEST）的有关标准（表2）。

6.1.2、6.1.3 交通运输设施对建设场地的微振动水平有重要影响，当场地的微振动超过拟建厂房生产工艺的要求时，依靠结构措施抑制厂房结构的振动响应需付出高昂代价且具有较大技术风险。因此，调查交通设施（如码头、火车、高铁、城铁、邻近的飞机场等）对所选场地的影响、评价场地是否适宜建设微振敏感厂房是必须进行的前期工作。规划中的交通设施或振动较大的厂房（如建造新厂房、道路变化、新增城铁及地铁等）对场地的振动影响由于尚未实施而难于评价，对集成电路芯片厂的正常运行具有潜在威胁，因而了解拟建场地周边的远景规划也是重要的前期工作。

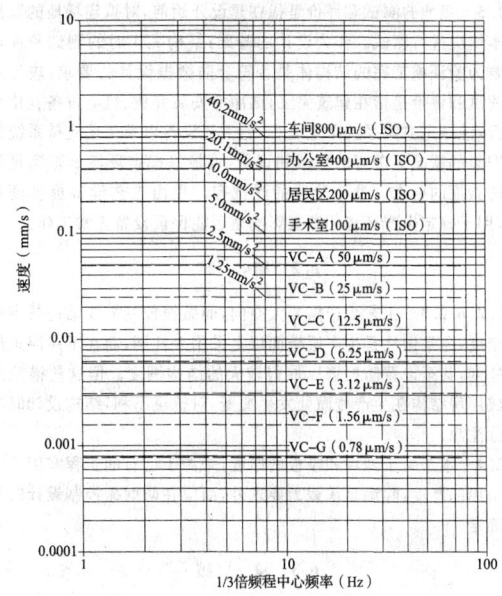

图3 通用振动标准曲线VC

表2 振动标准曲线VC的应用及解释

标准曲线	振动速度（μm/s）	特征尺寸（μm）	适用场合
生产车间（ISO）	800	未定义	感觉非常明显的微振。适用于车间与非敏感型区域
办公室（ISO）	400	未定义	感觉明显的微振。适用于办公室与非敏感区域
居住区	200	75	微振很少感觉到。在很多场合下，可以用于睡眠的地方，通常，适用于计算机设备、宾馆、健身房、半导体实验室、低于40X显微镜
操作中心	100	25	微振感觉不到。在多数场合下，适用于手术室、100X显微镜，以及其他低灵敏度的设备
VC-A	50	8	在多数情况下，适用于400X光学显微镜、微量天平、投影式光刻机
VC-B	25	3	适用于3μm线宽的检验设备与光刻设备（包括单片机）
VC-C	12.5	1~3	至1000X光学显微镜、光刻机、检验设备（包括适度灵敏的电子显微镜）（小至1μm）、TFT-LCD步进光刻系统
VC-D	6.25	0.1~0.3	大多数情况下，适用于要求严格的设备，包括很多电子显微镜与电子束系统
VC-E	3.12	<0.1	具有挑战性的标准，适用于敏感性系统中最敏感的部分，包括长距离小目标的系统，纳米尺寸的电子束光刻以及要求超常动态稳定的其他系统

续表 2

标准曲线	振动速度 (μm/s)	特征尺寸 (μm)	适 用 场 合
VC-F	1.56	未定义	适用于极端的研究空间,绝大多数情况下很难达到的,特别是洁净室(作为设计标准不推荐,只用于评估)
VC-G	0.78	未定义	适用于极端的研究空间,绝大多数情况下很难达到的,特别是洁净室(作为设计标准不推荐,只用于评估)

6.1.5 场地的测试和评价是指在建设开始前,对拟建场地的微振基本情况进行测试,作为设计的基础;结构完工时的测试和评价主要为验证施工完的结构体是否符合防微振设计的要求;竣工时的测试和评价是指在建筑完工,洁净室安装完成、机电设备就位且运行,洁净室空调系统平稳运行,但工艺设备以及工艺支持系统尚未安装的情况下进行的测试和评价,可最终确定环境是否满足设备防微振的要求。这个阶段的测试有时也由工艺设备提供商负责,用于确定生产环境的微振影响是否能保证设备正常工作。

6.2 结 构

6.2.2、6.2.3 工艺生产需要大空间,而微振控制需要结构具有较大刚度,通常做法是生产层楼面以上采用大柱网,而在下夹层采用小柱网,甚至设置防振墙以取得较大的结构刚度。但这些措施易造成厂房结构在生产楼面处发生突变,对抗震不利,结构设计时应充分注意。

6.2.4 本条关于地坪和筏板的厚度,来源于已有的工程实例。实际采用的厚度,除满足承载力要求外,尚应在防微振控制设计时评估确定。

6.3 机 械

6.3.1 对于动力设备尽量采用直接驱动或变频驱动的系统。在周围有振动敏感型的设备时,不推荐采用皮带驱动的系统。

6.3.2、6.3.3 管道(特别是大直径管道)内流体的流动引起的管道振动,或者与管道连接的各种泵的振动,不可避免地会通过管道支架传递到建筑结构上。对这种振动如不加以控制,可能引起微振控制达不到预定目标。通常建议风管内的空气流速限定在 9m/s 以内,管道内的液体流速控制在 2.5m/s 以内。

7 冷 热 源

7.0.1 考虑管理、操作、维修的方便性,人工冷热源设备一般采用集中设置的方式,如在工厂建立独立的锅炉房、冷冻站、热交换站等冷、热源供应设施。工厂所在地区的气候条件、能源结构、政策、价格及环保规定也是选择动力设施的必需条件。城市、区域供热系统效率较高、污染小,且符合国家政策鼓励范围,应该是首选;空气源热泵使用与安装较为方便,可用于生活区、办公楼等建筑;地源热泵、水源热泵具有较高的效率,也可用于生活区、办公楼等设施。

7.0.2 热回收冷水机组具有较高的能效比,所以在同时提供冷源与热源的情况下,宜选用热回收机组。

7.0.4 在春、秋过渡季节或冬季,由于室外干球温度较低,冷却塔可以提供 10℃~15℃ 的冷却水,该温度一般可以满足工艺冷却水的需求,且冷却塔制取相同冷量的耗电量远低于冷冻机所需的耗电量,因此,在条件许可时,应利用冷却塔作为冷源设备。

7.0.5 为减少冷冻水泵的电能消耗和冷冻机组单位冷量的耗电量,宜加大冷冻水供、回水温差和提高冷冻机组的出水温度。

7.0.7 当冷负荷变化较大时,规定空调系统部分或全部设备宜采用变频调速是为了节约单位冷量的能源消耗。

7.0.8 制冷剂的选取应符合环保的要求,过渡制冷剂的使用年限也应符合国家禁用时间表的规定,因为现代工程设计必须考虑环保的规定。

7.0.9 选用比例调节燃烧器的全自动锅炉是为了在全负荷范围内保持较高的燃烧与运行效率,工厂在实际运行时,不同季节的热负荷变化较大,锅炉运行台数也处于不断变化之中,因此,规定每台锅炉设置独立的烟囱,有利于烟囱内烟气的排放,防止空气倒灌。

7.0.10 锅炉房排放的大气污染物浓度除了应符合国家标准外,还应符合项目所在地区的地方标准的规定。

8 给排水及消防

8.1 一 般 规 定

8.1.1 硅集成电路芯片工厂的给排水系统通常包括一般生产给水系统(主要用于就地洗涤塔给水)、一般生活给水系统、超纯水系统、工艺冷却水系统、生产废水系统、一般生活排水系统、消防给水系统等。各个系统对水温、水质和水压的要求都不一样,因此应根据安全合理、经济适用的要求分别设置系统。此外随着国民经济的发展和城市生活水平的提高,我国很多地区特别是北方和某些沿海城市发生水资源短缺和污染问题。水资源本身不足和水源的污染已成为我国国民经济发展的一个制约因素。因此很多地方实行水资源的统一规划与管理,把用水问题,特别是将节水工作纳入社会经济发展规划中,建立与健全相应的规章制度,认真贯彻开源节流并重方针,加强节水的科学管理。

集成电路芯片生产是消耗水资源较大的行业之一,水资源的合理使用和节水技术措施成了企业必须重点考虑的一个方面。这不仅关系到生产成本的降低,同时也是节约资源、实施经济可持续发展的重要战略措施。企业还必须在项目建设过程中落实节水工程、节水设施建设的"三同时、四到位"。

要做到节约用水,通常需要对全厂的给排水系统进行通盘考虑,在完成全厂水量平衡图的基础上,分析该类项目的用水特点,通过各用水系统用水量、水质要求、节水措施及节水潜力进行比较分析,提高节约用水和循环用水的水平,实现节水节能,减少排污。

8.1.3 洁净室的洁净度是受控的,任何可能造成洁净环境受到影响的动作都应有必要措施进行控制。管道穿越洁净室,其穿管处的处理就是关键一环。总的说来,穿越处采用套管方式是行之有效的,一方面它保证了洁净室内的正压风不会大量泄漏造成能量浪费,另一方面也杜绝了非洁净空气顺着管道缝隙进入洁净空间。对于无法设置套管的部位,也应该有必要的技术措施。

8.1.4 洁净室的温度、湿度和压力都是受控的,基本处于恒温恒湿的状态。因此给排水管表面温度高于洁净室环境温度时,应该进行隔热保温处理。同时,当给排水管道表面温度低于环境湿球温度时,为避免由于管道表面结露影响洁净环境的温度、湿度和洁净度,也应该对管道进行防结露保温处理。对于可能冻结区域架空敷设的给排水管道应尽量避免死端、盲肠、袋状管段。对于难以避免的袋状管段,应考虑设低点排液阀。对于难以避免的盲肠管段或设备间断操作的管道,应考虑保温、伴热等防冻措施。

用于洁净室内给排水管道保温需要的保温材料应确保保温材料脱落的粉尘对环境的影响最小。

8.2 给 排 水

8.2.4 硅集成电路芯片生产工艺复杂,加工精度高,大多数工序都要使用超纯水清洗硅片,水资源消耗量较高。虽然城市自来水作为芯片工厂水源已经很安全,为了保证用水更安全,很多企业都加大了水回用的力度,同时在可能的情况下还自备水源(如地下水)。所以无论回用水还是自备水源水质是否优于城市自来水水质,均不得用管道直接连接在城市自来水管上(即使加装倒流防止器也不允许),这也是国际上通行的规定。本条为强制性条文,必须严格执行。

8.2.8 由于管道法兰处容易泄漏,所以输送有毒、有害、腐蚀性介质的管道,不得在人行通道和机泵上方设置法兰,以免法兰渗漏时介质落于人体上而发生人身事故。如果管道与法兰连接的设备、阀门、特殊管件连接必须采用法兰连接时,连接法兰处应采取有效的防护措施。

8.2.10、8.2.11 硅集成电路芯片厂房根据生产需要,通常使用较多的化学药品。这些化学药品性质各不相同,分别表现为可燃、易燃、自燃、有毒、腐蚀和氧化性。针对不同化学特性,这些化学品通常都应分门别类储存,同时不得和禁忌物品混合储存。作为贮存和配送化学药剂的房间,必须要有可靠的排水措施将泄漏的化学药剂和消防排水有组织收集并临时贮存,避免因为化学药剂和被化学药剂污染的消防排水因无组织四处漫流而导致人员伤害和环境污染。就地通过地沟等设施贮存泄漏的化学药剂和消防排水是一种常见的简单易行的技术措施。

8.3 消 防

8.3.1 硅集成电路芯片生产厂房是一个相对封闭的建筑物,室内设备众多,通道狭长而曲折,一旦发生火灾,人员的疏散和灭火都非常困难。为了确保生产操作人员和设备财产的安全,设计中应贯彻"预防为主,防消结合"的消防工作方针。因此硅集成电路芯片生产厂房除了设计有效的防火措施外,还必须根据消防安全、经济高效、合理统一的原则设计有效的灭火设施,预防火灾的发生和蔓延。

8.3.2 硅集成电路芯片生产过程中使用大量的特种气体和化学品,这些特种气体和化学品通常具有不同的化学性质,如可燃、易燃、自燃、腐蚀、氧化或惰性,因此硅集成电路芯片厂房需要根据不同物品的火灾危险性有针对性的设置不同的消防措施。如ClF_3遇水会发生爆炸,就需要根据其特性采用非水消防的消防措施。

8.3.3 消防加压水泵是消防给水系统的关键设备,直接关系消防给水系统是否完善,决定了火灾扑救的效果。根据火灾扑救效果统计,在扑救失利的火灾案例中,81.5%的火场消防供水不足,导致火势失控。

8.3.4、8.3.5 此规定是根据我国的有关方针政策、具体工程实际情况并结合消防施救能力和扑救习惯而制定的。

8.3.6 硅集成电路芯片生产厂房通常根据生产需要,调整房间布置或设备布置,有时需要调整消火栓的位置,室内消火栓设置单独的隔断阀门,可以使消火栓位置的调整变得快捷方便。

8.3.7 自动喷水灭火系统是硅集成电路芯片生产厂房的最为有效的灭火设施。一旦发生火情,喷头及时开启出水,可以有效地控制火情并扑灭火灾。硅集成电路芯片生产厂房自动喷水灭火系统设计参数的确定是根据国内外集成电路芯片生产厂房的常规实践所规定的。

8.3.9 在硅集成电路芯片生产厂房洁净空调系统的运行过程中,送风自上而下,即使发生火灾,部分风机过滤单元仍旧送风,使得喷头不能及时感受到热气流的热量。为了让喷头能及时动作,应采用快速响应喷头,其动作速度远快于标准喷头。

8.3.10 软管用于硅集成电路芯片生产厂房的喷头连接,可以避免地震时由于吊顶与消防管道的相对位移造成的管路和喷头的破损而引发的水渍损害。同时由于软管具有一定的长度,在喷头位置需要根据房间分隔变化时,可以带水作业,便于快捷方便调整喷头位置布置。而且软管安装简单快捷可以有效地降低硬管安装误差所造成的吊顶与消防管道间的应力。采用不锈钢材质,是为了减少腐蚀和降低粉尘污染。

8.3.11 本条规定是参照国内外类似项目的设计实践,目的是为了自动喷水灭火系统能够及时开启,迅速控制并扑灭火灾,避免火势蔓延。本条为强制性条文,必须严格执行。

8.3.12 硅烷具有自燃性,一旦泄漏,容易发生自燃。如果采用普通的湿式灭火系统或雨淋系统,火势扑灭后,泄漏的气体容易发生爆炸。所以该类火灾的灭火要求是首先及时判断自动关断阀,切断气源,防止事故扩大,同时做好气瓶的防护。

8.3.13 本条是根据国内外集成电路厂房的工程实践和借鉴美国防火协会标准《半导体制造设施保护标准》NFPA 318 的相关规定而制定的。

8.4 灭 火 器

8.4.1～8.4.3 灭火器是扑灭初期火灾的有效手段,考虑到洁净室为防止灭火器误喷而污染清洁环境,洁净室内所用灭火器通常采用二氧化碳作为灭火剂。但是按相关规范设置级别所布置的手提式二氧化碳灭火器通常较重,不便于使用,所以通道上宜设置推车式二氧化碳灭火器以方便使用。

9 电 气

9.1 供 配 电

9.1.3 硅集成电路芯片生产的工艺设备大多数为进口设备,其用电电压可能是208V/120V、380V/220V、415V/240V、480V/277V等。应根据各种电压等级设备的用电需求量,确定合理的变压器配置方案。

9.2 照 明

9.2.1 净化生产区照明的照度值宜为500 lx,光刻区的照度值宜为600 lx,辅助设备区的照度宜为300 lx,实验室的照度值宜为600 lx,辅助工作室、人员净化和物料净化用室、气闸室、走廊等照明的照度值宜为200 lx～300 lx。

9.2.5 光刻区照明使用黄光,由于波长较长,能量较低,不会影响到感光胶;外界照明光线为白光,含有多种波长的组合,其短波长的成分足以使感光胶曝光。

9.5 通信与安全保护

9.5.1 一个完整的硅集成电路芯片工厂通常组织严密,内部分工细致,各工程相互联系紧密,对外需随时保持联系,因而通常需在厂内靠近办公区设一电话站,装设程控数字电话交换机,生产厂房洁净区电话由程控交换机引来。洁净室内通常采用综合布线系统,设置电话插座(单孔)和电话/数据插座(两孔或三孔)两种信息插座。

9.5.2 硅集成电路芯片厂房设置火灾自动报警系统主要目的为保障贵重工艺设备以及及早发现火灾隐患,同时根据洁净厂房的特点,一旦火灾发生,人员进入困难,因而火灾自动报警系统必须设置。设置火灾自动报警系统的区域根据生产工艺布置和公用动力系统的装设情况,包括洁净生产区、技术夹层、机房、站房均应设火灾探测器,全面保护。

硅集成电路芯片厂房内设备、仪器较为昂贵且厂房建造费用较高,一旦着火,损失巨大。同时洁净厂房内人员进出迂回曲折,人员疏散困难,不易发现火情,消防人员难以接近,防火有一定的困难。为达到室内净化级别,洁净室内对气流、空间大小、换气率都有较高的要求。火灾发生后，若一旦关闭净化空调系统，即使再恢复也会影响洁净度，使其达不到工艺生产要求而造成损失，而且中断生产和烟雾对设备的影响所造成的损失很难弥补。洁净室内一般空间较大、气流速度高（换气次数40次/h～120次/h），普通的感烟探测器对烟雾探测有很大的困难。所以，洁净室内的烟雾探测既重要又困难，常规的火灾探测器系统往往不能有效地发挥作用，采用早期火灾探测及报警技术可以克服洁净室内高气流、大空间的探测难度以达到火灾极早期报警，使火灾损失最小。

9.5.6 硅集成电路芯片厂广播应满足应急广播最低声压级的要求，即洁净室内扬声器的额定功率不应小于3W，在环境噪声大于60dB的场所，在其播放范围内最远点的播放声压级应高于背景噪声15dB。

率，避免概念混淆，应采用现行国家标准《洁净厂房设计规范》GB 50073 表 3.0.1 作为统一标准，如表4所示。该表等同于国际标准 ISO 14644-1《洁净室及相关控制环境 第1部分：空气洁净度等级的分类》，也便于与国际接轨。确定空气洁净度等级所处状态的目的是便于设计、施工和项目验收，更主要的是满足产品生产要求。

表4 洁净室及洁净区空气中悬浮粒子洁净度等级

空气洁净度等级	大于或等于表中粒径的最大浓度限值（pc/m³）					
	0.1μm	0.2μm	0.3μm	0.5μm	1μm	5μm
1	10	2				
2	100	24	10	4		
3	1000	237	102	35	8	
4	10000	2370	1020	352	83	
5	100000	23700	10200	3520	832	29
6	1000000	237000	102000	35200	8320	293
7				352000	83200	2930
8				3520000	832000	29300
9				35200000	8320000	293000

10.1.3 为保证洁净室空气平衡和洁净室内的正压值，新鲜空气量应等于补偿室内排风量和保持室内正压值所需新鲜空气之和，同时新鲜空气量应满足人员新鲜空气需求量。因此，取两者之中的最大值。现行国家标准《采暖通风与空气调节设计规范》GB 50019 规定："工业建筑应保证每人不小于 30m³/h 的新风量。"《洁净厂房设计规范》GB 50073 规定："保证供给洁净室内每人每小时的新鲜空气量不小于 40m³/h。"芯片厂房内使用化学品、特种气体等原料，这些物品具有有毒有害、易燃、易爆等特性，因此在本条第2款制定了"保证供给洁净区内人员所需的新鲜空气量"的规定。

10.1.4 洁净室与相邻的房间应保持一定压差，确保洁净室在正常状态或空气平衡暂时受到破坏时，气流只能从空气洁净度等级高的房间流向空气洁净度等级低的房间，使洁净室内的洁净度不会受到污染空气的影响。渗漏空气量与压差值有关，压差值选择应适当。若压差值过小，洁净室正压很容易被破坏，洁净室的洁净度也会受到影响。若压差过大，渗漏风量会较大，补充新风量就相应增加，新风空调冷热负荷也会相应增加，新风空调器容量也会增大，过滤器负荷也会增加，过滤器使用寿命也会缩短。试验结果表明：洁净室内正压值小于 5Pa 时，洁净室外的污染空气就有可能渗入洁净室内。室外空气在洁净厂房的迎风面上产生正压，在背风面上产生负压，因此，洁净室相对于室外的压差参照点应位于迎风面，洁净室与室外的相对压力应大于或等于 5Pa。

10 工艺相关系统

10.1 净化区

10.1.1 集成电路技术从最初的在同一块衬底材料上只能集成屈指可数的几个半导体器件和无源元件的水平，已经发展到今天的在一个平方厘米的硅晶片上就可以集成几千万个元件水平。随着时代的发展，单个元器件的尺寸越来越小，单个集成电路芯片的面积越来越大，这就使得集成电路的集成度越来越高。集成电路芯片加工精度和生产环境的洁净度密不可分。

洁净区空气中的尘埃会直接影响芯片的品质。表3为美国半导体工业联合会（SIA）制定的有关半导体技术发展路线图中的数据。

表3 半导体工业芯片面积与特征尺寸、临界缺陷尺寸

年份 项目	1997	1999	2003	2006	2009
最小特征尺寸（nm）	250	180	130	100	70
晶圆片直径（mm）	200	300	300	300	450
DRAM芯片位数	256M	1G	4G	16G	64G
DRAM芯片面积（mm²）	280	400	560	790	1120
微处理器芯片晶体管数量	11M	21M	76M	200M	520M
最大布线层数	6	6～7	7	7～8	8～9
最小掩模数量	22	22/24	24	24/26	26/28
临界缺陷尺寸（nm）	125	90	65	50	35
原始硅片总的颗粒密度（个/cm²）	0.60	0.29	0.14	0.06	0.03
DRAM GOI 缺陷密度（个/cm²）	0.06	0.03	0.014	0.006	0.003
逻辑电路 GOI 缺陷（个/cm²）	0.15	0.15	0.08	0.05	0.04

从表3中的临界缺陷尺寸一栏清楚地表明了晶圆片表面多大尺寸的随机缺陷或颗粒就会引起集成电路芯片功能的失败。由于临界缺陷尺寸小于最小特征尺寸的一半，对于当今 20nm 的最小特征尺寸，临界缺陷尺寸只能小于 10nm。例如，在光刻胶的曝光过程中，如果晶圆片表面存在一个尘埃颗粒，则这个小颗粒就会影响到其下方光刻胶的曝光。假如由此引起的缺陷尺寸已经接近了所要光刻图形的特征尺寸且该缺陷恰好又处在芯片上的某个关键区域，那么就极有可能导致该处的器件功能失效；当出现在栅氧化工艺步骤时，一个位于 MOSFET 栅氧化层区域的颗粒就很可能会引起器件失效。对于一个现代的硅集成电路芯片制造厂来说，据统计，大约 75% 的成品率损失都是由于晶圆上的尘埃颗粒而直接引起。

由于产品和工艺设备不同，对洁净室内空气洁净度等级和被控粒子粒径、温度、相对湿度控制要求也不相同。因此，生产区域的洁净度等级应根据工艺要求确定。为了有效地保证产品合格

10.1.5 近年来，国内外集成电路芯片洁净室大多数采用大空间（Ballroom）与微环境相结合型式，主要工艺生产区域洁净度等级为 ISO5、ISO6 级，气流流型为非单向流，一般采用顶部 FFU 送风，架空地板下回风，满布率为 17%～25%，主要生产设备操作区域布置在微环境内，微环境洁净度等级为 ISO2、ISO3、ISO4 级。辅助区域洁净度等级一般为 ISO5、ISO6 级，通常采用非单向流。光刻、电子束曝光等区域洁净度等级为 ISO4 级或者更高，通常采用顶部满布 FFU 送风，架空地板下回风。国际标准化组织 ISO/TC209 技术委员会发布的 ISO 14644-4《洁净室及相关控制环境 第4部分：设计、建造和试运行》中的表 B.2 微电子洁净室的实例，列出了空气洁净度等级、气流流型、洁净送风量的数据，如表5所示。

表5 微电子洁净室的实例

空气洁净度等级工作状态	气流型式	平均气流速度（m/s）	换气次数（次/h）	应用举例
2	U	0.3～0.5	未定义	光刻、半导体加工区
3	U	0.3～0.5	未定义	光刻、半导体加工区
4	U	0.3～0.5	未定义	工作区、多层掩膜加工、光盘制造、半导体服务区、公用

续表5

空气洁净度等级 工作状态	气流 型式	平均气流速度 (m/s)	换气次数 (次/h)	应用举例
5	U	0.2～0.5	未定义	工作区、多层掩膜加工、光盘制造、半导体服务区、公用设施区
6	N/M	未定义	70～160	共用设施区、多层掩膜加工、半导体服务区
7	N/M	未定义	30～70	服务区、表面处理
8	N/M	未定义	10～20	服务区

10.1.7、10.1.8　洁净区的送风方式有集中送风、风机过滤器机组（FFU）形式。目前，大规模集成电路厂房，洁净区面积大、洁净度等级高、送风量很大，通常采用FFU送风方式。对于规模较小的实验室，由于面积小，洁净度等级较低，送风量较小，可采用集中送风方式或FFU送风方式。FFU送风方式，由于空气循环路径短，气流速度低，阻力损失小，风机送风压头低，单位送风量电耗较集中送风方式低。对于洁净度等级高的洁净室，推荐采用风机过滤器机组（FFU）送风。

10.1.9　硅集成电路芯片厂房洁净室规模较大，新风量很大，通常采用多台新风机组集中处理新风，集中处理新风具有以下优点：

　　1　新风集中处理可以去除新风中绝大部分的灰尘，有效延长了末级高效空气过滤器（HEPA）、超高效空气过滤器（ULPA）的使用寿命；

　　2　新风集中处理有利于去除新风中的水溶性化学污染物，降低了末级化学过滤器的负荷；

　　3　新风集中处理有利于洁净室湿度控制，避免冷热抵消，节约能耗；

　　4　通常芯片厂房新风机组有多台，并设置备用机组，宜并联运行。由于工艺设备分期安装，且生产技术发展升级速度迅速，设备更新升级快，工艺设备排风量会随运行设备数量和运行负荷率的变化而变化，新风量也是变化的，因此建议新风系统送风机采用变频措施，以适应新风需求量的变化。

10.1.11　干盘管是采用中温冷冻水作为冷媒的空气换热设备，安装洁净室回风通路上，消除洁净室内余热，因其表面温度高于洁净室内空气露点温度，不会产生冷凝水。干盘管应用于洁净室，一般迎风面速度控制在2m/s以下，以降低盘管空气阻力。干盘管正常运行时，不会产生冷凝水，不需要设置集水盘，但考虑到设备和管道检修，建议设置检修排水设施。

10.2　工艺排风

10.2.1　硅集成电路芯片厂房在生产过程中使用酸、碱、溶剂等化学品和特种气体，一些气体和化学品属于易燃、易爆、有毒、有害物质，因此，必须设置工艺排风系统，排出这些有害物，保证洁净室内的设备、环境、人员安全。工艺排风根据排风性质一般可分为酸排风、碱排风、溶剂排风、热排风，以便按照排风性质分别设置排风系统，进行分类处理。

当工艺排风中有害物含量超出国家排放标准时，应采取相应处理措施达标后，才能排放至室外。当工艺排风中含有剧毒、易燃、易爆等危险物质时，应设置备用排风机和处理设备，并配置应急电源，以维持排风系统连续可靠运行，消除中毒、爆炸、火灾危险，保证洁净室内设备、环境、人员安全。排风管道内可能集聚爆炸危险气体和粉尘而引起爆炸危险。美国防火协会标准《净化间防护标准》NFPA 318第3.4条规定，洁净室排风系统应设计成保证风管内气流被稀释，而不形成可燃蒸汽。

NFPA定义的HPM气态化学品（参考美国防火协会标准《危险品紧急处理系统鉴别标准》NFPA704）如排放浓度大于TLV值或20%LEL，需经过局部处理设备的处理。局部处理设备的选择

从安全、卫生和环保方面考量，基本要求如下：

　　1　可燃性气体，如H_2（氢气），较低浓度的PH_3（磷烷），较低浓度的AsH_3（砷烷）等，一般采用电热/燃烧水洗式的局部处理设备；

　　2　自燃性的气体，如SiH_4（硅烷），一般采用电热/燃烧式的局部处理设备；

　　3　易溶于水的气体，如HCl（氯化氢），HBr（溴化氢）等，一般采用填充水洗式的局部处理设备；

　　4　PFC（全氟化物）气体，如CHF_3（三氟甲烷）、C_4F_6（六氟丁二烯）、C_5F_8（八氟戊烯）等，一般采用干式吸附式、燃烧式的局部处理设备；

　　5　毒性气体，且不能燃烧，也不能湿洗的，如ClF_3（三氟化氯）等，采用干式吸附式的局部处理设备；

　　6　沸点较接近常温的物质，如TEOS（正硅酸乙酯），采用简单的冷却就可以处理，采用冷凝收集器。

10.2.2　排风系统划分原则。

　　1　防止不同种类和性质的有害物质混合后引起燃烧或爆炸事故；

　　2　避免形成毒性更大的混合物或化合物，对人体造成危害或对设备和管道的腐蚀；

　　3　防止在风管中积聚粉尘，从而增加风管阻力或造成风管堵塞，影响通风系统的正常运行。

10.2.4　使用有毒有害物质的房间应通风良好。根据国际规范委员会（ICC）发布的《国际建筑规范》ICC-IBC—2009第415.9.2.6条规定，半导体生产厂房和相当的研发区域应设置机械通风，应按整个生产区面积计算，每平方英尺面积的通风量应不小于1立方英尺/min（折合每平方米面积$18.3m^3/h$），据此，本条作出了使用有毒有害物质的房间排风量应满足最小通风量每小时6次的规定。

10.2.5　硅集成电路芯片厂房在生产过程中使用酸碱、溶剂等化学品和特种气体，一些气体和化学品属于易燃、易爆、有毒有害物质，设置备用排风机目的是提高排风系统的可靠性，当一台排风机发生故障时，其余排风机仍能够提供足够的排风量，满足工艺设备正常排风需求。工艺排风系统设置不间断电源的意图是保持工艺排风系统运行，当芯片厂房发生电源故障时，大多数工艺设备停止运行，有害物释放量减少，为保证工艺设备和人员安全，排除工艺设备内残余有害物质，建议至少维持正常排风量的50%。美国防火协会标准《净化间防护标准》NFPA 318第3.5.2条也规定应急电源应维持不小于50%容量的排风系统运行，排风浓度可维持在安全范围内。

10.2.6　集成电路产品种类很多，产品不同，生产工艺也不同，加工设备的利用率也不同，不同种类的工艺排风量也是变化的。同时，随着加工技术的进步和设备升级，不同种类的工艺排风量也会变化，因此，芯片厂房工艺排风系统宜设置变频调节系统，根据工艺设备对排风的要求调节工艺排风系统的运行状态，也起到了节能效果。

10.2.7、10.2.8　芯片厂房在生产过程中使用酸、碱、溶剂等化学品和特种气体，属于具有腐蚀性、易燃、易爆、毒性物质，工艺排风系统起到了有效捕集有害物，阻止有害物向厂房内扩散，通过排风管道输送到处理设备，处理达标后排放到室外。如果在工艺排风管道上安装防火阀，防火阀关闭，将会造成排风中断，工艺设备释放的有害物就会扩散到室内，造成洁净室内环境污染和人员伤害，因此，芯片厂房工艺排风管道上不应安装防火阀。由于工艺排风含有腐蚀性、易燃、易爆、毒性物质，防火分区是被动式防火措施，如果工艺排风管道穿越防火分区的防火墙，容易造成火灾沿防火管道扩散到另一个防火分区，因此，工艺排风管道不应穿越防火分区的防火墙。工艺排风管道穿越有耐火时限要求的建筑构件处，采用必要的防火

构造可以阻止火灾从一个房间蔓延到另一个房间。

10.2.9 工艺排风中含有腐蚀性、易燃、易爆、毒性物质，发生火灾的潜在危险大。因此，工艺排风管道应采用不燃材料。

10.2.11 即使在火灾时，工艺排风系统仍有必要保持运行，不可能切断各排风管路。如果采用工艺排风系统兼作排烟系统，工艺设备排风量将会减少，增加了有害气体扩散到室内的可能性，同时，也无法保证所需要的排烟量，影响到排烟效果。高温排烟与工艺排风混合，也增加了产生火灾、爆炸危险性。因此，芯片厂房洁净区的工艺排风系统不应兼作排烟系统使用。

10.3 纯 水

10.3.1 芯片生产过程中需大量使用超纯水作为清洗用水。我国水资源短缺、淡水资源总量约每年26200亿 m^3，人均占有量为每年2392m^3，为世界人均占有量的1/4，名列第110位，由于各地区处于不同的水文带及受季风气候影响，水资源与土地、矿产资源分布和工业用水结构不相适应。水污染严重，水质型缺水更加剧了水资源的短缺。高速扩张的产能和日益匮乏的水资源的尖锐对立，如何合理的制水、用水并综合利用水资源是硅集成电路芯片工厂纯水系统设计的基础。纯水制备系统需根据生产工艺的要求合理制定制备系统规模和供水水质。超纯水制备可利用水源，包括自来水以外的再生水、甚至废水处理站处理后的水，体现面对水资源匮乏，设计中不能只考虑自来水，而忽略其他水源。

10.3.3 实践证明采用循环供水方式是行之有效的。主要是基于保证输水管道内的流速和尽量减少不循环段的死水区，以减少纯水在管道内的停留时间，减少管道材料微量溶出物（即使目前质量最好的管道也会有微量溶出物）对超纯水水质的影响，同时，较高的流速还可以防止细菌微生物的滋生。

10.3.6 纯水系统管材的选择方面，主要应考虑三方面的因素：

材料的化学稳定性：纯水是一种极好的溶剂，为了保证在输送过程中纯水水质下降最小，必须选择化学稳定性极好的管材，也就是在所要求的纯水中的溶出物最小。溶出物的多少应由材料的溶出试验确定，其中包括金属离子、有机物的溶出等。

管道内壁的光洁度：若管道内壁有微小的凹凸，会造成微粒的沉积和微生物的繁殖，导致微粒和细菌两项指标的不合格。目前聚偏氟乙烯（PVDF）管道内壁粗糙度可达小于 $1\mu m$ 的水平，而不锈钢管约为几十微米。

管道及管件接头处的平整度对于防止产生流水的涡流区是非常重要的。

10.3.8、10.3.9 纯水作为清洗用水经过工艺生产设备使用后，应尽可能做到"清污分流"，选择收集低污染度的清洗废水作为纯水制备的原水或其他次级用水的原水，促进水的循环利用和重复使用，实现高效率的一水多用，是实现纯水系统和全厂高回用率的关键所在。用后纯水的重复利用，既要达到高的回用率，同时也必须保证工艺设备的用水安全，因此确定回收水水质对纯水系统设计影响很大。回收水质必须根据回收系统的处理工艺和处理能力来确定。在设计初期必须结合目前成熟可靠的工程技术和经济条件，做好相关的技术评估工作，既要确定可供安全回收的回收水水质，也必须考虑到回收水水质变化对纯水系统的影响和冲击。根据国内硅集成电路芯片工厂运行经验以及国外同类工厂的技术水平，6英寸硅集成电路芯片工厂的工艺废水的回用率不应低于50%，8英寸~12英寸硅集成电路芯片工厂的工艺废水的回用率不应低于75%。

10.4 废 水

10.4.1 硅集成电路芯片生产废水通常包括可回用废水、含氟废水、化学机械抛光废水、一般酸碱废水、高浓度含氨废水等。分类收集既是提高废水处理效率的需要，也是提高全厂水系统回用率的需要。

10.4.3 硅集成电路芯片生产排放的废水，其水质和水量在一天24h内均存在波动。水量、水质波动越大，过程参数越难以控制，处理效果越不稳定。因此为了保证废水处理系统的平稳运行，设计大小合适的调节池对废水进行均质均量的调整是非常重要的。同时，合理地设计调节池，对后续处理设施的处理能力、基建投资、运转费用等均有较大影响。

10.4.5 硅集成电路芯片生产废水种类较多，且污染物特性各不相同，如何处置脱水后的泥饼直接影响废水和污泥系统的分类和处置技术。

目前国内较为成熟的污泥脱水设备有压滤机和离心脱水机等。脱水设备的选择应充分考虑污泥的脱水性质和脱水要求，结合设备的供货情况经技术经济比较后确定。污泥脱水性质的指标有比阻、黏滞度、粒度。脱水要求通常是指泥饼的含水率。

10.4.6 进入脱水设备的污泥含水率直接影响泥饼的产率。在一定条件下，泥饼的产率与进入脱水设备的污泥含水率成反比关系，因此当污泥含水率大于98%时，应该考虑适当的浓缩处理以降低其含水率。

10.4.7 硅集成电路芯片生产废水处理后生成的污泥需要根据其是否是危险废物分别进行外运处置。外运的频率往往取决于委外处置厂商的处理能力和外运条件，所以废水处理站通常都需要考虑污泥暂存的污泥料仓或堆场。

10.4.9 硅集成电路芯片工厂要达到高效用水通常采取两种途径：循环使用和回收利用。循环使用通常在生产工艺设备的设计制造过程中加以考虑，而回收利用则是水系统工程师必要考虑的问题。如何保证不同水质和水量的用后纯水有效回收和利用，离不开对全厂用水系统的水量平衡。水量平衡是指在一个确定的用水系统内，输入水量之和等于输出水量之和。硅集成电路芯片工厂的水量平衡是以硅集成电路芯片生产为主要考核对象，通过对各用水系统的用水水质和消耗水量的分析，根据水量的平衡关系分析用水的合理程度。

10.5 工艺循环冷却水

10.5.1 工艺循环冷却水系统是硅集成电路芯片生产的重要生产支持系统，工艺循环冷却水系统循环水量大，运行能耗高，如何根据工艺生产设备需求合理设计工艺循环冷却水系统是该系统能否正常运行的关键，所以工艺循环冷却水系统的设计应充分考虑工艺生产设备对水温、水压和水质的需求，经技术经济比较后合理设置。

10.5.2 工艺循环冷却水系统的实际使用负荷往往随着生产设备的实际运行而变化波动，为了满足水压、水量的要求，工艺循环冷却水系统的加压水泵通常都按变频恒压变流量的模式运行。设置备用泵是考虑工艺循环冷却水系统的运行安全。

10.5.4、10.5.5 工艺循环冷却水系统过滤器和换热器设置备用是根据工艺循环冷却水系统的重要性和运行安全考虑。

10.5.7 本条规定了工艺循环冷却水系统输送管路设置的常规要求。

10.5.8 水质对工艺循环冷却水系统非常重要，它不仅关系到系统本身的运行安全和稳定，也直接关系到与冷却水直接接触的工艺生产设备的运行安全和稳定。因此水稳定装置的合理选择和设置必须充分考虑工艺循环冷却水系统的形式、系统中各设备和管道材料的材质以及工艺生产设备过水部分的材质，并结合防腐、阻垢和灭菌的需要。

10.6 大宗气体

10.6.1 大宗气体供应系统宜在工厂内或邻近处设置制气装置是为了便于输送，外购液态气储罐或瓶装气体是目前许多工厂的实际状况。

10.6.2 硅集成电路芯片工厂用大宗气体包括氮气、氢气、氧气、氩气、氦气五种气体，本条对大宗气体的使用作了一般规定。考虑到大宗气体系统在工程完工、检修后要对系统进行吹扫，同时考虑氢气、氧气的气体特性，规定氢气、氧气管道的终端或最高点应设置放散管，放散管应引至室外并高出建筑的屋脊1m，氢气放散管道上应设置阻火器。

10.6.3 气体纯化装置是保证气体品质的重要设备，气体气源参数和使用参数是确定纯化装置的重要数据；同时纯化装置的布置既要考虑气体的特性，又要便于操作，所以，规定气体依据性质布置在一个或几个房间内。但是，氢气纯化器因为氢气的爆炸特性应布置在独立的房间内；终端纯化器靠近工艺设备是为了保证气体的品质。

10.6.4 为防止由于管道及阀门附件的油脂与管内氧气因管道静电导致的燃烧，规定氧气管道及阀门附件应经严格的脱脂处理；氧气管道应设置静电泄放的接地设施是为了防止静电产生，设置自动切断阀是安全设计的要求。

10.6.5 大宗气体管道和阀门的选择与工艺对气体品质的要求关联度较大，因此规定根据气体的纯度确定管道材料和阀门类型，同时规定气体管道阀门、附件的材质宜与相连接的管道材质一致。

10.6.6 根据大宗气体的性质，规定管道连接除与设备或阀门连接采用卡套连接或法兰连接外，管道连接应采用焊接，考虑大宗气体管道的高纯性质，规定当采用软管连接时，应采用金属软管。

10.7 干燥压缩空气

10.7.1 干燥压缩空气系统的设计必须考虑供气量、供气品质和压缩空气系统的损耗，从产品的工艺要求考虑，硅集成电路芯片工厂应该选用无油润滑空气压缩机。

10.7.3 工程实践表明，当干燥压缩空气输送露点低于－76℃时，采用内壁电抛光不锈钢管；当干燥压缩空气输送露点低于－40℃时，采用不锈钢管或镀锌碳钢管是较为经济合理的选择。

10.7.4 工程实践表明，干燥压缩空气输送露点低于－40℃时，用于管道连接的密封材料宜选用金属垫片或聚四氟乙烯垫片。

10.9 特种气体

10.9.3 从安全的角度考虑，规定自燃性、可燃性、毒性、腐蚀性气瓶柜设置在具有连续机械排风的特种气体柜内，规定排风机、泄漏报警、自动切断阀设置应急电源是为了防止在电源故障时，保证系统与操作人员的安全。

多路阀门箱的设计是为了把泄漏点放置在封闭的装置内，防止外泄且便于操作。

10.9.4 特种气体分配系统吹扫盘设置，应设置应急切断装置，过流量控制装置，设置手动隔离阀是工艺运行与安全的考虑；为防止特种气体的本质气体在吹扫系统运行故障时污染大宗气体系统及不相容特种气体混合后发生化学事故，规定吹扫气源不应使用工厂大宗气体系统，不相容特种气体的吹扫盘不得共用同一吹扫盘。

10.10 化 学 品

10.10.1～10.10.3 硅集成电路芯片工厂的化学品的用量及物理化学特性其储存及输送方式是相关的，如大宗化学品一般会在独立的建（构）物中存放，而硅集成电路芯片工厂的许多化学品往往放置在主生产厂房的一楼靠外墙的位置。考虑化学品的易燃、腐蚀、毒性的特点，为防止化学品使用不当造成的人身与生产事故，条文规定其储存应符合现行国家标准《化学品分类和危险性公示 通则》GB 13690 的规定。设计相应的安全保护措施也是为了保护人身安全，一旦发生事故，也可以将事故损失降到最低。

10.10.4 洁净厂房化学品储存间设置的规定既是安全的需要，也是技术的需要。

1 对所有工程上使用的易燃易爆物质在储存、分配间设计的通用规定，都与现行国家标准《建筑设计防火规范》GB 50016 的规定一致，靠外墙是为了有足够的泄爆面积。

2 规定危险化学品储存区域（间）和分配区（间）不得设置人员密集房间（如办公区等）和疏散走廊的上方、下方或贴邻，是为了化学品一旦发生事故，工厂将事故对人身的损失降到最低。

3 规定化学品储存、分配间应设置机械排风，机械排风系统应提供紧急电源；这是为了泄漏化学品在室内的聚集事故造成工厂财产损失和人员伤害，是一种防止化学品泄漏措施失灵后的补救措施。

10.10.5 集中分配间通过管道输送化学品时：

1 规定输送系统设备、管道化学稳定性应与所输送的化学品性质相容，是说明化学品输送设备与管道性质应该与化学品的性质相容；

2 本款规定是为了防止泄漏化学品排放不达标造成对环境的破坏；

3 本款规定化学品设备应设置液位监控和自动关闭装置，并应设置溢流应对设施，是为了防止化学品操作失误而酿成事故，保护生产环境和人身安全；

4 本款规定是因为有机溶剂属于易燃易爆物质，其分配间设置相应的泄漏浓度报警探头，并应与紧急排风系统连锁是为了防止事故扩大，保护生命安全与工厂财产；

5 输送易燃、易爆化学品的管道，应设置静电泄放的接地设施，是为了防止易燃易爆化学品产生火灾或爆炸事故，防止腐蚀性化学品泄漏后对地面的损害；

6 本款规定是为了在易燃、易爆、腐蚀性等危险性化学品或工厂其他设备发生事故时，能够将其紧急切断，防止事故扩大化。

10.10.6 危险化学品的储存、分配间应设置废液收集系统是为了将化学品废液集中收集与处置，这既是环境保护的需要，也是生产的需要；物理化学特性不相容的化学品，不得排入同一种废液收集系统，是为了防止不当的化学品收集手段造成事故发生。

10.10.7 液态危险化学品的储存、分配间设置溢出保护设施是考虑安全的需要。

1 本款规定防护堤有效容积大于最大储罐的容积是为了一旦发生泄漏，且抢救不及时，也会将化学品控制在其设计的防护堤内，不至于造成事故蔓延；

2 规定两种化学品混合会引起化学反应的不同化学品储罐或罐组之间，应设置防护隔堤，是为了防止不相容化学品泄漏造成次生事故的发生；

3 规定危险化学品储存、分配间应设置液体泄漏报警是为了在化学品泄漏时提醒工作人员及时进行处理、废液收集系统设置是为了将化学品废液集中收集与处理，是环境保护的需要。

10.10.8 化学品的储存间和分配间设置紧急淋浴器是为了在化学品事故伤及工作人员时，能够在现场进行自我救援，赢得宝贵的抢救时间，将事故减少到最小。

具体设置可参考 ANSI（American National Standards Institute）Z358.1。

1 紧急淋浴器应位于从危害物操作区步行 10s 可到达或者小于 20m 的范围内，或者危险物操作区周围 20m 的半径之内；

2 紧急淋浴器应和危害物操作区位于同一平面内，两者之间不能通过楼梯或斜面连接；

3 通往紧急淋浴器的通道应保持通畅，尽量没有转弯，不能有障碍物阻挡。

10.10.9 化学品系统管路、阀门材质的选用主要是考虑与其输送介质的良好相容性能。

1 化学品与其接触的管道材料的性能必须是相容的。
　　2 规定化学品输送管路系统，对多台生产设备供应同一种化学品时，应设置分配阀箱，是为了管理和操作方便；设置泄漏检测报警系统，是安全生产的考虑。

11 空间管理

11.0.1 硅集成电路芯片工厂室外管线通常包括冷热水管、蒸汽、大宗气体等。根据管线的特性及当地的自然条件，可采用架空敷设、埋地或管沟敷设等方式，在目前大多数的集成电路芯片工厂都采用在公共管桥上架空敷设方式。主要是基于成本和维护管理以及今后扩展的便利性方面的考虑。

11.0.3~11.0.6 上技术夹层不宜敷设水管及其他液体输送管道，主要为避免管道漏损后，对下方的净化间及工艺设备造成较大的损失。在上技术夹层确定管道敷设时，首先考虑 FFU 自身的高度以及吸入空气所需的空间。此高度上再考虑排风管道以及大宗气体及特种气体等管道高度。由于上技术夹层通常为金属壁板，承载有限，同时各种吊架较多，如果没有专门的检修通道，日常巡检和维护会较为困难。

11.0.7 目前产能较大的 6 英寸、8 英寸及 12 英寸硅集成电路芯片工厂由于生产辅助设备布置在下技术夹层，主要管线也布置在下技术夹层。在下技术夹层的空间管理中首先考虑辅助设备搬运和操作的高度范围，之上按高度分别划分为主管、支管以及二次配管和消防喷淋管道的范围，在设计中可以遵循此原则来规划各系统的管线走向和标高。

11.0.8 硅集成电路芯片厂房内的管道种类繁多，十分密集，如各自独立设置的吊杆和支架，会造成空间吊杆密集，严重影响管道的通行。因此在主要管道通行的区域，宜集中布置公共管架，支、吊架水平间距应根据所有管线最小间距及材料成本统一考虑。

12 环境安全卫生

12.0.1 硅集成电路行业发展十分迅速，特别在美国、日本、韩国、台湾等国家和地区，在硅集成电路芯片工厂的规模和技术上都处于领先地位，而且有数十年的经验，对于环境安全卫生方面的法律更加严格和完善，因此在设计中参考行业国际安全标准，可促进工厂运行过程中的保障措施更加完善。相关国际标准包括美国防火协会标准 NFPA、国际半导体设备与材料协会标准 SEMI、美国工厂联合保险协会标准 FM 等。

12.0.3 紧急应变中心应同时兼具消防系统、气体侦测系统、广播系统、门禁系统、闭路电视系统等紧急应变相关系统的监视与操作功能，相关系统报警后在紧急应变同时应有声光报警显示；应配备完整的紧急应变设施，包括消防系统的应急手动操作设备、便携式气体浓度侦测设备、紧急应变救灾设备、医疗救助设备等；应有直接通向生产厂房及安全出口的通道；应有备用的第二紧急应变中心，且应与日常使用的紧急应变中心分别在不同的建筑物内设置。

总 目 录

第1册 通用标准·民用建筑

1 通用标准

房屋建筑制图统一标准 GB/T 50001—2010	1—1—1
总图制图标准 GB/T 50103—2010	1—2—1
建筑制图标准 GB/T 50104—2010	1—3—1
建筑给水排水制图标准 GB/T 50106—2010	1—4—1
暖通空调制图标准 GB/T 50114—2010	1—5—1
建筑电气制图标准 GB/T 50786—2012	1—6—1
供热工程制图标准 CJJ/T 78—2010	1—7—1
建筑模数协调统一标准 GB/T 50002—2013	1—8—1
厂房建筑模数协调标准 GB/T 50006—2010	1—9—1
房屋建筑室内装饰装修制图标准 JGJ/T 244—2011	1—10—1
住宅厨房模数协调标准 JGJ/T 262—2012	1—11—1
住宅卫生间模数协调标准 JGJ/T 263—2012	1—12—1

2 民用建筑

民用建筑设计通则 GB 50352—2005	2—1—1
民用建筑设计术语标准 GB/T 50504—2009	2—2—1
无障碍设计规范 GB 50763—2012	2—3—1
民用建筑修缮工程查勘与设计规程 JGJ 117—98	2—4—1
建筑地面设计规范 GB 50037—96	2—5—1
住宅建筑规范 GB 50368—2005	2—6—1
住宅设计规范 GB 50096—2011	2—7—1
住宅性能评定技术标准 GB/T 50362—2005	2—8—1
轻型钢结构住宅技术规程 JGJ 209—2010	2—9—1
中小学校设计规范 GB 50099—2011	2—10—1
医院洁净手术部建筑技术规范 GB 50333—2002	2—11—1
老年人居住建筑设计标准 GB/T 50340—2003	2—12—1
养老设施建筑设计规范 GB 50867—2013	2—13—1
档案馆建筑设计规范 JGJ 25—2010	2—14—1
体育建筑设计规范 JGJ 31—2003	2—15—1
宿舍建筑设计规范 JGJ 36—2005	2—16—1
图书馆建筑设计规范 JGJ 38—99	2—17—1
托儿所、幼儿园建筑设计规范 JGJ 39—87	2—18—1

疗养院建筑设计规范　JGJ 40—87	2—19—1
文化馆建筑设计规范　JGJ 41—87	2—20—1
商店建筑设计规范　JGJ 48—88	2—21—1
综合医院建筑设计规范　JGJ 49—88	2—22—1
剧场建筑设计规范　JGJ 57—2000	2—23—1
电影院建筑设计规范　JGJ 58—2008	2—24—1
交通客运站建筑设计规范　JGJ/T 60—2012	2—25—1
旅馆建筑设计规范　JGJ 62—90	2—26—1
饮食建筑设计规范　JGJ 64—89	2—27—1
博物馆建筑设计规范　JGJ 66—91	2—28—1
办公建筑设计规范　JGJ 67—2006	2—29—1
特殊教育学校建筑设计规范　JGJ 76—2003	2—30—1
汽车库建筑设计规范　JGJ 100—98	2—31—1
老年人建筑设计规范　JGJ 122—99	2—32—1
殡仪馆建筑设计规范　JGJ 124—99	2—33—1
镇（乡）村文化中心建筑设计规范　JGJ 156—2008	2—34—1
展览建筑设计规范　JGJ 218—2010	2—35—1
电子信息系统机房设计规范　GB 50174—2008	2—36—1
铁路车站及枢纽设计规范　GB 50091—2006	2—37—1
铁路旅客车站建筑设计规范（2011 年版）　GB 50226—2007	2—38—1
生物安全实验室建筑技术规范　GB 50346—2011	2—39—1
实验动物设施建筑技术规范　GB 50447—2008	2—40—1
城市公共厕所设计标准　CJJ 14—2005	2—41—1
城市道路公共交通站、场、厂工程设计规范　CJJ/T 15—2011	2—42—1
生活垃圾转运站技术规范　CJJ 47—2006	2—43—1
粪便处理厂设计规范　CJJ 64—2009	2—44—1
调幅收音台和调频电视转播台与公路的防护间距标准　GB 50285—98	2—45—1
人民防空地下室设计规范　GB 50038—2005	2—46—1
湿陷性黄土地区建筑规范　GB 50025—2004	2—47—1
疾病预防控制中心建筑技术规范　GB 50881—2013	2—48—1

第 2 册　建筑防火·建筑环境

3　建筑防火

建筑设计防火规范　GB 50016—2006	3—1—1
农村防火规范　GB 50039—2010	3—2—1
高层民用建筑设计防火规范（2005 年版）　GB 50045—95	3—3—1
建筑内部装修设计防火规范（2001 版）　GB 50222—95	3—4—1
人民防空工程设计防火规范　GB 50098—2009	3—5—1
汽车库、修车库、停车场设计防火规范　GB 50067—97	3—6—1
飞机库设计防火规范　GB 50284—2008	3—7—1
石油化工企业设计防火规范　GB 50160—2008	3—8—1
石油天然气工程设计防火规范　GB 50183—2004	3—9—1

火力发电厂与变电站设计防火规范　GB 50229—2006	3—10—1
钢铁冶金企业设计防火规范　GB 50414—2007	3—11—1
纺织工程设计防火规范　GB 50565—2010	3—12—1
酒厂设计防火规范　GB 50694—2011	3—13—1
建筑灭火器配置设计规范　GB 50140—2005	3—14—1
火灾自动报警系统设计规范　GB 50116—98	3—15—1
自动喷水灭火系统设计规范（2005年版）　GB 50084—2001	3—16—1
泡沫灭火系统设计规范　GB 50151—2010	3—17—1
卤代烷1211灭火系统设计规范　GBJ 110—87	3—18—1
卤代烷1301灭火系统设计规范　GB 50163—92	3—19—1
二氧化碳灭火系统设计规范（2010年版）　GB 50193—93	3—20—1
固定消防炮灭火系统设计规范　GB 50338—2003	3—21—1
干粉灭火系统设计规范　GB 50347—2004	3—22—1
气体灭火系统设计规范　GB 50370—2005	3—23—1

4　建筑环境（热工·声学·采光与照明）

建筑气候区划标准　GB 50178—93	4—1—1
民用建筑热工设计规范　GB 50176—93	4—2—1
地源热泵系统工程技术规范（2009年版）　GB 50366—2005	4—3—1
太阳能供热采暖工程技术规范　GB 50495—2009	4—4—1
民用建筑太阳能空调工程技术规范　GB 50787—2012	4—5—1
建筑门窗玻璃幕墙热工计算规程　JGJ/T 151—2008	4—6—1
民用建筑能耗数据采集标准　JGJ/T 154—2007	4—7—1
供热计量技术规程　JGJ 173—2009	4—8—1
民用建筑太阳能光伏系统应用技术规范　JGJ 203—2010	4—9—1
被动式太阳能建筑技术规范　JGJ/T 267—2012	4—10—1
建筑隔声评价标准　GB/T 50121—2005	4—11—1
民用建筑隔声设计规范　GB 50118—2010	4—12—1
工业企业噪声控制设计规范　GBJ 87—85	4—13—1
工业企业噪声测量规范　GBJ 122—88	4—14—1
室内混响时间测量规范　GB/T 50076—2013	4—15—1
厅堂扩声系统设计规范　GB 50371—2006	4—16—1
剧场、电影院和多用途厅堂建筑声学设计规范　GB/T 50356—2005	4—17—1
体育场馆声学设计及测量规程　JGJ/T 131—2012	4—18—1
建筑采光设计标准　GB 50033—2013	4—19—1
建筑照明术语标准　JGJ/T 119—2008	4—20—1
建筑照明设计标准　GB 50034—2004	4—21—1
体育场馆照明设计及检测标准　JGJ153—2007	4—22—1
室外作业场地照明设计标准　GB 50582—2010	4—23—1
民用建筑工程室内环境污染控制规范（2013年版）　GB 50325—2010	4—24—1
住宅建筑室内振动限值及其测量方法标准　GB/T 50355—2005	4—25—1
石油化工设计能耗计算标准　GB/T 50441—2007	4—26—1

第3册 建筑设备·建筑节能

5 建筑设备（给水排水·电气·防雷·暖通·智能）

建筑给水排水设计规范（2009年版） GB 50015—2003	5—1—1
建筑中水设计规范 GB 50336—2002	5—2—1
建筑与小区雨水利用工程技术规范 GB 50400—2006	5—3—1
综合布线系统工程设计规范 GB 50311—2007	5—4—1
民用建筑电气设计规范 JGJ 16—2008	5—5—1
住宅建筑电气设计规范 JGJ 242—2011	5—6—1
交通建筑电气设计规范 JGJ 243—2011	5—7—1
金融建筑电气设计规范 JGJ 284—2012	5—8—1
建筑物防雷设计规范 GB 50057—2010	5—9—1
建筑物电子信息系统防雷技术规范 GB 50343—2012	5—10—1
采暖通风与空气调节设计规范 GB 50019—2003	5—11—1
民用建筑供暖通风与空气调节设计规范 GB 50736—2012	5—12—1
智能建筑设计标准 GB/T 50314—2006	5—13—1
住宅信报箱工程技术规范 GB 50631—2010	5—14—1

6 建筑节能

绿色建筑评价标准 GB/T 50378—2006	6—1—1
民用建筑绿色设计规范 JGJ/T 229—2010	6—2—1
公共建筑节能设计标准 GB 50189—2005	6—3—1
农村居住建筑节能设计标准 GB/T 50824—2013	6—4—1
严寒和寒冷地区居住建筑节能设计标准 JGJ 26—2010	6—5—1
夏热冬暖地区居住建筑节能设计标准 JGJ 75—2012	6—6—1
夏热冬冷地区居住建筑节能设计标准 JGJ 134—2010	6—7—1
居住建筑节能检测标准 JGJ/T 132—2009	6—8—1
公共建筑节能检测标准 JGJ/T 177—2009	6—9—1
建筑遮阳工程技术规范 JGJ 237—2011	6—10—1
民用建筑太阳能热水系统应用技术规范 GB 50364—2005	6—11—1
既有居住建筑节能改造技术规程 JGJ/T 129—2012	6—12—1
公共建筑节能改造技术规范 JGJ 176—2009	6—13—1
民用建筑节水设计标准 GB 50555—2010	6—14—1
橡胶工厂节能设计规范 GB 50376—2006	6—15—1
水泥工厂节能设计规范 GB 50443—2007	6—16—1
平板玻璃工厂节能设计规范 GB 50527—2009	6—17—1
烧结砖瓦工厂节能设计规范 GB 50528—2009	6—18—1
建筑卫生陶瓷工厂节能设计规范 GB 50543—2009	6—19—1
钢铁企业节能设计规范 GB 50632—2010	6—20—1

第4册 工业建筑

7 工业建筑

工业企业总平面设计规范 GB 50187—2012	7—1—1

工业建筑防腐蚀设计规范　GB 50046—2008	7—2—1
压缩空气站设计规范　GB 50029—2003	7—3—1
氧气站设计规范　GB 50030—91	7—4—1
乙炔站设计规范　GB 50031—91	7—5—1
锅炉房设计规范　GB 50041—2008	7—6—1
小型火力发电厂设计规范　GB 50049—2011	7—7—1
烟囱设计规范　GB 50051—2013	7—8—1
小型水力发电站设计规范　GB 50071—2002	7—9—1
冷库设计规范　GB 50072—2010	7—10—1
洁净厂房设计规范　GB 50073—2013	7—11—1
石油库设计规范　GB 50074—2002	7—12—1
民用爆破器材工程设计安全规范　GB 50089—2007	7—13—1
汽车加油加气站设计与施工规范　GB 50156—2012	7—14—1
烟花爆竹工程设计安全规范　GB 50161—2009	7—15—1
氢气站设计规范　GB 50177—2005	7—16—1
发生炉煤气站设计规范　GB 50195—2013	7—17—1
泵站设计规范　GB 50265—2010	7—18—1
核电厂总平面及运输设计规范　GB/T 50294—1999	7—19—1
水泥工厂设计规范　GB 50295—2008	7—20—1
猪屠宰与分割车间设计规范　GB 50317—2009	7—21—1
粮食平房仓设计规范　GB 50320—2001	7—22—1
粮食钢板筒仓设计规范　GB 50322—2011	7—23—1
烧结厂设计规范　GB 50408—2007	7—24—1
印染工厂设计规范　GB 50426—2007	7—25—1
平板玻璃工厂设计规范　GB 50435—2007	7—26—1
医药工业洁净厂房设计规范　GB 50457—2008	7—27—1
石油化工全厂性仓库及堆场设计规范　GB 50475—2008	7—28—1
纺织工业企业职业安全卫生设计规范　GB 50477—2009	7—29—1
棉纺织工厂设计规范　GB 50481—2009	7—30—1
钢铁厂工业炉设计规范　GB 50486—2009	7—31—1
腈纶工厂设计规范　GB 50488—2009	7—32—1
聚酯工厂设计规范　GB 50492—2009	7—33—1
麻纺织工厂设计规范　GB 50499—2009	7—34—1
涤纶工厂设计规范　GB 50508—2010	7—35—1
非织造布工厂设计规范　GB 50514—2009	7—36—1
电子工业职业安全卫生设计规范　GB 50523—2010	7—37—1
维纶工厂设计规范　GB 50529—2009	7—38—1
建筑卫生陶瓷工厂设计规范　GB 50560—2010	7—39—1
水泥工厂职业安全卫生设计规范　GB 50577—2010	7—40—1
粘胶纤维工厂设计规范　GB 50620—2010	7—41—1

锦纶工厂设计规范　GB 50639—2010　　　　　　　　　　　　　7—42—1
橡胶工厂职业安全与卫生设计规范　GB 50643—2010　　　　　7—43—1
大中型火力发电厂设计规范　GB 50660—2011　　　　　　　　7—44—1
机械工业厂房建筑设计规范　GB 50681—2011　　　　　　　　7—45—1
烧结砖瓦工厂设计规范　GB 50701—2011　　　　　　　　　　7—46—1
硅太阳能电池工厂设计规范　GB 50704—2011　　　　　　　　7—47—1
服装工厂设计规范　GB 50705—2012　　　　　　　　　　　　7—48—1
秸秆发电厂设计规范　GB 50762—2012　　　　　　　　　　　7—49—1
硅集成电路芯片工厂设计规范　GB 50809—2012　　　　　　　7—50—1